中国植物拉丁名解析

Latin Name Formation of China's Plants

刘琪璟 著

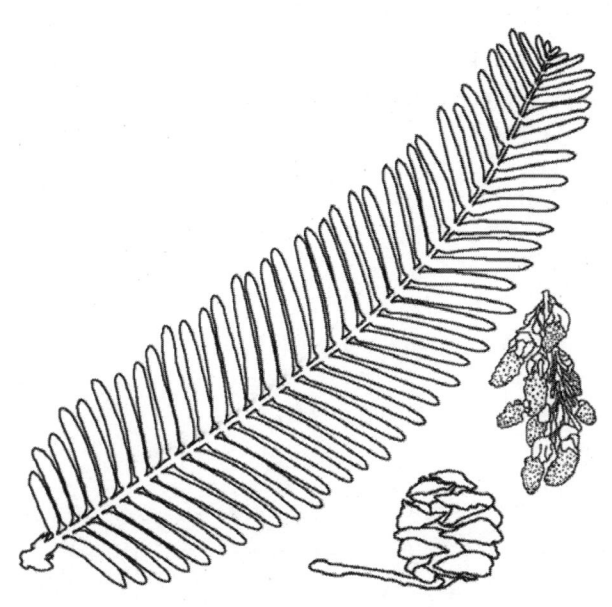

科学出版社

北京

内 容 简 介

本书对中国维管束植物的拉丁名构词进行了解析并给出汉语释义，所编列的分类阶元包括《中国植物志》中记载的全部植物种类、最近发表的新种和新记录及外来物种。书中所收录的各种分类阶元，即科、属、种、变种、变型等，共 45 000 多个检索条目，包括异名。正文词条以拉丁名排序，书后附有中文科属名索引和拉丁语词汇索引。拉丁语词汇索引列出了所有植物拉丁名使用的种加词，以方便读者查找拉丁语植物分类学词汇。

本书可供植物分类学、植物生态学、林学、农学及相关领域的教学与科研人员使用。

图书在版编目（CIP）数据

中国植物拉丁名解析 / 刘琪璟著. – 北京：科学出版社，2022.3（2023.3 重印）
ISBN 978-7-03-071788-7

I. ① 中… Ⅱ. ① 刘… Ⅲ. ① 植物学 - 名词术语 - 中国 - 汉、拉 Ⅳ. ① Q948.52-61

中国版本图书馆 CIP 数据核字（2022）第 038916 号

策划编辑：王 静 李秀伟 赵小林 / 责任校对：郑金红 / 封面创意：刘琪璟
责任印制：吴兆东 / 封面设计：刘新新

科 学 出 版 社 出版
北京东黄城根北街 16 号
邮政编码：100717
http://www.sciencep.com
北京厚诚则铭印刷科技有限公司 印刷
科学出版社发行　各地新华书店经销

*

2022 年 3 月第 一 版　　开本：880×1230 1/16
2023 年 3 月第二次印刷　　印张：90 1/4
字数：3 847 000

定价：998.00 元
（如有印装质量问题，我社负责调换）

前　言

本书对《中国植物志》（共 80 卷 126 分册）记载的全部植物拉丁名的构词进行了解析和诠释。全书共 45 000 多个检索条目，即 303 科，3523 属，41 300 种及种以下的阶元（亚种、变种、变型等），包括正名（31 000 多个）、异名、文献引证中出现的外国植物种类，以及《中国植物志》未收录的最近发表的部分新种、新记录和引进或入侵的外来物种。

编撰本书的主要目的是方便广大植物分类爱好者记忆拉丁名。植物拉丁名都是具有一定含义的，包括形态特征、功能用途、生境、产地、人名、神话人物等。如果能够把学名的拉丁语词汇所表达的意思弄清楚，不仅方便记忆学名，也容易掌握植物的一些特征。然而，多数植物分类爱好者都没有经过系统的拉丁语训练，也不了解拉丁名所包含的意义，拉丁名就好像是单纯的字符串。所以，记忆拉丁名是一件非常枯燥困难的事情，这是大多数从事生态学、林学等相关科学研究和教学人员的共同感受，皆是因为对拉丁名的词汇构成及其含义不了解。拉丁语的词尾变化非常丰富，其性、数、格的组合使得同一个词出现多种形态，所以看起来似乎是不同的词。仅就某一类名词的单数形式而言，有关其性属的词尾有 -us（多为阳性）、-um（中性）、-a（阴性）等。而词典等工具书往往仅给出其中的一个基本形态，即阳性单数。对于没有拉丁语语法基础的读者来说，会把这些具有不同词尾的同一个词认为是不同的词，所以在词典里往往查不到。

植物拉丁名往往是由几个词构成的复合词，这些词的复合并非简单的原样拼接，而是在词与词之间的结合部会有一些变化，尤其是前面的成分，从形态上看，已经完全不同于原来的单个裸词。可是词典一般只给出裸词，读者如果不会"拆词"，就很难查到词的意义。例如，"salicifolia"（柳树叶的，像柳树叶的，= Salix 柳属 + folia 叶片）在植物拉丁语词典中并不作为独立的词条给出，即查无该词。此外，对于一般植物分类爱好者来说，将植物名称分段（属名和种加词）去查词典，是很烦琐耗时的事情。所以，实际工作中读者往往是死记硬背这些"字符串"。植物拉丁名难记几乎是所有相关领域科研工作者所面临的共同问题。

考虑到上述实际情况，本书从方便实用的角度，将每一种植物的完整学名本身作为词条进行解释，所编列的检索词条就是《中国植物志》收录的全部植物名称并有一定的扩充。有些词在多种植物名称中出现，而对其解释也"不厌其烦"。这样，即使读者没有拉丁语语法基础，也能很容易查到学名的含义。

本书对植物拉丁名中出现的一些人名特别是植物分类学家做了简单介绍，据此可以对植物分类学的发展历史及各国学者的贡献有一定的了解。

本书对《中国植物志》中学名的印刷错误、拼写错误等进行了考证，同时根据植物拉丁名缀词规则对学名中的语法错误做了标注说明。关于中文名，对有些异体汉字或误用字、重名属种等，参阅有关文献做了订正或给出商榷名。不少植物有多个学名，即"一种多名"，其中只有一个为正名，其余均为异名或废弃名。对这类情况，本书原则上按独立种名编列，仅对部分植物学名的最新归属做了标注。为了方便读者查找考证，本书采用的是《中国植物志》使用的学名。而《中国植物志》出版以后，植物学名及分类系统陆续有一些修订，包括分类组合的归并或单列。植物分类方案的修订永远不会停止，这也是本书采用《中国植物志》初版所用分类单位名称的主要原因，即更方便查证。关于分类群名称的使用请读者关注植物志类图书的出版或版本动态，参考最新分类方案。

《中国植物志》出版以后每年仍有一定数量的分类新组合、新记录及引进和入侵的外国植物种类被报道，本书只收录了其中的一部分，更多的种类有待以后补充。不过，这些在植物志中没有记载的学名中，所用的词汇除专有名词（人名、地名）外，基本没有超出本书所收录的词汇范围。本书收录的分类单位中尚有数十个种（或属）的学名没有查到准确的释义或仅解释部分构词片段。从形态上看，这些词中有的不属于规则的拉丁语词汇，更像是地方土名、外来语等。这些分类单位也如数收录并加标注暂作存疑，留待进一步考证解释。

作者对中国植物学名的词尾进行了统计分析（表 1），其中具有典型的性属特征的词尾（-us、-um、-a，分别代表阳性、中性、阴性）约占 60.0%，其次是表示地名或起源的词尾（-ensis、-ense），约为 13.61%，表示人名的词尾（-ii、-i、-ae）超过 10.5%。了解这些，有助于读者记忆植物学名及其含义。需要强调的是，本书是为方便读者记忆拉丁名而编撰的，未对语法现象本身进行详细解析。有些词，由于丰富的词尾变化，其词性和意义也会有些微的不同，但本书并未进行严格区分，而仅给出其基本释义。例如，表示"齿、锯齿"的词，除基本形式 serrus 外，还有 serrulus（细齿）、serratus（具齿的）、serrulosus（具很多细齿的）、serrulatus（具细齿的）等，书中的解释基本上都是"齿、锯齿、具锯齿的"等，读者只需要理解这个词的不同形态都表示和"齿"有关即可。所以，本书对于研究拉丁语语法或命名规则的读者来说，主要提供线索或参考。此外，本书最后附有拉丁语词汇索引，编录了全书所有植物学名的种加词，即可以根据种加词查找词意解释，所以本书还可以作为拉汉植物分类词汇手册使用。

表 1　中国植物学名词尾统计

词尾	占比/‰	备注	词尾	占比/‰	备注	词尾	占比/‰	备注
-a	400.6	阴性	-es	28.9		-or	5.9	
-um	129.4	中性	-ense	29.4	表示地点	-ans	5.7	表示可能
-ensis	106.7	表示地名	-ens	23.3	表示可能	-s	5.3	
-us	70.4	多为阳性	-e	14.1		-on	2.9	多为中性
-ii	69.9	用于人名	-ei	12.0	用于人名	-er	1.6	用于人名
-is	47.8	多为阴性	-x	6.5		-o	1.4	
-i	29.5	用于人名	-ae	6.4	用于人名	其他	2.3	

注：统计范围为种、变种、变型、亚种的加词，不包括品种名和科属名

本书从开始收集素材到编辑成书，历时十几年。尽管投入大量的时间和精力，但是由于作者知识有限，书中不足之处在所难免，敬请读者批评指正，并提供宝贵的建议和意见，以便再版时充实、完善。本书初稿承蒙众多同行协助校对，值此出版之际，表示衷心感谢。

作　者

2019 年 12 月

拉丁语基础

　　拉丁语是古代拉丁人所用的语言，他们于公元前 2000 年左右定居于意大利中部地区的拉丁姆（Latium），现称拉齐奥（Lazio）。拉丁语曾经是罗马帝国的官方语言，并在欧洲广泛使用。公元 5 世纪罗马帝国灭亡后，拉丁语也开始逐渐衰落。现在，除梵蒂冈外，欧洲其他各国几乎不使用拉丁语作为口语，但学术界关于动植物的命名仍然使用拉丁语，以拉丁名作为国际通用的科学名称。拉丁语的字母原本有 24 个（没有 j 和 w），但由于外来语的渗入，目前拉丁语所使用的字母与英文的 26 个字母完全相同，特别是在自然科学领域。古典拉丁语中 k、y、z 很少使用，主要出现在来自希腊语的词汇中。关于拉丁语的发音，很难考证古罗马人是如何发音的，或许可以从其派生出来的几种语言中找到拉丁语的发音特征，如意大利语、西班牙语、葡萄牙语等。实际上，目前梵蒂冈所使用的拉丁语往往被视为标准拉丁语。除研究经典的拉丁语语言学者外，大众读者经常按个人习惯的方式发音，如英语式发音、汉语拼音式发音、混合式发音等，而且并不影响学术上的交流。任何一种语言，只有会发音才能比较容易记忆，发音是记忆的基础或前提。拉丁语也不例外，虽然几乎成为"死语"而在日常生活中很少作为口语使用，但正确掌握其基本的发音规则，可以方便记忆植物学名，尤其是较长或复杂的词汇。关于拉丁语字母的发音，不同版本的教材采用的方案不完全一致，本书作者综合国内外有关参考书，对拉丁语字母发音进行了整理（表 2），供读者参考。关于每个字母的具体发音要领，除个别字母外，在此不做详细介绍，请读者参考有关教材。

表 2　拉丁语字母表

字母	名称	发音	字母	名称	发音	字母	名称	发音	字母	名称	发音
A a	[ɑ:]	[ɑ]	H h	[hɑ:]	[h]	O o	[ɔ:]	[ɔ][ɔ:]	V v	[ve][u:]	[v][w]
B b	[be:]	[b]	I i	[i:]	[ɪ][i:]	P p	[pe:]	[p]	W w	[dʌblju]	[w]
C c	[tse:][ke:]	[k], [ts]	J j	[jɔt][je:]	[j][ɪ]	Q q	[ku:]	[k]	X x	[iks]	[ks]
D d	[de:]	[d]	K k	[kɑ:]	[k]	R r	[er]	[r]	Y y	[ipsilon]	[ɪ]
E e	[e:]	[e:][e]	L l	[el]	[l]	S s	[es]	[s]	Z z	[zeta]	[z]
F f	[ef]	[f]	M m	[em]	[m]	T t	[te:]	[t]			
G g	[ge:]	[g]	N n	[en]	[n]	U u	[u:]	[u][u:]			

元音

　　拉丁语有 6 个元音字母，其余均为辅音字母。这 6 个元音字母是：a、e、i、o、u、y。元音有单元音和双元音，单元音又分长元音和短元音。关于长元音和短元音的区分规则，请读者参考拉丁语有关教材。

　　（1）单元音：a、e、i、o、u、y 是单元音。单元音的长短区别就是读音的长短。这几个元音字母读作长元音时依次为 [ɑ:]、[e:]、[i:]、[ɔ:]、[u:]、[i:]，而读作短元音时则依次为 [ɑ]、[e]、[ɪ]、[ɔ]、[u]、[ɪ]。其中字母 o 读作 [ɔ]，在任何情况下都不读作 [ɒʊ]。字母 i 和 y 有时作辅音用。需要强调的是，字母 u 的发音位置比较靠后，声音直接从咽部发出，口腔的前半部，特别是上下唇要保持不动。

　　（2）双元音：ae、oe、au、eu 是双元音。这是拉丁语常用的 4 个双元音，其读音依次为 [ɑɪ]、[ɔɪ]、[ɑu]、[eu]。双元音是滑动音，即由第一个元音开始逐渐变换口型自然地滑动到第二个元音，构成一个音节。ae 和 oe 还同时拥有一个相同的读音，即 [eɪ]，但现代拉丁语对这两个双元音做了区别处理，即分别读作 [ɑɪ] 和 [ɔɪ]。除了以上 4 个双元音，拉丁语还有两个双元音，即 ei 和 ui，分别读作 [eɪ] 和 [uɪ]，但在常用的词汇中很少出现。需要注意的是，有些词里虽然会出现看似双元音的字母组成，但不一定是双元音。例如，ae 或 oe，有时是两个相连的单元音，即当第二个字母 e 为重音时就属于这种情况，这时两个字母要分开发音，如 aer（空气）读作 [ɑer]。

辅音

　　拉丁语辅音字母的发音和英语基本相同。辅音也分双辅音和单辅音。

　　（1）字母 c 有两个发音，分别是 [k] 和 [ts]。在 [e] 和 [ɪ]（如 e、i、y）前面读作 [ts]，如 Acer（槭属）读作 [ɑtser]、Cirsium（蓟属）读作 [tsɪrsɪum]。其他情况一律读作 [k]，如 cacumen（尖端、梢头、峰峦）读作 [kɑku:men]。有人认为字母 c 还读作 [tʃ]，但现代拉丁语的 c 只保留一个读音 [k]。

（2）字母 g 一律读作 [g]，如 Galium（拉拉藤属）读作 [gɑlıum]。有人认为字母 g 还读作 [dʒ]，但现代拉丁语不使用这个读音。

（3）字母 h 一律读作 [h]，如 Hibiscus（木槿属）读作 [hıbıskus]。

（4）字母 i 和汉语拼音中的 i 读音相似。字母 i 在多数情况下是元音，有时也作辅音。当字母 i 用在词首的元音字母之前时，通常当辅音，相当于 j 或 y，如 iulus（柔荑花序）→ julus。当位于两个元音之间时常变成 j，同时在发音上分化成 ij（或 jj，第一个 j 为元音），即 ij 中作为元音的 i 和前面的元音构成双元音，作为辅音的 j 和后面的元音构成音节，如 maior（较大的）= major，其拼读相当于 mai-jor（或 maj-jor），读作 [mɑːjor]。再如，Metasequoia（水杉属）在拼读时就改拼为 Me-ta-se-quoi-ja，读作 [metɑsekwɔija]（qu 相当于双辅音故不能单独构成音节，见字母 q 的发音）。

（5）字母 j 的读音和 i 相同，在植物学名中常用于专有名词或外来语，如 japonica（日本的）读作 [jɑpɔnıkɑ]。位于词首元音字母之前的 j 及两个元音之间的 j 往往是由 i 变来的，如 julus ← iulus（柔荑花序）、rejectus ← reiectus（拒绝）。位于两个元音之间的 j 的发音相当于 ij，见字母 i 的发音。

（6）字母 q 常和 u 连写，qu 读作 [kw]，并且这两个字母组合之后永远跟着一个元音，构成一个音节，而 qu 本身不能算作音节，即 qu 组合中的字母 u 失去元音的作用。所以，可以把 qu 看作一个双辅音。下列字母组合 qua、que、qui、quo、quu，依次读作 [kwɑ]、[kwe]、[kwı]、[kwɔ]、[kwu]。例如，Quercus（栎属）读作 [kwer-kus]；再如，obliquus（对角线、斜线）的音节组成为 o-bli-quus，其中末尾音节 quus 读作 [kwus]，是一个音节的长度，接近 [kus]，但不能读作 [ku-us]。

（7）字母 r 的发音比较特殊。这个字母是轻微的颤音（和俄语中的颤音字母 p 相似，更像西班牙语或意大利语中的 r），即舌尖在气流的作用下和上口盖之间有 1–2 次的碰撞，如 Larix（落叶松属）读作 [lɑrıks]。该字母发音比较难，很容易错误地读成 l 音（如把 ri 读成 li），所以为了不至于混淆，很多读者宁愿采用和英语中的 r 相同的读音。

（8）字母 s 一般读作 [s]，如 Pinus（松属）读作 [pi:nus]，但位于两个元音之间时读作 [z]，如 rosa（玫瑰、蔷薇）读作 [rɔzɑ]、basis（基础）读作 [bɑzis]。位于元音与 m 或 n 之间时也读作 [z]，如 Rosmarinus（迷迭香属）读作 [rɔzmɑri:nus]。

（9）字母 v 和 w 的发音相同，与元音字母 u 的语音区别在于其发音位置靠前。这两个辅音字母在发音时，上下唇之间的间隙要比读 u 时更窄一些，气流冲出的瞬间上下唇要稍加收缩从而形成轻微的摩擦音，如 Viola（堇菜属）读作 [vıɔlɑ]。实际上，为了避免这两个字母的混淆，很多读者对其采用英语式发音。

（10）ti 一般读作 [tı]，如 Celtis（朴属）读作 [tseltıs]。在元音字母 a、e、ae、oe、i、o、u 之前读作 [tsı]。例如，elatius（较高的）读作 [e:lɑːtsı-us]。但前面有 s 或 x 时仍读 [tı]，如 microstigma（小柱头）读作 [mıcrɔstıgmɑ]、textilis（织物）读作 [tekstılıs]。此外，ti 作词首时一般读作 [tı]，如 Tilia（椴属）读作 [tılıɑ]。很多读者往往不加区分，即在任何情况下都把 ti 读作 [tı]。

（11）bs 和 bt 分别读作 [ps] 和 [pt]。例如，obscurus（暗色的）读作 [ɔpsku:rus]，obtusus（钝的）读作 [ɔptu:sus]。这样处理是为了发音的方便，顺其自然。很多读者并未严格区分。

（12）双辅音：拉丁语有 4 个双辅音，主要出现在希腊语词汇中，分别是 ch、ph、rh、th，其发音依次相当于单辅音的 k、f、r、t 的读音。其中 ch 和 ph 还可以分别采用单辅音 h 和 p 的读音。例如，Chrysanthemum（菊属）读作 [kri:santemum] 或 [hri:santemum]，phellos（木栓、软木塞）读作 [fellos] 或 [pellos]。现代拉丁语将 ch 一律读作 [k]，而 ph 则一律读作 [p]。双辅音相当于一个字母，不仅是发音，书写时也不可以分开（见后面植物拉丁名的书写规则部分）。

音量

音量即发音的时长，分长音和短音（以下例词中元音字母的上划线表示长元音，符号"˘"表示短元音）。掌握音量有助于判断重音位置。以下是关于音量的一些常见规则（但不是绝对的）。

（1）元音在两个或两个以上的辅音（双辅音不算两个辅音）之前读长音，如 colūmna（圆柱）。但是当元音位于 nd 或 nt 之前时读短音，如 grăndis（大的）、děntus（齿，牙齿）。双元音看作一个字母。

（2）元音位于 x 或 z 之前读长音，如 mordāx（辛辣的，尖锐的）、reflēxus（反射）、orȳza（稻）。

（3）双元音为长音，如 āurum（黄金）、chrȳsēum（金色的）。双元音的音量实际上是两个元音之间滑动读音的时间之和。

（4）两个元音相连时，前面的元音读短音，如 cilǐum （缘毛）。

（5）单元音和单辅音相连时读短音，如 bǐcǒlǒr（双色的）。

（6）拉丁语每个字母都要求发音。当同一个字母并列出现时，音量相当于两个字母的音量之和。其中两个相同的辅音字母（l、m、n、p、t 等）相连时，作出第一个字母的发音姿势然后读出第二个字母。例如，pappus（冠毛）读作 [pɑ-p-pus]（pappus 中相连两个 p 的第一个 p 几乎不读出但要留出时间），phyllus（叶片）读作 [fɪ-l-lus]（phyllus 中的两个 l 都要发音）。当两个相同的元音字母相连出现时，发双倍音长，如 ambiguus（含糊的）读作 [ɑm-bɪ-gu:s]。但是，当同一个元音连续出现且第二个字母为重音时，则分别发音，如 coreensis（朝鲜的）读作 [kɔ-re-'en-sɪs]。

音节和重音

拉丁语里有多少个元音和双元音就有多少个音节。音节是发音的基本单位，一个元音也可以单独构成一个音节。三音节以上的词称为多音节词。音节的划分方法和英语基本相同，简述如下。

（1）一个元音可以单独构成音节，如 Poa（早熟禾属）→ Po-a。

（2）元-辅元结构，即两个元音夹一个辅音，辅音字母属于后一个音节，如 Vitis（葡萄属）→ Vi-tis。

（3）元辅-辅元结构，即两个元音中间夹两个辅音，这两个辅音分别属于前后两个音节，如 algidus（冰冷的，喜冰的）→ al-gi-dus。

（4）元辅辅-辅元结构，即两个元音中间夹三个或更多辅音，仅最后一个辅音和后面的元音相拼，如 Manglietia（木莲属）→ Mang-li-e-ti-a（第二个音节为 li 而不是 gli 或 ngli）。

（5）双元音及双辅音不能分开，如 Chrysanthemum（菊属）→ Chry-san-the-mum（th 为双辅音），Phoebe（楠属）→ Phoe-be（oe 为双元音）。

（6）当辅音 b、p、d、t、c、g、ch、f、ph 等后面紧连字母 l 或 r，形成如 bl、br、pl、pr、tr、chr、chl 等能发成一个音节的字母组合时，划分音节时不能拆开，而要将其和后面的元音结合构成音节。例如，emblicus（长寿的）→ em-bli-cus，Ligustrum（女贞属）→ Li-gus-trum。

关于重音，对于多音节词，拉丁语的重音一定位于倒数第二或第三音节上，而不会在其他位置。当倒数第二音节为长音时，该音节就是重音，而当该音节为短音时，重音就在倒数第三音节。也就是，倒数第二音节的长短决定了重音的位置。但是仅仅根据音量规则又往往难以确定倒数第二音节的长短，尤其是当倒数第二个音节是由一个辅音和一个元音结成的音节时就更难以确定其长短，这时就需要查词典看这个词的倒数第二音节是否为长音。然而，植物学拉丁语工具书中都没有长音或重音的标注，其中有很多词汇在普通拉丁语词典中也并不收录，所以正确掌握植物拉丁语的重音比较困难。鉴于此，很多读者根据自己发音的方便确定重音位置，而且常将倒数第二音节读为重音。

拉丁语的词尾

拉丁语的词尾变化非常丰富，这也是学习拉丁语最难掌握的部分。植物拉丁名使用的词汇主要是名词和形容词，副词则一般用来构成复合词。名词（nomen）词尾有性（genus）、数（numerus）、格（casus）的区分。名词的性有三种，即阳性（genus masculinum，缩写为 m.）、阴性（genus femininum，缩写为 f.）、中性（genus neutrum，缩写为 n.）。关于数，拉丁语的名词有单数（numerus singularis，缩写为 sing.）、复数（numerus pluralis，缩写为 plur.）。

拉丁语名词的单复数词尾各有 6 种变化形式，称为"格"（declinatio）。这 6 种格的名称分别是主格（nomina-tivus）、属格（所有格，genitivus）、与格（dativus）、宾格（accusativus）、夺格（ablativus）、呼格（vocativus）。"格"实际上就是词在句子中充当的语法成分或扮演的角色，如主语、宾语、状语等。换言之，拉丁语的名词在句子中通过词尾变化表示其语法位置或词与词之间的关系，而很少依赖介词或助词。名词的词尾变化称为"变格"，共有五种不同的词尾变化类型，即五类名词。名词词尾的这五种变化规则称为"变格法"。了解五类变格法名词各种格的词尾，有利于理解学名的构成原理。名词的使用首先必须知道其属于哪一类变格法，其辨别依据是单数属格，因为每一种变格法中，单数属格是唯一区别于其他类名词的特征。所以，一般拉丁语词典中的词汇，都是在单数主格之后给出单数属格的词尾，并有性属的缩写标注。从名词的性属来看，第一变格法和第五变格法名词一般为阴性词，第二变格法和第四变格法名词为阳性和中性词，第三变格法名词中阳性、阴性、中性词均有（表 3）。植物拉丁名中，主格和属格使用较多。在此对名词的"格"的意义作简要说明，具体用法请参考拉丁语语法书。

主格即主语的格，词典中给出的基本形式为单数主格；属格也叫所有格，在句子中作定语用，相当于形容词，意思是"……的、属于……的"；与格是间接宾语的格，相当于英语的"for""to"等，意思是"对于""向着、朝向……"；宾格也叫受格，是直接宾语的格；夺格是媒介格，表示伴随、借助的工具方法、时空位置、分离或来源，相当于英语的"with""by""from"等；呼格表示感叹，不出现在植物名称中。

表 3　拉丁语五类名词变格法词尾表

类别 性属	I f.	II m. n.	III m. f. n.	IV m. n.	V f.
单 数					
主格	-a	-us, -er, -um	多种	-us, -u	-es
呼格	-a	-e, -er, -um	多种	-us, -u	-es
属格	-ae	-i	-is	-us	-ei
与格	-ae	-o	-i	-ui, -u	-ei
宾格	-am	-um	-em, 同主格	-um, -u	-em
夺格	-a	-o	-e, -i	-u	-e
复 数					
主格	-ae	-i, -a	-es, -a, -ia	-us, -ua	-es
呼格	-ae	-i, -a	-es, -a, -ia	-us, -ua	-es
属格	-arum	-orum	-um, -ium	-uum	-erum
与格	-is	-is	-ibus	-ibus, -ubus	-ebus
宾格	-as	-os, -a	-es, -a, -ia	-us, -ua	-es
夺格	-is	-is	-ibus	-ibus, -ubus	-ebus

注：① 罗马数字 I–V 代表名词变格类别；② m. 阳性，n. 中性，f. 阴性

不仅是名词，拉丁语的形容词、动词的词尾也有丰富的变化。形容词也有性、数、格的区分。依据词尾变化，形容词分为两类，即第一类形容词和第二类形容词，又称为 A 类形容词和 B 类形容词。第一类形容词的变格按名词的第一、第二变格法变格，因此也称为"第一、第二变格法形容词"。第二类形容词按名词的第三变格法变格，因而又称为"第三变格法形容词"。拉丁语的动词词尾变化称为变位（coniugatio），动词根据词尾变化特征的不同而分为四类，称为"变位法"（coniugationes），即第一变位法至第四变位法。详见拉丁语语法书。

以上介绍的拉丁语语法知识仅是为了让读者对植物拉丁语词汇的词尾特征有个大概印象。从记忆植物学名的角度，只要能区分出词干（stem）和词尾（terminatio）即可，重点把握词干的含义（复合词的词干由若干词的片段组合而成），而词尾的含义及其作用则可以暂时不予理会。有了一定的植物拉丁名构词基础后，读者自然会归纳出一些规律，使记忆效果大增。但是，在植物分类学的意义上，比如阅读以往关于新种的拉丁语描述，或用拉丁语为新种命名等，则应该熟练掌握拉丁语语法及《国际植物命名法规》。

植物拉丁名的构词规则

植物拉丁名的种加词多数都是复合词，即由两个或多个词素结合而成。组成复合词时不是将原词直接连接起来，而是有一些变化，特别是原词的末尾部分。掌握构词基本规则，了解复合词的由来，对记忆学名十分有利，甚至能学会自己"拆词"。为了让读者充分理解本书正文中关于词汇分解的原理，并能甄别学名中的缀词错误，下面介绍几种常见的构词规则。

（1）构词成分中原词的开头或词首通常保持不变。例如，pinifolia（松针的、松针状的），其构成为 Pinus（松属）＋ folia（叶片）。注意复合词 pinifolia 中的两个构词成分的开头部分都没有变化，即 pin- 和 foli-。

（2）复合词中最后一个构词成分保持原词完整的变格或变位形式，即不因为复合而发生任何变化。例如，leptophyllus（细叶的、薄叶的），来自 leptus（薄的、细的、窄的）＋ phyllus（叶片），其中末尾的构词成分 phyllus 保持正常的变格状态。

（3）复合词中非最后成分的词尾通常有所变化，或者被截掉或者变换形态，即非最后的构词成分或"留首截尾"或"留首变尾"，前者指对词尾作不同程度的"切除"，后者则是改变拼写等。例如，leptophyllus，第一个构词成分 leptus 在和后面的词复合时词尾变成"-o-"。再如，aculeatus（有皮刺的、有针刺的），来自 aculeus（刺）＋ atus（名词形容词化词尾），其中 aculeus 在和后面的词结合时词尾 -us 被截去，由词干 acule- 和词尾成分 -atus 结合。

（4）副词在和其他词结合时保持原形不变。例如，semperflorens（四季开花的），来自 semper（总是）＋

florens（开花），其中 semper 是副词。

（5）复合词中非最后成分的词尾所发生的变化因名词的类别（即变格法）不同而有所区别，但比较常见的是"-o-"和"-i-"。例如，roseiflorus（玫瑰色花的），来自 roseus（玫瑰色）+ florus（花），其中 roseus 先将词尾 -us 变成 -i- 再和后面的词结合形成 roseiflorus。当 roseus 和 albus（白色的）构成复合词时，则将词尾 -us 变成 -o-，形成 roseoalbus（粉色的）。

（6）构成复合词时不可以把词组简单组合成一个词，即不能把表示词与词之间关系的变格词尾原样用来和后面的词结合。例如，lanceae folius 是一个词组，意思是"披针形的叶子"，其中 lanceae 是 folius 的定语，即 lanceae 中的词尾 -ae 是第一变格法名词的单数所有格，相当于英语中名词作定语用时词尾添加的"'s"。但在构成复合词时字母拼写不能原封不动地写成 lanceaefolius，而应该是 lanceofolius 或 lanceifolius。有些复合词采用的词尾变化形式为 -i-，而第二变格法名词的单数所有格词尾也是 -i，二者只是巧合，可是不少植物分类学家误认为复合词的非最后成分的词尾要用所有格的形式，因此很多植物的名称都出现上述错误。例如，油松最初的名称为 Pinus tabulaeformis，种加词来自 tabula（平板、菌盖）+ formis（形状），其中 tabula 的词尾 -a 应该变成 -i 而不是 -ae，所以正确的种加词拼写应为 tabuliformis。名称中含有类似于 -aefoli-、-aeflor-、-aecarp-、-aeform- 等成分的植物种类很多，均属缀词错误。对此，*Flora of China* 中已经做了一些修订，读者在使用这些学名时应加以注意。

（7）当一个词的词尾按照规则变化后和后面的词首字母相同时，通常将整个词尾的那个字母省略掉（实际上是删除词尾），而跟随其后的原词词首部分一般（但不一定）不作变动。例如，lanceus + olus 本来应该形成 lanceo-olus，但中间两个 o 相连（-oo-）显得冗余，所以要去掉一个。根据"去尾留首"的原则，将前段词末尾的字母 o 去掉，因此最后的拼写为 lance-olus（注意不是 lanceo-lus，发音上也应适当有所区别，连字符在此表示强调）。比较常见的类似情况是前面的词干部分的末尾字母为 -i，而词尾变成 -i 后就成为 -ii。这时就把由原来的词尾变来的那个 i 省略，只保留词干末尾的 i。例如，polius（灰白色的）+ foilus（叶片）不能拼写为 poliifolius，而是 polifolius。但当由属名构成复合词时，变形后的属名词尾字母任何情况下都不省略。例如，Lilium（百合属）+ folius（叶片）= liliifolius（不是 lilifolius），其中，lilium 当词尾变成 -i- 后就形成 lilii-，即末尾字母 i 仍要保留。类似地，Artemisia（蒿属）+ folia（叶片）= artemisiifolia，而拼写成 artemisifolia（或 artemisiaefolia）则是错误的。

植物拉丁名的书写规则

植物拉丁名一般是由三部分构成的，即属名、种加词和命名人。在科学论文中往往不写命名人，除非期刊有明确要求。由于植物分类组合总是在调整（合并或新建）中，不同作者或不同时期的出版物采用的植物名称会有所不同（包括中文名和拉丁名），在撰写论文时应该在适当地方注明所用植物名称的来源，即采用何种出版物的命名方案，以方便读者查找甄别。关于书写方法，在植物分类学文献中，如植物志或植物图谱等，属、种的拉丁名用正体，而异名或废弃名使用斜体。在科学论文中，尤其在使用罗马字母的语言中，对拉丁名使用斜体，主要是为了区别于其他语种。但是在拉丁语教材中，拉丁语本身使用正体，而英语等罗马字母语言却使用斜体。在拉丁语文学作品中，也同样对拉丁语以外的语种使用斜体。基本原则是，所用的主要语种，即篇幅最大者，一般用正体。《国际植物命名法规》关于植物拉丁名的书写方法有明确规定，但在非植物分类学（如植物群落学）的论文中，经常有书写不规范的情况。鉴于此，下面介绍科学论文中植物拉丁名的书写规则。

（1）关于斜体、正体及大小写。在科学论文中，尤其是各种罗马文字的学术出版物，为了不至混淆，植物属名和各级种加词（品种名除外）用斜体，属名首字母大写，种加词小写。表示分类群级别的术语用缩写、小写、正体，且后面必须带缩写点，包括 var.（varietas）代表变种、f.（forma）代表变型、subsp.（subspecies）代表亚种、cv.（cultivarietas）代表栽培变种或品种。例如，*Ledum palustre* var. *dilatatum*、*Larix olgensis* f. *viridis*、*Magnolia officinalis* subsp. *biloba*。科名及更高级分类单位名称一律使用正体。

（2）栽培变种（品种）加词的首字母大写，用正体并加单引号。如 *Sabina squamata* 'Meyeri'（其中 Meyeri 为品种加词）。下列格式曾经被允许和单引号互换使用：*Sabina squamata* cv. Meyeri，即用"cv."表示分类级别而品种加词本身不用加单引号，而最新的《国际栽培植物命名法规》废除了这个写法，但本书中的植物品种名仍然使用《中国植物志》当初使用的格式，即用"cv."标注。对品种加词采用引号标注的办法方便在英文等罗马字母的语种中识别。

（3）命名人用正体，首字母大写，缩写时要带缩写点，如 *Quercus palustris* Muench.、*Viola grandisepala* W.

Beeker。

（4）命名人之间的连词 et（与、及）表示联合发表，用小写、正体，如 *Metasequoia glyptostroboides* Hu et Cheng。

（5）命名人之间的介词 ex（由……、从……）表示由后者替代前者发表，用小写、正体，如 *Linnaea* Gronov. ex Linn.（忍冬科北极花属，由林奈替代 Gronovius 发表）。

（6）表示未知种的缩写 sp.（单个种）和 spp.（多个种）用小写、正体并带缩写点，如 *Carex* sp.、*Salix* spp.。

（7）属名缩写时，首字母大写并带缩写点，如 *Pinus sibirica* → *P. sibirica*。

（8）双辅音或双元音开头的属名，按照拉丁语的语法规则，缩写时不应该分开，即把双辅音或双元音当做一个字母处理，但国际植物命名法规对此并没有明确规定，所以各国学者在写法上很不一致。中国的学术刊物一般要求双辅音开头的属名缩写时必须用双辅音的两个字母，不能只写一个字母，如 *Rhododendron aureum* → *Rh. aureum*、*Thalictrum alpinum* → *Th. alpinum*、*Chrysosplenium chinense* → *Ch. chinense*、*Phoebe lanceolata* → *Ph. lanceolata*。但对双元音开头的属名一般没有要求，通常只写一个字母，如 *Euphorbia maculata* → *E. maculata*（尽管 eu 为双元音）。关于双辅音和双元音的缩写方法，需遵循相关出版机构的要求。

（9）一个属名第一次出现时必须是全拼，之后同一个属所有种类的属名可以（但不是必须）使用缩写。例如，下面几种植物学名依次出现时的写法为：*Pinus koraiensis*（属名首次出现故不能缩写），*P. pumila*（= *Pinus pumila*），*Acer mono*（属名不能缩写），*A. tegmentosum*（= *Acer tegmentosum*）。

（10）一个属名缩写后，有相同首字母的不同属出现后而再次使用该属时，属名必须是全拼。这一点在建立索引的时候要格外注意。例如，下面几种植物学名依次出现时的写法为：*Pinus koraiensis*（属名首次出现故不能缩写），*P. pumila*（= *Pinus pumila*，属名重复出现故用缩写），*Populus davidiana*（属名首次出现故不能缩写），*P. ussuriensis*（= *Populus ussuriensis*，属名重复出现故用缩写），*Pinus sibirica*（尽管该属名为重复出现，但因前面有相同首字母的不同属名出现故不能缩写为 *P.*），*Populus koreana*（属名不能缩写为 *P.*，理由同前）。

（11）当两个属名具有相同首字母时缩写容易混淆，则属名缩写需要以音节为单位向后延长（不可把一个音节拆开）。例如，下面几种植物学名依次出现时的写法为：*Polygonatum odoratum*（属名首次出现故不能缩写），*Poly. sibiricum*（= *Polygonatum sibiricum*；属名音节划分：Po-ly-go-na-tum，故不应缩写为 *Pol.*），*Populus davidiana*（属名不能缩写），*Popu. ussuriensis*（= *Populus ussuriensis*；属名音节划分：Po-pu-lus，故不应缩写为 *Pop.*）。再如，下列属名缩写延长的写法为：*Paulownia* → *Pau.*，*Paeonia* → *Pae.*，其中 au 和 ae 为双元音，属于一个音节故不能拆分开。

（12）当论文中某个属只出现一个种，在之后提及该种时，可以仅用属名。例如，*Pinus koraiensis*，*Picea koraiensis*，……（文字论述），*Pinus*，*Picea*，……（文字论述）。这属于种名的简写，即属名代表特定的种。

植物拉丁名缩写的目的是节省篇幅且不影响阅读时对植物名称的把握，同时不应对阅读造成障碍。当属名很短时，比如只有 3~4 个字母，就不必缩写。此外，如果缩写后对论著篇幅的缩减很有限，也不必刻意对属名作缩写处理，特别是当同属植物非连续出现时，或前后相距很远（比如超过几页或间隔有大量不同属的植物学名）而阅读时需要耗时查找确认属名时，也可以不使用缩写。任何时候对植物学名使用全拼都是可以接受的，缩写并非必须。

编 排 说 明

    本书在对学名进行解释时，无论在植物名称中以何种词尾出现，原则上均使用单数阳性词尾（通常是 -us）作为基本形态，以表示该词的来源。例如，下面三种植物：Aster alpinus（高山紫菀）、Polygonum alpinum（高山蓼）、Poa alpina（高山早熟禾），种加词用的是同一个词，统一以 alpinus（高山的）进行解释。

    本书关于复合词的构词解析采用多种方式：① 整体解释后拆分解释；② 整体解释并给出构词来源但不拆分解释；③ 拆分解释但不给出整体意思。从排版形式上，稍复杂的复合词用等式 AB = A + B 的形式给出构词成分，然后分别解释 A 和 B。例如，grandiflora = grandi + florus 大花的：grandi- ← grandis 大的；florus 花。有些复合词比较短，构词成分容易识别，则对 AB 进行解释后而直接对 A 和 B 分别进行解释，而不用等式表示其构成。多数复合词学名，根据各构词成分的解释并结合中文名称很容易判断其含义，故为了节省篇幅，仅将其拆分开解释词义，而不对复合词的整体意思进行翻译。例如，"berberifolius：Berberis 小檗属；folius 叶片"。显而易见，复合词 berberifolius 的意思是"小檗叶的"。而且，像这种情况，由于对构词成分进行拆分解释，即使不写成"AB = A + B"的形式，读者也会明白 berberifolius 一词是来自 Berberis + folius。也有些复合词虽然其构词成分的意思很清楚，但由于所用构词成分都是一些带有隐喻意义的词，而复合词本身所要表达的意义却有待进一步考究。有些词是用来间接形容植物的某些特征的。例如，nemus（森林、密林）常被用来比喻密集成丛的花丝、花柄等。所以，本书作者难以对每种植物学名的用词所比喻的真正含义逐一推敲，对这类情况只给出其字面意思，而需要读者根据植物本身特点去判断该词描述的是哪类器官或哪方面的属性。另外，植物学名中有很多词汇来自希腊语，本书只对部分希腊语词汇做了词源标注。

1. 本书正文基本结构是：植物拉丁名，中文名，用词释义和构词解析。

2. 检索词条是植物拉丁名，包括科属种及门和纲的名称。

3. 不同词或构词成分之间用分号区分。

4. 为了使中文途径查找更快捷，对列入索引的中文科属名在正文中均加下划线。

5. 同一个词在植物学名中会有不同的词尾，在词条解释时原则上统一采用单数阳性词尾。例如，检索词条为 nigrus、nigrum、nigra，解释时全部采用"nigrus 黑色的"。此外，对有些出现频率很高的词，同时给出不同性属的形态，排列顺序是"阳性、中性、阴性"。例如，"folius/ folium/ folia"（叶片），依次为该词的阳性、中性、阴性。

6. 关于专有名词，包括人名、地名等，同一个名词在不同植物学名中的拼写会有一些差异（例如，-viczii、-wiczii 等），未作统一化处理，在解释时均保留原有形态，特别是外国人名、地名，只在括号中注明"人名"或"地名"，如 borodinii（人名）、karakolicum（地名）。

7. 对于地名、人名或地方土名等词汇，由于种加词是形容词（或名词的属格），对应的汉语词末尾一般应带有"的"字，表示性质或所属，但本书将地名和人名做了分别处理，即在地名后面加"的"字，如"hebeiensis 河北的（地名）"，而人名的翻译则未加"的"字，如"wuzhengyiana 吴征镒（人名）"。

8. 植物学名中使用的人名或地名都是拉丁化的，在解释时原则上采用小写（包括品种名），如 japonica（日本的）。但当单独给出其名称来源时则词头则用大写，如 bartlettii ← Bartlett（人名）。

9. 关于植物采集地点的标注，在地名后面括号内注明所属国家或地区。例如，"贝加尔湖的（地名，俄罗斯）"，表示属于或位于俄罗斯。山脉和河流往往跨多个地区或国家，为了节省篇幅，本书没有像地名词典那样将所涉及的区域名称全部罗列，而是原则上只标注植物标本采集地所处的区域名称。例如，"秦岭的（地名，陕西省）"，尽管秦岭山脉跨多个省份。众所周知的地名（如国家名、省份名）或范围非常广大的地区，本书对其地理位置或范围不做描述，如"喜马拉雅的（地名）""云南的（地名）""印度的（地名）"。判断一个词是否为地名的主要依据是拼写和词尾特征，而其地理位置信息则是来自《中国植物志》中关于模式标本采集地的记述。由于很多植物名称发表的年代比较久远，所用的地名已经成为历史地名，有些地理名词的读音（其中包括一些中文地名的拼写）不统一或不规范，难以考证其确切的名称及所属的地理区域。所以，对这类地名不翻译也不解释，如"nilgerrensis（地名）"。还有一些地理名词虽然在《中国植物志》中有明确的记述，但地名词典中却没有收录，主要是因为地理范围太小，如村落或不出名的山峰等。

10. 一个构词成分的后面或前面有连字符时，分别表示词首或词尾，如 nigro-（黑色）、-folius（叶片）。

11. 关于科的名称仅给出模式属的学名，其含义见该模式属的解释。

12. 科属名称后面括号里的信息是《中国植物志》中的卷册和页码，如"（44-2：p185）"表示位于 44 卷 2 分册 185 页。

13. 《中国植物志》中有些学名的拼写或构词存在错误或疑似错误，对这些词均在其后面加上注解，这是作者在文献考证的基础上并结合构词规则分析提出的商榷意见或修订建议，未必恰当，仅代表个人观点供读者参考。个别学名虽然的确拼写有误，本书仍保留原来的形态，但在解释时予以明确指出。建议读者在使用这些学名时仔细斟酌。

14. 有些词或构词成分之间用斜杠隔开，表示意思相同、相似或同一个词的不同形态，如 -inus/ -inum/ -ina/ -inos（相近、接近、相似、所有）。

15. 词条解释时使用的箭头表示该词的演化过程或来源，如 alti-/ alto- ← altus （高的，高处的）。用于植物名称时则表示名称发生变化（异名）。

16. 有些复合词的词尾出现频率很高（如 -atus、-ulus、-osus 等），适当做了省略处理，即在部分种名中只对词干部分或整体意思进行解释。例如，lanatus = lana + atus 具羊毛的，具长柔毛的；lana 羊毛。其中词尾 -atus 是高频出现的构词成分，是名词的形容词化，在其他复合词中已经有过多次解释，所以在这个词中没有对其进行单独解释。而 lana 也可以不解释，因为从复合词整体意思解释中可以知道其意义。对于表示分布地区或起源的词尾 -ensis 和 -ense，由于出现次数非常多，为了节省篇幅，在此给出释义，而在正文中基本不再解释。该构词成分的意思是："起源于，产于，属于（表示起源、地方或生境）"。

17. 学名中表示分类单位且多次出现的缩写词，在此给出，正文中不多次反复解释。var. ← varietas 变种，变化；f. ← forma 变型；cv. ← cultivarietas = cultus + varietas 品种、栽培变种（cultus 栽培、培养，varietas 变种）；subsp. ← subspecies 亚种；sp. ← species 种；spp. 为 species 的复数，表示某个属的多个种。

18. 学名中的乘号（×）表示杂交，如 Sorghum × almum （杂高粱）。

19. 《中国植物志》在文献引证时使用了大量的外国植物种类名称及异名，所以这些种类原本没有中文名，本书作者根据词义全部给出参考中文名放在括号内，如 Abelia angustifolia（狭叶六道木）。

20. 对重名的中文种名或属名，根据分类学特征或拉丁名含义并参考有关文献资料给出独立名称，以避免混淆。原名称在括号中注记。

21. 《中国植物志》中有将近 4000 个种下级别的分类单位（亚种、变种、变型）未给出具体名称，而只在上一级名称后面加上"原变种""原变型"等。鉴于本书的编撰目的并非中文名称的规范化，故除对少数分类单位根据种加词的含义给出建议名外，基本保留原来的形态，但在写法上进行了统一，即在表示分类级别的术语前面加上连字符"-"，如"臭椿-原变种""粗壮岩黄耆-粗茎变种"等。

22. 本书收录了一些在《中国植物志》（正文中简称《植物志》）中没有记录或修订后公布的科属，均在括号中注明"增补"。

23. 本书参考有关词典和文献，对部分植物中文名的用字进行了订正。例如，"木犀"一词全部改为"木樨"。还有，"黄者"和"黄芪"，尚未被列入异形词，而《现代汉语词典》（第 7 版）只收录了"黄芪"，故将所有植物名称中包含的"黄者"统一为"黄芪"。为了避免名称混乱，多数植物名称原则上保留原来的用字，但在解释时使用规范的汉字。例如，有些植物名称中含有"葶"字，是指无主茎草本植物的花柄，正字应为"莛"，对这类植物的名称不做变动，而作为术语时用"花莛"而不用"花葶"。类似地，"攀援"和"攀缘"在植物名称中都有出现，而在解释植物具有攀爬这一特性时用"攀缘"而不用"攀援"。

24. 关于同音近义且不属于异形词的情况，对植物名称保留原有状态，如"绵毛柳""棉毛菊"等。鉴于"绵毛"和"棉毛"在植物形态描述上意思基本相同，本书在词义解释时统一使用"绵毛"而不使用"棉毛"（特指棉絮状毛等除外）。

25. 对中文名称中的部分汉字加注拼音，采用的原则是：① 注音对象是难读字、生僻字、多音字、易错读字；② 科名和属名使用相同待注音汉字时，仅对属名注音，而且属名中已经注音的汉字，属内种名不再标注；③ 多音字只对所采用的读音为不常用读音或易错读音加注拼音。例如，"行"字，在"单行贯众"中标注为"háng"，而在"独行菜"中使用的是常用读音"xíng"，故未予注音。

封面图片介绍

封面图片是水杉（*Metasequoia glyptostroboides* Hu et Cheng）的叶片、雄球花、果实，其中果实由本书作者采自水杉模式标本树。

水杉由王战发现，胡先骕和郑万钧命名。

水杉在地质时期曾广泛分布于北半球，并在地层中保存有大量的化石。根据化石，时任日本京都大学讲师三木茂（Shigeru Miki，1901–1974）于 1941 年建立了水杉属，并认为这是在地球上已经灭绝了的植物类群。1943年 7 月 21 日，时任农林部中央林业实验所技正王战（1911–2000）在四川省万县谋道溪（今湖北省利川市谋道镇）采得第一份活体水杉标本。起初认为是杉科的水松（*Glyptostrobus pensilis*），但细看其枝叶对生、果形圆大、种鳞交互对生、果柄较长，与水松迥异，于是否定了自己原先的认识，断定该植物不是水松，很可能是新种，但无奈战乱时期文献资料匮乏，虽经长达两年的研究，仍难以定论，故于 1945 年托人请教中央大学树木分类学家郑万钧教授（1904–1983），开启了关于水杉的接力式研究。郑万钧经过一年的研究初步将其定为杉科一新属——钱木属，并暂定名为中国钱木（*Chieniodendron sinense*）。为慎重起见，郑万钧于 1946 年请教北平静生生物调查所（现中国科学院植物研究所前身）的胡先骕教授（1894–1968）。胡先骕经过研究，否定了郑万钧的命名方案，但起初也认为是新属，先后草拟了几个暂定名，后来在日本《植物学杂志》上看到三木茂的论文，经反复比对，确定该植物原来就是三木茂所建立的水杉属成员，是新种！遂定名为 *Metasequoia glyptostroboides*，最后被胡、郑二人联名于 1948 年正式发表。中文名"水杉"源自当地先民为该树所起的名字（水梭）。由此，水杉这一恐龙时代就存在的古老物种得以保护、拯救和扩展。水杉被誉为 20 世纪植物学领域的重大发现。

位于湖北省利川市谋道镇的水杉模式标本树

（左图创作于水杉发表后不久，作者不详，右图拍摄于 2019 年）

目　录

Abelia 六道木属（忍冬科）（72：p116）：abelia ← Clarke Abel（人名，18 世纪英国医学家、博物学家）（除 -er 外，以辅音字母结尾的人名用作属名时在末尾加 -ia，如果人名词尾为 -us 则将词尾变成 -ia）

Abelia angustifolia（狭叶六道木）：angusti- ← angustus 窄的，狭的，细的；folius/ folium/ folia 叶，叶片（用于复合词）

Abelia biflora 六道木：bi-/ bis- 二，二数，二回（希腊语为 di-）；florus/ florum/ flora ← flos 花（用于复合词）

Abelia buddleioides 醉鱼草状六道木：buddleioides 醉鱼草状的；Buddleja 醉鱼草属（马钱科）；-oides/ -oideus/ -oideum/ -oidea/ -odes/ -eidos 像……的，类似……的，呈……状的（名词词尾）

Abelia chinensis 糯米条（糯 nuò）：chinensis = china + ensis 中国的（地名）；China 中国

Abelia chowii（赵氏六道木）：chowii（人名）；-ii 表示人名，接在以辅音字母结尾的人名后面，但 -er 除外

Abelia dielsii 南方六道木：dielsii ← Friedrich Ludwig Emil Diels（人名，20 世纪德国植物学家）

Abelia engleriana 蓪梗花（蓪 tōng）：engleriana ← Adolf Engler 阿道夫·恩格勒（人名，1844–1931，德国植物学家，创立了以假花学说为基础的植物分类系统，于 1897 年发表）

Abelia forrestii 细瘦六道木：forrestii ← George Forrest（人名，1873–1932，英国植物学家，曾在中国西部采集大量植物标本）

Abelia × grandiflora 大花六道木：grandi- ← grandis 大的；florus/ florum/ flora ← flos 花（用于复合词）

Abelia macrotera 二翅六道木：macroterus 远的

Abelia parvifolia 小叶六道木：parvifolius 小叶的；parvus 小的，些微的，弱的；folius/ folium/ folia 叶，叶片（用于复合词）

Abelia trifolia（三叶六道木）：tri-/ tripli-/ triplo- 三个，三数；folius/ folium/ folia 叶，叶片（用于复合词）

Abelia umbellata 伞花六道木：umbellatus = umbella + atus 伞形花序的，具伞的；umbella 伞形花序

Abelmoschus 秋葵属（锦葵科）（49-2：p52）：abelmoschus ← abulmosk 麝香之父（阿拉伯语，指种子具麝香味）

Abelmoschus crinitus 长毛黄葵：crinitus 被长毛的；crinis 头发的，彗星尾的，长而软的簇生毛发

Abelmoschus esculentus 咖啡黄葵（咖 kā）：esculentus 食用的，可食的；esca 食物，食料；-ulentus/ -ulentum/ -ulenta/ -olentus/ -olentum/ -olenta（表示丰富、充分或显著发展）

Abelmoschus forrestii（福雷斯特秋葵）：forrestii ← George Forrest（人名，1873–1932，英国植物学家，曾在中国西部采集大量植物标本）

Abelmoschus manihot 黄蜀葵：manihot 木薯（巴西土名）；Manihot 木薯属（大戟科）

Abelmoschus manihot var. manihot 黄蜀葵-原变种（词义见上面解释）

Abelmoschus manihot var. pungens 刚毛黄蜀葵：pungens 硬尖的，针刺的，针刺般的，辛辣的；pungo/ pupugi/ punctum 扎，刺，使痛苦

Abelmoschus moschatus 黄葵：moschatus 麝香的，麝香味的；mosch- 麝香

Abelmoschus muliensis 木里秋葵：muliensis 木里的（地名，四川省）

Abelmoschus sagittifolius 箭叶秋葵：sagittatus/ sagittalis 箭头状的；sagita/ sagitta 箭，箭头；-atus/ -atum/ -ata 属于，相似，具有，完成（形容词词尾）；folius/ folium/ folia 叶，叶片（用于复合词）

Abies 冷杉属（松科）（7：p55）：abies 冷杉（古拉丁名）

Abies beshanzuensis 百山祖冷杉：beshanzuensis 百山祖的（地名，浙江省）；-ensis/ -ense 起源于，产于，属于（表示起源、地方或生境）

Abies chayuensis 察隅冷杉（隅 yú）：chayuensis 察隅的（地名，西藏东南部）

Abies chensiensis 秦岭冷杉：chensiensis 陕西的（地名）

Abies delavayi 苍山冷杉：delavayi ← P. J. M. Delavay（人名，1834–1895，法国传教士，曾在中国采集植物标本）；-i 表示人名，接在以元音字母结尾的人名后面，但 -a 除外

Abies delavayi var. delavayi 苍山冷杉-原变种（词义见上面解释）

Abies delavayi var. motuoensis 墨脱冷杉：motuoensis 墨脱的（地名，西藏自治区）

Abies ernestii 黄果冷杉：ernestii（人名）；-ii 表示人名，接在以辅音字母结尾的人名后面，但 -er 除外

Abies ernestii var. ernestii 黄果冷杉-原变种（词义见上面解释）

Abies ernestii var. salouenensis 云南黄果冷杉：salouenensis（地名）

Abies fabri 冷杉：fabri（人名，词尾改为 "-ii" 似更妥）；-ii 表示人名，接在以辅音字母结尾的人名后面，但 -er 除外；-i 表示人名，接在以元音字母结尾的人名后面，但 -a 除外

Abies fargesii 巴山冷杉：fargesii ← Pere Paul Guillaume Farges（人名，19 世纪中叶至 20 世纪活动于中国的法国传教士，植物采集员）

Abies faxoniana 岷江冷杉（岷 mín）：faxoniana ← Charles Edward Faxon（人名，19 世纪美国植物学家）

Abies ferreana 中甸冷杉：ferreanus 铁的，坚硬如铁的，铁色的；ferreus → ferr- 铁，铁的，铁色的，坚硬如铁的；关联词：ferrugineus 铁锈的，淡棕色的；-anus/ -anum/ -ana 属于，来自（形容词词尾）

Abies firma 日本冷杉：firmus 坚固的，强的

Abies forrestii 川滇冷杉：forrestii ← George Forrest（人名，1873–1932，英国植物学家，曾在中国西部采集大量植物标本）

Abies georgei 长苞冷杉：georgei（人名）

Abies georgei var. georgei 长苞冷杉-原变种（词义见上面解释）

A

Abies georgei var. smithii 急尖长苞冷杉：smithii ← James Edward Smith（人名，1759–1828，英国植物学家）

Abies holophylla 杉松：holophyllus 全缘叶的；holo-/ hol- 全部的，所有的，完全的，联合的，全缘的，不分裂的；phyllus/ phyllum/ phylla ← phyllon 叶片（用于希腊语复合词）

Abies kawakamii 台湾冷杉：kawakamii 川上（人名，20 世纪日本植物采集员）

Abies nephrolepis 臭冷杉：nephrolepis 肾形鳞片的；nephro-/ nephr- ← nephros 肾脏，肾形；lepis/ lepidos 鳞片；Nephrolepis 肾蕨属（肾蕨科）

Abies nukiangensis 怒江冷杉：nukiangensis 怒江的（地名，云南省）

Abies recurvata 紫果冷杉：recurvatus 反曲的，反卷的，后曲的；re- 返回，相反，再次，重复，向后，回头；curvus 弯曲的；-atus/ -atum/ -ata 属于，相似，具有，完成（形容词词尾）

Abies sibirica 新疆冷杉：sibirica 西伯利亚的（地名，俄罗斯）；-icus/ -icum/ -ica 属于，具有某种特性（常用于地名、起源、生境）

Abies spectabilis 西藏冷杉：spectabilis 壮观的，美丽的，漂亮的，显著的，值得看的；spectus 观看，观察，观测，表情，外观，外表，样子；-ans/ -ens/ -bilis/ -ilis 能够，可能（为形容词词尾，-ans/ -ens 用于主动语态，-bilis/ -ilis 用于被动语态）

Abies squamata 鳞皮冷杉：squamatus = squamus + atus 具鳞片的，具薄膜的；squamus 鳞，鳞片，薄膜

Abrodictyum 长片蕨属（膜蕨科）（2：p189）：abrodictyum 美丽的网；abrus ← habros 优美的，漂亮的，精致的，雅致的；diktyon 网

Abrodictyum cumingii 长片蕨：cumingii ← Hugh Cuming（人名，19 世纪英国贝类专家、植物学家）

Abrus 相思子属（豆科）（40：p123）：abrus ← habros 优美的，漂亮的，精致的，雅致的

Abrus cantoniensis 广州相思子：cantoniensis 广东的（地名）

Abrus mollis 毛相思子：molle/ mollis 软的，柔毛的

Abrus precatorius 相思子：precatorius 信仰的，祈祷的（比喻形似串珠）；precator 祈祷者，祈愿者；precor 祈祷，祈愿；prex/ precis/ preces 祈祷；-ius/ -ium/ -ia 具有……特性的（表示有关、关联、相似）

Abrus pulchellus 美丽相思子：pulchellus/ pulcellus = pulcher + ellus 稍美丽的，稍可爱的；pulcher/pulcer 美丽的，可爱的；-ellus/ -ellum/ -ella ← -ulus 小的，略微的，稍微的（小词 -ulus 在字母 e 或 i 之后有多种变缀，即 -olus/ -olum/ -ola、-ellus/ -ellum/ -ella、-illus/ -illum/ -illa，用于第一变格法名词）

Absolmsia 滑藤属（萝藦科）（63：p386）：absolmsia← H. M. C. F. Friedrich zu Solms Laubach（人名，20 世纪德国生物学家）

Absolmsia oligophylla 滑藤：oligo-/ olig- 少数的（希腊语，拉丁语为 pauci-）；phyllus/ phyllum/ phylla ← phyllon 叶片（用于希腊语复合词）

Abutilon 苘麻属（苘 qīng）（锦葵科）（49-2：p28）：abutilon 止泻的（传说对家畜有效）；a-/ an- 无，非，没有，缺乏，不具有（an- 用于元音前）（a-/ an- 为希腊语词首，对应的拉丁语词首为 e-/ ex-，相当于英语的 un-/ -less，注意词首 a- 和作为介词的 a/ ab 不同，后者的意思是"从……、由……、关于……、因为……"）；bous 公牛；tilos 痢疾，腹泻

Abutilon crispum 泡果苘：crispus 收缩的，褶皱的，波纹的（如花瓣周围的波浪状褶皱）

Abutilon gebauerianum 滇西苘麻：gebauerianum（人名）

Abutilon hirtum 恶味苘麻：hirtus 有毛的，粗毛的，刚毛的（长而明显的毛）

Abutilon hirtum var. hirtum 恶味苘麻-原变种（词义见上面解释）

Abutilon hirtum var. yuanmouense 元谋恶味苘麻：yuanmouense 元谋的（地名，云南省）

Abutilon indicum 磨盘草：indicum 印度的（地名）；-icus/ -icum/ -ica 属于，具有某种特性（常用于地名、起源、生境）

Abutilon indicum var. forrestii 小花磨盘草：forrestii ← George Forrest（人名，1873–1932，英国植物学家，曾在中国西部采集大量植物标本）

Abutilon indicum var. guineense 几内亚磨盘草：guineense 几内亚的（地名）

Abutilon indicum var. indicum 磨盘草-原变种（词义见上面解释）

Abutilon paniculatum 圆锥苘麻：paniculatus = paniculus + atus 具圆锥花序的；paniculus 圆锥花序；panus 谷穗；panicus 野稗，粟，谷子；-atus/ -atum/ -ata 属于，相似，具有，完成（形容词词尾）

Abutilon roseum 红花苘麻：roseus = rosa + eus 像玫瑰的，玫瑰色的，粉红色的；rosa 蔷薇（古拉丁名）← rhodon 蔷薇（希腊语）← rhodd 红色，玫瑰红（凯尔特语）；-eus/ -eum/ -ea（接拉丁语词干时）属于……的，色如……的，质如……的（表示原料、颜色或品质的相似），（接希腊语词干时）属于……的，以……出名，为……所占有（表示具有某种特性）

Abutilon sinense 华苘麻：sinense = Sina + ense 中国的（地名）；Sina 中国

Abutilon sinense var. edentatum 无齿华苘麻：edentatus = e + dentatus 无齿的，无牙齿的；e-/ ex- 不，无，非，缺乏，不具有（e- 用在辅音字母前，ex- 用在元音字母前，为拉丁语词首，对应的希腊语词首为 a-/ an-，英语为 un-/ -less，注意作词首用的 e-/ ex- 和介词 e/ ex 意思不同，后者意为"出自、从……、由……离开、由于、依照"）；dentatus = dentus + atus 牙齿的，齿状的，具齿的；dentus 齿，牙齿；-atus/ -atum/ -ata 属于，相似，具有，完成（形容词词尾）

Abutilon sinense var. sinense 华苘麻-原变种（词义见上面解释）

Abutilon striatum 金铃花：striatus = stria + atus 有条纹的，有细沟的；stria 条纹，线条，细纹，细沟

Abutilon theophrasti 苘麻：theophrasti ← Theophrastus（人名，3 世纪希腊哲学家、植物学家）（注：词尾改为"-ii"似更妥）；-ii 表示人名，接在以辅音字母结尾的人名后面，但 -er 除外；-i 表示人名，接在以元音字母结尾的人名后面，但 -a 除外

A

Acacia 金合欢属（豆科）（39：p22）：acacia ← akis/ akozo 刺，尖刺，锐尖（希腊语）

Acacia auriculiformis 大叶相思：auriculus 小耳朵的，小耳状的；auri- ← auritus 耳朵，耳状的；formis/ forma 形状；-culus/ -culum/ -cula 小的，略微的，稍微的（同第三变格法和第四变格法名词形成复合词）

Acacia caesia 尖叶相思：caesius 淡蓝色的，灰绿色的，蓝绿色的

Acacia catechu 儿茶：catechu 槟榔（印度语名）

Acacia confusa 台湾相思：confusus 混乱的，混同的，不确定的，不明确的；fusus 散开的，松散的，松弛的；co- 联合，共同，合起来（拉丁语词首，为 cum- 的音变，表示结合、强化、完全，对应的希腊语为 syn-）；co- 的缀词音变有 co-/ com-/ con-/ col-/ cor-：co-（在 h 和元音字母前面），col-（在 l 前面），com-（在 b、m、p 之前），con-（在 c、d、f、g、j、n、qu、s、t 和 v 前面），cor-（在 r 前面）

Acacia dealbata 银荆：dealbatus 变白的，刷白的（在较深的底色上略有白色，非纯白）；de- 向下，向外，从……，脱离，脱落，离开，去掉；albatus = albus + atus 发白的；albus → albi-/ albo- 白色的

Acacia decurrens 线叶金合欢：decurrens 下延的；decur- 下延的

Acacia delavayi 光叶金合欢：delavayi ← P. J. M. Delavay（人名，1834–1895，法国传教士，曾在中国采集植物标本）；-i 表示人名，接在以元音字母结尾的人名后面，但 -a 除外

Acacia farnesiana 金合欢：farnesiana ← Alessandro Farnese（人名，1520–1589，罗马红衣主教）

Acacia glauca 灰金合欢：glaucus → glauco-/ glauc- 被白粉的，发白的，灰绿色的

Acacia mangium 马占相思：mangium 马占（大洋洲土名音译）

Acacia mearnsii 黑荆：mearnsii ← Edgar Alexander Mearns（人名，1856–1916，美国博物学家）

Acacia megaladena 钝叶金合欢：mega-/ megal-/ megalo- ← megas 大的，巨大的；adenus 腺，腺体

Acacia nilotica 阿拉伯金合欢：nilotica 尼罗河的（地名）

Acacia pennata 羽叶金合欢：pennatus = pennus + atus 羽状的，具羽的；pinnus/ pennus 羽毛，羽状，羽片

Acacia pruinescens 粉被金合欢：pruinescens 略带白粉的，变得有白粉的；pruina 白粉，蜡质淡色粉末；pruinosus/ pruinatus 白粉覆盖的，覆盖白霜的；-escens/ -ascens 改变，转变，变成，略微，带有，接近，相似，大致，稍微（表示变化的趋势，并未完全相似或相同，有别于表示达到完成状态的 -atus）

Acacia senegal 阿拉伯胶树：senegal 塞内加尔河（地名，西非）

Acacia sinuata 藤金合欢：sinuatus = sinus + atus 深波浪状的；sinus 波浪，弯缺，海湾（sinus 的词干视为 sinu-）

Acacia spinosa 海滨合欢：spinosus = spinus + osus 具刺的，多刺的，长满刺的；spinus 刺，针刺；

-osus/ -osum/ -osa 多的，充分的，丰富的，显著发育的，程度高的，特征明显的（形容词词尾）

Acacia teniana 无刺金合欢：teniana（人名）

Acacia yunnanensis 云南相思树：yunnanensis 云南的（地名）

Acalypha 铁苋菜属（大戟科）（44-2：p98）：acalypha ← acalephe 荨麻，刺人草（古希腊语名）

Acalypha acmophylla 尾叶铁苋菜：acmophyllus 尖叶的；acmo- ← acme ← akme 顶点，尖锐的，边缘（希腊语）；phyllus/ phyllum/ phylla ← phyllon 叶片（用于希腊语复合词）

Acalypha akoensis 屏东铁苋菜：akoensis 阿猴的（地名，台湾省屏东县的旧称，"ako"为"阿猴"的日语读音）

Acalypha angatensis 台湾铁苋菜：angatensis（地名，菲律宾）

Acalypha australis 铁苋菜：australis 南方的，南半球的；austro-/ austr- 南方的，南半球的，大洋洲的；auster 南方，南风；-aris（阳性、阴性）/ -are（中性）← -alis（阳性、阴性）/ -ale（中性）属于，相似，如同，具有，涉及，关于，联结于（将名词作形容词用，其中 -aris 常用于以 l 或 r 为词干末尾的词）

Acalypha brachystachya 裂苞铁苋菜：brachy- ← brachys 短的（用于拉丁语复合词词首）；stachy-/ stachyo-/ -stachys/ -stachyus/ -stachyum/ -stachya 穗子，穗子的，穗子状的，穗状花序的

Acalypha caturus 尖尾铁苋菜：caturus（词源不详，印度尼西亚土名）

Acalypha hainanensis 海南铁苋菜：hainanensis 海南的（地名）

Acalypha hispida 红穗铁苋菜：hispidus 刚毛的，鬃毛状的

Acalypha indica 热带铁苋菜：indica 印度的（地名）；-icus/ -icum/ -ica 属于，具有某种特性（常用于地名、起源、生境）

Acalypha kerrii 卵叶铁苋菜：kerrii ← Arthur Francis George Kerr 或 William Kerr（人名）

Acalypha lanceolata 麻叶铁苋菜：lanceolatus = lanceus + olus + atus 小披针形的，小柳叶刀的；lance-/ lancei-/ lanci-/ lanceo-/ lanc- ← lanceus 披针形的，矛形的，尖刀状的，柳叶刀状的；-olus ← -ulus 小，稍微，略微（-ulus 在字母 e 或 i 之后变成 -olus/ -ellus/ -illus）；-atus/ -atum/ -ata 属于，相似，具有，完成（形容词词尾）

Acalypha mairei 毛叶铁苋菜：mairei（人名）；Edouard Ernest Maire（人名，19 世纪活动于中国云南的传教士）；Rene C. J. E. Maire 人名（20 世纪阿尔及利亚植物学家，研究北非植物）；-i 表示人名，接在以元音字母结尾的人名后面，但 -a 除外

Acalypha matsudai 恒春铁苋菜：matsudai ← Sadahisa Matsuda 松田定久（人名，日本植物学家，早期研究中国植物）；-i 表示人名，接在以元音字母结尾的人名后面，但 -a 除外，故该词改为"mutsudaiana"或"matsudae"似更妥

Acalypha schneideriana 丽江铁苋菜：schneideriana（人名）

Acalypha siamensis 菱叶铁苋菜：siamensis 暹罗的（地名，泰国古称）（暹 xiān）

A

Acalypha suirenbiensis 花莲铁苋菜：suirenbiensis（地名，属台湾省，日语读音）

Acalypha wilkesiana 红桑：wilkesiana ← Admiral Charles Wilkes（人名，19 世纪美国军事将领，曾在南太平洋探险）

Acalypha wilkesiana cv. Marginata 金边红桑：marginatus ← margo 边缘的，具边缘的；margo/ marginis → margin- 边缘，边线，边界；词尾为 -go 的词其词干末尾视为 -gin

Acampe 脆兰属（兰科）(19: p286)：acampe ← akampes（希腊语）脆弱的，脆的（指花不易弯曲）

Acampe joiceyana 美花脆兰：joiceyana（人名）

Acampe ochracea 窄果脆兰：ochraceus 赭黄色的；ochra 黄色的，黄土的；-aceus/ -aceum/ -acea 相似的，有……性质的，属于……的

Acampe papillosa 短序脆兰：papillosus 乳头状的；papilli- ← papilla 乳头的，乳突的；-osus/ -osum/ -osa 多的，充分的，丰富的，显著发育的，程度高的，特征明显的（形容词词尾）

Acampe rigida 多花脆兰：rigidus 坚硬的，不弯曲的，强直的

Acanthaceae 爵床科（70: p1）：Acanthus 老鼠簕属；-aceae（分类单位科的词尾，为 -aceus 的阴性复数主格形式，加到模式属的名称后或同义词的词干后以组成族群名称）；Justicia 爵床属（Justicia 为人名，另见 Rostellularia）；爵床科的拉丁科名 Acanthaceae 来自科的模式属老鼠簕属 Acanthus，故中文科名本应称"老鼠簕科"，但却采用非模式属 Justicia 的中文名作为科的中文名，是因为在翻译时沿用了日文模式——日本没有老鼠簕属，便用另外一个属 Justicia 的日文名作 Acanthaceae 的日文名，而该属日文名的字面意思为"狐孙"，不雅，于是中文名采用属的拉丁名 Justicia 的汉语方言谐音"爵床"而不是日文名的翻译

Acanthephippium 坛花兰属（兰科）(18: p321)：acanth-/ acantho- ← acanthus 刺，有刺的（希腊语）；ephippium ← ephippion = epi + hippion 马鞍（指花的形状）；epi- 上面的，表面的，在上面；hippion ← hippos 马（希腊语）

Acanthephippium sinense 中华坛花兰：sinense = Sina + ense 中国的（地名）；Sina 中国

Acanthephippium striatum 锥囊坛花兰：striatus = stria + atus 有条纹的，有细沟的；stria 条纹，线条，细纹，细沟

Acanthephippium sylhetense 坛花兰：sylhetense（地名，印度）

Acanthochlamys 芒苞草属（石蒜科）(16-1: p40)：acanth-/ acantho- ← acanthus 刺，有刺的（希腊语）；chlamys 花被，包被，外罩，被盖

Acanthochlamys bracteata 芒苞草：bracteatus = bracteus + atus 具苞片的；bracteus 苞，苞片，苞鳞；-atus/ -atum/ -ata 属于，相似，具有，完成（形容词词尾）

Acantholimon 彩花属（白花丹科）(60-1: p16)：acanth-/ acantho- ← acanthus 刺，有刺的（希腊语）；limon ← leimon 湿草地，沼泽

Acantholimon alatavicum 刺叶彩花：alatavicum 阿拉套山的（地名，新疆沙湾地区）

Acantholimon alatavicum var. alatavicum 刺叶彩花-原变种 （词义见上面解释）

Acantholimon alatavicum var. laevigatum 光萼彩花：laevigatus/ levigatus 光滑的，平滑的，平滑而发亮的；laevis/ levis/ laeve/ leve → levi-/ laevi- 光滑的，无毛的，无不平或粗糙感觉的；laevigo/ levigo 使光滑，削平

Acantholimon borodinii 细叶彩花：borodinii（人名）；-ii 表示人名，接在以辅音字母结尾的人名后面，但 -er 除外

Acantholimon diapensioides 小叶彩花：Diapensia 岩梅属（岩梅科）；-oides/ -oideus/ -oideum/ -oidea/ -odes/ -eidos 像……的，类似……的，呈……状的（名词词尾）

Acantholimon hedinii 彩花：hedinii（人名）；-ii 表示人名，接在以辅音字母结尾的人名后面，但 -er 除外

Acantholimon kokandense 浩罕彩花：kokandense 浩罕的（地名，塔吉克斯坦）

Acantholimon lycopodioides 石松彩花：lycopodioides 像石松的；Lycopodium 石松属（石松科）；-oides/ -oideus/ -oideum/ -oidea/ -odes/ -eidos 像……的，类似……的，呈……状的（名词词尾）

Acantholimon popovii 乌恰彩花：popovii ← popov（人名）

Acantholimon tianschanicum 天山彩花：tianschanicum 天山的（地名，新疆维吾尔自治区）；-icus/ -icum/ -ica 属于，具有某种特性（常用于地名、起源、生境）

Acanthopanax → Eleutherococcus 五加属（五加科）(54: p86)：acanthus ← Akantha 刺，具刺的（Acantha 是希腊神话中的女神，和太阳神阿波罗发生冲突，太阳神将其变成带刺的植物）；panax 人参；eleutherococcus = eleutheros + coccus 松散浆果的；eleutheros 挣脱，解放，自由（希腊语）；coccus/ coccineus 浆果，绯红色（一种形似浆果的介壳虫的颜色）

Acanthopanax brachypus 短柄五加：brachy- ← brachys 短的（用于拉丁语复合词词首）；-pus ← pous 腿，足，爪，柄，茎

Acanthopanax cissifolius 乌蔹莓五加（蔹 liǎn）：Cissus 白粉藤属（葡萄科）；folius/ folium/ folia 叶，叶片（用于复合词）

Acanthopanax cuspidatus 尾叶五加：cuspidatus = cuspis + atus 尖头的，凸尖的；构词规则：词尾为 -is 和 -ys 的词的词干分别视为 -id 和 -yd；cuspis（所有格为 cuspidis）齿尖，凸尖，尖头，-atus/ -atum/ -ata 属于，相似，具有，完成（形容词词尾）

Acanthopanax divaricatus 两歧五加：divaricatus 广歧的，发散的，散开的

Acanthopanax eleutheristylus 离柱五加：eleutheristylus 分离花柱的；eleutherine ← eleutheros 挣脱，解放，自由（希腊语）；stylus/ stylis ← stylos 柱，花柱

Acanthopanax eleutheristylus var. eleutheristylus 离柱五加-原变种 （词义见上面

解释）

Acanthopanax eleutheristylus var. simplex 单叶离柱五加：simplex 单一的，简单的，无分歧的（词干为 simplic-）

Acanthopanax evodiaefolius 吴茱萸五加（茱萸 zhū yú）：evodiaefolius 吴茱萸叶的（注：复合词中前段词的词尾变成 i 而不是所有格，如果用的是属名，则变形后的词尾 i 要保留，而且组成该复合词所用的属名拼写也有误，故该词宜改为"euodiifolius"）；Evodia 吴茱萸属（芸香科，正确拼写为"Euodia"）；folius/ folium/ folia 叶，叶片（用于复合词）

Acanthopanax evodiaefolius var. evodiaefolius 吴茱萸五加-原变种 （词义见上面解释）

Acanthopanax evodiaefolius var. ferrugineus 锈毛吴茱萸五加：ferrugineus 铁锈的，淡棕色的；ferrugo = ferrus + ugo 铁锈（ferrugo 的词干为 ferrugin-）；词尾为 -go 的词其词干末尾视为 -gin；ferreus → ferr- 铁，铁的，铁色的，坚硬如铁的；-eus/ -eum/ -ea（接拉丁语词干时）属于……的，色如……的，质如……的（表示原料、颜色或品质的相似），（接希腊语词干时）属于……的，以……出名，为……所占有（表示具有某种特性）

Acanthopanax evodiaefolius var. gracilis 细梗吴茱萸五加：gracilis 细长的，纤弱的，丝状的

Acanthopanax giraldii 红毛五加：giraldii ← Giuseppe Giraldi（人名，19 世纪活动于中国的意大利传教士）

Acanthopanax giraldii var. giraldii 红毛五加-原变种 （词义见上面解释）

Acanthopanax giraldii var. hispidus 毛梗红毛五加：hispidus 刚毛的，鬃毛状的

Acanthopanax giraldii var. pilosulus 毛叶红毛五加：pilosulus = pilus + osus + ulus 被软毛的；pilosus = pilus + osus 多毛的，被柔毛的，具疏柔毛的，被短弱细毛的；pilus 毛，疏柔毛；-osus/ -osum/ -osa 多的，充分的，丰富的，显著发育的，程度高的，特征明显的（形容词词尾）；-ulus/ -ulum/ -ula 小的，略微的，稍微的（小词 -ulus 在字母 e 或 i 之后有多种变缀，即 -olus/ -olum/ -ola、-ellus/ -ellum/ -ella、-illus/ -illum/ -illa，与第一变格法和第二变格法名词形成复合词）

Acanthopanax gracilistylus 五加：gracilis 细长的，纤弱的，丝状的；stylus/ stylis ← stylos 柱，花柱

Acanthopanax gracilistylus var. gracilistylus 五加-原变种 （词义见上面解释）

Acanthopanax gracilistylus var. major 大叶五加：major 较大的，更大的（majus 的比较级）；majus 大的，巨大的

Acanthopanax gracilistylus var. nodiflorus 糙毛五加：nodiflorus 关节上开花的；nodus 节，节点，连接点；florus/ florum/ flora ← flos 花（用于复合词）

Acanthopanax gracilistylus var. pubescens 短毛五加：pubescens ← pubens 被短柔毛的，长出柔毛的；pubi- ← pubis 细柔毛的，短柔毛的，毛被的；pubesco/ pubescere 长成的，变为成熟的，长出柔毛的，青春期体毛的；-escens/ -ascens 改变，转变，

变成，略微，带有，接近，相似，大致，稍微（表示变化的趋势，并未完全相似或相同，有别于表示达到完成状态的 -atus）

Acanthopanax gracilistylus var. villosulus 柔毛五加：villosulus 略有长柔毛的；villosus 柔毛的，绵毛的；villus 毛，羊毛，长绒毛；-ulus/ -ulum/ -ula 小的，略微的，稍微的（小词 -ulus 在字母 e 或 i 之后有多种变缀，即 -olus/ -olum/ -ola、-ellus/ -ellum/ -ella、-illus/ -illum/ -illa，与第一变格法和第二变格法名词形成复合词）

Acanthopanax henryi 糙叶五加：henryi ← Augustine Henry 或 B. C. Henry（人名，前者，1857–1930，爱尔兰医生、植物学家，曾在中国采集植物，后者，1850–1901，曾活动于中国的传教士）

Acanthopanax henryi var. faberi 毛梗糙叶五加：faberi ← Ernst Faber（人名，19 世纪活动于中国的德国植物采集员）；-eri 表示人名，在以 -er 结尾的人名后面加上 i 形成

Acanthopanax henryi var. henryi 糙叶五加-原变种 （词义见上面解释）

Acanthopanax lasiogyne 康定五加：lasi-/ lasio- 羊毛状的，有毛的，粗糙的；gynus/ gynum/ gyna 雌蕊，子房，心皮

Acanthopanax leucorrhizus 藤五加：leuc-/ leuco- ← leucus 白色的（如果和其他表示颜色的词混用则表示淡色）；rhizus 根，根状茎（-rh- 接在元音字母后面构成复合词时要变成 -rrh-）

Acanthopanax leucorrhizus var. axillaritomentosus 腋毛藤五加：axillaritomentosus 腋毛的，腋下有毛的；axillaris 腋生的；axillus 叶腋的；axill-/ axilli- 叶腋；tomentosus = tomentum + osus 绒毛的，密被绒毛的；tomentum 绒毛，浓密的毛被，棉絮，棉絮状填充物（被褥、垫子等）；-osus/ -osum/ -osa 多的，充分的，丰富的，显著发育的，程度高的，特征明显的（形容词词尾）

Acanthopanax leucorrhizus var. fulvescens 糙叶藤五加：fulvus 咖啡色的，黄褐色的；-escens/ -ascens 改变，转变，变成，略微，带有，接近，相似，大致，稍微（表示变化的趋势，并未完全相似或相同，有别于表示达到完成状态的 -atus）

Acanthopanax leucorrhizus var. leucorrhizus 藤五加-原变种 （词义见上面解释）

Acanthopanax leucorrhizus var. leucorrhizus f. angustifoliatus 长叶藤五加：angusti- ← angustus 窄的，狭的，细的；foliatus 具叶的，多叶的；folius/ folium/ folia → foli-/ folia- 叶，叶片

Acanthopanax leucorrhizus var. scaberulus 狭叶藤五加：scaberulus 略粗糙的；scaber → scabrus 粗糙的，有凹凸的，不平滑的；-ulus/ -ulum/ -ula 小的，略微的，稍微的（小词 -ulus 在字母 e 或 i 之后有多种变缀，即 -olus/ -olum/ -ola、-ellus/ -ellum/ -ella、-illus/ -illum/ -illa，与第一变格法和第二变格法名词形成复合词）

Acanthopanax obovatus 倒卵叶五加：obovatus = ob + ovus + atus 倒卵形的；ob- 相反，反对，倒（ob- 有多种音变：ob- 在元音字母和大多数辅音字母前面，oc- 在 c 前面，of- 在 f 前面，op- 在 p 前

面）；ovus 卵，胚珠，卵形的，椭圆形的

Acanthopanax rehderianus 匙叶五加（匙 chí）：rehderianus ← Alfred Rehder（人名，1863–1949，德国植物分类学家、树木学家，在美国 Arnold 植物园工作）

Acanthopanax rehderianus var. longipedunculatus 长梗匙叶五加：longe-/ longi- ← longus 长的，纵向的；pedunculatus/ peduncularis 具花序柄的，具总花梗的；pedunculus/ peduncule/ pedunculis ← pes 花序柄，总花梗（花序基部无花着生部分，不同于花柄）；关联词：pedicellus/ pediculus 小花梗，小花柄（不同于花序柄）；pes/ pedis 柄，梗，茎秆，腿，足，爪（作词首或词尾，pes 的词干视为"ped-"）

Acanthopanax rehderianus var. rehderianus 匙叶五加-原变种 （词义见上面解释）

Acanthopanax scandens 匐匐五加：scandens 攀缘的，缠绕的，藤本的；scando/ scansum 上升，攀登，缠绕

Acanthopanax senticosus 刺五加：senticosus = senticetum + osus 多刺的，尖刺密生的，充满荆棘的（同义词：spinosus）；senticetum = sentis + cetum 布满荆棘的，灌木丛生的；sentis 刺，荆棘，有刺灌木，悬钩子属植物，树莓；-etum/ -cetum 群丛，群落（表示数量很多，为群落优势种）（如 arboretum 乔木群落，quercetum 栎树林，rosetum 蔷薇群落）；关联词：sentus 粗糙的，不平的，崎岖的

Acanthopanax sessiliflorus 无梗五加：sessile-/ sessili-/ sessil- ← sessilis 无柄的，无茎的，基生的，基部的；florus/ florum/ flora ← flos 花（用于复合词）

Acanthopanax sessiliflorus var. parviceps 小果无梗五加：parvus 小的，些微的，弱的；-ceps/ cephalus ← captus 头，头状的，头状花序

Acanthopanax sessiliflorus var. sessiliflorus 无梗五加-原变种 （词义见上面解释）

Acanthopanax setchuenensis 蜀五加：setchuenensis 四川的（地名）

Acanthopanax setchuenensis var. latifoliatus 阔叶蜀五加：lati-/ late- ← latus 宽的，宽广的；foliatus 具叶的，多叶的；folius/ folium/ folia → foli-/ folia- 叶，叶片

Acanthopanax setchuenensis var. setchuenensis 蜀五加-原变种 （词义见上面解释）

Acanthopanax setulosus 细刺五加：setulosus = setus + ulus + osus 多细刚毛的，多细刺毛的，多细芒刺的；setus/ saetus 刚毛，刺毛，芒刺；-ulus/ -ulum/ -ula 小的，略微的，稍微的（小词 -ulus 在字母 e 或 i 之后有多种变缀，即 -olus/ -olum/ -ola、-ellus/ -ellum/ -ella、-illus/ -illum/ -illa，与第一变格法和第二变格法名词形成复合词）；-osus/ -osum/ -osa 多的，充分的，丰富的，显著发育的，程度高的，特征明显的（形容词词尾）

Acanthopanax sieboldianus 异株五加：sieboldianus ← Franz Philipp von Siebold 西博德（人名，1796–1866，德国医生、植物学家，曾专门研究日本植物）

Acanthopanax simonii 刚毛五加：simonii（人名）；-ii 表示人名，接在以辅音字母结尾的人名后面，但 -er 除外

Acanthopanax simonii var. longipedicellatus 长梗刚毛五加：longe-/ longi- ← longus 长的，纵向的；pedicellatus = pedicellus + atus 具小花柄的；pedicellus = pes + cellus 小花梗，小花柄（不同于花序柄）；pes/ pedis 柄，梗，茎秆，腿，足，爪（作词首或词尾，pes 的词干视为"ped-"）；-cellus/ -cellum/ -cella、-cillus/ -cillum/ -cilla 小的，略微的，稍微的（与任何变格法名词形成复合词）；关联词：pedunculus 花序柄，总花梗（花序基部无花着生部分）；-atus/ -atum/ -ata 属于，相似，具有，完成（形容词词尾）

Acanthopanax simonii var. simonii 刚毛五加-原变种 （词义见上面解释）

Acanthopanax sinensis 中华五加：sinensis = Sina + ensis 中国的（地名）；Sina 中国

Acanthopanax stenophyllus 太白山五加：sten-/ steno- ← stenus 窄的，狭的，薄的；phyllus/ phyllum/ phylla ← phyllon 叶片（用于希腊语复合词）

Acanthopanax stenophyllus f. angustissimus 狭叶太白山五加：angusti- ← angustus 窄的，狭的，细的；-issimus/ -issima/ -issimum 最，非常，极其（形容词最高级）

Acanthopanax stenophyllus f. dilatatus 阔叶太白山五加：dilatatus = dilatus + atus 扩大的，膨大的；dilatus/ dilat-/ dilati-/ dilato- 扩大，膨大

Acanthopanax trifoliatus 白簕（簕 lè）：tri-/ tripli-/ triplo- 三个，三数；foliatus 具叶的，多叶的；folius/ folium/ folia → foli-/ folia- 叶，叶片；-atus/ -atum/ -ata 属于，相似，具有，完成（形容词词尾）

Acanthopanax trifoliatus var. setosus 刚毛白簕：setosus = setus + osus 被刚毛的，被短毛的，被芒刺的；setus/ saetus 刚毛，刺毛，芒刺；-osus/ -osum/ -osa 多的，充分的，丰富的，显著发育的，程度高的，特征明显的（形容词词尾）

Acanthopanax trifoliatus var. trifoliatus 白簕-原变种 （词义见上面解释）

Acanthopanax verticillatus 轮伞五加：verticillatus/ verticillaris 螺纹的，螺旋的，轮生的，环状的；verticillus 轮，环状排列

Acanthopanax wilsonii 狭叶五加：wilsonii ← John Wilson（人名，18 世纪英国植物学家）

Acanthopanax yui 云南五加：yui 俞氏（人名）；-i 表示人名，接在以元音字母结尾的人名后面，但 -a 除外

Acanthophyllum 刺叶属（石竹科）（26：p428）：acanth-/ acantho- ← acanthus 刺，有刺的（希腊语）；phyllus/ phyllum/ phylla ← phyllon 叶片（用于希腊语复合词）

Acanthophyllum pungens 刺叶：pungens 硬尖的，针刺的，针刺般的，辛辣的；pungo/ pupugi/ punctum 扎，刺，使痛苦

Acanthospermum 刺苞果属（菊科）（75：p331）：acanth-/ acantho- ← acanthus 刺，有刺的（希腊语）；spermus/ spermum/ sperma 种子的（用于希

腊语复合词）

Acanthospermum australe 刺苞果：australe 南方的，大洋洲的；austro-/ austr- 南方的，南半球的，大洋洲的；auster 南方，南风；-aris（阳性、阴性）/ -are（中性）← -alis（阳性、阴性）/ -ale（中性）属于，相似，如同，具有，涉及，关于，联结于（将名词作形容词用，其中 -aris 常用于以 l 或 r 为词干末尾的词）

Acanthospermum hispidum 硬毛刺苞果：hispidus 刚毛的，髭毛状的

Acanthus 老鼠簕属（簕 lè）（爵床科）（70：p44）：acanthus ← Akantha 刺，具刺的（Acantha 是希腊神话中的女神，和太阳神阿波罗发生冲突，太阳神将其变成带刺的植物）

Acanthus ebracteatus 小花老鼠簕：ebracteatus 无苞片的；bracteatus = bracteus + atus 具苞片的；bracteus 苞，苞片，苞鳞；e-/ ex- 不，无，非，缺乏，不具有（e- 用在辅音字母前，ex- 用在元音字母前，为拉丁语词首，对应的希腊语词首为 a-/ an-，英语为 un-/ -less，注意作词首用的 e-/ ex- 和介词 e/ ex 意思不同，后者意为"出自、从……、由……离开、由于、依照"）

Acanthus ebracteatus var. ebracteatus 小花老鼠簕-原变种 （词义见上面解释）

Acanthus ebracteatus var. xiamenensis 厦门老鼠簕：xiamenensis 厦门的（地名，福建省）

Acanthus ilicifolius 老鼠簕：ilici- ← Ilex 冬青属（冬青科）；构词规则：以 -ix/ -iex 结尾的词其词干末尾视为 -ic，以 -ex 结尾视为 -i/ -ic，其他以 -x 结尾视为 -c；folius/ folium/ folia 叶，叶片（用于复合词）

Acanthus leucostachyus 刺苞老鼠簕：leuc-/ leuco- ← leucus 白色的（如果和其他表示颜色的词混用则表示淡色）；stachy-/ stachyo- -stachys/ -stachyus/ -stachyum/ -stachya 穗子，穗子的，穗子状的，穗状花序的

Acer 槭属（槭树科）（46：p69）：acer/ acris/ acre 尖的，辛辣的，槭树（古拉丁名）

Acer acutum 锐角槭：acutus 尖锐的，锐角的

Acer acutum var. acutum 锐角槭-原变种 （词义见上面解释）

Acer acutum var. quinquefidum 五裂锐角槭：quin-/ quinqu-/ quinque-/ quinqui- 五，五数（希腊语为 penta-）；fidus ← findere 裂开，分裂（裂深不超过 1/3，常作词尾）

Acer acutum var. tientungense 天童锐角槭：tientungense 天童的（地名，浙江省）

Acer albo-purpurascens 紫白槭：albus → albi-/ albo- 白色的；purpurascens 带紫色的，发紫的；purpur- 紫色的；-escens/ -ascens 改变，转变，变成，略微，带有，接近，相似，大致，稍微（表示变化的趋势，并未完全相似或相同，有别于表示达到完成状态的 -atus）

Acer amplum 阔叶槭：amplus 大的，宽的，膨大的，扩大的

Acer amplum var. amplum 阔叶槭-原变种 （词义见上面解释）

Acer amplum var. convexum 凸果阔叶槭：convexus 拱形的，弯曲的

Acer amplum var. jianshuiense 建水阔叶槭：jianshuiense 建水的（地名，云南省）

Acer amplum var. tientaiense 天台阔叶槭（台 tāi）：tientaiense 天台山的（地名，浙江省）

Acer anhweiense 安徽槭：anhweiense 安徽的（地名）

Acer anhweiense var. anhweiense 安徽槭-原变种（词义见上面解释）

Acer anhweiense var. brachypterum 短翅安徽槭：brachy- ← brachys 短的（用于拉丁语复合词词首）；pterus/ pteron 翅，翼，蕨类

Acer barbinerve 髭脉槭（髭 zī）：barbi- ← barba 胡须，髯毛，绒毛；nerve ← nervus 脉，叶脉

Acer bicolor 两色槭：bi-/ bis- 二，二数，二回（希腊语为 di-）；color 颜色

Acer bicolor var. bicolor 两色槭-原变种 （词义见上面解释）

Acer bicolor var. serratifolium 粗齿两色槭：serratus = serrus + atus 有锯齿的；serrus 齿，锯齿；folius/ folium/ folia 叶，叶片（用于复合词）

Acer bicolor var. serrulatum 圆齿两色槭：serrulatus = serrus + ulus + atus 具细锯齿的；serrus 齿，锯齿；-ulus/ -ulum/ -ula 小的，略微的，稍微的（小词 -ulus 在字母 e 或 i 之后有多种变缀，即 -olus/ -olum/ -ola、-ellus/ -ellum/ -ella、-illus/ -illum/ -illa，与第一变格法和第二变格法名词形成复合词）；-atus/ -atum/ -ata 属于，相似，具有，完成（形容词词尾）

Acer buergerianum 三角槭：buergerianum ← Heinrich Buerger（人名，19 世纪荷兰植物学家）

Acer buergerianum var. buergerianum 三角槭-原变种 （词义见上面解释）

Acer buergerianum var. formosanum 台湾三角槭：formosanus = formosus + anus 美丽的，台湾的；formosus ← formosa 美丽的，台湾的（葡萄牙殖民者发现台湾时对其的称呼，即美丽的岛屿）；-anus/ -anum/ -ana 属于，来自（形容词词尾）

Acer buergerianum var. horizontale 平翅三角槭：horizontale = horizontis + ale 水平的；horizon/ horizontis/ horizontos 水平，水平线；-aris（阳性、阴性）/ -are（中性）← -alis（阳性、阴性）/ -ale（中性）属于，相似，如同，具有，涉及，关于，联结于（将名词作形容词用，其中 -aris 常用于以 l 或 r 为词干末尾的词）

Acer buergerianum var. kaiscianense 界山三角槭：kaiscianense 界山的（地名，湖北省）

Acer buergerianum var. ningpoense 宁波三角槭：ningpoense 宁波的（地名，浙江省）

Acer buergerianum var. yentangense 雁荡三角槭：yentangense 雁荡山的（地名，浙江省）

Acer caesium 深灰槭：caesius 淡蓝色的，灰绿色的，蓝绿色的

Acer caesium subsp. caesium 深灰槭-原亚种（词义见上面解释）

Acer caesium subsp. giraldii 太白深灰槭：giraldii ← Giuseppe Giraldi（人名，19 世纪活动于

中国的意大利传教士）

Acer campbellii 藏南槭：campbellii ← Archibald Campbell（人名，19 世纪植物学家，曾在喜马拉雅山探险）

Acer cappadocicum 青皮槭：cappadocicum 卡帕多西亚的（地名，属小亚细亚）

Acer cappadocicum var. brevialatum 短翅青皮槭：brevi- ← brevis 短的（用于希腊语复合词词首）；alatus → ala-/ alat-/ alati-/ alato- 翅，具翅的，具翼的

Acer cappadocicum var. cappadocicum 青皮槭-原变种（词义见上面解释）

Acer cappadocicum var. sinicum 小叶青皮槭：sinicum 中国的（地名）；-icus/ -icum/ -ica 属于，具有某种特性（常用于地名、起源、生境）

Acer cappadocicum var. tricaudatum 三尾青皮槭：tri-/ tripli-/ triplo- 三个，三数；caudatus = caudus + atus 尾巴的，尾巴状的，具尾的；caudus 尾巴

Acer catalpifolium 梓叶槭（梓 zǐ）：Catalpa 梓属（紫葳科）；folius/ folium/ folia 叶，叶片（用于复合词）

Acer catalpifolium subsp. catalpifolium 梓叶槭-原亚种（词义见上面解释）

Acer catalpifolium subsp. xinganense 兴安梓叶槭：xinganense 兴安的（地名，大兴安岭或小兴安岭）

Acer caudatifolium 尖尾槭：caudatus = caudus + atus 尾巴的，尾巴状的，具尾的；caudus 尾巴；folius/ folium/ folia 叶，叶片（用于复合词）

Acer caudatum 长尾槭：caudatus = caudus + atus 尾巴的，尾巴状的，具尾的；-atus/ -atum/ -ata 属于，相似，具有，完成（形容词词尾）

Acer caudatum var. caudatum 长尾槭-原变种（词义见上面解释）

Acer caudatum var. multiserratum 多齿长尾槭：multi- ← multus 多个，多数，很多（希腊语为 poly-）；serratus = serrus + atus 有锯齿的；serrus 齿，锯齿

Acer caudatum var. prattii 川滇长尾槭：prattii ← Antwerp E. Pratt（人名，19 世纪活动于中国的英国动物学家、探险家）

Acer ceriferum 蜡枝槭：cerus/ cerum/ cera 蜡；-ferus/ -ferum/ -fera/ -fero/ -fere/ -fer 有，具有，产（区别：作独立词使用的 ferus 意思是"野生的"）

Acer changhuaense 昌化槭：changhuaense 昌化的（地名，浙江省）

Acer chienii 怒江槭：chienii ← S. S. Chien 钱崇澍（人名，1883–1965，中国植物学家）

Acer chingii 黔桂槭：chingii ← R. C. Chin 秦仁昌（人名，1898–1986，中国植物学家，蕨类植物专家），秦氏

Acer chunii 乳源槭：chunii ← W. Y. Chun 陈焕镛（人名，1890–1971，中国植物学家）

Acer chunii subsp. chunii 乳源槭-原亚种（词义见上面解释）

Acer chunii subsp. dimorphophyllum 两型叶乳源槭：dimorphus 二型的，异型的；di-/ dis- 二，二数，二分，分离，不同，在……之间，从……分开（希腊语，拉丁语为 bi-/ bis-）；morphus ← morphos 形状，形态；phyllus/ phyllum/ phylla ← phyllon 叶片（用于希腊语复合词）

Acer cinnamomifolium 樟叶槭：Cinnamomum 樟属（樟科）；folius/ folium/ folia 叶，叶片（用于复合词）

Acer confertifolium 密叶槭：confertus 密集的；folius/ folium/ folia 叶，叶片（用于复合词）

Acer confertifolium var. confertifolium 密叶槭-原变种（词义见上面解释）

Acer confertifolium var. serrulatum 细齿密叶槭：serrulatus = serrus + ulus + atus 具细锯齿的；serrus 齿，锯齿；-ulus/ -ulum/ -ula 小的，略微的，稍微的（小词 -ulus 在字母 e 或 i 之后有多种变缀，即 -olus/ -olum/ -ola、-ellus/ -ellum/ -ella、-illus/ -illum/ -illa，与第一变格法和第二变格法名词形成复合词）；-atus/ -atum/ -ata 属于，相似，具有，完成（形容词词尾）

Acer cordatum 紫果槭：cordatus ← cordis/ cor 心脏的，心形的；-atus/ -atum/ -ata 属于，相似，具有，完成（形容词词尾）

Acer cordatum var. cordatum 紫果槭-原变种（词义见上面解释）

Acer cordatum var. microcordatum 小紫果槭：micr-/ micro- ← micros 小的，微小的，微观的（用于希腊语复合词）；cordatus ← cordis/ cor 心脏的，心形的；-atus/ -atum/ -ata 属于，相似，具有，完成（形容词词尾）

Acer cordatum var. subtrinervium 长柄紫果槭：subtrinervius 近三脉的；sub-（表示程度较弱）与……类似，几乎，稍微，弱，亚，之下，下面；tri-/ tripli-/ triplo- 三个，三数；nervius = nervus + ius 具脉的，具叶脉的；nervus 脉，叶脉；-ius/ -ium/ -ia 具有……特性的（表示有关、关联、相似）

Acer coriaceifolium 革叶槭：coriaceus = corius + aceus 近皮革的，近革质的；corius 皮革的，革质的；-aceus/ -aceum/ -acea 相似的，有……性质的，属于……的；folius/ folium/ folia 叶，叶片（用于复合词）

Acer coriaceifolium var. coriaceifolium 革叶槭-原变种（词义见上面解释）

Acer coriaceifolium var. microcarpum 小果革叶槭：micr-/ micro- ← micros 小的，微小的，微观的（用于希腊语复合词）；carpus/ carpum/ carpa/ carpon ← carpos 果实（用于希腊语复合词）

Acer crassum 厚叶槭：crassus 厚的，粗的，多肉质的

Acer davidii 青榨槭：davidii ← Pere Armand David（人名，1826–1900，曾在中国采集植物标本的法国传教士）；-ii 表示人名，接在以辅音字母结尾的人名后面，但 -er 除外

Acer decandrum 十蕊槭：decandrus 十个雄蕊的；deca-/ dec- 十（希腊语，拉丁语为 decem-）；andrus/ andros/ antherus ← aner 雄蕊，花药，雄性

Acer discolor 异色槭：discolor 异色的，不同色的（指花瓣花萼等）；di-/ dis- 二，二数，二分，分离，不同，在……之间，从……分开（希腊语，拉丁语

为 bi-/ bis-）；color 颜色

Acer duplicato-serratum 重齿槭（重 chóng）：duplicato-serratus 重锯齿的；duplicatus = duo + plicatus 二折的，重复的，重瓣的；duo 二；plicatus = plex + atus 折扇状的，有沟的，纵向折叠的，棕榈叶状的（= plicativus）；plex/ plica 褶，折扇状，卷折（plex 的词干为 plic-）；构词规则：以 -ix/ -iex 结尾的词其词干末尾视为 -ic，以 -ex 结尾视为 -i/ -ic，其他以 -x 结尾视为 -c；serratus = serrus + atus 有锯齿的；serrus 齿，锯齿；-atus/ -atum/ -ata 属于，相似，具有，完成（形容词词尾）

Acer elegantulum 秀丽槭：elegantulus = elegantus + ulus 稍优雅的；elegantus ← elegans 优雅的

Acer elegantulum var. elegantulum 秀丽槭-原变种 （词义见上面解释）

Acer elegantulum var. macrurum 长尾秀丽槭：macrurus 大尾巴的，长尾巴的，尾巴长的，尾巴大的；macro-/ macr- ← macros 大的，宏观的（用于希腊语复合词）；-urus/ -ura/ -ourus/ -oura/ -oure/ -uris 尾巴

Acer erianthum 毛花槭：erion 绵毛，羊毛；anthus/ anthum/ antha/ anthe ← anthos 花（用于希腊语复合词）

Acer eucalyptoides 桉状槭：eucalyptoides = Eucalyptus + oides 像桉树的；Eucalyptus 桉属（桃金娘科）；-oides/ -oideus/ -oideum/ -oidea/ -odes/ -eidos 像……的，类似……的，呈……状的（名词词尾）

Acer fabri 罗浮槭：fabri（人名，词尾改为 "-ii" 似更妥）；-ii 表示人名，接在以辅音字母结尾的人名后面，但 -er 除外；-i 表示人名，接在以元音字母结尾的人名后面，但 -a 除外

Acer fabri var. fabri 罗浮槭-原变种 （词义见上面解释）

Acer fabri var. gracillimum 特瘦罗浮槭：gracillimus 极细长的，非常纤细的；gracilis 细长的，纤弱的，丝状的；-limus/ -lima/ -limum 最，非常，极其（以 -ilis 结尾的形容词最高级，将末尾的 -is 换成 l + imus，从而构成 -illimus）

Acer fabri var. megalocarpum 大果罗浮槭：mega-/ megal-/ megalo- ← megas 大的，巨大的；carpus/ carpum/ carpa/ carpon ← carpos 果实（用于希腊语复合词）

Acer fabri var. rubrocarpum 红果罗浮槭：rubr-/ rubri-/ rubro- ← rubrus 红色；carpus/ carpum/ carpa/ carpon ← carpos 果实（用于希腊语复合词）

Acer fabri var. virescens 毛梗罗浮槭：virencens/ virescens 发绿的，带绿色的；virens 绿色的，变绿的；-escens/ -ascens 改变，转变，变成，略微，带有，接近，相似，大致，稍微（表示变化的趋势，并未完全相似或相同，有别于表示达到完成状态的 -atus）

Acer fenzelianum 河口槭：fenzelianum（人名）

Acer firmianioides 梧桐槭：Firmiana 梧桐属（梧桐科）；-oides/ -oideus/ -oideum/ -oidea/ -odes/ -eidos 像……的，类似……的，呈……状的（名词词尾）

Acer flabellatum 扇叶槭：flabellatus = flabellus +

atus 扇形的；flabellus 扇子，扇形的

Acer flabellatum var. flabellatum 扇叶槭-原变种（词义见上面解释）

Acer flabellatum var. yunnanense 云南扇叶槭：yunnanense 云南的（地名）

Acer forrestii 丽江槭：forrestii ← George Forrest（人名，1873–1932，英国植物学家，曾在中国西部采集大量植物标本）

Acer franchetii 房县槭：franchetii ← A. R. Franchet（人名，19 世纪法国植物学家）

Acer franchetii var. franchetii 房县槭-原变种（词义见上面解释）

Acer franchetii var. megalocarpum 大果房县槭：mega-/ megal-/ megalo- ← megas 大的，巨大的；carpus/ carpum/ carpa/ carpon ← carpos 果实（用于希腊语复合词）

Acer fulvescens 黄毛槭：fulvus 咖啡色的，黄褐色的；-escens/ -ascens 改变，转变，变成，略微，带有，接近，相似，大致，稍微（表示变化的趋势，并未完全相似或相同，有别于表示达到完成状态的 -atus）

Acer fulvescens subsp. danbaense 丹巴黄毛槭：danbaense 丹巴的（地名，四川西部）

Acer fulvescens subsp. fulvescens 黄毛槭-原亚种（词义见上面解释）

Acer fulvescens subsp. fupingense 陕甘黄毛槭：fupingense 富平的（地名，陕西省）

Acer fulvescens subsp. fuscescens 褐脉黄毛槭：fuscescens 淡褐色的，淡棕色的，变成褐色的；fuscus 棕色的，暗色的，发黑的，暗棕色的，褐色的；-escens/ -ascens 改变，转变，变成，略微，带有，接近，相似，大致，稍微（表示变化的趋势，并未完全相似或相同，有别于表示达到完成状态的 -atus）

Acer fulvescens subsp. pentalobum 五裂黄毛槭：pentalobus 五裂的；penta- 五，五数（希腊语，拉丁语为 quin/ quinqu/ quinque-/ quinqui-）；lobus/ lobos/ lobon 浅裂，耳片（裂片先端钝圆），荚果，蒴果

Acer ginnala 茶条槭：ginnala（西伯利亚地区土名）

Acer ginnala subsp. ginnala 茶条槭-原亚种 （词义见上面解释）

Acer ginnala subsp. theiferum 苦茶槭：theiferum 具茶的，可制茶的；thei ← thi 茶（中文土名）；-ferus/ -ferum/ -fera/ -fero/ -fere/ -fer 有，具有，产（区别：作独立词使用的 ferus 意思是 "野生的"）

Acer griseum 血皮槭（血 xuè）：griseus 灰白色的

Acer grosseri 葛萝槭（葛 gě）：grosseri ← W. C. Grosser（人名，20 世纪德国植物学家）；-eri 表示人名，在以 -er 结尾的人名后面加上 i 形成

Acer grosseri var. grosseri 葛萝槭-原变种 （词义见上面解释）

Acer grosseri var. hersii 长裂葛萝槭：hersii（人名）；-ii 表示人名，接在以辅音字母结尾的人名后面，但 -er 除外

Acer hainanense 海南槭：hainanense 海南的（地名）

Acer henryi 建始槭：henryi ← Augustine Henry 或 B. C. Henry（人名，前者，1857–1930，爱尔兰医

A

生、植物学家，曾在中国采集植物，后者，1850–1901，曾活动于中国的传教士）

Acer heptalobum 七裂槭：hepta- 七（希腊语，拉丁语为 septem-/ sept-/ septi-）；lobus/ lobos/ lobon 浅裂，耳片（裂片先端钝圆），荚果，蒴果

Acer hilaense 海拉槭：hilaense 海拉山的（地名，云南西南部）

Acer hookeri 锐齿槭：hookeri ← William Jackson Hooker（人名，19 世纪英国植物学家）；-eri 表示人名，在以 -er 结尾的人名后面加上 i 形成

Acer hookeri var. hookeri 锐齿槭-原变种 （词义见上面解释）

Acer hookeri var. orbiculare 圆叶锐齿槭：orbiculare 近圆形地；orbis 圆，圆形，圆圈，环；-culus/ -culum/ -cula 小的，略微的，稍微的（同第三变格法和第四变格法名词形成复合词）；-aris（阳性、阴性）/ -are（中性）← -alis（阳性、阴性）/ -ale（中性）属于，相似，如同，具有，涉及，关于，联结于（将名词作形容词用，其中 -aris 常用于以 l 或 r 为词干末尾的词）

Acer huianum 勐海槭（勐 měng）：huianum 胡氏（人名）

Acer hypoleucum 灰毛槭：hypoleucus 背面白色的，下面白色的；hyp-/ hypo- 下面的，以下的，不完全的；leucus 白色的，淡色的

Acer japonicum 羽扇槭：japonicum 日本的（地名）；-icus/ -icum/ -ica 属于，具有某种特性（常用于地名、起源、生境）

Acer kiangsiense 江西槭：kiangsiense 江西的（地名）

Acer kiukiangense 俅江槭：kiukiangense 俅江的（地名，云南省独龙江的旧称）

Acer komarovii 小楷槭（楷 jiē）：komarovii ← Vladimir Leontjevich Komarov 科马洛夫（人名，1869–1945，俄国植物学家）

Acer kungshanense 贡山槭：kungshanense 贡山的（地名，云南省）

Acer kungshanense var. acuminatilobum 尖裂贡山槭：acuminatus = acumen + atus 锐尖的，渐尖的；acumen 渐尖头；-atus/ -atum/ -ata 属于，相似，具有，完成（形容词词尾）；lobus/ lobos/ lobon 浅裂，耳片（裂片先端钝圆），荚果，蒴果

Acer kungshanense var. kungshanense 贡山槭-原变种 （词义见上面解释）

Acer kuomeii 密果槭：kuomeii（人名，词尾改为"-i"似更妥）；-ii 表示人名，接在以辅音字母结尾的人名后面，但 -er 除外；-i 表示人名，接在以元音字母结尾的人名后面，但 -a 除外

Acer kwangnanense 广南槭：kwangnanense 广南的（地名，云南省）

Acer kweilinense 桂林槭：kweilinense 桂林的（地名）

Acer laevigatum 光叶槭：laevigatus/ levigatus 光滑的，平滑的，平滑而发亮的；laevis/ levis/ laeve/ leve → levi-/ laevi- 光滑的，无毛的，无不平或粗糙感觉的；laevigo/ levigo 使光滑，削平

Acer laevigatum var. laevigatum 光叶槭-原变种 （词义见上面解释）

Acer laevigatum var. salweenense 怒江光叶槭：salweenense 萨尔温江的（地名，怒江流入缅甸部分的名称）

Acer laikuanii 将乐槭（将 jiāng）：laikuanii（人名）；-ii 表示人名，接在以辅音字母结尾的人名后面，但 -er 除外

Acer laisuense 来苏槭：laisuense 来苏沟的（地名，四川省理县）

Acer lanceolatum 剑叶槭：lanceolatus = lanceus + olus + atus 小披针形的，小柳叶刀的；lance-/ lancei-/ lanci-/ lanceo-/ lanc- ← lanceus 披针形的，矛形的，尖刀状的，柳叶刀状的；-olus ← -ulus 小，稍微，略微（-ulus 在字母 e 或 i 之后变成 -olus/ -ellus/ -illus）；-atus/ -atum/ -ata 属于，相似，具有，完成（形容词词尾）

Acer lanpingense 兰坪槭：lanpingense 兰坪的（地名，云南省）

Acer laxiflorum 疏花槭：laxus 稀疏的，松散的，宽松的；florus/ florum/ flora ← flos 花（用于复合词）

Acer laxiflorum var. dolichophyllum 长叶疏花槭：dolicho- ← dolichos 长的；phyllus/ phyllum/ phylla ← phyllon 叶片（用于希腊语复合词）

Acer laxiflorum var. laxiflorum 疏花槭-原变种 （词义见上面解释）

Acer leiopodum 秃梗槭：lei-/ leio-/ lio- ← leius ← leios 光滑的，平滑的；podus/ pus 柄，梗，茎秆，足，腿

Acer leipoense 雷波槭：leipoense 雷波的（地名，四川省）

Acer leipoense subsp. leipoense 雷波槭-原亚种 （词义见上面解释）

Acer leipoense subsp. leucotrichum 白毛雷波槭：leuc-/ leuco- ← leucus 白色的（如果和其他表示颜色的词混用则表示淡色）；trichus 毛，毛发，线

Acer leptophyllum 细叶槭：leptus ← leptos 细的，薄的，瘦小的，狭长的；phyllus/ phyllum/ phylla ← phyllon 叶片（用于希腊语复合词）

Acer linganense 临安槭：linganense 临安的（地名，浙江省）

Acer lingii 福州槭：lingii（人名）；-ii 表示人名，接在以辅音字母结尾的人名后面，但 -er 除外

Acer litseaefolium 长叶槭：litseaefolium 木姜子叶的（注：复合词须将前面词的词尾变成 i 而不是所有格，故该词改为 "litseifolium" 似更妥）；Litsea 木姜子属（樟科）；folius/ folium/ folia 叶，叶片（用于复合词）

Acer longicarpum 长翅槭：longe-/ longi- ← longus 长的，纵向的；carpus/ carpum/ carpa/ carpon ← carpos 果实（用于希腊语复合词）

Acer longipes 长柄槭：longe-/ longi- ← longus 长的，纵向的；pes/ pedis 柄，梗，茎秆，腿，足，爪（作词首或词尾，pes 的词干视为 "ped-"）

Acer longipes var. chengbuense 城步长柄槭：chengbuense 城步的（地名，湖南省）

Acer longipes var. longipes 长柄槭-原变种 （词义见上面解释）

Acer longipes var. nanchuanense 南川长柄槭：nanchuanense 南川的（地名，重庆市）

Acer longipes var. pubigerum 卷毛长柄槭：pubi- ← pubis 细柔毛的，短柔毛的，毛被的；gerus → -ger/ -gerus/ -gerum/ -gera 具有，有，带有

Acer longipes var. weixiense 维西长柄槭：weixiense 维西的（地名，云南省）

Acer lucidum 亮叶槭：lucidus ← lucis ← lux 发光的，光辉的，清晰的，发亮的，荣耀的（lux 的单数所有格为 lucis，词尾为 -is 和 -ys 的词的词干分别视为 -id 和 -yd）

Acer lungshengense 龙胜槭：lungshengense 龙胜的（地名，广西壮族自治区）

Acer machilifolium 楠叶槭：Machilus 润楠属（樟科）；folius/ folium/ folia 叶，叶片（用于复合词）

Acer mairei （麻氏槭）：mairei（人名）；Edouard Ernest Maire（人名，19 世纪活动于中国云南的传教士）；Rene C. J. E. Maire 人名（20 世纪阿尔及利亚植物学家，研究北非植物）；-i 表示人名，接在以元音字母结尾的人名后面，但 -a 除外

Acer mandshuricum 东北槭：mandshuricum 满洲的（地名，中国东北，地理区域）

Acer mandshuricum subsp. kansuense 甘肃槭：kansuense 甘肃的（地名）

Acer mandshuricum subsp. mandshuricum 东北槭-原亚种 （词义见上面解释）

Acer mapienense 马边槭：mapienense 马边的（地名，四川省）

Acer maximowiczii 五尖槭：maximowiczii ← C. J. Maximowicz 马克希莫夫（人名，1827–1891，俄国植物学家）

Acer maximowiczii subsp. maximowiczii 五尖槭-原亚种 （词义见上面解释）

Acer maximowiczii subsp. porphyrophyllum 紫叶五尖槭：porphyr-/ porphyro- 紫色；phyllus/ phyllum/ phylla ← phyllon 叶片（用于希腊语复合词）

Acer megalodum 大齿槭：megalodus 大齿的；mega-/ megal-/ megalo- ← megas 大的，巨大的；-odus 齿

Acer metcalfii 南岭槭：metcalfii（人名）；-ii 表示人名，接在以辅音字母结尾的人名后面，但 -er 除外

Acer miaoshanicum 苗山槭：miaoshanicum 苗山的（地名，广西壮族自治区）；-icus/ -icum/ -ica 属于，具有某种特性（常用于地名、起源、生境）

Acer miaotaiense 庙台槭：miaotaiense 庙台的（地名，陕西省）

Acer mono 色木槭：mono-/ mon- ← monos 一个，单一的（希腊语，拉丁语为 unus/ uni-/ uno-）

Acer mono var. incurvatum 弯翅色木槭：incurvatus = incurvus + atus 内弯的，具内弯的；incurvus 内弯的；in-/ im-（来自 il- 的音变）内，在内，内部，向内，相反，不，无，非；il- 在内，向内，为，相反（希腊语为 en-）；词首 il- 的音变：il-（在 l 前面），im-（在 b、m、p 前面），in-（在元音字母和大多数辅音字母前面），ir-（在 r 前面），如 illaudatus（不值得称赞的，评价不好的），impermeabilis（不透水的，穿不透的），ineptus（不合适的），insertus（插入的），irretortus（无弯曲的，

无扭曲的）；curvus 弯曲的

Acer mono var. macropterum 大翅色木槭：macro-/ macr- ← macros 大的，宏观的（用于希腊语复合词）；pterus/ pteron 翅，翼，蕨类

Acer mono var. minshanicum 岷山色木槭（岷 mín）：minshanicum 岷山的（地名，四川省），岷县的（地名，甘肃省）；-icus/ -icum/ -ica 属于，具有某种特性（常用于地名、起源、生境）

Acer mono var. mono 色木槭-原变种 （词义见上面解释）

Acer mono var. tricuspis 三尖色木槭：tri-/ tripli-/ triplo- 三个，三数；cuspis（所有格为 cuspidis）齿尖，凸尖，尖头

Acer nayongense 纳雍槭：nayongense 纳雍的（地名，贵州省）

Acer nayongense var. hunanense 湖南槭：hunanense 湖南的（地名）

Acer nayongense var. nayongense 纳雍槭-原变种 （词义见上面解释）

Acer negundo 梣叶槭（梣 chén）：negundo（马来西亚土名）

Acer nikoense 毛果槭：nikoense 日光的（地名，日本）

Acer oblongum 飞蛾槭：oblongus = ovus + longus 长椭圆形的（ovus 的词干 ov- 音变为 ob-）；ovus 卵，胚珠，卵形的，椭圆形的；longus 长的，纵向的

Acer oblongum var. concolor 绿叶飞蛾槭：concolor = co + color 同色的，一色的，单色的；co- 联合，共同，合起来（拉丁语词首，为 cum- 的音变，表示结合、强化、完全，对应的希腊语为 syn-）；co- 的缀音音变有 co-/ com-/ con-/ col-/ cor-：co-（在 h 和元音字母前面），col-（在 l 前面），com-（在 b、m、p 之前），con-（在 c、d、f、g、j、n、qu、s、t 和 v 前面），cor-（在 r 前面）；color 颜色

Acer oblongum var. latialatum 宽翅飞蛾槭：lati-/ late- ← latus 宽的，宽广的；alatus → ala-/ alat-/ alati-/ alato- 翅，具翅的，具翼的

Acer oblongum var. oblongum 飞蛾槭-原变种 （词义见上面解释）

Acer oblongum var. omeiense 峨眉飞蛾槭：omeiense 峨眉山的（地名，四川省）

Acer oblongum var. pachyphyllum 厚叶飞蛾槭：pachyphyllus 厚叶子的；pachy- ← pachys 厚的，粗的，肥的；phyllus/ phyllum/ phylla ← phyllon 叶片（用于希腊语复合词）

Acer oblongum var. trilobum 三裂飞蛾槭：tri-/ tripli-/ triplo- 三个，三数；lobus/ lobos/ lobon 浅裂，耳片（裂片先端钝圆），荚果，蒴果

Acer oligocarpum 少果槭：oligo-/ olig- 少数的（希腊语，拉丁语为 pauci-）；carpus/ carpum/ carpa/ carpon ← carpos 果实（用于希腊语复合词）

Acer olivaceum 橄榄槭（橄 gǎn）：olivaceus 绿褐色的，橄榄色的；oliva 橄榄，-aceus/ -aceum/ -acea 相似的，有……性质的，属于……的

Acer oliverianum 五裂槭：oliverianum（人名）

Acer oliverianum subsp. formosanum 台湾五裂槭：formosanus = formosus + anus 美丽的，台湾的；formosus ← formosa 美丽的，台湾的（葡萄牙

殖民者发现台湾时对其的称呼，即美丽的岛屿）；-anus/ -anum/ -ana 属于，来自（形容词词尾）

Acer oliverianum subsp. oliverianum 五裂槭-原亚种 （词义见上面解释）

Acer paihengii 富宁槭：paihengii（人名）；-ii 表示人名，接在以辅音字母结尾的人名后面，但 -er 除外

Acer palmatum 鸡爪槭：palmatus = palmus + atus 掌状的，具掌的；palmus 掌，手掌

Acer palmatum var. palmatum 鸡爪槭-原变种 （词义见上面解释）

Acer palmatum var. thunbergii 小鸡爪槭：thunbergii ← C. P. Thunberg（人名，1743–1828，瑞典植物学家，曾专门研究日本的植物）

Acer pashanicum 巴山槭：pashanicum 巴山的（地名，跨陕西、四川、湖北三省）；-icus/ -icum/ -ica 属于，具有某种特性（常用于地名、起源、生境）

Acer pauciflorum 稀花槭：pauci- ← paucus 少数的，少的（希腊语为 oligo-）；florus/ florum/ flora ← flos 花（用于复合词）

Acer paxii 金沙槭：paxii（人名）；-ii 表示人名，接在以辅音字母结尾的人名后面，但 -er 除外

Acer paxii var. paxii 金沙槭-原变种 （词义见上面解释）

Acer paxii var. semilunatum 半圆叶金沙槭：semi- 半，准，略微；lunatus/ lunarius 弯月的，月牙形的；luna 月亮，弯月

Acer pectinatum 篦齿槭：pectinatus/ pectinaceus 栉齿状的；pectini-/ pectino-/ pectin- ← pecten 篦子，梳子；-aceus/ -aceum/ -acea 相似的，有……性质的，属于……的

Acer pectinatum f. caudatilobum 尖尾篦齿槭：caudatus = caudus + atus 尾巴的，尾巴状的，具尾的；caudus 尾巴；lobus/ lobos/ lobon 浅裂，耳片（裂片先端钝圆），荚果，蒴果

Acer pectinatum f. pectinatum 篦齿槭-原变型 （词义见上面解释）

Acer pehpeiense 北碚槭（碚 bèi）：pehpeiense 北碚的（地名，重庆市）

Acer pentaphyllum 五小叶槭：penta- 五，五数（希腊语，拉丁语为 quin/ quinqu/ quinque-/ quinqui-）；phyllus/ phyllum/ phylla ← phyllon 叶片（用于希腊语复合词）

Acer pilosum 疏毛槭：pilosus = pilus + osus 多毛的，被柔毛的，具疏柔毛的，被短弱细毛的；pilus 毛，疏柔毛；-osus/ -osum/ -osa 多的，充分的，丰富的，显著发育的，程度高的，特征明显的（形容词词尾）

Acer poliophyllum 灰叶槭：polius/ polios 灰白色的；phyllus/ phyllum/ phylla ← phyllon 叶片（用于希腊语复合词）

Acer prolificum 多果槭：prolificus 多产的，有零余子的，有突起的；proli- 扩展，繁殖，后裔，零余子；proles 后代，种族；ficus 无花果（古拉丁名，比喻种子很多）

Acer pseudo-sieboldianum 紫花槭：pseudo-sieboldianum 像 sieboldianum 的；pseudo-/ pseud- ← pseudos 假的，伪的，接近，相似（但不是）；Acer sieboldianum 西博德槭；

sieboldianum ← Franz Philipp von Siebold 西博德（人名，1796–1866，德国医生、植物学家，曾专门研究日本植物）

Acer pseudo-sieboldianum var. koreanum 小果紫花槭：koreanum 朝鲜的（地名）

Acer pseudo-sieboldianum var. pseudo-sieboldianum 紫花槭-原变种 （词义见上面解释）

Acer pubinerve 毛脉槭：pubi- ← pubis 细柔毛的，短柔毛的，毛被的；nerve ← nervus 脉，叶脉

Acer pubinerve var. apiferum 细果毛脉槭：apicus/ apice 尖的，尖头的，顶端的；-ferus/ -ferum/ -fera/ -fero/ -fere/ -fer 有，具有，产（区别：作独立词使用的 ferus 意思是"野生的"）

Acer pubinerve var. kwangtungense 广东毛脉槭：kwangtungense 广东的（地名）

Acer pubinerve var. pubinerve 毛脉槭-原变种 （词义见上面解释）

Acer pubipalmatum 毛鸡爪槭：pubi- ← pubis 细柔毛的，短柔毛的，毛被的；palmatus = palmus + atus 掌状的，具掌的；palmus 掌，手掌

Acer pubipalmatum var. pubipalmatum 毛鸡爪槭-原变种 （词义见上面解释）

Acer pubipalmatum var. pulcherrimum 美丽毛鸡爪槭：pulcherrimus 极美丽的，最美丽的；pulcher/pulcer 美丽的，可爱的；-rimus/ -rima/ -rimum 最，极，非常（词尾为 -er 的形容词最高级）

Acer pubipetiolatum 毛柄槭：pubi- ← pubis 细柔毛的，短柔毛的，毛被的；petiolatus = petiolus + atus 具叶柄的；petiolus 叶柄

Acer pubipetiolatum var. pingpienense 屏边毛柄槭：pingpienense 屏边的（地名，云南省）

Acer pubipetiolatum var. pubipetiolatum 毛柄槭-原变种 （词义见上面解释）

Acer reticulatum 网脉槭：reticulatus = reti + culus + atus 网状的；reti-/ rete- 网（同义词：dictyo-）；-culus/ -culum/ -cula 小的，略微的，稍微的（同第三变格法和第四变格法名词形成复合词）；-atus/ -atum/ -ata 属于，相似，具有，完成（形容词词尾）

Acer reticulatum var. dimorphifolium 两型叶网脉槭：dimorphus 二型的，异型的；di-/ dis- 二，二数，二分，分离，不同，在……之间，从……分开（希腊语，拉丁语为 bi-/ bis-）；morphus ← morphos 形状，形态；folius/ folium/ folia 叶，叶片（用于复合词）

Acer reticulatum var. reticulatum 网脉槭-原变种 （词义见上面解释）

Acer robustum 叉叶槭（叉 chā）：robustus 大型的，结实的，健壮的，强壮的

Acer robustum var. honanense 河南叉叶槭：honanense 河南的（地名）

Acer robustum var. minus 小叉叶槭：minus 少的，小的

Acer robustum var. robustum 叉叶槭-原变种 （词义见上面解释）

Acer rubescens 红色槭：rubescens = rubus + escens 红色，变红的；rubus ← ruber/ rubeo 树莓

的，红色的；-escens/ -ascens 改变，转变，变成，略微，带有，接近，相似，大致，稍微（表示变化的趋势，并未完全相似或相同，有别于表示达到完成状态的 -atus）

Acer schneiderianum 盐源槭：schneiderianum（人名）

Acer schneiderianum var. pubescens 柔毛盐源槭：pubescens ← pubens 被短柔毛的，长出柔毛的；pubi- ← pubis 细柔毛的，短柔毛的，毛被的；pubesco/ pubescere 长成的，变为成熟的，长出柔毛的，青春期体毛的；-escens/ -ascens 改变，转变，变成，略微，带有，接近，相似，大致，稍微（表示变化的趋势，并未完全相似或相同，有别于表示达到完成状态的 -atus）

Acer schneiderianum var. schneiderianum 盐源槭-原变种 （词义见上面解释）

Acer semenovii 天山槭：semenovii（人名）；-ii 表示人名，接在以辅音字母结尾的人名后面，但 -er 除外

Acer shangszeense 上思槭：shangszeense 上思的（地名，广西壮族自治区）

Acer shangszeense var. anfuense 安福槭：anfuense 安福的（地名，江西省）

Acer shangszeense var. shangszeense 上思槭-原变种 （词义见上面解释）

Acer shensiense 陕西槭：shensiense 陕西的（地名）

Acer shihweii 平坝槭：shihweii（人名，词尾改为"-i"似更妥）；-ii 表示人名，接在以辅音字母结尾的人名后面，但 -er 除外

Acer sichourense 西畴槭：sichourense 西畴的（地名，云南省）

Acer sikkimense 锡金槭：sikkimense 锡金的（地名）

Acer sikkimense var. serrulatum 细齿锡金槭：serrulatus = serrus + ulus + atus 具细锯齿的；serrus 齿，锯齿；-ulus/ -ulum/ -ula 小的，略微的，稍微的（小词 -ulus 在字母 e 或 i 之后有多种变缀，即 -olus/ -olum/ -ola、-ellus/ -ellum/ -ella、-illus/ -illum/ -illa，与第一变格法和第二变格法名词形成复合词）；-atus/ -atum/ -ata 属于，相似，具有，完成（形容词词尾）

Acer sikkimense var. sikkimense 锡金槭-原变种 （词义见上面解释）

Acer sinense 中华槭：sinense = Sina + ense 中国的（地名）；Sina 中国

Acer sinense var. concolor 绿叶中华槭：concolor = co + color 同色的，一色的，单色的；co- 联合，共同，合起来（拉丁语词首，为 cum- 的音变，表示结合、强化、完全，对应的希腊语为 syn-）；co- 的缀词音变有 co-/ com-/ con-/ col-/ cor-：co-（在 h 和元音字母前面），col-（在 l 前面），com-（在 b、m、p 之前），con-（在 c、d、f、g、j、n、qu、s、t 和 v 前面），cor-（在 r 前面）；color 颜色

Acer sinense var. longilobum 深裂中华槭：longe-/ longi- ← longus 长的，纵向的；lobus/ lobos/ lobon 浅裂，耳片（裂片先端钝圆），荚果，蒴果

Acer sinense var. microcarpum 小果中华槭：micr-/ micro- ← micros 小的，微小的，微观的（用于希腊语复合词）；carpus/ carpum/ carpa/

carpon ← carpos 果实（用于希腊语复合词）

Acer sinense var. sinense 中华槭-原变种 （词义见上面解释）

Acer sinense var. undulatum 波缘中华槭：undulatus = undus + ulus + atus 略呈波浪状的，略弯曲的；undus/ undum/ unda 起波浪的，弯曲的；-ulus/ -ulum/ -ula 小的，略微的，稍微的（小词 -ulus 在字母 e 或 i 之后有多种变缀，即 -olus/ -olum/ -ola、-ellus/ -ellum/ -ella、-illus/ -illum/ -illa，与第一变格法和第二变格法名词形成复合词）；-atus/ -atum/ -ata 属于，相似，具有，完成（形容词词尾）

Acer sino-oblongum 滨海槭：sino- 中国；oblongus = ovus + longus 长椭圆形的（ovus 的词干 ov- 音变为 ob-）；ovus 卵，胚珠，卵形的，椭圆形的；longus 长的，纵向的

Acer sinopurpurascens 天目槭：sinopurpurascens 呈中国型紫色的；sino- 中国；purpureus = purpura + eus 紫色的；purpura 紫色（purpura 原为一种介壳虫名，其体液为紫色，可作颜料）；-eus/ -eum/ -ea（接拉丁语词干时）属于……的，色如……的，质如……的（表示原料、颜色或品质的相似），（接希腊语词干时）属于……的，以……出名，为……所占有（表示具有某种特性）；-escens/ -ascens 改变，转变，变成，略微，带有，接近，相似，大致，稍微（表示变化的趋势，并未完全相似或相同，有别于表示达到完成状态的 -atus）

Acer stachyophyllum 毛叶槭：stachyophyllum 水苏叶的；Stachys 水苏属（唇形科）；stachy-/ stachyo-/ -stachys/ -stachyus/ -stachyum/ -stachya 穗子，穗子的，穗子状的，穗状花序；phyllus/ phyllum/ phylla ← phyllon 叶片（用于希腊语复合词）

Acer stachyophyllum var. pentaneurum 五脉毛叶槭：penta- 五，五数（希腊语，拉丁语为 quin/ quinqu/ quinque-/ quinqui-）；neurus ← neuron 脉，神经

Acer stachyophyllum var. stachyophyllum 毛叶槭-原变种 （词义见上面解释）

Acer stenolobum 细裂槭：stenolobus = stenus + lobus 细裂的，窄裂的，细荚的；sten-/ steno- ← stenus 窄的，狭的，薄的；lobus/ lobos/ lobon 浅裂，耳片（裂片先端钝圆），荚果，蒴果

Acer stenolobum var. megalophyllum 大叶细裂槭：mega-/ megal-/ megalo- ← megas 大的，巨大的；phyllus/ phyllum/ phylla ← phyllon 叶片（用于希腊语复合词）

Acer stenolobum var. stenolobum 细裂槭-原变种 （词义见上面解释）

Acer sterculiaceum 苹婆槭：Sterculia 苹婆属（梧桐科）；-aceus/ -aceum/ -acea 相似的，有……性质的，属于……的

Acer sunyiense 信宜槭：sunyiense 信宜的（地名，广东省）

Acer sutchuenense 四川槭：sutchuenense 四川的（地名）

Acer sutchuenense subsp. sutchuenense 四川槭-原亚种 （词义见上面解释）

Acer sutchuenense subsp. tienchuanense 天全槭：tienchuanense 天全山的（地名，四川省）

Acer sycopseoides 角叶槭：sycopseoides 像水丝梨的；Sycopsis 水丝梨属（金缕梅科）；-oides/ -oideus/ -oideum/ -oidea/ -odes/ -eidos 像……的，类似……的，呈……状的（名词词尾）

Acer taipuense 大埔槭（埔 bù）：taipuense 大埔的（地名，广东省）

Acer taiwanense （台湾槭）：taiwanense 台湾的（地名）

Acer taronense 独龙槭：taronense 独龙江的（地名，云南省）

Acer tegmentosum 青楷槭（楷 jiē）：tegmentosus 具内种皮的；tegmentum 覆盖，颖片，内种皮，子囊群盖；-osus/ -osum/ -osa 多的，充分的，丰富的，显著发育的，程度高的，特征明显的（形容词词尾）

Acer tenellum 薄叶槭：tenellus = tenuis + ellus 柔软的，纤细的，纤弱的，精美的，雅致的；tenuis 薄的，纤细的，弱的，瘦的，窄的；-ellus/ -ellum/ -ella ← -ulus 小的，略微的，稍微的（小词 -ulus 在字母 e 或 i 之后有多种变缀，即 -olus/ -olum/ -ola、-ellus/ -ellum/ -ella、-illus/ -illum/ -illa，用于第一变格法名词）

Acer tenellum var. septemlobum 七裂薄叶槭：septem-/ sept-/ septi- 七（希腊语为 hepta-）；lobus/ lobos/ lobon 浅裂，耳片（裂片先端钝圆），荚果，蒴果

Acer tenellum var. tenellum 薄叶槭-原变种 （词义见上面解释）

Acer tetramerum 四蕊槭：tetramerus 四分的，四基数的，一个特定部分或一轮的四个部分；tetra-/ tetr- 四，四数（希腊语，拉丁语为 quadri-/ quadr-）；-merus ← meros 部分，一份，特定部分，成员

Acer tetramerum var. betulifolium 桦叶四蕊槭（桦 huà）：betulifolius 桦树叶的；Betula 桦木属；folius/ folium/ folia 叶，叶片（用于复合词）

Acer tetramerum var. dolichurum 长尾四蕊槭：dolichurum ← dolichos 长的

Acer tetramerum var. haopingense 蒿坪四蕊槭：haopingense 蒿坪的（地名，陕西省）

Acer tetramerum var. tetramerum 四蕊槭-原变种 （词义见上面解释）

Acer thomsonii 巨果槭：thomsonii ← Thomas Thomson （人名，19 世纪英国植物学家）；-ii 表示人名，接在以辅音字母结尾的人名后面，但 -er 除外

Acer tibetense 察隅槭：tibetense 西藏的（地名）

Acer tonkinense 粗柄槭：tonkin 东京（地名，越南河内的旧称）

Acer tonkinense subsp. kwangsiense 广西槭：kwangsiense 广西的（地名）

Acer tonkinense subsp. liquidambarifolium 枫叶槭：Liquidambar 枫香树属（金缕梅科）；folius/ folium/ folia 叶，叶片（用于复合词）

Acer tonkinense subsp. tonkinense 粗柄槭-原亚种 （词义见上面解释）

Acer triflorum 三花槭：tri-/ tripli-/ triplo- 三个，三数；florus/ florum/ flora ← flos 花（用于复合词）

Acer triflorum var. subcoriaceum 革叶三花槭：subcoriaceus 略呈革质的，近似革质的；sub-（表示程度较弱）与……类似，几乎，稍微，弱，亚，之下，下面；coriaceus = corius + aceus 近皮革的，近革质的；corius 皮革的，革质的；-aceus/ -aceum/ -acea 相似的，有……性质的，属于……的

Acer triflorum var. triflorum 三花槭-原变种 （词义见上面解释）

Acer truncatum 元宝槭：truncatus 截平的，截形的，截断的；truncare 切断，截断，截平（动词）；-atus/ -atum/ -ata 属于，相似，具有，完成（形容词词尾）

Acer tsinglingense 秦岭槭：tsinglingense 秦岭的（地名，陕西省）

Acer tutcheri 岭南槭：tutcheri（人名）；-eri 表示人名，在以 -er 结尾的人名后面加上 i 形成

Acer tutcheri var. shimadai 小果岭南槭：shimadai 岛田（日本人名）；-i 表示人名，接在以元音字母结尾的人名后面，但 -a 除外，故该词尾改为"-ae"似更妥

Acer tutcheri var. tutcheri 岭南槭-原变种 （词义见上面解释）

Acer ukurunduense 花楷槭（楷 jiē）：ukurunduense（地名，俄罗斯西伯利亚东部地区）

Acer wangchii 天峨槭：wangchii（人名）；-ii 表示人名，接在以辅音字母结尾的人名后面，但 -er 除外

Acer wangchii subsp. tsinyunense 缙云槭（缙 jìn）：tsinyunense 缙云山的（地名，重庆市）

Acer wangchii subsp. wangchii 天峨槭-原亚种 （词义见上面解释）

Acer wardii 滇藏槭：wardii ← Francis Kingdon-Ward （人名，20 世纪英国植物学家）

Acer wilsonii 三峡槭：wilsonii ← John Wilson （人名，18 世纪英国植物学家）

Acer wilsonii var. longicaudatum 长尾三峡槭：longe-/ longi- ← longus 长的，纵向的；caudatus = caudus + atus 尾巴的，尾巴状的，具尾的；caudus 尾巴

Acer wilsonii var. obtusum 钝角三峡槭：obtusus 钝的，钝形的，略带圆形的

Acer wilsonii var. wilsonii 三峡槭-原变种 （词义见上面解释）

Acer wuyishanicum 武夷槭：wuyishanicum 武夷山的（地名，福建省）；-icus/ -icum/ -ica 属于，具有某种特性（常用于地名、起源、生境）

Acer wuyuanense 婺源槭（婺 wù）：wuyuanense 婺源的（地名，江西省）

Acer wuyuanense var. trichopodum 毛柄婺源槭：trich-/ tricho-/ tricha- ← trichos ← thrix 毛，多毛的，线状的，丝状的；podus/ pus 柄，梗，茎秆，足，腿

Acer wuyuanense var. wuyuanense 婺源槭-原变种 （词义见上面解释）

Acer yangbiense 漾濞槭：yangbiense 漾濞的（地名，云南省）

Acer yangjuechi 羊角槭：yangjuechi 羊角槭（中文名）

A

Acer yaoshanicum 瑶山槭：yaoshanicum 瑶山的（地名，广西壮族自治区）；-icus/ -icum/ -ica 属于，具有某种特性（常用于地名、起源、生境）

Acer yinkunii 都安槭：yinkunii 荫昆（广西地方俗名）

Acer yui 川甘槭：yui 俞氏（人名）；-i 表示人名，接在以元音字母结尾的人名后面，但 -a 除外

Acer yui var. leptocarpum 瘦果川甘槭：leptus ← leptos 细的，薄的，瘦小的，狭长的；carpus/ carpum/ carpa/ carpon ← carpos 果实（用于希腊语复合词）

Acer yui var. yui 川甘槭-原变种 （词义见上面解释）

Aceraceae 槭树科（46：p66）：Acer 槭属；-aceae（分类单位科的词尾，为 -aceus 的阴性复数主格形式，加到模式属的名称后或同义词的词干后以组成族群名称）

Achasma 茴香砂仁属（姜科）（16-2：p137）：achasma 不开裂的（希腊语，指肉质蒴果不开裂）；a-/ an- 无，非，没有，缺乏，不具有（an- 用于元音前）（a-/ an- 为希腊语词首，对应的拉丁语词首为 e-/ ex-，相当于英语的 un-/ -less，注意词首 a- 和作为介词的 a/ ab 不同，后者的意思是"从……、由……、关于……、因为……"）；chasma 开口的

Achasma megalocheilos 红茴砂：mega-/ megal-/ megalo- ← megas 大的，巨大的；cheilos → cheilus → cheil-/ cheilo- 唇，唇边，边缘，岸边

Achasma yunnanense 茴香砂仁：yunnanense 云南的（地名）

Achillea 蓍属（蓍 shī）（菊科）（76-1：p9）：achillea ← Achilles（人名，古希腊神医，在特洛伊之战中用该属植物为伤员疗伤，发现其中有强壮健胃作用的成分 achillein）（除 a 以外，以元音字母结尾的人名作属名时在末尾加 a）

Achillea acuminata 齿叶蓍：acuminatus = acumen + atus 锐尖的，渐尖的；acumen 渐尖头；-atus/ -atum/ -ata 属于，相似，具有，完成（形容词词尾）

Achillea alpina 高山蓍：alpinus = alpus + inus 高山的；alpus 高山；al-/ alti-/ alto- ← altus 高的，高处的；-inus/ -inum/ -ina/ -inos 相近，接近，相似，具有（通常指颜色）；关联词：subalpinus 亚高山的

Achillea asiatica 亚洲蓍：asiatica 亚洲的（地名）；-aticus/ -aticum/ -atica 属于，表示生长的地方，作名词词尾

Achillea impatiens 褐苞蓍：impatiens/ impatient 急躁的，不耐心的（因为蒴果一触碰就弹开，种子飞散）；in-/ im-（来自 il- 的音变）内，在内，内部，向内，相反，不，无，非；il- 在内，向内，为，相反（希腊语为 en-）；词首 il- 的音变：il-（在 l 前面），im-（在 b、m、p 前面），in-（在元音字母和大多数辅音字母前面），ir-（在 r 前面），如 illaudatus（不值得称赞的，评价不好的），impermeabilis（不透水的，穿不透的），ineptus（不合适的），insertus（插入的），irretortus（无弯曲的，无扭曲的）；patient 忍耐的；Impatiens 凤仙花属（凤仙花科）

Achillea japonica （日本蓍）：japonica 日本的（地名）；-icus/ -icum/ -ica 属于，具有某种特性（常用

于地名、起源、生境）

Achillea ledebouri 阿尔泰蓍：ledebouri ← Karl Friedrich von Ledebour（人名，19 世纪德国植物学家）（词尾改为"-ii"似更妥）；-ii 表示人名，接在以辅音字母结尾的人名后面，但 -er 除外；-i 表示人名，接在以元音字母结尾的人名后面，但 -a 除外

Achillea millefolium 蓍：mille- 千，很多；folius/ folium/ folia 叶，叶片（用于复合词）

Achillea ptarmicoides 短瓣蓍：Ptarmica 长舌蓍属（菊科）；ptarmica/ ptarmikos 诱发喷嚏的；-oides/ -oideus/ -oideum/ -oidea/ -odes/ -eidos 像……的，类似……的，呈……状的（名词词尾）

Achillea salicifolia 柳叶蓍：salici ← Salix 柳属；构词规则：以 -ix/ -iex 结尾的词其词干末尾视为 -ic，以 -ex 结尾视为 -i/ -ic，其他以 -x 结尾视为 -c；folius/ folium/ folia 叶，叶片（用于复合词）

Achillea setacea 丝叶蓍：setus/ saetus 刚毛，刺毛，芒刺；-aceus/ -aceum/ -acea 相似的，有……性质的，属于……的

Achillea wilsoniana 云南蓍：wilsoniana ← John Wilson（人名，18 世纪英国植物学家）

Achnatherum 芨芨草属（芨 jī）（禾本科）（9-3：p319）：achnatherum 鳞片具芒的（指外稃具芒）；achne 鳞片，稃片，谷壳（希腊语）；atherus ← ather 芒

Achnatherum breviaristatum 短芒芨芨草：brevi- ← brevis 短的（用于希腊语复合词词首）；aristatus（aristosus）= arista + atus 具芒的，具芒刺的，具刚毛的，具胡须的；arista 芒

Achnatherum caragana 小芨芨草：caragana ← caragon 锦鸡儿（蒙古语土名）；Caragana 锦鸡儿属（豆科）

Achnatherum chingii 细叶芨芨草：chingii ← R. C. Chin 秦仁昌（人名，1898–1986，中国植物学家，蕨类植物专家），秦氏

Achnatherum chingii var. chingii 细叶芨芨草-原变种 （词义见上面解释）

Achnatherum chingii var. laxum 林阴芨芨草：laxus 稀疏的，松散的，宽松的

Achnatherum duthiei 藏芨芨草：duthiei（人名）；-i 表示人名，接在以元音字母结尾的人名后面，但 -a 除外

Achnatherum extremiorientale 远东芨芨草：extremiorientale 远东的；extremi- 极端的；orientale 东方的；oriens 初升的太阳，东方；-aris（阳性、阴性）/ -are（中性）← -alis（阳性、阴性）/ -ale（中性）属于，相似，如同，具有，涉及，关于，联结于（将名词作形容词用，其中 -aris 常用于以 l 或 r 为词干末尾的词）

Achnatherum inaequiglume 异颖芨芨草：inaequiglume 不等颖片的；in-/ im-（来自 il- 的音变）内，在内，内部，向内，相反，不，无，非；il- 在内，向内，为，相反（希腊语为 en-）；词首 il- 的音变：il-（在 l 前面），im-（在 b、m、p 前面），in-（在元音字母和大多数辅音字母前面），ir-（在 r 前面），如 illaudatus（不值得称赞的，评价不好的），impermeabilis（不透水的，穿不透的），ineptus（不合适的），insertus（插入的），irretortus（无弯曲的，

无扭曲的）；aequus 平坦的，均等的，公平的，友好的；aequi- 相等，相同；inaequi- 不相等，不同；glume 颖片，颖片状；glum 谷壳，谷皮；关联词：glumaceus 具颖片的，具颖片状构造的

Achnatherum inebrians 醉马草：inebrians 醉倒的，使醉的

Achnatherum jacquemontii 干生芨芨草：jacquemontii ← Victor Jacquemont（人名，1801–1832，法国植物学家）；-ii 表示人名，接在以辅音字母结尾的人名后面，但 -er 除外

Achnatherum nakaii 朝阳芨芨草：nakaii = nakai + i 中井猛之进（人名，1882–1952，日本植物学家）；-ii 表示人名，接在以辅音字母结尾的人名后面，但 -er 除外；-i 表示人名，接在以元音字母结尾的人名后面，但 -a 除外

Achnatherum pekinense 京芒草：pekinense 北京的（地名）

Achnatherum psilantherum 光药芨芨草：psil-/ psilo- ← psilos 平滑的，光滑的；andrus/ andros/ antherus ← aner 雄蕊，花药，雄性

Achnatherum pubicalyx 毛颖芨芨草：pubi- ← pubis 细柔毛的，短柔毛的，毛被的；calyx → calyc- 萼片（用于希腊语复合词）

Achnatherum sibiricum 羽茅：sibiricum 西伯利亚的（地名，俄罗斯）；-icus/ -icum/ -ica 属于，具有某种特性（常用于地名、起源、生境）

Achnatherum splendens 芨芨草：splendens 有光泽的，发光的，漂亮的

Achyranthes 牛膝属（苋科）（25-2：p226）：achyron 颖片，稻壳，皮壳；anthes ← anthos 花

Achyranthes aspera 土牛膝：asper/ asperus/ asperum/ aspera 粗糙的，不平的

Achyranthes aspera var. argentea 银毛土牛膝：argenteus = argentum + eus 银白色的；argentum 银；-eus/ -eum/ -ea（接拉丁语词干时）属于……的，色如……的，质如……的（表示原料、颜色或品质的相似），（接希腊语词干时）属于……的，以……出名，为……所占有（表示具有某种特性）

Achyranthes aspera var. aspera 土牛膝-原变种（词义见上面解释）

Achyranthes aspera var. indica 钝叶土牛膝：indica 印度的（地名）；-icus/ -icum/ -ica 属于，具有某种特性（常用于地名、起源、生境）

Achyranthes aspera var. rubro-fusca 褐叶土牛膝：rubr-/ rubri-/ rubro- ← rubrus 红色的；fuscus 棕色的，暗色的，发黑的，暗棕色的，褐色的

Achyranthes bidentata 牛膝：bi-/ bis- 二，二数，二回（希腊语为 di-）；dentatus = dentus + atus 牙齿的，齿状的，具齿的；dentus 齿，牙齿；-atus/ -atum/ -ata 属于，相似，具有，完成（形容词词尾）

Achyranthes bidentata var. bidentata f. bidentata 牛膝-原变型（词义见上面解释）

Achyranthes bidentata var. bidentata f. rubra 红叶牛膝：rubrus/ rubrum/ rubra/ ruber 红色的

Achyranthes bidentata var. japonica 少毛牛膝：japonica 日本的（地名）；-icus/ -icum/ -ica 属于，具有某种特性（常用于地名、起源、生境）

Achyranthes longifolia 柳叶牛膝：longe-/ longi- ←

longus 长的，纵向的；folius/ folium/ folia 叶，叶片（用于复合词）

Achyranthes longifolia f. longifolia 柳叶牛膝-原变型（词义见上面解释）

Achyranthes longifolia f. rubra 红柳叶牛膝：rubrus/ rubrum/ rubra/ ruber 红色的

Achyranthes ogatai 小叶牛膝：ogatai 尾形（日本人名）；-i 表示人名，接在以元音字母结尾的人名后面，但 -a 除外，故该词改为 "ogataiana" 或 "ogatae" 似更妥

Achyrospermum 鳞果草属（唇形科）（66：p37）：achyrospermum 果实具鳞片的；achyron 颖片，稻壳，皮壳；spermus/ spermum/ sperma 种子的（用于希腊语复合词）

Achyrospermum densiflorum 鳞果草：densus 密集的，繁茂的；florus/ florum/ flora ← flos 花（用于复合词）

Achyrospermum wallichianum 西藏鳞果草：wallichianum ← Nathaniel Wallich（人名，19 世纪初丹麦植物学家、医生）

Acidosasa 酸竹属（禾本科）（9-1：p561）：acidosasa 酸赤竹；acidus 酸的，有酸味的；Sasa 赤竹属（禾本科）

Acidosasa chienouensis 粉酸竹：chienouensis 建瓯的（地名，福建省，瓯 ōu）

Acidosasa chinensis 酸竹：chinensis = china + ensis 中国的（地名）；China 中国

Acidosasa hirtiflora 毛花酸竹：hirtus 有毛的，粗毛的，刚毛的（长而明显的毛）；florus/ florum/ flora ← flos 花（用于复合词）

Acidosasa longiligula 福建酸竹：longe-/ longi- ← longus 长的，纵向的；ligulus/ ligule 舌，舌状物，舌瓣，叶舌

Acidosasa venusta 黎竹：venustus ← Venus 女神维纳斯的，可爱的，美丽的，有魅力的

Acmella 金纽扣属 ← Spilanthes 鸽笼菊属（菊科）（增补）：acme ← akme 顶点，尖锐的，边缘（希腊语）；-ella 小（用作人名或一些属名词尾时并无小词意义）

Acmella oleracea 桂圆菊：oleraceus 属于菜地的，田地栽培的（指可食用）；oler-/ holer- ← holerarium 菜地（指蔬菜、可食用的）；-aceus/ -aceum/ -acea 相似的，有……性质的，属于……的

Acmena 肖蒲桃属（肖 xiào）（桃金娘科）（53-1：p59）：acmena ← acmenos 充满活力的（希腊语），维纳斯（女神 Venus）

Acmena acuminatissima 肖蒲桃：acuminatus = acumen + atus 锐尖的，渐尖的；acumen 渐尖头；-atus/ -atum/ -ata 属于，相似，具有，完成（形容词词尾）；-issimus/ -issima/ -issimum 最，非常，极其（形容词最高级）

Acomastylis 羽叶花属（蔷薇科）（37：p223）：acoma 无毛的，光滑的；a-/ an- 无，非，没有，缺乏，不具有（an- 用于元音前）（a-/ an- 为希腊语词首，对应的拉丁语词首为 e-/ ex-，相当于英语的 un-/ -less，注意词首 a- 和作为介词的 a/ ab 不同，后者的意思是 "从……、由……、关于……、因为……"）；comus ← comis 冠毛，头缨，一簇（毛

或叶片）；stylus/ stylis ← stylos 柱，花柱

Acomastylis elata 羽叶花：elatus 高的，梢端的

Acomastylis elata var. elata 羽叶花-原变种 （词义见上面解释）

Acomastylis elata var. humilis 矮生羽叶花：humilis 矮的，低的

Acomastylis elata var. leiocarpa 光果羽叶花：lei-/ leio-/ lio- ← leius ← leios 光滑的，平滑的；carpus/ carpum/ carpa/ carpon ← carpos 果实（用于希腊语复合词）

Acomastylis macrosepala 大萼羽叶花：macro-/ macr- ← macros 大的，宏观的（用于希腊语复合词）；sepalus/ sepalum/ sepala 萼片（用于复合词）

Aconitum 乌头属（毛莨科）（27：p113）：aconitum ← akoniton 毒性最强的，剧毒的（希腊语，akoniton 为一种有毒植物名）

Aconitum acutiusculum 尖萼乌头：acutiusculus = acutus + usculus 略尖的；acutus 尖锐的，锐角的；-usculus ← -culus 小的，略微的，稍微的（小词 -culus 和某些词构成复合词时变成 -usculus）

Aconitum acutiusculum var. aureopilosum 展毛尖萼乌头：aure-/ aureo- ← aureus 黄色，金色；pilosus = pilus + osus 多毛的，被柔毛的，具疏柔毛的，被短弱细毛的；pilus 毛，疏柔毛；-osus/ -osum/ -osa 多的，充分的，丰富的，显著发育的，程度高的，特征明显的（形容词词尾）

Aconitum alboviolaceum 两色乌头：alboviolaceus 白紫色的；albus → albi-/ albo- 白色的；Viola 堇菜属（堇菜科）；-aceus/ -aceum/ -acea 相似的，有……性质的，属于……的

Aconitum alboviolaceum var. erectum 直立两色乌头：erectus 直立的，笔直的

Aconitum alpinonepalense 高峰乌头：alpinonepalense = alpinus + nepalense 尼泊尔高山的；alpinus = alpus + inus 高山的；alpus 高山；al-/ alti-/ alto- ← altus 高的，高处的；-inus/ -inum/ -ina/ -inos 相近，接近，相似，具有（通常指颜色）；nepalense 尼泊尔的（地名）

Aconitum ambiguum 兴安乌头：ambiguus 可疑的，不确定的，含糊的

Aconitum anthoroideum 拟黄花乌头：anthoroides 像 anthorum 的；Aconitum anthorum （丛生乌头）；anthorum 花（anthus 的复数所有格）；-oides/ -oideus/ -oideum/ -oidea/ -odes/ -eidos 像……的，类似……的，呈……状的（名词词尾）

Aconitum apetalum 空茎乌头：apetalus 无花瓣的，花瓣缺如的；a-/ an- 无，非，没有，缺乏，不具有（an- 用于元音前）（a-/ an- 为希腊语词首，对应的拉丁语词首为 e-/ ex-，相当于英语的 un-/ -less，注意词首 a- 和作为介词的 a/ ab 不同，后者的意思是"从……、由……、关于……、因为……"）；petalus/ petalum/ petala ← petalon 花瓣

Aconitum austroyunnanense 滇南草乌：austroyunnanense 滇南的（地名）；austro-/ austr- 南方的，南半球的，大洋洲的；auster 南方，南风；yunnanense 云南的（地名）

Aconitum barbatum 细叶黄乌头：barbatus = barba + atus 具胡须的，具须毛的；barba 胡须，髯毛，绒毛；-atus/ -atum/ -ata 属于，相似，具有，完成（形容词词尾）

Aconitum barbatum var. hispidum 西伯利亚乌头：hispidus 刚毛的，鬃毛状的

Aconitum barbatum var. puberulum 牛扁：puberulus = puberus + ulus 略被柔毛的，被微柔毛的；puberus 多毛的，毛茸茸的；-ulus/ -ulum/ -ula 小的，略微的，稍微的（小词 -ulus 在字母 e 或 i 之后有多种变缀，即 -olus/ -olum/ -ola、-ellus/ -ellum/ -ella、-illus/ -illum/ -illa，与第一变格法和第二变格法名词形成复合词）

Aconitum bartlettii 莕莱乌头（莕 qí）：bartlettii ← Bartlett （人名）

Aconitum birobidshanicum 带岭乌头：birobidshanicum（地名）

Aconitum brachypodum 短柄乌头：brachy- ← brachys 短的（用于拉丁语复合词词首）；podus/ pus 柄，梗，茎秆，足，腿

Aconitum brachypodum var. crispulum 曲毛短柄乌头：crispulus = crispus + ulus 略有收缩的，略有褶皱的，略有波纹的；crispus 收缩的，褶皱的，波纹的（如花瓣周围的波浪状褶皱）；-ulus/ -ulum/ -ula 小的，略微的，稍微的（小词 -ulus 在字母 e 或 i 之后有多种变缀，即 -olus/ -olum/ -ola、-ellus/ -ellum/ -ella、-illus/ -illum/ -illa，与第一变格法和第二变格法名词形成复合词）

Aconitum brachypodum var. laxiflorum 展毛短柄乌头：laxus 稀疏的，松散的，宽松的；florus/ florum/ flora ← flos 花（用于复合词）

Aconitum bracteolatum 宽苞乌头：bracteolatus = bracteus + ulus + atus 具小苞片的；bracteus 苞，苞片，苞鳞；-ulus/ -ulum/ -ula 小的，略微的，稍微的（小词 -ulus 在字母 e 或 i 之后有多种变缀，即 -olus/ -olum/ -ola、-ellus/ -ellum/ -ella、-illus/ -illum/ -illa，与第一变格法和第二变格法名词形成复合词）；-atus/ -atum/ -ata 属于，相似，具有，完成（形容词词尾）

Aconitum bracteolosum 显苞乌头：bracteolosus = bracteus + ulus + osus 多小苞片的；bracteus 苞，苞片，苞鳞；-ulus/ -ulum/ -ula 小的，略微的，稍微的（小词 -ulus 在字母 e 或 i 之后有多种变缀，即 -olus/ -olum/ -ola、-ellus/ -ellum/ -ella、-illus/ -illum/ -illa，与第一变格法和第二变格法名词形成复合词）；-osus/ -osum/ -osa 多的，充分的，丰富的，显著发育的，程度高的，特征明显的（形容词词尾）

Aconitum brevicalcaratum 短距乌头：brevi- ← brevis 短的（用于希腊语复合词词首）；calcaratus = calcar + atus 距的，有距的；calcar- ← calcar 距，花萼或花瓣生蜜源的距，短枝（结果枝）（距：雄鸡、雉等的腿的后面突出像脚趾的部分）

Aconitum brevicalcaratum var. lauenerianum 弯短距乌头：lauenerianum ← L. A. Lauener （人名，1918–1991）

Aconitum brevilimbum 短唇乌头：brevi- ← brevis 短的（用于希腊语复合词词首）；limbus 冠檐，萼檐，瓣片，叶片

Aconitum brevipetalum 短瓣乌头：brevi- ←

A

brevis 短的（用于希腊语复合词词首）；petalus/ petalum/ petala ← petalon 花瓣

Aconitum brunneum 褐紫乌头：brunneus/ bruneus 深褐色的；-eus/ -eum/ -ea（接拉丁语词干时）属于……的，色如……的，质如……的（表示原料、颜色或品质的相似），（接希腊语词干时）属于……的，以……出名，为……所占有（表示具有某种特性）

Aconitum bulbilliferum 珠芽乌头：bulbillus/ bulbilus = bulbus + illus 小球茎，小鳞茎；bulbus 球，球形，球茎，鳞茎；-illi- ← -ulus 小，稍微，略微（-ulus 在字母 e 或 i 之后变成 -olus/ -ellus/ -illus）；-ferus/ -ferum/ -fera/ -fero/ -fere/ -fer 有，具有，产（区别：作独立词使用的 ferus 意思是"野生的"）

Aconitum bulleyanum 滇西乌头：bulleyanum （人名）

Aconitum campylorrhynchum 弯喙乌头：campylos 弯弓的，弯曲的，曲折的；rhynchus ← rhynchos 喙状的，鸟嘴状的（-rh 接在元音字母后面构成复合词时要变成 -rrh-）

Aconitum campylorrhynchum var. patentipilum 展毛弯喙乌头：patentipilus 展毛的；patens 开展的（呈 90°），伸展的，传播的，飞散的；pilus 毛，疏柔毛

Aconitum campylorrhynchum var. tenuipes 细梗弯喙乌头：tenui- ← tenuis 薄的，纤细的，弱的，瘦的，窄的；pes/ pedis 柄，梗，茎秆，腿，足，爪（作词首或词尾，pes 的词干视为"ped-"）

Aconitum cannabifolium 大麻叶乌头：cannabis ← kannabis ← kanb 大麻（波斯语）；folius/ folium/ folia 叶，叶片（用于复合词）

Aconitum carmichaelii 乌头：carmichaelii ← Captain Dugald Carmichael（人名，18 世纪英国植物学家）

Aconitum carmichaelii var. hwangshanicum 黄山乌头：hwangshanicum 黄山的（地名，安徽省）；-icus/ -icum/ -ica 属于，具有某种特性（常用于地名、起源、生境）

Aconitum carmichaelii var. pubescens 毛叶乌头：pubescens ← pubens 被短柔毛的，长出柔毛的；pubi- ← pubis 细柔毛的，短柔毛的，毛被的；pubesco/ pubescere 长成的，变为成熟的，长出柔毛的，青春期体毛的；-escens/ -ascens 改变，转变，变成，略微，带有，接近，相似，大致，稍微（表示变化的趋势，并未完全相似或相同，有别于表示达到完成状态的 -atus）

Aconitum carmichaelii var. tripartitum 深裂乌头：tripartitus 三裂的，三部分的；tri-/ tripli-/ triplo- 三个，三数；partitus 深裂的，分离的

Aconitum carmichaelii var. truppelianum 展毛乌头：truppelianum（人名）

Aconitum cavaleriei 黔川乌头：cavaleriei ← Pierre Julien Cavalerie（人名，20 世纪法国传教士）；-i 表示人名，接在以元音字母结尾的人名后面，但 -a 除外

Aconitum cavaleriei var. aggregatifolium 聚叶黔川乌头：aggregatus = ad + grex + atus 群生的，密集的，团状的，簇生的（反义词：segregatus 分离

的，分散的，隔离的）；grex（词干为 greg-）群，类群，聚群；ad- 向，到，近（拉丁语词首，表示程度加强）；构词规则：构成复合词时，词首末尾的辅音字母常同化为紧接其后的那个辅音字母（如 ad + g → agg）；folius/ folium/ folia 叶，叶片（用于复合词）

Aconitum changianum 察瓦龙乌头：changianum （人名）

Aconitum chasmanthum 展花乌头：chasma 开口的；anthus/ anthum/ antha/ anthe ← anthos 花（用于希腊语复合词）

Aconitum chiachaense 加查乌头：chiachaense 加查的（地名，西藏自治区）

Aconitum chiachaense var. glandulosum 腺毛加查乌头：glandulosus = glandus + ulus + osus 被细腺的，具腺体的，腺体质的；glandus ← glans 腺体；-ulus/ -ulum/ -ula 小的，略微的，稍微的（小词 -ulus 在字母 e 或 i 之后有多种变缀，即 -olus/ -olum/ -ola、-ellus/ -ellum/ -ella、-illus/ -illum/ -illa，与第一变格法和第二变格法名词形成复合词）；-osus/ -osum/ -osa 多的，充分的，丰富的，显著发育的，程度高的，特征明显的（形容词词尾）

Aconitum chienningense 乾宁乌头（乾 qián）：chienningense 乾宁的（地名，四川省乾宁县，1978 年撤县划入道孚、雅江两县）

Aconitum chienningense var. lasiocarpum 毛果乾宁乌头：lasi-/ lasio- 羊毛状的，有毛的，粗糙的；carpus/ carpum/ carpa/ carpon ← carpos 果实（用于希腊语复合词）

Aconitum chilienshanicum 祁连山乌头：chilienshanicum 祁连山的（地名，甘肃省）

Aconitum chrysotrichum 黄毛乌头：chrys-/ chryso- ← chrysos 黄色的，金色的；trichus 毛，毛发，线

Aconitum chuianum 拟哈巴乌头：chuianum （人名）

Aconitum chuosjiaense 绰斯甲乌头（绰 chuò）：chuosjiaense 绰斯甲的（地名，四川省）

Aconitum contortum 苍山乌头：contortus 拧劲的，旋转的；co- 联合，共同，合起来（拉丁语词首，为 cum- 的音变，表示结合、强化、完全，对应的希腊语为 syn-）；co- 的缀词音变有 co-/ com-/ con-/ col-/ cor-：co-（在 h 和元音字母前面），col-（在 l 前面），com-（在 b、m、p 之前），con-（在 c、d、f、g、j、n、qu、s、t 和 v 前面），cor-（在 r 前面）；tortus 拧劲，捻，扭曲

Aconitum coreanum 黄花乌头：coreanum 朝鲜的（地名）

Aconitum coriophyllum 厚叶乌头：corius 皮革的，革质的；phyllus/ phyllum/ phylla ← phyllon 叶片（用于希腊语复合词）

Aconitum crassicaule 粗茎乌头：crassi- ← crassus 厚的，粗的，多肉质的；caulus/ caulon/ caule ← caulos 茎，茎秆，主茎

Aconitum crassiflorum 粗花乌头：crassi- ← crassus 厚的，粗的，多肉质的；florus/ florum/ flora ← flos 花（用于复合词）

Aconitum creagromorphum 叉苞乌头（叉 chā）：creagromorphus 肉钩状的；creagro- 钩，肉钩；

A

morphus ← morphos 形状，形态

Aconitum delavayi 马耳山乌头：delavayi ← P. J. M. Delavay（人名，1834–1895，法国传教士，曾在中国采集植物标本）；-i 表示人名，接在以元音字母结尾的人名后面，但 -a 除外

Aconitum diqingense 迪庆乌头：diqingense 迪庆的（地名，云南省）

Aconitum dolichorhynchum 长柱乌头：dolichorhynchum 长喙的（缀词规则：-rh- 接在元音字母后面构成复合词时要变成 -rrh-，故该词宜改为"dolichorrhynchum"）；dolicho- ← dolichos 长的；rhynchus ← rhynchos 喙状的，鸟嘴状的

Aconitum dolichostachyum 长序乌头：dolicho- ← dolichos 长的；stachy-/ stachyo-/ -stachys/ -stachyus/ -stachyum/ -stachya 穗子，穗子的，穗子状的，穗状花序的

Aconitum duclouxii 宾川乌头：duclouxii（人名）；-ii 表示人名，接在以辅音字母结尾的人名后面，但 -er 除外

Aconitum duclouxii var. ecalcaratum 无距宾川乌头：ecalcaratus = e + calcaratus 无距的；e-/ ex- 不，无，非，缺乏，不具有（e- 用在辅音字母前，ex- 用在元音字母前，为拉丁语词首，对应的希腊语词首为 a-/ an-，英语为 un-/ -less，注意作词首用的 e-/ ex- 和介词 e/ ex 意思不同，后者意为"出自、从……、由……离开、由于、依照"）；calcaratus = calcar + atus 距的，有距的；calcar- ← calcar 距，花萼或花瓣生蜜源的距，短枝（结果枝）（距：雄鸡、雉等的腿的后面突出像脚趾的部分）

Aconitum dunhuaense 敦化乌头：dunhuaense 敦化的（地名，吉林省）

Aconitum elliotii 墨脱乌头：elliotii ← George F. Scott-Elliot（人名，20 世纪英国植物学家）

Aconitum elliotii var. doshongense 短梗墨脱乌头：doshongense（地名，西藏自治区）

Aconitum elwesii 藏南藤乌：elwesii（人名）；-ii 表示人名，接在以辅音字母结尾的人名后面，但 -er 除外

Aconitum episcopale 紫乌头：episcopale 主教的（指僧帽形状）

Aconitum excelsum 紫花高乌头：excelsus 高的，高贵的，超越的

Aconitum falciforme 镰形乌头：falci- ← falx 镰刀，镰刀形，镰刀状弯曲；构词规则：以 -ix/ -iex 结尾的词其词干末尾视为 -ic，以 -ex 结尾视为 -i/ -ic，其他以 -x 结尾视为 -c；forme/ forma 形状

Aconitum fangianum 刷经寺乌头：fangianum（人名）

Aconitum finetianum 赣皖乌头：finetianum ← Finet（人名）

Aconitum fischeri 薄叶乌头：fischeri ← Friedrich Ernst Ludwig Fischer（人名，19 世纪生于德国的俄国植物学家）；-eri 表示人名，在以 -er 结尾的人名后面加上 i 形成

Aconitum fischeri var. arcuatum 弯枝乌头：arcuatus = arcus + atus 弓形的，拱形的；arcus 拱形，拱形物

Aconitum flavum 伏毛铁棒槌：flavus → flavo-/ flavi-/ flav- 黄色的，鲜黄色的，金黄色的（指纯正的黄色）

Aconitum flavum var. galeatum 阴山乌头：galeatus = galea + atus 盔形的，具盔的；galea 头盔，帽子，毛皮帽子

Aconitum fletcherianum 独花乌头：fletcherianum ← Harold Roy Fletcher（人名，20 世纪英国皇家植物园主任）

Aconitum formosanum 台湾乌头：formosanus = formosus + anus 美丽的，台湾的；formosus ← formosa 美丽的，台湾的（葡萄牙殖民者发现台湾时对其的称呼，即美丽的岛屿）；-anus/ -anum/ -ana 属于，来自（形容词词尾）

Aconitum forrestii 丽江乌头：forrestii ← George Forrest（人名，1873–1932，英国植物学家，曾在中国西部采集大量植物标本）

Aconitum forrestii var. albovillosum 毛果丽江乌头：albus → albi-/ albo- 白色的；villosus 柔毛的，绵毛的；villus 毛，羊毛，长绒毛；-osus/ -osum/ -osa 多的，充分的，丰富的，显著发育的，程度高的，特征明显的（形容词词尾）

Aconitum franchetii 大渡乌头：franchetii ← A. R. Franchet（人名，19 世纪法国植物学家）

Aconitum franchetii var. subnaviculare 低盔大渡乌头：subnaviculare 近船形的；sub-（表示程度较弱）与……类似，几乎，稍微，弱，亚，之下，下面；naviculare ← navicularis 船形的，舟状的；navicula 船

Aconitum franchetii var. villosulum 展毛大渡乌头：villosulus 略有长柔毛的；villosus 柔毛的，绵毛的；villus 毛，羊毛，长绒毛；-ulus/ -ulum/ -ula 小的，略微的，稍微的（小词 -ulus 在字母 e 或 i 之后有多种变缀，即 -olus/ -olum/ -ola、-ellus/ -ellum/ -ella、-illus/ -illum/ -illa，与第一变格法和第二变格法名词形成复合词）

Aconitum fukutomei 梨山乌头：fukutomei（人名）；-i 表示人名，接在以元音字母结尾的人名后面，但 -a 除外

Aconitum fusungense 抚松乌头：fusungense 抚松的（地名，吉林省）

Aconitum geniculatum 膝瓣乌头：geniculatus 关节的，膝状弯曲的；geniculum 节，关节，节片；-atus/ -atum/ -ata 属于，相似，具有，完成（形容词词尾）

Aconitum geniculatum var. humilius 低盔膝瓣乌头：humilius 较矮的；humilis 矮的，低的；-ius/ -ium/ -ia 具有……特性的（表示有关、关联、相似）

Aconitum geniculatum var. unguiculatum 爪盔膝瓣乌头：unguiculatus = unguis + culatus 爪形的，基部变细的；ungui- ← unguis 爪子的；-culatus = culus + atus 小的，略微的，稍微的（用于第三和第四变格法名词）；-culus/ -culum/ -cula 小的，略微的，稍微的（同第三变格法和第四变格法名词形成复合词）

Aconitum georgei 长喙乌头：georgei（人名）

Aconitum glabrisepalum 无毛乌头：glabrus 光秃的，无毛的，光滑的；sepalus/ sepalum/ sepala 萼片（用于复合词）

Aconitum gymnandrum 露蕊乌头：gymn-/ gymno- ← gymnos 裸露的；andrus/ andros/ antherus ← aner 雄蕊，花药，雄性

Aconitum habaense 哈巴乌头：habaense 哈巴雪山的（地名，云南省香格里拉市）

Aconitum hamatipetalum 钩瓣乌头：hamatipetalum 钩状花瓣的；hamatus = hamus + atus 具钩的；hamus 钩，钩子；petalus/ petalum/ petala ← petalon 花瓣

Aconitum handelianum 剑川乌头：handelianum ← H. Handel-Mazzetti（人名，奥地利植物学家，第一次世界大战期间在中国西南地区研究植物）

Aconitum handelianum var. laxipilosum 疏毛剑川乌头：laxus 稀疏的，松散的，宽松的；pilosus = pilus + osus 多毛的，被柔毛的，具疏柔毛的，被短弱细毛的；pilus 毛，疏柔毛；-osus/ -osum/ -osa 多的，充分的，丰富的，显著发育的，程度高的，特征明显的（形容词词尾）

Aconitum hemsleyanum 瓜叶乌头：hemsleyanum ← William Botting Hemsley（人名，19 世纪研究中美洲植物的植物学家）

Aconitum hemsleyanum var. atropurpureum 展毛瓜叶乌头：atropurpureus 暗紫色的；atro-/ atr-/ atri-/ atra- ← ater 深色，浓色，暗色，发黑（ater 作为词干后接辅音字母开头的词时，要在词干后面加一个连接用的元音字母 "o" 或 "i"，故为 "ater-o-" 或 "ater-i-"，变形为 "atr-" 开头）；purpureus = purpura + eus 紫色的；purpura 紫色（purpura 原为一种介壳虫名，其体液为紫色，可作颜料）；-eus/ -eum/ -ea（接拉丁语词干时）属于……的，色如……的，质如……的（表示原料、颜色或品质的相似），（接希腊语词干时）属于……的，以……出名，为……所占有（表示具有某种特性）

Aconitum hemsleyanum var. chingtungense 截基瓜叶乌头：chingtungense 景东的（地名，云南省）

Aconitum hemsleyanum var. circinatum 拳距瓜叶乌头：circinatus/ circinalis 线圈状的，涡旋状的，圆角的；circinus 圆规

Aconitum hemsleyanum var. elongatum 长距瓜叶乌头：elongatus 伸长的，延长的；elongare 拉长，延长；longus 长的，纵向的；e-/ ex- 不，无，非，缺乏，不具有（e- 用在辅音字母前，ex- 用在元音字母前，为拉丁语词首，对应的希腊语词首为 a-/ an-，英语为 un-/ -less，注意作词首用的 e-/ ex- 和介词 e/ ex 意思不同，后者意为"出自、从……、由……离开、由于、依照"）

Aconitum hemsleyanum var. hsiae 珠芽瓜叶乌头：hsiae ← W.Y. Hsia 夏纬英（人名，1896–1987，中国自然科学史学家）；-ae 表示人名，以 -a 结尾的人名后面加上 -e 形成

Aconitum hemsleyanum var. unguiculatum 爪盔瓜叶乌头：unguiculatus = unguis + culatus 爪形的，基部变细的；ungui- ← unguis 爪子的；-culatus = culus + atus 小的，略微的，稍微的（用于第三和第四变格法名词）；-culus/ -culum/ -cula 小的，略微的，稍微的（同第三变格法和第四变格法名词形成复合词）

Aconitum henryi 川鄂乌头：henryi ← Augustine Henry 或 B. C. Henry（人名，前者，1857–1930，爱尔兰医生、植物学家，曾在中国采集植物，后者，1850–1901，曾活动于中国的传教士）

Aconitum henryi var. compositum 细裂川鄂乌头：compositus = co + positus 复合的，复生的，分枝的，化合的，组成的，编成的；positus 放于，置于，位于；co- 联合，共同，合起来（拉丁语词首，为 cum- 的音变，表示结合、强化、完全，对应的希腊语为 syn-）；co- 的缀词音变有 co-/ com-/ con-/ col-/ cor-：co-（在 h 和元音字母前面），col-（在 l 前面），com-（在 b、m、p 之前），con-（在 c、d、f、g、j、n、qu、s、t 和 v 前面），cor-（在 r 前面）

Aconitum henryi var. villosum 展毛川鄂乌头：villosus 柔毛的，绵毛的；villus 毛，羊毛，长绒毛；-osus/ -osum/ -osa 多的，充分的，丰富的，显著发育的，程度高的，特征明显的（形容词词尾）

Aconitum hicksii 同夏乌头（夏 jiá）：hicksii（人名）；-ii 表示人名，接在以辅音字母结尾的人名后面，但 -er 除外

Aconitum huiliense 会理乌头：huiliense 会理的（地名，四川省）

Aconitum ichangense 巴东乌头：ichangense 宜昌的（地名，湖北省）

Aconitum incisofidum 缺刻乌头：inciso- ← incisus 深裂的，锐裂的，缺刻的；fidus ← findere 裂开，分裂（裂深不超过 1/3，常作词尾）

Aconitum iochanicum 滇北乌头：iochanicum 药山的（地名，云南省巧家县）

Aconitum jaluense 鸭绿乌头（绿 lù）：jaluense 鸭绿江的（河流名）

Aconitum jaluense var. glabrescens 光梗鸭绿乌头：glabrus 光秃的，无毛的，光滑的；-escens/ -ascens 改变，转变，变成，略微，带有，接近，相似，大致，稍微（表示变化的趋势，并未完全相似或相同，有别于表示达到完成状态的 -atus）

Aconitum jaluense var. truncatum 截基鸭绿乌头：truncatus 截平的，截形的，截断的；truncare 切断，截断，截平（动词）；-atus/ -atum/ -ata 属于，相似，具有，完成（形容词词尾）

Aconitum karakolicum 多根乌头：karakolicum（地名）

Aconitum karakolicum var. patentipilum 展毛多根乌头：patentipilus 展毛的；patens 开展的（呈 90°），伸展的，传播的，飞散的；pilus 毛，疏柔毛

Aconitum kirinense 吉林乌头：kirinense 吉林的（地名）

Aconitum kirinense var. australe 毛果吉林乌头：australe 南方的，大洋洲的；austro-/ austr- 南方的，南半球的，大洋洲的；auster 南方，南风；-aris（阳性、阴性）/ -are（中性）← -alis（阳性、阴性）/ -ale（中性）属于，相似，如同，具有，涉及，关于，联结于（将名词作形容词用，其中 -aris 常用于以 l 或 r 为词干末尾的词）

Aconitum kojimae 锐裂乌头：kojimae（人名）；-ae 表示人名，以 -a 结尾的人名后面加上 -e 形成

Aconitum kojimae var. ramosum 分枝锐裂乌头：ramosus = ramus + osus 有分枝的，多分枝的；

ramus 分枝，枝条；-osus/ -osum/ -osa 多的，充分的，丰富的，显著发育的，程度高的，特征明显的（形容词词尾）

Aconitum kongboense 工布乌头：kongboense 工布的（地名，西藏自治区）

Aconitum kongboense var. villosum 展毛工布乌头：villosus 柔毛的，绵毛的；villus 毛，羊毛，长绒毛；-osus/ -osum/ -osa 多的，充分的，丰富的，显著发育的，程度高的，特征明显的（形容词词尾）

Aconitum kungshanense 贡山乌头：kungshanense 贡山的（地名，云南省）

Aconitum kusnezoffii 北乌头：kusnezoffii（人名）；-ii 表示人名，接在以辅音字母结尾的人名后面，但 -er 除外

Aconitum kusnezoffii var. crispulum 伏毛北乌头：crispulus = crispus + ulus 略有收缩的，略有褶皱的，略有波纹的；crispus 收缩的，褶皱的，波纹的（如花瓣周围的波浪状褶皱）；-ulus/ -ulum/ -ula 小的，略微的，稍微的（小词 -ulus 在字母 e 或 i 之后有多种变缀，即 -olus/ -olum/ -ola、-ellus/ -ellum/ -ella、-illus/ -illum/ -illa，与第一变格法和第二变格法名词形成复合词）

Aconitum kusnezoffii var. gibbiferum 宽裂北乌头：gibbus 驼峰，隆起，浮肿；-ferus/ -ferum/ -fera/ -fero/ -fere/ -fer 有，具有，产（区别：作独立词使用的 ferus 意思是"野生的"）

Aconitum laxifoliatum 疏叶乌头：laxus 稀疏的，松散的，宽松的；foliatus 具叶的，多叶的；folius/ folium/ folia → foli-/ folia- 叶，叶片

Aconitum legendrei 冕宁乌头：legendrei（人名）

Aconitum leiostachyum 光序乌头：lei-/ leio-/ lio- ← leius ← leios 光滑的，平滑的；stachy-/ stachyo-/ -stachys/ -stachyus/ -stachyum/ -stachya 穗子，穗子的，穗子状的，穗状花序的

Aconitum leucostomum 白喉乌头：leuc-/ leuco- ← leucus 白色的（如果和其他表示颜色的词混用则表示淡色）；stomus 口，开口，气孔

Aconitum leucostomum var. hopeiense 河北白喉乌头：hopeiense 河北的（地名）

Aconitum liangshanicum 凉山乌头：liangshanicum 凉山的（地名，四川省）；-icus/ -icum/ -ica 属于，具有某种特性（常用于地名、起源、生境）

Aconitum lihsienense 理县乌头：lihsienense 理县的（地名，四川省）

Aconitum liljestrandii 贡嘎乌头（嘎 gá）：liljestrandii（人名）；-ii 表示人名，接在以辅音字母结尾的人名后面，但 -er 除外

Aconitum liljestrandii var. falcatum 马尔康乌头：falcatus = falx + atus 镰刀的，镰刀状的；falx 镰刀，镰刀形，镰刀状弯曲；构词规则：以 -ix/ -iex 结尾的词其词干末尾视为 -ic，以 -ex 结尾视为 -i/ -ic，其他以 -x 结尾视为 -c；-atus/ -atum/ -ata 属于，相似，具有，完成（形容词尾）

Aconitum lioui 秦岭乌头：lioui（人名）

Aconitum lonchodontum 长齿乌头：loncho- 尖头的，矛尖的；dontus 齿，牙齿

Aconitum longecassidatum 高帽乌头：longe-/

Aconitum longilobum 长裂乌头：longe-/ longi- ← longus 长的，纵向的；lobus/ lobos/ lobon 浅裂，耳片（裂片先端钝圆），荚果，蓇葖果

Aconitum longipedicellatum 长梗乌头：longe-/ longi- ← longus 长的，纵向的；pedicellatus = pedicellus + atus 具小花柄的；pedicellus = pes + cellus 小花梗，小花柄（不同于花序柄）；pes/ pedis 柄，梗，茎秆，腿，足，爪（作词首或词尾，pes 的词干视为"ped-"）；-cellus/ -cellum/ -cella、-cillus/ -cillum/ -cilla 小的，略微的，稍微的（与任何变格法名词形成复合词）；关联词：pedunculus 花序柄，总花梗（花序基部无花着生部分）；-atus/ -atum/ -ata 属于，相似，具有，完成（形容词词尾）

Aconitum longipetiolatum 长柄乌头：longe-/ longi- ← longus 长的，纵向的；petiolatus = petiolus + atus 具叶柄的；petiolus 叶柄

Aconitum longiramosum 长枝乌头：longe-/ longi- ← longus 长的，纵向的；ramosus = ramus + osus 有分枝的，多分枝的；ramus 分枝，枝条；-osus/ -osum/ -osa 多的，充分的，丰富的，显著发育的，程度高的，特征明显的（形容词词尾）

Aconitum ludlowii 江孜乌头：ludlowii（人名）；-ii 表示人名，接在以辅音字母结尾的人名后面，但 -er 除外

Aconitum macrorhynchum 细叶乌头：macrorhynchum 长喙的，大嘴的（缀词规则：-rh- 接在元音字母后面构成复合词时要变成 -rrh-，故该词宜改为"macrorrhynchum"）；macro-/ macr- ← macros 大的，宏观的（用于希腊语复合词）；rhynchus ← rhynchos 喙状的，鸟嘴状的

Aconitum macrorhynchum f. tenuissimum 匍枝乌头：tenui- ← tenuis 薄的，纤细的，弱的，瘦的，窄的；-issimus/ -issima/ -issimum 最，非常，极其（形容词最高级）

Aconitum milinense 米林乌头：milinense 米林的（地名，西藏自治区）

Aconitum monanthum 高山乌头：mono-/ mon- ← monos 一个，单一的（希腊语，拉丁语为 unus/ uni-/ uno-）；anthus/ anthum/ antha/ anthe ← anthos 花（用于希腊语复合词）

Aconitum monticola 山地乌头：monticolus 生于山地的；monti- ← mons 山，山地，岩石；montis 山，山地的；colus ← colo 分布于，居住于，栖居，殖民（常作词尾）；colo/ colere/ colui/ cultum 居住，耕作，栽培

Aconitum nagarum 保山乌头：nagarum（词源不详）

Aconitum nagarum var. heterotrichum 小白撑：hete-/ heter-/ hetero- ← heteros 不同的，多样的，不齐的；trichus 毛，毛发，线

Aconitum nagarum var. heterotrichum f. dielsianum 无距小白撑：dielsianum ← Friedrich Ludwig Emil Diels（人名，20 世纪德国植物学家）

Aconitum nagarum var. heterotrichum f. leiocarpum 光果小白撑：lei-/ leio-/ lio- ←

A

leius ← leios 光滑的，平滑的；carpus/ carpum/ carpa/ carpon ← carpos 果实（用于希腊语复合词）

Aconitum nagarum var. lasiandrum 宣威乌头：lasi-/ lasio- 羊毛状的，有毛的，粗糙的；andrus/ andros/ antherus ← aner 雄蕊，花药，雄性

Aconitum nagarum var. nagarum f. ecalcaratum 无距保山乌头：ecalcaratus = e + calcaratus 无距的；e-/ ex- 不，无，非，缺乏，不具有（e- 用在辅音字母前，ex- 用在元音字母前，为拉丁语词首，对应的希腊语词首为 a-/ an-，英语为 un-/ -less，注意作词首用的 e-/ ex- 和介词 e/ ex 意思不同，后者意为"出自、从……、由……离开、由于、依照"）；calcaratus = calcar + atus 距的，有距的；calcar- ← calcar 距，花萼或花瓣生蜜源的距，短枝（结果枝）（距：雄鸡、雉等的腿的后面突出像脚趾的部分）

Aconitum nakaoi 错那乌头：nakaoi（人名）；-i 表示人名，接在以元音字母结尾的人名后面，但 -a 除外

Aconitum naviculare 船盔乌头：naviculare ← navicularis 船形的，舟状的；navicula 船

Aconitum nemorum 林地乌头：nemorum = nemus + orum 森林的，树丛的；-orum 属于……的（第二变格法名词复数所有格词尾，表示群落或多数）；nemo- ← nemus 森林的，成林的，树丛的，喜林的，林内的；nemus/ nema 密林，丛林，树丛（常用来比喻密集成丛的纤细物，如花丝、果柄等）

Aconitum nielamuense 聂拉木乌头：nielamuense 聂拉木的（地名，西藏自治区）

Aconitum ningwuense 宁武乌头：ningwuense 宁武的（地名，山西省）

Aconitum novoluridum 展喙乌头：novoluridum 新型淡黄的，像 luridum 的；Aconitum luridum 淡黄乌头；novus 新的；luridus 灰黄色的，淡黄色的

Aconitum nutantiflorum 垂花乌头：nutanti- 弯曲的，垂吊的；florus/ florum/ flora ← flos 花（用于复合词）

Aconitum ouvrardianum 德钦乌头：ouvrardianum（人名）

Aconitum paniculigerum 圆锥乌头：paniculigerus 具圆锥花序的；paniculus 圆锥花序；gerus → -ger/ -gerus/ -gerum/ -gera 具有，有，带有

Aconitum paniculigerum var. wulingense 疏毛圆锥乌头：wulingense 武陵的（地名，湖南省），雾灵的（地名，河北省），五岭的（地名，分布于两广、湖南、江西的五座山岭）

Aconitum parcifolium 少叶乌头（原名"疏叶乌头"，本属有重名）：parce-/ parci- ← parcus 少的，稀少的；folius/ folium/ folia 叶，叶片（用于复合词）

Aconitum pendulicarpum 垂果乌头：pendulus ← pendere 下垂的，垂吊的（悬空或因支持体细软而下垂）；pendere/ pendeo 悬挂，垂悬；-ulus/ -ulum/ -ula（表示趋向或动作）（小词 -ulus 在字母 e 或 i 之后有多种变缀，即 -olus/ -olum/ -ola、-ellus/ -ellum/ -ella、-illus/ -illum/ -illa，与第一变格法和第二变格法名词形成复合词）；carpus/ carpum/ carpa/ carpon ← carpos 果实（用于希腊语复合词）

Aconitum pendulum 铁棒槌：pendulus ← pendere 下垂的，垂吊的（悬空或因支持体细软而下垂）；pendere/ pendeo 悬挂，垂悬；-ulus/ -ulum/ -ula（表示趋向或动作）（小词 -ulus 在字母 e 或 i 之后有多种变缀，即 -olus/ -olum/ -ola、-ellus/ -ellum/ -ella、-illus/ -illum/ -illa，与第一变格法和第二变格法名词形成复合词）

Aconitum phyllostegium 木里乌头：phyllostegius 叶盖的；phyllus/ phyllum/ phylla ← phyllon 叶片（用于希腊语复合词）；stegius ← stege/ stegon 盖子，加盖，覆盖，包裹，遮盖物

Aconitum phyllostegium var. pilosum 伏毛木里乌头：pilosus = pilus + osus 多毛的，被柔毛的，具疏柔毛的，被短弱细毛的；pilus 毛，疏柔毛；-osus/ -osum/ -osa 多的，充分的，丰富的，显著发育的，程度高的，特征明显的（形容词词尾）

Aconitum piepunense 中甸乌头：piepunense 北部的（地名，云南省香格里拉市）

Aconitum piepunense var. pilosum 疏毛中甸乌头：pilosus = pilus + osus 多毛的，被柔毛的，具疏柔毛的，被短弱细毛的；pilus 毛，疏柔毛；-osus/ -osum/ -osa 多的，充分的，丰富的，显著发育的，程度高的，特征明显的（形容词词尾）

Aconitum polyanthum 多花乌头：polyanthus 多花的；poly- ← polys 多个，许多（希腊语，拉丁语为 multi-）；anthus/ anthum/ antha/ anthe ← anthos 花（用于希腊语复合词）

Aconitum polyanthum var. puberulum 毛萼多花乌头：puberulus = puberus + ulus 略被柔毛的，被微柔毛的；puberus 多毛的，毛茸茸的；-ulus/ -ulum/ -ula 小的，略微的，稍微的（小词 -ulus 在字母 e 或 i 之后有多种变缀，即 -olus/ -olum/ -ola、-ellus/ -ellum/ -ella、-illus/ -illum/ -illa，与第一变格法和第二变格法名词形成复合词）

Aconitum polycarpum 多果乌头：poly- ← polys 多个，许多（希腊语，拉丁语为 multi-）；carpus/ carpum/ carpa/ carpon ← carpos 果实（用于希腊语复合词）

Aconitum polyschistum 多裂乌头：polyschistus 多裂的；poly- ← polys 多个，许多（希腊语，拉丁语为 multi-）；schistus ← schizo 裂开的，分歧的

Aconitum pomeense 波密乌头：pomeense 波密的（地名，西藏自治区）

Aconitum potaninii 密花乌头：potaninii ← Grigory Nikolaevich Potanin（人名，19 世纪俄国植物学家）

Aconitum prominens 露瓣乌头：prominens 突出的，显著的，卓越的，显赫的，隆起的

Aconitum pseudodivaricatum 全裂乌头：pseudodivaricatum 像 divaricatum 的；pseudo-/ pseud- ← pseudos 假的，伪的，接近，相似（但不是）；Aconitum tatsienense var. divaricatum 展枝康定乌头；divaricatus 广歧的，发散的，散开的

Aconitum pseudogeniculatum 拟膝瓣乌头：pseudogeniculatum 像 geniculatum 的；pseudo-/ pseud- ← pseudos 假的，伪的，接近，相似（但不是）；Aconitum geniculatum 膝瓣乌头

Aconitum pseudohuiliense 雷波乌头：pseudohuiliense 像 huiliense 的；pseudo-/

pseud- ← pseudos 假的，伪的，接近，相似（但不是）；Aconitum huiliense 会理乌头；huiliense 会理的（地名，四川省）

Aconitum pseudostapfianum 拟玉龙乌头：pseudostapfianum 像 staphianum 的；pseudo-/pseud- ← pseudos 假的，伪的，接近，相似（但不是）；Aconitum stapfianum 玉龙乌头；stapfianum（人名）

Aconitum pukeense 普格乌头：pukeense 普格的（地名，四川省）

Aconitum pulchellum 美丽乌头：pulchellus/pulcellus = pulcher + ellus 稍美丽的，稍可爱的；pulcher/pulcer 美丽的，可爱的；-ellus/-ellum/-ella ← -ulus 小的，略微的，稍微的（小词 -ulus 在字母 e 或 i 之后有多种变缀，即 -olus/-olum/-ola、-ellus/-ellum/-ella、-illus/-illum/-illa，用于第一变格法名词）

Aconitum pulchellum var. hispidum 毛瓣美丽乌头：hispidus 刚毛的，糙毛状的

Aconitum pulchellum var. racemosum 长序美丽乌头：racemosus = racemus + osus 总状花序的；racemus/raceme 总状花序，葡萄串状的；-osus/-osum/-osa 多的，充分的，丰富的，显著发育的，程度高的，特征明显的（形容词词尾）

Aconitum racemulosum 岩乌头：racemulosus 小总状花序的，短序的；racemus 总状的，葡萄串状的；-ulosus = ulus + osus 小而多的；-ulus/-ulum/-ula 小的，略微的，稍微的（小词 -ulus 在字母 e 或 i 之后有多种变缀，即 -olus/-olum/-ola、-ellus/-ellum/-ella、-illus/-illum/-illa，与第一变格法和第二变格法名词形成复合词）；-osus/-osum/-osa 多的，充分的，丰富的，显著发育的，程度高的，特征明显的（形容词词尾）

Aconitum racemulosum var. grandibracteolatum 巨苞岩乌头：grandi- ← grandis 大的；bracteolatus = bracteus + ulus + atus 具小苞片的；bracteus 苞，苞片，苞鳞

Aconitum raddeanum 大苞乌头：raddeanus ← Gustav Ferdinand Richard Radde（人名，19 世纪德国博物学家，曾考察高加索地区和阿穆尔河流域）

Aconitum ramulosum 多枝乌头：ramulosus = ramus + ulosus 小枝的，多小枝的；ramulus 小枝；-ulosus = ulus + osus 小而多的；-ulus/-ulum/-ula 小的，略微的，稍微的（小词 -ulus 在字母 e 或 i 之后有多种变缀，即 -olus/-olum/-ola、-ellus/-ellum/-ella、-illus/-illum/-illa，与第一变格法和第二变格法名词形成复合词）；-osus/-osum/-osa 多的，充分的，丰富的，显著发育的，程度高的，特征明显的（形容词词尾）

Aconitum refracticarpum 弯果乌头：refracticarpus 骤折果的；refractus 倒折的，反折的；re- 返回，相反，再次，重复，向后，回头；fractus 背折的，弯曲的；carpus/carpum/carpa/carpon ← carpos 果实（用于希腊语复合词）

Aconitum refractum 狭裂乌头：refractus 倒折的，反折的；re- 返回，相反，再次，重复，向后，回头；fractus 背折的，弯曲的

Aconitum rhombifolium 菱叶乌头：rhombus 菱形，纺锤；folius/folium/folia 叶，叶片（用于复合词）

Aconitum rhombifolium var. leiocarpum 光果菱叶乌头：lei-/leio-/lio- ← leius ← leios 光滑的，平滑的；carpus/carpum/carpa/carpon ← carpos 果实（用于希腊语复合词）

Aconitum richardsonianum 直序乌头：richardsonianum ← Richard Richardson 或 John Richardson（人名，二人均为 18 世纪英国人，前者为植物学家，后者为探险家）

Aconitum richardsonianum var. pseudosessiliflorum 伏毛直序乌头：pseudosessiliflorum 像 sessiliflorum 的；pseudo-/pseud- ← pseudos 假的，伪的，接近，相似（但不是）；Aconitum sessiliflorum 缩梗乌头；sessile-/sessili-/sessil- ← sessilis 无柄的，无茎的，基生的，基部的；florus/florum/flora ← flos 花（用于复合词）

Aconitum rockii 拟康定乌头：rockii ← Joseph Francis Charles Rock（人名，20 世纪美国植物采集员）

Aconitum rockii var. fengii 石膏山乌头：fengii（人名）；-ii 表示人名，接在以辅音字母结尾的人名后面，但 -er 除外

Aconitum rotundifolium 圆叶乌头：rotundus 圆形的，呈圆形的，肥大的；rotundo 使呈圆形，使圆滑；roto 旋转，滚动；folius/folium/folia 叶，叶片（用于复合词）

Aconitum scaposum 花莛乌头（莛 tíng）：scaposus 具柄的，具粗柄的；scapus（scap-/scapi-）← skapos 主茎，树干，花柄，花轴；-osus/-osum/-osa 多的，充分的，丰富的，显著发育的，程度高的，特征明显的（形容词词尾）

Aconitum scaposum var. hupehanum 等叶花莛乌头：hupehanum 湖北的（地名）

Aconitum scaposum var. vaginatum 聚叶花莛乌头：vaginatus = vaginus + atus 鞘，具鞘的；vaginus 鞘，叶鞘；-atus/-atum/-ata 属于，相似，具有，完成（形容词词尾）

Aconitum sczukinii 宽叶蔓乌头（蔓 màn）：sczukinii（人名）；-ii 表示人名，接在以辅音字母结尾的人名后面，但 -er 除外

Aconitum sessiliflorum 缩梗乌头：sessile-/sessili-/sessil- ← sessilis 无柄的，无茎的，基生的，基部的；florus/florum/flora ← flos 花（用于复合词）

Aconitum shensiense 陕西乌头：shensiense 陕西的（地名）

Aconitum sinchiangense 新疆乌头：sinchiangense 新疆的（地名）

Aconitum sinoaxillare 腋花乌头：sinoaxillare 中国型腋生的；sino- 中国；axillare 在叶腋

Aconitum sinomontanum 高乌头：sinomontanum 中国山地的，中国型山地生的；sino- 中国；monantus 山地的

Aconitum sinomontanum var. angustius 狭盔高乌头：angustius 窄的，狭的，细的；angustus 窄的，狭的，细的；-ius/-ium/-ia 具有……特性的（表示有关、关联、相似）

Aconitum sinomontanum var. pilocarpum 毛果

高乌头：pilus 毛，疏柔毛；carpus/ carpum/ carpa/ carpon ← carpos 果实（用于希腊语复合词）

Aconitum sinonapelloides 拟缺刻乌头：sinonapelloides 中国型萝卜状的；sino- 中国；-oides/ -oideus/ -oideum/ -oidea/ -odes/ -eidos 像……的，类似……的，呈……状的（名词词尾）

Aconitum sinonapelloides var. weisiense 展毛拟缺刻乌头：weisiense 维西的（地名，云南省）

Aconitum smirnovii 阿尔泰乌头：smirnovii（人名）；-ii 表示人名，接在以辅音字母结尾的人名后面，但 -er 除外

Aconitum smithii 山西乌头：smithii ← James Edward Smith（人名，1759–1828，英国植物学家）

Aconitum smithii var. tenuilobum 狭裂山西乌头：tenui- ← tenuis 薄的，纤细的，弱的，瘦的，窄的；lobus/ lobos/ lobon 浅裂，耳片（裂片先端钝圆），荚果，蓇葖果

Aconitum soongaricum 准噶尔乌头（噶 gá）：soongaricum 准噶尔的（地名，新疆维吾尔自治区）；-icus/ -icum/ -ica 属于，具有某种特性（常用于地名、起源、生境）

Aconitum soongaricum var. angustius 华北乌头：angustius 窄的，狭的，细的；angustus 窄的，狭的，细的；-ius/ -ium/ -ia 具有……特性的（表示有关、关联、相似）

Aconitum soongaricum var. jeholense 低矮华北乌头：jeholense 热河的（地名，旧省名，跨现在的内蒙古自治区、河北省、辽宁省）

Aconitum soongaricum var. pubescens 毛序准噶尔乌头：pubescens ← pubens 被短柔毛的，长出柔毛的；pubi- ← pubis 细柔毛的，短柔毛的，毛被的；pubesco/ pubescere 长成的，变为成熟的，长出柔毛的，青春期体毛的；-escens/ -ascens 改变，转变，变成，略微，带有，接近，相似，大致，稍微（表示变化的趋势，并未完全相似或相同，有别于表示达到完成状态的 -atus）

Aconitum souliei 茨开乌头（茨 cí）：souliei（人名）；-i 表示人名，接在以元音字母结尾的人名后面，但 -a 除外

Aconitum spathulatum 匙苞乌头（匙 chí）：spathulatus = spathus + ulus + atus 匙形的，佛焰苞状的，小佛焰苞；spathus 佛焰苞，薄片，刀剑

Aconitum spicatum 亚东乌头：spicatus 具穗的，具穗状花的，具尖头的；spicus 穗，谷穗，花穗；-atus/ -atum/ -ata 属于，相似，具有，完成（形容词词尾）

Aconitum spiripetalum 螺瓣乌头：spiripetalus 螺旋状花瓣的；spiro-/ spiri-/ spir- ← spira ← speira 螺旋，缠绕（希腊语）；petalus/ petalum/ petala ← petalon 花瓣

Aconitum stapfianum 玉龙乌头：stapfianum（人名）

Aconitum straminiflorum 草黄乌头：stramineus 禾秆色的，秆黄色的，干草状黄色的；stramen 禾秆，麦秆；stramimis 禾秆，秸秆，麦秆；florus/ florum/ flora ← flos 花（用于复合词）

Aconitum stylosoides 拟显柱乌头：stylosoides 像 stylosum 的；Aconitum stylosum 显柱乌头；

stylosus 具花柱的，花柱明显的；stylus/ stylis ← stylos 柱，花柱；-osus/ -osum/ -osa 多的，充分的，丰富的，显著发育的，程度高的，特征明显的（形容词词尾）；-oides/ -oideus/ -oideum/ -oidea/ -odes/ -eidos 像……的，类似……的，呈……状的（名词词尾）

Aconitum stylosum 显柱乌头：stylosus 具花柱的，花柱明显的；stylus/ stylis ← stylos 柱，花柱；-osus/ -osum/ -osa 多的，充分的，丰富的，显著发育的，程度高的，特征明显的（形容词词尾）

Aconitum stylosum var. geniculatum 膝爪显柱乌头：geniculatus 关节的，膝状弯曲的；geniculum 节，关节，节片；-atus/ -atum/ -ata 属于，相似，具有，完成（形容词词尾）

Aconitum sungpanense 松潘乌头：sungpanense 松潘的（地名，四川省）

Aconitum sungpanense var. leucanthum 白花松潘乌头：leuc-/ leuco- ← leucus 白色的（如果和其他表示颜色的词混用则表示淡色）；anthus/ anthum/ antha/ anthe ← anthos 花（用于希腊语复合词）

Aconitum taipeicum 太白乌头：taipeicum 太白的（地名，陕西省，有时拼写为"taipai"，而"太白"的规范拼音为"taibai"），台北的（地名，属台湾省）；-icus/ -icum/ -ica 属于，具有某种特性（常用于地名、起源、生境）

Aconitum talassicum 塔拉斯乌头：talassicum 塔拉斯的（地名，吉尔吉斯斯坦）

Aconitum talassicum var. villosulum 伊犁乌头：villosulus 略有长柔毛的；villosus 柔毛的，绵毛的；villus 毛，羊毛，长绒毛；-ulus/ -ulum/ -ula 小的，略微的，稍微的（小词 -ulus 在字母 e 或 i 之后有多种变缀，即 -olus/ -olum/ -ola、-ellus/ -ellum/ -ella、-illus/ -illum/ -illa，与第一变格法和第二变格法名词形成复合词）

Aconitum tangense 堆拉乌头：tangense（地名，西藏自治区）

Aconitum tanguticum 甘青乌头：tanguticum ← Tangut 唐古特的，党项的（西夏时期生活于中国西北地区的党项羌人，蒙古语称其为"唐古特"，有多种音译，如唐兀、唐古、唐括等）；-icus/ -icum/ -ica 属于，具有某种特性（常用于地名、起源、生境）

Aconitum tanguticum var. trichocarpum 毛果甘青乌头：trich-/ tricho-/ tricha- ← trichos ← thrix 毛，多毛的，线状的，丝状的；carpus/ carpum/ carpa/ carpon ← carpos 果实（用于希腊语复合词）

Aconitum taronense 独龙乌头：taronense 独龙江的（地名，云南省）

Aconitum tatsienense 康定乌头：tatsienense 打箭炉的（地名，四川省康定县的别称）

Aconitum tatsienense var. divaricatum 展枝康定乌头：divaricatus 广歧的，发散的，散开的

Aconitum tenuicaule 细茎乌头：tenui- ← tenuis 薄的，纤细的，弱的，瘦的，窄的；caulus/ caulon/ caule ← caulos 茎，茎秆，主茎

Aconitum tenuigaleatum 细盔乌头：tenui- ← tenuis 薄的，纤细的，弱的，瘦的，窄的；

A

galeatus = galea + atus 盔形的，具盔的；galea 头盔，帽子，毛皮帽子

Aconitum tongolense 新都桥乌头：tongol 东俄洛（地名，四川西部）

Aconitum tongolense var. patentipilum 展毛东俄洛乌头：patentipilus 展毛的；patens 开展的（呈90°），伸展的，传播的，飞散的；pilus 毛，疏柔毛

Aconitum transsectum 直缘乌头：transsectus 横切的；tran-/ trans- 横过，远侧边，远方，在那边；sectus/ seco 切割，分解，分开，横过（马路等）

Aconitum tsaii 碧江乌头：tsaii 蔡希陶（人名，1911–1981，中国植物学家）

Aconitum tsaii var. puberulum 毛茎碧江乌头：puberulus = puberus + ulus 略被柔毛的，被微柔毛的；puberus 多毛的，毛茸茸的；-ulus/ -ulum/ -ula 小的，略微的，稍微的（小词 -ulus 在字母 e 或 i 之后有多种变缀，即 -olus/ -olum/ -ola、-ellus/ -ellum/ -ella、-illus/ -illum/ -illa，与第一变格法和第二变格法名词形成复合词）

Aconitum tsaii var. tsaii f. purpureum 紫花碧江乌头：purpureus = purpura + eus 紫色的；purpura 紫色（purpura 原为一种介壳虫名，其体液为紫色，可作颜料）；-eus/ -eum/ -ea（接拉丁语词干时）属于……的，色如……的，质如……的（表示原料、颜色或品质的相似），（接希腊语词干时）属于……的，以……出名，为……所占有（表示具有某种特性）

Aconitum tsariense （察雅乌头）：tsariense 察雅的（地名，西藏自治区）

Aconitum tschangbaischanense 长白乌头：tschangbaischanense 长白山的（地名，吉林省）

Aconitum umbrosum 草地乌头：umbrosus 多荫的，喜阴的，生于阴地的；umbra 荫凉，阴影，阴地；-osus/ -osum/ -osa 多的，充分的，丰富的，显著发育的，程度高的，特征明显的（形容词词尾）

Aconitum urumqiense 乌鲁木齐乌头：urumqiense 乌鲁木齐的（地名，新疆维吾尔自治区）

Aconitum villosum 白毛乌头：villosus 柔毛的，绵毛的；villus 毛，羊毛，长绒毛；-osus/ -osum/ -osa 多的，充分的，丰富的，显著发育的，程度高的，特征明显的（形容词词尾）

Aconitum villosum var. amurense 缠绕白毛乌头：amurense/ amurensis 阿穆尔的（地名，东西伯利亚的一个州，南部以黑龙江为界），阿穆尔河的（即黑龙江的俄语音译）

Aconitum vilmorinianum 黄草乌：vilmorinianum ← Vilmorin-Andrieux（人名，19 世纪法国种苗专家）

Aconitum vilmorinianum var. altifidum 深裂黄草乌：al-/ alti-/ alto- ← altus 高的，高处的；fidus ← findere 裂开，分裂（裂深不超过 1/3，常作词尾）

Aconitum vilmorinianum var. patentipilum 展毛黄草乌：patentipilus 展毛的；patens 开展的（呈90°），伸展的，传播的，飞散的；pilus 毛，疏柔毛

Aconitum volubile 蔓乌头（蔓 màn）：volubilis 拧劲的，缠绕的；-ans/ -ens/ -bilis/ -ilis 能够，可能（为形容词词尾，-ans/ -ens 用于主动语态，-bilis/ -ilis 用于被动语态）

Aconitum volubile var. pubescens 卷毛蔓乌头：pubescens ← pubens 被短柔毛的，长出柔毛的；pubi- ← pubis 细柔毛的，短柔毛的，毛被的；pubesco/ pubescere 长成的，变为成熟的，长出柔毛的，青春期体毛的；-escens/ -ascens 改变，转变，变成，略微，带有，接近，相似，大致，稍微（表示变化的趋势，并未完全相似或相同，有别于表示达到完成状态的 -atus）

Aconitum wardii 滇川乌头：wardii ← Francis Kingdon-Ward（人名，20 世纪英国植物学家）

Aconitum wumengense 乌蒙乌头：wumengense 乌蒙山的（地名，云南省）

Aconitum yachiangense 雅江乌头：yachiangense 雅江的（地名，四川省）

Aconitum yamamotoanum 雪山乌头：yamamotoanum 山本（日本人名）

Aconitum yunlingense 云岭乌头：yunlingense 云岭的（地名，云南省德钦县）

Acorus 菖蒲属（天南星科）（13-2：p4）：acorus 难看的，无装饰的（菖蒲的古希腊语名）；a-/ an- 无，非，没有，缺乏，不具有（an- 用于元音前）（a-/ an- 为希腊语词首，对应的拉丁语词首为 e-/ ex-，相当于英语的 un-/ -less，注意词首 a- 和作为介词的 a/ ab 不同，后者的意思是"从……、由……、关于……、因为……"）；corus ← coros 装饰

Acorus calamus 菖蒲：calamus ← calamos ← kalem 芦苇的，管子的，空心的；Calamus 省藤属（棕榈科）

Acorus calamus var. calamus 菖蒲-原变种（词义见上面解释）

Acorus calamus var. verus 细根菖蒲：verus 正统的，纯正的，真正的，标准的（形近词：veris 春天的）

Acorus gramineus 金钱蒲：gramineus 禾草状的，禾本科植物状的；graminus 禾草，禾本科草；gramen 禾本科植物；-eus/ -eum/ -ea（接拉丁语词干时）属于……的，色如……的，质如……的（表示原料、颜色或品质的相似），（接希腊语词干时）属于……的，以……出名，为……所占有（表示具有某种特性）

Acorus rumphianus 长苞菖蒲：rumphianus ← Georg Everhard Rumpf（拉丁化为 Rumphius）（人名，18 世纪德国植物学家）

Acorus tatarinowii 石菖蒲：tatarinowii（人名）；-ii 表示人名，接在以辅音字母结尾的人名后面，但 -er 除外

Acrachne 尖稃草属（稃 fū）（禾本科）（10-1：p35）：acrachne 尖锐鳞片的（希腊语，指外稃主脉延伸成小尖头）；acra ← akros/ acros 顶端的，尖锐的；achne 鳞片，稃片，谷壳（希腊语）

Acrachne racemosa 尖稃草：racemosus = racemus + osus 总状花序的；racemus/ raceme 总状花序，葡萄串状的；-osus/ -osum/ -osa 多的，充分的，丰富的，显著发育的，程度高的，特征明显的（形容词词尾）

Acranthera 尖药花属（茜草科）（71-1：p281）：acrachne 尖锐花药的（希腊语，指外稃主脉延伸成

小尖头）；acr-/ acro- ← acros 顶尖，顶端，尖头，在顶尖的，辛辣，酸的；andrus/ andros/ antherus ← aner 雄蕊，花药，雄性

Acranthera sinensis 中华尖药花：sinensis = Sina + ensis 中国的（地名）；Sina 中国

Acriopsis 合萼兰属（兰科）（18：p227）：acre 尖锐的，尖锐的，辛辣的；-opsis/ -ops 相似，稍微，带有

Acriopsis indica 合萼兰：indica 印度的（地名）；-icus/ -icum/ -ica 属于，具有某种特性（常用于地名、起源、生境）

Acrocarpus 顶果树属（豆科）（39：p90）：acrocarpus 果实生于顶端的；acr-/ acro- ← acros 顶尖，顶端，尖头，在顶尖的，辛辣，酸的；carpus/ carpum/ carpa/ carpon ← carpos 果实（用于希腊语复合词）

Acrocarpus fraxinifolius 顶果树：Fraxinus 梣属（木樨科），白蜡树；folius/ folium/ folia 叶，叶片（用于复合词）

Acrocephalus 尖头花属（唇形科）（66：p550）：acrocephalus 尖锐头状花序的；acr-/ acro- ← acros 顶尖，顶端，尖头，在顶尖的，辛辣，酸的；cephalus/ cephale ← cephalos 头，头状花序

Acrocephalus indicus 尖头花：indicus 印度的（地名）；-icus/ -icum/ -ica 属于，具有某种特性（常用于地名、起源、生境）

Acroceras 凤头黍属（黍 shǔ）（禾本科）（10-1：p236）：acr-/ acro- ← acros 顶尖，顶端，尖头，在顶尖的，辛辣，酸的；-ceras/ -ceros/ cerato- ← keras 犄角，兽角，角状突起（希腊语）

Acroceras munroanum 凤头黍：munroanum（人名）

Acroglochin 千针苋属（藜科）（25-2：p9）：acroglochin 顶端的尖头（指花序腋内生有针状枝条）；acros 顶端的，尖锐的；glochin 锐尖，尖头，突出点，颚骨状

Acroglochin persicarioides 千针苋：Persicarius 春蓼属（已合并到蓼属 Polygonum）；-oides/ -oideus/ -oideum/ -oidea/ -odes/ -eidos 像……的，类似……的，呈……状的（名词词尾）

Acronema 丝瓣芹属（伞形科）（55-2：p113，55-3：p249）：acronema 顶端丝状的（指花瓣先端丝状裂）；acr-/ acro- ← acros 顶尖，顶端，尖头，在顶尖的，辛辣，酸的；nemus/ nema 密林，丛林，树丛（常用来比喻密集成丛的纤细物，如花丝、果柄等）

Acronema alpinum 高山丝瓣芹：alpinus = alpus + inus 高山的；alpus 高山；al-/ alti-/ alto- ← altus 高的，高处的；-inus/ -inum/ -ina/ -inos 相近，接近，相似，具有（通常指颜色）；关联词：subalpinus 亚高山的

Acronema astrantiifolium 星叶丝瓣芹：astrantiifolius 叶子像 Astrantia 的；缀词规则：以属名作复合词时原词尾变形后的 i 要保留；Astrantia 聚星花属（伞形科）；folius/ folium/ folia 叶，叶片（用于复合词）

Acronema chienii 条叶丝瓣芹：chienii ← S. S. Chien 钱崇澍（人名，1883–1965，中国植物学家）

Acronema chienii var. chienii 条叶丝瓣芹-原变种（词义见上面解释）

Acronema chienii var. dissectum 细裂条叶丝瓣芹：dissectus 多裂的，全裂的，深裂的；di-/ dis- 二，二数，二分，分离，不同，在……之间，从……分开（希腊语，拉丁语为 bi-/ bis-）；sectus 分段的，分节的，切开的，分裂的

Acronema chinense 尖瓣芹：chinense 中国的（地名）

Acronema chinense var. chinense 尖瓣芹-原变种（词义见上面解释）

Acronema chinense var. humile 矮尖瓣芹：humile 矮的

Acronema commutatum 多变丝瓣芹：commutatus 变化的，交换的

Acronema gracile 细梗丝瓣芹：gracile → gracil- 细长的，纤弱的，丝状的；gracilis 细长的，纤弱的，丝状的

Acronema graminifolium 禾叶丝瓣芹：graminus 禾草，禾本科草；folius/ folium/ folia 叶，叶片（用于复合词）

Acronema handelii 中甸丝瓣芹：handelii ← H. Handel-Mazzetti（人名，奥地利植物学家，第一次世界大战期间在中国西南地区研究植物）

Acronema hookeri 锡金丝瓣芹：hookeri ← William Jackson Hooker（人名，19 世纪英国植物学家）；-eri 表示人名，在以 -er 结尾的人名后面加上 i 形成

Acronema muscicolum 苔间丝瓣芹：muscicolus 苔藓上生的；musc-/ musci- 藓类的；colus ← colo 分布于，居住于，栖居，殖民（常作词尾）；colo/ colere/ colui/ cultum 居住，耕作，栽培

Acronema nervosum 羽轴丝瓣芹：nervosus 多脉的，叶脉明显的；nervus 脉，叶脉；-osus/ -osum/ -osa 多的，充分的，丰富的，显著发育的，程度高的，特征明显的（形容词词尾）

Acronema paniculatum 圆锥丝瓣芹：paniculatus = paniculus + atus 具圆锥花序的；paniculus 圆锥花序；panus 谷穗；panicus 野稗，粟，谷子；-atus/ -atum/ -ata 属于，相似，具有，完成（形容词词尾）

Acronema radiatum 环辐丝瓣芹：radiatus = radius + atus 辐射状的，放射状的；radius 辐射，射线，半径，边花，伞形花序

Acronema schneideri 丽江丝瓣芹：schneideri（人名）；-eri 表示人名，在以 -er 结尾的人名后面加上 i 形成

Acronema sichuanense 四川丝瓣芹：sichuanense 四川的（地名）

Acronema tenerum 丝瓣芹：tenerus 柔软的，娇嫩的，精美的，雅致的，纤细的

Acronema wolffianum 矮小丝瓣芹：wolffianum ← Johann Friedrich Wolff（人名，18 世纪德国植物学家、医生）

Acronema xizangense 西藏丝瓣芹：xizangense 西藏的（地名）

Acronema yadongense 亚东丝瓣芹：yadongense 亚东的（地名，西藏自治区）

Acronychia 山油柑属（芸香科）（43-2：p105）：acronychia 先端爪形的（指花瓣先端爪状）；acr-/

acro- ← acros 顶尖，顶端，尖头，在顶尖的，辛辣，酸的；onychia ← onyx 爪（比喻裂片狭尖）

Acronychia oligophlebia 贡甲：oligo-/ olig- 少数的（希腊语，拉丁语为 pauci-）；phlebius = phlebus + ius 叶脉，属于有脉的；phlebus 脉，叶脉；-ius/ -ium/ -ia 具有……特性的（表示有关、关联、相似）

Acronychia pedunculata 山油柑：pedunculatus/ peduncularis 具花序柄的，具总花梗的；pedunculus/ peduncule/ pedunculis ← pes 花序柄，总花梗（花序基部无花着生部分，不同于花柄）；关联词：pedicellus/ pediculus 小花梗，小花柄（不同于花序柄）；pes/ pedis 柄，梗，茎秆，腿，足，爪（作词首或词尾，pes 的词干视为 "ped-"）

Acrophorus 鱼鳞蕨属（球盖蕨科）（4-2：p230）：acr-/ acro- ← acros 顶尖，顶端，尖头，在顶尖的，辛辣，酸的；-phorus/ -phorum/ -phora 载体，承载物，支持物，带着，生着，附着（表示一个部分带着别的部分，包括起支撑或承载作用的柄、柱、托、囊等，如 gynophorum = gynus + phorum 雌蕊柄的，带有雌蕊的，承载雌蕊的）；gynus/ gynum/ gyna 雌蕊，子房，心皮

Acrophorus diacalpioides 滇缅鱼鳞蕨：diacalpioides 红腺蕨属（球盖蕨科）；-oides/ -oideus/ -oideum/ -oidea/ -odes/ -eidos 像……的，类似……的，呈……状的（名词词尾）

Acrophorus dissectus 细裂鱼鳞蕨：dissectus 多裂的，全裂的，深裂的；di-/ dis- 二，二数，二分，分离，不同，在……之间，从……分开（希腊语，拉丁语为 bi-/ bis-）；sectus 分段的，分节的，切开的，分裂的

Acrophorus emeiensis 峨眉鱼鳞蕨：emeiensis 峨眉山的（地名，四川省）

Acrophorus exstipellatus 峨边鱼鳞蕨：exstipellatus 无托叶的；e-/ ex- 不，无，非，缺乏，不具有（e- 用在辅音字母前，ex- 用在元音字母前，为拉丁语词首，对应的希腊语词首为 a-/ an-，英语为 un-/ -less，注意作词首用的 e-/ ex- 和介词 e/ ex 意思不同，后者意为 "出自、从……、由……离开、由于、依照"）；stipellatus 小托叶；stipulus 托叶；-ellatus = ellus + atus 小的，属于小的；-ellus/ -ellum/ -ella ← -ulus 小的，略微的，稍微的（小词 -ulus 在字母 e 或 i 之后有多种变缀，即 -olus/ -olum/ -ola、-ellus/ -ellum/ -ella、-illus/ -illum/ -illa，用于第一变格法名词）；-atus/ -atum/ -ata 属于，相似，具有，完成（形容词词尾）

Acrophorus macrocarpus 大果鱼鳞蕨：macro-/ macr- ← macros 大的，宏观的（用于希腊语复合词）；carpus/ carpum/ carpa/ carpon ← carpos 果实（用于希腊语复合词）

Acrophorus stipellatus 鱼鳞蕨：stipellatus 小托叶；stipulus 托叶；-ellatus = ellus + atus 小的，属于小的；-ellus/ -ellum/ -ella ← -ulus 小的，略微的，稍微的（小词 -ulus 在字母 e 或 i 之后有多种变缀，即 -olus/ -olum/ -ola、-ellus/ -ellum/ -ella、-illus/ -illum/ -illa，用于第一变格法名词）；-atus/ -atum/ -ata 属于，相似，具有，完成（形容词词尾）

Acroptilon 顶羽菊属（菊科）（78-1：p59）：acroptilon 先端羽毛状的；acr-/ acro- ← acros 顶尖，顶端，尖头，在顶尖的，辛辣，酸的；ptilon 羽毛，翼，翅

Acroptilon repens 顶羽菊：repens/ repentis/ repsi/ reptum/ repere/ repo 匍匐，爬行（同义词：reptans/ reptoare）

Acrorumohra 假复叶耳蕨属（鳞毛蕨科）（5-1：p8）：acrorumohra 比复叶耳蕨更尖的；acr-/ acro- ← acros 顶尖，顶端，尖头，在顶尖的，辛辣，酸的；Rumohra 复叶耳蕨属（鳞毛蕨科，人名）

Acrorumohra diffracta 弯柄假复叶耳蕨：diffractus = dis + fractus 破碎的，粉碎的（dis- 在辅音字母前发生同化）；fractus 背折的，弯曲的；di-/ dis- 二，二数，二分，分离，不同，在……之间，从……分开（希腊语，拉丁语为 bi-/ bis-）

Acrorumohra dissecta 川滇假复叶耳蕨：dissectus 多裂的，全裂的，深裂的；di-/ dis- 二，二数，二分，分离，不同，在……之间，从……分开（希腊语，拉丁语为 bi-/ bis-）；sectus 分段的，分节的，切开的，分裂的

Acrorumohra hasseltii 草质假复叶耳蕨：hasseltii（人名）；-ii 表示人名，接在以辅音字母结尾的人名后面，但 -er 除外

Acrorumohra subreflexipinna 微弯假复叶耳蕨：subreflexipinnus 稍反曲羽片的；sub-（表示程度较弱）与……类似，几乎，稍微，弱，亚，之下，下面；reflexus 反曲的，后曲的；spinus 刺，针刺；pinnus/ pennus 羽毛，羽状，羽片

Acrosorus 鼓蕨属（禾叶蕨科）（6-2：p321）：acrosorus 孢子囊群位于顶端的；acr-/ acro- ← acros 顶尖，顶端，尖头，在顶尖的，辛辣，酸的；sorus ← soros 堆（指密集成簇），孢子囊群

Acrosorus exaltatus 鼓蕨（中国未见标本）：exaltatus = ex + altus + atus 非常高的（比 elatus 程度还高）；e/ ex 出自，从……，由……离开，由于，依照（拉丁语介词，相当于英语的 from，对应的希腊语为 a/ ab，注意介词 e/ ex 所作词首用的 e-/ ex- 意思不同，后者意为 "不、无、非、缺乏、不具有"）；altus 高度，高的

Acrostichaceae 卤蕨科（3-1：p92）：Acrostichum 卤蕨属；acr-/ acro- ← acros 顶尖，顶端，尖头，在顶尖的，辛辣，酸的；stichos 行列（希腊语）；-aceae（分类单位科的词尾，为 -aceus 的阴性复数主格形式，加到模式属的名称后或同义词的词干后以组成族群名称）

Acrostichum 卤蕨属（卤蕨科）（3-1：p92）：acrostichum 先端成列的，成列尖头的；acr-/ acro- ← acros 顶尖，顶端，尖头，在顶尖的，辛辣，酸的；stichus ← stichon 行列，队列，排列

Acrostichum aureum 卤蕨：aureus = aurus + eus 属于金色的，属于黄色的；aurus 金，金色；-eus/ -eum/ -ea（接拉丁语词干时）属于……的，色如……的，质如……的（表示原料、颜色或品质的相似），（接希腊语词干时）属于……的，以……出名，为……所占有（表示具有某种特性）

Acrostichum speciosum 尖叶卤蕨：speciosus 美丽的，华丽的；species 外形，外观，美观，物种（缩写 sp.，复数 spp.）；-osus/ -osum/ -osa 多的，充分的，丰富的，显著发育的，程度高的，特征明显的

（形容词词尾）

Actaea 类叶升麻属（毛茛科）（27: p103）：actaea ← aktaia 接骨木（古希腊语，指叶形像接骨木）；Actaeus 安泰（希腊神话中的巨人）

Actaea asiatica 类叶升麻：asiatica 亚洲的（地名）；-aticus/ -aticum/ -atica 属于，表示生长的地方，作名词词尾

Actaea erythrocarpa 红果类叶升麻：erythr-/ erythro- ← erythros 红色的（希腊语）；carpus/ carpum/ carpa/ carpon ← carpos 果实（用于希腊语复合词）

Actephila 喜光花属（大戟科）（44-1: p6）：actephilus 喜光的；acte- ← actis 辐射状的，射线的，星状的，光线，光照（表示辐射状排列）；philus/ philein ← philos → phil-/ phili/ philo- 喜好的，爱好的，喜欢的（注意区别形近词：phylus、phyllus）；phylus/ phylum/ phyla ← phylon/ phyle 植物分类单位中的"门"，位于"界"和"纲"之间，类群，种族，部落，聚群；phyllus/ phyllum/ phylla ← phyllon 叶片（用于希腊语复合词）

Actephila excelsa 毛喜光花：excelsus 高的，高贵的，超越的

Actephila merrilliana 喜光花：merrilliana ← E. D. Merrill（人名，1876–1956，美国植物学家）

Actephila subsessilis 短柄喜光花：subsessilis 近无柄的；sub-（表示程度较弱）与……类似，几乎，稍微，弱，亚，之下，下面；sessile-/ sessili-/ sessil- ← sessilis 无柄的，无茎的，基生的，基部的

Actinidia 猕猴桃属（猕猴桃科）（49-2: p196）：actinidia ← actis/ actinos 放射线，辐射状（表示呈辐射状排列，如柱头等）

Actinidia arguta 软枣猕猴桃：argutus → argut-/ arguti- 尖锐的

Actinidia arguta var. arguta 软枣猕猴桃-原变种（词义见上面解释）

Actinidia arguta var. cordifolia 心叶猕猴桃：cordi- ← cordis/ cor 心脏的，心形的；folius/ folium/ folia 叶，叶片（用于复合词）

Actinidia arguta var. giraldii 陕西猕猴桃：giraldii ← Giuseppe Giraldi（人名，19 世纪活动于中国的意大利传教士）

Actinidia arguta var. nervosa 凸脉猕猴桃：nervosus 多脉的，叶脉明显的；nervus 脉，叶脉，-osus/ -osum/ -osa 多的，充分的，丰富的，显著发育的，程度高的，特征明显的（形容词词尾）

Actinidia arguta var. purpurea 紫果猕猴桃：purpureus = purpura + eus 紫色的；purpura 紫色（purpura 原为一种介壳虫名，其体液为紫色，可作颜料）；-eus/ -eum/ -ea（接拉丁语词干时）属于……的，色如……的，质如……的（表示原料、颜色或品质的相似），（接希腊语词干时）属于……的，以……出名，为……所占有（表示具有某种特性）

Actinidia callosa 硬齿猕猴桃：callosus = callus + osus 具硬皮的，出老茧的，包块的，疙瘩的，胼胝体状的，愈伤组织的；callus 硬皮，老茧，包块，疙瘩，胼胝体，愈伤组织；-osus/ -osum/ -osa 多的，充分的，丰富的，显著发育的，程度高的，特征明显的（形容词词尾）；形近词：callos/ calos ← kallos

美丽的

Actinidia callosa var. acuminata 尖叶猕猴桃：acuminatus = acumen + atus 锐尖的，渐尖的；acumen 渐尖头；-atus/ -atum/ -ata 属于，相似，具有，完成（形容词词尾）

Actinidia callosa var. callosa 硬齿猕猴桃-原变种（词义见上面解释）

Actinidia callosa var. discolor 异色猕猴桃：discolor 异色的，不同色的（指花瓣花萼等）；di-/ dis- 二，二数，二分，分离，不同，在……之间，从……分开（希腊语，拉丁语为 bi-/ bis-）；color 颜色

Actinidia callosa var. ephippioidea 驼齿猕猴桃：ephippioides 像马鞍的，马鞍状的；ephippion = epi + hippion 马鞍；epi- 上面的，表面的，在上面；hippion ← hippos 马；-oides/ -oideus/ -oideum/ -oidea/ -odes/ -eidos 像……的，类似……的，呈……状的（名词词尾）

Actinidia callosa var. formosana 台湾猕猴桃：formosanus = formosus + anus 美丽的，台湾的；formosus ← formosa 美丽的，台湾的（葡萄牙殖民者发现台湾时对其的称呼，即美丽的岛屿）；-anus/ -anum/ -ana 属于，来自（形容词词尾）

Actinidia callosa var. henryi 京梨猕猴桃：henryi ← Augustine Henry 或 B. C. Henry（人名，前者，1857–1930，爱尔兰医生、植物学家，曾在中国采集植物，后者，1850–1901，曾活动于中国的传教士）

Actinidia callosa var. strigillosa 毛叶硬齿猕猴桃：strigillosus = striga + illus + osus 紫毛的，刷毛的；striga 条纹的，网纹的（如种子具网纹），糙伏毛的；-osus/ -osum/ -osa 多的，充分的，丰富的，显著发育的，程度高的，特征明显的（形容词词尾）；-ellus/ -ellum/ -ella ← -ulus 小的，略微的，稍微的（小词 -ulus 在字母 e 或 i 之后有多种变缀，即 -olus/ -olum/ -ola、-ellus/ -ellum/ -ella、-illus/ -illum/ -illa，用于第一变格法名词）

Actinidia carnosifolia 肉叶猕猴桃：carnosus 肉质的；carne 肉；folius/ folium/ folia 叶，叶片（用于复合词）

Actinidia carnosifolia var. carnosifolia 肉叶猕猴桃-原变种（词义见上面解释）

Actinidia carnosifolia var. glaucescens 奶果猕猴桃：glaucescens 变白的，发白的，灰绿的；glauco-/ glauc- ← glaucus 被白粉的，发白的，灰绿色的；-escens/ -ascens 改变，转变，变成，略微，带有，接近，相似，大致，稍微（表示变化的趋势），并未完全相似或相同，有别于表示达到完成状态的 -atus）

Actinidia chengkouensis 城口猕猴桃：chengkouensis 城口的（地名，重庆市）

Actinidia chinensis 中华猕猴桃：chinensis = china + ensis 中国的（地名）；China 中国

Actinidia chinensis var. chinensis 中华猕猴桃-原变种（词义见上面解释）

Actinidia chinensis var. chinensis f. chinensis 中华猕猴桃-原变型（词义见上面解释）

Actinidia chinensis var. chinensis f. jinggangshanensis 井冈山猕猴桃：

A

jinggangshanensis 井冈山的（地名，江西省）

Actinidia chinensis var. hispida 硬毛猕猴桃：hispidus 刚毛的，鬃毛状的

Actinidia chinensis var. setosa 刺毛猕猴桃：setosus = setus + osus 被刚毛的，被短毛的，被芒刺的；setus/ saetus 刚毛，刺毛，芒刺；-osus/ -osum/ -osa 多的，充分的，丰富的，显著发育的，程度高的，特征明显的（形容词词尾）

Actinidia chrysantha 金花猕猴桃：chrys-/ chryso- ← chrysos 黄色的，金色的；anthus/ anthum/ antha/ anthe ← anthos 花（用于希腊语复合词）

Actinidia cinerascens 灰毛猕猴桃：cinerascens/ cinerasceus 发灰的，变灰色的，灰白的，淡灰色的（比 cinereus 更白）；cinereus 灰色的，草木灰色的（为纯黑和纯白的混合色，希腊语为 tephro-/ spodo-）；ciner-/ cinere-/ cinereo- 灰色；-escens/ -ascens 改变，转变，变成，略微，带有，接近，相似，大致，稍微（表示变化的趋势，并未完全相似或相同，有别于表示达到完成状态的 -atus）

Actinidia cinerascens var. cinerascens 灰毛猕猴桃-原变种 （词义见上面解释）

Actinidia cinerascens var. longipetiolata 长叶柄猕猴桃：longe-/ longi- ← longus 长的，纵向的；petiolatus = petiolus + atus 具叶柄的；petiolus 叶柄

Actinidia cinerascens var. tenuifolia 菲叶猕猴桃（菲 fěi）：tenui- ← tenuis 薄的，纤细的，弱的，瘦的，窄的；folius/ folium/ folia 叶，叶片（用于复合词）

Actinidia cylindrica 柱果猕猴桃：cylindricus 圆形的，圆筒状的

Actinidia cylindrica f. cylindrica 柱果猕猴桃-原变型 （词义见上面解释）

Actinidia cylindrica f. obtusifolia 钝叶猕猴桃：obtusus 钝的，钝形的，略带圆形的；folius/ folium/ folia 叶，叶片（用于复合词）

Actinidia eriantha 毛花猕猴桃：erion 绵毛，羊毛；anthus/ anthum/ antha/ anthe ← anthos 花（用于希腊语复合词）

Actinidia farinosa 粉毛猕猴桃：farinosus 粉末状的，飘粉的；farinus 粉末，粉末状覆盖物；far/ farris 一种小麦，面粉；-osus/ -osum/ -osa 多的，充分的，丰富的，显著发育的，程度高的，特征明显的（形容词词尾）

Actinidia fasciculoides 簇花猕猴桃：fasciculus 丛，簇，束；fascis 束；-oides/ -oideus/ -oideum/ -oidea/ -odes/ -eidos 像……的，类似……的，呈……状的（名词词尾）

Actinidia fasciculoides var. cuneata 楔叶猕猴桃：cuneatus = cuneus + atus 具楔子的，属楔形的；cuneus 楔子的；-atus/ -atum/ -ata 属于，相似，具有，完成（形容词词尾）

Actinidia fasciculoides var. fasciculoides 簇花猕猴桃-原变种 （词义见上面解释）

Actinidia fasciculoides var. orbiculata 圆叶猕猴桃：orbiculatus/ orbicularis = orbis + culus + atus 圆形的；orbis 圆，圆形，圆圈，环；-culus/

-culum/ -cula 小的，略微的，稍微的（同第三变格法和第四变格法名词形成复合词）；-atus/ -atum/ -ata 属于，相似，具有，完成（形容词词尾）

Actinidia fortunatii 条叶猕猴桃：fortunatii ← fortunatus 幸运的，吉祥的，兴旺的

Actinidia fulvicoma 黄毛猕猴桃：fulvus 咖啡色的，黄褐色的；comus ← comis 冠毛，头缨，一簇（毛或叶片）

Actinidia fulvicoma var. fulvicoma 黄毛猕猴桃-原变种 （词义见上面解释）

Actinidia fulvicoma var. lanata 绵毛猕猴桃：lanatus = lana + atus 具羊毛的，具长柔毛的；lana 羊毛，绵毛

Actinidia fulvicoma var. lanata f. arachnoidea 丝毛猕猴桃：arachne 蜘蛛的，蜘蛛网的；-oides/ -oideus/ -oideum/ -oidea/ -odes/ -eidos 像……的，类似……的，呈……状的（名词词尾）

Actinidia fulvicoma var. lanata f. hirsuta 糙毛猕猴桃：hirsutus 粗毛的，糙毛的，有毛的（长而硬的毛）

Actinidia fulvicoma var. lanata f. lanata 绵毛猕猴桃-原变型 （词义见上面解释）

Actinidia fulvicoma var. pachyphylla 厚叶猕猴桃：pachyphyllus 厚叶子的；pachy- ← pachys 厚的，粗的，肥的；phyllus/ phyllum/ phylla ← phyllon 叶片（用于希腊语复合词）

Actinidia glauco-callosa 粉叶猕猴桃：glauco-/ glauc- ← glaucus 被白粉的，发白的，灰绿色的；callosus = callus + osus 具硬皮的，出老茧的，包块的，疙瘩的，胼胝体状的，愈伤组织的；callus 硬皮，老茧，包块，疙瘩，胼胝体，愈伤组织；-osus/ -osum/ -osa 多的，充分的，丰富的，显著发育的，程度高的，特征明显的（形容词词尾）；形近词：callos/ calos ← kallos 美丽的

Actinidia glaucophylla 华南猕猴桃：glaucus → glauco-/ glauc- 被白粉的，发白的，灰绿色的；phyllus/ phyllum/ phylla ← phyllon 叶片（用于希腊语复合词）

Actinidia glaucophylla var. asymmetrica 耳叶猕猴桃：asymmetricus 不对称的，不整齐的；a-/ an- 无，非，没有，缺乏，不具有（an- 用于元音前）（a-/ an- 为希腊语词首，对应的拉丁语词首为 e-/ ex-，相当于英语的 un-/ -less，注意词首 a- 和作为介词的 a/ ab 不同，后者的意思是"从……、由……、关于……、因为……"）；symmetricus 对称的，整齐的

Actinidia glaucophylla var. glaucophylla 华南猕猴桃-原变种 （词义见上面解释）

Actinidia glaucophylla var. robusta 粗叶猕猴桃：robustus 大型的，结实的，健壮的，强壮的

Actinidia globosa 圆果猕猴桃：globosus = globus + osus 球形的；globus → glob-/ globi- 球体，圆球，地球；-osus/ -osum/ -osa 多的，充分的，丰富的，显著发育的，程度高的，特征明显的（形容词词尾）；关联词：globularis/ globulifer/ globulosus（小球状的、具小球的），globuliformis（纽扣状的）

Actinidia gracilis 纤小猕猴桃：gracilis 细长的，纤弱的，丝状的

Actinidia grandiflora 大花猕猴桃：grandi- ← grandis 大的；florus/ florum/ flora ← flos 花（用于复合词）

Actinidia hemsleyana 长叶猕猴桃：hemsleyana ← William Botting Hemsley（人名，19 世纪研究中美洲植物的植物学家）

Actinidia hemsleyana var. hemsleyana 长叶猕猴桃-原变种 （词义见上面解释）

Actinidia hemsleyana var. kengiana 粗齿猕猴桃：kengiana（人名）

Actinidia henryi 蒙自猕猴桃：henryi ← Augustine Henry 或 B. C. Henry（人名，前者，1857–1930，爱尔兰医生、植物学家，曾在中国采集植物，后者，1850–1901，曾活动于中国的传教士）

Actinidia henryi var. glabricaulis 光茎猕猴桃：glabrus 光秃的，无毛的，光滑的；caulis ← caulos 茎，茎秆，主茎

Actinidia henryi var. henryi 蒙自猕猴桃-原变种（词义见上面解释）

Actinidia henryi var. polyodonta 多齿猕猴桃：poly- ← polys 多个，许多（希腊语，拉丁语为 multi-）；odontus/ odontos → odon-/ odont-/ odonto-（可作词首或词尾）齿，牙齿状的；odous 齿，牙齿（单数，其所有格为 odontos）

Actinidia holotricha 全毛猕猴桃：holo-/ hol- 全部的，所有的，完全的，联合的，全缘的，不分裂的；trichus 毛，毛发，线

Actinidia indochinensis 中越猕猴桃：indochiensis 中南半岛的（地名，含越南、柬埔寨、老挝等东南亚国家）

Actinidia kolomikta 狗枣猕猴桃：kolomikta 狗枣猕猴桃（西伯利亚土名）

Actinidia laevissima 滑叶猕猴桃：laevis/ levis/ laeve/ leve → levi-/ laevi- 光滑的，无毛的，无不平或粗糙感觉的；-issimus/ -issima/ -issimum 最，非常，极其（形容词最高级）

Actinidia lanceolata 小叶猕猴桃：lanceolatus = lanceus + olus + atus 小披针形的，小柳叶刀的；lance-/ lancei-/ lanci-/ lanceo-/ lanc- ← lanceus 披针形的，矛形的，尖刀状的，柳叶刀状的；-olus ← -ulus 小，稍微，略微（-ulus 在字母 e 或 i 之后变成 -olus/ -ellus/ -illus）；-atus/ -atum/ -ata 属于，相似，具有，完成（形容词词尾）

Actinidia latifolia 阔叶猕猴桃：lati-/ late- ← latus 宽的，宽广的；folius/ folium/ folia 叶，叶片（用于复合词）

Actinidia latifolia var. latifolia 阔叶猕猴桃-原变种 （词义见上面解释）

Actinidia latifolia var. mollis 长绒猕猴桃：molle/ mollis 软的，柔毛的

Actinidia leptophylla 薄叶猕猴桃：leptus ← leptos 细的，薄的，瘦小的，狭长的；phyllus/ phyllum/ phylla ← phyllon 叶片（用于希腊语复合词）

Actinidia liangguangensis 两广猕猴桃：liangguangensis 两广的（地名，广东省和广西壮族自治区）

Actinidia macrosperma 大籽猕猴桃：macro-/ macr- ← macros 大的，宏观的（用于希腊语复合词）；spermus/ spermum/ sperma 种子的（用于希腊语复合词）

Actinidia macrosperma var. macrosperma 大籽猕猴桃-原变种 （词义见上面解释）

Actinidia macrosperma var. mumoides 梅叶猕猴桃：mumoides 像梅的；mume 梅（日文，"梅"的日语读音为 "mume/ ume"）；-oides/ -oideus/ -oideum/ -oidea/ -odes/ -eidos 像……的，类似……的，呈……状的（名词词尾）

Actinidia maloides 海棠猕猴桃：maloides = Malus + oides 像苹果的；Malus 苹果属（蔷薇科）；-oides/ -oideus/ -oideum/ -oidea/ -odes/ -eidos 像……的，类似……的，呈……状的（名词词尾）

Actinidia maloides f. cordata 心叶海棠猕猴桃：cordatus ← cordis/ cor 心脏的，心形的；-atus/ -atum/ -ata 属于，相似，具有，完成（形容词词尾）

Actinidia maloides f. maloides 海棠猕猴桃-原变型 （词义见上面解释）

Actinidia maloides var. maloides 海棠猕猴桃-原变种 （词义见上面解释）

Actinidia melanandra 黑蕊猕猴桃：mel-/ mela-/ melan-/ melano- ← melanus/ melaenus ← melas/ melanos 黑色的，浓黑色的，暗色的；andrus/ andros/ antherus ← aner 雄蕊，花药，雄性

Actinidia melanandra var. cretacea 垩叶猕猴桃：cretaceus 白垩色的，白垩纪的

Actinidia melanandra var. glabrescens 无髯猕猴桃（髯 rǎn）：glabrus 光秃的，无毛的，光滑的；-escens/ -ascens 改变，转变，变成，略微，带有，接近，相似，大致，稍微（表示变化的趋势，并未完全相似或相同，有别于表示达到完成状态的 -atus）

Actinidia melanandra var. kwangsiensis 广西猕猴桃：kwangsiensis 广西的（地名）

Actinidia melanandra var. melanandra 黑蕊猕猴桃-原变种 （词义见上面解释）

Actinidia melanandra var. subconcolor 褪粉猕猴桃：subconcolor 像 concolor 的，近同色的；sub-（表示程度较弱）与……类似，几乎，稍微，弱，亚，之下，下面；Vanda concolor 琴唇万代兰；concolor = co + color 同色的，一色的，单色的；co- 联合，共同，合起来（拉丁语词首，为 cum- 的音变，表示结合、强化、完全，对应的希腊语为 syn-）；co- 的缀词音变有 co-/ com-/ con-/ col-/ cor-：co-（在 h 和元音字母前面），col-（在 l 前面），com-（在 b、m、p 之前），con-（在 c、d、f、g、j、n、qu、s、t 和 v 前面），cor-（在 r 前面）；color 颜色

Actinidia melliana 美丽猕猴桃：melliana（人名）

Actinidia obovata 倒卵叶猕猴桃：obovatus = ob + ovus + atus 倒卵形的；ob- 相反，反对，倒（ob- 有多种音变：ob- 在元音字母和大多数辅音字母前面，oc- 在 c 前面，of- 在 f 前面，op- 在 p 前面）；ovus 卵，胚珠，卵形的，椭圆形的

Actinidia pilosula 贡山猕猴桃：pilosulus = pilus + osus + ulus 被软毛的；pilosus = pilus + osus 多毛的，被柔毛的，具疏柔毛的，被短弱细毛的；pilus 毛，疏柔毛；-osus/ -osum/ -osa 多的，充分的，丰富的，显著发育的，程度高的，特征明显的（形容词词尾）；-ulus/ -ulum/ -ula 小的，略微的，稍微的（小

词 -ulus 在字母 e 或 i 之后有多种变缀，即 -olus/ -olum/ -ola、-ellus/ -ellum/ -ella、-illus/ -illum/ -illa，与第一变格法和第二变格法名词形成复合词）

Actinidia polygama 葛枣猕猴桃（葛 gé）：polygamus 杂性的；poly- ← polys 多个，许多（希腊语，拉丁语为 multi-）；gamus 花（指有性花或繁殖能力）

Actinidia rubricaulis 红茎猕猴桃：rubr-/ rubri-/ rubro- ← rubrus 红色；caulis ← caulos 茎，茎秆，主茎

Actinidia rubricaulis var. coriacea 革叶猕猴桃：coriaceus = corius + aceus 近皮革的，近革质的；corius 皮革的，革质的；-aceus/ -aceum/ -acea 相似的，有……性质的，属于……的

Actinidia rubricaulis var. rubricaulis 红茎猕猴桃-原变种 （词义见上面解释）

Actinidia rubus 昭通猕猴桃：ruber 红色；Rubus 悬钩子属（蔷薇科）

Actinidia rudis 糙叶猕猴桃：rudis 粗糙的，粗野的

Actinidia rufotricha 红毛猕猴桃：ruf-/ rufi-/ frufo- ← rufus/ rubus 红褐色的，锈色的，红色的，发红的，淡红色的；trichus 毛，毛发，线

Actinidia rufotricha var. glomerata 密花猕猴桃：glomeratus = glomera + atus 聚集的，球形的，聚成球形的；glomera 线球，一团，一束

Actinidia rufotricha var. rufotricha 红毛猕猴桃-原变种 （词义见上面解释）

Actinidia sabiaefolia 清风藤猕猴桃：sabiaefolia = Sabia + folius 清风藤叶的（注：以属名作复合词时原词尾变形后的 i 要保留，不能用所有格词尾，故该词宜改为 "sabiifolia"，如正确例：Homalium sabiifolium）；Sabia 清风藤属（清风藤科）；folius/ folium/ folia 叶，叶片（用于复合词）

Actinidia sorbifolia 花楸猕猴桃：Sorbus 花楸属（蔷薇科）；folius/ folium/ folia 叶，叶片（用于复合词）

Actinidia stellato-pilosa 星毛猕猴桃：stellato-pilosus 星状柔毛的；stellato- ← stellatus = stellaris 星状的；stella 星状的；pilosus = pilus + osus 多毛的，被柔毛的，具疏柔毛的，被短弱细毛的；pilus 毛，疏柔毛；-osus/ -osum/ -osa 多的，充分的，丰富的，显著发育的，程度高的，特征明显的（形容词词尾）

Actinidia styracifolia 安息香猕猴桃：styraci- ← Styrax 安息香属（安息香科）；folius/ folium/ folia 叶，叶片（用于复合词）

Actinidia suberifolia 栓叶猕猴桃：suberifolius 木栓叶的；suberosus ← suber-osus/ subereus 木栓质的，木栓发达的（同形异义词：sub-erosus 略呈啮蚀状的）；suber- 木栓质的；-osus/ -osum/ -osa 多的，充分的，丰富的，显著发育的，程度高的，特征明显的（形容词词尾）；folius/ folium/ folia 叶，叶片（用于复合词）

Actinidia tetramera 四萼猕猴桃：tetramerus 四分的，四基数的，一个特定部分或一轮的四个部分；tetra-/ tetr- 四，四数（希腊语，拉丁语为 quadri-/ quadr-）；-merus ← meros 部分，一份，特定部分，成员

Actinidia tetramera var. badongensis 巴东猕猴桃：badongensis 巴东的（地名，湖北省）

Actinidia tetramera var. tetramera 四萼猕猴桃-原变种 （词义见上面解释）

Actinidia trichogyna 毛蕊猕猴桃：trich-/ tricho-/ tricha- ← trichos ← thrix 毛，多毛的，线状的，丝状的；gynus/ gynum/ gyna 雌蕊，子房，心皮

Actinidia ulmifolia 榆叶猕猴桃：Ulmus 榆属；folius/ folium/ folia 叶，叶片（用于复合词）

Actinidia umbelloides 伞花猕猴桃：umbell-/ umbel- ← umbellatus 伞形花序，具伞形花序的；-oides/ -oideus/ -oideum/ -oidea/ -odes/ -eidos 像……的，类似……的，呈……状的（名词词尾）

Actinidia umbelloides var. flabellifolia 扇叶猕猴桃：flabellus 扇子，扇形的；folius/ folium/ folia 叶，叶片（用于复合词）

Actinidia umbelloides var. umbelloides 伞花猕猴桃-原变种 （词义见上面解释）

Actinidia valvata 对萼猕猴桃：valvatus 裂片，开裂，瓣片，啮合状的；valva/ valvis 裂瓣，开裂，瓣片，啮合；-atus/ -atum/ -ata 属于，相似，具有，完成（形容词词尾）

Actinidia valvata var. boehmeriaefolia 麻叶猕猴桃：boehmeriaefolia 苎麻叶的（注：以属名作复合词时原词尾变形后的 i 要保留，不能使用所有格，故该词宜改为 "boehmeriifolia"）；Boehmeria 苎麻属（荨麻科）；folius/ folium/ folia 叶，叶片（用于复合词）

Actinidia valvata var. valvata 对萼猕猴桃-原变种 （词义见上面解释）

Actinidia venosa 显脉猕猴桃：venosus 细脉的，细脉明显的，分枝脉的；venus 脉，叶脉，血脉，血管；-osus/ -osum/ -osa 多的，充分的，丰富的，显著发育的，程度高的，特征明显的（形容词词尾）

Actinidia venosa f. pubescens 柔毛猕猴桃：pubescens ← pubens 被短柔毛的，长出柔毛的；pubi- ← pubis 细柔毛的，短柔毛的，毛被的；pubesco/ pubescere 长成的，变为成熟的，长出柔毛的，青春期体毛的；-escens/ -ascens 改变，转变，变成，略微，带有，接近，相似，大致，稍微（表示变化的趋势，并未完全相似或相同，有别于表示达到完成状态的 -atus）

Actinidia venosa f. venosa 显脉猕猴桃-原变型 （词义见上面解释）

Actinidia vitifolia 葡萄叶猕猴桃：vitifolia 葡萄叶；vitis 葡萄，藤蔓植物（古拉丁名）；folius/ folium/ folia 叶，叶片（用于复合词）

Actinidiaceae 猕猴桃科（49-2：p195）：Actinidia 猕猴桃属；-aceae（分类单位科的词尾，为 -aceus 的阴性复数主格形式，加到模式属的名称后或同义词的词干后以组成族群名称）

Actinocarya 锚刺果属（锚 máo）（紫草科）（64-2：p175）：actinus ← aktinos ← actis 辐射状的，射线的，星状的，光线，光照（表示辐射状排列）；caryum ← caryon ← koryon 坚果，核（希腊语）

Actinocarya tibetica 锚刺果：tibetica 西藏的（地名）；-icus/ -icum/ -ica 属于，具有某种特性（常用于地名、起源、生境）

Actinodaphne 黄肉楠属（樟科）（31：p242）：actinus ← aktinos ← actis 辐射状的，射线的，星状的，光线，光照（表示辐射状排列）；daphne 月桂，达芙妮（希腊神话中的女神）

Actinodaphne confertiflora 密花黄肉楠：confertus 密集的；florus/ florum/ flora ← flos 花（用于复合词）

Actinodaphne cupularis 红果黄肉楠：cupularis = cupulus + aris 杯状的，杯形的；cupulus = cupus + ulus 小杯子，小杯形的，壳斗状的；-aris（阳性、阴性）/ -are（中性）← -alis（阳性、阴性）/ -ale（中性）属于，相似，如同，具有，涉及，关于，联结于（将名词作形容词用，其中 -aris 常用于以 l 或 r 为词干末尾的词）

Actinodaphne forrestii 毛尖树：forrestii ← George Forrest（人名，1873–1932，英国植物学家，曾在中国西部采集大量植物标本）

Actinodaphne glaucina 白背黄肉楠：glaucinus = glaucus + inus 海绿色的，灰绿色的，发灰的，发白的；glaucus → glauco-/ glauc- 被白粉的，发白的，灰绿色的；-inus/ -inum/ -ina/ -inos 相近，接近，相似，具有（通常指颜色）

Actinodaphne henryi 思茅黄肉楠：henryi ← Augustine Henry 或 B. C. Henry（人名，前者，1857–1930，爱尔兰医生、植物学家，曾在中国采集植物，后者，1850–1901，曾活动于中国的传教士）

Actinodaphne koshepangii 广东黄肉楠：koshepangii（人名）；-ii 表示人名，接在以辅音字母结尾的人名后面，但 -er 除外

Actinodaphne kweichowensis 黔桂黄肉楠：kweichowensis 贵州的（地名）

Actinodaphne lecomtei 柳叶黄肉楠：lecomtei ← Paul Henri Lecomte（人名，20 世纪法国植物学家）

Actinodaphne morrisonensis 玉山黄肉楠：morrisonensis 磨里山的（地名，今台湾新高山）

Actinodaphne mushanensis 雾社黄肉楠：mushanensis 雾社的（地名，属台湾省，已修订为 mushaensis，"musha" 为 "雾社" 的日语读音）

Actinodaphne nantoensis 南投黄肉楠：nantoensis 南投的（地名，属台湾省）

Actinodaphne obovata 倒卵叶黄肉楠：obovatus = ob + ovus + atus 倒卵形的；ob- 相反，反对，倒（ob- 有多种音变：ob- 在元音字母和大多数辅音字母前面，oc- 在 c 前面，of- 在 f 前面，op- 在 p 前面）；ovus 卵，胚珠，卵形的，椭圆形的

Actinodaphne obscurinervia 隐脉黄肉楠：obscurus 暗色的，不明确的，不明显的，模糊的；nervius = nervus + ius 具脉的，具叶脉的；nervus 脉，叶脉；-ius/ -ium/ -ia 具有……特性的（表示有关、关联、相似）

Actinodaphne omeiensis 峨眉黄肉楠：omeiensis 峨眉山的（地名，四川省）

Actinodaphne paotingensis 保亭黄肉楠：paotingensis 保亭的（地名，海南省）

Actinodaphne pedicellata 台湾黄肉楠：pedicellatus = pedicellus + atus 具小花柄的；pedicellus = pes + cellus 小花梗，小花柄（不同于花序柄）；pes/ pedis 柄，梗，茎秆，腿，足，爪（作

词首或词尾，pes 的词干视为 "ped-"）；-cellus/ -cellum/ -cella、-cillus/ -cillum/ -cilla 小的，略微的，稍微的（与任何变格法名词形成复合词）；关联词：pedunculus 花序柄，总花梗（花序基部无花着生部分）；-ellatus = ellus + atus 小的，属于小的；-atus/ -atum/ -ata 属于，相似，具有，完成（形容词词尾）

Actinodaphne pilosa 毛黄肉楠：pilosus = pilus + osus 多毛的，被柔毛的，具疏柔毛的，被短弱细毛的；pilus 毛，疏柔毛；-osus/ -osum/ -osa 多的，充分的，丰富的，显著发育的，程度高的，特征明显的（形容词词尾）

Actinodaphne trichocarpa 毛果黄肉楠：trich-/ tricho-/ tricha- ← trichos ← thrix 毛，多毛的，线状的，丝状的；carpus/ carpum/ carpa/ carpon ← carpos 果实（用于希腊语复合词）

Actinodaphne tsaii 马关黄肉楠：tsaii 蔡希陶（人名，1911–1981，中国植物学家）

Actinostemma 盒子草属（葫芦科）（73-1：p90）：actinus ← aktinos ← actis 辐射状的，射线的，星状的，光线，光照（表示辐射状排列）；stemmus 王冠，花冠，花环

Actinostemma tenerum 盒子草：tenerus 柔软的，娇嫩的，精美的，雅致的，纤细的

Actinostemma tenerum var. tenerum 盒子草-原变种（词义见上面解释）

Actinostemma tenerum var. yunnanensis 云南盒子草：yunnanensis 云南的（地名）

Acystopteris 亮毛蕨属（蹄盖蕨科）（3-2：p38）：a-/ an- 无，非，没有，缺乏，不具有（an- 用于元音前）（a-/ an- 为希腊语词首，对应的拉丁语词首为 e-/ ex-，相当于英语的 un-/ -less，注意词首 a- 和作为介词的 a/ ab 不同，后者的意思是 "从……、由……、关于……、因为……"）；cysto- ← cistis ← kistis 囊，袋，泡；pteris ← pteryx 翅，翼，蕨类（希腊语）；Cystopteris 冷蕨属（蹄盖蕨科）

Acystopteris japonica 亮毛蕨：japonica 日本的（地名）；-icus/ -icum/ -ica 属于，具有某种特性（常用于地名、起源、生境）

Acystopteris taiwaniana 台湾亮毛蕨：taiwaniana 台湾的（地名）

Acystopteris tenuisecta 禾秆亮毛蕨：tenuisectus 细全裂的；tenui- ← tenuis 薄的，纤细的，弱的，瘦的，窄的；sectus 分段的，分节的，切开的，分裂的

Adansonia 猴面包树属（木棉科）（49-2：p103）：adansonia ← Michel Adanson（人名，18 世纪法国医生、植物学家、博物学家）

Adansonia digitata 猴面包树：digitatus 指状的，掌状的；digitus 手指，手指长的（3.4 cm）

Adelostemma 乳突果属（萝藦科）（63：p301）：adelostemma 花冠隐藏的；adelo- 隐藏的；stemmus 王冠，花冠，花环

Adelostemma gracillimum 乳突果：gracillimus 极细长的，非常纤细的；gracilis 细长的，纤弱的，丝状的；-limus/ -lima/ -limum 最，非常，极其（以 -ilis 结尾的形容词最高级，将末尾的 -is 换成 l + imus，从而构成 -illimus）

Adelostemma microcentrum 浙江乳突果：micr-/

micro- ← micros 小的，微小的，微观的（用于希腊语复合词）；centrus ← centron 距，有距的，鹰爪状刺（距：雄鸡、雉等的腿的后面突出像脚趾的部分）

Adenacanthus 腺背蓝属（爵床科）（70：p122）：aden-/ adeno- ← adenus 腺，腺体；acanthus ← Akantha 刺，具刺的（Acantha 是希腊神话中的女神，和太阳神阿波罗发生冲突，太阳神将其变成带刺的植物）

Adenacanthus longispicus 长穗腺背蓝：longe-/ longi- ← longus 长的，纵向的；spicus 穗，谷穗，花穗

Adenanthera 海红豆属（豆科）（39：p5）：adenanthera 腺药的，花药带腺体的；aden-/ adeno- ← adenus 腺，腺体；andrus/ andros/ antherus ← aner 雄蕊，花药，雄性

Adenanthera pavonina var. microsperma 海红豆：pavoninus 像孔雀的，孔雀眼的，孔雀羽毛的，五光十色的；pavo/ pavonis/ pavus/ pava 孔雀（比喻色彩或形状）；-inus/ -inum/ -ina/ -inos 相近，接近，相似，具有（通常指颜色）；micr-/ micro- ← micros 小的，微小的，微观的（用于希腊语复合词）；spermus/ spermum/ sperma 种子的（用于希腊语复合词）

Adenia 蒴莲属（西番莲科）（52-1：p116）：adenia 具腺体的（叶背及叶柄具腺体，希腊语）（另一解释为也门的一个城市亚丁 Aden）

Adenia cardiophylla 三开瓢：cardio- ← kardia 心脏；phyllus/ phyllum/ phylla ← phyllon 叶片（用于希腊语复合词）

Adenia chevalieri 蒴莲：chevalieri（人名）；-eri 表示人名，在以 -er 结尾的人名后面加上 i 形成

Adenia formosana 假西番莲：formosanus = formosus + anus 美丽的，台湾的；formosus ← formosa 美丽的，台湾的（葡萄牙殖民者发现台湾时对其的称呼，即美丽的岛屿）；-anus/ -anum/ -ana 属于，来自（形容词词尾）

Adenia heterophylla 异叶蒴莲：heterophyllus 异型叶的；hete-/ heter-/ hetero- ← heteros 不同的，多样的，不齐的；phyllus/ phyllum/ phylla ← phyllon 叶片（用于希腊语复合词）

Adenia penangiana 滇南蒴莲：penangiana 槟榔屿的（地名，马来西亚）

Adenocaulon 和尚菜属（菊科）（75：p314）：adenocaulon 茎具腺体的（指花序梗具腺体）；aden-/ adeno- ← adenus 腺，腺体；caulus/ caulon/ caule ← caulos 茎，茎秆，主茎

Adenocaulon himalaicum 和尚菜：himalaicum 喜马拉雅的（地名）；-icus/ -icum/ -ica 属于，具有某种特性（常用于地名、起源、生境）

Adenophora 沙参属（参 shēn）（桔梗科）（73-2：p92）：aden-/ adeno- ← adenus 腺，腺体；-phorus/ -phorum/ -phora 载体，承载物，支持物，带着，生着，附着（表示一个部分带着别的部分，包括起支撑或承载作用的柄、柱、托、囊等，如 gynophorum = gynus + phorum 雌蕊柄的，带有雌蕊的，承载雌蕊的）；gynus/ gynum/ gyna 雌蕊，子房，心皮

Adenophora aurita 川西沙参：auritus 耳朵的，耳状的

Adenophora bockiana 长叶沙参：bockiana（人名）

Adenophora borealis 北方沙参：borealis 北方的；-aris（阳性、阴性）/ -are（中性）← -alis（阳性、阴性）/ -ale（中性）属于，相似，如同，具有，涉及，关于，联结于（将名词作形容词用，其中 -aris 常用于以 l 或 r 为词干末尾的词）

Adenophora brevidiscifera 短花盘沙参：brevi- ← brevis 短的（用于希腊语复合词词首）；discus 碟子，盘子，圆盘，-ferus/ -ferum/ -fera/ -fero/ -fere/ -fer 有，具有，产（区别：作独立词使用的 ferus 意思是"野生的"）

Adenophora capillaris 丝裂沙参：capillaris 有细毛的，毛发般的；-aris（阳性、阴性）/ -are（中性）← -alis（阳性、阴性）/ -ale（中性）属于，相似，如同，具有，涉及，关于，联结于（将名词作形容词用，其中 -aris 常用于以 l 或 r 为词干末尾的词）

Adenophora capillaris subsp. capillaris 丝裂沙参-原亚种 （词义见上面解释）

Adenophora capillaris subsp. leptosepala 细萼沙参：leptosepalus 狭萼的；leptus ← leptos 细的，薄的，瘦小的，狭长的；sepalus/ sepalum/ sepala 萼片（用于复合词）

Adenophora coelestis 天蓝沙参：coelestinus/ coelestis/ coeles/ caelestinus/ caelestis/ caeles 天空的，天上的，云端的，天蓝色的

Adenophora cordifolia 心叶沙参：cordi- ← cordis/ cor 心脏的，心形的；folius/ folium/ folia 叶，叶片（用于复合词）

Adenophora divaricata 展枝沙参：divaricatus 广歧的，发散的，散开的

Adenophora elata 狭长花沙参：elatus 高的，梢端的

Adenophora gmelinii 狭叶沙参：gmelinii ← Johann Gottlieb Gmelin（人名，18 世纪德国博物学家，曾对西伯利亚和勘察加进行大量考察）

Adenophora himalayana 喜马拉雅沙参：himalayana 喜马拉雅的（地名）

Adenophora himalayana subsp. alpina 高山沙参：alpinus = alpus + inus 高山的；alpus 高山；al-/ alti-/ alto- ← altus 高的，高处的；-inus/ -inum/ -ina/ -inos 相近，接近，相似，具有（通常指颜色）；关联词：subalpinus 亚高山的

Adenophora himalayana subsp. himalayana 喜马拉雅沙参-原亚种 （词义见上面解释）

Adenophora hubeiensis 鄂西沙参：hubeiensis 湖北的（地名）

Adenophora hunanensis 杏叶沙参：hunanensis 湖南的（地名）

Adenophora hunanensis subsp. huadungensis 华东杏叶沙参：huadungensis 华东的（地名）

Adenophora hunanensis subsp. hunanensis 杏叶沙参-原亚种 （词义见上面解释）

Adenophora jasionifolia 甘孜沙参：Jasione 亚参属（桔梗科）；Jasion 伊阿西翁（希腊神话人物）；folius/ folium/ folia 叶，叶片（用于复合词）

Adenophora khasiana 云南沙参：khasiana ← Khasya 喀西的，卡西的（地名，印度阿萨姆邦）

A

Adenophora lamarkii 天山沙参: lamarkii ← Jean Baptiste de Monet Lamarck（人名，19 世纪法国博物学家、作家）

Adenophora liliifolia 新疆沙参: liliifolius 百合叶的；缀词规则: 以属名作复合词时原词尾变形后的 i 要保留; Lilium 百合属; folius/ folium/ folia 叶，叶片（用于复合词）

Adenophora liliifolioides 川藏沙参: lilifolioides 像 liliifolia 的; Adenophora liliifolia 新疆沙参; -oides/ -oideus/ -oideum/ -oidea/ -odes/ -eidos 像……的，类似……的，呈……状的（名词词尾）

Adenophora lobophylla 裂叶沙参: lobus/ lobos/ lobon 浅裂，耳片（裂片先端钝圆），荚果，蒴果; phyllus/ phyllum/ phylla ← phyllon 叶片（用于希腊语复合词）

Adenophora longipedicellata 湖北沙参: longe-/ longi- ← longus 长的，纵向的; pedicellatus = pedicellus + atus 具小花柄的; pedicellus = pes + cellus 小花梗，小花柄（不同于花序柄）; pes/ pedis 柄，梗，茎秆，腿，足，爪（作词首或词尾，pes 的词干视为 "ped-"）; -cellus/ -cellum/ -cella、-cillus/ -cillum/ -cilla 小的，略微的，稍微的（与任何变格法名词形成复合词）; 关联词: pedunculus 花序柄，总花梗（花序基部无花着生部分）; -atus/ -atum/ -ata 属于，相似，具有，完成（形容词词尾）

Adenophora micrantha 小花沙参: micr-/ micro- ← micros 小的，微小的，微观的（用于希腊语复合词）; anthus/ anthum/ antha/ anthe ← anthos 花（用于希腊语复合词）

Adenophora morrisonensis 台湾沙参: morrisonensis 磨里山的（地名，今台湾新高山）

Adenophora ningxianica 宁夏沙参: ningxianica 宁夏的（地名）; -icus/ -icum/ -ica 属于，具有某种特性（常用于地名、起源、生境）

Adenophora palustris 沼沙参: palustris/ paluster ← palus + estris 喜好沼泽的，沼生的; palus 沼泽，湿地，泥潭，水塘，草甸子（palus 的复数主格为 paludes）; -estris/ -estre/ ester/ -esteris 生于……地方，喜好……地方

Adenophora paniculata 细叶沙参: paniculatus = paniculus + atus 具圆锥花序的; paniculus 圆锥花序; panus 谷穗; panicus 野稗，粟，谷子; -atus/ -atum/ -ata 属于，相似，具有，完成（形容词词尾）

Adenophora pereskiifolia 长白沙参: pereskiifolia 木麒麟叶的; Pereskia 木麒麟属（仙人掌科）; folius/ folium/ folia 叶，叶片（用于复合词）; 缀词规则: 以属名作复合词时原词尾变形后的 i 要保留

Adenophora petiolata 秦岭沙参: petiolatus = petiolus + atus 具叶柄的; petiolus 叶柄; -atus/ -atum/ -ata 属于，相似，具有，完成（形容词词尾）

Adenophora pinifolia （松叶沙参）: pinifolia 松针状的; Pinus 松属（松科）; folius/ folium/ folia 叶，叶片（用于复合词）

Adenophora polyantha 石沙参: polyanthus 多花的; poly- ← polys 多个，许多（希腊语，拉丁语为 multi-）; anthus/ anthum/ antha/ anthe ← anthos 花（用于希腊语复合词）

Adenophora potaninii 泡沙参（泡 pāo，意 "松

软"）: potaninii ← Grigory Nikolaevich Potanin （人名，19 世纪俄国植物学家）

Adenophora remotiflora 薄叶荠苨（荠苨 jì ní）: remotiflorus 疏离花的; remotus 分散的，分开的，稀疏的，远距离的; florus/ florum/ flora ← flos 花（用于复合词）

Adenophora rupincola 多毛沙参（参 shēn）: rupincola（可能来自 rupicola）; rupicolus/ rupestris 生于岩壁的，岩栖的; rup-/ rupi- ← rupes/ rupis 岩石的; colus ← colo 分布于，居住于，栖居，殖民（常作词尾）; colo/ colere/ colui/ cultum 居住，耕作，栽培

Adenophora sinensis 中华沙参: sinensis = Sina + ensis 中国的（地名）; Sina 中国

Adenophora stenanthina 长柱沙参: stenanthinus = sten + anthus + inus 属于窄花的; sten-/ steno- ← stenus 窄的，狭的，薄的; anthus/ anthum/ antha/ anthe ← anthos 花（用于希腊语复合词）; -inus/ -inum/ -ina/ -inos 相近，接近，相似，具有（通常指颜色）

Adenophora stenanthina subsp. stenanthina 长柱沙参-原亚种 （词义见上面解释）

Adenophora stenanthina subsp. sylvatica 林沙参: silvaticus/ sylvaticus 森林的，林地的; sylva/ silva 森林; -aticus/ -aticum/ -atica 属于，表示生长的地方，作名词词尾

Adenophora stenophylla 扫帚沙参: sten-/ steno- ← stenus 窄的，狭的，薄的; phyllus/ phyllum/ phylla ← phyllon 叶片（用于希腊语复合词）

Adenophora stricta 沙参: strictus 直立的，硬直的，笔直的，彼此靠拢的

Adenophora stricta subsp. confusa 昆明沙参: confusus 混乱的，混同的，不确定的，不明确的; fusus 散开的，松散的，松弛的; co- 联合，共同，合起来（拉丁语词首，为 cum- 的音变，表示结合、强化、完全，对应的希腊语为 syn-）; co- 的缀词音变有 co-/ com-/ con-/ col-/ cor-: co-（在 h 和元音字母前面），col-（在 l 前面），com-（在 b、m、p 之前），con-（在 c、d、f、g、j、n、qu、s、t 和 v 前面），cor-（在 r 前面）

Adenophora stricta subsp. sessilifolia 无柄沙参: sessile-/ sessili-/ sessil- ← sessilis 无柄的，无茎的，基生的，基部的; folius/ folium/ folia 叶，叶片（用于复合词）

Adenophora stricta subsp. stricta 沙参-原亚种 （词义见上面解释）

Adenophora tetraphylla 轮叶沙参: tetra-/ tetr- 四，四数（希腊语，拉丁语为 quadri-/ quadr-）; phyllus/ phyllum/ phylla ← phyllon 叶片（用于希腊语复合词）

Adenophora trachelioides 荠苨: trachelius 咽喉的; -oides/ -oideus/ -oideum/ -oidea/ -odes/ -eidos 像……的，类似……的，呈……状的（名词词尾）

Adenophora trachelioides subsp. giangsuensis 苏南荠苨: giangsuensis 江苏的（地名）

Adenophora trachelioides subsp. trachelioides 荠苨-原亚种 （词义见上面解释）

Adenophora tricuspidata 锯齿沙参（参 shēn）：tri-/ tripli-/ triplo- 三个，三数；cuspidatus = cuspis + atus 尖头的，凸尖的；构词规则：词尾为 -is 和 -ys 的词的词干分别视为 -id 和 -yd；cuspis（所有格为 cuspidis）齿尖，凸尖，尖头；-atus/ -atum/ -ata 属于，相似，具有，完成（形容词词尾）

Adenophora wawreana 多歧沙参：wawreana（人名）

Adenophora wilsonii 聚叶沙参：wilsonii ← John Wilson（人名，18 世纪英国植物学家）

Adenophora wulingshanica 雾灵沙参：wulingshanica 雾灵山的（地名，河北省）；-icus/ -icum/ -ica 属于，具有某种特性（常用于地名、起源、生境）

Adenosma 毛麝香属（麝 shè）（玄参科）（67-2：p99）：aden-/ adeno- ← adenus 腺，腺体；osmus 气味，香味

Adenosma glutinosum 毛麝香：glutinosus 黏的，被黏液的；glutinium 胶，黏结物；-osus/ -osum/ -osa 多的，充分的，丰富的，显著发育的，程度高的，特征明显的（形容词词尾）

Adenosma indianum 球花毛麝香：indianum 印度的（地名），印第安的（地名，美国）

Adenosma javanicum 卵萼毛麝香：javanicum 爪哇的（地名，印度尼西亚）；-icus/ -icum/ -ica 属于，具有某种特性（常用于地名、起源、生境）

Adenosma microcephalum（小花毛麝香）：micr-/ micro- ← micros 小的，微小的，微观的（用于希腊语复合词）；cephalus/ cephale ← cephalos 头，头状花序

Adenosma retusilobum 凹裂毛麝香：retusus 微凹的；lobus/ lobos/ lobon 浅裂，耳片（裂片先端钝圆），荚果，蒴果

Adenostemma 下田菊属（菊科）（74：p48）：adenostemma 冠状腺体的（指刺果的冠毛顶端具腺体）；aden-/ adeno- ← adenus 腺，腺体；stemmus 王冠，花冠，花环

Adenostemma lavenia 下田菊：Lavenia（旧属名）

Adenostemma lavenia var. latifolium 宽叶下田菊：lati-/ late- ← latus 宽的，宽广的；folius/ folium/ folia 叶，叶片（用于复合词）

Adenostemma lavenia var. lavenia 下田菊-原变种 （词义见上面解释）

Adenostemma lavenia var. parviflorum 小花下田菊：parviflorus 小花的；parvus 小的，些微的，弱的；florus/ florum/ flora ← flos 花（用于复合词）

Adhatoda 鸭嘴花属（爵床科）（70：p275）：adhatoda（僧伽罗语，一种叶子有苦味的植物）

Adhatoda vasica 鸭嘴花（另见 Justicia adhatoda）：vasicus = vasa + icus 管状的，属于管子的；vas/ vasa 管子，导管；-icus/ -icum/ -ica 属于，具有某种特性（常用于地名、起源、生境）

Adiantaceae 铁线蕨科（3-1：p173）：Adiantum 铁线蕨属；-aceae（分类单位科的词尾，为 -aceus 的阴性复数主格形式，加到模式属的名称后或同义词的词干后以组成族群名称）

Adiantum 铁线蕨属（铁线蕨科）（3-1：p173）：adiantum 不湿的，不沾水的（指叶片具有拨水特性）；a-/ an- 无，非，没有，缺乏，不具有（an- 用于元音前）（a-/ an- 为希腊语词首，对应的拉丁语词首为 e-/ ex-，相当于英语的 un-/ -less，注意词首 a- 和作为介词的 a/ ab 不同，后者的意思是"从……、由……、关于……、因为……"）；diantum ← dianotos 湿，浸湿

Adiantum bonatianum 毛足铁线蕨：bonatianum（人名）

Adiantum bonatianum var. bonatianum 毛足铁线蕨-原变种 （词义见上面解释）

Adiantum bonatianum var. subaristatum 无芒铁线蕨：subaristatus 像 aristatum 的，稍有刚毛的；sub-（表示程度较弱）与……类似，几乎，稍微，弱，亚，之下，下面；Adiantum aristatum 白背铁线蕨（另见 Adiantum davidii）；aristatus(aristosus) = arista + atus 具芒的，具芒刺的，具刚毛的，具胡须的；arista 芒

Adiantum breviserratum 圆齿铁线蕨：brevi- ← brevis 短的（用于希腊语复合词词首）；serratus = serrus + atus 有锯齿的；serrus 齿，锯齿

Adiantum capillus-junonis 团羽铁线蕨：capillus 毛发的，头发的，细毛的；junonis ← Juno 朱诺（罗马神话人物，即希腊神话中的 Hera）

Adiantum capillus-veneris 铁线蕨：capillus-veneris 女神的头发；capillus 毛发的，头发的，细毛的；veneris ← Venus 金星，维纳斯（希腊女神）

Adiantum capillus-veneris f. capillus-veneris 铁线蕨-原变型 （词义见上面解释）

Adiantum capillus-veneris f. dissectum 条裂铁线蕨：dissectus 多裂的，全裂的，深裂的；di-/ dis- 二，二数，二分，分离，不同，在……之间，从……分开（希腊语，拉丁语为 bi-/ bis-）；sectus 分段的，分节的，切开的，分裂的

Adiantum caudatum 鞭叶铁线蕨：caudatus = caudus + atus 尾巴的，尾巴状的，具尾的；caudus 尾巴；-atus/ -atum/ -ata 属于，相似，具有，完成（形容词词尾）

Adiantum chienii 北江铁线蕨：chienii ← S. S. Chien 钱崇澍（人名，1883–1965，中国植物学家）

Adiantum davidii 白背铁线蕨：davidii ← Pere Armand David（人名，1826–1900，曾在中国采集植物标本的法国传教士）；-ii 表示人名，接在以辅音字母结尾的人名后面，但 -er 除外

Adiantum davidii var. davidii 白背铁线蕨-原变种 （词义见上面解释）

Adiantum davidii var. longispinum 长刺铁线蕨：longe-/ longi- ← longus 长的，纵向的；spinus 刺，针刺

Adiantum diaphanum 长尾铁线蕨：diaphanus 透明的，透光的，非常薄的

Adiantum edentulum 月芽铁线蕨：edentulus = e + dentus + ulus 无齿的，无小齿的；e-/ ex- 不，无，非，缺乏，不具有（e- 用在辅音字母前，ex- 用在元音字母前，为拉丁语词首，对应的希腊语词首为 a-/ an-，英语为 un-/ -less，注意作词首用的 e-/ ex- 和介词 e/ ex 意思不同，后者意为"出自、从……、由……离开、由于、依照"）；dentulus =

dentus + ulus 小牙齿的，细齿的；dentus 齿，牙齿；
-ulus/ -ulum/ -ula 小的，略微的，稍微的（小词
-ulus 在字母 e 或 i 之后有多种变缀，即 -olus/
-olum/ -ola、-ellus/ -ellum/ -ella、-illus/ -illum/
-illa，与第一变格法和第二变格法名词形成复合词）

Adiantum edentulum f. edentulum 月芽铁线
蕨-原变型 （词义见上面解释）

Adiantum edentulum f. muticum 鹤庆铁线蕨：
muticus 无突起的，钝头的，非针状的

Adiantum edentulum f. refractum 蜀铁线蕨：
refractus 倒折的，反折的；re- 返回，相反，再次，
重复，向后，回头；fractus 背折的，弯曲的

Adiantum edgeworthii 普通铁线蕨（种加词有时误
拼为 "edgewothii"）：edgeworthii ← Michael
Pakenham Edgeworth （人名，19 世纪英国植物
学家）

Adiantum erythrochlamys 肾盖铁线蕨：erythr-/
erythro- ← erythros 红色的（希腊语）；chlamys 花
被，包被，外罩，被盖

Adiantum fengianum 冯氏铁线蕨：fengianum
（人名）

Adiantum fimbriatum 长盖铁线蕨：fimbriatus =
fimbria + atus 具长缘毛的，具流苏的，具锯齿状裂
的（指花瓣）；fimbria → fimbri- 流苏，长缘毛；
-atus/ -atum/ -ata 属于，相似，具有，完成（形容
词词尾）

Adiantum fimbriatum var. fimbriatum 长盖铁
线蕨-原变种 （词义见上面解释）

Adiantum fimbriatum var. shensiense 陕西铁线
蕨：shensiense 陕西的（地名）

Adiantum flabellulatum 扇叶铁线蕨：
flabellulatus = flabellus + ulus + atus 具小扇子的，
小扇形的；flabellus 扇子，扇形的；flabellulus
小扇子

Adiantum gravesii 白垩铁线蕨：gravesii（人名）；
-ii 表示人名，接在以辅音字母结尾的人名后面，但
-er 除外

Adiantum induratum 圆柄铁线蕨：induratus 硬化
的；durus/ durrus 持久的，坚硬的，坚韧的；
indurescens 变硬的，硬化着的

Adiantum juxtapositum 仙霞铁线蕨：
juxtapositus 聚拢的，毗邻的；juxta 毗邻，相邻；
positus 放置，位置

Adiantum lianxianense 粤铁线蕨：lianxianense 连
县的（地名，广东省连州市的旧称）

Adiantum malesianum 假鞭叶铁线蕨：
malesianum 马来西亚的（地名）

Adiantum mariesii 小铁线蕨：mariesii（人名）；-ii
表示人名，接在以辅音字母结尾的人名后面，但 -er
除外

Adiantum monochlamys 单盖铁线蕨：mono-/
mon- ← monos 一个，单一的（希腊语，拉丁语为
unus/ uni/ uno-）；chlamys 花被，包被，外罩，
被盖

Adiantum myriosorum 灰背铁线蕨：myri-/
myrio- ← myrios 无数的，大量的，极多的（希腊
语）；sorus ← soros 堆（指密集成簇），孢子囊群

Adiantum pedatum 掌叶铁线蕨：pedatus 鸟足形

的；pes/ pedis 柄，梗，茎秆，腿，足，爪（作词首
或词尾，pes 的词干视为 "ped-"）

Adiantum philippense 半月形铁线蕨：philippense
菲律宾的（地名）

Adiantum pubescens 毛叶铁线蕨：pubescens ←
pubens 被短柔毛的，长出柔毛的；pubi- ← pubis
细柔毛的，短柔毛的，毛被的；pubesco/ pubescere
长成的，变为成熟的，长出柔毛的，青春期体毛的；
-escens/ -ascens 改变，转变，变成，略微，带有，
接近，相似，大致，稍微（表示变化的趋势，并未完
全相似或相同，有别于表示达到完成状态的 -atus）

Adiantum reniforme var. sinense 荷叶铁线蕨：
reniforme 肾形的；ren-/ reni- ← ren/ renis 肾，肾
形；renarius/ renalis 肾脏的，肾形的；formis/
forma 形状；sinense = Sina + ense 中国的（地名）；
Sina 中国

Adiantum roborowskii 陇南铁线蕨（陇 lǒng）：
roborowskii（人名）；-ii 表示人名，接在以辅音字母
结尾的人名后面，但 -er 除外

Adiantum roborowskii var. roborowskii 陇南铁
线蕨-原变种 （词义见上面解释）

**Adiantum roborowskii var. roborowskii f.
faberi** 峨眉铁线蕨：faberi ← Ernst Faber（人名，
19 世纪活动于中国的德国植物采集员）；-eri 表示人
名，在以 -er 结尾的人名后面加上 i 形成

Adiantum roborowskii var. taiwanianum 台湾
高山铁线蕨：taiwanianum 台湾的（地名）

Adiantum sinicum 苍山铁线蕨：sinicum 中国的
（地名）；-icus/ -icum/ -ica 属于，具有某种特性（常
用于地名、起源、生境）

Adiantum soboliferum 翅柄铁线蕨：soboliferus 具
根出条的；sobolis 根出条，根部徒长枝；-ferus/
-ferum/ -fera/ -fero/ -fere/ -fer 有，具有，产（区
别：作独立词使用的 ferus 意思是 "野生的"）

Adiantum tibeticum 西藏铁线蕨：tibeticum 西藏
的（地名）

Adiantum venustum 细叶铁线蕨：venustus ←
Venus 女神维纳斯的，可爱的，美丽的，有魅力的

Adiantum venustum var. venustum 细叶铁线
蕨-原变种 （词义见上面解释）

Adiantum venustum var. wuliangense 钝齿铁线
蕨：wuliangense 无量山的（地名，云南省）

Adina 水团花属（茜草科）（71-1：p274）：adina ←
adinos 密集的，成堆的（指球状花序密生小花）

Adina pilulifera 水团花：pilul-/ piluli- 球，圆球；
-ferus/ -ferum/ -fera/ -fero/ -fere/ -fer 有，具有，
产（区别：作独立词使用的 ferus 意思是 "野生的"）

Adina rubella 细叶水团花：rubellus = rubus +
ellus 稍带红色的，带红色的；rubrus/ rubrum/
rubra/ ruber 红色的；-ellus/ -ellum/ -ella ← -ulus
小的，略微的，稍微的（小词 -ulus 在字母 e 或 i 之
后有多种变缀，即 -olus/ -olum/ -ola、-ellus/
-ellum/ -ella、-illus/ -illum/ -illa，用于第一变格法
名词）

Adinandra 杨桐属（山茶科）（50-1：p21）：adinos
密集的，成堆的；andrus/ andros/ antherus ← aner
雄蕊，花药，雄性；aner 雄蕊，花药，雄性，男性

Adinandra auriformis 耳基叶杨桐：auriculus 小耳

朵的，小耳状的；auri- ← auritus 耳朵，耳状的；-culus/ -culum/ -cula 小的，略微的，稍微的（同第三变格法和第四变格法名词形成复合词）；formis/ forma 形状

Adinandra bockiana 川杨桐：bockiana（人名）

Adinandra bockiana var. acutifolia 尖叶川杨桐：acutifolius 尖叶的；acuti-/ acu- ← acutus 锐尖的，针尖的，刺尖的，锐角的；folius/ folium/ folia 叶，叶片（用于复合词）

Adinandra bockiana var. bockiana 川杨桐-原变种 （词义见上面解释）

Adinandra elegans 长梗杨桐：elegans 优雅的，秀丽的

Adinandra epunctata 无腺杨桐：epunctatus 无斑点的；e-/ ex- 不，无，非，缺乏，不具有（e- 用在辅音字母前，ex- 用在元音字母前，为拉丁语词首，对应的希腊语词首为 a-/ an-，英语为 un-/ -less，注意作词首用的 e-/ ex- 和介词 e/ ex 意思不同，后者意为"出自、从……、由……离开、由于、依照"）；punctatus = punctus + atus 具斑点的；punctus 斑点；-atus/ -atum/ -ata 属于，相似，具有，完成（形容词词尾）

Adinandra filipes 细梗杨桐：filipes 线状柄的，线状茎的；fili-/ fil- ← filum 线状的，丝状的；pes/ pedis 柄，梗，茎秆，腿，足，爪（作词首或词尾，pes 的词干视为"ped-"）

Adinandra formosana 台湾杨桐：formosanus = formosus + anus 美丽的，台湾的；formosus ← formosa 美丽的，台湾的（葡萄牙殖民者发现台湾时对其的称呼，即美丽的岛屿）；-anus/ -anum/ -ana 属于，来自（形容词词尾）

Adinandra formosana var. caudata 尾叶台湾杨桐：caudatus = caudus + atus 尾巴的，尾巴状的，具尾的；caudus 尾巴

Adinandra formosana var. formosana 台湾杨桐-原变种 （词义见上面解释）

Adinandra formosana var. formosana f. formosana 毛柱台湾杨桐 （词义见上面解释）

Adinandra formosana var. formosana f. glabristyla 秃柱台湾杨桐：glabrus 光秃的，无毛的，光滑的；stylus/ stylis ← stylos 柱，花柱

Adinandra formosana var. formosana f. longipedicellata 长梗台湾杨桐：longe-/ longi- ← longus 长的，纵向的；pedicellatus = pedicellus + atus 具小花柄的；pedicellus = pes + cellus 小花梗，小花柄（不同于花序柄）；pes/ pedis 柄，梗，茎秆，腿，足，爪（作词首或词尾，pes 的词干视为"ped-"）；-cellus/ -cellum/ -cella，-cillus/ -cillum/ -cilla 小的，略微的，稍微的（与任何变格法名词形成复合词）；关联词：pedunculus 花序柄，总花梗（花序基部无花着生部分）；-atus/ -atum/ -ata 属于，相似，具有，完成（形容词词尾）

Adinandra formosana var. hypochlora 秃萼台湾杨桐：hypochlorus 背面绿色的；hyp-/ hypo- 下面的，以下的，不完全的；chlorus 绿色的

Adinandra formosana var. obtusissima 钝叶台湾杨桐：obtusus 钝的，钝形的，略带圆形的；-issimus/ -issima/ -issimum 最，非常，极其（形容

词最高级）

Adinandra glischroloma 两广杨桐：glischroloma 胶黏边缘的；glischrus 黏的，似胶的；lomus/ lomatos 边缘

Adinandra glischroloma var. glischroloma 两广杨桐-原变种 （词义见上面解释）

Adinandra glischroloma var. jubata 长毛杨桐：jubatus 凤头的，羽冠的，具鬃毛的（指禾本科的圆锥花序）

Adinandra glischroloma var. macrosepala 大萼杨桐：macro-/ macr- ← macros 大的，宏观的（用于希腊语复合词）；sepalus/ sepalum/ sepala 萼片（用于复合词）

Adinandra grandis 大杨桐：grandis 大的，大型的，宏大的

Adinandra hainanensis 海南杨桐：hainanensis 海南的（地名）

Adinandra hirta 粗毛杨桐：hirtus 有毛的，粗毛的，刚毛的（长而明显的毛）

Adinandra hirta var. hirta 粗毛杨桐-原变种 （词义见上面解释）

Adinandra hirta var. macrobracteata 大苞粗毛杨桐：macro-/ macr- ← macros 大的，宏观的（用于希腊语复合词）；bracteatus = bracteus + atus 具苞片的；bracteus 苞，苞片，苞鳞

Adinandra howii 保亭杨桐：howii（人名）；-ii 表示人名，接在以辅音字母结尾的人名后面，但 -er 除外

Adinandra integerrima 全缘叶杨桐：integerrimus 绝对全缘的；integer/ integra/ integrum → integri- 完整的，整个的，全缘的；-rimus/ -rima/ -rimum 最，极，非常（词尾为 -er 的形容词最高级）

Adinandra lancipetala 狭瓣杨桐：lance-/ lancei-/ lanci-/ lanceo-/ lanc- ← lanceus 披针形的，矛形的，尖刀状的，柳叶刀状的；petalus/ petalum/ petala ← petalon 花瓣

Adinandra lasiostyla 毛柱杨桐：lasi-/ lasio- 羊毛状的，有毛的，粗糙的；stylus/ stylis ← stylos 柱，花柱

Adinandra latifolia 阔叶杨桐：lati-/ late- ← latus 宽的，宽广的；folius/ folium/ folia 叶，叶片（用于复合词）

Adinandra megaphylla 大叶杨桐：megaphylla 大叶子的；mega-/ megal-/ megalo- ← megas 大的，巨大的；phyllus/ phyllum/ phylla ← phyllon 叶片（用于希腊语复合词）

Adinandra millettii 杨桐：millettii（人名）；-ii 表示人名，接在以辅音字母结尾的人名后面，但 -er 除外

Adinandra nigroglandulosa 腺叶杨桐：nigro-/ nigri- ← nigrus 黑色的；niger 黑色的；glandulosus = glandus + ulus + osus 被细腺的，具腺体的，腺体质的

Adinandra nitida 亮叶杨桐：nitidus = nitere + idus 光亮的，发光的；nitere 发亮；-idus/ -idum/ -ida 表示在进行中的动作或情况，作动词、名词或形容词的词尾；nitens 光亮的，发光的

Adinandra pingbianensis 屏边杨桐：pingbianensis 屏边的（地名，云南省）

Adlumia 荷包藤属（罂粟科）（32：p93）：adlumia ← John Adlum（人名，美国革命家、第一位酿酒师）

Adlumia asiatica 荷包藤：asiatica 亚洲的（地名）；-aticus/ -aticum/ -atica 属于，表示生长的地方，作名词词尾

Adonis 侧金盏花属（毛茛科）（28：p246）：adonis 阿多尼（希腊神话中一个年轻人的名字，侧金盏花属一种植物的花为红色，传说是由阿多尼的血染成的，故以其名命名）

Adonis aestivalis 夏侧金盏花：aestivus/ aestivalis 夏天的

Adonis aestivalis var. parviflora 小侧金盏花：parviflorus 小花的；parvus 小的，些微的，弱的；florus/ florum/ flora ← flos 花（用于复合词）

Adonis amurensis 侧金盏花：amurense/ amurensis 阿穆尔的（地名，东西伯利亚的一个州，南部以黑龙江为界），阿穆尔河的（即黑龙江的俄语音译）

Adonis bobroviana 甘青侧金盏花：bobroviana（人名）

Adonis brevistyla 短柱侧金盏花：brevi- ← brevis 短的（用于希腊语复合词词首）；stylus/ stylis ← stylos 柱，花柱

Adonis chrysocyatha 金黄侧金盏花：chrys-/ chryso- ← chrysos 黄色的，金色的；cyathus ← cyathos 杯，杯状的

Adonis coerulea 蓝侧金盏花：caeruleus/ coeruleus 深蓝色的，海洋蓝的，青色的，暗绿色的；caerulus/ coerulus 深蓝色，海洋蓝，青色，暗绿色；-eus/ -eum/ -ea（接拉丁语词干时）属于……的，色如……的，质如……的（表示原料、颜色或品质的相似），（接希腊语词干时）属于……的，以……出名，为……所占有（表示具有某种特性）

Adonis coerulea f. integra 高蓝侧金盏花：integer/ integra/ integrum → integri- 完整的，整个的，全缘的

Adonis coerulea f. puberula 毛蓝侧金盏花：puberulus = puberus + ulus 略被柔毛的，被微柔毛的；puberus 多毛的，毛茸茸的；-ulus/ -ulum/ -ula 小的，略微的，稍微的（小词 -ulus 在字母 e 或 i 之后有多种变缀，即 -olus/ -olum/ -ola、-ellus/ -ellum/ -ella、-illus/ -illum/ -illa，与第一变格法和第二变格法名词形成复合词）

Adonis pseudoamurensis 辽吉侧金盏花：pseudoamurensis 像 amurensis 的；pseudo-/ pseud- ← pseudos 假的，伪的，接近，相似（但不是）；Adonis amurensis 侧金盏花；amurensis 阿穆尔的（地名，东西伯利亚的一个州，南部以黑龙江为界），阿穆尔河的（即黑龙江的俄语音译）

Adonis sibirica 北侧金盏花：sibirica 西伯利亚的（地名，俄罗斯）；-icus/ -icum/ -ica 属于，具有某种特性（常用于地名、起源、生境）

Adonis sutchuenensis 蜀侧金盏花：sutchuenensis 四川的（地名）

Adonis tianschanica 天山侧金盏花：tianschanica 天山的（地名，新疆维吾尔自治区）；-icus/ -icum/ -ica 属于，具有某种特性（常用于地名、起源、生境）

Adoxa 五福花属（五福花科）（73-1：p2）：adoxa ← adoxos 不壮观的，不美丽的，不明显的，不显眼的；

a-/ an- 无，非，没有，缺乏，不具有（an- 用于元音前）（a-/ an- 为希腊语词首，对应的拉丁语词首为 e-/ ex-，相当于英语的 un-/ -less，注意词首 a- 和作为介词的 a/ ab 不同，后者的意思是"从……、由……、关于……、因为……"）；-doxa/ -doxus 荣耀的，瑰丽的，壮观的，显眼的

Adoxa moschatellina 五福花：moschatellinus = moschatus + ellus + inus 略有麝香味的；moschatus 麝香的，麝香味的；-ellus/ -ellum/ -ella ← -ulus 小的，略微的，稍微的（小词 -ulus 在字母 e 或 i 之后有多种变缀，即 -olus/ -olum/ -ola、-ellus/ -ellum/ -ella、-illus/ -illum/ -illa，用于第一变格法名词）；-inus/ -inum/ -ina/ -inos 相近，接近，相似，具有（通常指颜色）

Adoxaceae 五福花科（73-1：p1）：Adoxa 五福花属；-aceae（分类单位科的词尾，为 -aceus 的阴性复数主格形式，加到模式属的名称后或同义词的词干后以组成族群名称）

Aechmanthera 尖蕊花属（爵床科）（70：p87）：achmmanthera 尖头雄蕊的（指花药先端具凸头）；aechme 凸头；andrus/ andros/ antherus ← aner 雄蕊，花药，雄性

Aechmanthera gossypina 棉毛尖药花：gossypinus 密被绵毛的

Aechmanthera tomentosa 尖药花：tomentosus = tomentum + osus 绒毛的，密被绒毛的；tomentum 绒毛，浓密的毛被，棉絮，棉絮状填充物（被褥、垫子等）；-osus/ -osum/ -osa 多的，充分的，丰富的，显著发育的，程度高的，特征明显的（形容词词尾）

Aegiceras 蜡烛果属（紫金牛科）（58：p33）：aegiceras 山羊角的（比喻果形）；aegi- ← aix 山羊（希腊语）；-ceras/ -ceros/ cerato- ← keras 犄角，兽角，角状突起（希腊语）

Aegiceras corniculatum 蜡烛果：corniculatus = cornus + culus + atus 犄角的，兽角的，兽角般坚硬的；cornus 角，犄角，兽角，角质，角质般坚硬；-culus/ -culum/ -cula 小的，略微的，稍微的（同第三变格法和第四变格法名词形成复合词）；-atus/ -atum/ -ata 属于，相似，具有，完成（形容词词尾）

Aegilops 山羊草属（禾本科）（9-3：p38）：aegilops 须芒草，像山羊的（希腊语）；aix 山羊（希腊语）；-opsis/ -ops 相似，稍微，带有

Aegilops biuncialis 两芒山羊草：biuncialis = bi + uncialis 二英寸长的；bi-/ bis- 二，二数，二回（希腊语为 di-）；uncialis/ uncia 一英寸（1 in = 2.54 cm）

Aegilops cylindrica 圆柱山羊草：cylindricus 圆形的，圆筒状的

Aegilops ovata 卵穗山羊草：ovatus = ovus + atus 卵圆形的；ovus 卵，胚珠，卵形的，椭圆形的；-atus/ -atum/ -ata 属于，相似，具有，完成（形容词词尾）

Aegilops tauschii 节节麦：tauschii（人名）；-ii 表示人名，接在以辅音字母结尾的人名后面，但 -er 除外

Aegilops triaristata 短穗山羊草：tri-/ tripli-/ triplo- 三个，三数；aristatus（aristosus）= arista + atus 具芒的，具芒刺的，具刚毛的，具胡须的；arista 芒；-atus/ -atum/ -ata 属于，相似，具有，完成（形容词词尾）

Aegilops triuncialis 三芒山羊草（种加词有时误拼为"truncialis"）：triuncialis = tri + uncialis 三英寸长的；tri-/ tripli-/ triplo- 三个，三数；uncialis/ uncia 一英寸（1 in = 2.54 cm）

Aegilops umbellulata 伞穗山羊草：umbellulatus = umbella + ullus + atus 具小伞形花序的；umbella 伞形花序

Aegilops ventricosa 偏凸山羊草：ventricosus = ventris + icus + osus 不均匀肿胀的，鼓肚的，一面鼓的，在一边特别膨胀的；venter/ ventris 肚子，腹部，鼓肚，肿胀（同义词：vesica）；-icus/ -icum/ -ica 属于，具有某种特性（常用于地名、起源、生境）；-osus/ -osum/ -osa 多的，充分的，丰富的，显著发育的，程度高的，特征明显的（形容词词尾）

Aeginetia 野菰属（菰 gū）（列当科）（69：p76）：aeginetia ← aiganen 猎枪（希腊语，指幼花的形状）

Aeginetia acaulis 短梗野菰：acaulia/ acaulis 无茎的，矮小的；a-/ an- 无，非，没有，缺乏，不具有（an- 用于元音前）（a-/ an- 为希腊语词首，对应的拉丁语词首为 e-/ ex-，相当于英语的 un-/ -less，注意词首 a- 和作为介词的 a/ ab 不同，后者的意思是"从……、由……、关于……、因为……"）；caulia/ caulis 茎，茎秆，主茎

Aeginetia indica 野菰：indica 印度的（地名）；-icus/ -icum/ -ica 属于，具有某种特性（常用于地名、起源、生境）

Aeginetia sinensis 中国野菰：sinensis = Sina + ensis 中国的（地名）；Sina 中国

Aegle 木橘属（芸香科）（43-2：p210）：aegle（希腊神话中掌管泉水、河流、湖泊的女神）

Aegle marmelos 木橘：marmelo（复数 marmelos）榅桲，柑橘（葡萄牙语）；marmelo ← melimelum（拉丁语）← melimelon（古希腊语）= meli + melon 甜苹果；melino-/ melin-/ mel-/ meli- ← melinus/ mellinus 蜜，蜜色的，貂鼠色的；melon 苹果，瓜，甜瓜

Aegopodium 羊角芹属（伞形科）（55-2：p137）：aegopodium 羊蹄的（比喻叶形）；aego 羊，山羊；podius ← podion 腿，足，柄

Aegopodium alpestre 东北羊角芹：alpestris 高山的，草甸带的；alpus 高山；-estris/ -estre/ ester/ -esteris 生于……地方，喜好……地方

Aegopodium alpestre f. alpestre 东北羊角芹-原变型 （词义见上面解释）

Aegopodium alpestre f. tenuisectum 小叶羊角芹：tenuisectus 细全裂的；tenui- ← tenuis 薄的，纤细的，弱的，瘦的，窄的；sectus 分段的，分节的，切开的，分裂的

Aegopodium handelii 湘桂羊角芹：handelii ← H. Handel-Mazzetti（人名，奥地利植物学家，第一次世界大战期间在中国西南地区研究植物）

Aegopodium henryi 巴东羊角芹：henryi ← Augustine Henry 或 B. C. Henry（人名，前者，1857–1930，爱尔兰医生、植物学家，曾在中国采集植物，后者，1850–1901，曾活动于中国的传教士）

Aegopodium latifolium 宽叶羊角芹：lati-/ late- ← latus 宽的，宽广的；folius/ folium/ folia 叶，叶片（用于复合词）

Aegopodium tadshikorum 塔什克羊角芹：tadshikorum（人名）

Aellenia 新疆藜属（藜科）（25-2：p156）：aellenia（人名）

Aellenia glauca 新疆藜：glaucus → glauco-/ glauc- 被白粉的，发白的，灰绿色的

Aeluropus 獐毛属（獐 zhāng）（禾本科）（10-1：p3）：aeluropus 猫爪子（指圆锥花序有绒毛）；ailouros 猫（希腊语）；-pus ← pous 腿，足，爪，柄

Aeluropus micrantherus 微药獐毛：micr-/ micro- ← micros 小的，微小的，微观的（用于希腊语复合词）；andrus/ andros/ antherus ← aner 雄蕊，花药，雄性

Aeluropus pilosus 毛叶獐毛：pilosus = pilus + osus 多毛的，被柔毛的，具疏柔毛的，被短弱细毛的；pilus 毛，疏柔毛；-osus/ -osum/ -osa 多的，充分的，丰富的，显著发育的，程度高的，特征明显的（形容词词尾）

Aeluropus pungens 小獐毛：pungens 硬尖的，针刺的，针刺般的，辛辣的；pungo/ pupugi/ punctum 扎，刺，使痛苦

Aeluropus pungens var. hirtulus 刺叶獐毛：hirtulus = hirtus + ulus 稍有短刚毛的；hirtus 有毛的，粗毛的，刚毛的（长而明显的毛）；-ulus/ -ulum/ -ula 小的，略微的，稍微的（小词 -ulus 在字母 e 或 i 之后有多种变缀，即 -olus/ -olum/ -ola，-ellus/ -ellum/ -ella，-illus/ -illum/ -illa，与第一变格法和第二变格法名词形成复合词）

Aeluropus pungens var. pungens 小獐毛-原变种（词义见上面解释）

Aeluropus sinensis 獐毛：sinensis = Sina + ensis 中国的（地名）；Sina 中国

Aerides 指甲兰属（兰科）（19：p384）：aerides = aer + eidos 近气生的（指附生植物生境）；aer-/ aero- 空气，空气中的；-oides/ -oideus/ -oideum/ -oidea/ -odes/ -eidos 像……的，类似……的，呈……状的（名词词尾）

Aerides falcata 指甲兰：falcatus = falx + atus 镰刀的，镰刀状的；构词规则：以 -ix/ -iex 结尾的词其词干末尾视为 -ic，以 -ex 结尾视为 -i/ -ic，其他以 -x 结尾视为 -c；falx 镰刀，镰刀形，镰刀状弯曲；-atus/ -atum/ -ata 属于，相似，具有，完成（形容词词尾）

Aerides flabellata 扇唇指甲兰：flabellatus = flabellus + atus 扇形的；flabellus 扇子，扇形的

Aerides odorata 香花指甲兰：odoratus = odorus + atus 香气的，气味的；odor 香气，气味；-atus/ -atum/ -ata 属于，相似，具有，完成（形容词词尾）

Aerides rosea 多花指甲兰：roseus = rosa + eus 像玫瑰的，玫瑰色的，粉红色的；rosa 蔷薇（古拉丁名）← rhodon 蔷薇（希腊语）← rhodd 红色，玫瑰红（凯尔特语）；-eus/ -eum/ -ea（接拉丁语词干时）属于……的，色如……的，质如……的（表示原料、颜色或品质的相似），（接希腊语词干时）属于……的，以……出名，为……所占有（表示具有某种特性）

Aerva 白花苋属（苋科）（25-2：p222）：aerva（阿拉伯语）

Aerva glabrata 少毛白花苋：glabratus = glabrus + atus 脱毛的，光滑的；glabrus 光秃的，无毛的，光滑的；-atus/ -atum/ -ata 属于，相似，具有，完成（形容词词尾）

Aerva hainanensis 海南白花苋：hainanensis 海南的（地名）

Aerva sanguinolenta 白花苋：sanguinolentus/ sanguilentus 血红色的；sanguino 出血的，血色的；sanguis 血液；-ulentus/ -ulentum/ -ulenta/ -olentus/ -olentum/ -olenta（表示丰富、充分或显著发展）

Aeschynanthus 芒毛苣苔属（苦苣苔科）（69: p498）：aeschynanthus 害羞的花（指有些种类夜间开花）；aeschyne 害羞的，羞耻的；anthus/ anthum/ antha/ anthe ← anthos 花（用于希腊语复合词）

Aeschynanthus acuminatissimus 长尖芒毛苣苔：acuminatus = acumen + atus 锐尖的，渐尖的；acumen 渐尖头；-atus/ -atum/ -ata 属于，相似，具有，完成（形容词词尾）；-issimus/ -issima/ -issimum 最，非常，极其（形容词最高级）

Aeschynanthus acuminatus 芒毛苣苔：acuminatus = acumen + atus 锐尖的，渐尖的；acumen 渐尖头；-atus/ -atum/ -ata 属于，相似，具有，完成（形容词词尾）

Aeschynanthus andersonii 轮叶芒毛苣苔：andersonii ← Charles Lewis Anderson（人名，19世纪美国医生、植物学家）

Aeschynanthus angustioblongus 狭矩芒毛苣苔：angusti- ← angustus 窄的，狭的，细的；oblongus = ovus + longus 长椭圆形的（ovus 的词干 ov- 音变为 ob-）；ovus 卵，胚珠，卵形的，椭圆形的；longus 长的，纵向的

Aeschynanthus angustissimus 狭叶芒毛苣苔：angusti- ← angustus 窄的，狭的，细的；-issimus/ -issima/ -issimum 最，非常，极其（形容词最高级）

Aeschynanthus austroyunnanensis 滇南芒毛苣苔：austroyunnanensis 滇南的（地名）；austro-/ austr- 南方的，南半球的，大洋洲的；auster 南方，南风；yunnanensis 云南的（地名）

Aeschynanthus austroyunnanensis var. austroyunnanensis 滇南芒毛苣苔-原变种（词义见上面解释）

Aeschynanthus austroyunnanensis var. guangxiensis 广西芒毛苣苔：guangxiensis 广西的（地名）

Aeschynanthus bracteatus 显苞芒毛苣苔：bracteatus = bracteus + atus 具苞片的；bracteus 苞，苞片，苞鳞；-atus/ -atum/ -ata 属于，相似，具有，完成（形容词词尾）

Aeschynanthus bracteatus var. bracteatus 显苞芒毛苣苔-原变种（词义见上面解释）

Aeschynanthus bracteatus var. orientalis 黄棕芒毛苣苔：orientalis 东方的；oriens 初升的太阳，东方

Aeschynanthus buxifolius 黄杨叶芒毛苣苔：buxifolius 黄杨叶的；Buxus 黄杨属（黄杨科）；folius/ folium/ folia 叶，叶片（用于复合词）

Aeschynanthus denticuliger 小齿芒毛苣苔：denticuligerus 具细牙齿的；denticulus = dentus + culus 小齿，细齿；dentus 齿，牙齿；-culus/ -culum/ -cula 小的，略微的，稍微的（同第三变格法和第四变格法名词形成复合词）；-ger/ -gerus/ -gerum/ -gera 具有，有，带有

Aeschynanthus dolichanthus 长花芒毛苣苔：dolich-/ dolicho- ← dolichos 长的；anthus/ anthum/ antha/ anthe ← anthos 花（用于希腊语复合词）

Aeschynanthus hookeri 束花芒毛苣苔：hookeri ← William Jackson Hooker（人名，19世纪英国植物学家）；-eri 表示人名，在以 -er 结尾的人名后面加上 i 形成

Aeschynanthus humilis 矮芒毛苣苔：humilis 矮的，低的

Aeschynanthus lancilimbus 披针芒毛苣苔：lance-/ lancei-/ lanci-/ lanceo-/ lanc- ← lanceus 披针形的，矛形的，尖刀状的，柳叶刀状的；limbus 冠檐，萼檐，瓣片，叶片

Aeschynanthus lasianthus 毛花芒毛苣苔：Lasia 刺芋属（天南星科）；lasios → lasi-/ lasio- 羊毛状的，有毛的，粗糙的（希腊语）；anthus/ anthum/ antha/ anthe ← anthos 花（用于希腊语复合词）；Lasianthus 粗叶木属（茜草科）

Aeschynanthus lasiocalyx 毛萼芒毛苣苔：lasi-/ lasio- 羊毛状的，有毛的，粗糙的；calyx → calyc- 萼片（用于希腊语复合词）

Aeschynanthus linearifolius 条叶芒毛苣苔：linearis = lineus + aris 线条的，线形的，线状的，亚麻状的；folius/ folium/ folia 叶，叶片（用于复合词）；-aris（阳性、阴性）/ -are（中性）← -alis（阳性、阴性）/ -ale（中性）属于，相似，如同，具有，涉及，关于，联结于（将名词作形容词用，其中 -aris 常用于以 l 或 r 为词干末尾的词）

Aeschynanthus linearifolius var. linearifolius 条叶芒毛苣苔-原变种（词义见上面解释）

Aeschynanthus linearifolius var. oblanceolatus 倒披针芒毛苣苔（芒 máng）：ob- 相反，反对，倒（ob- 有多种音变：ob- 在元音字母和大多数辅音字母前面，oc- 在 c 前面，of- 在 f 前面，op- 在 p 前面）；lanceolatus = lanceus + olus + atus 小披针形的，小柳叶刀的；lance-/ lancei-/ lanci-/ lanceo-/ lanc- ← lanceus 披针形的，矛形的，尖刀状的，柳叶刀状的；-olus ← -ulus 小，稍微，略微（-ulus 在字母 e 或 i 之后变成 -olus/ -ellus/ -illus）；-atus/ -atum/ -ata 属于，相似，具有，完成（形容词词尾）

Aeschynanthus lineatus 线条芒毛苣苔：lineatus = lineus + atus 具线的，线状的，呈亚麻状的；lineus = linum + eus 线状的，丝状的，亚麻状的；linum ← linon 亚麻，线（古拉丁名）；-atus/ -atum/ -ata 属于，相似，具有，完成（形容词词尾）

Aeschynanthus longicaulis 长茎芒毛苣苔：longe-/ longi- ← longus 长的，纵向的；caulis ← caulos 茎，茎秆，主茎

Aeschynanthus macranthus 伞花芒毛苣苔：macro-/ macr- ← macros 大的，宏观的（用于希腊语复合词）；anthus/ anthum/ antha/ anthe ← anthos 花（用于希腊语复合词）

A

Aeschynanthus maculatus 具斑芒毛苣苔：
maculatus = maculus + atus 有小斑点的，略有斑点的；maculus 斑点，网眼，小斑点，略有斑点；-atus/ -atum/ -ata 属于，相似，具有，完成（形容词词尾）

Aeschynanthus medogensis 墨脱芒毛苣苔：
medogensis 墨脱的（地名，西藏自治区）

Aeschynanthus mengxingensis 勐醒芒毛苣苔（勐měng）：mengxingensis 勐醒的（地名，云南省）

Aeschynanthus mimetes 大花芒毛苣苔：mimetes 模仿者（希腊语）

Aeschynanthus moningeriae 红花芒毛苣苔：moningeriae（人名）

Aeschynanthus novogracilis 细芒毛苣苔：
novogacilis 新型纤细的；novus 新的；gracilis 细长的，纤弱的，丝状的

Aeschynanthus pachytrichus 粗毛芒毛苣苔：
pachy- ← pachys 厚的，粗的，肥的；trichus 毛，毛发，线

Aeschynanthus planipetiolatus 扁柄芒毛苣苔：
plani-/ plan- ← planus 平的，扁平的；petiolatus = petiolus + atus 具叶柄的；petiolus 叶柄

Aeschynanthus poilanei 药用芒毛苣苔：poilanei（人名，法国植物学家）

Aeschynanthus sinolongicalyx 长萼芒毛苣苔：
sinolongicalyx 中国型长萼的；sino- 中国；longicalyx 长萼的；longus 长的，纵向的；calyx → calyc- 萼片（用于希腊语复合词）

Aeschynanthus stenosepalus 尾叶芒毛苣苔：
sten-/ steno- ← stenus 窄的，狭的，薄的；sepalus/ sepalum/ sepala 萼片（用于复合词）

Aeschynanthus superbus 华丽芒毛苣苔：
superbus/ superbiens 超越的，高雅的，华丽的，无敌的；super- 超越的，高雅的，上层的；关联词：superbire 盛气凌人的，自豪的

Aeschynanthus tengchungensis 腾冲芒毛苣苔：
tengchungensis 腾冲的（地名，云南省）

Aeschynanthus tubulosus 筒花芒毛苣苔：
tubulosus = tubus + ulus + osus 管状的，具管的；tubus 管子的，管状的；-ulus/ -ulum/ -ula 小的，略微的，稍微的（小词 -ulus 在字母 e 或 i 之后有多种变缀，即 -olus/ -olum/ -ola、-ellus/ -ellum/ -ella、-illus/ -illum/ -illa，与第一变格法和第二变格法名词形成复合词）；-osus/ -osum/ -osa 多的，充分的，丰富的，显著发育的，程度高的，特征明显的（形容词词尾）

Aeschynanthus tubulosus var. angustilobus 狭萼片芒毛苣苔：angusti- ← angustus 窄的，狭的，细的；lobus/ lobos/ lobon 浅裂，耳片（裂片先端钝圆），荚果，蒴果

Aeschynanthus tubulosus var. tubulosus 筒花芒毛苣苔-原变种（词义见上面解释）

Aeschynanthus wardii 狭花芒毛苣苔：wardii ← Francis Kingdon-Ward（人名，20 世纪英国植物学家）

Aeschynomene 合萌属（豆科）（41：p350）：
aeschynomene ← aeschynomenos 害羞的月亮（比喻叶片关闭下垂，或夜间开花）；aeschyne 害羞的，

羞耻的；menos 月亮

Aeschynomene americana 敏感合萌：americana 美洲的（地名）

Aeschynomene indica 合萌：indica 印度的（地名）；-icus/ -icum/ -ica 属于，具有某种特性（常用于地名、起源、生境）

Aesculus 七叶树属（七叶树科）（46：p274）：
aesculus ← aescare 取食（指可食，可作饲料）（aesculus 最初为岩生栎 Quercus petraea 的古拉丁名）

Aesculus assamica 长柄七叶树：assamica 阿萨姆邦的（地名，印度）

Aesculus chinensis 七叶树：chinensis = china + ensis 中国的（地名）；China 中国

Aesculus chinensis var. chekiangensis 浙江七叶树：chekiangensis 浙江的（地名）

Aesculus chinensis var. chinensis 七叶树-原变种（词义见上面解释）

Aesculus chuniana 大果七叶树：chuniana ← W. Y. Chun 陈焕镛（人名，1890–1971，中国植物学家）

Aesculus hippocastanum 欧洲七叶树（种加词应为"hippocastana"）：hippocastanum = hippos + castanus 马鬃色板栗（七叶树的古拉丁名）；hippos 马（希腊语）；castanus 板栗

Aesculus lantsangensis 澜沧七叶树：lantsangensis 澜沧江的（地名，云南省）

Aesculus megaphylla 大叶七叶树：megaphylla 大叶子的；mega-/ megal-/ megalo- ← megas 大的，巨大的；phyllus/ phyllum/ phylla ← phyllon 叶片（用于希腊语复合词）

Aesculus polyneura 多脉七叶树：polyneurus 多脉的；poly- ← polys 多个，许多（希腊语，拉丁语为 multi-）；neurus ← neuron 脉，神经

Aesculus tsiangii 小果七叶树：tsiangii 黔，贵州的（地名），蒋氏（人名）

Aesculus turbinata 日本七叶树：turbinatus 倒圆锥形的，陀螺状的；turbinus 陀螺，涡轮；turbo 旋转，涡旋

Aesculus wangii 云南七叶树：wangii（人名）；-ii 表示人名，接在以辅音字母结尾的人名后面，但 -er 除外

Aesculus wangii var. rupicola 石生七叶树：
rupicolus/ rupestris 生于岩壁的，岩栖的；rup-/ rupi- ← rupes/ rupis 岩石的；colus ← colo 分布于，居住于，栖居，殖民（常作词尾）；colo/ colere/ colui/ cultum 居住，耕作，栽培

Aesculus wangii var. wangii 云南七叶树-原变种（词义见上面解释）

Aesculus wilsonii 天师栗：wilsonii ← John Wilson（人名，18 世纪英国植物学家）

Afzelia 缅茄属（茄 qié）（豆科）（39：p209）：
afzelia ← Adam Afzelius（人名，19 世纪瑞典植物学家）

Afzelia xylocarpa 缅茄：xylon 木材，木质；carpus/ carpum/ carpa/ carpon ← carpos 果实（用于希腊语复合词）

Aganosma 香花藤属（夹竹桃科）（63：p181）：
agano- ← aganos 漂亮的，美丽的，可爱的，宜人

的；osmus 气味，香味

Aganosma acuminata 香花藤：acuminatus = acumen + atus 锐尖的，渐尖的；acumen 渐尖头；-atus/ -atum/ -ata 属于，相似，具有，完成（形容词词尾）

Aganosma harmandiana 云南香花藤：harmandiana（人名）

Aganosma kwangsiensis 广西香花藤：kwangsiensis 广西的（地名）

Aganosma navaillei 贵州香花藤：navaillei（人名）

Aganosma schlechteriana 海南香花藤：schlechteriana（人名）

Aganosma schlechteriana var. breviloba 短瓣香花藤：brevi- ← brevis 短的（用于希腊语复合词词首）；lobus/ lobos/ lobon 浅裂，耳片（裂片先端钝圆），荚果，蒴果

Aganosma schlechteriana var. leptantha 柔花香花藤：lept-/ lepto- 细的，薄的，瘦小的，狭长的；anthus/ anthum/ antha/ anthe ← anthos 花（用于希腊语复合词）

Aganosma schlechteriana var. schlechteriana 海南香花藤-原变种 （词义见上面解释）

Agapetes 树萝卜属（卜 bo）（杜鹃花科）（57-3：p165）：agapetes ← agapetos 可爱的

Agapetes aborensis 阿波树萝卜：aborensis 阿波的（地名，西藏南部）

Agapetes angulata 棱枝树萝卜：angulatus = angulus + atus 具棱角的，有角度的；angulus 角，棱角，角度，角落；-atus/ -atum/ -ata 属于，相似，具有，完成（形容词词尾）

Agapetes anonyma 锈毛树萝卜：anonymus ← anonymos 无名的；a-/ an- 无，非，没有，缺乏，不具有（an- 用于元音前）（a-/ an- 为希腊语词首，对应的拉丁语词首为 e-/ ex-，相当于英语的 un-/ -less，注意词首 a- 和作为介词的 a/ ab 不同，后者的意思是"从……、由……、关于……、因为……"）；onymus ← onoma 名字，名声

Agapetes brachypoda 短柄树萝卜：brachy- ← brachys 短的（用于拉丁语复合词词首）；podus/ pus 柄，梗，茎秆，足，腿

Agapetes brachypoda var. brachypoda 短柄树萝卜-原变种 （词义见上面解释）

Agapetes brachypoda var. gracilis 纤细短柄树萝卜：gracilis 细长的，纤弱的，丝状的

Agapetes brandisiana 环萼树萝卜：brandisiana ← Dietrich Brandis（人名，1824–1907，英籍德国植物学家）

Agapetes brevipedicellata 神父树萝卜（中文名源于模式标本株附生在一基督教堂旁的大树上且具纺锤状根）：brevi- ← brevis 短的（用于希腊语复合词词首）；pedicellatus = pedicellus + atus 具小花柄的；pedicellus = pes + cellus 小花梗，小花柄（不同于花序柄）；pes/ pedis 柄，梗，茎秆，腿，足，爪（作词首或词尾，pes 的词干视为"ped-"）；-cellus/ -cellum/ -cella、-cillus/ -cillum/ -cilla 小的，略微的，稍微的（与任何变格法名词形成复合词）；关联词：pedunculus 花序柄，总花梗（花序基部无花着生部分）；-atus/ -atum/ -ata 属于，相似，具

有，完成（形容词词尾）

Agapetes burmanica 缅甸树萝卜：burmanica 缅甸的（地名）

Agapetes buxifolia 黄杨叶树萝卜：buxifolia 黄杨叶的；Buxus 黄杨属（黄杨科）；folius/ folium/ folia 叶，叶片（用于复合词）

Agapetes camelliifolia 茶叶树萝卜：camelliifolius 山茶叶的；缀词规则：以属名作复合词时原词尾变形后的 i 要保留；Camellia 山茶属；folius/ folium/ folia 叶，叶片（用于复合词）

Agapetes ciliata 纤毛叶树萝卜：ciliatus = cilium + atus 缘毛的，流苏的；cilium 缘毛，睫毛；-atus/ -atum/ -ata 属于，相似，具有，完成（形容词词尾）

Agapetes discolor 异色树萝卜：discolor 异色的，不同色的（指花瓣花萼等）；di-/ dis- 二，二数，二分，分离，不同，在……之间，从……分开（希腊语，拉丁语为 bi-/ bis-）；color 颜色

Agapetes epacridea 尖叶树萝卜：epacridea = epi + acrideus 属于先端尖锐的，属于山巅上面的（希腊语）；epi- 上面的，表面的，在上面；acrideus = acris + eus 属于尖锐的，属于辛辣的；构词规则：词尾为 -is 和 -ys 的词的词干分别视为 -id 和 -yd；acris ← akris 尖锐的，山巅的，辛辣的；-eus/ -eum/ -ea（接拉丁语词干时）属于……的，色如……的，质如……的（表示原料、颜色或品质的相似），（接希腊语词干时）属于……的，以……出名，为……所占有（表示具有某种特性）

Agapetes flava 黄花树萝卜：flavus → flavo-/ flavi-/ flav- 黄色的，鲜黄色的，金黄色的（指纯正的黄色）

Agapetes forrestii 伞花树萝卜：forrestii ← George Forrest（人名，1873–1932，英国植物学家，曾在中国西部采集大量植物标本）

Agapetes griffithii 尾叶树萝卜：griffithii ← William Griffith（人名，19 世纪印度植物学家，加尔各答植物园主任）

Agapetes hyalocheilos 透明边树萝卜：hyalocheilos 玻璃状唇瓣（指透明）；hyalos 玻璃（希腊语）；cheilos → cheilus → cheil-/ cheilo- 唇，唇边，边缘，岸边

Agapetes incurvata 皱叶树萝卜：incurvatus = incurvus + atus 内弯的，具内弯的；incurvus 内弯的；in-/ im-（来自 il- 的音变）内，在内，内部，向内，相反，不，无，非；il- 在内，向内，为，相反（希腊语为 en-）；词首 il- 的音变：il-（在 l 前面），im-（在 b、m、p 前面），in-（在元音字母和大多数辅音字母前面），ir-（在 r 前面），如 illaudatus（不值得称赞的，评价不好的），impermeabilis（不透水的，穿不透的），ineptus（不合适的），insertus（插入的），irretortus（无弯曲的，无扭曲的）；curvus 弯曲的

Agapetes inopinata 沧源树萝卜：inopinatus 突然的，意外的

Agapetes interdicta 中型树萝卜：interdictus 中型的，中位的；inter- 中间的，在中间，之间；dictus 陈述的，宣布的，叫作，称作，说

Agapetes interdicta var. interdicta 中型树萝卜-原变种 （词义见上面解释）

Agapetes interdicta var. stenoloba 狭萼中型树

A

萝卜：stenolobus = stenus + lobus 细裂的，窄裂的，细荚的；sten-/ steno- ← stenus 窄的，狭的，薄的；lobus/ lobos/ lobon 浅裂，耳片（裂片先端钝圆），荚果，蒴果

Agapetes lacei 灯笼花（笼 lóng）：lacei（人名）

Agapetes lacei var. glaberrima 无毛灯笼花：glaberrimus 完全无毛的；glaber/ glabrus 光滑的，无毛的；-rimus/ -rima/ -rimum 最，极，非常（词尾为 -er 的形容词最高级）

Agapetes lacei var. lacei 灯笼花-原变种 （词义见上面解释）

Agapetes lacei var. tomentella 绒毛灯笼花：tomentellus 被短绒毛的，被微绒毛的；tomentum 绒毛，浓密的毛被，棉絮，棉絮状填充物（被褥、垫子等）；-ellus/ -ellum/ -ella ← -ulus 小的，略微的，稍微的（小词 -ulus 在字母 e 或 i 之后有多种变缀，即 -olus/ -olum/ -ola、-ellus/ -ellum/ -ella、-illus/ -illum/ -illa，用于第一变格法名词）

Agapetes leiocarpa 光果树萝卜：lei-/ leio-/ lio- ← leius ← leios 光滑的，平滑的；carpus/ carpum/ carpa/ carpon ← carpos 果实（用于希腊语复合词）

Agapetes leptantha 细花树萝卜：lept-/ lepto- 细的，薄的，瘦小的，狭长的；anthus/ anthum/ antha/ anthe ← anthos 花（用于希腊语复合词）

Agapetes leucocarpa 白果树萝卜：leuc-/ leuco- ← leucus 白色的（如果和其他表示颜色的词混用则表示淡色）；carpus/ carpum/ carpa/ carpon ← carpos 果实（用于希腊语复合词）

Agapetes linearifolia 线叶树萝卜：linearis = lineus + aris 线条的，线形的，线状的，亚麻状的；folius/ folium/ folia 叶，叶片（用于复合词）；-aris（阳性、阴性）/ -are（中性）← -alis（阳性、阴性）/ -ale（中性）属于，相似，如同，具有，涉及，关于，联结于（将名词作形容词用，其中 -aris 常用于以 l 或 r 为词干末尾的词）

Agapetes listeri 短锥花树萝卜：listeri（人名，英国植物学家）；-eri 表示人名，在以 -er 结尾的人名后面加上 i 形成

Agapetes lobbii 深裂树萝卜：lobbii ← Lobb（人名）；-ii 表示人名，接在以辅音字母结尾的人名后面，但 -er 除外

Agapetes macrophylla 大叶树萝卜：macro-/ macr- ← macros 大的，宏观的（用于希腊语复合词）；phyllus/ phyllum/ phylla ← phyllon 叶片（用于希腊语复合词）

Agapetes malipoensis 麻栗坡树萝卜：malipoensis 麻栗坡的（地名，云南省）

Agapetes mannii 白花树萝卜：mannii ← Horace Mann Jr.（人名，19 世纪美国博物学家）

Agapetes marginata 边脉树萝卜：marginatus ← margo 边缘的，具边缘的；margo/ marginis → margin- 边缘，边线，边界；词尾为 -go 的词其词干末尾视为 -gin

Agapetes medogensis 墨脱树萝卜：medogensis 墨脱的（地名，西藏自治区）

Agapetes megacarpa 大果树萝卜：mega-/ megal-/ megalo- ← megas 大的，巨大的；carpus/ carpum/ carpa/ carpon ← carpos 果实（用于希腊语复合词）

Agapetes miniata 朱红树萝卜：miniatus 红色的，发红的；minium 朱砂，朱红

Agapetes miranda 坛花树萝卜：mirandus 惊奇的

Agapetes mitrarioides 亮红树萝卜：Mitraria 唇柱苣苔属（苦苣苔科）；mitraria ← mitra 盖子，僧帽，无檐帽（指种皮，希腊语）；-oides/ -oideus/ -oideum/ -oidea/ -odes/ -eidos 像……的，类似……的，呈……状的（名词词尾）

Agapetes neriifolia 夹竹桃叶树萝卜：neriifolia = Nerium + folius 夹竹桃叶的；缀词规则：以属名作复合词时原词尾变形后的 i 要保留；neri ← Nerium 夹竹桃属（夹竹桃科）；folius/ folium/ folia 叶，叶片（用于复合词）

Agapetes neriifolia var. maxima 大花树萝卜：maximus 最大的

Agapetes neriifolia var. neriifolia 夹竹桃叶树萝卜-原变种 （词义见上面解释）

Agapetes nutans 垂花树萝卜：nutans 弯曲的，下垂的（弯曲程度远大于 90°）；关联词：cernuus 点头的，前屈的，略俯垂的（弯曲程度略大于 90°）

Agapetes oblonga 长圆叶树萝卜：oblongus = ovus + longus 长椭圆形的（ovus 的词干 ov- 音变为 ob-）；ovus 卵，胚珠，卵形的，椭圆形的；longus 长的，纵向的

Agapetes oblonga var. longipes 长梗树萝卜：longe-/ longi- ← longus 长的，纵向的；pes/ pedis 柄，梗，茎秆，腿，足，爪（作词首或词尾，pes 的词干视为 "ped-"）

Agapetes oblonga var. oblonga 长圆叶树萝卜-原变种 （词义见上面解释）

Agapetes obovata 倒卵叶树萝卜：obovatus = ob + ovus + atus 倒卵形的；ob- 相反，反对，倒（ob- 有多种音变：ob- 在元音字母和大多数辅音字母前面，oc- 在 c 前面，of- 在 f 前面，op- 在 p 前面）；ovus 卵，胚珠，卵形的，椭圆形的

Agapetes pensilis 倒挂树萝卜：pensilis 垂吊的，悬挂的，垂悬的

Agapetes pilifera 钟花树萝卜：pilus 毛，疏柔毛；-ferus/ -ferum/ -fera/ -fero/ -fere/ -fer 有，具有，产（区别：作独立词使用的 ferus 意思是 "野生的"）

Agapetes praeclara 藏布江树萝卜：praeclara 高尚的，极好的，精彩的；prae- 先前的，前面的，在先的，早先的，上面的，很，十分，极其；clarus 光亮的，美好的

Agapetes praestigiosa 听邦树萝卜：praestigiosus 优秀的，杰出的；praest- ← praestans 优秀的，杰出的

Agapetes pseudo-griffithii 杯梗树萝卜：pseudo-griffithii 像 griffithii 的；pseudo-/ pseud- ← pseudos 假的，伪的，接近，相似（但不是）；Agapetes griffithii 尾叶树萝卜；griffithii（人名）

Agapetes pubiflora 毛花树萝卜：pubi- ← pubis 细柔毛的，短柔毛的，毛被的；florus/ florum/ flora ← flos 花（用于复合词）

Agapetes pyrolifolia 鹿蹄草叶树萝卜：pyrolifolia = Pyrola + folius（组成复合词时，要将前面词的词尾 -us/ -um/ -a 变成 -i- 或 -o- 而不是所有格，即该复合词中将 pyrola 变成 pyroli 而不是

pyrolae）；Pyrola 鹿蹄草属（鹿蹄草科），如错误例：Salix pyrolaefolia；folius/ folium/ folia 叶，叶片（用于复合词）

Agapetes refracta 折瓣树萝卜：refractus 骤折的，倒折的，反折的；re- 返回，相反，再次，重复，向后，回头；fractus 背折的，弯曲的

Agapetes rubrobracteata 红苞树萝卜：rubr-/ rubri-/ rubro- ← rubrus 红色；bracteatus = bracteus + atus 具苞片的；bracteus 苞，苞片，苞鳞

Agapetes salicifolia 柳叶树萝卜：salici ← Salix 柳属；构词规则：以 -ix/ -iex 结尾的词其词干末尾视为 -ic，以 -ex 结尾视为 -i/ -ic，其他以 -x 结尾视为 -c；folius/ folium/ folia 叶，叶片（用于复合词）

Agapetes serpens 五翅莓：serpens 蛇，龙，蛇形匍匐的

Agapetes spissa 丛生树萝卜：spissus 紧实的，紧密的，成丛的

Agapetes xizangensis 西藏树萝卜：xizangensis 西藏的（地名）

Agastache 藿香属（藿 huò）（唇形科）（65-2：p258）：agastache = agas + stachys 极多花穗的；aga- ← agas 强的，加强的，很多的；stachy-/ stachyo-/ -stachys/ -stachyon/ -stachyos/ -stachyus 穗子，穗子的，穗子状的，穗状花序的（希腊语，表示与穗状花序有关的）

Agastache rugosa 藿香：rugosus = rugus + osus 收缩的，有皱纹的，多褶皱的（同义词：rugatus）；rugus/ rugum/ ruga 褶皱，皱纹，皱缩；-osus/ -osum/ -osa 多的，充分的，丰富的，显著发育的，程度高的，特征明显的（形容词词尾）

Agathis 贝壳杉属（壳 ké）（南洋杉科）（7：p30）：agathis 线球（希腊语，比喻花序形状）

Agathis dammara 贝壳杉：dammara 树脂（马来西亚语名）

Agave 龙舌兰属（石蒜科）（16-1：p30）：agave ← ague 高贵的，贵族的（比喻美丽优雅）

Agave americana 龙舌兰：americana 美洲的（地名）

Agave angustifolia 狭叶龙舌兰：angusti- ← angustus 窄的，狭的，细的；folius/ folium/ folia 叶，叶片（用于复合词）

Agave cantula 马盖麻：cantula = cantus + ulus 稍值得歌唱的，略值得赞美的；cantus = cano 歌唱的，赞美的

Agave sisalana 剑麻：sisalana ← Sisal（地名，墨西哥）

Agelaea 栗豆藤属（蔷薇科）（38：p147）：agelaea ← agelaeios 群居的（希腊语）；ago 居住

Agelaea trinervis 栗豆藤：tri-/ tripli-/ triplo- 三个，三数；nervis ← nervus 脉，叶脉

Ageratina 假藿香蓟属（藿 huò）（菊科）（增补）：ageratina ← Ageratum（藿香蓟属的变缀）

Ageratina adenophora 紫茎泽兰：adenophorus 具腺的；aden-/ adeno- ← adenus 腺，腺体；-phorus/ -phorum/ -phora 载体，承载物，支持物，带着，生着，附着（表示一个部分带着别的部分，包括起支撑或承载作用的柄、柱、托、囊等，如 gynophorum = gynus + phorum 雌蕊柄的，带有雌

蕊的，承载雌蕊的）；gynus/ gynum/ gyna 雌蕊，子房，心皮；Adenophora 沙参属（桔梗科）

Ageratum 藿香蓟属（菊科）（74：p51）：ageratum/ ageratos = a + geratum 不老的；geratum ← geras/ geratos 衰老，变旧

Ageratum conyzoides 藿香蓟：Conyza 白酒草属（菊科）；-oides/ -oideus/ -oideum/ -oidea/ -odes/ -eidos 像……的，类似……的，呈……状的（名词词尾）

Ageratum houstonianum 熊耳草：houstonianum ← William Houston（人名，18 世纪英国医生、植物学家，曾在中美洲和西印度群岛采集植物）

Aglaia 米仔兰属（仔 zǎi）（楝科）（43-3：p69）：aglaia（希腊女神）

Aglaia abbreviata 缩序米仔兰：abbreviatus = ad + brevis + atus 缩短了的，省略的；ad- 向，到，近（拉丁语词首，表示程度加强）；构词规则：构成复合词时，词首末尾的辅音字母常同化为紧接其后的那个辅音字母（如 ad + b → abb）；brevis 短的（希腊语）；-atus/ -atum/ -ata 属于，相似，具有，完成（形容词词尾）

Aglaia elliptifolia 椭圆叶米仔兰：ellipticus 椭圆形的；folius/ folium/ folia 叶，叶片（用于复合词）

Aglaia formosana 台湾米仔兰：formosanus = formosus + anus 美丽的，台湾；formosus ← formosa 美丽的，台湾的（葡萄牙殖民者发现台湾时对其的称呼，即美丽的岛屿）；-anus/ -anum/ -ana 属于，来自（形容词词尾）

Aglaia odorata 米仔兰：odoratus = odorus + atus 香气的，气味的；odor 香气，气味；-atus/ -atum/ -ata 属于，相似，具有，完成（形容词词尾）

Aglaia odorata var. microphyllina 小叶米仔兰：microphyllina 微小叶片状的；micr-/ micro- ← micros 小的，微小的，微观的（用于希腊语复合词）；phyllinus 叶状鳞的，似叶片的；phyllus/ phyllum/ phylla ← phyllon 叶片（用于希腊语复合词）；-inus/ -inum/ -ina/ -inos 相近，接近，相似，具有（通常指颜色）

Aglaia odorata var. odorata 米仔兰-原变种（词义见上面解释）

Aglaia perviridis 碧绿米仔兰：perviridis 深绿色的；per-（在 l 前面音变为 pel-）极，很，颇，甚，非常，完全，通过，遍及（表示效果加强，与 sub- 互为反义词）；viridis 绿色的，鲜嫩的（相当于希腊语的 chloro-）

Aglaia roxburghiana 山楝（楝 luó）：roxburghiana ← William Roxburgh（人名，18 世纪英国植物学家，研究印度植物）

Aglaia testicularis 马肾果：testicularis = testis + culus + aris 睾丸状的，双丸状的；testis 睾丸；-culus/ -culum/ -cula 小的，略微的，稍微的（同第三变格法和第四变格法名词形成复合词）；-aris（阳性、阴性）/ -are（中性）← -alis（阳性、阴性）/ -ale（中性）属于，相似，如同，具有，涉及，关于，联结于（将名词作形容词用，其中 -aris 常用于以 l 或 r 为词干末尾的词）

Aglaomorpha 连珠蕨属（槲蕨科）（6-2：p271）：

aglaomorphus 大型的；aglaos 光亮的，壮丽的，宏大的（希腊语）；morphus ← morphos 形状，形态

Aglaomorpha meyeniana 连珠蕨：meyeniana ← Franz Julius Ferdinand Meyen（人名，19 世纪德国医生、植物学家）

Aglaonema 广东万年青属（天南星科）（13-2：p42）：aglaonema 发光的丝线（指花丝细长而光亮）；aglaos 光亮的，壮丽的，宏大的（希腊语）；nemus/ nema 密林，丛林，树丛（常用来比喻密集成丛的纤细物，如花丝、果柄等）

Aglaonema modestum 广东万年青：modestus 适度的，保守的

Aglaonema tenuipes 越南万年青：tenui- ← tenuis 薄的，纤细的，弱的，瘦的，窄的；pes/ pedis 柄，梗，茎秆，腿，足，爪（作词首或词尾，pes 的词干视为"ped-"）

Agrimonia 龙牙草属（蔷薇科）（37：p455）：agrimonia ← Argemone 像蓟罂粟属的（因花上多刺，古罗马博物学家 Pliny 用来称呼龙牙草，但拼写有误）；Agremone 蓟罂粟属

Agrimonia coreana 托叶龙牙草：coreana 朝鲜的（地名）

Agrimonia eupatoria 欧洲龙牙草：eupatoria ← Mithridates Eupator Dionysos 米特里达梯（人名，公元前 132 或前 131 年–前 63 年，黑海东南岸本都王国第六世国王，发现该属模式种有解毒药效）

Agrimonia eupatoria subsp. asiatica 大花龙牙草：asiatica 亚洲的（地名）；-aticus/ -aticum/ -atica 属于，表示生长的地方，作名词词尾

Agrimonia eupatoria subsp. eupatoria 欧洲龙牙草-原亚种 （词义见上面解释）

Agrimonia nipponica 日本龙牙草：nipponica 日本的（地名）；-icus/ -icum/ -ica 属于，具有某种特性（常用于地名、起源、生境）

Agrimonia nipponica var. occidentalis 小花龙牙草：occidentalis 西方的，西部的，欧美的；occidens 西方，西部

Agrimonia pilosa 龙牙草：pilosus = pilus + osus 多毛的，被柔毛的，具疏柔毛的，被短弱细毛的；pilus 毛，疏柔毛；-osus/ -osum/ -osa 多的，充分的，丰富的，显著发育的，程度高的，特征明显的（形容词词尾）

Agrimonia pilosa var. nepalensis 黄龙尾：nepalensis 尼泊尔的（地名）

Agrimonia pilosa var. pilosa 龙牙草-原变种 （词义见上面解释）

Agriophyllum 沙蓬属（藜科）（25-2：p48）：agriophyllus 刺人的叶子（叶子有利刺）；agrios 凶猛的，野生的；phyllus/ phyllum/ phylla ← phyllon 叶片（用于希腊语复合词）

Agriophyllum lateriflorum 侧花沙蓬：later-/ lateri- 侧面的，横向的；florus/ florum/ flora ← flos 花（用于复合词）

Agriophyllum minus 小沙蓬：minus 少的，小的

Agriophyllum squarrosum 沙蓬：squarrosus = squarrus + osus 粗糙的，不平滑的，有凸起的；squarrus 糙的，不平，凸点；-osus/ -osum/ -osa 多的，充分的，丰富的，显著发育的，程度高的，特征

明显的（形容词词尾）

Agropyron 冰草属（禾本科）（9-3：p110）：agros 田野，野地；pyron ← pyros 小麦，谷物，粮食

Agropyron cristatum 冰草：cristatus = crista + atus 鸡冠的，鸡冠状的，扇形的，山脊状的；crista 鸡冠，山脊，网壁；-atus/ -atum/ -ata 属于，相似，具有，完成（形容词词尾）

Agropyron cristatum var. cristatum 冰草-原变种 （词义见上面解释）

Agropyron cristatum var. pectiniforme 光穗冰草：pectini-/ pectino-/ pectin- ← pecten 篦子，梳子；forme/ forma 形状

Agropyron cristatum var. pluriflorum 多花冰草：pluri-/ plur- 复数，多个；florus/ florum/ flora ← flos 花（用于复合词）

Agropyron desertorum 沙生冰草：desertorum 沙漠的，荒漠的，荒芜的（desertus 的复数所有格）；desertus 沙漠的，荒漠的，荒芜的；-orum 属于……的（第二变格法名词复数所有格词尾，表示群落或多数）

Agropyron desertorum var. desertorum 沙生冰草-原变种 （词义见上面解释）

Agropyron desertorum var. pilosiusculum 毛沙生冰草：pilosiusculus = pilosus + usculus 略有疏柔毛的；pilosus = pilus + osus 多毛的，被柔毛的，具疏柔毛的，被短弱细毛的；pilus 毛，疏柔毛；-osus/ -osum/ -osa 多的，充分的，丰富的，显著发育的，程度高的，特征明显的（形容词词尾）；-usculus ← -culus 小的，略微的，稍微的（小词 -culus 和某些词构成复合词时变成 -usculus）

Agropyron michnoi 根茎冰草：michnoi（人名）

Agropyron mongolicum 沙芦草：mongolicum 蒙古的（地名）；mongolia 蒙古的（地名）；-icus/ -icum/ -ica 属于，具有某种特性（常用于地名、起源、生境）

Agropyron mongolicum var. mongolicum 沙芦草-原变种 （词义见上面解释）

Agropyron mongolicum var. villosum 毛沙芦草：villosus 柔毛的，绵毛的；villus 毛，羊毛，长绒毛；-osus/ -osum/ -osa 多的，充分的，丰富的，显著发育的，程度高的，特征明显的（形容词词尾）

Agropyron sibiricum 西伯利亚冰草：sibiricum 西伯利亚的（地名，俄罗斯）；-icus/ -icum/ -ica 属于，具有某种特性（常用于地名、起源、生境）

Agropyron sibiricum f. pubiflorum 毛稃冰草（稃 fū）：pubi- ← pubis 细柔毛的，短柔毛的，毛被的；florus/ florum/ flora ← flos 花（用于复合词）

Agropyron sibiricum f. sibiricum 西伯利亚冰草-原变型 （词义见上面解释）

Agrostemma 麦仙翁属（石竹科）（26：p266）：agros + stemma 田野中的花冠；agros 田野，野地；stemmus 王冠，花冠，花环

Agrostemma githago 麦仙翁：githago（古拉丁名名称）

Agrostis 剪股颖属（禾本科）（9-3：p229）：agrostis 草，禾草（指生于田地）；agros 田野，野地

Agrostis arisan-montana 阿里山剪股颖：arisan-montana 阿里山的（地名，属台湾省）；arisan

阿里山的（山名，属台湾省）；montanus 山，山地

Agrostis arisan-montana var. arisan-montana 阿里山剪股颖-原变种 （词义见上面解释）

Agrostis arisan-montana var. megalandra 大药剪股颖：mega-/ megal-/ megalo- ← megas 大的，巨大的；andrus/ andros/ antherus ← aner 雄蕊，花药，雄性

Agrostis canina 普通剪股颖：caninus = canis/ canus + inus 属于狗的，呈灰色的，极普通的；canis 狗；canus 灰色的，灰白色的；-inus/ -inum/ -ina/ -inos 相近，接近，相似，具有（通常指颜色）

Agrostis canina var. canina 普通剪股颖-原变种 （词义见上面解释）

Agrostis canina var. formosana 台湾剪股颖：formosanus = formosus + anus 美丽的，台湾的；formosus ← formosa 美丽的，台湾的（葡萄牙殖民者发现台湾时对其的称呼，即美丽的岛屿）；-anus/ -anum/ -ana 属于，来自（形容词词尾）

Agrostis clavata 华北剪股颖：clavatus 棍棒状的；clava 棍棒

Agrostis clavata var. clavata 华北剪股颖-原变种 （词义见上面解释）

Agrostis clavata var. macilenta 广东剪股颖：macilentus 瘦弱的，贫瘠的

Agrostis clavata var. szechuanica 四川剪股颖：szechuanica 四川的（地名）；-icus/ -icum/ -ica 属于，具有某种特性（常用于地名、起源、生境）

Agrostis contracta 紧序剪股颖：contractus 收缩的，缩小的；co- 联合，共同，合起来（拉丁语词首，为 cum- 的音变，表示结合、强化、完全，对应的希腊语为 syn-）；co- 的缀词音变有 co-/ com-/ con-/ col-/ cor-：co-（在 h 和元音字母前面），col-（在 l 前面），com-（在 b、m、p 之前），con-（在 c、d、f、g、j、n、qu、s、t 和 v 前面），cor-（在 r 前面）；tractus 束，带，地域

Agrostis divaricatissima 歧序剪股颖：divaricatissimus 极叉开的，极发散的；divaricatus 广歧的，发散的，散开的；-issimus/ -issima/ -issimum 最，非常，极其（形容词最高级）

Agrostis eriolepis 柔毛剪股颖：eriolepis 绵毛状鳞片的；erion 绵毛，羊毛；lepis/ lepidos 鳞片

Agrostis flaccida 柔软剪股颖：flaccidus 柔软的，软乎乎的，软绵绵的；flaccus 柔弱的，软垂的；-idus/ -idum/ -ida 表示在进行中的动作或情况，作动词、名词或形容词的词尾

Agrostis fukuyamae 舟颖剪股颖：fukuyamae 福山（人名）；-ae 表示人名，以 -a 结尾的人名后面加上 -e 形成

Agrostis gigantea 巨序剪股颖：giganteus 巨大的；giga-/ gigant-/ giganti- ← gigantos 巨大的；-eus/ -eum/ -ea（接拉丁语词干时）属于……的，色如……的，质如……的（表示原料、颜色或品质的相似），（接希腊语词干时）属于……的，以……出名，为……所占有（表示具有某种特性）

Agrostis hookeriana 广序剪股颖：hookeriana ← William Jackson Hooker（人名，19 世纪英国植物学家）

Agrostis hookeriana var. hookeriana 广序剪股颖-原变种 （词义见上面解释）

Agrostis hookeriana var. longiflora 长花剪股颖：longe-/ longi- ← longus 长的，纵向的；florus/ florum/ flora ← flos 花（用于复合词）

Agrostis hugoniana 甘青剪股颖：hugoniana ← John Aloysius Scallon（人名，20 世纪活动于中国西部的爱尔兰传教士）

Agrostis hugoniana var. aristata 川西剪股颖：aristatus(aristosus) = arista + atus 具芒的，具芒刺的，具刚毛的，具胡须的；arista 芒

Agrostis hugoniana var. hugoniana 甘青剪股颖-原变种 （词义见上面解释）

Agrostis inaequiglumis 窄穗剪股颖：inaequiglumis 不等颖片的；in-/ im-（来自 il- 的音变）内，在内，内部，向内，相反，不，无，非；il- 在内，向内，为，相反（希腊语为 en-）；词首 il- 的音变：il-（在 l 前面），im-（在 b、m、p 前面），in-（在元音字母和大多数辅音字母前面），ir-（在 r 前面），如 illaudatus（不值得称赞的，评价不好的），impermeabilis（不透水的，穿不透的），ineptus（不合适的），insertus（插入的），irretortus（无弯曲的，无扭曲的）；aequi- 相等，相同；inaequi- 不相等，不同；glumis ← gluma 颖片，具颖片的（glumis 为 gluma 的复数夺格）

Agrostis inaequiglumis var. inaequiglumis 窄穗剪股颖-原变种 （词义见上面解释）

Agrostis inaequiglumis var. nana 歧颖剪股颖：nanus ← nanos/ nannos 矮小的，小的；nani-/ nano-/ nanno- 矮小的，小的

Agrostis limprichtii 侏儒剪股颖（侏 zhū）：limprichtii（人名）；-ii 表示人名，接在以辅音字母结尾的人名后面，但 -er 除外

Agrostis matsumurae 剪股颖：matsumurae ← Jinzo Matsumura 松村任三（人名，20 世纪初日本植物学家）

Agrostis megathyrsa 大锥剪股颖：megathyrsus 大密锥花序的；mega-/ megal-/ megalo- ← megas 大的，巨大的；thyrsus/ thyrsos 花簇，金字塔，圆锥形，聚伞圆锥花序

Agrostis micrantha 小花剪股颖：micr-/ micro- ← micros 小的，微小的，微观的（用于希腊语复合词）；anthus/ anthum/ antha/ anthe ← anthos 花（用于希腊语复合词）

Agrostis morrisonensis 玉山剪股颖：morrisonensis 磨里山的（地名，今台湾新高山）

Agrostis myriantha 多花剪股颖：myri-/ myrio- ← myrios 无数的，大量的，极多的（希腊语）；anthus/ anthum/ antha/ anthe ← anthos 花（用于希腊语复合词）

Agrostis perlaxa 疏花剪股颖：perlaxus 极疏的；per-（在 l 前面音变为 pel-）极，很，颇，甚，非常，完全，通过，遍及（表示效果加强，与 sub- 互为反义词）；laxus 稀疏的，松散的，宽松的

Agrostis pubicallis 湖岸剪股颖：pubi- ← pubis 细柔毛的，短柔毛的，毛被的；callis ← callos ← kallos 美丽的（希腊语）

Agrostis rupestris 岩生剪股颖：rupestre/

rupicolus/ rupestris 生于岩壁的，岩栖的；rup-/ rupi- ← rupes/ rupis 岩石的；-estris/ -estre/ ester/ -esteris 生于……地方，喜好……地方

Agrostis schneideri 丽江剪股颖：schneideri（人名）；-eri 表示人名，在以 -er 结尾的人名后面加上 i 形成

Agrostis schneideri var. brevipes 短柄剪股颖：brevi- ← brevis 短的（用于希腊语复合词词首）；pes/ pedis 柄，梗，茎秆，腿，足，爪（作词首或词尾，pes 的词干视为"ped-"）

Agrostis schneideri var. schneideri 丽江剪股颖-原变种（词义见上面解释）

Agrostis sibirica 西伯利亚剪股颖：sibirica 西伯利亚的（地名，俄罗斯）；-icus/ -icum/ -ica 属于，具有某种特性（常用于地名、起源、生境）

Agrostis sinkiangensis 线序剪股颖：sinkiangensis 新疆的（地名）

Agrostis stolonifera（匍茎剪股颖）：stolon 匍匐茎；-ferus/ -ferum/ -fera/ -fero/ -fere/ -fer 有，具有，产（区别：作独立词使用的 ferus 意思是"野生的"）

Agrostis subaristata 糙颖剪股颖：subaristatus 像 aristata 的，稍有刚毛的；sub-（表示程度较弱）与……类似，几乎，稍微，弱，亚，之下，下面；Arachniodes aristata 刺头复叶耳蕨；aristatus（aristosus）= arista + atus 具芒的，具芒刺的，具刚毛的，具胡须的；arista 芒

Agrostis tenuis 细弱剪股颖：tenuis 薄的，纤细的，弱的，瘦的，窄的

Agrostis transmorrisonensis 外玉山剪股颖：transmorrisonensis = trans + morrisonensis 跨磨里山的；tran-/ trans- 横过，远侧边，远方，在那边；morrisonensis 磨里山的（地名，今台湾新高山）

Agrostis transmorrisonensis var. opienensis 川中剪股颖：opienensis 峨边的（地名，四川省）

Agrostis transmorrisonensis var. transmorrisonensis 外玉山剪股颖-原变种（词义见上面解释）

Agrostis trinii 芒剪股颖：trinii（人名）；-ii 表示人名，接在以辅音字母结尾的人名后面，但 -er 除外

Agrostis turkestanica 北疆剪股颖：turkestanica 土耳其的（地名）；-icus/ -icum/ -ica 属于，具有某种特性（常用于地名、起源、生境）

Agrostophyllum 禾叶兰属（兰科）（19：p53）：agrostophyllum 剪股颖叶子的；Agrostis 剪股颖属；phyllus/ phyllum/ phylla ← phyllon 叶片（用于希腊语复合词）

Agrostophyllum callosum 禾叶兰：callosus = callus + osus 具硬皮的，出老茧的，包块的，疙瘩的，胼胝体状的，愈伤组织的；callus 硬皮，老茧，包块，疙瘩，胼胝体，愈伤组织；-osus/ -osum/ -osa 多的，充分的，丰富的，显著发育的，程度高的，特征明显的（形容词词尾）；形近词：callos/ calos ← kallos 美丽的

Agrostophyllum inocephalum 台湾禾叶兰：ino-/ inode- 纤维，发达的肌肉；cephalus/ cephale ← cephalos 头，头状花序

Ahernia 菲柞属（柞 zuò）（大风子科）（52-1：p4）：ahernia ← Ahern（人名）

Ahernia glandulosa 菲柞：glandulosus =

glandus + ulus + osus 被细腺的，具腺体的，腺体质的；glandus ← glans 腺体；-ulus/ -ulum/ -ula 小的，略微的，稍微的（小词 -ulus 在字母 e 或 i 之后有多种变缀，即 -olus/ -olum/ -ola、-ellus/ -ellum/ -ella、-illus/ -illum/ -illa，与第一变格法和第二变格法名词形成复合词）；-osus/ -osum/ -osa 多的，充分的，丰富的，显著发育的，程度高的，特征明显的（形容词词尾）

Aidia 茜树属（茜 qiàn）（茜草科）（71-1：p348）：aidia（人名）

Aidia canthioides 香楠：Canthium 鱼骨木属（茜草科）；-oides/ -oideus/ -oideum/ -oidea/ -odes/ -eidos 像……的，类似……的，呈……状的（名词词尾）

Aidia cochinchinensis 茜树：cochinchinensis ← Cochinchine 南圻的（历史地名，即今越南南部及其周边国家和地区）

Aidia oxyodonta 尖萼茜树：oxyodontus 尖齿的；oxy- ← oxys 尖锐的，酸的；odontus/ odontos → odon-/ odont-/ odonto-（可作词首或词尾）齿，牙齿状的；odous 齿，牙齿（单数，其所有格为 odontos）

Aidia pycnantha 多毛茜草树：pycn-/ pycno- ← pycnos 密生的，密集的；anthus/ anthum/ antha/ anthe ← anthos 花（用于希腊语复合词）

Aidia salicifolia 柳叶香楠：salici ← Salix 柳属；构词规则：以 -ix/ -iex 结尾的词其词干末尾视为 -ic，以 -ex 结尾视为 -i/ -ic，其他以 -x 结尾视为 -c；folius/ folium/ folia 叶，叶片（用于复合词）

Aidia shweliensis 瑞丽茜树：shweliensis 瑞丽的（地名，云南省）

Aidia yunnanensis 滇茜树：yunnanensis 云南的（地名）

Ailanthus 臭椿属（苦木科）（43-3：p1）：ailanthus ← ailanto 上帝的树，神圣的树

Ailanthus altissima 臭椿：al-/ alti-/ alto- ← altus 高的，高处的；-issimus/ -issima/ -issimum 最，非常，极其（形容词最高级）

Ailanthus altissima var. altissima 臭椿-原变种（词义见上面解释）

Ailanthus altissima var. sutchuenensis 大果臭椿：sutchuenensis 四川的（地名）

Ailanthus altissima var. tanakai 台湾臭椿：tanakai ← Tanaka 田中（人名）；-i 表示人名，接在以元音字母结尾的人名后面，但 -a 除外，故该词改为"tanakaiana"或"tanakae"似更妥

Ailanthus fordii 常绿臭椿：fordii ← Charles Ford（人名）

Ailanthus giraldii 毛臭椿：giraldii ← Giuseppe Giraldi（人名，19 世纪活动于中国的意大利传教士）

Ailanthus triphysa 岭南臭椿：tri-/ tripli-/ triplo- 三个，三数；physus ← physos 水泡的，气泡的，口袋的，膀胱的，囊状的（表示中空）

Ailanthus vilmoriniana 刺臭椿：vilmoriniana ← Vilmorin-Andrieux（人名，19 世纪法国种苗专家）

Ainsliaea 兔儿风属（菊科）（79：p23）：ainsliaea ← Whitelaw Ainslie（人名，19 世纪印度医生）（以元音字母 a 结尾的人名用作属名时在末尾加 ea）

A

Ainsliaea acerifolia 槭叶兔儿风（槭 qì）：acerifolius 槭叶的；Acer 槭属（槭树科）；folius/ folium/ folia 叶，叶片（用于复合词）

Ainsliaea angustata 马边兔儿风：angustatus = angustus + atus 变窄的；angustus 窄的，狭的，细的

Ainsliaea angustifolia 狭叶兔儿风：angusti- ← angustus 窄的，狭的，细的；folius/ folium/ folia 叶，叶片（用于复合词）

Ainsliaea aptera 无翅兔儿风：apterus 无翼的，无翅的；a-/ an- 无，非，没有，缺乏，不具有（an- 用于元音前）（a-/ an- 为希腊语词首，对应的拉丁语词首为 e-/ ex-，相当于英语的 un-/ -less，注意词首 a- 和作为介词的 a/ ab 不同，后者的意思是"从……、由……、关于……、因为……"）；pterus/ pteron 翅，翼，蕨类

Ainsliaea apteroides 狭翅兔儿风：apteroides 像 aptera 的；Ainsliaea aptera 无翅兔儿风；-oides/ -oideus/ -oideum/ -oidea/ -odes/ -eidos 像……的，类似……的，呈……状的（名词词尾）

Ainsliaea bonatii 心叶兔儿风：bonatii ← H. J. Bonatz（人名）

Ainsliaea caesia 蓝兔儿风：caesius 淡蓝色的，灰绿色的，蓝绿色的

Ainsliaea chapaensis 边地兔儿风：chapaensis ← Chapa 沙巴的（地名，越南北部）

Ainsliaea cleistogama 闭花兔儿风：cleisto- 关闭的，合上的；gamus 花（指有性花或繁殖能力）

Ainsliaea crassifolia 厚叶兔儿风：crassi- ← crassus 厚的，粗的，多肉质的；folius/ folium/ folia 叶，叶片（用于复合词）

Ainsliaea elegans 秀丽兔儿风：elegans 优雅的，秀丽的

Ainsliaea elegans var. elegans 秀丽兔儿风-原变种（词义见上面解释）

Ainsliaea elegans var. strigosa 红毛兔儿风：strigosus = striga + osus 鬃毛的，刷毛的；striga → strig- 条纹的，网纹的（如种子具网纹），糙伏毛的；-osus/ -osum/ -osa 多的，充分的，丰富的，显著发育的，程度高的，特征明显的（形容词词尾）

Ainsliaea foliosa 异叶兔儿风：foliosus = folius + osus 多叶的；folius/ folium/ folia → foli-/ folia- 叶，叶片；-osus/ -osum/ -osa 多的，充分的，丰富的，显著发育的，程度高的，特征明显的（形容词词尾）

Ainsliaea fragrans 杏香兔儿风：fragrans 有香气的，飘香的；fragro 飘香，有香味

Ainsliaea fulvipes 黄毛兔儿风：fulvus 咖啡色的，黄褐色的；pes/ pedis 柄，梗，茎秆，腿，足，爪（作词首或词尾，pes 的词干视为"ped-"）

Ainsliaea glabra 光叶兔儿风：glabrus 光秃的，无毛的，光滑的

Ainsliaea gracilis 纤枝兔儿风：gracilis 细长的，纤弱的，丝状的

Ainsliaea grossedentata 粗齿兔儿风：grosse-/ grosso- ← grossus 粗大的，肥厚的；dentatus = dentus + atus 牙齿的，齿状的，具齿的；dentus 齿，牙齿；-atus/ -atum/ -ata 属于，相似，具有，完成（形容词词尾）

Ainsliaea henryi 长穗兔儿风：henryi ← Augustine Henry 或 B. C. Henry（人名，前者，1857–1930，爱尔兰医生、植物学家，曾在中国采集植物，后者，1850–1901，曾活动于中国的传教士）

Ainsliaea heterantha 异花兔儿风：heteranthus 不同花的；hete-/ heter-/ hetero- ← heteros 不同的，多样的，不齐的；anthus/ anthum/ antha/ anthe ← anthos 花（用于希腊语复合词）

Ainsliaea lancifolia 穆坪兔儿风：lance-/ lancei-/ lanci-/ lanceo-/ lanc- ← lanceus 披针形的，矛形的，尖刀状的，柳叶刀状的；folius/ folium/ folia 叶，叶片（用于复合词）

Ainsliaea latifolia 宽叶兔儿风：lati-/ late- ← latus 宽的，宽广的；folius/ folium/ folia 叶，叶片（用于复合词）

Ainsliaea latifolia var. latifolia 宽叶兔儿风-原变种（词义见上面解释）

Ainsliaea latifolia var. platyphylla 宽穗兔儿风（中文名建议修订为"广叶兔儿风"）：platys 大的，宽的（用于希腊语复合词）；phyllus/ phyllum/ phylla ← phyllon 叶片（用于希腊语复合词）

Ainsliaea macrocephala 大头兔儿风：macro-/ macr- ← macros 大的，宏观的（用于希腊语复合词）；cephalus/ cephale ← cephalos 头，头状花序

Ainsliaea macroclinidioides 灯台兔儿风：Macroclinidium → Pertyamacroclinidium 帚菊属（菊科）；-oides/ -oideus/ -oideum/ -oidea/ -odes/ -eidos 像……的，类似……的，呈……状的（名词词尾）

Ainsliaea macroclinidioides var. macroclinidioides 灯台兔儿风-原变种（词义见上面解释）

Ainsliaea macroclinidioides var. secundiflora 五裂兔儿风：secundiflorus 单侧生花的；secundus/ secumdus 生于单侧的，花柄一侧着花的，沿着……，顺着……；florus/ florum/ flora ← flos 花（用于复合词）

Ainsliaea mairei 药山兔儿风：mairei（人名）；Edouard Ernest Maire（人名，19 世纪活动于中国云南的传教士）；Rene C. J. E. Maire 人名（20 世纪阿尔及利亚植物学家，研究北非植物）；-i 表示人名，接在以元音字母结尾的人名后面，但 -a 除外

Ainsliaea mattfeldiana 薄叶兔儿风：mattfeldiana（人名）

Ainsliaea mollis 泸定兔儿风：molle/ mollis 软的，柔毛的

Ainsliaea multibracteata 多苞兔儿风：multi- ← multus 多个，多数，很多（希腊语为 poly-）；bracteatus = bracteus + atus 具苞片的；bracteus 苞，苞片，苞鳞

Ainsliaea nana 小兔儿风：nanus ← nanos/ nannos 矮小的，小的；nani-/ nano-/ nanno- 矮小的，小的

Ainsliaea nervosa 直脉兔儿风：nervosus 多脉的，叶脉明显的；nervus 脉，叶脉；-osus/ -osum/ -osa 多的，充分的，丰富的，显著发育的，程度高的，特征明显的（形容词词尾）

Ainsliaea parvifolia （小叶兔儿风）：parvifolius 小叶的；parvus 小的，些微的，弱的；folius/ folium/

folia 叶，叶片（用于复合词）

Ainsliaea paucicapitata 花莲兔儿风：pauci- ←
paucus 少数的，少的（希腊语为 oligo-）；capitatus
头状的，头状花序的；capitus ← capitis 头，头状

Ainsliaea pertyoides 腋花兔儿风：Pertya 帚菊属
（菊科）；-oides/ -oideus/ -oideum/ -oidea/ -odes/
-eidos 像……的，类似……的，呈……状的（名词
词尾）

Ainsliaea pertyoides var. albo-tomentosa 白背
兔儿风：albus → albi-/ albo- 白色的；
tomentosus = tomentum + osus 绒毛的，密被绒毛
的；tomentum 绒毛，浓密的毛被，棉絮，棉絮状填
充物（被褥、垫子等）；-osus/ -osum/ -osa 多的，充
分的，丰富的，显著发育的，程度高的，特征明显的
（形容词词尾）

Ainsliaea pertyoides var. pertyoides 腋花兔儿
风-原变种（词义见上面解释）

Ainsliaea pingbianensis 屏边兔儿风：
pingbianensis 屏边的（地名，云南省）

Ainsliaea plantaginifolia 车前兔儿风：
plantaginifolius 车前叶的；Plantago 车前属（车前
科）（plantago 的词干为 plantagin-）；词尾为 -go 的
词其词干末尾视为 -gin；-eus/ -eum/ -ea（接拉丁语
词干时）属于……的，色如……的，质如……的
（表示原料、颜色或品质的相似），（接希腊语词干
时）属于……的，以……出名，为……所占有（表
示具有某种特性）；folius/ folium/ folia 叶，叶片
（用于复合词）

Ainsliaea ramosa 莲沱兔儿风（沱 tuó）：ramosus =
ramus + osus 有分枝的，多分枝的；ramus 分枝，
枝条；-osus/ -osum/ -osa 多的，充分的，丰富的，
显著发育的，程度高的，特征明显的（形容词词尾）

Ainsliaea reflexa 长柄兔儿风：reflexus 反曲的，后
曲的；re- 返回，相反，再次，重复，向后，回头；
flexus ← flecto 扭曲的，卷曲的，弯弯曲曲的，柔性
的；flecto 弯曲，使扭曲

Ainsliaea rubrifolia 红背兔儿风：rubr-/ rubri-/
rubro- ← rubrus 红色的；folius/ folium/ folia 叶，叶
片（用于复合词）

Ainsliaea rubrinervis 红脉兔儿风：rubr-/ rubri-/
rubro- ← rubrus 红色的；nervis ← nervus 脉，叶脉

Ainsliaea smithii 紫枝兔儿风：smithii ← James
Edward Smith（人名，1759–1828，英国植物学家）

Ainsliaea spicata 细穗兔儿风：spicatus 具穗的，具
穗状花的，具尖头的；spicus 穗，谷穗，花穗；-atus/
-atum/ -ata 属于，相似，具有，完成（形容词词尾）

Ainsliaea sutchuenensis 四川兔儿风：
sutchuenensis 四川的（地名）

Ainsliaea tenuicaulis 细茎兔儿风：tenui- ← tenuis
薄的，纤细的，弱的，瘦的，窄的；caulis ← caulos
茎，茎秆，主茎

Ainsliaea trinervis 三脉兔儿风：tri-/ tripli-/
triplo- 三个，三数；nervis ← nervus 脉，叶脉

Ainsliaea walkeri 华南兔儿风：walkeri（人名）；
-eri 表示人名，在以 -er 结尾的人名后面加上 i 形成

Ainsliaea yunnanensis 云南兔儿风：yunnanensis
云南的（地名）

Aira 银须草属（禾本科）（9-3：p124）：aira 毒麦（借
用毒麦属 Lolium 的古希腊语名）

Aira caryophyllea 银须草：caryophylleus 像石竹的，
石竹色的；Caryophyllum → Dianthus 石竹属；
-eus/ -eum/ -ea（接拉丁语词干时）属于……的，色
如……的，质如……的（表示原料、颜色或品质的
相似），（接希腊语词干时）属于……的，以……出
名，为……所占有（表示具有某种特性）

Aizoaceae 番杏科（26：p20）：Aizoon 长生草属；
aizoon 常绿的；-aceae（分类单位科的词尾，为
-aceus 的阴性复数主格形式，加到模式属的名称后
或同义词的词干后以组成族群名称）；Ficoidaceae
番杏科废弃名

Ajania 亚菊属（菊科）（76-1：p102）：ajania ←
Ajan（地名，东西伯利亚）

Ajania achilloides 蓍状亚菊（蓍 shī）：achilloides
像蓍的；Achillea 蓍属（菊科）；-oides/ -oideus/
-oideum/ -oidea/ -odes/ -eidos 像……的，类
似……的，呈……状的（名词词尾）

Ajania adenantha 丽江亚菊：adenanthus 腺花的；
aden-/ adeno- ← adenus 腺，腺体；anthus/
anthum/ antha/ anthe ← anthos 花（用于希腊语
复合词）

Ajania brachyantha 短冠亚菊（冠 guān）：
brachy- ← brachys 短的（用于拉丁语复合词词首）；
anthus/ anthum/ antha/ anthe ← anthos 花（用于
希腊语复合词）

Ajania breviloba 短裂亚菊：brevi- ← brevis 短的
（用于希腊语复合词词首）；lobus/ lobos/ lobon 浅
裂，耳片（裂片先端钝圆），荚果，蒴果

Ajania elegantula 美丽亚菊（原名"云南亚菊"，本
属有重名）：elegantulus = elegantus + ulus 稍优雅
的；elegantus ← elegans 优雅的

Ajania fastigiata 新疆亚菊：fastigiatus 束状的，笤
帚状的（枝条直立聚集）（形近词：fastigatus 高的，
高举的）；fastigius 笤帚

Ajania fruticulosa 灌木亚菊：fruticulosus 小灌丛
的，多分枝的；frutex 灌木；构词规则：以 -ix/ -iex
结尾的词其词干末尾视为 -ic，以 -ex 结尾视为 -i/
-ic，其他以 -x 结尾视为 -c；-culosus = culus +
osus 小而多的，小而密集的；-culus/ -culum/ -cula
小的，略微的，稍微的（同第三变格法和第四变格
法名词形成复合词）；-osus/ -osum/ -osa 多的，充
分的，丰富的，显著发育的，程度高的，特征明显的
（形容词词尾）

Ajania gracilis（细茎亚菊）：gracilis 细长的，纤弱
的，丝状的

Ajania junnanica 云南亚菊：junnanica 云南的（地
名）；-icus/ -icum/ -ica 属于，具有某种特性（常用
于地名、起源、生境）

Ajania khartensis 铺散亚菊（铺 pū）：khartensis
喀土穆的（地名，苏丹）

Ajania latifolia 宽叶亚菊：lati-/ late- ← latus 宽的，
宽广的；folius/ folium/ folia 叶，叶片（用于复
合词）

Ajania myriantha 多花亚菊：myri-/ myrio- ←
myrios 无数的，大量的，极多的（希腊语）；
anthus/ anthum/ antha/ anthe ← anthos 花（用于

A

希腊语复合词）

Ajania nematoloba 丝裂亚菊：nematus/ nemato-
密林的，丛林的，线状的，丝状的；lobus/ lobos/
lobon 浅裂，耳片（裂片先端钝圆），荚果，蒴果

Ajania nitida 光苞亚菊：nitidus = nitere + idus 光
亮的，发光的；nitere 发亮；-idus/ -idum/ -ida 表
示在进行中的动作或情况，作动词、名词或形容词
的词尾；nitens 光亮的，发光的

Ajania nubigena 黄花亚菊：nubigenus = nubius +
genus 生于云雾间的；nubius 云雾的；genus ←
gignere ← geno 出生，发生，起源，产于，生于（指
地方或条件），属（植物分类单位）

Ajania pallasiana 亚菊：pallasiana ← Peter Simon
Pallas（人名，18 世纪德国植物学家、动物学家、地
理学家）

Ajania parviflora 束伞亚菊：parviflorus 小花的；
parvus 小的，些微的，弱的；florus/ florum/
flora ← flos 花（用于复合词）

Ajania potaninii 川甘亚菊：potaninii ← Grigory
Nikolaevich Potanin（人名，19 世纪俄国植物学家）

Ajania przewalskii 细裂亚菊：przewalskii ←
Nicolai Przewalski（人名，19 世纪俄国探险家、博
物学家）

Ajania purpurea 紫花亚菊：purpureus =
purpura + eus 紫色的；purpura 紫色（purpura 原
为一种介壳虫名，其体液为紫色，可作颜料）；-eus/
-eum/ -ea（接拉丁语词干时）属于……的，色
如……的，质如……的（表示原料、颜色或品质的
相似），（接希腊语词干时）属于……的，以……出
名，为……所占有（表示具有某种特性）

Ajania quercifolia 栎叶亚菊：Quercus 栎属（壳斗
科）；folius/ folium/ folia 叶，叶片（用于复合词）

Ajania ramosa 分枝亚菊：ramosus = ramus + osus
有分枝的，多分枝的；ramus 分枝，枝条；-osus/
-osum/ -osa 多的，充分的，丰富的，显著发育的，
程度高的，特征明显的（形容词词尾）

Ajania remotipinna 疏齿亚菊：remotipinnus 疏离
羽片的；remotus 分散的，分开的，稀疏的，远距离
的；pinnus/ pennus 羽毛，羽状，羽片

Ajania salicifolia 柳叶亚菊：salici ← Salix 柳属；
构词规则：以 -ix/ -iex 结尾的词其词干末尾视为
-ic，以 -ex 结尾视为 -i/ -ic，其他以 -x 结尾视为 -c；
folius/ folium/ folia 叶，叶片（用于复合词）

Ajania scharnhorstii 单头亚菊：scharnhorstii（人
名）；-ii 表示人名，接在以辅音字母结尾的人名后
面，但 -er 除外

Ajania sericea 密绒亚菊：sericeus 绢丝状的；
sericus 绢丝的，绢毛的，赛尔人的（Ser 为印度一
民族）；-eus/ -eum/ -ea（接拉丁语词干时）属
于……的，色如……的，质如……的（表示原料、颜
色或品质的相似），（接希腊语词干时）属于……的，
以……出名，为……所占有（表示具有某种特性）

Ajania tenuifolia 细叶亚菊：tenui- ← tenuis 薄的，
纤细的，弱的，瘦的，窄的；folius/ folium/ folia
叶，叶片（用于复合词）

Ajania tibetica 西藏亚菊：tibetica 西藏的（地名）；
-icus/ -icum/ -ica 属于，具有某种特性（常用于地
名、起源、生境）

Ajania trilobata 矮亚菊：tri-/ tripli-/ triplo- 三个，
三数；lobatus = lobus + atus 具浅裂的，具耳垂状
突起的；lobus/ lobos/ lobon 浅裂，耳片（裂片先端
钝圆），荚果，蒴果；-atus/ -atum/ -ata 属于，相
似，具有，完成（形容词词尾）

Ajania tripinnatisecta 多裂亚菊：tripinnatisectus
三回羽状分裂的；tri-/ tripli-/ triplo- 三个，三数；
pinnatus = pinnus + atus 羽状的，具羽的；sectus
分段的，分节的，切开的，分裂的；pinnus/ pennus
羽毛，羽状，羽片；-atus/ -atum/ -ata 属于，相似，
具有，完成（形容词词尾）

Ajania variifolia 异叶亚菊：variifolia 异叶的，多种
叶的（缀词规则：用非属名构成复合词且词干末尾
字母为 i 时，省略词尾，直接用词干和后面的构词
成分连接，故该词宜改为"varifolia"）；vari- ←
varius 多种多样的，多形的，多色的，多变的；
folius/ folium/ folia 叶，叶片（用于复合词）

Ajaniopsis 画笔菊属（菊科）（76-1：p127）：Ajania
亚菊属（菊科）；-opsis/ -ops 相似，稍微，带有

Ajaniopsis penicilliformis 画笔菊：penicillum 画
笔，毛刷；formis/ forma 形状

Ajuga 筋骨草属（唇形科）（65-2：p55）：ajugus =
a + jugus 不成对的，无轭的，不联合的（指花非二
唇形）；a-/ an- 无，非，没有，缺乏，不具有（an- 用
于元音前）（a-/ an- 为希腊语词首，对应的拉丁语词
首为 e-/ ex-，相当于英语的 un-/ -less，注意词首 a-
和作为介词的 a/ ab 不同，后者的意思是"从……、
由……、关于……、因为……"）；jugus ← jugos 成
对的，成双的，一组，牛轭，束缚（动词为 jugo）

Ajuga bracteosa 九味一枝蒿：bracteosus =
bracteus + osus 苞片多的；bracteus 苞，苞片，苞
鳞；-osus/ -osum/ -osa 多的，充分的，丰富的，显
著发育的，程度高的，特征明显的（形容词词尾）

Ajuga campylantha 弯花筋骨草：campylos 弯弓
的，弯曲的，曲折的；campso-/ campto-/ campylo-
弯弓的，弯曲的，曲折的；anthus/ anthum/ antha/
anthe ← anthos 花（用于希腊语复合词）

Ajuga campylanthoides 康定筋骨草：
campylanthoides 像 campylantha 的；Ajuga
campylantha 弯花筋骨草；-oides/ -oideus/
-oideum/ -oidea/ -odes/ -eidos 像……的，类
似……的，呈……状的（名词词尾）

Ajuga campylanthoides var. campylanthoides
康定筋骨草-原变种 （词义见上面解释）

Ajuga campylanthoides var. subacaulis 康定筋
骨草-短茎变种：subacaulis 近无茎的；sub-（表示程
度较弱）与……类似，几乎，稍微，弱，亚，之下，
下面；acaulia/ acaulis 无茎的，矮小的；a-/ an- 无，
非，没有，缺乏，不具有（an- 用于元音前）（a-/ an-
为希腊语词首，对应的拉丁语词首为 e-/ ex-，相当
于英语的 un-/ -less，注意词首 a- 和作为介词的 a/
ab 不同，后者的意思是"从……、由……、关
于……、因为……"）；caulia/ caulis 茎，茎秆，主茎

Ajuga ciliata 筋骨草：ciliatus = cilium + atus 缘毛
的，流苏的；cilium 缘毛，睫毛；-atus/ -atum/
-ata 属于，相似，具有，完成（形容词词尾）

Ajuga ciliata var. chanetii 筋骨草-陕甘变种：
chanetii（人名）；-ii 表示人名，接在以辅音字母结

A

尾的人名后面，但 -er 除外

Ajuga ciliata var. chanetii f. chanetii 筋骨草陕甘变种-原变型（词义见上面解释）

Ajuga ciliata var. chanetii f. pauciflora 筋骨草-少花变型：pauci- ← paucus 少数的，少的（希腊语为 oligo-）；florus/ florum/ flora ← flos 花（用于复合词）

Ajuga ciliata var. ciliata 筋骨草-原变种（词义见上面解释）

Ajuga ciliata var. glabrescens 筋骨草-微毛变种：glabrus 光秃的，无毛的，光滑的；-escens/ -ascens 改变，转变，变成，略微，带有，接近，相似，大致，稍微（表示变化的趋势，并未完全相似或相同，有别于表示达到完成状态的 -atus）

Ajuga ciliata var. hirta 筋骨草-长毛变种：hirtus 有毛的，粗毛的，刚毛的（长而明显的毛）

Ajuga ciliata var. ovatisepala 筋骨草-卵齿变种：ovatisepalus = ovatus + sepalus 卵圆形萼片的；ovatus = ovus + atus 卵圆形的；ovus 卵，胚珠，卵形的，椭圆形的；sepalus/ sepalum/ sepala 萼片（用于复合词）

Ajuga decumbens 金疮小草：decumbens 横卧的，匍匐的，爬行的；decumb- 横卧，匍匐，爬行；-ans/ -ens/ -bilis/ -ilis 能够，可能（为形容词词尾，-ans/ -ens 用于主动语态，-bilis/ -ilis 用于被动语态）

Ajuga decumbens var. decumbens 金疮小草-原变种（词义见上面解释）

Ajuga decumbens var. oblancifolia 金疮小草-狭叶变种：ob- 相反，反对，倒（ob- 有多种音变：ob- 在元音字母和大多数辅音字母前面，oc- 在 c 前面，of- 在 f 前面，op- 在 p 前面）；lance-/ lancei-/ lanci-/ lanceo-/ lanc- ← lanceus 披针形的，矛形的，尖刀状的，柳叶刀状的；folius/ folium/ folia 叶，叶片（用于复合词）

Ajuga dictyocarpa 网果筋骨草：dictyocarpus 网纹果的；dictyon 网，网状（希腊语）；carpus/ carpum/ carpa/ carpon ← carpos 果实（用于希腊语复合词）

Ajuga forrestii 痢止蒿：forrestii ← George Forrest（人名，1873–1932，英国植物学家，曾在中国西部采集大量植物标本）

Ajuga linearifolia 线叶筋骨草：linearis = lineus + aris 线条的，线形的，线状的，亚麻状的；folius/ folium/ folia 叶，叶片（用于复合词）；-aris（阳性、阴性）/ -are（中性）← -alis（阳性、阴性）/ -ale（中性）属于，相似，如同，具有，涉及，关于，联结于（将名词作形容词用，其中 -aris 常用于以 l 或 r 为词干末尾的词）

Ajuga lobata 匍枝筋骨草：lobatus = lobus + atus 具浅裂的，具耳垂状突起的；lobus/ lobos/ lobon 浅裂，耳片（裂片先端钝圆），荚果，蒴果，-atus/ -atum/ -ata 属于，相似，具有，完成（形容词词尾）

Ajuga lupulina 白苞筋骨草：lupulina 像羽扇豆的；Lupinus 羽扇豆属（豆科）

Ajuga lupulina var. lupulina 白苞筋骨草-原变种（词义见上面解释）

Ajuga lupulina var. lupulina f. breviflora 白苞筋骨草-短花变型：brevi- ← brevis 短的（用于希腊语复合词词首）；florus/ florum/ flora ← flos 花（用于复合词）

Ajuga lupulina var. lupulina f. humilis 白苞筋骨草-矮小变型：humilis 矮的，低的

Ajuga lupulina var. lupulina f. lupulina 白苞筋骨草-原变型（词义见上面解释）

Ajuga lupulina var. major 白苞筋骨草-齿苞变种：major 较大的，更大的（majus 的比较级）；majus 大的，巨大的

Ajuga macrosperma 大籽筋骨草：macro-/ macr- ← macros 大的，宏观的（用于希腊语复合词）；spermus/ spermum/ sperma 种子的（用于希腊语复合词）

Ajuga macrosperma var. macrosperma 大籽筋骨草-原变种（词义见上面解释）

Ajuga macrosperma var. thomsonii 大籽筋骨草-无毛变种：thomsonii ← Thomas Thomson（人名，19 世纪英国植物学家）；-ii 表示人名，接在以辅音字母结尾的人名后面，但 -er 除外

Ajuga multiflora 多花筋骨草：multi- ← multus 多个，多数，很多（希腊语为 poly-）；florus/ florum/ flora ← flos 花（用于复合词）

Ajuga multiflora var. brevispicata 多花筋骨草-短穗变种：brevi- ← brevis 短的（用于希腊语复合词词首）；spicatus 具穗的，具穗状花的，具尖头的；spicus 穗，谷穗，花穗，-atus/ -atum/ -ata 属于，相似，具有，完成（形容词词尾）

Ajuga multiflora var. multiflora 多花筋骨草-原变种（词义见上面解释）

Ajuga multiflora var. serotina 多花筋骨草-莲座变种：serotinus 晚来的，晚季的，晚开花的

Ajuga nipponensis 紫背金盘：nipponensis 日本的（地名）

Ajuga nipponensis var. nipponensis 紫背金盘-原变种（词义见上面解释）

Ajuga nipponensis var. pallescens 紫背金盘-矮生变种：pallescens 变苍白色的；pallens 淡白色的，蓝白色的，略带蓝色的；-escens/ -ascens 改变，转变，变成，略微，带有，接近，相似，大致，稍微（表示变化的趋势，并未完全相似或相同，有别于表示达到完成状态的 -atus）

Ajuga nubigena 高山筋骨草：nubigenus = nubius + genus 生于云雾间的；nubius 云雾的；genus ← gignere ← geno 出生，发生，起源，产于，生于（指地方或条件），属（植物分类单位）

Ajuga ovalifolia 圆叶筋骨草：ovalis 广椭圆形的；ovus 卵，胚珠，卵形的，椭圆形的；folius/ folium/ folia 叶，叶片（用于复合词）

Ajuga ovalifolia var. calantha 圆叶筋骨草-美花变种：calos/ callos → call-/ calli-/ calo-/ callo- 美丽的；形近词：callosus = callus + osus 具硬皮的，出老茧的，包块，疙瘩；anthus/ anthum/ antha/ anthe ← anthos 花（用于希腊语复合词）

Ajuga ovalifolia var. calantha f. albiflora 圆叶筋骨草-白花变型：albus → albi-/ albo- 白色的；florus/ florum/ flora ← flos 花（用于复合词）

Ajuga ovalifolia var. calantha f. angustifolia 圆叶筋骨草-狭叶变型：angusti- ← angustus 窄的，狭的，细的；folius/ folium/ folia 叶，叶片（用于复

合词）

Ajuga ovalifolia var. calantha f. calantha 圆叶筋骨草-美花原变型 （词义见上面解释）

Ajuga ovalifolia var. ovalifolia 圆叶筋骨草-原变种 （词义见上面解释）

Ajuga pantantha 散淤草：pantantha = panto + anthus 全株有花的（指从茎的基部到顶端全部有花着生）；pan-/ panto- 全部，广泛，所有；anthus/ anthum/ antha/ anthe ← anthos 花（用于希腊语复合词）

Ajuga pygmaea 台湾筋骨草：pygmaeus/ pygmaei 小的，低矮的，极小的，矮人的；pygm- 矮，小，侏儒；-aeus/ -aeum/ -aea 表示属于……，名词形容词化词尾，如 europaeus ← europa 欧洲的

Ajuga sciaphila 喜荫筋骨草（荫 yīn）：scio 阴影，树荫；philus/ philein ← philos → phil-/ phili/ philo- 喜好的，爱好的，喜欢的；Sciaphila 喜荫草属（霉草科）

Akebia 木通属（木通科）（29：p4）：akebia 开裂果实的（日语，所用汉字为"开实""木通""通草"，读音均为"akebi"，其中"开实"表示该属植物果实成熟时纵裂）

Akebia longeracemosa 长序木通：longeracemosus 长总状的；longe-/ longi- ← longus 长的，纵向的；racemus 总状的，葡萄串状的；-osus/ -osum/ -osa 多的，充分的，丰富的，显著发育的，程度高的，特征明显的（形容词词尾）

Akebia quinata 木通：quinatus 五个的，五数的；quin-/ quinqu-/ quinque-/ quinqui- 五，五数（希腊语为 penta-）

Akebia trifoliata 三叶木通：tri-/ tripli-/ triplo- 三个，三数；foliatus 具叶的，多叶的；folius/ folium/ folia → foli-/ folia- 叶，叶片；-atus/ -atum/ -ata 属于，相似，具有，完成（形容词词尾）

Akebia trifoliata subsp. australis 白木通：australis 南方的，南半球的；austro-/ austr- 南方的，南半球的，大洋洲的；auster 南方，南风；-aris （阳性、阴性）/ -are（中性）← -alis（阳性、阴性）/ -ale（中性）属于，相似，如同，具有，涉及，关于，联结于（将名词作形容词用，其中 -aris 常用于以 l 或 r 为词干末尾的词）

Akebia trifoliata subsp. longisepala 长萼三叶木通：longe-/ longi- ← longus 长的，纵向的；sepalus/ sepalum/ sepala 萼片（用于复合词）

Akebia trifoliata subsp. trifoliata 三叶木通-原亚种 （词义见上面解释）

Alajja 菱叶元宝草属（唇形科）（65-2：p497）：alajja（人名）

Alajja anomala 异叶元宝草：anomalus = a + nomalus 异常的，变异的，不规则的；a-/ an- 无，非，没有，缺乏，不具有（an- 用于元音前）（a-/ an- 为希腊语词首，对应的拉丁语词首为 e-/ ex-，相当于英语的 un-/ -less，注意词首 a- 和作为介词的 a/ ab 不同，后者的意思是"从……、由……、关于……、因为……"）；nomalus 规则的，规律的，法律的；nomus ← nomos 规则，规律，法律

Alajja rhomboidea 菱叶元宝草：rhomboideus 菱形的；rhombus 菱形，纺锤；-oides/ -oideus/

-oideum/ -oidea/ -odes/ -eidos 像……的，类似……的，呈……状的（名词词尾）

Alangiaceae 八角枫科（52-2：p160）：Alangium 八角枫属；-aceae（分类单位科的词尾，为 -aceus 的阴性复数主格形式，加到模式属的名称后或同义词的词干后以组成族群名称）

Alangium 八角枫属（八角枫科）（52-2：p160）：alangium（印度马拉巴尔地区一种植物名 alangi）

Alangium alpinum 高山八角枫：alpinus = alpus + inus 高山的；alpus 高山；al-/ alti-/ alto- ← altus 高的，高处的；-inus/ -inum/ -ina/ -inos 相近，接近，相似，具有（通常指颜色）；关联词：subalpinus 亚高山的

Alangium barbatum 髯毛八角枫（髯 rǎn）：barbatus = barba + atus 具胡须，具须毛的；barba 胡须，髯毛，绒毛；-atus/ -atum/ -ata 属于，相似，具有，完成（形容词词尾）

Alangium chinense 八角枫：chinense 中国的（地名）

Alangium chinense subsp. chinense 八角枫-原亚种 （词义见上面解释）

Alangium chinense subsp. pauciflorum 稀花八角枫：pauci- ← paucus 少数的，少的（希腊语为 oligo-）；florus/ florum/ flora ← flos 花（用于复合词）

Alangium chinense subsp. strigosum 伏毛八角枫：strigosus = striga + osus 紫毛的，刷毛的；striga → strig- 条纹的，网纹的（如种子具网纹），糙伏毛的；-osus/ -osum/ -osa 多的，充分的，丰富的，显著发育的，程度高的，特征明显的（形容词词尾）

Alangium chinense subsp. triangulare 深裂八角枫：tri-/ tripli-/ triplo- 三个，三数；angulare 棱角，角度

Alangium faberi 小花八角枫：faberi ← Ernst Faber（人名，19 世纪活动于中国的德国植物采集员）；-eri 表示人名，在以 -er 结尾的人名后面加上 i 形成

Alangium faberi var. faberi 小花八角枫-原变种 （词义见上面解释）

Alangium faberi var. heterophyllum 异叶八角枫：heterophyllus 异型叶的；hete-/ heter-/ hetero- ← heteros 不同的，多样的，不齐的；phyllus/ phyllum/ phylla ← phyllon 叶片（用于希腊语复合词）

Alangium faberi var. perforatum 小叶八角枫：perforatus 贯通的，有孔的；peri-/ per- 周围的，缠绕的（与拉丁语 circum- 意思相同）；foratus 具孔的；foro/ forare 穿孔，挖洞

Alangium faberi var. platyphyllum 阔叶八角枫：platys 大的，宽的（用于希腊语复合词）；phyllus/ phyllum/ phylla ← phyllon 叶片（用于希腊语复合词）

Alangium kurzii 毛八角枫：kurzii ← Wilhelm Sulpiz Kurz（人名，19 世纪植物学家）

Alangium kurzii var. handelii 云山八角枫：handelii ← H. Handel-Mazzetti（人名，奥地利植物学家，第一次世界大战期间在中国西南地区研究植物）

Alangium kurzii var. kurzii 毛八角枫-原变种（词义见上面解释）

Alangium kurzii var. laxifolium 疏叶八角枫：laxus 稀疏的，松散的，宽松的；folius/ folium/ folia 叶，叶片（用于复合词）

Alangium kurzii var. pachyphyllum 厚叶八角枫：pachyphyllus 厚叶子的；pachy- ← pachys 厚的，粗的，肥的；phyllus/ phyllum/ phylla ← phyllon 叶片（用于希腊语复合词）

Alangium kurzii var. umbellatum 伞形八角枫：umbellatus = umbella + atus 伞形花序的，具伞的；umbella 伞形花序

Alangium kwangsiense 广西八角枫：kwangsiense 广西的（地名）

Alangium platanifolium 瓜木：Platanus 悬铃木属（悬铃木科）；folius/ folium/ folia 叶，叶片（用于复合词）

Alangium salviifolium 土坛树：salviifolium = Salvia + folium 鼠尾草叶的；缀词规则：以属名作复合词时原词尾变形后的 i 要保留；Salvia 鼠尾草属（唇形科）；folius/ folium/ folia 叶，叶片（用于复合词）

Alangium yunnanense 云南八角枫：yunnanense 云南的（地名）

Albertisia 崖藤属（崖 yá）（防己科）（30-1：p9）：albertisia ← Luigi d'Albertis（人名，19 世纪意大利博物学家）

Albertisia laurifolia 崖藤：lauri- ← Laurus 月桂属（樟科）；folius/ folium/ folia 叶，叶片（用于复合词）

Albizia 合欢属（豆科）（39：p55）：albizia/ albizzia ← Filipo del Albizzi（人名，18 世纪意大利博物学家）

Albizia attopeuensis 海南合欢：attopeuensis（地名）

Albizia bracteata 蒙自合欢：bracteatus = bracteus + atus 具苞片的；bracteus 苞，苞片，苞鳞；-atus/ -atum/ -ata 属于，相似，具有，完成（形容词词尾）

Albizia calcarea 光腺合欢：calcareus 白垩色的，粉笔色的，石灰的，石灰质的；-eus/ -eum/ -ea（接拉丁语词干时）属于……的，色如……的，质如……的（表示原料、颜色或品质的相似），（接希腊语词干时）属于……的，以……出名，为……所占有（表示具有某种特性）

Albizia chinensis 楹树（楹 yíng）：chinensis = china + ensis 中国的（地名）；China 中国

Albizia corniculata 天香藤：corniculatus = cornus + culus + atus 犄角的，兽角的，兽角般坚硬的；cornus 角，犄角，兽角，角质，角质般坚硬；-culus/ -culum/ -cula 小的，略微的，稍微的（同第三变格法和第四变格法名词形成复合词）；-atus/ -atum/ -ata 属于，相似，具有，完成（形容词词尾）

Albizia crassiramea 白花合欢：crassi- ← crassus 厚的，粗的，多肉质的；rameus = ramus + eus 枝条的，属于枝条的；ramus 分枝，枝条；-eus/ -eum/ -ea（接拉丁语词干时）属于……的，色如……的，质如……的（表示原料、颜色或品质的相似），（接希腊语词干时）属于……的，以……出

名，为……所占有（表示具有某种特性）

Albizia duclouxii 巧家合欢：duclouxii（人名）；-ii 表示人名，接在以辅音字母结尾的人名后面，但 -er 除外

Albizia falcataria 南洋楹：falcataria = falx + atus + arius 镰刀的，镰刀状的；falx 镰刀，镰刀形，镰刀状弯曲；-arius/ -arium/ -aria 相似，属于（表示地点，场所，关系，所属）

Albizia julibrissin 合欢：julibrissin（东印度土名）

Albizia julibrissin f. rosea 矮合欢：roseus = rosa + eus 像玫瑰的，玫瑰色的，粉红色的；rosa 蔷薇（古拉丁名）← rhodon 蔷薇（希腊语）← rhodd 红色，玫瑰红（凯尔特语）；-eus/ -eum/ -ea（接拉丁语词干时）属于……的，色如……的，质如……的（表示原料、颜色或品质的相似），（接希腊语词干时）属于……的，以……出名，为……所占有（表示具有某种特性）

Albizia kalkora 山槐：kalkora（人名）

Albizia lebbeck 阔荚合欢：lebbeck（阿拉伯土名）

Albizia longepedunculata （长柄合欢）：longe-/ longi- ← longus 长的，纵向的；pedunculatus/ peduncularis 具花序柄的，具总花梗的；pedunculus/ peduncule/ pedunculis ← pes 花序柄，总花梗（花序基部无花着生部分，不同于花柄）；关联词：pedicellus/ pediculus 小花梗，小花柄（不同于花序柄）

Albizia lucidior 光叶合欢：lucidior 较光亮的，较清晰的，较发亮的（lucidus 的比较级）；lucidus ← lucis ← lux 发光的，光辉的，清晰的，发亮的，荣耀的（lux 的单数所有格为 lucis，词尾为 -is 和 -ys 的词的词干分别视为 -id 和 -yd）

Albizia mollis 毛叶合欢：molle/ mollis 软的，柔毛的

Albizia odoratissima 香合欢：odorati- ← odoratus 香气的，气味的；-issimus/ -issima/ -issimum 最，非常，极其（形容词最高级）

Albizia procera 黄豆树：procerus 高的，有高度的，极高的

Albizia sherriffii 藏合欢（藏 zàng）：sherriffii ← Major George Sherriff（人名，20 世纪探险家，曾和 Frank Ludlow 一起考察西藏东南地区）

Albizia simeonis 滇合欢：simeonis（词源不详）

Alchemilla 羽衣草属（蔷薇科）（37：p474）：alchemilla ← alkemelych 绢丝状毛的（阿拉伯语，来自一种植物名）

Alchemilla glabra 无毛羽衣草：glabrus 光秃的，无毛的，光滑的

Alchemilla gracilis 纤细羽衣草：gracilis 细长的，纤弱的，丝状的

Alchemilla japonica 羽衣草：japonica 日本的（地名）；-icus/ -icum/ -ica 属于，具有某种特性（常用于地名、起源、生境）

Alchornea 山麻杆属（大戟科）（44-2：p66）：alchornea ← Stanesby Alchorne（人名，18 世纪英国植物采集员）

Alchornea davidii 山麻杆：davidii ← Pere Armand David（人名，1826–1900，曾在中国采集植物标本

的法国传教士）；-ii 表示人名，接在以辅音字母结尾的人名后面，但 -er 除外

Alchornea hunanensis 湖南山麻杆：hunanensis 湖南的（地名）

Alchornea kelungensis 厚柱山麻杆：kelungensis 基隆的（地名，属台湾省）

Alchornea mollis 毛果山麻杆：molle/ mollis 软的，柔毛的

Alchornea rugosa 羽脉山麻杆：rugosus = rugus + osus 收缩的，有皱纹的，多褶皱的（同义词：rugatus）；rugus/ rugum/ ruga 褶皱，皱纹，皱缩；-osus/ -osum/ -osa 多的，充分的，丰富的，显著发育的，程度高的，特征明显的（形容词词尾）

Alchornea rugosa var. pubescens 海南山麻杆：pubescens ← pubens 被短柔毛的，长出柔毛的；pubi- ← pubis 细柔毛的，短柔毛的，毛被的；pubesco/ pubescere 长成的，变为成熟的，长出柔毛的，青春期体毛的；-escens/ -ascens 改变，转变，变成，略微，带有，接近，相似，大致，稍微（表示变化的趋势，并未完全相似或相同，有别于表示达到完成状态的 -atus）

Alchornea rugosa var. rugosa 羽脉山麻杆-原变种（词义见上面解释）

Alchornea tiliifolia 椴叶山麻杆：tiliifolius = Tilia + folius 椴树叶的；缀词规则：以属名作复合词时原词尾变形后的 i 要保留；Tilia 椴树属（椴树科）；folius/ folium/ folia 叶，叶片（用于复合词）

Alchornea trewioides 红背山麻杆：Trewia 滑桃树属（大戟科）；-oides/ -oideus/ -oideum/ -oidea/ -odes/ -eidos 像……的，类似……的，呈……状的（名词词尾）

Alchornea trewioides var. sinica 绿背山麻杆：sinica 中国的（地名）；-icus/ -icum/ -ica 属于，具有某种特性（常用于地名、起源、生境）

Alchornea trewioides var. trewioides 红背山麻杆-原变种（词义见上面解释）

Alcimandra 长蕊木兰属（木兰科）（30-1：p149）：alcimandra 巨大雄蕊的（指雄蕊极长）；alcimos ← alkimos 强壮的；andrus/ andros/ antherus ← aner 雄蕊，花药，雄性

Alcimandra cathcartii 长蕊木兰：cathcartii（人名）；-ii 表示人名，接在以辅音字母结尾的人名后面，但 -er 除外

Aldrovanda 貉藻属（貉 hè）（茅膏菜科）（34-1：p28）：aldrovanda ← Ulisse Aldrovandi（人名，16世纪印度植物学家）

Aldrovanda vesiculosa 貉藻：vesiculosus 小水泡的，多泡的；vesica 泡，膀胱，囊，鼓包，鼓肚（同义词：venter/ ventris）；vesiculus 小水泡；-culosus = culus + osus 小而多的，小而密集的；-culus/ -culum/ -cula 小的，略微的，稍微的（同第三变格法和第四变格法名词形成复合词）；-osus/ -osum/ -osa 多的，充分的，丰富的，显著发育的，程度高的，特征明显的（形容词词尾）

Aletris 粉条儿菜属（百合科）（15：p168）：aletris 磨粉，研磨（指体表似被粉末）

Aletris alpestris 高山粉条儿菜：alpestris 高山的，草甸带的；alpus 高山；-estris/ -estre/ ester/

-esteris 生于……地方，喜好……地方

Aletris capitata 头花粉条儿菜：capitatus 头状的，头状花序的；capitus ← capitis 头，头状

Aletris cinerascens 灰鞘粉条儿菜：cinerascens/ cinerasceus 发灰的，变灰色的，灰白的，淡灰色的（比 cinereus 更白）；cinereus 灰色的，草木灰色的（为纯黑和纯白的混合色，希腊语为 tephro-/ spodo-）；ciner-/ cinere-/ cinereo- 灰色；-escens/ -ascens 改变，转变，变成，略微，带有，接近，相似，大致，稍微（表示变化的趋势，并未完全相似或相同，有别于表示达到完成状态的 -atus）

Aletris glabra 无毛粉条儿菜：glabrus 光秃的，无毛的，光滑的

Aletris glandulifera 腺毛粉条儿菜：glanduli- ← glandus + ulus 腺体的，小腺体的；glandus ← glans 腺体；-ferus/ -ferum/ -fera/ -fero/ -fere/ -fer 有，具有，产（区别：作独立词使用的 ferus 意思是"野生的"）

Aletris laxiflora 疏花粉条儿菜：laxus 稀疏的，松散的，宽松的；florus/ florum/ flora ← flos 花（用于复合词）

Aletris megalantha 大花粉条儿菜：mega-/ megal-/ megalo- ← megas 大的，巨大的；anthus/ anthum/ antha/ anthe ← anthos 花（用于希腊语复合词）

Aletris pauciflora 少花粉条儿菜：pauci- ← paucus 少数的，少的（希腊语为 oligo-）；florus/ florum/ flora ← flos 花（用于复合词）

Aletris pauciflora var. khasiana 穗花粉条儿菜：khasiana ← Khasya 喀西的，卡西的（地名，印度阿萨姆邦）

Aletris pedicellata 长柄粉条儿菜：pedicellatus = pedicellus + atus 具小花柄的；pedicellus = pes + cellus 小花梗，小花柄（不同于花序柄）；pes/ pedis 柄，梗，茎秆，腿，足，爪（作词首或词尾，pes 的词干视为"ped-"）；-cellus/ -cellum/ -cella、-cillus/ -cillum/ -cilla 小的，略微的，稍微的（与任何变格法名词形成复合词）；关联词：pedunculus 花序柄，总花梗（花序基部无花着生部分）；-ellatus = ellus + atus 小的，属于小的；-atus/ -atum/ -ata 属于，相似，具有，完成（形容词词尾）

Aletris scopulorum 短柄粉条儿菜：scopulorum 岩石，峭壁；scopulus 带棱角的岩石，岩壁，峭壁；-orum 属于……的（第二变格法名词复数所有格词尾，表示群落或多数）

Aletris spicata 粉条儿菜：spicatus 具穗的，具穗状花的，具尖头的；spicus 穗，谷穗，花穗；-atus/ -atum/ -ata 属于，相似，具有，完成（形容词词尾）

Aletris stelliflora 星花粉条儿菜：stella 星状的；florus/ florum/ flora ← flos 花（用于复合词）

Aletris stenoloba 狭瓣粉条儿菜：stenolobus = stenus + lobus 细裂的，窄裂的，细荚的；sten-/ steno- ← stenus 窄的，狭的，薄的；lobus/ lobos/ lobon 浅裂，耳片（裂片先端钝圆），荚果，蒴果

Aleurites 石栗属（大戟科）（44-2：p140）：aleurites = aleuros 小麦粉，面粉，白粉，生粉的，花粉多的；aleuros 小麦粉，面粉，白粉，花粉多的

Aleurites moluccana 石栗：moluccana ← Molucca 马鲁古群岛的（地名，印度尼西亚，旧称为摩鹿加

群岛）

Aleuritopteris 粉背蕨属（中国蕨科）（3-1：p141）：aleurites = aleuros 小麦粉，面粉，白粉，生粉的，花粉多的；pteris ← pteryx 翅，翼，蕨类（希腊语）

Aleuritopteris albo-marginata 白边粉背蕨：albus → albi-/ albo- 白色的；marginatus ← margo 边缘的，具边缘的；margo/ marginis → margin- 边缘，边线，边界；词尾为 -go 的词其词干末尾视为 -gin

Aleuritopteris anceps 多鳞粉背蕨：anceps 二棱的，二翼的，茎有翼的

Aleuritopteris argentea 银粉背蕨：argenteus = argentum + eus 银白色的；argentum 银；-eus/ -eum/ -ea（接拉丁语词干时）属于……的，色如……的，质如……的（表示原料、颜色或品质的相似），（接希腊语词干时）属于……的，以……出名，为……所占有（表示具有某种特性）

Aleuritopteris argentea var. argentea 银粉背蕨-原变种 （词义见上面解释）

Aleuritopteris argentea var. flava 德钦粉背蕨：flavus → flavo-/ flavi-/ flav- 黄色的，鲜黄色的，金黄色的（指纯正的黄色）

Aleuritopteris argentea var. geraniifolia 裂叶粉背蕨：geraniifolius 老鹳草叶的；缀词规则：以属名作复合词时原词尾变形后的 i 要保留；geranium 老鹳草属；folius/ folium/ folia 叶，叶片（用于复合词）

Aleuritopteris chrysophylla 金粉背蕨：chrys-/ chryso- ← chrysos 黄色的，金色的；phyllus/ phyllum/ phylla ← phyllon 叶片（用于希腊语复合词）

Aleuritopteris cremea 金爪粉背蕨：cremeus 乳油的，乳油黄色的；-eus/ -eum/ -ea（接拉丁语词干时）属于……的，色如……的，质如……的（表示原料、颜色或品质的相似），（接希腊语词干时）属于……的，以……出名，为……所占有（表示具有某种特性）

Aleuritopteris doniana 无盖粉背蕨：doniana（人名）

Aleuritopteris duclouxii 裸叶粉背蕨：duclouxii（人名）；-ii 表示人名，接在以辅音字母结尾的人名后面，但 -er 除外

Aleuritopteris formosana 台湾粉背蕨：formosanus = formosus + anus 美丽的，台湾的；formosus ← formosa 美丽的，台湾的（葡萄牙殖民者发现台湾时对其的称呼，即美丽的岛屿）；-anus/ -anum/ -ana 属于，来自（形容词词尾）

Aleuritopteris gresia 阔盖粉背蕨：gresia（人名）

Aleuritopteris gresia var. alpina 高山粉背蕨：alpinus = alpus + inus 高山的；alpus 高山；al-/ alti-/ alto- ← altus 高的，高处的；-inus/ -inum/ -ina/ -inos 相近，接近，相似，具有（通常指颜色）；关联词：subalpinus 亚高山的

Aleuritopteris gresia var. gresia 阔盖粉背蕨-原变种 （词义见上面解释）

Aleuritopteris krameri 克氏粉背蕨：krameri ← Johann Georg Heinrich Kramer（人名，18 世纪匈牙利植物学家、医生）；-eri 表示人名，在以 -er 结尾的人名后面加上 i 形成

Aleuritopteris likiangensis 丽江粉背蕨：likiangensis 丽江的（地名，云南省）

Aleuritopteris michelii 长尾粉背蕨：michelii（人名）；-ii 表示人名，接在以辅音字母结尾的人名后面，但 -er 除外

Aleuritopteris niphobola 雪白粉背蕨：niphobolus 雪白色的

Aleuritopteris niphobola var. concolor 无粉雪白粉背蕨：concolor = co + color 同色的，一色的，单色的；co- 联合，共同，合起来（拉丁语词首，为 cum- 的音变，表示结合、强化、完全，对应的希腊语为 syn-）；co- 的缀词音变有 co-/ com-/ con-/ col-/ cor-：co-（在 h 和元音字母前面），col-（在 l 前面），com-（在 b、m、p 之前），con-（在 c、d、f、g、j、n、qu、s、t 和 v 前面），cor-（在 r 前面）；color 颜色

Aleuritopteris niphobola var. niphobola 雪白粉背蕨-原变种 （词义见上面解释）

Aleuritopteris niphobola var. pekingensis 北京粉背蕨：pekingensis 北京的（地名）

Aleuritopteris nuda 多羽裸叶粉背蕨：nudus 裸露的，无装饰的

Aleuritopteris pseudofarinosa 假粉背蕨：pseudofarinosa 假粉背蕨类的，近似粉末状的；pseudo-/ pseud- ← pseudos 假的，伪的，接近，相似（但不是）；Aleuritopteris farinose 粉背蕨；farinosus 粉末状的，飘粉的；far/ farris 一种小麦，面粉

Aleuritopteris pygmaea 矮粉背蕨：pygmaeus/ pygmaei 小的，低矮的，极小的，矮人的；pygm- 矮，小，侏儒；-aeus/ -aeum/ -aea 表示属于……，名词形容词化词尾，如 europaeus ← europa 欧洲的

Aleuritopteris rosulata 莲座粉背蕨：rosulatus/ rosularis/ rosulans ← rosula 莲座状的

Aleuritopteris rufa 棕毛粉背蕨：rufus 红褐色的，发红的，淡红色的；ruf-/ rufi-/ frufo- ← rufus/ rubus 红褐色的，锈色的，红色的，发红的，淡红色的

Aleuritopteris shensiensis 陕西粉背蕨：shensiensis 陕西的（地名）

Aleuritopteris sichouensis 西畴粉背蕨：sichouensis 西畴的（地名，云南省）

Aleuritopteris speciosa 美丽粉背蕨：speciosus 美丽的，华丽的；species 外形，外观，美观，物种（缩写 sp.，复数 spp.）；-osus/ -osum/ -osa 多的，充分的，丰富的，显著发育的，程度高的，特征明显的（形容词词尾）

Aleuritopteris squamosa 毛叶粉背蕨：squamosus 多鳞片的，鳞片明显的；squamus 鳞，鳞片，薄膜；-osus/ -osum/ -osa 多的，充分的，丰富的，显著发育的，程度高的，特征明显的（形容词词尾）

Aleuritopteris stenochlamys 狭盖粉背蕨：sten-/ steno- ← stenus 窄，狭的，薄的；chlamys 花被，包被，外罩，被盖

Aleuritopteris subargentea 假银粉背蕨：subargenteus 像 argentea 的，近银白色的；sub-（表示程度较弱）与……类似，几乎，稍微，弱，亚，

之下，下面；Aleuritopteris argentea 银粉背蕨；argenteus = argentum + eus 银白色的；argentum 银

Aleuritopteris tamburii 阔羽粉背蕨：tamburii（人名）；-ii 表示人名，接在以辅音字母结尾的人名后面，但 -er 除外

Aleuritopteris tamburii var. tamburii 阔羽粉背蕨-原变种 （词义见上面解释）

Aleuritopteris tamburii var. viridis 绿叶粉背蕨：viridis 绿色的，鲜嫩的（相当于希腊语的 chloro-）

Aleuritopteris veitchii 硫磺粉背蕨：veitchii/ veitchianus ← James Veitch（人名，19 世纪植物学家）

Aleuritopteris yalungensis 雅砻粉背蕨（砻 lóng）：yalungensis 雅砻的（地名，西藏自治区）

Alfredia 翅膜菊属（菊科）(78-1：p69)：alfredia ← Alfred Rehder（人名，1863–1949，德国植物分类学家、树木学家，在美国 Arnold 植物园工作）；-ia 表示人名，接在以 -er 以外的辅音字母结尾的人名后面

Alfredia acantholepis 薄叶翅膜菊：acantholepis 刺状鳞片的，刺鳞的；acanth-/ acantho- ← acanthus 刺，有刺的（希腊语）；lepis/ lepidos 鳞片

Alfredia aspera 糙毛翅膜菊：asper/ asperus/ asperum/ aspera 粗糙的，不平的

Alfredia cernua 翅膜菊：cernuus 点头的，前屈的，略俯垂的（弯曲程度略大于 90°）；cernu-/ cernui- 弯曲，下垂；关联词：nutans 弯曲的，下垂的（弯曲程度远大于 90°）

Alfredia fetsowii 长叶翅膜菊（种加词应为 "fetisowii"）：fetsowii（人名）；-ii 表示人名，接在以辅音字母结尾的人名后面，但 -er 除外

Alfredia nivea 厚叶翅膜菊：niveus 雪白的，雪一样的；nivus/ nivis/ nix 雪，雪白色

Alhagi 骆驼刺属（豆科）(42-2：p163)：alhagi 朝圣者（阿拉伯语）（另一解释为本属一种植物的毛里塔尼亚土名）

Alhagi sparsifolia 骆驼刺：sparsus 散生的，稀疏的，稀少的；folius/ folium/ folia 叶，叶片（用于复合词）

Alisma 泽泻属（泽泻科）(8：p140)：alisma ← halisma 喜盐的（另一解释为来自 alis，意为海水）

Alisma canaliculatum 窄叶泽泻：canaliculatus 有沟槽的，管子形的；canaliculus = canalis + culus + atus 小沟槽，小运河；canalis 沟，凹槽，运河；-culus/ -culum/ -cula 小的，略微的，稍微的（同第三变格法和第四变格法名词形成复合词）；-atus/ -atum/ -ata 属于，相似，具有，完成（形容词词尾）

Alisma gramineum 草泽泻：gramineus 禾草状的，禾本科植物状的；graminus 禾草，禾本科草；gramen 禾本科植物；-eus/ -eum/ -ea（接拉丁语词干时）属于……的，色如……的，质如……的（表示原料、颜色或品质的相似），（接希腊语词干时）属于……的，以……出名，为……所占有（表示具有某种特性）

Alisma lanceolatum 膜果泽泻：lanceolatus = lanceus + olus + atus 小披针形的，小柳叶刀的；lance-/ lancei-/ lanci-/ lanceo-/ lanc- ← lanceus 披针形的，矛形的，尖刀状的，柳叶刀状的；-olus ←

-ulus 小，稍微，略微（-ulus 在字母 e 或 i 之后变成 -olus/ -ellus/ -illus）；-atus/ -atum/ -ata 属于，相似，具有，完成（形容词词尾）

Alisma nanum 小泽泻：nanus ← nanos/ nannos 矮小的，小的；nani-/ nano-/ nanno- 矮小的，小的

Alisma orientale 东方泽泻：orientale/ orientalis 东方的；oriens 初升的太阳，东方

Alisma plantago-aquatica 泽泻：plantago ← planta 脚印，足迹（比喻叶形）；Plantago 车前属（车前科）；aquaticus/ aquatilis 水的，水生的，潮湿的；aqua 水；-aticus/ -aticum/ -atica 属于，表示生长的地方

Alismataceae 泽泻科（8：p127）：Alisma 泽泻属；-aceae（分类单位科的词尾，为 -aceus 的阴性复数主格形式，加到模式属的名称后或同义词的词干后以组成族群名称）

Allantodia 短肠蕨属（蹄盖蕨科）(3-2：p365)：allantodia ← allant 香肠（希腊语）

Allantodia alata 狭翅短肠蕨：alatus → ala-/ alat-/ alati-/ alato- 翅，具翅的，具翼的；反义词：exalatus 无翼的，无翅的

Allantodia amamiana 奄美短肠蕨（奄 yǎn）：amamiana 奄美大岛的（地名，日本）

Allantodia aspera 粗糙短肠蕨：asper/ asperus/ asperum/ aspera 粗糙的，不平的

Allantodia baishanzuensis 百山祖短肠蕨：baishanzuensis 百山祖的（地名，浙江省）

Allantodia bella 美丽短肠蕨：bellus ← belle 可爱的，美丽的

Allantodia calogramma 长果短肠蕨：calogrammus 美条纹的；call-/ calli-/ callo-/ cala-/ calo- ← calos/ callos 美丽的；grammus 条纹的，花纹的，线条的（希腊语）

Allantodia calogrammoides 拟长果短肠蕨：calogrammoides 像 calogramma 的，略带美丽条纹的；Allantodia calogramma 长果短肠蕨；-oides/ -oideus/ -oideum/ -oidea/ -odes/ -eidos 像……的，类似……的，呈……状的（名词词尾）

Allantodia chinensis 中华短肠蕨：chinensis = china + ensis 中国的（地名）；China 中国

Allantodia contermina 边生短肠蕨：conterminus 毗连的，共用边界的；terminus 边界，界标，界碑，限制，界限，目标

Allantodia crenata 黑鳞短肠蕨：crenatus = crena + atus 圆齿状的，具圆齿的；crena 叶缘的圆齿

Allantodia crenata var. crenata 黑鳞短肠蕨-原变种 （词义见上面解释）

Allantodia crenata var. glabra 无毛黑鳞短肠蕨：glabrus 光秃的，无毛的，光滑的

Allantodia dilatata 毛柄短肠蕨：dilatatus = dilatus + atus 扩大的，膨大的；dilatus/ dilat-/ dilati-/ dilato- 扩大，膨大

Allantodia doederleinii 光脚短肠蕨：doederleinii（人名）；-ii 表示人名，接在以辅音字母结尾的人名后面，但 -er 除外

Allantodia dulongjiangensis 独龙江短肠蕨：dulongjiangensis 独龙江的（地名，云南省）

A

Allantodia dushanensis 独山短肠蕨：dushanensis 独山的（地名，贵州省）

Allantodia gigantea 大型短肠蕨：giganteus 巨大的；giga-/ gigant-/ giganti- ← gigantos 巨大的；-eus/ -eum/ -ea（接拉丁语词干时）属于……的，色如……的，质如……的（表示原料、颜色或品质的相似），（接希腊语词干时）属于……的，以……出名，为……所占有（表示具有某种特性）

Allantodia glingensis 格林短肠蕨：glingensis 格林的（地名，西藏墨脱县）

Allantodia griffithii 镰羽短肠蕨：griffithii ← William Griffith（人名，19 世纪印度植物学家，加尔各答植物园主任）

Allantodia hachijoensis 薄盖短肠蕨：hachijoensis 八丈岛的（地名，日本）

Allantodia hainanensis 海南短肠蕨：hainanensis 海南的（地名）

Allantodia heterocarpa 异果短肠蕨：hete-/ heter-/ hetero- ← heteros 不同的，多样的，不齐的；carpus/ carpum/ carpa/ carpon ← carpos 果实（用于希腊语复合词）

Allantodia himalayensis 褐色短肠蕨：himalayensis 喜马拉雅的（地名）

Allantodia hirsutipes 篦齿短肠蕨：hirsutipes 多毛茎的；hirsutus 粗毛的，糙毛的，有毛的（长而硬的毛）；pes/ pedis 柄，梗，茎秆，腿，足，爪（作词首或词尾，pes 的词干视为"ped-"）

Allantodia hirtipes 鳞轴短肠蕨：hirtipes 茎密被毛的，茎有短刚毛的；hirtus 有毛的，粗毛的，刚毛的（长而明显的毛）；pes/ pedis 柄，梗，茎秆，腿，足，爪（作词首或词尾，pes 的词干视为"ped-"）

Allantodia hirtipes f. hirtipes 鳞轴短肠蕨-原变型（词义见上面解释）

Allantodia hirtipes f. nigropaleacea 黑鳞鳞轴短肠蕨：nigropaleaceus 具黑色鳞片的；nigrus 黑色的；niger 黑色的；paleaceus 具托苞的，具内颖的，具稃的，具鳞片的；paleus 托苞，内颖，内稃，鳞片；-aceus/ -aceum/ -acea 相似的，有……性质的，属于……的

Allantodia hirtisquama 毛鳞短肠蕨：hirtus 有毛的，粗毛的，刚毛的（长而明显的毛）；squamus 鳞，鳞片，薄膜

Allantodia incompta 疏裂短肠蕨：incomptus 无装饰的，自然的，朴素的；in-/ im-（来自 il- 的音变）内，在内，内部，向内，相反，不，无，非；il- 在内，向内，为，相反（希腊语为 en-）；词首 il- 的音变：il-（在 l 前面），im-（在 b、m、p 前面），in-（在元音字母和大多数辅音字母前面），ir-（在 r 前面），如 illaudatus（不值得称赞的，评价不好的），impermeabilis（不透水的，穿不透的），ineptus（不合适的），insertus（插入的），irretortus（无弯曲的，无扭曲的）；comptus 美丽的，装饰的

Allantodia jinfoshanicola 金佛山短肠蕨：jinfoshan 金佛山（山名，重庆市）；colus ← colo 分布于，居住于，栖居，殖民（常作词尾）；colo/ colere/ colui/ cultum 居住，耕作，栽培

Allantodia jinpingensis 金平短肠蕨：jinpingensis 金平的（地名，云南省）

Allantodia kansuensis 甘肃短肠蕨：kansuensis 甘肃的（地名）

Allantodia kappanensis 台湾短肠蕨：kappanensis 角板山的（地名，属台湾省，"角板"的日语读音为"kappan"）

Allantodia kawakamii 柄鳞短肠蕨：kawakamii 川上（人名，20 世纪日本植物采集员）

Allantodia latipinnula 阔羽短肠蕨：lati-/ late- ← latus 宽的，宽广的；pinnulus 小羽片的；pinnus/ pennus 羽毛，羽状，羽片；-ulus/ -ulum/ -ula 小的，略微的，稍微的（小词 -ulus 在字母 e 或 i 之后有多种变缀，即 -olus/ -olum/ -ola、-ellus/ -ellum/ -ella、-illus/ -illum/ -illa，与第一变格法和第二变格法名词形成复合词）

Allantodia laxifrons 异裂短肠蕨：laxus 稀疏的，松散的，宽松的；-frons 叶子，叶状体

Allantodia leptophylla 卵叶短肠蕨：leptus ← leptos 细的，薄的，瘦小的，狭长的；phyllus/ phyllum/ phylla ← phyllon 叶片（用于希腊语复合词）

Allantodia lobulosa 浅裂短肠蕨：lobulosus = lobus + ulosus 裂，开裂的，裂片的，多裂的（很多小的圆裂片）；lobus/ lobos/ lobon 浅裂，耳片（裂片先端钝圆），荚果，蒴果；-ulosus = ulus + osus 小而多的

Allantodia lobulosa var. lobulosa 浅裂短肠蕨-原变种（词义见上面解释）

Allantodia lobulosa var. shilinicola 石林短肠蕨：shilinicolus 分布于石林的；shilin 石林（地名，云南省）；colus ← colo 分布于，居住于，栖居，殖民（常作词尾）；colo/ colere/ colui/ cultum 居住，耕作，栽培

Allantodia matthewii 阔片短肠蕨：matthewii（人名）；-ii 表示人名，接在以辅音字母结尾的人名后面，但 -er 除外

Allantodia maxima 大叶短肠蕨：maximus 最大的

Allantodia medogensis 墨脱短肠蕨：medogensis 墨脱的（地名，西藏自治区）

Allantodia megaphylla 大羽短肠蕨：megaphylla 大叶子的；mega-/ megal-/ megalo- ← megas 大的，巨大的；phyllus/ phyllum/ phylla ← phyllon 叶片（用于希腊语复合词）

Allantodia metcalfii 深裂短肠蕨：metcalfii（人名）；-ii 表示人名，接在以辅音字母结尾的人名后面，但 -er 除外

Allantodia metteniana 江南短肠蕨：metteniana（人名）

Allantodia metteniana var. fauriei 小叶短肠蕨：fauriei ← L'Abbe Urbain Jean Faurie（人名，19 世纪活动于日本的法国传教士、植物学家）

Allantodia metteniana var. metteniana 江南短肠蕨-原变种（词义见上面解释）

Allantodia multicaudata 假密果短肠蕨：multi- ← multus 多个，多数，很多（希腊语为 poly-）；caudatus = caudus + atus 尾巴的，尾巴状的，具尾的；caudus 尾巴

Allantodia nanchuanica 南川短肠蕨：nanchuanica 南川的（地名，重庆市）；-icus/ -icum/ -ica 属于，

具有某种特性（常用于地名、起源、生境）

Allantodia nigrosquamosa 乌鳞短肠蕨：nigro-/ nigri- ← nigrus 黑色的；niger 黑色的；squamosus 多鳞片的，鳞片明显的；squamus 鳞，鳞片，薄膜；-osus/ -osum/ -osa 多的，充分的，丰富的，显著发育的，程度高的，特征明显的（形容词词尾）

Allantodia nipponica 日本短肠蕨：nipponica 日本的（地名）；-icus/ -icum/ -ica 属于，具有某种特性（常用于地名、起源、生境）

Allantodia okudairai 假耳羽短肠蕨：okudairai 奥平（日本人名）；-i 表示人名，接在以元音字母结尾的人名后面，但 -a 除外，故该词改为"okudairaiana"或"okudairae"似更妥

Allantodia ovata 卵果短肠蕨：ovatus = ovus + atus 卵圆形的；ovus 卵，胚珠，卵形的，椭圆形的；-atus/ -atum/ -ata 属于，相似，具有，完成（形容词词尾）

Allantodia petelotii 褐柄短肠蕨：petelotii（人名）；-ii 表示人名，接在以辅音字母结尾的人名后面，但 -er 除外

Allantodia petrii 假镰羽短肠蕨：petrii（人名）；-ii 表示人名，接在以辅音字母结尾的人名后面，但 -er 除外

Allantodia pinnatifido-pinnata 羽裂短肠蕨：pinnatifido-pinnatus 羽裂羽片的；pinnatifido- ← pinnatifidus 羽状中裂的；pinnatus = pinnus + atus 羽状的，具羽的；pinnus/ pennus 羽毛，羽状，羽片；fidus ← findere 裂开，分裂（裂深不超过 1/3，常作词尾）

Allantodia procera 高大短肠蕨：procerus 高的，有高度的，极高的

Allantodia prolixa 双生短肠蕨：prolixus 远伸的，冗长的

Allantodia pseudosetigera 矩圆短肠蕨：pseudosetigera 近似有刚毛的；pseudo-/ pseud- ← pseudos 假的，伪的，接近，相似（但不是）；setus/ saetus 刚毛，刺毛，芒刺；-ger/ -gerus/ -gerum/ -gera 具有，有，带有

Allantodia quadrangulata 四棱短肠蕨：quadrangulatus 四棱的，四角的；quadri-/ quadr- 四，四数（希腊语为 tetra-/ tetr-）；angulatus = angulus + atus 具棱角的，有角度的

Allantodia siamensis 长羽柄短肠蕨：siamensis 暹罗的（地名，泰国古称）（暹 xiān）

Allantodia sikkimensis 锡金短肠蕨：sikkimensis 锡金的（地名）

Allantodia similis 肉刺短肠蕨：similis/ simile 相似，相似的；similo 相似

Allantodia spectabilis 密果短肠蕨：spectabilis 壮观的，美丽的，漂亮的，显著的，值得看的；spectus 观看，观察，观测，表情，外观，外表，样子；-ans/ -ens/ -bilis/ -ilis 能够，可能（为形容词词尾，-ans/ -ens 用于主动语态，-bilis/ -ilis 用于被动语态）

Allantodia squamigera 鳞柄短肠蕨：squamigerus 具鳞片的；squamus 鳞，鳞片，薄膜；gerus → -ger/ -gerus/ -gerum/ -gera 具有，有，带有

Allantodia stenochlamys 网脉短肠蕨：sten-/ steno- ← stenus 窄的，狭的，薄的；chlamys 花被，

包被，外罩，被盖

Allantodia subdilatata 楔羽短肠蕨：subdilatatus 像 dilatata 的，稍扩张的；sub-（表示程度较弱）与……类似，几乎，稍微，弱，亚，之下，下面；Allantodia dilatata 毛柄短肠蕨；dilatatus = dilatus + atus 扩大的，膨大的；dilatus/ dilat-/ dilati-/ dilato- 扩大，膨大

Allantodia subintegra 棕鳞短肠蕨：subintegra 近全缘的；sub-（表示程度较弱）与……类似，几乎，稍微，弱，亚，之下，下面；integer/ integra/ integrum → integri- 完整的，整个的，全缘的

Allantodia subspectabilis 察隅短肠蕨：subspectabilis 像 spectabilis 的，稍美丽的；sub-（表示程度较弱）与……类似，几乎，稍微，弱，亚，之下，下面；Allantodia spectabilis 密果短肠蕨；spectabilis 壮观的，美丽的，漂亮的，显著的，值得看的；spectus 观看，观察，观测，表情，外观，外表，样子；-ans/ -ens/ -bilis/ -ilis 能够，可能（为形容词词尾，-ans/ -ens 用于主动语态，-bilis/ -ilis 用于被动语态）

Allantodia succulenta 肉质短肠蕨：succulentus 多汁的，肉质的；succus/ sucus 汁液；-ulentus/ -ulentum/ -ulenta -olentus/ -olentum/ -olenta（表示丰富、充分或显著发展）

Allantodia taquetii 东北短肠蕨：taquetii（人名）；-ii 表示人名，接在以辅音字母结尾的人名后面，但 -er 除外

Allantodia tibetica 西藏短肠蕨：tibetica 西藏的（地名）；-icus/ -icum/ -ica 属于，具有某种特性（常用于地名、起源、生境）

Allantodia uraiensis 圆裂短肠蕨：uraiensis 乌来的（地名，属台湾省）

Allantodia virescens 淡绿短肠蕨：virencens/ virescens 发绿的，带绿色的；virens 绿色的，变绿的；-escens/ -ascens 改变，转变，变成，略微，带有，接近，相似，大致，稍微（表示变化的趋势，并未完全相似或相同，有别于表示达到完成状态的 -atus）

Allantodia virescens var. okinawaensis 冲绳短肠蕨：okinawaensis 冲绳的（地名，日本）

Allantodia virescens var. sugimotoi 异基短肠蕨：sugimotoi 杉本（日本人名）；-i 表示人名，接在以元音字母结尾的人名后面，但 -a 除外

Allantodia virescens var. virescens 淡绿短肠蕨-原变种（词义见上面解释）

Allantodia viridescens 草绿短肠蕨：viridescens 变绿的，发绿的，淡绿色的；viridi-/ virid- ← viridus 绿色的；-escens/ -ascens 改变，转变，变成，略微，带有，接近，相似，大致，稍微（表示变化的趋势，并未完全相似或相同，有别于表示达到完成状态的 -atus）

Allantodia viridissima 深绿短肠蕨：viridus 绿色的；-issimus/ -issima/ -issimum 最，非常，极其（形容词最高级）

Allantodia wangii 黄志短肠蕨：wangii（人名）；-ii 表示人名，接在以辅音字母结尾的人名后面，但 -er 除外

Allantodia wheeleri 短果短肠蕨：wheeleri ← George Montague Wheeler（人名，19 世纪美国测

量学家）；-eri 表示人名，在以 -er 结尾的人名后面加上 i 形成

Allantodia wichurae 耳羽短肠蕨：wichurae（人名）；-ae 表示人名，以 -a 结尾的人名后面加上 -e 形成

Allantodia wichurae var. parawichurae 龙池短肠蕨：parawichurae 像 wichurae 的；para- 类似，接近，近旁，假的；Allantodia wichurae 耳羽短肠蕨

Allantodia wichurae var. wichurae 耳羽短肠蕨-原变种 （词义见上面解释）

Allantodia yaoshanensis 假江南短肠蕨：yaoshanensis 瑶山的（地名，广西壮族自治区）

Alleizettella 白香楠属（茜草科）（71-1：p357）：alleizettella（人名）；-ella 小（用作人名或一些属名词尾时并无小词意义）

Alleizettella leucocarpa 白果香楠：leuc-/ leuco- ← leucus 白色的（如果和其他表示颜色的词混用则表示淡色）；carpus/ carpum/ carpa/ carpon ← carpos 果实（用于希腊语复合词）

Allemanda 黄蝉属（夹竹桃科）（63：p73）：allemanda（人名，荷兰植物学家）

Allemanda cathartica 软枝黄蝉：catharticus 泻药的，催泻的

Allemanda cathartica var. cathartica 软枝黄蝉-原变种 （词义见上面解释）

Allemanda cathartica var. hendersonii 大花软枝黄蝉：hendersonii ← Louis Fourniquet Henderson（人名，19 世纪美国植物学家）

Allemanda neriifolia 黄蝉：neriifolia = Nerium + folius 夹竹桃叶的；缀词规则：以属名作复合词时原词尾变形后的 i 要保留；neri ← Nerium 夹竹桃属（夹竹桃科）；folius/ folium/ folia 叶，叶片（用于复合词）

Alliaria 葱芥属（十字花科）（33：p397）：alliaria ← allium 像葱的，像大蒜的（指植物体有葱的气味）；allium 大蒜，葱（古拉丁名）；-arius/ -arium/ -aria 相似，属于（表示地点，场所，关系，所属）

Alliaria grandifolia 大叶葱芥：grandi- ← grandis 大的；folius/ folium/ folia 叶，叶片（用于复合词）

Alliaria petiolata 葱芥：petiolatus = petiolus + atus 具叶柄的；petiolus 叶柄；-atus/ -atum/ -ata 属于，相似，具有，完成（形容词词尾）

Allium 葱属（百合科）（14：p170）：allium 大蒜，葱（古拉丁名）

Allium aciphyllum 针叶韭：aciphyllus 针形叶的；aci- ← acus/ acis 尖锐的，针，针状的；phyllus/ phyllum/ phylla ← phyllon 叶片（用于希腊语复合词）

Allium altaicum 阿尔泰葱：altaicum 阿尔泰的（地名，新疆北部山脉）

Allium anisopodium 矮韭：aniso- ← anisos 不等的，不同的，不整齐的；podius ← podion 腿，足，柄

Allium anisopodium var. zimmermannianum 糙莛韭（莛 tíng）：zimmermannianum（人名）

Allium ascalonicum 火葱：ascalonicum ← Ascalon ← Ashkelon 地名（巴勒斯坦古城）

Allium atrosanguineum 蓝苞葱：atro-/ atr-/ atri-/ atra- ← ater 深色，浓色，暗色，发黑（ater

作为词干后接辅音字母开头的词时，要在词干后面加一个连接用的元音字母 "o" 或 "i"，故为 "ater-o-" 或 "ater-i-"，变形为 "atr-" 开头）；sanguineus = sanguis + ineus 血液的，血色的；sanguis 血液；-ineus/ -inea/ -ineum 相近，接近，相似，所有（通常表示材料或颜色），意思同 -eus

Allium beesianum 蓝花韭：beesianum ← Bee's Nursery（蜂场，位于英国港口城市切斯特）

Allium bidentatum 砂韭：bi-/ bis- 二，二数，二回（希腊语为 di-）；dentatus = dentus + atus 牙齿的，齿状的，具齿的；dentus 齿，牙齿；-atus/ -atum/ -ata 属于，相似，具有，完成（形容词词尾）

Allium caeruleum 棱叶韭：caeruleus/ coeruleus 深蓝色的，海洋蓝的，青色的，暗绿色的；caerulus/ coerulus 深蓝色，海洋蓝，青色，暗绿色；-eus/ -eum/ -ea（接拉丁语词干时）属于……的，色如……的，质如……的（表示原料、颜色或品质的相似），（接希腊语词干时）属于……的，以……出名，为……所占有（表示具有某种特性）

Allium caespitosum 疏生韭：caespitosus = caespitus + osus 明显成簇的，明显丛生的；caespitus 成簇的，丛生的；-osus/ -osum/ -osa 多的，充分的，丰富的，显著发育的，程度高的，特征明显的（形容词词尾）

Allium caricoides 石生韭：caricoides 像薹草的，像番木瓜的；Carex 薹草属（莎草科），Carex + oides → caricoides；Carica 番木瓜属（番木瓜科），Carica + oides → caricoides；构词规则：以 -ix/ -iex 结尾的词其词干末尾视为 -ic，以 -ex 结尾视为 -i/ -ic，其他以 -x 结尾视为 -c；-oides/ -oideus/ -oideum/ -oidea/ -odes/ -eidos 像……的，类似……的，呈……状的（名词词尾）

Allium carolinianum 镰叶韭：carolinianum 卡罗来纳的（地名，美国）

Allium cepa 洋葱：cepa 圆葱

Allium cepa var. proliferum 珠芽洋葱（原名 "红葱"，鸢尾科有重名）：proliferus 能育的，具零余子的；proli- 扩展，繁殖，后裔，零余子；proles 后代，种族；-ferus/ -ferum/ -fera/ -fero/ -fere/ -fer 有，具有，产（区别：作独立词使用的 ferus 意思是 "野生的"）

Allium changduense 昌都韭：changduense 昌都的（地名，西藏自治区）

Allium chienchuanense 剑川韭：chienchuanense 剑川的（地名，云南省）

Allium chinense 薤头（薤 jiào）：chinense 中国的（地名）

Allium chiwui 冀韭：chiwui 王启无（人名，中国植物学家）；-i 表示人名，接在以元音字母结尾的人名后面，但 -a 除外

Allium chrysanthum 野葱：chrys-/ chryso- ← chrysos 黄色的，金色的；anthus/ anthum/ antha/ anthe ← anthos 花（用于希腊语复合词）

Allium chrysocephalum 折被韭：chrys-/ chryso- ← chrysos 黄色的，金色的；cephalus/ cephale ← cephalos 头，头状花序

Allium condensatum 黄花葱：condensatus = co + densus + atus 密集的，收缩的；co- 联合，共同，

合起来（拉丁语词首，为 cum- 的音变，表示结合、强化、完全，对应的希腊语为 syn-）；co- 的缀词音变有 co-/ com-/ con-/ col-/ cor-：co-（在 h 和元音字母前面），col-（在 l 前面），com-（在 b、m、p 之前），con-（在 c、d、f、g、j、n、qu、s、t 和 v 前面），cor-（在 r 前面）；densus 密集的，繁茂的

Allium cordifolium 心叶韭：cordi- ← cordis/ cor 心脏的，心形的；folius/ folium/ folia 叶，叶片（用于复合词）

Allium cyaneum 天蓝韭：cyaneus 蓝色的，深蓝色的；cyanus 蓝色的，青色的

Allium cyathophorum 杯花韭：cyathus ← cyathos 杯，杯状的；-phorus/ -phorum/ -phora 载体，承载物，支持物，带着，生着，附着（表示一个部分带着别的部分，包括起支撑或承载作用的柄、柱、托、囊等，如 gynophorum = gynus + phorum 雌蕊柄的，带有雌蕊的，承载雌蕊的）；gynus/ gynum/ gyna 雌蕊，子房，心皮

Allium cyathophorum var. farreri 川甘韭：farreri ← Reginald John Farrer（人名，20 世纪英国植物学家、作家）；-eri 表示人名，在以 -er 结尾的人名后面加上 i 形成

Allium decipiens 星花蒜：decipiens 欺骗的，虚假的，迷惑的（表示和另外的种非常近似）

Allium dentigerum 短齿韭：dentus 齿，牙齿；gerus → -ger/ -gerus/ -gerum/ -gera 具有，有，带有

Allium deserticolum 天山韭：deserticolus 生于沙漠的；desertus 沙漠的，荒漠的，荒芜的；colus ← colo 分布于，居住于，栖居，殖民（常作词尾）；colo/ colere/ colui/ cultum 居住，耕作，栽培

Allium eduardii 贺兰韭：eduardii（人名）；-ii 表示人名，接在以辅音字母结尾的人名后面，但 -er 除外

Allium eusperma 真籽韭：eu- 好的，秀丽的，真的，正确的，完全的；spermus/ spermum/ sperma 种子的（用于希腊语复合词）

Allium fasciculatum 粗根韭：fasciculatus 成束的，束状的，成簇的；fasciculus 丛，簇，束；fascis 束

Allium fetisowii 多籽蒜：fetisowii（人名）；-ii 表示人名，接在以辅音字母结尾的人名后面，但 -er 除外

Allium fistulosum 葱：fistulosus = fistulus + osus 管状的，空心的，多孔的；fistulus 管状的，空心的；-osus/ -osum/ -osa 多的，充分的，丰富的，显著发育的，程度高的，特征明显的（形容词词尾）

Allium flavidum 新疆韭：flavidus 淡黄的，泛黄的，发黄的；flavus → flavo-/ flavi-/ flav- 黄色的，鲜黄色的，金黄色的（指纯正的黄色）；-idus/ -idum/ -ida 表示在进行中的动作或情况，作动词、名词或形容词的词尾

Allium forrestii 梭沙韭：forrestii ← George Forrest（人名，1873–1932，英国植物学家，曾在中国西部采集大量植物标本）

Allium funckiaefolium 玉簪叶韭（簪 zān）：funckiaefolium 玉簪叶的（注：复合词中前段词的词尾变成 i 而不是所有格，如果用的是属名，则变形后的词尾 i 要保留，故该词宜改为"funckiifolium"）；Funkia → Hosta 玉簪属（禾本科）；folius/ folium/ folia 叶，叶片（用于复合词）

Allium galanthum 实莛葱：gala 乳汁；anthus/ anthum/ antha/ anthe ← anthos 花（用于希腊语复合词）

Allium globosum 长喙葱：globosus = globus + osus 球形的；globus → glob-/ globi- 球体，圆球，地球；-osus/ -osum/ -osa 多的，充分的，丰富的，显著发育的，程度高的，特征明显的（形容词词尾）；关联词：globularis/ globulifer/ globulosus（小球状的、具小球的），globuliformis（纽扣状的）

Allium glomeratum 头花韭：glomeratus = glomera + atus 聚集的，球形的，聚成球形的；glomera 线球，一团，一束

Allium grisellum 灰皮葱：grisellus 发灰的；griseo ← griseus 灰色的；-ellus/ -ellum/ -ella ← -ulus 小的，略微的，稍微的（小词 -ulus 在字母 e 或 i 之后有多种变缀，即 -olus/ -olum/ -ola、-ellus/ -ellum/ -ella、-illus/ -illum/ -illa，用于第一变格法名词）

Allium henryi 疏花韭：henryi ← Augustine Henry 或 B. C. Henry（人名，前者，1857–1930，爱尔兰医生、植物学家，曾在中国采集植物，后者，1850–1901，曾活动于中国的传教士）

Allium herderianum 金头韭：herderianum（人名）

Allium heteronema 异梗韭：heteronemus 参差不齐的小丛（指花柄等密集且长短不一）；hete-/ heter-/ hetero- ← heteros 不同的，多样的，不齐的；nemus/ nema 密林，丛林，树丛（常用来比喻密集成丛的纤细物，如花丝、果柄等）

Allium hookeri 宽叶韭：hookeri ← William Jackson Hooker（人名，19 世纪英国植物学家）；-eri 表示人名，在以 -er 结尾的人名后面加上 i 形成

Allium hookeri var. muliense 木里韭：muliense 木里的（地名，四川省）

Allium humile（矮韭）：humile 矮的

Allium humile var. trifurcatum 三柱韭：trifurcatus 三歧的，三叉的；tri-/ tripli-/ triplo- 三个，三数；furcatus/ furcans = furcus + atus 叉子状的，分叉的；furcus 叉子，叉子状的，分叉的；-atus/ -atum/ -ata 属于，相似，具有，完成（形容词词尾）

Allium hymenorrhizum 北疆韭：hymenorrhizus 膜质根的；hymen-/ hymeno- 膜的，膜状的；rhizus 根，根状茎（-rh 接在元音字母后面构成复合词时要变成 -rrh-）

Allium hymenorrhizum var. dentatum 旱生韭：dentatus = dentus + atus 牙齿的，齿状的，具齿的；dentus 齿，牙齿；-atus/ -atum/ -ata 属于，相似，具有，完成（形容词词尾）

Allium kaschianum 草地韭：kaschianum 喀什的（地名，新疆维吾尔自治区）

Allium kingdonii 钟花韭：kingdonii ← Frank Kingdon-Ward（人名，1840–1909，英国植物学家）

Allium korolkowii 褐皮韭：korolkowii ← General N. J. Korolkov（人名，19 世纪俄国植物学家）

Allium ledebourianum 硬皮葱：ledebourianum ← Karl Friedrich von Ledebour（人名，19 世纪德国植物学家）

Allium leucocephalum 白头韭：leuc-/ leuco- ←

leucus 白色的（如果和其他表示颜色的词混用则表示淡色）；cephalus/ cephale ← cephalos 头，头状花序

Allium lineare 北韭：lineare 线状的，亚麻状的；lineus = linum + eus 线状的，丝状的，亚麻状的；linum ← linon 亚麻，线（古拉丁名）

Allium longistylum 长柱韭：longe-/ longi- ← longus 长的，纵向的；stylus/ stylis ← stylos 柱，花柱

Allium macranthum 大花韭：macro-/ macr- ← macros 大的，宏观的（用于希腊语复合词）；anthus/ anthum/ antha/ anthe ← anthos 花（用于希腊语复合词）

Allium macrostemon 薤白（薤 xiè）：macro-/ macr- ← macros 大的，宏观的（用于希腊语复合词）；stemon 雄蕊

Allium mairei 滇韭：mairei（人名）；Edouard Ernest Maire（人名，19 世纪活动于中国云南的传教士）；Rene C. J. E. Maire 人名（20 世纪阿尔及利亚植物学家，研究北非植物）；-i 表示人名，接在以元音字母结尾的人名后面，但 -a 除外

Allium monanthum 单花韭：mono-/ mon- ← monos 一个，单一的（希腊语，拉丁语为 unus/ uni-/ uno-）；anthus/ anthum/ antha/ anthe ← anthos 花（用于希腊语复合词）

Allium mongolicum 蒙古韭：mongolicum 蒙古的（地名）；mongolia 蒙古的（地名）；-icus/ -icum/ -ica 属于，具有某种特性（常用于地名、起源、生境）

Allium nanodes 短葶韭：nanus ← nanos/ nannos 矮小的，小的；nani-/ nano-/ nanno- 矮小的，小的；-oides/ -oideus/ -oideum/ -oidea/ -odes/ -eidos 像……的，类似……的，呈……状的（名词词尾）

Allium neriniflorum 长梗韭：Nerine 尼润属（石蒜科）；florus/ florum/ flora ← flos 花（用于复合词）

Allium nutans 齿丝山韭：nutans 弯曲的，下垂的（弯曲程度远大于 90°）；关联词：cernuus 点头的，前屈的，略俯垂的（弯曲程度略大于 90°）

Allium obliquum 高葶韭：obliquus 斜的，偏的，歪斜的，对角线的；obliq-/ obliqui- 对角线的，斜线的，歪斜的

Allium oreoprasum 滩地韭：oreoprasus 高山草地的；oreo-/ ores-/ ori- ← oreos 山，山地，高山；prasus 草地，韭菜

Allium ovalifolium 卵叶韭：ovalis 广椭圆形的；ovus 卵，胚珠，卵形的，椭圆形的；folius/ folium/ folia 叶，叶片（用于复合词）

Allium ovalifolium var. leuconeurum 白脉韭：leuc-/ leuco- ← leucus 白色的（如果和其他表示颜色的词混用则表示淡色）；neurus ← neuron 脉，神经

Allium paepalanthoides 天蒜：Paepalanthus（蓬谷精属，谷精草科）；-oides/ -oideus/ -oideum/ -oidea/ -odes/ -eidos 像……的，类似……的，呈……状的（名词词尾）

Allium pallasii 小山蒜：pallasii ← Peter Simon Pallas（人名，18 世纪德国植物学家、动物学家、地理学家）

Allium phariense 帕里韭：phariense 帕里的（地名，西藏自治区）

Allium platyspathum 宽苞韭：platyspathum 宽佛焰苞的；platys 大的，宽的（用于希腊语复合词）；spathus 佛焰苞，薄片，刀剑

Allium plurifoliatum 多叶韭：pluri-/ plur- 复数，多个；foliatus 具叶的，多叶的；folius/ folium/ folia → foli-/ folia- 叶，叶片

Allium plurifoliatum var. stenodon 雾灵韭：stenodon = steno + odon 细齿的；sten-/ steno- ← stenus 窄的，狭的，薄的；odontus/ odontos → odon-/ odont-/ odonto-（可作词首或词尾）齿，牙齿状的；odous 齿，牙齿（单数，其所有格为 odontos）

Allium plurifoliatum var. zhegushanense 鹧鸪韭（鹧鸪 zhè gū）：zhegushanense 鹧鸪山的（地名，四川省）

Allium polyrhizum 碱韭：polyrhizum 多根的（缀词规则：-rh- 接在元音字母后面构成复合词时要变成 -rrh-，故该词宜改为"polyrrhizum"）；poly- ← polys 多个，许多（希腊语，拉丁语为 multi-）；rhizus 根，根状茎

Allium porrum 韭葱：porrus 葱（凯尔特语）

Allium prattii 太白韭：prattii ← Antwerp E. Pratt（人名，19 世纪活动于中国的英国动物学家、探险家）

Allium prostratum 蒙古野韭：prostratus/ pronus/ procumbens 平卧的，匍匐的

Allium przewalskianum 青甘韭：przewalskianum ← Nicolai Przewalski（人名，19 世纪俄国探险家、博物学家）

Allium ramosum 野韭：ramosus = ramus + osus 有分枝的，多分枝的；ramus 分枝，枝条；-osus/ -osum/ -osa 多的，充分的，丰富的，显著发育的，程度高的，特征明显的（形容词词尾）

Allium rude 野黄韭：rude 粗糙的，粗野的

Allium sativum 蒜：sativus 栽培的，种植的，耕地的，耕作的

Allium schoenoprasoides 类北葱：schoenoprasoides 像 schoenoprasum 的，近似北葱的；Allium schoenoprasum 北葱；-oides/ -oideus/ -oideum/ -oidea/ -odes/ -eidos 像……的，类似……的，呈……状的（名词词尾）

Allium schoenoprasum 北葱：schoenoprasus 赤箭莎草地的，灯心草群落的；schoenus/ schoinus 灯心草（希腊语）；Schoenus 赤箭莎属（莎草科）；prasus 草地，韭菜

Allium schoenoprasum var. scaberrimum 糙葶北葱（葶 tíng）：scaberrimus 极粗糙的；scaber → scabrus 粗糙的，有凹凸的，不平滑的；-rimus/ -rima/ -rimum 最，极，非常（词尾为 -er 的形容词最高级）

Allium semenovii 管丝韭：semenovii（人名）；-ii 表示人名，接在以辅音字母结尾的人名后面，但 -er 除外

Allium senescens 山韭：senescens 灰白色的，衰老的

Allium setifolium 丝叶韭：setus/ saetus 刚毛，刺

毛，芒刺；folius/ folium/ folia 叶，叶片（用于复合词）

Allium sikkimense 高山韭：sikkimense 锡金的（地名）

Allium sinkiangense 新疆蒜：sinkiangense 新疆的（地名）

Allium siphonanthum 管花葱：siphonanthus 管状花的；siphonus ← sipho → siphon-/ siphono-/ -siphonius 管，筒，管状物；anthus/ anthum/ antha/ anthe ← anthos 花（用于希腊语复合词）

Allium songpanicum 松潘韭：songpanicum 松潘的（地名，四川省）；-icus/ -icum/ -ica 属于，具有某种特性（常用于地名、起源、生境）

Allium stenodon var. lobatum 裂丝葱：stenodon = steno + odon 细齿的；sten-/ steno- ← stenus 窄的，狭的，薄的；odontus/ odontos → odon-/ odont-/ odonto-（可作词首或词尾）齿，牙齿状的；odous 齿，牙齿（单数，其所有格为 odontos）；lobatus = lobus + atus 具浅裂的，具耳垂状突起的；lobus/ lobos/ lobon 浅裂，耳片（裂片先端钝圆），荚果，蒴果；-atus/ -atum/ -ata 属于，相似，具有，完成（形容词词尾）

Allium strictum 辉韭：strictus 直立的，硬直的，笔直的，彼此靠拢的

Allium subtilissimum 蜜囊韭：subtilissimus 非常典雅的；subtlis/ subtile 细微的，雅趣的，朴素的；-issimus/ -issima/ -issimum 最，非常，极其（形容词最高级）

Allium taishanense 泰山韭：taishanense 泰山的（地名，山东省）

Allium tanguticum 唐古韭：tanguticum ← Tangut 唐古特的，党项的（西夏时期生活于中国西北地区的党项羌人，蒙古语称其为"唐古特"，有多种音译，如唐兀、唐古、唐括等）；-icus/ -icum/ -ica 属于，具有某种特性（常用于地名、起源、生境）

Allium tenuissimum 细叶韭：tenui- ← tenuis 薄的，纤细的，弱的，瘦的，窄的；-issimus/ -issima/ -issimum 最，非常，极其（形容词最高级）

Allium teretifolium 西疆韭：teretifolius 棒状叶的；tereti- ← teretis 圆柱形的，棒状的；folius/ folium/ folia 叶，叶片（用于复合词）

Allium thunbergii 球序韭：thunbergii ← C. P. Thunberg（人名，1743–1828，瑞典植物学家，曾专门研究日本的植物）

Allium tuberosum 韭：tuberosus = tuber + osus 块茎的，膨大成块茎的；tuber/ tuber-/ tuberi- 块茎，结节状凸起的，瘤状的；-osus/ -osum/ -osa 多的，充分的，丰富的，显著发育的，程度高的，特征明显的（形容词词尾）

Allium tubiflorum 合被韭：tubi-/ tubo- ← tubus 管子的，管状的；florus/ florum/ flora ← flos 花（用于复合词）

Allium victorialis 茖葱（茖 gé）：victorialis 胜利的；victoria 胜利，成功，胜利女神

Allium victorialis var. listera 对叶韭：listera ← Martin Lister（人名，17 世纪英国植物学家）（以 -er 结尾的人名用作属名时在末尾加 a，如 Lonicera = Lonicer + a）；Listera 对叶兰属（兰科）

Allium wallichii 多星韭：wallichii ← Nathaniel Wallich（人名，19 世纪初丹麦植物学家、医生）

Allium wallichii var. platyphyllum 柳叶韭：platys 大的，宽的（用于希腊语复合词）；phyllus/ phyllum/ phylla ← phyllon 叶片（用于希腊语复合词）

Allium weschniakowii 坛丝韭：weschniakowii（人名）；-ii 表示人名，接在以辅音字母结尾的人名后面，但 -er 除外

Allium xichuanense 西川韭：xichuanense 西川的（地名，四川省）

Allium yanchiense 白花葱：yanchiense 盐池的（地名，宁夏回族自治区）

Allium yongdengense 永登韭：yongdengense 永登的（地名，甘肃省）

Allium yuanum 齿被韭：yuanum（人名）

Allmania 砂苋属（苋科）（25-2：p202）：allmania（人名）

Allmania nodiflora 砂苋：nodiflorus 关节上开花的；nodus 节，节点，连接点；florus/ florum/ flora ← flos 花（用于复合词）

Allmania nodiflora var. angustifolia（狭叶砂苋）：angusti- ← angustus 窄的，狭的，细的；folius/ folium/ folia 叶，叶片（用于复合词）

Allmania nodiflora var. aspera（糙叶砂苋）：asper/ asperus/ asperum/ aspera 粗糙的，不平的

Allmania nodiflora var. dichotoma（二歧砂苋）：dichotomus 二叉分歧的，分离的；dicho-/ dicha- 二分的，二歧的；di-/ dis- 二，二数，二分，分离，不同，在……之间，从……分开（希腊语，拉丁语为 bi-/ bis-）；cho-/ chao- 分开，割裂，离开；tomus ← tomos 小片，片段，卷册（书）

Allmania nodiflora var. esculenta（食用砂苋）：esculentus 食用的，可食的；esca 食物，食料；-ulentus/ -ulentum/ -ulenta/ -olentus/ -olentum/ -olenta（表示丰富、充分或显著发展）

Allmania nodiflora var. procumbens（矮砂苋）：procumbens 俯卧的，匍匐的，倒伏的；procumb- 俯卧，匍匐，倒伏；-ans/ -ens/ -bilis/ -ilis 能够，可能（为形容词词尾，-ans/ -ens 用于主动语态，-bilis/ -ilis 用于被动语态）

Allmania nodiflora var. roxburghii（罗氏砂苋）：roxburghii ← William Roxburgh（人名，18 世纪英国植物学家，研究印度植物）

Allocheilos 异唇苣苔属（苦苣苔科）（69：p458）：allocheilos 唇瓣不同的；allo- ← allos 不同的，不等的，异样的；cheilos → cheilus → cheil-/ cheilo- 唇，唇边，边缘，岸边

Allocheilos cortusiflorum 异唇苣苔：cortusiflorum 花像假报春的；Cortusa 假报春属（报春花科）；florus/ florum/ flora ← flos 花（用于复合词）

Allomorphia 异型木属（野牡丹科）（53-1：p163）：allomorphia 异型的；allo- ← allos 不同的，不等的，异样的；morphos 形状，形态

Allomorphia balansae 异形木：balansae ← Benedict Balansa（人名，19 世纪法国植物采集员）；-ae 表示人名，以 -a 结尾的人名后面加上 -e 形成

Allomorphia baviensis 越南异形木：baviensis（地名，越南河内）

Allomorphia eupteroton var. eupteroton （翅茎异形木-原变种）：eupteroton 翅茎的，美翅的；eu- 好的，秀丽的，真的，正确的，完全的；pterus/ pteron 翅，翼，蕨类

Allomorphia eupteroton var. teretipetiolata 翅茎异形木-圆柄变种：teretipetiolatus 柱状叶柄的；tereti- ← teretis 圆柱形的，棒状的；petiolatus = petiolus + atus 具叶柄的；petiolus 叶柄

Allomorphia howellii 腾冲异形木：howellii ← Thomas Howell（人名，19 世纪植物采集员）

Allomorphia setosa 刺毛异形木：setosus = setus + osus 被刚毛的，被短毛的，被芒刺的；setus/ saetus 刚毛，刺毛，芒刺；-osus/ -osum/ -osa 多的，充分的，丰富的，显著发育的，程度高的，特征明显的（形容词词尾）

Allomorphia urophylla 尾叶异形木：urophyllus 尾状叶的；uro-/ -urus ← ura 尾巴，尾巴状的；phyllus/ phyllum/ phylla ← phyllon 叶片（用于希腊语复合词）

Allophylus 异木患属（无患子科）（47-1：p6）：allophylus 异种性的，不同类群的；allo- ← allos 不同的，不等的，异样的；phylus/ phylum/ phyla ← phylon/ phyle 门（植物分类单位，位于"界"和"纲"之间），类群，种族，部落，聚群；形近词：philus 喜好，phyllus 叶片

Allophylus caudatus 波叶异木患：caudatus = caudus + atus 尾巴的，尾巴状的，具尾；caudus 尾巴；-atus/ -atum/ -ata 属于，相似，具有，完成（形容词词尾）

Allophylus chartaceus 大叶异木患：chartaceus 西洋纸质的；charto-/ chart- 羊皮纸，纸质；-aceus/ -aceum/ -acea 相似的，有……性质的，属于……的

Allophylus cobbe var. velutinus 滇南异木患：cobbe（印度或缅甸所用的土名）；velutinus 天鹅绒的，柔软的；velutus 绒毛的；-inus/ -inum/ -ina/ -inos 相近，接近，相似，具有（通常指颜色）

Allophylus dimorphus 五叶异木患：dimorphus 二型的，异型的；di-/ dis- 二，二数，二分，分离，不同，在……之间，从……分开（希腊语，拉丁语为 bi-/ bis-）；morphus ← morphos 形状，形态

Allophylus hirsutus 云南异木患：hirsutus 粗毛的，糙毛的，有毛的（长而硬的毛）

Allophylus longipes 长柄异木患：longe-/ longi- ← longus 长的，纵向的；pes/ pedis 柄，梗，茎秆，腿，足，爪（作词首或词尾，pes 的词干视为"ped-"）

Allophylus petelotii 广西异木患：petelotii（人名）；-ii 表示人名，接在以辅音字母结尾的人名后面，但 -er 除外

Allophylus repandifolius 单叶异木患：repandus 细波状的，浅波状的（指叶缘略不平而呈波状，比 sinuosus 更浅）；re- 返回，相反，再次，重复，向后，回头；pandus 弯曲；folius/ folium/ folia 叶，叶片（用于复合词）

Allophylus timorensis 海滨异木患：timorensis 帝汶岛的（地名，印度尼西亚）

Allophylus trichophyllus 毛叶异木患：trich-/ tricho-/ tricha- ← trichos ← thrix 毛，多毛的，线状的，丝状的；phyllus/ phyllum/ phylla ← phyllon 叶片（用于希腊语复合词）

Allophylus viridis 异木患：viridis 绿色的，鲜嫩的（相当于希腊语的 chloro-）

Allostigma 异片苣苔属（苦苣苔科）（69：p277）：allostigma 异型柱头的（指柱头上下形状差异较大）；allos 不同的，不等的，异样的；stigmus 柱头

Allostigma guangxiense 异片苣苔：guangxiense 广西的（地名）

Alloteropsis 毛颖草属（禾本科）（10-1：p300）：alloterios 奇异的；-opsis/ -ops 相似，稍微，带有

Alloteropsis cimicina 臭虫草：cimicinus 臭虫色的，臭虫状的；cimix 臭虫；构词规则：以 -ix/ -iex 结尾的词其词干末尾视为 -ic，以 -ex 结尾视为 -i/ -ic，其他以 -x 结尾视为 -c；-inus/ -inum/ -ina/ -inos 相近，接近，相似，具有（通常指颜色）

Alloteropsis semialata 毛颖草：semialata 略具翅的；semi- 半，准，略微；alatus → ala-/ alat-/ alati-/ alato- 翅，具翅的，具翼的

Alloteropsis semialata var. eckloniana 紫纹毛颖草：eckloniana ← Christian Friedrich Ecklon（人名，19 世纪德国植物学家）

Alloteropsis semialata var. semialata 毛颖草-原变种 （词义见上面解释）

Alniphyllum 赤杨叶属（安息香科）（60-2：p121）：Alnus 桤木属（又称赤杨属，桤 qī）；phyllus/ phyllum/ phylla ← phyllon 叶片（用于希腊语复合词）

Alniphyllum eberhardtii 滇赤杨叶：eberhardtii（人名）；-ii 表示人名，接在以辅音字母结尾的人名后面，但 -er 除外

Alniphyllum fortunei 赤杨叶：fortunei ← Robert Fortune（人名，19 世纪英国园艺学家，曾在中国采集植物）；-i 表示人名，接在以元音字母结尾的人名后面，但 -a 除外

Alniphyllum pterospermum 台湾赤杨叶：pterospermus 具翅种子的；pterus/ pteron 翅，翼，蕨类；spermus/ spermum/ sperma 种子的（用于希腊语复合词）；Pterospermum 翅子树属（梧桐科）

Alnus 桤木属（桦木科）（21：p93）：alnus 桤木（又称赤杨，古拉丁名，桤 qī）；另一解释：alnus = al + lan 海边的（指分布于水边）；al- 附近；lan 海

Alnus cremastogyne 桤木：cremastogyne 悬垂雌蕊的；cremo-/ crem-/ cremast- ← kremannymi 下垂的，垂悬的；gynus/ gynum/ gyna 雌蕊，子房，心皮

Alnus ferdinandi-coburgii 川滇桤木：ferdinandi-coburgii（人名）；-ii 表示人名，接在以辅音字母结尾的人名后面，但 -er 除外

Alnus formosana 台湾桤木：formosanus = formosus + anus 美丽的，台湾的；formosus ← formosa 美丽的，台湾的（葡萄牙殖民者发现台湾时对其的称呼，即美丽的岛屿）；-anus/ -anum/ -ana 属于，来自（形容词词尾）

Alnus fruticosa 矮桤木：fruticosus/ frutesceus 灌丛状的；frutex 灌木；构词规则：以 -ix/ -iex 结尾的词其词干末尾视为 -ic，以 -ex 结尾视为 -i/ -ic，其他以 -x 结尾视为 -c；-osus/ -osum/ -osa 多的，充

分的，丰富的，显著发育的，程度高的，特征明显的（形容词词尾）

Alnus henryi 台北桤木：henryi ← Augustine Henry 或 B. C. Henry（人名，前者，1857–1930，爱尔兰医生、植物学家，曾在中国采集植物，后者，1850–1901，曾活动于中国的传教士）

Alnus japonica 日本桤木：japonica 日本的（地名）；-icus/ -icum/ -ica 属于，具有某种特性（常用于地名、起源、生境）

Alnus lanata 毛桤木：lanatus = lana + atus 具羊毛的，具长柔毛的；lana 羊毛，绵毛

Alnus mandshurica 东北桤木：mandshurica 满洲的（地名，中国东北，地理区域）

Alnus nepalensis 尼泊尔桤木：nepalensis 尼泊尔的（地名）

Alnus sibirica 辽东桤木：sibirica 西伯利亚的（地名，俄罗斯）；-icus/ -icum/ -ica 属于，具有某种特性（常用于地名、起源、生境）

Alnus sieboldiana 旅顺桤木：sieboldiana ← Franz Philipp von Siebold 西博德（人名，1796–1866，德国医生、植物学家，曾专门研究日本植物）

Alnus trabeculosa 江南桤木：trabeculosus 具横条的，多横条的；trabeus 横格的；-culosus = culus + osus 小而多的，小而密集的；-culus/ -culum/ -cula 小的，略微的，稍微的（同第三变格法和第四变格法名词形成复合词）；-osus/ -osum/ -osa 多的，充分的，丰富的，显著发育的，程度高的，特征明显的（形容词词尾）

Alocasia 海芋属（天南星科）（13-2: p74）：alocasia = a + Colocasia 假芋的，像芋但不是芋的；a-/ an- 无，非，没有，缺乏，不具有（an- 用于元音前）（a-/ an- 为希腊语词首，对应的拉丁语词首为 e-/ ex-，相当于英语的 un-/ -less，注意词首 a- 和作为介词的 a/ ab 不同，后者的意思是"从……、由……、关于……、因为……"）；Colocasia 芋属

Alocasia cucullata 尖尾芋：cucullatus/ cuculatus 兜状的，勺状的，罩住的，头巾的；cucullus 外衣，头巾

Alocasia hainanica 南海芋：hainanica 海南的（地名）；-icus/ -icum/ -ica 属于，具有某种特性（常用于地名、起源、生境）

Alocasia longiloba 箭叶海芋：longe-/ longi- ← longus 长的，纵向的；lobus/ lobos/ lobon 浅裂，耳片（裂片先端钝圆），荚果，蒴果

Alocasia macrorrhiza 海芋：macro-/ macr- ← macros 大的，宏观的（用于希腊语复合词）；rhizus 根，根状茎（-rh- 接在元音字母后面构成复合词时要变成 -rrh-）

Alocasia yunqiana 运气海芋：yunqiana 运气（人名）

Aloe 芦荟属（百合科）（14: p62）：aloe ← alloeh 苦味（阿拉伯语，指叶的汁液味苦）

Aloe arborescens var. natalensis 大芦荟：arbor 乔木，树木；-escens/ -ascens 改变，转变，变成，略微，带有，接近，相似，大致，稍微（表示变化的趋势，并未完全相似或相同，有别于表示达到完成状态的 -atus）；natalensis 纳塔尔的（地名）

Aloe vera var. chinensis 芦荟：verus 正统的，纯

正的，真正的，标准的（形近词：veris 春天的）；chinensis = china + ensis 中国的（地名）；China 中国

Alopecurus 看麦娘属（看 kān）（禾本科）（9-3: p260）：alopecurus = alopex + urus 狐狸尾巴的（指穗状花序形状）（该词拼缀宜改为"alopicurus"）；构词规则：以 -ix/ -iex 结尾的词其词干末尾视为 -ic，以 -ex 结尾视为 -i/ -ic，其他以 -x 结尾视为 -c；alopex 狐狸（词干为 alopi-/ alopic-）；-urus/ -ura/ -ourus/ -oura/ -oure/ -uris 尾巴

Alopecurus aequalis 看麦娘：aequalis 相等的，相同的，对称的；aequus 平坦的，均等的，公平的，友好的；-aris（阳性、阴性）/ -are（中性）← -alis（阳性、阴性）/ -ale（中性）属于，相似，如同，具有，涉及，关于，联结于（将名词作形容词用，其中 -aris 常用于以 l 或 r 为词干末尾的词）

Alopecurus arundinaceus 苇状看麦娘：arundinaceus 芦竹状的；Arundo 芦竹属（禾本科）；-inus/ -inum/ -ina/ -inos 相近，接近，相似，具有（通常指颜色）；-aceus/ -aceum/ -acea 相似的，有……性质的，属于……的

Alopecurus brachystachyus 短穗看麦娘：brachy- ← brachys 短的（用于拉丁语复合词词首）；stachy-/ stachyo-/ -stachys -stachyus/ -stachyum/ -stachya 穗子，穗子的，穗子状的，穗状花序

Alopecurus himalaicus 喜马拉雅看麦娘：himalaicus 喜马拉雅的（地名）；-icus/ -icum/ -ica 属于，具有某种特性（常用于地名、起源、生境）

Alopecurus japonicus 日本看麦娘：japonicus 日本的（地名）；-icus/ -icum/ -ica 属于，具有某种特性（常用于地名、起源、生境）

Alopecurus longiaristatus 长芒看麦娘：longe-/ longi- ← longus 长的，纵向的；aristatus(aristosus) = arista + atus 具芒的，具芒刺的，具刚毛的，具胡须的；arista 芒

Alopecurus mandshuricus 东北看麦娘：mandshuricus 满洲的（地名，中国东北，地理区域）；-icus/ -icum/ -ica 属于，具有某种特性（常用于地名、起源、生境）

Alopecurus myosuroides 大穗看麦娘：myosuroides 像鼠尾的；myos 老鼠，小白鼠；-urus/ -ura/ -ourus/ -oura/ -oure/ -uris 尾巴；-oides/ -oideus/ -oideum/ -oidea/ -odes/ -eidos 像……的，类似……的，呈……状的（名词词尾）

Alopecurus pratensis 大看麦娘：pratensis 生于草原的；pratum 草原

Alphitonia 麦珠子属（鼠李科）（48-1: p95）：alphitonia ← alphiton 大麦粉

Alphitonia philippinensis 麦珠子：philippinensis 菲律宾的（地名）

Alphonsea 藤春属（番荔枝科）（30-2: p110）：alphonsea（人名）（除 a 以外，以元音字母结尾的人名作属名时在末尾加 a）

Alphonsea boniana 金平藤春：boniana（人名）

Alphonsea hainanensis 海南藤春：hainanensis 海南的（地名）

Alphonsea mollis 石密：molle/ mollis 软的，柔毛的

Alphonsea monogyna 藤春：mono-/ mon- ←

monos 一个，单一的（希腊语，拉丁语为 unus/ uni-/ uno-）；gynus/ gynum/ gyna 雌蕊，子房，心皮

Alphonsea squamosa 多苞藤春：squamosus 多鳞片的，鳞片明显的；squamus 鳞，鳞片，薄膜；-osus/ -osum/ -osa 多的，充分的，丰富的，显著发育的，程度高的，特征明显的（形容词词尾）

Alphonsea tsangyuanensis 多脉藤春：tsangyuanensis 沧源的（地名，云南省）

Alpinia 山姜属（姜科）（16-2：p67）：alpinia ← Prosper Alpino（人名，1553–1617，意大利植物学家）

Alpinia aquatica 水山姜：aquaticus/ aquatilis 水的，水生的，潮湿的；aqua 水；-aticus/ -aticum/ -atica 属于，表示生长的地方

Alpinia bambusifolia 竹叶山姜：bambusifolius 箣竹叶的；Bambusa 箣竹属（禾本科）；folius/ folium/ folia 叶，叶片（用于复合词）

Alpinia blepharocalyx 云南草蔻（蔻 kòu）：blepharo/ blephari-/ blepharid- 睫毛，缘毛，流苏；calyx → calyc- 萼片（用于希腊语复合词）

Alpinia blepharocalyx var. glabrior 光叶云南草蔻：glabrior 较光滑的（glabrus 的比较级）

Alpinia bracteata 绿苞山姜：bracteatus = bracteus + atus 具苞片的；bracteus 苞，苞片，苞鳞；-atus/ -atum/ -ata 属于，相似，具有，完成（形容词词尾）

Alpinia brevis 小花山姜：brevis 短的（希腊语）

Alpinia calcarata 距花山姜：calcaratus = calcar + atus 距的，有距的；calcar- ← calcar 距，花萼或花瓣生蜜源的距，短枝（结果枝）（距：雄鸡、雉等的腿的后面突出像脚趾的部分）；-atus/ -atum/ -ata 属于，相似，具有，完成（形容词词尾）

Alpinia chinensis 华山姜：chinensis = china + ensis 中国的（地名）；China 中国

Alpinia chinghsiensis 靖西山姜：chinghsiensis 靖西的（地名，广西壮族自治区）

Alpinia conchigera 节鞭山姜：conchigera 具贝壳的；gerus → -ger/ -gerus/ -gerum/ -gera 具有，有，带有

Alpinia coplandii 密毛山姜：coplandii（人名，可能是"copelandii"的误拼）；copelandii ← Edwin Bingham Copeland（人名，19 世纪植物学家、农学家）

Alpinia coriacea 革叶山姜：coriaceus = corius + aceus 近皮革的，近革质的；corius 皮革，革质的；-aceus/ -aceum/ -acea 相似的，有……性质的，属于……的

Alpinia coriandriodora 香姜：Coriandrum 芫荽属（香菜，伞形科）；odorus 香气的，气味的；odoratus 具香气的，有气味的

Alpinia densibracteata 密苞山姜：densus 密集的，繁茂的；bracteatus = bracteus + atus 具苞片的；bracteus 苞，苞片，苞鳞

Alpinia dolichocephala 紫纹山姜：dolicho- ← dolichos 长的；cephalus/ cephale ← cephalos 头，头状花序

Alpinia flabellata（扇叶山姜）：flabellatus = flabellus + atus 扇形的；flabellus 扇子，扇形的

Alpinia formosana 美山姜：formosanus = formosus + anus 美丽的，台湾的；formosus ← formosa 美丽的，台湾的（葡萄牙殖民者发现台湾时对其的称呼，即美丽的岛屿）；-anus/ -anum/ -ana 属于，来自（形容词词尾）

Alpinia galanga 红豆蔻：galanga 蒿子（阿拉伯语）

Alpinia globosa 脆果山姜：globosus = globus + osus 球形的；globus → glob-/ globi- 球体，圆球，地球；-osus/ -osum/ -osa 多的，充分的，丰富的，显著发育的，程度高的，特征明显的（形容词词尾）；关联词：globularis/ globulifer/ globulosus（小球状的、具小球的），globuliformis（纽扣状的）

Alpinia graminifolia 狭叶山姜：graminus 禾草，禾本科草；folius/ folium/ folia 叶，叶片（用于复合词）

Alpinia hainanensis 海南山姜：hainanensis 海南的（地名）

Alpinia henryi 小草蔻：henryi ← Augustine Henry 或 B. C. Henry（人名，前者，1857–1930，爱尔兰医生、植物学家，曾在中国采集植物，后者，1850–1901，曾活动于中国的传教士）

Alpinia hibinoi（日比野山姜）：hibinoi 日比野（日本人名）

Alpinia intermedia 光叶山姜：intermedius 中间的，中位的，中等的；inter- 中间的，在中间，之间；medius 中间的，中央的

Alpinia japonica 山姜：japonica 日本的（地名）；-icus/ -icum/ -ica 属于，具有某种特性（常用于地名、起源、生境）

Alpinia kainantensis（海南山姜）：kainantensis 海南岛的（地名，"海南岛"的日语读音为"kainanto"）

Alpinia katsumadai 草豆蔻：katsumadai（人名）（注：-i 表示人名，接在以元音字母结尾的人名后面，但 -a 除外，故该词尾宜改为"-ae"）

Alpinia koshunensis 高雄山姜：koshunensis 恒春的（地名，台湾省南部半岛，日语读音）

Alpinia kusshakuensis 菱唇山姜：kusshakuensis（地名，属台湾省）

Alpinia kwangsiensis 长柄山姜：kwangsiensis 广西的（地名）

Alpinia maclurei 假益智：maclurei（人名）

Alpinia malaccensis 毛瓣山姜：malaccensis 马六甲的（地名，马来西亚）

Alpinia mesanthera 疏花山姜：mesantherus 具中央花药的；mes-/ meso- 中间，中央，中部，中等；andrus/ andros/ antherus ← aner 雄蕊，花药，雄性

Alpinia nigra 黑果山姜：nigrus 黑色的；niger 黑色的

Alpinia officinarum 高良姜：officinarum 属于药用的（为 officina 的复数所有格）；officina ← opificina 药店，仓库，作坊；-arum 属于……的（第一变格法名词复数所有格词尾，表示群落或多数）

Alpinia oxyphylla 益智：oxyphyllus 尖叶的；oxy- ← oxys 尖锐的，酸的；phyllus/ phyllum/ phylla ← phyllon 叶片（用于希腊语复合词）

A

·65·

Alpinia pinnanensis 柱穗山姜：pinnanensis 平南的（地名，广西壮族自治区）

Alpinia platychilus 宽唇山姜：platychilus 宽唇的；platys 大的，宽的（用于希腊语复合词）；chilus ← cheilos 唇，唇瓣，唇边，边缘，岸边

Alpinia polyantha 多花山姜：polyanthus 多花的；poly- ← polys 多个，许多（希腊语，拉丁语为 multi-）；anthus/ anthum/ antha/ anthe ← anthos 花（用于希腊语复合词）

Alpinia pricei 短穗山姜：pricei ← William Price（人名，植物学家）；-i 表示人名，接在以元音字母结尾的人名后面，但 -a 除外

Alpinia psilogyna 矮山姜：psil-/ psilo- ← psilos 平滑的，光滑的；gynus/ gynum/ gyna 雌蕊，子房，心皮

Alpinia pumila 花叶山姜：pumilus 矮的，小的，低矮的，矮人的

Alpinia schumaniana 垂花山姜：schumaniana（人名）

Alpinia sessiliflora 大头山姜：sessile-/ sessili-/ sessil- ← sessilis 无柄的，无茎的，基生的，基部的；florus/ florum/ flora ← flos 花（用于复合词）

Alpinia shimadai 密穗山姜：shimadai 岛田（日本人名）；-i 表示人名，接在以元音字母结尾的人名后面，但 -a 除外，故该词尾改为"-ae"似更妥

Alpinia stachyoides 箭秆风：Stachys 水苏属（唇形科）；-oides/ -oideus/ -oideum/ -oidea/ -odes/ -eidos 像……的，类似……的，呈……状的（名词词尾）

Alpinia strobiliformis 球穗山姜：strobilus ← strobilos 球果的，圆锥的；strobus 球果的，圆锥的；formis/ forma 形状

Alpinia strobiliformis var. glabra 光叶球穗山姜：glabrus 光秃的，无毛的，光滑的

Alpinia tonkinensis 滑叶山姜：tonkin 东京（地名，越南河内的旧称）

Alpinia tonrokuensis（同罗山姜）：tonrokuensis（地名）

Alpinia uraiensis 大花山姜：uraiensis 乌来的（地名，属台湾省）

Alpinia zerumbet 艳山姜：zerumbet（波斯语名）

Alseodaphne 油丹属（樟科）（31：p68）：alseo ← alsos 丛林；daphne 月桂，达芙妮（希腊神话中的女神）

Alseodaphne andersonii 毛叶油丹：andersonii ← Charles Lewis Anderson（人名，19 世纪美国医生、植物学家）

Alseodaphne gracilis 细梗油丹：gracilis 细长的，纤弱的，丝状的

Alseodaphne hainanensis 油丹：hainanensis 海南的（地名）

Alseodaphne hokouensis 河口油丹：hokouensis 河口的（地名，云南省）

Alseodaphne marlipoensis 麻栗坡油丹：marlipoensis 麻栗坡的（地名，云南省）

Alseodaphne petiolaris 长柄油丹：petiolaris 具叶柄的；-aris（阳性、阴性）/ -are（中性）← -alis（阳性、阴性）/ -ale（中性）属于，相似，如同，具

有，涉及，关于，联结于（将名词作形容词用，其中 -aris 常用于以 l 或 r 为词干末尾的词）

Alseodaphne rugosa 皱皮油丹：rugosus = rugus + osus 收缩的，有皱纹的，多褶皱的（同义词：rugatus）；rugus/ rugum/ ruga 褶皱，皱纹，皱缩；-osus/ -osum/ -osa 多的，充分的，丰富的，显著发育的，程度高的，特征明显的（形容词词尾）

Alseodaphne sichourensis 西畴油丹：sichourensis 西畴的（地名，云南省）

Alseodaphne yunnanensis 云南油丹：yunnanensis 云南的（地名）

Alseodaphnopsis 北油丹属（樟科）（增补）：alseodaphnopsis 像油丹属的（本属从油丹属独立出来，因分布于原油丹属的北缘而加"北"字表示二者的关系）；Alseodaphne 油丹属

Alseodaphnopsis ximengensis 西蒙北油丹：ximengensis 西蒙的（地名，云南省）

Alsophila 桫椤属（桫椤 suō luó）（桫椤科）（6-3：p254）：alsophila 喜树林的（指生于林下）；alsos 树林，小树林；philus/ philein ← philos → phil-/ phili/ philo- 喜好的，爱好的，喜欢的

Alsophila andersonii 毛叶桫椤：andersonii ← Charles Lewis Anderson（人名，19 世纪美国医生、植物学家）

Alsophila austro-yunnanensis 滇南桫椤：austro-/ austr- 南方的，南半球的，大洋洲的；auster 南方，南风；yunnanensis 云南的（地名）

Alsophila costularis 中华桫椤：costularis = costus + ulus + aris 属于小肋状的；costus 主脉，叶脉，肋，肋骨；-ulus/ -ulum/ -ula 小的，略微的，稍微的（小词 -ulus 在字母 e 或 i 之后有多种变缀，即 -olus/ -olum/ -ola、-ellus/ -ellum/ -ella、-illus/ -illum/ -illa，与第一变格法和第二变格法名词形成复合词）；-aris（阳性、阴性）/ -are（中性）← -alis（阳性、阴性）/ -ale（中性）属于，相似，如同，具有，涉及，关于，联结于（将名词作形容词用，其中 -aris 常用于以 l 或 r 为词干末尾的词）

Alsophila denticulata 粗齿桫椤：denticulatus = dentus + culus + atus 具细齿的，具齿的；dentus 齿，牙齿；-culus/ -culum/ -cula 小的，略微的，稍微的（同第三变格法和第四变格法名词形成复合词）；-atus/ -atum/ -ata 属于，相似，具有，完成（形容词词尾）

Alsophila fenicis 兰屿桫椤：fenicis 腓尼基的，腓尼基人的（腓尼基为地中海东岸古国）

Alsophila gigantea 大叶黑桫椤：giganteus 巨大的；giga-/ gigant-/ giganti- ← gigantos 巨大的；-eus/ -eum/ -ea（接拉丁语词干时）属于……的，色如……的，质如……的（表示原料、颜色或品质的相似），（接希腊语词干时）属于……的，以……出名，为……所占有（表示具有某种特性）

Alsophila gigantea var. gigantea 大叶黑桫椤-原变种（词义见上面解释）

Alsophila gigantea var. polynervata 多脉黑桫椤：polynervatus 具多脉的；poly- ← polys 多个，许多（希腊语，拉丁语为 multi-）；nervatus = nervus + atus 具脉的；nervus 脉，叶脉

Alsophila khasyana 西亚桫椤：khasyana ←

Khasya 喀西的，卡西的（地名，印度阿萨姆邦）

Alsophila latebrosa 阴生桫椤：latebrosus 阴暗的，阴生的，隐藏的

Alsophila loheri 南洋桫椤：loheri（人名）

Alsophila metteniana 小黑桫椤：metteniana（人名）

Alsophila metteniana var. metteniana 小黑桫椤-原变种（词义见上面解释）

Alsophila metteniana var. subglabra 光叶小黑桫椤：subglabrus 近无毛的；sub-（表示程度较弱）与……类似，几乎，稍微，弱，亚，之下，下面；glabrus 光秃的，无毛的，光滑的

Alsophila podophylla 黑桫椤：podophyllus 柄叶的，茎叶的；podos/ podo-/ pous 腿，足，柄，茎；phyllus/ phyllum/ phylla ← phyllon 叶片（用于希腊语复合词）

Alsophila spinulosa 桫椤：spinulosus = spinus + ulus + osus 被细刺的；spinus 刺，针刺；-ulus/ -ulum/ -ula 小的，略微的，稍微的（小词 -ulus 在字母 e 或 i 之后有多种变缀，即 -olus/ -olum/ -ola、-ellus/ -ellum/ -ella、-illus/ -illum/ -illa，与第一变格法和第二变格法名词形成复合词）；-osus/ -osum/ -osa 多的，充分的，丰富的，显著发育的，程度高的，特征明显的（形容词词尾）

Alstonia 鸡骨常山属（夹竹桃科）（63：p88）：alstonia ← Charles Alston（人名，18 世纪英国植物学家）

Alstonia henryi 黄花羊角棉：henryi ← Augustine Henry 或 B. C. Henry（人名，前者，1857–1930，爱尔兰医生、植物学家，曾在中国采集植物，后者，1850–1901，曾活动于中国的传教士）

Alstonia macrophylla 大叶糖胶树：macro-/ macr- ← macros 大的，宏观的（用于希腊语复合词）；phyllus/ phyllum/ phylla ← phyllon 叶片（用于希腊语复合词）

Alstonia mairei 羊角棉：mairei（人名）；Edouard Ernest Maire（人名，19 世纪活动于中国云南的传教士）；Rene C. J. E. Maire 人名（20 世纪阿尔及利亚植物学家，研究北非植物）；-i 表示人名，接在以元音字母结尾的人名后面，但 -a 除外

Alstonia rupestris 岩生羊角棉：rupestre/ rupicolus/ rupestris 生于岩壁的，岩栖的；rup-/ rupi- ← rupes/ rupis 岩石的；-estris/ -estre/ ester/ -esteris 生于……地方，喜好……地方

Alstonia scholaris 糖胶树：scholaris 属于学校的；-aris（阳性、阴性）/ -are（中性）← -alis（阳性、阴性）/ -ale（中性）属于，相似，如同，具有，涉及，关于，联结于（将名词作形容词用，其中 -aris 常用于以 l 或 r 为词干末尾的词）

Alstonia yunnanensis 鸡骨常山：yunnanensis 云南的（地名）

Alternanthera 莲子草属（苋科）（25-2：p232）：alternanthera 互生雄蕊的（指某些种类发育雄蕊与退化雄蕊互生）；alterno 互生，交互，交替；andrus/ andros/ antherus ← aner 雄蕊，花药，雄性

Alternanthera bettzickiana 锦绣苋：bettzickiana ← August Bettzick（人名，19 世纪德国园艺学家）

Alternanthera paronychioides 华莲子草：Paronychia 指甲草属（石竹科）；paronychia 指甲；-oides/ -oideus/ -oideum/ -oidea/ -odes/ -eidos 像……的，类似……的，呈……状的（名词词尾）

Alternanthera philoxeroides 喜旱莲子草：philoxeroides 近似喜旱的；philus/ philein ← philos → phil-/ phili/ philo- 喜好的，爱好的，喜欢的；xeros 干旱的，干燥的；-oides/ -oideus/ -oideum/ -oidea/ -odes/ -eidos 像……的，类似……的，呈……状的（名词词尾）

Alternanthera pungens 刺花莲子草：pungens 硬尖的，针刺的，针刺般的，辛辣的；pungo/ pupugi/ punctum 扎，刺，使痛苦

Alternanthera sessilis 莲子草：sessilis 无柄的，无茎的，基生的，基部的

Althaea 蜀葵属（锦葵科）（49-2：p10）：althaea ← althaino 治疗的（因该属植物有药效）；-aeus/ -aeum/ -aea 表示属于……，名词形容词化词尾，如 europaeus ← europa 欧洲的

Althaea nudiflora 裸花蜀葵：nudi- ← nudus 裸露的；florus/ florum/ flora ← flos 花（用于复合词）

Althaea officinalis 药蜀葵：officinalis/ officinale 药用的，有药效的；officina ← opificina 药店，仓库，作坊

Althaea rosea 蜀葵：roseus = rosa + eus 像玫瑰的，玫瑰色的，粉红色的；rosa 蔷薇（古拉丁名）← rhodon 蔷薇（希腊语）← rhodd 红色，玫瑰红（凯尔特语）；-eus/ -eum/ -ea（接拉丁语词干时）属于……的，色如……的，质如……的（表示原料、颜色或品质的相似），（接希腊语词干时）属于……的，以……出名，为……所占有（表示具有某种特性）

Altingia 蕈树属（蕈 xùn）（金缕梅科）（35-2：p61）：altingia（荷兰人名）

Altingia angustifolia 窄叶蕈树：angusti- ← angustus 窄的，狭的，细的；folius/ folium/ folia 叶，叶片（用于复合词）

Altingia chinensis 蕈树：chinensis = china + ensis 中国的（地名）；China 中国

Altingia excelsa 细青皮：excelsus 高的，高贵的，超越的

Altingia gracilipes 细柄蕈树：gracilis 细长的，纤弱的，丝状的；pes/ pedis 柄，梗，茎秆，腿，足，爪（作词首或词尾，pes 的词干视为"ped-"）

Altingia gracilipes var. serrulata 细齿蕈树：serrulatus = serrus + ulus + atus 具细锯齿的；serrus 齿，锯齿；-ulus/ -ulum/ -ula 小的，略微的，稍微的（小词 -ulus 在字母 e 或 i 之后有多种变缀，即 -olus/ -olum/ -ola、-ellus/ -ellum/ -ella、-illus/ -illum/ -illa，与第一变格法和第二变格法名词形成复合词）；-atus/ -atum/ -ata 属于，相似，具有，完成（形容词词尾）

Altingia multinervis 赤水蕈树：multi- ← multus 多个，多数，很多（希腊语为 poly-）；nervis ← nervus 脉，叶脉

Altingia obovata 海南蕈树：obovatus = ob + ovus + atus 倒卵形的；ob- 相反，反对，倒（ob- 有多种音变：ob- 在元音字母和大多数辅音字母前面，oc- 在 c 前面，of- 在 f 前面，op- 在 p 前面）；ovus

卵，胚珠，卵形的，椭圆形的

Altingia tenuifolia 薄叶蕈树：tenui- ← tenuis 薄的，纤细的，弱的，瘦的，窄的；folius/ folium/ folia 叶，叶片（用于复合词）

Altingia yunnanensis 云南蕈树：yunnanensis 云南的（地名）

Alysicarpus 链荚豆属（豆科）（41：p84）：alysis 链条；carpus/ carpum/ carpa/ carpon ← carpos 果实（用于希腊语复合词）

Alysicarpus bupleurifolius 柴胡叶链荚豆：bupleurifolius 叶片像柴胡的；Bupleurum 柴胡属（伞形科）；folius/ folium/ folia 叶，叶片（用于复合词）

Alysicarpus rugosus 皱缩链荚豆：rugosus = rugus + osus 收缩的，有皱纹的，多褶皱的（同义词：rugatus）；rugus/ rugum/ ruga 褶皱，皱纹，皱缩；-osus/ -osum/ -osa 多的，充分的，丰富的，显著发育的，程度高的，特征明显的（形容词词尾）

Alysicarpus vaginalis 链荚豆：vaginalis = vaginus + alis 叶鞘的；vaginus 鞘，叶鞘；-aris（阳性、阴性）/ -are（中性）← -alis（阳性、阴性）/ -ale（中性）属于，相似，如同，具有，涉及，关于，联结于（将名词作形容词用，其中 -aris 常用于以 l 或 r 为词干末尾的词）

Alysicarpus yunnanensis 云南链荚豆：yunnanensis 云南的（地名）

Alyssum 庭荠属（荠 jì）（十字花科）（33：p118）：alyssum 无狂犬病的（希腊语，传说该属植物能防狂犬病）；a-/ an- 无，非，没有，缺乏，不具有（an- 用于元音前）（a-/ an- 为希腊语词首，对应的拉丁语词首为 e-/ ex-，相当于英语的 un-/ -less，注意词首 a- 和作为介词的 a/ ab 不同，后者的意思是"从……、由……、关于……、因为……"）；lyssa 狂犬病，狂怒；alysson（一种植物希腊语名）

Alyssum alyssoides 欧洲庭荠：Alyssus（属名，十字花科）；-oides/ -oideus/ -oideum/ -oidea/ -odes/ -eidos 像……的，类似……的，呈……状的（名词词尾）

Alyssum dasycarpum 粗果庭荠：dasycarpus 粗毛果的；dasy- ← dasys 毛茸茸的，粗毛的，毛；carpus/ carpum/ carpa/ carpon ← carpos 果实（用于希腊语复合词）

Alyssum desertorum 庭荠：desertorum 沙漠的，荒漠的，荒芜的（desertus 的复数所有格）；desertus 沙漠的，荒漠的，荒芜的；-orum 属于……的（第二变格法名词复数所有格词尾，表示群落或多数）

Alyssum fedtschenkoanum 球果庭荠：fedtschenkoanum ← Boris Fedtschenko（人名，20世纪俄国植物学家）

Alyssum lenense 北方庭荠：lenense（地名）

Alyssum lenense var. dasycarpum 星毛庭荠：dasycarpus 粗毛果的；dasy- ← dasys 毛茸茸的，粗毛的，毛；carpus/ carpum/ carpa/ carpon ← carpos 果实（用于希腊语复合词）

Alyssum lenense var. lenense 北方庭荠-原变种（词义见上面解释）

Alyssum linifolium 条叶庭荠：Linum 亚麻属（亚麻科）；folius/ folium/ folia 叶，叶片（用于复合词）

Alyssum magicum 哈密庭荠：magicus 魔术的，妖术的

Alyssum minus 新疆庭荠：minus 少的，小的

Alyssum sibiricum 西伯利亚庭荠：sibiricum 西伯利亚的（地名，俄罗斯）；-icus/ -icum/ -ica 属于，具有某种特性（常用于地名、起源、生境）

Alyssum tortuosum 扭庭荠：tortuosus 不规则拧劲的，明显拧劲的；tortus 拧劲，捻，扭曲；-osus/ -osum/ -osa 多的，充分的，丰富的，显著发育的，程度高的，特征明显的（形容词词尾）

Alyxia 链珠藤属（夹竹桃科）（63：p61）：alyxis 逃避

Alyxia acutifolia 尖叶链珠藤：acutifolius 尖叶的；acuti-/ acu- ← acutus 锐尖的，针尖的，刺尖的，锐角的；folius/ folium/ folia 叶，叶片（用于复合词）

Alyxia balansae 橄榄果链珠藤（橄 gǎn）：balansae ← Benedict Balansa（人名，19世纪法国植物采集员）；-ae 表示人名，以 -a 结尾的人名后面加上 -e 形成

Alyxia euonymifolia 卫矛叶链珠藤：Euonymus 卫矛属（卫矛科）；folius/ folium/ folia 叶，叶片（用于复合词）

Alyxia forbesii 长花链珠藤：forbesii ← Charles Noyes Forbes（人名，20世纪美国植物学家）

Alyxia funingensis 富宁链珠藤：funingensis 富宁的（地名，云南省）

Alyxia hainanensis 海南链珠藤：hainanensis 海南的（地名）

Alyxia insularis 兰屿链珠藤：insularis 岛屿的；insula 岛屿；-aris（阳性、阴性）/ -are（中性）← -alis（阳性、阴性）/ -ale（中性）属于，相似，如同，具有，涉及，关于，联结于（将名词作形容词用，其中 -aris 常用于以 l 或 r 为词干末尾的词）

Alyxia jasminea 茉莉链珠藤：jasmineus = Jasminum + eus 像茉莉花的；Jasminum 素馨属（茉莉花所在的属，木樨科）；-eus/ -eum/ -ea（接拉丁语词干时）属于……的，色如……的，质如……的（表示原料、颜色或品质的相似），（接希腊语词干时）属于……的，以……出名，为……所占有（表示具有某种特性）

Alyxia kweichowensis 贵州链珠藤：kweichowensis 贵州的（地名）

Alyxia lehtungensis 乐东链珠藤：lehtungensis 乐东的（地名，海南省）

Alyxia levinei 筋藤：levinei ← N. D. Levine（人名）

Alyxia marginata 陷边链珠藤：marginatus ← margo 边缘的，具边缘的；margo/ marginis → margin- 边缘，边线，边界；词尾为 -go 的词其词干末尾视为 -gin

Alyxia menglungensis 勐龙链珠藤（勐 měng）：menglungensis 勐仑的（地名，云南省）

Alyxia schlechteri 狭叶链珠藤：schlechteri ← Friedrich Richard Rudolf Schlechter（人名，20世纪植物学家）；-eri 表示人名，在以 -er 结尾的人名后面加上 i 形成

Alyxia sinensis 链珠藤：sinensis = Sina + ensis 中国的（地名）；Sina 中国

A

Alyxia villilimba 毛叶链珠藤：villus 毛，羊毛，长绒毛；limbus 冠檐，萼檐，瓣片，叶片

Alyxia vulgaris 串珠子：vulgaris 常见的，普通的，分布广的；vulgus 普通的，到处可见的

Alyxia yunkuniana 长序链珠藤：yunkuniana（人名）

Amalocalyx 毛车藤属（夹竹桃科）（63：p231）：amalos 娇嫩的；calyx → calyc- 萼片（用于希腊语复合词）

Amalocalyx yunnanensis 毛车藤：yunnanensis 云南的（地名）

Amaranthaceae 苋科（25-2：p194）：Amaranthus 苋属；-aceae（分类单位科的词尾，为 -aceus 的阴性复数主格形式，加到模式属的名称后或同义词的词干后以组成族群名称）

Amaranthus 苋属（苋科）（25-2：p203）：amaranthus = amarantos + anthus 宿存花的（指具色的苞片或萼片干燥后长时间不凋落）；amaramtos 不凋落的；anthus/ anthum/ antha/ anthe ← anthos 花（用于希腊语复合词）

Amaranthus albus 白苋：albus → albi-/ albo- 白色的

Amaranthus blitoides 北美苋：Blitum 球花藜属（藜科）；blitum 藜，藜草；-oides/ -oideus/ -oideum/ -oidea/ -odes/ -eidos 像……的，类似……的，呈……状的（名词词尾）

Amaranthus blitum 凹头苋（另见 A. lividus）：blitum 藜，藜草；Blitum 球花藜属（藜科）

Amaranthus caudatus 尾穗苋：caudatus = caudus + atus 尾巴的，尾巴状的，具尾的；caudus 尾巴；-atus/ -atum/ -ata 属于，相似，具有，完成（形容词词尾）

Amaranthus cruentus 老鸦谷：cruentus 血红色的，深红色的

Amaranthus gracilentus 细枝苋：gracilentus 细长的，纤弱的；gracilis 细长的，纤弱的，丝状的；-ulentus/ -ulentum/ -ulenta/ -olentus/ -olentum/ -olenta（表示丰富、充分或显著发展）

Amaranthus hybridus 绿穗苋：hybridus 杂种的

Amaranthus hypochondriacus 千穗谷：hypochondriacus 黑暗的，阴沉的（指花序颜色深暗）；hyp-/ hypo- 下面的，以下的，不完全的；chondros → chondrus 果粒，粒状物，粉粒，软骨；chondroideus 软骨质的；-acus 属于……，关于，以……著称（接在词干末尾字母为"i"的名词后）

Amaranthus lividus 凹头苋（另见 A. blitum）：lividus 铅色的

Amaranthus palmeri 长芒苋：Palmeri ← Ernest Jesse Palmer（人名，20 世纪英国植物学家）；-eri 表示人名，在以 -er 结尾的人名后面加上 i 形成

Amaranthus paniculatus 繁穗苋：paniculatus = paniculus + atus 具圆锥花序的；paniculus 圆锥花序；panus 谷穗；panicus 野稗，粟，谷子；-atus/ -atum/ -ata 属于，相似，具有，完成（形容词词尾）

Amaranthus polygonoides 合被苋：Polygonum 蓼属（蓼科）；-oides/ -oideus/ -oideum/ -oidea/ -odes/ -eidos 像……的，类似……的，呈……状的（名词词尾）

Amaranthus retroflexus 反枝苋：retroflexus 反曲的，向后折叠的，反转的；retro- 向后，反向；flexus ← flecto 扭曲的，卷曲的，弯弯曲曲的，柔性的；flecto 弯曲，使扭曲

Amaranthus retroflexus var. delilei 短苞反枝苋：delilei（人名）

Amaranthus retroflexus var. retroflexus 反枝苋-原变种 （词义见上面解释）

Amaranthus roxburghianus 腋花苋：roxburghianus ← William Roxburgh（人名，18 世纪英国植物学家，研究印度植物）

Amaranthus spinosus 刺苋：spinosus = spinus + osus 具刺的，多刺的，长满刺的；spinus 刺，针刺，-osus/ -osum/ -osa 多的，充分的，丰富的，显著发育的，程度高的，特征明显的（形容词词尾）

Amaranthus standleyanus 菱叶苋：standleyanus ← Paul Carpenter Standley（人名，20 世纪美国植物学家）

Amaranthus tricolor 苋：tri-/ tripli-/ triplo- 三个，三数；color 颜色

Amaranthus viridis 皱果苋：viridis 绿色的，鲜嫩的（相当于希腊语的 chloro-）

Amaryllidaceae 石蒜科（16-1：p1）：Amaryllis 孤挺花属；-aceae（分类单位科的词尾，为 -aceus 的阴性复数主格形式，加到模式属的名称后或同义词的词干后以组成族群名称）

Amberboa 珀菊属（珀 pò）（菊科）（78-1：p192）：amberboa 麝香花（法语）

Amberboa glauca 白花珀菊：glaucus → glauco-/ glauc- 被白粉的，发白的，灰绿色的

Amberboa moschata 珀菊：moschatus 麝香的，麝香味的；mosch- 麝香

Amberboa turanica 黄花珀菊：turanica 吐兰的（地名）；-icus/ -icum/ -ica 属于，具有某种特性（常用于地名、起源、生境）

Amblynotus 钝背草属（紫草科）（64-2：p112）：amblynotus = amblys + notum 钝背的，背面钝的；amblyo-/ ambly- 钝的，钝角的；notum 背部，脊背

Amblynotus obovatus 钝背草：obovatus = ob + ovus + atus 倒卵形的；ob- 相反，反对，倒（ob- 有多种音变：ob- 在元音字母和大多数辅音字母前面，oc- 在 c 前面，of- 在 f 前面，op- 在 p 前面）；ovus 卵，胚珠，卵形的，椭圆形的

Ambroma 昂天莲属（梧桐科）（49-2：p181）：am-/ a- 无，非，没有，缺乏（相当于拉丁语的 e-/ ex-）；broma 食物

Ambroma augusta 昂天莲：augustus 高贵的，显著的

Ambrosia 豚草属（菊科）（75：p329）：ambrosia 一种解毒药（传说豚草有延年益寿的药效，但实际上该属植物的花粉有很强的致敏性），一种神奇的油膏，不变质的食物

Ambrosia artemisiifolia 豚草：artemisiifolius 蒿子叶的；缀词规则：以属名作复合词时原词尾变形后的 i 要保留；Artemisia 蒿属（菊科）；folius/ folium/ folia 叶，叶片（用于复合词）

Ambrosia trifida 三裂叶豚草：trifidus 三深裂的；tri-/ tripli-/ triplo- 三个，三数；fidus ← findere 裂

开，分裂（裂深不超过 1/3，常作词尾）

Amelanchier 唐棣属（棣 dì）（蔷薇科）（36：p402）：amelanchier 唐棣（法国土名）

Amelanchier asiatica 东亚唐棣：asiatica 亚洲的（地名）；-aticus/ -aticum/ -atica 属于，表示生长的地方，作名词词尾

Amelanchier sinica 唐棣：sinica 中国的（地名）；-icus/ -icum/ -ica 属于，具有某种特性（常用于地名、起源、生境）

Amentotaxus 穗花杉属（红豆杉科）（7：p450）：amentotaxus 穗状花序的红豆杉（像红豆杉，但雄花序长而下垂）；amentus 柔荑花序的（荑 tí）；Taxus 红豆杉属（紫杉属，杉科）

Amentotaxus argotaenia 穗花杉：argo- 银白色的；taenius 绸带，纽带，条带状的

Amentotaxus formosana 台湾穗花杉：formosanus = formosus + anus 美丽的，台湾的；formosus ← formosa 美丽的，台湾的（葡萄牙殖民者发现台湾时对其的称呼，即美丽的岛屿）；-anus/ -anum/ -ana 属于，来自（形容词词尾）

Amentotaxus yunnanensis 云南穗花杉：yunnanensis 云南的（地名）

Amesiodendron 细子龙属（无患子科）（47-1：p48）：a-/ an- 无，非，没有，缺乏，不具有（an- 用于元音前）（a-/ an- 为希腊语词首，对应的拉丁语词首为 e-/ ex-，相当于英语的 un-/ -less，注意词首 a- 和作为介词的 a/ ab 不同，后者的意思是"从……、由……、关于……、因为……"）；mesio 中间；dendron 树木

Amesiodendron chinense 细子龙：chinense 中国的（地名）

Amesiodendron integrifoliolatum 龙州细子龙：integer/ integra/ integrum → integri- 完整的，整个的，全缘的；foliolatus = folius + ulus + atus 具小叶的，具叶片的；-ulus/ -ulum/ -ula 小的，略微的，稍微的（小词 -ulus 在字母 e 或 i 之后有多种变缀，即 -olus/ -olum/ -ola/ -ellus/ -ellum/ -ella/ -illus/ -illum/ -illa，与第一变格法和第二变格法名词形成复合词）；-atus/ -atum/ -ata 属于，相似，具有，完成（形容词词尾）

Amesiodendron tienlinense 田林细子龙：tienlinense 田林的（地名，广西壮族自治区）

Amethystea 水棘针属（唇形科）（65-2：p92）：amethysteus ← amethystos 紫石英，紫罗兰色的，蓝紫色的

Amethystea caerulea 水棘针：caeruleus/ coeruleus 深蓝色的，海洋蓝的，青色的，暗绿色的；caerulus/ coerulus 深蓝色，海洋蓝，青色，暗绿色；-eus/ -eum/ -ea（接拉丁语词干时）属于……的，色如……的，质如……的（表示原料、颜色或品质的相似），（接希腊语词干时）属于……的，以……出名，为……所占有（表示具有某种特性）

Amischophacelus 鞘苞花属（鸭跖草科）（13-3：p120）：amischophacelus 无梗簇状的（指花序无总梗）；a-/ an- 无，非，没有，缺乏，不具有（an- 用于元音前）（a-/ an- 为希腊语词首，对应的拉丁语词首为 e-/ ex-，相当于英语的 un-/ -less，注意词首 a- 和作为介词的 a/ ab 不同，后者的意思是

"从……、由……、关于……、因为……"）；mischos 柄，梗，花柄；phacelus ← phakelos 簇

Amischophacelus axillaris 鞘苞花：axillaris 腋生的；axillus 叶腋的；axill-/ axilli- 叶腋；superaxillaris 腋上的；subaxillaris 近腋生的；extraaxillaris 腋外的；infraaxillaris 腋下的；-aris（阳性、阴性）/ -are（中性）← -alis（阳性、阴性）/ -ale（中性）属于，相似，如同，具有，涉及，关于，联结于（将名词作形容词用，其中 -aris 常用于以 l 或 r 为词干末尾的词）；形近词：axilis ← axis 轴，中轴

Amischotolype 穿鞘花属（鸭跖草科）（13-3：p70）：amischotolype 花序无总梗的；a-/ an- 无，非，没有，缺乏，不具有（an- 用于元音前）（a-/ an- 为希腊语词首，对应的拉丁语词首为 e-/ ex-，相当于英语的 un-/ -less，注意词首 a- 和作为介词的 a/ ab 不同，后者的意思是"从……、由……、关于……、因为……"）；mischos 柄，梗，花柄；tolype 羊毛团

Amischotolype hispida 穿鞘花：hispidus 刚毛的，鬃毛状的

Amischotolype hookeri 尖果穿鞘花：hookeri ← William Jackson Hooker（人名，19 世纪英国植物学家）；-eri 表示人名，在以 -er 结尾的人名后面加上 i 形成

Amitostigma 无柱兰属（兰科）（17：p355）：amitostigma 无丝花柱的；a-/ an- 无，非，没有，缺乏，不具有（an- 用于元音前）（a-/ an- 为希腊语词首，对应的拉丁语词首为 e-/ ex-，相当于英语的 un-/ -less，注意词首 a- 和作为介词的 a/ ab 不同，后者的意思是"从……、由……、关于……、因为……"）；mitos 细丝，线状（希腊语）；stigmus 柱头

Amitostigma alpestre 台湾无柱兰：alpestris 高山的，草甸带的；alpus 高山；-estris/ -estre/ ester/ -esteris 生于……地方，喜好……地方

Amitostigma amplexifolium 抱茎叶无柱兰：amplexi- 跨骑状的，紧握的，抱紧的；folius/ folium/ folia 叶，叶片（用于复合词）

Amitostigma basifoliatum 四裂无柱兰：basifoliatus 具基生叶的；basis 基部，基座；foliatus 具叶的，多叶的；folius/ folium/ folia → foli-/ folia- 叶，叶片

Amitostigma bifoliatum 棒距无柱兰：bi-/ bis- 二，二数，二回（希腊语为 di-）；foliatus 具叶的，多叶的；folius/ folium/ folia → foli-/ folia- 叶，叶片

Amitostigma capitatum 头序无柱兰：capitatus 头状的，头状花序的；capitus ← capitis 头，头状

Amitostigma dolichacentrum 长距无柱兰：dolich-/ dolicho- ← dolichos 长的；centrus ← centron 距，有距的，鹰爪状刺（距：雄鸡、雉等的腿的后面突出像脚趾的部分）

Amitostigma faberi 峨眉无柱兰：faberi ← Ernst Faber（人名，19 世纪活动于中国的德国植物采集员）；-eri 表示人名，在以 -er 结尾的人名后面加上 i 形成

Amitostigma farreri 长苞无柱兰：farreri ← Reginald John Farrer（人名，20 世纪英国植物学家、作家）；-eri 表示人名，在以 -er 结尾的人名后

A

面加上 i 形成

Amitostigma gonggashanicum 贡嘎无柱兰（嘎 gá）：gonggashanicum 贡嘎山的（地名，四川省）；-icus/ -icum/ -ica 属于，具有某种特性（常用于地名、起源、生境）

Amitostigma gracile 无柱兰：gracile → gracil- 细长的，纤弱的，丝状的；gracilis 细长的，纤弱的，丝状的

Amitostigma hemipilioides 卵叶无柱兰：Hemipilia 舌喙兰属（兰科）；-oides/ -oideus/ -oideum/ -oidea/ -odes/ -eidos 像……的，类似……的，呈……状的（名词词尾）

Amitostigma monanthum 一花无柱兰：mono-/ mon- ← monos 一个，单一的（希腊语，拉丁语为 unus/ uni-/ uno-）；anthus/ anthum/ antha/ anthe ← anthos 花（用于希腊语复合词）

Amitostigma monanthum var. forrestii 糙茎无柱兰：forrestii ← George Forrest（人名，1873–1932，英国植物学家，曾在中国西部采集大量植物标本）

Amitostigma monanthum var. monanthum 一花无柱兰-原变种 （词义见上面解释）

Amitostigma papilionaceum 蝶花无柱兰：papilionaceus 蝶形的；-aceus/ -aceum/ -acea 相似的，有……性质的，属于……的

Amitostigma parceflorum 少花无柱兰：parce-/ parci- ← parcus 少的，稀少的；florus/ florum/ flora ← flos 花（用于复合词）

Amitostigma physoceras 球距无柱兰：physoceras 囊状角的；physo-/ phys- ← physus 水泡的，气泡的，口袋的，膀胱的，囊状的（表示中空）；-ceras/ -ceros/ cerato- ← keras 犄角，兽角，角状突起（希腊语）

Amitostigma pinguiculum 大花无柱兰：pinguiculus ← pinguis 油脂的，肥滑的（指叶面由亮）

Amitostigma simplex 黄花无柱兰：simplex 单一的，简单的，无分歧的（词干为 simplic-）

Amitostigma tetralobum 滇蜀无柱兰：tetralobus 四裂的；tetra-/ tetr- 四，四数（希腊语，拉丁语为 quadri-/ quadr-）；lobus/ lobos/ lobon 浅裂，耳片（裂片先端钝圆），荚果，蒴果

Amitostigma tibeticum 西藏无柱兰：tibeticum 西藏的（地名）

Amitostigma tomingai 红花无柱兰：tomingai（日本人名）；-i 表示人名，接在以元音字母结尾的人名后面，但 -a 除外，故该词改为 "tomingaiana" 或 "tomingae" 似更妥

Amitostigma trifurcatum 三叉无柱兰（叉 chā）：trifurcatus 三歧的，三叉的；tri-/ tripli-/ triplo- 三个，三数；furcatus/ furcans = furcus + atus 叉子状的，分叉的；furcus 叉子，叉子状的，分叉的；-atus/ -atum/ -ata 属于，相似，具有，完成（形容词词尾）

Amitostigma yuanum 齿片无柱兰：yuanum（人名）

Ammannia 水苋菜属（千屈菜科）（52-2：p68）：ammannia ← Paul Ammann（人名，17 世纪德国

Ammannia arenaria 耳基水苋：arenaria ← arena 沙子，沙地，沙地的，沙生的；-arius/ -arium/ aria 相似，属于（表示地点，场所，关系，所属）；Arenaria 无心菜属（石竹科）

Ammannia baccifera 水苋菜：bacciferus 具有浆果的；bacc- ← baccus 浆果；-ferus/ -ferum/ -fera/ -fero/ -fere/ -fer 有，具有，产（区别：作独立词使用的 ferus 意思是 "野生的"）

Ammannia coccinea 长叶水苋菜：coccus/ coccineus 浆果，绯红色（一种形似浆果的介壳虫的颜色）；同形异义词：coccus/ cocco/ cocci/ coccis 心室，心皮；-eus/ -eum/ -ea（接拉丁语词干时）属于……的，色如……的，质如……的（表示原料、颜色或品质的相似），（接希腊语词干时）属于……的，以……出名，为……所占有（表示具有某种特性）

Ammannia multiflora 多花水苋：multi- ← multus 多个，多数，很多（希腊语为 poly-）；florus/ florum/ flora ← flos 花（用于复合词）

Ammannia myriophylloides 泽水苋：Myriophyllum 狐尾藻属（小二仙草科）；-oides/ -oideus/ -oideum/ -oidea/ -odes/ -eidos 像……的，类似……的，呈……状的（名词词尾）

Ammannia octandra 八蕊水苋菜：octandrus 八个雄蕊的；octo-/ oct- 八（拉丁语和希腊语相同）；andrus/ andros/ antherus ← aner 雄蕊，花药，雄性

Ammi 阿米芹属（伞形科）（55-2：p22）：ammi 阿米芹（希腊语）

Ammi majus 大阿米芹：majus 大的，巨大的

Ammi visnaga 阿米芹：visnaga 牙签（墨西哥移民土语）

Ammodendron 银砂槐属（豆科）（40：p95）：ammodendron 沙生树木；ammos 沙子的，沙地的（指生境）；dendron 树木

Ammodendron bifolium 银砂槐：bi-/ bis- 二，二数，二回（希腊语为 di-）；folius/ folium/ folia 叶，叶片（用于复合词）

Ammopiptanthus 沙冬青属（豆科）（42-2：p394）：ammos 沙子的，沙地的（指生境）；pipto 落下；anthus/ anthum/ antha/ anthe ← anthos 花（用于希腊语复合词）

Ammopiptanthus mongolicus 沙冬青：mongolicus 蒙古的（地名）；mongolia 蒙古的（地名）；-icus/ -icum/ -ica 属于，具有某种特性（常用于地名、起源、生境）

Ammopiptanthus nanus 小沙冬青：nanus ← nanos/ nannos 矮小的，小的；nani-/ nano-/ nanno- 矮小的，小的

Amomum 豆蔻属（蔻 kòu）（姜科）（16-2：p110）：amomum ← amomos 完美的，无缺点的（如芳香味或药效等）；a-/ an- 无，非，没有，缺乏，不具有（an- 用于元音前）（a-/ an- 为希腊语词首，对应的拉丁语词首为 e-/ ex-，相当于英语的 un-/ -less，注意词首 a- 和作为介词的 a/ ab 不同，后者的意思是 "从……、由……、关于……、因为……"）；momos 缺点

Amomum aurantiacum 红壳砂仁：aurantiacus/ aurantius 橙黄色的，金黄色的；aurus 金，金色；

aurant-/ auranti- 橙黄色，金黄色

Amomum chinense 海南假砂仁：chinense 中国的（地名）

Amomum compactum 爪哇白豆蔻：compactus 小型的，压缩的，紧凑的，致密的，稠密的；pactus 压紧，紧缩；co- 联合，共同，合起来（拉丁语词首，为 cum- 的音变，表示结合、强化、完全，对应的希腊语为 syn-）；co- 的缀词音变有 co-/ com-/ con-/ col-/ cor-：co-（在 h 和元音字母前面），col-（在 l 前面），com-（在 b、m、p 之前），con-（在 c、d、f、g、j、n、qu、s、t 和 v 前面），cor-（在 r 前面）

Amomum dealbatum 长果砂仁：dealbatus 变白的，刷白的（在较深的底色上略有白色，非纯白）；de- 向下，向外，从……，脱离，脱落，离开，去掉；albatus = albus + atus 发白的；albus → albi-/ albo- 白色的

Amomum dolichanthum 长花豆蔻：dolich-/ dolicho- ← dolichos 长的；anthus/ anthum/ antha/ anthe ← anthos 花（用于希腊语复合词）

Amomum hongtsaoko 红草果：hongtsaoko 红草果（中文土名）

Amomum koenigii 野草果：koenigii ← Johann Gerhard Koenig（人名，18 世纪植物学家）

Amomum kravanh 白豆蔻（种加词有时错印为"krervanh"）：kravanh（土名）

Amomum kwangsiense 广西豆蔻：kwangsiense 广西的（地名）

Amomum longiligulare 海南砂仁：longe-/ longi- ← longus 长的，纵向的；ligulare/ ligularis 舌状的；ligulus/ ligule 舌，舌状物，舌瓣，叶舌；-aris（阳性、阴性）/ -are（中性）← -alis（阳性、阴性）/ -ale（中性）属于，相似，如同，具有，涉及，关于，联结于（将名词作形容词用，其中 -aris 常用于以 l 或 r 为词干末尾的词）

Amomum longipetiolatum 长柄豆蔻：longe-/ longi- ← longus 长的，纵向的；petiolatus = petiolus + atus 具叶柄的；petiolus 叶柄

Amomum maximum 九翅豆蔻：maximus 最大的

Amomum mengtzense 蒙自砂仁：mengtzense 蒙自的（地名，云南省）

Amomum microcarpum 细砂仁：micr-/ micro- ← micros 小的，微小的，微观的（用于希腊语复合词）；carpus/ carpum/ carpa/ carpon ← carpos 果实（用于希腊语复合词）

Amomum muricarpum 疣果豆蔻：muricarpum 糙果的，果实表面有疣状凸起的；muri-/ muric- ← murex 海螺（指表面有瘤状凸起），粗糙的，糙面的；构词规则：以 -ix/ -iex 结尾的词其词干末尾视为 -ic，以 -ex 结尾视为 -i/ -ic，其他以 -x 结尾视为 -c；carpus/ carpum/ carpa/ carpon ← carpos 果实（用于希腊语复合词）

Amomum odontocarpum 波翅豆蔻：odontocarpus 齿果的；odontus/ odontos → odon-/ odont-/ odonto-（可作词首或词尾）齿，牙齿状的；odous 齿，牙齿（单数，其所有格为 odontos）；carpus/ carpum/ carpa/ carpon ← carpos 果实（用于希腊语复合词）

Amomum putrescens 腐花豆蔻：putroscens 腐烂着的，变腐烂的；putre/ puter/ putris 恶臭的，腐败的；-escens/ -ascens 改变，转变，变成，略微，带有，接近，相似，大致，稍微（表示变化的趋势，并未完全相似或相同，有别于表示达到完成状态的 -atus）

Amomum scarlatinum 红花砂仁：scarlatinus 猩红色的

Amomum sericeum 银叶砂仁：sericeus 绢丝状的；sericus 绢丝的，绢毛的，赛尔人的（Ser 为印度一民族）；-eus/ -eum/ -ea（接拉丁语词干时）属于……的，色如……的，质如……的（表示原料、颜色或品质的相似），（接希腊语词干时）属于……的，以……出名，为……所占有（表示具有某种特性）

Amomum subulatum 香豆蔻：subulatus 钻形的，尖头的，针尖状的；subulus 钻头，尖头，针尖状

Amomum thyrsoideum 长序砂仁：thyrsus/ thyrsos 花簇，金字塔，圆锥形，聚伞圆锥花序；-oides/ -oideus/ -oideum/ -oidea/ -odes/ -eidos 像……的，类似……的，呈……状的（名词词尾）

Amomum tsaoko 草果：tsaoko 草果（中文土名）

Amomum tuberculatum 德保豆蔻：tuberculatus 具疣状凸起的，具结节的，具小瘤的；tuber/ tuber-/ tuberi- 块茎的，结节状凸起的，瘤状的；-culatus = culus + atus 小的，略微的，稍微的（用于第三和第四变格法名词）；-culus/ -culum/ -cula 小的，略微的，稍微的（同第三变格法和第四变格法名词形成复合词）；-atus/ -atum/ -ata 属于，相似，具有，完成（形容词词尾）

Amomum villosum 砂仁：villosus 柔毛的，绵毛的；villus 毛，羊毛，长绒毛；-osus/ -osum/ -osa 多的，充分的，丰富的，显著发育的，程度高的，特征明显的（形容词词尾）

Amomum villosum var. nanum 矮砂仁：nanus ← nanos/ nannos 矮小的，小的；nani-/ nano-/ nanno- 矮小的，小的

Amomum villosum var. xanthioides 缩砂密（缩 sù）：Xanthium 苍耳属（菊科）；-oides/ -oideus/ -oideum/ -oidea/ -odes/ -eidos 像……的，类似……的，呈……状的（名词词尾）

Amoora 崖摩属（崖 yá）（楝科）（43-3：p80）：amoora ← Amoor 阿摩尔的（地名，位于东印度群岛）

Amoora calcicola 石山崖摩：calcicolus 钙生的，生于石灰质土壤的；calci- ← calcium 石灰，钙质；colus ← colo 分布于，居住于，栖居，殖民（常作词尾）；colo/ colere/ colui/ cultum 居住，耕作，栽培

Amoora dasyclada 粗枝崖摩：dasycladus 毛枝的，枝条有粗毛的；dasy- ← dasys 毛茸茸的，粗毛的，毛；cladus ← clados 枝条，分枝

Amoora ouangliensis 望谟崖摩（谟 mó）：ouangliensis（地名）

Amoora stellata 星毛崖摩：stellatus/ stellaris 具星状的；stella 星状的；-atus/ -atum/ -ata 属于，相似，具有，完成（形容词词尾）；-aris（阳性、阴性）/ -are（中性）← -alis（阳性、阴性）/ -ale（中性）属于，相似，如同，具有，涉及，关于，联结于（将名词作形容词用，其中 -aris 常用于以 l 或 r 为词干末尾的词）

Amoora stellato-squamosa 曲梗崖摩：stellato- ←

stellatus/ stellaris 星状的；stella 星状的；squamosus 多鳞片的，鳞片明显的；squamus 鳞，鳞片，薄膜；-osus/ -osum/ -osa 多的，充分的，丰富的，显著发育的，程度高的，特征明显的（形容词词尾）

Amoora tetrapetala 四瓣崖摩：tetrapetalus 四花瓣的；petalus/ petalum/ petala ← petalon 花瓣；tetra-/ tetr- 四，四数（希腊语，拉丁语为 quadri-/ quadr-）

Amoora tetrapetala var. macrophylla 大叶四瓣崖摩：macro-/ macr- ← macros 大的，宏观的（用于希腊语复合词）；phyllus/ phyllum/ phylla ← phyllon 叶片（用于希腊语复合词）

Amoora tetrapetala var. tetrapetala 四瓣崖摩-原变种（词义见上面解释）

Amoora tsangii 铁椤（椤 luó）：tsangii（人名）；-ii 表示人名，接在以辅音字母结尾的人名后面，但 -er 除外

Amoora yunnanensis 云南崖摩（崖 yá）：yunnanensis 云南的（地名）

Amorpha 紫穗槐属（豆科）（41：p346）：amorphus ← amorphos 畸形的，形态不定的；a-/ an- 无，非，没有，缺乏，不具有（an- 用于元音前）（a-/ an- 为希腊语词首，对应的拉丁语词首为 e-/ ex-，相当于英语的 un-/ -less，注意词首 a- 和作为介词的 a/ ab 不同，后者的意思是"从……、由……、关于……、因为……"）；morphus ← morphos 形状，形态

Amorpha fruticosa 紫穗槐：fruticosus/ frutesceus 灌丛状的；frutex 灌木；构词规则：以 -ix/ -iex 结尾的词其词干末尾视为 -ic，以 -ex 结尾视为 -i/ -ic，其他以 -x 结尾视为 -c；-osus/ -osum/ -osa 多的，充分的，丰富的，显著发育的，程度高的，特征明显的（形容词词尾）

Amorphophallus 魔芋属（天南星科，《植物志》中记为"磨芋"）（13-2：p84）：amorphophallus 畸形阴茎的（指穗状花序形状奇特）；amorphus ← amorphos 畸形的，形态不定的；morphus ← morphos 形状，形态；phallus ← phallos 棍棒，阴茎

Amorphophallus bankokensis 天心壶：bankokensis 曼谷的（地名，泰国）

Amorphophallus bubenensis 补蚌磨芋：bubenensis 补蚌的（地名，云南省勐腊县）

Amorphophallus bulbifer 珠芽魔芋：bulbi- ← bulbus 球，球形，球茎，鳞茎；-ferus/ -ferum/ -fera/ -fero/ -fere/ -fer 有，具有，产（区别：作独立词使用的 ferus 意思是"野生的"）

Amorphophallus dunnii 南蛇棒：dunnii（人名）；-ii 表示人名，接在以辅音字母结尾的人名后面，但 -er 除外

Amorphophallus gigantiflorus 大魔芋：giga-/ gigant-/ giganti- ← gigantos 巨大的；florus/ florum/ flora ← flos 花（用于复合词）

Amorphophallus henryi 台湾魔芋：henryi ← Augustine Henry 或 B. C. Henry（人名，前者，1857–1930，爱尔兰医生、植物学家，曾在中国采集植物，后者，1850–1901，曾活动于中国的传教士）

Amorphophallus hirtus 硬毛魔芋：hirtus 有毛的，粗毛的，刚毛的（长而明显的毛）

Amorphophallus mairei 东川魔芋：mairei（人名）；Edouard Ernest Maire（人名，19 世纪活动于中国云南的传教士）；Rene C. J. E. Maire 人名（20 世纪阿尔及利亚植物学家，研究北非植物）；-i 表示人名，接在以元音字母结尾的人名后面，但 -a 除外

Amorphophallus mekongensis 湄公魔芋（湄 méi）：mekongensis 湄公河的（地名，澜沧江流入中南半岛部分称湄公河）

Amorphophallus mellii 蛇枪头：mellii（人名）

Amorphophallus micro-appendiculatus 灰斑魔芋：micr-/ micro- ← micros 小的，微小的，微观的（用于希腊语复合词）；appendiculatus = appendix + ulus + atus 有小附属物的；appendix = ad + pendix 附属物；ad- 向，到，近（拉丁语词首，表示程度加强）；构词规则：构成复合词时，词首末尾的辅音字母常同化为紧接其后的那个辅音字母（如 ad + p → app）；pendix ← pendens 垂悬的，挂着的，悬挂的；-ulus/ -ulum/ -ula 小的，略微的，稍微的（小词 -ulus 在字母 e 或 i 之后有多种变缀，即 -olus/ -olum/ -ola、-ellus/ -ellum/ -ella、-illus/ -illum/ -illa，与第一变格法和第二变格法名词形成复合词）；-atus/ -atum/ -ata 属于，相似，具有，完成（形容词词尾）

Amorphophallus niimurai 白毛魔芋：niimurai 新村（日本人名）；-i 表示人名，接在以元音字母结尾的人名后面，但 -a 除外，故该词改为"niimuraianus"或"niirae"似更妥

Amorphophallus oncophyllus 香港魔芋：oncophyllus 疣状叶的；oncos 肿块，小瘤，瘤状凸起的；phyllus/ phyllum/ phylla ← phyllon 叶片（用于希腊语复合词）

Amorphophallus rivieri 魔芋：rivieri ← Charles Marie Riviere（人名，20 世纪植物学家）；-eri 表示人名，在以 -er 结尾的人名后面加上 i 形成

Amorphophallus sinensis 疏毛魔芋：sinensis = Sina + ensis 中国的（地名）；Sina 中国

Amorphophallus stipitatus 梗序魔芋：stipitatus = stipitus + atus 具柄的；stipitus 柄，梗

Amorphophallus variabilis 野魔芋：variabilis 多种多样的，易变化的，多型的；varius = varus + ius 各种各样的，不同的，多型的，易变的；varus 不同的，变化的，外弯的，凸起的；-ius/ -ium/ -ia 具有……特性的（表示有关、关联、相似）；-ans/ -ens/ -bilis/ -ilis 能够，可能（为形容词词尾，-ans/ -ens 用于主动语态，-bilis/ -ilis 用于被动语态）

Amorphophallus virosus 疣柄魔芋：virosus 有毒的，恶臭的；virus 毒素，毒液，黏液，恶臭

Amorphophallus yunnanensis 滇魔芋：yunnanensis 云南的（地名）

Ampelocalamus 悬竹属（禾本科）（9-1：p384）：ampelocalamus 葡萄蔓状芦苇（比喻茎秆细长）；ampelos 藤蔓，葡萄蔓；calamus ← calamos ← kalem 芦苇，管子的，空心的

Ampelocalamus actinotrichus 射毛悬竹：actinus ← aktinos ← actis 辐射状的，射线的，星状的，光线，光照（表示辐射状排列）；trichus 毛，毛发，线

Ampelocalamus calcareus 贵州悬竹：calcareus 白垩色的，粉笔色的，石灰的，石灰质的；-eus/ -eum/ -ea（接拉丁语词干时）属于……的，色如……的，质如……的（表示原料、颜色或品质的相似），（接希腊语词干时）属于……的，以……出名，为……所占有（表示具有某种特性）

Ampelocissus 酸蔹藤属（蔹 liǎn）（葡萄科）（48-2：p131）：ampelos 藤蔓，葡萄蔓；scissus 撕裂的，裂开的

Ampelocissus artemisiaefolia 酸蔹藤：artemisiaefolia 蒿子叶的（注：以属名作复合词时原词尾变形后的 i 要保留，故该词宜改为"artemisiifolia"）；Artemisia 蒿属（菊科）；folius/ folium/ folia 叶，叶片（用于复合词）

Ampelocissus butoensis 四川酸蔹藤：butoensis 布拖的（地名，四川省）

Ampelocissus hoabinhensis 红河酸蔹藤：hoabinhensis 和平的（地名，越南省名）

Ampelocissus sikkimensis 锡金酸蔹藤：sikkimensis 锡金的（地名）

Ampelocissus xizangensis 西藏酸蔹藤：xizangensis 西藏的（地名）

Ampelopsis 蛇葡萄属（葡萄科）（48-2：p32）：ampelos 藤蔓，葡萄蔓；-opsis/ -ops 相似，稍微，带有

Ampelopsis acerifolia 槭叶蛇葡萄（槭 qì）：acerifolius 槭叶的；Acer 槭属（槭树科）；folius/ folium/ folia 叶，叶片（用于复合词）

Ampelopsis aconitifolia 乌头叶蛇葡萄：aconitifolius 乌头叶状的；Aconitum 乌头属；folius/ folium/ folia 叶，叶片（用于复合词）

Ampelopsis aconitifolia var. aconitifolia 乌头叶蛇葡萄-原变种 （词义见上面解释）

Ampelopsis aconitifolia var. palmiloba 掌裂草葡萄：palmus 手掌，掌状的；lobus/ lobos/ lobon 浅裂，耳片（裂片先端钝圆），荚果，蒴果

Ampelopsis acutidentata 尖齿蛇葡萄：acutidentatus/ acutodentatus 尖齿的；acuti-/ acu- ← acutus 锐尖的，针尖的，刺尖的，锐角的；dentatus = dentus + atus 牙齿的，齿状的，具齿的；dentus 齿，牙齿；-atus/ -atum/ -ata 属于，相似，具有，完成（形容词词尾）

Ampelopsis bodinieri 蓝果蛇葡萄：bodinieri ← Emile Marie Bodinieri（人名，19 世纪活动于中国的法国传教士）；-eri 表示人名，在以 -er 结尾的人名后面加上 i 形成

Ampelopsis bodinieri var. bodinieri 蓝果蛇葡萄-原变种 （词义见上面解释）

Ampelopsis bodinieri var. cinerea 灰毛蛇葡萄：cinereus 灰色的，草木灰色的（为纯黑和纯白的混合色，希腊语为 tephro-/ spodo-）；ciner-/ cinere-/ cinereo- 灰色；-eus/ -eum/ -ea（接拉丁语词干时）属于……的，色如……的，质如……的（表示原料、颜色或品质的相似），（接希腊语词干时）属于……的，以……出名，为……所占有（表示具有某种特性）

Ampelopsis cantoniensis 广东蛇葡萄：cantoniensis 广东的（地名）

Ampelopsis chaffanjonii 羽叶蛇葡萄：chaffanjonii（人名）；-ii 表示人名，接在以辅音字母结尾的人名后面，但 -er 除外

Ampelopsis delavayana 三裂蛇葡萄：delavayana ← Delavay ← P. J. M. Delavay（人名，1834–1895，法国传教士，曾在中国采集植物标本）

Ampelopsis delavayana var. delavayana 三裂蛇葡萄-原变种 （词义见上面解释）

Ampelopsis delavayana var. glabra 掌裂蛇葡萄：glabrus 光秃的，无毛的，光滑的

Ampelopsis delavayana var. setulosa 毛三裂蛇葡萄：setulosus = setus + ulus + osus 多细刚毛的，多细刺毛的，多细芒刺的；setus/ saetus 刚毛，刺毛，芒刺；-ulus/ -ulum/ -ula 小的，略微的，稍微的（小词 -ulus 在字母 e 或 i 之后有多种变缀，即 -olus/ -olum/ -ola、-ellus/ -ellum/ -ella、-illus/ -illum/ -illa，与第一变格法和第二变格法名词形成复合词）；-osus/ -osum/ -osa 多的，充分的，丰富的，显著发育的，程度高的，特征明显的（形容词词尾）

Ampelopsis delavayana var. tomentella 狭叶蛇葡萄：tomentellus 被短绒毛的，被微绒毛的；tomentum 绒毛，浓密的毛被，棉絮，棉絮状填充物（被褥、垫子等）；-ellus/ -ellum/ -ella ← -ulus 小的，略微的，稍微的（小词 -ulus 在字母 e 或 i 之后有多种变缀，即 -olus/ -olum/ -ola、-ellus/ -ellum/ -ella、-illus/ -illum/ -illa，用于第一变格法名词）

Ampelopsis gongshanensis 贡山蛇葡萄：gongshanensis 贡山的（地名，云南省）

Ampelopsis grossedentata 显齿蛇葡萄：grosse-/ grosso- ← grossus 粗大的，肥厚的；dentatus = dentus + atus 牙齿的，齿状的，具齿的；dentus 齿，牙齿；-atus/ -atum/ -ata 属于，相似，具有，完成（形容词词尾）

Ampelopsis heterophylla 异叶蛇葡萄：heterophyllus 异型叶的；hete-/ heter-/ hetero- ← heteros 不同的，多样的，不齐的；phyllus/ phyllum/ phylla ← phyllon 叶片（用于希腊语复合词）

Ampelopsis heterophylla var. brevipedunculata 东北蛇葡萄：brevi- ← brevis 短的（用于希腊语复合词词首）；pedunculatus/ peduncularis 具花序柄的，具总花梗的；pedunculus/ peduncule/ pedunculis ← pes 花序柄，总花梗（花序基部无花着生部分，不同于花柄）；关联词：pedicellus/ pediculus 小花梗，小花柄（不同于花序柄）；pes/ pedis 柄，梗，茎秆，腿，足，爪（作词首或词尾，pes 的词干视为"ped-"）

Ampelopsis heterophylla var. hancei 光叶蛇葡萄：hancei ← Henry Fletcher Hance（人名，19 世纪英国驻香港领事，曾在中国采集植物）；-i 表示人名，接在以元音字母结尾的人名后面，但 -a 除外

Ampelopsis heterophylla var. heterophylla 异叶蛇葡萄-原变种 （词义见上面解释）

Ampelopsis heterophylla var. kulingensis 牯岭蛇葡萄（牯 gǔ）：kulingensis 牯岭的（地名，江西省庐山）

Ampelopsis heterophylla var. vestita 锈毛蛇葡萄：vestitus 包被的，覆盖的，被柔毛的，袋状的

A

Ampelopsis humulifolia 葎叶蛇葡萄（葎 lǜ）：Humulus 葎草属（桑科）；folius/ folium/ folia 叶，叶片（用于复合词）

Ampelopsis hypoglauca 粉叶蛇葡萄：hypoglaucus 下面白色的；hyp-/ hypo- 下面的，以下的，不完全的；glaucus → glauco-/ glauc- 被白粉的，发白的，灰绿色的

Ampelopsis japonica 白蔹（蔹 liǎn）：japonica 日本的（地名）；-icus/ -icum/ -ica 属于，具有某种特性（常用于地名、起源、生境）

Ampelopsis megalophylla 大叶蛇葡萄：mega-/ megal-/ megalo- ← megas 大的，巨大的；phyllus/ phyllum/ phylla ← phyllon 叶片（用于希腊语复合词）

Ampelopsis megalophylla var. jiangxiensis 柔毛大叶蛇葡萄：jiangxiensis 江西的（地名）

Ampelopsis megalophylla var. megalophylla 大叶蛇葡萄-原变种 （词义见上面解释）

Ampelopsis mollifolia 毛叶蛇葡萄：molle/ mollis 软的，柔毛的；folius/ folium/ folia 叶，叶片（用于复合词）

Ampelopsis rubifolia 毛枝蛇葡萄：rubifolius 悬钩子叶的，树莓叶的，红叶的；Rubus 悬钩子属（蔷薇科）；folius/ folium/ folia 叶，叶片（用于复合词）；rubrus/ rubrum/ rubra/ ruber 红色的

Ampelopsis tomentosa 绒毛蛇葡萄：tomentosus = tomentum + osus 绒毛的，密被绒毛的；tomentum 绒毛，浓密的毛被，棉絮，棉絮状填充物（被褥、垫子等）；-osus/ -osum/ -osa 多的，充分的，丰富的，显著发育的，程度高的，特征明显的（形容词词尾）

Ampelopsis tomentosa var. glabrescens 脱绒蛇葡萄：glabrus 光秃的，无毛的，光滑的；-escens/ -ascens 改变，转变，变成，略微，带有，接近，相似，大致，稍微（表示变化的趋势，并未完全相似或相同，有别于表示达到完成状态的 -atus）

Ampelopsis tomentosa var. tomentosa 绒毛蛇葡萄-原变种 （词义见上面解释）

Ampelopteris 星毛蕨属（金星蕨科）（4-1：p289）：ampelos 藤蔓，葡萄蔓；pteris ← pteryx 翅，翼，蕨类（希腊语）

Ampelopteris prolifera 星毛蕨：proliferus 能育的，具零余子的；proli- 扩展，繁殖，后裔，零余子；proles 后代，种族；-ferus/ -ferum/ -fera/ -fero/ -fere/ -fer 有，具有，产（区别：作独立词使用的 ferus 意思是"野生的"）

Amphicarpaea 两型豆属（豆科）（41：p256）：amphicarpus 具两种果实的，两季成熟果实的；amphi- 两方的，两侧的，两类的，两型的，两栖的；carpus/ carpum/ carpa/ carpon ← carpos 果实（用于希腊语复合词）；-eus/ -eum/ -ea（接拉丁语词干时）属于……的，色如……的，质如……的（表示原料、颜色或品质的相似），（接希腊语词干时）属于……的，以……出名，为……所占有（表示具有某种特性）

Amphicarpaea edgeworthii 两型豆：edgeworthii ← Michael Pakenham Edgeworth（人名，19 世纪英国植物学家）

Amphicarpaea linearis 线苞两型豆：linearis =

lineus + aris 线条的，线形的，线状的，亚麻状的；lineus = linum + eus 线状的，丝状的，亚麻状的；linum ← linon 亚麻，线（古拉丁名）；-aris（阳性、阴性）/ -are（中性）← -alis（阳性、阴性）/ -ale（中性）属于，相似，如同，具有，涉及，关于，联结于（将名词作形容词用，其中 -aris 常用于以 l 或 r 为词干末尾的词）

Amphicarpaea rufescens 锈毛两型豆：rufascens 略红的；ruf-/ rufi-/ frufo- ← rufus/ rubus 红褐色的，锈色的，红色的，发红的，淡红色的；-escens/ -ascens 改变，转变，变成，略微，带有，接近，相似，大致，稍微（表示变化的趋势，并未完全相似或相同，有别于表示达到完成状态的 -atus）

Amsonia 水甘草属（夹竹桃科）（63：p81）：amsonia ← Charles Amson（人名，18 世纪美国医生）

Amsonia sinensis 水甘草：sinensis = Sina + ensis 中国的（地名）；Sina 中国

Amydrium 雷公连属（天南星科）（13-2：p23）：amydrium ← amydros 不分明的（希腊语）

Amydrium hainanense 穿心藤：hainanense 海南的（地名）

Amydrium sinense 雷公连：sinense = Sina + ense 中国的（地名）；Sina 中国

Amygdalus 桃属（蔷薇科）（38：p8）：amygdalus ← amygdalos 扁桃（希腊语名）

Amygdalus communis 扁桃：communis 普通的，通常的，共通的

Amygdalus communis var. amara 苦味扁桃：amarus 苦味的

Amygdalus communis var. communis 扁桃-原变种 （词义见上面解释）

Amygdalus communis var. communis f. albo-plena 白花扁桃：albus → albi-/ albo- 白色的；plenus → plen-/ pleni- 很多的，充满的，大量的，重瓣的，多重的

Amygdalus communis var. communis f. pendula 垂枝扁桃：pendulus ← pendere 下垂的，垂吊的（悬空或因支持体细软而下垂）；pendere/ pendeo 悬挂，垂悬；-ulus/ -ulum/ -ula（表示趋向或动作）（小词 -ulus 在字母 e 或 i 之后有多种变缀，即 -olus/ -olum/ -ola、-ellus/ -ellum/ -ella、-illus/ -illum/ -illa，与第一变格法和第二变格法名词形成复合词）

Amygdalus communis var. communis f. purpurea 紫花扁桃：purpureus = purpura + eus 紫色的；purpura 紫色（purpura 原为一种介壳虫名，其体液为紫色，可作颜料）；-eus/ -eum/ -ea（接拉丁语词干时）属于……的，色如……的，质如……的（表示原料、颜色或品质的相似），（接希腊语词干时）属于……的，以……出名，为……所占有（表示具有某种特性）

Amygdalus communis var. communis f. roseo-plena 粉红扁桃：roseus = rosa + eus 像玫瑰的，玫瑰色的，粉红色的；rosei-/ roseo- 玫瑰，玫瑰红色；plenus → plen-/ pleni- 很多的，充满的，大量的，重瓣的，多重的

Amygdalus communis var. communis f.

variegata 彩叶扁桃：variegatus = variego + atus 有彩斑的，有条纹的，杂食的，杂色的；variego = varius + ago 染上各种颜色，使成五彩缤纷的，装饰，点缀，使闪出五颜六色的光彩，变化，变更，不同；varius = varus + ius 各种各样的，不同的，多型的，易变的；varus 不同的，变化的，外弯的，凸起的；-ius/ -ium/ -ia 具有……特性的（表示有关、关联、相似）；-ago 表示相似或联系，如 plumbago，铅的一种（来自 plumbum 铅），来自 -go；-go 表示一种能做工作的力量，如 vertigo，也表示事态的变化或者一种事态、趋向或病态，如 robigo（红的情况，变红的趋势，因而是铁锈），aerugo（铜锈），因此它变成一个表示具有某种质的属性的构词元素，如 lactago（具有乳浆的草），或相似性，如 ferulago（近似 ferula，阿魏）、canilago（一种 canila）

Amygdalus communis var. dulcis 甜味扁桃：dulcis 甜的，甜味的

Amygdalus communis var. fragilis 软壳甜扁桃：fragilis 脆的，易碎的

Amygdalus davidiana 山桃：davidiana ← Pere Armand David（人名，1826–1900，曾在中国采集植物标本的法国传教士）

Amygdalus davidiana var. davidiana 山桃-原变种 （词义见上面解释）

Amygdalus davidiana var. davidiana f. alba 白山桃：albus → albi-/ albo- 白色的

Amygdalus davidiana var. davidiana f. rubra 红山桃：rubrus/ rubrum/ rubra/ ruber 红色的

Amygdalus davidiana var. potaninii 陕甘山桃：potaninii ← Grigory Nikolaevich Potanin（人名，19 世纪俄国植物学家）

Amygdalus ferganensis 新疆桃：ferganensis 费尔干纳的（地名，吉尔吉斯斯坦）

Amygdalus kansuensis 甘肃桃：kansuensis 甘肃的（地名）

Amygdalus mira 光核桃：mirus/ mirabilis 惊奇的，稀奇的，奇异的，非常的；miror 惊奇，惊叹，崇拜

Amygdalus mongolica 蒙古扁桃：mongolica 蒙古的（地名）；mongolia 蒙古的（地名）；-icus/ -icum/ -ica 属于，具有某种特性（常用于地名、起源、生境）

Amygdalus nana 矮扁桃：nanus ← nanos/ nannos 矮小的，小的；nani-/ nano-/ nanno- 矮小的，小的

Amygdalus pedunculata 长梗扁桃：pedunculatus/ peduncularis 具花序柄的，具总花梗的；pedunculus/ peduncule/ pedunculis ← pes 花序柄，总花梗（花序基部无花着生部分，不同于花柄）；关联词：pedicellus/ pediculus 小花梗，小花柄（不同于花序柄）；pes/ pedis 柄，梗，茎秆，腿，足，爪（作词首或词尾，pes 的词干视为 "ped-"）

Amygdalus persica 桃：persica 桃，杏，波斯的（地名）

Amygdalus persica var. aganonucipersica 离核光桃：aganonucipersica 核果漂亮的杏；agano- ← aganos 漂亮的，美丽的，可爱的，宜人的；nuc-/ nuci- ← nux 坚果；persica 桃，杏，波斯的（地名）

Amygdalus persica var. aganopersica 离核毛桃：aganopersica 漂亮的杏；agano- ← aganos 漂亮的，美丽的，可爱的，宜人的；persica 桃，杏，波斯的（地名）

（地名）

Amygdalus persica var. compressa 蟠桃（蟠 pán）：compressus 扁平的，压扁的；pressus 压，压力，挤压，紧密；co- 联合，共同，合起来（拉丁语词首，为 cum- 的音变，表示结合、强化、完全，对应的希腊语为 syn-）；co- 的缀词音变有 co-/ com-/ con-/ col-/ cor-：co-（在 h 和元音字母前面），col-（在 l 前面），com-（在 b、m、p 之前），con-（在 c、d、f、g、j、n、qu、s、t 和 v 前面），cor-（在 r 前面）

Amygdalus persica var. densa 寿星桃：densus 密集的，繁茂的

Amygdalus persica var. persica 桃-原变种 （词义见上面解释）

Amygdalus persica var. persica f. alba 单瓣白桃：albus → albi-/ albo- 白色的

Amygdalus persica var. persica f. albo-plena 千瓣白桃：plenus → plen-/ pleni- 很多的，充满的，大量的，重瓣的，多重的

Amygdalus persica var. persica f. atropurpurea 紫叶桃花：atro-/ atr-/ atri-/ atra- ← ater 深色，浓色，暗色，发黑（ater 作为词干后接辅音字母开头的词时，要在词干后面加一个连接用的元音字母 "o" 或 "i"，故为 "ater-o-" 或 "ater-i-"，变形为 "atr-" 开头）；purpureus = purpura + eus 紫色的；purpura 紫色（purpura 原为一种介壳虫名，其体液为紫色，可作颜料）；-eus/ -eum/ -ea（接拉丁语词干时）属于……的，色如……的，质如……的（表示原料、颜色或品质的相似），（接希腊语词干时）属于……的，以……出名，为……所占有（表示具有某种特性）

Amygdalus persica var. persica f. camelliaeflora 绛桃（绛 jiàng）：camelliaeflora 山茶花的（注：以属名作复合词时原词尾变形后的 i 要保留，不能使用所有格，故该词宜改为 "camelliiflora"）；Camellia 山茶属；florus/ florum/ flora ← flos 花（用于复合词）

Amygdalus persica var. persica f. dianthiflora 千瓣红桃：dianthiflora 石竹花的；Dianthus 石竹属（石竹科）；florus/ florum/ flora ← flos 花（用于复合词）

Amygdalus persica var. persica f. duplex 碧桃：duplex = duo + plex 二折的，重复的，重瓣的；duo 二；plex/ plica 褶，折扇状，卷折（plex 的词干为 plic-）

Amygdalus persica var. persica f. magnifica 绯桃（绯 fēi）：magnificus 壮大的，大规模的；magnus 大的，巨大的；-ficus 非常，极其（作独立词使用的 ficus 意思是 "榕树，无花果"）

Amygdalus persica var. persica f. pendula 垂枝碧桃：pendulus ← pendere 下垂的，垂吊的（悬空或因支持体细软而下垂）；pendere/ pendeo 悬挂，垂悬；-ulus/ -ulum/ -ula（表示趋向或动作）（小词 -ulus 在字母 e 或 i 之后有多种变缀，即 -olus/ -olum/ -ola、-ellus/ -ellum/ -ella、-illus/ -illum/ -illa，与第一变格法和第二变格法名词形成复合词）

Amygdalus persica var. persica f. pyramidalis 塔型碧桃：pyramidalis 金字塔形的，三角形的，锥形的；pyramis 棱形体，锥形体，金字塔；构词规则：

A

词尾为 -is 和 -ys 的词的词干分别视为 -id 和 -yd

Amygdalus persica var. persica f. rubro-plena
红花碧桃：rubr-/ rubri-/ rubro- ← rubrus 红色；
plenus → plen-/ pleni- 很多的，充满的，大量的，
重瓣的，多重的

Amygdalus persica var. persica f. versicolor 撒
金碧桃（撒 sǎ）：versicolor = versus + color 变色
的，杂色的，有斑点的；versus ← vertor ← verto
变换，转换，转变；color 颜色

Amygdalus persica var. scleronucipersica 黏核
光桃：sclero- ← scleros 坚硬的，硬质的；nuc-/
nuci- ← nux 坚果；persica 桃，杏，波斯的（地名）

Amygdalus persica var. scleropersica 黏核毛桃：
sclero- ← scleros 坚硬的，硬质的；persica 桃，杏，
波斯的（地名）

Amygdalus tangutica 西康扁桃：tangutica ←
Tangut 唐古特的，党项的（西夏时期生活于中国西
北地区的党项羌人，蒙古语称其为"唐古特"，有多
种音译，如唐兀、唐古、唐括等）；-icus/ -icum/ -ica
属于，具有某种特性（常用于地名、起源、生境）

Amygdalus triloba 榆叶梅：tri-/ tripli-/ triplo- 三
个，三数；lobus/ lobos/ lobon 浅裂，耳片（裂片先
端钝圆），荚果，蒴果

Amygdalus triloba var. petzoldii 鸾枝（鸾 luán）：
petzoldii（人名）；-ii 表示人名，接在以辅音字母结
尾的人名后面，但 -er 除外

Amygdalus triloba var. triloba f. multiplex 重
瓣榆叶梅（重 chóng）：multiplex 多重的，多倍的，
多褶皱的；multi- ← multus 多个，多数，很多（希
腊语为 poly-）；plex/ plica 褶，折扇状，卷折（plex
的词干为 plic-）

Anabasis 假木贼属（藜科）（25-2：p144）：ana- 上
升，攀登，向上，反复；basis 基部，基座

Anabasis aphylla 无叶假木贼：aphyllus 无叶的；
a-/ an- 无，非，没有，缺乏，不具有（an- 用于元音
前）（a-/ an- 为希腊语词首，对应的拉丁语词首为
e-/ ex-，相当于英语的 un-/ -less，注意词首 a- 和作
为介词的 a/ ab 不同，后者的意思是"从……、
由……、关于……、因为……"）；phyllus/ phyllum/
phylla ← phyllon 叶片（用于希腊语复合词）

Anabasis brevifolia 短叶假木贼：brevi- ← brevis
短的（用于希腊语复合词词首）；folius/ folium/
folia 叶，叶片（用于复合词）

Anabasis cretacea 白垩假木贼：cretaceus 白垩色
的，白垩纪的

Anabasis elatior 高枝假木贼：elatior 较高的
（elatus 的比较级）；-ilor 比较级

Anabasis eriopoda 毛足假木贼：erion 绵毛，羊毛；
podus/ pus 柄，梗，茎秆，足，腿

Anabasis pelliotii 粗糙假木贼：pelliotii ← pellitus
隐藏的，覆盖的

Anabasis salsa 盐生假木贼：salsus/ salsinus 咸的，
多盐的（比喻海岸或多盐生境）；sal/ salis 盐，盐
水，海，海水

Anabasis truncata 展枝假木贼：truncatus 截平的，
截形的，截断的；truncare 切断，截断，截平（动词）

Anacardiaceae 漆树科（45-1：p66）：Anacardium
腰果属；-aceae（分类单位科的词尾，为 -aceus 的

阴性复数主格形式，加到模式属的名称后或同义词
的词干后以组成族群名称）

Anacardium 腰果属（漆树科）（45-1：p72）：
anacardium 近似心形的；ana- ← analogus 类似的，
同类的，同功的；cardius 心脏，心形

Anacardium occidentale 腰果：occidentale ←
occidentalis 西方的，西部的，欧美的；occidens 西
方，西部

Anadendrum 上树南星属（天南星科）（13-2：p26）：
anadendrum 攀登树木的（指攀缘于树上）；ana- 上
升，攀登，向上，反复；dendron 树木

Anadendrum latifolium 宽叶上树南星：lati-/
late- ← latus 宽的，宽广的；folius/ folium/ folia
叶，叶片（用于复合词）

Anadendrum montanum 上树南星：montanus 山，
山地；montis 山，山地的；mons 山，山脉，岩石

Anagallis 琉璃繁缕属（报春花科）（59-1：p136）：
anagallis 反复欣赏的（比喻阴天花关闭，晴天花又
开放）；ana- 上升，攀登，向上，反复；agallis ←
agallein 享受的，欣赏的

Anagallis arvensis 琉璃繁缕：arvensis 田里生的；
arvum 耕地，可耕地

Anagallis arvensis f. arvensis 琉璃繁缕-原变型
（词义见上面解释）

Anagallis arvensis f. coerulea 蓝花琉璃繁缕：
caeruleus/ coeruleus 深蓝色的，海洋蓝的，青色的，
暗绿色的；caerulus/ coerulus 深蓝色，海洋蓝，青
色，暗绿色；-eus/ -eum/ -ea（接拉丁语词干时）属
于……的，色如……的，质如……的（表示原料、颜
色或品质的相似），（接希腊语词干时）属于……的，
以……出名，为……所占有（表示具有某种特性）

Ananas 凤梨属（凤梨科）（13-3：p64）：ananas 凤
梨，菠萝（巴西土名）

Ananas comosus 凤梨：comosus 丛状长毛的；
-osus/ -osum/ -osa 多的，充分的，丰富的，显著发
育的，程度高的，特征明显的（形容词词尾）

Anaphalis 香青属（菊科）（75：p141）：anaphalis 香
青属植物（希腊语名）

Anaphalis acutifolia 尖叶香青：acutifolius 尖叶的；
acuti-/ acu- ← acutus 锐尖的，针尖的，刺尖的，锐
角的；folius/ folium/ folia 叶，叶片（用于复合词）

Anaphalis aureo-punctata 黄腺香青：aure-/
aureo- ← aureus 黄色，金色；punctatus =
punctus + atus 具斑点的；punctus 斑点

Anaphalis aureo-punctata var. atrata 黄腺香
青-黑鳞变种：atratus = ater + atus 发黑的，浓暗
的，玷污的；ater 黑色的（希腊语，词干视为 atro-/
atr-/ atri-/ atra-）

Anaphalis aureo-punctata var. aureo-punctata
黄腺香青-原变种 （词义见上面解释）

Anaphalis aureo-punctata f. calvescens 黄腺香
青-脱毛变型：calvescens 变光秃的，几乎无毛的；
calvus 光秃的，无毛的，无芒的，裸露的；-escens/
-ascens 改变，转变，变成，略微，带有，接近，相
似，大致，稍微（表示变化的趋势，并未完全相似
或相同，有别于表示达到完成状态的 -atus）

Anaphalis aureo-punctata var. plantaginifolia
黄腺香青-车前叶变种：plantaginifolius 车前叶的；

Plantago 车前属（车前科）（plantago 的词干为 plantagin-）；词尾为 -go 的词其词干末尾视为 -gin；-eus/ -eum/ -ea（接拉丁语词干时）属于……的，色如……的，质如……的（表示原料、颜色或品质的相似），（接希腊语词干时）属于……的，以……出名，为……所占有（表示具有某种特性）；folius/ folium/ folia 叶，叶片（用于复合词）

Anaphalis aureo-punctata var. tomentosa 黄腺香青-绒毛变种：tomentosus = tomentum + osus 绒毛的，密被绒毛的；tomentum 绒毛，浓密的毛被，棉絮，棉絮状填充物（被褥、垫子等）；-osus/ -osum/ -osa 多的，充分的，丰富的，显著发育的，程度高的，特征明显的（形容词词尾）

Anaphalis bicolor 二色香青：bi-/ bis- 二，二数，二回（希腊语为 di-）；color 颜色

Anaphalis bicolor var. bicolor 二色香青-原变种（词义见上面解释）

Anaphalis bicolor var. kokonorica 二色香青-青海变种：kokonorica 切吉干巴的（地名，青海西北部）

Anaphalis bicolor var. longifolia 二色香青长-叶变种：longe-/ longi- ← longus 长的，纵向的；folius/ folium/ folia 叶，叶片（用于复合词）

Anaphalis bicolor var. subconcolor 二色香青-同色变种：subconcolor 像 concolor 的，近同色的；sub-（表示程度较弱）与……类似，几乎，稍微，弱，亚，之下，下面；Vanda concolor 琴唇万代兰；concolor = co + color 同色的，一色的，单色的；co- 联合，共同，合起来（拉丁语词首，为 cum- 的音变，表示结合、强化、完全，对应的希腊语为 syn-）；co- 的缀词音变有 co-/ com-/ con-/ col-/ cor-：co-（在 h 和元音字母前面），col-（在 l 前面），com-（在 b、m、p 之前），con-（在 c、d、f、g、j、n、qu、s、t 和 v 前面），cor-（在 r 前面）；color 颜色

Anaphalis bicolor var. subconcolor f. minuta（小二色香青）：minutus 极小的，细微的，微小的

Anaphalis bicolor var. undulata 二色香青-波缘变种：undulatus = undus + ulus + atus 略呈波浪状的，略弯曲的；undus/ undum/ unda 起波浪的，弯曲的；-ulus/ -ulum/ -ula 小的，略微的，稍微的（小词 -ulus 在字母 e 或 i 之后有多种变缀，即 -olus/ -olum/ -ola、-ellus/ -ellum/ -ella、-illus/ -illum/ -illa，与第一变格法和第二变格法名词形成复合词）；-atus/ -atum/ -ata 属于，相似，具有，完成（形容词词尾）

Anaphalis bulleyana 黏毛香青：bulleyana ← Arthur Bulley（人名，英国棉花经纪人）

Anaphalis busua 蛛毛香青：busua（土名）

Anaphalis chlamydophylla 茧衣香青：chlamydophyllus 叶片包着的；chlamyd-/ chlamydo- 包裹着的，包被的；phyllus/ phyllum/ phylla ← phyllon 叶片（用于希腊语复合词）

Anaphalis chungtienensis 中甸香青：chungtienensis 中甸的（地名，云南省香格里拉市的旧称）

Anaphalis cinerascens 灰毛香青：cinerascens/ cinerasceus 发灰的，变灰色的，灰白的，淡灰色的（比 cinereus 更白）；cinereus 灰色的，草木灰色的（为纯黑和纯白的混合色，希腊语为 tephro-/

spodo-）；ciner-/ cinere-/ cinereo- 灰色；-escens/ -ascens 改变，转变，变成，略微，带有，接近，相似，大致，稍微（表示变化的趋势，并未完全相似或相同，有别于表示达到完成状态的 -atus）

Anaphalis cinerascens var. cinerascens 灰毛香青-原变种 （词义见上面解释）

Anaphalis cinerascens var. congesta 灰毛香青-密聚变种：congestus 聚集的，充满的

Anaphalis contorta 旋叶香青：contortus 拧劲的，旋转的；co- 联合，共同，合起来（拉丁语词首，为 cum- 的音变，表示结合、强化、完全，对应的希腊语为 syn-）；co- 的缀词音变有 co-/ com-/ con-/ col-/ cor-：co-（在 h 和元音字母前面），col-（在 l 前面），com-（在 b、m、p 之前），con-（在 c、d、f、g、j、n、qu、s、t 和 v 前面），cor-（在 r 前面）；tortus 拧劲，捻，扭曲

Anaphalis contorta var. contorta 旋叶香青-原变种 （词义见上面解释）

Anaphalis contorta var. pellucida 旋叶香青-薄叶变种：pellucidus/ perlucidus = per + lucidus 透明的，透光的，极透明的；per-（在 l 前面音变为 pel-）极，很，颇，甚，非常，完全，通过，遍及（表示效果加强，与 sub- 互为反义词）；lucidus ← lucis ← lux 发光的，光辉的，清晰的，发亮的，荣耀的（lux 的单数所有格为 lucis，词尾为 -is 和 -ys 的词的词干分别视为 -id 和 -yd）

Anaphalis contortiformis 银衣香青：contortus 拧劲的，旋转的；co- 联合，共同，合起来（拉丁语词首，为 cum- 的音变，表示结合、强化、完全，对应的希腊语为 syn-）；co- 的缀词音变有 co-/ com-/ con-/ col-/ cor-：co-（在 h 和元音字母前面），col-（在 l 前面），com-（在 b、m、p 之前），con-（在 c、d、f、g、j、n、qu、s、t 和 v 前面），cor-（在 r 前面）；tortus 拧劲，捻，扭曲；formis/ forma 形状

Anaphalis corymbifera 伞房香青：Corymbia 伞房属（桃金娘科）；corymbus 伞形的，伞状的；-ferus/ -ferum/ -fera/ -fero/ -fere/ -fer 有，具有，产（区别：作独立词使用的 ferus 意思是"野生的"）

Anaphalis delavayi 苍山香青：delavayi ← P. J. M. Delavay（人名，1834–1895，法国传教士，曾在中国采集植物标本）；-i 表示人名，接在以元音字母结尾的人名后面，但 -a 除外

Anaphalis desertii 江孜香青：desertii ← desertius 沙漠的

Anaphalis elegans 雅致香青：elegans 优雅的，秀丽的

Anaphalis flaccida 萎软香青：flaccidus 柔软的，软乎乎的，软绵绵的；flaccus 柔弱的，软垂的；-idus/ -idum/ -ida 表示在进行中的动作或情况，作动词、名词或形容词的词尾

Anaphalis flavescens 淡黄香青：flavescens 淡黄的，发黄的，变黄的；flavus → flavo-/ flavi-/ flav- 黄色的，鲜黄色的，金黄色的（指纯正的黄色）；-escens/ -ascens 改变，转变，变成，略微，带有，接近，相似，大致，稍微（表示变化的趋势，并未完全相似或相同，有别于表示达到完成状态的 -atus）

Anaphalis flavescens var. flavescens 淡黄香青-原变种 （词义见上面解释）

Anaphalis flavescens var. flavescens f. rosea 淡红香青：roseus = rosa + eus 像玫瑰的，玫瑰色的，粉红色的；rosa 蔷薇（古拉丁名）← rhodon 蔷薇（希腊语）← rhodd 红色，玫瑰红（凯尔特语）；-eus/ -eum/ -ea（接拉丁语词干时）属于……的，色如……的，质如……的（表示原料、颜色或品质的相似），（接希腊语词干时）属于……的，以……出名，为……所占有（表示具有某种特性）

Anaphalis flavescens var. flavescens f. sulphurea 硫黄香青：sulphureus/ sulfureus 硫黄色的

Anaphalis flavescens × lactea 淡黄×乳白香青：lacteus 乳汁的，乳白色的，白色略带蓝色的；lactis 乳汁；-eus/ -eum/ -ea（接拉丁语词干时）属于……的，色如……的，质如……的（表示原料、颜色或品质的相似），（接希腊语词干时）属于……的，以……出名，为……所占有（表示具有某种特性）

Anaphalis flavescens var. lanata 淡黄香青-棉毛变种：lanatus = lana + atus 具羊毛的，具长柔毛的；lana 羊毛，绵毛

Anaphalis flavescens × souliei 淡黄×川西香青：souliei（人名）；-i 表示人名，接在以元音字母结尾的人名后面，但 -a 除外

Anaphalis gracilis 纤枝香青：gracilis 细长的，纤弱的，丝状的

Anaphalis gracilis var. aspera 纤枝香青-糙叶变种：asper/ asperus/ asperum/ aspera 粗糙的，不平的

Anaphalis gracilis var. gracilis 纤枝香青-原变种（词义见上面解释）

Anaphalis gracilis var. ulophylla 纤枝香青-皱缘变种：ulophyllus 卷叶的；ulo- 卷曲；phyllus/ phyllum/ phylla ← phyllon 叶片（用于希腊语复合词）

Anaphalis griffithii （格利香青）：griffithii ← William Griffith（人名，19 世纪印度植物学家，加尔各答植物园主任）

Anaphalis hancockii 铃铃香青：hancockii ← W. Hancock（人名，1847–1914，英国海关官员，曾在中国采集植物标本）

Anaphalis hancockii × flavescens 铃铃×淡黄香青：flavescens 淡黄的，发黄的，变黄的；flavus → flavo-/ flavi-/ flav- 黄色的，鲜黄色的，金黄色的（指纯正的黄色）；-escens/ -ascens 改变，转变，变成，略微，带有，接近，相似，大致，稍微（表示变化的趋势，并未完全相似或相同，有别于表示达到完成状态的 -atus）

Anaphalis hancockii × lactea 铃铃×乳白香青：lacteus 乳汁的，乳白色的，白色略带蓝色的；lactis 乳汁；-eus/ -eum/ -ea（接拉丁语词干时）属于……的，色如……的，质如……的（表示原料、颜色或品质的相似），（接希腊语词干时）属于……的，以……出名，为……所占有（表示具有某种特性）

Anaphalis hancockii f. taipeiensis 太白铃铃香青：taipeiensis 太白的（地名，陕西省，有时拼写为"taipai"，而"太白"的规范拼音为"taibai"），台北的（地名，属台湾省）

Anaphalis hondae 多茎香青：hondae 本田（日本人名）；-ae 表示人名，以 -a 结尾的人名后面加上 -e 形成

Anaphalis horaimontana 大山香青：horaimontana 蓬莱山的（地名，山东省烟台市，"蓬莱"的日语读音为"horai"）；montanus 山，山地

Anaphalis hymenolepis 膜苞香青：hymen-/ hymeno- 膜的，膜状的；lepis/ lepidos 鳞片

Anaphalis lactea 乳白香青：lacteus 乳汁的，乳白色的，白色略带蓝色的；lactis 乳汁；-eus/ -eum/ -ea（接拉丁语词干时）属于……的，色如……的，质如……的（表示原料、颜色或品质的相似），（接希腊语词干时）属于……的，以……出名，为……所占有（表示具有某种特性）

Anaphalis lactea × flavescens? 乳白×淡黄香青（问号表示亲本不确定）：flavescens 淡黄的，发黄的，变黄的；flavus → flavo-/ flavi-/ flav- 黄色的，鲜黄色的，金黄色的（指纯正的黄色）；-escens/ -ascens 改变，转变，变成，略微，带有，接近，相似，大致，稍微（表示变化的趋势，并未完全相似或相同，有别于表示达到完成状态的 -atus）

Anaphalis lactea f. rosea 红花乳白香青：roseus = rosa + eus 像玫瑰的，玫瑰色的，粉红色的；rosa 蔷薇（古拉丁名）← rhodon 蔷薇（希腊语）← rhodd 红色，玫瑰红（凯尔特语）；-eus/ -eum/ -ea（接拉丁语词干时）属于……的，色如……的，质如……的（表示原料、颜色或品质的相似），（接希腊语词干时）属于……的，以……出名，为……所占有（表示具有某种特性）

Anaphalis larium 德钦香青：larius 相似，呈……状的

Anaphalis latialata 宽翅香青：lati-/ late- ← latus 宽的，宽广的；alatus → ala-/ alat-/ alati-/ alato- 翅，具翅的，具翼的

Anaphalis latialata var. latialata 宽翅香青-原变种 （词义见上面解释）

Anaphalis latialata var. viridis 宽翅香青-青绿变种：viridis 绿色的，鲜嫩的（相当于希腊语的 chloro-）

Anaphalis likiangensis 丽江香青：likiangensis 丽江的（地名，云南省）

Anaphalis margaritacea 珠光香青：margaritaceus 珍珠般的；margaritus 珍珠的，珍珠状的；-aceus/ -aceum/ -acea 相似的，有……性质的，属于……的

Anaphalis margaritacea var. cinnamomea 珠光香青-黄褐变种：cinnamomeus 像肉桂的，像樟树的；cinnamommum ← kinnamomon = cinein + amomos 肉桂树，有芳香味的卷曲树皮，桂皮（希腊语）；cinein 卷曲；amomos 完美的，无缺点的（如芳香味等）；Cinnamomum 樟属（樟科）；-eus/ -eum/ -ea（接拉丁语词干时）属于……的，色如……的，质如……的（表示原料、颜色或品质的相似），（接希腊语词干时）属于……的，以……出名，为……所占有（表示具有某种特性）

Anaphalis margaritacea var. cinnamomea f. lancea 矛叶珠光香青：lancea ← John Henry Lance（人名，19 世纪英国植物学家）；lanceus 披针形的，矛形的，尖刀状的，柳叶刀状的；Lancea 肉果草属（玄参科）

Anaphalis margaritacea var. japonica 线叶珠光香青：japonica 日本的（地名）；-icus/ -icum/ -ica 属于，具有某种特性（常用于地名、起源、生境）

Anaphalis margaritacea var. margaritacea 珠光香青-原变种（词义见上面解释）

Anaphalis morrisonicola 玉山香青：morrisonicola 磨里山产的；morrison 磨里山（地名，今台湾新高山）；colus ← colo 分布于，居住于，栖居，殖民（常作词尾）；colo/ colere/ colui/ cultum 居住，耕作，栽培

Anaphalis muliensis 木里香青：muliensis 木里的（地名，四川省）

Anaphalis nagasawai 永健香青：nagasawai 永泽，长泽（日本人名）；-i 表示人名，接在以元音字母结尾的人名后面，但 -a 除外，故该词改为"nagasawaiana"或"nagasawae"似更妥

Anaphalis nepalensis 尼泊尔香青：nepalensis 尼泊尔的（地名）

Anaphalis nepalensis var. corymbosa 尼泊尔香青-伞房变种：corymbosus = corymbus + osus 伞房花序的；corymbus 伞形的，伞状的；-osus/ -osum/ -osa 多的，充分的，丰富的，显著发育的，程度高的，特征明显的（形容词词尾）

Anaphalis nepalensis var. monocephala 尼泊尔香青-单头变种：mono-/ mon- ← monos 一个，单一的（希腊语，拉丁语为 unus/ uni-/ uno-）；cephalus/ cephale ← cephalos 头，头状花序

Anaphalis nepalensis var. nepalensis 尼泊尔香青-原变种（词义见上面解释）

Anaphalis oxyphylla 锐叶香青：oxyphyllus 尖叶的；oxy- ← oxys 尖锐的，酸的；phyllus/ phyllum/ phylla ← phyllon 叶片（用于希腊语复合词）

Anaphalis pachylaena 厚衣香青：pachylaenus 厚皮的，厚皮包被的；pachy- ← pachys 厚的，粗的，肥的；laenus 外衣，包被，覆盖

Anaphalis pannosa 污毛香青：pannosus 充满毛的，毡毛状的

Anaphalis plicata 褶苞香青（褶 zhě）：plicatus = plex + atus 折扇状的，有沟的，纵向折叠的，棕榈叶状的（= plicativus）；plex/ plica 褶，折扇状，卷折（plex 的词干为 plic-）；plico 折叠，出褶，卷折

Anaphalis porphyrolepis 紫苞香青：porphyr-/ porphyro- 紫色；lepis/ lepidos 鳞片

Anaphalis possietica（波西香青）：possietica（地名）

Anaphalis rhododactyla 红指香青：rhodon → rhodo- 红色的，玫瑰色的；dactylus ← dactylos 手指状的；dactyl- 手指

Anaphalis royleana 须弥香青：royleana ← John Forbes Royle（人名，19 世纪英国植物学家、医生）

Anaphalis sinica 香青：sinica 中国的（地名）；-icus/ -icum/ -ica 属于，具有某种特性（常用于地名、起源、生境）

Anaphalis sinica var. densata 香青-密生变种：densatus = densus + atus 稠密的；densus 密集的，繁茂的

Anaphalis sinica var. lanata 香青-棉毛变种：lanatus = lana + atus 具羊毛的，具长柔毛的；lana 羊毛，绵毛

Anaphalis sinica var. remota 香青-疏生变种：remotus 分散的，分开的，稀疏的，远距离的

Anaphalis sinica var. remota f. rubra 红花香青：rubrus/ rubrum/ rubra/ ruber 红色的

Anaphalis sinica var. sinica 香青-原变种（词义见上面解释）

Anaphalis sinica var. sinica f. pterocaula 翅茎香青：pterus/ pteron 翅，翼，蕨类；caulus/ caulon/ caule ← caulos 茎，茎秆，主茎

Anaphalis souliei 蜀西香青：souliei（人名）；-i 表示人名，接在以元音字母结尾的人名后面，但 -a 除外

Anaphalis souliei f. longipes 长梗蜀西香青：longe-/ longi- ← longus 长的，纵向的；pes/ pedis 柄，梗，茎秆，腿，足，爪（作词首或词尾，pes 的词干视为"ped-"）

Anaphalis souliei f. rosea 红花蜀西香青：roseus = rosa + eus 像玫瑰的，玫瑰色的，粉红色的；rosa 蔷薇（古拉丁名）← rhodon 蔷薇（希腊语）← rhodd 红色，玫瑰红（凯尔特语）；-eus/ -eum/ -ea（接拉丁语词干时）属于……的，色如……的，质如……的（表示原料、颜色或品质的相似），（接希腊语词干时）属于……的，以……出名，为……所占有（表示具有某种特性）

Anaphalis spodiophylla 灰叶香青：spodios 灰色的；spod-/ spodo- 灰色；phyllus/ phyllum/ phylla ← phyllon 叶片（用于希腊语复合词）

Anaphalis stenocephala 狭苞香青：sten-/ steno- ← stenus 窄的，狭的，薄的；cephalus/ cephale ← cephalos 头，头状花序

Anaphalis stoliczkai（斯特香青）：stoliczkai（人名）（注：-i 表示人名，接在以元音字母结尾的人名后面，但 -a 除外，故该词尾宜改为"-ae"）

Anaphalis suffruticosa 亚灌木香青：suffruticosus 亚灌木状的；suffrutex 亚灌木，半灌木；suf- ← sub- 亚，像，稍微（sub- 在字母 f 前同化为 suf-）；frutex 灌木；-osus/ -osum/ -osa 多的，充分的，丰富的，显著发育的，程度高的，特征明显的（形容词词尾）

Anaphalis surculosa 萌条香青：surculosus 吸收枝的，多萌条的，像树的（指草），木质的；surculus 幼枝，萌条，根出条；suculo 修剪，除蘖，抹芽；surcularis 生嫩芽的；surcularius 嫩芽的，幼枝的；surculose 像树一样地；-osus/ -osum/ -osa 多的，充分的，丰富的，显著发育的，程度高的，特征明显的（形容词词尾）

Anaphalis szechuanensis 四川香青：szechuan 四川（地名）

Anaphalis szechuanensis f. humilis（小香青）：humilis 矮的，低的

Anaphalis tenuisissima 细弱香青：tenuisissimus 非常细的；tenuis 薄的，纤细的，弱的，瘦的，窄的；-issimus/ -issima/ -issimum 最，非常，极其（形容词最高级）

Anaphalis tibetica 西藏香青：tibetica 西藏的（地名）；-icus/ -icum/ -ica 属于，具有某种特性（常用于地名、起源、生境）

Anaphalis transnokoensis 能高香青：transnokoensis = trans + nokoensis 跨越能高山的；

tran-/ trans- 横过，远侧边，远方，在那边；
nokoensis 能高山的（地名，位于台湾省，"noko"
为"能高"的日语读音）

Anaphalis triplinervis 三脉香青：triplinervis 三脉
的，三出脉的；tri-/ tripli-/ triplo- 三个，三数；
nervis ← nervus 脉，叶脉

Anaphalis virens 黄绿香青：virens 绿色的，变绿的

Anaphalis virgata 帚枝香青：virgatus 细长枝条的，
有条纹的，嫩枝状的；virga/ virgus 纤细枝条，细
而绿的枝条；-atus/ -atum/ -ata 属于，相似，具有，
完成（形容词词尾）

Anaphalis viridis 绿香青：viridis 绿色的，鲜嫩的
（相当于希腊语的 chloro-）

Anaphalis viridis var. acaulis 绿香青-无茎变种：
acaulia/ acaulis 无茎的，矮小的；a-/ an- 无，非，
没有，缺乏，不具有（an- 用于元音前）（a-/ an- 为
希腊语词首，对应的拉丁语词首为 e-/ ex-，相当于
英语的 un-/ -less，注意词首 a- 和作为介词的 a/ ab
不同，后者的意思是"从……、由……、关于……、
因为……"）；caulia/ caulis 茎，茎秆，主茎

Anaphalis viridis var. viridis 绿香青-原变种 （词
义见上面解释）

Anaphalis xylorhiza 木根香青：xylorhiza 木质根的
（缀词规则：-rh- 接在元音字母后面构成复合词时要
变成 -rrh-，故该词宜改为"xylorrhiza"）；xylon 木
材，木质；rhizus 根，根状茎

Anaphalis xylorhiza f. rosea 红花木根香青：
roseus = rosa + eus 像玫瑰的，玫瑰色的，粉红色
的；rosa 蔷薇（古拉丁名）← rhodon 蔷薇（希腊
语）← rhodd 红色，玫瑰红（凯尔特语）；-eus/
-eum/ -ea（接拉丁语词干时）属于……的，色
如……的，质如……的（表示原料、颜色或品质的
相似），（接希腊语词干时）属于……的，以……出
名，为……所占有（表示具有某种特性）

Anaphalis yunnanensis 云南香青：yunnanensis 云
南的（地名）

Anaxagorea 蒙蒿子属（蒙 méng）（番荔枝
科）（30-2：p53）：anaxagorea ← Anaxagoras（人
名，古希腊哲学家）

Anaxagorea luzonensis 蒙蒿子：luzonensis ←
Luzon 吕宋岛的（地名，菲律宾）

Ancathia 肋果蓟属（菊科）（78-1：p135）：a-/ an-
无，非，没有，缺乏，不具有（an- 用于元音前）（a-/
an- 为希腊语词首，对应的拉丁语词首为 e-/ ex-，
相当于英语的 un-/ -less，注意词首 a- 和作为介词
的 a/ ab 不同，后者的意思是"从……、由……、
关于……、因为……"）；cathia ← cathemai 坐

Ancathia igniaria 肋果蓟：igniarius = igneus +
arius 属于火的；igneus 火焰色的，火一样的；
-arius/ -arium/ -aria 相似，属于（表示地点，场所，
关系，所属）

Anchusa 牛舌草属（紫草科）（64-2：p67）：anchusa
皮肤上的涂料（指可以制作化妆品）

Anchusa italica 牛舌草：italica 意大利的（地名）；
-icus/ -icum/ -ica 属于，具有某种特性（常用于地
名、起源、生境）

Anchusa officinalis 药用牛舌草：officinalis/
officinale 药用的，有药效的；officina ← opificina

药店，仓库，作坊

Ancistrocladaceae 钩枝藤科（52-1：p270）：
Aancistrocladus 钩枝藤属；-aceae（分类单位科的
词尾，为 -aceus 的阴性复数主格形式，加到模式属
的名称后或同义词的词干后以组成族群名称）

Ancistrocladus 钩枝藤属（钩枝藤科）（52-1：p270）：
ancistron 钩，钩刺；cladus ← clados 枝条，分枝

Ancistrocladus tectorius 钩枝藤：tectorius 屋顶
的，属于屋顶的；tego 遮掩，隐藏；tectum 屋顶，
拱顶；tectus 覆盖的，隐秘的；tector 泥瓦匠；
tectorium 刷墙灰，灰色；tectorius 粉刷用的，覆盖
用的；-orius/ -orium/ -oria 属于，能够，表示能力
或动能

Ancylostemon 直瓣苣苔属（苦苣苔科）（69：p190）：
ancylostemon 钩状花药的（指雄蕊顶端弯曲）；
ancylis 钩；stemon 雄蕊

Ancylostemon aureus 凹瓣苣苔：aureus =
aurus + eus 属于金色的，属于黄色的；aurus 金，
金色；-eus/ -eum/ -ea（接拉丁语词干时）属
于……的，色如……的，质如……的（表示原料、颜
色或品质的相似），（接希腊语词干时）属于……的，
以……出名，为……所占有（表示具有某种特性）

Ancylostemon aureus var. angustifolius 窄叶直
瓣苣苔：angusti- ← angustus 窄的，狭的，细的；
folius/ folium/ folia 叶，叶片（用于复合词）

Ancylostemon aureus var. aureus 凹瓣苣苔-原变
种 （词义见上面解释）

Ancylostemon convexus 凸瓣苣苔：convexus 拱形
的，弯曲的

Ancylostemon flabellatus 扇叶直瓣苣苔：
flabellatus = flabellus + atus 扇形的；flabellus 扇
子，扇形的

Ancylostemon gamosepalus 黄花直瓣苣苔：
gamo ← gameo 结合，联合，结婚；sepalus/
sepalum/ sepala 萼片（用于复合词）

Ancylostemon humilis 矮直瓣苣苔：humilis 矮的，
低的

Ancylostemon mairei 滇北直瓣苣苔：mairei（人
名）；Edouard Ernest Maire（人名，19 世纪活动于
中国云南的传教士）；Rene C. J. E. Maire 人名（20
世纪阿尔及利亚植物学家，研究北非植物）；-i 表示
人名，接在以元音字母结尾的人名后面，但 -a 除外

Ancylostemon mairei var. emeiensis 峨眉直瓣苣
苔：emeiensis 峨眉山的（地名，四川省）

Ancylostemon mairei var. mairei 滇北直瓣苣
苔-原变种 （词义见上面解释）

Ancylostemon notochlaenus 贵州直瓣苣苔：
notochlaenus 脊背覆盖的（有包被）；noto- ←
notum 背部，脊背；chlaenus 外衣，宝贝，覆盖，
膜，斗篷

Ancylostemon rhombifolius 菱叶直瓣苣苔：
rhombus 菱形，纺锤；folius/ folium/ folia 叶，叶
片（用于复合词）

Ancylostemon ronganensis 融安直瓣苣苔：
ronganensis 融安的（地名，广西壮族自治区）

Ancylostemon saxatilis 直瓣苣苔：saxatilis 生于
岩石的，生于石缝的；saxum 岩石，结石；-atilis
（阳性、阴性）/ -atile（中性）（表示生长的地方）

Ancylostemon trichanthus 毛花直瓣苣苔：trich-/ tricho-/ tricha- ← trichos ← thrix 毛，多毛的，线状的，丝状的；anthus/ anthum/ antha/ anthe ← anthos 花（用于希腊语复合词）

Ancylostemon vulpinus 狐毛直瓣苣苔：vulpinus 狐狸的，狐狸色的；vulpes 狐狸；-inus/ -inum/ -ina/ -inos 相近，接近，相似，具有（通常指颜色）

Androcorys 兜蕊兰属（兰科）（17：p487）：androcorys 雄蕊头盔状的；andr-/ andro-/ ander-/ aner- ← andrus ← andros 雄蕊，雄花，雄性，男性（aner 的词干为 ander-，作复合词成分时变为 andr-）；corys 头盔，口袋，兜（指总苞形状，希腊语）

Androcorys ophioglossoides 兜蕊兰：ophioglossoides 像瓶尔小草的；Ophioglossum 瓶尔小草属（瓶尔小草科）；-oides/ -oideus/ -oideum/ -oidea/ -odes/ -eidos 像……的，类似……的，呈……状的（名词词尾）

Androcorys oxysepalus 尖萼兜蕊兰：oxysepalus 尖萼的；oxy- ← oxys 尖锐的，酸的；sepalus/ sepalum/ sepala 萼片（用于复合词）

Androcorys pugioniformis 剑唇兜蕊兰：pugioni- ← pugio 短刀；formis/ forma 形状

Androcorys pusillus 小兜蕊兰：pusillus 纤弱的，细小的，无价值的

Androcorys spiralis 蜀藏兜蕊兰：spiralis/ spirale 螺旋状的，盘卷的，缠绕的；spira ← speira 螺旋状的，环状的，缠绕的，盘卷的（希腊语）

Andrographis 穿心莲属（爵床科）（70：p204）：andrographis 雄蕊有毛的；andro- ← aner 雄蕊，花药，雄性；graphis/ graph/ graphe/ grapho 书写的，涂写的，绘画的，画成的，雕刻的，画笔的

Andrographis laxiflora 疏花穿心莲：laxus 稀疏的，松散的，宽松的；florus/ florum/ flora ← flos 花（用于复合词）

Andrographis laxiflora var. glomerulifera 腺毛疏花穿心莲：glomerulus = glomera + ulus 聚集团伞花序的；glomera 线球，一团，一束；-ferus/ -ferum/ -fera/ -fero/ -fere/ -fer 有，具有，产（区别：作独立词使用的 ferus 意思是"野生的"）

Andrographis laxiflora var. laxiflora 疏花穿心莲-原变种 （词义见上面解释）

Andrographis paniculata 穿心莲：paniculatus = paniculus + atus 具圆锥花序的；paniculus 圆锥花序；panus 谷穗；panicus 野稗，粟，谷子；-atus/ -atum/ -ata 属于，相似，具有，完成（形容词词尾）

Andropogon 须芒草属（禾本科）（10-2：p184）：andropogon 雄花胡须状的（指颖片上的芒）；andr-/ andro-/ ander-/ aner- ← andrus ← andros 雄蕊，雄花，雄性，男性（aner 的词干为 ander-，作复合词成分时变为 andr-）；pogon 胡须，髯毛，芒尖

Andropogon chinensis 华须芒草：chinensis = china + ensis 中国的（地名）；China 中国

Andropogon munroi 西藏须芒草：munroi ← George C. Munro（人名，20 世纪美国博物学家）；-i 表示人名，接在以元音字母结尾的人名后面，但 -a 除外

Andropogon yunnanensis 须芒草：yunnanensis 云南的（地名）

Androsace 点地梅属（报春花科）（59-1：p141）：androsace 雄蕊盾牌状的；andros ← aner 雄蕊，花药，雄性（词干 andr- 后接辅音字母时，要加上起连接作用的字母"o"，即 andro-）；sace ← sake 盾

Androsace adenocephala 腺序点地梅：adenocephalus 腺序的；aden-/ adeno- ← adenus 腺，腺体；cephalus/ cephale ← cephalos 头，头状花序

Androsace alaschanica 阿拉善点地梅：alaschanica 阿拉善的（地名，内蒙古最西部）

Androsace alaschanica var. alaschanica 阿拉善点地梅-原变种 （词义见上面解释）

Androsace alaschanica var. zadoensis 扎多点地梅（扎 zhā）：zadoensis 杂多的（地名，青海省）

Androsace alchemilloides 花叶点地梅：Alchemilla 羽衣草属（蔷薇科）；-oides/ -oideus/ -oideum/ -oidea/ -odes/ -eidos 像……的，类似……的，呈……状的（名词词尾）

Androsace axillaris 腋花点地梅：axillaris 腋生的；axillus 叶腋的；axill-/ axilli- 叶腋；superaxillaris 腋上的；subaxillaris 近腋生的；extraaxillaris 腋外的；infraaxillaris 腋下的；-aris（阳性、阴性）/ -are（中性）← -alis（阳性、阴性）/ -ale（中性）属于，相似，如同，具有，涉及，关于，联结于（将名词作形容词用，其中 -aris 常用于以 l 或 r 为词干末尾的词）；形近词：axilis ← axis 轴，中轴

Androsace bisulca 昌都点地梅：bi-/ bis- 二，二数，二回（希腊语为 di-）；sulcus 犁沟，沟槽，皱纹

Androsace bisulca var. aurata 黄花昌都点地梅：auratus = aurus + atus 金黄色的；aurus 金，金色

Androsace bisulca var. bisulca 昌都点地梅-原变种 （词义见上面解释）

Androsace brachystegia 玉门点地梅：brachy- ← brachys 短的（用于拉丁语复合词词首）；stegius ← stege/ stegon 盖子，加盖，覆盖，包裹，遮盖物

Androsace bulleyana 景天点地梅：bulleyana ← Arthur Bulley（人名，英国棉花经纪人）

Androsace cernuiflora 弯花点地梅：cernuus 点头的，前屈的，略俯垂的（弯曲程度略大于 90°）；cernu-/ cernui- 弯曲，下垂；florus/ florum/ flora ← flos 花（用于复合词）；关联词：nutans 弯曲的，下垂的（弯曲程度远大于 90°）

Androsace ciliifolia 睫毛点地梅：ciliifolia = cilium + folia 缘毛叶的（缀词规则：用非属名构成复合词且词干末尾字母为 i 时，省略词尾，直接用词干和后面的构词成分连接，故 cilii- 应简化为 cili-）；cilium 缘毛，睫毛；folius/ folium/ folia 叶，叶片（用于复合词）

Androsace cuscutiformis 细蔓点地梅（蔓 màn）：cuscutiformis 菟丝子形的；Cuscuta 菟丝子属（旋花科）；formis/ forma 形状

Androsace cuttingii 江孜点地梅：cuttingii（人名）；-ii 表示人名，接在以辅音字母结尾的人名后面，但 -er 除外

Androsace delavayi 滇西北点地梅：delavayi ← P. J. M. Delavay（人名，1834–1895，法国传教士，曾在中国采集植物标本）；-i 表示人名，接在以元音字

A

母结尾的人名后面，但 -a 除外

Androsace dissecta 裂叶点地梅：dissectus 多裂的，全裂的，深裂的；di-/ dis- 二，二数，二分，分离，不同，在……之间，从……分开（希腊语，拉丁语为 bi-/ bis-）；sectus 分段的，分节的，切开的，分裂的

Androsace elatior 高莛点地梅：elatior 较高的（elatus 的比较级）；-ilor 比较级

Androsace engleri 陕西点地梅：engleri ← Adolf Engler 阿道夫·恩格勒（人名，1844–1931，德国植物学家，创立了以假花学说为基础的植物分类系统，于 1897 年发表）；-eri 表示人名，在以 -er 结尾的人名后面加上 i 形成

Androsace erecta 直立点地梅：erectus 直立的，笔直的

Androsace euryantha 大花点地梅：eurys 宽阔的；anthus/ anthum/ antha/ anthe ← anthos 花（用于希腊语复合词）

Androsace filiformis 东北点地梅：filiforme/ filiformis 线状的；fili-/ fil- ← filum 线状的，丝状的；formis/ forma 形状

Androsace flavescens 南疆点地梅：flavescens 淡黄的，发黄的，变黄的；flavus → flavo-/ flavi-/ flav- 黄色的，鲜黄色的，金黄色的（指纯正的黄色）；-escens/ -ascens 改变，转变，变成，略微，带有，接近，相似，大致，稍微（表示变化的趋势，并未完全相似或相同，有别于表示达到完成状态的 -atus）

Androsace forrestiana 滇藏点地梅：forrestiana ← George Forrest（人名，1873–1932，英国植物学家，曾在中国西部采集大量植物标本）

Androsace gagnepainiana 披散点地梅：gagnepainiana（人名）

Androsace geraniifolia 掌叶点地梅：geraniifolius 老鹳草叶的；缀词规则：以属名作复合词时原词尾变形后的 i 要保留；geranium 老鹳草属；folius/ folium/ folia 叶，叶片（用于复合词）

Androsace globifera 球形点地梅：glob-/ globi- ← globus 球体，圆球，地球；-ferus/ -ferum/ -fera/ -fero/ -fere/ -fer 有，具有，产（区别：作独立词使用的 ferus 意思是"野生的"）

Androsace gmelinii 小点地梅：gmelinii ← Johann Gottlieb Gmelin（人名，18 世纪德国博物学家，曾对西伯利亚和勘察加进行大量考察）

Androsace gmelinii var. geophila 短莛小点地梅：geo- 地，地面，土壤；philus/ philein ← philos → phil-/ phili/ philo- 喜好的，爱好的，喜欢的（注意区别形近词：phylus、phyllus）；phylus/ phylum/ phyla ← phylon/ phyle 植物分类单位中的"门"，位于"界"和"纲"之间，类群，种族，部落，聚群；phyllus/ phyllum/ phylla ← phyllon 叶片（用于希腊语复合词）；Geophila 爱地草属（茜草科）

Androsace gmelinii var. gmelinii 小点地梅-原变种 （词义见上面解释）

Androsace graceae 圆叶点地梅：graceae ← grace 优雅的，迷人的

Androsace gracilis 细弱点地梅：gracilis 细长的，纤弱的，丝状的

Androsace graminifolia 禾叶点地梅：graminus 禾草，禾本科草；folius/ folium/ folia 叶，叶片（用于

复合词）

Androsace henryi 莲叶点地梅：henryi ← Augustine Henry 或 B. C. Henry（人名，前者，1857–1930，爱尔兰医生、植物学家，曾在中国采集植物，后者，1850–1901，曾活动于中国的传教士）

Androsace henryi var. henryi 莲叶点地梅-原变种（词义见上面解释）

Androsace henryi var. simulans 阔苞莲叶点地梅：simulans 仿造的，模仿的；simulo/ simuilare/ simulatus 模仿，模拟，伪装

Androsace hookeriana 亚东点地梅：hookeriana ← William Jackson Hooker（人名，19 世纪英国植物学家）

Androsace incana 白花点地梅：incanus 灰白色的，密被灰白色毛的

Androsace integra 石莲叶点地梅：integer/ integra/ integrum → integri- 完整的，整个的，全缘的

Androsace kouytchensis 贵州点地梅：kouytchensis 贵州的（地名）

Androsace laxa 秦巴点地梅：laxus 稀疏的，松散的，宽松的

Androsace lehmanniana 旱生点地梅：lehmanniana ← Johann Georg Christian Lehmann（人名，19 世纪德国植物学家）

Androsace lehmannii 钻叶点地梅：lehmannii ← Johann Georg Christian Lehmann（人名，19 世纪德国植物学家）

Androsace limprichtii 康定点地梅：limprichtii（人名）；-ii 表示人名，接在以辅音字母结尾的人名后面，但 -er 除外

Androsace limprichtii var. laxiflora 疏花康定点地梅：laxus 稀疏的，松散的，宽松的；florus/ florum/ flora ← flos 花（用于复合词）

Androsace limprichtii var. limprichtii 康定点地梅-原变种 （词义见上面解释）

Androsace longifolia 长叶点地梅：longe-/ longi- ← longus 长的，纵向的；folius/ folium/ folia 叶，叶片（用于复合词）

Androsace longifolia var. decipiens 疏丛长叶点地梅：decipiens 欺骗的，虚假的，迷惑的（表示和另外的种非常近似）

Androsace longifolia var. longifolia 长叶点地梅-原变种 （词义见上面解释）

Androsace mairei 绿棱点地梅：mairei（人名）；Edouard Ernest Maire（人名，19 世纪活动于中国云南的传教士）；Rene C. J. E. Maire 人名（20 世纪阿尔及利亚植物学家，研究北非植物）；-i 表示人名，接在以元音字母结尾的人名后面，但 -a 除外

Androsace mariae 西藏点地梅：mariae（人名）

Androsace maxima 大苞点地梅：maximus 最大的

Androsace medifissa 梵净山点地梅（梵 fàn）：medi- ← medius 中间的，中央的；fissus/ fissuratus 分裂的，裂开的，中裂的

Androsace minor 小丛点地梅：minor 较小的，更小的

Androsace mirabilis 大叶点地梅：mirabilis 奇异的，奇迹的；-ans/ -ens/ -bilis/ -ilis 能够，可能（为形

容词词尾，-ans/ -ens 用于主动语态，-bilis/ -ilis 用于被动语态）；Mirabilis 紫茉莉属（紫茉莉科）

Androsace mollis 柔软点地梅：molle/ mollis 软的，柔毛的

Androsace nortonii 绢毛点地梅（绢 juàn）：nortonii（人名）；-ii 表示人名，接在以辅音字母结尾的人名后面，但 -er 除外

Androsace ovalifolia 卵叶点地梅：ovalis 广椭圆形的；ovus 卵，胚珠，卵形的，椭圆形的；folius/ folium/ folia 叶，叶片（用于复合词）

Androsace ovczinnikovii 天山点地梅：ovczinnikovii（人名）；-ii 表示人名，接在以辅音字母结尾的人名后面，但 -er 除外

Androsace paxiana 峨眉点地梅：paxiana（人名）

Androsace pomeiensis 波密点地梅：pomeiensis 波密的（地名，西藏自治区）

Androsace refracta 折梗点地梅：refractus 骤折的，倒折的，反折的；re- 返回，相反，再次，重复，向后，回头；fractus 背折的，弯曲的

Androsace rigida 硬枝点地梅：rigidus 坚硬的，不弯曲的，强直的

Androsace robusta 雪球点地梅：robustus 大型的，结实的，健壮的，强壮的

Androsace rockii 密毛点地梅：rockii ← Joseph Francis Charles Rock（人名，20 世纪美国植物采集员）

Androsace runcinata 异叶点地梅：runcinatus = re + uncinatus 逆向羽裂的，倒齿状的（齿指向基部）；re- 返回，相反，再（相当拉丁文 ana-）；uncinatus = uncus + inus + atus = aduncus/ aduncatus 具钩的，尖端突然向下弯的；uncus 钩，倒钩刺

Androsace sarmentosa 匍茎点地梅：sarmentosus 匍匐茎的；sarmentum 匍匐茎，鞭条；-osus/ -osum/ -osa 多的，充分的，丰富的，显著发育的，程度高的，特征明显的（形容词词尾）

Androsace selago 紫花点地梅：selago 石松

Androsace septentrionalis 北点地梅：septentrionalis 北方的，北半球的，北极附近的；septentrio 北斗七星，北方，北风；septem-/ sept-/ septi- 七（希腊语为 hepta-）；trio 耕牛，大、小熊星座

Androsace septentrionalis var. breviscapa 短莛北点地梅：brevi- ← brevis 短的（用于希腊语复合词词首）；scapus（scap-/ scapi-）← skapos 主茎，树干，花柄，花轴

Androsace septentrionalis var. septentrionalis 北点地梅-原变种 （词义见上面解释）

Androsace spinulifera 刺叶点地梅：spinulus 小刺；spinus 刺，针刺；-ulus/ -ulum/ -ula 小的，略微的，稍微的（小词 -ulus 在字母 e 或 i 之后有多种变缀，即 -olus/ -olum/ -ola、-ellus/ -ellum/ -ella、-illus/ -illum/ -illa，与第一变格法和第二变格法名词形成复合词）；-ferus/ -ferum/ -fera/ -fero/ -fere/ -fer 有，具有，产（区别：作独立词使用的 ferus 意思是"野生的"）

Androsace squarrosula 鳞叶点地梅：squarrosulus = squarrus + osus + ulus 稍粗糙的，

稍不平滑的，稍有凸起的；squarrus 糙的，不平，凸点；-osus/ -osum/ -osa 多的，充分的，丰富的，显著发育的，程度高的，特征明显的（形容词词尾）；-ulus/ -ulum/ -ula 小的，略微的，稍微的（小词 -ulus 在字母 e 或 i 之后有多种变缀，即 -olus/ -olum/ -ola、-ellus/ -ellum/ -ella、-illus/ -illum/ -illa，与第一变格法和第二变格法名词形成复合词）

Androsace stenophylla 狭叶点地梅：sten-/ steno- ← stenus 窄的，狭的，薄的；phyllus/ phyllum/ phylla ← phyllon 叶片（用于希腊语复合词）

Androsace strigillosa 糙伏毛点地梅：strigillosus = striga + illus + osus 紫毛的，刷毛的；striga 条纹的，网纹的（如种子具网纹），糙伏毛的；-osus/ -osum/ -osa 多的，充分的，丰富的，显著发育的，程度高的，特征明显的（形容词词尾）；-ellus/ -ellum/ -ella ← -ulus 小的，略微的，稍微的（小词 -ulus 在字母 e 或 i 之后有多种变缀，即 -olus/ -olum/ -ola、-ellus/ -ellum/ -ella、-illus/ -illum/ -illa，用于第一变格法名词）

Androsace sublanata 绵毛点地梅：sublanatus 稍具长柔毛的；sub-（表示程度较弱）与……类似，几乎，稍微，弱，亚，之下，下面；lanatus = lana + atus 具羊毛的，具长柔毛的；lana 羊毛，绵毛

Androsace sutchuenensis 四川点地梅：sutchuenensis 四川的（地名）

Androsace tangulashanensis 唐古拉点地梅：tangutlashanensis 唐古拉山的（地名，西藏自治区）

Androsace tapete 垫状点地梅：tapete ← tapetum 毯子的，垫子的

Androsace umbellata 点地梅：umbellatus = umbella + atus 伞形花序的，具伞的；umbella 伞形花序

Androsace wardii 粗毛点地梅：wardii ← Francis Kingdon-Ward（人名，20 世纪英国植物学家）

Androsace wilsoniana 岩居点地梅：wilsoniana ← John Wilson（人名，18 世纪英国植物学家）

Androsace yargongensis 雅江点地梅：yargongensis 雅江的（地名，四川省）

Androsace zambalensis 高原点地梅：zambalensis 川巴的（地名，四川省）

Androsace zayulensis 察隅点地梅：zayulensis 察隅的（地名，西藏自治区）

Anemarrhena 知母属（百合科）（14：p38）：anemarrhena 抗风的；anemos 风；arrhena 男性，强劲，雄蕊，花药

Anemarrhena asphodeloides 知母：asphodeloides 像阿福花的；Asphodelus 阿福花属（百合科）；-oides/ -oideus/ -oideum/ -oidea/ -odes/ -eidos 像……的，类似……的，呈……状的（名词词尾）

Anemoclema 罂粟莲花属（毛茛科）（28：p60）：anemos 风；-clemus/ -clemum/ -clema 枝，细枝，芽

Anemoclema glauciifolium 罂粟莲花：glauciifolium = Glaucium + folium 海罂粟叶的，叶片像海罂粟的；缀词规则：以属名作复合词时原词尾变形后的 i 要保留；Glaucium 海罂粟属（罂粟科）；folius/ folium/ folia 叶，叶片（用于复合词）；形近词：glaucifolium = glaucum + folium 粉绿叶

的，灰绿叶的，叶被白粉的；glaucus → glauco-/ glauc- 被白粉的，发白的，灰绿色的

Anemone 银莲花属（毛茛科）（28：p1）：anemone 风的女儿（地中海一种银莲花的希腊语名，指某些植物生于迎风处）；anemos 风；Anemoi（希腊神话中的风神）

Anemone altaica 阿尔泰银莲花：altaica 阿尔泰的（地名，新疆北部山脉）

Anemone amurensis 黑水银莲花：amurense/ amurensis 阿穆尔的（地名，东西伯利亚的一个州，南部以黑龙江为界），阿穆尔河的（即黑龙江的俄语音译）

Anemone baicalensis 毛果银莲花：baicalensis 贝加尔湖的（地名，俄罗斯）

Anemone baicalensis var. glabrata 光果银莲花：glabratus = glabrus + atus 脱毛的，光滑的；glabrus 光秃的，无毛的，光滑的；-atus/ -atum/ -ata 属于，相似，具有，完成（形容词词尾）

Anemone baicalensis var. kansuensis 甘肃银莲花：kansuensis 甘肃的（地名）

Anemone begoniifolia 卵叶银莲花：begoniifolia 秋海棠叶的；缀词规则：以属名作复合词时原词尾变形后的 i 要保留；Begonia 秋海棠属（秋海棠科）；folius/ folium/ folia 叶，叶片（用于复合词）

Anemone brevistyla 短柱银莲花：brevi- ← brevis 短的（用于希腊语复合词词首）；stylus/ stylis ← stylos 柱，花柱

Anemone cathayensis 银莲花：cathayensis ← Cathay ← Khitay/ Khitai 中国的，契丹的（地名，10–12 世纪中国北方契丹人的领域，辽国前身，多用来代表中国，俄语称中国为 Kitay）

Anemone cathayensis var. hispida 毛蕊银莲花：hispidus 刚毛的，鬃毛状的

Anemone chosenicola var. schantungensis 山东银莲花：Chosen 朝鲜（地名）；colus ← colo 分布于，居住于，栖居，殖民（常作词尾）；colo/ colere/ colui/ cultum 居住，耕作，栽培；schantungensis 山东的（地名）

Anemone davidii 西南银莲花：davidii ← Pere Armand David（人名，1826–1900，曾在中国采集植物标本的法国传教士）；-ii 表示人名，接在以辅音字母结尾的人名后面，但 -er 除外

Anemone delavayi 滇川银莲花：delavayi ← P. J. M. Delavay（人名，1834–1895，法国传教士，曾在中国采集植物标本）；-i 表示人名，接在以元音字母结尾的人名后面，但 -a 除外

Anemone demissa 展毛银莲花：demissus 沉没的，软弱的

Anemone demissa var. major 宽叶展毛银莲花：major 较大的，更大的（majus 的比较级）；majus 大的，巨大的

Anemone demissa var. villosissima 密毛银莲花：villosissimus 柔毛很多的；villosus 柔毛的，绵毛的；villus 毛，羊毛，长绒毛；-osus/ -osum/ -osa 多的，充分的，丰富的，显著发育的，程度高的，特征明显的（形容词词尾）；-issimus/ -issima/ -issimum 最，非常，极其（形容词最高级）

Anemone demissa var. yunnanensis 云南银莲花：yunnanensis 云南的（地名）

Anemone dichotoma 二歧银莲花：dichotomus 二叉分歧的，分离的；dicho-/ dicha- 二分的，二歧的；di-/ dis- 二，二数，二分，分离，不同，在……之间，从……分开（希腊语，拉丁语为 bi-/ bis-）；cho-/ chao- 分开，割裂，离开；tomus ← tomos 小片，片段，卷册（书）

Anemone erythrophylla 红叶银莲花：erythrophyllus 红叶的；erythr-/ erythro- ← erythros 红色的（希腊语）；phyllus/ phyllum/ phylla ← phyllon 叶片（用于希腊语复合词）

Anemone exigua 小银莲花：exiguus 弱小的，瘦弱的

Anemone filisecta 细裂银莲花：filisectus 线状细裂的；fili-/ fil- ← filum 线状的，丝状的；sectus 分段的，分节的，切开的，分裂的

Anemone flaccida 鹅掌草：flaccidus 柔软的，软乎乎的，软绵绵的；flaccus 柔弱的，软垂的；-idus/ -idum/ -ida 表示在进行中的动作或情况，作动词、名词或形容词的词尾

Anemone flaccida var. hirtella 展毛鹅掌草：hirtellus = hirtus + ellus 被短粗硬毛的；hirtus 有毛的，粗毛的，刚毛的（长而明显的毛）；-ellus/ -ellum/ -ella ← -ulus 小的，略微的，稍微的（小词 -ulus 在字母 e 或 i 之后有多种变缀，即 -olus/ -olum/ -ola、-ellus/ -ellum/ -ella、-illus/ -illum/ -illa，用于第一变格法名词）

Anemone flaccida var. hofengensis 裂苞鹅掌草：hofengensis 和丰的（地名，湖北省）

Anemone gortschakowii 块茎银莲花：gortschakowii（人名）；-ii 表示人名，接在以辅音字母结尾的人名后面，但 -er 除外

Anemone griffithii 三出银莲花：griffithii ← William Griffith（人名，19 世纪印度植物学家，加尔各答植物园主任）

Anemone hokouensis 河口银莲花：hokouensis 河口的（地名，云南省）

Anemone howellii 拟卵叶银莲花：howellii ← Thomas Howell（人名，19 世纪植物采集员）

Anemone hupehensis 打破碗花花：hupehensis 湖北的（地名）

Anemone hupehensis var. hupehensis f. alba 水棉花：albus → albi-/ albo- 白色的

Anemone hupehensis var. japonica 秋牡丹：japonica 日本的（地名）；-icus/ -icum/ -ica 属于，具有某种特性（常用于地名、起源、生境）

Anemone imbricata 叠裂银莲花：imbricatus/ imbricans 重叠的，覆瓦状的

Anemone laceratoincisa 锐裂银莲花：laceratus 撕裂状的，不整齐裂的；lacerus 撕裂状的，不整齐裂的；-atus/ -atum/ -ata 属于，相似，具有，完成（形容词词尾）；incisus 深裂的，锐裂的，缺刻的

Anemone liangshanica 凉山银莲花：liangshanica 凉山的（地名，四川省）；-icus/ -icum/ -ica 属于，具有某种特性（常用于地名、起源、生境）

Anemone lutienensis 鲁甸银莲花：lutienensis 鲁甸的（地名，云南省鲁甸县），罗甸的（地名，贵州省

罗甸县，但"罗"字对应的规范拼音为"luo"）

Anemone narcissiflora var. crinita 长毛银莲花：Narcissus 水仙属（石蒜科）；florus/ florum/ flora ← flos 花（用于复合词）；crinitus 被长毛的；crinis 头发的，彗星尾的，长而软的簇生毛发

Anemone narcissiflora var. protracta 伏毛银莲花：protractus 伸长的，延长的；pro- 前，在前，在先，极其；tractus 细长的面片（像面条）

Anemone narcissiflora var. sibirica 卵裂银莲花：sibirica 西伯利亚的（地名，俄罗斯）；-icus/ -icum/ -ica 属于，具有某种特性（常用于地名、起源、生境）

Anemone narcissiflora var. turkestanica 天山银莲花：turkestanica 土耳其的（地名）；-icus/ -icum/ -ica 属于，具有某种特性（常用于地名、起源、生境）

Anemone obtusiloba 钝裂银莲花：obtusus 钝的，钝形的，略带圆形的；lobus/ lobos/ lobon 浅裂，耳片（裂片先端钝圆），荚果，蒴果

Anemone obtusiloba subsp. leiophylla 光叶银莲花：lei-/ leio-/ lio- ← leius ← leios 光滑的，平滑的；phyllus/ phyllum/ phylla ← phyllon 叶片（用于希腊语复合词）

Anemone obtusiloba subsp. megaphylla 镇康银莲花：megaphylla 大叶子的；mega-/ megal-/ megalo- ← megas 大的，巨大的；phyllus/ phyllum/ phylla ← phyllon 叶片（用于希腊语复合词）

Anemone obtusiloba subsp. ovalifolia 疏齿银莲花：ovalis 广椭圆形的；ovus 卵，胚珠，卵形的，椭圆形的；folius/ folium/ folia 叶，叶片（用于复合词）

Anemone obtusiloba subsp. ovalifolia var. angustilima 狭叶银莲花：angusti- ← angustus 窄的，狭的，细的；angustilis 窄，狭，细；-limus/ -lima/ -limum 最，非常，极其（以 -ilis 结尾的形容词最高级，将末尾的 -is 换成 l + imus，从而构成 -illimus）

Anemone obtusiloba subsp. ovalifolia var. polysepala 维西银莲花：poly- ← polys 多个，许多（希腊语，拉丁语为 multi-）；sepalus/ sepalum/ sepala 萼片（用于复合词）

Anemone obtusiloba subsp. ovalifolia var. truncata 截基银莲花：truncatus 截平的，截形的，截断的；truncare 切断，截断，截平（动词）

Anemone orthocarpa 直果银莲花：orthocarpus 直立果的；ortho- ← orthos 直的，正面的；carpus/ carpum/ carpa/ carpon ← carpos 果实（用于希腊语复合词）

Anemone patula 天全银莲花：patulus 稍开展的，稍伸展的；patus 展开的，伸展的；-ulus/ -ulum/ -ula 小的，略微的，稍微的（小词 -ulus 在字母 e 或 i 之后有多种变缀，即 -olus/ -olum/ -ola、-ellus/ -ellum/ -ella、-illus/ -illum/ -illa，与第一变格法和第二变格法名词形成复合词）

Anemone patula var. minor 鸡足叶银莲花：minor 较小的，更小的

Anemone prattii 川西银莲花：prattii ← Antwerp E. Pratt（人名，19 世纪活动于中国的英国动物学家、探险家）

Anemone raddeana 多被银莲花：raddeanus ← Gustav Ferdinand Richard Radde（人名，19 世纪德国博物学家，曾考察高加索地区和阿穆尔河流域）

Anemone reflexa 反萼银莲花：reflexus 反曲的，后曲的；re- 返回，相反，再次，重复，向后，回头；flexus ← flecto 扭曲的，卷曲的，弯弯曲曲的，柔性的；flecto 弯曲，使扭曲

Anemone rivularis 草玉梅：rivularis = rivulus + aris 生于小溪的，喜好小溪的；rivulus = rivus + ulus 小溪，细流；rivus 河流，溪流；-aris（阳性、阴性）/ -are（中性）← -alis（阳性、阴性）/ -ale（中性）属于，相似，如同，具有，涉及，关于，联结于（将名词作形容词用，其中 -aris 常用于以 l 或 r 为词干末尾的词）

Anemone rivularis var. flore-minore 小花草玉梅：flore-minore 小花的；flore- 花，开花；florus/ florum/ flora ← flos 花（用于复合词）；minore 较小的，更小的

Anemone robusta 粗壮银莲花：robustus 大型的，结实的，健壮的，强壮的

Anemone rockii 岷山银莲花（岷 mín）：rockii ← Joseph Francis Charles Rock（人名，20 世纪美国植物采集员）

Anemone rockii var. multicaulis 多茎银莲花：multi- ← multus 多个，多数，很多（希腊语为 poly-）；caulis ← caulos 茎，茎秆，主茎

Anemone rockii var. pilocarpa 巫溪银莲花：pilus 毛，疏柔毛；carpus/ carpum/ carpa/ carpon ← carpos 果实（用于希腊语复合词）

Anemone rossii 细茎银莲花：rossii ← Ross（人名）

Anemone rupestris 湿地银莲花：rupestre/ rupicolus/ rupestris 生于岩壁的，岩栖的；rup-/ rupi- ← rupes/ rupis 岩石的；-estris/ -estre/ ester/ -esteris 生于……地方，喜好……地方

Anemone rupestris subsp. gelida 冻地银莲花：gelidus 冰的，寒地生的；gelu/ gelus/ gelum 结冰，寒冷，硬直，僵硬；-idus/ -idum/ -ida 表示在进行中的动作或情况，作动词、名词或形容词的词尾

Anemone rupestris subsp. gelida var. wallichii 低矮银莲花：wallichii ← Nathaniel Wallich（人名，19 世纪初丹麦植物学家、医生）

Anemone rupestris subsp. polycarpa 多果银莲花：poly- ← polys 多个，许多（希腊语，拉丁语为 multi-）；carpus/ carpum/ carpa/ carpon ← carpos 果实（用于希腊语复合词）

Anemone rupicola 岩生银莲花：rupicolus/ rupestris 生于岩壁的，岩栖的；rup-/ rupi- ← rupes/ rupis 岩石的；colus ← colo 分布于，居住于，栖居，殖民（常作词尾）；colo/ colere/ colui/ cultum 居住，耕作，栽培

Anemone saniculiformis 芹叶银莲花：Sanicula 变豆菜属（伞形科）；formis/ forma 形状

Anemone scabriuscula 糙叶银莲花：scabriusculus = scabrus + usculus 略粗糙的；scabri- ← scaber 粗糙的，有凹凸的，不平滑的；-usculus ← -culus 小的，略微的，稍微的（小词 -culus 和某些词构成复合词时变成 -usculus）

Anemone silvestris 大花银莲花：silvestris/ silvester/ silvestre 森林的，野地的，林间的，野生

A

的，林木丛生的；silva/ sylva 森林；-estris/ -estre/ ester/ -esteris 生于……地方，喜好……地方

Anemone smithiana 红萼银莲花：smithiana ← James Edward Smith（人名，1759–1828，英国植物学家）

Anemone stolonifera 匍枝银莲花：stolon 匍匐茎；-ferus/ -ferum/ -fera/ -fero/ -fere/ -fer 有，具有，产（区别：作独立词使用的 ferus 意思是"野生的"）

Anemone subindivisa 微裂银莲花：subindivisus 近不分裂的；sub-（表示程度较弱）与……类似，几乎，稍微，弱，亚，之下，下面；indivisus 不裂的，连续的；in-/ im-（来自 il- 的音变）内，在内，内部，向内，相反，不，无，非；il- 在内，向内，为，相反（希腊语为 en-）；词首 il- 的音变：il-（在 l 前面），im-（在 b、m、p 前面），in-（在元音字母和大多数辅音字母前面），ir-（在 r 前面），如 illaudatus（不值得称赞的，评价不好的），impermeabilis（不透水的，穿不透的），ineptus（不合适的），insertus（插入的），irretortus（无弯曲的，无扭曲的）；divisus 分裂的，不连续的，分开的

Anemone subpinnata 近羽裂银莲花：subpinnatus 近羽状的；sub-（表示程度较弱）与……类似，几乎，稍微，弱，亚，之下，下面；pinnatus = pinnus + atus 羽状的，具羽的；pinnus/ pennus 羽毛，羽状，羽片

Anemone taipaiensis 太白银莲花：taipaiensis 太白山的（地名，陕西省）

Anemone takasagomontana 台湾银莲花：takasago（地名，属台湾省，源于台湾少数民族名称，日语读音）；montanus 山，山地

Anemone tetrasepala 复伞银莲花：tetra-/ tetr- 四，四数（希腊语，拉丁语为 quadri-/ quadr-）；sepalus/ sepalum/ sepala 萼片（用于复合词）

Anemone tibetica 西藏银莲花：tibetica 西藏的（地名）；-icus/ -icum/ -ica 属于，具有某种特性（常用于地名、起源、生境）

Anemone tomentosa 大火草：tomentosus = tomentum + osus 绒毛的，密被绒毛的；tomentum 绒毛，浓密的毛被，棉絮，棉絮状填充物（被褥、垫子等）；-osus/ -osum/ -osa 多的，充分的，丰富的，显著发育的，程度高的，特征明显的（形容词词尾）

Anemone trullifolia 匙叶银莲花（匙 chí）：trulli- ← trullis 杓子，镘（瓦工抹子）；folius/ folium/ folia 叶，叶片（用于复合词）

Anemone trullifolia var. coelestina 蓝匙叶银莲花：coelestinus/ coelestis/ coeles/ caelestinus/ caelestis/ caeles 天空的，天上的，云端的，天蓝色的；-inus/ -inum/ -ina/ -inos 相近，接近，相似，具有（通常指颜色）

Anemone trullifolia var. holophylla 拟条叶银莲花：holophyllus 全缘叶的；holo-/ hol- 全部的，所有的，完全的，联合的，全缘的，不分裂的；phyllus/ phyllum/ phylla ← phyllon 叶片（用于希腊语复合词）

Anemone trullifolia var. linearis 条叶银莲花：linearis = lineus + aris 线条的，线形的，线状的，亚麻状的；lineus = linum + eus 线状的，丝状的，亚麻状的；linum ← linon 亚麻，线（古拉丁名）；

-aris（阳性、阴性）/ -are（中性）← -alis（阳性、阴性）/ -ale（中性）属于，相似，如同，具有，涉及，关于，联结于（将名词作形容词用，其中 -aris 常用于以 l 或 r 为词干末尾的词）

Anemone udensis 乌德银莲花：udensis ← Uda 乌达河的，乌德河的（地名，俄罗斯）

Anemone umbrosa 阴地银莲花：umbrosus 多荫的，喜阴的，生于阴地的；umbra 荫凉，阴影，阴地；-osus/ -osum/ -osa 多的，充分的，丰富的，显著发育的，程度高的，特征明显的（形容词词尾）

Anemone vitifolia 野棉花：vitifolia 葡萄叶；vitis 葡萄，藤蔓植物（古拉丁名）；folius/ folium/ folia 叶，叶片（用于复合词）

Anethum 莳萝属（莳 shí）（伞形科）（55-2：p213）：anethum ← anethon 灼烧的（指种子有刺激性）

Anethum graveolens 莳萝：graveolens 强烈气味的，不快气味的，恶臭的；gravis 重的，重量大的，深厚的，浓密的，严重的，大量的，苦的，讨厌的；olens ← olere 气味，发出气味（不分香臭）

Angelica 当归属（伞形科）（55-3：p13）：angelica ← angelus 天使（传说该属植物具有强心作用）

Angelica acutiloba 东当归：acutilobus 尖浅裂的；acuti-/ acu- ← acutus 锐尖的，针尖的，刺尖的，锐角的；lobus/ lobos/ lobon 浅裂，耳片（裂片先端钝圆），荚果，蒴果

Angelica amurensis 黑水当归：amurense/ amurensis 阿穆尔的（地名，东西伯利亚的一个州，南部以黑龙江为界），阿穆尔河的（即黑龙江的俄语音译）

Angelica anomala 狭叶当归：anomalus = a + nomalus 异常的，变异的，不规则的；a-/ an- 无，非，没有，缺乏，不具有（an- 用于元音前）（a-/ an- 为希腊语词首，对应的拉丁语词首为 e-/ ex-，相当于英语的 un-/ -less，注意词首 a- 和作为介词的 a/ ab 不同，后者的意思是"从……、由……、关于……、因为……"）；nomalus 规则的，规律的，法律的；nomus ← nomos 规则，规律，法律

Angelica biserrata 重齿当归（重 chóng）：bi-/ bis- 二，二数，二回（希腊语为 di-）；serratus = serrus + atus 有锯齿的；serrus 齿，锯齿

Angelica cartilaginomarginata 长鞘当归：cartilagineus/ cartilaginosus 软骨质的；cartilago 软骨；marginatus ← margo 边缘的，具边缘的；margo/ marginis → margin- 边缘，边线，边界；词尾为 -go 的词其词干末尾视为 -gin

Angelica cartilaginomarginata var. cartilaginomarginata 长鞘当归-原变种（词义见上面解释）

Angelica cartilaginomarginata var. foliosa 骨缘当归：foliosus = folius + osus 多叶的；folius/ folium/ folia → foli-/ folia- 叶，叶片；-osus/ -osum/ -osa 多的，充分的，丰富的，显著发育的，程度高的，特征明显的（形容词词尾）

Angelica cartilaginomarginata var. matsumurae 东北长鞘当归：matsumurae ← Jinzo Matsumura 松村任三（人名，20 世纪初日本植物学家）

Angelica cincta 湖北当归：cinctus 包围的，缠绕的

Angelica dahurica 白芷（芷 zhǐ）：dahurica（daurica/ davurica）达乌里的（地名，外贝加尔湖，属西伯利亚的一个地区，即贝加尔湖以东及以南至中国和蒙古边界）

Angelica dahurica var. dahurica 白芷-原变种（词义见上面解释）

Angelica dahurica var. dahurica cv. Hangbaizhi 杭白芷：hangbaizhi 杭白芷（中文品种名）

Angelica dahurica var. dahurica cv. Qibaizhi 祁白芷（祁 qí，芷 zhǐ）：qibaizhi 祁白芷（中文品种名）

Angelica dahurica var. formosana 台湾独活：formosanus = formosus + anus 美丽的，台湾的；formosus ← formosa 美丽的，台湾的（葡萄牙殖民者发现台湾时对其的称呼，即美丽的岛屿）；-anus/ -anum/ -ana 属于，来自（形容词词尾）

Angelica decursiva 紫花前胡（种加词有时误拼为"decusiva"）：decursivus 下延的，鱼鳍状的

Angelica decursiva f. albiflora 鸭巴前胡：albus → albi-/ albo- 白色的；florus/ florum/ flora ← flos 花（用于复合词）

Angelica decursiva f. decursiva 紫花前胡-原变型（词义见上面解释）

Angelica dielsii 城口当归：dielsii ← Friedrich Ludwig Emil Diels（人名，20 世纪德国植物学家）

Angelica duclouxii 东川当归：duclouxii（人名）；-ii 表示人名，接在以辅音字母结尾的人名后面，但 -er 除外

Angelica fargesii 曲柄当归：fargesii ← Pere Paul Guillaume Farges（人名，19 世纪中叶至 20 世纪活动于中国的法国传教士，植物采集员）

Angelica forrestii 雪山当归：forrestii ← George Forrest（人名，1873–1932，英国植物学家，曾在中国西部采集大量植物标本）

Angelica gigas 朝鲜当归：gigas 巨大的，非常大的

Angelica gracilis （细茎香青）：gracilis 细长的，纤弱的，丝状的

Angelica henryi 宜昌当归：henryi ← Augustine Henry 或 B. C. Henry（人名，前者，1857–1930，爱尔兰医生、植物学家，曾在中国采集植物，后者，1850–1901，曾活动于中国的传教士）

Angelica hirsutiflora 滨当归：hirsutus 粗毛的，糙毛的，有毛的（长而硬的毛）；florus/ florum/ flora ← flos 花（用于复合词）

Angelica kiusiana （九州香青）：kiusiana 九州的（地名，日本）

Angelica laxifoliata 疏叶当归：laxus 稀疏的，松散的，宽松的；foliatus 具叶的，多叶的；folius/ folium/ folia → foli-/ folia- 叶，叶片

Angelica likiangensis 丽江当归：likiangensis 丽江的（地名，云南省）

Angelica longicaudata 长尾叶当归：longe-/ longi- ← longus 长的，纵向的；caudatus = caudus + atus 尾巴的，尾巴状的，具尾的；caudus 尾巴

Angelica longipes 长序当归：longe-/ longi- ← longus 长的，纵向的；pes/ pedis 柄，梗，茎秆，腿，足，爪（作词首或词尾，pes 的词干视为 "ped-"）

Angelica maowenensis 茂汶当归（汶 wèn）：maowenensis 茂汶的（地名，四川省）

Angelica megaphylla 大叶当归：megaphylla 大叶子的；mega-/ megal-/ megalo- ← megas 大的，巨大的；phyllus/ phyllum/ phylla ← phyllon 叶片（用于希腊语复合词）

Angelica morii 福参（参 shēn）：morii 森（日本人名）

Angelica morrisonicola 玉山当归：morrisonicola 磨里山产的；morrison 磨里山（地名，今台湾新高山）；colus ← colo 分布于，居住于，栖居，殖民（常作词尾）；colo/ colere/ colui/ cultum 居住，耕作，栽培

Angelica morrisonicola var. morrisonicola 玉山当归-原变种 （词义见上面解释）

Angelica morrisonicola var. nanhutashanensis 南湖当归：nanhutashanensis 南湖大山的（地名，台湾省中部山峰）

Angelica nitida 青海当归：nitidus = nitere + idus 光亮的，发光的；nitere 发亮；-idus/ -idum/ -ida 表示在进行中的动作或情况，作动词、名词或形容词的词尾；nitens 光亮的，发光的

Angelica omeiensis 峨眉当归：omeiensis 峨眉山的（地名，四川省）

Angelica oncosepala 隆萼当归：oncos 肿块，小瘤，瘤状凸起的；sepalus/ sepalum/ sepala 萼片（用于复合词）

Angelica paeoniifolia 牡丹叶当归：paeoniifolia = Paeonia + folia 芍药叶的；缀词规则：以属名作复合词时原词尾变形后的 i 要保留；Paeonia 芍药属（毛茛科，芍药科）；folius/ folium/ folia 叶，叶片（用于复合词）

Angelica polymorpha 拐芹：polymorphus 多形的；poly- ← polys 多个，许多（希腊语，拉丁语为 multi-）；morphus ← morphos 形状，形态

Angelica pseudoselinum 管鞘当归：pseudoselinum 像蛇床的，假蛇床；pseudo-/ pseud- ← pseudos 假的，伪的，接近，相似（但不是）；Selinum 亮蛇床属（伞形科）

Angelica setchuenensis 四川当归：setchuenensis 四川的（地名）

Angelica silvestris 林当归：silvestris/ silvester/ silvestre 森林的，野地的，林间的，野生的，林木丛生的；silva/ sylva 森林；-estris/ -estre/ ester/ -esteris 生于……地方，喜好……地方

Angelica sinensis 当归：sinensis = Sina + ensis 中国的（地名）；Sina 中国

Angelica tarokoensis 太鲁阁当归：tarokoensis 太鲁阁的（地名，属台湾省）

Angelica ternata 三小叶当归：ternatus 三数的，三出的

Angelica tsinlingensis 秦岭当归：tsinlingensis 秦岭的（地名，陕西省）

Angelica valida 金山当归：validus 强的，刚直的，正统的，结实的，刚健的

Angelica wilsonii 川西当归：wilsonii ← John Wilson（人名，18 世纪英国植物学家）

Angelica wulsiniana 洮州当归（洮 táo）：wulsiniana（人名）

Angiopteridaceae 观音座莲科（2：p27）：Angiopteris 观音座莲属（观音座莲科）；-aceae（分类单位科的词尾，为 -aceus 的阴性复数主格形式，加到模式属的名称后或同义词的词干后以组成族群名称）

Angiopteris 观音座莲属（观音座莲科）（2：p27）：angiopteris 包裹的蕨类（指叶柄基部附属物包裹根茎）；angios 包裹；pteris ← pteryx 翅，翼，蕨类（希腊语）

Angiopteris acuta 尖牙观音座莲：acutus 尖锐的，锐角的

Angiopteris acutidentata 尖齿观音座莲：acutidentatus/ acutodentatus 尖齿的；acuti-/ acu- ← acutus 锐尖的，针尖的，刺尖的，锐角的；dentatus = dentus + atus 牙齿的，齿状的，具齿的；dentus 齿，牙齿；-atus/ -atum/ -ata 属于，相似，具有，完成（形容词词尾）

Angiopteris angustipinnula 狭羽观音座莲：angusti- ← angustus 窄的，狭的，细的；pinnulus 小羽片的；pinnus/ pennus 羽毛，羽状，羽片

Angiopteris attenuata 长头观音座莲：attenuatus = ad + tenuis + atus 渐尖的，渐狭的，变细的，变弱的；ad- 向，到，近（拉丁语词首，表示程度加强）；构词规则：构成复合词时，词首末尾的辅音字母常同化为紧接其后的那个辅音字母（如 ad + t → att）；tenuis 薄的，纤细的，弱的，瘦的，窄的

Angiopteris badia 褐色观音座莲：badius 栗色的，咖啡色的，棕色的

Angiopteris brevicaudata 短尾头观音座莲：brevi- ← brevis 短的（用于希腊语复合词词首）；caudatus = caudus + atus 尾巴的，尾巴状的，具尾的；caudus 尾巴

Angiopteris cartilaginea 厚边观音座莲：cartilagineus/ cartilaginosus 软骨质的；cartilago 软骨；词尾为 -go 的词其词干末尾视为 -gin

Angiopteris caudatiformis 披针观音座莲：caudatus = caudus + atus 尾巴的，尾巴状的，具尾的；caudus 尾巴；formis/ forma 形状

Angiopteris caudipinna 长尾观音座莲：caudi- ← cauda/ caudus/ caudum 尾巴；pinnus/ pennus 羽毛，羽状，羽片

Angiopteris consimilis 同形观音座莲：consimilis = co + similis 非常相似的；co- 联合，共同，合起来（拉丁语词首，为 cum- 的音变，表示结合、强化、完全，对应的希腊语为 syn-）；co- 的缀词音变有 co-/ com-/ con-/ col-/ cor-：co-（在 h 和元音字母前面），col-（在 l 前面），com-（在 b、m、p 之前），con-（在 c、d、f、g、j、n、qu、s、t 和 v 前面），cor-（在 r 前面）；similis 相似的

Angiopteris crassa 纸质观音座莲：crassus 厚的，粗的，多肉质的

Angiopteris crassifolia 硬叶观音座莲：crassi- ← crassus 厚的，粗的，多肉质的；folius/ folium/ folia 叶，叶片（用于复合词）

Angiopteris crassipes 大脚观音座莲：crassi- ←

crassus 厚的，粗的，多肉质的；pes/ pedis 柄，梗，茎秆，腿，足，爪（作词首或词尾，pes 的词干视为 "ped-"）

Angiopteris crenata 圆齿观音座莲：crenatus = crena + atus 圆齿状的，具圆齿的；crena 叶缘的圆齿

Angiopteris esculenta 食用观音座莲：esculentus 食用的，可食的；esca 食物，食料；-ulentus/ -ulentum/ -ulenta/ -olentus/ -olentum/ -olenta（表示丰富、充分或显著发展）

Angiopteris fengii 冯氏观音座莲：fengii（人名）；-ii 表示人名，接在以辅音字母结尾的人名后面，但 -er 除外

Angiopteris fokiensis 福建观音座莲：fokiensis 福建的（地名）

Angiopteris formosa 美丽观音座莲：formosus ← formosa 美丽的，台湾的（葡萄牙殖民者发现台湾时对其的称呼，即美丽的岛屿）

Angiopteris garbongensis 西畴观音座莲：garbongensis（地名，云南省西畴县）

Angiopteris grosso-dentata 粗齿观音座莲：grosse-/ grosso- ← grossus 粗大的，肥厚的；dentatus = dentus + atus 牙齿的，齿状的，具齿的；dentus 齿，牙齿；-atus/ -atum/ -ata 属于，相似，具有，完成（形容词词尾）

Angiopteris hainanensis 海南观音座莲：hainanensis 海南的（地名）

Angiopteris henryi 透明脉观音座莲：henryi ← Augustine Henry 或 B. C. Henry（人名，前者，1857–1930，爱尔兰医生、植物学家，曾在中国采集植物，后者，1850–1901，曾活动于中国的传教士）

Angiopteris hokouensis 河口观音座莲：hokouensis 河口的（地名，云南省）

Angiopteris howii 侯氏观音座莲：howii（人名）；-ii 表示人名，接在以辅音字母结尾的人名后面，但 -er 除外

Angiopteris kwangsiensis 广西观音座莲：kwangsiensis 广西的（地名）

Angiopteris late-marginata 宽边观音座莲：lati-/ late- ← latus 宽的，宽广的；marginatus ← margo 边缘的，具边缘的；margo/ marginis → margin- 边缘，边线，边界；词尾为 -go 的词其词干末尾视为 -gin

Angiopteris late-terminalis 大顶观音座莲：lati-/ late- ← latus 宽的，宽广的；terminalis 顶端的，顶生的，末端的

Angiopteris latipinnula 阔羽观音座莲：lati-/ late- ← latus 宽的，宽广的；pinnulus 小羽片的；pinnus/ pennus 羽毛，羽状，羽片；-ulus/ -ulum/ -ula 小的，略微的，稍微的（小词 -ulus 在字母 e 或 i 之后有多种变缀，即 -olus/ -olum/ -ola、-ellus/ -ellum/ -ella、-illus/ -illum/ -illa，与第一变格法和第二变格法名词形成复合词）

Angiopteris lingii 林氏观音座莲：lingii（人名）；-ii 表示人名，接在以辅音字母结尾的人名后面，但 -er 除外

Angiopteris lobulata 片裂观音座莲：lobulatus = lobus + ulus + atus 小裂片的，浅裂的，凸轮状的；

A

lobus/ lobos/ lobon 浅裂，耳片（裂片先端钝圆），荚果，蒴果

Angiopteris longipetiolata 长柄观音座莲：longe-/ longi- ← longus 长的，纵向的；petiolatus = petiolus + atus 具叶柄的；petiolus 叶柄

Angiopteris magna 大观音座莲：magnus 大的，巨大的

Angiopteris megaphylla 大叶观音座莲：megaphylla 大叶子的；mega-/ megal-/ megalo- ← megas 大的，巨大的；phyllus/ phyllum/ phylla ← phyllon 叶片（用于希腊语复合词）

Angiopteris multijuga 多叶观音座莲：multijugus 多对的；multi- ← multus 多个，多数，很多（希腊语为 poly-）；jugus ← jugos 成对的，成双的，一组，牛轭，束缚（动词为 jugo）

Angiopteris muralis 刺柄观音座莲：muralis 生于墙壁的；murus 墙壁；-aris（阳性、阴性）/ -are（中性）← -alis（阳性、阴性）/ -ale（中性）属于，相似，如同，具有，涉及，关于，联结于（将名词作形容词用，其中 -aris 常用于以 l 或 r 为词干末尾的词）

Angiopteris neglecta 边生观音座莲：neglectus 不显著的，不显眼的，容易看漏的，容易忽略的

Angiopteris nuda 革质观音座莲：nudus 裸露的，无装饰的

Angiopteris oblanceolata 倒披针观音座莲：ob- 相反，反对，倒（ob- 有多种音变：ob- 在元音字母和大多数辅音字母前面，oc- 在 c 前面，of- 在 f 前面，op- 在 p 前面）；lanceolatus = lanceus + olus + atus 小披针形的，小柳叶刀的；lance-/ lancei-/ lanci-/ lanceo-/ lanc- ← lanceus 披针形的，矛形的，尖刀状的，柳叶刀状的；-olus ← -ulus 小，稍微，略微（-ulus 在字母 e 或 i 之后变成 -olus/ -ellus/ -illus）；-atus/ -atum/ -ata 属于，相似，具有，完成（形容词词尾）

Angiopteris officinalis 定心散观音座莲：officinalis/ officinale 药用的，有药效的；officina ← opificina 药店，仓库，作坊

Angiopteris oldhamii 屋氏观音座莲：oldhamii ← Richard Oldham（人名，19 世纪植物采集员）

Angiopteris omeiensis 峨眉观音座莲：omeiensis 峨眉山的（地名，四川省）

Angiopteris parvifolia 小叶观音座莲：parvifolius 小叶的；parvus 小的，些微的，弱的；folius/ folium/ folia 叶，叶片（用于复合词）

Angiopteris parvipinnula 小羽观音座莲：parvus 小的，些微的，弱的；pinnulus 小羽片的；pinnus/ pennus 羽毛，羽状，羽片；-ulus/ -ulum/ -ula 小的，略微的，稍微的（小词 -ulus 在字母 e 或 i 之后有多种变缀，即 -olus/ -olum/ -ola、-ellus/ -ellum/ -ella、-illus/ -illum/ -illa，与第一变格法和第二变格法名词形成复合词）

Angiopteris petiolulata 有柄观音座莲：petiolulatus = petiolus + ulus + atus 具小叶柄的；petiolus 叶柄；-ulus/ -ulum/ -ula 小的，略微的，稍微的（小词 -ulus 在字母 e 或 i 之后有多种变缀，即 -olus/ -olum/ -ola、-ellus/ -ellum/ -ella、-illus/ -illum/ -illa，与第一变格法和第二变格法名词形成复合词）；-atus/ -atum/ -ata 属于，相似，具有，完成（形容词词尾）

Angiopteris pingpienensis 屏边观音座莲：pingpienensis 屏边的（地名，云南省）

Angiopteris pinnata 一回羽状观音座莲：pinnatus = pinnus + atus 羽状的，具羽的；pinnus/ pennus 羽毛，羽状，羽片；-atus/ -atum/ -ata 属于，相似，具有，完成（形容词词尾）

Angiopteris rahaoensis 短果观音座莲：rahaoensis（地名，属台湾省）

Angiopteris remota 疏叶观音座莲：remotus 分散的，分开的，稀疏的，远距离的

Angiopteris robusta 强壮观音座莲：robustus 大型的，结实的，健壮的，强壮的

Angiopteris sakuraii 边位观音座莲：sakuraii 樱井半三郎（日本人名）；-ii 表示人名，接在以辅音字母结尾的人名后面，但 -er 除外，故该词尾改为 "-ae" 似更妥；-i 表示人名，接在以元音字母结尾的人名后面，但 -a 除外

Angiopteris shanyuanensis 三元观音座莲：shanyuanensis 三元的（地名，福建三明市旧称，三元的规范拼音为 "sanyuan"）

Angiopteris sinica 中华观音座莲：sinica 中国的（地名）；-icus/ -icum/ -ica 属于，具有某种特性（常用于地名、起源、生境）

Angiopteris subcordata 心脏形观音座莲（脏 zàng）：subcordatus 近心形的；sub-（表示程度较弱）与……类似，几乎，稍微，弱，亚，之下，下面；cordatus ← cordis/ cor 心脏的，心形的；-atus/ -atum/ -ata 属于，相似，具有，完成（形容词词尾）

Angiopteris subcuneata 楔形观音座莲：subcuneatus 近楔形的；sub-（表示程度较弱）与……类似，几乎，稍微，弱，亚，之下，下面；cuneatus = cuneus + atus 具楔子的，属楔形的；cuneus 楔子的；-atus/ -atum/ -ata 属于，相似，具有，完成（形容词词尾）

Angiopteris subintegra 亚全缘观音座莲：subintegra 近全缘的；sub-（表示程度较弱）与……类似，几乎，稍微，弱，亚，之下，下面；integer/ integra/ integrum → integri- 完整的，整个的，全缘的

Angiopteris taiwanensis 台湾观音座莲：taiwanensis 台湾的（地名）

Angiopteris taweishanensis 大围山观音座莲：taweishanensis 大围山的（地名，云南东南部河口市）

Angiopteris tenera 小果观音座莲：tenerus 柔软的，娇嫩的，精美的，雅致的，纤细的

Angiopteris vasta 阔叶观音座莲：vastus 荒芜的，开阔的

Angiopteris venulosa 长假脉观音座莲：venulosus 多脉的，叶脉短而多的；venus 脉，叶脉，血脉，血管；-ulosus = ulus + osus 小而多的；-ulus/ -ulum/ -ula 小的，略微的，稍微的（小词 -ulus 在字母 e 或 i 之后有多种变缀，即 -olus/ -olum/ -ola、-ellus/ -ellum/ -ella、-illus/ -illum/ -illa，与第一变格法和第二变格法名词形成复合词）；-osus/ -osum/ -osa 多的，充分的，丰富的，显著发育的，程度高的，特征明显的（形容词词尾）

Angiopteris wangii 王氏观音座莲：wangii（人名）；-ii 表示人名，接在以辅音字母结尾的人名后面，但 -er 除外

Angiopteris yunnanensis 云南观音座莲：yunnanensis 云南的（地名）

Angiospermae 被子植物门（亚门，含 2 个植物纲）：angiosperm ← angiospermos 被子植物，种子有包被的（希腊语）；angio- 花被，包被；spermus/ spermum/ sperma 种子的（用于希腊语复合词）；spermae 种子（为 spermus 的复数）

Anisachne 异颖草属（禾本科）（9-3：p184）：anisachne 鳞片大小不等的（指第一、二颖片外稃大小不等）；anisos 不等的，不同的，不整齐的；achne 鳞片，稃片，谷壳（希腊语）

Anisachne gracilis 异颖草：gracilis 细长的，纤弱的，丝状的

Anisadenia 异腺草属（亚麻科）（43-1：p106）：anisadenia 腺体大小不等的；anisos 不等的，不同的，不整齐的；adenia 具腺体的（希腊语）

Anisadenia pubescens 异腺草：pubescens ← pubens 被短柔毛的，长出柔毛的；pubi- ← pubis 细柔毛的，短柔毛的，毛被的；pubesco/ pubescere 长成的，变为成熟的，长出柔毛的，青春期体毛的；-escens/ -ascens 改变，转变，变成，略微，带有，接近，相似，大致，稍微（表示变化的趋势，并未完全相似或相同，有别于表示达到完成状态的 -atus）

Anisadenia saxatilis 石异腺草：saxatilis 生于岩石的，生于石缝的；saxum 岩石，结石；-atilis（阳性、阴性）/ -atile（中性）（表示生长的地方）

Aniseia 心萼薯属（旋花科）（64-1：p41）：aniseia ← anisos 不等的（指叶状的萼片不等大）

Aniseia biflora 心萼薯：bi-/ bis- 二，二数，二回（希腊语为 di-）；florus/ florum/ flora ← flos 花（用于复合词）

Aniseia stenantha 狭花心萼薯：sten-/ steno- ← stenus 窄的，狭的，薄的；anthus/ anthum/ antha/ anthe ← anthos 花（用于希腊语复合词）

Anisocampium 安蕨属（蹄盖蕨科）（3-2：p74）：aniso- ← anisos 不等的，不同的，不整齐的；campium 弯弓，弯曲

Anisocampium cumingianum 安蕨：cumingianum ← Hugh Cuming（人名，19 世纪英国贝类专家、植物学家）

Anisocampium sheareri 华东安蕨：sheareri（人名）；-eri 表示人名，在以 -er 结尾的人名后面加上 i 形成

Anisochilus 排草香属（唇形科）（66：p411）：anisochilus 不等唇的（指唇瓣大小不同）；anisos 不等的，不同的，不整齐的；chilus ← cheilos 唇，唇瓣，唇边，边缘，岸边

Anisochilus carnosus 排草香：carnosus 肉质的；carne 肉；-osus/ -osum/ -osa 多的，充分的，丰富的，显著发育的，程度高的，特征明显的（形容词尾）

Anisochilus pallidus 异唇花：pallidus 苍白的，淡白色的，淡色的，蓝白色的，无活力的；palide 淡地，淡色地（反义词：sturate 深色地，浓色地，充分地，丰富地，饱和地）

Anisodus 山莨菪属（莨菪 làng dàng）（茄科）（67-1：p22）：anisodus 不等齿的（指齿大小不等）；anisos 不等的，不同的，不整齐的；odous 齿，牙齿（单数，其所有格为 odontos）

Anisodus acutangulus 三分三：acutangularis/ acutangulatus/ acutangulus 锐角的；acutus 尖锐的，锐角的；angulus 角，棱角，角度，角落

Anisodus acutangulus var. acutangulus 三分三-原变种（词义见上面解释）

Anisodus acutangulus var. breviflorus 三分七：brevi- ← brevis 短的（用于希腊语复合词词首）；florus/ florum/ flora ← flos 花（用于复合词）

Anisodus luridus 铃铛子：luridus 灰黄色的，淡黄色的

Anisodus luridus var. fischerianus 丽山莨菪：fischerianus ← Friedrich Ernst Ludwig Fischer（人名，19 世纪生于德国的俄国植物学家）

Anisodus luridus var. luridus 铃铛子-原变种（词义见上面解释）

Anisodus mairei 搜山虎：mairei（人名）；Edouard Ernest Maire（人名，19 世纪活动于中国云南的传教士）；Rene C. J. E. Maire 人名（20 世纪阿尔及利亚植物学家，研究北非植物）；-i 表示人名，接在以元音字母结尾的人名后面，但 -a 除外

Anisodus tanguticus 山莨菪：tanguticus ← Tangut 唐古特的，党项的（西夏时期生活于中国西北地区的党项羌人，蒙古语称其为"唐古特"，有多种音译，如唐兀、唐古、唐括等）；-icus/ -icum/ -ica 属于，具有某种特性（常用于地名、起源、生境）

Anisodus tanguticus var. tanguticus 山莨菪-原变种（词义见上面解释）

Anisodus tanguticus var. viridulus 黄花山莨菪：viridulus 淡绿色的；viridus 绿色的；-ulus/ -ulum/ -ula 小的，略微的，稍微的（小词 -ulus 在字母 e 或 i 之后有多种变缀，即 -olus/ -olum/ -ola、-ellus/ -ellum/ -ella、-illus/ -illum/ -illa，与第一变格法和第二变格法名词形成复合词）

Anisopappus 山黄菊属（菊科）（75：p317）：anisopappus 不等长冠毛的；anisos 不等的，不同的，不整齐的；pappus ← pappos 冠毛

Anisopappus chinensis 山黄菊：chinensis = china + ensis 中国的（地名）；China 中国

Anna 大苞苣苔属（苦苣苔科）（69：p485）：anna 阿娜（女神）

Anna mollifolia 软叶大苞苣苔：molle/ mollis 软的，柔毛的；folius/ folium/ folia 叶，叶片（用于复合词）

Anna ophiorrhizoides 白花大苞苣苔：Ophiorrhiza 蛇根草属（茜草科）；-oides/ -oideus/ -oideum/ -oidea/ -odes/ -eidos 像……的，类似……的，呈……状的（名词词尾）

Anna submontana 大苞苣苔：submontanus 亚高山的；sub-（表示程度较弱）与……类似，几乎，稍微，弱，亚，之下，下面；montanus 山，山地

Annamocarya 喙核桃属（胡桃科）（21：p35）：annamocarya 安南产的坚果；annam 安南（地名，越南古称）；caryum ← caryon ← koryon 坚果，核（希腊语）

Annamocarya sinensis 喙核桃：sinensis = Sina + ensis 中国的（地名）；Sina 中国

Anneslea 茶梨属（山茶科）（50-1：p176）：anneslea ← Anneley（人名）

Anneslea cerasifolia （樱叶茶梨）：cerasifolia 樱桃状叶的；cerasi- ← cerasus 樱花，樱桃；folius/ folium/ folia 叶，叶片（用于复合词）

Anneslea fragrans 茶梨：fragrans 有香气的，飘香的；fragro 飘香，有香味

Anneslea fragrans var. alpina 高山茶梨：alpinus = alpus + inus 高山的；alpus 高山；al-/ alti-/ alto- ← altus 高的，高处的；-inus/ -inum/ -ina/ -inos 相近，接近，相似，具有（通常指颜色）；关联词：subalpinus 亚高山的

Anneslea fragrans var. fragrans 茶梨-原变种（词义见上面解释）

Anneslea fragrans var. hainanensis 海南茶梨：hainanensis 海南的（地名）

Anneslea fragrans var. lanceolata 披针叶茶梨：lanceolatus = lanceus + olus + atus 小披针形的，小柳叶刀的；lance-/ lancei-/ lanci-/ lanceo-/ lanc- ← lanceus 披针形的，矛形的，尖刀状的，柳叶刀状的；-olus ← -ulus 小，稍微，略微（-ulus 在字母 e 或 i 之后变成 -olus/ -ellus/ -illus）；-atus/ -atum/ -ata 属于，相似，具有，完成（形容词词尾）

Anneslea fragrans var. rubriflora 厚叶茶梨：rubr-/ rubri-/ rubro- ← rubrus 红色；florus/ florum/ flora ← flos 花（用于复合词）

Anneslea gynandra （合蕊茶梨）：gynandrus 两性花的，雌雄合生的；gyn-/ gyno-/ gyne- ← gynus 雌性的，雌蕊的，雌花的，心皮的；andrus/ andros/ antherus ← aner 雄蕊，花药，雄性

Annona 番荔枝属（番荔枝科）（30-2：p169）：annona 番荔枝（印第安土名）

Annona cherimolia 毛叶番荔枝：cherimolia（人名）

Annona glabra 圆滑番荔枝：glabrus 光秃的，无毛的，光滑的

Annona montana （山地番荔枝）：montanus 山，山地；montis 山，山地的；mons 山，山脉，岩石

Annona muricata 刺果番荔枝：muricatus = murex + atus 粗糙的，糙面的，海螺状表面的（由于密被小的瘤状凸起），具短硬尖的；muri-/ muric- ← murex 海螺（指表面有瘤状凸起），粗糙的，糙面的；构词规则：以 -ix/ -iex 结尾的词其词干末尾视为 -ic，以 -ex 结尾视为 -i/ -ic，其他以 -x 结尾视为 -c；-atus/ -atum/ -ata 属于，相似，具有，完成（形容词词尾）

Annona reticulata 牛心番荔枝：reticulatus = reti + culus + atus 网状的；reti-/ rete- 网（同义词：dictyo-）；-culus/ -culum/ -cula 小的，略微的，稍微的（同第三变格法和第四变格法名词形成复合词）；-atus/ -atum/ -ata 属于，相似，具有，完成（形容词词尾）

Annona squamosa 番荔枝：squamosus 多鳞片的，鳞片明显的；squamus 鳞，鳞片，薄膜；-osus/ -osum/ -osa 多的，充分的，丰富的，显著发育的，程度高的，特征明显的（形容词词尾）

Annonaceae 番荔枝科（30-2：p10）：Annona 番荔

枝属；-aceae（分类单位科的词尾，为 -aceus 的阴性复数主格形式，加到模式属的名称后或同义词的词干后以组成族群名称）

Anodendron 鳝藤属（鳝 shàn）（夹竹桃科）（63：p173）：anodendron 在树的上面（指藤本缠绕在树上）；ano-/ ana- 上面的，在上面，向上；dendron 树木

Anodendron affine 鳝藤：affine = affinis = ad + finis 酷似的，近似的，有联系的；ad- 向，到，近（拉丁语词首，表示程度加强）；构词规则：构成复合词时，词首末尾的辅音字母常同化为紧接其后的那个辅音字母（如 ad + f → aff）；finis 界限，境界；affin- 相似，近似，相关

Anodendron affine var. affine 鳝藤-原变种（词义见上面解释）

Anodendron affine var. effusum 广花鳝藤：effusus = ex + fusus 很松散的，非常稀疏的；fusus 散开的，松散的，松弛的；e-/ ex- 不，无，非，缺乏，不具有（e- 用在辅音字母前，ex- 用在元音字母前，为拉丁语词首，对应的希腊语词首为 a-/ an-，英语为 un-/ -less，注意作词首用的 e-/ ex- 和介词 e/ ex 意思不同，后者意为"出自、从……、由……离开、由于、依照"）；构词规则：构成复合词时，词首末尾的辅音字母常同化为紧接其后的那个辅音字母（如 ex + f → eff）

Anodendron affine var. pingpienense 屏边鳝藤：pingpienense 屏边的（地名，云南省）

Anodendron benthamianum 台湾鳝藤：benthamianum ← George Bentham（人名，19 世纪英国植物学家）

Anodendron fangchengense 防城鳝藤：fangchengense 防城的（地名，广西西南部防城港市的旧称）

Anodendron howii 保亭鳝藤：howii（人名）；-ii 表示人名，接在以辅音字母结尾的人名后面，但 -er 除外

Anodendron punctatum 腺叶鳝藤：punctatus = punctus + atus 具斑点的；punctus 斑点

Anodendron salicifolium 柳叶鳝藤：salici ← Salix 柳属；构词规则：以 -ix/ -iex 结尾的词其词干末尾视为 -ic，以 -ex 结尾视为 -i/ -ic，其他以 -x 结尾视为 -c；folius/ folium/ folia 叶，叶片（用于复合词）

Anoectochilus 开唇兰属（兰科）（17：p204）：anoectochilus 唇瓣张开的；anoectos 开口的；chilus ← cheilos 唇，唇瓣，唇边，边缘，岸边

Anoectochilus abbreviatus 小片齿唇兰：abbreviatus = ad + brevis + atus 缩短了的，省略的；ad- 向，到，近（拉丁语词首，表示程度加强）；构词规则：构成复合词时，词首末尾的辅音字母常同化为紧接其后的那个辅音字母（如 ad + b → abb）；brevis 短的（希腊语）；-atus/ -atum/ -ata 属于，相似，具有，完成（形容词词尾）

Anoectochilus brevistylus 短柱齿唇兰：brevi- ← brevis 短的（用于希腊语复合词词首）；stylus/ stylis ← stylos 柱，花柱

Anoectochilus burmannicus 滇南开唇兰：burmannicus 缅甸的（地名）；-icus/ -icum/ -ica 属于，具有某种特性（常用于地名、起源、生境）

Anoectochilus candidus 白齿唇兰：candidus 洁白的，有白毛的，亮白的，雪白的（希腊语为 argo- ← argenteus 银白色的）

Anoectochilus chapaensis 滇越金线兰：chapaensis ← Chapa 沙巴的（地名，越南北部）

Anoectochilus clarkei 红萼齿唇兰：clarkei（人名）

Anoectochilus crispus 小齿唇兰：crispus 收缩的，褶皱的，波纹的（如花瓣周围的波浪状褶皱）

Anoectochilus elwesii 西南齿唇兰：elwesii（人名）；-ii 表示人名，接在以辅音字母结尾的人名后面，但 -er 除外

Anoectochilus emeiensis 峨眉金线兰：emeiensis 峨眉山的（地名，四川省）

Anoectochilus formosanus 台湾银线兰：formosanus = formosus + anus 美丽的，台湾的；formosus ← formosa 美丽的，台湾的（葡萄牙殖民者发现台湾时对其的称呼，即美丽的岛屿）；-anus/ -anum/ -ana 属于，来自（形容词词尾）

Anoectochilus gengmanensis 耿马齿唇兰：gengmanensis 耿马的（地名，云南省）

Anoectochilus inabae 台湾齿唇兰：inabae 稻叶（日本人名）；-ae 表示人名，以 -a 结尾的人名后面加上 -e 形成

Anoectochilus koshunensis 恒春银线兰：koshunensis 恒春的（地名，台湾省南部半岛，日语读音）

Anoectochilus lanceolatus 齿唇兰：lanceolatus = lanceus + olus + atus 小披针形的，小柳叶刀的；lance-/ lancei-/ lanci-/ lanceo-/ lanc- ← lanceus 披针形的，矛形的，尖刀状的，柳叶刀状的；-olus ← -ulus 小，稍微，略微（-ulus 在字母 e 或 i 之后变成 -olus/ -ellus/ -illus）；-atus/ -atum/ -ata 属于，相似，具有，完成（形容词词尾）

Anoectochilus moulmeinensis 艳丽齿唇兰：moulmeinensis（地名，缅甸）

Anoectochilus pingbianensis 屏边金线兰：pingbianensis 屏边的（地名，云南省）

Anoectochilus roxburghii 金线兰：roxburghii ← William Roxburgh（人名，18 世纪英国植物学家，研究印度植物）

Anoectochilus roxburghii var. baotingensis 保亭金线兰：baotingensis 保亭的（地名，海南省）

Anoectochilus roxburghii var. roxburghii 金线兰-原变种（词义见上面解释）

Anoectochilus tortus 一柱齿唇兰：tortus 拧劲，捻，扭曲

Anoectochilus yungianus 香港金线兰：yungianus（人名，常误拼为"yunngianus"）

Anoectochilus zhejiangensis 浙江金线兰：zhejiangensis 浙江的（地名）

Anogeissus 榆绿木属（使君子科）（53-1：p2）：ano-/ ana- 上面的，在上面，向上；geissus ← geisson 反的，反面的，相反的

Anogeissus acuminata var. lanceolata 榆绿木：acuminatus = acumen + atus 锐尖的，渐尖的；acumen 渐尖头；lanceolatus = lanceus + olus + atus 小披针形的，小柳叶刀的；lance-/ lancei-/ lanci-/ lanceo-/ lanc- ← lanceus 披针形的，矛形的，

尖刀状的，柳叶刀状的；-olus ← -ulus 小，稍微，略微（-ulus 在字母 e 或 i 之后变成 -olus/ -ellus/ -illus）；-atus/ -atum/ -ata 属于，相似，具有，完成（形容词词尾）

Anogramma 翠蕨属（裸子蕨科）（3-1：p227）：anogramma 上面的花纹（指先端孢子囊先成熟）；ano-/ ana- 上面的，在上面，向上；grammus 条纹的，花纹的，线条的（希腊语）

Anogramma leptophylla 薄叶翠蕨：leptus ← leptos 细的，薄的，瘦小的，狭长的；phyllus/ phyllum/ phylla ← phyllon 叶片（用于希腊语复合词）

Anogramma microphylla 翠蕨：micr-/ micro- ← micros 小的，微小的，微观的（用于希腊语复合词）；phyllus/ phyllum/ phylla ← phyllon 叶片（用于希腊语复合词）

Anredera 落葵薯属（落葵科）（26：p44）：anredera（人名）

Anredera cordifolia 落葵薯：cordi- ← cordis/ cor 心脏的，心形的；folius/ folium/ folia 叶，叶片（用于复合词）

Anredera scandens 短序落葵薯：scandens 攀缘的，缠绕的，藤本的；scando/ scansum 上升，攀登，缠绕

Antennaria 蝶须属（菊科）（75：p70）：antennaria ← antenna 桅杆，天线，触角（指冠毛较长像昆虫的触角）；-arius/ -arium/ -aria 相似，属于（表示地点，场所，关系，所属）

Antennaria dioica 蝶须：dioicus/ dioecus/ dioecius 雌雄异株的（dioicus 常用于苔藓学）；di-/ dis- 二，二数，二分，分离，不同，在……之间，从……分开（希腊语，拉丁语为 bi-/ bis-）；-oicus/ -oecius 雌雄体的，雌雄株的（仅用于词尾）；monoecius/ monoicus 雌雄同株的

Antenoron 金线草属（蓼科）（25-1：p106）：antenoron ← Antenor（人名，特罗亚将军，特罗亚为小亚细亚西北部城市，后扩展为意大利城市 Padua）

Antenoron filiforme 金线草：filiforme/ filiformis 线状的；fili-/ fil- ← filum 线状的，丝状的；forme/ forma 形状

Antenoron filiforme var. filiforme 金线草-原变种（词义见上面解释）

Antenoron filiforme var. kachinum 毛叶红珠七：kachinum 克钦的，卡钦的（地名）

Antenoron filiforme var. neofiliforme 短毛金线草：neofiliforme 晚于 filiforme 的；neo- ← neos 新，新的；Antenoron filiforme var. filiforme 金线草-原变种；filiforme/ filiformis 线状的

Anthemis 春黄菊属（菊科）（76-1：p7）：anthemis ← anthemon 花，一种植物名

Anthemis arvensis 田春黄菊：arvensis 田里生的；arvum 耕地，可耕地

Anthemis cotula 臭春黄菊：cotulus ← cotyle 杯（指抱茎叶基部呈杯形）；Cotula 山芫荽属（菊科）

Anthemis tinctoria 春黄菊：tinctorius = tinctorus + ius 属于染色的，属于着色的，属于染料的；tingere/ tingo 浸泡，浸染；tinctorus 染色，

着色，染料；tinctus 染色的，彩色的；-ius/ -ium/ -ia 具有……特性的（表示有关、关联、相似）

Antheroporum 肿荚豆属（豆科）（40：p127）：antheroporum 多花且豆荚膨大的（指豆荚膨大）；antheros 多花的；porum ← poros 瘤状物

Antheroporum glaucum 粉叶肿荚豆：glaucus → glauco-/ glauc- 被白粉的，发白的，灰绿色的

Antheroporum harmandii 肿荚豆：harmandii（人名）；-ii 表示人名，接在以辅音字母结尾的人名后面，但 -er 除外

Anthogonium 筒瓣兰属（兰科）（18：p325）：anthus/ anthum/ antha/ anthe ← anthos 花（用于希腊语复合词）；gonium ← gonius 棱角

Anthogonium gracile 筒瓣兰：gracile → gracil- 细长的，纤弱的，丝状的；gracilis 细长的，纤弱的，丝状的

Anthoxanthum 黄花茅属（禾本科）（9-3：p179）：anthoxanthus = anthus + xanthus 黄花的；anthus/ anthum/ antha/ anthe ← anthos 花（用于希腊语复合词）；xanthus ← xanthos 黄色的

Anthoxanthum formosanum 台湾黄花茅：formosanus = formosus + anus 美丽的，台湾的；formosus ← formosa 美丽的，台湾的（葡萄牙殖民者发现台湾时对其的称呼，即美丽的岛屿）；-anus/ -anum/ -ana 属于，来自（形容词词尾）

Anthoxanthum hookeri 藏黄花茅：hookeri ← William Jackson Hooker（人名，19 世纪英国植物学家）；-eri 表示人名，在以 -er 结尾的人名后面加上 i 形成

Anthoxanthum odoratum 黄花茅：odoratus = odorus + atus 香气的，气味的；odor 香气，气味；-atus/ -atum/ -ata 属于，相似，具有，完成（形容词词尾）

Anthoxanthum odoratum var. alpinum 高山黄花茅：alpinus = alpus + inus 高山的；alpus 高山；al-/ alti-/ alto- ← altus 高的，高处的；-inus/ -inum/ -ina/ -inos 相近，接近，相似，具有（通常指颜色）；关联词：subalpinus 亚高山的

Anthoxanthum odoratum var. nipponicum 日本黄花茅：nipponicum 日本的（地名）；-icus/ -icum/ -ica 属于，具有某种特性（常用于地名、起源、生境）

Anthoxanthum odoratum var. odoratum 黄花茅-原变种（词义见上面解释）

Anthriscus 峨参属（参 shēn）（伞形科）（55-1：p74）：anthriscus ← anthriskon（伞形科一种植物的希腊语名）

Anthriscus nemorosa 刺果峨参：nemorosus = nemus + orum + osus = nemoralis 森林的，树丛的；nemo- ← nemus 森林的，成林的，树丛的，喜林的，林内的；-orum 属于……的（第二变格法名词复数所有格词尾，表示群落或多数）；-osus/ -osum/ -osa 多的，充分的，丰富的，显著发育的，程度高的，特征明显的（形容词词尾）

Anthriscus sylvestris 峨参：sylvestris 森林的，野地的；sylva/ silva 森林；-estris/ -estre/ ester/ -esteris 生于……地方，喜好……地方

Anthurium 花烛属（天南星科）（13-2：p9）：

anthurius = anthus + urus + ius 尾巴状花的；anthus/ anthum/ antha/ anthe ← anthos 花（用于希腊语复合词）；-urus/ -ura/ -ourus/ -oura/ -oure/ -uris 尾巴；-ius/ -ium/ -ia 具有……特性的（表示有关、关联、相似）

Anthurium pedato-radiatum 掌叶花烛：pedato- ← pedatus 鸟足形的；pes/ pedis 柄，梗，茎秆，腿，足，爪（作词首或词尾，pes 的词干视为 "ped-"）；radiatus = radius + atus 辐射状的，放射状的；radius 辐射，射线，半径，边花，伞形花序

Anthurium variabile 深裂花烛：variabilis 多种多样的，易变化的，多型的；varius = varus + ius 各种各样的，不同的，多型的，易变的；varus 不同的，变化的，外弯的，凸起的；-ius/ -ium/ -ia 具有……特性的（表示有关、关联、相似）；-ans/ -ens/ -bilis/ -ilis 能够，可能（为形容词词尾，-ans/ -ens 用于主动语态，-bilis/ -ilis 用于被动语态）

Antiaris 见血封喉属（血 xuè）（桑科）（23-1：p64）：antiaris = anti + aris 箭毒（爪哇土名）；anti- 相反，反对，抵抗，治疗（anti- 为希腊语词首，相当于拉丁语的 contra-/ contro）；aris 箭

Antiaris toxicaria 见血封喉：toxicarius 有毒的，有害的；toxicus 有毒的；-arius/ -arium/ -aria 相似，属于（表示地点，场所，关系，所属）

Antidesma 五月茶属（大戟科）（44-1：p52）：antidesma 解毒的，抗毒的；anti- 相反，反对，抵抗，治疗（anti- 为希腊语词首，相当于拉丁语的 contra-/ contro）；desma 毒，毒素（缅甸语）

Antidesma acidum 西南五月茶：acidus 酸的，有酸味的

Antidesma ambiguum 蔓五月茶（蔓 màn）：ambiguus 可疑的，不确定的，含糊的

Antidesma bunius 五月茶：bunius ← bone（马来西亚语名）

Antidesma chonmon 滇越五月茶：chonmon（越南土名）

Antidesma costulatum 小肋五月茶：costulatus = costus + ulus + atus 具小肋的，具细脉的；costus 主脉，叶脉，肋，肋骨；-ulus/ -ulum/ -ula 小的，略微的，稍微的（小词 -ulus 在字母 e 或 i 之后有多种变缀，即 -olus/ -olum/ -ola、-ellus/ -ellum/ -ella、-illus/ -illum/ -illa，与第一变格法和第二变格法名词形成复合词）；-atus/ -atum/ -ata 属于，相似，具有，完成（形容词词尾）

Antidesma fordii 黄毛五月茶：fordii ← Charles Ford（人名）

Antidesma ghaesembilla 方叶五月茶：ghaesembilla（土名）

Antidesma hainanense 海南五月茶：hainanense 海南的（地名）

Antidesma japonicum 日本五月茶：japonicum 日本的（地名）；-icus/ -icum/ -ica 属于，具有某种特性（常用于地名、起源、生境）

Antidesma maclurei 多花五月茶：maclurei（人名）

Antidesma montanum 山地五月茶：montanus 山，山地；montis 山，山地的；mons 山，山脉，岩石

Antidesma nienkui 大果五月茶：nienkui（人名）

Antidesma pentandrum 五蕊五月茶：penta- 五，

五数（希腊语，拉丁语为 quin/ quinqu/ quinque-/ quinqui-）；andrus/ andros/ antherus ← aner 雄蕊，花药，雄性

Antidesma pentandrum var. barbatum 枯里珍五月茶：barbatus = barba + atus 具胡须的，具须毛的；barba 胡须，髯毛，绒毛；-atus/ -atum/ -ata 属于，相似，具有，完成（形容词词尾）

Antidesma pentandrum var. pentandrum 五蕊五月茶-原变种 （词义见上面解释）

Antidesma pleuricum 河头山五月茶：pleuricum 具肋的，具侧肋的；pleurus ← pleuron 肋，脉，肋状的，侧生的；-icus/ -icum/ -ica 属于，具有某种特性（常用于地名、起源、生境）

Antidesma pseudomicrophyllum 柳叶五月茶：pseudomicrophyllum 像 microphyllum 的；pseudo-/ pseud- ← pseudos 假的，伪的，接近，相似（但不是）；Antidesma microphyllum 小叶五月茶；micr-/ micro- ← micros 小的，微小的，微观的（用于希腊语复合词）；phyllus/ phyllum/ phylla ← phyllon 叶片（用于希腊语复合词）

Antidesma sootepense 泰北五月茶：sootepense（地名，泰国）

Antidesma venosum 小叶五月茶：venosus 细脉的，细脉明显的，分枝脉的；venus 脉，叶脉，血脉，血管；-osus/ -osum/ -osa 多的，充分的，丰富的，显著发育的，程度高的，特征明显的（形容词词尾）

Antigonon leptopus 珊瑚藤：leptopus/ leptopodus 细长柄的；leptus ← leptos 细的，薄的，瘦小的，狭长的；-pus ← pous 腿，足，爪，柄，茎；Leptopus 雀舌木属（大戟科）

Antiotrema 长蕊斑种草属（种 zhǒng）（紫草科）（64-2：p219）：antios 反对，相反；trema 孔，孔洞，凹痕（指果实表面有凹陷）（希腊语）

Antiotrema dunnianum 长蕊斑种草：dunnianum（人名）

Antirhea 毛茶属（茜草科）（71-2：p15）：anti- 相反，反对，抵抗，治疗（anti- 为希腊语词首，相当于拉丁语的 contra-/ contro）；rhea ← reein 流出

Antirhea chinensis 毛茶：chinensis = china + ensis 中国的（地名）；China 中国

Antrophyaceae 车前蕨科（3-2：p1）：Antrophyum 车前蕨属；-aceae（分类单位科的词尾，为 -aceus 的阴性复数主格形式，加到模式属的名称后或同义词的词干后以组成族群名称）

Antrophyum 车前蕨属（车前蕨科）（3-2：p1）：antrophyum 洞穴里生长的；antron 凹陷，洞穴；phyum ← phyo 生长

Antrophyum callifolium 美叶车前蕨：Calla 水芋属（天南星科）；call-/ calli-/ callo-/ cala-/ calo- ← calos/ callos 美丽的；callifolius 美叶的，水芋叶的；folius/ folium/ folia 叶，叶片（用于复合词）

Antrophyum castaneum 栗色车前蕨：castaneus 棕色的，板栗色的；Castanea 栗属（壳斗科）

Antrophyum coriaceum 革叶车前蕨：coriaceus = corius + aceus 近皮革的，近革质的；corius 皮革的，革质的；-aceus/ -aceum/ -acea 相似的，有……性质的，属于……的

Antrophyum formosanum 台湾车前蕨：

formosanus = formosus + anus 美丽的，台湾的；formosus ← formosa 美丽的，台湾的（葡萄牙殖民者发现台湾时对其的称呼，即美丽的岛屿）；-anus/ -anum/ -ana 属于，来自（形容词词尾）

Antrophyum henryi 车前蕨：henryi ← Augustine Henry 或 B. C. Henry（人名，前者，1857–1930，爱尔兰医生、植物学家，曾在中国采集植物，后者，1850–1901，曾活动于中国的传教士）

Antrophyum obovatum 长柄车前蕨：obovatus = ob + ovus + atus 倒卵形的；ob- 相反，反对，倒（ob- 有多种音变：ob- 在元音字母和大多数辅音字母前面，oc- 在 c 前面，of- 在 f 前面，op- 在 p 前面）；ovus 卵，胚珠，卵形的，椭圆形的

Antrophyum parvulum 无柄车前蕨：parvulus = parvus + ulus 略小的，总体上小的；parvus → parvi-/ parv- 小的，些微的，弱的；-ulus/ -ulum/ -ula 小的，略微的，稍微的（小词 -ulus 在字母 e 或 i 之后有多种变缀，即 -olus/ -olum/ -ola、-ellus/ -ellum/ -ella、-illus/ -illum/ -illa，与第一变格法和第二变格法名词形成复合词）

Antrophyum sessilifolium 兰屿车前蕨：sessile-/ sessili-/ sessil- ← sessilis 无柄的，无茎的，基生的，基部的；folius/ folium/ folia 叶，叶片（用于复合词）

Antrophyum vittarioides 书带车前蕨：vittarioides 像书带蕨的，略带条纹的；Vittaria 书带蕨属；-oides/ -oideus/ -oideum/ -oidea/ -odes/ -eidos 像……的，类似……的，呈……状的（名词词尾）

Aphanamixis 山楝属（楝科）（43-3：p75）：aphanamixis 像滇赤才的（指容易混淆）；Aphania 滇赤才属（无患子科）；mixis 混合的，混淆的

Aphanamixis grandifolia 大叶山楝：grandi- ← grandis 大的；folius/ folium/ folia 叶，叶片（用于复合词）

Aphanamixis polystachya 山楝：poly- ← polys 多数，很多的，多的（希腊语）；stachy-/ stachyo-/ -stachys/ -stachyus/ -stachyum/ -stachya 穗子，穗子的，穗子状的，穗状花序的；Polystachya 多穗兰属（兰科）

Aphanamixis sinensis 华山楝（华 huá）：sinensis = Sina + ensis 中国的（地名）；Sina 中国

Aphanamixis tripetala 台湾山楝：tri-/ tripli-/ triplo- 三个，三数；petalus/ petalum/ petala ← petalon 花瓣

Aphananthe 糙叶树属（榆科）（22：p387）：aphananthe 花不明显的，隐花的；aphanes 模糊不清的，不明显的，不显眼的；anthus/ anthum/ antha/ anthe ← anthos 花（用于希腊语复合词）

Aphananthe aspera 糙叶树：asper/ asperus/ asperum/ aspera 粗糙的，不平的

Aphananthe aspera var. aspera 糙叶树-原变种（词义见上面解释）

Aphananthe aspera var. pubescens 柔毛糙叶树：pubescens ← pubens 被短柔毛的，长出柔毛的；pubi- ← pubis 细柔毛的，短柔毛的，毛被的；pubesco/ pubescere 长成的，变为成熟的，长出柔毛的，青春期体毛的；-escens/ -ascens 改变，转变，变成，略微，带有，接近，相似，大致，稍微（表示

变化的趋势，并未完全相似或相同，有别于表示达到完成状态的 -atus）

Aphananthe cuspidata 滇糙叶树：cuspidatus = cuspis + atus 尖头的，凸尖的；构词规则：词尾为 -is 和 -ys 的词的词干分别视为 -id 和 -yd；cuspis（所有格为 cuspidis）齿尖，凸尖，尖头；-atus/ -atum/ -ata 属于，相似，具有，完成（形容词词尾）

Aphania 滇赤才属（无患子科）（47-1：p20）：aphania ← aphanes + ius 模糊不清的，不显眼的；phanes 可见的，显眼的；phanerus ← phaneros 显著的，显现的，突出的；-ius/ -ium/ -ia 具有……特性的（表示有关、关联、相似）

Aphania oligophylla 赛木患：oligo-/ olig- 少数的（希腊语，拉丁语为 pauci-）；phyllus/ phyllum/ phylla ← phyllon 叶片（用于希腊语复合词）

Aphania rubra 滇赤才：rubrus/ rubrum/ rubra/ ruber 红色的

Aphanopleura 隐棱芹属（伞形科）（55-2：p2）：aphano-/ aphan- ← aphanes = a + phanes 不显眼的，看不见的，模糊不清的；a-/ an- 无，非，没有，缺乏，不具有（an- 用于元音前）（a-/ an- 为希腊语词首，对应的拉丁语词首为 e-/ ex-，相当于英语的 un-/ -less，注意词首 a- 和作为介词的 a/ ab 不同，后者的意思是"从……、由……、关于……、因为……"）；phanes 可见的，显眼的；phanerus ← phaneros 显著的，显现的，突出的；pleurus ← pleuron 肋，脉，肋状的，侧生的

Aphanopleura capillifolia 细叶隐棱芹：capillus 毛发的，头发的，细毛的；folius/ folium/ folia 叶，叶片（用于复合词）

Aphanopleura leptoclada 细枝隐棱芹：leptus ← leptos 细的，薄的，瘦小的，狭长的；cladus ← clados 枝条，分枝

Aphelandra 单药花属（爵床科）（70：p1）：aphelandra = apheles + andrus 单药的；apheles 单一的，简单的；andrus/ andros/ antherus ← aner 雄蕊，花药，雄性；aner 雄蕊，花药，雄性，男性

Aphelandra squarrosa cv. Dania 金脉单药花：squarrosus = squarrus + osus 粗糙的，不平滑的，有凸起的；squarrus 糙的，不平，凸点；-osus/ -osum/ -osa 多的，充分的，丰富的，显著发育的，程度高的，特征明显的（形容词词尾）；dania 丹尼（品种名）

Aphragmus 寒原荠属（荠 jì）（十字花科）（33：p421）：aphragmus 无隔膜的（指角果）；a-/ an- 无，非，没有，缺乏，不具有（an- 用于元音前）（a-/ an- 为希腊语词首，对应的拉丁语词首为 e-/ ex-，相当于英语的 un-/ -less，注意词首 a- 和作为介词的 a/ ab 不同，后者的意思是"从……、由……、关于……、因为……"）；phragmus 篱笆，栅栏，隔膜

Aphragmus oxycarpus 尖果寒原荠：oxycarpus 尖果的；oxy- ← oxys 尖锐的，酸的；carpus/ carpum/ carpa/ carpon ← carpos 果实（用于希腊语复合词）

Aphragmus oxycarpus var. glaber 无毛寒原荠：glaber/ glabrus 光滑的，无毛的

Aphragmus oxycarpus var. microcarpus 小果寒原荠：micr-/ micro- ← micros 小的，微小的，微观的（用于希腊语复合词）；carpus/ carpum/ carpa/ carpon ← carpos 果实（用于希腊语复合词）

Aphragmus oxycarpus var. oxycarpus 尖果寒原荠-原变种 （词义见上面解释）

Aphragmus tibeticus 寒原荠：tibeticus 西藏的（地名）；-icus/ -icum/ -ica 属于，具有某种特性（常用于地名、起源、生境）

Aphyllorchis 无叶兰属（兰科）（17：p81）：a-/ an- 无，非，没有，缺乏，不具有（an- 用于元音前）（a-/ an- 为希腊语词首，对应的拉丁语词首为 e-/ ex-，相当于英语的 un-/ -less，注意词首 a- 和作为介词的 a/ ab 不同，后者的意思是"从……、由……、关于……、因为……"）；phyllus/ phyllum/ phylla ← phyllon 叶片（用于希腊语复合词）；orchis 红门兰，兰花

Aphyllorchis alpina 高山无叶兰：alpinus = alpus + inus 高山的；alpus 高山，al-/ alti-/ alto- ← altus 高的，高处的；-inus/ -inum/ -ina/ -inos 相近，接近，相似，具有（通常指颜色）；关联词：subalpinus 亚高山的

Aphyllorchis caudata 尾萼无叶兰：caudatus = caudus + atus 尾巴的，尾巴状的，具尾的；caudus 尾巴

Aphyllorchis gollanii 大花无叶兰：gollanii（人名）；-ii 表示人名，接在以辅音字母结尾的人名后面，但 -er 除外

Aphyllorchis montana 无叶兰：montanus 山，山地；montis 山，山地的；mons 山，山脉，岩石

Aphyllorchis parviflora （小花无叶兰）：parviflorus 小花的；parvus 小的，些微的，弱的；florus/ florum/ flora ← flos 花（用于复合词）

Aphyllorchis simplex 单唇无叶兰：simplex 单一的，简单的，无分歧的（词干为 simplic-）

Apios 土圞儿属（圞 luán）（豆科）（41：p199）：apios 梨（比喻块根形状）

Apios bodinieri 贵州土圞儿：bodinieri ← Emile Marie Bodinieri（人名，19 世纪活动于中国的法国传教士）；-eri 表示人名，在以 -er 结尾的人名后面加上 i 形成

Apios carnea 肉色土圞儿：carneus ← caro 肉红色的，肌肤色的；carn- 肉，肉色；-eus/ -eum/ -ea（接拉丁语词干时）属于……的，色如……的，质如……的（表示原料、颜色或品质的相似），（接希腊语词干时）属于……的，以……出名，为……所占有（表示具有某种特性）

Apios delavayi 云南土圞儿：delavayi ← P. J. M. Delavay（人名，1834–1895，法国传教士，曾在中国采集植物标本）；-i 表示人名，接在以元音字母结尾的人名后面，但 -a 除外

Apios delavayi var. pteridietrorum 蕨丛土圞儿：pteridietrorum = Pteridium + etorum 蕨丛的，蕨类群落的；Pteridium 蕨属（蕨科）；-etorum 群落的（表示群丛、群落的词尾）

Apios fortunei 土圞儿：fortunei ← Robert Fortune（人名，19 世纪英国园艺学家，曾在中国采集植物）；-i 表示人名，接在以元音字母结尾的人名后面，但 -a 除外

Apios gracillima 纤细土圞儿：gracillimus 极细长的，非常纤细的；gracilis 细长的，纤弱的，丝状的；

A

-limus/ -lima/ -limum 最，非常，极其（以 -ilis 结尾的形容词最高级，将末尾的 -is 换成 l + imus，从而构成 -illimus）

Apios macrantha 大花土圞儿：macro-/ macr- ← macros 大的，宏观的（用于希腊语复合词）；anthus/ anthum/ antha/ anthe ← anthos 花（用于希腊语复合词）

Apios taiwaniana 台湾土圞儿：taiwaniana 台湾的（地名）

Apium 芹属（伞形科）（55-2：p6）：apium ← apon 水（凯尔特语，指水湿生境）

Apium graveolens 旱芹：graveolens 强烈气味的，不快气味的，恶臭的；gravis 重的，重量大的，深厚的，浓密的，严重的，大量的，苦的，讨厌的；olens ← olere 气味，发出气味（不分香臭）

Apium leptophyllum 细叶旱芹（另见 Cyclospermum leptophyllum）：leptus ← leptos 细的，薄的，瘦小的，狭长的；phyllus/ phyllum/ phylla ← phyllon 叶片（用于希腊语复合词）

Apluda 水蔗草属（蔗 zhè）（禾本科）（10-2：p167）：apluda 糠

Apluda mutica 水蔗草：muticus 无突起的，钝头的，非针状的

Apocopis 楔颖草属（禾本科）（10-2：p108）：apocopis ← apocopto 切除（指颖片先端截头状）

Apocopis breviglumis 短颖楔颖草：brevi- ← brevis 短的（用于希腊语复合词词首）；glumis ← gluma 颖片，具颖片的（glumis 为 gluma 的复数夺格）

Apocopis heterogama 异穗楔颖草：hete-/ heter-/ hetero- ← heteros 不同的，多样的，不齐的；gamus 花（指有性花或繁殖能力）

Apocopis paleacea 楔颖草：paleaceus 具托苞的，具内颖的，具鳞片的；paleus 托苞，内颖，内稃，鳞片；-aceus/ -aceum/ -acea 相似的，有……性质的，属于……的

Apocopis wrightii 瑞氏楔颖草：wrightii ← Charles（Carlos）Wright（人名，19 世纪美国植物学家）

Apocopis wrightii var. macrantha 大花楔颖草：macro-/ macr- ← macros 大的，宏观的（用于希腊语复合词）；anthus/ anthum/ antha/ anthe ← anthos 花（用于希腊语复合词）

Apocopis wrightii var. wrightii 瑞氏楔颖草-原变种（词义见上面解释）

Apocynaceae 夹竹桃科（63：p1）：Apocynum 罗布麻属；-aceae（分类单位科的词尾，为 -aceus 的阴性复数主格形式，加到模式属的名称后或同义词的词干后以组成族群名称）

Apocynum 罗布麻属（夹竹桃科）（63：p157）：apocynum 毒死狗的（指汁液有毒可使狗致死）；apo- 离开，分离，使离开；cynum ← cyno 狗

Apocynum venetum 罗布麻：venetum ← Venetia（地名，意大利）

Apocynum venetum var. ellipticifolium（圆叶罗布麻）：ellipticus 椭圆形的；folius/ folium/ folia 叶，叶片（用于复合词）

Apodytes 柴龙树属（茶茱萸科）（46：p45）：apodytes ← apodys 剥去，去掉

Apodytes dimidiata 柴龙树：dimidiatus = dimidius + atus 二等分的，一半的，具有一半的；dimidius 一半的，二分之一的，对开的，似半瓣的，只剩一半的（两边很不对称，其中一半几乎不发育）；di-/ dis- 二，二数，二分，分离，不同，在……之间，从……分开（希腊语，拉丁语为 bi-/ bis-）

Aponogeton 水蕹属（蕹 wèng）（水蕹科）（8：p34）：aponogeton 紧邻水边的（指生境潮湿）；apon 水；geton/ geiton 附近的，紧邻的，邻居

Aponogeton lakhonensis 水蕹：lakhonensis（地名，越南）

Aponogetonaceae 水蕹科（8：p34）：Aponogeton 水蕹属；geton/ geiton 附近的，紧邻的，邻居；-aceae（分类单位科的词尾，为 -aceus 的阴性复数主格形式，加到模式属的名称后或同义词的词干后以组成族群名称）

Aporosa 银柴属（有时误拼为"Aporusa"）（大戟科）（44-1：p125）：aporos 贫乏的（指花无花瓣及花盘）；形近词：aporusa 难以达到的

Aporosa dioica 银柴：dioicus/ dioecus/ dioecius 雌雄异株的（dioicus 常用于苔藓学）；di-/ dis- 二，二数，二分，分离，不同，在……之间，从……分开（希腊语，拉丁语为 bi-/ bis-）；-oicus/ -oecius 雌雄体的，雌雄株的（仅用于词尾）；monoecius/ monoicus 雌雄同株的

Aporosa planchoniana 全缘叶银柴：planchoniana（人名）

Aporosa villosa 毛银柴：villosus 柔毛的，绵毛的；villus 毛，羊毛，长绒毛；-osus/ -osum/ -osa 多的，充分的，丰富的，显著发育的，程度高的，特征明显的（形容词词尾）

Aporosa yunnanensis 云南银柴：yunnanensis 云南的（地名）

Apostasia 拟兰属（兰科）（17：p15）：apostasia 背叛，脱离（希腊语，指不包括在兰属中）

Apostasia odorata 拟兰：odoratus = odorus + atus 香气的，气味的；odor 香气，气味；-atus/ -atum/ -ata 属于，相似，具有，完成（形容词词尾）

Apostasia ramifera 多枝拟兰：ramus 分枝，枝条；-ferus/ -ferum/ -fera/ -fero/ -fere/ -fer 有，具有，产（区别：作独立词使用的 ferus 意思是"野生的"）

Apostasia wallichii 剑叶拟兰：wallichii ← Nathaniel Wallich（人名，19 世纪初丹麦植物学家、医生）

Appendicula 牛齿兰属（兰科）（19：p57）：appendiculus = appendix + ulus 有小附属物的；appendix = ad + pendix 附属物；ad- 向，到，近（拉丁语词首，表示程度加强）；构词规则：构成复合词时，词首末尾的辅音字母常同化为紧接其后的那个辅音字母（如 ad + p → app）；pendix ← pendens 垂悬的，挂着的，悬垂的；-ulus/ -ulum/ -ula 小的，略微的，稍微的（小词 -ulus 在字母 e 或 i 之后有多种变缀，即 -olus/ -olum/ -ola、-ellus/ -ellum/ -ella、-illus/ -illum/ -illa，与第一变格法和第二变格法名词形成复合词）

Appendicula cornuta 牛齿兰：cornutus = cornus + utus 犄角的，兽角的，角质的；cornus 角，犄角，兽角，角质，角质般坚硬；-utus/ -utum/

-uta（名词词尾，表示具有）

Appendicula formosana 台湾牛齿兰：
formosanus = formosus + anus 美丽的，台湾的；
formosus ← formosa 美丽的，台湾的（葡萄牙殖民者发现台湾时对其的称呼，即美丽的岛屿）；-anus/
-anum/ -ana 属于，来自（形容词词尾）

Appendicula micrantha 小花牛齿兰：micr-/
micro- ← micros 小的，微小的，微观的（用于希腊语复合词）；anthus/ anthum/ antha/ anthe ←
anthos 花（用于希腊语复合词）

Appendicula terrestris 长叶牛齿兰：terrestris 陆地生的，地面的；terreus 陆地的，地面的；-estris/
-estre/ ester/ -esteris 生于……地方，喜好……地方

Apterosperma 圆籽荷属（山茶科）（49-3：p225）：
aptero- ← apterus 无翼的，无翅的；a-/ an- 无，非，
没有，缺乏，不具有（an- 用于元音前）（a-/ an- 为希腊语词首，对应的拉丁语词首为 e-/ ex-，相当于英语的 un-/ -less，注意词首 a- 和作为介词的 a/ ab
不同，后者的意思是"从……、由……、关于……、
因为……"）；pterus/ pteron 翅，翼，蕨类；
spermus/ spermum/ sperma 种子（用于希腊语复合词）

Apterosperma oblata 圆籽荷：oblatus 扁圆形的；
ob- 相反，反对，倒（ob- 有多种音变：ob- 在元音字母和大多数辅音字母前面，oc- 在 c 前面，of- 在 f
前面，op- 在 p 前面）；latus 宽的，宽广的

Aquifoliaceae 冬青科（45-2：p1）：aquifolium →
Illex 冬青属（冬青科），具刺叶的；-aceae（分类单位科的词尾，为 -aceus 的阴性复数主格形式，加到模式属的名称后或同义词的词干后以组成族群名称）

Aquilaria 沉香属（瑞香科）（52-1：p289）：
aquilegia ← aquila + arius 像鹏的，像鹫的（指花距像鹰爪）；aquila 鹏，鹫；-arius/ -arium/ -aria 相似，属于（表示地点，场所，关系，所属）

Aquilaria sinensis 土沉香：sinensis = Sina + ensis
中国的（地名）；Sina 中国

Aquilaria yunnanensis 云南沉香：yunnanensis 云南的（地名）

Aquilegia 耧斗菜属（耧 lóu）（毛茛科）（27：p490）：
aquilegia ← aquila 鹏，鹫（指花距像鹰爪）；
aquilegia = aqua + legere 集水（指分泌物在距中聚集）；aqua 水；legere 收集，聚集

Aquilegia atrovinosa 暗紫耧斗菜：atro-/ atr-/
atri-/ atra- ← ater 深色，浓色，暗色，发黑（ater
作为词干后接辅音字母开头的词时，要在词干后面加一个连接用的元音字母"o"或"i"，故为
"ater-o-"或"ater-i-"，变形为"atr-"开头）；
vinosus = vinus + osus 葡萄酒色的，含酒精的；
vinus 葡萄，葡萄酒；-osus/ -osum/ -osa 多的，充分的，丰富的，显著发育的，程度高的，特征明显的（形容词词尾）

Aquilegia ecalcarata 无距耧斗菜：ecalcaratus =
e + calcaratus 无距的；e-/ ex- 不，无，非，缺乏，
不具有（e- 用在辅音字母前，ex- 用在元音字母前，
为拉丁语词首，对应的希腊语词首为 a-/ an-，英语为 un-/ -less，注意作词首用的 e-/ ex- 和介词 e/ ex
意思不同，后者意为"出自、从……、由……离开、
由于、依照"）；calcaratus = calcar + atus 距的，

有距的；calcar- ← calcar 距，花萼或花瓣生蜜源的距，短枝（结果枝）（距：雄鸡、雉等的腿的后面突出像脚趾的部分）；-atus/ -atum/ -ata 属于，相似，具有，完成（形容词词尾）

Aquilegia ecalcarata f. semicalcarata 细距耧斗菜：semicalcaratus 半距的；semi- 半，准，略微；
calcaratus = calcar + atus 距的，有距的；
calcar- ← calcar 距，花萼或花瓣生蜜源的距，短枝（结果枝）（距：雄鸡、雉等的腿的后面突出像脚趾的部分）

Aquilegia glandulosa 大花耧斗菜：glandulosus =
glandus + ulus + osus 被细腺的，具腺体的，腺体质的；glandus ← glans 腺体；-ulus/ -ulum/ -ula 小的，略微的，稍微的（小词 -ulus 在字母 e 或 i 之后有多种变缀，即 -olus/ -olum/ -ola、-ellus/ -ellum/
-ella、-illus/ -illum/ -illa，与第一变格法和第二变格法名词形成复合词）；-osus/ -osum/ -osa 多的，充分的，丰富的，显著发育的，程度高的，特征明显的（形容词词尾）

Aquilegia incurvata 秦岭耧斗菜：incurvatus =
incurvus + atus 内弯的，具内弯的；incurvus 内弯的；in-/ im-（来自 il- 的音变）内，在内，内部，向内，相反，不，无，非；il- 在内，向内，为，相反（希腊语为 en-）；词首 il- 的音变：il-（在 l 前面），
im-（在 b、m、p 前面），in-（在元音字母和大多数辅音字母前面），ir-（在 r 前面），如 illaudatus（不值得称赞的，评价不好的），impermeabilis（不透水的，穿不透的），ineptus（不合适的），insertus（插入的），irretortus（无弯曲的，无扭曲的）；curvus
弯曲的

Aquilegia japonica 白山耧斗菜：japonica 日本的（地名）；-icus/ -icum/ -ica 属于，具有某种特性（常用于地名、起源、生境）

Aquilegia lactiflora 白花耧斗菜：lacteus 乳汁的，
乳白色的，白色略带蓝色的；lactis 乳汁；florus/
florum/ flora ← flos 花（用于复合词）

Aquilegia moorcroftiana 腺毛耧斗菜：
moorcroftiana ← William Moorcroft（人名，19 世纪英国兽医）

Aquilegia oxysepala 尖萼耧斗菜：oxysepalus 尖萼的；oxy- ← oxys 尖锐的，酸的；sepalus/ sepalum/
sepala 萼片（用于复合词）

Aquilegia oxysepala var. kansuensis 甘肃耧斗菜：
kansuensis 甘肃的（地名）

**Aquilegia oxysepala var. oxysepala f.
pallidiflora** 黄花尖萼耧斗菜：pallidus 苍白的，淡白色的，淡色的，蓝白色的，无活力的；palide 淡地，淡色地（反义词：sturate 深色地，浓色地，充分地，丰富地，饱和地）；florus/ florum/ flora ←
flos 花（用于复合词）

Aquilegia parviflora 小花耧斗菜：parviflorus 小花的；parvus 小的，些微的，弱的；florus/ florum/
flora ← flos 花（用于复合词）

Aquilegia rockii 直距耧斗菜：rockii ← Joseph
Francis Charles Rock（人名，20 世纪美国植物采集员）

Aquilegia sibirica 西伯利亚耧斗菜：sibirica 西伯利亚的（地名，俄罗斯）；-icus/ -icum/ -ica 属于，具

A

有某种特性（常用于地名、起源、生境）

Aquilegia viridiflora 耧斗菜：viridus 绿色的；florus/ florum/ flora ← flos 花（用于复合词）

Aquilegia viridiflora f. atropurpurea 紫花耧斗菜：atro-/ atr-/ atri-/ atra- ← ater 深色，浓色，暗色，发黑（ater 作为词干后接辅音字母开头的词时，要在词干后面加一个连接用的元音字母"o"或"i"，故为"ater-o-"或"ater-i-"，变形为"atr-"开头）；purpureus = purpura + eus 紫色的；purpura 紫色（purpura 原为一种介壳虫名，其体液为紫色，可作颜料）；-eus/ -eum/ -ea（接拉丁语词干时）属于……的，色如……的，质如……的（表示原料、颜色或品质的相似），（接希腊语词干时）属于……的，以……出名，为……所占有（表示具有某种特性）

Aquilegia yabeana 华北耧斗菜：yabeana ← Yoshitaba Yabe 矢部（人名，1876–1931，日本植物学家）

Aquilegia yabeana f. luteola 黄花华北耧斗菜：luteolus = luteus + ulus 发黄的，带黄色的；luteus 黄色的

Arabidopsis 鼠耳芥属（十字花科）（33：p281）：arabidopsis = Arabis + opsis 像南芥的；构词规则：词尾为 -is 和 -ys 的词的词干分别视为 -id 和 -yd；Arabis 南芥属；-opsis/ -ops 相似，稍微，带有

Arabidopsis himalaica 喜马拉雅鼠耳芥：himalaica 喜马拉雅的（地名）；-icus/ -icum/ -ica 属于，具有某种特性（常用于地名、起源、生境）

Arabidopsis mollissima 柔毛鼠耳芥：molle/ mollis 软的，柔毛的；-issimus/ -issima/ -issimum 最，非常，极其（形容词最高级）

Arabidopsis monachorum 粗根鼠耳芥：mono-/ mon- ← monos 一个，单一的（希腊语，拉丁语为 unus/ uni-/ uno-）；chorus 颜色

Arabidopsis pumila 小鼠耳芥：pumilus 矮的，小的，低矮的，矮人的

Arabidopsis pumila var. alpina 赤水鼠耳芥：alpinus = alpus + inus 高山的；alpus 高山；al-/ alti-/ alto- ← altus 高的，高处的；-inus/ -inum/ -ina/ -inos 相近，接近，相似，具有（通常指颜色）；关联词：subalpinus 亚高山的

Arabidopsis pumila var. pumila 小鼠耳芥-原变种 （词义见上面解释）

Arabidopsis stricta 直鼠耳芥：strictus 直立的，硬直的，笔直的，彼此靠拢的

Arabidopsis thaliana 鼠耳芥：thaliana（人名）

Arabidopsis tibetica 西藏鼠耳芥：tibetica 西藏的（地名）；-icus/ -icum/ -ica 属于，具有某种特性（常用于地名、起源、生境）

Arabidopsis toxophylla 弓叶鼠耳芥：toxo- 有毒的；phyllus/ phyllum/ phylla ← phyllon 叶片（用于希腊语复合词）

Arabidopsis tuemurica 托穆尔鼠耳芥：tuemurica 托穆尔峰的（地名，新疆维吾尔自治区）

Arabidopsis wallichii 卵叶鼠耳芥：wallichii ← Nathaniel Wallich（人名，19 世纪初丹麦植物学家、医生）

Arabidopsis yadongensis 亚东鼠耳芥：yadongensis 亚东的（地名，西藏自治区）

Arabis 南芥属（十字花科）（33：p253）：arabis 阿拉伯的（指模式种产地）

Arabis alaschanica 贺兰山南芥：alaschanica 阿拉善的（地名，内蒙古最西部）

Arabis alpina 高山南芥：alpinus = alpus + inus 高山的；alpus 高山；al-/ alti-/ alto- ← altus 高的，高处的；-inus/ -inum/ -ina/ -inos 相近，接近，相似，具有（通常指颜色）；关联词：subalpinus 亚高山的

Arabis alpina var. alpina 高山南芥-原变种 （词义见上面解释）

Arabis alpina var. parviflora 小花南芥：parviflorus 小花的；parvus 小的，些微的，弱的；florus/ florum/ flora ← flos 花（用于复合词）

Arabis amplexicaulis 抱茎南芥：amplexi- 跨骑状的，紧握的，抱紧的；caulis ← caulos 茎，茎秆，主茎

Arabis attenuata 尖果南芥：attenuatus = ad + tenuis + atus 渐尖的，渐狭的，变细的，变弱的；ad- 向，到，近（拉丁语词首，表示程度加强）；构词规则：构成复合词时，词首末尾的辅音字母常同化为紧接其后的那个辅音字母（如 ad + t → att）；tenuis 薄的，纤细的，弱的，瘦的，窄的

Arabis auriculata 耳叶南芥：auriculatus 耳形的，具小耳的（基部有两个小圆片）；auriculus 小耳朵的，小耳状的；auritus 耳朵的，耳状的；-culus/ -culum/ -cula 小的，略微的，稍微的（同第三变格法和第四变格法名词形成复合词）；-atus/ -atum/ -ata 属于，相似，具有，完成（形容词词尾）

Arabis borealis 新疆南芥：borealis 北方的；-aris（阳性、阴性）/ -are（中性）← -alis（阳性、阴性）/ -ale（中性）属于，相似，如同，具有，涉及，关于，联结于（将名词作形容词用，其中 -aris 常用于以 l 或 r 为词干末尾的词）

Arabis chanetii 短梗南芥：chanetii（人名）；-ii 表示人名，接在以辅音字母结尾的人名后面，但 -er 除外

Arabis flagellosa 匍匐南芥：flagellosus 多匍匐枝的；flagellus/ flagrus 鞭子的，匍匐枝的；-osus/ -osum/ -osa 多的，充分的，丰富的，显著发育的，程度高的，特征明显的（形容词词尾）

Arabis formosana 台湾南芥：formosanus = formosus + anus 美丽的，台湾的；formosus ← formosa 美丽的，台湾的（葡萄牙殖民者发现台湾时对其的称呼，即美丽的岛屿）；-anus/ -anum/ -ana 属于，来自（形容词词尾）

Arabis fruticulosa 小灌木南芥：fruticulosus 小灌丛的，多分枝的；frutex 灌木；构词规则：以 -ix/ -iex 结尾的词其词干末尾视为 -ic，以 -ex 结尾视为 -i/ -ic，其他以 -x 结尾视为 -c；-culosus = culus + osus 小而多的，小而密集的；-culus/ -culum/ -cula 小的，略微的，稍微的（同第三变格法和第四变格法名词形成复合词）；-osus/ -osum/ -osa 多的，充分的，丰富的，显著发育的，程度高的，特征明显的（形容词词尾）

Arabis gemmifera 叶芽南芥：gemmus 芽，珠芽，零余子；-ferus/ -ferum/ -fera/ -fero/ -fere/ -fer 有，具有，产（区别：作独立词使用的 ferus 意思是"野生的"）

Arabis halleri 圆叶南芥：halleri ← Albrecht von

A

Haller（人名，18 世纪瑞士科学家、文学家）；-eri 表示人名，在以 -er 结尾的人名后面加上 i 形成

Arabis hirsuta 硬毛南芥：hirsutus 粗毛的，糙毛的，有毛的（长而硬的毛）

Arabis hirsuta var. hirsuta 硬毛南芥-原变种（词义见上面解释）

Arabis hirsuta var. nipponica 卵叶硬毛南芥：nipponica 日本的（地名）；-icus/ -icum/ -ica 属于，具有某种特性（常用于地名、起源、生境）

Arabis hirsuta var. purpurea 紫花硬毛南芥：purpureus = purpura + eus 紫色的；purpura 紫色（purpura 原为一种介壳虫名，其体液为紫色，可作颜料）；-eus/ -eum/ -ea（接拉丁语词干时）属于……的，色如……的，质如……的（表示原料、颜色或品质的相似），（接希腊语词干时）属于……的，以……出名，为……所占有（表示具有某种特性）

Arabis kelung-insularis 基隆南芥：kelung 基隆（地名，属台湾省）；insularis 岛屿的；-aris（阳性、阴性）/ -are（中性）← -alis（阳性、阴性）/ -ale（中性）属于，相似，如同，具有，涉及，关于，联结于（将名词作形容词用，其中 -aris 常用于以 l 或 r 为词干末尾的词）

Arabis latialata 宽翅南芥：lati-/ late- ← latus 宽的，宽广的；alatus → ala-/ alat-/ alati-/ alato- 翅，具翅的，具翼的

Arabis lyrata 深山南芥：lyratus 大头羽裂的，琴状的

Arabis lyrata var. kamtschatica 琴叶南芥：kamtschatica/ kamschatica ← Kamchatka 勘察加的（地名）；-aticus/ -aticum/ -atica 属于，表示生长的地方，作名词词尾

Arabis lyrata var. lyrata 深山南芥-原变种（词义见上面解释）

Arabis macrantha 大花南芥：macro-/ macr- ← macros 大的，宏观的（用于希腊语复合词）；anthus/ anthum/ antha/ anthe ← anthos 花（用于希腊语复合词）

Arabis morrisonensis 玉山南芥：morrisonensis 磨里山的（地名，今台湾新高山）

Arabis paniculata 圆锥南芥：paniculatus = paniculus + atus 具圆锥花序的；paniculus 圆锥花序；panus 谷穗；panicus 野稗，粟，谷子；-atus/ -atum/ -ata 属于，相似，具有，完成（形容词词尾）

Arabis pendula 垂果南芥：pendulus ← pendere 下垂的，垂吊的（悬空或因支持体细软而下垂）；pendere/ pendeo 悬挂，垂悬；-ulus/ -ulum/ -ula（表示趋向或动作）（小词 -ulus 在字母 e 或 i 之后有多种变缀，即 -olus/ -olum/ -ola、-ellus/ -ellum/ -ella、-illus/ -illum/ -illa，与第一变格法和第二变格法名词形成复合词）

Arabis pendula var. glabrescens 疏毛垂果南芥：glabrus 光秃的，无毛的，光滑的；-escens/ -ascens 改变，转变，变成，略微，带有，接近，相似，大致，稍微（表示变化的趋势，并未完全相似或相同，有别于表示达到完成状态的 -atus）

Arabis pendula var. hebecarpa 毛果南芥：hebe- 柔毛；carpus/ carpum/ carpa/ carpon ← carpos 果实（用于希腊语复合词）

Arabis pendula var. hypoglauca 粉绿垂果南芥：hypoglaucus 下面白色的；hyp-/ hypo- 下面的，以下的，不完全的；glaucus → glauco-/ glauc- 被白粉的，发白的，灰绿色的

Arabis pendula var. pendula 垂果南芥-原变种（词义见上面解释）

Arabis pterosperma 窄翅南芥：pterospermus 具翅种子的；pterus/ pteron 翅，翼，蕨类；Pterospermum 翅子树属（梧桐科）；spermus/ spermum/ sperma 种子的（用于希腊语复合词）

Arabis sagittata 箭叶南芥：sagittatus/ sagittalis 箭头状的；sagita/ sagitta 箭，箭头；-atus/ -atum/ -ata 属于，相似，具有，完成（形容词词尾）

Arabis serrata 齿叶南芥：serratus = serrus + atus 有锯齿的；serrus 齿，锯齿

Araceae 天南星科（13-2：p1）：Arum 疆南星属（天南星科）；arum 一种海芋；-aceae（分类单位科的词尾，为 -aceus 的阴性复数主格形式，加到模式属的名称后或同义词的词干后以组成族群名称）

Arachis 落花生属（豆科）（41：p361）：arachis 无轴，无柄；a-/ an- 无，非，没有，缺乏，不具有（an- 用于元音前）（a-/ an- 为希腊语词首，对应的拉丁语词首为 e-/ ex-，相当于英语的 un-/ -less，注意词首 a- 和作为介词的 a/ ab 不同，后者的意思是"从……、由……、关于……、因为……"）；rachis/ rhachis 主轴，花序轴，叶轴，脊棱（指着生小叶或花的部分的中轴，如羽状复叶、穗状花序总柄基部以外的部分）

Arachis duranensis 蔓花生：duranensis（地名）

Arachis hypogaea 落花生：hypogaeus 地下的，地表以下的；hyp-/ hypo- 下面的，以下的，不完全的；gaeus ← gaia 地面，土面（常作词尾）

Arachniodes 复叶耳蕨属（鳞毛蕨科）（5-1：p14）：arachne 蜘蛛的，蜘蛛网的；-oides/ -oideus/ -oideum/ -oidea/ -odes/ -eidos 像……的，类似……的，呈……状的（名词词尾）

Arachniodes abrupta 急尖复叶耳蕨：abruptus 突然的，截然的，急剧的

Arachniodes ailaoshanensis 哀牢山复叶耳蕨：ailaoshanensis 哀牢山的（地名，云南省）

Arachniodes amoena 多羽复叶耳蕨：amoenus 美丽的，可爱的

Arachniodes anshunensis 安顺复叶耳蕨：anshunensis 安顺的（地名，贵州省）

Arachniodes aristatissima 多芒复叶耳蕨：aristatus(aristosus) = arista + atus 具芒的，具芒刺的，具刚毛的，具胡须的；arista 芒；-issimus/ -issima/ -issimum 最，非常，极其（形容词最高级）

Arachniodes assamica 阔羽复叶耳蕨：assamica 阿萨姆邦的（地名，印度）

Arachniodes attenuata 狭长复叶耳蕨：attenuatus = ad + tenuis + atus 渐尖的，渐狭的，变细的，变弱的；ad- 向，到，近（拉丁语词首，表示程度加强）；构词规则：构成复合词时，词首末尾的辅音字母常同化为紧接其后的那个辅音字母（如 ad + t → att）；tenuis 薄的，纤细的，弱的，瘦的，窄的

Arachniodes australis 南方复叶耳蕨：australis 南方的，南半球的；austro-/ austr- 南方的，南半球

的，大洋洲的；auster 南方，南风；-aris（阳性、阴性）/ -are（中性）← -alis（阳性、阴性）/ -ale（中性）属于，相似，如同，具有，涉及，关于，联结于（将名词作形容词用，其中 -aris 常用于以 l 或 r 为词干末尾的词）

Arachniodes austro-yunnanensis 滇南复叶耳蕨：austro-/ austr- 南方的，南半球的，大洋洲的；auster 南方，南风；yunnanensis 云南的（地名）

Arachniodes baiseensis 百色复叶耳蕨：baiseensis 百色的（地名，广西壮族自治区）

Arachniodes calcarata 多距复叶耳蕨：calcaratus = calcar + atus 距的，有距的；calcar- ← calcar 距，花萼或花瓣生蜜源的距，短枝（结果枝）（距：雄鸡、雉等的腿的后面突出像脚趾的部分）；-atus/ -atum/ -ata 属于，相似，具有，完成（形容词词尾）

Arachniodes caudifolia 尾叶复叶耳蕨：caudi- ← cauda/ caudus/ caudum 尾巴；folius/ folium/ folia 叶，叶片（用于复合词）

Arachniodes cavalerii 背囊复叶耳蕨：cavalerii ← Pierre Julien Cavalerie（人名，20 世纪法国传教士）（注：词尾改为 "-eri" 似更妥）；-eri 表示人名，在以 -er 结尾的人名后面加上 i 形成；-ii 表示人名，接在以辅音字母结尾的人名后面，但 -er 除外

Arachniodes chinensis 中华复叶耳蕨：chinensis = china + ensis 中国的（地名）；China 中国

Arachniodes chingii 仁昌复叶耳蕨：chingii ← R. C. Chin 秦仁昌（人名，1898–1986，中国植物学家，蕨类植物专家），秦氏

Arachniodes coniifolia 细裂复叶耳蕨：Conius 毒参属（伞形科）；缀词规则：以属名作复合词时原词尾变形后的 i 要保留；folius/ folium/ folia 叶，叶片（用于复合词）

Arachniodes cornopteris 凸角复叶耳蕨：cornopteris 角状的蕨；corno- ← cornus 犄角的，兽角的，兽角般坚硬的；pteris ← pteryx 翅，翼，蕨类（希腊语）；Cornopteris 角蕨属（蹄盖蕨科）

Arachniodes costulisora 近肋复叶耳蕨：costulisorus = costus + ulus + sorus 小肋状子囊群的；costus 主脉，叶脉，肋，肋骨；-ulus/ -ulum/ -ula 小的，略微的，稍微的（小词 -ulus 在字母 e 或 i 之后有多种变缀，即 -olus/ -olum/ -ola、-ellus/ -ellum/ -ella、-illus/ -illum/ -illa，与第一变格法和第二变格法名词形成复合词）；sorus ← soros 堆（指密集成簇），孢子囊群

Arachniodes cyrtomifolia 贯众叶复叶耳蕨：Crytomium 贯众属（鳞毛蕨科）；folius/ folium/ folia 叶，叶片（用于复合词）

Arachniodes damiaoshanensis 大苗山复叶耳蕨：damiaoshanensis 大苗山的（地名，广西北部）

Arachniodes dayaoensis 大姚复叶耳蕨：dayaoensis 大姚的（地名，云南省）

Arachniodes decomposita 五回复叶耳蕨：decompositus 数回复生的，重复的；de- 向下，向外，从……，脱离，脱落，离开，去掉；compositus = co + positus 复合的，复生的，分枝的，化合的，组成的，编成的；positus 放于，置于，位于；co- 联合，共同，合起来（拉丁语词首，为

cum- 的音变，表示结合、强化、完全，对应的希腊语为 syn-）；co- 的缀词音变有 co-/ com-/ con-/ col-/ cor-：co-（在 h 和元音字母前面），col-（在 l 前面），com-（在 b、m、p 之前），con-（在 c、d、f、g、j、n、qu、s、t 和 v 前面），cor-（在 r 前面）

Arachniodes elevata 高耸复叶耳蕨：elevatus 高起的，提高的，突起的；elevo 举起，提高

Arachniodes emeiensis 峨眉复叶耳蕨：emeiensis 峨眉山的（地名，四川省）

Arachniodes exilis 刺头复叶耳蕨：exilis 细弱的，绵薄的

Arachniodes falcata 镰羽复叶耳蕨：falcatus = falx + atus 镰刀的，镰刀状的；构词规则：以 -ix/ -iex 结尾的词其词干末尾视为 -ic，以 -ex 结尾视为 -i/ -ic，其他以 -x 结尾视为 -c；falx 镰刀，镰刀形，镰刀状弯曲；-atus/ -atum/ -ata 属于，相似，具有，完成（形容词词尾）

Arachniodes fengii 国楣复叶耳蕨（楣 méi）：fengii（人名）；-ii 表示人名，接在以辅音字母结尾的人名后面，但 -er 除外

Arachniodes festina 华南复叶耳蕨：festinus 急促的

Arachniodes foeniculacea 茴叶复叶耳蕨：foeniculaceus 像茴香的；Foeniculum 茴香属（伞形科）；-aceus/ -aceum/ -acea 相似的，有……性质的，属于……的

Arachniodes fujianensis 福建复叶耳蕨：fujianensis 福建的（地名）

Arachniodes futeshanensis 佛特山复叶耳蕨：futeshanensis 佛特山的（地名，云南省）

Arachniodes gansuensis 甘肃复叶耳蕨：gansuensis 甘肃的（地名）

Arachniodes gigantea 高大复叶耳蕨：giganteus 巨大的；giga-/ gigant-/ giganti- ← gigantos 巨大的；-eus/ -eum/ -ea（接拉丁语词干时）属于……的，色如……的，质如……的（表示原料、颜色或品质的相似），（接希腊语词干时）属于……的，以……出名，为……所占有（表示具有某种特性）

Arachniodes globiosora 台湾复叶耳蕨：glob-/ globi- ← globus 球体，圆球，地球；sorus ← soros 堆（指密集成簇），孢子囊群

Arachniodes gongshanensis 贡山复叶耳蕨：gongshanensis 贡山的（地名，云南省）

Arachniodes gradata 渐尖复叶耳蕨：gradatus = gradus + atus 逐渐的，有步骤的，具有步子的；gradus 一步，等级

Arachniodes grossa 粗裂复叶耳蕨：grossus 粗大的，肥厚的

Arachniodes guangnanensis 广南复叶耳蕨：guangnanensis 广南的（地名，云南省）

Arachniodes guangtonensis 广通复叶耳蕨：guangtonensis 广东的（地名）

Arachniodes guangxiensis 广西复叶耳蕨：guangxiensis 广西的（地名）

Arachniodes guanxianensis 灌县复叶耳蕨：guanxianensis 灌县的（地名，四川省都江堰市的旧称）

Arachniodes hekouensis 河口复叶耳蕨：hekouensis 河口的（地名，云南省）

Arachniodes henryi 川滇复叶耳蕨：henryi ← Augustine Henry 或 B. C. Henry（人名，前者，1857–1930，爱尔兰医生、植物学家，曾在中国采集植物，后者，1850–1901，曾活动于中国的传教士）

Arachniodes heyuanensis 河源复叶耳蕨：heyuanensis 河源的（地名，广东省）

Arachniodes huapingensis 花坪复叶耳蕨：huapingensis 花坪的（地名，广西壮族自治区）

Arachniodes hunanensis 湖南复叶耳蕨：hunanensis 湖南的（地名）

Arachniodes ishingensis 宜兴复叶耳蕨（种加词有时拼写为"yixinensis"）：ishingensis 宜兴的（地名，江苏省）

Arachniodes jiangxiensis 江西复叶耳蕨：jiangxiensis 江西的（地名）

Arachniodes jijiangensis 綦江复叶耳蕨（綦 qí）：jijiangensis 綦江的（地名，重庆市）

Arachniodes jinfoshanensis 金佛山复叶耳蕨：jinfoshanensis 金佛山的（地名，重庆市）

Arachniodes jingdongensis 景东复叶耳蕨：jingdongensis 景东的（地名，云南省）

Arachniodes jinpingensis 金平复叶耳蕨：jinpingensis 金平的（地名，云南省）

Arachniodes jiulongshanensis 九龙山复叶耳蕨：jiulongshanensis 九龙山的（地名，浙江省遂昌地区，已修订为 jiulungshanensis）

Arachniodes jizushanensis 鸡足山复叶耳蕨：jizushanensis 鸡足山的（地名，云南省，已修订为 gizushanensis）

Arachniodes leuconeura 灰脉复叶耳蕨：leuc-/ leuco- ← leucus 白色的（如果和其他表示颜色的词混用则表示淡色）；neurus ← neuron 脉，神经

Arachniodes liyangensis 溧阳复叶耳蕨（溧 lì）：liyangensis 溧阳的（地名，江苏省）

Arachniodes longipinna 长羽复叶耳蕨：longipinnus 长羽的；longe-/ longi- ← longus 长的，纵向的；pinnus/ pennus 羽毛，羽状，羽片

Arachniodes lushanensis 庐山复叶耳蕨：lushanensis 庐山的（地名，江西省）

Arachniodes lushuiensis 泸水复叶耳蕨：lushuiensis 泸水的（地名，云南省）

Arachniodes maguanensis 马关复叶耳蕨：maguanensis 马关的（地名，云南省）

Arachniodes maoshanensis 昴山复叶耳蕨（昴 mǎo）：maoshanensis 昴山的（地名，浙江省）

Arachniodes mengziensis 蒙自复叶耳蕨：mengziensis 蒙自的（地名，云南省）

Arachniodes michelii 湘黔复叶耳蕨：michelii（人名）；-ii 表示人名，接在以辅音字母结尾的人名后面，但 -er 除外

Arachniodes multifida 多裂复叶耳蕨：multifidus 多个中裂的；multi- ← multus 多个，多数，很多（希腊语为 poly-）；fidus ← findere 裂开，分裂（裂深不超过 1/3，常作词尾）

Arachniodes nanchuanensis 南川复叶耳蕨：nanchuanensis 南川的（地名，重庆市）

Arachniodes nanjingensis 南靖复叶耳蕨：nanjingensis 南靖的（地名，福建省，已修订为 nanqingensis）

Arachniodes neoaristata 新刺齿复叶耳蕨：neoaristata 晚于 aristata 的；neo- ← neos 新，新的；Arachniodes aristata 刺头复叶耳蕨；aristatus(aristosus) = arista + atus 具芒的，具芒刺的，具刚毛的，具胡须的；arista 芒

Arachniodes nibashanensis 泥巴山复叶耳蕨：nibashanensis 泥巴山的（地名，四川省）

Arachniodes nigrospinosa 黑鳞复叶耳蕨：nigro-/ nigri- ← nigrus 黑色的；niger 黑色的；spinosus = spinus + osus 具刺的，多刺的，长满刺的；spinus 刺，针刺

Arachniodes nipponica 日本复叶耳蕨：nipponica 日本的（地名）；-icus/ -icum/ -ica 属于，具有某种特性（常用于地名、起源、生境）

Arachniodes nitidula 亮叶复叶耳蕨：nitidulus = nitidus + ulus 稍光亮的；nitidulus = nitidus + ulus 略有光泽的；-ulus/ -ulum/ -ula 小的，略微的，稍微的（小词 -ulus 在字母 e 或 i 之后有多种变缀，即 -olus/ -olum/ -ola、-ellus/ -ellum/ -ella、-illus/ -illum/ -illa，与第一变格法和第二变格法名词形成复合词）

Arachniodes obtusiloba 钝羽复叶耳蕨：obtusus 钝的，钝形的，略带圆形的；lobus/ lobos/ lobon 浅裂，耳片（裂片先端钝圆），荚果，蒴果

Arachniodes pianmaensis 片马复叶耳蕨：pianmaensis 片马的（地名，云南省）

Arachniodes pseudo-aristata 华东复叶耳蕨：pseudo-aristata 像 aristata 的；pseudo-/ pseud- ← pseudos 假的，伪的，接近，相似（但不是）；Arachniodes aristata 刺头叶耳蕨；aristatus(aristosus) = arista + atus 具芒的，具芒刺的，具刚毛的，具胡须的；arista 芒

Arachniodes pseudo-assamica 假西南复叶耳蕨：pseudo-assamica 像 assamica 的；pseudo-/ pseud- ← pseudos 假的，伪的，接近，相似（但不是）；Arachniodes assamica 阔羽复叶耳蕨；assamica 阿萨姆邦的（地名，印度）

Arachniodes pseudo-cavalerii 浅裂复叶耳蕨：pseudo-cavalerii 像 cavalerii 的；pseudo-/ pseud- ← pseudos 假的，伪的，接近，相似（但不是）；Arachniodes cavalerii 背囊复叶耳蕨；cavalerii ← Pierre Julien Cavalerie（人名，20 世纪法国传教士）（注：词尾改为"-eri"似更妥）；-eri 表示人名，在以 -er 结尾的人名后面加上 i 形成；-ii 表示人名，接在以辅音字母结尾的人名后面，但 -er 除外

Arachniodes pseudo-longipinna 假长羽复叶耳蕨：pseudo-longipinna 像 longipinna 的；pseudo-/ pseud- ← pseudos 假的，伪的，接近，相似（但不是）；Arachniodes longipinna 长羽复叶耳蕨；longipinnus 长羽的

Arachniodes pseudo-simplicior 假长尾复叶耳蕨：pseudo-simplicior 像 simplicior 的；pseudo-/ pseud- ← pseudos 假的，伪的，接近，相似（但不是）；Arachniodes simplicior 异羽复叶耳蕨；simplicior 更简单的，更单一的

Arachniodes reducta 缩羽复叶耳蕨：reductus 退化的，缩减的

Arachniodes rhomboidea 斜方复叶耳蕨：rhomboideus 菱形的；rhombus 菱形，纺锤；-oides/ -oideus/ -oideum/ -oidea/ -odes/ -eidos 像……的，类似……的，呈……状的（名词词尾）

Arachniodes rhomboidea var. rhomboidea 斜方复叶耳蕨-原变种 （词义见上面解释）

Arachniodes rhomboidea var. sinica 全缘斜方复叶耳蕨：sinica 中国的（地名）；-icus/ -icum/ -ica 属于，具有某种特性（常用于地名、起源、生境）

Arachniodes rhomboidea var. yakusimensis 裂羽斜方复叶耳蕨：yakusimensis 屋久岛的（地名，日本）

Arachniodes semifertilis 半育复叶耳蕨：semi- 半，准，略微；fertilis/ fertile 多产的，结果实多的，能育的

Arachniodes setifera 长刺复叶耳蕨：setiferus 具刚毛的；setus/ saetus 刚毛，刺毛，芒刺；-ferus/ -ferum/ -fera/ -fero/ -fere/ -fer 有，具有，产（区别：作独立词使用的 ferus 意思是“野生的”）

Arachniodes shuangbaiensis 双柏复叶耳蕨：shuangbaiensis 双柏的（地名，云南省双柏县）

Arachniodes sichuanensis 四川复叶耳蕨：sichuanensis 四川的（地名）

Arachniodes similis 同羽复叶耳蕨：similis/ simile 相似，相似的；similo 相似

Arachniodes simplicior 异羽复叶耳蕨：simplicior 更简单的，更单一的；构词规则：以 -ix/ -iex 结尾的词其词干末尾视为 -ic，以 -ex 结尾视为 -i/ -ic，其他以 -x 结尾视为 -c

Arachniodes simulans 华西复叶耳蕨：simulans 仿造的，模仿的；simulo/ simuilare/ simulatus 模仿，模拟，伪装

Arachniodes sino-aristata 滇西复叶耳蕨：sino- 中国；aristatus(aristosus) = arista + atus 具芒的，具芒刺的，具刚毛的，具胡须的；arista 芒

Arachniodes sino-rhomboidea 中华斜方复叶耳蕨：rhomboideus 菱形的；rhombus 菱形，纺锤；-oides/ -oideus/ -oideum/ -oidea/ -odes/ -eidos 像……的，类似……的，呈……状的（名词词尾）

Arachniodes sparsa 疏羽复叶耳蕨：sparsus 散生的，稀疏的，稀少的

Arachniodes speciosa 美丽复叶耳蕨：speciosus 美丽的，华丽的；species 外形，外观，美观，物种（缩写 sp.，复数 spp.）；-osus/ -osum/ -osa 多的，充分的，丰富的，显著发育的，程度高的，特征明显的（形容词词尾）

Arachniodes spectabilis 清秀复叶耳蕨：spectabilis 壮观的，美丽的，漂亮的，显著的，值得看的；spectus 观看，观察，观测，表情，外观，外表，样子；-ans/ -ens/ -bilis/ -ilis 能够，可能（为形容词词尾，-ans/ -ens 用于主动语态，-bilis/ -ilis 用于被动语态）

Arachniodes sphaerosora 球子复叶耳蕨：sphaerosorus 球形孢子囊群的；sphaeros 圆形，球形；sorus ← soros 堆（指密集成簇），孢子囊群

Arachniodes spino-serrulata 刺齿复叶耳蕨：spino-serrulatus 具刺状锯齿的；spinus 刺，针刺；serrulatus = serrus + ulus + atus 具细锯齿的；

serrus 齿，锯齿

Arachniodes subaristata 近刺复叶耳蕨：subaristatus 像 aristata 的，稍有刚毛的；sub-（表示程度较弱）与……类似，几乎，稍微，弱，亚，之下，下面；Arachniodes aristata 刺头复叶耳蕨；aristatus(aristosus) = arista + atus 具芒的，具芒刺的，具刚毛的，具胡须的；arista 芒

Arachniodes tibetana 西藏复叶耳蕨：tibetana 西藏的（地名）

Arachniodes tiendongensis 天童复叶耳蕨：tiendongensis 天童山的（地名，浙江省）

Arachniodes tonkinensis 中越复叶耳蕨：tonkin 东京（地名，越南河内的旧称）

Arachniodes triangularis 阔基复叶耳蕨：tri-/ tripli-/ triplo- 三个，三数；angularis = angulus + aris 具棱角的，有角度的；-aris（阳性、阴性）/ -are（中性）← -alis（阳性、阴性）/ -ale（中性）属于，相似，如同，具有，涉及，关于，联结于（将名词作形容词用，其中 -aris 常用于以 l 或 r 为词干末尾的词）

Arachniodes valida 坚直复叶耳蕨：validus 强的，刚直的，正统的，结实的，刚健的

Arachniodes xinpingensis 新平复叶耳蕨：xinpingensis 新平的（地名，云南省）

Arachniodes yandangshanensis 雁荡山复叶耳蕨：yandangshanensis 雁荡山的（地名，浙江省）

Arachniodes yaomashanensis 瑶马山复叶耳蕨：yaomashanensis 瑶马山的（地名，广西凌云县）

Arachniodes yinjiangensis 印江复叶耳蕨：yinjiangensis 印江大岭的（地名，贵州东部）

Arachniodes yunnanensis 漾濞复叶耳蕨（濞 bì）：yunnanensis 云南的（地名）

Arachniodes yunqiensis 云栖复叶耳蕨：yunqiensis 云栖山的（地名，杭州市）

Arachniodes ziyunshanensis 紫云山复叶耳蕨：ziyunshanensis 紫云山的（地名，湖南省）

Arachnis 蜘蛛兰属（兰科）（19：p334）：arachne 蜘蛛的，蜘蛛网的

Arachnis labrosa 窄唇蜘蛛兰：labrosus 具唇的，唇瓣明显的；labrus 唇，唇瓣；-osus/ -osum/ -osa 多的，充分的，丰富的，显著发育的，程度高的，特征明显的（形容词词尾）

Araiostegia 小膜盖蕨属（骨碎补科）（2：p285，6-1：p167）：araios 薄的，细的，少的；stegius ← stege/ stegon 盖子，加盖，覆盖，包裹，遮盖物

Araiostegia beddomei 假美小膜盖蕨：beddomei ← Col. Richard Henry Beddome（人名，19 世纪英国植物学家）；-i 表示人名，接在以元音字母结尾的人名后面，但 -a 除外

Araiostegia delavayi 小膜盖蕨：delavayi ← P. J. M. Delavay（人名，1834–1895，法国传教士，曾在中国采集植物标本）；-i 表示人名，接在以元音字母结尾的人名后面，但 -a 除外

Araiostegia faberiana 细裂小膜盖蕨：faberiana ← Ernst Faber（人名，19 世纪活动于中国的德国植物采集员）

Araiostegia hookeri 宿枝小膜盖蕨：hookeri ← William Jackson Hooker（人名，19 世纪英国植物

学家）；-eri 表示人名，在以 -er 结尾的人名后面加上 i 形成

Araiostegia imbricata 绿叶小膜盖蕨：imbricatus/ imbricans 重叠的，覆瓦状的

Araiostegia multidentata 毛叶小膜盖蕨：multi- ← multus 多个，多数，很多（希腊语为 poly-）；dentatus = dentus + atus 牙齿的，齿状的，具齿的；dentus 齿，牙齿；-atus/ -atum/ -ata 属于，相似，具有，完成（形容词词尾）

Araiostegia parvipinnula 台湾小膜盖蕨：parvus 小的，些微的，弱的；pinnulus 小羽片的；pinnus/ pennus 羽毛，羽状，羽片；-ulus/ -ulum/ -ula 小的，略微的，稍微的（小词 -ulus 在字母 e 或 i 之后有多种变缀，即 -olus/ -olum/ -ola、-ellus/ -ellum/ -ella、-illus/ -illum/ -illa，与第一变格法和第二变格法名词形成复合词）

Araiostegia perdurans 鳞轴小膜盖蕨：perdurans 经久的，宿存的；per-（在 l 前面音变为 pel-）极，很，颇，甚，非常，完全，通过，遍及（表示效果加强，与 sub- 互为反义词）；durans ← durus 坚硬的，坚韧的，持久的

Araiostegia pseudocystopteris 长片小膜盖蕨：pseudocystopteris 近似冷蕨的，像假冷蕨的；pseudo-/ pseud- ← pseudos 假的，伪的，接近，相似（但不是）；Pseudocystopteris 假冷蕨属（蹄盖蕨科）；Cystopteris 冷蕨属（蹄盖蕨科）

Araiostegia pulchra 美小膜盖蕨：pulchrum 美丽，优雅，绮丽

Araiostegia yunnanensis 云南小膜盖蕨：yunnanensis 云南的（地名）

Aralia 楤木属（楤 sǒng）（五加科）（54：p150）：aralia ← aralie 楤木（加拿大土名）

Aralia apioides 芹叶龙眼独活：Apium 芹属（伞形科）；-oides/ -oideus/ -oideum/ -oidea/ -odes/ -eidos 像……的，类似……的，呈……状的（名词词尾）

Aralia armata 虎刺楤木：armatus 有刺的，带武器的，装备了的；arma 武器，装备，工具，防护，挡板，军队

Aralia atropurpurea 浓紫龙眼独活：atro-/ atr-/ atri-/ atra- ← ater 深色，浓色，暗色，发黑（ater 作为词干后接辅音字母开头的词时，要在词干后面加一个连接用的元音字母"o"或"i"，故为"ater-o-"或"ater-i-"，变形为"atr-"开头）；purpureus = purpura + eus 紫色的；purpura 紫色（purpura 原为一种介壳虫名，其体液为紫色，可作颜料）；-eus/ -eum/ -ea（接拉丁语词干时）属于……的，色如……的，质如……的（表示原料、颜色或品质的相似），（接希腊语词干时）属于……的，以……出名，为……所占有（表示具有某种特性）

Aralia bipinnata 台湾楤木：bipinnatus 二回羽状的；bi-/ bis- 二，二数，二回（希腊语为 di-）；pinnatus = pinnus + atus 羽状的，具羽的；pinnus/ pennus 羽毛，羽状，羽片；-atus/ -atum/ -ata 属于，相似，具有，完成（形容词词尾）

Aralia caesia 圆叶楤木：caesius 淡蓝色的，灰绿色的，蓝绿色的

Aralia chinensis 楤木：chinensis = china + ensis 中国的（地名）；China 中国

Aralia chinensis var. chinensis 楤木-原变种（词义见上面解释）

Aralia chinensis var. dasyphylloides 毛叶楤木：dasyphylloides 叶片略带粗毛的，像 dasyphylla 的；dasy- ← dasys 毛茸茸的，粗毛的，毛；phyllus/ phyllum/ phylla ← phyllon 叶片（用于希腊语复合词）；Aralia dasyphylla 头序楤木；-oides/ -oideus/ -oideum/ -oidea/ -odes/ -eidos 像……的，类似……的，呈……状的（名词词尾）

Aralia chinensis var. nuda 白背叶楤木：nudus 裸露的，无装饰的

Aralia continentalis 东北土当归：continentalis 大陆的；continens 大陆，洲；-aris（阳性、阴性）/ -are（中性）← -alis（阳性、阴性）/ -ale（中性）属于，相似，如同，具有，涉及，关于，联结于（将名词作形容词用，其中 -aris 常用于以 l 或 r 为词干末尾的词）

Aralia cordata 食用土当归：cordatus ← cordis/ cor 心脏的，心形的；-atus/ -atum/ -ata 属于，相似，具有，完成（形容词词尾）

Aralia dasyphylla 头序楤木：dasyphyllus = dasys + phyllus 粗毛叶的；dasy- ← dasys 毛茸茸的，粗毛的，毛；phyllus/ phyllum/ phylla ← phyllon 叶片（用于希腊语复合词）

Aralia decaisneana 黄毛楤木：decaisneana ← Joseph Decaisne（人名，19 世纪法国植物学家、园林学家，比利时人）

Aralia echinocaulis 棘茎楤木：echinocaulis = echinus + caulis 芒刺状茎秆的；echinus ← echinos → echino-/ echin- 刺猬，海胆；caulis ← caulos 茎，茎秆，主茎

Aralia elata 辽东楤木：elatus 高的，梢端的

Aralia elegans 秀丽楤木：elegans 优雅的，秀丽的

Aralia fargesii 龙眼独活：fargesii ← Pere Paul Guillaume Farges（人名，19 世纪中叶至 20 世纪活动于中国的法国传教士，植物采集员）

Aralia foliolosa 小叶楤木：foliosus = folius + ulus + osus 多叶的，叶小而多的；folius/ folium/ folia → foli-/ folia- 叶，叶片；-ulus/ -ulum/ -ula 小的，略微的，稍微的（小词 -ulus 在字母 e 或 i 之后有多种变缀，即 -olus/ -olum/ -ola、-ellus/ -ellum/ -ella、-illus/ -illum/ -illa，与第一变格法和第二变格法名词形成复合词）；-osus/ -osum/ -osa 多的，充分的，丰富的，显著发育的，程度高的，特征明显的（形容词词尾）

Aralia henryi 柔毛龙眼独活：henryi ← Augustine Henry 或 B. C. Henry（人名，前者，1857–1930，爱尔兰医生、植物学家，曾在中国采集植物，后者，1850–1901，曾活动于中国的传教士）

Aralia hupehensis 湖北楤木：hupehensis 湖北的（地名）

Aralia kansuensis 甘肃土当归：kansuensis 甘肃的（地名）

Aralia lantsangensis 澜沧楤木：lantsangensis 澜沧江的（地名，云南省）

Aralia melanocarpa 黑果土当归：mel-/ mela-/ melan-/ melano- ← melanus/ melaenus ← melas/

melanos 黑色的，浓黑色的，暗色的；carpus/ carpum/ carpa/ carpon ← carpos 果实（用于希腊语复合词）

Aralia plumosa 羽叶楤木：plumosus 羽毛状的；-osus/ -osum/ -osa 多的，充分的，丰富的，显著发育的，程度高的，特征明显的（形容词词尾）；plumla 羽毛

Aralia scaberula 糙叶楤木：scaberulus 略粗糙的；scaber → scabrus 粗糙的，有凹凸的，不平滑的；-ulus/ -ulum/ -ula 小的，略微的，稍微的（小词 -ulus 在字母 e 或 i 之后有多种变缀，即 -olus/ -olum/ -ola、-ellus/ -ellum/ -ella、-illus/ -illum/ -illa，与第一变格法和第二变格法名词形成复合词）

Aralia searelliana 粗毛楤木：searelliana（人名）

Aralia spinifolia 长刺楤木：spinus 刺，针刺；folius/ folium/ folia 叶，叶片（用于复合词）

Aralia subcapitata 安徽楤木：subcapitatus 近头状的；sub-（表示程度较弱）与……类似，几乎，稍微，弱，亚，之下，下面；capitatus 头状的，头状花序的；capitus ← capitis 头，头状

Aralia thomsonii 云南楤木：thomsonii ← Thomas Thomson（人名，19 世纪英国植物学家）；-ii 表示人名，接在以辅音字母结尾的人名后面，但 -er 除外

Aralia tibetana 西藏土当归：tibetana 西藏的（地名）

Aralia undulata 波缘楤木：undulatus = undus + ulus + atus 略呈波浪状的，略弯曲的；undus/ undum/ unda 起波浪的，弯曲的；-ulus/ -ulum/ -ula 小的，略微的，稍微的（小词 -ulus 在字母 e 或 i 之后有多种变缀，即 -olus/ -olum/ -ola、-ellus/ -ellum/ -ella、-illus/ -illum/ -illa，与第一变格法和第二变格法名词形成复合词）；-atus/ -atum/ -ata 属于，相似，具有，完成（形容词词尾）

Aralia wilsonii 西南楤木：wilsonii ← John Wilson（人名，18 世纪英国植物学家）

Aralia yunnanensis 云南龙眼独活：yunnanensis 云南的（地名）

Araliaceae 五加科（54：p1）：Aralia 楤木属；-aceae（分类单位科的词尾，为 -aceus 的阴性复数主格形式，加到模式属的名称后或同义词的词干后以组成族群名称）

Araucaria 南洋杉属（南洋杉科）（7：p25）：araucaria ← Arauco（地名，智利）

Araucaria bidwillii 大叶南洋杉：bidwillii ← John Carne Bidwill（人名，19 世纪园艺学家）

Araucaria cunninghamii 南洋杉：cunninghamii ← James Cunningham 詹姆斯·昆宁汉姆（人名，1791–1839，英国医生、植物采集员，曾在中国厦门居住，杉木发现者）

Araucaria heterophylla 异叶南洋杉：heterophyllus 异型叶的；hete-/ heter-/ hetero- ← heteros 不同的，多样的，不齐的；phyllus/ phyllum/ phylla ← phyllon 叶片（用于希腊语复合词）

Araucariaceae 南洋杉科（7：p24）：Araucaria 南洋杉属（南洋杉科）；-aceae（分类单位科的词尾，为 -aceus 的阴性复数主格形式，加到模式属的名称后或同义词的词干后以组成族群名称）

Arcangelisia 古山龙属（防己科）（30-1：p12）：

arcanus 关闭的，隐藏的，不显著的；gelisia ← gelidus 硬的

Arcangelisia gusanlung 古山龙：gusanlung 古山龙（中国土名，防己科）

Arceuthobium 油杉寄生属（桑寄生科）（24：p142）：arceuthobium 生于杜松上的（指寄生）；arceuthos 杜松；bios 生命，生活

Arceuthobium chinense 油杉寄生：chinense 中国的（地名）

Arceuthobium oxycedri 圆柏寄生：oxycedri 比雪松更锐尖的；oxy- ← oxys 尖锐的，酸的；Cedrus 雪松属（松科）

Arceuthobium pini 高山松寄生：pini- 松树的

Arceuthobium pini var. pini 高山松寄生-原变种（词义见上面解释）

Arceuthobium pini var. sichuanense 云杉寄生：sichuanense 四川的（地名）

Arceuthobium tibetense 冷杉寄生：tibetense 西藏的（地名）

Archakebia 长萼木通属（木通科）（29：p10）：archakebia 比木通原始的；arch-/ arche-/ archi- 原始，开始，第一，首领；Akebia 木通属

Archakebia apetala 长萼木通：apetalus 无花瓣的，花瓣缺如的；a-/ an- 无，非，没有，缺乏，不具有（an- 用于元音前）（a-/ an- 为希腊语词首，对应的拉丁语词首为 e-/ ex-，相当于英语的 un-/ -less，注意词首 a- 和作为介词的 a/ ab 不同，后者的意思是"从……、由……、关于……、因为……"）；petalus/ petalum/ petala ← petalon 花瓣

Archangelica 古当归属（伞形科）（55-3：p4）：archangelica 比当归属原始的；arch-/ arche-/ archi- 原始，开始，第一，首领；Angelica 当归属

Archangelica brevicaulis 短茎古当归：brevi- ← brevis 短的（用于希腊语复合词词首）；caulis ← caulos 茎，茎秆，主茎

Archangelica decurrens 下延叶古当归：decurrens 下延的；decur- 下延的

Archangiopteris 原始观音座莲属（观音座莲科）（2：p58）：arch-/ arche-/ archi- 原始，开始，第一，首领；Angiopteris 观音座莲属

Archangiopteris bipinnata 二回原始观音座莲：bipinnatus 二回羽状的；bi-/ bis- 二，二数，二回（希腊语为 di-）；pinnatus = pinnus + atus 羽状的，具羽的；pinnus/ pennus 羽毛，羽状，羽片；-atus/ -atum/ -ata 属于，相似，具有，完成（形容词词尾）

Archangiopteris caudata 尾叶原始观音座莲：caudatus = caudus + atus 尾巴的，尾巴状的，具尾的；caudus 尾巴

Archangiopteris henryi 亨利原始观音座莲：henryi ← Augustine Henry 或 B. C. Henry（人名，前者，1857–1930，爱尔兰医生、植物学家，曾在中国采集植物，后者，1850–1901，曾活动于中国的传教士）

Archangiopteris hokouensis 河口原始观音座莲：hokouensis 河口的（地名，云南省）

Archangiopteris latipinna 阔叶原始观音座莲：lati-/ late- ← latus 宽的，宽广的；pinnus/ pennus 羽毛，羽状，羽片

Archangiopteris somai 台湾原始观音座莲：somai 相马（日本人名，相 xiàng）；-i 表示人名，接在以元音字母结尾的人名后面，但 -a 除外，故该词改为"somaiana"或"somae"似更妥

Archangiopteris subintegra 斜基原始观音座莲：subintegra 近全缘的；sub-（表示程度较弱）与……类似，几乎，稍微，弱，亚，之下，下面；integer/ integra/ integrum → integri- 完整的，整个的，全缘的

Archangiopteris subrotunda 圆基原始观音座莲：subrotundus 近似圆形的；sub-（表示程度较弱）与……类似，几乎，稍微，弱，亚，之下，下面；rotundus 圆形的，呈圆形的，肥大的

Archangiopteris tonkinensis 尖叶原始观音座莲：tonkin 东京（地名，越南河内的旧称）

Archiboehmeria 舌柱麻属（荨麻科）（23-2：p319）：archiboehmeria 比苎麻原始的；arche 原始，开始，第一，首领；Boehmeria 苎麻属（荨麻科）

Archiboehmeria atrata 舌柱麻：atratus = ater + atus 发黑的，浓暗的，玷污的；ater 黑色的（希腊语，词干视为 atro-/ atr-/ atri-/ atra-）

Archiclematis 互叶铁线莲属（毛茛科）（28：p74）：archiclematis 比铁线莲属原始的；arche 原始，开始，第一，首领；Clematis 铁线莲属

Archiclematis alternata 互叶铁线莲：alternatus 互生的，具互生叶的；alternus 互生，交互，交替

Archileptopus 方鼎木属（大戟科）（44-1：p20）：archileptopus 比雀舌木原始的；arch-/ arche-/ archi- 原始，开始，第一，首领；Leptopus 雀舌木属

Archileptopus fangdingianus 方鼎木：fangdingianus 方鼎（人名）

Archiphysalis 地海椒属（茄科）（67-1：p49）：archiphysalis 比酸浆属原始的；arche 原始，开始，第一，首领；Physalis 酸浆属；physus ← physos 水泡的，气泡的，口袋的，膀胱的，囊状的（表示中空）

Archiphysalis kwangsiensis 广西地海椒：kwangsiensis 广西的（地名）

Archiphysalis sinensis 地海椒：sinensis = Sina + ensis 中国的（地名）；Sina 中国

Archontophoenix 假槟榔属（槟 bīng）（棕榈科）（13-1：p130）：archontophoenix 椰枣王；archontos 统治者，王者；phoenix 椰枣，凤凰（希腊语）；Phoenix 刺葵属

Archontophoenix alexandrae 假槟榔：alexandrae ← Dr. R. C. Alexander（人名，19 世纪英国医生、植物学家）；-ae 表示人名，以 -a 结尾的人名后面加上 -e 形成

Arctium 牛蒡属（菊科）（78-1：p57）：arctium ← arctos 熊，北极的（指某些种类分布在北极）

Arctium lappa 牛蒡：lappa 有刺的果实（如板栗的针刺状总苞），牛蒡

Arctium tomentosum 毛头牛蒡：tomentosus = tomentum + osus 绒毛的，密被绒毛的；tomentum 绒毛，浓密的毛被，棉絮，棉絮状填充物（被褥、垫子等）；-osus/ -osum/ -osa 多的，充分的，丰富的，显著发育的，程度高的，特征明显的（形容词词尾）

Arctogeron 莎菀属（莎 suō）（菊科）（74：p281）：arctogeron 北极的老人（指模式种产于北方）；

arctos 熊，北极的；geron 老人

Arctogeron gramineum 莎菀：gramineus 禾草状的，禾本科植物状的；graminus 禾草，禾本科草；gramen 禾本科植物；-eus/ -eum/ -ca（接拉丁语词干时）属于……的，色如……的，质如……的（表示原料、颜色或品质的相似），（接希腊语词干时）属于……的，以……出名，为……所占有（表示具有某种特性）

Arctous 北极果属（天栌属）（杜鹃花科）（57-3：p71）：arctous ← arctos 熊，北极的

Arctous alpinus 北极果：alpinus = alpus + inus 高山的；alpus 高山；al-/ alti-/ alto- ← altus 高的，高处的；-inus/ -inum/ -ina/ -inos 相近，接近，相似，具有（通常指颜色）；关联词：subalpinus 亚高山的

Arctous alpinus var. alpinus 北极果-原变种（词义见上面解释）

Arctous alpinus var. japonicus 黑北极果：japonicus 日本的（地名）；-icus/ -icum/ -ica 属于，具有某种特性（常用于地名、起源、生境）

Arctous microphyllus 小叶当年枯（当 dàng）：micr-/ micro- ← micros 小的，微小的，微观的（用于希腊语复合词）；phyllus/ phyllum/ phylla ← phyllon 叶片（用于希腊语复合词）

Arctous ruber 红北极果：rubrus/ rubrum/ rubra/ ruber 红色的；rubr-/ rubri-/ rubro- ← rubrus 红色

Arcuatopterus 弓翅芹属（伞形科）（55-3：p80）：arcuatopterus 弓形翅的；arcuatus = arcus + atus 弓形的，拱形的；arcus 拱形，拱形物；pterus/ pteron 翅，翼，蕨类

Arcuatopterus filipedicellus 弓翅芹：fili-/ fil- ← filum 线状的，丝状的；pedicellatus = pedicellus + atus 具小花柄的；pedicellus = pes + cellus 小花梗，小花柄（不同于花序柄）；pes/ pedis 柄，梗，茎秆，腿，足，爪（作词首或词尾，pes 的词干视为"ped-"）；-cellus/ -cellum/ -cella、-cillus/ -cillum/ -cilla 小的，略微的，稍微的（与任何变格法名词形成复合词）；关联词：pedunculus 花序柄，总花梗（花序基部无花着生部分）；-atus/ -atum/ -ata 属于，相似，具有，完成（形容词词尾）

Arcuatopterus linearifolius 条叶弓翅芹：linearis = lineus + aris 线条的，线形的，线状的，亚麻状的；folius/ folium/ folia 叶，叶片（用于复合词）；-aris（阳性、阴性）/ -are（中性）← -alis（阳性、阴性）/ -ale（中性）属于，相似，如同，具有，涉及，关于，联结于（将名词作形容词用，其中 -aris 常用于以 l 或 r 为词干末尾的词）

Arcuatopterus thalictrioideus 唐松叶弓翅芹：Thalictrum 唐松草属（毛茛科）；-oides/ -oideus/ -oideum/ -oidea/ -odes/ -eidos 像……的，类似……的，呈……状的（名词词尾）

Ardisia 紫金牛属（紫金牛科）（58：p34）：ardisia ← ardis 剑头，箭头（比喻花药或叶片的形状）

Ardisia aberrans 狗骨头：aberrans 异常的，畸形的，不同于一般的（近义词：abnormalis, anomalus, atypicus）

Ardisia affinis 细罗伞：affinis = ad + finis 酷似的，近似的，有联系的；ad- 向，到，近（拉丁语词首，表示程度加强）；构词规则：构成复合词时，词首末

尾的辅音字母常同化为紧接其后的那个辅音字母（如 ad + f → aff）；finis 界限，境界；affin- 相似，近似，相关

Ardisia alutacea 显脉紫金牛：alutaceus 革质的，牛皮色的；alutarius 革质的，牛皮色的；-aceus/ -aceum/ -acea 相似的，有……性质的，属于……的

Ardisia alyxiaefolia 少年红（少 shào）：alyxiaefolia = Alyxia + folia 链珠藤叶的（注：以属名作复合词时原词尾变形后的 i 要保留，不能用所有格词尾，故该词宜改为 "alyxiifolia"）；Alyxia 链珠藤属（夹竹桃科）；folius/ folium/ folia 叶，叶片（用于复合词）

Ardisia arborescens 小乔木紫金牛：arbor 乔木，树木；-escens/ -ascens 改变，转变，变成，略微，带有，接近，相似，大致，稍微（表示变化的趋势，并未完全相似或相同，有别于表示达到完成状态的 -atus）

Ardisia botryosa 束花紫金牛：botryosus 多串的，多簇的；-osus/ -osum/ -osa 多的，充分的，丰富的，显著发育的，程度高的，特征明显的（形容词词尾）

Ardisia brevicaulis 九管血（血 xuè）：brevi- ← brevis 短的（用于希腊语复合词词首）；caulis ← caulos 茎，茎秆，主茎

Ardisia brevicaulis var. brevicaulis 九管血-原变种 （词义见上面解释）

Ardisia brevicaulis var. violacea 锦花九管血：violaceus 紫红色的，紫堇色的，堇菜状的；Viola 堇菜属（堇菜科）；-aceus/ -aceum/ -acea 相似的，有……性质的，属于……的

Ardisia brunnescens 凹脉紫金牛：brunneus/ bruneus 深褐色的；-escens/ -ascens 改变，转变，变成，略微，带有，接近，相似，大致，稍微（表示变化的趋势，并未完全相似或相同，有别于表示达到完成状态的 -atus）；-eus/ -eum/ -ea（接拉丁语词干时）属于……的，色如……的，质如……的（表示原料、颜色或品质的相似），（接希腊语词干时）属于……的，以……出名，为……所占有（表示具有某种特性）

Ardisia caudata 尾叶紫金牛：caudatus = caudus + atus 尾巴的，尾巴状的，具尾的；caudus 尾巴

Ardisia chinensis 小紫金牛：chinensis = china + ensis 中国的（地名）；China 中国

Ardisia conspersa 散花紫金牛：conspersus 喷撒（指散点）；co- 联合，共同，合起来（拉丁语词首，为 cum- 的音变，表示结合、强化、完全，对应的希腊语为 syn-）；co- 的缀词音变有 co-/ com-/ con-/ col-/ cor-：co-（在 h 和元音字母前面），col-（在 l 前面），com-（在 b、m、p 之前），con-（在 c、d、f、g、j、n、qu、s、t 和 v 前面），cor-（在 r 前面）；spersus 分散的，散生的，散布的

Ardisia cornudentata 腺齿紫金牛：cornu- ← cornus 犄角的，兽角的，兽角般坚硬的；dentatus = dentus + atus 牙齿的，齿状的，具齿的；dentus 齿，牙齿；-atus/ -atum/ -ata 属于，相似，具有，完成（形容词词尾）

Ardisia corymbifera 伞形紫金牛：Corymbia 伞房属（桃金娘科）；corymbus 伞形的，伞状的；-ferus/ -ferum/ -fera/ -fero/ -fere/ -fer 有，具有，产（区别：作独立词使用的 ferus 意思是 "野生的"）

Ardisia corymbifera var. corymbifera 伞形紫金牛-原变种 （词义见上面解释）

Ardisia corymbifera var. tuberifera 块根紫金牛：tuber/ tuber-/ tuberi- 块茎的，结节状凸起的，瘤状的；-ferus/ -ferum/ -fera/ -fero/ -fere/ -fer 有，具有，产（区别：作独立词使用的 ferus 意思是 "野生的"）

Ardisia crassinervosa 粗脉紫金牛：crassi- ← crassus 厚的，粗的，多肉质的；nervosus 多脉的，叶脉明显的；nervus 脉，叶脉；-osus/ -osum/ -osa 多的，充分的，丰富的，显著发育的，程度高的，特征明显的（形容词词尾）

Ardisia crassipes 粗梗紫金牛：crassi- ← crassus 厚的，粗的，多肉质的；pes/ pedis 柄，梗，茎秆，腿，足，爪（作词首或词尾，pes 的词干视为 "ped-"）

Ardisia crenata 朱砂根：crenatus = crena + atus 圆齿状的，具圆齿的；crena 叶缘的圆齿

Ardisia crenata var. bicolor 红凉伞：bi-/ bis- 二，二数，二回（希腊语为 di-）；color 颜色

Ardisia crenata var. crenata 朱砂根-原变种 （词义见上面解释）

Ardisia crispa 百两金：crispus 收缩的，褶皱的，波纹的（如花瓣周围的波浪状褶皱）

Ardisia crispa var. amplifolia 大叶百两金：ampli- ← amplus 大的，宽的，膨大的，扩大的；folius/ folium/ folia 叶，叶片（用于复合词）

Ardisia crispa var. crispa 百两金-原变种 （词义见上面解释）

Ardisia crispa var. dielsii 细柄百两金：dielsii ← Friedrich Ludwig Emil Diels（人名，20 世纪德国植物学家）

Ardisia curvula 折梗紫金牛：curvulus = curvus + ulus 略弯曲的，小弯的

Ardisia dasyrhizomatica 粗茎紫金牛：dasyrhizomatica = dasy + rhizomaticus 根状茎有粗毛的（缀词规则：-rh- 接在元音字母后面构成复合词时要变成 -rrh-，故该词宜改为 "dasyrrhizomatica"）；dasy- ← dasys 毛茸茸的，粗毛的，毛；rhizomaticus = rhizomus + atus + icus 具根状茎的；rhiz-/ rhizo- ← rhizus 根，根状茎；rhizomus 根状茎，根茎；-icus/ -icum/ -ica 属于，具有某种特性（常用于地名、起源、生境）

Ardisia densilepidotula 密鳞紫金牛：densus 密集的，繁茂的；lepidotus = lepis + otus 鳞片状的；-otus/ -otum/ -ota（希腊语词尾，表示相似或所有）；-ulus/ -ulum/ -ula 小的，略微的，稍微的（小词 -ulus 在字母 e 或 i 之后有多种变缀，即 -olus/ -olum/ -ola、-ellus/ -ellum/ -ella、-illus/ -illum/ -illa，与第一变格法和第二变格法名词形成复合词）

Ardisia depressa 圆果罗伞：depressus 凹陷的，压扁的；de- 向下，向外，从……，脱离，脱落，离开，去掉；pressus 压，压力，挤压，紧密

Ardisia elegans 郎伞木：elegans 优雅的，秀丽的

Ardisia ensifolia 剑叶紫金牛：ensi- 剑；folius/ folium/ folia 叶，叶片（用于复合词）

Ardisia faberi 月月红：faberi ← Ernst Faber（人名，19 世纪活动于中国的德国植物采集员）；-eri 表示人名，在以 -er 结尾的人名后面加上 i 形成

Ardisia faberi var. faberi 月月红-原变种（词义见上面解释）

Ardisia faberi var. oblanceifolia 短柄月月红：ob-相反，反对，倒（ob- 有多种音变：ob- 在元音字母和大多数辅音字母前面，oc- 在 c 前面，of- 在 f 前面，op- 在 p 前面）；lance-/ lancei-/ lanci-/ lanceo-/ lanc- ← lanceus 披针形的，矛形的，尖刀状的，柳叶刀状的；folius/ folium/ folia 叶，叶片（用于复合词）

Ardisia filiformis 狭叶紫金牛：filiforme/ filiformis 线状的；fili-/ fil- ← filum 线状的，丝状的；formis/ forma 形状

Ardisia fordii 灰色紫金牛：fordii ← Charles Ford（人名）

Ardisia gigantifolia 走马胎：giga-/ gigant-/ giganti- ← gigantos 巨大的；folius/ folium/ folia 叶，叶片（用于复合词）

Ardisia graciliflora 小花紫金牛：gracilis 细长的，纤弱的，丝状的；florus/ florum/ flora ← flos 花（用于复合词）

Ardisia hanceana 大罗伞树：hanceana ← Henry Fletcher Hance（人名，19 世纪英国驻香港领事，曾在中国采集植物）

Ardisia humilis 矮紫金牛：humilis 矮的，低的

Ardisia hypargyrea 柳叶紫金牛：hypargyreus 背面银白色的；hyp-/ hypo- 下面的，以下的，不完全的；argyreus 银，银色的

Ardisia japonica 紫金牛：japonica 日本的（地名）；-icus/ -icum/ -ica 属于，具有某种特性（常用于地名、起源、生境）

Ardisia kwangtungensis 防城紫金牛：kwangtungensis 广东的（地名）

Ardisia longipedunculata 长穗紫金牛：longe-/ longi- ← longus 长的，纵向的；pedunculatus/ peduncularis 具花序柄的，具总花梗的；pedunculus/ peduncule/ pedunculis ← pes 花序柄，总花梗（花序基部无花着生部分，不同于花柄）；关联词：pedicellus/ pediculus 小花梗，小花柄（不同于花序柄）；pes/ pedis 柄，梗，茎秆，腿，足，爪（作词首或词尾，pes 的词干视为 "ped-"）

Ardisia maclurei 心叶紫金牛：maclurei（人名）

Ardisia maculosa 珍珠伞：maculosus 斑点的，多斑点的；maculus 斑点，网眼，小斑点，略有斑点；-culosus = culus + osus 小而多的，小而密集的；-culus/ -culum/ -cula 小的，略微的，稍微的（同第三变格法和第四变格法名词形成复合词）；-osus/ -osum/ -osa 多的，充分的，丰富的，显著发育的，程度高的，特征明显的（形容词词尾）

Ardisia maculosa var. maculosa 珍珠伞-原变种（词义见上面解释）

Ardisia maculosa var. symplocifolia 黄叶珍珠伞：Symplocos 山矾属（山矾科）；folius/ folium/ folia 叶，叶片（用于复合词）

Ardisia mamillata 虎舌红：mamillatus 乳头的，乳房的；mamm- 乳头，乳房；mammifera/ mammillifera 具乳头的，具乳头状突起的

Ardisia merrillii 白花紫金牛：merrillii ← E. D. Merrill（人名，1876–1956，美国植物学家）

Ardisia neriifolia 南方紫金牛：neriifolia = Nerium + folius 夹竹桃叶的；缀词规则：以属名作复合词时原词尾变形后的 i 要保留；neri ← Nerium 夹竹桃属（夹竹桃科）；folius/ folium/ folia 叶，叶片（用于复合词）

Ardisia nervosa 多脉紫金牛：nervosus 多脉的，叶脉明显的；nervus 脉，叶脉；-osus/ -osum/ -osa 多的，充分的，丰富的，显著发育的，程度高的，特征明显的（形容词词尾）

Ardisia obtusa 铜盆花：obtusus 钝的，钝形的，略带圆形的

Ardisia olivacea 榄色紫金牛：olivaceus 绿褐色的，橄榄色的；oliva 橄榄；-aceus/ -aceum/ -acea 相似的，有……性质的，属于……的

Ardisia ordinata 轮叶紫金牛：ordinatus 整齐的，规则的

Ardisia oxyphylla var. cochinchinensis 越南紫金牛：oxyphyllus 尖叶的；oxy- ← oxys 尖锐的，酸的；phyllus/ phyllum/ phylla ← phyllon 叶片（用于希腊语复合词）；cochinchinensis ← Cochinchine 南圻的（历史地名，即今越南南部及其周边国家和地区）

Ardisia perreticulata 花脉紫金牛：perreticulatus 具细网状脉的；per-（在 l 前面音变为 pel-）极，很，颇，甚，非常，完全，通过，遍及（表示效果加强，与 sub- 互为反义词）；reticulatus = reti + culus + atus 网状的；-culus/ -culum/ -cula 小的，略微的，稍微的（同第三变格法和第四变格法名词形成复合词）；-atus/ -atum/ -ata 属于，相似，具有，完成（形容词词尾）；reti-/ rete- 网（同义词：dictyo-）

Ardisia porifera 细孔紫金牛：porus 孔隙，细孔，孔洞；-ferus/ -ferum/ -fera/ -fero/ -fere/ -fer 有，具有，产（区别：作独立词使用的 ferus 意思是 "野生的"）

Ardisia primulaefolia 莲座紫金牛：primulaefolia 报春花叶的（注：组成复合词时，要将前面词的词尾 -us/ -um/ -a 变成 -i- 或 -o- 而不是所有格，故该词宜改为 "primulifolia"）；Primula 报春花属；folius/ folium/ folia 叶，叶片（用于复合词）

Ardisia pubivenula 毛脉紫金牛：pubi- ← pubis 细柔毛的，短柔毛的，毛被的；venulus 短叶脉的；venus 脉，叶脉，血脉，血管；-ulus/ -ulum/ -ula 小的，略微的，稍微的（小词 -ulus 在字母 e 或 i 之后有多种变缀，即 -olus/ -olum/ -ola、-ellus/ -ellum/ -ella、-illus/ -illum/ -illa，与第一变格法和第二变格法名词形成复合词）

Ardisia punctata 山血丹（血 xuè）：punctatus = punctus + atus 具斑点的；punctus 斑点

Ardisia pusilla 九节龙：pusillus 纤弱的，细小的，无价值的

Ardisia quinquegona 罗伞树：quin-/ quinqu-/ quinque-/ quinqui- 五，五数（希腊语为 penta-）；gonus ← gonos 棱角，膝盖，关节，足

Ardisia quinquegona var. hainanensis 海南罗伞树：hainanensis 海南的（地名）

Ardisia quinquegona var. oblonga 长萼罗伞树：oblongus = ovus + longus 长椭圆形的（ovus 的词干 ov- 音变为 ob-）；ovus 卵，胚珠，卵形的，椭圆形的；longus 长的，纵向的

A

Ardisia quinquegona var. quinquegona 罗伞树-原变种 （词义见上面解释）

Ardisia replicata 卷边紫金牛：replicatus 向后背折叠的，反者的，反叠的（上部和下部靠拢在一起），重复多次的；re- 返回，相反，再次，重复，向后，回头；plicatus = plex + atus 折扇状的，有沟的，纵向折叠的，棕榈叶状的（= plicativus）；plex/ plica 褶，折扇状，卷折（plex 的词干为 plic-）；plico 折叠，出褶，卷折

Ardisia retroflexa 弯梗紫金牛：retroflexus 反曲的，向后折叠的，反转的；retro- 向后，反向；flexus ← flecto 扭曲的，卷曲的，弯弯曲曲的，柔性的；flecto 弯曲，使扭曲

Ardisia scalarinervis 梯脉紫金牛：scalaris 梯状的；nervis ← nervus 脉，叶脉

Ardisia shweliensis 瑞丽紫金牛：shweliensis 瑞丽的（地名，云南省）

Ardisia sieboldii 多枝紫金牛：sieboldii ← Franz Philipp von Siebold 西博德（人名，1796–1866，德国医生、植物学家，曾专门研究日本植物）

Ardisia silvestris 短柄紫金牛：silvestris/ silvester/ silvestre 森林的，野地的，林间的，野生的，林木丛生的；silva/ sylva 森林；-estris/ -estre/ ester/ -esteris 生于……地方，喜好……地方

Ardisia solanacea 酸薹菜：solanaceus 像茄子的；Solanum 茄属；-aceus/ -aceum/ -acea 相似的，有……性质的，属于……的

Ardisia squamulosa 东方紫金牛：squamulosus = squamus + ulosus 小鳞片很多的，被小鳞片的；squamus 鳞，鳞片，薄膜；-ulosus = ulus + osus 小而多的；-ulus/ -ulum/ -ula 小的，略微的，稍微的（小词 -ulus 在字母 e 或 i 之后有多种变缀，即 -olus/ -olum/ -ola、-ellus/ -ellum/ -ella、-illus/ -illum/ -illa，与第一变格法和第二变格法名词形成复合词）；-osus/ -osum/ -osa 多的，充分的，丰富的，显著发育的，程度高的，特征明显的（形容词词尾）

Ardisia stellata 星毛紫金牛：stellatus/ stellaris 具星状的；stella 星状的；-atus/ -atum/ -ata 属于，相似，具有，完成（形容词词尾）；-aris（阳性、阴性）/ -are（中性）← -alis（阳性、阴性）/ -ale（中性）属于，相似，如同，具有，涉及，关于，联结于（将名词作形容词用，其中 -aris 常用于以 l 或 r 为词干末尾的词）

Ardisia stenosepala 狭萼紫金牛：sten-/ steno- ← stenus 窄的，狭的，薄的；sepalus/ sepalum/ sepala 萼片（用于复合词）

Ardisia tenera 细柄罗伞：tenerus 柔软的，娇嫩的，精美的，雅致的，纤细的

Ardisia triflora 五花紫金牛：tri-/ tripli-/ triplo- 三个，三数；florus/ florum/ flora ← flos 花（用于复合词）

Ardisia velutina 紫脉紫金牛：velutinus 天鹅绒的，柔软的；velutus 绒毛的；-inus/ -inum/ -ina/ -inos 相近，接近，相似，具有（通常指颜色）

Ardisia villosa 雪下红：villosus 柔毛的，绵毛的；villus 毛，羊毛，长绒毛；-osus/ -osum/ -osa 多的，充分的，丰富的，显著发育的，程度高的，特征明显的（形容词词尾）

Ardisia villosa var. ambovestita 毛叶雪下红：ambovestitus 重被的；ambo 两个，二重；vestitus 包被的，覆盖的，被柔毛的，袋状的

Ardisia villosa var. oblanceolata 狭叶雪下红：ob- 相反，反对，倒（ob- 有多种音变：ob- 在元音字母和大多数辅音字母前面，oc- 在 c 前面，of- 在 f 前面，op- 在 p 前面）；lanceolatus = lanceus + olus + atus 小披针形的，小柳叶刀的；lance-/ lancei-/ lanci-/ lanceo-/ lanc- ← lanceus 披针形的，矛形的，尖刀状的，柳叶刀状的；-olus ← -ulus 小，稍微，略微（-ulus 在字母 e 或 i 之后变成 -olus/ -ellus/ -illus）；-atus/ -atum/ -ata 属于，相似，具有，完成（形容词词尾）

Ardisia villosa var. villosa 雪下红-原变种 （词义见上面解释）

Ardisia villosoides 长毛紫金牛：villosoides 略带长柔毛的，像 villosa（villosus/ villosum）的；Ardisia villosa 雪下红；villus 毛，羊毛，长绒毛；-osus/ -osum/ -osa 多的，充分的，丰富的，显著发育的，程度高的，特征明显的（形容词词尾）；-oides/ -oideus/ -oideum/ -oidea/ -odes/ -eidos 像……的，类似……的，呈……状的（名词词尾）

Ardisia virens 钮子果：virens 绿色的，变绿的

Ardisia virens var. annamensis 长叶钮子果：annamensis 安南的（地名，越南古称）

Ardisia virens var. virens 钮子果-原变种 （词义见上面解释）

Ardisia yunnanensis 滇紫金牛：yunnanensis 云南的（地名）

Areca 槟榔属（槟 bīng）（棕榈科）（13-1：p132）：areca ← areeca 槟榔（马来西亚土名）

Areca catechu 槟榔：catechu 槟榔（印度语名）

Areca triandra 三药槟榔：tri-/ tripli-/ triplo- 三个，三数；andrus/ andros/ antherus ← aner 雄蕊，花药，雄性

Arenaria 无心菜属（鹅不食属、蚤缀属）（石竹科）（26：p159）：arenarius 沙子，沙地，沙地的，沙生的；arena 沙子；-arius/ -arium/ -aria 相似，属于（表示地点，场所，关系，所属）

Arenaria acicularis 针叶老牛筋：acicularis 针形的，发夹的；aciculare = acus + culus + aris 针形，发夹状的；acus 针，发夹，发簪；-culus/ -culum/ -cula 小的，略微的，稍微的（同第三变格法和第四变格法名词形成复合词）；-aris（阳性、阴性）/ -are（中性）← -alis（阳性、阴性）/ -ale（中性）属于，相似，如同，具有，涉及，关于，联结于（将名词作形容词用，其中 -aris 常用于以 l 或 r 为词干末尾的词）

Arenaria aksayqingensis 阿克赛钦雪灵芝：aksayqingensis 阿克赛钦的（地名）

Arenaria amdoensis 安多无心菜：amdoensis 安多的（地名，西藏自治区）

Arenaria androsacea 点地梅状老牛筋：androsacea = Androsace + eus 像点地梅的；Adrosace 点地梅属（报春花科）；-eus/ -eum/ -ea（接拉丁语词干时）属于……的，色如……的，质如……的（表示原料、颜色或品质的相似），（接希腊语词干时）属于……的，以……出名，为……所

占有（表示具有某种特性）

Arenaria auricoma 黄毛无心菜：auricomus 金黄毛的；aurus 金，金色；comus ← comis 冠毛，头缨，一簇（毛或叶片）

Arenaria barbata 髯毛无心菜（髯 rán）：barbatus = barba + atus 具胡须的，具须毛的；barba 胡须，髯毛，绒毛；-atus/ -atum/ -ata 属于，相似，具有，完成（形容词词尾）

Arenaria barbata var. barbata 髯毛无心菜-原变种 （词义见上面解释）

Arenaria barbata var. hirsutissima 硬毛无心菜：hirsutus 粗毛的，糙毛的，有毛的（长而硬的毛）；-issimus/ -issima/ -issimum 最，非常，极其（形容词最高级）

Arenaria baxoiensis 八宿雪灵芝：baxoiensis 八宿的（地名，西藏自治区）

Arenaria bomiensis 波密无心菜：bomiensis 波密的（地名，西藏自治区）

Arenaria brevipetala 雪灵芝：brevi- ← brevis 短的（用于希腊语复合词词首）；petalus/ petalum/ petala ← petalon 花瓣

Arenaria bryophylla 藓状雪灵芝：bry-/ bryo- ← bryum/ bryon 苔藓，苔藓状的（指窄细）；Bryum ← bryon 真藓属（真藓科），苔藓（希腊语）；phyllus/ phyllum/ phylla ← phyllon 叶片（用于希腊语复合词）

Arenaria capillaris 毛叶老牛筋：capillaris 有细毛的，毛发般的；-aris（阳性、阴性）/ -are（中性）← -alis（阳性、阴性）/ -ale（中性）属于，相似，如同，具有，涉及，关于，联结于（将名词作形容词用，其中 -aris 常用于以 l 或 r 为词干末尾的词）

Arenaria chamdoensis 昌都无心菜：chamdoensis 昌都的（地名，西藏自治区）

Arenaria ciliolata 缘毛无心菜：ciliolatus/ ciliolaris 缘毛的，纤毛的，睫毛的；cilium 缘毛，睫毛

Arenaria compressa 扁翅无心菜：compressus 扁平的，压扁的；pressus 压，压力，挤压，紧密；co- 联合，共同，合起来（拉丁语词首，为 cum- 的音变，表示结合、强化、完全，对应的希腊语为 syn-）；co- 的缀词音变有 co-/ com-/ con-/ col-/ cor-：co-（在 h 和元音字母前面），col-（在 l 前面），com-（在 b、m、p 之前），con-（在 c、d、f、g、j、n、qu、s、t 和 v 前面），cor-（在 r 前面）

Arenaria debilis 柔软无心菜：debilis 软弱的，脆弱的

Arenaria delavayi 大理无心菜：delavayi ← P. J. M. Delavay（人名，1834–1895，法国传教士，曾在中国采集植物标本）；-i 表示人名，接在以元音字母结尾的人名后面，但 -a 除外

Arenaria densissima 密生福禄草：densus 密集的，繁茂的；-issimus/ -issima/ -issimum 最，非常，极其（形容词最高级）

Arenaria dimorphitricha 滇蜀无心菜：dimorphus 二型的，异型的；di-/ dis- 二，二数，二分，分离，不同，在……之间，从……分开（希腊语，拉丁语为 bi-/ bis-）；morphus ← morphos 形状，形态；trichus 毛，毛发，线

Arenaria dsharaensis 察龙无心菜：dsharaensis（地名，四川省）

Arenaria edgeworthiana 山居雪灵芝：edgeworthiana ← Michael Pakenham Edgeworth（人名，19 世纪英国植物学家）

Arenaria euodonta 真齿无心菜：eu- 好的，秀丽的，真的，正确的，完全的；odontus/ odontos → odon-/ odont-/ odonto-（可作词首或词尾）齿，牙齿状的；odous 齿，牙齿（单数，其所有格为 odontos）

Arenaria festucoides 狐茅状雪灵芝：Festuca 羊茅属（禾本科）；festuca 一种田间杂草（古拉丁名），嫩枝，麦秆，茎秆；-oides/ -oideus/ -oideum/ -oidea/ -odes/ -eidos 像……的，类似……的，呈……状的（名词词尾）

Arenaria festucoides var. festucoides 狐茅状雪灵芝-原变种 （词义见上面解释）

Arenaria festucoides var. imbricata 小狐茅状雪灵芝：imbricatus/ imbricans 重叠的，覆瓦状的

Arenaria filipes 细柄无心菜：filipes 线状柄的，线状茎的；fili-/ fil- ← filum 线状的，丝状的；pes/ pedis 柄，梗，茎秆，腿，足，爪（作词首或词尾，pes 的词干视为 "ped-"）

Arenaria fimbriata 繸瓣无心菜（繸 suì）：fimbriatus = fimbria + atus 具长缘毛的，具流苏的，具锯齿状裂的（指花瓣）；fimbria → fimbri- 流苏，长缘毛；-atus/ -atum/ -ata 属于，相似，具有，完成（形容词词尾）

Arenaria formosa 美丽老牛筋：formosus ← formosa 美丽的，台湾的（葡萄牙殖民者发现台湾时对其的称呼，即美丽的岛屿）

Arenaria forrestii 西南无心菜：forrestii ← George Forrest（人名，1873–1932，英国植物学家，曾在中国西部采集大量植物标本）

Arenaria forrestii f. cernua 垂花无心菜：cernuus 点头的，前屈的，略俯垂的（弯曲程度略大于 90°）；cernu-/ cernui- 弯曲，下垂；关联词：nutans 弯曲的，下垂的（弯曲程度远大于 90°）

Arenaria forrestii f. forrestii 西南无心菜-原变型（词义见上面解释）

Arenaria forrestii f. micrantha 小花无心菜：micr-/ micro- ← micros 小的，微小的，微观的（用于希腊语复合词）；anthus/ anthum/ antha/ anthe ← anthos 花（用于希腊语复合词）

Arenaria forrestii f. roseotincta 粉晕无心菜（晕 yūn）：roseotinctus 染红色的；roseus = rosa + eus 像玫瑰的，玫瑰色的，粉红色的；rosei-/ roseo- 玫瑰，玫瑰红色；tinctus 染色的，彩色的

Arenaria fridericae 玉龙山无心菜：fridericae（人名）；-ae 表示人名，以 -a 结尾的人名后面加上 -e 形成

Arenaria galliformis 轮叶无心菜：galli 鸡，家禽；formis/ forma 形状

Arenaria gerzensis 改则雪灵芝：gerzensis 改则的（地名，西藏自治区）

Arenaria giraldii 秦岭无心菜：giraldii ← Giuseppe Giraldi（人名，19 世纪活动于中国的意大利传教士）

Arenaria glanduligera 小腺无心菜：glanduli- ←

A

glandus + ulus 腺体的，小腺体的；glandus ← glans 腺体；gerus → -ger/ -gerus/ -gerum/ -gera 具有，有，带有

Arenaria griffithii 裸茎老牛筋：griffithii ← William Griffith（人名，19 世纪印度植物学家，加尔各答植物园主任）

Arenaria grueningiana 华北老牛筋：grueningiana（人名）

Arenaria haitzeshanensis 海子山老牛筋：haitzeshanensis 海子山的（地名，四川省）

Arenaria inconspicua 不显无心菜：inconspicuus 不显眼的，不起眼的，很小的；in-/ im-（来自 il- 的音变）内，在内，内部，向内，相反，不，无，非；il- 在内，向内，为，相反（希腊语为 en-）；词首 il- 的音变：il-（在 l 前面），im-（在 b、m、p 前面），in-（在元音字母和大多数辅音字母前面），ir-（在 r 前面），如 illaudatus（不值得称赞的，评价不好的），impermeabilis（不透水的，穿不透的），ineptus（不合适的），insertus（插入的），irretortus（无弯曲的，无扭曲的）；conspicuus 显著的，显眼的

Arenaria inornata 无饰无心菜：inornatus 无装饰的，不明显的；in-/ im-（来自 il- 的音变）内，在内，内部，向内，相反，不，无，非；il- 在内，向内，为，相反（希腊语为 en-）；词首 il- 的音变：il-（在 l 前面），im-（在 b、m、p 前面），in-（在元音字母和大多数辅音字母前面），ir-（在 r 前面），如 illaudatus（不值得称赞的，评价不好的），impermeabilis（不透水的，穿不透的），ineptus（不合适的），insertus（插入的），irretortus（无弯曲的，无扭曲的）；ornatus 装饰的，华丽的

Arenaria iochanensis 药山无心菜：iochanensis 药山的（地名，云南省巧家县）

Arenaria ionandra 紫蕊无心菜：ionandra 紫蕊的；io-/ ion-/ iono- 紫色，堇菜色，紫罗兰色；andrus/ andros/ antherus ← aner 雄蕊，花药，雄性

Arenaria ionandra var. ionandra 紫蕊无心菜-原变种（词义见上面解释）

Arenaria ionandra var. melanotricha 黑毛无心菜：mel-/ mela-/ melan-/ melano- ← melanus/ melaenus ← melas/ melanos 黑色的，浓黑色的，暗色的；trichus 毛，毛发，线

Arenaria ischnophylla 瘦叶雪灵芝：ischno- 纤细的，瘦弱的，枯萎的；phyllus/ phyllum/ phylla ← phyllon 叶片（用于希腊语复合词）

Arenaria juncea 老牛筋：junceus 像灯心草的；Juncus 灯心草属（灯心草科）；-eus/ -eum/ -ea（接拉丁语词干时）属于……的，色如……的，质如……的（表示原料、颜色或品质的相似），（接希腊语词干时）属于……的，以……出名，为……所占有（表示具有某种特性）

Arenaria juncea var. glabra 无毛老牛筋：glabrus 光秃的，无毛的，光滑的

Arenaria juncea var. juncea 老牛筋-原变种（词义见上面解释）

Arenaria kansuensis 甘肃雪灵芝：kansuensis 甘肃的（地名）

Arenaria karakorensis 克拉克无心菜：karakorensis 喀喇昆仑的（地名，西藏自治区）

Arenaria kumaonensis 库莽雪灵芝：kumaonensis（地名，印度）

Arenaria lancangensis 澜沧雪灵芝：lancangensis 澜沧江的（地名，云南省）

Arenaria leptophylla 线叶无心菜：leptus ← leptos 细的，薄的，瘦小的，狭长的；phyllus/ phyllum/ phylla ← phyllon 叶片（用于希腊语复合词）

Arenaria leucasteria 毛萼无心菜：leucasteria 白星的；leuc-/ leuco- ← leucus 白色的（如果和其他表示颜色的词混用则表示淡色）；aster 星，星状的，星芒状的（指辐射状）；-ius/ -ium/ -ia 具有……特性的（表示有关、关联、相似）；asterius 星，星状的，星号的

Arenaria littledalei 古临无心菜：littledalei ← George R. Littledale（人名，模式标本采集者）；-i 表示人名，接在以元音字母结尾的人名后面，但 -a 除外

Arenaria longicaulis 长茎无心菜：longe-/ longi- ← longus 长的，纵向的；caulis ← caulos 茎，茎秆，主茎

Arenaria longipes 长梗无心菜：longe-/ longi- ← longus 长的，纵向的；pes/ pedis 柄，梗，茎秆，腿，足，爪（作词首或词尾，pes 的词干视为"ped-"）

Arenaria longipetiolata 长柄无心菜：longe-/ longi- ← longus 长的，纵向的；petiolatus = petiolus + atus 具叶柄的；petiolus 叶柄

Arenaria longiseta 长刚毛无心菜：longe-/ longi- ← longus 长的，纵向的；setus/ saetus 刚毛，刺毛，芒刺

Arenaria longistyla 长柱无心菜：longe-/ longi- ← longus 长的，纵向的；stylus/ stylis ← stylos 柱，花柱

Arenaria longistyla var. eugonophylla 棱长柱无心菜：eu- 好的，秀丽的，真的，正确的，完全的；gonophyllus 棱叶的；gono/ gonos/ gon 关节，棱角，角度；phyllus/ phyllum/ phylla ← phyllon 叶片（用于希腊语复合词）

Arenaria longistyla var. longistyla 长柱无心菜-原变种（词义见上面解释）

Arenaria longistyla var. pleurogynoides 侧长柱无心菜：pleur-/ pleuro- ← pleurus 肋，肋状的，有肋的，侧生的；gynus/ gynum/ gyna 雌蕊，子房，心皮；-oides/ -oideus/ -oideum/ -oidea/ -odes/ -eidos 像……的，类似……的，呈……状的（名词词尾）

Arenaria melanandra 黑蕊无心菜：mel-/ mela-/ melan-/ melano- ← melanus/ melaenus ← melas/ melanos 黑色的，浓黑色的，暗色的；andrus/ andros/ antherus ← aner 雄蕊，花药，雄性

Arenaria melandryiformis 女娄无心菜：melandryi- ← Melandrium 女娄菜属（石竹科）；formis/ forma 形状

Arenaria melandryoides 桃色无心菜：melandry- ← Melandrium 女娄菜属（石竹科）；-oides/ -oideus/ -oideum/ -oidea/ -odes/ -eidos 像……的，类似……的，呈……状的（名词词尾）

Arenaria membranisepala 膜萼无心菜：membranus 膜；sepalus/ sepalum/ sepala 萼片（用于复合词）

A

Arenaria microstella 小星无心菜：micr-/ micro- ← micros 小的，微小的，微观的（用于希腊语复合词）；stella 星状的

Arenaria minima 微无心菜：minimus 最小的，很小的

Arenaria monantha 山地无心菜：mono-/ mon- ← monos 一个，单一的（希腊语，拉丁语为 unus/ uni-/ uno-）；anthus/ anthum/ antha/ anthe ← anthos 花（用于希腊语复合词）

Arenaria monilifera 念珠无心菜：moniliferus = monile + ferus 具念珠的；monilius 念珠的，串珠的；monile 首饰，宝石；-ferus/ -ferum/ -fera/ -fero/ -fere/ -fer 有，具有，产（区别：作独立词使用的 ferus 意思是"野生的"）

Arenaria monosperma 单子无心菜：mono-/ mon- ← monos 一个，单一的（希腊语，拉丁语为 unus/ uni-/ uno-）；spermus/ spermum/ sperma 种子的（用于希腊语复合词）

Arenaria napuligera 滇藏无心菜：napuliferus = napus + ulus + gerus 具有小圆根的；napus 芜菁，疙瘩头，圆根（古拉丁名）；-ulus/ -ulum/ -ula 小的，略微的，稍微的（小词 -ulus 在字母 e 或 i 之后有多种变缀，即 -olus/ -olum/ -ola、-ellus/ -ellum/ -ella、-illus/ -illum/ -illa，与第一变格法和第二变格法名词形成复合词）；gerus → -ger/ -gerus/ -gerum/ -gera 具有，有，带有

Arenaria napuligera var. monocephala 单头无心菜：mono-/ mon- ← monos 一个，单一的（希腊语，拉丁语为 unus/ uni-/ uno-）；cephalus/ cephale ← cephalos 头，头状花序

Arenaria napuligera var. napuligera 滇藏无心菜-原变种（词义见上面解释）

Arenaria neelgherrensis 尼盖无心菜：neelgherrensis ← Nilghiri 尼盖的（地名，印度）

Arenaria nigricans 变黑无心菜：nigricans/ nigrescens 几乎是黑色的，发黑的，变黑的；nigrus 黑色的；niger 黑色的；-escens/ -ascens 改变，转变，变成，略微，带有，接近，相似，大致，稍微（表示变化的趋势，并未完全相似或相同，有别于表示达到完成状态的 -atus）；-icans 表示正在转变的过程或相似程度，有时表示相似程度非常接近、几乎相同

Arenaria nigricans var. nigricans 变黑无心菜-原变种（词义见上面解释）

Arenaria nigricans var. zhenkangensis 镇康无心菜：zhenkangensis 浙江的（地名）

Arenaria nivalomontana 大雪山无心菜：nivalomontanus 雪山的；nivalis 生于冰雪带的，积雪时期的；nivus/ nivis/ nix 雪，雪白色；montanus 山，山地

Arenaria omeiensis 峨眉无心菜：omeiensis 峨眉山的（地名，四川省）

Arenaria orbiculata 圆叶无心菜：orbiculatus/ orbicularis = orbis + culus + atus 圆形的；orbis 圆，圆形，圆圈，环；-culus/ -culum/ -cula 小的，略微的，稍微的（同第三变格法和第四变格法名词形成复合词）；-atus/ -atum/ -ata 属于，相似，具有，完成（形容词词尾）

Arenaria oreophila 山生福禄草：oreo-/ ores-/

Arenaria ori- ← oreos 山，山地，高山；philus/ philein ← philos → phil-/ phili/ philo- 喜好的，爱好的，喜欢的（注意区别形近词：phylus、phyllus）；phylus/ phylum/ phyla ← phylon/ phyle 植物分类单位中的"门"，位于"界"和"纲"之间，类群，种族，部落，聚群；phyllus/ phyllum/ phylla ← phyllon 叶片（用于希腊语复合词）

Arenaria pharensis 帕里无心菜：pharensis 帕里的（地名，西藏自治区）

Arenaria pogonantha 须花无心菜：pogonanthus 髯毛花的；pogon 胡须，髯毛，芒尖；anthus/ anthum/ antha/ anthe ← anthos 花（用于希腊语复合词）

Arenaria polysperma 多子无心菜：poly- ← polys 多个，许多（希腊语，拉丁语为 multi-）；spermus/ spermum/ sperma 种子的（用于希腊语复合词）

Arenaria polytrichoides 团状福禄草：polytrichoides 近似多毛的；polytrichus 多毛的；poly- ← polys 多个，许多（希腊语，拉丁语为 multi-）；trichus 毛，毛发，线；-oides/ -oideus/ -oideum/ -oidea/ -odes/ -eidos 像……的，类似……的，呈……状的（名词词尾）

Arenaria potaninii 五蕊老牛筋：potaninii ← Grigory Nikolaevich Potanin（人名，19 世纪俄国植物学家）

Arenaria przewalskii 福禄草：przewalskii ← Nicolai Przewalski（人名，19 世纪俄国探险家、博物学家）

Arenaria pulvinata 垫状雪灵芝：pulvinatus = pulvinus + atus 垫状的；pulvinus 叶枕，叶柄基部膨大部分，坐垫，枕头

Arenaria puranensis 普兰无心菜：puranensis 普兰的（地名，西藏自治区）

Arenaria qinghaiensis 青海雪灵芝：qinghaiensis 青海的（地名）

Arenaria quadridentata 四齿无心菜：quadri-/ quadr- 四，四数（希腊语为 tetra-/ tetr-）；dentatus = dentus + atus 牙齿的，齿状的，具齿的；dentus 齿，牙齿；-atus/ -atum/ -ata 属于，相似，具有，完成（形容词词尾）

Arenaria ramellata 嫩枝无心菜：ramealis = ramus + ellatus 具小枝条的；ramus 分枝，枝条；-ellatus = ellus + atus 小的，属于小的；-ellus/ -ellum/ -ella ← -ulus 小的，略微的，稍微的（小词 -ulus 在字母 e 或 i 之后有多种变缀，即 -olus/ -olum/ -ola、-ellus/ -ellum/ -ella、-illus/ -illum/ -illa，用于第一变格法名词）；-atus/ -atum/ -ata 属于，相似，具有，完成（形容词词尾）

Arenaria reducta 缩减无心菜：reductus 退化的，缩减的

Arenaria rhodantha 红花无心菜：rhodantha = rhodon + anthus 玫瑰花的，红花的；rhodon → rhodo- 红色的，玫瑰色的；anthus/ anthum/ antha/ anthe ← anthos 花（用于希腊语复合词）

Arenaria roborowskii 青藏雪灵芝：roborowskii（人名）；-ii 表示人名，接在以辅音字母结尾的人名后面，但 -er 除外

Arenaria rockii 紫红无心菜：rockii ← Joseph

A

Francis Charles Rock（人名，20世纪美国植物采集员）

Arenaria roseiflora 粉花无心菜：roseiflorus 玫瑰色花的；roseus = rosa + eus 像玫瑰的，玫瑰色的，粉红色的；rosei-/ roseo- 玫瑰，玫瑰红色；florus/ florum/ flora ← flos 花（用于复合词）

Arenaria roseiflora f. albiflora 白粉花无心菜：albus → albi-/ albo- 白色的；florus/ florum/ flora ← flos 花（用于复合词）

Arenaria roseiflora f. roseiflora 粉花无心菜-原变型 （词义见上面解释）

Arenaria saginoides 漆姑无心菜：Sagina 漆姑草属（石竹科）；-oides/ -oideus/ -oideum/ -oidea/ -odes/ -eidos 像……的，类似……的，呈……状的（名词词尾）

Arenaria salweenensis 怒江无心菜：salweenensis 萨尔温江的（地名，怒江流入缅甸部分的名称）

Arenaria schneideriana 雪山无心菜：schneideriana（人名）

Arenaria serpyllifolia 无心菜：serpyllifolia 百里香叶的；serpyllum ← Thymus serpyllum 亚洲百里香（唇形科）；folius/ folium/ folia 叶，叶片（用于复合词）

Arenaria setifera 刚毛无心菜：setiferus 具刚毛的；setus/ saetus 刚毛，刺毛，芒刺；-ferus/ -ferum/ -fera/ -fero/ -fere/ -fer 有，具有，产（区别：作独立词使用的 ferus 意思是"野生的"）

Arenaria shannanensis 粉花雪灵芝：shannanensis 山南的（地名，西藏自治区）

Arenaria smithiana 大花福禄草：smithiana ← James Edward Smith（人名，1759–1828，英国植物学家）

Arenaria spathulifolia 匙叶无心菜（匙 chí）：spathulifolius 匙形叶的，佛焰苞状叶的；spathulatus = spathus + ulus + atus 匙形的，佛焰苞状的，小佛焰苞；spathus 佛焰苞，薄片，刀剑；folius/ folium/ folia 叶，叶片（用于复合词）

Arenaria stracheyi 藏西无心菜：stracheyi（人名）；-i 表示人名，接在以元音字母结尾的人名后面，但 -a 除外

Arenaria szechuanensis 四川无心菜：szechuan 四川（地名）

Arenaria taibaishanensis 太白雪灵芝：taibaishanensis 太白山的（地名，陕西省）

Arenaria trichophora 具毛无心菜：trich-/ tricho-/ tricha- ← trichos ← thrix 毛，多毛的，线状的，丝状的；-phorus/ -phorum/ -phora 载体，承载物，支持物，带着，生着，附着（表示一个部分带着别的部分，包括起支撑或承载作用的柄、柱、托、囊等，如 gynophorum = gynus + phorum 雌蕊柄的，带有雌蕊的，承载雌蕊的）；gynus/ gynum/ gyna 雌蕊，子房，心皮

Arenaria trichophylla 毛叶无心菜：trich-/ tricho-/ tricha- ← trichos ← thrix 毛，多毛的，线状的，丝状的；phyllus/ phyllum/ phylla ← phyllon 叶片（用于希腊语复合词）

Arenaria tumengelaensis 土门无心菜：tumengelaensis 土门格拉的（地名，西藏自治区）

Arenaria weissiana 多柱无心菜：weissiana 维西（人名）

Arenaria weissiana var. bifida 裂瓣无心菜：bi-/ bis- 二，二数，二回（希腊语为 di-）；fidus ← findere 裂开，分裂（裂深不超过 1/3，常作词尾）

Arenaria weissiana var. puberula 微毛无心菜：puberulus = puberus + ulus 略被柔毛的，被微柔毛的；puberus 多毛的，毛茸茸的；-ulus/ -ulum/ -ula 小的，略微的，稍微的（小词 -ulus 在字母 e 或 i 之后有多种变缀，即 -olus/ -olum/ -ola、-ellus/ -ellum/ -ella、-illus/ -illum/ -illa，与第一变格法和第二变格法名词形成复合词）

Arenaria weissiana var. weissiana 多柱无心菜-原变种 （词义见上面解释）

Arenaria xerophila 旱生无心菜：xeros 干旱的，干燥的；philus/ philein ← philos → phil-/ phili/ philo- 喜好的，爱好的，喜欢的（注意区别形近词：phylus、phyllus）；phylus/ phylum/ phyla ← phylon/ phyle 植物分类单位中的"门"，位于"界"和"纲"之间，类群，种族，部落，聚群；phyllus/ phyllum/ phylla ← phyllon 叶片（用于希腊语复合词）

Arenaria xerophila var. xerophila 旱生无心菜-原变种 （词义见上面解释）

Arenaria xerophila var. xiangchengensis 乡城无心菜：xiangchengensis 乡城的（地名，四川省）

Arenaria yulongshanensis 狭叶无心菜：yulongshanensis 玉龙山的（地名，云南省）

Arenaria yunnanensis 云南无心菜：yunnanensis 云南的（地名）

Arenaria yunnanensis var. caespitosa 簇生无心菜：caespitosus = caespitus + osus 明显成簇的，明显丛生的；caespitus 成簇的，丛生的；-osus/ -osum/ -osa 多的，充分的，丰富的，显著发育的，程度高的，特征明显的（形容词词尾）

Arenaria yunnanensis var. yunnanensis 云南无心菜-原变种 （词义见上面解释）

Arenaria zadoiensis 杂多雪灵芝：zadoiensis 杂多的（地名，青海省）

Arenaria zhongdianensis 中甸无心菜：zhongdianensis 中甸的（地名，云南省香格里拉市的旧称）

Arenga 桄榔属（桄 guāng）（棕榈科）（13-1：p108）：arenga ← areng 桄榔（马来西亚语）

Arenga caudata 双籽棕：caudatus = caudus + atus 尾巴的，尾巴状的，具尾的；caudus 尾巴

Arenga engleri 山棕：engleri ← Adolf Engler 阿道夫·恩格勒（人名，1844–1931，德国植物学家，创立了以假花学说为基础的植物分类系统，于 1897 年发表）；-eri 表示人名，在以 -er 结尾的人名后面加上 i 形成

Arenga micrantha 小花桄榔：micr-/ micro- ← micros 小的，微小的，微观的（用于希腊语复合词）；anthus/ anthum/ antha/ anthe ← anthos 花（用于希腊语复合词）

Arenga pinnata 桄榔：pinnatus = pinnus + atus 羽状的，具羽的；pinnus/ pennus 羽毛，羽状，羽片；-atus/ -atum/ -ata 属于，相似，具有，完成

A

（形容词词尾）

Arenga saccharifera 砂糖椰子：saccharifera 有糖的，具甜味的；saccharum 糖，甘蔗；-ferus/ -ferum/ -fera/ -fero/ -fere/ -fer 有，具有，产（区别：作独立词使用的 ferus 意思是"野生的"）

Argemone 蓟罂粟属（罂粟科）（32：p4）：argemone ← argemon 眼角膜上的白斑（希腊语，可能指其乳汁可治眼疾，另一解释为借用普林尼为一种草所起的名字）

Argemone grandiflora 大花蓟罂粟：grandi- ← grandis 大的；florus/ florum/ flora ← flos 花（用于复合词）

Argemone mexicana 蓟罂粟：mexicana 墨西哥的（地名）

Argemone platycerae 白花蓟罂粟：platycerae 大角的，宽角的；platys 大的，宽的（用于希腊语复合词）；-ceras/ -ceros/ cerato- ← keras 犄角，兽角，角状突起（希腊语）

Argostemma 雪花属（茜草科）（71-1：p179）：argo- 银白色的；stemmus 王冠，花冠，花环

Argostemma discolor 异色雪花：discolor 异色的，不同色的（指花瓣花萼等）；di-/ dis- 二，二数，二分，分离，不同，在……之间，从……分开（希腊语，拉丁语为 bi-/ bis-）；color 颜色

Argostemma hainanicum 海南雪花：hainanicum 海南的（地名）；-icus/ -icum/ -ica 属于，具有某种特性（常用于地名、起源、生境）

Argostemma saxatile 岩雪花：saxatile 生于岩石的，生于石缝的；saxum 岩石，结石；-atilis（阳性、阴性）/ -atile（中性）（表示生长的地方）

Argostemma solaniflorum 水冠草（冠 guān）：Solanum 茄属（茄科）；florus/ florum/ flora ← flos 花（用于复合词）

Argostemma verticillatum 小雪花：verticillatus/ verticillaris 螺纹的，螺旋的，轮生的，环状的；verticillus 轮，环状排列

Argostemma yunnanense 滇雪花：yunnanense 云南的（地名）

Argyranthemum 木茼蒿属（茼 tóng）（菊科）（76-1：p20）：argyr-/ argyro- ← argyros 银，银色的；anthemus ← anthemon 花

Argyranthemum frutescens 木茼蒿：frutescens = frutex + escens 变成灌木状的，略呈灌木状的；frutex 灌木；-escens/ -ascens 改变，转变，变成，略微，带有，接近，相似，大致，稍微（表示变化的趋势，并未完全相似或相同，有别于表示达到完成状态的 -atus）

Argyreia 银背藤属（旋花科）（64-1：p118）：argyreia ← argyreios 银，银色的（指叶背具白色的毛）

Argyreia acuta 白鹤藤：acutus 尖锐的，锐角的

Argyreia capitata 头花银背藤：capitatus 头状的，头状花序的；capitus ← capitis 头，头状

Argyreia cheliensis 车里银背藤：cheliensis 车里的（地名，云南西双版纳景洪市的旧称）

Argyreia eriocephala 毛头银背藤：erion 绵毛，羊毛；cephalus/ cephale ← cephalos 头，头状花序

Argyreia fulvocymosa 黄伞白鹤藤：fulvus 咖啡色的，黄褐色的；cymosus 聚伞状的；cyma/ cyme 聚伞花序

Argyreia fulvocymosa var. fulvocymosa 黄伞白鹤藤-原变种 （词义见上面解释）

Argyreia fulvocymosa var. pauciflora 少花黄伞白鹤藤：pauci- ← paucus 少数的，少的（希腊语为 oligo-）；florus/ florum/ flora ← flos 花（用于复合词）

Argyreia fulvovillosa 黄背藤：fulvovillosus 咖啡色绵毛的，黄褐色绵毛的；fulvus 咖啡色的，黄褐色的；villosus 柔毛的，绵毛的；villus 毛，羊毛，长绒毛；-osus/ -osum/ -osa 多的，充分的，丰富的，显著发育的，程度高的，特征明显的（形容词词尾）

Argyreia henryi 长叶银背藤：henryi ← Augustine Henry 或 B. C. Henry（人名，前者，1857–1930，爱尔兰医生、植物学家，曾在中国采集植物，后者，1850–1901，曾活动于中国的传教士）

Argyreia henryi var. henryi 长叶银背藤-原变种 （词义见上面解释）

Argyreia henryi var. hypochrysa 金背长叶藤：hypochrysus 背面金黄色的；hyp-/ hypo- 下面的，以下的，不完全的；chrysus 金色的，黄色的

Argyreia lineariloba 线叶银背藤：linearis = lineus + aris 线条的，线形的，线状的，亚麻状的；lobus/ lobos/ lobon 浅裂，耳片（裂片先端钝圆），荚果，蒴果；-aris（阳性、阴性）/ -are（中性）← -alis（阳性、阴性）/ -ale（中性）属于，相似，如同，具有，涉及，关于，联结于（将名词作形容词用，其中 -aris 常用于以 l 或 r 为词干末尾的词）

Argyreia marlipoensis 麻栗坡银背藤：marlipoensis 麻栗坡的（地名，云南省）

Argyreia monglaensis 勐腊银背藤（勐 měng）：monglaensis 勐腊的（地名，云南省）

Argyreia monosperma 单籽银背藤：mono-/ mon- ← monos 一个，单一的（希腊语，拉丁语为 unus/ uni-/ uno-）；spermus/ spermum/ sperma 种子的（用于希腊语复合词）

Argyreia nervosa 美丽银背藤：nervosus 多脉的，叶脉明显的；nervus 脉，叶脉；-osus/ -osum/ -osa 多的，充分的，丰富的，显著发育的，程度高的，特征明显的（形容词词尾）

Argyreia obtusifolia 银背藤：obtusus 钝的，钝形的，略带圆形的；folius/ folium/ folia 叶，叶片（用于复合词）

Argyreia osyrensis 聚花白鹤藤：osyrensis（地名）

Argyreia osyrensis var. cinerea 灰毛白鹤藤：cinereus 灰色的，草木灰色的（为纯黑和纯白的混合色，希腊语为 tephro-/ spodo-）；ciner-/ cinere-/ cinereo- 灰色；-eus/ -eum/ -ea（接拉丁语词干时）属于……的，色如……的，质如……的（表示原料、颜色或品质的相似），（接希腊语词干时）属于……的，以……出名，为……所占有（表示具有某种特性）

Argyreia osyrensis var. osyrensis 聚花白鹤藤-原变种 （词义见上面解释）

Argyreia pierreana 东京银背藤：pierreana（人名）

Argyreia roxburghii 细苞银背藤：roxburghii ←

A

William Roxburgh（人名，18 世纪英国植物学家，研究印度植物）

Argyreia roxburghii var. ampla 叶苞银背藤：amplus 大的，宽的，膨大的，扩大的

Argyreia roxburghii var. roxburghii 细苞银背藤-原变种 （词义见上面解释）

Argyreia seguinii 白花银背藤：seguinii（人名）；-ii 表示人名，接在以辅音字母结尾的人名后面，但 -er 除外

Argyreia splendens 亮叶银背藤：splendens 有光泽的，发光的，漂亮的

Argyreia strigillosa 细毛银背藤：strigillosus = striga + illus + osus 鬃毛的，刷毛的；striga 条纹的，网纹的（如种子具网纹），糙伏毛的；-osus/ -osum/ -osa 多的，充分的，丰富的，显著发育的，程度高的，特征明显的（形容词词尾）；-ellus/ -ellum/ -ella ← -ulus 小的，略微的，稍微的（小词 -ulus 在字母 e 或 i 之后有多种变缀，即 -olus/ -olum/ -ola、-ellus/ -ellum/ -ella、-illus/ -illum/ -illa，用于第一变格法名词）

Argyreia velutina 黄毛银背藤：velutinus 天鹅绒的，柔软的；velutus 绒毛的；-inus/ -inum/ -ina/ -inos 相近，接近，相似，具有（通常指颜色）

Argyreia wallichii 大叶银背藤：wallichii ← Nathaniel Wallich（人名，19 世纪初丹麦植物学家、医生）

Arisaema 天南星属（天南星科）（13-2：p116）：arisaema = aris + aema 有斑点的海芋；aris 海芋（疆南星属 Arum 的一种植物）；aema ← haima 血（指叶片上的斑点）

Arisaema amurense 东北南星：amurense/ amurensis 阿穆尔的（地名，东西伯利亚的一个州，南部以黑龙江为界），阿穆尔河的（即黑龙江的俄语音译）

Arisaema amurense var. amurense 东北南星-原变种 （词义见上面解释）

Arisaema amurense var. serratum 齿叶东北南星：serratus = serrus + atus 有锯齿的；serrus 齿，锯齿

Arisaema angustatum 狭叶南星：angustatus = angustus + atus 变窄的；angustus 窄的，狭的，细的

Arisaema angustatum var. angustatum 狭叶南星-原变种 （词义见上面解释）

Arisaema angustatum var. peninsulae 朝鲜南星：peninsulae 半岛的，半岛产的；peninsula/ paeninsula 半岛

Arisaema aridum 旱生南星：aridus 干旱的

Arisaema arisanense 阿里山南星：arisanense 阿里山的（地名，属台湾省）

Arisaema asperatum 刺柄南星：asper + atus 具粗糙面的，具短粗尖而质感粗糙的；asper/ asperus/ asperum/ aspera 粗糙的，不平的；-atus/ -atum/ -ata 属于，相似，具有，完成（形容词词尾）

Arisaema auriculatum 长耳南星：auriculatus 耳形的，具小耳的（基部有两个小圆片）；auriculus 小耳朵的，小耳状的；auritus 耳朵的，耳状的；-culus/ -culum/ -cula 小的，略微的，稍微的（同第三变格

法和第四变格法名词形成复合词）；-atus/ -atum/ -ata 属于，相似，具有，完成（形容词词尾）

Arisaema austro-yunnanense 滇南星：austro-/ austr- 南方的，南半球的，大洋洲的；auster 南方，南风；yunnanense 云南的（地名）

Arisaema bathycoleum 银南星：bathycoleus 低鞘的，深鞘的；bathy 低的，深的；coleus ← coleos 鞘（唇瓣呈鞘状），鞘状的，果荚

Arisaema biauriculatum 双耳南星：bi-/ bis- 二，二数，二回（希腊语为 di-）；auriculatus 耳形的，具小耳的（基部有两个小圆片）；auritus 耳朵的，耳状的

Arisaema biradiatifolium 大关山南星：bi-/ bis- 二，二数，二回（希腊语为 di-）；radiatus = radius + atus 辐射状的，放射状的；radius 辐射，射线，半径，边花，伞形花序；biradiatus 二面伞梗的，二回射线的；folius/ folium/ folia 叶，叶片（用于复合词）

Arisaema bonatianum 沧江南星：bonatianum（人名）

Arisaema brachyspathum 短檐南星：brachy- ← brachys 短的（用于拉丁语复合词词首）；spathus 佛焰苞，薄片，刀剑

Arisaema brevipes 短柄南星：brevi- ← brevis 短的（用于希腊语复合词词首）；pes/ pedis 柄，梗，茎秆，腿，足，爪（作词首或词尾，pes 的词干视为 "ped-"）

Arisaema brevispathum 短苞南星：brevi- ← brevis 短的（用于希腊语复合词词首）；spathus 佛焰苞，薄片，刀剑

Arisaema calcareum 红根南星：calcareus 白垩色的，粉笔色的，石灰的，石灰质的；-eus/ -eum/ -ea （接拉丁语词干时）属于……的，色如……的，质如……的（表示原料、颜色或品质的相似），（接希腊语词干时）属于……的，以……出名，为……所占有（表示具有某种特性）

Arisaema candidissimum 白苞南星：candidus 洁白的，有白毛的，亮白的，雪白的（希腊语为 argo- ← argenteus 银白色的）；-issimus/ -issima/ -issimum 最，非常，极其（形容词最高级）

Arisaema ciliatum 缘毛南星：ciliatus = cilium + atus 缘毛的，流苏的；cilium 缘毛，睫毛；-atus/ -atum/ -ata 属于，相似，具有，完成（形容词词尾）

Arisaema clavatum 棒头南星：clavatus 棍棒状的；clava 棍棒

Arisaema concinum 皱序南星：concinus ← concino 和谐的，共鸣的，一致的

Arisaema cordatum 心檐南星：cordatus ← cordis/ cor 心脏的，心形的；-atus/ -atum/ -ata 属于，相似，具有，完成（形容词词尾）

Arisaema costatum 多脉南星：costatus 具肋的，具脉的，具中脉的（指脉明显）；costus 主脉，叶脉，肋，肋骨

Arisaema dahaiense 会泽南星：dahaiense 大海的（地名，云南省会泽县）

Arisaema decipiens 奇异南星：decipiens 欺骗的，虚假的，迷惑的（表示和另外的种非常近似）

Arisaema delavayi 大理南星：delavayi ← P. J. M.

A

Delavay（人名，1834–1895，法国传教士，曾在中国采集植物标本）；-i 表示人名，接在以元音字母结尾的人名后面，但 -a 除外

Arisaema dilatatum 粗序南星：dilatatus = dilatus + atus 扩大的，膨大的；dilatus/ dilat-/ dilati-/ dilato- 扩大，膨大

Arisaema du-bois-reymondiae 云台南星：du-bois-reymondiae（人名）；-ae 表示人名，以 -a 结尾的人名后面加上 -e 形成

Arisaema echinatum 刺棒南星：echinatus = echinus + atus 有刚毛的，有芒状刺的，刺猬状的，海胆状的；echinus ← echinos → echino-/ echin- 刺猬，海胆

Arisaema elephas 象南星：elephas 象，大象

Arisaema erubescens 一把伞南星（把 bǎ）（另见 A. linearifolium）：erubescens/ erubui ← erubeco/ erubere/ rubui 变红色的，浅红色的，赤红面的；rubescens 发红的，带红的，近红的；rubus ← ruber/ rubeo 树莓的，红色的；rubens 发红的，带红色的，变红的，红的；rubeo/ rubere/ rubui 红色的，变红，放光，闪耀；rubesco/ rubere/ rubui 变红；-escens/ -ascens 改变，转变，变成，略微，带有，接近，相似，大致，稍微（表示变化的趋势，并未完全相似或相同，有别于表示达到完成状态的 -atus）

Arisaema exappendiculatum 圈药南星（圈 quān）：exappendiculatus 无附属物的；e-/ ex- 不，无，非，缺乏，不具有（e- 用在辅音字母前，ex- 用在元音字母前，为拉丁语词首，对应的希腊语词首为 a-/ an-，英语为 un-/ -less，注意作词首用的 e-/ ex- 和介词 e/ ex 意思不同，后者意为"出自、从……、由……离开、由于、依照"）；appendiculus = appendix + ulus 有附属物的；appendix = ad + pendix 附属物；ad- 向，到，近（拉丁语词首，表示程度加强）；构词规则：构成复合词时，词首末尾的辅音字母常同化为紧接其后的那个辅音字母（如 ad + p → app）；pendix ← pendens 垂悬的，挂着的，悬挂的；-atus/ -atum/ -ata 属于，相似，具有，完成（形容词词尾）

Arisaema fargesii 螃蟹七：fargesii ← Pere Paul Guillaume Farges（人名，19 世纪中叶至 20 世纪活动于中国的法国传教士，植物采集员）

Arisaema flavum 黄苞南星：flavus → flavo-/ flavi-/ flav- 黄色的，鲜黄色的，金黄色的（指纯正的黄色）

Arisaema formosanum 台南星：formosanus = formosus + anus 美丽的，台湾的；formosus ← formosa 美丽的，台湾的（葡萄牙殖民者发现台湾时对其的称呼，即美丽的岛屿）；-anus/ -anum/ -ana 属于，来自（形容词词尾）

Arisaema formosanum var. formosanum 台南星-原变种 （词义见上面解释）

Arisaema formosanum var. stenophyllum 狭叶台南星：sten-/ steno- ← stenus 窄的，狭的，薄的；phyllus/ phyllum/ phylla ← phyllon 叶片（用于希腊语复合词）

Arisaema franchetianum 象头花：franchetianum ← A. R. Franchet（人名，19 世纪法国植物学家）

Arisaema grapsospadix 二色南星：grapso- 螃蟹；

spadix 佛焰花序，肉穗花序

Arisaema griffithii 翼檐南星：griffithii ← William Griffith（人名，19 世纪印度植物学家，加尔各答植物园主任）

Arisaema griffithii var. griffithii 翼檐南星-原变种 （词义见上面解释）

Arisaema griffithii var. verrucosum 疣柄翼檐南星：verrucosus 具疣状凸起的；verrucus ← verrucos 疣状物；-osus/ -osum/ -osa 多的，充分的，丰富的，显著发育的，程度高的，特征明显的（形容词词尾）

Arisaema hainanense 黎婆花：hainanense 海南的（地名）

Arisaema handelii 疣序南星：handelii ← H. Handel-Mazzetti（人名，奥地利植物学家，第一次世界大战期间在中国西南地区研究植物）

Arisaema heterophyllum 天南星：heterophyllus 异型叶的；hete-/ heter-/ hetero- ← heteros 不同的，多样的，不齐的；phyllus/ phyllum/ phylla ← phyllon 叶片（用于希腊语复合词）

Arisaema hunanense 湘南星：hunanense 湖南的（地名）

Arisaema hungyaense 洪雅南星：hungyaense 洪雅的（地名，四川省）

Arisaema inkiangense 三匹箭（匹 pǐ）：inkiangense 盈江的（地名，云南省）

Arisaema inkiangense var. inkiangense 三匹箭-原变种 （词义见上面解释）

Arisaema inkiangense var. maculatum 斑叶三匹箭：maculatus = maculus + atus 有小斑点的，略有斑点的；maculus 斑点，网眼，小斑点，略有斑点；-atus/ -atum/ -ata 属于，相似，具有，完成（形容词词尾）

Arisaema intermedium 高原南星：intermedius 中间的，中位的，中等的；inter- 中间的，在中间，之间；medius 中间的，中央的

Arisaema jacquemontii 藏南绿南星：jacquemontii ← Victor Jacquemont（人名，1801–1832，法国植物学家）；-ii 表示人名，接在以辅音字母结尾的人名后面，但 -er 除外

Arisaema japonicum 蛇头草：japonicum 日本的（地名）；-icus/ -icum/ -ica 属于，具有某种特性（常用于地名、起源、生境）

Arisaema kelung-insulare 基隆南星：kelung 基隆（地名，属台湾省）；insulare 岛屿的

Arisaema lichiangense 丽江南星：lichiangense 丽江的（地名，云南省）

Arisaema lineare 线叶南星：lineare 线状的，亚麻状的；lineus = linum + eus 线状的，丝状的，亚麻状的；linum ← linon 亚麻，线（古拉丁名）

Arisaema linearifolium 一把伞南星（另见 A. erubescens）：linearis = lineus + aris 线条的，线形的，线状的，亚麻状的；folius/ folium/ folia 叶，叶片（用于复合词）；-aris（阳性、阴性）/ -are（中性）← -alis（阳性、阴性）/ -ale（中性）属于，相似，如同，具有，涉及，关于，联结于（将名词作形容词用，其中 -aris 常用于以 l 或 r 为词干末尾的词）

Arisaema lingyunense 凌云南星：lingyunense 凌云的（地名，广西壮族自治区）

A

Arisaema lobatum 花南星：lobatus = lobus + atus 具浅裂的，具耳垂状突起的；lobus/ lobos/ lobon 浅裂，耳片（裂片先端钝圆），荚果，蒴果；-atus/ -atum/ -ata 属于，相似，具有，完成（形容词词尾）

Arisaema matsudai 线花南星：matsudai ← Sadahisa Matsuda 松田定久（人名，日本植物学家，早期研究中国植物）；-i 表示人名，接在以元音字母结尾的人名后面，但 -a 除外，故该词改为 "mutsudaiana" 或 "matsudae" 似更妥

Arisaema meleagris 褐斑南星：meleagris 珠鸡斑，斑点

Arisaema meleagris var. meleagris 褐斑南星-原变种 （词义见上面解释）

Arisaema meleagris var. sinuatum 具齿褐斑南星：sinuatus = sinus + atus 深波浪状的；sinus 波浪，弯缺，海湾（sinus 的词干视为 sinu-）

Arisaema multisectum 多裂南星：multi- ← multus 多个，多数，很多（希腊语为 poly-）；sectus 分段的，分节的，切开的，分裂的

Arisaema nantciangense 南漳南星：nantciangense 南漳的（地名，湖北省）

Arisaema nepenthoides 猪笼南星（笼 lóng）：Nepenthes 猪笼草属（猪笼草科）；-oides/ -oideus/ -oideum/ -oidea/ -odes/ -eidos 像……的，类似……的，呈……状的（名词词尾）

Arisaema oblanceolatum 溪南山南星：ob- 相反，反对，倒（ob- 有多种音变：ob- 在元音字母和大多数辅音字母前面，oc- 在 c 前面，of- 在 f 前面，op- 在 p 前面）；lanceolatus = lanceus + olus + atus 小披针形的，小柳叶刀的；lance-/ lancei-/ lanci-/ lanceo-/ lanc- ← lanceus 披针形的，矛形的，尖刀状的，柳叶刀状的；-olus ← -ulus 小，稍微，略微（-ulus 在字母 e 或 i 之后变成 -olus/ -ellus/ -illus）；-atus/ -atum/ -ata 属于，相似，具有，完成（形容词词尾）

Arisaema onoticum 驴耳南星：onoticus 驴耳状的；onos 驴（希腊语）；-otis/ -otites/ -otus/ -otion/ -oticus/ -otos/ -ous 耳，耳朵

Arisaema parvum 小南星：parvus → parvi-/ parv- 小的，些微的，弱的

Arisaema penicillatum 画笔南星：penicillatus 毛笔状的，毛刷状的，羽毛状的；penicillum 画笔，毛刷

Arisaema prazeri 河谷南星：prazeri（人名）；-eri 表示人名，在以 -er 结尾的人名后面加上 i 形成

Arisaema propinquum 藏南星：propinquus 有关系的，近似的，近缘的

Arisaema rhizomatum 雪里见：rhizomatus = rhizomus + atus 具根状茎的；rhiz-/ rhizo- ← rhizus 根，根状茎

Arisaema rhizomatum var. nudum 绥阳雪里见（绥 suí）：nudus 裸露的，无装饰的

Arisaema rhizomatum var. rhizomatum 雪里见-原变种 （词义见上面解释）

Arisaema rhombiforme 黑南星：rhombus 菱形，纺锤；forme/ forma 形状

Arisaema ringens 普陀南星：ringens 开口形的，开口扩大的

Arisaema saxatile 岩生南星：saxatile 生于岩石的，生于石缝的；saxum 岩石，结石；-atilis（阳性、阴性）/ -atile（中性）（表示生长的地方）

Arisaema serratum 细齿南星：serratus = serrus + atus 有锯齿的；serrus 齿，锯齿

Arisaema serratum var. serratum 细齿南星-原变种 （词义见上面解释）

Arisaema serratum var. viridescens 绿苞细齿南星：viridescens 变绿的，发绿的，淡绿色的；viridi-/ virid- ← viridus 绿色的；-escens/ -ascens 改变，转变，变成，略微，带有，接近，相似，大致，稍微（表示变化的趋势，并未完全相似或相同，有别于表示达到完成状态的 -atus）

Arisaema shihmienense 石棉南星：shihmienense 石门的（地名，属台湾省）

Arisaema sikokianum 全缘灯台莲：sikokianum 四国的（地名，日本）

Arisaema sikokianum var. henryanum 七叶灯台莲：henryanum ← Augustine Henry 或 B. C. Henry（人名，前者，1857–1930，爱尔兰医生、植物学家，曾在中国采集植物，后者，1850–1901，曾活动于中国的传教士）

Arisaema sikokianum var. serratum 灯台莲：serratus = serrus + atus 有锯齿的；serrus 齿，锯齿

Arisaema sikokianum var. sikokianum 全缘灯台莲-原变种 （词义见上面解释）

Arisaema silvestrii 鄂西南星：silvestrii/ sylvestrii ← Filippo Silvestri（人名，19 世纪意大利解剖学家、动物学家）；-ii 表示人名，接在以辅音字母结尾的人名后面，但 -er 除外

Arisaema sinii 瑶山南星：sinii（人名）；-ii 表示人名，接在以辅音字母结尾的人名后面，但 -er 除外

Arisaema smithii 相岭南星（相 xiàng）：smithii ← James Edward Smith（人名，1759–1828，英国植物学家）

Arisaema souliei 东俄洛南星：souliei（人名）；-i 表示人名，接在以元音字母结尾的人名后面，但 -a 除外

Arisaema speciosum 美丽南星：speciosus 美丽的，华丽的；species 外形，外观，美观，物种（缩写 sp.，复数 spp.）；-osus/ -osum/ -osa 多的，充分的，丰富的，显著发育的，程度高的，特征明显的（形容词词尾）

Arisaema taihokense 台北南星：taihokense 台北的（地名，属台湾省，日语读音）

Arisaema tengtsungense 腾冲南星：tengtsungense 腾冲的（地名，云南省）

Arisaema tortuosum 曲序南星：tortuosus 不规则拧劲的，明显拧劲的；tortus 拧劲，捻，扭曲；-osus/ -osum/ -osa 多的，充分的，丰富的，显著发育的，程度高的，特征明显的（形容词词尾）

Arisaema undulatum 洱海南星：undulatus = undus + ulus + atus 略呈波浪状的，略弯曲的；undus/ undum/ unda 起波浪的，弯曲的；-ulus/ -ulum/ -ula 小的，略微的，稍微的（小词 -ulus 在字母 e 或 i 之后有多种变缀，即 -olus/ -olum/ -ola、-ellus/ -ellum/ -ella、-illus/ -illum/ -illa，与第一变格法和第二变格法名词形成复合词）；-atus/ -atum/

-ata 属于，相似，具有，完成（形容词词尾）

Arisaema utile 网檐南星：utilis 有用的

Arisaema wardii 隐序南星：wardii ← Francis Kingdon-Ward（人名，20 世纪英国植物学家）

Arisaema wilsonii 川中南星：wilsonii ← John Wilson（人名，18 世纪英国植物学家）

Arisaema wilsonii var. forrestii 短柄川中南星：forrestii ← George Forrest（人名，1873–1932，英国植物学家，曾在中国西部采集大量植物标本）

Arisaema wilsonii var. wilsonii 川中南星-原变种（词义见上面解释）

Arisaema yunnanense 山珠南星：yunnanense 云南的（地名）

Arisaema zanlanscianense 樟瑯乡南星（瑯 láng）：zanlanscianense 樟瑯乡的（地名，湖北省）

Aristida <u>三芒草属</u>（禾本科）（10-1：p112）：aristida ← arista + idus 具芒的（希腊语）；arista 芒；-idus/ -idum/ -ida 表示在进行中的动作或情况，作动词、名词或形容词的词尾

Aristida adscensionis 三芒草：adscensionis 阿森松岛的（地名，南大西洋英属岛屿）

Aristida alpina 高原三芒草：alpinus = alpus + inus 高山的；alpus 高山；al-/ alti-/ alto- ← altus 高的，高处的；-inus/ -inum/ -ina/ -inos 相近，接近，相似，具有（通常指颜色）；关联词：subalpinus 亚高山的

Aristida brevissima 短芒草：brevi- ← brevis 短的（用于希腊语复合词词首）；-issimus/ -issima/ -issimum 最，非常，极其（形容词最高级）

Aristida chinensis 华三芒草：chinensis = china + ensis 中国的（地名）；China 中国

Aristida cumingiana 黄草毛：cumingiana ← Hugh Cuming（人名，19 世纪英国贝类专家、植物学家）

Aristida depressa 异颖三芒草：depressus 凹陷的，压扁的；de- 向下，向外，从……，脱离，脱落，离开，去掉；pressus 压，压力，挤压，紧密

Aristida grandiglumis 大颖三芒草：grandi- ← grandis 大的；glumis ← gluma 颖片，具颖片的（glumis 为 gluma 的复数夺格）

Aristida pennata 羽毛三芒草：pennatus = pennus + atus 羽状的，具羽的；pinnus/ pennus 羽毛，羽状，羽片

Aristida scabrescens 糙三芒草：scabrescens 稍粗糙的，变得粗糙的；scabrus ← scaber 粗糙的，有凹凸的，不平滑的；-escens/ -ascens 改变，转变，变成，略微，带有，接近，相似，大致，稍微（表示变化的趋势，并未完全相似或相同，有别于表示达到完成状态的 -atus）

Aristida triseta 三刺草：trisetus 三芒的；tri-/ tripli-/ triplo- 三个，三数；setus/ saetus 刚毛，刺毛，芒刺

Aristida tsangpoensis 藏布三芒草：tsangpoensis 雅鲁藏布江的（地名，西藏自治区）

Aristolochia <u>马兜铃属</u>（马兜铃科）（24：p199）：aristolochia 有助分娩的（指药用效果）；aristos 最好的；lochia 分娩

Aristolochia arborea 木本马兜铃：arboreus 乔木状的；arbor 乔木，树木；-eus/ -eum/ -ea（接拉丁语词干时）属于……的，色如……的，质如……的（表示原料、颜色或品质的相似），（接希腊语词干时）属于……的，以……出名，为……所占有（表示具有某种特性）

Aristolochia austroyunnanensis 滇南马兜铃：austroyunnanensis 滇南的（地名）；austro-/ austr- 南方的，南半球的，大洋洲的；auster 南方，南风；yunnanensis 云南的（地名）

Aristolochia cathcartii 管兰香：cathcartii（人名）；-ii 表示人名，接在以辅音字母结尾的人名后面，但 -er 除外

Aristolochia championii 长叶马兜铃：championii ← John George Champion（人名，19 世纪英国植物学家，研究东亚植物）

Aristolochia chlamydophylla 苞叶马兜铃：chlamydophyllus 叶片包着的；chlamyd-/ chlamydo- 包裹着的，包被的；phyllus/ phyllum/ phylla ← phyllon 叶片（用于希腊语复合词）

Aristolochia contorta 北马兜铃：contortus 拧劲的，旋转的；co- 联合，共同，合起来（拉丁语词首，为 cum- 的音变，表示结合、强化、完全，对应的希腊语为 syn-）；co- 的缀词音变有 co-/ com-/ con-/ col-/ cor-：co-（在 h 和元音字母前面），col-（在 l 前面），com-（在 b、m、p 之前），con-（在 c、d、f、g、j、n、qu、s、t 和 v 前面），cor-（在 r 前面）；tortus 拧劲，捻，扭曲

Aristolochia cucurbitifolia 瓜叶马兜铃：Cucurbita 南瓜属（葫芦科）；folius/ folium/ folia 叶，叶片（用于复合词）

Aristolochia cucurbitoides 葫芦叶马兜铃：Cucurbita 南瓜属（葫芦科）；-oides/ -oideus/ -oideum/ -oidea/ -odes/ -eidos 像……的，类似……的，呈……状的（名词词尾）

Aristolochia debilis 马兜铃：debilis 软弱的，脆弱的

Aristolochia delavayi 贯叶马兜铃：delavayi ← P. J. M. Delavay（人名，1834–1895，法国传教士，曾在中国采集植物标本）；-i 表示人名，接在以元音字母结尾的人名后面，但 -a 除外

Aristolochia delavayi var. delavayi 贯叶马兜铃-原变种（词义见上面解释）

Aristolochia delavayi var. micrantha 山草果：micr-/ micro- ← micros 小的，微小的，微观的（用于希腊语复合词）；anthus/ anthum/ antha/ anthe ← anthos 花（用于希腊语复合词）

Aristolochia elegans 美丽马兜铃：elegans 优雅的，秀丽的

Aristolochia fangchi 广防己：fangchi 防己（中文名）

Aristolochia fordiana 通城虎：fordiana ← Charles Ford（人名）

Aristolochia foveolata 蜂窠马兜铃（窠 kē）：foveolatus = fovea + ulus + atus 具小孔的，蜂巢状的，有小凹陷的；fovea 孔穴，腔隙

Aristolochia fujianensis 福建马兜铃：fujianensis 福建的（地名）

Aristolochia fulvicoma 黄毛马兜铃：fulvus 咖啡色的，黄褐色的；comus ← comis 冠毛，头缨，一簇

（毛或叶片）

Aristolochia gentilis 优贵马兜铃：gentilis 高贵的，同一族群的

Aristolochia grandiflora （大花马兜铃）：grandi- ← grandis 大的；florus/ florum/ flora ← flos 花（用于复合词）

Aristolochia griffithii 西藏马兜铃：griffithii ← William Griffith（人名，19 世纪印度植物学家，加尔各答植物园主任）

Aristolochia hainanensis 海南马兜铃：hainanensis 海南的（地名）

Aristolochia howii 南粤马兜铃：howii（人名）；-ii 表示人名，接在以辅音字母结尾的人名后面，但 -er 除外

Aristolochia impressinervis 凹脉马兜铃（种加词有时错印为 "impresinervis"）：impressinervis 凹脉的；impressi- ← impressus 凹陷的，凹入的，雕刻的；in-/ im-（来自 il- 的音变）内，在内，内部，向内，相反，不，无，非；il- 在内，向内，为，相反（希腊语为 en-）；词首 il- 的音变：il-（在 l 前面），im-（在 b、m、p 前面），in-（在元音字母和大多数辅音字母前面），ir-（在 r 前面），如 illaudatus（不值得称赞的，评价不好的），impermeabilis（不透水的，穿不透的），ineptus（不合适的），insertus（插入的），irretortus（无弯曲的，无扭曲的）；pressus 压，压力，挤压，紧密；nervis ← nervus 脉，叶脉

Aristolochia kaempferi 大叶马兜铃：kaempferi ← Engelbert Kaempfer（人名，德国医生、植物学家，曾在东亚地区做大量考察）；-eri 表示人名，在以 -er 结尾的人名后面加上 i 形成

Aristolochia kaempferi f. heterophylla 异叶马兜铃：heterophyllus 异型叶的；hete-/ heter-/ hetero- ← heteros 不同的，多样的，不齐的；phyllus/ phyllum/ phylla ← phyllon 叶片（用于希腊语复合词）

Aristolochia kaempferi f. kaempferi 大叶马兜铃-原变型（词义见上面解释）

Aristolochia kaempferi f. mirabilis 奇异马兜铃：mirabilis 奇异的，奇迹的；-ans/ -ens/ -bilis/ -ilis 能够，可能（为形容词词尾，-ans/ -ens 用于主动语态，-bilis/ -ilis 用于被动语态）；Mirabilis 紫茉莉属（紫茉莉科）

Aristolochia kaempferi f. thibetica 川西马兜铃：thibetica 西藏的（地名）；-icus/ -icum/ -ica 属于，具有某种特性（常用于地名、起源、生境）

Aristolochia kechangensis 克长马兜铃：kechangensis 克长的（地名，广西壮族自治区）

Aristolochia kwangsiensis 广西马兜铃：kwangsiensis 广西的（地名）

Aristolochia liukiuensis （琉球马兜铃）：liukiuensis 琉球的（地名，日语读音）

Aristolochia longgonensis 弄岗马兜铃（弄 lòng）：longgonensis 弄岗的（地名，广西壮族自治区，有时错印为 "弄岗"）

Aristolochia manshuriensis 木通马兜铃：manshuriensis 满洲的（地名，中国东北，日语读音）

Aristolochia mollissima 寻骨风：molle/ mollis 软的，柔毛的；-issimus/ -issima/ -issimum 最，非常，

极其（形容词最高级）

Aristolochia moupinensis 宝兴马兜铃：moupinensis 穆坪的（地名，四川省宝兴县），木坪的（地名，重庆市）

Aristolochia obliqua 偏花马兜铃：obliquus 斜的，偏的，歪斜的，对角线的；obliq-/ obliqui- 对角线的，斜线的，歪斜的

Aristolochia ovatifolia 卵叶马兜铃：ovatus = ovus + atus 卵圆形的；ovus 卵，胚珠，卵形的，椭圆形的；-atus/ -atum/ -ata 属于，相似，具有，完成（形容词词尾）；folius/ folium/ folia 叶，叶片（用于复合词）

Aristolochia polymorpha 多型叶马兜铃：polymorphus 多形的；poly- ← polys 多个，许多（希腊语，拉丁语为 multi-）；morphus ← morphos 形状，形态

Aristolochia pseudoutriformis 拟囊花马兜铃：pseudoutriformis 像 utriformis 的；pseudo-/ pseud- ← pseudos 假的，伪的，接近，相似（但不是）；Aristolochia utriformis 囊花马兜铃

Aristolochia ringens 麻雀花：ringens 开口形的，开口扩大的

Aristolochia scytophylla 革叶马兜铃：scytophyllus 革质叶的；scytos 革质的，革状的；phyllus/ phyllum/ phylla ← phyllon 叶片（用于希腊语复合词）

Aristolochia sinoburmanica 中缅马兜铃：sinoburmanica 中缅的（地名，中国和缅甸）

Aristolochia sipho （管筒马兜铃）：siphonus ← sipho → siphon-/ siphono-/ -siphonius 管，筒，管状物

Aristolochia sipho f. grandiflora （大花管筒马兜铃）：grandi- ← grandis 大的；florus/ florum/ flora ← flos 花（用于复合词）

Aristolochia tagala 耳叶马兜铃：tagala（马来西亚土名）

Aristolochia thwaitesii 海边马兜铃：thwaitesii（人名）；-ii 表示人名，接在以辅音字母结尾的人名后面，但 -er 除外

Aristolochia tongbiguanensis 铜壁关马兜铃：tongbiguanensis 铜壁关的（地名，云南省）

Aristolochia transsecta 粉质花马兜铃：transsectus 横切的；tran-/ trans- 横过，远侧边，远方，在那边；sectus/ seco 切割，分解，分开，横过（马路等）

Aristolochia tuberosa 背蛇生：tuberosus = tuber + osus 块茎的，膨大成块茎的；tuber/ tuber-/ tuberi- 块茎的，结节状凸起的，瘤状的；-osus/ -osum/ -osa 多的，充分的，丰富的，显著发育的，程度高的，特征明显的（形容词词尾）

Aristolochia tubiflora 管花马兜铃：tubi-/ tubo- ← tubus 管子的，管状的；florus/ florum/ flora ← flos 花（用于复合词）

Aristolochia utriformis 囊花马兜铃：utriformis 囊状的；uter/ utris 囊（内装液体）；formis/ forma 形状

Aristolochia versicolor 变色马兜铃：versicolor = versus + color 变色的，杂色的，有斑点的；versus ← vertor ← verto 变换，转换，转变；color

颜色

Aristolochia wenshanensis 文山马兜铃：wenshanensis 文山的（地名，云南省）

Aristolochia westlandii 香港马兜铃：westlandii（人名）；-ii 表示人名，接在以辅音字母结尾的人名后面，但 -er 除外

Aristolochia yangii 杨氏马兜铃：yangii（人名）；-ii 表示人名，接在以辅音字母结尾的人名后面，但 -er 除外

Aristolochia yunnanensis 云南马兜铃：yunnanensis 云南的（地名）

Aristolochia yunnanensis var. meionantha 小花马兜铃：mei-/ meio- 较少的，较小的，略微的；anthus/ anthum/ antha/ anthe ← anthos 花（用于希腊语复合词）

Aristolochia yunnanensis var. yunnanensis 云南马兜铃-原变种 （词义见上面解释）

Aristolochia zollingeriana 港口马兜铃：zollingeriana ← Heinrich Zollinger（人名，19 世纪德国植物学家）

Aristolochia calcicola 青香藤：calcicolus 钙生的，生于石灰质土壤的；calci- ← calcium 石灰，钙质；colus ← colo 分布于，居住于，栖居，殖民（常作词尾）；colo/ colere/ colui/ cultum 居住，耕作，栽培

Aristolochiaceae 马兜铃科（24：p159）：Aristolochia 马兜铃属；-aceae（分类单位科的词尾，为 -aceus 的阴性复数主格形式，加到模式属的名称后或同义词的词干后以组成族群名称）

Armeniaca 杏属（蔷薇科）（38：p24）：armeniacus 杏色的，橙黄色的，亚美尼亚的

Armeniaca dasycarpa 紫杏：dasycarpus 粗毛果的；dasy- ← dasys 毛茸茸的，粗毛的，毛；carpus/ carpum/ carpa/ carpon ← carpos 果实（用于希腊语复合词）

Armeniaca holosericea 藏杏：holo-/ hol- 全部的，所有的，完全的，联合的，全缘的，不分裂的；sericeus 绢丝状的；sericus 绢丝的，绢毛的，赛尔人的（Ser 为印度一民族）；-eus/ -eum/ -ea（接拉丁语词干时）属于……的，色如……的，质如……的（表示原料、颜色或品质的相似），（接希腊语词干时）属于……的，以……出名，为……所占有（表示具有某种特性）

Armeniaca hongpingensis 洪平杏：hongpingensis 洪平的（地名，湖北省）

Armeniaca mandshurica 东北杏：mandshurica 满洲的（地名，中国东北，地理区域）

Armeniaca mandshurica var. glabra 光叶东北杏：glabrus 光秃的，无毛的，光滑的

Armeniaca mandshurica var. mandshurica 东北杏-原变种 （词义见上面解释）

Armeniaca mume 梅：mume 梅（日文，"梅"的日语读音为"mume/ ume"）

Armeniaca mume var. bungo 杏梅：bungo（杏梅的日文）

Armeniaca mume var. cernua 长梗梅：cernuus 点头的，前屈的，略俯垂的（弯曲程度略大于 90°）；cernu-/ cernui- 弯曲，下垂；关联词：nutans 弯曲的，下垂的（弯曲程度远大于 90°）

Armeniaca mume var. mume 梅-原变种 （词义见上面解释）

Armeniaca mume var. mume f. albo-plena 玉碟梅：albus → albi-/ albo- 白色的；plenus → plen-/ pleni- 很多的，充满的，大量的，重瓣的，多重的

Armeniaca mume var. mume f. alphandii 宫粉梅：alphandii（人名）；-ii 表示人名，接在以辅音字母结尾的人名后面，但 -er 除外

Armeniaca mume var. mume f. purpurea 朱砂梅：purpureus = purpura + eus 紫色的；purpura 紫色（purpura 原为一种介壳虫名，其体液为紫色，可作颜料）；-eus/ -eum/ -ea（接拉丁语词干时）属于……的，色如……的，质如……的（表示原料、颜色或品质的相似），（接希腊语词干时）属于……的，以……出名，为……所占有（表示具有某种特性）

Armeniaca mume var. mume f. rubriflora 大红梅：rubr-/ rubri-/ rubro- ← rubrus 红色；florus/ florum/ flora ← flos 花（用于复合词）

Armeniaca mume var. mume f. simpliciflora 江梅：simpliciflorus = simplex + florus 单花的；simplex 单一的，简单的，无分歧的（词干为simplic-）；构词规则：以 -ix/ -iex 结尾的词其词干末尾视为 -ic，以 -ex 结尾视为 -i/ -ic，其他以 -x 结尾视为 -c；florus/ florum/ flora ← flos 花（用于复合词）

Armeniaca mume var. mume f. versicolor 洒金梅：versicolor = versus + color 变色的，杂色的，有斑点的；versus ← vertor ← verto 变换，转换，转变；color 颜色

Armeniaca mume var. mume f. viridicalyx 绿萼梅：viridus 绿色的；calyx → calyc- 萼片（用于希腊语复合词）

Armeniaca mume var. pallescens 厚叶梅：pallescens 变苍白色的；pallens 淡白色的，蓝白色的，略带蓝色的；-escens/ -ascens 改变，转变，变成，略微，带有，接近，相似，大致，稍微（表示变化的趋势，并未完全相似或相同，有别于表示达到完成状态的 -atus）

Armeniaca mume var. pendula 照水梅：pendulus ← pendere 下垂的，垂吊的（悬空或因支持体细软而下垂）；pendere/ pendeo 悬挂，垂悬；-ulus/ -ulum/ -ula（表示趋向或动作）（小词 -ulus 在字母 e 或 i 之后有多种变缀，即 -olus/ -olum/ -ola、-ellus/ -ellum/ -ella、-illus/ -illum/ -illa，与第一变格法和第二变格法名词形成复合词）

Armeniaca mume var. pendula f. albiflora 残雪照水梅：albus → albi-/ albo- 白色的；florus/ florum/ flora ← flos 花（用于复合词）

Armeniaca mume var. pendula f. atropurpurea 骨红照水梅：atro-/ atr-/ atri-/ atra- ← ater 深色，浓色，暗色，发黑（ater 作为词干后接辅音字母开头的词时，要在词干后面加一个连接用的元音字母"o"或"i"，故为"ater-o-"或"ater-i-"，变形为"atr-"开头）；purpureus = purpura + eus 紫色的；purpura 紫色（purpura 原为一种介壳虫名，其体液为紫色，可作颜料）；-eus/ -eum/ -ea（接拉丁语词干时）属于……的，色

如……的，质如……的（表示原料、颜色或品质的相似），（接希腊语词干时）属于……的，以……出名，为……所占有（表示具有某种特性）

Armeniaca mume var. pendula f. marmorata 五宝照水梅：marmoreus/ mrmoratus 大理石花纹的，斑纹的

Armeniaca mume var. pendula f. modesta 双粉照水梅：modestus 适度的，保守的

Armeniaca mume var. pendula f. simplex 单粉照水梅：simplex 单一的，简单的，无分歧的（词干为 simplic-）

Armeniaca mume var. pendula f. viridiflora 白碧照水梅：viridus 绿色的；florus/ florum/ flora ← flos 花（用于复合词）

Armeniaca mume var. tortuosa 龙游梅：tortuosus 不规则拧劲的，明显拧劲的；tortus 拧劲，捻，扭曲；-osus/ -osum/ -osa 多的，充分的，丰富的，显著发育的，程度高的，特征明显的（形容词词尾）

Armeniaca sibirica 山杏：sibirica 西伯利亚的（地名，俄罗斯）；-icus/ -icum/ -ica 属于，具有某种特性（常用于地名、起源、生境）

Armeniaca sibirica var. pubescens 毛杏：pubescens ← pubens 被短柔毛的，长出柔毛的；pubi- ← pubis 细柔毛的，短柔毛的，毛被的；pubesco/ pubescere 长成的，变为成熟的，长出柔毛的，青春期体毛的；-escens/ -ascens 改变，转变，变成，略微，带有，接近，相似，大致，稍微（表示变化的趋势，并未完全相似或相同，有别于表示达到完成状态的 -atus）

Armeniaca sibirica var. sibirica 山杏-原变种（词义见上面解释）

Armeniaca vulgaris 杏：vulgaris 常见的，普通的，分布广的；vulgus 普通的，到处可见的

Armeniaca vulgaris var. ansu 野杏：ansu 杏（"杏"的日语读音）

Armeniaca vulgaris var. vulgaris 杏-原变种（词义见上面解释）

Armeniaca vulgaris var. vulgaris f. pendula 垂枝杏：pendulus ← pendere 下垂的，垂吊的（悬空或因支持体细软而下垂）；pendere/ pendeo 悬挂，垂悬；-ulus/ -ulum/ -ula（表示趋向或动作）（小词 -ulus 在字母 e 或 i 之后有多种变缀，即 -olus/ -olum/ -ola、-ellus/ -ellum/ -ella、-illus/ -illum/ -illa，与第一变格法和第二变格法名词形成复合词）

Armeniaca vulgaris var. vulgaris f. variegata 斑叶杏：variegatus = variego + atus 有彩斑的，有条纹的，杂食的，杂色的；variego = varius + ago 染上各种颜色，使成五彩缤纷的，装饰，点缀，使闪出五颜六色的光彩，变化，变更，不同；varius = varus + ius 各种各样的，不同的，多型的，易变的；varus 不同的，变化的，外弯的，凸起的；-ius/ -ium/ -ia 具有……特性的（表示有关、关联、相似）；-ago 表示相似或联系，如 plumbago，铅的一种（来自 plumbum 铅），来自 -go；-go 表示一种能做工作的力量，如 vertigo，也表示事态的变化或者一种事态、趋向或病态，如 robigo（红的情况，变红的趋势，因而是铁锈），aerugo（铜锈），因此它变

成一个表示具有某种质的属性的构词元素，如 lactago（具有乳浆的草），或相似性，如 ferulago（近似 ferula，阿魏）、canilago（一种 canila）

Armoracia 辣根属（十字花科）（33：p181）：armoracia 辣根（希腊语名）

Armoracia rusticana 辣根：rusticanus 农村的，荒野的

Arnebia 软紫草属（紫草科）（64-2：p39）：arneb 软紫草（阿拉伯语）

Arnebia decumbens 硬萼软紫草：decumbens 横卧的，匍匐的，爬行的；decumb- 横卧，匍匐，爬行；-ans/ -ens/ -bilis/ -ilis 能够，可能（为形容词词尾，-ans/ -ens 用于主动语态，-bilis/ -ilis 用于被动语态）

Arnebia euchroma 软紫草：euchromus 颜色美丽的；eu- 好的，秀丽的，真的，正确的，完全的；chromus/ chrous 颜色的，彩色的，有色的

Arnebia fimbriata 灰毛软紫草：fimbriatus = fimbria + atus 具长缘毛的，具流苏的，具锯齿状裂的（指花瓣）；fimbria → fimbri- 流苏，长缘毛；-atus/ -atum/ -ata 属于，相似，具有，完成（形容词词尾）

Arnebia guttata 黄花软紫草：guttatus 斑点，泪滴，油滴

Arnebia szechenyi 疏花软紫草：szechenyi（人名）；-i 表示人名，接在以元音字母结尾的人名后面，但 -a 除外

Arnebia tschimganica 天山软紫草：tschimganica 琴干的（地名，俄罗斯）；-icus/ -icum/ -ica 属于，具有某种特性（常用于地名、起源、生境）

Arrabidaea 二叶藤属（紫薇科）（69：p62）：arrabidaea ← Antonio da Arrabida（人名，19 世纪巴西主教）

Arrabidaea magnifica 美丽二叶藤：magnificus 壮大的，大规模的；magnus 大的，巨大的；-ficus 非常，极其（作独立词使用的 ficus 意思是"榕树，无花果"）

Arrhenatherum 燕麦草属（禾本科）（9-3：p120）：arrhenatherum 雄花具芒的；arrhena 男性，强劲，雄蕊，花药；atherus ← ather 芒

Arrhenatherum elatius 燕麦草：elatius/ elatior 较高的，更高的；elatus 高的，梢端的

Arrhenatherum elatius var. bulbosum f. variegatum 银边草：bulbosus = bulbus + osus 球形的，鳞茎状的；bulbus 球，球形，球茎，鳞茎；-osus/ -osum/ -osa 多的，充分的，丰富的，显著发育的，程度高的，特征明显的（形容词词尾）；variegatus = variego + atus 有彩斑的，有条纹的，杂食的，杂色的；variego = varius + ago 染上各种颜色，使成五彩缤纷的，装饰，点缀，使闪出五颜六色的光彩，变化，变更，不同；varius = varus + ius 各种各样的，不同的，多型的，易变的；varus 不同的，变化的，外弯的，凸起的；-ius/ -ium/ -ia 具有……特性的（表示有关、关联、相似）；-ago 表示相似或联系，如 plumbago，铅的一种（来自 plumbum 铅），来自 -go；-go 表示一种能做工作的力量，如 vertigo，也表示事态的变化或者一种事态、趋向或病态，如 robigo（红的情况，变红的趋势，因而是铁锈），aerugo（铜锈），因此它变成一个表示

A

具有某种质的属性的构词元素，如 lactago（具有乳浆的草），或相似性，如 ferulago（近似 ferula，阿魏）、canilago（一种 canila）

Arrhenatherum elatius var. elatius 燕麦草-原变种（词义见上面解释）

Artabotrys 鹰爪花属（爪 zhǎo）（番荔枝科）（30-2: p121）：artabotrys = artao + botrys 卷须支持的一串果实；artao 支持（希腊语）；botrys → botr-/ botry- 簇，串，葡萄串状，丛，总状

Artabotrys hainanensis 狭瓣鹰爪花：hainanensis 海南的（地名）

Artabotrys hexapetalus 鹰爪花：hex-/ hexa- 六（希腊语，拉丁语为 sex-）；petalus/ petalum/ petala ← petalon 花瓣

Artabotrys hongkongensis 香港鹰爪花：hongkongensis 香港的（地名）

Artabotrys pilosus 毛叶鹰爪花：pilosus = pilus + osus 多毛的，被柔毛的，具疏柔毛的，被短弱细毛的；pilus 毛，疏柔毛；-osus/ -osum/ -osa 多的，充分的，丰富的，显著发育的，程度高的，特征明显的（形容词词尾）

Artemisia 蒿属（菊科）（76-2: p1）：artemisia ← Artemis（希腊神话中的女神）

Artemisia abaensis 阿坝蒿：abaensis 阿坝的（地名，四川省）

Artemisia absinthium 中亚苦蒿：absinthius 苦味的，没有味道的，不悦的（希腊语）

Artemisia adamsii 东北丝裂蒿：adamsii（人名）；-ii 表示人名，接在以辅音字母结尾的人名后面，但 -er 除外

Artemisia aksaiensis 阿克塞蒿（塞 sài）：aksaiensis 阿克塞的（地名，甘肃省）

Artemisia anethifolia 碱蒿：Anethum 莳萝属（莳 shí）（伞形科）；folius/ folium/ folia 叶，叶片（用于复合词）

Artemisia anethoides 莳萝蒿（莳 shí）：Anethum 莳萝属（伞形科）；-oides/ -oideus/ -oideum/ -oidea/ -odes/ -eidos 像……的，类似……的，呈……状的（名词词尾）

Artemisia angustissima 狭叶牡蒿：angusti- ← angustus 窄的，狭的，细的；-issimus/ -issima/ -issimum 最，非常，极其（形容词最高级）

Artemisia annua 黄花蒿：annuus/ annus 一年的，每年的，一年生的

Artemisia anomala 奇蒿：anomalus = a + nomalus 异常的，变异的，不规则的；a-/ an- 无，非，没有，缺乏，不具有（an- 用于元音前）（a-/ an- 为希腊语词首，对应的拉丁语词首为 e-/ ex-，相当于英语的 un-/ -less，注意词首 a- 和作为介词的 a/ ab 不同，后者的意思是“从……、由……、关于……、因为……”）；nomalus 规则的，规律的，法律的；nomus ← nomos 规则，规律，法律

Artemisia anomala var. anomala 奇蒿-原变种（词义见上面解释）

Artemisia anomala var. tomentella 密毛奇蒿：tomentellus 被短绒毛的，被微绒毛的；tomentum 绒毛，浓密的毛被，棉絮，棉絮状填充物（被褥、垫子等）；-ellus/ -ellum/ -ella ← -ulus 小的，略微的，

稍微的（小词 -ulus 在字母 e 或 i 之后有多种变缀，即 -olus/ -olum/ -ola、-ellus/ -ellum/ -ella、-illus/ -illum/ -illa，用于第一变格法名词）

Artemisia argyi 艾：argyi（人名）

Artemisia argyi var. argyi 艾-原变种（词义见上面解释）

Artemisia argyi var. argyi cv. Qiai 蕲艾（蕲 qí）：qiai 蕲艾（中文品种名）

Artemisia argyi var. gracilis 朝鲜艾：gracilis 细长的，纤弱的，丝状的

Artemisia argyrophylla 银叶蒿：argyr-/ argyro- ← argyros 银，银色的；phyllus/ phyllum/ phylla ← phyllon 叶片（用于希腊语复合词）

Artemisia argyrophylla var. argyrophylla 银叶蒿-原变种（词义见上面解释）

Artemisia argyrophylla var. brevis 小银叶蒿：brevis 短的（希腊语）

Artemisia aschurbajewii 褐头蒿：aschurbajewii（人名）；-ii 表示人名，接在以辅音字母结尾的人名后面，但 -er 除外

Artemisia atrovirens 暗绿蒿：atro-/ atr-/ atri-/ atra- ← ater 深色，浓色，暗色，发黑（ater 作为词干后接辅音字母开头的词时，要在词干后面加一个连接用的元音字母“o”或“i”，故为“ater-o-”或“ater-i-”，变形为“atr-”开头）；virens 绿色的，变绿的

Artemisia aurata 黄金蒿：auratus = aurus + atus 金黄色的；aurus 金，金色

Artemisia austriaca 银蒿：austriaca 奥地利的（地名）

Artemisia austro-yunnanensis 滇南艾：austro-/ austr- 南方的，南半球的，大洋洲的；auster 南方，南风；yunnanensis 云南的（地名）

Artemisia baimaensis 班玛蒿：baimaensis 班玛的（地名，青海省，班玛的规范拼音为“banma”），白马寨的（地名，安徽省）

Artemisia bargusinensis 巴尔古津蒿：bargusinensis 巴尔古津的（地名，俄罗斯贝加尔湖附近）

Artemisia blepharolepis 白莎蒿：blepharo/ blephari-/ blepharid- 睫毛，缘毛，流苏；lepis/ lepidos 鳞片

Artemisia brachyloba 山蒿：brachy- ← brachys 短的（用于拉丁语复合词词首）；lobus/ lobos/ lobon 浅裂，耳片（裂片先端钝圆），荚果，蒴果

Artemisia brachyphylla 高岭蒿：brachy- ← brachys 短的（用于拉丁语复合词词首）；phyllus/ phyllum/ phylla ← phyllon 叶片（用于希腊语复合词）

Artemisia caespitosa 矮丛蒿：caespitosus = caespitus + osus 明显成簇的，明显丛生的；caespitus 成簇的，丛生的；-osus/ -osum/ -osa 多的，充分的，丰富的，显著发育的，程度高的，特征明显的（形容词词尾）

Artemisia calophylla 美叶蒿：call-/ calli-/ callo-/ cala-/ calo- ← calos/ callos 美丽的；phyllus/ phyllum/ phylla ← phyllon 叶片（用于希腊语复合词）

Artemisia campbellii 绒毛蒿：campbellii ← Archibald Campbell（人名，19 世纪植物学家，曾在喜马拉雅山探险）

Artemisia campestris 荒野蒿：campestris 野生的，草地的，平原的；campus 平坦地带的，校园的；-estris/ -estre/ ester/ -esteris 生于……地方，喜好……地方

Artemisia capillaris 茵陈蒿：capillaris 有细毛的，毛发般的；-aris（阳性、阴性）/ -are（中性）← -alis（阳性、阴性）/ -ale（中性）属于，相似，如同，具有，涉及，关于，联结于（将名词作形容词用，其中 -aris 常用于以 l 或 r 为词干末尾的词）

Artemisia caruifolia 青蒿（种加词曾拼写为 "carvifolia"）：carui ← Carum 葛缕子属（伞形科）；folius/ folium/ folia 叶，叶片（用于复合词）

Artemisia caruifolia var. caruifolia 青蒿-原变种（词义见上面解释）

Artemisia caruifolia var. schochii 大头青蒿：schochii（人名）；-ii 表示人名，接在以辅音字母结尾的人名后面，但 -er 除外

Artemisia chienshanica 千山蒿：chienshanica 千山的（地名，辽宁鞍山市）

Artemisia chingii 南毛蒿：chingii ← R. C. Chin 秦仁昌（人名，1898–1986，中国植物学家，蕨类植物专家），秦氏

Artemisia comaiensis 高山矮蒿：comaiensis 措美的（地名，西藏自治区）

Artemisia conaensis 错那蒿：conaensis 错那的（地名，西藏自治区）

Artemisia dalai-lamae 米蒿：dalai-lamae 达赖喇嘛的

Artemisia demissa 纤杆蒿：demissus 沉没的，软弱的

Artemisia depauperata 中亚草原蒿：depauperatus 萎缩的，衰弱的，瘦弱的；de- 向下，向外，从……，脱离，脱落，离开，去掉；paupera 瘦弱的，贫穷的

Artemisia desertorum 沙蒿：desertorum 沙漠的，荒漠的，荒芜的（desertus 的复数所有格）；desertus 沙漠的，荒漠的，荒芜的；-orum 属于……的（第二变格法名词复数所有格词尾，表示群落或多数）

Artemisia desertorum var. desertorum 沙蒿-原变种（词义见上面解释）

Artemisia desertorum var. foetida 矮沙蒿：foetidus = foetus + idus 臭的，恶臭的，令人作呕的；foetus/ faetus/ fetus 臭味，恶臭，令人不悦的气味；-idus/ -idum/ -ida 表示在进行中的动作或情况，作动词、名词或形容词的词尾

Artemisia desertorum var. tongolensis 东俄洛沙蒿：tongol 东俄洛（地名，四川西部）

Artemisia deversa 侧蒿：deversus 离去的，背离的；de- 向下，向外，从……，脱离，脱落，离开，去掉；versus 向，向着，对着（表示朝向或变化趋势）

Artemisia disjuncta 矮丛光蒿：disjunctus 分离的，不连接的；di-/ dis- 二，二数，二分，分离，不同，在……之间，从……分开（希腊语，拉丁语为 bi-/ bis-）；junctus 连接的，接合的，联合的

Artemisia divaricata 叉枝蒿（叉 chā）：divaricatus 广歧的，发散的，散开的

Artemisia dracunculus 龙蒿：dracunculus 小龙的；dracun- ← dracon ← drakon 龙；-culus/ -culum/ -cula 小的，略微的，稍微的（同第三变格法和第四变格法名词形成复合词）

Artemisia dracunculus var. changaica 杭爱龙蒿：changaica（地名，蒙古）

Artemisia dracunculus var. dracunculus 龙蒿-原变种（词义见上面解释）

Artemisia dracunculus var. pamirica 帕米尔蒿：pamirica 帕米尔的（地名，中亚东南部高原，跨塔吉克斯坦、中国、阿富汗）；-icus/ -icum/ -ica 属于，具有某种特性（常用于地名、起源、生境）

Artemisia dracunculus var. qinghaiensis 青海龙蒿：qinghaiensis 青海的（地名）

Artemisia dracunculus var. turkestanica 宽裂龙蒿：turkestanica 土耳其的（地名）；-icus/ -icum/ -ica 属于，具有某种特性（常用于地名、起源、生境）

Artemisia dubia 牛尾蒿：dubius 可疑的，不确定的

Artemisia dubia var. dubia 牛尾蒿-原变种（词义见上面解释）

Artemisia dubia var. subdigitata 无毛牛尾蒿：subdigitatus 近掌状的；sub-（表示程度较弱）与……类似，几乎，稍微，弱，亚，之下，下面；digitatus 指状的，掌状的

Artemisia duthreuil-de-rhinsi 青藏蒿：duthreuil-de-rhinsi（人名，词尾改为 "-ii" 似更妥）；-ii 表示人名，接在以辅音字母结尾的人名后面，但 -er 除外；-i 表示人名，接在以元音字母结尾的人名后面，但 -a 除外

Artemisia edgeworthii 直茎蒿：edgeworthii ← Michael Pakenham Edgeworth（人名，19 世纪英国植物学家）

Artemisia edgeworthii var. diffusa 披散直茎蒿：diffusus = dis + fusus 蔓延的，散开的，扩展的，渗透的（dis- 在辅音字母前发生同化）；fusus 散开的，松散的，松弛的；di-/ dis- 二，二数，二分，分离，不同，在……之间，从……分开（希腊语，拉丁语为 bi-/ bis-）

Artemisia edgeworthii var. edgeworthii 直茎蒿-原变种（词义见上面解释）

Artemisia emeiensis 峨眉蒿：emeiensis 峨眉山的（地名，四川省）

Artemisia eriopoda 南牡蒿：erion 绵毛，羊毛；podus/ pus 柄，梗，茎秆，足，腿

Artemisia eriopoda var. eriopoda 南牡蒿-原变种（词义见上面解释）

Artemisia eriopoda var. gansuensis 甘肃南牡蒿：gansuensis 甘肃的（地名）

Artemisia eriopoda var. maritima 渤海滨南牡蒿：maritimus 海滨的（指生境）

Artemisia eriopoda var. rotundifolia 圆叶南牡蒿：rotundus 圆形的，呈圆形的，肥大的；rotundo 使呈圆形，使圆滑；roto 旋转，滚动；folius/ folium/ folia 叶，叶片（用于复合词）

Artemisia eriopoda var. shanxiensis 山西南牡蒿：shanxiensis 山西的（地名）

Artemisia erlangshanensis 二郎山蒿：erlangshanensis 二郎山的（地名，四川省）

A

Artemisia fauriei 海州蒿：fauriei ← L'Abbe Urbain Jean Faurie（人名，19 世纪活动于日本的法国传教士、植物学家）

Artemisia flaccida 垂叶蒿：flaccidus 柔软的，软乎乎的，软绵绵的；flaccus 柔弱的，软垂的；-idus/ -idum/ -ida 表示在进行中的动作或情况，作动词、名词或形容词的词尾

Artemisia flaccida var. flaccida 垂叶蒿-原变种（词义见上面解释）

Artemisia flaccida var. meiguensis 齿裂垂叶蒿：meiguensis 美姑的（地名，四川省）

Artemisia forrestii 亮苞蒿：forrestii ← George Forrest（人名，1873–1932，英国植物学家，曾在中国西部采集大量植物标本）

Artemisia freyniana 绿栉齿叶蒿（栉 zhì）：freynianus ← Frey（人名，神话人物）

Artemisia frigida 冷蒿：frigidus 寒带的，寒冷的，僵硬的；frigus 寒冷，寒冬；-idus/ -idum/ -ida 表示在进行中的动作或情况，作动词、名词或形容词的词尾

Artemisia frigida var. atropurpurea 紫花冷蒿：atro-/ atr-/ atri-/ atra- ← ater 深色，浓色，暗色，发黑（ater 作为词干后接辅音字母开头的词时，要在词干后面加一个连接用的元音字母"o"或"i"，故为"ater-o-"或"ater-i-"，变形为"atr-"开头）；purpureus = purpura + eus 紫色的；purpura 紫色（purpura 原为一种介壳虫名，其体液为紫色，可作颜料）；-eus/ -eum/ -ea（接拉丁语词干时）属于……的，色如……的，质如……的（表示原料、颜色或品质的相似），（接希腊语词干时）属于……的，以……出名，为……所占有（表示具有某种特性）

Artemisia frigida var. frigida 冷蒿-原变种（词义见上面解释）

Artemisia fukudo 滨艾：fukudo（日文）

Artemisia fulgens 亮蒿：fulgens/ fulgidus 光亮的，光彩夺目的；fulgo/ fulgeo 发光的，耀眼的

Artemisia gansuensis 甘肃蒿：gansuensis 甘肃的（地名）

Artemisia gansuensis var. gansuensis 甘肃蒿-原变种（词义见上面解释）

Artemisia gansuensis var. oligantha 小甘肃蒿：oligo-/ olig- 少数的（希腊语，拉丁语为 pauci-）；anthus/ anthum/ antha/ anthe ← anthos 花（用于希腊语复合词）

Artemisia gilvescens 湘赣艾：gilvus 暗黄色的；-escens/ -ascens 改变，转变，变成，略微，带有，接近，相似，大致，稍微（表示变化的趋势，并未完全相似或相同，有别于表示达到完成状态的 -atus）

Artemisia giraldii 华北米蒿：giraldii ← Giuseppe Giraldi（人名，19 世纪活动于中国的意大利传教士）

Artemisia giraldii var. giraldii 华北米蒿-原变种（词义见上面解释）

Artemisia giraldii var. longipedunculata 长梗米蒿：longe-/ longi- ← longus 长的，纵向的；pedunculatus/ peduncularis 具花序柄的，具总花梗的；pedunculus/ peduncule/ pedunculis ← pes 花序柄，总花梗（花序基部无花着生部分，不同于花柄）；关联词：pedicellus/ pediculus 小花梗，小花柄（不同于花序柄）；pes/ pedis 柄，梗，茎秆，腿，足，爪（作词首或词尾，pes 的词干视为"ped-"）

Artemisia glabella 亮绿蒿：glabellus 光滑的，无毛的；-ellus/ -ellum/ -ella ← -ulus 小的，略微的，稍微的（小词 -ulus 在字母 e 或 i 之后有多种变缀，即 -olus/ -olum/ -ola、-ellus/ -ellum/ -ella、-illus/ -illum/ -illa，用于第一变格法名词）

Artemisia globosoides 假球蒿：globosoides 近球形的，似球的；globosus = globus + osus 球形的；globus → glob-/ globi- 球体，圆球，地球；-osus/ -osum/ -osa 多的，充分的，丰富的，显著发育的，程度高的，特征明显的（形容词词尾）；-oides/ -oideus/ -oideum/ -oidea/ -odes/ -eidos 像……的，类似……的，呈……状的（名词词尾）

Artemisia gmelinii 细裂叶莲蒿：gmelinii ← Johann Gottlieb Gmelin（人名，18 世纪德国博物学家，曾对西伯利亚和勘察加进行大量考察）

Artemisia gongshanensis 贡山蒿：gongshanensis 贡山的（地名，云南省）

Artemisia gyangzeensis 江孜蒿：gyangzeensis 江孜的（地名，西藏自治区）

Artemisia gyitangensis 吉塘蒿：gyitangensis 吉塘的（地名，西藏自治区）

Artemisia halodendron 盐蒿：halo- ← halos 盐，海；dendron 树木

Artemisia hancei 雷琼牡蒿：hancei ← Henry Fletcher Hance（人名，19 世纪英国驻香港领事，曾在中国采集植物）；-i 表示人名，接在以元音字母结尾的人名后面，但 -a 除外

Artemisia hedinii 臭蒿：hedinii（人名）；-ii 表示人名，接在以辅音字母结尾的人名后面，但 -er 除外

Artemisia igniaria 歧茎蒿：igniarius = igneus + arius 属于火的；igneus 火焰色的，火一样的；-arius/ -arium/ -aria 相似，属于（表示地点，场所，关系，所属）

Artemisia imponens 锈苞蒿：imponens 欺骗的

Artemisia incisa 尖裂叶蒿：incisus 深裂的，锐裂的，缺刻的

Artemisia indica 五月艾：indica 印度的（地名）；-icus/ -icum/ -ica 属于，具有某种特性（常用于地名、起源、生境）

Artemisia indica var. elegantissima 雅致艾：elegantus ← elegans 优雅的；-issimus/ -issima/ -issimum 最，非常，极其（形容词最高级）

Artemisia indica var. indica 五月艾-原变种（词义见上面解释）

Artemisia integrifolia 柳叶蒿：integer/ integra/ integrum → integri- 完整的，整个的，全缘的；folius/ folium/ folia 叶，叶片（用于复合词）

Artemisia japonica 牡蒿：japonica 日本的（地名）；-icus/ -icum/ -ica 属于，具有某种特性（常用于地名、起源、生境）

Artemisia japonica var. hainanensis 海南牡蒿：hainanensis 海南的（地名）

Artemisia japonica var. japonica 牡蒿-原变种（词义见上面解释）

Artemisia jilongensis 吉隆蒿：jilongensis 吉隆的（地名，西藏自治区）

Artemisia kanashiroi 狭裂白蒿：kanashiroi（日本人名）

Artemisia kangmarensis 康马蒿：kangmarensis 康马的（地名，西藏自治区）

Artemisia kawakamii 山艾：kawakamii 川上（人名，20 世纪日本植物采集员）

Artemisia keiskeana 菴闾（闾 lǘ）：keiskeana ← Ito Keisuke 伊藤圭介（人名，19 世纪日本植物学家，草本植物专家）

Artemisia klementze 蒙古沙地蒿：klementze（人名）

Artemisia kuschakewiczii 掌裂蒿：kuschakewiczii（人名）；-ii 表示人名，接在以辅音字母结尾的人名后面，但 -er 除外

Artemisia lactiflora 白苞蒿：lacteus 乳汁的，乳白色的，白色略带蓝色的；lactis 乳汁；florus/ florum/ flora ← flos 花（用于复合词）

Artemisia lactiflora var. incisa 细裂叶白苞蒿：incisus 深裂的，锐裂的，缺刻的

Artemisia lactiflora var. lactiflora 白苞蒿-原变种（词义见上面解释）

Artemisia lagocephala 白山蒿：lago- 兔子；cephalus/ cephale ← cephalos 头，头状花序

Artemisia lancea 矮蒿：lancea ← John Henry Lance（人名，19 世纪英国植物学家）；lanceus 披针形的，矛形的，尖刀状的，柳叶刀状的；Lancea 肉果草属（玄参科）

Artemisia latifolia 宽叶蒿：lati-/ late- ← latus 宽的，宽广的；folius/ folium/ folia 叶，叶片（用于复合词）

Artemisia lavandulaefolia 野艾蒿：lavandulaefolia 薰衣草叶的（注：复合词中将前段词的词尾变成 i 而不是所有格，故该词宜改为"lavandulifolia"）；Lavandula 薰衣草属（唇形科）；folius/ folium/ folia 叶，叶片（用于复合词）

Artemisia leucophylla 白叶蒿：leuc-/ leuco- ← leucus 白色的（如果和其他表示颜色的词混用则表示淡色）；phyllus/ phyllum/ phylla ← phyllon 叶片（用于希腊语复合词）

Artemisia littoricola 滨海牡蒿：littoris/ litoris/ littus/ litus 海岸，海滩，海滨；colus ← colo 分布于，居住于，栖居，殖民（常作词尾）；colo/ colere/ colui/ cultum 居住，耕作，栽培

Artemisia macilenta 细杆沙蒿：macilentus 瘦弱的，贫瘠的

Artemisia macrantha 亚洲大花蒿：macro-/ macr- ← macros 大的，宏观的（用于希腊语复合词）；anthus/ anthum/ antha/ anthe ← anthos 花（用于希腊语复合词）

Artemisia macrocephala 大花蒿：macro-/ macr- ← macros 大的，宏观的（用于希腊语复合词）；cephalus/ cephale ← cephalos 头，头状花序

Artemisia mairei 小亮苞蒿：mairei（人名）；Edouard Ernest Maire（人名，19 世纪活动于中国云南的传教士）；Rene C. J. E. Maire 人名（20 世纪阿尔及利亚植物学家，研究北非植物）；-i 表示人名，接在以元音字母结尾的人名后面，但 -a 除外

Artemisia manshurica 东北牡蒿：manshurica 满洲的（地名，中国东北，日语读音）

Artemisia marschalliana 中亚旱蒿：marschalliana ← Baron Friedrich August Marschall von Bieberstein（人名，19 世纪德国探险家）

Artemisia marschalliana var. marschalliana 中亚旱蒿-原变种 （词义见上面解释）

Artemisia marschalliana var. sericophylla 绢毛旱蒿（绢 juàn）：sericophyllus 绢毛叶的；sericus 绢丝的，绢毛的，赛尔人的（Ser 为印度一民族）；phyllus/ phyllum/ phylla ← phyllon 叶片（用于希腊语复合词）

Artemisia mattfeldii 黏毛蒿：mattfeldii（人名）；-ii 表示人名，接在以辅音字母结尾的人名后面，但 -er 除外

Artemisia mattfeldii var. etomentosa 无绒黏毛蒿：etomentosus = e + tomentum + osus 脱毛的，无毛的；e-/ ex- 不，无，非，缺乏，不具有（e- 用在辅音字母前，ex- 用在元音字母前，为拉丁语词首，对应的希腊语词首为 a-/ an-，英语为 un-/ -less，注意作词首用的 e-/ ex- 和介词 e/ ex 意思不同，后者意为"出自、从……、由……离开、由于、依照"）；tomentosus = tomentum + osus 绒毛的，密被绒毛的；tomentum 绒毛，浓密的毛被，棉絮，棉絮状填充物（被褥、垫子等）；-osus/ -osum/ -osa 多的，充分的，丰富的，显著发育的，程度高的，特征明显的（形容词词尾）

Artemisia mattfeldii var. mattfeldii 黏毛蒿-原变种 （词义见上面解释）

Artemisia maximowicziana 东亚栉齿蒿（栉 zhì）：maximowicziana ← C. J. Maximowicz 马克希莫夫（人名，1827–1891，俄国植物学家）

Artemisia medioxima 尖栉齿叶蒿：medioximus 中央的，正中央的

Artemisia minor 垫型蒿：minor 较小的，更小的

Artemisia mongolica 蒙古蒿：mongolica 蒙古的（地名）；mongolia 蒙古的（地名）；-icus/ -icum/ -ica 属于，具有某种特性（常用于地名、起源、生境）

Artemisia moorcroftiana 小球花蒿：moorcroftiana ← William Moorcroft（人名，19 世纪英国兽医）

Artemisia morrisonensis 细叶山艾：morrisonensis 磨里山的（地名，今台湾新高山）

Artemisia myriantha 多花蒿：myri-/ myrio- ← myrios 无数的，大量的，极多的（希腊语）；anthus/ anthum/ antha/ anthe ← anthos 花（用于希腊语复合词）

Artemisia myriantha var. myriantha 多花蒿-原变种 （词义见上面解释）

Artemisia myriantha var. pleiocephala 白毛多花蒿：pleo-/ plei-/ pleio- ← pleos/ pleios 多的；cephalus/ cephale ← cephalos 头，头状花序

Artemisia nakai 矮滨蒿：nakai 中井猛之进（人名，1882–1952，日本植物学家，"nakai" 为"中井"的日语读音，用作种加词时改成"nakaii"似更妥）；-i 表示人名，接在以元音字母结尾的人名后面，但 -a 除外

Artemisia nanschanica 昆仑蒿：nanschanica（地

名，青海省）；-icus/ -icum/ -ica 属于，具有某种特性（常用于地名、起源、生境）

Artemisia niitakayamensis 玉山艾：
niitakayamensis 新高山的（地名，位于台湾省，"新高山"的日语读音为"niitakayama"）

Artemisia nilagirica 南亚蒿：nilagirica（地名，印度）；-icus/ -icum/ -ica 属于，具有某种特性（常用于地名、起源、生境）

Artemisia nortonii 藏旱蒿（藏 zàng）：nortonii（人名）；-ii 表示人名，接在以辅音字母结尾的人名后面，但 -er 除外

Artemisia nujianensis 怒江蒿：nujianensis 怒江的（地名，云南省，改为"nujiangensis"似更妥）

Artemisia obtusiloba 钝裂蒿：obtusus 钝的，钝形的，略带圆形的；lobus/ lobos/ lobon 浅裂，耳片（裂片先端钝圆），荚果，蒴果

Artemisia occidentali-sichuanensis 川西腺毛蒿：occidentali-sichuanensis 川西的；occidentali- ← occidentalis 西方的，西部的，欧美的；occidens 西方，西部；sichuanensis 四川的（地名）

Artemisia occidentali-sinensis 华西蒿：occidentali-sinensis 中国西部的；occidentalis 西方的，西部的，欧美的；occidens 西方，西部；sinensis = Sina + ensis 中国的（地名）；Sina 中国

Artemisia occidentali-sinensis var. denticulata 齿裂华西蒿：denticulatus = dentus + culus + atus 具细齿的，具齿的；dentus 齿，牙齿；-culus/ -culum/ -cula 小的，略微的，稍微的（同第三变格法和第四变格法名词形成复合词）；-atus/ -atum/ -ata 属于，相似，具有，完成（形容词词尾）

Artemisia occidentali-sinensis var. occidentali-sinensis 华西蒿-原变种 （词义见上面解释）

Artemisia oligocarpa 高山艾：oligo-/ olig- 少数的（希腊语，拉丁语为 pauci-）；carpus/ carpum/ carpa/ carpon ← carpos 果实（用于希腊语复合词）

Artemisia ordosica 黑沙蒿：ordosica 鄂尔多斯的（地名，内蒙古自治区）

Artemisia orientali-hengduangensis 东方蒿：orientali-hengduangensis 横断山东部的；orientalis 东方的；oriens 初升的太阳，东方；hengduangensis 横断山的（地名，青藏高原东南部山脉）

Artemisia orientali-xizangensis 昌都蒿：orientali-xizangensis 藏东的；orientalis 东方的；oriens 初升的太阳，东方；xizangensis 西藏的（地名）

Artemisia orientali-yunnanensis 滇东蒿：orientali-yunnanensis 滇东的，云南东部的；orientalis 东方的；oriens 初升的太阳，东方；yunnanensis 云南的（地名）

Artemisia oxycephala 光沙蒿：oxycephalus 尖头的；oxy- ← oxys 尖锐的，酸的；cephalus/ cephale ← cephalos 头，头状花序

Artemisia palustris 黑蒿：palustris/ paluster ← palus + estris 喜好沼泽的，沼生的；palus 沼泽，湿地，泥潭，水塘，草甸子（palus 的复数主格为 paludes）；-estris/ -estre/ ester/ -esteris 生于……地方，喜好……地方

Artemisia parviflora 西南牡蒿：parviflorus 小花的；parvus 小的，些微的，弱的；florus/ florum/ flora ← flos 花（用于复合词）

Artemisia penchuoensis 彭错蒿：penchuoensis 彭州的（地名，四川省）

Artemisia persica 伊朗蒿：persica 桃，杏，波斯的（地名）

Artemisia persica var. persica 伊朗蒿-原变种（词义见上面解释）

Artemisia persica var. subspinescens 微刺伊朗蒿：subspinescens 稍具刺的；sub-（表示程度较弱）与……类似，几乎，稍微，弱，亚，之下，下面；spinus 刺，针刺；-escens/ -ascens 改变，转变，变成，略微，带有，接近，相似，大致，稍微（表示变化的趋势，并未完全相似或相同，有别于表示达到完成状态的 -atus）

Artemisia pewzowii 纤梗蒿：pewzowii（人名）；-ii 表示人名，接在以辅音字母结尾的人名后面，但 -er 除外；-i 表示人名，接在以元音字母结尾的人名后面，但 -a 除外

Artemisia phaeolepis 褐苞蒿：phaeus(phaios) → phae-/ phaeo-/ phai-/ phaio 暗色的，褐色的，灰蒙蒙的；lepis/ lepidos 鳞片

Artemisia phyllobotrys 叶苞蒿：phyllobotrys 叶状总状花序的；phyllus/ phyllum/ phylla ← phyllon 叶片（用于希腊语复合词）；botrys → botr-/ botry- 簇，串，葡萄串状，丛，总状

Artemisia polybotryoidea 甘新青蒿：polybotryoidea 像 phyllobotrys 的；poly- ← polys 多个，许多（希腊语，拉丁语为 multi-）；Artemisia phyllobotrys 叶苞蒿；-oides/ -oideus/ -oideum/ -oidea/ -odes/ -eidos 像……的，类似……的，呈……状的（名词词尾）

Artemisia pontica 西北蒿：ponticus（地名，匈牙利）

Artemisia prattii 藏岩蒿：prattii ← Antwerp E. Pratt（人名，19 世纪活动于中国的英国动物学家、探险家）

Artemisia princeps 魁蒿：princeps/ princepse 帝王，第一的

Artemisia przewalskii 甘青小蒿：przewalskii ← Nicolai Przewalski（人名，19 世纪俄国探险家、博物学家）

Artemisia pubescens 柔毛蒿：pubescens ← pubens 被短柔毛的，长出柔毛的；pubi- ← pubis 细柔毛的，短柔毛的，毛被的；pubesco/ pubescere 长成的，变为成熟的，长出柔毛的，青春期体毛的；-escens/ -ascens 改变，转变，变成，略微，带有，接近，相似，大致，稍微（表示变化的趋势，并未完全相似或相同，有别于表示达到完成状态的 -atus）

Artemisia pubescens var. coracina 黑柔毛蒿：coracinus 黑色的，乌鸦的

Artemisia pubescens var. gebleriana 大头柔毛蒿：gebleriana（人名）

Artemisia pubescens var. pubescens 柔毛蒿-原变种 （词义见上面解释）

Artemisia qinlingensis 秦岭蒿：qinlingensis 秦岭的（地名，陕西省）

Artemisia robusta 粗茎蒿：robustus 大型的，结实的，健壮的，强壮的

Artemisia rosthornii 川南蒿：rosthornii ← Arthur Edler von Rosthorn（人名，19 世纪匈牙利驻北京大使）

Artemisia roxburghiana 灰苞蒿：roxburghiana ← William Roxburgh（人名，18 世纪英国植物学家，研究印度植物）

Artemisia roxburghiana var. purpurascens 紫苞蒿：purpurascens 带紫色的，发紫的；purpur- 紫色的；-escens/ -ascens 改变，转变，变成，略微，带有，接近，相似，大致，稍微（表示变化的趋势，并未完全相似或相同，有别于表示达到完成状态的 -atus）

Artemisia roxburghiana var. roxburghiana 灰苞蒿-原变种 （词义见上面解释）

Artemisia rubripes 红足蒿：rubr-/ rubri-/ rubro- ← rubrus 红色；pes/ pedis 柄，梗，茎秆，腿，足，爪（作词首或词尾，pes 的词干视为"ped-"）

Artemisia rupestris 岩蒿：rupestre/ rupicolus/ rupestris 生于岩壁的，岩栖的；rup-/ rupi- ← rupes/ rupis 岩石的；-estris/ -estre/ ester/ -esteris 生于……地方，喜好……地方

Artemisia rutifolia 香叶蒿：Ruta 芸香属（芸香科）；folius/ folium/ folia 叶，叶片（用于复合词）

Artemisia rutifolia var. altaica 阿尔泰香叶蒿：altaica 阿尔泰的（地名，新疆北部山脉）

Artemisia rutifolia var. rutifolia 香叶蒿-原变种（词义见上面解释）

Artemisia sacrorum 白莲蒿：sacrorum 神圣的（sacra 的复数所有格）；sacra/ sacrum/ sacer 神圣的，圣地的；-orum 属于……的（第二变格法名词复数所有格词尾，表示群落或多数）

Artemisia sacrorum var. incana 灰莲蒿：incanus 灰白色的，密被灰白色毛的

Artemisia sacrorum var. messerschmidtiana 密毛白莲蒿：messerschmidtiana（人名）

Artemisia sacrorum var. sacrorum 白莲蒿-原变种 （词义见上面解释）

Artemisia saposhnikovii 昆仑沙蒿：saposhnikovii（人名）；-ii 表示人名，接在以辅音字母结尾的人名后面，但 -er 除外

Artemisia scoparia 猪毛蒿：scoparius 笤帚状的；scopus 笤帚；-arius/ -arium/ -aria 相似，属于（表示地点，场所，关系，所属）；Scoparia 野甘草属（玄参科）

Artemisia selengensis 蒌蒿（蒌 lóu）：selengensis（地名）

Artemisia selengensis var. selengensis 蒌蒿-原变种 （词义见上面解释）

Artemisia selengensis var. shansiensis 无齿蒌蒿：shansiensis 山西的（地名）

Artemisia sericea 绢毛蒿（绢 juàn）：sericeus 绢丝状的；sericus 绢丝的，绢毛的，赛尔人的（Ser 为印度一民族）；-eus/ -eum/ -ea（接拉丁语词干时）属于……的，色如……的，质如……的（表示原料、颜色或品质的相似），（接希腊语词干时）属于……的，以……出名，为……所占有（表示具有某种特性）

Artemisia shangnanensis 商南蒿：shangnanensis 商南的（地名，陕西省）

Artemisia shennongjiaensis 神农架蒿：shennongjiaensis 神农架的（地名，湖北省）

Artemisia sichuanensis 四川艾：sichuanensis 四川的（地名）

Artemisia sichuanensis var. sichuanensis 四川艾-原变种 （词义见上面解释）

Artemisia sichuanensis var. tomentosa 密毛四川艾：tomentosus = tomentum + osus 绒毛的，密被绒毛的；tomentum 绒毛，浓密的毛被，棉絮，棉絮状填充物（被褥、垫子等）；-osus/ -osum/ -osa 多的，充分的，丰富的，显著发育的，程度高的，特征明显的（形容词词尾）

Artemisia sieversiana 大籽蒿：sieversiana（人名）

Artemisia simulans 中南蒿：simulans 仿造的，模仿的；simulo/ simuilare/ simulatus 模仿，模拟，伪装

Artemisia sinensis 西南圆头蒿：sinensis = Sina + ensis 中国的（地名）；Sina 中国

Artemisia smithii 球花蒿：smithii ← James Edward Smith（人名，1759–1828，英国植物学家）

Artemisia somai 台湾狭叶艾：somai 相马（日本人名，相 xiàng）；-i 表示人名，接在以元音字母结尾的人名后面，但 -a 除外，故该词改为"somaiana"或"somae"似更妥

Artemisia somai var. batakensis 太鲁阁艾：batakensis ← Batakan（地名，属台湾省）

Artemisia somai var. somai 台湾狭叶艾-原变种（词义见上面解释）

Artemisia songarica 准噶尔沙蒿（噶 gá）：songarica 准噶尔的（地名，新疆维吾尔自治区）；-icus/ -icum/ -ica 属于，具有某种特性（常用于地名、起源、生境）

Artemisia speciosa 西南大头蒿：speciosus 美丽的，华丽的；species 外形，外观，美观，物种（缩写 sp.，复数 spp.）；-osus/ -osum/ -osa 多的，充分的，丰富的，显著发育的，程度高的，特征明显的（形容词词尾）

Artemisia sphaerocephala 圆头蒿：sphaerocephalus 球形头状花序的；sphaero- 圆形，球形；cephalus/ cephale ← cephalos 头，头状花序

Artemisia stolonifera 宽叶山蒿：stolon 匍匐茎；-ferus/ -ferum/ -fera/ -fero/ -fere/ -fer 有，具有，产（区别：作独立词使用的 ferus 意思是"野生的"）

Artemisia stracheyi 冻原白蒿：stracheyi（人名）；-i 表示人名，接在以元音字母结尾的人名后面，但 -a 除外

Artemisia subulata 线叶蒿：subulatus 钻形的，尖头的，针尖状的；subulus 钻头，尖头，针尖状

Artemisia succulenta 苏联肉质叶蒿：succulentus 多汁的，肉质的；succus/ sucus 汁液；-ulentus/ -ulenta/ -olentus/ -olentum/ -olenta（表示丰富、充分或显著发展）

Artemisia succulentoides 肉质叶蒿：succulentoides 像 succulenta 的，近多汁的，近肉质

的；Artemisia succulenta 苏联肉质叶蒿；succulentus 多汁的，肉质的；-oides/ -oideus/ -oideum/ -oidea/ -odes/ -eidos 像……的，类似……的，呈……状的（名词词尾）

Artemisia sylvatica 阴地蒿：silvaticus/ sylvaticus 森林的，林地的；sylva/ silva 森林；-aticus/ -aticum/ -atica 属于，表示生长的地方，作名词词尾

Artemisia sylvatica var. meridionalis 密序阴地蒿：meridionalis 中午的；meridianus 中午的；-aris（阳性、阴性）/ -are（中性）← -alis（阳性、阴性）/ -ale（中性）属于，相似，如同，具有，涉及，关于，联结于（将名词作形容词用，其中 -aris 常用于以 l 或 r 为词干末尾的词）

Artemisia sylvatica var. sylvatica 阴地蒿-原变种（词义见上面解释）

Artemisia tafelii 波密蒿：tafelii（人名）；-ii 表示人名，接在以辅音字母结尾的人名后面，但 -er 除外

Artemisia taibaishanensis 太白山蒿：taibaishanensis 太白山的（地名，陕西省）

Artemisia tainingensis 川藏蒿：tainingensis（地名）

Artemisia tainingensis var. nitida 无毛川藏蒿：nitidus = nitere + idus 光亮的，发光的；nitere 发亮；-idus/ -idum/ -ida 表示在进行中的动作或情况，作动词、名词或形容词的词尾；nitens 光亮的，发光的

Artemisia tainingensis var. tainingensis 川藏蒿-原变种（词义见上面解释）

Artemisia tanacetifolia 裂叶蒿：Tanacetum 菊蒿属（菊科）；folius/ folium/ folia 叶，叶片（用于复合词）

Artemisia tangutica 甘青蒿：tangutica ← Tangut 唐古特的，党项的（西夏时期生活于中国西北地区的党项羌人，蒙古语称其为"唐古特"，有多种音译，如唐兀、唐古、唐括等）；-icus/ -icum/ -ica 属于，具有某种特性（常用于地名、起源、生境）

Artemisia tangutica var. tangutica 甘青蒿-原变种（词义见上面解释）

Artemisia tangutica var. tomentosa 绒毛甘青蒿：tomentosus = tomentum + osus 绒毛的，密被绒毛的；tomentum 绒毛，浓密的毛被，棉絮，棉絮状填充物（被褥、垫子等）；-osus/ -osum/ -osa 多的，充分的，丰富的，显著发育的，程度高的，特征明显的（形容词词尾）

Artemisia thellungiana 藏腺毛蒿：thellungiana（人名）

Artemisia tournefortiana 湿地蒿：tournefortiana ← Joseph Pitton de Tournefort（人名，18 世纪法国植物学家）

Artemisia tridactyla 指裂蒿：tri-/ tripli-/ triplo- 三个，三数；dactylus ← dactylos 手指状的；dactyl- 手指

Artemisia tridactyla var. minima 小指裂蒿：minimus 最小的，很小的

Artemisia tridactyla var. tridactyla 指裂蒿-原变种（词义见上面解释）

Artemisia tsugitakaensis 雪山艾：tsugitakaensis 次高山的（地名，属台湾省，日语读音）

Artemisia velutina 黄毛蒿：velutinus 天鹅绒的，柔软的；velutus 绒毛的；-inus/ -inum/ -ina/ -inos 相近，接近，相似，具有（通常指颜色）

Artemisia verbenacea 辽东蒿：verbenacea 像马鞭草的；Verbena 马鞭草属（马鞭草科）；-aceus/ -aceum/ -acea 相似的，有……性质的，属于……的

Artemisia verlotorum 南艾蒿：verlotorum = ver + lotus + orum 早春的百脉根；ver/ veris 春天，春季；Lotus 百脉根属（豆科）；-orum 属于……的（第二变格法名词复数所有格词尾，表示群落或多数）

Artemisia vestita 毛莲蒿：vestitus 包被的，覆盖的，被柔毛的，袋状的

Artemisia vexans 藏东蒿：vexans 麻烦的，迷惑人的，令人烦恼的

Artemisia viridisquama 绿苞蒿：viridus 绿色的；squamus 鳞，鳞片，薄膜

Artemisia viridissima 林艾蒿：viridus 绿色的；-issimus/ -issima/ -issimum 最，非常，极其（形容词最高级）

Artemisia viscida 腺毛蒿：viscidus 黏的

Artemisia viscidissima 密腺毛蒿：viscidissima 非常黏的；viscidus 黏的；-issimus/ -issima/ -issimum 最，非常，极其（形容词最高级）

Artemisia vulgaris 北艾：vulgaris 常见的，普通的，分布广的；vulgus 普通的，到处可见的

Artemisia vulgaris var. vulgaris 北艾-原变种（词义见上面解释）

Artemisia vulgaris var. xizangensis 藏北艾（藏 zàng）：xizangensis 西藏的（地名）

Artemisia waltonii 藏龙蒿：waltonii（人名）；-ii 表示人名，接在以辅音字母结尾的人名后面，但 -er 除外

Artemisia waltonii var. waltonii 藏龙蒿-原变种（词义见上面解释）

Artemisia waltonii var. yushuensis 玉树龙蒿：yushuensis 玉树的（地名，青海省）

Artemisia wellbyi 藏沙蒿：wellbyi（人名）

Artemisia wudanica 乌丹蒿：wudanica 乌丹的（地名，内蒙古自治区）；-icus/ -icum/ -ica 属于，具有某种特性（常用于地名、起源、生境）

Artemisia xanthochloa 黄绿蒿：xanthos 黄色的（希腊语）；chloa ← chloe 草，禾草

Artemisia xerophytica 内蒙古旱蒿：xerophyticus = xeros + phytus + icus 属于旱生植物的；xeros 干旱的，干燥的；phytus/ phytum/ phyta 植物；-icus/ -icum/ -ica 属于，具有某种特性（常用于地名、起源、生境）

Artemisia xigazeensis 日喀则蒿（喀 kā）：xigazeensis 日喀则的（地名，西藏自治区）

Artemisia yadongensis 亚东蒿：yadongensis 亚东的（地名，西藏自治区）

Artemisia younghusbandii 藏白蒿（藏 zàng）：younghusbandii（人名）；-ii 表示人名，接在以辅音字母结尾的人名后面，但 -er 除外

Artemisia youngii 高原蒿：youngii ← Maurice Young（人名，19 世纪英国种苗学家）

Artemisia yunnanensis 云南蒿：yunnanensis 云南的（地名）

Artemisia zayuensis 察隅蒿：zayuensis 察隅的（地名，西藏自治区）

Artemisia zayuensis var. pienmaensis 片马蒿：pienmaensis 片马的（地名，云南省）

Artemisia zayuensis var. zayuensis 察隅蒿-原变种 （词义见上面解释）

Artemisia zhongdianensis 中甸艾：zhongdianensis 中甸的（地名，云南省香格里拉市的旧称）

Arthraxon 荩草属（荩 jìn）（禾本科）（10-2：p213）：arthraxon 轴上有关节的（指穗轴逐节脱落）；arthron 关节；axon 轴

Arthraxon castratus 海南荩草：castratus 无花药的，花药退化的

Arthraxon guizhouensis 贵州荩草：guizhouensis 贵州的（地名）

Arthraxon hispidus 荩草：hispidus 刚毛的，鬃毛状的

Arthraxon hispidus var. centrasiaticus 中亚荩草：centrasiaticus 中亚的（地名）；centro-/ centr- ← centrum 中部的，中央的；asiaticus 亚洲的（地名）；-aticus/ -aticum/ -atica 属于，表示生长的地方，作名词词尾

Arthraxon hispidus var. cryptatherus 匿芒荩草：cryptatherus 匿药的，花药隐藏的；crypt-/ crypto- ← kryptos 覆盖的，隐藏的（希腊语）；atherus ← ather 芒

Arthraxon hispidus var. hispidus 荩草-原变种（词义见上面解释）

Arthraxon lanceolatus 矛叶荩草：lanceolatus = lanceus + olus + atus 小披针形的，小柳叶刀的；lance-/ lancei-/ lanci-/ lanceo-/ lanc- ← lanceus 披针形的，矛形的，尖刀状的，柳叶刀状的；-olus ← -ulus 小，稍微，略微（-ulus 在字母 e 或 i 之后变成 -olus/ -ellus/ -illus）；-atus/ -atum/ -ata 属于，相似，具有，完成（形容词词尾）

Arthraxon lanceolatus var. echinatus 粗刺荩草：echinatus = echinus + atus 有刚毛的，有芒状刺的，刺猬状的，海胆状的；echinus ← echinos → echino-/ echin- 刺猬，海胆；-atus/ -atum/ -ata 属于，相似，具有，完成（形容词词尾）

Arthraxon lanceolatus var. glabratus 光轴荩草：glabratus = glabrus + atus 脱毛的，光滑的；glabrus 光秃的，无毛的，光滑的；-atus/ -atum/ -ata 属于，相似，具有，完成（形容词词尾）

Arthraxon lanceolatus var. lanceolatus 矛叶荩草-原变种 （词义见上面解释）

Arthraxon lanceolatus var. raizadae 毛颖荩草：raizadae（人名）

Arthraxon lancifolius 小叶荩草：lance-/ lancei-/ lanci-/ lanceo-/ lanc- ← lanceus 披针形的，矛形的，尖刀状的，柳叶刀状的；folius/ folium/ folia 叶，叶片（用于复合词）

Arthraxon maopingensis 茅坪荩草：maopingensis（地名，广东省）

Arthraxon micans 光亮荩草：micans 有光泽的，发光的，云母状的

Arthraxon microphyllus 小荩草：micr-/ micro- ← micros 小的，微小的，微观的（用于希腊语复合词）；phyllus/ phyllum/ phylla ← phyllon 叶片（用于希腊语复合词）

Arthraxon multinervus 多脉荩草：multi- ← multus 多个，多数，很多（希腊语为 poly-）；nervus 脉，叶脉

Arthraxon xinanensis 西南荩草：xinanensis 西南的（地名，中国西南地区）

Arthraxon xinanensis var. laxiflorus 疏序荩草：laxus 稀疏的，松散的，宽松的；florus/ florum/ flora ← flos 花（用于复合词）

Arthraxon xinanensis var. xinanensis 西南荩草-原变种 （词义见上面解释）

Arthromeris 节肢蕨属（水龙骨科）（6-2：p202）：arthro-/ arthr- ← arthron 关节，有关节的；-mero/ -meris 部分，份，数

Arthromeris caudata 尾状节肢蕨：caudatus = caudus + atus 尾巴的，尾巴状的，具尾的；caudus 尾巴

Arthromeris elegans 美丽节肢蕨：elegans 优雅的，秀丽的

Arthromeris elegans f. elegans 美丽节肢蕨-原变型 （词义见上面解释）

Arthromeris elegans f. pianmaensis 片马节肢蕨：pianmaensis 片马的（地名，云南省）

Arthromeris himalayensis 琉璃节肢蕨：himalayensis 喜马拉雅的（地名）

Arthromeris himalayensis var. himalayensis 琉璃节肢蕨-原变种 （词义见上面解释）

Arthromeris himalayensis var. niphoboloides 灰茎节肢蕨：niphoboloides 稍白的，灰白的，像 niphobola 的；Aleuritopteris niphobola 雪白粉白蕨；niphobolus 雪白色的；-oides/ -oideus/ -oideum/ -oidea/ -odes/ -eidos 像……的，类似……的，呈……状的（名词词尾）

Arthromeris intermedia 中间节肢蕨：intermedius 中间的，中位的，中等的；inter- 中间的，在中间，之间；medius 中间的，中央的

Arthromeris lehmanni 节肢蕨：lehmanni ← Johann Georg Christian Lehmann（人名，19 世纪德国植物学家）（词尾改为 "-ii" 似更妥）；-ii 表示人名，接在以辅音字母结尾的人名后面，但 -er 除外；-i 表示人名，接在以元音字母结尾的人名后面，但 -a 除外

Arthromeris lungtauensis 龙头节肢蕨：lungtauensis 龙头的（地名，广东省）

Arthromeris mairei 多羽节肢蕨：mairei（人名）；Edouard Ernest Maire（人名，19 世纪活动于中国云南的传教士）；Rene C. J. E. Maire 人名（20 世纪阿尔及利亚植物学家，研究北非植物）；-i 表示人名，接在以元音字母结尾的人名后面，但 -a 除外

Arthromeris medogensis 墨脱节肢蕨：medogensis 墨脱的（地名，西藏自治区）

Arthromeris nigropaleacea 黑鳞节肢蕨：nigropaleaceus 具黑色鳞片的；nigrus 黑色的；niger 黑色的；paleaceus 具托苞的，具内颖的，具稃的，具鳞片的；paleus 托苞，内颖，内稃，鳞片；-aceus/

-aceum/ -acea 相似的，有……性质的，属于……的

Arthromeris salicifolia 柳叶节肢蕨：salici ← Salix 柳属；构词规则：以 -ix/ -iex 结尾的词其词干末尾视为 -ic，以 -ex 结尾视为 -i/ -ic，其他以 -x 结尾视为 -c；folius/ folium/ folia 叶，叶片（用于复合词）

Arthromeris tatsienensis 康定节肢蕨：tatsienensis 打箭炉的（地名，四川省康定县的别称）

Arthromeris tenuicauda 狭羽节肢蕨：tenui- ← tenuis 薄的，纤细的，弱的，瘦的，窄的；caudus 尾巴

Arthromeris tomentosa 厚毛节肢蕨：tomentosus = tomentum + osus 绒毛的，密被绒毛的；tomentum 绒毛，浓密的毛被，棉絮，棉絮状填充物（被褥、垫子等）；-osus/ -osum/ -osa 多的，充分的，丰富的，显著发育的，程度高的，特征明显的（形容词词尾）

Arthromeris wallichiana 单行节肢蕨（行 háng）：wallichiana ← Nathaniel Wallich（人名，19 世纪初丹麦植物学家、医生）

Arthromeris wardii 灰背节肢蕨：wardii ← Francis Kingdon-Ward（人名，20 世纪英国植物学家）

Arthrophytum 节节木属（藜科）（25-2：p141）：arthro-/ arthr- ← arthron 关节，有关节的；phytus/ phytum/ phyta 植物

Arthrophytum iliense 长枝节节木：iliense/ iliensis 伊利的（地名，新疆维吾尔自治区），伊犁河的（河流名，跨中国新疆与哈萨克斯坦）

Arthrophytum korovinii 棒叶节节木：korovinii（人名）；-ii 表示人名，接在以辅音字母结尾的人名后面，但 -er 除外

Arthrophytum longibracteatum 长叶节节木：longe-/ longi- ← longus 长的，纵向的；bracteatus = bracteus + atus 具苞片的；bracteus 苞，苞片，苞鳞

Arthropteris 爬树蕨属（《植物志》中记为藤蕨属，但因藤蕨科中有中文同名属 Lomariopsis，而改名为"爬树蕨属"）（骨碎补科）（6-1：p151）：arthro-/ arthr- ← arthron 关节，有关节的；pteris ← pteryx 翅，翼，蕨类（希腊语）

Arthropteris obliterata 小叶爬树蕨（原名"藤蕨"，藤蕨科有重名）：obliteratus/ oblitterus 擦去的，消除的，忘却了的，模糊的；ob- 相反，反对，倒（ob- 有多种音变：ob- 在元音字母和大多数辅音字母前面，oc- 在 c 前面，of- 在 f 前面，op- 在 p 前面）；oblitero/ oblittero 擦去（字迹），忘记；litera/ littera 文字，字迹

Arthropteris palisotii 爬树蕨：palisotii（人名）；-ii 表示人名，接在以辅音字母结尾的人名后面，但 -er 除外

Artocarpus 波罗蜜属（桑科）（23-1：p40）：artos 面包（希腊语）；carpus/ carpum/ carpa/ carpon ← carpos 果实（用于希腊语复合词）

Artocarpus chama 野树波罗：chama 山猫

Artocarpus gomezianus 长圆叶波罗蜜：gomezianus ← Cardinal Casimiro Gomez de Ortega（人名，18 世纪西班牙植物学家）

Artocarpus gongshanensis 贡山波罗蜜：gongshanensis 贡山的（地名，云南省）

Artocarpus heterophyllus 波罗蜜：heterophyllus 异型叶的；hete-/ heter-/ hetero- ← heteros 不同的，多样的，不齐的；phyllus/ phyllum/ phylla ← phyllon 叶片（用于希腊语复合词）

Artocarpus hypargyreus 白桂木：hypargyreus 背面银白色的；hyp-/ hypo- 下面的，以下的，不完全的；argyreus 银，银色的

Artocarpus incisa 面包树：incisus 深裂的，锐裂的，缺刻的

Artocarpus lacucha 野波罗蜜：lacucha（词源不详）

Artocarpus nanchuanensis 南川木波罗：nanchuanensis 南川的（地名，重庆市）

Artocarpus nigrifolius 牛李：nigra/ nigrans 涂黑的，黑色的；nigrus 黑色的；niger 黑色的；folius/ folium/ folia 叶，叶片（用于复合词）

Artocarpus nitidus 光叶桂木：nitidus = nitere + idus 光亮的，发光的；nitere 发亮；-idus/ -idum/ -ida 表示在进行中的动作或情况，作动词、名词或形容词的词尾；nitens 光亮的，发光的

Artocarpus nitidus subsp. griffithii 披针叶桂木：griffithii ← William Griffith（人名，19 世纪印度植物学家，加尔各答植物园主任）

Artocarpus nitidus subsp. lingnanensis 桂木：lingnanensis 岭南的（地名，指五岭以南地区）

Artocarpus nitidus subsp. nitidus 光叶桂木-原亚种（词义见上面解释）

Artocarpus petelotii 短绢毛波罗蜜（绢 juàn）：petelotii（人名）；-ii 表示人名，接在以辅音字母结尾的人名后面，但 -er 除外

Artocarpus pithecogallus 猴子瘿袋（瘿 yīng）：pithecos 猴子；gallus/ gallum/ galla 虫瘿

Artocarpus styracifolius 二色波罗蜜：styraci- ← Styrax 安息香属（安息香科）；folius/ folium/ folia 叶，叶片（用于复合词）

Artocarpus tonkinensis 胭脂（脂 zhī）：tonkin 东京（地名，越南河内的旧称）

Artocarpus xanthocarpus 黄果波罗蜜：xanthos 黄色的（希腊语）；carpus/ carpum/ carpa/ carpon ← carpos 果实（用于希腊语复合词）

Arum 疆南星属（天南星科）（13-2：p100）：arum ← aron 白星海芋一种

Arum korolkowii 疆南星：korolkowii ← General N. J. Korolkov（人名，19 世纪俄国植物学家）

Aruncus 假升麻属（蔷薇科）（36：p71）：aruncus 山羊胡子

Aruncus gombalanus 贡山假升麻：gombalanus 高黎贡山的（云南省）

Aruncus sylvester 假升麻：sylvester/ sylvestre/ sylvestris 森林的，野地的；-estris/ -estre/ ester/ -esteris 生于……地方，喜好……地方

Arundina 竹叶兰属（兰科）（18：p333）：Arundo 芦竹属（禾本科）；arundo 芦苇（古拉丁名）；-inus/ -inum/ -ina/ -inos 相近，接近，相似，具有（通常指颜色）

Arundina graminifolia 竹叶兰：graminus 禾草，禾本科草；folius/ folium/ folia 叶，叶片（用于复合词）

Arundinaria 北美箭竹属（禾本科）（9-1：p562）：arundinaria ← Arundo 芦竹属（指茎粗像芦竹）；arundo 芦苇（古拉丁名）

Arundinella 野古草属（禾本科）（10-1：p145）：Arundinella 比芦苇小的；Arundo 芦竹属；arundo 芦苇（古拉丁名）；-ellus/ -ellum/ -ella ← -ulus 小的，略微的，稍微的（小词 -ulus 在字母 e 或 i 之后有多种变缀，即 -olus/ -olum/ -ola、-ellus/ -ellum/ -ella、-illus/ -illum/ -illa，用于第一变格法名词）

Arundinella anomala 野古草：anomalus = a + nomalus 异常的，变异的，不规则的；a-/ an- 无，非，没有，缺乏，不具有（an- 用于元音前）（a-/ an- 为希腊语词首，对应的拉丁语词首为 e-/ ex-，相当于英语的 un-/ -less，注意词首 a- 和作为介词的 a/ ab 不同，后者的意思是"从……、由……、关于……、因为……"）；nomalus 规则的，规律的，法律的；nomus ← nomos 规则，规律，法律

Arundinella barbinodis 毛节野古草：barbinodis 须状节的；barbi- ← barba 胡须，髯毛，绒毛；nodis 节

Arundinella bengalensis 孟加拉野古草：bengalensis 孟加拉的（地名）

Arundinella cochinchinensis 大序野古草：cochinchinensis ← Cochinchine 南圻的（历史地名，即今越南南部及其周边国家和地区）

Arundinella decempedalis 丈野古草：deca-/ dec- 十（希腊语，拉丁语为 decem-）；pedalis 足的，足长的，一步长的，一英尺的（1 ft = 0.3048 m）

Arundinella flavida 硬叶野古草：flavidus 淡黄的，泛黄的，发黄的；flavus → flavo-/ flavi-/ flav- 黄色的，鲜黄色的，金黄色的（指纯正的黄色）；-idus/ -idum/ -ida 表示在进行中的动作或情况，作动词、名词或形容词的词尾

Arundinella fluviatilis 溪边野古草：fluviatilis 河边的，生于河水的；fluvius 河流，河川，流水；-atilis（阳性、阴性）/ -atile（中性）（表示生长的地方）

Arundinella grandiflora 大花野古草：grandi- ← grandis 大的；florus/ florum/ flora ← flos 花（用于复合词）

Arundinella hirta 毛秆野古草：hirtus 有毛的，粗毛的，刚毛的（长而明显的毛）

Arundinella hondana 庐山野古草：hondana 本田（日本人名）

Arundinella hookeri 西南野古草：hookeri ← William Jackson Hooker（人名，19 世纪英国植物学家）；-eri 表示人名，在以 -er 结尾的人名后面加上 i 形成

Arundinella khaseana 滇西野古草：khaseana ← Khasya 喀西的，卡西的（地名，印度阿萨姆邦）

Arundinella nepalensis 石芒草：nepalensis 尼泊尔的（地名）

Arundinella nodosa 多节野古草：nodosus 有关节的，有结节的，多关节的；nodus 节，节点，连接点；-osus/ -osum/ -osa 多的，充分的，丰富的，显著发育的，程度高的，特征明显的（形容词词尾）

Arundinella parviflora 小花野古草：parviflorus 小花的；parvus 小的，些微的，弱的；florus/ florum/ flora ← flos 花（用于复合词）

Arundinella pilaxilis 毛轴野古草：pilaxilis 毛轴的；pilus 毛，疏柔毛；axilis ← axis 轴，中轴

Arundinella pubescens 毛野古草：pubescens ← pubens 被短柔毛的，长出柔毛的；pubi- ← pubis 细柔毛的，短柔毛的，毛被的；pubesco/ pubescere 长成的，变为成熟的，长出柔毛的，青春期体毛的；-escens/ -ascens 改变，转变，变成，略微，带有，接近，相似，大致，稍微（表示变化的趋势，并未完全相似或相同，有别于表示达到完成状态的 -atus）

Arundinella rupestris 岩生野古草：rupestre/ rupicolus/ rupestris 生于岩壁的，岩栖的；rup-/ rupi- ← rupes/ rupis 岩石的；-estris/ -estre/ ester/ -esteris 生于……地方，喜好……地方

Arundinella rupestris var. pachythera 粗芒野古草：pachy- ← pachys 厚的，粗的，肥的；atherus ← ather 芒

Arundinella rupestris var. rupestris 岩生野古草-原变种 （词义见上面解释）

Arundinella setosa 刺芒野古草：setosus = setus + osus 被刚毛的，被短毛的，被芒刺的；setus/ saetus 刚毛，刺毛，芒刺；-osus/ -osum/ -osa 多的，充分的，丰富的，显著发育的，程度高的，特征明显的（形容词词尾）

Arundinella setosa var. esetosa 无刺野古草：esetosus 无毛的，光滑的；e-/ ex- 不，无，非，缺乏，不具有（e- 用在辅音字母前，ex- 用在元音字母前，为拉丁语词首，对应的希腊语词首为 a-/ an-，英语为 un-/ -less，注意作词首用的 e-/ ex- 和介词 e/ ex 意思不同，后者意为"出自、从……、由……离开、由于、依照"）；setosus = setus + osus 被刚毛的，被短毛的，被芒刺的；setus/ saetus 刚毛，刺毛，芒刺；-osus/ -osum/ -osa 多的，充分的，丰富的，显著发育的，程度高的，特征明显的（形容词词尾）

Arundinella setosa var. setosa 刺芒野古草-原变种 （词义见上面解释）

Arundinella setosa var. tengchongensis 腾冲野古草：tengchongensis 腾冲的（地名，云南省）

Arundinella tricholepis 毛颖野古草：tricholepis 毛鳞的；trich-/ tricho-/ tricha- ← trichos ← thrix 毛，多毛的，线状的，丝状的；lepis/ lepidos 鳞片；Tricholepis 针苞菊属（菊科）

Arundinella yunnanensis 云南野古草：yunnanensis 云南的（地名）

Arundo 芦竹属（禾本科）（9-2：p20）：arundo 芦苇（古拉丁名）

Arundo donax 芦竹：donax 芦苇哨；Donax 竹叶蕉属（竹芋科）

Arundo donax var. coleotricha 毛鞘芦竹：coleotrichus 毛鞘的，鞘带毛的；coleos → coleus 鞘，鞘状的，果荚；trichus 毛，毛发，线

Arundo donax var. donax 芦竹-原变种 （词义见上面解释）

Arundo donax var. versicolor 变叶芦竹：versicolor = versus + color 变色的，杂色的，有斑点的；versus ← vertor ← verto 变换，转换，转变；color 颜色

Arundo formosana 台湾芦竹：formosanus = formosus + anus 美丽的，台湾的；formosus ←

formosa 美丽的，台湾的（葡萄牙殖民者发现台湾时对其的称呼，即美丽的岛屿）；-anus/ -anum/ -ana 属于，来自（形容词词尾）

Arytera 滨木患属（无患子科）（47-1：p40）：arytera ← arystis 滨木患（希腊语名）

Arytera littoralis 滨木患：litoralis/ littoralis 海滨的，海岸的；littoris/ litoris/ littus/ litus 海岸，海滩，海滨

Asarum 细辛属（马兜铃科）（24：p161）：asarum ← asoron 无枝条的（希腊语）；a-/ an- 无，非，没有，缺乏，不具有（an- 用于元音前）（a-/ an- 为希腊语词首，对应的拉丁语词首为 e-/ ex-，相当于英语的 un-/ -less，注意词首 a- 和作为介词的 a/ ab 不同，后者的意思是"从……、由……、关于……、因为……"）；saron 枝

Asarum albomaculatum 白斑细辛：albus → albi-/ albo- 白色的；maculatus = maculus + atus 有小斑点的，略有斑点的；maculus 斑点，网眼，小斑点，略有斑点；-atus/ -atum/ -ata 属于，相似，具有，完成（形容词词尾）

Asarum brevistylum 短柱细辛：brevi- ← brevis 短的（用于希腊语复合词词首）；stylus/ stylis ← stylos 柱，花柱

Asarum caudigerellum 短尾细辛：caudi- ← cauda/ caudus/ caudum 尾巴；-ger/ -gerus/ -gerum/ -gera 具有，有，带有；-ellus/ -ellum/ -ella ← -ulus 小的，略微的，稍微的（小词 -ulus 在字母 e 或 i 之后有多种变缀，即 -olus/ -olum/ -ola、-ellus/ -ellum/ -ella、-illus/ -illum/ -illa，用于第一变格法名词）

Asarum caudigerum 尾花细辛：caudi- ← cauda/ caudus/ caudum 尾巴；-ger/ -gerus/ -gerum/ -gera 具有，有，带有

Asarum caudigerum var. cardiophyllum 花叶尾花细辛：cardio- ← kardia 心脏；phyllus/ phyllum/ phylla ← phyllon 叶片（用于希腊语复合词）

Asarum caudigerum var. caudigerum 尾花细辛-原变种（词义见上面解释）

Asarum caulescens 双叶细辛：caulescens 有茎的，变成有茎的，大致有茎的；caulus/ caulon/ caule ← caulos 茎，茎秆，主茎；-escens/ -ascens 改变，转变，变成，略微，带有，接近，相似，大致，稍微（表示变化的趋势，并未完全相似或相同，有别于表示达到完成状态的 -atus）

Asarum chinense 川北细辛：chinense 中国的（地名）

Asarum crispulatum 皱花细辛：crispulus = crispus + ulus 略有收缩的，略有褶皱的，略有波纹的；crispus 收缩的，褶皱的，波纹的（如花瓣周围的波浪状褶皱）；-ulus/ -ulum/ -ula 小的，略微的，稍微的（小词 -ulus 在字母 e 或 i 之后有多种变缀，即 -olus/ -olum/ -ola、-ellus/ -ellum/ -ella、-illus/ -illum/ -illa，与第一变格法和第二变格法名词形成复合词）；-atus/ -atum/ -ata 属于，相似，具有，完成（形容词词尾）

Asarum debile 铜钱细辛：debile 软弱的，脆弱的

Asarum delavayi 川滇细辛：delavayi ← P. J. M. Delavay（人名，1834–1895，法国传教士，曾在中国

采集植物标本）；-i 表示人名，接在以元音字母结尾的人名后面，但 -a 除外

Asarum epigynum 台湾细辛：epi- 上面的，表面的，在上面；gynus/ gynum/ gyna 雌蕊，子房，心皮；Epigynum 思茅藤属（夹竹桃科）

Asarum forbesii 杜衡：forbesii ← Charles Noyes Forbes（人名，20 世纪美国植物学家）

Asarum fukienense 福建细辛：fukienense 福建的（地名）

Asarum geophilum 地花细辛：geophilum 地面生的，喜爱地面的（指植株矮小且匍匐）；geo- 地，地面，土壤；philus/ philein ← philos → phil-/ phili/ philo- 喜好的，爱好的，喜欢的（注意区别形近词：phylus、phyllus）；phylus/ phylum/ phyla ← phylon/ phyle 植物分类单位中的"门"，位于"界"和"纲"之间，类群，种族，部落，聚群；phyllus/ phyllum/ phylla ← phyllon 叶片（用于希腊语复合词）

Asarum hayatanum 芋叶细辛：hayatanum ← Bunzo Hayata 早田文藏（人名，1874–1934，日本植物学家，专门研究日本和中国台湾植物）

Asarum heterotropoides 库页细辛：heteros 异，不同；tropus 回旋，朝向；-oides/ -oideus/ -oideum/ -oidea/ -odes/ -eidos 像……的，类似……的，呈……状的（名词词尾）

Asarum heterotropoides var. heterotropoides 库页细辛-原变种（词义见上面解释）

Asarum heterotropoides var. mandshuricum 辽细辛：mandshuricum 满洲的（地名，中国东北，地理区域）

Asarum himalaicum 单叶细辛：himalaicum 喜马拉雅的（地名）；-icus/ -icum/ -ica 属于，具有某种特性（常用于地名、起源、生境）

Asarum hypogynum 下花细辛：hypogynum 子房下位的；同义词：hypogyrus 子房下位的（gyrus 比喻子房形似陀螺）；gyrus ← gyros 圆圈，环形，陀螺（希腊语）；hyp-/ hypo- 下面的，以下的，不完全的；gynus/ gynum/ gyna 雌蕊，子房，心皮

Asarum ichangense 小叶马蹄香：ichangense 宜昌的（地名，湖北省）

Asarum inflatum 灯笼细辛（笼 lóng）：inflatus 膨胀的，袋状的

Asarum infrapurpureum 下紫细辛：infrapurpureus 底部紫色的；infra 下部，下位，基础；purpureus = purpura + eus 紫色的；purpura 紫色（purpura 原为一种介壳虫名，其体液为紫色，可作颜料）；-eus/ -eum/ -ea（接拉丁语词干时）属于……的，色如……的，质如……的（表示原料、颜色或品质的相似），（接希腊语词干时）属于……的，以……出名，为……所占有（表示具有某种特性）

Asarum insigne 金耳环：insigne 勋章，显著的，杰出的；in-/ im-（来自 il- 的音变）内，在内，内部，向内，相反，不，无，非；il- 在内，向内，为，相反（希腊语为 en-）；词首 il- 的音变：il-（在 l 前面），im-（在 b、m、p 前面），in-（在元音字母和大多数辅音字母前面），ir-（在 r 前面），如 illaudatus（不值得称赞的，评价不好的），impermeabilis（不透水的，穿不透的），ineptus（不合适的），insertus（插

入的），irretortus（无弯曲的，无扭曲的）；signum 印记，标记，刻画，图章

Asarum longerhizomatosum 长茎金耳环：longerhizomatosum 多长根的（缀词规则：-rh- 接在元音字母后面构成复合词时要变成 -rrh-，故该词宜改为" longerrhizomatosum "）；longe-/ longi- ← longus 长的，纵向的；rhizomatosus 多根茎的；rhiz-/ rhizo- ← rhizus 根，根状茎

Asarum macranthum 大花细辛：macro-/ macr- ← macros 大的，宏观的（用于希腊语复合词）；anthus/ anthum/ antha/ anthe ← anthos 花（用于希腊语复合词）

Asarum magnificum 祁阳细辛（祁 qí）：magnificus 壮大的，大规模的；magnus 大的，巨大的；-ficus 非常，极其（作独立词使用的 ficus 意思是"榕树，无花果"）

Asarum magnificum var. dinghuense 鼎湖细辛：dinghuense 鼎湖山的（地名，广东省）

Asarum magnificum var. magnificum 祁阳细辛-原变种 （词义见上面解释）

Asarum maximum 大叶马蹄香：maximus 最大的

Asarum nanchuanense 南川细辛：nanchuanense 南川的（地名，重庆市）

Asarum petelotii 红金耳环：petelotii（人名）；-ii 表示人名，接在以辅音字母结尾的人名后面，但 -er 除外

Asarum porphyronotum 紫背细辛：porphyr-/ porphyro- 紫色；notum 背部，脊背

Asarum porphyronotum var. atrovirens 深绿细辛：atro-/ atr-/ atri-/ atra- ← ater 深色，浓色，暗色，发黑（ater 作为词干后接辅音字母开头的词时，要在词干后面加一个连接用的元音字母"o"或"i"，故为"ater-o-"或"ater-i-"，变形为"atr-"开头）；virens 绿色的，变绿的

Asarum porphyronotum var. porphyronotum 紫背细辛-原变种 （词义见上面解释）

Asarum pulchellum 长毛细辛：pulchellus/ pulcellus = pulcher + ellus 稍美丽的，稍可爱的；pulcher/pulcer 美丽的，可爱的；-ellus/ -ellum/ -ella ← -ulus 小的，略微的，稍微的（小词 -ulus 在字母 e 或 i 之后有多种变缀，即 -olus/ -olum/ -ola、-ellus/ -ellum/ -ella、-illus/ -illum/ -illa，用于第一变格法名词）

Asarum renicordatum 肾叶细辛：renicordatus 肾状心形的；ren-/ reni- ← ren/ renis 肾，肾形；renarius/ renalis 肾脏的，肾形的；cordatus ← cordis/ cor 心脏的，心形的；-atus/ -atum/ -ata 属于，相似，具有，完成（形容词词尾）

Asarum sagittarioides 岩慈姑（原名"山慈姑"，百合科有重名）：sagittarioides 像慈姑的，像箭头的；Sagittaria 慈姑属（泽泻科）；-oides/ -oideus/ -oideum/ -oidea/ -odes/ -eidos 像……的，类似……的，呈……状的（名词词尾）

Asarum sieboldii 细辛：sieboldii ← Franz Philipp von Siebold 西博德（人名，1796–1866，德国医生、植物学家，曾专门研究日本植物）

Asarum sieboldii f. seoulense 汉城细辛：seoulense 汉城的（地名，现称首尔，韩国首都）

Asarum sieboldii f. sieboldii 细辛-原变型 （词义见上面解释）

Asarum splendens 青城细辛：splendens 有光泽的，发光的，漂亮的

Asarum sprengeri 南漳细辛：sprengeri ← herr sprenger（品种名，人名）；-eri 表示人名，在以 -er 结尾的人名后面加上 i 形成

Asarum taitonense 大屯细辛：taitonense 台东的（地名，属台湾省）

Asarum wulingense 五岭细辛：wulingense 武陵的（地名，湖南省），雾灵的（地名，河北省），五岭的（地名，分布于两广、湖南、江西的五座山岭）

Asclepiadaceae 萝藦科（63：p249）：Asclepias 马利筋属；-aceae（分类单位科的词尾，为 -aceus 的阴性复数主格形式，加到模式属的名称后或同义词的词干后以组成族群名称）

Asclepias 马利筋属（萝藦科）（63：p388）：asclepias ← Asklepios（希腊神话中的神医，也改成"Asclepius"）

Asclepias curassavica 马利筋：curassavica 库拉索岛的（地名）

Asclepias curassavica cv. Flaviflora 黄冠马利筋（冠 guān）：flavus → flavo-/ flavi-/ flav- 黄色的，鲜黄色的，金黄色的（指纯正的黄色）；florus/ florum/ flora ← flos 花（用于复合词）

Ascocentrum 鸟舌兰属（兰科）（19：p427）：ascos 囊，囊状物；centrus ← centron 距，有距的，鹰爪状刺（距：雄鸡、雉等的腿的后面突出像脚趾的部分）

Ascocentrum ampullaceum 鸟舌兰：ampulla 细颈瓶，烧瓶状的；-aceus/ -aceum/ -acea 相似的，有……性质的，属于……的

Ascocentrum himalaicum 圆柱叶鸟舌兰：himalaicum 喜马拉雅的（地名）；-icus/ -icum/ -ica 属于，具有某种特性（常用于地名、起源、生境）

Ascocentrum pumilum 尖叶鸟舌兰：pumilus 矮的，小的，低矮的，矮人的

Asparagus 天门冬属（百合科）（15：p98）：asparagus ← asparagos 极度分裂的（指枝叶线状分裂）

Asparagus acicularis 山文竹：acicularis 针形的，发夹的；aciculare = acus + culus + aris 针形，发夹状的；acus 针，发夹，发簪；-culus/ -culum/ -cula 小的，略微的，稍微的（同第三变格法和第四变格法名词形成复合词）；-aris（阳性、阴性）/ -are（中性）← -alis（阳性、阴性）/ -ale（中性）属于，相似，如同，具有，涉及，关于，联结于（将名词作形容词用，其中 -aris 常用于以 l 或 r 为词干末尾的词）

Asparagus angulofractus 折枝天门冬：angulofractus 棱折的；angulus 角，棱角，角度，角落；fractus 背折的，弯曲的

Asparagus brachyphyllus 攀援天门冬：brachy- ← brachys 短的（用于拉丁语复合词词首）；phyllus/ phyllum/ phylla ← phyllon 叶片（用于希腊语复合词）

Asparagus cochinchinensis 天门冬：cochinchinensis ← Cochinchine 南圻的（历史地名，即今越南南部及其周边国家和地区）

Asparagus dauricus 兴安天门冬：dauricus
（dahuricus/ davuricus）达乌里的（地名，外贝加尔
湖，属西伯利亚的一个地区，即贝加尔湖以东及以
南至中国和蒙古边界）

Asparagus densiflorus 非洲天门冬：densus 密集
的，繁茂的；florus/ florum/ flora ← flos 花（用于
复合词）

Asparagus densiflorus cv. Myers （迈氏天门冬）：
myers 迈氏（人名，品种名）

Asparagus densiflorus cv. Sprengeri （斯普天门
冬）：sprengeri ← herr sprenger（品种名，人名）；
-eri 表示人名，在以 -er 结尾的人名后面加上 i 形成

Asparagus filicinus 羊齿天门冬：filicinus 蕨类样的，
像蕨类的；filix ← filic- 蕨；构词规则：以 -ix/ -iex
结尾的词其词干末尾视为 -ic，以 -ex 结尾视为 -i/
-ic，其他以 -x 结尾视为 -c；-inus/ -inum/ -ina/
-inos 相近，接近，相似，具有（通常指颜色）

Asparagus gobicus 戈壁天门冬：gobicus/ gobinus
戈壁的

Asparagus kansuensis 甘肃天门冬：kansuensis 甘
肃的（地名）

Asparagus longiflorus 长花天门冬：longe-/
longi- ← longus 长的，纵向的；florus/ florum/
flora ← flos 花（用于复合词）

Asparagus lycopodineus 短梗天门冬：
Lycopodium 石松属（石松科）；-neus 相似

Asparagus mairei 昆明天门冬：mairei（人名）；
Edouard Ernest Maire（人名，19 世纪活动于中国
云南的传教士）；Rene C. J. E. Maire 人名（20 世
纪阿尔及利亚植物学家，研究北非植物）；-i 表示人
名，接在以元音字母结尾的人名后面，但 -a 除外

Asparagus meioclados 密齿天门冬：mei-/ meio- 较
少的，较小的，略微的；clados → cladus 枝条，分枝

Asparagus munitus 西南天门冬：munitus 保护的，
武装的，具刺的

Asparagus myriacanthus 多刺天门冬：myri-/
myrio- ← myrios 无数的，大量的，极多的（希腊
语）；acanthus ← Akantha 刺，具刺的（Acantha
是希腊神话中的女神，和太阳神阿波罗发生冲突，
太阳神将其变成带刺的植物）

Asparagus neglectus 新疆天门冬：neglectus 不显
著的，不显眼的，容易看漏的，容易忽略的

Asparagus officinalis 石刁柏：officinalis/ officinale
药用的，有药效的；officina ← opificina 药店，仓
库，作坊

Asparagus oligoclonos 南玉带：oligo-/ olig- 少数
的（希腊语，拉丁语为 pauci-）；clonos ← clonus 分
枝，枝条

Asparagus persicus 西北天门冬：persicus 桃，杏，
波斯的（地名）；-icus/ -icum/ -ica 属于，具有某种
特性（常用于地名、起源、生境）

Asparagus schoberioides 龙须菜：schoberioides 像
碱蓬的；Schoberia → Suaeda 碱蓬属（藜科）；
-oides/ -oideus/ -oideum/ -oidea/ -odes/ -eidos
像……的，类似……的，呈……状的（名词词尾）

Asparagus setaceus 文竹：setus/ saetus 刚毛，刺
毛，芒刺；-aceus/ -aceum/ -acea 相似的，
有……性质的，属于……的

Asparagus subscandens 滇南天门冬：subscandens
像 scandens 的，近攀缘的；Asparagus scandens 攀
援天门冬；sub-（表示程度较弱）与……类似，几乎，
稍微，弱，亚，之下，下面；Premna subscandens
攀援臭黄荆；scandens 攀缘的，缠绕的，藤本的

Asparagus taliensis 大理天门冬：taliensis 大理的
（地名，云南省）

Asparagus tibeticus 西藏天门冬：tibeticus 西藏的
（地名）；-icus/ -icum/ -ica 属于，具有某种特性（常
用于地名、起源、生境）

Asparagus trichoclados 细枝天门冬：trich-/
tricho-/ tricha- ← trichos ← thrix 毛，多毛的，线
状的，丝状的；clados → cladus 枝条，分枝

Asparagus trichophyllus 曲枝天门冬：trich-/
tricho-/ tricha- ← trichos ← thrix 毛，多毛的，线
状的，丝状的；phyllus/ phyllum/ phylla ← phyllon
叶片（用于希腊语复合词）

Asperugo 糙草属（紫草科）（64-2：p212）：asperugo
粗糙的；asper/ asperus/ asperum/ aspera 粗糙的，
不平的；-ago/ -ugo/ -go ← agere 相似，诱导，影响，
遭遇，用力，运送，做，成就（阴性名词词尾，表示
相似、某种性质或趋势，也用于人名词尾以示纪念）

Asperugo procumbens 糙草：procumbens 俯卧的，
匍匐的，倒伏的；procumb- 俯卧，匍匐，倒伏；
-ans/ -ens/ -bilis/ -ilis 能够，可能（为形容词词尾，
-ans/ -ens 用于主动语态，-bilis/ -ilis 用于被动语态）

Asperula 车叶草属（茜草科）（71-2：p213）：
asperulus = asper + ulus 稍粗糙的；asper/
asperus/ asperum/ aspera 粗糙的，不平的

Asperula oppositifolia 对叶车叶草：oppositi- ←
oppositus = ob + positus 相对的，对生的；ob- 相
反，反对，倒（ob- 有多种音变：ob- 在元音字母和
大多数辅音字母前面，oc- 在 c 前面，of- 在 f 前面，
op- 在 p 前面）；positus 放置，位置；folius/
folium/ folia 叶，叶片（用于复合词）

Asperula orientalis 蓝花车叶草：orientalis 东方的；
oriens 初升的太阳，东方

Aspidiaceae 叉蕨科（6-1：p1）：Aspidium =
Tectaria 叉蕨属；-aceae（分类单位科的词尾，为
-aceus 的阴性复数主格形式，加到模式属的名称后
或同义词的词干后以组成族群名称）

Aspidistra 蜘蛛抱蛋属（百合科）（15：p18）：
aspidistra 星状盾片的（指柱头形状）；aspidion ←
aspis 盾，盾片；astra ← aster 星星，星状的

Aspidistra attenuata （纤细蜘蛛抱蛋）：
attenuatus = ad + tenuis + atus 渐尖的，渐狭的，
变细的，变弱的；ad- 向，到，近（拉丁语词首，表
示程度加强）；构词规则：构成复合词时，词首末尾
的辅音字母常同化为紧接其后的那个辅音字母（如
ad + t → att）；tenuis 薄的，纤细的，弱的，瘦的，
窄的

Aspidistra austroyunnanensis 滇南蜘蛛抱蛋：
austroyunnanensis 滇南的（地名）；austro-/ austr-
南方的，南半球的，大洋洲的；auster 南方，南风；
yunnanensis 云南的（地名）

Aspidistra caespitosa 丛生蜘蛛抱蛋：
caespitosus = caespitus + osus 明显成簇的，明显
丛生的；caespitus 成簇的，丛生的；-osus/ -osum/

-osa 多的，充分的，丰富的，显著发育的，程度高的，特征明显的（形容词词尾）

Aspidistra daibuensis（大武蜘蛛抱蛋）：daibuensis 大武山的（地名，台湾省中央山脉最高峰，"daibu"为"大武"的日语读音）

Aspidistra elatior 蜘蛛抱蛋：elatior 较高的（elatus 的比较级）；-ilor 比较级

Aspidistra fimbriata 流苏蜘蛛抱蛋：fimbriatus = fimbria + atus 具长缘毛的，具流苏的，具锯齿状裂的（指花瓣）；fimbria → fimbri- 流苏，长缘毛；-atus/ -atum/ -ata 属于，相似，具有，完成（形容词词尾）

Aspidistra hainanensis 海南蜘蛛抱蛋：hainanensis 海南的（地名）

Aspidistra lurida 九龙盘：luridus 灰黄色的，淡黄色的

Aspidistra minutiflora 小花蜘蛛抱蛋：minutus 极小的，细微的，微小的；florus/ florum/ flora ← flos 花（用于复合词）

Aspidistra mushaensis（雾社蜘蛛抱蛋）：mushaensis 雾社的（地名，属台湾省，"musha"为"雾社"的日语读音）

Aspidistra purpureomaculata 紫斑蜘蛛抱蛋：purpureus = purpura + eus 紫色的；maculatus = maculus + atus 有小斑点的，略有斑点的；maculus 斑点，网眼，小斑点，略有斑点；-atus/ -atum/ -ata 属于，相似，具有，完成（形容词词尾）

Aspidistra radiata 辐射蜘蛛抱蛋：radiatus = radius + atus 辐射状的，放射状的；radius 辐射，射线，半径，边花，伞形花序

Aspidistra tonkinensis 大花蜘蛛抱蛋：tonkin 东京（地名，越南河内的旧称）

Aspidistra typica 卵叶蜘蛛抱蛋：typicus 典型的，代表的，基准种的，模式的

Aspidistra xichouensis 西畴蜘蛛抱蛋：xichouensis 西畴的（地名，云南省）

Aspidocarya 球果藤属（防己科）（30-1：p17）：aspidocarya 盾牌状核果的；aspidon 盾片；caryum ← caryon ← koryon 坚果，核（希腊语）

Aspidocarya uvifera 球果藤：uvifera 产葡萄的，有葡萄的；uvi- ← uva 葡萄；-ferus/ -ferum/ -fera/ -fero/ -fere/ -fer 有，具有，产（区别：作独立词使用的 ferus 意思是"野生的"）

Aspidopterys 盾翅藤属（金虎尾科）（43-3：p106）：aspidopterys 翅盾形的（指果实形状）；aspidon 盾片；pterys ← pteron 翼，翅，蕨类

Aspidopterys cavaleriei 贵州盾翅藤：cavaleriei ← Pierre Julien Cavalerie（人名，20 世纪法国传教士）；-i 表示人名，接在以元音字母结尾的人名后面，但 -a 除外

Aspidopterys concava 广西盾翅藤：concavus 凹陷的

Aspidopterys esquirolii 花江盾翅藤：esquirolii（人名）；-ii 表示人名，接在以辅音字母结尾的人名后面，但 -er 除外

Aspidopterys floribunda 多花盾翅藤：floribundus = florus + bundus 多花的，繁花的，花正盛开的；florus/ florum/ flora ← flos 花（用于复

合词）；-bundus/ -bunda/ -bundum 正在做，正在进行（类似于现在分词），充满，盛行

Aspidopterys glabriuscula 盾翅藤：glabriusculus = glabrus + usculus 近无毛的，稍光滑的；glabrus 光秃的，无毛的，光滑的；-usculus ← -culus 小的，略微的，稍微的（小词 -culus 和某些词构成复合词时变成 -usculus）

Aspidopterys henryi 蒙自盾翅藤：henryi ← Augustine Henry 或 B. C. Henry（人名，前者，1857–1930，爱尔兰医生、植物学家，曾在中国采集植物，后者，1850–1901，曾活动于中国的传教士）

Aspidopterys microcarpa 小果盾翅藤：micr-/ micro- ← micros 小的，微小的，微观的（用于希腊语复合词）；carpus/ carpum/ carpa/ carpon ← carpos 果实（用于希腊语复合词）

Aspidopterys nutans 毛叶盾翅藤：nutans 弯曲的，下垂的（弯曲程度远大于 90°）；关联词：cernuus 点头的，前屈的，略俯垂的（弯曲程度略大于 90°）

Aspidopterys obcordata 倒心盾翅藤：obcordatus = ob + cordatus 倒心形的；ob- 相反，反对，倒（ob- 有多种音变：ob- 在元音字母和大多数辅音字母前面，oc- 在 c 前面，of- 在 f 前面，op- 在 p 前面）；cordatus ← cordis/ cor 心脏的，心形的；-atus/ -atum/ -ata 属于，相似，具有，完成（形容词词尾）

Aspidopterys obcordata var. hainanensis 海南盾翅藤：hainanensis 海南的（地名）

Aspidopterys obcordata var. obcordata 倒心盾翅藤-原变种（词义见上面解释）

Aspleniaceae 铁角蕨科（4-2：p1）：Asplenium 铁角蕨属；-aceae（分类单位科的词尾，为 -aceus 的阴性复数主格形式，加到模式属的名称后或同义词的词干后以组成族群名称）

Asplenium 铁角蕨属（铁角蕨科）（4-2：p3）：asplenium ← splenon 脾脏的（传说能治疗脾脏的疾病，词首字母 a 是为了发音上的方便而添加的）

Asplenium adiantifrons 阿里山铁角蕨：adiantifrons 像铁线蕨叶子的；Adiantum 铁线蕨属；-frons 叶子，叶状体

Asplenium adiantum-nigrum（黑色铁角蕨）：Adiantum 铁线蕨属（铁线蕨科）；adiantum 不湿的，不沾水的（指叶片具有拨水特性）；a-/ an- 无，非，没有，缺乏，不具有（an- 用于元音前）（a-/ an- 为希腊语词首，对应的拉丁语词首为 e-/ ex-，相当于英语的 un-/ -less，注意词首 a- 和作为介词的 a/ ab 不同，后者的意思是"从……、由……、关于……、因为……"）；diantum ← dianotos 湿，浸湿；nigrus 黑色的

Asplenium adiantum-nigrum var. yuanum 黑色铁角蕨：yuanum（人名）

Asplenium adnatum 合生铁角蕨：adnatus/ adunatus 贴合的，贴生的，贴满的，全长附着的，广泛附着的，连着的

Asplenium alatulum 有翅铁角蕨：alatulus = alatus + ulus 略带翼的；alatus → ala-/ alat-/ alati-/ alato- 翅，具翅的，具翼的；-ulus/ -ulum/ -ula 小的，略微的，稍微的（小词 -ulus 在字母 e 或 i 之后有多种变缀，即 -olus/ -olum/ -ola、-ellus

-ellum/ -ella、-illus/ -illum/ -illa，与第一变格法和第二变格法名词形成复合词）

Asplenium altajense 阿尔泰铁角蕨：altajense 阿尔泰的（地名，西江北部山脉）

Asplenium argutum 尖齿铁角蕨：argutus → argut-/ arguti- 尖锐的

Asplenium asterolepis 黑鳞铁角蕨：astero-/ astro- 星状的，多星的（用于希腊语复合词词首）；lepis/ lepidos 鳞片

Asplenium austro-chinense 华南铁角蕨：austro-chinense 华南的（地名）；austro-/ austr- 南方的，南半球的，大洋洲的；auster 南方，南风；chinensis = china + ensis 中国的（地名）；China 中国

Asplenium barkamense 马尔康铁角蕨：barkamense 马尔康的（地名，四川北部）

Asplenium belangeri 南方铁角蕨：belangeri（人名）；-eri 表示人名，在以 -er 结尾的人名后面加上 i 形成

Asplenium boreali-chinense 华北铁角蕨：borealis 北方的；-aris（阳性、阴性）/ -are（中性）← -alis（阳性、阴性）/ -ale（中性）属于，相似，如同，具有，涉及，关于，联结于（将名词作形容词用，其中 -aris 常用于以 l 或 r 为词干末尾的词）；chinense 中国的（地名）

Asplenium bullatum 大盖铁角蕨：bullatus = bulla + atus 泡状的，膨胀的；bulla 球，水泡，凸起；-atus/ -atum/ -ata 属于，相似，具有，完成（形容词词尾）

Asplenium bullatum var. bullatum 大盖铁角蕨-原变种 （词义见上面解释）

Asplenium bullatum var. shikokianum 稀羽铁角蕨：shikokianum 四国的（地名，日本）

Asplenium capillipes 线柄铁角蕨：capillipes 纤细的，细如毛发的（指花柄、叶柄等）

Asplenium castaneo-viride 东海铁角蕨：castaneo- ← castaneus 棕色的，板栗色的；Castanea 栗属（壳斗科）；viride 绿色的；viridi-/ virid- ← viridus 绿色的

Asplenium changputungense 贡山铁角蕨：changputungense 菖蒲桶的（地名，云南省）

Asplenium cheilosorum 齿果铁角蕨：cheilosorum 唇形孢子囊群的；cheilos → cheilus → cheil-/ cheilo- 唇，唇边，边缘，岸边；sorus ← soros 堆（指花集成簇），孢子囊群

Asplenium chengkouense 城口铁角蕨：chengkouense 城口的（地名，重庆市）

Asplenium coenobiale 线裂铁角蕨：coenobiale 属庙宇的（同义词：coloniabilis 群体的）；coenobium 修道院，庙宇（比喻"集群、群落、群体"）；-aris（阳性、阴性）/ -are（中性）← -alis（阳性、阴性）/ -ale（中性）属于，相似，如同，具有，涉及，关于，联结于（将名词作形容词用，其中 -aris 常用于以 l 或 r 为词干末尾的词）

Asplenium consimile 相似铁角蕨：consimile = co + simile 非常相似地；co- 联合，共同，合起来（拉丁语词首，为 cum- 的音变，表示结合、强化、完全，对应的希腊语为 syn-）；co- 的缀词音变有

co-/ com-/ con-/ col-/ cor-：co-（在 h 和元音字母前面），col-（在 l 前面），com-（在 b、m、p 之前），con-（在 c、d、f、g、j、n、qu、s、t 和 v 前面），cor-（在 r 前面）；simile 相似地，相近地

Asplenium crinicaule 毛轴铁角蕨：crinis 头发的，彗星尾的，长而软的簇生毛发；caulus/ caulon/ caule ← caulos 茎，茎秆，主茎

Asplenium cuneatiforme 乌来铁角蕨：cuneatus = cuneus + atus 具楔子的，属楔形的；cuneus 楔子的；forme = forma 形状

Asplenium davallioides 骨碎补铁角蕨：davallioides 像骨碎补属的；Davallia 骨碎补属；-oides/ -oideus/ -oideum/ -oidea/ -odes/ -eidos 像……的，类似……的，呈……状的（名词词尾）

Asplenium deqenense 德钦铁角蕨：deqenense 德钦的（地名，云南省）

Asplenium duplicatoserratum 重齿铁角蕨（重 chóng）：duplicatoserratus 重锯齿的；duplicatus = duo + plicatus 二折的，重复的，重瓣的；duo 二；plicatus = plex + atus 折扇状的，有沟的，纵向折叠的，棕榈叶状的（= plicativus）；plex/ plica 褶，折扇状，卷折（plex 的词干为 plic-）；构词规则：以 -ix/ -iex 结尾的词其词干末尾视为 -ic，以 -ex 结尾视为 -i/ -ic，其他以 -x 结尾视为 -c；serratus = serrus + atus 有锯齿的；serrus 齿，锯齿；-atus/ -atum/ -ata 属于，相似，具有，完成（形容词词尾）

Asplenium ensiforme 剑叶铁角蕨：ensi- 剑；forme/ forma 形状

Asplenium ensiforme f. bicuspe 叉裂铁角蕨（叉 chā）：bi-/ bis- 二，二数，二回（希腊语为 di-）；cuspe ← cuspis（所有格为 cuspidis）齿尖，凸尖，尖头

Asplenium ensiforme f. ensiforme 剑叶铁角蕨-原变型 （词义见上面解释）

Asplenium ensiforme f. stenophyllum 线叶铁角蕨：sten-/ steno- ← stenus 窄的，狭的，薄的；phyllus/ phyllum/ phylla ← phyllon 叶片（用于希腊语复合词）

Asplenium excisum 切边铁角蕨（切 qiē）：excisus 缺刻的，切掉的；exci- 缺刻的，切掉的

Asplenium falcatum 镰叶铁角蕨：falcatus = falx + atus 镰刀的，镰刀状的；falx 镰刀，镰刀形，镰刀状弯曲；构词规则：以 -ix/ -iex 结尾的词其词干末尾视为 -ic，以 -ex 结尾视为 -i/ -ic，其他以 -x 结尾视为 -c；-atus/ -atum/ -ata 属于，相似，具有，完成（形容词词尾）

Asplenium finlaysonianum 网脉铁角蕨：finlaysonianum（人名）

Asplenium fujianense 福建铁角蕨：fujianense 福建的（地名）

Asplenium furfuraceum 绒毛铁角蕨：furfuraceus 糠麸状的，头屑状的，叶鞘的；furfur/ furfuris 糠麸，鞘

Asplenium fuscipes 乌木铁角蕨：fuscipes 褐色柄的；fusci-/ fusco- ← fuscus 棕色的，暗色的，发黑的，暗棕色的，褐色的；pes/ pedis 柄，梗，茎秆，腿，足，爪（作词首或词尾，pes 的词干视为"ped-"）

Asplenium glanduli-serrulatum 腺齿铁角蕨：glanduli- ← glandus + ulus 腺体的，小腺体的；glandus ← glans 腺体；serrulatus = serrus + ulus + atus 具细锯齿的

Asplenium griffithianum 厚叶铁角蕨：griffithianum ← William Griffith（人名，19 世纪印度植物学家，加尔各答植物园主任）

Asplenium gulingense 庐山铁角蕨：gulingense 古蔺的（地名，四川省）

Asplenium hainanense 海南铁角蕨：hainanense 海南的（地名）

Asplenium hangzhouense （杭州铁角蕨）：hangzhouense 杭州的（地名，浙江省）

Asplenium hebeiense 河北铁角蕨：hebeiense 河北的（地名）

Asplenium humistratum 肾羽铁角蕨：humistratum = humus + stratus 地面上的，地表的，地表扩展的（表示矮小、匍匐或蔓生）；humus 地，在地上，地表层；stratus ← sternere 层，成层的，分层的，膜片（指包被等），扩展；sternere 扩展，扩散；nistratus 单层的

Asplenium incisum 虎尾铁角蕨：incisus 深裂的，锐裂的，缺刻的

Asplenium indicum 胎生铁角蕨：indicum 印度的（地名）；-icus/ -icum/ -ica 属于，具有某种特性（常用于地名、起源、生境）

Asplenium indicum var. indicum 胎生铁角蕨-原变种 （词义见上面解释）

Asplenium indicum var. yoshinagae 棕鳞铁角蕨：yoshinagae（人名）；-ae 表示人名，以 -a 结尾的人名后面加上 -e 形成

Asplenium interjectum 贵阳铁角蕨：interjacens/ interjectus 居间的，中间部位的；inter- 中间的，在中间，之间；jectus/ jacens 毗邻，相邻，连接

Asplenium laciniatum 撕裂铁角蕨：laciniatus 撕裂的，条状裂的；lacinius → laci-/ lacin-/ lacini- 撕裂的，条状裂的

Asplenium latidens 阔齿铁角蕨：lati-/ late- ← latus 宽的，宽广的；dens/ dentus 齿，牙齿

Asplenium lauii 乌柄铁角蕨：lauii ← Alfred B. Lau（人名，21 世纪仙人掌植物采集员）（词尾改为 "-i" 似更妥）；-ii 表示人名，接在以辅音字母结尾的人名后面，但 -er 除外；-i 表示人名，接在以元音字母结尾的人名后面，但 -a 除外

Asplenium leiboense 雷波铁角蕨：leiboense 雷波的（地名，四川省）

Asplenium longjinense 龙津铁角蕨：longjinense 龙津的（地名，广西龙州县的旧称）

Asplenium loriceum 南海铁角蕨：loriceus 藻鞘的，坚硬鳞片状外壳的；lorica 铠甲，胸甲；-eus/ -eum/ -ea（接拉丁语词干时）属于……的，色如……的，质如……的（表示原料、颜色或品质的相似），（接希腊语词干时）属于……的，以……出名，为……所占有（表示具有某种特性）

Asplenium loxogrammioides 江南铁角蕨：Loxogramme 剑蕨属（剑蕨科）；-oides/ -oideus/ -oideum/ -oidea/ -odes/ -eidos 像……的，类似……的，呈……状的（名词词尾）

Asplenium maguanense 马关铁角蕨：maguanense 马关的（地名，云南省）

Asplenium matsumurae 兰屿铁角蕨：matsumurae ← Jinzo Matsumura 松村任三（人名，20 世纪初日本植物学家）

Asplenium microtum 滇南铁角蕨：microtus 小的，属于小的；micr-/ micro- ← micros 小的，微小的，微观的（用于希腊语复合词）；-otus/ -otum/ -ota（希腊语词尾，表示相似或所有）

Asplenium moupinense 宝兴铁角蕨：moupinense 穆坪的（地名，四川省宝兴县），木坪的（地名，重庆市）

Asplenium neolaserpitiifolium 大羽铁角蕨：neolaserpitiifolium 晚于 laserpitiifolium 的；neo- ← neos 新，新的；Asplenium laserpitiifolium 拉泽叶铁角蕨；Laserpitium 拉泽花属（伞形科）；folius/ folium/ folia 叶，叶片（用于复合词）

Asplenium neomultijugum 多羽铁角蕨：neomultijugum 晚于 multijugum 的；neo- ← neos 新，新的；Asplenium multijugum 多叶铁角蕨；multi- ← multus 多个，多数，很多（希腊语为 poly-）；jugus ← jugos 成对的，成双的，一组，牛轭，束缚（动词为 jugo）

Asplenium neovarians 郎木铁角蕨：neovarians 晚于 varians 的（指相似）；neo- ← neos 新，新的；Asplenium varians 变异铁角蕨

Asplenium nesii 西北铁角蕨：nesii（人名）；-ii 表示人名，接在以辅音字母结尾的人名后面，但 -er 除外

Asplenium normale 倒挂铁角蕨：normalis/ normale 平常的，正规的，常态的；norma 标准，规则，三角尺

Asplenium obscurum 绿秆铁角蕨：obscurus 暗色的，不明确的，不明显的，模糊的

Asplenium oldhami 东南铁角蕨：oldhami ← Richard Oldham（人名，19 世纪植物采集员）（注：词尾改为 "-ii" 似更妥）；-ii 表示人名，接在以辅音字母结尾的人名后面，但 -er 除外；-i 表示人名，接在以元音字母结尾的人名后面，但 -a 除外

Asplenium parviusculum （小铁角蕨）：parviusculus = parvus + usculus 略小的；parvus 小的，些微的，弱的；-usculus ← -culus 小的，略微的，稍微的（小词 -culus 和某些词构成复合词时变成 -usculus）

Asplenium paucijugum 少羽铁角蕨：pauci- ← paucus 少数的，少的（希腊语为 oligo-）；jugus ← jugos 成对的，成双的，一组，牛轭，束缚（动词为 jugo）

Asplenium pekinense 北京铁角蕨：pekinense 北京的（地名）

Asplenium praemorsum 西南铁角蕨：praemorsus 啮蚀状的，不规则牙齿的

Asplenium prolongatum 长叶铁角蕨：prolongatus = pro + longus + atus 延长的，伸长的，很长的；longus 长的，纵向的；pro- 前，在前，在先，极其

Asplenium propinquum 内丘铁角蕨：propinquus 有关系的，近似的，近缘的

Asplenium pseudo-fontanum 西藏铁角蕨：

pseudo-fontanum 像 fontanum 的；pseudo-/ pseud- ← pseudos 假的，伪的，接近，相似（但不是）；Asplenium fontanum（泉边铁角蕨）；fontanus/ fontinalis ← fontis 泉水的，流水的（指生境）

Asplenium pseudolaserpitiifolium 假大羽铁角蕨：pseudolaserpitiifolium 像拉泽花的；pseudo-/ pseud- ← pseudos 假的，伪的，接近，相似（但不是）；Laserpitium 拉泽花属（伞形科）；folius/ folium/ folia 叶，叶片（用于复合词）；缀词规则：以属名作复合词时原词尾变形后的 i 要保留

Asplenium pseudopraemorsum 斜裂铁角蕨：pseudopraemorsum 像 praemorsum 的；pseudo-/ pseud- ← pseudos 假的，伪的，接近，相似（但不是）；Asplenium praemorsum 西南铁角蕨；praemorsus 啮蚀状的，不规则牙齿的

Asplenium pseudowrightii 两广铁角蕨：pseudowrightii 像 wrightii 的；pseudo-/ pseud- ← pseudos 假的，伪的，接近，相似（但不是）；Asplenium wrightii 狭翅铁角蕨；wrightii（人名）

Asplenium qiujiangense 俅江铁角蕨：qiujiangense 俅江的（地名，云南省独龙江的旧称）

Asplenium quercicola 镇康铁角蕨：quercicolus 生于栎树上的；Quercus 栎属（壳斗科）；colus ← colo 分布于，居住于，栖居，殖民（常作词尾）；colo/ colere/ colui/ cultum 居住，耕作，栽培

Asplenium retusulum 微凹铁角蕨（种加词有时误拼为"retusullum"）：retusulus 小凹陷的；retusus 微凹的；-ulus/ -ulum/ -ula 小的，略微的，稍微的（小词 -ulus 在字母 e 或 i 之后有多种变缀，即 -olus/ -olum/ -ola、-ellus/ -ellum/ -ella、-illus/ -illum/ -illa，与第一变格法和第二变格法名词形成复合词）

Asplenium rockii 瑞丽铁角蕨：rockii ← Joseph Francis Charles Rock（人名，20 世纪美国植物采集员）

Asplenium ruta-muraria 卵叶铁角蕨：ruta ← rue 草（古拉丁语）；Ruta 芸香属（芸香科）；murarius = murus + arius 生于墙壁的；murus 墙壁；-arius/ -arium/ -aria 相似，属于（表示地点，场所，关系，所属）

Asplenium sampsoni 岭南铁角蕨：sampsoni（人名，词尾改为"-ii"似更妥）；-ii 表示人名，接在以辅音字母结尾的人名后面，但 -er 除外；-i 表示人名，接在以元音字母结尾的人名后面，但 -a 除外

Asplenium sarelii 华中铁角蕨：sarelii（人名）；-ii 表示人名，接在以辅音字母结尾的人名后面，但 -er 除外

Asplenium saxicola 石生铁角蕨：saxicolus 生于石缝的；saxum 岩石，结石；colus ← colo 分布于，居住于，栖居，殖民（常作词尾）；colo/ colere/ colui/ cultum 居住，耕作，栽培

Asplenium scortechinii 狭叶铁角蕨：scortechinii（人名）；-ii 表示人名，接在以辅音字母结尾的人名后面，但 -er 除外

Asplenium septentrionale 叉叶铁角蕨（叉 chā）：septentrionale 北方的，北半球的，北极附近的；septentrio 北斗七星，北方，北风；septem-/ sept-/

septi- 七（希腊语为 hepta-）；trio 耕牛，大、小熊星座

Asplenium serratissimum 华东铁角蕨：serratus = serrus + atus 有锯齿的；serrus 齿，锯齿；-issimus/ -issima/ -issimum 最，非常，极其（形容词最高级）

Asplenium spathulinum 匙形铁角蕨（匙 chí）：spathulinus = spathus + ulus + inus 匙形的，佛焰苞状的；spathus 佛焰苞，薄片，刀剑；-ulus/ -ulum/ -ula 小的，略微的，稍微的（小词 -ulus 在字母 e 或 i 之后有多种变缀，即 -olus/ -olum/ -ola、-ellus/ -ellum/ -ella、-illus/ -illum/ -illa，与第一变格法和第二变格法名词形成复合词）；-inus/ -inum/ -ina/ -inos 相近，接近，相似，具有（通常指颜色）

Asplenium speluncae 黑边铁角蕨：speluncae ← speluncus 洞穴的，岩洞的

Asplenium subcrenatum 圆齿铁角蕨：subcrenatus 近钝齿状的；sub-（表示程度较弱）与……类似，几乎，稍微，弱，亚，之下，下面；crenatus = crena + atus 圆齿状的，具圆齿的；crena 叶缘的圆齿

Asplenium subdigitatum 掌裂铁角蕨：subdigitatus 近掌状的；sub-（表示程度较弱）与……类似，几乎，稍微，弱，亚，之下，下面；digitatus 指状的，掌状的

Asplenium sublaserpitiifolium 拟大羽铁角蕨：sublaserpitiifolium 近似拉泽花叶的；sub-（表示程度较弱）与……类似，几乎，稍微，弱，亚，之下，下面；Laserpitium 拉泽花属（伞形科）；folius/ folium/ folia 叶，叶片（用于复合词）；缀词规则：以属名作复合词时原词尾变形后的 i 要保留

Asplenium sublongum 长柄铁角蕨：sublongus 稍长的；sub-（表示程度较弱）与……类似，几乎，稍微，弱，亚，之下，下面；longus 长的，纵向的

Asplenium suborbiculare 圆叶铁角蕨：suborbiculare 近圆形的；sub-（表示程度较弱）与……类似，几乎，稍微，弱，亚，之下，下面；orbiculare 圆形的；orbis 圆，圆形，圆圈，环

Asplenium subtenuifolium 疏羽铁角蕨：subtenuifolium 像 tenuifolium 的，近细叶的；Asplenium tenuifolium 细裂铁角蕨；sub-（表示程度较弱）与……类似，几乎，稍微，弱，亚，之下，下面；tenuis 薄的，纤细的，弱的，瘦的，窄的；folius/ folium/ folia 叶，叶片（用于复合词）

Asplenium subtoramanum 黑柄铁角蕨：subtoramanum 像都匀铁角蕨的；sub-（表示程度较弱）与……类似，几乎，稍微，弱，亚，之下，下面；Asplenium toramanum 都匀铁角蕨

Asplenium subtrapezoideum 大瑶山铁角蕨：subtrapezoideus 像 trapezoideus 的；sub-（表示程度较弱）与……类似，几乎，稍微，弱，亚，之下，下面；Asplenium trapezoideum 蒙自铁角蕨；trapezoideus 不规则四边形状的，梯形的；trapez-/ trapezi- 不规则四边形，梯形；-oides/ -oideus/ -oideum/ -oidea/ -odes/ -eidos 像……的，类似……的，呈……状的（名词词尾）

Asplenium subvarians 钝齿铁角蕨：subvarians 稍变异的，近似 varians；sub-（表示程度较弱）与……类似，几乎，稍微，弱，亚，之下，下面；varians/ variatus 变异的，多变的，多型的，易变

A

的；Asplenium varians 变异铁角蕨

Asplenium szechuanense 天全铁角蕨：szechuanense 四川的（地名）

Asplenium taiwanense 台湾铁角蕨：taiwanense 台湾的（地名）

Asplenium tenerum 膜连铁角蕨：tenerus 柔软的，娇嫩的，精美的，雅致的，纤细的

Asplenium tenuicaule 细茎铁角蕨：tenui- ← tenuis 薄的，纤细的，弱的，瘦的，窄的；caulus/ caulon/ caule ← caulos 茎，茎秆，主茎

Asplenium tenuifolium 细裂铁角蕨：tenui- ← tenuis 薄的，纤细的，弱的，瘦的，窄的；folius/ folium/ folia 叶，叶片（用于复合词）

Asplenium tenuifolium var. minor 桂西铁角蕨：minor 较小的，更小的

Asplenium tenuifolium var. tenuifolium 细裂铁角蕨-原变种 （词义见上面解释）

Asplenium tenuissimum 新竹铁角蕨：tenui- ← tenuis 薄的，纤细的，弱的，瘦的，窄的；-issimus/ -issima/ -issimum 最，非常，极其（形容词最高级）

Asplenium tianmushanense 天目铁角蕨：tianmushanense 天目山的（地名，浙江省）

Asplenium tianshanense 天山铁角蕨：tianshanense 天山的（地名，新疆维吾尔自治区）

Asplenium toramanum 都匀铁角蕨：toramanum（人名）

Asplenium trapezoideum 蒙自铁角蕨：trapezoideus 不规则四边形状的，梯形的；trapez-/ trapezi- 不规则四边形，梯形；-oides/ -oideus/ -oideum/ -oidea/ -odes/ -eidos 像……的，类似……的，呈……状的（名词词尾）

Asplenium trichomanes 铁角蕨：trichomanes 软毛的；trich-/ tricho-/ tricha- ← trichos ← thrix 毛，多毛的，线状的，丝状的；manes ← manos 松软的，软的

Asplenium trigonopterum 台南铁角蕨：trigonopterus 三角翅的；trigono 三角的，三棱的；tri-/ tripli-/ triplo- 三个，三数；gono/ gonos/ gon 关节，棱角，角度；pterus/ pteron 翅，翼，蕨类

Asplenium tripteropus 三翅铁角蕨：tripteropus 三翅柄的；tri-/ tripli-/ triplo- 三个，三数；pteropus = pteron + pus 翅柄的；pterus/ pteron 翅，翼，蕨类；-pus ← pous 腿，足，爪，柄，茎

Asplenium unilaterale 半边铁角蕨：uni-/ uno- ← unus/ unum/ una 一，单一（希腊语为 mono-/ mon-）；lateralis = laterus + alis 侧边的，侧生的；laterus 边，侧边

Asplenium unilaterale var. udum 阴湿铁角蕨：udus 潮湿的

Asplenium unilaterale var. unilaterale 半边铁角蕨-原变种 （词义见上面解释）

Asplenium varians 变异铁角蕨：varians/ variatus 变异的，多变的，多型的，易变的；varius = varus + ius 各种各样的，不同的，多型的，易变的；varus 不同的，变化的，外弯的，凸起的

Asplenium viride 欧亚铁角蕨：viride 绿色的；viridi-/ virid- ← viridus 绿色的

Asplenium wilfordii 闽浙铁角蕨：wilfordii（人名）；-ii 表示人名，接在以辅音字母结尾的人名后面，但 -er 除外

Asplenium wrightii 狭翅铁角蕨：wrightii ← Charles（Carlos）Wright（人名，19 世纪美国植物学家）

Asplenium wrightioides 疏齿铁角蕨：Wrightia 倒吊笔属（夹竹桃科）；-oides/ -oideus/ -oideum/ -oidea/ -odes/ -eidos 像……的，类似……的，呈……状的（名词词尾）

Asplenium wuliangshanense 无量山铁角蕨（量 liàng）：wuliangshanense 无量山的（地名，云南省）

Asplenium xinjiangense 新疆铁角蕨：xinjiangense 新疆的（地名）

Asplenium xinyiense 信宜铁角蕨：xinyiense 信宜的（地名，广东省）

Asplenium yunnanense 云南铁角蕨：yunnanense 云南的（地名）

Aster 紫菀属（菀 wǎn）（菊科）（74：p133）：aster 星，星状的，星芒状的（指辐射状）

Aster ageratoides 三脉紫菀：Ageratum 藿香蓟属（菊科）；-oides/ -oideus/ -oideum/ -oidea/ -odes/ -eidos 像……的，类似……的，呈……状的（名词词尾）

Aster ageratoides var. ageratoides 三脉紫菀-原变种 （词义见上面解释）

Aster ageratoides var. firmus 三脉紫菀-坚叶变种：firmus 坚固的，强的

Aster ageratoides var. gerlachii 三脉紫菀-狭叶变种：gerlachii（人名）；-ii 表示人名，接在以辅音字母结尾的人名后面，但 -er 除外

Aster ageratoides var. heterophyllus 三脉紫菀-异叶变种：heterophyllus 异型叶的；hete-/ heter-/ hetero- ← heteros 不同的，多样的，不齐的；phyllus/ phyllum/ phylla ← phyllon 叶片（用于希腊语复合词）

Aster ageratoides var. lasiocladus 三脉紫菀-毛枝变种：lasi-/ lasio- 羊毛状的，有毛的，粗糙的；cladus ← clados 枝条，分枝

Aster ageratoides var. laticorymbus 三脉紫菀-宽伞变种：lati-/ late- ← latus 宽的，宽广的；corymbus 伞形的，伞状的

Aster ageratoides var. leiophyllus 三脉紫菀-光叶变种：lei-/ leio-/ lio- ← leius ← leios 光滑的，平滑的；phyllus/ phyllum/ phylla ← phyllon 叶片（用于希腊语复合词）

Aster ageratoides var. micranthus 三脉紫菀-小花变种：micr-/ micro- ← micros 小的，微小的，微观的（用于希腊语复合词）；anthus/ anthum/ antha/ anthe ← anthos 花（用于希腊语复合词）

Aster ageratoides var. oophyllus 三脉紫菀-卵叶变种：oophyllus 卵形叶的；oo- 卵；phyllus/ phyllum/ phylla ← phyllon 叶片（用于希腊语复合词）

Aster ageratoides var. pilosus 三脉紫菀-长毛变种：pilosus = pilus + osus 多毛的，被柔毛的，具疏柔毛的，被短弱细毛的；pilus 毛，疏柔毛；-osus/ -osum/ -osa 多的，充分的，丰富的，显著发

育的，程度高的，特征明显的（形容词词尾）

Aster ageratoides var. scaberulus 三脉紫菀-微糙变种：scaberulus 略粗糙的；scaber → scabrus 粗糙的，有凹凸的，不平滑的；-ulus/ -ulum/ -ula 小的，略微的，稍微的（小词 -ulus 在字母 e 或 i 之后有多种变缀，即 -olus/ -olum/ -ola、-ellus/ -ellum/ -ella、-illus/ -illum/ -illa，与第一变格法和第二变格法名词形成复合词）

Aster alatipes 翼柄紫菀：alatipes 茎具翼的，翼柄的；alatus → ala-/ alat-/ alati-/ alato- 翅，具翅的，具翼的；pes/ pedis 柄，梗，茎秆，腿，足，爪（作词首或词尾，pes 的词干视为 "ped-"）

Aster albescens 小舌紫菀：albescens 淡白的，略白的，发白的，褪色的；albus → albi-/ albo- 白色的；-escens/ -ascens 改变，转变，变成，略微，带有，接近，相似，大致，稍微（表示变化的趋势，并未完全相似或相同，有别于表示达到完成状态的 -atus）

Aster albescens var. albescens 小舌紫菀-原变种（词义见上面解释）

Aster albescens var. discolor 小舌紫菀-白背变种：discolor 异色的，不同色的（指花瓣花萼等）；di-/ dis- 二，二数，二分，分离，不同，在……之间，从……分开（希腊语，拉丁语为 bi-/ bis-）；color 颜色

Aster albescens var. glandulosus 小舌紫菀-腺点变种：glandulosus = glandus + ulus + osus 被细腺的，具腺体的，腺体质的；glandus ← glans 腺体；-ulus/ -ulum/ -ula 小的，略微的，稍微的（小词 -ulus 在字母 e 或 i 之后有多种变缀，即 -olus/ -olum/ -ola、-ellus/ -ellum/ -ella、-illus/ -illum/ -illa，与第一变格法和第二变格法名词形成复合词）；-osus/ -osum/ -osa 多的，充分的，丰富的，显著发育的，程度高的，特征明显的（形容词词尾）

Aster albescens var. gracilior 小舌紫菀-狭叶变种：gracilior 较细长的，较纤弱的；gracilis 细长的，纤弱的，丝状的；-ilior 较为，更（以 -ilis 结尾的形容词的比较级，将 -ilis 换成 ili + or → -ilior）

Aster albescens var. levissimus 小舌紫菀-无毛变种：laevis/ levis/ laeve/ leve → levi-/ laevi- 光滑的，无毛的，无不平或粗糙感觉的；-issimus/ -issima/ -issimum 最，非常，极其（形容词最高级）

Aster albescens var. limprichtii 小舌紫菀-椭叶变种：limprichtii（人名）；-ii 表示人名，接在以辅音字母结尾的人名后面，但 -er 除外

Aster albescens var. megaphyllus 大叶小舌紫菀：mega-/ megal-/ megalo- ← megas 大的，巨大的；phyllus/ phyllum/ phylla ← phyllon 叶片（用于希腊语复合词）

Aster albescens var. pilosus 小舌紫菀-长毛变种：pilosus = pilus + osus 多毛的，被柔毛的，具疏柔毛的，被短弱细毛的；pilus 毛，疏柔毛；-osus/ -osum/ -osa 多的，充分的，丰富的，显著发育的，程度高的，特征明显的（形容词词尾）

Aster albescens var. rugosus 小舌紫菀-糙叶变种：rugosus = rugus + osus 收缩的，有皱纹的，多褶皱的（同义词：rugatus）；rugus/ rugum/ ruga 褶皱，皱纹，皱缩；-osus/ -osum/ -osa 多的，充分的，丰富的，显著发育的，程度高的，特征明显的（形容

词词尾）

Aster albescens var. salignus 小舌紫菀-柳叶变种：Salix 柳属（杨柳科）；-inus/ -inum/ -ina/ -inos 相近，接近，相似，具有（通常指颜色）

Aster alpinus 高山紫菀：alpinus = alpus + inus 高山的；alpus 高山；al-/ alti-/ alto- ← altus 高的，高处的；-inus/ -inum/ -ina/ -inos 相近，接近，相似，具有（通常指颜色）；关联词：subalpinus 亚高山的

Aster alpinus var. alpinus 高山紫菀-原变种（词义见上面解释）

Aster alpinus var. diversisquamus 异苞高山紫菀：diversus 多样的，各种各样的，多方向的；squamus 鳞，鳞片，薄膜

Aster alpinus var. fallax 伪形高山紫菀：fallax 假的，迷惑的

Aster alpinus var. serpentimontanus 高山紫菀-蛇岩变种：serpentinus 蛇形的，匍匐的，蛇纹岩的；montanus 山，山地

Aster argyropholis 银鳞紫菀：argyr-/ argyro- ← argyros 银，银色的；pholis 鳞片

Aster argyropholis var. argyropholis 银鳞紫菀-原变种（词义见上面解释）

Aster argyropholis var. niveus 银鳞紫菀-白雪变种：niveus 雪白的，雪一样的；nivus/ nivis/ nix 雪，雪白色

Aster argyropholis var. paradoxus 银鳞紫菀-奇形变种：paradoxus 似是而非的，少见的，奇异的，难以解释的；para- 类似，接近，近旁，假的；-doxa/ -doxus 荣耀的，瑰丽的，壮观的，显眼的

Aster asteroides 星舌紫菀：asteroides 像紫菀的，像星状的；Aster 紫菀属（菊科）；-oides/ -oideus/ -oideum/ -oidea/ -odes/ -eidos 像……的，类似……的，呈……状的（名词词尾）

Aster asteroides f. paludosus 沼生星舌紫菀：paludosus 沼泽的，沼生的；paludes ← palus（paludes 为 palus 的复数主格）沼泽，湿地，泥潭，水塘，草甸子；-osus/ -osum/ -osa 多的，充分的，丰富的，显著发育的，程度高的，特征明显的（形容词词尾）

Aster auriculatus 耳叶紫菀：auriculatus 耳形的，具小耳的（基部有两个小圆片）；auriculus 小耳朵的，小耳状的；auritus 耳朵的，耳状的；-culus/ -culum/ -cula 小的，略微的，稍微的（同第三变格法和第四变格法名词形成复合词）；-atus/ -atum/ -ata 属于，相似，具有，完成（形容词词尾）

Aster auriculatus f. crenatus（圆齿紫菀）：crenatus = crena + atus 圆齿状的，具圆齿的；crena 叶缘的圆齿

Aster baccharoides 白舌紫菀：Baccharis（菊科一属）；-oides/ -oideus/ -oideum/ -oidea/ -odes/ -eidos 像……的，类似……的，呈……状的（名词词尾）

Aster barbellatus 髯毛紫菀（髯 rǎn）：barbellatus ← barba + ellus + atus 具短胡须的（比喻纤细）；-ellus/ -ellum/ -ella ← -ulus 小的，略微的，稍微的（小词 -ulus 在字母 e 或 i 之后有多种变缀，即 -olus/ -olum/ -ola、-ellus/ -ellum/ -ella、-illus/ -illum/ -illa，用于第一变格法名词）；-atus/

-atum/ -ata 属于，相似，具有，完成（形容词词尾）

Aster batangensis 巴塘紫菀：batangensis 巴塘的（地名，四川西北部）

Aster batangensis var. batangensis 巴塘紫菀-原变种 （词义见上面解释）

Aster batangensis var. staticefolius 巴塘紫菀-匙叶变种（匙 chí）：Statice → Limonium 补血草属（蓝雪科）；folius/ folium/ folia 叶，叶片（用于复合词）

Aster bietii 线舌紫菀：bietii（人名）；-ii 表示人名，接在以辅音字母结尾的人名后面，但 -er 除外

Aster bipinnatisectus 重羽紫菀（重 chóng）：bi-/ bis- 二，二数，二回（希腊语为 di-）；bipinnatus 二回羽状的；pinnus/ pennus 羽毛，羽状，羽片；sectus 分段的，分节的，切开的，分裂的；-atus/ -atum/ -ata 属于，相似，具有，完成（形容词词尾）

Aster brachytrichus 短毛紫菀：brachy- ← brachys 短的（用于拉丁语复合词词首）；trichus 毛，毛发，线

Aster brachytrichus var. angustisquamus 短毛紫菀-狭苞变种：angustisquamus 窄鳞的；angusti- ← angustus 窄的，狭的，细的；quamus 鳞，鳞片，薄膜

Aster brachytrichus var. brachytrichus 短毛紫菀-原变种 （词义见上面解释）

Aster brachytrichus var. latifolius 短毛紫菀-宽叶变种：lati-/ late- ← latus 宽的，宽广的；folius/ folium/ folia 叶，叶片（用于复合词）

Aster brachytrichus var. tenuiligulatus 短毛紫菀-细舌变种：tenui- ← tenuis 薄的，纤细的，弱的，瘦的，窄的；ligulatus（= ligula + atus）/ ligularis（= ligula + aris）舌状的，具舌的；ligula = lingua + ulus 小舌，小舌状物；lingua 舌，语言；ligule 舌，舌状物，舌瓣，叶舌

Aster brevis 短茎紫菀：brevis 短的（希腊语）

Aster bulleyanus 扁毛紫菀：bulleyanus（人名）

Aster diplostephioides 重冠紫菀（重冠 chóng guān）：Diplostephium（属名，菊科）；-oides/ -oideus/ -oideum/ -oidea/ -odes/ -eidos 像……的，类似……的，呈……状的（名词词尾）；di-/ dis- 二，二数，二分，分离，不同，在……之间，从……分开（希腊语，拉丁语为 bi-/ bis-）

Aster diplostephioides f. minor 小重冠紫菀：minor 较小的，更小的

Aster dolichophyllus 长叶紫菀：dolicho- ← dolichos 长的；phyllus/ phyllum/ phylla ← phyllon 叶片（用于希腊语复合词）

Aster dolichopodus 长梗紫菀：dolicho- ← dolichos 长的；podus/ pus 柄，梗，茎秆，足，腿

Aster falcifolius 镰叶紫菀：falci- ← falx 镰刀，镰刀形，镰刀状弯曲；构词规则：以 -ix/ -iex 结尾的词其词干末尾视为 -ic，以 -ex 结尾视为 -i/ -ic，其他以 -x 结尾视为 -c；folius/ folium/ folia 叶，叶片（用于复合词）

Aster farreri 狭苞紫菀：farreri ← Reginald John Farrer（人名，20 世纪英国植物学家、作家）；-eri 表示人名，在以 -er 结尾的人名后面加上 i 形成

Aster flaccidus 萎软紫菀：flaccidus 柔软的，软乎乎

的，软绵绵的；flaccus 柔弱的，软垂的；-idus/ -idum/ -ida 表示在进行中的动作或情况，作动词、名词或形容词的词尾

Aster flaccidus subsp. flaccidus 萎软紫菀-原亚种 （词义见上面解释）

Aster flaccidus subsp. flaccidus f. flaccidus 萎软紫菀-原变型 （词义见上面解释）

Aster flaccidus subsp. flaccidus f. glabratus 少毛萎软紫菀：glabratus = glabrus + atus 脱毛的，光滑的；glabrus 光秃的，无毛的，光滑的；-atus/ -atum/ -ata 属于，相似，具有，完成（形容词词尾）

Aster flaccidus subsp. flaccidus f. tomentosus 茸毛萎软紫菀：tomentosus = tomentum + osus 绒毛的，密被绒毛的；tomentum 绒毛，浓密的毛被，棉絮，棉絮状填充物（被褥、垫子等）；-osus/ -osum/ -osa 多的，充分的，丰富的，显著发育的，程度高的，特征明显的（形容词词尾）

Aster flaccidus subsp. glandulosus 萎软紫菀-腺毛亚种：glandulosus = glandus + ulus + osus 被细腺的，具腺体的，腺体质的；glandus ← glans 腺体；-ulus/ -ulum/ -ula 小的，略微的，稍微的（小词 -ulus 在字母 e 或 i 之后有多种变缀，即 -olus/ -olum/ -ola、-ellus/ -ellum/ -ella、-illus/ -illum/ -illa，与第一变格法和第二变格法名词形成复合词）；-osus/ -osum/ -osa 多的，充分的，丰富的，显著发育的，程度高的，特征明显的（形容词词尾）

Aster flaccidus f. griseo-barbatus 萎软紫菀-灰毛变型：griseo- ← griseus 灰色的；barbatus = barba + atus 具胡须的，具须毛的；barba 胡须，髯毛，绒毛；-atus/ -atum/ -ata 属于，相似，具有，完成（形容词词尾）

Aster formosanus 台岩紫菀：formosanus = formosus + anus 美丽的，台湾的；formosus ← formosa 美丽的，台湾的（葡萄牙殖民者发现台湾时对其的称呼，即美丽的岛屿）；-anus/ -anum/ -ana 属于，来自（形容词词尾）

Aster fulgidulus 辉叶紫菀：fulgidulus = fulgo + idus + ulus 稍发亮的；fulgidus 发亮的，有光泽的；-idus/ -idum/ -ida 表示在进行中的动作或情况，作动词、名词或形容词的词尾；-ulus/ -ulum/ -ula 小的，略微的，稍微的（小词 -ulus 在字母 e 或 i 之后有多种变缀，即 -olus/ -olum/ -ola、-ellus/ -ellum/ -ella、-illus/ -illum/ -illa，与第一变格法和第二变格法名词形成复合词）

Aster fuscescens 褐毛紫菀：fuscescens 淡褐色的，淡棕色的，变成褐色的；fuscus 棕色的，暗色的，发黑的，暗棕色的，褐色的；-escens/ -ascens 改变，转变，变成，略微，带有，接近，相似，大致，稍微（表示变化的趋势，并未完全相似或相同，有别于表示达到完成状态的 -atus）

Aster fuscescens var. fuscescens 褐毛紫菀-原变种 （词义见上面解释）

Aster fuscescens var. oblongifolius 长圆叶褐毛紫菀：oblongus = ovus + longus 长椭圆形的（ovus 的词干 ov- 音变为 ob-）；ovus 卵，胚珠，卵形的，椭圆形的；longus 长的，纵向的；folius/ folium/ folia 叶，叶片（用于复合词）

Aster fuscescens var. scaberoides 少毛褐毛紫菀：

scaberoides 略粗糙的，像 scaber 的；Aster scaber 东风菜；scabrus ← scaber 粗糙的，有凹凸的，不平滑的；-oides/ -oideus/ -oideum/ -oidea/ -odes/ -eidos 像……的，类似……的，呈……状的（名词词尾）

Aster giraldii 秦中紫菀：giraldii ← Giuseppe Giraldi（人名，19 世纪活动于中国的意大利传教士）

Aster gracilicaulis 细茎紫菀：gracili- 细长的，纤弱的；caulis ← caulos 茎，茎秆，主茎

Aster handelii 红冠紫菀（冠 guān）：handelii ← H. Handel-Mazzetti（人名，奥地利植物学家，第一次世界大战期间在中国西南地区研究植物）

Aster hersileoides 横斜紫菀：Hersilia 长纺蛛属（动物属名），艾希利亚（神话故事中的女英雄，为古罗马创建者之一 Romunuls 的妻子）；-oides/ -oideus/ -oideum/ -oidea/ -odes/ -eidos 像……的，类似……的，呈……状的（名词词尾）

Aster heterolepis 异苞紫菀：hete-/ heter-/ hetero- ← heteros 不同的，多样的，不齐的；lepis/ lepidos 鳞片

Aster himalaicus 须弥紫菀：himalaicus 喜马拉雅的（地名）；-icus/ -icum/ -ica 属于，具有某种特性（常用于地名、起源、生境）

Aster hololachnus 全茸紫菀：hololachnus 全被绒毛的；holo-/ hol- 全部的，所有的，完全的，联合的，全缘的，不分裂的；lachnus 绒毛的，绵毛的

Aster homochlamydeus 等苞紫菀：homo-/ hommoeo-/ homoio- 相同的，相似的，同样的，同类的，均质的；chlamydeus 包被的，花被的，覆盖的

Aster homochlamydeus f. filipes 腺梗等苞紫菀：filipes 线状柄的，线状茎的；fili-/ fil- ← filum 线状的，丝状的；pes/ pedis 柄，梗，茎秆，腿，足，爪（作词首或词尾，pes 的词干视为 "ped-"）

Aster hunanensis 湖南紫菀：hunanensis 湖南的（地名）

Aster hypoleucus 白背紫菀：hypoleucus 背面白色的，下面白色的；hyp-/ hypo- 下面的，以下的，不完全的；leucus 白色的，淡色的

Aster indamellus 叶苞紫菀：indam-（词源不详）；-ellus/ -ellum/ -ella ← -ulus 小的，略微的，稍微的（小词 -ulus 在字母 e 或 i 之后有多种变缀，即 -olus/ -olum/ -ola、-ellus/ -ellum/ -ella、-illus/ -illum/ -illa，用于第一变格法名词）

Aster ionoglossus 堇舌紫菀：io-/ ion-/ iono- 紫色，堇菜色，紫罗兰色；glossus 舌，舌状的

Aster itsunboshi 大埔紫菀（埔 bǔ）：itsunboshi（日文）

Aster jeffreyanus 滇西北紫菀：jeffreyanus ← John Jeffrey（人名，19 世纪英国园艺学家）

Aster lanuginosus 棉毛紫菀：lanuginosus = lanugo + osus 具绵毛的，具柔毛的；lanugo = lana + ugo 绒毛（lanugo 的词干为 lanugin-）；词尾为 -go 的词其词干末尾视为 -gin；lana 羊毛，绵毛

Aster latibracteatus 宽苞紫菀：lati-/ late- ← latus 宽的，宽广的；bracteatus = bracteus + atus 具苞片的；bracteus 苞，苞片，苞鳞

Aster lavandulifolius 线叶紫菀（种加词有时误拼为 "lavanduliifolius"）：Lavandula 薰衣草属（唇形科）；folius/ folium/ folia 叶，叶片（用于复合词）

Aster likiangensis 丽江紫菀：likiangensis 丽江的（地名，云南省）

Aster likiangensis f. polianthus （灰白丽江紫菀）：polius/ polios 灰白色的；anthus/ anthum/ antha/ anthe ← anthos 花（用于希腊语复合词）

Aster limosus 湿生紫菀：limosus 沼泽的，湿地的，泥沼的；limus 沼泽，泥沼，湿地；-osus/ -osum/ -osa 多的，充分的，丰富的，显著发育的，程度高的，特征明显的（形容词词尾）

Aster lingulatus 舌叶紫菀：lingulatus = lingua + ulus + atus 具小舌的，具细丝带的；lingua 舌状的，丝带状的，语言的；-ulatus/ -ulata/ -ulatum = ulus + atus 小的，略微的，稍微的，属于小的；-ulus/ -ulum/ -ula 小的，略微的，稍微的（小词 -ulus 在字母 e 或 i 之后有多种变缀，即 -olus/ -olum/ -ola、-ellus/ -ellum/ -ella、-illus/ -illum/ -illa，与第一变格法和第二变格法名词形成复合词）；-atus/ -atum/ -ata 属于，相似，具有，完成（形容词词尾）

Aster lipskyi 青海紫菀：lipskyi（人名）；-i 表示人名，接在以元音字母结尾的人名后面，但 -a 除外

Aster maackii 圆苞紫菀：maackii ← Richard Maack（人名，19 世纪俄国博物学家）

Aster mangshanensis 莽山紫菀：mangshanensis 莽山的（地名，湖南省）

Aster megalanthus 大花紫菀：mega-/ megal-/ megalo- ← megas 大的，巨大的；anthus/ anthum/ antha/ anthe ← anthos 花（用于希腊语复合词）

Aster menelii 黔中紫菀：menelii ← Menelaus 墨涅拉俄斯（希腊神话特洛伊战争中的高级将领）

Aster molliusculus 软毛紫菀：molle/ mollis 软的，柔毛的；-usculus ← -culus 小的，略微的，稍微的（小词 -culus 和某些词构成复合词时变成 -usculus）

Aster morrisonensis 玉山紫菀：morrisonensis 磨里山的（地名，今台湾新高山）

Aster moupinsensis 川鄂紫菀：moupinsensis 穆坪的（地名，四川省宝兴县），木坪的（地名，重庆市）（已修订为 moupinensis）

Aster neo-elegans 新雅紫菀：neo- ← neos 新，新的；elegans 优雅的，秀丽的

Aster nigromontanus 黑山紫菀：nigromontanus 黑山的（地名）；nigro-/ nigri- ← nigrus 黑色的；niger 黑色的；montanus 山，山地

Aster nitidus 亮叶紫菀：nitidus = nitere + idus 光亮的，发光的；nitere 发亮；-idus/ -idum/ -ida 表示在进行中的动作或情况，作动词、名词或形容词的词尾；nitens 光亮的，发光的

Aster oreophilus 石生紫菀：oreo-/ ores-/ ori- ← oreos 山，山地，高山；philus/ philein ← philos → phil-/ phili/ philo- 喜好的，爱好的，喜欢的（注意区别形近词：phylus、phyllus）；phylus/ phylum/ phyla ← phylon/ phyle 植物分类单位中的"门"，位于"界"和"纲"之间，类群，种族，部落，聚群；phyllus/ phyllum/ phylla ← phyllon 叶片（用于希腊语复合词）

Aster oreophilus f. inaequisquamus （异鳞石生紫菀）：inaequisquamus 不等鳞片的；in-/ im-（来

自 il- 的音变）内，在内，内部，向内，相反，不，无，非；il- 在内，向内，为，相反（希腊语为 en-）；词首 il- 的音变：il-（在 1 前面），im-（在 b、m、p 前面），in-（在元音字母和大多数辅音字母前面），ir-（在 r 前面），如 illaudatus（不值得称赞的，评价不好的），impermeabilis（不透水的，穿不透的），ineptus（不合适的），insertus（插入的），irretortus（无弯曲的，无扭曲的）；aequus 平坦的，均等的，公平的，友好的；aequi- 相等，相同；inaequi- 不相等，不同；squamus 鳞，鳞片，薄膜

Aster oreophilus f. umbrosus （阴地石生紫菀）：umbrosus 多荫的，喜阴的，生于阴地的；umbra 荫凉，阴影，阴地；-osus/ -osum/ -osa 多的，充分的，丰富的，显著发育的，程度高的，特征明显的（形容词词尾）

Aster ovalifolius 卵叶紫菀：ovalis 广椭圆形的；ovus 卵，胚珠，卵形的，椭圆形的；folius/ folium/ folia 叶，叶片（用于复合词）

Aster panduratus 琴叶紫菀：panduratus = pandura + atus 小提琴状的；pandura 一种类似小提琴的乐器

Aster poliothamnus 灰枝紫菀：polius/ polios 灰白色的；thamnus ← thamnos 灌木

Aster poliothamnus f. procumbens （灰枝矮紫菀）：procumbens 俯卧的，匍匐的，倒伏的；procumb- 俯卧，匍匐，倒伏；-ans/ -ens/ -bilis/ -ilis 能够，可能（为形容词词尾，-ans/ -ens 用于主动语态，-bilis/ -ilis 用于被动语态）

Aster polius 灰毛紫菀：polius ← polios 灰白色的，灰色的

Aster prainii 厚棉紫菀：prainii ← David Prain（人名，20 世纪英国植物学家）

Aster procerus 高茎紫菀（种加词有时错印为"prorerus"）：procerus 高的，有高度的，极高的

Aster pycnophyllus 密叶紫菀：pycn-/ pycno- ← pycnos 密生的，密集的；phyllus/ phyllum/ phylla ← phyllon 叶片（用于希腊语复合词）

Aster retusus 凹叶紫菀：retusus 微凹的

Aster rockianus 腾越紫菀：rockianus ← Joseph Francis Charles Rock（人名，20 世纪美国植物采集员）

Aster salwinensis 怒江紫菀：salwinensis 萨尔温江的（地名，怒江流入缅甸部分的名称）

Aster sampsonii 短舌紫菀：sampsonii（人名）；-ii 表示人名，接在以辅音字母结尾的人名后面，但 -er 除外

Aster sampsonii var. isochaetus 短舌紫菀-等毛变种：iso- ← isos 相等的，相同的，酷似的；chaetus/ chaeta/ chaete ← chaite 胡须，鬃毛，长毛

Aster sampsonii var. sampsonii 短舌紫菀-原变种（词义见上面解释）

Aster senecioides 狗舌紫菀：Senecio 千里光属（菊科）；-oides/ -oideus/ -oideum/ -oidea/ -odes/ -eidos 像……的，类似……的，呈……状的（名词词尾）

Aster senecioides var. latisquamus 狗舌紫菀-阔苞变种：lati-/ late- ← latus 宽的，宽广的；squamus 鳞，鳞片，薄膜

Aster senecioides var. senecioides 狗舌紫菀-原变种 （词义见上面解释）

Aster sibiricus 西伯利亚紫菀：sibiricus 西伯利亚的（地名，俄罗斯）；-icus/ -icum/ -ica 属于，具有某种特性（常用于地名、起源、生境）

Aster sikkimensis 锡金紫菀：sikkimensis 锡金的（地名）

Aster sikuensis 西固紫菀：sikuensis 西固的（地名，甘肃省）

Aster sinianus 岳麓紫菀：sinianus 中国的（地名）

Aster smithianus 甘川紫菀：smithianus ← James Edward Smith（人名，1759–1828，英国植物学家）

Aster smithianus var. pilosior （多毛甘川紫菀）：pilosior/ pilosius 稍被疏柔毛的；pilosus = pilus + osus 多毛的，被柔毛的，具疏柔毛的，被短弱细毛的；pilus 毛，疏柔毛；-or 更加，较为（形容词比较级）

Aster souliei 缘毛紫菀：souliei（人名）；-i 表示人名，接在以元音字母结尾的人名后面，但 -a 除外

Aster sphaerotus 圆耳紫菀：sphaerotus 圆的，属于圆的；sphaerus 球的，球形的；-otus/ -otum/ -ota（希腊语词尾，表示相似或所有）

Aster stracheyi 匍生紫菀：stracheyi（人名）；-i 表示人名，接在以元音字母结尾的人名后面，但 -a 除外

Aster subulatus 钻叶紫菀：subulatus 钻形的，尖头的，针尖状的；subulus 钻头，尖头，针尖状

Aster subulatus var. cubensis 古巴紫菀：cubensis 古巴的（地名）

Aster sutchuenensis 四川紫菀：sutchuenensis 四川的（地名）

Aster tagasagomontanus 山紫菀：tagasago/ takasago（地名，属台湾省，源于台湾少数民族名称，日语读音）；montanus 山，山地

Aster taiwanensis 台湾紫菀：taiwanensis 台湾的（地名）

Aster taliangshanensis 凉山紫菀：taliangshanensis 大凉山的（地名，四川省）

Aster tataricus 紫菀：tatarica ← Tatar 鞑靼的（古代欧亚大草原不同游牧民族的泛称，有多种音译：达怛、达靼、塔坦、鞑靼、达打、达达）

Aster tataricus var. petersianus （皮特紫菀）：petersianus ← Wilhelm Karl Hartwig Peters（人名，19 世纪德国植物学家）

Aster techinensis 德钦紫菀：techinensis 德钦的（地名，云南省）

Aster tientschuanensis 天全紫菀：tientschuanensis 天全山的（地名，四川省，已修订为 tientschwanensis）

Aster tongolensis 东俄洛紫菀：tongol 东俄洛（地名，四川西部）

Aster tongolensis f. humilis 低小东俄洛紫菀：humilis 矮的，低的

Aster tongolensis f. ramosus 多枝东俄洛紫菀：ramosus = ramus + osus 有分枝的，多分枝的；ramus 分枝，枝条；-osus/ -osum/ -osa 多的，充分的，丰富的，显著发育的，程度高的，特征明显的（形容词词尾）

Aster tricephalus 三头紫菀：tri-/ tripli-/ triplo- 三个，三数；cephalus/ cephale ← cephalos 头，头状花序

Aster trichoneurus 毛脉紫菀：trich-/ tricho-/ tricha- ← trichos ← thrix 毛，多毛的，线状的，丝状的；neurus ← neuron 脉，神经

Aster trinervius 三基脉紫菀：tri-/ tripli-/ triplo- 三个，三数；nervius = nervus + ius 具脉的，具叶脉的；nervus 脉，叶脉；-ius/ -ium/ -ia 具有……特性的（表示有关、关联、相似）

Aster trinervius var. trinervius 三基脉紫菀-原变种 （词义见上面解释）

Aster tsarungensis 察瓦龙紫菀：tsarungensis 察瓦龙的（地名，西藏自治区）

Aster turbinatus 陀螺紫菀：turbinatus 倒圆锥形的，陀螺状的；turbinus 陀螺，涡轮；turbo 旋转，涡旋

Aster turbinatus var. chekiangensis 仙白草：chekiangensis 浙江的（地名）

Aster turbinatus var. turbinatus 陀螺紫菀-原变种 （词义见上面解释）

Aster veitchianus 峨眉紫菀：veitchianus ← James Veitch（人名，19 世纪植物学家）

Aster veitchianus f. yamatzutae 单头峨眉紫菀：yamatzutae 山津田（日本人名）

Aster velutinosus 毡毛紫菀：velutinosus 绒毛状的，天鹅绒的；velutus 绒毛的；-inus/ -inum/ -ina/ -inos 相近，接近，相似，具有（通常指颜色）；-osus/ -osum/ -osa 多的，充分的，丰富的，显著发育的，程度高的，特征明显的（形容词词尾）

Aster vestitus 密毛紫菀：vestitus 包被的，覆盖的，被柔毛的，袋状的

Aster yunnanensis 云南紫菀：yunnanensis 云南的（地名）

Aster yunnanensis var. angustior 云南紫菀-狭苞变种（变种加词有时错印为"angnstior"）：angustior 较狭窄的（angustus 的比较级）

Aster yunnanensis var. labrangensis 云南紫菀-夏河变种：labrangensis（地名）

Aster yunnanensis var. yunnanensis 云南紫菀-原变种 （词义见上面解释）

Asteropyrum 星果草属（毛茛科）（27：p598）：asteropyrum 像星状排列的小麦（指果实放射状排列）；astero-/ astro- 星状的，多星的（用于希腊语复合词词首）；pyron ← pyros 小麦，谷物，粮食

Asteropyrum cavaleriei 裂叶星果草：cavaleriei ← Pierre Julien Cavalerie（人名，20 世纪法国传教士）；-i 表示人名，接在以元音字母结尾的人名后面，但 -a 除外

Asteropyrum peltatum 星果草：peltatus = peltus + atus 盾状的，具盾片的；peltus ← pelte 盾片，小盾片，盾形的；-atus/ -atum/ -ata 属于，相似，具有，完成（形容词词尾）

Asterothamnus 紫菀木属（菊科）（74：p258）：Aster 紫菀属（菊科）；astero-/ astro- 星状的，多星的（用于希腊语复合词词首）；thamnus ← thamnos 灌木

Asterothamnus alyssoides 紫菀木：Alyssus（属名，十字花科）；-oides/ -oideus/ -oideum/ -oidea/ -odes/ -eidos 像……的，类似……的，呈……状的（名词词尾）

Asterothamnus centrali-asiaticus 中亚紫菀木：centrali-asiaticus 中亚的（地名）；centralis/ centralium 中部的，中央的；asiaticus 亚洲的（地名）

Asterothamnus centrali-asiaticus var. centrali-asiaticus 中亚紫菀木-原变种 （词义见上面解释）

Asterothamnus centrali-asiaticus var. potaninii 中亚紫菀木-短叶变种：potaninii ← Grigory Nikolaevich Potanin（人名，19 世纪俄国植物学家）

Asterothamnus centrali-asiaticus var. procerior 中亚紫菀木-高大变种：procerior 较高的；procerus 高的，有高度的，极高的

Asterothamnus fruticosus 灌木紫菀木：fruticosus/ frutesceus 灌丛状的；frutex 灌木；构词规则：以 -ix/ -iex 结尾的词其词干末尾视为 -ic，以 -ex 结尾视为 -i/ -ic，其他以 -x 结尾视为 -c；-osus/ -osum/ -osa 多的，充分的，丰富的，显著发育的，程度高的，特征明显的（形容词词尾）

Asterothamnus fruticosus f. discoideus 隐舌灌木紫菀木：discoideus 圆盘状的；dic-/ disci-/ disco- ← discus ← discos 碟子，盘子，圆盘；-oides/ -oideus/ -oideum/ -oidea/ -odes/ -eidos 像……的，类似……的，呈……状的（名词词尾）

Asterothamnus molliusculus 软叶紫菀木：molle/ mollis 软的，柔毛的；-usculus ← -culus 小的，略微的，稍微的（小词 -culus 和某些词构成复合词时变成 -usculus）

Asterothamnus poliifolius 毛叶紫菀木：poliifolius 灰白色叶的（缀词规则：用非属名构成复合词且词干末尾字母为 i 时，省略词尾，直接用词干和后面的构词成分连接，故该词宜改为"polifolius"或将词尾变成 o 而形成 poliofolius）；polius ← polios 灰白色的，灰色的；folius/ folium/ folia 叶，叶片（用于复合词）

Astilbe 落新妇属（虎耳草科）（34-2：p14）：astilbe 无光泽的（指叶片）；a-/ an- 无，非，没有，缺乏，不具有（an- 用于元音前）（a-/ an- 为希腊语词首，对应的拉丁语词首为 e-/ ex-，相当于英语的 un-/ -less，注意词首 a- 和作为介词的 a/ ab 不同，后者的意思是"从……、由……、关于……、因为……"）；stilbe 光泽

Astilbe chinensis 落新妇：chinensis = china + ensis 中国的（地名）；China 中国

Astilbe grandis 大落新妇：grandis 大的，大型的，宏大的

Astilbe longicarpa 长果落新妇：longe-/ longi- ← longus 长的，纵向的；carpus/ carpum/ carpa/ carpon ← carpos 果实（用于希腊语复合词）

Astilbe macrocarpa 大果落新妇：macro-/ macr- ← macros 大的，宏观的（用于希腊语复合词）；carpus/ carpum/ carpa/ carpon ← carpos 果实（用于希腊语复合词）

Astilbe macroflora 阿里山落新妇：macro-/ macr- ← macros 大的，宏观的（用于希腊语复合词）；florus/ florum/ flora ← flos 花（用于复合词）

Astilbe rivularis 溪畔落新妇：rivularis = rivulus + aris 生于小溪的，喜好小溪的；rivulus = rivus + ulus 小溪，细流；rivus 河流，溪流；-aris（阳性、阴性）/ -are（中性）← -alis（阳性、阴性）/ -ale（中性）属于，相似，如同，具有，涉及，关于，联结于（将名词作形容词用，其中 -aris 常用于以 l 或 r 为词干末尾的词）

Astilbe rivularis var. angustifoliolata 狭叶落新妇：angusti- ← angustus 窄的，狭的，细的；foliolatus = folius + ulus + atus 具小叶的，具叶片的；folius/ folium/ folia 叶，叶片（用于复合词）；-ulus/ -ulum/ -ula 小的，略微的，稍微的（小词 -ulus 在字母 e 或 i 之后有多种变缀，即 -olus/ -olum/ -ola、-ellus/ -ellum/ -ella、-illus/ -illum/ -illa，与第一变格法和第二变格法名词形成复合词）；-atus/ -atum/ -ata 属于，相似，具有，完成（形容词词尾）

Astilbe rivularis var. myriantha 多花落新妇：myri-/ myrio- ← myrios 无数的，大量的，极多的（希腊语）；anthus/ anthum/ antha/ anthe ← anthos 花（用于希腊语复合词）

Astilbe rivularis var. rivularis 溪畔落新妇-原变种（词义见上面解释）

Astilbe rubra 腺萼落新妇：rubrus/ rubrum/ rubra/ ruber 红色的

Astilboides 大叶子属（虎耳草科）（34-2：p6）：Astilboides 像落新妇的（注：该属名命名不够规范，因为属名一般不使用词尾 -oides）；Astilbe 落新妇属（虎耳草科）；-oides/ -oideus/ -oideum/ -oidea/ -odes/ -eidos 像……的，类似……的，呈……状的（名词词尾）

Astilboides tabularis 大叶子：tabularis 水平压扁的，如金属片的，桌山（Table mountain）的（南非）；tabula 圆桌，平板，平台，菌盖，图版，表格，台账；-aris（阳性、阴性）/ -are（中性）← -alis（阳性、阴性）/ -ale（中性）属于，相似，如同，具有，涉及，关于，联结于（将名词作形容词用，其中 -aris 常用于以 l 或 r 为词干末尾的词）

Astragalus 黄芪属（耆 qí）（豆科）（42-1：p78）：astragalus 距骨，距（希腊古语）（距：雄鸡、雉等的腿的后面突出像脚趾的部分）

Astragalus acaulis 无茎黄芪：acaulia/ acaulis 无茎的，矮小的；a-/ an- 无，非，没有，缺乏，不具有（an- 用于元音前）（a-/ an- 为希腊语词首，对应的拉丁语词首为 e-/ ex-，相当于英语的 un-/ -less，注意词首 a- 和作为介词的 a/ ab 不同，后者的意思是"从……、由……、关于……、因为……"）；caulia/ caulis 茎，茎秆，主茎

Astragalus adsurgens 斜茎黄芪：adsurgens = ad + surgens 向上倾斜的，逐渐直立起来的；surgens 攀缘，蔓生

Astragalus adsurgens var. paucijugus（疏茎黄芪）：pauci- ← paucus 少数的，少的（希腊语为 oligo-）；jugus ← jugos 成对的，成双的，一组，牛轭，束缚（动词为 jugo）

Astragalus aksuensis 阿克苏黄芪：aksuensis 阿克苏的（地名，新疆维吾尔自治区）

Astragalus alaschanensis 荒漠黄芪：alaschanensis 阿拉善的（地名，内蒙古最西部）

Astragalus alaschanus 阿拉善黄芪：alaschanus 阿拉善的（地名，内蒙古最西部）

Astragalus alatavicus 阿拉套黄芪：alatavicus 阿拉套山的（地名，新疆沙湾地区）

Astragalus albido-flavus 黄白黄芪：albido-/ albidi- ← albidus 带白色的，微白色的，变白的；albus → albi-/ albo- 白色的；-idus/ -idum/ -ida 表示在进行中的动作或情况，作动词、名词或形容词的词尾；flavus → flavo-/ flavi-/ flav- 黄色的，鲜黄色的，金黄色的（指纯正的黄色）

Astragalus alopecias 长尾黄芪：alopecias ← alopex 狐狸（指穗状花序形状）

Astragalus alopecurus 狐尾黄芪：alopecurus = alopex + urus 狐狸尾巴的（指穗状花序形状）（该词拼缀宜改为"alopicurus"）；构词规则：以 -ix/ -iex 结尾的词其词干末尾视为 -ic，以 -ex 结尾视为 -i/ -ic，其他以 -x 结尾视为 -c；alopex 狐狸（词干为 alopi-/ alopic-）；-urus/ -ura/ -ourus/ -oura/ -oure/ -uris 尾巴；Alopecurus 看麦娘属（禾本科）

Astragalus alpinus 高山黄芪：alpinus = alpus + inus 高山的；alpus 高山；al-/ alti-/ alto- ← altus 高的，高处的；-inus/ -inum/ -ina/ -inos 相近，接近，相似，具有（通常指颜色）；关联词：subalpinus 亚高山的

Astragalus ammodytes 喜沙黄芪：ammodytes 沙生的；ammos 沙子的，沙地的（指生境）；-itis/ -ites（表示有紧密联系）

Astragalus ammophilus 沙生黄芪：ammos 沙子的，沙地的（指生境）；philus/ philein ← philos → phil-/ phili/ philo- 喜好的，爱好的，喜欢的（注意区别形近词：phylus、phyllus）；phylus/ phylum/ phyla ← phylon/ phyle 植物分类单位中的"门"，位于"界"和"纲"之间，类群，种族，部落，聚群；phyllus/ phyllum/ phylla ← phyllon 叶片（用于希腊语复合词）

Astragalus angustifoliolatus 狭叶黄芪：angusti- ← angustus 窄的，狭的，细的；foliolatus = folius + ulus + atus 具小叶的，具叶片的；folius/ folium/ folia 叶，叶片（用于复合词）；-ulus/ -ulum/ -ula 小的，略微的，稍微的（小词 -ulus 在字母 e 或 i 之后有多种变缀，即 -olus/ -olum/ -ola、-ellus/ -ellum/ -ella、-illus/ -illum/ -illa，与第一变格法和第二变格法名词形成复合词）；-atus/ -atum/ -ata 属于，相似，具有，完成（形容词词尾）

Astragalus anomalus 畸形黄芪（畸 jī）：anomalus = a + nomalus 异常的，变异的，不规则的；a-/ an- 无，非，没有，缺乏，不具有（an- 用于元音前）（a-/ an- 为希腊语词首，对应的拉丁语词首为 e-/ ex-，相当于英语的 un-/ -less，注意词首 a- 和作为介词的 a/ ab 不同，后者的意思是"从……、由……、关于……、因为……"）；nomalus 规则的，规律的，法律的；nomus ← nomos 规则，规律，法律

A

Astragalus arbuscula 木黄芪：arbusculus = arbor + usculus 小乔木的，矮树的，灌木的，丛生的；arbor 乔木，树木；-usculus ← -culus 小的，略微的，稍微的（小词 -culus 和某些词构成复合词时变成 -usculus）

Astragalus arkalycensis 边塞黄芪（塞 sài）：arkalycensis（地名）

Astragalus arnoldii 团垫黄芪：arnoldii ← Joseph Arnold（人名，18 世纪英国博物学家）；-ii 表示人名，接在以辅音字母结尾的人名后面，但 -er 除外

Astragalus arpilobus 镰荚黄芪：arpi-（词源不详）；lobus/ lobos/ lobon 浅裂，耳片（裂片先端钝圆），荚果，蒴果

Astragalus austrosibiricus 漠北黄芪：austrosibiricus 南西伯利亚的（地名）；austro-/ austr- 南方的，南半球的，大洋洲的；auster 南方，南风

Astragalus bakaliensis 巴卡利黄芪：bakaliensis（地名）

Astragalus balfourianus 长小苞黄芪：balfourianus ← Isaac Bayley Balfour（人名，19 世纪英国植物学家）

Astragalus basiflorus 地花黄芪：basiflorus 基部生花的；basis 基部，基座；florus/ florum/ flora ← flos 花（用于复合词）

Astragalus batangensis 巴塘黄芪：batangensis 巴塘的（地名，四川西北部）

Astragalus beketovii 斑果黄芪：beketovii（人名）；-ii 表示人名，接在以辅音字母结尾的人名后面，但 -er 除外

Astragalus bhotanensis 地八角：bhotanensis ← Bhotan 不丹的（地名）

Astragalus bicuspis 二尖齿黄芪：bi-/ bis- 二，二数，二回（希腊语为 di-）；cuspis（所有格为 cuspidis）齿尖，凸尖，尖头

Astragalus bomiensis 波密黄芪：bomiensis 波密的（地名，西藏自治区）

Astragalus borodinii 东天山黄芪：borodinii（人名）；-ii 表示人名，接在以辅音字母结尾的人名后面，但 -er 除外

Astragalus brevialatus 短翼黄芪：brevi- ← brevis 短的（用于希腊语复合词词首）；alatus → ala-/ alat-/ alati-/ alato- 翅，具翅的，具翼的

Astragalus buchtormensis 布河黄芪（应称"布赫塔尔黄耆"）：buchtormensis 布赫塔尔的（地名，哈萨克斯坦阿尔泰地区）

Astragalus caeruleopetalinus 蓝花黄芪：caeruleo = caeruleus 蓝色的，天蓝色的，深蓝色的；petalinus = petalus + inus 花瓣状的；petalus/ petalum/ petala ← petalon 花瓣；-inus/ -inum/ -ina/ -inos 相近，接近，相似，具有（通常指颜色）

Astragalus caeruleopetalinus var. caeruleopetalinus 蓝花黄芪-原变种 （词义见上面解释）

Astragalus caeruleopetalinus var. glabricarpus 光果蓝花黄芪：glabrus 光秃的，无毛的，光滑的；carpus/ carpum/ carpa/ carpon ← carpos 果实（用于希腊语复合词）

Astragalus camptodontoides 类芒齿黄芪：camptodontoides 像 camptodontus 的；Astragalus camptodontus 弯齿黄芪；-oides/ -oideus/ -oideum/ -oidea/ -odes/ -eidos 像……的，类似……的，呈……状的（名词词尾）

Astragalus camptodontus 弯齿黄芪：campso-/ campto-/ campylo- 弯弓的，弯曲的，曲折的；odontus/ odontos → odon-/ odont-/ odonto-（可作词首或词尾）齿，牙齿状的；odous 齿，牙齿（单数，其所有格为 odontos）

Astragalus camptodontus var. camptodontus 弯齿黄芪-原变种 （词义见上面解释）

Astragalus camptodontus var. lichiangensis 丽江黄芪：lichiangensis 丽江的（地名，云南省）

Astragalus campylorrhynchus 弯喙黄芪：campylos 弯弓的，弯曲的，曲折的；rhynchus ← rhynchos 喙状的，鸟嘴状的（-rh- 接在元音字母后面构成复合词时要变成 -rrh-）

Astragalus candidissimus 亮白黄芪：candidus 洁白的，有白毛的，亮白的，雪白的（希腊语为 argo- ← argenteus 银白色的）；-issimus/ -issima/ -issimum 最，非常，极其（形容词最高级）

Astragalus capillipes 草珠黄芪：capillipes 纤细的，细如毛发的（指花柄、叶柄等）

Astragalus ceratoides 角黄芪：-ceros/ -ceras/ -cera/ cerat-/ cerato- 角，犄角；-oides/ -oideus/ -oideum/ -oidea/ -odes/ -eidos 像……的，类似……的，呈……状的（名词词尾）；Ceratoides 驼绒藜属（藜科）

Astragalus chagyabensis 察雅黄芪：chagyabensis 察雅的（地名，西藏自治区）

Astragalus changduensis 昌都黄芪：changduensis 昌都的（地名，西藏自治区）

Astragalus changmuicus 樟木黄芪：changmuicus 樟木的（西藏自治区）

Astragalus chilienshanensis 祁连山黄芪（祁 qí）：chilienshanensis 祁连山的（地名，甘肃省）

Astragalus chinensis 华黄芪：chinensis = china + ensis 中国的（地名）；China 中国

Astragalus chiukiangensis 俅江黄芪：chiukiangensis 俅江的（地名，云南省）

Astragalus chomutovii 中天山黄芪：chomutovii（人名）；-ii 表示人名，接在以辅音字母结尾的人名后面，但 -er 除外

Astragalus chrysopterus 金翼黄芪：chrys-/ chryso- ← chrysos 黄色的，金色的；pterus/ pteron 翅，翼，蕨类

Astragalus cognatus 沙丘黄芪：cognatus 近亲的，有亲缘关系的

Astragalus commixtus 混合黄芪：commixtus = co + mixtus 混合的；mixtus 混合的，杂种的；co- 联合，共同，合起来（拉丁语词首，为 cum- 的音变，表示结合、强化、完全，对应的希腊语为 syn-）；co- 的缀词音变有 co-/ com-/ con-/ col-/ cor-：co-（在 h 和元音字母前面），col-（在 l 前面），com-（在 b、m、p 之前），con-（在 c、d、f、g、j、n、qu、s、t 和 v 前面），cor-（在 r 前面）

Astragalus complanatus 背扁黄芪：complanatus

扁平的，压扁的；planus/ planatus 平板状的，扁平的，平面的；co- 联合，共同，合起来（拉丁语词首，为 cum- 的音变，表示结合、强化、完全，对应的希腊语为 syn-）；co- 的缀词音变有 co-/ com-/ con-/ col-/ cor-：co-（在 h 和元音字母前面），col-（在 l 前面），com-（在 b、m、p 之前），con-（在 c、d、f、g、j、n、qu、s、t 和 v 前面），cor-（在 r 前面）

Astragalus complanatus var. complanatus 背扁黄芪-原变种 （词义见上面解释）

Astragalus complanatus var. eutrichus 真毛黄芪：eu- 好的，秀丽的，真的，正确的，完全的；trichus 毛，毛发，线

Astragalus compressus 扁序黄芪：compressus 扁平的，压扁的；pressus 压，压力，挤压，紧密；co- 联合，共同，合起来（拉丁语词首，为 cum- 的音变，表示结合、强化、完全，对应的希腊语为 syn-）；co- 的缀词音变有 co-/ com-/ con-/ col-/ cor-：co-（在 h 和元音字母前面），col-（在 l 前面），com-（在 b、m、p 之前），con-（在 c、d、f、g、j、n、qu、s、t 和 v 前面），cor-（在 r 前面）

Astragalus confertus 丛生黄芪：confertus 密集的

Astragalus contortuplicatus 环荚黄芪：contortuplicatus = contortus + plicatus 缠结的，复杂的，错综的，卷折的；contortus 拧劲的，旋转的；co- 联合，共同，合起来（拉丁语词首，为 cum- 的音变，表示结合、强化、完全，对应的希腊语为 syn-）；co- 的缀词音变有 co-/ com-/ con-/ col-/ cor-：co-（在 h 和元音字母前面），col-（在 l 前面），com-（在 b、m、p 之前），con-（在 c、d、f、g、j、n、qu、s、t 和 v 前面），cor-（在 r 前面）；tortus 拧劲，捻，扭曲；plicatus = plex + atus 折扇状的，有沟的，纵向折叠的，棕榈叶状的（= plicativus）；plex/ plica 褶，折扇状，卷折（plex 的词干为 plic-）；构词规则：以 -ix/ -iex 结尾的词其词干末尾视为 -ic，以 -ex 结尾视为 -i/ -ic，其他以 -x 结尾视为 -c

Astragalus craibianus 川西黄芪：craibianus （人名）

Astragalus crassifolius 厚叶黄芪：crassi- ← crassus 厚的，粗的，多肉质的；folius/ folium/ folia 叶，叶片（用于复合词）

Astragalus cruciatus 十字形黄芪：cruciatus 十字形的，交叉的；crux 十字（词干为 cruc-，用于构成复合词时常为 cruci-）；crucis 十字的（crux 的单数所有格）；构词规则：以 -ix/ -iex 结尾的词其词干末尾视为 -ic，以 -ex 结尾视为 -i/ -ic，其他以 -x 结尾视为 -c

Astragalus cupulicalycinus 杯萼黄芪：cupulus = cupus + ulus 小杯子，小杯形的，壳斗状的；calycinus = calyx + inus 萼片的，萼片状的，萼片宿存的；calyx → calyc- 萼片（用于希腊语复合词）；构词规则：以 -ix/ -iex 结尾的词其词干末尾视为 -ic，以 -ex 结尾视为 -i/ -ic，其他以 -x 结尾视为 -c；-inus/ -inum/ -ina/ -inos 相近，接近，相似，具有（通常指颜色）

Astragalus cysticalyx 囊萼黄芪：cystis 囊，袋子，气泡；calyx → calyc- 萼片（用于希腊语复合词）

Astragalus dahuricus 达乌里黄芪：dahuricus （daurica/ davurica）达乌里的（地名，外贝加尔湖，

属西伯利亚的一个地区，即贝加尔湖以东及以南至中国和蒙古边界）

Astragalus dalaiensis 草原黄芪：dalaiensis 达赉湖的（地名，内蒙古自治区）

Astragalus danicus 丹麦黄芪：danicus 丹麦的（地名）；-icus/ -icum/ -ica 属于，具有某种特性（常用于地名、起源、生境）

Astragalus dasyglottis 毛喉黄芪：dasyglottis 粗毛舌的；dasy- ← dasys 毛茸茸的，粗毛的，毛；glottis 舌头的，舌状的

Astragalus datunensis 大通黄芪：datunensis 大通的（地名，青海省）

Astragalus davidii 宝兴黄芪：davidii ← Pere Armand David（人名，1826–1900，曾在中国采集植物标本的法国传教士）；-ii 表示人名，接在以辅音字母结尾的人名后面，但 -er 除外

Astragalus degensis 窄翼黄芪：degensis 德格的（地名，四川省）

Astragalus degensis var. degensis 窄翼黄芪-原变种 （词义见上面解释）

Astragalus degensis var. rockianus 大花窄翼黄芪：rockianus ← Joseph Francis Charles Rock（人名，20 世纪美国植物采集员）

Astragalus dendroides 树黄芪：dendroides 树状的；dendron 树木；-oides/ -oideus/ -oideum/ -oidea/ -odes/ -eidos 像……的，类似……的，呈……状的（名词词尾）

Astragalus densiflorus 密花黄芪：densus 密集的，繁茂的；florus/ florum/ flora ← flos 花（用于复合词）

Astragalus dependens 悬垂黄芪：dependens 下垂的，垂吊的（因支持体细软而下垂）；de- 向下，向外，从……，脱离，脱落，离开，去掉；pendix ← pendens 垂悬的，挂着的，悬挂的

Astragalus dependens var. aurantiacus 橙黄花黄芪：aurantiacus/ aurantius 橙黄色的，金黄色的；aurus 金，金色；aurant-/ auranti- 橙黄色，金黄色

Astragalus dependens var. dependens 悬垂黄芪-原变种 （词义见上面解释）

Astragalus dependens var. flavescens 黄白悬垂黄芪：flavescens 淡黄的，发黄的，变黄的；flavus → flavo-/ flavi-/ flav- 黄色的，鲜黄色的，金黄色的（指纯正的黄色）；-escens/ -ascens 改变，转变，变成，略微，带有，接近，相似，大致，稍微（表示变化的趋势，并未完全相似或相同，有别于表示达到完成状态的 -atus）

Astragalus dilutus 浅黄芪：dilutus 纤弱的，薄的，淡色的，萎缩的（反义词：sturatus 深色的，浓重的，充分的，丰富的，饱和的）

Astragalus dingjiensis 定结黄芪：dingjiensis 定结的（地名，西藏自治区，拼写为"dingjieensis"似更妥）

Astragalus discolor 灰叶黄芪：discolor 异色的，不同色的（指花瓣花萼等）；di-/ dis- 二，二数，二分，分离，不同，在……之间，从……分开（希腊语，拉丁语为 bi-/ bis-）；color 颜色

Astragalus dolichochaete 芒齿黄芪：dolicho- ← dolichos 长的；chaeta/ chaete ← chaite 胡须，鬃

A

毛，长毛

Astragalus dschangartensis 詹加尔特黄芪：dschangartensis 准噶尔的（地名，新疆维吾尔自治区）

Astragalus dsharkenticus 托木尔黄芪：dsharkenticus（地名）；-icus/ -icum/ -ica 属于，具有某种特性（常用于地名、起源、生境）

Astragalus dsharkenticus var. dsharkenticus 托木尔黄芪-原变种 （词义见上面解释）

Astragalus dsharkenticus var. gongliuensis 巩留黄芪：gongliuensis 巩留的（地名，新疆维吾尔自治区）

Astragalus dumetorum 灌丛黄芪：dumetorum = dumus + etorum 灌丛的，小灌木状的，荒草丛的；dumus 灌丛，荆棘丛，荒草丛；-etorum 群落的（表示群丛、群落的词尾）

Astragalus efoliolatus 单叶黄芪：efoliolatus 无小叶的，无托叶的；e-/ ex- 不，无，非，缺乏，不具有（e- 用在辅音字母前，ex- 用在元音字母前，为拉丁语词首，对应的希腊语词首为 a-/ an-，英语为 un-/ -less，注意作词首用的 e-/ ex- 和介词 e/ ex 意思不同，后者意为"出自、从……、由……离开、由于、依照"）；foliolatus = folius + ulus + atus 具小叶的，具叶片的；folius/ folium/ folia 叶，叶片（用于复合词）；-ulus/ -ulum/ -ula 小的，略微的，稍微的（小词 -ulus 在字母 e 或 i 之后有多种变缀，即 -olus/ -olum/ -ola、-ellus/ -ellum/ -ella、-illus/ -illum/ -illa，与第一变格法和第二变格法名词形成复合词）；-atus/ -atum/ -ata 属于，相似，具有，完成（形容词词尾）

Astragalus ellipsoideus 胀萼黄芪：ellipsoideus 广椭圆形的；ellipso 椭圆形的；-oides/ -oideus/ -oideum/ -oidea/ -odes/ -eidos 像……的，类似……的，呈……状的（名词词尾）

Astragalus englerianus 长果颈黄芪：englerianus ← Adolf Engler 阿道夫·恩格勒（人名，1844–1931，德国植物学家，创立了以假花学说为基础的植物分类系统，于 1897 年发表）

Astragalus ernestii 梭果黄芪：ernestii（人名）；-ii 表示人名，接在以辅音字母结尾的人名后面，但 -er 除外

Astragalus euchlorus 深绿黄芪：eu- 好的，秀丽的，真的，正确的，完全的；chlorus 绿色的

Astragalus falconeri 侧扁黄芪：falconeri ← Hugh Falconer（人名，19 世纪活动于印度的英国地质学家、医生）；-eri 表示人名，在以 -er 结尾的人名后面加上 i 形成

Astragalus fangensis 房县黄芪：fangensis 房县的（地名，湖北省）

Astragalus fenzelianus 西北黄芪：fenzelianus（人名）

Astragalus filicaulis 丝茎黄芪：filicaulis 细茎的，丝状茎的；fili-/ fil- ← filum 线状的，丝状的；caulis ← caulos 茎，茎秆，主茎

Astragalus flavovirens 黄绿黄芪：flavovirens = flavus + virens 淡黄绿色的；flavus → flavo-/ flavi-/ flav- 黄色的，鲜黄色的，金黄色的（指纯正的黄色）；virens 绿色的，变绿的

Astragalus flexus 弯花黄芪：flexus ← flecto 扭曲的，卷曲的，弯弯曲曲的，柔性的；flecto 弯曲，使扭曲

Astragalus floridus 多花黄芪：floridus/ floribundus = florus + idus 有花的，多花的，花明显的；florus/ florum/ flora ← flos 花（用于复合词）；-idus/ -idum/ -ida 表示在进行中的动作或情况，作动词、名词或形容词的词尾

Astragalus forrestii 中甸黄芪：forrestii ← George Forrest（人名，1873–1932，英国植物学家，曾在中国西部采集大量植物标本）

Astragalus frigidus 广布黄芪：frigidus 寒带的，寒冷的，僵硬的；frigus 寒冷，寒冬，-idus/ -idum/ -ida 表示在进行中的动作或情况，作动词、名词或形容词的词尾

Astragalus galactites 乳白黄芪：galactites 乳汁的，乳白的，乳石

Astragalus gebleri 准噶尔黄芪（噶 gá）：gebleri（人名）；-eri 表示人名，在以 -er 结尾的人名后面加上 i 形成

Astragalus gladiatus 歧枝黄芪：gladiatus = gladius + atus 剑状的，具剑的；gladius 剑，刀，武器

Astragalus golmuensis 格尔木黄芪：golmuensis 格尔木的（地名，青海省）

Astragalus gracilidentatus 纤齿黄芪：gracilis 细长的，纤弱的，丝状的；dentatus = dentus + atus 牙齿的，齿状的，具齿的；dentus 齿，牙齿；-atus/ -atum/ -ata 属于，相似，具有，完成（形容词词尾）

Astragalus gracilipes 细柄黄芪：gracilis 细长的，纤弱的，丝状的；pes/ pedis 柄，梗，茎秆，腿，足，爪（作词首或词尾，pes 的词干视为"ped-"）

Astragalus graveolens 烈香黄芪：graveolens 强烈气味的，不快气味的，恶臭的；gravis 重的，重量大的，深厚的，浓密的，严重的，大量的，苦的，讨厌的；olens ← olere 气味，发出气味（不分香臭）

Astragalus habaheensis 哈巴河黄芪：habaheensis 哈巴河的（地名，新疆维吾尔自治区）

Astragalus habamontis 哈巴山黄芪：habamontis 哈巴雪山的（地名，云南省香格里拉市）

Astragalus hamiensis 哈密黄芪：hamiensis 哈密的（地名，新疆维吾尔自治区）

Astragalus hancockii 短花梗黄芪：hancockii ← W. Hancock（人名，1847–1914，英国海关官员，曾在中国采集植物标本）

Astragalus handelii 头序黄芪：handelii ← H. Handel-Mazzetti（人名，奥地利植物学家，第一次世界大战期间在中国西南地区研究植物）

Astragalus havianus 华山黄芪（华 huà）：havianus（人名）

Astragalus havianus var. havianus 华山黄芪-原变种 （词义见上面解释）

Astragalus havianus var. pallidiflorus 白花华山黄芪：pallidus 苍白的，淡白色的，淡色的，蓝白色的，无活力的；palide 淡地，淡白地（反义词：sturate 深色地，浓色地，充分地，丰富地，饱和地）；florus/ florum/ flora ← flos 花（用于复合词）

Astragalus hebecarpus 茸毛果黄芪：hebe- 柔毛；

carpus/ carpum/ carpa/ carpon ← carpos 果实
（用于希腊语复合词）

Astragalus hedinii 鱼鳔黄芪（鳔 biào）：hedinii
（人名）；-ii 表示人名，接在以辅音字母结尾的人名
后面，但 -er 除外

Astragalus hendersonii 绒毛黄芪：hendersonii ←
Louis Fourniquet Henderson（人名，19 世纪美国植
物学家）

Astragalus henryi 秦岭黄芪：henryi ← Augustine
Henry 或 B. C. Henry（人名，前者，1857–1930，
爱尔兰医生、植物学家，曾在中国采集植物，后者，
1850–1901，曾活动于中国的传教士）

Astragalus heptapotamicus 七溪黄芪：hepta- 七
（希腊语，拉丁语为 septem-/ sept-/ septi-）；
potamicus 河流的，河中生长的；potamus ←
potamos 河流；-icus/ -icum/ -ica 属于，具有某种
特性（常用于地名、起源、生境）

Astragalus heterodontus 异齿黄芪：hete-/
heter-/ hetero- ← heteros 不同的，多样的，不齐的；
odontus/ odontos → odon-/ odont-/ odonto-（可作
词首或词尾）齿，牙齿状的；odous 齿，牙齿（单
数，其所有格为 odontos）

Astragalus heydei 毛柱黄芪：heydei（人名）

Astragalus hoantchy 乌拉特黄芪：hoantchy 黄芪
（中文名）

Astragalus hoantchy subsp. dschimensis 边陲黄
芪（种加词有时误拼为 “dshimensis”）：dschimensis
（地名，俄罗斯中亚地区）

Astragalus hoantchy subsp. hoantchy 乌拉特黄
芪-原亚种 （词义见上面解释）

Astragalus hoffmeisteri 疏花黄芪：hoffmeisteri
（人名）；-eri 表示人名，在以 -er 结尾的人名后面加
上 i 形成

Astragalus hotianensis 和田黄芪：hotianensis 和
田的（地名，新疆维吾尔自治区）

Astragalus hsinbaticus 新巴黄芪：hsinbaticus 新
巴的（地名，内蒙古呼伦贝尔市）；-icus/ -icum/ -ica
属于，具有某种特性（常用于地名、起源、生境）

Astragalus huiningensis 会宁黄芪：huiningensis
会宁的（地名，甘肃省）

Astragalus hulunensis 小叶黄芪：hulunensis 呼伦
贝尔的（地名，内蒙古自治区）

Astragalus iliensis 伊犁黄芪：iliense/ iliensis 伊利
的（地名，新疆维吾尔自治区），伊犁河的（河流名，
跨中国新疆与哈萨克斯坦）

Astragalus iliensis var. iliensis 伊犁黄芪-原变种
（词义见上面解释）

Astragalus iliensis var. macrostephanus 大花伊
犁黄芪：macrostephanus 大花冠的；macro-/
macr- ← macros 大的，宏观的（用于希腊语复合
词）；stephanus ← stephanos = stephos/ stephus +
anus 冠，王冠，花冠，冠状物，花环（希腊语）

Astragalus jiuquanensis 酒泉黄芪：jiuquanensis
酒泉的（地名，甘肃省）

Astragalus josephi 沙基黄芪：josephi（人名，词尾
改为 “-ii” 似更妥）；-ii 表示人名，接在以辅音字母
结尾的人名后面，但 -er 除外；-i 表示人名，接在以
元音字母结尾的人名后面，但 -a 除外

Astragalus karkarensis 霍城黄芪：karkarensis
（地名）

Astragalus kialensis 苦黄芪：kialensis（地名，四
川省）

Astragalus kifonsanicus 鸡峰山黄芪：kifonsanicus
鸡峰山的（地名，陕西省）；-icus/ -icum/ -ica 属于，
具有某种特性（常用于地名、起源、生境）

Astragalus kronenburgii 古利恰黄芪：
kronenburgii（人名）；-ii 表示人名，接在以辅音字
母结尾的人名后面，但 -er 除外

Astragalus kronenburgii var. chaidamuensis 柴
达木黄芪：chaidamuensis 柴达木的（地名，青海省）

Astragalus kronenburgii var. kronenburgii 古
利恰黄芪-原变种 （词义见上面解释）

Astragalus kuschakevitschii 帕米尔黄芪：
kuschakevitschii（人名）；-ii 表示人名，接在以辅音
字母结尾的人名后面，但 -er 除外

Astragalus laceratus 裂翼黄芪：laceratus 撕裂状
的，不整齐裂的；lacerus 撕裂状的，不整齐裂的；
-atus/ -atum/ -ata 属于，相似，具有，完成（形容
词词尾）

Astragalus laguroides 兔尾状黄芪：lagurus 兔子尾
巴；-oides/ -oideus/ -oideum/ -oidea/ -odes/ -eidos
像……的，类似……的，呈……状的（名词词尾）

Astragalus laguroides var. laguroides 兔尾黄
芪-原变种 （词义见上面解释）

Astragalus laguroides var. micranthus 小花兔尾
黄芪：micr-/ micro- ← micros 小的，微小的，微观
的（用于希腊语复合词）；anthus/ anthum/ antha/
anthe ← anthos 花（用于希腊语复合词）

Astragalus lanuginosus 棉毛黄芪：lanuginosus =
lanugo + osus 具绵毛的，具柔毛的；lanugo =
lana + ugo 绒毛（lanugo 的词干为 lanugin-）；词尾
为 -go 的词其词干末尾视为 -gin；lana 羊毛，绵毛

Astragalus lasaensis 拉萨黄芪：lasaensis 拉萨的
（地名，西藏自治区）

Astragalus lasiopetalus 毛瓣黄芪：lasi-/ lasio- 羊
毛状的，有毛的，粗糙的；petalus/ petalum/
petala ← petalon 花瓣

Astragalus lasiophyllus 毛叶黄芪：lasi-/ lasio- 羊
毛状的，有毛的，粗糙的；phyllus/ phyllum/
phylla ← phyllon 叶片（用于希腊语复合词）

Astragalus lasioseminus 毛果黄芪（种加词有时错
印为 “lasiosemius”）：lasioseminus 种子有毛的，毛
果的；lasi-/ lasio- 羊毛状的，有毛的，粗糙的；
seminus → semin-/ semini- 种子

Astragalus laspurensis 西巴黄芪：laspurensis
（地名）

Astragalus latiunguiculatus 宽爪黄芪：lati-/
late- ← latus 宽的，宽广的；unguiculatus =
unguis + culatus 爪形的，基部变细的；ungui- ←
unguis 爪子的；-culatus = culus + atus 小的，略微
的，稍微的（用于第三和第四变格法名词）；-culus/
-culum/ -cula 小的，略微的，稍微的（同第三变格
法和第四变格法名词形成复合词）

Astragalus leansanicus 莲山黄芪：leansanicus 莲
山的（地名，陕西省）；-icus/ -icum/ -ica 属于，具
有某种特性（常用于地名、起源、生境）

Astragalus lehmannianus 茧荚黄芪：lehmannianus ← Johann Georg Christian Lehmann（人名，19 世纪德国植物学家）

Astragalus lepsensis 天山黄芪：lepsensis（地名）

Astragalus lessertioides 秃萼黄芪：Lessertia（豆科一属名）；-oides/ -oideus/ -oideum/ -oidea/ -odes/ -eidos 像……的，类似……的，呈……状的（名词词尾）

Astragalus leucocephalus 白序黄芪：leuc-/ leuco- ← leucus 白色的（如果和其他表示颜色的词混用则表示淡色）；cephalus/ cephale ← cephalos 头，头状花序

Astragalus leucocladus 白枝黄芪：leuc-/ leuco- ← leucus 白色的（如果和其他表示颜色的词混用则表示淡色）；cladus ← clados 枝条，分枝

Astragalus levitubus 光萼筒黄芪：levitubus 无毛管子的；laevis/ levis/ laeve/ leve → levi-/ laevi- 光滑的，无毛的，无不平或粗糙感觉的；tubus 管子的，管状的，筒状的

Astragalus lhorongensis 洛隆黄芪：lhorongensis 洛隆的（地名，西藏自治区）

Astragalus licentianus 甘肃黄芪：licentianus（人名）

Astragalus limprichtii 长管萼黄芪：limprichtii（人名）；-ii 表示人名，接在以辅音字母结尾的人名后面，但 -er 除外

Astragalus lioui 了墩黄芪（了 liǎo）：lioui（人名）

Astragalus lithophilus 岩生黄芪：lithos 石头，岩石；philus/ philein ← philos → phil-/ phili/ philo- 喜好的，爱好的，喜欢的（注意区别形近词：phylus、phyllus）；phylus/ phylum/ phyla ← phylon/ phyle 植物分类单位中的"门"，位于"界"和"纲"之间，类群，种族，部落，聚群；phyllus/ phyllum/ phylla ← phyllon 叶片（用于希腊语复合词）

Astragalus longilobus 长萼裂黄芪：longe-/ longi- ← longus 长的，纵向的；lobus/ lobos/ lobon 浅裂，耳片（裂片先端钝圆），荚果，蒴果

Astragalus longiscapus 长序黄芪：longe-/ longi- ← longus 长的，纵向的；scapus（scap-/ scapi-）← skapos 主茎，树干，花柄，花轴

Astragalus lucidus 光萼黄芪：lucidus ← lucis ← lux 发光的，光辉的，清晰的，发亮的，荣耀的（lux 的单数所有格为 lucis，词尾为 -is 和 -ys 的词的词干分别视为 -id 和 -yd）

Astragalus luteolus 黄花黄芪：luteolus = luteus + ulus 发黄的，带黄色的；luteus 黄色的；-ulus/ -ulum/ -ula 小的，略微的，稍微的（小词 -ulus 在字母 e 或 i 之后有多种变缀，即 -olus/ -olum/ -ola、-ellus/ -ellum/ -ella、-illus/ -illum/ -illa，与第一变格法和第二变格法名词形成复合词）；-atus/ -atum/ -ata 属于，相似，具有，完成（形容词词尾）

Astragalus macroceras 长荚黄芪：macro-/ macr- ← macros 大的，宏观的（用于希腊语复合词）；-ceras/ -ceros/ cerato- ← keras 犄角，兽角，角状突起（希腊语）

Astragalus macropterus 大翼黄芪：macro-/ macr- ← macros 大的，宏观的（用于希腊语复合词）；pterus/ pteron 翅，翼，蕨类

Astragalus macrotrichus 长毛荚黄芪：macro-/ macr- ← macros 大的，宏观的（用于希腊语复合词）；trichus 毛，毛发，线

Astragalus macrotropis 长龙骨黄芪：macro-/ macr- ← macros 大的，宏观的（用于希腊语复合词）；tropis 龙骨（希腊语）

Astragalus mahoschanicus 马衔山黄芪：mahoschanicus 马衔山的（地名，甘肃省）；-icus/ -icum/ -ica 属于，具有某种特性（常用于地名、起源、生境）

Astragalus majevskianus 富蕴黄芪：majevskianus（人名）

Astragalus malcolmii 短茎黄芪：malcolmii ← William Malcolm（人名，美国植物学家）

Astragalus mattam 茵垫黄芪：mattam ← matta 垫子，座垫

Astragalus melanostachys 黑穗黄芪：mel-/ mela-/ melan-/ melano- ← melanus/ melaenus ← melas/ melanos 黑色的，浓黑色的，暗色的；stachy-/ stachyo-/ -stachys/ -stachyus/ -stachyum/ -stachya 穗子，穗子的，穗子状的，穗状花序的

Astragalus melilotoides 草木樨状黄芪：Melilotus 草木樨属（豆科）；-oides/ -oideus/ -oideum/ -oidea/ -odes/ -eidos 像……的，类似……的，呈……状的（名词词尾）

Astragalus melilotoides var. melilotoides 草木樨状黄芪-原变种 （词义见上面解释）

Astragalus melilotoides var. tenuis 细叶黄芪：tenuis 薄的，纤细的，弱的，瘦的，窄的

Astragalus membranaceus 黄芪：membranaceus 膜质的，膜状的；membranus 膜；-aceus/ -aceum/ -acea 相似的，有……性质的，属于……的

Astragalus membranaceus var. membranaceus 黄芪-原变种 （词义见上面解释）

Astragalus membranaceus var. mongholicus 蒙古黄芪：mongholicus 蒙古的（地名）；-icus/ -icum/ -ica 属于，具有某种特性（常用于地名、起源、生境）

Astragalus membranaceus f. purpurinus 淡紫花黄芪：purpurinus = purpura + inus 带紫红色的；purpura 紫色（purpura 原为一种介壳虫名，其体液为紫色，可作颜料）；-inus/ -inum/ -ina/ -inos 相近，接近，相似，具有（通常指颜色）

Astragalus mendax 假黄芪：mendax 骗子

Astragalus milingensis 米林黄芪：milingensis 米林的（地名，西藏自治区）

Astragalus milingensis var. heydeoides 类毛柱黄芪：heydeoides = heydei + oides 像 heydei 的；Astragalus heydei 毛柱黄芪；-oides/ -oideus/ -oideum/ -oidea/ -odes/ -eidos 像……的，类似……的，呈……状的（名词词尾）

Astragalus milingensis var. milingensis 米林黄芪-原变种 （词义见上面解释）

Astragalus miniatus 细弱黄芪：miniatus 红色的，发红的；minium 朱砂，朱红

Astragalus minutidentatus 小齿黄芪：minutus 极小的，细微的，微小的；dentatus = dentus + atus 牙齿的，齿状的，具齿；dentus 齿，牙齿；-atus/ -atum/ -ata 属于，相似，具有，完成（形容词词尾）

A

Astragalus moellendorffii 边向花黄芪：moellendorffii ← Otto von Möllendorf（人名，20世纪德国外交官和软体动物学家）

Astragalus moellendorffii var. kansuensis 莲花山黄芪：kansuensis 甘肃的（地名）

Astragalus moellendorffii var. moellendorffii 边向花黄芪-原变种 （词义见上面解释）

Astragalus monadelphus 单蕊黄芪：monadelphus 单体雄蕊的；mono-/ mon- ← monos 一个，单一的（希腊语，拉丁语为 unus/ uni-/ uno-）；adelphus 雄蕊，兄弟

Astragalus monadelphus subsp. monadelphus 单蕊黄芪-原亚种 （词义见上面解释）

Astragalus monadelphus subsp. xitaibaicus 西太白黄芪：xitaibaicus 西太白的（地名）；-icus/ -icum/ -ica 属于，具有某种特性（常用于地名、起源、生境）

Astragalus monanthus 单花黄芪：mono-/ mon- ← monos 一个，单一的（希腊语，拉丁语为 unus/ uni-/ uno-）；anthus/ anthum/ antha/ anthe ← anthos 花（用于希腊语复合词）

Astragalus monbeigii 异长齿黄芪：monbeigii（人名）；-ii 表示人名，接在以辅音字母结尾的人名后面，但 -er 除外

Astragalus mongutensis 蒙古特黄芪：mongutensis 蒙古特的（地名，新疆维吾尔自治区）

Astragalus monophyllus 一叶黄芪：mono-/ mon- ← monos 一个，单一的（希腊语，拉丁语为 unus/ uni-/ uno-）；phyllus/ phyllum/ phylla ← phyllon 叶片（用于希腊语复合词）

Astragalus monticola 山地黄芪：monticolus 生于山地的；monti- ← mons 山，山地，岩石；montis 山，山地的；colus ← colo 分布于，居住于，栖居，殖民（常作词尾）；colo/ colere/ colui/ cultum 居住，耕作，栽培

Astragalus moupinensis 天全黄芪：moupinensis 穆坪的（地名，四川省宝兴县），木坪的（地名，重庆市）

Astragalus muliensis 木里黄芪：muliensis 木里的（地名，四川省）

Astragalus munroi 细梗黄芪：munroi ← George C. Munro（人名，20世纪美国博物学家）；-i 表示人名，接在以元音字母结尾的人名后面，但 -a 除外

Astragalus nanellus 极矮黄芪：nanellus 很矮的；nanus ← nanos/ nannos 矮小的，小的；nani-/ nano-/ nanno- 矮小的，小的；-ellus/ -ellum/ -ella ← -ulus 小的，略微的，稍微的（小词 -ulus 在字母 e 或 i 之后有多种变缀，即 -olus/ -olum/ -ola、-ellus/ -ellum/ -ella、-illus/ -illum/ -illa，用于第一变格法名词）

Astragalus nanjiangianus 南疆黄芪：nanjiangianus 南疆的（地名，新疆维吾尔自治区）

Astragalus nematodes 线叶黄芪：nematus/ nemato- 密林的，丛林的，线状的，丝状的；-oides/ -oideus/ -oideum/ -oidea/ -odes/ -eidos 像……的，类似……的，呈……状的（名词词尾）

Astragalus neomonadelphus 新单蕊黄芪：neomonadelphus 晚于 monadelphus 的；Astragalus

monadelphus 单蕊黄芪；monadelphus 单体雄蕊的；neo- ← neos 新，新的；mono-/ mon- ← monos 一个，单一的（希腊语，拉丁语为 unus/ uni-/ uno-）；adelphus 雄蕊，兄弟

Astragalus nicolai 木垒黄芪：nicolai ← Nicolai Przewalski 尼古拉（人名，19世纪俄国探险家博物学家）；-i 表示人名，接在以元音字母结尾的人名后面，但 -a 除外，故该词改为 "nicolaiana" 或 "cinolae" 似更妥

Astragalus nivalis 雪地黄芪：nivalis 生于冰雪带的，积雪时期的；nivus/ nivis/ nix 雪，雪白色；-aris（阳性、阴性）/ -are（中性）← -alis（阳性、阴性）/ -ale（中性）属于，相似，如同，具有，涉及，关于，联结于（将名词作形容词用，其中 -aris 常用于以 l 或 r 为词干末尾的词）

Astragalus nivalis var. aureocalycatus 黄萼雪地黄芪：aure-/ aureo- ← aureus 黄色，金色；calycatus = calyx + atus 萼片的，萼片状的，萼片宿存的；calyx → calyc- 萼片（用于希腊语复合词）；构词规则：以 -ix/ -iex 结尾的词其词干末尾视为 -ic，以 -ex 结尾视为 -i/ -ic，其他以 -x 结尾视为 -c；-atus/ -atum/ -ata 属于，相似，具有，完成（形容词词尾）

Astragalus nivalis var. nivalis 雪地黄芪-原变种（词义见上面解释）

Astragalus nobilis 华贵黄芪：nobilis 高贵的，有名的，高雅的

Astragalus nobilis var. nobilis 华贵黄芪-原变种（词义见上面解释）

Astragalus nobilis var. obtusifoliolatus 钝叶华贵黄芪：obtusus 钝的，钝形的，略带圆形的；foliolatus = folius + ulus + atus 具小叶的，具叶片的；folius/ folium/ folia 叶，叶片（用于复合词）；-ulus/ -ulum/ -ula 小的，略微的，稍微的（小词 -ulus 在字母 e 或 i 之后有多种变缀，即 -olus/ -olum/ -ola、-ellus/ -ellum/ -ella、-illus/ -illum/ -illa，与第一变格法和第二变格法名词形成复合词）；-atus/ -atum/ -ata 属于，相似，具有，完成（形容词词尾）

Astragalus ophiocarpus 蛇荚黄芪：ophio- 蛇，蛇状；carpus/ carpum/ carpa/ carpon ← carpos 果实（用于希腊语复合词）

Astragalus oplites 刺叶柄黄芪：oplites/ oplitis/ hoplites/ hoplits 重装军人（比喻有刺等）

Astragalus orbicularifolius 圆叶黄芪：orbicularis/ orbiculatus 圆形的；orbis 圆，圆形，圆圈，环；-culus/ -culum/ -cula 小的，略微的，稍微的（同第三变格法和第四变格法名词形成复合词）；-aris（阳性、阴性）/ -are（中性）← -alis（阳性、阴性）/ -ale（中性）属于，相似，如同，具有，涉及，关于，联结于（将名词作形容词用，其中 -aris 常用于以 l 或 r 为词干末尾的词）；folius/ folium/ folia 叶，叶片（用于复合词）

Astragalus orbiculatus 圆形黄芪：orbiculatus/ orbicularis = orbis + culus + atus 圆形的；orbis 圆，圆形，圆圈，环；-culus/ -culum/ -cula 小的，略微的，稍微的（同第三变格法和第四变格法名词形成复合词）；-atus/ -atum/ -ata 属于，相似，具

有，完成（形容词词尾）

Astragalus ornithorrhynchus 雀喙黄芪：ornis/ ornithos 鸟；rhynchus ← rhynchos 喙状的，鸟嘴状的（-rh- 接在元音字母后面构成复合词时要变成 -rrh-）

Astragalus ortholobiformis 直荚草黄芪：ortholobiformis = ortho + lobus + formis 直荚状的；ortho- ← orthos 直的，正面的；lobus/ lobos/ lobon 浅裂，耳片（裂片先端钝圆），荚果，蒴果；formis/ forma 形状

Astragalus oxyglottis 尖舌黄芪：oxyglottis 尖舌的；oxy- ← oxys 尖锐的，酸的；glottis 舌头的，舌状的

Astragalus oxyodon 尖齿黄芪：oxyodon 尖齿的；oxy- ← oxys 尖锐的，酸的；odontus/ odontos → odon-/ odont-/ odonto-（可作词首或词尾）齿，牙齿状的；odous 齿，牙齿（单数，其所有格为 odontos）

Astragalus panduratopetalus 琴瓣黄芪：panduratus = pandura + atus 小提琴状的；pandura 一种类似小提琴的乐器；petalus/ petalum/ petala ← petalon 花瓣

Astragalus parvicarinatus 短龙骨黄芪：parvus 小的，些微的，弱的；carinatus 脊梁的，龙骨的，龙骨状的

Astragalus pastorius 牧场黄芪：pastorius 牧场的；pastor/ pastoris 牧羊人，饲养员；-ius/ -ium/ -ia 具有……特性的（表示有关、关联、相似）

Astragalus pastorius var. linearibracteatus 线苞黄芪：linearis = lineatus 线条的，线形的，线状的；bracteatus = bracteus + atus 具苞片的；bracteus 苞，苞片，苞鳞

Astragalus pastorius var. pastorius 牧场黄芪-原变种 （词义见上面解释）

Astragalus pavlovianus 萨雷古拉黄芪：pavlovianus（人名）

Astragalus pavlovianus var. longirostris 长喙黄芪：longe-/ longi- ← longus 长的，纵向的；rostris 鸟喙，喙状

Astragalus pavlovianus var. pavlovianus 萨雷古拉黄芪-原变种 （词义见上面解释）

Astragalus peduncularis 青藏黄芪：pedunculatus/ peduncularis 具花序柄的，具总花梗的；pedunculus/ peduncule/ pedunculis ← pes 花序柄，总花梗（花序基部无花着生部分，不同于花柄）；关联词：pedicellus/ pediculus 小花梗，小花柄（不同于花序柄）；pes/ pedis 柄，梗，茎秆，腿，足，爪（作词首或词尾，pes 的词干视为"ped-"）；-aris（阳性、阴性）/ -are（中性）← -alis（阳性、阴性）/ -ale（中性）属于，相似，如同，具有，涉及，关于，联结于（将名词作形容词用，其中 -aris 常用于以 l 或 r 为词干末尾的词）

Astragalus peterae 川青黄芪：peterae（人名）

Astragalus petraeus 喜石黄芪：petraeus 喜好岩石的，喜好岩隙的；petra← petros 石头，岩石，岩石地带（指生境）；-aeus/ -aeum/ -aea 表示属于……，名词形容词化词尾，如 europaeus ← europa 欧洲的

Astragalus platyphyllus 宽叶黄芪：platys 大的，宽的（用于希腊语复合词）；phyllus/ phyllum/ phylla ← phyllon 叶片（用于希腊语复合词）

Astragalus polyacanthus 多刺黄芪：poly- ← polys 多个，许多（希腊语，拉丁语为 multi-）；acanthus ← Akantha 刺，具刺的（Acantha 是希腊神话中的女神，和太阳神阿波罗发生冲突，太阳神将其变成带刺的植物）

Astragalus polycladus 多枝黄芪：poly- ← polys 多个，许多（希腊语，拉丁语为 multi-）；cladus ← clados 枝条，分枝

Astragalus polycladus var. nigrescens 黑毛多枝黄芪：nigrus 黑色的；niger 黑色的；-escens/ -ascens 改变，转变，变成，略微，带有，接近，相似，大致，稍微（表示变化的趋势，并未完全相似或相同，有别于表示达到完成状态的 -atus）

Astragalus polycladus var. polycladus 多枝黄芪-原变种 （词义见上面解释）

Astragalus porphyrocalyx 紫萼黄芪：porphyr-/ porphyro- 紫色；calyx → calyc- 萼片（用于希腊语复合词）

Astragalus prattii 小苞黄芪：prattii ← Antwerp E. Pratt（人名，19 世纪活动于中国的英国动物学家、探险家）

Astragalus prattii var. prattii 小苞黄芪-原变种 （词义见上面解释）

Astragalus prattii var. uniflorus 一花黄芪：uni-/ uno- ← unus/ unum/ una 一，单一（希腊语为 mono-/ mon-）；florus/ florum/ flora ← flos 花（用于复合词）

Astragalus prodigiosus 奇异黄芪：prodigiosus = prodigium + osus 异常的，奇怪的；prodigium 奇怪，奇异，怪物，怪异的前兆；形近词：prodigus 浪费的，奢侈的，丰富的，气味浓烈的；-osus/ -osum/ -osa 多的，充分的，丰富的，显著发育的，程度高的，特征明显的（形容词词尾）

Astragalus prodigiosus var. paucijugus 减缩黄芪：pauci- ← paucus 少数的，少的（希腊语为 oligo-）；jugus ← jugos 成对的，成双的，一组，牛轭，束缚（动词为 jugo）

Astragalus prodigiosus var. prodigiosus 奇异黄芪-原变种 （词义见上面解释）

Astragalus przewalskii 黑紫花黄芪：przewalskii ← Nicolai Przewalski（人名，19 世纪俄国探险家、博物学家）

Astragalus pseudoborodinii 西域黄芪：pseudoborodinii 像 borodnii 的；pseudo-/ pseud- ← pseudos 假的，伪的，接近，相似（但不是）；Astragalus borodinii 东天山黄芪

Astragalus pseudobrachytropis 类短肋黄芪：pseudobrachytropis 像 brachytropis 的；pseudo-/ pseud- ← pseudos 假的，伪的，接近，相似（但不是）；Astragalus brachytropis 短肋黄芪；brachy- ← brachys 短的（用于拉丁语复合词词首）；tropis 龙骨（希腊语）

Astragalus pseudohypogaeus 类留土黄芪：pseudohypogaeus 像 hypogaeus 的；pseudo-/ pseud- ← pseudos 假的，伪的，接近，相似（但不是）；Astragalus hypogaeus 留土黄芪；hyp-/ hypo- 下面的，以下的，不完全的；gaeus ← gaia 地面，

土面（常作词尾）；hypogaeus 地下的，地表以下的；-aeus/ -aeum/ -aea 表示属于……，名词形容词化词尾，如 europaeus ← europa 欧洲的

Astragalus pseudoscaberrimus 拟糙叶黄芪：pseudoscaberrimus 像 scaberrimus 的，近似粗糙的；pseudo-/ pseud- ← pseudos 假的，伪的，接近，相似（但不是）；Astragalus scaberrimus 糙叶黄芪；scaber → scabrus 粗糙的，有凹凸的，不平滑的；-rimus/ -rima/ -rimum 最，极，非常（词尾为 -er 的形容词最高级）

Astragalus pseudoscoparius 类帚黄芪：pseudoscoparius 像 scoparius 的，近似条帚状的；pseudo-/ pseud- ← pseudos 假的，伪的，接近，相似（但不是）；Astragalus scoparius 帚黄芪

Astragalus pseudoversicolor 类变色黄芪：pseudoversicolor 像 versicolor 的，较多色的；pseudo-/ pseud- ← pseudos 假的，伪的，接近，相似（但不是）；Astragalus versicolor 变色黄芪；Pedicularis versicolor 多色马先蒿；versicolor = versus + color 变色的，杂色的，有斑点的；versus ← vertor ← verto 变换，转换，转变；color 颜色

Astragalus pullus 黑毛黄芪：pullus 暗色的，黑色的

Astragalus purdomii 紫花黄芪：purdomii（人名）；-ii 表示人名，接在以辅音字母结尾的人名后面，但 -er 除外

Astragalus pycnorhizus 密根黄芪：pycnorhizus 多根的（缀词规则：-rh- 接在元音字母后面构成复合词时要变成 -rrh-，故该词宜改为"pycnorrhizus"）；pycn-/ pycno- ← pycnos 密生的，密集的；rhizus 根，根状茎

Astragalus retusifoliatus 凹叶黄芪：retusus 微凹的；foliatus 具叶的，多叶的；folius/ folium/ folia → foli-/ folia- 叶，叶片

Astragalus rigidulus 坚硬黄芪：rigidulus 稍硬的；rigidus 坚硬的，不弯曲的，强直的；-ulus/ -ulum/ -ula 小的，略微的，稍微的（小词 -ulus 在字母 e 或 i 之后有多种变缀，即 -olus/ -olum/ -ola、-ellus/ -ellum/ -ella、-illus/ -illum/ -illa，与第一变格法和第二变格法名词形成复合词）

Astragalus roseus 毛冠黄芪（冠 guān）：roseus = rosa + eus 像玫瑰的，玫瑰色的，粉红色的；rosa 蔷薇（古拉丁名）← rhodon 蔷薇（希腊语）← rhodd 红色，玫瑰红（凯尔特语）；-eus/ -eum/ -ea（接拉丁语词干时）属于……的，色如……的，质如……的（表示原料、颜色或品质的相似），（接希腊语词干时）属于……的，以……出名，为……所占有（表示具有某种特性）

Astragalus saccatocarpus 囊果黄芪：saccatus = saccus + atus 具袋子的，袋子状的，具囊的；saccus 袋子，囊，包囊；carpus/ carpum/ carpa/ carpon ← carpos 果实（用于希腊语复合词）

Astragalus saccocalyx 袋萼黄芪：saccus 袋子，囊，包囊；calyx → calyc- 萼片（用于希腊语复合词）

Astragalus salsugineus 喜盐黄芪：salsugineus（salsuginosus）= salsugo + eus 略咸的，盐地生的（salsugo 的词干为 salsugin-）；salsugo = salsus + ugo 盐分；salsus/ salsinus 咸的，多盐的（比喻海岸或多盐生境）；词尾为 -go 的词其词干末尾视为 -gin；sal/ salis 盐，盐水，海，海水；-eus/ -eum/ -ea（接拉丁语词干时）属于……的，色如……的，质如……的（表示原料、颜色或品质的相似），（接希腊语词干时）属于……的，以……出名，为……所占有（表示具有某种特性）

Astragalus salsugineus var. multijugus 盐生黄芪：multijugus 多对的；multi- ← multus 多个，多数，很多（希腊语为 poly-）；jugus ← jugos 成对的，成双的，一组，牛轭，束缚（动词为 jugo）

Astragalus salsugineus var. salsugineus 喜盐黄芪-原变种 （词义见上面解释）

Astragalus sanbilingensis 乡城黄芪：sanbilingensis 三鼻岭的（地名，四川省）

Astragalus saratagius 阿赖山黄芪：saratagius（词源不详）

Astragalus saratagius var. minutiflorus 小花阿赖山黄芪：minutus 极小的，细微的，微小的；florus/ florum/ flora ← flos 花（用于复合词）

Astragalus saratagius var. saratagius 阿赖山黄芪-原变种 （词义见上面解释）

Astragalus satoi 小米黄芪：satoi（人名）；-i 表示人名，接在以元音字母结尾的人名后面，但 -a 除外

Astragalus saxorum 石生黄芪：saxorus 岩生的，充满岩石的；saxum 岩石，结石；-orum 属于……的（第二变格法名词复数所有格词尾，表示群落或多数）

Astragalus scaberrimus 糙叶黄芪：scaberrimus 极粗糙的；scaber → scabrus 粗糙的，有凹凸的，不平滑的；-rimus/ -rima/ -rimum 最，极，非常（词尾为 -er 的形容词最高级）

Astragalus scabrisetus 粗毛黄芪：scabrisetus 糙刚毛的；scabri- ← scaber 粗糙的，有凹凸的，不平滑的；setus/ saetus 刚毛，刺毛，芒刺

Astragalus schanginianus 卡通黄芪：schanginianus（人名）

Astragalus sciadophorus 辽西黄芪：sciadophorus 具伞的；sciadoc/ sciados 伞，伞形的；-phorus/ -phorum/ -phora 载体，承载物，支持物，带着，生着，附着（表示一个部分带着别的部分，包括起支撑或承载作用的柄、柱、托、囊等，如 gynophorum = gynus + phorum 雌蕊柄的，带有雌蕊的，承载雌蕊的）；gynus/ gynum/ gyna 雌蕊，子房，心皮

Astragalus scoparius 帚黄芪：scoparius 笤帚状的；scopus 笤帚；-arius/ -arium/ -aria 相似，属于（表示地点，场所，关系，所属）

Astragalus sedaensis 色达黄芪：sedaensis 色达的（地名，四川省）

Astragalus sesamoides 胡麻黄芪：Sesamum 胡麻属（胡麻科）；-oides/ -oideus/ -oideum/ -oidea/ -odes/ -eidos 像……的，类似……的，呈……状的（名词词尾）

Astragalus severzovii 无毛黄芪：severzovii（人名）；-ii 表示人名，接在以辅音字母结尾的人名后面，但 -er 除外

Astragalus shaerqinensis 沙尔沁黄芪：shaerqinensis 沙尔沁的（地名，内蒙古土默特左旗）

Astragalus sieversianus 绵果黄芪：sieversianus（人名）

Astragalus simpsonii 灌县黄芪：simpsonii（人名）；-ii 表示人名，接在以辅音字母结尾的人名后面，但 -er 除外

Astragalus sinicus 紫云英：sinicus 中国的（地名）；-icus/ -icum/ -ica 属于，具有某种特性（常用于地名、起源、生境）

Astragalus skorniakovii 戈尔诺黄芪：skorniakovii（人名）；-ii 表示人名，接在以辅音字母结尾的人名后面，但 -er 除外

Astragalus skorniakovii var. skorniakovii 戈尔诺黄芪-原变种 （词义见上面解释）

Astragalus skorniakovii var. wuqiaensis 乌恰黄芪：wuqiaensis 乌恰的（地名，新疆维吾尔自治区，中国最西端的县）

Astragalus skythropos 肾形子黄芪：skythropos 阴沉的，有怒容的

Astragalus smithianus 无毛叶黄芪：smithianus ← James Edward Smith（人名，1759–1828，英国植物学家）

Astragalus sogotensis 索戈塔黄芪：sogotensis（地名，哈萨克斯坦）

Astragalus souliei 蜀西黄芪：souliei（人名）；-i 表示人名，接在以元音字母结尾的人名后面，但 -a 除外

Astragalus sphaerocystis 球囊黄芪：sphaero- 圆形，球形；cystis 囊，袋子，气泡

Astragalus sphaerophysa 球脬黄芪（脬 pāo）：sphaero- 圆形，球形；physus ← physos 水泡的，气泡的，口袋的，膀胱的，囊状的（表示中空）；Sphaerophysa 苦马豆属（豆科）

Astragalus stalinskyi 矮型黄芪：stalinskyi（人名）；-i 表示人名，接在以元音字母结尾的人名后面，但 -a 除外

Astragalus steinbergianus 蒙西黄芪：steinbergianus（人名）

Astragalus stenoceras 狭荚黄芪：sten-/ steno- ← stenus 窄的，狭的，薄的；-ceras/ -ceros/ cerato- ← keras 犄角，兽角，角状突起（希腊语）

Astragalus stenoceras var. longidentatus 长齿狭荚黄芪：longe-/ longi- ← longus 长的，纵向的；dentatus = dentus + atus 牙齿的，齿状的，具齿的；dentus 齿，牙齿；-atus/ -atum/ -ata 属于，相似，具有，完成（形容词词尾）

Astragalus stenoceras var. stenoceras 狭荚黄芪-原变种 （词义见上面解释）

Astragalus stipulatus 大托叶黄芪：stipulatus = stipulus + atus 具托叶的；stipulus 托叶，关联词：estipulatus/ exstipulatus 无托叶的，不具托叶的

Astragalus strictus 笔直黄芪：strictus 直立的，硬直的，笔直的，彼此靠拢的

Astragalus subarcuatus 弧果黄芪：subarcuatus 近似拱形的；sub-（表示程度较弱）与……类似，几乎，稍微，弱，亚，之下，下面；arcuatus = arcus + atus 弓形的，拱形的；arcus 拱形，拱形物

Astragalus suidenensis 水定黄芪：suidenensis 绥定的（地名，新疆霍城县水定镇的旧称）

Astragalus sulcatus 纹茎黄芪：sulcatus 具皱纹的，具犁沟的，具沟槽的；sulcus 犁沟，沟槽，皱纹

Astragalus sungpanensis 松潘黄芪：sungpanensis 松潘的（地名，四川省）

Astragalus sutchuenensis 四川黄芪：sutchuenensis 四川的（地名）

Astragalus taipaishanensis 太白山黄芪：taipaishanensis 太白山的（地名，陕西省）

Astragalus taiyuanensis 太原黄芪：taiyuanensis 太原的（地名，山西省）

Astragalus tanguticus 甘青黄芪：tanguticus ← Tangut 唐古特的，党项的（西夏时期生活于中国西北地区的党项羌人，蒙古语称其为"唐古特"，有多种音译，如唐兀、唐古、唐括等）；-icus/ -icum/ -ica 属于，具有某种特性（常用于地名、起源、生境）

Astragalus tanguticus f. albiflorus 白花甘青黄芪：albus → albi-/ albo- 白色的；florus/ florum/ flora ← flos 花（用于复合词）

Astragalus tanguticus f. tanguticus 甘青黄芪-原变型 （词义见上面解释）

Astragalus tataricus 小果黄芪：tatarica ← Tatar 鞑靼的（古代欧亚大草原不同游牧民族的泛称，有多种音译：达怛、达靼、塔坦、鞑靼、达打、达达）

Astragalus tatsienensis 康定黄芪：tatsienensis 打箭炉的（地名，四川省康定县的别称）

Astragalus tatsienensis var. incanus 灰毛康定黄芪：incanus 灰白色的，密被灰白色毛的

Astragalus tatsienensis var. kangrenbuchiensis 岗仁布齐黄芪：kangrenbuchiensis 冈仁波齐峰的（地名，西藏自治区）

Astragalus tatsienensis var. tatsienensis 康定黄芪-原变种 （词义见上面解释）

Astragalus tehchingensis 德钦黄芪：tehchingensis 德钦的（地名，云南省）

Astragalus tekesensis 特克斯黄芪：tekesensis 特克斯的（地名，新疆维吾尔自治区）

Astragalus tenuicaulis 细茎黄芪：tenui- ← tenuis 薄的，纤细的，弱的，瘦的，窄的；caulis ← caulos 茎，茎秆，主茎

Astragalus tibetanus 藏新黄芪：tibetanus 西藏的（地名）

Astragalus tibetanus var. patentipilus 展毛黄芪：patentipilus 展毛的；patens 开展的（呈 90°），伸展的，传播的，飞散的；pilus 毛，疏柔毛

Astragalus tibetanus var. tibetanus 藏新黄芪-原变种 （词义见上面解释）

Astragalus tingriensis 定日黄芪：tingriensis 定日的（地名，西藏自治区）

Astragalus toksunensis 托克逊黄芪：toksunensis 托克逊的（地名，新疆维吾尔自治区）

Astragalus tongolensis 东俄洛黄芪：tongol 东俄洛（地名，四川西部）

Astragalus tongolensis var. breviflorus 小花黄芪：brevi- ← brevis 短的（用于希腊语复合词词首）；florus/ florum/ flora ← flos 花（用于复合词）

Astragalus tongolensis var. glaber 光东俄洛黄芪：glaber/ glabrus 光滑的，无毛的

A

Astragalus tongolensis var. lanceolato-dentatus 长齿黄芪：lanceolato-dentatus 锐齿的；lanceolato- ← lanceolatus = lanceus + ulus + atus 小披针形的，小柳叶刀的；lance-/ lancei-/ lanci-/ lanceo-/ lanc- ← lanceus 披针形的，矛形的，尖刀状的，柳叶刀状的；-olus ← -ulus 小，稍微，略微（-ulus 在字母 e 或 i 之后变成 -olus/ -ellus/ -illus）；dentatus = dentus + atus 牙齿的，齿状的，具齿的；dentus 齿，牙齿；-atus/ -atum/ -ata 属于，相似，具有，完成（形容词词尾）

Astragalus tongolensis var. tongolensis 东俄洛黄芪-原变种 （词义见上面解释）

Astragalus transiliensis 外伊犁黄芪：transiliensis 跨伊犁河的；tran-/ trans- 横过，远侧边，远方，在那边；iliense/ iliensis 伊利的（地名，新疆维吾尔自治区），伊犁河的（河流名，跨中国新疆与哈萨克斯坦）

Astragalus transiliensis var. microphyllus 中宁黄芪：micr-/ micro- ← micros 小的，微小的，微观的（用于希腊语复合词）；phyllus/ phyllum/ phylla ← phyllon 叶片（用于希腊语复合词）

Astragalus transiliensis var. transiliensis 外伊犁黄芪-原变种 （词义见上面解释）

Astragalus tribulifolius 蒺藜叶黄芪（蒺 jí）：tribulifolius 蒺藜叶的；Tribulus 蒺藜属（蒺藜科）；folius/ folium/ folia 叶，叶片（用于复合词）；-ulus/ -ulum/ -ula 小的，略微的，稍微的（小词 -ulus 在字母 e 或 i 之后有多种变缀，即 -olus/ -olum/ -ola、-ellus/ -ellum/ -ella、-illus/ -illum/ -illa，与第一变格法和第二变格法名词形成复合词）

Astragalus tribulifolius var. pauciflorus 少花黄芪：pauci- ← paucus 少数的，少的（希腊语为 oligo-）；florus/ florum/ flora ← flos 花（用于复合词）

Astragalus tribulifolius var. tribulifolius 蒺藜叶黄芪-原变种 （词义见上面解释）

Astragalus tribuloides 蒺藜黄芪：tribuloides 像蒺藜的；Tribulus 蒺藜属（蒺藜科）；-oides/ -oideus/ -oideum/ -oidea/ -odes/ -eidos 像……的，类似……的，呈……状的（名词词尾）

Astragalus tsataensis 札达黄芪（札 zhá）：tsataensis 札达的（地名，西藏自治区）

Astragalus tumbatsica 东坝子黄芪：tumbatsica 东坝子的（地名，西藏自治区）

Astragalus tungensis 洞川黄芪：tungensis 洞川的（地名，四川省）

Astragalus turgidocarpus 膨果黄芪：turgidocarpus 胀果的；turgidus 膨胀，肿胀；carpus/ carpum/ carpa/ carpon ← carpos 果实（用于希腊语复合词）

Astragalus tyttocarpus 细果黄芪：tyttocarpus 细果的，薄果的（为"tytthocarpus"误拼）；tytth-/ tyttho- 薄的，细的；carpus/ carpum/ carpa/ carpon ← carpos 果实（用于希腊语复合词）

Astragalus uliginosus 湿地黄芪：uliginosus 沼泽的，湿地的，潮湿的；uligo/ vuligo/ uliginis 潮湿，湿地，沼泽（uligo 的词干为 uligin-）；词尾为 -go

的词其词干末尾视为 -gin；-osus/ -osum/ -osa 多的，充分的，丰富的，显著发育的，程度高的，特征明显的（形容词词尾）

Astragalus unijugus 对叶黄芪：unijugus 一对的；uni-/ uno- ← unus/ unum/ una 一，单一（希腊语为 mono-/ mon-）；jugus ← jugos 成对的，成双的，一组，牛轭，束缚（动词为 jugo）

Astragalus variabilis 变异黄芪：variabilis 多种多样的，易变化的，多型的；varius = varus + ius 各种各样的，不同的，多型的，易变的；varus 不同的，变化的，外弯的，凸起的；-ius/ -ium/ -ia 具有……特性的（表示有关、关联、相似）；-ans/ -ens/ -bilis/ -ilis 能够，可能（为形容词词尾，-ans/ -ens 用于主动语态，-bilis/ -ilis 用于被动语态）

Astragalus vulpinus 拟狐尾黄芪：vulpinus 狐狸的，狐狸色的；vulpes 狐狸；-inus/ -inum/ -ina/ -inos 相近，接近，相似，具有（通常指颜色）

Astragalus webbianus 藏西黄芪：webbianus ← Philip Barker Webb（人名，19 世纪植物采集员，摩洛哥 Tetuan 山植物采集第一人）

Astragalus weixiensis 维西黄芪：weixiensis 维西的（地名，云南省）

Astragalus wenquanensis 温泉黄芪：wenquanensis 温泉的（地名，新疆维吾尔自治区）

Astragalus wensuensis 温宿黄芪：wensuensis 温宿的（地名，新疆维吾尔自治区）

Astragalus wenxianensis 文县黄芪：wenxianensis 文县的（地名，甘肃省）

Astragalus woldemari 中亚黄芪：woldemari（人名，词尾改为"-ii"似更妥）；-ii 表示人名，接在以辅音字母结尾的人名后面，但 -er 除外；-i 表示人名，接在以元音字母结尾的人名后面，但 -a 除外

Astragalus woldemari var. atrotrichocladus 黑枝黄芪：atro-/ atr-/ atri-/ atra- ← ater 深色，浓色，暗色，发黑（ater 作为词干后接辅音字母开头的词时，要在词干后面加一个连接用的元音字母"o"或"i"，故为"ater-o-"或"ater-i-"，变形为"atr-"开头）；trichos 毛，毛发，列状毛，线状的，丝状的；cladus ← clados 枝条，分枝

Astragalus woldemari var. woldemari 中亚黄芪-原变种 （词义见上面解释）

Astragalus wulumuqianus 乌市黄芪：wulumuqianus 乌鲁木齐的（地名）

Astragalus wushanicus 巫山黄芪：wushanicus 巫山的（地名，重庆市）；-icus/ -icum/ -ica 属于，具有某种特性（常用于地名、起源、生境）

Astragalus xiaojinensis 小金黄芪：xiaojinensis 小金的（地名，四川省）

Astragalus yangtzeanus 扬子黄芪：yangtzeanus 扬子的，扬子江的，长江的（地名）

Astragalus yatungensis 亚东黄芪：yatungensis 亚东的（地名，西藏自治区）

Astragalus yumenensis 玉门黄芪：yumenensis 玉门的（地名，甘肃省）

Astragalus yunnanensis 云南黄芪：yunnanensis 云南的（地名）

Astragalus zaissanensis 斋桑黄芪：zaissanensis 斋桑的（地名，哈萨克斯坦）

Astragalus zayuensis 察隅黄芪：zayuensis 察隅的（地名，西藏自治区）

Astronia 褐鳞木属（野牡丹科）（53-1：p282）：astronia ← astron 星，星状的（希腊语）

Astronia ferruginea 褐鳞木：ferrugineus 铁锈的，淡棕色的；ferrugo = ferrus + ugo 铁锈（ferrugo 的词干为 ferrugin-）；词尾为 -go 的词其词干末尾视为 -gin；ferreus → ferr- 铁，铁的，铁色的，坚硬如铁的；-eus/ -eum/ -ea（接拉丁语词干时）属于……的，色如……的，质如……的（表示原料、颜色或品质的相似），（接希腊语词干时）属于……的，以……出名，为……所占有（表示具有某种特性）

Asyneuma 牧根草属（桔梗科）（73-2：p140）：asyneuma = a + syn + Phyteuma 不同于 Phyteuma 的（Phyteuma 省略为 euma）；Phyteuma 裂檐花属；a-/ an- 无，非，没有，缺乏，不具有（an- 用于元音前）（a-/ an- 为希腊语词首，对应的拉丁语词首为 e-/ ex-，相当于英语的 un-/ -less，注意词首 a- 和作为介词的 a/ ab 不同，后者的意思是"从……、由……、关于……、因为……"）；syn- 联合，共同，合起来（希腊语词首，对应的拉丁语为 co-）；syn- 的缀词音变有：sy-/ syl-/ sym-/ syn-/ syr-/ sys-（在 s、t 前面），syl-（在 l 前面），sym-（在 b 和 p 前面），syn-/ syr-（在 r 前面）；euma ← Phyteuma（桔梗科一属）

Asyneuma chinense 球果牧根草：chinense 中国的（地名）

Asyneuma fulgens 长果牧根草：fulgens/ fulgidus 光亮的，光彩夺目的；fulgo/ fulgeo 发光的，耀眼的

Asyneuma japonicum 牧根草：japonicum 日本的（地名）；-icus/ -icum/ -ica 属于，具有某种特性（常用于地名、起源、生境）

Asystasia 十万错属（另见 Asystasiella）（爵床科）（70：p215）：asystasia = a + sy + tasis 不联合伸长的；a-/ an- 无，非，没有，缺乏，不具有（an- 用于元音前）（a-/ an- 为希腊语词首，对应的拉丁语词首为 e-/ ex-，相当于英语的 un-/ -less，注意词首 a- 和作为介词的 a/ ab 不同，后者的意思是"从……、由……、关于……、因为……"）；syn- 联合，共同，合起来（希腊语词首，对应的拉丁语为 co-）；syn- 的缀词音变有：sy-/ syl-/ sym-/ syn-/ syr-/ sys-（在 s、t 前面），syl-（在 l 前面），sym-（在 b 和 p 前面），syn-/ syr-（在 r 前面）；tasis 伸长

Asystasia chelonoides 十万错：Chelone 龟头花属（玄参科）；chelone 龟（希腊语）；-oides/ -oideus/ -oideum/ -oidea/ -odes/ -eidos 像……的，类似……的，呈……状的（名词词尾）

Asystasia gangetica 宽叶十万错：gangetica（印度河流名）

Asystasia neesiana 白接骨（另见 Asystasiella neesiana）：neesiana（人名）

Asystasia salicifolia 囊管花：salici ← Salix 柳属；构词规则：以 -ix/ -iex 结尾的词其词干末尾视为 -ic，以 -ex 结尾视为 -i/ -ic，其他以 -x 结尾视为 -c；folius/ folium/ folia 叶，叶片（用于复合词）

Asystasiella 白接骨属（另见 Asystasia）（爵床科）（70：p218）：asystasiella 比十万错属小的；Asystasia 十万错属；-ellus/ -ellum/ -ella ← -ulus

小的，略微的，稍微的（小词 -ulus 在字母 e 或 i 之后有多种变缀，即 -olus/ -olum/ -ola、-ellus/ -ellum/ -ella、-illus/ -illum/ -illa，用于第一变格法名词）

Asystasiella neesiana 白接骨（另见 Asystasia neesiana）：neesiana（人名）

Atalantia 酒饼簕属（簕 lè）（芸香科）（43-2：p155）：atalantia ← Atalanta（希腊神话中的女神）

Atalantia acuminata 尖叶酒饼簕：acuminatus = acumen + atus 锐尖的，渐尖的；acumen 渐尖头；-atus/ -atum/ -ata 属于，相似，具有，完成（形容词词尾）

Atalantia buxifolia 酒饼簕：buxifolia 黄杨叶的；Buxus 黄杨属（黄杨科）；folius/ folium/ folia 叶，叶片（用于复合词）

Atalantia dasycarpa 厚皮酒饼簕：dasycarpus 粗毛果的；dasy- ← dasys 毛茸茸的，粗毛的，毛；carpus/ carpum/ carpa/ carpon ← carpos 果实（用于希腊语复合词）

Atalantia fongkaica 封开酒饼簕：fongkaica 封开的（地名，广东省）；-icus/ -icum/ -ica 属于，具有某种特性（常用于地名、起源、生境）

Atalantia guillauminii 大果酒饼簕：guillauminii（人名）；-ii 表示人名，接在以辅音字母结尾的人名后面，但 -er 除外

Atalantia henryi 薄皮酒饼簕：henryi ← Augustine Henry 或 B. C. Henry（人名，前者，1857–1930，爱尔兰医生、植物学家，曾在中国采集植物，后者，1850–1901，曾活动于中国的传教士）

Atalantia kwangtungensis 广东酒饼簕：kwangtungensis 广东的（地名）

Atelanthera 异药芥属（十字花科）（33：p370）：atelanthera 不形成花药的（指长雄蕊的药室退化为一室）；ateles 不产生的；andrus/ andros/ antherus ← aner 雄蕊，花药，雄性

Atelanthera perpusilla 异药芥：perpusillus 非常小的，微小的；per-（在 l 前面音变为 pel-）极，很，颇，甚，非常，完全，通过，遍及（表示效果加强，与 sub- 互为反义词）；pusillus 纤弱的，细小的，无价值的

Athyriaceae 蹄盖蕨科（3-2：p32）：Athyrium 蹄盖蕨属；-aceae（分类单位科的词尾，为 -aceus 的阴性复数主格形式，加到模式属的名称后或同义词的词干后以组成族群名称）

Athyriopsis 假蹄盖蕨属（蹄盖蕨科）（3-2：p325）：Athyrium 蹄盖蕨属；-opsis/ -ops 相似，稍微，带有

Athyriopsis abbreviata 岳麓山假蹄盖蕨：abbreviatus = ad + brevis + atus 缩短了的，省略的；ad- 向，到，近（拉丁语词首，表示程度加强）；构词规则：构成复合词时，词首末尾的辅音字母常同化为紧接其后的那个辅音字母（如 ad + b → abb）；brevis 短的（希腊语）；-atus/ -atum/ -ata 属于，相似，具有，完成（形容词词尾）

Athyriopsis concinna 美丽假蹄盖蕨：concinnus 精致的，高雅的，形状好看的

Athyriopsis conilii 钝羽假蹄盖蕨：conilii（人名）；-ii 表示人名，接在以辅音字母结尾的人名后面，但 -er 除外

A

Athyriopsis dickasonii 斜升假蹄盖蕨：dickasonii（人名）；-ii 表示人名，接在以辅音字母结尾的人名后面，但 -er 除外

Athyriopsis dimorphophylla 二型叶假蹄盖蕨：dimorphus 二型的，异型的；di-/ dis- 二，二数，二分，分离，不同，在……之间，从……分开（希腊语，拉丁语为 bi-/ bis-）；morphus ← morphos 形状，形态；phyllus/ phyllum/ phylla ← phyllon 叶片（用于希腊语复合词）

Athyriopsis japonica 假蹄盖蕨：japonica 日本的（地名）；-icus/ -icum/ -ica 属于，具有某种特性（常用于地名、起源、生境）

Athyriopsis japonica var. japonica 假蹄盖蕨-原变种 （词义见上面解释）

Athyriopsis japonica var. oshimensis 斜羽假蹄盖蕨：oshimensis 奄美大岛的（地名，日本）

Athyriopsis japonica var. variegata 花叶假蹄盖蕨：variegatus = variego + atus 有彩斑的，有条纹的，杂食的，杂色的；variego = varius + ago 染上各种颜色，使成五彩缤纷的，装饰，点缀，使闪出五颜六色的光彩，变化，变更，不同；varius = varus + ius 各种各样的，不同的，多型的，易变的；varus 不同的，变化的，外弯的，凸起的；-ius/ -ium/ -ia 具有……特性的（表示有关、关联、相似）；-ago 表示相似或联系，如 plumbago，铅的一种（来自 plumbum 铅），来自 -go；-go 表示一种能做工作的力量，如 vertigo，也表示事态的变化或者一种事态、趋向或病态，如 robigo（红的情况，变红的趋势，因而是铁锈），aerugo（铜锈），因此它变成一个表示具有某种质的属性的构词元素，如 lactago（具有乳浆的草），或相似性，如 ferulago（近似 ferula，阿魏）、canilago（一种 canila）

Athyriopsis jinfoshanensis 金佛山假蹄盖蕨：jinfoshanensis 金佛山的（地名，重庆市）

Athyriopsis kiusiana 中日假蹄盖蕨：kiusiana 九州的（地名，日本）

Athyriopsis longipes 昆明假蹄盖蕨：longe-/ longi- ← longus 长的，纵向的；pes/ pedis 柄，梗，茎秆，腿，足，爪（作词首或词尾，pes 的词干视为"ped-"）

Athyriopsis lushanensis 鲁山假蹄盖蕨：lushanensis 庐山的（地名，江西省）

Athyriopsis omeiensis 峨眉假蹄盖蕨：omeiensis 峨眉山的（地名，四川省）

Athyriopsis pachyphylla 阔羽假蹄盖蕨：pachyphyllus 厚叶子的；pachy- ← pachys 厚的，粗的，肥的；phyllus/ phyllum/ phylla ← phyllon 叶片（用于希腊语复合词）

Athyriopsis petersenii 毛轴假蹄盖蕨：petersenii（人名）；-ii 表示人名，接在以辅音字母结尾的人名后面，但 -er 除外

Athyriopsis pseudoconilii 阔基假蹄盖蕨：pseudoconilii 像 conilii 的；pseudo-/ pseud- ← pseudos 假的，伪的，接近，相似（但不是）；Athyriopsis conilii 钝羽假蹄盖蕨

Athyriopsis shandongensis 山东假蹄盖蕨：shandongensis 山东的（地名）

Athyrium 蹄盖蕨属（蹄盖蕨科）（3-2：p98）：

athyrium 无开口的；a-/ an- 无，非，没有，缺乏，不具有（an- 用于元音前）（a-/ an- 为希腊语词首，对应的拉丁语词首为 e-/ ex-，相当于英语的 un-/ -less，注意词首 a- 和作为介词的 a/ ab 不同，后者的意思是"从……、由……、关于……、因为……"）；thyrium 门，入口，开口

Athyrium adpressum 金平蹄盖蕨：adpressus/ appressus = ad + pressus 压紧的，压扁的，紧贴的，平卧的；ad- 向，到，近（拉丁语词首，表示程度加强）；构词规则：构成复合词时，词首末尾的辅音字母常同化为紧接其后的那个辅音字母（如 ad + p → app）；pressus 压，压力，挤压，紧密

Athyrium adscendens 斜羽蹄盖蕨：ascendens/ adscendens 上升的，向上的；反义词：descendens 下降着的

Athyrium anisopterum 宿蹄盖蕨：aniso- ← anisos 不等的，不同的，不整齐的；pterus/ pteron 翅，翼，蕨类

Athyrium araiostegioides 鹿角蹄盖蕨：araiostegioides 像小膜盖蕨属的；Araiostegia 小膜盖蕨属（骨碎补科）；-oides/ -oideus/ -oideum/ -oidea/ -odes/ -eidos 像……的，类似……的，呈……状的（名词词尾）

Athyrium arisanense 阿里山蹄盖蕨：arisanense 阿里山的（地名，属台湾省）

Athyrium attenuatum 剑叶蹄盖蕨：attenuatus = ad + tenuis + atus 渐尖的，渐狭的，变细的，变弱的；ad- 向，到，近（拉丁语词首，表示程度加强）；构词规则：构成复合词时，词首末尾的辅音字母常同化为紧接其后的那个辅音字母（如 ad + t → att）；tenuis 薄的，纤细的，弱的，瘦的，窄的

Athyrium austro-orientale 藏东南蹄盖蕨：austro-/ austr- 南方的，南半球的，大洋洲的；auster 南方，南风；orientale 东方的

Athyrium baishanzuense 百山祖蹄盖蕨：baishanzuense 百山祖的（地名，浙江省）

Athyrium baoxingense 宝兴蹄盖蕨：baoxingense 宝兴的（地名，四川省）

Athyrium biserrulatum 苍山蹄盖蕨：bi-/ bis- 二，二数，二回（希腊语为 di-）；serrulatus = serrus + ulus + atus 具细锯齿的；serrus 齿，锯齿

Athyrium bomicola 波密蹄盖蕨：bomi 波密（地名，西藏自治区）；colus ← colo 分布于，居住于，栖居，殖民（常作词尾）；colo/ colere/ colui/ cultum 居住，耕作，栽培

Athyrium brevifrons 东北蹄盖蕨：brevi- ← brevis 短的（用于希腊语复合词词首）；-frons 叶子，叶状体

Athyrium brevisorum 中缅蹄盖蕨：brevi- ← brevis 短的（用于希腊语复合词词首）；sorus ← soros 堆（指密集成簇），孢子囊群

Athyrium brevistipes 短柄蹄盖蕨：brevi- ← brevis 短的（用于希腊语复合词词首）；stipes 柄，脚，梗

Athyrium bucahwangense 圆果蹄盖蕨：bucahwangense（地名，云南西北部）

Athyrium caudatum 尾羽蹄盖蕨：caudatus = caudus + atus 尾巴的，尾巴状的，具尾的；caudus 尾巴；-atus/ -atum/ -ata 属于，相似，具有，完成

（形容词词尾）

Athyrium caudiforme 长尾蹄盖蕨：caudi- ← cauda/ caudus/ caudum 尾巴；forme/ forma 形状

Athyrium chingianum 秦氏蹄盖蕨：chingianum ← R. C. Chin 秦仁昌（人名，1898–1986，中国植物学家，蕨类植物专家），秦氏

Athyrium christensenii 中越蹄盖蕨：christensenii ← Karl Christensen（人名，蕨类分类专家）

Athyrium chungtienense 中甸蹄盖蕨：chungtienense 中甸的（地名，云南省香格里拉市的旧称）

Athyrium clarkei 芽孢蹄盖蕨：clarkei（人名）

Athyrium clivicola 坡生蹄盖蕨：clivicolus 生于山坡的，生于丘陵的（指生境）；clivus 山坡，斜坡，丘陵；colus ← colo 分布于，居住于，栖居，殖民（常作词尾）；colo/ colere/ colui/ cultum 居住，耕作，栽培

Athyrium clivicola var. **clivicola** 坡生蹄盖蕨-原变种 （词义见上面解释）

Athyrium clivicola var. **rotundum** 圆羽蹄盖蕨：rotundus 圆形的，呈圆形的，肥大的；rotundo 使呈圆形，使圆滑；roto 旋转，滚动

Athyrium contingens 短羽蹄盖蕨：contingens 接近的，接触的，邻近的

Athyrium costulalisorum 川西蹄盖蕨：costulalisorus = costus + ulus + aris + sorus 属于小肋状孢子囊群的；costus 主脉，叶脉，肋，肋骨；-ulus/ -ulum/ -ula 小的，略微的，稍微的（小词 -ulus 在字母 e 或 i 之后有多种变缀，即 -olus/ -olum/ -ola、-ellus/ -ellum/ -ella、-illus/ -illum/ -illa，与第一变格法和第二变格法名词形成复合词）；-aris（阳性、阴性）/ -are（中性） ← -alis（阳性、阴性）/ -ale（中性）属于，相似，如同，具有，涉及，关于，联结于（将名词作形容词用，其中 -aris 常用于以 l 或 r 为词干末尾的词）；sorus ← soros 堆（指密集成簇），孢子囊群

Athyrium crassipes 粗柄蹄盖蕨：crassi- ← crassus 厚的，粗的，多肉质的；pes/ pedis 柄，梗，茎秆，腿，足，爪（作词首或词尾，pes 的词干视为"ped-"）

Athyrium criticum 蒿坪蹄盖蕨：criticus 值得注意的

Athyrium cryptogrammoides 合欢山蹄盖蕨：Cryptogramma 珠蕨属（中国蕨科）；-oides/ -oideus/ -oideum/ -oidea/ -odes/ -eidos 像……的，类似……的，呈……状的（名词词尾）

Athyrium daxianglingense 大相岭蹄盖蕨（相 xiàng）：daxianglingense 大兴安岭的（地名）

Athyrium decorum 林光蹄盖蕨：decorus 美丽的，漂亮的，装饰的；decor 装饰，美丽

Athyrium delavayi 翅轴蹄盖蕨：delavayi ← P. J. M. Delavay（人名，1834–1895，法国传教士，曾在中国采集植物标本）；-i 表示人名，接在以元音字母结尾的人名后面，但 -a 除外

Athyrium delicatulum 薄叶蹄盖蕨：delicatulus 略优美的，略美味的；delicatus 柔软的，细腻的，优美的，美味的；delicia 优雅，喜悦，美味；-ulus/ -ulum/ -ula 小的，略微的，稍微的（小词 -ulus 在字母 e 或 i 之后有多种变缀，即 -olus/ -olum/ -ola、-ellus/ -ellum/ -ella、-illus/ -illum/ -illa，与第一变格法和第二变格法名词形成复合词）

Athyrium deltoidofrons 溪边蹄盖蕨：deltoideus/ deltoides 三角形的，正三角形的；delta 三角；-frons 叶子，叶状体

Athyrium deltoidofrons var. **deltoidofrons** 溪边蹄盖蕨-原变种 （词义见上面解释）

Athyrium deltoidofrons var. **gracillinum** 瘦叶蹄盖蕨：gracillinum（可能是"gracillimum"的误拼）；gracillimus 极细长的，非常纤细的；gracilis 细长的，纤弱的，丝状的；-limus/ -lima/ -limum 最，非常，极其（以 -ilis 结尾的形容词最高级，将末尾的 -is 换成 l + imus，从而构成 -illimus）

Athyrium dentigerum 希陶蹄盖蕨：dentus 齿，牙齿；gerus → -ger/ -gerus/ -gerum/ -gera 具有，有，带有

Athyrium dentilobum 齿尖蹄盖蕨：dentus 齿，牙齿；lobus/ lobos/ lobon 浅裂，耳片（裂片先端钝圆），荚果，蒴果

Athyrium devolii 湿生蹄盖蕨：devolii（人名）；-ii 表示人名，接在以辅音字母结尾的人名后面，但 -er 除外

Athyrium dissitifolium 疏叶蹄盖蕨：dissitifolius 稀疏叶的，少叶的；dissitus 分离的，稀疏的，松散的；di-/ dis- 二，二数，二分，分离，不同，在……之间，从……分开（希腊语，拉丁语为 bi-/ bis-）；situs 位置，位于；folius/ folium/ folia 叶，叶片（用于复合词）

Athyrium dissitifolium var. **dissitifolium** 疏叶蹄盖蕨-原变种 （词义见上面解释）

Athyrium dissitifolium var. **funebre** 二回疏叶蹄盖蕨：funebris 坟墓的，阴郁的

Athyrium dissitifolium var. **kulhaitense** 库尔海蹄盖蕨：kulhaitense ← Kulhaite（地名，印度北部）

Athyrium drepanopterum 多变蹄盖蕨：drepano- 镰刀形弯曲的，镰形的；pterus/ pteron 翅，翼，蕨类

Athyrium dubium 毛翼蹄盖蕨：dubius 可疑的，不确定的

Athyrium dulongicolum 独龙江蹄盖蕨：dulongicolum 分布于独龙江的；colus ← colo 分布于，居住于，栖居，殖民（常作词尾）；colo/ colere/ colui/ cultum 居住，耕作，栽培

Athyrium elongatum 长叶蹄盖蕨：elongatus 伸长的，延长的；elongare 拉长，延长；longus 长的，纵向的；e-/ ex- 不，无，非，缺乏，不具有（e- 用在辅音字母前，ex- 用在元音字母前，为拉丁语词首，对应的希腊语词首为 a-/ an-，英语为 un-/ -less，注意作词首用的 e-/ ex- 和介词 e/ ex 意思不同，后者意为"出自、从……、由……离开、由于、依照"）

Athyrium emeicola 石生蹄盖蕨：emei 峨眉山（地名，四川省）；colus ← colo 分布于，居住于，栖居，殖民（常作词尾）；colo/ colere/ colui/ cultum 居住，耕作，栽培

Athyrium epirachis 轴果蹄盖蕨：epirachis 生于轴上的；epi- 上面的，表面的，在上面；rachis/

A

rhachis 主轴，花序轴，叶轴，脊棱（指着生小叶或花的部分的中轴，如羽状复叶、穗状花序总柄基部以外的部分）

Athyrium erythropodum 红柄蹄盖蕨：erythropodus 红柄的；erythr-/ erythro- ← erythros 红色的（希腊语）；podus/ pus 柄，梗，茎秆，足，腿

Athyrium excelsium 高超蹄盖蕨：excelsius 较高的，较高贵的

Athyrium exindusiatum 无盖蹄盖蕨：exindusiatus 无包被的；e-/ ex- 不，无，非，缺乏，不具有（e- 用在辅音字母前，ex- 用在元音字母前，为拉丁语词首，对应的希腊语词首为 a-/ an-，英语为 un-/ -less，注意作词首用的 e-/ ex- 和介词 e/ ex 意思不同，后者意为"出自、从……、由……离开、由于、依照"）；indusiatus 有包膜的，有包被的；indusium 薄膜（子囊群的薄膜）；induo 加外包装

Athyrium fallaciosum 麦秆蹄盖蕨：fallaciosus = fallax + osus 假的，欺骗的；fallax 假的，迷惑的；构词规则：以 -ix/ -iex 结尾的词其词干末尾视为 -ic，以 -ex 结尾视为 -i/ -ic，其他以 -x 结尾视为 -c；-osus/ -osum/ -osa 多的，充分的，丰富的，显著发育的，程度高的，特征明显的（形容词词尾）

Athyrium fangii 方氏蹄盖蕨：fangii（人名）；-ii 表示人名，接在以辅音字母结尾的人名后面，但 -er 除外

Athyrium fauriei 佛瑞蹄盖蕨：fauriei ← L'Abbe Urbain Jean Faurie（人名，19 世纪活动于日本的法国传教士、植物学家）

Athyrium fimbriatum 喜马拉雅蹄盖蕨：fimbriatus = fimbria + atus 具长缘毛的，具流苏的，具锯齿状裂的（指花瓣）；fimbria → fimbri- 流苏，长缘毛；-atus/ -atum/ -ata 属于，相似，具有，完成（形容词词尾）

Athyrium flabellulatum 狭叶蹄盖蕨：flabellulatus = flabellus + ulus + atus 具小扇子的，小扇形的；flabellus 扇子，扇形的；flabellulus 小扇子

Athyrium foliolosum 大盖蹄盖蕨：foliosus = folius + ulus + osus 多叶的，叶小而多的；folius/ folium/ folia → foli-/ folia- 叶，叶片；-ulus/ -ulum/ -ula 小的，略微的，稍微的（小词 -ulus 在字母 e 或 i 之后有多种变缀，即 -olus/ -olum/ -ola、-ellus/ -ellum/ -ella、-illus/ -illum/ -illa，与第一变格法和第二变格法名词形成复合词）；-osus/ -osum/ -osa 多的，充分的，丰富的，显著发育的，程度高的，特征明显的（形容词词尾）

Athyrium glandulosum 腺毛蹄盖蕨：glandulosus = glandus + ulus + osus 被细腺的，具腺体的，腺体质的；glandus ← glans 腺体；-ulus/ -ulum/ -ula 小的，略微的，稍微的（小词 -ulus 在字母 e 或 i 之后有多种变缀，即 -olus/ -olum/ -ola、-ellus/ -ellum/ -ella、-illus/ -illum/ -illa，与第一变格法和第二变格法名词形成复合词）；-osus/ -osum/ -osa 多的，充分的，丰富的，显著发育的，程度高的，特征明显的（形容词词尾）

Athyrium guangnanense 广南蹄盖蕨：guangnanense 广南的（地名，云南省）

Athyrium hainanense 海南蹄盖蕨：hainanense 海南的（地名）

Athyrium × heterosporum 异孢蹄盖蕨：hete-/ heter-/ hetero- ← heteros 不同的，多样的，不齐的；sporus ← sporos → sporo- 孢子，种子

Athyrium himalaicum 中锡蹄盖蕨：himalaicum 喜马拉雅的（地名）；-icus/ -icum/ -ica 属于，具有某种特性（常用于地名、起源、生境）

Athyrium hirtirachis 毛轴蹄盖蕨：hirtus 有毛的，粗毛的，刚毛的（长而明显的毛）；rachis/ rhachis 主轴，花序轴，叶轴，脊棱（指着生小叶或花的部分的中轴，如羽状复叶、穗状花序总柄基部以外的部分）

Athyrium × hohuanshanense 尖阿蹄盖蕨：hohuanshanense 合欢山的（地名，属台湾省）

Athyrium imbricatum 密羽蹄盖蕨：imbricatus/ imbricans 重叠的，覆瓦状的

Athyrium infrapuberulum 凌云蹄盖蕨：infrapuberulum 基部略带毛的；infra 下部，下位，基础；puberulus = puberus + ulus 略被柔毛的，被微柔毛的；-ulus/ -ulum/ -ula 小的，略微的，稍微的（小词 -ulus 在字母 e 或 i 之后有多种变缀，即 -olus/ -olum/ -ola、-ellus/ -ellum/ -ella、-illus/ -illum/ -illa，与第一变格法和第二变格法名词形成复合词）

Athyrium interjectum 居中蹄盖蕨：interjacens/ interjectus 居间的，中间部位的；inter- 中间的，在中间，之间；jectus/ jacens 毗邻，相邻，连接

Athyrium intermixtum 中间蹄盖蕨：intermixtus 混杂的，混入的；inter- 中间的，在中间，之间；mixtus 混合的，杂种的

Athyrium iseanum 长江蹄盖蕨：iseanum 伊势的（地名，日本）

Athyrium iseanum var. chuanqianense 川黔蹄盖蕨：chuanqianense 川黔的（地名，四川省和贵州省）

Athyrium iseanum var. iseanum 长江蹄盖蕨-原变种 （词义见上面解释）

Athyrium jinshajiangense 金沙江蹄盖蕨：jinshajiangense 金沙江的（地名，云南省）

Athyrium kenzo-satakei 紫柄蹄盖蕨：kenzo-satakei（人名）

Athyrium kenzo-satakei var. jieguishanense 介贵山蹄盖蕨：jieguishanense 介贵山的（地名，广西壮族自治区）

Athyrium kenzo-satakei var. kenzo-satakei 紫柄蹄盖蕨-原变种 （词义见上面解释）

Athyrium kuratae 仓田蹄盖蕨（种加词有时错印为"kruatae"）：kuratae 仓田（日本人名）；-ae 表示人名，以 -a 结尾的人名后面加上 -e 形成

Athyrium lineare 线羽蹄盖蕨：lineare 线状的，亚麻状的；lineus = linum + eus 线状的，丝状的，亚麻状的；linum ← linon 亚麻，线（古拉丁名）

Athyrium longius 长柄蹄盖蕨：longius 长的

Athyrium ludingense 泸定蹄盖蕨：ludingense 泸定的（地名，四川省）

Athyrium mackinnonii 川滇蹄盖蕨：mackinnonii（人名）；-ii 表示人名，接在以辅音字母结尾的人名后面，但 -er 除外

Athyrium mackinnonii var. glabratum 光轴蹄盖蕨：glabratus = glabrus + atus 脱毛的，光滑的；glabrus 光秃的，无毛的，光滑的；-atus/ -atum/ -ata 属于，相似，具有，完成（形容词词尾）

Athyrium mackinnonii var. mackinnonii 川滇蹄盖蕨-原变种 （词义见上面解释）

Athyrium mackinnonii var. yigongense 易贡蹄盖蕨：yigongense 易贡的（地名，西藏自治区）

Athyrium maoshanense 昴山蹄盖蕨（昴 mǎo）：maoshanense 昴山的（地名，浙江省）

Athyrium medogense 墨脱蹄盖蕨：medogense 墨脱的（地名，西藏自治区）

Athyrium mehrae 狭基蹄盖蕨：mehrae（人名）；-ae 表示人名，以 -a 结尾的人名后面加上 -e 形成

Athyrium melanolepis 黑鳞蹄盖蕨：mel-/ mela-/ melan-/ melano- ← melanus ← melas/ melanos 黑色的，浓黑色的，暗色的；lepis/ lepidos 鳞片；Melanolepis 墨鳞属（大戟科）

Athyrium mengtzeense 蒙自蹄盖蕨：mengtzeense 蒙自的（地名，云南省）

Athyrium minimum 小蹄盖蕨：minimus 最小的，很小的

Athyrium multipinnum 多羽蹄盖蕨：multi- ← multus 多个，多数，很多（希腊语为 poly-）；pinnus/ pennus 羽毛，羽状，羽片

Athyrium nakanoi 红苞蹄盖蕨：nakanoi（人名）；-i 表示人名，接在以元音字母结尾的人名后面，但 -a 除外

Athyrium nanyueense 南岳蹄盖蕨（种加词有时误拼为 "nayueense"）：nanyueense 南岳的，衡山的（地名，湖南省）

Athyrium nephrodioides 疏羽蹄盖蕨：Nephrodium → Dryopteris 鳞毛蕨属（鳞毛蕨科）；nephro-/ nephr- ← nephros 肾脏，肾形；-oides/ -oideus/ -oideum/ -oidea/ -odes/ -eidos 像……的，类似……的，呈……状的（名词词尾）

Athyrium nigripes 黑足蹄盖蕨：nigripes 具黑柄的；nigrus 黑色的；niger 黑色的；pes/ pedis 柄，梗，茎秆，腿，足，爪（作词首或词尾，pes 的词干视为 "ped-"）

Athyrium niponicum 日本蹄盖蕨：niponicum 日本的（地名）；-icus/ -icum/ -ica 属于，具有某种特性（常用于地名、起源、生境）

Athyrium niponicum f. cristato-flabellatum 鸡冠蹄盖蕨（冠 guān）：cristato- ← cristatus = crista + atus 鸡冠的，鸡冠状的，扇形的，山脊状的；crista 鸡冠，山脊，网壁；flabellatus = flabellus + atus 扇形的；flabellus 扇子，扇形的

Athyrium niponicum f. niponicum 日本蹄盖蕨-原变型 （词义见上面解释）

Athyrium nudifrons 滇西蹄盖蕨：nudi- ← nudus 裸露的；-frons 叶子，叶状体

Athyrium nyalamense 聂拉木蹄盖蕨：nyalamense 聂拉木的（地名，西藏南部）

Athyrium nyalamense var. nyalamense 聂拉木蹄盖蕨-原变种 （词义见上面解释）

Athyrium nyalamense var. puberulum 毛聂拉木蹄盖蕨：puberulus = puberus + ulus 略被柔毛的，被微柔毛的；puberus 多毛的，毛茸茸的；-ulus/ -ulum/ -ula 小的，略微的，稍微的（小词 -ulus 在字母 e 或 i 之后有多种变缀，即 -olus/ -olum/ -ola、-ellus/ -ellum/ -ella、-illus/ -illum/ -illa，与第一变格法和第二变格法名词形成复合词）

Athyrium obtusilimbum 钝顶蹄盖蕨：obtusus 钝的，钝形的，略带圆形的；limbus 冠檐，萼檐，瓣片，叶片

Athyrium omeiense 峨眉蹄盖蕨：omeiense 峨眉山的（地名，四川省）

Athyrium oppositipinnum 对生蹄盖蕨：oppositi- ← oppositus = ob + positus 相对的，对生的；ob- 相反，反对，倒（ob- 有多种音变：ob- 在元音字母和大多数辅音字母前面，oc- 在 c 前面，of- 在 f 前面，op- 在 p 前面）；positus 放置，位置；pinnus/ pennus 羽毛，羽状，羽片

Athyrium otophorum 光蹄盖蕨：otophorus = otos + phorus 具耳的；otos 耳朵；-phorus/ -phorum/ -phora 载体，承载物，支持物，带着，生着，附着（表示一个部分带着别的部分，包括起支撑或承载作用的柄、柱、托、囊等，如 gynophorum = gynus + phorum 雌蕊柄的，带有雌蕊的，承载雌蕊的）；gynus/ gynum/ gyna 雌蕊，子房，心皮

Athyrium pachyphyllum 裸囊蹄盖蕨：pachyphyllus 厚叶子的；pachy- ← pachys 厚的，粗的，肥的；phyllus/ phyllum/ phylla ← phyllon 叶片（用于希腊语复合词）

Athyrium pectinatum 篦齿蹄盖蕨：pectinatus/ pectinaceus 栉齿状的；pectini-/ pectino-/ pectin- ← pecten 篦子，梳子；-aceus/ -aceum/ -acea 相似的，有……性质的，属于……的

Athyrium × pseudocryptogrammoides 黑合蹄盖蕨：pseudocryptogrammoides 像 cryptogrammoides 的；pseudo-/ pseud- ← pseudos 假的，伪的，接近，相似（但不是）；Athyrium cryptogrammoides 合欢山蹄盖蕨；Cryptogramma 珠蕨属（中国蕨科）；-oides/ -oideus/ -oideum/ -oidea/ -odes/ -eidos 像……的，类似……的，呈……状的（名词词尾）

Athyrium pubicostatum 贵州蹄盖蕨：pubi- ← pubis 细柔毛的，短柔毛的，毛被的；costatus 具肋的，具脉的，具中脉的（指脉明显）；costus 主脉，叶脉，肋，肋骨

Athyrium reflexipinnum 逆叶蹄盖蕨：reflexipinnus 反曲羽片的；reflexus 反曲的，后曲的；re- 返回，相反，再次，重复，向后，回头；flexus ← flecto 扭曲的，卷曲的，弯弯曲曲的，柔性的；flecto 弯曲，使扭曲；pinnus/ pennus 羽毛，羽状，羽片

Athyrium rhachidosorum 轴生蹄盖蕨：rachis/ rhachis 主轴，花序轴，叶轴，脊棱（指着生小叶或花的部分的中轴，如羽状复叶、穗状花序总柄基部以外的部分）；sorus ← soros 堆（指密集成簇），孢子囊群

Athyrium roseum 玫瑰蹄盖蕨：roseus = rosa + eus 像玫瑰的，玫瑰色的，粉红色的；rosa 蔷薇（古拉丁名）← rhodon 蔷薇（希腊语）← rhodd 红色，玫瑰红（凯尔特语）；-eus/ -eum/ -ea（接拉丁语词干时）属于……的，色如……的，质如……的（表

A

示原料、颜色或品质的相似），（接希腊语词干时）属于……的，以……出名，为……所占有（表示具有某种特性）

Athyrium roseum var. fugongense 福贡蹄盖蕨：fugongense 福贡的（地名，云南省）

Athyrium roseum var. roseum 玫瑰蹄盖蕨-原变种 （词义见上面解释）

Athyrium rubripes 黑龙江蹄盖蕨：rubr-/ rubri-/ rubro- ← rubrus 红色；pes/ pedis 柄，梗，茎秆，腿，足，爪（作词首或词尾，pes 的词干视为 "ped-"）

Athyrium ruilicolum 瑞丽蹄盖蕨：ruilicolum 分布于瑞丽的；ruili 瑞丽（地名，云南省）；colus ← colo 分布于，居住于，栖居，殖民（常作词尾）；colo/ colere/ colui/ cultum 居住，耕作，栽培

Athyrium rupicola 岩生蹄盖蕨：rupicolus/ rupestris 生于岩壁的，岩栖的；rup-/ rupi- ← rupes/ rupis 岩石的；colus ← colo 分布于，居住于，栖居，殖民（常作词尾）；colo/ colere/ colui/ cultum 居住，耕作，栽培

Athyrium sericellum 绢毛蹄盖蕨（绢 juàn）：sericellus 稍有绢丝的；sericus 绢丝的，绢毛的，赛尔人的（Ser 为印度一民族）；-ellus/ -ellum/ -ella ← -ulus 小的，略微的，稍微的（小词 -ulus 在字母 e 或 i 之后有多种变缀，即 -olus/ -olum/ -ola、-ellus/ -ellum/ -ella、-illus/ -illum/ -illa，用于第一变格法名词）

Athyrium sessilipinnum 轴羽蹄盖蕨：sessilipinnum 无柄羽片的；sessile-/ sessili-/ sessil- ← sessilis 无柄的，无茎的，基生的，基部的；pinnus/ pennus 羽毛，羽状，羽片

Athyrium silvicola 高山蹄盖蕨：silvicola 生于森林的；silva/ sylva 森林；colus ← colo 分布于，栖居，殖民（常作词尾）；colo/ colere/ colui/ cultum 居住，耕作，栽培

Athyrium sinense 中华蹄盖蕨：sinense = Sina + ense 中国的（地名）；Sina 中国

Athyrium strigillosum 软刺蹄盖蕨：strigillosus = striga + illus + osus 鬃毛的，刷毛的；striga 条纹的，网纹的（如种子具网纹），糙伏毛的；-osus/ -osum/ -osa 多的，充分的，丰富的，显著发育的，程度高的，特征明显的（形容词词尾）；-ellus/ -ellum/ -ella ← -ulus 小的，略微的，稍微的（小词 -ulus 在字母 e 或 i 之后有多种变缀，即 -olus/ -olum/ -ola、-ellus/ -ellum/ -ella、-illus/ -illum/ -illa，用于第一变格法名词）

Athyrium subrigescens 姬蹄盖蕨：subrigescens 像 rigescens 的，稍硬的；sub-（表示程度较弱）与……类似，几乎，稍微，弱，亚，之下，下面；Athyrium rigescens 光蹄盖蕨（另见 Athyrium otophorum）；rigescens 稍硬的

Athyrium suprapuberulum 毛叶蹄盖蕨：supra- 上部的；puberulus = puberus + ulus 略被柔毛的，被微柔毛的

Athyrium suprapubescens 上毛蹄盖蕨：supra- 上部的；pubescens ← pubens 被短柔毛的，长出柔毛的；pubesco/ pubescere 长成的，变为成熟的，长出柔毛的，青春期体毛的；-escens/ -ascens 改变，转

变，变成，略微，带有，接近，相似，大致，稍微（表示变化的趋势，并未完全相似或相同，有别于表示达到完成状态的 -atus）

Athyrium supraspinescens 腺叶蹄盖蕨：supra- 上部的；spinus 刺，针刺；-escens/ -ascens 改变，转变，变成，略微，带有，接近，相似，大致，稍微（表示变化的趋势，并未完全相似或相同，有别于表示达到完成状态的 -atus）

Athyrium tarulakaense 察陇蹄盖蕨（陇 lǒng）：tarulakaense（地名，云南省）

Athyrium tripinnatum 三回蹄盖蕨：tri-/ tripli-/ triplo- 三个，三数；pinnatus = pinnus + atus 羽状的，具羽的；pinnus/ pennus 羽毛，羽状，羽片；-atus/ -atum/ -ata 属于，相似，具有，完成（形容词词尾）

Athyrium uniforme 同形蹄盖蕨：uni-/ uno- ← unus/ unum/ una 一，单一（希腊语为 mono-/ mon-）；forme/ forma 形状

Athyrium venulosum 粗脉蹄盖蕨：venulosus 多脉的，叶脉短而多的；venus 脉，叶脉，血脉，血管；-ulosus = ulus + osus 小而多的；-ulus/ -ulum/ -ula 小的，略微的，稍微的（小词 -ulus 在字母 e 或 i 之后有多种变缀，即 -olus/ -olum/ -ola、-ellus/ -ellum/ -ella、-illus/ -illum/ -illa，与第一变格法和第二变格法名词形成复合词）；-osus/ -osum/ -osa 多的，充分的，丰富的，显著发育的，程度高的，特征明显的（形容词词尾）

Athyrium vidalii 尖头蹄盖蕨：vidalii（人名）；-ii 表示人名，接在以辅音字母结尾的人名后面，但 -er 除外

Athyrium vidalii var. amabile 松谷蹄盖蕨：amabilis 可爱的，有魅力的；amor 爱；-ans/ -ens/ -bilis/ -ilis 能够，可能（为形容词词尾，-ans/ -ens 用于主动语态，-bilis/ -ilis 用于被动语态）

Athyrium vidalii var. vidalii 尖头蹄盖蕨-原变种（词义见上面解释）

Athyrium viviparum 胎生蹄盖蕨：viviparus = vivus + parus 胎生的，零余子的，母体上发芽的；vivus 活的，新鲜的；-parus ← parens 亲本，母体

Athyrium wallichianum 黑秆蹄盖蕨：wallichianum ← Nathaniel Wallich（人名，19 世纪初丹麦植物学家、医生）

Athyrium wangii 启无蹄盖蕨：wangii（人名）；-ii 表示人名，接在以辅音字母结尾的人名后面，但 -er 除外

Athyrium wardii 华中蹄盖蕨：wardii ← Francis Kingdon-Ward（人名，20 世纪英国植物学家）

Athyrium wardii var. densipinnum 密羽华中蹄盖蕨：densus 密集的，繁茂的；pinnus/ pennus 羽毛，羽状，羽片

Athyrium wardii var. glabratum 无毛华中蹄盖蕨：glabratus = glabrus + atus 脱毛的，光滑的；glabrus 光秃的，无毛的，光滑的；-atus/ -atum/ -ata 属于，相似，具有，完成（形容词词尾）

Athyrium wardii var. wardii 华中蹄盖蕨-原变种（词义见上面解释）

Athyrium wumonshanicum 乌蒙山蹄盖蕨（蒙 méng）：wumonshanicum 乌蒙山的（地名，云南

A

省）；-icus/ -icum/ -ica 属于，具有某种特性（常用于地名、起源、生境）

Athyrium xichouense 西畴蹄盖蕨：xichouense 西畴的（地名，云南省）

Athyrium yokoscense 禾秆蹄盖蕨：yokoscense 横须贺的（地名，日本）

Athyrium yokoscense var. kirisimaense 宽鳞蹄盖蕨：kirisimaense（地名）

Athyrium yuanyangense 元阳蹄盖蕨：yuanyangense 元阳的（地名，云南省）

Athyrium yui 俞氏蹄盖蕨：yui 俞氏（人名）；-i 表示人名，接在以元音字母结尾的人名后面，但 -a 除外

Athyrium zayuense 察隅蹄盖蕨：zayuense 察隅的（地名，西藏自治区）

Athyrium zhenfengense 贞丰蹄盖蕨：zhenfengense 浙江的（地名）

Atractylodes 苍术属（术 zhú）（菊科）（78-1：p23）：Atractylis 羽叶苍术属；atractylis ← atrakton 纺锤形的（指硬质总苞）；-oides/ -oideus/ -oideum/ -oidea/ -odes/ -eidos 像……的，类似……的，呈……状的（名词词尾）

Atractylodes carlinoides 鄂西苍术：carlinoides 像刺苞菊的；Carlina 刺苞菊属（菊科）；-oides/ -oideus/ -oideum/ -oidea/ -odes/ -eidos 像……的，类似……的，呈……状的（名词词尾）

Atractylodes coreana 朝鲜苍术：coreana 朝鲜的（地名）

Atractylodes japonica 关苍术：japonica 日本的（地名）；-icus/ -icum/ -ica 属于，具有某种特性（常用于地名、起源、生境）

Atractylodes lancea 苍术：lancea ← John Henry Lance（人名，19 世纪英国植物学家）；lanceus 披针形的，矛形的，尖刀状的，柳叶刀状的；Lancea 肉果草属（玄参科）

Atractylodes macrocephala 白术：macro-/ macr- ← macros 大的，宏观的（用于希腊语复合词）；cephalus/ cephale ← cephalos 头，头状花序

Atraphaxis 木蓼属（蓼 liǎo）（蓼科）（25-1：p133）：atraphaxis 木蓼（希腊语名）

Atraphaxis bracteata 沙木蓼：bracteatus = bracteus + atus 具苞片的；bracteus 苞，苞片，苞鳞；-atus/ -atum/ -ata 属于，相似，具有，完成（形容词词尾）

Atraphaxis canescens 糙叶木蓼：canescens 变灰色的，淡灰色的；canens 使呈灰色的；canus 灰色的，灰白色的；-escens/ -ascens 改变，转变，变成，略微，带有，接近，相似，大致，稍微（表示变化的趋势，并未完全相似或相同，有别于表示达到完成状态的 -atus）

Atraphaxis compacta 拳木蓼：compactus 小型的，压缩的，紧凑的，致密的，稠密的；pactus 压紧，紧缩；co- 联合，共同，合起来（拉丁语词首，为 cum- 的音变，表示结合、强化、完全，对应的希腊语为 syn-）；co- 的缀词音变有 co-/ com-/ con-/ col-/ cor-：co-（在 h 和元音字母前面），col-（在 l 前面），com-（在 b、m、p 之前），con-（在 c、d、f、g、j、n、qu、s、t 和 v 前面），cor-（在 r 前面）

Atraphaxis decipiens 细枝木蓼：decipiens 欺骗的，虚假的，迷惑的（表示和另外的种非常近似）

Atraphaxis frutescens 木蓼：frutescens = frutex + escens 变成灌木状的，略呈灌木状的；frutex 灌木；-escens/ -ascens 改变，转变，变成，略微，带有，接近，相似，大致，稍微（表示变化的趋势，并未完全相似或相同，有别于表示达到完成状态的 -atus）

Atraphaxis frutescens var. frutescens 木蓼-原变种（词义见上面解释）

Atraphaxis frutescens var. papillosa 乳头叶木蓼：papillosus 乳头状的；papilli- ← papilla 乳头的，乳突的；-osus/ -osum/ -osa 多的，充分的，丰富的，显著发育的，程度高的，特征明显的（形容词词尾）

Atraphaxis jrtyschensis 额河木蓼：jrtyschensis 额尔齐斯河的（地名，新疆维吾尔自治区，也拼写为"irtyschensis"）

Atraphaxis laetevirens 绿叶木蓼：laetevirens 鲜绿色的，淡绿色的；laete 光亮地，鲜艳地；virens 绿色的，变绿的

Atraphaxis manshurica 东北木蓼：manshurica 满洲的（地名，中国东北，日语读音）

Atraphaxis pungens 锐枝木蓼：pungens 硬尖的，针刺的，针刺般的，辛辣的；pungo/ pupugi/ punctum 扎，刺，使痛苦

Atraphaxis pyrifolia 梨叶木蓼：pyrus/ pirus ← pyros 梨，梨树，核，核果，小麦，谷物；pyrum/ pirum 梨；folius/ folium/ folia 叶，叶片（用于复合词）

Atraphaxis spinosa 刺木蓼：spinosus = spinus + osus 具刺的，多刺的，长满刺的；spinus 刺，针刺；-osus/ -osum/ -osa 多的，充分的，丰富的，显著发育的，程度高的，特征明显的（形容词词尾）

Atriplex 滨藜属（藜科）（25-2：p28）：atriplex（滨藜属一种植物的古拉丁名）

Atriplex aucheri 野榆钱菠菜：aucheri ← Piere Martin Remi Aucher-Eloy（人名，19 世纪早期法国植物学家）；-eri 表示人名，在以 -er 结尾的人名后面加上 i 形成

Atriplex cana 白滨藜：canus 灰色的，灰白色的

Atriplex canescens 四翅滨藜：canescens 变灰色的，淡灰色的；canens 使呈灰色的；canus 灰色的，灰白色的；-escens/ -ascens 改变，转变，变成，略微，带有，接近，相似，大致，稍微（表示变化的趋势，并未完全相似或相同，有别于表示达到完成状态的 -atus）

Atriplex centralasiatica 中亚滨藜：centralasiatica = centralis + asiaticus 中亚的（地名）；centralis/ centralium 中部的，中央的；asiaticus 亚洲的（地名）

Atriplex centralasiatica var. centralasiatica 中亚滨藜-原变种（词义见上面解释）

Atriplex centralasiatica var. megalotheca 大苞滨藜：mega-/ megal-/ megalo- ← megas 大的，巨大的；theca ← thekion（希腊语）盒子，室（花药的药室）

Atriplex dimorphostegia 犁苞滨藜：dimorphus 二型的，异型的；di-/ dis- 二，二数，二分，分离，不同，在……之间，从……分开（希腊语，拉丁语为

bi-/ bis-）；morphus ← morphos 形状，形态；stegius ← stege/ stegon 盖子，加盖，覆盖，包裹，遮盖物

Atriplex dimorphostegia var. dimorphostegia 犁苞滨藜-原变种 （词义见上面解释）

Atriplex dimorphostegia var. sagittiformis 箭苞滨藜：sagittatus/ sagittalis 箭头状的；sagita/ sagitta 箭，箭头；-atus/ -atum/ -ata 属于，相似，具有，完成（形容词词尾）；formis/ forma 形状

Atriplex fera 野滨藜：ferus 野生的（独立使用的"ferus"与作词尾用的"ferus"意思不同）；-ferus/ -ferum/ -fera/ -fero/ -fere/ -fer 有，具有，产

Atriplex hastata 戟叶滨藜：hastatus 戟形的，三尖头的（两侧基部有朝外的三角形裂片）；hasta 长矛，标枪

Atriplex hortensis 榆钱菠菜：hortensis 属于园圃的，属于园艺的；hortus 花园，园圃

Atriplex laevis 光滨藜：laevis/ levis/ laeve/ leve → levi-/ laevi- 光滑的，无毛的，无不平或粗糙感觉的

Atriplex maximowicziana 海滨藜：maximowicziana ← C. J. Maximowicz 马克希莫夫（人名，1827–1891，俄国植物学家）

Atriplex micrantha 异苞滨藜：micr-/ micro- ← micros 小的，微小的，微观的（用于希腊语复合词）；anthus/ anthum/ antha/ anthe ← anthos 花（用于希腊语复合词）

Atriplex nummularia 大洋洲滨藜：nummularius = nummus + ulus + arius 古钱形的，圆盘状的；nummulus 硬币；nummus/ numus 钱币，货币；-ulus/ -ulum/ -ula 小的，略微的，稍微的（小词 -ulus 在字母 e 或 i 之后有多种变缀，即 -olus/ -olum/ -ola、-ellus/ -ellum/ -ella、-illus/ -illum/ -illa，与第一变格法和第二变格法名词形成复合词）；-arius/ -arium/ -aria 相似，属于（表示地点，场所，关系，所属）

Atriplex oblongifolia 草地滨藜：oblongus = ovus + longus 长椭圆形的（ovus 的词干 ov- 音变为 ob-）；ovus 卵，胚珠，卵形的，椭圆形的；longus 长的，纵向的；folius/ folium/ folia 叶，叶片（用于复合词）

Atriplex patens 滨藜：patens 开展的（呈 90°），伸展的，传播的，飞散的；patentius 开展的，伸展的，传播的，飞散的

Atriplex repens 匍匐滨藜：repens/ repentis/ repsi/ reptum/ repere/ repo 匍匐，爬行（同义词：reptans/ reptoare）

Atriplex sibirica 西伯利亚滨藜：sibirica 西伯利亚的（地名，俄罗斯）；-icus/ -icum/ -ica 属于，具有某种特性（常用于地名、起源、生境）

Atriplex tatarica 鞑靼滨藜（鞑靼 dá dá）：tatarica ← Tatar 鞑靼的（古代欧亚大草原不同游牧民族的泛称，有多种音译：达怛、达靼、塔坦、鞑靼、达打、达达）

Atriplex tatarica var. pamirica 帕米尔滨藜：pamirica 帕米尔的（地名，中亚东南部高原，跨塔吉克斯坦、中国、阿富汗）；-icus/ -icum/ -ica 属于，具有某种特性（常用于地名、起源、生境）

Atriplex verrucifera 疣苞滨藜：verrucus ←

verrucos 疣状物；-ferus/ -ferum/ -fera/ -fero/ -fere/ -fer 有，具有，产（区别：作独立词使用的 ferus 意思是"野生的"）

Atropa 颠茄属（茄 qié）（茄科）（67-1：p18）：atropa ← Atropos（希腊神话命运三女神之一）

Atropa belladonna 颠茄：belladonna 淑女的

Atropanthe 天蓬子属（茄科）（67-1：p27）：atropanthe 颠茄花的（指花的外形像颠茄）；Atropa 颠茄属（茄科）；anthe ← anthus ← anthos 花

Atropanthe sinensis 天蓬子：sinensis = Sina + ensis 中国的（地名）；Sina 中国

Aucuba 桃叶珊瑚属（山茱萸科）（56：p6）：aucuba（来自"青木叶"的日语读音 aokiba）

Aucuba albo-punctifolia 斑叶珊瑚：albus → albi-/ albo- 白色的；punctatus = punctus + atus 具斑点的；punctus 斑点；folius/ folium/ folia 叶，叶片（用于复合词）

Aucuba albo-punctifolia var. albo-punctifolia 斑叶珊瑚-原变种 （词义见上面解释）

Aucuba albo-punctifolia var. angustula 窄斑叶珊瑚：angustulus = angustus + ulus 略窄的，略狭的，略细的；angustus 窄的，狭的，细的；-ulus/ -ulum/ -ula 小的，略微的，稍微的（小词 -ulus 在字母 e 或 i 之后有多种变缀，即 -olus/ -olum/ -ola、-ellus/ -ellum/ -ella、-illus/ -illum/ -illa，与第一变格法和第二变格法名词形成复合词）

Aucuba cavinervis 凹脉桃叶珊瑚：cavinervis 陷脉的；cavus 凹陷，孔洞；nervis ← nervus 脉，叶脉

Aucuba chinensis 桃叶珊瑚：chinensis = china + ensis 中国的（地名）；China 中国

Aucuba chinensis subsp. chinensis 桃叶珊瑚-原亚种 （词义见上面解释）

Aucuba chinensis subsp. chinensis var. angusta 狭叶桃叶珊瑚：angustus 窄的，狭的，细的

Aucuba chinensis subsp. chinensis var. chinensis 桃叶珊瑚-原变种 （词义见上面解释）

Aucuba chinensis subsp. omeiensis 峨眉桃叶珊瑚：omeiensis 峨眉山的（地名，四川省）

Aucuba chlorascens 细齿桃叶珊瑚：chlorascens 带绿色的，发绿的；chlor-/ chloro- ← chloros 绿色的（希腊语，相当于拉丁语的 viridis）；-escens/ -ascens 改变，转变，变成，略微，带有，接近，相似，大致，稍微（表示变化的趋势，并未完全相似或相同，有别于表示达到完成状态的 -atus）

Aucuba confertiflora 密花桃叶珊瑚：confertus 密集的；florus/ florum/ flora ← flos 花（用于复合词）

Aucuba eriobotryaefolia 枇杷叶珊瑚（枇杷 pí pá）：eriobotryaefolius = Eriobotrya + folius 枇杷叶的（注：复合词中前段词的词尾变成 i 而不是所有格，故该词宜改为"eriobotryifolia"）；Eriobotrya 枇杷属（蔷薇科）；folius/ folium/ folia 叶，叶片（用于复合词）

Aucuba filicauda 纤尾桃叶珊瑚：filicaudatus 具丝状尾的；fili-/ fil- ← filum 线状的，丝状的；caudus 尾巴

Aucuba filicauda var. filicauda 纤尾桃叶珊瑚-原变种 （词义见上面解释）

Aucuba filicauda var. pauciflora 少花桃叶珊瑚：pauci- ← paucus 少数的，少的（希腊语为 oligo-）；florus/ florum/ flora ← flos 花（用于复合词）

Aucuba himalaica 喜马拉雅珊瑚：himalaica 喜马拉雅的（地名）；-icus/ -icum/ -ica 属于，具有某种特性（常用于地名、起源、生境）

Aucuba himalaica var. dolichophylla 长叶珊瑚：dolicho- ← dolichos 长的；phyllus/ phyllum/ phylla ← phyllon 叶片（用于希腊语复合词）

Aucuba himalaica var. himalaica 喜马拉雅珊瑚-原变种（词义见上面解释）

Aucuba himalaica var. oblanceolata 倒披针叶珊瑚：ob- 相反，反对，倒（ob- 有多种音变：ob- 在元音字母和大多数辅音字母前面，oc- 在 c 前面，of- 在 f 前面，op- 在 p 前面）；lanceolatus = lanceus + olus + atus 小披针形的，小柳叶刀的；lance-/ lancei-/ lanci-/ lanceo-/ lanc- ← lanceus 披针形的，矛形的，尖刀状的，柳叶刀状的；-olus ← -ulus 小，稍微，略微（-ulus 在字母 e 或 i 之后变成 -olus/ -ellus/ -illus）；-atus/ -atum/ -ata 属于，相似，具有，完成（形容词词尾）

Aucuba himalaica var. pilosissima 密毛桃叶珊瑚：pilosissimus 密被柔毛的；pilosus = pilus + osus 多毛的，被柔毛的，具疏柔毛的，被短弱细毛的；pilus 毛，疏柔毛；-osus/ -osum/ -osa 多的，充分的，丰富的，显著发育的，程度高的，特征明显的（形容词词尾）；-issimus/ -issima/ -issimum 最，非常，极其（形容词最高级）

Aucuba japonica 青木：japonica 日本的（地名）；-icus/ -icum/ -ica 属于，具有某种特性（常用于地名、起源、生境）

Aucuba japonica var. japonica 青木-原变种（词义见上面解释）

Aucuba japonica var. variegata 花叶青木：variegatus = variego + atus 有彩斑的，有条纹的，杂食的，杂色的；variego = varius + ago 染上各种颜色，使成五彩缤纷的，装饰，点缀，使闪出五颜六色的光彩，变化，变更，不同；varius = varus + ius 各种各样的，不同的，多型的，易变的；varus 不同的，变化的，外弯的，凸起的；-ius/ -ium/ -ia 具有……特性的（表示有关、关联、相似）；-ago 表示相似或联系，如 plumbago，铅的一种（来自 plumbum 铅），来自 -go；-go 表示一种能做工作的力量，如 vertigo，也表示事态的变化或者一种事态、趋向或病态，如 robigo（红的情况，变红的趋势，因而是铁锈），aerugo（铜锈），因此它变成一个表示具有某种质的属性的构词元素，如 lactago（具有乳浆的草），或相似性，如 ferulago（近似 ferula，阿魏）、canilago（一种 canila）

Aucuba obcordata 倒心叶珊瑚：obcordatus = ob + cordatus 倒心形的；ob- 相反，反对，倒（ob- 有多种音变：ob- 在元音字母和大多数辅音字母前面，oc- 在 c 前面，of- 在 f 前面，op- 在 p 前面）；cordatus ← cordis/ cor 心脏的，心形的；-atus/ -atum/ -ata 属于，相似，具有，完成（形容词词尾）

Aucuba robusta 粗梗桃叶珊瑚：robustus 大型的，结实的，健壮的，强壮的

Aulacolepis 沟稃草属，已修订为 Aniselytron（稃fū）（禾本科）（9-3：p185）：aulacolepis 具沟槽的鳞片（指内稃具沟槽）；aulaco-/ aulac- ← aulax 沟槽，槽纹；lepis/ lepidos 鳞片；anisum ← Pimpinella anisum 茴芹（伞形科）；elytrus ← elytron 皮壳，外皮，颖片，鞘

Aulacolepis agrostoides 小沟稃草：agrostoides 像剪股颖的；Agrostis 剪股颖属（禾本科）；-oides/ -oideus/ -oideum/ -oidea/ -odes/ -eidos 像……的，类似……的，呈……状的（名词词尾）

Aulacolepis agrostoides var. agrostoides 小沟稃草-原变种（词义见上面解释）

Aulacolepis agrostoides var. formosana 小颖沟稃草：formosanus = formosus + anus 美丽的，台湾的；formosus ← formosa 美丽的，台湾的（葡萄牙殖民者发现台湾时对其的称呼，即美丽的岛屿）；-anus/ -anum/ -ana 属于，来自（形容词词尾）

Aulacolepis japonica 日本沟稃草：japonica 日本的（地名）；-icus/ -icum/ -ica 属于，具有某种特性（常用于地名、起源、生境）

Aulacolepis treutleri 沟稃草：treutleri（人名）；-eri 表示人名，在以 -er 结尾的人名后面加上 i 形成

Avena 燕麦属（禾本科）（9-3：p167）：avena 燕麦（古拉丁名）

Avena barbata 裂稃燕麦：barbatus = barba + atus 具胡须的，具须毛的；barba 胡须，髯毛，绒毛；-atus/ -atum/ -ata 属于，相似，具有，完成（形容词词尾）

Avena chinensis 莜麦（莜 yóu）：chinensis = china + ensis 中国的（地名）；China 中国

Avena eriantha 异颖燕麦：erion 绵毛，羊毛；anthus/ anthum/ antha/ anthe ← anthos 花（用于希腊语复合词）

Avena fatua 野燕麦：fatuus 简单的，平淡的

Avena fatua var. fatua 野燕麦-原变种（词义见上面解释）

Avena fatua var. glabrata 光稃野燕麦（稃 fū）：glabratus = glabrus + atus 脱毛的，光滑的；glabrus 光秃的，无毛的，光滑的；-atus/ -atum/ -ata 属于，相似，具有，完成（形容词词尾）

Avena fatua var. mollis 光轴野燕麦：molle/ mollis 软的，柔毛的

Avena ludoviciana 长颖燕麦：ludoviciana ← Louis/ Louix（人名，后演化成地名 Louisiana 路易斯安那州）；-icus/ -icum/ -ica 属于，具有某种特性（常用于地名、起源、生境）

Avena meridionalis 南燕麦：meridionalis 中午的；meridianus 中午的；-aris（阳性、阴性）/ -are（中性）← -alis（阳性、阴性）/ -ale（中性）属于，相似，如同，具有，涉及，关于，联结于（将名词作形容词用，其中 -aris 常用于以 l 或 r 为词干末尾的词）

Avena sativa 燕麦：sativus 栽培的，种植的，耕地的，耕作的

Averrhoa 阳桃属（酢浆草科）（43-1：p4）：averrhoa ← Averrhoea（人名，1149–1217，阿拉伯医生）（除 a 以外，以元音字母结尾的人名作属名时在末尾加 a）

Averrhoa bilimbi 三敛：bi-/ bis- 二，二数，二回（希腊语为 di-）；limbus 冠檐，萼檐，瓣片，叶片

Averrhoa carambola 阳桃：carambola（古拉丁名）

Avicennia 海榄雌属（马鞭草科）（65-1：p5）：avicennia ← Avicinna（Ibn Sina）（人名，2 世纪波斯医生、哲学家）

Avicennia marina 海榄雌：marinus 海，海中生的

Axonopus 地毯草属（禾本科）（10-1：p278）：axon 轴；-pus ← pous 腿，足，爪，柄，茎

Axonopus affinis 类地毯草：affinis = ad + finis 酷似的，近似的，有联系的；ad- 向，到，近（拉丁语词首，表示程度加强）；构词规则：构成复合词时，词首末尾的辅音字母常同化为紧接其后的那个辅音字母（如 ad + f → aff）；finis 界限，境界；affin- 相似，近似，相关

Axonopus compressus 地毯草：compressus 扁平的，压扁的；pressus 压，压力，挤压，紧密；co- 联合，共同，合起来（拉丁语词首，为 cum- 的音变，表示结合、强化、完全，对应的希腊语为 syn-）；co- 的缀词音变有 co-/ com-/ con-/ col-/ cor-：co-（在 h 和元音字母前面），col-（在 l 前面），com-（在 b、m、p 之前），con-（在 c、d、f、g、j、n、qu、s、t 和 v 前面），cor-（在 r 前面）

Axyris 轴藜属（藜科）（25-2：p21）：axyris 温和的，不强烈的；a-/ an- 无，非，没有，缺乏，不具有（an- 用于元音前）（a-/ an- 为希腊语词首，对应的拉丁语词首为 e-/ ex-，相当于英语的 un-/ -less，注意词首 a- 和作为介词的 a/ ab 不同，后者的意思是"从……、由……、关于……、因为……"）；xyris 剃须刀（希腊语，鸢尾属一种的名字，另一解释为比喻恐怖、刺激）

Axyris amaranthoides 轴藜：Amaranthus 苋属（苋科）；-oides/ -oideus/ -oideum/ -oidea/ -odes/ -eidos 像……的，类似……的，呈……状的（名词词尾）

Axyris hybrida 杂配轴藜：hybridus 杂种的

Axyris prostrata 平卧轴藜：prostratus/ pronus/ procumbens 平卧的，匍匐的

Azima 刺茉莉属（刺茉莉科）（46：p15）：azima 防御的（指锐刺等）

Azima sarmentosa 刺茉莉：sarmentosus 匍匐茎的；sarmentum 匍匐茎，鞭条；-osus/ -osum/ -osa 多的，充分的，丰富的，显著发育的，程度高的，特征明显的（形容词词尾）

Azolla 满江红属（满江红科）（6-2：p342）：azolla 干死的（指植物常因干旱致死）；azo 使干燥；olla ← ollyo 杀死

Azolla filiculoides 细叶满江红：filiculus 小蕨状的；Filicula 小蕨属（岩蕨科）；-oides/ -oideus/ -oideum/ -oidea/ -odes/ -eidos 像……的，类似……的，呈……状的（名词词尾）

Azolla imbricata 满江红：imbricatus/ imbricans 重叠的，覆瓦状的

Azolla imbricata var. imbricata 满江红-原变种（词义见上面解释）

Azolla imbricata var. prolifera 多果满江红：proliferus 能育的，具零余子的；proli- 扩展，繁殖，后裔，零余子；proles 后代，种族；-ferus/ -ferum/ -fera/ -fero/ -fere/ -fer 有，具有，产（区别：作独立词使用的 ferus 意思是"野生的"）

Azolla imbricata var. sempervirens 常绿满江红：sempervirens 常绿的；semper 总是，经常，永久；virens 绿色的，变绿的

Azollaceae 满江红科（6-2：p342）：Azolla 满江红属；-aceae（分类单位科的词尾，为 -aceus 的阴性复数主格形式，加到模式属的名称后或同义词的词干后以组成族群名称）

Baccaurea 木奶果属（大戟科）（44-1：p130）：baccaurea 黄色浆果的；baccus 浆果；aureus = aurus + eus 属于金色的，属于黄色的；aurus 金，金色；-eus/ -eum/ -ea（接拉丁语词干时）属于……的，色如……的，质如……的（表示原料、颜色或品质的相似），（接希腊语词干时）属于……的，以……出名，为……所占有（表示具有某种特性）

Baccaurea motleyana 多脉木奶果：motleyana（人名）

Baccaurea ramiflora 木奶果：ramiflorus 枝上生花的；ramus 分枝，枝条；florus/ florum/ flora ← flos 花（用于复合词）

Bacopa 假马齿苋属（玄参科）（67-2：p87）：bacopa 假马齿苋（一种植物的南美土名）

Bacopa floribunda 麦花草：floribundus = florus + bundus 多花的，繁花的，花正盛开的；florus/ florum/ flora ← flos 花（用于复合词）；-bundus/ -bunda/ -bundum 正在做，正在进行（类似于现在分词），充满，盛行

Bacopa monnieri 假马齿苋：monnieri ← Monnier（人名，法国医生、博物学家）；-eri 表示人名，在以 -er 结尾的人名后面加上 i 形成

Baeckea 岗松属（桃金娘科）（53-1：p55）：baeckea ← Abraham Baeck（人名，18 世纪瑞典博学家、医生）（除 a 以外，以元音字母结尾的人名作属名时在末尾加 a）

Baeckea frutescens 岗松：frutescens = frutex + escens 变成灌木状的，略呈灌木状的；frutex 灌木；-escens/ -ascens 改变，转变，变成，略微，带有，接近，相似，大致，稍微（表示变化的趋势），并未完全相似或相同，有别于表示达到完成状态的 -atus）

Baissea 金平藤属（夹竹桃科）（63：p171）：baissea（人名）

Baissea acuminata 金平藤：acuminatus = acumen + atus 锐尖的，渐尖的；acumen 渐尖头；-atus/ -atum/ -ata 属于，相似，具有，完成（形容词词尾）

Balakata 浆果乌桕属（另见 Sapium 美洲柏属）（大戟科）（增补）：balakata（本属一种植物的土名）

Balakata baccatum 浆果乌桕（另见 Sapium baccatum）：baccatus = baccus + atus 浆果的，浆果状的；baccus 浆果

Balanophora 蛇菰属（菰 gū）（蛇菰科）（24：p253）：balanos 橡实；phoreo 具有，负载

Balanophora cavaleriei （卡瓦蛇菰）：cavaleriei ← Pierre Julien Cavalerie（人名，20 世纪法国传教士）；-i 表示人名，接在以元音字母结尾的人名后面，但 -a 除外

Balanophora cryptocaudex 隐轴蛇菰：cryptocaudex 匿茎的，茎秆隐藏的；crypt-/ crypto- ← kryptos 覆盖的，隐藏的（希腊语）；

B

caudex 茎，木质茎，根状茎，直立茎

Balanophora dioica 粗穗蛇菰：dioicus/ dioecus/ dioecius 雌雄异株的（dioicus 常用于苔藓学）；di-/ dis- 二，二数，二分，分离，不同，在……之间，从……分开（希腊语，拉丁语为 bi-/ bis-）；-oicus/ -oecius 雌雄体的，雌雄株的（仅用于词尾）；monoecius/ monoicus 雌雄同株的

Balanophora elongata 长枝蛇菰：elongatus 伸长的，延长的；elongare 拉长，延长；longus 长的，纵向的；e-/ ex- 不，无，非，缺乏，不具有（e- 用在辅音字母前，ex- 用在元音字母前，为拉丁语词首，对应的希腊语词首为 a-/ an-，英语为 un-/ -less，注意作词首用的 e-/ ex- 和介词 e/ ex 意思不同，后者意为"出自、从……、由……离开、由于、依照"）

Balanophora esquirolii （艾氏蛇菰）：esquirolii （人名）；-ii 表示人名，接在以辅音字母结尾的人名后面，但 -er 除外

Balanophora fargesii 川藏蛇菰：fargesii ← Pere Paul Guillaume Farges （人名，19 世纪中叶至 20 世纪活动于中国的法国传教士，植物采集员）

Balanophora formosana （台湾蛇菰）：formosanus = formosus + anus 美丽的，台湾的；formosus ← formosa 美丽的，台湾的（葡萄牙殖民者发现台湾时对其的称呼，即美丽的岛屿）；-anus/ -anum/ -ana 属于，来自（形容词词尾）

Balanophora harlandii 红冬蛇菰：harlandii ← William Aurelius Harland （人名，18 世纪英国医生，移居香港并研究中国植物）

Balanophora harlandii var. harlandii 红冬蛇菰-原变种 （词义见上面解释）

Balanophora harlandii var. spiralis 旋生蛇菰：spiralis/ spirale 螺旋状的，盘卷的，缠绕的；spira ← speira 螺旋状的，环状的，缠绕的，盘卷的（希腊语）

Balanophora henryi 宜昌蛇菰：henryi ← Augustine Henry 或 B. C. Henry （人名，前者，1857–1930，爱尔兰医生、植物学家，曾在中国采集植物，后者，1850–1901，曾活动于中国的传教士）

Balanophora indica 印度蛇菰：indica 印度的（地名）；-icus/ -icum/ -ica 属于，具有某种特性（常用于地名、起源、生境）

Balanophora involucrata 筒鞘蛇菰：involucratus = involucrus + atus 有总苞的；involucrus 总苞，花苞，包被

Balanophora japonica 日本蛇菰：japonica 日本的（地名）；-icus/ -icum/ -ica 属于，具有某种特性（常用于地名、起源、生境）

Balanophora kainantensis 海南蛇菰：kainantensis 海南岛的（地名，"海南岛"的日语读音为"kainanto"）

Balanophora laxiflora 疏花蛇菰：laxus 稀疏的，松散的，宽松的；florus/ florum/ flora ← flos 花（用于复合词）

Balanophora minor （矮蛇菰）：minor 较小的，更小的

Balanophora morrisonicola （磨里蛇菰）：morrisonicola 磨里山产的；morrison 磨里山（地名，今台湾新高山）；colus ← colo 分布于，居住于，栖

居，殖民（常作词尾）；colo/ colere/ colui/ cultum 居住，耕作，栽培

Balanophora mutinoides 红烛蛇菰：Mutinus 蛇头菌属；-oides/ -oideus/ -oideum/ -oidea/ -odes/ -eidos 像……的，类似……的，呈……状的（名词词尾）

Balanophora parvior （小蛇菰）：parvior 较小的，更小的

Balanophora polyandra 多蕊蛇菰：poly- ← polys 多个，许多（希腊语，拉丁语为 multi-）；andrus/ andros/ antherus ← aner 雄蕊，花药，雄性

Balanophora rugosa 皱球蛇菰：rugosus = rugus + osus 收缩的，有皱纹的，多褶皱的（同义词：rugatus）；rugus/ rugum/ ruga 褶皱，皱纹，皱缩；-osus/ -osum/ -osa 多的，充分的，丰富的，显著发育的，程度高的，特征明显的（形容词词尾）

Balanophora simaoensis 思茅蛇菰：simaoensis 思茅的（地名，云南省）

Balanophora spicata 穗花蛇菰：spicatus 具穗的，具穗状花的，具尖头的；spicus 穗，谷穗，花穗；-atus/ -atum/ -ata 属于，相似，具有，完成（形容词词尾）

Balanophora splendida 彩丽蛇菰：splendidus 光亮的，闪光的，华美的，高贵的；spnendere 发光，闪亮；-idus/ -idum/ -ida 表示在进行中的动作或情况，作动词、名词或形容词的词尾

Balanophora subcupularis 杯茎蛇菰：subcupularis 近似杯形的，近似壳斗状的；sub-（表示程度较弱）与……类似，几乎，稍微，弱，亚，之下，下面；cupularis = cupus + ulus + aris 小杯子，小杯形的，壳斗状的；-aris（阳性、阴性）/ -are（中性）← -alis（阳性、阴性）/ -ale（中性）属于，相似，如同，具有，涉及，关于，联结于（将名词作形容词用，其中 -aris 常用于以 l 或 r 为词干末尾的词）

Balanophora tobiracola 鸟蘱蛇菰（蘱 chī）：tobiracola 附生于海桐的；tobira 海桐花（"tobira"为"海桐花"的日语读音）；colus ← colo 分布于，居住于，栖居，殖民（常作词尾）；colo/ colere/ colui/ cultum 居住，耕作，栽培

Balanophoraceae 蛇菰科（24：p250）：balanos 橡实；phoreo 具有，负载；-aceae（分类单位科的词尾，为 -aceus 的阴性复数主格形式，加到模式属的名称后或同义词的词干后以组成族群名称）

Baliospermum 斑籽属（大戟科）（44-2：p177）：balios 斑点的；spermus/ spermum/ sperma 种子的（用于希腊语复合词）

Baliospermum angustifolium 狭叶斑籽：angusti- ← angustus 窄的，狭的，细的；folius/ folium/ folia 叶，叶片（用于复合词）

Baliospermum bilobatum 西藏斑籽木：bi-/ bis- 二，二数，二回（希腊语为 di-）；lobatus = lobus + atus 具浅裂的，具耳垂状突起的；lobus/ lobos/ lobon 浅裂，耳片（裂片先端钝圆），荚果，蒴果；-atus/ -atum/ -ata 属于，相似，具有，完成（形容词词尾）

Baliospermum effusum 云南斑籽：effusus = ex + fusus 很松散的，非常稀疏的；fusus 散开的，松散的，松弛的；e-/ ex- 不，无，非，缺乏，不具有（e-

B

用在辅音字母前，ex- 用在元音字母前，为拉丁语词首，对应的希腊语词首为 a-/ an-，英语为 un-/ -less，注意作词首用的 e-/ ex- 和介词 e/ ex 意思不同，后者意为"出自、从……、由……离开、由于、依照"）；构词规则：构成复合词时，词首末尾的辅音字母常同化为紧接其后的那个辅音字母（如 ex + f → eff）

Baliospermum micranthum 小花斑籽：micr-/ micro- ← micros 小的，微小的，微观的（用于希腊语复合词）；anthus/ anthum/ antha/ anthe ← anthos 花（用于希腊语复合词）

Baliospermum montanum 斑籽：montanus 山，山地；montis 山，山地的；mons 山，山脉，岩石

Baliospermum yui 心叶斑籽：yui 俞氏（人名）；-i 表示人名，接在以元音字母结尾的人名后面，但 -a 除外

Balsaminaceae 凤仙花科（47-2：p1）：balsamina ← Impatens balsamina 凤仙花（凤仙花属名曾为 Balsamina，为所在科的模式属，后并入 Impatiens）；-aceae（分类单位科的词尾，为 -aceus 的阴性复数主格形式，加到模式属的名称后或同义词的词干后以组成族群名称）

Bambusa 簕竹属（簕 lè）（禾本科）（9-1：p48）：bambusa ← bambo 噼噼啪啪（拟声词，指竹子燃烧时的爆破声，马来西亚语，另一解释为印度土名）

Bambusa albo-lineata 花竹：albus → albi-/ albo- 白色的；lineatus = lineus + atus 具线的，线状的，呈亚麻状的；lineus = linum + eus 线状的，丝状的，亚麻状的；linum ← linon 亚麻，线（古拉丁名）；-atus/ -atum/ -ata 属于，相似，具有，完成（形容词词尾）

Bambusa angustiaurita 狭耳坭竹：angusti- ← angustus 窄的，狭的，细的；auritus 耳朵的，耳状的

Bambusa angustissima 狭耳簕竹：angusti- ← angustus 窄的，狭的，细的；-issimus/ -issima/ -issimum 最，非常，极其（形容词最高级）

Bambusa arundinacea 印度簕竹：arundinaceus 芦竹状的；Arundo 芦竹属（禾本科）；-inus/ -inum/ -ina/ -inos 相近，接近，相似，具有（通常指颜色）；-aceus/ -aceum/ -acea 相似的，有……性质的，属于……的

Bambusa aurinuda 裸耳竹：auri- ← auritus 耳朵，耳状的；nudus 裸露的，无装饰的

Bambusa blumeana 簕竹：blumeana（人名）

Bambusa blumeana cv. Blumeana 簕竹-原栽培变种 （词义见上面解释）

Bambusa blumeana cv. Wei-fang Lin 惠方簕竹：wei-fang lin 林惠方（中文品种名，人名）

Bambusa boniopsis 妈竹：Bonia（属名，禾本科）；-opsis/ -ops 相似，稍微，带有

Bambusa burmanica 缅甸竹：burmanica 缅甸的（地名）

Bambusa cerosissima 单竹：cerosissimus 极蜡质的；ceros 蜡质的；-issimus/ -issima/ -issimum 最，非常，极其（形容词最高级）

Bambusa chungii 粉单竹：chungii（人名）；-ii 表示人名，接在以辅音字母结尾的人名后面，但 -er 除外

Bambusa chunii 焕镛簕竹（镛 yōng）：chunii ← W. Y. Chun 陈焕镛（人名，1890–1971，中国植物学家）

Bambusa contracta 破篾黄竹（篾 miè）：contractus 收缩的，缩小的；co- 联合，共同，合起来（拉丁语词首，为 cum- 的音变，表示结合、强化、完全，对应的希腊语为 syn-）；co- 的缀词音变有 co-/ com-/ con-/ col-/ cor-：co-（在 h 和元音字母前面），col-（在 l 前面），com-（在 b、m、p 之前），con-（在 c、d、f、g、j、n、qu、s、t 和 v 前面），cor-（在 r 前面）；tractus 束，带，地域

Bambusa corniculata 东兴黄竹：corniculatus = cornus + culus + atus 犄角的，兽角的，兽角般坚硬的；cornus 角，犄角，兽角，角质，角质般坚硬；-culus/ -culum/ -cula 小的，略微的，稍微的（同第三变格法和第四变格法名词形成复合词）；-atus/ -atum/ -ata 属于，相似，具有，完成（形容词词尾）

Bambusa diaoluoshanensis 吊罗坭竹：diaoluoshanensis 吊罗山的（地名，海南省）

Bambusa dissimulator 泥簕竹：dissimulator/ dissimulatoris 伪装的，隐藏的；dissimulo/ dissimulare/ dissimulavi/ dissimulatum 伪装，使难以识别，隐藏；simulo/ simuilare/ simulatus 模仿，模拟，伪装

Bambusa dissimulator var. albinodia 白节簕竹：albus → albi-/ albo- 白色的；nodia ← nodis 节

Bambusa dissimulator var. dissimulator 泥簕竹-原变种 （词义见上面解释）

Bambusa dissimulator var. hispida 毛簕竹：hispidus 刚毛的，鬃毛状的

Bambusa distegia 料慈竹：distegius 二重盖的；di-/ dis- 二，二数，二分，分离，不同，在……之间，从……分开（希腊语，拉丁语为 bi-/ bis-）；stegius ← stege/ stegon 盖子，加盖，覆盖，包裹，遮盖物

Bambusa dolichoclada 长枝竹：dolicho- ← dolichos 长的；cladus ← clados 枝条，分枝

Bambusa dolichoclada cv. Dolichoclada 长枝竹-原栽培变种 （词义见上面解释）

Bambusa dolichoclada cv. Stripe 条纹长枝竹：stripe 条纹的

Bambusa duriuscula 蓬莱黄竹：durus + usculus 稍坚硬的；durus 持久的，坚硬的，坚韧的；durius 变硬的，木质的，持久的；-usculus ← -culus 小的，略微的，稍微的（小词 -culus 和某些词构成复合词时变成 -usculus）

Bambusa eutuldoides 大眼竹：eutuldoides = eu + tulda + oides 像美丽马甲竹的；eu- 好的，秀丽的，真的，正确的，完全的；tulda 马甲竹；-oides/ -oideus/ -oideum/ -oidea/ -odes/ -eidos 像……的，类似……的，呈……状的（名词词尾）

Bambusa eutuldoides var. basistriata 银丝大眼竹：basis 基部，基座；stritatus 条纹

Bambusa eutuldoides var. eutuldoides 大眼竹-原变种 （词义见上面解释）

Bambusa eutuldoides var. viridi-vittata 青丝黄竹：viridis 绿色的，鲜嫩的（相当于希腊语的 chloro-）；vittatus 具条纹的，具条带的，具油管的，有条带装饰的；vitta 条带，细带，绶带

Bambusa flexuosa 小箣竹：flexuosus = flexus + osus 弯曲的，波状的，曲折的；flexus ← flecto 扭曲的，卷曲的，弯弯曲曲的，柔性的；flecto 弯曲，使扭曲；-osus/ -osum/ -osa 多的，充分的，丰富的，显著发育的，程度高的，特征明显的（形容词词尾）

Bambusa funghomii 鸡窦箣竹：funghomii（人名）；-ii 表示人名，接在以辅音字母结尾的人名后面，但 -er 除外

Bambusa gibba 坭竹：gibbus 驼峰，隆起，浮肿

Bambusa gibboides 鱼肚腩竹（肚 dù，腩 nǎn）：gibboides 囊状的；gibbus 驼峰，隆起，浮肿 -oides/ -oideus/ -oideum/ -oidea/ -odes/ -eidos 像……的，类似……的，呈……状的（名词词尾）

Bambusa glabro-vagina 光鞘石竹：glabro- ← glabrus 无毛的，光滑的；vaginus 鞘，叶鞘

Bambusa glaucescens var. lutea 普陀孝顺竹：glaucescens 变白的，发白的，灰绿的；glauco-/ glauc- ← glaucus 被白粉的，发白的，灰绿色的；-escens/ -ascens 改变，转变，变成，略微，带有，接近，相似，大致，稍微（表示变化的趋势，并未完全相似或相同，有别于表示达到完成状态的 -atus）；luteus 黄色的

Bambusa guangxiensis 桂单竹：guangxiensis 广西的（地名）

Bambusa hainanensis 藤单竹：hainanensis 海南的（地名）

Bambusa indigena 乡土竹：indigenus 土著的，原产的，乡土的，国内的

Bambusa insularis 黎庵高竹：insularis 岛屿的；insula 岛屿；-aris（阳性、阴性）/ -are（中性）← -alis（阳性、阴性）/ -ale（中性）属于，相似，如同，具有，涉及，关于，联结于（将名词作形容词用，其中 -aris 常用于以 l 或 r 为词干末尾的词）

Bambusa intermedia 绵竹：intermedius 中间的，中位的，中等的；inter- 中间的，在中间，之间；medius 中间的，中央的

Bambusa lapidea 油箣竹（箣 lè）：lapideus = lapis + eus 石质的；lapis 石头，岩石（lapis 的词干为 lapid-）；构词规则：词尾为 -is 和 -ys 的词的词干分别视为 -id 和 -yd；-eus/ -eum/ -ea（接拉丁语词干时）属于……的，色如……的，质如……的（表示原料、颜色或品质的相似），（接希腊语词干时）属于……的，以……出名，为……所占有（表示具有某种特性）

Bambusa lenta 藤枝竹：lentus 柔软的，有韧性的，胶黏的

Bambusa longispiculata 花眉竹：longe-/ longi- ← longus 长的，纵向的；spiculatus = spicus + ulus + atus 具小穗的，具细尖的；spicus 穗，谷穗，花穗，-culus/ -culum/ -cula 小的，略微的，稍微的（同第三变格法和第四变格法名词形成复合词）；-atus/ -atum/ -ata 属于，相似，具有，完成（形容词词尾）

Bambusa macrotis 大耳坭竹：macrotis 长耳的，大耳的；macro-/ macr- ← macros 大的，宏观的（用于希腊语复合词）；-otis/ -otites/ -otus/ -otion/ -oticus/ -otos/ -ous 耳，耳朵

Bambusa malingensis 马岭竹：malingensis 马岭的（地名，海南省）

Bambusa mollis 拟黄竹：molle/ mollis 软的，柔毛的

Bambusa multiplex 孝顺竹：multiplex 多重的，多倍的，多褶皱的；multi- ← multus 多个，多数，很多（希腊语为 poly-）；plex/ plica 褶，折扇状，卷折（plex 的词干为 plic-）

Bambusa multiplex var. incana 毛凤尾竹：incanus 灰白色的，密被灰白色毛的

Bambusa multiplex var. multiplex 孝顺竹-原变种（词义见上面解释）

Bambusa multiplex var. multiplex cv. Alphonse-Karr 小琴丝竹：alphonse（人名）；karr（人名）

Bambusa multiplex var. multiplex cv. Fernleaf 凤尾竹：fernleaf 蕨类叶片（英文品种名，= fern 蕨 + leaf 叶片）

Bambusa multiplex var. multiplex cv. Silverstripe 银丝竹：silverstripe 银丝的，银色条纹的（来自英文 silver strip）

Bambusa multiplex var. multiplex cv. Stripestem Fernleaf 小叶琴丝竹：stripestem 条带（英文品种名）；fernleaf 蕨类叶片（英文品种名，= fern 蕨 + leaf 叶片）

Bambusa multiplex var. multiplex cv. Willowy 垂柳竹：willowy 苗条的，似柳的（英文品种名）

Bambusa multiplex var. multiplex cv. Yellowstripe 黄条竹：yellowstripe 黄带，黄条（英文品种名，= yellow 黄色 + strip 条带）

Bambusa multiplex var. riviereorum 观音竹：riviereorum ← Charles Marie Riviere（人名，20 世纪植物学家）；-orum 属于……的（第二变格法名词复数所有格词尾，表示群落或多数）

Bambusa multiplex var. shimadai 石角竹：shimadai 岛田（日本人名）；-i 表示人名，接在以元音字母结尾的人名后面，但 -a 除外，故该词尾改为"-ae"似更妥

Bambusa mutabilis 黄竹仔（仔 zǎi）：mutabilis = mutatus + bilis 容易变化的，不稳定的，形态多样的（叶片、花的形状和颜色等）；mutatus 变化了的，改变了的，突变的；mutatio 改变；-ans/ -ens/ -bilis/ -ilis 能够，可能（为形容词词尾，-ans/ -ens 用于主动语态，-bilis/ -ilis 用于被动语态）

Bambusa nutans 俯竹：nutans 弯曲的，下垂的（弯曲程度远大于 90°）；关联词：cernuus 点头的，前屈的，略俯垂的（弯曲程度略大于 90°）

Bambusa pachinensis 米筛竹：pachinensis（地名，属台湾省）

Bambusa pachinensis var. hirsutissima 长毛米筛竹：hirsutus 粗毛的，糙毛的，有毛的（长而硬的毛）；-issimus/ -issima/ -issimum 最，非常，极其（形容词最高级）

Bambusa pachinensis var. pachinensis 米筛竹-原变种（词义见上面解释）

Bambusa pallida 大薄竹：pallidus 苍白的，淡白色的，淡色的，蓝白色的，无活力的；palide 淡地，淡色地（反义词：sturate 深色地，浓色地，充分地，丰富地，饱和地）

Bambusa papillata 水单竹：papillatus 乳头的，乳头状突起的；papilli- ← papilla 乳头的，乳突的

Bambusa pervariabilis 撑篙竹（篙 gāo）：pervariabilis 极易变的，极多样的；per-（在 l 面音变为 pel-）极，很，颇，甚，非常，完全，通过，遍及（表示效果加强，与 sub- 互为反义词）；varius = varus + ius 各种各样的，不同的，多型的，易变的；varus 不同的，变化的，外弯的，凸起的；-ius/ -ium/ -ia 具有……特性的（表示有关、关联、相似）

Bambusa pervariabilis × textilis 撑青 4 号竹：textilis 编制的，用于织物的，纺织品的；textus 纺织品，编织物；texo 纺织，编织

Bambusa piscatorum 石竹仔（仔 zǎi）：piscatorum 渔夫的，捕鱼的，渔业的（piscatus 的复数所有格，比喻海岸生境）；piscatus/ piscor 捕鱼，钓鱼；piscator/ piscatrix 渔夫；piscatorius 渔业的，渔夫的；piscatio 捕鱼

Bambusa polymorpha 灰竿竹：polymorphus 多形的；poly- ← polys 多个，许多（希腊语，拉丁语为 multi-）；morphus ← morphos 形状，形态

Bambusa prominens 牛儿竹：prominens 突出的，显著的，卓越的，显赫的，隆起的

Bambusa ramispinosa 泥黄竹：rami- 分枝；spinosus = spinus + osus 具刺的，多刺的，长满刺的；spinus 刺，针刺；-osus/ -osum/ -osa 多的，充分的，丰富的，显著发育的，程度高的，特征明显的（形容词词尾）

Bambusa remotiflora 甲竹：remotiflorus 疏离花的；remotus 分散的，分开的，稀疏的，远距离的；florus/ florum/ flora ← flos 花（用于复合词）

Bambusa rigida 硬头黄竹：rigidus 坚硬的，不弯曲的，强直的

Bambusa rutila 木竹：rutilus 橙红色的，金色的，发亮的；rutilo 泛红，发红光，发亮

Bambusa sinospinosa 车筒竹：sinospinosus 中国型多刺的；sino- 中国；spinosus = spinus + osus 具刺的，多刺的，长满刺的；spinus 刺，针刺；-osus/ -osum/ -osa 多的，充分的，丰富的，显著发育的，程度高的，特征明显的（形容词词尾）

Bambusa subaequalis 锦竹：subaequalis 近似对称的，近似对等的；sub-（表示程度较弱）与……类似，几乎，稍微，弱，亚，之下，下面；aequalis 相等的，相同的，对称的；aequus 平坦的，均等的，公平的，友好的

Bambusa subtruncata 信宜石竹：subtruncatus 近截平的；sub-（表示程度较弱）与……类似，几乎，稍微，弱，亚，之下，下面；truncatus 截平的，截形的，截断的；truncare 切断，截断，截平（动词）

Bambusa surrecta 油竹：surrectus = sub + rectus 近直立的；sur- ← sub- 亚，像，稍微（sub- 在字母 r 前同化为 sur-）；rectus 直线的，笔直的，向上的

Bambusa textilis 青皮竹：textilis 编制的，用于织物的，纺织品的；textus 纺织品，编织物；texo 纺织，编织

Bambusa textilis var. glabra 光竿青皮竹：glabrus 光秃的，无毛的，光滑的

Bambusa textilis var. gracilis 崖州竹（崖 yá）：gracilis 细长的，纤弱的，丝状的

Bambusa textilis var. persistens 长沙青皮竹：persistens 持久的；per-（在 l 面面音变为 pel-）极，很，颇，甚，非常，完全，通过，遍及（表示效果加强，与 sub- 互为反义词）；sisto/ sistere 建立，确立，存续

Bambusa textilis var. textilis 青皮竹-原变种 （词义见上面解释）

Bambusa textilis var. textilis cv. Maculata 紫斑竹：maculatus = maculus + atus 有小斑点的，略有斑点的；maculus 斑点，网眼，小斑点，略有斑点；-atus/ -atum/ -ata 属于，相似，具有，完成（形容词词尾）

Bambusa textilis var. textilis cv. Purpurascens 紫竿竹：purpurascens 带紫色的，发紫的；purpur- 紫色的；-escens/ -ascens 改变，转变，变成，略微，带有，接近，相似，大致，稍微（表示变化的趋势，并未完全相似或相同，有别于表示达到完成状态的 -atus）

Bambusa tulda 马甲竹：tulda ← Bambusa tulda 马甲竹（禾本科）（tulda ← tuladaa 一种竹子的孟加拉语）

Bambusa tuldoides 青竿竹：tuldoides 像马甲竹的；tulda ← Bambusa tulda 马甲竹（禾本科）（tulda ← tuladaa 一种竹子的孟加拉语）；-oides/ -oideus/ -oideum/ -oidea/ -odes/ -eidos 像……的，类似……的，呈……状的（名词词尾）

Bambusa tuldoides cv. Swolleninternode 鼓节竹：swolleninternode 鼓节的（英文品种名：swollen 鼓起的 + internode 节间）

Bambusa tuldoides cv. Tuldoides 青竿竹-原栽培变种 （词义见上面解释）

Bambusa utilis 乌叶竹：utilis 有用的

Bambusa ventricosa 佛肚竹（肚 dù）：ventricosus = ventris + icus + osus 不均匀肿胀的，鼓肚的，一面鼓的，在一边特别膨胀的；venter/ ventris 肚子，腹部，鼓肚，肿胀（同义词：vesica）；-icus/ -icum/ -ica 属于，具有某种特性（常用于地名、起源、生境）；-osus/ -osum/ -osa 多的，充分的，丰富的，显著发育的，程度高的，特征明显的（形容词词尾）

Bambusa vulgaris 龙头竹：vulgaris 常见的，普通的，分布广的；vulgus 普通的，到处可见的

Bambusa vulgaris cv. Vittata 黄金间碧竹（间 jiàn）：vittatus 具条纹的，具条带的，具油管的，有条带装饰的；vitta 条带，细带，缎带

Bambusa vulgaris cv. Vulgaris 龙头竹-原栽培变种 （词义见上面解释）

Bambusa vulgaris cv. Wamin 大佛肚竹：wamin（品种名）

Bambusa wenchouensis 木簟竹（簟 tán）：wenchouensis 温州的（地名，浙江省）

Bambusa xiashanensis 霞山坭竹：xiashanensis 霞山的（地名，广东省）

Baolia 苞藜属（藜科）（25-2：p75）：baolia 苞藜（中文名）

Baolia bracteata 苞藜：bracteatus = bracteus + atus 具苞片的；bracteus 苞，苞片，苞鳞；-atus/ -atum/ -ata 属于，相似，具有，完成（形容词词尾）

B

Baphicacanthus 板蓝属（爵床科）（70：p113）：baphicacanthus 含染色剂的老鼠簕（指可提取染料，形似老鼠簕）；baphicus 染色的，颜色的，染料的；Acanthus 老鼠簕属

Baphicacanthus cusia 板蓝：cusia（词源不详）

Barbarea 山芥属（十字花科）（33：p246）：barbarea ← St. Barbara 圣芭芭拉（人名，基督教女圣人）

Barbarea intermedia 羽裂叶山芥：intermedius 中间的，中位的，中等的；inter- 中间的，在中间，之间；medius 中间的，中央的

Barbarea orthoceras 山芥：orthoceras/ orthocerus 直立角的；ortho- ← orthos 直的，正面的；-ceras/ -ceros/ cerato- ← keras 犄角，兽角，角状突起（希腊语）

Barbarea taiwaniana 台湾山芥：taiwaniana 台湾的（地名）

Barbarea vulgaris 欧洲山芥：vulgaris 常见的，普通的，分布广的；vulgus 普通的，到处可见的

Barleria 假杜鹃属（爵床科）（70：p62）：barleria（人名）（除 -er 外，以辅音字母结尾的人名用作属名时在末尾加 -ia，如果人名词尾为 -us 则将词尾变成 -ia）

Barleria cristata 假杜鹃：cristatus = crista + atus 鸡冠的，鸡冠状的，扇形的，山脊状的；crista 鸡冠，山脊，网壁；-atus/ -atum/ -ata 属于，相似，具有，完成（形容词词尾）

Barleria cristata var. cristata 假杜鹃-原变种（词义见上面解释）

Barleria cristata var. mairei 禄劝假杜鹃：mairei（人名）；Edouard Ernest Maire（人名，19 世纪活动于中国云南的传教士）；Rene C. J. E. Maire 人名（20 世纪阿尔及利亚植物学家，研究北非植物）；-i 表示人名，接在以元音字母结尾的人名后面，但 -a 除外

Barleria integrisepala 全缘萼假杜鹃：integer/ integra/ integrum → integri- 完整的，整个的，全缘的；sepalus/ sepalum/ sepala 萼片（用于复合词）

Barleria lupulina 花叶假杜鹃：lupulina 像羽扇豆的；Lupinus 羽扇豆属（豆科）

Barleria prionitis 黄花假杜鹃：prionitis 有锯齿的；prio-/ prion-/ priono- 锯，锯齿；-itis/ -ites（表示有紧密联系）

Barleria purpureosepala 紫萼假杜鹃：purpureus = purpura + eus 紫色的；purpura 紫色（purpura 原为一种介壳虫名，其体液为紫色，可作颜料）；-eus/ -eum/ -ea（接拉丁语词干时）属于……的，色如……的，质如……的（表示原料、颜色或品质的相似），（接希腊语词干时）属于……的，以……出名，为……所占有（表示具有某种特性）；sepalus/ sepalum/ sepala 萼片（用于复合词）

Barringtonia 玉蕊属（玉蕊科）（52-2：p122）：barringtonia ← Daines Barrington（人名，1727–1800，英国博物学家）

Barringtonia asiatica 滨玉蕊：asiatica 亚洲的（地名）；-aticus/ -aticum/ -atica 属于，表示生长的地方，作名词词尾

Barringtonia fusicarpa 棱果玉蕊：fusi 纺锤；

carpus/ carpum/ carpa/ carpon ← carpos 果实（用于希腊语复合词）

Barringtonia racemosa 玉蕊：racemosus = racemus + osus 总状花序的；racemus/ raceme 总状花序，葡萄串状的；-osus/ -osum/ -osa 多的，充分的，丰富的，显著发育的，程度高的，特征明显的（形容词词尾）

Barthea 棱果花属（野牡丹科）（53-1：p177）：barthea（人名）（除 a 以外，以元音字母结尾的人名作属名时在末尾加 a）

Barthea barthei 棱果花：barthei（人名）；-i 表示人名，接在以元音字母结尾的人名后面，但 -a 除外

Barthea barthei var. barthei 棱果花-原变种（词义见上面解释）

Barthea barthei var. valdealata 宽翅棱果花：valde/ valide 非常地，十分地，强度地，很；alatus → ala-/ alat-/ alati-/ alato- 翅，具翅的，具翼的

Basella 落葵属（落葵科）（26：p43）：basella 落葵（印度马拉巴尔地区的土名）

Basella alba 落葵：albus → albi-/ albo- 白色的

Basellaceae 落葵科（26：p43）：Basella 落葵属；-aceae（分类单位科的词尾，为 -aceus 的阴性复数主格形式，加到模式属的名称后或同义词的词干后以组成族群名称）

Bashania 巴山木竹属（禾本科）（9-1：p612）：bashania 巴山的（地名，跨陕西、四川、湖北三省）

Bashania fangiana 冷箭竹：fangiana（人名）

Bashania fargesii 巴山木竹：fargesii ← Pere Paul Guillaume Farges（人名，19 世纪中叶至 20 世纪活动于中国的法国传教士，植物采集员）

Bashania qingchengshanensis 饱竹子：qingchengshanensis 青城山的（地名，四川省）

Bashania spanostachya 峨热竹：span-/ spano- 稀少的，少数，几个；stachy-/ stachyo-/ -stachys/ -stachyus/ -stachyum/ -stachya 穗子，穗子的，穗子状的，穗状花序的

Basilicum 小冠薰属（冠 guān）（唇形科）（66：p555）：basilicum ← basilikos 王室的（另一解释为一种芳香植物的希腊土名）

Basilicum polystachyon 小冠薰：polystachyon 多穗的；poly- ← polys 多个，许多（希腊语，拉丁语为 multi-）；stachy-/ stachyo-/ -stachys/ -stachyus/ -stachyum/ -stachya 穗子，穗子的，穗子状的，穗状花序的

Bassia 雾冰藜属（藜科）（25-2：p104）：bassia ← Ferdinando Bassi（人名，18 世纪意大利植物学家）

Bassia dasyphylla 雾冰藜：dasyphyllus = dasys + phyllus 粗毛叶的；dasy- ← dasys 毛茸茸的，粗毛的，毛；phyllus/ phyllum/ phylla ← phyllon 叶片（用于希腊语复合词）

Bassia hyssopifolia 钩刺雾冰藜：Hyssopus 神香草属（唇形科）；folius/ folium/ folia 叶，叶片（用于复合词）

Bassia sedoides 肉叶雾冰藜：Sedum 景天属（景天科）；-oides/ -oideus/ -oideum/ -oidea/ -odes/ -eidos 像……的，类似……的，呈……状的（名词词尾）

Batrachium 水毛茛属（茛 gèn）（毛茛科）（28：p339）：batrachius 蛙（比喻水湿生境）

Batrachium bungei 水毛茛：bungei ← Alexander von Bunge（人名，19 世纪俄国植物学家）；-i 表示人名，接在以元音字母结尾的人名后面，但 -a 除外

Batrachium bungei var. flavidum 黄花水毛茛：flavidus 淡黄的，泛黄的，发黄的；flavus → flavo-/ flavi-/ flav- 黄色的，鲜黄色的，金黄色的（指纯正的黄色）；-idus/ -idum/ -ida 表示在进行中的动作或情况，作动词、名词或形容词的词尾

Batrachium divaricatum 歧裂水毛茛：divaricatus 广歧的，发散的，散开的

Batrachium eradicatum 小水毛茛：eradicatus = e + radicus + atus 无根的；e-/ ex- 不，无，非，缺乏，不具有（e- 用在辅音字母前，ex- 用在元音字母前，为拉丁语词首，对应的希腊语词首为 a-/ an-，英语为 un-/ -less，注意作词首用的 e-/ ex- 和介词 e/ ex 意思不同，后者意为"出自、从……、由……离开、由于、依照"）；radicatus = radicus + atus 根，生根的，有根的

Batrachium foeniculaceum 硬叶水毛茛：foeniculaceus 像茴香的；Foeniculum 茴香属（伞形科）；-aceus/ -aceum/ -acea 相似的，有……性质的，属于……的

Batrachium kauffmanii 长叶水毛茛：kauffmanii ← General Konstantin von Kaufmann（人名，19 世纪乌兹别克斯坦塔什干总督）

Batrachium pekinense 北京水毛茛：pekinense 北京的（地名）

Batrachium trichophyllum 毛柄水毛茛：trich-/ tricho-/ tricha- ← trichos ← thrix 毛，多毛的，线状的，丝状的；phyllus/ phyllum/ phylla ← phyllon 叶片（用于希腊语复合词）

Batrachium trichophyllum var. hirtellum 多毛水毛茛：hirtellus = hirtus + ellus 被短粗硬毛的；hirtus 有毛的，粗毛的，刚毛的（长而明显的毛）；-ellus/ -ellum/ -ella ← -ulus 小的，略微的，稍微的（小词 -ulus 在字母 e 或 i 之后有多种变缀，即 -olus/ -olum/ -ola、-ellus/ -ellum/ -ella、-illus/ -illum/ -illa，用于第一变格法名词）

Bauhinia 羊蹄甲属（豆科）（39：p145）：bauhinia ← Gaspard Bauhin 和 Jean Bauhin（人名，16 世纪医生、植物学家，孪生兄弟，用来比喻具有二瓣裂的叶子或二片似乎出自同一基部的叶子）

Bauhinia acuminata 白花羊蹄甲：acuminatus = acumen + atus 锐尖的，渐尖的；acumen 渐尖头；-atus/ -atum/ -ata 属于，相似，具有，完成（形容词词尾）

Bauhinia apertilobata 阔裂叶羊蹄甲：apertus → aper- 开口的，开裂的，无盖的，裸露的；lobatus = lobus + atus 具浅裂的，具耳垂状突起的；-atus/ -atum/ -ata 属于，相似，具有，完成（形容词词尾）

Bauhinia aurea 火索藤：aureus = aurus + eus → aure-/ aureo- 金色的，黄色的；aurus 金，金色的；-eus/ -eum/ -ea（接拉丁语词干时）属于……的，色如……的，质如……的（表示原料、颜色或品质的相似），（接希腊语词干时）属于……的，以……出名，为……所占有（表示具有某种特性）

Bauhinia blakeana 红花羊蹄甲：blakeana ← Henry Blake（人名，20 世纪交替时期香港总督）

Bauhinia bohniana 丽江羊蹄甲：bohniana（人名）

Bauhinia brachycarpa 鞍叶羊蹄甲：brachy- ← brachys 短的（用于拉丁语复合词词首）；carpus/ carpum/ carpa/ carpon ← carpos 果实（用于希腊语复合词）

Bauhinia brachycarpa var. brachycarpa 鞍叶羊蹄甲-原变种 （词义见上面解释）

Bauhinia brachycarpa var. cavaleriei 刀果鞍叶羊蹄甲：cavaleriei ← Pierre Julien Cavalerie（人名，20 世纪法国传教士）；-i 表示人名，接在以元音字母结尾的人名后面，但 -a 除外

Bauhinia brachycarpa var. densiflora 毛鞍叶羊蹄甲：densus 密集的，繁茂的；florus/ florum/ flora ← flos 花（用于复合词）

Bauhinia brachycarpa var. microphylla 小鞍叶羊蹄甲：micr-/ micro- ← micros 小的，微小的，微观的（用于希腊语复合词）；phyllus/ phyllum/ phylla ← phyllon 叶片（用于希腊语复合词）

Bauhinia chalcophylla 多花羊蹄甲：chalco- 铜，铜色；phyllus/ phyllum/ phylla ← phyllon 叶片（用于希腊语复合词）

Bauhinia championii 龙须藤：championii ← John George Champion（人名，19 世纪英国植物学家，研究东亚植物）

Bauhinia championii var. championii 龙须藤-原变种 （词义见上面解释）

Bauhinia championii var. yingtakensis 英德羊蹄甲：yingtakensis 英德的（地名，广东省）

Bauhinia claviflora 棒花羊蹄甲：clava 棍棒；florus/ florum/ flora ← flos 花（用于复合词）

Bauhinia coccinea 绯红羊蹄甲（绯 fēi）：coccus/ coccineus 浆果，绯红色（一种形似浆果的介壳虫的颜色）；同形异义词：coccus/ cocco/ cocci/ coccis 心室，心皮；-eus/ -eum/ -ea（接拉丁语词干时）属于……的，色如……的，质如……的（表示原料、颜色或品质的相似），（接希腊语词干时）属于……的，以……出名，为……所占有（表示具有某种特性）

Bauhinia coccinea subsp. coccinea 绯红羊蹄甲-原亚种 （词义见上面解释）

Bauhinia coccinea subsp. tonkinensis 越南红花羊蹄甲：tonkin 东京（地名，越南河内的旧称）

Bauhinia comosa 石山羊蹄甲：comosus 丛状长毛的；-osus/ -osum/ -osa 多的，充分的，丰富的，显著发育的，程度高的，特征明显的（形容词词尾）

Bauhinia corymbosa 首冠藤（冠 guān）：corymbosus = corymbus + osus 伞房花序的；corymbus 伞形的，伞状的；-osus/ -osum/ -osa 多的，充分的，丰富的，显著发育的，程度高的，特征明显的（形容词词尾）

Bauhinia corymbosa var. longipes 长序首冠藤：longe-/ longi- ← longus 长的，纵向的；pes/ pedis 柄，梗，茎秆，腿，足，爪（作词首或词尾，pes 的词干视为"ped-"）

Bauhinia damiaoshanensis 大苗山羊蹄甲：damiaoshanensis 大苗山的（地名，广西北部）

Bauhinia delavayi 薄荚羊蹄甲：delavayi ← P. J.

M. Delavay（人名，1834–1895，法国传教士，曾在中国采集植物标本）；-i 表示人名，接在以元音字母结尾的人名后面，但 -a 除外

Bauhinia didyma 孪叶羊蹄甲：didymus 成对的，孪生的，两个联合的，二裂的；关联词：tetradidymus 四对的，tetradymus 四细胞的，tetradidynamus 四强雄蕊的，didynamus 二强雄蕊的

Bauhinia dioscoreifolia 薯叶藤：dioscoreifolia 薯蓣叶的；Dioscorea 薯蓣属（薯蓣科）；folius/ folium/ folia 叶，叶片（用于复合词）

Bauhinia erythropoda 锈荚藤：erythr-/ erythro- ← erythros 红色的（希腊语）；podus/ pus 柄，梗，茎秆，足，腿

Bauhinia esquirolii 元江羊蹄甲：esquirolii（人名）；-ii 表示人名，接在以辅音字母结尾的人名后面，但 -er 除外

Bauhinia glauca 粉叶羊蹄甲：glaucus → glauco-/ glauc- 被白粉的，发白的，灰绿色的

Bauhinia glauca subsp. caterviflora 密花羊蹄甲：caterviflorus 密花的；caterva 密生的，成群的，集群的，成丛的；florus/ florum/ flora ← flos 花（用于复合词）

Bauhinia glauca subsp. glauca 粉叶羊蹄甲-原亚种 （词义见上面解释）

Bauhinia glauca subsp. hupehana 鄂羊蹄甲：hupehana 湖北的（地名）

Bauhinia glauca subsp. pernervosa 显脉羊蹄甲：pernervosus 极显著脉的，脉非常明显的；per-（在 l 前面音变为 pel-）极，很，颇，甚，非常，完全，通过，遍及（表示效果加强，与 sub- 互为反义词）；nervosus 多脉的，叶脉明显的；nervus 脉，叶脉

Bauhinia glauca subsp. tenuiflora 薄叶羊蹄甲：tenui- ← tenuis 薄的，纤细的，弱的，瘦的，窄的；florus/ florum/ flora ← flos 花（用于复合词）

Bauhinia hainanensis 海南羊蹄甲：hainanensis 海南的（地名）

Bauhinia hirsuta 粗毛羊蹄甲：hirsutus 粗毛的，糙毛的，有毛的（长而硬的毛）

Bauhinia hypochrysa 绸缎藤：hypochrysus 背面金黄色的；hyp-/ hypo- 下面的，以下的，不完全的；chrysus 金色的，黄色的

Bauhinia hypoglauca 滇南羊蹄甲：hypoglaucus 下面白色的；hyp-/ hypo- 下面的，以下的，不完全的；glaucus → glauco-/ glauc- 被白粉的，发白的，灰绿色的

Bauhinia japonica 日本羊蹄甲：japonica 日本的（地名）；-icus/ -icum/ -ica 属于，具有某种特性（常用于地名、起源、生境）

Bauhinia khasiana 牛蹄麻：khasiana ← Khasya 喀西的，卡西的（地名，印度阿萨姆邦）

Bauhinia khasiana var. khasiana 牛蹄麻-原变种（词义见上面解释）

Bauhinia khasiana var. tomentella 毛叶牛蹄麻：tomentellus 被短绒毛的，被微绒毛的；tomentum 绒毛，浓密的毛被，棉絮，棉絮状填充物（被褥、垫子等）；-ellus/ -ellum/ -ella ← -ulus 小的，略微的，稍微的（小词 -ulus 在字母 e 或 i 之后有多种变缀，即 -olus/ -olum/ -ola、-ellus/ -ellum/ -ella、-illus/

-illum/ -illa，用于第一变格法名词）

Bauhinia lingyuenensis 凌云羊蹄甲：lingyuenensis 凌云的（地名，广西壮族自治区）

Bauhinia longistipes 长柄羊蹄甲：longistipes 长柄的；longe-/ longi- ← longus 长的，纵向的；stipes 柄，脚，梗

Bauhinia ornata 缅甸羊蹄甲：ornatus 装饰的，华丽的

Bauhinia ornata var. austrosinensis 琼岛羊蹄甲：austrosinensis 华南的（地名）；austro-/ austr- 南方的，南半球的，大洋洲的；auster 南方，南风；sinensis = Sina + ensis 中国的（地名）；Sina 中国

Bauhinia ornata var. contigua 叠片羊蹄甲：contiguus 接触的，接近的，近缘的，连续的，压紧的

Bauhinia ornata var. kerrii 褐毛羊蹄甲：kerrii ← Arthur Francis George Kerr 或 William Kerr（人名）

Bauhinia ornata var. ornata 缅甸羊蹄甲-原变种（词义见上面解释）

Bauhinia ornata var. subumbellata 伞序羊蹄甲：subumbellatus 像 umbellatus 的，近伞形的；sub-（表示程度较弱）与……类似，几乎，稍微，弱，亚，之下，下面；Stellaria umbellata 伞花繁缕；umbellatus = umbella + atus 伞形花序的，具伞的；umbella 伞形花序

Bauhinia ovatifolia 卵叶羊蹄甲：ovatus = ovus + atus 卵圆形的；ovus 卵，胚珠，卵形的，椭圆形的；-atus/ -atum/ -ata 属于，相似，具有，完成（形容词词尾）；folius/ folium/ folia 叶，叶片（用于复合词）

Bauhinia paucinervata 少脉羊蹄甲：pauci- ← paucus 少数的，少的（希腊语为 oligo-）；nervatus = nervus + atus 具脉的；nervus 脉，叶脉

Bauhinia purpurea 羊蹄甲：purpureus = purpura + eus 紫色的；purpura 紫色（purpura 原为一种介壳虫名，其体液为紫色，可作颜料）；-eus/ -eum/ -ea（接拉丁语词干时）属于……的，色如……的，质如……的（表示原料、颜色或品质的相似），（接希腊语词干时）属于……的，以……出名，为……所占有（表示具有某种特性）

Bauhinia pyrrhoclada 红毛羊蹄甲：pyrrho/ pyrrh-/ pyro- 火焰，火焰状的，火焰色的；cladus ← clados 枝条，分枝

Bauhinia quinanensis 黔南羊蹄甲：quinanensis 贵南的（地名，贵州省，已修订为 quinnanensis）

Bauhinia racemosa 总状花羊蹄甲：racemosus = racemus + osus 总状花序的；racemus/ raceme 总状花序，葡萄串状的；-osus/ -osum/ -osa 多的，充分的，丰富的，显著发育的，程度高的，特征明显的（形容词词尾）

Bauhinia rubro-villosa 红背叶羊蹄甲：rubr-/ rubri-/ rubro- ← rubrus 红色的；villosus 柔毛的，绵毛的；villus 毛，羊毛，长绒毛；-osus/ -osum/ -osa 多的，充分的，丰富的，显著发育的，程度高的，特征明显的（形容词词尾）

Bauhinia scandens 攀援羊蹄甲：scandens 攀缘的，缠绕的，藤本的；scando/ scansum 上升，攀登，缠绕

Bauhinia scandens var. horsfieldii 菱果羊蹄甲：

horsfieldii（人名）；-ii 表示人名，接在以辅音字母结尾的人名后面，但 -er 除外

Bauhinia scandens var. scandens 攀援羊蹄甲-原变种 （词义见上面解释）

Bauhinia tomentosa 黄花羊蹄甲：tomentosus = tomentum + osus 绒毛的，密被绒毛的；tomentum 绒毛，浓密的毛被，棉絮，棉絮状填充物（被褥、垫子等）；-osus/ -osum/ -osa 多的，充分的，丰富的，显著发育的，程度高的，特征明显的（形容词词尾）

Bauhinia touranensis 囊托羊蹄甲：touranensis（地名，越南）

Bauhinia variegata 洋紫荆：variegatus = variego + atus 有彩斑的，有条纹的，杂食的，杂色的；variego = varius + ago 染上各种颜色，使成五彩缤纷的，装饰，点缀，使闪出五颜六色的光彩，变化，变更，不同；varius = varus + ius 各种各样的，不同的，多型的，易变的；varus 不同的，变化的，外弯的，凸起的；-ius/ -ium/ -ia 具有……特性的（表示有关、关联、相似）；-ago 表示相似或联系，如 plumbago，铅的一种（来自 plumbum 铅），来自 -go；-go 表示一种能做工作的力量，如 vertigo，也表示事态的变化或者一种事态、趋向或病态，如 robigo（红的情况，变红的趋势，因而是铁锈），aerugo（铜锈），因此它变成一个表示具有某种质的属性的构词元素，如 lactago（具有乳浆的草），或相似性，如 ferulago（近似 ferula，阿魏）、canilago（一种 canila）

Bauhinia variegata var. candida 白花洋紫荆：candidus 洁白的，有白毛的，亮白的，雪白的（希腊语为 argo- ← argenteus 银白色的）

Bauhinia variegata var. variegata 洋紫荆-原变种 （词义见上面解释）

Bauhinia venustula 小巧羊蹄甲：venustula 稍美丽的，稍有魅力的，稍帅气的；venustus ← Venus 女神维纳斯的，可爱的，美丽的，有魅力的；-ulus/ -ulum/ -ula 小的，略微的，稍微的（小词 -ulus 在字母 e 或 i 之后有多种变缀，即 -olus/ -olum/ -ola、-ellus/ -ellum/ -ella、-illus/ -illum/ -illa，与第一变格法和第二变格法名词形成复合词）

Bauhinia viridescens 绿花羊蹄甲：viridescens 变绿的，发绿的，淡绿色的；viridi-/ virid- ← viridus 绿色的；-escens/ -ascens 改变，转变，变成，略微，带有，接近，相似，大致，稍微（表示变化的趋势，并未完全相似或相同，有别于表示达到完成状态的 -atus）

Bauhinia viridescens var. laui 白枝羊蹄甲：laui ← Alfred B. Lau（人名，21 世纪仙人掌植物采集员）；-i 表示人名，接在以元音字母结尾的人名后面，但 -a 除外

Bauhinia viridescens var. viridescens 绿花羊蹄甲-原变种 （词义见上面解释）

Bauhinia yunnanensis 云南羊蹄甲：yunnanensis 云南的（地名）

Beaumontia 清明花属（夹竹桃科）（63：p129）：beaumontia ← Diana Beaumont（人名，1641–1686，英国女人）

Beaumontia brevituba 断肠花：brevi- ← brevis 短的（用于希腊语复合词词首）；tubus 管子的，管状的，筒状的

Beaumontia grandiflora 清明花：grandi- ← grandis 大的；florus/ florum/ flora ← flos 花（用于复合词）

Beaumontia murtonii 思茅清明花：murtonii（人名）；-ii 表示人名，接在以辅音字母结尾的人名后面，但 -er 除外

Beaumontia pitardii 广西清明花：pitardii ← Charles-Joseph Marie Pitard-Briau（人名，20 世纪法国植物学家）

Beaumontia yunnanensis 云南清明花：yunnanensis 云南的（地名）

Beccarinda 横蒴苣苔属（苦苣苔科）（69：p247）：beccarinda = beccari + india 印度籍的 Beccari；beccari ← Osourdo Beccari（人名，1843–1920，意大利植物学家）；india 印度的（地名）

Beccarinda argentea 饰岩横蒴苣苔：argenteus = argentum + eus 银白色的；argentum 银；-eus/ -eum/ -ea（接拉丁语词干时）属于……的，色如……的，质如……的（表示原料、颜色或品质的相似），（接希腊语词干时）属于……的，以……出名，为……所占有（表示具有某种特性）

Beccarinda erythrotricha 红毛横蒴苣苔：erythrotrichus 红毛的；erythr-/ erythro- ← erythros 红色的（希腊语）；trichus 毛，毛发，线

Beccarinda minima 小横蒴苣苔：minimus 最小的，很小的

Beccarinda paucisetulosa 少毛横蒴苣苔：pauci- ← paucus 少数的，少的（希腊语为 oligo-）；setulosus = setus + ulus + osus 多短刺的，被短毛的；setus/ saetus 刚毛，刺毛，芒刺；-ulus/ -ulum/ -ula 小的，略微的，稍微的（小词 -ulus 在字母 e 或 i 之后有多种变缀，即 -olus/ -olum/ -ola、-ellus/ -ellum/ -ella、-illus/ -illum/ -illa，与第一变格法和第二变格法名词形成复合词）；-osus/ -osum/ -osa 多的，充分的，丰富的，显著发育的，程度高的，特征明显的（形容词词尾）

Beccarinda tonkinensis 横蒴苣苔：tonkin 东京（地名，越南河内的旧称）

Beckmannia 菵草属（菵 wǎng）（禾本科）（9-3：p254）：beckmannia ← Johann Beckmann（人名，1739–1811，德国农学家、植物学家）

Beckmannia syzigachne 菵草：syzigachne 合颖的；syzigos 联合的；achne 鳞片，稃片，谷壳（希腊语）

Beckmannia syzigachne var. hirsutiflora 毛颖菵草：hirsutus 粗毛的，糙毛的，有毛的（长而硬的毛）；florus/ florum/ flora ← flos 花（用于复合词）

Beckmannia syzigachne var. syzigachne 菵草-原变种 （词义见上面解释）

Beesia 铁破锣属（毛茛科）（27：p88）：beesia ← Messers Bees（人名，英国传教士，曾在中国采集植物标本）

Beesia calthifolia 铁破锣：calthifolius 驴蹄草叶的；Catltha 驴蹄草属（毛茛科）；folius/ folium/ folia 叶，叶片（用于复合词）

Beesia deltophylla 角叶铁破锣：deltophyllus 三角形叶的；delta 三角；phyllus/ phyllum/ phylla ← phyllon 叶片（用于希腊语复合词）

B

Begonia 秋海棠属（秋海棠科）（52-1：p126）：begonia ← Michel Begon（人名，1638–1710，德国植物学家）

Begonia acetosella 无翅秋海棠：acetosella = acetosa + ellus 略酸的，比 acetosa 小的；acetosus 酸的；acet-/ aceto- 酸的；Rumex acetosa 酸模；-ellus/ -ellum/ -ella ← -ulus 小的，略微的，稍微的（小词 -ulus 在字母 e 或 i 之后有多种变缀，即 -olus/ -olum/ -ola、-ellus/ -ellum/ -ella、-illus/ -illum/ -illa，用于第一变格法名词）

Begonia acetosella var. acetosella 无翅秋海棠-原变种（词义见上面解释）

Begonia acetosella var. hirtifolia 粗毛无翅秋海棠：hirtus 有毛的，粗毛的，刚毛的（长而明显的毛）；folius/ folium/ folia 叶，叶片（用于复合词）

Begonia algaia 美丽秋海棠：algaia ← alga 水藻（指喜水湿）

Begonia alveolata 点叶秋海棠：alveolatus 具蜂窝状小孔的，泡状的；alveolus 蜂窝状小孔的，泡状的；同义词：favosus 蜂窝状小孔的，小孔的，泡状的

Begonia anceps 二棱秋海棠：anceps 二棱的，二翼的，茎有翼的

Begonia argenteo-guttata 银星秋海棠：argenteus = argentum + eus 银白色的；argentum 银；-eus/ -eum/ -ea（接拉丁语词干时）属于……的，色如……的，质如……的（表示原料、颜色或品质的相似），（接希腊语词干时）属于……的，以……出名，为……所占有（表示具有某种特性）；guttatus 斑点，泪滴，油滴

Begonia asperifolia 糙叶秋海棠：asper/ asperus/ asperum/ aspera 粗糙的，不平的；folius/ folium/ folia 叶，叶片（用于复合词）

Begonia asperifolia var. asperifolia 糙叶秋海棠-原变种（词义见上面解释）

Begonia asperifolia var. tomentosa 倮全江秋海棠：tomentosus = tomentum + osus 绒毛的，密被绒毛的；tomentum 绒毛，浓密的毛被，棉絮，棉絮状填充物（被褥、垫子等）；-osus/ -osum/ -osa 多的，充分的，丰富的，显著发育的，程度高的，特征明显的（形容词词尾）

Begonia asperifolia var. unialata 窄檐糙叶秋海棠：uni-/ uno- ← unus/ unum/ una 一，单一（希腊语为 mono-/ mon-）；alatus → ala-/ alat-/ alati-/ alato- 翅，具翅的，具翼的

Begonia augustinei 歪叶秋海棠：augustinei ← Augustine Henry（人名，1857–1930，爱尔兰医生、植物学家）；-i 表示人名，接在以元音字母结尾的人名后面，但 -a 除外

Begonia austrotaiwanensis 南台湾秋海棠：austrotaiwanensis 台湾南部的（地名）；austro-/ austr- 南方的，南半球的，大洋洲的；auster 南方，南风

Begonia austroyunnanensis 滇南秋海棠：austroyunnanensis 滇南的（地名）；austro-/ austr- 南方的，南半球的，大洋洲的；auster 南方，南风；yunnanensis 云南的（地名）

Begonia balansana 北越秋海棠：balansana ← Benedict Balansa（人名，19 世纪法国植物采集员）

Begonia baviensis 金平秋海棠：baviensis（地名，越南河内）

Begonia biflora 双花秋海棠：bi-/ bis- 二，二数，二回（希腊语为 di-）；florus/ florum/ flora ← flos 花（用于复合词）

Begonia bonii 越南秋海棠：bonii（人名）；-ii 表示人名，接在以辅音字母结尾的人名后面，但 -er 除外

Begonia brevisetulosa 短刺秋海棠：brevi- ← brevis 短的（用于希腊语复合词词首）；setulosus = setus + ulus + osus 多短刺的，被短毛的；setus/ saetus 刚毛，刺毛，芒刺；-ulus/ -ulum/ -ula 小的，略微的，稍微的（小词 -ulus 在字母 e 或 i 之后有多种变缀，即 -olus/ -olum/ -ola、-ellus/ -ellum/ -ella、-illus/ -illum/ -illa，与第一变格法和第二变格法名词形成复合词）；-osus/ -osum/ -osa 多的，充分的，丰富的，显著发育的，程度高的，特征明显的（形容词词尾）

Begonia buimontana 武威秋海棠：buimontana 武威山的（地名，位于台湾省屏东县，"bui" 为 "武威" 的日语读音）；montanus 山，山地

Begonia cathayana 花叶秋海棠：cathayana ← Cathay ← Khitay/ Khitai 中国的，契丹的（地名，10–12 世纪中国北方契丹人的领域，辽国前身，多用来代表中国，俄语称中国为 Kitay）

Begonia cavaleriei 昌感秋海棠：cavaleriei ← Pierre Julien Cavalerie（人名，20 世纪法国传教士）；-i 表示人名，接在以元音字母结尾的人名后面，但 -a 除外

Begonia cehengensis 册亨秋海棠：cehengensis 册亨的（地名，贵州省）

Begonia chingii 凤山秋海棠：chingii ← R. C. Chin 秦仁昌（人名，1898–1986，中国植物学家，蕨类植物专家），秦氏

Begonia chishuiensis 赤水秋海棠：chishuiensis 赤水的（地名，贵州省）

Begonia chitoensis 溪头秋海棠：chitoensis 溪头的（地名，属台湾省）

Begonia chuniana 澄迈秋海棠（澄 chéng）：chuniana ← W. Y. Chun 陈焕镛（人名，1890–1971，中国植物学家）

Begonia circumlobata 周裂秋海棠：circumlobatus 周围有裂片的；circum- 周围的，缠绕的（与希腊语的 peri- 意思相同）；lobatus = lobus + atus 具浅裂的，具耳垂状突起的；lobus/ lobos/ lobon 浅裂，耳片（裂片先端钝圆），荚果，蒴果；-atus/ -atum/ -ata 属于，相似，具有，完成（形容词词尾）

Begonia cirrosa 卷毛秋海棠：cirrosus = cirrus + osus 多卷须的；cirrhus/ cirrus/ cerris 卷毛的，卷曲的，卷须的；-osus/ -osum/ -osa 多的，充分的，丰富的，显著发育的，程度高的，特征明显的（形容词词尾）

Begonia clavicaulis 腾冲秋海棠：clava 棍棒；caulis ← caulos 茎，茎秆，主茎

Begonia coptidi-montana 黄连山秋海棠：coptidi-montana（地名，宜改为 "coptidimontana"）；montanus 山，山地

Begonia crassirostris 粗喙秋海棠：crassi- ← crassus 厚的，粗的，多肉质的；rostris 鸟喙，喙状

B

Begonia cucullata 四季秋海棠：cucullatus/ cuculatus 兜状的，勺状的，罩住的，头巾的；cucullus 外衣，头巾

Begonia cucurbitifolia 瓜叶秋海棠：Cucurbita 南瓜属（葫芦科）；folius/ folium/ folia 叶，叶片（用于复合词）

Begonia cylindrica 柱果秋海棠：cylindricus 圆形的，圆筒状的

Begonia daunhitam 黑森林秋海棠：daunhitam = daun + hitam 黑色叶片（印度尼西亚语）；daun 叶子；hitam 黑色

Begonia daxinensis 大新秋海棠：daxinensis 大新的（地名，广西壮族自治区）

Begonia dentato-bracteata 齿苞秋海棠：dentus 齿，牙齿；bracteatus = bracteus + atus 具苞片的；bracteus 苞，苞片，苞鳞；-atus/ -atum/ -ata 属于，相似，具有，完成（形容词词尾）

Begonia dielsiana 南川秋海棠：dielsiana ← Friedrich Ludwig Emil Diels（人名，20 世纪德国植物学家）

Begonia digyna 槭叶秋海棠（槭 qì）：digynus 二雌蕊的，二心皮的；di-/ dis- 二，二数，二分，分离，不同，在……之间，从……分开（希腊语，拉丁语为 bi-/ bis-）；gynus/ gynum/ gyna 雌蕊，子房，心皮

Begonia discrepans 细茎秋海棠：discrepans 例外的

Begonia discreta 景洪秋海棠：discretus 分离的；di-/ dis- 二，二数，二分，分离，不同，在……之间，从……分开（希腊语，拉丁语为 bi-/ bis-）；cretus 增加，扩大，增长

Begonia dryadis 厚叶秋海棠：dryadis 像仙女木的；Dryas 仙女木属（蔷薇科）

Begonia duclouxii 川边秋海棠：duclouxii（人名）；-ii 表示人名，接在以辅音字母结尾的人名后面，但 -er 除外

Begonia edulis 食用秋海棠：edule/ edulis 食用的，可食的

Begonia emeiensis 峨眉秋海棠：emeiensis 峨眉山的（地名，四川省）

Begonia fengii 矮小秋海棠：fengii（人名）；-ii 表示人名，接在以辅音字母结尾的人名后面，但 -er 除外

Begonia fenicis 兰屿秋海棠：fenicis 腓尼基的，腓尼基人的（腓尼基为地中海东岸古国）

Begonia filiformis 丝形秋海棠：filiforme/ filiformis 线状的；fili-/ fil- ← filum 线状的，丝状的；formis/ forma 形状

Begonia fimbristipula 紫背天葵：fimbria → fimbri- 流苏，长缘毛；stipulus 托叶；-ulus/ -ulum/ -ula 小的，略微的，稍微的（小词 -ulus 在字母 e 或 i 之后有多种变缀，即 -olus/ -olum/ -ola、-ellus/ -ellum/ -ella、-illus/ -illum/ -illa，与第一变格法和第二变格法名词形成复合词）

Begonia flaviflora 黄花秋海棠：flavus → flavo-/ flavi-/ flav- 黄色的，鲜黄色的，金黄色的（指纯正的黄色）；florus/ florum/ flora ← flos 花（用于复合词）

Begonia flaviflora var. flaviflora 黄花秋海棠-原变种 （词义见上面解释）

Begonia flaviflora var. gamblei 浅裂黄花秋海棠：gamblei ← James Sykes Gamble（人名，20 世纪英国植物学家）；-i 表示人名，接在以元音字母结尾的人名后面，但 -a 除外

Begonia flaviflora var. vivida 乳黄秋海棠：vividus 生动的，有活力的；viv- ← vivus 活的，新鲜的，有生机的，有活力的；-idus/ -idum/ -ida 表示在进行中的动作或情况，作动词、名词或形容词的词尾

Begonia floribunda 多花秋海棠：floribundus = florus + bundus 多花的，繁花的，花正盛开的；florus/ florum/ flora ← flos 花（用于复合词）；-bundus/ -bunda/ -bundum 正在做，正在进行（类似于现在分词），充满，盛行

Begonia fordii 西江秋海棠：fordii ← Charles Ford（人名）

Begonia formosana 水鸭脚：formosanus = formosus + anus 美丽的，台湾的；formosus ← formosa 美丽的，台湾的（葡萄牙殖民者发现台湾时对其的称呼，即美丽的岛屿）；-anus/ -anum/ -ana 属于，来自（形容词词尾）

Begonia formosana f. albomaculata 白斑水鸭脚：albus → albi-/ albo- 白色的；maculatus = maculus + atus 有小斑点的，略有斑点的；maculus 斑点，网眼，小斑点，略有斑点；-atus/ -atum/ -ata 属于，相似，具有，完成（形容词词尾）

Begonia formosana f. formosana 水鸭脚-原变型（词义见上面解释）

Begonia forrestii 陇川秋海棠（陇 lǒng）：forrestii ← George Forrest（人名，1873–1932，英国植物学家，曾在中国西部采集大量植物标本）

Begonia gagnepainiana 昭通秋海棠：gagnepainiana（人名）

Begonia glechomifolia 金秀秋海棠：glechomifolia 活血丹叶的，薄荷叶的；Glechoma 活血丹属（唇形科）；glechoma ← glechon 薄荷（古希腊语名）；folius/ folium/ folia 叶，叶片（用于复合词）

Begonia grandis 秋海棠：grandis 大的，大型的，宏大的

Begonia grandis subsp. grandis 秋海棠-原亚种（词义见上面解释）

Begonia grandis subsp. grandis var. unialata 单翅秋海棠：uni-/ uno- ← unus/ unum/ una 一，单一（希腊语为 mono-/ mon-）；alatus → ala-/ alat-/ alati-/ alato- 翅，具翅的，具翼的

Begonia grandis subsp. holostyla 全柱秋海棠：holo-/ hol- 全部的，所有的，完全的，联合的，全缘的，不分裂的；stylus/ stylis ← stylos 柱，花柱

Begonia grandis subsp. sinensis 中华秋海棠：sinensis = Sina + ensis 中国的（地名）；Sina 中国

Begonia grandis subsp. sinensis var. grandis 中华秋海棠-原变种 （词义见上面解释）

Begonia grandis subsp. sinensis var. puberula 刺毛中华秋海棠：puberulus = puberus + ulus 略被柔毛的，被微柔毛的；puberus 多毛的，毛茸茸的；-ulus/ -ulum/ -ula 小的，略微的，稍微的（小词 -ulus 在字母 e 或 i 之后有多种变缀，即 -olus/ -olum/ -ola、-ellus/ -ellum/ -ella、-illus/ -illum/

B

-illa，与第一变格法和第二变格法名词形成复合词）

Begonia grandis subsp. sinensis var. villosa 柔毛中华秋海棠：villosus 柔毛的，绵毛的；villus 毛，羊毛，长绒毛；-osus/ -osum/ -osa 多的，充分的，丰富的，显著发育的，程度高的，特征明显的（形容词词尾）

Begonia guangxiensis 广西秋海棠：guangxiensis 广西的（地名）

Begonia gulinqingensis 古林箐秋海棠（箐 qìng）：gulinqingensis 古林箐的（地名，云南省）

Begonia gungshanensis 贡山秋海棠：gungshanensis 贡山的（地名，云南省）

Begonia hainanensis 海南秋海棠：hainanensis 海南的（地名）

Begonia handelii 大香秋海棠：handelii ← H. Handel-Mazzetti（人名，奥地利植物学家，第一次世界大战期间在中国西南地区研究植物）

Begonia hatacoa 墨脱秋海棠：hatacoa（词源不详）

Begonia hayatae 圆果秋海棠：hayatae ← Bunzo Hayata 早田文藏（人名，1874–1934，日本植物学家，专门研究日本和中国台湾植物）；-ae 表示人名，以 -a 结尾的人名后面加上 -e 形成

Begonia hekouensis 河口秋海棠：hekouensis 河口的（地名，云南省）

Begonia hemsleyana 掌叶秋海棠：hemsleyana ← William Botting Hemsley（人名，19 世纪研究中美洲植物的植物学家）

Begonia hemsleyana var. hemsleyana 掌叶秋海棠-原变种（词义见上面解释）

Begonia hemsleyana var. kwangsiensis 广西掌叶秋海棠：kwangsiensis 广西的（地名）

Begonia henryi 独牛：henryi ← Augustine Henry 或 B. C. Henry（人名，前者，1857–1930，爱尔兰医生、植物学家，曾在中国采集植物，后者，1850–1901，曾活动于中国的传教士）

Begonia howii 侯氏秋海棠：howii（人名）；-ii 表示人名，接在以辅音字母结尾的人名后面，但 -er 除外

Begonia hymenocarpa 膜果秋海棠：hymen-/ hymeno- 膜的，膜状的；carpus/ carpum/ carpa/ carpon ← carpos 果实（用于希腊语复合词）

Begonia imitans 鸡爪秋海棠（爪 zhǎo）：imitans 类似的，模仿的

Begonia josephii 重齿秋海棠（重 chóng）：josephii（人名）；-ii 表示人名，接在以辅音字母结尾的人名后面，但 -er 除外

Begonia kouy-tcheouensis 贵州秋海棠：kouy-tcheouensis 贵州的（地名）

Begonia labordei 心叶秋海棠：labordei ← J. Laborde（人名，19 世纪活动于中国贵州的法国植物采集员）；-i 表示人名，接在以元音字母结尾的人名后面，但 -a 除外

Begonia labordei var. labordei 心叶秋海棠-原变种（词义见上面解释）

Begonia labordei var. unialata 窄檐心叶秋海棠：uni-/ uno- ← unus/ unum/ una 一，单一（希腊语为 mono-/ mon-）；alatus → ala-/ alat-/ alati-/ alato- 翅，具翅的，具翼的

Begonia lacerata 撕裂秋海棠：lacerata 撕裂状的，不整齐裂的；lacerus 撕裂状的，不整齐裂的；-atus/ -atum/ -ata 属于，相似，具有，完成（形容词词尾）

Begonia laminariae 圆翅秋海棠：laminaria ← lamina 叶子状的，昆布状的（指植物体呈大叶状），昆布属（海带科）；-arius/ -arium/ -aria 相似，属于（表示地点，场所，关系，所属）

Begonia lanternaria 灯果秋海棠：lanternarius 提灯者的，火炬手的；lanterna 灯笼

Begonia leprosa 癞叶秋海棠（癞 lài）：leprosus = lepr + osus 皮屑状的，鳞片状的；lepr- 皮屑，鳞片

Begonia limprichtii 戟叶秋海棠（戟 jí）：limprichtii（人名）；-ii 表示人名，接在以辅音字母结尾的人名后面，但 -er 除外

Begonia lipingensis 黎平秋海棠：lipingensis 黎平的（地名，贵州省）

Begonia lithophila 石生秋海棠：lithos 石头，岩石；philus/ philein ← philos → phil-/ phili/ philo- 喜好的，爱好的，喜欢的（注意区别形近词：phylus、phyllus）；phylus/ phylum/ phyla ← phylon/ phyle 植物分类单位中的"门"，位于"界"和"纲"之间，类群，种族，部落，聚群；phyllus/ phyllum/ phylla ← phyllon 叶片（用于希腊语复合词）

Begonia longanensis 隆安秋海棠：longanensis 隆安的（地名，广西壮族自治区）

Begonia lukuana 鹿谷秋海棠：lukuana 鹿谷的（地名，台湾南投地区）

Begonia luzhaiensis 鹿寨秋海棠：luzhaiensis 鹿寨的（地名，广西壮族自治区）

Begonia macrotoma 大裂秋海棠：macrotomus 大尖齿的；macro-/ macr- ← macros 大的，宏观的（用于希腊语复合词）；tomus ← tomos 小片，片段，卷册（书）

Begonia maculata 斑叶竹节秋海棠：maculatus = maculus + atus 有小斑点的，略有斑点的；maculus 斑点，网眼，小斑点，略有斑点；-atus/ -atum/ -ata 属于，相似，具有，完成（形容词词尾）

Begonia malipoensis 麻栗坡秋海棠：malipoensis 麻栗坡的（地名，云南省）

Begonia masoniana 铁甲秋海棠：masoniana ← Maurice Mason（人名，20 世纪植物学家）

Begonia megalophyllaria 大叶秋海棠：mega-/ megal-/ megalo- ← megas 大的，巨大的；phyllus/ phyllum/ phylla ← phyllon 叶片（用于希腊语复合词）；-arius/ -arium/ -aria 相似，属于（表示地点，场所，关系，所属）

Begonia mengtzeana 肾托秋海棠：mengtzeana 蒙自的（地名，云南省）

Begonia miranda 截裂秋海棠：mirandus 惊奇的

Begonia morifolia 桑叶秋海棠：Morus 桑属（桑科）；folius/ folium/ folia 叶，叶片（用于复合词）

Begonia morsei 龙州秋海棠：morsei ← morsus 啮蚀状的

Begonia muliensis 木里秋海棠：muliensis 木里的（地名，四川省）

Begonia nantoensis 南投秋海棠：nantoensis 南投的（地名，属台湾省）

Begonia obsolescens 侧膜秋海棠：obsolescens 变废着的，消逝着的；obsoletus 发育不全的，未成的，不明显的，退化的，消失的；-escens/ -ascens 改变，转变，变成，略微，带有，接近，相似，大致，稍微（表示变化的趋势，并未完全相似或相同，有别于表示达到完成状态的 -atus）

Begonia oreodoxa 山地秋海棠：oreodoxa 装饰山地的；oreo-/ ores-/ ori- ← oreos 山，山地，高山；-doxa/ -doxus 荣耀的，瑰丽的，壮观的，显眼的

Begonia ornithophylla 鸟叶秋海棠：ornis/ ornithos 鸟；phyllus/ phyllum/ phylla ← phyllon 叶片（用于希腊语复合词）

Begonia palmata 裂叶秋海棠：palmatus = palmus + atus 掌状的，具掌的；palmus 掌，手掌

Begonia palmata var. bowringiana 红孩儿：bowringiana（人名）

Begonia palmata var. crassisetulosa 刺毛红孩儿：crassi- ← crassus 厚的，粗的，多肉质的；setulosus = setus + ulus + osus 多短刺的，被短毛的；setus/ saetus 刚毛，刺毛，芒刺；-ulus/ -ulum/ -ula 小的，略微，稍微的（小词 -ulus 在字母 e 或 i 之后有多种变缀，即 -olus/ -olum/ -ola、-ellus/ -ellum/ -ella、-illus/ -illum/ -illa，与第一变格法和第二变格法名词形成复合词）；-osus/ -osum/ -osa 多的，充分的，丰富的，显著发育的，程度高的，特征明显的（形容词词尾）

Begonia palmata var. difformis 变形红孩儿：difformis = dis + formis 不整齐的，不匀称的（dis- 在辅音字母前发生同化）；di-/ dis- 二，二数，二分，分离，不同，在……之间，从……分开（希腊语，拉丁语为 bi-/ bis-）；formis/ forma 形状

Begonia palmata var. laevifolia 光叶红孩儿：laevis/ levis/ laeve/ leve → levi-/ laevi- 光滑的，无毛的，无不平或粗糙感觉的；folius/ folium/ folia 叶，叶片（用于复合词）

Begonia palmata var. palmata 裂叶秋海棠-原变种 （词义见上面解释）

Begonia parvula 小叶秋海棠：parvulus = parvus + ulus 略小的，总体上小的；parvus → parvi-/ parv- 小的，些微的，弱的；-ulus/ -ulum/ -ula 小的，略微，稍微的（小词 -ulus 在字母 e 或 i 之后有多种变缀，即 -olus/ -olum/ -ola、-ellus/ -ellum/ -ella、-illus/ -illum/ -illa，与第一变格法和第二变格法名词形成复合词）

Begonia paucilobata 少裂秋海棠：pauci- ← paucus 少数的，少的（希腊语为 oligo-）；lobatus = lobus + atus 具浅裂的，具耳垂状突起的；lobus/ lobos/ lobon 浅裂，耳片（裂片先端钝圆），荚果，蒴果；-atus/ -atum/ -ata 属于，相似，具有，完成（形容词词尾）

Begonia paucilobata var. maguanensis 马关秋海棠：maguanensis 马关的（地名，云南省）

Begonia paucilobata var. paucilobata 少裂秋海棠-原变种 （词义见上面解释）

Begonia pedatifida 掌裂叶秋海棠：pedatus 鸟足形的；pes/ pedis 柄，梗，茎秆，腿，足，爪（作词首或词尾，pes 的词干视为"ped-"）；fidus ← findere 裂开，分裂（裂深不超过 1/3，常作词尾）

Begonia peii 小花秋海棠：peii 裴氏（人名）

Begonia peltatifolia 盾叶秋海棠：peltatifolius = peltatus + folius 具盾状叶的；peltatus = peltus + atus 盾状的，具盾片的；peltus ← pelte 盾片，小盾片，盾形的；-atus/ -atum/ -ata 属于，相似，具有，完成（形容词词尾）；folius/ folium/ folia 叶，叶片（用于复合词）

Begonia picta 樟木秋海棠：pictus 有色的，彩色的，美丽的（指浓淡相间的花纹）

Begonia pingbienensis 睫毛秋海棠：pingbienensis 屏边的（地名，云南省）

Begonia polytricha 多毛秋海棠：poly- ← polys 多个，许多（希腊语，拉丁语为 multi-）；trichus 毛，毛发，线

Begonia porteri 罗甸秋海棠：porteri（人名）；-eri 表示人名，在以 -er 结尾的人名后面加上 i 形成

Begonia prostrata 铺地秋海棠（铺 pū）：prostratus/ pronus/ procumbens 平卧的，匍匐的

Begonia pseudodryadis 假厚叶秋海棠：pseudodryadis 像 dryadis 的；pseudo-/ pseud- ← pseudos 假的，伪的，接近，相似（但不是）；Begonia dryadis 厚叶秋海棠

Begonia pseudoheydei 浆果秋海棠：pseudoheydei 像 heydei 的；pseudo-/ pseud- ← pseudos 假的，伪的，接近，相似（但不是）；Begonia heydei 海德秋海棠（分布于中美洲的秋海棠）

Begonia psilophylla 光滑秋海棠：psil-/ psilo- ← psilos 平滑的，光滑的；phyllus/ phyllum/ phylla ← phyllon 叶片（用于希腊语复合词）

Begonia puerensis 普洱秋海棠：puerensis 普洱的（地名，云南省）

Begonia randaiensis 峦大秋海棠：randaiensis 峦大山的（地名，属台湾省，"randai"为"峦大"的日语发音）

Begonia ravenii 岩生秋海棠：ravenii（人名）；-ii 表示人名，接在以辅音字母结尾的人名后面，但 -er 除外

Begonia reflexi-squamosa 倒鳞秋海棠：reflexi-squamosus 反曲鳞片的；reflexus 反曲的，后曲的；re- 返回，相反，再次，重复，向后，回头；flexus ← flecto 扭曲的，卷曲的，弯弯曲曲的，柔性的；flecto 弯曲，使扭曲；squamosus 多鳞片的，鳞片明显的；squamus 鳞，鳞片，薄膜；-osus/ -osum/ -osa 多的，充分的，丰富的，显著发育的，程度高的，特征明显的（形容词词尾）

Begonia repenticaulis 匍茎秋海棠：repentes ← repentis 匍匐的；repens/ repentis/ repsi/ reptum/ repere/ repo 匍匐，爬行（同义词：reptans/ reptoare）；caulis ← caulos 茎，茎秆，主茎

Begonia rex 紫叶秋海棠：rex 王者，帝王，国王

Begonia rhodophylla 红叶秋海棠：rhodon → rhodo- 红色的，玫瑰色的；phyllus/ phyllum/ phylla ← phyllon 叶片（用于希腊语复合词）

Begonia rockii 滇缅秋海棠：rockii ← Joseph Francis Charles Rock（人名，20 世纪美国植物采集员）

Begonia rongjiangensis 榕江秋海棠：rongjiangensis 榕江的（地名，贵州省）

B

Begonia rotundilimba 圆叶秋海棠：rotundus 圆形的，呈圆形的，肥大的；rotundo 使呈圆形，使圆滑；roto 旋转，滚动；limbus 冠檐，萼檐，瓣片，叶片

Begonia ruboides 匍地秋海棠：Rubus 悬钩子属（蔷薇科）；-oides/ -oideus/ -oideum/ -oidea/ -odes/ -eidos 像……的，类似……的，呈……状的（名词词尾）

Begonia sanguinea 牛耳海棠：sanguineus = sanguis + ineus 血液的，血色的；sanguis 血液；-ineus/ -inea/ -ineum 相近，接近，相似，所有（通常表示材料或颜色），意思同 -eus

Begonia scitifolia 成凤秋海棠：scitus 可爱的，美丽的，漂亮的；folius/ folium/ folia 叶，叶片（用于复合词）

Begonia semperflorens 四季海棠：semperflorens 四季开花的，常开花的；semper 总是，经常，永久；florens 开花

Begonia setifolia 刚毛秋海棠：setus/ saetus 刚毛，刺毛，芒刺；folius/ folium/ folia 叶，叶片（用于复合词）

Begonia setuloso-peltata 刺盾叶秋海棠：setulosus = setus + ulus + osus 多细刚毛的，多细刺毛的，多细芒刺的；setus/ saetus 刚毛，刺毛，芒刺；-osus/ -osum/ -osa 多的，充分的，丰富的，显著发育的，程度高的，特征明显的（形容词词尾）；peltatus = peltus + atus 盾状的，具盾片的；peltus ← pelte 盾片，小盾片，盾形的；-atus/ -atum/ -ata 属于，相似，具有，完成（形容词词尾）

Begonia sikkimensis 锡金秋海棠：sikkimensis 锡金的（地名）

Begonia silletensis 厚壁秋海棠：silletensis（地名，印度）

Begonia sino-vietnamica 中越秋海棠：sino- 中国；vietnamica 越南的（地名）

Begonia sinobrevicaulis 短茎秋海棠：sinobrevicaulis 中国型短茎的；sino- 中国；brevi- ← brevis 短的（用于希腊语复合词词首）；caulis ← caulos 茎，茎秆，主茎

Begonia smithiana 长柄秋海棠：smithiana ← James Edward Smith（人名，1759–1828，英国植物学家）

Begonia summoglabra 光叶秋海棠：summoglabrus 极光滑的，完全无毛的；summus 最高的，最顶的，最上面的，极顶的；glabrus 光秃的，无毛的，光滑的

Begonia taiwaniana 台湾秋海棠：taiwaniana 台湾的（地名）

Begonia taliensis 大理秋海棠：taliensis 大理的（地名，云南省）

Begonia tarokoensis 太鲁阁秋海棠：tarokoensis 太鲁阁的（地名，属台湾省）

Begonia tetragona 角果秋海棠：tetra-/ tetr- 四，四数（希腊语，拉丁语为 quadri-/ quadr-）；gonus ← gonos 棱角，膝盖，关节，足

Begonia truncatiloba 截叶秋海棠：truncatus 截平的，截形的，截断的；truncare 切断，截断，截平（动词）；lobus/ lobos/ lobon 浅裂，耳片（裂片先端钝圆），荚果，蒴果

Begonia tsaii 屏边秋海棠：tsaii 蔡希陶（人名，1911–1981，中国植物学家）

Begonia tsoongii 观光秋海棠：tsoongii ← K. K. Tsoong 钟观光（人名，1868–1940，中国植物学家，北京大学教授，最先用科学方法广泛研究植物分类学，近代中国最早采集植物标本的学者，也是近代植物学的开拓者）

Begonia umbraculifolia 龙虎山秋海棠：umbraculifolius 伞形叶的；umbraculus 阴影，阴地，遮阴；umbra 荫凉，阴影，阴地；folius/ folium/ folia 叶，叶片（用于复合词）

Begonia versicolor 变色秋海棠：versicolor = versus + color 变色的，杂色的，有斑点的；versus ← vertor ← verto 变换，转换，转变；color 颜色

Begonia villifolia 长毛秋海棠：villus 毛，羊毛，长绒毛；folius/ folium/ folia 叶，叶片（用于复合词）

Begonia wangii 少瓣秋海棠：wangii（人名）；-ii 表示人名，接在以辅音字母结尾的人名后面，但 -er 除外

Begonia wenshanensis 文山秋海棠：wenshanensis 文山的（地名，云南省）

Begonia wilsonii 一点血（血 xuè）：wilsonii ← John Wilson（人名，18 世纪英国植物学家）

Begonia xingyiensis 兴义秋海棠：xingyiensis 兴义的（地名，贵州省）

Begonia xinyiensis 信宜秋海棠：xinyiensis 信宜的（地名，广东省）

Begonia xishuiensis 习水秋海棠：xishuiensis 习水的（地名，贵州省）

Begonia yishanensis 宜山秋海棠：yishanensis 宜山的（地名，广西壮族自治区，现名宜州区）

Begonia yui 宿苞秋海棠：yui 俞氏（人名）；-i 表示人名，接在以元音字母结尾的人名后面，但 -a 除外

Begonia yunnanensis 云南秋海棠：yunnanensis 云南的（地名）

Begoniaceae 秋海棠科（52-1：p126）：Begonia 秋海棠属；-aceae（分类单位科的词尾，为 -aceus 的阴性复数主格形式，加到模式属的名称后或同义词的词干后以组成族群名称）

Beilschmiedia 琼楠属（樟科）（31：p123）：beilschmiedia ← C. T. Beilschmied（人名，德国植物学家）

Beilschmiedia appendiculata 山潺（潺 chán）：appendiculatus = appendix + ulus + atus 有小附属物的；appendix = ad + pendix 附属物；ad- 向，到，近（拉丁语词首，表示程度加强）；构词规则：构成复合词时，词首末尾的辅音字母常同化为紧接其后的那个辅音字母（如 ad + p → app）；pendix ← pendens 垂悬的，挂着的，悬挂的；构词规则：以 -ix/ -iex 结尾的词其词干末尾视为 -ic，以 -ex 结尾视为 -i/ -ic，其他以 -x 结尾视为 -c；-ulus/ -ulum/ -ula 小的，略微的，稍微的（小词 -ulus 在字母 e 或 i 之后有多种变缀，即 -olus/ -olum/ -ola、-ellus/ -ellum/ -ella、-illus/ -illum/ -illa，与第一变格法和第二变格法名词形成复合词）；-atus/ -atum/ -ata 属于，相似，具有，完成（形容词词尾）

Beilschmiedia baotingensis 保亭琼楠：
baotingensis 保亭的（地名，海南省）

Beilschmiedia brachythyrsa 勐仑琼楠（勐 měng）：
brachy- ← brachys 短的（用于拉丁语复合词词首）；
thyrsus/ thyrsos 花簇，金字塔，圆锥形，聚伞圆
锥花序

Beilschmiedia brevipaniculata 短序琼楠：
brevi- ← brevis 短的（用于希腊语复合词词首）；
paniculatus = paniculus + atus 具圆锥花序的；
paniculus 圆锥花序；panus 谷穗；panicus 野稗，
粟，谷子；-atus/ -atum/ -ata 属于，相似，具有，
完成（形容词词尾）

Beilschmiedia cylindrica 柱果琼楠：cylindricus 圆
形的，圆筒状的

Beilschmiedia delicata 美脉琼楠：delicatus 柔软
的，细腻的，优美的，美味的；delicia 优雅，喜悦，
美味

Beilschmiedia erythrophloia 台琼楠：erythr-/
erythro- ← erythros 红色的（希腊语）；phloia ←
phloios 树皮

Beilschmiedia fasciata 白柴果：fasciatus =
fascia + atus 带状的，束状的，横纹的；fascia 绑
带，包带

Beilschmiedia fordii 广东琼楠：fordii ← Charles
Ford（人名）

Beilschmiedia furfuracea 糠秕琼楠（秕 bǐ）：
furfuraceus 糠麸状的，头屑状的，叶鞘的；furfur/
furfuris 糠麸，鞘

Beilschmiedia glauca 粉背琼楠：glaucus →
glauco-/ glauc- 被白粉的，发白的，灰绿色的

Beilschmiedia glauca var. glauca 粉背琼楠-原变
种 （词义见上面解释）

Beilschmiedia glauca var. glaucoides 顶序琼楠：
glaucoides = glaucus + oides 近似 glauca 的，略白
的（glauca 为原种的种加词）；-oides/ -oideus/
-oideum/ -oidea/ -odes/ -eidos 像……的，类
似……的，呈……状的（名词词尾）

Beilschmiedia henghsienensis 横县琼楠：
henghsienensis 横县的（地名，广西壮族自治区）

Beilschmiedia intermedia 琼楠：intermedius 中间
的，中位的，中等的；inter- 中间的，在中间，之间；
medius 中间的，中央的

Beilschmiedia kweichowensis 贵州琼楠：
kweichowensis 贵州的（地名）

Beilschmiedia laevis 红枝琼楠：laevis/ levis/
laeve/ leve → levi-/ laevi- 光滑的，无毛的，无不平
或粗糙感觉的

Beilschmiedia linocieroides 李榄琼楠：Linociera
李榄属（木樨科）；-oides/ -oideus/ -oideum/
-oidea/ -odes/ -eidos 像……的，类似……的，
呈……状的（名词词尾）

Beilschmiedia longipetiolata 长柄琼楠：longe-/
longi- ← longus 长的，纵向的；petiolatus =
petiolus + atus 具叶柄的；petiolus 叶柄

Beilschmiedia macropoda 肉柄琼楠：macro-/
macr- ← macros 大的，宏观的（用于希腊语复合
词）；podus/ pus 柄，梗，茎秆，足，腿

Beilschmiedia muricata 瘤果琼楠：muricatus =

murex + atus 粗糙的，糙面的，海螺状表面的（由
于密被小的瘤状凸起），具短硬尖的；muri-/
muric- ← murex 海螺（指表面有瘤状凸起），粗糙
的，糙面的；构词规则：以 -ix/ -iex 结尾的词其词
干末尾视为 -ic，以 -ex 结尾视为 -i/ -ic，其他以 -x
结尾视为 -c；-atus/ -atum/ -ata 属于，相似，具有，
完成（形容词词尾）

Beilschmiedia ningmingensis 宁明琼楠：
ningmingensis 宁明的（地名，广西壮族自治区）

Beilschmiedia obconica 锈叶琼楠：obconicus =
ob + conicus 倒圆锥形的；conicus 圆锥形的；ob-
相反，反对，倒（ob- 有多种音变：ob- 在元音字母
和大多数辅音字母前面，oc- 在 c 前面，of- 在 f 前
面，op- 在 p 前面）

Beilschmiedia obscurinervia 隐脉琼楠：obscurus
暗色的，不明确的，不明显的，模糊的；nervius =
nervus + ius 具脉的，具叶脉的；nervus 脉，叶脉；
-ius/ -ium/ -ia 具有……特性的（表示有关、关联、
相似）

Beilschmiedia pauciflora 少花琼楠：pauci- ←
paucus 少数的，少的（希腊语为 oligo-）；florus/
florum/ flora ← flos 花（用于复合词）

Beilschmiedia percoriacea 厚叶琼楠：per-（在 l
前面音变为 pel-）极，很，颇，甚，非常，完全，通
过，遍及（表示效果加强，与 sub- 互为反义词）；
coriaceus = corius + aceus 近皮革的，近革质的；
corius 皮革的，革质的；-aceus/ -aceum/ -acea 相似
的，有……性质的，属于……的

Beilschmiedia percoriacea var. ciliata 缘毛琼楠：
ciliatus = cilium + atus 缘毛的，流苏的；cilium 缘
毛，睫毛；-atus/ -atum/ -ata 属于，相似，具有，
完成（形容词词尾）

Beilschmiedia percoriacea var. percoriacea 厚
叶琼楠-原变种 （词义见上面解释）

Beilschmiedia pergamentacea 纸叶琼楠：
pergamentaceus/ pergamaceus 羊皮纸质的；
pergamenum 羊皮，羊皮纸

Beilschmiedia punctilimba 点叶琼楠：
punctatus = punctus + atus 具斑点的；punctus 斑
点；limbus 冠檐，萼檐，瓣片，叶片

Beilschmiedia purpurascens 紫叶琼楠：
purpurascens 带紫色的，发紫的；purpur- 紫色的；
-escens/ -ascens 改变，转变，变成，略微，带有，
接近，相似，大致，稍微（表示变化的趋势，并未完
全相似或相同，有别于表示达到完成状态的 -atus）

Beilschmiedia robusta 粗壮琼楠：robustus 大型
的，结实的，健壮的，强壮的

Beilschmiedia roxburghiana 椆琼楠（椆 chóu）：
roxburghiana ← William Roxburgh（人名，18 世
纪英国植物学家，研究印度植物）

Beilschmiedia rufohirtella 红毛琼楠：ruf-/ rufi-/
frufo- ← rufus/ rubus 红褐色的，锈色的，红色的，
发红的，淡红色的；hirtellus = hirtus + ellus 被短
粗硬毛的；hirtus 有毛的，粗毛的，刚毛的（长而明
显的毛）；-ellus/ -ellum/ -ella ← -ulus 小的，略微
的，稍微的（小词 -ulus 在字母 e 或 i 之后有多种变
缀，即 -olus/ -olum/ -ola、-ellus/ -ellum/ -ella、
-illus/ -illum/ -illa，用于第一变格法名词）

Beilschmiedia sichourensis 西畴琼楠：
sichourensis 西畴的（地名，云南省）

Beilschmiedia tsangii 网脉琼楠：tsangii（人名）；
-ii 表示人名，接在以辅音字母结尾的人名后面，但
-er 除外

Beilschmiedia tungfangensis 东方琼楠：
tungfangensis 东方的（地名，海南省）

Beilschmiedia wangii 海南琼楠：wangii（人名）；
-ii 表示人名，接在以辅音字母结尾的人名后面，但
-er 除外

Beilschmiedia yunnanensis 滇琼楠：yunnanensis
云南的（地名）

Belamcanda 射干属（射干 shè gān，不建议读 yè
gàn）（鸢尾科）（16-1：p131）：belamcanda（印度
土名）

Belamcanda chinensis 射干：chinensis = china +
ensis 中国的（地名）；China 中国

Bellis 雏菊属（菊科）（74：p92）：bellis ← belle 可爱
的，美丽的

Bellis perennis 雏菊：perennis/ perenne =
perennans + anus 多年生的；per-（在 l 前面音变为
pel-）极，很，颇，甚，非常，完全，通过，遍及
（表示效果加强，与 sub- 互为反义词）；annus 一年
的，每年的，一年生的

Belostemma 箭药藤属（萝藦科）（63：p559）：
belostemma 箭状王冠的（指花药箭形）；belos 标枪，
箭头（希腊语）；stemmus 王冠，花冠，花环

Belostemma hirsutum 箭药藤：hirsutus 粗毛的，
糙毛的，有毛的（长而硬的毛）

Belostemma yunnanense 镰药藤：yunnanense 云
南的（地名）

Belosynapsis 假紫万年青属（鸭跖草科）（13-3：
p118）：belos 标枪，箭头（希腊语）；synapsis 联合
（希腊语）

Belosynapsis ciliata 假紫万年青：ciliatus =
cilium + atus 缘毛的，流苏的；cilium 缘毛，睫毛；
-atus/ -atum/ -ata 属于，相似，具有，完成（形容
词词尾）

Belvisia 尖嘴蕨属（水龙骨科）（6-2：p100）：belvisia
（人名）

Belvisia annamensis 显脉尖嘴蕨：annamensis 安
南的（地名，越南古称）

Belvisia henryi 隐柄尖嘴蕨：henryi ← Augustine
Henry 或 B. C. Henry（人名，前者，1857–1930，
爱尔兰医生、植物学家，曾在中国采集植物，后者，
1850–1901，曾活动于中国的传教士）

Belvisia mucronata 尖嘴蕨：mucronatus =
mucronus + atus 具短尖的，有微突起的；
mucronus 短尖头，微突；-atus/ -atum/ -ata 属于，
相似，具有，完成（形容词词尾）

Benincasa 冬瓜属（葫芦科）（73-1：p197）：
benincasa ← Count Giuseppe Benincasa（人名，
1500–1595，意大利植物学家）

Benincasa hispida 冬瓜：hispidus 刚毛的，鬃
毛状的

Benincasa hispida var. chieh-qua 节瓜：
chieh-qua 节瓜（中文品）

Benincasa hispida var. hispida 冬瓜-原变种（词
义见上面解释）

Bennettiodendron 山桂花属（大风子科）（52-1：
p49）：bennettio ← A. W. Bennett（人名，
1833–1902，英国植物学家）；dendron 树木

Bennettiodendron brevipes 短柄山桂花：
brevi- ← brevis 短的（用于希腊语复合词词首）；
pes/ pedis 柄，梗，茎秆，腿，足，爪（作词首或词
尾，pes 的词干视为"ped-"）

Bennettiodendron brevipes var. brevipes 短柄
山桂花-原变种（词义见上面解释）

Bennettiodendron brevipes var. margopatens
延叶山桂花：margo- 边缘；patens 开展的（呈
90°），伸展的，传播的，飞散的

Bennettiodendron brevipes var. shangsiense 上
思山桂花：shangsiense 上思的（地名，广西壮族自
治区）

Bennettiodendron lanceolatum 披针叶山桂花：
lanceolatus = lanceus + olus + atus 小披针形的，
小柳叶刀的；lance-/ lancei-/ lanci-/ lanceo-/
lanc- ← lanceus 披针形的，矛形的，尖刀状的，柳
叶刀状的；-olus ← -ulus 小，稍微，略微（-ulus 在
字母 e 或 i 之后变成 -olus/ -ellus/ -illus）；-atus/
-atum/ -ata 属于，相似，具有，完成（形容词词尾）

Bennettiodendron leprosipes 山桂花：
leprosipes = lepr + osus + pes 皮屑柄的；leprosus
皮屑状的，鳞片状的；lepr- 皮屑，鳞片；pes/ pedis
柄，梗，茎秆，腿，足，爪（作词首或词尾，pes 的
词干视为"ped-"）

Bennettiodendron leprosipes var. ellipticum 椭
圆叶山桂花：ellipticus 椭圆形的；-ticus/ -ticum/
tica/ -ticos 表示属于，关于，以……著称，作形容
词词尾

Bennettiodendron leprosipes var. leprosipes 山
桂花-原变种（词义见上面解释）

Bennettiodendron leprosipes var. rugosifolium
皱叶山桂花：rugosifoliume 叶片有褶皱的；
rugosus = rugus + osus 收缩的，有皱纹的，多褶皱
的（同义词：rugatus）；rugus/ rugum/ ruga 褶皱，
皱纹，皱缩；-osus/ -osum/ -osa 多的，充分的，丰
富的，显著发育的，程度高的，特征明显的（形容词
词尾）；folius/ folium/ folia 叶，叶片（用于复合词）

Bennettiodendron macrophyllum 大叶山桂花：
macro-/ macr- ← macros 大的，宏观的（用于希腊
语复合词）；phyllus/ phyllum/ phylla ← phyllon 叶
片（用于希腊语复合词）

**Bennettiodendron macrophyllum var.
macrophyllum** 大叶山桂花-原变种（词义见上面
解释）

**Bennettiodendron macrophyllum var.
obovatum** 倒卵叶山桂花：obovatus = ob +
ovus + atus 倒卵形的；ob- 相反，反对，倒（ob- 有
多种音变：ob- 在元音字母和大多数辅音字母前面，
oc- 在 c 前面，of- 在 f 前面，op- 在 p 前面）；ovus
卵，胚珠，卵形的，椭圆形的

Bennettiodendron macrophyllum var. pilosum
毛山桂花：pilosus = pilus + osus 多毛的，被柔毛
的，具疏柔毛的，被短弱细毛的；pilus 毛，疏柔毛；

-osus/ -osum/ -osa 多的，充分的，丰富的，显著发育的，程度高的，特征明显的（形容词词尾）

Berberidaceae 小檗科（29：p50）：Berberis 小檗属；-aceae（分类单位科的词尾，为 -aceus 的阴性复数主格形式，加到模式属的名称后或同义词的词干后以组成族群名称）

Berberis 小檗属（檗 bò，形近字：蘗 niè）（小檗科）（29：p54）：berberis ← berberys 小檗果（阿拉伯语）

Berberis aemulans 峨眉小檗：aemulans 模仿的，类似的，媲美的

Berberis aggregata 堆花小檗：aggregatus = ad + grex + atus 群生的，密集的，团状的，簇生的（反义词：segregatus 分离的，分散的，隔离的）；grex（词干为 greg-）群，类群，聚群；ad- 向，到，近（拉丁语词首，表示程度加强）；构词规则：构成复合词时，词首末尾的辅音字母常同化为紧接其后的那个辅音字母（如 ad + g → agg）

Berberis agricola 暗红小檗：agricola 农田的，生于农田的；agri-/ ger 野生，野地，农业，农田；Agricola ← Gnaeus Julius Agricola 阿格里高拉（人名，40–93，曾任罗马执政官及大不列颠总督）；colus ← colo 分布于，居住于，栖居，殖民（常作词尾）；colo/ colere/ colui/ cultum 居住，耕作，栽培

Berberis alpicola 高山小檗：alpicolus 生于高山的，生于草甸带的；alpus 高山；colus ← colo 分布于，居住于，栖居，殖民（常作词尾）；colo/ colere/ colui/ cultum 居住，耕作，栽培

Berberis amabilis 可爱小檗：amabilis 可爱的，有魅力的；amor 爱；-ans/ -ens/ -bilis/ -ilis 能够，可能（为形容词词尾，-ans/ -ens 用于主动语态，-bilis/ -ilis 用于被动语态）

Berberis amoena 美丽小檗：amoenus 美丽的，可爱的

Berberis amurensis 黄芦木：amurense/ amurensis 阿穆尔的（地名，东西伯利亚的一个州，南部以黑龙江为界），阿穆尔河的（即黑龙江的俄语音译）

Berberis angulosa 有棱小檗：angulosus = angulus + osus 显然有角的，有显著角度的；angulus 角，棱角，角度，角落；-osus/ -osum/ -osa 多的，充分的，丰富的，显著发育的，程度高的，特征明显的（形容词词尾）

Berberis anhweiensis 安徽小檗：anhweiensis 安徽的（地名）

Berberis approximata 近似小檗：approximatus = ad + proximus + atus 接近的，近似的，靠紧的（ad + p 同化为 app）；ad- 向，到，近（拉丁语词首，表示程度加强）；构词规则：构成复合词时，词首末尾的辅音字母常同化为紧接其后的那个辅音字母（如 ad + p → app）；proximus 接近的，近的

Berberis arguta 锐齿小檗：argutus → argut-/ arguti- 尖锐的

Berberis aristato-serrulata 密齿小檗：aristato- ← aristatus 芒的，芒刺的，刚毛的，胡须的；serrulatus = serrus + ulus + atus 具细锯齿的；arista 芒；serrus 齿，锯齿

Berberis asmyana 直梗小檗：asmyana（人名）

Berberis atrocarpa 黑果小檗：atro-/ atr-/ atri-/ atra- ← ater 深色，浓色，暗色，发黑（ater 作为词干后接辅音字母开头的词时，要在词干后面加一个连接用的元音字母"o"或"i"，故为"ater-o-"或"ater-i-"，变形为"atr-"开头）；carpus/ carpum/ carpa/ carpon ← carpos 果实（用于希腊语复合词）

Berberis atroviridis 那觉小檗（觉 jué）：atro-/ atr-/ atri-/ atra- ← ater 深色，浓色，暗色，发黑（ater 作为词干后接辅音字母开头的词时，要在词干后面加一个连接用的元音字母"o"或"i"，故为"ater-o-"或"ater-i-"，变形为"atr-"开头）；viridis 绿色的，鲜嫩的（相当于希腊语的 chloro-）

Berberis batangensis 巴塘小檗：batangensis 巴塘的（地名，四川西北部）

Berberis beaniana 康松小檗：beaniana ← William Jackson Bean（人名，20 世纪英国植物学家）

Berberis beijingensis 北京小檗：beijingensis 北京的（地名）

Berberis bergmanniae 汉源小檗：bergmanniae（人名）；-ae 表示人名，以 -a 结尾的人名后面加上 -e 形成

Berberis bergmanniae var. acanthophylla 汶川小檗（汶 wèn）：acanthophyllus 具刺叶的；acanth-/ acantho- ← acanthus 刺，有刺的（希腊语）；phyllus/ phyllum/ phylla ← phyllon 叶片（用于希腊语复合词）

Berberis bergmanniae var. bergmanniae 汉源小檗-原变种 （词义见上面解释）

Berberis bicolor 二色小檗：bi-/ bis- 二，二数，二回（希腊语为 di-）；color 颜色

Berberis brachypoda 短柄小檗：brachy- ← brachys 短的（用于拉丁语复合词词首）；podus/ pus 柄，梗，茎秆，足，腿

Berberis bracteata 长苞小檗：bracteatus = bracteus + atus 具苞片的；bracteus 苞，苞片，苞鳞；-atus/ -atum/ -ata 属于，相似，具有，完成（形容词词尾）

Berberis calcipratorum 钙原小檗：calci- ← calcium 石灰，钙质；pratum 草原；pratorum 草原的（pratum 的复数所有格）；-orum 属于……的（第二变格法名词复数所有格词尾，表示群落或多数）

Berberis campylotropa 弯果小檗：campylotropus 弯曲的，弯生的；campylos 弯弓的，弯曲的，曲折的；tropus 回旋，朝向

Berberis candidula 单花小檗：candidula = candidus + ulus 稍洁白的，稍有白毛的，稍亮白的；candidus 洁白的，有白毛的，亮白的，雪白的（希腊语为 argo- ← argenteus 银白色的）

Berberis cavaleriei 贵州小檗：cavaleriei ← Pierre Julien Cavalerie（人名，20 世纪法国传教士）；-i 表示人名，接在以元音字母结尾的人名后面，但 -a 除外

Berberis centiflora 多花大黄连刺：centiflorus 多花的；centi- ← centus 百，一百（比喻数量很多，希腊语为 hecto-/ hecato-）；florus/ florum/ flora ← flos 花（用于复合词）

Berberis chingii 华东小檗：chingii ← R. C. Chin 秦仁昌（人名，1898–1986，中国植物学家，蕨类植物专家），秦氏

Berberis chrysosphaera 黄球小檗：chrys-/ chryso- ← chrysos 黄色的，金色的；sphaerus 球的，球形的

Berberis chunanensis 淳安小檗：chunanensis 淳安的（地名，浙江省）

Berberis circumserrata 秦岭小檗：circum- 周围的，缠绕的（与希腊语的 peri- 意思相同）；serratus = serrus + atus 有锯齿的；serrus 齿，锯齿

Berberis circumserrata var. circumserrata 秦岭小檗-原变种 （词义见上面解释）

Berberis circumserrata var. occidentalior 多萼小檗：occidentalior 更西方的，更西部的；occidens 西方，西部

Berberis concinna 雅洁小檗：concinnus 精致的，高雅的，形状好看的

Berberis concolor 同色小檗：concolor = co + color 同色的，一色的，单色的；co- 联合，共同，合起来（拉丁语词首，为 cum- 的音变，表示结合、强化、完全，对应的希腊语为 syn-）；co- 的缀词音变有 co-/ com-/ con-/ col-/ cor-：co-（在 h 和元音字母前面），col-（在 l 前面），com-（在 b、m、p 之前），con-（在 c、d、f、g、j、n、qu、s、t 和 v 前面），cor-（在 r 前面）；color 颜色

Berberis contracta 德钦小檗：contractus 收缩的，缩小的；co- 联合，共同，合起来（拉丁语词首，为 cum- 的音变，表示结合、强化、完全，对应的希腊语为 syn-）；co- 的缀词音变有 co-/ com-/ con-/ col-/ cor-：co-（在 h 和元音字母前面），col-（在 l 前面），com-（在 b、m、p 之前），con-（在 c、d、f、g、j、n、qu、s、t 和 v 前面），cor-（在 r 前面）；tractus 束，带，地域

Berberis coryi 贡山小檗：coryi（人名）；-i 表示人名，接在以元音字母结尾的人名后面，但 -a 除外

Berberis crassilimba 厚檐小檗：crassi- ← crassus 厚的，粗的，多肉质的；limbus 冠檐，萼檐，瓣片，叶片

Berberis daiana 城口小檗：daiana（人名）

Berberis daochengensis 稻城小檗：daochengensis 稻城的（地名，四川省）

Berberis dasystachya 直穗小檗：dasystachyus = dasy + stachyus 毛穗的，花穗有粗毛的；dasy- ← dasys 毛茸茸的，粗毛的，毛；stachy-/ stachyo-/ -stachys/ -stachyus/ -stachyum/ -stachya 穗子，穗子的，穗子状的，穗状花序的

Berberis davidii 密叶小檗：davidii ← Pere Armand David（人名，1826–1900，曾在中国采集植物标本的法国传教士）；-ii 表示人名，接在以辅音字母结尾的人名后面，但 -er 除外

Berberis dawoensis 道孚小檗：dawoensis 道孚的（地名，四川省）

Berberis deinacantha 壮刺小檗：deinacantha 奇怪的刺；dein- ← deinos 奇怪的，恐怖的；acanthus ← Akantha 刺，具刺的（Acantha 是希腊神话中的女神，和太阳神阿波罗发生冲突，太阳神将其变成带刺的植物）

Berberis derongensis 得荣小檗（得 dé）：derongensis 得荣的（地名，四川省）

Berberis diaphana 鲜黄小檗：diaphanus 透明的，透光的，非常薄的

Berberis dictyoneura 松潘小檗：dictyoneurus 网状脉的；dictyon 网，网状（希腊语）；neurus ← neuron 脉，神经

Berberis dictyophylla 刺红珠：dictyophyllus 网脉叶的；dictyon 网，网状（希腊语）；phyllus/ phyllum/ phylla ← phyllon 叶片（用于希腊语复合词）

Berberis dictyophylla var. dictyophylla 刺红珠-原变种 （词义见上面解释）

Berberis dictyophylla var. epruinosa 无粉刺红珠：epruinosus 无白粉的；e-/ ex- 不，无，非，缺乏，不具有（e- 用在辅音字母前，ex- 用在元音字母前，为拉丁语词首，对应的希腊语词首为 a-/ an-，英语为 un-/ -less，注意作词首用的 e-/ ex- 和介词 e/ ex 意思不同，后者意为"出自、从……、由……离开、由于、依照"）；pruina 白粉，蜡质淡色粉末；pruinosus/ pruinatus 白粉覆盖的，覆盖白霜的；-osus/ -osum/ -osa 多的，充分的，丰富的，显著发育的，程度高的，特征明显的（形容词词尾）

Berberis dielsiana 首阳小檗：dielsiana ← Friedrich Ludwig Emil Diels（人名，20 世纪德国植物学家）

Berberis dongchuanensis 东川小檗：dongchuanensis 东川的（地名，云南省）

Berberis dubia 置疑小檗：dubius 可疑的，不确定的

Berberis dumicola 丛林小檗：dumicolus = dumus + colus 生于灌丛的，生于荒草丛的；dumus 灌丛，荆棘丛，荒草丛；colus ← colo 分布于，居住于，栖居，殖民（常作词尾）；colo/ colere/ colui/ cultum 居住，耕作，栽培

Berberis erythroclada 红枝小檗：erythr-/ erythro- ← erythros 红色的（希腊语）；cladus ← clados 枝条，分枝

Berberis everestiana 珠峰小檗：everestiana 珠穆朗玛峰的（地名）

Berberis fallaciosa 南川小檗：fallaciosus = fallax + osus 假的，欺骗的；fallax 假的，迷惑的；构词规则：以 -ix/ -iex 结尾的词其词干末尾视为 -ic，以 -ex 结尾视为 -i/ -ic，其他以 -x 结尾视为 -c；-osus/ -osum/ -osa 多的，充分的，丰富的，显著发育的，程度高的，特征明显的（形容词词尾）

Berberis fallax 假小檗：fallax 假的，迷惑的

Berberis fallax var. fallax 假小檗-原变种 （词义见上面解释）

Berberis fallax var. latifolia 阔叶假小檗：lati-/ late- ← latus 宽的，宽广的；folius/ folium/ folia 叶，叶片（用于复合词）

Berberis farreri 陇西小檗（陇 lǒng）：farreri ← Reginald John Farrer（人名，20 世纪英国植物学家、作家）；-eri 表示人名，在以 -er 结尾的人名后面加上 i 形成

Berberis feddeana 异长穗小檗：feddeana（人名）

Berberis fengii 大果小檗：fengii（人名）；-ii 表示人名，接在以辅音字母结尾的人名后面，但 -er 除外

Berberis ferdinandi-coburgii 大叶小檗：ferdinandi-coburgii（人名）；-ii 表示人名，接在以辅音字母结尾的人名后面，但 -er 除外

B

Berberis forrestii 金江小檗：forrestii ← George Forrest（人名，1873–1932，英国植物学家，曾在中国西部采集大量植物标本）

Berberis franchetiana 滇西北小檗：franchetiana ← A. R. Franchet（人名，19 世纪法国植物学家）

Berberis francisci-ferdinandi 大黄檗：francisci-ferdinandi（人名，词尾改为"-ii"似更妥）；-ii 表示人名，接在以辅音字母结尾的人名后面，但 -er 除外；-i 表示人名，接在以元音字母结尾的人名后面，但 -a 除外

Berberis fujianensis 福建小檗：fujianensis 福建的（地名）

Berberis gagnepainii 湖北小檗：gagnepainii ← Francois R Gagnepain（人名，18 世纪法国植物学家）；-ii 表示人名，接在以辅音字母结尾的人名后面，但 -er 除外

Berberis gagnepainii var. gagnepainii 湖北小檗-原变种 （词义见上面解释）

Berberis gagnepainii var. omeiensis 眉山小檗：omeiensis 峨眉山的（地名，四川省）

Berberis gilgiana 涝峪小檗（峪 yù）：gilgiana（人名，德国植物学家）

Berberis gilungensis 吉隆小檗：gilungensis 吉隆的（地名，西藏自治区）

Berberis graminea 狭叶小檗：gramineus 禾草状的，禾本科植物状的；graminus 禾草，禾本科草；gramen 禾本科植物；-eus/ -eum/ -ea（接拉丁语词干时）属于……的，色如……的，质如……的（表示原料、颜色或品质的相似），（接希腊语词干时）属于……的，以……出名，为……所占有（表示具有某种特性）

Berberis griffithiana 错那小檗：griffithiana ← William Griffith（人名，19 世纪印度植物学家，加尔各答植物园主任）

Berberis griffithiana var. griffithiana 错那小檗-原变种 （词义见上面解释）

Berberis griffithiana var. pallida 灰叶小檗：pallidus 苍白的，淡白色的，淡色的，蓝白色的，无活力的；palide 淡地，淡色地（反义词：sturate 深色地，浓色地，充分地，丰富地，饱和地）

Berberis grodtmannia 安宁小檗：grodtmannia（人名）

Berberis grodtmannia var. flavoramea 黄茎小檗：flavus → flavo-/ flavi-/ flav- 黄色的，鲜黄色的，金黄色的（指纯正的黄色）；rameus = ramus + eus 枝条的，属于枝条的；ramus 分枝，枝条；-eus/ -eum/ -ea（接拉丁语词干时）属于……的，色如……的，质如……的（表示原料、颜色或品质的相似），（接希腊语词干时）属于……的，以……出名，为……所占有（表示具有某种特性）

Berberis grodtmannia var. grodtmannia 安宁小檗-原变种 （词义见上面解释）

Berberis guizhouensis 毕节小檗：guizhouensis 贵州的（地名）

Berberis gyalaica 波密小檗：gyalaica 加拉的（地名，西藏自治区）

Berberis haoi 洮河小檗（洮 táo）：haoi（人名）；-i 表示人名，接在以元音字母结尾的人名后面，但 -a 除外

Berberis hayatana 南湖小檗：hayatana ← Bunzo Hayata 早田文藏（人名，1874–1934，日本植物学家，专门研究日本和中国台湾植物）

Berberis hemsleyana 拉萨小檗：hemsleyana ← William Botting Hemsley（人名，19 世纪研究中美洲植物的植物学家）

Berberis henryana 川鄂小檗：henryana ← Augustine Henry 或 B. C. Henry（人名，前者，1857–1930，爱尔兰医生、植物学家，曾在中国采集植物，后者，1850–1901，曾活动于中国的传教士）

Berberis hersii 南阳小檗：hersii（人名）；-ii 表示人名，接在以辅音字母结尾的人名后面，但 -er 除外

Berberis heteropoda 异果小檗：hete-/ heter-/ hetero- ← heteros 不同的，多样的，不齐的；podus/ pus 柄，梗，茎秆，足，腿

Berberis heteropoda var. sphaerocarpa （圆果小檗）：sphaerocarpus 球形果的；sphaero- 圆形，球形；carpus/ carpum/ carpa/ carpon ← carpos 果实（用于希腊语复合词）

Berberis hobsonii 毛梗小檗：hobsonii（人名）；-ii 表示人名，接在以辅音字母结尾的人名后面，但 -er 除外

Berberis holocraspedon 凤庆小檗：holo-/ hol- 全部的，所有的，完全的，联合的，全缘的，不分裂的；craspedon ← kraspedon 边缘，缘生的

Berberis honanensis 河南小檗：honanensis 河南的（地名）

Berberis hsuyunensis 叙永小檗：hsuyunensis 叙永的（地名，四川省）

Berberis humido-umbrosa 阴湿小檗：humido-umbrosa 阴湿的；humidus 湿的，湿地的；umbrosus 多荫的，喜阴的，生于阴地的；umbra 荫凉，阴影，阴地；-osus/ -osum/ -osa 多的，充分的，丰富的，显著发育的，程度高的，特征明显的（形容词词尾）

Berberis hypericifolia 异叶小檗：hypericifolia 金丝桃叶片的；Hypericum 金丝桃属（金丝桃科）；folius/ folium/ folia 叶，叶片（用于复合词）

Berberis hypoxantha 黄背小檗：hypoxanthus 背面黄色的；hyp-/ hypo- 下面的，以下的，不完全的；xanthus ← xanthos 黄色的；形近词：hypoxis 微酸的，略带酸味的

Berberis ignorata 烦果小檗：ignoratus = ignarus + atus 不知的，未见过的；ignarus = in + gnarus 不知道的，不认识的，无知的；in-/ im-（来自 il- 的音变）内，在内，内部，向内，相反，不，无，非；il- 在内，向内，为，相反（希腊语为 en-）；词首 il- 的音变：il-（在 l 前面），im-（在 b、m、p 前面），in-（在元音字母和大多数辅音字母前面），ir-（在 r 前面），如 illaudatus（不值得称赞的，评价不好的），impermeabilis（不透水的，穿不透的），ineptus（不合适的），insertus（插入的），irretortus（无弯曲的，无扭曲的）；gnatus 知识丰富的，渊博的，熟悉的

Berberis iliensis 伊犁小檗：iliense/ iliensis 伊利的（地名，新疆维吾尔自治区），伊犁河的（河流名，跨中国新疆与哈萨克斯坦）

Berberis impedita 南岭小檗：impeditus 阻碍的，妨碍的（意指不完全）

Berberis insignis subsp. incrassata 球果小檗：insignis 著名的，超群的，优秀的，显著的，杰出的；in-/ im-（来自 il- 的音变）内，在内，内部，向内，相反，不，无，非；il- 在内，向内，为，相反（希腊语为 en-）；词首 il- 的音变：il-（在 l 前面），im-（在 b、m、p 前面），in-（在元音字母和大多数辅音字母前面），ir-（在 r 前面），如 illaudatus（不值得称赞的，评价不好的），impermeabilis（不透水的，穿不透的），ineptus（不合适的），insertus（插入的），irretortus（无弯曲的，无扭曲的）；signum 印记，标记，刻画，图章；incrassatus 加厚的，加粗的；in 到，往，向（表示程度加强）；crassus 粗的，厚的

Berberis insolita 西昌小檗：insolitus 奇怪的，不寻常的，罕见的；solitus 习惯的，普通的

Berberis integripetala 甘南小檗：integer/ integra/ integrum → integri- 完整的，整个的，全缘的；petalus/ petalum/ petala ← petalon 花瓣

Berberis iteophylla 鼠叶小檗：Itea 鼠刺属（虎耳草科）；phyllus/ phyllum/ phylla ← phyllon 叶片（用于希腊语复合词）

Berberis jamesiana 川滇小檗：jamesiana ← Edwin P. James（人名，19 世纪美国植物学家、博物学家）

Berberis jiangxiensis 江西小檗：jiangxiensis 江西的（地名）

Berberis jiangxiensis var. jiangxiensis 江西小檗-原变种（词义见上面解释）

Berberis jiangxiensis var. pulchella 短叶江西小檗：pulchellus/ pulcellus = pulcher + ellus 稍美丽的，稍可爱的；pulcher/pulcer 美丽的，可爱的；-ellus/ -ellum/ -ella ← -ulus 小的，略微的，稍微的（小词 -ulus 在字母 e 或 i 之后有多种变缀，即 -olus/ -olum/ -ola、-ellus/ -ellum/ -ella、-illus/ -illum/ -illa，用于第一变格法名词）

Berberis jingfushanensis 金佛山小檗：jingfushanensis 金佛山的（地名，重庆市，已修订为 jinfoshanensis）

Berberis jiulongensis 九龙小檗：jiulongensis 九龙的（地名，四川省）

Berberis johannis 腰果小檗：johannis（人名）

Berberis julianae 豪猪刺：julianae ← Juliana Schneider（人名，20 世纪活动于中国的德国奥地利探险家）；-ae 表示人名，以 -a 结尾的人名后面加上 -e 形成

Berberis kangdingensis 康定小檗：kangdingensis 康定的（地名，四川省）

Berberis kansuensis 甘肃小檗：kansuensis 甘肃的（地名）

Berberis kaschgarica 喀什小檗（喀 kā）：kaschgarica 喀什的（地名，新疆维吾尔自治区）；-icus/ -icum/ -ica 属于，具有某种特性（常用于地名、起源、生境）

Berberis kawakamii 台湾小檗：kawakamii 川上（人名，20 世纪日本植物采集员）

Berberis kerriana 南方小檗：kerriana ← Arthur Francis George Kerr 或 William Kerr（人名）

Berberis kongboensis 工布小檗：kongboensis 工布的（地名，西藏自治区）

Berberis kunmingensis 昆明小檗：kunmingensis 昆明的（地名，云南省）

Berberis laojunshanensis 老君山小檗：laojunshanensis 老君山的（地名，云南省）

Berberis leboensis 雷波小檗：leboensis 雷波的（地名，四川省）

Berberis lecomtei 光叶小檗：lecomtei ← Paul Henri Lecomte（人名，20 世纪法国植物学家）

Berberis lempergiana 天台小檗（台 tāi）：lempergiana（人名）

Berberis lepidifolia 鳞叶小檗：lepidifolia = lepis + folius 鳞片状叶的，叶被鳞片的；构词规则：词尾为 -is 和 -ys 的词的词干分别视为 -id 和 -yd；lepis/ lepidos 鳞片；folius/ folium/ folia 叶，叶片（用于复合词）；注：构词成分 lepid-/ lepdi-/ lepido- 需要根据植物特征翻译成"秀丽"或"鳞片"

Berberis levis 平滑小檗：laevis/ levis/ laeve/ leve → levi-/ laevi- 光滑的，无毛的，无不平或粗糙感觉的

Berberis lijiangensis 丽江小檗：lijiangensis 丽江的（地名，云南省）

Berberis liophylla 滑叶小檗：lei-/ leio-/ lio- ← leius ← leios 光滑的，平滑的；phyllus/ phyllum/ phylla ← phyllon 叶片（用于希腊语复合词）

Berberis longispina 长刺小檗：longe-/ longi- ← longus 长的，纵向的；spinus 刺，针刺

Berberis lubrica 亮叶小檗：lubricus 黏的

Berberis luhuoensis 炉霍小檗：luhuoensis 炉霍的（地名，四川省）

Berberis malipoensis 麻栗坡小檗：malipoensis 麻栗坡的（地名，云南省）

Berberis medogensis 矮生小檗：medogensis 墨脱的（地名，西藏自治区）

Berberis mekongensis 湄公小檗（湄 méi）：mekongensis 湄公河的（地名，澜沧江流入中南半岛部分称湄公河）

Berberis metapolyantha 万源小檗：metapolyantha 像 polyantha 的，在 polyantha 之后的；Berberis polyantha 刺黄花；poly- ← polys 多个，许多（希腊语，拉丁语为 multi-）；anthus/ anthum/ antha/ anthe ← anthos 花（用于希腊语复合词）

Berberis mianningensis 冕宁小檗：mianningensis 冕宁的（地名，四川省），缅宁的（地名，云南省临沧市）

Berberis micropetala 小瓣小檗：micr-/ micro- ← micros 小的，微小的，微观的（用于希腊语复合词）；petalus/ petalum/ petala ← petalon 花瓣

Berberis microtricha 小毛小檗：micr-/ micro- ← micros 小的，微小的，微观的（用于希腊语复合词）；trichus 毛，毛发，线

Berberis minutiflora 小花小檗：minutus 极小的，细微的，微小的；florus/ florum/ flora ← flos 花（用于复合词）

Berberis morrisonensis 玉山小檗：morrisonensis 磨里山的（地名，今台湾新高山）

B

Berberis mouillacana 变刺小檗（种加词有时错印为"mouilcana"）：mouillacana（地名）

Berberis muliensis 木里小檗：muliensis 木里的（地名，四川省）

Berberis muliensis var. atuntzeana 阿墩小檗（地名"阿墩子"不可简写为"阿墩"，故应称"阿墩子小檗"）：atuntzeana 阿墩子的（地名，云南省德钦县的旧称，藏语音译）

Berberis muliensis var. muliensis 木里小檗-原变种（词义见上面解释）

Berberis multicaulis 多枝小檗：multi- ← multus 多个，多数，很多（希腊语为 poly-）；caulis ← caulos 茎，茎秆，主茎

Berberis multiovula 多珠小檗：multi- ← multus 多个，多数，很多（希腊语为 poly-）；ovulus 小胚珠的，卵子的

Berberis multiserrata 粗齿小檗：multi- ← multus 多个，多数，很多（希腊语为 poly-）；serratus = serrus + atus 有锯齿的；serrus 齿，锯齿

Berberis nemorosa 林地小檗：nemorosus = nemus + orum + osus = nemoralis 森林的，树丛的；nemo- ← nemus 森林的，成林的，树丛的，喜林的，林内的；-orum 属于……的（第二变格法名词复数所有格词尾，表示群落或多数）；-osus/-osum/-osa 多的，充分的，丰富的，显著发育的，程度高的，特征明显的（形容词词尾）

Berberis nullinervis 无脉小檗：nullinervis 无脉的；nullus 没有，绝无；nervis ← nervus 脉，叶脉

Berberis nutanticarpa 垂果小檗：nutanti- 弯曲的，垂吊的；carpus/ carpum/ carpa/ carpon ← carpos 果实（用于希腊语复合词）

Berberis obovatifolia 裂瓣小檗：obovatus = ob + ovus + atus 倒卵形的；ob- 相反，反对，倒（ob- 有多种音变：ob- 在元音字母和大多数辅音字母前面，oc- 在 c 前面，of- 在 f 前面，op- 在 p 前面）；ovus 卵，胚珠，卵形的，椭圆形的；folius/ folium/ folia 叶，叶片（用于复合词）

Berberis pallens 淡色小檗：pallens 淡白色的，蓝白色的，略带蓝色的

Berberis papillifera 乳突小檗：papilli- ← papilla 乳头的，乳突的；-ferus/ -ferum/ -fera/ -fero/ -fere/ -fer 有，具有，产（区别：作独立词使用的 ferus 意思是"野生的"）

Berberis parapruinosa 拟粉叶小檗：para- 类似，接近，近旁，假的；pruinosus/ pruinatus 白粉覆盖的，覆盖白霜的；pruina 白粉，蜡质淡色粉末；-osus/ -osum/ -osa 多的，充分的，丰富的，显著发育的，程度高的，特征明显的（形容词词尾）

Berberis paraspecta 鸡脚连：paraspectus 稍美丽的，稍微值得看的；para- 类似，接近，近旁，假的；spectus 观看，观察，观测，表情，外观，外表，样子

Berberis parisepala 等萼小檗：paris 相同的，相等的，同形的（指花被），帕里斯神的（希腊神话人物）；sepalus/ sepalum/ sepala 萼片（用于复合词）

Berberis pectinocraspedon 疏齿小檗：pectini-/ pectino-/ pectin- ← pecten 篦子，梳子；craspedus ← craspedon ← kraspedon 边缘，缘生的

Berberis phanera 显脉小檗：phanerus ← phaneros 显著的，显现的，突出的

Berberis photiniaefolia 石楠叶小檗：photiniaefolia 石楠叶的，亮叶的（注：以属名作复合词时原词尾变形后的 i 要保留，故该词宜改为"photiniifolia"）；Photinia 石楠属（蔷薇科）；folius/ folium/ folia 叶，叶片（用于复合词）

Berberis pingbienensis 屏边小檗：pingbienensis 屏边的（地名，云南省）

Berberis pingwuensis 平武小檗：pingwuensis 平武的（地名，四川省）

Berberis pinshanensis 屏山小檗：pinshanensis 屏山的（地名，四川省，已修订为 pingshanensis）

Berberis platyphylla 阔叶小檗：platys 大的，宽的（用于希腊语复合词）；phyllus/ phyllum/ phylla ← phyllon 叶片（用于希腊语复合词）

Berberis poiretii 细叶小檗：poiretii ← Jean Poiret（人名，19 世纪法国博物学家）

Berberis polyantha 刺黄花：polyanthus 多花的；poly- ← polys 多个，许多（希腊语，拉丁语为 multi-）；anthus/ anthum/ antha/ anthe ← anthos 花（用于希腊语复合词）

Berberis potaninii 少齿小檗：potaninii ← Grigory Nikolaevich Potanin（人名，19 世纪俄国植物学家）

Berberis prattii 短锥花小檗：prattii ← Antwerp E. Pratt（人名，19 世纪活动于中国的英国动物学家、探险家）

Berberis pruinocarpa 粉果小檗：pruina 白粉，蜡质淡色粉末；pruinosus/ pruinatus 白粉覆盖的，覆盖白霜的；carpus/ carpum/ carpa/ carpon ← carpos 果实（用于希腊语复合词）

Berberis pruinosa 粉叶小檗：pruinosus/ pruinatus 白粉覆盖的，覆盖白霜的；pruina 白粉，蜡质淡色粉末；-osus/ -osum/ -osa 多的，充分的，丰富的，显著发育的，程度高的，特征明显的（形容词词尾）

Berberis pruinosa var. barresiana 易门小檗：barresiana（人名）

Berberis pruinosa var. pruinosa 粉叶小檗-原变种（词义见上面解释）

Berberis pseudo-tibetica 假藏小檗：pseudo-tibetica 像 tibetica 的；pseudo-/ pseud- ← pseudos 假的，伪的，接近，相似（但不是）；Berberis tibetica 西藏小檗；tibetica 西藏的（地名）

Berberis pseudoamoena 假美丽小檗：pseudoamoena 像 amoena 的；pseudo-/ pseud- ← pseudos 假的，伪的，接近，相似（但不是）；Bredia amoena 秀丽野海棠；amoenus 美丽的，可爱的

Berberis pubescens 柔毛小檗：pubescens ← pubens 被短柔毛的，长出柔毛的；pubi- ← pubis 细柔毛的，短柔毛的，毛被的；pubesco/ pubescere 长成的，变为成熟的，长出柔毛的，青春期体毛的；-escens/ -ascens 改变，转变，变成，略微，带有，接近，相似，大致，稍微（表示变化的趋势，并未完全相似或相同，有别于表示达到完成状态的 -atus）

Berberis pulangensis 普兰小檗：pulangensis 普兰的（地名，西藏自治区）

Berberis purdomii 延安小檗：purdomii（人名）；-ii 表示人名，接在以辅音字母结尾的人名后面，但 -er

B

除外

Berberis qiaojiaensis 巧家小檗：qiaojiaensis 巧家的（地名，云南省）

Berberis racemulosa 短序小檗：racemulosus 小总状花序的，短序的；racemus 总状的，葡萄串状的；-ulosus = ulus + osus 小而多的；-ulus/ -ulum/ -ula 小的，略微的，稍微的（小词 -ulus 在字母 e 或 i 之后有多种变缀，即 -olus/ -olum/ -ola、-ellus/ -ellum/ -ella、-illus/ -illum/ -illa，与第一变格法和第二变格法名词形成复合词）；-osus/ -osum/ -osa 多的，充分的，丰富的，显著发育的，程度高的，特征明显的（形容词词尾）

Berberis replicata 卷叶小檗：replicatus 向后背折叠的，反者的，反叠的（上部和下部靠拢在一起），重复多次的；re- 返回，相反，再次，重复，向后，回头；plicatus = plex + atus 折扇状的，有沟的，纵向折叠的，棕榈叶状的（= plicativus）；plex/ plica 褶，折扇状，卷折（plex 的词干为 plic-）；plico 折叠，出褶，卷折

Berberis reticulata 网脉小檗：reticulatus = reti + culus + atus 网状的；reti-/ rete- 网（同义词：dictyo-）；-culus/ -culum/ -cula 小的，略微的，稍微的（同第三变格法和第四变格法名词形成复合词）；-atus/ -atum/ -ata 属于，相似，具有，完成（形容词词尾）

Berberis reticulinervis 芒康小檗：reticulus = reti + culus 网，网纹的；reti-/ rete- 网（同义词：dictyo-）；-culus/ -culum/ -cula 小的，略微的，稍微的（同第三变格法和第四变格法名词形成复合词）；nervis ← nervus 脉，叶脉

Berberis reticulinervis var. brevipedicellata 无梗小檗：brevi- ← brevis 短的（用于希腊语复合词词首）；pedicellatus = pedicellus + atus 具小花柄的；pedicellus = pes + cellus 小花梗，小花柄（不同于花序柄）；pes/ pedis 柄，梗，茎秆，腿，足，爪（作词首或词尾，pes 的词干视为 "ped-"）；-cellus/ -cellum/ -cella、-cillus/ -cillum/ -cilla 小的，略微的，稍微的（与任何变格法名词形成复合词）；关联词：pedunculus 花序柄，总花梗（花序基部无花着生部分）；-atus/ -atum/ -ata 属于，相似，具有，完成（形容词词尾）

Berberis reticulinervis var. reticulinervis 芒康小檗-原变种（词义见上面解释）

Berberis retusa 心叶小檗：retusus 微凹的

Berberis sabulicola 砂生小檗：sabulicola 分布于沙地的；sabulo/ sabulum 粗沙，石砾；colus ← colo 分布于，居住于，栖居，殖民（常作词尾）；colo/ colere/ colui/ cultum 居住，耕作，栽培；sabulosus 沙质的，沙地生的

Berberis salicaria 柳叶小檗：salicaria = Salix + arius 像柳树的；构词规则：以 -ix/ -iex 结尾的词其词干末尾视为 -ic，以 -ex 结尾视为 -i/ -ic，其他以 -x 结尾视为 -c；Salix 柳属；-arius/ -arium/ -aria 相似，属于（表示地点，场所，关系，所属）

Berberis sanguinea 血红小檗（血 xuè）：sanguineus = sanguis + ineus 血液的，血色的；sanguis 血液；-ineus/ -inea/ -ineum 相近，接近，相似，所有（通常表示材料或颜色），意思同 -eus

Berberis sargentiana 刺黑珠：sargentana ← Charles Sprague Sargent（人名，1841–1927，美国植物学家）；-anus/ -anum/ -ana 属于，来自（形容词词尾）

Berberis shensiana 陕西小檗：shensiana 陕西的（地名）

Berberis sherriffii 短苞小檗：sherriffii ← Major George Sherriff（人名，20 世纪探险家，曾和 Frank Ludlow 一起考察西藏东南地区）

Berberis sibirica 西伯利亚小檗：sibirica 西伯利亚的（地名，俄罗斯）；-icus/ -icum/ -ica 属于，具有某种特性（常用于地名、起源、生境）

Berberis sichuanica 四川小檗：sichuanica 四川的（地名）；-icus/ -icum/ -ica 属于，具有某种特性（常用于地名、起源、生境）

Berberis sikkimensis 锡金小檗：sikkimensis 锡金的（地名）

Berberis silva-taroucana 华西小檗：silva/ sylva 森林；silv-/ sylv- 森林；taroucana（人名）

Berberis silvicola 兴山小檗：silvicola 生于森林的；silva/ sylva 森林；colus ← colo 分布于，居住于，栖居，殖民（常作词尾）；colo/ colere/ colui/ cultum 居住，耕作，栽培

Berberis soulieana 假豪猪刺：soulieana（人名）

Berberis stenostachya 短梗小檗：stenostachys 细穗的；sten-/ steno- ← stenus 窄的，狭的，薄的；stachy-/ stachyo-/ -stachys -stachyon/ -stachyos -stachyus 穗子，穗子的，穗子状的，穗状花序的（希腊语，表示与穗状花序有关的）

Berberis subacuminata 亚尖叶小檗：subacuminatus 近渐尖的；sub-（表示程度较弱）与……类似，几乎，稍微，弱，亚，之下，下面；acuminatus = acumen + atus 锐尖的，渐尖的；acumen 渐尖头；-atus/ -atum/ -ata 属于，相似，具有，完成（形容词词尾）

Berberis subholophylla 近缘叶小檗：subholophyllus 近全缘叶的；sub-（表示程度较弱）与……类似，几乎，稍微，弱，亚，之下，下面；holo-/ hol- 全部的，所有的，完全的，联合的，全缘的，不分裂的；phyllus/ phyllum/ phylla ← phyllon 叶片（用于希腊语复合词）；holophyllus 全缘叶的

Berberis sublevis 近光滑小檗：sublevis 近光滑的，近平的；sub-（表示程度较弱）与……类似，几乎，稍微，弱，亚，之下，下面；laevis/ levis/ laeve/ leve → levi-/ laevi- 光滑的，无毛的，无不平或粗糙感觉的

Berberis taliensis 大理小檗：taliensis 大理的（地名，云南省）

Berberis taronensis 独龙小檗：taronensis 独龙江的（地名，云南省）

Berberis temolaica 林芝小檗：temolaica 德母拉山的（地名，西藏察隅地区）

Berberis tenuipedicellata 细梗小檗：tenui- ← tenuis 薄的，纤细的，弱的，瘦的，窄的；pedicellatus = pedicellus + atus 具小花柄的；pedicellus = pes + cellus 小花梗，小花柄（不同于花序柄）；pes/ pedis 柄，梗，茎秆，腿，足，爪（作词首或词尾，pes 的词干视为 "ped-"）；-cellus/

-cellum/ -cella、-cillus/ -cillum/ -cilla 小的，略微的，稍微的（与任何变格法名词形成复合词）；关联词：pedunculus 花序柄，总花梗（花序基部无花着生部分）；-atus/ -atum/ -ata 属于，相似，具有，完成（形容词词尾）

Berberis thunbergii 日本小檗：thunbergii ← C. P. Thunberg（人名，1743–1828，瑞典植物学家，曾专门研究日本的植物）

Berberis tianshuiensis 天水小檗：tianshuiensis 天水的（地名，甘肃省）

Berberis tischleri 川西小檗：tischleri（人名）；-eri 表示人名，在以 -er 结尾的人名后面加上 i 形成

Berberis tomentulosa 微毛小檗：tomentulosus = tomentum + ulus + osus 被微绒毛的；tomentum 绒毛，浓密的毛被，棉絮，棉絮状填充物（被褥、垫子等）；-ulus/ -ulum/ -ula 小的，略微的，稍微的（小词 -ulus 在字母 e 或 i 之后有多种变缀，即 -olus/ -olum/ -ola、-ellus/ -ellum/ -ella、-illus/ -illum/ -illa，与第一变格法和第二变格法名词形成复合词）；-osus/ -osum/ -osa 多的，充分的，丰富的，显著发育的，程度高的，特征明显的（形容词词尾）

Berberis triacanthophora 芒齿小檗：triacanthophorus 具三刺的；tri-/ tripli-/ triplo- 三个，三数；acanthus ← Akantha 刺，具刺的（Acantha 是希腊神话中的女神，和太阳神阿波罗发生冲突，太阳神将其变成带刺的植物）；-phorus/ -phorum/ -phora 载体，承载物，支持物，带着，生着，附着（表示一个部分带着别的部分，包括起支撑或承载作用的柄、柱、托、囊等，如 gynophorum = gynus + phorum 雌蕊柄的，带有雌蕊的，承载雌蕊的）；gynus/ gynum/ gyna 雌蕊，子房，心皮

Berberis trichiata 毛序小檗：trich-/ tricho-/ tricha- ← trichos ← thrix 毛，多毛的，线状的，丝状的；-atus/ -atum/ -ata 属于，相似，具有，完成（形容词词尾）

Berberis tsarica 隐脉小檗：tsarica 察雅的（地名，西藏自治区）

Berberis tsarongensis 察瓦龙小檗：tsarongensis 察瓦龙的（地名，西藏自治区）

Berberis tsienii 永思小檗：tsienii（人名）；-ii 表示人名，接在以辅音字母结尾的人名后面，但 -er 除外

Berberis ulicina 尤里小檗：ulicinus 像荆豆的；Ulex 荆豆属；构词规则：以 -ix/ -iex 结尾的词其词干末尾视为 -ic，以 -ex 结尾视为 -i/ -ic，其他以 -x 结尾视为 -c；-inus/ -inum/ -ina/ -inos 相近，接近，相似，具有（通常指颜色）

Berberis umbratica 阴生小檗：umbraticus = umbratus + icus 阴暗的，阴生的；umbratile 阴生的，蛰居的；umbratus 阴影的，有荫凉的；umbra 荫凉，阴影，阴地；-icus/ -icum/ -ica 属于，具有某种特性（常用于地名、起源、生境）

Berberis valida 宁远小檗：validus 强的，刚直的，正统的，结实的，刚健的

Berberis veitchii 巴东小檗：veitchii/ veitchianus ← James Veitch（人名，19 世纪植物学家）

Berberis vernae 匙叶小檗（匙 chí）：vernae ← vernus 春天的，春天开花的；ver/ veris 春天，春季

Berberis vernalis 春小檗：vernalis 春天的，春天开花的；vernus 春天的，春天开花的；ver/ veris 春天，春季；-aris（阳性、阴性）/ -are（中性）← -alis（阳性、阴性）/ -ale（中性）属于，相似，如同，具有，涉及，关于，联结于（将名词作形容词用，其中 -aris 常用于以 l 或 r 为词干末尾的词）

Berberis verruculosa 疣枝小檗：verruculosus 小疣点多的；verrucus ← verrucos 疣状物；-culosus = culus + osus 小而多的，小而密集的；-culus/ -culum/ -cula 小的，略微的，稍微的（同第三变格法和第四变格法名词形成复合词）；-osus/ -osum/ -osa 多的，充分的，丰富的，显著发育的，程度高的，特征明显的（形容词词尾）

Berberis vinifera 可食小檗：viniferus 产酒的（可酿酒）；vinus 葡萄，葡萄酒，-ferus/ -ferum/ -fera/ -fero/ -fere/ -fer 有，具有，产（区别：作独立词使用的 ferus 意思是"野生的"）

Berberis virescens 变绿小檗：virencens/ virescens 发绿的，带绿色的；virens 绿色的，变绿的；-escens/ -ascens 改变，转变，变成，略微，带有，接近，相似，大致，稍微（表示变化的趋势，并未完全相似或相同，有别于表示达到完成状态的 -atus）

Berberis virgetorum 庐山小檗：virgetorum 灌丛的；virga/ virgus 纤细枝条，细而绿的枝条；-etorum 群落的（表示群丛、群落的词尾）

Berberis wangii 西山小檗：wangii（人名）；-ii 表示人名，接在以辅音字母结尾的人名后面，但 -er 除外

Berberis weiningensis 威宁小檗：weiningensis 威宁的（地名，贵州省）

Berberis weisiensis 维西小檗（种加词有时误拼为"weixiensis"）：weisiensis 维西的（地名，云南省）

Berberis weixinensis 威信小檗：weixinensis 威信的（地名，云南省）

Berberis wilsonae 金花小檗：wilsonae ← John Wilson（人名，18 世纪英国植物学家）

Berberis wilsonae var. guhtzunica 古宗金花小檗：guhtzunica（地名，四川省）；-icus/ -icum/ -ica 属于，具有某种特性（常用于地名、起源、生境）

Berberis wilsonae var. wilsonae 金花小檗-原变种（词义见上面解释）

Berberis woomungensis 乌蒙小檗：woomungensis 乌蒙山的（地名，云南省）

Berberis wuliangshanensis 无量山小檗（量 liàng）：wuliangshanensis 无量山的（地名，云南省）

Berberis wuyiensis 武夷小檗：wuyiensis 武夷山的（地名，福建省）

Berberis xanthoclada 梵净小檗（梵 fàn）：xanthos 黄色的（希腊语）；cladus ← clados 枝条，分枝

Berberis xanthophloea 黄皮小檗：xanthos 黄色的（希腊语）；phloeus 树皮，表皮

Berberis xinganensis 兴安小檗：xinganensis 兴安的（地名，大兴安岭或小兴安岭）

Berberis xingwenensis 兴文小檗：xingwenensis 兴文的（地名，四川省）

Berberis yuii 德浚小檗（浚 jùn）：yuii 俞氏（人名，词尾改为"-i"似更妥）；-ii 表示人名，接在以辅音字母结尾的人名后面，但 -er 除外；-i 表示人名，接在以元音字母结尾的人名后面，但 -a 除外

B

Berberis yunnanensis 云南小檗：yunnanensis 云南的（地名）

Berberis zanlanscianensis 鄂西小檗：zanlanscianensis 樟瑯乡的（地名，湖北省）

Berberis ziyunensis 紫云小檗：ziyunensis 紫云的（地名，贵州省紫云县）

Berchemia 勾儿茶属（鼠李科）（48-1：p106）：berchemia ← Berthout von Berchem（人名，荷兰植物学家，或 M. Berchem 法国植物学家）

Berchemia annamensis 越南勾儿茶：annamensis 安南的（地名，越南古称）

Berchemia barbigera 腋毛勾儿茶：barbigerum 具芒的，具胡须的；barbi- ← barba 胡须，髯毛，绒毛；gerus → -ger/ -gerus/ -gerum/ -gera 具有，有，带有

Berchemia brachycarpa 短果勾儿茶：brachy- ← brachys 短的（用于拉丁语复合词词首）；carpus/ carpum/ carpa/ carpon ← carpos 果实（用于希腊语复合词）

Berchemia edgeworthii 腋花勾儿茶：edgeworthii ← Michael Pakenham Edgeworth（人名，19 世纪英国植物学家）

Berchemia flavescens 黄背勾儿茶：flavescens 淡黄的，发黄的，变黄的；flavus → flavo-/ flavi-/ flav- 黄色的，鲜黄色的，金黄色的（指纯正的黄色）；-escens/ -ascens 改变，转变，变成，略微，带有，接近，相似，大致，稍微（表示变化的趋势，并未完全相似或相同，有别于表示达到完成状态的 -atus）

Berchemia floribunda 多花勾儿茶：floribundus = florus + bundus 多花的，繁花的，花正盛开的；florus/ florum/ flora ← flos 花（用于复合词）；-bundus/ -bunda/ -bundum 正在做，正在进行（类似于现在分词），充满，盛行

Berchemia floribunda var. floribunda 多花勾儿茶-原变种（词义见上面解释）

Berchemia floribunda var. oblongifolia 矩叶勾儿茶：oblongus = ovus + longus 长椭圆形的（ovus 的词干 ov- 音变为 ob-）；ovus 卵，胚珠，卵形的，椭圆形的；longus 长的，纵向的；folius/ folium/ folia 叶，叶片（用于复合词）

Berchemia formosana 台湾勾儿茶：formosanus = formosus + anus 美丽的，台湾的；formosus ← formosa 美丽的，台湾的（葡萄牙殖民者发现台湾时对其的称呼，即美丽的岛屿）；-anus/ -anum/ -ana 属于，来自（形容词词尾）

Berchemia hirtella 大果勾儿茶：hirtellus = hirtus + ellus 被短粗硬毛的；hirtus 有毛的，粗毛的，刚毛的（长而明显的毛）；-ellus/ -ellum/ -ella ← -ulus 小的，略微的，稍微的（小词 -ulus 在字母 e 或 i 之后有多种变缀，即 -olus/ -olum/ -ola、-ellus/ -ellum/ -ella、-illus/ -illum/ -illa，用于第一变格法名词）

Berchemia hirtella var. glabrescens 大老鼠耳：glabrus 光秃的，无毛的，光滑的；-escens/ -ascens 改变，转变，变成，略微，带有，接近，相似，大致，稍微（表示变化的趋势，并未完全相似或相同，有别于表示达到完成状态的 -atus）

Berchemia hirtella var. hirtella 大果勾儿茶-原变种（词义见上面解释）

Berchemia hispida 毛背勾儿茶：hispidus 刚毛的，鬃毛状的

Berchemia hispida var. glabrata 光轴勾儿茶：glabratus = glabrus + atus 脱毛的，光滑的；glabrus 光秃的，无毛的，光滑的；-atus/ -atum/ -ata 属于，相似，具有，完成（形容词词尾）

Berchemia hispida var. hispida 毛背勾儿茶-原变种（词义见上面解释）

Berchemia huana 大叶勾儿茶：huana（人名）

Berchemia huana var. glabrescens 脱毛大叶勾儿茶：glabrus 光秃的，无毛的，光滑的；-escens/ -ascens 改变，转变，变成，略微，带有，接近，相似，大致，稍微（表示变化的趋势，并未完全相似或相同，有别于表示达到完成状态的 -atus）

Berchemia huana var. huana 大叶勾儿茶-原变种（词义见上面解释）

Berchemia kulingensis 牯岭勾儿茶（牯 gǔ）：kulingensis 牯岭的（地名，江西省庐山）

Berchemia lineata 铁包金：lineatus = lineus + atus 具线的，线状的，呈亚麻状的；lineus = linum + eus 线状的，丝状的，亚麻状的；linum ← linon 亚麻，线（古拉丁名）；-atus/ -atum/ -ata 属于，相似，具有，完成（形容词词尾）

Berchemia longipedicellata 细梗勾儿茶：longe-/ longi- ← longus 长的，纵向的；pedicellatus = pedicellus + atus 具小花柄的；pedicellus = pes + cellus 小花梗，小花柄（不同于花序柄）；pes/ pedis 柄，梗，茎秆，腿，足，爪（作词首或词尾，pes 的词干视为 "ped-"）；-cellus/ -cellum/ -cella、-cillus/ -cillum/ -cilla 小的，略微的，稍微的（与任何变格法名词形成复合词）；关联词：pedunculus 花序柄，总花梗（花序基部无花着生部分）；-atus/ -atum/ -ata 属于，相似，具有，完成（形容词词尾）

Berchemia longipes 长梗勾儿茶：longe-/ longi- ← longus 长的，纵向的；pes/ pedis 柄，梗，茎秆，腿，足，爪（作词首或词尾，pes 的词干视为 "ped-"）

Berchemia omeiensis 峨眉勾儿茶：omeiensis 峨眉山的（地名，四川省）

Berchemia polyphylla 多叶勾儿茶：poly- ← polys 多个，许多（希腊语，拉丁语为 multi-）；phyllus/ phyllum/ phylla ← phyllon 叶片（用于希腊语复合词）

Berchemia polyphylla var. leioclada 光枝勾儿茶：lei-/ leio-/ lio- ← leius ← leios 光滑的，平滑的；cladus ← clados 枝条，分枝

Berchemia polyphylla var. polyphylla 多叶勾儿茶-原变种（词义见上面解释）

Berchemia polyphylla var. trichophylla 毛叶勾儿茶：trich-/ tricho-/ tricha- ← trichos ← thrix 毛，多毛的，线状的，丝状的；phyllus/ phyllum/ phylla ← phyllon 叶片（用于希腊语复合词）

Berchemia sinica 勾儿茶：sinica 中国的（地名）；-icus/ -icum/ -ica 属于，具有某种特性（常用于地名、起源、生境）

Berchemia yunnanensis 云南勾儿茶：yunnanensis 云南的（地名）

Berchemiella 小勾儿茶属（鼠李科）（48-1：p104）：

Berchemia 勾儿茶属（鼠李科）；-ellus/ -ellum/ -ella ← -ulus 小的，略微的，稍微的（小词 -ulus 在字母 e 或 i 之后有多种变缀，即 -olus/ -olum/ -ola、-ellus/ -ellum/ -ella、-illus/ -illum/ -illa，用于第一变格法名词）

Berchemiella berchemiaefolia 日本小勾儿茶：berchemiaefolia 勾儿茶叶的（注：组成复合词时，要将前面词的词尾 -us/ -um/ -a 变成 -i- 或 -o- 而不是所有格，而以属名作复合词时原词尾变形后的 i 要保留，不能使用所有格，故该词宜改为"berchemiifolia"）；Berchemia 勾儿茶属（鼠李科）；folius/ folium/ folia 叶，叶片（用于复合词）

Berchemiella wilsonii 小勾儿茶：wilsonii ← John Wilson（人名，18 世纪英国植物学家）

Berchemiella yunnanensis 滇小勾儿茶：yunnanensis 云南的（地名）

Bergenia 岩白菜属（虎耳草科）（34-2：p25）：bergenia ← Karl August von Bergen（人名，1704–1760，德国医生、植物学家）

Bergenia crassifolia 厚叶岩白菜：crassi- ← crassus 厚的，粗的，多肉质的；folius/ folium/ folia 叶，叶片（用于复合词）

Bergenia emeiensis 峨眉岩白菜：emeiensis 峨眉山的（地名，四川省）

Bergenia pacumbis 舌岩白菜：pacumbis（词源不详）

Bergenia purpurascens 岩白菜：purpurascens 带紫色的，发紫的；purpur- 紫色的；-escens/ -ascens 改变，转变，变成，略微，带有，接近，相似，大致，稍微（表示变化的趋势，并未完全相似或相同，有别于表示达到完成状态的 -atus）

Bergenia scopulosa 秦岭岩白菜：scopulosus 有石的，多石的，岩生的；scopulus 带棱角的岩石，岩壁，峭壁；-osus/ -osum/ -osa 多的，充分的，丰富的，显著发育的，程度高的，特征明显的（形容词词尾）

Bergenia stracheyi 短柄岩白菜：stracheyi（人名）；-i 表示人名，接在以元音字母结尾的人名后面，但 -a 除外

Bergia 田繁缕属（沟繁缕科）（50-2：p132）：bergia ← Peter Jonas Bergius（人名，1730–1790，瑞典植物学家，林奈的学生）

Bergia ammannioides 田繁缕：ammannioides 像水苋菜的；Ammannia 水苋菜属（千屈菜科）；-oides/ -oideus/ -oideum/ -oidea/ -odes/ -eidos 像……的，类似……的，呈……状的（名词词尾）

Bergia capensis 大叶田繁缕：capensis 好望角的（地名，非洲南部）

Bergia serrata 倍蕊田繁缕：serratus = serrus + atus 有锯齿的；serrus 齿，锯齿

Berneuxia 岩匙属（匙 chí）（岩梅科）（56：p114）：berneuxia（人名）

Berneuxia thibetica 岩匙：thibetica 西藏的（地名）；-icus/ -icum/ -ica 属于，具有某种特性（常用于地名、起源、生境）

Berrya 六翅木属（椴树科）（49-1：p123）：berrya（人名）

Berrya cordifolia 六翅木：cordi- ← cordis/ cor 心脏的，心形的；folius/ folium/ folia 叶，叶片（用于复合词）

复合词）

Berteroa 团扇荠属（荠 jì）（十字花科）（33：p129）：berteroa ← Carlo Giuseppe Bertero（人名，1700–1782，意大利医生、植物学家）（除 a 以外，以元音字母结尾的人名作属名时在末尾加 a）

Berteroa incana 团扇荠：incanus 灰白色的，密被灰白色毛的

Berteroa potanini 大果团扇荠：potanini（人名，词尾改为"-ii"似更妥）；-ii 表示人名，接在以辅音字母结尾的人名后面，但 -er 除外；-i 表示人名，接在以元音字母结尾的人名后面，但 -a 除外

Berteroella 锥果芥属（十字花科）（33：p424）：Berteroa 团扇荠属；berteroa ← Carlo Giuseppe Bertero（人名，1700–1782，意大利医生、植物学家）；-ella 小（用作人名或一些属名词尾时并无小词意义）

Berteroella maximowiczii 锥果芥：maximowiczii ← C. J. Maximowicz 马克希莫夫（人名，1827–1891，俄国植物学家）

Berula 天山泽芹属（伞形科）（55-2：p153）：berula 水堇（一种类似水芹的水生植物的古拉丁名）

Berula erecta 天山泽芹：erectus 直立的，笔直的

Beta 甜菜属（藜科）（25-2：p10）：beta ← bett 红色的（凯尔特语，指根的颜色）

Beta vulgaris 甜菜：vulgaris 常见的，普通的，分布广的；vulgus 普通的，到处可见的

Beta vulgaris var. cicla 厚皮菜：ciclus ← Sixily 西西里岛的（地名，意大利）

Beta vulgaris var. lutea 饲用甜菜：luteus 黄色的

Beta vulgaris var. rosea 紫菜头：roseus = rosa + eus 像玫瑰的，玫瑰色的，粉红色的；rosa 蔷薇（古拉丁名）← rhodon 蔷薇（希腊语）← rhodd 红色，玫瑰红（凯尔特语）；-eus/ -eum/ -ea（接拉丁语词干时）属于……的，色如……的，质如……的（表示原料、颜色或品质的相似），（接希腊语词干时）属于……的，以……出名，为……所占有（表示具有某种特性）

Beta vulgaris var. saccharifera 糖萝卜（卜 bo）：saccharifera 有糖的，具甜味的；saccharum 糖，甘蔗；-ferus/ -ferum/ -fera/ -fero/ -fere/ -fer 有，具有，产（区别：作独立词使用的 ferus 意思是"野生的"）

Betonica 药水苏属（唇形科）（66：p1）：betonica ← Vettones 贝托族（西班牙的一个民族）

Betonica officinalis 药水苏：officinalis/ officinale 药用的，有药效的；officina ← opificina 药店，仓库，作坊

Betula 桦木属（桦 huà）（桦木科）（21：p103）：betula ← betu 桦树（凯尔特语）

Betula albo-sinensis 红桦：albo-sinensis 中国型银白色的；Betula alba（银白桦）；albus → albi-/ albo- 白色的；sinensis = Sina + ensis 中国的（地名）；Sina 中国

Betula alnoides 西桦：Alnus 桤木属（又称赤杨属，桦木科，桤 qī）；-oides/ -oideus/ -oideum/ -oidea/ -odes/ -eidos 像……的，类似……的，呈……状的（名词词尾）

Betula austrosinensis 华南桦：austrosinensis 华南

的（地名）；austro-/ austr- 南方的，南半球的，大洋洲的；auster 南方，南风；sinensis = Sina + ensis 中国的（地名）；Sina 中国

Betula calcicola 岩桦：calcicolus 钙生的，生于石灰质土壤的；calci- ← calcium 石灰，钙质；colus ← colo 分布于，居住于，栖居，殖民（常作词尾）；colo/ colere/ colui/ cultum 居住，耕作，栽培

Betula chinensis 坚桦：chinensis = china + ensis 中国的（地名）；China 中国

Betula chinensis var. chinensis 坚桦-原变种（词义见上面解释）

Betula chinensis var. fargesii 狭翅桦：fargesii ← Pere Paul Guillaume Farges（人名，19 世纪中叶至 20 世纪活动于中国的法国传教士，植物采集员）

Betula costata 硕桦：costatus 具肋的，具脉的，具中脉的（指脉明显）；costus 主脉，叶脉，肋，肋骨

Betula cylindrostachya 长穗桦：cylindrostachyus 柱状花穗的；cylindros ← kylindros 圆柱，圆筒（希腊语）；stachy-/ stachyo-/ -stachys/ -stachyus/ -stachyum/ -stachya 穗子，穗子的，穗子状的，穗状花序的

Betula dahurica 黑桦：dahurica（daurica/ davurica）达乌里的（地名，外贝加尔湖，属西伯利亚的一个地区，即贝加尔湖以东及以南至中国和蒙古边界）

Betula delavayi 高山桦：delavayi ← P. J. M. Delavay（人名，1834–1895，法国传教士，曾在中国采集植物标本）；-i 表示人名，接在以元音字母结尾的人名后面，但 -a 除外

Betula delavayi var. delavayi 高山桦-原变种（词义见上面解释）

Betula delavayi var. microstachya 细穗高山桦：micr-/ micro- ← micros 小的，微小的，微观的（用于希腊语复合词）；stachy-/ stachyo-/ -stachys/ -stachyus/ -stachyum/ -stachya 穗子，穗子的，穗子状的，穗状花序的

Betula delavayi var. polyneura 多脉高山桦：polyneurus 多脉的；poly- ← polys 多个，许多（希腊语，拉丁语为 multi-）；neurus ← neuron 脉，神经

Betula ermanii 岳桦：ermanii（人名）；-ii 表示人名，接在以辅音字母结尾的人名后面，但 -er 除外

Betula ermanii var. ermanii 岳桦-原变种（词义见上面解释）

Betula ermanii var. macrostrobila 帽儿山岳桦：macro-/ macr- ← macros 大的，宏观的（用于希腊语复合词）；strobilus ← strobilos 球果的，圆锥的；strobus 球果的，圆锥的

Betula ermanii var. yingkiliensis 英吉里岳桦（"英吉里"为山名，不能写作"英吉利"）：yingkiliensis 英吉里山的（地名，大兴安岭地区）

Betula fruticosa 柴桦：fruticosus/ frutesceus 灌丛状的；frutex 灌木；构词规则：以 -ix/ -iex 结尾的词其词干末尾视为 -ic，以 -ex 结尾视为 -i/ -ic，其他以 -x 结尾视为 -c；-osus/ -osum/ -osa 多的，充分的，丰富的，显著发育的，程度高的，特征明显的（形容词词尾）

Betula gmelinii 砂生桦：gmelinii ← Johann Gottlieb Gmelin（人名，18 世纪德国博物学家，曾对西伯利亚和勘察加进行大量考察）

Betula halophila 盐桦：halo- ← halos 盐，海；philus/ philein ← philos → phil-/ phili/ philo- 喜好的，爱好的，喜欢的；Halophila 喜盐草属（水鳖科）

Betula humilis 甸生桦：humilis 矮的，低的

Betula insignis 香桦：insignis 著名的，超群的，优秀的，显著的，杰出的；in-/ im-（来自 il- 的音变）内，在内，内部，向内，相反，不，无，非；il- 在内，向内，为，相反（希腊语为 en-）；词首 il- 的音变：il-（在 l 前面），im-（在 b、m、p 前面），in-（在元音字母和大多数辅音字母前面），ir-（在 r 前面），如 illaudatus（不值得称赞的，评价不好的），impermeabilis（不透水的，穿不透的），ineptus（不合适的），insertus（插入的），irretortus（无弯曲的，无扭曲的）；signum 印记，标记，刻画，图章

Betula jinpingensis 金平桦：jinpingensis 金平的（地名，云南省）

Betula jiulungensis 九龙桦：jiulungensis 九龙的（地名，四川省九龙县），九龙山的（地名，浙江省遂昌地区）

Betula luminifera 亮叶桦：luminus 发光的，照亮的；-ferus/ -ferum/ -fera/ -fero/ -fere/ -fer 有，具有，产（区别：作独立词使用的 ferus 意思是"野生的"）

Betula microphylla 小叶桦：micr-/ micro- ← micros 小的，微小的，微观的（用于希腊语复合词）；phyllus/ phyllum/ phylla ← phyllon 叶片（用于希腊语复合词）

Betula middendorfii 扇叶桦：middendorfii（为"middendorffii"的误拼）；middendorfii ← Alexander Theodor von Middendorff（人名，19 世纪西伯利亚地区的动物学家）

Betula ovalifolia 油桦：ovalis 广椭圆形的；ovus 卵，胚珠，卵形的，椭圆形的；folius/ folium/ folia 叶，叶片（用于复合词）

Betula pendula 垂枝桦：pendulus ← pendere 下垂的，垂吊的（悬空或因支持体细软而下垂）；pendere/ pendeo 悬挂，垂悬；-ulus/ -ulum/ -ula（表示趋向或动作）（小词 -ulus 在字母 e 或 i 之后有多种变缀，即 -olus/ -olum/ -ola、-ellus/ -ellum/ -ella、-illus/ -illum/ -illa，与第一变格法和第二变格法名词形成复合词）

Betula platyphylla 白桦：platys 大的，宽的（用于希腊语复合词）；phyllus/ phyllum/ phylla ← phyllon 叶片（用于希腊语复合词）

Betula potaninii 矮桦：potaninii ← Grigory Nikolaevich Potanin（人名，19 世纪俄国植物学家）

Betula potaninii var. potaninii 矮桦-原变种（词义见上面解释）

Betula potaninii var. tricogemma 峨眉矮桦：tricogemmus 毛蕾的，毛芽的；tirico- ← tricum/ trichum 毛；gemmus 芽，珠芽，零余子

Betula rhombibracteata 菱苞桦：rhombus 菱形，纺锤；bracteatus = bracteus + atus 具苞片的；bracteus 苞，苞片，苞鳞

Betula rotundifolia 圆叶桦：rotundus 圆形的，呈圆形的，肥大的；rotundo 使呈圆形，使圆滑；roto 旋转，滚动；folius/ folium/ folia 叶，叶片（用于复

B

合词）

Betula schmidtii 赛黑桦：schmidtii ← Johann Anton Schmidt（人名，19 世纪德国植物学家）

Betula tianschanica 天山桦：tianschanica 天山的（地名，新疆维吾尔自治区）；-icus/ -icum/ -ica 属于，具有某种特性（常用于地名、起源、生境）

Betula utilis 糙皮桦：utilis 有用的

Betulaceae 桦木科（21：p44）：Betula 桦木属；-aceae（分类单位科的词尾，为 -aceus 的阴性复数主格形式，加到模式属的名称后或同义词的词干后以组成族群名称）

Bhesa 膝柄木属（卫矛科）（45-3：p147）：bhesa（人名）

Bhesa robusta 膝柄木：robustus 大型的，结实的，健壮的，强壮的

Bidens 鬼针草属（菊科）（75：p369）：bidens 二齿的（指果实先端的两个尖刺）；bi-/ bis- 二，二数，二回（希腊语为 di-）；dens/ dentus 齿，牙齿

Bidens bipinnata 婆婆针：bipinnatus 二回羽状的；bi-/ bis- 二，二数，二回（希腊语为 di-）；pinnatus = pinnus + atus 羽状的，具羽的；pinnus/ pennus 羽毛，羽状，羽片；-atus/ -atum/ -ata 属于，相似，具有，完成（形容词词尾）

Bidens biternata 金盏银盘：biternatus 二回三出的；bi-/ bis- 二，二数，二回（希腊语为 di-）；ternatus 三数的，三出的

Bidens cernua 柳叶鬼针草：cernuus 点头的，前屈的，略俯垂的（弯曲程度略大于 90°）；cernu-/ cernui- 弯曲，下垂；关联词：nutans 弯曲的，下垂的（弯曲程度远大于 90°）

Bidens frondosa 大狼杷草（杷 pá）：frondosus/ foliosus 多叶的，生叶的，叶状的；frond/ frons 叶（蕨类、棕榈、苏铁类），叶状体，叶簇，叶丛，植物体（藻类、藓类），前额，正前面；frondula 羽片（羽状叶的分离部分）；-osus/ -osum/ -osa 多的，充分的，丰富的，显著发育的，程度高的，特征明显的（形容词词尾）

Bidens maximowicziana 羽叶鬼针草：maximowicziana ← C. J. Maximowicz 马克希莫夫（人名，1827–1891，俄国植物学家）

Bidens parviflora 小花鬼针草：parviflorus 小花的；parvus 小的，些微的，弱的；florus/ florum/ flora ← flos 花（用于复合词）

Bidens pilosa 鬼针草：pilosus = pilus + osus 多毛的，被柔毛的，具疏柔毛的，被短弱细毛的；pilus 毛，疏柔毛；-osus/ -osum/ -osa 多的，充分的，丰富的，显著发育的，程度高的，特征明显的（形容词词尾）

Bidens pilosa var. pilosa 鬼针草-原变种（词义见上面解释）

Bidens pilosa var. radiata 白花鬼针草：radiatus = radius + atus 辐射状的，放射状的；radius 辐射，射线，半径，边花，伞形花序

Bidens radiata 大羽叶鬼针草：radiatus = radius + atus 辐射状的，放射状的；radius 辐射，射线，半径，边花，伞形花序

Bidens tripartita 狼杷草：tripartitus 三裂的，三部分的；tri-/ tripli-/ triplo- 三个，三数；partitus 深

裂的，分离的

Bidens tripartita var. repens 矮狼杷草：repens/ repentis/ repsi/ reptum/ repere/ repo 匍匐，爬行（同义词：reptans/ reptoare）

Bidens tripartita var. tripartita 狼杷草-原变种（词义见上面解释）

Biebersteinia 熏倒牛属（倒 dǎo）（牻牛儿苗科）（43-1：p86）：biebersteinia ← Baron Friedrich August Marschall von Bieberstein（人名，19 世纪德国探险家）

Biebersteinia heterostemon 熏倒牛：hete-/ heter-/ hetero- ← heteros 不同的，多样的，不齐的；stemon 雄蕊

Biebersteinia multifida 多裂熏倒牛：multifidus 多个中裂的；multi- ← multus 多个，多数，很多（希腊语为 poly-）；fidus ← findere 裂开，分裂（裂深不超过 1/3，常作词尾）

Biebersteinia odora 高山熏倒牛：odorus 香气的，气味的；odor 香气，气味；inodorus 无气味的

Bignoniaceae 紫葳科（葳 wēi）（69：p1）：Bignonia 紫葳属（紫葳科）（同音字"紫薇属"为千屈菜科）；bigonia ← Abbe Jean Paul Bignon（人名）；-aceae（分类单位科的词尾，为 -aceus 的阴性复数主格形式，加到模式属的名称后或同义词的词干后以组成族群名称）

Billbergia 水塔花属（凤梨科）（13-3：p65）：billbergia ← Gustav Johannes Billberg（人名，1772–1844，瑞典植物学家）

Billbergia nutans 垂花水塔花：nutans 弯曲的，下垂的（弯曲程度远大于 90°）；关联词：cernuus 点头的，前屈的，略俯垂的（弯曲程度略大于 90°）

Billbergia pyramidalis 水塔花：pyramidalis 金字塔形的，三角形的，锥形的；pyramis 棱形体，锥形体，金字塔；构词规则：词尾为 -is 和 -ys 的词的词干分别视为 -id 和 -yd

Biondia 秦岭藤属（萝藦科）（63：p396）：biondia（人名）

Biondia chinensis 秦岭藤：chinensis = china + ensis 中国的（地名）；China 中国

Biondia hemsleyana 宽叶秦岭藤：hemsleyana ← William Botting Hemsley（人名，19 世纪研究中美洲植物的植物学家）

Biondia henryi 青龙藤：henryi ← Augustine Henry 或 B. C. Henry（人名，前者，1857–1930，爱尔兰医生、植物学家，曾在中国采集植物，后者，1850–1901，曾活动于中国的传教士）

Biondia insignis 黑水藤：insignis 著名的，超群的，优秀的，显著的，杰出的；in-/ im-（来自 il- 的音变）内，在内，内部，向内，相反，不，无，非；il- 在内，向内，为，相反（希腊语为 en-）；词首 il- 的音变：il-（在 l 前面），im-（在 b、m、p 前面），in-（在元音字母和大多数辅音字母前面），ir-（在 r 前面），如 illaudatus（不值得称赞的，评价不好的），impermeabilis（不透水的，穿不透的），ineptus（不合适的），insertus（插入的），irretortus（无弯曲的，无扭曲的）；signum 印记，标记，刻画，图章

Biondia pilosa 宝兴藤：pilosus = pilus + osus 多毛的，被柔毛的，具疏柔毛的，被短弱细毛的；pilus

毛，疏柔毛；-osus/ -osum/ -osa 多的，充分的，丰富的，显著发育的，程度高的，特征明显的（形容词词尾）

Biondia yunnanensis 短叶秦岭藤：yunnanensis 云南的（地名）

Biophytum 感应草属（应 yìng）（酢浆草科）（43-1：p13）：biophytum 有活力的植物（指植物叶片会张开闭合）；bios 生命，生活；phytus/ phytum/ phyta 植物

Biophytum fruticosum 分枝感应草：fruticosus/ frutesceus 灌丛状的；frutex 灌木；构词规则：以 -ix/ -iex 结尾的词其词干末尾视为 -ic，以 -ex 结尾视为 -i/ -ic，其他以 -x 结尾视为 -c；-osus/ -osum/ -osa 多的，充分的，丰富的，显著发育的，程度高的，特征明显的（形容词词尾）

Biophytum petersianum 无柄感应草：petersianum ← Wilhelm Karl Hartwig Peters（人名，19 世纪德国植物学家）

Biophytum sensitivum 感应草：sensitivus = sentire + ivus 敏感的（= sensibilis）；sentire 感到；-ivus/ -ivum/ -iva 表示能力、所有、具有……性质，作动词或名词词尾

Bischofia 秋枫属（大戟科）（44-1：p184）：bischofia ← Karl Gustar Chrischoff（人名，19 世纪德国博物学家）

Bischofia javanica 秋枫：javanica 爪哇的（地名，印度尼西亚）；-icus/ -icum/ -ica 属于，具有某种特性（常用于地名、起源、生境）

Bischofia polycarpa 重阳木（重 chóng）：poly- ← polys 多个，许多（希腊语，拉丁语为 multi-）；carpus/ carpum/ carpa/ carpon ← carpos 果实（用于希腊语复合词）

Biswarea 三裂瓜属（葫芦科）（73-1：p209）：biswarea（人名）（除 a 以外，以元音字母结尾的人名作属名时在末尾加 a）

Biswarea tonglensis 三裂瓜：tonglensis（地名）

Bixa 红木属（红木科）（50-2：p180）：bixa 红木（西班牙语）

Bixa orellana 红木：orellanus = ore + ellus + anus 山地生的；oreo-/ ores-/ ori- ← oreos 山，山地，高山；-ulus/ -ulum/ -ula 小的，略微的，稍微的（小词 -ulus 在字母 e 或 i 之后有多种变缀，即 -olus/ -olum/ -ola、-ellus/ -ellum/ -ella、-illus/ -illum/ -illa，与第一变格法和第二变格法名词形成复合词）；-anus/ -anum/ -ana 属于，来自（形容词词尾）

Bixaceae 红木科（50-2：p180）：Bixa 红木属；-aceae（分类单位科的词尾，为 -aceus 的阴性复数主格形式，加到模式属的名称后或同义词的词干后以组成族群名称）

Blachia 留萼木属（大戟科）（44-2：p151）：blachia（人名）

Blachia chunii 海南留萼木：chunii ← W. Y. Chun 陈焕镛（人名，1890–1971，中国植物学家）

Blachia longzhouensis 龙州留萼木：longzhouensis 龙州的（地名，广西壮族自治区）

Blachia pentzii 留萼木：pentzii（人名）；-ii 表示人名，接在以辅音字母结尾的人名后面，但 -er 除外

Blainvillea 百能葳属（葳 wēi）（菊科）（75：p348）：blainvillea（人名）

Blainvillea acmella 百能葳：acmella 细尖的，小尖头的；acme ← akme 顶点，尖锐的，边缘（希腊语）；-ellus/ -ellum/ -ella ← -ulus 小的，略微的，稍微的（小词 -ulus 在字母 e 或 i 之后有多种变缀，即 -olus/ -olum/ -ola、-ellus/ -ellum/ -ella、-illus/ -illum/ -illa，用于第一变格法名词）；Acmella 金纽扣属 ← Spilanthes 鸽笼菊属

Blastus 柏拉木属（柏 bó）（野牡丹科）（53-1：p180）：blastus ← blastos 胚，胚芽，芽

Blastus apricus 线萼金花树：apricus 喜光耐旱的

Blastus apricus var. apricus 线萼金花树-原变种（词义见上面解释）

Blastus apricus var. longiflorus 长瓣金花树：longe-/ longi- ← longus 长的，纵向的；florus/ florum/ flora ← flos 花（用于复合词）

Blastus auriculatus 耳基柏拉木：auriculatus 耳形的，具小耳的（基部有两个小圆片）；auriculus 小耳朵的，小耳状的；auritus 耳朵的，耳状的；-culus/ -culum/ -cula 小的，略微的，稍微的（同第三变格法和第四变格法名词形成复合词）；-atus/ -atum/ -ata 属于，相似，具有，完成（形容词词尾）

Blastus brevissimus 短柄柏拉木：brevi- ← brevis 短的（用于希腊语复合词词首）；-issimus/ -issima/ -issimum 最，非常，极其（形容词最高级）

Blastus cavaleriei 匙萼柏拉木（匙 chí）：cavaleriei ← Pierre Julien Cavalerie（人名，20 世纪法国传教士）；-i 表示人名，接在以元音字母结尾的人名后面，但 -a 除外

Blastus cavaleriei var. cavaleriei 匙萼柏拉木-原变种（词义见上面解释）

Blastus cavaleriei var. tomentosus 腺毛柏拉木：tomentosus = tomentum + osus 绒毛的，密被绒毛的；tomentum 绒毛，浓密的毛被，棉絮，棉絮状填充物（被褥、垫子等）；-osus/ -osum/ -osa 多的，充分的，丰富的，显著发育的，程度高的，特征明显的（形容词词尾）

Blastus cochinchinensis 柏拉木：cochinchinensis ← Cochinchine 南圻的（历史地名，即今越南南部及其周边国家和地区）

Blastus cogniauxii 南亚柏拉木：cogniauxii（人名）；-ii 表示人名，接在以辅音字母结尾的人名后面，但 -er 除外

Blastus dunnianus 金花树：dunnianus（人名）

Blastus dunnianus var. dunnianus 金花树-原变种（词义见上面解释）

Blastus dunnianus var. glandulo-setosus 腺毛金花树：glandulo- ← glandulus 腺体的，小腺体的；glandus ← glans 腺体；setosus = setus + osus 被刚毛的，被短毛的，被芒刺的；setus/ saetus 刚毛，刺毛，芒刺；-osus/ -osum/ -osa 多的，充分的，丰富的，显著发育的，程度高的，特征明显的（形容词词尾）

Blastus ernae 留行草：ernae（人名）

Blastus mollissimus 密毛柏拉木：molle/ mollis 软的，柔毛的；-issimus/ -issima/ -issimum 最，非常，极其（形容词最高级）

B

Blastus pauciflorus 少花柏拉木：pauci- ← paucus 少数的，少的（希腊语为 oligo-）；florus/ florum/ flora ← flos 花（用于复合词）

Blastus setulosus 刺毛柏拉木：setulosus = setus + ulus + osus 多细刚毛的，多细刺毛的，多细芒刺的；setus/ saetus 刚毛，刺毛，芒刺；-ulus/ -ulum/ -ula 小的，略微的，稍微的（小词 -ulus 在字母 e 或 i 之后有多种变缀，即 -olus/ -olum/ -ola、-ellus/ -ellum/ -ella、-illus/ -illum/ -illa，与第一变格法和第二变格法名词形成复合词）；-osus/ -osum/ -osa 多的，充分的，丰富的，显著发育的，程度高的，特征明显的（形容词词尾）

Blastus squamosus 鳞毛柏拉木：squamosus 多鳞片的，鳞片明显的；squamus 鳞，鳞片，薄膜；-osus/ -osum/ -osa 多的，充分的，丰富的，显著发育的，程度高的，特征明显的（形容词词尾）

Blastus tenuifolius 薄叶柏拉木：tenui- ← tenuis 薄的，纤细的，弱的，瘦的，窄的；folius/ folium/ folia 叶，叶片（用于复合词）

Blastus tsaii 云南柏拉木：tsaii 蔡希陶（人名，1911–1981，中国植物学家）

Blechnaceae 乌毛蕨科（4-2：p192）：Blechnum 乌毛蕨属；-aceae（分类单位科的词尾，为 -aceus 的阴性复数主格形式，加到模式属的名称后或同义词的词干后以组成族群名称）

Blechnidium 乌木蕨属（乌毛蕨科）（4-2：p195）：blechnidum = Blechnum + eidos 像乌毛蕨的；Blechnum 乌毛蕨属；-idum ← -eidos/ -oides/ -odes 相似

Blechnidium melanopus 乌木蕨：melanopus 黑柄的；mel-/ mela-/ melan-/ melano- ← melanus/ melaenus ← melas/ melanos 黑色的，浓黑色的，暗色的；opus 柄，足

Blechnum 乌毛蕨属（乌毛蕨科）（4-2：p193）：blechnum 乌毛蕨（一种蕨类植物的希腊语名）

Blechnum orientale 乌毛蕨：orientale/ orientalis 东方的；oriens 初升的太阳，东方

Blechnum orientale var. cristata 冠羽乌毛蕨（冠 guān）：cristatus = crista + atus 鸡冠的，鸡冠状的，扇形的，山脊状的；crista 鸡冠，山脊，网壁；-atus/ -atum/ -ata 属于，相似，具有，完成（形容词词尾）

Blechnum orientale var. orientale 乌毛蕨-原变种（词义见上面解释）

Blechum 赛山蓝属（爵床科）（70：p80）：blechum ← blechon 一种野薄荷

Blechum pyramidatum 赛山蓝：pyramidatus 金字塔形的，三角形的，锥形的；pyramis 棱形体，锥形体，金字塔；构词规则：词尾为 -is 和 -ys 的词的词干分别视为 -id 和 -yd

Blepharis 百簕花属（簕 lè）（爵床科）（70：p48）：blepharis → blepharus 睫毛，缘毛，流苏（希腊语，比喻缘毛）

Blepharis maderaspatensis 百簕花：maderaspatensis ← Madras 马德拉斯的（地名，印度金奈的旧称）

Bletilla 白及属（兰科）（18：p46）：bletilla 比 Bletia（兰科一属名）小的；bletia ← Louis Blet（人名，18 世纪西班牙植物学家）；-ellus/ -ellum/ -ella ← -ulus 小的，略微的，稍微的（小词 -ulus 在字母 e 或 i 之后有多种变缀，即 -olus/ -olum/ -ola、-ellus/ -ellum/ -ella、-illus/ -illum/ -illa，用于第一变格法名词）

Bletilla formosana 小白及：formosanus = formosus + anus 美丽的，台湾的；formosus ← formosa 美丽的，台湾的（葡萄牙殖民者发现台湾时对其的称呼，即美丽的岛屿）；-anus/ -anum/ -ana 属于，来自（形容词词尾）

Bletilla ochracea 黄花白及：ochraceus 赭黄色的；ochra 黄色的，黄土的；-aceus/ -aceum/ -acea 相似的，有……性质的，属于……的

Bletilla sinensis 华白及：sinensis = Sina + ensis 中国的（地名）；Sina 中国

Bletilla striata 白及：striatus = stria + atus 有条纹的，有细沟的；stria 条纹，线条，细纹，细沟

Blinkworthia 苞叶藤属（旋花科）（64-1：p117）：blinkworthia ← Richard Blinkworth（人名，19 世纪印度植物学家）

Blinkworthia convolvuloides 苞叶藤：Convolvulus 旋花属（旋花科）；-oides/ -oideus/ -oideum/ -oidea/ -odes/ -eidos 像……的，类似……的，呈……状的（名词词尾）

Blumea 艾纳香属（菊科）（75：p7）：blumea ← Karel Lodewijk Blume（人名，1796–1862，德国植物学家）（除 a 以外，以元音字母结尾的人名作属名时在末尾加 a）

Blumea adenophora 具腺艾纳香：adenophorus 具腺的；aden-/ adeno- ← adenus 腺，腺体；-phorus/ -phorum/ -phora 载体，承载物，支持物，带着，生着，附着（表示一个部分带着别的部分，包括起支撑或承载作用的柄、柱、托、囊等，如 gynophorum = gynus + phorum 雌蕊柄的，带有雌蕊的，承载雌蕊的）；gynus/ gynum/ gyna 雌蕊，子房，心皮；Adenophora 沙参属（桔梗科）

Blumea aromatica 馥芳艾纳香（馥 fù）：aromaticus 芳香的，香味的

Blumea balsamifera 艾纳香：balsami- 松香，松脂，松香味；-ferus/ -ferum/ -fera/ -fero/ -fere/ -fer 有，具有，产（区别：作独立词使用的 ferus 意思是"野生的"）

Blumea clarkei 七里明：clarkei（人名）

Blumea densiflora 密花艾纳香：densus 密集的，繁茂的；florus/ florum/ flora ← flos 花（用于复合词）

Blumea densiflora var. densiflora 密花艾纳香-原变种（词义见上面解释）

Blumea densiflora var. hookeri 薄叶密花艾纳香：hookeri ← William Jackson Hooker（人名，19 世纪英国植物学家）；-eri 表示人名，在以 -er 结尾的人名后面加上 i 形成

Blumea duclouxii（杜克艾纳香）：duclouxii（人名）；-ii 表示人名，接在以辅音字母结尾的人名后面，但 -er 除外

Blumea eberhardtii 光叶艾纳香：eberhardtii（人名）；-ii 表示人名，接在以辅音字母结尾的人名后面，但 -er 除外

Blumea fistulosa 节节红：fistulosus = fistulus +

osus 管状的，空心的，多孔的；fistulus 管状的，空心的；-osus/ -osum/ -osa 多的，充分的，丰富的，显著发育的，程度高的，特征明显的（形容词词尾）

Blumea formosana 台北艾纳香：formosanus = formosus + anus 美丽的，台湾的；formosus ← formosa 美丽的，台湾的（葡萄牙殖民者发现台湾时对其的称呼，即美丽的岛屿）；-anus/ -anum/ -ana 属于，来自（形容词词尾）

Blumea hamiltoni 少叶艾纳香：hamiltoni ← Lord Hamilton（人名，1762–1829，英国植物学家）（词尾改为"-ii"似更妥）；-ii 表示人名，接在以辅音字母结尾的人名后面，但 -er 除外；-i 表示人名，接在以元音字母结尾的人名后面，但 -a 除外

Blumea henryi 尖苞艾纳香：henryi ← Augustine Henry 或 B. C. Henry（人名，前者，1857–1930，爱尔兰医生、植物学家，曾在中国采集植物，后者，1850–1901，曾活动于中国的传教士）

Blumea hieraciifolia 毛毡草：Hieracium 山柳菊属（菊科）；folius/ folium/ folia 叶，叶片（用于复合词）

Blumea lacera 见霜黄：lacerus 撕裂状的，不整齐裂的

Blumea laciniata 六耳铃：laciniatus 撕裂的，条状裂的；lacinius → laci-/ lacin-/ lacini- 撕裂的，条状裂的

Blumea lanceolaria 千头艾纳香：lanceolarius/ lanceolatus 披针形的，锐尖的；lance-/ lancei-/ lanci-/ lanceo-/ lanc- ← lanceus 披针形的，矛形的，尖刀状的，柳叶刀状的；-olus ← -ulus 小，稍微，略微（-ulus 在字母 e 或 i 之后变成 -olus/ -ellus/ -illus）；-arius/ -arium/ -aria 相似，属于（表示地点，场所，关系，所属）

Blumea martiniana 裂苞艾纳香：martiniana ← Martin（人名）

Blumea megacephala 东风草：mega-/ megal-/ megalo- ← megas 大的，巨大的；cephalus/ cephale ← cephalos 头，头状花序

Blumea membranacea 长柄艾纳香：membranaceus 膜质的，膜状的；membranus 膜，-aceus/ -aceum/ -acea 相似的，有……性质的，属于……的

Blumea mollis 柔毛艾纳香：molle/ mollis 软的，柔毛的

Blumea napifolia 芜菁叶艾纳香（菁 jīng）：napifolius 芜菁叶的；napus 芜菁，疙瘩头，圆根（古拉丁名）；folius/ folium/ folia 叶，叶片（用于复合词）

Blumea oblongifolia 长圆叶艾纳香：oblongus = ovus + longus 长椭圆形的（ovus 的词干 ov- 音变为 ob-）；ovus 卵，胚珠，卵形的，椭圆形的；longus 长的，纵向的；folius/ folium/ folia 叶，叶片（用于复合词）

Blumea oxyodonta 尖齿艾纳香：oxyodontus 尖齿的；oxy- ← oxys 尖锐的，酸的；odontus/ odontos → odon-/ odont-/ odonto-（可作词首或词尾）齿，牙齿状的；odous 齿，牙齿（单数，其所有格为 odontos）

Blumea repanda 高艾纳香：repandus 细波状的，浅波状的（指叶缘略不平而呈波状，比 sinuosus 更

浅）；re- 返回，相反，再次，重复，向后，回头；pandus 弯曲

Blumea riparia 假东风草：riparius = ripa + arius 河岸的，水边的；ripa 河岸，水边；-arius/ -arium/ -aria 相似，属于（表示地点，场所，关系，所属）

Blumea sagittata 戟叶艾纳香：sagittatus/ sagittalis 箭头状的；sagita/ sagitta 箭，箭头；-atus/ -atum/ -ata 属于，相似，具有，完成（形容词词尾）

Blumea saussureoides 全裂艾纳香：saussure ← Saussurea 风毛菊属；-oides/ -oideus/ -oideum/ -oidea/ -odes/ -eidos 像……的，类似……的，呈……状的（名词词尾）

Blumea sericans 拟毛毡草：sericans 有绢毛的，绢毛状的；sericus 绢丝的，绢毛的，赛尔人的（Ser 为印度一民族）；seri-/ seric- 绢丝，丝绸，绢质，-icans 表示正在转变的过程或相似程度，有时表示相似程度非常接近、几乎相同

Blumea sessiliflora 无梗艾纳香：sessile-/ sessili-/ sessil- ← sessilis 无柄的，无茎的，基生的，基部的；florus/ florum/ flora ← flos 花（用于复合词）

Blumea tenuifolia 狭叶艾纳香：tenui- ← tenuis 薄的，纤细的，弱的，瘦的，窄的；folius/ folium/ folia 叶，叶片（用于复合词）

Blumea veronicifolia 纤枝艾纳香：veronicifolia 婆婆纳叶的；Veronica 婆婆纳属（玄参科）；folius/ folium/ folia 叶，叶片（用于复合词）

Blumea virens 绿艾纳香：virens 绿色的，变绿的

Blumeopsis 拟艾纳香属（菊科）（75：p45）：Blumea 艾纳香属（菊科）；-opsis/ -ops 相似，稍微，带有

Blumeopsis flava 拟艾纳香：flavus → flavo-/ flavi-/ flav- 黄色的，鲜黄色的，金黄色的（指纯正的黄色）

Blysmus 扁穗草属（莎草科）（11：p40）：blysmus ← blyzein 流动（指生于流水，希腊语）

Blysmus compressus 扁穗草：compressus 扁平的，压扁的；pressus 压，压力，挤压，紧密；co- 联合，共同，合起来（拉丁语词首，为 cum- 的音变，表示结合、强化、完全，对应的希腊语为 syn-）；co- 的缀词音变有 co-/ com-/ con-/ col-/ cor-：co-（在 h 和元音字母前面），col-（在 l 前面），com-（在 b、m、p 之前），con-（在 c、d、f、g、j、n、qu、s、t 和 v 前面），cor-（在 r 前面）

Blysmus sinocompressus 华扁穗草：sinocompressus 中国型压扁的；sino- 中国；compressus 扁平的，压扁的；pressus 压，压力，挤压，紧密；co- 联合，共同，合起来（拉丁语词首，为 cum- 的音变，表示结合、强化、完全，对应的希腊语为 syn-）；co- 的缀词音变有 co-/ com-/ con-/ col-/ cor-：co-（在 h 和元音字母前面），col-（在 l 前面），com-（在 b、m、p 之前），con-（在 c、d、f、g、j、n、qu、s、t 和 v 前面），cor-（在 r 前面）

Blysmus sinocompressus var. nodosus 节秆扁穗草：nodosus 有关节的，有结节的，多关节的；nodus 节，节点，连接点；-osus/ -osum/ -osa 多的，充分的，丰富的，显著发育的，程度高的，特征明显的（形容词词尾）

Blysmus sinocompressus var. sinocompressus 华扁穗草-原变种（词义见上面解释）

B

Blysmus sinocompressus var. tenuifolius 细叶扁穗草：tenui- ← tenuis 薄的，纤细的，弱的，瘦的，窄的；folius/ folium/ folia 叶，叶片（用于复合词）

Blyxa 水筛属（水鳖科）（8：p171）：blyxa ← blyzein 流动（指生于流水，希腊语）

Blyxa aubertii 无尾水筛：aubertii ← Georges Eleosippe Aubert（人名，19 世纪法国传教士）

Blyxa echinosperma 有尾水筛：echinospermus = echinus + spermus 刺猬状种子的，种子具芒刺的；echinus ← echinos → echino-/ echin- 刺猬，海胆；spermus/ spermum/ sperma 种子的（用于希腊语复合词）

Blyxa japonica 水筛：japonica 日本的（地名）；-icus/ -icum/ -ica 属于，具有某种特性（常用于地名、起源、生境）

Blyxa leiosperma 光滑水筛：lei-/ leio-/ lio- ← leius ← leios 光滑的，平滑的；spermus/ spermum/ sperma 种子的（用于希腊语复合词）

Blyxa octandra 八药水筛：octandrus 八个雄蕊的；octo-/ oct- 八（拉丁语和希腊语相同）；andrus/ andros/ antherus ← aner 雄蕊，花药，雄性

Boea 旋蒴苣苔属（苦苣苔科）（69：p473）：boea ← Beau Commerson（法国人名）

Boea clarkeana 大花旋蒴苣苔：clarkeana（人名）

Boea hygrometrica 旋蒴苣苔：hygrometricus 吸水的，吸湿的（指能快速吸水膨胀改变形态）；hygro- ← hugros 潮湿的，潮气的，湿气的（希腊语）；hygrophanus 吸湿透明的（湿时透明，干时不透明）；metricus 装置，器具

Boea philippensis 地胆旋蒴苣苔：philippensis 菲律宾的（地名）

Boehmeria 苎麻属（苎 zhù）（荨麻科）（23-2：p320）：boehmeria ← George Rudolf Boehmer（人名，1723–1803，德国植物学家）

Boehmeria allophylla 异叶苎麻：allophyllus 异型叶的；allo- ← allos 不同的，不等的，异样的；phyllus/ phyllum/ phylla ← phyllon 叶片（用于希腊语复合词）

Boehmeria bicuspis 双尖苎麻：bi-/ bis- 二，二数，二回（希腊语为 di-）；cuspis（所有格为 cuspidis）齿尖，凸尖，尖头

Boehmeria blinii 黔桂苎麻：blinii（人名）；-ii 表示人名，接在以辅音字母结尾的人名后面，但 -er 除外

Boehmeria blinii var. blinii 黔桂苎麻-原变种（词义见上面解释）

Boehmeria blinii var. podocarpa 柄果苎麻：podocarpus 有柄果的；podos/ podo-/ pous 腿，足，柄，茎；carpus/ carpum/ carpa/ carpon ← carpos 果实（用于希腊语复合词）

Boehmeria clidemioides 白面苎麻：Clidemia 毛野牡丹属（野牡丹科）；-oides/ -oideus/ -oideum/ -oidea/ -odes/ -eidos 像……的，类似……的，呈……状的（名词词尾）

Boehmeria clidemioides var. clidemioides 白面苎麻-原变种（词义见上面解释）

Boehmeria clidemioides var. diffusa 序叶苎麻：diffusus = dis + fusus 蔓延的，散开的，扩展的，渗透的（dis- 在辅音字母前发生同化）；fusus 散开的，松散的，松弛的；di-/ dis- 二，二数，二分，分离，不同，在……之间，从……分开（希腊语，拉丁语为 bi-/ bis-）

Boehmeria densiglomerata 密球苎麻：densus 密集的，繁茂的；glomeratus = glomera + atus 聚集的，球形的，聚成球形的；glomera 线球，一团，一束

Boehmeria dolichostachya 长序苎麻：dolicho- ← dolichos 长的；stachy-/ stachyo-/ -stachys/ -stachyus/ -stachyum/ -stachya 穗子，穗子的，穗子状的，穗状花序的

Boehmeria formosana 海岛苎麻：formosanus = formosus + anus 美丽的，台湾的；formosus ← formosa 美丽的，台湾的（葡萄牙殖民者发现台湾时对其的称呼，即美丽的岛屿）；-anus/ -anum/ -ana 属于，来自（形容词词尾）

Boehmeria formosana var. formosana 海岛苎麻-原变种（词义见上面解释）

Boehmeria formosana var. fuzhouensis 福州苎麻：fuzhouensis 福州的（地名，福建省）

Boehmeria gracilis 细野麻：gracilis 细长的，纤弱的，丝状的

Boehmeria hamiltoniana 细序苎麻：hamiltoniana ← Lord Hamilton（人名，1762–1829，英国植物学家）

Boehmeria ingjiangensis 盈江苎麻：ingjiangensis 盈江的（地名，云南省）

Boehmeria leiophylla 光叶苎麻：lei-/ leio-/ lio- ← leius ← leios 光滑的，平滑的；phyllus/ phyllum/ phylla ← phyllon 叶片（用于希腊语复合词）

Boehmeria lohuiensis 琼海苎麻：lohuiensis 乐会的（地名，海南省琼海市的旧称）

Boehmeria longispica 大叶苎麻：longe-/ longi- ← longus 长的，纵向的；spicus 穗，谷穗，花穗

Boehmeria macrophylla 水苎麻：macro-/ macr- ← macros 大的，宏观的（用于希腊语复合词）；phyllus/ phyllum/ phylla ← phyllon 叶片（用于希腊语复合词）

Boehmeria macrophylla var. canescens 灰绿水苎麻：canescens 变灰色的，淡灰色的；canens 使呈灰色的；canus 灰色的，灰白色的；-escens/ -ascens 改变，转变，变成，略微，带有，接近，相似，大致，稍微（表示变化的趋势，并未完全相似或相同，有别于表示达到完成状态的 -atus）

Boehmeria macrophylla var. macrophylla 水苎麻-原变种（词义见上面解释）

Boehmeria macrophylla var. rotundifolia 圆叶水苎麻：rotundus 圆形的，呈圆形的，肥大的；rotundo 使呈圆形，使圆滑；roto 旋转，滚动；folius/ folium/ folia 叶，叶片（用于复合词）

Boehmeria macrophylla var. scabrella 糙叶水苎麻：scabrellus 略粗糙的；scabrus ← scaber 粗糙的，有凹凸的，不平滑的；-ellus/ -ellum/ -ella ← -ulus 小的，略微的，稍微的（小词 -ulus 在字母 e 或 i 之后有多种变缀，即 -olus/ -olum/ -ola、-ellus/ -ellum/ -ella、-illus/ -illum/ -illa，用于第一变格法名词）

Boehmeria malabarica 腋球苎麻：malabaricus ← Malabar 马拉巴尔的（印度西南海岸）

Boehmeria malabarica var. leioclada 光枝苎麻：lei-/ leio-/ lio- ← leius ← leios 光滑的，平滑的；cladus ← clados 枝条，分枝

Boehmeria malabarica var. malabarica 腋球苎麻-原变种 （词义见上面解释）

Boehmeria nivea 苎麻：niveus 雪白的，雪一样的；nivus/ nivis/ nix 雪，雪白色

Boehmeria nivea var. nipononivea 贴毛苎麻：nipononivea 日本白雪；nipon/ nippon 日本（地名）；niveus 雪白的，雪一样的

Boehmeria nivea var. nivea 苎麻-原变种 （词义见上面解释）

Boehmeria nivea var. tenacissima 青叶苎麻：tenacissimus = tenax + issimus 抓紧的，黏性很强的；tenax 顽强的，坚强的，强力的，黏性强的，抓住的；-issimus/ -issima/ -issimum 最，非常，极其（形容词最高级）；构词规则：以 -ix/ -iex 结尾的词其词干末尾视为 -ic，以 -ex 结尾视为 -i/ -ic，其他以 -x 结尾视为 -c

Boehmeria nivea var. viridula 微绿苎麻：viridulus 淡绿色的；viridus 绿色的；-ulus/ -ulum/ -ula 小的，略微的，稍微的（小词 -ulus 在字母 e 或 i 之后有多种变缀，即 -olus/ -olum/ -ola、-ellus/ -ellum/ -ella、-illus/ -illum/ -illa，与第一变格法和第二变格法名词形成复合词）

Boehmeria oblongifolia 长圆苎麻：oblongus = ovus + longus 长椭圆形的（ovus 的词干 ov- 音变为 ob-）；ovus 卵，胚珠，卵形的，椭圆形的；longus 长的，纵向的；folius/ folium/ folia 叶，叶片（用于复合词）

Boehmeria penduliflora 长叶苎麻：pendulus ← pendere 下垂的，垂吊的（悬空或因支持体细软而下垂）；pendere/ pendeo 悬挂，垂悬；-ulus/ -ulum/ -ula（表示趋向或动作）（小词 -ulus 在字母 e 或 i 之后有多种变缀，即 -olus/ -olum/ -ola、-ellus/ -ellum/ -ella、-illus/ -illum/ -illa，与第一变格法和第二变格法名词形成复合词）；florus/ florum/ flora ← flos 花（用于复合词）

Boehmeria penduliflora var. loochooensis 密花苎麻：loochooensis（地名）

Boehmeria penduliflora var. penduliflora 长叶苎麻-原变种 （词义见上面解释）

Boehmeria pilosiuscula 疏毛水苎麻：pilosiusculus = pilosus + usculus 略有疏柔毛的；pilosus = pilus + osus 多毛的，被柔毛的，具疏柔毛的，被短弱细毛的；pilus 毛，疏柔毛；-osus/ -osum/ -osa 多的，充分的，丰富的，显著发育的，程度高的，特征明显的（形容词词尾）；-usculus ← -culus 小的，略微的，稍微的（小词 -culus 和某些词构成复合词时变成 -usculus）

Boehmeria polystachya 歧序苎麻：poly- ← polys 多数，很多的，多的（希腊语）；stachy-/ stachyo-/ -stachys/ -stachyus/ -stachyum/ -stachya 穗子，穗子的，穗子状的，穗状花序的；Polystachya 多穗兰属（兰科）

Boehmeria pseudotricuspis 滇黔苎麻：pseudotricuspis 像 tricuspis 的，近似三尖的；pseudo-/ pseud- ← pseudos 假的，伪的，接近，相似（但不是）；Boehmeria tricuspis 悬铃叶苎麻；tricuspis 三尖的；tri-/ tripli-/ triplo- 三个，三数；cuspis（所有格为 cuspidis）齿尖，凸尖，尖头

Boehmeria siamensis 束序苎麻：siamensis 暹罗的（地名，泰国古称）（暹 xiān）

Boehmeria silvestrii 赤麻：silvestrii/ sylvestrii ← Filippo Silvestri（人名，19 世纪意大利解剖学家、动物学家）；-ii 表示人名，接在以辅音字母结尾的人名后面，但 -er 除外

Boehmeria spicata 小赤麻：spicatus 具穗的，具穗状花的，具尖头的；spicus 穗，谷穗，花穗；-atus/ -atum/ -ata 属于，相似，具有，完成（形容词词尾）

Boehmeria strigosifolia 伏毛苎麻：strigosifolius = strigosus + folius 叶片有糙伏毛的；strigosus = striga + osus 紧毛的，刷毛的；striga → strig- 条纹的，网纹的（如种子具网纹），糙伏毛的；-osus/ -osum/ -osa 多的，充分的，丰富的，显著发育的，程度高的，特征明显的（形容词词尾）；folius/ folium/ folia 叶，叶片（用于复合词）

Boehmeria strigosifolia var. mollis 柔毛苎麻：molle/ mollis 软的，柔毛的

Boehmeria strigosifolia var. strigosifolia 伏毛苎麻-原变种 （词义见上面解释）

Boehmeria tibetica 西藏苎麻：tibetica 西藏的（地名）；-icus/ -icum/ -ica 属于，具有某种特性（常用于地名、起源、生境）

Boehmeria tomentosa 密毛苎麻：tomentosus = tomentum + osus 绒毛的，密被绒毛的；tomentum 绒毛，浓密的毛被，棉絮，棉絮状填充物（被褥、垫子等）；-osus/ -osum/ -osa 多的，充分的，丰富的，显著发育的，程度高的，特征明显的（形容词词尾）

Boehmeria tonkinensis 越南苎麻：tonkin 东京（地名，越南河内的旧称）

Boehmeria tricuspis 悬铃叶苎麻：tri-/ tripli-/ triplo- 三个，三数；cuspis（所有格为 cuspidis）齿尖，凸尖，尖头

Boehmeria umbrosa 阴地苎麻：umbrosus 多荫的，喜阴的，生于阴地的；umbra 荫凉，阴影，阴地；-osus/ -osum/ -osa 多的，充分的，丰富的，显著发育的，程度高的，特征明显的（形容词词尾）

Boehmeria zollingeriana 寻序苎麻：zollingeriana ← Heinrich Zollinger（人名，19 世纪德国植物学家）

Boeica 短筒苣苔属（苦苣苔科）（69；p253）：boeica = Boea + icus 像旋蒴苣苔的；Boea 旋蒴苣苔属；-icus/ -icum/ -ica 属于，具有某种特性（常用于地名、起源、生境）

Boeica ferruginea 锈毛短筒苣苔：ferrugineus 铁锈的，淡棕色的；ferrugo = ferrus + ugo 铁锈（ferrugo 的词干为 ferrugin-）；词尾为 -go 的词其词干末尾视为 -gin；ferreus → ferr- 铁，铁的，铁色的，坚硬如铁的；-eus/ -eum/ -ea（接拉丁语词干时）属于……的，色如……的，质如……的（表示原料、颜色或品质的相似），（接希腊语词干时）属于……的，以……出名，为……所占有（表示具有某种特性）

Boeica fulva 短筒苣苔：fulvus 咖啡色的，黄褐色的

Boeica guileana 紫花短筒苣苔：guileana（人名）

Boeica multinervia 多脉短筒苣苔：multi- ← multus 多个，多数，很多（希腊语为 poly-）；nervius = nervus + ius 具脉的，具叶脉的；nervus 脉，叶脉；-ius/ -ium/ -ia 具有……特性的（表示有关、关联、相似）

Boeica porosa 孔药短筒苣苔：porosus 孔隙的，细孔的，多孔隙的；porus 孔隙，细孔，孔洞；-osus/ -osum/ -osa 多的，充分的，丰富的，显著发育的，程度高的，特征明显的（形容词词尾）

Boeica stolonifera 匍茎短筒苣苔：stolon 匍匐茎；-ferus/ -ferum/ -fera/ -fero/ -fere/ -fer 有，具有，产（区别：作独立词使用的 ferus 意思是"野生的"）

Boeica yunnanensis 翼柱短筒苣苔：yunnanensis 云南的（地名）

Boenninghausenia 石椒草属（芸香科）（43-2：p80）：boenninghausenia ← Clemens Maria Franz von Boenninghausen（人名，1668–1737，德国医生、植物学家）

Boenninghausenia albiflora 臭节草：albus → albi-/ albo- 白色的；florus/ florum/ flora ← flos 花（用于复合词）

Boenninghausenia albiflora var. albiflora 臭节草-原变种 （词义见上面解释）

Boenninghausenia albiflora var. pilosa 毛臭节草：pilosus = pilus + osus 多毛的，被柔毛的，具疏柔毛的，被短弱细毛的；pilus 毛，疏柔毛；-osus/ -osum/ -osa 多的，充分的，丰富的，显著发育的，程度高的，特征明显的（形容词词尾）

Boenninghausenia sessilicarpa 石椒草：sessile-/ sessili-/ sessil- ← sessilis 无柄的，无茎的，基生的，基部的；carpus/ carpum/ carpa/ carpon ← carpos 果实（用于希腊语复合词）

Boerhavia 黄细心属（紫茉莉科）（26：p9）：Boerhavia（也有拼写为"Boerhaavia"）黄细心属（紫茉莉科）← H. Boerhaave（人名，18 世纪德国植物学家）

Boerhavia crispa 皱叶黄细心：crispus 收缩的，褶皱的，波纹的（如花瓣周围的波浪状褶皱）

Boerhavia diffusa 黄细心：diffusus = dis + fusus 蔓延的，散开的，扩展的，渗透的（dis- 在辅音字母前发生同化）；fusus 散开的，松散的，松弛的；di-/ dis- 二，二数，二分，分离，不同，在……之间，从……分开（希腊语，拉丁语为 bi-/ bis-）

Boerhavia erecta 直立黄细心：erectus 直立的，笔直的

Boerlagiodendron 兰屿加属（五加科）（54：p8）：boerlage（荷兰人名）；dendron 树木

Boerlagiodendron pectinatum 兰屿加：pectinatus/ pectinaceus 栉齿状的；pectini-/ pectino-/ pectin- ← pecten 篦子，梳子；-aceus/ -aceum/ -acea 相似的，有……性质的，属于……的

Boesenbergia 凹唇姜属（姜科）（16-2：p46）：boesenbergia ← Boesenberg 或 Bosenberg（瑞典人名）

Boesenbergia fallax 心叶凹唇姜：fallax 假的，迷惑的

Boesenbergia rotunda 凹唇姜：rotundus 圆形的，呈圆形的，肥大的；rotundo 使呈圆形，使圆滑；roto 旋转，滚动

Bolbitidaceae 实蕨科（6-1：p104）：Bolbitis 实蕨属；-aceae（分类单位科的词尾，为 -aceus 的阴性复数主格形式，加到模式属的名称后或同义词的词干后以组成族群名称）

Bolbitis 实蕨属（实蕨科）（6-1：p104）：bolbitis ← bolbos = bulbos 鳞茎，球状的（希腊语）

Bolbitis angustipinna 多羽实蕨：angusti- ← angustus 窄的，狭的，细的；pinnus/ pennus 羽毛，羽状，羽片

Bolbitis annamensis 广西实蕨：annamensis 安南的（地名，越南古称）

Bolbitis christensenii 贵州实蕨：christensenii ← Karl Christensen（人名，蕨类分类专家）

Bolbitis confertifolia 密叶实蕨：confertus 密集的；folius/ folium/ folia 叶，叶片（用于复合词）

Bolbitis hainanensis 厚叶实蕨：hainanensis 海南的（地名）

Bolbitis hekouensis 河口实蕨：hekouensis 河口的（地名，云南省）

Bolbitis heteroclita 长叶实蕨：heteroclitus 多形的，不规则的，异样的，异常的；clitus 多种形状的，不规则的，异常的

Bolbitis latipinna 宽羽实蕨：lati-/ late- ← latus 宽的，宽广的；pinnus/ pennus 羽毛，羽状，羽片

Bolbitis media 中型实蕨：medius 中间的，中央的

Bolbitis scandens 附着实蕨（着 zhuó）：scandens 攀缘的，缠绕的，藤本的；scando/ scansum 上升，攀登，缠绕

Bolbitis subcordata 华南实蕨：subcordatus 近心形的；sub-（表示程度较弱）与……类似，几乎，稍微，弱，亚，之下，下面；cordatus ← cordis/ cor 心脏的，心形的；-atus/ -atum/ -ata 属于，相似，具有，完成（形容词词尾）

Bolbitis tibetica 西藏实蕨：tibetica 西藏的（地名）；-icus/ -icum/ -ica 属于，具有某种特性（常用于地名、起源、生境）

Bolbitis yunnanensis 云南实蕨：yunnanensis 云南的（地名）

Bolboschoenus 三棱草属（莎草科）（增补）：bolboschoenus = bolbos + Schoenus 有块茎的灯心草；bolbos 膨胀，肿块，块茎；schoenus/ schoinus 灯心草（希腊语）；Schoenus 赤箭莎属

Bolboschoenus planiculmis 扁秆荆三棱：planiculmis 扁秆的；plani-/ plan- ← planus 平的，扁平的；culmis/ culmius 秆，秆状的

Bolbostemma 假贝母属（葫芦科）（73-1：p93）：bolbo ← bolbos = bulbos 鳞茎，球状的（希腊语）；stemmus 王冠，花冠，花环

Bolbostemma biglandulosum 刺儿瓜：bi-/ bis- 二，二数，二回（希腊语为 di-）；glandulosus = glandus + ulus + osus 被细腺的，具腺体的，腺体质的；-osus/ -osum/ -osa 多的，充分的，丰富的，显著发育的，程度高的，特征明显的（形容词词尾）

Bolbostemma biglandulosum var. biglandulosum 刺儿瓜-原变种 （词义见上面解释）

Bolbostemma biglandulosum var. sinuato-lobulatum 波裂叶刺儿瓜: sinuatus = sinus + atus 深波浪状的; sinus 波浪, 弯缺, 海湾 (sinus 的词干视为 sinu-); lobulatus = lobus + ulus + atus 小裂片的, 浅裂的, 凸轮状的; lobus/ lobos/ lobon 浅裂, 耳片 (裂片先端钝圆), 荚果, 蒴果

Bolbostemma paniculatum 假贝母: paniculatus = paniculus + atus 具圆锥花序的; paniculus 圆锥花序; panus 谷穗; panicus 野稗, 粟, 谷子; -atus/ -atum/ -ata 属于, 相似, 具有, 完成 (形容词词尾)

Bolocephalus 丝苞菊属 (原名"球菊属" 与同科 Epaltes 的中文重名) (菊科) (78-1: p44): bolbo ← bolbos = bulbos 鳞茎, 球状的 (希腊语); cephalus/ cephale ← cephalos 头, 头状花序

Bolocephalus saussureoides 丝苞菊 (原名"球菊", 另一"球菊属", 有重名): saussure ← Saussurea 风毛菊属; -oides/ -oideus/ -oideum/ -oidea/ -odes/ -eidos 像……的, 类似……的, 呈……状的 (名词词尾)

Boltonia 偶雏菊属 (菊科) (74: p97): Boltonia (曾用名 Kalimeris) ← J. B. Bolton (人名, 英国植物学家)

Boltonia latisquama (阔鳞偶雏菊): lati-/ late- ← latus 宽的, 宽广的; squamus 鳞, 鳞片, 薄膜

Bombacaceae 木棉科 (49-2: p102): Bombax 木棉属; -aceae (分类单位科的词尾, 为 -aceus 的阴性复数主格形式, 加到模式属的名称后或同义词的词干后以组成族群名称)

Bombax 木棉属 (木棉科) (49-2: p104): bombax 绢丝的, 蚕茧的, 柔滑的 (指长纤维)

Bombax ceiba 木棉 (另见 B. malabaricum): ceiba 吉贝 (木棉的南美土名); Ceiba 吉贝属 (也称异木棉属, 木棉科)

Bombax insigne 长果木棉: insigne 勋章, 显著的, 杰出的; in-/ im- (来自 il- 的音变) 内, 在内, 内部, 向内, 相反, 不, 无, 非; il- 在内, 向内, 为, 相反 (希腊语为 en-); 词首 il- 的音变: il- (在 l 前面), im- (在 b、m、p 前面), in- (在元音字母和大多数辅音字母前面), ir- (在 r 前面), 如 illaudatus (不值得称赞的, 评价不好的), impermeabilis (不透水的, 穿不透的), ineptus (不合适的), insertus (插入的), irretortus (无弯曲的, 无扭曲的); signum 印记, 标记, 刻画, 图章

Bombax malabaricum 木棉 (另见 B. ceiba): malabaricum ← Malabar 马拉巴尔的 (印度西南海岸)

Boniniella 细辛蕨属 (铁角蕨科) (4-2: p144): boniniella ← Boninia ← Bonin 小笠原群岛的 (地名, 日本); -ella 小 (用作人名或一些属名词尾时并无小词意义)

Boniniella cardiophylla 细辛蕨: cardio- ← kardia 心脏; phyllus/ phyllum/ phylla ← phyllon 叶片 (用于希腊语复合词)

Boniodendron 黄梨木属 (无患子科) (47-1: p62): bonio (人名); dendron 树木

Boniodendron minus 黄梨木: minus 少的, 小的

Bontia 假瑞香属 (苦槛蓝科) (70: p310): bontia ← Jacobus Bontius (人名, 17 世纪荷兰植物学家)

Bontia daphnoides 假瑞香: Daphne 瑞香属 (瑞香科), 月桂 (Laurus nobilis); -oides/ -oideus/ -oideum/ -oidea/ -odes/ -eidos 像……的, 类似……的, 呈……状的 (名词词尾)

Boraginaceae 紫草科 (64-2: p1): Borago 玻璃苣属; -aceae (分类单位科的词尾, 为 -aceus 的阴性复数主格形式, 加到模式属的名称后或同义词的词干后以组成族群名称)

Borago 玻璃苣属 (紫草科) (增补): borago (为该属一种植物的古代名称, 词源不详)

Borago officinalis 琉璃苣: officinalis/ officinale 药用的, 有药效的; officina ← opificina 药店, 仓库, 作坊

Borassus 糖棕属 (棕榈科) (13-1: p45): borassus ← borassos 棕榈花 (希腊语)

Borassus flabellifer 糖棕: flabellifer 具扇形器官的; flabellus 扇子, 扇形的; -ferus/ -ferum/ -fera/ -fero/ -fere/ -fer 有, 具有, 产 (区别: 作独立词使用的 ferus 意思是"野生的")

Borreria 丰花草属 (茜草科) (71-2: p205): borreria ← W. Borrer (人名, 1781–1826, 英国植物学家)

Borreria articularis 糙叶丰花草: articularis/ articulatus 有关节的, 有接合点的; -aris (阳性、阴性)/ -are (中性) ← -alis (阳性、阴性)/ -ale (中性) 属于, 相似, 如同, 具有, 涉及, 关于, 联结于 (将名词作形容词用, 其中 -aris 常用于以 l 或 r 为词干末尾的词)

Borreria latifolia 阔叶丰花草 (另见 Spermacoce alata): lati-/ late- ← latus 宽的, 宽广的; folius/ folium/ folia 叶, 叶片 (用于复合词)

Borreria repens 二萼丰花草: repens/ repentis/ repsi/ reptum/ repere/ repo 匍匐, 爬行 (同义词: reptans/ reptoare)

Borreria shandongensis 山东丰花草 (另见 Diodia teres): shandongensis 山东的 (地名)

Borreria stricta 丰花草 (另见 Spermacoce pusilla): strictus 直立的, 硬直的, 笔直的, 彼此靠拢的

Borszczowia 异子蓬属 (藜科) (25-2: p114): borszczowia (人名, 俄国植物学家)

Borszczowia aralocaspica 异子蓬: aralocaspica (词源不详); arale 供桌, 祭祀台, 圣餐桌; caspica/ caspicus/ caspins 里海 (地名)

Borthwickia 节蒴木属 (山柑科) (32: p529): borthwickia (人名, 俄国植物学家)

Borthwickia trifoliata 节蒴木: tri-/ tripli-/ triplo- 三个, 三数; foliatus 具叶的, 多叶的; folius/ folium/ folia → foli-/ folia- 叶, 叶片; -atus/ -atum/ -ata 属于, 相似, 具有, 完成 (形容词词尾)

Boschniakia 草苁蓉属 (苁 cōng) (列当科) (69: p70): boschniakia ← Boschniaki (人名, 俄国植物学家)

Boschniakia himalaica 丁座草: himalaica 喜马拉雅的 (地名); -icus/ -icum/ -ica 属于, 具有某种特性 (常用于地名、起源、生境)

Boschniakia rossica 草苁蓉: rossicus 俄罗斯的;

B

-icus/ -icum/ -ica 属于，具有某种特性（常用于地名、起源、生境）

Bostrychanthera 毛药花属（唇形科）(65-2：p120)：bostrychos 卷曲的，扭曲的；andrus/ andros/ antherus ← aner 雄蕊，花药，雄性

Bostrychanthera deflexa 毛药花：deflexus 向下曲折的，反卷的；de- 向下，向外，从……，脱离，脱落，离开，去掉；flexus ← flecto 扭曲的，卷曲的，弯弯曲曲的，柔性的；flecto 弯曲，使扭曲

Boswellia 乳香属（橄榄科）(43-3：p17)：boswellia ← John Boswell（人名，18 世纪英国植物学家）（除 -er 外，以辅音字母结尾的人名用作属名时在末尾加 -ia，如果人名词尾为 -us 则将词尾变成 -ia）

Boswellia carteri 阿拉伯乳香：carteri（人名）；-eri 表示人名，在以 -er 结尾的人名后面加上 i 形成

Bothriochloa 孔颖草属（禾本科）(10-2：p143)：bothrichloa 颖片有凹陷的；bothrion 孔洞，小孔，凹陷；chloa ← chloe 草，禾草

Bothriochloa bladhii 臭根子草：bladhii（人名）；-ii 表示人名，接在以辅音字母结尾的人名后面，但 -er 除外

Bothriochloa bladhii var. bladhii 臭根子草-原变种 （词义见上面解释）

Bothriochloa bladhii var. punctata 孔颖臭根子草：punctatus = punctus + atus 具斑点的；punctus 斑点

Bothriochloa glabra 光孔颖草：glabrus 光秃的，无毛的，光滑的

Bothriochloa gracilis 细瘦孔颖草：gracilis 细长的，纤弱的，丝状的

Bothriochloa ischaemum 白羊草：ischaemum/ ischaemum ← ischaimon 止血的（某些种有止血功能）；ischo- 制止；haemum ← haimus 血；Ischaemum 鸭嘴草属（禾本科）

Bothriochloa nana 小孔颖草：nanus ← nanos/ nannos 矮小的，小的；nani-/ nano-/ nanno- 矮小的，小的

Bothriochloa pertusa 孔颖草：pertusus 有孔洞的，有孔隙的，多孔的；per-（在 l 前面音变为 pel-）极，很，颇，甚，非常，完全，通过，遍及（表示效果加强，与 sub- 互为反义词）；tusus/ tunsus/ tundo 推，扎，压碎

Bothriochloa yunnanensis 云南孔颖草：yunnanensis 云南的（地名）

Bothriospermum 斑种草属（种 zhǒng）（紫草科）(64-2：p215)：bothrion 孔洞，小孔，凹陷；spermus/ spermum/ sperma 种子的（用于希腊语复合词）

Bothriospermum chinense 斑种草：chinense 中国的（地名）

Bothriospermum hispidissimum 云南斑种草：hispidus 刚毛的，鬃毛状的；-issimus/ -issima/ -issimum 最，非常，极其（形容词最高级）

Bothriospermum kusnezowii 狭苞斑种草：kusnezowii（人名）；-ii 表示人名，接在以辅音字母结尾的人名后面，但 -er 除外

Bothriospermum longistylum 长柱斑种草：longe-/ longi- ← longus 长的，纵向的；stylus/ stylis ← stylos 柱，花柱

Bothriospermum secundum 多苞斑种草：secundus/ secumdus 生于单侧的，花柄一侧着花的，沿着……，顺着……

Bothriospermum tenellum 柔弱斑种草：tenellus = tenuis + ellus 柔软的，纤细的，纤弱的，精美的，雅致的；tenuis 薄的，纤细的，弱的，瘦的，窄的；-ellus/ -ellum/ -ella ← -ulus 小的，略微的，稍微的（小词 -ulus 在字母 e 或 i 之后有多种变缀，即 -olus/ -olum/ -ola、-ellus/ -ellum/ -ella、-illus/ -illum/ -illa，用于第一变格法名词）

Bothrocaryum 灯台树属（见山茱萸属 Cornus）（山茱萸科）(56：p38)：bothrion 孔洞，小孔，凹陷；caryum ← caryon ← koryon 坚果，核（希腊语）

Bothrocaryum controversum 灯台树：controversus 可疑的，争议的，相反的；contra-/ contro- 相反，反对（相当于希腊语的 anti-）

Botrychiaceae 阴地蕨科（2：p11）：Botrychium 阴地蕨属；-aceae（分类单位科的词尾，为 -aceus 的阴性复数主格形式，加到模式属的名称后或同义词的词干后以组成族群名称）

Botrychium 阴地蕨属（阴地蕨科）(2：p11)：botrychium ← botrys 总状的，簇状的，葡萄串状的（指孢子囊群成束）

Botrychium daucifolium 薄叶阴地蕨：Daucus 胡萝卜属（伞形科）；folius/ folium/ folia 叶，叶片（用于复合词）

Botrychium decurrens 下延阴地蕨：decurrens 下延的；decur- 下延的

Botrychium japonicum 华东阴地蕨：japonicum 日本的（地名）；-icus/ -icum/ -ica 属于，具有某种特性（常用于地名、起源、生境）

Botrychium lanuginosum 绒毛阴地蕨：lanuginosus = lanugo + osus 具绵毛的，具柔毛的；lanugo = lana + ugo 绒毛（lanugo 的词干为 lanugin-）；词尾为 -go 的词其词干末尾视为 -gin；lana 羊毛，绵毛

Botrychium longipedunculatum 长柄阴地蕨：longe-/ longi- ← longus 长的，纵向的；pedunculatus/ peduncularis 具花序柄的，具总花梗的；pedunculus/ peduncule/ pedunculis ← pes 花序柄，总花梗（花序基部无花着生部分，不同于花柄）；关联词：pedicellus/ pediculus 小花梗，小花柄（不同于花序柄）；pes/ pedis 柄，梗，茎秆，腿，足，爪（作词首或词尾，pes 的词干视为"ped-"）

Botrychium lunaria 扇羽阴地蕨：lunarius/ lunatus 弯月的，月牙形的；luna 月亮，弯月；-arius/ -arium/ -aria 相似，属于（表示地点，场所，关系，所属）

Botrychium manshuricum 长白山阴地蕨：manshuricum 满洲的（地名，中国东北，日语读音）

Botrychium modestum 钝齿阴地蕨：modestus 适度的，保守的

Botrychium multifidum 多裂阴地蕨：multifidus 多个中裂的；multi- ← multus 多个，多数，很多（希腊语为 poly-）；fidus ← findere 裂开，分裂（裂深不超过 1/3，常作词尾）

Botrychium officinale 药用阴地蕨：officinalis/ officinale 药用的，有药效的；officina ← opificina 药店，仓库，作坊

Botrychium parvum 小叶阴地蕨：parvus → parvi-/ parv- 小的，些微的，弱的

Botrychium robustum 粗壮阴地蕨：robustus 大型的，结实的，健壮的，强壮的

Botrychium strictum 劲直阴地蕨（劲 jìng）：strictus 直立的，硬直的，笔直的，彼此靠拢的

Botrychium sutchuenense 四川阴地蕨：sutchuenense 四川的（地名）

Botrychium ternatum 阴地蕨：ternatus 三数的，三出的

Botrychium virginianum 蕨萁（萁 qí）：virginianum 弗吉尼亚的（地名，美国）

Botrychium yunnanense 云南阴地蕨：yunnanense 云南的（地名）

Bougainvillea 叶子花属（紫茉莉科）（26：p5）：bougainvillea ← Louis Antoine de Bougainville（人名，1729–1781，第一位横渡太平洋的法国人）

Bougainvillea glabra 光叶子花：glabrus 光秃的，无毛的，光滑的

Bougainvillea spectabilis 叶子花：spectabilis 壮观的，美丽的，漂亮的，显著的，值得看的；spectus 观看，观察，观测，表情，外观，外表，样子；-ans/ -ens/ -bilis/ -ilis 能够，可能（为形容词词尾，-ans/ -ens 用于主动语态，-bilis/ -ilis 用于被动语态）

Bournea 四数苣苔属（苦苣苔科）（69：p132）：bournea（人名）

Bournea leiophylla 五数苣苔：lei-/ leio-/ lio- ← leius ← leios 光滑的，平滑的；phyllus/ phyllum/ phylla ← phyllon 叶片（用于希腊语复合词）

Bournea sinensis 四数苣苔：sinensis = Sina + ensis 中国的（地名）；Sina 中国

Bousigonia 奶子藤属（夹竹桃科）（63：p30）：bousigonia（人名）

Bousigonia angustifolia 闷奶果（闷 mèn）：angusti- ← angustus 窄的，狭的，细的；folius/ folium/ folia 叶，叶片（用于复合词）

Bousigonia mekongensis 奶子藤：mekongensis 湄公河的（地名，澜沧江流入中南半岛部分称湄公河）

Bouteloua 格兰马草属（禾本科）（10-1：p71）：bouteloua ← Claudio and Esteban Boutelou（人名，19 世纪法国兄弟植物学家）（除 a 以外，以元音字母结尾的人名作属名时在末尾加 a）

Bouteloua curtipendula 垂穗草：curtipendulus 稍悬垂的；curtus 短的，不完整的，残缺的；pendulus ← pendere 下垂，垂吊的（悬空或因支持体细软而下垂）；pendere/ pendeo 悬挂，垂悬；-ulus/ -ulum/ -ula（表示趋向或动作）（小词 -ulus 在字母 e 或 i 之后有多种变缀，即 -olus/ -olum/ -ola、-ellus/ -ellum/ -ella、-illus/ -illum/ -illa，与第一变格法和第二变格法名词形成复合词）

Bouteloua gracilis 格兰马草：gracilis 细长的，纤弱的，丝状的

Bowringia 藤槐属（豆科）（40：p97）：bowringia（人名）

Bowringia callicarpa 藤槐：callicarpa 美丽果实的；call-/ calli-/ callo-/ cala-/ calo- ← calos/ callos 美丽的；carpos → carpus 果实；Callicarpa 紫珠属（马鞭草科）

Brachanthemum 短舌菊属（菊科）（76-1：p26）：brachys 短的；anthemus ← anthemon 花

Brachanthemum fruticulosum （灌木短舌菊）：fruticulosus 小灌丛的，多分枝的；frutex 灌木；构词规则：以 -ix/ -iex 结尾的词其词干末尾视为 -ic，以 -ex 结尾视为 -i/ -ic，其他以 -x 结尾视为 -c；-culosus = culus + osus 小而多的，小而密集的；-culus/ -culum/ -cula 小的，略微的，稍微的（同第三变格法和第四变格法名词形成复合词）；-osus/ -osum/ -osa 多的，充分的，丰富的，显著发育的，程度高的，特征明显的（形容词词尾）

Brachanthemum kirghisorum （中亚短舌菊）：kirghisorum 吉尔吉斯的（地名）

Brachanthemum mongolicum 蒙古短舌菊：mongolicum 蒙古的（地名）；mongolia 蒙古的（地名）；-icus/ -icum/ -ica 属于，具有某种特性（常用于地名、起源、生境）

Brachanthemum pulvinatum 星毛短舌菊：pulvinatus = pulvinus + atus 垫状的；pulvinus 叶枕，叶柄基部膨大部分，坐垫，枕头

Brachanthemum titovii （迪托短舌菊）：titovii（人名）

Brachiaria 臂形草属（禾本科）（10-1：p263）：brachiaria ← brachium 臂膀（指总状花序上的分枝呈臂形）；-arius/ -arium/ -aria 相似，属于（表示地点，场所，关系，所属）

Brachiaria brizantha 珊状臂形草：brizantha = briza + anthus 黑麦花的，凌风草花的；briza 黑麦（希腊语）；Briza 凌风草属（禾本科）；anthus/ anthum/ antha/ anthe ← anthos 花（用于希腊语复合词）

Brachiaria eruciformis 臂形草：Eruca 芝麻菜属（十字花科）；formis/ forma 形状

Brachiaria mutica 巴拉草：muticus 无突起的，钝头的，非针状的

Brachiaria ramosa 多枝臂形草：ramosus = ramus + osus 有分枝的，多分枝的；ramus 分枝，枝条；-osus/ -osum/ -osa 多的，充分的，丰富的，显著发育的，程度高的，特征明显的（形容词词尾）

Brachiaria semiundulata 短颖臂形草：semiundulatus 近似略呈波浪状的；semi- 半，准，略微；undulatus = undus + ulus + atus 略呈波浪状的，略弯曲的；undus/ undum/ unda 起波浪的，弯曲的

Brachiaria subquadripara 四生臂形草：subquadriparus 近四部分的；sub-（表示程度较弱）与……类似，几乎，稍微，弱，亚，之下，下面；quadriparus 四部分的，四出的

Brachiaria subquadripara var. miliiformis 锐头臂形草：Milium 粟草属（禾本科）；formis/ forma 形状

Brachiaria subquadripara var. setulosa 刺毛臂形草：setulosus = setus + ulus + osus 多细刚毛的，多细刺毛的，多细芒刺的；setus/ saetus 刚毛，刺

毛，芒刺；-ulus/ -ulum/ -ula 小的，略微的，稍微的（小词 -ulus 在字母 e 或 i 之后有多种变缀，即 -olus/ -olum/ -ola、-ellus/ -ellum/ -ella、-illus/ -illum/ -illa，与第一变格法和第二变格法名词形成复合词）；-osus/ -osum/ -osa 多的，充分的，丰富的，显著发育的，程度高的，特征明显的（形容词词尾）

Brachiaria subquadripara var. subquadripara 四生臂形草-原变种 （词义见上面解释）

Brachiaria urochloaoides 尾稃臂形草（稃 fū）：Urochloa 尾稃草属（禾本科）；-oides/ -oideus/ -oideum/ -oidea/ -odes/ -eidos 像……的，类似……的，呈……状的（名词词尾）

Brachiaria villosa 毛臂形草：villosus 柔毛的，绵毛的；villus 毛，羊毛，长绒毛；-osus/ -osum/ -osa 多的，充分的，丰富的，显著发育的，程度高的，特征明显的（形容词词尾）

Brachiaria villosa var. barbata 髯毛臂形草（髯 rǎn）：barbatus = barba + atus 具胡须的，具须毛的；barba 胡须，髯毛，绒毛；-atus/ -atum/ -ata 属于，相似，具有，完成（形容词词尾）

Brachiaria villosa var. glabrata 无毛臂形草：glabratus = glabrus + atus 脱毛的，光滑的；glabrus 光秃的，无毛的，光滑的；-atus/ -atum/ -ata 属于，相似，具有，完成（形容词词尾）

Brachiaria villosa var. villosa 毛臂形草-原变种 （词义见上面解释）

Brachyactis 短星菊属（菊科）（74：p284）：brachyactis 短射线的（指舌状花短小）；brachy- ← brachys 短的（用于拉丁语复合词词首）；actis 辐射状的，射线的，星状的

Brachyactis anomalum 香短星菊：anomalus = a + nomalus 异常的，变异的，不规则的；a-/ an- 无，非，没有，缺乏，不具有（an- 用于元音前）（a-/ an- 为希腊语词首，对应的拉丁语词首为 e-/ ex-，相当于英语的 un-/ -less，注意词首 a- 和作为介词的 a/ ab 不同，后者的意思是"从……、由……、关于……、因为……"）；nomalus 规则的，规律的，法律的；nomus ← nomos 规则，规律，法律

Brachyactis ciliata 短星菊：ciliatus = cilium + atus 缘毛的，流苏的；cilium 缘毛，睫毛；-atus/ -atum/ -ata 属于，相似，具有，完成（形容词词尾）

Brachyactis pubescens 腺毛短星菊：pubescens ← pubens 被短柔毛的，长出柔毛的；pubi- ← pubis 细柔毛的，短柔毛的，毛被的；pubesco/ pubescere 长成的，变为成熟的，长出柔毛的，青春期体毛的；-escens/ -ascens 改变，转变，变成，略微，带有，接近，相似，大致，稍微（表示变化的趋势，并未完全相似或相同，有别于表示达到完成状态的 -atus）

Brachyactis roylei 西疆短星菊：roylei ← John Forbes Royle（人名，19 世纪英国植物学家、医生）；-i 表示人名，接在以元音字母结尾的人名后面，但 -a 除外

Brachybotrys 山茄子属（茄 qié）（紫草科）（64-2：p109）：brachy- ← brachys 短的（用于拉丁语复合词词首）；botrys → botr-/ botry- 簇，串，葡萄串状，丛，总状

Brachybotrys paridiformis 山茄子：paridiformis = Paris + formis 重楼状的；构词规则：

词尾为 -is 和 -ys 的词的词干分别视为 -id 和 -yd；Paris 重楼属（百合科）；formis/ forma 形状

Brachycorythis 苞叶兰属（兰科）（17：p281）：brachycorythis 短头盔的（指花冠上唇短）；brachy- ← brachys 短的（用于拉丁语复合词词首）；corythis ← korythos 头盔

Brachycorythis galeandra 短距苞叶兰：galea 头盔，帽子，毛皮帽子；andrus/ andros/ antherus ← aner 雄蕊，花药，雄性

Brachycorythis henryi 长叶苞叶兰：henryi ← Augustine Henry 或 B. C. Henry（人名，前者，1857–1930，爱尔兰医生、植物学家，曾在中国采集植物，后者，1850–1901，曾活动于中国的传教士）

Brachyelytrum 短颖草属（禾本科）（9-3：p187）：brachy- ← brachys 短的（用于拉丁语复合词词首）；elytrus ← elytron 皮壳，外皮，颖片，鞘

Brachyelytrum erectum 短颖草：erectus 直立的，笔直的

Brachyelytrum erectum var. erectum 短颖草-原变种 （词义见上面解释）

Brachyelytrum erectum var. japonicum 日本短颖草：japonicum 日本的（地名）；-icus/ -icum/ -ica 属于，具有某种特性（常用于地名、起源、生境）

Brachypodium 短柄草属（禾本科）（9-2：p381）：brachy- ← brachys 短的（用于拉丁语复合词词首）；podius ← podion 腿，足，柄

Brachypodium distachyum 二穗短柄草：distachyus 二穗的；di-/ dis- 二，二数，二分，分离，不同，在……之间，从……分开（希腊语，拉丁语为 bi-/ bis-）；stachy-/ stachyo-/ -stachys/ -stachyus/ -stachyum/ -stachya 穗子，穗子的，穗子状的，穗状花序的

Brachypodium kawakamii 川上短柄草：kawakamii 川上（人名，20 世纪日本植物采集员）

Brachypodium kelungense 基隆短柄草：kelungense 基隆的（地名，属台湾省）

Brachypodium luzoniense 吕宋短柄草：luzoniense ← Luzon 吕宋岛的（地名，菲律宾）

Brachypodium pinnatum 羽状短柄草：pinnatus = pinnus + atus 羽状的，具羽的；pinnus/ pennus 羽毛，羽状，羽片；-atus/ -atum/ -ata 属于，相似，具有，完成（形容词词尾）

Brachypodium pratense 草地短柄草：pratense 生于草原的；pratum 草原

Brachypodium sylvaticum 短柄草：silvaticus/ sylvaticus 森林的，林地的；sylva/ silva 森林；-aticus/ -aticum/ -atica 属于，表示生长的地方，作名词词尾

Brachypodium sylvaticum var. breviglume 小颖短柄草：brevi- ← brevis 短的（用于希腊语复合词词首）；glume 颖片，颖片状；glum 谷壳，谷皮

Brachypodium sylvaticum var. gracile 细株短柄草：gracile → gracil- 细长的，纤弱的，丝状的；gracilis 细长的，纤弱的，丝状的

Brachypodium sylvaticum var. sylvaticum 短柄草-原变种 （词义见上面解释）

Brachystachyum 短穗竹属（禾本科）（9-1：p240）：brachy- ← brachys 短的（用于拉丁语复合词词首）；

B

stachy-/ stachyo-/ -stachys/ -stachyus/ -stachyum/ -stachya 穗子，穗子的，穗子状的，穗状花序的

Brachystachyum densiflorum 短穗竹：densus 密集的，繁茂的；florus/ florum/ flora ← flos 花（用于复合词）

Brachystachyum densiflorum var. densiflorum 短穗竹-原变种 （词义见上面解释）

Brachystachyum densiflorum var. villosum 毛环短穗竹：villosus 柔毛的，绵毛的；villus 毛，羊毛，长绒毛；-osus/ -osum/ -osa 多的，充分的，丰富的，显著发育的，程度高的，特征明显的（形容词词尾）

Brachystelma 润肺草属（萝藦科）（63：p434）：brachystelma 短柱的；brachy- ← brachys 短的（用于拉丁语复合词词首）；stelma 支柱，花柱，柱头

Brachystelma edule 润肺草：edule/ edulis 食用的，可食的

Brachystelma kerrii 长节润肺草：kerrii ← Arthur Francis George Kerr 或 William Kerr（人名）

Brachystemma 短瓣花属（石竹科）（26：p251）：brachy- ← brachys 短的（用于拉丁语复合词词首）；stemmus 王冠，花冠，花环

Brachystemma calycinum 短瓣花：calycinus = calyx + inus 萼片的，萼片状的，萼片宿存的；calyx → calyc- 萼片（用于希腊语复合词）；构词规则：以 -ix/ -iex 结尾的词其词干末尾视为 -ic，以 -ex 结尾视为 -i/ -ic，其他以 -x 结尾视为 -c；-inus/ -inum/ -ina/ -inos 相近，接近，相似，具有（通常指颜色）

Brachytome 短萼齿木属（茜草科）（71-1：p360）：brachy- ← brachys 短的（用于拉丁语复合词词首）；tome 切断的，截断的

Brachytome hainanensis 海南短萼齿木：hainanensis 海南的（地名）

Brachytome hirtellata 滇短萼齿木：hirtellus = hirtus + ellus 被短粗硬毛的；hirtus 有毛的，粗毛的，刚毛的（长而明显的毛）；-ellus/ -ellum/ -ella ← -ulus 小的，略微的，稍微的（小词 -ulus 在字母 e 或 i 之后有多种变缀，即 -olus/ -olum/ -ola、-ellus/ -ellum/ -ella、-illus/ -illum/ -illa，用于第一变格法名词）

Brachytome hirtellata var. glabrescens 疏毛短萼齿木：glabrus 光秃的，无毛的，光滑的；-escens/ -ascens 改变，转变，变成，略微，带有，接近，相似，大致，稍微（表示变化的趋势，并未完全相似或相同，有别于表示达到完成状态的 -atus）

Brachytome hirtellata var. hirtellata 滇短萼齿木-原变种 （词义见上面解释）

Brachytome wallichii 短萼齿木：wallichii ← Nathaniel Wallich（人名，19 世纪初丹麦植物学家、医生）

Brainea 苏铁蕨属（乌毛蕨科）（4-2：p196）：brainea ← C. J. Braine（人名，19 世纪英国商人，曾于 1844–1852 在香港采集植物标本）（除 a 以外，以元音字母结尾的人名作属名时在末尾加 a）

Brainea insignis 苏铁蕨：insignis 著名的，超群的，优秀的，显著的，杰出的；in-/ im-（来自 il- 的音变）内，在内，内部，向内，相反，不，无，非；il- 在内，向内，为，相反（希腊语为 en-）；词首 il- 的

音变：il-（在 l 前面），im-（在 b、m、p 前面），in-（在元音字母和大多数辅音字母前面），ir-（在 r 前面），如 illaudatus（不值得称赞的，评价不好的），impermeabilis（不透水的，穿不透的），ineptus（不合适的），insertus（插入的），irretortus（无弯曲的，无扭曲的）；signum 印记，标记，刻画，图章

Brandisia 来江藤属（玄参科）（67-2：p17）：brandisia ← Dietrich Brandis（人名，1824–1907，德国树木学家）

Brandisia cauliflora 茎花来江藤：cauliflorus 茎干生花的；cauli- ← caulia/ caulis 茎，茎秆，主茎；florus/ florum/ flora ← flos 花（用于复合词）

Brandisia discolor 异色来江藤：discolor 异色的，不同色的（指花瓣花萼等）；di-/ dis- 二，二数，二分，分离，不同，在……之间，从……分开（希腊语，拉丁语为 bi-/ bis-）；color 颜色

Brandisia glabrescens 退毛来江藤：glabrus 光秃的，无毛的，光滑的；-escens/ -ascens 改变，转变，变成，略微，带有，接近，相似，大致，稍微（表示变化的趋势，并未完全相似或相同，有别于表示达到完成状态的 -atus）

Brandisia glabrescens var. glabrescens 退毛来江藤-原变种 （词义见上面解释）

Brandisia glabrescens var. hypochrysa 退毛来江藤-黄背变种：hypochrysus 背面金黄色的；hyp-/ hypo- 下面的，以下的，不完全的；chrysus 金色的，黄色的

Brandisia hancei 来江藤：hancei ← Henry Fletcher Hance（人名，19 世纪英国驻香港领事，曾在中国采集植物）；-i 表示人名，接在以元音字母结尾的人名后面，但 -a 除外

Brandisia kwangsiensis 广西来江藤：kwangsiensis 广西的（地名）

Brandisia racemosa 总花来江藤：racemosus = racemus + osus 总状花序的；racemus/ raceme 总状花序，葡萄串状的；-osus/ -osum/ -osa 多的，充分的，丰富的，显著发育的，程度高的，特征明显的（形容词词尾）

Brandisia rosea 红花来江藤：roseus = rosa + eus 像玫瑰的，玫瑰色的，粉红色的；rosa 蔷薇（古拉丁名）← rhodon 蔷薇（希腊语）← rhodd 红色，玫瑰红（凯尔特语）；-eus/ -eum/ -ea（接拉丁语词干时）属于……的，色如……的，质如……的（表示原料、颜色或品质的相似），（接希腊语词干时）属于……的，以……出名，为……所占有（表示具有某种特性）

Brandisia rosea var. flava 红花来江藤-黄花变种：flavus → flavo-/ flavi-/ flav- 黄色的，鲜黄色的，金黄色的（指纯正的黄色）

Brandisia rosea var. rosea 红花来江藤-原变种 （词义见上面解释）

Brandisia swinglei 岭南来江藤：swinglei（人名）；-i 表示人名，接在以元音字母结尾的人名后面，但 -a 除外

Brasenia 莼属（莼 chún）（睡莲科）（27：p5）：brasenia ← Christoph Brasen（人名，18 世纪捷克摩拉维亚传教士，曾在格陵兰和拉布拉多采集植物）

Brasenia schreberi 莼菜：schreberi ← Johann

B

Christian Daniel von Schreber（人名，18 世纪德国植物学家，林奈的学生）；-eri 表示人名，在以 -er 结尾的人名后面加上 i 形成

Brassaiopsis 罗伞属（五加科）（54：p116）：Brassia 蜘蛛兰属（人名，南美热带产，兰科）；-opsis/ -ops 相似，稍微，带有

Brassaiopsis acuminata 尖叶罗伞：acuminatus = acumen + atus 锐尖的，渐尖的；acumen 渐尖头；-atus/ -atum/ -ata 属于，相似，具有，完成（形容词词尾）

Brassaiopsis chengkangensis 镇康罗伞：chengkangensis 镇康的（地名，云南省）

Brassaiopsis glomerulata 罗伞：glomerulatus = glomera + ulus + atus 小团伞花序的；glomera 线球，一团，一束

Brassaiopsis glomerulata var. brevipedicellata 短梗罗伞：brevi- ← brevis 短的（用于希腊语复合词词首）；pedicellatus = pedicellus + atus 具小花柄的；pedicellus = pes + cellus 小花梗，小花柄（不同于花序柄）；pes/ pedis 柄，梗，茎秆，腿，足，爪（作词首或词尾，pes 的词干视为"ped-"）；-cellus/ -cellum/ -cella、-cillus/ -cillum/ -cilla 小的，略微的，稍微的（与任何变格法名词形成复合词）；关联词：pedunculus 花序柄，总花梗（花序基部无花着生部分）；-atus/ -atum/ -ata 属于，相似，具有，完成（形容词词尾）

Brassaiopsis glomerulata var. coriacea 厚叶罗伞：coriaceus = corius + aceus 近皮革的，近革质的；corius 皮革的，革质的；-aceus/ -aceum/ -acea 相似的，有……性质的，属于……的

Brassaiopsis glomerulata var. glomerulata 罗伞-原变种 （词义见上面解释）

Brassaiopsis glomerulata var. longipedicellata 长梗罗伞：longe-/ longi- ← longus 长的，纵向的；pedicellatus = pedicellus + atus 具小花柄的；pedicellus = pes + cellus 小花梗，小花柄（不同于花序柄）；pes/ pedis 柄，梗，茎秆，腿，足，爪（作词首或词尾，pes 的词干视为"ped-"）；-cellus/ -cellum/ -cella、-cillus/ -cillum/ -cilla 小的，略微的，稍微的（与任何变格法名词形成复合词）；关联词：pedunculus 花序柄，总花梗（花序基部无花着生部分）；-atus/ -atum/ -ata 属于，相似，具有，完成（形容词词尾）

Brassaiopsis gracilis 细梗罗伞：gracilis 细长的，纤弱的，丝状的

Brassaiopsis kwangsiensis 广西罗伞：kwangsiensis 广西的（地名）

Brassaiopsis papayoides 瓜叶掌叶树：papayoides 像番木瓜的；papaya ← Carica papaya 番木瓜（科）；-oides/ -oideus/ -oideum/ -oidea/ -odes/ -eidos 像……的，类似……的，呈……状的（名词词尾）

Brassaiopsis pentalocula 五室罗伞：penta- 五，五数（希腊语，拉丁语为 quin/ quinqu/ quinque-/ quinqui-）；loculus 室，胞室，胞隔

Brassaiopsis phanerophlebia 显脉罗伞：phanerophlebius 显脉的；phanerus ← phaneros 显著的，显现的，突出的；phlebius = phlebus + ius 叶脉，属于有脉的；phlebus 脉，叶脉；-ius/ -ium/

-ia 具有……特性的（表示有关、关联、相似）

Brassaiopsis quercifolia 栎叶罗伞：Quercus 栎属（壳斗科）；folius/ folium/ folia 叶，叶片（用于复合词）

Brassaiopsis shweliensis 瑞丽罗伞：shweliensis 瑞丽的（地名，云南省）

Brassaiopsis spinibracteata 尖苞罗伞：spinibracteatus 具刺苞片的；spinus 刺，针刺；bracteatus = bracteus + atus 具苞片的；bracteus 苞，苞片，苞鳞

Brassaiopsis tripteris 三叶罗伞：tri-/ tripli-/ triplo- 三个，三数；pteris ← pteryx 翅，翼，蕨类（希腊语）

Brassica 芸薹属（薹 tái）（十字花科）（33：p14）：brassica 甘蓝，芸薹（古拉丁名）

Brassica alboglabra 芥蓝（芥 gài）：albus → albi-/ albo- 白色的；glabrus 光秃的，无毛的，光滑的

Brassica campestris 芸薹：campestris 野生的，草地的，平原的；campus 平坦地带的，校园的；-estris/ -estre/ ester/ -esteris 生于……地方，喜好……地方

Brassica campestris var. campestris 芸薹-原变种 （词义见上面解释）

Brassica campestris var. purpuraria 紫菜薹：purpuraria 紫色的；purpura 紫色（purpura 原为一种介壳虫名，其体液为紫色，可作颜料）；-arius/ -arium/ -aria 相似，属于（表示地点，场所，关系，所属）

Brassica caulorapa 擘蓝（擘 bò）：caulorapa 茎芜菁，擘蓝；caulus/ caulon/ caule ← caulos 茎，茎秆，主茎；rapa 芜菁（古拉丁名）

Brassica chinensis 青菜：chinensis = china + ensis 中国的（地名）；China 中国

Brassica chinensis var. chinensis 青菜-原变种 （词义见上面解释）

Brassica chinensis var. oleifera 油白菜：oleiferus 具油的，产油的；olei-/ ole- ← oleum 橄榄，橄榄油，油；oleus/ oleum/ olea 橄榄，橄榄油，油；Olea 木樨榄属，油橄榄属（木樨科）；-ferus/ -ferum/ -fera/ -fero/ -fere/ -fer 有，具有，产（区别：作独立词使用的 ferus 意思是"野生的"）

Brassica integrifolia 苦芥：integer/ integra/ integrum → integri- 完整的，整个的，全缘的；folius/ folium/ folia 叶，叶片（用于复合词）

Brassica juncea 芥菜：junceus 像灯心草的；Juncus 灯心草属（灯心草科）；-eus/ -eum/ -ea（接拉丁语词干时）属于……的，色如……的，质如……的（表示原料、颜色或品质的相似），（接希腊语词干时）属于……的，以……出名，为……所占有（表示具有某种特性）

Brassica juncea var. crispifolia 皱叶芥菜：crispus 收缩的，褶皱的，波纹的（如花瓣周围的波浪状褶皱）；folius/ folium/ folia 叶，叶片（用于复合词）

Brassica juncea var. foliosa 大叶芥菜：foliosus = folius + osus 多叶的；folius/ folium/ folia → foli-/ folia- 叶，叶片；-osus/ -osum/ -osa 多的，充分的，丰富的，显著发育的，程度高的，特征明显的（形容词词尾）

Brassica juncea var. gracilis 油芥菜：gracilis 细长的，纤弱的，丝状的

Brassica juncea var. juncea 芥菜-原变种 （词义见上面解释）

Brassica juncea var. megarrhiza 大头菜：mega-/ megal-/ megalo- ← megas 大的，巨大的；rhizus 根，根状茎（-rh- 接在元音字母后面构成复合词时要变成 -rrh-）

Brassica juncea var. multiceps 雪里蕻（蕻 hóng）：multiceps 多头的；multi- ← multus 多个，多数，很多（希腊语为 poly-）；-ceps/ cephalus ← captus 头，头状的，头状花序

Brassica juncea var. multisecta 多裂叶芥：multi- ← multus 多个，多数，很多（希腊语为 poly-）；sectus 分段的，分节的，切开的，分裂的

Brassica juncea var. tumida 榨菜：tumidus 肿胀，膨大，夸大

Brassica napiformis 芥菜疙瘩（瘩 dá）：napiformis 芜菁形的，圆形的；napus 芜菁，疙瘩头，圆根（古拉丁名）；formis/ forma 形状

Brassica napobrassica 芜菁甘蓝（菁 jīng）：napobrassicus 芜菁甘蓝；napus 芜菁，疙瘩头，圆根（古拉丁名）；brassica 甘蓝，芸薹（古拉丁名）

Brassica napus 欧洲油菜：napus 芜菁，疙瘩头，圆根（古拉丁名）

Brassica narinosa 塌棵菜：narinosus 大鼻子的

Brassica oleracea 甘蓝：oleraceus 属于菜地的，田地栽培的（指可食用）；oler-/ holer- ← holerarium 菜地（指蔬菜、可食用的）；-aceus/ -aceum/ -acea 相似的，有……性质的，属于……的

Brassica oleracea var. acephala f. tricolor 羽衣甘蓝：acephalus 无头的，无头状花的；a-/ an- 无，非，没有，缺乏，不具有（an- 用于元音前）（a-/ an- 为希腊语词首，对应的拉丁语词首为 e-/ ex-，相当于英语的 un-/ -less，注意词首 a- 和作为介词的 a/ ab 不同，后者的意思是"从……、由……、关于……、因为……"）；cephalus/ cephale ← cephalos 头，头状花序；tri-/ tripli-/ triplo- 三个，三数；color 颜色

Brassica oleracea var. botrytis 花椰菜：botrytis 总状的，簇状的，葡萄串状的；botrys → botr-/ botry- 簇，串，葡萄串状，丛，总状；botr- ← botrys 簇，串，葡萄串状，丛，总状；-itis/ -ites （表示有紧密联系）

Brassica oleracea var. capitata 头状甘蓝（原名"甘蓝"和原种重名）：capitatus 头状的，头状花序的；capitus ← capitis 头，头状

Brassica oleracea var. gemmifera 抱子甘蓝：gemmus 芽，珠芽，零余子；-ferus/ -ferum/ -fera/ -fero/ -fere/ -fer 有，具有，产（区别：作独立词使用的 ferus 意思是"野生的"）

Brassica oleracea var. oleracea 野甘蓝-原变种（词义见上面解释）

Brassica parachinensis 菜薹：parachinensis 像 chinensis 的；para- 类似，接近，近旁，假的；Brassica chinensis 青菜；chinensis = china + ensis 中国的（地名）；China 中国

Brassica pekinensis 白菜：pekinensis 北京的（地名）

Brassica rapa 芜菁：rapa/ rapha 块根，芜菁，萝卜（古拉丁名，十字花科植物）

Braya 肉叶荠属（荠 jì）（十字花科）（33：p437）：braya ← Graf de Bray（人名，1765–1831，德国植物学家）（除 a 以外，以元音字母结尾的人名作属名时在末尾加 a）

Braya kokonorica 青海肉叶荠：kokonorica 切吉干巴的（地名，青海西北部）

Braya rosea 红花肉叶荠：roseus = rosa + eus 像玫瑰的，玫瑰色的，粉红色的；rosa 蔷薇（古拉丁名）← rhodon 蔷薇（希腊语）← rhodd 红色，玫瑰红（凯尔特语）；-eus/ -eum/ -ea（接拉丁语词干时）属于……的，色如……的，质如……的（表示原料、颜色或品质的相似），（接希腊语词干时）属于……的，以……出名，为……所占有（表示具有某种特性）

Braya rosea var. aenea 古铜色肉叶荠：aeneus = aenus + eus 黄铜色的，青铜色的；aenus 古铜色，青铜色；-eus/ -eum/ -ea（接拉丁语词干时）属于……的，色如……的，质如……的（表示原料、颜色或品质的相似），（接希腊语词干时）属于……的，以……出名，为……所占有（表示具有某种特性）

Braya rosea var. glabrata 无毛肉叶荠：glabratus = glabrus + atus 脱毛的，光滑的；glabrus 光秃的，无毛的，光滑的；-atus/ -atum/ -ata 属于，相似，具有，完成（形容词词尾）

Braya rosea var. rosea 红花肉叶荠-原变种（词义见上面解释）

Braya siliquosa 长角肉叶荠：siliquosus = siliquus + osus 长角果的；siliquus 角果的，荚果的；-osus/ -osum/ -osa 多的，充分的，丰富的，显著发育的，程度高的，特征明显的（形容词词尾）

Braya tibetica 西藏肉叶荠：tibetica 西藏的（地名）；-icus/ -icum/ -ica 属于，具有某种特性（常用于地名、起源、生境）

Braya tibetica f. breviscapa 短莛肉叶荠：brevi- ← brevis 短的（用于希腊语复合词词首）；scapus（scap-/ scapi-）← skapos 主茎，树干，花柄，花轴

Braya tibetica f. linearifolia 条叶肉叶荠：linearis = lineus + aris 线条的，线形的，线状的，亚麻状的；folius/ folium/ folia 叶，叶片（用于复合词）；-aris（阳性、阴性）/ -are（中性）← -alis（阳性、阴性）/ -ale（中性）属于，相似，如同，具有，涉及，关于，联结于（将名词作形容词用，其中 -aris 常用于以 l 或 r 为词干末尾的词）

Braya tibetica f. sinuata 羽叶肉叶荠：sinuatus = sinus + atus 深波浪状的；sinus 波浪，弯缺，海湾（sinus 的词干视为 sinu-）

Braya tibetica f. tibetica 西藏肉叶荠-原变型（词义见上面解释）

Bredia 野海棠属（野牡丹科）（53-1：p197）：bredia ← J. G. S. von Bred（荷兰人名）

Bredia amoena 秀丽野海棠：amoenus 美丽的，可爱的

B

Bredia amoena var. amoena 秀丽野海棠-原变种（词义见上面解释）

Bredia amoena var. trimera 三数野海棠：trimerus 三基数的；tri-/ tripli-/ triplo- 三个，三数；-merus ← meros 部分，一份，特定部分，成员

Bredia biglandularis 双腺野海棠：biglandularis 二腺体的；bi-/ bis- 二，二数，二回（希腊语为 di-）；glandularis/ glandulus 腺体的；-aris（阳性、阴性）/ -are（中性）← -alis（阳性、阴性）/ -ale（中性）属于，相似，如同，具有，涉及，关于，联结于（将名词作形容词用，其中 -aris 常用于以 l 或 r 为词干末尾的词）

Bredia esquirolii 赤水野海棠：esquirolii（人名）；-ii 表示人名，接在以辅音字母结尾的人名后面，但 -er 除外

Bredia esquirolii var. cordata 心叶野海棠：cordatus ← cordis/ cor 心脏的，心形的；-atus/ -atum/ -ata 属于，相似，具有，完成（形容词词尾）

Bredia esquirolii var. esquirolii 赤水野海棠-原变种（词义见上面解释）

Bredia gibba 尖瓣野海棠：gibbus 驼峰，隆起，浮肿

Bredia hirsuta var. hirsuta （毛叶野海当）：hirsutus 粗毛的，糙毛的，有毛的（长而硬的毛）

Bredia hirsuta var. scandens 野海棠：scandens 攀缘的，缠绕的，藤本的；scando/ scansum 上升，攀登，缠绕

Bredia longiloba 长萼野海棠：longe-/ longi- ← longus 长的，纵向的；lobus/ lobos/ lobon 浅裂，耳片（裂片先端钝圆），荚果，蒴果

Bredia microphylla 小叶野海棠：micr-/ micro- ← micros 小的，微小的，微观的（用于希腊语复合词）；phyllus/ phyllum/ phylla ← phyllon 叶片（用于希腊语复合词）

Bredia oldhamii 金石榴：oldhamii ← Richard Oldham（人名，19 世纪植物采集员）

Bredia oldhamii var. ovata （卵叶金石榴）：ovatus = ovus + atus 卵圆形的；ovus 卵，胚珠，卵形的，椭圆形的；-atus/ -atum/ -ata 属于，相似，具有，完成（形容词词尾）

Bredia penduliflora （垂花金石榴）：pendulus ← pendere 下垂的，垂吊的（悬空或因支持体细软而下垂）；pendere/ pendeo 悬挂，垂悬；-ulus/ -ulum/ -ula（表示趋向或动作）（小词 -ulus 在字母 e 或 i 之后有多种变缀，即 -olus/ -olum/ -ola、-ellus/ -ellum/ -ella、-illus/ -illum/ -illa，与第一变格法和第二变格法名词形成复合词）；florus/ florum/ flora ← flos 花（用于复合词）

Bredia quadrangularis 过路惊：quadrangularis 四棱的，四角的；quadri-/ quadr- 四，四数（希腊语为 tetra-/ tetr-）；angularis = angulus + aris 具棱角的，有角度的；-aris（阳性、阴性）/ -are（中性）← -alis（阳性、阴性）/ -ale（中性）属于，相似，如同，具有，涉及，关于，联结于（将名词作形容词用，其中 -aris 常用于以 l 或 r 为词干末尾的词）

Bredia rotundifolia 圆叶野海棠：rotundus 圆形的，呈圆形的，肥大的；rotundo 使呈圆形，使圆滑；roto 旋转，滚动；folius/ folium/ folia 叶，叶片（用于复合词）

Bredia sessilifolia 短柄野海棠：sessile-/ sessili-/ sessil- ← sessilis 无柄的，无茎的，基生的，基部的；folius/ folium/ folia 叶，叶片（用于复合词）

Bredia sinensis 鸭脚茶：sinensis = Sina + ensis 中国的（地名）；Sina 中国

Bredia tuberculata 红毛野海棠：tuberculatus 具疣状凸起的，具结节的，具小瘤的；tuber/ tuber-/ tuberi- 块茎的，结节状凸起的，瘤状的；-culatus = culus + atus 小的，略微的，稍微的（用于第三和第四变格法名词）；-culus/ -culum/ -cula 小的，略微的，稍微的（同第三变格法和第四变格法名词形成复合词）；-atus/ -atum/ -ata 属于，相似，具有，完成（形容词词尾）

Bredia yunnanensis 云南野海棠：yunnanensis 云南的（地名）

Bretschneidera 伯乐树属（伯乐树科）（34-1：p8）：bretschneidera ← Emil Bretschneider（人名，19 世纪德国医生，曾于 1870–1880 在中国采集植物标本）（以 -er 结尾的人名用作属名时在末尾加 a，如 Lonicera = Lonicer + a）

Bretschneidera sinensis 伯乐树：sinensis = Sina + ensis 中国的（地名）；Sina 中国

Bretschneideraceae 伯乐树科（34-1：p8）：Bretschneidera 伯乐树属（伯乐树科）；-aceae（分类单位科的词尾，为 -aceus 的阴性复数主格形式，加到模式属的名称后或同义词的词干后以组成族群名称）

Breynia 黑面神属（大戟科）（44-1：p178）：breynia ← Johann Philipp Breyn（人名，17 世纪德国植物学家）

Breynia fruticosa 黑面神：fruticosus/ frutesceus 灌丛状的；frutex 灌木；构词规则：以 -ix/ -iex 结尾的词其词干末尾视为 -ic，以 -ex 结尾视为 -i/ -ic，其他以 -x 结尾视为 -c；-osus/ -osum/ -osa 多的，充分的，丰富的，显著发育的，程度高的，特征明显的（形容词词尾）

Breynia hyposauropa 广西黑面神：hyp-/ hypo- 下面的，以下的，不完全的；sauropus 蜥蜴腿的；sauros 蜥蜴；-pus ← pous 腿，足，爪，柄，茎

Breynia retusa 钝叶黑面神：retusus 微凹的

Breynia rostrata 喙果黑面神：rostratus 具喙的，喙状的；rostrus 鸟喙（常作词尾）；rostre 鸟喙的，喙状的

Breynia vitis-idaea 小叶黑面神：vitis 葡萄，藤蔓植物（古拉丁名）；Vitis 葡萄属（葡萄科）；idaea ← Ida 伊达山的（地名，位于希腊克里特岛）

Bridelia 土蜜树属（大戟科）（44-1：p28）：bridelia ← S. E. V. Brindel-Brideri（人名，瑞士植物学家）

Bridelia fordii 大叶土蜜树：fordii ← Charles Ford（人名）

Bridelia insulana 禾串树：insulanus 岛屿的；insula 岛屿

Bridelia montana 波叶土蜜树：montanus 山，山地；montis 山，山地的；mons 山，山脉，岩石

Bridelia pierrei 贵州土蜜树：pierrei（人名）；-i 表示人名，接在以元音字母结尾的人名后面，但 -a 除外

Bridelia poilanei 圆叶土蜜树：poilanei（人名，法国植物学家）

B

Bridelia pubescens 膜叶土蜜树：pubescens ← pubens 被短柔毛的，长出柔毛的；pubi- ← pubis 细柔毛的，短柔毛的，毛被的；pubesco/ pubescere 长成的，变为成熟的，长出柔毛的，青春期体毛的；-escens/ -ascens 改变，转变，变成，略微，带有，接近，相似，大致，稍微（表示变化的趋势，并未完全相似或相同，有别于表示达到完成状态的 -atus）

Bridelia spinosa 密脉土蜜树：spinosus = spinus + osus 具刺的，多刺的，长满刺的；spinus 刺，针刺；-osus/ -osum/ -osa 多的，充分的，丰富的，显著发育的，程度高的，特征明显的（形容词词尾）

Bridelia stipularis 土蜜藤：stipularis 托叶的，托叶状的，托叶上的；stipularis = stipulus + aris 托叶的，托叶状的，托叶上的；stipulus 托叶；-aris（阳性、阴性）/ -are（中性）← -alis（阳性、阴性）/ -ale（中性）属于，相似，如同，具有，涉及，关于，联结于（将名词作形容词用，其中 -aris 常用于以 l 或 r 为词干末尾的词）

Bridelia tomentosa 土蜜树：tomentosus = tomentum + osus 绒毛的，密被绒毛的；tomentum 绒毛，浓密的毛被，棉絮，棉絮状填充物（被褥、垫子等）；-osus/ -osum/ -osa 多的，充分的，丰富的，显著发育的，程度高的，特征明显的（形容词词尾）

Briggsia 粗筒苣苔属（苦苣苔科）（69；p203）：briggsia ← Munro Briggs Scott（人名，1889–1917，英国植物学家）

Briggsia acutiloba 尖瓣粗筒苣苔：acutilobus 尖浅裂的；acuti-/ acu- ← acutus 锐尖的，针尖的，刺尖的，锐角的；lobus/ lobos/ lobon 浅裂，耳片（裂片先端钝圆），荚果，蒴果

Briggsia agnesiae 灰毛粗筒苣苔：agnesiae ← Agnes Roggen（人名）

Briggsia amabilis 粗筒苣苔：amabilis 可爱的，有魅力的；amor 爱；-ans/ -ens/ -bilis/ -ilis 能够，可能（为形容词词尾，-ans/ -ens 用于主动语态，-bilis/ -ilis 用于被动语态）

Briggsia aurantiaca 黄花粗筒苣苔：aurantiacus/ aurantius 橙黄色的，金黄色的；aurus 金，金色；aurant-/ auranti- 橙黄色，金黄色

Briggsia chienii 浙皖粗筒苣苔：chienii ← S. S. Chien 钱崇澍（人名，1883–1965，中国植物学家）

Briggsia dongxingensis 东兴粗筒苣苔：dongxingensis 东兴的（地名，广西壮族自治区）

Briggsia elegantissima 紫花粗筒苣苔：elegantus ← elegans 优雅的；-issimus/ -issima/ -issimum 最，非常，极其（形容词最高级）

Briggsia forrestii 云南粗筒苣苔：forrestii ← George Forrest（人名，1873–1932，英国植物学家，曾在中国西部采集大量植物标本）

Briggsia humilis 小粗筒苣苔：humilis 矮的，低的

Briggsia latisepala 宽萼粗筒苣苔：lati-/ late- ← latus 宽的，宽广的；sepalus/ sepalum/ sepala 萼片（用于复合词）

Briggsia longicaulis 长茎粗筒苣苔：longe-/ longi- ← longus 长的，纵向的；caulis ← caulos 茎，茎秆，主茎

Briggsia longifolia 长叶粗筒苣苔：longe-/ longi- ← longus 长的，纵向的；folius/ folium/ folia 叶，叶片（用于复合词）

Briggsia longifolia var. longifolia 长叶粗筒苣苔-原变种（词义见上面解释）

Briggsia longifolia var. multiflora 多花粗筒苣苔：multi- ← multus 多个，多数，很多（希腊语为 poly-）；florus/ florum/ flora ← flos 花（用于复合词）

Briggsia longipes 盾叶粗筒苣苔：longe-/ longi- ← longus 长的，纵向的；pes/ pedis 柄，梗，茎秆，腿，足，爪（作词首或词尾，pes 的词干视为 "ped-"）

Briggsia mairei 东川粗筒苣苔：mairei（人名）；Edouard Ernest Maire（人名，19 世纪活动于中国云南的传教士）；Rene C. J. E. Maire 人名（20 世纪阿尔及利亚植物学家，研究北非植物）；-i 表示人名，接在以元音字母结尾的人名后面，但 -a 除外

Briggsia mihieri 革叶粗筒苣苔：mihieri（人名）；-eri 表示人名，在以 -er 结尾的人名后面加上 i 形成

Briggsia muscicola 藓丛粗筒苣苔：muscicolus 苔藓上生的；musc-/ musci- 藓类的；colus ← colo 分布于，居住于，栖居，殖民（常作词尾）；colo/ colere/ colui/ cultum 居住，耕作，栽培

Briggsia parvifolia 小叶粗筒苣苔：parvifolius 小叶的；parvus 小的，些微的，弱的；folius/ folium/ folia 叶，叶片（用于复合词）

Briggsia pinfaensis 平伐粗筒苣苔：pinfaensis 平伐的（地名，贵州省）

Briggsia rosthornii 川鄂粗筒苣苔：rosthornii ← Arthur Edler von Rosthorn（人名，19 世纪匈牙利驻北京大使）

Briggsia rosthornii var. crenulata 贞丰粗筒苣苔：crenulatus = crena + ulus + atus 细圆锯齿的，略呈圆锯齿的

Briggsia rosthornii var. rosthornii 川鄂粗筒苣苔-原变种（词义见上面解释）

Briggsia rosthornii var. wenshanensis 文山粗筒苣苔：wenshanensis 文山的（地名，云南省）

Briggsia rosthornii var. xingrenensis 锈毛粗筒苣苔：xingrenensis 兴仁的（地名，贵州省）

Briggsia speciosa 鄂西粗筒苣苔：speciosus 美丽的，华丽的；species 外形，外观，美观，物种（缩写 sp.，复数 spp.）；-osus/ -osum/ -osa 多的，充分的，丰富的，显著发育的，程度高的，特征明显的（形容词词尾）

Briggsia stewardii 广西粗筒苣苔：stewardii（人名）；-ii 表示人名，接在以辅音字母结尾的人名后面，但 -er 除外

Briggsiopsis 筒花苣苔属（苦苣苔科）（69；p226）：briggsiopsis 粗筒苣苔状的；Briggsia 粗筒苣苔属（苦苣苔科）；-opsis/ -ops 相似，稍微，带有

Briggsiopsis delavayi 筒花苣苔：delavayi ← P. J. M. Delavay（人名，1834–1895，法国传教士，曾在中国采集植物标本）；-i 表示人名，接在以元音字母结尾的人名后面，但 -a 除外

Briza 凌风草属（禾本科）（9-2；p278）：briza 黑麦（希腊语）

Briza maxima 大凌风草：maximus 最大的

Briza media 凌风草：medius 中间的，中央的

Briza minor 银鳞茅：minor 较小的，更小的

Bromeliaceae 凤梨科（13-3：p64）：Bromelia 凤梨属；bromelia ← Olof（或 Olaf）Bromel（人名，17世纪瑞典植物学家）；-aceae（分类单位科的词尾，为 -aceus 的阴性复数主格形式，加到模式属的名称后或同义词的词干后以组成族群名称）

Bromus 雀麦属（禾本科）（9-2：p333）：bromus ← broma 燕麦（希腊语）

Bromus angrenicus 安格雀麦：angrenicus（地名，中亚西天山）

Bromus arvensis 田雀麦：arvensis 田里生的；arvum 耕地，可耕地

Bromus benekenii 密丛雀麦：benekenii（人名）；-ii 表示人名，接在以辅音字母结尾的人名后面，但 -er 除外

Bromus brachystachys 短轴雀麦：brachy- ← brachys 短的（用于拉丁语复合词词首）；stachy-/ stachyo-/ -stachys/ -stachyus/ -stachyum/ -stachya 穗子，穗子的，穗子状的，穗状花序的

Bromus canadensis 加拿大雀麦：canadensis 加拿大的（地名）

Bromus cappadocicus 卡帕雀麦：cappadocicus 卡帕多西亚的（地名，属小亚细亚）

Bromus carinatus 显脊雀麦：carinatus 脊梁的，龙骨的，龙骨状的；carina → carin-/ carini- 脊梁，龙骨状突起，中肋

Bromus catharticus 扁穗雀麦：catharticus 泻药的，催泻的

Bromus commutatus 变雀麦：commutatus 变化的，交换的

Bromus confinis 毗邻雀麦（毗 pí）：confinis 边界，范围，共同边界，邻近的；co- 联合，共同，合起来（拉丁语词首，为 cum- 的音变，表示结合、强化、完全，对应的希腊语为 syn-）；co- 的缀词音变有 co-/ com-/ con-/ col-/ cor-：co-（在 h 和元音字母前面），col-（在 l 前面），com-（在 b、m、p 之前），con-（在 c、d、f、g、j、n、qu、s、t 和 v 前面），cor-（在 r 前面）；finis 界限，境界

Bromus danthoniae 三芒雀麦：danthoniae（人名）；-ae 表示人名，以 -a 结尾的人名后面加上 -e 形成

Bromus diandrus 双雄雀麦：diandrus 二雄蕊的；di-/ dis- 二，二数，二分，分离，不同，在……之间，从……分开（希腊语，拉丁语为 bi-/ bis-）；andrus/ andros/ antherus ← aner 雄蕊，花药，雄性

Bromus epilis 光稃雀麦（稃 fū）：epilis 无毛的，光秃的；e-/ ex- 不，无，非，缺乏，不具有（e- 用在辅音字母前，ex- 用在元音字母前，为拉丁语词首，对应的希腊语词首为 a-/ an-，英语为 un-/ -less，注意作词首用的 e-/ ex- 和介词 e/ ex 意思不同，后者意为"出自、从……、由……离开、由于、依照"）；pilis 毛，毛发

Bromus erectus 直立雀麦：erectus 直立的，笔直的

Bromus fasciculatus 束生雀麦：fasciculatus 成束的，束状的，成簇的；fasciculus 丛，簇，束；fascis 束

Bromus formosanus 台湾雀麦：formosanus = formosus + anus 美丽的，台湾的；formosus ← formosa 美丽的，台湾的（葡萄牙殖民者发现台湾时对其的称呼，即美丽的岛屿）；-anus/ -anum/ -ana 属于，来自（形容词词尾）

Bromus gedrosianus 直芒雀麦：gedrosianus ← Gedrosia 格德罗西亚的（地名，巴基斯坦俾路支省的旧称，有时误拼为"gedrasianus"）（俾 bǐ）

Bromus gracillimus 细雀麦：gracillimus 极细长的，非常纤细的；gracilis 细长的，纤弱的，丝状的；-limus/ -lima/ -limum 最，非常，极其（以 -ilis 结尾的形容词最高级，将末尾的 -is 换成 l + imus，从而构成 -illimus）

Bromus grandis 大花雀麦：grandis 大的，大型的，宏大的

Bromus grossus 粗雀麦：grossus 粗大的，肥厚的

Bromus himalaicus 喜马拉雅雀麦：himalaicus 喜马拉雅的（地名）；-icus/ -icum/ -ica 属于，具有某种特性（常用于地名、起源、生境）

Bromus hordeaceus 大麦状雀麦：Hordeum 大麦属（禾本科）；-aceus/ -aceum/ -acea 相似的，有……性质的，属于……的

Bromus inermis 无芒雀麦：inermus/ inermis = in + arma 无针刺的，不尖锐的，无齿的，无武装的；in-/ im-（来自 il- 的音变）内，在内，内部，向内，相反，不，无，非；il- 在内，向内，为，相反（希腊语为 en-）；词首 il- 的音变：il-（在 l 前面），im-（在 b、m、p 前面），in-（在元音字母和大多数辅音字母前面），ir-（在 r 前面），如 illaudatus（不值得称赞的，评价不好的），impermeabilis（不透水的，穿不透的），ineptus（不合适的），insertus（插入的），irretortus（无弯曲的，无扭曲的）；arma 武器，装备，工具，防护，挡板，军队

Bromus intermedius 中间雀麦：intermedius 中间的，中位的，中等的；inter- 中间的，在中间，之间；medius 中间的，中央的

Bromus ircutensis 沙地雀麦：ircutensis 伊尔库特河的（地名，俄罗斯西伯利亚）

Bromus japonicus 雀麦：japonicus 日本的（地名）；-icus/ -icum/ -ica 属于，具有某种特性（常用于地名、起源、生境）

Bromus korotkiji 甘蒙雀麦：korotkiji（人名，词尾改为"-ii"似更妥）；-ii 表示人名，接在以辅音字母结尾的人名后面，但 -er 除外；-i 表示人名，接在以元音字母结尾的人名后面，但 -a 除外

Bromus lanceolatus 大穗雀麦：lanceolatus = lanceus + olus + atus 小披针形的，小柳叶刀的；lance-/ lancei-/ lanci-/ lanceo-/ lanc- ← lanceus 披针形的，矛形的，尖刀状的，柳叶刀状的；-olus ← -ulus 小，稍微，略微（-ulus 在字母 e 或 i 之后变成 -olus/ -ellus/ -illus）；-atus/ -atum/ -ata 属于，相似，具有，完成（形容词词尾）

Bromus lepidus 鳞稃雀麦：lepidus 美丽的，典雅的，整洁的，装饰华丽的；lepidus ← lepis + idus 具鳞片的；lepis/ lepidos 鳞片；-idus/ -idum/ -ida 表示在进行中的动作或情况，作动词、名词或形容词的词尾

Bromus madritensis 马德雀麦：madritensis（地名）

Bromus magnus 大雀麦：magnus 大的，巨大的

Bromus mairei 梅氏雀麦：mairei（人名）；Edouard Ernest Maire（人名，19 世纪活动于中国云南的传教士）；Rene C. J. E. Maire 人名（20 世纪阿尔及

利亚植物学家，研究北非植物）；-i 表示人名，接在以元音字母结尾的人名后面，但 -a 除外

Bromus marginatus 山地雀麦：marginatus ← margo 边缘的，具边缘的；margo/ marginis → margin- 边缘，边线，边界

Bromus mollis 毛雀麦：molle/ mollis 软的，柔毛的

Bromus morrisonensis 玉山雀麦：morrisonensis 磨里山的（地名，今台湾新高山）

Bromus nepalensis 尼泊尔雀麦：nepalensis 尼泊尔的（地名）

Bromus oxyodon 尖齿雀麦：oxyodon 尖齿的；oxy- ← oxys 尖锐的，酸的；odontus/ odontos → odon-/ odont-/ odonto-（可作词首或词尾）齿，牙齿状的；odous 齿，牙齿（单数，其所有格为 odontos）

Bromus pamiricus 帕米尔雀麦：pamiricus 帕米尔的（地名，中亚东南部高原，跨塔吉克斯坦、中国、阿富汗）；-icus/ -icum/ -ica 属于，具有某种特性（常用于地名、起源、生境）

Bromus paulsenii 波申雀麦：paulsenii ← Ove Paulsen（人名，20 世纪丹麦植物学家）

Bromus pectinatus 篦齿雀麦：pectinatus/ pectinaceus 栉齿状的；pectini-/ pectino-/ pectin- ← pecten 篦子，梳子；-aceus/ -aceum/ -acea 相似的，有……性质的，属于……的

Bromus phragmitoides 苇状雀麦：Phragmites 芦苇属（禾本科）；-oides/ -oideus/ -oideum/ -oidea/ -odes/ -eidos 像……的，类似……的，呈……状的（名词词尾）

Bromus piananensis 卑南雀麦：piananensis 卑南的（台湾省旧县名，于 1945 年并入台东县）

Bromus plurinodes 多节雀麦：pluri-/ plur- 复数，多个；nodes 节，关节

Bromus popovii 波陂雀麦：popovii ← popov（人名）

Bromus porphyranthos 大药雀麦：porphyr-/ porphyro- 紫色；anthus/ anthum/ antha/ anthe ← anthos 花（用于希腊语复合词）

Bromus pseudoramosus 假枝雀麦：pseudoramosus 像 ramosus 的；pseudo-/ pseud- ← pseudos 假的，伪的，接近，相似（但不是）；Bromus ramosus 类雀麦；ramosus = ramus + osus 有分枝的，多分枝的；ramus 分枝，枝条；-osus/ -osum/ -osa 多的，充分的，丰富的，显著发育的，程度高的，特征明显的（形容词词尾）

Bromus pskemensis 普康雀麦：pskemensis（地名，俄罗斯）

Bromus pumpellianus 耐酸草：pumpellianus（人名）

Bromus racemosus 总状雀麦：racemosus = racemus + osus 总状花序的；racemus/ raceme 总状花序，葡萄串状的；-osus/ -osum/ -osa 多的，充分的，丰富的，显著发育的，程度高的，特征明显的（形容词词尾）

Bromus ramosus 类雀麦：ramosus = ramus + osus 有分枝的，多分枝的；ramus 分枝，枝条；-osus/ -osum/ -osa 多的，充分的，丰富的，显著发育的，程度高的，特征明显的（形容词词尾）

Bromus rechingeri 丽庆雀麦：rechingeri（人名）；-eri 表示人名，在以 -er 结尾的人名后面加上 i 形成

Bromus remotiflorus 疏花雀麦：remotiflorus 疏离花的；remotus 分散的，分开的，稀疏的，远距离的；florus/ florum/ flora ← flos 花（用于复合词）

Bromus rigidus 硬雀麦：rigidus 坚硬的，不弯曲的，强直的

Bromus riparius 山丹雀麦：riparius = ripa + arius 河岸的，水边的；ripa 河岸，水边；-arius/ -arium/ -aria 相似，属于（表示地点，场所，关系，所属）

Bromus rubens 红雀麦：rubens = rubus + ens 发红的，带红色的，变红的；rubrus/ rubrum/ rubra/ ruber 红色的

Bromus scoparius 帚雀麦：scoparius 笤帚状的；scopus 笤帚；-arius/ -arium/ -aria 相似，属于（表示地点，场所，关系，所属）

Bromus secalinus 黑麦状雀麦：secalinus 像黑麦的；Secale 黑麦属（禾本科）；-inus/ -inum/ -ina/ -inos 相近，接近，相似，具有（通常指颜色）

Bromus sericeus 绢雀麦（绢 juàn）：sericeus 绢丝状的；sericus 绢丝的，绢毛的，赛尔人的（Ser 为印度一民族）；-eus/ -eum/ -ea（接拉丁语词干时）属于……的，色如……的，质如……的（表示原料、颜色或品质的相似），（接希腊语词干时）属于……的，以……出名，为……所占有（表示具有某种特性）

Bromus sewerzowii 密穗雀麦：sewerzowii（人名）；-ii 表示人名，接在以辅音字母结尾的人名后面，但 -er 除外

Bromus sibiricus 西伯利亚雀麦：sibiricus 西伯利亚的（地名，俄罗斯）；-icus/ -icum/ -ica 属于，具有某种特性（常用于地名、起源、生境）

Bromus sinensis 华雀麦：sinensis = Sina + ensis 中国的（地名）；Sina 中国

Bromus sinensis var. minor 小华雀麦：minor 较小的，更小的

Bromus squarrosus 偏穗雀麦：squarrosus = squarrus + osus 粗糙的，不平滑的，有凸起的；squarrus 糙的，不平，凸点；-osus/ -osum/ -osa 多的，充分的，丰富的，显著发育的，程度高的，特征明显的（形容词词尾）

Bromus staintonii 大序雀麦：staintonii（人名）；-ii 表示人名，接在以辅音字母结尾的人名后面，但 -er 除外

Bromus stenostachys 窄序雀麦：stenostachys 细穗的；sten-/ steno- ← stenus 窄的，狭的，薄的；stachy-/ stachyo-/ -stachys/ -stachyon/ -stachyos/ -stachyus 穗子，穗子的，穗子状的，穗状花序的（希腊语，表示与穗状花序有关的）

Bromus sterilis 贫育雀麦：sterilis 不育的，不毛的

Bromus tectorum 旱雀麦：tectorum 屋顶的；tectum 屋顶，拱顶；-orum 属于……的（第二变格法名词复数所有格词尾，表示群落或多数）

Bromus turkestanicus 土耳其雀麦：turkestanicus 土耳其的（地名）；-icus/ -icum/ -ica 属于，具有某种特性（常用于地名、起源、生境）

Bromus tytthanthus 裂稃雀麦（稃 fū）：tytthanthus 细花的，小花的；tytth-/ tyttho- 薄的，细的；anthus/ anthum/ antha/ anthe ← anthos 花

（用于希腊语复合词）

Bromus tyttholepis 土沙雀麦：tyttholepis 细鳞片的，窄鳞片的，薄鳞片的；tytth-/ tyttho- 薄的，细的；lepis/ lepidos 鳞片

Bromus variegatus 变色雀麦：variegatus ＝ variego ＋ atus 有彩斑的，有条纹的，杂食的，杂色的；variego ＝ varius ＋ ago 染上各种颜色，使成五彩缤纷的，装饰，点缀，使闪出五颜六色的光彩，变化，变更，不同；varius ＝ varus ＋ ius 各种各样的，不同的，多型的，易变的；varus 不同的，变化的，外弯的，凸起的；-ius/ -ium/ -ia 具有……特性的（表示有关、关联、相似）；-ago 表示相似或联系，如 plumbago，铅的一种（来自 plumbum 铅），来自 -go；-go 表示一种能做工作的力量，如 vertigo，也表示事态的变化或者一种事态、趋向或病态，如 robigo（红的情况，变红的趋势，因而是铁锈），aerugo（铜锈），因此它变成一个表示具有某种质的属性的构词元素，如 lactago（具有乳浆的草），或相似性，如 ferulago（近似 ferula，阿魏）、canilago（一种 canila）

Bromus wolgensis 沃京雀麦：wolgensis 伏尔加河的（地名，俄罗斯）

Broussonetia 构属（桑科）（23-1：p23）：broussonetia ← Pierre Marie Auguste Broussonet（人名，1761–1807，法国医生、植物学家）

Broussonetia kaempferi 葡蟠（蟠 pán）：kaempferi ← Engelbert Kaempfer（人名，德国医生、植物学家，曾在东亚地区做大量考察）；-eri 表示人名，在以 -er 结尾的人名后面加上 i 形成

Broussonetia kaempferi var. australis 藤构：australis 南方的，南半球的；austro-/ austr- 南方的，南半球的，大洋洲的；auster 南方，南风；-aris（阳性、阴性）/ -are（中性）← -alis（阳性、阴性）/ -ale（中性）属于，相似，如同，具有，涉及，关于，联结于（将名词作形容词用，其中 -aris 常用于以 l 或 r 为词干末尾的词）

Broussonetia kaempferi var. kaempferi 葡蟠-原变种（词义见上面解释）

Broussonetia kazinoki 楮（楮 chǔ）：kazinoki 梶木（日文）

Broussonetia kurzii 落叶花桑：kurzii ← Wilhelm Sulpiz Kurz（人名，19 世纪植物学家）

Broussonetia papyrifera 构树：papyriferus 有纸的，可造纸的；papyrus 纸张的，纸质的；-ferus/ -ferum/ -fera/ -fero/ -fere/ -fer 有，具有，产（区别：作独立词使用的 ferus 意思是"野生的"）

Brucea 鸦胆子属（苦木科）（43-3：p10）：brucea ← James Bruce（人名，1730–1794，英国旅行家）（除 a 以外，以元音字母结尾的人名作属名时在末尾加 a）

Brucea javanica 鸦胆子：javanica 爪哇的（地名，印度尼西亚）；-icus/ -icum/ -ica 属于，具有某种特性（常用于地名、起源、生境）

Brucea mollis 柔毛鸦胆子：molle/ mollis 软的，柔毛的

Brugmansia 木曼陀罗属（茄科）（增补）：brugmansia ← Brugmans（人名，18 世纪荷兰植物学家）

Brugmansia suaveolens 大花曼陀罗：suaveolens

芳香的，香味的；suavis/ suave 甜的，愉快的，高兴的，有魅力的，漂亮的；olens ← olere 气味，发出气味（不分香臭）

Bruguiera 木榄属（红树科）（52-2：p135）：bruguiera ← Jean Guillaume Bruguiere（人名，1734–1798，法国植物学家）（以 -er 结尾的人名用作属名时在末尾加 a，如 Lonicera ＝ Lonicer ＋ a）

Bruguiera cylindrica 柱果木榄：cylindricus 圆形的，圆筒状的

Bruguiera gymnorrhiza 木榄：gymn-/ gymno- ← gymnos 裸露的；rhizus 根，根状茎（-rh- 接在元音字母后面构成复合词时要变成 -rrh-）

Bruguiera sexangula 海莲：sex- 六，六数（希腊语为 hex-）；angulus 角，棱角，角度，角落

Bruguiera sexangula var. rhynchopetala 尖瓣海莲：rhynchus ← rhynchos 喙状的，鸟嘴状的；petalus/ petalum/ petala ← petalon 花瓣

Bruguiera sexangula var. sexangula 海莲-原变种（词义见上面解释）

Brunfelsia 鸳鸯茉莉属（茄科）（增补）：brunfelsia ← Otto Brunfels（人名）

Brunfelsia acuminata 鸳鸯茉莉：acuminatus ＝ acumen ＋ atus 锐尖的，渐尖的；acumen 渐尖头；-atus/ -atum/ -ata 属于，相似，具有，完成（形容词词尾）

Brylkinia 扁穗茅属（原名"扁穗草属"，莎草科有重名）（禾本科）（9-2：p88）：brylkinia ← Brylkon（人名，俄国植物学家）

Brylkinia caudata 扁穗茅（原名"扁穗草"）：caudatus ＝ caudus ＋ atus 尾巴的，尾巴状的，具尾的；caudus 尾巴

Bryocarpum 长果报春属（报春花科）（59-2：p284）：bry-/ bryo- ← bryum/ bryon 苔藓，苔藓状的（指窄细）；carpus/ carpum/ carpa/ carpon ← carpos 果实（用于希腊语复合词）

Bryocarpum himalaicum 长果报春：himalaicum 喜马拉雅的（地名）；-icus/ -icum/ -ica 属于，具有某种特性（常用于地名、起源、生境）

Bryophyllum 落地生根属（景天科）（34-1：p34）：bryophyllus 叶片发芽的（指叶上有繁殖芽）；bryo- 发芽（希腊语）；phyllus/ phyllum/ phylla ← phyllon 叶片（用于希腊语复合词）

Bryophyllum daigremontianum 大叶落地生根：daigremontianum ← Daigremont（人名）

Bryophyllum delagoense 洋吊钟：delagoense（地名，莫桑比克）

Bryophyllum pinnatum 落地生根：pinnatus ＝ pinnus ＋ atus 羽状的，具羽的；pinnus/ pennus 羽毛，羽状，羽片；-atus/ -atum/ -ata 属于，相似，具有，完成（形容词词尾）

Buchanania 山檨子属（檨 shē）（漆树科）（45-1：p68）：buchanania ← Francis Buchanan-Hamilton（人名，1762–1829，英国植物学家）

Buchanania arborescens 山檨子：arbor 乔木，树木；-escens/ -ascens 改变，转变，变成，略微，带有，接近，相似，大致，稍微（表示变化的趋势，并未完全相似或相同，有别于表示达到完成状态的 -atus）

Buchanania latifolia 豆腐果：lati-/ late- ← latus

B

宽的，宽广的；folius/ folium/ folia 叶，叶片（用于复合词）

Buchanania microphylla 小叶山檨子：micr-/ micro- ← micros 小的，微小的，微观的（用于希腊语复合词）；phyllus/ phyllum/ phylla ← phyllon 叶片（用于希腊语复合词）

Buchanania yunnanensis 云南山檨子：yunnanensis 云南的（地名）

Buchloe 野牛草属（禾本科）（10-1：p88）：buchloe ← bosus + chloe 牛草（希腊语）；bous 公牛；chloe 草，禾草

Buchloe dactyloides 野牛草：dactyloides 手指状的，像手掌的；dactylos 手指，指状的（希腊语）；-oides/ -oideus/ -oideum/ -oidea/ -odes/ -eidos 像……的，类似……的，呈……状的（名词词尾）

Buchnera 黑草属（玄参科）（67-2：p356）：buchnera ← Wilhelm Buchner（人名，德国高山植物专家）（以 -er 结尾的人名用作属名时在末尾加 a，如 Lonicera = Lonicer + a）

Buchnera cruciata 黑草：cruciatus 十字形的，交叉的；crux 十字（词干为 cruc-，用于构成复合词时常为 cruci-）；crucis 十字的（crux 的单数所有格）；构词规则：以 -ix/ -iex 结尾的词其词干末尾视为 -ic，以 -ex 结尾视为 -i/ -ic，其他以 -x 结尾视为 -c

Buckleya 米面蓊属（蓊 wěng）（檀香科）（24：p54）：buckleya ← Samuel Botsford Buckley（人名，1809–1884，美国地质学家、植物学家）

Buckleya graebneriana 秦岭米面蓊：graebneriana（人名）

Buckleya lanceolate 米面蓊：lanceolate = lanceus + ulus + atus 小披针形地，小柳叶刀地；lance-/ lancei-/ lanci-/ lanceo-/ lanc- ← lanceus 披针形的，矛形的，尖刀状的，柳叶刀状的；-olus/ -ulus 小，稍微，略微（-ulus 在字母 e 或 i 之后变成 -olus/ -ellus/ -illus）；-atus/ -atum/ -ata 属于，相似，具有，完成（形容词词尾）

Buddleja 醉鱼草属（马钱科）（61：p265）：buddleja ← Adam Buddle（人名，1660-1715，英国植物学家）

Buddleja adenantha 腺冠醉鱼草（冠 guān）：adenanthus 腺花的；aden-/ adeno- ← adenus 腺，腺体；anthus/ anthum/ antha/ anthe ← anthos 花（用于希腊语复合词）

Buddleja alata 翅枝醉鱼草：alatus → ala-/ alat-/ alati-/ alato- 翅，具翅的，具翼的；反义词：exalatus 无翼的，无翅的

Buddleja albiflora 巴东醉鱼草：albus → albi-/ albo- 白色的；florus/ florum/ flora ← flos 花（用于复合词）

Buddleja alternifolia 互叶醉鱼草：alternus 互生，交互，交替；folius/ folium/ folia 叶，叶片（用于复合词）

Buddleja asiatica 白背枫：asiatica 亚洲的（地名）；-aticus/ -aticum/ -atica 属于，表示生长的地方，作名词词尾

Buddleja brachystachya 短序醉鱼草：brachy- ← brachys 短的（用于拉丁语复合词词首）；stachy-/ stachyo-/ -stachys/ -stachyus/ -stachyum/ -stachya

穗子，穗子的，穗子状的，穗状花序的

Buddleja candida 密香醉鱼草：candidus 洁白的，有白毛的，亮白的，雪白的（希腊语为 argo- ← argenteus 银白色的）

Buddleja caryopteridifolia 莸叶醉鱼草（莸 yóu）：caryopteridifolia = Caryopteris + folia 莸叶的，叶片像莸的；构词规则：词尾为 -is 和 -ys 的词的词干分别视为 -id 和 -yd；Caryopteris 莸属（马鞭草科）；folius/ folium/ folia 叶，叶片（用于复合词）

Buddleja caryopteridifolia var. caryopteridifolia 莸叶醉鱼草-原变种（词义见上面解释）

Buddleja caryopteridifolia var. eremophila 簇花醉鱼草：eremos 荒凉的，孤独的，孤立的；philus/ philein ← philos → phil-/ phili/ philo- 喜好的，爱好的，喜欢的（注意区别形近词：phylus、phyllus）；phylus/ phylum/ phyla ← phylon/ phyle 植物分类单位中的"门"，位于"界"和"纲"之间，类群，种族，部落，聚群；phyllus/ phyllum/ phylla ← phyllon 叶片（用于希腊语复合词）

Buddleja colvilei 大花醉鱼草：colvilei（人名）；-i 表示人名，接在以元音字母结尾的人名后面，但 -a 除外

Buddleja crispa 皱叶醉鱼草：crispus 收缩的，褶皱的，波纹的（如花瓣周围的波浪状褶皱）

Buddleja curviflora 台湾醉鱼草：curviflorus 弯花的；curvus 弯曲的；florus/ florum/ flora ← flos 花（用于复合词）

Buddleja davidii 大叶醉鱼草：davidii ← Pere Armand David（人名，1826–1900，曾在中国采集植物标本的法国传教士）；-ii 表示人名，接在以辅音字母结尾的人名后面，但 -er 除外

Buddleja delavayi 腺叶醉鱼草：delavayi ← P. J. M. Delavay（人名，1834–1895，法国传教士，曾在中国采集植物标本）；-i 表示人名，接在以元音字母结尾的人名后面，但 -a 除外

Buddleja fallowiana 紫花醉鱼草：fallowiana ← George Fallow（人名，20 世纪英国园林学家）

Buddleja forrestii 滇川醉鱼草：forrestii ← George Forrest（人名，1873–1932，英国植物学家，曾在中国西部采集大量植物标本）

Buddleja hastata 戟叶醉鱼草：hastatus 戟形的，三尖头的（两侧基部有朝外的三角形裂片）；hasta 长矛，标枪

Buddleja heliophila 全缘叶醉鱼草：heli-/ helio- ← helios 太阳的，日光的；philus/ philein ← philos → phil-/ phili/ philo- 喜好的，爱好的，喜欢的（注意区别形近词：phylus、phyllus）；phylus/ phylum/ phyla ← phylon/ phyle 植物分类单位中的"门"，位于"界"和"纲"之间，类群，种族，部落，聚群；phyllus/ phyllum/ phylla ← phyllon 叶片（用于希腊语复合词）

Buddleja limitanea 扁脉醉鱼草：limitaneus 边缘的，边界的；limes 田界，边界，划界

Buddleja lindleyana 醉鱼草：lindleyana ← John Lindley（人名，18 世纪英国植物学家）

Buddleja macrostachya 大序醉鱼草：macro-/ macr- ← macros 大的，宏观的（用于希腊语复合

B

词); stachy-/ stachyo-/ -stachys/ -stachyus/ -stachyum/ -stachya 穗子，穗子的，穗子状的，穗状花序的

Buddleja macrostachya var. griffithii 不丹醉鱼草：griffithii ← William Griffith（人名，19 世纪印度植物学家，加尔各答植物园主任）

Buddleja macrostachya var. macrostachya 大序醉鱼草-原变种 （词义见上面解释）

Buddleja madagascariensis 浆果醉鱼草：madagascariensis ← Madascascar 马达加斯加的（地名，印度洋岛国）

Buddleja myriantha 酒药花醉鱼草：myri-/ myrio- ← myrios 无数的，大量的，极多的（希腊语）；anthus/ anthum/ antha/ anthe ← anthos 花（用于希腊语复合词）

Buddleja nivea 金沙江醉鱼草：niveus 雪白的，雪一样的；nivus/ nivis/ nix 雪，雪白色

Buddleja officinalis 密蒙花（蒙 méng）：officinalis/ officinale 药用的，有药效的；officina ← opificina 药店，仓库，作坊

Buddleja paniculata 喉药醉鱼草：paniculatus = paniculus + atus 具圆锥花序的；paniculus 圆锥花序；panus 谷穗；panicus 野稗，粟，谷子；-atus/ -atum/ -ata 属于，相似，具有，完成（形容词词尾）

Buddleja purdomii 甘肃醉鱼草：purdomii（人名）；-ii 表示人名，接在以辅音字母结尾的人名后面，但 -er 除外

Buddleja taliensis 大理醉鱼草：taliensis 大理的（地名，云南省）

Buddleja wardii 互对醉鱼草：wardii ← Francis Kingdon-Ward（人名，20 世纪英国植物学家）

Buddleja yunnanensis 云南醉鱼草：yunnanensis 云南的（地名）

Bulbophyllum 石豆兰属（兰科）（19：p164）：bulbus 球，球形，球茎，鳞茎；phyllus/ phyllum/ phylla ← phyllon 叶片（用于希腊语复合词）

Bulbophyllum affine 赤唇石豆兰：affine = affinis = ad + finis 酷似的，近似的，有联系的；ad- 向，到，近（拉丁语词首，表示程度加强）；构词规则：构成复合词时，词首末尾的辅音字母常同化为紧接其后的那个辅音字母（如 ad + f → aff）；finis 界限，境界；affin- 相似，近似，相关

Bulbophyllum albociliatum 白毛卷瓣兰：albus → albi-/ albo- 白色的；ciliatus = cilium + atus 缘毛的，流苏的；-atus/ -atum/ -ata 属于，相似，具有，完成（形容词词尾）

Bulbophyllum ambrosia 芳香石豆兰：ambrosia 神仙的食物，不变质的食物；Ambrosia 豚草属（菊科）

Bulbophyllum amplifolium 大叶卷瓣兰：ampli- ← amplus 大的，宽的，膨大的，扩大的；folius/ folium/ folia 叶，叶片（用于复合词）

Bulbophyllum andersonii 梳帽卷瓣兰：andersonii ← Charles Lewis Anderson（人名，19 世纪美国医生、植物学家）

Bulbophyllum aureolabellum 台湾石豆兰：aure-/ aureo- ← aureus 黄色，金色；labellus 唇瓣

Bulbophyllum bicolor 二色卷瓣兰：bi-/ bis- 二，二数，二回（希腊语为 di-）；color 颜色

Bulbophyllum bittnerianum 团花石豆兰：bittnerianum（人名）

Bulbophyllum bomiense 波密卷瓣兰：bomiense 波密的（地名，西藏自治区）

Bulbophyllum brevispicatum 短序石豆兰：brevi- ← brevis 短的（用于希腊语复合词词首）；spicatus 具穗的，具穗状花的，具尖头的；spicus 穗，谷穗，花穗，-atus/ -atum/ -ata 属于，相似，具有，完成（形容词词尾）

Bulbophyllum cariniflorum 尖叶石豆兰：carinatus 脊梁的，龙骨的，龙骨状的；carina → carin-/ carini- 脊梁，龙骨状突起，中肋；florus/ florum/ flora ← flos 花（用于复合词）

Bulbophyllum caudatum 尾萼卷瓣兰：caudatus = caudus + atus 尾巴的，尾巴状的，具尾的；caudus 尾巴；-atus/ -atum/ -ata 属于，相似，具有，完成（形容词词尾）

Bulbophyllum cauliflorum 茎花石豆兰：cauliflorus 茎干生花的；cauli- ← caulia/ caulis 茎，茎秆，主茎；florus/ florum/ flora ← flos 花（用于复合词）

Bulbophyllum chinense 中华卷瓣兰：chinense 中国的（地名）

Bulbophyllum chitouense 溪头石豆兰：chitouense 溪头的（地名，属台湾省）

Bulbophyllum chrondriophorum 城口卷瓣兰：chrondrio（词源不详）；-phorus/ -phorum/ -phora 载体，承载物，支持物，带着，生着，附着（表示一个部分带着别的部分，包括起支撑或承载作用的柄、柱、托、囊等，如 gynophorum = gynus + phorum 雌蕊柄的，带有雌蕊的，承载雌蕊的）；gynus/ gynum/ gyna 雌蕊，子房，心皮

Bulbophyllum colomaculosum 豹斑石豆兰：colo 缩短，缩小；maculus 斑点，网眼，小斑点，略有斑点；maculosus 斑点的，多斑点的

Bulbophyllum corallinum 环唇石豆兰：corallinus 带珊瑚红色的；-inus/ -inum/ -ina/ -inos 相近，接近，相似，具有（通常指颜色）

Bulbophyllum crassipes 短耳石豆兰：crassi- ← crassus 厚的，粗的，多肉质的；pes/ pedis 柄，梗，茎秆，腿，足，爪（作词首或词尾，pes 的词干视为 "ped-"）

Bulbophyllum cylindraceum 大苞石豆兰：cylindraceus 圆柱状的；-aceus/ -aceum/ -acea 相似的，有……性质的，属于……的

Bulbophyllum delitescens 直唇卷瓣兰：delitescens 隐匿的；delitesco 隐蔽，隐藏

Bulbophyllum drymoglossum 圆叶石豆兰：drymos 森林；glossus 舌，舌状的；Drymoglossum 抱树莲属（水龙骨科）

Bulbophyllum echinulum 钻柱石豆兰：echinulus = echinus + ulus 刺猬状的，海胆状的（比喻果实被短芒刺）；echinus ← echinos → echino-/ echin- 刺猬，海胆

Bulbophyllum elatum 高茎卷瓣兰：elatus 高的，梢端的

Bulbophyllum emarginatum 匍茎卷瓣兰：emarginatus 先端稍裂的，凹头的；marginatus ←

margo 边缘的，具边缘的；margo/ marginis →
margin- 边缘，边线，界界；词尾为 -go 的词其词干
末尾视为 -gin；e-/ ex- 不，无，非，缺乏，不具有
（e- 用在辅音字母前，ex- 用在元音字母前，为拉丁
语词首，对应的希腊语词首为 a-/ an-，英语为 un-/
-less，注意作词首用的 e-/ ex- 和介词 e/ ex 意思不
同，后者意为"出自、从……、由……离开、由于、
依照"）

Bulbophyllum eublepharum 墨脱石豆兰：
eublepharum 美丽缘毛的；eu- 好的，秀丽的，真的，
正确的，完全的；blepharus ← blepharis 睫毛，缘
毛，流苏（希腊语，比喻缘毛）

Bulbophyllum fenghuangshanianum 凤凰山石豆
兰：fenghuangshanianum 凤凰山的（地名，中国有
很多个"凤凰山"，其中凤凰山石豆兰的采集地为台
湾南投县的凤凰山，凤凰山薹草的采集地为广西河
池市的凤凰山）

Bulbophyllum fordii 狭唇卷瓣兰：fordii ←
Charles Ford（人名）

Bulbophyllum formosanum （台湾石豆兰）：
formosanus = formosus + anus 美丽的，台湾的；
formosus ← formosa 美丽的，台湾的（葡萄牙殖民
者发现台湾时对其的称呼，即美丽的岛屿）；-anus/
-anum/ -ana 属于，来自（形容词词尾）

Bulbophyllum forrestii 尖角卷瓣兰：forrestii ←
George Forrest（人名，1873–1932，英国植物学家，
曾在中国西部采集大量植物标本）

Bulbophyllum funingense 富宁卷瓣兰：
funingense 富宁的（地名，云南省）

Bulbophyllum gongshanense 贡山卷瓣兰：
gongshanense 贡山的（地名，云南省）

Bulbophyllum griffithii 短齿石豆兰：griffithii ←
William Griffith（人名，19 世纪印度植物学家，加
尔各答植物园主任）

Bulbophyllum guttulatum 钻齿卷瓣兰：
guttulatus = gutta + ulus + atus 具小油滴的，具
小油点的，具小树脂滴的；guttulus 小油滴，小油
点；gutta 小油滴，汁液滴；-ulus/ -ulum/ -ula 小
的，略微的，稍微的（小词 -ulus 在字母 e 或 i 之后
有多种变缀，即 -olus/ -olum/ -ola、-ellus/ -ellum、
-ella、-illus/ -illum/ -illa，与第一变格法和第二变格
法名词形成复合词）

Bulbophyllum gymnopus 线瓣石豆兰：gymn-/
gymno- ← gymnos 裸露的；-pus ← pous 腿，足，
爪，柄，茎

Bulbophyllum hainanense 海南石豆兰：
hainanense 海南的（地名）

Bulbophyllum haniffii 飘带石豆兰：haniffii（人
名）；-ii 表示人名，接在以辅音字母结尾的人名后
面，但 -er 除外

Bulbophyllum hastatum 戟唇石豆兰：hastatus 戟
形的，三尖头的（两侧基部有朝外的三角形裂片）；
hasta 长矛，标枪

Bulbophyllum helenae 角萼卷瓣兰：helenae（人
名）；-ae 表示人名，以 -a 结尾的人名后面加上 -e
形成

Bulbophyllum hennanense 河南卷瓣兰：
hennanense 河南的（地名，已修订为 henanense）

Bulbophyllum hirtum 落叶石豆兰：hirtus 有毛的，
粗毛的，刚毛的（长而明显的毛）

Bulbophyllum hirundinis 莲花卷瓣兰：
hirundinis ← hirundo 无足鸟

Bulbophyllum insulsoides 穗花卷瓣兰：insulsoides
像 insulsum 的；Bulbophyllum insulsum 瓶壶卷瓣
兰；-oides/ -oideus/ -oideum/ -oidea/ -odes/ -eidos
像……的，类似……的，呈……状的（名词词尾）

Bulbophyllum insulsum 瓶壶卷瓣兰：insulsus =
in + salsus 乏味的，平淡无味的，无盐的；in-/ im-
（来自 il- 的音变）内，在内，内部，向内，相反，不，
无，非；il- 在内，向内，为，相反（希腊语为 en-）；
词首 il- 的音变：il-（在 l 前面），im-（在 b、m、p
前面），in-（在元音字母和大多数辅音字母前面），
ir-（在 r 前面），如 illaudatus（不值得称赞的，评
价不好的），impermeabilis（不透水的，穿不透的），
ineptus（不合适的），insertus（插入的），irretortus
（无弯曲的，无扭曲的）；salsus 含盐的，多盐的

Bulbophyllum japonicum 瘤唇卷瓣兰：japonicum
日本的（地名）；-icus/ -icum/ -ica 属于，具有某种
特性（常用于地名、起源、生境）

Bulbophyllum jingdongense 景东卷瓣兰：
jingdongense 景东的（地名，云南省）

Bulbophyllum khaoyaiense 白花卷瓣兰：
khaoyaiense（地名，泰国）

Bulbophyllum khasyanum 卷苞石豆兰：
khasyanum ← Khasya 喀西的，卡西的（地名，印
度阿萨姆邦）

Bulbophyllum kwangtungense 广东石豆兰：
kwangtungense 广东的（地名）

Bulbophyllum ledungense 乐东石豆兰：
ledungense 乐东的（地名，海南省）

Bulbophyllum leopardinum 短莛石豆兰：
leopardinus 豹子的，豹子斑点的；-inus/ -inum/
-ina/ -inos 相近，接近，相似，具有（通常指颜色）

Bulbophyllum levinei 齿瓣石豆兰：levinei ← N.
D. Levine（人名）

Bulbophyllum linchianum 邵氏卷瓣兰：
linchianum（人名）

Bulbophyllum longibrachiatum 长臂卷瓣兰：
longibrachiatus 长臂的；longe-/ longi- ← longus 长
的，纵向的；brach- ← brachium 臂，一臂之长的
（臂长约 65 cm）；-atus/ -atum/ -ata 属于，相似，
具有，完成（形容词词尾）；brachiatus 交互对生枝
条的，具臂的

Bulbophyllum macraei 乌来卷瓣兰：macraei
（人名）

Bulbophyllum melanoglossum 紫纹卷瓣兰：
mel-/ mela-/ melan-/ melano- ← melanus/
melaenus ← melas/ melanos 黑色的，浓黑色的，暗
色的；glossus 舌，舌状的

**Bulbophyllum melanoglossum var.
melanoglossum** 紫纹卷瓣兰-原变种 （词义见上面
解释）

**Bulbophyllum melanoglossum var.
rubropunctatum** 红斑石豆兰：rubr-/ rubri-/
rubro- ← rubrus 红色；punctatus = punctus +
atus 具斑点的；punctus 斑点

Bulbophyllum menghaiense 勐海石豆兰（勐 měng）：menghaiense 勐海的（地名，云南省）

Bulbophyllum menglaense 勐腊石豆兰：menglaense 勐腊的（地名，云南省）

Bulbophyllum mengyuanense 勐远石豆兰：mengyuanense 勐远的（地名，云南省）

Bulbophyllum menlunense 勐仑石豆兰：menlunense 勐仑的（地名，云南省）

Bulbophyllum nigrescens 钩梗石豆兰：nigrus 黑色的；niger 黑色的；-escens/ -ascens 改变，转变，变成，略微，带有，接近，相似，大致，稍微（表示变化的趋势，并未完全相似或相同，有别于表示达到完成状态的 -atus）

Bulbophyllum obtusangulum 黄花卷瓣兰：obtusangulus 钝棱角的；obtusus 钝的，钝形的，略带圆形的；angulus 角，棱角，角度，角落

Bulbophyllum odoratissimum 密花石豆兰：odorati- ← odoratus 香气的，气味的；-issimus/ -issima/ -issimum 最，非常，极其（形容词最高级）

Bulbophyllum omerandrum 毛药卷瓣兰：omerandrus 毛药的；andrus/ andros/ antherus ← aner 雄蕊，花药，雄性

Bulbophyllum orientale 麦穗石豆兰：orientale/ orientalis 东方的；oriens 初升的太阳，东方

Bulbophyllum otoglossum 德钦石豆兰：otoglossus 耳状舌的；otos 耳朵；glossus 舌，舌状的

Bulbophyllum pectenveneris 斑唇卷瓣兰：pectenveneris 维纳斯的梳子；pecten 梳子，牙齿；pectini-/ pectino-/ pectin- ← pecten 篦子，梳子；veneris ← Venus 金星，维纳斯（希腊女神）

Bulbophyllum pectinatum 长足石豆兰：pectinatus/ pectinaceus 栉齿状的；pectini-/ pectino-/ pectin- ← pecten 篦子，梳子；-aceus/ -aceum/ -acea 相似的，有……性质的，属于……的

Bulbophyllum pectinatum var. pectinatum 长足石豆兰-原变种 （词义见上面解释）

Bulbophyllum pectinatum var. transarisanense 阿里山石豆兰：transarisanense 穿越阿里山的；tran-/ trans- 横过，远侧边，远方，在那边；arisanense 阿里山的（地名，属台湾省）

Bulbophyllum poilanei 球花石豆兰：poilanei（人名，法国植物学家）

Bulbophyllum polyrhizum 锥茎石豆兰：polyrhizum 多根的（缀词规则：-rh- 接在元音字母后面构成复合词时要变成 -rrh-，故该词宜改为 "polyrrhizum"）；poly- ← polys 多个，许多（希腊语，拉丁语为 multi-）；rhizus 根，根状茎

Bulbophyllum psittacoglossum 滇南石豆兰：psittacus 鹦鹉；glossus 舌，舌状的

Bulbophyllum pteroglossum 曲萼石豆兰：pterus/ pteron 翅，翼，蕨类；glossus 舌，舌状的

Bulbophyllum quadrangulum 浙杭卷瓣兰：quadri-/ quadr- 四，四数（希腊语为 tetra-/ tetr-）；angulus 角，棱角，角度，角落

Bulbophyllum reflexipetalum 反瓣卷瓣兰：reflexipetalus 反曲瓣的；reflexus 反曲的，后曲的；re- 返回，相反，再次，重复，向后，回头；flexus ← flecto 扭曲的，卷曲的，弯弯曲曲的，柔性

的；flecto 弯曲，使扭曲；petalus/ petalum/ petala ← petalon 花瓣

Bulbophyllum reptans 伏生石豆兰：reptans/ reptus ← repo 匍匐的，匍匐生根的

Bulbophyllum retusiusculum 薜叶卷瓣兰：retusus 微凹的；-usculus ← -culus 小的，略微的，稍微的（小词 -culus 和某些词构成复合词时变成 -usculus）

Bulbophyllum retusiusculum var. retusiusculum 薜叶卷瓣兰-原变种 （词义见上面解释）

Bulbophyllum retusiusculum var. tigridum 虎斑卷瓣兰：tigridus 老虎的，像老虎的，虎斑的；tigris 老虎

Bulbophyllum riyanum 白花石豆兰：riyanum（人名）

Bulbophyllum rothschildianum 美花卷瓣兰（种加词有时错印为 "rothschildianum"）：rothschildianum ← Baron Rothschild 罗斯柴尔德男爵（人名，20 世纪英国博物学家、动物学家）；-i-（复合词连接成分）；-anus/ -anum/ -ana 属于，来自（形容词词尾）

Bulbophyllum rubrolabellum 红心石豆兰：rubr-/ rubri-/ rubro- ← rubrus 红色；labellus 唇瓣

Bulbophyllum rufinum 窄苞石豆兰：rufinum = rufus + inus 红褐色的，发红的；ruf-/ rufi-/ frufo- ← rufus/ rubus 红褐色的，锈色的，红色的，发红的，淡红色的；-inus/ -inum/ -ina/ -inos 相近，接近，相似，具有（通常指颜色）

Bulbophyllum secundum （单侧石豆兰）：secundus/ secumdus 生于单侧的，花柄一侧着花的，沿着……，顺着……

Bulbophyllum setaceum 鹳冠卷瓣兰（鹳 guàn，冠 guān）：setus/ saetus 刚毛，刺毛，芒刺；-aceus/ -aceum/ -acea 相似的，有……性质的，属于……的

Bulbophyllum shanicum 二叶石豆兰：shanicum 掸邦的（地名，缅甸）

Bulbophyllum shweliense 伞花石豆兰：shweliense 瑞丽的（地名，云南省）

Bulbophyllum spathaceum 柄叶石豆兰：spathaceus 佛焰苞状的；spathus 佛焰苞，薄片，刀剑；-aceus/ -aceum/ -acea 相似的，有……性质的，属于……的

Bulbophyllum spathulatum 匙萼卷瓣兰（匙 chí）：spathulatus = spathus + ulus + atus 匙形的，佛焰苞状的，小佛焰苞；spathus 佛焰苞，薄片，刀剑

Bulbophyllum sphaericum 球茎卷瓣兰：sphaericus 球的，球形的

Bulbophyllum stenobulbon 短足石豆兰：sten-/ steno- ← stenus 窄的，狭的，薄的；bulbon ← bulbos 球，球形，球茎，鳞茎

Bulbophyllum striatum 细柄石豆兰：striatus = stria + atus 有条纹的，有细沟的；stria 条纹，线条，细纹，细沟

Bulbophyllum suavissimum 直莛石豆兰：suavis/ suave 甜的，愉快的，高兴的，有魅力的，漂亮的；-issimus/ -issima/ -issimum 最，非常，极其（形容词最高级）

B

Bulbophyllum subparviflorum 少花石豆兰：subparviflorum 像 parviflorum 的，近似小花的；Bulbophyllum parviflorum 小花石豆兰；sub-（表示程度较弱）与……类似，几乎，稍微，弱，亚，之下，下面；parvi-/ parv- ← parvus 小的；florus/ florum/ flora ← flos 花（用于复合词）

Bulbophyllum sutepense 聚株石豆兰：sutepense（地名，泰国）

Bulbophyllum taeniophyllum 带叶卷瓣兰：taenius 绸带，纽带，条带状的；phyllus/ phyllum/ phylla ← phyllon 叶片（用于希腊语复合词）；Taeniophyllum 带叶兰属（兰科）

Bulbophyllum taitungianum 台东石豆兰：taitungianum 台东的（地名，属台湾省）

Bulbophyllum taiwanense 台湾卷瓣兰：taiwanense 台湾的（地名）

Bulbophyllum tengchongense 云北石豆兰：tengchongense 腾冲的（地名，云南省）

Bulbophyllum tokioi 小叶石豆兰：tokioi（日文）

Bulbophyllum triste 球茎石豆兰：triste ← tristis 暗淡的（指颜色），悲惨的

Bulbophyllum tseanum 香港卷瓣兰：tseanum ← Tse Dor 次多（人名）

Bulbophyllum umbellatum 伞花卷瓣兰：umbellatus = umbella + atus 伞形花序的，具伞的；umbella 伞形花序

Bulbophyllum unciniferum 直立卷瓣兰：unciniferum 具钩的；uncinus = uncus + inus 钩状的，倒刺，刺；uncus 钩，倒钩刺；-inus/ -inum/ -ina/ -inos 相近，接近，相似，具有（通常指颜色）；-ferus/ -ferum/ -fera/ -fero/ -fere/ -fer 有，具有，产（区别：作独立词使用的 ferus 意思是"野生的"）

Bulbophyllum violaceolabellum 等萼卷瓣兰：violaceus 紫红色的，紫堇色的，堇菜状的；Viola 堇菜属（堇菜科）；-aceus/ -aceum/ -acea 相似的，有……性质的，属于……的；labellus 唇瓣

Bulbophyllum wallichii 双叶卷瓣兰：wallichii ← Nathaniel Wallich（人名，19 世纪初丹麦植物学家、医生）

Bulbophyllum wightii 睫毛卷瓣兰：wightii ← Robert Wight（人名，19 世纪英国医生、植物学家）

Bulbophyllum yarlungzangboense 雅鲁藏布江石豆兰：yarlungzangboense 雅鲁藏布江的（河流名，西藏自治区）

Bulbophyllum yuanyangense 元阳石豆兰：yuanyangense 元阳的（地名，云南省）

Bulbophyllum yunnanense 蒙自石豆兰（蒙 méng）：yunnanense 云南的（地名）

Bulbostylis 球柱草属（莎草科）（11：p69）：bulbostylis 花柱鳞茎状的（花柱基部鳞茎状膨大）；bulbus 球，球形，球茎，鳞茎；stylus/ stylis ← stylos 柱，花柱

Bulbostylis barbata 球柱草：barbatus = barba + atus 具胡须的，具须毛的；barba 胡须，髯毛，绒毛；-atus/ -atum/ -ata 属于，相似，具有，完成（形容词词尾）

Bulbostylis densa 丝叶球柱草：densus 密集的，繁茂的

Bulbostylis puberula 毛鳞球柱草：puberulus = puberus + ulus 略被柔毛的，被微柔毛的；puberus 多毛的，毛茸茸的；-ulus/ -ulum/ -ula 小的，略微的，稍微的（小词 -ulus 在字母 e 或 i 之后有多种变缀，即 -olus/ -olum/ -ola、-ellus/ -ellum/ -ella、-illus/ -illum/ -illa，与第一变格法和第二变格法名词形成复合词）

Bulleyia 蜂腰兰属（兰科）（18：p407）：bulleyia（人名）

Bulleyia yunnanensis 蜂腰兰：yunnanensis 云南的（地名）

Bunias 匙荠属（匙荠 chí jì）（十字花科）（33：p116）：bunias ← bounos 丘陵（指生境，希腊语）

Bunias cochlearioides 匙荠：cochlearioides 匙形的，像岩荠的；Cochlearia 岩荠属；-oides/ -oideus/ -oideum/ -oidea/ -odes/ -eidos 像……的，类似……的，呈……状的（名词词尾）

Bunias orientalis 疣果匙荠：orientalis 东方的；oriens 初升的太阳，东方

Buphthalmum 牛眼菊属（菊科）（75：p316）：buphthalmum = bous 牛 ophthalmos 牛眼；bous 公牛；ophthalmos 眼

Buphthalmum salicifolium 牛眼菊：salici ← Salix 柳属；构词规则：以 -ix/ -iex 结尾的词其词干末尾视为 -ic，以 -ex 结尾视为 -i/ -ic，其他以 -x 结尾视为 -c；folius/ folium/ folia 叶，叶片（用于复合词）

Bupleurum 柴胡属（伞形科）（55-1：p215）：bupleurum 牛肋状的（比喻叶片着生方式）；bous 公牛；pleurus ← pleuron 肋，脉，肋状的，侧生的

Bupleurum alatum 翅果柴胡：alatus → ala-/ alat-/ alati-/ alato- 翅，具翅的，具翼的；反义词：exalatus 无翼的，无翅的

Bupleurum angustissimum 线叶柴胡：angusti- ← angustus 窄的，狭的，细的；-issimus/ -issima/ -issimum 最，非常，极其（形容词最高级）

Bupleurum aureum 金黄柴胡：aureus = aurus + eus 属于金色的，属于黄色的；aurus 金，金色；-eus/ -eum/ -ea（接拉丁语词干时）属于……的，色如……的，质如……的（表示原料、颜色或品质的相似），（接希腊语词干时）属于……的，以……出名，为……所占有（表示具有某种特性）

Bupleurum aureum var. breviinvolucratum 短苞金黄柴胡：brevi- ← brevis 短的（用于希腊语复合词词首）；involucratus = involucrus + atus 有总苞的；involucrus 总苞，花苞，包被

Bupleurum bicaule 锥叶柴胡：bi-/ bis- 二，二数，二回（希腊语为 di-）；caulus/ caulon/ caule ← caulos 茎，茎秆，主茎

Bupleurum candollei 川滇柴胡：candollei ← Augustin Pyramus de Candolle（人名，19 世纪瑞典植物学家）

Bupleurum candollei var. atropurpureum 紫红川滇柴胡：atropurpureus 暗紫色的；atro-/ atr-/ atri-/ atra- ← ater 深色，浓色，暗色，发黑（ater 作为词干后接辅音字母开头的词时，要在词干后面加一个连接用的元音字母"o"或"i"，故为"ater-o-"或"ater-i-"，变形为"atr-"开头）；purpureus = purpura + eus 紫色的；purpura 紫色

B

（purpura 原为一种介壳虫名，其体液为紫色，可作颜料）；-eus/ -eum/ -ea（接拉丁语词干时）属于……的，色如……的，质如……的（表示原料、颜色或品质的相似），（接希腊语词干时）属于……的，以……出名，为……所占有（表示具有某种特性）

Bupleurum candollei var. virgatissimum 多枝川滇柴胡：virgatus 细长枝条的，有条纹的，嫩枝状的；virga/ virgus 纤细枝条，细而绿的枝条；-atus/ -atum/ -ata 属于，相似，具有，完成（形容词词尾）；-issimus/ -issima/ -issimum 最，非常，极其（形容词最高级）

Bupleurum chaishoui 柴首：chaishoui 柴首（中文名）

Bupleurum chinense 北柴胡：chinense 中国的（地名）

Bupleurum chinense f. chiliosciadium 多伞北柴胡：chiliosciadium 千伞的，多伞的；chili-/ chilio- 千（形容众多）；sciadius ← sciados + ius 伞，伞形的，遮阴的；scias 伞，伞形的

Bupleurum chinense f. octoradiatum 百花山柴胡：octo-/ oct- 八（拉丁语和希腊语相同）；radiatus = radius + atus 辐射状的，放射状的；radius 辐射，射线，半径，边花，伞形花序

Bupleurum chinense f. pekinense 北京柴胡：pekinense 北京的（地名）

Bupleurum chinense f. vanheurckii 烟台柴胡：vanheurckii（人名）；-ii 表示人名，接在以辅音字母结尾的人名后面，但 -er 除外

Bupleurum commelynoideum 紫花鸭跖柴胡（跖 zhí）：commelynoideum（为 "commelinoideum" 的误拼）；Commelina 鸭跖草属（鸭跖草科）；-oides/ -oideus/ -oideum/ -oidea/ -odes/ -eidos 像……的，类似……的，呈……状的（名词词尾）

Bupleurum commelynoideum var. flaviflorum 黄花鸭跖柴胡：flavus → flavo-/ flavi-/ flav- 黄色的，鲜黄色的，金黄色的（指纯正的黄色）；florus/ florum/ flora ← flos 花（用于复合词）

Bupleurum condensatum 簇生柴胡：condensatus = co + densus + atus 密集的，收缩的；co- 联合，共同，合起来（拉丁语词首，为 cum- 的音变，表示结合、强化、完全，对应的希腊语为 syn-）；co- 的缀词音变有 co-/ com-/ con-/ col-/ cor-：co-（在 h 和元音字母前面），col-（在 l 前面），com-（在 b、m、p 之前），con-（在 c、d、f、g、j、n、qu、s、t 和 v 前面），cor-（在 r 前面）；densus 密集的，繁茂的

Bupleurum dalhousieanum 匍枝柴胡：dalhousieanum ← Dalhousie（人名）

Bupleurum densiflorum 密花柴胡：densus 密集的，繁茂的；florus/ florum/ flora ← flos 花（用于复合词）

Bupleurum dielsianum 太白柴胡：dielsianum ← Friedrich Ludwig Emil Diels（人名，20 世纪德国植物学家）

Bupleurum euphorbioides 大苞柴胡：Euphorbia 大戟属（大戟科）；-oides/ -oideus/ -oideum/ -oidea/ -odes/ -eidos 像……的，类似……的，呈……状的（名词词尾）

Bupleurum exaltatum 新疆柴胡：exaltatus = ex + altus + atus 非常高的（比 elatus 程度还高）；e/ ex 出自，从……，由……离开，由于，依照（拉丁语介词，相当于英语的 from，对应的希腊语为 a/ ab，注意介词 e/ ex 所作词首用的 e-/ ex- 意思不同，后者意为 "不、无、非、缺乏、不具有"）；altus 高度，高的

Bupleurum gracilipes 细柄柴胡：gracilis 细长的，纤弱的，丝状的；pes/ pedis 柄，梗，茎秆，腿，足，爪（作词首或词尾，pes 的词干视为 "ped-"）

Bupleurum gracillimum 纤细柴胡：gracillimus 极细长的，非常纤细的；gracilis 细长的，纤弱的，丝状的；-limus/ -lima/ -limum 最，非常，极其（以 -ilis 结尾的形容词最高级，将末尾的 -is 换成 l + imus，从而构成 -illimus）

Bupleurum komarovianum 长白柴胡：komarovianum ← Vladimir Leontjevich Komarov 科马洛夫（人名，1869–1945，俄国植物学家）

Bupleurum krylovianum 阿尔泰柴胡：krylovianum（人名）

Bupleurum kweichowense 贵州柴胡：kweichowense 贵州的（地名）

Bupleurum longicaule 长茎柴胡：longe-/ longi- ← longus 长的，纵向的；caulus/ caulon/ caule ← caulos 茎，茎秆，主茎

Bupleurum longicaule var. amplexicaule 抱茎柴胡：amplexi- 跨骑状的，紧握的，抱紧的；caulus/ caulon/ caule ← caulos 茎，茎秆，主茎

Bupleurum longicaule var. franchetii 空心柴胡：franchetii ← A. R. Franchet（人名，19 世纪法国植物学家）

Bupleurum longicaule var. giraldii 秦岭柴胡：giraldii ← Giuseppe Giraldi（人名，19 世纪活动于中国的意大利传教士）

Bupleurum longicaule var. strictum 坚挺柴胡：strictus 直立的，硬直的，笔直的，彼此靠拢的

Bupleurum longiradiatum 大叶柴胡：longe-/ longi- ← longus 长的，纵向的；radiatus = radius + atus 辐射状的，放射状的；radius 辐射，射线，半径，边花，伞形花序

Bupleurum longiradiatum var. breviradiatum 短伞大叶柴胡：brevi- ← brevis 短的（用于希腊语复合词词首）；radiatus = radius + atus 辐射状的，放射状的；radius 辐射，射线，半径，边花，伞形花序

Bupleurum longiradiatum var. longiradiatum f. australe 南方大叶柴胡：australe 南方的，大洋洲的；austro-/ austr- 南方的，南半球的，大洋洲的；auster 南方，南风；-aris（阳性、阴性）/ -are（中性）← -alis（阳性、阴性）/ -ale（中性）属于，相似，如同，具有，涉及，关于，联结于（将名词作形容词用，其中 -aris 常用于以 l 或 r 为词干末尾的词）

Bupleurum longiradiatum var. porphyranthum 紫花大叶柴胡：porphyr-/ porphyro- 紫色；anthus/ anthum/ antha/ anthe ← anthos 花（用于希腊语复合词）

Bupleurum malconense 马尔康柴胡：malconense 马尔康的（地名，四川省）

Bupleurum marginatum 竹叶柴胡：
marginatus ← margo 边缘的，具边缘的；margo/ marginis → margin- 边缘，边线，边界；词尾为 -go 的词其词干末尾视为 -gin

Bupleurum marginatum var. stenophyllum 窄竹叶柴胡：sten-/ steno- ← stenus 窄的，狭的，薄的；phyllus/ phyllum/ phylla ← phyllon 叶片（用于希腊语复合词）

Bupleurum microcephalum 马尾柴胡：micr-/ micro- ← micros 小的，微小的，微观的（用于希腊语复合词）；cephalus/ cephale ← cephalos 头，头状花序

Bupleurum petiolulatum 有柄柴胡：
petiolulatus = petiolus + ulus + atus 具小叶柄的；petiolus 叶柄；-ulus/ -ulum/ -ula 小的，略微的，稍微的（小词 -ulus 在字母 e 或 i 之后有多种变缀，即 -olus/ -olum/ -ola、-ellus/ -ellum/ -ella、-illus/ -illum/ -illa，与第一变格法和第二变格法名词形成复合词）；-atus/ -atum/ -ata 属于，相似，具有，完成（形容词词尾）

Bupleurum petiolulatum var. tenerum 细茎有柄柴胡：tenerus 柔软的，娇嫩的，精美的，雅致的，纤细的

Bupleurum pusillum 短茎柴胡：pusillus 纤弱的，细小的，无价值的

Bupleurum rockii 丽江柴胡：rockii ← Joseph Francis Charles Rock（人名，20 世纪美国植物采集员）

Bupleurum scorzonerifolium 红柴胡：Scorzonera 鸦葱属（菊科）；folius/ folium/ folia 叶，叶片（用于复合词）

Bupleurum scorzonerifolium f. longiradiatum 长伞红柴胡：longe-/ longi- ← longus 长的，纵向的；radiatus = radius + atus 辐射状的，放射状的；radius 辐射，射线，半径，边花，伞形花序

Bupleurum scorzonerifolium f. pauciflorum 少花红柴胡：pauci- ← paucus 少数的，少的（希腊语为 oligo-）；florus/ florum/ flora ← flos 花（用于复合词）

Bupleurum sibiricum 兴安柴胡：sibiricum 西伯利亚的（地名，俄罗斯）；-icus/ -icum/ -ica 属于，具有某种特性（常用于地名、起源、生境）

Bupleurum sibiricum var. jeholense 雾灵柴胡：jeholense 热河的（地名，旧省名，跨现在的内蒙古自治区、河北省、辽宁省）

Bupleurum smithii 黑柴胡：smithii ← James Edward Smith（人名，1759–1828，英国植物学家）

Bupleurum smithii var. auriculatum 耳叶黑柴胡：auriculatus 耳形的，具小耳的（基部有两个小圆片）；auriculus 小耳朵的，小耳状的；auritus 耳朵的，耳状的；-culus/ -culum/ -cula 小的，略微的，稍微的（同第三变格法和第四变格法名词形成复合词）；-atus/ -atum/ -ata 属于，相似，具有，完成（形容词词尾）

Bupleurum smithii var. parvifolium 小叶黑柴胡：parvifolius 小叶的；parvus 小的，些微的，弱的；folius/ folium/ folia 叶，叶片（用于复合词）

Bupleurum tenue 小柴胡：tenue 薄的，纤细的，弱的，瘦的，窄的

Bupleurum tenue var. humile 矮小柴胡：humile 矮的

Bupleurum tenue var. paucefulcrans 三苞小柴胡：pauce 少，稀；fulcrans 有支持物的，有副器的（如刺、卷须、托叶等）

Bupleurum tianschanicum 天山柴胡：tianschanicum 天山的（地名，新疆维吾尔自治区）；-icus/ -icum/ -ica 属于，具有某种特性（常用于地名、起源、生境）

Bupleurum triradiatum 三辐柴胡：tri-/ tripli-/ triplo- 三个，三数；radiatus = radius + atus 辐射状的，放射状的；radius 辐射，射线，半径，边花，伞形花序

Bupleurum wenchuanense 汶川柴胡（汶 wèn）：wenchuanense 汶川的（地名，四川省）

Bupleurum yinchowense 银州柴胡：yinchowense 银州的（地名，陕西省榆林市横山区的旧称）

Bupleurum yunnanense 云南柴胡：yunnanense 云南的（地名）

Burmannia 水玉簪属（簪 zān）（水玉簪科）（16-2：p170）：burmannia ← Joh. Murmann（人名，1706–1779，荷兰医生、植物学家）

Burmannia championii 头花水玉簪：championii ← John George Champion（人名，19 世纪英国植物学家，研究东亚植物）

Burmannia coelestis 三品一枝花：coelestinus/ coelestis/ coeles/ caelestinus/ caelestis/ caeles 天空的，天上的，云端的，天蓝色的

Burmannia cryptopetala 透明水玉簪：cryptopetala 匿瓣的，花瓣隐藏的；cryptos 隐藏；petalus/ petalum/ petala ← petalon 花瓣

Burmannia decurrens 下延水玉簪：decurrens 下延的；decur- 下延的

Burmannia disticha 水玉簪：distichus 二列的；di-/ dis- 二，二数，二分，分离，不同，在……之间，从……分开（希腊语，拉丁语为 bi-/ bis-）；stichus ← stichon 行列，队列，排列

Burmannia itoana 纤草：itoana 伊藤（日本人名）

Burmannia nepalensis 宽翅水玉簪：nepalensis 尼泊尔的（地名）

Burmannia oblonga 裂萼水玉簪：oblongus = ovus + longus 长椭圆形的（ovus 的词干 ov- 音变为 ob-）；ovus 卵，胚珠，卵形的，椭圆形的；longus 长的，纵向的

Burmannia pusilla var. hongkongensis 香港水玉簪：pusillus 纤弱的，细小的，无价值的；hongkongensis 香港的（地名）

Burmannia wallichii 亭立：wallichii ← Nathaniel Wallich（人名，19 世纪初丹麦植物学家、医生）

Burmanniaceae 水玉簪科（16-2：p169）：Burmannia 水玉簪属；-aceae（分类单位科的词尾，为 -aceus 的阴性复数主格形式，加到模式属的名称后或同义词的词干后以组成族群名称）

Burretiodendron 柄翅果属（椴树科）（49-1：p118）：burretio ← Max Burret（人名，20 世纪棕榈类植物专家）；dendron 树木

Burretiodendron esquirolii 柄翅果：esquirolii（人名）；-ii 表示人名，接在以辅音字母结尾的人名后面，但 -er 除外

Burretiodendron longistipitatum 长柄翅果：longistipitatus 具长柄的；longe-/ longi- ← longus 长的，纵向的；stipitus 柄，梗；-atus/ -atum/ -ata 属于，相似，具有，完成（形容词词尾）；stipitatus = stipitus + atus 具柄的

Burseraceae 橄榄科（43-3：p17）：Bursera 裂榄属；bursera ← Joachim Burser（人名，17 世纪德国植物学家）；-aceae（分类单位科的词尾，为 -aceus 的阴性复数主格形式，加到模式属的名称后或同义词的词干后以组成族群名称）

Butea 紫矿属（豆科）（41：p186）：butea ← Earl Bute（人名，1713–1792，英国皇家植物园主任，园艺学家）（除 a 以外，以元音字母结尾的人名作属名时在末尾加 a）

Butea braamiana 绒毛紫矿：braamiana（人名）

Butea monosperma 紫矿：mono-/ mon- ← monos 一个，单一的（希腊语，拉丁语为 unus/ uni-/ uno-）；spermus/ spermum/ sperma 种子的（用于希腊语复合词）

Butomaceae 花蔺科（8：p146）：Butomus 花蔺属；-aceae（分类单位科的词尾，为 -aceus 的阴性复数主格形式，加到模式属的名称后或同义词的词干后以组成族群名称）

Butomopsis 拟花蔺属（花蔺科）（8：p147）：butomopsis 像花蔺的；Butomus 花蔺属（花蔺科）；-opsis/ -ops 相似，稍微，带有

Butomopsis latifolia 拟花蔺：lati-/ late- ← latus 宽的，宽广的；folius/ folium/ folia 叶，叶片（用于复合词）

Butomus 花蔺属（花蔺科）（8：p146）：butomus 尖锐的牛角（指叶形状）；bous 公牛；tomus ← tomos 小片，片段，卷册（书）

Butomus umbellatus 花蔺（蔺 lìn）：umbellatus = umbella + atus 伞形花序的，具伞的；umbella 伞形花序

Butyrospermum 牛油果属（山榄科）（60-1：p57）：butyrum 奶油，乳酪；spermus/ spermum/ sperma 种子的（用于希腊语复合词）

Butyrospermum parkii 牛油果：parkii（人名）；-ii 表示人名，接在以辅音字母结尾的人名后面，但 -er 除外

Buxaceae 黄杨科（45-1：p16）：Buxus 黄杨属；-aceae（分类单位科的词尾，为 -aceus 的阴性复数主格形式，加到模式属的名称后或同义词的词干后以组成族群名称）

Buxus 黄杨属（黄杨科）（45-1：p17）：buxus 黄杨（古拉丁名）

Buxus austro-yunnanensis 滇南黄杨：austro-/ austr- 南方的，南半球的，大洋洲的；auster 南方，南风；yunnanensis 云南的（地名）

Buxus bodinieri 雀舌黄杨：bodinieri ← Emile Marie Bodinieri（人名，19 世纪活动于中国的法国传教士）；-eri 表示人名，在以 -er 结尾的人名后面加上 i 形成

Buxus cephalantha 头花黄杨：cephalanthus 头状的，头状花序的；cephalus/ cephale ← cephalos 头，头状花序；cephal-/ cephalo- ← cephalus 头，头状，头部；anthus/ anthum/ antha/ anthe ← anthos 花（用于希腊语复合词）

Buxus cephalantha var. cephalantha 头花黄杨-原变种 （词义见上面解释）

Buxus cephalantha var. shantouensis 汕头黄杨：shantouensis 汕头的（地名，广东省）

Buxus hainanensis 海南黄杨：hainanensis 海南的（地名）

Buxus harlandii 匙叶黄杨（匙 chí）：harlandii ← William Aurelius Harland（人名，18 世纪英国医生，移居香港并研究中国植物）

Buxus hebecarpa 毛果黄杨：hebe- 柔毛；carpus/ carpum/ carpa/ carpon ← carpos 果实（用于希腊语复合词）

Buxus henryi 大花黄杨：henryi ← Augustine Henry 或 B. C. Henry（人名，前者，1857–1930，爱尔兰医生、植物学家，曾在中国采集植物，后者，1850–1901，曾活动于中国的传教士）

Buxus ichangensis 宜昌黄杨：ichangensis 宜昌的（地名，湖北省）

Buxus latistyla 阔柱黄杨：lati-/ late- ← latus 宽的，宽广的；stylus/ stylis ← stylos 柱，花柱

Buxus linearifolia 线叶黄杨：linearis = lineus + aris 线条的，线形的，线状的，亚麻状的；folius/ folium/ folia 叶，叶片（用于复合词）；-aris（阳性、阴性）/ -are（中性）← -alis（阳性、阴性）/ -ale（中性）属于，相似，如同，具有，涉及，关于，联结于（将名词作形容词用，其中 -aris 常用于以 l 或 r 为词干末尾的词）

Buxus megistophylla 大叶黄杨：megisto- 非常大的；phyllus/ phyllum/ phylla ← phyllon 叶片（用于希腊语复合词）

Buxus mollicula 软毛黄杨：molliculus 稍软的；molle/ mollis 软的，柔毛的；-culus/ -culum/ -cula 小的，略微的，稍微的（同第三变格法和第四变格法名词形成复合词）

Buxus mollicula var. glabra 变光软毛黄杨：glabrus 光秃的，无毛的，光滑的

Buxus mollicula var. mollicula 软毛黄杨-原变种（词义见上面解释）

Buxus myrica 杨梅黄杨：myrica ← myrike 柽柳（希腊语）（另一解释为来自一种具有芳香味的灌木的希腊语名 myrike，而这种灌木的名称可能源自 myrizein，意思是"芳香，香料"）；Myrica 杨梅属（杨梅科）

Buxus myrica var. angustifolia 狭叶杨梅黄杨：angusti- ← angustus 窄的，狭的，细的；folius/ folium/ folia 叶，叶片（用于复合词）

Buxus myrica var. myrica 杨梅黄杨-原变种 （词义见上面解释）

Buxus pubiramea 毛枝黄杨：pubi- ← pubis 细柔毛的，短柔毛的，毛被的；rameus = ramus + eus 枝条的，属于枝条的；ramus 分枝，枝条；-eus/ -eum/ -ea（接拉丁语词干时）属于……的，色如……的，质如……的（表示原料、颜色或品质的相似），（接希腊语词干时）属于……的，以……出

B

名，为……所占有（表示具有某种特性）

Buxus rugulosa 皱叶黄杨：rugulosus 被细皱纹的，布满小皱纹的；rugus/ rugum/ ruga 褶皱，皱纹，皱缩；-ulosus = ulus + osus 小而多的；-ulus/ -ulum/ -ula 小的，略微的，稍微的（小词 -ulus 在字母 e 或 i 之后有多种变缀，即 -olus/ -olum/ -ola、-ellus/ -ellum/ -ella、-illus/ -illum/ -illa，与第一变格法和第二变格法名词形成复合词）；-osus/ -osum/ -osa 多的，充分的，丰富的，显著发育的，程度高的，特征明显的（形容词词尾）

Buxus rugulosa subsp. rugulosa 皱叶黄杨-原亚种（词义见上面解释）

Buxus rugulosa subsp. rugulosa var. prostrata 平卧皱叶黄杨：prostratus/ pronus/ procumbens 平卧的，葡匐的

Buxus rugulosa subsp. rugulosa var. rugulosa 皱叶黄杨-原变种（词义见上面解释）

Buxus rugulosa subsp. rupicola 岩生黄杨：rupicolus/ rupestris 生于岩壁的，岩栖的；rup-/ rupi- ← rupes/ rupis 岩石的；colus ← colo 分布于，居住于，栖居，殖民（常作词尾）；colo/ colere/ colui/ cultum 居住，耕作，栽培

Buxus sempervirens（长青黄杨）：sempervirens 常绿的；semper 总是，经常，永久；virens 绿色的，变绿的

Buxus sinica 黄杨：sinica 中国的（地名）；-icus/ -icum/ -ica 属于，具有某种特性（常用于地名、起源、生境）

Buxus sinica subsp. aemulans 尖叶黄杨：aemulans 模仿的，类似的，媲美的

Buxus sinica var. parvifolia 小叶黄杨：parvifolius 小叶的；parvus 小的，些微的，弱的；folius/ folium/ folia 叶，叶片（用于复合词）

Buxus sinica subsp. sinica 黄杨-原亚种（词义见上面解释）

Buxus sinica subsp. sinica var. insularis（岛屿黄杨）：insularis 岛屿的；insula 岛屿；-aris（阳性、阴性）/ -are（中性）← -alis（阳性、阴性）/ -ale（中性）属于，相似，如同，具有，涉及，关于，联结于（将名词作形容词用，其中 -aris 常用于以 l 或 r 为词干末尾的词）

Buxus sinica subsp. sinica var. intermedia 中间黄杨：intermedius 中间的，中位的，中等的；inter- 中间的，在中间，之间；medius 中间的，中央的

Buxus sinica subsp. sinica var. pumila 矮生黄杨：pumilus 矮的，小的，低矮的，矮人的

Buxus sinica subsp. sinica var. sinica 黄杨-原变种（词义见上面解释）

Buxus sinica subsp. sinica var. vacciniifolia 越橘叶黄杨：vacciniifolia 越橘叶的；缀词规则：以属名作复合词时原词尾变形后的 i 要保留；Vaccinium 越橘属（杜鹃花科），乌饭树属；folius/ folium/ folia 叶，叶片（用于复合词）

Buxus stenophylla 狭叶黄杨：sten-/ steno- ← stenus 窄的，狭的，薄的；phyllus/ phyllum/ phylla ← phyllon 叶片（用于希腊语复合词）

Byttneria 刺果藤属（梧桐科）（49-2：p185）：byttneria（人名）

Byttneria aspera 刺果藤：asper/ asperus/ asperum/ aspera 粗糙的，不平的

Byttneria integrifolia 全缘刺果藤：integer/ integra/ integrum → integri- 完整的，整个的，全缘的；folius/ folium/ folia 叶，叶片（用于复合词）

Byttneria pilosa 粗毛刺果藤：pilosus = pilus + osus 多毛的，被柔毛的，具疏柔毛的，被短弱细毛的；pilus 毛，疏柔毛；-osus/ -osum/ -osa 多的，充分的，丰富的，显著发育的，程度高的，特征明显的（形容词词尾）

Cabomba 水盾草属（莼菜科）（增补）：cabomba（西班牙语土名）

Cabomba caroliniana 竹节水松：caroliniana 卡罗来纳的（地名，美国）

Cabombaceae 莼菜科（水盾草科）（增补）：Cabomba 水盾草属；cabomba（西班牙语土名）

Cachrys 绵果芹属（伞形科）（55-1：p208）：cachrys 炒干的大麦（指果的形状）

Cachrys macrocarpa 大果绵果芹：macro-/ macr- ← macros 大的，宏观的（用于希腊语复合词）；carpus/ carpum/ carpa/ carpon ← carpos 果实（用于希腊语复合词）

Cactaceae 仙人掌科（52-1：p272）：cactus 仙人掌（古拉丁名）；-aceae（分类单位科的词尾，为 -aceus 的阴性复数主格形式，加到模式属的名称后或同义词的词干后以组成族群名称）

Caesalpinia 云实属（豆科）（39：p96）：caesalpinia ← Andreas Caesalpini（人名，1519–1603，意大利植物学家）（除 -er 外，以辅音字母结尾的人名用作属名时在末尾加 -ia，如果人名词尾为 -us 则将词尾变成 -ia）

Caesalpinia bonduc 刺果苏木：bonduc 榛子（阿拉伯语）

Caesalpinia caesia 粉叶苏木：caesius 淡蓝色的，灰绿色的，蓝绿色的

Caesalpinia crista 华南云实：crista 鸡冠，山脊，网壁

Caesalpinia cucullata 见血飞（血 xuè）：cucullatus/ cuculatus 兜状的，勺状的，罩住的，头巾的；cucullus 外衣，头巾

Caesalpinia decapetala 云实：decapetalus 十个花瓣的；deca-/ dec- 十（希腊语，拉丁语为 decem-）；petalus/ petalum/ petala ← petalon 花瓣

Caesalpinia digyna 肉荚云实：digynus 二雌蕊的，二心皮的；di-/ dis- 二，二数，二分，分离，不同，在……之间，从……分开（希腊语，拉丁语为 bi-/ bis-）；gynus/ gynum/ gyna 雌蕊，子房，心皮

Caesalpinia enneaphylla 九羽见血飞：ennea- 九，九个（希腊语，相当于拉丁语的 noven-/ novem-）；phyllus/ phyllum/ phylla ← phyllon 叶片（用于希腊语复合词）

Caesalpinia hymenocarpa 膜荚见血飞：hymen-/ hymeno- 膜的，膜状的；carpus/ carpum/ carpa/ carpon ← carpos 果实（用于希腊语复合词）

Caesalpinia magnifoliolata 大叶云实：magn-/ magni- 大的；foliolatus = folius + ulus + atus 具小叶的，具叶片的；folius/ folium/ folia 叶，叶片（用于复合词）；-ulus/ -ulum/ -ula 小的，略微的，

C

稍微的（小词 -ulus 在字母 e 或 i 之后有多种变缀，即 -olus/ -olum/ -ola、-ellus/ -ellum/ -ella、-illus/ -illum/ -illa，与第一变格法和第二变格法名词形成复合词）；-atus/ -atum/ -ata 属于，相似，具有，完成（形容词词尾）

Caesalpinia millettii 小叶云实：millettii（人名）；-ii 表示人名，接在以辅音字母结尾的人名后面，但 -er 除外

Caesalpinia mimosoides 含羞云实：Mimosa 含羞草属（豆科）；-oides/ -oideus/ -oideum/ -oidea/ -odes/ -eidos 像……的，类似……的，呈……状的（名词词尾）

Caesalpinia minax 喙荚云实：minax/ minans 伸出的，突出的，恫吓的

Caesalpinia pulcherrima 洋金凤（原名"金凤花"，凤仙花科有重名）：pulcherrima 极美丽的，最美丽的；pulcher/pulcer 美丽的，可爱的；-rimus/ -rima/ -rimum 最，极，非常（词尾为 -er 的形容词最高级）

Caesalpinia sappan 苏木：sappan ← Sapang（马来西亚土名）

Caesalpinia sinensis 鸡嘴簕（簕 lè）：sinensis = Sina + ensis 中国的（地名）；Sina 中国

Caesalpinia tortuosa 扭果苏木：tortuosus 不规则拧劲的，明显拧劲的；tortus 拧劲，捻，扭曲；-osus/ -osum/ -osa 多的，充分的，丰富的，显著发育的，程度高的，特征明显的（形容词词尾）

Caesalpinia vernalis 春云实：vernalis 春天的，春天开花的；vernus 春天的，春天开花的；ver/ veris 春天，春季；-aris（阳性、阴性）/ -are（中性）← -alis（阳性、阴性）/ -ale（中性）属于，相似，如同，具有，涉及，关于，联结于（将名词作形容词用，其中 -aris 常用于以 l 或 r 为词干末尾的词）

Cajanus 木豆属（豆科）（41：p299）：cajanus ← catjang（印度马拉巴尔地区土名）

Cajanus cajan 木豆：cajan（马来西亚土名）

Cajanus crassus 虫豆：crassus 厚的，粗的，多肉质的

Cajanus goensis 硬毛虫豆：goensis（地名）

Cajanus grandiflorus 大花虫豆：grandi- ← grandis 大的；florus/ florum/ flora ← flos 花（用于复合词）

Cajanus mollis 长叶虫豆：molle/ mollis 软的，柔毛的

Cajanus niveus 白虫豆：niveus 雪白的，雪一样的；nivus/ nivis/ nix 雪，雪白色

Cajanus scarabaeoides 蔓草虫豆（蔓 màn）：scaraba 蜣螂；-oides/ -oideus/ -oideum/ -oidea/ -odes/ -eidos 像……的，类似……的，呈……状的（名词词尾）

Cajanus scarabaeoides var. argyrophyllus 白蔓草虫豆：argyr-/ argyro- ← argyros 银，银色的；phyllus/ phyllum/ phylla ← phyllon 叶片（用于希腊语复合词）

Cajanus scarabaeoides var. scarabaeoides 蔓草虫豆-原变种 （词义见上面解释）

Caladium 五彩芋属（天南星科）（13-2：p61）：caladium ← kaladi 五彩芋（印度尼西亚语名）

Caladium bicolor 五彩芋：bi-/ bis- 二，二数，二回（希腊语为 di-）；color 颜色

Calamagrostis 拂子茅属（禾本科）（9-3：p224）：calamagrostis = calamos + agrostis 芦苇状禾草；calamus ← calamos ← kalem 芦苇的，管子的，空心的；agrostis 草，禾草

Calamagrostis emodensis 单蕊拂子茅：emodensis ← Emodus 埃莫多斯山的（地名，属喜马拉雅山西坡，古希腊人对喜马拉雅山的称呼）

Calamagrostis epigeios 拂子茅：epigeios 地面生的；epi- 上面的，表面的，在上面；geios ← gaia 地面

Calamagrostis epigeios var. densiflora 密花拂子茅：densus 密集的，繁茂的；florus/ florum/ flora ← flos 花（用于复合词）

Calamagrostis epigeios var. epigeios 拂子茅-原变种 （词义见上面解释）

Calamagrostis epigeios var. parviflora 小花拂子茅：parviflorus 小花的；parvus 小的，些微的，弱的；florus/ florum/ flora ← flos 花（用于复合词）

Calamagrostis epigeios var. sylvatica 林中拂子茅：silvaticus/ sylvaticus 森林的，林地的；sylva/ silva 森林；-aticus/ -aticum/ -atica 属于，表示生长的地方，作名词词尾

Calamagrostis hedinii 短芒拂子茅：hedinii（人名）；-ii 表示人名，接在以辅音字母结尾的人名后面，但 -er 除外

Calamagrostis kengii 东北拂子茅：kengii（人名）；-ii 表示人名，接在以辅音字母结尾的人名后面，但 -er 除外

Calamagrostis macrolepis 大拂子茅：macro-/ macr- ← macros 大的，宏观的（用于希腊语复合词）；lepis/ lepidos 鳞片

Calamagrostis macrolepis var. macrolepis 大拂子茅-原变种 （词义见上面解释）

Calamagrostis macrolepis var. rigidula 刺秄拂子茅（秄 fū）：rigidulus 稍硬的；rigidus 坚硬的，不弯曲的，强直的；-ulus/ -ulum/ -ula 小的，略微的，稍微的（小词 -ulus 在字母 e 或 i 之后有多种变缀，即 -olus/ -olum/ -ola、-ellus/ -ellum/ -ella、-illus/ -illum/ -illa，与第一变格法和第二变格法名词形成复合词）

Calamagrostis pseudophragmites 假苇拂子茅：pseudophragmites 像芦苇的；pseudo-/ pseud- ← pseudos 假的，伪的，接近，相似（但不是）；Phragmites 芦苇属（禾本科）

Calamintha 新风轮属（唇形科）（66：p239）：calamintha 美丽的薄荷（指花形似薄荷）；call-/ calli-/ callo-/ cala-/ calo- ← calos/ callos 美丽的；minthe 薄荷

Calamintha debilis 新风轮：debilis 软弱的，脆弱的

Calamus 省藤属（棕榈科）（13-1：p60）：calamus ← calamos ← kalem 芦苇的，管子的，空心的

Calamus austro-guangxiensis 桂南省藤：austro-/ austr- 南方的，南半球的，大洋洲的；auster 南方，南风；guangxiensis 广西的（地名）

Calamus balansaeanus 小白藤：balansaeanus ← Benedict Balansa（人名，19 世纪法国植物采集员）

Calamus balansaeanus var. balansaeanus 小白藤-原变种 （词义见上面解释）

Calamus balansaeanus var. castaneolepis 褐鳞

C

省藤：Castanea 栗属（壳斗科）；castaneo- ← castaneus 棕色的，板栗色的；lepis/ lepidos 鳞片

Calamus bonianus 多穗白藤：bonianus（人名）

Calamus compsostachys 短轴省藤：compsus 美丽的，华丽的，雅致的；stachy-/ stachyo-/ -stachys/ -stachyus/ -stachyum/ -stachya 穗子，穗子的，穗子状的，穗状花序的

Calamus dianbaiensis 电白省藤：dianbaiensis 电白的（地名，广东省）

Calamus distichus 二列省藤：distichus 二列的；di-/ dis- 二，二数，二分，分离，不同，在……之间，从……分开（希腊语，拉丁语为 bi-/ bis-）；stichus ← stichon 行列，队列，排列

Calamus distichus var. distichus 二列省藤-原变种（词义见上面解释）

Calamus distichus var. shangsiensis 上思省藤：shangsiensis 上思的（地名，广西壮族自治区）

Calamus egregius 短叶省藤：egregius = e + grex 非凡的，卓越的；grex 一群，组合，集团，队伍；e-/ ex- 不，无，非，缺乏，不具有（e- 用在辅音字母前，ex- 用在元音字母前，为拉丁语词首，对应的希腊语词首为 a-/ an-，英语为 un-/ -less，注意作词首用的 e-/ ex- 和介词 e/ ex 意思不同，后者意为"出自、从……、由……离开、由于、依照"）

Calamus erectus 直立省藤：erectus 直立的，笔直的

Calamus erectus var. birmanicus 滇缅省藤：birmanicus 缅甸的（地名）；-icus/ -icum/ -ica 属于，具有某种特性（常用于地名、起源、生境）

Calamus erectus var. erectus 直立省藤-原变种（词义见上面解释）

Calamus faberii 大白藤：faberii ← Ernst Faber（人名，19 世纪活动于中国的德国植物采集员）（注：该词宜改为"faberi"）；-eri 表示人名，在以 -er 结尾的人名后面加上 i 形成；-ii 表示人名，接在以辅音字母结尾的人名后面，但 -er 除外

Calamus faberii var. brevispicatus 短穗省藤：brevi- ← brevis 短的（用于希腊语复合词词首）；spicatus 具穗的，具穗状花的，具尖头的；spicus 穗，谷穗，花穗；-atus/ -atum/ -ata 属于，相似，具有，完成（形容词词尾）

Calamus faberii var. faberii 大白藤-原变种（词义见上面解释）

Calamus feanus 缅甸省藤：feanus（人名）

Calamus feanus var. feanus 缅甸省藤-原变种（词义见上面解释）

Calamus feanus var. medogensis 墨脱省藤：medogensis 墨脱的（地名，西藏自治区）

Calamus flagellum 长鞭藤：flagellus/ flagrus 鞭子的，匍匐枝的；-ellus/ -ellum/ -ella ← -ulus 小的，略微的，稍微的（小词 -ulus 在字母 e 或 i 之后有多种变缀，即 -olus/ -olum/ -ola、-ellus/ -ellum/ -ella、-illus/ -illum/ -illa，用于第一变格法名词）

Calamus flagellum var. flagellum 长鞭藤-原变种（词义见上面解释）

Calamus flagellum var. furvifurfuraceus 黑鳞粃藤（粃 bǐ）：furvus 昏暗的，近黑色的；furfuraceus 糠麸状的，头屑状的；furfur/ furfuris 糠麸，鞘

Calamus formosanus 台湾省藤：formosanus = formosus + anus 美丽的，台湾的；formosus ← formosa 美丽的，台湾的（葡萄牙殖民者发现台湾时对其的称呼，即美丽的岛屿）；-anus/ -anum/ -ana 属于，来自（形容词词尾）

Calamus giganteus 巨藤：giganteus 巨大的；giga-/ gigant-/ giganti- ← gigantos 巨大的；-eus/ -eum/ -ea（接拉丁语词干时）属于……的，色如……的，质如……的（表示原料、颜色或品质的相似），（接希腊语词干时）属于……的，以……出名，为……所占有（表示具有某种特性）

Calamus giganteus var. giganteus 巨藤-原变种（词义见上面解释）

Calamus giganteus var. robustus 粗壮省藤：robustus 大型的，结实的，健壮的，强壮的

Calamus gracilis 小省藤：gracilis 细长的，纤弱的，丝状的

Calamus guangxiensis 广西省藤：guangxiensis 广西的（地名）

Calamus henryanus 滇南省藤：henryanus ← Augustine Henry 或 B. C. Henry（人名，前者，1857–1930，爱尔兰医生、植物学家，曾在中国采集植物，后者，1850–1901，曾活动于中国的传教士）

Calamus hoplites 高毛鳞省藤：hoplites 重装军人

Calamus karinensis 勐腊鞭藤（勐 měng）：karinensis（地名，缅甸）

Calamus macrorrhynchus 大喙省藤：macrorrhynchus 长喙的，大嘴的（-rh- 接在元音字母后面构成复合词时要变成 -rrh-）；macro-/ macr- ← macros 大的，宏观的（用于希腊语复合词）；rhynchus ← rhynchos 喙状的，鸟嘴状的

Calamus melanochrous 瑶山省藤：mel-/ mela-/ melan-/ melano- ← melanus/ melaenus ← melas/ melanos 黑色的，浓黑色的，暗色的；-chromus/ -chrous/ -chrus 颜色，彩色，有色的

Calamus multispicatus 裂苞省藤：multi- ← multus 多个，多数，很多（希腊语为 poly-）；spicatus 具穗的，具穗状花的，具尖头的；spicus 穗，谷穗，花穗；-atus/ -atum/ -ata 属于，相似，具有，完成（形容词词尾）

Calamus nambariensis 南巴省藤：nambariensis 南巴的（地名，印度）

Calamus nambariensis var. alpinus 高地省藤：alpinus = alpus + inus 高山的；alpus 高山；al-/ alti-/ alto- ← altus 高的，高处的；-inus/ -inum/ -ina/ -inos 相近，接近，相似，具有（通常指颜色）；关联词：subalpinus 亚高山的

Calamus nambariensis var. menglongensis 勐龙省藤：menglongensis 勐龙的（地名，云南省）

Calamus nambariensis var. nambariensis 南巴省藤-原变种（词义见上面解释）

Calamus nambariensis var. xishuangbannaensis 版纳省藤：xishuangbannaensis 西双版纳的（地名，云南省）

Calamus nambariensis var. yingjiangensis 盈江省藤：yingjiangensis 盈江的（地名，云南省）

Calamus obovoideus 倒卵果省藤：obovatus = ob + ovus + atus 倒卵形的；ob- 相反，反对，倒

C

（ob- 有多种音变：ob- 在元音字母和大多数辅音字母前面，oc- 在 c 前面，of- 在 f 前面，op- 在 p 前面）；ovus 卵，胚珠，卵形的，椭圆形的；-oides/ -oideus/ -oideum/ -oidea/ -odes/ -eidos 像……的，类似……的，呈……状的（名词词尾）

Calamus orientalis 阔叶省藤：orientalis 东方的；oriens 初升的太阳，东方

Calamus oxycarpus 尖果省藤：oxycarpus 尖果的；oxy- ← oxys 尖锐的，酸的；carpus/ carpum/ carpa/ carpon ← carpos 果实（用于希腊语复合词）

Calamus palustris 泽生藤：palustris/ paluster ← palus + estris 喜好沼泽的，沼生的；palus 沼泽，湿地，泥潭，水塘，草甸子（palus 的复数主格为 paludes）；-estris/ -estre/ ester/ -esteris 生于……地方，喜好……地方

Calamus palustris var. cochinchinensis 滇越省藤：cochinchinensis ← Cochinchine 南圻的（历史地名，即今越南南部及其周边国家和地区）

Calamus palustris var. longistachys 长穗省藤：longe-/ longi- ← longus 长的，纵向的；stachy-/ stachyo-/ -stachys/ -stachyus/ -stachyum/ -stachya 穗子，穗子的，穗子状的，穗状花序的

Calamus palustris var. palustris 泽生藤-原变种（词义见上面解释）

Calamus platyacanthus 宽刺藤：platyacanthus 大刺的，宽刺的；platys 大的，宽的（用于希腊语复合词）；acanthus ← Akantha 刺，具刺的（Acantha 是希腊神话中的女神，和太阳神阿波罗发生冲突，太阳神将其变成带刺的植物）

Calamus platyacanthus var. mediostachys 中穗省藤：medio- ← medius 中间的，中央的；stachy-/ stachyo-/ -stachys/ -stachyus/ -stachyum/ -stachya 穗子，穗子的，穗子状的，穗状花序的

Calamus platyacanthus var. platyacanthus 宽刺藤-原变种（词义见上面解释）

Calamus pulchellus 阔叶鸡藤：pulchellus/ pulcellus = pulcher + ellus 稍美丽的，稍可爱的；pulcher/pulcer 美丽的，可爱的；-ellus/ -ellum/ -ella ← -ulus 小的，略微的，稍微的（小词 -ulus 在字母 e 或 i 之后有多种变缀，即 -olus/ -olum/ -ola、-ellus/ -ellum/ -ella、-illus/ -illum/ -illa，用于第一变格法名词）

Calamus quiquesetinervius 五脉刚毛省藤：quiquesetinervius（拼写或印刷错误，应为"quinquesetinervius"）；quin-/ quinqu-/ quinque-/ quinqui- 五，五数（希腊语为 penta-）；setus/ saetus 刚毛，刺毛，芒刺；nervius = nervus + ius 具脉的，具叶脉的；nervus 脉，叶脉；-ius/ -ium/ -ia 具有……特性的（表示有关、关联、相似）

Calamus rhabdocladus 杖藤：rhabdus ← rhabdon 杆状的，棒状的，条纹的；cladus ← clados 枝条，分枝

Calamus rhabdocladus var. globulosus 弓弦藤（弦 xián）：globulosus = globus + ulus + osus 多小球的，充满小球的；globus → glob-/ globi- 球体，圆球，地球；-ulus/ -ulum/ -ula 小的，略微的，稍微的（小词 -ulus 在字母 e 或 i 之后有多种变缀，即 -olus/ -olum/ -ola、-ellus/ -ellum/ -ella、-illus/

-illum/ -illa，与第一变格法和第二变格法名词形成复合词）；-osus/ -osum/ -osa 多的，充分的，丰富的，显著发育的，程度高的，特征明显的（形容词词尾）

Calamus rhabdocladus var. rhabdocladus 杖藤-原变种 （词义见上面解释）

Calamus simplicifolius 单叶省藤：simplicifolius = simplex + folius 单叶的；simplex 单一的，简单的，无分歧的（词干为 simplic-）；构词规则：以 -ix/ -iex 结尾的词其词干末视为 -ic，以 -ex 结尾视为 -i/ -ic，其他以 -x 结尾视为 -c；folius/ folium/ folia 叶，叶片（用于复合词）

Calamus siphonospathus 管苞省藤：siphonus ← sipho → siphon-/ siphono-/ -siphonius 管，筒，管状物；spathus 佛焰苞，薄片，刀剑

Calamus siphonospathus var. siphonospathus 管苞省藤-原变种 （词义见上面解释）

Calamus siphonospathus var. sublaevis 兰屿省藤：sublaevis 近光滑的；sub-（表示程度较弱）与……类似，几乎，稍微，弱，亚，之下，下面；laevis/ levis/ laeve/ leve → levi-/ laevi- 光滑的，无毛的，无不平或粗糙感觉的

Calamus tetradactyloides 多刺鸡藤：tetradactyloides 像 tetradactylus 的，近四指状的；Calamus tetradactylus 白藤；tetra-/ tetr- 四，四数（希腊语，拉丁语为 quadri-/ quadr-）；dactylus ← dactylos 手指状的；dactyl- 手指；-oides/ -oideus/ -oideum/ -oidea/ -odes/ -eidos 像……的，类似……的，呈……状的（名词词尾）

Calamus tetradactylus 白藤：tetradactylus 四指状的；tetra-/ tetr- 四，四数（希腊语，拉丁语为 quadri-/ quadr-）；dactylus ← dactylos 手指状的；dactyl- 手指

Calamus thysanolepis 毛鳞省藤：thysanolepis 流苏状鳞片的；thysanos 流苏，缨子；lepis/ lepidos 鳞片

Calamus thysanolepis var. polylepis 多鳞省藤：poly- ← polys 多个，许多（希腊语，拉丁语为 multi-）；lepis/ lepidos 鳞片

Calamus thysanolepis var. thysanolepis 毛鳞省藤-原变种 （词义见上面解释）

Calamus viminalis 柳条省藤：viminalis ← vimen 修长枝条的，像葡萄藤的；-aris（阳性、阴性）/ -are（中性）← -alis（阳性、阴性）/ -ale（中性）属于，相似，如同，具有，涉及，关于，联结于（将名词作形容词用，其中 -aris 常用于以 l 或 r 为词干末尾的词）

Calamus viminalis var. fasciculatus 勐捧省藤（勐 měng）：fasciculatus 成束的，束状的，成簇的；fasciculus 丛，簇，束；fascis 束

Calamus viminalis var. viminalis 柳条省藤-原变种 （词义见上面解释）

Calamus wailong 大藤：wailong（中文名）

Calamus walkerii 多果省藤：walkerii（人名）（注：词尾改为"-eri"似更妥）；-eri 表示人名，在以 -er 结尾的人名后面加上 i 形成；-ii 表示人名，接在以辅音字母结尾的人名后面，但 -er 除外

Calamus yangchunensis 阳春省藤：yangchunensis 阳春的（地名，广东省）

C

Calamus yunnanensis 云南省藤：yunnanensis 云南的（地名）

Calamus yunnanensis var. densiflorus 密花省藤：densus 密集的，繁茂的；florus/ florum/ flora ← flos 花（用于复合词）

Calamus yunnanensis var. intermedius 屏边省藤：intermedius 中间的，中位的，中等的；inter- 中间的，在中间，之间；medius 中间的，中央的

Calamus yunnanensis var. yunnanensis 云南省藤-原变种 （词义见上面解释）

Calanthe 虾脊兰属（兰科）（18: p267）：calanthe 美丽的花；calos/ callos → call-/ calli-/ calo-/ callo- 美丽的；形近词：callosus = callus + osus 具硬皮的，出老茧的，包块，疙瘩；anthus/ anthum/ antha/ anthe ← anthos 花（用于希腊语复合词）

Calanthe actinomorpha 辐射虾脊兰：actinus ← aktinos ← actis 辐射状的，射线的，星状的，光线，光照（表示辐射状排列）；morphus ← morphos 形状，形态

Calanthe albo-longicalcarata 白花长距虾脊兰：albus → albi-/ albo- 白色的；longe-/ longi- ← longus 长的，纵向的；calcaratus = calcar + atus 距的，有距的；calcar- ← calcar 距，花萼或花瓣生蜜源的距，短枝（结果枝）（距：雄鸡、雉等的腿的后面突出像脚趾的部分）；-atus/ -atum/ -ata 属于，相似，具有，完成（形容词词尾）

Calanthe alismaefolia 泽泻虾脊兰：alismaefolia 泽泻状叶的（注：组成复合词时，要将前面词的词尾 -us/ -um/ -a 变成 -i- 或 -o- 而不是所有格，故该词宜改为 "alismifolia"）；Alisma 泽泻属（泽泻科）；folius/ folium/ folia 叶，叶片（用于复合词）

Calanthe alpina 流苏虾脊兰：alpinus = alpus + inus 高山的；alpus 高山；al-/ alti-/ alto- ← altus 高的，高处的；-inus/ -inum/ -ina/ -inos 相近，接近，相似，具有（通常指颜色）；关联词：subalpinus 亚高山的

Calanthe angustifolia 狭叶虾脊兰：angusti- ← angustus 窄的，狭的，细的；folius/ folium/ folia 叶，叶片（用于复合词）

Calanthe arcuata 弧距虾脊兰：arcuatus = arcus + atus 弓形的，拱形的；arcus 拱形，拱形物

Calanthe arcuata var. arcuata 弧距虾脊兰-原变种 （词义见上面解释）

Calanthe arcuata var. brevifolia 短叶虾脊兰：brevi- ← brevis 短的（用于希腊语复合词词首）；folius/ folium/ folia 叶，叶片（用于复合词）

Calanthe argenteo-striata 银带虾脊兰：argenteus = argentum + eus 银白色的；argentum 银；-eus/ -eum/ -ea（接拉丁语词干时）属于……的，色如……的，质如……的（表示原料、颜色或品质的相似），（接希腊语词干时）属于……的，以……出名，为……所占有（表示具有某种特性）；striatus = stria + atus 有条纹的，有细沟的；stria 条纹，线条，细纹，细沟

Calanthe arisanensis 台湾虾脊兰：arisanensis 阿里山的（地名，属台湾省）

Calanthe aristulifera 翘距虾脊兰：arista + ulus 短芒的；arista 芒；-ulus/ -ulum/ -ula 小的，略微的，

稍微的（小词 -ulus 在字母 e 或 i 之后有多种变缀，即 -olus/ -olum/ -ola、-ellus/ -ellum/ -ella、-illus/ -illum/ -illa，与第一变格法和第二变格法名词形成复合词）；-ferus/ -ferum/ -fera/ -fero/ -fere/ -fer 有，具有，产（区别：作独立词使用的 ferus 意思是"野生的"）

Calanthe biloba 二裂虾脊兰：bilobus 二裂的；bi-/ bis- 二，二数，二回（希腊语为 di-）；lobus/ lobos/ lobon 浅裂，耳片（裂片先端钝圆），荚果，蒴果

Calanthe brevicornum 肾唇虾脊兰：brevicornus 短角的；brevi- ← brevis 短的（用于希腊语复合词词首）；cornus 角，犄角，兽角，角质，角质般坚硬

Calanthe clavata 棒距虾脊兰：clavatus 棍棒状的；clava 棍棒

Calanthe davidii 剑叶虾脊兰：davidii ← Pere Armand David（人名，1826–1900，曾在中国采集植物标本的法国传教士）；-ii 表示人名，接在以辅音字母结尾的人名后面，但 -er 除外

Calanthe delavayi 少花虾脊兰：delavayi ← P. J. M. Delavay（人名，1834–1895，法国传教士，曾在中国采集植物标本）；-i 表示人名，接在以元音字母结尾的人名后面，但 -a 除外

Calanthe densiflora 密花虾脊兰：densus 密集的，繁茂的；florus/ florum/ flora ← flos 花（用于复合词）

Calanthe discolor 虾脊兰：discolor 异色的，不同色的（指花瓣花萼等）；di-/ dis- 二，二数，二分，分离，不同，在……之间，从……分开（希腊语，拉丁语为 bi-/ bis-）；color 颜色

Calanthe ecarinata 天全虾脊兰：ecarinatus = e + carinatus 无龙骨的；e-/ ex- 不，无，非，缺乏，不具有（e- 用在辅音字母前，ex- 用在元音字母前，为拉丁语词首，对应的希腊语词首为 a-/ an-，英语为 un-/ -less，注意作词首用的 e-/ ex- 和介词 e/ ex 意思不同，后者意为"出自、从……、由……离开、由于、依照"）；carinatus 脊梁的，龙骨的，龙骨状的

Calanthe emeishanica 峨眉虾脊兰：emeishanica 峨眉山的（地名，四川省）；-icus/ -icum/ -ica 属于，具有某种特性（常用于地名、起源、生境）

Calanthe fargesii 天府虾脊兰：fargesii ← Pere Paul Guillaume Farges（人名，19 世纪中叶至 20 世纪活动于中国的法国传教士，植物采集员）

Calanthe formosana 二列叶虾脊兰：formosanus = formosus + anus 美丽的，台湾的；formosus ← formosa 美丽的，台湾的（葡萄牙殖民者发现台湾时对其的称呼，即美丽的岛屿）；-anus/ -anum/ -ana 属于，来自（形容词词尾）

Calanthe graciliflora 钩距虾脊兰：gracilis 细长的，纤弱的，丝状的；florus/ florum/ flora ← flos 花（用于复合词）

Calanthe graciliflora var. graciliflora 钩距虾脊兰-原变种 （词义见上面解释）

Calanthe graciliflora var. xuafengensis 雪峰虾脊兰：xuafengensis 雪峰山的（地名，湖南省，已修订为 xuefengensis）

Calanthe griffithii 通麦虾脊兰：griffithii ← William Griffith（人名，19 世纪印度植物学家，加尔各答植物园主任）

C

Calanthe hancockii 叉唇虾脊兰（叉 chā）：hancockii ← W. Hancock（人名，1847–1914，英国海关官员，曾在中国采集植物标本）

Calanthe henryi 疏花虾脊兰：henryi ← Augustine Henry 或 B. C. Henry（人名，前者，1857–1930，爱尔兰医生、植物学家，曾在中国采集植物，后者，1850–1901，曾活动于中国的传教士）

Calanthe herbacea 西南虾脊兰：herbaceus = herba + aceus 草本的，草质的，草绿色的；herba 草，草本植物；-aceus/ -aceum/ -acea 相似的，有……性质的，属于……的

Calanthe labrosa 葫芦茎虾脊兰：labrosus 具唇的，唇瓣明显的；labrus 唇，唇瓣；-osus/ -osum/ -osa 多的，充分的，丰富的，显著发育的，程度高的，特征明显的（形容词词尾）

Calanthe lechangensis 乐昌虾脊兰：lechangensis 乐昌的（地名，广东省）

Calanthe limprichtii 开唇虾脊兰：limprichtii（人名）；-ii 表示人名，接在以辅音字母结尾的人名后面，但 -er 除外

Calanthe lyroglossa 南方虾脊兰：lyratus 大头羽裂的，琴状的；glossus 舌，舌状的

Calanthe mannii 细花虾脊兰：mannii ← Horace Mann Jr.（人名，19 世纪美国博物学家）

Calanthe metoensis 墨脱虾脊兰：metoensis 墨脱的（地名，西藏自治区）

Calanthe nankunensis 南昆虾脊兰：nankunensis 南昆的（地名，广东省）

Calanthe nipponica 戟形虾脊兰：nipponica 日本的（地名）；-icus/ -icum/ -ica 属于，具有某种特性（常用于地名、起源、生境）

Calanthe odora 香花虾脊兰：odorus 香气的，气味的；odor 香气，气味；inodorus 无气味的

Calanthe petelotiana 圆唇虾脊兰：petelotiana（人名）

Calanthe plantaginea 车前虾脊兰：plantagineus 像车前的；Plantago 车前属（车前科）（plantago 的词干为 plantagin-）；词尾为 -go 的词其词干末尾视为 -gin；-eus/ -eum/ -ea（接拉丁语词干时）属于……的，色如……的，质如……的（表示原料、颜色或品质的相似），（接希腊语词干时）属于……的，以……出名，为……所占有（表示具有某种特性）

Calanthe plantaginea var. lushuiensis 泸水车前虾脊兰：lushuiensis 泸水的（地名，云南省）

Calanthe plantaginea var. plantaginea 车前虾脊兰-原变种 （词义见上面解释）

Calanthe puberula 镰萼虾脊兰：puberulus = puberus + ulus 略被柔毛的，被微柔毛的；puberus 多毛的，毛茸茸的；-ulus/ -ulum/ -ula 小的，略微的，稍微的（小词 -ulus 在字母 e 或 i 之后有多种变缀，即 -olus/ -olum/ -ola、-ellus/ -ellum/ -ella、-illus/ -illum/ -illa，与第一变格法和第二变格法名词形成复合词）

Calanthe reflexa 反瓣虾脊兰：reflexus 反曲的，后曲的；re- 返回，相反，再次，重复，向后，回头；flexus ← flecto 扭曲的，卷曲的，弯弯曲曲的，柔性的；flecto 弯曲，使扭曲

Calanthe sacculata 囊爪虾脊兰：sacculatus = saccus + ulus + atus 具小袋子的，具小囊状物的；saccus 袋子，囊，包囊

Calanthe sacculata var. sacculata 囊爪虾脊兰-原变种 （词义见上面解释）

Calanthe sacculata var. tchenkeoutinensis 城口虾脊兰：tchenkeoutinensis 城口的（地名，重庆市）

Calanthe sieboldii 大黄花虾脊兰：sieboldii ← Franz Philipp von Siebold 西博德（人名，1796–1866，德国医生、植物学家，曾专门研究日本植物）

Calanthe simplex 匙瓣虾脊兰（匙 chí）：simplex 单一的，简单的，无分歧的（词干为 simplic-）

Calanthe sinica 中华虾脊兰：sinica 中国的（地名）；-icus/ -icum/ -ica 属于，具有某种特性（常用于地名、起源、生境）

Calanthe sylvatica 长距虾脊兰：silvaticus/ sylvaticus 森林的，林地的；sylva/ silva 森林；-aticus/ -aticum/ -atica 属于，表示生长的地方，作名词词尾

Calanthe taibaiense 太白山虾脊兰：taibaiense 太白山的（地名，陕西省）

Calanthe tricarinata 三棱虾脊兰：tricarinatus 三龙骨的；tri-/ tripli-/ triplo- 三个，三数；carinatus 脊梁的，龙骨的，龙骨状的

Calanthe trifida 裂距虾脊兰：trifidus 三深裂的；tri-/ tripli-/ triplo- 三个，三数；fidus ← findere 裂开，分裂（裂深不超过 1/3，常作词尾）

Calanthe triplicata 三褶虾脊兰（褶 zhě）：triplicatus = tri + plicatus 三个，三倍的，三重的，三数的；triplex 三倍的，三重的；tri-/ tripli-/ triplo- 三个，三数；plicatus = plex + atus 折扇状的，有沟的，纵向折叠的，棕榈叶状的（= plicativus）；plex/ plica 褶，折扇状，卷折（plex 的词干为 plic-）；plico 折叠，出褶，卷折；构词规则：以 -ix/ -iex 结尾的词其词干末尾视为 -ic，以 -ex 结尾视为 -i/ -ic，其他以 -x 结尾视为 -c

Calanthe tsoongiana 无距虾脊兰：tsoongiana ← K. K. Tsoong 钟观光（人名，1868–1940，中国植物学家，北京大学教授，最先用科学方法广泛研究植物分类学，近代中国最早采集植物标本的学者，也是近代植物学的开拓者）

Calanthe tsoongiana var. guizhouensis 贵州虾脊兰：guizhouensis 贵州的（地名）

Calanthe tsoongiana var. tsoongiana 无距虾脊兰-原变种 （词义见上面解释）

Calanthe whiteana 四川虾脊兰：whiteana Cyril Tenison White（人名，20 世纪植物学家）

Calanthe yuana 峨边虾脊兰：yuana（人名）

Calathea 肖竹芋属（肖 xiào）（竹芋科）（16-2：p164）：calathea ← kalathos（希腊语）篮子状的（指花）

Calathea micans （亮叶肖竹芋）：micans 有光泽的，发光的，云母状的

Calathea ornata 肖竹芋：ornatus 装饰的，华丽的

Calathea veitchiana （韦氏肖竹芋）：veitchiana ← James Veitch（人名，19 世纪植物学家）；Veitch + i（表示连接，复合）+ ana（形容词词尾）

Calathea zebrina 绒叶肖竹芋：zebrinus 斑马状纹的；-inus/ -inum/ -ina/ -inos 相近，接近，相似，具有（通常指颜色）

Calathodes 鸡爪草属（爪 zhǎo）（毛茛科）（27：p67）：calathos 篮；-oides/ -oideus/ -oideum/ -oidea/ -odes/ -eidos 像……的，类似……的，呈……状的（名词词尾）

Calathodes oxycarpa 鸡爪草：oxycarpus 尖果的；oxy- ← oxys 尖锐的，酸的；carpus/ carpum/ carpa/ carpon ← carpos 果实（用于希腊语复合词）

Calathodes palmata 黄花鸡爪草：palmatus = palmus + atus 掌状的，具掌的；palmus 掌，手掌

Calathodes polycarpa 多果鸡爪草：poly- ← polys 多个，许多（希腊语，拉丁语为 multi-）；carpus/ carpum/ carpa/ carpon ← carpos 果实（用于希腊语复合词）

Calcareoboea 朱红苣苔属（苦苣苔科）（69：p457）：calcareus 白垩色的，粉笔色的，石灰的，石灰质的；Boea 旋蒴苣苔属

Calcareoboea coccinea 朱红苣苔：coccus/ coccineus 浆果，绯红色（一种形似浆果的介壳虫的颜色）；同形异义词：coccus/ cocco/ cocci/ coccis 心室，心皮；-eus/ -eum/ -ea（接拉丁语词干时）属于……的，色如……的，质如……的（表示原料、颜色或品质的相似），（接希腊语词干时）属于……的，以……出名，为……所占有（表示具有某种特性）

Caldesia 泽薹草属（此处的薹不能简化成"苔"）（泽泻科）（8：p137）：caldesia ← Luigi Caldesi（人名，1821–1884，意大利植物学家）

Caldesia grandis 宽叶泽薹草：grandis 大的，大型的，宏大的

Caldesia parnassifolia 泽薹草：Parnassia 梅花草属（虎耳草科）；folius/ folium/ folia 叶，叶片（用于复合词）

Calendula 金盏花属（菊科）（77-1：p327）：calendula 一个月的（指花期长达一个月）；calendae 月首日（意大利语，指每个月的初一）

Calendula arvensis 欧洲金盏花：arvensis 田里生的；arvum 耕地，可耕地

Calendula officinalis 金盏花：officinalis/ officinale 药用的，有药效的；officina ← opificina 药店，仓库，作坊

Calla 水芋属（天南星科）（13-2：p22）：call-/ calli-/ callo-/ cala-/ calo- ← calos/ callos 美丽的

Calla palustris 水芋：palustris/ paluster ← palus + estris 喜好沼泽的，沼生的；palus 沼泽，湿地，泥潭，水塘，草甸子（palus 的复数主格为 paludes）；-estris/ -estre/ ester/ -esteris 生于……地方，喜好……地方

Calliandra 朱缨花属（豆科）（39：p37）：calliandra 美丽雄蕊的（指红色的花丝美丽）；call-/ calli-/ callo-/ cala-/ calo- ← calos/ callos 美丽的；andrus/ andros/ antherus ← aner 雄蕊，花药，雄性

Calliandra haematocephala 朱缨花：haimato-/ haem- 血的，红色的，鲜红的；cephalus/ cephale ← cephalos 头，头状花序

Calliandra surinamensis （苏里南朱缨花）：surinamensis 苏里南的（地名，南美洲）

Callianthemum 美花草属（毛茛科）（28：p242）：callianthemum 美丽花朵的；call-/ calli-/ callo-/ cala-/ calo- ← calos/ callos 美丽的；anthemus ← anthemon 花

Callianthemum alatavicum 厚叶美花草：alatavicum 阿拉套山的（地名，新疆沙湾地区）

Callianthemum angustifolium 薄叶美花草：angusti- ← angustus 窄的，狭的，细的；folius/ folium/ folia 叶，叶片（用于复合词）

Callianthemum cuneilobum （楔裂美花草）：cuneus 楔子的；lobus/ lobos/ lobon 浅裂，耳片（裂片先端钝圆），荚果，蒴果

Callianthemum farreri 川甘美花草：farreri ← Reginald John Farrer（人名，20 世纪英国植物学家、作家）；-eri 表示人名，在以 -er 结尾的人名后面加上 i 形成

Callianthemum pimpinelloides 美花草：pimpinelloides 像茴芹的；Pimpinella 茴芹属（伞形科）；-oides/ -oideus/ -oideum/ -oidea/ -odes/ -eidos 像……的，类似……的，呈……状的（名词词尾）

Callianthemum taipaicum 太白美花草：taipaicum 太白山的（地名，陕西省）；-icus/ -icum/ -ica 属于，具有某种特性（常用于地名、起源、生境）

Calliaspidia 麒麟吐珠属（麒 qí，吐 tǔ）（爵床科）（70：p274）：calliaspidia 美丽的盾片（指苞片大而美丽）；call-/ calli-/ callo-/ cala-/ calo- ← calos/ callos 美丽的；aspidion ← aspis 盾，盾片

Calliaspidia guttata 虾衣花：guttatus 斑点，泪滴，油滴

Callicarpa 紫珠属（马鞭草科）（65-1：p25）：callicarpa 美丽果实的；call-/ calli-/ callo-/ cala-/ calo- ← calos/ callos 美丽的；carpos → carpus 果实

Callicarpa acutifolia 尖叶紫珠：acutifolius 尖叶的；acuti-/ acu- ← acutus 锐尖的，针尖的，刺尖的，锐角的；folius/ folium/ folia 叶，叶片（用于复合词）

Callicarpa anisophylla 异叶紫珠：aniso- ← anisos 不等的，不同的，不整齐的；phyllus/ phyllum/ phylla ← phyllon 叶片（用于希腊语复合词）

Callicarpa arborea 木紫珠：arboreus 乔木状的；arbor 乔木，树木；-eus/ -eum/ -ea（接拉丁语词干时）属于……的，色如……的，质如……的（表示原料、颜色或品质的相似），（接希腊语词干时）属于……的，以……出名，为……所占有（表示具有某种特性）

Callicarpa bodinieri 紫珠：bodinieri ← Emile Marie Bodinieri（人名，19 世纪活动于中国的法国传教士）；-eri 表示人名，在以 -er 结尾的人名后面加上 i 形成

Callicarpa bodinieri var. bodinieri 紫珠-原变种（词义见上面解释）

Callicarpa bodinieri var. iteophylla 柳叶紫珠：Itea 鼠刺属（虎耳草科）；phyllus/ phyllum/ phylla ← phyllon 叶片（用于希腊语复合词）

Callicarpa bodinieri var. rosthornii 南川紫珠：rosthornii ← Arthur Edler von Rosthorn（人名，19 世纪匈牙利驻北京大使）

C

Callicarpa brevipes 短柄紫珠：brevi- ← brevis 短的（用于希腊语复合词词首）；pes/ pedis 柄，梗，茎秆，腿，足，爪（作词首或词尾，pes 的词干视为"ped-"）

Callicarpa brevipes var. brevipes 短柄紫珠-原变种 （词义见上面解释）

Callicarpa brevipes var. obovata 倒卵叶短柄紫珠：obovatus = ob + ovus + atus 倒卵形的；ob- 相反，反对，倒（ob- 有多种音变：ob- 在元音字母和大多数辅音字母前面，oc- 在 c 前面，of- 在 f 前面，op- 在 p 前面）；ovus 卵，胚珠，卵形的，椭圆形的

Callicarpa candicans 白毛紫珠：candicans 白毛状的，发白光的，变白的；-icans 表示正在转变的过程或相似程度，有时表示相似程度非常接近、几乎相同

Callicarpa cathayana 华紫珠：cathayana ← Cathay ← Khitay/ Khitai 中国的，契丹的（地名，10–12 世纪中国北方契丹人的领域，辽国前身，多用来代表中国，俄语称中国为 Kitay）

Callicarpa chinyunensis 缙云紫珠（缙 jìn）：chinyunensis 缙云山的（地名，重庆市）

Callicarpa collina 丘陵紫珠：collinus 丘陵的，山岗的

Callicarpa dentosa 多齿紫珠：dentosus = dentus + osus 多齿的；dentus 齿，牙齿；-osus/ -osum/ -osa 多的，充分的，丰富的，显著发育的，程度高的，特征明显的（形容词词尾）

Callicarpa dichotoma 白棠子树：dichotomus 二叉分歧的，分离的；dicho-/ dicha- 二分的，二歧的；di-/ dis- 二，二数，二分，分离，不同，在……之间，从……分开（希腊语，拉丁语为 bi-/ bis-）；cho-/ chao- 分开，割裂，离开；tomus ← tomos 小片，片段，卷册（书）

Callicarpa erythrosticta 红腺紫珠：erythr-/ erythro- ← erythros 红色的（希腊语）；stictus ← stictos 斑点，雀斑

Callicarpa formosana 杜虹花：formosanus = formosus + anus 美丽的，台湾的；formosus ← formosa 美丽的，台湾的（葡萄牙殖民者发现台湾时对其的称呼，即美丽的岛屿）；-anus/ -anum/ -ana 属于，来自（形容词词尾）

Callicarpa formosana var. formosana 杜虹花-原变种 （词义见上面解释）

Callicarpa formosana var. longifolia 长叶杜虹花：longe-/ longi- ← longus 长的，纵向的；folius/ folium/ folia 叶，叶片（用于复合词）

Callicarpa giraldii 老鸦糊：giraldii ← Giuseppe Giraldi（人名，19 世纪活动于中国的意大利传教士）

Callicarpa giraldii var. giraldii 老鸦糊-原变种 （词义见上面解释）

Callicarpa giraldii var. lyi 毛叶老鸦糊：lyi（人名）

Callicarpa gracilipes 湖北紫珠：gracilis 细长的，纤弱的，丝状的；pes/ pedis 柄，梗，茎秆，腿，足，爪（作词首或词尾，pes 的词干视为"ped-"）

Callicarpa hungtaii 厚萼紫珠：hungtaii（人名）；-ii 表示人名，接在以辅音字母结尾的人名后面，但 -er 除外，故该词尾改为"-ae"似更妥

Callicarpa integerrima 全缘叶紫珠：integerrimus 绝对全缘的；integer/ integra/ integrum → integri-

完整的，整个的，全缘的；-rimus/ -rima/ -rimum 最，极，非常（词尾为 -er 的形容词最高级）

Callicarpa japonica 日本紫珠：japonica 日本的（地名）；-icus/ -icum/ -ica 属于，具有某种特性（常用于地名、起源、生境）

Callicarpa japonica var. angustata 窄叶紫珠：angustatus = angustus + atus 变窄的；angustus 窄的，狭的，细的

Callicarpa japonica var. japonica 日本紫珠-原变种 （词义见上面解释）

Callicarpa japonica var. japonica f. kiruninsularis 基隆紫珠：kiruninsularis 基隆岛的（地名，属台湾省）；-aris（阳性、阴性）/ -are（中性）← -alis（阳性、阴性）/ -ale（中性）属于，相似，如同，具有，涉及，关于，联结于（将名词作形容词用，其中 -aris 常用于以 l 或 r 为词干末尾的词）

Callicarpa japonica var. luxurians 朝鲜紫珠：luxurians 繁茂的，茂盛的

Callicarpa kochiana 枇杷叶紫珠（枇杷 pí pá）：kochiana ← Koch（人名）；kochiana 高知（地名，日本）

Callicarpa kochiana var. kochiana 枇杷叶紫珠-原变种 （词义见上面解释）

Callicarpa kochiana var. laxiflora 散花紫珠：laxus 稀疏的，松散的，宽松的；florus/ florum/ flora ← flos 花（用于复合词）

Callicarpa kotoensis 红头紫珠：kotoensis 红头屿的（地名，台湾省台东县岛屿，因产蝴蝶兰，于 1947 年改名"兰屿"，"koto"为"红头"的日语读音）

Callicarpa kwangtungensis 广东紫珠：kwangtungensis 广东的（地名）

Callicarpa lingii 光叶紫珠：lingii（人名）；-ii 表示人名，接在以辅音字母结尾的人名后面，但 -er 除外

Callicarpa loboapiculata 尖萼紫珠：loboapiculatus 尖裂的；lobus/ lobos/ lobon 浅裂，耳片（裂片先端钝圆），荚果，蒴果；apiculatus = apicus + ulus + atus 小尖头的，顶端有小突起的；apicus/ apice 尖的，尖头的，顶端的

Callicarpa longibracteata 长苞紫珠：longe-/ longi- ← longus 长的，纵向的；bracteatus = bracteus + atus 具苞片的；bracteus 苞，苞片，苞鳞

Callicarpa longifolia 长叶紫珠：longe-/ longi- ← longus 长的，纵向的；folius/ folium/ folia 叶，叶片（用于复合词）

Callicarpa longifolia var. floccosa 白毛长叶紫珠：floccosus 密被绵毛的，毛状的，丛卷毛的，簇状毛的；floccus 丛卷毛，簇状毛（毛成簇脱落）

Callicarpa longifolia var. lanceolaria 披针叶紫珠：lanceolarius/ lanceolatus 披针形的，锐尖的；lance-/ lancei-/ lanci-/ lanceo-/ lanc- ← lanceus 披针形的，矛形的，尖刀状的，柳叶刀状的；-olus ← -ulus 小，稍微，略微（-ulus 在字母 e 或 i 之后变成 -olus/ -ellus/ -illus）；-arius/ -arium/ -aria 相似，属于（表示地点，场所，关系，所属）

Callicarpa longifolia var. longifolia 长叶紫珠-原变种 （词义见上面解释）

Callicarpa longipes 长柄紫珠：longe-/ longi- ← longus 长的，纵向的；pes/ pedis 柄，梗，茎秆，腿，

足，爪（作词首或词尾，pes 的词干视为"ped-"）

Callicarpa longissima 尖尾枫：longe-/ longi- ← longus 长的，纵向的；-issimus/ -issima/ -issimum 最，非常，极其（形容词最高级）

Callicarpa longissima f. longissima 尖尾枫-原变型（词义见上面解释）

Callicarpa longissima f. subglabra 秃尖尾枫：subglabrus 近无毛的；sub-（表示程度较弱）与……类似，几乎，稍微，弱，亚，之下，下面；glabrus 光秃的，无毛的，光滑的

Callicarpa luteopunctata 黄腺紫珠：luteus 黄色的；punctatus = punctus + atus 具斑点的；punctus 斑点

Callicarpa macrophylla 大叶紫珠：macro-/ macr- ← macros 大的，宏观的（用于希腊语复合词）；phyllus/ phyllum/ phylla ← phyllon 叶片（用于希腊语复合词）

Callicarpa nudiflora 裸花紫珠：nudi- ← nudus 裸露的；florus/ florum/ flora ← flos 花（用于复合词）

Callicarpa oligantha 罗浮紫珠：oligo-/ olig- 少数的（希腊语，拉丁语为 pauci-）；anthus/ anthum/ antha/ anthe ← anthos 花（用于希腊语复合词）

Callicarpa pauciflora 少花紫珠：pauci- ← paucus 少数的，少的（希腊语为 oligo-）；florus/ florum/ flora ← flos 花（用于复合词）

Callicarpa peichieniana 钩毛紫珠：peichieniana（人名）

Callicarpa peii 藤紫珠：peii 裴氏（人名）

Callicarpa pilosissima 长毛紫珠：pilosissimus 密被柔毛的；pilosus = pilus + osus 多毛的，被柔毛的，具疏柔毛的，被短弱细毛的；pilus 毛，疏柔毛；-osus/ -osum/ -osa 多的，充分的，丰富的，显著发育的，程度高的，特征明显的（形容词词尾）；-issimus/ -issima/ -issimum 最，非常，极其（形容词最高级）

Callicarpa pingshanensis 屏山紫珠：pingshanensis 屏山的（地名，四川省）

Callicarpa poilanei 白背紫珠：poilanei（人名，法国植物学家）

Callicarpa prolifera 抽芽紫珠：proliferus 能育的，具零余子的；proli- 扩展，繁殖，后裔，零余子；proles 后代，种族；-ferus/ -ferum/ -fera/ -fero/ -fere/ -fer 有，具有，产（区别：作独立词使用的 ferus 意思是"野生的"）

Callicarpa pseudorubella 拟红紫珠：pseudorubella 像 rubella 的，近红色的；pseudo-/ pseud- ← pseudos 假的，伪的，接近，相似（但不是）；Callicarpa rubella 红紫珠；rubellus 稍带红色的，带红色的；-ellus/ -ellum/ -ella ← -ulus 小的，略微的，稍微的（小词 -ulus 在字母 e 或 i 之后有多种变缀，即 -olus/ -olum/ -ola、-ellus/ -ellum/ -ella、-illus/ -illum/ -illa，用于第一变格法名词）

Callicarpa randaiensis 峦大紫珠：randaiensis 峦大山的（地名，属台湾省，"randai"为"峦大"的日语发音）

Callicarpa remotiserrulata 疏齿紫珠：remotiserrulatus 疏离细锯齿的；remotus 分散的，分开的，稀疏的，远距离的；serrulatus = serrus +

ulus + atus 具细锯齿的；serrus 齿，锯齿

Callicarpa rubella 红紫珠：rubellus = rubus + ellus 稍带红色的，带红色的；rubrus/ rubrum/ rubra/ ruber 红色的；-ellus/ -ellum/ -ella ← -ulus 小的，略微的，稍微的（小词 -ulus 在字母 e 或 i 之后有多种变缀，即 -olus/ -olum/ -ola、-ellus/ -ellum/ -ella、-illus/ -illum/ -illa，用于第一变格法名词）

Callicarpa rubella var. rubella 红紫珠-原变种（词义见上面解释）

Callicarpa rubella var. rubella f. angustata 狭叶红紫珠：angustatus = angustus + atus 变窄的；angustus 窄的，狭的，细的

Callicarpa rubella var. rubella f. crenata 钝齿红紫珠：crenatus = crena + atus 圆齿状的，具圆齿的；crena 叶缘的圆齿

Callicarpa rubella var. subglabra 秃红紫珠：subglabrus 近无毛的；sub-（表示程度较弱）与……类似，几乎，稍微，弱，亚，之下，下面；glabrus 光秃的，无毛的，光滑的

Callicarpa salicifolia 水金花：salici ← Salix 柳属；构词规则：以 -ix/ -iex 结尾的词其词干末尾视为 -ic，以 -ex 结尾视为 -i/ -ic，其他以 -x 结尾视为 -c；folius/ folium/ folia 叶，叶片（用于复合词）

Callicarpa siongsaiensis 上狮紫珠：siongsaiensis 上狮岛的（地名，福建省闽江口）

Callicarpa tingwuensis 鼎湖紫珠：tingwuensis 鼎湖山的（地名，广东省）

Callicarpa yunnanensis 云南紫珠：yunnanensis 云南的（地名）

Calligonum 沙拐枣属（蓼科）（25-1：p118）：call-/ calli-/ callo-/ cala-/ calo- ← calos/ callos 美丽的；gonus ← gonos 棱角，膝盖，关节，足

Calligonum alaschanicum 阿拉善沙拐枣：alaschanicum 阿拉善的（地名，内蒙古最西部）

Calligonum aphyllum 无叶沙拐枣：aphyllus 无叶的；a-/ an- 无，非，没有，缺乏，不具有（an- 用于元音前）（a-/ an- 为希腊语词首，对应的拉丁语词首为 e-/ ex-，相当于英语的 un-/ -less，注意词首 a- 和作为介词的 a/ ab 不同，后者的意思是"从……、由……、关于……、因为……"）；phyllus/ phyllum/ phylla ← phyllon 叶片（用于希腊语复合词）

Calligonum arborescens 乔木状沙拐枣：arbor 乔木，树木；-escens/ -ascens 改变，转变，变成，略微，带有，接近，相似，大致，稍微（表示变化的趋势，并未完全相似或相同，有别于表示达到完成状态的 -atus）

Calligonum caput-medusae 头状沙拐枣：caput-medusae 美杜莎的头；caput- 头；Medusa 美杜莎（蛇发女妖，希腊神话人物，头发为无数条蛇）

Calligonum chinense 甘肃沙拐枣：chinense 中国的（地名）

Calligonum colubrinum 褐色沙拐枣：colubrinus 蛇形的；coluber 蛇

Calligonum cordatum 心形沙拐枣：cordatus ← cordis/ cor 心脏的，心形的；-atus/ -atum/ -ata 属于，相似，具有，完成（形容词词尾）

C

Calligonum densum 密刺沙拐枣：densus 密集的，繁茂的

Calligonum ebi-nuricum 艾比湖沙拐枣（种加词有时错印为"ebi-nurcum"）：ebi-nuricum 艾比湖的（地名，新疆维吾尔自治区）；nuricum 湖泊（新疆少数民族语言）

Calligonum gobicum 戈壁沙拐枣：gobicus/ gobinus 戈壁的

Calligonum jimunaicum 吉木乃沙拐枣：jimunaicum 吉木乃的（地名，新疆维吾尔自治区）

Calligonum junceum 泡果沙拐枣：junceus 像灯心草的；Juncus 灯心草属（灯心草科）；-eus/ -eum/ -ea（接拉丁语词干时）属于……的，色如……的，质如……的（表示原料、颜色或品质的相似），（接希腊语词干时）属于……的，以……出名，为……所占有（表示具有某种特性）

Calligonum klementzii 奇台沙拐枣：klementzii（人名）；-ii 表示人名，接在以辅音字母结尾的人名后面，但 -er 除外

Calligonum kuerlense 库尔勒沙拐枣（勒 lè）：kuerlense 库尔勒的（地名，新疆维吾尔自治区，已修订为 korlaense）

Calligonum leucocladum 淡枝沙拐枣：leuc-/ leuco- ← leucus 白色的（如果和其他表示颜色的词混用则表示淡色）；cladus ← clados 枝条，分枝

Calligonum macrocarpum （大果沙拐枣）：macro-/ macr- ← macros 大的，宏观的（用于希腊语复合词）；carpus/ carpum/ carpa/ carpon ← carpos 果实（用于希腊语复合词）

Calligonum mongolicum 沙拐枣：mongolicum 蒙古的（地名）；mongolia 蒙古的（地名）；-icus/ -icum/ -ica 属于，具有某种特性（常用于地名、起源、生境）

Calligonum pumilum 小沙拐枣：pumilus 矮的，小的，低矮的，矮人的

Calligonum roborovskii 塔里木沙拐枣：roborovskii（人名）；-ii 表示人名，接在以辅音字母结尾的人名后面，但 -er 除外

Calligonum rubicundum 红果沙拐枣：rubicundus = rubus + cundus 红的，变红的；rubrus/ rubrum/ rubra/ ruber 红色的；-cundus/ -cundum/ -cunda 变成，倾向（表示倾向或不变的趋势）

Calligonum squarrosum 粗糙沙拐枣：squarrosus = squarrus + osus 粗糙的，不平滑的，有凸起的；squarrus 糙的，不平，凸点；-osus/ -osum/ -osa 多的，充分的，丰富的，显著发育的，程度高的，特征明显的（形容词词尾）

Calligonum trifarium 三列沙拐枣：trifarius 三列的；tri-/ tripli-/ triplo- 三个，三数；-farius 列；bifarius 二列的

Calligonum yengisaricum 英吉沙沙拐枣（种加词有时拼写为"yingisaricum"）：yengisaricum（地名）；-icus/ -icum/ -ica 属于，具有某种特性（常用于地名、起源、生境）

Calligonum zaidamense 柴达木沙拐枣：zaidamense 柴达木的（地名，青海省）

Callipteris 菜蕨属（蹄盖蕨科）（3-2：p475）：call-/ calli-/ callo-/ cala-/ calo- ← calos/ callos 美丽的；pteris ← pteryx 翅，翼，蕨类（希腊语）

Callipteris esculenta 菜蕨：esculentus 食用的，可食的；esca 食物，食料；-ulentus/ -ulentum/ -ulenta/ -olentus/ -olentum/ -olenta（表示丰富、充分或显著发展）

Callipteris esculenta var. esculenta 菜蕨-原变种（词义见上面解释）

Callipteris esculenta var. pubescens 毛轴菜蕨：pubescens ← pubens 被短柔毛的，长出柔毛的；pubi- ← pubis 细柔毛的，短柔毛的，毛被的；pubesco/ pubescere 长成的，变为成熟的，长出柔毛的，青春期体毛的；-escens/ -ascens 改变，转变，变成，略微，带有，接近，相似，大致，稍微（表示变化的趋势，并未完全相似或相同，有别于表示达到完成状态的 -atus）

Callipteris paradoxa 刺轴菜蕨：paradoxus 似是而非的，少见的，奇异的，难以解释的；para- 类似，接近，近旁，假的；-doxa/ -doxus 荣耀的，瑰丽的，壮观的，显眼的

Callisia 锦竹草属（鸭跖草科）（增补）：callisia ← callos 美丽（希腊语）

Callisia repens 洋竹草：repens/ repentis/ repsi/ reptum/ repere/ repo 匍匐，爬行（同义词：reptans/ reptoare）

Callistemon 红千层属（桃金娘科）（53-1：p53）：call-/ calli-/ callo-/ cala-/ calo- ← calos/ callos 美丽的；stemon 雄蕊

Callistemon rigidus 红千层：rigidus 坚硬的，不弯曲的，强直的

Callistemon salignus 柳叶红千层：Salix 柳属（杨柳科）；-inus/ -inum/ -ina/ -inos 相近，接近，相似，具有（通常指颜色）

Callistephus 翠菊属（菊科）（74：p109）：callistephus 美丽花冠的；call-/ calli-/ callo-/ cala-/ calo- ← calos/ callos 美丽的；stephus ← stephos 冠，花冠，冠状物，花环

Callistephus chinensis 翠菊：chinensis = china + ensis 中国的（地名）；China 中国

Callistopteris 毛秆蕨属（秆 gǎn）（膜蕨科）（2：p193）：callist-/ callisto- ← callistos 最美的；call-/ calli-/ callo-/ cala-/ calo- ← calos/ callos 美丽的；pteris ← pteryx 翅，翼，蕨类（希腊语）

Callistopteris apiifolia 毛秆蕨：Apium 芹属（伞形科）；folius/ folium/ folia 叶，叶片（用于复合词）

Callitrichaceae 水马齿科（45-1：p11）：callitriche 美丽毛发的；call-/ calli-/ callo-/ cala-/ calo- ← calos/ callos 美丽的；-aceae（分类单位科的词尾，为 -aceus 的阴性复数主格形式，加到模式属的名称后或同义词的词干后以组成族群名称）

Callitriche 水马齿属（水马齿科）（45-1：p11）：callitriche 美丽毛发的；call-/ calli-/ callo-/ cala-/ calo- ← calos/ callos 美丽的；triche 毛，毛发，线

Callitriche hermaphroditica 线叶水马齿：hermaphroditicus = hermaphroditus + icus = hermes + aphrodite + icus 水星和金星在一起的（比喻雌雄同体），雌雄同体的；hermes 水星（希腊神话中的男神）；aphrodite 金星，阿芙洛狄忒（希

腊神话中的女神）；-icus/ -icum/ -ica 属于，具有某种特性（常用于地名、起源、生境）

Callitriche oryzetorum 广东水马齿：oryzetorum 稻田的，稻田生的；Oryza 稻属（禾本科）；-etorum 群落的（表示群丛、群落的词尾）

Callitriche palustris 沼生水马齿：palustris/ paluster ← palus + estris 喜好沼泽的，沼生的；palus 沼泽，湿地，泥潭，水塘，草甸子（palus 的复数主格为 paludes）；-estris/ -estre/ ester/ -esteris 生于……地方，喜好……地方

Callitriche palustris var. elegans 东北水马齿：elegans 优雅的，秀丽的

Callitriche palustris var. palustris 沼生水马齿-原变种 （词义见上面解释）

Callitriche stagnalis 水马齿：stagnalis 静水的（指生境）；stagnum 池塘，湖沼

Callostylis 美柱兰属（兰科）（19：p45）：callos/ calos ← kallos（kalos）美丽的；stylus/ stylis ← stylos 柱，花柱

Callostylis rigida 美柱兰：rigidus 坚硬的，不弯曲的，强直的

Calocedrus 翠柏属（柏科）（7：p324）：calocedrus 美丽的雪松；call-/ calli-/ callo-/ cala-/ calo- ← calos/ callos 美丽的；Cedrus 雪松属（松科）

Calocedrus macrolepis 翠柏：macro-/ macr- ← macros 大的，宏观的（用于希腊语复合词）；lepis/ lepidos 鳞片

Calocedrus macrolepis var. formosana 台湾翠柏：formosanus = formosus + anus 美丽的，台湾的；formosus ← formosa 美丽的，台湾的（葡萄牙殖民者发现台湾时对其的称呼，即美丽的岛屿）；-anus/ -anum/ -ana 属于，来自（形容词词尾）

Calocedrus macrolepis var. macrolepis 翠柏-原变种 （词义见上面解释）

Calogyne 离根香属（草海桐科）（73-2：p179）：call-/ calli-/ callo-/ cala-/ calo- ← calos/ callos 美丽的；gyne ← gynus 雌蕊的，雌性的，心皮的

Calogyne pilosa 离根香：pilosus = pilus + osus 多毛的，被柔毛的，具疏柔毛的，被短弱细毛的；pilus 毛，疏柔毛；-osus/ -osum/ -osa 多的，充分的，丰富的，显著发育的，程度高的，特征明显的（形容词词尾）

Calonyction 月光花属（旋花科）（64-1：p106）：calonyction 美丽的夜晚（指夜间开花）；call-/ calli-/ callo-/ cala-/ calo- ← calos/ callos 美丽的；nyction ← nyctos/ nyx 夜晚的

Calonyction aculeatum 月光花（另见 Ipomoea alba）：aculeatus 有刺的，有针的；aculeus 皮刺，-atus/ -atum/ -ata 属于，相似，具有，完成（形容词词尾）

Calonyction aculeatum var. aculeatum 月光花-原变种 （词义见上面解释）

Calonyction aculeatum var. lobatum 裂叶月光花：lobatus = lobus + atus 具浅裂的，具耳垂状突起的；lobus/ lobos/ lobon 浅裂，耳片（裂片先端钝圆），荚果，蒴果；-atus/ -atum/ -ata 属于，相似，具有，完成（形容词词尾）

Calonyction muricatum 丁香茄（茄 qié）：

muricatus = murex + atus 粗糙的，糙面的，海螺状表面的（由于密被小的瘤状凸起），具短硬尖的；muri-/ muric- ← murex 海螺（指表面有瘤状凸起），粗糙的，糙面的；构词规则：以 -ix/ -iex 结尾的词其词干末尾视为 -ic，以 -ex 结尾视为 -i/ -ic，其他以 -x 结尾视为 -c；-atus/ -atum/ -ata 属于，相似，具有，完成（形容词词尾）

Calonyction pavonii 刺毛月光花：pavonii ← pavoninus 像孔雀的，孔雀眼的，孔雀羽毛的，五光十色的；pavo/ pavonis/ pavus/ pava 孔雀（比喻色彩或形状）

Calophaca 丽豆属（豆科）（42-1：p67）：call-/ calli-/ callo-/ cala-/ calo- ← calos/ callos 美丽的；phaca ← phacos/ phake 扁豆（希腊语）；Phaca 扁豆属（为黄芪属 Astragalus 的异名）

Calophaca chinensis 华丽豆：chinensis = china + ensis 中国的（地名）；China 中国

Calophaca sinica 丽豆：sinica 中国的（地名）；-icus/ -icum/ -ica 属于，具有某种特性（常用于地名、起源、生境）

Calophaca soongorica 新疆丽豆：soongorica 准噶尔的（地名，新疆维吾尔自治区）；-icus/ -icum/ -ica 属于，具有某种特性（常用于地名、起源、生境）

Calophanoides 杜根藤属（爵床科）（70：p277）：calophanoides = calophana + oides 像 Calophana 的（注：属名一般不使用词尾 -oides）；Calophana（属名）；calophana = calo + lophus + anus 美冠的；call-/ calli-/ callo-/ cala-/ calo- ← calos/ callos 美丽的；lophus ← lophos 鸡冠，冠毛，额头，驼峰状突起；-anus/ -anum/ -ana 属于，来自（形容词词尾）；-oides/ -oideus/ -oideum/ -oidea/ -odes/ -eidos 像……的，类似……的，呈……状的（名词词尾）

Calophanoides albovelata 绵毛杜根藤：albus → albi-/ albo- 白色的；velatus 包被的

Calophanoides alboviridis 大叶赛爵床：alboviridis 灰绿色的；albus → albi-/ albo- 白色的；viridis 绿色的，鲜嫩的（相当于希腊语的 chloro-）

Calophanoides buxifolia 黄杨叶赛爵床：buxifolia 黄杨叶的；Buxus 黄杨属（黄杨科）；folius/ folium/ folia 叶，叶片（用于复合词）

Calophanoides chinensis 圆苞杜根藤：chinensis = china + ensis 中国的（地名）；China 中国

Calophanoides hainanensis 海南赛爵床：hainanensis 海南的（地名）

Calophanoides kouytchensis 贵州赛爵床：kouytchensis 贵州的（地名）

Calophanoides kwangsiensis 广西赛爵床：kwangsiensis 广西的（地名）

Calophanoides loheri 狭叶赛爵床：loheri（人名）

Calophanoides multinodis 白节赛爵床：multi- ← multus 多个，多数，很多（希腊语为 poly-）；nodis 节

Calophanoides quadrifaria 杜根藤：quadri-/ quadr- 四，四数（希腊语为 tetra-/ tetr-）；-farius 列；bifarius 二列的；trifarius 三列的

Calophanoides siccanea 旱杜根藤：siccaneus 略干燥的；siccus 干旱的，干地生的；-eus/ -eum/ -ea

C

（接拉丁语词干时）属于……的，色如……的，质如……的（表示原料、颜色或品质的相似），（接希腊语词干时）属于……的，以……出名，为……所占有（表示具有某种特性）

Calophanoides wardii 高山杜根藤：wardii ← Francis Kingdon-Ward（人名，20世纪英国植物学家）

Calophanoides xantholeuca 黄白杜根藤：xanthos + leucus 黄白色的；xanthos 黄色的（希腊语）；leucus 白色的，淡色的

Calophanoides xerobatica 滇东杜根藤：xerobatica 旱生匍匐植物；xeros 干旱的，干燥的；batica ← baticos 爬，匍匐

Calophanoides xerophila 干地杜根藤：xeros 干旱的，干燥的；philus/ philein ← philos → phil-/ phili/ philo- 喜好的，爱好的，喜欢的（注意区别形近词：phylus、phyllus）；phylus/ phylum/ phyla ← phylon/ phyle 植物分类单位中的"门"，位于"界"和"纲"之间，类群，种族，部落，聚群；phyllus/ phyllum/ phylla ← phyllon 叶片（用于希腊语复合词）

Calophanoides xylopoda 木柄杜根藤：xylon 木材，木质；podus/ pus 柄，梗，茎秆，足，腿

Calophanoides yunnanensis 滇杜根藤：yunnanensis 云南的（地名）

Calophyllum 红厚壳属（壳 qiào）（藤黄科）（50-2：p82）：call-/ calli-/ callo-/ cala-/ calo- ← calos/ callos 美丽的；phyllus/ phyllum/ phylla ← phyllon 叶片（用于希腊语复合词）

Calophyllum blancoi 兰屿红厚壳：blancoi（人名）

Calophyllum inophyllum 红厚壳：ino-/ inode- 纤维，发达的肌肉；phyllus/ phyllum/ phylla ← phyllon 叶片（用于希腊语复合词）

Calophyllum membranaceum 薄叶红厚壳：membranaceus 膜质的，膜状的；membranus 膜；-aceus/ -aceum/ -acea 相似的，有……性质的，属于……的

Calophyllum polyanthum 滇南红厚壳：polyanthus 多花的；poly- ← polys 多个，许多（希腊语，拉丁语为 multi-）；anthus/ anthum/ antha/ anthe ← anthos 花（用于希腊语复合词）

Calopogonium 毛蔓豆属（蔓 màn）（蔓 màn）（豆科）（41：p218）：calos/ callos → call-/ calli-/ calo-/ callo- 美丽的；形近词：callosus = callus + osus 具硬皮的，出老茧的，包块，疙瘩；pogonius/ pogonias/ pogon 胡须的，髯毛的，芒尖的

Calopogonium mucunoides 毛蔓豆：Mucuna 鲎豆属（豆科）；-oides/ -oideus/ -oideum/ -oidea/ -odes/ -eidos 像……的，类似……的，呈……状的（名词词尾）

Calotis 刺冠菊属（冠 guān）（菊科）（74：p92）：call-/ calli-/ callo-/ cala-/ calo- ← calos/ callos 美丽的；-otis/ -otites/ -otus/ -otion/ -oticus/ -otos/ -ous 耳，耳朵

Calotis caespitosa 刺冠菊：caespitosus = caespitus + osus 明显成簇的，明显丛生的；caespitus 成簇的，丛生的；-osus/ -osum/ -osa 多的，充分的，丰富的，显著发育的，程度高的，特征

明显的（形容词词尾）

Calotropis 牛角瓜属（萝藦科）（63：p384）：call-/ calli-/ callo-/ cala-/ calo- ← calos/ callos 美丽的；tropis 龙骨（希腊语）

Calotropis gigantea 牛角瓜：giganteus 巨大的；giga-/ gigant-/ giganti- ← gigantos 巨大的；-eus/ -eum/ -ea（接拉丁语词干时）属于……的，色如……的，质如……的（表示原料、颜色或品质的相似），（接希腊语词干时）属于……的，以……出名，为……所占有（表示具有某种特性）

Calotropis procera 白花牛角瓜：procerus 高的，有高度的，极高的

Caltha 驴蹄草属（毛茛科）（27：p60）：caltha 杯子（指花的形状）

Caltha natans 白花驴蹄草：natans 浮游的，游动的，漂浮的，水的

Caltha palustris 驴蹄草：palustris/ paluster ← palus + estris 喜好沼泽的，沼生的；palus 沼泽，湿地，泥潭，水塘，草甸子（palus 的复数主格为 paludes）；-estris/ -estre/ ester/ -esteris 生于……地方，喜好……地方

Caltha palustris var. barthei 空茎驴蹄草：barthei（人名）；-i 表示人名，接在以元音字母结尾的人名后面，但 -a 除外

Caltha palustris var. barthei f. atrorubra 红花空茎驴蹄草：atro-/ atr-/ atri-/ atra- ← ater 深色，浓色，暗色，发黑（ater 作为词干后接辅音字母开头的词时，要在词干后面加一个连接用的元音字母"o"或"i"，故为"ater-o-"或"ater-i-"，变形为"atr-"开头）；rubrus/ rubrum/ rubra/ ruber 红色的

Caltha palustris var. himalaica 长柱驴蹄草：himalaica 喜马拉雅的（地名）；-icus/ -icum/ -ica 属于，具有某种特性（常用于地名、起源、生境）

Caltha palustris var. membranacea 膜叶驴蹄草：membranaceus 膜质的，膜状的；membranus 膜；-aceus/ -aceum/ -acea 相似的，有……性质的，属于……的

Caltha palustris var. sibirica 三角叶驴蹄草：sibirica 西伯利亚的（地名，俄罗斯）；-icus/ -icum/ -ica 属于，具有某种特性（常用于地名、起源、生境）

Caltha palustris var. umbrosa 掌裂驴蹄草：umbrosus 多荫的，喜阴的，生于阴地的；umbra 荫凉，阴影，阴地；-osus/ -osum/ -osa 多的，充分的，丰富的，显著发育的，程度高的，特征明显的（形容词词尾）

Caltha scaposa 花葶驴蹄草：scaposus 具柄的，具粗柄的；scapus（scap-/ scapi-）← skapos 主茎，树干，花柄，花轴；-osus/ -osum/ -osa 多的，充分的，丰富的，显著发育的，程度高的，特征明显的（形容词词尾）

Caltha sinogracilis 细茎驴蹄草：sinogracilis 中国型纤细的；sino- 中国；gracilis 细长的，纤弱的，丝状的

Caltha sinogracilis f. rubriflora 红花细茎驴蹄草：rubr-/ rubri-/ rubro- ← rubrus 红色；florus/ florum/ flora ← flos 花（用于复合词）

Calycanthaceae 蜡梅科（30-2：p1）：Calycanthus

C

夏蜡梅属；-aceae（分类单位科的词尾，为 -aceus 的阴性复数主格形式，加到模式属的名称后或同义词的词干后以组成族群名称）

Calycanthus 夏蜡梅属（蜡梅科）（30-2：p1）：calycanthemus 花萼花瓣状的；calyx → calyc- 萼片（用于希腊语复合词）；构词规则：以 -ix/ -iex 结尾的词其词干末尾视为 -ic，以 -ex 结尾视为 -i/ -ic，其他以 -x 结尾视为 -c；anthus/ anthum/ antha/ anthe ← anthos 花（用于希腊语复合词）

Calycanthus chinensis 夏蜡梅：chinensis = china + ensis 中国的（地名）；China 中国

Calycanthus floridus 美国蜡梅：floridus/ floribundus = florus + idus 有花的，多花的，花明显的；florus/ florum/ flora ← flos 花（用于复合词）；-idus/ -idum/ -ida 表示在进行中的动作或情况，作动词、名词或形容词的词尾

Calycanthus floridus var. floridus 美国蜡梅-原变种（词义见上面解释）

Calycanthus floridus var. laevigatus 光叶红：laevigatus/ levigatus 光滑的，平滑的，平滑而发亮的；laevis/ levis/ laeve/ leve → levi-/ laevi- 光滑的，无毛的，无不平或粗糙感觉的；laevigo/ levigo 使光滑，削平

Calycopteris 萼翅藤属（使君子科）（53-1：p3）：calyco- ← calyx 萼片的；pteris ← pteryx 翅，翼，蕨类（希腊语）

Calycopteris floribunda 萼翅藤：floribundus = florus + bundus 多花的，繁花的，花正盛开的；florus/ florum/ flora ← flos 花（用于复合词）；-bundus/ -bunda/ -bundum 正在做，正在进行（类似于现在分词），充满，盛行

Calymmodon 荷包蕨属（禾叶蕨科）（6-2：p298）：-calymma/ -calymma 包被，面纱；odontus/ odontos → odon-/ odont-/ odonto-（可作词首或词尾）齿，牙齿状的；odous 齿，牙齿（单数，其所有格为 odontos）

Calymmodon asiaticus 短叶荷包蕨：asiaticus 亚洲的（地名）；-aticus/ -aticum/ -atica 属于，表示生长的地方，作名词词尾

Calymmodon gracilis 疏毛荷包蕨：gracilis 细长的，纤弱的，丝状的

Calypso 布袋兰属（兰科）（18：p169）：calypso 卡吕普索（希腊神话中的女神）

Calypso bulbosa 布袋兰：bulbosus = bulbus + osus 球形的，鳞茎状的；bulbus 球，球形，球茎，鳞茎；-osus/ -osum/ -osa 多的，充分的，丰富的，显著发育的，程度高的，特征明显的（形容词词尾）

Calyptocarpus 伏金腰箭属（菊科）（增补）：calypto- ← calyptos 隐藏的，覆盖的；carpus/ carpum/ carpa/ carpon ← carpos 果实（用于希腊语复合词）

Calyptocarpus vialis 金腰箭舅：vialis 路边生的，道路上的，属于道路的；via 道路，街道；-aris（阳性、阴性）/ -are（中性）← -alis（阳性、阴性）/ -ale（中性）属于，相似，如同，具有，涉及，关于，联结于（将名词作形容词用，其中 -aris 常用于以 l 或 r 为词干末尾的词）

Calystegia 打碗花属（旋花科）（64-1：p47）：

calystegia 萼片覆盖的；calysia ← calyx 萼片；stegius ← stege/ stegon 盖子，加盖，覆盖，包裹，遮盖物

Calystegia dahurica 毛打碗花：dahurica（daurica/ davurica）达乌里的（地名，外贝加尔湖，属西伯利亚的一个地区，即贝加尔湖以东及以南至中国和蒙古边界）

Calystegia dahurica f. anestia 缠枝牡丹：anestia（人名）

Calystegia dahurica f. dahurica 毛打碗花-原变型（词义见上面解释）

Calystegia hederacea 打碗花：hederacea 常春藤状的；Hedera 常春藤属（五加科）；-aceus/ -aceum/ -acea 相似的，有……性质的，属于……的

Calystegia pellita 藤长苗：pellitus 隐藏的，覆盖的

Calystegia sepium 旋花：sepium 篱笆的，栅栏的

Calystegia sepium var. japonica 长裂旋花：japonica 日本的（地名）；-icus/ -icum/ -ica 属于，具有某种特性（常用于地名、起源、生境）

Calystegia sepium var. sepium 旋花-原变种（词义见上面解释）

Calystegia soldanella 肾叶打碗花：soldanella 索达（一种意大利小硬币）

Camchaya 凋缨菊属（菊科）（74：p41）：camchaya（人名）

Camchaya loloana 凋缨菊：loloanus 傈僳族的（傈僳）（云南省维西县）

Camelina 亚麻荠属（荠 jì）（十字花科）（33：p443）：camelina 比亚麻矮的；came ← chamae 矮小；linum ← linon 亚麻，线（古拉丁语）；Linum 亚麻属（亚麻科）

Camelina microcarpa 小果亚麻荠：micr-/ micro- ← micros 小的，微小的，微观的（用于希腊语复合词）；carpus/ carpum/ carpa/ carpon ← carpos 果实（用于希腊语复合词）

Camelina microcarpa f. longistipita 长梗亚麻荠（种加词有时错印为"longistipata"）：longistipitus 长柄的；longe-/ longi- ← longus 长的，纵向的；stipitatus = stipitus + atus 具柄的；stipitus 柄，梗；形近词：stipatus（围绕的，包围的，包裹的，密集的）

Camelina microphylla 小叶亚麻荠：micr-/ micro- ← micros 小的，微小的，微观的（用于希腊语复合词）；phyllus/ phyllum/ phylla ← phyllon 叶片（用于希腊语复合词）

Camelina sativa 亚麻荠：sativus 栽培的，种植的，耕地的，耕作的

Camelina sylvestris 野亚麻荠：sylvestris 森林的，野地的；sylva/ silva 森林；-estris/ -estre/ ester/ -esteris 生于……地方，喜好……地方

Camelina yunnanensis 云南亚麻荠：yunnanensis 云南的（地名）

Camellia 山茶属（山茶科）（49-3：p3）：camellia ← Georg Josef Kamel（人名，1661–1706，捷克摩拉维亚地区博物学家、传教士）

Camellia achrysantha 中东金花茶：achrysantha 非黄花的；a-/ an- 无，非，没有，缺乏，不具有（an- 用于元音前）（a-/ an- 为希腊语词首，对应的

C

拉丁语词首为 e-/ ex-，相当于英语的 un-/ -less，注意词首 a- 和作为介词的 a/ ab 不同，后者的意思是"从……、由……、关于……、因为……"）；chrys-/ chryso- ← chrysos 黄色的，金色的；anthus/ anthum/ antha/ anthe ← anthos 花（用于希腊语复合词）

Camellia acuticalyx 尖萼瘤果茶：acuticalyx 具锐尖萼片的；acuti-/ acu- ← acutus 锐尖的，针尖的，刺尖的，锐角的；calyx → calyc- 萼片（用于希腊语复合词）

Camellia acutiperulata 尖苞瘤果茶：acutiperulatus 具尖鳞的，具尖锐芽鳞的；acuti-/ acu- ← acutus 锐尖的，针尖的，刺尖的，锐角的；perulatus = perulus + atus 具芽鳞的，具鳞片的，具小囊的；perulus 芽鳞，小囊

Camellia acutiserrata 尖齿离蕊茶：acutiserratus 具尖齿的；acuti-/ acu- ← acutus 锐尖的，针尖的，刺尖的，锐角的；serratus = serrus + atus 有锯齿的；serrus 齿，锯齿

Camellia acutissima 长尖连蕊茶：acutissimus 极尖的，非常尖的；acuti-/ acu- ← acutus 锐尖的，针尖的，刺尖的，锐角的；-issimus/ -issima/ -issimum 最，非常，极其（形容词最高级）

Camellia albescens 褪色红山茶：albescens 淡白的，略白的，发白的，褪色的；albus → albi-/ albo- 白色的；-escens/ -ascens 改变，转变，变成，略微，带有，接近，相似，大致，稍微（表示变化的趋势，并未完全相似或相同，有别于表示达到完成状态的 -atus）

Camellia albo-sericea 白丝毛红山茶：albus → albi-/ albo- 白色的；sericeus 绢丝状的；sericus 绢丝的，绢毛的，赛尔人的（Ser 为印度一民族）；-eus/ -eum/ -ea（接拉丁语词干时）属于……的，色如……的，质如……的（表示原料、颜色或品质的相似），（接希腊语词干时）属于……的，以……出名，为……所占有（表示具有某种特性）

Camellia albogigas 大白山茶：albus → albi-/ albo- 白色的；gigas 巨大的，非常大的

Camellia albovillosa 白毛红山茶：albus → albi-/ albo- 白色的；villosus 柔毛的，绵毛的；villus 毛，羊毛，长绒毛；-osus/ -osum/ -osa 多的，充分的，丰富的，显著发育的，程度高的，特征明显的（形容词词尾）

Camellia amplexifolia 抱茎短蕊茶：amplexi- 跨骑状的，紧握的，抱紧的；folius/ folium/ folia 叶，叶片（用于复合词）

Camellia angustifolia 狭叶茶：angusti- ← angustus 窄的，狭的，细的；folius/ folium/ folia 叶，叶片（用于复合词）

Camellia anlungensis 安龙瘤果茶：anlungensis 安龙的（地名，贵州省）

Camellia apolydonta 假多齿红山茶：a-/ an- 无，非，没有，缺乏，不具有（an- 用于元音前）（a-/ an- 为希腊语词首，对应的拉丁语词首为 e-/ ex-，相当于英语的 un-/ -less，注意词首 a- 和作为介词的 a/ ab 不同，后者的意思是"从……、由……、关于……、因为……"）；poly- ← polys 多个，许多（希腊语，拉丁语为 multi-）；dontus 齿，牙齿

Camellia arborescens 大树茶：arbor 乔木，树木；-escens/ -ascens 改变，转变，变成，略微，带有，接近，相似，大致，稍微（表示变化的趋势，并未完全相似或相同，有别于表示达到完成状态的 -atus）

Camellia assamica 普洱茶：assamica 阿萨姆邦的（地名，印度）

Camellia assamica var. assamica 普洱茶-原变种（词义见上面解释）

Camellia assamica var. kucha 苦茶：kucha 苦茶（中文名）

Camellia assamica var. polyneura 多脉普洱茶：polyneurus 多脉的；poly- ← polys 多个，许多（希腊语，拉丁语为 multi-）；neurus ← neuron 脉，神经

Camellia assimilis 香港毛蕊茶：assimilis = ad + similis 相似的，同样的，有关系的；simile 相似地，相近地；ad- 向，到，近（拉丁语词首，表示程度加强）；构词规则：构成复合词时，词首末尾的辅音字母常同化为紧接其后的那个辅音字母（如 ad + s → ass）；similis 相似的

Camellia assimiloides 大萼毛蕊茶：assimilis = ad + similis 相似的，同样的，有关系的；simile 相似地，相近地；ad- 向，到，近（拉丁语词首，表示程度加强）；构词规则：构成复合词时，词首末尾的辅音字母常同化为紧接其后的那个辅音字母（如 ad + s → ass）；similis 相似的；-oides/ -oideus/ -oideum/ -oidea/ -odes/ -eidos 像……的，类似……的，呈……状的（名词词尾）

Camellia atrothea 老黑茶：atro-/ atr-/ atri-/ atra- ← ater 深色，浓色，暗色，发黑（ater 作为词干后接辅音字母开头的词时，要在词干后面加一个连接用的元音字母"o"或"i"，故为"ater-o-"或"ater-i-"，变形为"atr-"开头）；thea ← thei ← thi/ tcha 茶，茶树（中文土名）

Camellia atuberculata 直脉瘤果茶：a-/ an- 无，非，没有，缺乏，不具有（an- 用于元音前）（a-/ an- 为希腊语词首，对应的拉丁语词首为 e-/ ex-，相当于英语的 un-/ -less，注意词首 a- 和作为介词的 a/ ab 不同，后者的意思是"从……、由……、关于……、因为……"）；tuberculatus 具疣状凸起的，具结节的，具小瘤的；tuber/ tuber-/ tuberi- 块茎的，结节状凸起的，瘤状的；-culatus = culus + atus 小的，略微的，稍微的（用于第三和第四变格法名词）；-culus/ -culum/ -cula 小的，略微的，稍微的（同第三变格法和第四变格法名词形成复合词）

Camellia aurea 五室金花茶：aureus = aurus + eus → aure-/ aureo- 金色的，黄色的；aurus 金，金色；-eus/ -eum/ -ea（接拉丁语词干时）属于……的，色如……的，质如……的（表示原料、颜色或品质的相似），（接希腊语词干时）属于……的，以……出名，为……所占有（表示具有某种特性）

Camellia bailinshanica 白灵山红山茶：bailinshanica 白灵山的（地名）

Camellia bambusifolia 竹叶红山茶：bambusifolius 箣竹叶的；Bambusa 箣竹属（禾本科）；folius/ folium/ folia 叶，叶片（用于复合词）

Camellia boreali-yunnanica 滇北红山茶：borealis 北方的；-aris（阳性、阴性）/ -are（中性）← -alis（阳性、阴性）/ -ale（中性）属于，相似，如同，具

有，涉及，关于，联结于（将名词作形容词用，其中-aris 常用于以 l 或 r 为词干末尾的词）；yunnanica 云南的（地名）；-icus/ -icum/ -ica 属于，具有某种特性（常用于地名、起源、生境）

Camellia brachyandra 短蕊茶：brachy- ← brachys 短的（用于拉丁语复合词词首）；andrus/ andros/ antherus ← aner 雄蕊，花药，雄性

Camellia brachygyna 短蕊红山茶：brachy- ← brachys 短的（用于拉丁语复合词词首）；gynus/ gynum/ gyna 雌蕊，子房，心皮

Camellia brevicolumna 短轴红山茶：brevi- ← brevis 短的（用于希腊语复合词词首）；columnus 柱状的，柱子的

Camellia brevipetiolata 短柄红山茶：brevi- ← brevis 短的（用于希腊语复合词词首）；petiolatus = petiolus + atus 具叶柄的；petiolus 叶柄

Camellia brevistyla 短柱茶：brevi- ← brevis 短的（用于希腊语复合词词首）；stylus/ stylis ← stylos 柱，花柱

Camellia buxifolia 黄杨叶连蕊茶：buxifolia 黄杨叶的；Buxus 黄杨属（黄杨科）；folius/ folium/ folia 叶，叶片（用于复合词）

Camellia callidonta 美齿连蕊茶：call-/ calli-/ callo-/ cala-/ calo- ← calos/ callos 美丽的；odontus/ odontos → odon-/ odont-/ odonto-（可作词首或词尾）齿，牙齿状的；odous 齿，牙齿（单数，其所有格为 odontos）

Camellia campanisepala 钟萼连蕊茶：campana 钟，吊钟；sepalus/ sepalum/ sepala 萼片（用于复合词）

Camellia candida 白毛蕊茶：candidus 洁白的，有白毛的，亮白的，雪白的（希腊语为 argo- ← argenteus 银白色的）

Camellia caudata 长尾毛蕊茶：caudatus = caudus + atus 尾巴的，尾巴状的，具尾的；caudus 尾巴

Camellia changii 假大头茶：changii（人名）；-ii 表示人名，接在以辅音字母结尾的人名后面，但 -er 除外

Camellia chekiangoleosa 浙江红山茶：chekiangoleosus 浙江型含油的；chekiang 浙江（地名）；oleosus = oleus + osus 含油的，油质的，多油的；oleus/ oleum/ olea 橄榄，橄榄油，油；Olea 木樨榄属，油橄榄属（木樨科）

Camellia chrysanthoides 薄叶金花茶：chrysanthus 黄花，金色的花；chrys-/ chryso- ← chrysos 黄色的，金色的；anthus/ anthum/ antha/ anthe ← anthos 花（用于希腊语复合词）；-oides/ -oideus/ -oideum/ -oidea/ -odes/ -eidos 像……的，类似……的，呈……状的（名词词尾）

Camellia chungkingensis 重庆山茶（重 chóng）：chungkingensis 重庆的（地名）

Camellia chunii 陈氏红山茶：chunii ← W. Y. Chun 陈焕镛（人名，1890–1971，中国植物学家）

Camellia chunii var. **chunii** 陈氏红山茶-原变种（词义见上面解释）

Camellia chunii var. **pentaphylax** 五列木红山茶：pent-/ penta-/ pante- 五，五数（该词为希腊语，相当于拉丁语的 quinque）；phylax 战车遮板，护盖，卫士；Pentaphylax 五列木属（五列木科）

Camellia compressa 扁果红山茶：compressus 扁平的，压扁的；pressus 压，压力，挤压，紧密；co- 联合，共同，合起来（拉丁语词首，为 cum- 的音变，表示结合、强化、完全，对应的希腊语为 syn-）；co- 的缀词音变有 co-/ com-/ con-/ col-/ cor-：co-（在 h 和元音字母前面），col-（在 l 前面），com-（在 b、m、p 之前），con-（在 c、d、f、g、j、n、qu、s、t 和 v 前面），cor-（在 r 前面）

Camellia confusa 小果短柱茶：confusus 混乱的，混同的，不确定的，不明确的；fusus 散开的，松散的，松弛的；co- 联合，共同，合起来（拉丁语词首，为 cum- 的音变，表示结合、强化、完全，对应的希腊语为 syn-）；co- 的缀词音变有 co-/ com-/ con-/ col-/ cor-：co-（在 h 和元音字母前面），col-（在 l 前面），com-（在 b、m、p 之前），con-（在 c、d、f、g、j、n、qu、s、t 和 v 前面），cor-（在 r 前面）

Camellia connatistyla 合柱糙果茶：connatistyla 花柱合并的；connatus 融为一体的，合并在一起的；connecto/ conecto 联合，结合；stylus/ stylis ← stylos 柱，花柱

Camellia cordifolia 心叶毛蕊茶：cordi- ← cordis/ cor 心脏的，心形的；folius/ folium/ folia 叶，叶片（用于复合词）

Camellia costata 突肋茶：costatus 具肋的，具脉的，具中脉的（指脉明显）；costus 主脉，叶脉，肋，肋骨

Camellia costei 贵州连蕊茶：costei（人名）；-i 表示人名，接在以元音字母结尾的人名后面，但 -a 除外

Camellia crapnelliana 红皮糙果茶：crapnelliana（人名）

Camellia crassicolumna 厚轴茶：crassi- ← crassus 厚的，粗的，多肉质的；columnus 柱状的，柱子的

Camellia crassipes 厚柄连蕊茶：crassi- ← crassus 厚的，粗的，多肉质的；pes/ pedis 柄，梗，茎秆，腿，足，爪（作词首或词尾，pes 的词干视为"ped-"）

Camellia crassipetala 厚瓣短蕊茶：crassi- ← crassus 厚的，粗的，多肉质的；petalus/ petalum/ petala ← petalon 花瓣

Camellia crassissima 厚叶红山茶：crassi- ← crassus 厚的，粗的，多肉质的；-issimus/ -issima/ -issimum 最，非常，极其（形容词最高级）

Camellia cratera 杯萼毛蕊茶：cratera/ crater ← krater 碗，碟斗，火山口

Camellia crispula 皱叶茶：crispulus = crispus + ulus 略有收缩的，略有褶皱的，略有波纹的；crispus 收缩的，褶皱的，波纹的（如花瓣周围的波浪状褶皱）；-ulus/ -ulum/ -ula 小的，略微的，稍微的（小词 -ulus 在字母 e 或 i 之后有多种变缀，即 -olus/ -olum/ -ola、-ellus/ -ellum/ -ella、-illus/ -illum/ -illa，与第一变格法和第二变格法名词形成复合词）

Camellia cryptoneura 隐脉红山茶：cryptoneura 隐脉的；crypt-/ crypto- ← kryptos 覆盖的，隐藏的（希腊语）；neurus ← neuron 脉，神经

Camellia cuspidata 尖连蕊茶：cuspidatus = cuspis + atus 尖头的，凸尖的；构词规则：词尾为 -is 和 -ys 的词的词干分别视为 -id 和 -yd；cuspis（所有格为 cuspidis）齿尖，凸尖，尖头；-atus/

C

-atum/ -ata 属于，相似，具有，完成（形容词词尾）

Camellia cuspidata var. chekiangensis 浙江尖连蕊茶：chekiangensis 浙江的（地名）

Camellia cuspidata var. cuspidata 尖连蕊茶-原变种 （词义见上面解释）

Camellia cuspidata var. grandiflora 大花尖连蕊茶：grandi- ← grandis 大的；florus/ florum/ flora ← flos 花（用于复合词）

Camellia danzaiensis 丹寨秃茶：danzaiensis 丹寨的（地名，贵州省）

Camellia dehungensis 德宏茶：dehungensis 德宏的（地名，云南省）

Camellia dubia 秃梗连蕊茶：dubius 可疑的，不确定的

Camellia edentata 无齿毛蕊茶：edentatus = e + dentatus 无齿的，无牙齿的；e-/ ex- 不，无，非，缺乏，不具有（e- 用在辅音字母前，ex- 用在元音字母前，为拉丁语词首，对应的希腊语词首为 a-/ an-，英语为 un-/ -less，注意作词首用的 e-/ ex- 和介词 e/ ex 意思不同，后者意为"出自、从……、由……离开、由于、依照"）；dentatus = dentus + atus 牙齿的，齿状的，具齿的；dentus 齿，牙齿；-atus/ -atum/ -ata 属于，相似，具有，完成（形容词词尾）

Camellia edithae 尖萼红山茶：edithae（人名）；-ae 表示人名，以 -a 结尾的人名后面加上 -e 形成

Camellia elongata 长管连蕊茶：elongatus 伸长的，延长的；elongare 拉长，延长；longus 长的，纵向的；e-/ ex- 不，无，非，缺乏，不具有（e- 用在辅音字母前，ex- 用在元音字母前，为拉丁语词首，对应的希腊语词首为 a-/ an-，英语为 un-/ -less，注意作词首用的 e-/ ex- 和介词 e/ ex 意思不同，后者意为"出自、从……、由……离开、由于、依照"）

Camellia euphlebia 显脉金花茶：euphlebius 具美丽叶脉的；eu- 好的，秀丽的，真的，正确的，完全的；phlebus 脉，叶脉；-ius/ -ium/ -ia 具有……特性（表示有关、关联、相似）

Camellia euryoides 柃叶连蕊茶（柃 líng）：Euryo 柃木属（茶科）；-oides/ -oideus/ -oideum/ -oidea/ -odes/ -eidos 像……的，类似……的，呈……状的（名词词尾）

Camellia fangchengensis 防城茶：fangchengensis 防城的（地名，广西防城港市防城区）

Camellia fascicularis 簇蕊金花茶：fascicularis 成束的，束状的，成簇的；fasciculus 丛，簇，束；fascis 束；-aris（阳性、阴性）/ -are（中性）← -alis（阳性、阴性）/ -ale（中性）属于，相似，如同，具有，涉及，关于，联结于（将名词作形容词用，其中 -aris 常用于以 l 或 r 为词干末尾的词）

Camellia flavida 淡黄金花茶：flavidus 淡黄的，泛黄的，发黄的；flavus → flavo-/ flavi-/ flav- 黄色的，鲜黄色的，金黄色的（指纯正的黄色）；-idus/ -idum/ -ida 表示在进行中的动作或情况，作动词、名词或形容词的词尾

Camellia fluviatilis 窄叶短柱茶：fluviatilis 河边的，生于河水的；fluvius 河流，河川，流水；-atilis（阳性、阴性）/ -atile（中性）（表示生长的地方）

Camellia forrestii 蒙自连蕊茶：forrestii ← George Forrest（人名，1873–1932，英国植物学家，曾在中国西部采集大量植物标本）

Camellia forrestii var. acutisepala 尖萼连蕊茶：acutisepalus 尖萼的；acuti-/ acu- ← acutus 锐尖的，针尖的，刺尖的，锐角的；sepalus/ sepalum/ sepala 萼片（用于复合词）

Camellia forrestii var. forrestii 蒙自连蕊茶-原变种 （词义见上面解释）

Camellia fraterna 毛柄连蕊茶：fraterna 兄弟的

Camellia furfuracea 糙果茶：furfuraceus 糠麸状的，头屑状的，叶鞘的；furfur/ furfuris 糠麸，鞘

Camellia gauchowensis 高州油茶：gauchowensis 高州的（地名，广东省）

Camellia gaudichaudii 硬叶糙果茶：gaudichaudii ← Charles Gaudichaud-Baupre（人名，19 世纪法国植物学家、医生）

Camellia glaberrima 秃茶：glaberrimus 完全无毛的；glaber/ glabrus 光滑的，无毛的；-rimus/ -rima/ -rimum 最，极，非常（词尾为 -er 的形容词最高级）

Camellia grandibracteata 大苞茶：grandi- ← grandis 大的；bracteatus = bracteus + atus 具苞片的；bracteus 苞，苞片，苞鳞

Camellia grandis 岜岗金花茶（岜 lòng）：grandis 大的，大型的，宏大的

Camellia granthamiana 大苞山茶：granthamiana（人名）

Camellia grijsii 长瓣短柱茶：grijsii（人名）；-ii 表示人名，接在以辅音字母结尾的人名后面，但 -er 除外

Camellia gymnogyna 秃房茶：gymn-/ gymno- ← gymnos 裸露的；gynus/ gynum/ gyna 雌蕊，子房，心皮

Camellia handelii 岳麓连蕊茶：handelii ← H. Handel-Mazzetti（人名，奥地利植物学家，第一次世界大战期间在中国西南地区研究植物）

Camellia hekouensis 河口超长柄茶：hekouensis 河口的（地名，云南省）

Camellia henryana 光果山茶：henryana ← Augustine Henry 或 B. C. Henry（人名，前者，1857–1930，爱尔兰医生、植物学家，曾在中国采集植物，后者，1850–1901，曾活动于中国的传教士）

Camellia hiemalis 冬红短柱茶：hiemalis/ hiemale/ hyemalis/ hibernus 冬天的，冬季开花的；hiemas 冬季，冰冷，严寒

Camellia hongkongensis 香港红山茶：hongkongensis 香港的（地名）

Camellia hupehensis 湖北瘤果茶：hupehensis 湖北的（地名）

Camellia ilicifolia 冬青叶山茶：ilici- ← Ilex 冬青属（冬青科）；构词规则：以 -ix/ -iex 结尾的词其词干末尾视为 -ic，以 -ex 结尾视为 -i/ -ic，其他以 -x 结尾视为 -c；folius/ folium/ folia 叶，叶片（用于复合词）

Camellia impressinervis 凹脉金花茶：impressinervis 凹脉的；impressi- ← impressus 凹陷的，凹入的，雕刻的；in-/ im-（来自 il- 的音变）内，在内，内部，向内，相反，不，无，非；il- 在内，向内，为，相反（希腊语为 en-）；词首 il- 的音

变：il-（在 l 前面），im-（在 b、m、p 前面），in-（在元音字母和大多数辅音字母前面），ir-（在 r 前面），如 illaudatus（不值得称赞的，评价不好的），impermeabilis（不透水的，穿不透的），ineptus（不合适的），insertus（插入的），irretortus（无弯曲的，无扭曲的）；pressus 压，压力，挤压，紧密；nervis ← nervus 脉，叶脉

Camellia indochinensis 中越山茶：indochiensis 中南半岛的（地名，含越南、柬埔寨、老挝等东南亚国家）

Camellia integerrima 全缘糙果茶：integerrimus 绝对全缘的；integer/ integra/ integrum → integri- 完整的，整个的，全缘的；-rimus/ -rima/ -rimum 最，极，非常（词尾为 -er 的形容词最高级）

Camellia japonica 山茶：japonica 日本的（地名）；-icus/ -icum/ -ica 属于，具有某种特性（常用于地名、起源、生境）

Camellia jingyunshanica 缙云山茶（缙 jìn）：jingyunshanica 缙云山的（地名，重庆市，已修订为 jinyunshanica）；-icus/ -icum/ -ica 属于，具有某种特性（常用于地名、起源、生境）

Camellia jinshajiangica 金沙江红山茶：jinshajiangica 金沙江的（地名，云南省）；-icus/ -icum/ -ica 属于，具有某种特性（常用于地名、起源、生境）

Camellia jiuyishanica 九嶷山连蕊茶（嶷 yí）：jiuyishanica 九嶷山的（地名，湖南省）；-icus/ -icum/ -ica 属于，具有某种特性（常用于地名、起源、生境）

Camellia kissi 落瓣短柱茶：kissi（人名，词尾改为"-ii"似更妥）；-ii 表示人名，接在以辅音字母结尾的人名后面，但 -er 除外；-i 表示人名，接在以元音字母结尾的人名后面，但 -a 除外

Camellia kissi var. kissi 落瓣短柱茶-原变种 （词义见上面解释）

Camellia kissi var. megalantha 大花短柱茶：mega-/ megal-/ megalo- ← megas 大的，巨大的；anthus/ anthum/ antha/ anthe ← anthos 花（用于希腊语复合词）

Camellia kwangnanica 广南茶：kwangnanica 广南的（地名，云南省）

Camellia kwangsiensis 广西茶：kwangsiensis 广西的（地名）

Camellia kwangtungensis 广东秃茶：kwangtungensis 广东的（地名）

Camellia kweichouensis 贵州红山茶：kweichouensis 贵州的（地名）

Camellia lanceoleosa 狭叶油茶：lanceoleosus = lanceus + oleosus 披针形含油的；lance-/ lancei-/ lanci-/ lanceo-/ lanc- ← lanceus 披针形的，矛形的，尖刀状的，柳叶刀状的；oleosus = oleus + osus 含油的，油质的，多油的；oleus/ oleum/ olea 橄榄，橄榄油，油；Olea 木樨榄属，油橄榄属（木樨科）；-osus/ -osum/ -osa 多的，充分的，丰富的，显著发育的，程度高的，特征明显的（形容词词尾）

Camellia lancicalyx 披针萼连蕊茶：lance-/ lancei-/ lanci-/ lanceo-/ lanc- ← lanceus 披针形的，矛形的，尖刀状的，柳叶刀状的；calyx → calyc- 萼

片（用于希腊语复合词）

Camellia lancilimba 披针叶连蕊茶：lance-/ lancei-/ lanci-/ lanceo-/ lanc- ← lanceus 披针形的，矛形的，尖刀状的，柳叶刀状的；limbus 冠檐，萼檐，瓣片，叶片

Camellia lanosituba 绵管红山茶：lanosituba 长毛状管子的；lanosus = lana + osus 被长毛的，被绵毛的；lana 羊毛，绵毛；-osus/ -osum/ -osa 多的，充分的，丰富的，显著发育的，程度高的，特征明显的（形容词词尾）；tubus 管子的，管状的，筒状的

Camellia lapidea 石果红山茶：lapideus = lapis + eus 石质的；lapis 石头，岩石（lapis 的词干为 lapid-）；构词规则：词尾为 -is 和 -ys 的词的词干分别视为 -id 和 -yd；-eus/ -eum/ -ea（接拉丁语词干时）属于……的，色如……的，质如……的（表示原料、颜色或品质的相似），（接希腊语词干时）属于……的，以……出名，为……所占有（表示具有某种特性）

Camellia latipetiolata 阔柄糙果茶：lati-/ late- ← latus 宽的，宽广的；petiolatus = petiolus + atus 具叶柄的；petiolus 叶柄

Camellia lawii 四川毛蕊茶：lawii（人名）；-ii 表示人名，接在以辅音字母结尾的人名后面，但 -er 除外

Camellia leptophylla 膜叶茶：leptus ← leptos 细的，薄的，瘦小的，狭长的；phyllus/ phyllum/ phylla ← phyllon 叶片（用于希腊语复合词）

Camellia leyeensis 乐业瘤果茶：leyeensis 乐业的（地名，广西壮族自治区）

Camellia liberistamina 离蕊红山茶：liberistaminus 雄蕊分离的，散生雄蕊的；liber/ libera/ liberum 分离的，离生的；staminus 雄性的，雄蕊的；stamen/ staminis 雄蕊

Camellia liberistyla 散柱茶：liberistylus 离生花柱的；liber/ libera/ liberum 分离的，离生的；stylus/ stylis ← stylos 柱，花柱

Camellia liberistyloides 肖散柱茶（肖 xiào）：liberistyloides 像 liberistyla 的，像散柱茶的；Camellia liberistyla 散柱茶；-oides/ -oideus/ -oideum/ -oidea/ -odes/ -eidos 像……的，类似……的，呈……状的（名词词尾）

Camellia lienshanensis 连山红山茶：lienshanensis 连山的（地名，广东省）

Camellia limonia 柠檬金花茶：limonius 柠檬色的；limon 橡檬，柠檬；-ius/ -ium/ -ia 具有……特性的（表示有关、关联、相似）

Camellia lipingensis 黎平瘤果茶：lipingensis 黎平的（地名，贵州省）

Camellia lipoensis 荔波连蕊茶：lipoensis 荔波的（地名，贵州省）

Camellia longicalyx 长萼连蕊茶：longicalyx 长萼的；longe-/ longi- ← longus 长的，纵向的；calyx → calyc- 萼片（用于希腊语复合词）

Camellia longicarpa 长果连蕊茶：longe-/ longi- ← longus 长的，纵向的；carpus/ carpum/ carpa/ carpon ← carpos 果实（用于希腊语复合词）

Camellia longicaudata 长尾红山茶：longe-/ longi- ← longus 长的，纵向的；caudatus = caudus + atus 尾巴的，尾巴状的，具尾的；caudus

尾巴

Camellia longicuspis 长凸连蕊茶：longe-/
longi- ← longus 长的，纵向的；cuspis（所有格为
cuspidis）齿尖，凸尖，尖头

Camellia longigyna 长蕊红山茶：longe-/ longi- ←
longus 长的，纵向的；gynus/ gynum/ gyna 雌蕊，
子房，心皮

Camellia longipetiolata 长柄山茶：longe-/
longi- ← longus 长的，纵向的；petiolatus =
petiolus + atus 具叶柄的；petiolus 叶柄

Camellia longissima 超长柄茶：longe-/ longi- ←
longus 长的，纵向的；-issimus/ -issima/ -issimum
最，非常，极其（形容词最高级）

Camellia longituba 长管红山茶：longe-/ longi- ←
longus 长的，纵向的；tubus 管子的，管状的，
筒状的

Camellia lucidissima 闪光红山茶：lucidus ←
lucis ← lux 发光的，光辉的，清晰的，发亮的，荣
耀的（lux 的单数所有格为 lucis，词尾为 -is 和 -ys
的词的词干分别视为 -id 和 -yd）；-issimus/
-issima/ -issimum 最，非常，极其（形容词最高级）

Camellia lungshenensis 龙胜红山茶：
lungshenensis 龙胜的（地名，广西壮族自治区）

Camellia lungzhouensis 龙州金花茶：
lungzhouensis 龙州的（地名，广西壮族自治区）

Camellia luteoflora 小黄花茶：luteoflora 黄花的；
luteus 黄色的；florus/ florum/ flora ← flos 花（用
于复合词）

Camellia macrosepala 大萼连蕊茶：macro-/
macr- ← macros 大的，宏观的（用于希腊语复合
词）；sepalus/ sepalum/ sepala 萼片（用于复合词）

Camellia magniflora 大花红山茶：magn-/ magni-
大的；florus/ florum/ flora ← flos 花（用于复合词）

Camellia magnocarpa 大果红山茶：magn-/ magni-
大的；carpus/ carpum/ carpa/ carpon ← carpos 果
实（用于希腊语复合词）

Camellia mairei 毛蕊红山茶：mairei（人名）；
Edouard Ernest Maire（人名，19 世纪活动于中国
云南的传教士）；Rene C. J. E. Maire 人名（20 世
纪阿尔及利亚植物学家，研究北非植物）；-i 表示人
名，接在以元音字母结尾的人名后面，但 -a 除外

Camellia mairei var. alba 白花毛蕊红山茶：
albus → albi-/ albo- 白色的

Camellia mairei var. mairei 毛蕊红山茶-原变种
（词义见上面解释）

Camellia makuanica 马关茶：makuanica 马关的
（地名，云南省）；-icus/ -icum/ -ica 属于，具有某种
特性（常用于地名、起源、生境）

Camellia maliflora 樱花短柱茶：faliflorus =
malus + florus 苹果花的；malus ← malon 苹果
（希腊语）；florus/ florum/ flora ← flos 花（用于复
合词）

Camellia melliana 广东毛蕊茶：melliana（人名）

Camellia membranacea 膜叶连蕊茶：
membranaceus 膜质的，膜状的；membranus 膜；
-aceus/ -aceum/ -acea 相似的，有……性质的，属
于……的

Camellia micrantha 小花金花茶：micr-/ micro- ←
micros 小的，微小的，微观的（用于希腊语复合
词）；anthus/ anthum/ antha/ anthe ← anthos 花
（用于希腊语复合词）

Camellia microphylla 细叶短柱茶：micr-/
micro- ← micros 小的，微小的，微观的（用于希腊
语复合词）；phyllus/ phyllum/ phylla ← phyllon 叶
片（用于希腊语复合词）

Camellia minutiflora 微花连蕊茶：minutus 极小
的，细微的，微小的；florus/ florum/ flora ← flos
花（用于复合词）

Camellia mongshanica 莽山红山茶：mongshanica
莽山的（地名，广东省）；-icus/ -icum/ -ica 属于，
具有某种特性（常用于地名、起源、生境）

Camellia multibracteata 多苞糙果茶：multi- ←
multus 多个，多数，很多（希腊语为 poly-）；
bracteatus = bracteus + atus 具苞片的；bracteus
苞，苞片，苞鳞

Camellia multisepala 多萼茶：multi- ← multus 多
个，多数，很多（希腊语为 poly-）；sepalus/
sepalum/ sepala 萼片（用于复合词）

Camellia muricatula 瘤叶短蕊茶：muricatulus =
muricatus + ulus 略粗糙的；muri-/ muric- ←
murex 海螺（指表面有瘤状凸起），粗糙的，糙面的；
muricatus = murex + atus 粗糙的，糙面的，海螺
状表面的（由于密被小的瘤状凸起），具短硬尖的；
构词规则：以 -ix/ -iex 结尾的词其词干末尾视为
-ic，以 -ex 结尾视为 -i/ -ic，其他以 -x 结尾视为 -c；
-ulus/ -ulum/ -ula 小的，略微的，稍微的（小词
-ulus 在字母 e 或 i 之后有多种变缀，即 -olus/
-olum/ -ola、-ellus/ -ellum/ -ella、-illus/ -illum/
-illa，与第一变格法和第二变格法名词形成复合词）

Camellia nanchuanica 南川茶：nanchuanica 南川
的（地名，重庆市）；-icus/ -icum/ -ica 属于，具有
某种特性（常用于地名、起源、生境）

Camellia neriifolia 狭叶瘤果茶：neriifolia =
Nerium + folius 夹竹桃叶的；缀词规则：以属名作
复合词时原词尾变形后的 i 要保留；neri ← Nerium
夹竹桃属（夹竹桃科）；folius/ folium/ folia 叶，叶
片（用于复合词）

Camellia nitidissima 金花茶：nitidissimus =
nitidus + ssimus 非常光亮的；nitidus = nitere +
idus 光亮的，发光的；nitere 发亮，-idus/ -idum/
-ida 表示在进行中的动作或情况，作动词、名词或
形容词的词尾；nitens 光亮的，发光的；-issimus/
-issima/ -issimum 最，非常，极其（形容词最高级）

Camellia nitidissima var. microcarpa 小果金花
茶：micr-/ micro- ← micros 小的，微小的，微观的
（用于希腊语复合词）；carpus/ carpum/ carpa/
carpon ← carpos 果实（用于希腊语复合词）

Camellia nitidissima var. nitidissima 金花茶-原
变种 （词义见上面解释）

Camellia nokoensis 能高连蕊茶：nokoensis 能高山
的（地名，位于台湾省，"noko" 为 "能高" 的日语
读音）

Camellia oblata 扁糙果茶：oblatus 扁圆形的；ob-
相反，反对，倒（ob- 有多种音变：ob- 在元音字母
和大多数辅音字母前面，oc- 在 c 前面，of- 在 f 前

C

面，op- 在 p 前面）；latus 宽的，宽广的

Camellia obovatifolia 倒卵瘤果茶：obovatus =
ob + ovus + atus 倒卵形的；ob- 相反，反对，倒
（ob- 有多种音变：ob- 在元音字母和大多数辅音字
母前面，oc- 在 c 前面，of- 在 f 前面，op- 在 p 前
面）；ovus 卵，胚珠，卵形的，椭圆形的；folius/
folium/ folia 叶，叶片（用于复合词）

Camellia obtusifolia 钝叶短柱茶：obtusus 钝的，
钝形的，略带圆形的；folius/ folium/ folia 叶，叶片
（用于复合词）

Camellia oleifera 油茶：oleiferus 具油的，产油的；
olei-/ ole- ← oleum 橄榄，橄榄油，油；oleus/
oleum/ olea 橄榄，橄榄油，油；Olea 木樨榄属，油
橄榄属（木樨科）；-ferus/ -ferum/ -fera/ -fero/
-fere/ -fer 有，具有，产（区别：作独立词使用的
ferus 意思是"野生的"）

Camellia oleifera var. monosperma 单籽油茶：
mono-/ mon- ← monos 一个，单一的（希腊语，拉
丁语为 unus/ uni-/ uno-）；spermus/ spermum/
sperma 种子的（用于希腊语复合词）

Camellia oleifera var. oleifera 油茶-原变种 （词
义见上面解释）

Camellia oligophlebia 寡脉红山茶：oligo-/ olig- 少
数的（希腊语，拉丁语为 pauci-）；phlebius =
phlebus + ius 叶脉，属于有脉的；phlebus 脉，叶
脉；-ius/ -ium/ -ia 具有……特性的（表示有关、关
联、相似）

Camellia omeiensis 峨眉红山茶：omeiensis 峨眉山
的（地名，四川省）

Camellia oviformis 卵果红山茶：ovus 卵，胚珠，
卵形的，椭圆形的；ovi-/ ovo- ← ovus 卵，卵形的，
椭圆形的；formis/ forma 形状

Camellia pachyandra 厚短蕊茶：pachyandrus 粗药
的，粗壮雄蕊的；pachy- ← pachys 厚的，粗的，肥
的；andrus/ andros/ antherus ← aner 雄蕊，花药，
雄性

Camellia parafurfuracea 肖糠果茶：
parafurfuracea 近似糠麸状的，近似 furfuracea 的；
para- 类似，接近，近旁，假的；Camellia
furfuracea 糠果茶；furfuraceus 糠麸状的，头屑状
的，叶鞘的；furfur/ furfuris 糠麸，鞘

Camellia parvi-ovata 小卵叶连蕊茶：parvus →
parvi-/ parv- 小的，些微的，弱的；ovatus =
ovus + atus 卵圆形的

Camellia parvicaudata 小长尾连蕊茶：parvus 小
的，些微的，弱的；caudatus = caudus + atus 尾巴
的，尾巴状的，具尾的；caudus 尾巴

Camellia parvicuspidata 细尖连蕊茶：parvus 小
的，些微的，弱的；cuspidatus = cuspis + atus 尖
头的，凸尖的；构词规则：词尾为 -is 和 -ys 的词的
词干分别视为 -id 和 -yd；cuspis（所有格为
cuspidis）齿尖，凸尖，尖头；-atus/ -atum/ -ata 属
于，相似，具有，完成（形容词词尾）

Camellia parviflora 细花短蕊茶：parviflorus 小花
的；parvus 小的，些微的，弱的；florus/ florum/
flora ← flos 花（用于复合词）

Camellia parvilapidea 小石果连蕊茶：parvilapidea
比 lapidea 小的，小于石果红山茶的；parvus 小的，

些微的，弱的；Camellia lapidea 石果红山茶；
lapideus = lapis + eus 石质的；lapis 石头，岩石；
注：词尾为 -is 和 -ys 的词的词干分别视为 -id 和
-yd；-eus/ -eum/ -ea（接拉丁语词干时）属
于……的，色如……的，质如……的，（接希腊语词
干时）属于……的，以……出名，为……所占有

Camellia parvilimba 细叶连蕊茶：parvilimbus 小
叶的；parvus 小的，些微的，弱的；limbus 冠檐，
萼檐，瓣片，叶片

Camellia parvilimba var. brevipes 短柄细叶连蕊
茶：brevi- ← brevis 短的（用于希腊语复合词词
首）；pes/ pedis 柄，梗，茎秆，腿，足，爪（作词首
或词尾，pes 的词干视为"ped-"）

Camellia parvilimba var. parvilimba 细叶连蕊
茶-原变种 （词义见上面解释）

Camellia parvimuricata 小瘤果茶：parvus 小的，
些微的，弱的；muricatus = murex + atus 粗糙的，
糙面的，海螺状表面的（由于密被小的瘤状凸起），
具短硬尖的；muri-/ muric- ← murex 海螺（指表面
有瘤状凸起），粗糙的，糙面的；以 -ex 结尾的词其
词干末尾视为 -i 或 -ic

Camellia parvipetala 小瓣金花茶：parvus 小的，
些微的，弱的；petalus/ petalum/ petala ←
petalon 花瓣

Camellia parvisepala 细萼茶：parvus 小的，些微
的，弱的；sepalus/ sepalum/ sepala 萼片（用于复
合词）

Camellia parvisepaloides 拟细萼茶：
parvisepaloides 像 parvisepala 的；Camellia
parvisepala 细萼茶；-oides/ -oideus/ -oideum/
-oidea/ -odes/ -eidos 像……的，类似……的，
呈……状的（名词词尾）

Camellia paucipetala 寡瓣红山茶：pauci- ←
paucus 少数的，少的（希腊语为 oligo-）；petalus/
petalum/ petala ← petalon 花瓣

Camellia paucipunctata 腺叶离蕊茶：pauci- ←
paucus 少数的，少的（希腊语为 oligo-）；
punctatus = punctus + atus 具斑点的；punctus
斑点

Camellia pentamera 五数离蕊茶：pentamerus 五
基数的，一个特定部分或一轮的五个部分；penta-
五，五数（希腊语，拉丁语为 quin/ quinqu/
quinque-/ quinqui-）；-merus ← meros 部分，一份，
特定部分，成员

Camellia pentapetala 五瓣红山茶：penta- 五，五
数（希腊语，拉丁语为 quin/ quinqu/ quinque-/
quinqui-）；petalus/ petalum/ petala ← petalon
花瓣

Camellia pentastyla 五柱茶：penta- 五，五数（希
腊语，拉丁语为 quin/ quinqu/ quinque-/
quinqui-）；stylus/ stylis ← stylos 柱，花柱

Camellia percuspidata 超尖连蕊茶：percuspidata
非常尖的，极尖的；per-（在 l 前面音变为 pel-）极，
很，颇，甚，非常，完全，通过，遍及（表示效果加
强，与 sub- 互为反义词）；cuspidatus = cuspis +
atus 尖头的，凸尖的；构词规则：词尾为 -is 和 -ys
的词的词干分别视为 -id 和 -yd；cuspis（所有格为
cuspidis）齿尖，凸尖，尖头；-atus/ -atum/ -ata 属

于，相似，具有，完成（形容词词尾）

Camellia phaeoclada 褐枝短柱茶：phaeus（phaios）→ phae-/ phaeo-/ phai-/ phaio 暗色的，褐色的，灰蒙蒙的；cladus ← clados 枝条，分枝

Camellia phellocapsa 栓壳红山茶：phellocapsa 栓皮蒴果的；phellos 软木塞，木栓；capsus 盒子，蒴果，胶囊

Camellia phelloderma 栓皮红山茶：phellos 软木塞，木栓；dermis ← derma 皮，皮肤，表皮

Camellia pilosperma 毛籽离蕊茶：pilo- ← pilosus 多毛的，被柔毛的，具疏柔毛的，被短弱细毛的；spermus/ spermum/ sperma 种子的（用于希腊语复合词）

Camellia pingguoensis 平果金花茶：pingguoensis 平果的（地名，广西壮族自治区，有时误拼为"pinggaoensis"）

Camellia pingguoensis var. pingguoensis 平果金花茶-原变种 （词义见上面解释）

Camellia pingguoensis var. terminalis 顶生金花茶：terminalis 顶端的，顶生的，末端的；terminus 终结，限界；terminate 使终结，设限界

Camellia pitardii 西南红山茶：pitardii ← Charles-Joseph Marie Pitard-Briau（人名，20 世纪法国植物学家）

Camellia pitardii var. alba 西南白山茶：albus → albi-/ albo- 白色的

Camellia pitardii var. pitardii 西南红山茶-原变种 （词义见上面解释）

Camellia pitardii var. yunnanica 窄叶西南红山茶：yunnanica 云南的（地名）；-icus/ -icum/ -ica 属于，具有某种特性（常用于地名、起源、生境）

Camellia polyodonta 多齿红山茶：poly- ← polys 多个，许多（希腊语，拉丁语为 multi-）；odontus/ odontos → odon-/ odont-/ odonto-（可作词首或词尾）齿，牙齿状的；odous 齿，牙齿（单数，其所有格为 odontos）

Camellia polypetala 多瓣糙果茶：poly- ← polys 多个，许多（希腊语，拉丁语为 multi-）；petalus/ petalum/ petala ← petalon 花瓣

Camellia ptilophylla 毛叶茶：ptilophylla 毛叶的，叶片带毛的；ptilon 羽毛，翼，翅；phyllus/ phyllum/ phylla ← phyllon 叶片（用于希腊语复合词）

Camellia pubescens 汝城毛叶茶：pubescens ← pubens 被短柔毛的，长出柔毛的；pubi- ← pubis 细柔毛的，短柔毛的，毛被的；pubesco/ pubescere 长成的，变为成熟的，长出柔毛的，青春期体毛的；-escens/ -ascens 改变，转变，变成，略微，带有，接近，相似，大致，稍微（表示变化的趋势，并未完全相似或相同，有别于表示达到完成状态的 -atus）

Camellia pubifurfuracea 毛糙果茶：pubi- ← pubis 细柔毛的，短柔毛的，毛被的；furfuraceus 糠麸状的，头屑状的，叶鞘的；furfur/ furfuris 糠麸，鞘；-aceus/ -accum/ -acca 相似的，有……性质的，属于……的

Camellia pubipetala 毛瓣金花茶：pubi- ← pubis 细柔毛的，短柔毛的，毛被的；petalus/ petalum/

petala ← petalon 花瓣

Camellia punctata 斑枝毛蕊茶：punctatus = punctus + atus 具斑点的；punctus 斑点

Camellia puniceiflora 粉红短柱茶：puniceiflora = puniceus + florus 石榴花的，红花的；Punica 石榴属（石榴科）；puniceus 石榴的，像石榴的，石榴色的，红色的，鲜红色的；-eus/ -eum/ -ea（接拉丁语词干时）属于……的，色如……的，质如……的（表示原料、颜色或品质的相似），（接希腊语词干时）属于……的，以……出名，为……所占有（表示具有某种特性）；florus/ florum/ flora ← flos 花（用于复合词）

Camellia purpurea 紫果茶：purpureus = purpura + eus 紫色的；purpura 紫色（purpura 原为一种介壳虫名，其体液为紫色，可作颜料）；-eus/ -eum/ -ea（接拉丁语词干时）属于……的，色如……的，质如……的（表示原料、颜色或品质的相似），（接希腊语词干时）属于……的，以……出名，为……所占有（表示具有某种特性）

Camellia remotiserrata 疏齿茶：remotiserratus 疏离锯齿的；remotus 分散的，分开的，稀疏的，远距离的；serratus = serrus + atus 有锯齿的；serrus 齿，锯齿

Camellia reticulata 滇山茶：reticulatus = reti + culus + atus 网状的；reti-/ rete- 网（同义词：dictyo-）；-culus/ -culum/ -cula 小的，略微的，稍微的（同第三变格法和第四变格法名词形成复合词）；-atus/ -atum/ -ata 属于，相似，具有，完成（形容词词尾）

Camellia rhytidocarpa 皱果茶：rhytido-/ rhyt- ← rhytidos 褶皱的，皱纹的，折叠的；carpus/ carpum/ carpa/ carpon ← carpos 果实（用于希腊语复合词）

Camellia rhytidophylla 皱叶瘤果茶：rhytido-/ rhyt- ← rhytidos 褶皱的，皱纹的，折叠的；phyllus/ phyllum/ phylla ← phyllon 叶片（用于希腊语复合词）

Camellia rosaeflora 玫瑰连蕊茶：rosaeflora 蔷薇花的（注：组成复合词时，要将前面词的词尾 -us/ -um/ -a 变成 -i- 或 -o- 而不是所有格，故该词宜改为"rosiflora"）；rosae 蔷薇的（rosa 的所有格）；florus/ florum/ flora ← flos 花（用于复合词）

Camellia rosthorniana 川鄂连蕊茶：rosthorniana ← Arthur Edler von Rosthorn（人名，19 世纪匈牙利驻北京大使）

Camellia rotundata 圆基茶：rotundatus = rotundus + atus 圆形的，圆角的；rotundus 圆形的，呈圆形的，肥大的；rotundo 使呈圆形，使圆滑；roto 旋转，滚动

Camellia rubimuricata 荔波红瘤果茶：rubimuricatus = ruber + muricatus 红色粗糙表面的，红色凸起的；rubrus/ rubrum/ rubra/ ruber 红色的；muricatus = murex + atus 粗糙的，糙面的，海螺状表面的（由于密被小的瘤状凸起），具短硬尖的；muri-/ muric- ← murex 海螺（指表面有瘤状凸起），粗糙的，糙面的

Camellia rubituberculata 厚壳红瘤果茶：rubus ← ruber/ rubeo 树莓的，红色的；rubrus/ rubrum/

rubra/ ruber 红色的；tuberculatus 具疣状凸起的，具结节的，具小瘤的；tuber/ tuber-/ tuberi- 块茎的，结节状凸起的，瘤状的；-culatus = culus + atus 小的，略微的，稍微的（用于第三和第四变格法名词）；-culus/ -culum/ -cula 小的，略微的，稍微的（同第三变格法和第四变格法名词形成复合词）

Camellia salicifolia 柳叶毛蕊茶：salici ← Salix 柳属；构词规则：以 -ix/ -iex 结尾的词其词干末尾视为 -ic，以 -ex 结尾视为 -i/ -ic，其他以 -x 结尾视为 -c；folius/ folium/ folia 叶，叶片（用于复合词）

Camellia saluenensis 怒江红山茶：saluenensis 萨尔温江的（地名，怒江流入缅甸部分的名称）

Camellia sasanqua 茶梅：sasanqua 山茶花（日语发音）

Camellia scariosisepala 膜萼离蕊茶：scariosus 干燥薄膜的；sepalus/ sepalum/ sepala 萼片（用于复合词）

Camellia semiserrata 南山茶：semiserratus 半锯齿的；semi- 半，准，略微；serratus = serrus + atus 有锯齿的；serrus 齿，锯齿

Camellia septempetala 七瓣连蕊茶：septem-/ sept-/ septi- 七（希腊语为 hepta-）；petalus/ petalum/ petala ← petalon 花瓣

Camellia septempetala var. rubra 红花七瓣连蕊茶：rubrus/ rubrum/ rubra/ ruber 红色的

Camellia septempetala var. septempetala 七瓣连蕊茶-原变种 （词义见上面解释）

Camellia setiperulata 粗毛红山茶：setiperulatus 刚毛鳞片的；setus/ saetus 刚毛，刺毛，芒刺；perulatus = perulus + atus 具芽鳞的，具鳞片的，具小囊的；perulus 芽鳞，小囊；pera 背包，挎包；-ulus/ -ulum/ -ula 小的，略微的，稍微的（小词 -ulus 在字母 e 或 i 之后有多种变缀，即 -olus/ -olum/ -ola、-ellus/ -ellum/ -ella、-illus/ -illum/ -illa，与第一变格法和第二变格法名词形成复合词）

Camellia shensiensis 陕西短柱茶：shensiensis 陕西的（地名）

Camellia sinensis 茶：sinensis = Sina + ensis 中国的（地名）；Sina 中国

Camellia sinensis var. pubilimba 白毛茶：pubi- ← pubis 细柔毛的，短柔毛的，毛被的；limbus 冠檐，萼檐，瓣片，叶片

Camellia sinensis var. sinensis 茶-原变种 （词义见上面解释）

Camellia sinensis var. waldensae 香花茶：waldensae（人名）

Camellia stictoclada 斑枝红山茶：stictus ← stictos 斑点，雀斑；cladus ← clados 枝条，分枝

Camellia stuartiana 五室连蕊茶：stuartiana ← John Stuart（人名，18 世纪英国政治家）

Camellia subacutissima 肖长尖连蕊茶（肖 xiào）：subacutissimus 近似极尖的，像 acutissima 的；sub-（表示程度较弱）与……类似，几乎，稍微，弱，亚，之下，下面；Camellia acutissima 长尖连蕊茶：acutus 尖锐的，锐角的；-issimus/ -issima/ -issimum 最，非常，极其（形容词最高级）；acutissimus 极尖的

Camellia subglabra 半秃连蕊茶：subglabrus 近无

毛的；sub-（表示程度较弱）与……类似，几乎，稍微，弱，亚，之下，下面；glabrus 光秃的，无毛的，光滑的

Camellia subintegra 全缘红山茶：subintegra 近全缘的；sub-（表示程度较弱）与……类似，几乎，稍微，弱，亚，之下，下面；integer/ integra/ integrum → integri- 完整的，整个的，全缘的

Camellia szechuanensis 半宿萼茶：szechuan 四川（地名）

Camellia szemaoensis 思茅短蕊茶：szemaoensis 思茅的（地名，云南省）

Camellia tachangensis 大厂茶：tachangensis 大厂的（地名，云南省）

Camellia taliensis 大理茶：taliensis 大理的（地名，云南省）

Camellia tenii 大姚短柱茶：tenii（人名）；-ii 表示人名，接在以辅音字母结尾的人名后面，但 -er 除外

Camellia tenuivalvis 薄壳红山茶：tenui- ← tenuis 薄的，纤细的，弱的，瘦的，窄的；valva/ valvis 裂瓣，开裂，瓣片，啮合

Camellia transarisanensis 阿里山连蕊茶：transarisanensis 穿越阿里山的；tran-/ trans- 横过，远侧边，远方，在那边；arisanensis 阿里山的（地名，属台湾省）

Camellia transnokoensis 南投秃连蕊茶：transnokoensis = trans + nokoensis 跨越能高山的；tran-/ trans- 横过，远侧边，远方，在那边；nokoensis 能高山的（地名，位于台湾省，"noko"为"能高"的日语读音）

Camellia triantha 三花连蕊茶：tri-/ tripli-/ triplo- 三个，三数；anthus/ anthum/ antha/ anthe ← anthos 花（用于希腊语复合词）

Camellia trichandra 毛丝连蕊茶：trichandrus 毛蕊的；trich-/ tricho-/ tricha- ← trichos ← thrix 毛，多毛的，线状的，丝状的；andra/ andrus ← andros 雄蕊，雄花，雄性，男性

Camellia trichocarpa 毛果山茶：trich-/ tricho-/ tricha- ← trichos ← thrix 毛，多毛的，线状的，丝状的；carpus/ carpum/ carpa/ carpon ← carpos 果实（用于希腊语复合词）

Camellia trichoclada 毛枝连蕊茶：trich-/ tricho-/ tricha- ← trichos ← thrix 毛，多毛的，线状的，丝状的；cladus ← clados 枝条，分枝

Camellia trichosperma 毛籽红山茶：trich-/ tricho-/ tricha- ← trichos ← thrix 毛，多毛的，线状的，丝状的；spermus/ spermum/ sperma 种子的（用于希腊语复合词）

Camellia trigonocarpa 棱果毛蕊茶：trigonocarpus 三棱果的；trigono 三角的，三棱的；tri-/ tripli-/ triplo- 三个，三数；gono/ gonos/ gon 关节，棱角，角度；carpus/ carpum/ carpa/ carpon ← carpos 果实（用于希腊语复合词）

Camellia truncata 截叶连蕊茶：truncatus 截平的，截形的，截断的；truncare 切断，截断，截平（动词）

Camellia tsaii 云南连蕊茶：tsaii 蔡希陶（人名，1911–1981，中国植物学家）

Camellia tsaii var. synaptica 川滇连蕊茶：synapticus 联合的，连结的，结合的；syn- 联合，共

C

同，合起来（希腊语词首，对应的拉丁语为 co-）；syn- 的缀词音变有：sy-/ syl-/ sym-/ syn-/ syr-/ sys-（在 s、t 前面），syl-（在 l 前面），sym-（在 b 和 p 前面），syn-/ syr-（在 r 前面）；aptica = aptus + icus 连结的，结合的；aptus 连结的，结合的，吻合的；-icus/ -icum/ -ica 属于，具有某种特性（常用于地名、起源、生境）

Camellia tsaii var. tsaii 云南连蕊茶-原变种 （词义见上面解释）

Camellia tsingpienensis 金屏连蕊茶：tsingpienensis 金屏的（地名，云南省金平县的旧称）

Camellia tsingpienensis var. pubisepala 毛萼金屏连蕊茶：pubi- ← pubis 细柔毛的，短柔毛的，毛被的；sepalus/ sepalum/ sepala 萼片（用于复合词）

Camellia tsingpienensis var. tsingpienensis 金屏连蕊茶-原变种 （词义见上面解释）

Camellia tsofui 细萼连蕊茶：tsofui（人名）；-i 表示人名，接在以元音字母结尾的人名后面，但 -a 除外

Camellia tuberculata 瘤果茶：tuberculatus 具疣状凸起的，具结节的，具小瘤的；tuber/ tuber-/ tuberi- 块茎的，结节状凸起的，瘤状的；-culatus = culus + atus 小的，略微的，稍微的（用于第三和第四变格法名词）；-culus/ -culum/ -cula 小的，略微的，稍微的（同第三变格法和第四变格法名词形成复合词）；-atus/ -atum/ -ata 属于，相似，具有，完成（形容词词尾）

Camellia tunganica 东安红山茶：tunganica 东安的（地名，湖南省）；-icus/ -icum/ -ica 属于，具有某种特性（常用于地名、起源、生境）

Camellia tunghinensis 东兴金花茶：tunghinensis 东兴的（地名，广西壮族自治区）

Camellia uraku 单体红山茶：uraku（日文）

Camellia vietnamensis 越南油茶：vietnamensis 越南的（地名）

Camellia villicarpa 小果毛蕊茶：villus 毛，羊毛，长绒毛；carpus/ carpum/ carpa/ carpon ← carpos 果实（用于希腊语复合词）

Camellia villosa 长毛红山茶：villosus 柔毛的，绵毛的；villus 毛，羊毛，长绒毛；-osus/ -osum/ -osa 多的，充分的，丰富的，显著发育的，程度高的，特征明显的（形容词词尾）

Camellia viridicalyx 绿萼连蕊茶：viridus 绿色的；calyx → calyc- 萼片（用于希腊语复合词）

Camellia wardii 滇缅离蕊茶：wardii ← Francis Kingdon-Ward（人名，20 世纪英国植物学家）

Camellia wenshanensis 文山毛蕊茶：wenshanensis 文山的（地名，云南省）

Camellia xanthochroma 黄花短蕊茶：xanthos 黄色的（希腊语）；-chromus/ -chrous/ -chrus 颜色，彩色，有色的

Camellia xylocarpa 木果红山茶：xylon 木材，木质；carpus/ carpum/ carpa/ carpon ← carpos 果实（用于希腊语复合词）

Camellia yankiangensis 元江短蕊茶：yankiangensis 元江的（地名，云南省）

Camellia yungkiangensis 榕江茶：yungkiangensis 榕江的（地名，贵州省）

Camellia yunnanensis 五柱滇山茶：yunnanensis 云南的（地名）

Campanula 风铃草属（桔梗科）(73-2：p78)：campanula = campana + ulus 小吊钟形的（指花冠）；campana 钟，吊钟；-ulus/ -ulum/ -ula 小的，略微的，稍微的（小词 -ulus 在字母 e 或 i 之后有多种变缀，即 -olus/ -olum/ -ola、-ellus/ -ellum/ -ella、-illus/ -illum/ -illa，与第一变格法和第二变格法名词形成复合词）

Campanula albertii 新疆风铃草：albertii ← Luigi d'Albertis（人名，19 世纪意大利博物学家）；-ii 表示人名，接在以辅音字母结尾的人名后面，但 -er 除外

Campanula aristata 钻裂风铃草：aristatus(aristosus) = arista + atus 具芒的，具芒刺的，具刚毛的，具胡须的；arista 芒

Campanula calcicola 灰岩风铃草：calcicolus 钙生的，生于石灰质土壤的；calci- ← calcium 石灰，钙质；colus ← colo 分布于，居住于，栖居，殖民（常作词尾）；colo/ colere/ colui/ cultum 居住，耕作，栽培

Campanula cana 灰毛风铃草：canus 灰色的，灰白色的

Campanula canescens 一年风铃草：canescens 变灰色的，淡灰色的；canens 使呈灰色的；canus 灰色的，灰白色的；-escens/ -ascens 改变，转变，变成，略微，带有，接近，相似，大致，稍微（表示变化的趋势，并未完全相似或相同，有别于表示达到完成状态的 -atus）

Campanula chinensis 长柱风铃草：chinensis = china + ensis 中国的（地名）；China 中国

Campanula chrysosplenifolia 丝茎风铃草：chrysosplenifolius = Chrysosplenium + folius 金腰子叶的（指叶片像金腰子）；Chrysosplenium 金腰属（虎耳草科）；folius/ folium/ folia 叶，叶片（用于复合词）

Campanula colorata 西南风铃草：coloratus = color + atus 有色的，带颜色的；color 颜色；-atus/ -atum/ -ata 属于，相似，具有，完成（形容词词尾）

Campanula crenulata 流石风铃草：crenulatus = crena + ulus + atus 细圆锯齿的，略呈圆锯齿的

Campanula delavayi 丽江风铃草：delavayi ← P. J. M. Delavay（人名，1834–1895，法国传教士，曾在中国采集植物标本）；-i 表示人名，接在以元音字母结尾的人名后面，但 -a 除外

Campanula glomerata 北疆风铃草：glomeratus = glomera + atus 聚集的，球形的，聚成球形的；glomera 线球，一团，一束

Campanula glomerata subsp. cephalotes 聚花风铃草：cephalotes 具头的；cephalus/ cephale ← cephalos 头，头状花序；cephal-/ cephalo- ← cephalus 头，头状，头部；-otes（构成抽象名词，表示一种特殊的性状）

Campanula glomerata subsp. daqingshanica 大青山风铃草：daqingshanica 大青山的（地名，内蒙古自治区）；-icus/ -icum/ -ica 属于，具有某种特性（常用于地名、起源、生境）

Campanula glomerata subsp. glomerata 北疆风

C

铃草-原变种 （词义见上面解释）

Campanula glomeratoides 头花风铃草：glomeratoides 像 glomerata 的，近球形的；Campanula glomerata 北疆风铃草；glomeratus = glomera + atus 聚集的，球形的，聚成球形的；glomera 线球，一团，一束；-oides/ -oideus/ -oideum/ -oidea/ -odes/ -eidos 像……的，类似……的，呈……状的（名词词尾）

Campanula langsdorffiana 石生风铃草：langsdorffiana ← Freiherr von Langsdorff（人名，18 世纪德国植物学家）

Campanula mekongensis 澜沧风铃草：mekongensis 湄公河的（地名，澜沧江流入中南半岛部分称湄公河）

Campanula modesta 藏滇风铃草：modestus 适度的，保守的

Campanula nakaoi 藏南风铃草：nakaoi（人名）；-i 表示人名，接在以元音字母结尾的人名后面，但 -a 除外

Campanula punctata 紫斑风铃草：punctatus = punctus + atus 具斑点的；punctus 斑点

Campanula sibirica 刺毛风铃草：sibirica 西伯利亚的（地名，俄罗斯）；-icus/ -icum/ -ica 属于，具有某种特性（常用于地名、起源、生境）

Campanula yunnanensis 云南风铃草：yunnanensis 云南的（地名）

Campanulaceae 桔梗科（73-2：p1）：campanula ← campana 钟形的（指花冠）；-aceae（分类单位科的词尾，为 -aceus 的阴性复数主格形式，加到模式属的名称后或同义词的词干后以组成族群名称）

Campanumoea 金钱豹属（桔梗科）（73-2：p69）：campanumoea ← campana 钟，吊钟

Campanumoea celebica 小叶轮钟草：celebica 西里伯斯岛的（地名，印度尼西亚苏拉威西岛的旧称）

Campanumoea inflata 藏南金钱豹：inflatus 膨胀的，袋状的

Campanumoea javanica 金钱豹：javanica 爪哇的（地名，印度尼西亚）；-icus/ -icum/ -ica 属于，具有某种特性（常用于地名、起源、生境）

Campanumoea javanica subsp. japonica 日本金钱豹：japonica 日本的（地名）；-icus/ -icum/ -ica 属于，具有某种特性（常用于地名、起源、生境）

Campanumoea javanica subsp. javanica 大花金钱豹-原亚种 （词义见上面解释）

Campanumoea lancifolia 长叶轮钟草：lance-/ lancei-/ lanci-/ lanceo-/ lanc- ← lanceus 披针形的，矛形的，尖刀状的，柳叶刀状的；folius/ folium/ folia 叶，叶片（用于复合词）

Campanumoea parviflora 小花轮钟草：parviflorus 小花的；parvus 小的，些微的，弱的；florus/ florum/ flora ← flos 花（用于复合词）

Camphorosma 樟味藜属（藜科）（25-2：p109）：camphorosma 像樟脑的（指有樟脑气味）；camphor- ← kamfour 樟脑的；osmus 气味，香味；关联词：anosmus 无气味

Camphorosma monspeliaca 樟味藜：mons → monti- 山岳，山脉；Peliaca ← Pelium 派留姆山（山名，希腊）

Camphorosma monspeliaca subsp. lessingii 同齿樟味藜：lessingii（人名）；-ii 表示人名，接在以辅音字母结尾的人名后面，但 -er 除外

Camphorosma monspeliaca subsp. Monspeliaca 樟味藜-原亚种 （词义见上面解释）

Camphorosma soongoricum （准噶尔樟味藜）（噶 gá）：soongoricum 准噶尔的（地名，新疆维吾尔自治区）；-icus/ -icum/ -ica 属于，具有某种特性（常用于地名、起源、生境）

Campsis 凌霄属（紫葳科）（69：p32）：campsis 弯曲的（雄蕊呈弓形）

Campsis grandiflora 凌霄：grandi- ← grandis 大的；florus/ florum/ flora ← flos 花（用于复合词）

Campsis radicans 厚萼凌霄：radicans 生根的；radicus ← radix 根的

Camptosorus 过山蕨属（铁角蕨科）（4-2：p141）：camptosorus 弯曲的囊群（囊群呈曲线状排列）；camptos 弯曲的；sorus ← soros 堆（指密集成簇），孢子囊群

Camptosorus sibiricus 过山蕨：sibiricus 西伯利亚的（地名，俄罗斯）；-icus/ -icum/ -ica 属于，具有某种特性（常用于地名、起源、生境）

Camptotheca 喜树属（蓝果树科）（52-2：p144）：camptotheca 弯曲的盒子（指蒴果的果室）；campto- ← kampto 使弯曲；theca ← thekion（希腊语）盒子，室（花药的药室）

Camptotheca acuminata 喜树：acuminatus = acumen + atus 锐尖的，渐尖的；acumen 渐尖头；-atus/ -atum/ -ata 属于，相似，具有，完成（形容词词尾）

Camptotheca acuminata var. acuminata 喜树-原变种 （词义见上面解释）

Camptotheca acuminata var. tenuifolia 薄叶喜树：tenui- ← tenuis 薄的，纤细的，弱的，瘦的，窄的；folius/ folium/ folia 叶，叶片（用于复合词）

Campylotropis 葫子梢属（葫 kàng）（豆科）（41：p92）：campylotropis 弯曲的龙骨瓣；campylos 弯弓的，弯曲的，曲折的；campso-/ campto-/ campylo- 弯弓的，弯曲的，曲折的；tropis 龙骨（希腊语）

Campylotropis alopochloa （狐尾葫子梢）：alopo- ← alopex 狐狸；chloa ← chloe 草，禾草

Campylotropis argentea 银叶葫子梢：argenteus = argentum + eus 银白色的；argentum 银；-eus/ -eum/ -ea（接拉丁语词干时）属于……的，色如……的，质如……的（表示原料、颜色或品质的相似），（接希腊语词干时）属于……的，以……出名，为……所占有（表示具有某种特性）

Campylotropis bonatiana 马尿藤：bonatiana（人名）

Campylotropis bonii 密脉葫子梢：bonii（人名）；-ii 表示人名，接在以辅音字母结尾的人名后面，但 -er 除外

Campylotropis brevifolia 短序葫子梢：brevi- ← brevis 短的（用于希腊语复合词词首）；folius/ folium/ folia 叶，叶片（用于复合词）

Campylotropis capillipes 细花梗葫子梢：capillipes 纤细的，细如毛发的（指花柄、叶柄等）

Campylotropis delavayi 西南葫子梢：delavayi ←

P. J. M. Delavay（人名，1834–1895，法国传教士，曾在中国采集植物标本）；-i 表示人名，接在以元音字母结尾的人名后面，但 -a 除外

Campylotropis diversifolia 异叶莸子梢：diversus 多样的，各种各样的，多方向的；folius/ folium/ folia 叶，叶片（用于复合词）

Campylotropis fulva 暗黄莸子梢：fulvus 咖啡色的，黄褐色的

Campylotropis grandifolia 大叶莸子梢：grandi- ← grandis 大的；folius/ folium/ folia 叶，叶片（用于复合词）

Campylotropis harmsii 思茅莸子梢：harmsii（人名）；-ii 表示人名，接在以辅音字母结尾的人名后面，但 -er 除外

Campylotropis henryi 元江莸子梢：henryi ← Augustine Henry 或 B. C. Henry（人名，前者，1857–1930，爱尔兰医生、植物学家，曾在中国采集植物，后者，1850–1901，曾活动于中国的传教士）

Campylotropis hirtella 毛莸子梢：hirtellus = hirtus + ellus 被短粗硬毛的；hirtus 有毛的，粗毛的，刚毛的（长而明显的毛）；-ellus/ -ellum/ -ella ← -ulus 小的，略微的，稍微的（小词 -ulus 在字母 e 或 i 之后有多种变缀，即 -olus/ -olum/ -ola、-ellus/ -ellum/ -ella、-illus/ -illum/ -illa，用于第一变格法名词）

Campylotropis howellii 腾冲莸子梢：howellii ← Thomas Howell（人名，19 世纪植物采集员）

Campylotropis latifolia 阔叶莸子梢：lati-/ late- ← latus 宽的，宽广的；folius/ folium/ folia 叶，叶片（用于复合词）

Campylotropis macrocarpa 莸子梢：macro-/ macr- ← macros 大的，宏观的（用于希腊语复合词）；carpus/ carpum/ carpa/ carpon ← carpos 果实（用于希腊语复合词）

Campylotropis macrocarpa var. giraldii 太白山莸子梢：giraldii ← Giuseppe Giraldi（人名，19 世纪活动于中国的意大利传教士）

Campylotropis macrocarpa var. giraldii f. hupehensis 丝苞莸子梢：hupehensis 湖北的（地名）

Campylotropis macrocarpa var. giraldii f. longepedunculata 长叶莸子梢：longe-/ longi- ← longus 长的，纵向的；pedunculatus/ peduncularis 具花序柄的，具总花梗的；pedunculus/ peduncule/ pedunculis ← pes 花序柄，总花梗（花序基部无花着生部分，不同于花柄）；关联词：pedicellus/ pediculus 小花梗，小花柄（不同于花序柄）

Campylotropis macrocarpa var. giraldii f. microphylla 小莸子梢：micr-/ micro- ← micros 小的，微小的，微观的（用于希腊语复合词）；phyllus/ phyllum/ phylla ← phyllon 叶片（用于希腊语复合词）

Campylotropis macrocarpa var. macrocarpa 莸子梢-原变种 （词义见上面解释）

Campylotropis macrocarpa var. macrocarpa f. lanceolata 披针叶莸子梢：lanceolatus = lanceus + olus + atus 小披针形的，小柳叶刀形的；lance-/ lancei-/ lanci-/ lanceo-/ lanc- ← lanceus 披

针形的，矛形的，尖刀状的，柳叶刀状的；-olus ← -ulus 小，稍微，略微（-ulus 在字母 e 或 i 之后变成 -olus/ -ellus/ -illus）；-atus/ -atum/ -ata 属于，相似，具有，完成（形容词词尾）

Campylotropis macrocarpa var. macrocarpa f. macrocarpa 莸子梢-原变型 （词义见上面解释）

Campylotropis neglecta 蒙自莸子梢：neglectus 不显著的，不显眼的，容易看漏的，容易忽略的

Campylotropis parviflora 小花莸子梢：parviflorus 小花的；parvus 小的，些微的，弱的；florus/ florum/ flora ← flos 花（用于复合词）

Campylotropis pinetorum 缅南莸子梢：pinetorum 松林的，松林生的；Pinus 松属（松科）；-etorum 群落的（表示群丛、群落的词尾）

Campylotropis pinetorum subsp. pinetorum 缅南莸子梢-原亚种 （词义见上面解释）

Campylotropis pinetorum subsp. velutina 绒毛叶莸子梢：velutinus 天鹅绒的，柔软的；velutus 绒毛的；-inus/ -inum/ -ina/ -inos 相近，接近，相似，具有（通常指颜色）

Campylotropis polyantha 小雀花：polyanthus 多花的；poly- ← polys 多个，许多（希腊语，拉丁语为 multi-）；anthus/ anthum/ antha/ anthe ← anthos 花（用于希腊语复合词）

Campylotropis polyantha var. leiocarpa 光果小雀花：lei-/ leio-/ lio- ← leius ← leios 光滑的，平滑的；carpus/ carpum/ carpa/ carpon ← carpos 果实（用于希腊语复合词）

Campylotropis polyantha var. polyantha 小雀花-原变种 （词义见上面解释）

Campylotropis polyantha var. polyantha f. macrophylla 大叶小雀花：macro-/ macr- ← macros 大的，宏观的（用于希腊语复合词）；phyllus/ phyllum/ phylla ← phyllon 叶片（用于希腊语复合词）

Campylotropis polyantha var. polyantha f. polyantha 小雀花-原变型 （词义见上面解释）

Campylotropis polyantha var. polyantha f. souliei 狭叶小雀花：souliei（人名）；-i 表示人名，接在以元音字母结尾的人名后面，但 -a 除外

Campylotropis polyantha var. tomentosa 密毛小雀花：tomentosus = tomentum + osus 绒毛的，密被绒毛的；tomentum 绒毛，浓密的毛被，棉絮，棉絮状填充物（被褥、垫子等）；-osus/ -osum/ -osa 多的，充分的，丰富的，显著发育的，程度高的，特征明显的（形容词词尾）

Campylotropis prainii 草山莸子梢：prainii ← David Prain（人名，20 世纪英国植物学家）

Campylotropis reticulinervis 网脉莸子梢：reticulus = reti + culus 网，网纹的；reti-/ rete- 网（同义词：dictyo-）；-culus/ -culum/ -cula 小的，略微的，稍微的（同第三变格法和第四变格法名词形成复合词）；nervis ← nervus 脉，叶脉

Campylotropis rockii 滇南莸子梢：rockii ← Joseph Francis Charles Rock（人名，20 世纪美国植物采集员）

Campylotropis sulcata 槽茎莸子梢：sulcatus 具皱纹的，具犁沟的，具沟槽的；sulcus 犁沟，沟槽，皱

C

纹；sulc-/ sulci- ← sulcus 犁沟，沟槽，皱纹

Campylotropis tenuiramea 细枝莸子梢：tenui- ← tenuis 薄的，纤细的，弱的，瘦的，窄的；rameus = ramus + eus 枝条的，属于枝条的；ramus 分枝，枝条；-eus/ -eum/ -ea（接拉丁语词干时）属于……的，色如……的，质如……的（表示原料、颜色或品质的相似），（接希腊语词干时）属于……的，以……出名，为……所占有（表示具有某种特性）

Campylotropis tomentosipetiolata 绒柄莸子梢：tomentosipetiolatus 毛柄的，叶柄被绒毛的；tomentosus = tomentum + osus 绒毛的，密被绒毛的；tomentum 绒毛，浓密的毛被，棉絮，棉絮状填充物（被褥、垫子等）；-osus/ -osum/ -osa 多的，充分的，丰富的，显著发育的，程度高的，特征明显的（形容词词尾）；petiolatus = petiolus + atus 具叶柄的；petiolus 叶柄

Campylotropis trigonoclada 三棱枝莸子梢：trigonocladus 三棱枝的；trigono 三角的，三棱的；tri-/ tripli-/ triplo- 三个，三数；cladus ← clados 枝条，分枝

Campylotropis wenshanica 秋莸子梢：wenshanica 文山的（地名，云南省）；-icus/ -icum/ -ica 属于，具有某种特性（常用于地名、起源、生境）

Campylotropis wilsonii 小叶莸子梢：wilsonii ← John Wilson（人名，18 世纪英国植物学家）

Campylotropis yajiangensis 雅江莸子梢：yajiangensis 雅江的（地名，四川省）

Campylotropis yajiangensis var. deronica 得荣莸子梢：deronica 得荣的（地名，四川省）

Campylotropis yajiangensis var. yajiangensis 雅江莸子梢-原变种 （词义见上面解释）

Campylotropis yunnanensis 滇莸子梢：yunnanensis 云南的（地名）

Campylotropis yunnanensis var. filipes 丝梗莸子梢：filipes 线状柄的，线状茎的；fili-/ fil- ← filum 线状的，丝状的；pes/ pedis 柄，梗，茎秆，腿，足，爪（作词首或词尾，pes 的词干视为 "ped-"）

Campylotropis yunnanensis var. yunnanensis 滇莸子梢-原变种 （词义见上面解释）

Campylotropis yunnanensis var. zhongdianensis 中甸莸子梢：zhongdianensis 中甸的（地名，云南省香格里拉市的旧称）

Cananga 依兰属（番荔枝科）（30-2：p117）：cananga ← Kenanga（马来西亚语）

Cananga odorata 依兰：odoratus = odorus + atus 香气的，气味的；odor 香气，气味；-atus/ -atum/ -ata 属于，相似，具有，完成（形容词词尾）

Cananga odorata var. fruticosa 小依兰：fruticosus/ frutesceus 灌丛状的；frutex 灌木；构词规则：以 -ix/ -iex 结尾的词其词干末尾视为 -ic，以 -ex 结尾视为 -i/ -ic，其他以 -x 结尾视为 -c；-osus/ -osum/ -osa 多的，充分的，丰富的，显著发育的，程度高的，特征明显的（形容词词尾）

Cananga odorata var. odorata 依兰-原变种 （词义见上面解释）

Canarium 橄榄属（橄 gǎn）（橄榄科）（43-3：p24）：canarium ← camari（马来西亚语）橄榄

Canarium album 橄榄：albus → albi-/ albo- 白色的

Canarium bengalense 方榄：bengalense 孟加拉的（地名）

Canarium parvum 小叶榄：parvus → parvi-/ parv- 小的，些微的，弱的

Canarium pimela 乌榄：pimela ← pimele 脂肪（指种子含油）

Canarium strictum 滇榄：strictus 直立的，硬直的，笔直的，彼此靠拢的

Canarium subulatum 毛叶榄：subulatus 钻形的，尖头的，针尖状的；subulus 钻头，尖头，针尖状

Canarium tonkinense 越榄：tonkin 东京（地名，越南河内的旧称）

Canavalia 刀豆属（豆科）（41：p207）：canavalia ← canavali 刀豆（印度方言）

Canavalia cathartica 小刀豆：catharticus 泻药的，催泻的

Canavalia ensiformis 直生刀豆：ensi- 剑；formis/ forma 形状

Canavalia gladiata 刀豆：gladiatus = gladius + atus 剑状的，具剑的；gladius 剑，刀，武器

Canavalia gladiolata 尖萼刀豆：gladiolatus = gladius + ulus + atus 小剑状的，具小剑的；gladius 剑，刀，武器；-ulus/ -ulum/ -ula 小的，略微的，稍微的（小词 -ulus 在字母 e 或 i 之后有多种变缀，即 -olus/ -olum/ -ola、-ellus/ -ellum/ -ella、-illus/ -illum/ -illa，与第一变格法和第二变格法名词形成复合词）

Canavalia lineata 狭刀豆：lineatus = lineus + atus 具线的，线状的，呈亚麻状的；lineus = linum + eus 线状的，丝状的，亚麻状的；linum ← linon 亚麻，线（古拉丁名）；-atus/ -atum/ -ata 属于，相似，具有，完成（形容词词尾）

Canavalia maritima 海刀豆：maritimus 海滨的（指生境）

Cancrinia 小甘菊属（菊科）（76-1：p98）：cancer 螃蟹；-inius 相似

Cancrinia chrysocephala 黄头小甘菊：chrys-/ chryso- ← chrysos 黄色的，金色的；cephalus/ cephale ← cephalos 头，头状花序

Cancrinia discoidea 小甘菊：discoideus 圆盘状的；dic-/ disci-/ disco- ← discus ← discos 碟子，盘子，圆盘；-oides/ -oideus/ -oideum/ -oidea/ -odes/ -eidos 像……的，类似……的，呈……状的（名词词尾）

Cancrinia lasiocarpa 毛果小甘菊：lasi-/ lasio- 羊毛状的，有毛的，粗糙的；carpus/ carpum/ carpa/ carpon ← carpos 果实（用于希腊语复合词）

Cancrinia maximowiczii 灌木小甘菊：maximowiczii ← C. J. Maximowicz 马克希莫夫（人名，1827–1891，俄国植物学家）

Cancrinia tianschanica 天山小甘菊：tianschanica 天山的（地名，新疆维吾尔自治区）；-icus/ -icum/ -ica 属于，具有某种特性（常用于地名、起源、生境）

Canna 美人蕉属（美人蕉科）（16-2：p153）：canna 芦苇（凯尔特语）

Canna edulis 蕉芋：edule/ edulis 食用的，可食的

C

Canna flaccida 柔瓣美人蕉：flaccidus 柔软的，软乎乎的，软绵绵的；flaccus 柔弱的，软垂的；-idus/ -idum/ -ida 表示在进行中的动作或情况，作动词、名词或形容词的词尾

Canna × generalis 大花美人蕉：generalis ← genus 普通的，一般的；genus ← gignere ← geno 出生，发生，起源，产于，生于（指地方或条件），属（植物分类单位）；gena 脸颊，眼窝；-aris（阳性、阴性）/ -are（中性）← -alis（阳性、阴性）/ -ale（中性）属于，相似，如同，具有，涉及，关于，联结于（将名词作形容词用，其中 -aris 常用于以 l 或 r 为词干末尾的词）

Canna glauca 粉美人蕉：glaucus → glauco-/ glauc- 被白粉的，发白的，灰绿色的

Canna indica 美人蕉：indica 印度的（地名）；-icus/ -icum/ -ica 属于，具有某种特性（常用于地名、起源、生境）

Canna indica var. flava 黄花美人蕉：flavus → flavo-/ flavi-/ flav- 黄色的，鲜黄色的，金黄色的（指纯正的黄色）

Canna orchioides 兰花美人蕉：orchis 橄榄，兰花；Orchis 红门兰属；-oides/ -oideus/ -oideum/ -oidea/ -odes/ -eidos 像……的，类似……的，呈……状的（名词词尾）

Canna warscewiczii 紫叶美人蕉（种加词有时错印为"warscewiezii"）：warscewiczii/ warsczewiczii ← Joseph Warsczewica/ Warscewiczia（人名，19 世纪波兰植物学家，在南美洲采集兰科植物）

Cannabis 大麻属（桑科）（23-1：p223）：cannabis ← kannabis ← kanb 大麻（波斯语）

Cannabis sativa 大麻：sativus 栽培的，种植的，耕地的，耕作的

Cannabis sativa subsp. indica （印度大麻）：indica 印度的（地名）；-icus/ -icum/ -ica 属于，具有某种特性（常用于地名、起源、生境）

Cannabis sativa subsp. sativa 大麻-原变种 （词义见上面解释）

Cannaceae 美人蕉科（16-2：p152）：Canna 美人蕉属；-aceae（分类单位科的词尾，为 -aceus 的阴性复数主格形式，加到模式属的名称后或同义词的词干后以组成族群名称）

Canscora 穿心草属（龙胆科）（62：p12）：canscora ← kansgan-cera（乌拉巴土名）

Canscora lucidissima 穿心草：lucidus ← lucis ← lux 发光的，光辉的，清晰的，发亮的，荣耀的（lux 的单数所有格为 lucis，词尾为 -is 和 -ys 的词的词干分别视为 -id 和 -yd）；-issimus/ -issima/ -issimum 最，非常，极其（形容词最高级）

Canscora melastomacea 罗星草：melastomacea 野牡丹型的；Melastoma 野牡丹属（野牡丹科）；-aceus/ -aceum/ -acea 相似的，有……性质的，属于……的

Cansjera 山柑藤属（山柚子科）（24：p47）：cansjera （人名）

Cansjera rheedei 山柑藤：rheedei（人名）；-i 表示人名，接在以元音字母结尾的人名后面，但 -a 除外

Canthium 鱼骨木属（茜草科）（71-2：p9）：canthium ← kanti（一种植物名，希腊语）

Canthium dicoccum 鱼骨木：dicoccus 二心室的，两个浆果的；di-/ dis- 二，二数，二分，分离，不同，在……之间，从……分开（希腊语，拉丁语为 bi-/ bis-）；coccus/ cocco/ cocci/ coccis 心室，心皮；同形异义词：coccus/ coccineus 浆果，绯红色（一种形似浆果的介壳虫的颜色）

Canthium dicoccum var. dicoccum 鱼骨木-原变种 （词义见上面解释）

Canthium dicoccum var. obovatifolium 倒卵叶鱼骨木：obovatus = ob + ovus + atus 倒卵形的；ob- 相反，反对，倒（ob- 有多种音变：ob- 在元音字母和大多数辅音字母前面，oc- 在 c 前面，of- 在 f 前面，op- 在 p 前面）；ovus 卵，胚珠，卵形的，椭圆形的；folius/ folium/ folia 叶，叶片（用于复合词）

Canthium horridum 猪肚木（肚 dǔ）：horridus 刺毛的，带刺的，可怕的

Canthium simile 大叶鱼骨木：similis/ simile 相似，相似的；similo 相似

Capillipedium 细柄草属（禾本科）（10-2：p150）：capillus 毛发的，头发的，细毛的；pedius ← pedilon 拖鞋（指唇瓣形状）

Capillipedium assimile 硬秆子草：assimile/ assimilis = ad + simile 相似的，同样的，有关系的；simile 相似，相近；ad- 向，到，近（拉丁语词首，表示程度加强）；构词规则：构成复合词时，词首末尾的辅音字母常同化为紧接其后的那个辅音字母（如 ad + s → ass）

Capillipedium kwashotensis 绿岛细柄草：kwashotensis 火烧岛的（地名，台湾省绿岛的旧称）

Capillipedium parviflorum 细柄草：parviflorus 小花的；parvus 小的，些微的，弱的；florus/ florum/ flora ← flos 花（用于复合词）

Capillipedium parviflorum var. parviflorum 细柄草-原变种 （词义见上面解释）

Capillipedium parviflorum var. spicigerum 多节细柄草：spicigerus = spicus + gerus 具穗状花序的；spicus 穗，谷穗，花穗；gerus → -ger/ -gerus/ -gerum/ -gera 具有，有，带有

Capparaceae 山柑科（32：p484）：Capparis 山柑属；-aceae（分类单位科的词尾，为 -aceus 的阴性复数主格形式，加到模式属的名称后或同义词的词干后以组成族群名称）

Capparis 山柑属（山柑科）（32：p490）：capparis 山柑（希腊语名）

Capparis acutifolia 独行千里：acutifolius 尖叶的；acuti-/ acu- ← acutus 锐尖的，针尖的，刺尖的，锐角的；folius/ folium/ folia 叶，叶片（用于复合词）

Capparis assamica 总序山柑：assamica 阿萨姆邦的（地名，印度）

Capparis bodinieri 野香橼花（橼 yuán）：bodinieri ← Emile Marie Bodinieri（人名，19 世纪活动于中国的法国传教士）；-eri 表示人名，在以 -er 结尾的人名后面加上 i 形成

Capparis cantoniensis 广州山柑：cantoniensis 广东的（地名）

Capparis chingiana 野槟榔（槟 bīng）：chingiana ← R. C. Chin 秦仁昌（人名，1898–1986，中国植物学家，蕨类植物专家），秦氏

Capparis dasyphylla 多毛山柑：dasyphyllus = dasys + phyllus 粗毛叶的；dasy- ← dasys 毛茸茸的，粗毛的，毛；phyllus/ phyllum/ phylla ← phyllon 叶片（用于希腊语复合词）

Capparis fengii 文山山柑：fengii（人名）；-ii 表示人名，接在以辅音字母结尾的人名后面，但 -er 除外

Capparis floribunda 少蕊山柑：floribundus = florus + bundus 多花的，繁花的，花正盛开的；florus/ florum/ flora ← flos 花（用于复合词）；-bundus/ -bunda/ -bundum 正在做，正在进行（类似于现在分词），充满，盛行

Capparis fohaiensis 勐海山柑（勐 měng）：fohaiensis 佛海的（地名，云南省勐海县的旧称）

Capparis formosana 台湾山柑：formosanus = formosus + anus 美丽的，台湾的；formosus ← formosa 美丽的，台湾的（葡萄牙殖民者发现台湾时对其的称呼，即美丽的岛屿）；-anus/ -anum/ -ana 属于，来自（形容词词尾）

Capparis hainanensis 山柑：hainanensis 海南的（地名）

Capparis henryi 长刺山柑：henryi ← Augustine Henry 或 B. C. Henry（人名，前者，1857–1930，爱尔兰医生、植物学家，曾在中国采集植物，后者，1850–1901，曾活动于中国的传教士）

Capparis himalayensis 爪瓣山柑：himalayensis 喜马拉雅的（地名）

Capparis khuamak 屏边山柑：khuamak（人名）

Capparis lanceolaris 兰屿山柑：lanceolaris = lanceus + ulus + aris 披针形的，锐尖的；lance-/ lancei-/ lanci-/ lanceo-/ lanc- ← lanceus 披针形的，矛形的，尖刀状的，柳叶刀状的；-olus ← -ulus 小，稍微，略微（-ulus 在字母 e 或 i 之后变成 -olus/ -ellus/ -illus）；-aris（阳性、阴性）/ -are（中性）← -alis（阳性、阴性）/ -ale（中性）属于，相似，如同，具有，涉及，关于，联结于（将名词作形容词用，其中 -aris 常用于以 l 或 r 为词干末尾的词）

Capparis masaikai 马槟榔（槟 bīng）：masaikai（人名）（注：-i 表示人名，接在以元音字母结尾的人名后面，但 -a 除外，故该词尾宜改为"-ae"）

Capparis membranifolia 雷公橘：membranus 膜；folius/ folium/ folia 叶，叶片（用于复合词）

Capparis micracantha 小刺山柑：micracanthus 小刺的；micr-/ micro- ← micros 小的，微小的，微观的（用于希腊语复合词）；acanthus ← Akantha 刺，具刺的（Acantha 是希腊神话中的女神，和太阳神阿波罗发生冲突，太阳神将其变成带刺的植物）

Capparis multiflora 多花山柑：multi- ← multus 多个，多数，很多（希腊语为 poly-）；florus/ florum/ flora ← flos 花（用于复合词）

Capparis pubiflora 毛蕊山柑：pubi- ← pubis 细柔毛的，短柔毛的，毛被的；florus/ florum/ flora ← flos 花（用于复合词）

Capparis pubifolia 毛叶山柑：pubi- ← pubis 细柔毛的，短柔毛的，毛被的；folius/ folium/ folia 叶，叶片（用于复合词）

Capparis sabiaefolia 黑叶山柑：sabiaefolia = Sabia + folius 清风藤叶的（注：以属名作复合词时原词尾变形后的 i 要保留，不能用所有格词尾，故

该词宜改为"sabiifolia"，如正确例：Homalium sabiifolium）；Sabia 清风藤属（清风藤科）；folius/ folium/ folia 叶，叶片（用于复合词）

Capparis sepiaria 青皮刺：sepiarius 属于篱笆的，篱笆边生的；sepium 篱笆的，栅栏的；-arius/ -arium/ -aria 相似，属于（表示地点，场所，关系，所属）

Capparis subsessilis 无柄山柑：subsessilis 近无柄的；sub-（表示程度较弱）与……类似，几乎，稍微，弱，亚，之下，下面；sessile-/ sessili-/ sessil- ← sessilis 无柄的，无茎的，基生的，基部的

Capparis tenera 薄叶山柑：tenerus 柔软的，娇嫩的，精美的，雅致的，纤细的

Capparis trichocarpa 毛果山柑：trich-/ tricho-/ tricha- ← trichos ← thrix 毛，多毛的，线状的，丝状的；carpus/ carpum/ carpa/ carpon ← carpos 果实（用于希腊语复合词）

Capparis urophylla 小绿刺：urophyllus 尾状叶的；uro-/ -urus ← ura 尾巴，尾巴状的；phyllus/ phyllum/ phylla ← phyllon 叶片（用于希腊语复合词）

Capparis versicolor 屈头鸡：versicolor = versus ǀ color 变色的，杂色的，有斑点的；versus ← vertor ← verto 变换，转换，转变；color 颜色

Capparis viburnifolia 荚蒾叶山柑（蒾 mí）：viburnifolia 荚蒾叶子的；Viburnum 荚蒾属（忍冬科）；folius/ folium/ folia 叶，叶片（用于复合词）

Capparis wui 元江山柑：wui 吴征镒（人名，字百兼，1916–2013，中国植物学家，命名或参与命名 1766 个植物新分类群，提出"被子植物八纲系统"的新观点）；-i 表示人名，接在以元音字母结尾的人名后面，但 -a 除外

Capparis yunnanensis 苦子马槟榔（槟 bīng）：yunnanensis 云南的（地名）

Capparis zeylanica 牛眼睛：zeylanicus 锡兰（斯里兰卡，国家名）；-icus/ -icum/ -ica 属于，具有某种特性（常用于地名、起源、生境）

Caprifoliaceae 忍冬科（72：p1）：caprifolius 山羊叶的（传说是因山羊喜欢吃忍冬的叶片，另一解释为比喻藤本金银花的攀爬特性像山羊）；caprea 雌山羊，獐（指皮毛黄色）；-aceae（分类单位科的词尾，为 -aceus 的阴性复数主格形式，加到模式属的名称后或同义词的词干后以组成族群名称）

Capsella 荠属（荠 jì）（十字花科）（33：p84）：capsella = capsus + ellus 小盒子，小箱子，小口袋，胶囊（指蒴果形状）；capsus 盒子，蒴果，胶囊；-ellus/ -ellum/ -ella ← -ulus 小的，略微的，稍微的（小词 -ulus 在字母 e 或 i 之后有多种变缀，即 -olus/ -olum/ -ola、-ellus/ -ellum/ -ella、-illus/ -illum/ -illa，用于第一变格法名词）

Capsella bursa-pastoris 荠：bursa-pastoris 牧羊人的皮囊（指果实形状）；bursa 囊，钱包；pastoris 牧羊人的，牧场的

Capsicum 辣椒属（茄科）（67-1：p61）：capsicum ← capsa 口袋的，辣椒的；capsus 盒子，蒴果，胶囊；-icus/ -icum/ -ica 属于，具有某种特性（常用于地名、起源、生境）

Capsicum annuum 辣椒：annuus/ annus 一年的，

C

每年的，一年生的

Capsicum annuum var. annuum 辣椒-原变种
（词义见上面解释）

Capsicum annuum var. conoides 朝天椒：
conoides 圆锥状的；conos 圆锥，尖塔；-oides/
-oideus/ -oideum/ -oidea/ -odes/ -eidos 像……的，
类似……的，呈……状的（名词词尾）

Capsicum annuum var. fasciculatum 簇生椒：
fasciculatus 成束的，束状的，成簇的；fasciculus
丛，簇，束；fascis 束

Capsicum annuum var. grossum 菜椒：grossus
粗大的，肥厚的

Capsicum frutescens 小米辣：frutescens =
frutex + escens 变成灌木状的，略呈灌木状的；
frutex 灌木；-escens/ -ascens 改变，转变，变成，
略微，带有，接近，相似，大致，稍微（表示变化的
趋势，并未完全相似或相同，有别于表示达到完成
状态的 -atus）

Caragana 锦鸡儿属（豆科）（42-1；p13）：
caragana ← caragon 锦鸡儿（蒙古语土名）

Caragana acanthophylla 刺叶锦鸡儿：
acanthophyllus 具刺叶的；acanth-/ acantho- ←
acanthus 刺，有刺的（希腊语）；phyllus/ phyllum/
phylla ← phyllon 叶片（用于希腊语复合词）

Caragana alpina 高山锦鸡儿：alpinus = alpus +
inus 高山的；alpus 高山；al-/ alti-/ alto- ← altus
高的，高处的；-inus/ -inum/ -ina/ -inos 相近，接
近，相似，具有（通常指颜色）；关联词：subalpinus
亚高山的

Caragana arborescens 树锦鸡儿：arbor 乔木，树
木；-escens/ -ascens 改变，转变，变成，略微，带有，
接近，相似，大致，稍微（表示变化的趋势，并未完
全相似或相同，有别于表示达到完成状态的 -atus）

Caragana arborescens f. acuta （尖叶树锦鸡儿）：
acutus 尖锐的，锐角的

Caragana arborescens f. angustifolia （细叶树锦
鸡儿）：angusti- ← angustus 窄的，狭的，细的；
folius/ folium/ folia 叶，叶片（用于复合词）

Caragana arborescens f. obovata （倒卵叶树锦
鸡儿）：obovatus = ob + ovus + atus 倒卵形的；
ob- 相反，反对，倒（ob- 有多种音变：ob- 在元音
字母和大多数辅音字母前面，oc- 在 c 前面，of- 在 f
前面，op- 在 p 前面）；ovus 卵，胚珠，卵形的，椭
圆形的

Caragana arborescens f. typica 树锦鸡儿-变型：
typicus 典型的，代表的，基准种的，模式的

Caragana arcuata 弯枝锦鸡儿：arcuatus =
arcus + atus 弓形的，拱形的；arcus 拱形，拱形物

Caragana aurantiaca 镰叶锦鸡儿：aurantiacus/
aurantius 橙黄色的，金黄色的；aurus 金，金色；
aurant-/ auranti- 橙黄色，金黄色

Caragana bicolor 二色锦鸡儿：bi-/ bis- 二，二数，
二回（希腊语为 di-）；color 颜色

Caragana boisi 扁刺锦鸡儿：boisi（人名，词尾改为
"-ii"似更妥）；-ii 表示人名，接在以辅音字母结尾
的人名后面，但 -er 除外；-i 表示人名，接在以元音
字母结尾的人名后面，但 -a 除外

Caragana bongardiana 边塞锦鸡儿（塞 sài）：

bongardiana ← August Gustav Heinrich Bongard
（人名，19 世纪德国植物学家）

Caragana brachypoda 矮脚锦鸡儿：brachy- ←
brachys 短的（用于拉丁语复合词词首）；podus/
pus 柄，梗，茎秆，足，腿

Caragana brevifolia 短叶锦鸡儿：brevi- ← brevis
短的（用于希腊语复合词词首）；folius/ folium/
folia 叶，叶片（用于复合词）

Caragana camilli-schneideri 北疆锦鸡儿：
camilli-schneideri（人名）；-eri 表示人名，在以 -er
结尾的人名后面加上 i 形成

Caragana changduensis 昌都锦鸡儿：
changduensis 昌都的（地名，西藏自治区）

Caragana chinghaiensis 青海锦鸡儿：
chinghaiensis 青海的（地名）

Caragana chinghaiensis var. chinghaiensis 青海
锦鸡儿-原变种 （词义见上面解释）

Caragana chinghaiensis var. minima 小青海锦鸡
儿：minimus 最小的，很小的

Caragana crassispina 粗刺锦鸡儿：crassi- ←
crassus 厚的，粗的，多肉质的；spinus 刺，针刺

Caragana cuneato-alata 楔翼锦鸡儿：cuneatus =
cuneus + atus 具楔子的，属楔形的；cuneus 楔子
的；-atus/ -atum/ -ata 属于，相似，具有，完成
（形容词词尾）；alatus → ala-/ alat-/ alati-/ alato-
翅，具翅的，具翼的

Caragana dasyphylla 粗毛锦鸡儿：dasyphyllus =
dasys + phyllus 粗毛叶的；dasy- ← dasys 毛茸茸
的，粗毛的，毛；phyllus/ phyllum/ phylla ←
phyllon 叶片（用于希腊语复合词）

Caragana davazamcii 沙地锦鸡儿：davazamcii（人
名）；-ii 表示人名，接在以辅音字母结尾的人名后
面，但 -er 除外

Caragana davazamcii var. davazamcii 沙地锦鸡
儿-原变种 （词义见上面解释）

Caragana davazamcii var. viridis 绿沙地锦鸡儿：
viridis 绿色的，鲜嫩的（相当于希腊语的 chloro-）

Caragana densa 密叶锦鸡儿：densus 密集的，
繁茂的

Caragana erenensis 二连锦鸡儿：erenensis 二连的
（地名，内蒙古自治区）

Caragana erinacea 川西锦鸡儿：erinaceus 具刺的，
刺猬状的；Erinaceus 猬属（动物）；ericius 刺猬

Caragana franchetiana 云南锦鸡儿：
franchetiana ← A. R. Franchet（人名，19 世纪法
国植物学家）

Caragana franchetiana var. franchetiana 云南
锦鸡儿-原变种 （词义见上面解释）

Caragana franchetiana var. gyrongensis 吉隆锦
鸡儿：gyrongensis 吉隆的（地名，西藏自治区，已
修订为 gyirongensis）

Caragana frutex 黄刺条：frutex 灌木

Caragana frutex var. frutex 黄刺条-原变种 （词
义见上面解释）

Caragana frutex var. latifolia 宽叶黄刺条：lati-/
late- ← latus 宽的，宽广的；folius/ folium/ folia
叶，叶片（用于复合词）

C

Caragana fruticosa 极东锦鸡儿：fruticosus/ frutesceus 灌丛状的；frutex 灌木；构词规则：以 -ix/ -iex 结尾的词其词干末尾视为 -ic，以 -ex 结尾视为 -i/ -ic，其他以 -x 结尾视为 -c；-osus/ -osum/ -osa 多的，充分的，丰富的，显著发育的，程度高的，特征明显的（形容词词尾）

Caragana gerardiana 印度锦鸡儿：gerardiana ← Gerard（人名）

Caragana hololeuca 绢毛锦鸡儿（绢 juàn）：holo-/ hol- 全部的，所有的，完全的，联合的，全缘的，不分裂的；leucus 白色的，淡色的

Caragana intermedia 中间锦鸡儿：intermedius 中间的，中位的，中等的；inter- 中间的，在中间，之间；medius 中间的，中央的

Caragana jubata 鬼箭锦鸡儿：jubatus 凤头的，羽冠的，具鬃毛的（指禾本科的圆锥花序）

Caragana jubata var. biaurita 两耳鬼箭：bi-/ bis- 二，二数，二回（希腊语为 di-）；auritus 耳朵的，耳状的

Caragana jubata var. czetyrkininii 浪麻鬼箭：czetyrkininii（人名）；-ii 表示人名，接在以辅音字母结尾的人名后面，但 -er 除外

Caragana jubata var. jubata 鬼箭锦鸡儿-原变种（词义见上面解释）

Caragana jubata var. jubata f. seczhuanica 四川鬼箭：seczhuanica 四川的（地名）

Caragana jubata var. recurva 弯耳鬼箭：recurvus 反曲，反卷，后曲；re- 返回，相反，再次，重复，向后，回头；curvus 弯曲的

Caragana kansuensis 甘肃锦鸡儿：kansuensis 甘肃的（地名）

Caragana kirghisorum 囊萼锦鸡儿：kirghisorum 吉尔吉斯的（地名）

Caragana korshinskii 柠条锦鸡儿：korshinskii（人名）

Caragana korshinskii f. brachypoda 短荚柠条（柠 níng）：brachy- ← brachys 短的（用于拉丁语复合词词首）；podus/ pus 柄，梗，茎秆，足，腿

Caragana korshinskii f. korshinskii 柠条锦鸡儿-原变型（词义见上面解释）

Caragana kozlowii 沧江锦鸡儿：kozlowii（人名）；-ii 表示人名，接在以辅音字母结尾的人名后面，但 -er 除外

Caragana leucophloea 白皮锦鸡儿：leuc-/ leuco- ← leucus 白色的（如果和其他表示颜色的词混用则表示淡色）；phloeus 树皮，表皮

Caragana leucospina 白刺锦鸡儿：leuc-/ leuco- ← leucus 白色的（如果和其他表示颜色的词混用则表示淡色）；spinus 刺，针刺

Caragana leveillei 毛掌叶锦鸡儿：leveillei（人名）；-i 表示人名，接在以元音字母结尾的人名后面，但 -a 除外

Caragana licentiana 白毛锦鸡儿：licentiana（人名）

Caragana litwinowii 金州锦鸡儿：litwinowii（人名）；-ii 表示人名，接在以辅音字母结尾的人名后面，但 -er 除外

Caragana manshurica 东北锦鸡儿：manshurica 满洲的（地名，中国东北，日语读音）

Caragana microphylla 小叶锦鸡儿：micr-/ micro- ← micros 小的，微小的，微观的（用于希腊语复合词）；phyllus/ phyllum/ phylla ← phyllon 叶片（用于希腊语复合词）

Caragana microphylla var. microphylla 小叶锦鸡儿-原变种 （词义见上面解释）

Caragana microphylla var. microphylla f. cinerea 灰叶锦鸡儿：cinereus 灰色的，草木灰色的（为纯黑和纯白的混合色，希腊语为 tephro-/ spodo-）；ciner-/ cinere-/ cinereo- 灰色；-eus/ -eum/ -ea（接拉丁语词干时）属于……的，色如……的，质如……的（表示原料、颜色或品质的相似），（接希腊语词干时）属于……的，以……出名，为……所占有（表示具有某种特性）

Caragana microphylla var. microphylla f. daurica 兴安锦鸡儿：daurica（dahurica/ davurica）达乌里的（地名，外贝加尔湖，属西伯利亚的一个地区，即贝加尔湖以东及以南至中国和蒙古边界）

Caragana microphylla var. microphylla f. pallasiana 毛序锦鸡儿：pallasiana ← Peter Simon Pallas（人名，18 世纪德国植物学家、动物学家、地理学家）

Caragana microphylla var. microphylla f. tomentosa 毛枝锦鸡儿：tomentosus = tomentum + osus 绒毛的，密被绒毛的；tomentum 绒毛，浓密的毛被，棉絮，棉絮状填充物（被褥、垫子等）；-osus/ -osum/ -osa 多的，充分的，丰富的，显著发育的，程度高的，特征明显的（形容词词尾）

Caragana microphylla var. microphylla f. viridis 绿叶锦鸡儿：viridis 绿色的，鲜嫩的（相当于希腊语的 chloro-）

Caragana microphylla var. potaninii 五台锦鸡儿：potaninii ← Grigory Nikolaevich Potanin（人名，19 世纪俄国植物学家）

Caragana opulens 甘蒙锦鸡儿：opulens/ opulentus 丰富的，充满的

Caragana pekinensis 北京锦鸡儿：pekinensis 北京的（地名）

Caragana pleiophylla 多叶锦鸡儿：pleo-/ plei-/ pleio- ← pleos/ pleios 多的；phyllus/ phyllum/ phylla ← phyllon 叶片（用于希腊语复合词）

Caragana polourensis 昆仑锦鸡儿：polourensis 普鲁的（地名，新疆维吾尔自治区）

Caragana pruinosa 粉刺锦鸡儿：pruinosus/ pruinatus 白粉覆盖的，覆盖白霜的；pruina 白粉，蜡质淡色粉末；-osus/ -osum/ -osa 多的，充分的，丰富的，显著发育的，程度高的，特征明显的（形容词词尾）

Caragana przewalskii 通天河锦鸡儿：przewalskii ← Nicolai Przewalski（人名，19 世纪俄国探险家、博物学家）

Caragana purdomii 秦晋锦鸡儿：purdomii（人名）；-ii 表示人名，接在以辅音字母结尾的人名后面，但 -er 除外

Caragana pygmaea 矮锦鸡儿：pygmaeus/ pygmaei 小的，低矮的，极小的，矮人的；pygm- 矮，小，侏儒；-aeus/ -aeum/ -aea 表示属于……，名词形容词

C

化词尾，如 europaeus ← europa 欧洲的

Caragana pygmaea var. angustissima 窄叶矮锦鸡儿：angusti- ← angustus 窄的，狭的，细的；-issimus/ -issima/ -issimum 最，非常，极其（形容词最高级）

Caragana pygmaea f. longifolia 长叶矮锦鸡儿：longe-/ longi- ← longus 长的，纵向的；folius/ folium/ folia 叶，叶片（用于复合词）

Caragana pygmaea var. parviflora 小花矮锦鸡儿：parviflorus 小花的；parvus 小的，些微的，弱的；florus/ florum/ flora ← flos 花（用于复合词）

Caragana pygmaea var. pygmaea 矮锦鸡儿-原变种 （词义见上面解释）

Caragana roborovskyi 荒漠锦鸡儿：roborovskyi（人名）；-i 表示人名，接在以元音字母结尾的人名后面，但 -a 除外

Caragana rosea 红花锦鸡儿：roseus = rosa + eus 像玫瑰的，玫瑰色的，粉红色的；rosa 蔷薇（古拉丁名）← rhodon 蔷薇（希腊语）← rhodd 红色，玫瑰红（凯尔特语）；-eus/ -eum/ -ea（接拉丁语词干时）属于……的，色如……的，质如……的（表示原料、颜色或品质的相似），（接希腊语词干时）属于……的，以……出名，为……所占有（表示具有某种特性）

Caragana rosea var. longiunguiculata 长爪红花锦鸡儿：longe-/ longi- ← longus 长的，纵向的；unguiculatus = unguis + culatus 爪形的，基部变细的；ungui- ← unguis 爪子的；-culatus = culus + atus 小的，略微的，稍微的（用于第三和第四变格法名词）；-culus/ -culum/ -cula 小的，略微的，稍微的（同第三变格法和第四变格法名词形成复合词）

Caragana rosea var. rosea 红花锦鸡儿-原变种 （词义见上面解释）

Caragana shensiensis 秦岭锦鸡儿：shensiensis 陕西的（地名）

Caragana sinica 锦鸡儿：sinica 中国的（地名）；-icus/ -icum/ -ica 属于，具有某种特性（常用于地名、起源、生境）

Caragana soongorica 准噶尔锦鸡儿（噶 gá）：soongorica 准噶尔的（地名，新疆维吾尔自治区）；-icus/ -icum/ -ica 属于，具有某种特性（常用于地名、起源、生境）

Caragana spinifera 西藏锦鸡儿：spiniferus 具刺的；spinus 刺，针刺；-ferus/ -ferum/ -fera/ -fero/ -fere/ -fer 有，具有，产（区别：作独立词使用的 ferus 意思是"野生的"）

Caragana spinosa 多刺锦鸡儿：spinosus = spinus + osus 具刺的，多刺的，长满刺的；spinus 刺，针刺；-osus/ -osum/ -osa 多的，充分的，丰富的，显著发育的，程度高的，特征明显的（形容词词尾）

Caragana stenophylla 狭叶锦鸡儿：sten-/ steno- ← stenus 窄的，狭的，薄的；phyllus/ phyllum/ phylla ← phyllon 叶片（用于希腊语复合词）

Caragana stipitata 柄荚锦鸡儿：stipitatus = stipitus + atus 具柄的；stipitus 柄，梗

Caragana sukiensis 尼泊尔锦鸡儿：sukiensis（地名，尼泊尔）

Caragana tangutica 青甘锦鸡儿：tangutica ← Tangut 唐古特的，党项的（西夏时期生活于中国西北地区的党项羌人，蒙古语称其为"唐古特"，有多种音译，如唐兀、唐古、唐括等）；-icus/ -icum/ -ica 属于，具有某种特性（常用于地名、起源、生境）

Caragana tibetica 毛刺锦鸡儿：tibetica 西藏的（地名）；-icus/ -icum/ -ica 属于，具有某种特性（常用于地名、起源、生境）

Caragana tragacanthoides 中亚锦鸡儿：Tragacantha → Astragalus 黄芪属（豆科）；-oides/ -oideus/ -oideum/ -oidea/ -odes/ -eidos 像……的，类似……的，呈……状的（名词词尾）

Caragana turfanensis 吐鲁番锦鸡儿（吐 tǔ）：turfanensis 吐鲁番的（地名，新疆维吾尔自治区）

Caragana turkestanica 新疆锦鸡儿：turkestanica 土耳其的（地名）；-icus/ -icum/ -ica 属于，具有某种特性（常用于地名、起源、生境）

Caragana ussuriensis 乌苏里锦鸡儿：ussuriensis 乌苏里江的（地名，中国黑龙江省与俄罗斯界河）

Caragana versicolor 变色锦鸡儿：versicolor = versus + color 变色的，杂色的，有斑点的；versus ← vertor ← verto 变换，转换，转变；color 颜色

Caragana zahlbruckneri 南口锦鸡儿：zahlbruckneri（人名）；-eri 表示人名，在以 -er 结尾的人名后面加上 i 形成

Carallia 竹节树属（红树科）（52-2：p138）：carallia（人名）

Carallia brachiata 竹节树：brachiatus 交互对生枝条的，具臂的；brach- ← brachium 臂，一臂之长的（臂长约 65 cm）；-atus/ -atum/ -ata 属于，相似，具有，完成（形容词词尾）

Carallia diplopetala 锯叶竹节树：dipl-/ diplo- ← diplous ← diploos 双重的，二重的，二倍的，二数的；prora 前端；petalus/ petalum/ petala ← petalon 花瓣；di-/ dis- 二，二数，二分，分离，不同，在……之间，从……分开（希腊语，拉丁语为 bi-/ bis-）

Carallia garciniaefolia 大叶竹节树：garciniaefolia 藤黄叶子的（注：复合词中前段词的词尾变成 i 而不是所有格，如果用的是属名，则变形后的词尾 i 要保留，故该词宜改为"garciniifolia"）；Garcinia 藤黄属（藤黄科）；folius/ folium/ folia 叶，叶片（用于复合词）

Carallia longipes 旁杞木（杞 qǐ）：longe-/ longi- ← longus 长的，纵向的；pes/ pedis 柄，梗，茎秆，腿，足，爪（作词首或词尾，pes 的词干视为"ped-"）

Cardamine 碎米荠属（荠 jì）（十字花科）（33：p184）：cardamine ← kardamine（希腊语名，一种芥类植物）

Cardamine agyokumontana 阿玉碎米荠：agyokumontana 阿玉山的（地名，位于台湾省中部地区，"agyoku"为"阿玉"的日语读音）；montanus 山，山地

Cardamine arisanensis 高山碎米荠：arisanensis 阿里山的（地名，属台湾省）

Cardamine baishanensis 长白山碎米荠：baishanensis 长白山的（地名，吉林省）

Cardamine calcicola 岩生碎米荠：calcicolus 钙生的，生于石灰质土壤的；calci- ← calcium 石灰，钙质；colus ← colo 分布于，居住于，栖居，殖民（常作词尾）；colo/ colere/ colui/ cultum 居住，耕作，栽培

Cardamine circaeoides 露珠碎米荠：Circaea 露珠草属（柳叶菜科）；-oides/ -oideus/ -oideum/ -oidea/ -odes/ -eidos 像……的，类似……的，呈……状的（名词词尾）

Cardamine delavayi 洱源碎米荠：delavayi ← P. J. M. Delavay（人名，1834–1895，法国传教士，曾在中国采集植物标本）；-i 表示人名，接在以元音字母结尾的人名后面，但 -a 除外

Cardamine engleriana 光头山碎米荠：engleriana ← Adolf Engler 阿道夫·恩格勒（人名，1844–1931，德国植物学家，创立了以假花学说为基础的植物分类系统，于 1897 年发表）

Cardamine flexuosa 弯曲碎米荠：flexuosus = flexus + osus 弯曲的，波状的，曲折的；flexus ← flecto 扭曲的，卷曲的，弯弯曲曲的，柔性的；flecto 弯曲，使扭曲；-osus/ -osum/ -osa 多的，充分的，丰富的，显著发育的，程度高的，特征明显的（形容词词尾）

Cardamine flexuosa var. debilis 柔弯曲碎米荠：debilis 软弱的，脆弱的

Cardamine flexuosa var. fallax 假弯曲碎米荠：fallax 假的，迷惑的

Cardamine flexuosa var. flexuosa 弯曲碎米荠-原变种（词义见上面解释）

Cardamine flexuosa var. ovatifolia 卵叶弯曲碎米荠：ovatus = ovus + atus 卵圆形的；ovus 卵，胚珠，卵形的，椭圆形的；-atus/ -atum/ -ata 属于，相似，具有，完成（形容词词尾）；folius/ folium/ folia 叶，叶片（用于复合词）

Cardamine glaphyropoda 四川碎米荠：glaphyropoda 金龟足的；Glaphyrus（昆虫金龟子科一属）；podus/ pus 柄，梗，茎秆，足，腿

Cardamine glaphyropoda var. crenata 钝齿四川碎米荠：crenatus = crena + atus 圆齿状的，具圆齿的；crena 叶缘的圆齿

Cardamine glaphyropoda var. glaphyropoda 四川碎米荠-原变种（词义见上面解释）

Cardamine gracilis 纤细碎米荠：gracilis 细长的，纤弱的，丝状的

Cardamine griffithii 山芥碎米荠：griffithii ← William Griffith（人名，19 世纪印度植物学家，加尔各答植物园主任）

Cardamine griffithii var. grandifolia 大叶山芥碎米荠：grandi- ← grandis 大的；folius/ folium/ folia 叶，叶片（用于复合词）

Cardamine griffithii var. griffithii 山芥碎米荠-原变种（词义见上面解释）

Cardamine heterophylla 异叶碎米荠：heterophyllus 异型叶的；hete-/ heter-/ hetero- ← heteros 不同的，多样的，不齐的；phyllus/ phyllum/ phylla ← phyllon 叶片（用于希腊语复合词）

Cardamine hirsuta 碎米荠：hirsutus 粗毛的，糙毛的，有毛的（长而硬的毛）

Cardamine hirsuta var. formosana 宝岛碎米荠：formosanus = formosus + anus 美丽的，台湾的；formosus ← formosa 美丽的，台湾的（葡萄牙殖民者发现台湾时对其的称呼，即美丽的岛屿）；-anus/ -anum/ -ana 属于，来自（形容词词尾）

Cardamine hirsuta var. hirsuta 碎米荠-原变种（词义见上面解释）

Cardamine hirsuta var. omeiensis 峨眉碎米荠：omeiensis 峨眉山的（地名，四川省）

Cardamine hirsuta var. rotundiloba 圆裂碎米荠：rotundus 圆形的，呈圆形的，肥大的；rotundo 使呈圆形，使圆滑；roto 旋转，滚动；lobus/ lobos/ lobon 浅裂，耳片（裂片先端钝圆），荚果，蒴果

Cardamine hygrophila 湿生碎米荠：hydrophilus 喜水的，喜湿的；hydro- 水；philus/ philein ← philos → phil-/ phili/ philo- 喜好的，爱好的，喜欢的（注意区别形近词：phylus、phyllus）；phylus/ phylum/ phyla ← phylon/ phyle 植物分类单位中的"门"，位于"界"和"纲"之间，类群，种族，部落，聚群；phyllus/ phyllum/ phylla ← phyllon 叶片（用于希腊语复合词）；Hygrophila 水蓑衣属（爵床科）

Cardamine impatiens 弹裂碎米荠（弹 tán）：impatiens/ impatient 急躁的，不耐心的（因为蒴果一触碰就弹开，种子飞散）；in-/ im-（来自 il- 的音变）内，在内，内部，向内，相反，不，无，非；il- 在内，向内，为，相反（希腊语为 en-）；词首 il- 的音变：il-（在 l 前面），im-（在 b、m、p 前面），in-（在元音字母和大多数辅音字母前面），ir-（在 r 前面），如 illaudatus（不值得称赞的，评价不好的），impermeabilis（不透水的，穿不透的），ineptus（不合适的），insertus（插入的），irretortus（无弯曲的，无扭曲的）；patient 忍耐的；Impatiens 凤仙花属（凤仙花科）

Cardamine impatiens var. angustifolia 窄叶碎米荠：angusti- ← angustus 窄的，狭的，细的；folius/ folium/ folia 叶，叶片（用于复合词）

Cardamine impatiens var. dasycarpa 毛果碎米荠：dasycarpus 粗毛果的；dasy- ← dasys 毛茸茸的，粗毛的，毛；carpus/ carpum/ carpa/ carpon ← carpos 果实（用于希腊语复合词）

Cardamine impatiens var. impatiens 弹裂碎米荠-原变种（词义见上面解释）

Cardamine impatiens var. obtusifolia 钝叶碎米荠：obtusus 钝的，钝形的，略带圆形的；folius/ folium/ folia 叶，叶片（用于复合词）

Cardamine komarovii 翼柄碎米荠：komarovii ← Vladimir Leontjevich Komarov 科马洛夫（人名，1869–1945，俄国植物学家）

Cardamine leucantha 白花碎米荠：leuc-/ leuco- ← leucus 白色的（如果和其他表示颜色的词混用则表示淡色）；anthus/ anthum/ antha/ anthe ← anthos 花（用于希腊语复合词）

Cardamine limprichtiana 心叶碎米荠：limprichtiana（人名）

C

Cardamine lyrata 水田碎米荠：lyratus 大头羽裂的，琴状的

Cardamine macrophylla 大叶碎米荠：macro-/ macr- ← macros 大的，宏观的（用于希腊语复合词）；phyllus/ phyllum/ phylla ← phyllon 叶片（用于希腊语复合词）

Cardamine macrophylla var. crenata 钝圆碎米荠：crenatus = crena + atus 圆齿状的，具圆齿的；crena 叶缘的圆齿

Cardamine macrophylla var. diplodonta 重齿碎米荠（重 chóng）：diplodontus 双重锯齿的；dipl-/ diplo- ← diplous ← diploos 双重的，二重的，二倍的，二数的；odontus/ odontos → odon-/ odont-/ odonto-（可作词首或词尾）齿，牙齿状的；odous 齿，牙齿（单数，其所有格为 odontos）；di-/ dis- 二，二数，二分，分离，不同，在……之间，从……分开（希腊语，拉丁语为 bi-/ bis-）

Cardamine macrophylla var. macrophylla 大叶碎米荠-原变种 （词义见上面解释）

Cardamine macrophylla var. polyphylla 多叶碎米荠：poly- ← polys 多个，许多（希腊语，拉丁语为 multi-）；phyllus/ phyllum/ phylla ← phyllon 叶片（用于希腊语复合词）

Cardamine microzyga 小叶碎米荠：micr-/ micro- ← micros 小的，微小的，微观的（用于希腊语复合词）；zygus ← zygos 轭，结合，成对

Cardamine microzyga var. duplolobata 重齿小叶碎米荠：duplolobatus = duplex + lobatus 二重裂片的，二角果的；duplex = duo + plex 二折的，重复的，重瓣的；duo 二；lobatus = lobus + atus 具浅裂的，具耳垂状突起的；lobus/ lobos/ lobon 浅裂，耳片（裂片先端钝圆），荚果，蒴果；-atus/ -atum/ -ata 属于，相似，具有，完成（形容词词尾）

Cardamine microzyga var. microzyga 小叶碎米荠-原变种 （词义见上面解释）

Cardamine multiflora 多花碎米荠：multi- ← multus 多个，多数，很多（希腊语为 poly-）；florus/ florum/ flora ← flos 花（用于复合词）

Cardamine parviflora 小花碎米荠：parviflorus 小花的；parvus 小的，些微的，弱的；florus/ florum/ flora ← flos 花（用于复合词）

Cardamine parviflora var. manshurica 东北小花碎米荠：manshurica 满洲的（地名，中国东北，日语读音）

Cardamine pratensis 草甸碎米荠：pratensis 生于草原的；pratum 草原

Cardamine prorepens 伏水碎米荠：prorepens 匍匐的，匍匐生根的；pro- 前，在前，在先，极其；repens/ repentis/ repsi/ reptum/ repere/ repo 匍匐，爬行（同义词：reptans/ reptoare）

Cardamine reniformis 肾叶碎米荠：reniformis 肾形的；ren-/ reni- ← ren/ renis 肾，肾形；renarius/ renalis 肾脏的，肾形的；formis/ forma 形状

Cardamine resedifolia var. morii 天池碎米荠：resedifolia 木樨草叶的；Reseda 木樨草属（木樨科）；folius/ folium/ folia 叶，叶片（用于复合词）；morii 森（日本人名）

Cardamine rockii 鞭枝碎米荠：rockii ← Joseph Francis Charles Rock（人名，20 世纪美国植物采集员）

Cardamine scaposa 裸茎碎米荠：scaposus 具柄的，具粗柄的；scapus（scap-/ scapi-）← skapos 主茎，树干，花柄，花轴；-osus/ -osum/ -osa 多的，充分的，丰富的，显著发育的，程度高的，特征明显的（形容词词尾）

Cardamine schulziana 细叶碎米荠：schulziana（人名）

Cardamine scutata 圆齿碎米荠：scutatus = scutus + atus 盾形的，具盾片的；scutus 盾片；-atus/ -atum/ -ata 属于，相似，具有，完成（形容词词尾）

Cardamine scutata var. longiloba 大顶叶碎米荠：longe-/ longi- ← longus 长的，纵向的；lobus/ lobos/ lobon 浅裂，耳片（裂片先端钝圆），荚果，蒴果

Cardamine scutata var. scutata 圆齿碎米荠-原变种 （词义见上面解释）

Cardamine simplex 单茎碎米荠：simplex 单一的，简单的，无分歧的（词干为 simplic-）

Cardamine smithiana 腺萼碎米荠：smithiana ← James Edward Smith（人名，1759–1828，英国植物学家）

Cardamine tangutorum 紫花碎米荠：tangutorum ← Tangut 唐古特的，党项的（西夏时期生活在中国西北地区的党项羌人，蒙古语称其为"唐古特"，有多种音译，如唐兀、唐古、唐括等）；-orum 属于……的（第二变格法名词复数所有格词尾，表示群落或多数）

Cardamine trifoliolata 三小叶碎米荠：tri-/ tripli-/ triplo- 三个，三数；foliolatus = folius + ulus + atus 具小叶的，具叶片的；folius/ folium/ folia 叶，叶片（用于复合词）；-ulus/ -ulum/ -ula 小的，略微的，稍微的（小词 -ulus 在字母 e 或 i 之后有多种变缀，即 -olus/ -olum/ -ola、-ellus/ -ellum/ -ella、-illus/ -illum/ -illa，与第一变格法和第二变格法名词形成复合词）；-atus/ -atum/ -ata 属于，相似，具有，完成（形容词词尾）

Cardamine urbaniana 华中碎米荠：urbanianus ← Ignatz Urban（人名，20 世纪德国植物学家，专门研究热带美洲植物）；-i-（复合词连接成分）；-anus/ -anum/ -ana 属于，来自（形容词词尾）

Cardamine violacea 堇色碎米荠：violaceus 紫红色的，紫堇色的，堇菜状的；Viola 堇菜属（堇菜科）；-aceus/ -aceum/ -acea 相似的，有……性质的，属于……的

Cardamine violifolia 堇叶碎米荠：violifolius 堇菜叶的；Viola 堇菜属（堇菜科）；folius/ folium/ folia 叶，叶片（用于复合词）

Cardamine violifolia var. diversifolia 异堇叶碎米荠：diversus 多样的，各种各样的，多方向的；folius/ folium/ folia 叶，叶片（用于复合词）

Cardamine violifolia var. violifolia 堇叶碎米荠-原变种 （词义见上面解释）

Cardamine yunnanensis 云南碎米荠：yunnanensis 云南的（地名）

Cardamine yunnanensis var. obtusata 钝叶云南

碎米荠：obtusatus = abtusus + atus 钝形的，钝头的；obtusus 钝的，钝形的，略带圆形的

Cardamine yunnanensis var. yunnanensis 云南碎米荠-原变种 （词义见上面解释）

Cardamine zhejiangensis 浙江碎米荠：zhejiangensis 浙江的（地名）

Cardaria 群心菜属（十字花科）（33：p59）：cardaria ← kardia（希腊语）心形的；cardius 心脏，心形；-arius/ -arium/ -aria 相似，属于（表示地点，场所，关系，所属）

Cardaria chalepensis 球果群心菜：chalepensis 阿勒颇的（地名，叙利亚）

Cardaria draba 群心菜：draba/ drabe 辛辣的；Draba 葶苈属（十字花科）

Cardaria pubescens 毛果群心菜：pubescens ← pubens 被短柔毛的，长出柔毛的；pubi- ← pubis 细柔毛的，短柔毛的，毛被的；pubesco/ pubescere 长成的，变为成熟的，长出柔毛的，青春期体毛的；-escens/ -ascens 改变，转变，变成，略微，带有，接近，相似，大致，稍微（表示变化的趋势，并未完全相似或相同，有别于表示达到完成状态的 -atus）

Cardiandra 草绣球属（虎耳草科）（35-1：p183）：cardiandra 心形雄蕊的；cardius 心脏，心形；andron 雄蕊，花药

Cardiandra densifolia 密叶草绣球：densus 密集的，繁茂的；folius/ folium/ folia 叶，叶片（用于复合词）

Cardiandra formosana 台湾草绣球：formosanus = formosus + anus 美丽的，台湾的；formosus ← formosa 美丽的，台湾的（葡萄牙殖民者发现台湾时对其的称呼，即美丽的岛屿）；-anus/ -anum/ -ana 属于，来自（形容词词尾）

Cardiandra moellendorffii 草绣球：moellendorffii ← Otto von Möllendorf（人名，20世纪德国外交官和软体动物学家）

Cardiandra moellendorffii var. laxiflora 疏花草绣球：laxus 稀疏的，松散的，宽松的；florus/ florum/ flora ← flos 花（用于复合词）

Cardiandra moellendorffii var. moellendorffii 草绣球-原变种 （词义见上面解释）

Cardiocrinum 大百合属（百合科）（14：p157）：cardiocrinum 心形叶百合（花像百合但叶片是心形的）；cardius 心脏，心形；crinon 百合

Cardiocrinum cathayanum 荞麦叶大百合：cathayanum ← Cathay ← Khitay/ Khitai 中国的，契丹的（地名，10—12 世纪中国北方契丹人的领域，辽国前身，多用来代表中国，俄语称中国为 Kitay）

Cardiocrinum giganteum 大百合：giganteus 巨大的；giga-/ gigant-/ giganti- ← gigantos 巨大的；-eus/ -eum/ -ea（接拉丁语词干时）属于……的，色如……的，质如……的（表示原料、颜色或品质的相似），（接希腊语词干时）属于……的，以……出名，为……所占有（表示具有某种特性）

Cardiospermum 倒地铃属（无患子科）（47-1：p4）：cardius 心脏，心形；spermus/ spermum/ sperma 种子的（用于希腊语复合词）

Cardiospermum corindum f. canescens （灰绿倒地铃）：corindum（词源不详）；canescens 变灰色

的，淡灰色的；canens 使呈灰色的；canus 灰色的，灰白色的；-escens/ -ascens 改变，转变，变成，略微，带有，接近，相似，大致，稍微（表示变化的趋势，并未完全相似或相同，有别于表示达到完成状态的 -atus）

Cardiospermum halicacabum 倒地铃：halicacabus 膀胱的，囊状的

Cardioteucris 心叶石蚕属（唇形科）（65-2：p19）：cardioteucris 心形叶石蚕的（外形似石蚕但叶为心形）；cardio- ← kardia 心脏；Teucrium 香科科属/石蚕属

Cardioteucris cordifolia 心叶石蚕：cordi- ← cordis/ cor 心脏的，心形的；folius/ folium/ folia 叶，叶片（用于复合词）

Carduus 飞廉属（菊科）（78-1：p155）：carduus 拉毛果（学名为 Dipsacus sativus，为川续断科川续断属，古拉丁名为 carduus，因果实布满尖刺而被林奈借用为飞廉属命名）

Carduus acanthoides 节毛飞廉：acanthoides 像老鼠簕的；Acanthus 老鼠簕属（爵床科）；-oides/ -oideus/ -oideum/ -oidea/ -odes/ -eidos 像……的，类似……的，呈……状的（名词词尾）

Carduus crispus 丝毛飞廉：crispus 收缩的，褶皱的，波纹的（如花瓣周围的波浪状褶皱）

Carduus nutans 飞廉：nutans 弯曲的，下垂的（弯曲程度远大于 90°）；关联词：cernuus 点头的，前屈的，略俯垂的（弯曲程度略大于 90°）

Carex 薹草属（薹 tái）（莎草科）（12：p56）：carex 薹草（可能来自莎草科克拉莎属植物 Cladium mariscus 的古拉丁名）（此处的薹草不可以写成"苔草"，而川苔草则不能写成"川薹草"）

Carex adrienii 广东薹草：adrienii（人名）；-ii 表示人名，接在以辅音字母结尾的人名后面，但 -er 除外

Carex aequialta 等高薹草：aequus 平坦的，均等的，公平的，友好的；aequi- 相等，相同；altus 高度，高的

Carex agglomerata 团穗薹草：agglomeratus = ad + glomeratus 集团的，聚成球的；ad- 向，到，近（拉丁语词首，表示程度加强）；构词规则：构成复合词时，词首末尾的辅音字母常同化为紧接其后的那个辅音字母（如 ad + g → agg）；glomeratus = glomera + atus 聚集的，球形的，聚成球形的；glomera 线球，一团，一束

Carex alba 白鳞薹草：albus → albi-/ albo- 白色的

Carex alliiformis 葱状薹草：Allium 葱属（百合科）；formis/ forma 形状

Carex alopecuroides 禾状薹草：alopecuroides 像看麦娘的，像狐狸尾巴的；Alopecurus 看麦娘属（禾本科）；-oides/ -oideus/ -oideum/ -oidea/ -odes/ -eidos 像……的，类似……的，呈……状的（名词词尾）

Carex alta 高秆薹草：altus 高度，高的

Carex altaica 阿尔泰薹草：altaica 阿尔泰的（地名，新疆北部山脉）

Carex amgunensis 球穗薹草：amgunensis（地名）

Carex angarae 圆穗薹草：angarae ← Angara 安加拉河的（俄罗斯河流名）

C

Carex angustior 小星穗薹草：angustior 较狭窄的（angustus 的比较级）

Carex angustiutricula 狭果囊薹草：angusti- ← angustus 窄的，狭的，细的；utriculus 胞果的，囊状的，膀胱状的，小腔囊的；uter/ utris 囊（内装液体）

Carex anningensis 安宁薹草：anningensis 安宁的（地名，云南省）

Carex aperta 亚美薹草：apertus → aper- 开口的，开裂的，无盖的，裸露的

Carex aphanolepis 匿鳞薹草：aphanolepis 鳞片不明显的；aphano-/ aphan- ← aphanes = a + phanes 不显眼的，看不见的，模糊不清的；a-/ an- 无，非，没有，缺乏，不具有（an- 用于元音前）（a-/ an- 为希腊语词首，对应的拉丁语词首为 e-/ ex-，相当于英语的 un-/ -less，注意词首 a- 和作为介词的 a/ ab 不同，后者的意思是"从……、由……、关于……、因为……"）；phanes 可见的，显眼的；phanerus ← phaneros 显著的，显现的，突出的；lepis/ lepidos 鳞片

Carex appendiculata 灰脉薹草：appendiculatus = appendix + ulus + atus 有小附属物的；appendix = ad + pendix 附属物；ad- 向，到，近（拉丁语词首，表示程度加强）；构词规则：构成复合词时，词首末尾的辅音字母常同化为紧接其后的那个辅音字母（如 ad + p → app）；pendix ← pendens 垂悬的，挂着的，悬挂的；构词规则：以 -ix/ -iex 结尾的词其词干末尾视为 -ic，以 -ex 结尾视为 -i/ -ic，其他以 -x 结尾视为 -c；-ulus/ -ulum/ -ula 小的，略微的，稍微的（小词 -ulus 在字母 e 或 i 之后有多种变缀，即 -olus/ -olum/ -ola、-ellus/ -ellum/ -ella、-illus/ -illum/ -illa，与第一变格法和第二变格法名词形成复合词）；-atus/ -atum/ -ata 属于，相似，具有，完成（形容词词尾）

Carex appendiculata var. appendiculata 灰脉薹草-原变种 （词义见上面解释）

Carex appendiculata var. sacculiformis 小囊灰脉薹草：sacculiformis = saccus + ulus + formis 小包囊状的；saccus 袋子，囊，包囊；-ulus/ -ulum/ -ula 小的，略微的，稍微的（小词 -ulus 在字母 e 或 i 之后有多种变缀，即 -olus/ -olum/ -ola、-ellus/ -ellum/ -ella、-illus/ -illum/ -illa，与第一变格法和第二变格法名词形成复合词）；formis/ forma 形状

Carex arcatica 北疆薹草：arcatica ← arctica/ arcticus 北极的

Carex arguensis 额尔古纳薹草：arguensis 额尔古纳的（地名，内蒙古自治区）

Carex argyi 阿齐薹草：argyi（人名）

Carex aridula 干生薹草：aridulus 干旱的，凋萎的

Carex arisanensis 阿里山薹草：arisanensis 阿里山的（地名，属台湾省）

Carex aristatisquamata 芒鳞薹草：aristatus(aristosus) = arista + atus 具芒的，具芒刺的，具刚毛的，具胡须的；arista 芒；squamatus = squamus + atus 具鳞片的，具薄膜的；squamus 鳞，鳞片，薄膜

Carex aristulifera 具芒薹草：arista + ulus 短芒的；arista 芒；-ulus/ -ulum/ -ula 小的，略微的，稍微

的（小词 -ulus 在字母 e 或 i 之后有多种变缀，即 -olus/ -olum/ -ola、-ellus/ -ellum/ -ella、-illus/ -illum/ -illa，与第一变格法和第二变格法名词形成复合词）；-ferus/ -ferum/ -fera/ -fero/ -fere/ -fer 有，具有，产（区别：作独立词使用的 ferus 意思是"野生的"）

Carex arnellii 麻根薹草：arnellii（人名）；-ii 表示人名，接在以辅音字母结尾的人名后面，但 -er 除外

Carex ascocentra 宜昌薹草（种加词有时错印为"ascocetra"）：ascocentra 囊状距的（指果囊有狭长的尾呈距状）；ascos 囊，囊状物；centrus ← centron 距，有距的，鹰爪状刺（距：雄鸡、雉等的腿的后面突出像脚趾的部分）

Carex asperifructus 粗糙囊薹草：asper/ asperus/ asperum/ aspera 粗糙的，不平的；fructus 果实

Carex atrata 黑穗薹草：atratus = ater + atus 发黑的，浓暗的，玷污的；ater 黑色的（希腊语，词干视为 atro-/ atr-/ atri-/ atra-）

Carex atrata subsp. apodostachya 南湖薹草：apodus ← apodes 无柄的，无梗的；stachy-/ stachyo-/ -stachys/ -stachyus/ -stachyum/ -stachya 穗子，穗子的，穗子状的，穗状花序的

Carex atrata subsp. aterrima 大桥薹草：aterrimus 深黑色的，非常黑的；aterus ← ater 黑色的；-rimus/ -rima/ -rimum 最，极，非常（词尾为 -er 的形容词最高级）

Carex atrata subsp. atrata 黑穗薹草-原亚种 （词义见上面解释）

Carex atrata subsp. longistolonifera 长匍匐茎薹草：longe-/ longi- ← longus 长的，纵向的；stolon 匍匐茎；-ferus/ -ferum/ -fera/ -fero/ -fere/ -fer 有，具有，产（区别：作独立词使用的 ferus 意思是"野生的"）

Carex atrata subsp. pullata 尖鳞薹草：pullatus 黑色的，暗色的，被黑色表皮的；pullus 暗色的，黑色的

Carex atrofusca 暗褐薹草：atro-/ atr-/ atri-/ atra- ← ater 深色，浓色，暗色，发黑（ater 作为词干后接辅音字母开头的词时，要在词干后面加一个连接用的元音字母"o"或"i"，故为"ater-o-"或"ater-i-"，变形为"atr-"开头）；fuscus 棕色的，暗色的，发黑的，暗棕色的，褐色的

Carex atrofusca subsp. atrofusca 暗褐薹草-原亚种 （词义见上面解释）

Carex atrofusca subsp. minor 黑褐穗薹草：minor 较小的，更小的

Carex atrofuscoides 类黑褐穗薹草：atrofuscoides 类黑暗棕色的；atro-/ atr-/ atri-/ atra- ← ater 深色，浓色，暗色，发黑（ater 作为词干后接辅音字母开头的词时，要在词干后面加一个连接用的元音字母"o"或"i"，故为"ater-o-"或"ater-i-"，变形为"atr-"开头）；fuscus 棕色的，暗色的，发黑的，暗棕色的，褐色的；-oides/ -oideus/ -oideum/ -oidea/ -odes/ -eidos 像……的，类似……的，呈……状的（名词词尾）

Carex augustinowiczii 短鳞薹草：augustinowiczii（人名）；-ii 表示人名，接在以辅音字母结尾的人名后面，但 -er 除外

Carex austro-occidentalis 西南薹草：austro-/ austr- 南方的，南半球的，大洋洲的；auster 南方，南风；occidentale ← occidentalis 西方的，西部的，欧美的

Carex austrosinensis 华南薹草：austrosinensis 华南的（地名）；austro-/ austr- 南方的，南半球的，大洋洲的；auster 南方，南风；sinensis = Sina + ensis 中国的（地名）；Sina 中国

Carex autumnalis 秋生薹草：autumnale/ autumnalis 秋季开花的；autumnus 秋季；-aris（阳性、阴性）/ -are（中性）← -alis（阳性、阴性）/ -ale（中性）属于，相似，如同，具有，涉及，关于，联结于（将名词作形容词用，其中 -aris 常用于以 l 或 r 为词干末尾的词）

Carex baccans 浆果薹草：baccans = baccus + ans 浆果状的，变浆果的；baccus 浆果；-ans/ -ens/ -bilis/ -ilis 能够，可能（为形容词词尾，-ans/ -ens 用于主动语态，-bilis/ -ilis 用于被动语态）

Carex baimaensis 白马薹草：baimaensis 班玛的（地名，青海省，班玛的规范拼音为"banma"），白马寨的（地名，安徽省）

Carex baiposhanensis 百坡山薹草：baiposhanensis（地名）

Carex baohuashanica 宝华山薹草：baohuashanica 宝华山的（地名，江苏省）

Carex bilateralis 台湾薹草：bi-/ bis- 二，二数，二回（希腊语为 di-）；lateralis = laterus + alis 侧边的，侧生的；laterus 边，侧边；-aris（阳性、阴性）/ -are（中性）← -alis（阳性、阴性）/ -ale（中性）属于，相似，如同，具有，涉及，关于，联结于（将名词作形容词用，其中 -aris 常用于以 l 或 r 为词干末尾的词）

Carex blinii （布里薹草）：blinii（人名）；-ii 表示人名，接在以辅音字母结尾的人名后面，但 -er 除外

Carex bodinieri 滨海薹草：bodinieri ← Emile Marie Bodinieri（人名，19 世纪活动于中国的法国传教士）；-eri 表示人名，在以 -er 结尾的人名后面加上 i 形成

Carex bohemica 莎薹草：bohemica（地名）

Carex borealihinganica 北兴安薹草：borealihinganica 北兴安的（地名）；borealis 北方的；hinganica 兴安的（地名，大兴安岭或小兴安岭）；-aris（阳性、阴性）/ -are（中性）← -alis（阳性、阴性）/ -ale（中性）属于，相似，如同，具有，涉及，关于，联结于（将名词作形容词用，其中 -aris 常用于以 l 或 r 为词干末尾的词）

Carex bostrychostigma 卷柱头薹草：bostrychos 卷曲的，扭曲的；stigmus 柱头

Carex brachyathera 垂穗薹草：brachy- ← brachys 短的（用于拉丁语复合词词首）；atherus ← ather 芒

Carex breviaristata 短芒薹草：brevi- ← brevis 短的（用于希腊语复合词词首）；aristatus(aristosus) = arista + atus 具芒的，具芒刺的，具刚毛的，具胡须的；arista 芒

Carex breviculmis 青绿薹草：brevi- ← brevis 短的（用于希腊语复合词词首）；culmius ← culmis 杆，杆状的

Carex breviculmis var. breviculmis 青绿薹草-原变种 （词义见上面解释）

Carex breviculmis var. cupulifera 直蕊薹草：cupulus = cupus + ulus 小杯子，小杯形的，壳斗状的；-ferus/ -ferum/ -fera/ -fero/ -fere/ -fer 有，具有，产（区别：作独立词使用的 ferus 意思是"野生的"）

Carex breviculmis var. fibrillosa 纤维青菅（菅 jiān）：fibrillosa/ fibrosus 纤维的；fibra 纤维，筋；-osus/ -osum/ -osa 多的，充分的，丰富的，显著发育的，程度高的，特征明显的（形容词词尾）

Carex brevicuspis 短尖薹草：brevi- ← brevis 短的（用于希腊语复合词词首）；cuspis（所有格为 cuspidis）齿尖，凸尖，尖头

Carex brevicuspis var. basiflora 基花薹草：basiflorus 基部生花的；basis 基部，基座；florus/ florum/ flora ← flos 花（用于复合词）

Carex brevicuspis var. brevicuspis 短尖薹草-原变种 （词义见上面解释）

Carex breviscapa 短莛薹草：brevi- ← brevis 短的（用于希腊语复合词词首）；scapus（scap-/ scapi-）← skapos 主茎，树干，花柄，花轴

Carex brownii 亚澳薹草：brownii ← Nebrownii（人名）；-ii 表示人名，接在以辅音字母结尾的人名后面，但 -er 除外

Carex brunnea 褐果薹草：brunneus/ bruneus 深褐色的；-eus/ -eum/ -ea（接拉丁语词干时）属于……的，色如……的，质如……的（表示原料、颜色或品质的相似），（接希腊语词干时）属于……的，以……出名，为……所占有（表示具有某种特性）

Carex caespititia 丛生薹草：caespititius ← caespitus + ius 成簇的，丛生的；-ius/ -ium/ -ia 具有……特性的（表示有关、关联、相似）

Carex caespitosa 丛薹草：caespitosus = caespitus + osus 明显成簇的，明显丛生的；caespitus 成簇的，丛生的；-osus/ -osum/ -osa 多的，充分的，丰富的，显著发育的，程度高的，特征明显的（形容词词尾）

Carex calcicola 灰岩生薹草：calcicolus 钙生的，生于石灰质土壤的；calci- ← calcium 石灰，钙质；colus ← colo 分布于，居住于，栖居，殖民（常作词尾）；colo/ colere/ colui/ cultum 居住，耕作，栽培

Carex callitrichos 羊须草：callitrichos 美丽毛发的；call-/ calli-/ callo-/ cala-/ calo- ← calos/ callos 美丽的；trichos 毛，毛发，列状毛，线状的，丝状的

Carex callitrichos var. callitrichos 羊须草-原变种 （词义见上面解释）

Carex callitrichos var. nana 矮丛薹草：nanus ← nanos/ nannos 矮小的，小的；nani-/ nano-/ nanno- 矮小的，小的

Carex canaliculata 沟囊薹草：canaliculatus 有沟槽的，管子形的；canaliculus = canalis + culus + atus 小沟槽，小运河；canalis 沟，凹槽，运河；-culus/ -culum/ -cula 小的，略微的，稍微的（同第三变格法和第四变格法名词形成复合词）；-atus/ -atum/ -ata 属于，相似，具有，完成（形容词词尾）

Carex capillacea 发秆薹草：capillaceus 毛发状的；capillus 毛发的，头发的，细毛的；-aceus/ -aceum/

-acea 相似的，有……性质的，属于……的

Carex capillaris 细秆薹草：capillaris 有细毛的，毛发般的；-aris（阳性、阴性）/ -are（中性）← -alis（阳性、阴性）/ -ale（中性）属于，相似，如同，具有，涉及，关于，联结于（将名词作形容词用，其中 -aris 常用于以 l 或 r 为词干末尾的词）

Carex capilliformis 丝叶薹草：capillus 毛发的，头发的，细毛的；formis/ forma 形状

Carex capricornis 弓喙薹草：capricornis 山羊角的；caprinus 山羊的；cornus 角，犄角，兽角，角质，角质般坚硬

Carex cardiolepis 藏东薹草：cardius 心脏，心形；lepis/ lepidos 鳞片

Carex caucasica 高加索薹草：caucasica 高加索的（地名，俄罗斯）

Carex caucasica subsp. caucasica 高加索薹草-原亚种 （词义见上面解释）

Carex caucasica subsp. jisaburo-ohwiana 大井扁果薹草（原名"扁果薹草"，本属有重名）：jisaburo-ohwiana 大井次三郎（日本人名）

Carex caudispicata 尾穗薹草：caudi- ← cauda/ caudus/ caudum 尾巴；spicatus 具穗的，具穗状花的，具尖头的；spicus 穗，谷穗，花穗；-atus/ -atum/ -ata 属于，相似，具有，完成（形容词词尾）

Carex cercidascus （囊鞘薹草）：cercidascus = cercis + ascus 囊状鞘的；构词规则：词尾为 -is 和 -ys 的词的词干分别视为 -id 和 -yd；cercis 刀鞘，刀鞘状的，尾巴状的，紫荆（古拉丁名）；ascus ← ascos/ askos 囊，囊状物

Carex cheniana 陈氏薹草：cheniana（人名）

Carex chinensis 中华薹草：chinensis = china + ensis 中国的（地名）；China 中国

Carex chinensis var. chinensis 中华薹草-原变种 （词义见上面解释）

Carex chinensis var. longkiensis 龙奇薹草：longkiensis 龙溪的（地名，云南省）

Carex chinganensis 兴安薹草：chinganensis 兴安的（地名，大兴安岭或小兴安岭）

Carex chiwuana 启无薹草（种加词有时误拼为"chiwaana"）：chiwuana 王启无（人名，中国植物学家）

Carex chlorocephalula 绿头薹草：chlorocephalulus 绿头的；chlor-/ chloro- ← chloros 绿色的（希腊语，相当于拉丁语的 viridis）；cephalulus 头，较小头状的；cephalus/ cephale ← cephalos 头，头状花序；-ulus/ -ulum/ -ula 小的，略微的，稍微的（小词 -ulus 在字母 e 或 i 之后有多种变缀，即 -olus/ -olum/ -ola、-ellus/ -ellum/ -ella、-illus/ -illum/ -illa，与第一变格法和第二变格法名词形成复合词）

Carex chlorostachys 绿穗薹草：chlor-/ chloro- ← chloros 绿色的（希腊语，相当于拉丁语的 viridis）；stachy-/ stachyo-/ -stachys/ -stachyus/ -stachyum/ -stachya 穗子，穗子的，穗子状的，穗状花序的

Carex chlorostachys var. chlorostachys 绿穗薹草-原变种 （词义见上面解释）

Carex chlorostachys var. conferta 无喙绿穗薹草：confertus 密集的

Carex chorda （丝带薹草）：chorda 纽带，丝带

Carex chrysolepis 黄花薹草：chrys-/ chryso- ← chrysos 黄色的，金色的；lepis/ lepidos 鳞片

Carex chuiana 桂龄薹草：chuiana（人名）

Carex chuii 曲氏薹草：chuii（人名，词尾改为"-i"似更妥）；-ii 表示人名，接在以辅音字母结尾的人名后面，但 -er 除外；-i 表示人名，接在以元音字母结尾的人名后面，但 -a 除外

Carex chungii 仲氏薹草：chungii（人名）；-ii 表示人名，接在以辅音字母结尾的人名后面，但 -er 除外

Carex chungii var. chungii 仲氏薹草-原变种 （词义见上面解释）

Carex chungii var. rigida 坚硬薹草：rigidus 坚硬的，不弯曲的，强直的

Carex cinerascens 灰化薹草：cinerascens/ cinerasceus 发灰，变灰色的，灰白的，淡灰色的（比 cinereus 更白）；cinereus 灰色的，草木灰色的（为纯黑和纯白的混合色，希腊语为 tephro-/ spodo-）；ciner-/ cinere-/ cinereo- 灰色；-escens/ -ascens 改变，转变，变成，略微，带有，接近，相似，大致，稍微（表示变化的趋势，并未完全相似或相同，有别于表示达到完成状态的 -atus）

Carex commixta 细长喙薹草：commixtus = co + mixtus 混合的；mixtus 混合的，杂种的；co- 联合，共同，合起来（拉丁语词首，为 cum- 的音变，表示结合、强化、完全，对应的希腊语为 syn-）；co- 的缀词音变有 co-/ com-/ con-/ col-/ cor-：co-（在 h 和元音字母前面），col-（在 l 前面），com-（在 b、m、p 之前），con-（在 c、d、f、g、j、n、qu、s、t 和 v 前面），cor-（在 r 前面）

Carex composita 复序薹草：compositus = co + positus 复合的，复生的，分枝的，化合的，组成的，编成的；positus 放于，置于，位于；co- 联合，共同，合起来（拉丁语词首，为 cum- 的音变，表示结合、强化、完全，对应的希腊语为 syn-）；co- 的缀词音变有 co-/ com-/ con-/ col-/ cor-：co-（在 h 和元音字母前面），col-（在 l 前面），com-（在 b、m、p 之前），con-（在 c、d、f、g、j、n、qu、s、t 和 v 前面），cor-（在 r 前面）

Carex concava 凹果薹草：concavus 凹陷的

Carex confertiflora 密花薹草：confertus 密集的；florus/ florum/ flora ← flos 花（用于复合词）

Carex continua 连续薹草：continus 连续的，不间断的

Carex coriophora 扁囊薹草：corius 皮革的，革质的；-phorus/ -phorum/ -phora 载体，承载物，支持物，带着，生着，附着（表示一个部分带着别的部分，包括起支撑或承载作用的柄、柱、托、囊等，如 gynophorum = gynus + phorum 雌蕊柄，带有雌蕊的，承载雌蕊的）；gynus/ gynum/ gyna 雌蕊，子房，心皮

Carex coriophora subsp. coriophora 扁囊薹草-原亚种 （词义见上面解释）

Carex coriophora subsp. langtaodianensis 浪淘殿薹草：langtaodianensis 浪淘殿的（地名，甘肃省岷县）

Carex courtallensis 隐穗柄薹草：courtallensis（地名，印度）

Carex cranaocarpa 鹤果薹草：cranaocarpa =

C

Carex craspedotricha 缘毛薹草：craspedus ← craspedon ← kraspedon 边缘，缘生的；trichus 毛，毛发，线

Carex crebra 密生薹草：crebrus 频繁的，常见的

Carex cremostachys 燕子薹草：cremostachys 垂穗的；cremo-/ crem-/ cremast- 下垂的，垂悬的；stachy-/ stachyo-/ -stachys/ -stachyus/ -stachyum/ -stachya 穗子，穗子的，穗子状的，穗状花序的

Carex cruciata 十字薹草：cruciatus 十字形的，交叉的；crux 十字（词干为 cruc-，用于构成复合词时常为 cruci-）；crucis 十字的（crux 的单数所有格）；构词规则：以 -ix/ -iex 结尾的词其词干末尾视为 -ic，以 -ex 结尾视为 -i/ -ic，其他以 -x 结尾视为 -c

Carex cruenta 狭囊薹草：cruentus 血红色的，深红色的

Carex cryptocarpa 隐果薹草：cryptocarpus 隐果的，果实隐藏的；crypt-/ crypto- ← kryptos 覆盖的，隐藏的（希腊语）；carpus/ carpum/ carpa/ carpon ← carpos 果实（用于希腊语复合词）

Carex cryptostachys 隐穗薹草：cryptostachys 隐穗的；crypt-/ crypto- ← kryptos 覆盖的，隐藏的（希腊语）；stachy-/ stachyo-/ -stachys/ -stachyus/ -stachyum/ -stachya 穗子，穗子的，穗子状的，穗状花序的

Carex curaica 库地薹草：curaica 库地的（地名，新疆维吾尔自治区）

Carex curta 白山薹草：curtus 短的，不完整的，残缺的

Carex cylindriostachya 柱穗薹草：cylindrio- 圆柱状的，圆筒状的；stachy-/ stachyo-/ -stachys/ -stachyus/ -stachyum/ -stachya 穗子，穗子的，穗子状的，穗状花序的

Carex dahurica 针薹草：dahurica（daurica/ davurica）达乌里的（地名，外贝加尔湖，属西伯利亚的一个地区，即贝加尔湖以东及以南至中国和蒙古边界）

Carex dailingensis 带岭薹草：dailingensis 带岭的（地名，黑龙江省）

Carex davidii 无喙囊薹草：davidii ← Pere Armand David（人名，1826–1900，曾在中国采集植物标本的法国传教士）；-ii 表示人名，接在以辅音字母结尾的人名后面，但 -er 除外

Carex deciduisquama 落鳞薹草：deciduus 脱落的，非永存的，有脱落部分的；squamus 鳞，鳞片，薄膜

Carex delavayi 年佳薹草：delavayi ← P. J. M. Delavay（人名，1834–1895，法国传教士，曾在中国采集植物标本）；-i 表示人名，接在以元音字母结尾的人名后面，但 -a 除外

Carex densefimbriata 流苏薹草：dense- 密集的，繁茂的；fimbriatus = fimbria + atus 具长缘毛的，具流苏的，具锯齿状裂的（指花瓣）；fimbria → fimbri- 流苏，长缘毛

Carex densefimbriata var. densefimbriata 流苏薹草-原变种（词义见上面解释）

Carex densefimbriata var. hirsuta 粗毛流苏薹草：hirsutus 粗毛的，糙毛的，有毛的（长而硬的毛）

Carex densicaespitosa 密丛薹草：densus 密集的，繁茂的；caespitus 成簇的，丛生的；-osus/ -osum/ -osa 多的，充分的，丰富的，显著发育的，程度高的，特征明显的（形容词词尾）

Carex deqinensis 德钦薹草：deqinensis 德钦的（地名，云南省）

Carex diandra 圆锥薹草：diandrus 二雄蕊的；di-/ dis- 二，二数，二分，分离，不同，在……之间，从……分开（希腊语，拉丁语为 bi-/ bis-）；andrus/ andros/ antherus ← aner 雄蕊，花药，雄性

Carex diaoluoshanica 吊罗山薹草：diaoluoshanica 吊罗山的（地名，海南省）

Carex dichroa 小穗薹草：dichrous/ dichrus 二色的；di-/ dis- 二，二数，二分，分离，不同，在……之间，从……分开（希腊语，拉丁语为 bi-/ bis-）；-chromus/ -chrous/ -chrus 颜色，彩色，有色的；Dichroa 常山属（虎耳草科）

Carex dickinsii 朝鲜薹草：dickinsii ← Frederick V. Dickins（人名，20 世纪作家）

Carex dielsiana 丽江薹草：dielsiana ← Friedrich Ludwig Emil Diels（人名，20 世纪德国植物学家）

Carex dimorpholepis 二形鳞薹草：dimorphus 二型的，异型的；di-/ dis- 二，二数，二分，分离，不同，在……之间，从……分开（希腊语，拉丁语为 bi-/ bis-）；morphus ← morphos 形状，形态；lepis/ lepidos 鳞片

Carex diplodon 秦岭薹草：diplodon 双重锯齿的；dipl-/ diplo- ← diplous ← diploos 双重的，二重的，二倍的，二数的；odontus/ odontos → odon-/ odont-/ odonto-（可作词首或词尾）齿，牙齿状的；odous 齿，牙齿（单数，其所有格为 odontos）；di-/ dis- 二，二数，二分，分离，不同，在……之间，从……分开（希腊语，拉丁语为 bi-/ bis-）

Carex dispalata 皱果薹草：dispalatus 分割的，不同的，不相似的；dispalo 放开，分离开，使分开

Carex disperma 二籽薹草：dispermus 具二种子的；di-/ dis- 二，二数，二分，分离，不同，在……之间，从……分开（希腊语，拉丁语为 bi-/ bis-）；spermus/ spermum/ sperma 种子的（用于希腊语复合词）

Carex doisutepensis 景洪薹草：doisutepensis（地名，泰国）

Carex dolichostachya 长穗薹草：dolicho- ← dolichos 长的；stachy-/ stachyo-/ -stachys/ -stachyus/ -stachyum/ -stachya 穗子，穗子的，穗子状的，穗状花序的

Carex dolichostachya subsp. dolichostachya 长穗薹草-原亚种（词义见上面解释）

Carex dolichostachya subsp. trichosperma 阿里山宿柱薹草：trich-/ tricho-/ tricha- ← trichos ← thrix 毛，多毛的，线状的，丝状的；spermus/ spermum/ sperma 种子的（用于希腊语复合词）

Carex doniana 签草：doniana（人名）

Carex drepanorhyncha 镰喙薹草：drepanorhyncha 镰形喙的（缀词规则：-rh- 接在元音字母后面构成复合词时要变成 -rrh-，故该词宜改

为"drepanorrhyncha"）；drepano- 镰刀形弯曲的，镰形的；rhynchus ← rhynchos 喙状的，鸟嘴状的

Carex drymophila 野笠薹草：drymophilus 喜森林的，生于森林的；drymos 森林；philus/ philein ← philos → phil-/ phili/ philo- 喜好的，爱好的，喜欢的（注意区别形近词：phylus、phyllus）；phylus/ phylum/ phyla ← phylon/ phyle 植物分类单位中的"门"，位于"界"和"纲"之间，类群，种族，部落，聚群；phyllus/ phyllum/ phylla ← phyllon 叶片（用于希腊语复合词）

Carex drymophila var. abbreviata 黑水薹草：abbreviatus = ad + brevis + atus 缩短了的，省略的；ad- 向，到，近（拉丁语词首，表示程度加强）；构词规则：构成复合词时，词首末尾的辅音字母常同化为紧接其后的那个辅音字母（如 ad + b → abb）；brevis 短的（希腊语）；-atus/ -atum/ -ata 属于，相似，具有，完成（形容词词尾）

Carex drymophila var. drymophila 野笠薹草-原变种 （词义见上面解释）

Carex duriuscula 寸草：durus + usculus 稍坚硬的；durus 持久的，坚硬的，坚韧的；durius 变硬的，木质的，持久的；-usculus ← -culus 小的，略微的，稍微的（小词 -culus 和某些词构成复合词时变成 -usculus）

Carex duriuscula subsp. duriuscula 寸草-原亚种 （词义见上面解释）

Carex duriuscula subsp. rigescens 白颖薹草：rigescens 稍硬的；rigens 坚硬的，不弯曲的，强直的；-escens/ -ascens 改变，转变，变成，略微，带有，接近，相似，大致，稍微（表示变化的趋势，并未完全相似或相同，有别于表示达到完成状态的 -atus）

Carex duriuscula subsp. stenophylloides 细叶薹草：stenophylloides 像 stenophylla 的，近似细叶的；Carex stenophylla 线叶薹草；Cyclobalanopsis stenophylla 狭叶青冈；-oides/ -oideus/ -oideum/ -oidea/ -odes/ -eidos 像……的，类似……的，呈……状的（名词词尾）

Carex duvaliana 三阳薹草：duvaliana ← Henri Auguste Duval （人名，19 世纪法国医生）

Carex earistata 无芒薹草：earistata 无芒的，无毛的（缀词规则：e- 在元音字母前应变为 ex-，故该词宜改为"exaristata"）；e-/ ex- 不，无，非，缺乏，不具有（e- 用在辅音字母前，ex- 用在元音字母前，为拉丁语词首，对应的希腊语词首为 a-/ an-，英语为 un-/ -less，注意作词首用的 e-/ ex- 和介词 e/ ex 意思不同，后者意为"出自、从……、由……离开、由于、依照"）；aristatus(aristosus) = arista + atus 具芒的，具芒刺的，具刚毛的，具胡须的；arista 芒

Carex echinochloaeformis 类稗薹草：echinochloaeformis 稗子状的（注：组成复合词时，要将前面的词尾 -us/ -um/ -a 变成 -i- 或 -o- 而不是所有格，故该词宜改为"echinochloiformis"）；Echinchloa 稗属（禾本科）；formis/ forma 形状

Carex egena 少囊薹草：egenus 贫乏的，贫穷的，渴望的；egens/ egentis 贫乏，渴；egeo/ egere 欠缺，不足，渴望，憧憬

Carex eleusinoides 蟋蟀薹草（蟀 shuài）：Eleusine 穆属（禾本科）；-oides/ -oideus/ -oideum/ -oidea

-odes/ -eidos 像……的，类似……的，呈……状的（名词词尾）

Carex emineus 显异薹草：emineus 显著的，好看的，优越的，高贵的

Carex enervis 无脉薹草：enervis 无脉的；e-/ ex- 不，无，非，缺乏，不具有（e- 用在辅音字母前，ex- 用在元音字母前，为拉丁语词首，对应的希腊语词首为 a-/ an-，英语为 un-/ -less，注意作词首用的 e-/ ex- 和介词 e/ ex 意思不同，后者意为"出自、从……、由……离开、由于、依照"）；nervis ← nervus 脉，叶脉

Carex enervis subsp. chuanxibeiensis 川西北薹草：chuanxibeiensis 川西北的（地名）

Carex enervis subsp. enervis 无脉薹草-原亚种 （词义见上面解释）

Carex ensifolia 箭叶薹草：ensi- 剑；folius/ folium/ folia 叶，叶片（用于复合词）

Carex ereica 二峨薹草：ereica 二峨山的（地名，四川省）

Carex eremopyroides 离穗薹草：Eremopyrum 旱麦草属；-oides/ -oideus/ -oideum/ -oidea/ -odes/ -eidos 像……的，类似……的，呈……状的（名词词尾）

Carex eriophylla 毛叶薹草：eriophyllus 绵毛叶的；erion 绵毛，羊毛；phyllus/ phyllum/ phylla ← phyllon 叶片（用于希腊语复合词）

Carex erythrobasis 红鞘薹草：erythr-/ erythro- ← erythros 红色的（希腊语）；basis 基部，基座

Carex fargesii 川东薹草：fargesii ← Pere Paul Guillaume Farges （人名，19 世纪中叶至 20 世纪活动于中国的法国传教士，植物采集员）

Carex fastigiata 簇穗薹草：fastigiatus 束状的，笋帚状的（枝条直立聚集）（形近词：fastigatus 高的，高举的）；fastigius 笋帚

Carex fenghuangshanica 凤凰山薹草：fenghuangshanica 凤凰山的（地名，中国有很多个"凤凰山"，其中凤凰山石豆兰的采集地在台湾南投县，凤凰山薹草的采集地在广西河池市）；-icus/ -icum/ -ica 属于，具有某种特性（常用于地名、起源、生境）

Carex fidia 南亚薹草：fidia = fidus + ius 裂开的，具裂片的；fidus ← findere 裂开，分裂（裂深不超过 1/3，常作词尾）；-ius/ -ium/ -ia 具有……特性的（表示有关、关联、相似）

Carex filamentosa 丝秆薹草：filamentosus = filamentum + osus 花丝的，多纤维的，充满丝的，丝状的；filamentum/ filum 花丝，丝状体，藻丝；-osus/ -osum/ -osa 多的，充分的，丰富的，显著发育的，程度高的，特征明显的（形容词词尾）

Carex filicina 蕨状薹草：filicinus 蕨类样的，像蕨类的；filix ← filic- 蕨；构词规则：以 -ix/ -iex 结尾的词其词干末尾视为 -ic，以 -ex 结尾视为 -i/ -ic，其他以 -x 结尾视为 -c；-inus/ -inum/ -ina/ -inos 相近，接近，相似，具有（通常指颜色）

Carex filipedunculata 丝梗薹草：filipedunculata 丝状花柄的，细花柄的；pedunculatus/ peduncularis 具花序柄的，具总花梗的；fili-/ fil- ← filum 线状的，丝状的；pedunculus/ peduncule/

pedunculis ← pes 花序柄，总花梗（花序基部无花着生部分，不同于花柄）；关联词：pedicellus/ pediculus 小花梗，小花柄（不同于花序柄）

Carex filipes 线柄薹草：filipes 线状柄的，线状茎的；fili-/ fil- ← filum 线状的，丝状的；pes/ pedis 柄，梗，茎秆，腿，足，爪（作词首或词尾，pes 的词干视为"ped-"）

Carex filipes var. sparsinux 丝柄薹草：sparsus 散生的，稀疏的，稀少的；nux 坚果

Carex finitima 亮绿薹草：finitimus/ finitumus ← finis 邻近的，边界的，接壤，范围，区域

Carex finitima var. attenuata 短叶亮绿薹草：attenuatus = ad + tenuis + atus 渐尖的，渐狭的，变细的，变弱的；ad- 向，到，近（拉丁语词首，表示程度加强）；构词规则：构成复合词时，词首末尾的辅音字母常同化为紧接其后的那个辅音字母（如 ad + t → att）；tenuis 薄的，纤细的，弱的，瘦的，窄的

Carex finitima var. finitima 亮绿薹草-原变种（词义见上面解释）

Carex fluviatilis 溪生薹草：fluviatilis 河边的，生于河水的；fluvius 河流，河川，流水；-atilis（阳性、阴性）/ -atile（中性）（表示生长的地方）

Carex foraminata 穿孔薹草：foraminatus 具穿孔的；foramine 穿孔，孔

Carex foraminatiformis 拟穿孔薹草（种加词有时误拼为"forminatiformis"）：foraminatiformis 形似 foraminata 的；Carex foraminata 穿孔薹草；formis/ forma 形状

Carex forficula 溪水薹草：forficulus 小剪刀；-culus/ -culum/ -cula 小的，略微的，稍微的（同第三变格法和第四变格法名词形成复合词）

Carex forrestii 刺喙薹草：forrestii ← George Forrest（人名，1873–1932，英国植物学家，曾在中国西部采集大量植物标本）

Carex fulvo-rubescens 茶色薹草：fulvo-rubescens 棕红色的，变成棕红色的；fulvus 咖啡色的，黄褐色的；rubescens 发红的，带红的，近红的；rubus ← ruber/ rubeo 树莓的，红色的；-escens/ -ascens 改变，转变，变成，略微，带有，接近，相似，大致，稍微（表示变化的趋势，并未完全相似或相同，有别于表示达到完成状态的 -atus）

Carex fulvo-rubescens subsp. fulvo-rubescens 茶色薹草-原亚种（词义见上面解释）

Carex fulvo-rubescens subsp. longistipes 长梗茶色薹草（原名"长梗薹草"，本属有重名）：longistipes 长柄的；longe-/ longi- ← longus 长的，纵向的；stipes 柄，脚，梗

Carex funingensis 富宁薹草：funingensis 富宁的（地名，云南省）

Carex gaoligongshanensis 高黎贡山薹草：gaoligongshanensis 高黎贡山的（地名，云南省）

Carex gentilis 亲族薹草：gentilis 高贵的，同一族群的

Carex gentilis var. gentilis 亲族薹草-原变种（词义见上面解释）

Carex gentilis var. intermedia 宽叶亲族薹草：intermedius 中间的，中位的，中等的；inter- 中间

的，在中间，之间；medius 中间的，中央的

Carex gentilis var. macrocarpa 大果亲族薹草：macro-/ macr- ← macros 大的，宏观的（用于希腊语复合词）；carpus/ carpum/ carpa/ carpon ← carpos 果实（用于希腊语复合词）

Carex gentilis var. nakaharai 短喙亲族薹草：nakaharai ← Gonji Nakahara 中原（人名，日本植物学家）；-i 表示人名，接在以元音字母结尾的人名后面，但 -a 除外，故该词改为"nakaharaiana"或"nakaharae"似更妥

Carex gibba 穹隆薹草（穹 qióng）：gibbus 驼峰，隆起，浮肿

Carex giraldiana 涝峪薹草（峪 yù）：giraldiana ← Giuseppe Giraldi（人名，19 世纪活动于中国的意大利传教士）

Carex glabrescens 辽东薹草：glabrus 光秃的，无毛的，光滑的；-escens/ -ascens 改变，转变，变成，略微，带有，接近，相似，大致，稍微（表示变化的趋势，并未完全相似或相同，有别于表示达到完成状态的 -atus）

Carex glaucaeformis 米柱薹草：glaucaeformis = glaucus + formis 形如 glauca（或 glaucus 或 glaucum）的（注：glaucus/ glaucum/ glauca 为某种植物的种加词）（注：组成复合词时，要将前面词的词尾 -us/ -um/ -a 变成 -i- 或 -o- 而不是所有格，故该词宜改为"glauciformis"）；glaucus → glauco-/ glauc- 被白粉的，发白的，灰绿色的；formis/ forma 形状

Carex globistylosa 球柱薹草：glob-/ globi- ← globus 球体，圆球，地球；stylosus 具花柱的，花柱明显的；stylus/ stylis ← stylos 柱，花柱；-osus/ -osum/ -osa 多的，充分的，丰富的，显著发育的，程度高的，特征明显的（形容词词尾）

Carex globularis 玉簪薹草（簪 zān）：globularis = globus + ulus + aris 小球形的，属于小球的；globus → glob-/ globi- 球体，圆球，地球；-ulus/ -ulum/ -ula 小的，略微的，稍微的（小词 -ulus 在字母 e 或 i 之后有多种变缀，即 -olus/ -olum/ -ola、-ellus/ -ellum/ -ella、-illus/ -illum/ -illa，与第一变格法和第二变格法名词形成复合词）；-aris（阳性、阴性）/ -are（中性）← -alis（阳性、阴性）/ -ale（中性）属于，相似，如同，具有，涉及，关于，联结于（将名词作形容词用，其中 -aris 常用于以 l 或 r 为词干末尾的词）

Carex glossostigma 长梗薹草：glosso- 舌，舌状的；stigmus 柱头

Carex gmelinii 长芒薹草：gmelinii ← Johann Gottlieb Gmelin（人名，18 世纪德国博物学家，曾对西伯利亚和勘察加进行大量考察）

Carex gonggaensis 贡嘎薹草（嘎 gá）：gonggaensis 贡嘎山的（地名，四川省）

Carex gongshanensis 贡山薹草：gongshanensis 贡山的（地名，云南省）

Carex gotoi 叉齿薹草（叉 chā）：gotoi（人名）

Carex grallatoria 菱果薹草：grallatorius 高跷手的，高跷用的

Carex grallatoria subsp. grallatoria 菱果薹草-原亚种（词义见上面解释）

C

Carex grallatoria subsp. heteroclita 异型菱果薹草：heteroclitus 多形的，不规则的，异样的，异常的；clitus 多种形状的，不规则的，异常的

Carex graminiculmis 禾秆薹草：graminus 禾草，禾本科草；culmis/ culmius 秆，秆状的

Carex grandiligulata 大舌薹草：grandi- ← grandis 大的；ligulatus（= ligula + atus）/ ligularis（= ligula + aris）舌状的，具舌的；ligula = lingua + ulus 小舌，小舌状物；lingua 舌，语言；ligule 舌，舌状物，舌瓣，叶舌

Carex gynocrates 异株薹草：gyn-/ gyno-/ gyne- ← gynus 雌性的，雌蕊的，雌花的，心皮的；crater ← krater 碗，碟斗，杯子，火山口；crate-碗，碟斗，浅杯

Carex haematostoma 红嘴薹草：haimato-/ haem- 血的，红色的，鲜红的；stomus 口，开口，气孔

Carex hancockiana 点叶薹草：hancockiana ← W. Hancock（人名，1847–1914，英国海关官员，曾在中国采集植物标本）

Carex handelii 双脉囊薹草：handelii ← H. Handel-Mazzetti（人名，奥地利植物学家，第一次世界大战期间在中国西南地区研究植物）

Carex hangtongensis（杭东薹草）：hangtongensis 杭东的（地名）

Carex harlandii 长囊薹草：harlandii ← William Aurelius Harland（人名，18 世纪英国医生，移居香港并研究中国植物）

Carex harrysmithii 哈氏薹草：harry ← Sir James Harry Veitch（人名，20 世纪园艺学家）；smithii ← James Edward Smith（人名，1759–1828，英国植物学家）

Carex hastata 戟叶薹草：hastatus 戟形的，三尖头的（两侧基部有朝外的三角形裂片）；hasta 长矛，标枪

Carex hattoriana 长叶薹草：hattoriana（人名）

Carex hebecarpa 疏果薹草：hebe- 柔毛；carpus/ carpum/ carpa/ carpon ← carpos 果实（用于希腊语复合词）

Carex henryi 亨氏薹草：henryi ← Augustine Henry 或 B. C. Henry（人名，前者，1857–1930，爱尔兰医生、植物学家，曾在中国采集植物，后者，1850–1901，曾活动于中国的传教士）

Carex heshuonensis 和硕薹草：heshuonensis 和硕的（地名，新疆维吾尔自治区）

Carex heterolepis 异鳞薹草：hete-/ heter-/ hetero- ← heteros 不同的，多样的，不齐的；lepis/ lepidos 鳞片

Carex heterolepis var. obtegens（隐蔽异鳞薹草）：obtegens 盖着的，覆盖的；tegens 盖着的，覆盖的，隐藏着的

Carex heterostachya 异穗薹草：hete-/ heter-/ hetero- ← heteros 不同的，多样的，不齐的；stachy-/ stachyo-/ -stachys/ -stachyus/ -stachyum/ -stachya 穗子，穗子的，穗子状的，穗状花序的

Carex heudesii 长安薹草：heudesii（人名）；-ii 表示人名，接在以辅音字母结尾的人名后面，但 -er 除外

Carex himalaica 西藏薹草（原名"喜马拉雅薹草"，本属有重名）：himalaica 喜马拉雅的（地名）；

-icus/ -icum/ -ica 属于，具有某种特性（常用于地名、起源、生境）

Carex hirtella 硬毛薹草：hirtellus = hirtus + ellus 被短粗硬毛的；hirtus 有毛的，粗毛的，刚毛的（长而明显的毛）；-ellus/ -ellum/ -ella ← -ulus 小的，略微的，稍微的（小词 -ulus 在字母 e 或 i 之后有多种变缀，即 -olus/ -olum/ -ola、-ellus/ -ellum/ -ella、-illus/ -illum/ -illa，用于第一变格法名词）

Carex hirtelloides 流石薹草：hirtelloides 像 hirtellus 的；Carex hirtella 硬毛薹草；-oides/ -oideus/ -oideum/ -oidea/ -odes/ -eidos 像……的，类似……的，呈……状的（名词词尾）

Carex hirticaulis 密毛薹草：hirtus 有毛的，粗毛的，刚毛的（长而明显的毛）；caulis ← caulos 茎，茎秆，主茎

Carex hirtiutriculata 糙毛囊薹草：hirtus 有毛的，粗毛的，刚毛的（长而明显的毛）；utriculatus = utriculus + atus 具胞果的，具囊的，具肿包的，呈膀胱状的；utriculus 胞果的，囊状的，膀胱状的，小腔囊的；uter/ utris 囊（内装液体）

Carex hongyuanensis 红原薹草：hongyuanensis 红原的（地名，四川省）

Carex huashanica 华山薹草：huashanica 华山的（地名）；-icus/ -icum/ -ica 属于，具有某种特性（常用于地名、起源、生境）

Carex humida 湿薹草：humidus 湿的，湿地的

Carex humilis 低矮薹草：humilis 矮的，低的

Carex humilis var. humilis 低矮薹草-原变种（词义见上面解释）

Carex humilis var. scirrobasis 雏田薹草：scirros 硬的，坚硬的；basis 基部，基座

Carex huolushanensis 火炉山薹草：huolushanensis 火炉山的（地名，四川省）

Carex hypochlora 绿囊薹草：hypochlorus 背面绿色的；hyp-/ hypo- 下面的，以下的，不完全的；chlorus 绿色的

Carex idzuroei 马菅（菅 jiān）：idzuroei（人名）；-i 表示人名，接在以元音字母结尾的人名后面，但 -a 除外

Carex inanis 毛囊薹草：inanis 空的，缺的

Carex incisa（深裂薹草）：incisus 深裂的，锐裂的，缺刻的

Carex indica 印度薹草：indica 印度的（地名）；-icus/ -icum/ -ica 属于，具有某种特性（常用于地名、起源、生境）

Carex indicaeformis 印度型薹草：indicaeformis 形如 indica 的（注：组成复合词时，要将前面词的词尾 -us/ -um/ -a 变成 -i 或 -o 而不是所有格，故该词宜改为"indiciformis"）；formis/ forma 形状；Carex indica 印度薹草

Carex infossa 隐匿薹草：infossus 藏匿的，隐蔽的

Carex infossa var. extensa 显穗薹草：extensus 扩展的，展开的

Carex infossa var. infossa 隐匿薹草-原变种（词义见上面解释）

Carex infuscata 淡色薹草：infuscatus 淡褐色的；in-/ im-（来自 il- 的音变）内，在内，内部，向内，相反，不，无，非；il- 在内，向内，为，相反（希腊

·257·

语为 en-）；词首 il- 的音变：il-（在 l 前面），im-（在 b、m、p 前面），in-（在元音字母和大多数辅音字母前面），ir-（在 r 前面），如 illaudatus（不值得称赞的，评价不好的），impermeabilis（不透水的，穿不透的），ineptus（不合适的），insertus（插入的），irretortus（无弯曲的，无扭曲的）；fuscatus 深色的，浓重的，暗色的；fuscus 棕色的，暗色的，发黑的，暗棕色的，褐色的

Carex infuscata var. gracilenta 细茎淡色薹草（原名"高山薹草"，本属有重名）：gracilentus 细长的，纤弱的；gracilis 细长的，纤弱的，丝状的；-ulentus/ -ulentum/ -ulenta/ -olentus/ -olentum/ -olenta（表示丰富、充分或显著发展）

Carex infuscata var. infuscata 淡色薹草-原变种（词义见上面解释）

Carex insignis 秆叶薹草：insignis 著名的，超群的，优秀的，显著的，杰出的；in-/ im-（来自 il- 的音变）内，在内，内部，向内，相反，不，无，非；il- 在内，向内，为，相反（希腊语为 en-）；词首 il- 的音变：il-（在 l 前面），im-（在 b、m、p 前面），in-（在元音字母和大多数辅音字母前面），ir-（在 r 前面），如 illaudatus（不值得称赞的，评价不好的），impermeabilis（不透水的，穿不透的），ineptus（不合适的），insertus（插入的），irretortus（无弯曲的，无扭曲的）；signum 印记，标记，刻画，图章

Carex ischnostachya 狭穗薹草：ischno- 纤细的，瘦弱的，枯萎的；stachy-/ stachyo-/ -stachys/ -stachyus/ -stachyum/ -stachya 穗子，穗子的，穗子状的，穗状花序的

Carex ivanoviae 无穗柄薹草：ivanoviae（人名）；-ae 表示人名，以 -a 结尾的人名后面加上 -e 形成

Carex jaluensis 鸭绿薹草（绿 lù）：jaluensis 鸭绿江的（河流名）

Carex japonica 日本薹草：japonica 日本的（地名）；-icus/ -icum/ -ica 属于，具有某种特性（常用于地名、起源、生境）

Carex jianfengensis 尖峰薹草：jianfengensis 尖峰岭的（地名，海南省）

Carex jiaodongensis 胶东薹草：jiaodongensis 胶东的（地名，山东省）

Carex jinfoshanensis 金佛山薹草：jinfoshanensis 金佛山的（地名，重庆市）

Carex jiuxianshanensis 九仙山薹草：jiuxianshanensis 九仙山的（地名，福建省）

Carex jizhuangensis 季庄薹草：jizhuangensis 季庄的（地名，广东省）

Carex kansuensis 甘肃薹草：kansuensis 甘肃的（地名）

Carex kaoi 高氏薹草：kaoi 高氏（人名）

Carex karlongensis 卡郎薹草：karlongensis（地名，四川省）

Carex karoi 小粒薹草：karoi（人名）；-i 表示人名，接在以元音字母结尾的人名后面，但 -a 除外

Carex kiangsuensis 江苏薹草：kiangsuensis 江苏的（地名）

Carex kirganica 显脉薹草：kirganica ← Kirganik（地名，俄罗斯）；-icus/ -icum/ -ica 属于，具有某种特性（常用于地名、起源、生境）

Carex kirinensis 吉林薹草：kirinensis 吉林的（地名）

Carex kobomugi 筛草：kobomugi 弘法麦（日文）

Carex korshinskyi 黄囊薹草：korshinskyi（人名）；-i 表示人名，接在以元音字母结尾的人名后面，但 -a 除外

Carex kuchunensis 古城薹草：kuchunensis 古城的（地名，广西壮族自治区）

Carex kucyniakii 棕叶薹草：kucyniakii（人名）；-ii 表示人名，接在以辅音字母结尾的人名后面，但 -er 除外

Carex kwangsiensis 广西薹草：kwangsiensis 广西的（地名）

Carex kwangtoushanica 光头山薹草：kwangtoushanica 光头山的（地名，陕西省）；-icus/ -icum/ -ica 属于，具有某种特性（常用于地名、起源、生境）

Carex lachenalii 二裂薹草：lachenalii（人名）；-ii 表示人名，接在以辅音字母结尾的人名后面，但 -er 除外

Carex laeta 明亮薹草：laetus 生辉的，生动的，色彩鲜艳的，可喜的，愉快的；laete 光亮地，鲜艳地

Carex laevissima 假尖嘴薹草：laevis/ levis/ laeve/ leve → levi-/ laevi- 光滑的，无毛的，无不平或粗糙感觉的；-issimus/ -issima/ -issimum 最，非常，极其（形容词最高级）

Carex lancangensis 澜沧薹草：lancangensis 澜沧江的（地名，云南省）

Carex lanceolata 大披针薹草：lanceolatus = lanceus + olus + atus 小披针形的，小柳叶刀的；lance-/ lancei-/ lanci-/ lanceo-/ lanc- ← lanceus 披针形的，矛形的，尖刀状的，柳叶刀状的；-olus ← -ulus 小，稍微，略微（-ulus 在字母 e 或 i 之后变成 -olus/ -ellus/ -illus）；-atus/ -atum/ -ata 属于，相似，具有，完成（形容词词尾）

Carex lanceolata var. lanceolata 大披针薹草-原变种（词义见上面解释）

Carex lanceolata var. laxa 少花大披针薹草：laxus 稀疏的，松散的，宽松的

Carex lanceolata var. subpediformis 亚柄薹草：subpediformis 像 pediformis 的，近似柄状的；sub-（表示程度较弱）与……类似，几乎，稍微，弱，亚，之下，下面；Carex pediformis 柄状薹草；pediformis 梗状的，柄状的；pedi- ← pedinos 柄状的（扁柄）；formis/ forma 形状

Carex lancifolia 披针薹草：lance-/ lancei-/ lanci-/ lanceo-/ lanc- ← lanceus 披针形的，矛形的，尖刀状的，柳叶刀状的；folius/ folium/ folia 叶，叶片（用于复合词）

Carex lancisquamata 披针鳞薹草：lance-/ lancei-/ lanci-/ lanceo-/ lanc- ← lanceus 披针形的，矛形的，尖刀状的，柳叶刀状的；squamatus = squamus + atus 具鳞片的，具薄膜的；squamus 鳞，鳞片，薄膜

Carex laricetorum 落叶松薹草：laricetorum 落叶松群落的，落叶松林生的；Larix 落叶松属（松科）；-etorum 群落的（表示群丛、群落的词尾）

Carex lasiocarpa 毛薹草：lasi-/ lasio- 羊毛状的，有毛的，粗糙的；carpus/ carpum/ carpa/

C

carpon ← carpos 果实（用于希腊语复合词）

Carex laticeps 弯喙薹草：laticeps 宽头的；lati-/ late- ← latus 宽的，宽广的；-ceps/ cephalus ← captus 头，头状的，头状花序

Carex latisquamea 宽鳞薹草：lati-/ late- ← latus 宽的，宽广的；squamus 鳞，鳞片，薄膜；-eus/ -eum/ -ea（接拉丁语词干时）属于……的，色如……的，质如……的（表示原料、颜色或品质的相似），（接希腊语词干时）属于……的，以……出名，为……所占有（表示具有某种特性）；squameus 属于鳞片的

Carex laxa 稀花薹草：laxus 稀疏的，松散的，宽松的

Carex ledebouriana 棒穗薹草：ledebouriana ← Karl Friedrich von Ledebour（人名，19 世纪德国植物学家）

Carex lehmanii 膨囊薹草：lehmanii ← Johann Georg Christian Lehmann（人名，19 世纪德国植物学家）

Carex leiorhyncha 尖嘴薹草：leiorhyncha 光喙的（缀词规则：-rh- 接在元音字母后面构成复合词时要变成 -rrh-，故该词宜改为"leiorrhyncha"）；lei-/ leio-/ lio- ← leius ← leios 光滑的，平滑的；rhynchus ← rhynchos 喙状的，鸟嘴状的

Carex lienchengensis 连城薹草：lienchengensis 连城的（地名，福建省，已修订为 lianchengensis）

Carex ligata 香港薹草：ligatus 缚扎的，绑缚的

Carex ligulata 舌叶薹草：ligulatus（= ligula + atus）/ ligularis（= ligula + aris）舌状的，具舌的；ligula = lingua + ulus 小舌，小舌状物；lingua 舌，语言；ligule 舌，舌状物，舌瓣，叶舌

Carex ligulata var. glabriutriculata 光囊薹草：glabrus 光秃的，无毛的，光滑的；utriculatus = utriculus + atus 具胞果的，具囊的，具肿包的，呈膀胱状的；uter/ utris 囊（内装液体）

Carex limosa 湿生薹草：limosus 沼泽的，湿地的，泥沼的；limus 沼泽，泥沼，湿地；-osus/ -osum/ -osa 多的，充分的，丰富的，显著发育的，程度高的，特征明显的（形容词词尾）

Carex limprichtiana 小果囊薹草：limprichtiana（人名）

Carex lingii 林氏薹草：lingii（人名）；-ii 表示人名，接在以辅音字母结尾的人名后面，但 -er 除外

Carex liouana 刘氏薹草：liouana（人名）

Carex liqingii 立卿薹草：liqingii（人名）；-ii 表示人名，接在以辅音字母结尾的人名后面，但 -er 除外

Carex lithophila 二柱薹草：lithos 石头，岩石；philus/ philein ← philos → phil-/ phili/ philo- 喜好的，爱好的，喜欢的（注意区别形近词：phylus、phyllus）；phylus/ phylum/ phyla ← phylon/ phyle 植物分类单位中的"门"，位于"界"和"纲"之间，类群，种族，部落，聚群；phyllus/ phyllum/ phylla ← phyllon 叶片（用于希腊语复合词）

Carex litorhyncha 坚喙薹草：litorhynchua 小喙的（缀词规则：-rh- 接在元音字母后面构成复合词时要变成 -rrh-，故该词宜改为"litorrhyncha"）；litos 小的；rhynchus ← rhynchos 喙状的，鸟嘴状的

Carex liui 台中薹草：liui（人名）

Carex loliacea 间穗薹草：loliaceus 像黑麦草的；Lolium 黑麦草属（禾本科）；-aceus/ -aceum/ -acea 相似的，有……性质的，属于……的

Carex longerostrata 长嘴薹草：longerostratus = longerostrus + atus 具长喙的；longe-/ longi- ← longus 长的，纵向的；rostratus = rostrus + atus 鸟喙的，喙状的；rostrus 鸟喙（常作词尾）；rostre 鸟喙的，喙状的

Carex longerostrata var. hoi 城弯薹草：hoi 何氏（人名）；-i 表示人名，接在以元音字母结尾的人名后面，但 -a 除外，该种加词有时拼写为"hoii"，似不妥

Carex longerostrata var. longerostrata 长嘴薹草-原变种 （词义见上面解释）

Carex longerostrata var. pallida 细穗长嘴薹草（原名"细穗薹草"，本属有重名）：pallidus 苍白的，淡白色的，淡色的，蓝白色的，无活力的；palide 淡地，淡色地（反义词：sturate 深色地，浓色地，充分地，丰富地，饱和地）

Carex longipes 长穗柄薹草：longe-/ longi- ← longus 长的，纵向的；pes/ pedis 柄，梗，茎秆，腿，足，爪（作词首或词尾，pes 的词干视为"ped-"）

Carex longipes var. longipes 长穗柄薹草-原变种（词义见上面解释）

Carex longipes var. sessilis 短穗柄薹草：sessilis 无柄的，无茎的，基生的，基部的

Carex longipetiolata 长柄薹草：longe-/ longi- ← longus 长的，纵向的；petiolatus = petiolus + atus 具叶柄的；petiolus 叶柄

Carex longispiculata 长密花穗薹草：longe-/ longi- ← longus 长的，纵向的；spiculatus = spicus + ulus + atus 具小穗的，具细尖的；spicus 穗，谷穗，花穗；-culus/ -culum/ -cula 小的，略微的，稍微的（同第三变格法和第四变格法名词形成复合词）；-atus/ -atum/ -ata 属于，相似，具有，完成（形容词词尾）

Carex longpanlaensis 龙盘拉薹草：longpanlaensis 龙盘拉的（地名，云南省）

Carex longshengensis 龙胜薹草：longshengensis 龙胜的（地名，广西壮族自治区）

Carex longxishanensis 龙栖山薹草（原名中"陇"属讹误）：longxishanensis 龙栖山的（地名，福建省，已修订为 longqishanensis）

Carex luctuosa 城口薹草：luctuosus 悲伤的

Carex lushanensis 芦山薹草：lushanensis 庐山的（地名，江西省）

Carex maackii 卵果薹草：maackii ← Richard Maack（人名，19 世纪俄国博物学家）

Carex macrandrolepis 和平菱果薹草：macro-/ macr- ← macros 大的，宏观的（用于希腊语复合词）；andro- ← aner 雄蕊，花药，雄性；lepis/ lepidos 鳞片

Carex macrosandra 大雄薹草：macros 大的，宏观的；andrus/ andros/ antherus ← aner 雄蕊，花药，雄性

Carex maculata 斑点果薹草：maculatus = maculus + atus 有小斑点的，略有斑点的；maculus 斑点，网眼，小斑点，略有斑点；-atus/ -atum/

-ata 属于，相似，具有，完成（形容词词尾）

Carex magnoutriculata 大果囊薹草：magnus 大的，巨大的；utriculatus = utriculus + atus 具胞果的，具囊的，具肿包的，呈膀胱状的；utriculus 胞果的，囊状的，膀胱状的，小腔囊的；uter/ utris 囊（内装液体）

Carex makinoensis 牧野薹草：makinoensis 牧野的（地名，日本四国地区）

Carex makuensis 马库薹草：makuensis（地名）

Carex manca 弯柄薹草：mancus 残缺的，不完全的

Carex manca subsp. jiuhaensis 九华薹草：jiuhaensis 九华山的（地名，安徽省，已修订为 jiuhuaensis）

Carex manca subsp. manca 弯柄薹草-原亚种（词义见上面解释）

Carex manca subsp. takasagoana 梦佳薹草：takasagoana（地名，属台湾省，源于台湾少数民族名称，日语读音）

Carex manca subsp. wichurai 短叶薹草：wichurai（人名）（注：-i 表示人名，接在以元音字母结尾的人名后面，但 -a 除外，故该词尾宜改为 "-ae"）

Carex mancaeformis 鄂西薹草：mancaeformis 形态不完全的（注：组成复合词时，要将前面词的词尾 -us/ -um/ -a 变成 -i- 或 -o- 而不是所有格，故该词宜改为 "manciformis"）；mancus 残缺的，不完全的；formis/ forma 形状

Carex maorshanica 帽儿山薹草：maorshanica 帽儿山的（地名，黑龙江省）；-icus/ -icum/ -ica 属于，具有某种特性（常用于地名、起源、生境）

Carex maquensis 玛曲薹草：maquensis 玛曲的（地名，甘肃省）

Carex martinii （马尔薹草）：martinii ← Raymond Martin（人名，19 世纪美国仙人掌植物采集员）

Carex maubertiana 套鞘薹草：maubertiana（人名）

Carex maximowiczii 乳突薹草：maximowiczii ← C. J. Maximowicz 马克希莫夫（人名，1827–1891，俄国植物学家）

Carex meihsienica 眉县薹草：meihsienica 眉县的（地名，陕西省）；-icus/ -icum/ -ica 属于，具有某种特性（常用于地名、起源、生境）

Carex melanantha 黑花薹草：mel-/ mela-/ melan-/ melano- ← melanus/ melaenus ← melas/ melanos 黑色的，浓黑色的，暗色的；anthus/ anthum/ antha/ anthe ← anthos 花（用于希腊语复合词）

Carex melanocephala 黑鳞薹草：mel-/ mela-/ melan-/ melano- ← melanus/ melaenus ← melas/ melanos 黑色的，浓黑色的，暗色的；cephalus/ cephale ← cephalos 头，头状花序

Carex melanostachya 凹脉薹草：mel-/ mela-/ melan-/ melano- ← melanus/ melaenus ← melas/ melanos 黑色的，浓黑色的，暗色的；stachy-/ stachyo-/ -stachys/ -stachyus/ -stachyum/ -stachya 穗子，穗子的，穗子状的，穗状花序的

Carex melinacra 扭喙薹草：melinacra = meli + acra 顶端有蜜的；melino-/ melin-/ mel-/ meli- ←

melinus/ mellinus 蜜，蜜色的，貂鼠色的；acra ← akros/ acros 顶端的，尖锐的

Carex melinacra var. changning 昌宁薹草：changning 昌宁（地名，云南省，改成 "changningensis" 似更妥）

Carex melinacra var. melinacra 扭喙薹草-原变种（词义见上面解释）

Carex metallica 锈果薹草：metallicus 金属的，矿工；metallus 金属，矿山；-icus/ -icum/ -ica 属于，具有某种特性（常用于地名、起源、生境）

Carex meyeriana 乌拉草：meyeriana ← Ernst Heinrich Friedrich Meyer（人名，19 世纪德国植物学家）

Carex micrantha 滑茎薹草：micr-/ micro- ← micros 小的，微小的，微观的（用于希腊语复合词）；anthus/ anthum/ antha/ anthe ← anthos 花（用于希腊语复合词）

Carex microglochin 尖苞薹草：micr-/ micro- ← micros 小的，微小的，微观的（用于希腊语复合词）；glochin 锐尖，尖头，突出点，颚骨状

Carex middendorffii 高鞘薹草：middendorffii ← Alexander Theodor von Middendorff（人名，19 世纪西伯利亚地区的动物学家）

Carex minxianensis 岷县薹草（岷 mín）：minxianensis 岷县的（地名，甘肃省）

Carex mitrata 灰帽薹草：mitratus 具僧帽的，其缨帽的，僧帽状的；mitra 僧帽，缨帽

Carex mitrata var. aristata 具芒灰帽薹草：aristatus(aristosus) = arista + atus 具芒的，具芒刺的，具刚毛的，具胡须的；arista 芒

Carex mitrata var. mitrata 灰帽薹草-原变种（词义见上面解释）

Carex miyabei 柔叶薹草：miyabei ← Kingo Miyabe 宫部金吾（人名，19 世纪日本植物学家）

Carex miyabei var. maopengensis 毛果薹草：maopengensis（地名，安徽省）

Carex miyabei var. miyabei 柔叶薹草-原变种（词义见上面解释）

Carex mollicula 柔果薹草：molliculus 稍软的；molle/ mollis 软的，柔毛的；-culus/ -culum/ -cula 小的，略微的，稍微的（同第三变格法和第四变格法名词形成复合词）

Carex mollissima 柄薹草：molle/ mollis 软的，柔毛的；-issimus/ -issima/ -issimum 最，非常，极其（形容词最高级）

Carex montis-everestii 窄叶薹草：montis-everestii 珠穆朗玛峰的；montis 山，山地的；everestii 珠穆朗玛的（地名）

Carex montis-wutaii 五台山薹草：montis-Wutaii 五台山的（山名）；montis 山，山地的

Carex moorcroftii 青藏薹草：moorcroftii ← William Moorcroft（人名，19 世纪英国兽医）

Carex morii 森氏薹草：morii 森（日本人名）

Carex mosoynensis 滇西薹草：mosoynensis（地名，云南省）

Carex motuoensis 墨脱薹草：motuoensis 墨脱的（地名，西藏自治区）

C

Carex moupinensis 宝兴薹草：moupinensis 穆坪的（地名，四川省宝兴县），木坪的（地名，重庆市）

Carex mucronatiformis 类短尖薹草：mucronatus = mucronus + atus 具短尖的，有微突起的；mucronus 短尖头，微突；-atus/ -atum/ -ata 属于，相似，具有，完成（形容词词尾）；formis/ forma 形状

Carex muliensis 木里薹草：muliensis 木里的（地名，四川省）

Carex munda 秀丽薹草：mundus 整洁的，干净的

Carex myosurus 鼠尾薹草：myosurus 鼠尾的；myos 老鼠，小白鼠；-urus/ -ura/ -ourus/ -oura/ -oure/ -uris 尾巴

Carex nachiana 日南薹草：nachiana ← Nachisano（地名，日本）

Carex nakaoana 钝鳞薹草：nakaoana（人名）

Carex nanchuanensis 南川薹草：nanchuanensis 南川的（地名，重庆市）

Carex nemostachys 条穗薹草：nemostachys 丝状花穗的；nemo- ← nemus 森林的，成林的，树丛的，喜林的，林内的；stachy-/ stachyo-/ -stachys/ -stachyus/ -stachyum/ -stachya 穗子，穗子的，穗子状的，穗状花序的

Carex neodigyna 双柱薹草：neodigyna 晚于 digyna（一种植物）的；neo- ← neos 新，新的；gynus/ gynum/ gyna 雌蕊，子房，心皮

Carex neopolycephala 新多穗薹草：neopolycephala 晚于 polycephala 的；neo- ← neos 新，新的；Carex polycephala 多穗薹草；poly- ← polys 多个，许多（希腊语，拉丁语为 multi-）；cephalus/ cephale ← cephalos 头，头状花序

Carex neopolycephala var. neopolycephala 新多穗薹草-原变种 （词义见上面解释）

Carex neopolycephala var. simplex 简序薹草：simplex 单一的，简单的，无分歧的（词干为 simplic-）

Carex nervata 截嘴薹草：nervatus = nervus + atus 具脉的；nervus 脉，叶脉；-atus/ -atum/ -ata 属于，相似，具有，完成（形容词词尾）

Carex neurocarpa 翼果薹草：neur-/ neuro- ← neuron 脉，神经；carpus/ carpum/ carpa/ carpon ← carpos 果实（用于希腊语复合词）

Carex nitidiutriculata 亮果薹草：nitidiutriculatus 光亮囊果的；nitidus = nitere + idus 光亮的，发光的；nitere 发亮；-idus/ -idum/ -ida 表示在进行中的动作或情况，作动词、名词或形容词的词尾；nitens 光亮的，发光的；utriculatus = utriculus + atus 具胞果的，具囊的，具肿包的，呈膀胱状的；utriculus 胞果的，囊状的，膀胱状的，小腔囊的；uter/ utris 囊（内装液体）

Carex nivalis 喜马拉雅薹草：nivalis 生于冰雪带的，积雪时期的；nivus/ nivis/ nix 雪，雪白色；-aris（阳性、阴性）/ -are（中性）← -alis（阳性、阴性）/ -ale（中性）属于，相似，如同，具有，涉及，关于，联结于（将名词作形容词用，其中 -aris 常用于以 l 或 r 为词干末尾的词）

Carex nubigena 云雾薹草：nubigenus = nubius + genus 生于云雾间的；nubius 云雾的；genus ←

gignere ← geno 出生，发生，起源，产于，生于（指地方或条件），属（植物分类单位）

Carex nubigena subsp. albata 褐红脉薹草：albatus = albus + atus 发白的；albus → albi-/ albo- 白色的；-atus/ -atum/ -ata 属于，相似，具有，完成（形容词词尾）

Carex nubigena subsp. nubigena 云雾薹草-原亚种 （词义见上面解释）

Carex nubigena subsp. pseudo-arenicola 聚生穗序薹草：pseudo-arenicola 像 arenicola 的；pseudo-/ pseud- ← pseudos 假的，伪的，接近，相似（但不是）；Carex arenicola（薹草属一种）；arenicola 栖于沙地的

Carex nugata 横纹薹草：nugata（日文）

Carex oahuensis （奥夫薹草）：oahuensis（地名）

Carex oahuensis var. boottiana （布特薹草）：boottiana ← Francis Boott（人名，19 世纪美国植物学家、医生）

Carex oahuensis var. oahuensis （奥夫薹草-原变种） （词义见上面解释）

Carex obovatosquamata 倒卵鳞薹草：obovatus = ob + ovus + atus 倒卵形的；ob- 相反，反对，倒（ob- 有多种音变：ob- 在元音字母和大多数辅音字母前面，oc- 在 c 前面，of- 在 f 前面，op- 在 p 前面）；ovus 卵，胚珠，卵形的，椭圆形的；squamatus = squamus + atus 具鳞片的，具薄膜的；squamus 鳞，鳞片，薄膜

Carex obscura 暗色薹草：obscurus 暗色的，不明确的，不明显的，模糊的

Carex obscura var. brachycarpa 刺囊薹草：brachy- ← brachys 短的（用于拉丁语复合词词首）；carpus/ carpum/ carpa/ carpon ← carpos 果实（用于希腊语复合词）

Carex obscura var. obscura 暗色薹草-原变种 （词义见上面解释）

Carex obscuriceps 褐紫鳞薹草：obscurus 暗色的，不明确的，不明显的，模糊的；-ceps/ cephalus ← captus 头，头状的，头状花序

Carex obtusata 北薹草：obtusatus = abtusus + atus 钝形的，钝头的；obtusus 钝的，钝形的，略带圆形的

Carex oedorrhampha 肿喙薹草：oedorrhamphus 肿胀喙的，瘤弯喙的；oedo- 膨胀的，肿胀的；rhamphus 弯喙（-rh- 接在元音字母后面构成复合词时要变成 -rrh-）

Carex oligostachya 少穗薹草：oligo-/ olig- 少数的（希腊语，拉丁语为 pauci-）；stachy-/ stachyo-/ -stachys/ -stachyus/ -stachyum/ -stachya 穗子，穗子的，穗子状的，穗状花序的

Carex olivacea 橄绿果薹草（橄 gǎn）：olivaceus 绿褐色的，橄榄色的；oliva 橄榄；-aceus/ -aceum/ -acea 相似的，有……性质的，属于……的

Carex omeiensis 峨眉薹草：omeiensis 峨眉山的（地名，四川省）

Carex omiana 星穗薹草：omiana ← omi 近江的（地名，"近江"日语读音为"ohmi"，为日本古代一国名，即现在的滋贺县）

Carex onoei 针叶薹草：onoei（日本人名）

Carex orbicularinucis 圆坚果薹草：orbicularinucis 圆形坚果的；orbicularis/ orbiculatus 圆形的；orbis 圆，圆形，圆圈，环；-culus/ -culum/ -cula 小的，略微的，稍微的（同第三变格法和第四变格法名词形成复合词）；-aris（阳性、阴性）/ -are（中性）← -alis（阳性、阴性）/ -ale（中性）属于，相似，如同，具有，涉及，关于，联结于（将名词作形容词用，其中 -aris 常用于以 l 或 r 为词干末尾的词）；nucis ← nux 坚果

Carex orbicularis 圆囊薹草：orbicularis/ orbiculatus 圆形的；orbis 圆，圆形，圆圈，环；-culus/ -culum/ -cula 小的，略微的，稍微的（同第三变格法和第四变格法名词形成复合词）；-aris（阳性、阴性）/ -are（中性）← -alis（阳性、阴性）/ -ale（中性）属于，相似，如同，具有，涉及，关于，联结于（将名词作形容词用，其中 -aris 常用于以 l 或 r 为词干末尾的词）

Carex orthostachys 直穗薹草：orthostachys 直穗的；ortho- ← orthos 直的，正面的；stachy-/ stachyo-/ -stachys/ -stachyus/ -stachyum/ -stachya 穗子，穗子的，穗子状的，穗状花序的

Carex otaruensis 鹞落薹草（鹞 yào）：otaruensis 小樽的（地名，日本，"otaru" 为 "小樽" 的日语读音）

Carex otruba 捷克薹草：otruba（词源不详）

Carex ovatispiculata 卵穗薹草：ovatus = ovus + atus 卵圆形的；spiculatus = spicus + ulus + atus 具小穗的，具细尖的；-ulus/ -ulum/ -ula 小的，略微的，稍微的（小词 -ulus 在字母 e 或 i 之后有多种变缀，即 -olus/ -olum/ -ola、-ellus/ -ellum/ -ella、-illus/ -illum/ -illa，与第一变格法和第二变格法名词形成复合词）；-atus/ -atum/ -ata 属于，相似，具有，完成（形容词词尾）

Carex oxyphylla 尖叶薹草：oxyphyllus 尖叶的；oxy- ← oxys 尖锐的，酸的；phyllus/ phyllum/ phylla ← phyllon 叶片（用于希腊语复合词）

Carex pachyneura 肋脉薹草：pachyneurus 粗脉的；pachy- ← pachys 厚的，粗的，肥的；neurus ← neuron 脉，神经

Carex pallida 疣囊薹草：pallidus 苍白的，淡白色的，淡色的，蓝白色的，无活力的；palide 淡地，淡色地（反义词：sturate 深色地，浓色地，充分地，丰富地，饱和地）

Carex pallida var. angustifolia 狭叶疣囊薹草：angusti- ← angustus 窄的，狭的，细的；folius/ folium/ folia 叶，叶片（用于复合词）

Carex pallida var. pallida 疣囊薹草-原变种 （词义见上面解释）

Carex pamirensis 帕米尔薹草：pamirensis 帕米尔的（地名，中亚东南部高原，跨塔吉克斯坦、中国、阿富汗）

Carex paracuraica 陇县薹草（陇 lǒng）：paracuraica 类似于 curaica；para- 类似，接近，近旁，假的；Carex curaica 库地薹草

Carex parva 小薹草：parvus → parvi-/ parv- 小的，些微的，弱的

Carex paxii 短苞薹草：paxii（人名）；-ii 表示人名，接在以辅音字母结尾的人名后面，但 -er 除外

Carex pediformis 柄状薹草：pediformis 梗状的，柄状的；pes/ pedis 柄，梗，茎秆，腿，足，爪（作词首或词尾，pes 的词干视为 "ped-"）；formis/ forma 形状

Carex pediformis var. pediformis 柄状薹草-原变种 （词义见上面解释）

Carex pediformis var. pedunculata 柞薹草（柞 zuò）：pedunculatus/ peduncularis 具花序柄的，具总花梗的；pedunculus/ peduncule/ pedunculis ← pes 花序柄，总花梗（花序基部无花着生部分，不同于花柄）；关联词：pedicellus/ pediculus 小花梗，小花柄（不同于花序柄）；pes/ pedis 柄，梗，茎秆，腿，足，爪（作词首或词尾，pes 的词干视为 "ped-"）

Carex peiktusanii 白头山薹草：peiktusanii 白头山的（地名，即长白山，朝鲜称长白山为 "白头山"，读音为 "pektusan"）

Carex peliosanthifolia 扇叶薹草：peliosanthifolia 球子草状叶的；Peliosanthes 球子草属（百合科）；folius/ folium/ folia 叶，叶片（用于复合词）

Carex perakensis 霹雳薹草：perakensis ← Perak 霹雳州的（地名，马来西亚）

Carex pergracilis 纤细薹草：pergracilis 极细的；per-（在 l 前面音变为 pel-）极，很，颇，甚，非常，完全，通过，遍及（表示效果加强，与 sub- 互为反义词）；gracilis 细长的，纤弱的，丝状的

Carex phacota 镜子薹草：phacotus 小结晶的，棱镜状的，扁豆状的；phaca ← phacos/ phake 扁豆（希腊语）；Phaca 扁豆属（为黄芪属 Astragalus 的异名）；-otus/ -otum/ -ota（希腊语词尾，表示相似或所有）

Carex phyllocephala 密苞叶薹草：phyllocephalus 叶状头状花序的；phyllus/ phyllum/ phylla ← phyllon 叶片（用于希腊语复合词）；cephalus/ cephale ← cephalos 头，头状花序

Carex physodes 囊果薹草：physo-/phys- ← physus 水泡的，气泡的，口袋的，膀胱的，囊状的（表示中空）；-oides/ -oideus/ -oideum/ -oidea/ -odes/ -eidos 像……的，类似……的，呈……状的（名词词尾）

Carex pilosa 毛缘薹草：pilosus = pilus + osus 多毛的，被柔毛的，具疏柔毛的，被短弱细毛的；pilus 毛，疏柔毛；-osus/ -osum/ -osa 多的，充分的，丰富的，显著发育的，程度高的，特征明显的（形容词词尾）

Carex pilosa var. auriculata 刺毛缘薹草：auriculatus 耳形的，具小耳的（基部有两个小圆片）；auriculus 小耳朵的，小耳状的；auritus 耳朵的，耳状的；-culus/ -culum/ -cula 小的，略微的，稍微的（同第三变格法和第四变格法名词形成复合词）；-atus/ -atum/ -ata 属于，相似，具有，完成（形容词词尾）

Carex pilosa var. pilosa 毛缘薹草-原变种 （词义见上面解释）

Carex pisiformis 豌豆形薹草：pisiformis 豌豆形的；Pisum 豌豆属（豆科）；formis/ forma 形状

Carex planiculmis 扁秆薹草：planiculmis 扁杆的；plani-/ plan- ← planus 平的，扁平的；culmis/ culmius 杆，杆状的

Carex planiscapa 扁茎薹草：planiscapus 扁平树干

C

的，扁平主茎的；plani-/ plan- ← planus 平的，扁平的；scapus（scap-/ scapi-）← skapos 主茎，树干，花柄，花轴

Carex platysperma 双辽薹草：platys 大的，宽的（用于希腊语复合词）；spermus/ spermum/ sperma 种子的（用于希腊语复合词）

Carex platysperma var. platysperma 双辽薹草-原变种 （词义见上面解释）

Carex platysperma var. sungareensis 松花江薹草：sungareensis 松花江的（地名，黑龙江省）

Carex poculisquama 杯鳞薹草：poculum/ pocillum/ poculi- 小杯子，杯子状，杯状物；squamus 鳞，鳞片，薄膜

Carex polymascula 多雄薹草：polymasculus 多雄蕊的；poly- ← polys 多个，许多（希腊语，拉丁语为 multi-）；masculus/ masculatus 雄性的

Carex polyschoenoides 类白穗薹草：polyschoenoides 像 polyschoena 的；Carex polyschoena 白穗薹草（已并入 Carex pisiformis 豌豆形薹草）；poly- ← polys 多个，许多（希腊语，拉丁语为 multi-）；schoenus/ schoinus 灯心草（希腊语）；-oides/ -oideus/ -oideum/ -oidea/ -odes/ -eidos 像……的，类似……的，呈……状的（名词词尾）

Carex praeclara 沙生薹草：praeclara 高尚的，极好的，精彩的；prae- 先前的，前面的，在先的，早先的，上面的，很，十分，极其；clarus 光亮的，美好的

Carex praelonga 帚状薹草：praelongus 极长的；prae- 先前的，前面的，在先的，早先的，上面的，很，十分，极其；longus 长的，纵向的

Carex procumbens 伏卧薹草：procumbens 俯卧的，匍匐的，倒伏的；procumb- 俯卧，匍匐，倒伏；-ans/ -ens/ -bilis/ -ilis 能够，可能（为形容词词尾，-ans/ -ens 用于主动语态，-bilis/ -ilis 用于被动语态）

Carex prolongata 延长薹草：prolongatus = pro + longus + atus 延长的，伸长的，很长的；longus 长的，纵向的；pro- 前，在前，在先，极其

Carex pruinosa 粉被薹草：pruinosus/ pruinatus 白粉覆盖的，覆盖白霜的；pruina 白粉，蜡质淡色粉末；-osus/ -osum/ -osa 多的，充分的，丰富的，显著发育的，程度高的，特征明显的（形容词词尾）

Carex przewalskii 红棕薹草：przewalskii ← Nicolai Przewalski（人名，19 世纪俄国探险家、博物学家）

Carex pseudo-cyperus 似莎薹草：pseudo-cyperus 像 cyperus 的；pseudo-/ pseud- ← pseudos 假的，伪的，接近，相似（但不是）；Cyperus 莎草属（莎草科）

Carex pseudo-dispalata 似皱果薹草：pseudo-dispalata 像 dispalata 的；pseudo-/ pseud- ← pseudos 假的，伪的，接近，相似（但不是）；Carex dispalata 皱果薹草；dispalatus 分割的，不同的，不相似的；dispalo 放开，分离开，使分开

Carex pseudo-laticeps 弥勒山薹草（勒 lè）：pseudo-laticeps 像 laticeps 的；pseudo-/ pseud- ← pseudos 假的，伪的，接近，相似（但不是）；Carex laticeps 弯喙薹草；laticeps 宽头的

Carex pseudo-ligulata 假舌叶薹草（原名"锈点薹草"，本属有重名）：pseudo-ligulata 像 ligulata 的；

pseudo-/ pseud- ← pseudos 假的，伪的，接近，相似（但不是）；Carex ligulata 舌叶薹草；ligulatus（= ligula + atus）/ ligularis（= ligula + aris）舌状的，具舌的；ligula = lingua + ulus 小舌，小舌状物；lingua 舌，语言；ligule 舌，舌状物，舌瓣，叶舌

Carex pseudo-longerostrata 假长嘴薹草：pseudo-longerostrata 像 longerostrata 的；pseudo-/ pseud- ← pseudos 假的，伪的，接近，相似（但不是）；Carex longerostrata 长嘴薹草；longerostratus 具长喙的

Carex pseudo-phyllocephala 假头序薹草：pseudo-phyllocephala 像 phyllocephala 的；pseudo-/ pseud- ← pseudos 假的，伪的，接近，相似（但不是）；Carex phyllocephala 密苞叶薹草

Carex pseudo-supina 高山薹草：pseudo-supina 像 supina 的；pseudo-/ pseud- ← pseudos 假的，伪的，接近，相似（但不是）；Carex supina 匍匐薹草（具匍匐根状茎）；supinus 仰卧的，平卧的，平展的，匍匐的

Carex pseudocuraica 漂筏薹草（漂 piāo）：pseudocuraica 像 curaica 的；pseudo-/ pseud- ← pseudos 假的，伪的，接近，相似（但不是）；Carex curaica 库地薹草；curaica 库地的（地名，新疆维吾尔自治区）

Carex pseudofoetida 无味薹草：pseudofoetida 像 foetida 的；pseudo-/ pseud- ← pseudos 假的，伪的，接近，相似（但不是）；Carex foetida 臭薹草；foetidus = foetus + idus 臭的，恶臭的，令人作呕的；foetus/ faetus/ fetus 臭味，恶臭，令人不悦的气味

Carex pseudohumilis 假矮薹草：pseudohumilis 像 humilis 的，近乎矮小的；pseudo-/ pseud- ← pseudos 假的，伪的，接近，相似（但不是）；Carex humilis 低矮薹草；humilis 矮的，低的

Carex psychrophila 黄绿薹草：psychrophilus 嗜寒冷的，喜寒的；psychro- 寒冷的；philus/ philein ← philos → phil-/ phili/ philo- 喜好的，爱好的，喜欢的（注意区别形近词：phylus、phyllus）；phylus/ phylum/ phyla ← phylon/ phyle 植物分类单位中的"门"，位于"界"和"纲"之间，类群，种族，部落，聚群；phyllus/ phyllum/ phylla ← phyllon 叶片（用于希腊语复合词）

Carex pterocaulos 翅茎薹草：pterus/ pteron 翅，翼，蕨类；caulus/ caulon/ caule ← caulos 茎，茎秆，主茎

Carex pumila 矮生薹草：pumilus 矮的，小的，低矮的，矮人的

Carex purplevaginalis 紫鞘薹草：purple 紫色；vaginalis = vaginus + alis 叶鞘的；vaginus 鞘，叶鞘；-aris（阳性、阴性）/ -are（中性）← -alis（阳性、阴性）/ -ale（中性）属于，相似，如同，具有，涉及，关于，联结于（将名词作形容词用，其中 -aris 常用于以 l 或 r 为词干末尾的词）

Carex purpureo-squamata 紫鳞薹草：purpureo- ← purpureus 紫色；purpureus = purpura + eus 紫色的；purpura 紫色（purpura 原为一种介壳虫名，其体液为紫色，可作颜料）；-eus/ -eum/ -ea（接拉丁语词干时）属于……的，色

如……的，质如……的（表示原料、颜色或品质的相似），（接希腊语词干时）属于……的，以……出名，为……所占有（表示具有某种特性）；squamatus = squamus + atus 具鳞片的，具薄膜的；squamus 鳞，鳞片，薄膜

Carex purpureotincta 太鲁阁薹草：purpureus = purpura + eus 紫色的；purpura 紫色（purpura 原为一种介壳虫名，其体液为紫色，可作颜料）；-eus/-eum/-ea（接拉丁语词干时）属于……的，色如……的，质如……的（表示原料、颜色或品质的相似），（接希腊语词干时）属于……的，以……出名，为……所占有（表示具有某种特性）；tinctus 染色的，彩色的

Carex purpureovagina 紫红鞘薹草：purpureus = purpura + eus 紫色的；purpura 紫色（purpura 原为一种介壳虫名，其体液为紫色，可作颜料）；-eus/-eum/-ea（接拉丁语词干时）属于……的，色如……的，质如……的（表示原料、颜色或品质的相似），（接希腊语词干时）属于……的，以……出名，为……所占有（表示具有某种特性）；vaginus 鞘，叶鞘

Carex putuoensis 普陀薹草：putuoensis 普陀岛的（地名，浙江省）

Carex pycnostachya 密穗薹草：pycnostachyus 密穗的；pycn-/pycno- ← pycnos 密生的，密集的；stachy-/stachyo-/-stachys/-stachyus/-stachyum/-stachya 穗子，穗子的，穗子状的，穗状花序的

Carex qingdaoensis 青岛薹草：qingdaoensis 青岛的（地名，山东省）

Carex qinghaiensis 青海薹草：qinghaiensis 青海的（地名）

Carex qingyangensis 青阳薹草：qingyangensis 青阳的（地名，安徽省）

Carex qiyunensis 齐云薹草：qiyunensis 齐云山的（地名，安徽省）

Carex quadriflora 四花薹草：quadri-/quadr- 四，四数（希腊语为 tetra-/tetr-）；florus/florum/flora ← flos 花（用于复合词）

Carex raddei 锥囊薹草：raddei ← Gustav Ferdinand Richard Radde（人名，19 世纪德国博物学家，曾考察高加索地区和阿穆尔河流域）；-i 表示人名，接在以元音字母结尾的人名后面，但 -a 除外

Carex radiciflora 根花薹草：radiciflorus 根上生化的；radicus ← radix 根的；florus/florum/flora ← flos 花（用于复合词）

Carex radicina 细根茎薹草：radicinus 根状的；radicus ← radix 根的；-inus/-inum/-ina/-inos 相近，接近，相似，具有（通常指颜色）

Carex rafflesiana 红头薹草：rafflesiana ← Thomas Stamford Bingley Raffles（人名，19 世纪英国动物学家）

Carex rara 松叶薹草：rarus 稀少的

Carex recurvisaccus 垂果薹草：recurvus 反曲，反卷，后曲；re- 返回，相反，再次，重复，向后，回头；curvus 弯曲的；saccatus = saccus + atus 具袋子的，袋子状的，具囊；saccus 袋子，囊，包囊

Carex remotiuscula 丝引薹草：remotiusculus = remotus + culus 略分散的，略稀疏的；remotus 分

散的，分开的，稀疏的，远距离的；-usculus ← -culus 小的，略微的，稍微的（小词 -culus 和某些词构成复合词时变成 -usculus）

Carex reptabunda 走茎薹草：reptabundus 多匍匐根的；reptans/reptus ← repo 匍匐的，匍匐生根的；abundus 丰富的，多的

Carex retrofracta 反折果薹草：retro- 向后，反向；fractus 背折的，弯曲的

Carex rhizopoda 根足薹草：rhizopodus 基部有柄的；rhiz-/rhizo- ← rhizus 根，根状茎；podus/pus 柄，梗，茎秆，足，腿

Carex rhynchophora 长颈薹草：rhynchophorus 具喙的；rhynchus ← rhynchos 喙状的，鸟嘴状的；-phorus/-phorum/-phora 载体，承载物，支持物，带着，生着，附着（表示一个部分带着别的部分，包括起支撑或承载作用的柄、柱、托、囊等，如 gynophorum = gynus + phorum 雌蕊柄的，带有雌蕊的，承载雌蕊的）；gynus/gynum/gyna 雌蕊，子房，心皮

Carex rhynchophysa 大穗薹草：rhynchus ← rhynchos 喙状的，鸟嘴状的；physus ← physos 水泡的，气泡的，口袋的，膀胱的，囊状的（表示中空）

Carex ridongensis 日东薹草：ridongensis 日东的（地名，西藏自治区）

Carex riparia 泽生薹草：riparius = ripa + arius 河岸的，水边的；ripa 河岸，水边；-arius/-arium/-aria 相似，属于（表示地点，场所，关系，所属）

Carex rochebruni 书带薹草：rochebruni（人名，词尾改为“-ii”似更妥）；-ii 表示人名，接在以辅音字母结尾的人名后面，但 -er 除外；-i 表示人名，接在以元音字母结尾的人名后面，但 -a 除外

Carex rochebruni subsp. remotispicula 高山穗序薹草：remotispiculus 具疏离小穗的；remotus 分散的，分开的，稀疏的，远距离的；spiculus = spicus + ulus 小穗的，细尖的；spicus 穗，谷穗，花穗；-ulus/-ulum/-ula 小的，略微的，稍微的（小词 -ulus 在字母 e 或 i 之后有多种变缀，即 -olus/-olum/-ola，-ellus/-ellum/-ella，-illus/-illum/-illa，与第一变格法和第二变格法名词形成复合词）

Carex rochebruni subsp. reptans 匍匐薹草：reptans/reptus ← repo 匍匐的，匍匐生根的

Carex rochebruni subsp. rochebruni 书带薹草-原亚种 （词义见上面解释）

Carex rostrata 灰株薹草：rostratus 具喙的，喙状的；rostrus 鸟喙（常作词尾）；rostre 鸟喙的，喙状的

Carex rubro-brunnea 点囊薹草：rubr-/rubri-/rubro- ← rubrus 红色；brunneus/bruneus 深褐色的；-eus/-eum/-ea（接拉丁语词干时）属于……的，色如……的，质如……的（表示原料、颜色或品质的相似），（接希腊语词干时）属于……的，以……出名，为……所占有（表示具有某种特性）

Carex rubro-brunnea var. brevibracteata 短苞点囊薹草（原名“短苞薹草”，本属有重名）：brevi- ← brevis 短的（用于希腊语复合词词首）；bracteatus = bracteus + atus 具苞片的；bracteus 苞，苞片，苞鳞

Carex rubro-brunnea var. rubro-brunnea 点囊

C

薹草-原变种 （词义见上面解释）

Carex rubro-brunnea var. taliensis 大理薹草：taliensis 大理的（地名，云南省）

Carex rugulosa 粗脉薹草：rugulosus 被细皱纹的，布满小皱纹的；rugus/ rugum/ ruga 褶皱，皱纹，皱缩；-ulosus = ulus + osus 小而多的；-ulus/ -ulum/ -ula 小的，略微的，稍微的（小词 -ulus 在字母 e 或 i 之后有多种变缀，即 -olus/ -olum/ -ola、-ellus/ -ellum/ -ella、-illus/ -illum/ -illa，与第一变格法和第二变格法名词形成复合词）；-osus/ -osum/ -osa 多的，充分的，丰富的，显著发育的，程度高的，特征明显的（形容词词尾）

Carex sabynensis （萨宾薹草）：sabynensis（地名）

Carex sadoensis 美丽薹草：sadoensis 佐渡岛的（地名，日本）

Carex sagaensis 萨嘎薹草（嘎 gá）：sagaensis 萨嘎的（地名，西藏自治区）

Carex satakeana 藏北薹草：satakeana（人名）

Carex satsumensis 砂地薹草：satsumensis 萨摩的（地名，日本九州）

Carex saxicola 岩生薹草：saxicolus 生于石缝的；saxum 岩石，结石；colus ← colo 分布于，居住于，栖居，殖民（常作词尾）；colo/ colere/ colui/ cultum 居住，耕作，栽培

Carex scabrifolia 糙叶薹草：scabrifolius 糙叶的；scabri- ← scaber 粗糙的，有凹凸的，不平滑的；folius/ folium/ folia 叶，叶片（用于复合词）

Carex scabrirostris 糙喙薹草：scabrirostris 糙喙的；scabri- ← scaber 粗糙的，有凹凸的，不平滑的；rostris 鸟喙，喙状

Carex scaposa 花莛薹草：scaposus 具柄的，具粗柄的；scapus（scap-/ scapi-）← skapos 主茎，树干，花柄，花轴；-osus/ -osum/ -osa 多的，充分的，丰富的，显著发育的，程度高的，特征明显的（形容词词尾）

Carex scaposa var. dolicostachya 长雄薹草：dolico-/ dolicho- ← dolichos 长的；stachy-/ stachyo-/ -stachys/ -stachyus/ -stachyum/ -stachya 穗子，穗子的，穗子状的，穗状花序的

Carex scaposa var. hirsuta 糙叶花莛薹草（莛 tíng）：hirsutus 粗毛的，糙毛的，有毛的（长而硬的毛）

Carex scaposa var. scaposa 花莛薹草-原变种（词义见上面解释）

Carex schmidtii 瘤囊薹草：schmidtii ← Johann Anton Schmidt（人名，19 世纪德国植物学家）

Carex schneideri 川滇薹草：schneideri（人名）；-eri 表示人名，在以 -er 结尾的人名后面加上 i 形成

Carex sclerocarpa 硬果薹草：sclero- ← scleros 坚硬的，硬质的；carpus/ carpum/ carpa/ carpon ← carpos 果实（用于希腊语复合词）

Carex scolopendriformis 蜈蚣薹草：scolopendriformis 蜈蚣状的；scolopendrium ← skolopendra/ scolopendra 蜈蚣（指叶缘形状或孢子囊排列方式似蜈蚣的足）；formis/ forma 形状

Carex sedakovii 沟叶薹草：sedakovii（人名）；-ii 表示人名，接在以辅音字母结尾的人名后面，但 -er 除外

Carex sendaica 仙台薹草：sendaica 仙台的（地名，日本）

Carex sendaica var. pseudo-sendaica 多穗仙台薹草：pseudo-/ pseud- ← pseudos 假的，伪的，接近，相似（但不是）

Carex sendaica var. sendaica 仙台薹草-原变种（词义见上面解释）

Carex serreana 紫喙薹草：serreanus 具锯齿的；serrus 齿，锯齿；-anus/ -anum/ -ana 属于，来自（形容词词尾）

Carex setigera 长茎薹草：setigerus 具刚毛的；setigerus = setus + gerus 具刷毛的，具鬃毛的；setus/ saetus 刚毛，刺毛，芒刺；gerus → -ger/ -gerus/ -gerum/ -gera 具有，有，带有

Carex setigera var. schlagintwitiana 小长茎薹草：schlagintwitiana（人名）

Carex setigera var. setigera 长茎薹草-原变种（词义见上面解释）

Carex setosa 刺毛薹草：setosus = setus + osus 被刚毛的，被短毛的，被芒刺的；setus/ saetus 刚毛，刺毛，芒刺；-osus/ -osum/ -osa 多的，充分的，丰富的，显著发育的，程度高的，特征明显的（形容词词尾）

Carex setosa var. mianxianica 沔县薹草（沔 miǎn）：mianxianica 沔县的（地名，陕西省勉县的旧称）；-icus/ -icum/ -ica 属于，具有某种特性（常用于地名、起源、生境）

Carex setosa var. punctata 锈点薹草：punctatus = punctus + atus 具斑点的；punctus 斑点

Carex setosa var. setosa 刺毛薹草-原变种（词义见上面解释）

Carex shaanxiensis 陕西薹草：shaanxiensis 陕西的（地名）

Carex shandanica 山丹薹草：shandanica 山丹的（地名，甘肃省）；-icus/ -icum/ -ica 属于，具有某种特性（常用于地名、起源、生境）

Carex shangchengensis 商城薹草：shangchengensis 商城的（地名，河南省）

Carex shanghaiensis 上海薹草：shanghaiensis 上海的（地名）

Carex shanghangensis 上杭薹草：shanghangensis 上杭的（地名，福建省）

Carex shuangbaiensis 双柏薹草：shuangbaiensis 双柏的（地名，云南省双柏县）

Carex shuchengensis 舒城薹草：shuchengensis 舒城的（地名，安徽省）

Carex sichouensis 西畴薹草：sichouensis 西畴的（地名，云南省）

Carex siderosticta 宽叶薹草：sideros 铁，铁色（希腊语）；stictus ← stictos 斑点，雀斑

Carex siderosticta var. pilosa 毛缘宽叶薹草：pilosus = pilus + osus 多毛的，被柔毛的，具疏柔毛的，被短弱细毛的；pilus 毛，疏柔毛；-osus/ -osum/ -osa 多的，充分的，丰富的，显著发育的，程度高的，特征明显的（形容词词尾）

Carex siderosticta var. siderosticta 宽叶薹草-原变种（词义见上面解释）

C

Carex simulans 相仿薹草：simulans 仿造的，模仿的；simulo/ simuilare/ simulatus 模仿，模拟，伪装

Carex simulans var. densiflora 密花相仿薹草：densus 密集的，繁茂的；florus/ florum/ flora ← flos 花（用于复合词）

Carex simulans var. simulans 相仿薹草-原变种（词义见上面解释）

Carex sino-aristata 华芒鳞薹草：sino- 中国；aristatus(aristosus) = arista + atus 具芒的，具芒刺的，具刚毛的，具胡须的；arista 芒

Carex sino-dissitiflora 华疏花薹草：dissiti- ← dissitus 分离的，稀疏的，松散的；di-/ dis- 二，二数，二分，分离，不同，在……之间，从……分开（希腊语，拉丁语为 bi-/ bis-）；florus/ florum/ flora ← flos 花（用于复合词）

Carex siroumensis 冻原薹草：siroumensis（地名，日本）

Carex sociata 伴生薹草：socialis/ sociatus 成群的，聚集的，组合的，同盟的；socius/ socia 同伴，伙伴，朋友，盟友，会员

Carex songorica 准噶尔薹草（噶 gá）：songorica 准噶尔的（地名，新疆维吾尔自治区）；-icus/ -icum/ -ica 属于，具有某种特性（常用于地名、起源、生境）

Carex spachiana 澳门薹草：spachiana ← Edouard Spach（人名，19 世纪法国植物学家）

Carex sparsiflora 少花薹草：sparsus 散生的，稀疏的，稀少的；florus/ florum/ flora ← flos 花（用于复合词）

Carex sparsiflora var. petersii 大少花薹草：petersii ← Wilhelm Karl Hartwig Peters（人名，19世纪德国植物学家）

Carex sparsiflora var. sparsiflora 少花薹草-原变种（词义见上面解释）

Carex speciosa 翠丽薹草：speciosus 美丽，华丽的；species 外形，外观，美观，物种（缩写 sp.，复数 spp.）；-osus/ -osum/ -osa 多的，充分的，丰富的，显著发育的，程度高的，特征明显的（形容词词尾）

Carex stenocarpa 细果薹草：sten-/ steno- ← stenus 窄的，狭的，薄的；carpus/ carpum/ carpa/ carpon ← carpos 果实（用于希腊语复合词）

Carex stipata 海绵基薹草：stipatus 围绕的，包围的，包裹的，密集的

Carex stipitinux 柄果薹草：stipitinux = stipitus + nux 有柄坚果；stipitus 柄，梗；stipitatus = stipitus + atus 具柄的；nux 坚果

Carex stipitiutriculata 柄囊薹草：utriculatus = utriculus + atus 具胞果的，具囊的，具肿包的，呈膀胱状的；utriculus 胞果的，囊状的，膀胱状的，小腔囊的；uter/ utris 囊（内装液体）；stipitus 柄，梗；stipitatus = stipitus + atus 具柄的

Carex stramentitia 草黄薹草：stramentitius = stramimeus + itius 稻草的，稻草色的，成为稻草色的；stramineus 草黄色的，秆黄色的；stramen 禾秆，麦秆；-itius/ -itium/ -itia（表示一个动作的结果）

Carex subcernua 武义薹草：subcernuus 近前倾的；sub-（表示程度较弱）与……类似，几乎，稍微，弱，亚，之下，下面；cernuus 点头的，前屈的，略俯垂的（弯曲程度略大于 90°）；cernu-/ cernui- 弯曲，下垂

Carex subebracteata 小苞叶薹草：subebracteatus 像 ebracteata 的，近无苞片的；sub-（表示程度较弱）与……类似，几乎，稍微，弱，亚，之下，下面；Carex ebracteata 小苞叶薹草（另见 Carex subebracteata）；ebracteatus = e + bracteatus 无苞片的；e-/ ex- 不，无，非，缺乏，不具有（e- 用在辅音字母前，ex- 用在元音字母前，为拉丁语词首，对应的希腊语词首为 a-/ an-，英语为 un-/ -less，注意作词首用的 e-/ ex- 和介词 e/ ex 意思不同，后者意为"出自、从……、由……离开、由于、依照"）；bracteatus = bracteus + atus 具苞片的；bracteus 苞，苞片，苞鳞

Carex subfilicinoides 近蕨薹草：subfilicinoides 近似蕨类的，近似蕨状嵩草的；sub-（表示程度较弱）与……类似，几乎，稍微，弱，亚，之下，下面；filicinus 蕨类样的，像蕨类的；filicina ← Kobresia filicina 蕨状嵩草；-oides/ -oideus/ -oideum/ -oidea/ -odes/ -eidos 像……的，类似……的，呈……状的（名词词尾）

Carex submollicula 似柔果薹草：submollicula 像 mollicula 的；Carex mollicula 柔果薹草；sub-（表示程度较弱）与……类似，几乎，稍微，弱，亚，之下，下面；molliculus 稍软的；molle/ mollis 软的，柔毛的；-culus/ -culum/ -cula 小的，略微的，稍微的（同第三变格法和第四变格法名词形成复合词）

Carex subperakensis 类霹雳薹草：subperakensis 像 perakensis 的；Carex perakensis 霹雳薹草；perakensis ← Perak 霹雳州的（地名，马来西亚）

Carex subpumila 似矮生薹草：subpumila 像 pumila 的，稍矮小的；sub-（表示程度较弱）与……类似，几乎，稍微，弱，亚，之下，下面；Carex pumila 矮生薹草；pumilus 矮的，小的，低矮的，矮人的

Carex subtransversa 似横果薹草：subtransversus 近横的；sub-（表示程度较弱）与……类似，几乎，稍微，弱，亚，之下，下面；transversus 横的，横过的

Carex subtumida 肿胀果薹草：subtumidus 稍膨大的；sub-（表示程度较弱）与……类似，几乎，稍微，弱，亚，之下，下面；tumidus 肿胀，膨大，夸大

Carex sutchuensis 四川薹草：sutchuensis 四川的（地名）

Carex taihuensis 太湖薹草：taihuensis 太湖大山的（地名，安徽省）

Carex taipaishanica 太白山薹草：taipaishanica 太白山的（地名，陕西省）；-icus/ -icum/ -ica 属于，具有某种特性（常用于地名、起源、生境）

Carex taldycola 南疆薹草：taldy（地名，新疆维吾尔自治区）；colus ← colo 分布于，居住于，栖居，殖民（常作词尾）；colo/ colere/ colui/ cultum 居住，耕作，栽培

Carex tangiana 唐进薹草：tangiana（人名）

Carex tangii 河北薹草：tangii（人名）；-ii 表示人名，接在以辅音字母结尾的人名后面，但 -er 除外

Carex tangulashanensis 唐古拉薹草：tangutlashanensis 唐古拉山的（地名，西藏自治区）

Carex tapintzensis 大坪子薹草：tapintzensis 大坪子的（地名，云南省宾川县）

Carex tarumensis 长鳞薹草：tarumensis（地名，日本）

Carex tatsiensis 打箭薹草：tatsiensis 打箭炉的（地名，四川省康定县的别称）

Carex tatsutakensis 锐果薹草：tatsutakensis（地名，属台湾省，日语读音）

Carex teinogyna 长柱头薹草：teino- 长的；gynus/ gynum/ gyna 雌蕊，子房，心皮

Carex tenebrosa 芒尖鳞薹草：tenebrosus 暗色的，阴暗的（指生境）；tenebrae/ tenebricus 阴暗，黑夜；tenebro 使黑暗；-osus/ -osum/ -osa 多的，充分的，丰富的，显著发育的，程度高的，特征明显的（形容词词尾）

Carex tenuiflora 细花薹草：tenui- ← tenuis 薄的，纤细的，弱的，瘦的，窄的；florus/ florum/ flora ← flos 花（用于复合词）

Carex tenuiformis 细形薹草：tenui- ← tenuis 薄的，纤细的，弱的，瘦的，窄的；formis/ forma 形状

Carex tenuipaniculata 细序薹草：tenui- ← tenuis 薄的，纤细的，弱的，瘦的，窄的；paniculatus = paniculus + atus 具圆锥花序的；paniculus 圆锥花序；panus 谷穗；panicus 野稗，粟，谷子；-atus/ -atum/ -ata 属于，相似，具有，完成（形容词词尾）

Carex tenuispicula 细穗薹草：tenuispiculus 具细小穗的；tenui- ← tenuis 薄的，纤细的，弱的，瘦的，窄的；spicus 穗，谷穗，花穗；-ulus/ -ulum/ -ula 小的，略微的，稍微的（小词 -ulus 在字母 e 或 i 之后有多种变缀，即 -olus/ -olum/ -ola，-ellus/ -ellum/ -ella，-illus/ -illum/ -illa，与第一变格法和第二变格法名词形成复合词）；spiculus = spicus + ulus 小穗的，细尖的

Carex teres 糙芒薹草：teres 圆柱形的，圆棒状的，棒状的

Carex thibetica 藏薹草：thibetica 西藏的（地名）；-icus/ -icum/ -ica 属于，具有某种特性（常用于地名、起源、生境）

Carex thibetica var. minor 小藏薹草：minor 较小的，更小的

Carex thibetica var. pauciflora 少花藏薹草：pauci- ← paucus 少数的，少的（希腊语为 oligo-）；florus/ florum/ flora ← flos 花（用于复合词）

Carex thibetica var. thibetica 藏薹草-原变种（词义见上面解释）

Carex thompsonii 球结薹草：thomsonii ← Charles Henry Thompson（人名，20 世纪美国植物学家）；-ii 表示人名，接在以辅音字母结尾的人名后面，但 -er 除外

Carex thomsonii 高节薹草：thomsonii ← Thomas Thomson（人名，19 世纪英国植物学家）；-ii 表示人名，接在以辅音字母结尾的人名后面，但 -er 除外

Carex thunbergii 陌上菅（菅 jiān）：thunbergii ← C. P. Thunberg（人名，1743–1828，瑞典植物学家，曾专门研究日本的植物）

Carex transalpina （远山薹草）：transalpinus 穿越高山的；tran-/ trans- 横过，远侧边，远方，在那边；alpinus = alpus + inus 高山的；alpus 高山；al-/ alti-/ alto- ← altus 高的，高处的；-inus/ -inum/ -ina/ -inos 相近，接近，相似，具有（通常指颜色）

Carex transversa 横果薹草：transversus 横的，横过的；tran-/ trans- 横过，远侧边，远方，在那边；versus 向，向着，对着（表示朝向或变化趋势）

Carex tricephala 三头薹草：tri-/ tripli-/ triplo- 三个，三数；cephalus/ cephale ← cephalos 头，头状花序

Carex tristachya 三穗薹草：tri-/ tripli-/ triplo- 三个，三数；stachy-/ stachyo-/ -stachys/ -stachyus/ -stachyum/ -stachya 穗子，穗子的，穗子状的，穗状花序的

Carex tristachya var. pocilliformis 合鳞薹草：pocillos 小杯；poculum/ pocillum/ poculi- 小杯子，杯子状，杯状物；formis/ forma 形状

Carex tristachya var. tristachya 三穗薹草-原变种（词义见上面解释）

Carex truncatigluma 截鳞薹草：truncatigluma 截形颖的；truncatus 截平的，截形的，截断的；truncare 切断，截断，截平（动词）；gluma 颖片

Carex truncatigluma subsp. rhynchachaenium 喙果薹草：rhynchus ← rhynchos 喙状的，鸟嘴状的；achaenius/ achenius 瘦果；achenus ← achene 瘦果；-ius/ -ium/ -ia 具有……特性的（表示有关、关联、相似）

Carex truncatigluma subsp. truncatigluma 截鳞薹草-原亚种（词义见上面解释）

Carex tsaiana 希陶薹草：tsaiana 蔡希陶（人名，1911–1981，中国植物学家）

Carex tsiangii 三念薹草：tsiangii 黔，贵州的（地名），蒋氏（人名）

Carex tsoi 线茎薹草：tsoi（人名）；-i 表示人名，接在以元音字母结尾的人名后面，但 -a 除外

Carex tuminensis 图们薹草：tuminensis 图们江的（地名，吉林省）

Carex tungfangensis 东方薹草：tungfangensis 东方的（地名，海南省）

Carex turkestanica 新疆薹草：turkestanica 土耳其的（地名）；-icus/ -icum/ -ica 属于，具有某种特性（常用于地名、起源、生境）

Carex uda 大针薹草：udus 潮湿的

Carex ulobasis 卷叶薹草：ulobasis 基部卷曲的；ulo- 卷曲；basis 基部，基座

Carex unisexualis 单性薹草：uni-/ uno- ← unus/ unum/ una 一，单一（希腊语为 mono-/ mon-）；sexualis 有性的；sexus 性别

Carex urelytra 扁果薹草：urelytrus 刺尖状鞘的；urers 蜇人的，刺痛的，毒毛的；elytrus ← elytron 皮壳，外皮，颖片，鞘

Carex ussuriensis 乌苏里薹草：ussuriensis 乌苏里江的（地名，中国黑龙江省与俄罗斯界河）

Carex vanheurckii 鳞苞薹草：vanheurckii（人名）；-ii 表示人名，接在以辅音字母结尾的人名后面，但 -er 除外

Carex vesicaria 胀囊薹草：vesicarius 膀胱状的，膨胀的，泡状的；vesica 泡，膀胱，囊，鼓包，鼓肚（同义词：venter/ ventris）；-arius/ -arium/ -aria 相似，属于（表示地点，场所，关系，所属）

Carex vesicata 褐黄鳞薹草：vesicatus 膀胱状的，膨胀的，泡状的；vesica 泡，膀胱，囊，鼓包，鼓肚

C

（同义词：venter/ ventris）；-atus/ -atum/ -ata 属于，相似，具有，完成（形容词词尾）

Carex viridimarginata 绿边薹草：viridus 绿色的；marginatus ← margo 边缘的，具边缘的；margo/ marginis → margin- 边缘，边线，边界；词尾为 -go 的词其词干末尾视为 -gin

Carex vulpina 狐狸薹草（狸 lí）：vulpinus 狐狸的，狐狸色的；vulpes 狐狸；-inus/ -inum/ -ina/ -inos 相近，接近，相似，具有（通常指颜色）

Carex wawuensis 瓦屋薹草：wawuensis 瓦屋山的（地名，四川省）

Carex wenshanensis 文山薹草：wenshanensis 文山的（地名，云南省）

Carex wui 沙坪薹草：wui 吴征镒（人名，字百兼，1916–2013，中国植物学家，命名或参与命名 1766 个植物新分类群，提出"被子植物八纲系统"的新观点）；-i 表示人名，接在以元音字母结尾的人名后面，但 -a 除外

Carex wushanensis 武山薹草：wushanensis 巫山的（地名，重庆市），武山的（地名，甘肃省）

Carex wutuensis 武都薹草：wutuensis 武都的（地名，甘肃省）

Carex wuyishanensis 武夷山薹草：wuyishanensis 武夷山的（地名，福建省）

Carex xiphium 稗薹草：xiphius ← xiphos 剑，剑状的

Carex yajiangensis 雅江薹草：yajiangensis 雅江的（地名，四川省）

Carex yamatsutana 山林薹草：yamatsutana 山茑（日本人名，茑 niǎo）

Carex yangshuoensis 阳朔薹草：yangshuoensis 阳朔的（地名，广西壮族自治区）

Carex ypsilandraefolia 丫蕊薹草：ypsilandraefolia = Ypsilandra + folius 丫蕊花叶的（注：组成复合词时，要将前面词的词尾 -us/ -um/ -a 变成 -i- 或 -o- 而不是所有格，故该词宜改为"ypsilandrifolia"）；ypsilo 字母 Y 形的（希腊语）；andra/ andrus ← andros 雄蕊，雄花，雄性，男性；folius/ folium/ folia 叶，叶片（用于复合词）

Carex yuexiensis 岳西薹草：yuexiensis 岳西的（地名，安徽省）

Carex yulungshanensis 玉龙薹草：yulungshanensis 玉龙山的（地名，云南省）

Carex yunlingensis 云岭薹草：yunlingensis 云岭的（地名，云南省德钦县）

Carex yunnanensis 云南薹草：yunnanensis 云南的（地名）

Carex zekogensis 泽库薹草：zekogensis 泽库的（地名，青海省）

Carex zhenkangensis 镇康薹草：zhenkangensis 浙江的（地名）

Carex zhonghaiensis 中海薹草：zhonghaiensis 中海子的（地名，新疆维吾尔自治区）

Carex zizaniaefolia 菰叶薹草（菰 gū）：zizaniaefolia 菰叶的（注：组成复合词时，要将前面词的词尾 -us/ -um/ -a 变成 -i- 或 -o- 而不是所有格，故该词宜改为"zizaniifolia"）；Zizania 菰属（菰 gū）（禾本科）；folius/ folium/ folia 叶，叶片（用于复合词）

Carex zunyiensis 遵义薹草：zunyiensis 遵义的（地名，贵州省）

Carica 番木瓜属（番木瓜科）（52-1：p121）：carica ← karike 无花果（希腊语）

Carica papaya 番木瓜：papaya 番木瓜（加勒比地区土名）

Caricaceae 番木瓜科（52-1：p121）：Carica 番木瓜属；-aceae（分类单位科的词尾，为 -aceus 的阴性复数主格形式，加到模式属的名称后或同义词的词干后以组成族群名称）

Carissa 假虎刺属（夹竹桃科）（63：p9）：carissa 假虎刺（印度土名）

Carissa carandas 刺黄果：carandas（土名）

Carissa macrocarpa 大花假虎刺：macro-/ macr- ← macros 大的，宏观的（用于希腊语复合词）；carpus/ carpum/ carpa/ carpon ← carpos 果实（用于希腊语复合词）

Carissa spinarum 假虎刺：spinarum 刺的，针刺的；spinus 刺，针刺；-arum 属于……的（第一变格法名词复数所有格词尾，表示群落或多数）

Carissa yunnanensis 云南假虎刺：yunnanensis 云南的（地名）

Carlemannia 香茜属（茜 qiàn）（茜草科）（71-1：p175）：carlemannia ← Carlemann（人名）

Carlemannia tetragona 香茜：tetra-/ tetr- 四，四数（希腊语，拉丁语为 quadri-/ quadr-）；gonus ← gonos 棱角，膝盖，关节，足

Carlesia 山茴香属（伞形科）（55-2：p151）：carlesia ← W. R. Carles（人名，曾任英国驻华领事）

Carlesia sinensis 山茴香：sinensis = Sina + ensis 中国的（地名）；Sina 中国

Carlina 刺苞菊属（菊科）（78-1：p21）：carlina（人名）

Carlina biebersteinii 刺苞菊：biebersteinii ← Baron Friedrich August Marschall von Bieberstein（人名，19 世纪德国探险家）

Carmona 基及树属（紫草科）（64-2：p20）：carmona ← Antonio Oscar de Fragoso Carmona（人名，1869–1951，葡萄牙将军）

Carmona microphylla 基及树：micr-/ micro- ← micros 小的，微小的，微观的（用于希腊语复合词）；phyllus/ phyllum/ phylla ← phyllon 叶片（用于希腊语复合词）

Carpesium 天名精属（菊科）（75：p293）：carpesium ← carpesion（希腊语，一种药用芳香植物名）

Carpesium abrotanoides 天名精：abrotanoides 像南木蒿的；abrotani ← Artemesia abrotanum 南木蒿（菊科蒿属一种）；-oides/ -oideus/ -oideum/ -oidea/ -odes/ -eidos 像……的，类似……的，呈……状的（名词词尾）

Carpesium cernuum 烟管头草：cernuus 点头的，前屈的，略俯垂的（弯曲程度略大于 90°）；cernu-/ cernui- 弯曲，下垂；关联词：nutans 弯曲的，下垂的（弯曲程度远大于 90°）

Carpesium cordatum 心叶天名精：cordatus ← cordis/ cor 心脏的，心形的；-atus/ -atum/ -ata 属于，相似，具有，完成（形容词词尾）

Carpesium divaricatum 金挖耳：divaricatus 广歧的，发散的，散开的

Carpesium faberi 贵州天名精：faberi ← Ernst Faber（人名，19 世纪活动于中国的德国植物采集员）；-eri 表示人名，在以 -er 结尾的人名后面加上 i 形成

Carpesium humile 矮天名精：humile 矮的

Carpesium leptophyllum 薄叶天名精：leptus ← leptos 细的，薄的，瘦小的，狭长的；phyllus/ phyllum/ phylla ← phyllon 叶片（用于希腊语复合词）

Carpesium leptophyllum var. leptophyllum 薄叶天名精-原变种 （词义见上面解释）

Carpesium leptophyllum var. linearibracteatum 狭苞薄叶天名精：linearis = lineatus 线条的，线形的，线状的；bracteatus = bracteus + atus 具苞片的；bracteus 苞，苞片，苞鳞

Carpesium lipskyi 高原天名精：lipskyi（人名）；-i 表示人名，接在以元音字母结尾的人名后面，但 -a 除外

Carpesium longifolium 长叶天名精：longe-/ longi- ← longus 长的，纵向的；folius/ folium/ folia 叶，叶片（用于复合词）

Carpesium macrocephalum 大花金挖耳：macro-/ macr- ← macros 大的，宏观的（用于希腊语复合词）；cephalus/ cephale ← cephalos 头，头状花序

Carpesium minum 小花金挖耳：minus 少的，小的

Carpesium nepalense 尼泊尔天名精：nepalense 尼泊尔的（地名）

Carpesium nepalense var. lanatum 棉毛尼泊尔天名精：lanatus = lana + atus 具羊毛的，具长柔毛的；lana 羊毛，绵毛

Carpesium nepalense var. nepalense 尼泊尔天名精-原变种 （词义见上面解释）

Carpesium scapiforme 莛茎天名精：scapiformis 花莛状的；scapus（scap-/ scapi-）← skapos 主茎，树干，花柄，花轴；forme/ forma 形状

Carpesium szechuanense 四川天名精：szechuanense 四川的（地名）

Carpesium trachelifolium 粗齿天名精：trachelius 咽喉的；folius/ folium/ folia 叶，叶片（用于复合词）

Carpesium triste 暗花金挖耳：triste ← tristis 暗淡的（指颜色），悲惨的

Carpesium triste var. sinense 毛暗花金挖耳：sinense = Sina + ense 中国的（地名）；Sina 中国

Carpesium triste var. triste 暗花金挖耳-原变种 （词义见上面解释）

Carpesium velutinum 绒毛天名精：velutinus 天鹅绒的，柔软的；velutus 绒毛的；-inus/ -inum/ -ina -inos 相近，接近，相似，具有（通常指颜色）

Carpinus 鹅耳枥属（枥 lì）（桦木科）（21：p58）：carpinus 千金榆（古拉丁名）

Carpinus chuniana 粤北鹅耳枥：chuniana ← W. Y. Chun 陈焕镛（人名，1890–1971，中国植物学家）

Carpinus cordata 千金榆：cordatus ← cordis/ cor 心脏的，心形的；-atus/ -atum/ -ata 属于，相似，具有，完成（形容词词尾）

Carpinus cordata var. chinensis 华千金榆：chinensis = china + ensis 中国的（地名）；China 中国

Carpinus cordata var. cordata 千金榆-原变种 （词义见上面解释）

Carpinus cordata var. mollis 毛叶千金榆：molle/ mollis 软的，柔毛的

Carpinus fangiana 川黔千金榆：fangiana（人名）

Carpinus fargesiana 川陕鹅耳枥：fargesiana ← Pere Paul Guillaume Farges（人名，20 世纪活动于中国的法国传教士，植物采集员）

Carpinus fargesiana var. fargesiana 川陕鹅耳枥-原变种 （词义见上面解释）

Carpinus fargesiana var. hwai 狭叶鹅耳枥：hwai（人名，改成 "hwae" 似更妥）；-i 表示人名，接在以元音字母结尾的人名后面，但 -a 除外

Carpinus hebestoma 太鲁阁鹅耳枥：hebe- 柔毛；stomus 口，开口，气孔

Carpinus hupeana 湖北鹅耳枥：hupeana 湖北的（地名）

Carpinus hupeana var. henryana 川鄂鹅耳枥：henryana ← Augustine Henry 或 B. C. Henry（人名，前者，1857–1930，爱尔兰医生、植物学家，曾在中国采集植物，后者，1850–1901，曾活动于中国的传教士）

Carpinus hupeana var. hupeana 湖北鹅耳枥-原变种 （词义见上面解释）

Carpinus hupeana var. simplicidentata 单齿鹅耳枥：simplicidentatus = simplex + dentus 单齿的；simplex 单一的，简单的，无分歧的（词干为 simplic-）；构词规则：以 -ix/ -iex 结尾的词其词干末尾视为 -ic，以 -ex 结尾视为 -i/ -ic，其他以 -x 结尾视为 -c；dentatus = dentus + atus 牙齿的，齿状的，具齿的；dentus 齿，牙齿；-atus/ -atum/ -ata 属于，相似，具有，完成（形容词词尾）

Carpinus kawakamii 阿里山鹅耳枥：kawakamii 川上（人名，20 世纪日本植物采集员）

Carpinus kweichowensis 贵州鹅耳枥：kweichowensis 贵州的（地名）

Carpinus londoniana 短尾鹅耳枥：londoniana 伦敦的（地名）

Carpinus londoniana var. lanceolata 海南鹅耳枥：lanceolatus = lanceus + olus + atus 小披针形的，小柳叶刀的；lance-/ lancei-/ lanci-/ lanceo-/ lanc- ← lanceus 披针形的，矛形的，尖刀状的，柳叶刀状的；-olus ← -ulus 小，稍微，略微（-ulus 在字母 e 或 i 之后变成 -olus/ -ellus/ -illus）；-atus/ -atum/ -ata 属于，相似，具有，完成（形容词词尾）

Carpinus londoniana var. latifolius 宽叶鹅耳枥：lati-/ late- ← latus 宽的，宽广的；folius/ folium/ folia 叶，叶片（用于复合词）

Carpinus londoniana var. londoniana 短尾鹅耳枥-原变种 （词义见上面解释）

Carpinus londoniana var. xiphobracteata 剑苞鹅耳枥：xipho-/ xiph- ← xiphos 剑，剑状的；bracteatus/ bratteatus 具苞片的；bracteus/ bratteus 苞，苞片，苞鳞，金箔

Carpinus minutiserrata 细齿鹅耳枥：minutus 极

小的，细微的，微小的；serratus = serrus + atus 有锯齿的；serrus 齿，锯齿

Carpinus mollicoma 软毛鹅耳枥：molle/ mollis 软的，柔毛的；comus ← comis 冠毛，头缨，一簇（毛或叶片）

Carpinus monbeigiana 云南鹅耳枥：monbeigiana（人名）

Carpinus omeiensis 峨眉鹅耳枥：omeiensis 峨眉山的（地名，四川省）

Carpinus polyneura 多脉鹅耳枥：polyneurus 多脉的；poly- ← polys 多个，许多（希腊语，拉丁语为 multi-）；neurus ← neuron 脉，神经

Carpinus polyneura var. polyneura 多脉鹅耳枥-原变种 （词义见上面解释）

Carpinus polyneura var. sunpanensis 松潘鹅耳枥：sunpanensis 松潘的（地名，四川省）

Carpinus polyneura var. tsunyihensis 遵义鹅耳枥：tsunyihensis 遵义的（地名，贵州省）

Carpinus pubescens 云贵鹅耳枥：pubescens ← pubens 被短柔毛的，长出柔毛的；pubi- ← pubis 细柔毛的，短柔毛的，毛被的；pubesco/ pubescere 长成的，变为成熟的，长出柔毛的，青春期体毛的；-escens/ -ascens 改变，转变，变成，略微，带有，接近，相似，大致，稍微（表示变化的趋势，并未完全相似或相同，有别于表示达到完成状态的 -atus）

Carpinus pubescens var. firmifolia 厚叶鹅耳枥：firmifolius 硬叶的；firmus 坚固的，强的；folius/ folium/ folia 叶，叶片（用于复合词）

Carpinus pubescens var. pubescens 云贵鹅耳枥-原变种 （词义见上面解释）

Carpinus purpurinervis 紫脉鹅耳枥：purpura 紫色（purpura 原为一种介壳虫名，其体液为紫色，可作颜料）；nervis ← nervus 脉，叶脉

Carpinus putoensis 普陀鹅耳枥：putoensis 普陀岛的（地名，浙江省）

Carpinus rankanensis 兰邯千金榆：rankanensis（地名，属台湾省，"rankan"为日语读音）

Carpinus rankanensis var. matsudae 细叶兰邯千金榆：matsudae ← Sadahisa Matsuda 松田定久（人名，日本植物学家，早期研究中国植物）；-ae 表示人名，以 -a 结尾的人名后面加上 -e 形成

Carpinus rankanensis var. rankanensis 兰邯千金榆-原变种 （词义见上面解释）

Carpinus rupestris 岩生鹅耳枥：rupestre/ rupicolus/ rupestris 生于岩壁的，岩栖的；rup-/ rupi- ← rupes/ rupis 岩石的；-estris/ -estre/ ester/ -esteris 生于……地方，喜好……地方

Carpinus shensiensis 陕西鹅耳枥：shensiensis 陕西的（地名）

Carpinus tientaiensis 天台鹅耳枥（台 tāi）：tientaiensis 天台山的（地名，浙江省）

Carpinus tsaiana 宽苞鹅耳枥：tsaiana 蔡希陶（人名，1911–1981，中国植物学家）

Carpinus tschonoskii 昌化鹅耳枥：tschonoskii ← Tschonoske 须川长之助（日本人名，为 Maximowicz 采集日本植物）；-ii 表示人名，接在以辅音字母结尾的人名后面，但 -er 除外

Carpinus tschonoskii var. falcatibracteata 镰苞鹅耳枥：falcatus = falx + atus 镰刀的，镰刀状的；构词规则：以 -ix/ -iex 结尾的词其词干末尾视为 -ic，以 -ex 结尾视为 -i/ -ic，其他以 -x 结尾视为 -c；falx 镰刀，镰刀形，镰刀状弯曲；bracteatus = bracteus + atus 具苞片的；bracteus 苞，苞片，苞鳞；-atus/ -atum/ -ata 属于，相似，具有，完成（形容词词尾）

Carpinus tschonoskii var. tschonoskii 昌化鹅耳枥-原变种 （词义见上面解释）

Carpinus turczaninowii 鹅耳枥：turczaninowii/ turczaninovii ← Nicholai S. Turczaninov（人名，19 世纪乌克兰植物学家，曾积累大量植物标本）

Carpinus turczaninowii var. stipulata 小叶鹅耳枥：stipulatus = stipulus + atus 具托叶的；stipulus 托叶；关联词：estipulatus/ exstipulatus 无托叶的，不具托叶的

Carpinus turczaninowii var. turczaninowii 鹅耳枥-原变种 （词义见上面解释）

Carpinus viminea 雷公鹅耳枥：vimineus/ viminalis ← vimen 修长枝条的，像葡萄藤的；-eus/ -eum/ -ea（接拉丁语词干时）属于……的，色如……的，质如……的（表示原料、颜色或品质的相似），（接希腊语词干时）属于……的，以……出名，为……所占有（表示具有某种特性）

Carpinus viminea var. chiukiangensis 贡山鹅耳枥：chiukiangensis 俅江的（地名，云南省）

Carpinus viminea var. viminea 雷公鹅耳枥-原变种 （词义见上面解释）

Carrierea 山羊角树属 （大风子科）（52-1: p60）：carrierea ← E. A. Carriere（人名，1816–1896，法国植物学家）

Carrierea calycina 山羊角树：calycinus = calyx + inus 萼片的，萼片状的，萼片宿存的；calyx → calyc- 萼片（用于希腊语复合词）；构词规则：以 -ix/ -iex 结尾的词其词干末尾视为 -ic，以 -ex 结尾视为 -i/ -ic，其他以 -x 结尾视为 -c；-inus/ -inum/ -ina/ -inos 相近，接近，相似，具有（通常指颜色）

Carrierea dunniana 贵州嘉丽树：dunniana（人名）

Carthamus 红花属 （菊科）（78-1: p186）：carthamus ← quartom 染红的

Carthamus lanatus 毛红花：lanatus = lana + atus 具羊毛的，具长柔毛的；lana 羊毛，绵毛

Carthamus tinctorius 红花：tinctorius = tinctorus + ius 属于染色的，属于着色的，属于染料的；tingere/ tingo 浸泡，浸染；tinctorus 染色，着色，染料；tinctus 染色的，彩色的；-ius/ -ium/ -ia 具有……特性的（表示有关、关联、相似）

Carum 葛缕子属 （葛 gé）（伞形科）（55-2: p24）：carum ← caraway ← caron 头

Carum atrosanguineum 暗红葛缕子：atro-/ atr-/ atri-/ atra- ← ater 深色，浓色，暗色，发黑（ater 作为词干后接辅音字母开头的词时，要在词干后面加上一个连接用的元音字母"o"或"i"，故为"ater-o-"或"ater-i-"，变形为"atr-"开头）；sanguineus = sanguis + ineus 血液的，血色的；sanguis 血液；-ineus/ -inea/ -ineum 相近，接近，相似，所有（通常表示材料或颜色），意思同 -eus

C

Carum bretschneideri 河北葛缕子：bretschneideri ← Emil Bretschneider（人名，19世纪俄国植物采集员）

Carum buriaticum 田葛缕子：buriaticum（地名）

Carum buriaticum f. angustissimum 丝叶葛缕子：angusti- ← angustus 窄的，狭的，细的；-issimus/ -issima/ -issimum 最，非常，极其（形容词最高级）

Carum buriaticum f. buriaticum 田葛缕子-原变型 （词义见上面解释）

Carum carvi 葛缕子：carvi 香菜，葛缕子（来自本种的古拉丁名 caraway）

Carum carvi f. carvi 葛缕子-原变型 （词义见上面解释）

Carum carvi f. gracile 细葛缕子：gracile → gracil- 细长的，纤弱的，丝状的；gracilis 细长的，纤弱的，丝状的

Carya 山核桃属（胡桃科）（21：p38）：caryum ← caryon ← koryon 坚果，核（希腊语）

Carya cathayensis 山核桃：cathayensis ← Cathay ← Khitay/ Khitai 中国的，契丹的（地名，10–12 世纪中国北方契丹人的领域，辽国前身，多用来代表中国，俄语称中国为 Kitay）

Carya hunanensis 湖南山核桃：hunanensis 湖南的（地名）

Carya illinoensis 美国山核桃：illinoensis 伊利诺伊的（地名，美国的）

Carya kweichowensis 贵州山核桃：kweichowensis 贵州的（地名）

Carya tonkinensis 越南山核桃：tonkin 东京（地名，越南河内的旧称）

Caryodaphnopsis 檬果樟属（樟科）（31：p83）：Caryodaphne → Cryptocarya 厚壳桂属；-opsis/ -ops 相似，稍微，带有

Caryodaphnopsis baviensis 巴围檬果樟：baviensis（地名，越南河内）

Caryodaphnopsis henryi 小花檬果樟：henryi ← Augustine Henry 或 B. C. Henry（人名，前者，1857–1930，爱尔兰医生、植物学家，曾在中国采集植物，后者，1850–1901，曾活动于中国的传教士）

Caryodaphnopsis latifolia 宽叶檬果樟：lati-/ late- ← latus 宽的，宽广的；folius/ folium/ folia 叶，叶片（用于复合词）

Caryodaphnopsis tonkinensis 檬果樟：tonkin 东京（地名，越南河内的旧称）

Caryophyllaceae 石竹科（26：p47）：Caryophyllum → Dianthus 石竹属；-aceae（分类单位科的词尾，为 -aceus 的阴性复数主格形式，加到模式属的名称后或同义词的词干后以组成族群名称）

Caryopteris 莸属（马鞭草科，莸 yóu）（65-1：p194）：caryopteris 核果带翅的；caryon 坚果，核果；pteris ← pteryx 翅，翼，蕨类（希腊语）

Caryopteris alternifolia 互叶莸：alternus 互生，交互，交替；folius/ folium/ folia 叶，叶片（用于复合词）

Caryopteris aureoglandulosa 金腺莸：aure-/ aureo- ← aureus 黄色，金色；glandulosus = glandus + ulus + osus 被细腺的，具腺体的，腺体质的；-osus/ -osum/ -osa 多的，充分的，丰富的，显著发育的，程度高的，特征明显的（形容词词尾）

Caryopteris divaricata 莸：divaricatus 广歧的，发散的，散开的

Caryopteris forrestii 灰毛莸：forrestii ← George Forrest（人名，1873–1932，英国植物学家，曾在中国西部采集大量植物标本）

Caryopteris forrestii var. forrestii 灰毛莸-原变种（词义见上面解释）

Caryopteris forrestii var. minor 小叶灰毛莸：minor 较小的，更小的

Caryopteris glutinosa 黏叶莸：glutinosus 黏的，被黏液的；glutinium 胶，黏结物；-osus/ -osum/ -osa 多的，充分的，丰富的，显著发育的，程度高的，特征明显的（形容词词尾）

Caryopteris incana 兰香草：incanus 灰白色的，密被灰白色毛的

Caryopteris incana var. angustifolia 狭叶兰香草：angusti- ← angustus 窄的，狭的，细的；folius/ folium/ folia 叶，叶片（用于复合词）

Caryopteris incana var. incana 兰香草-原变种（词义见上面解释）

Caryopteris mongholica 蒙古莸：mongholica 蒙古的（地名）；-icus/ -icum/ -ica 属于，具有某种特性（常用于地名、起源、生境）

Caryopteris nepetaefolia 单花莸：nepetaefolia = Nepeta + folius（注：组成复合词时，要将前面词的词尾 -us/ -um/ -a 变成 -i- 或 -o- 而不是所有格，故该词宜改为 "nepetifolia"）；Nepeta 荆芥属（唇形科）；folius/ folium/ folia 叶，叶片（用于复合词）

Caryopteris odorata 香莸：odoratus = odorus + atus 香气的，气味的；odor 香气，气味；-atus/ -atum/ -ata 属于，相似，具有，完成（形容词词尾）

Caryopteris paniculata 锥花莸：paniculatus = paniculus + atus 具圆锥花序的；paniculus 圆锥花序；panus 谷穗；panicus 野稗，粟，谷子；-atus/ -atum/ -ata 属于，相似，具有，完成（形容词词尾）

Caryopteris siccanea 腺毛莸：siccaneus 略干燥的；siccus 干旱的，干地生的；-eus/ -eum/ -ea（接拉丁语词干时）属于……的，色如……的，质如……的（表示原料、颜色或品质的相似），（接希腊语词干时）属于……的，以……出名，为……所占有（表示具有某种特性）

Caryopteris tangutica 光果莸：tangutica ← Tangut 唐古特的，党项的（西夏时期生活于中国西北地区的党项羌人，蒙古语称其为 "唐古特"，有多种音译，如唐兀、唐古、唐括等）；-icus/ -icum/ -ica 属于，具有某种特性（常用于地名、起源、生境）

Caryopteris terniflora 三花莸：ternat- ← ternatus 三数的，三出的；florus/ florum/ flora ← flos 花（用于复合词）

Caryopteris terniflora f. brevipedunculata 短梗三花莸：brevi- ← brevis 短的（用于希腊语复合词词首）；pedunculatus/ peduncularis 具花序柄的，具总花梗的；pedunculus/ peduncule/ pedunculis ← pes 花序柄，总花梗（花序基部无花着生部分，不同于花柄）；关联词：pedicellus/ pediculus 小花梗，小花柄（不同于花序柄）；pes/

C

pedis 柄，梗，茎秆，腿，足，爪（作词首或词尾，pes 的词干视为"ped-"）

Caryopteris terniflora f. terniflora 三花莸-原变型 （词义见上面解释）

Caryopteris trichosphaera 毛球莸：trichosphaera 毛球的；trich-/ tricho-/ tricha- ← trichos ← thrix 毛，多毛的，线状的，丝状的；sphaerus 球的，球形的

Caryota 鱼尾葵属（棕榈科）（13-1：p114）：caryota 坚果（希腊语）

Caryota mitis 短穗鱼尾葵：mitis 温和的，无刺的

Caryota monostachya 单穗鱼尾葵：mono-/ mon- ← monos 一个，单一的（希腊语，拉丁语为 unus/ uni-/ uno-）；stachy-/ stachyo-/ -stachys/ -stachyus/ -stachyum/ -stachya 穗子，穗子的，穗子状的，穗状花序的

Caryota ochlandra 鱼尾葵：ochlandrus 具摆动雄蕊的；andrus/ andros/ antherus ← aner 雄蕊，花药，雄性

Caryota urens 董棕：urens 蜇人的，刺痛的，毒毛的

Casearia 脚骨脆属（大风子科）（52-1：p69）：casearia ← J. Casearius（人名，荷兰植物学家）

Casearia aequilateralis 海南脚骨脆：aequilateralis 等边的；aequus 平坦的，均等的，公平的，友好的；aequi- 相等，相同；lateralis = laterus + alis 侧边的，侧生的；laterus 边，侧边

Casearia balansae 脚骨脆：balansae ← Benedict Balansa（人名，19 世纪法国植物采集员）；-ae 表示人名，以 -a 结尾的人名后面加上 -e 形成

Casearia balansae var. balansae 脚骨脆-原变种 （词义见上面解释）

Casearia balansae var. subglabra 景东脚骨脆：subglabrus 近无毛的；sub-（表示程度较弱）与……类似，几乎，稍微，弱，亚，之下，下面；glabrus 光秃的，无毛的，光滑的

Casearia calciphila 石生脚骨脆：calci- ← calcium 石灰，钙质；philus/ philein ← philos → phil-/ phili/ philo- 喜好的，爱好的，喜欢的（注意区别形近词：phylus、phyllus）；phylus/ phylum/ phyla ← phylon/ phyle 植物分类单位中的"门"，位于"界"和"纲"之间，类群，种族，部落，聚群；phyllus/ phyllum/ phylla ← phyllon 叶片（用于希腊语复合词）

Casearia flexuosa 曲枝脚骨脆：flexuosus = flexus + osus 弯曲的，波状的，曲折的；flexus ← flecto 扭曲的，卷曲的，弯弯曲曲的，柔性的；flecto 弯曲，使扭曲；-osus/ -osum/ -osa 多的，充分的，丰富的，显著发育的，程度高的，特征明显的（形容词词尾）

Casearia glomerata 球花脚骨脆：glomeratus = glomera + atus 聚集的，球形的，聚成球形的；glomera 线球，一团，一束

Casearia glomerata var. glomerata 球果脚骨脆-原变种 （词义见上面解释）

Casearia glomerata f. pubinervis 毛脉脚骨脆：pubi- ← pubis 细柔毛的，短柔毛的，毛被的；nervis ← nervus 脉，叶脉

Casearia graveolens 烈味脚骨脆：graveolens 强烈气味的，不快气味的，恶臭的；gravis 重的，重量大的，深厚的，浓密的，严重的，大量的，苦的，讨厌的；olens ← olere 气味，发出气味（不分香臭）

Casearia graveolens var. graveolens 烈味脚骨脆-原变种 （词义见上面解释）

Casearia graveolens var. lingtsangensis 临沧脚骨脆：lingtsangensis 临沧的（地名，云南省）

Casearia kurzii 印度脚骨脆：kurzii ← Wilhelm Sulpiz Kurz（人名，19 世纪植物学家）

Casearia kurzii var. gracilis 细柄脚骨脆：gracilis 细长的，纤弱的，丝状的

Casearia kurzii var. kurzii 印度脚骨脆-原变种 （词义见上面解释）

Casearia membranacea 膜叶脚骨脆：membranaceus 膜质的，膜状的；membranus 膜；-aceus/ -aceum/ -acea 相似的，有……性质的，属于……的

Casearia membranacea f. membranacea 膜叶脚骨脆-原变型 （词义见上面解释）

Casearia membranacea f. nigrescens 黑叶脚骨脆：nigrus 黑色的；niger 黑色的；-escens/ -ascens 改变，转变，变成，略微，带有，接近，相似，大致，稍微（表示变化的趋势，并未完全相似或相同，有别于表示达到完成状态的 -atus）

Casearia velutina 爪哇脚骨脆：velutinus 天鹅绒的，柔软的；velutus 绒毛的；-inus/ -inum/ -ina/ -inos 相近，接近，相似，具有（通常指颜色）

Casearia virescens 中越脚骨脆：virencens/ virescens 发绿的，带绿色的；virens 绿色的，变绿的；-escens/ -ascens 改变，转变，变成，略微，带有，接近，相似，大致，稍微（表示变化的趋势，并未完全相似或相同，有别于表示达到完成状态的 -atus）

Casearia yunnanensis 云南脚骨脆：yunnanensis 云南的（地名）

Casimiroa 香肉果属（芸香科）（43-2：p108）：casimiroa ← Cardinal Casimiro Gomez de Ortega（人名，18 世纪西班牙植物学家）（除 a 以外，以元音字母结尾的人名作属名时在末尾加 a）

Casimiroa edulis 香肉果：edule/ edulis 食用的，可食的

Cassia 决明属（另见 Senna）（豆科）（39：p123）：cassia 桂皮（古拉丁名）

Cassia agnes 神黄豆：agnes ← Agnes Roggen（人名）

Cassia alata 翅荚决明（另见 Senna alata）：alatus → ala-/ alat-/ alati-/ alato- 翅，具翅的，具翼的；反义词：exalatus 无翼的，无翅的

Cassia auriculata 耳叶决明：auriculatus 耳形的，具小耳的（基部有两个小圆片）；auriculus 小耳朵的，小耳状的；auritus 耳朵的，耳状的；-culus/ -culum/ -cula 小的，略微的，稍微的（同第三变格法和第四变格法名词形成复合词）；-atus/ -atum/ -ata 属于，相似，具有，完成（形容词词尾）

Cassia bicapsularis 双荚决明（另见 Senna bicapsularis）：bi-/ bis- 二，二数，二回（希腊语为 di-）；capsularis 蒴果的，蒴果状的；-aris（阳性、阴性）/ -are（中性）← -alis（阳性、阴性）/ -ale（中性）属于，相似，如同，具有，涉及，关于，联

C

结于（将名词作形容词用，其中 -aris 常用于以 l 或 r 为词干末尾的词）

Cassia didymobotrya 长穗决明（另见 Senna didymobotrya）：didymobotryus 双穗的，双总状花序的；didymus 成对的，孪生的，两个联合的，二裂的；botryus ← botrys 总状的，簇状的，葡萄串状的

Cassia fistula 腊肠树：fistulus 管状的，空心的

Cassia floribunda 光叶决明：floribundus = florus + bundus 多花的，繁花的，花正盛开的；florus/ florum/ flora ← flos 花（用于复合词）；-bundus/ -bunda/ -bundum 正在做，正在进行（类似于现在分词），充满，盛行

Cassia fruticosa 大叶决明（另见 Senna fruticosa）：fruticosus/ frutesceus 灌丛状的；frutex 灌木；构词规则：以 -ix/ -iex 结尾的词其词干末尾视为 -ic，以 -ex 结尾视为 -i/ -ic，其他以 -x 结尾视为 -c；-osus/ -osum/ -osa 多的，充分的，丰富的，显著发育的，程度高的，特征明显的（形容词词尾）

Cassia glauca 粉叶决明：glaucus → glauco-/ glauc- 被白粉的，发白的，灰绿色的

Cassia hirsuta 毛荚决明（另见 Senna hirsuta）：hirsutus 粗毛的，糙毛的，有毛的（长而硬的毛）

Cassia leschenaultiana 短叶决明：leschenaultiana ← Jean Baptiste Louis Theodore Leschenault de la Tour（人名，19 世纪法国植物学家）

Cassia mimosoides 含羞草决明：Mimosa 含羞草属（豆科）；-oides/ -oideus/ -oideum/ -oidea/ -odes/ -eidos 像……的，类似……的，呈……状的（名词词尾）

Cassia multijuga 密叶决明：multijugus 多对的；multi- ← multus 多个，多数，很多（希腊语为 poly-）；jugus ← jugos 成对的，成双的，一组，牛轭，束缚（动词为 jugo）

Cassia nodosa 节果决明：nodosus 有关节的，有结节的，多关节的；nodus 节，节点，连接点；-osus/ -osum/ -osa 多的，充分的，丰富的，显著发育的，程度高的，特征明显的（形容词词尾）

Cassia nomame 豆茶决明：nomame（为"野豆"的日语读音）

Cassia occidentalis 望江南（另见 Senna occidentalis）：occidentalis 西方的，西部的，欧美的；occidens 西方，西部

Cassia pumila 柄腺山扁豆：pumilus 矮的，小的，低矮的，矮人的

Cassia siamea 铁刀木：siamea 暹罗的（地名，泰国古称）（暹 xiān）

Cassia sophera 槐叶决明（另见 Senna sophera）：sophera ← Sophora 槐属（Sophora 一种植物的阿拉伯语）

Cassia spectabilis 美丽决明：spectabilis 壮观的，美丽的，漂亮的，显著的，值得看的；spectus 观看，观察，观测，表情，外观，外表，样子；-ans/ -ens/ -bilis/ -ilis 能够，可能（为形容词词尾，-ans/ -ens 用于主动语态，-bilis/ -ilis 用于被动语态）

Cassia surattensis 黄槐决明（另见 Senna surattensis）：surattensis 素叻他尼的（地名，泰国）

Cassia tora 决明（另见 Senna tora）：tora 决明（东印度土名）

Cassiope 岩须属（杜鹃花科）（57-3：p1）：cassiope ← Cassiopeia（埃塞俄比亚女王，希腊神话中的女神 Andromeda 的母亲 Cassiope）

Cassiope abbreviata 短梗岩须：abbreviatus = ad + brevis + atus 缩短了的，省略的；ad- 向，到，近（拉丁语词首，表示程度加强）；构词规则：构成复合词时，词首末尾的辅音字母常同化为紧接其后的那个辅音字母（如 ad + b → abb）；brevis 短的（希腊语）；-atus/ -atum/ -ata 属于，相似，具有，完成（形容词词尾）

Cassiope argyrotricha 银毛岩须：argyr-/ argyro- ← argyros 银，银色的；trichus 毛，毛发，线

Cassiope dendrotricha 睫毛岩须：dendron 树木；trichus 毛，毛发，线

Cassiope fastigiata 扫帚岩须：fastigiatus 束状的，笤帚状的（枝条直立聚集）（形近词：fastigatus 高的，高举的）；fastigius 笤帚

Cassiope myosuroides 鼠尾岩须：myosuroides 像鼠尾的；myos 老鼠，小白鼠；-urus/ -ura/ -ourus/ -oura/ -oure/ -uris 尾巴，-oides/ -oideus/ -oideum/ -oidea/ -odes/ -eidos 像……的，类似……的，呈……状的（名词词尾）

Cassiope nana 矮小岩须：nanus ← nanos/ nannos 矮小的，小的；nani-/ nano-/ nanno- 矮小的，小的

Cassiope palpebrata 朝天岩须：palpebratus 眼睑状的；palpebra 眼睑

Cassiope pectinata 篦叶岩须：pectinatus/ pectinaceus 栉齿状的；pectini-/ pectino-/ pectin- ← pecten 篦子，梳子；-aceus/ -aceum/ -acea 相似的，有……性质的，属于……的

Cassiope pulvinalis 垫状岩须：pulvinaris = pulvinus + arlis 垫状的；pulvinus 叶枕，叶柄基部膨大部分，坐垫，枕头；-aris（阳性、阴性）/ -are（中性）← -alis（阳性、阴性）/ -ale（中性）属于，相似，如同，具有，涉及，关于，联结于（将名词作形容词用，其中 -aris 常用于以 l 或 r 为词干末尾的词）

Cassiope selaginoides 岩须：Selaginella 卷柏属（卷柏科）；-oides/ -oideus/ -oideum/ -oidea/ -odes/ -eidos 像……的，类似……的，呈……状的（名词词尾）

Cassiope wardii 长毛岩须：wardii ← Francis Kingdon-Ward（人名，20 世纪英国植物学家）

Cassytha 无根藤属（樟科）（31：p462）：cassytha ← kassytha 菟丝子（希腊语对菟丝子属 Cuscuta 的名称）（另一解释为来自 kassyein，意为"消逝"，指根叶退化）

Cassytha filiformis 无根藤：filiforme/ filiformis 线状的；fili-/ fil- ← filum 线状的，丝状的；formis/ forma 形状

Castanea 栗属（壳斗科）（22：p8）：castanea ← castana 板栗（希腊语）

Castanea chinensis （中国栗）：chinensis = china + ensis 中国的（地名）；China 中国

C

·273·

Castanea crenata 日本栗：crenatus = crena + atus 圆齿状的，具圆齿的；crena 叶缘的圆齿

Castanea crenata var. dulcis 朝鲜栗：dulcis 甜的，甜味的

Castanea henryi 锥栗：henryi ← Augustine Henry 或 B. C. Henry（人名，前者，1857–1930，爱尔兰医生、植物学家，曾在中国采集植物，后者，1850–1901，曾活动于中国的传教士）

Castanea henryi var. henryi 锥栗-原变种（词义见上面解释）

Castanea henryi var. omeiensis 峨眉锥栗：omeiensis 峨眉山的（地名，四川省）

Castanea mollissima 栗：molle/ mollis 软的，柔毛的；-issimus/ -issima/ -issimum 最，非常，极其（形容词最高级）

Castanea seguinii 茅栗：seguinii（人名）；-ii 表示人名，接在以辅音字母结尾的人名后面，但 -er 除外

Castanopsis 锥属（栲属）（壳斗科）（22：p13）：castanopsis 像板栗的；Castanea 栗属；-opsis/ -ops 相似，稍微，带有

Castanopsis amabilis 南宁锥：amabilis 可爱的，有魅力的；amor 爱；-ans/ -ens/ -bilis/ -ilis 能够，可能（为形容词词尾，-ans/ -ens 用于主动语态，-bilis/ -ilis 用于被动语态）

Castanopsis argyrophylla 银叶锥：argyr-/ argyro- ← argyros 银，银色的；phyllus/ phyllum/ phylla ← phyllon 叶片（用于希腊语复合词）

Castanopsis boisii 榄壳锥：boisii（人名）；-ii 表示人名，接在以辅音字母结尾的人名后面，但 -er 除外

Castanopsis calathiformis 枹丝锥（枹 bāo）：calathi- ← calathea 篮子状的；formis/ forma 形状

Castanopsis carlesii 米槠（槠 zhū）：carlesii ← W. R. Carles（人名）

Castanopsis carlesii var. carlesii 米槠-原变种（词义见上面解释）

Castanopsis carlesii var. spinulosa 短刺米槠：spinulosus = spinus + ulus + osus 被细刺的；spinus 刺，针刺；-ulus/ -ulum/ -ula 小的，略微的，稍微的（小词 -ulus 在字母 e 或 i 之后有多种变缀，即 -olus/ -olum/ -ola、-ellus/ -ellum/ -ella、-illus/ -illum/ -illa，与第一变格法和第二变格法名词形成复合词）；-osus/ -osum/ -osa 多的，充分的，丰富的，显著发育的，程度高的，特征明显的（形容词词尾）

Castanopsis ceratacantha 瓦山锥：ceratacanthus 角状刺的；-ceros/ -ceras/ -cera/ cerat-/ cerato- 角，犄角；acanthus ← Akantha 刺，具刺的（Acantha 是希腊神话中的女神，和太阳神阿波罗发生冲突，太阳神将其变成带刺的植物）

Castanopsis cerebrina 毛叶杯锥：cerebrinus 脑状的

Castanopsis chinensis 锥：chinensis = china + ensis 中国的（地名）；China 中国

Castanopsis choboensis 窄叶锥：choboensis（地名）

Castanopsis chunii 厚皮锥：chunii ← W. Y. Chun 陈焕镛（人名，1890–1971，中国植物学家）

Castanopsis clarkei 棱刺锥：clarkei（人名）

Castanopsis concinna 华南锥：concinnus 精致的，高雅的，形状好看的

Castanopsis crassifolia 厚叶锥：crassi- ← crassus 厚的，粗的，多肉质的；folius/ folium/ folia 叶，叶片（用于复合词）

Castanopsis cryptoneuron 绥江锥（绥 suí）：cryptoneuron 隐脉的；crypt-/ crypto- ← kryptos 覆盖的，隐藏的（希腊语）；neuron 脉，神经

Castanopsis damingshanensis 大明山锥：damingshanensis 大明山的（地名，广西武鸣区）

Castanopsis delavayi 高山锥：delavayi ← P. J. M. Delavay（人名，1834–1895，法国传教士，曾在中国采集植物标本）；-i 表示人名，接在以元音字母结尾的人名后面，但 -a 除外

Castanopsis densispinosa 密刺锥：densus 密集的，繁茂的；spinosus = spinus + osus 具刺的，多刺的，长满刺的；spinus 刺，针刺；-osus/ -osum/ -osa 多的，充分的，丰富的，显著发育的，程度高的，特征明显的（形容词词尾）

Castanopsis echinocarpa 短刺锥：echinocarpus = echinus + carpus 刺猬状果实的；echinus ← echinos → echino-/ echin- 刺猬，海胆；carpus/ carpum/ carpa/ carpon ← carpos 果实（用于希腊语复合词）

Castanopsis eyrei 甜槠：eyrei ← Edward John Eyre（人名，19 世纪英国探险家）；-i 表示人名，接在以元音字母结尾的人名后面，但 -a 除外

Castanopsis faberi 罗浮锥：faberi ← Ernst Faber（人名，19 世纪活动于中国的德国植物采集员）；-eri 表示人名，在以 -er 结尾的人名后面加上 i 形成

Castanopsis fargesii 栲（栲 kǎo）：fargesii ← Pere Paul Guillaume Farges（人名，19 世纪中叶至 20 世纪活动于中国的法国传教士，植物采集员）

Castanopsis ferox 思茅锥：ferox 多刺的，硬刺的，危险的

Castanopsis fissa 鳖蒳锥（鳖 lí）：fissus/ fissuratus 分裂的，裂开的，中裂的

Castanopsis fleuryi 小果锥：fleuryi（人名）；-i 表示人名，接在以元音字母结尾的人名后面，但 -a 除外

Castanopsis fordii 毛锥：fordii ← Charles Ford（人名）

Castanopsis formosana 台湾锥：formosanus = formosus + anus 美丽的，台湾的；formosus ← formosa 美丽的，台湾的（葡萄牙殖民者发现台湾时对其的称呼，即美丽的岛屿）；-anus/ -anum/ -ana 属于，来自（形容词词尾）

Castanopsis globigemmata 圆芽锥：glob-/ globi- ← globus 球体，圆球，地球；gemmatus 零余子的，珠芽的；gemmus 芽，珠芽，零余子

Castanopsis hainanensis 海南锥：hainanensis 海南的（地名）

Castanopsis hupehensis 湖北锥：hupehensis 湖北的（地名）

Castanopsis hystrix 红锥：hystrix/ hystris 豪猪，刚毛，刺猬状刚毛；Hystrix 猬草属（禾本科）

Castanopsis indica 印度锥：indica 印度的（地名）；-icus/ -icum/ -ica 属于，具有某种特性（常用于地名、起源、生境）

C

Castanopsis jianfenglingensis 尖峰岭锥：jianfenglingensis 尖峰岭的（地名，海南省）

Castanopsis jucunda 秀丽锥：jucundus 愉快的，可爱的

Castanopsis kawakamii 吊皮锥/格氏栲/赤枝栲：kawakamii 川上（人名，20世纪日本植物采集员）

Castanopsis × kuchugouzhui 苦槠钩锥：kuchugouzhui 苦槠钩锥（中文名）

Castanopsis kweichowensis 贵州锥：kweichowensis 贵州的（地名）

Castanopsis lamontii 鹿角锥：lamontii（人名）；-ii 表示人名，接在以辅音字母结尾的人名后面，但 -er 除外

Castanopsis lamontii var. lamontii 鹿角锥-原变种 （词义见上面解释）

Castanopsis lamontii var. shanghangensis 上杭锥：shanghangensis 上杭的（地名，福建省）

Castanopsis ledongensis 乐东锥：ledongensis 乐东的（地名，海南省）

Castanopsis longispina 长刺锥：longe-/ longi- ← longus 长的，纵向的；spinus 刺，针刺

Castanopsis longzhouica 龙州锥：longzhouica 龙州的（地名，广西壮族自治区，已修订为 longzhouicus）；-icus/ -icum/ -ica 属于，具有某种特性（常用于地名、起源、生境）

Castanopsis megaphylla 大叶锥：megaphylla 大叶子的；mega-/ megal-/ megalo- ← megas 大的，巨大的；phyllus/ phyllum/ phylla ← phyllon 叶片（用于希腊语复合词）

Castanopsis mekongensis 湄公锥（湄 méi）：mekongensis 湄公河的（地名，澜沧江流入中南半岛部分称湄公河）

Castanopsis neocavaleriei 红背甜槠：neocavaleriei 晚于 cavaleriei 的；neo- ← neos 新，新的；Castanopsis cavaleriei 卡瓦红槠；cavaleriei（人名）

Castanopsis nigrescens 黑叶锥：nigrus 黑色的；niger 黑色的；-escens/ -ascens 改变，转变，变成，略微，带有，接近，相似，大致，稍微（表示变化的趋势，并未完全相似或相同，有别于表示达到完成状态的 -atus）

Castanopsis oblonga 矩叶锥：oblongus = ovus + longus 长椭圆形的（ovus 的词干 ov- 音变为 ob-）；ovus 卵，胚珠，卵形的，椭圆形的；longus 长的，纵向的

Castanopsis orthacantha 元江锥：orthacanthus 直立刺的；orth- ← ortho 直的，正面的；acanthus ← Akantha 刺，具刺的（Acantha 是希腊神话中的女神，和太阳神阿波罗发生冲突，太阳神将其变成带刺的植物）

Castanopsis ouonbiensis 屏边锥：ouonbiensis（地名）

Castanopsis platyacantha 扁刺锥：platyacanthus 大刺的，宽刺的；platys 大的，宽的（用于希腊语复合词）；acanthus ← Akantha 刺，具刺的（Acantha 是希腊神话中的女神，和太阳神阿波罗发生冲突，太阳神将其变成带刺的植物）

Castanopsis remotidenticulata 疏齿锥：remotidenticulatus 疏离牙齿的；remotus 分散的，分开的，稀疏的，远距离的；denticulatus = dentus + culus + atus 具细齿的，具齿的；-culus/ -culum/ -cula 小的，略微的，稍微的（同第三变格法和第四变格法名词形成复合词）；-atus/ -atum/ -ata 属于，相似，具有，完成（形容词词尾）

Castanopsis rockii 龙陵锥：rockii ← Joseph Francis Charles Rock（人名，20世纪美国植物采集员）

Castanopsis rufescens 变色锥：rufascens 略红的；ruf-/ rufi-/ frufo- ← rufus/ rubus 红褐色的，锈色的，红色的，发红的，淡红色的；-escens/ -ascens 改变，转变，变成，略微，带有，接近，相似，大致，稍微（表示变化的趋势，并未完全相似或相同，有别于表示达到完成状态的 -atus）

Castanopsis rufotomentosa 红壳锥：ruf-/ rufi-/ frufo- ← rufus/ rubus 红褐色的，锈色的，红色的，发红的，淡红色的；tomentosus = tomentum + osus 绒毛的，密被绒毛的；tomentum 绒毛，浓密的毛被，棉絮，棉絮状填充物（被褥、垫子等）；-osus/ -osum/ -osa 多的，充分的，丰富的，显著发育的，程度高的，特征明显的（形容词词尾）

Castanopsis sclerophylla 苦槠：sclero- ← scleros 坚硬的，硬质的；phyllus/ phyllum/ phylla ← phyllon 叶片（用于希腊语复合词）

Castanopsis stellato-spina 星刺锥：stellato-spinus 星状刺的；stellato- ← stellatus/ stellaris 星状的；spinus 刺，针刺

Castanopsis subacuminata 亚尖叶锥：subacuminatus 近渐尖的；sub-（表示程度较弱）与……类似，几乎，稍微，弱，亚，之下，下面；acuminatus = acumen + atus 锐尖的，渐尖的；acumen 渐尖头；-atus/ -atum/ -ata 属于，相似，具有，完成（形容词词尾）

Castanopsis subuliformis 钻刺锥：subulus 钻头，尖头，针尖状；formis/ forma 形状

Castanopsis tcheponensis 薄叶锥：tcheponensis（地名，云南省）

Castanopsis tessellata 棕毛锥：tessellatus = tessella + atus 网格的，马赛克的，棋盘格的；tessella 方块石头，马赛克，棋盘格（拼接图案用）；-atus/ -atum/ -ata 属于，相似，具有，完成（形容词词尾）

Castanopsis tibetana 钩锥：tibetana 西藏的（地名）

Castanopsis tonkinensis 公孙锥：tonkin 东京（地名，越南河内的旧称）

Castanopsis tonkinensis var. laocaiensis （劳卡锥）：laocaiensis（地名）

Castanopsis tribuloides 蒺藜锥（蒺 jí）：tribuloides 像蒺藜的；Tribulus 蒺藜属（蒺藜科）；-oides/ -oideus/ -oideum/ -oidea/ -odes/ -eidos 像……的，类似……的，呈……状的（名词词尾）

Castanopsis uraiana 淋漓锥：uraiana 乌来的（地名，属台湾省）

Castanopsis wenchangensis 文昌锥：wenchangensis 文昌的（地名，海南省）

Castanopsis xichouensis 西畴锥：xichouensis 西畴的（地名，云南省）

C

Castilleja 火焰草属（玄参科）（67-2：p361）：castilleja ← Domingo Castillejo（人名，18 世纪西班牙植物学家）

Castilleja pallida 火焰草：pallidus 苍白的，淡白色的，淡色的，蓝白色的，无活力的；palide 淡地，淡色地（反义词：sturate 深色地，浓色地，充分地，丰富地，饱和地）

Casuarina 木麻黄属（木麻黄科）（20-1：p2）：casuarina ← casuarius 食火鸟的（比喻枝叶色泽像鸟的羽毛）

Casuarina cunninghamiana 细枝木麻黄：cunninghamiana ← James Cunningham 詹姆斯·昆宁汉姆（人名，1791–1839，英国医生、植物采集员，曾在中国厦门居住，杉木发现者）

Casuarina equisetifolia 木麻黄：equisetifolia 木贼叶的；Equisetum 木贼属（木贼科）；folius/ folium/ folia 叶，叶片（用于复合词）

Casuarina glauca 粗枝木麻黄：glaucus → glauco-/ glauc- 被白粉的，发白的，灰绿色的

Casuarinaceae 木麻黄科（20-1：p1）：Casuarina 木麻黄属；-aceae（分类单位科的词尾，为 -aceus 的阴性复数主格形式，加到模式属的名称后或同义词的词干后以组成族群名称）

Catabrosa 沿沟草属（禾本科）（9-2：p280）：catabrosa ← katabrosis 食尽（指颖的先端啮蚀状）

Catabrosa aquatica 沿沟草：aquaticus/ aquatilis 水的，水生的，潮湿的；aqua 水；-aticus/ -aticum/ -atica 属于，表示生长的地方

Catabrosa aquatica var. angusta 窄沿沟草：angustus 窄的，狭的，细的

Catabrosa aquatica var. aquatica 沿沟草-原变种（词义见上面解释）

Catabrosa capusii 长颖沿沟草：capusii（人名）；-ii 表示人名，接在以辅音字母结尾的人名后面，但 -er 除外

Catabrosella 小沿沟草属（禾本科）（9-2：p286）：catabrosa ← katabrosis 食尽（指颖的先端啮蚀状）；-ellus/ -ellum/ -ella ← -ulus 小的，略微的，稍微的（小词 -ulus 在字母 e 或 i 之后有多种变缀，即 -olus/ -olum/ -ola、-ellus/ -ellum/ -ella、-illus/ -illum/ -illa，用于第一变格法名词）

Catabrosella humilis 矮小沿沟草：humilis 矮的，低的

Catalpa 梓属（梓 zǐ）（紫葳科）（69：p13）：catalpa 梓树（北美地区土名）

Catalpa bungei 楸：bungei ← Alexander von Bunge（人名，19 世纪俄国植物学家）；-i 表示人名，接在以元音字母结尾的人名后面，但 -a 除外

Catalpa fargesii 灰楸：fargesii ← Pere Paul Guillaume Farges（人名，19 世纪中叶至 20 世纪活动于中国的法国传教士，植物采集员）

Catalpa fargesii f. duclouxii 滇楸：duclouxii（人名）；-ii 表示人名，接在以辅音字母结尾的人名后面，但 -er 除外

Catalpa fargesii f. fargesii 灰楸-原变型（词义见上面解释）

Catalpa ovata 梓：ovatus = ovus + atus 卵圆形的；ovus 卵，胚珠，卵形的，椭圆形的；-atus/ -atum/

-ata 属于，相似，具有，完成（形容词词尾）

Catalpa speciosa 黄金树：speciosus 美丽的，华丽的；species 外形，外观，美观，物种（缩写 sp.，复数 spp.）；-osus/ -osum/ -osa 多的，充分的，丰富的，显著发育的，程度高的，特征明显的（形容词词尾）

Catalpa tibetica 藏楸：tibetica 西藏的（地名）；-icus/ -icum/ -ica 属于，具有某种特性（常用于地名、起源、生境）

Catha 巧茶属（卫矛科）（45-3：p149）：catha 灌木的（阿拉伯语）

Catha edulis 巧茶：edule/ edulis 食用的，可食的

Catharanthus 长春花属（夹竹桃科）（63：p83）：catharos 纯洁的；anthus/ anthum/ antha/ anthe ← anthos 花（用于希腊语复合词）

Catharanthus roseus 长春花：roseus = rosa + eus 像玫瑰的，玫瑰色的，粉红色的；rosa 蔷薇（古拉丁名）← rhodon 蔷薇（希腊语）← rhodd 红色，玫瑰红（凯尔特语）；-eus/ -eum/ -ea（接拉丁语词干时）属于……的，色如……的，质如……的（表示原料、颜色或品质的相似），（接希腊语词干时）属于……的，以……出名，为……所占有（表示具有某种特性）

Catharanthus roseus cv. Albus 白长春花：albus → albi-/ albo- 白色的

Catharanthus roseus cv. Flavus 黄长春花：flavus → flavo-/ flavi-/ flav- 黄色的，鲜黄色的，金黄色的（指纯正的黄色）

Cathaya 银杉属（松科）（7：p120）：cathaya ← Cathay ← Khitay/ Khitai 中国的，契丹的（地名，10–12 世纪中国北方契丹人的领域，辽国前身，多用来代表中国，俄语称中国为 Kitay）

Cathaya argyrophylla 银杉：argyr-/ argyro- ← argyros 银，银色的；phyllus/ phyllum/ phylla ← phyllon 叶片（用于希腊语复合词）

Cathayanthe 扁蒴苣苔属（苦苣苔科）（69：p246）：cathaya ← Cathay ← Khitay/ Khitai 中国的，契丹的（地名，10–12 世纪中国北方契丹人的领域，辽国前身，多用来代表中国，俄语称中国为 Kitay）；anthe ← anthus ← anthos 花

Cathayanthe biflora 扁蒴苣苔：bi-/ bis- 二，二数，二回（希腊语为 di-）；florus/ florum/ flora ← flos 花（用于复合词）

Catunaregam 山石榴属（茜草科）（71-1：p337）：catunaregam（土名）

Catunaregam spinosa 山石榴：spinosus = spinus + osus 具刺的，多刺的，长满刺的；spinus 刺，针刺；-osus/ -osum/ -osa 多的，充分的，丰富的，显著发育的，程度高的，特征明显的（形容词词尾）

Caulokaempferia 大苞姜属（姜科）（16-2：p36）：caulus/ caulon/ caule ← caulos 茎，茎秆，主茎；Kaempferia 山柰属

Caulokaempferia coenobialis 黄花大苞姜：coenobialis 属庙宇的（同义词：coloniabilis 群体的）；coenobium 修道院，庙宇（比喻"集群、群落、群体"）；-aris（阳性、阴性）/ -are（中性）← -alis（阳性、阴性）/ -ale（中性）属于，相似，如同，具有，涉及，关于，联结于（将名词作形容词用，其中

-aris 常用于以 l 或 r 为词干末尾的词）

Caulokaempferia yunnanensis 大苞姜：
yunnanensis 云南的（地名）

Caulophyllum 红毛七属（小檗科）（29：p304）：
caulophyllum 叶柄状茎的；caulus/ caulon/
caule ← caulos 茎，茎秆，主茎；phyllus/ phyllum/
phylla ← phyllon 叶片（用于希腊语复合词）

Caulophyllum robustum 红毛七：robustus 大型
的，结实的，健壮的，强壮的

Cautleya 距药姜属（姜科）（16-2：p55）：cautleya ←
W. Cautley（人名，1802–1871，英国博物学家）

Cautleya cathcartii 多花距药姜：cathcartii（人
名）；-ii 表示人名，接在以辅音字母结尾的人名后
面，但 -er 除外

Cautleya gracilis 距药姜：gracilis 细长的，纤弱的，
丝状的

Cautleya spicata 红苞距药姜：spicatus 具穗的，具
穗状花的，具尖头的；spicus 穗，谷穗，花穗；-atus/
-atum/ -ata 属于，相似，具有，完成（形容词词尾）

Cavea 莛菊属（菊科）（75：p4）：caveus 凹陷的，孔
洞的；cavus 凹陷，孔洞；-eus/ -eum/ -ea（接拉丁
语词干时）属于……的，色如……的，质如……的
（表示原料、颜色或品质的相似），（接希腊语词干
时）属于……的，以……出名，为……所占有（表
示具有某种特性）

Cavea tanguensis 莛菊：tanguensis ← Tangut 唐古
特的，党项的（西夏时期生活于中国西北地区的党
项羌人，蒙古语称其为"唐古特"，有多种音译，如
唐兀、唐古、唐括等）

Cavea tanguensis f. acaulis 无茎莛菊（莛 tíng）：
acaulia/ acaulis 无茎的，矮小的；a-/ an- 无，非，
没有，缺乏，不具有（an- 用于元音前）（a-/ an- 为
希腊语词首，对应的拉丁语词首为 e-/ ex-，相当于
英语的 un-/ -less，注意词首 a- 和作为介词的 a/ ab
不同，后者的意思是"从……、由……、关于……、
因为……"）；caulia/ caulis 茎，茎秆，主茎

Cayratia 乌蔹莓属（蔹 liǎn）（葡萄科）（48-2：p68）：
cayratia ← cayrat（膝曲乌蔹莓 Cayratia
geniculata 的古拉丁名）

Cayratia albifolia 白毛乌蔹莓：albus → albi-/
albo- 白色的；folius/ folium/ folia 叶，叶片（用于
复合词）

Cayratia albifolia var. albifolia 白毛乌蔹莓-原变
种（词义见上面解释）

Cayratia albifolia var. glabra 脱毛乌蔹莓：
glabrus 光秃的，无毛的，光滑的

Cayratia cardiospermoides 短柄乌蔹莓：
cardiospermoides 像倒地铃的；Cardiospermum 倒
地铃属（无患子科）；-oides/ -oideus/ -oideum/
-oidea/ -odes/ -eidos 像……的，类似……的，
呈……状的（名词词尾）

Cayratia cilifera 节毛乌蔹莓：cilifera 具缘毛的；
cilium 缘毛，睫毛；-ferus/ -ferum/ -fera/ -fero/
-fere/ -fer 有，具有，产（区别：作独立词使用的
ferus 意思是"野生的"）

Cayratia cordifolia 心叶乌蔹莓：cordi- ← cordis/
cor 心脏的，心形的；folius/ folium/ folia 叶，叶片
（用于复合词）

Cayratia corniculata 角花乌蔹莓：corniculatus =
cornus + culus + atus 犄角的，兽角的，兽角般坚
硬的；cornus 角，犄角，兽角，角质，角质般坚硬；
-culus/ -culum/ -cula 小的，略微的，稍微的（同第
三变格法和第四变格法名词形成复合词）；-atus/
-atum/ -ata 属于，相似，具有，完成（形容词词尾）

Cayratia daliensis 大理乌蔹莓：daliensis 大理的
（地名，云南省）

Cayratia fugongensis 福贡乌蔹莓：fugongensis 福
贡的（地名，云南省）

Cayratia geniculata 膝曲乌蔹莓：geniculatus 关节
的，膝状弯曲的；geniculum 节，关节，节片；-atus/
-atum/ -ata 属于，相似，具有，完成（形容词词尾）

Cayratia japonica 乌蔹莓：japonica 日本的（地
名）；-icus/ -icum/ -ica 属于，具有某种特性（常用
于地名、起源、生境）

Cayratia japonica var. japonica 乌蔹莓-原变种
（词义见上面解释）

Cayratia japonica var. mollis 毛乌蔹莓：molle/
mollis 软的，柔毛的

Cayratia japonica var. pseudotrifolia 尖叶乌蔹
莓：pseudotrifolia 像 trifolia 的，近似三叶的；
pseudo-/ pseud- ← pseudos 假的，伪的，接近，相
似（但不是）；Cayratia trifolia 三叶乌蔹莓

Cayratia medogensis 墨脱乌蔹莓：medogensis 墨
脱的（地名，西藏自治区）

Cayratia menglaensis 勐腊乌蔹莓（勐 měng）：
menglaensis 勐腊的（地名，云南省）

Cayratia mollissima var. lanceolata 狭叶乌蔹莓：
molle/ mollis 软的，柔毛的；-issimus/ -issima/
-issimum 最，非常，极其（形容词最高级）；
lanceolatus = lanceus + olus + atus 小披针形的，
小柳叶刀的；lance-/ lancei-/ lanci-/ lanceo-/
lanc- ← lanceus 披针形的，矛形的，尖刀状的，柳
叶刀状的；-olus ← -ulus 小，稍微，略微（-ulus 在
字母 e 或 i 之后变成 -olus/ -ellus/ -illus）；-atus/
-atum/ -ata 属于，相似，具有，完成（形容词词尾）

Cayratia oligocarpa 华中乌蔹莓：oligo-/ olig- 少数
的（希腊语，拉丁语为 pauci-）；carpus/ carpum/
carpa/ carpon ← carpos 果实（用于希腊语复合词）

Cayratia pedata 鸟足乌蔹莓：pedatus 鸟足形的；
pes/ pedis 柄，梗，茎秆，腿，足，爪（作词首或词
尾，pes 的词干视为"ped-"）

Cayratia timoriensis 南亚乌蔹莓：timoriensis 帝汶
岛的（地名，印度尼西亚）

Cayratia timoriensis var. mekongensis 澜沧乌蔹
莓：mekongensis 湄公河的（地名，澜沧江流入中南
半岛部分称湄公河）

Cayratia timoriensis var. timoriensis 南亚乌蔹
莓-原变种（词义见上面解释）

Cayratia trifolia 三叶乌蔹莓：tri-/ tripli-/ triplo-
三个，三数；folius/ folium/ folia 叶，叶片（用于复
合词）

Cedrela 洋椿属（楝科）（43-3：p43）：cedrela ←
cedrus 像雪松的（指枝条的气味）；Cedrus 雪松属
（松科）

Cedrela glaziovii 洋椿：glaziovii ← Auguste
François Marie Glaziou（人名，20 世纪在巴西的法

国植物采集员）

Cedrus 雪松属（松科）（7：p200）：cedrus ← cedros（希腊语名）

Cedrus atlantica 北非雪松：atlantica 阿特拉斯山的（地名），大西洋的

Cedrus deodara 雪松：deodara 神树

Ceiba 吉贝属（也称异木棉属，木棉科）（49-2：p108）：ceiba 吉贝（南美土名）

Ceiba pentandra 吉贝：penta- 五，五数（希腊语，拉丁语为 quin/ quinqu/ quinque-/ quinqui-）；andrus/ andros/ antherus ← aner 雄蕊，花药，雄性

Ceiba speciosa 美丽吉贝：speciosus 美丽的，华丽的；species 外形，外观，美观，物种（缩写 sp.，复数 spp.）；-osus/ -osum/ -osa 多的，充分的，丰富的，显著发育的，程度高的，特征明显的（形容词词尾）

Celastraceae 卫矛科（45-3：p1）：Celastrus 南蛇藤属（卫矛科）；-aceae（分类单位科的词尾，为 -aceus 的阴性复数主格形式，加到模式属的名称后或同义词的词干后以组成族群名称）

Celastrus 南蛇藤属（卫矛科）（45-3：p97）：celastrus ← celastron（木樨科女贞属一种常绿树的希腊语名）

Celastrus aculeatus 过山枫：aculeatus 有刺的，有针的；aculeus 皮刺；-atus/ -atum/ -ata 属于，相似，具有，完成（形容词词尾）

Celastrus angulatus 苦皮藤：angulatus = angulus + atus 具棱角的，有角度的；angulus 角，棱角，角度，角落；-atus/ -atum/ -ata 属于，相似，具有，完成（形容词词尾）

Celastrus cuneatus 小南蛇藤：cuneatus = cuneus + atus 具楔子的，属楔形的；cuneus 楔子的；-atus/ -atum/ -ata 属于，相似，具有，完成（形容词词尾）

Celastrus flagellaris 刺苞南蛇藤：flagellaris 鞭状的，匍匐的；-aris（阳性、阴性）/ -are（中性）← -alis（阳性、阴性）/ -ale（中性）属于，相似，如同，具有，涉及，关于，联结于（将名词作形容词用，其中 -aris 常用于以 l 或 r 为词干末尾的词）

Celastrus franchetiana （弗氏兰南蛇藤）：franchetiana ← A. R. Franchet（人名，19 世纪法国植物学家）

Celastrus gemmatus 大芽南蛇藤：gemmatus 零余子的，珠芽的；gemmus 芽，珠芽，零余子

Celastrus glaucophyllus 灰叶南蛇藤：glaucus → glauco-/ glauc- 被白粉的，发白的，灰绿色的；phyllus/ phyllum/ phylla ← phyllon 叶片（用于希腊语复合词）

Celastrus hindsii 青江藤：hindsii ← Richard Brinsley Hinds（人名，19 世纪英国皇家海军外科医生、博物学家）

Celastrus hirsutus 硬毛南蛇藤：hirsutus 粗毛的，糙毛的，有毛的（长而硬的毛）

Celastrus homaliifolius 小果南蛇藤：homaliifolius 天料木叶的；缀词规则：以属名作复合词时原词尾变形后的 i 要保留；Homalium 天料木属（大风子科）；folius/ folium/ folia 叶，叶片（用于复合词）

Celastrus hookeri 滇边南蛇藤：hookeri ← William Jackson Hooker（人名，19 世纪英国植物学家）；

-eri 表示人名，在以 -er 结尾的人名后面加上 i 形成

Celastrus hypoleucoides 薄叶南蛇藤：hypoleucoides 像 hypoleucus 的；Celastrus hypoleucus 粉背南蛇藤；hyp-/ hypo- 下面的，以下的，不完全的；leucus 白色的，淡色的；-oides/ -oideus/ -oideum/ -oidea/ -odes/ -eidos 像……的，类似……的，呈……状的（名词词尾）

Celastrus hypoleucus 粉背南蛇藤：hypoleucus 背面白色的，下面白色的；hyp-/ hypo- 下面的，以下的，不完全的；leucus 白色的，淡色的

Celastrus kusanoi 圆叶南蛇藤：kusanoi（人名）

Celastrus monospermus 独子藤：mono-/ mon- ← monos 一个，单一的（希腊语，拉丁语为 unus/ uni-/ uno-）；spermus/ spermum/ sperma 种子的（用于希腊语复合词）

Celastrus oblanceifolius 窄叶南蛇藤：ob- 相反，反对，倒（ob- 有多种音变：ob- 在元音字母和大多数辅音字母前面，oc- 在 c 前面，of- 在 f 前面，op- 在 p 前面）；lance-/ lancei-/ lanci-/ lanceo-/ lanc- ← lanceus 披针形的，矛形的，尖刀状的，柳叶刀状的；folius/ folium/ folia 叶，叶片（用于复合词）

Celastrus orbiculatus 南蛇藤：orbiculatus/ orbicularis = orbis + culus + atus 圆形的；orbis 圆，圆形，圆圈，环；-culus/ -culum/ -cula 小的，略微的，稍微的（同第三变格法和第四变格法名词形成复合词）；-atus/ -atum/ -ata 属于，相似，具有，完成（形容词词尾）

Celastrus paniculatus 灯油藤：paniculatus = paniculus + atus 具圆锥花序的；paniculus 圆锥花序；panus 谷穗；panicus 野稗，粟，谷子；-atus/ -atum/ -ata 属于，相似，具有，完成（形容词词尾）

Celastrus punctatus 东南南蛇藤：punctatus = punctus + atus 具斑点的；punctus 斑点

Celastrus rosthornianus 短梗南蛇藤：rosthornianus ← Arthur Edler von Rosthorn（人名，19 世纪匈牙利驻北京大使）

Celastrus rosthornianus var. loeseneri 宽叶短梗南蛇藤：loeseneri ← L. E. T. Loesener（人名，19–20 世纪德国植物学家）；-eri 表示人名，在以 -er 结尾的人名后面加上 i 形成

Celastrus rosthornianus var. rosthornianus 短梗南蛇藤-原变种 （词义见上面解释）

Celastrus rugosus 皱叶南蛇藤：rugosus = rugus + osus 收缩的，有皱纹的，多褶皱的（同义词：rugatus）；rugus/ rugum/ ruga 褶皱，皱纹，皱缩；-osus/ -osum/ -osa 多的，充分的，丰富的，显著发育的，程度高的，特征明显的（形容词词尾）

Celastrus stylosus 显柱南蛇藤：stylosus 具花柱的，花柱明显的；stylus/ stylis ← stylos 柱，花柱；-osus/ -osum/ -osa 多的，充分的，丰富的，显著发育的，程度高的，特征明显的（形容词词尾）

Celastrus stylosus var. puberulus 毛脉显柱南蛇藤：puberulus = puberus + ulus 略被柔毛的，被微柔毛的；puberus 多毛的，毛茸茸的；-ulus/ -ulum/ -ula 小的，略微的，稍微的（小词 -ulus 在字母 e 或 i 之后有多种变缀，即 -olus/ -olum/ -ola、-ellus/ -ellum/ -ella、-illus/ -illum/ -illa，与第一变格法和第二变格法名词形成复合词）

C

Celastrus stylosus var. stylosus 显柱南蛇藤-原变种 （词义见上面解释）

Celastrus tonkinensis 皱果南蛇藤：tonkin 东京（地名，越南河内的旧称）

Celastrus vaniotii 长序南蛇藤：vaniotii ← Eugene Vaniot（人名，20 世纪法国植物学家）

Celastrus virens 绿独子藤：virens 绿色的，变绿的

Celosia 青葙属（葙 xiāng）（苋科）（25-2：p200）：celosia ← keleos 燃烧的（希腊语，比喻干燥发红）

Celosia argentea 青葙：argenteus = argentum + eus 银白色的；argentum 银；-eus/ -eum/ -ea（接拉丁语词干时）属于……的，色如……的，质如……的（表示原料、颜色或品质的相似），（接希腊语词干时）属于……的，以……出名，为……所占有（表示具有某种特性）

Celosia cristata 鸡冠花（冠 guān）：cristatus = crista + atus 鸡冠的，鸡冠状的，扇形的，山脊状的；crista 鸡冠，山脊，网壁；-atus/ -atum/ -ata 属于，相似，具有，完成（形容词词尾）

Celosia swinhoei （斯芬青葙）：swinhoei（人名）；-i 表示人名，接在以元音字母结尾的人名后面，但 -a 除外

Celosia taitoensis 台湾青葙：taitoensis 台东的（地名，属台湾省，"台东"的日语读音）

Celtis 朴属（朴 pò）（榆科）（22：p400）：celtis 朴树（一种结甜果的植物，古希腊诗人荷马曾称之为 lotus，后被 Pliny 用来为朴属命名）

Celtis biondii 紫弹树：biondii（人名）；-ii 表示人名，接在以辅音字母结尾的人名后面，但 -er 除外

Celtis biondii var. heterophylla （异叶紫弹树）：heterophyllus 异型叶的；hete-/ heter-/ hetero- ← heteros 不同的，多样的，不齐的；phyllus/ phyllum/ phylla ← phyllon 叶片（用于希腊语复合词）

Celtis bungeana 黑弹树：bungeana ← Alexander von Bunge（人名，1813–1866，俄国植物学家）

Celtis cerasifera 小果朴：cerasifera 具樱的，具樱桃状果实的，产樱桃的；cerasi- ← cerasus 樱花，樱桃；-ferus/ -ferum/ -fera/ -fero/ -fere/ -fer 有，具有，产（区别：作独立词使用的 ferus 意思是"野生的"）

Celtis chekiangensis 天目朴树：chekiangensis 浙江的（地名）

Celtis julianae 珊瑚朴：julianae ← Juliana Schneider（人名，20 世纪活动于中国的德国奥地利探险家）；-ae 表示人名，以 -a 结尾的人名后面加上 -e 形成

Celtis koraiensis 大叶朴：koraiensis 朝鲜的（地名）

Celtis philippensis 菲律宾朴树：philippensis 菲律宾的（地名）

Celtis philippensis var. consimilis 铁灵花：consimilis = co + similis 非常相似的；co- 联合，共同，合起来（拉丁语词首，为 cum- 的音变，表示结合、强化、完全，对应的希腊语为 syn-）；co- 的缀词音变有 co-/ com-/ con-/ col-/ cor-：co-（在 h 和元音字母前面），col-（在 l 前面），com-（在 b、m、p 之前），con-（在 c、d、f、g、j、n、qu、s、t 和 v 前面），cor-（在 r 前面）；similis 相似的

Celtis philippensis var. philippensis 菲律宾朴树-原变种 （词义见上面解释）

Celtis sinensis 朴树：sinensis = Sina + ensis 中国的（地名）；Sina 中国

Celtis tetrandra 四蕊朴：tetrandrus 四雄蕊的；tetra-/ tetr- 四，四数（希腊语，拉丁语为 quadri-/ quadr-）；andrus/ andros/ antherus ← aner 雄蕊，花药，雄性

Celtis timorensis 假玉桂：timorensis 帝汶岛的（地名，印度尼西亚）

Celtis vandervoetiana 西川朴：vandervoetiana（人名）

Cenchrus 蒺藜草属（蒺 jí）（禾本科）（10-1：p375）：cenchrus ← cenchros 小米，谷子

Cenchrus calyculatus 光梗蒺藜草（另见 C. incertus）：calyculatus = calyx + ulus + atus 有小萼片的；calyx → calyc- 萼片（用于希腊语复合词）；构词规则：以 -ix/ -iex 结尾的词其词干末尾视为 -ic，以 -ex 结尾视为 -i/ -ic，其他以 -x 结尾视为 -c

Cenchrus echinatus 蒺藜草：echinatus = echinus + atus 有刚毛的，有芒状刺的，刺猬状的，海胆状的；echinus ← echinos → echino-/ echin- 刺猬，海胆；-atus/ -atum/ -ata 属于，相似，具有，完成（形容词词尾）

Cenchrus incertus 光梗蒺藜草（另见 C. calyculatus）：incertus 不确定的，可疑的；certus 确定的；in-/ im-（来自 il- 的音变）内，在内，内部，向内，相反，不，无，非；il- 在内，向内，为，相反（希腊语为 en-）；词首 il- 的音变：il-（在 l 前面），im-（在 b、m、p 前面），in-（在元音字母和大多数辅音字母前面），ir-（在 r 前面），如 illaudatus（不值得称赞的，评价不好的），impermeabilis（不透水的，穿不透的），ineptus（不合适的），insertus（插入的），irretortus（无弯曲的，无扭曲的）

Cenocentrum 大萼葵属（锦葵科）（49-2：p100）：cenos 空的；centrus ← centron 距，有距的，鹰爪状刺（距：雄鸡、雉等的腿的后面突出像脚趾的部分）

Cenocentrum tonkinense 大萼葵：tonkin 东京（地名，越南河内的旧称）

Cenolophium 空棱芹属（伞形科）（55-2：p232）：cenos 空的；lophius = lophus + ius 鸡冠状的，驼峰状突起的；lophus ← lophos 鸡冠，冠毛，额头，驼峰状突起；-ium 具有（第三变格法名词复数所有格词尾，表示"具有、属于"）

Cenolophium denudatum 空棱芹：denudatus = de + nudus + atus 裸露的，露出的，无毛的（近义词：glaber）；de- 向下，向外，从……，脱离，脱落，离开，去掉；nudus 裸露的，无装饰的

Centaurea 矢车菊属（菊科）（78-1：p195）：centaurea ← centaurie（古希腊语名）；centauros 半人半马怪（希腊神话）

Centaurea adpressa 糙叶矢车菊：adpressus/ appressus = ad + pressus 压紧的，压扁的，紧贴的，平卧的；ad- 向，到，近（拉丁语词首，表示程度加强）；构词规则：构成复合词时，词首末尾的辅音字母常同化为紧接其后的那个辅音字母（如 ad + p → app）；pressus 压，压力，挤压，紧密

Centaurea cyanus 矢车菊：cyanus 蓝色的，青色的；

C

cyanide 氰酸

Centaurea depressa（矮矢车菊）：depressus 凹陷的，压扁的；de- 向下，向外，从……，脱离，脱落，离开，去掉；pressus 压，压力，挤压，紧密

Centaurea diffusa 铺散矢车菊（铺 pū）：diffusus = dis + fusus 蔓延的，散开的，扩展的，渗透的（dis- 在辅音字母前发生同化）；fusus 散开的，松散的，松弛的；di-/ dis- 二，二数，二分，分离，不同，在……之间，从……分开（希腊语，拉丁语为 bi-/ bis-）

Centaurea dschungarica 准噶尔矢车菊（噶 gá）：dschungarica 准噶尔的（地名，新疆维吾尔自治区）；-icus/ -icum/ -ica 属于，具有某种特性（常用于地名、起源、生境）

Centaurea iberica 针刺矢车菊：iberica 伊比利亚半岛的（地名，位于欧洲西南部包括西班牙等国）；-icus/ -icum/ -ica 属于，具有某种特性（常用于地名、起源、生境）

Centaurea kasakorum 天山矢车菊：kasakorum（地名，俄罗斯）

Centaurea maculosa 斑点矢车菊：maculosus 斑点的，多斑点的；maculus 斑点，网眼，小斑点，略有斑点；-culosus = culus + osus 小而多的，小而密集的；-culus/ -culum/ -cula 小的，略微的，稍微的（同第三变格法和第四变格法名词形成复合词）；-osus/ -osum/ -osa 多的，充分的，丰富的，显著发育的，程度高的，特征明显的（形容词词尾）

Centaurea nigrescens 縫裂矢车菊（縫 suī）：nigrus 黑色的；niger 黑色的；-escens/ -ascens 改变，转变，变成，略微，带有，接近，相似，大致，稍微（表示变化的趋势，并未完全相似或相同，有别于表示达到完成状态的 -atus）

Centaurea ruthenica 欧亚矢车菊：ruthenica/ ruthenia（地名，俄罗斯）；-icus/ -icum/ -ica 属于，具有某种特性（常用于地名、起源、生境）

Centaurea sibirica 矮小矢车菊：sibirica 西伯利亚的（地名，俄罗斯）；-icus/ -icum/ -ica 属于，具有某种特性（常用于地名、起源、生境）

Centaurea squarrosa 小花矢车菊（"squarosa" 为错印）：squarrosus = squarrus + osus 粗糙的，不平滑的，有凸起的；squarrus 糙的，不平，凸点；-osus/ -osum/ -osa 多的，充分的，丰富的，显著发育的，程度高的，特征明显的（形容词词尾）

Centaurium 百金花属（龙胆科）（62：p9）：centaurium = centum + aurus 百金的；centus 百，一百（比喻数量很多）；aurus 金，金色；-ius/ -ium/ -ia 具有……特性的（表示有关、关联、相似）

Centaurium japonicum 日本百金花：japonicum 日本的（地名）；-icus/ -icum/ -ica 属于，具有某种特性（常用于地名、起源、生境）

Centaurium pulchellum 美丽百金花：pulchellus/ pulcellus = pulcher + ellus 稍美丽的，稍可爱的；pulcher/pulcer 美丽的，可爱的；-ellus/ -ellum/ -ella ← -ulus 小的，略微的，稍微的（小词 -ulus 在字母 e 或 i 之后有多种变缀，即 -olus/ -olum/ -ola、-ellus/ -ellum/ -ella、-illus/ -illum/ -illa，用于第一变格法名词）

Centaurium pulchellum var. altaicum 百金花：

altaicum 阿尔泰的（地名，新疆北部山脉）

Centaurium pulchellum var. pulchellum 美丽百金花-原变种（词义见上面解释）

Centella 积雪草属（伞形科）（55-1：p31）：centella ← centum 百，一百，很多（很多叶片围茎）

Centella asiatica 积雪草：asiatica 亚洲的（地名）；-aticus/ -aticum/ -atica 属于，表示生长的地方，作名词词尾

Centipeda 石胡荽属（荽 suī）（菊科）（76-1：p132）：centi- ← centus 百，一百（比喻数量很多，希腊语为 hecto-/ hecato-）；peda ← pes 足

Centipeda minima 石胡荽：minimus 最小的，很小的

Centotheca 酸模芒属（模 mó）（禾本科）（9-2：p34）：cento ← centeo 刺；centi- ← centus 百，一百（比喻数量很多，希腊语为 hecto-/ hecato-）；theca ← thekion（希腊语）盒子，室（花药的药室）

Centotheca lappacea 酸模芒：lappaceus 像牛蒡的；lappa 有刺的果实（如板栗的针刺状总苞），牛蒡；-aceus/ -aceum/ -acea 相似的，有……性质的，属于……的

Centranthera 胡麻草属（玄参科）（67-2：p344）：centranthera 花药有距的；centr- ← centron 距，有距的，鹰爪钩状的（距：雄鸡、雉等的腿的后面突出像脚趾的部分）；andrus/ andros/ antherus ← aner 雄蕊，花药，雄性

Centranthera cochinchinensis 胡麻草：cochinchinensis ← Cochinchine 南圻的（历史地名，即今越南南部及其周边国家和地区）

Centranthera cochinchinensis var. cochinchinensis 胡麻草-原变种（词义见上面解释）

Centranthera cochinchinensis var. longiflora 长花胡麻草：longe-/ longi- ← longus 长的，纵向的；florus/ florum/ flora ← flos 花（用于复合词）

Centranthera cochinchinensis var. nepalensis 西南胡麻草：nepalensis 尼泊尔的（地名）

Centranthera grandiflora 大花胡麻草：grandi- ← grandis 大的；florus/ florum/ flora ← flos 花（用于复合词）

Centranthera tonkinensis 细瘦胡麻草：tonkin 东京（地名，越南河内的旧称）

Centranthera tranquebarica 矮胡麻草：tranquebarica ← Tranquebar 德伦格巴尔的（地名，丹属印度）

Centrolepidaceae 刺鳞草科（13-3：p8）：Centrolepis 刺鳞草属；-aceae（分类单位科的词尾，为 -aceus 的阴性复数主格形式，加到模式属的名称后或同义词的词干后以组成族群名称）

Centrolepis 刺鳞草属（刺鳞草科）（13-3：p8）：centrus ← centron 距，有距的，鹰爪状刺（距：雄鸡、雉等的腿的后面突出像脚趾的部分）；lepis/ lepidos 鳞片

Centrolepis banksii 刺鳞草：banksii ← Joseph Banks（人名，19 世纪英国植物学家）；-ii 表示人名，接在以辅音字母结尾的人名后面，但 -er 除外

Centrosema 距瓣豆属（豆科）（41：p260）：centrosema 旗瓣基部具距的；centron ← kentron

距（距：雄鸡、雉等的腿的后面突出像脚趾的部分）；semus 旗，旗瓣，标志

Centrosema pubescens 距瓣豆：pubescens ← pubens 被短柔毛的，长出柔毛的；pubi- ← pubis 细柔毛的，短柔毛的，毛被的；pubesco/ pubescere 长成的，变为成熟的，长出柔毛的，青春期体毛的；-escens/ -ascens 改变，转变，变成，略微，带有，接近，相似，大致，稍微（表示变化的趋势，并未完全相似或相同，有别于表示达到完成状态的 -atus）

Centrostemma 蜂出巢属（萝藦科）（63：p471）：centrus ← centron 距，有距的，鹰爪状刺（距：雄鸡、雉等的腿的后面突出像脚趾的部分）；stemmus 王冠，花冠，花环

Centrostemma multiflorum 蜂出巢：multi- ← multus 多个，多数，很多（希腊语为 poly-）；florus/ florum/ flora ← flos 花（用于复合词）

Ceodes 胶果木属（紫茉莉科）（26：p3）：ceodes ← ceod 苞叶，皮壳，囊状，袋子（来自古德语）

Ceodes grandis 抗风桐：grandis 大的，大型的，宏大的

Ceodes umbellifera 胶果木：umbeli-/ umbelli- 伞形花序；-ferus/ -ferum/ -fera/ -fero/ -fere/ -fer 有，具有，产（区别：作独立词使用的 ferus 意思是"野生的"）

Cephaelis 头九节属（茜草科）（71-2：p64）：cephaelis ← cephale 头，头状，头部（指花序组成头状）

Cephaelis laui 头九节：laui ← Alfred B. Lau（人名，21 世纪仙人掌植物采集员）；-i 表示人名，接在以元音字母结尾的人名后面，但 -a 除外

Cephalanthera 头蕊兰属（兰科）（17：p74）：cephalanthera 头状雄蕊的；cephalus/ cephale ← cephalos 头，头状花序；anthera 花药，雄蕊

Cephalanthera alpicola 高山头蕊兰：alpicolus 生于高山的，生于草甸带的；alpus 高山；colus ← colo 分布于，居住于，栖居，殖民（常作词尾）；colo/ colere/ colui/ cultum 居住，耕作，栽培

Cephalanthera bijiangensis 碧江头蕊兰：bijiangensis 碧江的（地名，云南省，已并入泸水县和福贡县）

Cephalanthera calcarata 硕距头蕊兰：calcaratus = calcar + atus 距的，有距的；calcar- ← calcar 距，花萼或花瓣生蜜源的距，短枝（结果枝）（距：雄鸡、雉等的腿的后面突出像脚趾的部分）；-atus/ -atum/ -ata 属于，相似，具有，完成（形容词词尾）

Cephalanthera damasonium 大花头蕊兰：damasonium 大花头蕊兰（希腊语名）

Cephalanthera erecta 银兰：erectus 直立的，笔直的

Cephalanthera falcata 金兰：falcatus = falx + atus 镰刀的，镰刀状的；构词规则：以 -ix/ -iex 结尾的词其词干末尾视为 -ic，以 -ex 结尾视为 -i/ -ic，其他以 -x 结尾视为 -c；falx 镰刀，镰刀形，镰刀状弯曲；-atus/ -atum/ -ata 属于，相似，具有，完成（形容词词尾）

Cephalanthera longibracteata 长苞头蕊兰：longe-/ longi- ← longus 长的，纵向的；

bracteatus = bracteus + atus 具苞片的；bracteus 苞，苞片，苞鳞

Cephalanthera longifolia 头蕊兰：longe-/ longi- ← longus 长的，纵向的；folius/ folium/ folia 叶，叶片（用于复合词）

Cephalanthera nanlingensis 南岭头蕊兰：nanlingensis 南岭的（地名，广东省）

Cephalanthera taiwaniana 台湾头蕊兰：taiwaniana 台湾的（地名）

Cephalantheropsis 黄兰属（兰科）（18：p254）：Cephalanthera 头蕊兰属；-opsis/ -ops 相似，稍微，带有

Cephalantheropsis calanthoides 铃花黄兰：Calanthe 虾脊兰属（兰科）；-oides/ -oideus/ -oideum/ -oidea/ -odes/ -eidos 像……的，类似……的，呈……状的（名词词尾）

Cephalantheropsis gracilis 黄兰：gracilis 细长的，纤弱的，丝状的

Cephalanthus 风箱树属（茜草科）（71-1：p279）：cephalanthus 头状花的，头状花序的；cephalus/ cephale ← cephalos 头，头状花序；anthus/ anthum/ antha/ anthe ← anthos 花（用于希腊语复合词）

Cephalanthus tetrandrus 风箱树：tetrandrus 四雄蕊的；tetra-/ tetr- 四，四数（希腊语，拉丁语为 quadri-/ quadr-）；andrus/ andros/ antherus ← aner 雄蕊，花药，雄性

Cephalomanes 厚叶蕨属（膜蕨科）（2：p187）：cephalus/ cephale ← cephalos 头，头状花序；cephal-/ cephalo- ← cephalus 头，头状，头部；manes ← manos 松软的，软的

Cephalomanes javanicum 爪哇厚叶蕨：javanicum 爪哇的（地名，印度尼西亚）；-icus/ -icum/ -ica 属于，具有某种特性（常用于地名、起源、生境）

Cephalomanes sumatranum 厚叶蕨：sumatranum ← Sumatra 苏门答腊的（地名，印度尼西亚）

Cephalomappa 肥牛树属（大戟科）（44-2：p94）：cephalus/ cephale ← cephalos 头，头状花序；cephal-/ cephalo- ← cephalus 头，头状，头部；mappa ← Macaranga 血桐属

Cephalomappa sinensis 肥牛树：sinensis = Sina + ensis 中国的（地名）；Sina 中国

Cephalorrhynchus 头嘴菊属（菊科）（80-1：p290）：cephalus/ cephale ← cephalos 头，头状花序；cephal-/ cephalo- ← cephalus 头，头状，头部；rhynchus ← rhynchos 喙状的，鸟嘴状的（-rh- 接在元音字母后面构成复合词时要变成 -rrh-）

Cephalorrhynchus albiflorus 白花头嘴菊：albus → albi-/ albo- 白色的；florus/ florum/ flora ← flos 花（用于复合词）

Cephalorrhynchus macrorrhizus 头嘴菊：macro-/ macr- ← macros 大的，宏观的（用于希腊语复合词）；rhizus 根，根状茎（-rh- 接在元音字母后面构成复合词时要变成 -rrh-）

Cephalorrhynchus saxatilis 岩生头嘴菊：saxatilis 生于岩石的，生于石缝的；saxum 岩石，结石；-atilis（阳性、阴性）/ -atile（中性）（表示生长的

C

地方）

Cephalostachyum 空竹属（禾本科）（9-1: p27）：cephalus/ cephale ← cephalos 头，头状花序；cephal-/ cephalo- ← cephalus 头，头状，头部；stachy-/ stachyo-/ -stachys/ -stachyus/ -stachyum/ -stachya 穗子，穗子的，穗子状的，穗状花序的

Cephalostachyum fuchsianum 空竹：fuchsianum（人名）

Cephalostachyum pallidum 小空竹：pallidus 苍白的，淡白色的，淡色的，蓝白色的，无活力的；palide 淡地，淡色地（反义词：sturate 深色地，浓色地，充分地，丰富地，饱和地）

Cephalostachyum pergracile 糯竹（糯 nuò）：pergracile 极细的；per-（在 l 前面音变为 pel-）极，很，颇，甚，非常，完全，通过，遍及（表示效果加强，与 sub- 互为反义词）；gracile 细长的，纤弱的，丝状的

Cephalostachyum virgatum 金毛空竹：virgatus 细长枝条的，有条纹的，嫩枝状的；virga/ virgus 纤细枝条，细而绿的枝条；-atus/ -atum/ -ata 属于，相似，具有，完成（形容词词尾）

Cephalostigma 星花草属（桔梗科）（73-2: p30）：cephalostigma 头状柱头；cephalus/ cephale ← cephalos 头，头状花序；cephal-/ cephalo- ← cephalus 头，头状，头部；stigmus 柱头

Cephalostigma hookeri 星花草：hookeri ← William Jackson Hooker（人名，19 世纪英国植物学家）；-eri 表示人名，在以 -er 结尾的人名后面加上 i 形成

Cephalotaxaceae 三尖杉科（7: p423）：Cephalotaxus 三尖杉属；-aceae（分类单位科的词尾，为 -aceus 的阴性复数主格形式，加到模式属的名称后或同义词的词干后以组成族群名称）

Cephalotaxus 三尖杉属（三尖杉科）（7: p423）：cephalotaxus = cephalos + Taxus 像红豆杉但花序呈头状聚集；cephalus/ cephale ← cephalos 头，头状花序；cephal-/ cephalo- ← cephalus 头，头状，头部；Taxus 红豆杉属（紫杉属）

Cephalotaxus fortunei 三尖杉：fortunei ← Robert Fortune（人名，19 世纪英国园艺学家，曾在中国采集植物）；-i 表示人名，接在以元音字母结尾的人名后面，但 -a 除外

Cephalotaxus fortunei var. alpina 高山三尖杉：alpinus = alpus + inus 高山的；alpus 高山；al-/ alti-/ alto- ← altus 高的，高处的；-inus/ -inum/ -ina/ -inos 相近，接近，相似，具有（通常指颜色）；关联词：subalpinus 亚高山的

Cephalotaxus fortunei var. concolor 绿背三尖杉：concolor = co + color 同色的，一色的，单色的；co- 联合，共同，合起来（拉丁语词首，为 cum- 的音变，表示结合、强化、完全，对应的希腊语为 syn-）；co- 的缀词音变有 co-/ com-/ con-/ col-/ cor-：co-（在 h 和元音字母前面），col-（在 l 前面），com-（在 b、m、p 之前），con-（在 c、d、f、g、j、n、qu、s、t 和 v 前面），cor-（在 r 前面）；color 颜色

Cephalotaxus fortunei var. fortunei 三尖杉-原变种（词义见上面解释）

Cephalotaxus hainanensis 海南粗榧：hainanensis 海南的（地名）

Cephalotaxus harringtonia cv. Fastigiata 柱冠粗榧（冠 guān）：harringtonia（人名）；fastigiatus 束状的，笤帚状的（枝条直立聚集）（形近词：fastigatus 高的，高举的）；fastigius 笤帚

Cephalotaxus lanceolata 贡山三尖杉：lanceolatus = lanceus + olus + atus 小披针形的，小柳叶刀的；lance-/ lancei-/ lanci-/ lanceo-/ lanc- ← lanceus 披针形的，矛形的，尖刀状的，柳叶刀状的；-olus ← -ulus 小，稍微，略微（-ulus 在字母 e 或 i 之后变成 -olus/ -ellus/ -illus）；-atus/ -atum/ -ata 属于，相似，具有，完成（形容词词尾）

Cephalotaxus mannii 西双版纳粗榧：mannii ← Horace Mann Jr.（人名，19 世纪美国博物学家）

Cephalotaxus oliveri 篦子三尖杉：oliveri（人名）；-eri 表示人名，在以 -er 结尾的人名后面加上 i 形成

Cephalotaxus sinensis 粗榧：sinensis = Sina + ensis 中国的（地名）；Sina 中国

Cephalotaxus sinensis var. latifolia 宽叶粗榧：lati-/ late- ← latus 宽的，宽广的；folius/ folium/ folia 叶，叶片（用于复合词）

Cephalotaxus sinensis var. sinensis 粗榧-原变种（词义见上面解释）

Cephalotaxus wilsoniana 台湾三尖杉：wilsoniana ← John Wilson（人名，18 世纪英国植物学家）

Cerastium 卷耳属（石竹科）（26: p76）：cerastium ← cerastes 犄角状的（指细长弯曲的蒴果）；-ius/ -ium/ -ia 具有……特性的（表示有关、关联、相似）

Cerastium arvense 卷耳：arvensis 田里生的；arvum 耕地，可耕地

Cerastium arvense var. angustifolium 狭叶卷耳：angusti- ← angustus 窄的，狭的，细的；folius/ folium/ folia 叶，叶片（用于复合词）

Cerastium arvense var. arvense 卷耳-原变种（词义见上面解释）

Cerastium arvense var. glabellum 无毛卷耳：glabellus 光滑的，无毛的；-ellus/ -ellum/ -ella ← -ulus 小的，略微的，稍微的（小词 -ulus 在字母 e 或 i 之后有多种变缀，即 -olus/ -olum/ -ola、-ellus/ -ellum/ -ella、-illus/ -illum/ -illa，用于第一变格法名词）

Cerastium baischanense 长白卷耳：baischanense 长白山的（地名，吉林省）

Cerastium cerastoides 六齿卷耳：cerastoides ← cerastioides 像卷耳的；-oides/ -oideus/ -oideum/ -oidea/ -odes/ -eidos 像……的，类似……的，呈……状的（名词词尾）

Cerastium davuricum 达乌里卷耳：davuricum（dahuricum/ dauricum）达乌里的（地名，外贝加尔湖，属西伯利亚的一个地区，即贝加尔湖以东及以南至中国和蒙古边界）

Cerastium falcatum 镰刀叶卷耳：falcatus = falx + atus 镰刀的，镰刀状的；falx 镰刀，镰刀形，镰刀状弯曲；构词规则：以 -ix/ -iex 结尾的词其词干末尾视为 -ic，以 -ex 结尾视为 -i/ -ic，其他以 -x 结尾视为 -c；-atus/ -atum/ -ata 属于，相似，具有，

完成（形容词词尾）

Cerastium fontanum 喜泉卷耳：fontanus/ fontinalis ← fontis 泉水的，流水的（指生境）；fons 泉，源泉，溪流；fundo 流出，流动

Cerastium fontanum subsp. fontanum 喜泉卷耳-原亚种 （词义见上面解释）

Cerastium fontanum subsp. triviale 簇生卷耳：triviale 常见的，普通的；trivium 三叉路口，闹市通道；tri-/ tres 三；via 道路，街道

Cerastium furcatum 缘毛卷耳：furcatus/ furcans = furcus + atus 叉子状的，分叉的；furcus 叉子，叉子状的，分义的；-atus/ -atum/ -ata 属于，相似，具有，完成（形容词词尾）

Cerastium glomeratum 球序卷耳：glomeratus = glomera + atus 聚集的，球形的，聚成球形的；glomera 线球，一团，一束

Cerastium limprichtii 华北卷耳：limprichtii（人名）；-ii 表示人名，接在以辅音字母结尾的人名后面，但 -er 除外

Cerastium lithospermifolium 紫草叶卷耳：Lithospermum 紫草属（紫草科）；folius/ folium/ folia 叶，叶片（用于复合词）

Cerastium maximum 大卷耳：maximus 最大的

Cerastium pauciflorum 疏花卷耳：pauci- ← paucus 少数的，少的（希腊语为 oligo-）；florus/ florum/ flora ← flos 花（用于复合词）

Cerastium pauciflorum var. oxalidiflorum 毛蕊卷耳：oxalid- ← Oxalis 酢浆草属（醋浆草科）；构词规则：词尾为 -is 和 -ys 的词的词干分别视为 -id 和 -yd；florus/ florum/ flora ← flos 花（用于复合词）

Cerastium pauciflorum var. pauciflorum 疏花卷耳-原变种 （词义见上面解释）

Cerastium perfoliatum 抱茎叶卷耳：perfoliatus 叶片抱茎的；peri-/ per- 周围的，缠绕的（与拉丁语 circum- 意思相同）；foliatus 具叶的，多叶的；folius/ folium/ folia → foli-/ folia- 叶，叶片

Cerastium pusillum 山卷耳：pusillus 纤弱的，细小的，无价值的

Cerastium subpilosum 细叶卷耳：subpilosus 稍被柔毛的；sub-（表示程度较弱）与……类似，几乎，稍微，弱，亚，之下，下面；pilosus = pilus + osus 多毛的，被柔毛的，具疏柔毛的，被短弱细毛的；pilus 毛，疏柔毛；-osus/ -osum/ -osa 多的，充分的，丰富的，显著发育的，程度高的，特征明显的（形容词词尾）

Cerastium szechuense 四川卷耳：szechuense 四川的（地名）

Cerastium tianschanicum 天山卷耳：tianschanicum 天山的（地名，新疆维吾尔自治区）；-icus/ -icum/ -ica 属于，具有某种特性（常用于地名、起源、生境）

Cerastium wilsonii 鄂西卷耳：wilsonii ← John Wilson（人名，18 世纪英国植物学家）

Cerasus 樱属（蔷薇科）（38：p41）：cerasus 樱花，樱桃（古拉丁名）（另一解释为来自小亚细亚地名 Cera Sun）

Cerasus avium 欧洲甜樱桃：avius 鸟的，飞鸟的，欧洲甜樱桃（古名）

Cerasus campanulata 钟花樱桃：campanula + atus 钟形的，具钟的（指花冠）；campanula 钟，吊钟状的，风铃草状的；-atus/ -atum/ -ata 属于，相似，具有，完成（形容词词尾）

Cerasus carcharis （卡洽樱桃）：carcharis（词源不详）

Cerasus caudata 尖尾樱桃：caudatus = caudus + atus 尾巴的，尾巴状的，具尾的；caudus 尾巴

Cerasus cerasoides 高盆樱桃：cerasoides 像樱桃的；Cerasus 樱花，樱属（蔷薇科）；-oides/ -oideus/ -oideum/ -oidea/ -odes/ -eidos 像……的，类似……的，呈……状的（名词词尾）

Cerasus cerasoides var. cerasoides 高盆樱桃-原变种 （词义见上面解释）

Cerasus cerasoides var. rubea 红花高盆樱桃：rubeus 带红的，发红的；rubus ← ruber/ rubeo 树莓的，红色的；rubrus/ rubrum/ rubra/ ruber 红色的；-eus/ -eum/ -ea（接拉丁语词干时）属于……的，色如……的，质如……的（表示原料、颜色或品质的相似），（接希腊语词干时）属于……的，以……出名，为……所占有（表示具有某种特性）

Cerasus clarofolia 微毛樱桃：clarus 光亮的，美好的；folius/ folium/ folia 叶，叶片（用于复合词）

Cerasus claviculata 长腺樱桃：claviculatus 有卷须的；claviculus 卷须；clavis 检索表，钥匙

Cerasus conadenia 锥腺樱桃：conadenius 具锥状腺的；conos 圆锥，尖塔；adenius = adenus + ius 具腺体的；adenus 腺，腺体；-ius/ -ium/ -ia 具有……特性的（表示有关、关联、相似）

Cerasus conradinae 华中樱桃：conradinae ← Solomon White Conrad（人名，19 世纪美国植物学家）；-ae 表示人名，以 -a 结尾的人名后面加上 -e 形成

Cerasus crataegifolia 山楂叶樱桃：Crataegus 山楂属（蔷薇科）；folius/ folium/ folia 叶，叶片（用于复合词）

Cerasus cyclamina 襄阳山樱桃：cyclamina 像仙客来的；Cyclamen 仙客来属（报春花科）；-inus/ -inum/ -ina/ -inos 相近，接近，相似，具有（通常指颜色）

Cerasus cyclamina var. biflora 双花山樱桃：bi-/ bis- 二，二数，二回（希腊语为 di-）；florus/ florum/ flora ← flos 花（用于复合词）

Cerasus cyclamina var. cyclamina 襄阳山樱桃-原变种 （词义见上面解释）

Cerasus dictyoneura 毛叶欧李：dictyoneurus 网状脉的；dictyon 网，网状（希腊语）；neurus ← neuron 脉，神经

Cerasus dielsiana 尾叶樱桃：dielsiana ← Friedrich Ludwig Emil Diels（人名，20 世纪德国植物学家）

Cerasus dielsiana var. abbreviata 短梗尾叶樱桃：abbreviatus = ad + brevis + atus 缩短了的，省略的；ad- 向，到，近（拉丁语词首，表示程度加强）；构词规则：构成复合词时，词首末尾的辅音字母常同化为紧接其后的那个辅音字母（如 ad + b → abb）；brevis 短的（希腊语）；-atus/ -atum/ -ata 属于，相似，具有，完成（形容词词尾）

Cerasus dielsiana var. dielsiana 尾叶樱桃-原变种（词义见上面解释）

Cerasus discoidea 迎春樱桃：discoideus 圆盘状的；dic-/ disci-/ disco- ← discus ← discos 碟子，盘子，圆盘；-oides/ -oideus/ -oideum/ -oidea/ -odes/ -eidos 像……的，类似……的，呈……状的（名词词尾）

Cerasus duclouxii 西南樱桃：duclouxii（人名）；-ii 表示人名，接在以辅音字母结尾的人名后面，但 -er 除外

Cerasus fruticosa 草原樱桃：fruticosus/ frutesceus 灌丛状的；frutex 灌木；构词规则：以 -ix/ -iex 结尾的词其词干末尾视为 -ic，以 -ex 结尾视为 -i/ -ic，其他以 -x 结尾视为 -c；-osus/ -osum/ -osa 多的，充分的，丰富的，显著发育的，程度高的，特征明显的（形容词词尾）

Cerasus glabra 光叶樱桃：glabrus 光秃的，无毛的，光滑的

Cerasus glandulosa 麦李：glandulosus = glandus + ulus + osus 被细腺的，具腺体的，腺体质的；glandus ← glans 腺体；-ulus/ -ulum/ -ula 小的，略微的，稍微的（小词 -ulus 在字母 e 或 i 之后有多种变缀，即 -olus/ -olum/ -ola、-ellus/ -ellum/ -ella、-illus/ -illum/ -illa，与第一变格法和第二变格法名词形成复合词）；-osus/ -osum/ -osa 多的，充分的，丰富的，显著发育的，程度高的，特征明显的（形容词词尾）

Cerasus glandulosa f. albo-plena 白花重瓣麦李：albus → albi-/ albo- 白色的；plenus → plen-/ pleni- 很多的，充满的，大量的，重瓣的，多重的

Cerasus glandulosa f. rosea 粉花麦李：roseus = rosa + eus 像玫瑰的，玫瑰色的，粉红色的；rosa 蔷薇（古拉丁名）← rhodon 蔷薇（希腊语）← rhodd 红色，玫瑰红（凯尔特语）；-eus/ -eum/ -ea（接拉丁语词干时）属于……的，色如……的，质如……的（表示原料、颜色或品质的相似），（接希腊语词干时）属于……的，以……出名，为……所占有（表示具有某种特性）

Cerasus glandulosa f. sinensis 粉花重瓣麦李：sinensis = Sina + ensis 中国的（地名）；Sina 中国

Cerasus henryi 蒙自樱桃：henryi ← Augustine Henry 或 B. C. Henry（人名，前者，1857–1930，爱尔兰医生、植物学家，曾在中国采集植物，后者，1850–1901、曾活动于中国的传教士）

Cerasus humilis 欧李：humilis 矮的，低的

Cerasus jacquemontii（雅库欧李）：jacquemontii ← Victor Jacquemont（人名，1801–1832，法国植物学家）；-ii 表示人名，接在以辅音字母结尾的人名后面，但 -er 除外

Cerasus japonica 郁李：japonica 日本的（地名）；-icus/ -icum/ -ica 属于，具有某种特性（常用于地名、起源、生境）

Cerasus japonica var. japonica 郁李-原变种（词义见上面解释）

Cerasus japonica var. nakaii 长梗郁李：nakaii = nakai + i 中井猛之进（人名，1882–1952，日本植物学家）；-ii 表示人名，接在以辅音字母结尾的人名后面，但 -er 除外；-i 表示人名，接在以元音字母结尾

的人名后面，但 -a 除外

Cerasus litiginosa（争鸣郁李）：litiginosus 有争议的，争论的；litigo 争议，争论（词干为 litigin-）；词尾为 -go 的词其词干末尾视为 -gin

Cerasus mahaleb 圆叶樱桃：mahaleb（土名）

Cerasus maximowiczii 黑樱桃：maximowiczii ← C. J. Maximowicz 马克希莫夫（人名，1827–1891，俄国植物学家）

Cerasus mugus 偃樱桃（偃 yǎn）：mugus/ mughus 矮松（意大利语）

Cerasus patentipila 散毛樱桃（散 sàn）：patentipilus 展毛的；patens 开展的（呈 90°），伸展的，传播的，飞散的；pilus 毛，疏柔毛

Cerasus pleiocerasus 雕核樱桃：pleo-/ plei-/ pleio- ← pleos/ pleios 多的；cerasus 樱花，樱桃（古拉丁名）

Cerasus pogonostyla 毛柱郁李：pogonostylus 髯毛花柱的；pogon 胡须，髯毛，芒尖；stylus/ stylis ← stylos 柱，花柱

Cerasus pogonostyla var. obovata 长尾毛柱樱桃：obovatus = ob + ovus + atus 倒卵形的；ob- 相反，反对，倒（ob- 有多种音变：ob- 在元音字母和大多数辅音字母前面，oc- 在 c 前面，of- 在 f 前面，op- 在 p 前面）；ovus 卵，胚珠，卵形的，椭圆形的

Cerasus pogonostyla var. pogonostyla 毛柱郁李-原变种（词义见上面解释）

Cerasus polytricha 多毛樱桃：poly- ← polys 多个，许多（希腊语，拉丁语为 multi-）；trichus 毛，毛发，线

Cerasus pseudocerasus 樱桃：pseudocerasus 像 cerasus 的；pseudo-/ pseud- ← pseudos 假的，伪的，接近，相似（但不是）；Cerasus cerasus ← Prunus cerasus 樱，樱花

Cerasus pusilliflora 细花樱桃：pusillus 纤弱的，细小的，无价值的；florus/ florum/ flora ← flos 花（用于复合词）

Cerasus rufa 红毛樱桃：rufus 红褐色的，发红的，淡红色的；ruf-/ rufi-/ frufo- ← rufus/ rubus 红褐色的，锈色的，红色的，发红的，淡红色的

Cerasus rufa var. rufa 红毛樱桃-原变种（词义见上面解释）

Cerasus rufa var. trichantha 毛萼红毛樱桃：trichanthus 毛花的；trich-/ tricho-/ tricha- ← trichos ← thrix 毛，多毛的，线状的，丝状的；anthus/ anthum/ antha/ anthe ← anthos 花（用于希腊语复合词）

Cerasus salicina var. frutescens 矮生欧洲酸樱桃：salicinus = Salix + inus 像柳树的；构词规则：以 -ix/ -iex 结尾的词其词干末尾视为 -ic，以 -ex 结尾视为 -i/ -ic，其他以 -x 结尾视为 -c；Salix 柳属；-inus/ -inum/ -ina/ -inos 相近，接近，相似，具有（通常指颜色）；frutescens = frutex + escens 变成灌木状的，略呈灌木状的；frutex 灌木；-escens/ -ascens 改变，转变，变成，略微，带有，接近，相似，大致，稍微（表示变化的趋势，并未完全相似或相同，有别于表示达到完成状态的 -atus）

Cerasus salicina var. salicina 欧洲酸樱桃-原变种（词义见上面解释）

C

Cerasus salicina var. salicina f. persiciflora 粉色重瓣欧洲酸樱桃：persicus 桃，杏，波斯的（地名）；florus/ florum/ flora ← flos 花（用于复合词）

Cerasus salicina var. salicina f. plena 半重瓣欧洲酸樱桃：plenus → plen-/ pleni- 很多的，充满的，大量的，重瓣的，多重的

Cerasus salicina var. salicina f. rhexii 重瓣欧洲酸樱桃：rhexius 疝气，破裂

Cerasus salicina var. salicina f. salicifolia 柳叶欧洲酸樱桃：salici ← Salix 柳属；构词规则：以 -ix/ -iex 结尾的词其词干末尾视为 -ic，以 -ex 结尾视为 -i/ -ic，其他以 -x 结尾视为 -c；folius/ folium/ folia 叶，叶片（用于复合词）

Cerasus salicina var. salicina f. umbraculifera 小叶欧洲酸樱桃：umbraculifera 伞，具伞的；umbraculus 阴影，阴地，遮阴；umbra 荫凉，阴影，阴地；-ferus/ -ferum/ -fera/ -fero/ -fere/ -fer 有，具有，产（区别：作独立词使用的 ferus 意思是"野生的"）

Cerasus salicina var. semperflorens 晚花欧洲酸樱桃：semperflorens 四季开花的，常开花的；semper 总是，经常，永久；florens 开花

Cerasus schneideriana 浙闽樱桃：schneideriana（人名）

Cerasus scopulorum 崖樱桃（崖 yá）：scopulorum 岩石，峭壁；scopulus 带棱角的岩石，岩壁，峭壁；-orum 属于……的（第二变格法名词复数所有格词尾，表示群落或多数）

Cerasus serrula 细齿樱桃：serrulus = serrus + ulus 细锯齿，小锯齿；serrus 齿，锯齿；-ulus/ -ulum/ -ula 小的，略微的，稍微的（小词 -ulus 在字母 e 或 i 之后有多种变缀，即 -olus/ -olum/ -ola、-ellus/ -ellum/ -ella、-illus/ -illum/ -illa，与第一变格法和第二变格法名词形成复合词）

Cerasus serrulata 山樱花：serrulatus = serrus + ulus + atus 具细锯齿的；serrus 齿，锯齿；-ulus/ -ulum/ -ula 小的，略微的，稍微的（小词 -ulus 在字母 e 或 i 之后有多种变缀，即 -olus/ -olum/ -ola、-ellus/ -ellum/ -ella、-illus/ -illum/ -illa，与第一变格法和第二变格法名词形成复合词）；-atus/ -atum/ -ata 属于，相似，具有，完成（形容词词尾）

Cerasus serrulata var. lannesiana 日本晚樱：lannesiana ← Lannes de Montebello（人名，19 世纪法国人）

Cerasus serrulata var. pubescens 毛叶山樱花：pubescens ← pubens 被短柔毛的，长出柔毛的；pubi- ← pubis 细柔毛的，短柔毛的，毛被的；pubesco/ pubescere 长成的，变为成熟的，长出柔毛的，青春期体毛的；-escens/ -ascens 改变，转变，变成，略微，带有，接近，相似，大致，稍微（表示变化的趋势，并未完全相似或相同，有别于表示达到完成状态的 -atus）

Cerasus serrulata var. serrulata 山樱花-原变种（词义见上面解释）

Cerasus setulosa 刺毛樱桃：setulosus = setus + ulus + osus 多细刚毛的，多细刺毛的，多细芒刺的；setus/ saetus 刚毛，刺毛，芒刺；-ulus/ -ulum/ -ula 小的，略微的，稍微的（小词 -ulus 在字母 e 或

i 之后有多种变缀，即 -olus/ -olum/ -ola、-ellus/ -ellum/ -ella、-illus/ -illum/ -illa，与第一变格法和第二变格法名词形成复合词）；-osus/ -osum/ -osa 多的，充分的，丰富的，显著发育的，程度高的，特征明显的（形容词词尾）

Cerasus stipulacea 托叶樱桃：stipulaceus 托叶的，托叶状的，托叶上的；stipulus 托叶；-aceus/ -aceum/ -acea 相似的，有……性质的，属于……的

Cerasus subhirtella 大叶早樱：subhirtella 稍被短毛的；sub-（表示程度较弱）与……类似，几乎，稍微，弱，亚，之下，下面；hirtellus = hirtus + ellus 被短粗硬毛的

Cerasus subhirtella var. pendula 垂枝大叶早樱：pendulus ← pendere 下垂的，垂吊的（悬空或因支持体细软而下垂）；pendere/ pendeo 悬挂，垂悬；-ulus/ -ulum/ -ula（表示趋向或动作）（小词 -ulus 在字母 e 或 i 之后有多种变缀，即 -olus/ -olum/ -ola、-ellus/ -ellum/ -ella、-illus/ -illum/ -illa，与第一变格法和第二变格法名词形成复合词）

Cerasus subhirtella var. subhirtella 大叶早樱-原变种（词义见上面解释）

Cerasus szechuanica 四川樱桃：szechuanica 四川的（地名）；-icus/ -icum/ -ica 属于，具有某种特性（常用于地名、起源、生境）

Cerasus tatsienensis 康定樱桃：tatsienensis 打箭炉的（地名，四川省康定县的别称）

Cerasus tianshanica 天山樱桃：tianshanica 天山的（地名，新疆维吾尔自治区）；-icus/ -icum/ -ica 属于，具有某种特性（常用于地名、起源、生境）

Cerasus tomentosa 毛樱桃：tomentosus = tomentum + osus 绒毛的，密被绒毛的；tomentum 绒毛，浓密的毛被，棉絮，棉絮状填充物（被褥、垫子等）；-osus/ -osum/ -osa 多的，充分的，丰富的，显著发育的，程度高的，特征明显的（形容词词尾）

Cerasus trichostoma 川西樱桃：trichostomus 毛口的；trich-/ tricho-/ tricha- ← trichos ← thrix 毛，多毛的，线状的，丝状的；stomus 口，开口，气孔

Cerasus vulgaris 欧洲酸樱桃：vulgaris 常见的，普通的，分布广的；vulgus 普通的，到处可见的

Cerasus yedoensis 东京樱花：yedo ← Edo 江户的（地名，"江户"为日本东京的旧称，读音为"edo"）

Cerasus yunnanensis 云南樱桃：yunnanensis 云南的（地名）

Cerasus yunnanensis var. polybotrys 多花云南樱桃：polybotrys 多花束的，总状花序的；poly- ← polys 多个，许多（希腊语，拉丁语为 multi-）；botrys → botr-/ botry- 簇，串，葡萄串状，丛，总状

Cerasus yunnanensis var. yunnanensis 云南樱桃-原变种（词义见上面解释）

Ceratanthus 角花属（唇形科）（66：p534）：-ceros/ -ceras/ -cera/ cerat-/ cerato- 角，犄角；anthus/ anthum/ antha/ anthe ← anthos 花（用于希腊语复合词）

Ceratanthus calcaratus 角花：calcaratus = calcar + atus 距的，有距的；calcar- ← calcar 距，花萼或花瓣生蜜源的距，短枝（结果枝）（距：雄鸡、雉等的腿的后面突出像脚趾的部分）；-atus/ -atum/ -ata 属于，相似，具有，完成（形容词词尾）

C

Ceratocarpus 角果藜属（藜科）（25-2：p47）：ceratocarpus 犄角状果实的；-ceros/ -ceras/ -cera/ cerat-/ cerato- 角，犄角；carpus/ carpum/ carpa/ carpon ← carpos 果实（用于希腊语复合词）

Ceratocarpus arenarius 角果藜：arenarius 沙子，沙地，沙地的，沙生的；arena 沙子；-arius/ -arium/ -aria 相似，属于（表示地点，场所，关系，所属）

Ceratocephalus 角果毛茛属（茛 gèn）（毛茛科）（28：p344）：-ceros/ -ceras/ -cera/ cerat-/ cerato- 角，犄角；cephalus/ cephale ← cephalos 头，头状花序

Ceratocephalus orthoceras 角果毛茛：orthoceras/ orthocerus 直立角的；ortho- ← orthos 直的，正面的；-ceras/ -ceros/ cerato- ← keras 犄角，兽角，角状突起（希腊语）

Ceratoides 驼绒藜属（藜科，已修订为 Krascheninnikovia）（25-2：p24）：Ceratoides 像兽角的；-ceros/ -ceras/ -cera/ cerat-/ cerato- 角，犄角；-oides/ -oideus/ -oideum/ -oidea/ -odes/ -eidos 像……的，类似……的，呈……状的（名词词尾）；krascheninnikovia ← S. Krascheninnikow（人名）

Ceratoides arborescens 华北驼绒藜：arbor 乔木，树木；-escens/ -ascens 改变，转变，变成，略微，带有，接近，相似，大致，稍微（表示变化的趋势，并未完全相似或相同，有别于表示达到完成状态的 -atus）

Ceratoides compacta 垫状驼绒藜：compactus 小型的，压缩的，紧凑的，致密的，稠密的；pactus 压紧，紧缩；co- 联合，共同，合起来（拉丁语词首，为 cum- 的音变，表示结合、强化、完全，对应的希腊语为 syn-）；co- 的缀词音变有 co-/ com-/ con-/ col-/ cor-：co-（在 h 和元音字母前面），col-（在 l 前面），com-（在 b、m、p 之前），con-（在 c、d、f、g、j、n、qu、s、t 和 v 前面），cor-（在 r 前面）

Ceratoides compacta var. compacta 垫状驼绒藜-原变种（词义见上面解释）

Ceratoides compacta var. longipilosa 长毛垫状驼绒藜：longe-/ longi- ← longus 长的，纵向的；pilosus = pilus + osus 多毛的，被柔毛的，具疏柔毛的，被短弱细毛的；pilus 毛，疏柔毛；-osus/ -osum/ -osa 多的，充分的，丰富的，显著发育的，程度高的，特征明显的（形容词词尾）

Ceratoides ewersmanniana 心叶驼绒藜：ewersmanniana（人名）

Ceratoides latens 驼绒藜：latens 潜伏的，休眠的，隐藏的

Ceratonia 长角豆属（豆科）（39：p120）：ceratonia 长角豆（希腊语名）；-ceros/ -ceras/ -cera/ cerat-/ cerato- 角，犄角

Ceratonia siliqua 长角豆：siliquus 长角果，荚果

Ceratophyllaceae 金鱼藻科（27：p15）：Ceratophyllum 金鱼藻属（金鱼藻科）；-aceae（分类单位科的词尾，为 -aceus 的阴性复数主格形式，加到模式属的名称后或同义词的词干后以组成族群名称）

Ceratophyllum 金鱼藻属（金鱼藻科）（27：p15）：ceratophyllus 犄角状叶片的（比喻叶裂片形状）；-ceros/ -ceras/ -cera/ cerat-/ cerato- 角，犄角；phyllus/ phyllum/ phylla ← phyllon 叶片（用于希腊语复合词）

Ceratophyllum demersum 金鱼藻：demersus 水生的，沉水生的；de- 向下，向外，从……，脱离，脱落，离开，去掉；反义词：emersus 突出水面的，露出的，挺直的；mersus 浸入，沉没于

Ceratophyllum inflatum 宽叶金鱼藻：inflatus 膨胀的，袋状的

Ceratophyllum manschuricum 东北金鱼藻：manschuricum 满洲的（地名，中国东北，地理区域）

Ceratophyllum oryzetorum 五刺金鱼藻：oryzetorum 稻田的，稻田生的；Oryza 稻属（禾本科）；-etorum 群落的（表示群丛、群落的词尾）

Ceratophyllum submersum 细金鱼藻：submersus 潜水的，水下的；sub-（表示程度较弱）与……类似，几乎，稍微，弱，亚，之下，下面；emersus 突出水面的，露出的，挺直的

Ceratopteris 水蕨属（水蕨科）（3-1：p275）：-ceros/ -ceras/ -cera/ cerat-/ cerato- 角，犄角；pteris ← pteryx 翅，翼，蕨类（希腊语）

Ceratopteris pteridoides 粗梗水蕨：pterido-/ pteridi-/ pterid- ← pteris ← pteryx 翅，翼，蕨类（希腊语）；构词规则：词尾为 -is 和 -ys 的词的词干分别视为 -id 和 -yd；-oides/ -oideus/ -oideum/ -oidea/ -odes/ -eidos 像……的，类似……的，呈……状的（名词词尾）

Ceratopteris shingii 邢氏水蕨：shingii 邢福武（人名，中国植物学家）；-ii 表示人名，接在以辅音字母结尾的人名后面，但 -er 除外

Ceratopteris thalictroides 水蕨：Thalictrum 唐松草属（毛茛科）；-oides/ -oideus/ -oideum/ -oidea/ -odes/ -eidos 像……的，类似……的，呈……状的（名词词尾）

Ceratostigma 蓝雪花属（白花丹科）（60-1：p9）：-ceros/ -ceras/ -cera/ cerat-/ cerato- 角，犄角；stigmus 柱头

Ceratostigma griffithii 毛蓝雪花：griffithii ← William Griffith（人名，19 世纪印度植物学家，加尔各答植物园主任）

Ceratostigma minus 小蓝雪花：minus 少的，小的

Ceratostigma minus f. lasaense 拉萨小蓝雪花：lasaense 拉萨的（地名，西藏自治区）

Ceratostigma minus f. minus 小蓝雪花-原变型（词义见上面解释）

Ceratostigma plumbaginoides 蓝雪花：Plumbago 白花丹属（白花丹科）；-oides/ -oideus/ -oideum/ -oidea/ -odes/ -eidos 像……的，类似……的，呈……状的（名词词尾）

Ceratostigma ulicinum 刺鳞蓝雪花：ulicinus 像荆豆的；Ulex 荆豆属；构词规则：以 -ix/ -iex 结尾的词其词干末尾视为 -ic，以 -ex 结尾视为 -i/ -ic，其他以 -x 结尾视为 -c；-inus/ -inum/ -ina/ -inos 相近，接近，相似，具有（通常指颜色）

Ceratostigma willmottianum 岷江蓝雪花（岷 mín）：willmottianum ← Ellen Ann Willmott（人名，20 世纪英国园林学家）

Ceratostylis 牛角兰属（兰科）（19：p49）：ceratostylis 角状花柱（指花柱具角）；-ceros/ -ceras/ -cera/ cerat-/ cerato- 角，犄角；stylus/

stylis ← stylos 柱，花柱

Ceratostylis hainanensis 牛角兰：hainanensis 海南的（地名）

Ceratostylis himalaica 叉枝牛角兰（叉 chā）：himalaica 喜马拉雅的（地名）；-icus/ -icum/ -ica 属于，具有某种特性（常用于地名、起源、生境）

Ceratostylis subulata 管叶牛角兰：subulatus 钻形的，尖头的，针尖状的；subulus 钻头，尖头，针尖状

Cerbera 海杧果属（杧 máng）（夹竹桃科）（63：p33）：cerberus 狗（神话中的三头蛇尾犬，指有毒）

Cerbera manghas 海杧果：manghas 杧果（中文方言）

Cercidiphyllaceae 连香树科（27：p22）：Cercis 紫荆属；phyllus/ phyllum/ phylla ← phyllon 叶片（用于希腊语复合词）；-aceae（分类单位科的词尾，为 -aceus 的阴性复数主格形式，加到模式属的名称后或同义词的词干后以组成族群名称）

Cercidiphyllum 连香树属（连香树科）（27：p23）：cercidiphyllum 紫荆叶的；cercis 刀鞘，刀鞘状的，尾巴状的，紫荆（古拉丁名）；Cercis 紫荆属（豆科）；phyllus/ phyllum/ phylla ← phyllon 叶片（用于希腊语复合词）

Cercidiphyllum japonicum 连香树：japonicum 日本的（地名）；-icus/ -icum/ -ica 属于，具有某种特性（常用于地名、起源、生境）

Cercis 紫荆属（豆科）（39：p141）：cercis 刀鞘，刀鞘状的，尾巴状的，紫荆（古拉丁名）

Cercis chinensis 紫荆：chinensis = china + ensis 中国的（地名）；China 中国

Cercis chinensis f. alba 白花紫荆：albus → albi-/ albo- 白色的

Cercis chinensis f. chinensis 紫荆-原变型（词义见上面解释）

Cercis chinensis f. pubescens 短毛紫荆：pubescens ← pubens 被短柔毛的，长出柔毛的；pubi- ← pubis 细柔毛的，短柔毛的，毛被的；pubesco/ pubescere 长成的，变为成熟的，长出柔毛的，青春期体毛的；-escens/ -ascens 改变，转变，变成，略微，带有，接近，相似，大致，稍微（表示变化的趋势，并未完全相似或相同，有别于表示达到完成状态的 -atus）

Cercis chingii 黄山紫荆：chingii ← R. C. Chin 秦仁昌（人名，1898–1986，中国植物学家，蕨类植物专家），秦氏

Cercis chuniana 广西紫荆：chuniana ← W. Y. Chun 陈焕镛（人名，1890–1971，中国植物学家）

Cercis glabra 湖北紫荆：glabrus 光秃的，无毛的，光滑的

Cercis racemosa 垂丝紫荆：racemosus = racemus + osus 总状花序的；racemus/ raceme 总状花序，葡萄串状的；-osus/ -osum/ -osa 多的，充分的，丰富的，显著发育的，程度高的，特征明显的（形容词词尾）

Ceriops 角果木属（红树科）（52-2：p130）：ceriops 犄角状的，兽角状的；-ceras/ -ceros/ cerato- ← keras 犄角，兽角，角状突起（希腊语）；-opsis/ -ops 相似，稍微，带有

Ceriops tagal 角果木：tagal（马来西亚土名）

Ceriscoides 木瓜榄属（茜草科）（71-1：p335）：ceriscoides 像 cerisc- 的（cerisc- 一种植物名的词干）（注：该属名命名不够规范，因为属名一般不使用词尾 -oides）；-oides/ -oideus/ -oideum/ -oidea/ -odes/ -eidos 像……的，类似……的，呈……状的（名词词尾）

Ceriscoides howii 木瓜榄：howii（人名）；-ii 表示人名，接在以辅音字母结尾的人名后面，但 -er 除外

Ceropegia 吊灯花属（萝藦科）（63：p564）：cerus/ cerum/ cera 蜡；pege 泉，喷泉（比喻花簇形态）

Ceropegia aridicola 丽江吊灯花：aridus 干旱的；colus ← colo 分布于，居住于，栖居，殖民（常作词尾）；colo/ colere/ colui/ cultum 居住，耕作，栽培

Ceropegia christenseniana 短序吊灯花：christenseniana ← Karl Christensen（人名，蕨类分类专家）

Ceropegia dolichophylla 长叶吊灯花：dolicho- ← dolichos 长的；phyllus/ phyllum/ phylla ← phyllon 叶片（用于希腊语复合词）

Ceropegia driophila 巴东吊灯花：driophilus 喜栎树的，喜丛林的；drio- ← dryo- ← drys 栎树，栲树，槠树；philus/ philein ← philos → phil-/ phili/ philo- 喜好的，爱好的，喜欢的（注意区别形近词：phylus、phyllus）；phylus/ phylum/ phyla ← phylon/ phyle 植物分类单位中的"门"，位于"界"和"纲"之间，类群，种族，部落，聚群；phyllus/ phyllum/ phylla ← phyllon 叶片（用于希腊语复合词）

Ceropegia jinshaensis 金沙江吊灯花：jinshaensis 金沙江的（河流名，云南省）

Ceropegia mairei 金雀马尾参（参 shēn）：mairei（人名）；Edouard Ernest Maire（人名，19 世纪活动于中国云南的传教士）；Rene C. J. E. Maire 人名（20 世纪阿尔及利亚植物学家，研究北非植物）；-i 表示人名，接在以元音字母结尾的人名后面，但 -a 除外

Ceropegia monticola 白马吊灯花：monticolus 生于山地的；monti- ← mons 山，山地，岩石；montis 山，山地的；colus ← colo 分布于，居住于，栖居，殖民（常作词尾）；colo/ colere/ colui/ cultum 居住，耕作，栽培

Ceropegia muliensis 木里吊灯花：muliensis 木里的（地名，四川省）

Ceropegia paohsingensis 宝兴吊灯花：paohsingensis 宝兴的（地名，四川省）

Ceropegia pubescens 西藏吊灯花：pubescens ← pubens 被短柔毛的，长出柔毛的；pubi- ← pubis 细柔毛的，短柔毛的，毛被的；pubesco/ pubescere 长成的，变为成熟的，长出柔毛的，青春期体毛的；-escens/ -ascens 改变，转变，变成，略微，带有，接近，相似，大致，稍微（表示变化的趋势，并未完全相似或相同，有别于表示达到完成状态的 -atus）

Ceropegia salicifolia 柳叶吊灯花：salici ← Salix 柳属；构词规则：以 -ix/ -iex 结尾的词其词干末尾视为 -ic，以 -ex 结尾视为 -i/ -ic，其他以 -x 结尾视为 -c；folius/ folium/ folia 叶，叶片（用于复合词）

Ceropegia sootepensis 河坝吊灯花：sootepensis（地名，泰国）

Ceropegia stenophylla 狭叶吊灯花：sten-/ steno- ← stenus 窄的，狭的，薄的；phyllus/ phyllum/ phylla ← phyllon 叶片（用于希腊语复合词）

Ceropegia teniana 马鞍山吊灯花：teniana（人名）

Ceropegia trichantha 吊灯花：trichanthus 毛花的；trich-/ tricho-/ tricha- ← trichos ← thrix 毛，多毛的，线状的，丝状的；anthus/ anthum/ antha/ anthe ← anthos 花（用于希腊语复合词）

Cestrum 夜香树属（茄科）（67-1：p149）：cestrum ← cestron 水苏（希腊语名）

Cestrum aurantiacum 黄花夜香树：aurantiacus/ aurantius 橙黄色的，金黄色的；aurus 金，金色；aurant-/ auranti- 橙黄色，金黄色

Cestrum elegans 毛茎夜香树：elegans 优雅的，秀丽的

Cestrum nocturnum 夜香树：nocturnum 夜晚的

Ceterach 药蕨属（铁角蕨科）（4-2：p152）：ceterach ← chetrak 蕨（希腊语或波斯语）

Ceterach officinarum 药蕨：officinarum 属于药用的（为 officina 的复数所有格）；officina ← opificina 药店，仓库，作坊；-arum 属于……的（第一变格法名词复数所有格词尾，表示群落或多数）

Ceterachopsis 苍山蕨属（铁角蕨科）（4-2：p147）：Ceterach 药蕨属；-opsis/ -ops 相似，稍微，带有

Ceterachopsis dalhousiae 苍山蕨：dalhousiae ← Dalhousie（人名）；-ae 表示人名，以 -a 结尾的人名后面加上 -e 形成

Ceterachopsis latibasis 阔基苍山蕨：lati-/ late- ← latus 宽的，宽广的；basis 基部，基座

Ceterachopsis magnifica 大叶苍山蕨：magnificus 壮大的，大规模的；magnus 大的，巨大的；-ficus 非常，极其（作独立词使用的 ficus 意思是"榕树，无花果"）

Ceterachopsis paucivenosa 疏脉苍山蕨：pauci- ← paucus 少数的，少的（希腊语为 oligo-）；venosus 细脉的，细脉明显的，分枝脉的；venus 脉，叶脉，血脉，血管；-osus/ -osum/ -osa 多的，充分的，丰富的，显著发育的，程度高的，特征明显的（形容词词尾）

Ceterachopsis qiujiangensis 俅江苍山蕨：qiujiangensis 俅江的（地名，云南省独龙江的旧称）

Chaenomeles 木瓜属（蔷薇科）（36：p348）：chaeno- 张开的，开口的，裂开的；meles ← melon 苹果，瓜，甜瓜

Chaenomeles cathayensis 毛叶木瓜：cathayensis ← Cathay ← Khitay/ Khitai 中国的，契丹的（地名，10–12 世纪中国北方契丹人的领域，辽国前身，多用来代表中国，俄语称中国为 Kitay）

Chaenomeles japonica 日本木瓜：japonica 日本的（地名）；-icus/ -icum/ -ica 属于，具有某种特性（常用于地名、起源、生境）

Chaenomeles sinensis 木瓜：sinensis = Sina + ensis 中国的（地名）；Sina 中国

Chaenomeles speciosa 皱皮木瓜：speciosus 美丽的，华丽的；species 外形，外观，美观，物种（缩写 sp.，复数 spp.）；-osus/ -osum/ -osa 多的，充分

的，丰富的，显著发育的，程度高的，特征明显的（形容词词尾）

Chaenomeles thibetica 西藏木瓜：thibetica 西藏的（地名）；-icus/ -icum/ -ica 属于，具有某种特性（常用于地名、起源、生境）

Chaerophyllopsis 滇藏细叶芹属（伞形科）（55-3：p226）：Chaerophyllum 细叶芹属；-opsis/ -ops 相似，稍微，带有

Chaerophyllopsis huai 滇藏细叶芹：haui（人名）；-i（注：表示人名，接在以元音字母结尾的人名后面，但 -a 除外，故该词宜改为"huaiana"或"huae"）

Chaerophyllum 细叶芹属（伞形科）（55-1：p68）：chaero ← chairo 喜欢（希腊语，因为叶片具有令人愉悦的芳香气味）；phyllus/ phyllum/ phylla ← phyllon 叶片（用于希腊语复合词）

Chaerophyllum prescottii 新疆细叶芹：prescottii（人名）；-ii 表示人名，接在以辅音字母结尾的人名后面，但 -er 除外

Chaerophyllum villosum 细叶芹：villosus 柔毛的，绵毛的；villus 毛，羊毛，长绒毛；-osus/ -osum/ -osa 多的，充分的，丰富的，显著发育的，程度高的，特征明显的（形容词词尾）

Chaetocarpus 刺果树属（大戟科）（44-2：p185）：chaeto- ← chaite 胡须，鬃毛，长毛；carpus/ carpum/ carpa/ carpon ← carpos 果实（用于希腊语复合词）

Chaetocarpus castanocarpus 刺果树：castanocarpus 板栗状果实的，栗果的；Castanea 栗属（壳斗科）；carpus/ carpum/ carpa/ carpon ← carpos 果实（用于希腊语复合词）

Chaetoseris 毛鳞菊属（菊科，部分种并入 Cicerbita 或 Melanoseris）（80-1：p266）：chaetoseris 比菊苣毛多的；chaeto- ← chaite 胡须，鬃毛，长毛；seris 菊苣；mel-/ mela-/ melan-/ melano- ← melanus/ melaenus ← melas/ melanos 黑色的，浓黑色的，暗色的

Chaetoseris beesiana（蜂场毛鳞菊）：beesiana ← Bee's Nursery（蜂场，位于英国港口城市切斯特）

Chaetoseris bonatii（博纳毛鳞菊）：bonatii ← H. J. Bonatz（人名）

Chaetoseris ciliata 景东毛鳞菊：ciliatus = cilium + atus 缘毛的，流苏的；cilium 缘毛，睫毛；-atus/ -atum/ -ata 属于，相似，具有，完成（形容词词尾）

Chaetoseris cyanea 蓝花毛鳞菊：cyaneus 蓝色的，深蓝色的；cyanus 蓝色的，青色的

Chaetoseris dolichophylla 长叶毛鳞菊：dolicho- ← dolichos 长的；phyllus/ phyllum/ phylla ← phyllon 叶片（用于希腊语复合词）

Chaetoseris grandiflora 大花毛鳞菊：grandi- ← grandis 大的；florus/ florum/ flora ← flos 花（用于复合词）

Chaetoseris hastata 滇藏毛鳞菊：hastatus 戟形的，三尖头的（两侧基部有朝外的三角形裂片）；hasta 长矛，标枪

Chaetoseris hirsuta 密毛毛鳞菊：hirsutus 粗毛的，糙毛的，有毛的（长而硬的毛）

Chaetoseris hispida 粗毛毛鳞菊：hispidus 刚毛的，鬃毛状的

Chaetoseris leiolepis 光苞毛鳞菊：lei-/ leio-/ lio- ← leius ← leios 光滑的，平滑的；lepis/ lepidos 鳞片

Chaetoseris likiangensis 丽江毛鳞菊：likiangensis 丽江的（地名，云南省）

Chaetoseris lutea 黄花毛鳞菊：luteus 黄色的

Chaetoseris lyriformis 毛鳞菊：lyratus 大头羽裂的，琴状的；formis/ forma 形状

Chaetoseris macrantha 缘毛毛鳞菊：macro-/ macr- ← macros 大的，宏观的（用于希腊语复合词）；anthus/ anthum/ antha/ anthe ← anthos 花（用于希腊语复合词）

Chaetoseris macrocephala 大头毛鳞菊：macro-/ macr- ← macros 大的，宏观的（用于希腊语复合词）；cephalus/ cephale ← cephalos 头，头状花序

Chaetoseris pectiniformis 栉齿毛鳞菊（栉 zhì）：pectini-/ pectino-/ pectin- ← pecten 篦子，梳子；formis/ forma 形状

Chaetoseris rhombiformis 菱裂毛鳞菊：rhombus 菱形，纺锤；formis/ forma 形状

Chaetoseris roborowskii 川甘毛鳞菊：roborowskii（人名）；-ii 表示人名，接在以辅音字母结尾的人名后面，但 -er 除外

Chaetoseris sichuanensis 四川毛鳞菊：sichuanensis 四川的（地名）

Chaetoseris taliensis 载裂毛鳞菊：taliensis 大理的（地名，云南省）

Chaetoseris teniana （特尼毛鳞菊）：teniana（人名）

Chaetoseris yunnanensis 云南毛鳞菊：yunnanensis 云南的（地名）

Chaiturus 鬃尾草属（唇形科）（65-2：p500）：chaeta/ chaete ← chaite 胡须，鬃毛，长毛；-urus/ -ura/ -ourus/ -oura/ -oure/ -uris 尾巴

Chaiturus marrubiastrum 鬃尾草：Marrubium 欧夏至草属；-aster/ -astra/ -astrum/ -ister/ -istra/ -istrum 相似的，程度稍弱，稍小的，次等级的（用于拉丁语复合词词尾，表示不完全相似或低级之意，常用以区别一种野生植物与栽培植物，如 oleaster、oleastrum 野橄榄，以区别于 olea，即栽培的橄榄，而作形容词词尾时则表示小或程度弱化，如 surdaster 稍聋的，比 surdus 稍弱）

Chamabainia 微柱麻属（荨麻科）（23-2：p355）：chamabainia ← Chamabaen（人名）

Chamabainia cuspidata 微柱麻：cuspidatus = cuspis + atus 尖头的，凸尖的；构词规则：词尾为 -is 和 -ys 的词的词干分别视为 -id 和 -yd；cuspis（所有格为 cuspidis）齿尖，凸尖，尖头；-atus/ -atum/ -ata 属于，相似，具有，完成（形容词词尾）

Chamabainia cuspidata var. cuspidata 微柱麻-原变种 （词义见上面解释）

Chamabainia cuspidata var. denticulosa 多齿微柱麻：denticulosus = dentus + culosus 密齿的，细齿的；dentus 齿，牙齿；-culosus = culus + osus 小而多的，小而密集的；-culus/ -culum/ -cula 小的，略微的，稍微的（同第三变格法和第四变格法名词形成复合词）；-osus/ -osum/ -osa 多的，充分的，丰富的，显著发育的，程度高的，特征明显的（形容词词尾）

Chamabainia cuspidata var. morii 小叶微柱麻：morii 森（日本人名）

Chamaeanthus 低药兰属（兰科）（19：p379）：chamaeanthus = chamae + anthos 微小花的；chamae- ← chamai 矮小的，匍匐的，地面的；anthus/ anthum/ antha/ anthe ← anthos 花（用于希腊语复合词）

Chamaeanthus wenzelii 低药兰：wenzelii（人名）；-ii 表示人名，接在以辅音字母结尾的人名后面，但 -er 除外

Chamaecrista 山扁豆属（豆科）（增补）：chamaecrista = chamai + cristus 矮冠的；chamae- ← chamai 矮小的，匍匐的，地面的；cristus 鸡冠状的

Chamaecrista mimosoides 山扁豆：Mimosa 含羞草属（豆科）；-oides/ -oideus/ -oideum/ -oidea/ -odes/ -eidos 像……的，类似……的，呈……状的（名词词尾）

Chamaecyparis 扁柏属（柏科）（7：p337）：chamaecyparis = chamae + cyparissos 矮柏树；chamae- ← chamai 矮小的，匍匐的，地面的；cyparis ← cyparissos 柏树（希腊语）

Chamaecyparis formosensis 红桧（桧 guì）：formosensis ← formosa + ensis 台湾的；formosus ← formosa 美丽的，台湾的（葡萄牙殖民者发现台湾时对其的称呼，即美丽的岛屿）

Chamaecyparis lawsoniana 美国扁柏：lawsoniana ← Isaac Lawson（人名，18 世纪英国军医，林奈的朋友和资助人）

Chamaecyparis obtusa 日本扁柏：obtusus 钝的，钝形的，略带圆形的

Chamaecyparis obtusa var. formosana 台湾扁柏：formosanus = formosus + anus 美丽的，台湾的；formosus ← formosa 美丽的，台湾的（葡萄牙殖民者发现台湾时对其的称呼，即美丽的岛屿）；-anus/ -anum/ -ana 属于，来自（形容词词尾）

Chamaecyparis obtusa var. obtusa 日本扁柏-原变种 （词义见上面解释）

Chamaecyparis obtusa var. obtusa cv. Breviramea 云片柏：brevi- ← brevis 短的（用于希腊语复合词词首）；rameus = ramus + eus 枝条的，属于枝条的；ramus 分枝，枝条；-eus/ -eum/ -ea（接拉丁语词干时）属于……的，色如……的，质如……的（表示原料、颜色或品质的相似），（接希腊语词干时）属于……的，以……出名，为……所占有（表示具有某种特性）

Chamaecyparis obtusa var. obtusa cv. Filicoides 凤尾柏：filicoides 像蕨的；filix ← filic- 蕨；构词规则：以 -ix/ -iex 结尾的词其词干末视为 -ic，以 -ex 结尾视为 -i/ -ic，其他以 -x 结尾视为 -c；-oides/ -oideus/ -oideum/ -oidea/ -odes/ -eidos 像……的，类似……的，呈……状的（名词词尾）

Chamaecyparis obtusa var. obtusa cv. Tetragona 孔雀柏：tetra-/ tetr- 四，四数（希腊语，拉丁语为 quadri-/ quadr-）；gonus ← gonos 棱

C

角，膝盖，关节，足

Chamaecyparis pisifera 日本花柏：pisiferus 结豆的，结豌豆的；pisum 豆，豌豆；-ferus/ -ferum/ -fera/ -fero/ -fere/ -fer 有，具有，产（区别：作独立词使用的 ferus 意思是"野生的"）

Chamaecyparis pisifera cv. Filifera 线柏：fili-/ fil- ← filum 线状的，丝状的；-ferus/ -ferum/ -fera/ -fero/ -fere/ -fer 有，具有，产（区别：作独立词使用的 ferus 意思是"野生的"）

Chamaecyparis pisifera cv. Plumosa 羽叶花柏：plumosus 羽毛状的；-osus/ -osum/ -osa 多的，充分的，丰富的，显著发育的，程度高的，特征明显的（形容词词尾）；plumla 羽毛

Chamaecyparis pisifera cv. Squarrosa 绒柏：squarrosus = squarrus + osus 粗糙的，不平滑的，有凸起的；squarrus 糙的，不平，凸点；-osus/ -osum/ -osa 多的，充分的，丰富的，显著发育的，程度高的，特征明显的（形容词词尾）

Chamaecyparis thyoides 美国尖叶扁柏：thya → Thuja 崖柏属（柏科）；-oides/ -oideus/ -oideum/ -oidea/ -odes/ -eidos 像……的，类似……的，呈……状的（名词词尾）

Chamaedaphne 地桂属（杜鹃花科）（57-3：p41）：chamaedaphne = chamai + daphne 矮桂树；chamae- ← chamai 矮小的，匍匐的，地面的；daphne 月桂，达芙妮（希腊神话中的女神）

Chamaedaphne calyculata 地桂：calyculatus = calyx + ulus + atus 有小萼片的；calyx → calyc- 萼片（用于希腊语复合词）；构词规则：以 -ix/ -iex 结尾的词其词干末尾视为 -ic，以 -ex 结尾视为 -i/ -ic，其他以 -x 结尾视为 -c

Chamaegastrodia 叠鞘兰属（兰科）（17：p187）：chamae- ← chamai 矮小的，匍匐的，地面的；gastrodia ← gaster 胃（比喻花被胃状膨胀）

Chamaegastrodia inverta 川滇叠鞘兰：inverta 逆转的，倒置的

Chamaegastrodia nanlingensis 南岭叠鞘兰：nanlingensis 南岭的（地名，广东省）

Chamaegastrodia poilanei 齿爪叠鞘兰：poilanei（人名，法国植物学家）

Chamaegastrodia shikokiana 叠鞘兰：shikokiana 四国的（地名，日本）

Chamaegastrodia vaginata 戟唇叠鞘兰：vaginatus = vaginus + atus 鞘，具鞘的；vaginus 鞘，叶鞘；-atus/ -atum/ -ata 属于，相似，具有，完成（形容词词尾）

Chamaelirium Chamaelirium 仙杖花属（也称矮白合属，百合科）：Chamaelirium = chamai + lirion 矮小的百合；chamae- ← chamai 矮小的，匍匐的，地面的；lirion ← leirion 百合（希腊语）

Chamaelirium shimentaiense 石门台白丝草：shimentaiense 石门台的（地名，广东省）

Chamaemelum 果香菊属（菊科）（76-1：p8）：chamae- ← chamai 矮小的，匍匐的，地面的；melum ← melon 苹果，瓜，甜瓜

Chamaemelum nobile 果香菊：nobile/ nobilius 格外高贵的，格外有名的，格外高雅的

Chamaepericlymenum 草茱萸属（茱萸 zhū

yú）（山茱萸科）（56：p106）：chamaepericlymenum 比香忍冬小的；chamae- ← chamai 矮小的，匍匐的，地面的；periclymenum ← Lonicera periclymenum 香忍冬（藤本）；periklymenum ← Periklymenon（希腊神话人物）

Chamaepericlymenum canadense 草茱萸：canadense 加拿大的（地名）

Chamaerhodos 地蔷薇属（蔷薇科）（37：p346）：chamaerhodos 矮小蔷薇的（缀词规则：-rh- 接在元音字母后面构成复合词时要变成 -rrh-，故该属名宜改为"Chamaerrhodos"）；chamae- ← chamai 矮小的，匍匐的，地面的；rhodos 红色的，玫瑰色的

Chamaerhodos altaica 阿尔泰地蔷薇：altaica 阿尔泰的（地名，新疆北部山脉）

Chamaerhodos canescens 灰毛地蔷薇：canescens 变灰色的，淡灰色的；canens 使呈灰色的；canus 灰色的，灰白色的；-escens/ -ascens 改变，转变，变成，略微，带有，接近，相似，大致，稍微（表示变化的趋势，并未完全相似或相同，有别于表示达到完成状态的 -atus）

Chamaerhodos erecta 地蔷薇：erectus 直立的，笔直的

Chamaerhodos sabulosa 砂生地蔷薇：sabulosus 沙质的，沙生地的；sabulo/ sabulum 粗沙，石砾；-osus/ -osum/ -osa 多的，充分的，丰富的，显著发育的，程度高的，特征明显的（形容词词尾）

Chamaerhodos trifida 三裂地蔷薇：trifidus 三深裂的；tri-/ tripli-/ triplo- 三个，三数；fidus ← findere 裂开，分裂（裂深不超过 1/3，常作词尾）

Chamaesciadium 矮伞芹属（伞形科）（55-2：p66）：Chamaesciadium = chamae + sciadus 小伞；chamae- ← chamai 矮小的，匍匐的，地面的；sciadius ← sciados + ius 伞，伞形的，遮阴的；scias 伞，伞形的；-ium 具有（第三变格法名词复数所有格词尾，表示"具有、属于"）

Chamaesciadium acaule 矮伞芹：acaulia/ acaulis 无茎的，矮小的；a-/ an- 无，非，没有，缺乏，不具有（an- 用于元音前）（a-/ an- 为希腊语词首，对应的拉丁语词首为 e-/ ex-，相当于英语的 un-/ -less，注意词首 a- 和作为介词的 a/ ab 不同，后者的意思是"从……、由……、关于……、因为……"）；caulia/ caulis 茎，茎秆，主茎

Chamaesciadium acaule var. simplex 单羽矮伞芹：simplex 单一的，简单的，无分歧的（词干为 simplic-）

Chamaesium 矮泽芹属（伞形科）（55-1：p124）：chamaesium ← chamai 矮小的，匍匐的，地面的

Chamaesium delavayi 鹤庆矮泽芹：delavayi ← P. J. M. Delavay（人名，1834–1895，法国传教士，曾在中国采集植物标本）；-i 表示人名，接在以元音字母结尾的人名后面，但 -a 除外

Chamaesium paradoxum 矮泽芹：paradoxus 似是而非的，少见的，奇异的，难以解释的；para- 类似，接近，近旁，假的；-doxa/ -doxus 荣耀，瑰丽的，壮观的，显眼的

Chamaesium spatuliferum 大苞矮泽芹：spatuliferus 具匙形的；spatuli- ← spathulatus 匙形的，佛焰苞状的；spathus 佛焰苞，薄片，刀剑；

-ferus/ -ferum/ -fera/ -fero/ -fere/ -fer 有，具有，产（区别：作独立词使用的 ferus 意思是"野生的"）

Chamaesium spatuliferum var. minor 小矮泽芹：minor 较小的，更小的

Chamaesium thalictrifolium 松潘矮泽芹：Thalictrum 唐松草属（毛茛科）；folius/ folium/ folia 叶，叶片（用于复合词）

Chamaesium viridiflorum 绿花矮泽芹：viridus 绿色的；florus/ florum/ flora ← flos 花（用于复合词）

Chamaesphacos 矮刺苏属（唇形科）（66：p68）：chamae- ← chamai 矮小的，匍匐的，地面的；sphacos（鼠尾草属一种植物名）

Chamaesphacos ilicifolius 矮刺苏：ilici- ← Ilex 冬青属（冬青科）；构词规则：以 -ix/ -iex 结尾的词其词干末尾视为 -ic，以 -ex 结尾视为 -i/ -ic，其他以 -x 结尾视为 -c；folius/ folium/ folia 叶，叶片（用于复合词）

Champereia 台湾山柚属（柚 yòu）（山柚子科）（24：p51）：champereia（人名）

Champereia manillana 台湾山柚：manillana 马尼拉的（地名，菲律宾）

Championella 黄猄草属（猄 jīng）（爵床科）（70：p89）：championella ← John George Champion（人名，英国植物学家）；-ella 小（用作人名或一些属名词尾时并无小词意义）

Championella fauriei 台湾黄猄草：fauriei ← L'Abbe Urbain Jean Faurie（人名，19 世纪活动于日本的法国传教士、植物学家）

Championella fulvihispida 锈毛黄猄草：fulvus 咖啡色的，黄褐色的；hispidus 刚毛的，鬃毛状的

Championella japonica 日本黄猄草：japonica 日本的（地名）；-icus/ -icum/ -ica 属于，具有某种特性（常用于地名、起源、生境）

Championella labordei 贵阳黄猄草：labordei ← J. Laborde（人名，19 世纪活动于中国贵州的法国植物采集员）；-i 表示人名，接在以元音字母结尾的人名后面，但 -a 除外

Championella longiflora 长花黄猄草：longe-/ longi- ← longus 长的，纵向的；florus/ florum/ flora ← flos 花（用于复合词）

Championella maclurei 海南黄猄草：maclurei（人名）

Championella oligantha 少花黄猄草：oligo-/ olig- 少数的（希腊语，拉丁语为 pauci-）；anthus/ anthum/ antha/ anthe ← anthos 花（用于希腊语复合词）

Championella sarcorrhiza 菜头肾：sarcorrhizus 肉质根的；sarc-/ sarco- ← sarx/ sarcos 肉，肉质的；rhizus 根，根状茎（-rh- 接在元音字母后面构成复合词时要变成 -rrh-）

Championella tetrasperma 黄猄草：tetra-/ tetr- 四，四数（希腊语，拉丁语为 quadri-/ quadr-）；spermus/ spermum/ sperma 种子的（用于希腊语复合词）

Championella xanthantha 黄花黄猄草：xanth-/ xiantho- ← xanthos 黄色的；anthus/ anthum/ antha/ anthe ← anthos 花（用于希腊语复合词）

Changium 明党参属（参 shēn）（伞形科）（55-1：p122）：changium ← Chang-Tsung-Su 张氏（人名，中国植物标本采集员）

Changium smyrnioides 明党参：Smyrnium 史麦纳属，马芹属（伞形科）；-oides/ -oideus/ -oideum/ -oidea/ -odes/ -eidos 像……的，类似……的，呈……状的（名词词尾）

Changnienia 独花兰属（兰科）（18：p171）：changnienia 陈长年（人名，中国植物采集员）

Changnienia amoena 独花兰：amoenus 美丽的，可爱的

Charieis 佳丽菊属（菊科）（74：p94）：charieis（人名）

Charieis heterophylla 佳丽菊：heterophyllus 异型叶的；hete-/ heter-/ hetero- ← heteros 不同的，多样的，不齐的；phyllus/ phyllum/ phylla ← phyllon 叶片（用于希腊语复合词）

Chartolepis 薄鳞菊属（薄 báo）（菊科）（78-1：p207）：charto-/ chart- 羊皮纸，纸质；lepis/ lepidos 鳞片

Chartolepis intermedia 薄鳞菊：intermedius 中间的，中位的，中等的；inter- 中间的，在中间，之间；medius 中间的，中央的

Chassalia 弯管花属（茜草科）（71-2：p61）：chassalia/ chasalia ← chasis 分离

Chassalia curviflora 弯管花：curviflorus 弯花的；curvus 弯曲的；florus/ florum/ flora ← flos 花（用于复合词）

Chassalia curviflora var. curviflora 弯管花-原变种（词义见上面解释）

Chassalia curviflora var. longifolia 长叶弯管花：longe-/ longi- ← longus 长的，纵向的；folius/ folium/ folia 叶，叶片（用于复合词）

Chaydaia 苞叶木属（鼠李科）（48-1：p101）：chaydaia ← Cathay ← Khitay/ Khitai 中国的（地名，10–12 世纪中国北方契丹人的领域，辽国前身，多用来代表中国）

Chaydaia rubrinervis 苞叶木：rubr-/ rubri-/ rubro- ← rubrus 红色；nervis ← nervus 脉，叶脉

Cheilanthopsis 滇蕨属（岩蕨科）（4-2：p170）：Cheilanthes 碎米蕨属（中国蕨科）；-opsis/ -ops 相似，稍微，带有

Cheilanthopsis elongata 长叶滇蕨：elongatus 伸长的，延长的；elongare 拉长，延长；longus 长的，纵向的；e-/ ex- 不，无，非，缺乏，不具有（e- 用在辅音字母前，ex- 用在元音字母前，为拉丁语词首，对应的希腊语词首为 a-/ an-，英语为 un-/ -less，注意作词首用的 e-/ ex- 和介词 e/ ex 意思不同，后者意为"出自、从……、由……离开、由于、依照"）

Cheilanthopsis indusiosa 滇蕨：indusiosus 有囊群盖的；indusium 囊群盖；-osus/ -osum/ -osa 多的，充分的，丰富的，显著发育的，程度高的，特征明显的（形容词词尾）

Cheilosoria 碎米蕨属（中国蕨科，已修订为 Cheilanthes）（3-1：p116）：cheilosoria 唇形堆积的（指孢子囊群唇形）；cheilos → cheilus → cheil- cheilo- 唇，唇边，边缘，岸边；soria ← sorus/ soros 子囊群；anthus/ anthum/ antha/ anthe ← anthos 花（用于希腊语复合词）

Cheilosoria belangeri 疏羽碎米蕨：belangeri（人名）；-eri 表示人名，在以 -er 结尾的人名后面加上 i 形成

Cheilosoria chusana 毛轴碎米蕨：chusana 舟山群岛的（地名，浙江省）

Cheilosoria fragilis 脆叶碎米蕨：fragilis 脆的，易碎的

Cheilosoria hancockii 大理碎米蕨：hancockii ← W. Hancock（人名，1847–1914，英国海关官员，曾在中国采集植物标本）

Cheilosoria insignis 厚叶碎米蕨：insignis 著名的，超群的，优秀的，显著的，杰出的；in-/ im-（来自 il- 的音变）内，在内，内部，向内，相反，不，无，非；il- 在内，向内，为，相反（希腊语为 en-）；词首 il- 的音变：il-（在 l 前面），im-（在 b、m、p 前面），in-（在元音字母和大多数辅音字母前面），ir-（在 r 前面），如 illaudatus（不值得称赞的，评价不好的），impermeabilis（不透水的，穿不透的），ineptus（不合适的），insertus（插入的），irretortus（无弯曲的，无扭曲的）；signum 印记，标记，刻画，图章

Cheilosoria mysurensis 碎米蕨：mysurensis（地名，印度）

Cheilosoria tenuifolia 薄叶碎米蕨：tenui- ← tenuis 薄的，纤细的，弱的，瘦的，窄的；folius/ folium/ folia 叶，叶片（用于复合词）

Cheilotheca 假水晶兰属（鹿蹄草科）（56：p205）：cheilos → cheilus → cheil-/ cheilo- 唇，唇边，边缘，岸边；theca ← thekion（希腊语）盒子，室（花药的药室）

Cheilotheca humilis 球果假水晶兰：humilis 矮的，低的

Cheilotheca macrocarpa 大果假水晶兰：macro-/ macr- ← macros 大的，宏观的（用于希腊语复合词）；carpus/ carpum/ carpa/ carpon ← carpos 果实（用于希腊语复合词）

Cheilotheca pubescens 毛花假水晶兰：pubescens ← pubens 被短柔毛的，长出柔毛的；pubi- ← pubis 细柔毛的，短柔毛的，毛被的；pubesco/ pubescere 长成的，变为成熟的，长出柔毛的，青春期体毛的；-escens/ -ascens 改变，转变，变成，略微，带有，接近，相似，大致，稍微（表示变化的趋势，并未完全相似或相同，有别于表示达到完成状态的 -atus）

Cheiranthus 桂竹香属（十字花科）（33：p392）：cheiri/ kairi 芳香的（阿拉伯语）；anthus/ anthum/ antha/ anthe ← anthos 花（用于希腊语复合词）

Cheiranthus cheiri 桂竹香：cheiro-/ cheiri- ← cheiros 手，手掌

Cheiranthus forrestii 葡匐桂竹香：forrestii ← George Forrest（人名，1873–1932，英国植物学家，曾在中国西部采集大量植物标本）

Cheiranthus forrestii var. acaulis 无茎桂竹香：acaulia/ acaulis 无茎的，矮小的；a-/ an- 无，非，没有，缺乏，不具有（an- 用于元音前）（a-/ an- 为希腊语词首，对应的拉丁语词首为 e-/ ex-，相当于英语的 un-/ -less，注意词首 a- 和作为介词的 a/ ab 不同，后者的意思是"从……、由……、关于……、因为……"）；caulia/ caulis 茎，茎秆，主茎

Cheiranthus forrestii var. forrestii 葡匐桂竹香-原变种（词义见上面解释）

Cheiranthus roseus 红紫桂竹香：roseus = rosa + eus 像玫瑰的，玫瑰色的，粉红色的；rosa 蔷薇（古拉丁名）← rhodon 蔷薇（希腊语）← rhodd 红色，玫瑰红（凯尔特语）；-eus/ -eum/ -ea（接拉丁语词干时）属于……的，色如……的，质如……的（表示原料、颜色或品质的相似），（接希腊语词干时）属于……的，以……出名，为……所占有（表示具有某种特性）

Cheiropleuria 燕尾蕨属（燕尾蕨科）（6-2：p5）：cheiropleuria 手形叶脉的；cheiros 手，手掌；pleurus ← pleuron 肋，脉，肋状的，侧生的

Cheiropleuria bicuspis 燕尾蕨：bi-/ bis- 二，二数，二回（希腊语为 di-）；cuspis（所有格为 cuspidis）齿尖，凸尖，尖头

Cheiropleuriaceae 燕尾蕨科（6-2：p5）：Cheiropleuria 燕尾蕨属；-aceae（分类单位科的词尾，为 -aceus 的阴性复数主格形式，加到模式属的名称后或同义词的词干后以组成族群名称）

Cheirostylis 叉柱兰属（叉 chā）（兰科）（17：p161）：cheirostylis 手指状花柱的（指花柱指状叉开）；cheiros 手，手掌；stylus/ stylis ← stylos 柱，花柱

Cheirostylis acuminata 尖唇叉柱兰：acuminatus = acumen + atus 锐尖的，渐尖的；acumen 渐尖头；-atus/ -atum/ -ata 属于，相似，具有，完成（形容词词尾）

Cheirostylis chinensis 中华叉柱兰：chinensis = china + ensis 中国的（地名）；China 中国

Cheirostylis derchiensis 德基叉柱兰：derchiensis（地名，属台湾省）

Cheirostylis griffithii 大花叉柱兰：griffithii ← William Griffith（人名，19 世纪印度植物学家，加尔各答植物园主任）

Cheirostylis inabae 羽唇叉柱兰：inabae 稻叶（日本人名）；-ae 表示人名，以 -a 结尾的人名后面加上 -e 形成

Cheirostylis jamesleungii 粉红叉柱兰：jamesleungii/ jamessii-leungii（人名）；-ii 表示人名，接在以辅音字母结尾的人名后面，但 -er 除外

Cheirostylis liukiuensis 琉球叉柱兰：liukiuensis 琉球的（地名，日语读音）

Cheirostylis monteiroi 箭药叉柱兰：monteiroi ← Mount Violet 紫罗兰山的（地名，香港）

Cheirostylis pingbianensis 屏边叉柱兰：pingbianensis 屏边的（地名，云南省）

Cheirostylis taichungensis 台中叉柱兰：taichungensis 台中的（地名，属台湾省）

Cheirostylis takeoi 全唇叉柱兰：takeoi 竹雄（日本人名）

Cheirostylis tatewakii 太鲁阁叉柱兰：tatewakii 馆胁（日本人名）

Cheirostylis tortilacinia 和社叉柱兰：tortilacinius 裂片拧劲的；tortus 拧劲，捻，扭曲；laciniatus 撕裂的，条状裂的；lacinius → laci-/ lacin-/ lacini- 撕裂的，条状裂的

Cheirostylis yunnanensis 云南叉柱兰：yunnanensis 云南的（地名）

C

Chelidonium 白屈菜属（罂粟科）（32：p73）：chelidonium ← chelidon 燕子（传说母燕用其汁液为雏燕清洗眼睛）

Chelidonium majus 白屈菜：majus 大的，巨大的

Chelonopsis 铃子香属（唇形科）（65-2：p394）：Chelone 龟头花属（玄参科）；chelone 龟（希腊语）；-opsis/ -ops 相似，稍微，带有

Chelonopsis abbreviata 缩序铃子香：abbreviatus = ad + brevis + atus 缩短了的，省略的；ad- 向，到，近（拉丁语词首，表示程度加强）；构词规则：构成复合词时，词首末尾的辅音字母常同化为紧接其后的那个辅音字母（如 ad + b → abb）；brevis 短的（希腊语）；-atus/ -atum/ -ata 属于，相似，具有，完成（形容词词尾）

Chelonopsis albiflora 白花铃子香：albus → albi-/ albo- 白色的；florus/ florum/ flora ← flos 花（用于复合词）

Chelonopsis bracteata 具苞铃子香：bracteatus = bracteus + atus 具苞片的；bracteus 苞，苞片，苞鳞；-atus/ -atum/ -ata 属于，相似，具有，完成（形容词词尾）

Chelonopsis chekiangensis 浙江铃子香：chekiangensis 浙江的（地名）

Chelonopsis chekiangensis var. brevipes 浙江铃子香-短梗变种：brevi- ← brevis 短的（用于希腊语复合词词首）；pes/ pedis 柄，梗，茎秆，腿，足，爪（作词首或词尾，pes 的词干视为 "ped-"）

Chelonopsis chekiangensis var. chekiangensis 浙江铃子香-原变种 （词义见上面解释）

Chelonopsis forrestii 大萼铃子香：forrestii ← George Forrest（人名，1873–1932，英国植物学家，曾在中国西部采集大量植物标本）

Chelonopsis giraldii 小叶铃子香：giraldii ← Giuseppe Giraldi（人名，19 世纪活动于中国的意大利传教士）

Chelonopsis lichiangensis 丽江铃子香：lichiangensis 丽江的（地名，云南省）

Chelonopsis mollissima 多毛铃子香：molle/ mollis 软的，柔毛的；-issimus/ -issima/ -issimum 最，非常，极其（形容词最高级）

Chelonopsis odontochila 齿唇铃子香：odontochilus 齿唇的，唇瓣具牙齿状缺刻的；odontus/ odontos → odon-/ odont-/ odonto-（可作词首或词尾）齿，牙齿状的；odous 齿，牙齿（单数，其所有格为 odontos）

Chelonopsis odontochila var. odontochila 齿唇铃子香-原变种 （词义见上面解释）

Chelonopsis odontochila var. smithii 齿唇铃子香-钝齿变种：smithii ← James Edward Smith（人名，1759–1828，英国植物学家）

Chelonopsis pseudobracteata 假具苞铃子香：pseudobracteata 像 bracteata 的；pseudo-/ pseud- ← pseudos 假的，伪的，接近，相似（但不是）；Chelonopsis bracteata 具苞铃子香；bracteatus = bracteus + atus 具苞片的；bracteus 苞，苞片，苞鳞

Chelonopsis pseudobracteata var. pseudobracteata 假具苞铃子香-原变种 （词义见上面解释）

Chelonopsis pseudobracteata var. rubra 假具苞铃子香-红花变种：rubrus/ rubrum/ rubra/ ruber 红色的

Chelonopsis rosea 玫红铃子香：roseus = rosa + eus 像玫瑰的，玫瑰色的，粉红色的；rosa 蔷薇（古拉丁名）← rhodon 蔷薇（希腊语）← rhodd 红色，玫瑰红（凯尔特语）；-eus/ -eum/ -ea（接拉丁语词干时）属于……的，色如……的，质如……的（表示原料、颜色或品质的相似），（接希腊语词干时）属于……的，以……出名，为……所占有（表示具有某种特性）

Chelonopsis siccanea 干生铃子香：siccaneus 略干燥的；siccus 干旱的，干地生的；-eus/ -eum/ -ea（接拉丁语词干时）属于……的，色如……的，质如……的（表示原料、颜色或品质的相似），（接希腊语词干时）属于……的，以……出名，为……所占有（表示具有某种特性）

Chelonopsis souliei 轮叶铃子香：souliei（人名）；-i 表示人名，接在以元音字母结尾的人名后面，但 -a 除外

Chelonopsis speciosa 美丽沙穗：speciosus 美丽的，华丽的；species 外形，外观，美观，物种（缩写 sp.，复数 spp.）；-osus/ -osum/ -osa 多的，充分的，丰富的，显著发育的，程度高的，特征明显的（形容词词尾）

Chenopodiaceae 藜科（25-2：p1）：Chenopodium 藜属；-aceae（分类单位科的词尾，为 -aceus 的阴性复数主格形式，加到模式属的名称后或同义词的词干后以组成族群名称）

Chenopodium 藜属（藜科）（25-2：p76）：chenopodium 鹅掌的（比喻叶形）；cheno 鹅；podion ← pous 脚，足，柄

Chenopodium acuminatum 尖头叶藜：acuminatus = acumen + atus 锐尖的，渐尖的；acumen 渐尖头；-atus/ -atum/ -ata 属于，相似，具有，完成（形容词词尾）

Chenopodium acuminatum subsp. acuminatum 尖头叶藜-原亚种 （词义见上面解释）

Chenopodium acuminatum subsp. virgatum 狭叶尖头叶藜：virgatus 细长枝条的，有条纹的，嫩枝状的；virga/ virgus 纤细枝条，细而绿的枝条；-atus/ -atum/ -ata 属于，相似，具有，完成（形容词词尾）

Chenopodium album 藜：albus → albi-/ albo- 白色的

Chenopodium ambrosioides 土荆芥（另见 Dysphania ambrosioides）：ambrosi ← Ambrosia 豚草属（菊科）；-oides/ -oideus/ -oideum/ -oidea/ -odes/ -eidos 像……的，类似……的，呈……状的（名词词尾）

Chenopodium aristatum 刺藜：aristatus(aristosus) = arista + atus 具芒的，具芒刺的，具刚毛的，具胡须的；arista 芒

Chenopodium botrys 香藜：botrys → botr-/ botry- 簇，串，葡萄串状，丛，总状；botr- ← botrys 簇，串，葡萄串状，丛，总状

Chenopodium bryoniaefolium 菱叶藜：

C

bryoniaefolia = Bryonia + folius 泻根叶的（注：组成复合词时，要将前面词的词尾 -us/ -um/ -a 变成 -i- 或 -o- 而不是所有格，故该词宜改为"bryoniifolium"）；Bryonia 泻根属（葫芦科）；bry-/ bryo- ← bryum/ bryon 苔藓，苔藓状的（指窄细）；folius/ folium/ folia 叶，叶片（用于复合词）

Chenopodium chenopodioides 合被藜：Chenopodium 藜属（藜科）；-oides/ -oideus/ -oideum/ -oidea/ -odes/ -eidos 像……的，类似……的，呈……状的（名词词尾）

Chenopodium ficifolium 小藜（另见 Ch. serotinum）：ficifolius 无花果叶的，榕树叶的；Ficus 榕属（桑科）；folius/ folium/ folia 叶，叶片（用于复合词）

Chenopodium foetidum 菊叶香藜（另见 Dysphania schraderiana）：foetidus = foetus + idus 臭的，恶臭的，令人作呕的；foetus/ faetus/ fetus 臭味，恶臭，令人不悦的气味；-idus/ -idum/ -ida 表示在进行中的动作或情况，作动词、名词或形容词的词尾

Chenopodium foliosum 球花藜：foliosus = folius + osus 多叶的；folius/ folium/ folia → foli-/ folia- 叶，叶片；-osus/ -osum/ -osa 多的，充分的，丰富的，显著发育的，程度高的，特征明显的（形容词词尾）

Chenopodium giganteum 杖藜：giganteus 巨大的；giga-/ gigant-/ giganti- ← gigantos 巨大的；-eus/ -eum/ -ea（接拉丁语词干时）属于……的，色如……的，质如……的（表示原料、颜色或品质的相似），（接希腊语词干时）属于……的，以……出名，为……所占有（表示具有某种特性）

Chenopodium glaucum 灰绿藜：glaucus → glauco-/ glauc- 被白粉的，发白的，灰绿色的

Chenopodium gracilispicum 细穗藜：gracilis 细长的，纤弱的，丝状的；spicus 穗，谷穗，花穗

Chenopodium hybridum 杂配藜：hybridus 杂种的

Chenopodium iljinii 小白藜：iljinii（人名，俄国植物学家）

Chenopodium prostratum 平卧藜：prostratus/ pronus/ procumbens 平卧的，匍匐的

Chenopodium pumilio 铺地藜：pumilius 矮人，矮小，低矮；pumilus 矮的，小的，低矮的，矮人的；-ius/ -ium/ -ia 具有……特性（表示有关、关联、相似）

Chenopodium rubrum 红叶藜：rubrus/ rubrum/ rubra/ ruber 红色的

Chenopodium serotinum 小藜（另见 Ch. ficifolium）：serotinus 晚来的，晚季的，晚开花的

Chenopodium strictum 圆头藜：strictus 直立的，硬直的，笔直的，彼此靠拢的

Chenopodium urbicum 市藜：urbicus 城市的；urbs/ urbis 城市；-icus/ -icum/ -ica 属于，具有某种特性（常用于地名、起源、生境）

Chenopodium urbicum subsp. **sinicum** 东亚市藜：sinicum 中国的（地名）；-icus/ -icum/ -ica 属于，具有某种特性（常用于地名、起源、生境）

Chenopodium urbicum subsp. **urbicum** 市藜-原亚种 （词义见上面解释）

Chesneya 雀儿豆属（豆科）（42-1：p72）：chesneya（人名）

Chesneya acaulis 无茎雀儿豆：acaulia/ acaulis 无茎的，矮小的；a-/ an- 无，非，没有，缺乏，不具有（an- 用于元音前）（a-/ an- 为希腊语词首，对应的拉丁语词首为 e-/ ex-，相当于英语的 un-/ -less，注意词首 a- 和作为介词的 a/ ab 不同，后者的意思是"从……、由……、关于……、因为……"）；caulia/ caulis 茎，茎秆，主茎

Chesneya crassipes 长梗雀儿豆：crassi- ← crassus 厚的，粗的，多肉质的；pes/ pedis 柄，梗，茎秆，腿，足，爪（作词首或词尾，pes 的词干视为"ped-"）

Chesneya cuneata 截叶雀儿豆：cuneatus = cuneus + atus 具楔子的，属楔形的；cuneus 楔子的；-atus/ -atum/ -ata 属于，相似，具有，完成（形容词词尾）

Chesneya macrantha 大花雀儿豆：macro-/ macr- ← macros 大的，宏观的（用于希腊语复合词）；anthus/ anthum/ antha/ anthe ← anthos 花（用于希腊语复合词）

Chesneya nubigena 云雾雀儿豆：nubigenus = nubius + genus 生于云雾间的；nubius 云雾的；genus ← gignere ← geno 出生，发生，起源，产于，生于（指地方或条件），属（植物分类单位）

Chesneya polystichoides 川滇雀儿豆：polystichoides 像耳蕨的；Polystichum 耳蕨属（三叉蕨科）；-oides/ -oideus/ -oideum/ -oidea/ -odes/ -eidos 像……的，类似……的，呈……状的（名词词尾）

Chesneya purpurea 紫花雀儿豆：purpureus = purpura + eus 紫色的；purpura 紫色（purpura 原为一种介壳虫名，其体液为紫色，可作颜料）；-eus/ -eum/ -ea（接拉丁语词干时）属于……的，色如……的，质如……的（表示原料、颜色或品质的相似），（接希腊语词干时）属于……的，以……出名，为……所占有（表示具有某种特性）

Chesneya spinosa 刺柄雀儿豆：spinosus = spinus + osus 具刺的，多刺的，长满刺的；spinus 刺，针刺；-osus/ -osum/ -osa 多的，充分的，丰富的，显著发育的，程度高的，特征明显的（形容词词尾）

Chesniella 旱雀豆属（豆科）（42-1：p71）：chesniella 比雀儿豆属小的；Chesneya 雀儿豆属；-ellus/ -ellum/ -ella ← -ulus 小的，略微的，稍微的（小词 -ulus 在字母 e 或 i 之后有多种变缀，即 -olus/ -olum/ -ola、-ellus/ -ellum/ -ella、-illus/ -illum/ -illa，用于第一变格法名词）

Chesniella gansuensis 甘肃旱雀豆：gansuensis 甘肃的（地名）

Chesniella mongolica 蒙古旱雀豆：mongolica 蒙古的（地名）；mongolia 蒙古的（地名）；-icus/ -icum/ -ica 属于，具有某种特性（常用于地名、起源、生境）

Chieniopteris 崇澍蕨属（澍 shù）（乌毛蕨科）（4-2：p206）：chieniopteris 钱氏蕨；chienio ← S. S. Chien 钱崇澍（人名，1883–1965，中国植物学家）；pteris ← pteryx 翅，翼，蕨类（希腊语）

Chieniopteris harlandii 崇澍蕨：harlandii ←

William Aurelius Harland（人名，18 世纪英国医生，移居香港并研究中国植物）

Chieniopteris kempii 裂羽崇澍蕨：kempii（人名）；-ii 表示人名，接在以辅音字母结尾的人名后面，但 -er 除外

Chikusichloa 山涧草属（禾本科）（9-2：p14）：chikusi ← Tukusi 筑紫（地名，日本九州的旧称）；chloa ← chloe 草，禾草

Chikusichloa aquatica 山涧草：aquaticus/ aquatilis 水的，水生的，潮湿的；aqua 水；-aticus/ -aticum/ -atica 属于，表示生长的地方

Chikusichloa mutica 无芒山涧草：muticus 无突起的，钝头的，非针状的

Chiloschista 异型兰属（也称异唇兰，兰科）（19：p346）：chiloschista = chilos + chistus 唇瓣分裂的；chilos/ cheilos 唇，唇瓣，唇边，边缘，岸边；schistus ← schizo 裂开的，分歧的

Chiloschista guangdongensis 广东异型兰：guangdongensis 广东的（地名）

Chiloschista segawae 台湾异型兰：segawae 濑川（日本人名）；-ae 表示人名，以 -a 结尾的人名后面加上 -e 形成

Chiloschista yunnanensis 异型兰：yunnanensis 云南的（地名）

Chimaphila 喜冬草属（鹿蹄草科）（56：p200）：chima ← cheimon 冬天；philus/ philein ← philos → phil-/ phili/ philo- 喜好的，爱好的，喜欢的（注意区别形近词：phylus、phyllus）；phylus/ phylum/ phyla ← phylon/ phyle 植物分类单位中的"门"，位于"界"和"纲"之间，类群，种族，部落，聚群；phyllus/ phyllum/ phylla ← phyllon 叶片（用于希腊语复合词）

Chimaphila japonica 喜冬草：japonica 日本的（地名）；-icus/ -icum/ -ica 属于，具有某种特性（常用于地名、起源、生境）

Chimaphila monticola 川西喜冬草：monticolus 生于山地的；monti- ← mons 山，山地，岩石；montis 山，山地的；colus ← colo 分布于，居住于，栖居，殖民（常作词尾）；colo/ colere/ colui/ cultum 居住，耕作，栽培

Chimaphila umbellata 伞形喜冬草：umbellatus = umbella + atus 伞形花序的，具伞的；umbella 伞形花序

Chimonanthus 蜡梅属（蜡梅科）（30-2：p5）：chimonanthus 冬花的，冬季开花的；chimon ← cheimon 冬天；anthus/ anthum/ antha/ anthe ← anthos 花（用于希腊语复合词）

Chimonanthus nitens 山蜡梅：nitens 光亮的，发光的；nitere 发亮；nit- 闪耀，发光

Chimonanthus praecox 蜡梅：praecox 早期的，早熟的，早开花的；prae- 先前的，前面的，在先的，早先的，上面的，很，十分，极其；-cox 成熟，开花，出生

Chimonanthus salicifolius 柳叶蜡梅：salici ← Salix 柳属；构词规则：以 -ix/ -iex 结尾的词其词干末尾视为 -ic，以 -ex 结尾视为 -i/ -ic，其他以 -x 结尾视为 -c；folius/ folium/ folia 叶，叶片（用于复合词）

Chimonobambusa 寒竹属（禾本科）（9-1：p324）：chimonobambusa 冬天的竹子；chimon ← cheimon 冬天；Bambusa 簕竹属（禾本科）

Chimonobambusa angustifolia 狭叶方竹：angusti- ← angustus 窄的，狭的，细的；folius/ folium/ folia 叶，叶片（用于复合词）

Chimonobambusa armata 缅甸方竹：armatus 有刺的，带武器的，装备了的；arma 武器，装备，工具，防护，挡板，军队

Chimonobambusa brevinoda 短节方竹：brevi- ← brevis 短的（用于希腊语复合词词首）；nodus 节，节点，连接点

Chimonobambusa convoluta 小方竹：convolutus 席卷的，纵向卷起来的；volutus/ volutum/ volvo 转动，滚动，旋卷，盘结

Chimonobambusa damingshanensis 大明山方竹：damingshanensis 大明山的（地名，广西武鸣区）

Chimonobambusa grandifolia 大叶方竹：grandi- ← grandis 大的；folius/ folium/ folia 叶，叶片（用于复合词）

Chimonobambusa hejiangensis 合江方竹：hejiangensis 合江的（地名，四川省）

Chimonobambusa hirtinoda 毛环方竹：hirtus 有毛的，粗毛的，刚毛的（长而明显的毛）；nodus 节，节点，连接点

Chimonobambusa lactistriata 乳纹方竹：lacteus 乳汁的，乳白色的，白色略带蓝色的；lactis 乳汁；striatus = stria + atus 有条纹的，有细沟的；stria 条纹，线条，细纹，细沟

Chimonobambusa marmorea 寒竹：marmoreus/ mrmoratus 大理石花纹的，斑纹的

Chimonobambusa metuoensis 墨脱方竹：metuoensis 墨脱的（地名，西藏自治区）

Chimonobambusa microfloscula 小花方竹：micr-/ micro- ← micros 小的，微小的，微观的（用于希腊语复合词）；floscula = flos + culus 小花；flos/ florus 花；-culus/ -culum/ -cula 小的，略微的，稍微的（同第三变格法和第四变格法名词形成复合词）

Chimonobambusa neopurpurea 刺黑竹：neopurpurea 晚于 purpurea 的；neo- ← neos 新，新的；Chimonobambusa purpurea 刺黑竹；purpureus = purpura + eus 紫色的；purpura 紫色（purpura 原为一种介壳虫名，其体液为紫色，可作颜料）；-eus/ -eum/ -ea（接拉丁语词干时）属于……的，色如……的，质如……的（表示原料、颜色或品质的相似），（接希腊语词干时）属于……的，以……出名，为……所占有（表示具有某种特性）

Chimonobambusa pachystachys 刺竹子：pachystachys 粗壮穗状花序的；pachys 粗的，厚的，肥的；stachy-/ stachyo-/ -stachys/ -stachyus/ -stachyum/ -stachya 穗子，穗子的，穗子状的，穗状花序的；Pachystachys 厚穗爵床属（爵床科）

Chimonobambusa quadrangularis 方竹：quadrangularis 四棱的，四角的；quadri-/ quadr- 四，四数（希腊语为 tetra-/ tetr-）；angularis = angulus + aris 具棱角的，有角度的；-aris（阳性、阴性）/ -are（中性）← -alis（阳性、阴性）/ -ale

C

（中性）属于，相似，如同，具有，涉及，关于，联结于（将名词作形容词用，其中 -aris 常用于以 l 或 r 为词干末尾的词）

Chimonobambusa setiformis 武夷山方竹：setiformis 刚毛状的；setus/ saetus 刚毛，刺毛，芒刺；formis/ forma 形状

Chimonobambusa szechuanensis 八月竹：szechuan 四川（地名）

Chimonobambusa szechuanensis var. flexuosa 龙拐竹：flexuosus = flexus + osus 弯曲的，波状的，曲折的；flexus ← flecto 扭曲的，卷曲的，弯弯曲曲的，柔性的；flecto 弯曲，使扭曲；-osus/ -osum/ -osa 多的，充分的，丰富的，显著发育的，程度高的，特征明显的（形容词词尾）

Chimonobambusa szechuanensis var. szechuanensis 八月竹-原变种 （词义见上面解释）

Chimonobambusa tuberculata 永善方竹：tuberculatus 具疣状凸起的，具结节的，具小瘤的；tuber/ tuber-/ tuberi- 块茎的，结节状凸起的，瘤状的；-culatus = culus + atus 小的，略微的，稍微的（用于第三和第四变格法名词）；-culus/ -culum/ -cula 小的，略微的，稍微的（同第三变格法和第四变格法名词形成复合词）；-atus/ -atum/ -ata 属于，相似，具有，完成（形容词词尾）

Chimonobambusa utilis 金佛山方竹：utilis 有用的

Chimonobambusa yunnanensis 云南方竹：yunnanensis 云南的（地名）

Chimonocalamus 香竹属（禾本科）（9-1：p360）：chimon ← cheimon 冬天；calamus ← calamos ← kalem 芦苇的，管子的，空心的

Chimonocalamus delicatus 香竹：delicatus 柔软的，细腻的，优美的，美味的；delicia 优雅，喜悦，美味

Chimonocalamus dumosus 小香竹：dumosus = dumus + osus 荒草丛样的，丛生的；dumus 灌丛，荆棘丛，荒草丛；-osus/ -osum/ -osa 多的，充分的，丰富的，显著发育的，程度高的，特征明显的（形容词词尾）

Chimonocalamus dumosus var. dumosus 小香竹-原变种 （词义见上面解释）

Chimonocalamus dumosus var. pygmaeus 耿马小香竹：pygmaeus/ pygmaei 小的，低矮的，极小的，矮人的；pygm- 矮，小，侏儒；-aeus/ -aeum/ -aea 表示属于……，名词形容词化词尾，如 europaeus ← europa 欧洲的

Chimonocalamus fimbriatus 流苏香竹：fimbriatus = fimbria + atus 具长缘毛的，具流苏的，具锯齿状裂的（指花瓣）；fimbria → fimbri- 流苏，长缘毛；-atus/ -atum/ -ata 属于，相似，具有，完成（形容词词尾）

Chimonocalamus longiligulatus 长舌香竹：longe-/ longi- ← longus 长的，纵向的；ligulatus（= ligula + atus）/ ligularis（= ligula + aris）舌状的，具舌的；ligula = lingua + ulus 小舌，小舌状物；lingua 舌，语言；ligule 舌，舌状物，舌瓣，叶舌

Chimonocalamus longiusculus 长节香竹：longiusculus = longus + usculus 略长的；longe-/ longi- ← longus 长的，纵向的；-usculus ← -culus

小的，略微的，稍微的（小词 -culus 和某些词构成复合词时变成 -usculus）；-culus/ -culum/ -cula 小的，略微的，稍微的（同第三变格法和第四变格法名词形成复合词）

Chimonocalamus makuanensis 马关香竹：makuanensis 马关的（地名，云南省）

Chimonocalamus montanus 山香竹：montanus 山，山地；montis 山，山地的；mons 山，山脉，岩石

Chimonocalamus pallens 灰香竹：pallens 淡白色的，蓝白色的，略带蓝色的

Chimonocalamus tortuosus 西藏香竹：tortuosus 不规则拧劲的，明显拧劲的；tortus 拧劲，捻，扭曲；-osus/ -osum/ -osa 多的，充分的，丰富的，显著发育的，程度高的，特征明显的（形容词词尾）

Chiogenes 伏地杜鹃属（杜鹃花科）（57-3：p69）：chiogenes 生产白雪的（比喻白色的果实）；chion-/ chiono- 雪，雪白色；genes ← gennao 产，生产

Chiogenes suborbicularis 伏地杜鹃：suborbicularis 近圆形的；sub-（表示程度较弱）与……类似，几乎，稍微，弱，亚，之下，下面；orbicularis/ orbiculatus 圆形的；orbis 圆，圆形，圆圈，环

Chiogenes suborbicularis var. albiflorus 白花伏地杜鹃：albus → albi-/ albo- 白色的；florus/ florum/ flora ← flos 花（用于复合词）

Chiogenes suborbicularis var. suborbicularis 伏地杜鹃-原变种 （词义见上面解释）

Chionanthus 流苏树属（木樨科）（61：p118）：chionanthus = chionata + anthus 花白如雪的；chion-/ chiono- 雪，雪白色；anthus/ anthum/ antha/ anthe ← anthos 花（用于希腊语复合词）

Chionanthus retusus 流苏树：retusus 微凹的

Chionocharis 垫紫草属（紫草科）（64-2：p114）：chion-/ chiono- 雪，雪白色；charis/ chares 美丽，优雅，喜悦，恩典，偏爱

Chionocharis hookeri 垫紫草：hookeri ← William Jackson Hooker（人名，19 世纪英国植物学家）；-eri 表示人名，在以 -er 结尾的人名后面加上 i 形成

Chionographis 白丝草属（百合科）（14：p13）：chionographis 雪白毛笔的（指花序白色）；chion-/ chiono- 雪，雪白色；graphe 毛笔

Chionographis chinensis 中国白丝草：chinensis = china + ensis 中国的（地名）；China 中国

Chirita 唇柱苣苔属（苦苣苔科）（69：p333）：chirita（印度土名）

Chirita anachoreta 光萼唇柱苣苔：anachoretus 隐居的，隐藏的，孤独的

Chirita atropurpurea 紫萼唇柱苣苔：atro-/ atr-/ atri-/ atra- ← ater 深色，浓色，暗色，发黑（ater 作为词干后接辅音字母开头的词时，要在词干后面加一个连接用的元音字母 "o" 或 "i"，故为 "ater-o-" 或 "ater-i-"，变形为 "atr-" 开头）；purpureus = purpura + eus 紫色的；purpura 紫色（purpura 原为一种介壳虫名，其体液为紫色，可作颜料）；-eus/ -eum/ -ea（接拉丁语词干时）属于……的，色如……的，质如……的（表示原料、颜色或品质的相似），（接希腊语词干时）属于……的，以……出名，为……所占有（表示具有某种特性）

Chirita bicolor 二色唇柱苣苔：bi-/ bis- 二，二数，二回（希腊语为 di-）；color 颜色

Chirita brachystigma 短头唇柱苣苔：brachy- ← brachys 短的（用于拉丁语复合词词首）；stigmus 柱头

Chirita brachytricha 短毛唇柱苣苔：brachy- ← brachys 短的（用于拉丁语复合词词首）；trichus 毛，毛发，线

Chirita brachytricha var. brachytricha 短毛唇柱苣苔-原变种 （词义见上面解释）

Chirita brachytricha var. magnibracteata 大苞短毛唇柱苣苔：magn-/ magni- 大的；bracteatus = bracteus + atus 具苞片的；bracteus 苞，苞片，苞鳞

Chirita brassicoides 芥状唇柱苣苔：brassicoides 像甘蓝的；Brassica 芸薹属；-oides/ -oideus/ -oideum/ -oidea/ -odes/ -eidos 像……的，类似……的，呈……状的（名词词尾）

Chirita briggsioides 鹤峰唇柱苣苔：briggsioides 粗筒苣苔状的；Briggsia 粗筒苣苔属（苦苣苔科）；-oides/ -oideus/ -oideum/ -oidea/ -odes/ -eidos 像……的，类似……的，呈……状的（名词词尾）

Chirita carnosifolia 肉叶唇柱苣苔：carnosus 肉质的；carne 肉；folius/ folium/ folia 叶，叶片（用于复合词）

Chirita ceratoscyphus 角萼唇柱苣苔：-ceros/ -ceras/ -cera/ cerat-/ cerato- 角，犄角；scyphos 酒杯，杯状的

Chirita cordifolia 心叶唇柱苣苔：cordi- ← cordis/ cor 心脏的，心形的；folius/ folium/ folia 叶，叶片（用于复合词）

Chirita cruciformis 十字唇柱苣苔：cruciformis = crux + formis 十字形的；crux 十字（词干为 cruc-，用于构成复合词时常为 cruci-）；crucis 十字的（crux 的单数所有格）；构词规则：以 -ix/ -iex 结尾的词其词干末尾视为 -ic，以 -ex 结尾视为 -i/ -ic，其他以 -x 结尾视为 -c；formis/ forma 形状

Chirita depressa 短序唇柱苣苔：depressus 凹陷的，压扁的；de- 向下，向外，从……，脱离，脱落，离开，去掉；pressus 压，压力，挤压，紧密

Chirita dielsii 圆叶唇柱苣苔：dielsii ← Friedrich Ludwig Emil Diels（人名，20 世纪德国植物学家）

Chirita dimidiata 墨脱唇柱苣苔：dimidiatus = dimidius + atus 二等分的，一半的，具有一半的；dimidius 一半的，二分之一的，对开的，似半瓣的，只剩一半的（两边很不对称，其中一半几乎不发育）；di-/ dis- 二，二数，二分，分离，不同，在……之间，从……分开（希腊语，拉丁语为 bi-/ bis-）

Chirita eburnea 牛耳朵：eburneus/ eburnus 象牙的，象牙白的；ebur 象牙；-eus/ -eum/ -ea（接拉丁语词干时）属于……的，色如……的，质如……的（表示原料、颜色或品质的相似），（接希腊语词干时）属于……的，以……出名，为……所占有（表示具有某种特性）

Chirita fangii 方氏唇柱苣苔：fangii（人名）；-ii 表示人名，接在以辅音字母结尾的人名后面，但 -er 除外

Chirita fasciculiflora 簇花唇柱苣苔：fasciculus 丛，簇，束；fascis 束；florus/ florum/ flora ← flos 花（用于复合词）

Chirita fimbrisepala 蚂蝗七：fimbria → fimbri- 流苏，长缘毛；sepalus/ sepalum/ sepala 萼片（用于复合词）

Chirita fimbrisepala var. fimbrisepala 蚂蝗七-原变种 （词义见上面解释）

Chirita fimbrisepala var. mollis 密毛蚂蝗七：molle/ mollis 软的，柔毛的

Chirita flavimaculata 黄斑唇柱苣苔：flavus → flavo-/ flavi-/ flav- 黄色的，鲜黄色的，金黄色的（指纯正的黄色）；maculatus = maculus + atus 有小斑点的，略有斑点的；maculus 斑点，网眼，小斑点，略有斑点；-atus/ -atum/ -ata 属于，相似，具有，完成（形容词词尾）

Chirita floribunda 多花唇柱苣苔：floribundus = florus + bundus 多花的，繁花的，花正盛开的；florus/ florum/ flora ← flos 花（用于复合词）；-bundus/ -bunda/ -bundum 正在做，正在进行（类似于现在分词），充满，盛行

Chirita fordii 桂粤唇柱苣苔：fordii ← Charles Ford（人名）

Chirita forrestii 滇川唇柱苣苔：forrestii ← George Forrest（人名，1873–1932，英国植物学家，曾在中国西部采集大量植物标本）

Chirita fruticola 灌丛唇柱苣苔：fruticola 生于灌丛的；frutex 灌木；构词规则：以 -ix/ -iex 结尾的词其词干末尾视为 -ic，以 -ex 结尾视为 -i/ -ic，其他以 -x 结尾视为 -c；colus ← colo 分布于，居住于，栖居，殖民（常作词尾）；colo/ colere/ colui/ cultum 居住，耕作，栽培

Chirita glabrescens 少毛唇柱苣苔：glabrus 光秃的，无毛的，光滑的；-escens/ -ascens 改变，转变，变成，略微，带有，接近，相似，大致，稍微（表示变化的趋势，并未完全相似或相同，有别于表示达到完成状态的 -atus）

Chirita gueilinensis 桂林唇柱苣苔：gueilinensis 桂林的（地名，广西壮族自治区）

Chirita gueilinensis var. brachycarpa 宁化唇柱苣苔：brachy- ← brachys 短的（用于拉丁语复合词词首）；carpus/ carpum/ carpa/ carpon ← carpos 果实（用于希腊语复合词）

Chirita gueilinensis var. dolichotricha 鼎湖唇柱苣苔：dolicho- ← dolichos 长的； trichus 毛，毛发，线

Chirita gueilinensis var. gueilinensis 桂林唇柱苣苔-原变种 （词义见上面解释）

Chirita hamosa 钩序唇柱苣苔：hamosus 钩形的；hamus 钩，钩子；-osus/ -osum/ -osa 多的，充分的，丰富的，显著发育的，程度高的，特征明显的（形容词词尾）

Chirita hedyotidea 肥牛草：hedyotideus = hedyotis + eus 像耳蕨的，稍美好的；构词规则：词尾为 -is 和 -ys 的词的词干分别视为 -id 和 -yd；Hedyotis 耳草属（茜草科）；hedys 香甜的，美味的，好的；-eus/ -eum/ -ea（接拉丁语词干时）属于……的，色如……的，质如……的（表示原料、颜色或品质的相似），（接希腊语词干时）属于……的，以……出名，为……所占有（表示具有某种特性）

Chirita heterotricha 烟叶唇柱苣苔：hete-/ heter-/

hetero- ← heteros 不同的，多样的，不齐的；trichus 毛，毛发，线

Chirita infundibuliformis 合苞唇柱苣苔：infundibulus = infundere + bulus 漏斗状的；infundere 注入；-bulus（表示动作的手段）；formis/ forma 形状

Chirita juliae 大齿唇柱苣苔：juliae ← Julia Mlokossjewicz（人名，20 世纪初俄国博物学家，曾研究高加索植物）；-ae 表示人名，以 -a 结尾的人名后面加上 -e 形成

Chirita lachenensis 卧茎唇柱苣苔：lachenensis（地名，西藏自治区）

Chirita laifengensis 来凤唇柱苣苔：laifengensis 来凤的（地名，湖北省）

Chirita laxiflora 疏花唇柱苣苔：laxus 稀疏的，松散的，宽松的；florus/ florum/ flora ← flos 花（用于复合词）

Chirita leiophylla 光叶唇柱苣苔：lei-/ leio-/ lio- ← leius ← leios 光滑的，平滑的；phyllus/ phyllum/ phylla ← phyllon 叶片（用于希腊语复合词）

Chirita liboensis 荔波唇柱苣苔：liboensis 荔波的（地名，贵州省）

Chirita lienxienensis 连县唇柱苣苔：lienxienensis 连县的（地名，广东省连州市的旧称）

Chirita liguliformis 舌柱唇柱苣苔：ligulus/ ligule 舌，舌状物，舌瓣，叶舌；formis/ forma 形状

Chirita linearifolia 线叶唇柱苣苔：linearis = lineus + aris 线条的，线形的，线状的，亚麻状的；folius/ folium/ folia 叶，叶片（用于复合词）；-aris（阳性、阴性）/ -are（中性）← -alis（阳性、阴性）/ -ale（中性）属于，相似，如同，具有，涉及，关于，联结于（将名词作形容词用，其中 -aris 常用于以 l 或 r 为词干末尾的词）

Chirita linglingensis 零陵唇柱苣苔：linglingensis 零陵的（地名，湖南省）

Chirita longgangensis 弄岗唇柱苣苔（弄 lòng）：longgangensis 弄岗的（地名，广西壮族自治区，有时错印为"弄岗"）

Chirita longgangensis var. hongyao 红药：hongyao 红药（中文土名）

Chirita longgangensis var. longgangensis 弄岗唇柱苣苔-原变种 （词义见上面解释）

Chirita longistyla 长柱唇柱苣苔：longe-/ longi- ← longus 长的，纵向的；stylus/ stylis ← stylos 柱，花柱

Chirita lunglinensis 隆林唇柱苣苔：lunglinensis 隆林的（地名，广西壮族自治区）

Chirita lunglinensis var. amblyosepala 钝萼唇柱苣苔：amblyosepalus 钝形萼的；amblyo-/ ambly- 钝的，钝角的；sepalus/ sepalum/ sepala 萼片（用于复合词）

Chirita lunglinensis var. lunglinensis 隆林唇柱苣苔-原变种 （词义见上面解释）

Chirita lungzhouensis 龙州唇柱苣苔：lungzhouensis 龙州的（地名，广西壮族自治区）

Chirita macrophylla 大叶唇柱苣苔：macro-/ macr- ← macros 大的，宏观的（用于希腊语复合

词）；phyllus/ phyllum/ phylla ← phyllon 叶片（用于希腊语复合词）

Chirita medica 药用唇柱苣苔：medicus 医疗的，药用的

Chirita minutihamata 多痕唇柱苣苔：minutus 极小的，细微的，微小的；hamatus = hamus + atus 具钩的

Chirita minutimaculata 微斑唇柱苣苔：minutus 极小的，细微的，微小的；maculatus = maculus + atus 有小斑点的，略有斑点的；maculus 斑点，网眼，小斑点，略有斑点；-atus/ -atum/ -ata 属于，相似，具有，完成（形容词词尾）

Chirita monantha 单花唇柱苣苔：mono-/ mon- ← monos 一个，单一的（希腊语，拉丁语为 unus/ uni-/ uno-）；anthus/ anthum/ antha/ anthe ← anthos 花（用于希腊语复合词）

Chirita oblongifolia 长圆叶唇柱苣苔：oblongus = ovus + longus 长椭圆形的（ovus 的词干 ov- 音变为 ob-）；ovus 卵，胚珠，卵形的，椭圆形的；longus 长的，纵向的；folius/ folium/ folia 叶，叶片（用于复合词）

Chirita obtusidentata 钝齿唇柱苣苔：obtusus 钝的，钝形的，略带圆形的；dentatus = dentus + atus 牙齿的，齿状的，具齿的；dentus 齿，牙齿-atus/ -atum/ -ata 属于，相似，具有，完成（形容词词尾）

Chirita ophiopogoides 条叶唇柱苣苔：ophiopogon 蛇状须的；ophio- 蛇，蛇状；pogon 胡须，髯毛，芒尖；-oides/ -oideus/ -oideum/ -oidea/ -odes/ -eidos 像……的，类似……的，呈……状的（名词词尾）

Chirita orthandra 直蕊唇柱苣苔：orthandra 直立雄蕊的；orth- ← ortho 直的，正面的；andrus/ andros/ antherus ← aner 雄蕊，花药，雄性

Chirita parvifolia 小叶唇柱苣苔：parvifolius 小叶的；parvus 小的，些微的，弱的；folius/ folium/ folia 叶，叶片（用于复合词）

Chirita pinnata 复叶唇柱苣苔：pinnatus = pinnus + atus 羽状的，具羽的；pinnus/ pennus 羽毛，羽状，羽片；-atus/ -atum/ -ata 属于，相似，具有，完成（形容词词尾）

Chirita pinnatifida 羽裂唇柱苣苔：pinnatifidus = pinnatus + fidus 羽状中裂的；pinnatus = pinnus + atus 羽状的，具羽的；pinnus/ pennus 羽毛，羽状，羽片；fidus ← findere 裂开，分裂（裂深不超过 1/3，常作词尾）

Chirita polycephala 多莛唇柱苣苔（莛 tíng）：poly- ← polys 多个，许多（希腊语，拉丁语为 multi-）；cephalus/ cephale ← cephalos 头，头状花序

Chirita pseudoeburnea 紫纹唇柱苣苔：pseudoeburnea 像 eburnea 的，近似象牙色的；pseudo-/ pseud- ← pseudos 假的，伪的，接近，相似（但不是）；Chirita eburnea 牛耳朵；eburneus/ eburnus 象牙的，象牙白的；ebur 象牙；-eus/ -eum/ -ea（接拉丁语词干时）属于……的，色如……的，质如……的（表示原料、颜色或品质的相似），（接希腊语词干时）属于……的，以……出名，为……所占有（表示具有某种特性）

C

Chirita pteropoda 翅柄唇柱苣苔：pteropodus/ pteropus 翅柄的；pterus/ pteron 翅，翼，蕨类；podus/ pus 柄，梗，茎秆，足，腿

Chirita pumila 斑叶唇柱苣苔：pumilus 矮的，小的，低矮的，矮人的

Chirita roseoalba 粉花唇柱苣苔：roseoalba 红白色的，粉白色的；roseus = rosa + eus 像玫瑰的，玫瑰色的，粉红色的；rosei-/ roseo- 玫瑰，玫瑰红色；albus → albi-/ albo- 白色的

Chirita rotundifolia 卵圆唇柱苣苔：rotundus 圆形的，呈圆形的，肥大的；rotundo 使呈圆形，使圆滑；roto 旋转，滚动；folius/ folium/ folia 叶，叶片（用于复合词）

Chirita sclerophylla 硬叶唇柱苣苔：sclero- ← scleros 坚硬的，硬质的；phyllus/ phyllum/ phylla ← phyllon 叶片（用于希腊语复合词）

Chirita secundiflora 清镇唇柱苣苔：secundiflorus 单侧生花的；secundus/ secumdus 生于单侧的，花柄一侧着花的，沿着……，顺着……；florus/ florum/ flora ← flos 花（用于复合词）

Chirita sichuanensis 四川唇柱苣苔：sichuanensis 四川的（地名）

Chirita sinensis 唇柱苣苔：sinensis = Sina + ensis 中国的（地名）；Sina 中国

Chirita spadiciformis 焰苞唇柱苣苔：spadiciformis = spadix + formis 肉穗花序状的，佛焰花序状的；spadix 佛焰花序，肉穗花序；formis/ forma 形状

Chirita speciosa 美丽唇柱苣苔：speciosus 美丽的，华丽的；species 外形，外观，美观，物种（缩写 sp.，复数 spp.）；-osus/ -osum/ -osa 多的，充分的，丰富的，显著发育的，程度高的，特征明显的（形容词词尾）

Chirita speluncae 小唇柱苣苔：speluncae ← speluncus 洞穴的，岩洞的

Chirita spinulosa 刺齿唇柱苣苔：spinulosus = spinus + ulus + osus 被细刺的；spinus 刺，针刺；-ulus/ -ulum/ -ula 小的，略微的，稍微的（小词 -ulus 在字母 e 或 i 之后有多种变缀，即 -olus/ -olum/ -ola、-ellus/ -ellum/ -ella、-illus/ -illum/ -illa，与第一变格法和第二变格法名词形成复合词）；-osus/ -osum/ -osa 多的，充分的，丰富的，显著发育的，程度高的，特征明显的（形容词词尾）

Chirita subrhomboidea 菱叶唇柱苣苔：subrhomboidea 像 rhomboidea 的，近菱形的；sub- （表示程度较弱）与……类似，几乎，稍微，弱，亚，之下，下面；Microlepia rhomboidea 斜方鳞盖蕨；rhombeus 菱形的；-oides/ -oideus/ -oideum/ -oidea/ -odes/ -eidos 像……的，类似……的，呈……状的（名词词尾）

Chirita subulatisepala 钻萼唇柱苣苔：subulatus 钻形的，尖头的，针尖状的；subulus 钻头，尖头，针尖状；sepalus/ sepalum/ sepala 萼片（用于复合词）

Chirita swinglei 钟冠唇柱苣苔：swinglei（人名）；-i 表示人名，接在以元音字母结尾的人名后面，但 -a 除外

Chirita tenuifolia 薄叶唇柱苣苔：tenui- ← tenuis 薄的，纤细的，弱的，瘦的，窄的；folius/ folium/ folia 叶，叶片（用于复合词）

Chirita tenuituba 神农架唇柱苣苔：tenui- ← tenuis 薄的，纤细的，弱的，瘦的，窄的；tubus 管子的，管状的，筒状的

Chirita tibetica 康定唇柱苣苔：tibetica 西藏的（地名）；-icus/ -icum/ -ica 属于，具有某种特性（常用于地名、起源、生境）

Chirita tribracteata 三苞唇柱苣苔：tri-/ tripli-/ triplo- 三个，三数；bracteatus = bracteus + atus 具苞片的；bracteus 苞，苞片，苞鳞

Chirita umbrophila 喜荫唇柱苣苔：umbrosus 多荫的，喜阴的，生于阴地的；umbra 荫凉，阴影，阴地；-osus/ -osum/ -osa 多的，充分的，丰富的，显著发育的，程度高的，特征明显的（形容词词尾）；philus/ philein ← philos → phil-/ phili/ philo- 喜好的，爱好的，喜欢的（注意区别形近词：phylus、phyllus）；phylus/ phylum/ phyla ← phylon/ phyle 植物分类单位中的"门"，位于"界"和"纲"之间，类群，种族，部落，聚群；phyllus/ phyllum/ phylla ← phyllon 叶片（用于希腊语复合词）

Chirita urticifolia 麻叶唇柱苣苔：Urtica 荨麻属（荨麻科）；folius/ folium/ folia 叶，叶片（用于复合词）

Chirita verecunda 齿萼唇柱苣苔：verecundus 红脸的，适度的；-cundus/ -cundum/ -cunda 变成，倾向（表示倾向或不变的趋势）

Chirita vestita 细筒唇柱苣苔：vestitus 包被的，覆盖的，被柔毛的，袋状的

Chirita villosissima 长毛唇柱苣苔：villosissimus 柔毛很多的；villosus 柔毛的，绵毛的；villus 毛，羊毛，长绒毛；-osus/ -osum/ -osa 多的，充分的，丰富的，显著发育的，程度高的，特征明显的（形容词词尾）；-issimus/ -issima/ -issimum 最，非常，极其（形容词最高级）

Chirita yungfuensis 永福唇柱苣苔：yungfuensis 永福的（地名，广西壮族自治区）

Chiritopsis 小花苣苔属（苦苣苔科）（69：p409）：Chirita 唇柱苣苔属（苦苣苔科）；-opsis/ -ops 相似，稍微，带有

Chiritopsis bipinnatifida 羽裂小花苣苔：bipinnatifidus 二回羽状中裂的；bi-/ bis- 二，二数，二回（希腊语为 di-）；pinnatifidus = pinnatus + fidus 羽状中裂的；pinnatus = pinnus + atus 羽状的，具羽的；pinnus/ pennus 羽毛，羽状，羽片；fidus ← findere 裂开，分裂（裂深不超过 1/3，常作词尾）

Chiritopsis confertiflora 密小花苣苔：confertus 密集的；florus/ florum/ flora ← flos 花（用于复合词）

Chiritopsis cordifolia 心叶小花苣苔：cordi- ← cordis/ cor 心脏的，心形的；folius/ folium/ folia 叶，叶片（用于复合词）

Chiritopsis lobulata 浅裂小花苣苔：lobulatus = lobus + ulus + atus 小裂片的，浅裂的，凸轮状的；lobus/ lobos/ lobon 浅裂，耳片（裂片先端钝圆），荚果，蒴果

Chiritopsis mollifolia 密毛小花苣苔：molle/ mollis 软的，柔毛的；folius/ folium/ folia 叶，叶片（用于复合词）

Chiritopsis repanda 小花苣苔：repandus 细波状的，浅波状的（指叶缘略不平而呈波状，比 sinuosus 更浅）；re- 返回，相反，再次，重复，向后，回头；pandus 弯曲

Chiritopsis subulata 钻丝小花苣苔：subulatus 钻形的，尖头的，针尖状的；subulus 钻头，尖头，针尖状

Chisocheton 溪桫属（楝科）（43-3：p98）：chiso ← schizo 裂开的，分裂的（希腊语）；cheton ← chiton 罩衣

Chisocheton paniculatus 溪桫：paniculatus = paniculus + atus 具圆锥花序的；paniculus 圆锥花序；panus 谷穗；panicus 野稗，粟，谷子；-atus/ -atum/ -ata 属于，相似，具有，完成（形容词词尾）

Chloranthaceae 金粟兰科（20-1：p77）：Chloranthus 金粟兰属；-aceae（分类单位科的词尾，为 -aceus 的阴性复数主格形式，加到模式属的名称后或同义词的词干后以组成族群名称）

Chloranthus 金粟兰属（金粟兰科）（20-1：p80）：chloros 绿色的；anthus/ anthum/ antha/ anthe ← anthos 花（用于希腊语复合词）

Chloranthus angustifolius 狭叶金粟兰：angusti- ← angustus 窄的，狭的，细的；folius/ folium/ folia 叶，叶片（用于复合词）

Chloranthus anhuiensis 安徽金粟兰：anhuiensis 安徽的（地名）

Chloranthus elatior 鱼子兰：elatior 较高的（elatus 的比较级）；-ilor 比较级

Chloranthus fortunei 丝穗金粟兰：fortunei ← Robert Fortune（人名，19 世纪英国园艺学家，曾在中国采集植物）；-i 表示人名，接在以元音字母结尾的人名后面，但 -a 除外

Chloranthus henryi 宽叶金粟兰：henryi ← Augustine Henry 或 B. C. Henry（人名，前者，1857–1930，爱尔兰医生、植物学家，曾在中国采集植物，后者，1850–1901，曾活动于中国的传教士）

Chloranthus henryi var. hupehensis 湖北金粟兰：hupehensis 湖北的（地名）

Chloranthus holostegius 全缘金粟兰：holo-/ hol- 全部的，所有的，完全的，联合的，全缘的，不分裂的；stegius ← stege/ stegon 盖子，加盖，覆盖，包裹，遮盖物

Chloranthus holostegius var. shimianensis 石棉金粟兰：shimianensis 石棉的（地名，四川省）

Chloranthus holostegius var. trichoneurus 毛脉金粟兰：trich-/ tricho-/ tricha- ← trichos ← thrix 毛，多毛的，线状的，丝状的；neurus ← neuron 脉，神经

Chloranthus japonicus 银线草：japonicus 日本的（地名）；-icus/ -icum/ -ica 属于，具有某种特性（常用于地名、起源、生境）

Chloranthus multistachys 多穗金粟兰：multi- ← multus 多个，多数，很多（希腊语为 poly-）；stachy-/ stachyo-/ -stachys/ -stachyus/ -stachyum/ -stachya 穗子，穗子的，穗子状的，穗状花序的

Chloranthus oldhami 台湾金粟兰：oldhami ← Richard Oldham（人名，19 世纪植物采集员）（注：词尾改为"-ii"似更妥）；-ii 表示人名，接在以辅音

字母结尾的人名后面，但 -er 除外；-i 表示人名，接在以元音字母结尾的人名后面，但 -a 除外

Chloranthus pernyanus（佩妮金粟兰）：pernyanu ← Paul Hubert Perny（人名，19 世纪活动于中国的法国传教士）

Chloranthus serratus 及己：serratus = serrus + atus 有锯齿的；serrus 齿，锯齿

Chloranthus serratus var. taiwanensis 台湾及己：taiwanensis 台湾的（地名）

Chloranthus sessilifolius 四川金粟兰：sessile-/ sessili-/ sessil- ← sessilis 无柄的，无茎的，基生的，基部的；folius/ folium/ folia 叶，叶片（用于复合词）

Chloranthus sessilifolius var. austro-sinensis 华南金粟兰：austro-/ austr- 南方的，南半球的，大洋洲的；auster 南方，南风；sinensis = Sina + ensis 中国的（地名）；Sina 中国

Chloranthus spicatus 金粟兰：spicatus 具穗的，具穗状花的，具尖头的；spicus 穗，谷穗，花穗；-atus/ -atum/ -ata 属于，相似，具有，完成（形容词词尾）

Chloranthus tianmushanensis 天目金粟兰：tianmushanensis 天目山的（地名，浙江省）

Chloris 虎尾草属（禾本科）（10-1：p74）：chloris 花神（希腊神话）

Chloris anomala 异序虎尾草：anomalus = a + nomalus 异常的，变异的，不规则的；a-/ an- 无，非，没有，缺乏，不具有（an- 用于元音前）（a-/ an- 为希腊语词首，对应的拉丁语词首为 e-/ ex-，相当于英语的 un-/ -less，注意词首 a- 和作为介词的 a/ ab 不同，后者的意思是"从……、由……、关于……、因为……"）；nomalus 规则的，规律的，法律的；nomus ← nomos 规则，规律，法律

Chloris barbata 孟仁草：barbatus = barba + atus 具胡须的，具须毛的；barba 胡须，髯毛，绒毛；-atus/ -atum/ -ata 属于，相似，具有，完成（形容词词尾）

Chloris formosana 台湾虎尾草：formosanus = formosus + anus 美丽的，台湾的；formosus ← formosa 美丽的，台湾的（葡萄牙殖民者发现台湾时对其的称呼，即美丽的岛屿）；-anus/ -anum/ -ana 属于，来自（形容词词尾）

Chloris gayana 非洲虎尾草：gayana（人名）

Chloris virgata 虎尾草：virgatus 细长枝条的，有条纹的，嫩枝状的；virga/ virgus 纤细枝条，细而绿的枝条；-atus/ -atum/ -ata 属于，相似，具有，完成（形容词词尾）

Chlorophytum 吊兰属（百合科）（14：p40）：chlor-/ chloro- ← chloros 绿色的（希腊语，相当于拉丁语的 viridis）；phytus/ phytum/ phyta 植物

Chlorophytum capense（开普吊兰）：capense 好望角的（地名，非洲南部）

Chlorophytum chinense 狭叶吊兰：chinense 中国的（地名）

Chlorophytum comosum 吊兰：comosus 丛状长毛的；-osus/ -osum/ -osa 多的，充分的，丰富的，显著发育的，程度高的，特征明显的（形容词词尾）

Chlorophytum laxum 小花吊兰：laxus 稀疏的，松散的，宽松的

C

Chlorophytum malayense 大叶吊兰：malayense 马来亚的（地名，马来西亚的旧称）

Chlorophytum nepalense 西南吊兰：nepalense 尼泊尔的（地名）

Choerospondias 南酸枣属（漆树科）（45-1：p86）：choeros 猪（希腊语）；Spondias 槟榔青属（漆树科）

Choerospondias axillaris 南酸枣：axillaris 腋生的；axillus 叶腋的；axill-/ axilli- 叶腋；superaxillaris 腋上的；subaxillaris 近腋生的；extraaxillaris 腋外的；infraaxillaris 腋下的；-aris（阳性、阴性）/ -are（中性）← -alis（阳性、阴性）/ -ale（中性）属于，相似，如同，具有，涉及，关于，联结于（将名词作形容词用，其中 -aris 常用于以 l 或 r 为词干末尾的词）；形近词：axilis ← axis 轴，中轴

Choerospondias axillaris var. axillaris 南酸枣-原变种 （词义见上面解释）

Choerospondias axillaris var. pubinervis 毛脉南酸枣：pubi- ← pubis 细柔毛的，短柔毛的，毛被的；nervis ← nervus 脉，叶脉

Chondrilla 粉苞菊属（菊科）（80-1：p293）：chondrilla = chondros + illus 果粒，粒状物，粉粒，软骨；-ulus/ -ulum/ -ula 小的，略微的，稍微的（小词 -ulus 在字母 e 或 i 之后有多种变缀，即 -olus/ -olum/ -ola、-ellus/ -ellum/ -ella、-illus/ -illum/ -illa，与第一变格法和第二变格法名词形成复合词）

Chondrilla ambigua 沙地粉苞菊：ambiguus 可疑的，不确定的，含糊的

Chondrilla aspera 硬叶粉苞菊：asper/ asperus/ asperum/ aspera 粗糙的，不平的

Chondrilla brevirostris 短喙粉苞菊：brevi- ← brevis 短的（用于希腊语复合词词首）；rostris 鸟喙，喙状

Chondrilla canescens 灰白粉苞菊：canescens 变灰色的，淡灰色的；canens 使呈灰色的；canus 灰色的，灰白色的；-escens/ -ascens 改变，转变，变成，略微，带有，接近，相似，大致，稍微（表示变化的趋势，并未完全相似或相同，有别于表示达到完成状态的 -atus）

Chondrilla laticoronata 宽冠粉苞菊（冠 guān）：lati-/ late- ← latus 宽的，宽广的；coronatus 冠，具花冠的；coron- 冠，冠状

Chondrilla lejosperma 北疆粉苞菊：lejosperma = leiosperma = leio + spermus 种子无毛的；lei-/ leio-/ lio- ← leius ← leios 光滑的，平滑的；spermus/ spermum/ sperma 种子的（用于希腊语复合词）

Chondrilla pauciflora 少花粉苞菊：pauci- ← paucus 少数的，少的（希腊语为 oligo-）；florus/ florum/ flora ← flos 花（用于复合词）

Chondrilla phaeocephala 暗苞粉苞菊：phaeus（phaios）→ phae-/ phaeo-/ phai-/ phaio 暗色的，褐色的，灰蒙蒙的；cephalus/ cephale ← cephalos 头，头状花序

Chondrilla piptocoma 粉苞菊：piptocomus 早落冠的；pipto 落下；comus ← comis 冠毛，头缨，一簇（毛或叶片）

Chondrilla rouillieri 基节粉苞菊：rouillieri（人名）；-eri 表示人名，在以 -er 结尾的人名后面加上 i 形成

Chonemorpha 鹿角藤属（夹竹桃科）（63：p195）：chonemorphus 漏斗形的（指花冠形状）；chone/ chonae 漏斗（希腊语）；morphus ← morphos 形状，形态

Chonemorpha eriostylis 鹿角藤：erion 绵毛，羊毛；stylus/ stylis ← stylos 柱，花柱

Chonemorpha floccosa 丛毛鹿角藤：floccosus 密被绵毛的，毛状的，丛卷毛的，簇状毛的；floccus 丛卷毛，簇状毛（毛成簇脱落）

Chonemorpha griffithii 漾濞鹿角藤（濞 bì）：griffithii ← William Griffith（人名，19 世纪印度植物学家，加尔各答植物园主任）

Chonemorpha macrophylla 大叶鹿角藤：macro-/ macr- ← macros 大的，宏观的（用于希腊语复合词）；phyllus/ phyllum/ phylla ← phyllon 叶片（用于希腊语复合词）

Chonemorpha megacalyx 长萼鹿角藤：mega-/ megal-/ megalo- ← megas 大的，巨大的；calyx → calyc- 萼片（用于希腊语复合词）

Chonemorpha parviflora 小花鹿角藤：parviflorus 小花的；parvus 小的，些微的，弱的；florus/ florum/ flora ← flos 花（用于复合词）

Chonemorpha splendens 海南鹿角藤：splendens 有光泽的，发光的，漂亮的

Chonemorpha valvata 毛叶藤仲：valvatus 裂片，开裂，瓣片，啮合状的；valva/ valvis 裂瓣，开裂，瓣片，啮合；-atus/ -atum/ -ata 属于，相似，具有，完成（形容词词尾）

Chorisis 沙苦荬属（荬 mǎi）（菊科）（80-1：p259）：chorisis ← Ludwig Louis Choris（人名，1795–1828，俄国博物学家）

Chorisis repens 沙苦荬菜：repens/ repentis/ repsi/ reptum/ repere/ repo 匍匐，爬行（同义词：reptans/ reptoare）

Chorispora 离子芥属（十字花科）（33：p346）：chorispora 果实分开的（指长角果横裂成几个含二粒种子的部分）；choris 分开的；sporus ← sporos → sporo- 孢子，种子

Chorispora bungeana 高山离子芥：bungeana ← Alexander von Bunge（人名，1813–1866，俄国植物学家）

Chorispora greigii 具莛离子芥：greigii ← Samuel Alexeivich Greig（人名，19 世纪俄国园艺学会会长）

Chorispora macropoda 小花离子芥：macro-/ macr- ← macros 大的，宏观的（用于希腊语复合词）；podus/ pus 柄，梗，茎秆，足，腿

Chorispora sibirica 西伯利亚离子芥：sibirica 西伯利亚的（地名，俄罗斯）；-icus/ -icum/ -ica 属于，具有某种特性（常用于地名、起源、生境）

Chorispora tenella 离子芥：tenellus = tenuis + ellus 柔软的，纤细的，纤弱的，精美的，雅致的；tenuis 薄的，纤细的，弱的，瘦的，窄的；-ellus/ -ellum/ -ella ← -ulus 小的，略微的，稍微的（小词 -ulus 在字母 e 或 i 之后有多种变缀，即 -olus/ -olum/ -ola、-ellus/ -ellum/ -ella、-illus/ -illum/ -illa，用于第一变格法名词）

Chosenia 钻天柳属（钻 zuān）（杨柳科）（20-2：p79）：chosenia ← Chosen 朝鲜（地名，日语读音）

C

Chosenia arbutifolia 钻天柳：Arbutus 莓实属（本属一种植物的古拉丁名）（杜鹃花科）；folius/ folium/ folia 叶，叶片（用于复合词）

Christensenia 天星蕨属（天星蕨科）（2：p65）：christensenia ← Karl Christensen（人名，蕨类分类专家）

Christensenia assamica 天星蕨：assamica 阿萨姆邦的（地名，印度）

Christenseniaceae 天星蕨科（2：p65）：Christensenia 天星蕨属；-aceae（分类单位科的词尾，为 -aceus 的阴性复数主格形式，加到模式属的名称后或同义词的词干后以组成族群名称）

Christia 蝙蝠草属（豆科）（41：p78）：christia ← Herman Christ（人名，19 世纪瑞士植物学家）

Christia campanulata 台湾蝙蝠草：campanula + atus 钟形的，具钟的（指花冠）；campanula 钟，吊钟状的，风铃草状的；-atus/ -atum/ -ata 属于，相似，具有，完成（形容词词尾）

Christia constricta 长管蝙蝠草：constrictus 压缩的，缢痕的；co- 联合，共同，合起来（拉丁语词首，为 cum- 的音变，表示结合、强化、完全，对应的希腊语为 syn-）；co- 的缀词音变有 co-/ com-/ con-/ col-/ cor-：co-（在 h 和元音字母前面），col-（在 l 前面），com-（在 b、m、p 之前），con-（在 c、d、f、g、j、n、qu、s、t 和 v 前面），cor-（在 r 前面）；strictus 直立的，硬直的，笔直的，彼此靠拢的

Christia hainanensis 海南蝙蝠草：hainanensis 海南的（地名）

Christia obcordata 铺地蝙蝠草（铺 pū）：obcordatus = ob + cordatus 倒心形的；ob- 相反，反对，倒（ob- 有多种音变：ob- 在元音字母和大多数辅音字母前面，oc- 在 c 前面，of- 在 f 前面，op- 在 p 前面）；cordatus ← cordis/ cor 心脏的，心形的；-atus/ -atum/ -ata 属于，相似，具有，完成（形容词词尾）

Christia vespertilionis 蝙蝠草：vespertilo/ vespertilio/ vespertilion 蝙蝠

Christiopteris 戟蕨属（水龙骨科）（6-2：p214）：christ ← Herman Christ（人名，19 世纪瑞士植物学家）；pteris ← pteryx 翅，翼，蕨类（希腊语）

Christiopteris tricuspis 戟蕨：tri-/ tripli-/ triplo- 三个，三数；cuspis（所有格为 cuspidis）齿尖，凸尖，尖头

Christisonia 假野菰属（菰 gū）（列当科）（69：p80）：christisonia ← christisone（一种植物名，波斯语）

Christisonia hookeri 假野菰：hookeri ← William Jackson Hooker（人名，19 世纪英国植物学家）；-eri 表示人名，在以 -er 结尾的人名后面加上 i 形成

Christolea 高原芥属（十字花科）（33：p289）：chrio 污染，不洁净的；stole 匍匐茎

Christolea baiogoensis 藏北高原芥（藏 zàng）：baiogoensis 班戈的（地名，西藏自治区）

Christolea crassifolia 高原芥：crassi- ← crassus 厚的，粗的，多肉质的；folius/ folium/ folia 叶，叶片（用于复合词）

Christolea flabellata 长毛高原芥：flabellatus = flabellus + atus 扇形的；flabellus 扇子，扇形的

Christolea himalayensis 喜马拉雅高原芥：himalayensis 喜马拉雅的（地名）

Christolea kashgarica 喀什高原芥（喀 kā）：kashgarica 喀什的（地名，新疆维吾尔自治区）；-icus/ -icum/ -ica 属于，具有某种特性（常用于地名、起源、生境）

Christolea lanuginosa 绒毛高原芥：lanuginosus = lanugo + osus 具绵毛的，具柔毛的；lanugo = lana + ugo 绒毛（lanugo 的词干为 lanugin-）；词尾为 -go 的词其词干末尾视为 -gin；lana 羊毛，绵毛

Christolea parkeri 线果高原芥：parkeri（人名）；-eri 表示人名，在以 -er 结尾的人名后面加上 i 形成

Christolea prolifera 丛生高原芥：proliferus 能育的，具零余子的；proli- 扩展，繁殖，后裔，零余子；proles 后代，种族；-ferus/ -ferum/ -fera/ -fero/ -fere/ -fer 有，具有，产（区别：作独立词使用的 ferus 意思是"野生的"）

Christolea pumila 矮高原芥：pumilus 矮的，小的，低矮的，矮人的

Christolea rosularia 莲座高原芥：rosularis/ rosulans/ rosulatus 莲座状的；Rosularia 瓦莲属（景天科）

Christolea stewartii 少花高原芥：stewartii ← John Stuart（人名，1713–1792，英国植物爱好者，常拼写为"Stewart"）

Christolea villosa 柔毛高原芥：villosus 柔毛的，绵毛的；villus 毛，羊毛，长绒毛；-osus/ -osum/ -osa 多的，充分的，丰富的，显著发育的，程度高的，特征明显的（形容词词尾）

Christolea villosa var. platyfilamenta 宽丝高原芥：platys 大的，宽的（用于希腊语复合词）；filamentus/ filum 花丝，丝状体，藻丝

Christolea villosa var. villosa 柔毛高原芥-原变种（词义见上面解释）

Chroesthes 色萼花属（爵床科）（70：p202）：chroesthes 艳色花被的（指花萼具色）；chromus/ chrous 颜色的，彩色的，有色的；esthes 衣服

Chroesthes lanceolata 色萼花：lanceolatus = lanceus + olus + atus 小披针形的，小柳叶刀的；lance-/ lancei-/ lanci-/ lanceo-/ lanc- ← lanceus 披针形的，矛形的，尖刀状的，柳叶刀状的；-olus ← -ulus 小，稍微，略微（-ulus 在字母 e 或 i 之后变成 -olus/ -ellus/ -illus）；-atus/ -atum/ -ata 属于，相似，具有，完成（形容词词尾）

Chromolaena 飞机草属（菊科）（增补）：chromolaena = chromus + laena 彩色苞片的；chromus 彩色的，有颜色的；laenus 外衣，包被，覆盖

Chromolaena odorata 飞机草（另见 Eupatorium odoratum）：odoratus = odorus + atus 香气的，气味的；odor 香气，气味；-atus/ -atum/ -ata 属于，相似，具有，完成（形容词词尾）

Chrozophora 沙戟属（大戟科）（44-2：p9）：chrozos 分裂；-phorus/ -phorum/ -phora 载体，承载物，支持物，带着，生着，附着（表示一个部分带着别的部分，包括起支撑或承载作用的柄、柱、托、囊等，如 gynophorum = gynus + phorum 雌蕊柄的，带有雌蕊的，承载雌蕊的）；gynus/ gynum/ gyna 雌

C

蕊，子房，心皮

Chrozophora sabulosa 沙戟：sabulosus 沙质的，沙地生的；sabulo/ sabulum 粗沙，石砾；-osus/ -osum/ -osa 多的，充分的，丰富的，显著发育的，程度高的，特征明显的（形容词词尾）

Chrysalidocarpus <u>散尾葵属</u>（棕榈科）（13-1：p124）：chrys-/ chryso- ← chrysos 黄色的，金色的；chrysalis 金色的蛹；carpus/ carpum/ carpa/ carpon ← carpos 果实（用于希腊语复合词）

Chrysalidocarpus lutescens 散尾葵：lutescens 淡黄色的；luteus 黄色的；-escens/ -ascens 改变，转变，变成，略微，带有，接近，相似，大致，稍微（表示变化的趋势，并未完全相似或相同，有别于表示达到完成状态的 -atus）

Chrysanthemum 茼蒿属/菊属（茼 tóng）（菊科，已修订为，茼蒿属 Glebiones、菊属 Chrysanthemum）（76-1：p21）：chrys-/ chryso- ← chrysos 黄色的，金色的；anthemus ← anthemon 花

Chrysanthemum carinatum 蒿子杆：carinatus 脊梁的，龙骨的，龙骨状的；carina → carin-/ carini- 脊梁，龙骨状突起，中肋

Chrysanthemum coronarium 茼蒿（另见 Glebionis coronaria）：coronarius 花冠的，花环的，具副花冠的；corona 花冠，花环；-arius/ -arium/ -aria 相似，属于（表示地点，场所，关系，所属）

Chrysanthemum segetum 南茼蒿（另见 Glebionis segetum）：segetum 玉米地的，农田的，庄稼地的（复数所有格）；seges/ segetis 耕地，作物；-etum/ -cetum 群丛，群落（表示数量很多，为群落优势种）（如 arboretum 乔木群落，quercetum 栎树林，rosetum 蔷薇群落）

Chrysoglossum <u>金唇兰属</u>（兰科）（18：p330）：chrys-/ chryso- ← chrysos 黄色的，金色的；glossus 舌，舌状的

Chrysoglossum ornatum 金唇兰：ornatus 装饰的，华丽的

Chrysogrammitis 金禾蕨属（水龙骨科，另见蒿蕨属 Ctenopteris）（6-2：p305）：chrys-/ chryso- ← chrysos 黄色的，金色的；Grammitis 禾叶蕨属（禾叶蕨科）

Chrysophyllum <u>金叶树属</u>（山榄科）（60-1：p59）：chrysophyllus 金色叶子的，黄色叶子的；chrys-/ chryso- ← chrysos 黄色的，金色的；phyllus/ phyllum/ phylla ← phyllon 叶片（用于希腊语复合词）

Chrysophyllum cainito 星萍果：cainito（印度西部地区土名）

Chrysophyllum lanceolatum 多花金叶树：lanceolatus = lanceus + olus + atus 小披针形的，小柳叶刀的；lance-/ lancei-/ lanci-/ lanceo-/ lanc- ← lanceus 披针形的，矛形的，尖刀状的，柳叶刀状的；-olus ← -ulus 小，稍微，略微（-ulus 在字母 e 或 i 之后变成 -olus/ -ellus/ -illus）；-atus/ -atum/ -ata 属于，相似，具有，完成（形容词词尾）

Chrysophyllum lanceolatum var. lanceolatum 多花金叶树-原变种 （词义见上面解释）

Chrysophyllum lanceolatum var. stellatocarpon 金叶树：stellatocarpus 星状果的；

stellatus/ stellaris 具星状的；stella 星状的；-atus/ -atum/ -ata 属于，相似，具有，完成（形容词词尾）；-aris（阳性、阴性）/ -are（中性）← -alis（阳性、阴性）/ -ale（中性）属于，相似，如同，具有，涉及，关于，联结于（将名词作形容词用，其中 -aris 常用于以 l 或 r 为词干末尾的词）；carpus/ carpum/ carpa/ carpon ← carpos 果实（用于希腊语复合词）

Chrysopogon 金须茅属（禾本科）（10-2：p132）：chrys-/ chryso- ← chrysos 黄色的，金色的；pogon 胡须，髯毛，芒尖

Chrysopogon aciculatus 竹节草：aciculatus = acus + culus + atus 针形，发夹状的；acus 针，发夹，发簪；-culus/ -culum/ -cula 小的，略微的，稍微的（同第三变格法和第四变格法名词形成复合词）；-atus/ -atum/ -ata 属于，相似，具有，完成（形容词词尾）

Chrysopogon echinulatus 刺金须茅：echinulatus = echinus + ulus + atus 刺猬状的，海胆状的（比喻果实被短芒刺）；echinus ← echinos → echino-/ echin- 刺猬，海胆

Chrysopogon orientalis 金须茅：orientalis 东方的；oriens 初升的太阳，东方

Chrysopogon zizanioides 香根草（另见 Vetiveria zizanioides）：Zizania 菰属（禾本科）；-oides/ -oideus/ -oideum/ -oidea/ -odes/ -eidos 像……的，类似……的，呈……状的（名词词尾）

Chrysosplenium <u>金腰属</u>（虎耳草科）（34-2：p234）：chrysosplenium = chrysos + splenium 金色脾脏的；chrys-/ chryso- ← chrysos 黄色的，金色的；splenium = splen + ius 脾脏，脾形的；splen/ splenis 脾脏；-ius/ -ium/ -ia 具有……特性的（表示有关、关联、相似）

Chrysosplenium absconditicapsulum 蔽果金腰：absconditus/ reconditus 隐藏的，隐蔽的，遮盖的；abs- ← abstrusus 隐藏，隐蔽；conditus 储藏的；capsulus ← capsus + ulus 蒴果的，蒴果状的，小盒子的；capsus 盒子，蒴果，胶囊；-ulus/ -ulum/ -ula 小的，略微的，稍微的（小词 -ulus 在字母 e 或 i 之后有多种变缀，即 -olus/ -olum/ -ola、-ellus/ -ellum/ -ella、-illus/ -illum/ -illa，与第一变格法和第二变格法名词形成复合词）

Chrysosplenium axillare 长梗金腰：axillare 在叶腋；axill- 叶腋

Chrysosplenium biondianum 秦岭金腰：biondianum（人名）

Chrysosplenium carnosum 肉质金腰：carnosus 肉质的；carne 肉；-osus/ -osum/ -osa 多的，充分的，丰富的，显著发育的，程度高的，特征明显的（形容词词尾）

Chrysosplenium cavaleriei 滇黔金腰：cavaleriei ← Pierre Julien Cavalerie（人名，20 世纪法国传教士）；-i 表示人名，接在以元音字母结尾的人名后面，但 -a 除外

Chrysosplenium chinense 乳突金腰：chinense 中国的（地名）

Chrysosplenium davidianum 锈毛金腰：davidianum ← Pere Armand David（人名，1826–1900，曾在中国采集植物标本的法国传教士）

Chrysosplenium delavayi 肾萼金腰：delavayi ← P. J. M. Delavay（人名，1834–1895，法国传教士，曾在中国采集植物标本）；-i 表示人名，接在以元音字母结尾的人名后面，但 -a 除外

Chrysosplenium flagelliferum 蔓金腰（蔓 màn）：flagellus/ flagrus 鞭子的，匍匐枝的；-ferus/ -ferum/ -fera/ -fero/ -fere/ -fer 有，具有，产（区别：作独立词使用的 ferus 意思是"野生的"）

Chrysosplenium forrestii 贡山金腰：forrestii ← George Forrest（人名，1873–1932，英国植物学家，曾在中国西部采集大量植物标本）

Chrysosplenium fuscopuncticulosum 褐点金腰：fusci-/ fusco- ← fuscus 棕色的，暗色的，发黑的，暗棕色的，褐色的；puncticulosus 具细点的，具细孔的；punctus 斑点；-culosus = culus + osus 小而多的，小而密集的；-culus/ -culum/ -cula 小的，略微的，稍微的（同第三变格法和第四变格法名词形成复合词）；-osus/ -osum/ -osa 多的，充分的，丰富的，显著发育的，程度高的，特征明显的（形容词词尾）

Chrysosplenium giraldianum 纤细金腰：giraldianum ← Giuseppe Giraldi（人名，19 世纪活动于中国的意大利传教士）

Chrysosplenium glossophyllum 舌叶金腰：glosso- 舌，舌状的；phyllus/ phyllum/ phylla ← phyllon 叶片（用于希腊语复合词）

Chrysosplenium griffithii 肾叶金腰：griffithii ← William Griffith（人名，19 世纪印度植物学家，加尔各答植物园主任）

Chrysosplenium griffithii var. griffithii 肾叶金腰-原变种 （词义见上面解释）

Chrysosplenium griffithii var. intermedium 居间金腰：intermedius 中间的，中位的，中等的；inter- 中间的，在中间，之间；medius 中间的，中央的

Chrysosplenium hebetatum 大武金腰：hebetatus 钝头的，失去光泽的；hebeo/ hebes 钝的，变钝的

Chrysosplenium hydrocotylifolium 天胡荽金腰（荽 suī）：hydrocotylifolium 天胡荽叶子的；Hydrocotyle 天胡荽属（荽 suī）（伞形科）；folius/ folium/ folia 叶，叶片（用于复合词）

Chrysosplenium hydrocotylifolium var. emeiense 峨眉金腰：emeiense 峨眉山的（地名，四川省）

Chrysosplenium hydrocotylifolium var. hydrocotylifolium 天胡荽金腰-原变种 （词义见上面解释）

Chrysosplenium japonicum var. japonicum 日本金腰：japonicum 日本的（地名）；-icus/ -icum/ -ica 属于，具有某种特性（常用于地名、起源、生境）

Chrysosplenium jienningense 建宁金腰：jienningense 建宁的（地名，福建省）

Chrysosplenium lanuginosum 绵毛金腰：lanuginosus = lanugo + osus 具绵毛的，具柔毛的；lanugo = lana + ugo 绒毛（lanugo 的词干为 lanugin-）；词尾为 -go 的词其词干末尾视为 -gin；lana 羊毛，绵毛

Chrysosplenium lanuginosum var. ciliatum 睫

毛金腰：ciliatus = cilium + atus 缘毛的，流苏的；cilium 缘毛，睫毛；-atus/ -atum/ -ata 属于，相似，具有，完成（形容词词尾）

Chrysosplenium lanuginosum var. formosanum （台湾绵毛金腰）：formosanus = formosus + anus 美丽的，台湾的；formosus ← formosa 美丽的，台湾的（葡萄牙殖民者发现台湾时对其的称呼，即美丽的岛屿）；-anus/ -anum/ -ana 属于，来自（形容词词尾）

Chrysosplenium lanuginosum var. gracile 细弱金腰：gracile → gracil- 细长的，纤弱的，丝状的；gracilis 细长的，纤弱的，丝状的

Chrysosplenium lanuginosum var. lanuginosum 绵毛金腰-原变种 （词义见上面解释）

Chrysosplenium lanuginosum var. pilosomarginatum 毛边金腰：pilosomarginatus 具缘毛的；piloso- ← pilus + osus 多毛的，被柔毛的，具疏柔毛的，被短弱细毛的；marginatus ← margo 边缘的，具边缘的；词尾为 -go 的词其词干末尾视为 -gin；margo/ marginis → margin- 边缘，边线，边界；-atus/ -atum/ -ata 属于，相似，具有，完成（形容词词尾）

Chrysosplenium lectus-cochleae 林金腰：lectus-cochleae 蜗牛床榻的；lectus 床；cochleae 蜗牛的，蜗牛状的

Chrysosplenium lixianense 理县金腰：lixianense 理县的（地名，四川省）

Chrysosplenium macrophyllum 大叶金腰：macro-/ macr- ← macros 大的，宏观的（用于希腊语复合词）；phyllus/ phyllum/ phylla ← phyllon 叶片（用于希腊语复合词）

Chrysosplenium microspermum 微子金腰：micr-/ micro- ← micros 小的，微小的，微观的（用于希腊语复合词）；spermus/ spermum/ sperma 种子的（用于希腊语复合词）

Chrysosplenium nepalense 山溪金腰：nepalense 尼泊尔的（地名）

Chrysosplenium nudicaule 裸茎金腰：nudi- ← nudus 裸露的；caulus/ caulon/ caule ← caulos 茎，茎秆，主茎

Chrysosplenium oxygraphoides 鸦跖花金腰（跖 zhí）：oxygraphoides = Oxygraphis + oides 像鸦跖花的；Oxygraphis 鸦跖花属（毛茛科）；-oides/ -oideus/ -oideum/ -oidea/ -odes/ -eidos 像……的，类似……的，呈……状的（名词词尾）

Chrysosplenium pilosum 毛金腰：pilosus = pilus + osus 多毛的，被柔毛的，具疏柔毛的，被短弱细毛的；pilus 毛，疏柔毛；-osus/ -osum/ -osa 多的，充分的，丰富的，显著发育的，程度高的，特征明显的（形容词词尾）

Chrysosplenium pilosum var. pilosopetiolatum 毛柄金腰：pilosopetiolatus 毛柄的；piloso- ← pilus + osus 多毛的，被柔毛的，具疏柔毛的，被短弱细毛的；pilus 毛，疏柔毛；-osus/ -osum/ -osa 多的，充分的，丰富的，显著发育的，程度高的，特征明显的（形容词词尾）；petiolatus = petiolus + atus 具叶柄的；petiolus 叶柄

Chrysosplenium pilosum var. pilosum 毛金

腰-原变种（词义见上面解释）

Chrysosplenium pilosum var. valdepilosum 柔毛金腰：valde/ valide 非常地，十分地，强度地，很；pilosus = pilus + osus 多毛的，被柔毛的，具疏柔毛的，被短弱细毛的；pilus 毛，疏柔毛；-osus/ -osum/ -osa 多的，充分的，丰富的，显著发育的，程度高的，特征明显的（形容词词尾）

Chrysosplenium qinlingense 陕甘金腰：qinlingense 秦岭的（地名，陕西省）

Chrysosplenium ramosum 多枝金腰：ramosus = ramus + osus 有分枝的，多分枝的；ramus 分枝，枝条；-osus/ -osum/ -osa 多的，充分的，丰富的，显著发育的，程度高的，特征明显的（形容词词尾）

Chrysosplenium serreanum 五台金腰：serreanus 具锯齿的；serrus 齿，锯齿；-anus/ -anum/ -ana 属于，来自（形容词词尾）

Chrysosplenium sikangense 西康金腰：sikangense 西康的（地名，旧西康省，1955 年分别并入四川省和西藏自治区）

Chrysosplenium sinicum 中华金腰：sinicum 中国的（地名）；-icus/ -icum/ -ica 属于，具有某种特性（常用于地名、起源、生境）

Chrysosplenium taibaishanense 太白金腰：taibaishanense 太白山的（地名，陕西省）

Chrysosplenium uniflorum 单花金腰：uni-/ uno- ← unus/ unum/ una 一，单一（希腊语为 mono-/ mon-）；florus/ florum/ flora ← flos 花（用于复合词）

Chrysosplenium wuwenchenii 韫珍金腰（韫 yùn）：wuwenchenii（人名）；-ii 表示人名，接在以辅音字母结尾的人名后面，但 -er 除外

Chuanminshen 川明参属（参 shēn）（伞形科）（55-3：p176）：chuanminshen 川明参（中文名）

Chuanminshen violaceum 川明参：violaceus 紫红色的，紫堇色的，堇菜状的；Viola 堇菜属（堇菜科）；-aceus/ -aceum/ -acea 相似的，有……性质的，属于……的

Chukrasia 麻楝属（楝科）（43-3：p47）：chukrasia（本属几种树木的孟加拉语名）

Chukrasia tabularis 麻楝：tabularis 水平压扁的，如金属片的，桌山（Table mountain）的（南非）；tabula 圆桌，平板，平台，菌盖，图版，表格，台账；-aris（阳性、阴性）/ -are（中性）← -alis（阳性、阴性）/ -ale（中性）属于，相似，如同，具有，涉及，关于，联结于（将名词作形容词用，其中 -aris 常用于以 l 或 r 为词干末尾的词）

Chukrasia tabularis var. tabularis 麻楝-原变种（词义见上面解释）

Chukrasia tabularis var. velutina 毛麻楝：velutinus 天鹅绒的，柔软的；velutus 绒毛的；-inus/ -inum/ -ina/ -inos 相近，接近，相似，具有（通常指颜色）

Chunechites 乐东藤属（夹竹桃科）（63：p229）：chun ← W. Y. Chun 陈焕镛（人名，1890–1971，中国植物学家）；chites 外罩

Chunechites xylinabariopsoides 乐东藤：Xylinabaropsis（夹竹桃科一属）；xylon 木材，木质；-oides/ -oideus/ -oideum/ -oidea/ -odes/ -eidos

像……的，类似……的，呈……状的（名词词尾）

Chunia 山铜材属（金缕梅科）（35-2：p52）：chunia ← W. Y. Chun 陈焕镛（人名，1890–1971，中国植物学家）

Chunia bucklandioides 山铜材：bucklandioides 像白克木的；Bucklandia 白克木属（金缕梅科）；-oides/ -oideus/ -oideum/ -oidea/ -odes/ -eidos 像……的，类似……的，呈……状的（名词词尾）

Chuniophoenix 琼棕属（棕榈科）（13-1：p37）：chun ← W. Y. Chun 陈焕镛（人名，1890–1971，中国植物学家）；phoenix 椰枣，凤凰（希腊语）

Chuniophoenix hainanensis 琼棕：hainanensis 海南的（地名）

Chuniophoenix nana 矮琼棕：nanus ← nanos/ nannos 矮小的，小的；nani-/ nano-/ nanno- 矮小的，小的

Cibotium 金毛狗属（蚌壳蕨科）（2：p197）：cibotium ← cibotion 小箱（希腊语，指孢子囊形状）

Cibotium barometz 金毛狗：barometz 羊羔的（鞑靼语，塔塔尔语，比喻须根细似羊毛）

Cicer 鹰嘴豆属（豆科）（42-2：p288）：cicer（山黧豆的古拉丁名）

Cicer arietinum 鹰嘴豆：arietinus 羊角的

Cicer microphyllum 小叶鹰嘴豆：micr-/ micro- ← micros 小的，微小的，微观的（用于希腊语复合词）；phyllus/ phyllum/ phylla ← phyllon 叶片（用于希腊语复合词）

Cicerbita 岩参属（菊科）（80-1：p221）：cicerbita = cicer + herbidus 莒苦菜（中世纪欧洲土名）；Cicer 鹰嘴豆属（豆科）；herbidus 草本的

Cicerbita azurea 岩参：azureus 天蓝色的，淡蓝色的；-eus/ -eum/ -ea（接拉丁语词干时）属于……的，色如……的，质如……的（表示原料、颜色或品质的相似），（接希腊语词干时）属于……的，以……出名，为……所占有（表示具有某种特性）

Cicerbita oligolepis 大理岩参：oligolepis = oligo + lepis 少鳞的；oligo-/ olig- 少数的（希腊语，拉丁语为 pauci-）；lepis/ lepidos 鳞片

Cicerbita sikkimensis 西藏岩参：sikkimensis 锡金的（地名）

Cicerbita tianschanica 天山岩参：tianschanica 天山的（地名，新疆维吾尔自治区）；-icus/ -icum/ -ica 属于，具有某种特性（常用于地名、起源、生境）

Cichorium 菊苣属（菊科）（80-1：p6）：cichorium ← cichaorion = cio + chorion 去田野（阿拉伯语）；cio- ← kio 去，到（阿拉伯语，一种植物名）；chorium ← chorion 田地，农田

Cichorium endivia 栽培菊苣：endivia 菊苣（意大利语）

Cichorium glandulosum 腺毛菊苣：glandulosus = glandus + ulus + osus 被细腺的，具腺体的，腺体质的；glandus ← glans 腺体；-ulus/ -ulum/ -ula 小的，略微的，稍微的（小词 -ulus 在字母 e 或 i 之后有多种变缀，即 -olus/ -olum/ -ola、-ellus/ -ellum/ -ella、-illus/ -illum/ -illa，与第一变格法和第二变格法名词形成复合词）；-osus/ -osum/ -osa 多的，充分的，丰富的，显著发育的，程度高的，特征明显的（形容词词尾）

C

Cichorium intybus 菊苣：intybus（阿拉伯语）

Cicuta 毒芹属（伞形科）（55-2：p10）：cicuta 毒芹（古拉丁名）

Cicuta virosa 毒芹：virosus 有毒的，恶臭的；virus 毒素，毒液，黏液，恶臭

Cicuta virosa var. latisecta 宽叶毒芹：lati-/ late- ← latus 宽的，宽广的；sectus 分段的，分节的，切开的，分裂的

Cicuta virosa var. virosa 毒芹-原变种（词义见上面解释）

Cimicifuga 升麻属（毛茛科）（27：p93）：cimicifuga 驱除臭虫的（形容该属植有强烈异味臭虫难以忍受）；cimici- ← cimix 臭虫；构词规则：以 -ix/ -iex 结尾的词其词干末尾视为 -ic，以 -ex 结尾视为 -i/ -ic，其他以 -x 结尾视为 -c；fuga ← fugere 逃跑；fugus 驱赶，驱除

Cimicifuga acerina 小升麻：acerinus 槭树叶子状的；Acer 槭属（槭树科）；-inus/ -inum/ -ina/ -inos 相近，接近，相似，具有（通常指颜色）

Cimicifuga acerina f. hispidula 硬毛小升麻：hispidulus 稍有刚毛的；hispidus 刚毛的，鬃毛状的；-ulus/ -ulum/ -ula 小的，略微的，稍微的（小词 -ulus 在字母 e 或 i 之后有多种变缀，即 -olus/ -olum/ -ola、-ellus/ -ellum/ -ella、-illus/ -illum/ -illa，与第一变格法和第二变格法名词形成复合词）

Cimicifuga acerina f. purpurea 紫花小升麻：purpureus = purpura + eus 紫色的；purpura 紫色（purpura 原为一种介壳虫名，其体液为紫色，可作颜料）；-eus/ -eum/ -ea（接拉丁语词干时）属于……的，色如……的，质如……的（表示原料、颜色或品质的相似），（接希腊语词干时）属于……的，以……出名，为……所占有（表示具有某种特性）

Cimicifuga acerina f. strigulosa 伏毛紫花小升麻：strigulosum = striga + ulus + osus 被糙伏毛的；striga 条纹的，网纹的（如种子具网纹），糙伏毛的；-ulus/ -ulum/ -ula 小的，略微的，稍微的（小词 -ulus 在字母 e 或 i 之后有多种变缀，即 -olus/ -olum/ -ola、-ellus/ -ellum/ -ella、-illus/ -illum/ -illa，与第一变格法和第二变格法名词形成复合词）；-osus/ -osum/ -osa 多的，充分的，丰富的，显著发育的，程度高的，特征明显的（形容词词尾）

Cimicifuga brachycarpa 短果升麻：brachy- ← brachys 短的（用于拉丁语复合词词首）；carpus/ carpum/ carpa/ carpon ← carpos 果实（用于希腊语复合词）

Cimicifuga dahurica 兴安升麻：dahurica（daurica/ davurica）达乌里的（地名，外贝加尔湖，属西伯利亚的一个地区，即贝加尔湖以东及以南至中国和蒙古边界）

Cimicifuga foetida 升麻：foetidus = foetus + idus 臭的，恶臭的，令人作呕的；foetus/ faetus/ fetus 臭味，恶臭，令人不悦的气味；-idus/ -idum/ -ida 表示在进行中的动作或情况，作动词、名词或形容词的词尾

Cimicifuga foetida var. foliolosa 多小叶升麻：foliosus = folius + ulus + osus 多叶的，叶小而多的；folius/ folium/ folia → foli-/ folia- 叶，叶片；-ulus/ -ulum/ -ula 小的，略微的，稍微的（小词

-ulus 在字母 e 或 i 之后有多种变缀，即 -olus/ -olum/ -ola、-ellus/ -ellum/ -ella、-illus/ -illum/ -illa，与第一变格法和第二变格法名词形成复合词）；-osus/ -osum/ -osa 多的，充分的，丰富的，显著发育的，程度高的，特征明显的（形容词词尾）

Cimicifuga foetida var. longibracteata 长苞升麻：longe-/ longi- ← longus 长的，纵向的；bracteatus = bracteus + atus 具苞片的；bracteus 苞，苞片，苞鳞

Cimicifuga foetida var. velutina 毛叶升麻：velutinus 天鹅绒的，柔软的；velutus 绒毛的；-inus/ -inum/ -ina/ -inos 相近，接近，相似，具有（通常指颜色）

Cimicifuga heracleifolia 大三叶升麻：heraclei ← Heracleum 独活属；folius/ folium/ folia 叶，叶片（用于复合词）

Cimicifuga nanchuenensis 南川升麻：nanchuenensis 南川的（地名，重庆市）

Cimicifuga simplex 单穗升麻：simplex 单一的，简单的，无分歧的（词干为 simplic-）

Cimicifuga yunnanensis 云南升麻：yunnanensis 云南的（地名）

Cinchona 金鸡纳属（茜草科）（71-1：p223）：cinchona ← Del Chinchon（人名，16 世纪西班牙贵族）

Cinchona ledgeriana 金鸡纳树：ledgeriana（人名）

Cinchona officinalis 正鸡纳树：officinalis/ officinale 药用的，有药效的；officina ← opificina 药店，仓库，作坊

Cinchona succirubra 鸡纳树：succirubrus 红色汁液的；succus/ sucus 汁液；rubrus/ rubrum/ rubra/ ruber 红色的

Cinna 单蕊草属（禾本科）（9-3：p251）：cinna 管子，细管

Cinna latifolia 单蕊草：lati-/ late- ← latus 宽的，宽广的；folius/ folium/ folia 叶，叶片（用于复合词）

Cinnamomum 樟属（樟科）（31：p160）：cinnamommum ← kinnamomon = cinein + amomos 肉桂树，有芳香味的卷曲树皮，桂皮（希腊语）；cinein 卷曲；amomos 完美的，无缺点的（如芳香味等）

Cinnamomum appelianum 毛桂：appelianum ← F. C. L. O. Appel（人名）

Cinnamomum austro-yunnanense 滇南桂：austro-/ austr- 南方的，南半球的，大洋洲的；auster 南方，南风；yunnanense 云南的（地名）

Cinnamomum austrosinense 华南桂：austrosinense 华南的（地名）；austro-/ austr- 南方的，南半球的，大洋洲的；auster 南方，南风

Cinnamomum bejolghota 钝叶桂：bejolghota（人名）

Cinnamomum bodinieri 猴樟：bodinieri ← Emile Marie Bodinieri（人名，19 世纪活动于中国的法国传教士）；-eri 表示人名，在以 -er 结尾的人名后面加上 i 形成

Cinnamomum burmannii 阴香：burmannii ← Johannes Burmann（人名，1706–1779，荷兰医生，植物学家）

Cinnamomum burmannii f. burmannii 阴香-原变型 （词义见上面解释）

Cinnamomum burmannii f. heyneanum 狭叶阴香：heyneanum（人名）

Cinnamomum camphora 樟：camphora 樟脑（希腊语）

Cinnamomum camphora var. linaloolifera 芳樟：linaloolus 芳樟醇，里那醇；-ferus/ -ferum/ -fera/ -fero/ -fere/ -fer 有，具有，产（区别：作独立词使用的 ferus 意思是"野生的"）

Cinnamomum cassia 肉桂：cassia 桂皮（古拉丁名）；Cassia 决明属（豆科）

Cinnamomum caudiferum 尾叶樟：caudi- ← cauda/ caudus/ caudum 尾巴；-ferus/ -ferum/ -fera/ -fero/ -fere/ -fer 有，具有，产（区别：作独立词使用的 ferus 意思是"野生的"）

Cinnamomum chartophyllum 坚叶樟：charto-/ chart- 羊皮纸，纸质；phyllus/ phyllum/ phylla ← phyllon 叶片（用于希腊语复合词）

Cinnamomum contractum 聚花桂：contractus 收缩的，缩小的；co- 联合，共同，合起来（拉丁语词首，为 cum- 的音变，表示结合、强化、完全，对应的希腊语为 syn-）；co- 的缀词音变有 co-/ com-/ con-/ col-/ cor-：co-（在 h 和元音字母前面），col-（在 l 前面），com-（在 b、m、p 之前），con-（在 c、d、f、g、j、n、qu、s、t 和 v 前面），cor-（在 r 前面）；tractus 束，带，地域

Cinnamomum glanduliferum 云南樟：glanduli- ← glandus + ulus 腺体的，小腺体的；glandus ← glans 腺体；-ferus/ -ferum/ -fera/ -fero/ -fere/ -fer 有，具有，产（区别：作独立词使用的 ferus 意思是"野生的"）

Cinnamomum ilicioides 八角樟：ilici- ← Ilex 冬青属（冬青科）；构词规则：以 -ix/ -iex 结尾的词其词干末尾视为 -ic，以 -ex 结尾视为 -i/ -ic，其他以 -x 结尾视为 -c；-oides/ -oideus/ -oideum/ -oidea/ -odes/ -eidos 像……的，类似……的，呈……状的（名词词尾）

Cinnamomum iners 大叶桂：iners 笨拙的，不活动的，停滞的

Cinnamomum japonicum 天竺桂（竺 zhú）：japonicum 日本的（地名）；-icus/ -icum/ -ica 属于，具有某种特性（常用于地名、起源、生境）

Cinnamomum javanicum 爪哇肉桂：javanicum 爪哇的（地名，印度尼西亚）；-icus/ -icum/ -ica 属于，具有某种特性（常用于地名、起源、生境）

Cinnamomum jensenianum 野黄桂：jensenianum ← Jensen（人名）

Cinnamomum kotoense 兰屿肉桂：kotoense 红头屿的（地名，台湾省台东县岛屿，因产蝴蝶兰，于 1947 年改名"兰屿"，"koto"为"红头"的日语读音）

Cinnamomum kwangtungense 红辣槁树（槁 gǎo）：kwangtungense 广东的（地名）

Cinnamomum liangii 软皮桂：liangii（人名）；-ii 表示人名，接在以辅音字母结尾的人名后面，但 -er 除外

Cinnamomum longepaniculatum 油樟：longe-/

longi- ← longus 长的，纵向的；paniculatus = paniculus + atus 具圆锥花序的；paniculus 圆锥花序；panus 谷穗；panicus 野稗，粟，谷子；-atus/ -atum/ -ata 属于，相似，具有，完成（形容词词尾）

Cinnamomum longipetiolatum 长柄樟：longe-/ longi- ← longus 长的，纵向的；petiolatus = petiolus + atus 具叶柄的；petiolus 叶柄

Cinnamomum mairei 银叶桂：mairei（人名）；Edouard Ernest Maire（人名，19 世纪活动于中国云南的传教士）；Rene C. J. E. Maire 人名（20 世纪阿尔及利亚植物学家，研究北非植物）；-i 表示人名，接在以元音字母结尾的人名后面，但 -a 除外

Cinnamomum micranthum 沉水樟：micr-/ micro- ← micros 小的，微小的，微观的（用于希腊语复合词）；anthus/ anthum/ antha/ anthe ← anthos 花（用于希腊语复合词）

Cinnamomum migao 米槁：migao 米槁（中国土名，一种樟科植物）

Cinnamomum mollifolium 毛叶樟：molle/ mollis 软的，柔毛的；folius/ folium/ folia 叶，叶片（用于复合词）

Cinnamomum osmophloeum 土肉桂：osmophloeus 香皮的；osmus/ osmum/ osma/ osme → osm-/ osmo-/ osmi- 香味，气味（希腊语）；phloeus 树皮，表皮

Cinnamomum pauciflorum 少花桂：pauci- ← paucus 少数的，少的（希腊语为 oligo-）；florus/ florum/ flora ← flos 花（用于复合词）

Cinnamomum philippinense 菲律宾樟树：philippinense 菲律宾的（地名）

Cinnamomum pingbienense 屏边桂：pingbienense 屏边的（地名，云南省）

Cinnamomum pittosporoides 刀把木（把 bà）：pittosporoides 像海桐花的；Pittosporum 海桐花属（海桐花科）；-oides/ -oideus/ -oideum/ -oidea/ -odes/ -eidos 像……的，类似……的，呈……状的（名词词尾）

Cinnamomum platyphyllum 阔叶樟：platys 大的，宽的（用于希腊语复合词）；phyllus/ phyllum/ phylla ← phyllon 叶片（用于希腊语复合词）

Cinnamomum porrectum 黄樟：porrectus 外伸的，前伸的

Cinnamomum reticulatum 网脉桂：reticulatus = reti + culus + atus 网状的；reti-/ rete- 网（同义词：dictyo-）；-culus/ -culum/ -cula 小的，略微的，稍微的（同第三变格法和第四变格法名词形成复合词）；-atus/ -atum/ -ata 属于，相似，具有，完成（形容词词尾）

Cinnamomum rigidissimum 卵叶桂：rigidus 坚硬的，不弯曲的，强直的；-issimus/ -issima/ -issimum 最，非常，极其（形容词最高级）

Cinnamomum saxatile 岩樟：saxatile 生于岩石的，生于石缝的；saxum 岩石，结石；-atilis（阳性、阴性）/ -atile（中性）（表示生长的地方）

Cinnamomum septentrionale 银木：septentrionale 北方的，北半球的，北极附近的；septentrio 北斗七星，北方，北风；septem-/ sept-/ septi- 七（希腊语为 hepta-）；trio 耕牛，大、小

熊星座

Cinnamomum subavenium 香桂：subavenius 近无脉的；sub-（表示程度较弱）与……类似，几乎，稍微，弱，亚，之下，下面；a-/ an- 无，非，没有，缺乏，不具有（an- 用于元音前）（a-/ an- 为希腊语词首，对应的拉丁语词首为 e-/ ex-，相当于英语的 un-/ -less，注意词首 a- 和作为介词的 a/ ab 不同，后者的意思是"从……、由……、关于……、因为……"）；venius 脉，叶脉的

Cinnamomum tamala 柴桂：tamala 柴桂（土名）

Cinnamomum tenuipilum 细毛樟：tenui- ← tenuis 薄的，纤细的，弱的，瘦的，窄的；pilus 毛，疏柔毛

Cinnamomum tonkinense 假桂皮树：tonkin 东京（地名，越南河内的旧称）

Cinnamomum tsangii 辣汁树：tsangii（人名）；-ii 表示人名，接在以辅音字母结尾的人名后面，但 -er 除外

Cinnamomum tsoi 平托桂：tsoi（人名）；-i 表示人名，接在以元音字母结尾的人名后面，但 -a 除外

Cinnamomum validinerve 粗脉桂：validus 强的，刚直的，正统的，结实的，刚健的；nerve ← nervus 脉，叶脉

Cinnamomum wilsonii 川桂：wilsonii ← John Wilson（人名，18 世纪英国植物学家）

Cinnamomum zeylanicum 锡兰肉桂：zeylanicus 锡兰（斯里兰卡，国家名）；-icus/ -icum/ -ica 属于，具有某种特性（常用于地名、起源、生境）

Cipadessa 浆果楝属（楝科）（43-3：p58）：cipadessa（一种植物的爪哇土名）

Cipadessa baccifera 浆果楝：bacciferus 具有浆果的；bacc- ← baccus 浆果；-ferus/ -ferum/ -fera/ -fero/ -fere/ -fer 有，具有，产（区别：作独立词使用的 ferus 意思是"野生的"）

Cipadessa cinerascens 灰毛浆果楝：cinerascens/ cinerasceus 发灰的，变灰色的，灰白的，淡灰色的（比 cinereus 更白）；cinereus 灰色的，草木灰色的（为纯黑和纯白的混合色，希腊语为 tephro-/ spodo-）；ciner-/ cinere-/ cinereo- 灰色；-escens/ -ascens 改变，转变，变成，略微，带有，接近，相似，大致，稍微（表示变化的趋势，并未完全相似或相同，有别于表示达到完成状态的 -atus）

Circaea 露珠草属（柳叶菜科）（53-2：p42）：circaea ← Kirke（神话故事中的女巫名）

Circaea alpina 高山露珠草：alpinus = alpus + inus 高山的；alpus 高山；al-/ alti-/ alto- ← altus 高的，高处的；-inus/ -inum/ -ina/ -inos 相近，接近，相似，具有（通常指颜色）；关联词：subalpinus 亚高山的

Circaea alpina subsp. alpina 高山露珠草-原亚种（词义见上面解释）

Circaea alpina subsp. angustifolia 狭叶露珠草：angusti- ← angustus 窄的，狭的，细的；folius/ folium/ folia 叶，叶片（用于复合词）

Circaea alpina subsp. caulescens 深山露珠草：caulescens 有茎的，变成有茎的，大致有茎的；caulus/ caulon/ caule ← caulos 茎，茎秆，主茎；-escens/ -ascens 改变，转变，变成，略微，带有，

接近，相似，大致，稍微（表示变化的趋势，并未完全相似或相同，有别于表示达到完成状态的 -atus）

Circaea alpina subsp. imaicola 高原露珠草：imai 今井（地名，日本）；colus ← colo 分布于，居住于，栖居，殖民（常作词尾）；colo/ colere/ colui/ cultum 居住，耕作，栽培

Circaea alpina subsp. micrantha 高寒露珠草：micr-/ micro- ← micros 小的，微小的，微观的（用于希腊语复合词）；anthus/ anthum/ antha/ anthe ← anthos 花（用于希腊语复合词）

Circaea cordata 露珠草：cordatus ← cordis/ cor 心脏的，心形的；-atus/ -atum/ -ata 属于，相似，具有，完成（形容词词尾）

Circaea erubescens 谷蓼（蓼 liǎo）：erubescens/ erubui ← erubeco/ erubere/ rubui 变红色的，浅红色的，赤红面的；rubescens 发红的，带红的，近红的；rubus ← ruber/ rubeo 树莓的，红色的；rubens 发红的，带红色的，变红的，红的；rubeo/ rubere/ rubui 红色的，变红，放光，闪耀；rubesco/ rubere/ rubui 变红；-escens/ -ascens 改变，转变，变成，略微，带有，接近，相似，大致，稍微（表示变化的趋势，并未完全相似或相同，有别于表示达到完成状态的 -atus）

Circaea glabrescens 秃梗露珠草：glabrus 光秃的，无毛的，光滑的；-escens/ -ascens 改变，转变，变成，略微，带有，接近，相似，大致，稍微（表示变化的趋势，并未完全相似或相同，有别于表示达到完成状态的 -atus）

Circaea lutetiana 水珠草：lutetiana ← Lutetia 卢泰西亚的（地名，巴黎前身）

Circaea lutetiana subsp. quadrisulcata 褶果水珠草（原名"水珠草"和原种重名）：quadri-/ quadr- 四，四数（希腊语为 tetra-/ tetr-）；sulcatus 具皱纹的，具犁沟的，具沟槽的；sulcus 犁沟，沟槽，皱纹

Circaea mollis 南方露珠草：molle/ mollis 软的，柔毛的

Circaea repens 匍匐露珠草：repens/ repentis/ repsi/ reptum/ repere/ repo 匍匐，爬行（同义词：reptans/ reptoare）

Circaeaster 星叶草属（毛茛科）（28：p239）：circaeaster 比露珠草小的；Circaea 露珠草属（柳叶菜科）；-aster/ -astra/ -astrum/ -ister/ -istra/ -istrum 相似的，程度稍弱，稍小的，次等级的（用于拉丁语复合词词尾，表示不完全相似或低级之意，常用以区别一种野生植物与栽培植物，如 oleaster、oleastrum 野橄榄，以区别于 olea，即栽培的橄榄，而作形容词词尾时则表示小或程度弱化，如 surdaster 稍聋的，比 surdus 稍弱）

Circaeaster agrestis 星叶草：agrestis/ agrarius 野生的，耕地生的，农田生的；-arius/ -arium/ -aria 相似，属于（表示地点，场所，关系，所属）

Cirsium 蓟属（菊科）（78-1：p78）：cirsium ← cirsion 静脉肿（古希腊语名，来自 cirsos）（飞廉属一种植物 Carduus pycnocephalu 对静脉肿 cirsos 有很好的疗效，而该种植物形态和蓟属相似，故以飞廉属的药效命名，表示有芒刺）

Cirsium alatum 准噶尔蓟（噶 gá）：alatus → ala-/ alat-/ alati-/ alato- 翅，具翅的，具翼的；反义词：

exalatus 无翼的，无翅的

Cirsium alberti 天山蓟：alberti ← Luigi d'Albertis（人名，19 世纪意大利博物学家）；-i 表示人名，接在以元音字母结尾的人名后面，但 -a 除外，故该种加词词尾宜改为 "-ii"；-ii 表示人名，接在以辅音字母结尾的人名后面，但 -er 除外

Cirsium albescens （粉白蓟）：albescens 淡白的，略白的，发白的，褪色的；albus → albi-/ albo- 白色的；-escens/ -ascens 改变，转变，变成，略微，带有，接近，相似，大致，稍微（表示变化的趋势，并未完全相似或相同，有别于表示达到完成状态的 -atus）

Cirsium argyracanthum 南蓟：argyracanthus 银色的刺；argyr-/ argyro- ← argyros 银，银色的；acanthus ← Akantha 刺，具刺的（Acantha 是希腊神话中的女神，和太阳神阿波罗发生冲突，太阳神将其变成带刺的植物）

Cirsium arisanense （阿里山蓟）：arisanense 阿里山的（地名，属台湾省）

Cirsium arvense 丝路蓟：arvensis 田里生的；arvum 耕地，可耕地

Cirsium arvense var. integrifolium 刺儿菜（另见 C. setosum）：integer/ integra/ integrum → integri- 完整的，整个的，全缘的；folius/ folium/ folia 叶，叶片（用于复合词）

Cirsium bracteiferum 刺盖草：bracteus 苞，苞片，苞鳞；-ferus/ -ferum/ -fera/ -fero/ -fere/ -fer 有，具有，产（区别：作独立词使用的 ferus 意思是 "野生的"）

Cirsium chinense 绿蓟：chinense 中国的（地名）

Cirsium chlorolepis 两面刺：chlor-/ chloro- ← chloros 绿色的（希腊语，相当于拉丁语的 viridis）；lepis/ lepidos 鳞片

Cirsium chrysolepis 黄苞蓟：chrys-/ chryso- ← chrysos 黄色的，金色的；lepis/ lepidos 鳞片

Cirsium eriophoroides 贡山蓟：Eriophorum 羊胡子草属；-oides/ -oideus/ -oideum/ -oidea/ -odes/ -eidos 像……的，类似……的，呈……状的（名词词尾）

Cirsium esculentum 莲座蓟：esculentus 食用的，可食的；esca 食物，食料；-ulentus/ -ulentum/ -ulenta/ -olentus/ -olentum/ -olenta（表示丰富、充分或显著发展）

Cirsium fangii 峨眉蓟：fangii（人名）；-ii 表示人名，接在以辅音字母结尾的人名后面，但 -er 除外

Cirsium fanjingshanense 梵净蓟（梵 fàn）：fanjingshanense 梵净山的（地名，贵州省）

Cirsium fargesii 等苞蓟：fargesii ← Pere Paul Guillaume Farges（人名，19 世纪中叶至 20 世纪活动于中国的法国传教士，植物采集员）

Cirsium ferum （野蓟）：ferus 野生的（区别：作词尾使用的 "-ferus" 意思是 "具有，产"）

Cirsium fusco-trichum 褐毛蓟：fusci-/ fusco- ← fuscus 棕色的，暗色的，发黑的，暗棕色的，褐色的；trichus 毛，毛发，线

Cirsium glabrifolium 无毛蓟：glabrus 光秃的，无毛的，光滑的；folius/ folium/ folia 叶，叶片（用于复合词）

Cirsium griseum 灰蓟：griseus 灰白色的

Cirsium handelii 骆骑：handelii ← H. Handel-Mazzetti（人名，奥地利植物学家，第一次世界大战期间在中国西南地区研究植物）

Cirsium helenioides 堆心蓟：helenioides 像 Helenium 的；Helenium ← helenion 锦鸡菊属（菊科，该属一种植物的希腊语名）；Inula helenium 土木香（菊科）；-oides/ -oideus/ -oideum/ -oidea/ -odes/ -eidos 像……的，类似……的，呈……状的（名词词尾）

Cirsium henryi 刺苞蓟：henryi ← Augustine Henry 或 B. C. Henry（人名，前者，1857–1930，爱尔兰医生、植物学家，曾在中国采集植物，后者，1850–1901，曾活动于中国的传教士）

Cirsium hosokawai （细川蓟）：hosokawai 细川（日本人名）；-i 表示人名，接在以元音字母结尾的人名后面，但 -a 除外，故该词改为 "hosokawaianum" 或 "hosokawae" 似更妥

Cirsium hupehense 湖北蓟：hupehense 湖北的（地名）

Cirsium incanum 阿尔泰蓟：incanus 灰白色的，密被灰白色毛的

Cirsium interpositum 披裂蓟：interpositus 中间位置的，居间的；inter- 中间的，在中间，之间；positus 位置，置于

Cirsium japonicum 蓟：japonicum 日本的（地名）；-icus/ -icum/ -ica 属于，具有某种特性（常用于地名、起源、生境）

Cirsium kawakamii （川上蓟）：kawakamii 川上（人名，20 世纪日本植物采集员）

Cirsium lamyroides （拉米蓟）：lamyr-（一种植物名的词干）；-oides/ -oideus/ -oideum/ -oidea/ -odes/ -eidos 像……的，类似……的，呈……状的（名词词尾）

Cirsium lanatum 藏蓟：lanatus = lana + atus 具羊毛的，具长柔毛的；lana 羊毛，绵毛

Cirsium leducei 覆瓦蓟：leducei（人名）

Cirsium leo 魁蓟：leon 狮子，狮子黄

Cirsium lidjiangense 丽江蓟：lidjiangense 丽江的（地名，云南省）

Cirsium lineare 线叶蓟：lineare 线状的，亚麻状的；lineus = linum + eus 线状的，丝状的，亚麻状的；linum ← linon 亚麻，线（古拉丁名）

Cirsium maackii 野蓟：maackii ← Richard Maack（人名，19 世纪俄国博物学家）

Cirsium monocephalum 马刺蓟：mono-/ mon- ← monos 一个，单一的（希腊语，拉丁语为 unus/ uni-/ uno-）；cephalus/ cephale ← cephalos 头，头状花序

Cirsium morii （日本蓟）：morii 森（日本人名）

Cirsium muliense 木里蓟：muliense 木里的（地名，四川省）

Cirsium pendulum 烟管蓟：pendulus ← pendere 下垂的，垂吊的（悬空或因支持体细软而下垂）；pendere/ pendeo 悬挂，垂悬；-ulus/ -ulum/ -ula（表示趋向或动作）（小词 -ulus 在字母 e 或 i 之后有多种变缀，即 -olus/ -olum/ -ola、-ellus/ -ellum/

-ella、-illus/ -illum/ -illa，与第一变格法和第二变格法名词形成复合词）

Cirsium periacanthaceum 川蓟：periacanthaceus 属于周围有刺的；peri-/ per- 周围的，缠绕的（与拉丁语 circum- 意思相同）；acanthus ← Akantha 刺，具刺的（Acantha 是希腊神话中的女神，和太阳神阿波罗发生冲突，太阳神将其变成带刺的植物）；acanthaceus 具刺的，属于刺的；-aceus/ -aceum/ -acea 相似的，有……性质的，属于……的

Cirsium racemiforme 总序蓟：racemus 总状的，葡萄串状的；forme/ forma 形状

Cirsium sairamense 赛里木蓟：sairamense 赛里木湖的（地名，新疆维吾尔自治区）

Cirsium salicifolium 块蓟：salici ← Salix 柳属；构词规则：以 -ix/ -iex 结尾的词其词干末尾视为 -ic，以 -ex 结尾视为 -i/ -ic，其他以 -x 结尾视为 -c；folius/ folium/ folia 叶，叶片（用于复合词）

Cirsium schantarense 林蓟：schantarense 尚塔尔群岛的（地名，俄罗斯）

Cirsium semenovii 新疆蓟：semenovii（人名）；-ii 表示人名，接在以辅音字母结尾的人名后面，但 -er 除外

Cirsium serratuloides 麻花头蓟：serratuloides 像麻花头的；Serratula 麻花头属（菊科）；-oides/ -oideus/ -oideum/ -oidea/ -odes/ -eidos 像……的，类似……的，呈……状的（名词词尾）

Cirsium setosum 刺儿菜（另见 C. arvense var. integrifolium）：setosus = setus + osus 被刚毛的，被短毛的，被芒刺的；setus/ saetus 刚毛，刺毛，芒刺；-osus/ -osum/ -osa 多的，充分的，丰富的，显著发育的，程度高的，特征明显的（形容词词尾）

Cirsium shansiense 牛口刺：shansiense 山西的（地名）

Cirsium sieversii 附片蓟：sieversii（人名）；-ii 表示人名，接在以辅音字母结尾的人名后面，但 -er 除外

Cirsium souliei 葵花大蓟：souliei（人名）；-i 表示人名，接在以元音字母结尾的人名后面，但 -a 除外

Cirsium subulariforme 钻苞蓟：subularia 钻形的，针尖状的；subulus 钻头，尖头，针尖状；forme/ forma 形状

Cirsium suzukii （铃木蓟）：suzukii 铃木（人名）

Cirsium tenuifolium 薄叶蓟：tenui- ← tenuis 薄的，纤细的，弱的，瘦的，窄的；folius/ folium/ folia 叶，叶片（用于复合词）

Cirsium tianmushanicum 杭蓟：tianmushanicum 天目山的（地名，浙江省）；-icus/ -icum/ -ica 属于，具有某种特性（常用于地名、起源、生境）

Cirsium vernonioides 斑鸠蓟：Vernonia 斑鸠菊属（菊科）；-oides/ -oideus/ -oideum/ -oidea/ -odes/ -eidos 像……的，类似……的，呈……状的（名词词尾）

Cirsium verutum 苞叶蓟：verutus 短柔状的

Cirsium vlassovianum 绒背蓟：vlassovianum（人名）

Cirsium vulgare 翼蓟：vulgaris 常见的，普通的，分布广的；vulgus 普通的，到处可见的

Cissampelopsis 藤菊属（菊科）（77-1：p217）：Cissampelos 锡生藤属（防己科）；-opsis/ -ops 相似，稍微，带有

Cissampelopsis buimalia 尼泊尔藤菊：buimalia（人名）

Cissampelopsis corifolia 革叶藤菊：corius 皮革的，革质的；folius/ folium/ folia 叶，叶片（用于复合词）

Cissampelopsis erythrochaeta 赤缨藤菊：erythr-/ erythro- ← erythros 红色的（希腊语）；chaeta/ chaete ← chaite 胡须，鬃毛，长毛

Cissampelopsis glandulosa 腺毛藤菊：glandulosus = glandus + ulus + osus 被细腺的，具腺体的，腺体质的；glandus ← glans 腺体；-ulus/ -ulum/ -ula 小的，略微的，稍微的（小词 -ulus 在字母 e 或 i 之后有多种变缀，即 -olus/ -olum/ -ola、-ellus/ -ellum/ -ella、-illus/ -illum/ -illa，与第一变格法和第二变格法名词形成复合词）；-osus/ -osum/ -osa 多的，充分的，丰富的，显著发育的，程度高的，特征明显的（形容词词尾）

Cissampelopsis spelaeicola 岩穴藤菊（穴 xué）：spelaeicolus 分布于岩洞的（石灰岩溶洞）；spelaeus/ speluncus 洞穴，岩洞；colus ← colo 分布于，居住于，栖居，殖民（常作词尾）；colo/ colere/ colui/ cultum 居住，耕作，栽培

Cissampelopsis volubilis 藤菊：volubilis 拧劲的，缠绕的；-ans/ -ens/ -bilis/ -ilis 能够，可能（为形容词词尾，-ans/ -ens 用于主动语态，-bilis/ -ilis 用于被动语态）

Cissampelos 锡生藤属（防己科）（30-1：p71）：cissus ← kissos 常春藤（希腊语）；ampelos 藤蔓，葡萄蔓

Cissampelos pareira var. hirsuta 锡生藤-糙毛变种：pareira 干草原（美洲非洲大草原）；hirsutus 粗毛的，糙毛的，有毛的（长而硬的毛）

Cissampelos pareira var. pareira 锡生藤-原变种（词义见上面解释）

Cissus 白粉藤属（葡萄科）（48-2：p53）：cissus ← kissos 常春藤（希腊语）

Cissus adnata 贴生白粉藤：adnatus/ adunatus 贴合的，贴生的，贴满的，全长附着的，广泛附着的，连着的

Cissus aristata 毛叶苦郎藤：aristatus（aristosus）= arista + atus 具芒的，具芒刺的，具刚毛的，具胡须的；arista 芒

Cissus assamica 苦郎藤：assamica 阿萨姆邦的（地名，印度）

Cissus austro-yunnanensis 滇南青紫葛：austro-/ austr- 南方的，南半球的，大洋洲的；auster 南方，南风；yunnanensis 云南的（地名）

Cissus elongata 五叶白粉藤：elongatus 伸长的，延长的；elongare 拉长，延长；longus 长的，纵向的；e-/ ex- 不，无，非，缺乏，不具有（e- 用在辅音字母前，ex- 用在元音字母前，为拉丁语词首，对应的希腊语词首为 a-/ an-，英语为 un-/ -less，注意作词首用的 e-/ ex- 和介词 e/ ex 意思不同，后者意为"出自、从……、由……离开、由于、依照"）

Cissus hexangularis 翅茎白粉藤：hex-/ hexa- 六（希腊语，拉丁语为 sex-）；angularis = angulus + aris 具棱角的，有角度的；-aris（阳性、

阴性）/ -are（中性）← -alis（阳性、阴性）/ -ale（中性）属于，相似，如同，具有，涉及，关于，联结于（将名词作形容词用，其中 -aris 常用于以 l 或 r 为词干末尾的词）

Cissus javana 青紫葛：javana 爪哇的（地名，印度尼西亚）

Cissus kerrii 鸡心藤：kerrii ← Arthur Francis George Kerr 或 William Kerr（人名）

Cissus luzoniensis 粉果藤：luzoniensis ← Luzon 吕宋岛的（地名，菲律宾）

Cissus pteroclada 翼茎白粉藤：pterus/ pteron 翅，翼，蕨类；cladus ← clados 枝条，分枝

Cissus repanda 大叶白粉藤：repandus 细波状的，浅波状的（指叶缘略不平而呈波状，比 sinuosus 更浅）；re- 返回，相反，再次，重复，向后，回头；pandus 弯曲

Cissus repanda var. repanda 大叶白粉藤-原变种（词义见上面解释）

Cissus repanda var. subferruginea 海南大叶白粉藤：subferruginea 像 ferruginea 的，略带铁锈色的；sub-（表示程度较弱）与……类似，几乎，稍微，弱，亚，之下，下面；Cissus ferruginea 锈鳞木樨榄；ferrugineus 铁锈的，淡棕色的；ferrugo = ferrus + ugo 铁锈（ferrugo 的词干为 ferrugin-）；词尾为 -go 的词其词干末尾视为 -gin；ferreus → ferr- 铁，铁的，铁色的，坚硬如铁的；-eus/ -eum/ -ea（接拉丁语词干时）属于……的，色如……的，质如……的（表示原料、颜色或品质的相似），（接希腊语词干时）属于……的，以……出名，为……所占有（表示具有某种特性）

Cissus repens 白粉藤：repens/ repentis/ repsi/ reptum/ repere/ repo 匍匐，爬行（同义词：reptans/ reptoare）

Cissus subtetragona 四棱白粉藤：subtetragonus 近四棱的；sub-（表示程度较弱）与……类似，几乎，稍微，弱，亚，之下，下面；tetra-/ tetr- 四，四数（希腊语，拉丁语为 quadri-/ quadr-）；gonus ← gonos 棱角，膝盖，关节，足

Cissus triloba 掌叶白粉藤：tri-/ tripli-/ triplo- 三个，三数；lobus/ lobos/ lobon 浅裂，耳片（裂片先端钝圆），荚果，蓇葖

Cissus wenshanensis 文山青紫葛：wenshanensis 文山的（地名，云南省）

Cistaceae 半日花科（50-2：p178）：Cistus 岩蔷薇属（半日花科）；-aceae（分类单位科的词尾，为 -aceus 的阴性复数主格形式，加到模式属的名称后或同义词的词干后以组成族群名称）

Cistanche 肉苁蓉属（苁 cōng）（列当科）（69：p82）：cist- ← kiste 箱子（希腊语）；anche/ anchi 附近（希腊语）

Cistanche deserticola 肉苁蓉：deserticolus 生于沙漠的；desertus 沙漠的，荒漠的，荒芜的；colus ← colo 分布于，居住于，栖居，殖民（常作词尾）；colo/ colere/ colui/ cultum 居住，耕作，栽培

Cistanche lanzhouensis 兰州肉苁蓉：lanzhouensis 兰州的（地名，甘肃省）

Cistanche mongolica（蒙古肉苁蓉）：mongolica 蒙古的（地名）；mongolia 蒙古的（地名）；-icus/

-icum/ -ica 属于，具有某种特性（常用于地名、起源、生境）

Cistanche salsa 盐生肉苁蓉：salsus/ salsinus 咸的，多盐的（比喻海岸或多盐生境）；sal/ salis 盐，盐水，海，海水

Cistanche sinensis 沙苁蓉：sinensis = Sina + ensis 中国的（地名）；Sina 中国

Cistanche tubulosa 管花肉苁蓉：tubulosus = tubus + ulus + osus 管状的，具管的；tubus 管子的，管状的；-ulus/ -ulum/ -ula 小的，略微的，稍微的（小词 -ulus 在字母 e 或 i 之后有多种变缀，即 -olus/ -olum/ -ola、-ellus/ -ellum/ -ella、-illus/ -illum/ -illa，与第一变格法和第二变格法名词形成复合词）；-osus/ -osum/ -osa 多的，充分的，丰富的，显著发育的，程度高的，特征明显的（形容词词尾）

Citrange 枳橙（枳 zhǐ）：citrange = Citrus + orange 枳橙（品种名，由枳 Poncirus trifoliata 和甜橙类 Citrus 杂交所得）；orange 橙子，橘子（英文）

Citrangedin 枳橙金橘：citrangedin = Citrus + orange 枳橙金橘（品种名，由柑橘属 Citrus、枳属 Poncirus 和金橘属 Fortunella 杂交所得）；orange 橙子，橘子（英文）

Citrullus 西瓜属（葫芦科）（73-1：p200）：citrullus ← Citrus 像柑橘的（西瓜属有的种类果实呈柑橘色）；citrus ← kitron 柑橘，柠檬（柠檬的古拉丁名）；-ulus/ -ulum/ -ula 小的，略微的，稍微的（小词 -ulus 在字母 e 或 i 之后有多种变缀，即 -olus/ -olum/ -ola、-ellus/ -ellum/ -ella、-illus/ -illum/ -illa，与第一变格法和第二变格法名词形成复合词）

Citrullus lanatus 西瓜：lanatus = lana + atus 具羊毛的，具长柔毛的；lana 羊毛，绵毛

Citrumquat 枳金橘：citrumquat ← Citrus 枳金橘（品种名，由枳 Poncirus trifoliata 与金橘 Fortunella margarita 杂交所得）；Citrus 柑橘属

Citrus 柑橘属（芸香科）（43-2：p175）：citrus ← kitron 柑橘，柠檬（柠檬的古拉丁名）

Citrus aurantifolia 来檬：aurant-/ auranti- 橙黄色，金黄色；folius/ folium/ folia 叶，叶片（用于复合词）

Citrus aurantium 酸橙：aurantius/ aurantiacus 橙黄色的，金黄色的；aurus 金，金色；aurant-/ auranti- 橙黄色，金黄色

Citrus aurantium cv. Daidai 代代酸橙：daidai 代代，代代酸橙（中文品种名，因树上可以有不同季节结出的果实，又称"代代果"）

Citrus aurantium cv. Goutou Cheng 枸头橙（枸 jǔ，因来源于"枸橼"故不读"gǒu"，但学名显然来自对"枸"字的误读）：goutou cheng 枸头橙（中文品种名）

Citrus aurantium cv. Hongpi Suan Cheng 红皮酸橙：hongpi suan cheng 红皮酸橙（中文品种名）

Citrus aurantium cv. Huangpi Suan Cheng 黄皮酸橙：huangpi suan cheng 黄皮酸橙（中文品种名）

Citrus aurantium cv. Hutou Gan 虎头柑：hutou gan 虎头柑（中文品种名）

Citrus aurantium cv. Natsudaidai 日本夏橙：

natsudaidai 夏橙（日文品种名，为"夏代代"的日语读音）

Citrus aurantium cv. Taiwanica 南庄橙：taiwanica 台湾的（地名）；-icus/ -icum/ -ica 属于，具有某种特性（常用于地名、起源、生境）

Citrus aurantium cv. Xiaohong Cheng 小红橙：xiaohong cheng 小红橙（中文品种名）

Citrus aurantium cv. Zhulan 朱栾（栾 luán）：zhulan 朱栾（中文品种名）

Citrus grandis × ? junos 香圆（问号表示亲本不确定）：grandis 大的，大型的，宏大的；junos 柚之酸（柚子的日文古名）

Citrus hongheensis 红河橙：hongheensis 红河的（地名，云南省）

Citrus hystrix 箭叶橙：hystrix/ hystris 豪猪，刚毛，刺猬状刚毛；Hystrix 猬草属（禾本科）

Citrus ichangensis 宜昌橙：ichangensis 宜昌的（地名，湖北省）

Citrus junos 香橙：junos 柚之酸（柚子的日文古名）

Citrus limon 柠檬：limon 檬檬（檬 lí），柠檬

Citrus limonia 黎檬：limonius 柠檬色的；limon 檬檬，柠檬；-ius/ -ium/ -ia 具有……特性的（表示有关、关联、相似）

Citrus macroptera var. kerrii 马蜂橙：macro-/ macr- ← macros 大的，宏观的（用于希腊语复合词）；pterus/ pteron 翅，翼，蕨类；kerrii ← Arthur Francis George Kerr 或 William Kerr（人名）

Citrus maxima 柚（柚 yòu）：maximus 最大的

Citrus maxima cv. Anjiang Yu 安江香柚：anjiang yu 安江柚（中文品种名）

Citrus maxima cv. Jinlan Yu 金兰柚：jinlan yu 金兰柚（中文品种名）

Citrus maxima cv. Jinxiang Yu 金香柚：jinxiang yu 金香柚（中文品种名）

Citrus maxima cv. Liangpin Yu 梁平柚：liangpin yu 梁平柚（中文品种名）

Citrus maxima cv. Pingshan Yu 坪山柚：pingshan yu 坪山柚（中文品种名）

Citrus maxima cv. Shatian Yu 沙田柚：shatian yu 沙田柚（中文品种名）

Citrus maxima cv. Songma Yu 桑麻柚：songma yu 桑麻柚（中文品种名）

Citrus maxima cv. Szechipaw 四季抛：szechipaw 四季抛（中文品种名）

Citrus maxima cv. Tomentosa 橘红：tomentosus = tomentum + osus 绒毛的，密被绒毛的；tomentum 绒毛，浓密的毛被，棉絮，棉絮状填充物（被褥、垫子等）；-osus/ -osum/ -osa 多的，充分的，丰富的，显著发育的，程度高的，特征明显的（形容词词尾）

Citrus maxima cv. Wanbei Yu 晚白柚：wanbei yu 晚白柚（中文品种名）

Citrus maxima cv. Wentan 文旦：wentan 文旦（中文品种名）

Citrus medica 香橼（橼 yuán）：medicus 医疗的，药用的

Citrus medica var. medica 香橼-原变种（词义见上面解释）

Citrus medica var. sarcodactylis 佛手：sarcodactylis 肉质手指状的；sarc-/ sarco- ← sarx/ sarcos 肉，肉质的；dactylis ← dactylos 手指，手指状的（希腊语）

Citrus medica var. yunnanensis 云南香橼：yunnanensis 云南的（地名）

Citrus paradisi 葡萄柚：paradisi 乐园的，天堂的；paradisus 乐园，公园

Citrus reticulata 柑橘：reticulatus = reti + culus + atus 网状的；reti-/ rete- 网（同义词：dictyo-）；-culus/ -culum/ -cula 小的，略微的，稍微的（同第三变格法和第四变格法名词形成复合词）；-atus/ -atum/ -ata 属于，相似，具有，完成（形容词词尾）

Citrus reticulata cv. Bian Gan 扁柑：bian gan 扁柑（中文品种名）

Citrus reticulata cv. Chachiensis 茶枝柑：chachiensis 茶枝（中文品种名）

Citrus reticulata cv. Erythrosa 九月黄：erythrosa = erythros + osus 红色的，鲜红色的；erythr-/ erythro- ← erythros 红色的（希腊语）；-osus/ -osum/ -osa 多的，充分的，丰富的，显著发育的，程度高的，特征明显的（形容词词尾）

Citrus reticulata cv. Hanggan 行柑：hanggan 行柑（中文品种名）

Citrus reticulata cv. Kinokuni 南丰蜜橘：kinokuni（日文品种名）

Citrus reticulata cv. Manau Gan 玛瑙柑（瑙 nǎo）：manau gan 玛瑙柑（中文品种名）

Citrus reticulata cv. Nian Ju 年橘：nian ju 年橘（中文品种名）

Citrus reticulata cv. Nobilis 沙柑：nobilis 高贵的，有名的，高雅的

Citrus reticulata cv. Ponkan 椪柑（椪 pèng）：ponkan 椪柑（中文品种名）

Citrus reticulata cv. Shiyue Ju 十月橘：shiyue ju 十月橘（中文品种名）

Citrus reticulata cv. Suavissima 瓯柑（瓯 ōu）：suavis/ suave 甜的，愉快的，高兴的，有魅力的，漂亮的；-issimus/ -issima/ -issimum 最，非常，极其（形容词最高级）

Citrus reticulata cv. Subcompressa 早橘：subcompressus 稍压扁的，近似扁的；sub-（表示程度较弱）与……类似，几乎，稍微，弱，亚，之下，下面；compressus 扁平的，压扁的；pressus 压，压力，挤压，紧密；co- 联合，共同，合起来（拉丁语词首，为 cum- 的音变，表示结合、强化、完全，对应的希腊语为 syn-）；co- 的缀词音变有 co-/ com-/ con-/ col-/ cor-：co-（在 h 和元音字母前面），col-（在 l 前面），com-（在 b、m、p 之前），con-（在 c、d、f、g、j、n、qu、s、t 和 v 前面），cor-（在 r 前面）

Citrus reticulata cv. Succosa 本地早：succosus 肉质的，多浆的；succus/ sucus 汁液；-osus/ -osum/ -osa 多的，充分的，丰富的，显著发育的，程度高的，特征明显的（形容词词尾）

Citrus reticulata cv. Tangerina 福橘：tangerina ← tangerine 柑橘的，橘黄色的（英文名）；-inus/ -inum/ -ina/ -inos 相近，接近，相似，

具有（通常指颜色）

Citrus reticulata cv. Tankan 蕉柑：tankan（中文品种名）

Citrus reticulata cv. Tardiferax 樱橘（樱 màn）：tardiferax 晚结实的；tardus 晚的，迟的；ferax 果实多的，富足的

Citrus reticulata cv. Unshiu 温州蜜柑：unshiu 温州（地名，品种名）

Citrus reticulata cv. Zaohong 早红：zaohong 早红（中文品种名）

Citrus reticulata cv. Zhuhong 朱红：zhuhong 朱红（中文品种名）

Citrus sinensis 甜橙：sinensis = Sina + ensis 中国的（地名）；Sina 中国

Citrus sinensis cv. Cadenera 卡特尼拉脐橙：cadenera 卡特尼拉（品种名）

Citrus sinensis cv. Dahong Cheng 大红橙：dahong cheng 大红橙（中文品种名）

Citrus sinensis cv. Doublefine Amelioree 西班牙血橙（血 xuè）：doublefine amelioree 双精改良的（品种名，英文）；doublefine 双精良的（英文）；amelioree 改良（法语）

Citrus sinensis cv. Egyptian Blood 埃及血橙：egyptian blood 埃及血橙（英文品种名：blood 血液）

Citrus sinensis cv. Gailiang Cheng 改良橙：gailiang cheng 改良橙（中文品种名）

Citrus sinensis cv. Hamlin 哈姆林脐橙：hamlin 哈姆林（品种名）

Citrus sinensis cv. Huangguo 黄果：huangguo 黄果（中文品种名）

Citrus sinensis cv. Huazhou Cheng 化州橙：huazhou cheng 化州橙（中文品种名）

Citrus sinensis cv. Jaffa 贾发脐橙（发 fā）：jaffa 贾发（地名，以色列，品种名）

Citrus sinensis cv. Jin Cheng 锦橙：jin cheng 锦橙（中文品种名）

Citrus sinensis cv. Joppa 乔伯脐橙：joppa 乔伯（品种名）

Citrus sinensis cv. Liu Cheng 柳橙：liu cheng 柳橙（中文品种名）

Citrus sinensis cv. Lue Gim Gong 刘勤光：lue gim gong 刘勤光（人名，中文品种名）

Citrus sinensis cv. Maltaise 马尔台斯血橙：maltaise 马尔台斯（品种名）

Citrus sinensis cv. Pushi Cheng 浦市橙：pushi cheng 浦市橙（中文品种名）

Citrus sinensis cv. Robertson 罗伯生脐橙：robertson ← John George Robertson（品种名，人名）

Citrus sinensis cv. Ruby 红玉血橙：ruby 红色的，红玉（品种名）；rubus ← ruber/ rubeo 树莓的，红色的

Citrus sinensis cv. Taoye Cheng 桃叶橙：taoye cheng 桃叶橙（中文品种名）

Citrus sinensis cv. Thomson 汤姆生脐橙：thomson 汤姆生（品种名）

Citrus sinensis cv. Valencia 伏令夏橙：valencia 瓦伦西亚的（地名，西班牙，品种名）

Citrus sinensis cv. Washington Navel 新华脐橙：washington navel 华盛顿脐橙（品种名，英文）；washington 华盛顿（地名、人名，英文）；navel 脐，脐橙（英文）

Citrus sinensis cv. Xinhui Cheng 新会橙：xinhui cheng 新会橙（中文品种名）

Citrus sinensis cv. Xue Cheng 雪橙：xue cheng 雪橙（中文品种名）

Citrus tachibana 立花橘：tachibana 立花（tachibana 为"立花"的日语读音）

Cladium 克拉莎属（莎草科）（11：p117）：cladium ← clados 分枝，枝条

Cladium chinense 华克拉莎：chinense 中国的（地名）

Cladium ensigerum 剑叶克拉莎：ensi- 剑；gerus → -ger/ -gerus/ -gerum/ -gera 具有，有，带有

Cladium myrianthum 多花克拉莎：myri-/ myrio- ← myrios 无数的，大量的，极多的（希腊语）；anthus/ anthum/ antha/ anthe ← anthos 花（用于希腊语复合词）

Cladium nipponense 毛喙克拉莎：nipponense 日本的（地名）

Cladogynos 白大凤属（大戟科）（44-2：p89）：cladogynos 分枝状雌蕊的；clados → cladus 枝条，分枝；gyne ← gynus 雌蕊的，雌性的，心皮的

Cladogynos orientalis 白大凤：orientalis 东方的；oriens 初升的太阳，东方

Cladopus 飞瀑草属（川苔草科）（24：p4）：cladopus 足上的枝条（指根茎上具舌状分枝）；clados → cladus 枝条，分枝；-pus ← pous 腿，足，爪，柄，茎

Cladopus nymanii 飞瀑草：nymanii ← Carl Fredrick Nyman（人名，19 世纪瑞典植物学家）

Cladostachys 浆果苋属（苋科）（25-2：p197）：cladostachys = clado + stachys 分枝花穗的；clados → cladus 枝条，分枝；stachy-/ stachyo-/ -stachys/ -stachyus/ -stachyum/ -stachya 穗子，穗子的，穗子状的，穗状花序的

Cladostachys frutescens 浆果苋：frutescens = frutex + escens 变成灌木状的，略呈灌木状的；frutex 灌木；-escens/ -ascens 改变，转变，变成，略微，带有，接近，相似，大致，稍微（表示变化的趋势，并未完全相似或相同，有别于表示达到完成状态的 -atus）

Cladostachys polysperma 白浆果苋：poly- ← polys 多个，许多（希腊语，拉丁语为 multi-）；spermus/ spermum/ sperma 种子的（用于希腊语复合词）

Cladrastis 香槐属（豆科）（40：p51）：cladrastis = clado + thraustos 枝条脆的；clados → cladus 枝条，分枝；thraustos 脆的

Cladrastis delavayi 鸡足香槐：delavayi ← P. J. M. Delavay（人名，1834–1895，法国传教士，曾在中国采集植物标本）；-i 表示人名，接在以元音字母结尾的人名后面，但 -a 除外

Cladrastis parvifolia 小叶香槐：parvifolius 小叶的；parvus 小的，些微的，弱的；folius/ folium/ folia 叶，叶片（用于复合词）

Cladrastis platycarpa 翅荚香槐：platycarpus 大果

C

的，宽果的；platys 大的，宽的（用于希腊语复合词）；carpus/ carpum/ carpa/ carpon ← carpos 果实（用于希腊语复合词）

Cladrastis scandens 藤香槐：scandens 攀缘的，缠绕的，藤本的；scando/ scansum 上升，攀登，缠绕

Cladrastis sinensis 小花香槐：sinensis = Sina + ensis 中国的（地名）；Sina 中国

Cladrastis wilsonii 香槐：wilsonii ← John Wilson（人名，18 世纪英国植物学家）

Claoxylon 白桐树属（大戟科）（44-2：p78）：clao 击破；xylon 木材，木质

Claoxylon brachyandrum 台湾白桐树：brachy- ← brachys 短的（用于拉丁语复合词词首）；andrus/ andros/ antherus ← aner 雄蕊，花药，雄性

Claoxylon hainanense 海南白桐树：hainanense 海南的（地名）

Claoxylon indicum 白桐树：indicum 印度的（地名）；-icus/ -icum/ -ica 属于，具有某种特性（常用于地名、起源、生境）

Claoxylon khasianum 喀西白桐树（喀 kā）：khasianum ← Khasya 喀西的，卡西的（地名，印度阿萨姆邦）

Claoxylon longifolium 长叶白桐树：longe-/ longi- ← longus 长的，纵向的；folius/ folium/ folia 叶，叶片（用于复合词）

Clarkella 岩上珠属（茜草科）（71-1：p20）：clarkella ← Charles Baron Clarke（人名，1832–1906，英国植物学家）；-ella 小（用作人名或一些属名词尾时并无小词意义）

Clarkella nana 岩上珠：nanus ← nanos/ nannos 矮小的，小的；nani-/ nano-/ nanno- 矮小的，小的

Clarkia 克拉花属（柳叶菜科）（53-2：p72）：clarkia ← William Clark（人名，19 世纪航海家，于 1804–1806 年首次横跨美洲大陆远征）

Clarkia pulchella 克拉花：pulchellus/ pulcellus = pulcher + ellus 稍美丽的，稍可爱的；pulcher/pulcer 美丽的，可爱的；-ellus/ -ellum/ -ella ← -ulus 小的，略微的，稍微的（小词 -ulus 在字母 e 或 i 之后有多种变缀，即 -olus/ -olum/ -ola、-ellus/ -ellum/ -ella、-illus/ -illum/ -illa，用于第一变格法名词）

Clausena 黄皮属（芸香科）（43-2：p126）：clausena ← P. Clausen（人名，17 世纪丹麦植物学家）

Clausena anisum-olens 细叶黄皮：anisum-olens 茴芹味的；anisum ← Pimpinella anisum 茴芹（伞形科）；olens ← olere 气味，发出气味（不分香臭）

Clausena dunniana 齿叶黄皮：dunniana（人名）

Clausena dunniana var. dunniana 齿叶黄皮-原变种（词义见上面解释）

Clausena dunniana var. robusta 毛齿叶黄皮：robustus 大型的，结实的，健壮的，强壮的

Clausena emarginata 小黄皮：emarginatus 先端稍裂的，凹头的；marginatus ← margo 边缘的，具边缘的；margo/ marginis → margin- 边缘，边线，边界；词尾为 -go 的词其词干末尾视为 -gin；e-/ ex- 不，无，非，缺乏，不具有（e- 用在辅音字母前，ex- 用在元音字母前，为拉丁语词首，对应的希腊语

词首为 a-/ an-，英语为 un-/ -less，注意作词首用的 e-/ ex- 和介词 e/ ex 意思不同，后者意为"出自、从……、由……离开、由于、依照"）

Clausena excavata 假黄皮：excavatus 凹陷的，坑洼的，内弯成曲线的；excavatio 挖掘，坑洼；excavo/ excavare/ excavavi 挖掘，挖坑

Clausena hainanensis 海南黄皮：hainanensis 海南的（地名）

Clausena lansium 黄皮：lansium ← lansa（马来西亚土名）

Clausena lenis 光滑黄皮：lenis 柔和的，软的

Clausena odorata 香花黄皮：odoratus = odorus + atus 香气的，气味的；odor 香气，气味；-atus/ -atum/ -ata 属于，相似，具有，完成（形容词词尾）

Clausena vestita 毛叶黄皮：vestitus 包被的，覆盖的，被柔毛的，袋状的

Clausena yunnanensis 云南黄皮：yunnanensis 云南的（地名）

Clausena yunnanensis var. longgangensis 弄岗黄皮（弄 lòng）：longgangensis 弄岗的（地名，广西壮族自治区，有时错印为"弄岗"）

Clausena yunnanensis var. yunnanensis 云南黄皮-原变种（词义见上面解释）

Clausia 香芥属（十字花科）（33：p368）：clausia ← clausus 关闭的，封闭的空间（指长角果开裂较晚）

Clausia turkestanica var. glandulosissima 腺果香芥：turkestanica 土耳其的（地名）；-icus/ -icum/ -ica 属于，具有某种特性（常用于地名、起源、生境）；glandulosus = glandus + ulus + osus 被细腺的，具腺体的，腺体质的；glandus ← glans 腺体；-issimus/ -issima/ -issimum 最，非常，极其（形容词最高级）；-ulus/ -ulum/ -ula 小的，略微的，稍微的（小词 -ulus 在字母 e 或 i 之后有多种变缀，即 -olus/ -olum/ -ola、-ellus/ -ellum/ -ella、-illus/ -illum/ -illa，与第一变格法和第二变格法名词形成复合词）；-osus/ -osum/ -osa 多的，充分的，丰富的，显著发育的，程度高的，特征明显的（形容词词尾）

Cleidiocarpon 蝴蝶果属（大戟科）（44-2：p96）：cleidiocarpon = cleidion + carpon 不开裂果实的；cleidion 关闭的；carpus/ carpum/ carpa/ carpon ← carpos 果实（用于希腊语复合词）

Cleidiocarpon cavaleriei 蝴蝶果：cavaleriei ← Pierre Julien Cavalerie（人名，20 世纪法国传教士）；-i 表示人名，接在以元音字母结尾的人名后面，但 -a 除外

Cleidion 棒柄花属（大戟科）（44-2：p74）：cleidion 关闭的

Cleidion bracteosum 灰岩棒柄花：bracteosus = bracteus + osus 苞片多的；bracteus 苞，苞片，苞鳞；-osus/ -osum/ -osa 多的，充分的，丰富的，显著发育的，程度高的，特征明显的（形容词词尾）

Cleidion brevipetiolatum 棒柄花：brevi- ← brevis 短的（用于希腊语复合词词首）；petiolatus = petiolus + atus 具叶柄的；petiolus 叶柄

Cleidion javanicum 长棒柄花：javanicum 爪哇的（地名，印度尼西亚）；-icus/ -icum/ -ica 属于，具有某种特性（常用于地名、起源、生境）

Cleisostoma 隔距兰属（兰科）（19：p311）：

cleisostoma 封口的（唇瓣基部突起使距的入口被封闭）；cleiso- ← kleio 密封；stomus 口，开口，气孔

Cleisostoma birmanicum 美花隔距兰：birmanicum 缅甸的（地名）

Cleisostoma filiforme 金塔隔距兰：filiforme/ filiformis 线状的；fili-/ fil- ← filum 线状的，丝状的；forme/ forma 形状

Cleisostoma fuerstenbergianum 长叶隔距兰：fuerstenbergianum（人名）

Cleisostoma longiopeculatum 长帽隔距兰：longio- ← longius = longus + ius 较长的，属于长的；longus 长的，纵向的；-ius/ -ium/ -ia 具有……特性的（表示有关、关联、相似）；peculatus = peculum + atus 光亮如镜的；peculum 镜，镜面；-atus/ -atum/ -ata 属于，相似，具有，完成（形容词词尾）

Cleisostoma medogense 西藏隔距兰：medogense 墨脱的（地名，西藏自治区）

Cleisostoma menghaiense 勐海隔距兰（勐 měng）：menghaiense 勐海的（地名，云南省）

Cleisostoma nangongense 南贡隔距兰：nangongense 南贡的（地名，云南省）

Cleisostoma paniculatum 大序隔距兰：paniculatus = paniculus + atus 具圆锥花序的；paniculus 圆锥花序；panus 谷穗；panicus 野稗，粟，谷子；-atus/ -atum/ -ata 属于，相似，具有，完成（形容词词尾）

Cleisostoma parishii 短茎隔距兰：parishii ← Parish（人名，发现很多兰科植物）

Cleisostoma racemiferum 大叶隔距兰：racemus 总状的，葡萄串状的；-ferus/ -ferum/ -fera/ -fero/ -fere/ -fer 有，具有，产（区别：作独立词使用的 ferus 意思是"野生的"）

Cleisostoma rostratum 尖喙隔距兰：rostratus 具喙的，喙状的；rostrus 鸟喙（常作词尾）；rostre 鸟喙的，喙状的

Cleisostoma sagittiforme 隔距兰：sagittatus/ sagittalis 箭头状的；sagita/ sagitta 箭，箭头；-atus/ -atum/ -ata 属于，相似，具有，完成（形容词词尾）；forme/ forma 形状

Cleisostoma scolopendrifolium 蜈蚣兰：scolopendrifolium 蜈蚣状叶片的；scolopendrium ← skolopendra/ scolopendra 蜈蚣（指叶缘形状或孢子囊排列方式似蜈蚣的足）；folius/ folium/ folia 叶，叶片（用于复合词）

Cleisostoma simondii 毛柱隔距兰：simondii（人名）；-ii 表示人名，接在以辅音字母结尾的人名后面，但 -er 除外

Cleisostoma simondii var. guangdongense 广东隔距兰：guangdongense 广东的（地名）

Cleisostoma simondii var. simondii 毛柱隔距兰-原变种（词义见上面解释）

Cleisostoma striatum 短序隔距兰：striatus = stria + atus 有条纹的，有细沟的；stria 条纹，线条，细纹，细沟

Cleisostoma uraiense 绿花隔距兰：uraiense 乌来的（地名，属台湾省）

Cleisostoma williamsonii 红花隔距兰：williamsonii（人名）；-ii 表示人名，接在以辅音字母结尾的人名后面，但 -er 除外

Cleistanthus 闭花木属（大戟科）（44-1：p22）：cleisto- 关闭的，合上的；anthus/ anthum/ antha/ anthe ← anthos 花（用于希腊语复合词）

Cleistanthus macrophyllus 大叶闭花木：macro-/ macr- ← macros 大的，宏观的（用于希腊语复合词）；phyllus/ phyllum/ phylla ← phyllon 叶片（用于希腊语复合词）

Cleistanthus pedicellatus 米嘴闭花木：pedicellatus = pedicellus + atus 具小花柄的；pedicellus = pes + cellus 小花梗，小花柄（不同于花序柄）；pes/ pedis 柄，梗，茎秆，腿，足，爪（作词首或词尾，pes 的词干视为"ped-"）；-cellus/ -cellum/ -cella、-cillus/ -cillum/ -cilla 小的，略微的，稍微的（与任何变格法名词形成复合词）；关联词：pedunculus 花序柄，总花梗（花序基部无花着生部分）；-atus/ -atum/ -ata 属于，相似，具有，完成（形容词词尾）

Cleistanthus petelotii 假肥牛树：petelotii（人名）；-ii 表示人名，接在以辅音字母结尾的人名后面，但 -er 除外

Cleistanthus sumatranus 闭花木：sumatranus ← Sumatra 苏门答腊的（地名，印度尼西亚）

Cleistanthus tomentosus 锈毛闭花木：tomentosus = tomentum + osus 绒毛的，密被绒毛的；tomentum 绒毛，浓密的毛被，棉絮，棉絮状填充物（被褥、垫子等）；-osus/ -osum/ -osa 多的，充分的，丰富的，显著发育的，程度高的，特征明显的（形容词词尾）

Cleistanthus tonkinensis 馒头果：tonkin 东京（地名，越南河内的旧称）

Cleistocalyx 水翁属（桃金娘科）（53-1：p118）：cleistocalyx 合拢花萼的（指萼片联合成帽状）；cleisto- 关闭的，合上的；calyx → calyc- 萼片（用于希腊语复合词）

Cleistocalyx conspersipunctatus 大果水翁：conspersus 喷撒（指散点）；co- 联合，共同，合起来（拉丁语词首，为 cum- 的音变，表示结合、强化、完全，对应的希腊语为 syn-）；co- 的缀词音变有 co-/ com-/ con-/ col-/ cor-：co-（在 h 和元音字母前面），col-（在 l 前面），com-（在 b、m、p 之前），con-（在 c、d、f、g、j、n、qu、s、t 和 v 前面），cor-（在 r 前面）；spersus 分散的，散生的，散布的；punctatus = punctus + atus 具斑点的；punctus 斑点

Cleistocalyx operculatus 水翁：operculatus = operculus + atus 有盖的；operculum 帽子，盖子（比喻蒴果开裂状等）；-atus/ -atum/ -ata 属于，相似，具有，完成（形容词词尾）

Cleistogenes 隐子草属（禾本科）（10-1：p41）：cleistogenes 生于封闭空间的（指小穗隐藏）；cleisto- 关闭的，合上的；genes ← gennao 产，生产

Cleistogenes caespitosa 丛生隐子草：caespitosus = caespitus + osus 明显成簇的，明显丛生的；caespitus 成簇的，丛生的；-osus/ -osum/ -osa 多的，充分的，丰富的，显著发育的，程度高的，特征明显的（形容词词尾）

C

Cleistogenes chinensis 中华隐子草：chinensis = china + ensis 中国的（地名）；China 中国

Cleistogenes gracilis 细弱隐子草：gracilis 细长的，纤弱的，丝状的

Cleistogenes hackeli 朝阳隐子草：hackeli ← J. Hackel（人名，19 世纪捷克植物学家）

Cleistogenes hackeli var. hackeli 朝阳隐子草-原变种 （词义见上面解释）

Cleistogenes hackeli var. nakai 宽叶隐子草：nakai 中井猛之进（人名，1882–1952，日本植物学家，"nakai" 为 "中井" 的日语读音，用作种加词时改成 "nakaii" 似更妥）；-i 表示人名，接在以元音字母结尾的人名后面，但 -a 除外

Cleistogenes hancei 北京隐子草：hancei ← Henry Fletcher Hance（人名，19 世纪英国驻香港领事，曾在中国采集植物）；-i 表示人名，接在以元音字母结尾的人名后面，但 -a 除外

Cleistogenes kitagawai 凌源隐子草：kitagawai 北川（人名，日本植物学家）；-i 表示人名，接在以元音字母结尾的人名后面，但 -a 除外，故该词改为 "kitagawaiana" 或 "kitagawae" 似更妥

Cleistogenes kitagawai var. foliosa 包鞘隐子草：foliosus = folius + osus 多叶的；folius/ folium/ folia → foli-/ folia- 叶，叶片；-osus/ -osum/ -osa 多的，充分的，丰富的，显著发育的，程度高的，特征明显的（形容词词尾）

Cleistogenes kitagawai var. kitagawai 凌源隐子草-原变种 （词义见上面解释）

Cleistogenes longiflora 长花隐子草：longe-/ longi- ← longus 长的，纵向的；florus/ florum/ flora ← flos 花（用于复合词）

Cleistogenes mucronata 小尖隐子草：mucronatus = mucronus + atus 具短尖的，有微突起的；mucronus 短尖头，微突；-atus/ -atum/ -ata 属于，相似，具有，完成（形容词词尾）

Cleistogenes polyphylla 多叶隐子草：poly- ← polys 多个，许多（希腊语，拉丁语为 multi-）；phyllus/ phyllum/ phylla ← phyllon 叶片（用于希腊语复合词）

Cleistogenes ramiflora 枝花隐子草：ramiflorus 枝上生花的；ramus 分枝，枝条；florus/ florum/ flora ← flos 花（用于复合词）

Cleistogenes songorica 无芒隐子草：songorica 准噶尔的（地名，新疆维吾尔自治区）；-icus/ -icum/ -ica 属于，具有某种特性（常用于地名、起源、生境）

Cleistogenes squarrosa 糙隐子草：squarrosus = squarrus + osus 粗糙的，不平滑的，有凸起的；squarrus 糙的，不平，凸点；-osus/ -osum/ -osa 多的，充分的，丰富的，显著发育的，程度高的，特征明显的（形容词词尾）

Clematis 铁线莲属（毛莨科）(28: p74)：clematis ← clema 嫩枝（指纤弱而长的攀缘茎）

Clematis acerifolia 槭叶铁线莲（槭 qì）：acerifolius 槭叶的；Acer 槭属（槭树科）；folius/ folium/ folia 叶，叶片（用于复合词）

Clematis acuminata var. multiflora 多花锡金铁线莲：acuminatus = acumen + atus 锐尖的，渐尖的；acumen 渐尖头；-atus/ -atum/ -ata 属于，相似，具有，完成（形容词词尾）；multi- ← multus 多个，多数，很多（希腊语为 poly-）；florus/ florum/ flora ← flos 花（用于复合词）

Clematis acuminata var. sikkimensis 锡金铁线莲：sikkimensis 锡金的（地名）

Clematis aethusifolia 芹叶铁线莲：Aethusa 泽芹属（伞形科）；folius/ folium/ folia 叶，叶片（用于复合词）

Clematis aethusifolia var. latisecta 宽芹叶铁线莲：lati-/ late- ← latus 宽的，宽广的；sectus 分段的，分节的，切开的，分裂的

Clematis akebioides 甘川铁线莲：akebioides 像木通的；Akebia 木通属；-oides/ -oideus/ -oideum/ -oidea/ -odes/ -eidos 像……的，类似……的，呈……状的（名词词尾）

Clematis alsomitrifolia （悬瓜叶铁线莲）：alsomitrifolius 像 Alsomitra 叶的；Alsomitra 悬瓜属（葫芦科）；folius/ folium/ folia 叶，叶片（用于复合词）

Clematis anhweiensis 安徽威灵仙：anhweiensis 安徽的（地名）

Clematis anshunensis 安顺铁线莲：anshunensis 安顺的（地名，贵州省）

Clematis apiifolia 女萎：Apium 芹属（伞形科）；folius/ folium/ folia 叶，叶片（用于复合词）

Clematis apiifolia var. obtusidentata 钝齿铁线莲：obtusus 钝的，钝形的，略带圆形的；dentatus = dentus + atus 牙齿的，齿状的，具齿的；dentus 齿，牙齿；-atus/ -atum/ -ata 属于，相似，具有，完成（形容词词尾）

Clematis argentilucida 粗齿铁线莲：argenti- 银白色的；argentum 银；lucidus ← lucis ← lux 发光的，光辉的，清晰的，发亮的，荣耀的（lux 的单数所有格为 lucis，词尾为 -is 和 -ys 的词的词干分别视为 -id 和 -yd）

Clematis argentilucida var. likiangensis 丽江铁线莲：likiangensis 丽江的（地名，云南省）

Clematis armandii 小木通：armandii ← Pere Armand（人名，19 世纪法国传教士和植物采集员）；-ii 表示人名，接在以辅音字母结尾的人名后面，但 -er 除外

Clematis bartlettii （巴特铁线莲）：bartlettii ← Bartlett（人名）

Clematis brevicaudata 短尾铁线莲：brevi- ← brevis 短的（用于希腊语复合词词首）；caudatus = caudus + atus 尾巴的，尾巴状的，具尾的；caudus 尾巴

Clematis brevipes （短柄铁线莲）：brevi- ← brevis 短的（用于希腊语复合词词首）；pes/ pedis 柄，梗，茎秆，腿，足，爪（作词首或词尾，pes 的词干视为 "ped-"）

Clematis buchananiana 毛木通：buchananiana ← Francis Buchanan-Hamilton（人名，19 世纪英国植物学家）

Clematis buchananiana var. vitifolia 膜叶毛木通：vitifolia 葡萄叶；vitis 葡萄，藤蔓植物（古拉丁名）；folius/ folium/ folia 叶，叶片（用于复合词）

C

Clematis cadmia 短柱铁线莲：cadmia ← cadmea 卡德米亚山的（地名，希腊）

Clematis canescens 灰叶铁线莲：canescens 变灰色的，淡灰色的；canens 使呈灰色的；canus 灰色的，灰白色的；-escens/ -ascens 改变，转变，变成，略微，带有，接近，相似，大致，稍微（表示变化的趋势，并未完全相似或相同，有别于表示达到完成状态的 -atus）

Clematis canescens subsp. viridis 长梗灰叶铁线莲：viridis 绿色的，鲜嫩的（相当于希腊语的 chloro-）

Clematis chekiangensis 浙江山木通：chekiangensis 浙江的（地名）

Clematis chinensis 威灵仙：chinensis = china + ensis 中国的（地名）；China 中国

Clematis chinensis var. vestita 毛叶威灵仙：vestitus 包被的，覆盖的，被柔毛的，袋状的

Clematis chingii 两广铁线莲：chingii ← R. C. Chin 秦仁昌（人名，1898–1986，中国植物学家，蕨类植物专家），秦氏

Clematis chiupehensis 丘北铁线莲：chiupehensis 丘北的（地名，云南省）

Clematis chrysocoma 金毛铁线莲：chrys-/ chryso- ← chrysos 黄色的，金色的；comus ← comis 冠毛，头缨，一簇（毛或叶片）

Clematis chrysocoma var. glabrescens 疏金毛铁线莲：glabrus 光秃的，无毛的，光滑的；-escens/ -ascens 改变，转变，变成，略微，带有，接近，相似，大致，稍微（表示变化的趋势，并未完全相似或相同，有别于表示达到完成状态的 -atus）

Clematis clarkeana 平坝铁线莲：clarkeana（人名）

Clematis clarkeana var. stenophylla 川滇铁线莲：sten-/ steno- ← stenus 窄的，狭的，薄的；phyllus/ phyllum/ phylla ← phyllon 叶片（用于希腊语复合词）

Clematis connata 合柄铁线莲：connatus 融为一体的，合并在一起的；connecto/ conecto 联合，结合

Clematis connata var. bipinnata 川藏铁线莲：bipinnatus 二回羽状的；bi-/ bis- 二，二数，二回（希腊语为 di-）；pinnatus = pinnus + atus 羽状的，具羽的；pinnus/ pennus 羽毛，羽状，羽片；-atus/ -atum/ -ata 属于，相似，具有，完成（形容词词尾）

Clematis courtoisii 大花威灵仙：courtoisii（人名）；-ii 表示人名，接在以辅音字母结尾的人名后面，但 -er 除外

Clematis crassifolia 厚叶铁线莲：crassi- ← crassus 厚的，粗的，多肉质的；folius/ folium/ folia 叶，叶片（用于复合词）

Clematis crassipes 粗柄铁线莲：crassi- ← crassus 厚的，粗的，多肉质的；pes/ pedis 柄，梗，茎秆，腿，足，爪（作词首或词尾，pes 的词干视为"ped-"）

Clematis dasyandra 毛花铁线莲：dasyandrus = dasy + andrus 毛蕊的，雄蕊有粗毛的；dasy- ← dasys 毛茸茸的，粗毛的，毛；andrus/ andros/ antherus ← aner 雄蕊，花药，雄性

Clematis dasyandra var. polyantha 多花铁线莲：polyanthus 多花的；poly- ← polys 多个，许多（希腊语，拉丁语为 multi-）；anthus/ anthum/ antha/ anthe ← anthos 花（用于希腊语复合词）

Clematis delavayi 银叶铁线莲：delavayi ← P. J. M. Delavay（人名，1834–1895，法国传教士，曾在中国采集植物标本）；-i 表示人名，接在以元音字母结尾的人名后面，但 -a 除外

Clematis delavayi var. calvescens 疏毛银叶铁线莲：calvescens 变光秃的，几乎无毛的；calvus 光秃的，无毛的，无芒的，裸露的；-escens/ -ascens 改变，转变，变成，略微，带有，接近，相似，大致，稍微（表示变化的趋势，并未完全相似或相同，有别于表示达到完成状态的 -atus）

Clematis delavayi var. limprichtii 裂银叶铁线莲：limprichtii（人名）；-ii 表示人名，接在以辅音字母结尾的人名后面，但 -er 除外

Clematis delavayi var. spinescens 刺铁线莲：spinescens 刺状的，稍具刺的；spinus 刺，针刺；-escens/ -ascens 改变，转变，变成，略微，带有，接近，相似，大致，稍微（表示变化的趋势，并未完全相似或相同，有别于表示达到完成状态的 -atus）

Clematis dilatata 舟柄铁线莲：dilatatus = dilatus + atus 扩大的，膨大的；dilatus/ dilat-/ dilati-/ dilato- 扩大，膨大

Clematis fasciculiflora 滑叶藤：fasciculus 丛，簇，束；fascis 束；florus/ florum/ flora ← flos 花（用于复合词）

Clematis fasciculiflora var. angustifolia 狭叶滑叶藤：angusti- ← angustus 窄的，狭的，细的；folius/ folium/ folia 叶，叶片（用于复合词）

Clematis filamentosa 丝铁线莲：filamentosus = filamentum + osus 花丝的，多纤维的，充满丝的，丝状的；filamentum/ filum 花丝，丝状体，藻丝；-osus/ -osum/ -osa 多的，充分的，丰富的，显著发育的，程度高的，特征明显的（形容词词尾）

Clematis finetiana 山木通：finetiana ← Finet（人名）

Clematis florida 铁线莲：floridus = florus + idus 有花的，多花的，花明显的；florus/ florum/ flora ← flos 花（用于复合词）；-idus/ -idum/ -ida 表示在进行中的动作或情况，作动词、名词或形容词的词尾

Clematis florida var. plena 重瓣铁线莲（重 chóng）：plenus → plen-/ pleni- 很多的，充满的，大量的，重瓣的，多重的

Clematis formosana （台湾铁线莲）：formosanus = formosus + anus 美丽的，台湾的；formosus ← formosa 美丽的，台湾的（葡萄牙殖民者发现台湾时对其的称呼，即美丽的岛屿）；-anus/ -anum/ -ana 属于，来自（形容词词尾）

Clematis fruticosa 灌木铁线莲：fruticosus/ frutesceus 灌丛状的；frutex 灌木；构词规则：以 -ix/ -iex 结尾的词其词干末尾视为 -ic，以 -ex 结尾视为 -i/ -ic，其他以 -x 结尾视为 -c；-osus/ -osum/ -osa 多的，充分的，丰富的，显著发育的，程度高的，特征明显的（形容词词尾）

Clematis fulvicoma 滇南铁线莲：fulvus 咖啡色的，黄褐色的；comus ← comis 冠毛，头缨，一簇（毛或叶片）

Clematis fusca 褐毛铁线莲：fuscus 棕色的，暗色

C

的，发黑的，暗棕色的，褐色的

Clematis fusca var. violacea 紫花铁线莲：violaceus 紫红色的，紫堇色的，堇菜状的；Viola 堇菜属（堇菜科）；-aceus/ -aceum/ -acea 相似的，有……性质的，属于……的

Clematis ganpiniana 扬子铁线莲：ganpiniana 安坪的（地名，贵州省安顺市平坝区）

Clematis ganpiniana var. subsericea 毛叶扬子铁线莲：subsericeus 近绢丝状的；sub-（表示程度较弱）与……类似，几乎，稍微，弱，亚，之下，下面；sericeus 绢丝状的；sericus 绢丝的，绢毛的，赛尔人的（Ser 为印度一民族）；-eus/ -eum/ -ea（接拉丁语词干时）属于……的，色如……的，质如……的（表示原料、颜色或品质的相似），（接希腊语词干时）属于……的，以……出名，为……所占有（表示具有某种特性）

Clematis ganpiniana var. tenuisepala 毛果扬子铁线莲：tenuisepalus 细萼的；tenui- ← tenuis 薄的，纤细的，弱的，瘦的，窄的；sepalus/ sepalum/ sepala 萼片（用于复合词）

Clematis glauca 粉绿铁线莲：glaucus → glauco-/ glauc- 被白粉的，发白的，灰绿色的

Clematis gouriana 小蓑衣藤（蓑 suō）：gouriana（人名）

Clematis gracilifolia 薄叶铁线莲：gracilis 细长的，纤弱的，丝状的；folius/ folium/ folia 叶，叶片（用于复合词）

Clematis gracilifolia var. dissectifolia 狭裂薄叶铁线莲：dissectus 多裂的，全裂的，深裂的；di-/ dis- 二，二数，二分，分离，不同，在……之间，从……分开（希腊语，拉丁语为 bi-/ bis-）；folius/ folium/ folia 叶，叶片（用于复合词）

Clematis gracilifolia var. macrantha 大花薄叶铁线莲：macro-/ macr- ← macros 大的，宏观的（用于希腊语复合词）；anthus/ anthum/ antha/ anthe ← anthos 花（用于希腊语复合词）

Clematis gratopsis 金佛铁线莲：gratus 美味的，可爱的，迷人的，快乐的；-opsis/ -ops 相似，稍微，带有

Clematis graveolens 藏西铁线莲：graveolens 强烈气味的，不快气味的，恶臭的；gravis 重的，重量大的，深厚的，浓密的，严重的，大量的，苦的，讨厌的；olens ← olere 气味，发出气味（不分香臭）

Clematis grewiiflora 黄毛铁线莲：Grewia 扁担杆属（椴树科）；缀词规则：以属名作复合词时原词尾变形后的 i 要保留；florus/ florum/ flora ← flos 花（用于复合词）

Clematis guniuensis 牯牛铁线莲：guniuensis 牯牛的（地名，浙江省）

Clematis hancockiana 毛萼铁线莲：hancockiana ← W. Hancock（人名，1847–1914，英国海关官员，曾在中国采集植物标本）

Clematis hastata （盾叶铁线莲）：hastatus 戟形的，三尖头的（两侧基部有朝外的三角形裂片）；hasta 长矛，标枪

Clematis henryi 单叶铁线莲：henryi ← Augustine Henry 或 B. C. Henry（人名，前者，1857–1930，爱尔兰医生、植物学家，曾在中国采集植物，后者，

1850–1901，曾活动于中国的传教士）

Clematis henryi var. ternata 陕南单叶铁线莲：ternatus 三数的，三出的

Clematis heracleifolia 大叶铁线莲：heraclei ← Heracleum 独活属；folius/ folium/ folia 叶，叶片（用于复合词）

Clematis hexapetala 棉团铁线莲：hex-/ hexa- 六（希腊语，拉丁语为 sex-）；petalus/ petalum/ petala ← petalon 花瓣

Clematis hexapetala var. tchefouensis 长冬草：tchefouensis 芝罘的（地名，山东省烟台市，罘 fú）

Clematis huchouensis 吴兴铁线莲：huchouensis 湖州的（地名，浙江省）

Clematis hupehensis 湖北铁线莲：hupehensis 湖北的（地名）

Clematis integrifolia 全缘铁线莲：integer/ integra/ integrum → integri- 完整的，整个的，全缘的；folius/ folium/ folia 叶，叶片（用于复合词）

Clematis intricata 黄花铁线莲：intricatus 纷乱的，复杂的，缠结的

Clematis intricata var. purpurea 变异黄花铁线莲：purpureus = purpura + eus 紫色的；purpura 紫色（purpura 原为一种介壳虫名，其体液为紫色，可作颜料）；-eus/ -eum/ -ea（接拉丁语词干时）属于……的，色如……的，质如……的（表示原料、颜色或品质的相似），（接希腊语词干时）属于……的，以……出名，为……所占有（表示具有某种特性）

Clematis kerriana 细木通：kerriana ← Arthur Francis George Kerr 或 William Kerr（人名）

Clematis kilungensis 吉隆铁线莲：kilungensis 基隆的（地名，属台湾省）

Clematis kirilowii 太行铁线莲：kirilowii ← Ivan Petrovich Kirilov（人名，19 世纪俄国植物学家）

Clematis kirilowii var. chanetii 狭裂太行铁线莲：chanetii（人名）；-ii 表示人名，接在以辅音字母结尾的人名后面，但 -er 除外

Clematis kirilowii var. pashanensis 巴山铁线莲：pashanensis 巴山的（地名，跨陕西、四川、湖北三省）

Clematis koreana 朝鲜铁线莲：koreana 朝鲜的（地名）

Clematis kweichowensis 贵州铁线莲：kweichowensis 贵州的（地名）

Clematis lancifolia 披针叶铁线莲：lance-/ lancei-/ lanci-/ lanceo-/ lanc- ← lanceus 披针形的，矛形的，尖刀状的，柳叶刀状的；folius/ folium/ folia 叶，叶片（用于复合词）

Clematis lancifolia var. ternata 竹叶铁线莲：ternatus 三数的，三出的

Clematis lanuginosa 毛叶铁线莲：lanuginosus = lanugo + osus 具绵毛的，具柔毛的；lanugo = lana + ugo 绒毛（lanugo 的词干为 lanugin-）；词尾为 -go 的词其词干末尾视为 -gin；lana 羊毛，绵毛

Clematis lasiandra 毛蕊铁线莲：lasi-/ lasio- 羊毛状的，有毛的，粗糙的；andrus/ andros/ antherus ← aner 雄蕊，花药，雄性

Clematis leschenaultiana 锈毛铁线莲：leschenaultiana ← Jean Baptiste Louis Theodore

C

Leschenault de la Tour（人名，19 世纪法国植物学家）

Clematis longistyla 光柱铁线莲：longe-/ longi- ← longus 长的，纵向的；stylus/ stylis ← stylos 柱，花柱

Clematis loureiroana 菝葜叶铁线莲（菝葜 bá qiā）：loureiroana（人名）

Clematis loureiroana var. peltata 盾叶铁线莲：peltatus = peltus + atus 盾状的，具盾片的；peltus ← pelte 盾片，小盾片，盾形的；-atus/ -atum/ -ata 属于，相似，具有，完成（形容词词尾）

Clematis macropetala 长瓣铁线莲：macro-/ macr- ← macros 大的，宏观的（用于希腊语复合词）；petalus/ petalum/ petala ← petalon 花瓣

Clematis macropetala var. albiflora 白花长瓣铁线莲：albus → albi-/ albo- 白色的；florus/ florum/ flora ← flos 花（用于复合词）

Clematis macropetala var. rupestris 石生长瓣铁线莲：rupestre/ rupicolus/ rupestris 生于岩壁的，岩栖的；rup-/ rupi- ← rupes/ rupis 岩石的；-estris/ -estre/ ester/ -esteris 生于……地方，喜好……地方

Clematis menglaensis 勐腊铁线莲（勐 měng）：menglaensis 勐腊的（地名，云南省）

Clematis metouensis 墨脱铁线莲：metouensis 墨脱的（地名，西藏自治区，已修订为 metuoensis）

Clematis meyeniana 毛柱铁线莲：meyeniana ← Franz Julius Ferdinand Meyen（人名，19 世纪德国医生、植物学家）

Clematis meyeniana var. granulata 沙叶铁线莲：granulatus/ granulus 米粒状的，米粒覆盖的；granus 粒，种粒，谷粒，颗粒；-ulatus/ -ulata/ -ulatum = ulus + atus 小的，略微的，稍微的，属于小的；-ulus/ -ulum/ -ula 小的，略微的，稍微的（小词 -ulus 在字母 e 或 i 之后有多种变缀，即 -olus/ -olum/ -ola、-ellus/ -ellum/ -ella、-illus/ -illum/ -illa，与第一变格法和第二变格法名词形成复合词）；-atus/ -atum/ -ata 属于，相似，具有，完成（形容词词尾）

Clematis montana 绣球藤：montanus 山，山地；montis 山，山地的；mons 山，山脉，岩石

Clematis montana var. grandiflora 大花绣球藤：grandi- ← grandis 大的；florus/ florum/ flora ← flos 花（用于复合词）

Clematis montana var. rubens （红花绣球藤）：rubens = rubus + ens 发红的，带红色的，变红的；rubrus/ rubrum/ rubra/ ruber 红色的

Clematis montana var. sterilis 小叶绣球藤：sterilis 不育的，不毛的

Clematis montana var. trichogyna 毛果绣球藤：trich-/ tricho-/ tricha- ← trichos ← thrix 毛，多毛的，线状的，丝状的；gynus/ gynum/ gyna 雌蕊，子房，心皮

Clematis montana var. wilsonii 晚花绣球藤：wilsonii ← John Wilson（人名，18 世纪英国植物学家）

Clematis morii 台湾丝瓜花：morii 森（日本人名）

Clematis nannophylla 小叶铁线莲：nanus ←

nanos/ nannos 矮小的，小的；nani-/ nano-/ nanno- 矮小的，小的；phyllus/ phyllum/ phylla ← phyllon 叶片（用于希腊语复合词）

Clematis nannophylla var. foliosa 多叶铁线莲：foliosus = folius + osus 多叶的；folius/ folium/ folia → foli-/ folia- 叶，叶片；-osus/ -osum/ -osa 多的，充分的，丰富的，显著发育的，程度高的，特征明显的（形容词词尾）

Clematis napaulensis 合苞铁线莲：napaulensis 尼泊尔的（地名）

Clematis nukiangensis 怒江铁线莲：nukiangensis 怒江的（地名，云南省）

Clematis obscura 秦岭铁线莲：obscurus 暗色的，不明确的，不明显的，模糊的

Clematis ochotensis 半钟铁线莲：ochotensis 鄂霍次克的（地名，俄罗斯）

Clematis orientalis 东方铁线莲：orientalis 东方的；oriens 初升的太阳，东方

Clematis otophora 宽柄铁线莲：otophorus = otos + phorus 具耳的；otos 耳朵；-phorus/ -phorum/ -phora 载体，承载物，支持物，带着，生着，附着（表示一个部分带着别的部分，包括起支撑或承载作用的柄、柱、托、囊等，如 gynophorum = gynus + phorum 雌蕊柄的，带有雌蕊的，承载雌蕊的）；gynus/ gynum/ gyna 雌蕊，子房，心皮；Otophora 爪耳木属（无患子科）

Clematis owatarii （日本铁线莲）：owatarii（人名）；-ii 表示人名，接在以辅音字母结尾的人名后面，但 -er 除外

Clematis parviloba 裂叶铁线莲：parvus 小的，些微的，弱的；lobus/ lobos/ lobon 浅裂，耳片（裂片先端钝圆），荚果，蒴果

Clematis parviloba var. tenuipes 长药裂叶铁线莲：tenui- ← tenuis 薄的，纤细的，弱的，瘦的，窄的；pes/ pedis 柄，梗，茎秆，腿，足，爪（作词首或词尾，pes 的词干视为 "ped-"）

Clematis patens 转子莲（转 zhuàn）：patens 开展的（呈 90°），伸展的，传播的，飞散的；patentius 开展的，伸展的，传播的，飞散的

Clematis patens subsp. tientaiensis 天台铁线莲（台 tāi）：tientaiensis 天台山的（地名，浙江省）

Clematis peterae 钝萼铁线莲：peterae（人名）

Clematis peterae var. mollis 毛叶钝萼铁线莲：molle/ mollis 软的，柔毛的

Clematis peterae var. trichocarpa 毛果铁线莲：trich-/ tricho-/ tricha- ← trichos ← thrix 毛，多毛的，线状的，丝状的；carpus/ carpum/ carpa/ carpon ← carpos 果实（用于希腊语复合词）

Clematis pinchuanensis var. pinchuanensis 宾川铁线莲：pinchuanensis 宾川的（地名，云南省）

Clematis pinnata 羽叶铁线莲：pinnatus = pinnus + atus 羽状的，具羽的；pinnus/ pennus 羽毛，羽状，羽片；-atus/ -atum/ -ata 属于，相似，具有，完成（形容词词尾）

Clematis pogonandra 须蕊铁线莲：pogonandrus 须状雄蕊的；pogon 胡须，髯毛，芒尖；andrus/ andros/ antherus ← aner 雄蕊，花药，雄性

Clematis pogonandra var. alata 雷波铁线莲：

alatus → ala-/ alat-/ alati-/ alato- 翅，具翅的，具翼的；反义词：exalatus 无翼的，无翅的

Clematis pogonandra var. pilosa 多毛须蕊铁线莲：pilosus = pilus + osus 多毛的，被柔毛的，具疏柔毛的，被短弱细毛的；pilus 毛，疏柔毛；-osus/ -osum/ -osa 多的，充分的，丰富的，显著发育的，程度高的，特征明显的（形容词词尾）

Clematis potaninii 美花铁线莲：potaninii ← Grigory Nikolaevich Potanin（人名，19 世纪俄国植物学家）

Clematis pseudootophora 华中铁线莲：pseudootophora 像 otophora 的；pseudo-/ pseud- ← pseudos 假的，伪的，接近，相似（但不是）；Clematis otophora 宽柄铁线莲；Otophora 爪耳木属（无患子科）

Clematis pseudopogonandra 西南铁线莲：pseudopogonandra 像 pogonandra 的；pseudo-/ pseud- ← pseudos 假的，伪的，接近，相似（但不是）；Clematis pogonandra 须蕊铁线莲；pogonandrus 须状雄蕊的

Clematis quinquefoliolata 五叶铁线莲：quin-/ quinqu-/ quinque-/ quinqui- 五，五数（希腊语为 penta-）；foliolatus = folius + ulus + atus 具小叶的，具叶片的；folius/ folium/ folia 叶，叶片（用于复合词）；-ulus/ -ulum/ -ula 小的，略微的，稍微的（小词 -ulus 在字母 e 或 i 之后有多种变缀，即 -olus/ -olum/ -ola、-ellus/ -ellum/ -ella、-illus/ -illum/ -illa，与第一变格法和第二变格法名词形成复合词）；-atus/ -atum/ -ata 属于，相似，具有，完成（形容词词尾）

Clematis ranunculoides 毛茛铁线莲（茛 gèn）：ranunculoides 像毛茛的；Ranunculus 毛茛属（毛茛科）；-oides/ -oideus/ -oideum/ -oidea/ -odes/ -eidos 像……的，类似……的，呈……状的（名词词尾）

Clematis ranunculoides var. cordata 心叶铁线莲：cordatus ← cordis/ cor 心脏的，心形的；-atus/ -atum/ -ata 属于，相似，具有，完成（形容词词尾）

Clematis ranunculoides var. pterantha 思茅铁线莲：pteranthus 翼花的，翅花的；anthus/ anthum/ antha/ anthe ← anthos 花（用于希腊语复合词）

Clematis rehderiana 长花铁线莲：rehderiana ← Alfred Rehder（人名，1863–1949，德国植物分类学家、树木学家，在美国 Arnold 植物园工作）

Clematis repens 曲柄铁线莲：repens/ repentis/ repsi/ reptum/ repere/ repo 匍匐，爬行（同义词：reptans/ reptoare）

Clematis rubifolia 莓叶铁线莲：rubifolius 悬钩子叶的，树莓叶的，红叶的；Rubus 悬钩子属（蔷薇科）；folius/ folium/ folia 叶，叶片（用于复合词）；rubrus/ rubrum/ rubra/ ruber 红色的

Clematis sasakii （佐佐木铁线莲）：sasakii 佐佐木（日本人名）

Clematis serratifolia 齿叶铁线莲：serratus = serrus + atus 有锯齿的；serrus 齿，锯齿；folius/ folium/ folia 叶，叶片（用于复合词）

Clematis shenlungchiaensis 神农架铁线莲：

shenlungchiaensis 神农架的（地名，湖北省）

Clematis shensiensis 陕西铁线莲：shensiensis 陕西的（地名）

Clematis sibirica 西伯利亚铁线莲：sibirica 西伯利亚的（地名，俄罗斯）；-icus/ -icum/ -ica 属于，具有某种特性（常用于地名、起源、生境）

Clematis songarica 准噶尔铁线莲（噶 gá）：songarica 准噶尔的（地名，新疆维吾尔自治区）；-icus/ -icum/ -ica 属于，具有某种特性（常用于地名、起源、生境）

Clematis songarica var. aspleniifolia 蕨叶铁线莲：aspleniifolius 铁角蕨叶片的；缀词规则：以属名作复合词时原词尾变形后的 i 要保留；Asplenium 铁角蕨属（铁角蕨科）；folius/ folium/ folia 叶，叶片（用于复合词）

Clematis subfalcata 镰叶铁线莲：subfalcatus 略呈镰刀状的；sub-（表示程度较弱）与……类似，几乎，稍微，弱，亚，之下，下面；falcatus = falx + atus 镰刀的，镰刀状的；构词规则：以 -ix/ -iex 结尾的词其词干末尾视为 -ic，以 -ex 结尾视为 -i/ -ic，其他以 -x 结尾视为 -c；-atus/ -atum/ -ata 属于，相似，具有，完成（形容词词尾）

Clematis taiwaniana 台湾铁线莲：taiwaniana 台湾的（地名）

Clematis tangutica 甘青铁线莲：tangutica ← Tangut 唐古特的，党项的（西夏时期生活于中国西北地区的党项羌人，蒙古语称其为"唐古特"，有多种音译，如唐兀、唐古、唐括等）；-icus/ -icum/ -ica 属于，具有某种特性（常用于地名、起源、生境）

Clematis tangutica var. pubescens 毛萼甘青铁线莲：pubescens ← pubens 被短柔毛的，长出柔毛的；pubi- ← pubis 细柔毛的，短柔毛的，毛被的；pubesco/ pubescere 长成的，变为成熟的，长出柔毛的，青春期体毛的；-escens/ -ascens 改变，转变，变成，略微，带有，接近，相似，大致，稍微（表示变化的趋势，并未完全相似或相同，有别于表示达到完成状态的 -atus）

Clematis tashiroi 长萼铁线莲：tashiroi/ tachiroei（人名）；-i 表示人名，接在以元音字母结尾的人名后面，但 -a 除外

Clematis tatarinowii 细花铁线莲：tatarinowii（人名）；-ii 表示人名，接在以辅音字母结尾的人名后面，但 -er 除外

Clematis tenuifolia 西藏铁线莲：tenui- ← tenuis 薄的，纤细的，弱的，瘦的，窄的；folius/ folium/ folia 叶，叶片（用于复合词）

Clematis terniflora 圆锥铁线莲：ternat- ← ternatus 三数的，三出的；florus/ florum/ flora ← flos 花（用于复合词）

Clematis terniflora var. garanbiensis 鹅銮鼻铁线莲（銮 luán）：garanbiensis 鹅銮鼻的（地名，属台湾省，"garanbi"为"鹅銮鼻"的日语读音）

Clematis terniflora var. latisepala 宽萼圆锥铁线莲：lati-/ late- ← latus 宽的，宽广的；sepalus/ sepalum/ sepala 萼片（用于复合词）

Clematis terniflora var. mandshurica 辣蓼铁线莲（蓼 liǎo）：mandshurica 满洲的（地名，中国东北，地理区域）

C

Clematis tinghuensis 鼎湖铁线莲：tinghuensis 鼎湖山的（地名，广东省）

Clematis trichocarpa （毛果铁线莲）：trich-/ tricho-/ tricha- ← trichos ← thrix 毛，多毛的，线状的，丝状的；carpus/ carpum/ carpa/ carpon ← carpos 果实（用于希腊语复合词）

Clematis trullifera 杯柄铁线莲：trulli- ← trullis 杓子，镘（瓦工抹子）；-ferus/ -ferum/ -fera/ -fero/ -fere/ -fer 有，具有，产（区别：作独立词使用的 ferus 意思是"野生的"）

Clematis tsaii 福贡铁线莲：tsaii 蔡希陶（人名，1911–1981，中国植物学家）

Clematis tsugetorum 台中铁线莲：thsugetorum 铁杉林的，生于铁杉林的；Tsuga 铁杉属（杉科）；-etorum 群落的（表示群丛、群落的词尾）

Clematis uncinata 柱果铁线莲：uncinatus = uncus + inus + atus 具钩的；uncus 钩，倒钩刺；-inus/ -inum/ -ina/ -inos 相近，接近，相似，具有（通常指颜色）；-atus/ -atum/ -ata 属于，相似，具有，完成（形容词词尾）

Clematis uncinata var. coriacea 皱叶铁线莲：coriaceus = corius + aceus 近皮革的，近革质的；corius 皮革，革质的；-aceus/ -aceum/ -acea 相似的，有……性质的，属于……的

Clematis urophylla 尾叶铁线莲：urophyllus 尾状叶的；uro-/ -urus ← ura 尾巴，尾巴状的；phyllus/ phyllum/ phylla ← phyllon 叶片（用于希腊语复合词）

Clematis urophylla var. obtusiuscula 小齿铁线莲：obtusiusculus = obtusus + usculus 略钝的；obtusus 钝的，钝形的，略带圆形的；-usculus ← -culus 小的，略微的，稍微的（小词 -culus 和某些词构成复合词时变成 -usculus）

Clematis vaniotii 云贵铁线莲：vaniotii ← Eugene Vaniot（人名，20 世纪法国植物学家）

Clematis venusta 丽叶铁线莲：venustus ← Venus 女神维纳斯的，可爱的，美丽的，有魅力的

Clematis wissmanniana 厚萼铁线莲：wissmanniana ← Hermann Wilhelm Leopold Ludwig von Wissmann（人名，19 世纪德国探险家）

Clematis yunnanensis 云南铁线莲：yunnanensis 云南的（地名）

Clematis yunnanensis var. chingtungensis 景东铁线莲：chingtungensis 景东的（地名，云南省）

Clematis zygophylla 蒺藜小木通（蒺 jí）：zygophyllus 联合叶片的，叶片联结的；zigo-/ zig- ← zygus ← zigos 联合，结合，轭，成对；phyllus/ phyllum/ phylla ← phyllon 叶片（用于希腊语复合词）

Clematoclethra 藤山柳属（猕猴桃科）（49-2：p268）：clematoclethra 桤叶树状藤本的；Clematis 铁线莲属（毛茛科）；Clethra 桤叶树属（桤叶树科）

Clematoclethra actinidioides 猕猴桃藤山柳：Actinidia 猕猴桃属；-oides/ -oideus/ -oideum/ -oidea/ -odes/ -eidos 像……的，类似……的，呈……状的（名词词尾）

Clematoclethra actinidioides var. actinidioides 猕猴桃藤山柳-原变种 （词义见上面解释）

Clematoclethra actinidioides var. integrifolia 全缘藤山柳：integer/ integra/ integrum → integri- 完整的，整个的，全缘的；folius/ folium/ folia 叶，叶片（用于复合词）

Clematoclethra actinidioides var. populifolia 杨叶藤山柳：Populus 杨属（杨柳科）；folius/ folium/ folia 叶，叶片（用于复合词）

Clematoclethra argentifolia 银叶藤山柳：argenti- 银白色的；argentum 银；folius/ folium/ folia 叶，叶片（用于复合词）

Clematoclethra cordifolia 心叶藤山柳（原名"粗毛藤山柳"，本属有重名）：cordi- ← cordis/ cor 心脏的，心形的；folius/ folium/ folia 叶，叶片（用于复合词）

Clematoclethra disticha 二列藤山柳：distichus 二列的；di-/ dis- 二，二数，二分，分离，不同，在……之间，从……分开（希腊语，拉丁语为 bi-/ bis-）；stichus ← stichon 行列，队列，排列

Clematoclethra faberi 尖叶藤山柳：faberi ← Ernst Faber（人名，19 世纪活动于中国的德国植物采集员）；-eri 表示人名，在以 -er 结尾的人名后面加上 i 形成

Clematoclethra floribunda 多花藤山柳：floribundus = florus + bundus 多花的，繁花的，花正盛开的；florus/ florum/ flora ← flos 花（用于复合词）；-bundus/ -bunda/ -bundum 正在做，正在进行（类似于现在分词），充满，盛行

Clematoclethra franchetii 圆叶藤山柳：franchetii ← A. R. Franchet（人名，19 世纪法国植物学家）

Clematoclethra guangxiensis 广西藤山柳：guangxiensis 广西的（地名）

Clematoclethra guizhouensis 贵州藤山柳：guizhouensis 贵州的（地名）

Clematoclethra hemsleyi 繁花藤山柳：hemsleyi ← William Botting Hemsley（人名，19 世纪研究中美洲植物的植物学家）；-i 表示人名，接在以元音字母结尾的人名后面，但 -a 除外

Clematoclethra lanosa 绵毛藤山柳：lanosus = lana + osus 被长毛的，被绵毛的；lana 羊毛，绵毛；-osus/ -osum/ -osa 多的，充分的，丰富的，显著发育的，程度高的，特征明显的（形容词词尾）

Clematoclethra lasioclada 藤山柳：lasi-/ lasio- 羊毛状的，有毛的，粗糙的；cladus ← clados 枝条，分枝

Clematoclethra lasioclada var. grandis 大叶藤山柳：grandis 大的，大型的，宏大的

Clematoclethra lasioclada var. lasioclada 藤山柳-原变种 （词义见上面解释）

Clematoclethra loniceroides 银花藤山柳：Lonicera 忍冬属（忍冬科）；-oides/ -oideus/ -oideum/ -oidea/ -odes/ -eidos 像……的，类似……的，呈……状的（名词词尾）

Clematoclethra nanchuanensis 南川藤山柳：nanchuanensis 南川的（地名，重庆市）

Clematoclethra oliviformis 榄叶藤山柳：olivi- 橄榄；formis/ forma 形状

Clematoclethra pachyphylla 厚叶藤山柳：

C

pachyphyllus 厚叶子的；pachy- ← pachys 厚的，粗的，肥的；phyllus/ phyllum/ phylla ← phyllon 叶片（用于希腊语复合词）

Clematoclethra pingwuensis 平武藤山柳：pingwuensis 平武的（地名，四川省）

Clematoclethra racemosa （穗花藤山柳）：racemosus = racemus + osus 总状花序的；racemus/ raceme 总状花序，葡萄串状的；-osus/ -osum/ -osa 多的，充分的，丰富的，显著发育的，程度高的，特征明显的（形容词词尾）

Clematoclethra scandens 刚毛藤山柳：scandens 攀缘的，缠绕的，藤本的；scando/ scansum 上升，攀登，缠绕

Clematoclethra sichuanensis 四川藤山柳：sichuanensis 四川的（地名）

Clematoclethra strigillosa 粗毛藤山柳：strigillosus = striga + illus + osus 鬃毛的，刷毛的；striga 条纹的，网纹的（如种子具网纹），糙伏毛的；-osus/ -osum/ -osa 多的，充分的，丰富的，显著发育的，程度高的，特征明显的（形容词词尾）；-ellus/ -ellum/ -ella ← -ulus 小的，略微的，稍微的（小词 -ulus 在字母 e 或 i 之后有多种变缀，即 -olus/ -olum/ -ola、-ellus/ -ellum/ -ella、-illus/ -illum/ -illa，用于第一变格法名词）

Clematoclethra tiliacea （椴叶藤山柳）：Tilia 椴树属（椴树科）；-aceus/ -aceum/ -acea 相似的，有……性质的，属于……的

Clematoclethra variabilis 变异藤山柳：variabilis 多种多样的，易变化的，多型的；varius = varus + ius 各种各样的，不同的，多型的，易变的；varus 不同的，变化的，外弯的，凸起的；-ius/ -ium/ -ia 具有……特性的（表示有关、关联、相似）；-ans/ -ens/ -bilis/ -ilis 能够，可能（为形容词词尾，-ans/ -ens 用于主动语态，-bilis/ -ilis 用于被动语态）

Clematoclethra variabilis var. multinervis 多脉藤山柳：multi- ← multus 多个，多数，很多（希腊语为 poly-）；nervis ← nervus 脉，叶脉

Clematoclethra variabilis var. variabilis 变异藤山柳-原变种 （词义见上面解释）

Cleome 白花菜属（山柑科）（32：p531）：cleome 像辣椒的（一种芥末植物的古拉丁名，指其味辛辣）

Cleome gynandra 白花菜：gynandrus 两性花的，雌雄合生的；gyn-/ gyno-/ gyne- ← gynus 雌性的，雌蕊的，雌花的，心皮的；andrus/ andros/ antherus ← aner 雄蕊，花药，雄性

Cleome rutidosperma 皱子白花菜：rutidospermus 皱种子的；rutido- 皱纹，褶皱；spermus/ spermum/ sperma 种子的（用于希腊语复合词）

Cleome speciosa 美丽白花菜：speciosus 美丽的，华丽的；species 外形，外观，美观，物种（缩写 sp.，复数 spp.）；-osus/ -osum/ -osa 多的，充分的，丰富的，显著发育的，程度高的，特征明显的（形容词词尾）

Cleome spinosa 醉蝶花：spinosus = spinus + osus 具刺的，多刺的，长满刺的；spinus 刺，针刺；-osus/ -osum/ -osa 多的，充分的，丰富的，显著发育的，程度高的，特征明显的（形容词词尾）

Cleome viscosa 黄花草：viscosus = viscus + osus 黏的；viscus 胶，胶黏物（比喻有黏性物质）；-osus/ -osum/ -osa 多的，充分的，丰富的，显著发育的，程度高的，特征明显的（形容词词尾）

Cleome viscosa var. deglabrata 无毛黄花草：deglabrata 脱毛的；de- 向下，向外，从……，脱离，脱落，离开，去掉；glabrus 光秃的，无毛的，光滑的

Cleome viscosa var. viscosa 黄花草-原变种 （词义见上面解释）

Cleome yunnanensis 滇白花菜：yunnanensis 云南的（地名）

Clerodendranthus 肾茶属（唇形科）（66：p574）：clerodendranthus 幸运树的花，大青的花；Clerodendrum 大青属（唇形科）；clerodendrum ← arbor fortunata 幸运树（斯里兰卡土名）；cleros 命运，运气；dendron 树木；anthus/ anthum/ antha/ anthe ← anthos 花（用于希腊语复合词）

Clerodendranthus spicatus 肾茶：spicatus 具穗的，具穗状花的，具尖头的；spicus 穗，谷穗，花穗；-atus/ -atum/ -ata 属于，相似，具有，完成（形容词词尾）

Clerodendrum 大青属（马鞭草科）（65-1：p150）：clerodendrum ← arbor fortunata 幸运树（斯里兰卡土名）；cleros 命运，运气；dendron 树木

Clerodendrum brachystemon 短蕊大青：brachy- ← brachys 短的（用于拉丁语复合词词首）；stemon 雄蕊

Clerodendrum bracteatum 苞花大青：bracteatus = bracteus + atus 具苞片的；bracteus 苞，苞片，苞鳞；-atus/ -atum/ -ata 属于，相似，具有，完成（形容词词尾）

Clerodendrum bungei 臭牡丹：bungei ← Alexander von Bunge（人名，19 世纪俄国植物学家）；-i 表示人名，接在以元音字母结尾的人名后面，但 -a 除外

Clerodendrum bungei var. bungei 臭牡丹-原变种 （词义见上面解释）

Clerodendrum bungei var. megacalyx 大萼臭牡丹：mega-/ megal-/ megalo- ← megas 大的，巨大的；calyx → calyc- 萼片（用于希腊语复合词）

Clerodendrum canescens 灰毛大青：canescens 变灰色的，淡灰色的；canens 使呈灰色的；canus 灰色的，灰白色的；-escens/ -ascens 改变，转变，变成，略微，带有，接近，相似，大致，稍微（表示变化的趋势，并未完全相似或相同，有别于表示达到完成状态的 -atus）

Clerodendrum chinense 重瓣臭茉莉（另见 C. philippinum）：chinense 中国的（地名）

Clerodendrum colebrookianum 腺茉莉：colebrookianum （人名）

Clerodendrum confine 川黔大青：confine 边界，范围，邻近

Clerodendrum cyrtophyllum 大青：cyrtophyllus = cyrtos + phyllus 弯叶的；cyrt-/ cyrto- ← cyrtus ← cyrtos 弯曲的；phyllus/ phyllum/ phylla ← phyllon 叶片（用于希腊语复合词）

Clerodendrum cyrtophyllum var. cyrtophyllum 大青-原变种 （词义见上面解释）

Clerodendrum cyrtophyllum var. kwangsiense 广西大青：kwangsiense 广西的（地名）

Clerodendrum ervatamioides 狗牙大青：Ervatamia 狗牙花属（夹竹桃科）；-oides/ -oideus/ -oideum/ -oidea/ -odes/ -eidos 像……的，类似……的，呈……状的（名词词尾）

Clerodendrum fortunatum 白花灯笼（笼 lóng）：fortunatus 幸运的，吉祥的，兴旺的

Clerodendrum garrettianum 泰国垂茉莉：garrettianum ← H. B. Garrett（人名，英国植物学家）

Clerodendrum griffithianum 西垂茉莉：griffithianum ← William Griffith（人名，19 世纪印度植物学家，加尔各答植物园主任）

Clerodendrum hainanense 海南赪桐（赪 chēng）：hainanense 海南的（地名）

Clerodendrum henryi 南垂茉莉：henryi ← Augustine Henry 或 B. C. Henry（人名，前者，1857–1930，爱尔兰医生、植物学家，曾在中国采集植物，后者，1850–1901，曾活动于中国的传教士）

Clerodendrum indicum 长管大青：indicum 印度的（地名）；-icus/ -icum/ -ica 属于，具有某种特性（常用于地名、起源、生境）

Clerodendrum inerme 苦郎树：inermus/ inermis = in + arma 无针刺的，不尖锐的，无齿的，无武装的；in-/ im-（来自 il- 的音变）内，在内，内部，向内，相反，不，无，非；il- 在内，向内，为，相反（希腊语为 en-）；词首 il- 的音变：il-（在 l 前面），im-（在 b、m、p 前面），in-（在元音字母和大多数辅音字母前面），ir-（在 r 前面），如 illaudatus（不值得称赞的，评价不好的），impermeabilis（不透水的，穿不透的），ineptus（不合适的），insertus（插入的），irretortus（无弯曲的，无扭曲的）；arma 武器，装备，工具，防护，挡板，军队

Clerodendrum japonicum 赪桐：japonicum 日本的（地名）；-icus/ -icum/ -ica 属于，具有某种特性（常用于地名、起源、生境）

Clerodendrum kaichianum 浙江大青：kaichianum（人名）

Clerodendrum kiangsiense 江西大青：kiangsiense 江西的（地名）

Clerodendrum kwangtungense 广东大青：kwangtungense 广东的（地名）

Clerodendrum lindleyi 尖齿臭茉莉：lindleyi ← John Lindley（人名，18 世纪英国植物学家）；-i 表示人名，接在以元音字母结尾的人名后面，但 -a 除外

Clerodendrum longilimbum 长叶大青：longe-/ longi- ← longus 长的，纵向的；limbus 冠檐，萼檐，瓣片，叶片

Clerodendrum luteopunctatum 黄腺大青：luteus 黄色的；punctatus = punctus + atus 具斑点的；punctus 斑点

Clerodendrum mandarinorum 海通：mandarinorum 橘红色的（mandarinus 的复数所有格）；mandarinus 橘红色的；-orum 属于……的（第二变格法名词复数所有格词尾，表示群落或多数）

Clerodendrum paniculatum 圆锥大青：

paniculatus = paniculus + atus 具圆锥花序的；paniculus 圆锥花序；panus 谷穗；panicus 野稗，粟，谷子；-atus/ -atum/ -ata 属于，相似，具有，完成（形容词词尾）

Clerodendrum peii 长梗大青：peii 裴氏（人名）

Clerodendrum philippinum 重瓣臭茉莉（重 chóng）（另见 C. chinense）：philippinum 菲律宾的（地名）

Clerodendrum philippinum var. philippinum 重瓣臭茉莉-原变种 （词义见上面解释）

Clerodendrum philippinum var. simplex 臭茉莉：simplex 单一的，简单的，无分歧的（词干为 simplic-）

Clerodendrum serratum 三对节：serratus = serrus + atus 有锯齿的；serrus 齿，锯齿

Clerodendrum serratum var. amplexifolium 三台花：amplexi- 跨骑状的，紧握的，抱紧的；folius/ folium/ folia 叶，叶片（用于复合词）

Clerodendrum serratum var. herbaceum 草本三对节：herbaceus = herba + aceus 草本的，草质的，草绿色的；herba 草，草本植物；-aceus/ -aceum/ -acea 相似的，有……性质的，属于……的

Clerodendrum serratum var. serratum 三对节-原变种 （词义见上面解释）

Clerodendrum serratum var. wallichii 大序三对节：wallichii ← Nathaniel Wallich（人名，19 世纪初丹麦植物学家、医生）

Clerodendrum subscaposum 抽葶大青：subscaposus 稍具葶的；sub-（表示程度较弱）与……类似，几乎，稍微，弱，亚，之下，下面；scaposus 具柄的，具粗柄的；scapus（scap-/ scapi-）← skapos 主茎，树干，花柄，花轴；-osus/ -osum/ -osa 多的，充分的，丰富的，显著发育的，程度高的，特征明显的（形容词词尾）

Clerodendrum thomsonae 龙吐珠（吐 tǔ）：thomsonae ← Thomas Thomson（人名，19 世纪英国植物学家）；-ae 表示人名，以 -a 结尾的人名后面加上 -e 形成

Clerodendrum tibetanum 西藏大青：tibetanum 西藏的（地名）

Clerodendrum trichotomum 海州常山：tri-/ tripli-/ triplo- 三个，三数；cho-/ chao- 分开，割裂，离开；tomus ← tomos 小片，片段，卷册（书）

Clerodendrum villosum 绢毛大青（绢 juàn）：villosus 柔毛的，绵毛的；villus 毛，羊毛，长绒毛；-osus/ -osum/ -osa 多的，充分的，丰富的，显著发育的，程度高的，特征明显的（形容词词尾）

Clerodendrum wallichii 垂茉莉：wallichii ← Nathaniel Wallich（人名，19 世纪初丹麦植物学家、医生）

Clerodendrum yunnanense 滇常山：yunnanense 云南的（地名）

Clerodendrum yunnanense var. linearilobum 线齿滇常山：linearis = lineus + aris 线条的，线形的，线状的，亚麻状的；lobus/ lobos/ lobon 浅裂，耳片（裂片先端钝圆），荚果，蒴果；-aris（阳性、阴性）/ -are（中性）← -alis（阳性、阴性）/ -ale（中性）属于，相似，如同，具有，涉及，关于，联

C

结于（将名词作形容词用，其中 -aris 常用于以 l 或 r 为词干末尾的词）

Clerodendrum yunnanense var. yunnanense 滇常山-原变种 （词义见上面解释）

Clethra 桤叶树属（桤 qī）（桤叶树科）（56：p121）：clethra 像赤杨的（指叶形，古希腊语名）

Clethra barbinervis 髭脉桤叶树（髭 zī）：barbi- ← barba 胡须，髯毛，绒毛；nervis ← nervus 脉，叶脉

Clethra bodinieri 单毛桤叶树：bodinieri ← Emile Marie Bodinieri（人名，19 世纪活动于中国的法国传教士）；-eri 表示人名，在以 -er 结尾的人名后面加上 i 形成

Clethra bodinieri var. bodinieri 单毛桤叶树-原变种 （词义见上面解释）

Clethra bodinieri var. coriacea 革叶桤叶树：coriaceus = corius + aceus 近皮革的，近革质的；corius 皮革的，革质的；-aceus/ -aceum/ -acea 相似的，有……性质的，属于……的

Clethra bodinieri var. parviflora 小花桤叶树：parviflorus 小花的；parvus 小的，些微的，弱的；florus/ florum/ flora ← flos 花（用于复合词）

Clethra brachypoda 短柄桤叶树：brachy- ← brachys 短的（用于拉丁语复合词词首）；podus/ pus 柄，梗，茎秆，足，腿

Clethra brachystachya 短穗桤叶树：brachy- ← brachys 短的（用于拉丁语复合词词首）；stachy-/ stachyo-/ -stachys/ -stachyus/ -stachyum/ -stachya 穗子，穗子的，穗子状的，穗状花序的

Clethra cavaleriei 贵定桤叶树：cavaleriei ← Pierre Julien Cavalerie（人名，20 世纪法国传教士）；-i 表示人名，接在以元音字母结尾的人名后面，但 -a 除外

Clethra cavaleriei var. cavaleriei 贵定桤叶树-原变种 （词义见上面解释）

Clethra cavaleriei var. leptophylla 薄叶桤叶树：leptus ← leptos 细的，薄的，瘦小的，狭长的；phyllus/ phyllum/ phylla ← phyllon 叶片（用于希腊语复合词）

Clethra cavaleriei var. subintegrifolia 全缘桤叶树：subintegrifolia 近全缘叶的；sub-（表示程度较弱）与……类似，几乎，稍微，弱，亚，之下，下面；integer/ integra/ integrum → integri- 完整的，整个的，全缘的；folius/ folium/ folia 叶，叶片（用于复合词）

Clethra delavayi 云南桤叶树：delavayi ← P. J. M. Delavay（人名，1834–1895，法国传教士，曾在中国采集植物标本）；-i 表示人名，接在以元音字母结尾的人名后面，但 -a 除外

Clethra delavayi var. delavayi 云南桤叶树-原变种 （词义见上面解释）

Clethra delavayi var. lanata 毛叶云南桤叶树：lanatus = lana + atus 具羊毛的，具长柔毛的；lana 羊毛，绵毛

Clethra delavayi var. yuiana 大花云南桤叶树：yuiana 俞德浚（人名，中国植物学家，1908–1986）

Clethra faberi 华南桤叶树：faberi ← Ernst Faber（人名，19 世纪活动于中国的德国植物采集员）；-eri 表示人名，在以 -er 结尾的人名后面加上 i 形成

Clethra faberi var. brevipes 短梗华南桤叶树：brevi- ← brevis 短的（用于希腊语复合词词首）；pes/ pedis 柄，梗，茎秆，腿，足，爪（作词首或词尾，pes 的词干视为 "ped-"）

Clethra faberi var. faberi 华南桤叶树-原变种 （词义见上面解释）

Clethra faberi var. laxiflora 疏花桤叶树：laxus 稀疏的，松散的，宽松的；florus/ florum/ flora ← flos 花（用于复合词）

Clethra fargesii 城口桤叶树：fargesii ← Pere Paul Guillaume Farges（人名，19 世纪中叶至 20 世纪活动于中国的法国传教士，植物采集员）

Clethra glandulosa 腺叶桤叶树：glandulosus = glandus + ulus + osus 被细腺的，具腺体的，腺体质的；glandus ← glans 腺体；-ulus/ -ulum/ -ula 小的，略微的，稍微的（小词 -ulus 在字母 e 或 i 之后有多种变缀，即 -olus/ -olum/ -ola、-ellus/ -ellum/ -ella、-illus/ -illum/ -illa，与第一变格法和第二变格法名词形成复合词）；-osus/ -osum/ -osa 多的，充分的，丰富的，显著发育的，程度高的，特征明显的（形容词词尾）

Clethra kaipoensis 贵州桤叶树：kaipoensis（地名）

Clethra kaipoensis var. kaipoensis 贵州桤叶树-原变种 （词义见上面解释）

Clethra kaipoensis var. paucinervis 稀脉桤叶树：pauci- ← paucus 少数的，少的（希腊语为 oligo-）；nervis ← nervus 脉，叶脉

Clethra kaipoensis var. polyneura 多肋桤叶树：polyneurus 多脉的；poly- ← polys 多个，许多（希腊语，拉丁语为 multi-）；neurus ← neuron 脉，神经

Clethra magnifica 壮丽桤叶树：magnificus 壮大的，大规模的；magnus 大的，巨大的；-ficus 非常，极其（作独立词使用的 ficus 意思是 "榕树，无花果"）

Clethra magnifica var. magnifica 壮丽桤叶树-原变种 （词义见上面解释）

Clethra magnifica var. trichocarpa 毛果桤叶树：trich-/ tricho-/ tricha- ← trichos ← thrix 毛，多毛的，线状的，丝状的；carpus/ carpum/ carpa/ carpon ← carpos 果实（用于希腊语复合词）

Clethra monostachya 单穗桤叶树：mono-/ mon- ← monos 一个，单一的（希腊语，拉丁语为 unus/ uni-/ uno-）；stachy-/ stachyo-/ -stachys/ -stachyus/ -stachyum/ -stachya 穗子，穗子的，穗子状的，穗状花序的

Clethra monostachya var. cuprescens 铜色桤叶树：cuprea 铜，铜色的；-escens/ -ascens 改变，转变，变成，略微，带有，接近，相似，大致，稍微（表示变化的趋势，并未完全相似或相同，有别于表示达到完成状态的 -atus）

Clethra monostachya var. lancilimba 披针桤叶树：lance-/ lancei-/ lanci-/ lanceo-/ lanc- ← lanceus 披针形的，矛形的，尖刀状的，柳叶刀状的；limbus 冠檐，萼檐，瓣片，叶片

Clethra monostachya var. minutistellata 细星毛桤叶树：minutus 极小的，细微的，微小的；stellatus/ stellaris 具星状的；stella 星状的；-atus/ -atum/ -ata 属于，相似，具有，完成（形容词词尾）；-aris（阳性、阴性）/ -are（中性）← -alis

C

（阳性、阴性）/ -ale（中性）属于，相似，如同，具有，涉及，关于，联结于（将名词作形容词用，其中 -aris 常用于以 l 或 r 为词干末尾的词）

Clethra monostachya var. monostachya 单穗桤叶树-原变种 （词义见上面解释）

Clethra monostachya var. trichopetala 毛瓣桤叶树：trich-/ tricho-/ tricha- ← trichos ← thrix 毛，多毛的，线状的，丝状的；petalus/ petalum/ petala ← petalon 花瓣

Clethra nanchuanensis 南川桤叶树：nanchuanensis 南川的（地名，重庆市）

Clethra nanchuanensis var. albescens 白毛桤叶树：albescens 淡白的，略白的，发白的，褪色的；albus → albi-/ albo- 白色的；-escens/ -ascens 改变，转变，变成，略微，带有，接近，相似，大致，稍微（表示变化的趋势，并未完全相似或相同，有别于表示达到完成状态的 -atus）

Clethra nanchuanensis var. nanchuanensis 南川桤叶树-原变种 （词义见上面解释）

Clethra petelotii 白背桤叶树：petelotii（人名）；-ii 表示人名，接在以辅音字母结尾的人名后面，但 -er 除外

Clethra purpurea 紫花桤叶树：purpureus = purpura + eus 紫色的；purpura 紫色（purpura 原为一种介壳虫名，其体液为紫色，可作颜料）；-eus/ -eum/ -ea（接拉丁语词干时）属于……的，色如……的，质如……的（表示原料、颜色或品质的相似），（接希腊语词干时）属于……的，以……出名，为……所占有（表示具有某种特性）

Clethra purpurea var. microcarpa 小果桤叶树：micr-/ micro- ← micros 小的，微小的，微观的（用于希腊语复合词）；carpus/ carpum/ carpa/ carpon ← carpos 果实（用于希腊语复合词）

Clethra purpurea var. purpurea 紫花桤叶树-原变种 （词义见上面解释）

Clethra sleumeriana 湖南桤叶树：sleumeriana ← H. O. Sleumer（人名，1906–?）

Clethra wuyishanica 武夷桤叶树：wuyishanica 武夷山的（地名，福建省）；-icus/ -icum/ -ica 属于，具有某种特性（常用于地名、起源、生境）

Clethra wuyishanica var. erosa 蚀瓣桤叶树：erosus 啮蚀状的，牙齿不整齐的

Clethra wuyishanica var. wuyishanica 武夷桤叶树-原变种 （词义见上面解释）

Clethraceae 桤叶树科（56：p120）：Clethra 桤叶树属；-aceae（分类单位科的词尾，为 -aceus 的阴性复数主格形式，加到模式属的名称后或同义词的词干后以组成族群名称）

Cleyera 红淡比属（山茶科）（50-1：p54）：cleyera ← Andreas Cleyer（人名，17 世纪荷兰医生、草药专家）（以 -er 结尾的人名用作属名时在末尾加 a，如 Lonicera = Lonicer + a）

Cleyera incornuta 凹脉红淡比：incornutus 无犄角的；in-/ im-（来自 il- 的音变）内，在内，内部，向内，相反，不，无，非；il- 在内，向内，为，相反（希腊语为 en-）；词首 il- 的音变：il-（在 l 前面），im-（在 b、m、p 前面），in-（在元音字母和大多数辅音字母前面），ir-（在 r 前面），如 illaudatus（不

值得称赞的，评价不好的），impermeabilis（不透水的，穿不透的），ineptus（不合适的），insertus（插入的），irretortus（无弯曲的，无扭曲的）；cornatus 犄角的

Cleyera japonica 红淡比：japonica 日本的（地名）；-icus/ -icum/ -ica 属于，具有某种特性（常用于地名、起源、生境）

Cleyera japonica var. hayatai 早田氏红淡比：hayatai ← Bunzo Hayata 早田文蔵（人名，1874–1934，日本植物学家，专门研究日本和中国台湾植物）；-i 表示人名，接在以元音字母结尾的人名后面，但 -a 除外，故该词改为"hayataiana"或"hayatae"似更妥

Cleyera japonica var. japonica 红淡比-原变种 （词义见上面解释）

Cleyera japonica var. lipingensis 齿叶红淡比：lipingensis 黎平的（地名，贵州省）

Cleyera japonica var. morii 森氏红淡比：morii 森（日本人名）

Cleyera japonica var. taipehensis 台北红淡比：taipehensis 台北的（地名，属台湾省）

Cleyera japonica var. taipinensis 太平山红淡比：taipinensis 太平山的（地名，位于台湾省宜兰县）

Cleyera japonica var. wallichiana 大花红淡比：wallichiana ← Nathaniel Wallich（人名，19 世纪初丹麦植物学家、医生）

Cleyera longicarpa 长果红淡比：longe-/ longi- ← longus 长的，纵向的；carpus/ carpum/ carpa/ carpon ← carpos 果实（用于希腊语复合词）

Cleyera obovata 倒卵叶红淡比：obovatus = ob + ovus + atus 倒卵形的；ob- 相反，反对，倒（ob- 有多种音变：ob- 在元音字母和大多数辅音字母前面，oc- 在 c 前面，of- 在 f 前面，op- 在 p 前面）；ovus 卵，胚珠，卵形的，椭圆形的

Cleyera obscurinervis 隐脉红淡比：obscurus 暗色的，不明确的，不明显的，模糊的；nervis ← nervus 脉，叶脉

Cleyera pachyphylla 厚叶红淡比：pachyphyllus 厚叶子的；pachy- ← pachys 厚的，粗的，肥的；phyllus/ phyllum/ phylla ← phyllon 叶片（用于希腊语复合词）

Cleyera parvifolia 小叶红淡比：parvifolius 小叶的；parvus 小的，些微的，弱的；folius/ folium/ folia 叶，叶片（用于复合词）

Cleyera yangchunensis 阳春红淡比：yangchunensis 阳春的（地名，广东省）

Clidemia 毛野牡丹属（野牡丹科）（增补）：clidemia ← Klidemi（人名，希腊植物学家）

Clidemia hirta 毛野牡丹：hirtus 有毛的，粗毛的，刚毛的（长而明显的毛）

Clinacanthus 鳄嘴花属（扭序花属）（爵床科）（70：p252）：clinacanthus 扭曲花序的；clinac- ← clino- 斜倚，倾斜；anthus/ anthum/ antha/ anthe ← anthos 花（用于希腊语复合词）

Clinacanthus nutans 鳄嘴花：nutans 弯曲的，下垂的（弯曲程度远大于 90°）；关联词：cernuus 点头的，前屈的，略俯垂的（弯曲程度略大于 90°）

C

Clinacanthus nutans var. nutans 鳄嘴花-原变种（词义见上面解释）

Clinacanthus nutans var. robinsoni 大花鳄嘴花：robinsoni ← William Robinson（人名，20 世纪英国园艺学家）（注：词尾改为"-ii"似更妥）；-ii 表示人名，接在以辅音字母结尾的人名后面，但 -er 除外；-i 表示人名，接在以元音字母结尾的人名后面，但 -a 除外

Clinopodium 风轮菜属（唇形科）（66：p222）：clinopodium 基部倾斜的（指花萼基部一侧膨胀）；clino 斜倚，倾斜；podius ← podion 腿，足，柄

Clinopodium chinense 风轮菜：chinense 中国的（地名）

Clinopodium confine 邻近风轮菜：confine 边界，范围，邻近

Clinopodium confine var. confine 邻近风轮菜-原变种（词义见上面解释）

Clinopodium confine var. globosum 邻近风轮菜-球花变种：globosus = globus + osus 球形的；globus → glob-/ globi- 球体，圆球，地球；-osus/ -osum/ -osa 多的，充分的，丰富的，显著发育的，程度高的，特征明显的（形容词词尾）；关联词：globularis/ globulifer/ globulosus（小球状的、具小球的），globuliformis（纽扣状的）

Clinopodium discolor 异色风轮菜：discolor 异色的，不同色的（指花瓣花萼等）；di-/ dis- 二，二数，二分，分离，不同，在……之间，从……分开（希腊语，拉丁语为 bi-/ bis-）；color 颜色

Clinopodium gracile 细风轮菜：gracile → gracil- 细长的，纤弱的，丝状的；gracilis 细长的，纤弱的，丝状的

Clinopodium laxiflorum 疏花风轮菜：laxus 稀疏的，松散的，宽松的；florus/ florum/ flora ← flos 花（用于复合词）

Clinopodium longipes 长梗风轮菜：longe-/ longi- ← longus 长的，纵向的；pes/ pedis 柄，梗，茎秆，腿，足，爪（作词首或词尾，pes 的词干视为"ped-"）

Clinopodium megalanthum 寸金草：mega-/ megal-/ megalo- ← megas 大的，巨大的；anthus/ anthum/ antha/ anthe ← anthos 花（用于希腊语复合词）

Clinopodium megalanthum var. intermedium 寸金草居间变种：intermedius 中间的，中位的，中等的；inter- 中间的，在中间，之间；medius 中间的，中央的

Clinopodium megalanthum var. lancifolium 寸金草披针叶变种：lance-/ lancei-/ lanci-/ lanceo-/ lanc- ← lanceus 披针形的，矛形的，尖刀状的，柳叶刀状的；folius/ folium/ folia 叶，叶片（用于复合词）

Clinopodium megalanthum var. lancifolium f. lancifolium 寸金草-披针叶变种原变型（词义见上面解释）

Clinopodium megalanthum var. lancifolium f. subglabrum 寸金草-披针叶变种近无毛变型：subglabrus 近无毛的；sub-（表示程度较弱）与……类似，几乎，稍微，弱，亚，之下，下面；

glabrus 光秃的，无毛的，光滑的

Clinopodium megalanthum var. megalanthum 寸金草-原变种 （词义见上面解释）

Clinopodium megalanthum var. robustum 寸金草粗壮变种：robustus 大型的，结实的，健壮的，强壮的

Clinopodium megalanthum var. speciosum 寸金草美丽变种：speciosus 美丽的，华丽的；species 外形，外观，美观，物种（缩写 sp.，复数 spp.）；-osus/ -osum/ -osa 多的，充分的，丰富的，显著发育的，程度高的，特征明显的（形容词词尾）

Clinopodium omeiense 峨眉风轮菜：omeiense 峨眉山的（地名，四川省）

Clinopodium polycephalum 灯笼草（笼 lóng）：poly- ← polys 多个，许多（希腊语，拉丁语为 multi-）；cephalus/ cephale ← cephalos 头，头状花序

Clinopodium repens 匍匐风轮菜：repens/ repentis/ repsi/ reptum/ repere/ repo 匍匐，爬行（同义词：reptans/ reptoare）

Clinopodium urticifolium 麻叶风轮菜（原名"风车草"，莎草科有重名）：Urtica 荨麻属（荨麻科）；folius/ folium/ folia 叶，叶片（用于复合词）

Clintonia 七筋姑属（百合科）（15：p24）：clintonia ← De Witt Clinton（人名，19 世纪美国博物学家，曾多次任纽约市长）

Clintonia udensis 七筋姑：udensis ← Uda 乌达河的，乌德河的（地名，俄罗斯）

Clitoria 蝶豆属（豆科）（41：p261）：clitoria ← kleitoris 阴蒂

Clitoria hanceana 广东蝶豆：hanceana ← Henry Fletcher Hance（人名，19 世纪英国驻香港领事，曾在中国采集植物）

Clitoria laurifolia 棱荚蝶豆：lauri- ← Laurus 月桂属（樟科）；folius/ folium/ folia 叶，叶片（用于复合词）

Clitoria mariana 三叶蝶豆：mariana（人名）

Clitoria ternatea 蝶豆：ternatus 三数的，三出的

Clivia 君子兰属（石蒜科）（16-1：p3）：clivia ← Clive（人名，英国旅行家）

Clivia miniata 君子兰：miniatus 红色的，发红的；minium 朱砂，朱红

Clivia nobilis 垂笑君子兰：nobilis 高贵的，有名的，高雅的

Clystoma 连理藤属（紫薇科）（69：p60）：clytostoma 美丽开口的（比喻该属植物花冠色彩鲜艳且呈喇叭筒状）；clytos 著名的；stomus 口，开口，气孔

Clytostoma callistegioides 连理藤：callistegioides 盖子略美的；callist-/ callisto- ← callistos 最美的；call-/ calli-/ callo-/ cala-/ calo- ← calos/ callos 美丽的；stegius ← stege/ stegon 盖子，加盖，覆盖，包裹，遮盖物；-oides/ -oideus/ -oideum/ -oidea/ -odes/ -eidos 像……的，类似……的，呈……状的（名词词尾）

Cnesmone 粗毛藤属（大戟科）（44-2：p113）：cnestis ← knestis 锉具（指蜇毛）；mone ← monas 孤独的，独立的，单一的

Cnesmone hainanensis 海南粗毛藤：hainanensis 海南的（地名）

Cnesmone mairei 粗毛藤：mairei（人名）；Edouard Ernest Maire（人名，19 世纪活动于中国云南的传教士）；Rene C. J. E. Maire 人名（20 世纪阿尔及利亚植物学家，研究北非植物）；-i 表示人名，接在以元音字母结尾的人名后面，但 -a 除外

Cnesmone tonkinensis 灰岩粗毛藤：tonkin 东京（地名，越南河内的旧称）

Cnestis 螯毛果属（螯 shì）（牛栓藤科）（38：p137）：cnestis ← knestis 锉具（指蜇毛）

Cnestis palala 螯毛果：palala（词源不详）

Cnicus 藏掖花属（藏 cáng，掖 yē）（菊科）（78-1：p190）：cnicus ← knekos 蓟（希腊语）

Cnicus benedictus 藏掖花：benedictus 神圣的，福气的，有疗效的

Cnidium 蛇床属（伞形科）（55-2：p219）：cnidium ← cnide 荨麻（希腊语名）

Cnidium dahuricum 兴安蛇床：dahuricum（daurica/ davurica）达乌里的（地名，外贝加尔湖，属西伯利亚的一个地区，即贝加尔湖以东及以南至中国和蒙古边界）

Cnidium japonicum 滨蛇床：japonicum 日本的（地名）；-icus/ -icum/ -ica 属于，具有某种特性（常用于地名、起源、生境）

Cnidium monnieri 蛇床：monnieri ← Monnier（人名，法国医生、博物学家）；-eri 表示人名，在以 -er 结尾的人名后面加上 i 形成

Cnidium monnieri var. formosana （台湾蛇床）：formosanus = formosus + anus 美丽的，台湾的；formosus ← formosa 美丽的，台湾的（葡萄牙殖民者发现台湾时对其的称呼，即美丽的岛屿）；-anus/ -anum/ -ana 属于，来自（形容词词尾）

Cnidium salinum 碱蛇床：salinus 有盐分的，生于盐地的；sal/ salis 盐，盐水，海，海水

Cobaea 电灯花属（花荵科）（64-1：p154）：cobaea ← B. Cobae（人名，1572–1659，西班牙植物学家、传教士）（除 a 以外，以元音字母结尾的人名作属名时在末尾加 a）（以元音字母 a 结尾的人名用作属名时在末尾加 ea）

Cobaea scandens 电灯花：scandens 攀缘的，缠绕的，藤本的；scando/ scansum 上升，攀登，缠绕

Coccinia 红瓜属（葫芦科）（73-1：p262）：coccinius = coccus + ius 绯红色的，浆果的；coccus/ coccineus 浆果，绯红色（一种形似浆果的介壳虫的颜色）；同形异义词：coccus/ cocco/ cocci/ coccis 心室，心皮；-ius/ -ium/ -ia 具有……特性的（表示有关、关联、相似）

Coccinia grandis 红瓜：grandis 大的，大型的，宏大的

Cocculus 木防己属（防己科）（30-1：p31）：cocculus = coccus + ulus 小浆果的，略红的；coccus/ coccineus 浆果，绯红色（一种形似浆果的介壳虫的颜色）；同形异义词：coccus/ cocco/ cocci/ coccis 心室，心皮

Cocculus hirsutus （多毛木防己）：hirsutus 粗毛的，糙毛的，有毛的（长而硬的毛）

Cocculus laurifolius 樟叶木防己：lauri- ← Laurus 月桂属（樟科）；folius/ folium/ folia 叶，叶片（用于复合词）

Cocculus orbiculatus 木防己：orbiculatus/ orbicularis = orbis + culus + atus 圆形的；orbis 圆，圆形，圆圈，环；-culus/ -culum/ -cula 小的，略微的，稍微的（同第三变格法和第四变格法名词形成复合词）；-atus/ -atum/ -ata 属于，相似，具有，完成（形容词词尾）

Cocculus orbiculatus var. mollis 毛木防己：molle/ mollis 软的，柔毛的

Cocculus orbiculatus var. orbiculatus 木防己-原变种 （词义见上面解释）

Cochlearia 岩荠属（荠 jì）（十字花科）（33：p96）：cochlearia 蜗牛的，匙形的，螺旋的

Cochlearia acutangula 锐棱岩荠：acutangularis/ acutangulatus/ acutangulus 锐角的；acutus 尖锐的，锐角的；angulus 角，棱角，角度，角落

Cochlearia alatipes 翅柄岩荠：alatipes 茎具翼的，翼柄的；alatus → ala-/ alat-/ alati-/ alato- 翅，具翅的，具翼的；pes/ pedis 柄，梗，茎秆，腿，足，爪（作词首或词尾，pes 的词干视为 "ped-"）

Cochlearia formosana 台湾岩荠：formosanus = formosus + anus 美丽的，台湾的；formosus ← formosa 美丽的，台湾的（葡萄牙殖民者发现台湾时对其的称呼，即美丽的岛屿）；-anus/ -anum/ -ana 属于，来自（形容词词尾）

Cochlearia fumarioides 紫堇叶岩荠：Fumaria 烟堇属（罂粟科）；fumaria = fumus + aria 烟雾的；fumus 烟，烟雾；-arius/ -arium/ -aria 相似，属于（表示地点，场所，关系，所属）；-oides/ -oideus/ -oideum/ -oidea/ -odes/ -eidos 像……的，类似……的，呈……状的（名词词尾）

Cochlearia furcatopilosa 叉毛岩荠（叉 chā）：furcatus/ furcans = furcus + atus 叉子状的，分叉的；furcus 叉子，叉子状的，分叉的；pilosus = pilus + osus 多毛的，被柔毛的，具疏柔毛的，被短弱细毛的；pilus 毛，疏柔毛；-osus/ -osum/ -osa 多的，充分的，丰富的，显著发育的，程度高的，特征明显的（形容词词尾）；-atus/ -atum/ -ata 属于，相似，具有，完成（形容词词尾）

Cochlearia henryi 柔毛岩荠：henryi ← Augustine Henry 或 B. C. Henry（人名，前者，1857–1930，爱尔兰医生、植物学家，曾在中国采集植物，后者，1850–1901，曾活动于中国的传教士）

Cochlearia hui 武功山岩荠：hui 胡氏（人名）

Cochlearia microcarpa 小果岩荠：micr-/ micro- ← micros 小的，微小的，微观的（用于希腊语复合词）；carpus/ carpum/ carpa/ carpon ← carpos 果实（用于希腊语复合词）

Cochlearia officinalis 岩荠：officinalis/ officinale 药用的，有药效的；officina ← opificina 药店，仓库，作坊

Cochlearia paradoxa 卵叶岩荠：paradoxus 似是而非的，少见的，奇异的，难以解释的；para- 类似，接近，近旁，假的；-doxa/ -doxus 荣耀的，瑰丽的，壮观的，显眼的

Cochlearia rivulorum 河岸岩荠：rivulorum = rivulus + orum 小溪流的，多细槽纹的；rivulus =

C

rivus + ulus 小溪，细流；rivus 河流，溪流；-ulus/ -ulum/ -ula 小的，略微的，稍微的（小词 -ulus 在字母 e 或 i 之后有多种变缀，即 -olus/ -olum/ -ola、-ellus/ -ellum/ -ella、-illus/ -illum/ -illa，与第一变格法和第二变格法名词形成复合词）；-orum 属于……的（第二变格法名词复数所有格词尾，表示群落或多数）

Cochlearia sinuata 弯缺岩荠：sinuatus = sinus + atus 深波浪状的；sinus 波浪，弯缺，海湾（sinus 的词干视为 sinu-）

Cochlearia warburgii 浙江岩荠：warburgii（人名）；-ii 表示人名，接在以辅音字母结尾的人名后面，但 -er 除外

Cochlianthus 旋花豆属（豆科）（41：p202）：cochlianthus 螺旋状花的；cochlo 螺旋；anthus/ anthum/ antha/ anthe ← anthos 花（用于希腊语复合词）

Cochlianthus gracilis 细茎旋花豆：gracilis 细长的，纤弱的，丝状的

Cochlianthus gracilis var. brevipes 短柄旋花豆：brevi- ← brevis 短的（用于希腊语复合词词首）；pes/ pedis 柄，梗，茎秆，腿，足，爪（作词首或词尾，pes 的词干视为"ped-"）

Cochlianthus gracilis var. gracilis 细茎旋花豆-原变种 （词义见上面解释）

Cochlianthus montanus 高山旋花豆：montanus 山，山地；montis 山，山地的；mons 山，山脉，岩石

Cocos 椰子属（棕榈科）（13-1：p142）：cocos ← coco 猴子（葡萄牙语，坚果表面有三个凹陷像猴子的脸）

Cocos nucifera 椰子：nucifera 具坚果的；nuc-/ nuci- ← nux 坚果；构词规则：以 -ix/ -iex 结尾的词其词干末尾视为 -ic，以 -ex 结尾视为 -i/ -ic，其他以 -x 结尾视为 -c；-ferus/ -ferum/ -fera/ -fero/ -fere/ -fer 有，具有，产（区别：作独立词使用的 ferus 意思是"野生的"）

Codariocalyx 舞草属（豆科）（41：p59）：codariocalyx = Codarium + calyx 酸角树萼片的，萼片像酸角树的；Codarium 酸角属（分布于西非）（豆科）；calyx → calyc- 萼片（用于希腊语复合词）

Codariocalyx gyroides 圆叶舞草：gyros 圆圈，环形，陀螺（希腊语）；-oides/ -oideus/ -oideum/ -oidea/ -odes/ -eidos 像……的，类似……的，呈……状的（名词词尾）

Codariocalyx motorius 舞草：motorius 动的；motus 运动，舞动；-orius/ -orium/ -oria 属于，能够，表示能力或动能

Codiaeum 变叶木属（大戟科）（44-2：p149）：codiaeum ← kodeia 头（指叶用以制造花环）

Codiaeum variegatum 变叶木：variegatus = variego + atus 有彩斑的，有条纹的，杂食的，杂色的；variego = varius + ago 染上各种颜色，使成五彩缤纷的，装饰，点缀，使闪出五颜六色的光彩，变化，变更，不同；varius = varus + ius 各种各样的，不同的，多型的，易变的；varus 不同的，变化的，外弯的，凸起的；-ius/ -ium/ -ia 具有……特性的（表示有关、关联、相似）；-ago 表示相似或联系，如 plumbago，铅的一种（来自 plumbum 铅），来自

-go；-go 表示一种能做工作的力量，如 vertigo，也表示事态的变化或者一种事态、趋向或病态，如 robigo（红的情况，变红的趋势，因而是铁锈），aerugo（铜锈），因此它变成一个表示具有某种质的属性的构词元素，如 lactago（具有乳浆的草），或相似性，如 ferulago（近似 ferula，阿魏）、canilago（一种 canila）

Codonacanthus 钟花草属（爵床科）（70：p227）：codonacanthus 像老鼠簕但花为钟形；codon 钟，吊钟形的；Acanthus 老鼠簕属（爵床科）

Codonacanthus pauciflorus 钟花草：pauci- ← paucus 少数的，少的（希腊语为 oligo-）；florus/ florum/ flora ← flos 花（用于复合词）

Codonopsis 党参属（参 shēn）（桔梗科）（73-2：p32）：codon 钟，吊钟形的；-opsis/ -ops 相似，稍微，带有

Codonopsis affinis 大叶党参：affinis = ad + finis 酷似的，近似的，有联系的；ad- 向，到，近（拉丁语词首，表示程度加强）；构词规则：构成复合词时，词首末尾的辅音字母常同化为紧接其后的那个辅音字母（如 ad + f → aff）；finis 界限，境界；affin- 相似，近似，相关

Codonopsis alpina 高山党参：alpinus = alpus + inus 高山的；alpus 高山；al-/ alti-/ alto- ← altus 高的，高处的；-inus/ -inum/ -ina/ -inos 相近，接近，相似，具有（通常指颜色）；关联词：subalpinus 亚高山的

Codonopsis argentea 银背叶党参：argenteus = argentum + eus 银白色的；argentum 银；-eus/ -eum/ -ea（接拉丁语词干时）属于……的，色如……的，质如……的（表示原料、颜色或品质的相似），（接希腊语词干时）属于……的，以……出名，为……所占有（表示具有某种特性）

Codonopsis bicolor 二色党参：bi-/ bis- 二，二数，二回（希腊语为 di-）；color 颜色

Codonopsis bulleyana 管钟党参：bulleyana ← Arthur Bulley（人名，英国棉花经纪人）

Codonopsis canescens 灰毛党参：canescens 变灰色的，淡灰色的；canens 使呈灰色的；canus 灰色的，灰白色的；-escens/ -ascens 改变，转变，变成，略微，带有，接近，相似，大致，稍微（表示变化的趋势，并未完全相似或相同，有别于表示达到完成状态的 -atus）

Codonopsis cardiophylla 光叶党参：cardio- ← kardia 心脏；phyllus/ phyllum/ phylla ← phyllon 叶片（用于希腊语复合词）

Codonopsis chimiliensis 滇缅党参：chimiliensis（地名，缅甸）

Codonopsis chlorocodon 绿钟党参：chlor-/ chloro- ← chloros 绿色的（希腊语，相当于拉丁语的 viridis）；codon 钟，吊钟形的

Codonopsis clematidea 新疆党参：clematidea = Clematis + eus 像铁线莲的；构词规则：词尾为 -is 和 -ys 的词的词干分别视为 -id 和 -yd；-eus/ -eum/ -ea（接拉丁语词干时）属于……的，色如……的，质如……的（表示原料、颜色或品质的相似），（接希腊语词干时）属于……的，以……出名，为……所占有（表示具有某种特性）

Codonopsis convolvulacea 鸡蛋参：convolvulacea 像旋花的；Convolvulus 旋花属（旋花科）；convolvulus 缠绕的，拧劲的；convolvere 缠绕，拧劲（动词）；-ulus/ -ulum/ -ula 小的，略微的，稍微的（小词 -ulus 在字母 e 或 i 之后有多种变缀，即 -olus/ -olum/ -ola、-ellus/ -ellum/ -ella、-illus/ -illum/ -illa，与第一变格法和第二变格法名词形成复合词）；-aceus/ -aceum/ -acea 相似的，有……性质的，属于……的

Codonopsis convolvulacea var. convolvulacea 鸡蛋参-原变种 （词义见上面解释）

Codonopsis convolvulacea var. efilamentosa 心叶珠子参：efilamentosus 无花丝的；e-/ ex- 不，无，非，缺乏，不具有（e- 用在辅音字母前，ex- 用在元音字母前，为拉丁语词首，对应的希腊语词首为 a-/ an-，英语为 un-/ -less，注意作词首用的 e-/ ex- 和介词 e/ ex 意思不同，后者意为"出自、从……、由……离开、由于、依照"）；filamentosus = filamentum + osus 花丝的，多纤维的，充满丝的，丝状的；filamentum/ filum 花丝，丝状体，藻丝；-osus/ -osum/ -osa 多的，充分的，丰富的，显著发育的，程度高的，特征明显的（形容词词尾）

Codonopsis convolvulacea var. forrestii 珠子参：forrestii ← George Forrest（人名，1873–1932，英国植物学家，曾在中国西部采集大量植物标本）

Codonopsis convolvulacea var. hirsuta 毛叶鸡蛋参：hirsutus 粗毛的，糙毛的，有毛的（长而硬的毛）

Codonopsis convolvulacea var. limprichtii 直立鸡蛋参：limprichtii（人名）；-ii 表示人名，接在以辅音字母结尾的人名后面，但 -er 除外

Codonopsis convolvulacea var. pinifolia 松叶鸡蛋参：pinifolia 松针状的；Pinus 松属（松科）；folius/ folium/ folia 叶，叶片（用于复合词）

Codonopsis convolvulacea var. vinciflora 薄叶鸡蛋参：vinciflorus 蔓长春花的；Vinca 蔓长春花属（夹竹桃科）；florus/ florum/ flora ← flos 花（用于复合词）

Codonopsis cordifolioidea 心叶党参：cordifolioideus 近似心形叶的；cordi- ← cordis/ cor 心脏的，心形的；folius/ folium/ folia 叶，叶片（用于复合词）；-oides/ -oideus/ -oideum/ -oidea/ -odes/ -eidos 像……的，类似……的，呈……状的（名词词尾）

Codonopsis deltoidea 三角叶党参：deltoideus/ deltoides 三角形的，正三角形的；delta 三角；-oides/ -oideus/ -oideum/ -oidea/ -odes/ -eidos 像……的，类似……的，呈……状的（名词词尾）

Codonopsis dicentrifolia 珠峰党参：Dicentra 荷包牡丹属（小檗科）；folius/ folium/ folia 叶，叶片（用于复合词）

Codonopsis farreri 秃叶党参：farreri ← Reginald John Farrer（人名，20 世纪英国植物学家、作家）；-eri 表示人名，在以 -er 结尾的人名后面加上 i 形成

Codonopsis foetens 臭党参：foetens/ foetidus 臭的，恶臭的，变臭的；foetus/ faetus/ fetus 臭味，恶臭，令人不悦的气味；-ans/ -ens/ -bilis/ -ilis 能够，可能（为形容词词尾，-ans/ -ens 用于主动语态，-bilis/ -ilis 用于被动语态）

Codonopsis gombalana 贡山党参：gombalanus 高黎贡山的（云南省）

Codonopsis henryi 川鄂党参：henryi ← Augustine Henry 或 B. C. Henry（人名，前者，1857–1930，爱尔兰医生、植物学家，曾在中国采集植物，后者，1850–1901，曾活动于中国的传教士）

Codonopsis kawakamii 台湾党参：kawakamii 川上（人名，20 世纪日本植物采集员）

Codonopsis lanceolata 羊乳：lanceolatus = lanceus + olus + atus 小披针形的，小柳叶刀的；lance-/ lancei-/ lanci-/ lanceo-/ lanc- ← lanceus 披针形的，矛形的，尖刀状的，柳叶刀状的；-olus ← -ulus 小，稍微，略微（-ulus 在字母 e 或 i 之后变成 -olus/ -ellus/ -illus）；-atus/ -atum/ -ata 属于，相似，具有，完成（形容词词尾）

Codonopsis levicalyx 光萼党参：laevis/ levis/ laeve/ leve → levi-/ laevi- 光滑的，无毛的，无不平或粗糙感觉的；calyx → calyc- 萼片（用于希腊语复合词）

Codonopsis levicalyx var. hirsuticalyx 线党参：hirsutus 粗毛的，糙毛的，有毛的（长而硬的毛）；calyx → calyc- 萼片（用于希腊语复合词）

Codonopsis levicalyx var. levicalyx 光萼党参-原变种 （词义见上面解释）

Codonopsis longifolia 长叶党参：longe-/ longi- ← longus 长的，纵向的；folius/ folium/ folia 叶，叶片（用于复合词）

Codonopsis macrocalyx 大萼党参：macro-/ macr- ← macros 大的，宏观的（用于希腊语复合词）；calyx → calyc- 萼片（用于希腊语复合词）

Codonopsis meleagris 珠鸡斑党参：meleagris 珠鸡斑，斑点

Codonopsis micrantha 小花党参：micr-/ micro- ← micros 小的，微小的，微观的（用于希腊语复合词）；anthus/ anthum/ antha/ anthe ← anthos 花（用于希腊语复合词）

Codonopsis nervosa 脉花党参：nervosus 多脉的，叶脉明显的；nervus 脉，叶脉；-osus/ -osum/ -osa 多的，充分的，丰富的，显著发育的，程度高的，特征明显的（形容词词尾）

Codonopsis nervosa var. macrantha 大花党参：macro-/ macr- ← macros 大的，宏观的（用于希腊语复合词）；anthus/ anthum/ antha/ anthe ← anthos 花（用于希腊语复合词）

Codonopsis nervosa var. nervosa 脉花党参-原变种 （词义见上面解释）

Codonopsis pilosula 党参：pilosulus = pilus + osus + ulus 被软毛的；pilosus = pilus + osus 多毛的，被柔毛的，具疏柔毛的，被短弱细毛的；pilus 毛，疏柔毛；-osus/ -osum/ -osa 多的，充分的，丰富的，显著发育的，程度高的，特征明显的（形容词词尾）；-ulus/ -ulum/ -ula 小的，略微的，稍微的（小词 -ulus 在字母 e 或 i 之后有多种变缀，即 -olus/ -olum/ -ola、-ellus/ -ellum/ -ella、-illus/ -illum/ -illa，与第一变格法和第二变格法名词形成复合词）

Codonopsis pilosula var. handeliana 闪毛党参：handeliana ← H. Handel-Mazzetti（人名，奥地利

植物学家，第一次世界大战期间在中国西南地区研究植物）

Codonopsis pilosula var. modesta 素花党参：modestus 适度的，保守的

Codonopsis pilosula var. pilosula 党参-原变种（词义见上面解释）

Codonopsis pilosula var. volubilis 缠绕党参：volubilis 拧劲的，缠绕的；-ans/ -ens/ -bilis/ -ilis 能够，可能（为形容词词尾，-ans/ -ens 用于主动语态，-bilis/ -ilis 用于被动语态）

Codonopsis purpurea 紫花党参：purpureus = purpura + eus 紫色的；purpura 紫色（purpura 原为一种介壳虫名，其体液为紫色，可作颜料）；-eus/ -eum/ -ea（接拉丁语词干时）属于……的，色如……的，质如……的（表示原料、颜色或品质的相似），（接希腊语词干时）属于……的，以……出名，为……所占有（表示具有某种特性）

Codonopsis rosulata 莲座状党参：rosulatus/ rosularis/ rosulans ← rosula 莲座状的

Codonopsis subglobosa 球花党参：subglobosus 近球形的；sub-（表示程度较弱）与……类似，几乎，稍微，弱，亚，之下，下面；globosus = globus + osus 球形的；glob-/ globi- ← globus 球体，圆球，地球

Codonopsis subscaposa 抽莛党参：subscaposus 像 scaposa 的，稍具莛的（有多种植物加词使用 scaposa/ scaposum）；sub-（表示程度较弱）与……类似，几乎，稍微，弱，亚，之下，下面；Parnassia scaposa 白花梅花草；scaposus 具柄的，具粗柄的；scapus（scap-/ scapi-）← skapos 主茎，树干，花柄，花轴；-osus/ -osum/ -osa 多的，充分的，丰富的，显著发育的，程度高的，特征明显的（形容词词尾）

Codonopsis subsimplex 藏南党参：subsimplex 近单一的；sub-（表示程度较弱）与……类似，几乎，稍微，弱，亚，之下，下面；simplex 单一的，简单的，无分歧的（词干为 simplic-）

Codonopsis tangshen 川党参：tangshen 党参（中文名）

Codonopsis thalictrifolia 唐松草党参：Thalictrum 唐松草属（毛茛科）；folius/ folium/ folia 叶，叶片（用于复合词）

Codonopsis thalictrifolia var. mollis 长花党参：molle/ mollis 软的，柔毛的

Codonopsis thalictrifolia var. thalictrifolia 唐松草党参-原变种（词义见上面解释）

Codonopsis tsinglingensis 秦岭党参：tsinglingensis 秦岭的（地名，陕西省）

Codonopsis tubulosa 管花党参：tubulosus = tubus + ulus + osus 管状的，具管的；tubus 管子的，管状的；-ulus/ -ulum/ -ula 小的，略微的，稍微的（小词 -ulus 在字母 e 或 i 之后有多种变缀，即 -olus/ -olum/ -ola、-ellus/ -ellum/ -ella、-illus/ -illum/ -illa，与第一变格法和第二变格法名词形成复合词）；-osus/ -osum/ -osa 多的，充分的，丰富的，显著发育的，程度高的，特征明显的（形容词词尾）

Codonopsis ussuriensis 雀斑党参：ussuriensis 乌苏里江的（地名，中国黑龙江省与俄罗斯界河）

Codonopsis viridiflora 绿花党参：viridus 绿色的；florus/ florum/ flora ← flos 花（用于复合词）

Codonopsis xizangensis 西藏党参：xizangensis 西藏的（地名）

Coelachne 小丽草属（禾本科）（10-1：p174）：coelachne 凹陷的鳞片（指内稃北部有凹陷）；coelos 空心的，中空的，鼓肚的（希腊语）；achne 鳞片，稃片，谷壳（希腊语）

Coelachne simpliciuscula 小丽草：simpliciusculus = simplex + usculus 近单一的；simplex 单一的，简单的，无分歧的（词干为 simplic-）；构词规则：以 -ix/ -iex 结尾的词其词干末尾视为 -ic，以 -ex 结尾视为 -i/ -ic，其他以 -x 结尾视为 -c；-usculus ← -culus 小的，略微的，稍微的（小词 -culus 和某些词构成复合词时变成 -usculus）

Coeloglossum 凹舌兰属（兰科）（17：p327）：coelo- ← koilos 空心的，中空的，鼓肚的（希腊语）；glossus 舌，舌状的

Coeloglossum viride 凹舌兰：viride 绿色的；viridi-/ virid- ← viridus 绿色的

Coelogyne 贝母兰属（兰科）（18：p338）：coelo- ← koilos 空心的，中空的，鼓肚的（希腊语）；gyne ← gynus 雌蕊的，雌性的，心皮的

Coelogyne barbata 髯毛贝母兰（髯 rǎn）：barbatus = barba + atus 具胡须的，具须毛的；barba 胡须，髯毛，绒毛；-atus/ -atum/ -ata 属于，相似，具有，完成（形容词词尾）

Coelogyne calcicola 滇西贝母兰：calcicolus 钙生的，生于石灰质土壤的；calci- ← calcium 石灰，钙质；colus ← colo 分布于，居住于，栖居，殖民（常作尾）；colo/ colere/ colui/ cultum 居住，耕作，栽培

Coelogyne corymbosa 眼斑贝母兰：corymbosus = corymbus + osus 伞房花序的；corymbus 伞形的，伞状的；-osus/ -osum/ -osa 多的，充分的，丰富的，显著发育的，程度高的，特征明显的（形容词词尾）

Coelogyne cristata 贝母兰：cristatus = crista + atus 鸡冠的，鸡冠状的，扇形的，山脊状的；crista 鸡冠，山脊，网壁；-atus/ -atum/ -ata 属于，相似，具有，完成（形容词词尾）

Coelogyne fimbriata 流苏贝母兰：fimbriatus = fimbria + atus 具长缘毛的，具流苏的，具锯齿状裂的（指花瓣）；fimbria → fimbri- 流苏，长缘毛；-atus/ -atum/ -ata 属于，相似，具有，完成（形容词词尾）

Coelogyne flaccida 栗鳞贝母兰：flaccidus 柔软的，软乎乎的，软绵绵的；flaccus 柔弱的，软垂的；-idus/ -idum/ -ida 表示在进行中的动作或情况，作动词、名词或形容词的词尾

Coelogyne fuscescens 褐唇贝母兰：fuscescens 淡褐色的，淡棕色的，变成褐色的；fuscus 棕色的，暗的，发黑的，暗棕色的，褐色的；-escens/ -ascens 改变，转变，变成，略微，带有，接近，相似，大致，稍微（表示变化的趋势，并未完全相似或相同，有别于表示达到完成状态的 -atus）

Coelogyne fuscescens var. brunnea 斑唇贝母兰：brunneus/ bruneus 深褐色的；-eus/ -eum/ -ea（接拉丁语词干时）属于……的，色如……的，质如……的（表示原料、颜色或品质的相似），（接希

C

腊语词干时）属于……的，以……出名，为……所占有（表示具有某种特性）

Coelogyne fuscescens var. fuscescens 褐唇贝母兰-原变种 （词义见上面解释）

Coelogyne gongshanensis 贡山贝母兰：gongshanensis 贡山的（地名，云南省）

Coelogyne leucantha 白花贝母兰：leuc-/ leuco- ← leucus 白色的（如果和其他表示颜色的词混用则表示淡色）；anthus/ anthum/ antha/ anthe ← anthos 花（用于希腊语复合词）

Coelogyne leungiana 单唇贝母兰：leungiana（人名）

Coelogyne longipes 长柄贝母兰：longe-/ longi- ← longus 长的，纵向的；pes/ pedis 柄，梗，茎秆，腿，足，爪（作词首或词尾，pes 的词干视为"ped-"）

Coelogyne malipoensis 麻栗坡贝母兰：malipoensis 麻栗坡的（地名，云南省）

Coelogyne nitida 密茎贝母兰：nitidus = nitere + idus 光亮的，发光的；nitere 发亮；-idus/ -idum/ -ida 表示在进行中的动作或情况，作动词、名词或形容词的词尾；nitens 光亮的，发光的

Coelogyne occultata 卵叶贝母兰：occultatus 隐藏的，不明显的；occultus 隐藏的，不明显的

Coelogyne ovalis 长鳞贝母兰：ovalis 广椭圆形的；ovus 卵，胚珠，卵形的，椭圆形的

Coelogyne primulina 报春贝母兰：primulinus = Primula + inus 像报春花的；Primula 报春花属（报春花科）；-inus/ -inum/ -ina/ -inos 相近，接近，相似，具有（通常指颜色）；Primulina 报春苣苔属（苦苣苔科）

Coelogyne prolifera 黄绿贝母兰：proliferus 能育的，具零余子的；proli- 扩展，繁殖，后裔，零余子；proles 后代，种族；-ferus/ -ferum/ -fera/ -fero/ -fere/ -fer 有，具有，产（区别：作独立词使用的 ferus 意思是"野生的"）

Coelogyne punctulata 狭瓣贝母兰：punctulatus = punctus + ulus + atus 具小斑点的，稍具斑点的；punctus 斑点

Coelogyne putaoensis 葡萄贝母兰：putaoensis 葡萄的（地名，缅甸）

Coelogyne rigida 挺茎贝母兰：rigidus 坚硬的，不弯曲的，强直的

Coelogyne sanderae 撕裂贝母兰：sanderae ← Sander（人名）；-ae 表示人名，以 -a 结尾的人名后面加上 -e 形成

Coelogyne schultesii 疣鞘贝母兰：schultesii（人名）；-ii 表示人名，接在以辅音字母结尾的人名后面，但 -er 除外

Coelogyne stricta 双褶贝母兰（褶 zhě）：strictus 直立的，硬直的，笔直的，彼此靠拢的

Coelogyne suaveolens 疏茎贝母兰：suaveolens 芳香的，香味的；suavis/ suave 甜的，愉快的，高兴的，有魅力的，漂亮的；olens ← olere 气味，发出气味（不分香臭）

Coelogyne venusta 多花贝母兰：venustus ← Venus 女神维纳斯的，可爱的，美丽的，有魅力的

Coelogyne viscosa 禾叶贝母兰：viscosus = viscus + osus 黏的；viscus 胶，胶黏物（比喻有黏性

物质）；-osus/ -osum/ -osa 多的，充分的，丰富的，显著发育的，程度高的，特征明显的（形容词词尾）

Coelogyne zhenkangensis 镇康贝母兰：zhenkangensis 浙江的（地名）

Coelonema 穴丝荠属（穴 xué，荠 jì）（十字花科）（33：p131）：coelo- ← koilos 空心的，中空的，鼓肚的（希腊语）；nemus/ nema 密林，丛林，树丛（常用来比喻密集成丛的纤细物，如花丝、果柄等）

Coelonema draboides 穴丝荠：Draba 葶苈属（十字花科）；-oides/ -oideus/ -oideum/ -oidea/ -odes/ -eidos 像……的，类似……的，呈……状的（名词词尾）

Coelopleurum 高山芹属（伞形科）（55-3：p7）：coelo- ← koilos 空心的，中空的，鼓肚的（希腊语）；pleurus ← pleuron 肋，脉，肋状的，侧生的

Coelopleurum nakaianum 长白高山芹：nakaianum 中井猛之进（人名，1882–1952，日本植物学家，"nakai"为"中井"的日语读音）

Coelopleurum saxatile 高山芹：saxatile 生于岩石的，生于石缝的；saxum 岩石，结石；-atilis（阳性、阴性）/ -atile（中性）（表示生长的地方）

Coelorachis 空轴茅属（禾本科）（10-2：p265）：coelo- ← koilos 空心的，中空的，鼓肚的（希腊语）；rachis/ rhachis 主轴，花序轴，叶轴，脊棱（指着生小叶或花的部分的中轴，如羽状复叶、穗状花序总柄基部以外的部分）

Coelorachis striata 空轴茅：striatus = stria + atus 有条纹的，有细沟的；stria 条纹，线条，细纹，细沟

Coelorachis striata var. pubescens 毛空轴茅：pubescens ← pubens 被短柔毛的，长出柔毛的；pubi- ← pubis 细柔毛的，短柔毛的，毛被的；pubesco/ pubescere 长成的，变为成熟的，长出柔毛的，青春期体毛的；-escens/ -ascens 改变，转变，变成，略微，带有，接近，相似，大致，稍微（表示变化的趋势，并未完全相似或相同，有别于表示达到完成状态的 -atus）

Coelorachis striata var. striata 空轴茅-原变种（词义见上面解释）

Coelospermum 穴果木属（穴 xué）（茜草科）（71-2：p165）：coelo- ← koilos 空心的，中空的，鼓肚的（希腊语）；spermus/ spermum/ sperma 种子的（用于希腊语复合词）

Coelospermum kanehirae 穴果木：kanehirae（人名）；-ae 表示人名，以 -a 结尾的人名后面加上 -e 形成

Coelospermum morindiforme 长叶穴果木：Morinda 巴戟天属（茜草科）；forme/ forma 形状

Coffea 咖啡属（咖 kā）（茜草科）（71-2：p20）：coffea ← kahwah 咖啡（阿拉伯语）

Coffea arabica 小粒咖啡：arabicus 阿拉伯的；-icus/ -icum/ -ica 属于，具有某种特性（常用于地名、起源、生境）

Coffea benghalensis 米什米咖啡：benghalensis 孟加拉的（地名）

Coffea canephora 中粒咖啡：canephorus 具灰色的；cane- 灰色；-phorus/ -phorum/ -phora 载体，承载物，支持物，带着，生着，附着（表示一个部分带着别的部分，包括起支撑或承载作用的柄、柱、托、

C

囊等，如 gynophorum = gynus + phorum 雌蕊柄的，带有雌蕊的，承载雌蕊的）；gynus/ gynum/ gyna 雌蕊，子房，心皮

Coffea congensis 刚果咖啡：congensis 刚果的（地名，非洲国家）

Coffea liberica 大粒咖啡：libericus 分离的，离生的，散开的，解放的，独立的；liber/ libera/ liberum 分离的，离生的；-icus/ -icum/ -ica 属于，具有某种特性（常用于地名、起源、生境）

Coffea stenophylla 狭叶咖啡：sten-/ steno- ← stenus 窄的，狭的，薄的；phyllus/ phyllum/ phylla ← phyllon 叶片（用于希腊语复合词）

Coix 薏苡属（薏苡 yì yǐ）（禾本科）（10-2：p289）：coix 棕榈（希腊语）

Coix aquatica 水生薏苡：aquaticus/ aquatilis 水的，水生的，潮湿的；aqua 水；-aticus/ -aticum/ -atica 属于，表示生长的地方

Coix chinensis 薏米：chinensis = china + ensis 中国的（地名）；China 中国

Coix chinensis var. chinensis 薏米-原变种 （词义见上面解释）

Coix chinensis var. formosana 台湾薏苡：formosanus = formosus + anus 美丽的，台湾的；formosus ← formosa 美丽的，台湾的（葡萄牙殖民者发现台湾时对其的称呼，即美丽的岛屿）；-anus/ -anum/ -ana 属于，来自（形容词词尾）

Coix lacryma-jobi 薏苡：lacryma-jobi 朱芭的眼泪（比喻花的形态）；lacrymus/ lachrymus 眼泪，泪珠，泪滴状的；jobi ← Joba 朱芭（人名，古希腊国士）

Coix lacryma-jobi var. lacryma-jobi 薏苡-原变种 （词义见上面解释）

Coix lacryma-jobi var. maxima 念珠薏苡：maximus 最大的

Coix puellarum 小珠薏苡：puellarum 小男孩的；puellus 小男孩；-arum 属于……的（第一变格法名词复数所有格词尾，表示群落或多数）

Coix stenocarpa 窄果薏苡：sten-/ steno- ← stenus 窄的，狭的，薄的；carpus/ carpum/ carpa/ carpon ← carpos 果实（用于希腊语复合词）

Coldenia 双柱紫草属（紫草科）（64-2：p21）：coldenia ← Cadwallader Colden（人名，英国植物学家）

Coldenia procumbens 双柱紫草：procumbens 俯卧的，匍匐的，倒伏的；procumb- 俯卧，匍匐，倒伏；-ans/ -ens/ -bilis/ -ilis 能够，可能（为形容词词尾，-ans/ -ens 用于主动语态，-bilis/ -ilis 用于被动语态）

Coleanthus 莎禾属（莎 suō）（禾本科）（10-1：p169）：coleanthus 带鞘的花（指花冠下有苞片状叶鞘）；coleos → coleus 鞘，鞘状的，果荚；anthus/ anthum/ antha/ anthe ← anthos 花（用于希腊语复合词）

Coleanthus subtilis 莎禾：subtlis/ subtile 细微的，雅趣的，朴素的

Colebrookea 羽萼木属（唇形科）（66：p387）：colebrookea ← Henry Thomas Colebrook（人名，1765–1837，博物学家）

Colebrookea oppositifolia 羽萼木：oppositi- ←

oppositus = ob + positus 相对的，对生的；ob- 相反，反对，倒（ob- 有多种音变：ob- 在元音字母和大多数辅音字母前面，oc- 在 c 前面，of- 在 f 前面，op- 在 p 前面）；positus 放置，位置；folius/ folium/ folia 叶，叶片（用于复合词）

Coleostephus 鞘冠菊属（冠 guān）（菊科）（76-1：p74）：coleos → coleus 鞘，鞘状的，果荚；stephus ← stephos 冠，花冠，冠状物，花环

Coleostephus myconis 鞘冠菊：myconis（人名）

Coleus 鞘蕊花属（唇形科）（66：p536）：coleus ← coleos 鞘（唇瓣呈鞘状），鞘状的，果荚

Coleus bracteatus 光萼鞘蕊花：bracteatus = bracteus + atus 具苞片的；bracteus 苞，苞片，苞鳞；-atus/ -atum/ -ata 属于，相似，具有，完成（形容词词尾）

Coleus carnosifolius 肉叶鞘蕊花：carnosus 肉质的；carne 肉；folius/ folium/ folia 叶，叶片（用于复合词）

Coleus esquirolii 毛萼鞘蕊花：esquirolii（人名）；-ii 表示人名，接在以辅音字母结尾的人名后面，但 -er 除外

Coleus forskohlii 毛喉鞘蕊花：forskohlii（人名）；-ii 表示人名，接在以辅音字母结尾的人名后面，但 -er 除外

Coleus scutellarioides 五彩苏：Scutellaria 黄芩属（唇形科）；-oides/ -oideus/ -oideum/ -oidea/ -odes/ -eidos 像……的，类似……的，呈……状的（名词词尾）

Coleus scutellarioides var. crispipilus 小五彩苏：crispus 收缩的，褶皱的，波纹的（如花瓣周围的波浪状褶皱）；pilus 毛，疏柔毛

Coleus scutellarioides var. scutellarioides 五彩苏-原变种 （词义见上面解释）

Coleus xanthanthus 黄鞘蕊花：xanth-/ xiantho- ← xanthos 黄色的；anthus/ anthum/ antha/ anthe ← anthos 花（用于希腊语复合词）

Collabium 吻兰属（兰科）（18：p327）：collabium 唇瓣包柱的（指唇瓣的基部包围花柱）；collum 颈；labius 唇，唇瓣的，唇形的

Collabium assamicum 锚钩吻兰（锚 máo）：assamicum 阿萨姆邦的（地名，印度）

Collabium chinense 吻兰：chinense 中国的（地名）

Collabium formosanum 台湾吻兰：formosanus = formosus + anus 美丽的，台湾的；formosus ← formosa 美丽的，台湾的（葡萄牙殖民者发现台湾时对其的称呼，即美丽的岛屿）；-anus/ -anum/ -ana 属于，来自（形容词词尾）

Colocasia 芋属（天南星科）（13-2：p67）：colocasia ← colocasion 莲花，可用于装饰的食物（希腊语）；colon 食物；casein 装饰

Colocasia antiquorum 野芋：antiquorus 古代的，高龄的，老旧的，传世的

Colocasia esculenta 芋：esculentus 食用的，可食的；esca 食物，食料；-ulentus/ -ulentum/ -ulenta -olentus/ -olentum/ -olenta（表示丰富、充分或显著发展）

Colocasia fallax 假芋：fallax 假的，迷惑的

Colocasia formosana 台芋：formosanus = formosus + anus 美丽的，台湾的；formosus ← formosa 美丽的，台湾的（葡萄牙殖民者发现台湾时对其的称呼，即美丽的岛屿）；-anus/ -anum/ -ana 属于，来自（形容词词尾）

Colocasia gigantea 大野芋：giganteus 巨大的；giga-/ gigant-/ giganti- ← gigantos 巨大的；-eus/ -eum/ -ea（接拉丁语词干时）属于……的，色如……的，质如……的（表示原料、颜色或品质的相似），（接希腊语词干时）属于……的，以……出名，为……所占有（表示具有某种特性）

Colocasia konishii 红芋：konishii 小西（日本人名）

Colocasia kotoensis 红头芋：kotoensis 红头屿的（地名，台湾省台东县岛屿，因产蝴蝶兰，于 1947 年改名"兰屿"，"koto"为"红头"的日语读音）

Colocasia tonoimo 紫芋：tonoimo（日文）

Colona 一担柴属（担 dān）（椴树科）（49-1：p83）：colonus 群体的，殖民者

Colona floribunda 一担柴：floribundus = florus + bundus 多花的，繁花的，花正盛开的；florus/ florum/ flora ← flos 花（用于复合词）；-bundus/ -bunda/ -bundum 正在做，正在进行（类似于现在分词），充满，盛行

Colona thorelii 狭叶一担柴：thorelii ← Clovis Thorel（人名，19 世纪法国植物学家、医生）；-ii 表示人名，接在以辅音字母结尾的人名后面，但 -er 除外

Colquhounia 火把花属（把 bǎ）（唇形科）（66：p29）：colquhounia ← Robert Colquhoun（人名，19 世纪加尔各答植物园园长）

Colquhounia coccinea 深红火把花：coccus/ coccineus 浆果，绯红色（一种形似浆果的介壳虫的颜色）；同形异义词：coccus/ cocco/ cocci/ coccis 心室，心皮；-eus/ -eum/ -ea（接拉丁语词干时）属于……的，色如……的，质如……的（表示原料、颜色或品质的相似），（接希腊语词干时）属于……的，以……出名，为……所占有（表示具有某种特性）

Colquhounia coccinea var. coccinea 深红火把花-原变种 （词义见上面解释）

Colquhounia coccinea var. mollis 火把花：molle/ mollis 软的，柔毛的

Colquhounia compta 金江火把花：comptus 美丽的，装饰的

Colquhounia compta var. compta 金江火把花-原变种 （词义见上面解释）

Colquhounia compta var. mekongensis 火把花-沧江变种：mekongensis 湄公河的（地名，澜沧江流入中南半岛部分称湄公河）

Colquhounia elegans 秀丽火把花：elegans 优雅的，秀丽的

Colquhounia elegans var. elegans 秀丽火把花-原变种 （词义见上面解释）

Colquhounia elegans var. tenuiflora 秀丽火把花-细花变种：tenui- ← tenuis 薄的，纤细的，弱的，瘦的，窄的；florus/ florum/ flora ← flos 花（用于复合词）

Colquhounia sequinii 藤状火把花：sequinii（人名）；-ii 表示人名，接在以辅音字母结尾的人名后

面，但 -er 除外

Colquhounia sequinii var. pilosa 藤状火把花-长毛变种：pilosus = pilus + osus 多毛的，被柔毛的，具疏柔毛的，被短弱细毛的；pilus 毛，疏柔毛；-osus/ -osum/ -osa 多的，充分的，丰富的，显著发育的，程度高的，特征明显的（形容词词尾）

Colquhounia sequinii var. sequinii 藤状火把花-原变种 （词义见上面解释）

Colquhounia vestita 白毛火把花：vestitus 包被的，覆盖的，被柔毛的，袋状的

Colubrina 蛇藤属（鼠李科）（48-1：p93）：colubrinus = coluber + inus 蛇形的；coluber 蛇；-inus/ -inum/ -ina/ -inos 相近，接近，相似，具有（通常指颜色）

Colubrina asiatica 蛇藤：asiatica 亚洲的（地名）；-aticus/ -aticum/ -atica 属于，表示生长的地方，作名词词尾

Colubrina pubescens 毛蛇藤：pubescens ← pubens 被短柔毛的，长出柔毛的；pubi- ← pubis 细柔毛的，短柔毛的，毛被的；pubesco/ pubescere 长成的，变为成熟的，长出柔毛的，青春期体毛的；-escens/ -ascens 改变，转变，变成，略微，带有，接近，相似，大致，稍微（表示变化的趋势，并未完全相似或相同，有别于表示达到完成状态的 -atus）

Coluria 无尾果属（蔷薇科）（37：p229）：coluria ← coluris 狐狸（希腊语）

Coluria henryi 大头叶无尾果：henryi ← Augustine Henry 或 B. C. Henry（人名，前者，1857–1930，爱尔兰医生、植物学家，曾在中国采集植物，后者，1850–1901，曾活动于中国的传教士）

Coluria longifolia 无尾果：longe-/ longi- ← longus 长的，纵向的；folius/ folium/ folia 叶，叶片（用于复合词）

Coluria oligocarpa 汶川无尾果（汶 wèn）：oligo-/ olig- 少数的（希腊语，拉丁语为 pauci-）；carpus/ carpum/ carpa/ carpon ← carpos 果实（用于希腊语复合词）

Colutea 鱼鳔槐属（鳔 biào）（豆科）（42-1：p2）：colutea ← coloutea 鱼鳔槐（一种有荚植物名）

Colutea arborescens 鱼鳔槐：arbor 乔木，树木；-escens/ -ascens 改变，转变，变成，略微，带有，接近，相似，大致，稍微（表示变化的趋势，并未完全相似或相同，有别于表示达到完成状态的 -atus）

Colutea delavayi 膀胱豆（膀 páng）：delavayi ← P. J. M. Delavay（人名，1834–1895，法国传教士，曾在中国采集植物标本）；-i 表示人名，接在以元音字母结尾的人名后面，但 -a 除外

Colutea × media 杂种鱼鳔槐（种 zhǒng）：medius 中间的，中央的

Colutea nepalensis 尼泊尔鱼鳔槐：nepalensis 尼泊尔的（地名）

Colysis 线蕨属（水龙骨科）（6-2：p234）：co- 联合，共同，合起来（拉丁语词首，为 cum- 的音变，表示结合、强化、完全，对应的希腊语为 syn-）；co- 的缀词音变有 co-/ com-/ con-/ col-/ cor-：co-（在 h 和元音字母前面），col-（在 l 前面），com-（在 b、m、p 之前），con-（在 c、d、f、g、j、n、qu、s、t 和 v 前面），cor-（在 r 前面）；lysis 分离，放松

C

Colysis digitata 掌叶线蕨：digitatus 指状的，掌状的；digitus 手指，手指长的（3.4 cm）

Colysis diversifolia 异叶线蕨：diversus 多样的，各种各样的，多方向的；folius/ folium/ folia 叶，叶片（用于复合词）

Colysis elliptica 线蕨：ellipticus 椭圆形的；-ticus/ -ticum/ tica/ -ticos 表示属于，关于，以……著称，作形容词词尾

Colysis elliptica var. elliptica 线蕨-原变种 （词义见上面解释）

Colysis elliptica var. flexiloba 曲边线蕨：flexus ← flecto 扭曲的，卷曲的，弯弯曲曲的，柔性的；flecto 弯曲，使扭曲；lobus/ lobos/ lobon 浅裂，耳片（裂片先端钝圆），荚果，蒴果

Colysis elliptica var. longipes 长柄线蕨：longe-/ longi- ← longus 长的，纵向的；pes/ pedis 柄，梗，茎秆，腿，足，爪（作词首或词尾，pes 的词干视为"ped-"）

Colysis elliptica var. pentaphylla 滇线蕨：penta- 五，五数（希腊语，拉丁语为 quin/ quinqu/ quinque-/ quinqui-）；phyllus/ phyllum/ phylla ← phyllon 叶片（用于希腊语复合词）

Colysis elliptica var. pothifolia 宽羽线蕨：Pothos 石柑属（天南星科）；folius/ folium/ folia 叶，叶片（用于复合词）

Colysis hemionitidea 断线蕨：hemionitidea 像泽泻蕨的；Hemionitis 泽泻蕨属（凤尾蕨科）；-eus/ -eum/ -ea（接拉丁语词干时）属于……的，色如……的，质如……的（表示原料、颜色或品质的相似），（接希腊语词干时）属于……的，以……出名，为……所占有（表示具有某种特性）

Colysis hemitoma 胄叶线蕨（胄 zhòu）：hemitomus 半齿的；hemi- 一半；tomus ← tomos 小片，片段，卷册（书）

Colysis henryi 矩圆线蕨：henryi ← Augustine Henry 或 B. C. Henry（人名，前者，1857–1930，爱尔兰医生、植物学家，曾在中国采集植物，后者，1850–1901，曾活动于中国的传教士）

Colysis leveillei 绿叶线蕨：leveillei（人名）；-i 表示人名，接在以元音字母结尾的人名后面，但 -a 除外

Colysis pedunculata 具柄线蕨（原名"长柄线蕨"，本属有重名）：pedunculatus/ peduncularis 具花序柄的，具总花梗的；pedunculus/ peduncule/ pedunculis ← pes 花序柄，总花梗（花序基部无花着生部分，不同于花柄）；关联词：pedicellus/ pediculus 小花梗，小花柄（不同于花序柄）；pes/ pedis 柄，梗，茎秆，腿，足，爪（作词首或词尾，pes 的词干视为"ped-"）

Colysis × shintenensis 新店线蕨：shintenensis 新店的（地名，属台湾省，日语读音）

Colysis wrightii 褐叶线蕨：wrightii ← Charles（Carlos）Wright（人名，19 世纪美国植物学家）

Comanthosphace 绵穗苏属（唇形科）（66：p352）：comanthosphace = come + anthos + sphace 具绵毛的穗状花序；come 毛，毛发，刚毛；anthus/ anthum/ antha/ anthe ← anthos 花（用于希腊语复合词）；sphace ← sphacos（鼠尾草属一种植物，苞叶有毛）

Comanthosphace japonica 天人草：japonica 日本的（地名）；-icus/ -icum/ -ica 属于，具有某种特性（常用于地名、起源、生境）

Comanthosphace nanchuanensis 南川绵穗苏：nanchuanensis 南川的（地名，重庆市）

Comanthosphace ningpoensis 绵穗苏：ningpoensis 宁波的（地名，浙江省）

Comanthosphace ningpoensis var. ningpoensis 绵穗苏-原变种 （词义见上面解释）

Comanthosphace ningpoensis var. stellipiloides 绵穗苏-绒毛变种：stellipiloides 近似星状毛的，像 stellipila 的；Comanthosphace stellipila 星毛绵穗苏；-oides/ -oideus/ -oideum/ -oidea/ -odes/ -eidos 像……的，类似……的，呈……状的（名词词尾）

Comarum 沼委陵菜属（蔷薇科）（37：p331）：comarum ← comaron 草莓树（Arbutus unedo，蔷薇科，因果实聚合这一点相似而借用其希腊语名）

Comarum palustre 沼委陵菜：palustris/ paluster ← palus + estre 喜好沼泽的，沼生的；palus 沼泽，湿地，泥潭，水塘，草甸子（palus 的复数主格为 paludes）；-estris/ -estre/ ester/ -esteris 生于……地方，喜好……地方

Comarum salesovianum 西北沼委陵菜：salesovianum（人名）

Comastoma 喉毛花属（龙胆科）（62：p300）：comastoma 口部有毛的（指花冠喉部有两个流苏状鳞片）；coma ← kome 毛发；stomus 口，开口，气孔

Comastoma cyananthiflorum 蓝钟喉毛花：Cyananthus 蓝钟花属（桔梗科）；florus/ florum/ flora ← flos 花（用于复合词）

Comastoma cyananthiflorum var. acutifolium 尖叶蓝钟喉毛花：acutifolius 尖叶的；acuti-/ acu- ← acutus 锐尖的，针尖的，刺尖的，锐角的；folius/ folium/ folia 叶，叶片（用于复合词）

Comastoma cyananthiflorum var. cyananthiflorum 蓝钟喉毛花-原变种 （词义见上面解释）

Comastoma disepalum 二萼喉毛花：disepalus 二萼的；di-/ dis- 二，二数，二分，分离，不同，在……之间，从……分开（希腊语，拉丁语为 bi-/ bis-）；sepalus/ sepalum/ sepala 萼片（用于复合词）

Comastoma falcatum 镰萼喉毛花：falcatus = falx + atus 镰刀的，镰刀状的；falx 镰刀，镰刀形，镰刀状弯曲；构词规则：以 -ix/ -iex 结尾的词其词干末尾视为 -ic，以 -ex 结尾视为 -i/ -ic，其他以 -x 结尾视为 -c；-atus/ -atum/ -ata 属于，相似，具有，完成（形容词词尾）

Comastoma henryi 鄂西喉毛花：henryi ← Augustine Henry 或 B. C. Henry（人名，前者，1857–1930，爱尔兰医生、植物学家，曾在中国采集植物，后者，1850–1901，曾活动于中国的传教士）

Comastoma muliense 木里喉毛花：muliense 木里的（地名，四川省）

Comastoma pedunculatum 长梗喉毛花：pedunculatus/ peduncularis 具花序柄的，具总花梗的；pedunculus/ peduncule/ pedunculis ← pes 花序柄，总花梗（花序基部无花着生部分，不同于花

C

柄）；关联词：pedicellus/ pediculus 小花梗，小花柄（不同于花序柄）；pes/ pedis 柄，梗，茎秆，腿，足，爪（作词首或词尾，pes 的词干视为 "ped-"）

Comastoma polycladum 皱边喉毛花：poly- ← polys 多个，许多（希腊语，拉丁语为 multi-）；cladus ← clados 枝条，分枝

Comastoma pulmonarium 喉毛花：pulmonarius 属于肺的（传说能治肺病）；pulmon- 肺；-arius/ -arium/ -aria 相似，属于（表示地点，场所，关系，所属）

Comastoma stellariifolium 纤枝喉毛花：stellariifolium 繁缕叶的；Stellaria 繁缕属（石竹科）；folius/ folium/ folia 叶，叶片（用于复合词）；缀词规则：以属名作复合词时原词尾变形后的 i 要保留

Comastoma tenellum 柔弱喉毛花：tenellus = tenuis + ellus 柔软的，纤细的，纤弱的，精美的，雅致的；tenuis 薄的，纤细的，弱的，瘦的，窄的；-ellus/ -ellum/ -ella ← -ulus 小的，略微的，稍微的（小词 -ulus 在字母 e 或 i 之后有多种变缀，即 -olus/ -olum/ -ola、-ellus/ -ellum/ -ella、-illus/ -illum/ -illa，用于第一变格法名词）

Comastoma traillianum 高杯喉毛花：traillianum（人名）

Combretaceae 使君子科（53-1：p1）：Combretum 风车子属；-aceae（分类单位科的词尾，为 -aceus 的阴性复数主格形式，加到模式属的名称后或同义词的词干后以组成族群名称）

Combretum 风车子属（使君子科）（53-1：p17）：combretum（一种攀缘植物的古拉丁名）

Combretum alfredii 风车子：alfredii ← Alfred Rehder（人名，1863–1949，德国植物分类学家、树木学家，在美国 Arnold 植物园工作）；-ii 表示人名，接在以辅音字母结尾的人名后面，但 -er 除外

Combretum auriculatum 耳叶风车子：auriculatus 耳形的，具小耳的（基部有两个小圆片）；auriculus 小耳朵的，小耳状的；auritus 耳朵的，耳状的；-culus/ -culum/ -cula 小的，略微的，稍微的（同第三变格法和第四变格法名词形成复合词）；-atus/ -atum/ -ata 属于，相似，具有，完成（形容词词尾）

Combretum griffithii 西南风车子：griffithii ← William Griffith（人名，19 世纪印度植物学家，加尔各答植物园主任）

Combretum latifolium 阔叶风车子：lati-/ late- ← latus 宽的，宽广的；folius/ folium/ folia 叶，叶片（用于复合词）

Combretum olivaeforme 榄形风车子：olivaeforme 橄榄形的（注：组成复合词时，要将前面词的词尾 -us/ -um/ -a 变成 -i- 或 -o- 而不是所有格，故该词宜改为 "oliviforme"）；oliva 橄榄；forma 形状，变型（缩写 f.）

Combretum pilosum 长毛风车子：pilosus = pilus + osus 多毛的，被柔毛的，具疏柔毛的，被短弱细毛的；pilus 毛，疏柔毛；-osus/ -osum/ -osa 多的，充分的，丰富的，显著发育的，程度高的，特征明显的（形容词词尾）

Combretum punctatum 盾鳞风车子：punctatus = punctus + atus 具斑点的；punctus 斑点

Combretum punctatum subsp. punctatum 盾

鳞风车子-原亚种 （词义见上面解释）

Combretum punctatum subsp. squamosum 水密花：squamosus 多鳞片的，鳞片明显的；squamus 鳞，鳞片，薄膜；-osus/ -osum/ -osa 多的，充分的，丰富的，显著发育的，程度高的，特征明显的（形容词词尾）

Combretum roxburghii 十蕊风车子：roxburghii ← William Roxburgh（人名，18 世纪英国植物学家，研究印度植物）

Combretum wallichii 石风车子：wallichii ← Nathaniel Wallich（人名，19 世纪初丹麦植物学家、医生）

Combretum wallichii var. pubinerve 毛脉石风车子：pubi- ← pubis 细柔毛的，短柔毛的，毛被的；nerve ← nervus 脉，叶脉

Combretum wallichii var. wallichii 石风车子-原变种 （词义见上面解释）

Combretum yuankiangense 元江风车子：yuankiangense 元江的（地名，云南省）

Combretum yunnanense 云南风车子：yunnanense 云南的（地名）

Commelina 鸭跖草属（跖 zhí）（鸭跖草科）（13-3：p125）：commelina ← Johan Commelin 和 Caspar Commelin（人名，17 世纪荷兰植物学家，叔侄关系，有很高的知名度，另有一名同姓植物学家业绩平平，林奈用此三人的姓命名以比喻该属花瓣二枚显著另一枚不显著）

Commelina auriculata 耳苞鸭跖草：auriculatus 耳形的，具小耳的（基部有两个小圆片）；auriculus 小耳朵的，小耳状的；auritus 耳朵的，耳状的；-culus/ -culum/ -cula 小的，略微的，稍微的（同第三变格法和第四变格法名词形成复合词）；-atus/ -atum/ -ata 属于，相似，具有，完成（形容词词尾）

Commelina bengalensis 饭包草：bengalensis 孟加拉的（地名）

Commelina communis 鸭跖草：communis 普通的，通常的，共通的

Commelina diffusa 疏散鸭跖草（原名 "节节草"，木贼科有重名）：diffusus = dis + fusus 蔓延的，散开的，扩展的，渗透的（dis- 在辅音字母前发生同化）；fusus 散开的，松散的，松弛的；di-/ dis- 二，二数，二分，分离，不同，在……之间，从……分开（希腊语，拉丁语为 bi-/ bis-）

Commelina maculata 地地藕：maculatus = maculus + atus 有小斑点的，略有斑点的；maculus 斑点，网眼，小斑点，略有斑点；-atus/ -atum/ -ata 属于，相似，具有，完成（形容词词尾）

Commelina paludosa 大苞鸭跖草：paludosus 沼泽的，沼生的；paludes ← palus（paludes 为 palus 的复数主格）沼泽，湿地，泥潭，水塘，草甸子；-osus/ -osum/ -osa 多的，充分的，丰富的，显著发育的，程度高的，特征明显的（形容词词尾）

Commelina suffruticosa 大叶鸭跖草：suffruticosus 亚灌木状的；suffrutex 亚灌木，半灌木；suf- ← sub- 亚，像，稍微（sub- 在字母 f 前同化为 suf-）；frutex 灌木；-osus/ -osum/ -osa 多的，充分的，丰富的，显著发育的，程度高的，特征明显的（形容词词尾）

Commelina undulata 波缘鸭跖草：undulatus =

undus + ulus + atus 略呈波浪状的，略弯曲的；undus/ undum/ unda 起波浪的，弯曲的；-ulus/ -ulum/ -ula 小的，略微的，稍微的（小词 -ulus 在字母 e 或 i 之后有多种变缀，即 -olus/ -olum/ -ola、-ellus/ -ellum/ -ella、-illus/ -illum/ -illa，与第一变格法和第二变格法名词形成复合词）；-atus/ -atum/ -ata 属于，相似，具有，完成（形容词词尾）

Commelinaceae 鸭跖草科（13-3：p69）：Commelina 鸭跖草属；-aceae（分类单位科的词尾，为 -aceus 的阴性复数主格形式，加到模式属的名称后或同义词的词干后以组成族群名称）

Commersonia 山麻树属（梧桐科）（49-2：p188）：commersonia ← Philibert Commerson（人名，1727–1773，法国博物学家、植物学家）

Commersonia bartramia 山麻树：bartramia ← John Bartram（人名，1699–1777，美国植物学家）

Commicarpus 黏腺果属（紫茉莉科）（26：p12）：commicarpus 联合果实的，果实黏连的；commia ← commi 橡胶（希腊语）；commissuralis/ commisura/ commisuris 结合的，黏着的，结合面；co- 联合，共同，合起来（拉丁语词首，为 cum- 的音变，表示结合、强化、完全，对应的希腊语为 syn-）；co- 的缀词音变有 co-/ com-/ con-/ col-/ cor-：co-（在 h 和元音字母前面），col-（在 l 前面），com-（在 b、m、p 之前），con-（在 c、d、f、g、j、n、qu、s、t 和 v 前面），cor-（在 r 前面）；missus/ missurus 结合，连接；carpus/ carpum/ carpa/ carpon ← carpos 果实（用于希腊语复合词）

Commicarpus chinensis 中花黏腺果：chinensis = china + ensis 中国的（地名）；China 中国

Commicarpus lantsangensis 澜沧黏腺果：lantsangensis 澜沧江的（地名，云南省）

Commiphora 没药属（没 mò）（橄榄科）（43-3：p17）：commiphora = commia + phorus 具树胶的，产树胶的；commia ← commi 橡胶（希腊语）；-phorus/ -phorum/ -phora 载体，承载物，支持物，带着，生着，附着（表示一个部分带着别的部分，包括起支撑或承载作用的柄、柱、托、囊等，如 gynophorum = gynus + phorum 雌蕊柄的，带有雌蕊的，承载雌蕊的）；gynus/ gynum/ gyna 雌蕊，子房，心皮

Commiphora myrrha 没药（没 mò）：myrrha/ murra 没药（古拉丁名，芳香树脂，可制作香料和防腐剂）

Compositae 菊科（74：p1）：compositae ← compositus 复合的，复生的，分枝的，化合的（表示头状花序由多个单花构成）；Compositae 为保留科名，其标准科名为 Asteraceae，来自模式属 Aster 紫菀属

Conandron 苦苣苔属（苣 jù）（苦苣苔科）（69：p136）：conandron 圆锥形雄蕊的（雄蕊聚集呈圆锥形）；conos 圆锥，尖塔；andros ← aner 雄蕊，花药，雄性

Conandron ramondioides 苦苣苔：ramondioides 像欧洲苣苔的；Ramondia 欧洲苣苔属（苦苣苔科）；ramondia（人名）；-oides/ -oideus/ -oideum/ -oidea/ -odes/ -eidos 像……的，类似……的，呈……状的（名词词尾）

Congea 绒苞藤属（马鞭草科）（65-1：p12）：congea 绒苞藤（印度土名）

Congea chinensis 华绒苞藤：chinensis = china + ensis 中国的（地名）；China 中国

Congea tomentosa 绒苞藤：tomentosus = tomentum + osus 绒毛的，密被绒毛的；tomentum 绒毛，浓密的毛被，棉絮，棉絮状填充物（被褥、垫子等）；-osus/ -osum/ -osa 多的，充分的，丰富的，显著发育的，程度高的，特征明显的（形容词词尾）

Coniferopsida 松柏纲：conifer = conus + fer 生球果的（指松柏类）；conus 圆锥体；-ferus/ -ferum/ -fera/ -fero/ -fere/ -fer 有，具有，产（区别：作独立词使用的 ferus 意思是"野生的"）；-opsida（分类单位纲的词尾）；classis 分类纲（位于门之下）

Coniogramme 凤丫蕨属（裸子蕨科）（3-1：p228）：coniogramme 线条状粉末的（孢子囊群无包膜覆盖，看似有序排列的粉末）；conio- ← conia/ conios 粉末的，粉尘的；gramme 线条

Coniogramme affinis 尖齿凤丫蕨：affinis = ad + finis 酷似的，近似的，有联系的；ad- 向，到，近（拉丁语词首，表示程度加强）；构词规则：构成复合词时，词首末尾的辅音字母常同化为紧接其后的那个辅音字母（如 ad + f → aff）；finis 界限，境界；affin- 相似，近似，相关

Coniogramme ankangensis 安康凤丫蕨：ankangensis 安康的（地名，陕西省）

Coniogramme caudata 骨齿凤丫蕨：caudatus = caudus + atus 尾巴的，尾巴状的，具尾的；caudus 尾巴

Coniogramme caudata var. caudata 骨齿凤丫蕨-原变种（词义见上面解释）

Coniogramme caudata var. salwinensis 怒江凤丫蕨：salwinensis 萨尔温江的（地名，怒江流入缅甸部分的名称）

Coniogramme caudiformis 尾尖凤丫蕨：caudi- ← cauda/ caudus/ caudum 尾巴；formis/ forma 形状

Coniogramme centro-chinensis 南岳凤丫蕨：centro-chinensis 华中的（地名）；centro-/ centr- ← centrum 中部的，中央的；chinensis = china + ensis 中国的（地名）；China 中国

Coniogramme centro-chinensis f. melanocaulis 乌柄凤丫蕨：mel-/ mela-/ melan-/ melano- ← melanus/ melaenus ← melas/ melanos 黑色的，浓黑色的，暗色的；caulis ← caulos 茎，茎秆，主茎

Coniogramme crenato-serrata 圆齿凤丫蕨：crenato-serrata 扇贝状齿的，圆齿的；crenatus = crena + atus 圆齿状的，具圆齿；crena 叶缘的圆齿；serratus = serrus + atus 有锯齿的；serrus 齿，锯齿

Coniogramme emeiensis 峨眉凤丫蕨：emeiensis 峨眉山的（地名，四川省）

Coniogramme emeiensis var. emeiensis 峨眉凤丫蕨-原变种（词义见上面解释）

Coniogramme emeiensis var. lancipinna 圆基凤丫蕨：lance-/ lancei-/ lanci-/ lanceo-/ lanc- ← lanceus 披针形的，矛形的，尖刀状的，柳叶刀状的；pinnus/ pennus 羽毛，羽状，羽片

Coniogramme emeiensis var. salicifolia 柳羽凤

C

丫蕨：salici ← Salix 柳属；构词规则：以 -ix/ -iex 结尾的词其词干末尾视为 -ic，以 -ex 结尾视为 -i/ -ic，其他以 -x 结尾视为 -c；folius/ folium/ folia 叶，叶片（用于复合词）

Coniogramme falcipinna 镰羽凤丫蕨：falci- ← falx 镰刀，镰刀形，镰刀状弯曲；构词规则：以 -ix/ -iex 结尾的词其词干末尾视为 -ic，以 -ex 结尾视为 -i/ -ic，其他以 -x 结尾视为 -c；pinnus/ pennus 羽毛，羽状，羽片

Coniogramme fraxinea 全缘凤丫蕨：fraxineus 像白蜡树的；Fraxinus 梣属（木樨科），白蜡树；-eus/ -eum/ -ea（接拉丁语词干时）属于……的，色如……的，质如……的（表示原料、颜色或品质的相似），（接希腊语词干时）属于……的，以……出名，为……所占有（表示具有某种特性）

Coniogramme fraxinea f. connexa 微齿凤丫蕨：connexus 连接的；connecto/ conecto 联合，结合

Coniogramme fraxinea f. fraxinea 有齿凤丫蕨-原变型 （词义见上面解释）

Coniogramme gigantea 大凤丫蕨：giganteus 巨大的；giga-/ gigant-/ giganti- ← gigantos 巨大的；-eus/ -eum/ -ea（接拉丁语词干时）属于……的，色如……的，质如……的（表示原料、颜色或品质的相似），（接希腊语词干时）属于……的，以……出名，为……所占有（表示具有某种特性）

Coniogramme guangdongensis 广东凤丫蕨：guangdongensis 广东的（地名）

Coniogramme guizhouensis 贵州凤丫蕨：guizhouensis 贵州的（地名）

Coniogramme intermedia 普通凤丫蕨：intermedius 中间的，中位的，中等的；inter- 中间的，在中间，之间；medius 中间的，中央的

Coniogramme intermedia var. glabra 无毛凤丫蕨：glabrus 光秃的，无毛的，光滑的

Coniogramme intermedia var. intermedia 普通凤丫蕨-原变种 （词义见上面解释）

Coniogramme intermedia var. pulchra 优美凤丫蕨：pulchrum 美丽，优雅，绮丽

Coniogramme japonica 凤丫蕨：japonica 日本的（地名）；-icus/ -icum/ -ica 属于，具有某种特性（常用于地名、起源、生境）

Coniogramme jinggangshanensis 井冈山凤丫蕨：jinggangshanensis 井冈山的（地名，江西省）

Coniogramme lanceolata 披针凤丫蕨：lanceolatus = lanceus + olus + atus 小披针形的，小柳叶刀的；lance-/ lancei-/ lanci-/ lanceo-/ lanc- ← lanceus 披针形的，矛形的，尖刀状的，柳叶刀状的；-olus ← -ulus 小，稍微，略微（-ulus 在字母 e 或 i 之后变成 -olus/ -ellus/ -illus）；-atus/ -atum/ -ata 属于，相似，具有，完成（形容词词尾）

Coniogramme lantsangensis 澜沧凤丫蕨：lantsangensis 澜沧江的（地名，云南省）

Coniogramme latibasis 阔基凤丫蕨：lati-/ late- ← latus 宽的，宽广的；basis 基部，基座

Coniogramme longissima 长羽凤丫蕨：longe-/ longi- ← longus 长的，纵向的；-issimus/ -issima/ -issimum 最，非常，极其（形容词最高级）

Coniogramme maxima 阔带凤丫蕨：maximus 最大的

Coniogramme merrillii 海南凤丫蕨：merrillii ← E. D. Merrill（人名，1876–1956，美国植物学家）

Coniogramme ovata 卵羽凤丫蕨：ovatus = ovus + atus 卵圆形的；ovus 卵，胚珠，卵形的，椭圆形的；-atus/ -atum/ -ata 属于，相似，具有，完成（形容词词尾）

Coniogramme petelotii 心基凤丫蕨：petelotii（人名）；-ii 表示人名，接在以辅音字母结尾的人名后面，但 -er 除外

Coniogramme procera 直角凤丫蕨：procerus 高的，有高度的，极高的

Coniogramme pseudorobusta 假黑轴凤丫蕨：pseudorobusta 像 robusta 的，假强壮的；pseudo-/ pseud- ← pseudos 假的，伪的，接近，相似（但不是）；Coniogramme robusta 黑轴凤丫蕨；robustus 大型的，结实的，健壮的，强壮的

Coniogramme robusta 黑轴凤丫蕨：robustus 大型的，结实的，健壮的，强壮的

Coniogramme robusta var. rependula 棕轴凤丫蕨：rependulus = repens + ulus 稍匍匐的；repens/ repentis/ repsi/ reptum/ repere/ repo 匍匐，爬行；re- 返回，相反，再次，重复，向后，回头；pandus 弯曲；-ulus/ -ulum/ -ula（表示趋向或动作）（小词 -ulus 在字母 e 或 i 之后有多种变缀，即 -olus/ -olum/ -ola、-ellus/ -ellum/ -ella、-illus/ -illum/ -illa，与第一变格法和第二变格法名词形成复合词）

Coniogramme robusta var. robusta 黑轴凤丫蕨-原变种 （词义见上面解释）

Coniogramme robusta var. splendens 黄轴凤丫蕨：splendens 有光泽的，发光的，漂亮的

Coniogramme rosthornii 乳头凤丫蕨：rosthornii ← Arthur Edler von Rosthorn（人名，19 世纪匈牙利驻北京大使）

Coniogramme rubescens 红秆凤丫蕨：rubescens = rubus + escens 红色，变红的；rubus ← ruber/ rubeo 树莓的，红色的；-escens/ -ascens 改变，转变，变成，略微，带有，接近，相似，大致，稍微（表示变化的趋势，并未完全相似或相同，有别于表示达到完成状态的 -atus）

Coniogramme rubicaulis 紫秆凤丫蕨：rubicaulis = rubus + caulis 红茎的；rubus ← ruber/ rubeo 树莓的，红色的；rubrus/ rubrum/ rubra/ ruber 红色的；caulis ← caulos 茎，茎秆，主茎

Coniogramme simillima 带羽凤丫蕨：simillimus 极相似的；similis/ simile 相似，相似的；similo 相似；-limus/ -lima/ -limum 最，非常，极其（以 -ilis 结尾的形容词最高级，将末尾的 -is 换成 l + imus，从而构成 -illimus）

Coniogramme simplicior 单网凤丫蕨：simplicior 更简单的，更单一的；构词规则：以 -ix/ -iex 结尾的词其词干末尾视为 -ic，以 -ex 结尾视为 -i/ -ic，其他以 -x 结尾视为 -c

Coniogramme sinensis 紫柄凤丫蕨：sinensis = Sina + ensis 中国的（地名）；Sina 中国

Coniogramme suprapilosa 上毛凤丫蕨：supra- 上

C

部的; pilosus = pilus + osus 多毛的, 被柔毛的, 具疏柔毛的, 被短弱细毛的; pilus 毛, 疏柔毛; -osus/ -osum/ -osa 多的, 充分的, 丰富的, 显著发育的, 程度高的, 特征明显的（形容词词尾）

Coniogramme taipaishanensis 太白山凤丫蕨: taipaishanensis 太白山的（地名, 陕西省）

Coniogramme taipeiensis 台北凤丫蕨: taipeiensis 太白的（地名, 陕西省, 有时拼写为"taipai", 而"太白"的规范拼音为"taibai"）, 台北的（地名, 属台湾省）

Coniogramme taiwanensis 台湾凤丫蕨: taiwanensis 台湾的（地名）

Coniogramme venusta 美丽凤丫蕨: venustus ← Venus 女神维纳斯的, 可爱的, 美丽的, 有魅力的

Coniogramme wilsonii 疏网凤丫蕨: wilsonii ← John Wilson（人名, 18 世纪英国植物学家）

Coniogramme xingrenensis 兴仁凤丫蕨: xingrenensis 兴仁的（地名, 贵州省）

Conioselinum 山芎属（芎 xiōng）（伞形科）（55-3: p2）: conioselinum 毒参和蛇床（指具有二属的共同特征, 介于二者之间）; Conium 毒参属; Selinum 亮蛇床属

Conioselinum chinense 山芎: chinense 中国的（地名）

Conioselinum morrisonense 台湾山芎: morrisonense 磨里山的（地名, 今台湾新高山）

Conioselinum vaginatum 鞘山芎: vaginatus = vaginus + atus 鞘, 具鞘的; vaginus 鞘, 叶鞘; -atus/ -atum/ -ata 属于, 相似, 具有, 完成（形容词词尾）

Conium 毒参属（参 shēn）（伞形科）（55-1: p206）: conium ← koneion 毒芹, 毒芹所含有的毒素（古拉丁名）

Conium maculatum 毒参: maculatus = maculus + atus 有小斑点的, 略有斑点的; maculus 斑点, 网眼, 小斑点, 略有斑点; -atus/ -atum/ -ata 属于, 相似, 具有, 完成（形容词词尾）

Connaraceae 牛栓藤科（38: p133）: Connarus 牛栓藤属; -aceae（分类单位科的词尾, 为 -aceus 的阴性复数主格形式, 加到模式属的名称后或同义词的词干后以组成族群名称）

Connarus 牛栓藤属（蔷薇科）（38: p144）: connarus ← konnaros（希腊语, 一种常青多刺的树）

Connarus paniculatus 牛栓藤: paniculatus = paniculus + atus 具圆锥花序的; paniculus 圆锥花序; panus 谷穗; panicus 野稗, 粟, 谷子; -atus/ -atum/ -ata 属于, 相似, 具有, 完成（形容词词尾）

Connarus yunnanensis 云南牛栓藤: yunnanensis 云南的（地名）

Conringia 线果芥属（十字花科）（33: p43）: conringia ← H. Conring（人名, 1606–1681, 德国医生、植物学家）

Conringia planisiliqua 线果芥: plani-/ plan- ← planus 平的, 扁平的; siliquus 角果的, 荚果的

Consolida 飞燕草属（毛茛科）（27: p462）: consolidus 凝固的, 实心的, 固体的, 确实的; co- 联合, 共同, 合起来（拉丁语词首, 为 cum- 的音变, 表示结合、强化、完全, 对应的希腊语为 syn-）;

co- 的缀词音变有 co-/ com-/ con-/ col-/ cor-: co-（在 h 和元音字母前面）, col-（在 l 前面）, com-（在 b、m、p 之前）, con-（在 c、d、f、g、j、n、qu、s、t 和 v 前面）, cor-（在 r 前面）; solidus 完全的, 实心的, 致密的, 坚固的, 结实的

Consolida ajacis 飞燕草: ajacis ← Ajax（人名, 特洛伊之战中的英雄）

Consolida rugulosa 凸脉飞燕草: rugulosus 被细皱纹的, 布满小皱纹的; rugus/ rugum/ ruga 褶皱, 皱纹, 皱缩; -ulosus = ulus + osus 小而多的; -ulus/ -ulum/ -ula 小的, 略微的, 稍微的（小词 -ulus 在字母 e 或 i 之后有多种变缀, 即 -olus/ -olum/ -ola、-ellus/ -ellum/ -ella、-illus/ -illum/ -illa, 与第一变格法和第二变格法名词形成复合词）; -osus/ -osum/ -osa 多的, 充分的, 丰富的, 显著发育的, 程度高的, 特征明显的（形容词词尾）

Convallaria 铃兰属（百合科）（15: p2）: convallaria 山谷里的百合; convallis 山谷, 谷地, 盆地, 流域, valle/ vallis 沟, 沟谷, 谷地; laria ← leirion 百合; co- 联合, 共同, 合起来（拉丁语词首, 为 cum- 的音变, 表示结合、强化、完全, 对应的希腊语为 syn-）; co- 的缀词音变有 co-/ com-/ con-/ col-/ cor-: co-（在 h 和元音字母前面）, col-（在 l 前面）, com-（在 b、m、p 之前）, con-（在 c、d、f、g、j、n、qu、s、t 和 v 前面）, cor-（在 r 前面）

Convallaria majalis 铃兰: majalis 五月开花的; Majus 五月的, 春季的; -aris（阳性、阴性）/ -are（中性）← -alis（阳性、阴性）/ -ale（中性）属于, 相似, 如同, 具有, 涉及, 关于, 联结于（将名词作形容词用, 其中 -aris 常用于以 l 或 r 为词干末尾的词）

Convolvulaceae 旋花科（64-1: p3）: Convolvulus 旋花属; -aceae（分类单位科的词尾, 为 -aceus 的阴性复数主格形式, 加到模式属的名称后或同义词的词干后以组成族群名称）

Convolvulus 旋花属（旋花科）（64-1: p52）: convolvulus 缠绕的, 拧劲的; convolvere 缠绕, 拧劲（动词）; volvus 缠绕, 旋卷

Convolvulus ammannii 银灰旋花: ammannii（人名）; -ii 表示人名, 接在以辅音字母结尾的人名后面, 但 -er 除外

Convolvulus arvensis 田旋花: arvensis 田里生的; arvum 耕地, 可耕地

Convolvulus bryoneae-folius 藓叶旋花: bryoneus 像苔藓的, 苔藓状的; bry-/ bryo- ← bryum/ bryon 苔藓, 苔藓状的（指窄细）; -eus/ -eum/ -ea（接拉丁语词干时）属于……的, 色如……的, 质如……的（表示原料、颜色或品质的相似）,（接希腊语词干时）属于……的, 以……出名, 为……所占有（表示具有某种特性）; folius/ folium/ folia → foli-/ folia- 叶, 叶片

Convolvulus fruticosus 灌木旋花: fruticosus/ frutesceus 灌丛状的; frutex 灌木; 构词规则: 以 -ix/ -iex 结尾的词其词干末尾视为 -ic, 以 -ex 结尾视为 -i/ -ic, 其他以 -x 结尾视为 -c; -osus/ -osum/ -osa 多的, 充分的, 丰富的, 显著发育的, 程度高的, 特征明显的（形容词词尾）

Convolvulus gortschakovii 鹰爪柴: gortschakovii

（人名）；-ii 表示人名，接在以辅音字母结尾的人名后面，但 -er 除外

Convolvulus lineatus 线叶旋花：lineatus = lineus + atus 具线的，线状的，呈亚麻状的；lineus = linum + eus 线状的，丝状的，亚麻状的；linum ← linon 亚麻，线（古拉丁名）；-atus/ -atum/ -ata 属于，相似，具有，完成（形容词词尾）

Convolvulus pseudocantabrica 直立旋花：pseudocantabrica 像 cantabrica 的；pseudo-/ pseud- ← pseudos 假的，伪的，接近，相似（但不是）；Convolvulus cantabrica 坎塔布里旋花；cantabrica 坎塔布里亚山的（地名，西班牙）

Convolvulus steppicola 草坡旋花：steppicolus = steppa + colus 生于草原的；steppa 草原

Convolvulus tragacanthoides 刺旋花：Tragacantha → Astragalus 黄芪属（豆科）；-oides/ -oideus/ -oideum/ -oidea/ -odes/ -eidos 像……的，类似……的，呈……状的（名词词尾）

（另见 Eschenbachia）（菊科）（74：p339）**Conyza** 白酒草属（另见 Eschenbachia）（菊科）（74：p339）：conyza 疥癣（希腊语，一种剧臭植物名）

Conyza aegyptiaca 埃及白酒草：aegyptiaca 埃及的（地名）

Conyza blinii 熊胆草：blinii（人名）；-ii 表示人名，接在以辅音字母结尾的人名后面，但 -er 除外

Conyza bonariensis 香丝草（另见 Erigeron bonariensis）：bonariensis 布宜诺斯艾利斯的（地名，阿根廷）

Conyza canadensis 小蓬草（另见 Erigeron canadensis）：canadensis 加拿大的（地名）

Conyza japonica 白酒草：japonica 日本的（地名）；-icus/ -icum/ -ica 属于，具有某种特性（常用于地名、起源、生境）

Conyza leucantha 黏毛白酒草：leuc-/ leuco- ← leucus 白色的（如果和其他表示颜色的词混用则表示淡色）；anthus/ anthum/ antha/ anthe ← anthos 花（用于希腊语复合词）

Conyza muliensis 木里白酒草：muliensis 木里的（地名，四川省）

Conyza perennis 宿根白酒草：perennis/ perenne = perennans + anus 多年生的；per-（在 l 前面音变为 pel-）极，很，颇，甚，非常，完全，通过，遍及（表示效果加强，与 sub- 互为反义词）；annus 一年的，每年的，一年生的

Conyza stricta 劲直白酒草（劲 jìng）：strictus 直立的，硬直的，笔直的，彼此靠拢的

Conyza stricta var. pinnatifida 羽裂劲直白酒草：pinnatifidus = pinnatus + fidus 羽状中裂的；pinnatus = pinnus + atus 羽状的，具羽的；pinnus/ pennus 羽毛，羽状，羽片；fidus ← findere 裂开，分裂（裂深不超过 1/3，常作词尾）

Conyza stricta var. stricta 劲直白酒草-原变种（词义见上面解释）

Conyza sumatrensis 苏门白酒草（另见 Erigeron sumatrensis）：sumatrensis 苏门答腊的（地名，印度尼西亚）

Coptis 黄连属（毛茛科）（27：p592）：coptis ← coptein 切割（指根和茎可作切片供药用，另一解释

为指叶片有裂）

Coptis chinensis 黄连：chinensis = china + ensis 中国的（地名）；China 中国

Coptis chinensis var. brevisepala 短萼黄连：brevi- ← brevis 短的（用于希腊语复合词词首）；sepalus/ sepalum/ sepala 萼片（用于复合词）

Coptis deltoidea 三角叶黄连：deltoideus/ deltoides 三角形的，正三角形的；delta 三角；-oides/ -oideus/ -oideum/ -oidea/ -odes/ -eidos 像……的，类似……的，呈……状的（名词词尾）

Coptis omeiensis 峨眉黄连：omeiensis 峨眉山的（地名，四川省）

Coptis quinquefolia 五叶黄连：quin-/ quinqu-/ quinque-/ quinqui- 五，五数（希腊语为 penta-）；folius/ folium/ folia 叶，叶片（用于复合词）

Coptis quinquesecta 五裂黄连：quin-/ quinqu-/ quinque-/ quinqui- 五，五数（希腊语为 penta-）；sectus 分段的，分节的，切开的，分裂的

Coptis teeta 云南黄连：teeta（词源不详）

Coptosapelta 流苏子属（茜草科）（71-1：p235）：coptos ← koptos 切成小块的（希腊语）；peltus ← pelte 盾片，小盾片，盾形的

Coptosapelta diffusa 流苏子：diffusus = dis + fusus 蔓延的，散开的，扩展的，渗透的（dis- 在辅音字母前发生同化）；fusus 散开的，松散的，松弛的；di-/ dis- 二，二数，二分，分离，不同，在……之间，从……分开（希腊语，拉丁语为 bi-/ bis-）

Corallodiscus 珊瑚苣苔属（苦苣苔科）（69：p233）：corallo- 珊瑚状的；discus 碟子，盘子，圆盘

Corallodiscus bullatus 泡状珊瑚苣苔（泡 pào）：bullatus = bulla + atus 泡状的，膨胀的；bulla 球，水泡，凸起；-atus/ -atum/ -ata 属于，相似，具有，完成（形容词词尾）

Corallodiscus conchaefolius 小石花：conchaefolius 贝壳状叶的（注：复合词中将前段词的词尾变成 i 而不是所有格，故该词宜改为 "conchaefolius"）；conchus 贝壳，贝壳的；folius/ folium/ folia 叶，叶片（用于复合词）

Corallodiscus cordatulus 珊瑚苣苔：cordatulus = cordatus + ulus 心形的，略呈心形的；cordatus ← cordis/ cor 心脏的，心形的；-ulus/ -ulum/ -ula 小的，略微的，稍微的（小词 -ulus 在字母 e 或 i 之后有多种变缀，即 -olus/ -olum/ -ola、-ellus/ -ellum/ -ella、-illus/ -illum/ -illa，与第一变格法和第二变格法名词形成复合词）

Corallodiscus flabellatus 石花：flabellatus = flabellus + atus 扇形的；flabellus 扇子，扇形的

Corallodiscus flabellatus var. flabellatus 石花-原变种 （词义见上面解释）

Corallodiscus flabellatus var. leiocalyx 光萼石花：lei-/ leio-/ lio- ← leius ← leios 光滑的，平滑的；calyx → calyc- 萼片（用于希腊语复合词）

Corallodiscus flabellatus var. luteus 黄花石花：luteus 黄色的

Corallodiscus flabellatus var. puberulus 锈毛石花：puberulus = puberus + ulus 略被柔毛的，被微柔毛的；puberus 多毛的，毛茸茸的；-ulus/ -ulum/ -ula 小的，略微的，稍微的（小词 -ulus 在字母 e 或

C

i 之后有多种变缀，即 -olus/ -olum/ -ola、-ellus/ -ellum/ -ella、-illus/ -illum/ -illa，与第一变格法和第二变格法名词形成复合词）

Corallodiscus flabellatus var. sericeus 绢毛石花（绢 juàn）：sericeus 绢丝状的；sericus 绢丝的，绢毛的，赛尔人的（Ser 为印度一民族）；-eus/ -eum/ -ea（接拉丁语词干时）属于……的，色如……的，质如……的（表示原料、颜色或品质的相似），（接希腊语词干时）属于……的，以……出名，为……所占有（表示具有某种特性）

Corallodiscus kingianus 卷丝苣苔：kingianus ← Captain Phillip Parker King（人名，19 世纪澳大利亚海岸测量师）

Corallodiscus lanuginosa 西藏珊瑚苣苔：lanuginosus = lanugo + osus 具绵毛的，具柔毛的；lanugo = lana + ugo 绒毛（lanugo 的词干为 lanugin-）；词尾为 -go 的词其词干末尾视为 -gin；lana 羊毛，绵毛

Corallodiscus patens 多花珊瑚苣苔：patens 开展的（呈 90°），伸展的，传播的，飞散的；patentius 开展的，伸展的，传播的，飞散的

Corallodiscus plicatus 长柄珊瑚苣苔：plicatus = plex + atus 折扇状的，有沟的，纵向折叠的，棕榈叶状的（= plicativus）；plex/ plica 褶，折扇状，卷折（plex 的词干为 plic-）；plico 折叠，出褶，卷折

Corallodiscus plicatus var. lineatus 短柄珊瑚苣苔：lineatus = lineus + atus 具线的，线状的，呈亚麻状的；lineus = linum + eus 线状的，丝状的，亚麻状的；linum ← linon 亚麻，线（古拉丁名）；-atus/ -atum/ -ata 属于，相似，具有，完成（形容词词尾）

Corallodiscus plicatus var. plicatus 长柄珊瑚苣苔-原变种（词义见上面解释）

Corallodiscus taliensis 大理珊瑚苣苔：taliensis 大理的（地名，云南省）

Corallorhiza 珊瑚兰属（兰科）（18：p172）：corallorhiza 珊瑚状根的（缀词规则：-rh- 接在元音字母后面构成复合词时要变成 -rrh-，故该属名宜改为"Corallorrhiza"）；corallo- 珊瑚状的；rhizus 根，根状茎

Corallorhiza trifida 珊瑚兰：trifidus 三深裂的；tri-/ tripli-/ triplo- 三个，三数；fidus ← findere 裂开，分裂（裂深不超过 1/3，常作词尾）

Corchoropsis 田麻属（椴树科）（49-1：p81）：Corchorus 黄麻属（椴树科）；-opsis/ -ops 相似，稍微，带有

Corchoropsis psilocarpa 光果田麻：psil-/ psilo- ← psilos 平滑的，光滑的；carpus/ carpum/ carpa/ carpon ← carpos 果实（用于希腊语复合词）

Corchoropsis tomentosa 田麻：tomentosus = tomentum + osus 绒毛的，密被绒毛的；tomentum 绒毛，浓密的毛被，棉絮，棉絮状填充物（被褥、垫子等）；-osus/ -osum/ -osa 多的，充分的，丰富的，显著发育的，程度高的，特征明显的（形容词词尾）

Corchorus 黄麻属（椴树科）（49-1：p78）：corchorus ← korchoros（希腊语名，一种苦味的植物）

Corchorus aestuans 甜麻：aestuans 摆动的，火焰状的

Corchorus aestuans var. aestuans 甜麻-原变种（词义见上面解释）

Corchorus aestuans var. brevicaulis 短茎甜麻：brevi- ← brevis 短的（用于希腊语复合词词首）；caulis ← caulos 茎，茎秆，主茎

Corchorus capsularis 黄麻：capsularis 蒴果的，蒴果状的；-aris（阳性、阴性）/ -are（中性）← -alis（阳性、阴性）/ -ale（中性）属于，相似，如同，具有，涉及，关于，联结于（将名词作形容词用，其中 -aris 常用于以 l 或 r 为词干末尾的词）

Corchorus olitorius 长蒴黄麻：olitorius 菜园里的，厨房里的；olitor 菜农，-ius/ -ium/ -ia 具有……特性的（表示有关、关联、相似）

Cordia 破布木属（紫草科）（64-2：p7）：cordia ← Valerius Cordus（人名，1515–1544，德国植物学家）

Cordia cochinchinensis 越南破布木：cochinchinensis ← Cochinchine 南圻的（历史地名，即今越南南部及其周边国家和地区）

Cordia cumingiana 台湾破布木：cumingiana ← Hugh Cuming（人名，19 世纪英国贝类专家、植物学家）

Cordia dichotoma 破布木：dichotomus 二叉分歧的，分离的；dicho-/ dicha- 二分的，二歧的；di-/ dis- 二，二数，二分，分离，不同，在……之间，从……分开（希腊语，拉丁语为 bi-/ bis-）；cho-/ chao- 分开，割裂，离开；tomus ← tomos 小片，片段，卷册（书）

Cordia furcans 二叉破布木（叉 chā）：furcans 叉子状的，分叉的；furcus 叉子，叉子状的，分叉的

Cordia myxa 毛叶破布木：myxa 黏液；myx-/ myxo- 黏液状的，黏的

Cordia subcordata 橙花破布木：subcordatus 近心形的；sub-（表示程度较弱）与……类似，几乎，稍微，弱，亚，之下，下面；cordatus ← cordis/ cor 心脏的，心形的；-atus/ -atum/ -ata 属于，相似，具有，完成（形容词词尾）

Cordyline 朱蕉属（百合科）（14：p273）：cordyle 棍棒，肿瘤（指某些种类具肉质根）

Cordyline fruticosa 朱蕉：fruticosus/ frutesceus 灌丛状的；frutex 灌木；构词规则：以 -ix/ -iex 结尾的词其词干末尾视为 -ic，以 -ex 结尾视为 -i/ -ic，其他以 -x 结尾视为 -c；-osus/ -osum/ -osa 多的，充分的，丰富的，显著发育的，程度高的，特征明显的（形容词词尾）

Coreopsis 金鸡菊属（菊科）（75：p364）：core ← coris 臭虫（指瘦果形状）；-opsis/ -ops 相似，稍微，带有

Coreopsis basalis 多花金鸡菊：basalis 基部的，基生的；basis 基部，基座

Coreopsis drummondii 金鸡菊：drummondii ← Thomas Drummond（人名，19 世纪英国博物学家）

Coreopsis grandiflora 大花金鸡菊：grandi- ← grandis 大的；florus/ florum/ flora ← flos 花（用于复合词）

Coreopsis lanceolata 剑叶金鸡菊：lanceolatus = lanceus + olus + atus 小披针形的，小柳叶刀的；lance-/ lancei-/ lanci-/ lanceo-/ lanc- ← lanceus 披

针形的，矛形的，尖刀状的，柳叶刀状的；-olus ←
-ulus 小，稍微，略微（-ulus 在字母 e 或 i 之后变成
-olus/ -ellus/ -illus）；-atus/ -atum/ -ata 属于，相
似，具有，完成（形容词词尾）

Coreopsis major 大叶金鸡菊：major 较大的，更大
的（majus 的比较级）；majus 大的，巨大的

Coreopsis tinctoria 两色金鸡菊：tinctorius =
tinctorus + ius 属于染色的，属于着色的，属于染
料的；tingere/ tingo 浸泡，浸染；tinctorus 染色，
着色，染料；tinctus 染色的，彩色的；-ius/ -ium/
-ia 具有……特性的（表示有关、关联、相似）

Coreopsis tripteris 三叶金鸡菊：tri-/ tripli-/
triplo- 三个，三数；pteris ← pteryx 翅，翼，蕨类
（希腊语）

Coreopsis verticillata 轮叶金鸡菊：verticillatus/
verticillaris 螺纹的，螺旋的，轮生的，环状的；
verticillus 轮，环状排列

Coriandrum 芫荽属（芫荽 yán suī）（香菜，伞形
科）（55-1: p87）：coriandrum 臭虫状雄蕊的（比喻
气味像臭虫一样浓烈）；coris 臭虫；andrum ←
andros（希腊语）= antherus 雄蕊的，花药的（另
一解释为 andrum 来自 annon 茴芹种子，指有浓烈
气味）

Coriandrum sativum 芫荽：sativus 栽培的，种植
的，耕地的，耕作的

Coriaria 马桑属（马桑科）（45-1: p63）：coriarius 皮
革的，革质的，含鞣料的，含黄色物质的（指植物体
中含单宁）；corius 皮革的，革质的；-arius/ -arium/
-aria 相似，属于（表示地点，场所，关系，所属）

Coriaria intermedia 台湾马桑：intermedius 中间
的，中位的，中等的；inter- 中间的，在中间，之间；
medius 中间的，中央的

Coriaria nepalensis 马桑：nepalensis 尼泊尔的
（地名）

Coriaria terminalis 草马桑：terminalis 顶端的，顶
生的，末端的；terminus 终结，限界；terminate 使
终结，设限界

Coriariaceae 马桑科（45-1: p62）：Coriaria 马桑属；
-aceae（分类单位科的词尾，为 -aceus 的阴性复数
主格形式，加到模式属的名称后或同义词的词干后
以组成族群名称）

Corispermum 虫实属（藜科）（25-2: p50）：
corispermum 种子像臭虫的（指种子形状或颜色）；
coris 臭虫；spermus/ spermum/ sperma 种子的
（用于希腊语复合词）

Corispermum candelabrum 烛台虫实：
candelabrus 分枝烛台的，分枝灯架的

Corispermum chinganicum 兴安虫实：
chinganicum 兴安的（地名，大兴安岭或小兴安岭）

Corispermum chinganicum var. chinganicum
兴安虫实-原变种 （词义见上面解释）

Corispermum chinganicum var. stellipile 毛果
兴安虫实：stella 星状的；pile 毛

Corispermum confertum 密穗虫实：confertus
密集的

Corispermum declinatum 绳虫实：declinatus 下
弯的，下倾的，下垂的；declin- 下弯的，下倾的，
下垂的；de- 向下，向外，从……，脱离，脱落，离

开，去掉；clino/ clinare 倾斜；-atus/ -atum/ -ata
属于，相似，具有，完成（形容词词尾）

Corispermum declinatum var. declinatum 绳虫
实-原变种 （词义见上面解释）

Corispermum declinatum var. tylocarpum 毛果
绳虫实：tylocarpus 疣果的；tylo- ← tylos 凸起，结
节，疣，块，脊背；carpus/ carpum/ carpa/
carpon ← carpos 果实（用于希腊语复合词）

Corispermum dilutum 辽西虫实：dilutus 纤弱的，
薄的，淡色的，萎缩的（反义词：sturatus 深色的，
浓重的，充分的，丰富的，饱和的）

Corispermum dilutum var. dilutum 辽西虫实-原
变种 （词义见上面解释）

Corispermum dilutum var. hebecarpum 毛果辽
西虫实：hebe- 柔毛；carpus/ carpum/ carpa/
carpon ← carpos 果实（用于希腊语复合词）

Corispermum dutreuilii 粗喙虫实：dutreuilii（人
名）；-ii 表示人名，接在以辅音字母结尾的人名后
面，但 -er 除外

Corispermum elongatum 长穗虫实：elongatus 伸
长的，延长的；elongare 拉长，延长；longus 长的，
纵向的；e-/ ex- 不，无，非，缺乏，不具有（e- 用在
辅音字母前，ex- 用在元音字母前，为拉丁语词首，
对应的希腊语词首为 a-/ an-，英语为 un-/ -less，注
意作词首用的 e-/ ex- 和介词 e/ ex 意思不同，后者
意为"出自、从……、由……离开、由于、依照"）

Corispermum falcatum 镰叶虫实：falcatus =
falx + atus 镰刀的，镰刀状的；falx 镰刀，镰刀形，
镰刀状弯曲；构词规则：以 -ix/ -iex 结尾的词其词
干末尾视为 -ic，以 -ex 结尾视为 -i/ -ic，其他以 -x
结尾视为 -c；-atus/ -atum/ -ata 属于，相似，具有，
完成（形容词词尾）

Corispermum heptapotamicum 中亚虫实：
hepta- 七（希腊语，拉丁语为 septem-/ sept-/
septi-）；potamicus 河流的，河中生长的；
potamus ← potamos 河流；-icus/ -icum/ -ica 属于，
具有某种特性（常用于地名、起源、生境）

Corispermum huanghoense 黄河虫实：
huanghoense 黄河的（地名）

Corispermum lehmannianum 倒披针叶虫实：
lehmannianum ← Johann Georg Christian
Lehmann（人名，19 世纪德国植物学家）

Corispermum lepidocarpum 鳞果虫实：lepido- ←
lepis 鳞片，鳞片状（lepis 词干视为 lepid-，后接辅
音字母时通常加连接用的"o"，故形成"lepido-"）；
lepido- ← lepidus 美丽的，典雅的，整洁的，装饰
华丽的；carpus/ carpum/ carpa/ carpon ← carpos
果实（用于希腊语复合词）；注：构词成分 lepid-/
lepdi-/ lepido- 需要根据植物特征翻译成"秀丽"或
"鳞片"

Corispermum lhasaense 拉萨虫实：lhasaense 拉萨
的（地名，西藏自治区）

Corispermum macrocarpum 大果虫实：macro-/
macr- ← macros 大的，宏观的（用于希腊语复合
词）；carpus/ carpum/ carpa/ carpon ← carpos 果
实（用于希腊语复合词）

Corispermum macrocarpum var.
macrocarpum 大果虫实-原变种 （词义见上面

C

·341·

解释）

Corispermum macrocarpum var. rubrum 毛大果虫实：rubrus/ rubrum/ rubra/ ruber 红色的

Corispermum mongolicum 蒙古虫实：mongolicum 蒙古的（地名）；mongolia 蒙古的（地名）；-icus/ -icum/ -ica 属于，具有某种特性（常用于地名、起源、生境）

Corispermum orientale 东方虫实：orientale/ orientalis 东方的；oriens 初升的太阳，东方

Corispermum pamiricum 帕米尔虫实：pamiricum 帕米尔的（地名，中亚东南部高原，跨塔吉克斯坦、中国、阿富汗）；-icus/ -icum/ -ica 属于，具有某种特性（常用于地名、起源、生境）

Corispermum pamiricum var. pamiricum 帕米尔虫实-原变种 （词义见上面解释）

Corispermum pamiricum var. pilocarpum 毛果帕米尔虫实：pilus 毛，疏柔毛；carpus/ carpum/ carpa/ carpon ← carpos 果实（用于希腊语复合词）

Corispermum patelliforme 碟果虫实：patellaris 小圆盘状的，小碗状的；patellus = patus + ellus 小碟子，小碗，杯状体（指浅而接近平面状）；patus 展开的，伸展的；forme/ forma 形状

Corispermum platypterum 宽翅虫实：platys 大的，宽的（用于希腊语复合词）；pterus/ pteron 翅，翼，蕨类

Corispermum praecox 早熟虫实（熟 shú）：praecox 早期的，早熟的，早开花的；prae- 先前的，前面的，在先的，早先的，上面的，很，十分，极其；-cox 成熟，开花，出生

Corispermum pseudofalcatum 假镰叶虫实：pseudofalcatum 像 falcatum 的，近似镰刀形的；pseudo-/ pseud- ← pseudos 假的，伪的，接近，相似（但不是）；Corispermum falcatum 镰叶虫实；falcatus = falx + atus 镰刀的，镰刀状的；构词规则：以 -ix/ -iex 结尾的词其词干末尾视为 -ic，以 -ex 结尾视为 -i/ -ic，其他以 -x 结尾视为 -c；-atus/ -atum/ -ata 属于，相似，具有，完成（形容词词尾）

Corispermum puberulum 软毛虫实：puberulus = puberus + ulus 略被柔毛的，被微柔毛的；puberus 多毛的，毛茸茸的；-ulus/ -ulum/ -ula 小的，略微的，稍微的（小词 -ulus 在字母 e 或 i 之后有多种变缀，即 -olus/ -olum/ -ola、-ellus/ -ellum/ -ella、-illus/ -illum/ -illa，与第一变格法和第二变格法名词形成复合词）

Corispermum puberulum var. ellipsocarpum 光果软毛虫实：ellipso 椭圆形的；carpus/ carpum/ carpa/ carpon ← carpos 果实（用于希腊语复合词）

Corispermum puberulum var. puberulum 软毛虫实-原变种 （词义见上面解释）

Corispermum retortum 扭果虫实：retortus 后面拧劲的，外侧螺旋状的；re- 返回，相反，再次，重复，向后，回头；tortus 拧劲，捻，扭曲

Corispermum stauntonii 华虫实：stauntonii ← George Leonard Staunton （人名，18 世纪首任英国驻中国大使秘书）

Corispermum stenolepis 细苞虫实：sten-/ steno- ← stenus 窄的，狭的，薄的；lepis/ lepidos 鳞片

Corispermum stenolepis var. psilocarpum 光果细苞虫实：psil-/ psilo- ← psilos 平滑的，光滑的；carpus/ carpum/ carpa/ carpon ← carpos 果实（用于希腊语复合词）

Corispermum stenolepis var. stenolepis 细苞虫实-原变种 （词义见上面解释）

Corispermum tibeticum 藏虫实（藏 zàng）：tibeticum 西藏的（地名）

Cornaceae 山茱萸科（56：p1）：Cornus 山茱萸属；-aceae （分类单位科的词尾，为 -aceus 的阴性复数主格形式，加到模式属的名称后或同义词的词干后以组成族群名称）

Cornopteris 角蕨属（蹄盖蕨科）（3-2：p349）：cornopteris 角状的蕨；corno- ← cornus 犄角的，兽角的，兽角般坚硬的；pteris ← pteryx 翅，翼，蕨类（希腊语）

Cornopteris approximata 密羽角蕨：approximatus = ad + proximus + atus 接近的，近似的，靠紧的（ad + p 同化为 app）；ad- 向，到，近（拉丁语词首，表示程度加强）；构词规则：构成复合词时，词首末尾的辅音字母常同化为紧接其后的那个辅音字母（如 ad + p → app）；proximus 接近的，近的

Cornopteris badia 复叶角蕨：badius 栗色的，咖啡色的，棕色的

Cornopteris badia f. badia 复叶角蕨-原变型 （词义见上面解释）

Cornopteris badia f. quadripinnatifida 毛复叶角蕨：quadri-/ quadr- 四，四数（希腊语为 tetra-/ tetr-）；pinnatifidus = pinnatus + fidus 羽状中裂的；pinnatus = pinnus + atus 羽状的，具羽的；pinnus/ pennus 羽毛，羽状，羽片；fidus ← findere 裂开，分裂（裂深不超过 1/3，常作词尾）

Cornopteris banahaoensis 溪生角蕨：banahaoensis （为 "banajaoensis" 的误拼）；banahaoensis 巴纳豪火山的（地名，菲律宾吕宋岛）

Cornopteris christenseniana 尖羽角蕨：christenseniana ← Karl Christensen （人名，蕨类分类专家）

Cornopteris decurrenti-alata 角蕨：decurrenti-alata 具下延翼的；decurrentus 下延的；alatus → ala-/ alat-/ alati-/ alato- 翅，具翅的，具翼的

Cornopteris decurrenti-alata f. decurrenti-alata 角蕨-原变型 （词义见上面解释）

Cornopteris decurrenti-alata f. pilosella 毛叶角蕨（种加词有时错印为 "pillosella"）（词义见上面解释）

Cornopteris latibasis 阔基角蕨：lati-/ late- ← latus 宽的，宽广的；basis 基部，基座

Cornopteris latiloba 阔片角蕨：lati-/ late- ← latus 宽的，宽广的；lobus/ lobos/ lobon 浅裂，耳片（裂片先端钝圆），荚果，蒴果

Cornopteris major 大叶角蕨：major 较大的，更大的（majus 的比较级）；majus 大的，巨大的

Cornopteris omeiensis 峨眉角蕨：omeiensis 峨眉山的（地名，四川省）

C

Cornopteris opaca 黑叶角蕨：opacus 不透明的，暗的，无光泽的

Cornopteris opaca f. glabrescens 变光黑叶角蕨：glabrus 光秃的，无毛的，光滑的；-escens/ -ascens 改变，转变，变成，略微，带有，接近，相似，大致，稍微（表示变化的趋势，并未完全相似或相同，有别于表示达到完成状态的 -atus）

Cornopteris opaca f. opaca 黑叶角蕨-原变型 （词义见上面解释）

Cornopteris pseudofluvialis 滇南角蕨：pseudofluvialis 像 fluvialis 的；pseudo-/ pseud- ← pseudos 假的，伪的，接近，相似（但不是）；Cornopteris fluvialis 溪流角蕨；fluvialis 河溪的，溪流的，河川的（指生境）

Cornulaca 单刺蓬属（藜科）（25-2：p136）：cornulaca 角质不足的（指刺不发达）；cornus 角，犄角，兽角，角质，角质般坚硬；laco 不足

Cornulaca alaschanica 阿拉善单刺蓬：alaschanica 阿拉善的（地名，内蒙古最西部）

Cornus 山茱萸属（见灯台树属 Bothrocaryum）（茱萸 zhū yú）（山茱萸科）（56：p83）：cornus 角，犄角，兽角，角质，角质般坚硬

Cornus chinensis 川鄂山茱萸：chinensis = china + ensis 中国的（地名）；China 中国

Cornus officinalis 山茱萸：officinalis/ officinale 药用的，有药效的；officina ← opificina 药店，仓库，作坊

Coronilla 小冠花属（豆科）（冠 guān）（42-2：p228）：coronilla = cornus + ulus 小皇冠，小花冠；cornus 角，犄角，兽角，角质，角质般坚硬；-ellus/ -ellum/ -ella ← -ulus 小的，略微的，稍微的（小词 -ulus 在字母 e 或 i 之后有多种变缀，即 -olus/ -olum/ -ola、-ellus/ -ellum/ -ella、-illus/ -illum/ -illa，用于第一变格法名词）

Coronilla buxifolia （黄杨叶小冠花）：buxifolia 黄杨叶的；Buxus 黄杨属（黄杨科）；folius/ folium/ folia 叶，叶片（用于复合词）

Coronilla emerus 蝎子游那（游 zhān）：emerus ← emereo 令人喜爱的，令人愉悦的

Coronilla varia 绣球小冠花：varius = varus + ius 各种各样的，不同的，多型的，易变的；varus 不同的，变化的，外弯的，凸起的；-ius/ -ium/ -ia 具有……特性的（表示有关、关联、相似）

Coronopus 臭荠属（荠 jì）（十字花科）（33：p58）：coronopus 鸟足状的（指叶片分裂形式）；corono- ← korone（一种鸟）；-pus ← pous 腿，足，爪，柄，茎

Coronopus didymus 臭荠：didymus 成对的，孪生的，两个联合的，二裂的；关联词：tetradidymus 四对的，tetradymus 四细胞的，tetradidynamus 四强雄蕊的，didynamus 二强雄蕊的

Coronopus integrifolius 单叶臭荠：integer/ integra/ integrum → integri- 完整的，整个的，全缘的；folius/ folium/ folia 叶，叶片（用于复合词）

Cortaderia 蒲苇属（禾本科）（9-2：p19）：cortaderia 切割，刀切（阿根廷土名）

Cortaderia selloana 蒲苇：selloana ← Friedrich Sello（Sellow）（人名，19 世纪初德国探险家，曾在南美洲采集标本）

Cortia 喜峰芹属（伞形科）（55-2：p267）：cortia ← cortex 木栓皮，树皮

Cortia depressa 喜峰芹：depressus 凹陷的，压扁的；de- 向下，向外，从……，脱离，脱落，离开，去掉；pressus 压，压力，挤压，紧密

Cortiella 栓果芹属（伞形科）（55-2：p265）：cortiella 略带木栓的；corti- ← cortex 木栓皮，树木；-ellus/ -ellum/ -ella ← -ulus 小的，略微的，稍微的（小词 -ulus 在字母 e 或 i 之后有多种变缀，即 -olus/ -olum/ -ola、-ellus/ -ellum/ -ella、-illus/ -illum/ -illa，用于第一变格法名词）

Cortiella caespitosa 宽叶栓果芹：caespitosus = caespitus + osus 明显成簇的，明显丛生的；caespitus 成簇的，丛生的；-osus/ -osum/ -osa 多的，充分的，丰富的，显著发育的，程度高的，特征明显的（形容词词尾）

Cortiella hookeri 栓果芹：hookeri ← William Jackson Hooker（人名，19 世纪英国植物学家）；-eri 表示人名，在以 -er 结尾的人名后面加上 i 形成

Cortusa 假报春属（报春花科）（59-1：p138）：cortusa ← Jacobi Antonio Cortusi（人名，1513–1593，意大利植物学家）

Cortusa matthioli 假报春：Matthiola 紫罗兰属（十字花科）

Cortusa matthioli subsp. matthioli 假报春-原亚种 （词义见上面解释）

Cortusa matthioli subsp. pekinensis 河北假报春：pekinensis 北京的（地名）

Corybas 铠兰属（兰科）（17：p232）：corybas 醉汉（醉汉点头状，来自以癫狂著称的神父 Korybantes）

Corybas sinii 铠兰：sinii（人名）；-ii 表示人名，接在以辅音字母结尾的人名后面，但 -er 除外

Corybas taiwanensis 台湾铠兰：taiwanensis 台湾的（地名）

Corybas taliensis 大理铠兰：taliensis 大理的（地名，云南省）

Corydalis 紫堇属（罂粟科）（32：p96）：corydalis ← korydallis 一种具有冠毛的云雀（希腊语，比喻花的长距）

Corydalis acropteryx 顶冠黄堇：acropteryx 顶端具翅的；acr-/ acro- ← acros 顶尖，顶端，尖头，在顶尖的，辛辣，酸的；pteris ← pteryx 翅，翼，蕨类（希腊语）

Corydalis acuminata 川东紫堇：acuminatus = acumen + atus 锐尖的，渐尖的；acumen 渐尖头；-atus/ -atum/ -ata 属于，相似，具有，完成（形容词词尾）

Corydalis acuminata subsp. acuminata 川东紫堇-原变种 （词义见上面解释）

Corydalis acuminata subsp. hupehensis 湖北紫堇：hupehensis 湖北的（地名）

Corydalis adiantifolia 铁钱蕨叶黄堇：adiantifolia 像铁线蕨叶子的；Adiantum 铁线蕨属；folius/ folium/ folia 叶，叶片（用于复合词）

Corydalis adoxifolia 东义紫堇：Adoxa 五福花属（五福花科）；folius/ folium/ folia 叶，叶片（用于复合词）

C

Corydalis adrienii 美丽紫堇：adrienii（人名）；-ii 表示人名，接在以辅音字母结尾的人名后面，但 -er 除外

Corydalis adunca 灰绿黄堇：aduncus 钩状弯曲的；ad- 向，到，近（拉丁语词首，表示程度加强）；uncus 钩，倒钩刺

Corydalis adunca subsp. adunca 灰绿黄堇-原亚种（词义见上面解释）

Corydalis adunca subsp. microsperma 滇西灰绿黄堇：micr-/ micro- ← micros 小的，微小的，微观的（用于希腊语复合词）；spermus/ spermum/ sperma 种子的（用于希腊语复合词）

Corydalis adunca subsp. scaphopetala 帚枝灰绿黄堇：scaphopetalus 船形花瓣的；scaphus 小船，小船形的；petalus/ petalum/ petala ← petalon 花瓣

Corydalis alaschanica 贺兰山延胡索：alaschanica 阿拉善的（地名，内蒙古最西部）

Corydalis anaginova 藏中黄堇：anaginova（人名）

Corydalis anethifolia 莳萝叶紫堇（莳 shí）：Anethum 莳萝属（莳 shí）（伞形科）；folius/ folium/ folia 叶，叶片（用于复合词）

Corydalis angustiflora 狭花紫堇：angusti- ← angustus 窄的，狭的，细的；florus/ florum/ flora ← flos 花（用于复合词）

Corydalis anthriscifolia 峨参叶紫堇（参 shēn）：Anthriscus 峨参属；folius/ folium/ folia 叶，叶片（用于复合词）

Corydalis appendiculata 小距紫堇：appendiculatus = appendix + ulus + atus 有小附属物的；appendix = ad + pendix 附属物；ad- 向，到，近（拉丁语词首，表示程度加强）；构词规则：构成复合词时，词首末尾的辅音字母常同化为紧接其后的那个辅音字母（如 ad + p → app）；pendix ← pendens 垂悬的，挂着的，悬挂的；构词规则：以 -ix/ -iex 结尾的词其词干末尾视为 -ic，以 -ex 结尾视为 -i/ -ic，其他以 -x 结尾视为 -c；-ulus/ -ulum/ -ula 小的，略微的，稍微的（小词 -ulus 在字母 e 或 i 之后有多种变缀，即 -olus/ -olum/ -ola、-ellus/ -ellum/ -ella、-illus/ -illum/ -illa，与第一变格法和第二变格法名词形成复合词）；-atus/ -atum/ -ata 属于，相似，具有，完成（形容词词尾）

Corydalis aquilegioides 假耧斗菜紫堇（耧 lóu）：aquilegioides 像耧斗菜的；Aquilegia 耧斗菜属（毛茛科）；-oides/ -oideus/ -oideum/ -oidea/ -odes/ -eidos 像……的，类似……的，呈……状的（名词词尾）

Corydalis atuntsuensis 阿墩紫堇（地名"阿墩子"不可简写为"阿墩"，故应称"阿墩子紫堇"）：atuntsuensis 阿墩子的（地名，云南省德钦县的旧称，藏语音译）

Corydalis auriculata 耳柄紫堇：auriculatus 耳形的，具小耳的（基部有两个小圆片）；auriculus 小耳朵的，小耳状的；auritus 耳朵的，耳状的；-culus/ -culum/ -cula 小的，略微的，稍微的（同第三变格法和第四变格法名词形成复合词）；-atus/ -atum/ -ata 属于，相似，具有，完成（形容词词尾）

Corydalis balansae 北越紫堇：balansae ← Benedict Balansa（人名，19 世纪法国植物采集员）；-ae 表示人名，以 -a 结尾的人名后面加上 -e 形成

Corydalis balfouriana 直梗紫堇：balfouriana ← Isaac Bayley Balfour（人名，19 世纪英国植物学家）

Corydalis barbisepala 髯萼紫堇（髯 rǎn）：barba 胡须，髯毛，绒毛；sepalus/ sepalum/ sepala 萼片（用于复合词）

Corydalis benecincta 囊距紫堇：benecinctus 神圣的，多幅的，有疗效的

Corydalis bibracteolata 梗苞黄堇：bi-/ bis- 二，二数，二回（希腊语为 di-）；bracteolatus = bracteus + ulus + atus 具小苞片的

Corydalis bijiangensis 碧江黄堇：bijiangensis 碧江的（地名，云南省，已并入泸水县和福贡县）

Corydalis bimaculata 双斑黄堇：bi-/ bis- 二，二数，二回（希腊语为 di-）；maculatus = maculus + atus 有小斑点的，略有斑点的；maculus 斑点，网眼，小斑点，略有斑点；-atus/ -atum/ -ata 属于，相似，具有，完成（形容词词尾）

Corydalis borii 那加黄堇：borii ← Norman Loftus Bor（人名，20 世纪生于爱尔兰的印度植物学家）

Corydalis boweri 金球黄堇：boweri（人名）；-eri 表示人名，在以 -er 结尾的人名后面加上 i 形成

Corydalis brevipedunculata 短轴臭黄堇：brevi- ← brevis 短的（用于希腊语复合词词首）；pedunculatus/ peduncularis 具花序柄的，具总花梗的；pedunculus/ peduncule/ pedunculis ← pes 花序柄，总花梗（花序基部无花着生部分，不同于花柄）；关联词：pedicellus/ pediculus 小花梗，小花柄（不同于花序柄）；pes/ pedis 柄，梗，茎秆，腿，足，爪（作词首或词尾，pes 的词干视为"ped-"）

Corydalis brevirostrata 短喙黄堇：brevi- ← brevis 短的（用于希腊语复合词词首）；rostratus = rostrus + atus 鸟喙的，喙状的；rostrus 鸟喙（常作词尾）；rostre 鸟喙的，喙状的

Corydalis brunneo-vaginata 褐鞘紫堇：brunneo- ← brunneus/ bruneus 深褐色的；vaginatus = vaginus + atus 鞘，具鞘的；vaginus 鞘，叶鞘；-atus/ -atum/ -ata 属于，相似，具有，完成（形容词词尾）

Corydalis bulbifera 鳞叶紫堇：bulbi- ← bulbus 球，球形，球茎，鳞茎；-ferus/ -ferum/ -fera/ -fero/ -fere/ -fer 有，具有，产（区别：作独立词使用的 ferus 意思是"野生的"）

Corydalis bulbillifera 巫溪紫堇：bulbillus/ bulbilus = bulbus + illus 小球茎，小鳞茎；bulbus 球，球形，球茎，鳞茎；-illi- ← -ulus 小，稍微，略微（-ulus 在字母 e 或 i 之后变成 -olus/ -ellus/ -illus）；-ferus/ -ferum/ -fera/ -fero/ -fere/ -fer 有，具有，产（区别：作独立词使用的 ferus 意思是"野生的"）

Corydalis bulleyana 齿冠紫堇（冠 guān）：bulleyana ← Arthur Bulley（人名，英国棉花经纪人）

Corydalis bulleyana subsp. bulleyana 齿冠紫堇-原变种（词义见上面解释）

Corydalis bulleyana subsp. muliensis 木里齿冠紫堇：muliensis 木里的（地名，四川省）

Corydalis bungeana 地丁草：bungeana ← Alexander von Bunge（人名，1813–1866，俄国植物

学家）

Corydalis buschii 东紫堇：buschii（人名）；-ii 表示人名，接在以辅音字母结尾的人名后面，但 -er 除外

Corydalis calcicola 灰岩紫堇：calcicolus 钙生的，生于石灰质土壤的；calci- ← calcium 石灰，钙质；colus ← colo 分布于，居住于，栖居，殖民（常作词尾）；colo/ colere/ colui/ cultum 居住，耕作，栽培

Corydalis capnoides 真堇：capnoides/ capnodes 烟色的

Corydalis casimiriana 铺散黄堇（铺 pū）：casimiriana 克什米尔的（地名）

Corydalis caudata 小药八旦子：caudatus = caudus + atus 尾巴的，尾巴状的，具尾的；caudus 尾巴

Corydalis cavei 聂拉木黄堇：cavei ← cavus 凹陷，孔洞

Corydalis chamdoensis 昌都紫堇：chamdoensis 昌都的（地名，西藏自治区）

Corydalis chamiensis （查密紫堇）：chamiensis（地名）

Corydalis chanetii 阜平黄堇（阜 fù）：chanetii（人名）；-ii 表示人名，接在以辅音字母结尾的人名后面，但 -er 除外

Corydalis cheilanthifolia 地柏枝：Cheilanthes → Cheilosoria 碎米蕨属（中国蕨科）；folius/ folium/ folia 叶，叶片（用于复合词）

Corydalis cheirifolia 掌叶紫堇：cheiro-/ cheiri- ← cheiros 手，手掌；folius/ folium/ folia 叶，叶片（用于复合词）

Corydalis chingii 甘肃紫堇：chingii ← R. C. Chin 秦仁昌（人名，1898–1986，中国植物学家，蕨类植物专家），秦氏

Corydalis chingii var. chingii 甘肃紫堇-原变种（词义见上面解释）

Corydalis chingii var. shansiensis 大花甘肃紫堇：shansiensis 山西的（地名）

Corydalis clematis 开阳黄堇：clematis ← clema 嫩枝（指纤弱而长的攀缘茎）；Clematis 铁线莲属（毛茛科）

Corydalis concinna 优雅黄堇：concinnus 精致的，高雅的，形状好看的

Corydalis conspersa 斑花黄堇：conspersus 喷撒（指散点）；co- 联合，共同，合起来（拉丁语词首，为 cum- 的音变，表示结合、强化、完全，对应的希腊语为 syn-）；co- 的缀词音变有 co-/ com-/ con-/ col-/ cor-：co-（在 h 和元音字母前面），col-（在 l 前面），com-（在 b、m、p 之前），con-（在 c、d、f、g、j、n、qu、s、t 和 v 前面），cor-（在 r 前面）；spersus 分散的，散生的，散布的

Corydalis cornuta 角状黄堇：cornutus = cornus + utus 犄角的，兽角的，角质的；cornus 角，犄角，兽角，角质，角质般坚硬；-utus/ -utum/ -uta（名词词尾，表示具有）

Corydalis corymbosa 伞花黄堇：corymbosus = corymbus + osus 伞房花序的；corymbus 伞形的，伞状的；-osus/ -osum/ -osa 多的，充分的，丰富的，显著发育的，程度高的，特征明显的（形容词词尾）

Corydalis crassirhizomata 粗颈紫堇：crassirhizomata 具粗壮根茎的，具肉质根茎的（缀词规则：-rh- 接在元音字母后面构成复合词时要变成 -rrh-，故该词宜改为 "crassirrhizomata"）；crassi- ← crassus 厚的，粗的，多肉质的；rhizomatus = rhizomus + atus 具根状茎的

Corydalis crispa 皱波黄堇：crispus 收缩的，褶皱的，波纹的（如花瓣周围的波浪状褶皱）

Corydalis crista-galli 鸡冠黄堇：cristagalli 鸡冠；crista 鸡冠，山脊，网壁；galli 鸡，家禽

Corydalis cristata 具冠黄堇：cristatus = crista + atus 鸡冠的，鸡冠状的，扇形的，山脊状的；crista 鸡冠，山脊，网壁；-atus/ -atum/ -ata 属于，相似，具有，完成（形容词词尾）

Corydalis curviflora 曲花紫堇：curviflorus 弯花的；curvus 弯曲的；florus/ florum/ flora ← flos 花（用于复合词）

Corydalis curviflora subsp. altecristata 高冠曲花紫堇：alte- 深的；cristatus = crista + atus 鸡冠的，鸡冠状的，扇形的，山脊状的；crista 鸡冠，山脊，网壁；-atus/ -atum/ -ata 属于，相似，具有，完成（形容词词尾）

Corydalis curviflora subsp. curviflora 曲花紫堇-原亚种 （词义见上面解释）

Corydalis curviflora subsp. minuticristata 直距曲花紫堇：minutus 极小的，细微的，微小的；cristatus = crista + atus 鸡冠的，鸡冠状的，扇形的，山脊状的；crista 鸡冠，山脊，网壁；-atus/ -atum/ -ata 属于，相似，具有，完成（形容词词尾）

Corydalis curviflora subsp. pseudosmithii 流苏曲花紫堇：pseudosmithii 像 smithii 的；pseudo-/ pseud- ← pseudos 假的，伪的，接近，相似（但不是）；Corydalis curviflora var. smithii → Corydalis cytisiflora 金雀花黄堇；smithii ← Smith（人名）

Corydalis curviflora subsp. rosthornii 具爪曲花紫堇：rosthornii ← Arthur Edler von Rosthorn（人名，19 世纪匈牙利驻北京大使）

Corydalis cytisiflora 金雀花黄堇：Cytisus 金雀儿属（豆科）；florus/ florum/ flora ← flos 花（用于复合词）

Corydalis dajingensis 大金紫堇：dajingensis 大金的（地名，四川北部）

Corydalis dasyptera 叠裂黄堇：dasypterus = dasys + pterus 粗毛翅的；dasy- ← dasys 毛茸茸的，粗毛的，毛；pterus/ pteron 翅，翼，蕨类

Corydalis davidii 南黄堇（种加词有时错印为 "davidi"）：davidii ← Pere Armand David（人名，1826–1900，曾在中国采集植物标本的法国传教士）；-ii 表示人名，接在以辅音字母结尾的人名后面，但 -er 除外

Corydalis decumbens 夏天无：decumbens 横卧的，匍匐的，爬行的；decumb- 横卧，匍匐，爬行；-ans/ -ens/ -bilis/ -ilis 能够，可能（为形容词词尾，-ans/ -ens 用于主动语态，-bilis/ -ilis 用于被动语态）

Corydalis degensis 德格紫堇：degensis 德格的（地名，四川省）

Corydalis delavayi 苍山黄堇：delavayi ← P. J. M. Delavay（人名，1834–1895，法国传教士，曾在中国

C

采集植物标本）；-i 表示人名，接在以元音字母结尾的人名后面，但 -a 除外

Corydalis delicatula 娇嫩黄堇：delicatulus 略优美的，略美味的；delicatus 柔软的，细腻的，优美的，美味的；delicia 优雅，喜悦，美味；-ulus/ -ulum/ -ula 小的，略微的，稍微的（小词 -ulus 在字母 e 或 i 之后有多种变缀，即 -olus/ -olum/ -ola、-ellus/ -ellum/ -ella、-illus/ -illum/ -illa，与第一变格法和第二变格法名词形成复合词）

Corydalis delphinioides 飞燕黄堇：Delphinium 翠雀属（毛茛科）；-oides/ -oideus/ -oideum/ -oidea/ -odes/ -eidos 像……的，类似……的，呈……状的（名词词尾）

Corydalis densispica 密穗黄堇：densispicus 密穗的；densus 密集的，繁茂的；spicus 穗，谷穗，花穗

Corydalis dorjii 不丹紫堇：dorjii（人名）；-ii 表示人名，接在以辅音字母结尾的人名后面，但 -er 除外

Corydalis drakeana 短爪黄堇：drakeana ← Drake（人名，19 世纪英国植物绘画艺术家）

Corydalis dubia 稀花黄堇：dubius 可疑的，不确定的

Corydalis duclouxii 师宗紫堇：duclouxii（人名）；-ii 表示人名，接在以辅音字母结尾的人名后面，但 -er 除外

Corydalis dulongjiangensis 独龙江紫堇：dulongjiangensis 独龙江的（地名，云南省）

Corydalis ecristata 无冠紫堇：ecristatus = e + crista + atus 无鸡冠的；e-/ ex- 不，无，非，缺乏，不具有（e- 用在辅音字母前，ex- 用在元音字母前，为拉丁语词首，对应的希腊语词首为 a-/ an-，英语为 un-/ -less，注意作词首用的 e-/ ex- 和介词 e/ ex 意思不同，后者意为"出自、从……、由……离开、由于、依照"）；crista 鸡冠，山脊，网壁；-atus/ -atum/ -ata 属于，相似，具有，完成（形容词词尾）

Corydalis ecristata subsp. ecristata 无冠紫堇-原亚种 （词义见上面解释）

Corydalis ecristata subsp. longicalcarata 长距无冠紫堇：longe-/ longi- ← longus 长的，纵向的；calcaratus = calcar + atus 距的，有距的；calcar- ← calcar 距，花萼或花瓣生蜜源的距，短枝（结果枝）（距：雄鸡、雉等的腿的后面突出像脚趾的部分）；-atus/ -atum/ -ata 属于，相似，具有，完成（形容词词尾）

Corydalis edulis 紫堇：edule/ edulis 食用的，可食的

Corydalis elata 高茎紫堇：elatus 高的，梢端的

Corydalis elata subsp. ecristata 无冠高茎紫堇：ecristatus = e + crista + atus 无鸡冠的；e-/ ex- 不，无，非，缺乏，不具有（e- 用在辅音字母前，ex- 用在元音字母前，为拉丁语词首，对应的希腊语词首为 a-/ an-，英语为 un-/ -less，注意作词首用的 e-/ ex- 和介词 e/ ex 意思不同，后者意为"出自、从……、由……离开、由于、依照"）；crista 鸡冠，山脊，网壁；-atus/ -atum/ -ata 属于，相似，具有，完成（形容词词尾）

Corydalis elata subsp. elata 高茎紫堇-原亚种 （词义见上面解释）

Corydalis ellipticarpa 椭果黄堇：ellipticus 椭圆形的；carpus/ carpum/ carpa/ carpon ← carpos 果实（用于希腊语复合词）

Corydalis ellipticarpa var. ellipticarpa 椭果黄堇-原变种 （词义见上面解释）

Corydalis ellipticarpa var. taipaica 陕西椭果黄堇：taipaica 太白山的（地名，陕西省）；-icus/ -icum/ -ica 属于，具有某种特性（常用于地名、起源、生境）

Corydalis esquirolii 籽纹紫堇：esquirolii（人名）；-ii 表示人名，接在以辅音字母结尾的人名后面，但 -er 除外

Corydalis eugeniae 粗距紫堇：eugeniae ← eugenius 美丽的，真实的

Corydalis eugeniae subsp. eugeniae 粗距紫堇-原亚种 （词义见上面解释）

Corydalis eugeniae subsp. fissibracteata 裂苞粗距紫堇：fissi- ← fissus 分裂的，裂开的，中裂的；bracteatus = bracteus + atus 具苞片的；bracteus 苞，苞片，苞鳞

Corydalis fangshanensis 房山紫堇：fangshanensis 房山的（地名，北京市）

Corydalis fargesii 北岭黄堇：fargesii ← Pere Paul Guillaume Farges（人名，19 世纪中叶至 20 世纪活动于中国的法国传教士，植物采集员）

Corydalis feddeana 大海黄堇：feddeana（人名）

Corydalis fedtschenkoana 天山囊果紫堇：fedtschenkoana ← Boris Fedtschenko（人名，20 世纪俄国植物学家）

Corydalis filisecta 丝叶紫堇：filisectus 线状细裂的；fili-/ fil- ← filum 线状的，丝状的；sectus 分段的，分节的，切开的，分裂的

Corydalis fimbripetala 流苏瓣缘黄堇：fimbria → fimbri- 流苏，长缘毛；petalus/ petalum/ petala ← petalon 花瓣

Corydalis flabellata 扇叶黄堇：flabellatus = flabellus + atus 扇形的；flabellus 扇子，扇形的

Corydalis flaccida 裂冠紫堇（冠 guān）：flaccidus 柔软的，软乎乎的，软绵绵的；flaccus 柔弱的，软垂的；-idus/ -idum/ -ida 表示在进行中的动作或情况，作动词、名词或形容词的词尾

Corydalis flexuosa 穆坪紫堇：flexuosus = flexus + osus 弯曲的，波状的，曲折的；flexus ← flecto 扭曲的，卷曲的，弯弯曲曲的，柔性的；flecto 弯曲，使扭曲；-osus/ -osum/ -osa 多的，充分的，丰富的，显著发育的，程度高的，特征明显的（形容词词尾）

Corydalis flexuosa subsp. balsamiflora 香花紫堇：balsamiflora 花有松香味的，香花的；balsami- 松香，松脂，松香味；florus/ florum/ flora ← flos 花（用于复合词）

Corydalis flexuosa subsp. flexuosa 穆坪紫堇-原亚种 （词义见上面解释）

Corydalis flexuosa subsp. flexuosa f. bulbillifera 珠芽穆坪紫堇：bulbillus/ bulbilus = bulbus + illus 小球茎，小鳞茎；bulbus 球，球形，球茎，鳞茎；-illi- ← -ulus 小，稍微，略微（-ulus 在字母 e 或 i 之后变成 -olus/ -ellus/ -illus）；-ferus/ -ferum/ -fera/ -fero/ -fere/ -fer 有，具有，产（区别：作独立词使用的 ferus 意思是"野生的"）

Corydalis flexuosa subsp. gemmipara 显芽紫堇：gemmiparus 生芽的，母体上生芽的；gemmus 芽，珠芽，零余子；-parus ← parens 亲本，母体

Corydalis flexuosa subsp. kuanhsiensis 灌县紫堇：kuanhsiensis 灌县的（地名，四川省都江堰市的旧称，已修订为 kuanhsienensis）

Corydalis flexuosa subsp. microflora 小花穆坪紫堇：micr-/ micro- ← micros 小的，微小的，微观的（用于希腊语复合词）；florus/ florum/ flora ← flos 花（用于复合词）

Corydalis flexuosa subsp. mucronipetala 尖突穆坪紫堇：mucronus 短尖头，微突；petalus/ petalum/ petala ← petalon 花瓣

Corydalis flexuosa subsp. omeiana 金顶紫堇：omeiana 峨眉山的（地名，四川省）

Corydalis flexuosa subsp. pinnatibracteata 羽苞穆坪紫堇：pinnatus = pinnus + atus 羽状的，具羽的；pinnus/ pennus 羽毛，羽状，羽片；bracteatus = bracteus + atus 具苞片的；bracteus 苞，苞片，苞鳞

Corydalis flexuosa subsp. pseudoheterocentra 黄根紫堇：pseudoheterocentra 像 heterocentra 的；pseudo-/ pseud- ← pseudos 假的，伪的，接近，相似（但不是）；Corydalis heterocentra 异心紫堇

Corydalis foetida 臭黄堇：foetidus = foetus + idus 臭的，恶臭的，令人作呕的；foetus/ faetus/ fetus 臭味，恶臭，令人不悦的气味；-idus/ -idum/ -ida 表示在进行中的动作或情况，作动词、名词或形容词的词尾

Corydalis foliaceo-bracteata 叶苞紫堇：foliaceus 叶状的，叶质的，有叶的；folius/ folium/ folia → foli-/ folia- 叶，叶片；-aceus/ -aceum/ -acea 相似的，有……性质的，属于……的；bracteatus = bracteus + atus 具苞片的；bracteus 苞，苞片，苞鳞

Corydalis formosana 密花黄堇：formosanus = formosus + anus 美丽的，台湾的；formosus ← formosa 美丽的，台湾的（葡萄牙殖民者发现台湾时对其的称呼，即美丽的岛屿）；-anus/ -anum/ -ana 属于，来自（形容词词尾）

Corydalis franchetiana 春丕黄堇：franchetiana ← A. R. Franchet（人名，19 世纪法国植物学家）

Corydalis fumariifolia 堇叶延胡索：fumariifolia 烟堇叶的（有时误拼为 "fumariaefolia"）；Fumaria 烟堇属（罂粟科）；fumaria = fumus + aria 烟雾的；fumus 烟，烟雾；-arius/ -arium/ -aria 相似，属于（表示地点，场所，关系，所属）；folius/ folium/ folia 叶，叶片（用于复合词）

Corydalis gamosepala 北京延胡索：gamo ← gameo 结合，联合，结婚；sepalus/ sepalum/ sepala 萼片（用于复合词）

Corydalis geocarpa 弯柄紫堇：geocarpus 地果的，地面生果实的；geo- 地，地面，土壤；carpus/ carpum/ carpa/ carpon ← carpos 果实（用于希腊语复合词）

Corydalis gigantea 巨紫堇：giganteus 巨大的；giga-/ gigant-/ giganti- ← gigantos 巨大的；-eus/ -eum/ -ea（接拉丁语词干时）属于……的，色如……的，质如……的（表示原料、颜色或品质的

相似），（接希腊语词干时）属于……的，以……出名，为……所占有（表示具有某种特性）

Corydalis giraldii 小花宽瓣黄堇：giraldii ← Giuseppe Giraldi（人名，19 世纪活动于中国的意大利传教士）

Corydalis glaucescens 新疆元胡：glaucescens 变白的，发白的，灰绿的；glauco-/ glauc- ← glaucus 被白粉的，发白的，灰绿色的；-escens/ -ascens 改变，转变，变成，略微，带有，接近，相似，大致，稍微（表示变化的趋势，并未完全相似或相同，有别于表示达到完成状态的 -atus）

Corydalis glycyphyllos 甘草叶紫堇：glycys 甜的；phyllos 叶片

Corydalis gortschakovii 新疆黄堇：gortschakovii（人名）；-ii 表示人名，接在以辅音字母结尾的人名后面，但 -er 除外

Corydalis govaniana 库莽黄堇：govaniana ← George Govan（人名，19 世纪丹麦医生，Wallich 的通信员，Saharanpu 植物园总管）

Corydalis gracillima 纤细黄堇：gracillimus 极细长的，非常纤细的；gracilis 细长的，纤弱的，丝状的；-limus/ -lima/ -limum 最，非常，极其（以 -ilis 结尾的形容词最高级，将末尾的 -is 换成 l + imus，从而构成 -illimus）

Corydalis gracillima var. gracillima 纤细黄堇-原变种 （词义见上面解释）

Corydalis gracillima var. microcalcarata 小距纤细黄堇：micr-/ micro- ← micros 小的，微小的，微观的（用于希腊语复合词）；calcaratus = calcar + atus 距的，有距的；calcar- ← calcar 距，花萼或花瓣生蜜源的距，短枝（结果枝）（距：雄鸡、雉等的腿的后面突出像脚趾的部分）；-atus/ -atum/ -ata 属于，相似，具有，完成（形容词词尾）

Corydalis grandiflora 丹巴黄堇：grandi- ← grandis 大的；florus/ florum/ flora ← flos 花（用于复合词）

Corydalis gyrophylla 裸茎延胡索：gyros 圆圈，环形，陀螺（希腊语）；phyllus/ phyllum/ phylla ← phyllon 叶片（用于希腊语复合词）

Corydalis hamata 钩距黄堇：hamatus = hamus + atus 具钩的；hamus 钩，钩子；-atus/ -atum/ -ata 属于，相似，具有，完成（形容词词尾）

Corydalis hebephylla 毛被黄堇：hebe- 柔毛；phyllus/ phyllum/ phylla ← phyllon 叶片（用于希腊语复合词）

Corydalis hebephylla var. glabrescens 假毛被黄堇：glabrus 光秃的，无毛的，光滑的；-escens/ -ascens 改变，转变，变成，略微，带有，接近，相似，大致，稍微（表示变化的趋势，并未完全相似或相同，有别于表示达到完成状态的 -atus）

Corydalis hebephylla var. hebephylla 毛被黄堇-原变种 （词义见上面解释）

Corydalis hemidicentra 半荷包紫堇：hemidicentrus 像荷包牡丹的；hemi- 一半；Dicentra 荷包牡丹属（罂粟科）；dicentrus 二距的；di-/ dis- 二，二数，二分，分离，不同，在……之间，从……分开（希腊语，拉丁语为 bi-/ bis-）；centrus ← centron 距，有距的，鹰爪状刺（距：雄

鸡、雉等的腿的后面突出像脚趾的部分）

Corydalis hemsleyana 巴东黄堇：hemsleyana ←
William Botting Hemsley（人名，19 世纪研究中美
洲植物的植物学家）

Corydalis hendersonii 尼泊尔黄堇：hendersonii ←
Louis Fourniquet Henderson（人名，19 世纪美国植
物学家）

Corydalis hendersonii var. alto-cristata 高冠尼
泊尔黄堇（冠 guān）：alto- ← altus 高度，高的；
cristatus = crista + atus 鸡冠的，鸡冠状的，扇形
的，山脊状的；crista 鸡冠，山脊，网壁；-atus/
-atum/ -ata 属于，相似，具有，完成（形容词词尾）

Corydalis hendersonii var. hendersonii 尼泊尔
黄堇-原变种 （词义见上面解释）

Corydalis hepaticifolia 假獐耳紫堇（獐 zhāng）：
hepaticis 苔藓植物，苔类植物（形近词：hepaticus
深棕色的，肝脏的）；folius/ folium/ folia 叶，叶片
（用于复合词）

Corydalis heracleifolia 独活叶紫堇：heraclei ←
Heracleum 独活属；folius/ folium/ folia 叶，叶片
（用于复合词）

Corydalis heterocarpa 异果黄堇：hete-/ heter-/
hetero- ← heteros 不同的，多样的，不齐的；
carpus/ carpum/ carpa/ carpon ← carpos 果实
（用于希腊语复合词）

Corydalis heterocentra 异心紫堇：hete-/ heter-/
hetero- ← heteros 不同的，多样的，不齐的；
centrus ← centron 距，有距的，鹰爪状刺（距：雄
鸡、雉等的腿的后面突出像脚趾的部分）

Corydalis heterodonta 异齿紫堇：hete-/ heter-/
hetero- ← heteros 不同的，多样的，不齐的；
odontus/ odontos → odon-/ odont-/ odonto-（可作
词首或词尾）齿，牙齿状的；odous 齿，牙齿（单
数，其所有格为 odontos）

Corydalis homopetala 同瓣黄堇：homo-/
hommoeo-/ homoio- 相同的，相似的，同样的，同
类的，均质的；petalus/ petalum/ petala ←
petalon 花瓣

Corydalis hookeri 拟锥花黄堇：hookeri ← William
Jackson Hooker（人名，19 世纪英国植物学家）；
-eri 表示人名，在以 -er 结尾的人名后面加上 i 形成

Corydalis hsiaowutaishanensis 五台山延胡索：
hsiaowutaishanensis 小五台山的（地名，河北省）

Corydalis humicola 湿生紫堇：humicola 腐殖质生
的；humus 腐殖质；colus ← colo 分布于，居住于，
栖居，殖民（常作词尾）；colo/ colere/ colui/
cultum 居住，耕作，栽培

Corydalis humilis 矮生延胡索：humilis 矮的，低的

Corydalis humosa 土元胡：humosus 腐殖质的，腐
殖质生的

Corydalis imbricata 银瑞：imbricatus/ imbricans
重叠的，覆瓦状的

Corydalis impatiens 赛北紫堇：impatiens/
impatient 急躁的，不耐心的（因为蒴果一触碰就弹
开，种子飞散）；in-/ im-（来自 il- 的音变）内，在
内，内部，向内，相反，不，无，非；il- 在内，向
内，为，相反（希腊语为 en-）；词首 il- 的音变：il-
（在 l 前面），im-（在 b、m、p 前面），in-（在元音

字母和大多数辅音字母前面），ir-（在 r 前面），如
illaudatus（不值得称赞的，评价不好的），
impermeabilis（不透水的，穿不透的），ineptus（不
合适的），insertus（插入的），irretortus（无弯曲的，
无扭曲的）；patient 忍耐的；Impatiens 凤仙花属
（凤仙花科）

Corydalis incisa 刻叶紫堇：incisus 深裂的，锐裂的，
缺刻的

Corydalis inconspicua 小株紫堇：inconspicuus 不
显眼的，不起眼的，很小的；in-/ im-（来自 il- 的音
变）内，在内，内部，向内，相反，不，无，非；il-
在内，向内，为，相反（希腊语为 en-）；词首 il- 的
音变：il-（在 l 前面），im-（在 b、m、p 前面），in-
（在元音字母和大多数辅音字母前面），ir-（在 r 前
面），如 illaudatus（不值得称赞的，评价不好的），
impermeabilis（不透水的，穿不透的），ineptus（不
合适的），insertus（插入的），irretortus（无弯曲的，
无扭曲的）；conspicuus 显著的，显眼的

Corydalis inopinata 卡惹拉黄堇：inopinatus 突然
的，意外的

Corydalis inopinata var. glabra 无毛卡惹拉黄堇：
glabrus 光秃的，无毛的，光滑的

Corydalis inopinata var. inopinata 卡惹拉黄
堇-原变种 （词义见上面解释）

Corydalis iochanensis 药山紫堇：iochanensis 药山
的（地名，云南省巧家县）

Corydalis jigmei 藏南紫堇：jigmei（地名，西藏自
治区）

Corydalis jingyuanensis 泾源紫堇（泾 jīng）：
jingyuanensis 泾源的（地名，宁夏回族自治区）

Corydalis juncea 裸茎黄堇：junceus 像灯心草的；
Juncus 灯心草属（灯心草科）；-eus/ -eum/ -ea（接
拉丁语词干时）属于……的，色如……的，质
如……的（表示原料、颜色或品质的相似），（接希
腊语词干时）属于……的，以……出名，为……所
占有（表示具有某种特性）

Corydalis kailiensis 凯里紫堇：kailiensis 凯里的
（地名，贵州省）

Corydalis kaschgarica 喀什黄堇（喀 kā）：
kaschgarica 喀什的（地名，新疆维吾尔自治区）；
-icus/ -icum/ -ica 属于，具有某种特性（常用于地
名、起源、生境）

Corydalis kiautschouensis 胶州延胡索：
kiautschouensis 胶州的（地名，山东省）

Corydalis kingdonis 多雄黄堇：kingdonis ← Frank
Kingdon-Ward（人名，1840–1909，英国植物学家）

Corydalis kingii 帕里紫堇：kingii ← Clarence King
（人名，19 世纪美国地质学家）

Corydalis kingii var. kingii 帕里紫堇-原变种 （词
义见上面解释）

Corydalis kingii var. megalantha 大花帕里紫堇：
mega-/ megal-/ megalo- ← megas 大的，巨大的；
anthus/ anthum/ antha/ anthe ← anthos 花（用于
希腊语复合词）

Corydalis kiukiangensis 俅江紫堇：kiukiangensis
俅江的（地名，云南省独龙江的旧称）

Corydalis kokiana 狭距紫堇：kokiana（人名）

Corydalis krasnovii 南疆黄堇：krasnovii（人名）；

-ii 表示人名，接在以辅音字母结尾的人名后面，但 -er 除外

Corydalis laelia 高冠黄堇：laelia 修女的

Corydalis lasiocarpa 毛果紫堇：lasi-/ lasio- 羊毛状的，有毛的，粗糙的；carpus/ carpum/ carpa/ carpon ← carpos 果实（用于希腊语复合词）

Corydalis lathyrophylla 长冠紫堇：Lathyrus 山黧豆属（豆科）；phyllus/ phyllum/ phylla ← phyllon 叶片（用于希腊语复合词）

Corydalis latiflora 宽花紫堇：lati-/ late- ← latus 宽的，宽广的；florus/ florum/ flora ← flos 花（用于复合词）

Corydalis latiflora subsp. gerdae 西藏宽花紫堇：gerdae（人名）

Corydalis latiflora subsp. latiflora 宽花紫堇-原亚种 （词义见上面解释）

Corydalis latiloba 宽裂黄堇：lati-/ late- ← latus 宽的，宽广的；lobus/ lobos/ lobon 浅裂，耳片（裂片先端钝圆），荚果，蒴果

Corydalis latiloba subsp. latiloba 宽裂黄堇-原亚种 （词义见上面解释）

Corydalis latiloba var. latiloba 宽裂黄堇-原变种 （词义见上面解释）

Corydalis latiloba subsp. latiloba var. tibetica 西藏宽裂黄堇：tibetica 西藏的（地名）；-icus/ -icum/ -ica 属于，具有某种特性（常用于地名、起源、生境）

Corydalis latiloba subsp. wumungensis 乌蒙黄堇（蒙 méng）：wumungensis 乌蒙山的（地名，云南省）

Corydalis laucheana 松潘黄堇：laucheana ← W. Lauche（人名，1827–1883）

Corydalis ledebouriana 薯根延胡索：ledebouriana ← Karl Friedrich von Ledebour（人名，19 世纪德国植物学家）

Corydalis leptocarpa 细果紫堇：leptus ← leptos 细的，薄的，瘦小的，狭长的；botryus ← botrys 总状的，簇状的，葡萄串状的

Corydalis leucanthema 粉叶紫堇：leuc-/ leuco- ← leucus 白色的（如果和其他表示颜色的词混用则表示淡色）；anthemus ← anthemon 花

Corydalis lhasaensis 拉萨黄堇：lhasaensis 拉萨的（地名，西藏自治区）

Corydalis lhorongensis 洛隆紫堇：lhorongensis 洛隆的（地名，西藏自治区）

Corydalis linarioides 条裂黄堇：Linaria 柳穿鱼属（玄参科）；-oides/ -oideus/ -oideum/ -oidea/ -odes/ -eidos 像……的，类似……的，呈……状的（名词词尾）

Corydalis linearis 线叶黄堇：linearis = lineus + aris 线条的，线形的，线状的，亚麻状的；lineus = linum + eus 线状的，丝状的，亚麻状的；linum ← linon 亚麻，线（古拉丁名）；-aris（阳性、阴性）/ -are（中性）← -alis（阳性、阴性）/ -ale（中性）属于，相似，如同，具有，涉及，关于，联结于（将名词作形容词用，其中 -aris 常用于以 l 或 r 为词干末尾的词）

Corydalis linjiangensis 临江延胡索：linjiangensis 临江的（地名，吉林省）

Corydalis linstowiana 变根紫堇：linstowiana （人名）

Corydalis livida 红花紫堇：lividus 铅色的

Corydalis livida var. denticulato-cristata 齿冠红花紫堇：denticulatus = dentus + culus + atus 具细齿的，具齿的；dentus 齿，牙齿；-culus/ -culum/ -cula 小的，略微的，稍微的（同第三变格法和第四变格法名词形成复合词）；cristatus = crista + atus 鸡冠的，鸡冠状的，扇形的，山脊状的；crista 鸡冠，山脊，网壁；-atus/ -atum/ -ata 属于，相似，具有，完成（形容词词尾）

Corydalis livida var. livida 红花紫堇-原变种 （词义见上面解释）

Corydalis longibracteata 长苞紫堇：longe-/ longi- ← longus 长的，纵向的；bracteatus = bracteus + atus 具苞片的；bracteus 苞，苞片，苞鳞

Corydalis longicalcarata 长距紫堇：longe-/ longi- ← longus 长的，纵向的；calcaratus = calcar + atus 距的，有距的；calcar- ← calcar 距，花萼或花瓣生蜜源的距，短枝（结果枝）（距：雄鸡、雄等的腿的后面突出像脚趾的部分）；-atus/ -atum/ -ata 属于，相似，具有，完成（形容词词尾）

Corydalis longicalcarata var. longicalcarata 长距紫堇-原变种 （词义见上面解释）

Corydalis longicalcarata var. multipinnata 多裂长距紫堇：multi- ← multus 多个，多数，很多（希腊语为 poly-）；pinnatus = pinnus + atus 羽状的，具羽的；pinnus/ pennus 羽毛，羽状，羽片；-atus/ -atum/ -ata 属于，相似，具有，完成（形容词词尾）

Corydalis longicalcarata var. non-saccata 无囊长距紫堇：non- 不，无，非，不许；saccatus = saccus + atus 具袋子的，袋子状的，具囊的；saccus 袋子，囊，包囊；-atus/ -atum/ -ata 属于，相似，具有，完成（形容词词尾）

Corydalis longipes 长梗黄堇：longe-/ longi- ← longus 长的，纵向的；pes/ pedis 柄，梗，茎秆，腿，足，爪（作词首或词尾，pes 的词干视为 "ped-"）

Corydalis longipes var. longipes 长梗黄堇-原变种 （词义见上面解释）

Corydalis longipes var. pubescens 毛长梗黄堇：pubescens ← pubens 被短柔毛的，长出柔毛的；pubi- ← pubis 细柔毛的，短柔毛的，毛被的；pubesco/ pubescere 长成的，变为成熟的，长出柔毛的，青春期体毛的；-escens/ -ascens 改变，转变，变成，略微，带有，接近，相似，大致，稍微（表示变化的趋势，并未完全相似或相同，有别于表示达到完成状态的 -atus）

Corydalis longkiensis 龙溪紫堇：longkiensis 龙溪的（地名，云南省）

Corydalis lopinensis 罗平山黄堇：lopinensis 罗平山的（地名，云南省）

Corydalis ludlowii 单叶紫堇：ludlowii（人名）；-ii 表示人名，接在以辅音字母结尾的人名后面，但 -er 除外

Corydalis lupinoides 米林紫堇：Lupinus 羽扇豆属（豆科）；-oides/ -oideus/ -oideum/ -oidea/ -odes/

-eidos 像……的，类似……的，呈……状的（名词词尾）

Corydalis luquanensis 禄劝黄堇：luquanensis 禄劝的（地名，云南省）

Corydalis macrantha 大花紫堇：macro-/ macr- ← macros 大的，宏观的（用于希腊语复合词）；anthus/ anthum/ antha/ anthe ← anthos 花（用于希腊语复合词）

Corydalis mairei 会泽紫堇：mairei（人名）；Edouard Ernest Maire（人名，19 世纪活动于中国云南的传教士）；Rene C. J. E. Maire 人名（20 世纪阿尔及利亚植物学家，研究北非植物）；-i 表示人名，接在以元音字母结尾的人名后面，但 -a 除外

Corydalis mairei var. mairei 会泽紫堇-原变种（词义见上面解释）

Corydalis mairei var. megalantha 大花会泽紫堇：mega-/ megal-/ megalo- ← megas 大的，巨大的；anthus/ anthum/ antha/ anthe ← anthos 花（用于希腊语复合词）

Corydalis mayae 马牙黄堇：mayae（人名）

Corydalis mayae var. mayae 马牙黄堇-原变种（词义见上面解释）

Corydalis mayae var. stenophylla 狭叶马牙黄堇：sten-/ steno- ← stenus 窄的，狭的，薄的；phyllus/ phyllum/ phylla ← phyllon 叶片（用于希腊语复合词）

Corydalis megalosperma 少子黄堇：mega-/ megal-/ megalo- ← megas 大的，巨大的；spermus/ spermum/ sperma 种子的（用于希腊语复合词）

Corydalis meifolia 细叶黄堇：mei-/ meio- 较少的，较小的，略微的；folius/ folium/ folia 叶，叶片（用于复合词）

Corydalis melanochlora 暗绿紫堇：mel-/ mela-/ melan-/ melano- ← melanus/ melaenus ← melas/ melanos 黑色的，浓黑色的，暗色的；chlorus 绿色的

Corydalis minutiflora 小花紫堇：minutus 极小的，细微的，微小的；florus/ florum/ flora ← flos 花（用于复合词）

Corydalis mira 疆堇：mirus/ mirabilis 惊奇的，稀奇的，奇异的，非常的；miror 惊奇，惊叹，崇拜

Corydalis moorcroftiana 革吉黄堇：moorcroftiana ← William Moorcroft（人名，19 世纪英国兽医）

Corydalis moupinensis 尿罐草：moupinensis 穆坪的（地名，四川省宝兴县），木坪的（地名，重庆市）

Corydalis mucronata 突尖紫堇：mucronatus = mucronus + atus 具短尖的，有微突起的；mucronus 短尖头，微突；-atus/ -atum/ -ata 属于，相似，具有，完成（形容词词尾）

Corydalis mucronifera 尖突黄堇：mucronus 短尖头，微突；-ferus/ -ferum/ -fera/ -fero/ -fere/ -fer 有，具有，产（区别：作独立词使用的 ferus 意思是"野生的"）

Corydalis muliensis 木里黄堇：muliensis 木里的（地名，四川省）

Corydalis multisecta 多裂紫堇：multi- ← multus 多个，多数，很多（希腊语为 poly-）；sectus 分段的，分节的，切开的，分裂的

Corydalis nemoralis 林生紫堇：nemoralis = nemus + orum + alis 属于森林的，生于森林的；nemus/ nema 密林，丛林，树丛（常用来比喻密集成丛的纤细物，如花丝、果柄等）；-orum 属于……的（第二变格法名词复数所有格词尾，表示群落或多数）；-aris（阳性、阴性）/ -are（中性）← -alis（阳性、阴性）/ -ale（中性）属于，相似，如同，具有，涉及，关于，联结于（将名词作形容词用，其中 -aris 常用于以 l 或 r 为词干末尾的词）

Corydalis nigro-apiculata 黑顶黄堇：nigro-/ nigri- ← nigrus 黑色的；niger 黑色的；apiculatus = apicus + ulus + atus 小尖头的，顶端有小突起的；apicus/ apice 尖的，尖头的，顶端的

Corydalis nigro-apiculata var. erosipetala 心瓣黑顶黄堇：erosus 啮蚀状的，牙齿不整齐的；petalus/ petalum/ petala ← petalon 花瓣

Corydalis nigro-apiculata var. nigro-apiculata 黑顶黄堇-原变种（词义见上面解释）

Corydalis nobilis 阿山黄堇：nobilis 高贵的，有名的，高雅的

Corydalis ochotensis 黄紫堇：ochotensis 鄂霍次克的（地名，俄罗斯）

Corydalis oligantha 少花紫堇：oligo-/ olig- 少数的（希腊语，拉丁语为 pauci-）；anthus/ anthum/ antha/ anthe ← anthos 花（用于希腊语复合词）

Corydalis oligosperma 稀子黄堇：oligo-/ olig- 少数的（希腊语，拉丁语为 pauci-）；spermus/ spermum/ sperma 种子的（用于希腊语复合词）

Corydalis ophiocarpa 蛇果黄堇：ophio- 蛇，蛇状的；carpus/ carpum/ carpa/ carpon ← carpos 果实（用于希腊语复合词）

Corydalis oxypetala 尖瓣紫堇：oxypetalus 尖瓣的；oxy- ← oxys 尖锐的，酸的；petalus/ petalum/ petala ← petalon 花瓣

Corydalis pachycentra 浪穹紫堇：pachycentrus 粗距的；pachy- ← pachys 厚的，粗的，肥的；centrus ← centron 距，有距的，鹰爪状刺（距：雄鸡、雉等的腿的后面突出像脚趾的部分）

Corydalis pachypoda 粗梗黄堇：pachypodus/ pachypus 粗柄的；pachy- ← pachys 厚的，粗的，肥的；podus/ pus 柄，梗，茎秆，足，腿

Corydalis pallida 黄堇：pallidus 苍白的，淡白色的，淡色的，蓝白色的，无活力的；palide 淡地，淡色地（反义词：sturate 深色地，浓色地，充分地，丰富地，饱和地）

Corydalis pallida var. pallida 黄堇-原变种（词义见上面解释）

Corydalis pallida var. sparsimamma 凹子黄堇：sparsus 散生的，稀疏的，稀少的；mammus 乳头

Corydalis paniculigera 帕米尔黄堇：paniculigerus 具圆锥花序的；paniculus 圆锥花序；gerus → -ger-gerus/ -gerum/ -gera 具有，有，带有

Corydalis parviflora 贵州黄堇：parviflorus 小花的；parvus 小的，些微的，弱的；florus/ florum/ flora ← flos 花（用于复合词）

Corydalis pauciflora 少花延胡索：pauci- ← paucus 少数的，少的（希腊语为 oligo-）；florus/ florum/ flora ← flos 花（用于复合词）

C

Corydalis peltata 盾萼紫堇：peltatus = peltus + atus 盾状的，具盾片的；peltus ← pelte 盾片，小盾片，盾形的；-atus/ -atum/ -ata 属于，相似，具有，完成（形容词词尾）

Corydalis petrophila 岩生紫堇：petrophilus 石生的，喜岩石的；petra← petros 石头，岩石，岩石地带（指生境）；philus/ philein ← philos → phil-/ phili/ philo- 喜好的，爱好的，喜欢的（注意区别形近词：phylus、phyllus）；phylus/ phylum/ phyla ← phylon/ phyle 植物分类单位中的“门”，位于“界”和“纲”之间，类群，种族，部落，聚群；phyllus/ phyllum/ phylla ← phyllon 叶片（用于希腊语复合词）

Corydalis pingwuensis 平武紫堇：pingwuensis 平武的（地名，四川省）

Corydalis pinnata 羽叶紫堇：pinnatus = pinnus + atus 羽状的，具羽的；pinnus/ pennus 羽毛，羽状，羽片；-atus/ -atum/ -ata 属于，相似，具有，完成（形容词词尾）

Corydalis polygalina 远志黄堇：polygalina = Polygala + inus 像远志的；Polygala 远志属（远志科）；-inus/ -inum/ -ina/ -inos 相近，接近，相似，具有（通常指颜色）

Corydalis polygalina var. micrantha 小花远志黄堇：micr-/ micro- ← micros 小的，微小的，微观的（用于希腊语复合词）；anthus/ anthum/ antha/ anthe ← anthos 花（用于希腊语复合词）

Corydalis polygalina var. polygalina 远志黄堇-原变种（词义见上面解释）

Corydalis polyphylla 多叶紫堇：poly- ← polys 多个，许多（希腊语，拉丁语为 multi-）；phyllus/ phyllum/ phylla ← phyllon 叶片（用于希腊语复合词）

Corydalis porphyrantha 紫花紫堇：porphyr-/ porphyro- 紫色；anthus/ anthum/ antha/ anthe ← anthos 花（用于希腊语复合词）

Corydalis potaninii 半裸茎黄堇：potaninii ← Grigory Nikolaevich Potanin（人名，19 世纪俄国植物学家）

Corydalis praecipitorum 峭壁紫堇：praecipitorum 坠落的，垂落的（比喻悬崖峭壁生境）（praecipitum 的复数所有格）；praecipitum/ praecipito 坠落，坠崖，灭顶；praecipitium/ praecipitio/ praecips/ praeceps 悬崖，峭壁，深渊，坠落

Corydalis prattii 草甸黄堇：prattii ← Antwerp E. Pratt（人名，19 世纪活动于中国的英国动物学家、探险家）

Corydalis pseudo-adoxa 波密紫堇：pseudo-adoxa 像 adoxa 的，稍美丽的，稍显眼的；pseudo-/ pseud- ← pseudos 假的，伪的，接近，相似（但不是）；adoxa ← adoxos 不壮观的，不美丽的，不明显的，不显眼的；Adoxa 五福花属（五福花科）

Corydalis pseudo-incisa 假刻叶紫堇：pseudo-incisa 像 incisa 的；pseudo-/ pseud- ← pseudos 假的，伪的，接近，相似（但不是）；Corydalis incisa 刻叶紫堇；incisus 深裂的，锐裂的，缺刻的

Corydalis pseudoalpestris 假高山延胡索：

pseudoalpestris 像 alpestris 的；pseudo-/ pseud- ← pseudos 假的，伪的，接近，相似（但不是）；Corydalis alpestris 高山延胡索；alpestris 高山的，草甸带的

Corydalis pseudobalfouriana 弯梗紫堇：pseudobalfouriana 像 balfouriana 的；pseudo-/ pseud- ← pseudos 假的，伪的，接近，相似（但不是）；Corydalis balfouriana 直梗紫堇；balfouriana（人名）

Corydalis pseudobarbisepala 假髯萼紫堇（髯 rǎn）：pseudobarbisepala 像 barbisepala 的；pseudo-/ pseud- ← pseudos 假的，伪的，接近，相似（但不是）；Corydalis barbisepala 髯萼紫堇；barbi- ← barba 胡须，髯毛，绒毛；sepalus/ sepalum/ sepala 萼片（用于复合词）

Corydalis pseudocristata 美花黄堇：pseudocristata 像 cristata（本属植物名）的；pseudo-/ pseud- ← pseudos 假的，伪的，接近，相似（但不是）

Corydalis pseudodrakeana 甲格黄堇：pseudodrakeana 像 drakeana 的；pseudo-/ pseud- ← pseudos 假的，伪的，接近，相似（但不是）；Pyrrosia drakeana 毡毛石韦；Corydalis drakeana 短爪黄堇

Corydalis pseudofargesii 假北岭黄堇：pseudofargesii 像 fargesii 的；pseudo-/ pseud- ← pseudos 假的，伪的，接近，相似（但不是）；Corydalis fargesii 北岭黄堇；fargesii（人名）

Corydalis pseudofilisecta 假丝叶紫堇：pseudofilisecta 像 filisecta 的；pseudo-/ pseud- ← pseudos 假的，伪的，接近，相似（但不是）；Corydalis filisecta 丝叶紫堇；filisectus 线状细裂的

Corydalis pseudofluminicola 假多叶黄堇：pseudofluminicola 像 flulminicola 的；pseudo-/ pseud- ← pseudos 假的，伪的，接近，相似（但不是）；Corydalis fluminicola 多叶黄堇；fluminicola 栖居于河流的；fluminalis 流水的，河流的（指生境）；colus ← colo 分布于，居住于，栖居，殖民（常作词尾）；colo/ colere/ colui/ cultum 居住，耕作，栽培

Corydalis pseudohamata 川北钩距黄堇：pseudohamata 像 hamate 的；pseudo-/ pseud- ← pseudos 假的，伪的，接近，相似（但不是）；Corydalis hamate 钩距黄堇；hamatus = hamus + atus 具钩的

Corydalis pseudoimpatiens 假北紫堇：pseudoimpatiens 像 impatiens 的；pseudo-/ pseud- ← pseudos 假的，伪的，接近，相似（但不是）；Corydalis impatiens 塞北紫堇

Corydalis pseudojuncea 拟裸茎黄堇：pseudojuncea 像 juncea 的；pseudo-/ pseud- ← pseudos 假的，伪的，接近，相似（但不是）；Corydalis juncea 裸茎黄堇

Corydalis pseudolongipes 短腺黄堇：pseudolongipes 像 longipes 的；pseudo-/ pseud- ← pseudos 假的，伪的，接近，相似（但不是）；Corydalis longipes 长梗黄堇；longe-/ longi- ← longus 长的，纵向的；pes/ pedis 柄，梗，茎秆，腿，

C

足，爪（作词首或词尾，pes 的词干视为 "ped-"）

Corydalis pseudomicrophylla 假小叶黄堇：
pseudomicrophylla 像 microphylla 的，近乎小叶的；
pseudo-/ pseud- ← pseudos 假的，伪的，接近，相
似（但不是）；Corydalis microphylla 小叶黄堇；
micr-/ micro- ← micros 小的，微小的，微观的（用
于希腊语复合词）；phyllus/ phyllum/ phylla ←
phyllon 叶片（用于希腊语复合词）

Corydalis pseudomucronata 长尖突紫堇：
pseudomucronata 像 mucronata 的；pseudo-/
pseud- ← pseudos 假的，伪的，接近，相似（但不
是）；Corydalis mucronata 突尖紫堇；mucronatus =
mucronus + atus 具短尖的，有微突起的

Corydalis pseudomucronata var. cristata 圆萼
紫堇：cristatus = crista + atus 鸡冠的，鸡冠状的，
扇形的，山脊状的；crista 鸡冠，山脊，网壁；-atus/
-atum/ -ata 属于，相似，具有，完成（形容词词尾）

**Corydalis pseudomucronata var.
pseudomucronata** 长尖突紫堇-原变种 （词义见
上面解释）

Corydalis pseudorupestris 短莛黄堇：
pseudorupestris 像 rupestris 的；pseudo-/
pseud- ← pseudos 假的，伪的，接近，相似（但不
是）；Corydalis rupestris 岩生黄堇；rupestris/
rupestre 生于岩壁的，岩栖的；rup-/ rupi- ←
rupes/ rupis 岩石的

Corydalis pseudotongolensis 假全冠黄堇（冠
guān）：pseudotongolensis 像 tongolensis 的；
pseudo-/ pseud- ← pseudos 假的，伪的，接近，相
似（但不是）；Corydalis tongolensis 金冠黄堇，川
西黄堇；tongolensis 东俄洛的（地名，四川西部）

Corydalis pseudoweigoldii 假川西紫堇：
pseudoweigoldii 像 weigoldii 的；pseudo-/ pseud- ←
pseudos 假的，伪的，接近，相似（但不是）；
Corydalis weigoldii 川西紫堇；weigoldii（人名）

Corydalis pterygopetala 翅瓣黄堇：pterygius =
pteryx + ius 具翅的，具翼的；pteris ← pteryx 翅，
翼，蕨类（希腊语）；petalus/ petalum/ petala ←
petalon 花瓣

Corydalis pterygopetala var. ecristata 无冠翅瓣
黄堇：ecristatus = e + crista + atus 无鸡冠的；e-/
ex- 不，无，非，缺乏，不具有（e- 用在辅音字母前，
ex- 用在元音字母前，为拉丁语词首，对应的希腊语
词首为 a-/ an-，英语为 un-/ -less，注意作词首用的
e-/ ex- 和介词 e/ ex 意思不同，后者意为 "出自、
从……、由……离开、由于、依照"）；crista 鸡冠，
山脊，网壁；-atus/ -atum/ -ata 属于，相似，具有，
完成（形容词词尾）

Corydalis pterygopetala var. pterygopetala 翅
瓣黄堇-原变种 （词义见上面解释）

Corydalis pubicaulis 毛茎紫堇：pubi- ← pubis 细
柔毛的，短柔毛的，毛被的；caulis ← caulos 茎，
茎秆，主茎

Corydalis pygmaea 矮黄堇：pygmaeus/ pygmaei
小的，低矮的，极小的，矮人的；pygm- 矮，小，侏
儒；-aeus/ -aeum/ -aea 表示属于……，名词形容词
化词尾，如 europaeus ← europa 欧洲的

Corydalis qinghaiensis 青海黄堇：qinghaiensis 青

海的（地名）

Corydalis quantmeyeriana 掌苞紫堇：
quantmeyeriana（人名）

Corydalis quinquefoliolata 朗县黄堇：quin-/
quinqu-/ quinque-/ quinqui- 五，五数（希腊语为
penta-）；foliolatus = folius + ulus + atus 具小叶
的，具叶片的；folius/ folium/ folia 叶，叶片（用于
复合词）；-ulus/ -ulum/ -ula 小的，略微的，稍微的
（小词 -ulus 在字母 e 或 i 之后有多种变缀，即
-olus/ -olum/ -ola、-ellus/ -ellum/ -ella、-illus/
-illum/ -illa，与第一变格法和第二变格法名词形成
复合词）；-atus/ -atum/ -ata 属于，相似，具有，完
成（形容词词尾）

Corydalis racemosa 小花黄堇：racemosus =
racemus + osus 总状花序的；racemus/ raceme 总
状花序，葡萄串状的；-osus/ -osum/ -osa 多的，充
分的，丰富的，显著发育的，程度高的，特征明显的
（形容词词尾）

Corydalis raddeana 小黄紫堇：raddeanus ←
Gustav Ferdinand Richard Radde（人名，19 世纪
德国博物学家，曾考察高加索地区和阿穆尔河流域）

Corydalis radicans 裂瓣紫堇：radicans 生根的；
radicus ← radix 根的

Corydalis repens 全叶延胡索：repens/ repentis/
repsi/ reptum/ repere/ repo 匍匐，爬行（同义词：
reptans/ reptoare）

Corydalis repens var. repens 全叶延胡索-原变种
（词义见上面解释）

Corydalis repens var. watanabei 角瓣延胡索：
watanabei（人名）；-i 表示人名，接在以元音字母结
尾的人名后面，但 -a 除外

Corydalis retingensis 囊果紫堇：retingensis 雷丁
的（地名，西藏拉萨附近）

Corydalis rheinbabeniana 扇苞黄堇：
rheinbabeniana（人名）

Corydalis rheinbabeniana var. leioneura 无毛扇
苞黄堇：lei-/ leio-/ lio- ← leius ← leios 光滑的，平
滑的；neurus ← neuron 脉，神经

Corydalis rheinbabeniana var. rheinbabeniana
扇苞黄堇-原变种 （词义见上面解释）

Corydalis rorida 露点紫堇：roridus 露湿的，露
珠状的

Corydalis roseotincta 拟鳞叶紫堇：roseotinctus 染
红色的；roseus = rosa + eus 像玫瑰的，玫瑰色的，
粉红色的；rosei-/ roseo- 玫瑰，玫瑰红色；tinctus
染色的，彩色的

Corydalis rupifraga 石隙紫堇：rupifragus 裂岩的，
击碎岩石的；rup-/ rupi- ← rupes/ rupis 岩石的；
fragus 碎裂的，碎片的，断片的

Corydalis saccata 囊瓣延胡索：saccatus =
saccus + atus 具袋子的，袋子状的，具囊的；
saccus 袋子，囊，包囊；-atus/ -atum/ -ata 属于，
相似，具有，完成（形容词词尾）

Corydalis saxicola 石生黄堇：saxicolus 生于石缝
的；saxum 岩石，结石；colus ← colo 分布于，居住
于，栖居，殖民（常作词尾）；colo/ colere/ colui/
cultum 居住，耕作，栽培

Corydalis scaberula 粗糙黄堇：scaberulus 略粗糙

C

的；scaber → scabrus 粗糙的，有凹凸的，不平滑的；-ulus/ -ulum/ -ula 小的，略微的，稍微的（小词 -ulus 在字母 e 或 i 之后有多种变缀，即 -olus/ -olum/ -ola、-ellus/ -ellum/ -ella、-illus/ -illum/ -illa，与第一变格法和第二变格法名词形成复合词）

Corydalis scaberula var. purpurescens 紫花粗糙黄堇：purpura 紫色（purpura 原为一种介壳虫名，其体液为紫色，可作颜料）；-escens/ -ascens 改变，转变，变成，略微，带有，接近，相似，大致，稍微（表示变化的趋势，并未完全相似或相同，有别于表示达到完成状态的 -atus）

Corydalis scaberula var. ramifera 分枝粗糙黄堇：ramus 分枝，枝条；-ferus/ -ferum/ -fera/ -fero/ -fere/ -fer 有，具有，产（区别：作独立词使用的 ferus 意思是"野生的"）

Corydalis scaberula var. scaberula 粗糙黄堇-原变种（词义见上面解释）

Corydalis schanginii 长距元胡：schanginii（人名）；-ii 表示人名，接在以辅音字母结尾的人名后面，但 -er 除外

Corydalis schusteriana 甘洛紫堇：schusteriana（人名）

Corydalis schweriniana 巧家紫堇：schweriniana ← Frau Grafin von Schwerin（人名）

Corydalis semenovii 天山黄堇：semenovii（人名）；-ii 表示人名，接在以辅音字母结尾的人名后面，但 -er 除外

Corydalis sewerzovi 大苞延胡索：sewerzovi（人名，词尾改为"-ii"似更妥）；-ii 表示人名，接在以辅音字母结尾的人名后面，但 -er 除外；-i 表示人名，接在以元音字母结尾的人名后面，但 -a 除外

Corydalis sheareri 地锦苗：sheareri（人名）；-eri 表示人名，在以 -er 结尾的人名后面加上 i 形成

Corydalis sheareri f. bulbillifera 珠芽地锦苗：bulbillus/ bulbilus = bulbus + illus 小球茎，小鳞茎；bulbus 球，球形，球茎，鳞茎；-illi- ← -ulus 小，稍微，略微（-ulus 在字母 e 或 i 之后变成 -olus/ -ellus/ -illus）；-ferus/ -ferum/ -fera/ -fero/ -fere/ -fer 有，具有，产（区别：作独立词使用的 ferus 意思是"野生的"）

Corydalis sheareri f. sheareri 地锦苗-原变型（词义见上面解释）

Corydalis shennongensis 鄂西黄堇：shennongensis 神农架的（地名，湖北省）

Corydalis shensiana 陕西紫堇：shensiana 陕西的（地名）

Corydalis sherriffii 巴嘎紫堇（嘎 gá）：sherriffii ← Major George Sherriff（人名，20 世纪探险家，曾和 Frank Ludlow 一起考察西藏东南地区）

Corydalis shimienensis 石棉紫堇：shimienensis 石棉的（地名，四川省）

Corydalis sibirica 北紫堇：sibirica 西伯利亚的（地名，俄罗斯）；-icus/ -icum/ -ica 属于，具有某种特性（常用于地名、起源、生境）

Corydalis sigmantha 甘南紫堇：sigmus 呈 S 形的；anthus/ anthum/ antha/ anthe ← anthos 花（用于希腊语复合词）

Corydalis smithiana 箐边紫堇（箐 qìng）：

smithiana ← James Edward Smith（人名，1759–1828，英国植物学家）

Corydalis spathulata 匙苞黄堇（匙 chí）：spathulatus = spathus + ulus + atus 匙形的，佛焰苞状的，小佛焰苞；spathus 佛焰苞，薄片，刀剑

Corydalis speciosa 珠果黄堇：speciosus 美丽的，华丽的；species 外形，外观，美观，物种（缩写 sp.，复数 spp.）；-osus/ -osum/ -osa 多的，充分的，丰富的，显著发育的，程度高的，特征明显的（形容词词尾）

Corydalis squamigera 具鳞黄堇：squamigerus 具鳞片的；squamus 鳞，鳞片，薄膜；gerus → -ger/ -gerus/ -gerum/ -gera 具有，有，带有

Corydalis stenantha 洱源紫堇：sten-/ steno- ← stenus 窄的，狭的，薄的；anthus/ anthum/ antha/ anthe ← anthos 花（用于希腊语复合词）

Corydalis stracheyi 折曲黄堇：stracheyi（人名）；-i 表示人名，接在以元音字母结尾的人名后面，但 -a 除外

Corydalis stracheyi var. ecristata 无冠折曲黄堇（冠 guān）：ecristatus = e + crista + atus 无鸡冠的；e-/ ex- 不，无，非，缺乏，不具有（e- 用在辅音字母前，ex- 用在元音字母前，为拉丁语词首，对应的希腊语词首为 a-/ an-，英语为 un-/ -less，注意作词首用的 e-/ ex- 和介词 e/ ex 意思不同，后者意为"出自、从……、由……离开、由于、依照"）；crista 鸡冠，山脊，网壁；-atus/ -atum/ -ata 属于，相似，具有，完成（形容词词尾）

Corydalis stracheyi var. stracheyi 折曲黄堇-原变种（词义见上面解释）

Corydalis straminea 草黄堇：stramineus 禾秆色的，秆黄色的，干草状黄色的；stramen 禾秆，麦秆；stramimis 禾秆，秸秆，麦秆；-eus/ -eum/ -ea（接拉丁语词干时）属于……的，色如……的，质如……的（表示原料、颜色或品质的相似），（接希腊语词干时）属于……的，以……出名，为……所占有（表示具有某种特性）

Corydalis stramineoides 索县黄堇：stramineoides 像 stramineus 的，近似稻草色的；Corydalis straminea 草黄堇；stramineus 禾秆色的，秆黄色的，干草状黄色的；stramen 禾秆，麦秆；stramimis 禾秆，秸秆，麦秆；-eus/ -eum/ -ea（接拉丁语词干时）属于……的，色如……的，质如……的（表示原料、颜色或品质的相似），（接希腊语词干时）属于……的，以……出名，为……所占有（表示具有某种特性）；-oides/ -oideus/ -oideum/ -oidea/ -odes/ -eidos 像……的，类似……的，呈……状的（名词词尾）

Corydalis striatocarpa 纹果紫堇：striatus = stria + atus 有条纹的，有细沟的；stria 条纹，线条，细纹，细沟；carpus/ carpum/ carpa/ carpon ← carpos 果实（用于希腊语复合词）

Corydalis stricta 直茎黄堇：strictus 直立的，硬直的，笔直的，彼此靠拢的

Corydalis taipaishanica 太白紫堇：taipaishanica 太白山的（地名，陕西省）；-icus/ -icum/ -ica 属于，具有某种特性（常用于地名、起源、生境）

Corydalis taliensis 金钩如意草：taliensis 大理的

（地名，云南省）

Corydalis taliensis var. potentillifolia 绿春金钩如意草：potentillifolia 委陵菜叶子样的；Potentilla 委陵菜属（蔷薇科）；folius/ folium/ folia 叶，叶片（用于复合词）

Corydalis taliensis var. taliensis 金钩如意草-原变种 （词义见上面解释）

Corydalis tangutica 唐古特延胡索：tangutica ← Tangut 唐古特的，党项的（西夏时期生活于中国西北地区的党项羌人，蒙古语称其为"唐古特"，有多种音译，如唐兀、唐古、唐括等）；-icus/ -icum/ -ica 属于，具有某种特性（常用于地名、起源、生境）

Corydalis tangutica subsp. bullata 长轴唐古特延胡索：bullatus = bulla + atus 泡状的，膨胀的；bulla 球，水泡，凸起；-atus/ -atum/ -ata 属于，相似，具有，完成（形容词词尾）

Corydalis tangutica subsp. tangutica 唐古特延胡索-原亚种 （词义见上面解释）

Corydalis temolana 黄绿紫堇：temolana 德母拉山的（地名，西藏察隅地区）

Corydalis temulifolia 大叶紫堇：temulifolius 点头叶的；temulus 点头的，酒醉的；folius/ folium/ folia 叶，叶片（用于复合词）

Corydalis temulifolia subsp. aegopodioides 鸡血七（血 xuè）：Aegopodium 羊角芹属（伞形科）；-oides/ -oideus/ -oideum/ -oidea/ -odes/ -eidos 像……的，类似……的，呈……状的（名词词尾）

Corydalis temulifolia subsp. temulifolia 大叶紫堇-原亚种 （词义见上面解释）

Corydalis tenerrima 柔弱黄堇：tenerrima 非常柔软的，非常纤细的；tenerus 柔软的，娇嫩的，精美的，雅致的，纤细的；-rimus/ -rima/ -rimum 最，极，非常（词尾为 -er 的形容词最高级）

Corydalis ternata 三裂延胡索：ternatus 三数的，三出的

Corydalis ternatifolia 神农架紫堇：ternatus 三数的，三出的；folius/ folium/ folia 叶，叶片（用于复合词）

Corydalis tianzhuensis 天祝黄堇：tianzhuensis 天祝的（地名，甘肃省）

Corydalis tibetica 西藏黄堇：tibetica 西藏的（地名）；-icus/ -icum/ -ica 属于，具有某种特性（常用于地名、起源、生境）

Corydalis tibeto-alpina 西藏高山紫堇：tibeto-alpina 西藏高原的；tibeto 西藏（地名）；alpinus = alpus + inus 高山的；alpus 高山；al-/ alti-/ alto- ← altus 高的，高处的；-inus/ -inum/ -ina/ -inos 相近，接近，相似，具有（通常指颜色）

Corydalis tibeto-oppositifolia 西藏对叶黄堇：tibeto- 西藏自治区（地名）；oppositifolius 对生叶的；oppositi- ← oppositus = ob + positus 相对的，对生的；ob- 相反，反对，倒（ob- 有多种音变：ob- 在元音字母和大多数辅音字母前面，oc- 在 c 前面，of- 在 f 前面，op- 在 p 前面）；positus 放置，位置；folius/ folium/ folia 叶，叶片（用于复合词）

Corydalis tomentella 毛黄堇：tomentellus 被短绒毛的，被微绒毛的；tomentum 绒毛，浓密的毛被，棉絮，棉絮状填充物（被褥、垫子等）；-ellus/

-ellum/ -ella ← -ulus 小的，略微的，稍微的（小词 -ulus 在字母 e 或 i 之后有多种变缀，即 -olus/ -olum/ -ola、-ellus/ -ellum/ -ella、-illus/ -illum/ -illa，用于第一变格法名词）

Corydalis tongolensis 全冠黄堇（冠 guān）：tongol 东俄洛（地名，四川西部）

Corydalis trachycarpa 糙果紫堇：trachys 粗糙的；carpus/ carpum/ carpa/ carpon ← carpos 果实（用于希腊语复合词）

Corydalis trachycarpa var. leucostachya 白穗紫堇：leuc-/ leuco- ← leucus 白色的（如果和其他表示颜色的词混用则表示淡色）；stachy-/ stachyo-/ -stachys/ -stachyus/ -stachyum/ -stachya 穗子，穗子的，穗子状的，穗状花序的

Corydalis trachycarpa var. octocornuta 淡花黄堇：octo-/ oct- 八（拉丁语和希腊语相同）；cornutus/ cornis 角，犄角

Corydalis trachycarpa var. trachycarpa 糙果紫堇-原变种 （词义见上面解释）

Corydalis trifoliata 三裂紫堇：tri-/ tripli-/ triplo- 三个，三数；foliatus 具叶的，多叶的；folius/ folium/ folia → foli-/ folia- 叶，叶片；-atus/ -atum/ -ata 属于，相似，具有，完成（形容词词尾）

Corydalis trilobipetala 三裂瓣紫堇：trilobipetalus 三裂瓣的；tri-/ tripli-/ triplo- 三个，三数；lobus/ lobos/ lobon 浅裂，耳片（裂片先端钝圆），荚果，蒴果；petalus/ petalum/ petala ← petalon 花瓣

Corydalis trisecta 秦岭紫堇：tri-/ tripli-/ triplo- 三个，三数；sectus 分段的，分节的，切开的，分裂的

Corydalis triternatifolia 重三出黄堇（重 chóng）：triternatifolius 三回三出叶的；tri-/ tripli-/ triplo- 三个，三数；ternatus 三数的，三出的；triternatus 三回三出的；folius/ folium/ folia 叶，叶片（用于复合词）

Corydalis tsangensis 藏紫堇：tsangensis 西藏的（地名）

Corydalis tsayulensis 察隅紫堇：tsayulensis 察隅的（地名，西藏自治区）

Corydalis tuberi-pisiformis 豌豆根紫堇：tuber/ tuber-/ tuberi- 块茎的，结节状凸起的，瘤状的；pisiformis 豌豆形的；Pisum 豌豆属（豆科）；formis/ forma 形状

Corydalis turtschaninovii 齿瓣延胡索：turtschaninovii（人名）；-ii 表示人名，接在以辅音字母结尾的人名后面，但 -er 除外

Corydalis urbaniana 紫苞黄堇：urbanianus ← Ignatz Urban（人名，20 世纪德国植物学家，专门研究热带美洲植物）；-i-（复合词连接成分）；-anus/ -anum/ -ana 属于，来自（形容词词尾）

Corydalis uvaria 圆根紫堇：uvarius = uva + arius 葡萄的，葡萄串状的；uva 葡萄；-arius/ -arium/ -aria 相似，属于（表示地点，场所，关系，所属）；Uvaria 紫玉盘属（番荔枝科）

Corydalis vermicularis 蔓生黄堇（蔓 màn）：vermicularis 蠕虫形的；vermi- ← vermis 虫子，蠕虫，-aris（阳性、阴性）/ -are（中性）← -alis（阳性、阴性）/ -ale（中性）属于，相似，如同，具有，涉及，关于，联结于（将名词作形容词用，其中

-aris 常用于以 l 或 r 为词干末尾的词）

Corydalis vivipara 胎生紫堇：viviparus = vivus + parus 胎生的，零余子的，母体上发芽的；vivus 活的，新鲜的；-parus ← parens 亲本，母体

Corydalis weigoldii 川西紫堇：weigoldii（人名）；-ii 表示人名，接在以辅音字母结尾的人名后面，但 -er 除外

Corydalis wilsonii 川鄂黄堇：wilsonii ← John Wilson（人名，18 世纪英国植物学家）

Corydalis wuzhengyiana 齿苞黄堇：wuzhengyiana 吴征镒（人名，字百兼，1916–2013，中国植物学家，命名或参与命名 1766 个植物新分类群，提出"被子植物八纲系统"的新观点）

Corydalis yanhusuo 延胡索：yanhusuo 延胡索（中文）

Corydalis yargongensis 雅江紫堇：yargongensis 雅江的（地名，四川省）

Corydalis yui 瘤籽黄堇：yui 俞氏（人名）；-i 表示人名，接在以元音字母结尾的人名后面，但 -a 除外

Corydalis yunnanensis 滇黄堇：yunnanensis 云南的（地名）

Corydalis yunnanensis var. megalantha 大花滇黄堇：mega-/ megal-/ megalo- ← megas 大的，巨大的；anthus/ anthum/ antha/ anthe ← anthos 花（用于希腊语复合词）

Corydalis yunnanensis var. yunnanensis 滇黄堇-原变种 （词义见上面解释）

Corydalis zadoiensis 杂多紫堇：zadoiensis 杂多的（地名，青海省）

Corydalis zhongdianensis 中甸黄堇：zhongdianensis 中甸的（地名，云南省香格里拉市的旧称）

Corylopsis 蜡瓣花属（金缕梅科）（35-2：p74）：Corylus 榛属；-opsis/ -ops 相似，稍微，带有

Corylopsis alnifolia 桤叶蜡瓣花：Alnus 桤木属（又称赤杨属，桦木科）；folius/ folium/ folia 叶，叶片（用于复合词）

Corylopsis brevistyla 短柱蜡瓣花：brevi- ← brevis 短的（用于希腊语复合词词首）；stylus/ stylis ← stylos 柱，花柱

Corylopsis glandulifera 腺蜡瓣花：glanduli- ← glandus + ulus 腺体的，小腺体的；glandus ← glans 腺体；-ferus/ -ferum/ -fera/ -fero/ -fere/ -fer 有，具有，产（区别：作独立词使用的 ferus 意思是"野生的"）

Corylopsis glandulifera var. hypoglauca 灰白蜡瓣花：hypoglaucus 下面白色的；hyp-/ hypo- 下面的，以下的，不完全的；glaucus → glauco-/ glauc- 被白粉的，发白的，灰绿色的

Corylopsis glaucescens 怒江蜡瓣花：glaucescens 变白的，发白的，灰绿色；glauco-/ glauc- ← glaucus 被白粉的，发白的，灰绿色的；-escens/ -ascens 改变，转变，变成，略微，带有，接近，相似，大致，稍微（表示变化的趋势，并未完全相似或相同，有别于表示达到完成状态的 -atus）

Corylopsis henryi 鄂西蜡瓣花：henryi ← Augustine Henry 或 B. C. Henry（人名，前者，

1857–1930，爱尔兰医生、植物学家，曾在中国采集植物，后者，1850–1901，曾活动于中国的传教士）

Corylopsis microcarpa 小果蜡瓣花：micr-/ micro- ← micros 小的，微小的，微观的（用于希腊语复合词）；carpus/ carpum/ carpa/ carpon ← carpos 果实（用于希腊语复合词）

Corylopsis multiflora 瑞木：multi- ← multus 多个，多数，很多（希腊语为 poly-）；florus/ florum/ flora ← flos 花（用于复合词）

Corylopsis multiflora var. cordata 心叶瑞木：cordatus ← cordis/ cor 心脏的，心形的；-atus/ -atum/ -ata 属于，相似，具有，完成（形容词词尾）

Corylopsis multiflora var. nivea 白背瑞木：niveus 雪白的，雪一样的；nivus/ nivis/ nix 雪，雪白色

Corylopsis multiflora var. parvifolia 小叶瑞木：parvifolius 小叶的；parvus 小的，些微的，弱的；folius/ folium/ folia 叶，叶片（用于复合词）

Corylopsis obovata 黔蜡瓣花：obovatus = ob + ovus + atus 倒卵形的；ob- 相反，反对，倒（ob- 有多种音变：ob- 在元音字母和大多数辅音字母前面，oc- 在 c 前面，of- 在 f 前面，op- 在 p 前面）；ovus 卵，胚珠，卵形的，椭圆形的

Corylopsis omeiensis 峨眉蜡瓣花：omeiensis 峨眉山的（地名，四川省）

Corylopsis pauciflora 少花蜡瓣花：pauci- ← paucus 少数的，少的（希腊语为 oligo-）；florus/ florum/ flora ← flos 花（用于复合词）

Corylopsis platypetala 阔蜡瓣花：platys 大的，宽的（用于希腊语复合词）；petalus/ petalum/ petala ← petalon 花瓣

Corylopsis platypetala var. levis 川西阔蜡瓣花：laevis/ levis/ laeve/ leve → levi-/ laevi- 光滑的，无毛的，无不平或粗糙感觉的

Corylopsis rotundifolia 圆叶蜡瓣花：rotundus 圆形的，呈圆形的，肥大的；rotundo 使呈圆形，使圆滑；roto 旋转，滚动；folius/ folium/ folia 叶，叶片（用于复合词）

Corylopsis sinensis 蜡瓣花：sinensis = Sina + ensis 中国的（地名）；Sina 中国

Corylopsis sinensis var. calvescens 秃蜡瓣花：calvescens 变光秃的，几乎无毛的；calvus 光秃的，无毛的，无芒的，裸露的；-escens/ -ascens 改变，转变，变成，略微，带有，接近，相似，大致，稍微（表示变化的趋势，并未完全相似或相同，有别于表示达到完成状态的 -atus）

Corylopsis sinensis var. parvifolia 小蜡瓣花：parvifolius 小叶的；parvus 小的，些微的，弱的；folius/ folium/ folia 叶，叶片（用于复合词）

Corylopsis stelligera 星毛蜡瓣花：stella 星状的；gerus → -ger/ -gerus/ -gerum/ -gera 具有，有，带有

Corylopsis trabeculosa 求江蜡瓣花：trabeculosus 具横条的，多横条的；trabeus 横格的，-culosus = culus + osus 小而多的，小而密集的；-culus/ -culum/ -cula 小的，略微的，稍微的（同第三变格法和第四变格法名词形成复合词）；-osus/ -osum/ -osa 多的，充分的，丰富的，显著发育的，程度高

的，特征明显的（形容词词尾）

Corylopsis veitchiana 红药蜡瓣花：veitchiana ← James Veitch（人名，19 世纪植物学家）；Veitch + i（表示连接，复合）+ ana（形容词词尾）

Corylopsis velutina 绒毛蜡瓣花：velutinus 天鹅绒的，柔软的；velutus 绒毛的；-inus/ -inum/ -ina/ -inos 相近，接近，相似，具有（通常指颜色）

Corylopsis willmottiae 四川蜡瓣花：willmottiae ← Ellen Ann Willmott（人名，20 世纪英国园林学家）；-ae 表示人名，以 -a 结尾的人名后面加上 -e 形成

Corylopsis yui 长穗蜡瓣花：yui 俞氏（人名）；-i 表示人名，接在以元音字母结尾的人名后面，但 -a 除外

Corylopsis yunnanensis 滇蜡瓣花：yunnanensis 云南的（地名）

Corylus 榛属（桦木科）（21：p46）：corylus ← corys 头盔，口袋，兜（指总苞形状，希腊语）

Corylus chinensis 华榛：chinensis = china + ensis 中国的（地名）；China 中国

Corylus fargesii 披针叶榛：fargesii ← Pere Paul Guillaume Farges（人名，19 世纪中叶至 20 世纪活动于中国的法国传教士，植物采集员）

Corylus ferox 刺榛：ferox 多刺的，硬刺的，危险的

Corylus ferox var. ferox 刺榛-原变种（词义见上面解释）

Corylus ferox var. thibetica 藏刺榛：thibetica 西藏的（地名）；-icus/ -icum/ -ica 属于，具有某种特性（常用于地名、起源、生境）

Corylus formosana 台湾榛：formosanus = formosus + anus 美丽的，台湾的；formosus ← formosa 美丽的，台湾的（葡萄牙殖民者发现台湾时对其的称呼，即美丽的岛屿）；-anus/ -anum/ -ana 属于，来自（形容词词尾）

Corylus heterophylla 榛：heterophyllus 异型叶的；hete-/ heter-/ hetero- ← heteros 不同的，多样的，不齐的；phyllus/ phyllum/ phylla ← phyllon 叶片（用于希腊语复合词）

Corylus heterophylla var. heterophylla 榛-原变种（词义见上面解释）

Corylus heterophylla var. sutchuenensis 川榛：sutchuenensis 四川的（地名）

Corylus mandshurica 毛榛：mandshurica 满洲的（地名，中国东北，地理区域）

Corylus wangii 维西榛：wangii（人名）；-ii 表示人名，接在以辅音字母结尾的人名后面，但 -er 除外

Corylus yunnanensis 滇榛：yunnanensis 云南的（地名）

Corymborkis 管花兰属（兰科）（17：p126）：corymborkis 伞房花序的红门兰；corymbus 伞形的，伞状的；Orchis 红门兰属（兰科）

Corymborkis veratrifolia 管花兰：veratrifolia 叶片像藜芦的；Veratrum 藜芦属；folius/ folium/ folia 叶，叶片（用于复合词）

Corypha 贝叶棕属（棕榈科）（13-1：p36）：corypha ← 顶端，最高（希腊语）

Corypha umbraculifera 贝叶棕：umbraculifera 伞，具伞的；umbraculus 阴影，阴地，遮阴；umbra 荫凉，阴影，阴地；-ferus/ -ferum/ -fera/ -fero/ -fere/

-fer 有，具有，产（区别：作独立词使用的 ferus 意思是"野生的"）

Cosmianthemum 秋英爵床属（爵床科）（70：p269）：cosmianthemum 装饰花的（指花美丽）；cosmi-/ cosmo- ← cosmos 装饰的；anthemus ← anthemon 花

Cosmianthemum guangxiense 广西秋英爵床：guangxiense 广西的（地名）

Cosmianthemum knoxifolium 节叶秋英爵床：Knoxia 红芽大戟属（茜草科）；folius/ folium/ folia 叶，叶片（用于复合词）

Cosmianthemum longiflorum 长花秋英爵床：longe-/ longi- ← longus 长的，纵向的；florus/ florum/ flora ← flos 花（用于复合词）

Cosmianthemum viriduliflorum 海南秋英爵床：viridulus 淡绿色的；viridus 绿色的；-ulus/ -ulum/ -ula 小的，略微的，稍微的（小词 -ulus 在字母 e 或 i 之后有多种变缀，即 -olus/ -olum/ -ola、-ellus/ -ellum/ -ella、-illus/ -illum/ -illa，与第一变格法和第二变格法名词形成复合词）；florus/ florum/ flora ← flos 花（用于复合词）

Cosmos 秋英属（菊科）（75：p368）：cosmos 装饰的，美丽的

Cosmos bipinnatus 秋英：bipinnatus 二回羽状的；bi-/ bis- 二，二数，二回（希腊语为 di-）；pinnatus = pinnus + atus 羽状的，具羽的；pinnus/ pennus 羽毛，羽状，羽片；-atus/ -atum/ -ata 属于，相似，具有，完成（形容词词尾）

Cosmos sulphureus 黄秋英：sulphureus/ sulfureus 硫黄色的

Cosmostigma 荟蔓藤属（萝藦科）（63：p499）：cosmostigma 装饰柱头的（指柱头好看）；cosmi-/ cosmo- ← cosmos 装饰的；stigmus 柱头

Cosmostigma hainanense 荟蔓藤：hainanense 海南的（地名）

Costus 闭鞘姜属（姜科）（16-2：p148）：costus 主脉，叶脉，肋，肋骨

Costus lacerus 莴笋花：lacerus 撕裂状的，不整齐裂的

Costus speciosus 闭鞘姜：speciosus 美丽的，华丽的；species 外形，外观，美观，物种（缩写 sp.，复数 spp.）；-osus/ -osum/ -osa 多的，充分的，丰富的，显著发育的，程度高的，特征明显的（形容词词尾）

Costus tonkinensis 光叶闭鞘姜：tonkin 东京（地名，越南河内的旧称）

Cotinus 黄栌属（栌 lú）（漆树科）（45-1：p96）：cotinus（古拉丁名，一种可提取黄色染料的植物）

Cotinus coggygria 黄栌：coggygria 黄栌（古拉丁名）

Cotinus coggygria var. cinerea 红叶：cinereus 灰色的，草木灰色的（为纯黑和纯白的混合色，希腊语为 tephro-/ spodo-）；ciner-/ cinere-/ cinereo- 灰色；-eus/ -eum/ -ea（接拉丁语词干时）属于……的，色如……的，质如……的（表示原料、颜色或品质的相似），（接希腊语词干时）属于……的，以……出名，为……所占有（表示具有某种特性）

Cotinus coggygria var. coggygria 黄栌-原变种（词义见上面解释）

C

Cotinus coggygria var. glaucophylla 粉背黄栌：glaucus → glauco-/ glauc- 被白粉的，发白的，灰绿色的；phyllus/ phyllum/ phylla ← phyllon 叶片（用于希腊语复合词）

Cotinus coggygria var. pubescens 毛黄栌：pubescens ← pubens 被短柔毛的，长出柔毛的；pubi- ← pubis 细柔毛的，短柔毛的，毛被的；pubesco/ pubescere 长成的，变为成熟的，长出柔毛的，青春期体毛的；-escens/ -ascens 改变，转变，变成，略微，带有，接近，相似，大致，稍微（表示变化的趋势，并未完全相似或相同，有别于表示达到完成状态的 -atus）

Cotinus nana 矮黄栌：nanus ← nanos/ nannos 矮小的，小的；nani-/ nano-/ nanno- 矮小的，小的

Cotinus szechuanensis 四川黄栌：szechuan 四川（地名）

Cotoneaster 栒子属（栒 xún）（蔷薇科）（36：p107）：cotoneaster 像榲桲的（指叶片）；cotone ← kotoneon 榲桲；-aster/ -astra/ -astrum/ -ister/ -istra/ -istrum 相似的，程度稍弱，稍小的，次等级的（用于拉丁语复合词词尾，表示不完全相似或低级之意，常用以区别一种野生植物与栽培植物，如 oleaster、oleastrum 野橄榄，以区别于 olea，即栽培的橄榄，而作形容词词尾时则表示小或程度弱化，如 surdaster 稍聋的，比 surdus 稍弱）

Cotoneaster acuminatus 尖叶栒子：acuminatus = acumen + atus 锐尖的，渐尖的；acumen 渐尖头；-atus/ -atum/ -ata 属于，相似，具有，完成（形容词词尾）

Cotoneaster acutifolius 灰栒子：acutifolius 尖叶的；acuti-/ acu- ← acutus 锐尖的，针尖的，刺尖的，锐角的；folius/ folium/ folia 叶，叶片（用于复合词）

Cotoneaster acutifolius var. acutifolius 灰栒子-原变种 （词义见上面解释）

Cotoneaster acutifolius var. villosulus 密毛灰栒子：villosulus 略有长柔毛的；villosus 柔毛的，绵毛的；villus 毛，羊毛，长绒毛；-ulus/ -ulum/ -ula 小的，略微的，稍微（小词 -ulus 在字母 e 或 i 之后有多种变缀，即 -olus/ -olum/ -ola、-ellus/ -ellum/ -ella、-illus/ -illum/ -illa，与第一变格法和第二变格法名词形成复合词）

Cotoneaster adpressus 匍匐栒子：adpressus/ appressus = ad + pressus 压紧的，压扁的，紧贴的，平卧的；ad- 向，到，近（拉丁语词首，表示程度加强）；构词规则：构成复合词时，词首末尾的辅音字母常同化为紧接其后的那个辅音字母（如 ad + p → app）；pressus 压，压力，挤压，紧密

Cotoneaster affinis 藏边栒子（藏 zàng）：affinis = ad + finis 酷似的，近似的，有联系的；ad- 向，到，近（拉丁语词首，表示程度加强）；构词规则：构成复合词时，词首末尾的辅音字母常同化为紧接其后的那个辅音字母（如 ad + f → aff）；finis 界限，境界；affin- 相似，近似，相关

Cotoneaster ambiguus 川康栒子：ambiguus 可疑的，不确定的，含糊的

Cotoneaster amoene 美丽栒子：amoene ← amoenus 美丽的，可爱的

Cotoneaster apiculatus 细尖栒子：apiculatus = apicus + ulus + atus 小尖头的，顶端有小突起的；apicus/ apice 尖的，尖头的，顶端的

Cotoneaster argenteus （银白栒子）：argenteus = argentum + eus 银白色的；argentum 银；-eus/ -eum/ -ea（接拉丁语词干时）属于……的，色如……的，质如……的（表示原料、颜色或品质的相似），（接希腊语词干时）属于……的，以……出名，为……所占有（表示具有某种特性）

Cotoneaster bakeri （巴克栒子）：bakeri ← George Percival Baker（人名，19 世纪植物学家，于 1895 年第一次展出郁金香）；-eri 表示人名，在以 -er 结尾的人名后面加上 i 形成

Cotoneaster bullatus 泡叶栒子（泡 pào）：bullatus = bulla + atus 泡状的，膨胀的；bulla 球，水泡，凸起；-atus/ -atum/ -ata 属于，相似，具有，完成（形容词词尾）

Cotoneaster bullatus var. bullatus 泡叶栒子-原变种 （词义见上面解释）

Cotoneaster bullatus f. floribundus 多花泡叶栒子：floribundus = florus + bundus 多花的，繁花的，花正盛开的；florus/ florum/ flora ← flos 花（用于复合词）；-bundus/ -bunda/ -bundum 正在做，正在进行（类似于现在分词），充满，盛行

Cotoneaster bullatus var. macrophyllus 大叶泡叶栒子：macro-/ macr- ← macros 大的，宏观的（用于希腊语复合词）；phyllus/ phyllum/ phylla ← phyllon 叶片（用于希腊语复合词）

Cotoneaster buxifolius 黄杨叶栒子：buxifolius 黄杨叶的；Buxus 黄杨属（黄杨科）；folius/ folium/ folia 叶，叶片（用于复合词）

Cotoneaster buxifolius var. buxifolius 黄杨叶栒子-原变种 （词义见上面解释）

Cotoneaster buxifolius var. marginatus 多花黄杨叶栒子：marginatus ← margo 边缘的，具边缘的；margo/ marginis → margin- 边缘，边线，边界

Cotoneaster buxifolius var. vellaeus 小叶黄杨叶栒子：vellaeus 属于绵毛的；vellereus 绵毛的；-aeus/ -aeum/ -aea 表示属于……，名词形容词化词尾，如 europaeus ← europa 欧洲的

Cotoneaster camilli-schneideri （卡米栒子）：camilli-schneideri（人名）；-eri 表示人名，在以 -er 结尾的人名后面加上 i 形成

Cotoneaster chengkangensis 镇康栒子：chengkangensis 镇康的（地名，云南省）

Cotoneaster coriaceus 厚叶栒子：coriaceus = corius + aceus 近皮革的，近革质的；corius 皮革的，革质的；-aceus/ -aceum/ -acea 相似的，有……性质的，属于……的

Cotoneaster dammerii 矮生栒子：dammerii ← Carl Lebrecht Udo Dammer（人名，20 世纪德国植物学家）（注：词尾改为"-eri"似更妥）；-eri 表示人名，在以 -er 结尾的人名后面加上 i 形成；-ii 表示人名，接在以辅音字母结尾的人名后面，但 -er 除外

Cotoneaster dammerii var. dammerii 矮生栒子-原变种 （词义见上面解释）

Cotoneaster dammerii var. radicans 长柄矮生栒子：radicans 生根的；radicus ← radix 根的

Cotoneaster delavayanus （德拉枸子）：delavayanus ← Delavay ← P. J. M. Delavay（人名，1834–1895，法国传教士，曾在中国采集植物标本）

Cotoneaster dielsianus 木帚枸子：dielsianus ← Friedrich Ludwig Emil Diels（人名，20 世纪德国植物学家）

Cotoneaster dielsianus var. dielsianus 木帚枸子-原变种 （词义见上面解释）

Cotoneaster dielsianus var. elegans 小叶木帚枸子：elegans 优雅的，秀丽的

Cotoneaster dissimilis （异叶枸子）：dissimilis 不同的，不相似的；di-/ dis- 二，二数，二分，分离，不同，在……之间，从……分开（希腊语，拉丁语为 bi-/ bis-）；similis 相似的；simulo/ simuilare/ simulatus 模仿，模拟，伪装

Cotoneaster divaricatus 散生枸子：divaricatus 广歧的，发散的，散开的

Cotoneaster dokeriensis （德克枸子）：dokeriensis（地名，四川省）

Cotoneaster fangianus 恩施枸子：fangianus（人名）

Cotoneaster foveolatus 麻核枸子：foveolatus = fovea + ulus + atus 具小孔的，蜂巢状的，有小凹陷的；fovea 孔穴，腔隙

Cotoneaster franchetii 西南枸子：franchetii ← A. R. Franchet（人名，19 世纪法国植物学家）

Cotoneaster frigidus 耐寒枸子：frigidus 寒带的，寒冷的，僵硬的；frigus 寒冷，寒冬；-idus/ -idum/ -ida 表示在进行中的动作或情况，作动词、名词或形容词的词尾

Cotoneaster glabratus 光叶枸子：glabratus = glabrus + atus 脱毛的，光滑的；glabrus 光秃的，无毛的，光滑的；-atus/ -atum/ -ata 属于，相似，具有，完成（形容词词尾）

Cotoneaster glaucophyllus 粉叶枸子：glaucus → glauco-/ glauc- 被白粉的，发白的，灰绿色的；phyllus/ phyllum/ phylla ← phyllon 叶片（用于希腊语复合词）

Cotoneaster glaucophyllus var. glaucophyllus 粉叶枸子-原变种 （词义见上面解释）

Cotoneaster glaucophyllus var. meiophyllus 小叶粉叶枸子：mei-/ meio- 较少的，较小的，略微的；phyllus/ phyllum/ phylla ← phyllon 叶片（用于希腊语复合词）

Cotoneaster glaucophyllus f. serotinus 多花粉叶枸子：serotinus 晚来的，晚季的，晚开花的

Cotoneaster glaucophyllus var. vestitus 毛萼粉叶枸子：vestitus 包被的，覆盖的，被柔毛的，袋状的

Cotoneaster glomerulatus 球花枸子：glomerulatus = glomera + ulus + atus 小团伞花序的；glomera 线球，一团，一束

Cotoneaster gracilis 细弱枸子：gracilis 细长的，纤弱的，丝状的

Cotoneaster handel-mazzettii （汉麻枸子）：handel-mazzettii ← H. Handel-Mazzetti（人名，奥地利植物学家，第一次世界大战期间在中国西南地区研究植物）

Cotoneaster harrovianus 蒙自枸子：harrovianus ← George Harrow（人名，20 世纪苗木经纪人）

Cotoneaster harrysmithii 丹巴枸子：harry ← Sir James Harry Veitch（人名，20 世纪园艺学家）；smithii ← James Edward Smith（人名，1759–1828，英国植物学家）

Cotoneaster hebephyllus 钝叶枸子：hebe- 柔毛；phyllus/ phyllum/ phylla ← phyllon 叶片（用于希腊语复合词）

Cotoneaster hebephyllus var. fulvidus 黄毛钝叶枸子：fulvus 咖啡色的，黄褐色的

Cotoneaster hebephyllus var. incanus 灰毛钝叶枸子：incanus 灰白色的，密被灰白色毛的

Cotoneaster hebephyllus var. majuscula 大果钝叶枸子：majusculus = majus + usculus 近大的，略大的；majus 大的，巨大的；-usculus ← -culus 小的，略微的，稍微的（小词 -culus 和某些词构成复合词时变成 -usculus）；-culus/ -culum/ -cula 小的，略微的，稍微的（同第三变格法和第四变格法名词形成复合词）

Cotoneaster hodjingensis （鹤庆枸子）：hodjingensis 鹤庆的（地名，云南省）

Cotoneaster horizontalis 平枝枸子：horizontalis 水平的；horizon/ horizontis/ horizontos 水平，水平线；-aris（阳性、阴性）/ -are（中性）← -alis（阳性、阴性）/ -ale（中性）属于，相似，如同，具有，涉及，关于，联结于（将名词作形容词用，其中 -aris 常用于以 l 或 r 为词干末尾的词）

Cotoneaster horizontalis var. horizontalis 平枝枸子-原变种 （词义见上面解释）

Cotoneaster horizontalis var. perpusillus 小叶平枝枸子：perpusillus 非常小的，微小的；per-（在 l 前面音变为 pel-）极，很，颇，甚，非常，完全，通过，遍及（表示效果加强，与 sub- 互为反义词）；pusillus 纤弱的，细小的，无价值的

Cotoneaster hurusawaianus （古泽枸子）：hurusawaianus ← I. Hurusawa 古泽（日本人名，1916–?）

Cotoneaster insculptus （铭文枸子）：insculptus 铭记的，写入的，有某种图案的；in-/ im-（来自 il- 的音变）内，在内，内部，向内，相反，不，无，非；il- 在内，向内，为，相反（希腊语为 en-）；词首 il- 的音变：il-（在 l 前面），im-（在 b、m、p 前面），in-（在元音字母和大多数辅音字母前面），ir-（在 r 前面），如 illaudatus（不值得称赞的，评价不好的），impermeabilis（不透水的，穿不透的），ineptus（不合适的），insertus（插入的），irretortus（无弯曲的，无扭曲的）；noxius/ noxa 损伤，受伤，伤害，有害的，有毒的；sculptum 雕刻，雕琢

Cotoneaster integerrimus 全缘枸子：integerrimus 绝对全缘的；integer/ integra/ integrum → integri- 完整的，整个的，全缘的；-rimus/ -rima/ -rimum 最，极，非常（词尾为 -er 的形容词最高级）

Cotoneaster kaschkarovii 巴塘枸子：kaschkarovii（人名）；-ii 表示人名，接在以辅音字母结尾的人名后面，但 -er 除外

Cotoneaster kongboensis （工布枸子）：

kongboensis 工布的（地名，西藏自治区）

Cotoneaster konishii （小西枸子）：konishii 小西（日本人名）

Cotoneaster lacteus 乳白花枸子：lacteus 乳汁的，乳白色的，白色略带蓝色的；lactis 乳汁；-eus/ -eum/ -ea（接拉丁语词干时）属于……的，色如……的，质如……的（表示原料、颜色或品质的相似），（接希腊语词干时）属于……的，以……出名，为……所占有（表示具有某种特性）

Cotoneaster langei 中甸枸子：langei（人名）

Cotoneaster lidjiangensis （丽江枸子）：lidjiangensis 丽江的（地名，云南省）

Cotoneaster lucida 贝加尔枸子：lucidus ← lucis ← lux 发光的，光辉的，清晰的，发亮的，荣耀的（lux 的单数所有格为 lucis，词尾为 -is 和 -ys 的词的词干分别视为 -id 和 -yd）

Cotoneaster ludlowi （路德枸子）：ludlowi（人名，改成"ludlowii"似更妥）；-ii 表示人名，接在以辅音字母结尾的人名后面，但 -er 除外；-i 表示人名，接在以元音字母结尾的人名后面，但 -a 除外

Cotoneaster melanocarpus 黑果枸子：mel-/ mela-/ melan-/ melano- ← melanus/ melaenus ← melas/ melanos 黑色的，浓黑色的，暗色的；carpus/ carpum/ carpa/ carpon ← carpos 果实（用于希腊语复合词）

Cotoneaster microphyllus 小叶枸子：micr-/ micro- ← micros 小的，微小的，微观的（用于希腊语复合词）；phyllus/ phyllum/ phylla ← phyllon 叶片（用于希腊语复合词）

Cotoneaster microphyllus var. cochleatus 白毛小叶枸子：cochleatus 蜗牛的，勺子的，螺旋的；cochlea 蜗牛，蜗牛壳；-atus/ -atum/ -ata 属于，相似，具有，完成（形容词词尾）

Cotoneaster microphyllus var. conspicuus 大果小叶枸子：conspicuus 显著的，显眼的；conspicio 看，注目（动词）

Cotoneaster microphyllus var. glacialis 无毛小叶枸子：glacialis 冰的，冰雪地带的，冰川的；glacies 冰，冰块，耐寒，坚硬

Cotoneaster microphyllus var. microphyllus 小叶枸子-原变种 （词义见上面解释）

Cotoneaster microphyllus var. thymifolius 细叶小叶枸子：thymifolius 百里香叶片的；Thymus 百里香属（唇形科）；folius/ folium/ folia 叶，叶片（用于复合词）

Cotoneaster mongolicus 蒙古枸子：mongolicus 蒙古的（地名）；mongolia 蒙古的（地名）；-icus/ -icum/ -ica 属于，具有某种特性（常用于地名、起源、生境）

Cotoneaster morrisonensis 台湾枸子：morrisonensis 磨里山的（地名，今台湾新高山）

Cotoneaster moupinensis 宝兴枸子：moupinensis 穆坪的（地名，四川省宝兴县），木坪的（地名，重庆市）

Cotoneaster mucronatus （短尖枸子）：mucronatus = mucronus + atus 具短尖的，有微突起的；mucronus 短尖头，微突；-atus/ -atum/ -ata 属于，相似，具有，完成（形容词词尾）

Cotoneaster muliensis 木里枸子：muliensis 木里的（地名，四川省）

Cotoneaster multiflorus 水枸子：multi- ← multus 多个，多数，很多（希腊语为 poly-）；florus/ florum/ flora ← flos 花（用于复合词）

Cotoneaster multiflorus var. atropurpureus 紫果水枸子：atro-/ atr-/ atri-/ atra- ← ater 深色，浓色，暗色，发黑（ater 作为词干后接辅音字母开头的词时，要在词干后面加一个连接用的元音字母"o"或"i"，故为"ater-o-"或"ater-i-"，变形为"atr-"开头）；purpureus = purpura + eus 紫色的；purpura 紫色（purpura 原为一种介壳虫名，其体液为紫色，可作颜料）；-eus/ -eum/ -ea（接拉丁语词干时）属于……的，色如……的，质如……的（表示原料、颜色或品质的相似），（接希腊语词干时）属于……的，以……出名，为……所占有（表示具有某种特性）

Cotoneaster multiflorus var. calocarpus 大果水枸子：call-/ calli-/ callo-/ cala-/ calo- ← calos/ callos 美丽的；carpus/ carpum/ carpa/ carpon ← carpos 果实（用于希腊语复合词）

Cotoneaster multiflorus var. multiflorus 水枸子-原变种 （词义见上面解释）

Cotoneaster nitens 光泽枸子：nitens 光亮的，发光的；nitere 发亮；nit- 闪耀，发光

Cotoneaster nitidifolius 亮叶枸子：nitidifolius = nitidus + folius 亮叶子的；nitidus = nitere + idus 光亮的，发光的；nitere 发亮；-idus/ -idum/ -ida 表示在进行中的动作或情况，作动词、名词或形容词的词尾；nitens 光亮的，发光的；folius/ folium/ folia 叶，叶片（用于复合词）

Cotoneaster nitidus 两列枸子：nitidus = nitere + idus 光亮的，发光的；nitere 发亮；-idus/ -idum/ -ida 表示在进行中的动作或情况，作动词、名词或形容词的词尾；nitens 光亮的，发光的

Cotoneaster nitidus var. duthieanus 大叶两列枸子：duthieanus（人名）

Cotoneaster nitidus var. nitidus 两列枸子-原变种 （词义见上面解释）

Cotoneaster nitidus var. parvifolius 小叶两列枸子：parvifolius 小叶的；parvus 小的，些微的，弱的；folius/ folium/ folia 叶，叶片（用于复合词）

Cotoneaster notabilis （秀丽枸子）：notabilis 值得注目的，有价值的，显著的，特殊的；notus/ notum/ nota ① 知名的、常见的、印记、特征、注目，② 背部、脊背（注：该词具有两类完全不同的意思，要根据植物特征理解其含义）；nota 记号，标签，特征，标点，污点；noto 划记号，记载，注目，观察；-ans/ -ens/ -bilis/ -ilis 能够，可能（为形容词词尾，-ans/ -ens 用于主动语态，-bilis/ -ilis 用于被动语态）

Cotoneaster obscurus 暗红枸子：obscurus 暗色的，不明确的，不明显的，模糊的

Cotoneaster obscurus var. cornifolius 大叶暗红枸子：cornus 角，犄角，兽角，角质，角质般坚硬；folius/ folium/ folia 叶，叶片（用于复合词）

Cotoneaster oliganthus 少花枸子：oligo-/ olig- 少数的（希腊语，拉丁语为 pauci-）；anthus/ anthum/

antha/ anthe ← anthos 花（用于希腊语复合词）

Cotoneaster oligocarpus 少果栒子：oligo-/ olig- 少数的（希腊语，拉丁语为 pauci-）；carpus/ carpum/ carpa/ carpon ← carpos 果实（用于希腊语复合词）

Cotoneaster pannosus 毡毛栒子：pannosus 充满毛的，毡毛状的

Cotoneaster pannosus var. pannosus 毡毛栒子-原变种 （词义见上面解释）

Cotoneaster pannosus var. robustior 大叶毡毛栒子：robustior 较粗壮的，较大型的；robustus 大型的，结实的，健壮的，强壮的；-or 更加，较为（形容词比较级）

Cotoneaster pekinensis （北京栒子）：pekinensis 北京的（地名）

Cotoneaster pleuriflorus （肋花栒子）：pleuriflorus 肋花的；pleur-/ pleuro- ← pleurus 肋，肋状的，有肋的，侧生的；florus/ florum/ flora ← flos 花（用于复合词）

Cotoneaster reticulatus 网脉栒子：reticulatus = reti + culus + atus 网状的；reti-/ rete- 网（同义词：dictyo-）；-culus/ -culum/ -cula 小的，略微的，稍微的（同第三变格法和第四变格法名词形成复合词）；-atus/ -atum/ -ata 属于，相似，具有，完成（形容词词尾）

Cotoneaster rhytidophyllus 麻叶栒子：rhytido-/ rhyt- ← rhytidos 褶皱的，皱纹的，折叠的；phyllus/ phyllum/ phylla ← phyllon 叶片（用于希腊语复合词）

Cotoneaster rockii （洛基栒子）：rockii ← Joseph Francis Charles Rock（人名，20 世纪美国植物采集员）

Cotoneaster rotundifolius 圆叶栒子：rotundus 圆形的，呈圆形的，肥大的；rotundo 使呈圆形，使圆滑；roto 旋转，滚动；folius/ folium/ folia 叶，叶片（用于复合词）

Cotoneaster rubens 红花栒子：rubens = rubus + ens 发红的，带红色的，变红的；rubrus/ rubrum/ rubra/ ruber 红色的

Cotoneaster rubens var. minianus 小叶红花栒子：minianus 朱砂的，涂朱砂的；minium 朱砂，朱红；-anus/ -anum/ -ana 属于，来自（形容词词尾）

Cotoneaster rubens var. rubens 红花栒子-原变种 （词义见上面解释）

Cotoneaster salicifolius 柳叶栒子：salici ← Salix 柳属；构词规则：以 -ix/ -iex 结尾的词其词干末尾视为 -ic，以 -ex 结尾视为 -i/ -ic，其他以 -x 结尾视为 -c；folius/ folium/ folia 叶，叶片（用于复合词）

Cotoneaster salicifolius var. angustus 窄叶柳叶栒子：angustus 窄的，狭的，细的

Cotoneaster salicifolius var. henryanus 大叶柳叶栒子：henryanus ← Augustine Henry 或 B. C. Henry（人名，前者，1857–1930，爱尔兰医生、植物学家，曾在中国采集植物，后者，1850–1901，曾活动于中国的传教士）

Cotoneaster salicifolius var. rugosus 皱叶柳叶栒子：rugosus = rugus + osus 收缩的，有皱纹的，多褶皱的（同义词：rugatus）；rugus/ rugum/ ruga 褶皱，皱纹，皱缩；-osus/ -osum/ -osa 多的，充分的，

丰富的，显著发育的，程度高的，特征明显的（形容词词尾）

Cotoneaster salicifolius var. salicifolius 柳叶栒子-原变种 （词义见上面解释）

Cotoneaster sanguineus 血色栒子（血 xuè）：sanguineus = sanguis + ineus 血液的，血色的；sanguis 血液；-ineus/ -inea/ -ineum 相近，接近，相似，所有（通常表示材料或颜色），意思同 -eus

Cotoneaster schantungensis 山东栒子：schantungensis 山东的（地名）

Cotoneaster schlechtendalii （斯柯栒子）：schlechtendalii ← Diederich Franz Leon von Schlechtendal（人名，19 世纪德国植物学家）

Cotoneaster sherriffii 康巴栒子：sherriffii ← Major George Sherriff（人名，20 世纪探险家，曾和 Frank Ludlow 一起考察西藏东南地区）

Cotoneaster sikangensis （西康栒子）：sikangensis 西康的（地名，旧西康省，1955 年分别并入四川省与西藏自治区）

Cotoneaster silvestrii 华中栒子：silvestrii/ sylvestrii ← Filippo Silvestri（人名，19 世纪意大利解剖学家、动物学家）；-ii 表示人名，接在以辅音字母结尾的人名后面，但 -er 除外

Cotoneaster soongoricus 准噶尔栒子（噶 gá）：soongoricus 准噶尔的（地名，新疆维吾尔自治区）；-icus/ -icum/ -ica 属于，具有某种特性（常用于地名、起源、生境）

Cotoneaster soongoricus var. microcarpus 小果准噶尔栒子：micr-/ micro- ← micros 小的，微小的，微观的（用于希腊语复合词）；carpus/ carpum/ carpa/ carpon ← carpos 果实（用于希腊语复合词）

Cotoneaster soongoricus var. soongoricus 准噶尔栒子-原变种 （词义见上面解释）

Cotoneaster splendens （细枝栒子）：splendens 有光泽的，发光的，漂亮的

Cotoneaster staintonii （斯坦栒子）：staintonii（人名）；-ii 表示人名，接在以辅音字母结尾的人名后面，但 -er 除外

Cotoneaster subadpressus 高山栒子：subadpressus 稍压扁的，像 adpressus 的；sub-（表示程度较弱）与……类似，几乎，稍微，弱，亚，之下，下面；Cotoneaster adpressus 匍匐栒子；adpressus/ appressus = ad + pressus 压紧的，压扁的，紧贴的，平卧的；ad- 向，到，近（拉丁语词首，表示程度加强）；构词规则：构成复合词时，词首末尾的辅音字母常同化为紧接其后的那个辅音字母（如 ad + p → app）；pressus 压，压力，挤压，紧密

Cotoneaster submultiflorus 毛叶水栒子：submultiflorus 像 multiflorus 的，稍多花的；Cotoneaster multiflorus 水栒子；sub-（表示程度较弱）与……类似，几乎，稍微，弱，亚，之下，下面；multi- ← multus 多个，多数，很多（希腊语为 poly-）；florus/ florum/ flora ← flos 花（用于复合词）

Cotoneaster taoensis 洮河栒子（洮 táo）：taoensis 洮河的（地名，青海省和甘肃省）

Cotoneaster taylorii 藏南栒子：taylorii ← Edward Taylor（人名，1848–1928）

Cotoneaster tenuipes 细枝栒子：tenui- ← tenuis 薄的，纤细的，弱的，瘦的，窄的；pes/ pedis 柄，梗，茎秆，腿，足，爪（作词首或词尾，pes 的词干视为"ped-"）

Cotoneaster tibeticus （西藏栒子）：tibeticus 西藏的（地名）；-icus/ -icum/ -ica 属于，具有某种特性（常用于地名、起源、生境）

Cotoneaster tumeticus 土默特栒子：tumeticus 土默特的（地名，内蒙古自治区）

Cotoneaster turbinatus 陀螺果栒子：turbinatus 倒圆锥形的，陀螺状的；turbinus 陀螺，涡轮；turbo 旋转，涡旋

Cotoneaster uniflorus 单花栒子：uni-/ uno- ← unus/ unum/ una 一，单一（希腊语为 mono-/ mon-）；florus/ florum/ flora ← flos 花（用于复合词）

Cotoneaster vernae （早春栒子）：vernae ← vernus 春天的，春天开花的；ver/ veris 春天，春季

Cotoneaster verruculosus 疣枝栒子：verruculosus 小疣点多的；verrucus ← verrucos 疣状物；-culosus = culus + osus 小而多的，小而密集的；-culus/ -culum/ -cula 小的，略微的，稍微的（同第三变格法和第四变格法名词形成复合词）；-osus/ -osum/ -osa 多的，充分的，丰富的，显著发育的，程度高的，特征明显的（形容词词尾）

Cotoneaster vilmorinianus （威尔栒子）：vilmorinianus ← Vilmorin-Andrieux （人名，19 世纪法国种苗专家）

Cotoneaster wardii 白毛栒子：wardii ← Francis Kingdon-Ward （人名，20 世纪英国植物学家）

Cotoneaster zabelii 西北栒子：zabelii ← Hermann Zabel （人名，19 世纪德国树木学家）；-ii 表示人名，接在以辅音字母结尾的人名后面，但 -er 除外

Cotoneaster zayulensis （察隅栒子）：zayulensis 察隅的（地名，西藏自治区）

Cotula 山芫荽属（芫荽 yán suī）（菊科）（76-1：p133）：cotulus ← cotyle 杯（指抱茎叶基部呈杯形）

Cotula anthemoides 芫荽菊：anthemoides 像春黄菊的；Anthemis 春黄菊属（菊科）；-oides/ -oideus/ -oideum/ -oidea/ -odes/ -eidos 像……的，类似……的，呈……状的（名词词尾）

Cotula hemisphaerica 山芫荽：hemi- 一半；sphaericus 球的，球形的

Cotylanthera 杯药草属（龙胆科）（62：p7）：cotyle 杯子状（希腊语）；andrus/ andros/ antherus ← aner 雄蕊，花药，雄性

Cotylanthera paucisquama 杯药草：pauci- ← paucus 少数的，少的（希腊语为 oligo-）；squamus 鳞，鳞片，薄膜

Courtoisia 翅鳞莎属（莎草科）（11：p183）：courtoisia ← Richard Joseph Courtois （人名，1806–1835，比利时植物学家）

Courtoisia cyperoides 翅鳞莎：Cyperus 莎草属（莎草科）；-oides/ -oideus/ -oideum/ -oidca/ -odes/ -eidos 像……的，类似……的，呈……状的（名词词尾）

Cousinia 刺头菊属（菊科）（78-1：p46）：cousinia ← M. Cousin （人名，法国植物学家）

Cousinia affinis 刺头菊：affinis = ad + finis 酷似的，近似的，有联系的；ad- 向，到，近（拉丁语词首，表示程度加强）；构词规则：构成复合词时，词首末尾的辅音字母常同化为紧接其后的那个辅音字母（如 ad + f → aff）；finis 界限，境界；affin- 相似，近似，相关

Cousinia alata 翼茎刺头菊：alatus → ala-/ alat-/ alati-/ alato- 翅，具翅的，具翼的；反义词：exalatus 无翼的，无翅的

Cousinia caespitosa 丛生刺头菊（种加词有时错印为"caespitoca"）：caespitosus = caespitus + osus 明显成簇的，明显丛生的；caespitus 成簇的，丛生的；-osus/ -osum/ -osa 多的，充分的，丰富的，显著发育的，程度高的，特征明显的（形容词词尾）

Cousinia dissecta 深裂刺头菊：dissectus 多裂的，全裂的，深裂的；di-/ dis- 二，二数，二分，分离，不同，在……之间，从……分开（希腊语，拉丁语为 bi-/ bis-）；sectus 分段的，分节的，切开的，分裂的

Cousinia falconeri 穗花刺头菊：falconeri ← Hugh Falconer （人名，19 世纪活动于印度的英国地质学家、医生）；-eri 表示人名，在以 -er 结尾的人名后面加上 i 形成

Cousinia lasiophylla 丝毛刺头菊：lasi-/ lasio- 羊毛状的，有毛的，粗糙的；phyllus/ phyllum/ phylla ← phyllon 叶片（用于希腊语复合词）

Cousinia leiocephala 光苞刺头菊：lei-/ leio-/ lio- ← leius ← leios 光滑的，平滑的；cephalus/ cephale ← cephalos 头，头状花序

Cousinia platylepis 宽苞刺头菊：platylepis 宽鳞的；platys 大的，宽的（用于希腊语复合词）；lepis/ lepidos 鳞片

Cousinia polycephala 多花刺头菊：poly- ← polys 多个，许多（希腊语，拉丁语为 multi-）；cephalus/ cephale ← cephalos 头，头状花序

Cousinia sclerolepis 硬苞刺头菊：sclero- ← scleros 坚硬的，硬质的；lepis/ lepidos 鳞片

Cousinia thomsonii 毛苞刺头菊：thomsonii ← Thomas Thomson （人名，19 世纪英国植物学家）；-ii 表示人名，接在以辅音字母结尾的人名后面，但 -er 除外

Craibiodendron 金叶子属（杜鹃花科）（57-3：p37）：craibio ← William Grant Craib （人名，1882–1933，英国植物学家）；dendron 树木

Craibiodendron henryi 柳叶金叶子：henryi ← Augustine Henry 或 B. C. Henry （人名，前者，1857–1930，爱尔兰医生、植物学家，曾在中国采集植物，后者，1850–1901，曾活动于中国的传教士）

Craibiodendron scleranthum 硬花金叶子：scleros 硬的，硬质的；anthus/ anthum/ antha/ anthe ← anthos 花（用于希腊语复合词）

Craibiodendron scleranthum var. kwangtungense 广东金叶子：kwangtungense 广东的（地名）

Craibiodendron scleranthum var. scleranthum 硬花金叶子-原变种 （词义见上面解释）

Craibiodendron stellatum 金叶子：stellatus/ stellaris 具星状的；stella 星状的；-atus/ -atum/ -ata 属于，相似，具有，完成（形容词词尾）；-aris

（阳性、阴性）/ -are（中性）← -alis（阳性、阴性）/ -ale（中性）属于，相似，如同，具有，涉及，关于，联结于（将名词作形容词用，其中 -aris 常用于以 l 或 r 为词干末尾的词）

Craibiodendron yunnanense 云南金叶子：yunnanense 云南的（地名）

Craigia 滇桐属（椴树科）（49-1：p110）：craigia ← Craig（英国人名）

Craigia kwangsiensis 桂滇桐：kwangsiensis 广西的（地名）

Craigia yunnanensis 滇桐（"yannanensis" 为错印）：yunnanensis 云南的（地名）

Crambe 两节荠属（荠 jì）（十字花科）（33：p39）：crambe ← krambe 甘蓝菜，白菜（希腊语）

Crambe kotschyana 两节荠：kotschyana ← Theodor Kotschy（人名，19 世纪奥地利植物学家）

Craniospermum 颅果草属（紫草科）（64-2：p208）：craniospermum 头颅状果的；cranio- ← cranius ← cranion ← cranos 头盔，头盖骨，颅骨（希腊语）；spermus/ spermum/ sperma 种子的（用于希腊语复合词）

Craniospermum echioides 颅果草：Echioides 像蓝蓟的；Echium 蓝蓟属（紫草科）；-oides/ -oideus/ -oideum/ -oidea/ -odes/ -eidos 像……的，类似……的，呈……状的（名词词尾）

Craniotome 簇序草属（唇形科）（66：p43）：craniotome 头颅状截断的（指花萼喉部头颅状）；cranio- ← cranius ← cranion ← cranos 头盔，头盖骨，颅骨（希腊语）；tome 切断的，截断的（希腊语）

Craniotome furcata 簇序草：furcatus/ furcans = furcus + atus 叉子状的，分叉的；furcus 叉子，叉子状的，分叉的；-atus/ -atum/ -ata 属于，相似，具有，完成（形容词词尾）

Craspedolobium 巴豆藤属（豆科）（40：p189）：craspedus ← craspedon ← kraspedon 边缘，缘生的；lobius ← lobus 浅裂的，耳片的（裂片先端钝圆），荚果的，蒴果的；-ius/ -ium/ -ia 具有……特性的（表示有关、关联、相似）

Craspedolobium schochii 巴豆藤：schochii（人名）；-ii 表示人名，接在以辅音字母结尾的人名后面，但 -er 除外

Craspedosorus 边果蕨属（金星蕨科）（4-1：p89）：craspedosorus 缘生囊群的，子囊群边生的；craspedus ← craspedon ← kraspedon 边缘，缘生的；sorus ← soros 堆（指密集成簇），孢子囊群

Craspedosorus sinensis 边果蕨：sinensis = Sina + ensis 中国的（地名）；Sina 中国

Crassocephalum 野茼蒿属（茼 tóng）（菊科）（77-1：p304）：Crassula 青琐龙属；cephalus/ cephale ← cephalos 头，头状花序

Crassocephalum crepidioides 野茼蒿：crepidioides = Crepis + oides 像还阳参的，像拖鞋的；构词规则：词尾为 -is 和 -ys 的词的词干分别视为 -id 和 -yd；Crepis 还阳参属（菊科）；crepis ← krepis 拖鞋（希腊语）；-oides/ -oideus/ -oideum/ -oidea/ -odes/ -eidos 像……的，类似……的，呈……状的（名词词尾）

Crassocephalum rubens 蓝花野茼蒿：rubens =

rubus + ens 发红的，带红色的，变红的；rubrus/ rubrum/ rubra/ ruber 红色的

Crassulaceae 景天科（34-1：p31）：Crassula 青琐龙属；-aceae（分类单位科的词尾，为 -aceus 的阴性复数主格形式，加到模式属的名称后或同义词的词干后以组成族群名称）

Crataegus 山楂属（蔷薇科）（36：p186）：crataegus 有力量的（指木材坚硬，希腊语）；cratos 权力，威力，力量；agein 具有

Crataegus altaica 阿尔泰山楂：altaica 阿尔泰的（地名，新疆北部山脉）

Crataegus aurantia 橘红山楂：aurantiacus/ aurantius 橙黄色的，金黄色的；aurus 金，金色；aurant-/ auranti- 橙黄色，金黄色

Crataegus chlorosarca 绿肉山楂：chlorosarcus 绿肉的；chlor-/ chloro- ← chloros 绿色的（希腊语，相当于拉丁语的 viridis）；sarc-/ sarco- ← sarx/ sarcos 肉，肉质的

Crataegus chungtienensis 中甸山楂：chungtienensis 中甸的（地名，云南省香格里拉市的旧称）

Crataegus cuneata 野山楂：cuneatus = cuneus + atus 具楔子的，属楔形的；cuneus 楔子的；-atus/ -atum/ -ata 属于，相似，具有，完成（形容词词尾）

Crataegus dahurica 光叶山楂：dahurica（daurica/ davurica）达乌里的（地名，外贝加尔湖，属西伯利亚的一个地区，即贝加尔湖以东及以南至中国和蒙古边界）

Crataegus dsungarica（新疆山楂）：dsungarica 准噶尔的（地名，新疆维吾尔自治区）；-icus/ -icum/ -ica 属于，具有某种特性（常用于地名、起源、生境）

Crataegus hupehensis 湖北山楂：hupehensis 湖北的（地名）

Crataegus kansuensis 甘肃山楂：kansuensis 甘肃的（地名）

Crataegus maximowiczii 毛山楂：maximowiczii ← C. J. Maximowicz 马克希莫夫（人名，1827–1891，俄国植物学家）

Crataegus oresbia 滇西山楂：oresbius 生于山地的；oreo-/ ores-/ ori- ← oreos 山，山地，高山；-bius ← bion 生存，生活，居住

Crataegus pinnatifida 山楂：pinnatifidus = pinnatus + fidus 羽状中裂的；pinnatus = pinnus + atus 羽状的，具羽的；pinnus/ pennus 羽毛，羽状，羽片；fidus ← findere 裂开，分裂（裂深不超过 1/3，常作词尾）

Crataegus pinnatifida var. major 山里红：major 较大的，更大的（majus 的比较级）；majus 大的，巨大的

Crataegus pinnatifida var. pinnatifida 山楂-原变种（词义见上面解释）

Crataegus pinnatifida var. psilosa 无毛山楂：psilos 平滑的，光滑的，裸露的（指茎无叶）

Crataegus przewalskii（普氏山楂）：przewalskii ← Nicolai Przewalski（人名，19 世纪俄国探险家、博物学家）

Crataegus remotilobata 裂叶山楂：remotilobatus 具疏离裂片的；remotus 分散的，分开的，稀疏的，

C

远距离的；lobatus = lobus + atus 具浅裂的，具耳垂状突起的；lobus/ lobos/ lobon 浅裂，耳片（裂片先端钝圆），荚果，蒴果；-atus/ -atum/ -ata 属于，相似，具有，完成（形容词词尾）

Crataegus sanguinea 辽宁山楂：sanguineus = sanguis + ineus 血液的，血色的；sanguis 血液；-ineus/ -inea/ -ineum 相近，接近，相似，所有（通常表示材料或颜色），意思同 -eus

Crataegus scabrifolia 云南山楂：scabrifolius 糙叶的；scabri- ← scaber 粗糙的，有凹凸的，不平滑的；folius/ folium/ folia 叶，叶片（用于复合词）

Crataegus shensiensis 陕西山楂：shensiensis 陕西的（地名）

Crataegus songorica 准噶尔山楂（噶 gá）：songorica 准噶尔的（地名，新疆维吾尔自治区）；-icus/ -icum/ -ica 属于，具有某种特性（常用于地名、起源、生境）

Crataegus tang-chungchangii 福建野山楂：tang-chungchangii（人名）；-ii 表示人名，接在以辅音字母结尾的人名后面，但 -er 除外

Crataegus wattiana 山东山楂：wattiana（人名）

Crataegus wilsonii 华中山楂：wilsonii ← John Wilson（人名，18 世纪英国植物学家）

Crateva 鱼木属（山柑科）（32：p485）：crateva ← Kratevas（人名，1 世纪希腊草药学家）

Crateva falcata（镰山柑）：falcatus = falx + atus 镰刀的，镰刀状的；构词规则：以 -ix/ -iex 结尾的词其词干末尾视为 -ic，以 -ex 结尾视为 -i/ -ic，其他以 -x 结尾视为 -c；falx 镰刀，镰刀形，镰刀状弯曲；-atus/ -atum/ -ata 属于，相似，具有，完成（形容词词尾）

Crateva formosensis 鱼木：formosensis ← formosa + ensis 台湾的；formosus ← formosa 美丽的，台湾的（葡萄牙殖民者发现台湾时对其的称呼，即美丽的岛屿）

Crateva nurvala 沙梨木：nurvala（词源不详）

Crateva trifoliata 钝叶鱼木：tri-/ tripli-/ triplo- 三个，三数；foliatus 具叶的，多叶的；folius/ folium/ folia → foli-/ folia- 叶，叶片；-atus/ -atum/ -ata 属于，相似，具有，完成（形容词词尾）

Crateva unilocularis 树头菜：unilocularis 一室的；uni-/ uno- ← unus/ unum/ una 一，单一（希腊语为 mono-/ mon-）；locularis/ locularia 隔室的，胞室的，腔室；loculatus 有棚的，有分隔的；loculus 小盒，小罐，室，棺椁；locus 场所，位置，座位；loco/ locatus/ locatio 放置，横躺；-aris（阳性、阴性）/ -are（中性）← -alis（阳性、阴性）/ -ale（中性）属于，相似，如同，具有，涉及，关于，联结于（将名词作形容词用，其中 -aris 常用于以 l 或 r 为词干末尾的词）

Cratoxylum 黄牛木属（藤黄科）（50-2：p75）：cratoxylum 坚硬木材的；cratos 权力，威力，力量；xylum ← xylon 木材，木质

Cratoxylum cochinchinense 黄牛木：cochinchinense ← Cochinchine 南圻的（历史地名，即今越南南部及其周边国家和地区）

Cratoxylum formosum 越南黄牛木：formosus ← formosa 美丽的，台湾的（葡萄牙殖民者发现台湾时对其的称呼，即美丽的岛屿）

Cratoxylum formosum subsp. formosum 越南黄牛木-原亚种 （词义见上面解释）

Cratoxylum formosum subsp. pruniflorum 红芽木：prunus 李，杏；florus/ florum/ flora ← flos 花（用于复合词）

Crawfurdia 蔓龙胆属（蔓 màn）（龙胆科）（62：p272）：crawfurdia ← J. Crawdfurd（人名，英国植物学家）

Crawfurdia angustata 大花蔓龙胆：angustatus = angustus + atus 变窄的；angustus 窄的，狭的，细的

Crawfurdia campanulacea 云南蔓龙胆：campanulaceus 钟形的，风铃草状的；campanula 钟，吊钟状的，风铃草状的；-aceus/ -aceum/ -acea 相似的，有……性质的，属于……的

Crawfurdia crawfurdioides 裂萼蔓龙胆：Crawfurdia 蔓龙胆属（龙胆科）；-oides/ -oideus/ -oideum/ -oidea/ -odes/ -eidos 像……的，类似……的，呈……状的（名词词尾）

Crawfurdia crawfurdioides var. crawfurdioides 裂萼蔓龙胆-原变种 （词义见上面解释）

Crawfurdia crawfurdioides var. iochroa 根茎蔓龙胆：iochrous 紫堇色的；io-/ ion-/ iono- 紫色，堇菜色，紫罗兰色；-chromus/ -chrous/ -chrus 颜色，彩色，有色的

Crawfurdia delavayi 披针叶蔓龙胆：delavayi ← P. J. M. Delavay（人名，1834–1895，法国传教士，曾在中国采集植物标本）；-i 表示人名，接在以元音字母结尾的人名后面，但 -a 除外

Crawfurdia dimidiata 半侧蔓龙胆：dimidiatus = dimidius + atus 二等分的，一半的，具有一半的；dimidius 一半的，二分之一的，对开的，似半瓣的，只剩一半的（两边很不对称，其中一半几乎不发育）；di-/ dis- 二，二数，二分，分离，不同，在……之间，从……分开（希腊语，拉丁语为 bi-/ bis-）

Crawfurdia gracilipes 细柄蔓龙胆：gracilis 细长的，纤弱的，丝状的；pes/ pedis 柄，梗，茎秆，腿，足，爪（作词首或词尾，pes 的词干视为"ped-"）

Crawfurdia maculaticaulis 斑茎蔓龙胆：maculaticaulis 茎干上有斑点的；maculatus = maculus + atus 有小斑点的，略有斑点的；maculus 斑点，网眼，小斑点，略有斑点；-atus/ -atum/ -ata 属于，相似，具有，完成（形容词词尾）；caulis ← caulos 茎，茎秆，主茎

Crawfurdia pricei 福建蔓龙胆：pricei ← William Price（人名，植物学家）；-i 表示人名，接在以元音字母结尾的人名后面，但 -a 除外

Crawfurdia puberula 毛叶蔓龙胆：puberulus = puberus + ulus 略被柔毛的，被微柔毛的；puberus 多毛的，毛茸茸的；-ulus/ -ulum/ -ula 小的，略微的，稍微的（小词 -ulus 在字母 e 或 i 之后有多种变缀，即 -olus/ -olum/ -ola/ -ellus/ -ellum/ -ella/ -illus/ -illum/ -illa，与第一变格法和第二变格法名词形成复合词）

Crawfurdia semialata 直立蔓龙胆：semialata 略具翅的；semi- 半，准，略微；alatus → ala-/ alat-/ alati-/ alato- 翅，具翅的，具翼的

Crawfurdia sessiliflora 无柄蔓龙胆：sessile-/ sessili-/ sessil- ← sessilis 无柄的，无茎的，基生的，基部的；florus/ florum/ flora ← flos 花（用于复合词）

Crawfurdia speciosa 穗序蔓龙胆：speciosus 美丽的，华丽的；species 外形，外观，美观，物种（缩写 sp.，复数 spp.）；-osus/ -osum/ -osa 多的，充分的，丰富的，显著发育的，程度高的，特征明显的（形容词词尾）

Crawfurdia tibetica 四川蔓龙胆：tibetica 西藏的（地名）；-icus/ -icum/ -ica 属于，具有某种特性（常用于地名、起源、生境）

Crawfurdia tsangshanensis 苍山蔓龙胆：tsangshanensis 苍山的（地名，云南省）

Cremanthodium 垂头菊属（菊科）（77-2：p115）：cremo-/ crem-/ cremast- 下垂的，垂悬的；anthodium ← anthodes 花状的，像花的

Cremanthodium angustifolium 狭叶垂头菊：angusti- ← angustus 窄的，狭的，细的；folius/ folium/ folia 叶，叶片（用于复合词）

Cremanthodium arnicoides 宽舌垂头菊：Arnica 山金车属（菊科），羊羔，羊皮；-oides/ -oideus/ -oideum/ -oidea/ -odes/ -eidos 像……的，类似……的，呈……状的（名词词尾）

Cremanthodium atrocapitatum 黑垂头菊：atro-/ atr-/ atri-/ atra- ← ater 深色，浓色，暗色，发黑（ater 作为词干后接辅音字母开头的词时，要在词干后面加一个连接用的元音字母 "o" 或 "i"，故为 "ater-o-" 或 "ater-i-"，变形为 "atr-" 开头）；capitatus 头状的，头状花序的；capitus ← capitis 头，头状

Cremanthodium bhutanicum 不丹垂头菊：bhutanicum（地名）

Cremanthodium botryocephalum 总状垂头菊：botrys → botr-/ botry- 簇，串，葡萄串状，丛，总状；cephalus/ cephale ← cephalos 头，头状花序

Cremanthodium brachychaetum 短缨垂头菊：brachy- ← brachys 短的（用于拉丁语复合词词首）；chaetus/ chaeta/ chaete ← chaite 胡须，鬃毛，长毛

Cremanthodium brunneo-pilosum 褐毛垂头菊：brunneo- ← brunneus/ bruneus 深褐色的；pilosus = pilus + osus 多毛的，被柔毛的，具疏柔毛的，被短弱细毛的；pilus 毛，疏柔毛；-osus/ -osum/ -osa 多的，充分的，丰富的，显著发育的，程度高的，特征明显的（形容词词尾）

Cremanthodium bulbilliferum 珠芽垂头菊：bulbillus/ bulbilus = bulbus + illus 小球茎，小鳞茎；bulbus 球，球形，球茎，鳞茎；-illi- ← -ulus 小，稍微，略微（-ulus 在字母 e 或 i 之后变成 -olus/ -ellus/ -illus）；-ferus/ -ferum/ -fera/ -fero/ -fere/ -fer 有，具有，产（区别：作独立词使用的 ferus 意思是 "野生的"）

Cremanthodium bupleurifolium 柴胡叶垂头菊：bupleurifolium 叶片像柴胡的；Bupleurum 柴胡属（伞形科）；folius/ folium/ folia 叶，叶片（用于复合词）

Cremanthodium calcicola 长鞘垂头菊：calcicolus 钙生的，生于石灰质土壤的；calci- ← calcium 石灰，钙质；colus ← colo 分布于，居住于，栖居，殖民（常作词尾）；colo/ colere/ colui/ cultum 居住，耕作，栽培

Cremanthodium campanulatum 钟花垂头菊：campanula + atus 钟形的，具钟的（指花冠）；campanula 钟，吊钟状的，风铃草状的；-atus/ -atum/ -ata 属于，相似，具有，完成（形容词词尾）

Cremanthodium campanulatum var. brachytricum 短毛钟花垂头菊：brachy- ← brachys 短的（用于拉丁语复合词词首）；tricum/ trichum 毛

Cremanthodium campanulatum var. campanulatum 钟花垂头菊-原变种 （词义见上面解释）

Cremanthodium chungtienense 中甸垂头菊：chungtienense 中甸的（地名，云南省香格里拉市的旧称）

Cremanthodium citriflorum 柠檬色垂头菊：citrus ← kitron 柑橘，柠檬（柠檬的古拉丁名）；florus/ florum/ flora ← flos 花（用于复合词）

Cremanthodium conaense 错那垂头菊：conaense 错那的（地名，西藏自治区）

Cremanthodium coriaceum 革叶垂头菊：coriaceus = corius + aceus 近皮革的，近革质的；corius 皮革的，革质的；-aceus/ -aceum/ -acea 相似的，有……性质的，属于……的

Cremanthodium cucullatum 兜鞘垂头菊：cucullatus/ cuculatus 兜状的，勺状的，罩住的，头巾的；cucullus 外衣，头巾

Cremanthodium cyclaminanthum 仙客来垂头菊：cyclaminanthus 花像仙客来的；Cyclamen 仙客来属（报春花科）；anthus/ anthum/ antha/ anthe ← anthos 花（用于希腊语复合词）；cyclo-/ cycl- ← cyclos 圆形，圈环

Cremanthodium daochengense 稻城垂头菊：daochengense 稻城的（地名，四川省）

Cremanthodium decaisnei 喜马拉雅垂头菊：decaisnei ← Joseph Decaisne（人名，19 世纪法国植物学家、园林学家，比利时人）；-i 表示人名，接在以元音字母结尾的人名后面，但 -a 除外

Cremanthodium delavayi 大理垂头菊：delavayi ← P. J. M. Delavay（人名，1834–1895，法国传教士，曾在中国采集植物标本）；-i 表示人名，接在以元音字母结尾的人名后面，但 -a 除外

Cremanthodium discoideum 盘花垂头菊：discoideus 圆盘状的；dic-/ disci-/ disco- ← discus ← discos 碟子，盘子，圆盘；-oides/ -oideus/ -oideum/ -oidea/ -odes/ -eidos 像……的，类似……的，呈……状的（名词词尾）

Cremanthodium dissectum 细裂垂头菊：dissectus 多裂的，全裂的，深裂的；di-/ dis- 二，二数，二分，分离，不同，在……之间，从……分开（希腊语，拉丁语为 bi-/ bis-）；sectus 分段的，分节的，切开的，分裂的

Cremanthodium ellisii 车前状垂头菊：ellisii ← John Ellis（人名，18 世纪英国植物采集员）

Cremanthodium ellisii var. ellisii 车前状垂头菊-原变种 （词义见上面解释）

Cremanthodium ellisii var. ramosum 祁连垂头菊（祁 qí）：ramosus = ramus + osus 有分枝的，多分枝的；ramus 分枝，枝条；-osus/ -osum/ -osa 多的，充分的，丰富的，显著发育的，程度高的，特征明显的（形容词词尾）

Cremanthodium ellisii var. roseum 红舌垂头菊：roseus = rosa + eus 像玫瑰的，玫瑰色的，粉红色的；rosa 蔷薇（古拉丁名）← rhodon 蔷薇（希腊语）← rhodd 红色，玫瑰红（凯尔特语）；-eus/ -eum/ -ea（接拉丁语词干时）属于……的，色如……的，质如……的（表示原料、颜色或品质的相似），（接希腊语词干时）属于……的，以……出名，为……所占有（表示具有某种特性）

Cremanthodium farreri 红花垂头菊：farreri ← Reginald John Farrer（人名，20 世纪英国植物学家、作家）；-eri 表示人名，在以 -er 结尾的人名后面加上 i 形成

Cremanthodium forrestii 矢叶垂头菊：forrestii ← George Forrest（人名，1873–1932，英国植物学家，曾在中国西部采集大量植物标本）

Cremanthodium glandulipilosum 腺毛垂头菊：glanduli- ← glandus + ulus 腺体的，小腺体的；glandus ← glans 腺体；pilosus = pilus + osus 多毛的，被柔毛的，具疏柔毛的，被短弱细毛的；pilus 毛，疏柔毛；-osus/ -osum/ -osa 多的，充分的，丰富的，显著发育的，程度高的，特征明显的（形容词词尾）

Cremanthodium glaucum 灰绿垂头菊：glaucus → glauco-/ glauc- 被白粉的，发白的，灰绿色的

Cremanthodium helianthus 向日垂头菊：helianthus 向着太阳的花，太阳花；heli-/ helio- ← helios 太阳的，日光的；anthus/ anthum/ antha/ anthe ← anthos 花（用于希腊语复合词）；Helianthus 向日葵属（菊科）

Cremanthodium humile 矮垂头菊：humile 矮的

Cremanthodium laciniatum 条裂垂头菊：laciniatus 撕裂的，条状裂的；lacinius → laci-/ lacin-/ lacini- 撕裂的，条状裂的

Cremanthodium lineare 条叶垂头菊：lineare 线状的，亚麻状的；lineus = linum + eus 线状的，丝状的，亚麻状的；linum ← linon 亚麻，线（古拉丁名）

Cremanthodium lineare var. eligulatum 无舌条叶垂头菊：e-/ ex- 不，无，非，缺乏，不具有（e- 用在辅音字母前，ex- 用在元音字母前，为拉丁语词首，对应的希腊语词首为 a-/ an-，英语为 un-/ -less，注意作词首用的 e-/ ex- 和介词 e/ ex 意思不同，后者意为"出自、从……、由……离开、由于、依照"）；ligulatus（= ligula + atus）/ ligularis（= ligula + aris）舌状的，具舌的；ligula = lingua + ulus 小舌，小舌状物；lingua 舌，语言；ligule 舌，舌状物，舌瓣，叶舌

Cremanthodium lineare var. lineare 条叶垂头菊-原变种（词义见上面解释）

Cremanthodium lineare var. roseum 红花条叶垂头菊：roseus = rosa + eus 像玫瑰的，玫瑰色的，粉红色的；rosa 蔷薇（古拉丁名）← rhodon 蔷薇（希腊语）← rhodd 红色，玫瑰红（凯尔特语）；-eus/ -eum/ -ea（接拉丁语词干时）属于……的，色如……的，质如……的（表示原料、颜色或品质的相似），（接希腊语词干时）属于……的，以……出名，为……所占有（表示具有某种特性）

Cremanthodium lingulatum 舌叶垂头菊：lingulatus = lingua + ulus + atus 具小舌的，具细丝带的；lingua 舌状的，丝带状的，语言的；-ulatus/ -ulata/ -ulatum = ulus + atus 小的，略微的，稍微的，属于小的；-ulus/ -ulum/ -ula 小的，略微的，稍微的（小词 -ulus 在字母 e 或 i 之后有多种变缀，即 -olus/ -olum/ -ola、-ellus/ -ellum/ -ella、-illus/ -illum/ -illa，与第一变格法和第二变格法名词形成复合词）；-atus/ -atum/ -ata 属于，相似，具有，完成（形容词词尾）

Cremanthodium microphyllum 小叶垂头菊：micr-/ micro- ← micros 小的，微小的，微观的（用于希腊语复合词）；phyllus/ phyllum/ phylla ← phyllon 叶片（用于希腊语复合词）

Cremanthodium nanum 小垂头菊：nanus ← nanos/ nannos 矮小的，小的；nani-/ nano-/ nanno- 矮小的，小的

Cremanthodium nepalense 尼泊尔垂头菊：nepalense 尼泊尔的（地名）

Cremanthodium nervosum 显脉垂头菊：nervosus 多脉的，叶脉明显的；nervus 脉，叶脉；-osus/ -osum/ -osa 多的，充分的，丰富的，显著发育的，程度高的，特征明显的（形容词词尾）

Cremanthodium nobile 壮观垂头菊：nobile/ nobilius 格外高贵的，格外有名的，格外高雅的

Cremanthodium oblongatum 矩叶垂头菊：oblongus = ovus + longus + atus 长椭圆形的（ovus 的词干 ov- 音变为 ob-）；ovus 卵，胚珠，卵形的，椭圆形的；longus 长的，纵向的

Cremanthodium obovatum 硕首垂头菊：obovatus = ob + ovus + atus 倒卵形的；ob- 相反，反对，倒（ob- 有多种音变：ob- 在元音字母和大多数辅音字母前面，oc- 在 c 前面，of- 在 f 前面，op- 在 p 前面）；ovus 卵，胚珠，卵形的，椭圆形的

Cremanthodium palmatum 掌叶垂头菊：palmatus = palmus + atus 掌状的，具掌的；palmus 掌，手掌

Cremanthodium petiolatum 长柄垂头菊：petiolatus = petiolus + atus 具叶柄的；petiolus 叶柄；-atus/ -atum/ -ata 属于，相似，具有，完成（形容词词尾）

Cremanthodium phyllodineum 叶状柄垂头菊：phyllodineus 叶状柄的；phyllus/ phyllum/ phylla ← phyllon 叶片（用于希腊语复合词）；dineus 柄

Cremanthodium pinnatifidum 羽裂垂头菊：pinnatifidus = pinnatus + fidus 羽状中裂的；pinnatus = pinnus + atus 羽状的，具羽的；pinnus/ pennus 羽毛，羽状，羽片；fidus ← findere 裂开，分裂（裂深不超过 1/3，常作词尾）

Cremanthodium pinnatisectum 裂叶垂头菊：pinnatisectus = pinnatus + sectus 羽状裂的；pinnatus = pinnus + atus 羽状的，具羽的；pinnus/ pennus 羽毛，羽状，羽片；sectus 分段的，分节的，切开的，分裂的

C

Cremanthodium potaninii 戟叶垂头菊：
potaninii ← Grigory Nikolaevich Potanin（人名，19 世纪俄国植物学家）

Cremanthodium prattii 长舌垂头菊：prattii ← Antwerp E. Pratt（人名，19 世纪活动于中国的英国动物学家、探险家）

Cremanthodium principis 方叶垂头菊：principis（princeps 的所有格）帝王的，第一的

Cremanthodium pseudo-oblongatum 无毛垂头菊：pseudo-oblongatum 像 oblongatum 的；pseudo-/ pseud- ← pseudos 假的，伪的，接近，相似（但不是）；Cremanthodium oblongatum 矩叶垂头菊；oblongatus 长椭圆形的

Cremanthodium puberulum 毛叶垂头菊：puberulus = puberus + ulus 略被柔毛的，被微柔毛的；puberus 多毛的，毛茸茸的；-ulus/ -ulum/ -ula 小的，略微的，稍微的（小词 -ulus 在字母 e 或 i 之后有多种变缀，即 -olus/ -olum/ -ola、-ellus/ -ellum/ -ella、-illus/ -illum/ -illa，与第一变格法和第二变格法名词形成复合词）

Cremanthodium pulchrum 美丽垂头菊：pulchrum 美丽，优雅，绮丽

Cremanthodium purpureifolium 紫叶垂头菊：purpureus = purpura + eus 紫色的；purpura 紫色（purpura 原为一种介壳虫名，其体液为紫色，可作颜料）；-eus/ -eum/ -ea（接拉丁语词干时）属于……的，色如……的，质如……的（表示原料、颜色或品质的相似），（接希腊语词干时）属于……的，以……出名，为……所占有（表示具有某种特性）；folius/ folium/ folia 叶，叶片（用于复合词）

Cremanthodium reniforme 垂头菊：reniforme 肾形的；ren-/ reni- ← ren/ renis 肾，肾形；renarius/ renalis 肾脏的，肾形的；formis/ forma 形状

Cremanthodium rhodocephalum 长柱垂头菊：rhodon → rhodo- 红色的，玫瑰色的；cephalus/ cephale ← cephalos 头，头状花序

Cremanthodium sagittifolium 箭叶垂头菊：sagittatus/ sagittalis 箭头状的；sagita/ sagitta 箭，箭头；-atus/ -atum/ -ata 属于，相似，具有，完成（形容词词尾）；folius/ folium/ folia 叶，叶片（用于复合词）

Cremanthodium sino-oblongatum 铲叶垂头菊：sino- 中国；oblongus = ovus + longus + atus 长椭圆形的（ovus 的词干 ov- 音变为 ob-）；ovus 卵，胚珠，卵形的，椭圆形的；longus 长的，纵向的

Cremanthodium smithianum 紫茎垂头菊：smithianum ← James Edward Smith（人名，1759–1828，英国植物学家）

Cremanthodium spathulifolium 匙叶垂头菊（匙 chí）：spathulifolius 匙形叶的，佛焰苞状叶的；spathulatus = spathus + ulus + atus 匙形的，佛焰苞状的，小佛焰苞；spathus 佛焰苞，薄片，刀剑；folius/ folium/ folia 叶，叶片（用于复合词）

Cremanthodium stenactinium 膜苞垂头菊：sten-/ steno- ← stenus 窄的，狭的，薄的；actinium ← actinos 放射线，辐射状

Cremanthodium stenoglossum 狭舌垂头菊：sten-/ steno- ← stenus 窄的，狭的，薄的；glossus 舌，舌状的

Cremanthodium suave 木里垂头菊：suavis/ suave 甜的，愉快的，高兴的，有魅力的，漂亮的

Cremanthodium thomsonii 叉舌垂头菊（叉 chā）：thomsonii ← Thomas Thomson（人名，19 世纪英国植物学家）；-ii 表示人名，接在以辅音字母结尾的人名后面，但 -er 除外

Cremanthodium trilobum 裂舌垂头菊：tri-/ tripli-/ triplo- 三个，三数；lobus/ lobos/ lobon 浅裂，耳片（裂片先端钝圆），荚果，蒴果

Cremanthodium variifolium 变叶垂头菊：variifolia 异叶的，多种叶的（缀词规则：用非属名构成复合词且词干末尾字母为 i 时，省略词尾，直接用词干和后面的构词成分连接，故该词宜改为 "varifolia"）；vari- ← varius 多种多样的，多形的，多色的，多变的；folius/ folium/ folia 叶，叶片（用于复合词）

Cremanthodium yadongense 亚东垂头菊：yadongense 亚东的（地名，西藏自治区）

Cremastra 杜鹃兰属（兰科）（18：p164）：cremastra 稍下垂的；cremast- ← kremannymi 垂吊，悬挂；-aster/ -astra/ -astrum/ -ister/ -istra/ -istrum 相似的，程度稍弱，稍小的，次等级的（用于拉丁语复合词词尾，表示不完全相似或低级之意，常用以区别一种野生植物与栽培植物，如 oleaster、oleastrum 野橄榄，以区别于 olea，即栽培的橄榄，而作形容词词尾时则表示小或程度弱化，如 surdaster 稍聋的，比 surdus 稍弱）

Cremastra appendiculata 杜鹃兰：appendiculatus = appendix + ulus + atus 有小附属物的；appendix = ad + pendix 附属物；ad- 向，到，近（拉丁语词首，表示程度加强）；构词规则：构成复合词时，词首末尾的辅音字母常同化为紧接其后的那个辅音字母（如 ad + p → app）；pendix ← pendens 垂悬的，挂着的，悬垂的；构词规则：以 -ix/ -iex 结尾的词其词干末尾视为 -ic，以 -ex 结尾视为 -i/ -ic，其他以 -x 结尾视为 -c；-ulus/ -ulum/ -ula 小的，略微的，稍微的（小词 -ulus 在字母 e 或 i 之后有多种变缀，即 -olus/ -olum/ -ola、-ellus/ -ellum/ -ella、-illus/ -illum/ -illa，与第一变格法和第二变格法名词形成复合词）；-atus/ -atum/ -ata 属于，相似，具有，完成（形容词词尾）

Cremastra malipoensis 麻栗坡杜鹃兰：malipoensis 麻栗坡的（地名，云南省）

Cremastra unguiculata 斑叶杜鹃兰：unguiculatus = unguis + culatus 爪形的，基部变细的；ungui- ← unguis 爪子的；-culatus = culus + atus 小的，略微的，稍微的（用于第三和第四变格法名词）；-culus/ -culum/ -cula 小的，略微的，稍微的（同第三变格法和第四变格法名词形成复合词）

Crepidiastrum 假还阳参属（还 huán）（菊科）（80-1：p160）：crepido- ← crepis 鞋，靴子；-aster/ -astra/ -astrum/ -ister/ -istra/ -istrum 相似的，程度稍弱，稍小的，次等级的（用于拉丁语复合词词尾，表示不完全相似或低级之意，常用以区别一种野生植物与栽培植物，如 oleaster、oleastrum 野橄榄，以区别于 olea，即栽培的橄榄，而作形容词词尾时则表示小或程度弱化，如

surdaster 稍聋的，比 surdus 稍弱）

Crepidiastrum lanceolatum 假还阳参：lanceolatus = lanceus + olus + atus 小披针形的，小柳叶刀的；lance-/ lancei-/ lanci-/ lanceo-/ lanc- ← lanceus 披针形的，矛形的，尖刀状的，柳叶刀状的；-olus ← -ulus 小，稍微，略微（-ulus 在字母 e 或 i 之后变成 -olus/ -ellus/ -illus）；-atus/ -atum/ -ata 属于，相似，具有，完成（形容词词尾）

Crepidiastrum lanceolatum f. batakanense 巴塔坎假还阳参：batakanense（地名）

Crepidiastrum lanceolatum f. pinnatilobum 羽裂假还阳参：pinnatilobus = pinnatus + lobus 羽状浅裂的；pinnatus = pinnus + atus 羽状的，具羽的；pinnus/ pennus 羽毛，羽状，羽片；lobus/ lobos/ lobon 浅裂，耳片（裂片先端钝圆），荚果，蒴果

Crepidiastrum taiwanianum 台湾假还阳参：taiwanianum 台湾的（地名）

Crepidomanes 假脉蕨属（膜蕨科）（2：p160）：crepido- ← crepis 鞋，靴子；manes ← Trichomanes（属名，膜蕨科），软的，松软的

Crepidomanes bipunctatum 南洋假脉蕨：bi-/ bis- 二，二数，二回（希腊语为 di-）；punctatus = punctus + atus 具斑点的；punctus 斑点

Crepidomanes chuii 朱氏假脉蕨：chuii（人名，词尾改为"-i"似更妥）；-ii 表示人名，接在以辅音字母结尾的人名后面，但 -er 除外；-i 表示人名，接在以元音字母结尾的人名后面，但 -a 除外

Crepidomanes dilatatum 阔瓣假脉蕨：dilatatus = dilatus + atus 扩大的，膨大的；dilatus/ dilat-/ dilati-/ dilato- 扩大，膨大

Crepidomanes hainanense 海南假脉蕨：hainanense 海南的（地名）

Crepidomanes insigne 多脉假脉蕨：insigne 勋章，显著的，杰出的；in-/ im-（来自 il- 的音变）内，在内，内部，向内，相反，不，无，非；il- 在内，向内，为，相反（希腊语为 en-）；词首 il- 的音变：il-（在 l 前面），im-（在 b、m、p 前面），in-（在元音字母和大多数辅音字母前面），ir-（在 r 前面），如 illaudatus（不值得称赞的，评价不好的），impermeabilis（不透水的，穿不透的），ineptus（不合适的），insertus（插入的），irretortus（无弯曲的，无扭曲的）；signum 印记，标记，刻画，图章

Crepidomanes intramarginale 边内假脉蕨：intramarginale 边缘内生的；intra-/ intro-/ endo-/ end- 内部，内侧；反义词：exo- 外部，外侧；marginale 边缘；margo/ marginis → margin- 边缘，边线，边界；-aris（阳性、阴性）/ -are（中性）← -alis（阳性、阴性）/ -ale（中性）属于，相似，如同，具有，涉及，关于，联结于（将名词作形容词用，其中 -aris 常用于以 l 或 r 为词干末尾的词）

Crepidomanes latealatum 翅柄假脉蕨：lati-/ late- ← latus 宽的，宽广的；alatus → ala-/ alat-/ alati-/ alato- 翅，具翅的，具翼的

Crepidomanes latemarginale 阔边假脉蕨：lati-/ late- ← latus 宽的，宽广的；marginale 边缘；margo/ marginis → margin- 边缘，边线，边界

Crepidomanes latifrons 宽叶假脉蕨：lati-/ late- ← latus 宽的，宽广的；-frons 叶子，叶状体

Crepidomanes omeiense 峨眉假脉蕨：omeiense 峨眉山的（地名，四川省）

Crepidomanes paucinervium 少脉假脉蕨：pauci- ← paucus 少数的，少的（希腊语为 oligo-）；nervius = nervus + ius 具脉的，具叶脉的；nervus 脉，叶脉；-ius/ -ium/ -ia 具有……特性的（表示有关、关联、相似）

Crepidomanes pinnatifidum 边上假脉蕨：pinnatifidus = pinnatus + fidus 羽状中裂的；pinnatus = pinnus + atus 羽状的，具羽的；pinnus/ pennus 羽毛，羽状，羽片；fidus ← findere 裂开，分裂（裂深不超过 1/3，常作词尾）

Crepidomanes plicatum 皱叶假脉蕨：plicatus = plex + atus 折扇状的，有沟的，纵向折叠的，棕榈叶状的（= plicativus）；plex/ plica 褶，折扇状，卷折（plex 的词干为 plic-）；plico 折叠，出褶，卷折

Crepidomanes racemulosum 长柄假脉蕨：racemulosus 小总状花序的，短序的；racemus 总状的，葡萄串状的；-ulosus = ulus + osus 小而多的；-ulus/ -ulum/ -ula 小的，略微，稍微的（小词 -ulus 在字母 e 或 i 之后有多种变缀，即 -olus/ -olum/ -ola、-ellus/ -ellum/ -ella、-illus/ -illum/ -illa，与第一变格法和第二变格法名词形成复合词）；-osus/ -osum/ -osa 多的，充分的，丰富的，显著发育的，程度高的，特征明显的（形容词词尾）

Crepidomanes smithiae 琼崖假脉蕨（崖 yá）：smithiae ← James Edward Smith（人名，1759–1828，英国植物学家）

Crepidomanes yunnanense 云南假脉蕨：yunnanense 云南的（地名）

Crepidopteris 厚边蕨属（膜蕨科）（2：p174）：crepido- ← crepis 鞋，靴子；pteris ← pteryx 翅，翼，蕨类（希腊语）

Crepidopteris humilis 厚边蕨：humilis 矮的，低的

Crepis 还阳参属（还 huán，参 shēn）（菊科）（80-1：p104）：crepis 鞋，靴子（古希腊语名）

Crepis bodinieri 果山还阳参：bodinieri ← Emile Marie Bodinieri（人名，19 世纪活动于中国的法国传教士）；-eri 表示人名，在以 -er 结尾的人名后面加上 i 形成

Crepis chrysantha 金黄还阳参：chrys-/ chryso- ← chrysos 黄色的，金色的；anthus/ anthum/ antha/ anthe ← anthos 花（用于希腊语复合词）

Crepis crocea 北方还阳参：croceus 番红花色的，橙黄色的

Crepis darvazica （达尔还阳参）：darvazica 达尔瓦兹的（地名，乌兹别克斯坦）

Crepis elongata 藏滇还阳参：elongatus 伸长的，延长的；elongare 拉长，延长；longus 长的，纵向的；e-/ ex- 不，无，非，缺乏，不具有（e- 用在辅音字母前，ex- 用在元音字母前，为拉丁语词首，对应的希腊语词首为 a-/ an-，英语为 un-/ -less，注意作词首用的 e-/ ex- 和介词 e/ ex 意思不同，后者意为"出自、从……、由……离开、由于、依照"）

Crepis flexuosa 弯茎还阳参：flexuosus = flexus + osus 弯曲的，波状的，曲折的；flexus ← flecto 扭曲的，卷曲的，弯弯曲曲的，柔性的；flecto 弯曲，使扭曲；-osus/ -osum/ -osa 多的，充分的，丰富的，

C

显著发育的，程度高的，特征明显的（形容词词尾）

Crepis integrifolia 全叶还阳参：integer/ integra/ integrum → integri- 完整的，整个的，全缘的；folius/ folium/ folia 叶，叶片（用于复合词）

Crepis karelinii 乌恰还阳参：karelinii ← Grigorii Silich（Silovich）Karelin（人名，19 世纪俄国博物学家）；-ii 表示人名，接在以辅音字母结尾的人名后面，但 -er 除外

Crepis lactea 红花还阳参：lacteus 乳汁的，乳白色的，白色略带蓝色的；lactis 乳汁；-eus/ -eum/ -ea（接拉丁语词干时）属于……的，色如……的，质如……的（表示原料、颜色或品质的相似），（接希腊语词干时）属于……的，以……出名，为……所占有（表示具有某种特性）

Crepis lignea 绿茎还阳参：ligneus 木质的；lignus 木，木质；-eus/ -eum/ -ea（接拉丁语词干时）属于……的，色如……的，质如……的（表示原料、颜色或品质的相似），（接希腊语词干时）属于……的，以……出名，为……所占有（表示具有某种特性）

Crepis multicaulis 多茎还阳参：multi- ← multus 多个，多数，很多（希腊语为 poly-）；caulis ← caulos 茎，茎秆，主茎

Crepis nana 矮小还阳参：nanus ← nanos/ nannos 矮小的，小的；nani-/ nano-/ nanno- 矮小的，小的

Crepis napifera 芜菁还阳参：napiferus 具芜菁的，具肉质根的；napus 芜菁，疙瘩头，圆根（古拉丁名）；-ferus/ -ferum/ -fera/ -fero/ -fere/ -fer 有，具有，产（区别：作独立词使用的 ferus 意思是"野生的"）

Crepis oreades 山地还阳参：oreades（女山神）；oreos 山，山地，高山

Crepis phoenix 万丈深：phoenix 椰枣，凤凰（希腊语）；Phoenix 刺葵属（棕榈科）

Crepis pratensis 草甸还阳参：pratensis 生于草原的；pratum 草原

Crepis pseudonaniformis 长苞还阳参：pseudonaniformis 像 naniformis 的；pseudo-/ pseud- ← pseudos 假的，伪的，接近，相似（但不是）；Crepis naniformis 矮还阳参；nanus ← nanos/ nannos 矮小的，小的；nani-/ nano-/ nanno- 矮小的，小的；formis/ forma 形状

Crepis rigescens 还阳参：rigescens 稍硬的；rigens 坚硬的，不弯曲的，强直的；-escens/ -ascens 改变，转变，变成，略微，带有，接近，相似，大致，稍微（表示变化的趋势，并未完全相似或相同，有别于表示达到完成状态的 -atus）

Crepis shawuanensis 沙湾还阳参：shawuanensis 沙湾的（地名，新疆维吾尔自治区）

Crepis sibirica 西伯利亚还阳参：sibirica 西伯利亚的（地名，俄罗斯）；-icus/ -icum/ -ica 属于，具有某种特性（常用于地名、起源、生境）

Crepis subscaposa 抽茎还阳参：subscaposus 像 scaposa 的，稍具莛的（有多种植物加词使用 scaposa/ scaposum）；sub-（表示程度较弱）与……类似，几乎，稍微，弱，亚，之下，下面；Parnassia scaposa 白花梅花草；scaposus 具柄的，具粗柄的；scapus（scap-/ scapi-）← skapos 主茎，树干，花柄，花轴；-osus/ -osum/ -osa 多的，充分

的，丰富的，显著发育的，程度高的，特征明显的（形容词词尾）

Crepis tectorum 屋根草：tectorum 屋顶的；tectum 屋顶，拱顶；-orum 属于……的（第二变格法名词复数所有格词尾，表示群落或多数）

Crepis tianshanica 天山还阳参：tianshanica 天山的（地名，新疆维吾尔自治区）；-icus/ -icum/ -ica 属于，具有某种特性（常用于地名、起源、生境）

Crescentia 葫芦树属（紫葳科）（69：p57）：crescentia ← Crescentis（人名，1230–1320，意大利植物学家）

Crescentia alata 十字架树：alatus → ala-/ alat-/ alati-/ alato- 翅，具翅的，具翼的；反义词：exalatus 无翼的，无翅的

Crescentia cujete 葫芦树：cujete 葫芦树（巴西土名）

Crinum 文殊兰属（石蒜科）（16-1：p7）：crinum ← crinon 百合（因花的外形像百合）

Crinum asiaticum（亚洲文殊兰）：asiaticum 亚洲的（地名）；-aticus/ -aticum/ -atica 属于，表示生长的地方，作名词词尾

Crinum asiaticum var. anomalum（异形文殊兰）：anomalus = a + nomalus 异常的，变异的，不规则的；a-/ an- 无，非，没有，缺乏，不具有（an- 用于元音前）（a-/ an- 为希腊语词首，对应的拉丁语词首为 e-/ ex-，相当于英语的 un-/ -less，注意词首 a- 和作为介词的 a/ ab 不同，后者的意思是"从……、由……、关于……、因为……"）；nomalus 规则的，规律的，法律的；nomus ← nomos 规则，规律，法律

Crinum asiaticum var. declinatum（垂花文殊兰）：declinatus 下弯的，下倾的，下垂的；declin- 下弯的，下倾的，下垂的；de- 向下，向外，从……，脱离，脱落，离开，去掉；clino/ clinare 倾斜；-atus/ -atum/ -ata 属于，相似，具有，完成（形容词词尾）

Crinum asiaticum var. sinicum 文殊兰：sinicum 中国的（地名）；-icus/ -icum/ -ica 属于，具有某种特性（常用于地名、起源、生境）

Crinum esquiroli（艾氏文殊兰）：esquiroli（人名，词尾改为"-ii"似更妥）；-ii 表示人名，接在以辅音字母结尾的人名后面，但 -er 除外；-i 表示人名，接在以元音字母结尾的人名后面，但 -a 除外

Crinum latifolium 西南文殊兰：lati-/ late- ← latus 宽的，宽广的；folius/ folium/ folia 叶，叶片（用于复合词）

Crinum loureirii（洛瑞文殊兰）：loureirii ← Joao Loureiro（人名，18 世纪葡萄牙博物学家）

Crocosmia 雄黄兰属（鸢尾科）（16-1：p125）：crocosmia 番红花气味的；crocos 番红花，橙黄色的；osmia ← osme 气味

Crocosmia crocosmiflora 雄黄兰：crocosmiflorus 雄黄兰花的；Crocosmia 雄黄兰属（鸢尾科）；florus/ florum/ flora ← flos 花（用于复合词）

Crocus 番红花属（鸢尾科）（16-1：p121）：crocus ← crocos 番红花，橙黄色的（另一解释为来自 croke 线，丝，指柱头丝状）

Crocus alatavicus 白番红花：alatavicus 阿拉套山的（地名，新疆沙湾地区）

Crocus sativus 番红花：sativus 栽培的，种植的，耕地的，耕作的

Croomia 黄精叶钩吻属（百部科）（13-3：p259）：croomia ← Harvey Bryan Croom（人名，1799-1837，美国植物学家）

Croomia japonica 黄精叶钩吻：japonica 日本的（地名）；-icus/ -icum/ -ica 属于，具有某种特性（常用于地名、起源、生境）

Crossandra 十字爵床属（爵床科）（70：p1）：crossandra 流苏状花药的；crossos 缨，缝；andrus/ andros/ antherus ← aner 雄蕊，花药，雄性；aner 雄蕊，花药，雄性，男性

Crossandra infundibuliformis 十字爵床：infundibulus = infundere + bulus 漏斗状的；infundere 注入；-bulus（表示动作的手段）；formis/ forma 形状

Crossostephium 芙蓉菊属（菊科）（76-1：p131）：crossostephium 具缨花冠（指花冠具流苏状缘饰）；crossos 缨，缝；stephium ← stephus ← stephos 冠，花冠，冠状物，花环；-ius/ -ium/ ia 具有……特性的（表示有关、关联、相似）

Crossostephium chinense 芙蓉菊：chinense 中国的（地名）

Crotalaria 猪屎豆属（豆科）（42-2：p341）：crotalaria ← crotalon 哗啦哗啦响的（指豆荚中种子摇晃时的响声）

Crotalaria acicularis 针状猪屎豆：acicularis 针形的，发夹的；aciculare = acus + culus + aris 针形，发夹状的；acus 针，发夹，发簪；-culus/ -culum/ -cula 小的，略微的，稍微的（同第三变格法和第四变格法名词形成复合词）；-aris（阳性、阴性）/ -are（中性）← -alis（阳性、阴性）/ -ale（中性）属于，相似，如同，具有，涉及，关于，联结于（将名词作形容词用，其中 -aris 常用于以 l 或 r 为词干末尾的词）

Crotalaria alata 翅托叶猪屎豆：alatus → ala-/ alat-/ alati-/ alato- 翅，具翅的，具翼的；反义词：exalatus 无翼的，无翅的

Crotalaria albida 响铃豆：albidus 带白色的，微白色的，变白的；albus → albi-/ albo- 白色的；-idus/ -idum/ -ida 表示在进行中的动作或情况，作动词、名词或形容词的词尾

Crotalaria assamica 大猪屎豆：assamica 阿萨姆邦的（地名，印度）

Crotalaria bracteata 毛果猪屎豆：bracteatus = bracteus + atus 具苞片的；bracteus 苞，苞片，苞鳞；-atus/ -atum/ -ata 属于，相似，具有，完成（形容词词尾）

Crotalaria calycina 长萼猪屎豆：calycinus = calyx + inus 萼片的，萼片状的，萼片宿存的；calyx → calyc- 萼片（用于希腊语复合词）；构词规则：以 -ix/ -iex 结尾的词其词干末尾视为 -ic，以 -ex 结尾视为 -i/ -ic，其他以 -x 结尾视为 -c；-inus/ -inum/ -ina/ -inos 相近，接近，相似，具有（通常指颜色）

Crotalaria chinensis 中国猪屎豆：chinensis =

china + ensis 中国的（地名）；China 中国

Crotalaria dubia 卵苞猪屎豆：dubius 可疑的，不确定的

Crotalaria ferruginea 假地蓝：ferrugineus 铁锈的，淡棕色的；ferrugo = ferrus + ugo 铁锈（ferrugo 的词干为 ferrugin-）；词尾为 -go 的词其词干末尾视为 -gin；ferreus → ferr- 铁，铁的，铁色的，坚硬如铁的；-eus/ -eum/ -ea（接拉丁语词干时）属于……的，色如……的，质如……的（表示原料、颜色或品质的相似），（接希腊语词干时）属于……的，以……出名，为……所占有（表示具有某种特性）

Crotalaria gengmaensis 耿马猪屎豆：gengmaensis 耿马的（地名，云南省）

Crotalaria hainanensis 海南猪屎豆：hainanensis 海南的（地名）

Crotalaria heqingensis 鹤庆猪屎豆：heqingensis 鹤庆的（地名，云南省）

Crotalaria incana 圆叶猪屎豆：incanus 灰白色的，密被灰白色毛的

Crotalaria jianfengensis 尖峰猪屎豆：jianfengensis 尖峰岭的（地名，海南省）

Crotalaria juncea 菽麻（菽 shū）：junceus 像灯心草的；Juncus 灯心草属（灯心草科）；-eus/ -eum/ -ea（接拉丁语词干时）属于……的，色如……的，质如……的（表示原料、颜色或品质的相似），（接希腊语词干时）属于……的，以……出名，为……所占有（表示具有某种特性）

Crotalaria lanceolata 长果猪屎豆：lanceolatus = lanceus + olus + atus 小披针形的，小柳叶刀的；lance-/ lancei-/ lanci-/ lanceo-/ lanc- ← lanceus 披针形的，矛形的，尖刀状的，柳叶刀状的；-olus ← -ulus 小，稍微，略微（-ulus 在字母 e 或 i 之后变成 -olus/ -ellus/ -illus）；-atus/ -atum/ -ata 属于，相似，具有，完成（形容词词尾）

Crotalaria linifolia 线叶猪屎豆：Linum 亚麻属（亚麻科）；folius/ folium/ folia 叶，叶片（用于复合词）

Crotalaria linifolia var. linifolia 线叶猪屎豆-原变种（词义见上面解释）

Crotalaria linifolia var. stenophylla 狭线叶猪屎豆（原名"狭叶猪屎豆"，本属有重名）：sten-/ steno- ← stenus 窄的，狭的，薄的；phyllus/ phyllum/ phylla ← phyllon 叶片（用于希腊语复合词）

Crotalaria mairei 头花猪屎豆：mairei（人名）；Edouard Ernest Maire（人名，19 世纪活动于中国云南的传教士）；Rene C. J. E. Maire 人名（20 世纪阿尔及利亚植物学家，研究北非植物）；-i 表示人名，接在以元音字母结尾的人名后面，但 -a 除外

Crotalaria mairei var. mairei 头花猪屎豆-原变种（词义见上面解释）

Crotalaria mairei var. pubescens 短头花猪屎豆：pubescens ← pubens 被短柔毛的，长出柔毛的；pubi- ← pubis 细柔毛的，短柔毛的，毛被的；pubesco/ pubescere 长成的，变为成熟的，长出柔毛的，青春期体毛的；-escens/ -ascens 改变，转变，变成，略微，带有，接近，相似，大致，稍微（表示变化的趋势，并未完全相似或相同，有别于表示达到完成状态的 -atus）

Crotalaria medicaginea 假苜蓿（苜蓿 mù xu）：medicaginea 像苜蓿的；Medicago 苜蓿属（豆科）；词尾为 -go 的词其词干末尾视为 -gin；-eus/ -eum/ -ea（接拉丁语词干时）属于……的，色如……的，质如……的（表示原料、颜色或品质的相似），（接希腊语词干时）属于……的，以……出名，为……所占有（表示具有某种特性）

Crotalaria medicaginea var. luxurians 大叶假苜蓿：luxurians 繁茂的，茂盛的

Crotalaria medicaginea var. medicaginea 假苜蓿-原变种 （词义见上面解释）

Crotalaria micans 三尖叶猪屎豆：micans 有光泽的，发光的，云母状的

Crotalaria mysorensis 褐毛猪屎豆：mysorensis 迈索尔的（地名，印度）

Crotalaria nana 小猪屎豆：nanus ← nanos/ nannos 矮小的，小的；nani-/ nano-/ nanno- 矮小的，小的

Crotalaria nana var. nana 小猪屎豆-原变种 （词义见上面解释）

Crotalaria nana var. patula 座地猪屎豆：patulus 稍开展的，稍伸展的；patus 展开的，伸展的；-ulus/ -ulum/ -ula 小的，略微的，稍微的（小词 -ulus 在字母 e 或 i 之后有多种变缀，即 -olus/ -olum/ -ola、-ellus/ -ellum/ -ella、-illus/ -illum/ -illa，与第一变格法和第二变格法名词形成复合词）

Crotalaria occulta 紫花猪屎豆：occultus 隐藏的，不明显的

Crotalaria ochroleuca 狭叶猪屎豆：ochroleucus 黄白色的；ochro- ← ochra 黄色的，黄土的；leucus 白色的，淡色的

Crotalaria pallida 猪屎豆：pallidus 苍白的，淡白色的，淡色的，蓝白色的，无活力的；palide 淡地，淡色地（反义词：sturate 深色地，浓色地，充分地，丰富地，饱和地）

Crotalaria peguana 薄叶猪屎豆：peguana 勃固的（地名，缅甸）

Crotalaria prostrata 俯伏猪屎豆：prostratus/ pronus/ procumbens 平卧的，匍匐的

Crotalaria prostrata var. jinpingensis 金平猪屎豆：jinpingensis 金平的（地名，云南省）

Crotalaria prostrata var. prostrata 俯伏猪屎豆-原变种 （词义见上面解释）

Crotalaria qiubeiensis 丘北猪屎豆：qiubeiensis 丘北的（地名，云南省）

Crotalaria retusa 吊裙草：retusus 微凹的

Crotalaria sessiliflora 无柄猪屎豆（原名"野百合"，百合科有重名）：sessile-/ sessili-/ sessil- ← sessilis 无柄的，无茎的，基生的，基部的；florus/ florum/ flora ← flos 花（用于复合词）

Crotalaria similis 屏东猪屎豆：similis/ simile 相似，相似的；similo 相似

Crotalaria spectabilis 大托叶猪屎豆：spectabilis 壮观的，美丽的，漂亮的，显著的，值得看的；spectus 观看，观察，观测，表情，外观，外表，样子；-ans/ -ens/ -bilis/ -ilis 能够，可能（为形容词词尾，-ans/ -ens 用于主动语态，-bilis/ -ilis 用于被动语态）

Crotalaria tetragona 四棱猪屎豆：tetra-/ tetr- 四，四数（希腊语，拉丁语为 quadri-/ quadr-）；gonus ← gonos 棱角，膝盖，关节，足

Crotalaria trichotoma 光萼猪屎豆（另见 C. zanzibarica）：tri-/ tripli-/ triplo- 三个，三数；cho-/ chao- 分开，割裂，离开；tomus ← tomos 小片，片段，卷册（书）

Crotalaria uliginosa 湿生猪屎豆：uliginosus 沼泽的，湿地的，潮湿的；uligo/ vuligo/ uliginis 潮湿，湿地，沼泽（uligo 的词干为 uligin-）；词尾为 -go 的词其词干末尾视为 -gin；-osus/ -osum/ -osa 多的，充分的，丰富的，显著发育的，程度高的，特征明显的（形容词词尾）

Crotalaria uncinella 球果猪屎豆：uncinella 小钩状的；uncinus = uncus + inus 钩状的，倒刺，刺；uncus 钩，倒钩刺；-inus/ -inum/ -ina/ -inos 相近，接近，相似，具有（通常指颜色）；-ellus/ -ellum/ -ella ← -ulus 小的，略微的，稍微的（小词 -ulus 在字母 e 或 i 之后有多种变缀，即 -olus/ -olum/ -ola、-ellus/ -ellum/ -ella、-illus/ -illum/ -illa，用于第一变格法名词）

Crotalaria verrucosa 多疣猪屎豆：verrucosus 具疣状凸起的；verrucus ← verrucos 疣状物；-osus/ -osum/ -osa 多的，充分的，丰富的，显著发育的，程度高的，特征明显的（形容词词尾）

Crotalaria yaihsiensis 崖州猪屎豆（崖 yá）：yaihsiensis 崖县的（地名，海南省三亚市的旧称，拼写为"yaihsienensis"似更妥）

Crotalaria yuanjiangensis 元江猪屎豆：yuanjiangensis 元江的（地名，云南省）

Crotalaria yunnanensis 云南猪屎豆：yunnanensis 云南的（地名）

Crotalaria zanzibarica 光萼猪屎豆（另见 C. trichotoma）：zanzibarica 桑给巴尔岛的（地名，坦桑尼亚）；-icus/ -icum/ -ica 属于，具有某种特性（常用于地名、起源、生境）

Croton 巴豆属（大戟科）（44-2：p123）：croton ← kroton 蜱虫（指种子形状，希腊语）

Croton cascarilloides 银叶巴豆：Cascarilla（属名，茜草科）；-oides/ -oideus/ -oideum/ -oidea/ -odes/ -eidos 像……的，类似……的，呈……状的（名词词尾）

Croton cascarilloides f. cascarilloides 银叶巴豆-原变型 （词义见上面解释）

Croton cascarilloides f. pilosus 毛银叶巴豆：pilosus = pilus + osus 多毛的，被柔毛的，具疏柔毛的，被弱短细毛的；pilus 毛，疏柔毛；-osus/ -osum/ -osa 多的，充分的，丰富的，显著发育的，程度高的，特征明显的（形容词词尾）

Croton caudatus 卵叶巴豆：caudatus = caudus + atus 尾巴的，尾巴状的，具尾的；caudus 尾巴；-atus/ -atum/ -ata 属于，相似，具有，完成（形容词词尾）

Croton chunianus 光果巴豆：chunianus ← W. Y. Chun 陈焕镛（人名，1890–1971，中国植物学家）

Croton crassifolius 鸡骨香：crassi- ← crassus 厚的，粗的，多肉质的；folius/ folium/ folia 叶，叶片（用于复合词）

Croton damayeshu 大麻叶巴豆：damayeshu 大麻叶树（中文名）

Croton euryphyllus 石山巴豆：eurys 宽阔的；phyllus/ phyllum/ phylla ← phyllon 叶片（用于希腊语复合词）

Croton hancei 香港巴豆：hancei ← Henry Fletcher Hance（人名，19 世纪英国驻香港领事，曾在中国采集植物）；-i 表示人名，接在以元音字母结尾的人名后面，但 -a 除外

Croton hirtus 硬毛巴豆：hirtus 有毛的，粗毛的，刚毛的（长而明显的毛）

Croton howii 宽昭巴豆：howii（人名）；-ii 表示人名，接在以辅音字母结尾的人名后面，但 -er 除外

Croton kongensis 越南巴豆：kongensis（地名，越南）

Croton lachnocarpus 毛果巴豆：lachno- ← lachnus 绒毛的，绵毛的；carpus/ carpum/ carpa/ carpon ← carpos 果实（用于希腊语复合词）

Croton laevigatus 光叶巴豆：laevigatus/ levigatus 光滑的，平滑的，平滑而发亮的；laevis/ levis/ laeve/ leve → levi-/ laevi- 光滑的，无毛的，无不平或粗糙感觉的；laevigo/ levigo 使光滑，削平

Croton laui 海南巴豆：laui ← Alfred B. Lau（人名，21 世纪仙人掌植物采集员）；-i 表示人名，接在以元音字母结尾的人名后面，但 -a 除外

Croton limitincola 疏齿巴豆：limitincola 居住于边界的；limitin- 边界；colus ← colo 分布于，居住于，栖居，殖民（常作词尾）；colo/ colere/ colui/ cultum 居住，耕作，栽培

Croton mangelong 曼哥龙巴豆：mangelong 曼哥龙（地名，云南省耿马县）

Croton merrillianus 厚叶巴豆：merrillianus ← E. D. Merrill（人名，1876–1956，美国植物学家）

Croton olivaceus 榄绿巴豆：olivaceus 绿褐色的，橄榄色的；oliva 橄榄；-aceus/ -aceum/ -acea 相似的，有……性质的，属于……的

Croton purpurascens 淡紫毛巴豆：purpurascens 带紫色的，发紫的；purpur- 紫色的；-escens/ -ascens 改变，转变，变成，略微，带有，接近，相似，大致，稍微（表示变化的趋势，并未完全相似或相同，有别于表示达到完成状态的 -atus）

Croton tiglium 巴豆：tiglium ← Tiglis（地名，印度尼西亚马鲁古群岛），tiglium ← tiglos 稀便（意为有腹泻作用）

Croton tiglium var. tiglium 巴豆-原变种 （词义见上面解释）

Croton tiglium var. xiaopadou 小巴豆：xiaopadou 小巴豆（中文品种名）

Croton urticifolius 荨麻叶巴豆（荨 qián）：Urtica 荨麻属（荨麻科）；folius/ folium/ folia 叶，叶片（用于复合词）

Croton urticifolius var. dui 孟连巴豆：dui（人名）

Croton urticifolius var. urticifolius 荨麻叶巴豆-原变种 （词义见上面解释）

Croton yanhui 延辉巴豆：yanhui（人名）

Croton yunnanensis 云南巴豆：yunnanensis 云南的（地名）

Croton yunnanensis var. megadentus 大齿滇巴豆：mega-/ megal-/ megalo- ← megas 大的，巨大的；dentus 齿，牙齿

Croton yunnanensis var. yunnanensis 云南巴豆-原变种 （词义见上面解释）

Cruciferae 十字花科（33：p1）：cruciferae = crux + ferus 具十字结构的；crux 十字（词干为 cruc-，用于构成复合词时常为 cruci-）；-ferae/ -ferus 有，具有；Cruciferae 为保留科名，其标准科名为 Brassiaceae，来自模式属 Brassica 芸薹属

Crupina 半毛菊属（菊科）（78-1：p162）：crupina（荷兰或比利时地方土名）

Crupina vulgaris 半毛菊：vulgaris 常见的，普通的，分布广的；vulgus 普通的，到处可见的

Crypsis 隐花草属（禾本科）（10-1：p101）：crypsis ← crypsis 隐藏的，遮盖的；crypt-/ crypto- ← kryptos 覆盖的，隐藏的（希腊语）

Crypsis aculeata 隐花草：aculeatus 有刺的，有针的；aculeus 皮刺；-atus/ -atum/ -ata 属于，相似，具有，完成（形容词词尾）

Crypsis schoenoides 蔺状隐花草（蔺 lìn）：schoenites 像灯心草的，像赤箭莎的；schoenus/ schoinus 灯心草（希腊语）；Schoenus 赤箭莎属（莎草科）；-oides/ -oideus/ -oideum/ -oidea/ -odes/ -eidos 像……的，类似……的，呈……状的（名词词尾）

Crypteronia 隐翼属（隐翼科）（52-2：p118）：crypt-/ crypto- ← kryptos 覆盖的，隐藏的（希腊语）；pterus/ pteron 翅，翼，蕨类

Crypteronia paniculata 隐翼木：paniculatus = paniculus + atus 具圆锥花序的；paniculus 圆锥花序；panus 谷穗；panicus 野稗，粟，谷子；-atus/ -atum/ -ata 属于，相似，具有，完成（形容词词尾）

Crypteroniaceae 隐翼科（52-2：p118）：Crypteronia 隐翼属；-aceae（分类单位科的词尾，为 -aceus 的阴性复数主格形式，加到模式属的名称后或同义词的词干后以组成族群名称）

Cryptocarya 厚壳桂属（壳 qiào）（樟科）（31：p439）：crypt-/ crypto- ← kryptos 覆盖的，隐藏的（希腊语）；caryum ← caryon ← koryon 坚果，核（希腊语）

Cryptocarya acutifolia 尖叶厚壳桂：acutifolius 尖叶的；acuti-/ acu- ← acutus 锐尖的，针尖的，刺尖的，锐角的；folius/ folium/ folia 叶，叶片（用于复合词）

Cryptocarya amygdalina 杏仁厚壳桂：amygdalinus 像杏的，像桃的；Amygdalus 桃属（蔷薇科）；-inus/ -inum/ -ina/ -inos 相近，接近，相似，具有（通常指颜色）

Cryptocarya brachythyrsa 短序厚壳桂：brachy- ← brachys 短的（用于拉丁语复合词词首）；thyrsus/ thyrsos 花簇，金字塔，圆锥形，聚伞圆锥花序

Cryptocarya calcicola 岩生厚壳桂：calcicolus 钙生的，生于石灰质土壤的；calci- ← calcium 石灰，钙质；colus ← colo 分布于，居住于，栖居，殖民（常作词尾）；colo/ colere/ colui/ cultum 居住，耕作，栽培

Cryptocarya chinensis 厚壳桂：chinensis ＝ china ＋ ensis 中国的（地名）；China 中国

Cryptocarya chingii 硬壳桂：chingii ← R. C. Chin 秦仁昌（人名，1898–1986，中国植物学家，蕨类植物专家），秦氏

Cryptocarya concinna 黄果厚壳桂：concinnus 精致的，高雅的，形状好看的

Cryptocarya densiflora 丛花厚壳桂：densus 密集的，繁茂的；florus/ florum/ flora ← flos 花（用于复合词）

Cryptocarya depauperata 贫花厚壳桂：depauperatus 萎缩的，衰弱的，瘦弱的；de- 向下，向外，从……，脱离，脱落，离开，去掉；paupera 瘦弱的，贫穷的

Cryptocarya hainanensis 海南厚壳桂：hainanensis 海南的（地名）

Cryptocarya impressinervia 钝叶厚壳桂：impressinervius 凹脉的；impressi- ← impressus 凹陷的，凹入的，雕刻的；in-/ im-（来自 il- 的音变）内，在内，内部，向内，相反，不，无，非；il- 在内，向内，为，相反（希腊语为 en-）；词首 il- 的音变：il-（在 l 前面），im-（在 b、m、p 前面），in-（在元音字母和大多数辅音字母前面），ir-（在 r 前面），如 illaudatus（不值得称赞的，评价不好的），impermeabilis（不透水的，穿不透的），ineptus（不合适的），insertus（插入的），irretortus（无弯曲的，无扭曲的）；nervius ＝ nervus ＋ ius 具脉的，具叶脉的；pressus 压，压力，挤压，紧密；nervus 脉，叶脉；-ius/ -ium/ -ia 具有……特性的（表示有关、关联、相似）

Cryptocarya kwangtungensis 广东厚壳桂：kwangtungensis 广东的（地名）

Cryptocarya leiana 鸡卵槁（槁 gǎo）：leiana ← X. T. Lei 雷喜亭（人名，1933 年生，中国植物学家）

Cryptocarya maclurei 白背厚壳桂：maclurei（人名）

Cryptocarya maculata 斑果厚壳桂：maculatus ＝ maculus ＋ atus 有小斑点的，略有斑点的；maculus 斑点，网眼，小斑点，略有斑点；-atus/ -atum/ -ata 属于，相似，具有，完成（形容词词尾）

Cryptocarya metcalfiana 长序厚壳桂：metcalfiana（人名）

Cryptocarya tsangii 红柄厚壳桂：tsangii（人名）；-ii 表示人名，接在以辅音字母结尾的人名后面，但 -er 除外

Cryptocarya yaanica 雅安厚壳桂：yaanica 雅安的（地名，四川省）；-icus/ -icum/ -ica 属于，具有某种特性（常用于地名、起源、生境）

Cryptocarya yunnanensis 云南厚壳桂：yunnanensis 云南的（地名）

Cryptochilus 宿苞兰属（兰科）（19：p51）：crypt-/ crypto- ← kryptos 覆盖的，隐藏的（希腊语）；chilus ← cheilos 唇，唇瓣，唇边，边缘，岸边

Cryptochilus luteus 宿苞兰：luteus 黄色的

Cryptochilus sanguineus 红花宿苞兰：sanguineus ＝ sanguis ＋ ineus 血液的，血色的；sanguis 血液；-ineus/ -inea/ -ineum 相近，接近，相似，所有（通常表示材料或颜色），意思同 -eus

Cryptocoryne 隐棒花属（天南星科）（13-2：p197）：crypt-/ crypto- ← kryptos 覆盖的，隐藏的（希腊语）；coryno-/ coryne 棍棒状的

Cryptocoryne kwangsiensis 广西隐棒花：kwangsiensis 广西的（地名）

Cryptocoryne retrospiralis 旋苞隐棒花：retrospiralis 反卷的；retro- 向后，反向；spiralis/ spirale 螺旋状的，盘卷的，缠绕的；spira ← speira 螺旋状的，环状的，缠绕的，盘卷的（希腊语）

Cryptocoryne sinensis 隐棒花：sinensis ＝ Sina ＋ ensis 中国的（地名）；Sina 中国

Cryptocoryne yunnanensis 八仙过海：yunnanensis 云南的（地名）

Cryptodiscus 隐盘芹属（伞形科）（55-1：p208）：crypt-/ crypto- ← kryptos 覆盖的，隐藏的（希腊语）；discus 碟子，盘子，圆盘

Cryptodiscus cachroides 隐盘芹：Cachrys 绵果芹属（伞形科）；-oides/ -oideus/ -oideum/ -oidea/ -odes/ -eidos 像……的，类似……的，呈……状的（名词词尾）

Cryptodiscus didymus 双生隐盘芹：didymus 成对的，孪生的，两个联合的，二裂的；关联词：tetradidymus 四对的，tetradymus 四细胞的，tetradidynamus 四强雄蕊的，didynamus 二强雄蕊的

Cryptogramma 珠蕨属（中国蕨科）（3-1：p98）：crypt-/ crypto- ← kryptos 覆盖的，隐藏的（希腊语）；grammus 条纹的，花纹的，线条的（希腊语）

Cryptogramma brunoniana 高山珠蕨：brunoniana ← Robert Brown（人名，19 世纪英国植物学家）

Cryptogramma emeiensis 峨眉珠蕨：emeiensis 峨眉山的（地名，四川省）

Cryptogramma raddeana 珠蕨：raddeanus ← Gustav Ferdinand Richard Radde（人名，19 世纪德国博物学家，曾考察高加索地区和阿穆尔河流域）

Cryptogramma shensiensis 陕西珠蕨：shensiensis 陕西的（地名）

Cryptogramma stelleri 稀叶珠蕨：stelleri ← G. W. Steller（人名，1709–1746，德国植物学家）；-eri 表示人名，在以 -er 结尾的人名后面加上 i 形成

Cryptolepis 白叶藤属（萝藦科）（63：p262）：crypt-/ crypto- ← kryptos 覆盖的，隐藏的（希腊语）；lepis/ lepidos 鳞片

Cryptolepis buchananii 古钩藤：buchananii ← Francis Buchanan-Hamilton（人名，19 世纪英国植物学家）

Cryptolepis sinensis 白叶藤：sinensis ＝ Sina ＋ ensis 中国的（地名）；Sina 中国

Cryptomeria 柳杉属（杉科）（7：p293）：cryptomeris 隐藏的部分（指花）；crypt-/ crypto- ← kryptos 覆盖的，隐藏的（希腊语）；meria/ meris ← meros 部分（希腊语）

Cryptomeria fortunei 柳杉：fortunei ← Robert Fortune（人名，19 世纪英国园艺学家，曾在中国采集植物）；-i 表示人名，接在以元音字母结尾的人名后面，但 -a 除外

Cryptomeria japonica 日本柳杉：japonica 日本的

（地名）；-icus/ -icum/ -ica 属于，具有某种特性（常用于地名、起源、生境）

Cryptomeria japonica cv. Araucarioides 短叶柳杉：araucarioides 像南洋杉的；Araucaria 南洋杉属（南洋杉科）；-oides/ -oideus/ -oideum/ -oidea/ -odes/ -eidos 像……的，类似……的，呈……状的（名词词尾）

Cryptomeria japonica cv. Compactoglobosa 圆球柳杉：compactus 小型的，压缩的，紧凑的，致密的，稠密的；pactus 压紧，紧缩；co- 联合，共同，合起来（拉丁语词首，为 cum- 的音变，表示结合、强化、完全，对应的希腊语为 syn-）；co- 的缀词音变有 co-/ com-/ con-/ col-/ cor-：co-（在 h 和元音字母前面），col-（在 l 前面），com-（在 b、m、p 之前），con-（在 c、d、f、g、j、n、qu、s、t 和 v 前面），cor-（在 r 前面）；globosus = globus + osus 球形的；glob-/ globi- ← globus 球体，圆球，地球

Cryptomeria japonica cv. Dacrydioides 鳞叶柳杉：Dacrydium 陆均松属（罗汉松科）；-oides/ -oideus/ -oideum/ -oidea/ -odes/ -eidos 像……的，类似……的，呈……状的（名词词尾）

Cryptomeria japonica cv. Elegans 扁叶柳杉：elegans 优雅的，秀丽的

Cryptomeria japonica cv. Vilmoriniana 千头柳杉：vilmoriniana ← Vilmorin-Andrieux（人名，19 世纪法国种苗专家）

Cryptomeria japonica cv. Yuantouliusha 圆头柳杉：yuantouliusha 圆头柳杉（中文品种名）

Cryptospora 隐子芥属（十字花科）（33：p371）：cryptosporus 种子隐藏的；crypt-/ crypto- ← kryptos 覆盖的，隐藏的（希腊语）；sporus ← sporos → sporo- 孢子，种子

Cryptospora falcata 隐子芥：falcatus = falx + atus 镰刀的，镰刀状的；构词规则：以 -ix/ -iex 结尾的词其词干末尾视为 -ic，以 -ex 结尾视为 -i/ -ic，其他以 -x 结尾视为 -c；falx 镰刀，镰刀形，镰刀状弯曲；-atus/ -atum/ -ata 属于，相似，具有，完成（形容词词尾）

Cryptostegia 桉叶藤属（萝藦科）（63：p260）：cryptostegia = cryptos + stegius 遮盖的，遮隐的（指花药被遮盖）；crypt-/ crypto- ← kryptos 覆盖的，隐藏的（希腊语）；stegius ← stege/ stegon 盖子，加盖，覆盖，包裹，遮盖物

Cryptostegia grandiflora 桉叶藤：grandi- ← grandis 大的；florus/ florum/ flora ← flos 花（用于复合词）

Cryptostylis 隐柱兰属（兰科）（17：p236）：crypt-/ crypto- ← kryptos 覆盖的，隐藏的（希腊语）；stylus/ stylis ← stylos 柱，花柱

Cryptostylis arachnites 隐柱兰：arachnites 似蜘蛛的，蜘蛛网的；arachne 蜘蛛的，蜘蛛网的

Cryptostylis arachnites var. arachnites 隐柱兰-原变种 （词义见上面解释）

Cryptostylis arachnites var. taiwaniana 台湾隐柱兰：taiwaniana 台湾的（地名）

Cryptotaenia 鸭儿芹属（伞形科）（55-2：p19，55-3：p239）：crypt-/ crypto- ← kryptos 覆盖的，隐藏的（希腊语）；taenius 绸带，纽带，条带状的

Cryptotaenia japonica 鸭儿芹：japonica 日本的（地名）；-icus/ -icum/ -ica 属于，具有某种特性（常用于地名、起源、生境）

Cryptotaenia japonica f. dissecta 深裂鸭儿芹：dissectus 多裂的，全裂的，深裂的；di-/ dis- 二，二数，二分，分离，不同，在……之间，从……分开（希腊语，拉丁语为 bi-/ bis-）；sectus 分段的，分节的，切开的，分裂的

Cryptotaenia japonica f. japonica 鸭儿芹-原变型（词义见上面解释）

Cryptotaenia japonica f. pinnatisecta 羽裂鸭儿芹：pinnatisectus = pinnatus + sectus 羽状裂的；pinnatus = pinnus + atus 羽状的，具羽的；pinnus/ pennus 羽毛，羽状，羽片；sectus 分段的，分节的，切开的，分裂的

Ctenitis 肋毛蕨属（叉蕨科）（6-1：p2）：ctenitis ← ctenis ← cteno 梳子，篦

Ctenitis apiciflora 顶囊肋毛蕨：apicus/ apice 尖的，尖头的，顶端的；florus/ florum/ flora ← flos 花（用于复合词）

Ctenitis aureo-vestita 红棕肋毛蕨：aure-/ aureo- ← aureus 黄色，金色；vestitus 包被的，覆盖的，被柔毛的，袋状的

Ctenitis calcarea 钙岩肋毛蕨：calcareus 白垩色的，粉笔色的，石灰的，石灰质的；-eus/ -eum/ -ea（接拉丁语词干时）属于……的，色如……的，质如……的（表示原料、颜色或品质的相似），（接希腊语词干时）属于……的，以……出名，为……所占有（表示具有某种特性）

Ctenitis changanensis 正安肋毛蕨：changanensis（地名）

Ctenitis clarkei 膜边肋毛蕨：clarkei（人名）

Ctenitis confusa 贵州肋毛蕨：confusus 混乱的，混同的，不确定的，不明确的；fusus 散开的，松散的，松弛的；co- 联合，共同，合起来（拉丁语词首，为 cum- 的音变，表示结合、强化、完全，对应的希腊语为 syn-）；co- 的缀词音变有 co-/ com-/ con-/ col-/ cor-：co-（在 h 和元音字母前面），col-（在 l 前面），com-（在 b、m、p 之前），con-（在 c、d、f、g、j、n、qu、s、t 和 v 前面），cor-（在 r 前面）

Ctenitis contigua 密羽肋毛蕨：contiguus 接触的，接近的，近缘的，连续的，压紧的

Ctenitis costulisora 靠脉肋毛蕨：costulisorus = costus + ulus + sorus 小肋状子囊群的；costus 主脉，叶脉，肋，肋骨；-ulus/ -ulum/ -ula 小的，略微的，稍微的（小词 -ulus 在字母 e 或 i 之后有多种变缀，即 -olus/ -olum/ -ola、-ellus/ -ellum/ -ella、-illus/ -illum/ -illa，与第一变格法和第二变格法名词形成复合词）；sorus ← soros 堆（指密集成簇），孢子囊群

Ctenitis crassirachis 粗柄肋毛蕨：crassi- ← crassus 厚的，粗的，多肉质的；rachis/ rhachis 主轴，花序轴，叶轴，脊棱（指着生小叶或花的部分的中轴，如羽状复叶、穗状花序总柄基部以外的部分）

Ctenitis crenata 波边肋毛蕨：crenatus = crena + atus 圆齿状的，具圆齿的；crena 叶缘的圆齿

Ctenitis decurrenti-pinnata 海南肋毛蕨：decurrentus 下延的；pinnatus = pinnus + atus 羽

C

状的，具羽的；pinnus/ pennus 羽毛，羽状，羽片；
-atus/ -atum/ -ata 属于，相似，具有，完成（形容
词词尾）

Ctenitis dentisora 尖齿肋毛蕨：dentisorus 尖齿状
子囊群的；dentus 齿，牙齿；sorus ← soros 堆（指
密集成簇），孢子囊群

Ctenitis eatoni 直鳞肋毛蕨：eatoni（人名，词尾改
为"-ii"似更妥）；-ii 表示人名，接在以辅音字母结
尾的人名后面，但 -er 除外；-i 表示人名，接在以元
音字母结尾的人名后面，但 -a 除外

Ctenitis fengiana 贡山肋毛蕨：fengiana（人名）

Ctenitis fulgens 银毛肋毛蕨：fulgens/ fulgidus 光
亮的，光彩夺目的；fulgo/ fulgeo 发光的，耀眼的

Ctenitis heterolaena 异鳞肋毛蕨：hete-/ heter-/
hetero- ← heteros 不同的，多样的，不齐的；laenus
外衣，包被，覆盖

Ctenitis kawakamii 缩羽肋毛蕨：kawakamii 川上
（人名，20 世纪日本植物采集员）

Ctenitis mariformis 泡鳞肋毛蕨：mari- ← maron/
marum（一种植物名，有时指唇形科的西亚牛至
Origanum sipyleum）；formis/ forma 形状

Ctenitis maximowicziana 阔鳞肋毛蕨：
maximowicziana ← C. J. Maximowicz 马克希莫夫
（人名，1827–1891，俄国植物学家）

Ctenitis membranifolia 膜叶肋毛蕨：membranus
膜；folius/ folium/ folia 叶，叶片（用于复合词）

Ctenitis nidus 长柄肋毛蕨：nidus 巢穴

Ctenitis pseudorhodolepis 棕鳞肋毛蕨：
pseudorhodolepis 像 rhodolepis 的；pseudo-/
pseud- ← pseudos 假的，伪的，接近，相似（但不
是）；Ctenitis rhodolepis 红鳞肋毛蕨；rhodon →
rhodo- 红色的，玫瑰色的；lepis/ lepidos 鳞片

Ctenitis rhodolepis 虹鳞肋毛蕨：rhodon → rhodo-
红色的，玫瑰色的；lepis/ lepidos 鳞片

Ctenitis sacholepis 耳形肋毛蕨：sacholepis ←
saccolepis 厚鳞的；sacco- ← saccus 袋子，囊，包
囊；lepis/ lepidos 鳞片

Ctenitis silaensis 圆齿肋毛蕨：silaensis 夕拉山的
（地名，云南省贡山县）

Ctenitis sphaeropteroides 无鳞肋毛蕨：
sphaeropteroides 像白桫椤的；Sphaeropteris 白桫
椤属（桫椤科）；-oides/ -oideus/ -oideum/ -oidea/
-odes/ -eidos 像……的，类似……的，呈……状的
（名词词尾）

Ctenitis subglandulosa 亮鳞肋毛蕨：
subglandulosus 稍具腺体的；sub-（表示程度较弱）
与……类似，几乎，稍微，弱，亚，之下，下面；
glandulosus = glandus + ulus + osus 被细腺的，具
腺体的，腺体质的

Ctenitis submariformis 疏羽肋毛蕨：
submariformis 像 mariformis 的；sub-（表示程度较
弱）与……类似，几乎，稍微，弱，亚，之下，下面；
Ctenitis mariformis 泡鳞肋毛蕨

Ctenitis thrichorhachis 钻鳞肋毛蕨：
thrichorhachis/ trichorhachis 毛轴的（缀词规则：
-rh- 接在元音字母后面构成复合词时要变成 -rrh-，
故该词宜改为"thrichorrhachis"）；tricho- ←
trichus ← trichos 毛，毛发，被毛（希腊语）；

rachis/ rhachis 主轴，花序轴，叶轴，脊棱（指着生
小叶或花的部分的中轴，如羽状复叶、穗状花序总
柄基部以外的部分）

Ctenitis tibetica 西藏肋毛蕨：tibetica 西藏的（地
名）；-icus/ -icum/ -ica 属于，具有某种特性（常用
于地名、起源、生境）

Ctenitis transmorrisonensis 台湾肋毛蕨：
transmorrisonensis = trans + morrisonensis 跨磨里
山的；tran-/ trans- 横过，远侧边，远方，在那边；
morrisonensis 磨里山的（地名，今台湾新高山）

Ctenitis truncata 截头肋毛蕨：truncatus 截平的，
截形的，截断的；truncare 切断，截断，截平（动词）

Ctenitis wantsingshanica 梵净肋毛蕨（梵 fàn）：
wantsingshanica 梵净山的（地名，贵州省）

Ctenitis yunnanensis 云南肋毛蕨：yunnanensis 云
南的（地名）

Ctenitis zayuensis 察隅肋毛蕨：zayuensis 察隅的
（地名，西藏自治区）

Ctenitopsis 轴脉蕨属（叉蕨科）(6-1；p37)：
Ctenitis 肋毛蕨属；-opsis/ -ops 相似，稍微，带有

Ctenitopsis acrocarpa 顶果轴脉蕨：acrocarpus 顶
果的，顶端着生果实的；acr-/ acro- ← acros 顶尖，
顶端，尖头，在顶尖的，辛辣，酸的；carpus/
carpum/ carpa/ carpon ← carpos 果实（用于希腊
语复合词）

Ctenitopsis angustodissecta 毛盖轴脉蕨：
angustodissectus = angustus + dissectus 窄裂的；
angustus 窄的，狭的，细的；dissectus 多裂的，全
裂的，深裂的；di-/ dis- 二，二数，二分，分离，不
同，在……之间，从……分开（希腊语，拉丁语为
bi-/ bis-）；sectus 分段的，分节的，切开的，分裂的

Ctenitopsis chinensis 中华轴脉蕨：chinensis =
china + ensis 中国的（地名）；China 中国

Ctenitopsis devexa 毛叶轴脉蕨：devexus 倾斜的

Ctenitopsis dissecta 薄叶轴脉蕨：dissectus 多裂的，
全裂的，深裂的；di-/ dis- 二，二数，二分，分离，
不同，在……之间，从……分开（希腊语，拉丁语为
bi-/ bis-）；sectus 分段的，分节的，切开的，分裂的

Ctenitopsis fuscipes 黑鳞轴脉蕨：fuscipes 褐色柄
的；fusci-/ fusco- ← fuscus 棕色的，暗色的，发黑
的，暗棕色的，褐色的；pes/ pedis 柄，梗，茎秆，
腿，足，爪（作词首或词尾，pes 的词干视为
"ped-"）

Ctenitopsis glabra 光滑轴脉蕨：glabrus 光秃的，
无毛的，光滑的

Ctenitopsis hainanensis 海南轴脉蕨：hainanensis
海南的（地名）

Ctenitopsis ingens 西藏轴脉蕨：ingens 巨大的，
巨型的

Ctenitopsis kusukusensis 台湾轴脉蕨：
kusukusensis 古思故斯的（地名，台湾屏东县高士
佛村的旧称）

Ctenitopsis kusukusensis var. crenatolobata 齿
裂轴脉蕨：crenatus = crena + atus 圆齿状的，具
圆齿的；crena 叶缘的圆齿；lobatus = lobus + atus
具浅裂的，具耳垂状突起的；lobus/ lobos/ lobon
浅裂，耳片（裂片先端钝圆），荚果，蒴果；-atus/
-atum/ -ata 属于，相似，具有，完成（形容词词尾）

C

Ctenitopsis kusukusensis var. kusukusensis 台湾轴脉蕨-原变种 （词义见上面解释）

Ctenitopsis matthewi 粤北轴脉蕨：matthewi（人名，词尾改为"-ii"似更妥）；-ii 表示人名，接在以辅音字母结尾的人名后面，但 -er 除外；-i 表示人名，接在以元音字母结尾的人名后面，但 -a 除外

Ctenitopsis sagenioides 轴脉蕨：Sagenia（叉蕨科一属名）；-oides/ -oideus/ -oideum/ -oidea/ -odes/ -eidos 像……的，类似……的，呈……状的（名词词尾）

Ctenitopsis sagenioides var. glabrescens 光叶轴脉蕨：glabrus 光秃的，无毛的，光滑的；-escens/ -ascens 改变，转变，变成，略微，带有，接近，相似，大致，稍微（表示变化的趋势，并未完全相似或相同，有别于表示达到完成状态的 -atus）

Ctenitopsis sagenioides var. sagenioides 轴脉蕨-原变种 （词义见上面解释）

Ctenitopsis setulosa 棕毛轴脉蕨：setulosus = setus + ulus + osus 多细刚毛的，多细刺毛的，多细芒刺的；setus/ saetus 刚毛，刺毛，芒刺；-ulus/ -ulum/ -ula 小的，略微的，稍微的（小词 -ulus 在字母 e 或 i 之后有多种变缀，即 -olus/ -olum/ -ola、-ellus/ -ellum/ -ella、-illus/ -illum/ -illa，与第一变格法和第二变格法名词形成复合词）；-osus/ -osum/ -osa 多的，充分的，丰富的，显著发育的，程度高的，特征明显的（形容词词尾）

Ctenitopsis sinii 厚叶轴脉蕨：sinii（人名）；-ii 表示人名，接在以辅音字母结尾的人名后面，但 -er 除外

Ctenitopsis subfuscipes 棕柄轴脉蕨：subfuscipes 近似褐色柄的；sub-（表示程度较弱）与……类似，几乎，稍微，弱，亚，之下，下面；fusci-/ fusco- ← fuscus 棕色的，暗色的，发黑的，暗棕色的，褐色的；pes/ pedis 柄，梗，茎秆，腿，足，爪（作词首或词尾，pes 的词干视为"ped-"）；fuscipes 褐色柄的

Ctenitopsis subsageniaca 无盖轴脉蕨：subsageniaca 像 Sagenia 的；sub-（表示程度较弱）与……类似，几乎，稍微，弱，亚，之下，下面；Sagenia（叉蕨科一属名）；-acus 属于……，关于，以……著称（接在词干末尾字母为"i"的名词后）

Ctenitopsis tamdaoensis 河口轴脉蕨：tamdaoensis ← Tam Dao 大毛山的（地名，越南北部靠近中国边界）

Ctenopterella 小蒿蕨属（水龙骨科，另见蒿蕨属 Ctenopteris）（6-2：p305）：ctenopterella = Ctenopteris + ellus 小蒿蕨；Ctenopteris 蒿蕨属；-ellus/ -ellum/ -ella ← -ulus 小的，略微的，稍微的（小词 -ulus 在字母 e 或 i 之后有多种变缀，即 -olus/ -olum/ -ola、-ellus/ -ellum/ -ella、-illus/ -illum/ -illa，用于第一变格法名词）

Ctenopteris 蒿蕨属（禾叶蕨科，已修订为水龙骨科的四个属：金禾蕨属 Chrysogrammitis，蒿蕨属 Themelium，毛禾蕨属 Dasygrammitis，小蒿蕨属 Ctenopterella）（6-2：p305）：ctenopteris 梳齿状蕨（指叶梳齿状分裂）；ctenis 梳，篦子；pteris ← pteryx 翅，翼，蕨类（希腊语）

Ctenopteris curtisii 蒿蕨（已修订为 Themelium blechnifrons，水龙骨科蒿蕨属）：curtisii ← William Curtis（人名，创办期刊 *Curtis's Botanical Magazine*）

Ctenopteris merrittii 拟虎尾蒿蕨（已修订为金禾蕨 Chrysogrammitis glandulosa，水龙骨科金禾蕨属）：merrittii（人名）；-ii 表示人名，接在以辅音字母结尾的人名后面，但 -er 除外

Ctenopteris mollicoma 南洋蒿蕨（已修订为毛禾蕨 Dasygrammitis mollicoma，水龙骨科毛禾蕨属）：molle/ mollis 软的，柔毛的；comus ← comis 冠毛，头缨，一簇（毛或叶片）

Ctenopteris moultonii 光滑蒿蕨（已修订为小蒿蕨 Ctenopterella blechnoides，水龙骨科小蒿蕨属）：moultonii（人名）；-ii 表示人名，接在以辅音字母结尾的人名后面，但 -er 除外

Ctenopteris subfalcata 虎尾蒿蕨（已修订为 Themelium subfalcata，水龙骨科蒿蕨属）：subfalcatus 略呈镰刀状的；sub-（表示程度较弱）与……类似，几乎，稍微，弱，亚，之下，下面；falcatus = falx + atus 镰刀的，镰刀状的；构词规则：以 -ix/ -iex 结尾的词其词干末尾视为 -ic，以 -ex 结尾视为 -i/ -ic，其他以 -x 结尾视为 -c；-atus/ -atum/ -ata 属于，相似，具有，完成（形容词词尾）

Ctenopteris tenuisecta 细叶蒿蕨（已修订为 Themelium tenuisectum，水龙骨科蒿蕨属）：tenuisectus 细全裂的；tenui- ← tenuis 薄的，纤细的，弱的，瘦的，窄的；sectus 分段的，分节的，切开的，分裂的

Cucubalus 狗筋蔓属（蔓 màn）（石竹科）（26：p402）：cucu- ← cacos 恶；balus ← bolos 投

Cucubalus baccifer 狗筋蔓：baccifer 具有浆果的；bacc- ← baccus 浆果；-ferus/ -ferum/ -fera/ -fero/ -fere/ -fer 有，具有，产（区别：作独立词使用的 ferus 意思是"野生的"）

Cucumis 黄瓜属（葫芦科）（73-1：p201）：cucumeris/ cucumis 瓜，黄瓜

Cucumis bisexualis 小马泡：bisexualis 两性的；bi-/ bis- 二，二数，二回（希腊语为 di-）；sexualis 有性的；-aris（阳性、阴性）/ -are（中性）← -alis（阳性、阴性）/ -ale（中性）属于，相似，如同，具有，涉及，关于，联结于（将名词作形容词用，其中 -aris 常用于以 l 或 r 为词干末尾的词）

Cucumis hystrix 野黄瓜：hystrix/ hystris 豪猪，刚毛，刺猬状刚毛；Hystrix 猬草属（禾本科）

Cucumis melo 甜瓜：melo 苹果，瓜，甜瓜

Cucumis melo var. agrestis 马泡瓜：agrestis/ agrarius 野生的，耕地生的，农田生的；-arius/ -arium/ -aria 相似，属于（表示地点，场所，关系，所属）

Cucumis melo var. conomon 菜瓜：conomon ← conomono 咸菜，盐渍菜（日语，意为可用来做咸菜，"conomono"为日语汉字"香之物"的读音）

Cucumis melo var. melo 甜瓜-原变种 （词义见上面解释）

Cucumis sativus 黄瓜：sativus 栽培的，种植的，耕地的，耕作的

Cucumis sativus var. hardwickii 西南野黄瓜：hardwickii（人名）；-ii 表示人名，接在以辅音字母结尾的人名后面，但 -er 除外

Cucumis sativus var. sativus 黄瓜-原变种 （词义见上面解释）

Cucurbita 南瓜属（葫芦科）（73-1：p259）：cucurbita 葫芦，南瓜（古拉丁名）；cucumeris/ cucumis 瓜，黄瓜

Cucurbita maxima 笋瓜：maximus 最大的

Cucurbita moschata 南瓜：moschatus 麝香的，麝香味的；mosch- 麝香

Cucurbita pepo 西葫芦：pepo 瓜类的果实，瓠（hù）果

Cucurbitaceae 葫芦科（73-1：p84）：Cucurbita 南瓜属；-aceae（分类单位科的词尾，为 -aceus 的阴性复数主格形式，加到模式属的名称后或同义词的词干后以组成族群名称）

Cudrania 柘属（柘 zhè）（桑科）（23-1：p57）：cudrania ← cudros 光荣的，荣耀的（另一解释为柘属的马来西亚土名 cudrang）

Cudrania amboinensis 景东柘：amboinensis 安汶岛的（地名，印度尼西亚）

Cudrania cochinchinensis 构棘：cochinchinensis ← Cochinchine 南圻的（历史地名，即今越南南部及其周边国家和地区）

Cudrania fruticosa 柘藤：fruticosus/ frutesceus 灌丛状的；frutex 灌木；构词规则：以 -ix/ -iex 结尾的词其词干末尾视为 -ic，以 -ex 结尾视为 -i/ -ic，其他以 -x 结尾视为 -c；-osus/ -osum/ -osa 多的，充分的，丰富的，显著发育的，程度高的，特征明显的（形容词词尾）

Cudrania pubescens 毛柘藤：pubescens ← pubens 被短柔毛的，长出柔毛的；pubi- ← pubis 细柔毛的，短柔毛的，毛被的；pubesco/ pubescere 长成的，变为成熟的，长出柔毛的，青春期体毛的；-escens/ -ascens 改变，转变，变成，略微，带有，接近，相似，大致，稍微（表示变化的趋势，并未完全相似或相同，有别于表示达到完成状态的 -atus）

Cudrania tricuspidata 柘：tri-/ tripli-/ triplo- 三个，三数；cuspidatus = cuspis + atus 尖头的，凸尖的；构词规则：词尾为 -is 和 -ys 的词的词干分别视为 -id 和 -yd；cuspis（所有格为 cuspidis）齿尖，凸尖，尖头；-atus/ -atum/ -ata 属于，相似，具有，完成（形容词词尾）

Cuminum 孜然芹属（伞形科）（55-2：p4）：cuminus 堆积的

Cuminum cyminum 孜然芹：cyminum = cymus + inus 近似聚伞花序的；cyma/ cyme 聚伞花序；-inus/ -inum/ -ina/ -inos 相近，接近，相似，具有（通常指颜色）

Cunninghamia 杉木属（杉科）（除杉木外，松科和杉科所有带"杉"字的种类均读"shān"，故建议"杉"字统一读"shān"而废除读音"shā"）（7：p284）：cunninghamia ← James Cunningham 詹姆斯·昆宁汉姆（人名，1791–1839，英国医生、植物采集员，曾在中国厦门居住，杉木发现者）

Cunninghamia konishii 台湾杉木：konishii 小西（日本人名）

Cunninghamia lanceolata 杉木：lanceolatus = lanceus + olus + atus 小披针形的，小柳叶刀的；lance-/ lancei-/ lanci-/ lanceo-/ lanc- ← lanceus 披

针形的，矛形的，尖刀状的，柳叶刀状的；-olus ← -ulus 小，稍微，略微（-ulus 在字母 e 或 i 之后变成 -olus/ -ellus/ -illus）；-atus/ -atum/ -ata 属于，相似，具有，完成（形容词词尾）

Cunninghamia lanceolata cv. Glauca 灰叶杉木：glaucus → glauco-/ glauc- 被白粉的，发白的，灰绿色的

Cunninghamia lanceolata cv. Mollifolia 软叶杉木：molle/ mollis 软的，柔毛的；folius/ folium/ folia 叶，叶片（用于复合词）

Cuphea 萼距花属（千屈菜科）（52-2：p82）：cuphea 弯曲的（指果实形状）

Cuphea balsamona 香膏萼距花：balsamona ← balsam 香脂

Cuphea carthagenensis 卡萨萼距花：carthagenensis ← Carthage 迦太基的（地名，北非古代国家，属今突尼斯）

Cuphea hookeriana 萼距花：hookeriana ← William Jackson Hooker（人名，19 世纪英国植物学家）

Cuphea lanceolata 披针叶萼距花：lanceolatus = lanceus + olus + atus 小披针形的，小柳叶刀的；lance-/ lancei-/ lanci-/ lanceo-/ lanc- ← lanceus 披针形的，矛形的，尖刀状的，柳叶刀状的；-olus ← -ulus 小，稍微，略微（-ulus 在字母 e 或 i 之后变成 -olus/ -ellus/ -illus）；-atus/ -atum/ -ata 属于，相似，具有，完成（形容词词尾）

Cuphea micropetala 小瓣萼距花：micr-/ micro- ← micros 小的，微小的，微观的（用于希腊语复合词）；petalus/ petalum/ petala ← petalon 花瓣

Cuphea petiolata 黏毛萼距花：petiolatus = petiolus + atus 具叶柄的；petiolus 叶柄；-atus/ -atum/ -ata 属于，相似，具有，完成（形容词词尾）

Cuphea platycentra 火红萼距花：platycentrus 大距的，宽距的；platys 大的，宽的（用于希腊语复合词）；centrus ← centron 距，有距的，鹰爪状刺（距：雄鸡、雉等的腿的后面突出像脚趾的部分）

Cuphea procumbens 平卧萼距花：procumbens 俯卧的，葡匐的，倒伏的；procumb- 俯卧，葡匐，倒伏；-ans/ -ens/ -bilis/ -ilis 能够，可能（为形容词词尾，-ans/ -ens 用于主动语态，-bilis/ -ilis 用于被动语态）

Cupressaceae 柏科（7：p313）：Cupressus 柏木属；-aceae（分类单位科的词尾，为 -aceus 的阴性复数主格形式，加到模式属的名称后或同义词的词干后以组成族群名称）

Cupressus 柏木属（柏科）（7：p328）：cupressus = kyo + parisos 形成对称的（指树冠形状）；kyo → cyo 生产；parisos 相等的

Cupressus arizonica 绿干柏（干 gàn）：arizonica 亚利桑那的（地名，美国）

Cupressus chengiana 岷江柏木（岷 mín）：chengiana（人名）

Cupressus duclouxiana 干香柏：duclouxiana ← François Ducloux（人名，20 世纪初在云南采集植物）

Cupressus funebris 柏木：funebris 坟墓的，阴郁的

Cupressus gigantea 巨柏：giganteus 巨大的；

C

giga-/ gigant-/ giganti- ← gigantos 巨大的；-eus/ -eum/ -ea（接拉丁语词干时）属于……的，色如……的，质如……的（表示原料、颜色或品质的相似），（接希腊语词干时）属于……的，以……出名，为……所占有（表示具有某种特性）

Cupressus goveniana 加利福尼亚柏木：goveniana（人名）

Cupressus lusitanica 墨西哥柏木：lusitanica 葡萄牙的（古罗马人对葡萄牙的称呼）

Cupressus sempervirens 地中海柏木：sempervirens 常绿的；semper 总是，经常，永久；virens 绿色的，变绿的

Cupressus torulosa 西藏柏木：torulosus = torus + ulus + osus 多结节的，多凸起的；torus 垫子，花托，结节，隆起；-ulus/ -ulum/ -ula 小的，略微的，稍微的（小词 -ulus 在字母 e 或 i 之后有多种变缀，即 -olus/ -olum/ -ola、-ellus/ -ellum/ -ella、-illus/ -illum/ -illa，与第一变格法和第二变格法名词形成复合词）；-osus/ -osum/ -osa 多的，充分的，丰富的，显著发育的，程度高的，特征明显的（形容词词尾）

Curculigo 仙茅属（石蒜科）（16-1：p33）：curculigo 米象虫，蛴螬（比喻子房破裂时的形状）

Curculigo breviscapa 短莛仙茅：brevi- ← brevis 短的（用于希腊语复合词词首）；scapus（scap-/ scapi-）← skapos 主茎，树干，花柄，花轴

Curculigo capitulata 大叶仙茅：capitulatus 头状的，头状花序的；capitulus = capitis + ulus 小头；capitus ← capitis 头，头状

Curculigo crassifolia 绒叶仙茅：crassi- ← crassus 厚的，粗的，多肉质的；folius/ folium/ folia 叶，叶片（用于复合词）

Curculigo glabrescens 光叶仙茅：glabrus 光秃的，无毛的，光滑的；-escens/ -ascens 改变，转变，变成，略微，带有，接近，相似，大致，稍微（表示变化的趋势，并未完全相似或相同，有别于表示达到完成状态的 -atus）

Curculigo gracilis 疏花仙茅：gracilis 细长的，纤弱的，丝状的

Curculigo orchioides 仙茅：orchis 橄榄，兰花；Orchis 红门兰属；-oides/ -oideus/ -oideum/ -oidea/ -odes/ -eidos 像……的，类似……的，呈……状的（名词词尾）

Curculigo sinensis 中华仙茅：sinensis = Sina + ensis 中国的（地名）；Sina 中国

Curcuma 姜黄属（姜科）（16-2：p58）：curcuma ← kurkum 黄色（指根茎颜色）

Curcuma aromatica 郁金：aromaticus 芳香的，香味的

Curcuma aromatica cv. Wenyujin 温郁金：wenyujin 温郁金（中文品种名）

Curcuma caesia （蓝姜黄）：caesius 淡蓝色的，灰绿色的，蓝绿色的

Curcuma elata （长茎姜黄）：elatus 高的，梢端的

Curcuma kwangsiensis 广西莪术（莪术 é zhú）：kwangsiensis 广西的（地名）

Curcuma longa 姜黄：longus 长的，纵向的

Curcuma viridiflora （绿花姜黄）：viridus 绿色的；florus/ florum/ flora ← flos 花（用于复合词）

Curcuma zedoaria 莪术：zedoaria（阿拉伯语）

Cuscuta 菟丝子属（菟 tù）（旋花科）（64-1：p143）：cuscuta 菟丝子（阿拉伯语）

Cuscuta approximata 杯花菟丝子（另见 C. cupulata）：approximatus = ad + proximus + atus 接近的，近似的，靠紧的（ad + p 同化为 app）；ad- 向，到，近（拉丁语词首，表示程度加强）；构词规则：构成复合词时，词首末尾的辅音字母常同化为紧接其后的那个辅音字母（如 ad + p → app）；proximus 接近的，近的

Cuscuta australis 南方菟丝子：australis 南方的，南半球的；austro-/ austr- 南方的，南半球的，大洋洲的；auster 南方，南风；-aris（阳性、阴性）/ -are（中性）← -alis（阳性、阴性）/ -ale（中性）属于，相似，如同，具有，涉及，关于，联结于（将名词作形容词用，其中 -aris 常用于以 l 或 r 为词干末尾的词）

Cuscuta campestris （野地菟丝子）：campestris 野生的，草地的，平原的；campus 平坦地带的，校园的；-estris/ -estre/ ester/ -esteris 生于……地方，喜好……地方

Cuscuta chinensis 菟丝子：chinensis = china + ensis 中国的（地名）；China 中国

Cuscuta cupulata 杯花菟丝子（另见 C. approximata）：cupulatus = cupula + atus 杯状的，壳斗状的；cupulus = cupus + ulus 小杯子，小杯形的，壳斗状的

Cuscuta epilinum 亚麻菟丝子：epilis 无毛的，光秃的；e-/ ex- 不，无，非，缺乏，不具有（e- 用在辅音字母前，ex- 用在元音字母前，为拉丁语词首，对应的希腊语词首为 a-/ an-，英语为 un-/ -less，注意作词首用的 e-/ ex- 和介词 e/ ex 意思不同，后者意为"出自、从……、由……离开、由于、依照"）；pilis 毛，毛发

Cuscuta europaea 欧洲菟丝子：europaea = europa + aeus 欧洲的（地名）；europa 欧洲；-aeus/ -aeum/ -aea（表示属于……，名词形容词化词尾）

Cuscuta gigantea （大菟丝子）：giganteus 巨大的；giga-/ gigant-/ giganti- ← gigantos 巨大的；-eus/ -eum/ -ea（接拉丁语词干时）属于……的，色如……的，质如……的（表示原料、颜色或品质的相似），（接希腊语词干时）属于……的，以……出名，为……所占有（表示具有某种特性）

Cuscuta japonica 金灯藤：japonica 日本的（地名）；-icus/ -icum/ -ica 属于，具有某种特性（常用于地名、起源、生境）

Cuscuta japonica var. fissistyla 川西金灯藤：fissus/ fissuratus 分裂的，裂开的，中裂的；stylus/ stylis ← stylos 柱，花柱

Cuscuta japonica var. formosana 台湾菟丝子：formosanus = formosus + anus 美丽的，台湾的；formosus ← formosa 美丽的，台湾的（葡萄牙殖民者发现台湾时对其的称呼，即美丽的岛屿）；-anus/ -anum/ -ana 属于，来自（形容词词尾）

Cuscuta japonica var. japonica 金灯藤-原变种（词义见上面解释）

Cuscuta lupuliformis 啤酒花菟丝子：lupuliformis 羽扇豆状的；Lupinus 羽扇豆属（豆科）；formis/

·377·

forma 形状

Cuscuta monogyna 单柱菟丝子：mono-/ mon- ← monos 一个，单一的（希腊语，拉丁语为 unus/ uni-/ uno-）；gynus/ gynum/ gyna 雌蕊，子房，心皮

Cuscuta reflexa 大花菟丝子：reflexus 反曲的，后曲的；re- 返回，相反，再次，重复，向后，回头；flexus ← flecto 扭曲的，卷曲的，弯弯曲曲的，柔性的；flecto 弯曲，使扭曲

Cuscuta reflexa var. anguina 短柱头菟丝子：anguinus 蛇，蛇状弯曲的

Cuscuta reflexa var. reflexa 大花菟丝子-原变种（词义见上面解释）

Cyamopsis 瓜儿豆属（豆科）（40：p325）：cyamos ← kyamos 豆；-psis/ -opsis 相似

Cyamopsis tetragonoloba 瓜儿豆：tetragonolobus 四棱荚的；tetra-/ tetr- 四，四数（希腊语，拉丁语为 quadri-/ quadr-）；gono/ gonos/ gon 关节，棱角，角度；lobus/ lobos/ lobon 浅裂，耳片（裂片先端钝圆），荚果，蒴果

Cyananthus 蓝钟花属（桔梗科）（73-2：p5）：cyanus/ cyan-/ cyano- 蓝色的，青色的；anthus/ anthum/ antha/ anthe ← anthos 花（用于希腊语复合词）

Cyananthus argenteus 总花蓝钟花：argenteus = argentum + eus 银白色的；argentum 银；-eus/ -eum/ -ea（接拉丁语词干时）属于……的，色如……的，质如……的（表示原料、颜色或品质的相似），（接希腊语词干时）属于……的，以……出名，为……所占有（表示具有某种特性）

Cyananthus chungdianensis 中甸蓝钟花：chungdianensis 中甸的（地名，云南省香格里拉市的旧称）

Cyananthus cordifolius 心叶蓝钟花：cordi- ← cordis/ cor 心脏的，心形的；folius/ folium/ folia 叶，叶片（用于复合词）

Cyananthus delavayi 细叶蓝钟花：delavayi ← P. J. M. Delavay（人名，1834–1895，法国传教士，曾在中国采集植物标本）；-i 表示人名，接在以元音字母结尾的人名后面，但 -a 除外

Cyananthus dolichosceles 川西蓝钟花：dolicho- ← dolichos 长的；sceles ← sceletus 骨架（指叶脉）

Cyananthus fasciculatus 束花蓝钟花：fasciculatus 成束的，束状的，成簇的；fasciculus 丛，簇，束；fascis 束

Cyananthus flavus 黄被蓝钟花（原名"黄钟花"，紫葳科有重名）：flavus → flavo-/ flavi-/ flav- 黄色的，鲜黄色的，金黄色的（指纯正的黄色）

Cyananthus flavus var. flavus 丽江黄钟花-原变种（词义见上面解释）

Cyananthus flavus var. glaber 光叶黄钟花：glaber/ glabrus 光滑的，无毛的

Cyananthus formosus 美丽蓝钟花：formosus ← formosa 美丽的，台湾的（葡萄牙殖民者发现台湾时对其的称呼，即美丽的岛屿）

Cyananthus hookeri 蓝钟花：hookeri ← William Jackson Hooker（人名，19 世纪英国植物学家）；-eri 表示人名，在以 -er 结尾的人名后面加上 i 形成

Cyananthus hookeri var. hookeri 蓝钟花-原变种（词义见上面解释）

Cyananthus hookeri var. levicalyx 光滑蓝钟花（原名"光萼蓝钟花"，本属有重名）：laevis/ levis/ laeve/ leve → levi-/ laevi- 光滑的，无毛的，无不平或粗糙感觉的；calyx → calyc- 萼片（用于希腊语复合词）

Cyananthus hookeri var. levicaulis 光茎蓝钟花：laevis/ levis/ laeve/ leve → levi-/ laevi- 光滑的，无毛的，无不平或粗糙感觉的；caulis ← caulos 茎，茎秆，主茎

Cyananthus incanus 灰毛蓝钟花：incanus 灰白色的，密被灰白色毛的

Cyananthus incanus var. decumbens 蔓茎蓝钟花（蔓 màn）：decumbens 横卧的，匍匐的，爬行的；decumb- 横卧，匍匐，爬行；-ans/ -ens/ -bilis/ -ilis 能够，可能（为形容词词尾，-ans/ -ens 用于主动语态，-bilis/ -ilis 用于被动语态）

Cyananthus incanus var. incanus 灰毛蓝钟花-原变种（词义见上面解释）

Cyananthus incanus var. parvus 矮小蓝钟花：parvus → parvi-/ parv- 小的，些微的，弱的

Cyananthus inflatus 胀萼蓝钟花：inflatus 膨胀的，袋状的

Cyananthus leiocalyx 光萼蓝钟花：lei-/ leio-/ lio- ← leius ← leios 光滑的，平滑的；calyx → calyc- 萼片（用于希腊语复合词）

Cyananthus lichiangensis 丽江蓝钟花：lichiangensis 丽江的（地名，云南省）

Cyananthus lobatus 裂叶蓝钟花：lobatus = lobus + atus 具浅裂的，具耳垂状突起的；lobus/ lobos/ lobon 浅裂，耳片（裂片先端钝圆），荚果，蒴果；-atus/ -atum/ -ata 属于，相似，具有，完成（形容词词尾）

Cyananthus longiflorus 长花蓝钟花：longe-/ longi- ← longus 长的，纵向的；florus/ florum/ flora ← flos 花（用于复合词）

Cyananthus macrocalyx 大萼蓝钟花：macro-/ macr- ← macros 大的，宏观的（用于希腊语复合词）；calyx → calyc- 萼片（用于希腊语复合词）

Cyananthus macrocalyx var. flavo-purpureus 黄紫花蓝钟花：flavus → flavo-/ flavi-/ flav- 黄色的，鲜黄色的，金黄色的（指纯正的黄色）；purpureus = purpura + eus 紫色的；purpura 紫色（purpura 原为一种介壳虫名，其体液为紫色，可作颜料）；-eus/ -eum/ -ea（接拉丁语词干时）属于……的，色如……的，质如……的（表示原料、颜色或品质的相似），（接希腊语词干时）属于……的，以……出名，为……所占有（表示具有某种特性）

Cyananthus macrocalyx var. macrocalyx 大萼蓝钟花-原变种（词义见上面解释）

Cyananthus macrocalyx var. pilosus 毛蓝钟花：pilosus = pilus + osus 多毛的，被柔毛的，具疏柔毛的，被短弱细毛的；pilus 毛，疏柔毛；-osus/ -osum/ -osa 多的，充分的，丰富的，显著发育的，程度高的，特征明显的（形容词词尾）

Cyananthus microphyllus 小叶蓝钟花：micr-/ micro- ← micros 小的，微小的，微观的（用于希腊

语复合词）；phyllus/ phyllum/ phylla ← phyllon 叶片（用于希腊语复合词）

Cyananthus microrhombeus 小菱叶蓝钟花：microrhombeus 小菱形的（缀词规则：-rh- 接在元音字母后面构成复合词时要变成 -rrh-，故该词宜改为"microrrhombeus"）；micr-/ micro- ← micros 小的，微小的，微观的（用于希腊语复合词）；rhombeus 菱形的

Cyananthus microrhombeus var. leicalyx 光萼小菱叶蓝钟花：lei-/ leio-/ lio- ← leius ← leios 光滑的，平滑的；calyx → calyc- 萼片（用于希腊语复合词）

Cyananthus microrhombeus var. microrhombeus 小菱叶蓝钟花-原变种 （词义见上面解释）

Cyananthus montanus 白钟花：montanus 山，山地；montis 山，山地的；mons 山，山脉，岩石

Cyananthus neurocalyx 脉萼蓝钟花：neur-/ neuro- ← neuron 脉，神经；calyx → calyc- 萼片（用于希腊语复合词）

Cyananthus pedunculatus 有梗蓝钟花：pedunculatus/ peduncularis 具花序柄的，具总花梗的；pedunculus/ peduncule/ pedunculis ← pes 花序柄，总花梗（花序基部无花着生部分，不同于花柄）；关联词：pedicellus/ pediculus 小花梗，小花柄（不同于花序柄）；pes/ pedis 柄，梗，茎秆，腿，足，爪（作词首或词尾，pes 的词干视为"ped-"）

Cyananthus petiolatus 毛叶蓝钟花：petiolatus = petiolus + atus 具叶柄的；petiolus 叶柄；-atus/ -atum/ -ata 属于，相似，具有，完成（形容词词尾）

Cyananthus petiolatus var. petiolatus 毛叶蓝钟花-原变种 （词义见上面解释）

Cyananthus petiolatus var. polifolius 黄白花蓝钟花：polius/ polios 灰白色的；folius/ folium/ folia 叶，叶片（用于复合词）

Cyananthus pseudo-inflatus 短毛蓝钟花：pseudo-inflatus 像 inflatus 的；pseudo-/ pseud- ← pseudos 假的，伪的，接近，相似（但不是）；Cyananthus inflatus 胀萼蓝钟花；inflatus 膨胀的，袋状的

Cyananthus sericeus 绢毛蓝钟花（绢 juàn）：sericeus 绢丝状的；sericus 绢丝的，绢毛的，赛尔人的（Ser 为印度一民族）；-eus/ -eum/ -ea（接拉丁语词干时）属于……的，色如……的，质如……的（表示原料、颜色或品质的相似），（接希腊语词干时）属于……的，以……出名，为……所占有（表示具有某种特性）

Cyananthus sherriffii 杂毛蓝钟花：sherriffii ← Major George Sherriff（人名，20 世纪探险家，曾和 Frank Ludlow 一起考察西藏东南地区）

Cyanotis 蓝耳草属（鸭跖草科）(13-3：p121)：cyanus/ cyan-/ cyano- 蓝色的，青色的；-otis/ -otites/ -otus/ -otion/ -oticus/ -otos/ -ous 耳，耳朵

Cyanotis arachnoidea 蛛丝毛蓝耳草：arachne 蜘蛛的，蜘蛛网的；-oides/ -oideus/ -oideum/ -oidea/ -odes/ -eidos 像……的，类似……的，呈……状的（名词词尾）

Cyanotis cristata 四孔草：cristatus = crista + atus 鸡冠的，鸡冠状的，扇形的，山脊状的；crista 鸡冠，山脊，网壁；-atus/ -atum/ -ata 属于，相似，具有，完成（形容词词尾）

Cyanotis loureiroana 沙地蓝耳草：loureiroana（人名）

Cyanotis vaga 蓝耳草：vagus 乱向的，无定向的，有几个方向的

Cyatheaceae 桫椤科（6-3：p249）：Cyathe 桫椤属（Alsophila）；-aceae（分类单位科的词尾，为 -aceus 的阴性复数主格形式，加到模式属的名称后或同义词的词干后以组成族群名称）

Cyathocline 杯菊属（菊科）(74：p81)：cyathus ← cyathos 杯，杯状的；cline 地板，床

Cyathocline purpurea 杯菊：purpureus = purpura + eus 紫色的；purpura 紫色（purpura 原为一种介壳虫名，其体液为紫色，可作颜料）；-eus/ -eum/ -ea（接拉丁语词干时）属于……的，色如……的，质如……的（表示原料、颜色或品质的相似），（接希腊语词干时）属于……的，以……出名，为……所占有（表示具有某种特性）

Cyathostemma 杯冠木属（冠 guān）（番荔枝科）(30-2：p28)：cyathus ← cyathos 杯，杯状的；stemmus 王冠，花冠，花环

Cyathostemma yunnanense 杯冠木：yunnanense 云南的（地名）

Cyathula 杯苋属（苋科）(25-2：p217)：cyathula ← cyathus + ulus 小杯，小杯状的；cyathus ← cyathos 杯，杯状的；-ulus/ -ulum/ -ula 小的，略微的，稍微的（小词 -ulus 在字母 e 或 i 之后有多种变缀，即 -olus/ -olum/ -ola、-ellus/ -ellum/ -ella、-illus/ -illum/ -illa，与第一变格法和第二变格法名词形成复合词）

Cyathula capitata 头花杯苋：capitatus 头状的，头状花序的；capitus ← capitis 头，头状

Cyathula officinalis 川牛膝：officinalis/ officinale 药用的，有药效的；officina ← opificina 药店，仓库，作坊

Cyathula prostrata 杯苋：prostratus/ pronus/ procumbens 平卧的，匍匐的

Cyathula semirosulata （莲座杯苋）：semi- 半，准，略微；rosulatus/ rosularis/ rosulans ← rosula 莲座状的

Cyathula tomentosa 绒毛杯苋：tomentosus = tomentum + osus 绒毛的，密被绒毛的；tomentum 绒毛，浓密的毛被，棉絮，棉絮状填充物（被褥、垫子等）；-osus/ -osum/ -osa 多的，充分的，丰富的，显著发育的，程度高的，特征明显的（形容词词尾）

Cycadaceae 苏铁科（7：p4）：Cycas 苏铁属；-aceae（分类单位科的词尾，为 -aceus 的阴性复数主格形式，加到模式属的名称后或同义词的词干后以组成族群名称）

Cycadopsida 苏铁纲（苏铁树纲）：Cycadaceae 苏铁科；-opsida（分类单位纲的词尾）

Cycas 苏铁属（苏铁科）(7：p4)：cycas ← cykas 苏铁（希腊语名，原为埃及的一种棕榈名）

Cycas chenii 陈氏苏铁（种加词纪念陈家瑞，1935 年生，中国植物学家）：chenii（人名）；-ii 表示人名，接在以辅音字母结尾的人名后面，但 -er 除外

Cycas circinalis 拳叶苏铁：circinalis = circum + inus + alis 线圈状的，涡旋状的，圆角的；circum- 周围的，缠绕的（与希腊语的 peri- 意思相同）；-inus/ -inum/ -ina/ -inos 相近，接近，相似，具有（通常指颜色）；-aris（阳性、阴性）/ -are（中性）← -alis（阳性、阴性）/ -ale（中性）属于，相似，如同，具有，涉及，关于，联结于（将名词作形容词用，其中 -aris 常用于以 l 或 r 为词干末尾的词）

Cycas hainanensis 海南苏铁：hainanensis 海南的（地名）

Cycas micholitzii 叉叶苏铁（叉 chā）：micholitzii ← Wilhelm Micholitz（人名，20 世纪兰科植物采集员）

Cycas pectinata 篦齿苏铁：pectinatus/ pectinaceus 栉齿状的；pectini-/ pectino-/ pectin- ← pecten 篦子，梳子；-aceus/ -aceum/ -acea 相似的，有……性质的，属于……的

Cycas revoluta 苏铁：revolutus 外旋的，反卷的；re- 返回，相反，再（相当拉丁文 ana-）；volutus/ volutum/ volvo 转动，滚动，旋卷，盘结

Cycas rumphii 华南苏铁：rumphii ← Georg Everhard Rumpf（拉丁化为 Rumphius）（人名，18 世纪德国植物学家）

Cycas siamensis 云南苏铁：siamensis 暹罗的（地名，泰国古称）（暹 xiān）

Cycas szechuanensis 四川苏铁：szechuan 四川（地名）

Cycas taiwaniana 台湾苏铁：taiwaniana 台湾的（地名）

Cyclachaena 假苍耳属（菊科）（增补）：cyclo-/ cycl- ← cyclos 圆形，圈环；achaenius/ achenius 瘦果；achenus ← achene 瘦果

Cyclachaena xanthiifolia 假苍耳：Xanthium 苍耳属（菊科）；缀词规则：以属名作复合词时原词尾变形后的 i 要保留；folius/ folium/ folia 叶，叶片（用于复合词）

Cyclamen 仙客来属（报春花科）（59-1：p137）：cyclamen ← cyklos 圆形，圈环（比喻近球形的块根）；cyclo-/ cycl- ← cyclos 圆形，圈环

Cyclamen persicum 仙客来：persicus 桃，杏，波斯的（地名）；-icus/ -icum/ -ica 属于，具有某种特性（常用于地名、起源、生境）

Cyclanthera 小雀瓜属（葫芦科）（73-1：p278）：cyclo-/ cycl- ← cyclos 圆形，圈环；andrus/ andros/ antherus ← aner 雄蕊，花药，雄性

Cyclanthera pedata 小雀瓜：pedatus 鸟足形的；pes/ pedis 柄，梗，茎秆，腿，足，爪（作词首或词尾，pes 的词干视为"ped-"）

Cyclea 轮环藤属（防己科）（30-1：p73）：cyclo-/ cycl- ← cyclos 圆形，圈环

Cyclea barbata 毛叶轮环藤：barbatus = barba + atus 具胡须的，具须毛的；barba 胡须，髯毛，绒毛；-atus/ -atum/ -ata 属于，相似，具有，完成（形容词词尾）

Cyclea debiliflora 纤花轮环藤：debilis 软弱的，脆弱的；florus/ florum/ flora ← flos 花（用于复合词）

Cyclea gracillima 纤细轮环藤：gracillimus 极细长的，非常纤细的；gracilis 细长的，纤弱的，丝状的；

-limus/ -lima/ -limum 最，非常，极其（以 -ilis 结尾的形容词最高级，将末尾的 -is 换成 l + imus，从而构成 -illimus）

Cyclea hypoglauca 粉叶轮环藤：hypoglaucus 下面白色的；hyp-/ hypo- 下面的，以下的，不完全的；glaucus → glauco-/ glauc- 被白粉的，发白的，灰绿色的

Cyclea insularis 海岛轮环藤：insularis 岛屿的；insula 岛屿；-aris（阳性、阴性）/ -are（中性）← -alis（阳性、阴性）/ -ale（中性）属于，相似，如同，具有，涉及，关于，联结于（将名词作形容词用，其中 -aris 常用于以 l 或 r 为词干末尾的词）

Cyclea insularis subsp. guangxiensis 黔桂轮环藤：guangxiensis 广西的（地名）

Cyclea insularis subsp. insularis 海岛轮环藤-原亚种（词义见上面解释）

Cyclea longgangensis 弄岗轮环藤（弄 lòng）：longgangensis 弄岗的（地名，广西壮族自治区，有时错印为"弄岗"）

Cyclea meeboldii 云南轮环藤：meeboldii ← Alfred Karl Meebold（人名，20 世纪德国植物学家、作家）

Cyclea polypetala 铁藤：poly- ← polys 多个，许多（希腊语，拉丁语为 multi-）；petalus/ petalum/ petala ← petalon 花瓣

Cyclea racemosa 轮环藤：racemosus = racemus + osus 总状花序的；racemus/ raceme 总状花序，葡萄串状的；-osus/ -osum/ -osa 多的，充分的，丰富的，显著发育的，程度高的，特征明显的（形容词词尾）

Cyclea racemosa f. emeiensis 峨眉轮环藤：emeiensis 峨眉山的（地名，四川省）

Cyclea racemosa f. racemosa 轮环藤-原变型（词义见上面解释）

Cyclea sutchuenensis 四川轮环藤：sutchuenensis 四川的（地名）

Cyclea tonkinensis 南轮环藤：tonkin 东京（地名，越南河内的旧称）

Cyclea wattii 西南轮环藤：wattii（人名）；-ii 表示人名，接在以辅音字母结尾的人名后面，但 -er 除外

Cyclobalanopsis 青冈属（冈 gāng）（壳斗科）（22：p263）：cyclo-/ cycl- ← cyclos 圆形，圈环；balanos 橡实；-opsis/ -ops 相似，稍微，带有

Cyclobalanopsis albicaulis 白枝青冈：albus → albi-/ albo- 白色的；caulis ← caulos 茎，茎秆，主茎

Cyclobalanopsis annulata 环青冈：annulatus 环状的，环形花纹的

Cyclobalanopsis argyrotricha 贵州青冈：argyr-/ argyro- ← argyros 银，银色的；trichus 毛，毛发，线

Cyclobalanopsis augustinii 窄叶青冈：augustinii ← Augustine Henry（人名，1857–1930，爱尔兰医生、植物学家）

Cyclobalanopsis austro-cochinchinensis 越南青冈：austro-cochinchinensis 南圻南部的（地名）；austro-/ austr- 南方的，南半球的，大洋洲的；auster 南方，南风；cochinchinensis ← Cochinchine 南圻的（历史地名，即今越南南部及其周边国家和地区）

Cyclobalanopsis austroglauca 滇南青冈：
austroglaucus 南方型灰白的，南方型 glauca 的；
Cyclobalanopsis glauca 青冈；glaucus → glauco-/
glauc- 被白粉的，发白的，灰绿色的；austro-/
austr- 南方的，南半球的，大洋洲的；auster 南方，
南风

Cyclobalanopsis bambusaefolia 竹叶青冈：
bambusaefolius 箣竹叶的（注：组成复合词时，要
将前面词的词尾 -us/ -um/ -a 变成 -i 或 -o 而不是
所有格，故该词宜改为"bambusifolia"）；Bambusa
箣竹属（禾本科）；folius/ folium/ folia 叶，叶片
（用于复合词）

Cyclobalanopsis bella 槟榔青冈（槟 bīng）：
bellus ← belle 可爱的，美丽的

Cyclobalanopsis blakei 栎子青冈：blakei（人名）；
-i 表示人名，接在以元音字母结尾的人名后面，但
-a 除外

Cyclobalanopsis breviradiata 短星毛青冈：
brevi- ← brevis 短的（用于希腊语复合词词首）；
radiatus = radius + atus 辐射状的，放射状的；
radius 辐射，射线，半径，边花，伞形花序

Cyclobalanopsis camusiae 法斗青冈：camusiae ←
A. Camus（人名）

Cyclobalanopsis championii 岭南青冈：
championii ← John George Champion（人名，19
世纪英国植物学家，研究东亚植物）

Cyclobalanopsis chapensis 扁果青冈：
chapensis ← Chapa 沙巴的（地名，越南北部）

Cyclobalanopsis chevalieri 黑果青冈：chevalieri
（人名）；-eri 表示人名，在以 -er 结尾的人名后面加
上 i 形成

Cyclobalanopsis chrysocalyx 毛斗青冈：chrys-/
chryso- ← chrysos 黄色的，金色的；calyx → calyc-
萼片（用于希腊语复合词）

Cyclobalanopsis chungii 福建青冈：chungii（人
名）；-ii 表示人名，接在以辅音字母结尾的人名后
面，但 -er 除外

Cyclobalanopsis daimingshanensis 大明山青冈：
daimingshanensis 大明山的（地名，广西壮族自
治区）

Cyclobalanopsis delavayi 黄毛青冈：delavayi ←
P. J. M. Delavay（人名，1834–1895，法国传教士，
曾在中国采集植物标本）；-i 表示人名，接在以元音
字母结尾的人名后面，但 -a 除外

Cyclobalanopsis delicatula 上思青冈：delicatulus
略优美的，略美味的；delicatus 柔软的，细腻的，
优美的，美味的；delicia 优雅，喜悦，美味；-ulus/
-ulum/ -ula 小的，略微的，稍微的（小词 -ulus 在
字母 e 或 i 之后有多种变缀，即 -olus/ -olum/ -ola、
-ellus/ -ellum/ -ella、-illus/ -illum/ -illa，与第一变
格法和第二变格法名词形成复合词）

Cyclobalanopsis dinghuensis 鼎湖青冈：
dinghuensis 鼎湖山的（地名，广东省）

Cyclobalanopsis disciformis 碟斗青冈：discus 碟
子，盘子，圆盘；dic-/ disci-/ disco- ← discus ←
discos 碟子，盘子，圆盘；formis/ forma 形状

Cyclobalanopsis edithiae 华南青冈：edithiae（人
名）；-ae 表示人名，以 -a 结尾的人名后面加上 -e

形成

Cyclobalanopsis elevaticostata 突脉青冈：
elevaticostatus 隆起肋的，叶脉突起的；elevatus 高
起的，提高的，突起的；costatus 具肋的，具脉的，
具中脉的（指脉明显）；costus 主脉，叶脉，肋，肋骨

Cyclobalanopsis fleuryi 饭甑青冈（甑 zèng）：
fleuryi（人名）；-i 表示人名，接在以元音字母结尾
的人名后面，但 -a 除外

Cyclobalanopsis fulvisericeus 黄枝青冈：fulvus
咖啡色的，黄褐色的；sericeus 绢丝状的；-eus/
-eum/ -ea（接拉丁语词干时）属于……的，色
如……的，质如……的（表示原料、颜色或品质的
相似），（接希腊语词干时）属于……的，以……出
名，为……所占有（表示具有某种特性）

Cyclobalanopsis gambleana 毛曼青冈：
gambleana ← James Sykes Gamble（人名，20 世纪
英国植物学家）

Cyclobalanopsis gilva 赤皮青冈：gilvus 暗黄色的

Cyclobalanopsis glauca 青冈：glaucus → glauco-/
glauc- 被白粉的，发白的，灰绿色的

Cyclobalanopsis glaucoides 滇青冈：glaucoides =
glaucus + oides 近似 glauca 的，略白的（glauca 为
原种的种加词）；-oides/ -oideus/ -oideum/ -oidea/
-odes/ -eidos 像……的，类似……的，呈……状的
（名词词尾）

Cyclobalanopsis gracilis 细叶青冈：gracilis 细长
的，纤弱的，丝状的

Cyclobalanopsis helferiana 毛枝青冈：helferiana
（人名）

Cyclobalanopsis hui 雷公青冈：hui 胡氏（人名）

Cyclobalanopsis hypophaea 绒毛青冈：
hypophaeus 背面褐色的，背面暗色的；hyp-/ hypo-
下面的，以下的，不完全的；phaeus ← phaios 暗色
的，褐色的

Cyclobalanopsis jenseniana 大叶青冈：
jenseniana ← Jensen（人名）

Cyclobalanopsis jingningensis 景宁青冈：
jingningensis 景宁的（浙江省）

Cyclobalanopsis jinpinensis 金平青冈：jinpinensis
金平的（地名，云南省）

Cyclobalanopsis kerrii 毛叶青冈：kerrii ← Arthur
Francis George Kerr 或 William Kerr（人名）

Cyclobalanopsis kiukiangensis 俅江青冈：
kiukiangensis 俅江的（地名，云南省独龙江的旧称）

Cyclobalanopsis kontumensis 薄叶青冈：
kontumensis（地名，云南省）

Cyclobalanopsis kouangsiensis 广西青冈：
kouangsiensis 广西的（地名）

Cyclobalanopsis lamellosa 薄片青冈：
lamellosus = lamella + osus 片状的，层状的，片状
特征明显的；lamella = lamina + ella 薄片的，菌褶
的，鳍状突起的；lamina 片，叶片；-osus/ -osum/
-osa 多的，充分的，丰富的，显著发育的，程度高
的，特征明显的（形容词词尾）

Cyclobalanopsis litoralis 尖峰青冈：litoralis/
littoralis 海滨的，海岸的

Cyclobalanopsis litseoides 木姜叶青冈：litseoides
像木姜子的；litse ← Litsea 木姜子属；-oides/

-oideus/ -oideum/ -oidea/ -odes/ -eidos 像……的，类似……的，呈……状的（名词词尾）

Cyclobalanopsis lobbii 滇西青冈：lobbii ← Lobb（人名）；-ii 表示人名，接在以辅音字母结尾的人名后面，但 -er 除外

Cyclobalanopsis longifolia 长叶青冈：longe-/ longi- ← longus 长的，纵向的；folius/ folium/ folia 叶，叶片（用于复合词）

Cyclobalanopsis longinux 长果青冈：longe-/ longi- ← longus 长的，纵向的；nux 坚果

Cyclobalanopsis longinux var. kuoi 无粉锥果栎：kuoi（人名）

Cyclobalanopsis longinux var. longinux 长果青冈-原变种 （词义见上面解释）

Cyclobalanopsis lungmaiensis 龙迈青冈：lungmaiensis 龙迈的（地名，云南省）

Cyclobalanopsis meihuashanensis 梅花山青冈：meihuashanensis 梅花山的（地名，福建省）

Cyclobalanopsis morii 台湾青冈：morii 森（日本人名）

Cyclobalanopsis motuoensis 墨脱青冈：motuoensis 墨脱的（地名，西藏自治区）

Cyclobalanopsis multinervis 多脉青冈：multi- ← multus 多个，多数，很多（希腊语为 poly-）；nervis ← nervus 脉，叶脉

Cyclobalanopsis myrsinifolia 小叶青冈：Myrsine 铁仔属（紫金牛科）；folius/ folium/ folia 叶，叶片（用于复合词）

Cyclobalanopsis ningangensis 宁冈青冈：ningangensis 宁冈的（地名，江西省）

Cyclobalanopsis obovatifolia 倒卵叶青冈：obovatus = ob + ovus + atus 倒卵形的；ob- 相反，反对，倒（ob- 有多种音变：ob- 在元音字母和大多数辅音字母前面，oc- 在 c 前面，of- 在 f 前面，op- 在 p 前面）；ovus 卵，胚珠，卵形的，椭圆形的；folius/ folium/ folia 叶，叶片（用于复合词）

Cyclobalanopsis oxyodon 曼青冈：oxyodon 尖齿的；oxy- ← oxys 尖锐的，酸的；odontus/ odontos → odon-/ odont-/ odonto-（可作词首或词尾）齿，牙齿状的；odous 齿，牙齿（单数，其所有格为 odontos）

Cyclobalanopsis pachyloma 毛果青冈：pachylomus 厚缘的；pachy- ← pachys 厚的，粗的，肥的；lomus/ lomatos 边缘

Cyclobalanopsis pachyloma var. mubianensis 睦边青冈：mubianensis 睦边的（地名，广西壮族自治区）

Cyclobalanopsis pachyloma var. pachyloma 毛果青冈-原变种 （词义见上面解释）

Cyclobalanopsis patelliformis 托盘青冈：patellaris 圆盘状的，碗状的；patellus = patus + ellus 小碟子，小碗，杯状体（指浅而接近平面状）；patus 展开的，伸展的；formis/ forma 形状

Cyclobalanopsis pentacycla 五环青冈：penta- 五，五数（希腊语，拉丁语为 quin/ quinqu/ quinque-/ quinqui-）；cyclus ← cyklos 圆形，圈环

Cyclobalanopsis phanera 亮叶青冈：phanerus ← phaneros 显著的，显现的，突出的

Cyclobalanopsis pinbianensis 屏边青冈：pinbianensis 屏边的（地名，云南省，改为"pingbianensis"似更妥）

Cyclobalanopsis poilanei 黄背青冈：poilanei（人名，法国植物学家）

Cyclobalanopsis pseudoglauca 长叶粉背青冈：pseudoglauca 像 glauca 的，近乎白色的；pseudo-/ pseud- ← pseudos 假的，伪的，接近，相似（但不是）；Populus glauca 灰背杨；glaucus → glauco-/ glauc- 被白粉的，发白的，灰绿色的

Cyclobalanopsis rex 大果青冈：rex 王者，帝王，国王

Cyclobalanopsis semiserratoides 无齿青冈：semiserratoides 像 semiserrata 的；Cyclobalanopsis semiserrata 无齿青冈（接受名）；-oides/ -oideus/ -oideum/ -oidea/ -odes/ -eidos 像……的，类似……的，呈……状的（名词词尾）

Cyclobalanopsis sessilifolia 云山青冈：sessile-/ sessili-/ sessil- ← sessilis 无柄的，无茎的，基生的，基部的；folius/ folium/ folia 叶，叶片（用于复合词）

Cyclobalanopsis shennongii 神农青冈：shennongii 神农架的（地名，湖北省）

Cyclobalanopsis sichourensis 西畴青冈：sichourensis 西畴的（地名，云南省）

Cyclobalanopsis stenophylloides 台湾窄叶青冈：stenophylloides 像 stenophylla 的，近似细叶的；Carex stenophylla 线叶薹草；Cyclobalanopsis stenophylla 狭叶青冈；-oides/ -oideus/ -oideum/ -oidea/ -odes/ -eidos 像……的，类似……的，呈……状的（名词词尾）

Cyclobalanopsis stewardiana 褐叶青冈：stewardiana（人名）

Cyclobalanopsis stewardiana var. longicaudata 长尾青冈：longe-/ longi- ← longus 长的，纵向的；caudatus = caudus + atus 尾巴的，尾巴状的，具尾的；caudus 尾巴

Cyclobalanopsis stewardiana var. stewardiana 褐叶青冈-原变种 （词义见上面解释）

Cyclobalanopsis subhinoides 鹿茸青冈：subhinoides 近似交错纤维脉的；hinoides = hinoideus + oides 像交错纤维脉的；hinoideus 交错纤维脉的（所有脉都出自中脉或中肋，且不分枝）；-oides/ -oideus/ -oideum/ -oidea/ -odes/ -eidos 像……的，类似……的，呈……状的（名词词尾）

Cyclobalanopsis tenuicupula 薄斗青冈：tenui- ← tenuis 薄的，纤细的，弱的，瘦的，窄的；cupulus = cupus + ulus 小杯子，小杯形的，壳斗状的

Cyclobalanopsis thorelii 厚缘青冈：thorelii ← Clovis Thorel（人名，19 世纪法国植物学家、医生）；-ii 表示人名，接在以辅音字母结尾的人名后面，但 -er 除外

Cyclobalanopsis tiaoloshanica 吊罗山青冈：tiaoloshanica 吊罗山的（地名，海南省）

Cyclobalanopsis tomentosinervis 毛脉青冈：tomentosinervis 毛脉的，叶脉密被绒毛的；tomentosus = tomentum + osus 绒毛的，密被绒毛的；tomentum 绒毛，浓密的毛被，棉絮，棉絮状填

C

充物（被褥、垫子等）；-osus/ -osum/ -osa 多的，充分的，丰富的，显著发育的，程度高的，特征明显的（形容词词尾）；nervis ← nervus 脉，叶脉

Cyclobalanopsis xanthotricha 思茅青冈：xanthos 黄色的（希腊语）；trichus 毛，毛发，线

Cyclobalanopsis xizangensis 西藏青冈：xizangensis 西藏的（地名）

Cyclobalanopsis yingjiangensis 盈江青冈：yingjiangensis 盈江的（地名，云南省）

Cyclobalanopsis yonganensis 永安青冈：yonganensis 永安的（地名，福建省）

Cyclocarya 青钱柳属（胡桃科）（21：p18）：cyclo-/ cycl- ← cyclos 圆形，圈环；caryum ← caryon ← koryon 坚果，核（希腊语）

Cyclocarya paliurus 青钱柳：paliurus 一种枣树（有刺），另一解释为 ← paliouros 利尿的；Paliurus 马甲子属（鼠李科）

Cyclogramma 钩毛蕨属（金星蕨科）（4-1：p104）：cyclo-/ cycl- ← cyclos 圆形，圈环；grammus 条纹的，花纹的，线条的（希腊语）

Cyclogramma auriculata 耳羽钩毛蕨：auriculatus 耳形的，具小耳的（基部有两个小圆片）；auriculus 小耳朵的，小耳状的；auritus 耳朵的，耳状的；-culus/ -culum/ -cula 小的，略微的，稍微的（同第三变格法和第四变格法名词形成复合词）；-atus/ -atum/ -ata 属于，相似，具有，完成（形容词词尾）

Cyclogramma chunii 焕镛钩毛蕨（镛 yōng）：chunii ← W. Y. Chun 陈焕镛（人名，1890–1971，中国植物学家）

Cyclogramma costularisora 无量山钩毛蕨（量 liàng）：costularisorus = costus + ulus + aris + sorus 属于小肋状孢子囊群的；costus 主脉，叶脉，肋，肋骨；-ulus/ -ulum/ -ula 小的，略微的，稍微的（小词 -ulus 在字母 e 或 i 之后有多种变缀，即 -olus/ -olum/ -ola、-ellus/ -ellum/ -ella、-illus/ -illum/ -illa，与第一变格法和第二变格法名词形成复合词）；-aris（阳性、阴性）/ -are（中性）← -alis（阳性、阴性）/ -ale（中性）属于，相似，如同，具有，涉及，关于，联结于（将名词作形容词用，其中 -aris 常用于以 l 或 r 为词干末尾的词）；sorus ← soros 堆（指密集成簇），孢子囊群

Cyclogramma flexilis 小叶钩毛蕨：flexilis 易弯曲的，灵活的

Cyclogramma leveillei 狭基钩毛蕨：leveillei（人名）；-i 表示人名，接在以元音字母结尾的人名后面，但 -a 除外

Cyclogramma maguanensis 马关钩毛蕨：maguanensis 马关的（地名，云南省）

Cyclogramma neoauriculata 滇东钩毛蕨：neoauriculata 晚于 auriculata 的；neo- ← neos 新，新的；Cyclogramma auriculata 耳羽钩毛蕨；auriculatus 耳形的，具小耳的（基部有两个小圆片）；auritus 耳朵的，耳状的

Cyclogramma omeiensis 峨眉钩毛蕨：omeiensis 峨眉山的（地名，四川省）

Cyclogramma tibetica 西藏钩毛蕨：tibetica 西藏的（地名）；-icus/ -icum/ -ica 属于，具有某种特性（常用于地名、起源、生境）

Cyclopeltis 拟贯众属（鳞毛蕨科）（5-2：p182）：cyclo-/ cycl- ← cyclos 圆形，圈环；peltis ← pelte 盾片，小盾片，盾形的

Cyclopeltis crenata 拟贯众：crenatus = crena + atus 圆齿状的，具圆齿的；crena 叶缘的圆齿

Cyclorhiza 环根芹属（伞形科）（55-3：p235）：cyclorhiza 环形根的（缀词规则：-rh- 接在元音字母后面构成复合词时要变成 -rrh-，故该属名宜改为"Cyclorrhiza"）；cyclo-/ cycl- ← cyclos 圆形，圈环；rhizus 根，根状茎

Cyclorhiza major 南竹叶环根芹：major 较大的，更大的（majus 的比较级）；majus 大的，巨大的

Cyclorhiza waltonii 环根芹：waltonii（人名）；-ii 表示人名，接在以辅音字母结尾的人名后面，但 -er 除外

Cyclosorus 毛蕨属（金星蕨科）（4-1：p167）：cyclo-/ cycl- ← cyclos 圆形，圈环；sorus ← soros 堆（指密集成簇），孢子囊群

Cyclosorus abbreviatus 缩羽毛蕨：abbreviatus = ad + brevis + atus 缩短了的，省略的；ad- 向，到，近（拉丁语词首，表示程度加强）；构词规则：构成复合词时，词首末尾的辅音字母常同化为紧接其后的那个辅音字母（如 ad + b → abb）；brevis 短的（希腊语）；-atus/ -atum/ -ata 属于，相似，具有，完成（形容词词尾）

Cyclosorus acuminatus 渐尖毛蕨：acuminatus = acumen + atus 锐尖的，渐尖的；acumen 渐尖头；-atus/ -atum/ -ata 属于，相似，具有，完成（形容词词尾）

Cyclosorus acuminatus var. × acuminatoides 赛毛蕨：acuminatoides 略尖的，像 acuminatus（原种的种加词）的；acuminatus = acumen + atus 锐尖的，渐尖的；acumen 渐尖头；-atus/ -atum/ -ata 属于，相似，具有，完成（形容词词尾）；-oides/ -oideus/ -oideum/ -oidea/ -odes/ -eidos 像……的，类似……的，呈……状的（名词词尾）

Cyclosorus acuminatus var. acuminatus 渐尖毛蕨-原变种 （词义见上面解释）

Cyclosorus acutilobus 锐片毛蕨：acutilobus 尖浅裂的；acuti-/ acu- ← acutus 锐尖的，针尖的，刺尖的，锐角的；lobus/ lobos/ lobon 浅裂，耳片（裂片先端钝圆），荚果，蒴果

Cyclosorus acutissimus 锐尖毛蕨：acutissimus 极尖的，非常尖的；acuti-/ acu- ← acutus 锐尖的，针尖的，刺尖的，锐角的；-issimus/ -issima/ -issimum 最，非常，极其（形容词最高级）

Cyclosorus angustipinnus 线羽毛蕨：angusti- ← angustus 窄的，狭的，细的；pinnus/ pennus 羽毛，羽状，羽片

Cyclosorus angustus 狭羽毛蕨：angustus 窄的，狭的，细的

Cyclosorus appendiculatus （附生毛蕨）：appendiculatus = appendix + ulus + atus 有小附属物的；appendix = ad + pendix 附属物；ad- 向，到，近（拉丁语词首，表示程度加强）；构词规则：构成复合词时，词首末尾的辅音字母常同化为紧接其后的那个辅音字母（如 ad + p → app）；pendix ← pendens 垂悬的，挂着的，悬挂的；构词

规则：以 -ix/ -iex 结尾的词其词干末尾视为 -ic，以 -ex 结尾视为 -i/ -ic，其他以 -x 结尾视为 -c；-ulus/ -ulum/ -ula 小的，略微的，稍微的（小词 -ulus 在字母 e 或 i 之后有多种变缀，即 -olus/ -olum/ -ola、-ellus/ -ellum/ -ella、-illus/ -illum/ -illa，与第一变格法和第二变格法名词形成复合词）；-atus/ -atum/ -ata 属于，相似，具有，完成（形容词词尾）

Cyclosorus aridus 干旱毛蕨：aridus 干旱的

Cyclosorus attenuatus 下延毛蕨：attenuatus = ad + tenuis + atus 渐尖的，渐狭的，变细的，变弱的；ad- 向，到，近（拉丁语词首，表示程度加强）；构词规则：构成复合词时，词首末尾的辅音字母常同化为紧接其后的那个辅音字母（如 ad + t → att）；tenuis 薄的，纤细的，弱的，瘦的，窄的

Cyclosorus aureo-glandulosus 金腺毛蕨：aure-/ aureo- ← aureus 黄色，金色；glandulosus = glandus + ulus + osus 被细腺的，具腺体的，腺体质的；glandus ← glans 腺体；-ulus/ -ulum/ -ula 小的，略微的，稍微的（小词 -ulus 在字母 e 或 i 之后有多种变缀，即 -olus/ -olum/ -ola、-ellus/ -ellum/ -ella、-illus/ -illum/ -illa，与第一变格法和第二变格法名词形成复合词）；-osus/ -osum/ -osa 多的，充分的，丰富的，显著发育的，程度高的，特征明显的（形容词词尾）

Cyclosorus aureoglandulifer 腺饰毛蕨：aure-/ aureo- ← aureus 黄色，金色；glandulus = glandus + ulus 小腺体的，稍具腺体的；-ferus/ -ferum/ -fera/ -fero/ -fere/ -fer 有，具有，产（区别：作独立词使用的 ferus 意思是"野生的"）

Cyclosorus baiseensis 百色毛蕨：baiseensis 百色的（地名，广西壮族自治区）

Cyclosorus brevipes 短柄毛蕨：brevi- ← brevis 短的（用于希腊语复合词词首）；pes/ pedis 柄，梗，茎秆，腿，足，爪（作词首或词尾，pes 的词干视为"ped-"）

Cyclosorus caii 多耳毛蕨：caii（人名）

Cyclosorus calvescens 三合毛蕨：calvescens 变光秃的，几乎无毛的；calvus 光秃的，无毛的，无芒的，裸露的；-escens/ -ascens 改变，转变，变成，略微，带有，接近，相似，大致，稍微（表示变化的趋势，并未完全相似或相同，有别于表示达到完成状态的 -atus）

Cyclosorus cangnanensis 苍南毛蕨：cangnanensis 苍南的（地名，浙江省）

Cyclosorus chengii 程氏毛蕨：chengii ← Wan-Chun Cheng 郑万钧（人名，1904–1983，中国树木分类学家），郑氏，程氏

Cyclosorus chingii 秦氏毛蕨：chingii ← R. C. Chin 秦仁昌（人名，1898–1986，中国植物学家，蕨类植物专家），秦氏

Cyclosorus ciliensis 慈利毛蕨：ciliensis 慈利的（地名，湖南省）

Cyclosorus clavatus 棒腺毛蕨：clavatus 棍棒状的；clava 棍棒

Cyclosorus contractus 狭缩毛蕨：contractus 收缩的，缩小的；co- 联合，共同，合起来（拉丁语词首，为 cum- 的音变，表示结合、强化、完全，对应的希腊语为 syn-）；co- 的缀词音变有 co-/ com-/ con-/

col-/ cor-：co-（在 h 和元音字母前面），col-（在 l 前面），com-（在 b、m、p 之前），con-（在 c、d、f、g、j、n、qu、s、t 和 v 前面），cor-（在 r 前面）；tractus 束，带，地域

Cyclosorus crinipes 鳞柄毛蕨：crinis 头发的，彗星尾的，长而软的簇生毛发；pes/ pedis 柄，梗，茎秆，腿，足，爪（作词首或词尾，pes 的词干视为"ped-"）

Cyclosorus cuneatus 狭基毛蕨：cuneatus = cuneus + atus 具楔子的，属楔形的；cuneus 楔子的；-atus/ -atum/ -ata 属于，相似，具有，完成（形容词词尾）

Cyclosorus damingshanensis 大明山毛蕨：damingshanensis 大明山的（地名，广西武鸣区）

Cyclosorus decipiens 光盖毛蕨：decipiens 欺骗的，虚假的，迷惑的（表示和另外的种非常近似）

Cyclosorus dehuaensis 德化毛蕨：dehuaensis 德化的（地名，福建省）

Cyclosorus densissimus 密羽毛蕨：densus 密集的，繁茂的；-issimus/ -issima/ -issimum 最，非常，极其（形容词最高级）

Cyclosorus dentatus 齿牙毛蕨：dentatus = dentus + atus 牙齿的，齿状的，具齿的；dentus 齿，牙齿；-atus/ -atum/ -ata 属于，相似，具有，完成（形容词词尾）

Cyclosorus dissitus 疏羽毛蕨：dissitus 分离的，稀疏的，松散的；di-/ dis- 二，二数，二分，分离，不同，在……之间，从……分开（希腊语，拉丁语为 bi-/ bis-）；situs 位置，位于

Cyclosorus dulongjiangensis 独龙江毛蕨：dulongjiangensis 独龙江的（地名，云南省）

Cyclosorus elatus 高株毛蕨：elatus 高的，梢端的

Cyclosorus ensifer 广叶毛蕨：ensi- 剑；-ferus/ -ferum/ -fera/ -fero/ -fere/ -fer 有，具有，产（区别：作独立词使用的 ferus 意思是"野生的"）

Cyclosorus euphlebius 河池毛蕨：euphlebius 具美丽叶脉的；eu- 好的，秀丽的，真的，正确的，完全的；phlebus 脉，叶脉；-ius/ -ium/ -ia 具有……特性的（表示有关、关联、相似）

Cyclosorus evolutus 展羽毛蕨：evolutus 伸展的，解开的，发达的

Cyclosorus excelsior 高大毛蕨：excelsior 较高的，较高贵的（excelsus 的比较级）

Cyclosorus fengii 国楣毛蕨（楣 méi）：fengii（人名）；-ii 表示人名，接在以辅音字母结尾的人名后面，但 -er 除外

Cyclosorus flaccidus 平基毛蕨：flaccidus 柔软的，软乎乎的，软绵绵的；flaccus 柔弱的，软垂的；-idus/ -idum/ -ida 表示在进行中的动作或情况，作动词、名词或形容词的词尾

Cyclosorus fraxinifolius 梣叶毛蕨（梣 chén）：Fraxinus 梣属（木樨科），白蜡树；folius/ folium/ folia 叶，叶片（用于复合词）

Cyclosorus fukienensis 福建毛蕨：fukienensis 福建的（地名）

Cyclosorus gaoxiongensis 高雄毛蕨：gaoxiongensis 高雄的（地名，属台湾省）

C

Cyclosorus glabrescens 光叶毛蕨：glabrus 光秃的，无毛的，光滑的；-escens/ -ascens 改变，转变，变成，略微，带有，接近，相似，大致，稍微（表示变化的趋势，并未完全相似或相同，有别于表示达到完成状态的 -atus）

Cyclosorus grandissimus 大毛蕨：grandi- ← grandis 大的；-issimus/ -issima/ -issimum 最，非常，极其（形容词最高级）

Cyclosorus grosso-dentatus 粗齿毛蕨：grosse-/ grosso- ← grossus 粗大的，肥厚的；dentatus = dentus + atus 牙齿的，齿状的，具齿的；dentus 齿，牙齿；-atus/ -atum/ -ata 属于，相似，具有，完成（形容词词尾）

Cyclosorus hainanensis 海南毛蕨：hainanensis 海南的（地名）

Cyclosorus heterocarpus 异果毛蕨：hete-/ heter-/ hetero- ← heteros 不同的，多样的，不齐的；carpus/ carpum/ carpa/ carpon ← carpos 果实（用于希腊语复合词）

Cyclosorus hirtipes 毛脚毛蕨：hirtipes 茎密被毛的，茎有短刚毛的；hirtus 有毛的，粗毛的，刚毛的（长而明显的毛）；pes/ pedis 柄，梗，茎秆，腿，足，爪（作词首或词尾，pes 的词干视为 "ped-"）

Cyclosorus hirtisorus 毛囊毛蕨：hirtus 有毛的，粗毛的，刚毛的（长而明显的毛）；sorus ← soros 堆（指密集成簇），孢子囊群

Cyclosorus hokouensis 河口毛蕨：hokouensis 河口的（地名，云南省）

Cyclosorus houi 学煜毛蕨（煜 yù）：houi 侯学煜（人名，1912–1991，中国植物生态学家）

Cyclosorus interruptus 毛蕨：interruptus 中断的，断续的；inter- 中间的，在中间，之间；ruptus 破裂的

Cyclosorus jaculosus 闽台毛蕨：jaculosus 钩状的，多钩子的；jaculus 钩子；-culosus = culus + osus 小而多的，小而密集的；-culus/ -culum/ -cula 小的，略微的，稍微的（同第三变格法和第四变格法名词形成复合词）；-osus/ -osum/ -osa 多的，充分的，丰富的，显著发育的，程度高的，特征明显的（形容词词尾）；-ulus/ -ulum/ -ula 小的，略微的，稍微的（小词 -ulus 在字母 e 或 i 之后有多种变缀，即 -olus/ -olum/ -ola、-ellus/ -ellum/ -ella、-illus/ -illum/ -illa，与第一变格法和第二变格法名词形成复合词）

Cyclosorus jinghongensis 景洪毛蕨：jinghongensis 景洪的（地名，云南省）

Cyclosorus jiulongshanensis 九龙山毛蕨：jiulongshanensis 九龙山的（地名，浙江省遂昌地区，已修订为 jiulungshanensis）

Cyclosorus kuizhouensis 夔州毛蕨（夔 kuí）：kuizhouensis 贵州的（地名）

Cyclosorus kuliangensis 细柄毛蕨：kuliangensis 鼓岭的（地名，福建省）

Cyclosorus kweichowensis 贵州毛蕨：kweichowensis 贵州的（地名）

Cyclosorus latipinnus 宽羽毛蕨：latipinnus 宽羽片的；lati-/ late- ← latus 宽的，宽广的；pinnus/ pennus 羽毛，羽状，羽片

Cyclosorus laui 心祁毛蕨（祁 qí）：laui ← Alfred B. Lau（人名，21 世纪仙人掌植物采集员）；-i 表示人名，接在以元音字母结尾的人名后面，但 -a 除外

Cyclosorus leipoensis 雷波毛蕨：leipoensis 雷波的（地名，四川省）

Cyclosorus longqishanensis 龙栖山毛蕨：longqishanensis 龙栖山的（地名，福建省）

Cyclosorus macrophyllus 阔羽毛蕨：macro-/ macr- ← macros 大的，宏观的（用于希腊语复合词）；phyllus/ phyllum/ phylla ← phyllon 叶片（用于希腊语复合词）

Cyclosorus medogensis 墨脱毛蕨：medogensis 墨脱的（地名，西藏自治区）

Cyclosorus megongensis 临沧毛蕨：megongensis 湄公河的（地名，澜沧江流入中南半岛部分称湄公河）

Cyclosorus mianningensis 冕宁毛蕨：mianningensis 冕宁的（地名，四川省），缅宁的（地名，云南省临沧市）

Cyclosorus mollissimus 多网眼毛蕨：molle/ mollis 软的，柔毛的；-issimus/ -issima/ -issimum 最，非常，极其（形容词最高级）

Cyclosorus molliusculus 美丽毛蕨：molle/ mollis 软的，柔毛的；-usculus ← -culus 小的，略微的，稍微的（小词 -culus 和某些词构成复合词时变成 -usculus）

Cyclosorus multisorus 多囊毛蕨：multi- ← multus 多个，多数，很多（希腊语为 poly-）；sorus ← soros 堆（指密集成簇），孢子囊群

Cyclosorus nanchuanensis 南川毛蕨：nanchuanensis 南川的（地名，重庆市）

Cyclosorus nanlingensis 南岭毛蕨：nanlingensis 南岭的（地名，广东省）

Cyclosorus nanpingensis 南平毛蕨：nanpingensis 南平的（地名，福建省）

Cyclosorus nanxiensis 南溪毛蕨：nanxiensis 南溪的（地名，云南省）

Cyclosorus nigrescens 黑叶毛蕨：nigrus 黑色的；niger 黑色的；-escens/ -ascens 改变，转变，变成，略微，带有，接近，相似，大致，稍微（表示变化的趋势，并未完全相似或相同，有别于表示达到完成状态的 -atus）

Cyclosorus oblanceolatus 倒披针毛蕨：ob- 相反，反对，倒（ob- 有多种音变：ob- 在元音字母和大多数辅音字母前面，oc- 在 c 前面，of- 在 f 前面，op- 在 p 前面）；lanceolatus = lanceus + olus + atus 小披针形的，小柳叶刀的；lance-/ lancei-/ lanci-/ lanceo-/ lanc- ← lanceus 披针形的，矛形的，尖刀状的，柳叶刀状的；-olus ← -ulus 小，稍微，略微（-ulus 在字母 e 或 i 之后变成 -olus/ -ellus/ -illus）；-atus/ -atum/ -ata 属于，相似，具有，完成（形容词词尾）

Cyclosorus omeigensis 峨眉毛蕨：omeigensis 峨眉山的（地名，四川省）

Cyclosorus oppositipinnus 对羽毛蕨：oppositi- ← oppositus = ob + positus 相对的，对生的；ob- 相反，反对，倒（ob- 有多种音变：ob- 在元音字母和大多数辅音字母前面，oc- 在 c 前面，of- 在 f 前面，

op- 在 p 前面）；positus 放置，位置；pinnus/
pennus 羽毛，羽状，羽片

Cyclosorus oppositus 对生毛蕨：oppositus = ob +
positus 相对的，对生的；ob- 相反，反对，倒（ob-
有多种音变：ob- 在元音字母和大多数辅音字母前
面，oc- 在 c 前面，of- 在 f 前面，op- 在 p 前面）；
positus 放置，位置

Cyclosorus opulentus 腺脉毛蕨：opulens/
opulentus 丰富的，充满的

Cyclosorus orientalis 东方毛蕨：orientalis 东方的；
oriens 初升的太阳，东方

Cyclosorus papilio 蝶状毛蕨：papilio/ papillio 蝶，
蛾，蝶形的

Cyclosorus papilionaceus 蝶羽毛蕨：papilionaceus
蝶形的；-aceus/ -aceum/ -acea 相似的，有……性
质的，属于……的

Cyclosorus paracuminatus 宽顶毛蕨：
paracuminatus 近似渐尖的，近似 acuminatus 的；
para- 类似，接近，近旁，假的；Cyclosorus
acuminatus 渐尖毛蕨；acuminatus = acumen +
atus 锐尖的，渐尖的；acumen 渐尖头；-atus/
-atum/ -ata 属于，相似，具有，完成（形容词词尾）

Cyclosorus paradentatus 曲轴毛蕨：paradentatus
像 dentatus 的；para- 类似，接近，近旁，假的；
Cyclosorus dentatus 齿牙毛蕨；dentatus =
dentus + atus 牙齿的，齿状的，具齿的；dentus
齿，牙齿；-atus/ -atum/ -ata 属于，相似，具有，
完成（形容词词尾）

Cyclosorus paralatipinnus 长尾毛蕨：
paralatipinnus 近似宽羽的，近似 latipinnus 的；
para- 类似，接近，近旁，假的；Cyclosorus
latipinnus 宽羽毛蕨；lati-/ late- ← latus 宽的，宽
广的；pinnus/ pennus 羽毛，羽状，羽片；
latipinnus 宽羽片的

Cyclosorus pararidus 岳麓山毛蕨：pararidus 比较
干旱的，近似 aridus 的；para- 类似，接近，近旁，
假的；Cyclosorus aridus 干旱毛蕨；aridus 干旱的

Cyclosorus parasiticus 华南毛蕨：parasiticus ←
parasitos 寄生的（希腊语）

Cyclosorus parvifolius 小叶毛蕨：parvifolius 小叶
的；parvus 小的，些微的，弱的；folius/ folium/
folia 叶，叶片（用于复合词）

Cyclosorus parvilobus 龙胜毛蕨：parvus 小的，些
微的，弱的；lobus/ lobos/ lobon 浅裂，耳片（裂片
先端钝圆），荚果，蒴果

Cyclosorus paucipinnus 少羽毛蕨：pauci- ←
paucus 少数的，少的（希腊语为 oligo-）；pinnus/
pennus 羽毛，羽状，羽片

Cyclosorus pauciserratus 齿片毛蕨：pauci- ←
paucus 少数的，少的（希腊语为 oligo-）；
serratus = serrus + atus 有锯齿的；serrus 齿，锯齿

Cyclosorus pingshanensis 屏山毛蕨：
pingshanensis 屏山的（地名，四川省）

Cyclosorus procurrens 无腺毛蕨：procurrens 扩展
的，伸出的，持续的，连续的；procurro/ procurri
快走，跑，伸展，突出；-ans/ -ens/ -bilis/ -ilis 能
够，可能（为形容词词尾，-ans/ -ens 用于主动语
态，-bilis/ -ilis 用于被动语态）

Cyclosorus productus 兰屿大叶毛蕨：productus
伸长的，延长的

Cyclosorus proximus 越北毛蕨：proximus 接近的，
近的

Cyclosorus pseudoaridus 假干旱毛蕨：
pseudoaridus 像 aridus 的；pseudo-/ pseud- ←
pseudos 假的，伪的，接近，相似（但不是）；
Cyclosorus aridus 干旱毛蕨；aridus 干旱的

Cyclosorus pseudocuneatus 楔形毛蕨：
pseudocuneatus 像 cuneatus 的，近楔形的；
pseudo-/ pseud- ← pseudos 假的，伪的，接近，相
似（但不是）；Cyclosorus cuneatus 狭基毛蕨

Cyclosorus pumilus 狭叶毛蕨：pumilus 矮的，小
的，低矮的，矮人的

Cyclosorus pustuliferus 泡泡毛蕨：pustulus 泡状
凸起，粉刺；-ferus/ -ferum/ -fera/ -fero/ -fere/ -fer
有，具有，产（区别：作独立词使用的 ferus 意思是
"野生的"）；-ulus/ -ulum/ -ula 小的，略微的，稍微
的（小词 -ulus 在字母 e 或 i 之后有多种变缀，即
-olus/ -olum/ -ola、-ellus/ -ellum/ -ella、-illus/
-illum/ -illa，与第一变格法和第二变格法名词形成
复合词）

Cyclosorus pygmaeus 矮毛蕨：pygmaeus/
pygmaei 小的，低矮的，极小的，矮人的；pygm-
矮，小，侏儒；-aeus/ -aeum/ -aea 表示属于……，
名词形容词化词尾，如 europaeus ← europa 欧洲的

Cyclosorus rupicola 石生毛蕨：rupicolus/
rupestris 生于岩壁的，岩栖的；rup-/ rupi- ←
rupes/ rupis 岩石的；colus ← colo 分布于，居住于，
栖居，殖民（常作词尾）；colo/ colere/ colui/
cultum 居住，耕作，栽培

Cyclosorus sanduensis 三都毛蕨：sanduensis 三都
的（地名，贵州省）

Cyclosorus scaberulus 糙叶毛蕨：scaberulus 略粗
糙的；scaber → scabrus 粗糙的，有凹凸的，不平滑
的；-ulus/ -ulum/ -ula 小的，略微的，稍微的（小
词 -ulus 在字母 e 或 i 之后有多种变缀，即 -olus/
-olum/ -ola、-ellus/ -ellum/ -ella、-illus/ -illum/
-illa，与第一变格法和第二变格法名词形成复合词）

Cyclosorus serrifer 锯齿毛蕨：serrifer 具锯齿的；
serrus 齿，锯齿；-ferus/ -ferum/ -fera/ -fero/ -fere/
-fer 有，具有，产（区别：作独立词使用的 ferus 意
思是"野生的"）

Cyclosorus shapingbaensis 沙坪坝毛蕨：
shapingbaensis 沙坪坝的（地名，重庆市）

Cyclosorus simenensis 石门毛蕨：simenensis 石门
的（地名，湖南省）

Cyclosorus simillimus 同羽毛蕨：simillimus 极相
似的；similis/ simile 相似，相似的；similo 相似；
-limus/ -lima/ -limum 最，非常，极其（以 -ilis 结
尾的形容词最高级，将末尾的 -is 换成 l + imus，从
而构成 -illimus）

Cyclosorus sino-acuminatus 拟渐尖毛蕨：sino- 中
国；acuminatus = acumen + atus 锐尖的，渐尖的；
acumen 渐尖头；-atus/ -atum/ -ata 属于，相似，
具有，完成（形容词词尾）

Cyclosorus sinodentatus 中华齿状毛蕨：
sinodentatus 中国型牙齿的；sino- 中国；

dentatus = dentus + atus 牙齿的，齿状的，具齿的；dentus 齿，牙齿；-atus/ -atum/ -ata 属于，相似，具有，完成（形容词词尾）

Cyclosorus sparsisorus 疏囊毛蕨：sparsus 散生的，稀疏的，稀少的；soros 堆（指密集成簇），孢子囊群

Cyclosorus stenopes 狭脚毛蕨：sten-/ steno- ← stenus 窄的，狭的，薄的；pes/ pedis 柄，梗，茎秆，腿，足，爪（作词首或词尾，pes 的词干视为"ped-"）

Cyclosorus subacuminatus 假渐尖毛蕨：subacuminatus 近渐尖的，像 acuminatus 的；sub-（表示程度较弱）与……类似，几乎，稍微，弱，亚，之下，下面；Cyclosorus acuminatus 渐尖毛蕨；acuminatus = acumen + atus 锐尖的，渐尖的；acumen 渐尖头；-atus/ -atum/ -ata 属于，相似，具有，完成（形容词词尾）

Cyclosorus subacutus 短尖毛蕨：subacutus 稍尖的；sub-（表示程度较弱）与……类似，几乎，稍微，弱，亚，之下，下面；acutus 尖锐的，锐角的

Cyclosorus subcoriaceus 坚叶毛蕨：subcoriaceus 略呈革质的，近似革质的；sub-（表示程度较弱）与……类似，几乎，稍微，弱，亚，之下，下面；coriaceus = corius + aceus 近皮革的，近革质的；corius 皮革的，革质的；-aceus/ -aceum/ -acea 相似的，有……性质的，属于……的

Cyclosorus subelatus 巨型毛蕨：subelatus 像 elatus 的，略高的；sub-（表示程度较弱）与……类似，几乎，稍微，弱，亚，之下，下面；Cyclosorus elatus 高株毛蕨；elatus 高的，梢端的

Cyclosorus subnamburensis 万金毛蕨：subnamburensis（地名）

Cyclosorus taiwanensis 台湾毛蕨：taiwanensis 台湾的（地名）

Cyclosorus tarningensis 泰宁毛蕨：tarningensis 泰宁的（地名，福建省）

Cyclosorus terminans 顶育毛蕨：terminans 顶端的，顶生的，末端的；terminus 终结，限界；terminate 使终结，设限界

Cyclosorus transitorius 河边毛蕨：transitus 过渡，跨越，推移，通过，渐变（颜色等）；-orius/ -orium/ -oria 属于，能够，表示能力或动能

Cyclosorus truncatus 截裂毛蕨：truncatus 截平的，截形的，截断的；truncare 切断，截断，截平（动词）；-atus/ -atum/ -ata 属于，相似，具有，完成（形容词词尾）

Cyclosorus truncatus var. acutiloba 尖裂毛蕨：acutilobus 尖浅裂的；acuti-/ acu- ← acutus 锐尖的，针尖的，刺尖的，锐角的；lobus/ lobos/ lobon 浅裂，耳片（裂片先端钝圆），荚果，蒴果

Cyclosorus wangii 黄志毛蕨：wangii（人名）；-ii 表示人名，接在以辅音字母结尾的人名后面，但 -er 除外

Cyclosorus wangmoensis 望谟毛蕨（谟 mó）：wangmoensis 望谟的（地名，贵州省）

Cyclosorus wenzhouensis 温州毛蕨：wenzhouensis 温州的（地名，浙江省）

Cyclosorus wulingshanensis 武陵毛蕨：wulingshanensis 雾灵山的（地名，河北省）

Cyclosorus xunwuensis 寻乌毛蕨：xunwuensis 寻乌的（地名，江西省）

Cyclosorus yandangensis 雁荡毛蕨：yandangensis 雁荡山的（地名，浙江省）

Cyclosorus yuanjiangensis 元江毛蕨：yuanjiangensis 元江的（地名，云南省）

Cyclosorus yunnanensis 云南毛蕨：yunnanensis 云南的（地名）

Cyclosorus zhangii 朝芳毛蕨：zhangii（人名）；-ii 表示人名，接在以辅音字母结尾的人名后面，但 -er 除外

Cyclospermum 细叶旱芹属（伞形科）（增补）：cyclo-/ cycl- ← cyclos 圆形，圈环；spermus/ spermum/ sperma 种子的（用于希腊语复合词）

Cyclospermum leptophyllum 细叶旱芹（另见 Apium leptophyllum）：leptus ← leptos 细的，薄的，瘦小的，狭长的；phyllus/ phyllum/ phylla ← phyllon 叶片（用于希腊语复合词）

Cydonia 榅桲属（榅桲 wēn bó，口语读作"wēn po"）（蔷薇科）（36：p344）：cydonia ← Cydon（地名，希腊克里特岛上的一个城市）

Cydonia oblonga 榅桲：oblongus = ovus + longus 长椭圆形的（ovus 的词干 ov- 音变为 ob-）；ovus 卵，胚珠，卵形的，椭圆形的；longus 长的，纵向的

Cylindrokelupha 棋子豆属（豆科）（39：p38）：cylindrokelupha = cylindros + celyphos 圆筒状豆荚的，圆柱状荚果的；cylindros/ kylindros 圆筒；celyphos/ kelyphos 荚

Cylindrokelupha alternifoliolata 长叶棋子豆：alternus 互生，交互，交替；foliolatus = folius + ulus + atus 具小叶的，具叶片的；folius/ folium/ folia 叶，叶片（用于复合词）；-ulus/ -ulum/ -ula 小的，略微的，稍微的（小词 -ulus 在字母 e 或 i 之后有多种变缀，即 -olus/ -olum/ -ola、-ellus/ -ellum/ -ella、-illus/ -illum/ -illa，与第一变格法和第二变格法名词形成复合词）；-atus/ -atum/ -ata 属于，相似，具有，完成（形容词词尾）

Cylindrokelupha balansae 锈毛棋子豆：balansae ← Benedict Balansa（人名，19 世纪法国植物采集员）；-ae 表示人名，以 -a 结尾的人名后面加上 -e 形成

Cylindrokelupha chevalieri 坛腺棋子豆：chevalieri（人名）；-eri 表示人名，在以 -er 结尾的人名后面加上 i 形成

Cylindrokelupha dalatensis 显脉棋子豆：dalatensis 达拉的（地名，越南）

Cylindrokelupha eberhardtii 大棋子豆：eberhardtii（人名）；-ii 表示人名，接在以辅音字母结尾的人名后面，但 -er 除外

Cylindrokelupha glabrifolia 光叶棋子豆：glabrus 光秃的，无毛的，光滑的；folius/ folium/ folia 叶，叶片（用于复合词）

Cylindrokelupha kerrii 碟腺棋子豆：kerrii ← Arthur Francis George Kerr 或 William Kerr（人名）

Cylindrokelupha robinsonii 棋子豆：robinsonii ← William Robinson（人名，20 世纪英国园艺学家）

Cylindrokelupha tonkinensis 绢毛棋子豆（绢 juàn）：tonkin 东京（地名，越南河内的旧称）

Cylindrokelupha turgida 大叶合欢：turgidus 膨胀，肿胀

Cylindrokelupha yunnanensis 云南棋子豆：yunnanensis 云南的（地名）

Cymaria 歧伞花属（唇形科）(65-2: p88)：cymaria = cyma + aria 属于聚伞花序的；cyma/ cyme 聚伞花序；-arius/ -arium/ -aria 相似，属于（表示地点，场所，关系，所属）

Cymaria acuminata 长柄歧伞花：acuminatus = acumen + atus 锐尖的，渐尖的；acumen 渐尖头；-atus/ -atum/ -ata 属于，相似，具有，完成（形容词词尾）

Cymaria dichotoma 歧伞花：dichotomus 二叉分歧的，分离的；dicho-/ dicha- 二分的，二歧的；di-/ dis- 二，二数，二分，分离，不同，在……之间，从……分开（希腊语，拉丁语为 bi-/ bis-）；cho-/ chao- 分开，割裂，离开；tomus ← tomos 小片，片段，卷册（书）

Cymbalaria 蔓柳穿鱼属（车前科）（增补）：cymbarius/ cymbalarius = cymbe + arius 舟状的；cymbe 船，舟；-arius/ -arium/ aria 相似，属于（表示地点，场所，关系，所属）

Cymbalaria muralis 蔓柳穿鱼：muralis 生于墙壁的；murus 墙壁；-aris（阳性、阴性）/ -are（中性）← -alis（阳性、阴性）/ -ale（中性）属于，相似，如同，具有，涉及，关于，联结于（将名词作形容词用，其中 -aris 常用于以 l 或 r 为词干末尾的词）

Cymbaria 芯芭属（玄参科）(68: p390)：cymbarius/ cymbalarius = cymbe + arius 舟状的；cymbus/ cymbum/ cymba ← cymbe 小舟；-arius/ -arium/ -aria 相似，属于（表示地点，场所，关系，所属）

Cymbaria dahurica 达乌里芯芭：dahurica（daurica/ davurica）达乌里的（地名，外贝加尔湖，属西伯利亚的一个地区，即贝加尔湖以东及以南至中国和蒙古边界）

Cymbaria dahurica var. aspera （糙叶芯芭）：asper/ asperus/ asperum/ aspera 粗糙的，不平的

Cymbaria mongolica 蒙古芯芭：mongolica 蒙古的（地名）；mongolia 蒙古的（地名）；-icus/ -icum/ -ica 属于，具有某种特性（常用于地名、起源、生境）

Cymbidium 兰属（兰科）(18: p191)：cymbidium 小船形的（指唇瓣形状）；cymbo-/ cymbi- ← cymbe 船，舟；-idium ← -idion 小的，稍微的（表示小或程度较轻）

Cymbidium aloifolium 纹瓣兰：Aloe 芦荟属（百合科）；folius/ folium/ folia 叶，叶片（用于复合词）

Cymbidium bicolor 硬叶兰：bi-/ bis- 二，二数，二回（希腊语为 di-）；color 颜色

Cymbidium bicolor subsp. bicolor 南亚硬叶兰-原亚种 （词义见上面解释）

Cymbidium bicolor var. bicolor 南亚硬叶兰 （词义见上面解释）

Cymbidium bicolor subsp. obtusum 钝头硬叶兰（原名"硬叶兰"与原种重名）：obtusus 钝的，钝形的，略带圆形的

Cymbidium cochleare 垂花兰：cochleae 蜗牛的，蜗牛状的；cochl- ← cochleatus/ cochlearis 蜗牛的，勺子的，螺旋的；cochlea 蜗牛，蜗牛壳；-aris（阳性、阴性）/ -are（中性）← -alis（阳性、阴性）/ -ale（中性）属于，相似，如同，具有，涉及，关于，联结于（将名词作形容词用，其中 -aris 常用于以 l 或 r 为词干末尾的词）

Cymbidium cyperifolium 莎叶兰：Cyperus 莎草属（莎草科）；folius/ folium/ folia 叶，叶片（用于复合词）

Cymbidium dayanum 冬凤兰：dayanum ← John Day（人名，19 世纪英国兰科植物采集员）

Cymbidium defoliatum 落叶兰：defoliatus 落叶的，叶片脱落的；de- 向下，向外，从……，脱离，脱落，离开，去掉；foliatus 具叶的，多叶的；folius/ folium/ folia → foli-/ folia- 叶，叶片

Cymbidium eburneum 独占春：eburneus/ eburnus 象牙的，象牙白的；ebur 象牙；-eus/ -eum/ -ea（接拉丁语词干时）属于……的，色如……的，质如……的（表示原料、颜色或品质的相似），（接希腊语词干时）属于……的，以……出名，为……所占有（表示具有某种特性）

Cymbidium elegans 莎草兰：elegans 优雅的，秀丽的

Cymbidium ensifolium 建兰：ensi- 剑；folius/ folium/ folia 叶，叶片（用于复合词）

Cymbidium erythraeum 长叶兰：erythraeus ← erythros 带红色的（希腊语）；-aeus/ -aeum/ -aea 表示属于……，名词形容词化词尾，如 europaeus ← europa 欧洲的

Cymbidium faberi 蕙兰（蕙 huì）：faberi ← Ernst Faber（人名，19 世纪活动于中国的德国植物采集员）；-eri 表示人名，在以 -er 结尾的人名后面加上 i 形成

Cymbidium faberi var. faberi 蕙兰-原变种 （词义见上面解释）

Cymbidium faberi var. omeiense 峨眉春蕙：omeiense 峨眉山的（地名，四川省）

Cymbidium faberi var. szechuanicum 送春：szechuanicum 四川的（地名）；-icus/ -icum/ -ica 属于，具有某种特性（常用于地名、起源、生境）

Cymbidium floribundum 多花兰：floribundus = florus + bundus 多花的，繁花的，花正盛开的；florus/ florum/ flora ← flos 花（用于复合词）；-bundus/ -bunda/ -bundum 正在做，正在进行（类似于现在分词），充满，盛行

Cymbidium goeringii 春兰：goeringii ← Philip Friedrich Wilhelm Goering（Göring）（人名，19 世纪德国化学家，在印度尼西亚采集植物）

Cymbidium goeringii var. goeringii 春兰-原变种（词义见上面解释）

Cymbidium goeringii var. longibracteatum 春剑：longe-/ longi- ← longus 长的，纵向的；bracteatus = bracteus + atus 具苞片的；bracteus 苞，苞片，苞鳞

Cymbidium goeringii var. serratum 线叶春兰：serratus = serrus + atus 有锯齿的；serrus 齿，锯齿

Cymbidium goeringii var. tortisepalum 菅草兰（菅 jiān）：tortus 拧劲，捻，扭曲；sepalus/

sepalum/ sepala 萼片（用于复合词）

Cymbidium hookerianum 虎头兰：
hookerianum ← William Jackson Hooker（人名，19 世纪英国植物学家）

Cymbidium insigne 美花兰：insigne 勋章，显著的，杰出的；in-/ im-（来自 il- 的音变）内，在内，内部，向内，相反，不，无，非；il- 在内，向内，为，相反（希腊语为 en-）；词首 il- 的音变：il-（在 l 前面），im-（在 b、m、p 前面），in-（在元音字母和大多数辅音字母前面），ir-（在 r 前面），如 illaudatus（不值得称赞的，评价不好的），impermeabilis（不透水的，穿不透的），ineptus（不合适的），insertus（插入的），irretortus（无弯曲的，无扭曲的）；signum 印记，标记，刻画，图章

Cymbidium iridioides 黄蝉兰：irid- ← Iris 鸢尾属（鸢尾科），虹；构词规则：词尾为 -is 和 -ys 的词的词干分别视为 -id 和 -yd；-oides/ -oideus/ -oideum/ -oidea/ -odes/ -eidos 像……的，类似……的，呈……状的（名词词尾）

Cymbidium kanran 寒兰：kanran 寒兰（"寒兰"的日语读音）

Cymbidium lancifolium 兔耳兰：lance-/ lancei-/ lanci-/ lanceo-/ lanc- ← lanceus 披针形的，矛形的，尖刀状的，柳叶刀状的；folius/ folium/ folia 叶，叶片（用于复合词）

Cymbidium lii 黎氏兰：lii（人名）；-ii 表示人名，接在以辅音字母结尾的人名后面，但 -er 除外

Cymbidium lowianum 碧玉兰：lowianum（人名）

Cymbidium macrorhizon 大根兰：macrorhizon 大根的，粗根的（缀词规则：-rh- 接在元音字母后面构成复合词时要变成 -rrh-，故该词宜改为"macrorrhizon"）；macro-/ macr- ← macros 大的，宏观的（用于希腊语复合词）；rhizon → rhizus 根，根状茎（-rh- 接在元音字母后面构成复合词时要变成 -rrh-）

Cymbidium mastersii 大雪兰：mastersii ← William Masters（人名，19 世纪印度加尔各答植物园园艺学家）

Cymbidium nanulum 珍珠矮：nanulus 稍矮小的；nanus ← nanos/ nannos 矮小的，小的；nani-/ nano-/ nanno- 矮小的，小的；-ulus/ -ulum/ -ula 小的，略微的，稍微的（小词 -ulus 在字母 e 或 i 之后有多种变缀，即 -olus/ -olum/ -ola、-ellus/ -ellum/ -ella、-illus/ -illum/ -illa，与第一变格法和第二变格法名词形成复合词）

Cymbidium qiubeiense 丘北冬蕙兰（蕙 huì）：qiubeiense 丘北的（地名，云南省）

Cymbidium sinense 墨兰：sinense = Sina + ense 中国的（地名）；Sina 中国

Cymbidium suavissimum 果香兰：suavis/ suave 甜的，愉快的，高兴的，有魅力的，漂亮的；-issimus/ -issima/ -issimum 最，非常，极其（形容词最高级）

Cymbidium tigrinum 斑舌兰：tigrinus 老虎的，像老虎的，虎斑的；tigris 老虎；-inus/ -inum/ -ina/ -inos 相近，接近，相似，具有（通常指颜色）

Cymbidium tracyanum 西藏虎头兰：tracyanum（人名）

Cymbidium wenshanense 文山红柱兰：wenshanense 文山的（地名，云南省）

Cymbidium wilsonii 滇南虎头兰：wilsonii ← John Wilson（人名，18 世纪英国植物学家）

Cymbopogon 香茅属（禾本科）（10-2：p188）：cymbopogon = cymbus + pogon 船有胡须的（颖片或佛焰苞船形且有须毛）；cymbus/ cymbum/ cymba ← cymbe 小舟；pogon 胡须，髯毛，芒尖

Cymbopogon caesius 青香茅：caesius 淡蓝色的，灰绿色的，蓝绿色的

Cymbopogon citratus 柠檬草：citratus 柑橘的，柠檬色的，像柠檬的；citrus ← kitron 柑橘，柠檬（柠檬的古拉丁名）

Cymbopogon distans 芸香草：distans 远缘的，分离的

Cymbopogon eugenolatum 香酚草（酚 fēn）：eugenolatum ← eugenius 美好的，真实的

Cymbopogon flexuosus 曲序香茅：flexuosus = flexus + osus 弯曲的，波状的，曲折的；flexus ← flecto 扭曲的，卷曲的，弯弯曲曲的，柔性的；flecto 弯曲，使扭曲；-osus/ -osum/ -osa 多的，充分的，丰富的，显著发育的，程度高的，特征明显的（形容词词尾）

Cymbopogon goeringii 橘草：goeringii ← Philip Friedrich Wilhelm Goering（Göring）（人名，19 世纪德国化学家，在印度尼西亚采集植物）

Cymbopogon hamatulus 扭鞘香茅：hamatulus = hamus + atus + ulus 略带钩的，具小钩的；hamus 钩，钩子；-atus/ -atum/ -ata 属于，相似，具有，完成（形容词词尾）；-ulus/ -ulum/ -ula 小的，略微的，稍微的（小词 -ulus 在字母 e 或 i 之后有多种变缀，即 -olus/ -olum/ -ola、-ellus/ -ellum/ -ella、-illus/ -illum/ -illa，与第一变格法和第二变格法名词形成复合词）

Cymbopogon jwarancusa 辣薄荷草：jwarancusa（人名）

Cymbopogon khasianus 卡西香茅：khasianus ← Khasya 喀西的，卡西的（地名，印度阿萨姆邦）

Cymbopogon lanceifolius 披针叶香茅：lance-/ lancei-/ lanci-/ lanceo-/ lanc- ← lanceus 披针形的，矛形的，尖刀状的，柳叶刀状的；folius/ folium/ folia 叶，叶片（用于复合词）

Cymbopogon liangshanense 凉山香茅：liangshanense 凉山的（地名，四川省）

Cymbopogon martinii 鲁沙香茅：martinii ← Raymond Martin（人名，19 世纪美国仙人掌植物采集员）

Cymbopogon microstachys 细穗香茅：micr-/ micro- ← micros 小的，微小的，微观的（用于希腊语复合词）；stachy-/ stachyo-/ -stachys/ -stachyus/ -stachyum/ -stachya 穗子，穗子的，穗子状的，穗状花序的

Cymbopogon nardus 亚香茅：nardus ← nardos 甘松（印度败酱科一种植物）

Cymbopogon olivieri 西亚香茅：olivieri（人名）；-eri 表示人名，在以 -er 结尾的人名后面加上 i 形成

Cymbopogon stracheyi 喜马拉雅香茅：stracheyi（人名）；-i 表示人名，接在以元音字母结尾的人名

C

后面，但 -a 除外

Cymbopogon tibeticus 藏香茅：tibeticus 西藏的（地名）；-icus/ -icum/ -ica 属于，具有某种特性（常用于地名、起源、生境）

Cymbopogon tungmaiensis 通麦香茅：tungmaiensis 通麦的（地名，西藏自治区）

Cymbopogon winterianus 枫茅：winterianus/ winterana ← C. J. Winter 或 A. W. Winter（人名）

Cymodocea 丝粉藻属（茨藻科）（8：p107）：cyma 波浪；docos 棍棒

Cymodocea rotundata 丝粉藻：rotundatus = rotundus + atus 圆形的，圆角的；rotundus 圆形的，呈圆形的，肥大的；rotundo 使呈圆形，使圆滑；roto 旋转，滚动

Cynanchum 鹅绒藤属（萝藦科）（63：p309）：cyno + anchein 毒死狗的（来源于该属的一种被认为能毒死狗的古代植物名）；cyno- ← cynos 犬，狗；anchein 绞杀，杀死

Cynanchum acutum （尖叶鹅绒藤）：acutus 尖锐的，锐角的

Cynanchum alatum 翅果杯冠藤（冠 guān）：alatus → ala-/ alat-/ alati-/ alato- 翅，具翅的，具翼的；反义词：exalatus 无翼的，无翅的

Cynanchum amplexicaule 合掌消：amplexi- 跨骑状的，紧握的，抱紧的；caulus/ caulon/ caule ← caulos 茎，茎秆，主茎

Cynanchum amplexicaule var. amplexicaule 合掌消-原变种 （词义见上面解释）

Cynanchum amplexicaule var. castaneum 紫花合掌消：castaneus 棕色的，板栗色的；Castanea 栗属（壳斗科）

Cynanchum anthonyanum 小叶鹅绒藤：anthonyanum（人名）

Cynanchum ascyrifolium 潮风草：Ascyrum（金丝桃科一属）；folius/ folium/ folia 叶，叶片（用于复合词）

Cynanchum atratum 白薇：atratus = ater + atus 发黑的，浓暗的，玷污的；ater 黑色的（希腊语，词干视为 atro-/ atr-/ atri-/ atra-）

Cynanchum auriculatum 牛皮消：auriculatus 耳形的，具小耳的（基部有两个小圆片）；auriculus 小耳朵的，小耳状的；auritus 耳朵的，耳状的；-culus/ -culum/ -cula 小的，略微的，稍微的（同第三变格法和第四变格法名词形成复合词）；-atus/ -atum/ -ata 属于，相似，具有，完成（形容词词尾）

Cynanchum balfourianum 椭圆叶白前：balfourianum ← Isaac Bayley Balfour（人名，19 世纪英国植物学家）

Cynanchum biondioides 秦岭藤白前：Biondia 秦岭藤属（萝藦科）；-oides/ -oideus/ -oideum/ -oidea/ -odes/ -eidos 像……的，类似……的，呈……状的（名词词尾）

Cynanchum brevipedunculatum 短梗豹药藤：brevi- ← brevis 短的（用于希腊语复合词词首）；pedunculatus/ peduncularis 具花序柄的，具总花梗的；pedunculus/ peduncule/ pedunculis ← pes 花序柄，总花梗（花序基部无花着生部分，不同于花柄）；关联词：pedicellus/ pediculus 小花梗，小花柄（不同于花序柄）；pes/ pedis 柄，梗，茎秆，腿，足，爪（作词首或词尾，pes 的词干视为 "ped-"）

Cynanchum bungei 白首乌：bungei ← Alexander von Bunge（人名，19 世纪俄国植物学家）；-i 表示人名，接在以元音字母结尾的人名后面，但 -a 除外

Cynanchum callialata 美翼杯冠藤：callialatus 美翼的；call-/ calli-/ callo-/ cala-/ calo- ← calos/ callos 美丽的；alatus → ala-/ alat-/ alati-/ alato- 翅，具翅的，具翼的

Cynanchum cathayense 羊角子草：cathayense ← Cathay ← Khitay/ Khitai 中国的，契丹的（地名，10–12 世纪中国北方契丹人的领域，辽国前身，多用来代表中国，俄语称中国为 Kitay）

Cynanchum chekiangense 蔓剪草（蔓 màn）：chekiangense 浙江的（地名）

Cynanchum chinense 鹅绒藤：chinense 中国的（地名）

Cynanchum corymbosum 刺瓜：corymbosus = corymbus + osus 伞房花序的；corymbus 伞形的，伞状的；-osus/ -osum/ -osa 多的，充分的，丰富的，显著发育的，程度高的，特征明显的（形容词词尾）

Cynanchum crassifolium （厚叶鹅绒藤）：crassi- ← crassus 厚的，粗的，多肉质的；folius/ folium/ folia 叶，叶片（用于复合词）

Cynanchum decipiens 豹药藤：decipiens 欺骗的，虚假的，迷惑的（表示和另外的种非常近似）

Cynanchum dubium （朦胧草）：dubius 可疑的，不确定的

Cynanchum fordii 山白前：fordii ← Charles Ford（人名）

Cynanchum formosanum 台湾林冠藤：formosanus = formosus + anus 美丽的，台湾的；formosus ← formosa 美丽的，台湾的（葡萄牙殖民者发现台湾时对其的称呼，即美丽的岛屿）；-anus/ -anum/ -ana 属于，来自（形容词词尾）

Cynanchum formosanum var. formosanum 台湾杯冠藤-原变种 （词义见上面解释）

Cynanchum formosanum var. ovalifolium 卵叶杯冠藤：ovalis 广椭圆形的；ovus 卵，胚珠，卵形的，椭圆形的；folius/ folium/ folia 叶，叶片（用于复合词）

Cynanchum forrestii 大理白前：forrestii ← George Forrest（人名，1873–1932，英国植物学家，曾在中国西部采集大量植物标本）

Cynanchum forrestii var. forrestii 大理白前-原变种 （词义见上面解释）

Cynanchum forrestii var. stenolobum 石棉白前：stenolobus = stenus + lobus 细裂的，窄裂的，细莱的；sten-/ steno- ← stenus 窄的，狭的，薄的；lobus/ lobos/ lobon 浅裂，耳片（裂片先端钝圆），荚果，蒴果

Cynanchum giraldii 峨眉牛皮消：giraldii ← Giuseppe Giraldi（人名，19 世纪活动于中国的意大利传教士）

Cynanchum glaucescens 白前：glaucescens 变白的，发白的，灰绿的；glauco-/ glauc- ← glaucus 被白粉的，发白的，灰绿色的；-escens/ -ascens 改变，转变，变成，略微，带有，接近，相似，大致，稍微

C

（表示变化的趋势，并未完全相似或相同，有别于表示达到完成状态的 -atus）

Cynanchum gracilipes 细梗白前：gracilis 细长的，纤弱的，丝状的；pes/ pedis 柄，梗，茎秆，腿，足，爪（作词首或词尾，pes 的词干视为"ped-"）

Cynanchum hancockianum 华北白前：hancockianum ← W. Hancock（人名，1847–1914，英国海关官员，曾在中国采集植物标本）

Cynanchum heydei 西藏鹅绒藤：heydei（人名）

Cynanchum hydrophilum 水白前：hydrophilus 喜水的，喜湿的；hydro- 水；philus/ philein ← philos → phil-/ phili/ philo- 喜好的，爱好的，喜欢的（注意区别形近词：phylus、phyllus）；phylus/ phylum/ phyla ← phylon/ phyle 植物分类单位中的"门"，位于"界"和"纲"之间，类群，种族，部落，聚群；phyllus/ phyllum/ phylla ← phyllon 叶片（用于希腊语复合词）

Cynanchum inamoenum 竹灵消：inamoenus 不美丽的，不可爱的；in-/ im-（来自 il- 的音变）内，在内，内部，向内，相反，不，无，非；il- 在内，向内，为，相反（希腊语为 en-）；词首 il- 的音变：il-（在 l 前面），im-（在 b、m、p 前面），in-（在元音字母和大多数辅音字母前面），ir-（在 r 前面），如 illaudatus（不值得称赞的，评价不好的），impermeabilis（不透水的，穿不透的），ineptus（不合适的），insertus（插入的），irretortus（无弯曲的，无扭曲的）；amoenus 美丽的，可爱的

Cynanchum insulanum 海南杯冠藤：insulanus 岛屿的；insula 岛屿

Cynanchum insulanum var. insulanum 海南杯冠藤-原变种（词义见上面解释）

Cynanchum insulanum var. lineare 线叶杯冠藤：lineare 线状的，亚麻状的；lineus = linum + eus 线状的，丝状的，亚麻状的；linum ← linon 亚麻，线（古拉丁名）

Cynanchum komarovii 老瓜头：komarovii ← Vladimir Leontjevich Komarov 科马洛夫（人名，1869–1945，俄国植物学家）

Cynanchum kwangsiense 广西杯冠藤：kwangsiense 广西的（地名）

Cynanchum likiangense 丽江牛皮消：likiangense 丽江的（地名，云南省）

Cynanchum limprichtii 康定白前：limprichtii（人名）；-ii 表示人名，接在以辅音字母结尾的人名后面，但 -er 除外

Cynanchum lysimachioides 白牛皮消：Lysimachia 珍珠菜属（报春花科）；-oides/ -oideus/ -oideum/ -oidea/ -odes/ -eidos 像……的，类似……的，呈……状的（名词词尾）

Cynanchum mooreanum 毛白前：mooreanum ← Moore（人名）

Cynanchum muliense 木里白前：muliense 木里的（地名，四川省）

Cynanchum officinale 朱砂藤：officinalis/ officinale 药用的，有药效的；officina ← opificina 药店，仓库，作坊

Cynanchum otophyllum 青羊参（参 shēn）：otophyllus 耳状叶的；otos 耳朵；phyllus/ phyllum/ phylla ← phyllon 叶片（用于希腊语复合词）

Cynanchum paniculatum 徐长卿（长 zhǎng）：paniculatus = paniculus + atus 具圆锥花序的；paniculus 圆锥花序；panus 谷穗；panicus 野稗，粟，谷子；-atus/ -atum/ -ata 属于，相似，具有，完成（形容词词尾）

Cynanchum purpureum 紫花杯冠藤（冠 guān）：purpureus = purpura + eus 紫色的；purpura 紫色（purpura 原为一种介壳虫名，其体液为紫色，可作颜料）；-eus/ -eum/ -ea（接拉丁语词干时）属于……的，色如……的，质如……的（表示原料、颜色或品质的相似），（接希腊语词干时）属于……的，以……出名，为……所占有（表示具有某种特性）

Cynanchum riparium 荷花柳：riparius = ripa + arius 河岸的，水边的；ripa 河岸，水边；-arius/ -arium/ -aria 相似，属于（表示地点，场所，关系，所属）

Cynanchum saccatum 西藏牛皮消：saccatus = saccus + atus 具袋子的，袋子状的，具囊的；saccus 袋子，囊，包囊；-atus/ -atum/ -ata 属于，相似，具有，完成（形容词词尾）

Cynanchum sibiricum 戟叶鹅绒藤：sibiricum 西伯利亚的（地名，俄罗斯）；-icus/ -icum/ -ica 属于，具有某种特性（常用于地名、起源、生境）

Cynanchum sibiricum var. gracilentum（细茎鹅绒藤）：gracilentus 细长的，纤弱的；gracilis 细长的，纤弱的，丝状的；-ulentus/ -ulentum/ -ulenta/ -olentus/ -olentum/ -olenta（表示丰富、充分或显著发展）

Cynanchum sibiricum var. gracilentum f. hypopsilum（裸露鹅绒藤）：hypopsilum 下端裸露的；hyp-/ hypo- 下面的，以下的，不完全的；psilus 平滑的，光滑的，裸露的

Cynanchum sibiricum var. latifolium（阔叶鹅绒藤）：lati-/ late- ← latus 宽的，宽广的；folius/ folium/ folia 叶，叶片（用于复合词）

Cynanchum stauntonii 柳叶白前：stauntonii ← George Leonard Staunton（人名，18 世纪首任英国驻中国大使秘书）

Cynanchum stenophyllum 狭叶白前：sten-/ steno- ← stenus 窄的，狭的，薄的；phyllus/ phyllum/ phylla ← phyllon 叶片（用于希腊语复合词）

Cynanchum steppicolum 卵叶白前：steppicolus = steppa + colus 生于草原的；steppa 草原

Cynanchum sublanceolatum 镇江白前：sublanceolatus 近似具披针形的；sub-（表示程度较弱）与……类似，几乎，稍微，弱，亚，之下，下面；lanceolatus = lanceus + olus + atus 小披针形的，小柳叶刀形的；lance-/ lancei-/ lanci-/ lanceo-/ lanc- ← lanceus 披针形的，矛形的，尖刀状的，柳叶刀状的；-olus ← -ulus 小，稍微，略微（-ulus 在字母 e 或 i 之后变成 -olus/ -ellus/ -illus）；-atus/ -atum/ -ata 属于，相似，具有，完成（形容词词尾）

Cynanchum sublanceolatum var. obtusulum（钝叶白前）：obtusulus = obtusus + ulus 略钝的，细钝头的；obtusus 钝的，钝形的，略带圆形的；-ulus/ -ulum/ -ula 小的，略微的，稍微的（小词

·391·

-ulus 在字母 e 或 i 之后有多种变缀，即 -olus/
-olum/ -ola、-ellus/ -ellum/ -ella、-illus/ -illum/
-illa，与第一变格法和第二变格法名词形成复合词）

Cynanchum szechuanense 四川鹅绒藤：
szechuanense 四川的（地名）

Cynanchum szechuanense var. albescens 白花
四川鹅绒藤：albescens 淡白的，略白的，发白的，
褪色的；albus → albi-/ albo- 白色的；-escens/
-ascens 改变，转变，变成，略微，带有，接近，相
似，大致，稍微（表示变化的趋势，并未完全相似
或相同，有别于表示达到完成状态的 -atus）

Cynanchum szechuanense var. szechuanense 四
川鹅绒藤-原变种 （词义见上面解释）

Cynanchum taihangense 太行白前：taihangense
太行山的（地名，华北）

Cynanchum taiwanianum （台湾鹅绒藤）：
taiwanianum 台湾的（地名）

Cynanchum thesioides 地梢瓜：Thesium 百蕊草属
（檀香科）；-oides/ -oideus/ -oideum/ -oidea/ -odes/
-eidos 像……的，类似……的，呈……状的（名词
词尾）

Cynanchum thesioides var. australe 雀瓢：
australe 南方的，大洋洲的；austro-/ austr- 南方的，
南半球的，大洋洲的；auster 南方，南风；-aris（阳
性、阴性）/ -are（中性）← -alis（阳性、
阴性）/ -ale（中性）属于，相似，如同，具有，涉
及，关于，联结于（将名词作形容词用，其中 -aris
常用于以 l 或 r 为词干末尾的词）

Cynanchum thesioides var. thesioides 地梢瓜-原
变种 （词义见上面解释）

Cynanchum versicolor 变色白前：versicolor =
versus + color 变色的，杂色的，有斑点的；
versus ← vertor ← verto 变换，转换，转变；color
颜色

Cynanchum verticillatum 轮叶白前：verticillatus/
verticillaris 螺纹的，螺旋的，轮生的，环状的；
verticillus 轮，环状排列

Cynanchum verticillatum var. arenicolum 富宁
白前：arenicola 栖于沙地的；arena 沙子；colus ←
colo 分布于，居住于，栖居，殖民（常作词尾）；
colo/ colere/ colui/ cultum 居住，耕作，栽培

Cynanchum verticillatum var. verticillatum 轮
叶白前-原变种 （词义见上面解释）

Cynanchum vincetoxicum 催吐白前（吐 tǔ）：
vincetoxicum 解毒的（指治蛇咬）；cince ← vinco
征服，打垮；toxicus 有毒的；Vincetoxicum 白前属
（已并入鹅绒藤属 Cynanchum）（萝藦科）

Cynanchum volubile 蔓白前（蔓 màn）：volubilis
拧劲的，缠绕的；-ans/ -ens/ -bilis/ -ilis 能够，可
能（为形容词词尾，-ans/ -ens 用于主动语态，
-bilis/ -ilis 用于被动语态）

Cynanchum wallichii 昆明杯冠藤（冠 guān）：
wallichii ← Nathaniel Wallich（人名，19 世纪初丹
麦植物学家、医生）

Cynanchum wilfordii 隔山消：wilfordii（人名）；-ii
表示人名，接在以辅音字母结尾的人名后面，但 -er
除外

Cynara 菜蓟属（菊科）（78-1：p77）：cynara ←
cyno 狗（比喻苞片为犬齿状，另一解释为野菜名）

Cynara cardunculus 刺苞菜蓟：cardunculus 小蓟；
-culus/ -culum/ -cula 小的，略微的，稍微的（同第
三变格法和第四变格法名词形成复合词）

Cynara scolymus 菜蓟：scolymus 刺（蓟的旧称）

Cynodon 狗牙根属（禾本科）（10-1：p82）：cynodon
犬齿状的（指小穗呈牙齿状密集排列）；cyno- ←
cynos 犬，狗；odons 牙齿

Cynodon arcuatus 弯穗狗牙根：arcuatus =
arcus + atus 弓形的，拱形的；arcus 拱形，拱形物

Cynodon dactylon 狗牙根：dactylon/ dactylos 手
指，手指状的；dactyl- 手指

Cynodon dactylon var. biflorus 双花狗牙根：
bi-/ bis- 二，二数，二回（希腊语为 di-）；florus/
florum/ flora ← flos 花（用于复合词）

Cynodon dactylon var. dactylon 狗牙根-原变种
（词义见上面解释）

Cynoglossum 琉璃草属（紫草科）（64-2：p220）：
cynoglossum 狗舌状的（指叶片形状）；cyno- ←
cynos 犬，狗；glossus 舌，舌状的

Cynoglossum amabile 倒提壶：amabilis 可爱的，
有魅力的；amor 爱；-ans/ -ens/ -bilis/ -ilis 能够，
可能（为形容词词尾，-ans/ -ens 用于主动语态，
-bilis/ -ilis 用于被动语态）

Cynoglossum amabile var. amabile 倒提壶-原变
种 （词义见上面解释）

Cynoglossum amabile var. pauciglochidiatum
滇西琉璃草：pauci- ← paucus 少数的，少的（希腊
语为 oligo-）；glochidiatus 有钩状刺毛的，具倒钩
的；glochidion/ glochis 突点，倒钩刺，钩毛（指花
药具长尖）

Cynoglossum divaricatum 大果琉璃草：
divaricatus 广歧的，发散的，散开的

Cynoglossum gansuense 甘青琉璃草：gansuense
甘肃的（地名）

Cynoglossum lanceolatum 小花琉璃草：
lanceolatus = lanceus + olus + atus 小披针形的，
小柳叶刀的；lance-/ lancei-/ lanci-/ lanceo-/
lanc- ← lanceus 披针形的，矛形的，尖刀状的，柳
叶刀状的；-olus ← -ulus 小，稍微，略微（-ulus 在
字母 e 或 i 之后变成 -olus/ -ellus/ -illus）；-atus/
-atum/ -ata 属于，相似，具有，完成（形容词词尾）

Cynoglossum officinale 红花琉璃草：officinalis/
officinale 药用的，有药效的；officina ← opificina
药店，仓库，作坊

Cynoglossum schlagintweitii 西藏琉璃草：
schlagintweitii（人名）；-ii 表示人名，接在以辅音字
母结尾的人名后面，但 -er 除外

Cynoglossum triste 心叶琉璃草：triste ← tristis
暗淡的（指颜色），悲惨的

Cynoglossum viridiflorum 绿花琉璃草：viridus 绿
色的；florus/ florum/ flora ← flos 花（用于复合词）

Cynoglossum wallichii 西南琉璃草：wallichii ←
Nathaniel Wallich（人名，19 世纪初丹麦植物学家、
医生）

Cynoglossum wallichii var. glochidiatum 倒钩
琉璃草：glochidiatus 有钩状刺毛的，具倒钩的

C

Cynoglossum wallichii var. wallichii 西南琉璃草-原变种 （词义见上面解释）

Cynoglossum zeylanicum 琉璃草：zeylanicus 锡兰（斯里兰卡，国家名）；-icus/ -icum/ -ica 属于，具有某种特性（常用于地名、起源、生境）

Cynomoriaceae 锁阳科（53-2：p152）：Cynomorium 锁阳属；-aceae（分类单位科的词尾，为 -aceus 的阴性复数主格形式，加到模式属的名称后或同义词的词干后以组成族群名称）

Cynomorium 锁阳属（锁阳科）（53-2：p152）：cynomorium = cyno + morium 狗的阴茎（指植物体的形状）；cyno- ← cynos 犬，狗；morium ← morion 阴茎

Cynomorium songaricum 锁阳：songaricum 准噶尔的（地名，新疆维吾尔自治区）；-icus/ -icum/ -ica 属于，具有某种特性（常用于地名、起源、生境）

Cynosurus 洋狗尾草属（禾本科）（9-2：p90）：cynosurus 狗尾的；cynos ← kynos 狗；orus 尾巴

Cynosurus cristatus 洋狗尾草：cristatus = crista + atus 鸡冠的，鸡冠状的，扇形的，山脊状的；crista 鸡冠，山脊，网壁；-atus/ -atum/ -ata 属于，相似，具有，完成（形容词词尾）

Cyperaceae 莎草科（11：p1）：Cyperus 莎草属；-aceae（分类单位科的词尾，为 -aceus 的阴性复数主格形式，加到模式属的名称后或同义词的词干后以组成族群名称）

Cyperus 莎草属（莎 suō）（莎草科）（11：p125）：cyperus ← cyperios 莎草（古希腊语名）

Cyperus alternifolius subsp. flabelliformis 风车草（另见 C. involucratus）：alternus 互生，交互，交替；folius/ folium/ folia 叶，叶片（用于复合词）；flabellus 扇子，扇形的；formis/ forma 形状

Cyperus amuricus 阿穆尔莎草：amuricus/ amurensis 阿穆尔的（地名，东西伯利亚的一个州，南部以黑龙江为界），阿穆尔河的（即黑龙江的俄语音译）

Cyperus compressus 扁穗莎草：compressus 扁平的，压扁的；pressus 压，压力，挤压，紧密；co- 联合，共同，合起来（拉丁语词首，为 cum- 的音变，表示结合、强化、完全，对应的希腊语为 syn-）；co- 的缀词音变有 co-/ com-/ con-/ col-/ cor-：co-（在 h 和元音字母前面），col-（在 l 前面），com-（在 b、m、p 之前），con-（在 c、d、f、g、j、n、qu、s、t 和 v 前面），cor-（在 r 前面）

Cyperus cuspidatus 长尖莎草：cuspidatus = cuspis + atus 尖头的，凸尖的；构词规则：词尾为 -is 和 -ys 的词的词干分别视为 -id 和 -yd；cuspis（所有格为 cuspidis）齿尖，凸尖，尖头；-atus/ -atum/ -ata 属于，相似，具有，完成（形容词词尾）

Cyperus difformis 异型莎草：difformis = dis + formis 不整齐的，不匀称的（dis- 在辅音字母前发生同化）；di-/ dis- 二，二数，二分，分离，不同，在……之间，从……分开（希腊语，拉丁语为 bi-/ bis-）；formis/ forma 形状

Cyperus diffusus 多脉莎草：diffusus = dis + fusus 蔓延的，散开的，扩展的，渗透的（dis- 在辅音字母前发生同化）；fusus 散开的，松散的，松弛的；di-/ dis- 二，二数，二分，分离，不同，在……之间，从……分开（希腊语，拉丁语为 bi-/ bis-）

Cyperus diffusus var. diffusus 多脉莎草-原变种（词义见上面解释）

Cyperus diffusus var. latifolius 宽叶多脉莎草：lati-/ late- ← latus 宽的，宽广的；folius/ folium/ folia 叶，叶片（用于复合词）

Cyperus digitatus 长小穗莎草：digitatus 指状的，掌状的；digitus 手指，手指长的（3.4 cm）

Cyperus digitatus var. digitatus 长小穗莎草-原变种（词义见上面解释）

Cyperus digitatus var. laxiflorus 少花穗莎草：laxus 稀疏的，松散的，宽松的；florus/ florum/ flora ← flos 花（用于复合词）

Cyperus digitatus var. pingbienensis 屏边莎草：pingbienensis 屏边的（地名，云南省）

Cyperus distans 疏穗莎草：distans 远缘的，分离的

Cyperus duclouxii 云南莎草：duclouxii（人名）；-ii 表示人名，接在以辅音字母结尾的人名后面，但 -er 除外

Cyperus eleusinoides 穇穗莎草（穇 cǎn）：Eleusine 穇属（禾本科）；-oides/ -oideus/ -oideum/ -oidea/ -odes/ -eidos 像……的，类似……的，呈……状的（名词词尾）

Cyperus esculentus 黄香附：esculentus 食用的，可食的；esca 食物，食料；-ulentus/ -ulentum/ -ulenta/ -olentus/ -olentum/ -olenta（表示丰富、充分或显著发展）

Cyperus exaltatus 高秆莎草：exaltatus = ex + altus + atus 非常高的（比 elatus 程度还高）；e/ ex 出自，从……，由……离开，由于，依照（拉丁语介词，相当于英语的 from，对应的希腊语为 a/ ab，注意介词 e/ ex 所作词首用的 e-/ ex- 意思不同，后者意为"不、无、非、缺乏、不具有"）；altus 高度，高的

Cyperus exaltatus var. exaltatus 高秆莎草-原变种（词义见上面解释）

Cyperus exaltatus var. hainanensis 海南高秆莎草：hainanensis 海南的（地名）

Cyperus exaltatus var. megalanthus 长穗高秆莎草：mega-/ megal-/ megalo- ← megas 大的，巨大的；anthus/ anthum/ antha/ anthe ← anthos 花（用于希腊语复合词）

Cyperus exaltatus var. tenuispicatus 广东高秆莎草：tenuispicatus 具细穗的；tenui- ← tenuis 薄的，纤细的，弱的，瘦的，窄的；spicus 穗，谷穗，花穗；spicatus 具穗的，具穗状花的，具尖头的；-atus/ -atum/ -ata 属于，相似，具有，完成（形容词词尾）

Cyperus fuscus 褐穗莎草：fuscus 棕色的，暗色的，发黑的，暗棕色的，褐色的

Cyperus fuscus f. fuscus 褐穗莎草-原变型（词义见上面解释）

Cyperus fuscus f. pallescens 绿白穗莎草：pallescens 变苍白色的；pallens 淡白色的，蓝白色的，略带蓝色的；-escens/ -ascens 改变，转变，变成，略微，带有，接近，相似，大致，稍微（表示变化的趋势，并未完全相似或相同，有别于表示达到完成状态的 -atus）

C

Cyperus fuscus f. virescens 北莎草：virencens/ virescens 发绿的，带绿色的；virens 绿色的，变绿的；-escens/ -ascens 改变，转变，变成，略微，带有，接近，相似，大致，稍微（表示变化的趋势，并未完全相似或相同，有别于表示达到完成状态的 -atus）

Cyperus glomeratus 头状穗莎草：glomeratus = glomera + atus 聚集的，球形的，聚成球形的；glomera 线球，一团，一束

Cyperus haspan 畦畔莎草（畦 qí）：haspan（印度土名）

Cyperus imbricatus 叠穗莎草：imbricatus/ imbricans 重叠的，覆瓦状的

Cyperus imbricatus var. dense-spicatus 大密穗莎草：dense- 密集的，繁茂的；spicatus 具穗的，具穗状花的，具尖头的；spicus 穗，谷穗，花穗；-atus/ -atum/ -ata 属于，相似，具有，完成（形容词词尾）

Cyperus imbricatus var. imbricatus 叠穗莎草-原变种 （词义见上面解释）

Cyperus involucratus 风车草（另见 C. alternifolius subsp. flabelliformis）：involucratus = involucrus + atus 有总苞的；involucrus 总苞，花苞，包被

Cyperus iria 碎米莎草：iria（水董 Hottonia 一种的古拉丁名，指水生生境）

Cyperus linearispiculatus 线状穗莎草：linearis = lineatus 线条的，线形的，线状的；spiculatus = spicus + ulus + atus 具小穗的，具细尖的；spicus 穗，谷穗，花穗；-ulus/ -ulum/ -ula 小的，略微的，稍微的（小词 -ulus 在字母 e 或 i 之后有多种变缀，即 -olus/ -olum/ -ola、-ellus/ -ellum/ -ella、-illus/ -illum/ -illa，与第一变格法和第二变格法名词形成复合词）；-atus/ -atum/ -ata 属于，相似，具有，完成（形容词词尾）

Cyperus malaccensis 茳芏（茳芏 jiāng dù）：malaccensis 马六甲的（地名，马来西亚）

Cyperus malaccensis var. brevifolius 短叶茳芏：brevi- ← brevis 短的（用于希腊语复合词词首）；folius/ folium/ folia 叶，叶片（用于复合词）

Cyperus malaccensis var. malaccensis 茳芏-原变种 （词义见上面解释）

Cyperus michelianus 旋鳞莎草：michelianus（人名）

Cyperus microiria 具芒碎米莎草：microiria 比 iria 小的；micr-/ micro- ← micros 小的，微小的，微观的（用于希腊语复合词）；Cyperus iria 碎米莎草

Cyperus nanellus 汾河莎草：nanellus 很矮的；nanus ← nanos/ nannos 矮小的，小的；nani-/ nano-/ nanno- 矮小的，小的；-ellus/ -ellum/ -ella ← -ulus 小的，略微的，稍微的（小词 -ulus 在字母 e 或 i 之后有多种变缀，即 -olus/ -olum/ -ola、-ellus/ -ellum/ -ella、-illus/ -illum/ -illa，用于第一变格法名词）

Cyperus nigrofuscus 黑穗莎草：nigrofuscus 暗褐色的；nigro-/ nigri- ← nigrus 黑色的；niger 黑色的；fuscus 棕色的，暗色的，发黑的，暗棕色的，褐色的

Cyperus nipponicus 白鳞莎草：nipponicus 日本的（地名）；-icus/ -icum/ -ica 属于，具有某种特性（常用于地名、起源、生境）

Cyperus niveus 南莎草：niveus 雪白的，雪一样的；nivus/ nivis/ nix 雪，雪白色

Cyperus nutans 垂穗莎草：nutans 弯曲的，下垂的（弯曲程度远大于 90°）；关联词：cernuus 点头的，前屈的，略俯垂的（弯曲程度略大于 90°）

Cyperus orthostachyus 三轮草：orthostachyus 直穗的；ortho- ← orthos 直的，正面的；stachy-/ stachyo-/ -stachys/ -stachyus/ -stachyum/ -stachya 穗子，穗子的，穗子状的，穗状花序的

Cyperus orthostachyus var. longibracteatus 长苞三轮草：longe-/ longi- ← longus 长的，纵向的；bracteatus = bracteus + atus 具苞片的；bracteus 苞，苞片，苞鳞

Cyperus orthostachyus var. orthostachyus 三轮草-原变种 （词义见上面解释）

Cyperus pangorei 红翅莎草：pangorei（人名）

Cyperus pilosus 毛轴莎草：pilosus = pilus + osus 多毛的，被柔毛的，具疏柔毛的，被短弱细毛的；pilus 毛，疏柔毛；-osus/ -osum/ -osa 多的，充分的，丰富的，显著发育的，程度高的，特征明显的（形容词词尾）

Cyperus pilosus var. obliquus 白花毛轴莎草：obliquus 斜的，偏的，歪斜的，对角线的；obliq-/ obliqui- 对角线的，斜线的，歪斜的

Cyperus pilosus var. pauciflorus 少花毛轴莎草：pauci- ← paucus 少数的，少的（希腊语为 oligo-）；florus/ florum/ flora ← flos 花（用于复合词）

Cyperus pilosus var. pilosus 毛轴莎草-原变种 （词义见上面解释）

Cyperus pilosus var. purpurascens 紫穗毛轴莎草：purpurascens 带紫色的，发紫的；purpur- 紫色的；-escens/ -ascens 改变，转变，变成，略微，带有，接近，相似，大致，稍微（表示变化的趋势，并未完全相似或相同，有别于表示达到完成状态的 -atus）

Cyperus pygmaeus 矮莎草：pygmaeus/ pygmaei 小的，低矮的，极小的，矮人的；pygm- 矮，小，侏儒；-aeus/ -aeum/ -aea 表示属于……，名词形容词化词尾，如 europaeus ← europa 欧洲的

Cyperus rotundus 香附子：rotundus 圆形的，呈圆形的，肥大的；rotundo 使呈圆形，使圆滑；roto 旋转，滚动

Cyperus rotundus var. quimoyensis 金门莎草：quimoyensis 金门岛的（地名，福建省）

Cyperus rotundus var. rotundus 香附子-原变种 （词义见上面解释）

Cyperus serotinus 水莎草（另见 Juncellus serotinus）：serotinus 晚来的，晚季的，晚开花的

Cyperus stoloniferus 粗根茎莎草：stolon 匍匐茎；-ferus/ -ferum/ -fera/ -fero/ -fere/ -fer 有，具有，产（区别：作独立词使用的 ferus 意思是"野生的"）

Cyperus szechuanensis 四川莎草：szechuan 四川（地名）

Cyperus tenuifolius 疏鳞莎草：tenui- ← tenuis 薄的，纤细的，弱的，瘦的，窄的；folius/ folium/ folia 叶，叶片（用于复合词）

Cyperus tenuispica 窄穗莎草：tenuispicus 细穗的；tenui- ← tenuis 薄的，纤细的，弱的，瘦的，窄的；spicus 穗，谷穗，花穗

Cyperus tuberosus 假香附子：tuberosus = tuber + osus 块茎的，膨大成块茎的；tuber/ tuber-/ tuberi- 块茎的，结节状凸起的，瘤状的；-osus/ -osum/ -osa 多的，充分的，丰富的，显著发育的，程度高的，特征明显的（形容词词尾）

Cyperus zollingeri 四棱穗莎草：zollingeri ← Heinrich Zollinger（人名，19 世纪德国植物学家）；-eri 表示人名，在以 -er 结尾的人名后面加上 i 形成

Cypholophus 瘤冠麻属（冠 guān）（荨麻科）（23-2：p370）：cypholophus 驼背状鸡冠的（指花冠有瘤状凸起）；cyphos 驼背的；lophus ← lophos 鸡冠，冠毛，额头，驼峰状突起

Cypholophus moluccanus 瘤冠麻：moluccanus ← Molucca 马鲁古群岛的（地名，印度尼西亚，旧称为摩鹿加群岛）

Cyphomandra 树番茄属（茄 qié）（茄科）（67-1：p141）：cyphoma 驼背人；andrus/ andros/ antherus ← aner 雄蕊，花药，雄性

Cyphomandra betacea 树番茄：betacea 略呈红色的；-aceus/ -aceum/ -acea 相似的，有……性质的，属于……的；beta ← bett 红色的（凯尔特语，指根的颜色）

Cyphotheca 药囊花属（野牡丹科）（53-1：p176）：cyphos 驼背的；theca ← thekion（希腊语）盒子，室（花药的药室）

Cyphotheca montana 药囊花：montanus 山，山地；montis 山，山地的；mons 山，山脉，岩石

Cypripedium 杓兰属（兰科）（17：p20）：cypripedium 维纳斯的花拖鞋（比喻花的形状像具有装饰特色的女式拖鞋）；cypri ← Cypris 维纳斯女神（Venus）的别名；pedius ← pedilon 拖鞋（指唇瓣形状）

Cypripedium bardolphianum 无苞杓兰：bardolphianum（人名）

Cypripedium bardolphianum var. bardolphianum 无苞杓兰-原变种（词义见上面解释）

Cypripedium bardolphianum var. zhongdianense 中甸杓兰：zhongdianense 中甸的（地名，云南省香格里拉市的旧称）

Cypripedium calceolus 杓兰：calceolus = calceus + ulus 小鞋子的，拖鞋的，短靴子的；calceus 鞋，半筒靴

Cypripedium cordigerum 白唇杓兰：cordi- ← cordis/ cor 心脏的，心形的；gerus → -ger/ -gerus/ -gerum/ -gera 具有，有，带有

Cypripedium debile 对叶杓兰：debile 软弱的，脆弱的

Cypripedium elegans 雅致杓兰：elegans 优雅的，秀丽的

Cypripedium fargesii 毛瓣杓兰：fargesii ← Pere Paul Guillaume Farges（人名，19 世纪中叶至 20 世纪活动于中国的法国传教士，植物采集员）

Cypripedium farreri 华西杓兰：farreri ← Reginald John Farrer（人名，20 世纪英国植物学家、作家）；-eri 表示人名，在以 -er 结尾的人名后面加上 i 形成

Cypripedium fasciolatum 大叶杓兰：fasciolatum 带状的，条带的；fascia 带子，绳结，腹带，绷带；

fasciatus 扁化的，成带的

Cypripedium flavum 黄花杓兰：flavus → flavo-/ flavi-/ flav- 黄色的，鲜黄色的，金黄色的（指纯正的黄色）

Cypripedium formosanum 台湾杓兰：formosanus = formosus + anus 美丽的，台湾的；formosus ← formosa 美丽的，台湾的（葡萄牙殖民者发现台湾时对其的称呼，即美丽的岛屿）；-anus/ -anum/ -ana 属于，来自（形容词词尾）

Cypripedium forrestii 玉龙杓兰：forrestii ← George Forrest（人名，1873–1932，英国植物学家，曾在中国西部采集大量植物标本）

Cypripedium franchetii 毛杓兰：franchetii ← A. R. Franchet（人名，19 世纪法国植物学家）

Cypripedium guttatum 紫点杓兰：guttatus 斑点，泪滴，油滴

Cypripedium henryi 绿花杓兰：henryi ← Augustine Henry 或 B. C. Henry（人名，前者，1857–1930，爱尔兰医生、植物学家，曾在中国采集植物，后者，1850–1901，曾活动于中国的传教士）

Cypripedium himalaicum 高山杓兰：himalaicum 喜马拉雅的（地名）；-icus/ -icum/ -ica 属于，具有某种特性（常用于地名、起源、生境）

Cypripedium japonicum 扇脉杓兰：japonicum 日本的（地名）；-icus/ -icum/ -ica 属于，具有某种特性（常用于地名、起源、生境）

Cypripedium lichiangense 丽江杓兰：lichiangense 丽江的（地名，云南省）

Cypripedium ludlowii 波密杓兰：ludlowii（人名）；-ii 表示人名，接在以辅音字母结尾的人名后面，但 -er 除外

Cypripedium macranthum 大花杓兰：macro-/ macr- ← macros 大的，宏观的（用于希腊语复合词）；anthus/ anthum/ antha/ anthe ← anthos 花（用于希腊语复合词）

Cypripedium margaritaceum 斑叶杓兰：margaritaceus 珍珠般的；margaritus 珍珠的，珍珠状的；-aceus/ -aceum/ -acea 相似的，有……性质的，属于……的

Cypripedium micranthum 小花杓兰：micr-/ micro- ← micros 小的，微小的，微观的（用于希腊语复合词）；anthus/ anthum/ antha/ anthe ← anthos 花（用于希腊语复合词）

Cypripedium palangshanense 巴郎山杓兰：palangshanense 巴朗山的（地名，四川省）

Cypripedium plectrochilum 离萼杓兰：plectrochilum 唇瓣具距的；plectron ← plektron 距（希腊语）（距：雄鸡、雉等的腿的后面突出像脚趾的部分）；plectro-/ plectr- 距；chilus ← cheilos 唇，唇瓣，唇边，边缘，岸边

Cypripedium segawai 宝岛杓兰：segawai 濑川（日本人名）（注：-i 表示人名，接在以元音字母结尾的人名后面，但 -a 除外，故该词尾宜改为 "-ae"）

Cypripedium shanxiense 山西杓兰：shanxiense 山西的（地名）

Cypripedium smithii 褐花杓兰：smithii ← James Edward Smith（人名，1759–1828，英国植物学家）

Cypripedium subtropicum 暖地杓兰：subtropicus

C

亚热带的；sub-（表示程度较弱）与……类似，几乎，稍微，弱，亚，之下，下面；tropicus 热带的

Cypripedium tibeticum 西藏杓兰：tibeticum 西藏的（地名）

Cypripedium × ventricosum 东北杓兰：ventricosus = ventris + icus + osus 不均匀肿胀的，鼓肚的，一面鼓的，在一边特别膨胀的；venter/ventris 肚子，腹部，鼓肚，肿胀（同义词：vesica）；-icus/ -icum/ -ica 属于，具有某种特性（常用于地名、起源、生境）；-osus/ -osum/ -osa 多的，充分的，丰富的，显著发育的，程度高的，特征明显的（形容词词尾）

Cypripedium wardii 宽口杓兰：wardii ← Francis Kingdon-Ward（人名，20 世纪英国植物学家）

Cypripedium wumengense 乌蒙杓兰：wumengense 乌蒙山的（地名，云南省）

Cypripedium yatabeanum 黄铃杓兰（铃 qián）：yatabeanum 谷田部（人名）

Cypripedium yunnanense 云南杓兰：yunnanense 云南的（地名）

Cyrtandra 浆果苣苔属（苦苣苔科）（69：p564）：cyrt-/ cyrto- ← cyrtus ← cyrtos 弯曲的；andrus/ andros/ antherus ← aner 雄蕊，花药，雄性

Cyrtandra umbellifera 浆果苣苔：umbeli-/ umbelli- 伞形花序；-ferus/ -ferum/ -fera/ -fero/ -fere/ -fer 有，具有，产（区别：作独立词使用的 ferus 意思是"野生的"）

Cyrtanthera 珊瑚花属（爵床科）（70：p272）：cyrt-/ cyrto- ← cyrtus ← cyrtos 弯曲的；andrus/ andros/ antherus ← aner 雄蕊，花药，雄性

Cyrtanthera carnea 珊瑚花：carneus ← caro 肉红色的，肌肤色的；carn- 肉，肉色；-eus/ -eum/ -ea（接拉丁语词干时）属于……的，色如……的，质如……的（表示原料、颜色或品质的相似），（接希腊语词干时）属于……的，以……出名，为……所占有（表示具有某种特性）

Cyrtococcum 弓果黍属（黍 shǔ）（禾本科）（10-1：p194）：cyrt-/ cyrto- ← cyrtus ← cyrtos 弯曲的；coccos 果仁，谷粒，粒状的

Cyrtococcum oxyphyllum 尖叶弓果黍：oxyphyllus 尖叶的；oxy- ← oxys 尖锐的，酸的；phyllus/ phyllum/ phylla ← phyllon 叶片（用于希腊语复合词）

Cyrtococcum patens 弓果黍：patens 开展的（呈90°），伸展的，传播的，飞散的；patentius 开展的，伸展的，传播的，飞散的

Cyrtococcum patens var. latifolium 散穗弓果黍：lati-/ late- ← latus 宽的，宽广的；folius/ folium/ folia 叶，叶片（用于复合词）

Cyrtococcum patens var. patens 弓果黍-原变种（词义见上面解释）

Cyrtococcum patens var. schmidtii 瘤穗弓果黍：schmidtii ← Johann Anton Schmidt（人名，19 世纪德国植物学家）

Cyrtogonellum 柳叶蕨属（鳞毛蕨科）（5-2：p177）：cyrt-/ cyrto- ← cyrtus ← cyrtos 弯曲的；gonus ← gonos 棱角，膝盖，关节，足；-ellus/ -ellum/ -ella ← -ulus 小的，略微的，稍微的（小词 -ulus 在

字母 e 或 i 之后有多种变缀，即 -olus/ -olum/ -ola、-ellus/ -ellum/ -ella、-illus/ -illum/ -illa，用于第一变格法名词）

Cyrtogonellum caducum 离脉柳叶蕨：caducus 早落的（指萼片或花瓣下垂或脱落）

Cyrtogonellum emeiensis 峨眉柳叶蕨：emeiensis 峨眉山的（地名，四川省）

Cyrtogonellum falcilobum 镰羽柳叶蕨：falci- ← falx 镰刀，镰刀形，镰刀状弯曲；构词规则：以 -ix/ -iex 结尾的词其词干末尾视为 -ic，以 -ex 结尾视为 -i/ -ic，其他以 -x 结尾视为 -c；lobus/ lobos/ lobon 浅裂，耳片（裂片先端钝圆），荚果，蒴果

Cyrtogonellum fraxinellum 柳叶蕨：fraxinellum 像小白蜡树的；-ellus/ -ellum/ -ella ← -ulus 小的，略微的，稍微的（小词 -ulus 在字母 e 或 i 之后有多种变缀，即 -olus/ -olum/ -ola、-ellus/ -ellum/ -ella、-illus/ -illum/ -illa，用于第一变格法名词）

Cyrtogonellum inaequalis 斜基柳叶蕨：inaequalis 不等的，不同的，不整齐的；aequalis 相等的，相同的，对称的；inaequal- 不相等，不同；aequus 平坦的，均等的，公平的，友好的；in-/ im-（来自 il- 的音变）内，在内，内部，向内，相反，不，无，非；il- 在内，向内，为，相反（希腊语为 en-）；词首 il- 的音变：il-（在 l 前面），im-（在 b、m、p 前面），in-（在元音字母和大多数辅音字母前面），ir-（在 r 前面），如 illaudatus（不值得称赞的，评价不好的），impermeabilis（不透水的，穿不透的），ineptus（不合适的），insertus（插入的），irretortus（无弯曲的，无扭曲的）

Cyrtogonellum minimum 小柳叶蕨：minimus 最小的，很小的

Cyrtogonellum salicifolium 弓羽柳叶蕨：salici ← Salix 柳属；构词规则：以 -ix/ -iex 结尾的词其词干末尾视为 -ic，以 -ex 结尾视为 -i/ -ic，其他以 -x 结尾视为 -c；folius/ folium/ folia 叶，叶片（用于复合词）

Cyrtogonellum xichouensis 西畴柳叶蕨：xichouensis 西畴的（地名，云南省）

Cyrtomidictyum 鞭叶蕨属（鳞毛蕨科）（5-2：p218）：Cyrtomium 贯众属；dictyum ← dictyon 网，网状的

Cyrtomidictyum basipinnatum 单叶鞭叶蕨：basipinnatus 基部羽状的；basis 基部，基座；pinnatus = pinnus + atus 羽状的，具羽的；pinnus/ pennus 羽毛，羽状，羽片；-atus/ -atum/ -ata 属于，相似，具有，完成（形容词词尾）

Cyrtomidictyum conjunctum 卵状鞭叶蕨：conjunctus = co + junctus 联合的；junctus 连接的，接合的，联合的；co- 联合，共同，合起来（拉丁语词首，为 cum- 的音变，表示结合、强化、完全，对应的希腊语为 syn-）；co- 的缀词音变有 co-/ com-/ col-/ cor-：co-（在 h 和元音字母前面），col-（在 l 前面），com-（在 b、m、p 之前），con-（在 c、d、f、g、j、n、qu、s、t 和 v 前面），cor-（在 r 前面）

Cyrtomidictyum faberi 阔镰鞭叶蕨：faberi ← Ernst Faber（人名，19 世纪活动于中国的德国植物采集员）；-eri 表示人名，在以 -er 结尾的人名后面加上 i 形成

Cyrtomidictyum lepidocaulon 鞭叶蕨：lepido- ← lepis 鳞片，鳞片状（lepis 词干视为 lepid-，后接辅音字母时通常加连接用的 "o"，故形成 "lepido-"）；lepido- ← lepidus 美丽的，典雅的，整洁的，装饰华丽的；caulus/ caulon/ caule ← caulos 茎，茎秆，主茎；注：构词成分 lepid-/ lepdi-/ lepido- 需要根据植物特征翻译成 "秀丽" 或 "鳞片"

Cyrtomium 贯众属（鳞毛蕨科）(5-2: p184)：cyrtomium ← cryptoma 弯曲（指羽片镰形弯曲）；cyrt-/ cyrto- ← cyrtus ← cyrtos 弯曲的

Cyrtomium aequibasis 等基贯众：aequus 平坦的，均等的，公平的，友好的；aequi- 相等，相同；basis 基部，基座

Cyrtomium balansae 镰羽贯众：balansae ← Benedict Balansa（人名，19 世纪法国植物采集员）；-ae 表示人名，以 -a 结尾的人名后面加上 -e 形成

Cyrtomium balansae f. balansae 镰羽贯众-原变型（词义见上面解释）

Cyrtomium balansae f. edentatum 无齿镰羽贯众：edentatus = e + dentatus 无齿的，无牙齿的；e-/ ex- 不，无，非，缺乏，不具有（e- 用在辅音字母前，ex- 用在元音字母前，为拉丁语词首，对应的希腊语词首为 a-/ an-，英语为 un-/ -less，注意作词首用的 e-/ ex- 和介词 e/ ex 意思不同，后者意为 "出自、从……、由……离开、由于、依照"）；dentatus = dentus + atus 牙齿的，齿状的，具齿的；dentus 齿，牙齿；-atus/ -atum/ -ata 属于，相似，具有，完成（形容词词尾）

Cyrtomium caryotideum 刺齿贯众：Caryota 鱼尾葵属（棕榈科）；-deus 像，类似

Cyrtomium caryotideum f. caryotideum 刺齿贯众-原变型（词义见上面解释）

Cyrtomium caryotideum f. grossedentatum 粗齿贯众：grosse-/ grosso- ← grossus 粗大的，肥厚的；dentatus = dentus + atus 牙齿的，齿状的，具齿的；dentus 齿，牙齿；-atus/ -atum/ -ata 属于，相似，具有，完成（形容词词尾）

Cyrtomium chingianum 秦氏贯众：chingianum ← R. C. Chin 秦仁昌（人名，1898–1986，中国植物学家，蕨类植物专家），秦氏

Cyrtomium confertifolium 密羽贯众：confertus 密集的；folius/ folium/ folia 叶，叶片（用于复合词）

Cyrtomium conforme 福建贯众：conforme = co + forme 同形的，相符的，相同的；formis/ forma 形状；co- 联合，共同，合起来（拉丁语词首，为 cum- 的音变，表示结合、强化、完全，对应的希腊语为 syn-）；co- 的缀词音变有 co-/ com-/ con-/ col-/ cor-：co-（在 h 和元音字母前面），col-（在 l 前面），com-（在 b、m、p 之前），con-（在 c、d、f、g、j、n、qu、s、t 和 v 前面），cor-（在 r 前面）

Cyrtomium devexiscapulae 披针贯众：devexiscapulae 中轴倾斜的；devexus 倾斜的；scapulus 中轴的，短轴的

Cyrtomium falcatum 全缘贯众：falcatus = falx + atus 镰刀的，镰刀状的；falx 镰刀，镰刀形，镰刀状弯曲；构词规则：以 -ix/ -iex 结尾的词其词干末尾视为 -ic，以 -ex 结尾视为 -i/ -ic，其他以 -x 结尾视为 -c；-atus/ -atum/ -ata 属于，相似，具有，完

成（形容词词尾）

Cyrtomium fortunei 贯众：fortunei ← Robert Fortune（人名，19 世纪英国园艺学家，曾在中国采集植物）；-i 表示人名，接在以元音字母结尾的人名后面，但 -a 除外

Cyrtomium fortunei f. fortunei 贯众-原变型（词义见上面解释）

Cyrtomium fortunei f. latipinna 宽羽贯众：lati-/ late- ← latus 宽的，宽广的；pinnus/ pennus 羽毛，羽状，羽片

Cyrtomium fortunei f. polypterum 多羽贯众（原名 "小羽贯众"，本属有重名）：polypterus 多翅的；poly- ← polys 多个，许多（希腊语，拉丁语为 multi-）；pterus/ pteron 翅，翼，蕨类

Cyrtomium grossum 惠水贯众：grossus 粗大的，肥厚的

Cyrtomium guizhouense 贵州贯众：guizhouense 贵州的（地名）

Cyrtomium hemionitis 单叶贯众：hemionitis（希腊语名，一种蕨类植物）；Hemionitis 泽泻蕨属（裸子蕨科）

Cyrtomium hookerianum 尖羽贯众：hookerianum ← William Jackson Hooker（人名，19 世纪英国植物学家）

Cyrtomium latifalcatum 宽镰贯众：lati-/ late- ← latus 宽的，宽广的；falcatus = falx + atus 镰刀的，镰刀状的；构词规则：以 -ix/ -iex 结尾的词其词干末尾视为 -ic，以 -ex 结尾视为 -i/ -ic，其他以 -x 结尾视为 -c；-atus/ -atum/ -ata 属于，相似，具有，完成（形容词词尾）

Cyrtomium lonchitoides 小羽贯众：lonchitoides 像矛尖的；lonchitis 矛尖状的；-oides/ -oideus/ -oideum/ -oidea/ -odes/ -eidos 像……的，类似……的，呈……状的（名词词尾）

Cyrtomium macrophyllum 大叶贯众：macro-/ macr- ← macros 大的，宏观的（用于希腊语复合词）；phyllus/ phyllum/ phylla ← phyllon 叶片（用于希腊语复合词）

Cyrtomium maximum 大羽贯众：maximus 最大的

Cyrtomium membranifolium 膜叶贯众：membranus 膜；folius/ folium/ folia 叶，叶片（用于复合词）

Cyrtomium neocaryotideum 维西贯众：neocaryotideum 晚于 caryotideum 的；neo- ← neos 新，新的；Cyrtomium caryotideum 刺齿贯众；Caryota 鱼尾葵属（棕榈科）

Cyrtomium nephrolepioides 低头贯众：nephrolepioides 像 Nephrolepis 的；Nephrolepis 肾蕨属（肾蕨科）；-oides/ -oideus/ -oideum/ -oidea/ -odes/ -eidos 像……的，类似……的，呈……状的（名词词尾）

Cyrtomium nervosum 显脉贯众：nervosus 多脉的，叶脉明显的；nervus 脉，叶脉；-osus/ -osum/ -osa 多的，充分的，丰富的，显著发育的，程度高的，特征明显的（形容词词尾）

Cyrtomium obliquum 斜基贯众：obliquus 斜的，偏的，歪斜的，对角线的；obliq-/ obliqui- 对角线的，斜线的，歪斜的

Cyrtomium omeiense 峨眉贯众：omeiense 峨眉山的（地名，四川省）

Cyrtomium pachyphyllum 厚叶贯众：pachyphyllus 厚叶子的；pachy- ← pachys 厚的，粗的，肥的；phyllus/ phyllum/ phylla ← phyllon 叶片（用于希腊语复合词）

Cyrtomium retrosopaleaceum 鳞毛贯众：retroso 向后，反向；paleaceus 具托苞的，具内颖的，具稃的，具鳞片的；paleus 托苞，内颖，内稃，鳞片；-aceus/ -aceum/ -acea 相似的，有……性质的，属于……的

Cyrtomium serratum 尖齿贯众：serratus = serrus + atus 有锯齿的；serrus 齿，锯齿

Cyrtomium shandongense 山东贯众：shandongense 山东的（地名）

Cyrtomium shingianum 邢氏贯众：shingianum（人名）

Cyrtomium sinningense 新宁贯众：sinningense 新宁的（地名，湖南省）

Cyrtomium taiwanense 台湾贯众：taiwanense 台湾的（地名）

Cyrtomium tengii 世纬贯众：tengii 邓世纬（人名）

Cyrtomium trapezoideum 斜方贯众：trapezoideus 不规则四边形状的，梯形的；trapez-/ trapezi- 不规则四边形，梯形；-oides/ -oideus/ -oideum/ -oidea/ -odes/ -eidos 像……的，类似……的，呈……状的（名词词尾）

Cyrtomium tsinglingense 秦岭贯众：tsinglingense 秦岭的（地名，陕西省）

Cyrtomium tukusicola 齿盖贯众：tukusi 筑紫（地名，日本九州的旧称）；colus ← colo 分布于，居住于，栖居，殖民（常作词尾）；colo/ colere/ colui/ cultum 居住，耕作，栽培

Cyrtomium uniseriale 单行贯众（行 háng）：uniserialis 单列的；uni-/ uno- ← unus/ unum/ una 一，单一（希腊语为 mono-/ mon-）；seriale 行列，成行成列的，系列的

Cyrtomium urophyllum 线羽贯众：uro-/ -urus ← ura 尾巴，尾巴状的；phyllus/ phyllum/ phylla ← phyllon 叶片（用于希腊语复合词）；Urophyllum 尖叶木属（茜草科）

Cyrtomium wulingense 武陵贯众：wulingense 武陵的（地名，湖南省），雾灵的（地名，河北省），五岭的（地名，分布于两广、湖南、江西的五座山岭）

Cyrtomium yamamotoi 阔羽贯众：yamamotoi 山本（日本人名）

Cyrtomium yamamotoi var. intermedium 粗齿阔羽贯众：intermedius 中间的，中位的，中等的；inter- 中间的，在中间，之间；medius 中间的，中央的

Cyrtomium yamamotoi var. yamamotoi 阔羽贯众-原变种（词义见上面解释）

Cyrtomium yunnanense 云南贯众：yunnanense 云南的（地名）

Cyrtosia 肉果兰属（兰科）（18：p5）：cyrt-/ cyrto- ← cyrtus ← cyrtos 弯曲的

Cyrtosia javanica 肉果兰：javanica 爪哇的（地名，印度尼西亚）；-icus/ -icum/ -ica 属于，具有某种特性（常用于地名、起源、生境）

Cyrtosia nana 矮小肉果兰：nanus ← nanos/ nannos 矮小的，小的；nani-/ nano-/ nanno- 矮小的，小的

Cyrtosia septentrionalis 血红肉果兰（血 xuè）：septentrionalis 北方的，北半球的，北极附近的；septentrio 北斗七星，北方，北风；septem-/ sept-/ septi- 七（希腊语为 hepta-）；trio 耕牛，大、小熊星座

Cyrtosperma 曲籽芋属（天南星科）（13-2：p13）：cyrt-/ cyrto- ← cyrtus ← cyrtos 弯曲的；spermus/ spermum/ sperma 种子的（用于希腊语复合词）

Cyrtosperma lasioides 曲籽芋：Lasia 刺芋属（天南星科）；lasi-/ lasio- 羊毛状的，有毛的，粗糙的；-oides/ -oideus/ -oideum/ -oidea/ -odes/ -eidos 像……的，类似……的，呈……状的（名词词尾）

Cystacanthus 鳔冠花属（鳔 biào，冠 guān）（爵床科）（70：p212）：cystac- ← cysto- ← cistis ← kistis 囊，袋，泡；anthus/ anthum/ antha/ anthe ← anthos 花（用于希腊语复合词）

Cystacanthus affinis 丽江鳔冠花：affinis = ad + finis 酷似的，近似的，有联系的；ad- 向，到，近（拉丁语词首，表示程度加强）；构词规则：构成复合词时，词首末尾的辅音字母常同化为紧接其后的那个辅音字母（如 ad + f → aff）；finis 界限，境界；affin- 相似，近似，相关

Cystacanthus paniculatus 鳔冠花：paniculatus = paniculus + atus 具圆锥花序的；paniculus 圆锥花序；panus 谷穗；panicus 野稗，粟，谷子；-atus/ -atum/ -ata 属于，相似，具有，完成（形容词词尾）

Cystacanthus yangzekiangensis 金江鳔冠花：yangzekiangensis 扬子江的，长江的（地名）

Cystacanthus yunnanensis 滇鳔冠花：yunnanensis 云南的（地名）

Cystoathyrium 光叶蕨属（蹄盖蕨科）（3-2：p60）：cysto- ← cistis ← kistis 囊，袋，泡；Athyrium 蹄盖蕨属

Cystoathyrium chinense 光叶蕨：chinense 中国的（地名）

Cystopteris 冷蕨属（蹄盖蕨科）（3-2：p43）：cysto- ← cistis ← kistis 囊，袋，泡；pteris ← pteryx 翅，翼，蕨类（希腊语）

Cystopteris deqinensis 德钦冷蕨：deqinensis 德钦的（地名，云南省）

Cystopteris dickieana 皱孢冷蕨：dickieana（人名）

Cystopteris fragilis 冷蕨：fragilis 脆的，易碎的

Cystopteris guizhouensis 贵州冷蕨：guizhouensis 贵州的（地名）

Cystopteris kansuana 西宁冷蕨：kansuana 甘肃的（地名）

Cystopteris modesta 卷叶冷蕨：modestus 适度的，保守的

Cystopteris montana 高山冷蕨：montanus 山，山地；montis 山，山地的；mons 山，山脉，岩石

Cystopteris moupinensis 宝兴冷蕨：moupinensis 穆坪的（地名，四川省宝兴县），木坪的（地名，重庆市）

Cystopteris pellucida 膜叶冷蕨：pellucidus/ perlucidus = per + lucidus 透明的，透光的，极透明的；per-（在 l 前面音变为 pel-）极，很，颇，甚，非常，完全，通过，遍及（表示效果加强，与 sub- 互为反义词）；lucidus ← lucis ← lux 发光的，光辉的，清晰的，发亮的，荣耀的（lux 的单数所有格为 lucis，词尾为 -is 和 -ys 的词的词干分别视为 -id 和 -yd）

Cystopteris sudetica 欧洲冷蕨：sudetica ← Sudeten（山名，捷克）

Cystopteris tibetica 藏冷蕨：tibetica 西藏的（地名）；-icus/ -icum/ -ica 属于，具有某种特性（常用于地名、起源、生境）

Cytisus 金雀儿属（豆科）（42-2：p419）：cytisus ← cytisos 木本苜蓿（Medicago arborea）

Cytisus nigricans 变黑金雀儿：nigricans/ nigrescens 几乎是黑色的，发黑的，变黑的；nigrus 黑色的；niger 黑色的；-escens/ -ascens 改变，转变，变成，略微，带有，接近，相似，大致，稍微（表示变化的趋势，并未完全相似或相同，有别于表示达到完成状态的 -atus）；-icans 表示正在转变的过程或相似程度，有时表示相似程度非常接近、几乎相同

Cytisus scoparius 金雀儿：scoparius 笤帚状的；scopus 笤帚；-arius/ -arium/ -aria 相似，属于（表示地点，场所，关系，所属）

Czernaevia 柳叶芹属（伞形科）（55-3：p10）：czernaevia（人名）

Czernaevia laevigata 柳叶芹：laevigatus/ levigatus 光滑的，平滑的，平滑而发亮的；laevis/ levis/ laeve/ leve → levi-/ laevi- 光滑的，无毛的，无不平或粗糙感觉的；laevigo/ levigo 使光滑，削平

Czernaevia laevigata var. exalatocarpa 无翼柳叶芹：exalatocarpa 果实无翅的；exalatus 无翅的，无翅的；e-/ ex- 不，无，非，缺乏，不具有（e- 用在辅音字母前，ex- 用在元音字母前，为拉丁语词首，对应的希腊语词首为 a-/ an-，英语为 un-/ -less，注意作词首用的 e-/ ex- 和介词 e/ ex 意思不同，后者意为"出自、从……、由……离开、由于、依照"）；alatus → ala-/ alat-/ alati-/ alato- 翅，具翅的，具翼的；carpus/ carpum/ carpa/ carpon ← carpos 果实（用于希腊语复合词）

Czernaevia laevigata var. laevigata 柳叶芹-原变种（词义见上面解释）

Czernaevia laevigata var. laevigata f. latipinna 宽叶柳叶芹：lati-/ late- ← latus 宽的，宽广的；pinnus/ pennus 羽毛，羽状，羽片

Dacrydium 陆均松属（罗汉松科）（7：p420）：dacrydion 泪滴，水珠（指果实呈水滴状椭圆形）

Dacrydium pierrei 陆均松：pierrei（人名）；-i 表示人名，接在以元音字母结尾的人名后面，但 -a 除外

Dactylicapnos 紫金龙属（罂粟科）（32：p88）：dactylicapnos 指状裂似延胡索（比喻叶片指状深裂或复出）；dactylis ← dactylos 手指，手指状的（希腊语）；capnos ← kapnos 延胡索（希腊语）

Dactylicapnos lichiangensis 丽江紫金龙：lichiangensis 丽江的（地名，云南省）

Dactylicapnos roylei 宽果紫金龙：roylei ← John Forbes Royle（人名，19 世纪英国植物学家、医生）；

-i 表示人名，接在以元音字母结尾的人名后面，但 -a 除外

Dactylicapnos scandens 紫金龙：scandens 攀缘的，缠绕的，藤本的；scando/ scansum 上升，攀登，缠绕

Dactylicapnos torulosa 扭果紫金龙：torulosus = torus + ulus + osus 多结节的，多凸起的；torus 垫子，花托，结节，隆起；-ulus/ -ulum/ -ula 小的，略微的，稍微的（小词 -ulus 在字母 e 或 i 之后有多种变缀，即 -olus/ -olum/ -ola、-ellus/ -ellum/ -ella、-illus/ -illum/ -illa，与第一变格法和第二变格法名词形成复合词）；-osus/ -osum/ -osa 多的，充分的，丰富的，显著发育的，程度高的，特征明显的（形容词词尾）

Dactylis 鸭茅属（禾本科）（9-2：p89）：dactylis ← dactylos 手指，手指状的（希腊语）

Dactylis glomerata 鸭茅：glomeratus = glomera + atus 聚集的，球形的，聚成球形的；glomera 线球，一团，一束

Dactylis glomerata subsp. glomerata 鸭茅-原亚种（词义见上面解释）

Dactylis glomerata subsp. himalayensis 喜马拉雅鸭茅：himalayensis 喜马拉雅的（地名）

Dactyloctenium 龙爪茅属（爪 zhǎo）（禾本科）（10-1：p66）：dactyloctenium 手指状梳子的（指小穗指状排列）；dactylos 手指，指状的（希腊语）；ktenion 梳子

Dactyloctenium aegyptium 龙爪茅：aegyptium 埃及的（地名）

Daemonorops 黄藤属（棕榈科）（13-1：p59）：daemonorops 带刺魔爪（指植株优美）；daemon 妖魔；rops ← rhops 灌木

Daemonorops margaritae 黄藤：margaritae 珍珠的（margaritus 的所有格）；margaritus 珍珠的，珍珠状的

Dahlia 大丽花属（菊科）（75：p367）：dahlia ← Andreas（Anders）Dahl（人名，1751–1789，瑞典植物学家）（除 -er 外，以辅音字母结尾的人名用作属名时在末尾加 -ia，如果人名词尾为 -us 则将词尾变成 -ia）

Dahlia pinnata 大丽花：pinnatus = pinnus + atus 羽状的，具羽的；pinnus/ pennus 羽毛，羽状，羽片；-atus/ -atum/ -ata 属于，相似，具有，完成（形容词词尾）

Dalbergia 黄檀属（豆科）（40：p98）：dalbergia ← Nicolas Dahlberg（人名，1736–1820，瑞典植物学家）

Dalbergia assamica 秧青：assamica 阿萨姆邦的（地名，印度）

Dalbergia balansae 南岭黄檀：balansae ← Benedict Balansa（人名，19 世纪法国植物采集员）；-ae 表示人名，以 -a 结尾的人名后面加上 -e 形成

Dalbergia benthami 两粤黄檀：benthami ← George Bentham（人名，19 世纪英国植物学家）（注：词尾改为"-ii"似更妥）；-ii 表示人名，接在以辅音字母结尾的人名后面，但 -er 除外；-i 表示人名，接在以元音字母结尾的人名后面，但 -a 除外

D

Dalbergia burmanica 缅甸黄檀：burmanica 缅甸的（地名）

Dalbergia candenatensis 弯枝黄檀：candenatensis（地名）

Dalbergia dyeriana 大金刚藤：dyeriana ← William Turner Thiselton-Dyer（人名，19 世纪初英国植物学家）

Dalbergia fusca 黑黄檀：fuscus 棕色的，暗色的，发黑的，暗棕色的，褐色的

Dalbergia hainanensis 海南黄檀：hainanensis 海南的（地名）

Dalbergia hancei 藤黄檀：hancei ← Henry Fletcher Hance（人名，19 世纪英国驻香港领事，曾在中国采集植物）；-i 表示人名，接在以元音字母结尾的人名后面，但 -a 除外

Dalbergia henryana 蒙自黄檀：henryana ← Augustine Henry 或 B. C. Henry（人名，前者，1857–1930，爱尔兰医生、植物学家，曾在中国采集植物，后者，1850–1901，曾活动于中国的传教士）

Dalbergia hupeana 黄檀：hupeana 湖北的（地名）

Dalbergia kingiana 滇南黄檀：kingiana ← Captain Phillip Parker King（人名，19 世纪澳大利亚海岸测量师）

Dalbergia millettii 香港黄檀：millettii（人名）；-ii 表示人名，接在以辅音字母结尾的人名后面，但 -er 除外

Dalbergia mimosoides 象鼻藤：Mimosa 含羞草属（豆科）；-oides/ -oideus/ -oideum/ -oidea/ -odes/ -eidos 像……的，类似……的，呈……状的（名词词尾）

Dalbergia obtusifolia 钝叶黄檀：obtusus 钝的，钝形的，略带圆形的；folius/ folium/ folia 叶，叶片（用于复合词）

Dalbergia odorifera 降香：odorus 香气的，气味的；-ferus/ -ferum/ -fera/ -fero/ -fere/ -fer 有，具有，产（区别：作独立词使用的 ferus 意思是"野生的"）

Dalbergia peishaensis 白沙黄檀：peishaensis 白沙的（地名，海南省）

Dalbergia pinnata 斜叶黄檀：pinnatus = pinnus + atus 羽状的，具羽的；pinnus/ pennus 羽毛，羽状，羽片；-atus/ -atum/ -ata 属于，相似，具有，完成（形容词词尾）

Dalbergia polyadelpha 多体蕊黄檀：polyadelphus 多体雄蕊的；poly- ← polys 多个，许多（希腊语，拉丁语为 multi-）；adelphus 雄蕊，兄弟

Dalbergia rimosa 多裂黄檀：rimosus = rima + osus 多裂缝的，龟裂的，裂缝的；rima 裂缝，裂隙，龟裂

Dalbergia rubiginosa （锈红黄檀）：rubiginosus/ robiginosus 锈色的，锈红色的，红褐色的；robigo 锈（词干为 rubigin-）；-osus/ -osum/ -osa 多的，充分的，丰富的，显著发育的，程度高的，特征明显的（形容词词尾）；词尾为 -go 的词其词干末尾视为 -gin

Dalbergia sacerdotum 上海黄檀：sacerdotus/ sacerdus/ sacerdos 司祭，神甫；sacerdos = sacer + do 司祭，神甫；sacer/ sacrum/ sacra 神圣的，供奉的；do/ dare/ dedi/ datum 给与，赠送，供奉，牺牲，贡献

Dalbergia sericea 毛叶黄檀：sericeus 绢丝状的；sericus 绢丝的，绢毛的，赛尔人的（Ser 为印度一民族）；-eus/ -eum/ -ea（接拉丁语词干时）属于……的，色如……的，质如……的（表示原料、颜色或品质的相似），（接希腊语词干时）属于……的，以……出名，为……所占有（表示具有某种特性）

Dalbergia sissoo 印度黄檀：sissoo（印度土名）

Dalbergia stenophylla 狭叶黄檀：sten-/ steno- ← stenus 窄的，狭的，薄的；phyllus/ phyllum/ phylla ← phyllon 叶片（用于希腊语复合词）

Dalbergia stipulacea 托叶黄檀：stipulaceus 托叶的，托叶状的，托叶上的；stipulus 托叶；-aceus/ -aceum/ -acea 相似的，有……性质的，属于……的

Dalbergia tonkinensis 越南黄檀：tonkin 东京（地名，越南河内的旧称）

Dalbergia tsoi 红果黄檀：tsoi（人名）；-i 表示人名，接在以元音字母结尾的人名后面，但 -a 除外

Dalbergia yunnanensis 滇黔黄檀：yunnanensis 云南的（地名）

Dalbergia yunnanensis var. collettii 高原黄檀：collettii ← Philibert Collet（人名，17 世纪法国植物学家）

Dalbergia yunnanensis var. yunnanensis 滇黔黄檀-原变种 （词义见上面解释）

Dalechampia 黄蓉花属（大戟科）（44-2：p119）：dalechampia ← Jacques Dalechamps（人名，1513–1588，法国医生、植物学家、哲学家）

Dalechampia bidentata 二齿黄蓉花：bi-/ bis- 二，二数，二回（希腊语为 di-）；dentatus = dentus + atus 牙齿的，齿状的，具齿的；dentus 齿，牙齿；-atus/ -atum/ -ata 属于，相似，具有，完成（形容词词尾）

Dalechampia bidentata var. bidentata 二齿黄蓉花-原变种 （词义见上面解释）

Dalechampia bidentata var. yunnanensis 黄蓉花：yunnanensis 云南的（地名）

Damnacanthus 虎刺属（茜草科）（71-2：p167）：damnao 优胜的，征服的；acanthus ← Akantha 刺，具刺的（Acantha 是希腊神话中的女神，和太阳神阿波罗发生冲突，太阳神将其变成带刺的植物）

Damnacanthus angustifolius 台湾虎刺：angusti- ← angustus 窄的，狭的，细的；folius/ folium/ folia 叶，叶片（用于复合词）

Damnacanthus giganteus 短刺虎刺：giganteus 巨大的；giga-/ gigant-/ giganti- ← gigantos 巨大的；-eus/ -eum/ -ea（接拉丁语词干时）属于……的，色如……的，质如……的（表示原料、颜色或品质的相似），（接希腊语词干时）属于……的，以……出名，为……所占有（表示具有某种特性）

Damnacanthus guangxiensis 广西虎刺：guangxiensis 广西的（地名）

Damnacanthus hainanensis 海南虎刺：hainanensis 海南的（地名）

Damnacanthus henryi 云桂虎刺：henryi ← Augustine Henry 或 B. C. Henry（人名，前者，1857–1930，爱尔兰医生、植物学家，曾在中国采集植物，后者，1850–1901，曾活动于中国的传教士）

Damnacanthus indicus 虎刺：indicus 印度的（地

D

名）; -icus/ -icum/ -ica 属于，具有某种特性（常用于地名、起源、生境）

Damnacanthus labordei 柳叶虎刺：labordei ← J. Laborde（人名，19 世纪活动于中国贵州的法国植物采集员）; -i 表示人名，接在以元音字母结尾的人名后面，但 -a 除外

Damnacanthus macrophyllus 浙皖虎刺：macro-/ macr- ← macros 大的，宏观的（用于希腊语复合词）; phyllus/ phyllum/ phylla ← phyllon 叶片（用于希腊语复合词）

Damnacanthus major 大卵叶虎刺：major 较大的，更大的（majus 的比较级）; majus 大的，巨大的

Damnacanthus officinarum 四川虎刺：officinarum 属于药用的（为 officina 的复数所有格）; officina ← opificina 药店，仓库，作坊；-arum 属于……的（第一变格法名词复数所有格词尾，表示群落或多数）

Damnacanthus tsaii 西南虎刺：tsaii 蔡希陶（人名，1911–1981，中国植物学家）

Danthonia 扁芒草属（禾本科）(9-3: p124)：danthonia ← Etienne Danthoine（人名，法国植物学家）

Danthonia schneideri 扁芒草：schneideri（人名）; -eri 表示人名，在以 -er 结尾的人名后面加上 i 形成

Daphne 瑞香属（瑞香科）(52-1: p331)：daphne 月桂，达芙妮（希腊神话中的女神）(daphne 为月桂树 Laurus nobilis 的希腊语名，瑞香树的叶和花与月桂相似)

Daphne acutiloba 尖瓣瑞香：acutilobus 尖浅裂的；acuti-/ acu- ← acutus 锐尖的，针尖的，刺尖的，锐角的；lobus/ lobos/ lobon 浅裂，耳片（裂片先端钝圆），荚果，蒴果

Daphne altaica 阿尔泰瑞香：altaica 阿尔泰的（地名，新疆北部山脉）

Daphne angustiloba 狭瓣瑞香：angusti- ← angustus 窄的，狭的，细的；lobus/ lobos/ lobon 浅裂，耳片（裂片先端钝圆），荚果，蒴果

Daphne arisanensis 台湾瑞香：arisanensis 阿里山的（地名，属台湾省）

Daphne aurantiaca 橙花瑞香：aurantiacus/ aurantius 橙黄色的，金黄色的；aurus 金，金色；aurant-/ auranti- 橙黄色，金黄色

Daphne axillaris 腋花瑞香：axillaris 腋生的；axillus 叶腋的；axill-/ axilli- 叶腋；superaxillaris 腋上的；subaxillaris 近腋生的；extraaxillaris 腋外的；infraaxillaris 腋下的；-aris（阳性、阴性）/ -are（中性）← -alis（阳性、阴性）/ -ale（中性）属于，相似，如同，具有，涉及，关于，联结于（将名词作形容词用，其中 -aris 常用于以 l 或 r 为词干末尾的词）; 形近词：axilis ← axis 轴，中轴

Daphne bholua 藏东瑞香：bholua（土名）

Daphne bholua var. bholua 藏东瑞香-原变种（词义见上面解释）

Daphne bholua var. glacialis 落叶瑞香：glacialis 冰的，冰雪地带的，冰川的；glacies 冰，冰块，耐寒，坚硬

Daphne brevituba 短管瑞香：brevi- ← brevis 短的（用于希腊语复合词词首）; tubus 管子的，管状的，筒状的

Daphne championii 长柱瑞香：championii ← John George Champion（人名，19 世纪英国植物学家，研究东亚植物）

Daphne depauperata 少花瑞香：depauperatus 萎缩的，衰弱的，瘦弱的；de- 向下，向外，从……，脱离，脱落，离开，去掉；paupera 瘦弱的，贫穷的

Daphne emeiensis 峨眉瑞香：emeiensis 峨眉山的（地名，四川省）

Daphne erosiloba 啮蚀瓣瑞香（啮 niè）：erosus 啮蚀状的，牙齿不整齐的；lobus/ lobos/ lobon 浅裂，耳片（裂片先端钝圆），荚果，蒴果

Daphne esquirolii 穗花瑞香：esquirolii（人名）; -ii 表示人名，接在以辅音字母结尾的人名后面，但 -er 除外

Daphne feddei 滇瑞香：feddei（人名）; -i 表示人名，接在以元音字母结尾的人名后面，但 -a 除外

Daphne feddei var. feddei 滇瑞香-原变种（词义见上面解释）

Daphne feddei var. taliensis 大理瑞香：taliensis 大理的（地名，云南省）

Daphne gemmata 川西瑞香：gemmatus 零余子的，珠芽的；gemmus 芽，珠芽，零余子

Daphne genkwa 芫花（芫 yuán，此处不读"yán"）：genkwa 芫花（"芫花"的日语读音）

Daphne giraldii 黄瑞香：giraldii ← Giuseppe Giraldi（人名，19 世纪活动于中国的意大利传教士）

Daphne gracilis 小娃娃皮：gracilis 细长的，纤弱的，丝状的

Daphne grueningiana 倒卵叶瑞香：grueningiana（人名）

Daphne holosericea 丝毛瑞香：holo-/ hol- 全部的，所有的，完全的，联合的，全缘的，不分裂的；sericeus 绢丝状的；sericus 绢丝的，绢毛的，赛尔人的（Ser 为印度一民族）; -eus/ -eum/ -ea（接拉丁语词干时）属于……的，色如……的，质如……的（表示原料、颜色或品质的相似），（接希腊语词干时）属于……的，以……出名，为……所占有（表示具有某种特性）

Daphne holosericea var. holosericea 丝毛瑞香-原变种（词义见上面解释）

Daphne holosericea var. thibetensis 五出瑞香：thibetensis 西藏的（地名）

Daphne holosericea var. wangeana 少丝毛瑞香：wangeana（人名）

Daphne jinyunensis 缙云瑞香（缙 jìn）：jinyunensis 缙云山的（地名，重庆市）

Daphne jinyunensis var. jinyunensis 缙云瑞香-原变种（词义见上面解释）

Daphne jinyunensis var. ptilostyla 毛柱瑞香：ptilon 羽毛，翼，翅；stylus/ stylis ← stylos 柱，花柱

Daphne kiusiana （九州瑞香）：kiusiana 九州的（地名，日本）

Daphne kiusiana var. atrocaulis 毛瑞香：atro-/ atr-/ atri-/ atra- ← ater 深色，浓色，暗色，发黑（ater 作为词干后接辅音字母开头的词时，要在词干后面加一个连接用的元音字母"o"或"i"，故为

"ater-o-" 或 "ater-i-"，变形为 "atr-" 开头）；
caulis ← caulos 茎，茎秆，主茎

Daphne laciniata 翼柄瑞香：laciniatus 撕裂的，条状裂的；lacinius → laci-/ lacin-/ lacini- 撕裂的，条状裂的

Daphne leishanensis 雷山瑞香：leishanensis 雷山的（地名，贵州省）

Daphne limprichtii 铁牛皮：limprichtii（人名）；-ii 表示人名，接在以辅音字母结尾的人名后面，但 -er 除外

Daphne longilobata 长瓣瑞香：longe-/ longi- ← longus 长的，纵向的；lobatus = lobus + atus 具浅裂的，具耳垂状突起的；lobus/ lobos/ lobon 浅裂，耳片（裂片先端钝圆），荚果，蒴果；-atus/ -atum/ -ata 属于，相似，具有，完成（形容词词尾）

Daphne longituba 长管瑞香：longe-/ longi- ← longus 长的，纵向的；tubus 管子的，管状的，筒状的

Daphne macrantha 大花瑞香：macro-/ macr- ← macros 大的，宏观的（用于希腊语复合词）；anthus/ anthum/ antha/ anthe ← anthos 花（用于希腊语复合词）

Daphne modesta 瘦叶瑞香：modestus 适度的，保守的

Daphne myrtilloides 乌饭瑞香：myrtilloides 像越橘的，像乌饭树的；myrtillus ← Vaccinium myrtillus 黑果越橘；-oides/ -oideus/ -oideum/ -oidea/ -odes/ -eidos 像……的，类似……的，呈……状的（名词词尾）

Daphne odora 瑞香：odorus 香气的，气味的；odor 香气，气味；inodorus 无气味的

Daphne odora f. marginata 金边瑞香：marginatus ← margo 边缘的，具边缘的；margo/ marginis → margin- 边缘，边线，边界；词尾为 -go 的词其词干末尾视为 -gin

Daphne odora f. odora 瑞香-原变型 （词义见上面解释）

Daphne papyracea 白瑞香：papyraceus 纸张状的，纸质的，白纸状的；-aceus/ -aceum/ -acea 相似的，有……性质的，属于……的

Daphne papyracea var. crassiuscula 山辣子皮：crassiusculus = crassus + usculus 略粗的，略肥厚的，略肉质的；crassus 厚的，粗的，多肉质的；-usculus ← -culus 小的，略微的，稍微的（小词 -culus 和某些词构成复合词时变成 -usculus）

Daphne papyracea var. duclouxii 短柄白瑞香：duclouxii（人名）；-ii 表示人名，接在以辅音字母结尾的人名后面，但 -er 除外

Daphne papyracea var. grandiflora 大花白瑞香：grandi- ← grandis 大的；florus/ florum/ flora ← flos 花（用于复合词）

Daphne papyracea var. papyracea 白瑞香-原变种 （词义见上面解释）

Daphne pedunculata 长梗瑞香：pedunculatus/ peduncularis 具花序柄的，具总花梗的；pedunculus/ peduncule/ pedunculis ← pes 花序柄，总花梗（花序基部无花着生部分，不同于花柄）；关联词：pedicellus/ pediculus 小花梗，小花柄（不同

于花序柄）；pes/ pedis 柄，梗，茎秆，腿，足，爪（作词首或词尾，pes 的词干视为 "ped-"）

Daphne penicillata 岷江瑞香（岷 mín）：penicillatus 毛笔状的，毛刷状的，羽毛状的；penicillum 画笔，毛刷

Daphne pseudo-mezereum 东北瑞香：pseudo-mezereum 像 mezereum 的；pseudo-/ pseud- ← pseudos 假的，伪的，接近，相似（但不是）；Daphne mezereum（瑞香属一种）；mezereum ← medzaryon 瑞香（波斯土名）

Daphne purpurascens 紫花瑞香：purpurascens 带紫色的，发紫的；purpur- 紫色的；-escens/ -ascens 改变，转变，变成，略微，带有，接近，相似，大致，稍微（表示变化的趋势，并未完全相似或相同，有别于表示达到完成状态的 -atus）

Daphne retusa 凹叶瑞香：retusus 微凹的

Daphne rhynchocarpa 喙果瑞香：rhynchus ← rhynchos 喙状的，鸟嘴状的；carpus/ carpum/ carpa/ carpon ← carpos 果实（用于希腊语复合词）

Daphne rosmarinifolia 华瑞香：Rosmarinus 迷迭香属（唇形科）；folius/ folium/ folia 叶，叶片（用于复合词）

Daphne tangutica 唐古特瑞香：tangutica ← Tangut 唐古特的，党项的（西夏时期生活于中国西北地区的党项羌人，蒙古语称其为 "唐古特"，有多种音译，如唐兀、唐古、唐括等）；-icus/ -icum/ -ica 属于，具有某种特性（常用于地名、起源、生境）

Daphne tangutica var. tangutica 唐古特瑞香-原变种 （词义见上面解释）

Daphne tangutica var. wilsonii 野梦花：wilsonii ← John Wilson（人名，18 世纪英国植物学家）

Daphne tenuiflora 细花瑞香：tenui- ← tenuis 薄的，纤细的，弱的，瘦的，窄的；florus/ florum/ flora ← flos 花（用于复合词）

Daphne tenuiflora var. legendrei 毛细花瑞香：legendrei（人名）

Daphne tenuiflora var. tenuiflora 细花瑞香-原变种 （词义见上面解释）

Daphne tripartita 九龙瑞香：tripartitus 三裂的，三部分的；tri-/ tripli-/ triplo- 三个，三数；partitus 深裂的，分离的

Daphne xichouensis 西畴瑞香：xichouensis 西畴的（地名，云南省）

Daphne yunnanensis 云南瑞香：yunnanensis 云南的（地名）

Daphniphyllaceae 虎皮楠科（45-1：p1）：Daphniphyllum 虎皮楠属（樟科）；-aceae（分类单位科的词尾，为 -aceus 的阴性复数主格形式，加到模式属的名称后或同义词的词干后以组成族群名称）

Daphniphyllum 虎皮楠属（虎皮楠科）（45-1：p1）：Daphne 瑞香属（瑞香科），月桂（Laurus nobilis）；phyllus/ phyllum/ phylla ← phyllon 叶片（用于希腊语复合词）

Daphniphyllum angustifolium 狭叶虎皮楠：angusti- ← angustus 窄的，狭的，细的；folius/ folium/ folia 叶，叶片（用于复合词）

Daphniphyllum calycinum 牛耳枫：calycinus =

D

calyx + inus 萼片的，萼片状的，萼片宿存的；calyx → calyc- 萼片（用于希腊语复合词）；构词规则：以 -ix/ -iex 结尾的词其词干末尾视为 -ic，以 -ex 结尾视为 -i/ -ic，其他以 -x 结尾视为 -c；-inus/ -inum/ -ina/ -inos 相近，接近，相似，具有（通常指颜色）

Daphniphyllum himalense 西藏虎皮楠：himalense 喜马拉雅的（地名）

Daphniphyllum longeracemosum 长序虎皮楠：longeracemosus 长总状的；longe-/ longi- ← longus 长的，纵向的；racemus 总状的，葡萄串状的；-osus/ -osum/ -osa 多的，充分的，丰富的，显著发育的，程度高的，特征明显的（形容词词尾）

Daphniphyllum longistylum 长柱虎皮楠：longe-/ longi- ← longus 长的，纵向的；stylus/ stylis ← stylos 柱，花柱

Daphniphyllum macropodum 交让木：macro-/ macr- ← macros 大的，宏观的（用于希腊语复合词）；podus/ pus 柄，梗，茎秆，足，腿

Daphniphyllum oldhami 虎皮楠：oldhami ← Richard Oldham（人名，19 世纪植物采集员）（注：词尾改为 "-ii" 似更妥）；-ii 表示人名，接在以辅音字母结尾的人名后面，但 -er 除外；-i 表示人名，接在以元音字母结尾的人名后面，但 -a 除外

Daphniphyllum paxianum 脉叶虎皮楠：paxianum（人名）

Daphniphyllum peltatum 盾叶虎皮楠：peltatus = peltus + atus 盾状的，具盾片的；peltus ← pelte 盾片，小盾片，盾形的；-atus/ -atum/ -ata 属于，相似，具有，完成（形容词词尾）

Daphniphyllum subverticillatum 假轮叶虎皮楠：subverticillatus 近轮生的，不完全轮生的；sub-（表示程度较弱）与……类似，几乎，稍微，弱，亚，之下，下面；verticillatus/ verticillaris 螺纹的，螺旋的，轮生的，环状的；verticillus 轮，环状排列

Daphniphyllum yunnanense 大叶虎皮楠：yunnanense 云南的（地名）

Dasygrammitis 毛禾蕨属（水龙骨科，另见蒿蕨属 Ctenopteris）（6-2：p305）：dasy- ← dasys 毛茸茸的，粗毛的，毛；Grammitis 禾叶蕨属（禾叶蕨科）

Dasymaschalon 皂帽花属（番荔枝科）（30-2：p164）：dasymaschalon 毛茸茸的胳肢窝；dasys 毛茸茸的，粗毛的，毛；dasy- ← dasys 毛茸茸的，粗毛的，毛；maschale 胳肢窝

Dasymaschalon rostratum 喙果皂帽花：rostratus 具喙的，喙状的；rostrus 鸟喙（常作词尾）；rostre 鸟喙，喙状的

Dasymaschalon sootepense 黄花皂帽花：sootepense（地名，泰国）

Dasymaschalon trichophorum 皂帽花：trich-/ tricho-/ tricha- ← trichos ← thrix 毛，多毛的，线状的，丝状的；-phorus/ -phorum/ -phora 载体，承载物，支持物，带着，生着，附着（表示一个部分带着别的部分，包括起支撑或承载作用的柄、柱、托、囊等，如 gynophorum = gynus + phorum 雌蕊柄的，带有雌蕊的，承载雌蕊的）；gynus/ gynum/ gyna 雌蕊，子房，心皮

Datura 曼陀罗属（茄科）（67-1：p143）：datura 曼

陀罗（印度土名）

Datura arborea 木本曼陀罗：arboreus 乔木状的；arbor 乔木，树木；-eus/ -eum/ -ea（接拉丁语词干时）属于……的，色如……的，质如……的（表示原料、颜色或品质的相似），（接希腊语词干时）属于……的，以……出名，为……所占有（表示具有某种特性）

Datura inoxia 毛曼陀罗：inoxius 无刺的，无害的；in-/ im-（来自 il- 的音变）内，在内，内部，向内，相反，不，无，非；il- 在内，向内，为，相反（希腊语为 en-）；词首 il- 的音变：il-（在 l 前面），im-（在 b、m、p 前面），in-（在元音字母和大多数辅音字母前面），ir-（在 r 前面），如 illaudatus（不值得称赞的，评价不好的），impermeabilis（不透水的，穿不透的），ineptus（不合适的），insertus（插入的），irretortus（无弯曲的，无扭曲的）；noxius/ noxa 损伤，受伤，伤害，有害的，有毒的

Datura metel 洋金花：metel 洋金花（阿拉伯语）

Datura stramonium 曼陀罗：stramonium（一种有刺的茄科植物，希腊语名）

Daucus 胡萝卜属（卜 bo）（伞形科）（55-3：p222）：daucus（一种植物的古希腊语名）

Daucus carota 野胡萝卜：carota 胡萝卜（古拉丁名）

Daucus carota var. carota 野胡萝卜-原变种 （词义见上面解释）

Daucus carota var. sativa 胡萝卜：sativus 栽培的，种植的，耕地的，耕作的

Davallia 骨碎补属（骨碎补科）（2：p297，6-1：p179）：davallia ← Edmond Davall（人名，1763–1798，瑞士植物学家，英国人）

Davallia amabilis 云桂骨碎补：amabilis 可爱的，有魅力的；amor 爱；-ans/ -ens/ -bilis/ -ilis 能够，可能（为形容词词尾，-ans/ -ens 用于主动语态，-bilis/ -ilis 用于被动语态）

Davallia austro-sinica 华南骨碎补：austro-/ austr- 南方的，南半球的，大洋洲的；auster 南方，南风；sinica 中国的（地名）

Davallia brevisora 麻栗坡骨碎补：brevi- ← brevis 短的（用于希腊语复合词词首）；sorus ← soros 堆（指密集成簇），孢子囊群

Davallia cylindrica 云南骨碎补：cylindricus 圆形的，圆筒状的

Davallia denticulata 假脉骨碎补：denticulatus = dentus + culus + atus 具细齿的，具齿的；dentus 齿，牙齿；-culus/ -culum/ -cula 小的，略微的，稍微的（同第三变格法和第四变格法名词形成复合词）；-atus/ -atum/ -ata 属于，相似，具有，完成（形容词词尾）

Davallia formosana 大叶骨碎补：formosanus = formosus + anus 美丽的，台湾的；formosus ← formosa 美丽的，台湾的（葡萄牙殖民者发现台湾时对其的称呼，即美丽的岛屿）；-anus/ -anum/ -ana 属于，来自（形容词词尾）

Davallia mariesii 骨碎补：mariesii（人名）；-ii 表示人名，接在以辅音字母结尾的人名后面，但 -er 除外

Davallia sinensis 中国骨碎补：sinensis = Sina + ensis 中国的（地名）；Sina 中国

D

Davallia solida 阔叶骨碎补：solidus 完全的，实心的，致密的，坚固的，结实的

Davallia stenolepis 台湾骨碎补：sten-/ steno- ← stenus 窄的，狭的，薄的；lepis/ lepidos 鳞片

Davalliaceae 骨碎补科（2: p280, 6-1: p161）：Davallia 骨碎补属；-aceae（分类单位科的词尾，为 -aceus 的阴性复数主格形式，加到模式属的名称后或同义词的词干后以组成族群名称）

Davallodes 钻毛蕨属（钻 zuàn）（骨碎补科）（2: p281）：Davallia 骨碎补属；-oides/ -oideus/ -oideum/ -oidea/ -odes/ -eidos 像……的，类似……的，呈……状的（名词词尾）

Davallodes chingiae 秦氏钻毛蕨：chingiae ← R. C. Chin 秦仁昌（人名，1898–1986，中国植物学家，蕨类植物专家），秦氏

Davallodes membranulosa 膜钻毛蕨：membranulosus ← membranaceus 膜质的，略呈膜状的；membranus 膜；-ulosus = ulus + osus 小而多的

Davidia 珙桐属（蓝果树科）（52-2: p157）：davidia ← Pere Armand David（人名，1826–1900，曾在中国采集植物标本的法国传教士）

Davidia involucrata 珙桐：involucratus = involucrus + atus 有总苞的；involucrus 总苞，花苞，包被

Davidia involucrata var. involucrata 珙桐-原变种（词义见上面解释）

Davidia involucrata var. vilmoriniana 光叶珙桐：vilmoriniana ← Vilmorin-Andrieux（人名，19 世纪法国种苗专家）

Dayaoshania 瑶山苣苔属（苦苣苔科）（69: p271）：dayaoshania 大瑶山的（地名，广西壮族自治区）

Dayaoshania cotinifolia 瑶山苣苔：Cotinus 黄栌属（漆树科）；folius/ folium/ folia 叶，叶片（用于复合词）

Debregeasia 水麻属（荨麻科）（23-2: p388）：debregeasia ← P. J. Bregeas（人名）

Debregeasia elliptica 椭圆叶水麻：ellipticus 椭圆形的；-ticus/ -ticum/ tica/ -ticos 表示属于，关于，以……著称，作形容词词尾

Debregeasia longifolia 长叶水麻：longe-/ longi- ← longus 长的，纵向的；folius/ folium/ folia 叶，叶片（用于复合词）

Debregeasia orientalis 水麻：orientalis 东方的；oriens 初升的太阳，东方

Debregeasia saeneb 柳叶水麻：saeneb 经常，屡次

Debregeasia squamata 鳞片水麻：squamatus = squamus + atus 具鳞片的，具薄膜的；squamus 鳞，鳞片，薄膜

Debregeasia wallichiana 长序水麻：wallichiana ← Nathaniel Wallich（人名，19 世纪初丹麦植物学家、医生）

Decaisnea 猫儿屎属（木通科）（29: p2）：decaisnea ← Joseph de Decaisne（人名，1807–1882，法国植物学家、园林学家，比利时人）

Decaisnea insignis 猫儿屎：insignis 著名的，超群的，优秀的，显著的，杰出的；in-/ im-（来自 il- 的音变）内，在内，内部，向内，相反，不，无，非；

il- 在内，向内，为，相反（希腊语为 en-）；词首 il- 的音变：il-（在 l 前面），im-（在 b、m、p 前面），in-（在元音字母和大多数辅音字母前面），ir-（在 r 前面），如 illaudatus（不值得称赞的，评价不好的），impermeabilis（不透水的，穿不透的），ineptus（不合适的），insertus（插入的），irretortus（无弯曲的，无扭曲的）；signum 印记，标记，刻画，图章

Decaschistia 十裂葵属（锦葵科）（49-2: p89）：deca-/ dec- 十（希腊语，拉丁语为 decem-）；schistus ← schizo 裂开的，分歧的

Decaschistia nervifolia 十裂葵：nervifolius 脉叶的；nervus 脉，叶脉；folius/ folium/ folia 叶，叶片（用于复合词）

Decaspermum 子楝树属（桃金娘科）（53-1: p125）：deca-/ dec- 十（希腊语，拉丁语为 decem-）；spermus/ spermum/ sperma 种子的（用于希腊语复合词）

Decaspermum albociliatum 白毛子楝树：albus → albi-/ albo- 白色的；ciliatus = cilium + atus 缘毛的，流苏的；-atus/ -atum/ -ata 属于，相似，具有，完成（形容词词尾）

Decaspermum austro-hainanicum 琼南子楝树：austro-/ austr- 南方的，南半球的，大洋洲的；auster 南方，南风；hainanicum 海南的（地名）

Decaspermum cambodianum 柬埔寨子楝树（埔 pǔ）：cambodianum 柬埔寨的（地名）

Decaspermum esquirolii 华夏子楝树：esquirolii（人名）；-ii 表示人名，接在以辅音字母结尾的人名后面，但 -er 除外

Decaspermum fruticosum 五瓣子楝树：fruticosus/ frutesceus 灌丛状的；frutex 灌木；构词规则：以 -ix/ -iex 结尾的词其词干末尾视为 -ic，以 -ex 结尾视为 -i/ -ic，其他以 -x 结尾视为 -c；-osus/ -osum/ -osa 多的，充分的，丰富的，显著发育的，程度高的，特征明显的（形容词词尾）

Decaspermum glabrum 秃子楝树：glabrus 光秃的，无毛的，光滑的

Decaspermum gracilentum 子楝树：gracilentus 细长的，纤弱的；gracilis 细长的，纤弱的，丝状的；-ulentus/ -ulentum/ -ulenta/ -olentus/ -olentum/ -olenta（表示丰富、充分或显著发展）

Decumaria 赤壁木属（虎耳草科）（35-1: p171）：decumaria ← decuma 第十部分，十数的（指花各部均为十出数）

Decumaria sinensis 赤壁木：sinensis = Sina + ensis 中国的（地名）；Sina 中国

Dehaasia 莲桂属（樟科）（31: p120）：dehaasia ← Dehaas（人名）

Dehaasia hainanensis 莲桂：hainanensis 海南的（地名）

Dehaasia incrassata 腰果楠：incrassatus 加厚的，加粗的；in 到，往，向（表示程度加强）；crassus 粗的，厚的

Dehaasia kwangtungensis 广东莲桂：kwangtungensis 广东的（地名）

Deinanthe 叉叶蓝属（叉 chā）（虎耳草科）（35-1: p200）：deinanthe 奇怪的花；dein- ← deinos 奇怪的，恐怖的；anthe ← anthus ← anthos 花

D

Deinanthe caerulea 叉叶蓝：caeruleus/ coeruleus 深蓝色的，海洋蓝的，青色的，暗绿色的；caerulus/ coerulus 深蓝色，海洋蓝，青色，暗绿色；-eus/ -eum/ -ea（接拉丁语词干时）属于……的，色如……的，质如……的（表示原料、颜色或品质的相似），（接希腊语词干时）属于……的，以……出名，为……所占有（表示具有某种特性）

Deinocheilos 全唇苣苔属（苦苣苔科）（69：p325）：deinocheilos 奇异唇瓣；dein- ← deinos 奇怪的，恐怖的；cheilos → cheilus → cheil-/ cheilo- 唇，唇边，边缘，岸边

Deinocheilos jiangxiense 江西全唇苣苔：jiangxiense 江西的（地名）

Deinocheilos sichuanense 全唇苣苔：sichuanense 四川的（地名）

Deinostema 泽蕃椒属（玄参科）（67-2：p94）：注：有时误拼为 "deinostemma"；deinostema 奇异雄蕊的；dein- ← deinos 奇怪的，恐怖的；stema ← stemon 雄蕊；形近词：stemmus/ stemmum/ stemma 王冠，花冠，花环

Deinostemma violaceum 泽蕃椒：violaceus 紫红色的，紫堇色的，堇菜状的；Viola 堇菜属（堇菜科）；-aceus/ -aceum/ -acea 相似的，有……性质的，属于……的

Delavaya 茶条木属（无患子科）（47-1：p67）：delavaya ← Delavay ← P. J. M. Delavay（人名，1834–1895，法国传教士，曾在中国采集植物标本）

Delavaya toxocarpa 茶条木：toxo- 有毒的；carpus/ carpum/ carpa/ carpon ← carpos 果实（用于希腊语复合词）

Delonix 凤凰木属（豆科）（39：p95）：delonix 具明显的爪（比喻花瓣狭裂形状）；delos 清晰的，分明的；onix ← onyx 爪

Delonix regia 凤凰木：regia 帝王的

Delphinium 翠雀属（飞燕草属）（毛茛科）（27：p326）：delphinium ← delphinos 海豚（比喻花蕾形状）

Delphinium aemulans 塔城翠雀花：aemulans 模仿的，类似的，媲美的

Delphinium albocoeruleum 白蓝翠雀花：albocoeruleum 蓝灰色的；albus → albi-/ albo- 白色的；caeruleus/ coeruleus 深蓝色的，海洋蓝的，青色的，暗绿色的；-eus/ -eum/ -ea（接拉丁语词干时）属于……的，色如……的，质如……的（表示原料、颜色或品质的相似），（接希腊语词干时）属于……的，以……出名，为……所占有（表示具有某种特性）

Delphinium albocoeruleum var. przewalskii 贺兰翠雀花：przewalskii ← Nicolai Przewalski（人名，19 世纪俄国探险家、博物学家）

Delphinium anthriscifolium 还亮草（还 huán）：Anthriscus 峨参属；folius/ folium/ folia 叶，叶片（用于复合词）

Delphinium anthriscifolium var. calleryi 卵瓣还亮草：calleryi ← Joseph Callery（人名，19 世纪活动于中国的法国传教士）；-i 表示人名，接在以元音字母结尾的人名后面，但 -a 除外

Delphinium anthriscifolium var. majus 大花还亮草：majus 大的，巨大的

Delphinium batangense 巴塘翠雀花：batangense 巴塘的（地名，四川西北部）

Delphinium beesianum 宽距翠雀花：beesianum ← Bee's Nursery（蜂场，位于英国港口城市切斯特）

Delphinium beesianum var. latisectum 粗裂宽距翠雀花：lati-/ late- ← latus 宽的，宽广的；sectus 分段的，分节的，切开的，分裂的

Delphinium beesianum var. radiatifolium 辐裂翠雀花：radiatus = radius + atus 辐射状的，放射状的；radius 辐射，射线，半径，边花，伞形花序；folius/ folium/ folia 叶，叶片（用于复合词）

Delphinium biternatum 三出翠雀花：biternatus 二回三出的；bi-/ bis- 二，二数，二回（希腊语为 di-）；ternatus 三数的，三出的

Delphinium bonvalotii 川黔翠雀花：bonvalotii（人名）；-ii 表示人名，接在以辅音字母结尾的人名后面，但 -er 除外

Delphinium bonvalotii var. eriostylum 毛梗川黔翠雀花：erion 绵毛，羊毛；stylus/ stylis ← stylos 柱，花柱

Delphinium bonvalotii var. hispidum 毛柄川黔翠雀花：hispidus 刚毛的，鬃毛状的

Delphinium brunonianum 囊距翠雀花：brunonianum ← Robert Brown（人名，19 世纪英国植物学家）

Delphinium bulleyanum 拟螺距翠雀花：bulleyanum（人名）

Delphinium caeruleum 蓝翠雀花：caeruleus/ coeruleus 深蓝色的，海洋蓝的，青色的，暗绿色的；caerulus/ coerulus 深蓝色，海洋蓝，青色，暗绿色；-eus/ -eum/ -ea（接拉丁语词干时）属于……的，色如……的，质如……的（表示原料、颜色或品质的相似），（接希腊语词干时）属于……的，以……出名，为……所占有（表示具有某种特性）

Delphinium caeruleum var. majus 大叶蓝翠雀花：majus 大的，巨大的

Delphinium caeruleum var. obtusilobum 钝裂蓝翠雀花：obtusus 钝的，钝形的，略带圆形的；lobus/ lobos/ lobon 浅裂，耳片（裂片先端钝圆），荚果，蒴果

Delphinium calophyllum 美叶翠雀花：calophyllus 美丽叶片的；call-/ calli-/ callo-/ cala-/ calo- ← calos/ callos 美丽的；phyllus/ phyllum/ phylla ← phyllon 叶片（用于希腊语复合词）；Calophyllum 红厚壳属（藤黄科）

Delphinium campylocentrum 弯距翠雀花：campylos 弯弓的，弯曲的，曲折的；campso-/ campto-/ campylo- 弯弓的，弯曲的，曲折的；centrus ← centron 距，有距的，鹰爪状刺（距：雄鸡、雉等的腿的后面突出像脚趾的部分）

Delphinium candelabrum 奇林翠雀花：candelabrus 分枝烛台的，分枝灯架的

Delphinium candelabrum var. monanthum 单花翠雀花：mono-/ mon- ← monos 一个，单一的（希腊语，拉丁语为 unus/ uni-/ uno-）；anthus/ anthum/ antha/ anthe ← anthos 花（用于希腊语

D

复合词）

Delphinium caudatolobum 尾裂翠雀花：caudatus = caudus + atus 尾巴的，尾巴状的，具尾的；caudus 尾巴；lobus/ lobos/ lobon 浅裂，耳片（裂片先端钝圆），荚果，蒴果

Delphinium ceratophoroides 拟角萼翠雀花：ceratophoroides 像 ceratophorum 的，近似带角的；Delphinium ceratophorum 角萼翠雀花；-ceros/ -ceras/ -cera/ cerat-/ cerato- 角，犄角；-oides/ -oideus/ -oideum/ -oidea/ -odes/ -eidos 像……的，类似……的，呈……状的（名词词尾）

Delphinium ceratophorum 角萼翠雀花：ceratophorus 带角的；-ceros/ -ceras/ -cera/ cerat-/ cerato- 角，犄角；-phorus/ -phorum/ -phora 载体，承载物，支持物，带着，生着，附着（表示一个部分带着别的部分，包括起支撑或承载作用的柄、柱、托、囊等，如 gynophorum = gynus + phorum 雌蕊柄的，带有雌蕊的，承载雌蕊的）；gynus/ gynum/ gyna 雌蕊，子房，心皮

Delphinium ceratophorum var. brevicorniculatum 短角萼翠雀花：brevi- ← brevis 短的（用于希腊语复合词词首）；corniculatus = cornus + culus + atus 犄角的，兽角的，兽角般坚硬的；cornus 角，犄角，兽角，角质，角质般坚硬

Delphinium ceratophorum var. hirsutum 毛角萼翠雀花：hirsutus 粗毛的，糙毛的，有毛的（长而硬的毛）

Delphinium ceratophorum var. robustum 粗壮角萼翠雀花：robustus 大型的，结实的，健壮的，强壮的

Delphinium chefoense 烟台翠雀花：chefoense（地名）

Delphinium cheilanthum 唇花翠雀花：cheilanthus 唇形花的，茶树花的；cheilos → cheilus → cheil-/ cheilo- 唇，唇边，边缘，岸边；anthus/ anthum/ antha/ anthe ← anthos 花（用于希腊语复合词）

Delphinium chenii 白缘翠雀花：chenii（人名）；-ii 表示人名，接在以辅音字母结尾的人名后面，但 -er 除外

Delphinium chrysotrichum 黄毛翠雀花：chrys-/ chryso- ← chrysos 黄色的，金色的；trichus 毛，毛发，线

Delphinium chrysotrichum var. tsarongense 察瓦龙翠雀花：tsarongense 察瓦龙的（地名，西藏自治区）

Delphinium chumulangmaense 珠峰翠雀花：chumulangmaense 珠穆朗玛的（地名）

Delphinium chungbaense 仲巴翠雀花：chungbaense 仲巴的（地名，西藏自治区）

Delphinium coleopodum 鞘柄翠雀花：coleos → coleus 鞘，鞘状的，果荚；podus/ pus 柄，梗，茎秆，足，腿

Delphinium davidii 谷地翠雀花：davidii ← Pere Armand David（人名，1826–1900，曾在中国采集植物标本的法国传教士）；-ii 表示人名，接在以辅音字母结尾的人名后面，但 -er 除外

Delphinium davidii var. saxatile 岩生翠雀花：saxatile 生于岩石的，生于石缝的；saxum 岩石，结石；-atilis（阳性、阴性）/ -atile（中性）（表示生长的地方）

Delphinium delavayi 滇川翠雀花：delavayi ← P. J. M. Delavay（人名，1834–1895，法国传教士，曾在中国采集植物标本）；-i 表示人名，接在以元音字母结尾的人名后面，但 -a 除外

Delphinium delavayi var. pogonanthum 须花翠雀花：pogonanthus 髯毛花的；pogon 胡须，髯毛，芒尖；anthus/ anthum/ antha/ anthe ← anthos 花（用于希腊语复合词）

Delphinium densiflorum 密花翠雀花：densus 密集的，繁茂的；florus/ florum/ flora ← flos 花（用于复合词）

Delphinium dolichocentroides 拟长距翠雀花：dolicho- ← dolichos 长的；centr- ← centron 距，有距的，鹰爪钩状的（距：雄鸡、雉等的腿的后面突出像脚趾的部分）；-oides/ -oideus/ -oideum/ -oidea/ -odes/ -eidos 像……的，类似……的，呈……状的（名词词尾）

Delphinium elatum 高翠雀花：elatus 高的，梢端的

Delphinium elatum var. sericeum 绢毛高翠雀花（绢 juàn）：sericeus 绢丝状的；sericus 绢丝的，绢毛的，赛尔人的（Ser 为印度一民族）；-eus/ -eum/ -ea（接拉丁语词干时）属于……的，色如……的，质如……的（表示原料、颜色或品质的相似），（接希腊语词干时）属于……的，以……出名，为……所占有（表示具有某种特性）

Delphinium elliptico-ovatum 长卵苞翠雀花：ellipticus 椭圆形的；ovatus = ovus + atus 卵圆形的

Delphinium erlangshanicum 二郎山翠雀花：erlangshanicum 二郎山的（地名，四川省）

Delphinium forrestii 短距翠雀花：forrestii ← George Forrest（人名，1873–1932，英国植物学家，曾在中国西部采集大量植物标本）

Delphinium forrestii var. leiophyllum 光叶短距翠雀花：lei-/ leio-/ lio- ← leius ← leios 光滑的，平滑的；phyllus/ phyllum/ phylla ← phyllon 叶片（用于希腊语复合词）

Delphinium forrestii var. viride 光茎短距翠雀花：viride 绿色的；viridi-/ virid- ← viridus 绿色的

Delphinium giraldii 秦岭翠雀花：giraldii ← Giuseppe Giraldi（人名，19 世纪活动于中国的意大利传教士）

Delphinium glabricaule 光茎翠雀花：glabrus 光秃的，无毛的，光滑的；caulus/ caulon/ caule ← caulos 茎，茎秆，主茎

Delphinium glaciale 冰川翠雀花：glaciale ← glacialis 冰的，冰雪地带的，冰川的

Delphinium grandiflorum 翠雀：grandi- ← grandis 大的；florus/ florum/ flora ← flos 花（用于复合词）

Delphinium grandiflorum var. fangshanense 房山翠雀：fangshanense 房山的（地名，北京市）

Delphinium grandiflorum var. glandulosum 腺毛翠雀：glandulosus = glandus + ulus + osus 被细腺的，具腺体的，腺体质的；glandus ← glans 腺体

-ulus/ -ulum/ -ula 小的，略微的，稍微的（小词 -ulus 在字母 e 或 i 之后有多种变缀，即 -olus/ -olum/ -ola、-ellus/ -ellum/ -ella、-illus/ -illum/ -illa，与第一变格法和第二变格法名词形成复合词）；-osus/ -osum/ -osa 多的，充分的，丰富的，显著发育的，程度高的，特征明显的（形容词词尾）

Delphinium grandiflorum var. leiocarpum 光果翠雀：lei-/ leio-/ lio- ← leius ← leios 光滑的，平滑的；carpus/ carpum/ carpa/ carpon ← carpos 果实（用于希腊语复合词）

Delphinium grandiflorum var. mosoynense 裂瓣翠雀：mosoynense（地名，云南省）

Delphinium grandiflorum var. robustum 粗壮翠雀：robustus 大型的，结实的，健壮的，强壮的

Delphinium grandiflorum var. villosum 长柔毛翠雀：villosus 柔毛的，绵毛的；villus 毛，羊毛，长绒毛；-osus/ -osum/ -osa 多的，充分的，丰富的，显著发育的，程度高的，特征明显的（形容词词尾）

Delphinium gyalanum 拉萨翠雀花：gyalanum 加拉的（地名，西藏自治区）

Delphinium hamatum 钩距翠雀花：hamatus = hamus + atus 具钩的；hamus 钩，钩子；-atus/ -atum/ -ata 属于，相似，具有，完成（形容词词尾）

Delphinium handelianum 淡紫翠雀花：handelianum ← H. Handel-Mazzetti（人名，奥地利植物学家，第一次世界大战期间在中国西南地区研究植物）

Delphinium henryi 川陕翠雀花：henryi ← Augustine Henry 或 B. C. Henry（人名，前者，1857–1930，爱尔兰医生、植物学家，曾在中国采集植物，后者，1850–1901，曾活动于中国的传教士）

Delphinium hillcoatiae 毛莨叶翠雀花（莨 gèn）：hillcoatiae（人名）；-ae 表示人名，以 -a 结尾的人名后面加上 -e 形成

Delphinium hirticaule 毛茎翠雀花：hirtus 有毛的，粗毛的，刚毛的（长而明显的毛）；caulus/ caulon/ caule ← caulos 茎，茎秆，主茎

Delphinium hirticaule var. mollipes 腺毛茎翠雀花：molle/ mollis 软的，柔毛的；pes/ pedis 柄，梗，茎秆，腿，足，爪（作词首或词尾，pes 的词干视为"ped-"）

Delphinium honanense 河南翠雀花：honanense 河南的（地名）

Delphinium honanense var. piliferum 毛梗翠雀花：pilus 毛，疏柔毛；-ferus/ -ferum/ -fera/ -fero/ -fere/ -fer 有，具有，产（区别：作独立词使用的 ferus 意思是"野生的"）

Delphinium hsinganense 兴安翠雀花：hsinganense 兴安的（地名，大兴安岭或小兴安岭）

Delphinium hui 贡嘎翠雀花（嘎 gá）：hui 胡氏（人名）

Delphinium iliense 伊犁翠雀花：iliense/ iliensis 伊利的（地名，新疆维吾尔自治区），伊犁河的（河流名，跨中国新疆与哈萨克斯坦）

Delphinium kamaonense 光序翠雀花：kamaonense（地名，西藏自治区）

Delphinium kamaonense var. autumnale 秋翠雀花：autumnale/ autumnalis 秋季开花的；autumnus 秋季；-aris（阳性、阴性）/ -are（中性）← -alis（阳性、阴性）/ -ale（中性）属于，相似，如同，具有，涉及，关于，联结于（将名词作形容词用，其中 -aris 常用于以 l 或 r 为词干末尾的词）

Delphinium kamaonense var. glabrescens 展毛翠雀花：glabrus 光秃的，无毛的，光滑的；-escens/ -ascens 改变，转变，变成，略微，带有，接近，相似，大致，稍微（表示变化的趋势，并未完全相似或相同，有别于表示达到完成状态的 -atus）

Delphinium kansuense 甘肃翠雀花：kansuense 甘肃的（地名）

Delphinium kantzeense 甘孜翠雀花：kantzeense 甘孜的（地名，四川省）

Delphinium kingianum 密叶翠雀花：kingianum ← Captain Phillip Parker King（人名，19 世纪澳大利亚海岸测量师）

Delphinium kingianum var. acuminatissimum 尖裂密叶翠雀花：acuminatus = acumen + atus 锐尖的，渐尖的；acumen 渐尖头；-atus/ -atum/ -ata 属于，相似，具有，完成（形容词词尾）；-issimus/ -issima/ -issimum 最，非常，极其（形容词最高级）

Delphinium kingianum var. eglandulosum 少腺密叶翠雀花：eglandulosus 无腺体的；e-/ ex- 不，无，非，缺乏，不具有（e- 用在辅音字母前，ex- 用在元音字母前，为拉丁语词首，对应的希腊语词首为 a-/ an-，英语为 un-/ -less，注意作词首用的 e-/ ex- 和介词 e/ ex 意思不同，后者意为"出自、从……、由……离开、由于、依照"）；glandulosus = glandus + ulus + osus 被细腺的，具腺体的，腺体质的

Delphinium kingianum var. leiocarpum 光果密叶翠雀花：lei-/ leio-/ lio- ← leius ← leios 光滑的，平滑的；carpus/ carpum/ carpa/ carpon ← carpos 果实（用于希腊语复合词）

Delphinium korshinskyanum 东北高翠雀花：korshinskyanum（人名）

Delphinium laxicymosum 聚伞翠雀花：laxus 稀疏的，松散的，宽松的；cymosus 聚伞状的；cyma/ cyme 聚伞花序；-osus/ -osum/ -osa 多的，充分的，丰富的，显著发育的，程度高的，特征明显的（形容词词尾）

Delphinium laxicymosum var. pilostachyum 毛序聚伞翠雀花：pilo- ← pilosus 多毛的，被柔毛的，具疏柔毛的，被短弱细毛的；stachy-/ stachyo-/ -stachys/ -stachyus/ -stachyum/ -stachya 穗子，穗子的，穗子状的，穗状花序的

Delphinium liangshanense 凉山翠雀花：liangshanense 凉山的（地名，四川省）

Delphinium likiangense 丽江翠雀花：likiangense 丽江的（地名，云南省）

Delphinium longipedicellatum 长梗翠雀花：longe-/ longi- ← longus 长的，纵向的；pedicellatus = pedicellus + atus 具小花柄的；pedicellus = pes + cellus 小花梗，小花柄（不同于花序柄）；pes/ pedis 柄，梗，茎秆，腿，足，爪（作词首或词尾，pes 的词干视为"ped-"）；-cellus/ -cellum/ -cella、-cillus/ -cillum/ -cilla 小的，略微的，稍微的（与任何变格法名词形成复合词）；关联

D

词：pedunculus 花序柄，总花梗（花序基部无花着生部分）；-atus/ -atum/ -ata 属于，相似，具有，完成（形容词词尾）

Delphinium maackianum 宽苞翠雀花：maackianum ← Richard Maack（人名，19 世纪俄国博物学家）

Delphinium majus 金沙翠雀花：majus 大的，巨大的

Delphinium malacophyllum 软叶翠雀花：malac-/ malaco-，malaci- ← malacus 软的，温柔的；phyllus/ phyllum/ phylla ← phyllon 叶片（用于希腊语复合词）

Delphinium maximowiczii 多枝翠雀花：maximowiczii ← C. J. Maximowicz 马克希莫夫（人名，1827–1891，俄国植物学家）

Delphinium micropetalum 小瓣翠雀花：micr-/ micro- ← micros 小的，微小的，微观的（用于希腊语复合词）；petalus/ petalum/ petala ← petalon 花瓣

Delphinium mollipilum 软毛翠雀花：molle/ mollis 软的，柔毛的；pilus 毛，疏柔毛

Delphinium muliense 木里翠雀花：muliense 木里的（地名，四川省）

Delphinium muliense var. minutibracteolatum 小苞木里翠雀花：minutus 极小的，细微的，微小的；bracteolatus = bracteus + ulus + atus 具小苞片的

Delphinium nangchienense 囊谦翠雀花：nangchienense 囊谦的（地名，青海省）

Delphinium naviculare 船苞翠雀花：naviculare ← navicularis 船形的，舟状的；navicula 船

Delphinium naviculare var. lasiocarpum 毛果船苞翠雀花：lasi-/ lasio- 羊毛状的，有毛的，粗糙的；carpus/ carpum/ carpa/ carpon ← carpos 果实（用于希腊语复合词）

Delphinium nordhagenii 叠裂翠雀花：nordhagenii ← Alexander Von Nordmann（人名，19 世纪德国植物学家）

Delphinium nordhagenii var. acutidentatum 尖齿翠雀花：acutidentatus/ acutodentatus 尖齿的；acuti-/ acu- ← acutus 锐尖的，针尖的，刺尖的，锐角的；dentatus = dentus + atus 牙齿的，齿状的，具齿的；dentus 齿，牙齿；-atus/ -atum/ -ata 属于，相似，具有，完成（形容词词尾）

Delphinium nortonii 细茎翠雀花：nortonii（人名）；-ii 表示人名，接在以辅音字母结尾的人名后面，但 -er 除外

Delphinium obcordatilimbum 倒心形翠雀花：obcordatus = ob + cordatus 倒心形的；ob- 相反，反对，倒（ob- 有多种音变：ob- 在元音字母和大多数辅音字母前面，oc- 在 c 前面，of- 在 f 前面，op- 在 p 前面）；cordatus ← cordis/ cor 心脏的，心形的；-atus/ -atum/ -ata 属于，相似，具有，完成（形容词词尾）；limbus 冠檐，萼檐，瓣片，叶片

Delphinium obcordatilimbum var. minus 光梗翠雀花：minus 少的，小的

Delphinium omeiense 峨眉翠雀花：omeiense 峨眉山的（地名，四川省）

Delphinium omeiense var. pubescens 柔毛峨眉翠雀花：pubescens ← pubens 被短柔毛的，长出柔毛的；pubi- ← pubis 细柔毛的，短柔毛的，毛被的；pubesco/ pubescere 长成的，变为成熟的，长出柔毛的，青春期体毛的；-escens/ -ascens 改变，转变，变成，略微，带有，接近，相似，大致，稍微（表示变化的趋势，并未完全相似或相同，有别于表示达到完成状态的 -atus）

Delphinium orthocentrum 直距翠雀花：orthocentrus 直距的；orthocentrum 直距的，距不弯曲的；ortho- ← orthos 直的，正面的；centrus ← centron 距，有距的，鹰爪状刺（距：雄鸡、雉等的腿的后面突出像脚趾的部分）

Delphinium oxycentrum 尖距翠雀花：oxycentrus 尖距的；oxy- ← oxys 尖锐的，酸的；centrus ← centron 距，有距的，鹰爪状刺（距：雄鸡、雉等的腿的后面突出像脚趾的部分）

Delphinium pachycentrum 粗距翠雀花：pachycentrus 粗距的；pachy- ← pachys 厚的，粗的，肥的；centrus ← centron 距，有距的，鹰爪状刺（距：雄鸡、雉等的腿的后面突出像脚趾的部分）

Delphinium pachycentrum var. humilius 矮粗距翠雀花：humilius 较矮的；humilis 矮的，低的；-ius/ -ium/ -ia 具有……特性的（表示有关、关联、相似）

Delphinium pachycentrum var. lancisepalum 狭萼粗距翠雀花：lance-/ lancei-/ lanci-/ lanceo-/ lanc- ← lanceus 披针形的，矛形的，尖刀状的，柳叶刀状的；sepalus/ sepalum/ sepala 萼片（用于复合词）

Delphinium pomeense 波密翠雀花：pomeense 波密的（地名，西藏自治区）

Delphinium potaninii 黑水翠雀花：potaninii ← Grigory Nikolaevich Potanin（人名，19 世纪俄国植物学家）

Delphinium potaninii var. latibracteolatum 宽苞黑水翠雀花：lati-/ late- ← latus 宽的，宽广的；bracteolatus = bracteus + ulus + atus 具小苞片的

Delphinium pseudocaeruleum 拟蓝翠雀花：pseudocaeruleum 像 caeruleum 的；pseudo-/ pseud- ← pseudos 假的，伪的，接近，相似（但不是）；Delphinium caeruleum 蓝翠雀花，蓝花飞燕草；caeruleus/ coeruleus 深蓝色的，海洋蓝的，青色的，暗绿色的；caerulus/ coerulus 深蓝色，海洋蓝，青色，暗绿色

Delphinium pseudocampylocentrum 拟弯距翠雀花：pseudocampylocentrum 像 campylocentrum 的；pseudo-/ pseud- ← pseudos 假的，伪的，接近，相似（但不是）；Delphinium campylocentrum 弯距翠雀花

Delphinium pseudoglaciale 拟冰川翠雀花：pseudoglaciale 像 glaciale 的；pseudo-/ pseud- ← pseudos 假的，伪的，接近，相似（但不是）；Delphinium glaciale 冰川翠雀花，冰川飞燕草；glaciale ← glacialis 冰的，冰雪地带的，冰川的

Delphinium pseudopulcherrimum 宽萼翠雀花：pseudopulcherrimum 假美丽的，较美丽的；pseudo-/ pseud- ← pseudos 假的，伪的，接近，相似（但不是）；pulcherrimus 极美丽的，最美丽的；

D

pulcher/pulcer 美丽的，可爱的；-rimus/ -rima/ -rimum 最，极，非常（词尾为 -er 的形容词最高级）

Delphinium pseudotongolense 拟川西翠雀花：pseudotongolense 像 tongolense 的；pseudo-/ pseud- ← pseudos 假的，伪的，接近，相似（但不是）；Delphinium tongolense 川西翠雀花；tongolense 东俄洛的（地名，四川西部）

Delphinium pulanense 普兰翠雀花：pulanense 普兰的（地名，西藏自治区）

Delphinium pumilum 矮翠雀花：pumilus 矮的，小的，低矮的，矮人的

Delphinium purpurascens 紫苞翠雀花：purpurascens 带紫色的，发紫的；purpur- 紫色的；-escens/ -ascens 改变，转变，变成，略微，带有，接近，相似，大致，稍微（表示变化的趋势，并未完全相似或相同，有别于表示达到完成状态的 -atus）

Delphinium pycnocentrum 密距翠雀花：pycn-/ pycno- ← pycnos 密生的，密集的；centrus ← centron 距，有距的，鹰爪状刺（距：雄鸡、雉等的腿的后面突出像脚趾的部分）

Delphinium pylzowii 大通翠雀花：pylzowii ← Mikhail Alexandrovich Pyltsov（人名，19 世纪俄国军官，曾和 Nicolai Przewalski 一起在中国考察）

Delphinium pylzowii var. trigynum 三果大通翠雀花：tri-/ tripli-/ triplo- 三个，三数；gynus/ gynum/ gyna 雌蕊，子房，心皮

Delphinium shawurense 沙乌尔翠雀花：shawurense 萨吾尔山的（地名，另有音译"沙乌尔""萨乌尔"，新疆维吾尔自治区）

Delphinium sherriffii 米林翠雀花：sherriffii ← Major George Sherriff（人名，20 世纪探险家，曾和 Frank Ludlow 一起考察西藏东南地区）

Delphinium sinopentagynum 五果翠雀花：sinopentagynum 中国型五心皮的；sino- 中国；penta- 五，五数（希腊语，拉丁语为 quin/ quinqu/ quinque-/ quinqui-）；gynus/ gynum/ gyna 雌蕊，子房，心皮

Delphinium sinoscaposum 花莛翠雀花：sinoscaposus 中国型花莛的；sino- 中国；scaposus 具柄的，具粗柄的；scapus（scap-/ scapi-）← skapos 主茎，树干，花柄，花轴；-osus/ -osum/ -osa 多的，充分的，丰富的，显著发育的，程度高的，特征明显的（形容词词尾）

Delphinium sinovitifolium 葡萄叶翠雀花：sinovitifolium 中国型葡萄叶的；sino- 中国；vitis 葡萄，藤蔓植物（古拉丁名）；folius/ folium/ folia 叶，叶片（用于复合词）

Delphinium siwanense 翼北翠雀花：siwanense（地名，北京市）

Delphinium siwanense var. leptopogon 细须翠雀花：leptus ← leptos 细的，薄的，瘦小的，狭长的；pogon 胡须，髯毛，芒尖

Delphinium smithianum 宝兴翠雀花：smithianum ← James Edward Smith（人名，1759–1828，英国植物学家）

Delphinium souliei 川甘翠雀花：souliei（人名）；-i 表示人名，接在以元音字母结尾的人名后面，但 -a 除外

Delphinium sparsiflorum 疏花翠雀花：sparsus 散生的，稀疏的，稀少的；florus/ florum/ flora ← flos 花（用于复合词）

Delphinium spirocentrum 螺距翠雀花：spirocentrum 螺旋状距的；spiro-/ spiri-/ spir- ← spira ← speira 螺旋，缠绕（希腊语）；centrus ← centron 距，有距的，鹰爪状刺（距：雄鸡、雉等的腿的后面突出像脚趾的部分）

Delphinium subspathulatum 匙苞翠雀花（匙 chí）：subspathulatus 近匙形的；sub-（表示程度较弱）与……类似，几乎，稍微，弱，亚，之下，下面；spathulatus = spathus + ulus + atus 匙形的，佛焰苞状的

Delphinium sutchuenense 松潘翠雀花：sutchuenense 四川的（地名）

Delphinium taipaicum 太白翠雀花：taipaicum 太白山的（地名，陕西省）；-icus/ -icum/ -ica 属于，具有某种特性（常用于地名、起源、生境）

Delphinium taliense 大理翠雀花：taliense 大理的（地名，云南省）

Delphinium taliense var. dolichocentrum 长距大理翠雀花：dolicho- ← dolichos 长的；centrus ← centron 距，有距的，鹰爪状刺（距：雄鸡、雉等的腿的后面突出像脚趾的部分）

Delphinium taliense var. hirsutum 硬毛大理翠雀花：hirsutus 粗毛的，糙毛的，有毛的（长而硬的毛）

Delphinium taliense var. platycentrum 粗距大理翠雀花：platycentrus 大距的，宽距的；platys 大的，宽的（用于希腊语复合词）；centrus ← centron 距，有距的，鹰爪状刺（距：雄鸡、雉等的腿的后面突出像脚趾的部分）

Delphinium taliense var. pubipes 毛梗大理翠雀花：pubi- ← pubis 细柔毛的，短柔毛的，毛被的；pes/ pedis 柄，梗，茎秆，腿，足，爪（作词首或词尾，pes 的词干视为"ped-"）

Delphinium tangkulaense 唐古拉翠雀花：tangkulaense 唐古拉的（地名，西藏自治区）

Delphinium tatsienense 康定翠雀花：tatsienense 打箭炉的（地名，四川省康定县的别称）

Delphinium tatsienense var. chinghaiense 青海翠雀花：chinghaiense 青海的（地名）

Delphinium tenii 长距翠雀花：tenii（人名）；-ii 表示人名，接在以辅音字母结尾的人名后面，但 -er 除外

Delphinium thibeticum 澜沧翠雀花：thibeticum 西藏的（地名）；-icus/ -icum/ -ica 属于，具有某种特性（常用于地名、起源、生境）

Delphinium thibeticum var. laceratilobum 锐裂翠雀花：laceratus 撕裂状的，不整齐裂的；lacerus 撕裂状的，不整齐裂的；-atus/ -atum/ -ata 属于，相似，具有，完成（形容词词尾）；lobus/ lobos/ lobon 浅裂，耳片（裂片先端钝圆），荚果，蒴果

Delphinium tianshanicum 天山翠雀花：tianshanicum 天山的（地名，新疆维吾尔自治区）；-icus/ -icum/ -ica 属于，具有某种特性（常用于地名、起源、生境）

D

Delphinium tongolense 川西翠雀花：tongol 东俄洛（地名，四川西部）

Delphinium trichophorum 毛翠雀花：trich-/ tricho-/ tricha- ← trichos ← thrix 毛，多毛的，线状的，丝状的；-phorus/ -phorum/ -phora 载体，承载物，支持物，带着，生着，附着（表示一个部分带着别的部分，包括起支撑或承载作用的柄、柱、托、囊等，如 gynophorum = gynus + phorum 雌蕊柄的，带有雌蕊的，承载雌蕊的）；gynus/ gynum/ gyna 雌蕊，子房，心皮

Delphinium trichophorum var. platycentrum 粗距毛翠雀花：platycentrus 大距的，宽距的；platys 大的，宽的（用于希腊语复合词）；centrus ← centron 距，有距的，鹰爪状刺（距：雄鸡、雉等的腿的后面突出像脚趾的部分）

Delphinium trichophorum var. subglaberrimum 光果毛翠雀花：subglaberrimus 近完全无毛的；sub-（表示程度较弱）与……类似，几乎，稍微，弱，亚，之下，下面；glaberrimus 完全无毛的；-rimus/ -rima/ -rimum 最，极，非常（词尾为 -er 的形容词最高级）

Delphinium trifoliolatum 三小叶翠雀花：tri-/ tripli-/ triplo- 三个，三数；foliolatus = folius + ulus + atus 具小叶的，具叶片的；folius/ folium/ folia 叶，叶片（用于复合词）；-ulus/ -ulum/ -ula 小的，略微的，稍微的（小词 -ulus 在字母 e 或 i 之后有多种变缀，即 -olus/ -olum/ -ola、-ellus/ -ellum/ -ella、-illus/ -illum/ -illa，与第一变格法和第二变格法名词形成复合词）；-atus/ -atum/ -ata 属于，相似，具有，完成（形容词词尾）

Delphinium trisectum 全裂翠雀花：tri-/ tripli-/ triplo- 三个，三数；sectus 分段的，分节的，切开的，分裂的

Delphinium umbrosum 阴地翠雀花：umbrosus 多荫的，喜阴的，生于阴地的；umbra 荫凉，阴影，阴地；-osus/ -osum/ -osa 多的，充分的，丰富的，显著发育的，程度高的，特征明显的（形容词词尾）

Delphinium umbrosum subsp. drepanocentrum 宽苞阴地翠雀花：drepano- 镰刀形弯曲的，镰形的；centrus ← centron 距，有距的，鹰爪状刺（距：雄鸡、雉等的腿的后面突出像脚趾的部分）

Delphinium umbrosum subsp. umbrosum var. hispidum 展毛阴地翠雀花：hispidus 刚毛的，鬃毛状的

Delphinium vestitum 浅裂翠雀花：vestitus 包被的，覆盖的，被柔毛的，袋状的

Delphinium viscosum 黏毛翠雀花：viscosus = viscus + osus 黏的；viscus 胶，胶黏物（比喻有黏性物质）；-osus/ -osum/ -osa 多的，充分的，丰富的，显著发育的，程度高的，特征明显的（形容词词尾）

Delphinium viscosum var. chrysotrichum 黄黏毛翠雀花：chrys-/ chryso- ← chrysos 黄色的，金色的；trichus 毛，毛发，线

Delphinium wardii 堆拉翠雀花：wardii ← Francis Kingdon-Ward（人名，20 世纪英国植物学家）

Delphinium winklerianum 温泉翠雀花：winklerianum（人名）

Delphinium wrightii 狭序翠雀花：wrightii ← Charles（Carlos）Wright（人名，19 世纪美国植物学家）

Delphinium yuanum 中甸翠雀花：yuanum（人名）

Delphinium yunnanense 云南翠雀花：yunnanense 云南的（地名）

Dendranthema 菊属（菊科，已修订为 Chrysanthemum）(76-1：p28)：dendron 树木；anthemus ← anthemon 花

Dendranthema argyrophyllum 银背菊：argyr-/ argyro- ← argyros 银，银色的；phyllus/ phyllum/ phylla ← phyllon 叶片（用于希腊语复合词）

Dendranthema arisanense 阿里山菊：arisanense 阿里山的（地名，属台湾省）

Dendranthema chanetii 小红菊：chanetii（人名）；-ii 表示人名，接在以辅音字母结尾的人名后面，但 -er 除外

Dendranthema dichrum 异色菊：dichrous/ dichrus 二色的；di-/ dis- 二，二数，二分，分离，不同，在……之间，从……分开（希腊语，拉丁语为 bi-/ bis-）

Dendranthema glabriusculum 拟亚菊：glabriusculus = glabrus + usculus 近无毛的，稍光滑的；glabrus 光秃的，无毛的，光滑的；-usculus ← -culus 小的，略微的，稍微的（小词 -culus 和某些词构成复合词时变成 -usculus）

Dendranthema hypargyrum 黄花小山菊：hypargyreus 背面银白色的；hyp-/ hypo- 下面的，以下的，不完全的；argyreus 银，银色的

Dendranthema indicum 野菊：indicum 印度的（地名）；-icus/ -icum/ -ica 属于，具有某种特性（常用于地名、起源、生境）

Dendranthema lavandulifolium 甘菊：Lavandula 薰衣草属（唇形科）；folius/ folium/ folia 叶，叶片（用于复合词）

Dendranthema lavandulifolium var. discoideum 隐舌甘菊：discoideus 圆盘状的；dic-/ disci-/ disco- ← discus ← discos 碟子，盘子，圆盘；-oides/ -oideus/ -oideum/ -oidea/ -odes/ -eidos 像……的，类似……的，呈……状的（名词词尾）

Dendranthema lavandulifolium var. lavandulifolium 甘菊-原变种（词义见上面解释）

Dendranthema lavandulifolium var. seticuspe 甘菊甘野菊：seticuspe 刚毛凸头的；setus/ saetus 刚毛，刺毛，芒刺；cuspe ← cuspis（所有格为 cuspidis）齿尖，凸尖，尖头

Dendranthema lavandulifolium var. tomentellum 甘菊-毛叶甘菊变种：tomentellus 被短绒毛的，被微绒毛的；tomentum 绒毛，浓密的毛被，棉絮，棉絮状填充物（被褥、垫子等）；-ellus/ -ellum/ -ella ← -ulus 小的，略微的，稍微的（小词 -ulus 在字母 e 或 i 之后有多种变缀，即 -olus/ -olum/ -ola、-ellus/ -ellum/ -ella、-illus/ -illum/ -illa，用于第一变格法名词）

Dendranthema maximowiczii 细叶菊：maximowiczii ← C. J. Maximowicz 马克希莫夫（人名，1827–1891，俄国植物学家）

Dendranthema mongolicum 蒙菊：mongolicum

D

蒙古的（地名）；mongolia 蒙古的（地名）；-icus/ -icum/ -ica 属于，具有某种特性（常用于地名、起源、生境）

Dendranthema morifolium 菊花：Morus 桑属（桑科）；folius/ folium/ folia 叶，叶片（用于复合词）

Dendranthema morii 台湾菊：morii 森（日本人名）

Dendranthema naktongense 楔叶菊：naktongense（地名，朝鲜）

Dendranthema oreastrum 小山菊：Oreas 奥利亚斯（希腊神话女山神）；-aster/ -astra/ -astrum/ -ister/ -istra/ -istrum 相似的，程度稍弱，稍小的，次等级的（用于拉丁语复合词词尾，表示不完全相似或低级之意，常用以区别一种野生植物与栽培植物，如 oleaster、oleastrum 野橄榄，以区别于 olea，即栽培的橄榄，而作形容词词尾时则表示小或程度弱化，如 surdaster 稍聋的，比 surdus 稍弱）

Dendranthema parvifolium 小叶菊：parvifolius 小叶的；parvus 小的，些微的，弱的；folius/ folium/ folia 叶，叶片（用于复合词）

Dendranthema potentilloides 委陵菊：potentilloides 像委陵菜的；Potentilla 委陵菜属（蔷薇科）；-oides/ -oideus/ -oideum/ -oidea/ -odes/ -eidos 像……的，类似……的，呈……状的（名词词尾）

Dendranthema rhombifolium 菱叶菊：rhombus 菱形，纺锤；folius/ folium/ folia 叶，叶片（用于复合词）

Dendranthema vestitum 毛华菊：vestitus 包被的，覆盖的，被柔毛的，袋状的

Dendranthema zawadskii 紫花野菊：zawadskii ← Alexander Zawadzki（人名，19 世纪奥地利植物学家、数学家、物理学家）

Dendrobenthamia 四照花属（山茱萸科）（56：p86）：dendron 树木；benthamia ← G. Bentham（人名，英国植物学家）

Dendrobenthamia angustata 尖叶四照花：angustatus = angustus + atus 变窄的；angustus 窄的，狭的，细的

Dendrobenthamia angustata var. angustata 尖叶四照花-原变种 （词义见上面解释）

Dendrobenthamia angustata var. mollis 绒毛尖叶四照花：molle/ mollis 软的，柔毛的

Dendrobenthamia angustata var. wuyishanensis 武夷四照花：wuyishanensis 武夷山的（地名，福建省）

Dendrobenthamia capitata 头状四照花：capitatus 头状的，头状花序的；capitus ← capitis 头，头状

Dendrobenthamia capitata var. capitata 头状四照花-原变种 （词义见上面解释）

Dendrobenthamia capitata var. emeiensis 峨眉四照花：emeiensis 峨眉山的（地名，四川省）

Dendrobenthamia elegans 秀丽四照花：elegans 优雅的，秀丽的

Dendrobenthamia ferruginea 褐毛四照花：ferrugineus 铁锈色的，淡棕色的；ferrugo = ferrus + ugo 铁锈（ferrugo 的词干为 ferrugin-）；词尾为 -go 的词其词干末尾视为 -gin；ferreus → ferr- 铁，铁的，铁色的，坚硬如铁的；-eus/ -eum/ -ea（接拉丁语词干时）属于……的，色如……的，质如……的（表示原料、颜色或品质的相似），（接希腊语词干时）属于……的，以……出名，为……所占有（表示具有某种特性）

Dendrobenthamia ferruginea var. ferruginea 褐毛四照花-原变种 （词义见上面解释）

Dendrobenthamia ferruginea var. jiangxiensis 江西褐毛四照花：jiangxiensis 江西的（地名）

Dendrobenthamia ferruginea var. jinyunensis 缙云四照花（缙 jìn）：jinyunensis 缙云山的（地名，重庆市）

Dendrobenthamia gigantea 大型四照花：giganteus 巨大的；giga-/ gigant-/ giganti- ← gigantos 巨大的；-eus/ -eum/ -ea（接拉丁语词干时）属于……的，色如……的，质如……的（表示原料、颜色或品质的相似），（接希腊语词干时）属于……的，以……出名，为……所占有（表示具有某种特性）

Dendrobenthamia hongkongensis 香港四照花：hongkongensis 香港的（地名）

Dendrobenthamia japonica 日本四照花：japonica 日本的（地名）；-icus/ -icum/ -ica 属于，具有某种特性（常用于地名、起源、生境）

Dendrobenthamia japonica var. chinensis 四照花：chinensis = china + ensis 中国的（地名）；China 中国

Dendrobenthamia japonica var. huaxiensis 华西四照花：huaxiensis 华西的（地名）

Dendrobenthamia japonica var. japonica 日本四照花-原变种 （词义见上面解释）

Dendrobenthamia japonica var. leucotricha 白毛四照花：leuc-/ leuco- ← leucus 白色的（如果和其他表示颜色的词混用则表示淡色）；trichus 毛，毛发，线

Dendrobenthamia melanotricha 黑毛四照花：mel-/ mela-/ melan-/ melano- ← melanus/ melaenus ← melas/ melanos 黑色的，浓黑色的，暗色的；trichus 毛，毛发，线

Dendrobenthamia multinervosa 多脉四照花：multi- ← multus 多个，多数，很多（希腊语为 poly-）；nervosus 多脉的，叶脉明显的；nervus 脉，叶脉

Dendrobenthamia tonkinensis 东京四照花：tonkin 东京（地名，越南河内的旧称）

Dendrobium 石斛属（斛 hú）（兰科）（19：p67）：dendrobium 生活在树上的（指附生）；dendron 树木；-bius ← bion 生存，生活，居住

Dendrobium acinaciforme 剑叶石斛：acinaci 长刀；forma 形状，变型（缩写 f.）

Dendrobium aduncum 钩状石斛：aduncus 钩状弯曲的；ad- 向，到，近（拉丁语词首，表示程度加强）；uncus 钩，倒钩刺

Dendrobium aphyllum 兜唇石斛：aphyllus 无叶的；a-/ an- 无，非，没有，缺乏，不具有（an- 用于元音前）（a-/ an- 为希腊语词首，对应的拉丁语词首为 e-/ ex-，相当于英语的 un-/ -less，注意词首 a- 和作为介词的 a/ ab 不同，后者的意思是"从……、由……、关于……、因为……"）；phyllus/ phyllum/

phylla ← phyllon 叶片（用于希腊语复合词）

Dendrobium aurantiacum 线叶石斛：
aurantiacus/ aurantius 橙黄色的，金黄色的；aurus
金，金色；aurant-/ auranti- 橙黄色，金黄色

Dendrobium aurantiacum var. aurantiacum 线
叶石斛-原变种 （词义见上面解释）

Dendrobium aurantiacum var. denneanum 叠
鞘石斛：denneanum（人名）

Dendrobium aurantiacum var. zhaojuense 双斑
叠石斛：zhaojuense 昭觉的（地名，四川省）

Dendrobium bellatulum 矮石斛：bellatulus =
bellus + atus + ulus 稍可爱的，稍美丽的；
bellus ← belle 可爱的，美丽的

Dendrobium brymerianum 长苏石斛：
brymerianum ← Brymer（人名）

Dendrobium capillipes 短棒石斛：capillipes 纤细
的，细如毛发的（指花柄、叶柄等）

Dendrobium cariniferum 翅萼石斛：carinatus 脊
梁的，龙骨的，龙骨状的；carina → carin-/ carini-
脊梁，龙骨状突起，中肋；-ferus/ -ferum/ -fera/
-fero/ -fere/ -fer 有，具有，产（区别：作独立词使
用的 ferus 意思是"野生的"）

Dendrobium chameleon 长爪石斛：chameleon 变
色龙，变色蜥蜴

Dendrobium changjiangense 昌江石斛：
changjiangense 昌江的（地名，海南西北部）

Dendrobium christyanum 喉红石斛：christyanum
（人名）

Dendrobium chrysanthum 束花石斛：chrys-/
chryso- ← chrysos 黄色的，金色的；anthus/
anthum/ antha/ anthe ← anthos 花（用于希腊语
复合词）

Dendrobium chrysotoxum 鼓槌石斛：
chrysotoxum 菊香的，黄色弓形的；chrys-/
chryso- ← chrysos 黄色的，金色的；toxus 弯曲的

Dendrobium compactum 草石斛：compactus 小
型的，压缩的，紧凑的，致密的，稠密的；pactus
压紧，紧缩；co- 联合，共同，合起来（拉丁语词首，
为 cum- 的音变，表示结合、强化、完全，对应的希
腊语为 syn-）；co- 的缀词音变有 co-/ com-/ con-/
col-/ cor-：co-（在 h 和元音字母前面），col-（在 l
前面），com-（在 b、m、p 之前），con-（在 c、d、
f、g、j、n、qu、s、t 和 v 前面），cor-（在 r 前面）

Dendrobium crepidatum 玫瑰石斛：crepidatus =
crepis + atus 拖鞋状的，有鞋子的；构词规则：词
尾为 -is 和 -ys 的词的词干分别视为 -id 和 -yd；
crepis ← krepis 拖鞋（希腊语）

Dendrobium crumenatum 木石斛：crumenatus
口袋的，口袋状的，具袋的；crumena/ crumina 钱
包，现金

Dendrobium crystallinum 晶帽石斛：crystallinus
水晶般的，透明的，结晶的；crystallus 结晶体；
-inus/ -inum/ -ina/ -inos 相近，接近，相似，具有
（通常指颜色）

Dendrobium densiflorum 密花石斛：densus 密集
的，繁茂的；florus/ florum/ flora ← flos 花（用于
复合词）

Dendrobium devonianum 齿瓣石斛：

devonianum ← A. Davidson（人名，1860–1932，美
国人）

Dendrobium dixanthum 黄花石斛：dixanthus 二
色的；di-/ dis- 二，二数，二分，分离，不同，
在……之间，从……分开（希腊语，拉丁语为 bi-/
bis-）；xanthus ← xanthos 黄色的

Dendrobium ellipsophyllum 反瓣石斛：ellipso 椭
圆形的；phyllus/ phyllum/ phylla ← phyllon 叶片
（用于希腊语复合词）

Dendrobium equitans 燕石斛：equitans 骑在马上
的，向两侧开展的；equus 马；eques 骑士，骑兵，
骑马的人；equito 骑马，骑马奔驰

Dendrobium exile 景洪石斛：exile ← exilis 细弱
的，绵薄的

Dendrobium falconeri 串珠石斛：falconeri ←
Hugh Falconer（人名，19 世纪活动于印度的英国地
质学家、医生）；-eri 表示人名，在以 -er 结尾的人
名后面加上 i 形成

Dendrobium fimbriatum 流苏石斛：fimbriatus =
fimbria + atus 具长缘毛的，具流苏的，具锯齿状裂
的（指花瓣）；fimbria → fimbri- 流苏，长缘毛；
-atus/ -atum/ -ata 属于，相似，具有，完成（形容
词词尾）

Dendrobium findlayanum 棒节石斛：findlayanum
（人名）

Dendrobium flexicaule 曲茎石斛：flexicaule 弯曲
主干的；flexus ← flecto 扭曲的，卷曲的，弯弯曲曲
的，柔性的；flecto 弯曲，使扭曲；caulus/ caulon/
caule ← caulos 茎，茎秆，主茎

Dendrobium furcatopedicellatum 双花石斛：
furcatus/ furcans = furcus + atus 叉子状的，分叉
的；furcus 叉子，叉子状的，分叉的；pedicellatus =
pedicellus + atus 具小花柄的；pedicellus = pes +
cellus 小花梗，小花柄（不同于花序柄）；pes/ pedis
柄，梗，茎秆，腿，足，爪（作词首或词尾，pes 的
词干视为"ped-"）；-cellus/ -cellum/ -cella、-cillus/
-cillum/ -cilla 小的，略微的，稍微的（与任何变格
法名词形成复合词）；关联词：pedunculus 花序柄，
总花梗（花序基部无花着生部分）；-atus/ -atum/
-ata 属于，相似，具有，完成（形容词词尾）

Dendrobium gibsonii 曲轴石斛：gibsonii（人名）；
-ii 表示人名，接在以辅音字母结尾的人名后面，但
-er 除外

Dendrobium gratiosissimum 杯鞘石斛：
gratiosus = gratus + ius 可爱的，美味的；gratus
美味的，可爱的，迷人的，快乐的；-ius/ -ium/ -ia
具有……特性的（表示有关、关联、相似）；-osus/
-osum/ -osa 多的，充分的，丰富的，显著发育的，
程度高的，特征明显的（形容词词尾）；-issimus/
-issima/ -issimum 最，非常，极其（形容词最高级）

Dendrobium guangxiense 滇桂石斛：guangxiense
广西的（地名）

Dendrobium hainanense 海南石斛：hainanense 海
南的（地名）

Dendrobium hancockii 细叶石斛：hancockii ←
W. Hancock（人名，1847–1914，英国海关官员，曾
在中国采集植物标本）

Dendrobium harveyanum 苏瓣石斛：

D

harveyanum ← William Harvey（人名，19 世纪爱尔兰藻类植物专家）

Dendrobium henryi 疏花石斛：henryi ← Augustine Henry 或 B. C. Henry（人名，前者，1857–1930，爱尔兰医生、植物学家，曾在中国采集植物，后者，1850–1901，曾活动于中国的传教士）

Dendrobium hercoglossum 重唇石斛：hercoglossum 篱状舌的；herco- 篱笆；glossus 舌，舌状的

Dendrobium heterocarpum 尖刀唇石斛：hete-/ heter-/ hetero- ← heteros 不同的，多样的，不齐的；carpus/ carpum/ carpa/ carpon ← carpos 果实（用于希腊语复合词）

Dendrobium hookerianum 金耳石斛：hookerianum ← William Jackson Hooker（人名，19 世纪英国植物学家）

Dendrobium huoshanense 霍山石斛：huoshanense 霍山的（地名，安徽省）

Dendrobium infundibulum 高山石斛：infundibulus = infundere + bulus 漏斗状的；infundere 注入；-bulus（表示动作的手段）

Dendrobium jenkinsii 小黄花石斛：jenkinsii（人名）；-ii 表示人名，接在以辅音字母结尾的人名后面，但 -er 除外

Dendrobium jinghuanum 景华石斛：jinghuanum ← jinghua 景华的（地名与人名组合，纪念出生于景德镇的彭镇华，1931–2014，中国植物学家）

Dendrobium leptocladum 菱唇石斛：leptus ← leptos 细的，薄的，瘦小的，狭长的；cladus ← clados 枝条，分枝

Dendrobium linawianum 矩唇石斛：linawianum（人名）

Dendrobium lindleyi 聚石斛：lindleyi ← John Lindley（人名，18 世纪英国植物学家）；-i 表示人名，接在以元音字母结尾的人名后面，但 -a 除外

Dendrobium lindleyi var. majus 大石斛：majus 大的，巨大的

Dendrobium lituiflorum 喇叭唇石斛：lituus 弯号角，弯喇叭；florus/ florum/ flora ← flos 花（用于复合词）

Dendrobium loddigesii 美花石斛：loddigesii ← Conrad Loddiges（人名，19 世纪英国植物艺术家）

Dendrobium lohohense 罗河石斛：lohohense 罗河的（地名，湖北省）

Dendrobium longicornum 长距石斛（种加词有时错印为"longicornu"）：longicornum 长角的；longe-/ longi- ← longus 长的，纵向的；cornu- ← cornus 犄角的，兽角的，兽角般坚硬的

Dendrobium minutiflorum 勐海石斛：minutus 极小的，细微的，微小的；florus/ florum/ flora ← flos 花（用于复合词）

Dendrobium miyakei 红花石斛：miyakei（日本人名）

Dendrobium moniliforme 细茎石斛：moniliforme 念珠状的；monilius 念珠，串珠；monile 首饰，宝石；forme/ forma 形状

Dendrobium monticola 藏南石斛：monticolus 生于山地的；monti- ← mons 山，山地，岩石；montis 山，山地的；colus ← colo 分布于，居住于，栖居，殖民（常作词尾）；colo/ colere/ colui/ cultum 居住，耕作，栽培

Dendrobium moschatum 勺唇石斛：moschatus 麝香的，麝香味的；mosch- 麝香

Dendrobium nobile 石斛：nobile/ nobilius 格外高贵的，格外有名的，格外高雅的

Dendrobium officinale 铁皮石斛：officinalis/ officinale 药用的，有药效的；officina ← opificina 药店，仓库，作坊

Dendrobium parciflorum 少花石斛：parce-/ parci- ← parcus 少的，稀少的；florus/ florum/ flora ← flos 花（用于复合词）

Dendrobium parishii 紫瓣石斛：parishii ← Parish（人名，发现很多兰科植物）

Dendrobium pendulum 肿节石斛：pendulus ← pendere 下垂的，垂吊的（悬空或因支持体细软而下垂）；pendere/ pendeo 悬挂，垂悬；-ulus/ -ulum/ -ula（表示趋向或动作）（小词 -ulus 在字母 e 或 i 之后有多种变缀，即 -olus/ -olum/ -ola、-ellus/ -ellum/ -ella、-illus/ -illum/ -illa，与第一变格法和第二变格法名词形成复合词）

Dendrobium porphyrochilum 单莛草石斛：porphyr-/ porphyro- 紫色；chilus ← cheilos 唇，唇瓣，唇边，边缘，岸边

Dendrobium primulinum 报春石斛：primulinus 像报春花的（指黄绿色）（Primula 报春花属）；-inus/ -inum/ -ina/ -inos 相近，接近，相似，具有（通常指颜色）

Dendrobium pseudotenellum 针叶石斛：pseudotenellum 像 tenellum 的，近似纤细的；pseudo-/ pseud- ← pseudos 假的，伪的，接近，相似（但不是）；Dendrobium tenellum 细茎石斛；tenellus = tenuis + ellus 柔软的，纤细的，纤弱的，精美的，雅致的；-ellus/ -ellum/ -ella ← -ulus 小的，略微的，稍微的（小词 -ulus 在字母 e 或 i 之后有多种变缀，即 -olus/ -olum/ -ola、-ellus/ -ellum/ -ella、-illus/ -illum/ -illa，用于第一变格法名词）

Dendrobium salaccense 竹枝石斛：salaccense（地名，印度尼西亚）

Dendrobium sinense 华石斛：sinense = Sina + ense 中国的（地名）；Sina 中国

Dendrobium somai 小双花石斛：somai 相马（日本人名，相 xiàng）；-i 表示人名，接在以元音字母结尾的人名后面，但 -a 除外，故该词改为"somaiana"或"somae"似更妥

Dendrobium strongylanthum 梳唇石斛：strongyl-/ strongylo- ← strongylos 圆形的；anthus/ anthum/ antha/ anthe ← anthos 花（用于希腊语复合词）

Dendrobium stuposum 叉唇石斛（叉 chā）：stuposus/ stupposus/ stuppeus 被长丛卷毛的；-osus/ -osum/ -osa 多的，充分的，丰富的，显著发育的，程度高的，特征明显的（形容词词尾）

Dendrobium sulcatum 具槽石斛：sulcatus 具皱纹的，具犁沟的，具沟槽的；sulcus 犁沟，沟槽，皱纹

Dendrobium terminale 刀叶石斛：terminale 顶端的，顶生的，末端的

Dendrobium thyrsiflorum 球花石斛：thyrsus/ thyrsos 花簇，金字塔，圆锥形，聚伞圆锥花序；florus/ florum/ flora ← flos 花（用于复合词）

Dendrobium tosaense 黄石斛：tosaense 上佐的（地名，日本高知县）

Dendrobium trigonopus 翅梗石斛：trigonopus 三棱茎的；trigono 三角的，三棱的；tri-/ tripli-/ triplo- 三个，三数；gono/ gonos/ gon 关节，棱角，角度；-pus ← pous 腿，足，爪，柄，茎

Dendrobium vexabile 反唇石斛：vexus 倾斜的，向上倾斜的；-abilis/ -abile/ -abilis、-bilis 表示能力、才能

Dendrobium wardianum 大苞鞘石斛：wardianum ← Ward（人名）

Dendrobium williamsonii 黑毛石斛：williamsonii（人名）；-ii 表示人名，接在以辅音字母结尾的人名后面，但 -er 除外

Dendrobium wilsonii 广东石斛：wilsonii ← John Wilson（人名，18 世纪英国植物学家）

Dendrobium xichouense 西畴石斛：xichouense 西畴的（地名，云南省）

Dendrobium yongjiaense 永嘉石斛：yongjiaense 永嘉的（地名，浙江省）

Dendrobium zhenyuanense 镇沅石斛：zhenyuanense 镇沅的（地名，云南省）

Dendrocalamopsis 绿竹属（禾本科）(9-1: p137)：Dendrocalamus 牡竹属；-opsis/ -ops 相似，稍微，带有

Dendrocalamopsis basihirsuta 苦绿竹：basis 基部，基座；hirsutus 粗毛的，糙毛的，有毛的（长而硬的毛）

Dendrocalamopsis beecheyana 吊丝球竹：beecheyana（人名）

Dendrocalamopsis beecheyana var. beecheyana 吊丝球竹-原变种 （词义见上面解释）

Dendrocalamopsis beecheyana var. pubescens 大头典竹：pubescens ← pubens 被短柔毛的，长出柔毛的；pubi- ← pubis 细柔毛的，短柔毛的，毛被的；pubesco/ pubescere 长成的，变为成熟的，长出柔毛的，青春期体毛的；-escens/ -ascens 改变，转变，变成，略微，带有，接近，相似，大致，稍微（表示变化的趋势，并未完全相似或相同，有别于表示达到完成状态的 -atus）

Dendrocalamopsis bicicatricata 孟竹：bi-/ bis- 二，二数，二回（希腊语为 di-）；cicatricatus 具疤痕的，具叶痕的；cicatrix/ cicatricis 疤痕，叶痕，果脐

Dendrocalamopsis daii 大绿竹：daii 戴氏（人名）

Dendrocalamopsis edulis 乌脚绿：edule/ edulis 食用的，可食的

Dendrocalamopsis oldhami 绿竹：oldhami ← Richard Oldham（人名，19 世纪植物采集员）（注：词尾改为 "-ii" 似更妥）；-ii 表示人名，接在以辅音字母结尾的人名后面，但 -er 除外；-i 表示人名，接在以元音字母结尾的人名后面，但 -a 除外

Dendrocalamopsis oldhami f. oldhami 绿竹-原变型 （词义见上面解释）

Dendrocalamopsis oldhami f. revoluta 花头黄：revolutus 外旋的，反卷的；re- 返回，相反，再（相当拉丁文 ana-）；volutus/ volutum/ volvo 转动，滚动，旋卷，盘结

Dendrocalamopsis stenoaurita 黄麻竹：sten-/ steno- ← stenus 窄的，狭的，薄的；auritus 耳朵的，耳状的

Dendrocalamopsis vario-striata 吊丝单：varius = varus + ius 各种各样的，不同的，多型的，易变的；varus 不同的，变化的，外弯的，凸起的；-ius/ -ium/ -ia 具有……特性的（表示有关、关联、相似）；striatus = stria + atus 有条纹的，有细沟的；stria 条纹，线条，细纹，细沟

Dendrocalamus 牡竹属（禾本科）(9-1: p152)：dendrocalamus 空心的树木（比喻高大）；dendron 树木；calamus ← calamos ← kalem 芦苇的，管子的，空心的

Dendrocalamus aspera 马来甜龙竹：asper/ asperus/ asperum/ aspera 粗糙的，不平的

Dendrocalamus bambusoides 椅子竹：Bambusa 簕竹属（禾本科）；-oides/ -oideus/ -oideum/ -oidea/ -odes/ -eidos 像……的，类似……的，呈……状的（名词词尾）

Dendrocalamus barbatus 小叶龙竹：barbatus = barba + atus 具胡须的，具须毛的；barba 胡须，髯毛，绒毛；-atus/ -atum/ -ata 属于，相似，具有，完成（形容词词尾）

Dendrocalamus barbatus var. barbatus 小叶龙竹-原变种 （词义见上面解释）

Dendrocalamus barbatus var. internodiiradicatus 毛脚龙竹：internodiiradicatus 节间生根的；internodius = internodus + ius 节间的，具节的；internodus 节间的；inter- 中间的，在中间，之间；nodus 节，节点，连接点；-ius/ -ium/ -ia 具有……特性的（表示有关、关联、相似）；radicatus = radicus + atus 根，生根的，有根的；radicus ← radix 根的

Dendrocalamus birmanicus 缅甸龙竹：birmanicus 缅甸的（地名）；-icus/ -icum/ -ica 属于，具有某种特性（常用于地名、起源、生境）

Dendrocalamus brandisii 勃氏甜龙竹：brandisii ← Dietrich Brandis（人名，1824–1907，英籍德国植物学家）

Dendrocalamus calostachyus 美穗龙竹：call-/ calli-/ callo-/ cala-/ calo- ← calos/ callos 美丽的；stachy-/ stachyo-/ -stachys/ -stachyus/ -stachyum/ -stachya 穗子，穗子的，穗子状的，穗状花序的

Dendrocalamus farinosus 大叶慈：farinosus 粉末状的，飘粉的；farinus 粉末，粉末状覆盖物；far/ farris 一种小麦，面粉；-osus/ -osum/ -osa 多的，充分的，丰富的，显著发育的，程度高的，特征明显的（形容词词尾）

Dendrocalamus fugongensis 福贡龙竹：fugongensis 福贡的（地名，云南省）

Dendrocalamus giganteus 龙竹：giganteus 巨大的；giga-/ gigant-/ giganti- ← gigantos 巨大的；-eus/ -eum/ -ea（接拉丁语词干时）属于……的，色如……的，质如……的（表示原料、颜色或品质的

相似），（接希腊语词干时）属于……的，以……出名，为……所占有（表示具有某种特性）

Dendrocalamus hamiltonii 版纳甜龙竹：hamiltonii ← Lord Hamilton（人名，1762–1829，英国植物学家）

Dendrocalamus jiangshuiensis 建水龙竹：jiangshuiensis 建水的（地名，云南省，已修订为 jianshuiensis）

Dendrocalamus latiflorus 麻竹：lati-/ late- ← latus 宽的，宽广的；florus/ florum/ flora ← flos 花（用于复合词）

Dendrocalamus latiflorus cv. Latiflorus 麻竹-原栽培变种 （词义见上面解释）

Dendrocalamus latiflorus cv. Mei-Nung 美浓麻竹：mei-nung 美浓（中文品种名）

Dendrocalamus latiflorus cv. Subconvex 葫芦麻竹：subconvex 近拱形的；sub-（表示程度较弱）与……类似，几乎，稍微，弱，亚，之下，下面；convex 拱形的，弯曲的

Dendrocalamus liboensis 荔波吊竹：liboensis 荔波的（地名，贵州省）

Dendrocalamus membranaceus 黄竹：membranaceus 膜质的，膜状的；membranus 膜；-aceus/ -aceum/ -acea 相似的，有……性质的，属于……的

Dendrocalamus membranaceus f. fimbriligulatus 流苏黄竹：fimbria → fimbri- 流苏，长缘毛；ligulatus/ ligularis 小舌状的

Dendrocalamus membranaceus f. membranaceus 黄竹-原变型 （词义见上面解释）

Dendrocalamus membranaceus f. pilosus 毛竿黄竹：pilosus = pilus + osus 多毛的，被柔毛的，具疏柔毛的，被短弱细毛的；pilus 毛，疏柔毛；-osus/ -osum/ -osa 多的，充分的，丰富的，显著发育的，程度高的，特征明显的（形容词词尾）

Dendrocalamus membranaceus f. striatus 花竿黄竹：striatus = stria + atus 有条纹的，有细沟的；stria 条纹，线条，细纹，细沟

Dendrocalamus mianningensis 冕宁慈：mianningensis 冕宁的（地名，四川省），缅宁的（地名，云南省临沧市）

Dendrocalamus minor 吊丝竹：minor 较小的，更小的

Dendrocalamus minor var. amoenus 花吊丝竹：amoenus 美丽的，可爱的

Dendrocalamus minor var. minor 吊丝竹-原变种 （词义见上面解释）

Dendrocalamus pachystachys 粗穗龙竹：pachystachys 粗壮穗状花序的；pachys 粗的，厚的，肥的；stachy-/ stachyo-/ -stachys/ -stachyus/ -stachyum/ -stachya 穗子，穗子的，穗子状的，穗状花序的；Pachystachys 厚穗爵床属（爵床科）

Dendrocalamus parishii 巴氏龙竹：parishii ← Parish（人名，发现很多兰科植物）

Dendrocalamus patellaris 碟环慈：patellaris 小圆盘状的，小碗状的；patellus = patus + ellus 小碟子，小碗，杯状体（指浅而接近平面状）；patus 展开的，伸展的；-aris（阳性、阴性）/ -are（中性）

← -alis（阳性、阴性）/ -ale（中性）属于，相似，如同，具有，涉及，关于，联结于（将名词作形容词用，其中 -aris 常用于以 l 或 r 为词干末尾的词）

Dendrocalamus peculiaris 金平龙竹：peculiaris 特别的，与众不同的，不平凡的

Dendrocalamus pulverulentus 粉麻竹：pulverulentus 细粉末状的，粉末覆盖的；pulvereus 粉末的，粉尘的；pulveris 粉末的，粉尘的，灰尘的；pulvis 粉末，粉尘，灰尘，-eus/ -eum/ -ea（接拉丁语词干时）属于……的，色如……的，质如……的（表示原料、颜色或品质的相似），（接希腊语词干时）属于……的，以……出名，为……所占有（表示具有某种特性）；-ulentus/ -ulentum/ -ulenta/ -olentus/ -olentum/ -olenta（表示丰富、充分或显著发展）

Dendrocalamus semiscandens 野龙竹：semi- 半，准，略微；scandens 攀缘的，缠绕的，藤本的

Dendrocalamus sikkimensis 锡金龙竹：sikkimensis 锡金的（地名）

Dendrocalamus sinicus 歪脚龙竹：sinicus 中国的（地名）；-icus/ -icum/ -ica 属于，具有某种特性（常用于地名、起源、生境）

Dendrocalamus strictus 牡竹：strictus 直立的，硬直的，笔直的，彼此靠拢的

Dendrocalamus tibeticus 西藏牡竹：tibeticus 西藏的（地名）；-icus/ -icum/ -ica 属于，具有某种特性（常用于地名、起源、生境）

Dendrocalamus tomentosus 毛龙竹：tomentosus = tomentum + osus 绒毛的，密被绒毛的；tomentum 绒毛，浓密的毛被，棉絮，棉絮状填充物（被褥、垫子等）；-osus/ -osum/ -osa 多的，充分的，丰富的，显著发育的，程度高的，特征明显的（形容词词尾）

Dendrocalamus tsiangii 黔竹：tsiangii 黔，贵州的（地名），蒋氏（人名）

Dendrocalamus tsiangii cv. Tsiangii 黔竹-原栽培变种 （词义见上面解释）

Dendrocalamus tsiangii cv. Viridistriatus 花黔竹：viridistriatus 绿色条纹的；viridis 绿色的，鲜嫩的（相当于希腊语的 chloro-）；striatus = stria + atus 有条纹的，有细沟的；stria 条纹，线条，细纹，细沟

Dendrocalamus yunnanicus 云南龙竹：yunnanicus 云南的（地名）

Dendrochilum 足柱兰属（兰科）（18：p385）：dendron 树木；chilus ← cheilos 唇，唇瓣，唇边，边缘，岸边

Dendrochilum uncatum 足柱兰：uncatus = uncus + atus 具钩的，钩状的，倒钩状的；uncus 钩子，弯钩，弯钩状的

Dendrocnide 火麻树属（荨麻科）（23-2：p43）：dendron 树木；cnide 荨麻（希腊语名）

Dendrocnide basirotunda 圆基火麻树：basis 基部，基座；rotundus 圆形的，呈圆形的，肥大的

Dendrocnide meyeniana 咬人狗：meyeniana ← Franz Julius Ferdinand Meyen（人名，19 世纪德国医生、植物学家）

Dendrocnide meyeniana f. meyeniana 咬人狗-原变型 （词义见上面解释）

D

Dendrocnide meyeniana f. subglabra 恒春火麻树：subglabrus 近无毛的；sub-（表示程度较弱）与……类似，几乎，稍微，弱，亚，之下，下面；glabrus 光秃的，无毛的，光滑的

Dendrocnide sinuata 全缘火麻树：sinuatus = sinus + atus 深波浪状的；sinus 波浪，弯缺，海湾（sinus 的词干视为 sinu-）

Dendrocnide stimulans 海南火麻树：stimulans ← stimulus 刺激的

Dendrocnide urentissima 火麻树：urentissima 非常蜇人的，非常刺痛的；urentis 蜇人的，刺痛的；-issimus/ -issima/ -issimum 最，非常，极其（形容词最高级）

Dendrolobium 假木豆属（豆科）（41：p3）：dendrolobium 木质荚果的；dendron 树木；lobius ← lobus 浅裂的，耳片的（裂片先端钝圆），荚果的，蒴果的；-ius/ -ium/ -ia 具有……特性的（表示有关、关联、相似）

Dendrolobium dispermum 两节假木豆：dispermus 具二种子的；di-/ dis- 二，二数，二分，分离，不同，在……之间，从……分开（希腊语，拉丁语为 bi-/ bis-）；spermus/ spermum/ sperma 种子的（用于希腊语复合词）

Dendrolobium lanceolatum 单节假木豆：lanceolatus = lanceus + olus + atus 小披针形的，小柳叶刀的；lance-/ lancei-/ lanci-/ lanceo-/ lanc- ← lanceus 披针形的，矛形的，尖刀状的，柳叶刀状的；-olus ← -ulus 小，稍微，略微（-ulus 在字母 e 或 i 之后变成 -olus/ -ellus/ -illus）；-atus/ -atum/ -ata 属于，相似，具有，完成（形容词词尾）

Dendrolobium triangulare 假木豆：tri-/ tripli-/ triplo- 三个，三数；angulare 棱角，角度

Dendrolobium umbellatum 伞花假木豆：umbellatus = umbella + atus 伞形花序的，具伞的；umbella 伞形花序

Dendropanax 树参属（参 shēn）（五加科）（54：p58）：dendron 树木；panax 人参

Dendropanax bilocularis 双室树参：bilocularis 二室的；bi-/ bis- 二，二数，二回（希腊语为 di-）；locularis/ locularia 隔室的，胞室的，腔室的；loculatus 有棚的，有分隔的；loculus 小盒，小罐，室，棺椁；locus 场所，位置，座位；loco/ locatus/ locatio 放置，横躺；-aris（阳性、阴性）/ -are（中性）← -alis（阳性、阴性）/ -ale（中性）属于，相似，如同，具有，涉及，关于，联结于（将名词作形容词用，其中 -aris 常用于以 l 或 r 为词干末尾的词）

Dendropanax brevistylus 短柱树参：brevi- ← brevis 短的（用于希腊语复合词词首）；stylus/ stylis ← stylos 柱，花柱

Dendropanax confertus 挤果树参：confertus 密集的

Dendropanax dentiger 树参：dentus 齿，牙齿；-ger/ -gerus/ -gerum/ -gera 具有，有，带有

Dendropanax ficifolius 榕叶树参：Ficus 榕属（桑科）；folius/ folium/ folia 叶，叶片（用于复合词）

Dendropanax gracilis 细梗树参：gracilis 细长的，纤弱的，丝状的

Dendropanax hainanensis 海南树参：hainanensis 海南的（地名）

Dendropanax inflatus 胀果树参：inflatus 膨胀的，袋状的

Dendropanax inflatus f. multiflorus 圆锥胀果树参：multi- ← multus 多个，多数，很多（希腊语为 poly-）；florus/ florum/ flora ← flos 花（用于复合词）

Dendropanax inflatus f. paniculatus 多花胀果树参：paniculatus = paniculus + atus 具圆锥花序的；paniculus 圆锥花序；panus 谷穗；panicus 野稗，粟，谷子；-atus/ -atum/ -ata 属于，相似，具有，完成（形容词词尾）

Dendropanax inflatus f. prominens 显脉胀果树参：prominens 突出的，显著的，卓越的，显赫的，隆起的

Dendropanax kwangsiensis 广西树参：kwangsiensis 广西的（地名）

Dendropanax macrocarpus 大果树参：macro-/ macr- ← macros 大的，宏观的（用于希腊语复合词）；carpus/ carpum/ carpa/ carpon ← carpos 果实（用于希腊语复合词）

Dendropanax oligodontus 保亭树参：oligodontus 具有少数齿的；oligo-/ olig- 少数的（希腊语，拉丁语为 pauci-）；odontus/ odontos → odon-/ odont-/ odonto-（可作词首或词尾）齿，牙齿状的；odous 齿，牙齿（单数，其所有格为 odontos）

Dendropanax parvifloroides 两广树参：parvifloroides 近似于小花的，花略小的，像 parvifloridus 的；Dendropanax parviflorus 小花树参；parvus 小的，些微的，弱的；florus/ florum/ flora ← flos 花（用于复合词）；-oides/ -oideus/ -oideum/ -oidea/ -odes/ -eidos 像……的，类似……的，呈……状的（名词词尾）

Dendropanax productus 长萼树参：productus 伸长的，延长的

Dendropanax proteus 变叶树参：Proteus 普罗透斯（希腊神话故中的海神，能改变形状），多变的

Dendropanax stellatus 星柱树参：stellatus/ stellaris 具星状的；stella 星状的；-atus/ -atum/ -ata 属于，相似，具有，完成（形容词词尾）；-aris（阳性、阴性）/ -are（中性）← -alis（阳性、阴性）/ -ale（中性）属于，相似，如同，具有，涉及，关于，联结于（将名词作形容词用，其中 -aris 常用于以 l 或 r 为词干末尾的词）

Dendropanax yunnanensis 云南树参：yunnanensis 云南的（地名）

Dendrophthoe 五蕊寄生属（桑寄生科）（24：p106）：dendron 树木；phthoe 腐朽的

Dendrophthoe pentandra 五蕊寄生：penta- 五，五数（希腊语，拉丁语为 quin/ quinqu/ quinque-/ quinqui-）；andrus/ andros/ antherus ← aner 雄蕊，花药，雄性

Dendrotrophe 寄生藤属（檀香科）（24：p69）：dendrotrophe 以树木为食物的（指寄生在树木上）；dendron 树木；trophe 食物，营养

Dendrotrophe buxifolia 黄杨叶寄生藤：buxifolia 黄杨叶的；Buxus 黄杨属（黄杨科）；folius/

folium/ folia 叶，叶片（用于复合词）

Dendrotrophe frutescens 寄生藤：frutescens =
frutex + escens 变成灌木状的，略呈灌木状的；
frutex 灌木；-escens/ -ascens 改变，转变，变成，
略微，带有，接近，相似，大致，稍微（表示变化的
趋势，并未完全相似或相同，有别于表示达到完成
状态的 -atus）

Dendrotrophe frutescens var. frutescens 寄生
藤-原变种 （词义见上面解释）

**Dendrotrophe frutescens var.
subquinquenervia** 叉脉寄生藤（叉 chā）：
subquinquenervius 近五脉的；sub-（表示程度较弱）
与……类似，几乎，稍微，弱，亚，之下，下面；
quin-/ quinqu-/ quinque-/ quinqui- 五，五数（希腊
语为 penta-）；nervius = nervus + ius 具脉的，具
叶脉的；nervus 脉，叶脉；-ius/ -ium/ -ia 具
有……特性的（表示有关、关联、相似）

Dendrotrophe granulata 疣枝寄生藤：granulatus/
granulus 米粒状的，米粒覆盖的；granus 粒，种粒，
谷粒，颗粒；-ulatus/ -ulata/ -ulatum = ulus +
atus 小的，略微的，稍微的，属于小的；-ulus/
-ulum/ -ula 小的，略微的，稍微的（小词 -ulus 在
字母 e 或 i 之后有多种变缀，即 -olus/ -olum/ -ola、
-ellus/ -ellum/ -ella、-illus/ -illum/ -illa，与第一变
格法和第二变格法名词形成复合词）；-atus/ -atum/
-ata 属于，相似，具有，完成（形容词词尾）

Dendrotrophe heterantha 异花寄生藤：
heteranthus 不同花的；hete-/ heter-/ hetero- ←
heteros 不同的，多样的，不齐的；anthus/ anthum/
antha/ anthe ← anthos 花（用于希腊语复合词）

Dendrotrophe polyneura 多脉寄生藤：polyneurus
多脉的；poly- ← polys 多个，许多（希腊语，拉丁
语为 multi-）；neurus ← neuron 脉，神经

Dendrotrophe umbellata 伞花寄生藤：
umbellatus = umbella + atus 伞形花序的，具伞的；
umbella 伞形花序

Dendrotrophe umbellata var. longifolia 长叶寄
生藤：longe-/ longi- ← longus 长的，纵向的；
folius/ folium/ folia 叶，叶片（用于复合词）

Dendrotrophe umbellata var. umbellata 伞花寄
生藤-原变种 （词义见上面解释）

Dennstaedtia 碗蕨属（碗蕨科）（2：p199）：
dennstaedtia ← A. W. Dennstardt（人名，19 世纪
德国植物学家）（注：属名末尾不是 -tardtia）

Dennstaedtia appendiculata 顶生碗蕨：
appendiculatus = appendix + ulus + atus 有小附
属物的；appendix = ad + pendix 附属物；ad- 向，
到，近（拉丁语词首，表示程度加强）；构词规则：
构成复合词时，词首末尾的辅音字母常同化为紧接
其后的那个辅音字母（如 ad + p → app）；
pendix ← pendens 垂悬的，挂着的，悬挂的；构词
规则：以 -ix/ -iex 结尾的词其词干末尾视为 -ic，以
-ex 结尾视为 -i/ -ic，其他以 -x 结尾视为 -c；-ulus/
-ulum/ -ula 小的，略微的，稍微的（小词 -ulus 在
字母 e 或 i 之后有多种变缀，即 -olus/ -olum/ -ola、
-ellus/ -ellum/ -ella、-illus/ -illum/ -illa，与第一变
格法和第二变格法名词形成复合词）；-atus/ -atum/
-ata 属于，相似，具有，完成（形容词词尾）

Dennstaedtia elwesii 峨山碗蕨：elwesii（人名）；-ii
表示人名，接在以辅音字母结尾的人名后面，但 -er
除外

Dennstaedtia formosae 台湾碗蕨：formosus ←
formosa 美丽的，台湾的（葡萄牙殖民者发现台湾时
对其的称呼，即美丽的岛屿）（formosae 为 formosa
的所有格）

Dennstaedtia leptophylla 薄叶碗蕨：leptus ←
leptos 细的，薄的，瘦小的，狭长的；phyllus/
phyllum/ phylla ← phyllon 叶片（用于希腊语复
合词）

Dennstaedtia melanostipes 乌柄碗蕨：mel-/
mela-/ melan-/ melano- ← melanus/ melaenus ←
melas/ melanos 黑色的，浓黑色的，暗色的；stipes
柄，脚，梗

Dennstaedtia pilosella 细毛碗蕨：pilus 毛，疏柔
毛；-osus/ -osum/ -osa 多的，充分的，丰富的，显
著发育的，程度高的，特征明显的（形容词词尾）；
pilosellus 多毛的，短的毛发；-ellus/ -ellum/
-ella ← -ulus 小的，略微的，稍微的（小词 -ulus 在
字母 e 或 i 之后有多种变缀，即 -olus/ -olum/ -ola、
-ellus/ -ellum/ -ella、-illus/ -illum/ -illa，用于第一
变格法名词）

Dennstaedtia scabra 碗蕨：scabrus ← scaber 粗糙
的，有凹凸的，不平滑的

Dennstaedtia scabra var. glabrescens 光叶碗蕨：
glabrus 光秃的，无毛的，光滑的；-escens/ -ascens
改变，转变，变成，略微，带有，接近，相似，大致，
稍微（表示变化的趋势，并未完全相似或相同，有
别于表示达到完成状态的 -atus）

Dennstaedtia scabra var. scabra 碗蕨-原变种
（词义见上面解释）

Dennstaedtia scandens 刺柄碗蕨：scandens 攀缘
的，缠绕的，藤本的；scando/ scansum 上升，攀登，
缠绕

Dennstaedtia wilfordii 溪洞碗蕨：wilfordii（人
名）；-ii 表示人名，接在以辅音字母结尾的人名后
面，但 -er 除外

Dennstaedtiaceae 碗蕨科（2：p198）：
Dennstaedtia 碗蕨属；-aceae（分类单位科的词尾，
为 -aceus 的阴性复数主格形式，加到模式属的名称
后或同义词的词干后以组成族群名称）

Dentella 小牙草属（茜草科）（71-1：p21）：dentella
小牙齿的；dens/ dentus 齿，牙齿；-ellus/ -ellum/
-ella ← -ulus 小的，略微的，稍微的（小词 -ulus 在
字母 e 或 i 之后有多种变缀，即 -olus/ -olum/ -ola、
-ellus/ -ellum/ -ella、-illus/ -illum/ -illa，用于第一
变格法名词）

Dentella repens 小牙草：repens/ repentis/ repsi/
reptum/ repere/ repo 匍匐，爬行（同义词：
reptans/ reptoare）

Derris 鱼藤属（豆科）（40：p191）：derris 毛皮（指
荚果富含单宁）

Derris albo-rubra 白花鱼藤：albus → albi-/ albo-
白色的；rubrus/ rubrum/ rubra/ ruber 红色的

Derris breviramosa 短枝鱼藤：brevi- ← brevis 短
的（用于希腊语复合词词首）；ramosus = ramus +
osus 有分枝的，多分枝的；ramus 分枝，枝条；

-osus/ -osum/ -osa 多的，充分的，丰富的，显著发育的，程度高的，特征明显的（形容词词尾）

Derris caudatilimba 尾叶鱼藤：caudatus = caudus + atus 尾巴的，尾巴状的，具尾的；caudus 尾巴；limbus 冠檐，萼檐，瓣片，叶片

Derris cavaleriei 黔桂鱼藤：cavaleriei ← Pierre Julien Cavalerie（人名，20 世纪法国传教士）；-i 表示人名，接在以元音字母结尾的人名后面，但 -a 除外

Derris dinghuensis 鼎湖鱼藤：dinghuensis 鼎湖山的（地名，广东省）

Derris elliptica 毛鱼藤（另见 Paraderris elliptica）：ellipticus 椭圆形的；-ticus/ -ticum/ tica/ -ticos 表示属于，关于，以……著称，作形容词词尾

Derris eriocarpa 毛果鱼藤：erion 绵毛，羊毛；carpus/ carpum/ carpa/ carpon ← carpos 果实（用于希腊语复合词）

Derris ferruginea 锈毛鱼藤：ferrugineus 铁锈的，淡棕色的；ferrugo = ferrus + ugo 铁锈（ferrugo 的词干为 ferrugin-）；词尾为 -go 的词其词干末尾视为 -gin；ferreus → ferr- 铁，铁的，铁色的，坚硬如铁的；-eus/ -eum/ -ea（接拉丁语词干时）属于……的，色如……的，质如……的（表示原料、颜色或品质的相似），（接希腊语词干时）属于……的，以……出名，为……所占有（表示具有某种特性）

Derris fordii 中南鱼藤：fordii ← Charles Ford（人名）

Derris fordii var. fordii 中南鱼藤-原变种（词义见上面解释）

Derris fordii var. lucida 亮叶中南鱼藤：lucidus ← lucis ← lux 发光的，光辉的，清晰的，发亮的，荣耀的（lux 的单数所有格为 lucis，词尾为 -is 和 -ys 的词的词干分别视为 -id 和 -yd）

Derris glauca 粉叶鱼藤：glaucus → glauco-/ glauc- 被白粉的，发白的，灰绿色的

Derris hainanensis 海南鱼藤：hainanensis 海南的（地名）

Derris hancei 粤东鱼藤：hancei ← Henry Fletcher Hance（人名，19 世纪英国驻香港领事，曾在中国采集植物）；-i 表示人名，接在以元音字母结尾的人名后面，但 -a 除外

Derris harrowiana 大理鱼藤：harrowiana ← George Harrow（人名，20 世纪苗木经纪人）

Derris henryi（亨利鱼藤）：henryi ← Augustine Henry 或 B. C. Henry（人名，前者，1857–1930，爱尔兰医生、植物学家，曾在中国采集植物，后者，1850–1901，曾活动于中国的传教士）

Derris latifolia 大叶鱼藤：lati-/ late- ← latus 宽的，宽广的；folius/ folium/ folia 叶，叶片（用于复合词）

Derris laxiflora 疏花鱼藤：laxus 稀疏的，松散的，宽松的；florus/ florum/ flora ← flos 花（用于复合词）

Derris malaccensis 异翅鱼藤：malaccensis 马六甲的（地名，马来西亚）

Derris marginata 边荚鱼藤：marginatus ← margo 边缘的，具边缘的；margo/ marginis → margin- 边缘，边线，边界；词尾为 -go 的词其词干末尾视为

-gin

Derris oblonga 兰屿鱼藤：oblongus = ovus + longus 长椭圆形的（ovus 的词干 ov- 音变为 ob-）；ovus 卵，胚珠，卵形的，椭圆形的；longus 长的，纵向的

Derris palmifolia 掌叶鱼藤：palmus 手掌，掌状的；folius/ folium/ folia 叶，叶片（用于复合词）

Derris robusta 大鱼藤树：robustus 大型的，结实的，健壮的，强壮的

Derris scabricaulis 粗茎鱼藤：scabri- ← scaber 粗糙的，有凹凸的，不平滑的；caulis ← caulos 茎，茎秆，主茎

Derris thyrsiflora 密锥花鱼藤：thyrsus/ thyrsos 花簇，金字塔，圆锥形，聚伞圆锥花序；florus/ florum/ flora ← flos 花（用于复合词）

Derris tonkinensis 东京鱼藤：tonkin 东京（地名，越南河内的旧称）

Derris tonkinensis var. compacta 大叶东京鱼藤：compactus 小型的，压缩的，紧凑的，致密的，稠密的；pactus 压紧，紧缩；co- 联合，共同，合起来（拉丁语词首，为 cum- 的音变，表示结合、强化、完全，对应的希腊语为 syn-）；co- 的缀词音变有 co-/ com-/ con-/ col-/ cor-：co-（在 h 和元音字母前面），col-（在 l 前面），com-（在 b、m、p 之前），con-（在 c、d、f、g、j、n、qu、s、t 和 v 前面），cor-（在 r 前面）

Derris tonkinensis var. tonkinensis 东京鱼藤-原变种（词义见上面解释）

Derris trifoliata 鱼藤：tri-/ tripli-/ triplo- 三个，三数；foliatus 具叶的，多叶的；folius/ folium/ folia → foli-/ folia- 叶，叶片；-atus/ -atum/ -ata 属于，相似，具有，完成（形容词词尾）

Derris yunnanensis 云南鱼藤：yunnanensis 云南的（地名）

Deschampsia 发草属（禾本科）（9-3：p146）：deschampsia ← Louis August Deschamps（人名，19 世纪法国医生、博物学家）

Deschampsia caespitosa 发草：caespitosus = caespitus + osus 明显成簇的，明显丛生的；caespitus 成簇的，丛生的；-osus/ -osum/ -osa 多的，充分的，丰富的，显著发育的，程度高的，特征明显的（形容词词尾）

Deschampsia caespitosa var. caespitosa 发草-原变种（词义见上面解释）

Deschampsia caespitosa var. exaristata 无芒发草：e-/ ex- 不，无，非，缺乏，不具有（e- 用在辅音字母前，ex- 用在元音字母前，为拉丁语词首，对应的希腊语词首为 a-/ an-，英语为 un-/ -less，注意作词首用的 e-/ ex- 和介词 e/ ex 意思不同，后者意为"出自、从……、由……离开、由于、依照"）；aristatus(aristosus) = arista + atus 具芒的，具芒刺的，具刚毛的，具胡须的；arista 芒

Deschampsia caespitosa var. microstachya 小穗发草：micr-/ micro- ← micros 小的，微小的，微观的（用于希腊语复合词）；stachy-/ stachyo-/ -stachys/ -stachyus/ -stachyum/ -stachya 穗子，穗子的，穗子状的，穗状花序的

Deschampsia flexuosa 曲芒发草：flexuosus =

D

flexus + osus 弯曲的，波状的，曲折的；flexus ← flecto 扭曲的，卷曲的，弯弯曲曲的，柔性的；flecto 弯曲，使扭曲；-osus/ -osum/ -osa 多的，充分的，丰富的，显著发育的，程度高的，特征明显的（形容词词尾）

Deschampsia koelerioides 穗发草：Koeleria 落草属（禾本科）；-oides/ -oideus/ -oideum/ -oidea/ -odes/ -eidos 像……的，类似……的，呈……状的（名词词尾）

Deschampsia littoralis 滨发草：litoralis/ littoralis 海滨的，海岸的；littoris/ litoris/ littus/ litus 海岸，海滩，海滨

Deschampsia littoralis var. ivanovae 短枝发草：ivanovae（人名）；-ae 表示人名，以 -a 结尾的人名后面加上 -e 形成

Deschampsia littoralis var. littoralis 滨发草-原变种 （词义见上面解释）

Deschampsia multiflora 多花发草：multi- ← multus 多个，多数，很多（希腊语为 poly-）；florus/ florum/ flora ← flos 花（用于复合词）

Deschampsia pamirica 帕米尔发草：pamirica 帕米尔的（地名，中亚东南部高原，跨塔吉克斯坦、中国、阿富汗）；-icus/ -icum/ -ica 属于，具有某种特性（常用于地名、起源、生境）

Descurainia 播娘蒿属（十字花科）（33：p448）：descurainia ← Descourain（人名，1658–1740，法国医生、药学家）

Descurainia sophia 播娘蒿：sophia 贤人，智者

Descurainia sophioides 腺毛播娘蒿：sophioides 像 sophia 的；Descurainia sophia 播娘蒿；-oides/ -oideus/ -oideum/ -oidea/ -odes/ -eidos 像……的，类似……的，呈……状的（名词词尾）

Desmanthus 合欢草属（豆科）（39：p20）：desmanthus 束状花的；desma 带，条带，链子，束状的；anthus/ anthum/ antha/ anthe ← anthos 花（用于希腊语复合词）

Desmanthus pernambucanus 巴西合欢草：pernambucanus ← Pernambuco 伯南布哥州的（地名，巴西）

Desmanthus virgatus 合欢草：virgatus 细长枝条的，有条纹的，嫩枝状的；virga/ virgus 纤细枝条，细而绿的枝条；-atus/ -atum/ -ata 属于，相似，具有，完成（形容词词尾）

Desmodium 山蚂蝗属（豆科）（41：p14）：desmodium = desmos + ius 像锁链的（荚果间缢缩成锁链状）；desmos 带，锁链，锁链状的（指果实形状）；-ius/ -ium/ -ia 具有……特性的（表示有关、关联、相似）

Desmodium amethystinum 紫水晶山蚂蝗：amethystinus 紫色水晶的，紫色的；amethysteus 紫罗兰色的，蓝紫色的；-inus/ -inum/ -ina/ -inos 相近，接近，相似，具有（通常指颜色）

Desmodium callianthum 美花山蚂蝗：callianthum 美丽花朵的；call-/ calli-/ callo-/ cala-/ calo- ← calos/ callos 美丽的；anthus/ anthum/ antha/ anthe ← anthos 花（用于希腊语复合词）

Desmodium caudatum 小槐花：caudatus = caudus + atus 尾巴的，尾巴状的，具尾的；caudus

尾巴；-atus/ -atum/ -ata 属于，相似，具有，完成（形容词词尾）

Desmodium concinnum 凹叶山蚂蝗：concinnus 精致的，高雅的，形状好看的

Desmodium dichotomum 二歧山蚂蝗：dichotomus 二叉分歧的，分离的；dicho-/ dicha- 二分的，二歧的；di-/ dis- 二，二数，二分，分离，不同，在……之间，从……分开（希腊语，拉丁语为 bi-/ bis-）；cho-/ chao- 分开，割裂，离开；tomus ← tomos 小片，片段，卷册（书）

Desmodium elegans 圆锥山蚂蝗：elegans 优雅的，秀丽的

Desmodium elegans var. elegans 圆锥山蚂蝗-原变种 （词义见上面解释）

Desmodium elegans var. handelii 盐源山蚂蝗：handelii ← H. Handel-Mazzetti（人名，奥地利植物学家，第一次世界大战期间在中国西南地区研究植物）

Desmodium elegans var. wolohoense 川南山蚂蝗：wolohoense（地名，四川省）

Desmodium gangeticum 大叶山蚂蝗：gangeticum（印度河流名）

Desmodium gracillimum 细叶山蚂蝗：gracillimus 极细长的，非常纤细的；gracilis 细长的，纤弱的，丝状的；-limus/ -lima/ -limum 最，非常，极其（以 -ilis 结尾的形容词最高级，将末尾的 -is 换成 l + imus，从而构成 -illimus）

Desmodium griffithianum 疏果山蚂蝗：griffithianum ← William Griffith（人名，19 世纪印度植物学家，加尔各答植物园主任）

Desmodium heterocarpon 假地豆：hete-/ heter-/ hetero- ← heteros 不同的，多样的，不齐的；carpus/ carpum/ carpa/ carpon ← carpos 果实（用于希腊语复合词）

Desmodium heterocarpon var. heterocarpon 假地豆-原变种 （词义见上面解释）

Desmodium heterocarpon var. strigosum 糙毛假地豆：strigosus = striga + osus 鬃毛的，刷毛的；striga → strig- 条纹的，网纹的（如种子具网纹），糙伏毛的；-osus/ -osum/ -osa 多的，充分的，丰富的，显著发育的，程度高的，特征明显的（形容词词尾）

Desmodium heterophyllum 异叶山蚂蝗：heterophyllus 异型叶的；hete-/ heter-/ hetero- ← heteros 不同的，多样的，不齐的；phyllus/ phyllum/ phylla ← phyllon 叶片（用于希腊语复合词）

Desmodium laxiflorum 大叶拿身草：laxus 稀疏的，松散的，宽松的；florus/ florum/ flora ← flos 花（用于复合词）

Desmodium megaphyllum 滇南山蚂蝗：mega-/ megal-/ megalo- ← megas 大的，巨大的；phyllus/ phyllum/ phylla ← phyllon 叶片（用于希腊语复合词）

Desmodium megaphyllum var. glabrescens 无毛滇南山蚂蝗：glabrus 光秃的，无毛的，光滑的；-escens/ -ascens 改变，转变，变成，略微，带有，接近，相似，大致，稍微（表示变化的趋势，并未完全相似或相同，有别于表示达到完成状态的 -atus）

Desmodium megaphyllum var. megaphyllum 滇南山蚂蝗-原变种 （词义见上面解释）

Desmodium microphyllum 小叶三点金：micr-/ micro- ← micros 小的，微小的，微观的（用于希腊语复合词）；phyllus/ phyllum/ phylla ← phyllon 叶片（用于希腊语复合词）

Desmodium multiflorum 饿蚂蝗：multi- ← multus 多个，多数，很多（希腊语为 poly-）；florus/ florum/ flora ← flos 花（用于复合词）

Desmodium oblongum 长圆叶山蚂蝗：oblongus = ovus + longus 长椭圆形的（ovus 的词干 ov- 音变为 ob-）；ovus 卵，胚珠，卵形的，椭圆形的；longus 长的，纵向的

Desmodium renifolium 肾叶山蚂蝗：ren-/ reni- ← ren/ renis 肾，肾形；renarius/ renalis 肾脏的，肾形的；folius/ folium/ folia 叶，叶片（用于复合词）

Desmodium reticulatum 显脉山绿豆：reticulatus = reti + culus + atus 网状的；reti-/ rete- 网（同义词：dictyo-）；-culus/ -culum/ -cula 小的，略微的，稍微的（同第三变格法和第四变格法名词形成复合词）；-atus/ -atum/ -ata 属于，相似，具有，完成（形容词词尾）

Desmodium rubrum 赤山蚂蝗：rubrus/ rubrum/ rubra/ ruber 红色的

Desmodium scorpiurus 蝎尾山蚂蝗：scorpiurus = scorp + urus 蝎尾状的；scorp- 蝎子；-urus/ -ura/ -ourus/ -oura/ -oure/ -uris 尾巴

Desmodium sequax 长波叶山蚂蝗：sequax 速生的

Desmodium stenophyllum 狭叶山蚂蝗：sten-/ steno- ← stenus 窄的，狭的，薄的；phyllus/ phyllum/ phylla ← phyllon 叶片（用于希腊语复合词）

Desmodium styracifolium 广东金钱草：styraci- ← Styrax 安息香属（安息香科）；folius/ folium/ folia 叶，叶片（用于复合词）

Desmodium tortuosum 南美山蚂蝗：tortuosus 不规则拧劲的，明显拧劲的；tortus 拧劲，捻，扭曲；-osus/ -osum/ -osa 多的，充分的，丰富的，显著发育的，程度高的，特征明显的（形容词词尾）

Desmodium triflorum 三点金：tri-/ tripli-/ triplo- 三个，三数；florus/ florum/ flora ← flos 花（用于复合词）

Desmodium uncinatum 银叶山蚂蝗：uncinatus = uncus + inus + atus 具钩的；uncus 钩，倒钩刺；-inus/ -inum/ -ina/ -inos 相近，接近，相似，具有（通常指颜色）；-atus/ -atum/ -ata 属于，相似，具有，完成（形容词词尾）

Desmodium velutinum 绒毛山蚂蝗：velutinus 天鹅绒的，柔软的；velutus 绒毛的；-inus/ -inum/ -ina/ -inos 相近，接近，相似，具有（通常指颜色）

Desmodium velutinum var. longibracteatum 长苞绒毛山蚂蝗：longe-/ longi- ← longus 长的，纵向的；bracteatus = bracteus + atus 具苞片的；bracteus 苞，苞片，苞鳞

Desmodium velutinum var. velutinum 绒毛山蚂蝗-原变种 （词义见上面解释）

Desmodium yunnanense 云南山蚂蝗：yunnanense 云南的（地名）

Desmodium zonatum 单叶拿身草：zonatus/ zonalis 有环状纹的，带状的；zona 带，腰带，（地球经纬度的）带

Desmos 假鹰爪属（番荔枝科）（30-2：p45）：desmos 带，锁链，锁链状的（指果实形状）

Desmos chinensis 假鹰爪：chinensis = china + ensis 中国的（地名）；China 中国

Desmos dumosus 毛叶假鹰爪：dumosus = dumus + osus 荒草丛样的，丛生的；dumus 灌丛，荆棘丛，荒草丛；-osus/ -osum/ -osa 多的，充分的，丰富的，显著发育的，程度高的，特征明显的（形容词词尾）

Desmos grandifolius 大叶假鹰爪：grandi- ← grandis 大的；folius/ folium/ folia 叶，叶片（用于复合词）

Desmos yunnanensis 云南假鹰爪：yunnanensis 云南的（地名）

Desmostachya 羽穗草属（禾本科）（10-1：p31）：desmo-/ desma- 束，束状的，带状的，链子；stachy-/ stachyo-/ -stachys/ -stachyus/ -stachyum/ -stachya 穗子，穗子的，穗子状的，穗状花序的

Desmostachya bipinnata 羽穗草：bipinnatus 二回羽状的；bi-/ bis- 二，二数，二回（希腊语为 di-）；pinnatus = pinnus + atus 羽状的，具羽的；pinnus/ pennus 羽毛，羽状，羽片；-atus/ -atum/ -ata 属于，相似，具有，完成（形容词词尾）

Deutzia 溲疏属（溲 sōu）（虎耳草科）（35-1：p70）：deutzia ← Johan van der Deutz（人名，19 世纪荷兰植物学家）

Deutzia albida 白溲疏：albidus 带白色的，微白色的，变白的；albus → albi-/ albo- 白色的；-idus/ -idum/ -ida 表示在进行中的动作或情况，作动词、名词或形容词的词尾

Deutzia aspera 马桑溲疏：asper/ asperus/ asperum/ aspera 粗糙的，不平的

Deutzia aspera var. aspera 马桑溲疏-原变种 （词义见上面解释）

Deutzia aspera var. fedorovii 镇康溲疏：fedorovii（人名）；-ii 表示人名，接在以辅音字母结尾的人名后面，但 -er 除外

Deutzia bomiensis 波密溲疏：bomiensis 波密的（地名，西藏自治区）

Deutzia bomiensis var. bomiensis 波密溲疏-原变种 （词义见上面解释）

Deutzia bomiensis var. dinggyensis 定结溲疏：dinggyensis 定结的（地名，西藏自治区，拼写为"dinggyeensis"似更妥）

Deutzia breviloba 短裂溲疏：brevi- ← brevis 短的（用于希腊语复合词词首）；lobus/ lobos/ lobon 浅裂，耳片（裂片先端钝圆），荚果，蒴果

Deutzia calycosa 大萼溲疏：calycosus 大萼的；calyx → calyc- 萼片（用于希腊语复合词）；构词规则：以 -ix/ -iex 结尾的词其词干末尾视为 -ic，以 -ex 结尾视为 -i/ -ic，其他以 -x 结尾视为 -c；-osus/ -osum/ -osa 多的，充分的，丰富的，显著发育的，程度高的，特征明显的（形容词词尾）

Deutzia calycosa var. calycosa 大萼溲疏-原变种 （词义见上面解释）

D

Deutzia calycosa var. macropetala 大瓣溲疏：macro-/ macr- ← macros 大的，宏观的（用于希腊语复合词）；petalus/ petalum/ petala ← petalon 花瓣

Deutzia calycosa var. xerophyta 旱生溲疏：xerophytus 旱生植物；xeros 干旱的，干燥的；phytus/ phytum/ phyta 植物

Deutzia cinerascens 灰叶溲疏：cinerascens/ cinerasceus 发灰的，变灰色的，灰白的，淡灰色的（比 cinereus 更白）；cinereus 灰色的，草木灰色的（为纯黑和纯白的混合色，希腊语为 tephro-/ spodo-）；ciner-/ cinere-/ cinereo- 灰色；-escens/ -ascens 改变，转变，变成，略微，带有，接近，相似，大致，稍微（表示变化的趋势，并未完全相似或相同，有别于表示达到完成状态的 -atus）

Deutzia compacta 密序溲疏：compactus 小型的，压缩的，紧凑的，致密的，稠密的；pactus 压紧，紧缩；co- 联合，共同，合起来（拉丁语词首，为 cum- 的音变，表示结合、强化、完全，对应的希腊语为 syn-）；co- 的缀词音变有 co-/ com-/ con-/ col-/ cor-：co-（在 h 和元音字母前面），col-（在 l 前面），com-（在 b、m、p 之前），con-（在 c、d、f、g、j、n、qu、s、t 和 v 前面），cor-（在 r 前面）

Deutzia coriacea 革叶溲疏：coriaceus = corius + aceus 近皮革的，近革质的；corius 皮革，革质的；-aceus/ -aceum/ -acea 相似的，有……性质的，属于……的

Deutzia crassidentata 粗齿溲疏：crassi- ← crassus 厚的，粗的，多肉质的；dentatus = dentus + atus 牙齿的，齿状的，具齿的；dentus 齿，牙齿；-atus/ -atum/ -ata 属于，相似，具有，完成（形容词词尾）

Deutzia crassifolia 厚叶溲疏：crassi- ← crassus 厚的，粗的，多肉质的；folius/ folium/ folia 叶，叶片（用于复合词）

Deutzia crassifolia var. crassifolia 厚叶溲疏-原变种（词义见上面解释）

Deutzia crassifolia var. pauciflora 少花溲疏：pauci- ← paucus 少数的，少的（希腊语为 oligo-）；florus/ florum/ flora ← flos 花（用于复合词）

Deutzia crenata 齿叶溲疏：crenatus = crena + atus 圆齿状的，具圆齿的；crena 叶缘的圆齿

Deutzia cymuligera 小聚花溲疏：cymulus = cymus + ulus 小聚伞花序；cyma/ cyme 聚伞花序；-ulus/ -ulum/ -ula 小的，略微的，稍微的（小词 -ulus 在字母 e 或 i 之后有多种变缀，即 -olus/ -olum/ -ola、-ellus/ -ellum/ -ella、-illus/ -illum/ -illa，与第一变格法和第二变格法名词形成复合词）；gerus → -ger/ -gerus/ -gerum/ -gera 具有，有，带有

Deutzia discolor 异色溲疏：discolor 异色的，不同色的（指花瓣花萼等）；di-/ dis- 二，二数，二分，分离，不同，在……之间，从……分开（希腊语，拉丁语为 bi-/ bis-）；color 颜色

Deutzia esquirolii 狭叶溲疏：esquirolii（人名）；-ii 表示人名，接在以辅音字母结尾的人名后面，但 -er 除外

Deutzia faberi 浙江溲疏：faberi ← Ernst Faber（人名，19 世纪活动于中国的德国植物采集员）；-eri

表示人名，在以 -er 结尾的人名后面加上 i 形成

Deutzia glabrata 光萼溲疏：glabratus = glabrus + atus 脱毛的，光滑的；glabrus 光秃的，无毛的，光滑的；-atus/ -atum/ -ata 属于，相似，具有，完成（形容词词尾）

Deutzia glabrata var. glabrata 光萼溲疏-原变种（词义见上面解释）

Deutzia glabrata var. sessilifolia 无柄溲疏：sessile-/ sessili-/ sessil- ← sessilis 无柄的，无茎的，基生的，基部的；folius/ folium/ folia 叶，叶片（用于复合词）

Deutzia glauca 黄山溲疏：glaucus → glauco-/ glauc- 被白粉的，发白的，灰绿色的

Deutzia glauca var. decalvata 斑萼溲疏：decalvatus 变光秃的；de- 向下，向外，从……，脱离，脱落，离开，去掉；calvatus ← calvus 光秃的，无毛的，无芒的，裸露的

Deutzia glauca var. glauca 黄山溲疏-原亚种（词义见上面解释）

Deutzia glaucophylla 灰绿溲疏：glaucus → glauco-/ glauc- 被白粉的，发白的，灰绿色的；phyllus/ phyllum/ phylla ← phyllon 叶片（用于希腊语复合词）

Deutzia glomeruliflora 球花溲疏：glomerulus = glomera + ulus 聚集团伞花序的；glomera 线球，一团，一束；florus/ florum/ flora ← flos 花（用于复合词）

Deutzia glomeruliflora var. glomeruliflora 球花溲疏-原变种（词义见上面解释）

Deutzia glomeruliflora var. lichiangensis 丽江溲疏：lichiangensis 丽江的（地名，云南省）

Deutzia gracilis 细梗溲疏：gracilis 细长的，纤弱的，丝状的

Deutzia gracilis subsp. arisanensis 阿里山溲疏：arisanensis 阿里山的（地名，属台湾省）

Deutzia gracilis subsp. gracilis 细梗溲疏-原亚种（词义见上面解释）

Deutzia grandiflora 大花溲疏：grandi- ← grandis 大的；florus/ florum/ flora ← flos 花（用于复合词）

Deutzia hamata 钩齿溲疏：hamatus = hamus + atus 具钩的；hamus 钩，钩子；-atus/ -atum/ -ata 属于，相似，具有，完成（形容词词尾）

Deutzia heterophylla 异叶溲疏：heterophyllus 异型叶的；hete-/ heter-/ hetero- ← heteros 不同的，多样的，不齐的；phyllus/ phyllum/ phylla ← phyllon 叶片（用于希腊语复合词）

Deutzia hookeriana 西藏溲疏：hookeriana ← William Jackson Hooker（人名，19 世纪英国植物学家）

Deutzia hookeriana var. hookeriana 西藏溲疏-原变种（词义见上面解释）

Deutzia hookeriana var. macrophylla 大叶溲疏：macro-/ macr- ← macros 大的，宏观的（用于希腊语复合词）；phyllus/ phyllum/ phylla ← phyllon 叶片（用于希腊语复合词）

Deutzia hookeriana var. ovatifolia 卵叶溲疏：ovatus = ovus + atus 卵圆形的；ovus 卵，胚珠，卵形的，椭圆形的；-atus/ -atum/ -ata 属于，相似，

具有，完成（形容词词尾）；folius/ folium/ folia 叶，叶片（用于复合词）

Deutzia hypoglauca 粉背溲疏：hypoglaucus 下面白色的；hyp-/ hypo- 下面的，以下的，不完全的；glaucus → glauco-/ glauc- 被白粉的，发白的，灰绿色的

Deutzia hypoglauca var. hypoglauca 粉背溲疏-原变种 （词义见上面解释）

Deutzia hypoglauca var. shawana 青城溲疏：shawana（人名）

Deutzia hypoglauca var. viridis 绿背溲疏：viridis 绿色的，鲜嫩的（相当于希腊语的 chloro-）

Deutzia leiboensis 雷波溲疏：leiboensis 雷波的（地名，四川省）

Deutzia longifolia 长叶溲疏：longe-/ longi- ← longus 长的，纵向的；folius/ folium/ folia 叶，叶片（用于复合词）

Deutzia longifolia var. longifolia 长叶溲疏-原变种 （词义见上面解释）

Deutzia longifolia var. pingwuensis 平武溲疏：pingwuensis 平武的（地名，四川省）

Deutzia mollis 钻丝溲疏：molle/ mollis 软的，柔毛的

Deutzia monbeigii 维西溲疏：monbeigii（人名）；-ii 表示人名，接在以辅音字母结尾的人名后面，但 -er 除外

Deutzia monbeigii var. lanceolata 披针叶溲疏：lanceolatus = lanceus + olus + atus 小披针形的，小柳叶刀的；lance-/ lancei-/ lanci-/ lanceo-/ lanc- ← lanceus 披针形的，矛形的，尖刀状的，柳叶刀状的；-olus ← -ulus 小，稍微，略微（-ulus 在字母 e 或 i 之后变成 -olus/ -ellus/ -illus）；-atus/ -atum/ -ata 属于，相似，具有，完成（形容词词尾）

Deutzia monbeigii var. monbeigii 维西溲疏-原变种 （词义见上面解释）

Deutzia muliensis 木里溲疏：muliensis 木里的（地名，四川省）

Deutzia multiradiata 多辐线溲疏：multi- ← multus 多个，多数，很多（希腊语为 poly-）；radiatus = radius + atus 辐射状的，放射状的；radius 辐射，射线，半径，边花，伞形花序

Deutzia nanchuanensis 南川溲疏：nanchuanensis 南川的（地名，重庆市）

Deutzia ningpoensis 宁波溲疏：ningpoensis 宁波的（地名，浙江省）

Deutzia nitidula 光叶溲疏：nitidulus = nitidus + ulus 稍光亮的；nitidulus = nitidus + ulus 略有光泽的；-ulus/ -ulum/ -ula 小的，略微的，稍微的（小词 -ulus 在字母 e 或 i 之后有多种变缀，即 -olus/ -olum/ -ola、-ellus/ -ellum/ -ella、-illus/ -illum/ -illa，与第一变格法和第二变格法名词形成复合词）

Deutzia obtusilobata 钝裂溲疏：obtusus 钝的，钝形的，略带圆形的；lobatus = lobus + atus 具浅裂的，具耳垂状突起的；lobus/ lobos/ lobon 浅裂，耳片（裂片先端钝圆），荚果，蒴果；-atus/ -atum/ -ata 属于，相似，具有，完成（形容词词尾）

Deutzia parviflora 小花溲疏：parviflorus 小花的；parvus 小的，些微的，弱的；florus/ florum/ flora ← flos 花（用于复合词）

Deutzia parviflora var. amurensis 东北溲疏：amurense/ amurensis 阿穆尔的（地名，东西伯利亚的一个州，南部以黑龙江为界），阿穆尔河的（即黑龙江的俄语音译）

Deutzia parviflora var. micrantha 碎花溲疏：micr-/ micro- ← micros 小的，微小的，微观的（用于希腊语复合词）；anthus/ anthum/ antha/ anthe ← anthos 花（用于希腊语复合词）

Deutzia parviflora var. parviflora 小花溲疏-原变种 （词义见上面解释）

Deutzia pilosa 褐毛溲疏：pilosus = pilus + osus 多毛的，被柔毛的，具疏柔毛的，被短弱细毛的；pilus 毛，疏柔毛；-osus/ -osum/ -osa 多的，充分的，丰富的，显著发育的，程度高的，特征明显的（形容词词尾）

Deutzia pilosa var. longiloba 峨眉溲疏：longe-/ longi- ← longus 长的，纵向的；lobus/ lobos/ lobon 浅裂，耳片（裂片先端钝圆），荚果，蒴果

Deutzia pilosa var. pilosa 褐毛溲疏-原变种 （词义见上面解释）

Deutzia pulchra 美丽溲疏：pulchrum 美丽，优雅，绮丽

Deutzia purpurascens 紫花溲疏：purpurascens 带紫色的，发紫的；purpur- 紫色的；-escens/ -ascens 改变，转变，变成，略微，带有，接近，相似，大致，稍微（表示变化的趋势，并未完全相似或相同，有别于表示达到完成状态的 -atus）

Deutzia rehderiana 灌丛溲疏：rehderiana ← Alfred Rehder（人名，1863–1949，德国植物分类学家、树木学家，在美国 Arnold 植物园工作）

Deutzia rubens 粉红溲疏：rubens = rubus + ens 发红的，带红色的，变红的；rubrus/ rubrum/ rubra/ ruber 红色的

Deutzia schneideriana 长江溲疏：schneideriana（人名）

Deutzia setchuenensis 四川溲疏：setchuenensis 四川的（地名）

Deutzia setchuenensis var. corymbiflora 多花溲疏：corymbus 伞形的，伞状的；florus/ florum/ flora ← flos 花（用于复合词）

Deutzia setchuenensis var. longidentata 长齿溲疏：longe-/ longi- ← longus 长的，纵向的；dentatus = dentus + atus 牙齿的，齿状的，齿状的，具齿的；dentus 齿，牙齿；-atus/ -atum/ -ata 属于，相似，具有，完成（形容词词尾）

Deutzia setchuenensis var. setchuenensis 四川溲疏-原变种 （词义见上面解释）

Deutzia setosa 刚毛溲疏：setosus = setus + osus 被刚毛的，被短毛的，被芒刺的；setus/ saetus 刚毛，刺毛，芒刺；-osus/ -osum/ -osa 多的，充分的，丰富的，显著发育的，程度高的，特征明显的（形容词词尾）

Deutzia silvestrii 红花溲疏：silvestrii/ sylvestrii ← Filippo Silvestri（人名，19 世纪意大利解剖学家、动物学家）；-ii 表示人名，接在以辅音字母结尾的人名后面，但 -er 除外

Deutzia squamosa 鳞毛溲疏：squamosus 多鳞片的，

鳞片明显的；squamus 鳞，鳞片，薄膜；-osus/ -osum/ -osa 多的，充分的，丰富的，显著发育的，程度高的，特征明显的（形容词词尾）

Deutzia staminea 长柱溲疏：stamineus 属于雄蕊的；staminus 雄性的，雄蕊的；stamen/ staminis 雄蕊；-eus/ -eum/ -ea（接拉丁语词干时）属于……的，色如……的，质如……的（表示原料、颜色或品质的相似），（接希腊语词干时）属于……的，以……出名，为……所占有（表示具有某种特性）

Deutzia subulata 钻齿溲疏：subulatus 钻形的，尖头的，针尖状的；subulus 钻头，尖头，针尖状

Deutzia taibaiensis 太白溲疏：taibaiensis 太白山的（地名，陕西省）

Deutzia taiwanensis 台湾溲疏：taiwanensis 台湾的（地名）

Deutzia wardiana 宽萼溲疏：wardiana ← Ward（人名）

Deutzia yunnanensis 云南溲疏：yunnanensis 云南的（地名）

Deutzia zhongdianensis 中甸溲疏：zhongdianensis 中甸的（地名，云南省香格里拉市的旧称）

Deutzianthus 东京桐属（大戟科）（44-2：p145）：deutzianthus 花像溲疏的；Deutzia 溲疏属（虎耳草科）；anthus/ anthum/ antha/ anthe ← anthos 花（用于希腊语复合词）

Deutzianthus tonkinensis 东京桐：tonkin 东京（地名，越南河内的旧称）

Deyeuxia 野青茅属（禾本科）（9-3：p188）：deyeuxia ← Nicholas Deyeux（人名，1753–1837，法国植物学家）

Deyeuxia ampla 长序野青茅：amplus 大的，宽的，膨大的，扩大的

Deyeuxia angustifolia 小叶章：angusti- ← angustus 窄的，狭的，细的；folius/ folium/ folia 叶，叶片（用于复合词）

Deyeuxia arundinacea 野青茅：arundinaceus 芦竹状的；Arundo 芦竹属（禾本科）；-inus/ -inum/ -ina/ -inos 相近，接近，相似，具有（通常指颜色）；-aceus/ -aceum/ -acea 相似的，有……性质的，属于……的

Deyeuxia arundinacea var. arundinacea 野青茅-原变种（词义见上面解释）

Deyeuxia arundinacea var. borealis 北方野青茅：borealis 北方的；-aris（阳性、阴性）/ -are（中性）← -alis（阳性、阴性）/ -ale（中性）属于，相似，如同，具有，涉及，关于，联结于（将名词作形容词用，其中 -aris 常用于以 l 或 r 为词干末尾的词）

Deyeuxia arundinacea var. brachytricha 短毛野青茅：brachy- ← brachys 短的（用于拉丁语复合词词首）；trichus 毛，毛发，线

Deyeuxia arundinacea var. ciliata 纤毛野青茅：ciliatus = cilium + atus 缘毛的，流苏的；cilium 缘毛，睫毛；-atus/ -atum/ -ata 属于，相似，具有，完成（形容词词尾）

Deyeuxia arundinacea var. collina 丘生野青茅：collinus 丘陵的，山岗的

Deyeuxia arundinacea var. hirsuta 糙毛野青茅：hirsutus 粗毛的，糙毛的，有毛的（长而硬的毛）

Deyeuxia arundinacea var. latifolia 宽叶野青茅：lati-/ late- ← latus 宽的，宽广的；folius/ folium/ folia 叶，叶片（用于复合词）

Deyeuxia arundinacea var. laxiflora 疏花野青茅：laxus 稀疏的，松散的，宽松的；florus/ florum/ flora ← flos 花（用于复合词）

Deyeuxia arundinacea var. ligulata 长舌野青茅：ligulatus（= ligula + atus）/ ligularis（= ligula + aris）舌状的，具舌的；ligula = lingua + ulus 小舌，小舌状物；lingua 舌，语言；ligule 舌，舌状物，舌瓣，叶舌

Deyeuxia arundinacea var. robusta 粗壮野青茅：robustus 大型的，结实的，健壮的，强壮的

Deyeuxia arundinacea var. sciuroides 西塔茅：sciurus 松鼠，松鼠尾巴；-oides/ -oideus/ -oideum/ -oidea/ -odes/ -eidos 像……的，类似……的，呈……状的（名词词尾）

Deyeuxia biflora 两花野青茅：bi-/ bis- 二，二数，二回（希腊语为 di-）；florus/ florum/ flora ← flos 花（用于复合词）

Deyeuxia compacta 高原野青茅：compactus 小型的，压缩的，紧凑的，致密的，稠密的；pactus 压紧，紧缩；co- 联合，共同，合起来（拉丁语词首，为 cum- 的音变，表示结合、强化、完全，对应的希腊语为 syn-）；co- 的缀词音变有 co-/ com-/ con-/ col-/ cor-：co-（在 h 和元音字母前面），col-（在 l 前面），com-（在 b、m、p 之前），con-（在 c、d、f、g、j、n、qu、s、t 和 v 前面），cor-（在 r 前面）

Deyeuxia conferta 密穗野青茅：confertus 密集的

Deyeuxia diffusa 散穗野青茅：diffusus = dis + fusus 蔓延的，散开的，扩展的，渗透的（dis- 在辅音字母前发生同化）；fusus 散开的，松散的，松弛的；di-/ dis- 二，二数，二分，分离，不同，在……之间，从……分开（希腊语，拉丁语为 bi-/ bis-）

Deyeuxia effusiflora 疏穗野青茅：effusus = ex + fusus 很松散的，非常稀疏的；fusus 散开的，松散的，松弛的；e-/ ex- 不，无，非，缺乏，不具有（e- 用在辅音字母前，ex- 用在元音字母前，为拉丁语词首，对应的希腊语词首为 a-/ an-，英语为 un-/ -less，注意作词首用的 e-/ ex- 和介词 e/ ex 意思不同，后者意为"出自、从……、由……离开、由于、依照"）；构词规则：构成复合词时，词首末尾的辅音字母常同化为紧接其后的那个辅音字母（如 ex + f → eff）；florus/ florum/ flora ← flos 花（用于复合词）

Deyeuxia filipes 细柄野青茅：filipes 线状柄的，线状茎的；fili-/ fil- ← filum 线状的，丝状的；pes/ pedis 柄，梗，茎秆，腿，足，爪（作词首或词尾，pes 的词干视为"ped-"）

Deyeuxia flaccida 柔弱野青茅：flaccidus 柔软的，软乎乎的，软绵绵的；flaccus 柔弱的，软垂的；-idus/ -idum/ -ida 表示在进行中的动作或情况，作动词、名词或形容词的词尾

Deyeuxia flavens 黄花野青茅：flavens 淡黄色的，黄白色的，变黄的；flavus → flavo-/ flavi-/ flav- 黄色的，鲜黄色的，金黄色的（指纯正的黄色）；-ans/ -ens/ -bilis/ -ilis 能够，可能（为形容词词尾，-ans/ -ens 用于主动语态，-bilis/ -ilis 用于被动语态）

Deyeuxia formosana 台湾野青茅：formosanus =

D

formosus + anus 美丽的，台湾的；formosus ← formosa 美丽的，台湾的（葡萄牙殖民者发现台湾时对其的称呼，即美丽的岛屿）；-anus/ -anum/ -ana 属于，来自（形容词词尾）

Deyeuxia grata 川野青茅：gratus 美味的，可爱的，迷人的，快乐的

Deyeuxia hakonensis 箱根野青茅：hakonensis 箱根的（地名，日本）

Deyeuxia henryi 房县野青茅：henryi ← Augustine Henry 或 B. C. Henry（人名，前者，1857–1930，爱尔兰医生、植物学家，曾在中国采集植物，后者，1850–1901，曾活动于中国的传教士）

Deyeuxia himalaica 喜马拉雅野青茅：himalaica 喜马拉雅的（地名）；-icus/ -icum/ -ica 属于，具有某种特性（常用于地名、起源、生境）

Deyeuxia holciformis 青藏野青茅：Holcus 绒毛草属（禾本科）；formis/ forma 形状

Deyeuxia hupehensis 湖北野青茅：hupehensis 湖北的（地名）

Deyeuxia kokonorica 青海野青茅：kokonorica 切吉干巴的（地名，青海西北部）

Deyeuxia langsdorffii 大叶章：langsdorffii ← Freiherr von Langsdorff（人名，18 世纪德国植物学家）

Deyeuxia lapponica 欧野青茅：lapponica ← Lapland 拉普兰的（地名，瑞典）

Deyeuxia levipes 光柄野青茅：levipes 光柄的，无毛柄的；laevis/ levis/ laeve/ leve → levi-/ laevi- 光滑的，无毛的，无不平或粗糙感觉的；pes/ pedis 柄，梗，茎秆，腿，足，爪（作词首或词尾，pes 的词干视为 "ped-"）

Deyeuxia longiflora 长花野青茅：longe-/ longi- ← longus 长的，纵向的；florus/ florum/ flora ← flos 花（用于复合词）

Deyeuxia macilenta 瘦野青茅：macilentus 瘦弱的，贫瘠的

Deyeuxia matsudana 短舌野青茅：matsudana ← Sadahisa Matsuda 松田定久（人名，日本植物学家，早期研究中国植物）

Deyeuxia megalantha 大花野青茅：mega-/ megal-/ megalo- ← megas 大的，巨大的；anthus/ anthum/ antha/ anthe ← anthos 花（用于希腊语复合词）

Deyeuxia moupinensis 宝兴野青茅：moupinensis 穆坪的（地名，四川省宝兴县），木坪的（地名，重庆市）

Deyeuxia neglecta 小花野青茅：neglectus 不显著的，不显眼的，容易看漏的，容易忽略的

Deyeuxia nepalensis 顶芒野青茅：nepalensis 尼泊尔的（地名）

Deyeuxia nivicola 微药野青茅：nivicolus 雪中生长的；nivus/ nivis/ nix 雪，雪白色；cola/ colus 居住，定居

Deyeuxia nyingchiensis 林芝野青茅：nyingchiensis 林芝的（地名，西藏自治区）

Deyeuxia pulchella 小丽茅：pulchellus/ pulcellus = pulcher + ellus 稍美丽的，稍可爱的；pulcher/pulcer 美丽的，可爱的；-ellus/ -ellum/

-ella ← -ulus 小的，略微的，稍微的（小词 -ulus 在字母 e 或 i 之后有多种变缀，即 -olus/ -olum/ -ola、-ellus/ -ellum/ -ella、-illus/ -illum/ -illa，用于第一变格法名词）

Deyeuxia pulchella var. laxa 川藏野青茅：laxus 稀疏的，松散的，宽松的

Deyeuxia pulchella var. pulchella 小丽茅-原变种（词义见上面解释）

Deyeuxia rosea 玫红野青茅：roseus = rosa + eus 像玫瑰的，玫瑰色的，粉红色的；rosa 蔷薇（古拉丁名）← rhodon 蔷薇（希腊语）← rhodd 红色，玫瑰红（凯尔特语）；-eus/ -eum/ -ea（接拉丁语词干时）属于……的，色如……的，质如……的（表示原料、颜色或品质的相似），（接希腊语词干时）属于……的，以……出名，为……所占有（表示具有某种特性）

Deyeuxia scabrescens 糙野青茅：scabrescens 稍粗糙的，变得粗糙的；scabrus ← scaber 粗糙的，有凹凸的，不平滑的；-escens/ -ascens 改变，转变，变成，略微，带有，接近，相似，大致，稍微（表示变化的趋势，并未完全相似或相同，有别于表示达到完成状态的 -atus）

Deyeuxia scabrescens var. humilis 小糙野青茅：humilis 矮的，低的

Deyeuxia scabrescens var. scabrescens 糙野青茅-原变种 （词义见上面解释）

Deyeuxia sikangensis 西康野青茅：sikangensis 西康的（地名，旧西康省，1955 年分别并入四川省与西藏自治区）

Deyeuxia sinelatior 华高野青茅：sinelatior = Sina + elatior 中国型较高的；Sina 中国；elatior 较高的（elatus 的比较级）

Deyeuxia stenophylla 会理野青茅：sten-/ steno- ← stenus 窄的，狭的，薄的；phyllus/ phyllum/ phylla ← phyllon 叶片（用于希腊语复合词）

Deyeuxia suizanensis 水山野青茅：suizanensis 水山的（地名，位于台湾省嘉义县，日语读音）

Deyeuxia tianschnica 天山野青茅：tianschnica 天山的（地名，新疆维吾尔自治区）；-icus/ -icum/ -ica 属于，具有某种特性（常用于地名、起源、生境）

Deyeuxia tibetica 藏野青茅：tibetica 西藏的（地名）；-icus/ -icum/ -ica 属于，具有某种特性（常用于地名、起源、生境）

Deyeuxia tibetica var. przevalskyi 矮野青茅：przevalskyi ← Nicolai Przewalski（人名，19 世纪俄国探险家、博物学家）；-i 表示人名，接在以元音字母结尾的人名后面，但 -a 除外

Deyeuxia tibetica var. tibetica 藏野青茅-原变种（词义见上面解释）

Deyeuxia turczaninowii 兴安野青茅：turczaninowii/ turczaninovii ← Nicholai S. Turczaninov（人名，19 世纪乌克兰植物学家，曾积累大量植物标本）

Deyeuxia turczaninowii var. nenjiangensis 长毛野青茅：nenjiangensis 嫩江的（地名，黑龙江省）

Deyeuxia turczaninowii var. turczaninowii 兴安野青茅-原变种 （词义见上面解释）

D

Deyeuxia venusta 美丽野青茅：venustus ← Venus 女神维纳斯的，可爱的，美丽的，有魅力的

Deyeuxia zangxiensis 藏西野青茅：zangxiensis 藏西的（地名）

Diacalpe 红腺蕨属（球盖蕨科）（4-2：p220）：diacalpe = dia + calpe（指孢子囊着生的位置）；dia- 透过，穿过，横过（指透明），极其，非常（希腊语词首）；calpe/ calpis 瓮，坛子

Diacalpe adscendens 小叶红腺蕨：ascendens/ adscendens 上升的，向上的；反义词：descendens 下降着的

Diacalpe annamensis 圆头红腺蕨：annamensis 安南的（地名，越南古称）

Diacalpe aspidioides 红腺蕨：aspidion ← aspis 盾，盾片；-oides/ -oideus/ -oideum/ -oidea/ -odes/ -eidos 像……的，类似……的，呈……状的（名词词尾）

Diacalpe aspidioides var. aspidioides 红腺蕨-原变种 （词义见上面解释）

Diacalpe aspidioides var. hookeriana 西藏红腺蕨：hookeriana ← William Jackson Hooker（人名，19 世纪英国植物学家）

Diacalpe aspidioides var. minor 旱生红腺蕨：minor 较小的，更小的

Diacalpe chinensis 大囊红腺蕨：chinensis = china + ensis 中国的（地名）；China 中国

Diacalpe christensenae 离轴红腺蕨：christensenae ← Karl Christensen（人名，蕨类分类专家）

Diacalpe laevigata 光轴红腺蕨：laevigatus/ levigatus 光滑的，平滑的，平滑而发亮的；laevis/ levis/ laeve/ leve → levi-/ laevi- 光滑的，无毛的，无不平或粗糙感觉的；laevigo/ levigo 使光滑，削平

Diacalpe omeiensis 峨眉红腺蕨：omeiensis 峨眉山的（地名，四川省）

Diandranthus 双药芒属（禾本科）（10-2：p10）：di-/ dis- 二，二数，二分，分离，不同，在……之间，从……分开（希腊语，拉丁语为 bi-/ bis-）；andrus/ andros/ antherus ← aner 雄蕊，花药，雄性；anthus/ anthum/ antha/ anthe ← anthos 花（用于希腊语复合词）；diandrus 二雄蕊的

Diandranthus aristatus 芒稃双药芒（稃 fū）：aristatus(aristosus) = arista + atus 具芒的，具芒刺的，具刚毛的，具胡须的；arista 芒

Diandranthus brevipilus 短毛双药芒：brevi- ← brevis 短的（用于希腊语复合词词首）；pilus 毛，疏柔毛

Diandranthus corymbosus 伞房双药芒：corymbosus = corymbus + osus 伞房花序的；corymbus 伞形的，伞状的；-osus/ -osum/ -osa 多的，充分的，丰富的，显著发育的，程度高的，特征明显的（形容词词尾）

Diandranthus eulalioides 类金茅双药芒：Eulalia 黄金茅属（禾本科）；-oides/ -oideus/ -oideum/ -oidea/ -odes/ -eidos 像……的，类似……的，呈……状的（名词词尾）

Diandranthus nepalensis 尼泊尔双药芒：nepalensis 尼泊尔的（地名）

Diandranthus nudipes 双药芒：nudi- ← nudus 裸露的；pes/ pedis 柄，梗，茎秆，腿，足，爪（作词首或词尾，pes 的词干视为"ped-"）

Diandranthus ramosus 分枝双药芒：ramosus = ramus + osus 有分枝的，多分枝的；ramus 分枝，枝条，-osus/ -osum/ -osa 多的，充分的，丰富的，显著发育的，程度高的，特征明显的（形容词词尾）

Diandranthus taylorii 紫毛双药芒：taylorii ← Edward Taylor（人名，1848–1928）

Diandranthus tibeticus 西藏双药芒：tibeticus 西藏的（地名）；-icus/ -icum/ -ica 属于，具有某种特性（常用于地名、起源、生境）

Diandranthus yunnanensis 西南双药芒：yunnanensis 云南的（地名）

Dianella 山菅属（菅 jiān）（百合科）（14：p35）：dianella ← Diana（狩猎女神）；-ella 小（用作人名或一些属名词尾时并无小词意义）

Dianella ensifolia 山菅：ensi- 剑；folius/ folium/ folia 叶，叶片（用于复合词）

Dianthus 石竹属（石竹科）（26：p408）：dianthus 朱庇特花（指花美丽）；dios ← Jupiter 朱庇特，即宙斯（罗马神话人物）；anthus/ anthum/ antha/ anthe ← anthos 花（用于希腊语复合词）

Dianthus acicularis 针叶石竹：acicularis 针形的，发夹的；aciculare = acus + culus + aris 针形，发夹状的；acus 针，发夹，发簪；-culus/ -culum/ -cula 小的，略微的，稍微的（同第三变格法和第四变格法名词形成复合词）；-aris（阳性、阴性）/ -are（中性）← -alis（阳性、阴性）/ -ale（中性）属于，相似，如同，具有，涉及，关于，联结于（将名词作形容词用，其中 -aris 常用于以 l 或 r 为词干末尾的词）

Dianthus barbatus 须苞石竹：barbatus = barba + atus 具胡须的，具须毛的；barba 胡须，髯毛，绒毛；-atus/ -atum/ -ata 属于，相似，具有，完成（形容词词尾）

Dianthus barbatus var. asiaticus 头石竹：asiaticus 亚洲的（地名）；-aticus/ -aticum/ -atica 属于，表示生长的地方，作名词词尾

Dianthus barbatus var. barbatus 须苞石竹-原变种 （词义见上面解释）

Dianthus caryophyllus 香石竹（属的模式种）：caryophyllus 石竹色的，石竹香的；Caryophyllum → Dianthus 石竹属；carya ← caryon 坚果，核果，坚硬，坚固；phyllus/ phyllum/ phylla ← phyllon 叶片（用于希腊语复合词）

Dianthus chinensis 石竹：chinensis = china + ensis 中国的（地名）；China 中国

Dianthus chinensis var. chinensis 石竹-原变种 （词义见上面解释）

Dianthus chinensis var. liaotungensis 辽东石竹：liaotungensis 辽东的（地名，辽宁省）

Dianthus chinensis var. longisquama 长苞石竹：longe-/ longi- ← longus 长的，纵向的；squamus 鳞，鳞片，薄膜

Dianthus chinensis var. morii 高山石竹：morii 森（日本人名）

Dianthus chinensis var. subulifolius 钻叶石竹：

D

subulus 钻头，尖头，针尖状；folius/ folium/ folia 叶，叶片（用于复合词）

Dianthus chinensis var. sylvaticus 林生石竹：silvaticus/ sylvaticus 森林的，林地的；sylva/ silva 森林；-aticus/ -aticum/ -atica 属于，表示生长的地方，作名词词尾

Dianthus chinensis var. trinervis 三脉石竹：tri-/ tripli-/ triplo- 三个，三数；nervis ← nervus 脉，叶脉

Dianthus chinensis var. versicolor 兴安石竹：versicolor = versus + color 变色的，杂色的，有斑点的；versus ← vertor ← verto 变换，转换，转变；color 颜色

Dianthus elatus 高石竹：elatus 高的，梢端的

Dianthus hoeltzeri 大苞石竹：hoeltzeri（人名）；-eri 表示人名，在以 -er 结尾的人名后面加上 i 形成

Dianthus japonicus 日本石竹：japonicus 日本的（地名）；-icus/ -icum/ -ica 属于，具有某种特性（常用于地名、起源、生境）

Dianthus kuschakewiczii 长萼石竹：kuschakewiczii（人名）；-ii 表示人名，接在以辅音字母结尾的人名后面，但 -er 除外

Dianthus longicalyx 长萼瞿麦（瞿 qú）：longicalyx 长萼的；longe-/ longi- ← longus 长的，纵向的；calyx → calyc- 萼片（用于希腊语复合词）

Dianthus orientalis 縫裂石竹（縫 suì）：orientalis 东方的；oriens 初升的太阳，东方

Dianthus pygmaeus 玉山石竹：pygmaeus/ pygmaei 小的，低矮的，极小的，矮人的；pygm- 矮，小，侏儒；-aeus/ -aeum/ -aea 表示属于……，名词形容词化词尾，如 europaeus ← europa 欧洲的

Dianthus ramosissimus 多分枝石竹：ramosus = ramus + osus 分枝极多的；ramus 分枝，枝条；-osus/ -osum/ -osa 多的，充分的，丰富的，显著发育的，程度高的，特征明显的（形容词词尾）；-issimus/ -issima/ -issimum 最，非常，极其（形容词最高级）

Dianthus repens 簇茎石竹：repens/ repentis/ repsi/ reptum/ repere/ repo 匍匐，爬行（同义词：reptans/ reptoare）

Dianthus repens var. repens 簇茎石竹-原变种（词义见上面解释）

Dianthus repens var. scabripilosus 毛簇茎石竹：scabripilosus 糙毛的；scabri- ← scaber 粗糙的，有凹凸的，不平滑的；pilosus = pilus + osus 多毛的，被柔毛的，具疏柔毛的，被短弱细毛的；pilus 毛，疏柔毛；-osus/ -osum/ -osa 多的，充分的，丰富的，显著发育的，程度高的，特征明显的（形容词词尾）

Dianthus soongoricus 准噶尔石竹（噶 gá）：soongoricus 准噶尔的（地名，新疆维吾尔自治区）；-icus/ -icum/ -ica 属于，具有某种特性（常用于地名、起源、生境）

Dianthus superbus 瞿麦（瞿 qú，形近字：翟 zhái）：superbus/ superbiens 超越的，高雅的，华丽的，无敌的；super- 超越的，高雅的，上层的；关联词：superbire 盛气凌人的，自豪的

Dianthus superbus var. speciosus 高山瞿麦：speciosus 美丽的，华丽的；species 外形，外观，美

观，物种（缩写 sp.，复数 spp.）；-osus/ -osum/ -osa 多的，充分的，丰富的，显著发育的，程度高的，特征明显的（形容词词尾）

Dianthus superbus var. superbus 瞿麦-原变种（词义见上面解释）

Dianthus turkestanicus 细茎石竹：turkestanicus 土耳其的（地名）；-icus/ -icum/ -ica 属于，具有某种特性（常用于地名、起源、生境）

Diapensia 岩梅属（岩梅科）（56：p110）：diapensia 变豆菜（伞形科，林奈为岩梅属命名时借用变豆菜的古拉丁名）

Diapensia bulleyana 黄花岩梅：bulleyana ← Arthur Bulley（人名，英国棉花经纪人）

Diapensia himalaica 喜马拉雅岩梅：himalaica 喜马拉雅的（地名）；-icus/ -icum/ -ica 属于，具有某种特性（常用于地名、起源、生境）

Diapensia himalaica var. acutifolia 渐尖叶岩梅：acutifolius 尖叶的；acuti-/ acu- ← acutus 锐尖的，针尖的，刺尖的，锐角的；folius/ folium/ folia 叶，叶片（用于复合词）

Diapensia himalaica var. himalaica 喜马拉雅岩梅-原变种（词义见上面解释）

Diapensia purpurea 红花岩梅：purpureus = purpura + eus 紫色的；purpura 紫色（purpura 原为一种介壳虫名，其体液为紫色，可作颜料）；-eus/ -eum/ -ea（接拉丁语词干时）属于……的，色如……的，质如……的（表示原料、颜色或品质的相似），（接希腊语词干时）属于……的，以……出名，为……所占有（表示具有某种特性）

Diapensia purpurea f. albida 白花岩梅：albidus 带白色的，微白色的，变白的；albus → albi-/ albo- 白色的；-idus/ -idum/ -ida 表示在进行中的动作或情况，作动词、名词或形容词的词尾

Diapensia purpurea f. purpurea 红花岩梅-原变型（词义见上面解释）

Diapensia wardii 西藏岩梅：wardii ← Francis Kingdon-Ward（人名，20 世纪英国植物学家）

Diapensiaceae 岩梅科（56：p109）：Diapensia 岩梅属；-aceae（分类单位科的词尾，为 -aceus 的阴性复数主格形式，加到模式属的名称后或同义词的词干后以组成族群名称）

Diarrhena 龙常草属（禾本科）（9-2：p294）：diarrhena 二药的，二雄蕊的；di-/ dis- 二，二数，二分，分离，不同，在……之间，从……分开（希腊语，拉丁语为 bi-/ bis-）；arrhena 男性，强劲，雄蕊，花药

Diarrhena fauriei 法利龙常草：fauriei ← L'Abbe Urbain Jean Faurie（人名，19 世纪活动于日本的法国传教士、植物学家）

Diarrhena japonica 日本龙常草：japonica 日本的（地名）；-icus/ -icum/ -ica 属于，具有某种特性（常用于地名、起源、生境）

Diarrhena manshurica 龙常草：manshurica 满洲的（地名，中国东北，日语读音）

Diarthron 草瑞香属（瑞香科）（52-1：p394）：di-/ dis- 二，二数，二分，分离，不同，在……之间，从……分开（希腊语，拉丁语为 bi-/ bis-）；arthron 关节

D

Diarthron linifolium 草瑞香：Linum 亚麻属（亚麻科）；folius/ folium/ folia 叶，叶片（用于复合词）

Diarthron vesiculosum 囊管草瑞香：vesiculosus 小水泡的，多泡的；vesica 泡，膀胱，囊，鼓包，鼓肚（同义词：venter/ ventris）；vesiculus 小水泡；-culosus = culus + osus 小而多的，小而密集的；-culus/ -culum/ -cula 小的，略微的，稍微的（同第三变格法和第四变格法名词形成复合词）；-osus/ -osum/ -osa 多的，充分的，丰富的，显著发育的，程度高的，特征明显的（形容词词尾）

Dicentra 荷包牡丹属（罂粟科）（32：p84）：dicentrus 二距的；di-/ dis- 二，二数，二分，分离，不同，在……之间，从……分开（希腊语，拉丁语为 bi-/ bis-）；centrus ← centron 距，有距的，鹰爪状刺（距：雄鸡、雉等的腿的后面突出像脚趾的部分）

Dicentra macrantha 大花荷包牡丹：macro-/ macr- ← macros 大的，宏观的（用于希腊语复合词）；anthus/ anthum/ antha/ anthe ← anthos 花（用于希腊语复合词）

Dicentra spectabilis 荷包牡丹：spectabilis 壮观的，美丽的，漂亮的，显著的，值得看的；spectus 观看，观察，观测，表情，外观，外表，样子；-ans/ -ens/ -bilis/ -ilis 能够，可能（为形容词词尾，-ans/ -ens 用于主动语态，-bilis/ -ilis 用于被动语态）

Dicercoclados 歧笔菊属（菊科）（77-1：p18）：di-/ dis- 二，二数，二分，分离，不同，在……之间，从……分开（希腊语，拉丁语为 bi-/ bis-）；cerus/ cerum/ cera 蜡；clados → cladus 枝条，分枝

Dicercoclados triplinervis 歧笔菊：triplinervis 三脉的，三出脉的；tri-/ tripli-/ triplo- 三个，三数；nervis ← nervus 脉，叶脉

Dicerma 两节豆属（豆科，已修订为 Phyllodium 和 Aphyllodium）（41：p13）：dicerma 二枚小硬币的（指荚果二节）；di-/ dis- 二，二数，二分，分离，不同，在……之间，从……分开（希腊语，拉丁语为 bi-/ bis-）；cerma ← kerma 小硬币

Dicerma biarticulatum 两节豆：bi-/ bis- 二，二数，二回（希腊语为 di-）；articularis/ articulatus 有关节的，有接合点的

Dichanthelium 二型花属（禾本科）（10-1：p217）：dichanthelius 二型花的；dicho-/ dicha- 二分的，二歧的；di-/ dis- 二，二数，二分，分离，不同，在……之间，从……分开（希腊语，拉丁语为 bi-/ bis-）；cho-/ chao- 分开，割裂，离开；anthelius 花

Dichanthelium acuminatum 渐尖二型花：acuminatus = acumen + atus 锐尖的，渐尖的；acumen 渐尖头；-atus/ -atum/ -ata 属于，相似，具有，完成（形容词词尾）

Dichanthelium acuminatum var. acuminatum 渐尖二型花-原变种（词义见上面解释）

Dichanthium 双花草属（禾本科）（10-2：p137）：dicho-/ dicha- 二分的，二歧的；di-/ dis- 二，二数，二分，分离，不同，在……之间，从……分开（希腊语，拉丁语为 bi-/ bis-）；cho-/ chao- 分开，割裂，离开；anthius ← anthos 花

Dichanthium annulatum 双花草：annulatus 环状的，环形花纹的

Dichanthium aristatum 毛梗双花草：

aristatus(aristosus) = arista + atus 具芒的，具芒刺的，具刚毛的，具胡须的；arista 芒

Dichanthium caricosum 单穗草：caricosus = Carex + osus 像薹草的，像番木瓜的；Carex 薹草属（莎草科），Carex + osus → caricosus；Carica 番木瓜属（番木瓜科），Carica + osus → caricosus；构词规则：以 -ix/ -iex 结尾的词其词干末尾视为 -ic，以 -ex 结尾视为 -i/ -ic，其他以 -x 结尾视为 -c；-osus/ -osum/ -osa 多的，充分的，丰富的，显著发育的，程度高的，特征明显的（形容词词尾）；同形异义词：caricosus = carica + osus 像无花果的；carica ← karike 无花果（希腊语）

Dichapetalaceae 毒鼠子科（43-3：p204）：Dichapetalum 毒鼠子属；-aceae（分类单位科的词尾，为 -aceus 的阴性复数主格形式，加到模式属的名称后或同义词的词干后以组成族群名称）；Challetiaceae 毒鼠子科废弃名

Dichapetalum 毒鼠子属（毒鼠子科）（43-3：p204）：dichapetalum 二裂花瓣的；dicho-/ dicha- 二分的，二歧的；di-/ dis- 二，二数，二分，分离，不同，在……之间，从……分开（希腊语，拉丁语为 bi-/ bis-）；cho-/ chao- 分开，割裂，离开；petalus/ petalum/ petala ← petalon 花瓣

Dichapetalum gelonioides 毒鼠子：Gelonium 白树属（大戟科）；-oides/ -oideus/ -oideum/ -oidea/ -odes/ -eidos 像……的，类似……的，呈……状的（名词词尾）

Dichapetalum longipetalum 海南毒鼠子：longe-/ longi- ← longus 长的，纵向的；petalus/ petalum/ petala ← petalon 花瓣

Dichocarpum 人字果属（毛茛科）（27：p472）：dichocarpus 二叉分歧果实的；dicho-/ dicha- 二分的，二歧的；di-/ dis- 二，二数，二分，分离，不同，在……之间，从……分开（希腊语，拉丁语为 bi-/ bis-）；cho-/ chao- 分开，割裂，离开；carpus/ carpum/ carpa/ carpon ← carpos 果实（用于希腊语复合词）

Dichocarpum arisanense 台湾人字果：arisanense 阿里山的（地名，属台湾省）

Dichocarpum auriculatum 耳状人字果：auriculatus 耳形的，具小耳的（基部有两个小圆片）；auriculus 小耳朵的，小耳状的；auritus 耳朵的，耳状的；-culus/ -culum/ -cula 小的，略微的，稍微的（同第三变格法和第四变格法名词形成复合词）；-atus/ -atum/ -ata 属于，相似，具有，完成（形容词词尾）

Dichocarpum basilare 基叶人字果：basilare 基础的，底侧的

Dichocarpum dalzielii 蕨叶人字果：dalzielii（人名）；-ii 表示人名，接在以辅音字母结尾的人名后面，但 -er 除外

Dichocarpum fargesii 纵肋人字果：fargesii ← Pere Paul Guillaume Farges（人名，19 世纪中叶至 20 世纪活动于中国的法国传教士，植物采集员）

Dichocarpum franchetii 小花人字果：franchetii ← A. R. Franchet（人名，19 世纪法国植物学家）

Dichocarpum hypoglaucum 粉背叶人字果：hypoglaucus 下面白色的；hyp-/ hypo- 下面的，以

下的，不完全的；glaucus → glauco-/ glauc- 被白粉的，发白的，灰绿色的

Dichocarpum sutchuenense 人字果：sutchuenense 四川的（地名）

Dichocarpum trifoliolatum 三小叶人字果：tri-/ tripli-/ triplo- 三个，三数；foliolatus = folius + ulus + atus 具小叶的，具叶片的；folius/ folium/ folia 叶，叶片（用于复合词）；-ulus/ -ulum/ -ula 小的，略微的，稍微的（小词 -ulus 在字母 e 或 i 之后有多种变缀，即 -olus/ -olum/ -ola、-ellus/ -ellum/ -ella、-illus/ -illum/ -illa，与第一变格法和第二变格法名词形成复合词）；-atus/ -atum/ -ata 属于，相似，具有，完成（形容词词尾）

Dichondra 马蹄金属（旋花科）（64-1：p8）：dichondra 二果粒的（指并列两个分果）；di-/ dis- 二，二数，二分，分离，不同，在……之间，从……分开（希腊语，拉丁语为 bi-/ bis-）；chondros → chondrus 果粒，粒状物，粉粒，软骨

Dichondra repens 马蹄金：repens/ repentis/ repsi/ reptum/ repere/ repo 匍匐，爬行（同义词：reptans/ reptoare）

Dichotomanthus 牛筋条属（蔷薇科）（36：p104）：dichotomanthus 花分离的（指雌蕊与花托离生）；dichotomus 二叉分歧的，分离的；dicho-/ dicha- 二分的，二歧的；di-/ dis- 二，二数，二分，分离，不同，在……之间，从……分开（希腊语，拉丁语为 bi-/ bis-）；cho-/ chao- 分开，割裂，离开；tomus ← tomos 小片，片段，卷册（书）；anthus/ anthum/ antha/ anthe ← anthos 花（用于希腊语复合词）

Dichotomanthus tristaniaecarpa 牛筋条：tristanecarpa 红胶木果的（注：以属名作复合词时原词尾变形后的 i 要保留，不能使用所有格，故该词宜改为"tristaniicarpa"）；Tristania 红胶木属（桃金娘科）；carpus/ carpum/ carpa/ carpon ← carpos 果实（用于希腊语复合词）

Dichotomanthus tristaniaecarpa var. glabrata 光叶牛筋条：glabratus = glabrus + atus 脱毛的，光滑的；glabrus 光秃的，无毛的，光滑的；-atus/ -atum/ -ata 属于，相似，具有，完成（形容词词尾）

Dichotomanthus tristaniaecarpa var. tristaniaecarpa 牛筋条-原变种（词义见上面解释）

Dichroa 常山属（虎耳草科）（35-1：p177）：dichrous/ dichrus 二色的；di-/ dis- 二，二数，二分，分离，不同，在……之间，从……分开（希腊语，拉丁语为 bi-/ bis-）；-chromus/ -chrous/ -chrus 颜色，彩色，有色的

Dichroa daimingshanensis 大明常山：daimingshanensis 大明山的（地名，广西壮族自治区）

Dichroa febrifuga 常山：febrifugus 解热的，退烧的；febri- 发烧；fugus 驱赶，驱除；关联词：fugere 逃跑，逃亡，消失

Dichroa febrifuga var. febrifuga 常山-原变种（词义见上面解释）

Dichroa hirsuta 硬毛常山：hirsutus 粗毛的，糙毛的，有毛的（长而硬的毛）

Dichroa mollissima 海南常山：molle/ mollis 软的，

柔毛的；-issimus/ -issima/ -issimum 最，非常，极其（形容词最高级）

Dichroa yaoshanensis 罗蒙常山（蒙 méng）：yaoshanensis 瑶山的（地名，广西壮族自治区）

Dichroa yunnanensis 云南常山：yunnanensis 云南的（地名）

Dichrocephala 鱼眼草属（菊科）（74：p76）：dichrocephalus 二色头状花序的；dichrous/ dichrus 二色的；di-/ dis- 二，二数，二分，分离，不同，在……之间，从……分开（希腊语，拉丁语为 bi-/ bis-）；-chromus/ -chrous/ -chrus 颜色，彩色，有色的；cephalus/ cephale ← cephalos 头，头状花序

Dichrocephala auriculata 鱼眼草：auriculatus 耳形的，具小耳的（基部有两个小圆片）；auriculus 小耳朵，小耳状的；auritus 耳朵的，耳状的；-culus/ -culum/ -cula 小的，略微的，稍微的（同第三变格法和第四变格法名词形成复合词）；-atus/ -atum/ -ata 属于，相似，具有，完成（形容词词尾）

Dichrocephala benthamii 小鱼眼草：benthamii ← George Bentham（人名，19 世纪英国植物学家）

Dichrocephala chrysanthemifolia 菊叶鱼眼草：Chrysanthemum 茼蒿属／菊属（菊科）；folius/ folium/ folia 叶，叶片（用于复合词）

Dichrocephala integrifolia 全叶鱼眼草：integer/ integra/ integrum → integri- 完整的，整个的，全缘的；folius/ folium/ folia 叶，叶片（用于复合词）

Dichrostachys 代儿茶属（豆科）（39：p9）：dichrous/ dichrus 二色的；di-/ dis- 二，二数，二分，分离，不同，在……之间，从……分开（希腊语，拉丁语为 bi-/ bis-）；-chromus/ -chrous/ -chrus 颜色，彩色，有色的；stachy-/ stachyo-/ -stachys/ -stachyus/ -stachyum/ -stachya 穗子，穗子的，穗子状的，穗状花序的

Dichrostachys cinerea 代儿茶：cinereus 灰色的，草木灰色的（为纯黑和纯白的混合色，希腊语为 tephro-/ spodo-）；ciner-/ cinere-/ cinereo- 灰色；-eus/ -eum/ -ea（接拉丁语词干时）属于……的，色如……的，质如……的（表示原料、颜色或品质的相似），（接希腊语词干时）属于……的，以……出名，为……所占有（表示具有某种特性）

Dickinsia 马蹄芹属（伞形科）（55-1：p33）：dickinsia ← J. Dickins（人名，英国植物学家）

Dickinsia hydrocotyloides 马蹄芹：hydrocotyloides 像天胡荽的；Hydrocotyle 天胡荽属（荽 suī）（伞形科）；folius/ folium/ folia 叶，叶片（用于复合词）；-oides/ -oideus/ -oideum/ -oidea/ -odes/ -eidos 像……的，类似……的，呈……状的（名词词尾）

Dicksoniaceae 蚌壳蕨科（壳 qiào）（2：p197）：dicksoni ← James Dickson（人名，英国博物学家）；-aceae（分类单位科的词尾，为 -aceus 的阴性复数主格形式，加到模式属的名称后或同义词的词干后以组成族群名称）

Dicliptera 狗肝菜属（爵床科）（70：p234）：dicliptera 双门状翼的（指花梗下有二枚总苞状叶片）；diclis ← diklis 双折的，折叠门的（希腊语）；pterus/ pteron 翅，翼，蕨类；di-/ dis- 二，二数，二分，分离，不同，在……之间，从……分开（希腊

D

语，拉丁语为 bi-/ bis-）

Dicliptera bupleuroides 印度狗肝菜：bupleuroides 像柴胡的；Bupleurum 柴胡属（伞形科）；-oides/ -oideus/ -oideum/ -oidea/ -odes/ -eidos 像……的，类似……的，呈……状的（名词词尾）

Dicliptera chinensis 狗肝菜：chinensis = china + ensis 中国的（地名）；China 中国

Dicliptera elegans 优雅狗肝菜：elegans 优雅的，秀丽的

Dicliptera induta 毛狗肝菜：indutus 包膜，盖子

Dicliptera longiflora （大花狗肝菜）：longe-/ longi- ← longus 长的，纵向的；florus/ florum/ flora ← flos 花（用于复合词）

Dicliptera riparia 河畔狗肝菜：riparius = ripa + arius 河岸的，水边的；ripa 河岸，水边；-arius/ -arium/ -aria 相似，属于（表示地点，场所，关系，所属）

Dicliptera riparia var. riparia 河畔狗肝菜-原变种（词义见上面解释）

Dicliptera riparia var. yunnanensis 滇中狗肝菜：yunnanensis 云南的（地名）

Dicotyledoneae 双子叶植物纲（目前已不再视为植物类群名称）：dicotyledons 双子叶植物；cotyledon 子叶（所有格为 cotyledoneae）；di-/ dis- 二，二数，二分，分离，不同，在……之间，从……分开（希腊语，拉丁语为 bi-/ bis-）

Dicranopteris 芒萁属（萁 qí）（里白科）（2：p116）：dicranos 二叉的，双头的（指枝条、花柱等）；di-/ dis- 二，二数，二分，分离，不同，在……之间，从……分开（希腊语，拉丁语为 bi-/ bis-）；cranos 头盔，头盖骨，颅骨；pteris ← pteryx 翅，翼，蕨类（希腊语）

Dicranopteris ampla 大芒萁：amplus 大的，宽的，膨大的，扩大的

Dicranopteris dichotoma 芒萁：dichotomus 二叉分歧的，分离的；dicho-/ dicha- 二分的，二歧的；di-/ dis- 二，二数，二分，分离，不同，在……之间，从……分开（希腊语，拉丁语为 bi-/ bis-）；cho-/ chao- 分开，割裂，离开；tomus ← tomos 小片，片段，卷册（书）

Dicranopteris gigantea 乔芒萁：giganteus 巨大的；giga-/ gigant-/ giganti- ← gigantos 巨大的；-eus/ -eum/ -ea （接拉丁语词干时）属于……的，色如……的，质如……的（表示原料、颜色或品质的相似），（接希腊语词干时）属于……的，以……出名，为……所占有（表示具有某种特性）

Dicranopteris linearis 铁芒萁：linearis = lineus + aris 线条的，线形的，线状的，亚麻状的；lineus = linum + eus 线状的，丝状的，亚麻状的；linum ← linon 亚麻，线（古拉丁名）；-aris（阳性、阴性）/ -are（中性） ← -alis（阳性、阴性）/ -ale（中性）属于，相似，如同，具有，涉及，关于，联结于（将名词作形容词用，其中 -aris 常用于以 l 或 r 为词干末尾的词）

Dicranopteris splendida 大羽芒萁：splendidus 光亮的，闪光的，华美的，高贵的；spnendere 发光，闪亮；-idus/ -idum/ -ida 表示在进行中的动作或情况，作动词、名词或形容词的词尾

Dicranopteris taiwanensis 台湾芒萁：taiwanensis 台湾的（地名）

Dicranostigma 秃疮花属（罂粟科）（32：p61）：dicranos 二叉的，双头的（指枝条、花柱等）；di-/ dis- 二，二数，二分，分离，不同，在……之间，从……分开（希腊语，拉丁语为 bi-/ bis-）；cranos 头盔，头盖骨，颅骨；stigmus 柱头

Dicranostigma lactucoides 苣叶秃疮花：lactucoides = Lactuca + oides 像莴苣的；Lactuca 莴苣属（菊科）；-oides/ -oideus/ -oideum/ -oidea/ -odes/ -eidos 像……的，类似……的，呈……状的（名词词尾）

Dicranostigma leptopodum 秃疮花：leptus ← leptos 细的，薄的，瘦小的，狭长的；podus/ pus 柄，梗，茎秆，足，腿

Dicranostigma platycarpum 宽果秃疮花：platycarpus 大果的，宽果的；platys 大的，宽的（用于希腊语复合词）；carpus/ carpum/ carpa/ carpon ← carpos 果实（用于希腊语复合词）

Dictamnus 白鲜属（芸香科）（43-2：p91）：dictamnos（白鲜属一种植物的希腊语名）

Dictamnus dasycarpus 白鲜：dasycarpus 粗毛果的；dasy- ← dasys 毛茸茸的，粗毛的，毛；carpus/ carpum/ carpa/ carpon ← carpos 果实（用于希腊语复合词）

Dictyocline 圣蕨属（金星蕨科）（4-1：p312）：dictoycline 网状地板的（指孢子囊群在叶背形成浮雕状网纹）；dictyon 网，网状（希腊语）；cline 地板，床

Dictyocline griffithii 圣蕨：griffithii ← William Griffith（人名，19 世纪印度植物学家，加尔各答植物园主任）

Dictyocline mingchegensis 闽浙圣蕨：mingchegensis 闽浙的（地名，福建省和浙江省）

Dictyocline sagittifolia 戟叶圣蕨：sagittatus/ sagittalis 箭头状的；sagita/ sagitta 箭，箭头；-atus/ -atum/ -ata 属于，相似，具有，完成（形容词词尾）；folius/ folium/ folia 叶，叶片（用于复合词）

Dictyocline wilfordii 羽裂圣蕨：wilfordii（人名）；-ii 表示人名，接在以辅音字母结尾的人名后面，但 -er 除外

Dictyodroma 网蕨属（蹄盖蕨科）（3-2：p479）：dictyodroma = dictyon + dromus 网状脉的；dictyon 网，网状（希腊语）；dromus 脉，叶脉

Dictyodroma formosanum 全缘网蕨：formosanus = formosus + anus 美丽的，台湾的；formosus ← formosa 美丽的，台湾的（葡萄牙殖民者发现台湾时对其的称呼，即美丽的岛屿）；-anus/ -anum/ -ana 属于，来自（形容词词尾）

Dictyodroma hainanense 海南网蕨：hainanense 海南的（地名）

Dictyodroma heterophlebium 网蕨：hete-/ heter-/ hetero- ← heteros 不同的，多样的，不齐的；phlebius = phlebus + ius 叶脉，属于有脉的；phlebus 脉，叶脉；-ius/ -ium/ -ia 具有……特性的（表示有关、关联、相似）

Dictyodroma yunnanense 云南网蕨：yunnanense 云南的（地名）

Dictyospermum 网籽草属（鸭跖草科）（13-3：p115）：dictyospermum 网纹种子的（指种子上面有网纹）；dictyon 网，网状（希腊语）；spermus/ spermum/ sperma 种子的（用于希腊语复合词）

Dictyospermum conspicuum 网籽草：conspicuus 显著的，显眼的；conspicio 看，注目（动词）

Dictyospermum scaberrimum 毛果网籽草：scaberrimus 极粗糙的；scaber → scabrus 粗糙的，有凹凸的，不平滑的；-rimus/ -rima/ -rimum 最，极，非常（词尾为 -er 的形容词最高级）

Didissandra 漏斗苣苔属（苦苣苔科）（69：p227）：didissandra = didiss + andra 两两相对的（指四枚雄蕊的排列状态）；didiss = dis + dissos 二对的，四个的；di-/ dis- 二，二数，二分，分离，不同，在……之间，从……分开（希腊语，拉丁语为 bi-/ bis-）；dissos 成双的；andrus/ andros/ antherus ← aner 雄蕊，花药，雄性；andr-/ andro-/ ander-/ aner- ← andrus ← andros 雄蕊，雄花，雄性，男性（aner 的词干为 ander-，作复合词成分时变为 andr-）

Didissandra begoniifolia 大苞漏斗苣苔：begoniifolia 秋海棠叶的；缀词规则：以属名作复合词时原词尾变形后的 i 要保留；Begonia 秋海棠属（秋海棠科）；folius/ folium/ folia 叶，叶片（用于复合词）

Didissandra longipedunculata 长梗漏斗苣苔：longe-/ longi- ← longus 长的，纵向的；pedunculatus/ peduncularis 具花序柄的，具总花梗的；pedunculus/ peduncule/ pedunculis ← pes 花序柄，总花梗（花序基部无花着生部分，不同于花柄）；关联词：pedicellus/ pediculus 小花梗，小花柄（不同于花序柄）；pes/ pedis 柄，梗，茎秆，腿，足，爪（作词首或词尾，pes 的词干视为"ped-"）

Didissandra macrosiphon 长筒漏斗苣苔：macro-/ macr- ← macros 大的，宏观的（用于希腊语复合词）；siphonus ← sipho → siphon-/ siphono-/ -siphonius 管，筒，管状物

Didissandra sesquifolia 大叶锣：sesqui- 一点五倍的；folius/ folium/ folia 叶，叶片（用于复合词）

Didissandra sinica 无毛漏斗苣苔：sinica 中国的（地名）；-icus/ -icum/ -ica 属于，具有某种特性（常用于地名、起源、生境）

Didymocarpus 长蒴苣苔属（苦苣苔科）（69：p420）：didymocarpus 双果的；didymus 成对的，孪生的，两个联合的，二裂的；carpus/ carpum/ carpa/ carpon ← carpos 果实（用于希腊语复合词）

Didymocarpus adenocalyx 腺萼长蒴苣苔：adenocalyx 腺萼的；aden-/ adeno- ← adenus 腺，腺体；calyx → calyc- 萼片（用于希腊语复合词）

Didymocarpus aromaticus 互叶长蒴苣苔：aromaticus 芳香的，香味的

Didymocarpus brevipedunculatus 短序长蒴苣苔：brevi- ← brevis 短的（用于希腊语复合词词首）；pedunculatus/ peduncularis 具花序柄的，具总花梗的；pedunculus/ peduncule/ pedunculis ← pes 花序柄，总花梗（花序基部无花着生部分，不同于花柄）；关联词：pedicellus/ pediculus 小花梗，小花柄（不同于花序柄）；pes/ pedis 柄，梗，茎秆，腿，足，爪（作词首或词尾，pes 的词干视为"ped-"）

Didymocarpus cortusifolius 温州长蒴苣苔：Cortusa 假报春属（报春花科）；folius/ folium/ folia 叶，叶片（用于复合词）

Didymocarpus demissus 绒毛长蒴苣苔：demissus 沉没的，软弱的

Didymocarpus glandulosus 腺毛长蒴苣苔：glandulosus = glandus + ulus + osus 被细腺的，具腺体的，腺体质的；glandus ← glans 腺体；-ulus/ -ulum/ -ula 小的，略微的，稍微的（小词 -ulus 在字母 e 或 i 之后有多种变缀，即 -olus/ -olum/ -ola、-ellus/ -ellum/ -ella、-illus/ -illum/ -illa，与第一变格法和第二变格法名词形成复合词）；-osus/ -osum/ -osa 多的，充分的，丰富的，显著发育的，程度高的，特征明显的（形容词词尾）

Didymocarpus glandulosus var. glandulosus 腺毛长蒴苣苔-原变种 （词义见上面解释）

Didymocarpus glandulosus var. lasiantherus 毛药长蒴苣苔：lasi-/ lasio- 羊毛状的，有毛的，粗糙的；andrus/ andros/ antherus ← aner 雄蕊，花药，雄性

Didymocarpus glandulosus var. minor 短萼长蒴苣苔：minor 较小的，更小的

Didymocarpus grandidentatus 大齿长蒴苣苔：grandi- ← grandis 大的；dentatus = dentus + atus 牙齿的，齿状的，具齿的；dentus 齿，牙齿；-atus/ -atum/ -ata 属于，相似，具有，完成（形容词词尾）

Didymocarpus hancei 东南长蒴苣苔：hancei ← Henry Fletcher Hance（人名，19 世纪英国驻香港领事，曾在中国采集植物）；-i 表示人名，接在以元音字母结尾的人名后面，但 -a 除外

Didymocarpus heucherifolius 闽赣长蒴苣苔：heucherifolius 肾形草叶的；Heuchera 肾形草属（人名，虎耳草科）；folius/ folium/ folia 叶，叶片（用于复合词）

Didymocarpus leiboensis 雷波长蒴苣苔：leiboensis 雷波的（地名，四川省）

Didymocarpus lobulatus 浙东长蒴苣苔：lobulatus = lobus + ulus + atus 小裂片的，浅裂的，凸轮状的；lobus/ lobos/ lobon 浅裂，耳片（裂片先端钝圆），荚果，蒴果

Didymocarpus margaritae 短茎长蒴苣苔：margaritae 珍珠的（margaritus 的所有格）；margaritus 珍珠的，珍珠状的

Didymocarpus medogensis 墨脱长蒴苣苔：medogensis 墨脱的（地名，西藏自治区）

Didymocarpus mengtze 蒙自长蒴苣苔：mengtze 蒙自（地名，云南省）

Didymocarpus mollifolius 柔毛长蒴苣苔：molle/ mollis 软的，柔毛的；folius/ folium/ folia 叶，叶片（用于复合词）

Didymocarpus nanophyton 矮生长蒴苣苔：nanus ← nanos/ nannos 矮小的，小的；nani-/ nano-/ nanno- 矮小的，小的；phyton → phytus 植物；Nanophyton 小蓬属（藜科）

Didymocarpus niveolanosus 绵毛长蒴苣苔：niveus 雪白的，雪一样的；nivus/ nivis/ nix 雪，雪白色；lanosus = lana + osus 被长毛的，被绵毛的；lana 羊毛，绵毛；-osus/ -osum/ -osa 多的，充分的，

丰富的，显著发育的，程度高的，特征明显的（形容词词尾）

Didymocarpus praeteritus 片马长蒴苣苔：praeteritus 过去的，以前的

Didymocarpus primulifolius 藏南长蒴苣苔：Primula 报春花属；folius/ folium/ folia 叶，叶片（用于复合词）

Didymocarpus pseudomengtze 凤庆长蒴苣苔：pseudomengtze 像 mengtze 的；pseudo-/ pseud- ← pseudos 假的，伪的，接近，相似（但不是）；Didymocarpus mengtze 蒙自长蒴苣苔；mengtze 蒙自（地名，云南省）

Didymocarpus pulcher 美丽长蒴苣苔：pulcher/pulcer 美丽的，可爱的

Didymocarpus purpureobracteatus 紫苞长蒴苣苔：purpureus = purpura + eus 紫色的；purpura 紫色（purpura 原为一种介壳虫名，其体液为紫色，可作颜料）；-eus/ -eum/ -ea（接拉丁语词干时）属于……的，色如……的，质如……的（表示原料、颜色或品质的相似），（接希腊语词干时）属于……的，以……出名，为……所占有（表示具有某种特性）；bracteatus = bracteus + atus 具苞片的；bracteus 苞，苞片，苞鳞

Didymocarpus reniformis 肾叶长蒴苣苔：reniformis 肾形的；ren-/ reni- ← ren/ renis 肾，肾形；renarius/ renalis 肾脏的，肾形的；formis/ forma 形状

Didymocarpus salviiflorus 叠裂长蒴苣苔：salviiflorus = Salvia + florus 鼠尾草花的；缀词规则：以属名作复合词时原词尾变形后的 i 要保留；Salvia 鼠尾草属（唇形科）；florus/ florum/ flora ← flos 花（用于复合词）

Didymocarpus silvarum 林生长蒴苣苔：silvarum/ sylvarum 森林的，生于森林的；silva/ sylva 森林；-arum 属于……的（第一变格法名词复数所有格词尾，表示群落或多数）

Didymocarpus sinoindicus 中印长蒴苣苔：sinoindicus 中印的（地名，指分布于中国和印度）；sino- 中国；indicus 印度的（地名）；-icus/ -icum/ -ica 属于，具有某种特性（常用于地名、起源、生境）

Didymocarpus sinoprimulinus 报春长蒴苣苔：sinoprimulinus 中国型报春花的；sino- 中国；Primula 报春花属（报春花科）；-inus/ -inum/ -ina/ -inos 相近，接近，相似，具有（通常指颜色）

Didymocarpus stenanthos 狭冠长蒴苣苔（冠 guān）：stenanthos 窄花的；sten-/ steno- ← stenus 窄的，狭的，薄的；anthus/ anthum/ antha/ anthe ← anthos 花（用于希腊语复合词）

Didymocarpus stenanthos var. pilosellus 疏毛长蒴苣苔：pilosellus 多毛的，短的毛发；pilus 毛，疏柔毛；-osus/ -osum/ -osa 多的，充分的，丰富的，显著发育的，程度高的，特征明显的（形容词词尾）；-ellus/ -ellum/ -ella ← -ulus 小的，略微的，稍微的（小词 -ulus 在字母 e 或 i 之后有多种变缀，即 -olus/ -olum/ -ola、-ellus/ -ellum/ -ella、-illus/ -illum/ -illa，用于第一变格法名词）

Didymocarpus stenanthos var. stenanthos 狭冠长蒴苣苔-原变种（词义见上面解释）

Didymocarpus stenocarpus 细果长蒴苣苔：sten-/ steno- ← stenus 窄的，狭的，薄的；carpus/ carpum/ carpa/ carpon ← carpos 果实（用于希腊语复合词）

Didymocarpus villosus 长毛长蒴苣苔：villosus 柔毛的，绵毛的；villus 毛，羊毛，长绒毛；-osus/ -osum/ -osa 多的，充分的，丰富的，显著发育的，程度高的，特征明显的（形容词词尾）

Didymocarpus yuenlingensis 沅陵长蒴苣苔（沅 yuán）：yuenlingensis 沅陵的（地名，湖南省）（沅 yuán）

Didymocarpus yunnanensis 云南长蒴苣苔：yunnanensis 云南的（地名）

Didymocarpus zhenkangensis 镇康长蒴苣苔：zhenkangensis 浙江的（地名）

Didymocarpus zhufengensis 珠峰长蒴苣苔：zhufengensis 珠峰的（地名，西藏自治区）

Didymoplexiella 锚柱兰属（锚 máo）（兰科）（18：p40）：didymoplexiella 小于双唇兰的（以 Didymoplexis + ellus 构成）；Didymoplexis 双唇兰属；-ellus/ -ellum/ -ella ← -ulus 小的，略微的，稍微的（小词 -ulus 在字母 e 或 i 之后有多种变缀，即 -olus/ -olum/ -ola、-ellus/ -ellum/ -ella、-illus/ -illa，用于第一变格法名词）

Didymoplexiella siamensis 锚柱兰：siamensis 暹罗的（地名，泰国古称）（暹 xiān）

Didymoplexis 双唇兰属（兰科）（18：p39）：didymoplexis 二叠的（指花被具二褶皱）；didymus 成对的，孪生的，两个联合的，二裂的；plexis ← plexus 编织的，网状的，交错的

Didymoplexis pallens 双唇兰：pallens 淡白色的，蓝白色的，略带蓝色的

Didymostigma 双片苣苔属（苦苣苔科）（69：p273）：didymus 成对的，孪生的，两个联合的，二裂的；stigmus 柱头

Didymostigma obtusum 双片苣苔：obtusus 钝的，钝形的，略带圆形的

Dieffenbachia 花叶万年青属（天南星科）（13-2：p54）：dieffenbachia ← Dieffenbach（人名，1794–1847，德国博物学家）

Dieffenbachia bowmannii 白斑万年青：bowmannii（人名）；-ii 表示人名，接在以辅音字母结尾的人名后面，但 -er 除外

Dieffenbachia leopoldii 白肋万年青：leopoldii（人名）；-ii 表示人名，接在以辅音字母结尾的人名后面，但 -er 除外

Dieffenbachia picta 花叶万年青：pictus 有色的，彩色的，美丽的（指浓淡相间的花纹）

Dieffenbachia sequina 彩叶万年青：sequina（人名）

Diflugossa 叉花草属（叉 chā）（爵床科）（70：p170）：diflugossa ← Goldfussia 金足草属（改缀借用）

Diflugossa colorata 叉花草：coloratus = color + atus 有色的，带颜色的；color 颜色；-atus/ -atum/ -ata 属于，相似，具有，完成（形容词词尾）

Diflugossa divaricata 疏花叉花草：divaricatus 广歧的，发散的，散开的

Diflugossa pinetorum 松林叉花草：pinetorum 松林的，松林生的；Pinus 松属（松科）；-etorum 群落

的（表示群丛、群落的词尾）

Diflugossa scoriarum 瑞丽又花草：scoriarum 矿渣的，火山渣的；scoria 矿渣，火山渣；-arum 属于……的（第一变格法名词复数所有格词尾，表示群落或多数）

Digitalis 毛地黄属（玄参科）（67-2：p212）：digitalis/ digitaria 指状的，手套状的（比喻管状花的形状）；digitus 手指，手指长的（3.4 cm）

Digitalis purpurea 毛地黄：purpureus = purpura + eus 紫色的；purpura 紫色（purpura 原为一种介壳虫名，其体液为紫色，可作颜料）；-eus/ -eum/ -ea（接拉丁语词干时）属于……的，色如……的，质如……的（表示原料、颜色或品质的相似），（接希腊语词干时）属于……的，以……出名，为……所占有（表示具有某种特性）

Digitaria 马唐属（禾本科）（10-1：p305）：digitalis/ digitaria 指状的，手套状的（比喻管状花的形状）；digitus 手指，手指长的（3.4 cm）

Digitaria abludeus 粒状马唐：abludeus = ablusum = abludo + eus 远离的，分离的，不一致的；-eus/ -eum/ -ea（接拉丁语词干时）属于……的，色如……的，质如……的（表示原料、颜色或品质的相似），（接希腊语词干时）属于……的，以……出名，为……所占有（表示具有某种特性）

Digitaria bicornis 异马唐：bi-/ bis- 二，二数，二回（希腊语为 di-）；cornis ← cornus/ cornatus 角，犄角

Digitaria chrysoblephara 毛马唐：chrys-/ chryso- ← chrysos 黄色的，金色的；blepharus ← blepharis 睫毛，缘毛，流苏（希腊语，比喻缘毛）

Digitaria ciliaris 升马唐：ciliaris 缘毛的，睫毛的（流苏状）；cilia 睫毛，缘毛；cili- 纤毛，缘毛；-aris（阳性、阴性）/ -are（中性）← -alis（阳性、阴性）/ -ale（中性）属于，相似，如同，具有，涉及，关于，联结于（将名词作形容词用，其中 -aris 常用于以 l 或 r 为词干末尾的词）

Digitaria cruciata 十字马唐：cruciatus 十字形的，交叉的；crux 十字（词干为 cruc-，用于构成复合词时常为 cruci-）；crucis 十字的（crux 的单数所有格）；构词规则：以 -ix/ -iex 结尾的词其词干末尾视为 -ic，以 -ex 结尾视为 -i/ -ic，其他以 -x 结尾视为 -c

Digitaria denudata 露子马唐：denudatus = de + nudus + atus 裸露的，露出的，无毛的（近义词：glaber）；de- 向下，向外，从……，脱离，脱落，离开，去掉；nudus 裸露的，无装饰的

Digitaria fibrosa 纤维马唐：fibrosus/ fibrillosus 纤维状的，多纤维的；fibra 纤维，筋；-osus/ -osum/ -osa 多的，充分的，丰富的，显著发育的，程度高的，特征明显的（形容词词尾）

Digitaria fibrosa var. fibrosa 纤维马唐-原变种（词义见上面解释）

Digitaria fibrosa var. yunnanensis 云南马唐：yunnanensis 云南的（地名）

Digitaria glabrescens 秃穗马唐：glabrus 光秃的，无毛的，光滑的；-escens/ -ascens 改变，转变，变成，略微，带有，接近，相似，大致，稍微（表示变化的趋势，并未完全相似或相同，有别于表示达到

完成状态的 -atus）

Digitaria hengduanensis 横断山马唐：hengduanensis 横断山的（地名，青藏高原东南部山脉）

Digitaria henryi 亨利马唐：henryi ← Augustine Henry 或 B. C. Henry（人名，前者，1857–1930，爱尔兰医生、植物学家，曾在中国采集植物，后者，1850–1901，曾活动于中国的传教士）

Digitaria heterantha 二型马唐：heteranthus 不同花的；hete-/ heter-/ hetero- ← heteros 不同的，多样的，不齐的；anthus/ anthum/ antha/ anthe ← anthos 花（用于希腊语复合词）

Digitaria ischaemum 止血马唐（血 xuè）：ischaemum/ ischaemum ← ischaimon 止血的（某些种有止血功能）；ischo- 制止；haemum ← haimus 血；Ischaemum 鸭嘴草属（禾本科）

Digitaria jubata 棒毛马唐：jubatus 凤头的，羽冠的，具鬃毛的（指禾本科的圆锥花序）

Digitaria longiflora 长花马唐：longe-/ longi- ← longus 长的，纵向的；florus/ florum/ flora ← flos 花（用于复合词）

Digitaria microbachne 短颖马唐：micr-/ micro- ← micros 小的，微小的，微观的（用于希腊语复合词）；bachne 颖片

Digitaria mollicoma 绒马唐：molle/ mollis 软的，柔毛的；comus ← comis 冠毛，头缨，一簇（毛或叶片）

Digitaria radicosa 红尾翎（翎 líng）：radicosus 有多数根的；radicus ← radix 根的；-osus/ -osum/ -osa 多的，充分的，丰富的，显著发育的，程度高的，特征明显的（形容词词尾）

Digitaria sanguinalis 马唐：sanguinalis ← sanguineus 血液的，血色的；sanguis 血液

Digitaria setigera 海南马唐：setigerus 具刚毛的；setigerus = setus + gerus 具刷毛的，具鬃毛的；setus/ saetus 刚毛，刺毛，芒刺；gerus → -ger/ -gerus/ -gerum/ -gera 具有，有，带有

Digitaria stewartiana 昆仑马唐：stewartiana ← John Stuart（人名，1713–1792，英国植物爱好者，常拼写为"Stewart"）

Digitaria stricta 竖毛马唐：strictus 直立的，硬直的，笔直的，彼此靠拢的

Digitaria ternata 三数马唐：ternatus 三数的，三出的

Digitaria thwaitesii 宿根马唐：thwaitesii（人名）；-ii 表示人名，接在以辅音字母结尾的人名后面，但 -er 除外

Digitaria violascens 紫马唐：violascens/ violaceus 紫红色的，紫堇色的，堇菜状的；-escens/ -ascens 改变，转变，变成，略微，带有，接近，相似，大致，稍微（表示变化的趋势，并未完全相似或相同，有别于表示达到完成状态的 -atus）

Diglyphosa 密花兰属（兰科）（18：p332）：diglyphosa 二齿的（希腊语）；di-/ dis- 二，二数，二分，分离，不同，在……之间，从……分开（希腊语，拉丁语为 bi-/ bis-）；glyphosus 刻痕，刻成齿状

Diglyphosa latifolia 密花兰：lati-/ late- ← latus 宽的，宽广的；folius/ folium/ folia 叶，叶片（用于复

D

合词）

Dillenia 五桠果属（桠 yā）（五桠果科）（49-2：p192）：dillenia ← Johann Jacob Dillen（人名，1795–1856，德国植物学家、医生）

Dillenia indica 五桠果：indica 印度的（地名）；-icus/ -icum/ -ica 属于，具有某种特性（常用于地名、起源、生境）

Dillenia pentagyna 小花五桠果：penta- 五，五数（希腊语，拉丁语为 quin/ quinqu/ quinque-/ quinqui-）；gynus/ gynum/ gyna 雌蕊，子房，心皮

Dillenia turbinata 大花五桠果：turbinatus 倒圆锥形的，陀螺状的；turbinus 陀螺，涡轮；turbo 旋转，涡旋

Dilleniaceae 五桠果科（49-2：p190）：Dillenia 五桠果属；-aceae（分类单位科的词尾，为 -aceus 的阴性复数主格形式，加到模式属的名称后或同义词的词干后以组成族群名称）

Dilophia 双脊荠属（荠 jì）（十字花科）（33：p92）：di-/ dis- 二，二数，二分，分离，不同，在……之间，从……分开（希腊语，拉丁语为 bi-/ bis-）；lophius = lophus + ia 鸡冠状的，驼峰状突起的；lophus ← lophos 鸡冠，冠毛，额头，驼峰状突起；-ia 为第三变格法名词复数主格、呼格、宾格词尾

Dilophia ebracteata 无苞双脊荠：bracteatus = bracteus + atus 具苞片的；bracteus 苞，苞片，苞鳞；e-/ ex- 不，无，非，缺乏，不具有（e- 用在辅音字母前，ex- 用在元音字母前，为拉丁语词首，对应的希腊语词首为 a-/ an-，英语为 un-/ -less，注意作词首用的 e-/ ex- 和介词 e/ ex 意思不同，后者意为"出自、从……、由……离开、由于、依照"）

Dilophia fontana 双脊荠：fontanus/ fontinalis ← fontis 泉水的，流水的（指生境）；fons 泉，源泉，溪流；fundo 流出，流动

Dilophia salsa 盐泽双脊荠：salsus/ salsinus 咸的，多盐的（比喻海岸或多盐生境）；sal/ salis 盐，盐水，海，海水

Dimeria 觹茅属（觹 xī）（禾本科）（10-2：p169）：dimeria 二部分，二数；di-/ dis- 二，二数，二分，分离，不同，在……之间，从……分开（希腊语，拉丁语为 bi-/ bis-）；meria/ meris ← meros 部分（希腊语）

Dimeria falcata 镰形觹茅：falcatus = falx + atus 镰刀的，镰刀状的；构词规则：以 -ix/ -iex 结尾的词其词干末尾视为 -ic，以 -ex 结尾视为 -i/ -ic，其他以 -x 结尾视为 -c；falx 镰刀，镰刀形，镰刀状弯曲；-atus/ -atum/ -ata 属于，相似，具有，完成（形容词词尾）

Dimeria falcata var. falcata 镰形觹茅-原变种（词义见上面解释）

Dimeria falcata var. taiwaniana 台湾觹茅：taiwaniana 台湾的（地名）

Dimeria falcata var. tenuior 细觹茅：tenuior 较纤细的，较薄的，较瘦弱的（tenuis 的比较级）；tenui- ← tenuis 薄的，纤细的，弱的，瘦的，窄的

Dimeria guangxiensis 广西觹茅：guangxiensis 广西的（地名）

Dimeria heterantha 异花觹茅：heteranthus 不同花的；hete-/ heter-/ hetero- ← heteros 不同的，多样

的，不齐的；anthus/ anthum/ antha/ anthe ← anthos 花（用于希腊语复合词）

Dimeria ornithopoda 觹茅：ornis/ ornithos 鸟；podus/ pus 柄，梗，茎秆，足，腿

Dimeria ornithopoda subsp. ornithopoda 觹茅-原亚种（词义见上面解释）

Dimeria ornithopoda subsp. subrobusta 具脊觹茅：subrobustus 稍结实的，稍大型的；sub-（表示程度较弱）与……类似，几乎，稍微，弱，亚，之下，下面；robustus 大型的，结实的，健壮的，强壮的

Dimeria ornithopoda subsp. subrobusta var. nana 矮觹茅：nanus ← nanos/ nannos 矮小的，小的；nani-/ nano-/ nanno- 矮小的，小的

Dimeria ornithopoda subsp. subrobusta var. plurinodi 多节觹茅：pluri-/ plur- 复数，多个；nodus 节，节点，连接点

Dimeria ornithopoda subsp. subrobusta var. subrobusta 具脊觹茅-原变种（词义见上面解释）

Dimeria parva 小觹茅：parvus → parvi-/ parv- 小的，些微的，弱的

Dimeria sinensis 华觹茅：sinensis = Sina + ensis 中国的（地名）；Sina 中国

Dimeria solitaria 单生觹茅：solitarius 单生的，独生的，唯一的；solus 单独，单一，独立

Dimocarpus 龙眼属（无患子科）（47-1：p26）：dimos 畏惧；carpus/ carpum/ carpa/ carpon ← carpos 果实（用于希腊语复合词）

Dimocarpus confinis 龙荔：confinis 边界，范围，共同边界，邻近的；co- 联合，共同，合起来（拉丁语词首，为 cum- 的音变，表示结合、强化、完全，对应的希腊语为 syn-）；co- 的缀词音变有 co-/ com-/ con-/ col-/ cor-：co-（在 h 和元音字母前面），col-（在 l 前面），com-（在 b、m、p 之前），con-（在 c、d、f、g、j、n、qu、s、t 和 v 前面），cor-（在 r 前面）；finis 界限，境界

Dimocarpus fumatus subsp. calcicola 灰岩肖韶子（肖 xiào，韶 sháo）：fumatus = fumus + atus 烟色的；fumus 烟，烟雾；calcicolus 钙生的，生于石灰质土壤的；calci- ← calcium 石灰，钙质；colus ← colo 分布于，居住于，栖居，殖民（常作词尾）；colo/ colere/ colui/ cultum 居住，耕作，栽培

Dimocarpus longan 龙眼：longan 龙眼（中文方言）

Dimocarpus longan var. obtusus 钝叶龙眼：obtusus 钝的，钝形的，略带圆形的

Dimocarpus yunnanensis 滇龙眼：yunnanensis 云南的（地名）

Dimorphocalyx 异萼木属（大戟科）（44-2：p160）：dimorphus 二型的，异型的；calyx → calyc- 萼片（用于希腊语复合词）；di-/ dis- 二，二数，二分，分离，不同，在……之间，从……分开（希腊语，拉丁语为 bi-/ bis-）；morphus ← morphos 形状，形态

Dimorphocalyx poilanei 异萼木：poilanei（人名，法国植物学家）

Dimorphostemon 异蕊芥属（十字花科）（33：p322）：dimorphus 二型的，异型的；di-/ dis- 二，二数，二分，分离，不同，在……之间，从……分开（希腊语，拉丁语为 bi-/ bis-）；morphus ← morphos 形状，形态；stemon 雄蕊

Dimorphostemon glandulosus 腺异蕊芥：glandulosus = glandus + ulus + osus 被细腺的，具腺体的，腺体质的；glandus ← glans 腺体；-ulus/ -ulum/ -ula 小的，略微的，稍微的（小词 -ulus 在字母 e 或 i 之后有多种变缀，即 -olus/ -olum/ -ola、-ellus/ -ellum/ -ella、-illus/ -illum/ -illa，与第一变格法和第二变格法名词形成复合词）；-osus/ -osum/ -osa 多的，充分的，丰富的，显著发育的，程度高的，特征明显的（形容词词尾）

Dimorphostemon pinnatus 异蕊芥：pinnatus = pinnus + atus 羽状的，具羽的；pinnus/ pennus 羽毛，羽状，羽片；-atus/ -atum/ -ata 属于，相似，具有，完成（形容词词尾）

Dimorphostemon shanxiensis 山西异蕊芥：shanxiensis 山西的（地名）

Dinebra 弯穗草属（禾本科）（10-1：p33）：dinebra（人名）

Dinebra retroflexa 弯穗草：retroflexus 反曲的，向后折叠的，反转的；retro- 向后，反向；flexus ← flecto 扭曲的，卷曲的，弯弯曲曲的，柔性的；flecto 弯曲，使扭曲

Diodia 双角草属（茜草科）（71-2：p205）：diodia 通路，大路，道路

Diodia teres 山东丰花草（另见 Borreria shandongensis）：teres 圆柱形的，圆棒状的，棒状的

Diodia virginiana 双角草：virginiana 弗吉尼亚的（地名，美国）

Dioscorea 薯蓣属（蓣 yù）（薯蓣科）（16-1：p54）：dioscorea ← Pedanius Dioscorides 迪奥斯克里迪斯（人名，约 20–90，古希腊医学家、药理学家、植物学家，罗马军医，被誉为药理学和草药学之父，所著五卷系统药典《药物志》介绍 600 多种植物及其药用价值，对植物学和草药学有巨大贡献，他对很多植物的命名被林奈所沿用）

Dioscorea alata 参薯（参 shēn）：alatus → ala-/ alat-/ alati-/ alato- 翅，具翅的，具翼的；反义词：exalatus 无翼的，无翅的

Dioscorea althaeoides 蜀葵叶薯蓣：althaeoides 像蜀葵的；Althaea 蜀葵属（锦葵科）；-oides/ -oideus/ -oideum/ -oidea/ -odes/ -eidos 像……的，类似……的，呈……状的（名词词尾）

Dioscorea arachidna 三叶薯蓣：arachidna ← arachidno 三叶草的

Dioscorea aspersa 丽叶薯蓣：aspersus/ adspersus 分散的，散生的，散布的

Dioscorea banzhuana 板砖薯蓣：banzhuana 板砖（中文名）

Dioscorea benthamii 大青薯：benthamii ← George Bentham（人名，19 世纪英国植物学家）

Dioscorea bicolor 尖头果薯蓣：bi-/ bis- 二，二数，二回（希腊语为 di-）；color 颜色

Dioscorea biformifolia 异叶薯蓣：biformifolius 二型叶的；bi-/ bis- 二，二数，二回（希腊语为 di-）；forme/ forma 形状；biformis 二型的；folius/ folium/ folia 叶，叶片（用于复合词）

Dioscorea bulbifera 黄独：bulbi- ← bulbus 球，球形，球茎，鳞茎；-ferus/ -ferum/ -fera/ -fero/ -fere/ -fer 有，具有，产（区别：作独立词使用的 ferus 意思是"野生的"）

Dioscorea bulbifera var. simbha （芯芭薯蓣）：simbha（土名）

Dioscorea bulbifera var. vera （纯真薯蓣）：verus 正统的，纯正的，真正的，标准的（形近词：veris 春天的）

Dioscorea chingii 山葛薯：chingii ← R. C. Chin 秦仁昌（人名，1898–1986，中国植物学家，蕨类植物专家），秦氏

Dioscorea cirrhosa 薯莨（莨 liáng）：cirrhosus = cirrhus + osus 多卷须的，蔓生的；cirrhus/ cirrus/ cerris 卷毛的，卷曲的，卷须的；-osus/ -osum/ -osa 多的，充分的，丰富的，显著发育的，程度高的，特征明显的（形容词词尾）

Dioscorea cirrhosa var. cylindrica 异块茎薯莨：cylindricus 圆形的，圆筒状的

Dioscorea collettii 叉蕊薯蓣（叉 chā）：collettii ← Philibert Collet（人名，17 世纪法国植物学家）

Dioscorea collettii var. hypoglauca 粉背薯蓣：hypoglaucus 下面白色的；hyp-/ hypo- 下面的，以下的，不完全的；glaucus → glauco-/ glauc- 被白粉的，发白的，灰绿色的

Dioscorea decipiens 多毛叶薯蓣：decipiens 欺骗的，虚假的，迷惑的（表示和另外的种非常近似）

Dioscorea decipiens var. glabrescens 滇薯：glabrus 光秃的，无毛的，光滑的；-escens/ -ascens 改变，转变，变成，略微，带有，接近，相似，大致，稍微（表示变化的趋势，并未完全相似或相同，有别于表示达到完成状态的 -atus）

Dioscorea deltoidea 三角叶薯蓣：deltoideus/ deltoides 三角形的，正三角形的；delta 三角；-oides/ -oideus/ -oideum/ -oidea/ -odes/ -eidos 像……的，类似……的，呈……状的（名词词尾）

Dioscorea deltoidea var. orbiculata 圆果三角叶薯蓣：orbiculatus/ orbicularis = orbis + culus + atus 圆形的；orbis 圆，圆形，圆圈，环；-culus/ -culum/ -cula 小的，略微的，稍微的（同第三变格法和第四变格法名词形成复合词）；-atus/ -atum/ -ata 属于，相似，具有，完成（形容词词尾）

Dioscorea esculenta 甘薯：esculentus 食用的，可食的；esca 食物，食料；-ulentus/ -ulentum/ -ulenta/ -olentus/ -olentum/ -olenta（表示丰富、充分或显著发展）

Dioscorea esculenta var. spinosa 有刺甘薯：spinosus = spinus + osus 具刺的，多刺的，长满刺的；spinus 刺，针刺；-osus/ -osum/ -osa 多的，充分的，丰富的，显著发育的，程度高的，特征明显的（形容词词尾）

Dioscorea esquirolii 七叶薯蓣：esquirolii（人名）；-ii 表示人名，接在以辅音字母结尾的人名后面，但 -er 除外

Dioscorea exalata 无翅参薯（参 shēn）：exalatus 无翼的，无翅的；e-/ ex- 不，无，非，缺乏，不具有（e- 用在辅音字母前，ex- 用在元音字母前，为拉丁语词首，对应的希腊语词首为 a-/ an-，英语为 un-/ -less，注意作词首用的 e-/ ex- 和介词 e/ ex 意思不同，后者意为"出自、从……、由……离开、由于、依照"）；alatus → ala-/ alat-/ alati-/ alato- 翅，具

翅的，具翼的

Dioscorea fordii 山薯：fordii ← Charles Ford（人名）

Dioscorea formosana （台湾薯蓣）：formosanus = formosus + anus 美丽的，台湾的；formosus ← formosa 美丽的，台湾的（葡萄牙殖民者发现台湾时对其的称呼，即美丽的岛屿）；-anus/ -anum/ -ana 属于，来自（形容词词尾）

Dioscorea futschauensis 福州薯蓣：futschauensis 福州的（地名，福建省）

Dioscorea glabra 光叶薯蓣：glabrus 光秃的，无毛的，光滑的

Dioscorea gracillima 纤细薯蓣：gracillimus 极细长的，非常纤细的；gracilis 细长的，纤弱的，丝状的；-limus/ -lima/ -limum 最，非常，极其（以 -ilis 结尾的形容词最高级，将末尾的 -is 换成 l + imus，从而构成 -illimus）

Dioscorea hemsleyi 黏山药：hemsleyi ← William Botting Hemsley（人名，19 世纪研究中美洲植物的植物学家）；-i 表示人名，接在以元音字母结尾的人名后面，但 -a 除外

Dioscorea henryi 高山薯蓣：henryi ← Augustine Henry 或 B. C. Henry（人名，前者，1857–1930，爱尔兰医生、植物学家，曾在中国采集植物，后者，1850–1901，曾活动于中国的传教士）

Dioscorea hispida 白薯莨：hispidus 刚毛的，鬃毛状的

Dioscorea japonica 日本薯蓣：japonica 日本的（地名）；-icus/ -icum/ -ica 属于，具有某种特性（常用于地名、起源、生境）

Dioscorea japonica var. oldhamii 细叶日本薯蓣：oldhamii ← Richard Oldham（人名，19 世纪植物采集员）

Dioscorea japonica var. pilifera 毛藤日本薯蓣：pilus 毛，疏柔毛；-ferus/ -ferum/ -fera/ -fero/ -fere/ -fer 有，具有，产（区别：作独立词使用的 ferus 意思是"野生的"）

Dioscorea kamoonensis 毛芋头薯蓣：kamoonensis（地名，西藏自治区）

Dioscorea lineari-cordata 柳叶薯蓣：linearis = lineus + aris 线条的，线形的，线状的，亚麻状的；lineus = linum + eus 线状的，丝状的，亚麻状的；linum ← linon 亚麻，线（古拉丁名）；cordatus ← cordis/ cor 心脏的，心形的；-aris（阳性、阴性）/ -are（中性）← -alis（阳性、阴性）/ -ale（中性）属于，相似，如同，具有，涉及，关于，联结于（将名词作形容词用，其中 -aris 常用于以 l 或 r 为词干末尾的词）

Dioscorea martini 柔毛薯蓣：martini ← Martin（人名，词尾改为"-ii"似更妥）；-ii 表示人名，接在以辅音字母结尾的人名后面，但 -er 除外

Dioscorea melanophyma 黑珠芽薯蓣：mel-/ mela-/ melan-/ melano- ← melanus/ melaenus ← melas/ melanos 黑色的，浓黑色的，暗色的；phyma 肿胀，肿块，结节，肿瘤（希腊语）

Dioscorea nipponica 穿龙薯蓣：nipponica 日本的（地名）；-icus/ -icum/ -ica 属于，具有某种特性（常用于地名、起源、生境）

Dioscorea nipponica subsp. rosthornii 柴黄姜：rosthornii ← Arthur Edler von Rosthorn（人名，19 世纪匈牙利驻北京大使）

Dioscorea nitens 光亮薯蓣：nitens 光亮的，发光的；nitere 发亮；nit- 闪耀，发光

Dioscorea opposita 薯蓣：oppositus = ob + positus 相对的，对生的；ob- 相反，反对，倒（ob- 有多种音变：ob- 在元音字母和大多数辅音字母前面，oc- 在 c 前面，of- 在 f 前面，op- 在 p 前面）；positus 放置，位置

Dioscorea panthaica 黄山药：panthaica（地名）

Dioscorea parviflora 小花盾叶薯蓣：parviflorus 小花的；parvus 小的，些微的，弱的；florus/ florum/ flora ← flos 花（用于复合词）

Dioscorea pentaphylla 五叶薯蓣：penta- 五，五数（希腊语，拉丁语为 quin/ quinqu/ quinque-/ quinqui-）；phyllus/ phyllum/ phylla ← phyllon 叶片（用于希腊语复合词）

Dioscorea persimilis 褐苞薯蓣：persimilis 非常相似的；per-（在 l 前面音变为 pel-）极，很，颇，甚，非常，完全，通过，遍及（表示效果加强，与 sub- 互为反义词）；similis 相似的

Dioscorea persimilis var. pubescens 毛褐苞薯蓣：pubescens ← pubens 被短柔毛的，长出柔毛的；pubi- ← pubis 细柔毛的，短柔毛的，毛被的；pubesco/ pubescere 长成的，变为成熟的，长出柔毛的，青春期体毛的；-escens/ -ascens 改变，转变，变成，略微，带有，接近，相似，大致，稍微（表示变化的趋势，并未完全相似或相同，有别于表示达到完成状态的 -atus）

Dioscorea poilanei 吊罗薯蓣：poilanei（人名，法国植物学家）

Dioscorea scortechinii var. parviflora 小花刺薯蓣：scortechinii（人名）；-ii 表示人名，接在以辅音字母结尾的人名后面，但 -er 除外；parviflorus 小花的；parvus 小的，些微的，弱的；florus/ florum/ flora ← flos 花（用于复合词）

Dioscorea septemloba 绵萆薢（萆薢 bì xiè）：septem-/ sept-/ septi- 七（希腊语为 hepta-）；lobus/ lobos/ lobon 浅裂，耳片（裂片先端钝圆），荚果，蒴果

Dioscorea simulans 马肠薯蓣：simulans 仿造的，模仿的；simulo/ simuilare/ simulatus 模仿，模拟，伪装

Dioscorea subcalva 毛胶薯蓣：subcalvus 近无毛的；sub-（表示程度较弱）与……类似，几乎，稍微，弱，亚，之下，下面；calvus 光秃的，无毛的，无芒的，裸露的

Dioscorea subcalva var. submollis 略毛薯蓣：submollis 稍柔软的；sub-（表示程度较弱）与……类似，几乎，稍微，弱，亚，之下，下面；molle/ mollis 软的，柔毛的；molliculus 稍软的；-culus/ -culum/ -cula 小的，略微的，稍微的（同第三变格法和第四变格法名词形成复合词）

Dioscorea tentaculigera 卷须状薯蓣：tentaculum 敏感腺毛；gerus → -ger/ -gerus/ -gerum/ -gera 具有，有，带有；tentus/ tensus/ tendo 伸长，拉长，撑开，张开；-culus/ -culum/ -cula 小的，略微的，

稍微的（同第三变格法和第四变格法名词形成复合词）

Dioscorea tenuipes 细柄薯蓣：tenui- ← tenuis 薄的，纤细的，弱的，瘦的，窄的；pes/ pedis 柄，梗，茎秆，腿，足，爪（作词首或词尾，pes 的词干视为"ped-"）

Dioscorea tokoro 山草薢：tokoro（日文）

Dioscorea velutipes 毡毛薯蓣：velutus 绒毛的；pes/ pedis 柄，梗，茎秆，腿，足，爪（作词首或词尾，pes 的词干视为"ped-"）

Dioscorea wallichii 盈江薯蓣：wallichii ← Nathaniel Wallich（人名，19 世纪初丹麦植物学家、医生）

Dioscorea xizangensis 藏刺薯蓣（种加词有时误拼为"xizanensis"）：xizangensis 西藏的（地名）

Dioscorea yunnanensis 云南薯蓣：yunnanensis 云南的（地名）

Dioscorea zingiberensis 盾叶薯蓣：zingiberensis 属于姜的，像姜的，像兽角的；Zingiber 姜属（姜科）

Dioscoreaceae 薯蓣科（16-1：p54）：Dioscorea 薯蓣属；-aceae（分类单位科的词尾，为 -aceus 的阴性复数主格形式，加到模式属的名称后或同义词的词干后以组成族群名称）

Dioscyros 柿属（柿科）（60-1：p86）：diospyros 宙斯神的食物，神仙果；dios ← Jupiter 朱庇特，即宙斯（罗马神话人物）；pyros 小麦，谷物，粮食（比喻果实味美）

Diospyros anisocalyx 异萼柿：aniso- ← anisos 不等的，不同的，不整齐的；calyx → calyc- 萼片（用于希腊语复合词）

Diospyros armata 瓶兰花：armatus 有刺的，带武器的，装备了的；arma 武器，装备，工具，防护，挡板，军队

Diospyros atrotricha 黑毛柿：atro-/ atr-/ atri-/ atra- ← ater 深色，浓色，暗色，发黑（ater 作为词干后接辅音字母开头的词时，要在词干后面加一个连接用的元音字母"o"或"i"，故为"ater-o-"或"ater-i-"，变形为"atr-"开头）；trichus 毛，毛发，线

Diospyros balfouriana 大理柿：balfouriana ← Isaac Bayley Balfour（人名，19 世纪英国植物学家）

Diospyros caloneura 美脉柿：call-/ calli-/ callo-/ cala-/ calo- ← calos/ callos 美丽的；neurus ← neuron 脉，神经

Diospyros cathayensis 乌柿：cathayensis ← Cathay ← Khitay/ Khitai 中国的，契丹的（地名，10–12 世纪中国北方契丹人的领域，辽国前身，多用来代表中国，俄语称中国为 Kitay）

Diospyros cathayensis var. cathayensis 乌柿-原变种 （词义见上面解释）

Diospyros cathayensis var. foochowensis 福州柿：foochowensis 福州的（地名，福建省）

Diospyros chunii 崖柿（崖 yá）：chunii ← W. Y. Chun 陈焕镛（人名，1890–1971，中国植物学家）

Diospyros corallina 五蒂柿：corallinus 带珊瑚红色的；-inus/ -inum/ -ina/ -inos 相近，接近，相似，具有（通常指颜色）

Diospyros diversilimba 光叶柿：diversus 多样的，各种各样的，多方向的；limbus 冠檐，萼檐，瓣片，叶片

Diospyros dumetorum 岩柿：dumetorum = dumus + etorum 灌丛的，小灌木状的，荒草丛的；dumus 灌丛，荆棘丛，荒草丛；-etorum 群落的（表示群丛、群落的词尾）

Diospyros ehretioides 红枝柿：Ehretia 厚壳树属（紫草科）；-oides/ -oideus/ -oideum/ -oidea/ -odes/ -eidos 像……的，类似……的，呈……状的（名词词尾）

Diospyros eriantha 乌材：erion 绵毛，羊毛；anthus/ anthum/ antha/ anthe ← anthos 花（用于希腊语复合词）

Diospyros esquirolii 贵阳柿：esquirolii（人名）；-ii 表示人名，接在以辅音字母结尾的人名后面，但 -er 除外

Diospyros fanjingshanica 梵净山柿（梵 fàn）：fanjingshanica 梵净山的（地名，贵州省）

Diospyros fengii 老君柿：fengii（人名）；-ii 表示人名，接在以辅音字母结尾的人名后面，但 -er 除外

Diospyros ferrea 象牙树：ferreus → ferr- 铁，铁的，铁色的，坚硬如铁的；-eus/ -eum/ -ea（接拉丁语词干时）属于……的，色如……的，质如……的（表示原料、颜色或品质的相似），（接希腊语词干时）属于……的，以……出名，为……所占有（表示具有某种特性）

Diospyros forrestii 腾冲柿：forrestii ← George Forrest（人名，1873–1932，英国植物学家，曾在中国西部采集大量植物标本）

Diospyros glaucifolia 粉叶柿：glaucifolius = glaucus + folius 粉绿叶的，灰绿叶的，叶被白粉的；glaucus → glauco-/ glauc- 被白粉的，发白的，灰绿色的；folius/ folium/ folia 叶，叶片（用于复合词）

Diospyros glaucifolia var. brevipes 短柄粉叶柿：brevi- ← brevis 短的（用于希腊语复合词词首）；pes/ pedis 柄，梗，茎秆，腿，足，爪（作词首或词尾，pes 的词干视为"ped-"）

Diospyros glaucifolia var. glaucifolia 粉叶柿-原变种 （词义见上面解释）

Diospyros hainanensis 海南柿：hainanensis 海南的（地名）

Diospyros hexamera 六花柿：hexamerus 六基数的，一个特定部分或一轮的六个部分；hex-/ hexa- 六（希腊语，拉丁语为 sex-）；-merus ← meros 部分，一份，特定部分，成员

Diospyros howii 琼南柿：howii（人名）；-ii 表示人名，接在以辅音字母结尾的人名后面，但 -er 除外

Diospyros inflata 囊萼柿：inflatus 膨胀的，袋状的

Diospyros kaki 柿：kaki 柿（"柿"的日语读音）

Diospyros kaki var. kaki 柿-原变种 （词义见上面解释）

Diospyros kaki var. macrantha 大花柿：macro-/ macr- ← macros 大的，宏观的（用于希腊语复合词）；anthus/ anthum/ antha/ anthe ← anthos 花（用于希腊语复合词）

Diospyros kaki var. silvestris 野柿：silvestris/ silvester/ silvestre 森林的，野地的，林间的，野生

D

的，林木丛生的；silva/ sylva 森林；-estris/ -estre/ ester/ -esteris 生于……地方，喜好……地方

Diospyros kerrii 傣柿：kerrii ← Arthur Francis George Kerr 或 William Kerr（人名）

Diospyros kintungensis 景东君迁子：kintungensis 景东的（地名，云南省）

Diospyros longibracteata 长苞柿：longe-/ longi- ← longus 长的，纵向的；bracteatus = bracteus + atus 具苞片的；bracteus 苞，苞片，苞鳞

Diospyros longshengensis 龙胜柿：longshengensis 龙胜的（地名，广西壮族自治区）

Diospyros lotus 君迁子：lotus/ lotos ① 一种甜果（古希腊诗人荷马首次使用），② 百脉根属（林奈用来为三叶草状的该属植物命名），③ 荷叶、莲子，④ 沉浸水中

Diospyros lotus var. lotus 君迁子-原变种 （词义见上面解释）

Diospyros lotus var. mollissima 多毛君迁子：molle/ mollis 软的，柔毛的；-issimus/ -issima/ -issimum 最，非常，极其（形容词最高级）

Diospyros maclurei 琼岛柿：maclurei（人名）

Diospyros maritima 海边柿：maritimus 海滨的（指生境）

Diospyros metcalfii 圆萼柿：metcalfii（人名）；-ii 表示人名，接在以辅音字母结尾的人名后面，但 -er 除外

Diospyros miaoshanica 苗山柿：miaoshanica 苗山的（地名，广西壮族自治区）；-icus/ -icum/ -ica 属于，具有某种特性（常用于地名、起源、生境）

Diospyros montana 山柿：montanus 山，山地；montis 山，山地的；mons 山，山脉，岩石

Diospyros morrisiana 罗浮柿：morrisiana 磨里山的（地名，今台湾新高山）

Diospyros nigrocortex 黑皮柿：nigro-/ nigri- ← nigrus 黑色的；niger 黑色的；cortia ← cortex 木栓皮，树皮

Diospyros nitida 黑柿：nitidus = nitere + idus 光亮的，发光的；nitere 发亮；-idus/ -idum/ -ida 表示在进行中的动作或情况，作动词、名词或形容词的词尾；nitens 光亮的，发光的

Diospyros oldhami 红柿：oldhami ← Richard Oldham（人名，19 世纪植物采集员）（注：词尾改为 "-ii" 似更妥）；-ii 表示人名，接在以辅音字母结尾的人名后面，但 -er 除外；-i 表示人名，接在以元音字母结尾的人名后面，但 -a 除外

Diospyros oldhami f. ellipsoidea 椭圆红柿：ellipsoideus 广椭圆形的；ellipso 椭圆形的；-oides/ -oideus/ -oideum/ -oidea/ -odes/ -eidos 像……的，类似……的，呈……状的（名词词尾）

Diospyros oldhami f. oldhami 红柿-原变型 （词义见上面解释）

Diospyros oleifera 油柿：oleiferus 具油的，产油的；olei-/ ole- ← oleum 橄榄，橄榄油，油；oleus/ oleum/ olea 橄榄，橄榄油，油；Olea 木樨榄属，油橄榄属（木樨科）；-ferus/ -ferum/ -fera/ -fero/ -fere/ -fer 有，具有，产（区别：作独立词使用的 ferus 意思是 "野生的"）

Diospyros philippensis 异色柿：philippensis 菲律宾的（地名）

Diospyros potingensis 保亭柿：potingensis 保亭的（地名，海南省）

Diospyros punctilimba 点叶柿：punctatus = punctus + atus 具斑点的；punctus 斑点；limbus 冠檐，萼檐，瓣片，叶片

Diospyros reticulinervis 网脉柿：reticulus = reti + culus 网，网纹的；reti-/ rete- 网（同义词：dictyo-）；-culus/ -culum/ -cula 小的，略微的，稍微的（同第三变格法和第四变格法名词形成复合词）；nervis ← nervus 脉，叶脉

Diospyros reticulinervis var. glabrescens 无毛网脉柿：glabrus 光秃的，无毛的，光滑的；-escens/ -ascens 改变，转变，变成，略微，带有，接近，相似，大致，稍微（表示变化的趋势，并未完全相似或相同，有别于表示达到完成状态的 -atus）

Diospyros reticulinervis var. reticulinervis 网脉柿-原变种 （词义见上面解释）

Diospyros rhombifolia 老鸦柿：rhombus 菱形，纺锤；folius/ folium/ folia 叶，叶片（用于复合词）

Diospyros rubra 青茶柿：rubrus/ rubrum/ rubra/ ruber 红色的

Diospyros sichourensis 西畴君迁子：sichourensis 西畴的（地名，云南省）

Diospyros siderophylla 山榄叶柿：sideros 铁，铁色（希腊语）；phyllus/ phyllum/ phylla ← phyllon 叶片（用于希腊语复合词）

Diospyros strigosa 毛柿：strigosus = striga + osus 鬃毛的，刷毛的；striga → strig- 条纹的，网纹的（如种子具网纹），糙伏毛的；-osus/ -osum/ -osa 多的，充分的，丰富的，显著发育的，程度高的，特征明显的（形容词词尾）

Diospyros sunyiensis 信宜柿：sunyiensis 信宜的（地名，广东省）

Diospyros susarticulata 过布柿：susarticulatus 稍有关节的

Diospyros sutchuensis 川柿：sutchuensis 四川的（地名）

Diospyros tsangii 延平柿：tsangii（人名）；-ii 表示人名，接在以辅音字母结尾的人名后面，但 -er 除外

Diospyros tutcheri 岭南柿：tutcheri（人名）；-eri 表示人名，在以 -er 结尾的人名后面加上 i 形成

Diospyros unisemina 单子柿：uni-/ uno- ← unus/ unum/ una 一，单一（希腊语为 mono-/ mon-）；seminus → semin-/ semini- 种子

Diospyros vaccinioides 小果柿：Vaccinium 越橘属（杜鹃花科），乌饭树属；-oides/ -oideus/ -oideum/ -oidea/ -odes/ -eidos 像……的，类似……的，呈……状的（名词词尾）

Diospyros vaccinioides var. oblongata 长叶小果柿：oblongus = ovus + longus + atus 长椭圆形的（ovus 的词干 ov- 音变为 ob-）；ovus 卵，胚珠，卵形的，椭圆形的；longus 长的，纵向的

Diospyros vaccinioides var. vaccinioides 小果柿-原变种 （词义见上面解释）

Diospyros xiangguiensis 湘桂柿：xiangguiensis 湘桂的（地名，湖南省和广西壮族自治区）

D

Diospyros yunnanensis 云南柿：yunnanensis 云南的（地名）

Diospyros zhenfengensis 贞丰柿：zhenfengensis 浙江的（地名）

Dipelta 双盾木属（忍冬科）（72：p128）：di-/ dis- 二，二数，二分，分离，不同，在……之间，从……分开（希腊语，拉丁语为 bi-/ bis-）；peltus ← pelte 盾片，小盾片，盾形的

Dipelta elegans 优美双盾木：elegans 优雅的，秀丽的

Dipelta floribunda 双盾木：floribundus = florus + bundus 多花的，繁花的，花正盛开的；florus/ florum/ flora ← flos 花（用于复合词）；-bundus/ -bunda/ -bundum 正在做，正在进行（类似于现在分词），充满，盛行

Dipelta yunnanensis 云南双盾木：yunnanensis 云南的（地名）

Dipentodon 十齿花属（卫矛科）（45-3：p175）：dipentodon = dis + pente + odous 十齿的（指花瓣十齿裂）；di-/ dis- 二，二数，二分，分离，不同，在……之间，从……分开（希腊语，拉丁语为 bi-/ bis-）；penta- 五，五数（希腊语，拉丁语为 quin/ quinqu/ quinque-/ quinqui-）；odontus/ odontos → odon-/ odont-/ odonto-（可作词首或词尾）齿，牙齿状的；odous 齿，牙齿（单数，其所有格为 odontos）

Dipentodon longipedicellatus 长梗十齿花：longe-/ longi- ← longus 长的，纵向的；pedicellatus = pedicellus + atus 具小花柄的；pedicellus = pes + cellus 小花梗，小花柄（不同于花序柄）；pes/ pedis 柄，梗，茎秆，腿，足，爪（作词首或词尾，pes 的词干视为"ped-"）；-cellus/ -cellum/ -cella、-cillus/ -cillum/ -cilla 小的，略微的，稍微的（与任何变格法名词形成复合词）；关联词：pedunculus 花序柄，总花梗（花序基部无花着生部分）；-atus/ -atum/ -ata 属于，相似，具有，完成（形容词词尾）

Dipentodon sinicus 十齿花：sinicus 中国的（地名）；-icus/ -icum/ -ica 属于，具有某种特性（常用于地名、起源、生境）

Diphasiastrum 扁枝石松属（石松科）（6-3：p75）：diphasios 二重的；-aster/ -astra/ -astrum/ -ister/ -istra/ -istrum 相似的，程度稍弱，稍小的，次等级的（用于拉丁语复合词词尾，表示不完全相似或低级之意，常用以区别一种野生植物与栽培植物，如 oleaster、oleastrum 野橄榄，以区别于 olea，即栽培的橄榄，而作形容词词尾时则表示小或程度弱化，如 surdaster 稍聋的，比 surdus 稍弱）

Diphasiastrum alpinum 高山扁枝石松：alpinus = alpus + inus 高山的；alpus 高山；al-/ alti-/ alto- ← altus 高的，高处的；-inus/ -inum/ -ina/ -inos 相近，接近，相似，具有（通常指颜色）；关联词：subalpinus 亚高山的

Diphasiastrum complanatum 扁枝石松：complanatus 扁平的，压扁的；planus/ planatus 平板状的，扁平的，平面的；co- 联合，共同，合起来（拉丁语词首，为 cum- 的音变，表示结合、强化、完全，对应的希腊语为 syn-）；co- 的缀词音变有

co-/ com-/ con-/ col-/ cor-：co-（在 h 和元音字母前面），col-（在 l 前面），com-（在 b、m、p 之前），con-（在 c、d、f、g、j、n、qu、s、t 和 v 前面），cor-（在 r 前面）

Diphasiastrum complanatum var. complanatum 扁枝石松-原变种（词义见上面解释）

Diphasiastrum complanatum var. glaucum 灰白扁枝石松：glaucus → glauco-/ glauc- 被白粉的，发白的，灰绿色的

Diphasiastrum veitchii 矮小扁枝石松：veitchii/ veitchianus ← James Veitch（人名，19 世纪植物学家）

Diphasiastrum wightianum （韦氏扁枝石松）（韦 wéi）：wightianum ← Robert Wight（人名，19 世纪英国医生、植物学家）

Diphylax 尖药兰属（兰科）（17：p336）：diphylax 双盖的（指花被合生成坛状）；di-/ dis- 二，二数，二分，分离，不同，在……之间，从……分开（希腊语，拉丁语为 bi-/ bis-）；phylax 战车遮板，护盖，卫士

Diphylax contigua 长苞尖药兰：contiguus 接触的，接近的，近缘的，连续的，压紧的

Diphylax uniformis 西南尖药兰：uni-/ uno- ← unus/ unum/ una 一，单一（希腊语为 mono-/ mon-）；formis/ forma 形状

Diphylax urceolata 尖药兰：urceolatus 坛状的，壶形的（指中空且口部收缩）；urceolus 小坛子，小水壶；urceus 坛子，水壶

Diphylleia 山荷叶属（小檗科）（29：p260）：diphylleia 二叶的；di-/ dis- 二，二数，二分，分离，不同，在……之间，从……分开（希腊语，拉丁语为 bi-/ bis-）；phylleia ← phyllon 叶片

Diphylleia sinensis 南方山荷叶：sinensis = Sina + ensis 中国的（地名）；Sina 中国

Diplachne 双稃草属（稃 fū）（禾本科）（10-1：p54）：diplachne 双稃的；di-/ dis- 二，二数，二分，分离，不同，在……之间，从……分开（希腊语，拉丁语为 bi-/ bis-）；diplous ← diploos 双重的，二重的，二倍的，二数的；achne 鳞片，稃片，谷壳（希腊语）

Diplachne fusca 双稃草：fuscus 棕色的，暗色的，发黑的，暗棕色的，褐色的

Diplacrum 裂颖茅属（莎草科）（11：p217）：diplacrum 双尖的（指对生的两个鳞片）；diploos 双重的，二重的，二倍的，二数的；di-/ dis- 二，二数，二分，分离，不同，在……之间，从……分开（希腊语，拉丁语为 bi-/ bis-）；acra ← akros/ acros 顶端的，尖锐的

Diplacrum caricinum 裂颖茅：caricinus 像薹草的，像番木瓜的；Carex 薹草属（莎草科），Carex + inus → caricinus；Carica 番木瓜属（番木瓜科），Carica + inus → caricinus；构词规则：以 -ix/ -iex 结尾的词其词干末尾视为 -ic，以 -ex 结尾视为 -i/ -ic，其他以 -x 结尾视为 -c；-inus/ -inum/ -ina/ -inos 相近，接近，相似，具有（通常指颜色）

Diplandrorchis 双蕊兰属（兰科）（17：p94）：diplandrorchis 两个雄蕊的兰花；diploos 双重的，二重的，二倍的，二数的；di-/ dis- 二，二数，二分，分离，不同，在……之间，从……分开（希腊语，拉丁

丁语为 bi-/ bis-）；andros ← aner 雄蕊，花药，雄性；orchis 红门兰，兰花

Diplandrorchis sinica 双蕊兰：sinica 中国的（地名）；-icus/ -icum/ -ica 属于，具有某种特性（常用于地名、起源、生境）

Diplarche 杉叶杜属（杜鹃花科）（57-1：p7）：dipl-/ diplo- ← diplous ← diploos 双重的，二重的，二倍的，二数的；di-/ dis- 二，二数，二分，分离，不同，在……之间，从……分开（希腊语，拉丁语为 bi-/ bis-）；arche 原始，开始，第一，首领

Diplarche multiflora 杉叶杜：multi- ← multus 多个，多数，很多（希腊语为 poly-）；florus/ florum/ flora ← flos 花（用于复合词）

Diplarche pauciflora 少花杉叶杜：pauci- ← paucus 少数的，少的（希腊语为 oligo-）；florus/ florum/ flora ← flos 花（用于复合词）

Diplaziopsis 肠蕨属（蹄盖蕨科）（3-2：p499）：Diplazium 双盖蕨属；-opsis/ -ops 相似，稍微，带有

Diplaziopsis brunoniana 阔羽肠蕨：brunoniana ← Robert Brown（人名，19 世纪英国植物学家）

Diplaziopsis cavaleriana 川黔肠蕨：cavaleriana ← Pierre Julien Cavalerie（人名，20 世纪法国传教士）

Diplaziopsis javanica 肠蕨：javanica 爪哇的（地名，印度尼西亚）；-icus/ -icum/ -ica 属于，具有某种特性（常用于地名、起源、生境）

Diplazium 双盖蕨属（蹄盖蕨科）（3-2：p485）：diplazium ← diplasios 二重的，双重的；dipl-/ diplo- ← diplous ← diploos 双重的，二重的，二倍的，二数的；di-/ dis- 二，二数，二分，分离，不同，在……之间，从……分开（希腊语，拉丁语为 bi-/ bis-）

Diplazium basahense 白沙双盖蕨：basahense 白沙的（地名，海南省）

Diplazium brumanicum 缅甸双盖蕨：brumanicum 缅甸的（地名）

Diplazium crassiusculum 厚叶双盖蕨：crassiusculus = crassus + usculus 略粗的，略肥厚的，略肉质的；crassus 厚的，粗的，多肉质的；-usculus ← -culus 小的，略微的，稍微的（小词 -culus 和某些词构成复合词时变成 -usculus）

Diplazium donianum 双盖蕨：donianum（人名）

Diplazium donianum var. aphanoneuron 隐脉双盖蕨：aphanoneuron 脉不明显的；aphano-/ aphan- ← aphanes = a + phanes 不显眼的，看不见的，模糊不清的；a-/ an- 无，非，没有，缺乏，不具有（an- 用于元音前）（a-/ an- 为希腊语词首，对应的拉丁语词首为 e-/ ex-，相当于英语的 un-/ -less，注意词首 a- 和作为介词的 a/ ab 不同，后者的意思是"从……、由……、关于……、因为……"）；phanes 可见的，显眼的；phanerus ← phaneros 显著的，显现的，突出的；neuron 脉，神经

Diplazium donianum var. donianum 双盖蕨-原变种 （词义见上面解释）

Diplazium donianum var. lobatum 顶羽裂双盖蕨：lobatus = lobus + atus 具浅裂的，具耳垂状突起的；lobus/ lobos/ lobon 浅裂，耳片（裂片先端钝圆），荚果，蒴果；-atus/ -atum/ -ata 属于，相似，具有，完成（形容词词尾）

Diplazium hainanense 海南双盖蕨：hainanense 海南的（地名）

Diplazium maonense 马鞍山双盖蕨：maonense 马鞍山的（地名，香港九龙岛）

Diplazium pinfaense 薄叶双盖蕨：pinfaense 平伐的（地名，贵州省）

Diplazium serratifolium 锯齿双盖蕨：serratus = serrus + atus 有锯齿的；serrus 齿，锯齿；folius/ folium/ folia 叶，叶片（用于复合词）

Diplazium splendens 大叶双盖蕨：splendens 有光泽的，发光的，漂亮的

Diplazium stenolepis 狭鳞双盖蕨：sten-/ steno- ← stenus 窄的，狭的，薄的；lepis/ lepidos 鳞片

Diplazium subsinuatum 单叶双盖蕨：subsinuatus 近深波状的；sub-（表示程度较弱）与……类似，几乎，稍微，弱，亚，之下，下面；sinuatus 深波浪状的；sinus 波浪，弯缺，海湾（sinus 的词干视为 sinu-）

Diplazium tomitaroanum 羽裂叶双盖蕨：tomitaroanum ← Tomitaro Makino 牧野富太郎（人名，20 世纪日本植物学家）

Diplazoptilon 重羽菊属（重 chóng）（菊科）（78-1：p153）：diplazo ← diplasios 二重的，双重的；ptilon 羽毛，翼，翅；di-/ dis- 二，二数，二分，分离，不同，在……之间，从……分开（希腊语，拉丁语为 bi-/ bis-）

Diplazoptilon cooperi 裂叶重羽菊：cooperi ← Joseph Cooper（人名，19 世纪英国园艺学家）；-eri 表示人名，在以 -er 结尾的人名后面加上 i 形成

Diplazoptilon picridifolium 重羽菊：picridifolius = Picris + folius 毛连菜叶的；构词规则：词尾为 -is 和 -ys 的词的词干分别视为 -id 和 -yd；Picris 毛连菜属（菊科）；folius/ folium/ folia 叶，叶片（用于复合词）

Diplectria 藤牡丹属（野牡丹科）（53-1：p267）：diplectria = di + plectron 二距的；di-/ dis- 二，二数，二分，分离，不同，在……之间，从……分开（希腊语，拉丁语为 bi-/ bis-）；plectron ← plektron 距（希腊语）（距：雄鸡、雉等的腿的后面突出像脚趾的部分）；plectro-/ plectr- 距

Diplectria barbata 藤牡丹：barbatus = barba + atus 具胡须的，具须毛的；barba 胡须，髯毛，绒毛；-atus/ -atum/ -ata 属于，相似，具有，完成（形容词词尾）

Diploblechnum 扫把蕨属（把 bǎ）（乌毛蕨科）（4-2：p213）：diplo- 二重的，双重的，二倍的，二数的；Blechnum 乌毛蕨属；di-/ dis- 二，二数，二分，分离，不同，在……之间，从……分开（希腊语，拉丁语为 bi-/ bis-）

Diploblechnum fraseri 扫把蕨：fraseri ← John Fraser（人名，18 世纪英国植物采集员）；-eri 表示人名，在以 -er 结尾的人名后面加上 i 形成

Diploclisia 秤钩风属（防己科）（30-1：p30）：dipl-/ diplo- ← diplous ← diploos 双重的，二重的，二倍的，二数的；clisia 茅屋，草房；di-/ dis- 二，二数，二分，分离，不同，在……之间，从……分开（希腊语，拉丁语为 bi-/ bis-）

Diploclisia affinis 秤钩风：affinis = ad + finis 酷似

的，近似的，有联系的；ad- 向，到，近（拉丁语词首，表示程度加强）；构词规则：构成复合词时，词首末尾的辅音字母常同化为紧接其后的那个辅音字母（如 ad + f → aff）；finis 界限，境界；affin- 相似，近似，相关

Diploclisia glaucescens 苍白秤钩风：glaucescens 变白的，发白的，灰绿的；glauco-/ glauc- ← glaucus 被白粉的，发白的，灰绿色的；-escens/ -ascens 改变，转变，变成，略微，带有，接近，相似，大致，稍微（表示变化的趋势，并未完全相似或相同，有别于表示达到完成状态的 -atus）

Diplocyclos 毒瓜属（葫芦科）（73-1：p207）：dipl-/ diplo- ← diplous ← diploos 双重的，二重的，二倍的，二数的；cyclos 圆的；di-/ dis- 二，二数，二分，分离，不同，在……之间，从……分开（希腊语，拉丁语为 bi-/ bis-）

Diplocyclos palmatus 毒瓜：palmatus = palmus + atus 掌状的，具掌的；palmus 掌，手掌

Diploknema 藏榄属（藏 zàng）（山榄科）（60-1：p62）：dipl-/ diplo- ← diplous ← diploos 双重的，二重的，二倍的，二数的；di-/ dis- 二，二数，二分，分离，不同，在……之间，从……分开（希腊语，拉丁语为 bi-/ bis-）；cnema 胫衣，裤套

Diploknema butyracea 藏榄：butyraceus 黄油状的；-aceus/ -aceum/ -acea 相似的，有……性质的，属于……的

Diplomeris 合柱兰属（兰科）（17：p486）：dipl-/ diplo- ← diplous ← diploos 双重的，二重的，二倍的，二数的；di-/ dis- 二，二数，二分，分离，不同，在……之间，从……分开（希腊语，拉丁语为 bi-/ bis-）；-mero/ -meris 部分，份，数

Diplomeris pulchella 合柱兰：pulchellus/ pulcellus = pulcher + ellus 稍美丽的，稍可爱的；pulcher/pulcer 美丽的，可爱的；-ellus/ -ellum/ -ella ← -ulus 小的，略微的，稍微的（小词 -ulus 在字母 e 或 i 之后有多种变缀，即 -olus/ -olum/ -ola、-ellus/ -ellum/ -ella、-illus/ -illum/ -illa，用于第一变格法名词）

Diplopanax 马蹄参属（参 shēn）（五加科）（54：p135）：dipl-/ diplo- ← diplous ← diploos 双重的，二重的，二倍的，二数的；di-/ dis- 二，二数，二分，分离，不同，在……之间，从……分开（希腊语，拉丁语为 bi-/ bis-）；panax 人参

Diplopanax stachyanthus 马蹄参：stachyanthus 穗状花的；stachy-/ stachyo-/ -stachys/ -stachyus/ -stachyum/ -stachya 穗子，穗子的，穗子状的，穗状花序的；anthus/ anthum/ antha/ anthe ← anthos 花（用于希腊语复合词）

Diploprora 蛇舌兰属（兰科）（19：p282）：dipl-/ diplo- ← diplous ← diploos 双重的，二重的，二倍的，二数的；di-/ dis- 二，二数，二分，分离，不同，在……之间，从……分开（希腊语，拉丁语为 bi-/ bis-）；prora 前端

Diploprora championii 蛇舌兰：championii ← John George Champion（人名，19 世纪英国植物学家，研究东亚植物）

Diplospora 狗骨柴属（茜草科）（71-1：p364）：di-/ dis- 二，二数，二分，分离，不同，在……之间，

从……分开（希腊语，拉丁语为 bi-/ bis-）；dipl-/ diplo- ← diplous ← diploos 双重的，二重的，二倍的，二数的；sporus ← sporos → sporo- 孢子，种子

Diplospora dubia 狗骨柴：dubius 可疑的，不确定的

Diplospora fruticosa 毛狗骨柴：fruticosus/ frutesceus 灌丛状的；frutex 灌木；构词规则：以 -ix/ -iex 结尾的词其词干末尾视为 -ic，以 -ex 结尾视为 -i/ -ic，其他以 -x 结尾视为 -c；-osus/ -osum/ -osa 多的，充分的，丰富的，显著发育的，程度高的，特征明显的（形容词词尾）

Diplospora mollissima 云南狗骨柴：molle/ mollis 软的，柔毛的；-issimus/ -issima/ -issimum 最，非常，极其（形容词最高级）

Diplotaxis 二行芥属（行 háng）（十字花科）（33：p33）：dipl-/ diplo- ← diplous ← diploos 双重的，二重的，二倍的，二数的；taxis 排列；di-/ dis- 二，二数，二分，分离，不同，在……之间，从……分开（希腊语，拉丁语为 bi-/ bis-）

Diplotaxis muralis 二行芥：muralis 生于墙壁的；murus 墙壁；-aris（阳性、阴性）/ -are（中性）← -alis（阳性、阴性）/ -ale（中性）属于，相似，如同，具有，涉及，关于，联结于（将名词作形容词用，其中 -aris 常用于以 l 或 r 为词干末尾的词）

Dipoma 蛇头荠属（荠 jì）（十字花科）（33：p90）：di-/ dis- 二，二数，二分，分离，不同，在……之间，从……分开（希腊语，拉丁语为 bi-/ bis-）；poma 盖

Dipoma iberideum 蛇头荠：iberideum = Iberis + eus 像屈曲花的；构词规则：词尾为 -is 和 -ys 的词的词干分别视为 -id 和 -yd；Iberis 屈曲花属（十字花科）；-eus/ -eum/ -ea（接拉丁语词干时）属于……的，色如……的，质如……的（表示原料、颜色或品质的相似），（接希腊语词干时）属于……的，以……出名，为……所占有（表示具有某种特性）

Dipoma iberideum var. dasycarpum 刚毛蛇头荠：dasycarpus 粗毛果的；dasy- ← dasys 毛茸茸的，粗毛的，毛；carpus/ carpum/ carpa/ carpon ← carpos 果实（用于希腊语复合词）

Dipoma iberideum var. iberideum 蛇头荠-原变种（词义见上面解释）

Dipoma iberideum var. iberideum f. pilosius 叉毛蛇头荠（叉 chā）：pilosior/ pilosius 稍被疏柔毛的；pilosus = pilus + osus 多毛的，被柔毛的，具疏柔毛的，被短弱细毛的；pilus 毛，疏柔毛；-osus/ -osum/ -osa 多的，充分的，丰富的，显著发育的，程度高的，特征明显的（形容词词尾）；-ius/ -ium/ -ia 具有……特性的（表示有关、关联、相似）

Dipoma tibeticum 西藏蛇头荠：tibeticum 西藏的（地名）

Dipsacaceae 川续断科（73-1：p44）：Dipsacus 川续断属；-aceae（分类单位科的词尾，为 -aceus 的阴性复数主格形式，加到模式属的名称后或同义词的词干后以组成族群名称）

Dipsacus 川续断属（川续断科）（73-1：p56）：dipsacus ← dipsa 渴（希腊语，指具蓄水功能）

Dipsacus asperoides 川续断：asper/ asperus/ asperum/ aspera 粗糙的，不平的；-oides/ -oideus/ -oideum/ -oidea/ -odes/ -eidos 像……的，类

D

似……的，呈……状的（名词词尾）

Dipsacus asperoides var. asperoides 川续断-原变种 （词义见上面解释）

Dipsacus asperoides var. omeiensis 峨眉续断：omeiensis 峨眉山的（地名，四川省）

Dipsacus atropurpureus 深紫续断：atro-/ atr-/ atri-/ atra- ← ater 深色，浓色，暗色，发黑（ater 作为词干后接辅音字母开头的词时，要在词干后面加一个连接用的元音字母 "o" 或 "i"，故为 "ater-o-" 或 "ater-i-"，变形为 "atr-" 开头）；purpureus = purpura + eus 紫色的；purpura 紫色（purpura 原为一种介壳虫名，其体液为紫色，可作颜料）；-eus/ -eum/ -ea（接拉丁语词干时）属于……的，色如……的，质如……的（表示原料、颜色或品质的相似），（接希腊语词干时）属于……的，以……出名，为……所占有（表示具有某种特性）

Dipsacus chinensis 大头续断：chinensis = china + ensis 中国的（地名）；China 中国

Dipsacus fulingensis 涪陵续断（涪 fú）：fulingensis 涪陵的（地名，重庆市）

Dipsacus fullonum 起绒草：fullonum 毛线工，毛纺店（意为可用来作毛线）；fullo 洗衣工，漂洗店

Dipsacus inermis 劲直续断（劲 jìng）：inermus/ inermis = in + arma 无针刺的，不尖锐的，无齿的，无武装的；in-/ im-（来自 il- 的音变）内，在内，内部，向内，相反，不，无，非；il- 在内，向内，为，相反（希腊语为 en-）；词首 il- 的音变：il-（在 l 前面），im-（在 b、m、p 前面），in-（在元音字母和大多数辅音字母前面），ir-（在 r 前面），如 illaudatus（不值得称赞的，评价不好的），impermeabilis（不透水的，穿不透的），ineptus（不合适的），insertus（插入的），irretortus（无弯曲的，无扭曲的）；arma 武器，装备，工具，防护，挡板，军队

Dipsacus inermis var. inermis 劲直续断-原变种（词义见上面解释）

Dipsacus inermis var. mitis 滇藏续断：mitis 温和的，无刺的

Dipsacus japonicus 日本续断：japonicus 日本的（地名）；-icus/ -icum/ -ica 属于，具有某种特性（常用于地名、起源、生境）

Dipsacus sativus 拉毛果：sativus 栽培的，种植的，耕地的，耕作的

Dipsacus tianmuensis 天目续断：tianmuensis 天目山的（地名，浙江省）

Dipteracanthus 楠草属（爵床科）（70：p50）：dipteracanthus = di + pterus + Acanthus 双翅老鼠簕（指叶对生像老鼠簕）；di-/ dis- 二，二数，二分，分离，不同，在……之间，从……分开（希腊语，拉丁语为 bi-/ bis-）；pterus/ pteron 翅，翼，蕨类；Acanthus 老鼠簕属

Dipteracanthus repens 楠草：repens/ repentis/ repsi/ reptum/ repere/ repo 匍匐，爬行（同义词：reptans/ reptoare）

Dipteridaceae 双扇蕨科（6-2：p1）：Dipteris 双扇蕨属；-aceae（分类单位科的词尾，为 -aceus 的阴性复数主格形式，加到模式属的名称后或同义词的词干后以组成族群名称）

Dipteris 双扇蕨属（双扇蕨科）（6-2：p1）：

dipteris = di + pteris 二枚扇叶的；di-/ dis- 二，二数，二分，分离，不同，在……之间，从……分开（希腊语，拉丁语为 bi-/ bis-）；pteris ← pteryx 翅，翼，蕨类（希腊语）

Dipteris chinensis 中华双扇蕨：chinensis = china + ensis 中国的（地名）；China 中国

Dipteris conjugata 双扇蕨：conjugatus = co + jugatus 一对的，连接的，孪生的；jugatus 接合的，连结的，成对的；jugus ← jugos 成对的，成双的，一组，牛轭，束缚（动词为 jugo）；co- 联合，共同，合起来（拉丁语词首，为 cum- 的音变，表示结合、强化、完全，对应的希腊语为 syn-）；co- 的缀词音变有 co-/ com-/ con-/ col-/ cor-：co-（在 h 和元音字母前面），col-（在 l 前面），com-（在 b、m、p 之前），con-（在 c、d、f、g、j、n、qu、s、t 和 v 前面），cor-（在 r 前面）

Dipteris wallichii 喜马拉雅双扇蕨：wallichii ← Nathaniel Wallich（人名，19 世纪初丹麦植物学家、医生）

Dipterocarpaceae 龙脑香科（50-2：p113）：Dipterocarpus 龙脑香属；-aceae（分类单位科的词尾，为 -aceus 的阴性复数主格形式，加到模式属的名称后或同义词的词干后以组成族群名称）

Dipterocarpus 龙脑香属（龙脑香科）（50-2：p114）：dipterocarpus = di + pteris + carpus 双翅果实的（果实具有二枚长翼）；dipterus 二翼的；di-/ dis- 二、二数，二分，分离，不同，在……之间，从……分开（希腊语，拉丁语为 bi-/ bis-）；pterus/ pteron 翅，翼，蕨类；carpus/ carpum/ carpa/ carpon ← carpos 果实（用于希腊语复合词）

Dipterocarpus gracilis 纤细龙脑香：gracilis 细长的，纤弱的，丝状的

Dipterocarpus retusus 东京龙脑香：retusus 微凹的

Dipterocarpus turbinatus 羯布罗香（羯 jié）：turbinatus 倒圆锥形的，陀螺状的；turbinus 陀螺，涡轮；turbo 旋转，涡旋

Dipteronia 金钱槭属（槭 qì）（槭树科）（46：p66）：di-/ dis- 二，二数，二分，分离，不同，在……之间，从……分开（希腊语，拉丁语为 bi-/ bis-）；pterus/ pteron 翅，翼，蕨类；-ius/ -ium/ -ia 具有……特性的（表示有关、关联、相似）

Dipteronia dyerana 云南金钱槭：dyerana（人名）

Dipteronia sinensis 金钱槭：sinensis = Sina + ensis 中国的（地名）；Sina 中国

Dipteronia sinensis var. sinensis 金钱槭-原变种（词义见上面解释）

Dipteronia sinensis var. taipeiensis 太白金钱槭：taipeiensis 太白的（地名，陕西省，有时拼写为 "taipai"，而 "太白" 的规范拼音为 "taibai"），台北的（地名，属台湾省）

Diptychocarpus 异果芥属（十字花科）（33：p351）：diptychocarpus 双层果的（指上层下层果实二型）；di-/ dis- 二，二数，二分，分离，不同，在……之间，从……分开（希腊语，拉丁语为 bi-/ bis-）；ptychia ← ptycho 层，页，褶皱（折弯）；carpus/ carpum/ carpa/ carpon ← carpos 果实（用于希腊语复合词）

Diptychocarpus strictus 异果芥：strictus 直立的，硬直的，笔直的，彼此靠拢的

Disanthus 双花木属（金缕梅科）（35-2：p39）：di-/ dis- 二，二数，二分，分离，不同，在……之间，从……分开（希腊语，拉丁语为 bi-/ bis-）；anthus/ anthum/ antha/ anthe ← anthos 花（用于希腊语复合词）

Disanthus cercidifolius 双花木：cercidifolius = cercis + folius 尾状叶片的；构词规则：词尾为 -is 和 -ys 的词的词干分别视为 -id 和 -yd；cercis 刀鞘，刀鞘状的，尾巴状的，紫荆（古拉丁名）；folius/ folium/ folia 叶，叶片（用于复合词）

Disanthus cercidifolius var. longipes 长柄双花木：longe-/ longi- ← longus 长的，纵向的；pes/ pedis 柄，梗，茎秆，腿，足，爪（作词首或词尾，pes 的词干视为 "ped-"）

Dischidanthus 马兰藤属（萝藦科）（63：p510）：dischidanthus 二裂花冠的；dischidia 开裂的，二裂的；di-/ dis- 二，二数，二分，分离，不同，在……之间，从……分开（希腊语，拉丁语为 bi-/ bis-）；anthus/ anthum/ antha/ anthe ← anthos 花（用于希腊语复合词）

Dischidanthus urceolatus 马兰藤：urceolatus 坛状的，壶形的（指中空且口部收缩）；urceolus 小坛子，小水壶；urceus 坛子，水壶

Dischidia 眼树莲属（萝藦科）（63：p501）：dischidia 开裂的，二裂的；di-/ dis- 二，二数，二分，分离，不同，在……之间，从……分开（希腊语，拉丁语为 bi-/ bis-）；schidia 开裂，分歧

Dischidia alboflava 滴锡藤：alboflavus 灰绿的；albus → albi-/ albo- 白色的；flavus → flavo-/ flavi-/ flav- 黄色的，鲜黄色的，金黄色的（指纯正的黄色）

Dischidia australis 尖叶眼树莲：australis 南方的，南半球的；austro-/ austr- 南方的，南半球的，大洋洲的；auster 南方，南风；-aris（阳性、阴性）/ -are（中性）← -alis（阳性、阴性）/ -ale（中性）属于，相似，如同，具有，涉及，关于，联结于（将名词作形容词用，其中 -aris 常用于以 l 或 r 为词干末尾的词）

Dischidia chinensis 眼树莲：chinensis = china + ensis 中国的（地名）；China 中国

Dischidia chinghungensis 云南眼树莲：chinghungensis 景洪的（地名，云南省）

Dischidia esquirolii 金瓜核：esquirolii（人名）；-ii 表示人名，接在以辅音字母结尾的人名后面，但 -er 除外

Dischidia formosana 台湾眼树莲：formosanus = formosus + anus 美丽的，台湾的；formosus ← formosa 美丽的，台湾的（葡萄牙殖民者发现台湾时对其的称呼，即美丽的岛屿）；-anus/ -anum/ -ana 属于，来自（形容词词尾）

Dischidia minor 小叶眼树莲：minor 较小的，更小的

Dischidia tonkinensis （东京眼树莲）：tonkin 东京（地名，越南河内的旧称）

Discocleidion 假奓包叶属（奓 zhà）（大戟科）：p64）：dic-/ disci-/ disco- ← discus ← discos 碟子，盘子，圆盘；cleidion 棒柄花（大戟科），关闭的

Discocleidion glabrum 光假奓包叶：glabrus 光秃的，无毛的，光滑的

Discocleidion rufescens 假奓包叶：rufascens 略红的；ruf-/ rufi-/ frufo- ← rufus/ rubus 红褐色的，锈色的，红色的，发红的，淡红色的；-escens/ -ascens 改变，转变，变成，略微，带有，接近，相似，大致，稍微（表示变化的趋势，并未完全相似或相同，有别于表示达到完成状态的 -atus）

Disperis 双袋兰属（兰科）（17：p493）：disperis 双袋的（指侧萼片弯曲成袋状）；di-/ dis- 二，二数，二分，分离，不同，在……之间，从……分开（希腊语，拉丁语为 bi-/ bis-）；peris ← pera 袋子

Disperis nantauensis 香港双袋兰：nantauensis（地名，香港）

Disperis siamensis 双袋兰：siamensis 暹罗的（地名，泰国古称）（暹 xiān）

Disporopsis 竹根七属（百合科）（15：p80）：Disporum 万寿竹属；-opsis/ -ops 相似，稍微，带有

Disporopsis aspera 散斑竹根七：asper/ asperus/ asperum/ aspera 粗糙的，不平的

Disporopsis fuscopicta 竹根七：fusci-/ fusco- ← fuscus 棕色的，暗色的，发黑的，暗棕色的，褐色的；pictus 有色的，彩色的，美丽的（指浓淡相间的花纹）

Disporopsis longifolia 长叶竹根七：longe-/ longi- ← longus 长的，纵向的；folius/ folium/ folia 叶，叶片（用于复合词）

Disporopsis pernyi 深裂竹根七：pernyi ← Paul Hubert Perny（人名，19 世纪活动于中国的法国传教士）；-i 表示人名，接在以元音字母结尾的人名后面，但 -a 除外

Disporum 万寿竹属（百合科）（15：p41）：di-/ dis- 二，二数，二分，分离，不同，在……之间，从……分开（希腊语，拉丁语为 bi-/ bis-）；sporus ← sporos → sporo- 孢子，种子

Disporum bodinieri 长蕊万寿竹：bodinieri ← Emile Marie Bodinieri（人名，19 世纪活动于中国的法国传教士）；-eri 表示人名，在以 -er 结尾的人名后面加上 i 形成

Disporum brachystemon 短蕊万寿竹：brachy- ← brachys 短的（用于拉丁语复合词词首）；stemon 雄蕊

Disporum calcaratum 距花万寿竹：calcaratus = calcar + atus 距的，有距的；calcar- ← calcar 距，花萼或花瓣生蜜源的距，短枝（结果枝）（距：雄鸡、雉等的腿的后面突出像脚趾的部分）；-atus/ -atum/ -ata 属于，相似，具有，完成（形容词词尾）

Disporum cantoniense 万寿竹：cantoniense 广东的（地名）

Disporum megalanthum 大花万寿竹：mega-/ megal-/ megalo- ← megas 大的，巨大的；anthus/ anthum/ antha/ anthe ← anthos 花（用于希腊语复合词）

Disporum nanchuanense 南川万寿竹：nanchuanense 南川的（地名，重庆市）

Disporum sessile 宝铎草（铎 duó）：sessile-/ sessili-/ sessil- ← sessilis 无柄的，无茎的，基生的，

基部的

Disporum smilacinum 山东万寿竹：smilacinum = smilax + inus 像菝葜的；构词规则：以 -ix/ -iex 结尾的词其词干末尾视为 -ic，以 -ex 结尾视为 -i/ -ic，其他以 -x 结尾视为 -c；Smilax 菝葜属（百合科）；-inus/ -inum/ -ina/ -inos 相近，接近，相似，具有（通常指颜色）；Smilacina 鹿药属（百合科）

Disporum viridescens 宝珠草：viridescens 变绿的，发绿的，淡绿色的；viridi-/ virid- ← viridus 绿色的；-escens/ -ascens 改变，转变，变成，略微，带有，接近，相似，大致，稍微（表示变化的趋势，并未完全相似或相同，有别于表示达到完成状态的 -atus）

Distylium 蚊母树属（金缕梅科）（35-2：p101）：distylium 二花柱的；di-/ dis- 二，二数，二分，分离，不同，在……之间，从……分开（希腊语，拉丁语为 bi-/ bis-）；stylium ← stylos 柱，花柱

Distylium buxifolium 小叶蚊母树：buxifolium 黄杨叶的；Buxus 黄杨属（黄杨科）；folius/ folium/ folia 叶，叶片（用于复合词）

Distylium buxifolium var. rotundum 圆头蚊母树：rotundus 圆形的，呈圆形的，肥大的；rotundo 使呈圆形，使圆滑；roto 旋转，滚动

Distylium chinense 中华蚊母树：chinense 中国的（地名）

Distylium chungii 闽粤蚊母树：chungii（人名）；-ii 表示人名，接在以辅音字母结尾的人名后面，但 -er 除外

Distylium cuspidatum 尖尾蚊母树：cuspidatus = cuspis + atus 尖头的，凸尖的；构词规则：词尾为 -is 和 -ys 的词的词干分别视为 -id 和 -yd；cuspis（所有格为 cuspidis）齿尖，凸尖，尖头；-atus/ -atum/ -ata 属于，相似，具有，完成（形容词词尾）

Distylium dunnianum 窄叶蚊母树：dunnianum（人名）

Distylium elaeagnoides 鳞毛蚊母树：Elaeagnus 胡颓子属（胡颓子科）；-oides/ -oideus/ -oideum/ -oidea/ -odes/ -eidos 像……的，类似……的，呈……状的（名词词尾）

Distylium gracile 台湾蚊母树：gracile → gracil- 细长的，纤弱的，丝状的；gracilis 细长的，纤弱的，丝状的

Distylium macrophyllum 大叶蚊母树：macro-/ macr- ← macros 大的，宏观的（用于希腊语复合词）；phyllus/ phyllum/ phylla ← phyllon 叶片（用于希腊语复合词）

Distylium myricoides 杨梅叶蚊母树：Myrica 杨梅属；-oides/ -oideus/ -oideum/ -oidea/ -odes/ -eidos 像……的，类似……的，呈……状的（名词词尾）

Distylium myricoides var. nitidum 亮叶蚊母树：nitidus = nitere + idus 光亮的，发光的；nitere 发亮；-idus/ -idum/ -ida 表示在进行中的动作或情况，作动词、名词或形容词的词尾；nitens 光亮的，发光的

Distylium pingpienense 屏边蚊母树：pingpienense 屏边的（地名，云南省）

Distylium pingpienense var. serratum 锯齿蚊母树：serratus = serrus + atus 有锯齿的；serrus 齿，锯齿

Distylium racemosum 蚊母树：racemosus = racemus + osus 总状花序的；racemus/ raceme 总状花序，葡萄串状的；-osus/ -osum/ -osa 多的，充分的，丰富的，显著发育的，程度高的，特征明显的（形容词词尾）

Distylium tsiangii 黔蚊母树：tsiangii 黔，贵州的（地名），蒋氏（人名）

Diuranthera 鹭鸶草属（鹭鸶 lù sī）（百合科）（14：p45）：diuranthera 双尾状花药的；di-/ dis- 二，二数，二分，分离，不同，在……之间，从……分开（希腊语，拉丁语为 bi-/ bis-）；-urus/ -ura/ -ourus/ -oura/ -oure/ -uris 尾巴；andrus/ andros/ antherus ← aner 雄蕊，花药，雄性

Diuranthera inarticulata 南川鹭鸶草：inarticulatus 无关节的，无接合点的；in-/ im-（来自 il- 的音变）内，在内，内部，向内，相反，不，无，非；il- 在内，向内，为，相反（希腊语为 en-）；词首 il- 的音变：il-（在 l 前面），im-（在 b、m、p 前面），in-（在元音字母和大多数辅音字母前面），ir-（在 r 前面），如 illaudatus（不值得称赞的，评价不好的），impermeabilis（不透水的，穿不透的），ineptus（不合适的），insertus（插入的），irretortus（无弯曲的，无扭曲的）；articularis/ articulatus 有关节的，有接合点的

Diuranthera major 鹭鸶草：major 较大的，更大的（majus 的比较级）；majus 大的，巨大的

Diuranthera minor 小鹭鸶草：minor 较小的，更小的

Dobinea 九子母属（漆树科）（45-1：p132）：dobinea ← dobine（一种植物的希腊语名）

Dobinea delavayi 羊角天麻：delavayi ← P. J. M. Delavay（人名，1834–1895，法国传教士，曾在中国采集植物标本）；-i 表示人名，接在以元音字母结尾的人名后面，但 -a 除外

Dobinea vulgaris 贡山九子母：vulgaris 常见的，普通的，分布广的；vulgus 普通的，到处可见的

Docynia 栘桛属（栘 yí，桛 yī）（蔷薇科）（36：p345）：docynia ← Cydonia 榲桲属（改缀词，榲桲 wēn bó）

Docynia delavayi 云南栘桛：delavayi ← P. J. M. Delavay（人名，1834–1895，法国传教士，曾在中国采集植物标本）；-i 表示人名，接在以元音字母结尾的人名后面，但 -a 除外

Docynia indica 栘桛：indica 印度的（地名）；-icus/ -icum/ -ica 属于，具有某种特性（常用于地名、起源、生境）

Dodartia 野胡麻属（玄参科）（67-2：p196）：dodartia ← Denis Dodar（人名，1634–1707，法国医生、植物学家）

Dodartia orientalis 野胡麻：orientalis 东方的；oriens 初升的太阳，东方

Dodonaea 车桑子属（无患子科）（47-1：p58）：dodonaea ← Rembert Dodoens（人名，1518–1585，比利时弗拉芒皇家医生、植物学家）（以元音字母 a 结尾的人名用作属名时在末尾加 ea）

Dodonaea viscosa 车桑子：viscosus = viscus + osus 黏的；viscus 胶，胶黏物（比喻有黏性物质）；-osus/ -osum/ -osa 多的，充分的，丰富的，显著发育的，程度高的，特征明显的（形容词词尾）

D

Dodonaea viscosa var. linearis （线叶车桑子）：linearis = lineus + aris 线条的，线形的，线状的，亚麻状的；lineus = linum + eus 线状的，丝状的，亚麻状的；linum ← linon 亚麻，线（古拉丁名）；-aris（阳性、阴性）/ -are（中性）← -alis（阳性、阴性）/ -ale（中性）属于，相似，如同，具有，涉及，关于，联结于（将名词作形容词用，其中 -aris 常用于以 l 或 r 为词干末尾的词）

Dodonaea viscosa var. linearis f. angustifolia （狭叶车桑子）：angusti- ← angustus 窄的，狭的，细的；folius/ folium/ folia 叶，叶片（用于复合词）

Dodonaea viscosa var. viscosa f. burmanniana （布幔车桑子）：burmanniana ← Joh. Burmann（人名，1706–1779，荷兰医生、植物学家）

Dodonaea viscosa var. viscosa f. repanda （波叶车桑子）：repandus 细波状的，浅波状的（指叶缘略不平而呈波状，比 sinuosus 更浅）；re- 返回，相反，再次，重复，向后，回头；pandus 弯曲

Doellingeria 东风菜属（菊科）（74：p127）：doellingeria ← Ignatz Doellinger（人名，19 世纪德国植物学家）

Doellingeria marchandii 短冠东风菜（冠 guān）：marchandii（人名）；-ii 表示人名，接在以辅音字母结尾的人名后面，但 -er 除外

Doellingeria scaber 东风菜：scaber → scabrus 粗糙的，有凹凸的，不平滑的

Dolichandrone 猫尾木属（紫葳科）（69：p49）：dolich-/ dolicho- ← dolichos 长的；androne = andron 雄蕊，花药

Dolichandrone cauda-felina 猫尾木：caudus 尾巴；felinus 猫的；feles/ felis 猫；-inus/ -inum/ -ina/ -inos 相近，接近，相似，具有（通常指颜色）

Dolichandrone stipulata 西南猫尾木：stipulatus = stipulus + atus 具托叶的；stipulus 托叶；关联词：estipulatus/ exstipulatus 无托叶的，不具托叶的

Dolichandrone stipulata var. kerrii 毛叶猫尾木：kerrii ← Arthur Francis George Kerr 或 William Kerr（人名）

Dolichandrone stipulata var. stipulata 西南猫尾木-原变种 （词义见上面解释）

Dolichandrone stipulata var. velutina 齿叶猫尾木：velutinus 天鹅绒的，柔软的；velutus 绒毛的；-inus/ -inum/ -ina/ -inos 相近，接近，相似，具有（通常指颜色）

Dolicholoma 长檐苣苔属（檐 yán）（苦苣苔科）（69：p454）：dolicho- ← dolichos 长的；lomus/ lomatos 边缘

Dolicholoma jasminiflorum 长檐苣苔：Jasminum 素馨属（茉莉花所在的属，木樨科）；florus/ florum/ flora ← flos 花（用于复合词）

Dolichopetalum 金凤藤属（萝藦科）（63：p473）：dolicho- ← dolichos 长的；petalus/ petalum/ petala ← petalon 花瓣

Dolichopetalum kwangsiense 金凤藤：kwangsiense 广西的（地名）

Dolichos 镰扁豆属（豆科）（41：p273）：dolichos 长的

Dolichos appendiculatus 丽江镰扁豆：appendiculatus = appendix + ulus + atus 有小附属物的；appendix = ad + pendix 附属物；ad- 向，到，近（拉丁语词首，表示程度加强）；构词规则：构成复合词时，词首末尾的辅音字母常同化为紧接其后的那个辅音字母（如 ad + p → app）；pendix ← pendens 垂悬的，挂着的，悬挂的；构词规则：以 -ix/ -iex 结尾的词其词干末尾视为 -ic，以 -ex 结尾视为 -i/ -ic，其他以 -x 结尾视为 -c；-ulus/ -ulum/ -ula 小的，略微的，稍微的（小词 -ulus 在字母 e 或 i 之后有多种变缀，即 -olus/ -olum/ -ola、-ellus/ -ellum/ -ella、-illus/ -illum/ -illa，与第一变格法和第二变格法名词形成复合词）；-atus/ -atum/ -ata 属于，相似，具有，完成（形容词词尾）

Dolichos junghuhnianus 滇南镰扁豆：junghuhnianus ← F. W. Junghuhn（德国人名，1809–1864）

Dolichos rhombifolius 菱叶镰扁豆：rhombus 菱形，纺锤；folius/ folium/ folia 叶，叶片（用于复合词）

Dolichos thorelii 海南镰扁豆：thorelii ← Clovis Thorel（人名，19 世纪法国植物学家、医生）；-ii 表示人名，接在以辅音字母结尾的人名后面，但 -er 除外

Dolichos trilobus 镰扁豆：tri-/ tripli-/ triplo- 三个，三数；lobus/ lobos/ lobon 浅裂，耳片（裂片先端钝圆），荚果，蒴果

Dolomiaea 川木香属（菊科）（78-1：p141）：dolomiaea ← doloma 恶作剧；-aeus/ -aeum/ -aea 表示属于……，名词形容词化词尾，如 europaeus ← europa 欧洲的

Dolomiaea berardioidea 厚叶川木香：berardioidea = Berardia + oidea 像 Berardia；Berardia 双绵菊属（菊科）；-oides/ -oideus/ -oideum/ -oidea/ -odes/ -eidos 像……的，类似……的，呈……状的（名词词尾）

Dolomiaea calophylla 美叶川木香：call-/ calli-/ callo-/ cala-/ calo- ← calos/ callos 美丽的；phyllus/ phyllum/ phylla ← phyllon 叶片（用于希腊语复合词）

Dolomiaea crispo-undulata 皱叶川木香：crispus 收缩的，褶皱的，波纹的（如花瓣周围的波浪状褶皱）；undulatus = undus + ulus + atus 略呈波浪状的，略弯曲的；undus/ undum/ unda 起波浪的，弯曲的

Dolomiaea denticulata 越西川木香（原名"越雟川木香"，其中"越雟"为四川地名"越嶲"yuè xī 的误写，今作"越西"）：denticulatus = dentus + culus + atus 具细齿的，具齿的；dentus 齿，牙齿；-culus/ -culum/ -cula 小的，略微的，稍微的（同第三变格法和第四变格法名词形成复合词）；-atus/ -atum/ -ata 属于，相似，具有，完成（形容词词尾）

Dolomiaea edulis 菜木香：edule/ edulis 食用的，可食的

Dolomiaea forrestii 膜缘川木香：forrestii ← George Forrest（人名，1873–1932，英国植物学家，曾在中国西部采集大量植物标本）

Dolomiaea georgii 腺叶川木香：georgii ← Georgi（人名）

Dolomiaea platylepis 平苞川木香：platylepis 宽鳞

D

的；platys 大的，宽的（用于希腊语复合词）；lepis/ lepidos 鳞片

Dolomiaea salwinensis 怒江川木香：salwinensis 萨尔温江的（地名，怒江流入缅甸部分的名称）

Dolomiaea scabrida 糙羽川木香：scabridus 粗糙的；scabrus ← scaber 粗糙的，有凹凸的，不平滑的；-idus/ -idum/ -ida 表示在进行中的动作或情况，作动词、名词或形容词的词尾

Dolomiaea souliei 川木香：souliei（人名）；-i 表示人名，接在以元音字母结尾的人名后面，但 -a 除外

Dolomiaea souliei var. mirabilis 灰毛川木香：mirabilis 奇异的，奇迹的；-ans/ -ens/ -bilis/ -ilis 能够，可能（为形容词词尾，-ans/ -ens 用于主动语态，-bilis/ -ilis 用于被动语态）；Mirabilis 紫茉莉属（紫茉莉科）

Dolomiaea souliei var. souliei 川木香-原变种（词义见上面解释）

Dolomiaea wardii 西藏川木香：wardii ← Francis Kingdon-Ward（人名，20 世纪英国植物学家）

Donax 竹叶蕉属（竹芋科）（16-2：p159）：donax 一种芦苇，芦苇哨

Donax canniformis 竹叶蕉：Canna 美人蕉属（美人蕉科）；formis/ forma 形状

Dontostemon 花旗杆属（十字花科）（33：p312）：dontus 齿，牙齿；stemon 雄蕊

Dontostemon crassifolius 厚叶花旗杆：crassi- ← crassus 厚的，粗的，多肉质的；folius/ folium/ folia 叶，叶片（用于复合词）

Dontostemon dentatus 花旗杆：dentatus = dentus + atus 牙齿的，齿状的，具齿的；dentus 齿，牙齿；-atus/ -atum/ -ata 属于，相似，具有，完成（形容词词尾）

Dontostemon dentatus var. dentatus 花旗杆-原变种 （词义见上面解释）

Dontostemon dentatus var. glandulosus 腺花旗杆：glandulosus = glandus + ulus + osus 被细腺的，具腺体的，腺体质的；glandus ← glans 腺体；-ulus/ -ulum/ -ula 小的，略微的，稍微的（小词 -ulus 在字母 e 或 i 之后有多种变缀，即 -olus/ -olum/ -ola、-ellus/ -ellum/ -ella、-illus/ -illum/ -illa，与第一变格法和第二变格法名词形成复合词）；-osus/ -osum/ -osa 多的，充分的，丰富的，显著发育的，程度高的，特征明显的（形容词词尾）

Dontostemon elegans 扭果花旗杆：elegans 优雅的，秀丽的

Dontostemon integrifolius 线叶花旗杆：integer/ integra/ integrum → integri- 完整的，整个的，全缘的；folius/ folium/ folia 叶，叶片（用于复合词）

Dontostemon micranthus 小花花旗杆：micr-/ micro- ← micros 小的，微小的，微观的（用于希腊语复合词）；anthus/ anthum/ antha/ anthe ← anthos 花（用于希腊语复合词）

Dontostemon perennis 多年生花旗杆：perennis/ perenne = perennans + anus 多年生的；per-（在 l 前面音变为 pel-）极，很，颇，甚，非常，完全，通过，遍及（表示效果加强，与 sub- 互为反义词）；annus 一年的，每年的，一年生的

Dontostemon senilis 白毛花旗杆：senilis 老人的

Dopatricum 虻眼属（虻 méng）（玄参科）（67-2：p92）：dopatricum ← dopate（印度土名）

Dopatricum junceum 虻眼：junceus 像灯心草的；Juncus 灯心草属（灯心草科）；-eus/ -eum/ -ea（接拉丁语词干时）属于……的，色如……的，质如……的（表示原料、颜色或品质的相似），（接希腊语词干时）属于……的，以……出名，为……所占有（表示具有某种特性）

Doritis 五唇兰属（兰科）（19：p276）：doritis ← dory 矛（指唇瓣矛尖状）

Doritis pulcherrima 五唇兰：pulcherrima 极美丽的，最美丽的；pulcher/pulcer 美丽的，可爱的；-rimus/ -rima/ -rimum 最，极，非常（词尾为 -er 的形容词最高级）

Doronicum 多榔菊属（菊科）（77-1：p4）：doronicum ← doronigi 多榔菊（阿拉伯语）

Doronicum altaicum 阿尔泰多榔菊：altaicum 阿尔泰的（地名，新疆北部山脉）

Doronicum conaense 错那多榔菊：conaense 错那的（地名，西藏自治区）

Doronicum gansuense 甘肃多榔菊：gansuense 甘肃的（地名）

Doronicum oblongifolium 长圆叶多榔菊：oblongus = ovus + longus 长椭圆形的（ovus 的词干 ov- 音变为 ob-）；ovus 卵，胚珠，卵形的，椭圆形的；longus 长的，纵向的；folius/ folium/ folia 叶，叶片（用于复合词）

Doronicum stenoglossum 狭舌多榔菊：sten-/ steno- ← stenus 窄的，狭的，薄的；glossus 舌，舌状的

Doronicum thibetanum 西藏多榔菊：thibetanum 西藏的（地名）

Doronicum turkestanicum 中亚多榔菊：turkestanicum 土耳其的（地名）；-icus/ -icum/ -ica 属于，具有某种特性（常用于地名、起源、生境）

Doryopteris 黑心蕨属（中国蕨科）（3-1：p134）：dory 矛；pteris ← pteryx 翅，翼，蕨类（希腊语）

Doryopteris concolor 黑心蕨：concolor = co + color 同色的，一色的，单色的；co- 联合，共同，合起来（拉丁语词首，为 cum- 的音变，表示结合、强化、完全，对应的希腊语为 syn-）；co- 的缀词音变有 co-/ com-/ con-/ col-/ cor-：co-（在 h 和元音字母前面），col-（在 l 前面），com-（在 b、m、p 之前），con-（在 c、d、f、g、j、n、qu、s、t 和 v 前面），cor-（在 r 前面）；color 颜色

Doryopteris ludens 戟叶黑心蕨：ludens 游玩的

Dovyalis 锡兰莓属（大风子科）（52-1：p46）：dovyalis（词源不详）

Dovyalis hebecarpa 锡兰莓：hebe- 柔毛；carpus/ carpum/ carpa/ carpon ← carpos 果实（用于希腊语复合词）

Draba 葶苈属（葶 tíng）（十字花科）（33：p131）：draba/ drabe 辛辣的

Draba alpina 高山葶苈：alpinus = alpus + inus 高山的；alpus 高山；al-/ alti-/ alto- ← altus 高的，高处的；-inus/ -inum/ -ina/ -inos 相近，接近，相似，具有（通常指颜色）；关联词：subalpinus 亚高山的

Draba altaica 阿尔泰葶苈：altaica 阿尔泰的（地名，新疆北部山脉）

Draba altaica var. altaica 阿尔泰葶苈-原变种（词义见上面解释）

Draba altaica var. altaica f. pusilla 矮阿尔泰葶苈：pusillus 纤弱的，细小的，无价值的

Draba altaica var. microcarpa 小果阿尔泰葶苈：micr-/ micro- ← micros 小的，微小的，微观的（用于希腊语复合词）；carpus/ carpum/ carpa/ carpon ← carpos 果实（用于希腊语复合词）

Draba altaica var. modesta 苞叶阿尔泰葶苈：modestus 适度的，保守的

Draba altaica var. racemosa 总序阿尔泰葶苈：racemosus = racemus + osus 总状花序的；racemus/ raceme 总状花序，葡萄串状的；-osus/ -osum/ -osa 多的，充分的，丰富的，显著发育的，程度高的，特征明显的（形容词词尾）

Draba amplexicaulis 抱茎葶苈：amplexi- 跨骑状的，紧握的，抱紧的；caulis ← caulos 茎，茎秆，主茎

Draba amplexicaulis var. amplexicaulis 抱茎葶苈-原变种 （词义见上面解释）

Draba amplexicaulis var. bracteata 具苞抱茎葶苈：bracteatus = bracteus + atus 具苞片的；bracteus 苞，苞片，苞鳞；-atus/ -atum/ -ata 属于，相似，具有，完成（形容词词尾）

Draba amplexicaulis var. dolichocarpa 长果抱茎葶苈：dolicho- ← dolichos 长的；carpus/ carpum/ carpa/ carpon ← carpos 果实（用于希腊语复合词）

Draba borealis 北方葶苈：borealis 北方的；-aris（阳性、阴性）/ -are（中性）← -alis（阳性、阴性）/ -ale（中性）属于，相似，如同，具有，涉及，关于，联结于（将名词作形容词用，其中 -aris 常用于以 l 或 r 为词干末尾的词）

Draba calcicola 灰岩葶苈：calcicolus 钙生的，生于石灰质土壤的；calci- ← calcium 石灰，钙质；colus ← colo 分布于，居住于，栖居，殖民（常作词尾）；colo/ colere/ colui/ cultum 居住，耕作，栽培

Draba composita 复合葶苈：compositus = co + positus 复合的，复生的，分枝的，化合的，组成的，编成的；positus 放于，置于，位于；co- 联合，共同，合起来（拉丁语词首，为 cum- 的音变，表示结合、强化、完全，对应的希腊语为 syn-）；co- 的缀词音变有 co-/ com-/ con-/ col-/ cor-：co-（在 h 和元音字母前面），col-（在 l 前面），com-（在 b、m、p 之前），con-（在 c、d、f、g、j、n、qu、s、t 和 v 前面），cor-（在 r 前面）

Draba dasyastra 柱形葶苈：dasy- ← dasys 毛茸茸的，粗毛的，毛；astra ← aster 星，星状的（指头状花序呈辐射状），马兰属，紫菀属

Draba elata 高茎葶苈：elatus 高的，梢端的

Draba ellipsoidea 椭圆果葶苈：ellipsoideus 广椭圆形的；ellipso 椭圆形的；-oides/ -oideus/ -oideum/ -oidea/ -odes/ -eidos 像……的，类似……的，呈……状的（名词词尾）

Draba eriopoda 毛葶苈：erion 绵毛，羊毛；podus/ pus 柄，梗，茎秆，足，腿

Draba fladnizensis 福地葶苈：fladnizensis（地名，欧洲）

Draba glomerata 球果葶苈：glomeratus = glomera + atus 聚集的，球形的，聚成球形的；glomera 线球，一团，一束

Draba glomerata var. dasycarpa 粗球果葶苈：dasycarpus 粗毛果的；dasy- ← dasys 毛茸茸的，粗毛的，毛；carpus/ carpum/ carpa/ carpon ← carpos 果实（用于希腊语复合词）

Draba glomerata var. glomerata 球果葶苈-原变种 （词义见上面解释）

Draba gracillima 纤细葶苈：gracillimus 极细长的，非常纤细的；gracilis 细长的，纤弱的，丝状的；-limus/ -lima/ -limum 最，非常，极其（以 -ilis 结尾的形容词最高级，将末尾的 -is 换成 l + imus，从而构成 -illimus）

Draba granitica 岩葶苈：granitica 花岗岩的（指生境）

Draba handelii 矮葶苈：handelii ← H. Handel-Mazzetti（人名，奥地利植物学家，第一次世界大战期间在中国西南地区研究植物）

Draba hirta 硬毛葶苈：hirtus 有毛的，粗毛的，刚毛的（长而明显的毛）

Draba incana 灰白葶苈：incanus 灰白色的，密被灰白色毛的

Draba incompta 星毛葶苈：incomptus 无装饰的，自然的，朴素的；in-/ im-（来自 il- 的音变）内，在内，内部，向内，相反，不，无，非；il- 在内，向内，为，相反（希腊语为 en-）；词首 il- 的音变：il-（在 l 前面），im-（在 b、m、p 前面），in-（在元音字母和大多数辅音字母前面），ir-（在 r 前面），如 illaudatus（不值得称赞的，评价不好的），impermeabilis（不透水的，穿不透的），ineptus（不合适的），insertus（插入的），irretortus（无弯曲的，无扭曲的）；comptus 美丽的，装饰的

Draba involucrata 总苞葶苈：involucratus = involucrus + atus 有总苞的；involucrus 总苞，花苞，包被

Draba jucunda 愉悦葶苈：jucundus 愉快的，可爱的

Draba ladyginii 苞序葶苈：ladyginii（人名）；-ii 表示人名，接在以辅音字母结尾的人名后面，但 -er 除外

Draba ladyginii var. ladyginii 苞序葶苈-原变种（词义见上面解释）

Draba ladyginii var. trichocarpa 毛果苞序葶苈：trich-/ tricho-/ tricha- ← trichos ← thrix 毛，多毛的，线状的，丝状的；carpus/ carpum/ carpa/ carpon ← carpos 果实（用于希腊语复合词）

Draba lanceolata 锥果葶苈：lanceolatus = lanceus + olus + atus 小披针形的，小柳叶刀的；lance-/ lancei-/ lanci-/ lanceo-/ lanc- ← lanceus 披针形的，矛形的，尖刀状的，柳叶刀状的；-olus ← -ulus 小，稍微，略微（-ulus 在字母 e 或 i 之后变成 -olus/ -ellus/ -illus）；-atus/ -atum/ -ata 属于，相似，具有，完成（形容词词尾）

Draba lanceolata var. brachycarpa 短锥果葶苈：brachy- ← brachys 短的（用于拉丁语复合词词首）；carpus/ carpum/ carpa/ carpon ← carpos 果实

D

（用于希腊语复合词）

Draba lanceolata var. chingii 紫茎锥果葶苈：
chingii ← R. C. Chin 秦仁昌（人名，1898–1986，
中国植物学家，蕨类植物专家），秦氏

Draba lanceolata var. lanceolata 锥果葶苈-原变
种 （词义见上面解释）

Draba lanceolata var. leiocarpa 光锥果葶苈：
lei-/ leio-/ lio- ← leius ← leios 光滑的，平滑的；
carpus/ carpum/ carpa/ carpon ← carpos 果实
（用于希腊语复合词）

Draba lasiophylla 毛叶葶苈：lasi-/ lasio- 羊毛状的，
有毛的，粗糙的；phyllus/ phyllum/ phylla ←
phyllon 叶片（用于希腊语复合词）

Draba lasiophylla var. lasiophylla 毛叶葶苈-原变
种 （词义见上面解释）

Draba lasiophylla var. leiocarpa 光果毛叶葶苈：
lei-/ leio-/ lio- ← leius ← leios 光滑的，平滑的；
carpus/ carpum/ carpa/ carpon ← carpos 果实
（用于希腊语复合词）

Draba lichiangensis 丽江葶苈：lichiangensis 丽江
的（地名，云南省）

Draba linearifolia 线叶葶苈：linearis = lineus +
aris 线条的，线形的，线状的，亚麻状的；folius/
folium/ folia 叶，叶片（用于复合词）；-aris（阳性、
阴性）/ -are（中性）← -alis（阳性、阴性）/ -ale
（中性）属于，相似，如同，具有，涉及，关于，联
结于（将名词作形容词用，其中 -aris 常用于以 l 或
r 为词干末尾的词）

Draba matangensis 马塘葶苈：matangensis 马塘的
（地名，四川省马尔康市）

Draba melanopus 天山葶苈：melanopus 黑柄的；
mel-/ mela-/ melan-/ melano- ← melanus/
melaenus ← melas/ melanos 黑色的，浓黑色的，暗
色的；opus 柄，足

Draba mongolica 蒙古葶苈：mongolica 蒙古的（地
名）；mongolia 蒙古的（地名）；-icus/ -icum/ -ica
属于，具有某种特性（常用于地名、起源、生境）

Draba mongolica var. mongolica 蒙古葶苈-原变
种 （词义见上面解释）

Draba mongolica var. trichocarpa 毛果蒙古葶苈：
trich-/ tricho-/ tricha- ← trichos ← thrix 毛，多毛
的，线状的，丝状的；carpus/ carpum/ carpa/
carpon ← carpos 果实（用于希腊语复合词）

Draba moupinensis 宝兴葶苈（种加词有时误拼为
"moupiaensis"）：moupinensis 穆坪（地名，四川
省宝兴县），木坪的（地名，重庆市）

Draba multiceps 山葶苈：multiceps 多头的；
multi- ← multus 多个，多数，很多（希腊语为
poly-）；-ceps/ cephalus ← captus 头，头状的，头
状花序

Draba nemorosa 葶苈：nemorosus = nemus +
orum + osus = nemoralis 森林的，树丛的；
nemo- ← nemus 森林的，成林的，树丛的，喜林的，
林内的；-orum 属于……的（第二变格法名词复数
所有格词尾，表示群落或多数）；-osus/ -osum/ -osa
多的，充分的，丰富的，显著发育的，程度高的，特
征明显的（形容词词尾）

Draba nemorosa var. leiocarpa 光果葶苈：lei-/

leio-/ lio- ← leius ← leios 光滑的，平滑的；carpus/
carpum/ carpa/ carpon ← carpos 果实（用于希腊
语复合词）

Draba nemorosa var. nemorosa 葶苈-原变种
（词义见上面解释）

Draba nemorosa var. nemorosa f. acaulis 短茎
莛苈：acaulia/ acaulis 无茎的，矮小的；a-/ an- 无，
非，没有，缺乏，不具有（an- 用于元音前）（a-/ an-
为希腊语词首，对应的拉丁语词首为 e-/ ex-，相当
于英语的 un-/ -less，注意词首 a- 和作为介词的 a/
ab 不同，后者的意思是"从……、由……、关
于……、因为……"）；caulia/ caulis 茎，茎秆，主茎

Draba nemorosa var. nemorosa f. latifolia 宽叶
葶苈：lati-/ late- ← latus 宽的，宽广的；folius/
folium/ folia 叶，叶片（用于复合词）

Draba oreades 喜山葶苈：oreades（女山神）；oreos
山，山地，高山

Draba oreades var. alpicola 喜高山葶苈：
alpicolus 生于高山的，生于草甸带的；alpus 高山；
colus ← colo 分布于，居住于，栖居，殖民（常作词
尾）；colo/ colere/ colui/ cultum 居住，耕作，栽培

Draba oreades var. chinensis 中国喜山葶苈：
chinensis = china + ensis 中国的（地名）；China
中国

Draba oreades var. ciliolata 毛果喜山葶苈：
ciliolatus/ ciliolaris 缘毛的，纤毛的，睫毛的；
cilium 缘毛，睫毛

Draba oreades var. commutata 矮喜山葶苈：
commutatus 变化的，交换的

Draba oreades var. oreades 喜山葶苈-原变种
（词义见上面解释）

Draba oreades var. tafellii 长纤毛喜山葶苈：
tafellii（人名）；-ii 表示人名，接在以辅音字母结尾
的人名后面，但 -er 除外

Draba oreodoxa 山景葶苈：oreodoxa 装饰山地的；
oreo-/ ores-/ ori- ← oreos 山，山地，高山；-doxa/
-doxus 荣耀的，瑰丽的，壮观的，显眼的

Draba parviflora 小花葶苈：parviflorus 小花的；
parvus 小的，些微的，弱的；florus/ florum/
flora ← flos 花（用于复合词）

Draba piepunensis 匍匐葶苈：piepunensis 北部的
（地名，云南省香格里拉市）

Draba polyphylla 多叶葶苈：poly- ← polys 多个，
许多（希腊语，拉丁语为 multi-）；phyllus/
phyllum/ phylla ← phyllon 叶片（用于希腊语复
合词）

Draba remotiflora 疏花葶苈：remotiflorus 疏离花
的；remotus 分散的，分开的，稀疏的，远距离的；
florus/ florum/ flora ← flos 花（用于复合词）

Draba rockii 沼泽葶苈：rockii ← Joseph Francis
Charles Rock（人名，20 世纪美国植物采集员）

Draba sekiyana 台湾葶苈：sekiyana 关谷（人名，
日本人名）

Draba senilis 衰老葶苈：senilis 老人的

Draba serpens 中甸葶苈：serpens 蛇，龙，蛇形
匍匐的

Draba setosa 刚毛葶苈：setosus = setus + osus 被
刚毛的，被短毛的，被芒刺的；setus/ saetus 刚毛，

D

刺毛，芒刺；-osus/ -osum/ -osa 多的，充分的，丰富的，显著发育的，程度高的，特征明显的（形容词词尾）

Draba setosa var. glabrata 变光刚毛葶苈：glabratus = glabrus + atus 脱毛的，光滑的；glabrus 光秃的，无毛的，光滑的；-atus/ -atum/ -ata 属于，相似，具有，完成（形容词词尾）

Draba setosa var. setosa 刚毛葶苈-原变种 （词义见上面解释）

Draba sibirica 西伯利亚葶苈：sibirica 西伯利亚的（地名，俄罗斯）；-icus/ -icum/ -ica 属于，具有某种特性（常用于地名、起源、生境）

Draba sikkimensis 锡金葶苈：sikkimensis 锡金的（地名）

Draba stenocarpa 狭果葶苈：sten-/ steno- ← stenus 窄的，狭的，薄的；carpus/ carpum/ carpa/ carpon ← carpos 果实（用于希腊语复合词）

Draba stenocarpa var. leiocarpa 无毛狭果葶苈：lei-/ leio-/ lio- ← leius ← leios 光滑的，平滑的；carpus/ carpum/ carpa/ carpon ← carpos 果实（用于希腊语复合词）

Draba stenocarpa var. stenocarpa 狭果葶苈-原变种 （词义见上面解释）

Draba stepposa 草原葶苈：stepposus = steppa + osus 草原的；steppa 草原；-osus/ -osum/ -osa 多的，充分的，丰富的，显著发育的，程度高的，特征明显的（形容词词尾）

Draba stylaris 伊宁葶苈：stylaris 花柱状的；stylus/ stylis ← stylos 柱，花柱；-aris（阳性、阴性）/ -are（中性）← -alis（阳性、阴性）/ -ale（中性）属于，相似，如同，具有，涉及，关于，联结于（将名词作形容词用，其中 -aris 常用于以 l 或 r 为词干末尾的词）

Draba stylaris var. leiocarpa 光果伊宁葶苈：lei-/ leio-/ lio- ← leius ← leios 光滑的，平滑的；carpus/ carpum/ carpa/ carpon ← carpos 果实（用于希腊语复合词）

Draba stylaris var. stylaris 伊宁葶苈-原变种 （词义见上面解释）

Draba subamplexicaulis 半抱茎葶苈：subamplexicaulis 像 amplexicaulis 的，略抱茎的；sub-（表示程度较弱）与……类似，几乎，稍微，弱，亚，之下，下面；Draba amplexicaulis 抱茎葶苈；amplexa 跨骑状，紧握的，抱紧的；caulis ← caulos 茎，茎秆，主茎

Draba surculosa 山菜葶苈：surculosus 吸收枝的，多萌条的，像树的（指草），木质的；surculus 幼枝，萌条，根出条；suculo 修剪，除蘖，抹芽；surcularis 生嫩芽的；surcularius 嫩芽的，幼枝的；surculose 像树一样地；-osus/ -osum/ -osa 多的，充分的，丰富的，显著发育的，程度高的，特征明显的（形容词词尾）

Draba tibetica 西藏葶苈：tibetica 西藏的（地名）；-icus/ -icum/ -ica 属于，具有某种特性（常用于地名、起源、生境）

Draba tibetica var. duthiei 光果西藏葶苈：duthiei（人名）；-i 表示人名，接在以元音字母结尾的人名后面，但 -a 除外

Draba tibetica var. tibetica 西藏葶苈-原变种 （词义见上面解释）

Draba torticarpa 扭果葶苈：tortus 拧劲，捻，扭曲；carpus/ carpum/ carpa/ carpon ← carpos 果实（用于希腊语复合词）

Draba ussuriensis 乌苏里葶苈：ussuriensis 乌苏里江的（地名，中国黑龙江省与俄罗斯界河）

Draba winterbottomii 棉毛葶苈：winterbottomii（人名）；-ii 表示人名，接在以辅音字母结尾的人名后面，但 -er 除外

Draba winterbottomii var. stracheyi 光果棉毛葶苈：stracheyi（人名）；-i 表示人名，接在以元音字母结尾的人名后面，但 -a 除外

Draba winterbottomii var. winterbottomii 棉毛葶苈-原变种 （词义见上面解释）

Draba yunnanensis 云南葶苈：yunnanensis 云南的（地名）

Draba yunnanensis var. gracilipes 细梗云南葶苈：gracilis 细长的，纤弱的，丝状的；pes/ pedis 柄，梗，茎秆，腿，足，爪（作词首或词尾，pes 的词干视为 "ped-"）

Draba yunnanensis var. latifolia 宽叶云南葶苈：lati-/ late- ← latus 宽的，宽广的；folius/ folium/ folia 叶，叶片（用于复合词）

Draba yunnanensis var. yunnanensis 云南葶苈-原变种 （词义见上面解释）

Dracaena 龙血树属（血 xuè）（百合科）（14: p274）：dracaena 龙（指所含汁液红色似龙血）

Dracaena angustifolia 长花龙血树：angusti- ← angustus 窄的，狭的，细的；folius/ folium/ folia 叶，叶片（用于复合词）

Dracaena cambodiana 海南龙血树：cambodiana 柬埔寨的（地名）

Dracaena cochinchinensis 剑叶龙血树：cochinchinensis ← Cochinchine 南圻的（历史地名，即今越南南部及其周边国家和地区）

Dracaena gracilis 细枝龙血树：gracilis 细长的，纤弱的，丝状的

Dracaena terniflora 矮龙血树：ternat- ← ternatus 三数的，三出的；florus/ florum/ flora ← flos 花（用于复合词）

Dracocephalum 青兰属（唇形科）（65-2: p346）：dracocephalus 龙头；draco- ← dracon ← drakon 龙；cephalus/ cephale ← cephalos 头，头状花序

Dracocephalum argunense 光萼青兰：argunense 额尔古纳的（地名，内蒙古自治区）

Dracocephalum bipinnatum 羽叶枝子花：bipinnatus 二回羽状的；bi-/ bis- 二，二数，二回（希腊语为 di-）；pinnatus = pinnus + atus 羽状的，具羽的；pinnus/ pennus 羽毛，羽状，羽片；-atus/ -atum/ -ata 属于，相似，具有，完成（形容词词尾）

Dracocephalum bipinnatum var. biflorum 羽叶枝子花-二花变种：bi-/ bis- 二，二数，二回（希腊语为 di-）；florus/ florum/ flora ← flos 花（用于复合词）

Dracocephalum bipinnatum var. bipinnatum 羽叶枝子花-原变种 （词义见上面解释）

Dracocephalum bipinnatum var. brevilobum 羽叶枝子花-短裂变种：brevi- ← brevis 短的（用于希腊语复合词词首）；lobus/ lobos/ lobon 浅裂，耳片（裂片先端钝圆），荚果，蒴果

Dracocephalum breviflorum 短花枝子花：brevi- ← brevis 短的（用于希腊语复合词词首）；florus/ florum/ flora ← flos 花（用于复合词）

Dracocephalum bullatum 皱叶毛建草：bullatus = bulla + atus 泡状的，膨胀的；bulla 球，水泡，凸起；-atus/ -atum/ -ata 属于，相似，具有，完成（形容词词尾）

Dracocephalum calophyllum 美叶青兰：calophyllus 美丽叶片的；call-/ calli-/ callo-/ cala-/ calo- ← calos/ callos 美丽的；phyllus/ phyllum/ phylla ← phyllon 叶片（用于希腊语复合词）；Calophyllum 红厚壳属（藤黄科）

Dracocephalum forrestii 松叶青兰：forrestii ← George Forrest（人名，1873–1932，英国植物学家，曾在中国西部采集大量植物标本）

Dracocephalum grandiflorum 大花毛建草：grandi- ← grandis 大的；florus/ florum/ flora ← flos 花（用于复合词）

Dracocephalum heterophyllum 白花枝子花：heterophyllus 异型叶的；hete-/ heter-/ hetero- ← heteros 不同的，多样的，不齐的；phyllus/ phyllum/ phylla ← phyllon 叶片（用于希腊语复合词）

Dracocephalum hookeri 长齿青兰：hookeri ← William Jackson Hooker（人名，19 世纪英国植物学家）；-eri 表示人名，在以 -er 结尾的人名后面加上 i 形成

Dracocephalum imberbe 无髭毛建草（髭 zī）：imberbe 无芒的，无胡须的；in-/ im-（来自 il- 的音变）内，在内，内部，向内，相反，不，无，非；il- 在内，向内，为，相反（希腊语为 en-）；词首 il- 的音变：il-（在 l 前面），im-（在 b、m、p 前面），in-（在元音字母和大多数辅音字母前面），ir-（在 r 前面），如 illaudatus（不值得称赞的，评价不好的），impermeabilis（不透水的，穿不透的），ineptus（不合适的），insertus（插入的），irretortus（无弯曲的，无扭曲的）；berbe ← barba 胡须，髯毛，绒毛

Dracocephalum imbricatum 覆苞毛建草：imbricatus/ imbricans 重叠的，覆瓦状的

Dracocephalum integrifolium 全缘叶青兰：integer/ integra/ integrum → integri- 完整的，整个的，全缘的；folius/ folium/ folia 叶，叶片（用于复合词）

Dracocephalum isabellae 白萼青兰：isabellae ← 土黄色的，深黄色的，暗黄色的，伊莎贝拉的（isabellinus ← Archduchess Isabella，人名，奥匈帝国大公爵夫人，传说其内衣穿了三年未换洗过，故用于比喻颜色乌黄或不够白）；-ae 表示人名，以 -a 结尾的人名后面加上 -e 形成

Dracocephalum microflorum 小花毛建草：micr-/ micro- ← micros 小的，微小的，微观的（用于希腊语复合词）；florus/ florum/ flora ← flos 花（用于复合词）

Dracocephalum moldavica 香青兰：moldavica 摩尔达维亚的（地名，东欧的一个地区，跨罗马尼亚、摩尔多瓦、乌克兰）

Dracocephalum nodulosum 多节青兰：nodulosus 有小关节的，有小结节的；nodus 节，节点，连接点；-ulosus = ulus + osus 小而多的；-ulus/ -ulum/ -ula 小的，略微的，稍微的（小词 -ulus 在字母 e 或 i 之后有多种变缀，即 -olus/ -olum/ -ola、-ellus/ -ellum/ -ella、-illus/ -illum/ -illa，与第一变格法和第二变格法名词形成复合词）；-osus/ -osum/ -osa 多的，充分的，丰富的，显著发育的，程度高的，特征明显的（形容词词尾）

Dracocephalum nutans 垂花青兰：nutans 弯曲的，下垂的（弯曲程度远大于 90°）；关联词：cernuus 点头的，前屈的，略俯垂的（弯曲程度略大于 90°）

Dracocephalum origanoides 铺地青兰（铺 pū）：Origanus 牛至属（唇形科）；-oides/ -oideus/ -oideum/ -oidea/ -odes/ -eidos 像……的，类似……的，呈……状的（名词词尾）

Dracocephalum palmatoides 掌叶青兰：palmatoides 掌状的，像 palmatum 的；Dracocephalum palmatum 掌状青蓝；palmatus = palmus + atus 掌状的，具掌的；palmus 掌，手掌；-oides/ -oideus/ -oideum/ -oidea/ -odes/ -eidos 像……的，类似……的，呈……状的（名词词尾）

Dracocephalum paulsenii 宽齿青兰：paulsenii ← Ove Paulsen（人名，20 世纪丹麦植物学家）

Dracocephalum peregrinum 刺齿枝子花：peregrinus 外来的，外部的

Dracocephalum propinquum 多枝青兰：propinquus 有关系的，近似的，近缘的

Dracocephalum psammophilum 沙地青兰：psammos 沙子；philus/ philein ← philos → phil-/ phili/ philo- 喜好的，爱好的，喜欢的（注意区别形近词：phylus、phyllus）；phylus/ phylum/ phyla ← phylon/ phyle 植物分类单位中的"门"，位于"界"和"纲"之间，类群，种族，部落，聚群；phyllus/ phyllum/ phylla ← phyllon 叶片（用于希腊语复合词）

Dracocephalum purdomii 岷山毛建草（岷 mín）：purdomii（人名）；-ii 表示人名，接在以辅音字母结尾的人名后面，但 -er 除外

Dracocephalum rigidulum 微硬毛建草：rigidulus 稍硬的；rigidus 坚硬的，不弯曲的，强直的；-ulus/ -ulum/ -ula 小的，略微的，稍微的（小词 -ulus 在字母 e 或 i 之后有多种变缀，即 -olus/ -olum/ -ola、-ellus/ -ellum/ -ella、-illus/ -illum/ -illa，与第一变格法和第二变格法名词形成复合词）

Dracocephalum rupestre 毛建草：rupestre/ rupicolus/ rupestris 生于岩壁的，岩栖的；rup-/ rupi- ← rupes/ rupis 岩石的；-estris/ -estre/ ester/ -esteris 生于……地方，喜好……地方

Dracocephalum ruyschiana 青兰：ruyschiana ← Frederik Ruysch（人名，17 世纪荷兰解剖学家）

Dracocephalum taliense 大理青兰：taliense 大理的（地名，云南省）

Dracocephalum tanguticum 甘青青兰：tanguticum ← Tangut 唐古特的，党项的（西夏时期生活于中国西北地区的党项羌人，蒙古语称其为

"唐古特"，有多种音译，如唐兀、唐古、唐括等）；-icus/ -icum/ -ica 属于，具有某种特性（常用于地名、起源、生境）

Dracocephalum tanguticum var. cinereum 甘青青兰-灰毛变种：cinereus 灰色的，草木灰色的（为纯黑和纯白的混合色，希腊语为 tephro-/ spodo-）；ciner-/ cinere-/ cinereo- 灰色；-eus/ -eum/ -ea（接拉丁语词干时）属于……的，色如……的，质如……的（表示原料、颜色或品质的相似），（接希腊语词干时）属于……的，以……出名，为……所占有（表示具有某种特性）

Dracocephalum tanguticum var. nanum 甘青青兰-矮生变种：nanus ← nanos/ nannos 矮小的，小的；nani-/ nano-/ nanno- 矮小的，小的

Dracocephalum tanguticum var. tanguticum 甘青青兰-原变种 （词义见上面解释）

Dracocephalum truncatum 截萼毛建草：truncatus 截平的，截形的，截断的；truncare 切断，截断，截平（动词）；-atus/ -atum/ -ata 属于，相似，具有，完成（形容词词尾）

Dracocephalum velutinum 绒叶毛建草：velutinus 天鹅绒的，柔软的；velutus 绒毛的；-inus/ -inum/ -ina/ -inos 相近，接近，相似，具有（通常指颜色）

Dracocephalum velutinum var. intermedium 绒叶毛建草-圆齿变种：intermedius 中间的，中位的，中等的；inter- 中间的，在中间，之间；medius 中间的，中央的

Dracocephalum velutinum var. velutinum 绒叶毛建草-原变种 （词义见上面解释）

Dracocephalum wallichii 美花毛建草：wallichii ← Nathaniel Wallich（人名，19 世纪初丹麦植物学家、医生）

Dracocephalum wallichii var. platyanthum 美花毛建草-宽花变种：platyanthus 大花的，宽花的；platys 大的，宽的（用于希腊语复合词）；anthus/ anthum/ antha/ anthe ← anthos 花（用于希腊语复合词）

Dracocephalum wallichii var. proliferum 美花毛建草-复序变种：proliferus 能育的，具零余子的；proli- 扩展，繁殖，后裔，零余子；proles 后代，种族；-ferus/ -ferum/ -fera/ -fero/ -fere/ -fer 有，具有，产（区别：作独立词使用的 ferus 意思是"野生的"）

Dracocephalum wallichii var. wallichii 美花毛建草-原变种 （词义见上面解释）

Dracontomelon 人面子属（漆树科）（45-1：p83）：dracontia 龙；melon 苹果，瓜，甜瓜

Dracontomelon duperreanum 人面子：duperreanum（人名）

Dracontomelon macrocarpum 大果人面子：macro-/ macr- ← macros 大的，宏观的（用于希腊语复合词）；carpus/ carpum/ carpa/ carpon ← carpos 果实（用于希腊语复合词）

Dregea 南山藤属（萝藦科）（63：p492）：dregea ← Johann Franz（或 Frantz）Drege（人名，1794–1881，德国植物采集员和园林学家）

Dregea cuneifolia 楔叶南山藤：cuneus 楔子的；folius/ folium/ folia 叶，叶片（用于复合词）

Dregea formosana （台湾南山藤）：formosanus = formosus + anus 美丽的，台湾的；formosus ← formosa 美丽的，台湾的（葡萄牙殖民者发现台湾时对其的称呼，即美丽的岛屿）；-anus/ -anum/ -ana 属于，来自（形容词词尾）

Dregea sinensis 苦绳：sinensis = Sina + ensis 中国的（地名）；Sina 中国

Dregea sinensis var. corrugata 贯筋藤：corrugatus = co + rugatus 皱纹的，多皱纹的（各部分向各方向不规则地褶皱）；rugatus = rugus + atus 收缩的，有皱纹的，多褶皱的（同义词：rugosus）；rugus/ rugum/ ruga 褶皱，皱纹，皱缩；构词规则："r" 前后均为元音时，常变成 "-rr-"，如 a + rhizus = arrhizus 无根的；co- 联合，共同，合起来（拉丁语词首，为 cum- 的音变，表示结合、强化、完全，对应的希腊语为 syn-）；co- 的缀词音变有 co-/ com-/ con-/ col-/ cor-：co-（在 h 和元音字母前面），col-（在 l 前面），com-（在 b、m、p 之前），con-（在 c、d、f、g、j、n、qu、s、t 和 v 前面），cor-（在 r 前面）

Dregea sinensis var. sinensis 苦绳-原变种 （词义见上面解释）

Dregea volubilis 南山藤：volubilis 拧劲的，缠绕的；-ans/ -ens/ -bilis/ -ilis 能够，可能（为形容词词尾，-ans/ -ens 用于主动语态，-bilis/ -ilis 用于被动语态）

Dregea yunnanensis 丽子藤：yunnanensis 云南的（地名）

Dregea yunnanensis var. major 大丽子藤：major 较大的，更大的（majus 的比较级）；majus 大的，巨大的

Dregea yunnanensis var. yunnanensis 丽子藤-原变种 （词义见上面解释）

Drepanostachyum 镰序竹属（禾本科）（9-1：p372）：drepano- 镰刀形弯曲的，镰形的；stachy-/ stachyo-/ -stachys/ -stachyus/ -stachyum/ -stachya 穗子，穗子的，穗子状的，穗状花序的

Drepanostachyum luodianense 小蓬竹：luodianense 罗甸的（地名，贵州省）

Drepanostachyum melicoideum 南川镰序竹：Melica 臭草属（禾本科）；-oides/ -oideus/ -oideum/ -oidea/ -odes/ -eidos 像……的，类似……的，呈……状的（名词词尾）

Drepanostachyum microphyllum 坝竹：micr-/ micro- ← micros 小的，微小的，微观的（用于希腊语复合词）；phyllus/ phyllum/ phylla ← phyllon 叶片（用于希腊语复合词）

Drepanostachyum naibunense 内门竹：naibunense 内门的（地名，属台湾省，已修订为 naibunensis）

Drepanostachyum saxatile 羊竹子：saxatile 生于岩石的，生于石缝的；saxum 岩石，结石；-atilis（阳性、阴性）/ -atile（中性）（表示生长的地方）

Drepanostachyum scandens 爬竹：scandens 攀缘的，缠绕的，藤本的；scando/ scansum 上升，攀登，缠绕

Drimycarpus 辛果漆属（漆树科）（45-1：p131）：drimy 辛酸的；carpus/ carpum/ carpa/ carpon ← carpos 果实（用于希腊语复合词）

D

Drimycarpus anacardiifolius 大果辛果漆：anacardiifolius 腰果叶的；Anacardium 腰果属（漆树科）；folius/ folium/ folia 叶，叶片（用于复合词）；缀词规则：以属名作复合词时原词尾变形后的 i 要保留

Drimycarpus racemosus 辛果漆：racemosus = racemus + osus 总状花序的；racemus/ raceme 总状花序，葡萄串状的；-osus/ -osum/ -osa 多的，充分的，丰富的，显著发育的，程度高的，特征明显的（形容词词尾）

Droguetia 单蕊麻属（荨麻科）（23-2：p404）：droguetia（人名）

Droguetia iners subsp. iners （大叶单蕊麻）：iners 笨拙的，不活动的，停滞的

Droguetia iners subsp. urticoides 单蕊麻：urticoides 像荨麻属的；Urtica 荨麻属（荨麻科）；-oides/ -oideus/ -oideum/ -oidea/ -odes/ -eidos 像……的，类似……的，呈……状的（名词词尾）

Drosera 茅膏菜属（茅膏菜科）（34-1：p15）：drosera ← drosaros 露珠的（叶片密生腺毛之顶端分泌黏液呈露珠状）

Drosera burmanni 锦地罗：burmanni ← Joh. Burmann（人名，1706–1779，荷兰医生、植物学家，词尾应 "-ii"）

Drosera indica 长叶茅膏菜：indica 印度的（地名）；-icus/ -icum/ -ica 属于，具有某种特性（常用于地名、起源、生境）

Drosera oblanceolata 长柱茅膏菜：ob- 相反，反对，倒（ob- 有多种音变：ob- 在元音字母和大多数辅音字母前面，oc- 在 c 前面，of- 在 f 前面，op- 在 p 前面）；lanceolatus = lanceus + olus + atus 小披针形的，小柳叶刀的；lance-/ lancei-/ lanci-/ lanceo-/ lanc- ← lanceus 披针形的，矛形的，尖刀状的，柳叶刀状的；-olus ← -ulus 小，稍微，略微（-ulus 在字母 e 或 i 之后变成 -olus/ -ellus/ -illus）；-atus/ -atum/ -ata 属于，相似，具有，完成（形容词词尾）

Drosera peltata 茅膏菜：peltatus = peltus + atus 盾状的，具盾片的；peltus ← pelte 盾片，小盾片，盾形的；-atus/ -atum/ -ata 属于，相似，具有，完成（形容词词尾）

Drosera peltata var. glabrata 光萼茅膏菜：glabratus = glabrus + atus 脱毛的，光滑的；glabrus 光秃的，无毛的，光滑的；-atus/ -atum/ -ata 属于，相似，具有，完成（形容词词尾）

Drosera peltata var. lunata 新月茅膏菜：lunatus/ lunarius 弯月的，月牙形的；luna 月亮，弯月；-arius/ -arium/ -aria 相似，属于（表示地点，场所，关系，所属）

Drosera peltata var. multisepala 多萼茅膏菜（原名 "茅膏菜" 与原种重名）：multi- ← multus 多个，多数，很多（希腊语为 poly-）；sepalus/ sepalum/ sepala 萼片（用于复合词）

Drosera peltata var. peltata 盾叶茅膏菜-原变种（词义见上面解释）

Drosera rotundifolia 圆叶茅膏菜：rotundus 圆形的，呈圆形的，肥大的；rotundo 使呈圆形，使圆滑；roto 旋转，滚动；folius/ folium/ folia 叶，叶片（用于复合词）

Drosera rotundifolia var. furcata 叉梗茅膏菜（叉 chā）：furcatus/ furcans = furcus + atus 叉子状的，分叉的；furcus 叉子，叉子状的，分叉的；-atus/ -atum/ -ata 属于，相似，具有，完成（形容词词尾）

Drosera rotundifolia var. rotundifolia 圆叶茅膏菜-原变种 （词义见上面解释）

Drosera spathulata 匙叶茅膏菜（匙 chí）：spathulatus = spathus + ulus + atus 匙形的，佛焰苞状的，小佛焰苞；spathus 佛焰苞，薄片，刀剑

Drosera spathulata var. loureirii 宽苞茅膏菜：loureirii ← Joao Loureiro（人名，18 世纪葡萄牙博物学家）

Drosera spathulata var. spathulata 匙叶茅膏菜-原变种 （词义见上面解释）

Droseraceae 茅膏菜科（34-1：p14）：Drosera 茅膏菜属；-aceae（分类单位科的词尾，为 -aceus 的阴性复数主格形式，加到模式属的名称后或同义词的词干后以组成族群名称）

Dryas 仙女木属（蔷薇科）（37：p218）：dryas 德丽亚斯女神，森林女神，树妖（希腊神话人物），似栎树的；drymos 森林；dry-/ dryo- ← drys 栎树，栲树，槠树

Dryas octopetala 仙女木：octo-/ oct- 八（拉丁语和希腊语相同）；petalus/ petalum/ petala ← petalon 花瓣

Dryas octopetala var. asiatica 东亚仙女木：asiatica 亚洲的（地名）；-aticus/ -aticum/ -atica 属于，表示生长的地方，作名词词尾

Dryas octopetala var. octopetala 仙女木-原变种（词义见上面解释）

Drymaria 荷莲豆草属（石竹科）（26：p60）：drymaria ← drymos 森林

Drymaria diandra 荷莲豆草：diandrus 二雄蕊的；di-/ dis- 二，二数，二分，分离，不同，在……之间，从……分开（希腊语，拉丁语为 bi-/ bis-）；andrus/ andros/ antherus ← aner 雄蕊，花药，雄性

Drymaria villosa 毛荷莲豆草：villosus 柔毛的，绵毛的；villus 毛，羊毛，长绒毛；-osus/ -osum/ -osa 多的，充分的，丰富的，显著发育的，程度高的，特征明显的（形容词词尾）

Drymoglossum 抱树莲属（水龙骨科）（6-2：p151）：drymoglossum 森林舌头（指生于树上叶片舌状）；drymos 森林；glossus 舌，舌状的

Drymoglossum piloselloides 抱树莲：piloselloides 像山柳菊的；Pilosella → Hieracium 山柳菊属（菊科）；-oides/ -oideus/ -oideum/ -oidea/ -odes/ -eidos 像……的，类似……的，呈……状的（名词词尾）

Drymotaenium 丝带蕨属（水龙骨科）（6-2：p103）：drymotaenium = drymos + taenius 森林的纽带（指生于森林叶片狭长如纽带）；drymos 森林；taenius 绸带，纽带，条带状的

Drymotaenium miyoshianum 丝带蕨：miyoshianum 三好学（日本人名）

Drynaria 槲蕨属（槲 hú）（槲蕨科）（6-2：p277）：drynaria ← dryas ← dryadis 像栎树的，像槲树的，像仙女木的；dry-/ dryo- ← drys 栎树，栲树，槠树；Dryas 仙女木属（蔷薇科）

D

Drynaria bonii 团叶槲蕨：bonii（人名）；-ii 表示人名，接在以辅音字母结尾的人名后面，但 -er 除外

Drynaria delavayi 川滇槲蕨：delavayi ← P. J. M. Delavay（人名，1834–1895，法国传教士，曾在中国采集植物标本）；-i 表示人名，接在以元音字母结尾的人名后面，但 -a 除外

Drynaria mollis 毛槲蕨：molle/ mollis 软的，柔毛的

Drynaria parishii 小槲蕨：parishii ← Parish（人名，发现很多兰科植物）

Drynaria propinqua 石莲姜槲蕨：propinquus 有关系的，近似的，近缘的

Drynaria quercifolia 栎叶槲蕨：Quercus 栎属（壳斗科）；folius/ folium/ folia 叶，叶片（用于复合词）

Drynaria rigidula 硬叶槲蕨：rigidulus 稍硬的；rigidus 坚硬的，不弯曲的，强直的；-ulus/ -ulum/ -ula 小的，略微的，稍微的（小词 -ulus 在字母 e 或 i 之后有多种变缀，即 -olus/ -olum/ -ola、-ellus/ -ellum/ -ella、-illus/ -illum/ -illa，与第一变格法和第二变格法名词形成复合词）

Drynaria roosii 槲蕨：roosii（人名）；-ii 表示人名，接在以辅音字母结尾的人名后面，但 -er 除外

Drynaria sinica 秦岭槲蕨：sinica 中国的（地名）；-icus/ -icum/ -ica 属于，具有某种特性（常用于地名、起源、生境）

Drynariaceae 槲蕨科（6-2：p267）：Drynaria 槲蕨属；-aceae（分类单位科的词尾，为 -aceus 的阴性复数主格形式，加到模式属的名称后或同义词的词干后以组成族群名称）

Dryoathyrium 介蕨属（蹄盖蕨科）（3-2：p275）：dryoathyrium 栎树林中的蹄盖蕨；dry-/ dryo- ← drys 栎树，栲树，槠树；Athyrium 蹄盖蕨属（蹄盖蕨科）

Dryoathyrium boryanum 介蕨：boryanum ← Bory（人名）

Dryoathyrium chinense 中华介蕨：chinense 中国的（地名）

Dryoathyrium confusum 陕甘介蕨：confusus 混乱的，混同的，不确定的，不明确的；fusus 散开的，松散的，松弛的；co- 联合，共同，合起来（拉丁语词首，为 cum- 的音变，表示结合、强化、完全，对应的希腊语为 syn-）；co- 的缀词音变有 co-/ com-/ con-/ col-/ cor-：co-（在 h 和元音字母前面），col-（在 l 前面），com-（在 b、m、p 之前），con-（在 c、d、f、g、j、n、qu、s、t 和 v 前面），cor-（在 r 前面）

Dryoathyrium coreanum 朝鲜介蕨：coreanum 朝鲜的（地名）

Dryoathyrium edentulum 无齿介蕨：edentulus = e + dentus + ulus 无齿的，无小齿的；e-/ ex- 不，无，非，缺乏，不具有（e- 用在辅音字母前，ex- 用在元音字母前，为拉丁语词首，对应的希腊语词首为 a-/ an-，英语为 un-/ -less，注意作词首用的 e-/ ex- 和介词 e/ ex 意思不同，后者意为"出自、从、由、离开、由于、依照"）；dentulus = dentus + ulus 小牙齿的，细齿的；dentus 齿，牙齿；-ulus/ -ulum/ -ula 小的，略微的，稍微的（小词 -ulus 在字母 e 或 i 之后有多种变缀，即 -olus/ -olum/ -ola、-ellus/ -ellum/ -ella、-illus/ -illum/

-illa，与第一变格法和第二变格法名词形成复合词）

Dryoathyrium erectum 直立介蕨：erectus 直立的，笔直的

Dryoathyrium falcatipinnulum 镰小羽介蕨：falcatus = falx + atus 镰刀的，镰刀状的；falx 镰刀，镰刀形，镰刀状弯曲；构词规则：以 -ix/ -iex 结尾的词其词干末尾视为 -ic，以 -ex 结尾视为 -i/ -ic，其他以 -x 结尾视为 -c；pinnulus 小羽片的；pinnus/ pennus 羽毛，羽状，羽片；-atus/ -atum/ -ata 属于，相似，具有，完成（形容词词尾）

Dryoathyrium henryi 鄂西介蕨：henryi ← Augustine Henry 或 B. C. Henry（人名，前者，1857–1930，爱尔兰医生、植物学家，曾在中国采集植物，后者，1850–1901，曾活动于中国的传教士）

Dryoathyrium mcdonellii 麦氏介蕨：mcdonellii（人名）；-ii 表示人名，接在以辅音字母结尾的人名后面，但 -er 除外

Dryoathyrium okuboanum 华中介蕨：okuboanum 大久保（日本人名）

Dryoathyrium pterorachis 翅轴介蕨：pterus/ pteron 翅，翼，蕨类；rachis/ rhachis 主轴，花序轴，叶轴，脊棱（指着生小叶或花的部分的中轴，如羽状复叶、穗状花序总柄基部以外的部分）

Dryoathyrium setigerum 刺毛介蕨：setigerus = setus + gerus 具刷毛的，具鬃毛的；setus/ saetus 刚毛，刺毛，芒刺；gerus → -ger/ -gerus/ -gerum/ -gera 具有，有，带有

Dryoathyrium stenopteron 川东介蕨：stenopteron 狭翼的；sten-/ steno- ← stenus 窄的，狭的，薄的；pterus/ pteron 翅，翼，蕨类

Dryoathyrium unifurcatum 峨眉介蕨：uni-/ uno- ← unus/ unum/ una 一，单一（希腊语为 mono-/ mon-）；furcatus/ furcans = furcus + atus 叉子状的，分叉的；furcus 叉子，叉子状的，分叉的；-atus/ -atum/ -ata 属于，相似，具有，完成（形容词词尾）

Dryoathyrium viridifrons 绿叶介蕨：viridus 绿色的；-frons 叶子，叶状体

Dryopteridaceae 鳞毛蕨科（5-1：p1，5-2：p1）：Dryopteris 鳞毛蕨属；-aceae（分类单位科的词尾，为 -aceus 的阴性复数主格形式，加到模式属的名称后或同义词的词干后以组成族群名称）

Dryopteris 鳞毛蕨属（鳞毛蕨科）（5-1：p102）：dryopteris 生于栎树上的蕨类；drys 栎树，栲树，槠树；pteris ← pteryx 翅，翼，蕨类（希腊语）

Dryopteris acutodentata 尖齿鳞毛蕨：acutidentatus/ acutodentatus 尖齿的；acutus 尖锐的，锐角的；acu-/ acuti- ← acutus 锐尖的，针尖的，刺尖的，锐角的；dentatus = dentus + atus 牙齿的，齿状的，具齿的；dentus 齿，牙齿；-atus/ -atum/ -ata 属于，相似，具有，完成（形容词词尾）

Dryopteris alpestris 多雄拉鳞毛蕨：alpestris 高山的，草甸带的；alpus 高山；-estris/ -estre/ ester/ -esteris 生于……地方，喜好……地方

Dryopteris alpicola 高山金冠鳞毛蕨（冠 guān）：alpicolus 生于高山的，生于草甸带的；alpus 高山；colus ← colo 分布于，居住于，栖居，殖民（常作词尾）；colo/ colere/ colui/ cultum 居住，耕作，栽培

D

Dryopteris amurensis 黑水鳞毛蕨：amurense/ amurensis 阿穆尔的（地名，东西伯利亚的一个州，南部以黑龙江为界），阿穆尔河的（即黑龙江的俄语音译）

Dryopteris angustifrons 狭叶鳞毛蕨：angusti- ← angustus 窄的，狭的，细的；-frons 叶子，叶状体

Dryopteris assamensis 阿萨姆鳞毛蕨：assamensis 阿萨姆的（地名，印度）

Dryopteris atrata 暗鳞鳞毛蕨：atratus = ater + atus 发黑的，浓暗的，玷污的；ater 黑色的（希腊语，词干视为 atro-/ atr-/ atri-/ atra-）

Dryopteris barbigera 多鳞鳞毛蕨：barbigerum 具芒的，具胡须的；barbi- ← barba 胡须，髯毛，绒毛；gerus → -ger/ -gerus/ -gerum/ -gera 具有，有，带有

Dryopteris blanfordii 西域鳞毛蕨：blanfordii ← Henry Blanford （人名，19 世纪英国地质学家）

Dryopteris blanfordii subsp. blanfordii 西域鳞毛蕨-原亚种 （词义见上面解释）

Dryopteris blanfordii subsp. nigrosquamosa 黑鳞西域鳞毛蕨：nigro-/ nigri- ← nigrus 黑色的；niger 黑色的；squamosus 多鳞片的，鳞片明显的；squamus 鳞，鳞片，薄膜；-osus/ -osum/ -osa 多的，充分的，丰富的，显著发育的，程度高的，特征明显的（形容词词尾）

Dryopteris bodinieri 大平鳞毛蕨：bodinieri ← Emile Marie Bodinieri （人名，19 世纪活动于中国的法国传教士）；-eri 表示人名，在以 -er 结尾的人名后面加上 i 形成

Dryopteris caroli-hopei 假边果鳞毛蕨：caroli-hopei （人名）

Dryopteris carthusiana 刺叶鳞毛蕨：carthusiana （人名）

Dryopteris championii 阔鳞鳞毛蕨：championii ← John George Champion （人名，19 世纪英国植物学家，研究东亚植物）

Dryopteris chimingiana 启明鳞毛蕨：chimingiana 启明（中文名，人名）

Dryopteris chinensis 中华鳞毛蕨：chinensis = china + ensis 中国的（地名）；China 中国

Dryopteris chrysocoma 金冠鳞毛蕨：chrys-/ chryso- ← chrysos 黄色的，金色的；comus ← comis 冠毛，头缨，一簇（毛或叶片）

Dryopteris chrysocoma var. chrysocoma 金冠鳞毛蕨-原变种 （词义见上面解释）

Dryopteris chrysocoma var. squamosa 密鳞金冠鳞毛蕨：squamosus 多鳞片的，鳞片明显的；squamus 鳞，鳞片，薄膜；-osus/ -osum/ -osa 多的，充分的，丰富的，显著发育的，特征明显的（形容词词尾）

Dryopteris cochleata 二型鳞毛蕨：cochleatus 蜗牛的，勺子的，螺旋的；cochlea 蜗牛，蜗牛壳；-atus/ -atum/ -ata 属于，相似，具有，完成（形容词词尾）

Dryopteris commixta 混淆鳞毛蕨（淆 xiáo）：commixtus = co + mixtus 混合的；mixtus 混合的，杂种的；co- 联合，共同，合起来（拉丁语词首，为 cum- 的音变，表示结合、强化、完全，对应的希腊语为 syn-）；co- 的缀词音变有 co-/ com-/ con-/

col-/ cor-：co-（在 h 和元音字母前面），col-（在 l 前面），com-（在 b、m、p 之前），con-（在 c、d、f、g、j、n、qu、s、t 和 v 前面），cor-（在 r 前面）

Dryopteris conjugata 连合鳞毛蕨：conjugatus = co + jugatus 一对的，连接的，孪生的；jugatus 接合的，连结的，成对的；jugus ← jugos 成对的，成双的，一组，牛轭，束缚（动词为 jugo）；co- 联合，共同，合起来（拉丁语词首，为 cum- 的音变，表示结合、强化、完全，对应的希腊语为 syn-）；co- 的缀词音变有 co-/ com-/ con-/ col-/ cor-：co-（在 h 和元音字母前面），col-（在 l 前面），com-（在 b、m、p 之前），con-（在 c、d、f、g、j、n、qu、s、t 和 v 前面），cor-（在 r 前面）

Dryopteris coreano-montana 东北亚鳞毛蕨：coreano-montana 朝鲜山地的；coreano- 朝鲜（地名）；montanus 山，山地

Dryopteris costalisora 近中肋鳞毛蕨：costalisorus = costalis + sorus 叶脉上有子囊群的；costalis = costus + alis 具肋的，具脉的，具中脉的（指脉明显）；costus 主脉，叶脉，肋，肋骨；-aris（阳性、阴性）/ -are（中性）← -alis（阳性、阴性）/ -ale（中性）属于，相似，如同，具有，涉及，关于，联结于（将名词作形容词用，其中 -aris 常用于以 l 或 r 为词干末尾的词）；sorus ← soros 堆（指密集成簇），孢子囊群

Dryopteris crassirhizoma 粗茎鳞毛蕨：crassirhizoma 粗根的，肉质根的（缀词规则：-rh- 接在元音字母后面构成复合词时要变成 -rrh-，故该词宜改为 "crassirrhizoma"）；crassi- ← crassus 厚的，粗的，多肉质的；rhizomus 根状茎，根茎

Dryopteris cycadina 桫椤鳞毛蕨（桫椤 suō luó）：cycadina 苏铁状的；Cycas 苏铁属（苏铁科）；-inus/ -inum/ -ina/ -inos 相近，接近，相似，具有（通常指颜色）

Dryopteris cyclopeltiformis 弯羽鳞毛蕨：cyclo-/ cycl- ← cyclos 圆形，圈环；peltus ← pelte 盾片，小盾片，盾形的；formis/ forma 形状

Dryopteris decipiens 迷人鳞毛蕨：decipiens 欺骗的，虚假的，迷惑的（表示和另外的种非常近似）

Dryopteris decipiens var. decipiens 迷人鳞毛蕨-原变种 （词义见上面解释）

Dryopteris decipiens var. diplazioides 深裂迷人鳞毛蕨：Diplazium 双盖蕨属；-oides/ -oideus/ -oideum/ -oidea/ -odes/ -eidos 像……的，类似……的，呈……状的（名词词尾）

Dryopteris dehuaensis 德化鳞毛蕨：dehuaensis 德化的（地名，福建省）

Dryopteris dickinsii 远轴鳞毛蕨：dickinsii ← Frederick V. Dickins （人名，20 世纪作家）

Dryopteris enneaphylla 宜昌鳞毛蕨：ennea- 九，九个（希腊语，相当于拉丁语的 noven-/ novem-）；phyllus/ phyllum/ phylla ← phyllon 叶片（用于希腊语复合词）

Dryopteris enneaphylla var. enneaphylla 宜昌鳞毛蕨-原变种 （词义见上面解释）

Dryopteris enneaphylla var. pseudosieboldii 大宜昌鳞毛蕨：pseudosieboldii 像 sieboldii 的；pseudo-/ pseud- ← pseudos 假的，伪的，接近，相

D

似（但不是）；Dryopteris sieboldii 奇羽鳞毛蕨；sieboldii ← Franz Philipp von Siebold 西博德（人名，1796–1866，德国医生、植物学家，曾专门研究日本植物）

Dryopteris erythrosora 红盖鳞毛蕨：erythrosorus 红囊群的；erythr-/ erythro- ← erythros 红色的（希腊语）；sorus ← soros 堆（指密集成簇），孢子囊群

Dryopteris expansa 广布鳞毛蕨：expansus 扩展的，蔓延的

Dryopteris fibrillosissima 近纤维鳞毛蕨：fibrillosisimus 纤维非常多的；fibra 纤维，筋；-issimus/ -issima/ -issimum 最，非常，极其（形容词最高级）；-osus/ -osum/ -osa 多的，充分的，丰富的，显著发育的，程度高的，特征明显的（形容词词尾）

Dryopteris filix-mas 欧洲鳞毛蕨：filix ← filic- 蕨；mas ← masculus/ masculatus 雄性，男性，阳性

Dryopteris formosana 台湾鳞毛蕨：formosanus = formosus + anus 美丽的，台湾的；formosus ← formosa 美丽的，台湾的（葡萄牙殖民者发现台湾时对其的称呼，即美丽的岛屿）；-anus/ -anum/ -ana 属于，来自（形容词词尾）

Dryopteris fragrans 香鳞毛蕨：fragrans 有香气的，飘香的；fragro 飘香，有香味

Dryopteris fructuosa 硬果鳞毛蕨：fructuosus 产果的，多果的；fructus 果实；-osus/ -osum/ -osa 多的，充分的，丰富的，显著发育的，程度高的，特征明显的（形容词词尾）

Dryopteris fuscipes 黑足鳞毛蕨：fuscipes 褐色柄的；fusci-/ fusco- ← fuscus 棕色的，暗色的，发黑的，暗棕色的，褐色的；pes/ pedis 柄，梗，茎秆，腿，足，爪（作词首或词尾，pes 的词干视为"ped-"）

Dryopteris goeringiana 华北鳞毛蕨：goeringiana ← Philip Friedrich Wilhelm Goering（Göring）（人名，19 世纪德国化学家，在印度尼西亚采集植物）

Dryopteris guangxiensis 广西鳞毛蕨：guangxiensis 广西的（地名）

Dryopteris gymnophylla 裸叶鳞毛蕨：gymn-/ gymno- ← gymnos 裸露的；phyllus/ phyllum/ phylla ← phyllon 叶片（用于希腊语复合词）

Dryopteris gymnosora 裸果鳞毛蕨：gymn-/ gymno- ← gymnos 裸露的；sorus ← soros 堆（指密集成簇），孢子囊群

Dryopteris habaensis 哈巴鳞毛蕨：habaensis 哈巴雪山的（地名，云南省香格里拉市）

Dryopteris handeliana 边生鳞毛蕨：handeliana ← H. Handel-Mazzetti（人名，奥地利植物学家，第一次世界大战期间在中国西南地区研究植物）

Dryopteris hangchowensis 杭州鳞毛蕨：hangchowensis 杭州的（地名，浙江省）

Dryopteris himachalensis 木里鳞毛蕨：himachalensis（地名，印度）

Dryopteris hondoensis 桃花岛鳞毛蕨：hondoensis 本岛的（地名，日本本州岛）

Dryopteris huangshanensis 黄山鳞毛蕨：huangshanensis 黄山的（地名，安徽省）

Dryopteris immixta 假异鳞毛蕨：immixta 不混合的，纯的；in-/ im-（来自 il- 的音变）内，在内，内部，向内，相反，不，无，非；il- 在内，向内，为，相反（希腊语为 en-）；词首 il- 的音变：il-（在 l 前面），im-（在 b、m、p 前面），in-（在元音字母和大多数辅音字母前面），ir-（在 r 前面），如 illaudatus（不值得称赞的，评价不好的），impermeabilis（不透水的，穿不透的），ineptus（不合适的），insertus（插入的），irretortus（无弯曲的，无扭曲的）；mixtus 混合的，杂种的

Dryopteris incisolobata 深裂鳞毛蕨：inciso- ← incisus 深裂的，锐裂的，缺刻的；lobatus = lobus + atus 具浅裂的，具耳垂状突起的；lobus/ lobos/ lobon 浅裂，耳片（裂片先端钝圆），荚果，蒴果；-atus/ -atum/ -ata 属于，相似，具有，完成（形容词词尾）

Dryopteris indusiata 平行鳞毛蕨：indusiatus 有包膜的，有包被的

Dryopteris integriloba 羽裂鳞毛蕨：integer/ integra/ integrum → integri- 完整的，整个的，全缘的；lobus/ lobos/ lobon 浅裂，耳片（裂片先端钝圆），荚果，蒴果

Dryopteris jigongensis 易贡鳞毛蕨：jigongensis 易贡的（地名，西藏自治区，已修订为 yigongensis）

Dryopteris juxtaposita 粗齿鳞毛蕨：juxtapositus 聚拢的，毗邻的；juxta 毗邻，相邻；positus 放置，位置

Dryopteris kinkiensis 京鹤鳞毛蕨：kinkiensis 近畿的（地名，日本）

Dryopteris komarovii 近多鳞鳞毛蕨：komarovii ← Vladimir Leontjevich Komarov 科马洛夫（人名，1869–1945，俄国植物学家）

Dryopteris labordei 齿头鳞毛蕨：labordei ← J. Laborde（人名，19 世纪活动于中国贵州的法国植物采集员）；-i 表示人名，接在以元音字母结尾的人名后面，但 -a 除外

Dryopteris lacera 狭顶鳞毛蕨：lacerus 撕裂状的，不整齐裂的

Dryopteris lachoongensis 脉纹鳞毛蕨：lachoongensis（地名，印度）

Dryopteris latibasis 阔基鳞毛蕨：lati-/ late- ← latus 宽的，宽广的；basis 基部，基座

Dryopteris lepidopoda 黑鳞鳞毛蕨：lepido- ← lepis 鳞片，鳞片状（lepis 词干视为 lepid-，后接辅音字母时通常加连接用的"o"，故形成"lepido-"）；lepido- ← lepidus 美丽的，典雅的，整洁的，装饰华丽的；podus/ pus 柄，梗，茎秆，足，腿；注：构词成分 lepid-/ lepdi-/ lepido- 需要根据植物特征翻译成"秀丽"或"鳞片"

Dryopteris lepidorachis 轴鳞鳞毛蕨：lepido- ← lepis 鳞片，鳞片状（lepis 词干视为 lepid-，后接辅音字母时通常加连接用的"o"，故形成"lepido-"）；lepido- ← lepidus 美丽的，典雅的，整洁的，装饰华丽的；rachis/ rhachis 主轴，花序轴，叶轴，脊棱（指着生小叶或花的部分的中轴，如羽状复叶、穗状花序总柄基部以外的部分）；注：构词成分 lepid-/ lepdi-/ lepido- 需要根据植物特征翻译成"秀丽"或"鳞片"

D

Dryopteris liangkwangensis 两广鳞毛蕨：liangkwangensis 两广的（地名，广东省和广西壮族自治区）

Dryopteris lunanensis 路南鳞毛蕨：lunanensis 路南的（地名，云南省石林彝族自治县的旧称）

Dryopteris marginata 边果鳞毛蕨：marginatus ← margo 边缘的，具边缘的；margo/ marginis → margin- 边缘，边线，边界；词尾为 -go 的词其词干末尾视为 -gin

Dryopteris microlepis 细鳞鳞毛蕨：micr-/ micro- ← micros 小的，微小的，微观的（用于希腊语复合词）；lepis/ lepidos 鳞片

Dryopteris monticola 山地鳞毛蕨：monticolus 生于山地的；monti- ← mons 山，山地，岩石；montis 山，山地的；colus ← colo 分布于，居住于，栖居，殖民（常作词尾）；colo/ colere/ colui/ cultum 居住，耕作，栽培

Dryopteris montigena 丽江鳞毛蕨：monti- ← mons 山，山地，岩石；montis 山，山地的；genus ← gignere ← geno 出生，发生，起源，产于，生于（指地方或条件），属（植物分类单位）

Dryopteris namegatae 黑鳞远轴鳞毛蕨：namegatae（地名，日本）

Dryopteris neolepidopoda 近黑鳞鳞毛蕨：neolepidopoda 晚于 lepidopoda 的；neo- ← neos 新，新的；Dryopteris lepidopoda 黑鳞鳞毛蕨；lepido- ← lepis 鳞片，鳞片状（lepis 词干视为 lepid-，后接辅音字母时通常加连接用的 "o"，故形成 "lepido-"）；lepido- ← lepidus 美丽的，典雅的，整洁的，装饰华丽的；podus/ pus 柄，梗，茎秆，足，腿

Dryopteris neorosthornii 近川西鳞毛蕨：neorosthornii 晚于 rosthornii 的；neo- ← neos 新，新的；Dryopteris rosthornii 川西鳞毛蕨；rosthornii（人名）；-ii 表示人名，接在以辅音字母结尾的人名后面，但 -er 除外

Dryopteris nobilis 优雅鳞毛蕨：nobilis 高贵的，有名的，高雅的

Dryopteris nobilis var. fengiana 冯氏鳞毛蕨：fengiana（人名）

Dryopteris nobilis var. nobilis 优雅鳞毛蕨-原变种（词义见上面解释）

Dryopteris nyingchiensis 林芝鳞毛蕨：nyingchiensis 林芝的（地名，西藏自治区）

Dryopteris pacifica 太平鳞毛蕨：pacificus 太平洋的；-icus/ -icum/ -ica 属于，具有某种特性（常用于地名、起源、生境）

Dryopteris panda 大果鳞毛蕨：panda 熊猫（尼泊尔土名）

Dryopteris paralunanensis 假路南鳞毛蕨：paralunanensis 像 lunanensis 的；Dryopteris lunanensis 路南鳞毛蕨；para- 类似，接近，近旁，假的；lunanensis 路南的（地名，云南省石林彝族自治县的旧称）

Dryopteris peninsulae 半岛鳞毛蕨：peninsulae 半岛的，半岛产的；peninsula/ paeninsula 半岛

Dryopteris podophylla 柄叶鳞毛蕨：podophyllus 柄叶的，茎叶的；podos/ podo-/ pous 腿，足，柄，茎；phyllus/ phyllum/ phylla ← phyllon 叶片（用于希腊语复合词）

Dryopteris polita 蓝色鳞毛蕨：politus 打磨的，平滑的，有光泽的

Dryopteris polylepis 单脉鳞毛蕨：poly- ← polys 多个，许多（希腊语，拉丁语为 multi-）；lepis/ lepidos 鳞片

Dryopteris porosa 微孔鳞毛蕨：porosus 孔隙的，细孔的，多孔隙的；porus 孔隙，细孔，孔洞；-osus/ -osum/ -osa 多的，充分的，丰富的，显著发育的，程度高的，特征明显的（形容词词尾）

Dryopteris pseudosparsa 假稀羽鳞毛蕨：pseudosparsa 像 sparsa 的，近似稀少的；pseudo-/ pseud- ← pseudos 假的，伪的，接近，相似（但不是）；Dryopteris sparsa 稀羽鳞毛蕨；sparsus 散生的，稀疏的，稀少的

Dryopteris pseudovaria 凸背鳞毛蕨：pseudovaria 像 varia 的，近似多变的；pseudo-/ pseud- ← pseudos 假的，伪的，接近，相似（但不是）；Dryopteris varia 变异鳞毛蕨；varius = varus + ius 各种各样的，不同的，多型的，易变的；varus 不同的，变化的，外弯的，凸起的；-ius/ -ium/ -ia 具有……特性的（表示有关、关联、相似）

Dryopteris pteridoformis 蕨状鳞毛蕨：pterido-/ pteridi-/ pterid- ← pteris ← pteryx 翅，翼，蕨类（希腊语）；构词规则：词尾为 -is 和 -ys 的词的词干分别视为 -id 和 -yd；formis/ forma 形状

Dryopteris pulcherrima 豫陕鳞毛蕨：pulcherrima 极美丽的，最美丽的；pulcher/pulcer 美丽的，可爱的；-rimus/ -rima/ -rimum 最，极，非常（词尾为 -er 的形容词最高级）

Dryopteris pulvinulifera 肿足鳞毛蕨：pulvinuliferus = pulvinus + ulus + fera 具垫的，具叶枕的；pulvinus 叶枕，叶柄基部膨大部分，坐垫，枕头；-ulus/ -ulum/ -ula 小的，略微的，稍微的（小词 -ulus 在字母 e 或 i 之后有多种变缀，即 -olus/ -olum/ -ola、-ellus/ -ellum/ -ella、-illus/ -illum/ -illa，与第一变格法和第二变格法名词形成复合词）；-ferus/ -ferum/ -fera/ -fero/ -fere/ -fer 有，具有，产（区别：作独立词使用的 ferus 意思是"野生的"）

Dryopteris pycnopteroides 密鳞鳞毛蕨：pycnopteroides 近似密翅的，稍密翅的，像奇羽鳞毛蕨的；Pycnopteris 奇羽鳞毛蕨亚属（鳞毛蕨科鳞毛蕨属）；-oides/ -oideus/ -oideum/ -oidea/ -odes/ -eidos 像……的，类似……的，呈……状的（名词词尾）

Dryopteris redactopinnata 藏布鳞毛蕨：redactus 退化的，退缩的；pinnatus = pinnus + atus 羽状的，具羽的；pinnus/ pennus 羽毛，羽状，羽片；-atus/ -atum/ -ata 属于，相似，具有，完成（形容词词尾）

Dryopteris reflexosquamata 倒鳞鳞毛蕨：reflexosquamatus 具反曲鳞片的；reflexus 反曲的，后曲的；re- 返回，相反，再次，重复，向后，回头；flexus ← flecto 扭曲的，卷曲的，弯弯曲曲的，柔性的；flecto 弯曲，使扭曲；squamatus = squamus + atus 具鳞片的，具薄膜的；squamus 鳞，鳞片，薄膜

Dryopteris rosthornii 川西鳞毛蕨：rosthornii ← Arthur Edler von Rosthorn（人名，19 世纪匈牙利

驻北京大使）

Dryopteris rubrobrunnea 红褐鳞毛蕨：rubr-/ rubri-/ rubro- ← rubrus 红色；brunneus/ bruneus 深褐色的

Dryopteris ryo-itoana 宽羽鳞毛蕨：ryo-itoana （人名）

Dryopteris sacrosancta 棕边鳞毛蕨：sacrosanctus = sacrum + sanctus 神圣之地的；sacra/ sacrum/ sacer 神圣的；sanctus 圣地的，领地的

Dryopteris saxifraga 虎耳鳞毛蕨：saxifraga 击碎岩石的，溶解岩石的（传说虎耳草属植物能溶化结石）；saxum 岩石，结石；frangere 打碎，粉碎；Saxifraga 虎耳草属（虎耳草科）

Dryopteris scottii 无盖鳞毛蕨：scottii ← Walter Scott （人名，21 世纪英国植物学家、作家）

Dryopteris sericea 腺毛鳞毛蕨：sericeus 绢丝状的；sericus 绢丝的，绢毛的，赛尔人的（Ser 为印度一民族）；-eus/ -eum/ -ea（接拉丁语词干时）属于……的，色如……的，质如……的（表示原料、颜色或品质的相似），（接希腊语词干时）属于……的，以……出名，为……所占有（表示具有某种特性）

Dryopteris serrato-dentata 刺尖鳞毛蕨：serrato-dentatus 锯齿状牙齿的；serratus = serrus + atus 有锯齿的；serrus 齿，锯齿；dentatus = dentus + atus 牙齿的，齿状的，具齿的；dentus 齿，牙齿；-atus/ -atum/ -ata 属于，相似，具有，完成（形容词词尾）

Dryopteris setosa 两色鳞毛蕨：setosus = setus + osus 被刚毛的，被短毛的，被芒刺的；setus/ saetus 刚毛，刺毛，芒刺；-osus/ -osum/ -osa 多的，充分的，丰富的，显著发育的，程度高的，特征明显的（形容词词尾）

Dryopteris sieboldii 奇羽鳞毛蕨：sieboldii ← Franz Philipp von Siebold 西博德（人名，1796–1866，德国医生、植物学家，曾专门研究日本植物）

Dryopteris sikkimensis 锡金鳞毛蕨：sikkimensis 锡金的（地名）

Dryopteris simasakii 高鳞毛蕨：simasakii（人名）；-ii 表示人名，接在以辅音字母结尾的人名后面，但 -er 除外

Dryopteris simasakii var. paleacea 密鳞高鳞毛蕨：paleaceus 具托苞的，具内颖的，具稃的，具鳞片的；paleus 托苞，内颖，内稃，鳞片；-aceus/ -aceum/ -acea 相似的，有……性质的，属于……的

Dryopteris simasakii var. simasakii 高鳞毛蕨-原变种 （词义见上面解释）

Dryopteris sinofibrillosa 纤维鳞毛蕨：sinofibrillosus 中国型纤维的；sino- 中国；fibrillosa/ fibrosus 纤维的；-osus/ -osum/ -osa 多的，充分的，丰富的，显著发育的，程度高的，特征明显的（形容词词尾）

Dryopteris sordidipes 落鳞鳞毛蕨：sordidus 暗色的，玷污的，肮脏的，不鲜明的；pes/ pedis 柄，梗，茎秆，腿，足，爪（作词首或词尾，pes 的词干视为 "ped-"）

Dryopteris sparsa 稀羽鳞毛蕨：sparsus 散生的，稀疏的，稀少的

Dryopteris splendens 光亮鳞毛蕨：splendens 有光泽的，发光的，漂亮的

Dryopteris squamifera 褐鳞鳞毛蕨：squamus 鳞，鳞片，薄膜；-ferus/ -ferum/ -fera/ -fero/ -fere/ -fer 有，具有，产（区别：作独立词使用的 ferus 意思是 "野生的"）

Dryopteris stenolepis 狭鳞鳞毛蕨：sten-/ steno- ← stenus 窄的，狭的，薄的；lepis/ lepidos 鳞片

Dryopteris subexaltata 裂盖鳞毛蕨：subexaltatus 稍高的；sub-（表示程度较弱）与……类似，几乎，稍微，弱，亚，之下，下面；exaltatus = ex + altus + atus 非常高的（比 elatus 程度还高）；e-/ ex- 不，无，非，缺乏，不具有（e- 用在辅音字母前，ex- 用在元音字母前，为拉丁语词首，对应的希腊语词首为 a-/ an-，英语为 un-/ -less，注意作词首用的 e-/ ex- 和介词 e/ ex 意思不同，后者意为 "出自、从……、由……离开、由于、依照"）；altatus 高的

Dryopteris subimpressa 柳羽鳞毛蕨：subimpressus 近似凹陷的；sub-（表示程度较弱）与……类似，几乎，稍微，弱，亚，之下，下面；impressus → impressi- 凹陷的，凹入的，雕刻的；pressus 压，压力，挤压，紧密

Dryopteris sublacera 半育鳞毛蕨：sublacerus 近撕裂状的，像 lacera 的；sub-（表示程度较弱）与……类似，几乎，稍微，弱，亚，之下，下面；Dryopteris lacera 狭顶鳞毛蕨；laceratus 撕裂状的，不整齐裂的

Dryopteris submarginata 无柄鳞毛蕨：submarginatus 像 marginata 的，近边的；sub-（表示程度较弱）与……类似，几乎，稍微，弱，亚，之下，下面；Dryopteris marginata 边果鳞毛蕨；marginatus ← margo 边缘的，具边缘的；margo/ marginis → margin- 边缘，边线，边界；词尾为 -go 的词其词干末尾视为 -gin

Dryopteris subpycnopteroides 近密鳞鳞毛蕨：subpycnopteroides 像 pycnopteroides 的；Dryopteris pycnopteroides 密鳞毛蕨；sub-（表示程度较弱）与……类似，几乎，稍微，弱，亚，之下，下面；pycn-/ pycno- ← pycnos 密生的，密集的；pterus/ pteron 翅，翼，蕨类；-oides/ -oideus/ -oideum/ -oidea/ -odes/ -eidos 像……的，类似……的，呈……状的（名词词尾）

Dryopteris subtriangularis 三角鳞毛蕨：subtriangularis 近三角形的；sub-（表示程度较弱）与……类似，几乎，稍微，弱，亚，之下，下面；tri-/ tripli-/ triplo- 三个，三数；angularis = angulus + aris 具棱角的，有角度的；triangulatus 三角形的；-aris（阳性、阴性）/ -are（中性）← -alis（阳性、阴性）/ -ale（中性）属于，相似，如同，具有，涉及，关于，联结于（将名词作形容词用，其中 -aris 常用于以 l 或 r 为词干末尾的词）

Dryopteris tahmingensis 大明鳞毛蕨：tahmingensis 大明山的（地名，广西壮族自治区）

Dryopteris tenuicula 华南鳞毛蕨：tenui- ← tenuis 薄的，纤细的，弱的，瘦的，窄的；-culus/ -culum/ -cula 小的，略微的，稍微的（同第三变格法和第四

D

变格法名词形成复合词）

Dryopteris tenuipes 落叶鳞毛蕨：tenui- ← tenuis 薄的，纤细的，弱的，瘦的，窄的；pes/ pedis 柄，梗，茎秆，腿，足，爪（作词首或词尾，pes 的词干视为"ped-"）

Dryopteris thibetica 陇蜀鳞毛蕨（陇 lǒng）：thibetica 西藏的（地名）；-icus/ -icum/ -ica 属于，具有某种特性（常用于地名、起源、生境）

Dryopteris tingiensis 定结鳞毛蕨：tingiensis 定结的（地名，西藏自治区，拼写为"tingieensis"似更妥）

Dryopteris tokyoensis 东京鳞毛蕨：tokyoensis 东京的（地名，日本）

Dryopteris toyamae 裂羽鳞毛蕨：toyamae 远山（日本人名）；-ae 表示人名，以 -a 结尾的人名后面加上 -e 形成

Dryopteris tsoongii 观光鳞毛蕨：tsoongii ← K. K. Tsoong 钟观光（人名，1868–1940，中国植物学家，北京大学教授，最先用科学方法广泛研究植物分类学，近代中国最早采集植物标本的学者，也是近代植物学的开拓者）

Dryopteris uniformis 同形鳞毛蕨：uni-/ uno- ← unus/ unum/ una 一，单一（希腊语为 mono-/ mon-）；formis/ forma 形状

Dryopteris varia 变异鳞毛蕨：varius = varus + ius 各种各样的，不同的，多型的，易变的；varus 不同的，变化的，外弯的，凸起的；-ius/ -ium/ -ia 具有……特性的（表示有关、关联、相似）

Dryopteris wallichiana 大羽鳞毛蕨：wallichiana ← Nathaniel Wallich（人名，19 世纪初丹麦植物学家、医生）

Dryopteris wallichiana var. kweichowicola 贵州鳞毛蕨：kweichowicola 贵州的（地名）；colus ← colo 分布于，居住于，栖居，殖民（常作词尾）；colo/ colere/ colui/ cultum 居住，耕作，栽培

Dryopteris wallichiana var. wallichiana 大羽鳞毛蕨-原变种 （词义见上面解释）

Dryopteris woodsiisora 细叶鳞毛蕨：woodsiisora = Woodsia + sorus 岩蕨状孢子囊群的；缀词规则：以属名作复合词时原词尾变形后的 i 要保留；Woodsia 岩蕨属（岩蕨科）；sorus ← soros 堆（指密集成簇），孢子囊群

Dryopteris wuyishanica 武夷山鳞毛蕨：wuyishanica 武夷山的（地名，福建省）；-icus/ -icum/ -ica 属于，具有某种特性（常用于地名、起源、生境）

Dryopteris xunwuensis 寻乌鳞毛蕨：xunwuensis 寻乌的（地名，江西省）

Dryopteris yongdeensis 永德鳞毛蕨：yongdeensis 永德的（地名，云南省）

Dryopteris yoroii 栗柄鳞毛蕨：yoroii（人名，词尾改为"-i"似更妥）；-ii 表示人名，接在以辅音字母结尾的人名后面，但 -er 除外；-i 表示人名，接在以元音字母结尾的人名后面，但 -a 除外

Dryopteris yungtzeensis 永自鳞毛蕨：yungtzeensis 永自的（地名，云南省德钦县）

Drypetes 核果木属（大戟科）（44-1：p39）：drypetes ← druppa 核果的，核果状的（希腊语）

Drypetes arcuatinervia 拱网核果木：arcuatus = arcus + atus 弓形的，拱形的；arcus 拱形，拱形物；nervius = nervus + ius 具脉的，具叶脉的；nervus 脉，叶脉；-ius/ -ium/ -ia 具有……特性的（表示有关、关联、相似）

Drypetes congestiflora 密花核果木：congestus 聚集的，充满的；florus/ florum/ flora ← flos 花（用于复合词）

Drypetes cumingii 青枣核果木：cumingii ← Hugh Cuming（人名，19 世纪英国贝类专家、植物学家）

Drypetes formosana 台湾核果木：formosanus = formosus + anus 美丽的，台湾的；formosus ← formosa 美丽的，台湾的（葡萄牙殖民者发现台湾时对其的称呼，即美丽的岛屿）；-anus/ -anum/ -ana 属于，来自（形容词词尾）

Drypetes hainanensis 海南核果木：hainanensis 海南的（地名）

Drypetes hainanensis var. hainanensis 海南核果木-原变种 （词义见上面解释）

Drypetes hainanensis var. longistipitata 长柄海南核果木：longistipitatus 具长柄的；longe-/ longi- ← longus 长的，纵向的；stipitatus = stipitus + atus 具柄的；stipitus 柄，梗；-atus/ -atum/ -ata 属于，相似，具有，完成（形容词词尾）

Drypetes hoaensis 勐腊核果木（勐 měng）：hoaensis（地名，越南）

Drypetes indica 核果木：indica 印度的（地名）；-icus/ -icum/ -ica 属于，具有某种特性（常用于地名、起源、生境）

Drypetes integrifolia 全缘叶核果木：integer/ integra/ integrum → integri- 完整的，整个的，全缘的；folius/ folium/ folia 叶，叶片（用于复合词）

Drypetes littoralis 滨海核果木：litoralis/ littoralis 海滨的，海岸的；littoris/ litoris/ littus/ litus 海岸，海滩，海滨

Drypetes matsumurae 毛药核果木：matsumurae ← Jinzo Matsumura 松村任三（人名，20 世纪初日本植物学家）

Drypetes obtusa 钝叶核果木：obtusus 钝的，钝形的，略带圆形的

Drypetes perreticulata 网脉核果木：perreticulatus 具细网状脉的；per-（在 l 前面音变为 pel-）极，很，颇，甚，非常，完全，通过，遍及（表示效果加强，与 sub- 互为反义词）；reticulatus = reti + culus + atus 网状的；-culus/ -culum/ -cula 小的，略微的，稍微的（同第三变格法和第四变格法名词形成复合词）；-atus/ -atum/ -ata 属于，相似，具有，完成（形容词词尾）；reti-/ rete- 网（同义词：dictyo-）

Drypetes salicifolia 柳叶核果木：salici ← Salix 柳属；构词规则：以 -ix/ -iex 结尾的词其词干末尾视为 -ic，以 -ex 结尾视为 -i/ -ic，其他以 -x 结尾视为 -c；folius/ folium/ folia 叶，叶片（用于复合词）

Duabanga 八宝树属（海桑科）（52-2：p115）：duabanga（印度教土名）

Duabanga grandiflora 八宝树：grandi- ← grandis 大的；florus/ florum/ flora ← flos 花（用于复合词）

Duabanga taylorii 细花八宝树：taylorii ← Edward Taylor（人名，1848–1928）

D

Dubyaea 厚喙菊属（菊科）（80-1：p78）：dubyaea ← J. E. Duby（人名，1798–1885，瑞士植物学家）

Dubyaea amoena 棕毛厚喙菊：amoenus 美丽的，可爱的

Dubyaea atropurpurea 紫花厚喙菊：atro-/ atr-/ atri-/ atra- ← ater 深色，浓色，暗色，发黑（ater 作为词干后接辅音字母开头的词时，要在词干后面加一个连接用的元音字母"o"或"i"，故为"ater-o-"或"ater-i-"，变形为"atr-"开头）；purpureus = purpura + eus 紫色的；purpura 紫色（purpura 原为一种介壳虫名，其体液为紫色，可作颜料）；-eus/ -eum/ -ea（接拉丁语词干时）属于……的，色如……的，质如……的（表示原料、颜色或品质的相似），（接希腊语词干时）属于……的，以……出名，为……所占有（表示具有某种特性）

Dubyaea bhotanica 不丹厚喙菊：bhotanica ← Bhotan 不丹的（地名）

Dubyaea cymiformis 伞房厚喙菊：cyma/ cyme 聚伞花序；formis/ forma 形状

Dubyaea glaucescens 光滑厚喙菊：glaucescens 变白的，发白的，灰绿的；glauco-/ glauc- ← glaucus 被白粉的，发白的，灰绿色的；-escens/ -ascens 改变，转变，变成，略微，带有，接近，相似，大致，稍微（表示变化的趋势，并未完全相似或相同，有别于表示达到完成状态的 -atus）

Dubyaea gombalana 矮小厚喙菊：gombalanus 高黎贡山的（云南省）

Dubyaea hispida 厚喙菊：hispidus 刚毛的，鬃毛状的

Dubyaea jinyangensis 金阳厚喙菊：jinyangensis 金阳的（地名，四川省）

Dubyaea lanceolata 披针叶厚喙菊：lanceolatus = lanceus + olus + atus 小披针形的，小柳叶刀的；lance-/ lancei-/ lanci-/ lanceo-/ lanc- ← lanceus 披针形的，矛形的，尖刀状的，柳叶刀状的；-olus ← -ulus 小，稍微，略微（-ulus 在字母 e 或 i 之后变成 -olus/ -ellus/ -illus）；-atus/ -atum/ -ata 属于，相似，具有，完成（形容词词尾）

Dubyaea muliensis 木里厚喙菊：muliensis 木里的（地名，四川省）

Dubyaea omeiensis 峨眉厚喙菊：omeiensis 峨眉山的（地名，四川省）

Dubyaea panduriformis 琴叶厚喙菊：pandura 一种类似小提琴的乐器；formis/ forma 形状

Dubyaea pteropoda 翼柄厚喙菊：pteropodus/ pteropus 翅柄的；pterus/ pteron 翅，翼，蕨类；podus/ pus 柄，梗，茎秆，足，腿

Dubyaea rubra 长柄厚喙菊：rubrus/ rubrum/ rubra/ ruber 红色的

Dubyaea stebbinii （斯特厚喙菊）：stebbinii（人名）；-ii 表示人名，接在以辅音字母结尾的人名后面，但 -er 除外

Dubyaea tsarongensis 察隅厚喙菊：tsarongensis 察瓦龙的（地名，西藏自治区）

Duchesnea 蛇莓属（蔷薇科）（37：p357）：duchesnea ← A. N. Duchesne（人名，1747–1827，法国植物学家）

Duchesnea chrysantha 皱果蛇莓：chrys-/ chryso- ← chrysos 黄色的，金色的；anthus/ anthum/ antha/ anthe ← anthos 花（用于希腊语复合词）

Duchesnea indica 蛇莓：indica 印度的（地名）；-icus/ -icum/ -ica 属于，具有某种特性（常用于地名、起源、生境）

Duchesnea indica var. indica 蛇莓-原变种 （词义见上面解释）

Duchesnea indica var. microphylla 小叶蛇莓：micr-/ micro- ← micros 小的，微小的，微观的（用于希腊语复合词）；phyllus/ phyllum/ phylla ← phyllon 叶片（用于希腊语复合词）

Dumasia 山黑豆属（豆科）（41：p247）：dumasia ← J. B. Dumas（人名，1800–1884，法国化学家）

Dumasia bicolor 台湾山黑豆：bi-/ bis- 二，二数，二回（希腊语为 di-）；color 颜色

Dumasia cordifolia 心叶山黑豆：cordi- ← cordis/ cor 心脏的，心形的；folius/ folium/ folia 叶，叶片（用于复合词）

Dumasia forrestii 小鸡藤：forrestii ← George Forrest（人名，1873–1932，英国植物学家，曾在中国西部采集大量植物标本）

Dumasia hirsuta 硬毛山黑豆：hirsutus 粗毛的，糙毛的，有毛的（长而硬的毛）

Dumasia nitida 瑶山山黑豆：nitidus = nitere + idus 光亮的，发光的；nitere 发亮；-idus/ -idum/ -ida 表示在进行中的动作或情况，作动词、名词或形容词的词尾；nitens 光亮的，发光的

Dumasia oblongifoliolata 长圆叶山黑豆：oblongus = ovus + longus 长椭圆形的（ovus 的词干 ov- 音变为 ob-）；ovus 卵，胚珠，卵形的，椭圆形的；longus 长的，纵向的；foliolatus = folius + ulus + atus 具小叶的，具叶片的；folius/ folium/ folia 叶，叶片（用于复合词）；-ulus/ -ulum/ -ula 小的，略微的，稍微的（小词 -ulus 在字母 e 或 i 之后有多种变缀，即 -olus/ -olum/ -ola、-ellus/ -ellum/ -ella、-illus/ -illum/ -illa，与第一变格法和第二变格法名词形成复合词）

Dumasia truncata 山黑豆：truncatus 截平的，截形的，截断的；truncare 切断，截断，截平（动词）

Dumasia villosa 柔毛山黑豆：villosus 柔毛的，绵毛的；villus 毛，羊毛，长绒毛；-osus/ -osum/ -osa 多的，充分的，丰富的，显著发育的，程度高的，特征明显的（形容词词尾）

Dumasia yunnanensis 云南山黑豆：yunnanensis 云南的（地名）

Dunbaria 野扁豆属（豆科）（41：p307）：dunbaria ← dunbar（一种豆类植物的印度土名）

Dunbaria circinalis 卷圈野扁豆（圈 quān）：circinalis = circum + inus + alis 线圈状的，涡旋状的，圆角的；circum- 周围的，缠绕的（与希腊语的 peri- 意思相同）；-inus/ -inum/ -ina/ -inos 相近，接近，相似，具有（通常指颜色）；-aris（阳性、阴性）/ -are（中性）← -alis（阳性、阴性）/ -ale（中性）属于，相似，如同，具有，涉及，关于，联结于（将名词作形容词用，其中 -aris 常用于以 l 或 r 为词干末尾的词）

Dunbaria fusca 黄毛野扁豆：fuscus 棕色的，暗色的，发黑的，暗棕色的，褐色的

Dunbaria henryi 鸽仔豆（仔 zǎi）：henryi ← Augustine Henry 或 B. C. Henry（人名，前者，1857–1930，爱尔兰医生、植物学家，曾在中国采集植物，后者，1850–1901，曾活动于中国的传教士）

Dunbaria nivea 白背野扁豆：niveus 雪白的，雪一样的；nivus/ nivis/ nix 雪，雪白色

Dunbaria parvifolia 小叶野扁豆：parvifolius 小叶的；parvus 小的，些微的，弱的；folius/ folium/ folia 叶，叶片（用于复合词）

Dunbaria podocarpa 长柄野扁豆：podocarpus 有柄果的；podos/ podo-/ pous 腿，足，柄，茎；carpus/ carpum/ carpa/ carpon ← carpos 果实（用于希腊语复合词）

Dunbaria rotundifolia 圆叶野扁豆：rotundus 圆形的，呈圆形的，肥大的；rotundo 使呈圆形的，使圆滑的；roto 旋转，滚动；folius/ folium/ folia 叶，叶片（用于复合词）

Dunbaria villosa 野扁豆：villosus 柔毛的，绵毛的；villus 毛，羊毛，长绒毛；-osus/ -osum/ -osa 多的，充分的，丰富的，显著发育的，程度高的，特征明显的（形容词词尾）

Dunbaria villosa var. peduncularis （长柄野扁豆）：pedunculatus/ peduncularis 具花序柄的，具总花梗的；pedunculus/ peduncule/ pedunculis ← pes 花序柄，总花梗（花序基部无花着生部分，不同于花柄）；关联词：pedicellus/ pediculus 小花梗，小花柄（不同于花序柄）；pes/ pedis 柄，梗，茎秆，腿，足，爪（作词首或词尾，pes 的词干视为"ped-"）；-aris（阳性、阴性）/ -are（中性）← -alis（阳性、阴性）/ -ale（中性）属于，相似，如同，具有，涉及，关于，联结于（将名词作形容词用，其中 -aris 常用于以 l 或 r 为词干末尾的词）

Dunnia 绣球茜属（茜 qiàn）（茜草科）（71-1：p233）：dunnia ← Dunn（人名，英国植物学家）

Dunnia sinensis 绣球茜草：sinensis = Sina + ensis 中国的（地名）；Sina 中国

Duperrea 长柱山丹属（茜草科）（71-2：p45）：duperrea ← Piturd Piereex（人名，法国植物学家）

Duperrea pavettaefolia 长柱山丹：pavettaefolia = Pavetta + folia 叶片像大沙叶的（注：组成复合词时，要将前面词的词尾 -us/ -um/ -a 变成 -i- 或 -o- 而不是所有格，故该词宜改为"pavettifolia"）；Pavetta 大沙叶属（茜草科）；folius/ folium/ folia 叶，叶片（用于复合词）

Duranta 假连翘属（翘 qiáo）（马鞭草科）（65-1：p22）：duranta ← Castore Durante（人名，16 世纪意大利医学家、植物学家）

Duranta erecta 假连翘（另见 D. repens）：erectus 直立的，笔直的

Duranta repens 假连翘（另见 D. erecta）：repens/ repentis/ repsi/ reptum/ repere/ repo 匍匐，爬行（同义词：reptans/ reptoare）

Durio 榴莲属（木棉科）（49-2：p111）：durio 榴莲（马来西亚土名）

Durio zibethinus 榴莲：zibethinus 麝香味的；zibetto 果子狸（意大利语）；-inus/ -inum/ -ina

-inos 相近，接近，相似，具有（通常指颜色）

Duthiea 毛蕊草属（禾本科）（9-3：p125）：duthiea ← J. F. Duthie（人名，1845–1922，英国植物学家）

Duthiea brachypodia 毛蕊草：brachy- ← brachys 短的（用于拉丁语复合词词首）；podius ← podion 腿，足，柄

Dyschoriste 安龙花属（爵床科）（70：p78）：dyschoriste 难以分开的（指果实由隔膜紧密相连）；dys 困难；choristos 隔膜

Dyschoriste grandiflora （大花安龙花）：grandi- ← grandis 大的；florus/ florum/ flora ← flos 花（用于复合词）

Dyschoriste sinica 安龙花：sinica 中国的（地名）；-icus/ -icum/ -ica 属于，具有某种特性（常用于地名、起源、生境）

Dysolobium 镰瓣豆属（豆科）（41：p266）：dysodes 恶臭的；lobius ← lobus 浅裂的，耳片的（裂片先端钝圆），荚果的，蒴果的；-ius/ -ium/ -ia 具有……特性的（表示有关、关联、相似）

Dysolobium grande 镰瓣豆：grande 大的，大型的，宏大的

Dysophylla 水蜡烛属（唇形科）（66：p380）：dysodes 恶臭的；phyllus/ phyllum/ phylla ← phyllon 叶片（用于希腊语复合词）

Dysophylla cruciata 毛茎水蜡烛：cruciatus 十字形的，交叉的；crux 十字（词干为 cruc-，用于构成复合词时常为 cruci-）；crucis 十字的（crux 的单数所有格）；构词规则：以 -ix/ -iex 结尾的词其词干末尾视为 -ic，以 -ex 结尾视为 -i/ -ic，其他以 -x 结尾视为 -c

Dysophylla linearis 线叶水蜡烛：linearis = lineus + aris 线条的，线形的，线状的，亚麻状的；lineus = linum + eus 线状的，丝状的，亚麻状的；linum ← linon 亚麻，线（古拉丁名）；-aris（阳性、阴性）/ -are（中性）← -alis（阳性、阴性）/ -ale（中性）属于，相似，如同，具有，涉及，关于，联结于（将名词作形容词用，其中 -aris 常用于以 l 或 r 为词干末尾的词）

Dysophylla pentagona 五棱水蜡烛：pentagonus 五角的，五棱的；penta- 五，五数（希腊语，拉丁语为 quin/ quinqu/ quinque-/ quinqui-）；gonus ← gonos 棱角，膝盖，关节，足

Dysophylla sampsonii 齿叶水蜡烛：sampsonii（人名）；-ii 表示人名，接在以辅音字母结尾的人名后面，但 -er 除外

Dysophylla stellata 水虎尾：stellatus/ stellaris 具星状的；stella 星状的；-atus/ -atum/ -ata 属于，相似，具有，完成（形容词词尾）；-aris（阳性、阴性）/ -are（中性）← -alis（阳性、阴性）/ -ale（中性）属于，相似，如同，具有，涉及，关于，联结于（将名词作形容词用，其中 -aris 常用于以 l 或 r 为词干末尾的词）

Dysophylla stellata var. hainanensis 水虎尾-海南变种：hainanensis 海南的（地名）

Dysophylla stellata var. intermedia 水虎尾-中间变种：intermedius 中间的，中位的，中等的；inter- 中间的，在中间，之间；medius 中间的，中央的

D

·459·

Dysophylla stellata var. stellata 水虎尾-原变种（词义见上面解释）

Dysophylla szemaoensis 思茅水蜡烛：szemaoensis 思茅的（地名，云南省）

Dysophylla yatabeana 水蜡烛：yatabeana 谷田部（人名）

Dysosma 鬼臼属（小檗科）（29：p253）：dysodes 恶臭的；osmus 气味，香味

Dysosma aurantiocaulis 云南八角莲：aurantiocaulis 橙黄色茎的；aurantio- 橙黄色，金黄色；caulis ← caulos 茎，茎秆，主茎

Dysosma difformis 小八角莲：difformis = dis + formis 不整齐的，不匀称的（dis- 在辅音字母前发生同化）；di-/ dis- 二，二数，二分，分离，不同，在……之间，从……分开（希腊语，拉丁语为 bi-/ bis-）；formis/ forma 形状

Dysosma majoensis 贵州八角莲（种加词有时误拼为"majorensis"）：majoensis（地名）

Dysosma pleiantha 六角莲：pleo-/ plei-/ pleio- ← pleos/ pleios 多的；anthus/ anthum/ antha/ anthe ← anthos 花（用于希腊语复合词）

Dysosma tsayuensis 西藏八角莲：tsayuensis 察隅的（地名，西藏自治区）

Dysosma veitchii 川八角莲：veitchii/ veitchianus ← James Veitch（人名，19 世纪植物学家）

Dysosma versipellis 八角莲：versipellis 有皮的，长皮的；versi- ← versus 向，向着（表示朝向或变化趋势）；pellis 皮

Dysoxylum 樫木属（樫 jiān）（楝科）（43-3：p87）：dysodes 恶臭的；xylum ← xylon 木材，木质

Dysoxylum binectariferum 红果樫木：bi-/ bis- 二，二数，二回（希腊语为 di-）；nectarium ← nectaris 花蜜，蜜腺；-ferus/ -ferum/ -fera/ -fero/ -fere/ -fer 有，具有，产（区别：作独立词使用的 ferus 意思是"野生的"）

Dysoxylum cumingianum 兰屿樫木：cumingianum ← Hugh Cuming（人名，19 世纪英国贝类专家、植物学家）

Dysoxylum cupuliforme 杯萼樫木：cupulus = cupus + ulus 小杯子，小杯形的，壳斗状的；forme/ forma 形状

Dysoxylum densiflorum 密花樫木：densus 密集的，繁茂的；florus/ florum/ flora ← flos 花（用于复合词）

Dysoxylum excelsum 樫木：excelsus 高的，高贵的，超越的

Dysoxylum hongkongense 香港樫木：hongkongense 香港的（地名）

Dysoxylum kanehirai 金平樫木：kanehirai（人名）（注：-i 表示人名，接在以元音字母结尾的人名后面，但 -a 除外，故该词尾宜改为"-ae"）

Dysoxylum kusukusuense 台湾樫木：kusukusuense 古思故斯的（地名，台湾屏东县高士佛村的旧称）

Dysoxylum laxiracemosum 总序樫木：laxus 稀疏的，松散的，宽松的；racemosus = racemus + osus 总状花序的；racemus 总状的，葡萄串状的；-osus/

-osum/ -osa 多的，充分的，丰富的，显著发育的，程度高的，特征明显的（形容词词尾）

Dysoxylum lenticellatum 皮孔樫木：lenticellatus 具皮孔的；lenticella 皮孔

Dysoxylum leytense 大花樫木：leytense（地名）

Dysoxylum lukii 多脉樫木：lukii（人名）；-ii 表示人名，接在以辅音字母结尾的人名后面，但 -er 除外

Dysoxylum medogense 墨脱樫木：medogense 墨脱的（地名，西藏自治区）

Dysoxylum mollissimum 海南樫木：molle/ mollis 软的，柔毛的；-issimus/ -issima/ -issimum 最，非常，极其（形容词最高级）

Dysoxylum mollissimum var. glaberrimum 光叶海南樫木：glaberrimus 完全无毛的；glaber/ glabrus 光滑的，无毛的；-rimus/ -rima/ -rimum 最，极，非常（词尾为 -er 的形容词最高级）

Dysoxylum mollissimum var. mollissimum 海南樫木-原变种（词义见上面解释）

Dysoxylum oliganthum 少花樫木：oligo-/ olig- 少数的（希腊语，拉丁语为 pauci-）；anthus/ anthum/ antha/ anthe ← anthos 花（用于希腊语复合词）

Dysphania 腺毛藜属（苋科）（增补）：dysphania 昏暗的，模糊的（希腊语，指花不显眼）

Dysphania ambrosioides 土荆芥（另见 Chenopodium ambrosioides）：ambrosi ← Ambrosia 豚草属（菊科）；-oides/ -oideus/ -oideum/ -oidea/ -odes/ -eidos 像……的，类似……的，呈……状的（名词词尾）

Dysphania aristata 刺藜（另见 Dysphania aristata）：aristatus(aristosus) = arista + atus 具芒的，具芒刺的，具刚毛的，具胡须的；arista 芒

Dysphania schraderiana 菊叶香藜（另见 Chenopodium foetidum）：schraderiana ← H. A. Schrader（人名）

Ebenaceae 柿科（60-1：p84）：Ebenum（属名，柿科）；-aceae（分类单位科的词尾，为 -aceus 的阴性复数主格形式，加到模式属的名称后或同义词的词干后以组成族群名称）

Eberhardtia 梭子果属（山榄科）（60-1：p57）：eberhardtia ← P. A. Eberhardt（人名，19 世纪法国植物学家）

Eberhardtia aurata 锈毛梭子果：auratus = aurus + atus 金黄色的；aurus 金，金色

Eberhardtia tonkinensis 梭子果：tonkin 东京（地名，越南河内的旧称）

Ecballium 喷瓜属（葫芦科）（73-1：p196）：ecballium 向外投掷的（指果实成熟后将种子喷出）；ec- 之外，向外；ballium ← ballo 投掷，扔

Ecballium elaterium 喷瓜：elaterius 弹出，飞出，跳出，飞散

Eccoilopus 油芒属（禾本科）（10-2：p60）：eccoilo- ← eccoilizo 空出，凹进；-pus ← pous 腿，足，爪，柄，茎

Eccoilopus bambusoides 竹油芒：Bambusa 箣竹属（禾本科）；-oides/ -oideus/ -oideum/ -oidea/ -odes/ -eidos 像……的，类似……的，呈……状的（名词词尾）

Eccoilopus cotulifer 油芒：cotulifer 具杯子的，具杯状结构的，中空皿状的；cotulus ← cotyle 杯（指抱茎叶基部呈杯形）；-ferus/ -ferum/ -fera/ -fero/ -fere/ -fer 有，具有，产（区别：作独立词使用的 ferus 意思是"野生的"）

Eccoilopus formosanus 台湾油芒：formosanus = formosus + anus 美丽的，台湾的；formosus ← formosa 美丽的，台湾的（葡萄牙殖民者发现台湾时对其的称呼，即美丽的岛屿）；-anus/ -anum/ -ana 属于，来自（形容词词尾）

Ecdysanthera 花皮胶藤属（夹竹桃科）(63：p233)：ecdysanthera 花药露出的（指花药伸出花冠）；ecdysis ← ekdysis 脱衣服；andrus/ andros/ antherus ← aner 雄蕊，花药，雄性

Ecdysanthera rosea 酸叶胶藤：roseus = rosa + eus 像玫瑰的，玫瑰色的，粉红色的；rosa 蔷薇（古拉丁名）← rhodon 蔷薇（希腊语）← rhodd 红色，玫瑰红（凯尔特语）；-eus/ -eum/ -ea（接拉丁语词干时）属于……的，色如……的，质如……的（表示原料、颜色或品质的相似），（接希腊语词干时）属于……的，以……出名，为……所占有（表示具有某种特性）

Ecdysanthera utilis 花皮胶藤：utilis 有用的

Echinacanthus 恋岩花属（爵床科）(70：p81)：echinacanthus = echinus + acanthus 海胆状刺的；echinus ← echinos → echino-/ echin- 刺猬，海胆；acanthus ← Akantha 刺，具刺的（Acantha 是希腊神话中的女神，和太阳神阿波罗发生冲突，太阳神将其变成带刺的植物）

Echinacanthus lofouensis 黄花恋岩花：lofouensis 罗浮山的（地名，广东省）

Echinacanthus longipes 长柄恋岩花：longe-/ longi- ← longus 长的，纵向的；pes/ pedis 柄，梗，茎秆，腿，足，爪（作词首或词尾，pes 的词干视为"ped-"）

Echinacanthus longzhouensis 龙州恋岩花：longzhouensis 龙州的（地名，广西壮族自治区）

Echinacea 松果菊属（菊科）（增补）：echinaceus = echinus + aceus 像刺猬的；echinus ← echinos → echino-/ echin- 刺猬，海胆；-aceus/ -aceum/ -acea（表示相似，作名词词尾）

Echinacea purpurea 松果菊：purpureus = purpura + eus 紫色的；purpura 紫色（purpura 原为一种介壳虫名，其体液为紫色，可作颜料）；-eus/ -eum/ -ea（接拉丁语词干时）属于……的，色如……的，质如……的（表示原料、颜色或品质的相似），（接希腊语词干时）属于……的，以……出名，为……所占有（表示具有某种特性）

Echinochloa 稗属（禾本科）(10-1：p250)：echinochloa = echinus + chloa 海胆样的草（指小穗具毛）；echinus ← echinos → echino-/ echin- 刺猬，海胆；chloa ← chloe 草，禾草

Echinochloa caudata 长芒稗：caudatus = caudus + atus 尾巴的，尾巴状的，具尾的；caudus 尾巴

Echinochloa colonum 光头稗：colonus 群体的，殖民者

Echinochloa crusgalli 稗：crusgalli 鸡爪，鸡爪状的；crus 腿，足，爪；galli 鸡，家禽

Echinochloa crusgalli var. austro-japonensis 小旱稗：austro-/ austr- 南方的，南半球的，大洋洲的；auster 南方，南风；japonensis 日本的（地名）

Echinochloa crusgalli var. breviseta 短芒稗：brevi- ← brevis 短的（用于希腊语复合词词首）；setus/ saetus 刚毛，刺毛，芒刺

Echinochloa crusgalli var. crusgalli 稗-原变种（词义见上面解释）

Echinochloa crusgalli var. mitis 无芒稗：mitis 温和的，无刺的

Echinochloa crusgalli var. praticola 细叶旱稗：praticola 生于草原的；pratum 草原；colus ← colo 分布于，居住于，栖居，殖民（常作词尾）；colo/ colere/ colui/ cultum 居住，耕作，栽培

Echinochloa crusgalli var. zelayensis 西来稗：zelayensis（地名，墨西哥）

Echinochloa cruspavonis 孔雀稗：cruspavonis 孔雀腿；crus 腿，足，爪；pavo/ pavonis/ pavus/ pava 孔雀（比喻色彩或形状）

Echinochloa frumentacea 湖南稗子：frumentaceus 谷物的，粮食的；-aceus/ -aceum/ -acea 相似的，有……性质的，属于……的

Echinochloa glabrescens 硬稃稗（稃 fū）：glabrus 光秃的，无毛的，光滑的；-escens/ -ascens 改变，转变，变成，略微，带有，接近，相似，大致，稍微（表示变化的趋势，并未完全相似或相同，有别于表示达到完成状态的 -atus）

Echinochloa hispidula 旱稗：hispidulus 稍有刚毛的；hispidus 刚毛的，鬃毛状的；-ulus/ -ulum/ -ula 小的，略微的，稍微的（小词 -ulus 在字母 e 或 i 之后有多种变缀，即 -olus/ -olum/ -ola/ -ellus/ -ellum/ -ella、-illus/ -illum/ -illa，与第一变格法和第二变格法名词形成复合词）

Echinochloa oryzoides 水田稗：oryzoides 像水稻的；Oryza 稻属（禾本科）；-oides/ -oideus/ -oideum/ -oidea/ -odes/ -eidos 像……的，类似……的，呈……状的（名词词尾）

Echinochloa phyllopogon 水稗：phyllopogon 叶状芒的；phyllus/ phyllum/ phylla ← phyllon 叶片（用于希腊语复合词）；pogon 胡须，髯毛，芒尖

Echinochloa utilis 紫穗稗：utilis 有用的

Echinops 蓝刺头属（菊科）(78-1：p1)：echinops = echinus + ops 像刺猬的；echinus ← echinos → echino-/ echin- 刺猬，海胆；-opsis/ -ops 相似，稍微，带有

Echinops coriophyllus 截叶蓝刺头：corius 皮革的，革质的；phyllus/ phyllum/ phylla ← phyllon 叶片（用于希腊语复合词）

Echinops cornigerus （硬角蓝刺头）：cornus 角，犄角，兽角，角质，角质般坚硬；gerus → -ger/ -gerus/ -gerum/ -gera 具有，有，带有

Echinops dissectus 褐毛蓝刺头：dissectus 多裂的，全裂的，深裂的；di-/ dis- 二，二数，二分，分离，不同，在……之间，从……分开（希腊语，拉丁语为 bi-/ bis-）；sectus 分段的，分节的，切开的，分裂的

Echinops gmelini 砂蓝刺头：gmelini ← Johann Gottlieb Gmelin（人名，18 世纪德国博物学家，曾

E

对西伯利亚和勘察加进行大量考察）（gmelini 宜改为 "gmelinii"，即词尾宜改为 "-ii"）；-ii 表示人名，接在以辅音字母结尾的人名后面，但 -er 除外；-i 表示人名，接在以元音字母结尾的人名后面，但 -a 除外

Echinops grijsii 华东蓝刺头：grijsii（人名）；-ii 表示人名，接在以辅音字母结尾的人名后面，但 -er 除外

Echinops humilis 矮蓝刺头：humilis 矮的，低的

Echinops integrifolius 全缘叶蓝刺头：integer/ integra/ integrum → integri- 完整的，整个的，全缘的；folius/ folium/ folia 叶，叶片（用于复合词）

Echinops latifolius 驴欺口：lati-/ late- ← latus 宽的，宽广的；folius/ folium/ folia 叶，叶片（用于复合词）

Echinops nanus 丝毛蓝刺头：nanus ← nanos/ nannos 矮小的，小的；nani-/ nano-/ nanno- 矮小的，小的

Echinops przewalskii 火烙草：przewalskii ← Nicolai Przewalski（人名，19 世纪俄国探险家、博物学家）

Echinops pseudosetifer 羽裂蓝刺头：pseudosetifer 像 setifer 的；pseudo-/ pseud- ← pseudos 假的，伪的，接近，相似（但不是）；Echinops setifer 糙毛蓝刺头；setus/ saetus 刚毛，刺毛，芒刺；-ferus/ -ferum/ -fera/ -fero/ -fere/ -fer 有，具有，产（区别：作独立词使用的 ferus 意思是 "野生的"）

Echinops ritro 硬叶蓝刺头：ritro（词源不详，可能是一种带刺植物的名称，借以表示植物体有刺）

Echinops setifer 糙毛蓝刺头：setiferus 具刚毛的；setus/ saetus 刚毛，刺毛，芒刺；-ferus/ -ferum/ -fera/ -fero/ -fere/ -fer 有，具有，产（区别：作独立词使用的 ferus 意思是 "野生的"）

Echinops sphaerocephalus 蓝刺头：sphaerocephalus 球形头状花序的；sphaero- 圆形，球形；cephalus/ cephale ← cephalos 头，头状花序

Echinops sylvicola 林生蓝刺头：sylvicola 生于森林的；sylva/ silva 森林；colus ← colo 分布于，居住于，栖居，殖民（常作词尾）；colo/ colere/ colui/ cultum 居住，耕作，栽培

Echinops talassicus 大蓝刺头：talassicus 塔拉斯的（地名，吉尔吉斯斯坦）；-icus/ -icum/ -ica 属于，具有某种特性（常用于地名、起源、生境）

Echinops tibeticus （西藏蓝刺头）：tibeticus 西藏的（地名）；-icus/ -icum/ -ica 属于，具有某种特性（常用于地名、起源、生境）

Echinops tjanschanicus 天山蓝刺头：tjanschanicus 天山的（地名，新疆维吾尔自治区）；-icus/ -icum/ -ica 属于，具有某种特性（常用于地名、起源、生境）

Echinops tricholepis 薄叶蓝刺头：tricholepis 毛鳞的；trich-/ tricho-/ tricha- ← trichos ← thrix 毛，多毛的，线状的，丝状的；lepis/ lepidos 鳞片；Tricholepis 针苞菊属（菊科）

Echium 蓝蓟属（紫草科）（64-2：p66）：echium ← echis 毒蛇（比喻坚果形状）

Echium vulgare 蓝蓟：vulgaris 常见的，普通的，分布广的；vulgus 普通的，到处可见的

Eclipta 鳢肠属（鳢 lǐ）（菊科）（75：p344）：eclipta ← ecleipo 不全的，欠缺的

Eclipta prostrata 鳢肠：prostratus/ pronus/ procumbens 平卧的，匍匐的

Edgaria 三棱瓜属（葫芦科）（73-1：p168）：edgaria ← Edgar Alexander Mearns（人名，1856–1916，美国博物学家）

Edgaria darjeelingensis 三棱瓜：darjeelingensis（地名）

Edgeworthia 结香属（瑞香科）（52-1：p389）：edgeworthia ← Michael Pakenham Edgeworth（人名，1812–1881，英国植物学家）

Edgeworthia albiflora 白结香：albus → albi-/ albo- 白色的；florus/ florum/ flora ← flos 花（用于复合词）

Edgeworthia chrysantha 结香：chrys-/ chryso- ← chrysos 黄色的，金色的；anthus/ anthum/ antha/ anthe ← anthos 花（用于希腊语复合词）

Edgeworthia eriosolenoides 西畴结香：erion 绵毛，羊毛；solena/ solen 管，管状的；-oides/ -oideus/ -oideum/ -oidea/ -odes/ -eidos 像……的，类似……的，呈……状的（名词词尾）

Edgeworthia gardneri 滇结香：gardneri（人名）；-eri 表示人名，在以 -er 结尾的人名后面加上 i 形成

Egenolfia 刺蕨属（实蕨科）（6-1：p115）：egenolfia ← C. Egenolf（人名，1502–1555，德国植物学家）

Egenolfia appendiculata 刺蕨：appendiculatus = appendix + ulus + atus 有小附属物的；appendix = ad + pendix 附属物；ad- 向，到，近（拉丁语词首，表示程度加强）；构词规则：构成复合词时，词首末尾的辅音字母常同化为紧接其后的那个辅音字母（如 ad + p → app）；pendix ← pendens 垂悬的，挂着的，悬挂的；构词规则：以 -ix/ -iex 结尾的词其词干末尾视为 -ic，以 -ex 结尾视为 -i/ -ic，其他以 -x 结尾视为 -c；-ulus/ -ulum/ -ula 小的，略微的，稍微的（小词 -ulus 在字母 e 或 i 之后有多种变缀，即 -olus/ -olum/ -ola、-ellus/ -ellum/ -ella、-illus/ -illum/ -illa，与第一变格法和第二变格法名词形成复合词）；-atus/ -atum/ -ata 属于，相似，具有，完成（形容词词尾）

Egenolfia bipinnatifida 长耳刺蕨：bipinnatifidus 二回羽状中裂的；bi-/ bis- 二，二数，二回（希腊语为 di-）；pinnatifidus = pinnatus + fidus 羽状中裂的；pinnatus = pinnus + atus 羽状的，具羽的；pinnus/ pennus 羽毛，羽状，羽片；fidus ← findere 裂开，分裂（裂深不超过 1/3，常作词尾）

Egenolfia crassifolia 厚叶刺蕨：crassi- ← crassus 厚的，粗的，多肉质的；folius/ folium/ folia 叶，叶片（用于复合词）

Egenolfia crenata 圆齿刺蕨：crenatus = crena + atus 圆齿状的，具圆齿的；crena 叶缘的圆齿

Egenolfia fengiana 疏裂刺蕨：fengiana（人名）

Egenolfia medogensis 墨脱刺蕨：medogensis 墨脱的（地名，西藏自治区）

Egenolfia rhizophylla 根叶刺蕨（种加词有时误拼为 "rhizopylla"）：rhizophyllus 根叶的，叶出根的；rhiz-/ rhizo- ← rhizus 根，根状茎；phyllus/

E

phyllum/ phylla ← phyllon 叶片（用于希腊语复合词）

Egenolfia sinensis 中华刺蕨：sinensis = Sina + ensis 中国的（地名）；Sina 中国

Egenolfia tonkinensis 镰裂刺蕨：tonkin 东京（地名，越南河内的旧称）

Egenolfia yunnanensis 云南刺蕨：yunnanensis 云南的（地名）

Egeria 水蕴草属（水鳖科）（增补）：egeria（罗马神话中的女神）

Egeria densa 水蕴草：densus 密集的，繁茂的

Ehretia 厚壳树属（壳 qiào）（紫草科）（64-2：p11）：ehretia ← Georg Dionysius Ehret（人名，1708–1770，德国植物学家，植物绘画艺术家）

Ehretia asperula 宿苞厚壳树：asperulus = asper + ulus 稍粗糙的；Asperula 车叶草属（茜草科）

Ehretia confinis 云南粗糠树：confinis 边界，范围，共同边界，邻近的；co- 联合，共同，合起来（拉丁语词首，为 cum- 的音变，表示结合、强化、完全，对应的希腊语为 syn-）；co- 的缀词音变有 co-/ com-/ con-/ col-/ cor-：co-（在 h 和元音字母前面），col-（在 l 前面），com-（在 b、m、p 之前），con-（在 c、d、f、g、j、n、qu、s、t 和 v 前面），cor-（在 r 前面）；finis 界限，境界

Ehretia corylifolia 西南粗糠树：Corylus 榛属（桦木科）；folius/ folium/ folia 叶，叶片（用于复合词）

Ehretia dunniana 云贵厚壳树：dunniana（人名）

Ehretia hainanensis 海南厚壳树：hainanensis 海南的（地名）

Ehretia laevis 毛萼厚壳树：laevis/ levis/ laeve/ leve → levi-/ laevi- 光滑的，无毛的，无不平或粗糙感觉的

Ehretia longiflora 长花厚壳树：longe-/ longi- ← longus 长的，纵向的；florus/ florum/ flora ← flos 花（用于复合词）

Ehretia macrophylla 粗糠树：macro-/ macr- ← macros 大的，宏观的（用于希腊语复合词）；phyllus/ phyllum/ phylla ← phyllon 叶片（用于希腊语复合词）

Ehretia macrophylla var. glabrescens 光叶粗糠树：glabrus 光秃的，无毛的，光滑的；-escens/ -ascens 改变，转变，变成，略微，带有，接近，相似，大致，稍微（表示变化的趋势，并未完全相似或相同，有别于表示达到完成状态的 -atus）

Ehretia macrophylla var. macrophylla 粗糠树-原变种 （词义见上面解释）

Ehretia pingbianensis 屏边厚壳树：pingbianensis 屏边的（地名，云南省）

Ehretia resinosa 台湾厚壳树：resinosus 树脂多的；resina 树脂；-osus/ -osum/ -osa 多的，充分的，丰富的，显著发育的，程度高的，特征明显的（形容词词尾）

Ehretia thyrsiflora 厚壳树：thyrsus/ thyrsos 花簇，金字塔，圆锥形，聚伞圆锥花序；florus/ florum/ flora ← flos 花（用于复合词）

Ehretia tsangii 上思厚壳树：tsangii（人名）；-ii 表示人名，接在以辅音字母结尾的人名后面，但 -er 除外

Ehrharta 皱稃草属（禾本科）（增补）：ehrharta ← J. F. Ehrhart（人名，18 世纪瑞士植物学家）

Ehrharta erecta 皱稃草：erectus 直立的，笔直的

Eichhornia 凤眼蓝属（雨久花科）（13-3：p138）：eichhornia ← Johann Albrecht Friedrich Eichhorn（人名，1779–1856，德国植物学家、政治家）

Eichhornia crassipes 凤眼蓝：crassi- ← crassus 厚的，粗的，多肉质的；pes/ pedis 柄，梗，茎秆，腿，足，爪（作词首或词尾，pes 的词干视为 "ped-"）

Elachanthemum 紊蒿属（菊科）（76-1：p97）：elachys 小的（希腊语）；anthemus ← anthemon 花

Elachanthemum intricatum 紊蒿：intricatus 纷乱的，复杂的，缠结的

Elaeagnaceae 胡颓子科（52-2：p1）：Elaeagnus 胡颓子属；-aceae（分类单位科的词尾，为 -aceus 的阴性复数主格形式，加到模式属的名称后或同义词的词干后以组成族群名称）

Elaeagnus 胡颓子属（胡颓子科）（52-2：p1）：elae- ← elaia 橄榄（希腊语）；agnus ← Vitex agnuscastus 欧洲荆条（叶片发白像胡颓子）

Elaeagnus angustata 窄叶木半夏：angustatus = angustus + atus 变窄的；angustus 窄的，狭的，细的

Elaeagnus angustata var. angustata 窄叶木半夏-原变种 （词义见上面解释）

Elaeagnus angustata var. songmingensis 嵩明木半夏（嵩 sōng）：songmingensis（地名）

Elaeagnus angustifolia 沙枣：angusti- ← angustus 窄的，狭的，细的；folius/ folium/ folia 叶，叶片（用于复合词）

Elaeagnus angustifolia var. angustifolia 沙枣-原变种 （词义见上面解释）

Elaeagnus angustifolia var. orientalis 东方沙枣：orientalis 东方的；oriens 初升的太阳，东方

Elaeagnus argyi 佘山羊奶子（佘 shé）：argyi（人名）

Elaeagnus bambusetorum 竹生羊奶子：bambusetorum 竹林的，生于竹林的；bambusus 竹子；-etorum 群落的（表示群丛、群落的词尾）

Elaeagnus bockii 长叶胡颓子：bockii（人名）；-ii 表示人名，接在以辅音字母结尾的人名后面，但 -er 除外

Elaeagnus bockii var. bockii 长叶胡颓子-原变种（词义见上面解释）

Elaeagnus bockii var. muliensis 木里胡颓子：muliensis 木里的（地名，四川省）

Elaeagnus cinnamomifolia 樟叶胡颓子：Cinnamomum 樟属（樟科）；folius/ folium/ folia 叶，叶片（用于复合词）

Elaeagnus conferta 密花胡颓子：confertus 密集的

Elaeagnus conferta var. conferta 密花胡颓子-原变种 （词义见上面解释）

Elaeagnus conferta var. menghaiensis 勐海胡颓子（勐 měng）：menghaiensis 勐海的（地名，云南省）

Elaeagnus courtoisi 毛木半夏：courtoisi（人名，词尾改为 "-ii" 似更妥）；-ii 表示人名，接在以辅音字母结尾的人名后面，但 -er 除外；-i 表示人名，接在以元音字母结尾的人名后面，但 -a 除外

Elaeagnus davidii 四川胡颓子：davidii ← Pere Armand David（人名，1826–1900，曾在中国采集植物标本的法国传教士）；-ii 表示人名，接在以辅音字母结尾的人名后面，但 -er 除外

Elaeagnus delavayi 长柄胡颓子：delavayi ← P. J. M. Delavay（人名，1834–1895，法国传教士，曾在中国采集植物标本）；-i 表示人名，接在以元音字母结尾的人名后面，但 -a 除外

Elaeagnus difficilis 巴东胡颓子：difficilis 困难的；dis-/ dif- di-/ dir- 表示分离、划分、分成部分；facilis 容易的；构词规则：构成复合词时，词首末尾的辅音字母常同化为紧接其后的那个辅音字母（如 dis + f → diff）

Elaeagnus difficilis var. brevistyla 短柱胡颓子：brevi- ← brevis 短的（用于希腊语复合词词首）；stylus/ stylis ← stylos 柱，花柱

Elaeagnus difficilis var. difficilis 巴东胡颓子-原变种 （词义见上面解释）

Elaeagnus formosana 台湾胡颓子：formosanus = formosus + anus 美丽的，台湾的；formosus ← formosa 美丽的，台湾的（葡萄牙殖民者发现台湾时对其的称呼，即美丽的岛屿）；-anus/ -anum/ -ana 属于，来自（形容词词尾）

Elaeagnus glabra 蔓胡颓子（蔓 màn）：glabrus 光秃的，无毛的，光滑的

Elaeagnus gonyanthes 角花胡颓子：gonyanthes 屈膝状花的；gony 膝，屈膝；anthes ← anthos 花

Elaeagnus griffithii 钟花胡颓子：griffithii ← William Griffith（人名，19 世纪印度植物学家，加尔各答植物园主任）

Elaeagnus grijsii 多毛羊奶子：grijsii（人名）；-ii 表示人名，接在以辅音字母结尾的人名后面，但 -er 除外

Elaeagnus guizhouensis 贵州羊奶子：guizhouensis 贵州的（地名）

Elaeagnus henryi 宜昌胡颓子：henryi ← Augustine Henry 或 B. C. Henry（人名，前者，1857–1930，爱尔兰医生、植物学家，曾在中国采集植物，后者，1850–1901，曾活动于中国的传教士）

Elaeagnus jiangxiensis 江西羊奶子：jiangxiensis 江西的（地名）

Elaeagnus jingdonensis 景东羊奶子：jingdonensis 景东的（地名，云南省，已修订为 jingdongensis）

Elaeagnus lanceolata 披针叶胡颓子：lanceolatus = lanceus + olus + atus 小披针形的，小柳叶刀的；lance-/ lancei-/ lanci-/ lanceo-/ lanc- ← lanceus 披针形的，矛形的，尖刀状的，柳叶刀状的；-olus ← -ulus 小，稍微，略微（-ulus 在字母 e 或 i 之后变成 -olus/ -ellus/ -illus）；-atus/ -atum/ -ata 属于，相似，具有，完成（形容词词尾）

Elaeagnus lanceolata subsp. grandifolia 大披针叶胡颓子：grandi- ← grandis 大的；folius/ folium/ folia 叶，叶片（用于复合词）

Elaeagnus lanceolata subsp. lanceolata 披针叶胡颓子-原亚种 （词义见上面解释）

Elaeagnus lanceolata subsp. rubescens 红枝胡颓子：rubescens = rubus + escens 红色，变红的；rubus ← ruber/ rubeo 树莓的，红色的；-escens/

-ascens 改变，转变，变成，略微，带有，接近，相似，大致，稍微（表示变化的趋势，并未完全相似或相同，有别于表示达到完成状态的 -atus）

Elaeagnus lanpingensis 兰坪胡颓子：lanpingensis 兰坪的（地名，云南省）

Elaeagnus liuzhouensis 柳州胡颓子：liuzhouensis 柳州的（地名，广西壮族自治区）

Elaeagnus longiloba 长裂胡颓子：longe-/ longi- ← longus 长的，纵向的；lobus/ lobos/ lobon 浅裂，耳片（裂片先端钝圆），荚果，蒴果

Elaeagnus loureirii 鸡柏紫藤：loureirii ← Joao Loureiro（人名，18 世纪葡萄牙博物学家）

Elaeagnus luoxiangensis 罗香胡颓子：luoxiangensis 罗香的（地名，广西壮族自治区）

Elaeagnus luxiensis 潞西胡颓子（潞 lù）：luxiensis 潞西的（地名，云南省芒市的旧称）

Elaeagnus macrantha 大花胡颓子：macro-/ macr- ← macros 大的，宏观的（用于希腊语复合词）；anthus/ anthum/ antha/ anthe ← anthos 花（用于希腊语复合词）

Elaeagnus macrophylla 大叶胡颓子：macro-/ macr- ← macros 大的，宏观的（用于希腊语复合词）；phyllus/ phyllum/ phylla ← phyllon 叶片（用于希腊语复合词）

Elaeagnus magna 银果牛奶子：magnus 大的，巨大的

Elaeagnus micrantha 小花羊奶子：micr-/ micro- ← micros 小的，微小的，微观的（用于希腊语复合词）；anthus/ anthum/ antha/ anthe ← anthos 花（用于希腊语复合词）

Elaeagnus mollis 翅果油树：molle/ mollis 软的，柔毛的

Elaeagnus morrisonensis 阿里胡颓子：morrisonensis 磨里山的（地名，今台湾新高山）

Elaeagnus multiflora 木半夏：multi- ← multus 多个，多数，很多（希腊语为 poly-）；florus/ florum/ flora ← flos 花（用于复合词）

Elaeagnus multiflora var. multiflora 木半夏-原变种 （词义见上面解释）

Elaeagnus multiflora var. obovoidea 倒果木半夏：obovatus = ob + ovus + atus 倒卵形的；ob- 相反，反对，倒（ob- 有多种音变：ob- 在元音字母和大多数辅音字母前面，oc- 在 c 前面，of- 在 f 前面，op- 在 p 前面）；ovus 卵，胚珠，卵形的，椭圆形的；-oides/ -oideus/ -oideum/ -oidea/ -odes/ -eidos 像……的，类似……的，呈……状的（名词词尾）

Elaeagnus multiflora var. siphonantha 长萼木半夏：siphonanthus 管状花的；siphonus ← sipho → siphon-/ siphono-/ -siphonius 管，筒，管状物；anthus/ anthum/ antha/ anthe ← anthos 花（用于希腊语复合词）

Elaeagnus multiflora var. tenuipes 细枝木半夏：tenui- ← tenuis 薄的，纤细的，弱的，瘦的，窄的；pes/ pedis 柄，梗，茎秆，腿，足，爪（作词首或词尾，pes 的词干视为 "ped-"）

Elaeagnus nanchuanensis 南川牛奶子：nanchuanensis 南川的（地名，重庆市）

Elaeagnus obovata 倒卵叶胡颓子：obovatus =

E

ob + ovus + atus 倒卵形的；ob- 相反，反对，倒（ob- 有多种音变：ob- 在元音字母和大多数辅音字母前面，oc- 在 c 前面，of- 在 f 前面，op- 在 p 前面）；ovus 卵，胚珠，卵形的，椭圆形的

Elaeagnus oldhami 福建胡颓子：oldhami ← Richard Oldham（人名，19 世纪植物采集员）（注：词尾改为"-ii"似更妥）；-ii 表示人名，接在以辅音字母结尾的人名后面，但 -er 除外；-i 表示人名，接在以元音字母结尾的人名后面，但 -a 除外

Elaeagnus ovata 卵叶胡颓子：ovatus = ovus + atus 卵圆形的；ovus 卵，胚珠，卵形的，椭圆形的；-atus/ -atum/ -ata 属于，相似，具有，完成（形容词词尾）

Elaeagnus oxycarpa 尖果沙枣：oxycarpus 尖果的；oxy- ← oxys 尖锐的，酸的；carpus/ carpum/ carpa/ carpon ← carpos 果实（用于希腊语复合词）

Elaeagnus pallidiflora 白花胡颓子：pallidus 苍白的，淡白色的，淡色的，蓝白色的，无活力的；palide 淡地，淡色地（反义词：sturate 深色地，浓色地，充分地，丰富地，饱和地）；florus/ florum/ flora ← flos 花（用于复合词）

Elaeagnus pilostyla 毛柱胡颓子：pilostylus 毛柱的；pilo- ← pilosus 多毛的，被柔毛的，具疏柔毛的，被短弱细毛的；pilus 毛，疏柔毛；stylus/ stylis ← stylos 柱，花柱

Elaeagnus pungens 胡颓子：pungens 硬尖的，针刺的，针刺般的，辛辣的；pungo/ pupugi/ punctum 扎，刺，使痛苦

Elaeagnus retrostyla 卷柱胡颓子：retro- 向后，反向；stylus/ stylis ← stylos 柱，花柱

Elaeagnus sarmentosa 攀援胡颓子：sarmentosus 匍匐茎的；sarmentum 匍匐茎，鞭条；-osus/ -osum/ -osa 多的，充分的，丰富的，显著发育的，程度高的，特征明显的（形容词词尾）

Elaeagnus schlechtendalii 小胡颓子：schlechtendalii ← Diederich Franz Leon von Schlechtendal（人名，19 世纪德国植物学家）

Elaeagnus stellipila 星毛羊奶子：stella 星状的；pilus 毛，疏柔毛

Elaeagnus thunbergii 薄叶胡颓子：thunbergii ← C. P. Thunberg（人名，1743–1828，瑞典植物学家，曾专门研究日本的植物）

Elaeagnus tonkinensis 越南胡颓子：tonkin 东京（地名，越南河内的旧称）

Elaeagnus tubiflora 管花胡颓子：tubi-/ tubo- ← tubus 管子的，管状的；florus/ florum/ flora ← flos 花（用于复合词）

Elaeagnus tutcheri 香港胡颓子：tutcheri（人名）；-eri 表示人名，在以 -er 结尾的人名后面加上 i 形成

Elaeagnus umbellata 牛奶子：umbellatus = umbella + atus 伞形花序的，具伞的；umbella 伞形花序

Elaeagnus viridis 绿叶胡颓子：viridis 绿色的，鲜嫩的（相当于希腊语的 chloro-）

Elaeagnus viridis var. delavayi 白绿叶：delavayi ← P. J. M. Delavay（人名，1834–1895，法国传教士，曾在中国采集植物标本）；-i 表示人名，接在以元音字母结尾的人名后面，但 -a 除外

Elaeagnus viridis var. viridis 绿叶胡颓子-原变种（词义见上面解释）

Elaeagnus wenshanensis 文山胡颓子：wenshanensis 文山的（地名，云南省）

Elaeagnus wilsonii 少果胡颓子：wilsonii ← John Wilson（人名，18 世纪英国植物学家）

Elaeagnus wushanensis 巫山牛奶子：wushanensis 巫山的（地名，重庆市），武山的（地名，甘肃省）

Elaeagnus yunnanensis 云南羊奶子：yunnanensis 云南的（地名）

Elaeis 油棕属（棕榈科）（13-1：p141）：elaeis ← elaia 橄榄（希腊语）

Elaeis guineensis 油棕：guineensis 几内亚的（地名）

Elaeocarpaceae 杜英科（49-1：p1）：Elaeocarpus 杜英属；-aceae（分类单位科的词尾，为 -aceus 的阴性复数主格形式，加到模式属的名称后或同义词的词干后以组成族群名称）

Elaeocarpus 杜英属（杜英科）（49-1：p2）：elaeocarpus 橄榄状果实；elaeo ← elaia 橄榄（希腊语）；carpus/ carpum/ carpa/ carpon ← carpos 果实（用于希腊语复合词）

Elaeocarpus apiculatus 长芒杜英：apiculatus = apicus + ulus + atus 小尖头的，顶端有小突起的；apicus/ apice 尖的，尖头的，顶端的

Elaeocarpus arthropus 节柄杜英：arthro-/ arthr- ← arthron 关节，有关节的；-pus ← pous 腿，足，爪，柄，茎

Elaeocarpus atro-punctatus 黑腺杜英：atro-/ atr-/ atri-/ atra- ← ater 深色，浓色，暗色，发黑（ater 作为词干后接辅音字母开头的词时，要在词干后面加一个连接用的元音字母"o"或"i"，故为"ater-o-"或"ater-i-"，变形为"atr-"开头）；punctatus = punctus + atus 具斑点的；punctus 斑点

Elaeocarpus auricomus 金毛杜英：auricomus 金黄毛的；aurus 金，金色；comus ← comis 冠毛，头缨，一簇（毛或叶片）

Elaeocarpus austro-sinicus 华南杜英：austro-/ austr- 南方的，南半球的，大洋洲的；auster 南方，南风；sinicus 中国的（地名）

Elaeocarpus austro-yunnanensis 滇南杜英：austro-/ austr- 南方的，南半球的，大洋洲的；auster 南方，南风；yunnanensis 云南的（地名）

Elaeocarpus bachmaensis 少花杜英：bachmaensis（地名，越南）

Elaeocarpus balansae 大叶杜英：balansae ← Benedict Balansa（人名，19 世纪法国植物采集员）；-ae 表示人名，以 -a 结尾的人名后面加上 -e 形成

Elaeocarpus boreali-yunnanensis 滇北杜英：borealis 北方的；-aris（阳性、阴性）/ -are（中性）← -alis（阳性、阴性）/ -ale（中性）属于，相似，如同，具有，涉及，关于，联结于（将名词作形容词用，其中 -aris 常用于以 l 或 r 为词干末尾的词）；yunnanensis 云南的（地名）

Elaeocarpus braceanus 滇藏杜英：braceanus（人名，20 世纪美国植物采集员）

Elaeocarpus brachystachyus 短穗杜英：brachy- ← brachys 短的（用于拉丁语复合词词首）；

stachy-/ stachyo-/ -stachys/ -stachyus/ -stachyum/ -stachya 穗子，穗子的，穗子状的，穗状花序的

Elaeocarpus chinensis 中华杜英：chinensis = china + ensis 中国的（地名）；China 中国

Elaeocarpus decipiens 杜英：decipiens 欺骗的，虚假的，迷惑的（表示和另外的种非常近似）

Elaeocarpus dubius 显脉杜英：dubius 可疑的，不确定的

Elaeocarpus duclouxii 褐毛杜英：duclouxii（人名）；-ii 表示人名，接在以辅音字母结尾的人名后面，但 -er 除外

Elaeocarpus fleuryi 大果杜英：fleuryi（人名）；-i 表示人名，接在以元音字母结尾的人名后面，但 -a 除外

Elaeocarpus floribundioides 多花杜英：floribundioides 花略密集的，花稍多的；florus/ florum/ flora ← flos 花（用于复合词）；-bundus/ -bunda/ -bundum 正在做，正在进行（类似于现在分词），充满，盛行；-oides/ -oideus/ -oideum/ -oidea/ -odes/ -eidos 像……的，类似……的，呈……状的（名词词尾）

Elaeocarpus glabripetalus 秃瓣杜英：glabrus 光秃的，无毛的，光滑的；petalus/ petalum/ petala ← petalon 花瓣

Elaeocarpus glabripetalus var. alatus 棱枝杜英：alatus → ala-/ alat-/ alati-/ alato- 翅，具翅的，具翼的；反义词：exalatus 无翼的，无翅的

Elaeocarpus glabripetalus var. glabripetalus 秃瓣杜英-原变种 （词义见上面解释）

Elaeocarpus glabripetalus var. teres 圆枝杜英：teres 圆柱形的，圆棒状的，棒状的

Elaeocarpus gymnogynus 秃蕊杜英：gymn-/ gymno- ← gymnos 裸露的；gynus/ gynum/ gyna 雌蕊，子房，心皮

Elaeocarpus hainanensis 水石榕：hainanensis 海南的（地名）

Elaeocarpus hainanensis var. brachyphyllus 短叶水石榕：brachy- ← brachys 短的（用于拉丁语复合词词首）；phyllus/ phyllum/ phylla ← phyllon 叶片（用于希腊语复合词）

Elaeocarpus hainanensis var. hainanensis 水石榕-原变种 （词义见上面解释）

Elaeocarpus harmandii 肿柄杜英：harmandii（人名）；-ii 表示人名，接在以辅音字母结尾的人名后面，但 -er 除外

Elaeocarpus howii 锈毛杜英：howii（人名）；-ii 表示人名，接在以辅音字母结尾的人名后面，但 -er 除外

Elaeocarpus japonicus 日本杜英：japonicus 日本的（地名）；-icus/ -icum/ -ica 属于，具有某种特性（常用于地名、起源、生境）

Elaeocarpus japonicus var. japonicus 日本杜英-原变种 （词义见上面解释）

Elaeocarpus japonicus var. lantsangensis 澜沧杜英：lantsangensis 澜沧江的（地名，云南省）

Elaeocarpus kwangsiensis 广西杜英：kwangsiensis 广西的（地名）

Elaeocarpus lacunosus 多沟杜英：lacunosus 多孔的，布满凹陷的；lacuna 腔隙，气腔，凹点（地衣叶状体上），池塘，水塘；-osus/ -osum/ -osa 多的，充分的，丰富的，显著发育的，程度高的，特征明显的（形容词词尾）

Elaeocarpus lanceaefolius 披针叶杜英：lanceaefolius 披针形叶的（注：复合词中将前段的词尾变成 i 或 o 而不是所有格，故该词宜改为"lenceifolius""lanceofolius"或"lancifolius"，已修订为 lancefolius）；lance-/ lancei-/ lanci-/ lanceo-/ lanc- ← lanceus 披针形的，矛形的，尖刀状的，柳叶刀状的；folius/ folium/ folia 叶，叶片（用于复合词）

Elaeocarpus laoticus 老挝杜英（挝 wō）：laoticus 老挝的（地名）；-icus/ -icum/ -ica 属于，具有某种特性（常用于地名、起源、生境）

Elaeocarpus limitaneus 灰毛杜英：limitaneus 边缘的，边界的；limes 田界，边界，划界

Elaeocarpus nitentifolius 绢毛杜英（绢 juàn）：nittentifolius = nitens + folius 亮叶子的；nitens 光亮的，发光的；folius/ folium/ folia 叶，叶片（用于复合词）

Elaeocarpus oblongilimbus 长圆叶杜英：oblongus = ovus + longus 长椭圆形的（ovus 的词干 ov- 音变为 ob-）；ovus 卵，胚珠，卵形的，椭圆形的；longus 长的，纵向的；limbus 冠檐，萼檐，瓣片，叶片

Elaeocarpus petiolatus 长柄杜英：petiolatus = petiolus + atus 具叶柄的；petiolus 叶柄；-atus/ -atum/ -ata 属于，相似，具有，完成（形容词词尾）

Elaeocarpus poilanei 滇越杜英：poilanei（人名，法国植物学家）

Elaeocarpus prunifolioides 樱叶杜英：prunifolioides 叶片像杏叶的；prunus 李，杏；folius/ folium/ folia 叶，叶片（用于复合词）；-oides/ -oideus/ -oideum/ -oidea/ -odes/ -eidos 像……的，类似……的，呈……状的（名词词尾）

Elaeocarpus prunifolioides var. prunifolioides 樱叶杜英-原变种 （词义见上面解释）

Elaeocarpus prunifolioides var. rectinervis 直脉杜英：rectinervis 直脉的；recti-/ recto- ← rectus 直线的，笔直的，向上的；nervis ← nervus 脉，叶脉

Elaeocarpus serratus 锡兰榄：serratus = serrus + atus 有锯齿的；serrus 齿，锯齿

Elaeocarpus sphaericus 圆果杜英：sphaericus 球的，球形的

Elaeocarpus sphaerocarpus 阔叶杜英：sphaerocarpus 球形果的；sphaero- 圆形，球形；carpus/ carpum/ carpa/ carpon ← carpos 果实（用于希腊语复合词）

Elaeocarpus subpetiolatus 屏边杜英：subpetiolatus 稍具柄的；sub-（表示程度较弱）与……类似，几乎，稍微，弱，亚，之下，下面；petiolatus = petiolus + atus 具叶柄的；petiolus 叶柄

Elaeocarpus sylvestris 山杜英：sylvestris 森林的，野地的；sylva/ silva 森林；-estris/ -estre/ ester/ -esteris 生于……地方，喜好……地方

Elaeocarpus varunua 美脉杜英：varunua（词源不详）

Elaphoglossaceae 舌蕨科（6-1：p134）：Elaphoglossum 舌蕨属；-aceae（分类单位科的词尾，为 -aceus 的阴性复数主格形式，加到模式属的名称后或同义词的词干后以组成族群名称）

Elaphoglossum 舌蕨属（舌蕨科）（6-1：p134）：elaphoglossum 鹿舌状的（指叶片舌形）；elaphos 鹿；glossus 舌，舌状的

Elaphoglossum angulatum 爪哇舌蕨：angulatus = angulus + atus 具棱角的，有角度的；angulus 角，棱角，角度，角落；-atus/ -atum/ -ata 属于，相似，具有，完成（形容词词尾）

Elaphoglossum callifolium 南海舌蕨：Calla 水芋属（天南星科）；call-/ calli-/ callo-/ cala-/ calo- ← calos/ callos 美丽的；callifolius 美叶的，水芋叶的；folius/ folium/ folia 叶，叶片（用于复合词）

Elaphoglossum conforme 舌蕨：conforme = co + forme 同形的，相符的，相同的；formis/ forma 形状；co- 联合，共同，合起来（拉丁语词首，为 cum- 的音变，表示结合、强化、完全，对应的希腊语为 syn-）；co- 的缀词音变有 co-/ com-/ con-/ col-/ cor-：co-（在 h 和元音字母前面），col-（在 l 前面），com-（在 b、m、p 之前），con-（在 c、d、f、g、j、n、qu、s、t 和 v 前面），cor-（在 r 前面）

Elaphoglossum luzonicum 吕宋舌蕨：luzonicum ← Luzon 吕宋岛的（地名，菲律宾）

Elaphoglossum mcclurei 琼崖舌蕨（崖 yá）：mcclurei（人名）；-i 表示人名，接在以元音字母结尾的人名后面，但 -a 除外

Elaphoglossum sinii 圆叶舌蕨：sinii（人名）；-ii 表示人名，接在以辅音字母结尾的人名后面，但 -er 除外

Elaphoglossum yoshinagae 华南舌蕨：yoshinagae（人名）；-ae 表示人名，以 -a 结尾的人名后面加上 -e 形成

Elaphoglossum yunnanense 云南舌蕨：yunnanense 云南的（地名）

Elatinaceae 沟繁缕科（50-2：p132）：Elatine 沟繁缕属；-aceae（分类单位科的词尾，为 -aceus 的阴性复数主格形式，加到模式属的名称后或同义词的词干后以组成族群名称）

Elatine 沟繁缕属（沟繁缕科）（50-2：p135）：elatine 沟繁缕（希腊语名，Dioscorides 最初使用）

Elatine ambigua 长梗沟繁缕：ambiguus 可疑的，不确定的，含糊的

Elatine hydropiper 马蹄沟繁缕：hydropiper 水胡椒（指生于水边且叶片有辣味）；hydro- 水；piper 胡椒（古拉丁名）

Elatine triandra 三蕊沟繁缕：tri-/ tripli-/ triplo- 三个，三数；andrus/ andros/ antherus ← aner 雄蕊，花药，雄性

Elatostema 楼梯草属（荨麻科）（23-2：p187）：elatos 弹性的；stemon 雄蕊

Elatostema acuminatum 渐尖楼梯草：acuminatus = acumen + atus 锐尖的，渐尖的；acumen 渐尖头；-atus/ -atum/ -ata 属于，相似，具有，完成（形容词词尾）

Elatostema acutitepalum 尖被楼梯草：acutitepalus 尖被的；acuti-/ acu- ← acutus 锐尖的，针尖的，刺尖的，锐角的；tepalus 花被，瓣状被片

Elatostema albopilosum 疏毛楼梯草：albus → albi-/ albo- 白色的；pilosus = pilus + osus 多毛的，被柔毛的，具疏柔毛的，被短弱细毛的；pilus 毛，疏柔毛；-osus/ -osum/ -osa 多的，充分的，丰富的，显著发育的，程度高的，特征明显的（形容词词尾）

Elatostema aliferum 翅苞楼梯草：aliferum 具翅的；alatus → ala-/ alat-/ alati-/ alato- 翅，具翅的，具翼的；-ferus/ -ferum/ -fera/ -fero/ -fere/ -fer 有，具有，产（区别：作独立词使用的 ferus 意思是"野生的"）

Elatostema alnifolium 桤叶楼梯草：Alnus 桤木属（又称赤杨属，桦木科）；folius/ folium/ folia 叶，叶片（用于复合词）

Elatostema angulosum 翅棱楼梯草：angulosus = angulus + osus 显然有角的，有显著角度的；angulus 角，棱角，角度，角落；-osus/ -osum/ -osa 多的，充分的，丰富的，显著发育的，程度高的，特征明显的（形容词词尾）

Elatostema angustitepalum 狭被楼梯草：angusti- ← angustus 窄的，狭的，细的；tepalus 花被，瓣状被片

Elatostema asterocephalum 星序楼梯草：astero-/ astro- 星状的，多星的（用于希腊语复合词词首）；cephalus/ cephale ← cephalos 头，头状花序

Elatostema atropurpureum 深紫楼梯草：atropurpureus 暗紫色的；atro-/ atr-/ atri-/ atra- ← ater 深色，浓色，暗色，发黑（ater 作为词干后接辅音字母开头的词时，要在词干后面加一个连接用的元音字母"o"或"i"，故为"ater-o-"或"ater-i-"，变形为"atr-"开头）；purpureus = purpura + eus 紫色的；purpura 紫色（purpura 原为一种介壳虫名，其体液为紫色，可作颜料）；-eus/ -eum/ -ea（接拉丁语词干时）属于……的，色如……的，质如……的（表示原料、颜色或品质的相似），（接希腊语词干时）属于……的，以……出名，为……所占有（表示具有某种特性）

Elatostema atroviride 深绿楼梯草：atro-/ atr-/ atri-/ atra- ← ater 深色，浓色，暗色，发黑（ater 作为词干后接辅音字母开头的词时，要在词干后面加一个连接用的元音字母"o"或"i"，故为"ater-o-"或"ater-i-"，变形为"atr-"开头）；viride 绿色的

Elatostema attenuatum 渐狭楼梯草：attenuatus = ad + tenuis + atus 渐尖的，渐狭的，变细的，变弱的；ad- 向，到，近（拉丁语词首，表示程度加强）；构词规则：构成复合词时，词首末尾的辅音字母常同化为紧接其后的那个辅音字母（如 ad + t → att）；tenuis 薄的，纤细的，弱的，瘦的，窄的

Elatostema auriculatum 耳状楼梯草：auriculatus 耳形的，具小耳的（基部有两个小圆片）；auriculus 小耳朵的，小耳状的；auritus 耳朵的，耳状的；-culus/ -culum/ -cula 小的，略微的，稍微的（同第三变格法和第四变格法名词形成复合词）；-atus/ -atum/ -ata 属于，相似，具有，完成（形容词词尾）

E

Elatostema auriculatum var. auriculatum 耳状楼梯草-原变种 （词义见上面解释）

Elatostema auriculatum var. strigosum 毛茎耳状楼梯草：strigosus = striga + osus 鬃毛的，刷毛的；striga → strig- 条纹的，网纹的（如种子具网纹），糙伏毛的；-osus/ -osum/ -osa 多的，充分的，丰富的，显著发育的，程度高的，特征明显的（形容词词尾）

Elatostema backeri 滇黔楼梯草：backeri（人名）；-eri 表示人名，在以 -er 结尾的人名后面加上 i 形成

Elatostema backeri var. backeri 滇黔楼梯草-原变种 （词义见上面解释）

Elatostema backeri var. villosulum 展毛滇黔楼梯草：villosulus 略有长柔毛的；villosus 柔毛的，绵毛的；villus 毛，羊毛，长绒毛；-ulus/ -ulum/ -ula 小的，略微的，稍微的（小词 -ulus 在字母 e 或 i 之后有多种变缀，即 -olus/ -olum/ -ola、-ellus/ -ellum/ -ella、-illus/ -illum/ -illa，与第一变格法和第二变格法名词形成复合词）

Elatostema balansae 华南楼梯草：balansae ← Benedict Balansa（人名，19 世纪法国植物采集员）；-ae 表示人名，以 -a 结尾的人名后面加上 -e 形成

Elatostema beibengense 背崩楼梯草：beibengense 背崩的（地名，西藏墨脱县）

Elatostema beshengii 渤生楼梯草：beshengii（人名）；-ii 表示人名，接在以辅音字母结尾的人名后面，但 -er 除外

Elatostema biglomeratum 叉序楼梯草（叉 chā）：bi-/ bis- 二，二数，二回（希腊语为 di-）；glomeratus = glomera + atus 聚集的，球形的，聚成球形的；glomera 线球，一团，一束

Elatostema bijiangense 碧江楼梯草：bijiangense 碧江的（地名，云南省，已并入泸水县和福贡县）

Elatostema boehmerioides 苎麻楼梯草（苎 zhù）：boehmerioides 像苎麻的；Boehmeria 苎麻属（荨麻科）；-oides/ -oideus/ -oideum/ -oidea/ -odes/ -eidos 像……的，类似……的，呈……状的（名词词尾）

Elatostema brachyodontum 短齿楼梯草：brachy- ← brachys 短的（用于拉丁语复合词词首）；odontus/ odontos → odon-/ odont-/ odonto-（可作词首或词尾）齿，牙齿状的；odous 齿，牙齿（单数，其所有格为 odontos）

Elatostema bracteosum 显苞楼梯草：bracteosus = bracteus + osus 苞片多的；bracteus 苞，苞片，苞鳞；-osus/ -osum/ -osa 多的，充分的，丰富的，显著发育的，程度高的，特征明显的（形容词词尾）

Elatostema breviacuminatum 短尖楼梯草：brevi- ← brevis 短的（用于希腊语复合词词首）；acuminatus = acumen + atus 锐尖的，渐尖的；acumen 渐尖头；-atus/ -atum/ -ata 属于，相似，具有，完成（形容词词尾）

Elatostema brevipedunculatum 短梗楼梯草：brevi- ← brevis 短的（用于希腊语复合词词首）；pedunculatus/ peduncularis 具花序柄的，具总花梗的；pedunculus/ peduncle/ pedunculis ← pes 花序柄，总花梗（花序基部无花着生部分，不同于花柄）；关联词：pedicellus/ pediculus 小花梗，小花柄（不同于花序柄）；pes/ pedis 柄，梗，茎秆，腿，足，爪（作词首或词尾，pes 的词干视为"ped-"）

Elatostema brunneinerve 褐脉楼梯草：brunneus/ bruneus 深褐色的；nerve ← nervus 脉，叶脉；-eus/ -eum/ -ea（接拉丁语词干时）属于……的，色如……的，质如……的（表示原料、颜色或品质的相似），（接希腊语词干时）属于……的，以……出名，为……所占有（表示具有某种特性）

Elatostema crassiusculum 厚叶楼梯草：crassiusculus = crassus + usculus 略粗的，略肥厚的，略肉质的；crassus 厚的，粗的，多肉质的；-usculus ← -culus 小的，略微的，稍微的（小词 -culus 和某些词构成复合词时变成 -usculus）

Elatostema crenatum 浅齿楼梯草：crenatus = crena + atus 圆齿状的，具圆齿的；crena 叶缘的圆齿

Elatostema crispulum 弯毛楼梯草：crispulus = crispus + ulus 略有收缩的，略有褶皱的，略有波纹的；crispus 收缩的，褶皱的，波纹的（如花瓣周围的波浪状褶皱）；-ulus/ -ulum/ -ula 小的，略微的，稍微的（小词 -ulus 在字母 e 或 i 之后有多种变缀，即 -olus/ -olum/ -ola、-ellus/ -ellum/ -ella、-illus/ -illum/ -illa，与第一变格法和第二变格法名词形成复合词）

Elatostema cuneatum 稀齿楼梯草：cuneatus = cuneus + atus 具楔子的，属楔形的；cuneus 楔子的；-atus/ -atum/ -ata 属于，相似，具有，完成（形容词词尾）

Elatostema cuneiforme 楔苞楼梯草：cuneus 楔子的；forme/ forma 形状

Elatostema cuneiforme var. cuneiforme 楔苞楼梯草-原变种 （词义见上面解释）

Elatostema cuneiforme var. gracilipes 细梗楔苞楼梯草：gracilis 细长的，纤弱的，丝状的；pes/ pedis 柄，梗，茎秆，腿，足，爪（作词首或词尾，pes 的词干视为"ped-"）

Elatostema cuspidatum 骤尖楼梯草：cuspidatus = cuspis + atus 尖头的，凸尖的；构词规则：词尾为 -is 和 -ys 的词的词干分别视为 -id 和 -yd；cuspis（所有格为 cuspidis）齿尖，凸尖，尖头；-atus/ -atum/ -ata 属于，相似，具有，完成（形容词词尾）

Elatostema cuspidatum var. cuspidatum 骤尖楼梯草-原变种 （词义见上面解释）

Elatostema cuspidatum var. dolichoceras 长角骤尖楼梯草：dolicho- ← dolichos 长的；-ceras/ -ceros/ cerato- ← keras 犄角，兽角，角状突起（希腊语）

Elatostema cyrtandrifolium 锐齿楼梯草：Cyrtandra 浆果苣苔属（苦苣苔科）；folius/ folium/ folia 叶，叶片（用于复合词）

Elatostema cyrtandrifolium var. brevicaudatum 短尾楼梯草：brevi- ← brevis 短的（用于希腊语复合词词首）；caudatus = caudus + atus 尾巴的，尾巴状的，具尾的；caudus 尾巴

Elatostema cyrtandrifolium var. cyrtandrifolium 锐齿楼梯草-原变种 （词义见上面解释）

Elatostema didymocephalum 双头楼梯草：didymocephalus 双头的，两个头状花序的；didymus 成对的，孪生的，两个联合的，二裂的；cephalus/ cephale ← cephalos 头，头状花序

Elatostema dissectum 盘托楼梯草：dissectus 多裂的，全裂的，深裂的；di-/ dis- 二，二数，二分，分离，不同，在……之间，从……分开（希腊语，拉丁语为 bi-/ bis-）；sectus 分段的，分节的，切开的，分裂的

Elatostema dulongense 独龙楼梯草：dulongense 独龙江的（地名，云南省）

Elatostema ebracteatum 无苞楼梯草：bracteatus = bracteus + atus 具苞片的；bracteus 苞，苞片，苞鳞；e-/ ex- 不，无，非，缺乏，不具有（e- 用在辅音字母前，ex- 用在元音字母前，为拉丁语词首，对应的希腊语词首为 a-/ an-，英语为 un-/ -less，注意作词首用的 e-/ ex- 和介词 e/ ex 意思不同，后者意为"出自、从……、由……离开、由于、依照"）

Elatostema edule 南海楼梯草：edule/ edulis 食用的，可食的

Elatostema eriocephalum 绒序楼梯草：erion 绵毛，羊毛；cephalus/ cephale ← cephalos 头，头状花序

Elatostema ferrugineum 锈茎楼梯草：ferrugineus 铁锈的，淡棕色的；ferrugo = ferrus + ugo 铁锈（ferrugo 的词干为 ferrugin-）；词尾为 -go 的词其词干末尾视为 -gin；ferreus → ferr- 铁，铁的，铁色的，坚硬如铁的；-eus/ -eum/ -ea（接拉丁语词干时）属于……的，色如……的，质如……的（表示原料、颜色或品质的相似），（接希腊语词干时）属于……的，以……出名，为……所占有（表示具有某种特性）

Elatostema ficoides 梨序楼梯草：Ficus 榕属（桑科）；-oides/ -oideus/ -oideum/ -oidea/ -odes/ -eidos 像……的，类似……的，呈……状的（名词词尾）

Elatostema filipes 丝梗楼梯草：filipes 线状柄的，线状茎的；fili-/ fil- ← filum 线状的，丝状的；pes/ pedis 柄，梗，茎秆，腿，足，爪（作词首或词尾，pes 的词干视为"ped-"）

Elatostema filipes var. filipes 丝梗楼梯草-原变种（词义见上面解释）

Elatostema filipes var. floribundum 多花丝梗楼梯草：floribundus = florus + bundus 多花的，繁花的，花正盛开的；florus/ florum/ flora ← flos 花（用于复合词）；-bundus/ -bunda/ -bundum 正在做，正在进行（类似于现在分词），充满，盛行

Elatostema goniocephalum 角托楼梯草：goni-/ gonia-/ gonio- ← gonius 具角的，长角的，棱角，膝盖；cephalus 头，头状花序

Elatostema grandidentatum 粗齿楼梯草：grandi- ← grandis 大的；dentatus = dentus + atus 牙齿的，齿状的，具齿的；dentus 齿，牙齿；-atus/ -atum/ -ata 属于，相似，具有，完成（形容词词尾）

Elatostema gueilinense 桂林楼梯草：gueilinense 桂林的（地名，广西壮族自治区）

Elatostema gungshanense 贡山楼梯草：gungshanense 贡山的（地名，云南省）

Elatostema hainanense 海南楼梯草：hainanense 海南的（地名）

Elatostema hekouense 河口楼梯草：hekouense 河口的（地名，云南省）

Elatostema hirtellum 硬毛楼梯草：hirtellus = hirtus + ellus 被短粗硬毛的；hirtus 有毛的，粗毛的，刚毛的（长而明显的毛）；-ellus/ -ellum/ -ella ← -ulus 小的，略微的，稍微的（小词 -ulus 在字母 e 或 i 之后有多种变缀，即 -olus/ -olum/ -ola、-ellus/ -ellum/ -ella、-illus/ -illum/ -illa，用于第一变格法名词）

Elatostema hookerianum 疏晶楼梯草：hookerianum ← William Jackson Hooker（人名，19 世纪英国植物学家）

Elatostema ichangense 宜昌楼梯草：ichangense 宜昌的（地名，湖北省）

Elatostema imbricans 刀叶楼梯草：imbricans/ imbricatus 重叠的，覆瓦状的

Elatostema integrifolium 全缘楼梯草：integer/ integra/ integrum → integri- 完整的，整个的，全缘的；folius/ folium/ folia 叶，叶片（用于复合词）

Elatostema integrifolium var. integrifolium 全缘楼梯草-原变种 （词义见上面解释）

Elatostema integrifolium var. tomentosum 朴叶楼梯草（朴 pò）：tomentosus = tomentum + osus 绒毛的，密被绒毛的；tomentum 绒毛，浓密的毛被，棉絮，棉絮状填充物（被褥、垫子等）；-osus/ -osum/ -osa 多的，充分的，丰富的，显著发育的，程度高的，特征明显的（形容词词尾）

Elatostema involucratum 楼梯草：involucratus = involucrus + atus 有总苞的；involucrus 总苞，花苞，包被

Elatostema jinpingense 金平楼梯草：jinpingense 金平的（地名，云南省）

Elatostema laevissimum 光叶楼梯草：laevis/ levis/ laeve/ leve → levi-/ laevi- 光滑的，无毛的，无不平或粗糙感觉的；-issimus/ -issima/ -issimum 最，非常，极其（形容词最高级）

Elatostema laevissimum var. laevissimum 光叶楼梯草-原变种 （词义见上面解释）

Elatostema laevissimum var. puberulum 毛枝光叶楼梯草：puberulus = puberus + ulus 略被柔毛的，被微柔毛的；puberus 多毛的，毛茸茸的；-ulus/ -ulum/ -ula 小的，略微的，稍微的（小词 -ulus 在字母 e 或 i 之后有多种变缀，即 -olus/ -olum/ -ola、-ellus/ -ellum/ -ella、-illus/ -illum/ -illa，与第一变格法和第二变格法名词形成复合词）

Elatostema lasiocephalum 毛序楼梯草：lasi-/ lasio- 羊毛状的，有毛的，粗糙的；cephalus/ cephale ← cephalos 头，头状花序

Elatostema laxicymosum 疏伞楼梯草：laxus 稀疏的，松散的，宽松的；cymosus 聚伞状的；cyma/ cyme 聚伞花序；-osus/ -osum/ -osa 多的，充分的，丰富的，显著发育的，程度高的，特征明显的（形容词词尾）

Elatostema laxisericeum 绢毛楼梯草（绢 juàn）：laxus 稀疏的，松散的，宽松的；sericeus 绢丝状的；sericus 绢丝的，绢毛的，赛尔人的（Ser 为印度一民族）；-eus/ -eum/ -ea（接拉丁语词干时）属

于……的，色如……的，质如……的（表示原料、颜色或品质的相似），（接希腊语词干时）属于……的，以……出名，为……所占有（表示具有某种特性）

Elatostema leiocephalum 光序楼梯草：lei-/ leio-/ lio- ← leius ← leios 光滑的，平滑的；cephalus/ cephale ← cephalos 头，头状花序

Elatostema leucocephalum 白序楼梯草：leuc-/ leuco- ← leucus 白色的（如果和其他表示颜色的词混用则表示淡色）；cephalus/ cephale ← cephalos 头，头状花序

Elatostema lineolatum var. majus 狭叶楼梯草：lineolatus ← lineus + ulus + atus 细线状的；lineus = linum + eus 线状的，丝状的，亚麻状的；linum ← linon 亚麻，线（古拉丁名）；-ulus/ -ulum/ -ula 小的，略微的，稍微的（小词 -ulus 在字母 e 或 i 之后有多种变缀，即 -olus/ -olum/ -ola、-ellus/ -ellum/ -ella、-illus/ -illum/ -illa，与第一变格法和第二变格法名词形成复合词）；-atus/ -atum/ -ata 属于，相似，具有，完成（形容词词尾）；majus 大的，巨大的

Elatostema litseifolium 木姜楼梯草：litseifolium 木姜子叶的；litsei ← Litsea 木姜子属；folius/ folium/ folia 叶，叶片（用于复合词）

Elatostema longibracteatum 长苞楼梯草：longe-/ longi- ← longus 长的，纵向的；bracteatus = bracteus + atus 具苞片的；bracteus 苞，苞片，苞鳞

Elatostema longipes 长梗楼梯草：longe-/ longi- ← longus 长的，纵向的；pes/ pedis 柄，梗，茎秆，腿，足，爪（作词首或词尾，pes 的词干视为"ped-"）

Elatostema longistipulum 显脉楼梯草：longe-/ longi- ← longus 长的，纵向的；stipulus 托叶；-ulus/ -ulum/ -ula 小的，略微的，稍微的（小词 -ulus 在字母 e 或 i 之后有多种变缀，即 -olus/ -olum/ -ola、-ellus/ -ellum/ -ella、-illus/ -illum/ -illa，与第一变格法和第二变格法名词形成复合词）

Elatostema lungzhouense 龙州楼梯草：lungzhouense 龙州的（地名，广西壮族自治区）

Elatostema luxiense 潞西楼梯草（潞 lù）：luxiense 潞西的（地名，云南省芒市的旧称）

Elatostema mabienense 马边楼梯草：mabienense 马边的（地名，四川省）

Elatostema mabienense var. mabienense 马边楼梯草-原变种 （词义见上面解释）

Elatostema mabienense var. sexbracteatum 六苞楼梯草：sex- 六，六数（希腊语为 hex-）；bracteatus = bracteus + atus 具苞片的；bracteus 苞，苞片，苞鳞

Elatostema macintyrei 多序楼梯草：macintyrei （人名）

Elatostema medogense 墨脱楼梯草：medogense 墨脱的（地名，西藏自治区）

Elatostema medogense var. medogense 墨脱楼梯草-原变种 （词义见上面解释）

Elatostema medogense var. oblongum 长叶墨脱楼梯草：oblongus = ovus + longus 长椭圆形的（ovus 的词干 ov- 音变为 ob-）；ovus 卵，胚珠，卵形的，椭圆形的；longus 长的，纵向的

Elatostema megacephalum 巨序楼梯草：mega-/

Elatostema microcephalanthum 微序楼梯草：micr-/ micro- ← micros 小的，微小的，微观的（用于希腊语复合词）；cephalus/ cephale ← cephalos 头，头状花序；anthus/ anthum/ antha/ anthe ← anthos 花（用于希腊语复合词）

Elatostema microdontum 微齿楼梯草：micr-/ micro- ← micros 小的，微小的，微观的（用于希腊语复合词）；dontus 齿，牙齿

Elatostema microtrichum 微毛楼梯草：micr-/ micro- ← micros 小的，微小的，微观的（用于希腊语复合词）；trichus 毛，毛发，线

Elatostema minutifurfuraceum 微鳞楼梯草：minutus 极小的，细微的，微小的；furfuraceus 糠麸状的，头屑状的，叶鞘的；furfur/ furfuris 糠麸，鞘

Elatostema mollifolium 毛叶楼梯草：molle/ mollis 软的，柔毛的；folius/ folium/ folia 叶，叶片（用于复合词）

Elatostema monandrum 异叶楼梯草：mono-/ mon- ← monos 一个，单一的（希腊语，拉丁语为 unus/ uni-/ uno-）；andrus/ andros/ antherus ← aner 雄蕊，花药，雄性

Elatostema monandrum f. ciliatum 锈毛楼梯草：ciliatus = cilium + atus 缘毛的，流苏的；cilium 缘毛，睫毛；-atus/ -atum/ -ata 属于，相似，具有，完成（形容词词尾）

Elatostema monandrum f. monandrum 异叶楼梯草-原变型 （词义见上面解释）

Elatostema monandrum f. pinnatifidum 羽裂楼梯草：pinnatifidus = pinnatus + fidus 羽状中裂的；pinnatus = pinnus + atus 羽状的，具羽的；pinnus/ pennus 羽毛，羽状，羽片；fidus ← findere 裂开，分裂（裂深不超过 1/3，常作词尾）

Elatostema myrtillus 瘤茎楼梯草：myrtillus = Myrtus + illus 小香桃木（指像桃香木）；Myrtus 香桃木属（桃金娘科）；-illus ← ellus 小的，略微的，稍微的

Elatostema nanchuanense 南川楼梯草：nanchuanense 南川的（地名，重庆市）

Elatostema napoense 那坡楼梯草：napoense 那坡的（地名，广西壮族自治区）

Elatostema nasutum 托叶楼梯草：nasutus 稳固的（指主茎像树干）

Elatostema nasutum var. nasutum 托叶楼梯草-原变种 （词义见上面解释）

Elatostema nasutum var. puberulum 短毛楼梯草：puberulus = puberus + ulus 略被柔毛的，被微柔毛的；puberus 多毛的，毛茸茸的；-ulus/ -ulum/ -ula 小的，略微的，稍微的（小词 -ulus 在字母 e 或 i 之后有多种变缀，即 -olus/ -olum/ -ola、-ellus/ -ellum/ -ella、-illus/ -illum/ -illa，与第一变格法和第二变格法名词形成复合词）

Elatostema oblongifolium 长圆楼梯草：oblongus = ovus + longus 长椭圆形的（ovus 的词干 ov- 音变为 ob-）；ovus 卵，胚珠，卵形的，椭圆形的；longus 长的，纵向的；folius/ folium/ folia 叶，叶片（用于复合词）

megal-/ megalo- ← megas 大的，巨大的；cephalus/ cephale ← cephalos 头，头状花序

Elatostema obscurinerve 隐脉楼梯草：obscurus 暗色的，不明确的，不明显的，模糊的；nerve ← nervus 脉，叶脉

Elatostema obtusidentatum 钝齿楼梯草：obtusus 钝的，钝形的，略带圆形的；dentatus = dentus + atus 牙齿的，齿状的，具齿的；dentus 齿，牙齿；-atus/ -atum/ -ata 属于，相似，具有，完成（形容词词尾）

Elatostema obtusum 钝叶楼梯草：obtusus 钝的，钝形的，略带圆形的

Elatostema obtusum var. glabrescens 光茎钝叶楼梯草：glabrus 光秃的，无毛的，光滑的；-escens/ -ascens 改变，转变，变成，略微，带有，接近，相似，大致，稍微（表示变化的趋势，并未完全相似或相同，有别于表示达到完成状态的 -atus）

Elatostema obtusum var. obtusum 钝叶楼梯草-原变种 （词义见上面解释）

Elatostema obtusum var. trilobulatum 三齿钝叶楼梯草：tri-/ tripli-/ triplo- 三个，三数；lobulatus = lobus + ulus + atus 小裂片的，浅裂的，凸轮状的；lobus/ lobos/ lobon 浅裂，耳片（裂片先端钝圆），荚果，蒴果

Elatostema omeiense 峨眉楼梯草：omeiense 峨眉山的（地名，四川省）

Elatostema oreocnidioides 紫麻楼梯草：Oreocnide 紫麻属（荨麻科）；-oides/ -oideus/ -oideum/ -oidea/ -odes/ -eidos 像……的，类似……的，呈……状的（名词词尾）

Elatostema pachyceras 粗角楼梯草：pachyceras/ pachycerus 粗角的；pachy- ← pachys 厚的，粗的，肥的；-ceras/ -ceros/ cerato- ← keras 犄角，兽角，角状突起（希腊语）

Elatostema papillosum 微晶楼梯草：papillosus 乳头状的；papilli- ← papilla 乳头的，乳突的；-osus/ -osum/ -osa 多的，充分的，丰富的，显著发育的，程度高的，特征明显的（形容词词尾）

Elatostema parvum 小叶楼梯草：parvus → parvi-/ parv- 小的，些微的，弱的

Elatostema parvum var. brevicuspis 骤尖小叶楼梯草：brevi- ← brevis 短的（用于希腊语复合词词首）；cuspis（所有格为 cuspidis）齿尖，凸尖，尖头

Elatostema parvum var. parvum 小叶楼梯草-原变种 （词义见上面解释）

Elatostema pergameneum 坚纸楼梯草：pergameneus 羊皮纸质的；pergamenum 羊皮，羊皮纸

Elatostema petelotii 樟叶楼梯草：petelotii（人名）；-ii 表示人名，接在以辅音字母结尾的人名后面，但 -er 除外

Elatostema platyceras 宽角楼梯草：platyceras 大角的，宽角的；platys 大的，宽的（用于希腊语复合词）；-ceras/ -ceros/ cerato- ← keras 犄角，兽角，角状突起（希腊语）

Elatostema platyphyllum 宽叶楼梯草：platys 大的，宽的（用于希腊语复合词）；phyllus/ phyllum/ phylla ← phyllon 叶片（用于希腊语复合词）

Elatostema polystachyoides 多歧楼梯草：polystachyoides 像多穗兰的，近似多穗的；

Polystachya 多穗兰属（兰科）；poly- ← polys 多个，许多（希腊语，拉丁语为 multi-）；stachy-/ stachyo-/ -stachys/ -stachyus/ -stachyum/ -stachya 穗子，穗子的，穗子状的，穗状花序的；-oides/ -oideus/ -oideum/ -oidea/ -odes/ -eidos 像……的，类似……的，呈……状的（名词词尾）

Elatostema prunifolium 樱叶楼梯草：prunus 李，杏；folius/ folium/ folia 叶，叶片（用于复合词）

Elatostema pseudobrachyodontum 隆林楼梯草：pseudobrachyodontum 像 brachyodontum 的；pseudo-/ pseud- ← pseudos 假的，伪的，接近，相似（但不是）；Elatostema brachyodontum 短齿楼梯草；brachy- ← brachys 短的（用于拉丁语复合词词首）；odontus/ odontos → odon-/ odont-/ odonto-（可作词首或词尾）齿，牙齿状的；odous 齿，牙齿（单数，其所有格为 odontos）

Elatostema pseudocuspidatum 假骤尖楼梯草：pseudocuspidatum 像 cuspidatum 的，近似尖头的；pseudo-/ pseud- ← pseudos 假的，伪的，接近，相似（但不是）；Elatostema cuspidatum 骤尖楼梯草；cuspidatus = cuspis + atus 尖头的，凸尖的；构词规则：词尾为 -is 和 -ys 的词的词干分别视为 -id 和 -yd；cuspis（所有格为 cuspidis）齿尖，凸尖，尖头；-atus/ -atum/ -ata 属于，相似，具有，完成（形容词词尾）

Elatostema pseudodissectum 滇桂楼梯草：pseudodissectum 像 dissectum 的；pseudo-/ pseud- ← pseudos 假的，伪的，接近，相似（但不是）；Elatostema dissectum 盘托楼梯草；dissectus 多裂的，全裂的，深裂的；di-/ dis- 二，二数，二分，分离，不同，在……之间，从……分开（希腊语，拉丁语为 bi-/ bis-）；sectus 分段的，分节的，切开的，分裂的

Elatostema pseudoficoides 多脉楼梯草：pseudoficoides 像 ficoides 的；pseudo-/ pseud- ← pseudos 假的，伪的，接近，相似（但不是）；Elatostema ficoides 梨序楼梯草

Elatostema pseudoficoides var. pseudoficoides 多脉楼梯草-原变种 （词义见上面解释）

Elatostema pseudoficoides var. pubicaule 毛茎多脉楼梯草：pubi- ← pubis 细柔毛的，短柔毛的，毛被的；caulus/ caulon/ caule ← caulos 茎，茎秆，主茎

Elatostema pubipes 毛梗楼梯草：pubi- ← pubis 细柔毛的，短柔毛的，毛被的；pes/ pedis 柄，梗，茎秆，腿，足，爪（作词首或词尾，pes 的词干视为 "ped-"）

Elatostema pycnodontum 密齿楼梯草：pycn-/ pycno- ← pycnos 密生的，密集的；odontus/ odontos → odon-/ odont-/ odonto-（可作词首或词尾）齿，牙齿状的；odous 齿，牙齿（单数，其所有格为 odontos）

Elatostema quinquecostatum 五肋楼梯草：quin-/ quinqu-/ quinque-/ quinqui- 五，五数（希腊语为 penta-）；costatus 具肋的，具脉的，具中脉的（指脉明显）；costus 主脉，叶脉，肋，肋骨

Elatostema ramosum 多枝楼梯草：ramosus = ramus + osus 有分枝的，多分枝的；ramus 分枝，

枝条；-osus/ -osum/ -osa 多的，充分的，丰富的，显著发育的，程度高的，特征明显的（形容词词尾）

Elatostema ramosum var. ramosum 多枝楼梯草-原变种 （词义见上面解释）

Elatostema ramosum var. villosum 密毛多枝楼梯草：villosus 柔毛的，绵毛的；villus 毛，羊毛，长绒毛；-osus/ -osum/ -osa 多的，充分的，丰富的，显著发育的，程度高的，特征明显的（形容词词尾）

Elatostema recticaudatum 直尾楼梯草：recticaudatus 直尾的；recti-/ recto- ← rectus 直线的，笔直的，向上的；caudatus = caudus + atus 尾巴的，尾巴状的，具尾的；caudus 尾巴

Elatostema retrohirtum 曲毛楼梯草：retro- 向后，反向；hirtus 有毛的，粗毛的，刚毛的（长而明显的毛）

Elatostema rhombiforme 菱叶楼梯草：rhombus 菱形，纺锤；forme/ forma 形状

Elatostema rupestre 石生楼梯草：rupestre/ rupicolus/ rupestris 生于岩壁的，岩栖的；rup-/ rupi- ← rupes/ rupis 岩石的；-estris/ -estre/ ester/ -esteris 生于……地方，喜好……地方

Elatostema salvinioides 叠叶楼梯草：Salvinia 槐叶蘋属（槐叶蘋科）；-oides/ -oideus/ -oideum/ -oidea/ -odes/ -eidos 像……的，类似……的，呈……状的（名词词尾）

Elatostema salvinioides var. robustum 粗壮叠叶楼梯草：robustus 大型的，结实的，健壮的，强壮的

Elatostema salvinioides var. salvinioides 叠叶楼梯草-原变种 （词义见上面解释）

Elatostema schizocephalum 裂序楼梯草：schiz-/ schizo- 裂开的，分歧的，深裂的（希腊语）；cephalus/ cephale ← cephalos 头，头状花序

Elatostema setulosum 刚毛楼梯草：setulosus = setus + ulus + osus 多细刚毛的，多细刺毛的，多细芒刺的；setus/ saetus 刚毛，刺毛，芒刺；-ulus/ -ulum/ -ula 小的，略微的，稍微的（小词 -ulus 在字母 e 或 i 之后有多种变缀，即 -olus/ -olum/ -ola、-ellus/ -ellum/ -ella、-illus/ -illum/ -illa，与第一变格法和第二变格法名词形成复合词）；-osus/ -osum/ -osa 多的，充分的，丰富的，显著发育的，程度高的，特征明显的（形容词词尾）

Elatostema shanglinense 上林楼梯草：shanglinense 上林的（地名，广西壮族自治区）

Elatostema shuzhii 树志楼梯草：shuzhii（人名）；-ii 表示人名，接在以辅音字母结尾的人名后面，但 -er 除外

Elatostema sinense 对叶楼梯草：sinense = Sina + ense 中国的（地名）；Sina 中国

Elatostema sinense var. longecornutum 角苞楼梯草：longe-/ longi- ← longus 长的，纵向的；cornutus = cornus + utus 犄角的，兽角的，角质的；cornus 角，犄角，兽角，角质，角质般坚硬；-utus/ -utum/ -uta（名词词尾，表示具有）

Elatostema sinense var. sinense 对叶楼梯草-原变种 （词义见上面解释）

Elatostema sinense var. trilobatum 三裂楼梯草：tri-/ tripli-/ triplo- 三个，三数；lobatus = lobus + atus 具浅裂的，具耳垂状突起的；lobus/ lobos/

lobon 浅裂，耳片（裂片先端钝圆），荚果，蒴果；-atus/ -atum/ -ata 属于，相似，具有，完成（形容词词尾）

Elatostema stewardii 庐山楼梯草：stewardii（人名）；-ii 表示人名，接在以辅音字母结尾的人名后面，但 -er 除外

Elatostema stigmatosum 显柱楼梯草：stigmatosus 具柱头的，具多数柱头的；stigmus 柱头；-osus/ -osum/ -osa 多的，充分的，丰富的，显著发育的，程度高的，特征明显的（形容词词尾）

Elatostema strigulosum 伏毛楼梯草：strigulosum = striga + ulus + osus 被糙伏毛的；striga 条纹的，网纹的（如种子具网纹），糙伏毛的；-ulus/ -ulum/ -ula 小的，略微的，稍微的（小词 -ulus 在字母 e 或 i 之后有多种变缀，即 -olus/ -olum/ -ola、-ellus/ -ellum/ -ella、-illus/ -illum/ -illa，与第一变格法和第二变格法名词形成复合词）；-osus/ -osum/ -osa 多的，充分的，丰富的，显著发育的，程度高的，特征明显的（形容词词尾）

Elatostema strigulosum var. semitriplinerve 赤水楼梯草：semitriplinerve 准三脉的，近似三脉的；semi- 半，准，略微；triplus 三倍的，三重的；nerve ← nervus 脉，叶脉

Elatostema strigulosum var. strigulosum 伏毛楼梯草-原变种 （词义见上面解释）

Elatostema subcuspidatum 拟骤尖楼梯草：subcuspidatus 像 cuspidatum 的，稍尖的；sub-（表示程度较弱）与……类似，几乎，稍微，弱，亚，之下，下面；Elatostema cuspidatum 骤尖楼梯草；cuspidatus = cuspis + atus 尖头的，凸尖的；构词规则：词尾为 -is 和 -ys 的词的词干分别视为 -id 和 -yd；cuspis（所有格为 cuspidis）齿尖，凸尖，尖头；-atus/ -atum/ -ata 属于，相似，具有，完成（形容词词尾）

Elatostema subfalcatum 镰状楼梯草：subfalcatus 略呈镰刀状的；sub-（表示程度较弱）与……类似，几乎，稍微，弱，亚，之下，下面；falcatus = falx + atus 镰刀的，镰刀状的；构词规则：以 -ix/ -iex 结尾的词其词干末尾视为 -ic，以 -ex 结尾视为 -i/ -ic，其他以 -x 结尾视为 -c；-atus/ -atum/ -ata 属于，相似，具有，完成（形容词词尾）

Elatostema sublineare 条叶楼梯草：sublineare 近线状的；sub-（表示程度较弱）与……类似，几乎，稍微，弱，亚，之下，下面；lineare 线状的，亚麻状的；linearis = lineus + aris 线条的，线形的，线状的，亚麻状的；-aris（阳性、阴性）/ -are（中性）← -alis（阳性、阴性）/ -ale（中性）属于，相似，如同，具有，涉及，关于，联结于（将名词作形容词用，其中 -aris 常用于以 l 或 r 为词干末尾的词）

Elatostema subpenninerve 近羽脉楼梯草：subpenninerve 近羽状脉的；sub-（表示程度较弱）与……类似，几乎，稍微，弱，亚，之下，下面；pinnus/ pennus 羽毛，羽状，羽片；nerve ← nervus 脉，叶脉

Elatostema subtrichotomum 歧序楼梯草：subtrichotomus 近三叉分歧的；sub-（表示程度较弱）与……类似，几乎，稍微，弱，亚，之下，下面；trichotomus 三叉的，三出的，三叉分歧的；tricho-/

tricha- 三分的，三歧的；cho-/ chao- 分开，割裂，离开；tomus ← tomos 小片，片段，卷册（书）

Elatostema subtrichotomum var. corniculatum 角萼楼梯草：corniculatus = cornus + culus + atus 犄角的，兽角的，兽角般坚硬的；cornus 角，犄角，兽角，角质，角质般坚硬；-culus/ -culum/ -cula 小的，略微的，稍微的（同第三变格法和第四变格法名词形成复合词）；-atus/ -atum/ -ata 属于，相似，具有，完成（形容词词尾）

Elatostema subtrichotomum var. subtrichotomum 歧序楼梯草-原变种 （词义见上面解释）

Elatostema tenuicaudatoides 拟细尾楼梯草：tenui- ← tenuis 薄的，纤细的，弱的，瘦的，窄的；caudatus = caudus + atus 尾巴的，尾巴状的，具尾的；caudus 尾巴；-oides/ -oideus/ -oideum/ -oidea/ -odes/ -eidos 像……的，类似……的，呈……状的（名词词尾）；tenuicadatoides 像细尾楼梯草；Elatostema tenuicaudatum 细尾楼梯草

Elatostema tenuicaudatum 细尾楼梯草：tenui- ← tenuis 薄的，纤细的，弱的，瘦的，窄的；caudatus = caudus + atus 尾巴的，尾巴状的，具尾的；caudus 尾巴

Elatostema tenuicaudatum var. lasiocladum 毛枝细尾楼梯草：lasi-/ lasio- 羊毛状的，有毛的，粗糙的；cladus ← clados 枝条，分枝

Elatostema tenuicaudatum var. tenuicaudatum 细尾楼梯草-原变种 （词义见上面解释）

Elatostema tenuicornutum 细角楼梯草：tenui- ← tenuis 薄的，纤细的，弱的，瘦的，窄的；cornutus/ cornis 角，犄角；-utus/ -utum/ -uta 表示具有，名词词尾

Elatostema tenuifolium 薄叶楼梯草：tenui- ← tenuis 薄的，纤细的，弱的，瘦的，窄的；folius/ folium/ folia 叶，叶片（用于复合词）

Elatostema tetratepalum 四被楼梯草：tetra-/ tetr- 四，四数（希腊语，拉丁语为 quadri-/ quadr-）；tepalus 花被，瓣状被片

Elatostema trichocarpum 疣果楼梯草：trich-/ tricho-/ tricha- ← trichos ← thrix 毛，多毛的，线状的，丝状的；carpus/ carpum/ carpa/ carpon ← carpos 果实（用于希腊语复合词）

Elatostema viridicaule 绿茎楼梯草：viridus 绿色的；caulus/ caulon/ caule ← caulos 茎，茎秆，主茎

Elatostema wenxienense 文县楼梯草：wenxienense 文县的（地名，甘肃省）

Elatostema xanthophyllum 变黄楼梯草：xanthos 黄色的（希腊语）；phyllus/ phyllum/ phylla ← phyllon 叶片（用于希腊语复合词）；Xanthophyllum 黄叶树属（远志科）

Elatostema xichouense 西畴楼梯草：xichouense 西畴的（地名，云南省）

Elatostema xinningense 新宁楼梯草：xinningense 新宁的（地名，湖南省）

Elatostema yangbiense 漾濞楼梯草（漾濞 yàng bì）：yangbiense 漾濞的（地名，云南省）

Elatostema yaoshanense 瑶山楼梯草：yaoshanense 瑶山的（地名，广西壮族自治区）

Elatostema youyangense 酉阳楼梯草（酉 yǒu）：youyangense 酉阳的（地名，四川省）

Elatostema yui 俞氏楼梯草：yui 俞氏（人名）；-i 表示人名，接在以元音字母结尾的人名后面，但 -a 除外

Elatostema yungshunense 永顺楼梯草：yungshunense 永顺的（地名，湖南省）

Elephantopus 地胆草属（菊科）（74：p43）：elephantus ← elephas 象的，大象的；-pus ← pous 腿，足，爪，柄，茎

Elephantopus scaber 地胆草：scaber → scabrus 粗糙的，有凹凸的，不平滑的

Elephantopus tomentosus 白花地胆草：tomentosus = tomentum + osus 绒毛的，密被绒毛的；tomentum 绒毛，浓密的毛被，棉絮，棉絮状填充物（被褥、垫子等）；-osus/ -osum/ -osa 多的，充分的，丰富的，显著发育的，程度高的，特征明显的（形容词词尾）

Eleusine 穇属（穇 cǎn）（禾本科）（10-1：p64）：eleusine ← Eleusis（古希腊城名，朝拜丰收女神的地方）

Eleusine coracana 穇：coracana/ kurakkan 穇米粥，穇子（僧伽罗语）

Eleusine indica 牛筋草：indica 印度的（地名）；-icus/ -icum/ -ica 属于，具有某种特性（常用于地名、起源、生境）

Eleutharrhena 藤枣属（防己科）（30-1：p9）：eleutharrhena 花丝分离的；eleutherine ← eleutheros 挣脱，解放，自由（希腊语）；arrhena 男性，强劲，雄蕊，花药

Eleutharrhena macrocarpa 藤枣：macro-/ macr- ← macros 大的，宏观的（用于希腊语复合词）；carpus/ carpum/ carpa/ carpon ← carpos 果实（用于希腊语复合词）

Eleutheranthera 离药菊属（菊科）（增补）：eleuthrantherus 分离花药的；eleutherine ← eleutheros 挣脱，解放，自由（希腊语）；andrus/ andros/ antherus ← aner 雄蕊，花药，雄性

Eleutheranthera ruderalis 离药金腰箭：ruderalis 生于荒地的，生于垃圾堆的；rudera/ rudus/ rodus 碎石堆，瓦砾堆

Eleutherine 红葱属（鸢尾科）（16-1：p130）：eleutherine ← eleutheros 挣脱，解放，自由（希腊语）

Eleutherine plicata 红葱：plicatus = plex + atus 折扇状的，有沟的，纵向折叠的，棕榈叶状的（= plicativus）；plex/ plica 褶，折扇状，卷折（plex 的词干为 plic-）；plico 折叠，出褶，卷折

Ellipanthus 单叶豆属（蔷薇科）（38：p148）：ellipes 有缺点的，不完美的；anthus/ anthum/ antha/ anthe ← anthos 花（用于希腊语复合词）

Ellipanthus glabrifolius 单叶豆：glabrus 光秃的，无毛的，光滑的；folius/ folium/ folia 叶，叶片（用于复合词）

Ellisiophyllum 幌菊属（幌 huǎng）（玄参科）（67-2：p224）：Ellisia（属名，紫草科）；phyllus/ phyllum/

phylla ← phyllon 叶片（用于希腊语复合词）

Ellisiophyllum pinnatum 幌菊：pinnatus = pinnus + atus 羽状的，具羽的；pinnus/ pennus 羽毛，羽状，羽片；-atus/ -atum/ -ata 属于，相似，具有，完成（形容词词尾）

Elshltzia lamprophylla 亮叶香薷：lampros ← lampro- 发光的，发亮的，闪亮的

Elsholtzia 香薷属（薷 rú）（唇形科）（66：p304）：elsholtzia ← Johann Sigismund Elscholtz（人名，1623–1688，德国植物学家、博物学家）

Elsholtzia argyi 紫花香薷：argyi（人名）

Elsholtzia blanda 四方蒿：blandus 光滑的，可爱的

Elsholtzia bodinieri 东紫苏：bodinieri ← Emile Marie Bodinieri（人名，19 世纪活动于中国的法国传教士）；-eri 表示人名，在以 -er 结尾的人名后面加上 i 形成

Elsholtzia capituligera 头花香薷：capitulus = capitus + ulus 小头；capitus ← capitis 头，头状；gerus → -ger/ -gerus/ -gerum/ -gera 具有，有，带有

Elsholtzia cephalantha 小头花香薷：cephalanthus 头状的，头状花序的；cephalus/ cephale ← cephalos 头，头状花序；cephal-/ cephalo- ← cephalus 头，头状，头部；anthus/ anthum/ antha/ anthe ← anthos 花（用于希腊语复合词）

Elsholtzia ciliata 香薷：ciliatus = cilium + atus 缘毛的，流苏的；cilium 缘毛，睫毛；-atus/ -atum/ -ata 属于，相似，具有，完成（形容词词尾）

Elsholtzia ciliata var. brevipes 香薷-短苞柄变种：brevi- ← brevis 短的（用于希腊语复合词词首）；pes/ pedis 柄，梗，茎秆，腿，足，爪（作词首或词尾，pes 的词干视为"ped-"）

Elsholtzia ciliata var. ciliata 香薷-原变种（词义见上面解释）

Elsholtzia ciliata var. depauperata 香薷-少花变种：depauperatus 萎缩的，衰弱的，瘦弱的；de- 向下，向外，从……，脱离，脱落，离开，去掉；paupera 瘦弱的，贫穷的

Elsholtzia ciliata var. duplicato-crenata 香薷-重圆齿变种（重 chóng）：duplicato-crenata 重圆锯齿的；duplicatus = duo + plicatus 二折的，重复的，重瓣的；duo 二；plicatus = plex + atus 折扇状的，有沟的，纵向折叠的，棕榈叶状的（= plicativus）；plex/ plica 褶，折扇状，卷折（plex 的词干为 plic-）；构词规则：以 -ix/ -iex 结尾的词其词干末尾视为 -ic，以 -ex 结尾视为 -i/ -ic，其他以 -x 结尾视为 -c；-atus/ -atum/ -ata 属于，相似，具有，完成（形容词词尾）；crenatus = crena + atus 圆齿状的，具圆齿的；crena 叶缘的圆齿

Elsholtzia ciliata var. ramosa 香薷-多枝变种：ramosus = ramus + osus 有分枝的，多分枝的；ramus 分枝，枝条；-osus/ -osum/ -osa 多的，充分的，丰富的，显著发育的，程度高的，特征明显的（形容词词尾）

Elsholtzia ciliata var. remota 香薷-疏穗变种：remotus 分散的，分开的，稀疏的，远距离的

Elsholtzia communis 吉龙草：communis 普通的，通常的，共通的

Elsholtzia cypriani 野草香：cypriani 塞浦路斯的（地名）

Elsholtzia cypriani var. angustifolia 野草香-窄叶变种：angusti- ← angustus 窄的，狭的，细的；folius/ folium/ folia 叶，叶片（用于复合词）

Elsholtzia cypriani var. cypriani 野草香-原变种（词义见上面解释）

Elsholtzia cypriani var. longipilosa 野草香-长毛变种：longe-/ longi- ← longus 长的，纵向的；pilosus = pilus + osus 多毛的，被柔毛的，具疏柔毛的，被短弱细毛的；pilus 毛，疏柔毛；-osus/ -osum/ -osa 多的，充分的，丰富的，显著发育的，程度高的，特征明显的（形容词词尾）

Elsholtzia densa 密花香薷：densus 密集的，繁茂的

Elsholtzia densa var. calycocarpa 密花香薷-矮株变种：calycocarpa 杯萼果的；calycus ← calyx 萼片；carpus/ carpum/ carpa/ carpon ← carpos 果实（用于希腊语复合词）

Elsholtzia densa var. densa 密花香薷-原变种（词义见上面解释）

Elsholtzia densa var. ianthina 密花香薷-细穗变种：ianthinus 蓝紫色的，紫堇色的

Elsholtzia eriocalyx 毛萼香薷：erion 绵毛，羊毛；calyx → calyc- 萼片（用于希腊语复合词）

Elsholtzia eriocalyx var. eriocalyx 毛萼香薷-原变种（词义见上面解释）

Elsholtzia eriocalyx var. tomentosa 毛萼香薷-绒毛变种：tomentosus = tomentum + osus 绒毛的，密被绒毛的；tomentum 绒毛，浓密的毛被，棉絮，棉絮状填充物（被褥、垫子等）；-osus/ -osum/ -osa 多的，充分的，丰富的，显著发育的，程度高的，特征明显的（形容词词尾）

Elsholtzia eriostachya 毛穗香薷：erion 绵毛，羊毛；stachy-/ stachyo-/ -stachys/ -stachyus/ -stachyum/ -stachya 穗子，穗子的，穗子状的，穗状花序的

Elsholtzia feddei 高原香薷：feddei（人名）；-i 表示人名，接在以元音字母结尾的人名后面，但 -a 除外

Elsholtzia feddei f. feddei 高原香薷-原变型（词义见上面解释）

Elsholtzia feddei f. heterophylla 高原香薷-异叶变型：heterophyllus 异型叶的；hete-/ heter-/ hetero- ← heteros 不同的，多样的，不齐的；phyllus/ phyllum/ phylla ← phyllon 叶片（用于希腊语复合词）

Elsholtzia feddei f. remotibracteata 高原香薷-疏苞变型：remotibracteatus 疏苞的；remotus 分散的，分开的，稀疏的，远距离的；bracteatus = bracteus + atus 具苞片的；bracteus 苞，苞片，苞鳞

Elsholtzia feddei f. robusta 高原香薷-粗壮变型：robustus 大型的，结实的，健壮的，强壮的

Elsholtzia flava 黄花香薷（原名"野苏子"，玄参科有重名）：flavus → flavo-/ flavi-/ flav- 黄色的，鲜黄色的，金黄色的（指纯正的黄色）

Elsholtzia fruticosa 鸡骨柴：fruticosus/ frutesceus 灌丛状的；frutex 灌木；构词规则：以 -ix/ -iex 结尾的词其词干末尾视为 -ic，以 -ex 结尾视为 -i/ -ic，其他以 -x 结尾视为 -c；-osus/ -osum/ -osa 多的，充分的，丰富的，显著发育的，程度明显

E

的（形容词词尾）

Elsholtzia fruticosa var. fruticosa 鸡骨柴-原变种
（词义见上面解释）

Elsholtzia fruticosa var. fruticosa f. fruticosa
鸡骨柴-原变型 （词义见上面解释）

Elsholtzia fruticosa var. fruticosa f. inclusa 鸡
骨柴-藏蕊变型（藏 cáng）：inclusus 包裹的，包含
的，不伸出的，内藏的

**Elsholtzia fruticosa var. fruticosa f.
leptostachya** 鸡骨柴-长穗变型：leptostachyus 细
长总状花序的，细长花穗的；leptus ← leptos 细的，
薄的，瘦小的，狭长的；stachy-/ stachyo-/
-stachys/ -stachyus/ -stachyum/ -stachya 穗子，穗
子的，穗子状的，穗状花序的；Leptostachya 纤穗
爵床属（爵床科）

Elsholtzia fruticosa var. glabrifolia 鸡骨柴-光叶
变种：glabrus 光秃的，无毛的，光滑的；folius/
folium/ folia 叶，叶片（用于复合词）

Elsholtzia fruticosa var. parvifolia 鸡骨柴-小叶
变种：parvifolius 小叶的；parvus 小的，些微的，
弱的；folius/ folium/ folia 叶，叶片（用于复合词）

Elsholtzia glabra 光香薷：glabrus 光秃的，无毛的，
光滑的

Elsholtzia heterophylla 异叶香薷：heterophyllus
异型叶的；hete-/ heter-/ hetero- ← heteros 不同
的，多样的，不齐的；phyllus/ phyllum/ phylla ←
phyllon 叶片（用于希腊语复合词）

Elsholtzia hunanensis 湖南香薷：hunanensis 湖南
的（地名）

Elsholtzia kachinensis 水香薷：kachinensis 克钦的，
卡钦的（地名）

Elsholtzia luteola 淡黄香薷：luteolus = luteus +
ulus 发黄的，带黄色的；luteus 黄色的

Elsholtzia luteola var. holostegia 淡黄香薷-全苞
变种：holo-/ hol- 全部的，所有的，完全的，联合
的，全缘的，不分裂的；stegius ← stege/ stegon 盖
子，加盖，覆盖，包裹，遮盖物

Elsholtzia luteola var. luteola 淡黄香薷-原变种
（词义见上面解释）

Elsholtzia myosurus 鼠尾香薷：myosurus 鼠尾的；
myos 老鼠，小白鼠；-urus/ -ura/ -ourus/ -oura/
-oure/ -uris 尾巴

Elsholtzia ochroleuca 黄白香薷：ochroleucus 黄白
色的；ochro- ← ochra 黄色的，黄土的；leucus 白
色的，淡色的

Elsholtzia ochroleuca var. ochroleuca 黄白香
薷-原变种 （词义见上面解释）

Elsholtzia ochroleuca var. parvifolia 黄白香
薷-小叶变种：parvifolius 小叶的；parvus 小的，些
微的，弱的；folius/ folium/ folia 叶，叶片（用于复
合词）

Elsholtzia oldhami 台湾香薷：oldhami ← Richard
Oldham（人名，19 世纪植物采集员）（注：词尾改
为"-ii"似更妥）；-ii 表示人名，接在以辅音字母结
尾的人名后面，但 -er 除外；-i 表示人名，接在以元
音字母结尾的人名后面，但 -a 除外

Elsholtzia penduliflora 大黄药：pendulus ←
pendere 下垂的，垂吊的（悬空或因支持体细软而下

垂）；pendere/ pendeo 悬挂，垂悬；-ulus/ -ulum/
-ula（表示趋向或动作）（小词 -ulus 在字母 e 或 i
之后有多种变缀，即 -olus/ -olum/ -ola、-ellus/
-ellum/ -ella、-illus/ -illum/ -illa，与第一变格法和
第二变格法名词形成复合词）；florus/ florum/
flora ← flos 花（用于复合词）

Elsholtzia pilosa 长毛香薷：pilosus = pilus + osus
多毛的，被柔毛的，具疏柔毛的，被短弱细毛的；
pilus 毛，疏柔毛；-osus/ -osum/ -osa 多的，充分
的，丰富的，显著发育的，程度高的，特征明显的
（形容词词尾）

Elsholtzia pygmaea 矮香薷：pygmaeus/ pygmaei
小的，低矮的，极小的，矮人的；pygm- 矮，小，侏
儒；-aeus/ -aeum/ -aea 表示属于……，名词形容词
化词尾，如 europaeus ← europa 欧洲的

Elsholtzia rugulosa 野拔子：rugulosus 被细皱纹的，
布满小皱纹的；rugus/ rugum/ ruga 褶皱，皱纹，
皱缩；-ulosus = ulus + osus 小而多的；-ulus/
-ulum/ -ula 小的，略微的，稍微的（小词 -ulus 在
字母 e 或 i 之后有多种变缀，即 -olus/ -olum/ -ola、
-ellus/ -ellum/ -ella、-illus/ -illum/ -illa，与第一变
格法和第二变格法名词形成复合词）；-osus/ -osum/
-osa 多的，充分的，丰富的，显著发育的，程度高
的，特征明显的（形容词词尾）

Elsholtzia saxatilis 岩生香薷：saxatilis 生于岩石
的，生于石缝的；saxum 岩石，结石；-atilis（阳性、
阴性）/ -atile（中性）（表示生长的地方）

Elsholtzia souliei 川滇香薷：souliei（人名）；-i 表示
人名，接在以元音字母结尾的人名后面，但 -a 除外

Elsholtzia splendens 海州香薷：splendens 有光泽
的，发光的，漂亮的

Elsholtzia stachyodes 穗状香薷：Stachys 水苏属
（唇形科）；stachy-/ stachyo-/ -stachys/ -stachyus/
-stachyum/ -stachya 穗子，穗子的，穗子状的，穗
状花序的；-oides/ -oideus/ -oideum/ -oidea/ -odes/
-eidos 像……的，类似……的，呈……状的（名词
词尾）

Elsholtzia stauntoni 木香薷：stauntoni（人名，词
尾改为"-ii"似更妥）；-ii 表示人名，接在以辅音字
母结尾的人名后面，但 -er 除外；-i 表示人名，接在
以元音字母结尾的人名后面，但 -a 除外

Elsholtzia strobilifera 球穗香薷：strobilus ←
strobilos 球果，圆锥的；strobus 球果的，圆锥的；
-ferus/ -ferum/ -fera/ -fero/ -fere/ -fer 有，具有，
产（区别：作独立词使用的 ferus 意思是"野生的"）

Elsholtzia strobilifera var. exigua 球穗香薷-小株
变种：exiguus 弱小的，瘦弱的

Elsholtzia strobilifera var. strobilifera 球穗香
薷-原变种 （词义见上面解释）

Elsholtzia winitiana 白香薷：winitiana ← Phya
Winit Wanandorn（人名，20 世纪泰国植物学家）

Elymus 披碱草属（禾本科）（9-3：p6）：elymus ←
elymos ← elyo 稷，谷物（指具颖片包裹）

Elymus atratus 黑紫披碱草：atratus = ater + atus
发黑的，浓暗的，玷污的；ater 黑色的（希腊语，词
干视为 atro-/ atr-/ atri-/ atra-）

Elymus breviaristatus 短芒披碱草：brevi- ←
brevis 短的（用于希腊语复合词词首）；

E

aristatus(aristosus) = arista + atus 具芒的，具芒刺的，具刚毛的，具胡须的；arista 芒

Elymus canadensis 加拿大披碱草：canadensis 加拿大的（地名）

Elymus cylindricus 圆柱披碱草：cylindricus 圆形的，圆筒状的

Elymus dahuricus 披碱草：dahuricus（daurica/davurica）达乌里的（地名，外贝加尔湖，属西伯利亚的一个地区，即贝加尔湖以东及以南至中国和蒙古边界）

Elymus dahuricus var. dahuricus 披碱草-原变种（词义见上面解释）

Elymus dahuricus var. violeus 青紫披碱草：violeus 紫红色，紫堇色的，堇菜状的；Viola 堇菜属（堇菜科）；-eus/ -eum/ -ea（接拉丁语词干时）属于……的，色如……的，质如……的（表示原料、颜色或品质的相似），（接希腊语词干时）属于……的，以……出名，为……所占有（表示具有某种特性）

Elymus excelsus 肥披碱草：excelsus 高的，高贵的，超越的

Elymus nutans 垂穗披碱草：nutans 弯曲的，下垂的（弯曲程度远大于 90°）；关联词：cernuus 点头的，前屈的，略俯垂的（弯曲程度略大于 90°）

Elymus purpuraristatus 紫芒披碱草：purpur- 紫色的；aristatus(aristosus) = arista + atus 具芒的，具芒刺的，具刚毛的，具胡须的；arista 芒

Elymus sibiricus 老芒麦：sibiricus 西伯利亚的（地名，俄罗斯）；-icus/ -icum/ -ica 属于，具有某种特性（常用于地名、起源、生境）

Elymus submuticus 无芒披碱草：submuticus 近无突头的；sub-（表示程度较弱）与……类似，几乎，稍微，弱，亚，之下，下面；muticus 无突起的，钝头的，非针状的

Elymus tangutorum 麦薲草（薲 pín）：tangutorum ← Tangut 唐古特的，党项的（西夏时期生活于中国西北地区的党项羌人，蒙古语称其为"唐古特"，有多种不同音译，如唐兀、唐古、唐括等）；-orum 属于……的（第二变格法名词复数所有格词尾，表示群落或多数）

Elymus villifer 毛披碱草：villus 毛，羊毛，长绒毛；-ferus/ -ferum/ -fera/ -fero/ -fere/ -fer 有，具有，产（区别：作独立词使用的 ferus 意思是"野生的"）

Elytranthe 大苞鞘花属（桑寄生科）（24：p92）：elytrigia ← elytron 皮壳，外皮，颖片，鞘；anthe ← anthus ← anthos 花

Elytranthe albida 大苞鞘花：albidus 带白色的，微白色的，变白的；albus → albi-/ albo- 白色的；-idus/ -idum/ -ida 表示在进行中的动作或情况，作动词、名词或形容词的词尾

Elytranthe parasitica 墨脱大苞鞘花：parasiticus ← parasitos 寄生的（希腊语）

Elytrigia 偃麦草属（偃 yǎn）（禾本科）（9-3：p104）：elytrigia ← elytron 皮壳，外皮，颖片，鞘

Elytrigia elongata 长穗偃麦草：elongatus 伸长的，延长的；elongare 拉长，延长；longus 长的，纵向的；e-/ ex- 不，无，非，缺乏，不具有（e- 用在辅音字母前，ex- 用在元音字母前，为拉丁语词首，对应的希腊语词首为 a-/ an-，英语为 un-/ -less，注意

作词首用的 e-/ ex- 和介词 e/ ex 意思不同，后者意为"出自、从……、由……离开、由于、依照"）

Elytrigia intermedia 中间偃麦草：intermedius 中间的，中位的，中等的；inter- 中间的，在中间，之间；medius 中间的，中央

Elytrigia juncea 脆轴偃麦草：junceus 像灯心草的；Juncus 灯心草属（灯心草科）；-eus/ -eum/ -ea（接拉丁语词干时）属于……的，色如……的，质如……的（表示原料、颜色或品质的相似），（接希腊语词干时）属于……的，以……出名，为……所占有（表示具有某种特性）

Elytrigia repens 偃麦草：repens/ repentis/ repsi/ reptum/ repere/ repo 匍匐，爬行（同义词：reptans/ reptoare）

Elytrigia smithii 硬叶偃麦草：smithii ← James Edward Smith（人名，1759–1828，英国植物学家）

Elytrigia trichophora 毛偃麦草：trich-/ tricho-/ tricha- ← trichos ← thrix 毛，多毛的，线状的，丝状的；-phorus/ -phorum/ -phora 载体，承载物，支持物，带着，生着，附着（表示一个部分带着别的部分，包括起支撑或承载作用的柄、柱、托、囊等，如 gynophorum = gynus + phorum 雌蕊柄的，带有雌蕊的，承载雌蕊的）；gynus/ gynum/ gyna 雌蕊，子房，心皮

Elytrophorus 总苞草属（禾本科）（10-1：p69）：elytro ← elytron 皮壳，外皮，颖片，鞘；-phorus/ -phorum/ -phora 载体，承载物，支持物，带着，生着，附着（表示一个部分带着别的部分，包括起支撑或承载作用的柄、柱、托、囊等，如 gynophorum = gynus + phorum 雌蕊柄的，带有雌蕊的，承载雌蕊的）；gynus/ gynum/ gyna 雌蕊，子房，心皮

Elytrophorus spicatus 总苞草：spicatus 具穗的，具穗状花的，具尖头的；spicus 穗，谷穗，花穗；-atus/ -atum/ -ata 属于，相似，具有，完成（形容词词尾）

Embelia 酸藤子属（紫金牛科）（58：p98）：embelia 酸藤子（斯里兰卡土名）

Embelia carnosisperma 肉果酸藤子：carnosus 肉质的；carne 肉；spermus/ spermum/ sperma 种子的（用于希腊语复合词）

Embelia floribunda 多花酸藤子：floribundus = florus + bundus 多花的，繁花的，花正盛开的；florus/ florum/ flora ← flos 花（用于复合词）；-bundus/ -bunda/ -bundum 正在做，正在进行（类似于现在分词），充满，盛行

Embelia gamblei 皱叶酸藤子：gamblei ← James Sykes Gamble（人名，20 世纪英国植物学家）；-i 表示人名，接在以元音字母结尾的人名后面，但 -a 除外

Embelia henryi 毛果酸藤子：henryi ← Augustine Henry 或 B. C. Henry（人名，前者，1857–1930，爱尔兰医生、植物学家，曾在中国采集植物，后者，1850–1901，曾活动于中国的传教士）

Embelia laeta 酸藤子：laetus 生辉的，生动的，色彩鲜艳的，可喜的，愉快的；laete 光亮地，鲜艳地

Embelia laeta var. laeta 酸藤子-原变种（词义见上面解释）

Embelia laeta var. papilligera 腺毛酸藤子：

papilligera 具乳突的；papilli- ← papilla 乳头的，乳突的；gerus → -ger/ -gerus/ -gerum/ -gera 具有，有，带有

Embelia longifolia 长叶酸藤子：longe-/ longi- ← longus 长的，纵向的；folius/ folium/ folia 叶，叶片（用于复合词）

Embelia nigroviridis 墨绿酸藤子：nigroviridis 暗绿色的；nigro-/ nigri- ← nigrus 黑色的；niger 黑色的；viridis 绿色的，鲜嫩的（相当于希腊语的 chloro-）

Embelia oblongifolia 多脉酸藤子：oblongus = ovus + longus 长椭圆形的（ovus 的词干 ov- 音变为 ob-）；ovus 卵，胚珠，卵形的，椭圆形的；longus 长的，纵向的；folius/ folium/ folia 叶，叶片（用于复合词）

Embelia parviflora 当归藤：parviflorus 小花的；parvus 小的，些微的，弱的；florus/ florum/ flora ← flos 花（用于复合词）

Embelia pauciflora 疏花酸藤子：pauci- ← paucus 少数的，少的（希腊语为 oligo-）；florus/ florum/ flora ← flos 花（用于复合词）

Embelia polypodioides 龙骨酸藤子：polypodioides 像多足蕨的；Polypodium 多足蕨属（水龙骨科）；poly- ← polys 多个，许多（希腊语，拉丁语为 multi-）；podius ← podion 腿，足，柄；-oides/ -oideus/ -oideum/ -oidea/ -odes/ -eidos 像……的，类似……的，呈……状的（名词词尾）

Embelia procumbens 匍匐酸藤子：procumbens 俯卧的，匍匐的，倒伏的；procumb- 俯卧，匍匐，倒伏；-ans/ -ens/ -bilis/ -ilis 能够，可能（为形容词词尾，-ans/ -ens 用于主动语态，-bilis/ -ilis 用于被动语态）

Embelia pulchella 艳花酸藤子：pulchellus/ pulcellus = pulcher + ellus 稍美丽的，稍可爱的；pulcher/ pulcer 美丽的，可爱的；-ellus/ -ellum/ -ella ← -ulus 小的，略微的，稍微的（小词 -ulus 在字母 e 或 i 之后有多种变缀，即 -olus/ -olum/ -ola、-ellus/ -ellum/ -ella、-illus/ -illum/ -illa，用于第一变格法名词）

Embelia ribes 白花酸藤果：ribes（阿拉伯语，或一种红果茶藨的丹麦语 ribs）；Ribes 茶藨子属（藨biāo）（虎耳草科）

Embelia ribes var. pachyphylla 厚叶白花酸藤果：pachyphyllus 厚叶子的；pachy- ← pachys 厚的，粗的，肥的；phyllus/ phyllum/ phylla ← phyllon 叶片（用于希腊语复合词）

Embelia ribes var. ribes 白花酸藤果-原变种（词义见上面解释）

Embelia rudis 网脉酸藤子：rudis 粗糙的，粗野的

Embelia scandens 瘤皮孔酸藤子：scandens 攀缘的，缠绕的，藤本的；scando/ scansum 上升，攀登，缠绕

Embelia sessiliflora 短梗酸藤子：sessile-/ sessili-/ sessil- ← sessilis 无柄的，无茎的，基生的，基部的；florus/ florum/ flora ← flos 花（用于复合词）

Embelia subcoriacea 大叶酸藤子：subcoriaceus 略呈革质的，近似革质的；sub-（表示程度较弱）与……类似，几乎，稍微，弱，亚，之下，下面；coriaceus = corius + aceus 近皮革的，近革质的；

corius 皮革的，革质的；-aceus/ -aceum/ -acea 相似的，有……性质的，属于……的

Embelia undulata 平叶酸藤子：undulatus = undus + ulus + atus 略呈波浪状的，略弯曲的；undus/ undum/ unda 起波浪的，弯曲的；-ulus/ -ulum/ -ula 小的，略微的，稍微的（小词 -ulus 在字母 e 或 i 之后有多种变缀，即 -olus/ -olum/ -ola、-ellus/ -ellum/ -ella、-illus/ -illum/ -illa，与第一变格法和第二变格法名词形成复合词）；-atus/ -atum/ -ata 属于，相似，具有，完成（形容词词尾）

Embelia vestita 密齿酸藤子：vestitus 包被的，覆盖的，被柔毛的，袋状的

Embelia vestita var. lenticellata 多皮孔酸藤子：lenticellatus 具皮孔的；lenticella 皮孔

Embelia vestita var. vestita 密齿酸藤子-原变种（词义见上面解释）

Emilia 一点红属（菊科）（77-1：p322）：emilia（人名）

Emilia coccinea 绒缨菊：coccus/ coccineus 浆果，绯红色的（一种形似浆果的介壳虫的颜色）；同形异义词：coccus/ cocco/ cocci/ coccis 心室，心皮；-eus/ -eum/ -ea（接拉丁语词干时）属于……的，色如……的，质如……的（表示原料、颜色或品质的相似），（接希腊语词干时）属于……的，以……出名，为……所占有（表示具有某种特性）

Emilia prenanthoidea 小一点红：prenanthoidea 像福王草的，近似垂花的；Prenanthes 福王草属（菊科）；prenanthes 花下垂的（比喻头状花序的着生方式）；prenes 下垂的；anthes ← anthus ← anthos 花；-oides/ -oideus/ -oideum/ -oidea/ -odes/ -eidos 像……的，类似……的，呈……状的（名词词尾）

Emilia sonchifolia 一点红：sonchifolius 苦苣菜叶的；Sonchus 苦苣菜属（菊科）；folius/ folium/ folia 叶，叶片（用于复合词）

Emilia sonchifolia var. javanica 紫背草：javanica 爪哇的（地名，印度尼西亚）；-icus/ -icum/ -ica 属于，具有某种特性（常用于地名、起源、生境）

Emmenopterys 香果树属（茜草科）（71-1：p242）：emmenopterys 久不凋谢的翼（指宿存的萼片）；emeno ← emmenes 持久的，不变的（希腊语）；pteris ← pteryx 翅，翼，蕨类（希腊语）

Emmenopterys henryi 香果树：henryi ← Augustine Henry 或 B. C. Henry（人名，前者，1857–1930，爱尔兰医生、植物学家，曾在中国采集植物，后者，1850–1901，曾活动于中国的传教士）

Empetraceae 岩高兰科（45-1：p60）：Empetrum 岩高兰属；-aceae（分类单位科的词尾，为 -aceus 的阴性复数主格形式，加到模式属的名称后或同义词的词干后以组成族群名称）

Empetrum 岩高兰属（岩高兰科）（45-1：p60）：empetrum 岩石上的；em- ← en- 中，里面，在上面；petrum ← petros 石头，岩石，岩石地带（指生境）

Empetrum nigrum 岩高兰：nigrus 黑色的；niger 黑色的；关联词：denigratus 变黑的

Empetrum nigrum var. japonicum 东北岩高兰：japonicum 日本的（地名）；-icus/ -icum/ -ica 属于，具有某种特性（常用于地名、起源、生境）

Empetrum nigrum var. nigrum 岩高兰-原变种（词义见上面解释）

E

Endiandra 土楠属（樟科）（31：p149）：endiandra 雄蕊在内的（指雄蕊包藏在花被内）；andrus/ andros/ antherus ← aner 雄蕊，花药，雄性；intra-/ intro-/ endo-/ end- 内部，内侧；反义词：exo- 外部，外侧

Endiandra coriacea 革叶土楠：coriaceus = corius + aceus 近皮革的，近革质的；corius 皮革的，革质的；-aceus/ -aceum/ -acea 相似的，有……性质的，属于……的

Endiandra dolichocarpa 长果土楠：dolicho- ← dolichos 长的；carpus/ carpum/ carpa/ carpon ← carpos 果实（用于希腊语复合词）

Endiandra hainanensis 土楠：hainanensis 海南的（地名）

Endospermum 黄桐属（大戟科）（44-2：p181）：endi-/ endo- ← endon 内部，内侧；spermus/ spermum/ sperma 种子的（用于希腊语复合词）

Endospermum chinense 黄桐：chinense 中国的（地名）

Enemion 拟扁果草属（毛茛科）（27：p465）：enemion（希腊语一种植物名）

Enemion raddeanum 拟扁果草：raddeanus ← Gustav Ferdinand Richard Radde（人名，19世纪德国博物学家，曾考察高加索地区和阿穆尔河流域）

Engelhardtia 黄杞属（杞 qǐ）（胡桃科）（21：p11）：engelhardtia ← C. M. U. Engelhardt（德国人名）

Engelhardtia aceriflora 爪哇黄杞：aceriflorus 槭树花的；Acer 槭属（槭树科）；florus/ florum/ flora ← flos 花（用于复合词）

Engelhardtia colebrookiana 毛叶黄杞：colebrookiana（人名）

Engelhardtia fenzelii 少叶黄杞：fenzelii（人名）；-ii 表示人名，接在以辅音字母结尾的人名后面，但 -er 除外

Engelhardtia roxburghiana 黄杞：roxburghiana ← William Roxburgh（人名，18世纪英国植物学家，研究印度植物）

Engelhardtia serrata 齿叶黄杞：serratus = serrus + atus 有锯齿的；serrus 齿，锯齿

Engelhardtia spicata 云南黄杞：spicatus 具穗的，具穗状花的，具尖头的；spicus 穗，谷穗，花穗；-atus/ -atum/ -ata 属于，相似，具有，完成（形容词词尾）

Enhalus 海菖蒲属（水鳖科）（8：p166）：enhalus 在盐的上面（指盐碱生境）；en- 在上（en- 在字母 b、p 之前要变成 em-）；halus ← hals 盐

Enhalus acoroides 海菖蒲：acoroides 像菖蒲的；Acorus 菖蒲属（天南星科）；-ides 相似

Enkianthus 吊钟花属（杜鹃花科）（57-3：p10）：enkianthus 妊娠状花（指花膨大）；enkyos 孕育，怀孕；anthus/ anthum/ antha/ anthe ← anthos 花（用于希腊语复合词）

Enkianthus chinensis 灯笼树（笼 lóng）：chinensis = china + ensis 中国的（地名）；China 中国

Enkianthus deflexus 毛叶吊钟花：deflexus 向下曲折的，反卷的；de- 向下，向外，从……，脱离，脱落，离开，去掉；flexus ← flecto 扭曲的，卷曲的，弯弯曲曲的，柔性的；flecto 弯曲，使扭曲

Enkianthus pauciflorus 单花吊钟花：pauci- ← paucus 少数的，少的（希腊语为 oligo-）；florus/ florum/ flora ← flos 花（用于复合词）

Enkianthus quinqueflorus 吊钟花：quin-/ quinqu-/ quinque-/ quinqui- 五，五数（希腊语为 penta-）；florus/ florum/ flora ← flos 花（用于复合词）

Enkianthus ruber 越南吊钟花：rubrus/ rubrum/ rubra/ ruber 红色的；rubr-/ rubri-/ rubro- ← rubrus 红色

Enkianthus serotinus 晚花吊钟花：serotinus 晚来的，晚季的，晚开花的

Enkianthus serrulatus 齿缘吊钟花：serrulatus = serrus + ulus + atus 具细锯齿的；serrus 齿，锯齿；-ulus/ -ulum/ -ula 小的，略微的，稍微的（小词 -ulus 在字母 e 或 i 之后有多种变缀，即 -olus/ -olum/ -ola、-ellus/ -ellum/ -ella、-illus/ -illum/ -illa，与第一变格法和第二变格法名词形成复合词）；-atus/ -atum/ -ata 属于，相似，具有，完成（形容词词尾）

Enkianthus serrulatus var. hirtinervus 毛脉吊钟花：hirtus 有毛的，粗毛的，刚毛的（长而明显的毛）；nervus 脉，叶脉

Enkianthus serrulatus var. serrulatus 齿缘吊钟花-原变种 （词义见上面解释）

Enkianthus sichuanensis 四川吊钟花：sichuanensis 四川的（地名）

Enkianthus taiwanianus 台湾吊钟花：taiwanianus 台湾的（地名）

Enneapogon 九顶草属（禾本科）（10-1：p2）：ennea- 九，九个（希腊语，相当于拉丁语的 noven-/ novem-）；pogon 胡须，髯毛，芒尖

Enneapogon borealis 九顶草：borealis 北方的；-aris（阳性、阴性）/ -are（中性）← -alis（阳性、阴性）/ -ale（中性）属于，相似，如同，具有，涉及，关于，联结于（将名词作形容词用，其中 -aris 常用于以 l 或 r 为词干末尾的词）

Ensete 象腿蕉属（芭蕉科）（16-2：p2）：ensete（一种植物的土名）

Ensete glaucum 象腿蕉：glaucus → glauco-/ glauc- 被白粉的，发白的，灰绿色的

Entada 榼藤属（榼 kē）（豆科）（39：p11）：entada 榼藤（印度土名，榼 kē）

Entada phaseoloides 榼藤：Phaseolus 菜豆属（豆科）；-oides/ -oideus/ -oideum/ -oidea/ -odes/ -eidos 像……的，类似……的，呈……状的（名词词尾）

Entada pursaetha subsp. sinohimalensis （西部榼藤）：pursaetha（词源不详）；sinohimalensis 中国喜马拉雅的（地名）

Enterolobium 象耳豆属（豆科）（39：p70）：enterolobium 肠状荚果的；enteron 肠；lobius ← lobus 浅裂的，耳片的（裂片先端钝圆），荚果的，蒴果的；-ius/ -ium/ -ia 具有……特性的（表示有关、关联、相似）

Enterolobium contortisiliquum 青皮象耳豆：contortus 拧劲的，旋转的；co- 联合，共同，合起来（拉丁语词首，为 cum- 的音变，表示结合、强化、

·478·

完全，对应的希腊语为 syn-）；co- 的缀词音变有
co-/ com-/ con-/ col-/ cor-：co-（在 h 和元音字母
前面），col-（在 l 前面），com-（在 b、m、p 之前），
con-（在 c、d、f、g、j、n、qu、s、t 和 v 前面），
cor-（在 r 前面）；tortus 拧劲，捻，扭曲；siliquus
角果的，荚果的

Enterolobium cyclocarpum 象耳豆：cyclo-/
cycl- ← cyclos 圆形，圈环；carpus/ carpum/
carpa/ carpon ← carpos 果实（用于希腊语复合词）

Enteropogon 肠须草属（禾本科）（10-1：p79）：
enteron 肠；pogon 胡须，髯毛，芒尖

Enteropogon dolichostachyus 肠须草：dolicho- ←
dolichos 长的；stachy-/ stachyo-/ -stachys/
-stachyus/ -stachyum/ -stachya 穗子，穗子的，穗
子状的，穗状花序的

Enteropogon unispiceus 细穗肠须草：uni-/
uno- ← unus/ unum/ una 一，单一（希腊语为
mono-/ mon-）；spiceus 穗状的；spicus 穗，谷穗，
花穗，-eus/ -eum/ -ea（接拉丁语词干时）属
于……的，色如……的，质如……的（表示原料、颜
色或品质的相似），（接希腊语词干时）属于……的，
以……出名，为……所占有（表示具有某种特性）

Enydra 沼菊属（菊科）（75：p343）：enydra ←
enndris 水獭（指水生或沼泽生境）

Enydra fluctuans 沼菊：fluctuans = fluctus + ans
波动的，成为波浪的；fluctus 波动，波浪；-ans/
-ens/ -bilis/ -ilis 能够，可能（为形容词词尾，-ans/
-ens 用于主动语态，-bilis/ -ilis 用于被动语态）

Eomecon 血水草属（血 xuè）（罂粟科）（32：p76）：
heos 黎明；mecon ← mekon 罂粟，鸦片（希腊语）

Eomecon chionantha 血水草：chionanthus =
chionata + anthus 花白如雪的；chion-/ chiono- 雪，
雪白色；anthus/ anthum/ antha/ anthe ← anthos
花（用于希腊语复合词）

Epaltes 球菊属（《植物志》中有中文同名属
Bolocephalus，已修订为丝苞菊属）（菊科）（75：
p55）：epaltes 无冠毛的；e-/ ex- 不，无，非，缺乏，
不具有（e- 用在辅音字母前，ex- 用在元音字母前，
为拉丁语词首，对应的希腊语词首为 a-/ an-，英语
为 un-/ -less，注意作词首用的 e-/ ex- 和介词 e/ ex
意思不同，后者意为"出自、从……、由……离开、
由于、依照"）；paltes ← paltos 短矛

Epaltes australis 球菊：australis 南方的，南半球
的；austro-/ austr- 南方的，南半球的，大洋洲的；
auster 南方，南风；-aris（阳性、阴性）/ -are（中
性）← -alis（阳性、阴性）/ -ale（中性）属于，相
似，如同，具有，涉及，关于，联结于（将名词作形
容词用，其中 -aris 常用于以 l 或 r 为词干末尾的词）

Epaltes divaricata 翅柄球菊：divaricatus 广歧的，
发散的，散开的

Ephedra 麻黄属（麻黄科）（7：p469）：epi- 上面的，
表面的，在上面；hedra 座，座位

Ephedra equisetina 木贼麻黄：equisetina ←
equisetum 马尾状的，木贼状的；equus 马；saetus/
setus 刚毛的，刺毛的，芒刺的；-inus/ -inum/ -ina/
-inos 相近，接近，相似，具有（通常指颜色）

Ephedra fedtschenkoae 雌雄麻黄：
fedtschenkoae ← Boris Fedtschenko（人名，20 世

纪俄国植物学家）；-ae 表示人名，以 -a 结尾的人名
后面加上 -e 形成

Ephedra gerardiana 山岭麻黄：gerardiana ←
Gerard（人名）

Ephedra gerardiana var. congesta 垫状山岭麻黄：
congestus 聚集的，充满的

Ephedra gerardiana var. gerardiana 山岭麻
黄-原变种 （词义见上面解释）

Ephedra intermedia 中麻黄：intermedius 中间的，
中位的，中等的；inter- 中间的，在中间，之间；
medius 中间的，中央的

Ephedra intermedia var. intermedia 中麻黄-原
变种 （词义见上面解释）

Ephedra intermedia var. tibetica 西藏中麻黄：
tibetica 西藏的（地名）；-icus/ -icum/ -ica 属于，
具有某种特性（常用于地名、起源、生境）

Ephedra lepidosperma 斑子麻黄：lepido- ← lepis
鳞片，鳞片状（lepis 词干视为 lepid-，后接辅音字
母时通常加连接用的"o"，故形成"lepido-"）；
lepido- ← lepidus 美丽的，典雅的，整洁的，装饰
华丽的；注：构词成分 lepid-/ lepdi-/ lepido- 需要
根据植物特征翻译成"秀丽"或"鳞片"；spermus/
spermum/ sperma 种子的（用于希腊语复合词）；
Lepidosperma 鳞籽莎属（莎草科）

Ephedra likiangensis 丽江麻黄：likiangensis 丽江
的（地名，云南省）

Ephedra likiangensis f. likiangensis 丽江麻黄-原
变型 （词义见上面解释）

Ephedra likiangensis f. mairei 匍枝丽江麻黄：
mairei（人名）；Edouard Ernest Maire（人名，19
世纪活动于中国云南的传教士）；Rene C. J. E.
Maire 人名（20 世纪阿尔及利亚植物学家，研究北
非植物）；-i 表示人名，接在以元音字母结尾的人名
后面，但 -a 除外

Ephedra minuta 矮麻黄：minutus 极小的，细微的，
微小的

Ephedra minuta var. dioeca 异株矮麻黄：
dioicus/ dioecus/ dioecius 雌雄异株的（dioicus 常
用于苔藓学）；di-/ dis- 二，二数，二分，分离，不
同，在……之间，从……分开（希腊语，拉丁语为
bi-/ bis-）；-oicus/ -oecius 雌雄体的，雌雄株的（仅
用于词尾）；monoecius/ monoicus 雌雄同株的

Ephedra minuta var. minuta 矮麻黄-原变种 （词
义见上面解释）

Ephedra monosperma 单子麻黄：mono-/ mon- ←
monos 一个，单一的（希腊语，拉丁语为 unus/
uni-/ uno-）；spermus/ spermum/ sperma 种子的
（用于希腊语复合词）

Ephedra przewalskii 膜果麻黄：przewalskii ←
Nicolai Przewalski（人名，19 世纪俄国探险家、博
物学家）

Ephedra przewalskii var. kaschgarica 喀什膜果
麻黄（喀 kā）：kaschgarica 喀什的（地名，新疆维
吾尔自治区）；-icus/ -icum/ -ica 属于，具有某种特
性（常用于地名、起源、生境）

Ephedra przewalskii var. przewalskii 膜果麻
黄-原变种 （词义见上面解释）

E

Ephedra regeliana 细子麻黄：regeliana ← Eduard August von Regel（人名，19 世纪德国植物学家）

Ephedra rhytidosperma （皱种麻黄）（种 zhǒng）：rhytido-/ rhyt- ← rhytidos 褶皱的，皱纹的，折叠的；spermus/ spermum/ sperma 种子的（用于希腊语复合词）

Ephedra saxatilis 藏麻黄：saxatilis 生于岩石的，生于石缝的；saxum 岩石，结石；-atilis（阳性、阴性）/ -atile（中性）（表示生长的地方）

Ephedra saxatilis var. sikkimensis （锡金麻黄）：sikkimensis 锡金的（地名）

Ephedra sinica 草麻黄：sinica 中国的（地名）；-icus/ -icum/ -ica 属于，具有某种特性（常用于地名、起源、生境）

Ephedraceae 麻黄科（7：p468）：Ephedra 麻黄属；-aceae（分类单位科的词尾，为 -aceus 的阴性复数主格形式，加到模式属的名称后或同义词的词干后以组成族群名称）

Epigeneium 厚唇兰属（兰科）（19：p156）：epigeneium 生于地表面的（指匍匐）；epi- 上面的，表面的，在上面；geneium ← genos 出生，生于

Epigeneium amplum 宽叶厚唇兰：amplus 大的，宽的，膨大的，扩大的

Epigeneium clemensiae 厚唇兰：clemensiae ← Clemens Maria Franz von Boenninghausen（人名，19 世纪德国医生、植物学家）；-ae 表示人名，以 -a 结尾的人名后面加上 -e 形成

Epigeneium fargesii 单叶厚唇兰：fargesii ← Pere Paul Guillaume Farges（人名，19 世纪中叶至 20 世纪活动于中国的法国传教士，植物采集员）

Epigeneium fuscescens 景东厚唇兰：fuscescens 淡褐色的，淡棕色的，变成褐色的；fuscus 棕色的，暗色的，发黑的，暗棕色的，褐色的；-escens/ -ascens 改变，转变，变成，略微，带有，接近，相似，大致，稍微（表示变化的趋势，并未完全相似或相同，有别于表示达到完成状态的 -atus）

Epigeneium nakaharaei 台湾厚唇兰：nakaharaei ← Gonji Nakahara 中原（人名，日本植物学家）；-i 表示人名，接在以元音字母结尾的人名后面，但 -a 除外

Epigeneium rotundatum 双叶厚唇兰：rotundatus = rotundus + atus 圆形的，圆角的；rotundus 圆形的，呈圆形的，肥大的；rotundo 使呈圆形，使圆滑；roto 旋转，滚动

Epigeneium yunnanense 长爪厚唇兰：yunnanense 云南的（地名）

Epigynum 思茅藤属（夹竹桃科）（63：p246）：epigynum 子房下位的；epi- 上面的，表面的，在上面；gynus/ gynum/ gyna 雌蕊，子房，心皮

Epigynum auritum 思茅藤：auritus 耳朵的，耳状的

Epilasia 鼠毛菊属（菊科）（80-1：p36）：epilasia 表面多毛的（指果实）；epi- 上面的，表面的，在上面；lasius ← lasios 多毛的，毛茸茸的

Epilasia acrolasia 顶毛鼠毛菊：acrolasius 粗绵毛的；acr-/ acro- ← acros 顶尖，顶端，尖头，在顶尖的，辛辣的，酸的；lasius ← lasios 多毛的，毛茸茸的

Epilasia hemilasia 鼠毛菊：hemi- 一半；lasius ← lasios 多毛的，毛茸茸的

Epilobium 柳叶菜属（见柳兰属 Chamainerion）（柳叶菜科）（53-2：p73）：epilobium 荚果上面的（指花萼、花冠、雄蕊等着生在荚果状的子房上面）；epi- 上面的，表面的，在上面；lobius ← lobus 浅裂的，耳片的（裂片先端钝圆），荚果的，蒴果的；-ius/ -ium/ -ia 具有……特性的（表示有关、关联、相似）

Epilobium amurense 毛脉柳叶菜：amurense/ amurensis 阿穆尔的（地名，东西伯利亚的一个州，南部以黑龙江为界），阿穆尔河的（即黑龙江的俄语音译）

Epilobium amurense subsp. amurense 毛脉柳叶菜-原亚种 （词义见上面解释）

Epilobium amurense subsp. cephalostigma 光滑柳叶菜：cephalostigma 头状柱头；cephalus/ cephale ← cephalos 头，头状花序；cephal-/ cephalo- ← cephalus 头，头状，头部；stigmus 柱头；Cephalostigma 星花草属（桔梗科）

Epilobium anagallidifolium 新疆柳叶菜：anagallidifolium 琉璃繁缕叶的；anagallid- ← Anagallis 琉璃繁缕属（报春花科）；构词规则：词尾为 -is 和 -ys 的词的词干分别视为 -id 和 -yd；folius/ folium/ folia 叶，叶片（用于复合词）

Epilobium angustifolium 柳兰：angusti- ← angustus 窄的，狭的，细的；folius/ folium/ folia 叶，叶片（用于复合词）

Epilobium angustifolium subsp. angustifolium 柳兰-原亚种 （词义见上面解释）

Epilobium angustifolium subsp. circumvagum 毛脉柳兰：circum- 周围的，缠绕的（与希腊语的 peri- 意思相同）；vagus 乱向的，无定向的，有几个方向的

Epilobium blinii 长柱柳叶菜：blinii（人名）；-ii 表示人名，接在以辅音字母结尾的人名后面，但 -er 除外

Epilobium brevifolium 短叶柳叶菜：brevi- ← brevis 短的（用于希腊语复合词词首）；folius/ folium/ folia 叶，叶片（用于复合词）

Epilobium brevifolium subsp. brevifolium 短叶柳叶菜-原亚种 （词义见上面解释）

Epilobium brevifolium subsp. trichoneurum 腺茎柳叶菜：trich-/ tricho-/ tricha- ← trichos ← thrix 毛，多毛的，线状的，丝状的；neurus ← neuron 脉，神经

Epilobium ciliatum 东北柳叶菜：ciliatus = cilium + atus 缘毛的，流苏的；cilium 缘毛，睫毛；-atus/ -atum/ -ata 属于，相似，具有，完成（形容词词尾）

Epilobium clarkeanum 雅致柳叶菜：clarkeanum（人名）

Epilobium conspersum 网脉柳兰：conspersus 喷撒（指散点）；co- 联合，共同，合起来（拉丁语词首，为 cum- 的音变，表示结合、强化、完全，对应的希腊语为 syn-）；co- 的缀词音变有 co-/ com-/ con-/ col-/ cor-：co-（在 h 和元音字母前面），col-（在 l 前面），com-（在 b、m、p 之前），con-（在 c、d、f、g、j、n、qu、s、t 和 v 前面），cor-（在 r 前

面）；spersus 分散的，散生的，散布的

Epilobium cylindricum 圆柱柳叶菜：cylindricus 圆形的，圆筒状的

Epilobium fangii 川西柳叶菜：fangii（人名）；-ii 表示人名，接在以辅音字母结尾的人名后面，但 -er 除外

Epilobium fastigiatoramosum 多枝柳叶菜：fastigiatus 束状的，笤帚状的（枝条直立聚集）（形近词：fastigatus 高的，高举的）；fastigius 笤帚；ramosus = ramus + osus 有分枝的，多分枝的；ramus 分枝，枝条；-osus/ -osum/ -osa 多的，充分的，丰富的，显著发育的，程度高的，特征明显的（形容词词尾）

Epilobium gouldii 鳞根柳叶菜：gouldii（人名）；-ii 表示人名，接在以辅音字母结尾的人名后面，但 -er 除外

Epilobium hirsutum 柳叶菜：hirsutus 粗毛的，糙毛的，有毛的（长而硬的毛）

Epilobium hohuanense 合欢柳叶菜：hohuanense 合欢山的（地名，属台湾省）

Epilobium kermodei 锐齿柳叶菜：kermodei（人名）

Epilobium kingdonii 矮生柳叶菜：kingdonii ← Frank Kingdon-Ward（人名，1840–1909，英国植物学家）

Epilobium latifolium 宽叶柳兰：lati-/ late- ← latus 宽的，宽广的；folius/ folium/ folia 叶，叶片（用于复合词）

Epilobium laxum 大花柳叶菜：laxus 稀疏的，松散的，宽松的

Epilobium minutiflorum 细籽柳叶菜：minutus 极小的，细微的，微小的；florus/ florum/ flora ← flos 花（用于复合词）

Epilobium nankotaizanense 南湖柳叶菜：nankotaizanense 南湖大山的（地名，台湾省中部山峰，日语读音）

Epilobium palustre 沼生柳叶菜：palustris/ paluster ← palus + estre 喜好沼泽的，沼生的；palus 沼泽，湿地，泥潭，水塘，草甸子（palus 的复数主格为 paludes）；-estris/ -estre/ ester/ -esteris 生于……地方，喜好……地方

Epilobium pannosum 硬毛柳叶菜：pannosus 充满毛的，毡毛状的

Epilobium parviflorum 小花柳叶菜：parviflorus 小花的；parvus 小的，些微的，弱的；florus/ florum/ flora ← flos 花（用于复合词）

Epilobium pengii 网籽柳叶菜：pengii（人名）；-ii 表示人名，接在以辅音字母结尾的人名后面，但 -er 除外

Epilobium platystigmatosum 阔柱柳叶菜：platystigmatosus 柱头宽的，柱头大的；platys 大的，宽的（用于希腊语复合词）；stigmus 柱头；stigmatus 具柱头的；-atus/ -atum/ -ata 属于，相似，具有，完成（形容词词尾）；-osus/ -osum/ -osa 多的，充分的，丰富的，显著发育的，程度高的，特征明显的（形容词词尾）

Epilobium pyrricholophum 长籽柳叶菜：pyrricholophus 火红毛鸡冠；pyrrichus ← pyrrhotrichus 火红毛的；lophus ← lophos 鸡冠，冠

毛，额头，驼峰状突起

Epilobium roseum 长柄柳叶菜：roseus = rosa + eus 像玫瑰的，玫瑰色的，粉红色的；rosa 蔷薇（古拉丁名）← rhodon 蔷薇（希腊语）← rhodd 红色，玫瑰红（凯尔特语）；-eus/ -eum/ -ea（接拉丁语词干时）属于……的，色如……的，质如……的（表示原料、颜色或品质的相似），（接希腊语词干时）属于……的，以……出名，为……所占有（表示具有某种特性）

Epilobium roseum subsp. roseum 长柄柳叶菜-原亚种 （词义见上面解释）

Epilobium roseum subsp. subsessile 多脉柳叶菜：subsessile 近无茎的；sub-（表示程度较弱）与……类似，几乎，稍微，弱，亚，之下，下面；sessile-/ sessili-/ sessil- ← sessilis 无柄的，无茎的，基生的，基部的

Epilobium royleanum 短梗柳叶菜：royleanum ← John Forbes Royle（人名，19 世纪英国植物学家、医生）

Epilobium sikkimense 鳞片柳叶菜：sikkimense 锡金的（地名）

Epilobium sinense 中华柳叶菜：sinense = Sina + ense 中国的（地名）；Sina 中国

Epilobium speciosum 喜马拉雅柳兰：speciosus 美丽的，华丽的；species 外形，外观，美观，物种（缩写 sp.，复数 spp.）；-osus/ -osum/ -osa 多的，充分的，丰富的，显著发育的，程度高的，特征明显的（形容词词尾）

Epilobium subcoriaceum 亚革质柳叶菜：subcoriaceus 略呈革质的，近似革质的；sub-（表示程度较弱）与……类似，几乎，稍微，弱，亚，之下，下面；coriaceus = corius + aceus 近皮革的，近革质的；corius 皮革的，革质的；-aceus/ -aceum/ -acea 相似的，有……性质的，属于……的

Epilobium taiwanianum 台湾柳叶菜：taiwanianum 台湾的（地名）

Epilobium tianschanicum 天山柳叶菜：tianschanicum 天山的（地名，新疆维吾尔自治区）；-icus/ -icum/ -ica 属于，具有某种特性（常用于地名、起源、生境）

Epilobium tibetanum 光籽柳叶菜：tibetanum 西藏的（地名）

Epilobium wallichianum 滇藏柳叶菜：wallichianum ← Nathaniel Wallich（人名，19 世纪初丹麦植物学家、医生）

Epilobium williamsii 埋鳞柳叶菜：williamsii ← Williams（人名）

Epimedium 淫羊藿属（藿 huò）（小檗科）（29：p262）：epimedium 中间以上的，着生于中部以上的；epi- 上面的，表面的，在上面；medius 中间的，中央的

Epimedium acuminatum 粗毛淫羊藿：acuminatus = acumen + atus 锐尖的，渐尖的；acumen 渐尖头；-atus/ -atum/ -ata 属于，相似，具有，完成（形容词词尾）

Epimedium baojingense 保靖淫羊藿：baojingense 保靖的（地名，湖南省）

Epimedium boreali-guizhouense 黔北淫羊藿：

E

borealis 北方的；-aris（阳性、阴性）/ -are（中性）← -alis（阳性、阴性）/ -ale（中性）属于，相似，如同，具有，涉及，关于，联结于（将名词作形容词用，其中 -aris 常用于以 l 或 r 为词干末尾的词）；guizhouense 贵州的（地名）

Epimedium brachyrrhizum 短茎淫羊藿：brachy- ← brachys 短的（用于拉丁语复合词词首）；rhizus 根，根状茎（-rh- 接在元音字母后面构成复合词时要变成 -rrh-）

Epimedium brevicornum 淫羊藿：brevicornus 短角的；brevi- ← brevis 短的（用于希腊语复合词词首）；cornus 角，犄角，兽角，角质，角质般坚硬

Epimedium chlorandrum 绿药淫羊藿：chlorandrus 绿色花药的，绿色雄蕊的；chlor-/ chloro- ← chloros 绿色的（希腊语，相当于拉丁语的 viridis）；andrus/ andros/ antherus ← aner 雄蕊，花药，雄性

Epimedium davidii 宝兴淫羊藿（兴 xīng）：davidii ← Pere Armand David（人名，1826–1900，曾在中国采集植物标本的法国传教士）；-ii 表示人名，接在以辅音字母结尾的人名后面，但 -er 除外

Epimedium dolichostemon 长蕊淫羊藿：dolicho- ← dolichos 长的；stemon 雄蕊

Epimedium ecalcaratum 无距淫羊藿：ecalcaratus = e + calcaratus 无距的；e-/ ex- 不，无，非，缺乏，不具有（e- 用在辅音字母前，ex- 用在元音字母前，为拉丁语词首，对应的希腊语词首为 a-/ an-，英语为 un-/ -less，注意作词首用的 e-/ ex- 和介词 e/ ex 意思不同，后者意为"出自、从……、由……离开、由于、依照"）；calcaratus = calcar + atus 距的，有距的；calcar- ← calcar 距，花萼或花瓣生蜜源的距，短枝（结果枝）（距：雄鸡、雉等的腿的后面突出像脚趾的部分）

Epimedium elongatum 川西淫羊藿：elongatus 伸长的，延长的；elongare 拉长，延长；longus 长的，纵向的；e-/ ex- 不，无，非，缺乏，不具有（e- 用在辅音字母前，ex- 用在元音字母前，为拉丁语词首，对应的希腊语词首为 a-/ an-，英语为 un-/ -less，注意作词首用的 e-/ ex- 和介词 e/ ex 意思不同，后者意为"出自、从……、由……离开、由于、依照"）

Epimedium enshiense 恩施淫羊藿：enshiense 恩施的（地名，湖北省）

Epimedium epsteinii 紫距淫羊藿：epsteinii（人名）；-ii 表示人名，接在以辅音字母结尾的人名后面，但 -er 除外

Epimedium fangii 方氏淫羊藿：fangii（人名）；-ii 表示人名，接在以辅音字母结尾的人名后面，但 -er 除外

Epimedium fargesii 川鄂淫羊藿：fargesii ← Pere Paul Guillaume Farges（人名，19 世纪中叶至 20 世纪活动于中国的法国传教士，植物采集员）

Epimedium flavum 天全淫羊藿：flavus → flavo-/ flavi-/ flav- 黄色的，鲜黄色的，金黄色的（指纯正的黄色）

Epimedium franchetii 木鱼坪淫羊藿：franchetii ← A. R. Franchet（人名，19 世纪法国植物学家）

Epimedium glandulosopilosum 腺毛淫羊藿：glandulosus = glandus + ulus + osus 被细腺的，具

腺体的，腺体质的；pilosus = pilus + osus 多毛的，被柔毛的，具疏柔毛的，被短弱细毛的；pilus 毛，疏柔毛；glandus ← glans 腺体；-osus/ -osum/ -osa 多的，充分的，丰富的，显著发育的，程度高的，特征明显的（形容词词尾）

Epimedium hunanense 湖南淫羊藿：hunanense 湖南的（地名）

Epimedium ilicifolium 镇坪淫羊藿：ilici- ← Ilex 冬青属（冬青科）；构词规则：以 -ix/ -iex 结尾的词其词干末尾视为 -ic，以 -ex 结尾视为 -i/ -ic，其他以 -x 结尾视为 -c；folius/ folium/ folia 叶，叶片（用于复合词）

Epimedium koreanum 朝鲜淫羊藿：koreanum 朝鲜的（地名）

Epimedium latisepalum 宽萼淫羊藿：lati-/ late- ← latus 宽的，宽广的；sepalus/ sepalum/ sepala 萼片（用于复合词）

Epimedium leptorrhizum 黔岭淫羊藿：leptorhizus 细根的；leptus ← leptos 细的，薄的，瘦小的，狭长的；rhizus 根，根状茎（-rh- 接在元音字母后面构成复合词时要变成 -rrh-）

Epimedium lishihchenii 时珍淫羊藿：lishihchenii 李时珍（人名，1518–1593，中国明代医药学家）；-ii 表示人名，接在以辅音字母结尾的人名后面，但 -er 除外

Epimedium mikinorii 直距淫羊藿：mikinorii（人名）；-ii 表示人名，接在以辅音字母结尾的人名后面，但 -er 除外

Epimedium multiflorum 多花淫羊藿：multi- ← multus 多个，多数，很多（希腊语为 poly-）；florus/ florum/ flora ← flos 花（用于复合词）

Epimedium myrianthum 天平山淫羊藿：myri-/ myrio- ← myrios 无数的，大量的，极多的（希腊语）；anthus/ anthum/ antha/ anthe ← anthos 花（用于希腊语复合词）

Epimedium ogisui 芦山淫羊藿：ogisui 荻须（日本人名）；-i 表示人名，接在以元音字母结尾的人名后面，但 -a 除外

Epimedium parvifolium 小叶淫羊藿：parvifolius 小叶的；parvus 小的，些微的，弱的；folius/ folium/ folia 叶，叶片（用于复合词）

Epimedium pauciflorum 少花淫羊藿：pauci- ← paucus 少数的，少的（希腊语为 oligo-）；florus/ florum/ flora ← flos 花（用于复合词）

Epimedium platypetalum 茂汶淫羊藿（汶 wèn）：platys 大的，宽的（用于希腊语复合词）；petalus/ petalum/ petala ← petalon 花瓣

Epimedium pubescens 柔毛淫羊藿：pubescens ← pubens 被短柔毛的，长出柔毛的；pubi- ← pubis 细柔毛的，短柔毛的，毛被的；pubesco/ pubescere 长成的，变为成熟的，长出柔毛的，青春期体毛的；-escens/ -ascens 改变，转变，变成，略微，带有，接近，相似，大致，稍微（表示变化的趋势，并未完全相似或相同，有别于表示达到完成状态的 -atus）

Epimedium reticulatum 革叶淫羊藿：reticulatus = reti + culus + atus 网状的；reti-/ rete- 网（同义词：dictyo-）；-culus/ -culum/ -cula 小的，略微的，稍微的（同第三变格法和第四变格

法名词形成复合词）；-atus/ -atum/ -ata 属于，相似，具有，完成（形容词词尾）

Epimedium rhizomatosum 强茎淫羊藿：rhizomatosus 多根茎的；rhiz-/ rhizo- ← rhizus 根，根状茎；rhizomatus = rhizomus + atus 具根状茎的；-osus/ -osum/ -osa 多的，充分的，丰富的，显著发育的，程度高的，特征明显的（形容词词尾）

Epimedium sagittatum 三枝九叶草：sagittatus/ sagittalis 箭头状的；sagita/ sagitta 箭，箭头；-atus/ -atum/ -ata 属于，相似，具有，完成（形容词词尾）

Epimedium sagittatum var. glabratum 光叶淫羊藿：glabratus = glabrus + atus 脱毛的，光滑的；glabrus 光秃的，无毛的，光滑的；-atus/ -atum/ -ata 属于，相似，具有，完成（形容词词尾）

Epimedium sagittatum var. sagittatum 三枝九叶草-原变种 （词义见上面解释）

Epimedium shuichengense 水城淫羊藿：shuichengense 水城的（地名，贵州省）

Epimedium simplicifolium 单叶淫羊藿：simplicifolius = simplex + folius 单叶的；simplex 单一的，简单的，无分歧的（词干为 simplic-）；构词规则：以 -ix/ -iex 结尾的词其词干末尾视为 -ic，以 -ex 结尾视为 -i/ -ic，其他以 -x 结尾视为 -c；folius/ folium/ folia 叶，叶片（用于复合词）

Epimedium stellulatum 星花淫羊藿：stellulatus = stella + ulus + atus 具小星芒状的；stella 星状的；-ulus/ -ulum/ -ula 小的，略微的，稍微的（小词 -ulus 在字母 e 或 i 之后有多种变缀，即 -olus/ -olum/ -ola、-ellus/ -ellum/ -ella、-illus/ -illum/ -illa，与第一变格法和第二变格法名词形成复合词）；-atus/ -atum/ -ata 属于，相似，具有，完成（形容词词尾）

Epimedium sutchuenense 四川淫羊藿：sutchuenense 四川的（地名）

Epimedium truncatum 偏斜淫羊藿：truncatus 截平的，截形的，截断的；truncare 切断，截断，截平（动词）；-atus/ -atum/ -ata 属于，相似，具有，完成（形容词词尾）

Epimedium wushanense 巫山淫羊藿：wushanense 巫山的（地名，重庆市）

Epimedium zhushanense 竹山淫羊藿：zhushanense 竹山的（地名，湖北省）

Epimeredi 广防风属（唇形科，已修订为 Anisomeles）（66: p40）：epimeredi 差向异构体；aniso- ← anisos 不等的，不同的，不整齐的；meles ← melon 苹果，瓜，甜瓜

Epimeredi indica 广防风：indica 印度的（地名）；-icus/ -icum/ -ica 属于，具有某种特性（常用于地名、起源、生境）

Epipactis 火烧兰属（兰科）（17: p86）：epipactis ← epipebolos 铁筷子属（古拉丁语，来自 Helleborus）（另一解释为 epi + pactos 上部坚硬的）；epi- 上面的，表面的，在上面；pactos 硬的

Epipactis consimilis 疏花火烧兰：consimilis = co + similis 非常相似的；co- 联合，共同，合起来（拉丁语词首，为 cum- 的音变，表示结合、强化、完全，对应的希腊语为 syn-）；co- 的缀词音变有

co-/ com-/ con-/ col-/ cor-：co-（在 h 和元音字母前面），col-（在 l 前面），com-（在 b、m、p 之前），con-（在 c、d、f、g、j、n、qu、s、t 和 v 前面），cor-（在 r 前面）；similis 相似的

Epipactis helleborine 火烧兰：helleborine = Helleborus + ine 像铁筷子的；Helleborus 铁筷子属（毛莨科）；-ine ← -inus/ -inum/ -ina/ -inos 相近，接近，相似，所有（通常指颜色）

Epipactis mairei 大叶火烧兰：mairei（人名）；Edouard Ernest Maire（人名，19 世纪活动于中国云南的传教士）；Rene C. J. E. Maire 人名（20 世纪阿尔及利亚植物学家，研究北非植物）；-i 表示人名，接在以元音字母结尾的人名后面，但 -a 除外

Epipactis mairei var. humilior 矮大叶火烧兰：humilior 较矮的，较低的；humilis 矮的，低的；-ilior 较为，更（以 -ilis 结尾的形容词的比较级，将 -ilis 换成 ili + or → -ilior）

Epipactis mairei var. mairei 大叶火烧兰-原变种（词义见上面解释）

Epipactis ohwii 台湾火烧兰：ohwii 大井次三郎（日本人名）

Epipactis palustris 新疆火烧兰：palustris/ paluster ← palus + estris 喜好沼泽的，沼生的；palus 沼泽，湿地，泥潭，水塘，草甸子（palus 的复数主格为 paludes）；-estris/ -estre/ ester/ -esteris 生于……地方，喜好……地方

Epipactis papillosa 细毛火烧兰：papillosus 乳头状的；papilli- ← papilla 乳头的，乳突的；-osus/ -osum/ -osa 多的，充分的，丰富的，显著发育的，程度高的，特征明显的（形容词词尾）

Epipactis thunbergii 尖叶火烧兰：thunbergii ← C. P. Thunberg（人名，1743–1828，瑞典植物学家，曾专门研究日本的植物）

Epipactis xanthophaea 北火烧兰：xanthophaeus 黄褐色的，暗黄色的；xanthos 黄色的（希腊语）；phaeus ← phaios 暗色的，褐色的；-aeus/ -aeum/ -aea 表示属于……，名词形容词化词尾，如 europaeus ← europa 欧洲的

Epiphyllum 昙花属（仙人掌科）（52-1: p284）：epiphyllum 叶子上面的，生长于叶子上面的；epi- 上面的，表面的，在上面；phyllus/ phyllum/ phylla ← phyllon 叶片（用于希腊语复合词）

Epiphyllum oxypetalum 昙花：oxypetalus 尖瓣的；oxy- ← oxys 尖锐的，酸的；petalus/ petalum/ petala ← petalon 花瓣

Epipogium 虎舌兰属（兰科）（18: p43）：epipogium = epipogonium 唇瓣位于上方的，上方唇瓣胡须状的；epi- 上面的，表面的，在上面；pogon 胡须，髯毛，芒尖

Epipogium aphyllum 裂唇虎舌兰：aphyllus 无叶的；a-/ an- 无，非，没有，缺乏，不具有（an- 用于元音前）（a-/ an- 为希腊语词首，对应的拉丁语词首为 e-/ ex-，相当于英语的 un-/ -less，注意词首 a- 和作为介词的 a/ ab 不同，后者的意思是"从……、由……、关于……、因为……"）；phyllus/ phyllum/ phylla ← phyllon 叶片（用于希腊语复合词）

Epipogium roseum 虎舌兰：roseus = rosa + eus 像玫瑰的，玫瑰色的，粉红色的；rosa 蔷薇（古拉

E

·483·

丁名）← rhodon 蔷薇（希腊语）← rhodd 红色，玫瑰红（凯尔特语）；-eus/ -eum/ -ea（接拉丁语词干时）属于……的，色如……的，质如……的（表示原料、颜色或品质的相似），（接希腊语词干时）属于……的，以……出名，为……所占有（表示具有某种特性）

Epipremnum 麒麟叶属（天南星科）（13-2：p27）：epipremnum 树干上的（指附生于树干上）；epi- 上面的，表面的，在上面；premnus ← premnon 树干，主茎

Epipremnum aureum 绿萝：aureus = aurus + eus 属于金色的，属于黄色的；aurus 金，金色；-eus/ -eum/ -ea（接拉丁语词干时）属于……的，色如……的，质如……的（表示原料、颜色或品质的相似），（接希腊语词干时）属于……的，以……出名，为……所占有（表示具有某种特性）

Epipremnum formosanum 台湾麒麟叶：formosanus = formosus + anus 美丽的，台湾的；formosus ← formosa 美丽的，台湾的（葡萄牙殖民者发现台湾时对其的称呼，即美丽的岛屿）；-anus/ -anum/ -ana 属于，来自（形容词词尾）

Epipremnum pinnatum 麒麟叶：pinnatus = pinnus + atus 羽状的，具羽的；pinnus/ pennus 羽毛，羽状，羽片；-atus/ -atum/ -ata 属于，相似，具有，完成（形容词词尾）

Epiprinus 风轮桐属（大戟科）（44-2：p91）：epi- 上面的，表面的，在上面；prinus ← prinos 圣栎

Epiprinus siletianus 风轮桐：siletianus（人名）

Epithema 盾座苣苔属（苦苣苔科）（69：p575）：epithema 罩子（指花序被叶状苞片所包被）；epi- 上面的，表面的，在上面；themus ← anthemus 花

Epithema carnosum 盾座苣苔：carnosus 肉质的；carne 肉；-osus/ -osum/ -osa 多的，充分的，丰富的，显著发育的，程度高的，特征明显的（形容词词尾）

Equisetaceae 木贼科（6-3：p224）：Equisetum 木贼属；-aceae（分类单位科的词尾，为 -aceus 的阴性复数主格形式，加到模式属的名称后或同义词的词干后以组成族群名称）

Equisetum 木贼属（木贼科）（6-3：p224）：equisetum = equus + saeta 马尾状的（细枝或针叶很多、逐渐呈轮生状，形似马尾）；equus 马；saetus/ setus 刚毛的，刺毛的，芒刺的；equinus 马的，马毛制的

Equisetum arvense 问荆：arvensis 田里生的；arvum 耕地，可耕地

Equisetum diffusum 披散木贼：diffusus = dis + fusus 蔓延的，散开的，扩展的，渗透的（dis- 在辅音字母前发生同化）；fusus 散开的，松散的，松弛的；di-/ dis- 二，二数，二分，分离，不同，在……之间，从……分开（希腊语，拉丁语为 bi-/ bis-）

Equisetum fluviatile 溪木贼：fluviatile 河边的，生于河水的；fluvius 河流，河川，流水；-atilis（阳性、阴性）/ -atile（中性）（表示生长的地方）

Equisetum hyemale 木贼：hyemale/ hiemale 冬季的，冬季开花的；hiem- 冬季

Equisetum hyemale subsp. affine 无瘤木贼：affine = affinis = ad + finis 酷似的，近似的，有联

系的；ad- 向，到，近（拉丁语词首，表示程度加强）；构词规则：构成复合词时，词首末尾的辅音字母常同化为紧接其后的那个辅音字母（如 ad + f → aff）；finis 界限，境界；affin- 相似，近似，相关

Equisetum hyemale subsp. hyemale 木贼-原亚种（词义见上面解释）

Equisetum palustre 犬问荆：palustris/ paluster ← palus + estre 喜好沼泽的，沼生的；palus 沼泽，湿地，泥潭，水塘，草甸子（palus 的复数主格为 paludes）；-estris/ -estre/ ester/ -esteris 生于……地方，喜好……地方

Equisetum pratense 草问荆：pratense 生于草原的；pratum 草原

Equisetum ramosissimum 节节草：ramosus = ramus + osus 分枝极多的；ramus 分枝，枝条；-osus/ -osum/ -osa 多的，充分的，丰富的，显著发育的，程度高的，特征明显的（形容词词尾）；-issimus/ -issima/ -issimum 最，非常，极其（形容词最高级）

Equisetum ramosissimum subsp. debile 笔管草：debile 软弱的，脆弱的

Equisetum ramosissimum subsp. ramosissimum 节节草-原亚种（词义见上面解释）

Equisetum scirpoides 蔺木贼（蔺 lìn）：Scirpus 藨草属（莎草科）；-oides/ -oideus/ -oideum/ -oidea/ -odes/ -eidos 像……的，类似……的，呈……状的（名词词尾）

Equisetum sylvaticum 林木贼：silvaticus/ sylvaticus 森林的，林地的；sylva/ silva 森林；-aticus/ -aticum/ -atica 属于，表示生长的地方，作名词词尾

Equisetum variegatum 斑纹木贼：variegatus = variego + atus 有彩斑的，有条纹的，杂食的，杂色的；variego = varius + ago 染上各种颜色，使成五彩缤纷的，装饰，点缀，使闪出五颜六色的光彩，变化，变更，不同；varius = varus + ius 各种各样的，不同的，多型的，易变的；varus 不同的，变化的，外弯的，凸起的；-ius/ -ium/ -ia 具有……特性的（表示有关、关联、相似）；-ago 表示相似或联系，如 plumbago，铅的一种（来自 plumbum 铅），来自 -go；-go 表示一种能做工作的力量，如 vertigo，也表示事态的变化或者一种事态、趋向或病态，如 robigo（红的情况，变红的趋势，因而是铁锈）、aerugo（铜锈），因此它变成一个表示具有某种质的属性的构词元素，如 lactago（具有乳浆的草），或相似性，如 ferulago（近似 ferula，阿魏）、canilago（一种 canila）

Equisetum variegatum subsp. alaskanum 阿拉斯加木贼：alaskanum 阿拉斯加的（地名，美国）

Equisetum variegatum subsp. variegatum 斑纹木贼-原亚种（词义见上面解释）

Eragrostiella 细画眉草属（禾本科）（10-1：p36）：eragrostiella 比画眉草小的；Eragrostis 画眉草属（禾本科），草，禾草；-ellus/ -ellum/ -ella ← -ulus 小的，略微的，稍微的（小词 -ulus 在字母 e 或 i 之后有多种变缀，即 -olus/ -olum/ -ola、-ellus/ -ellum/ -ella、-illus/ -illum/ -illa，用于第一变格法名词）

E

Eragrostiella lolioides 细画眉草：lolioides 像黑麦草的；Lolium 黑麦草属；-oides/ -oideus/ -oideum/ -oidea/ -odes/ -eidos 像……的，类似……的，呈……状的（名词词尾）

Eragrostis 画眉草属（禾本科）（10-1：p9）：era 田地；agrostis 草，禾草

Eragrostis alta 高画眉草：altus 高度，高的

Eragrostis atrovirens 鼠妇草：atro-/ atr-/ atri-/ atra- ← ater 深色，浓色，暗色，发黑（ater 作为词干后接辅音字母开头的词时，要在词干后面加一个连接用的元音字母"o"或"i"，故为"ater-o-"或"ater-i-"，变形为"atr-"开头）；virens 绿色的，变绿的

Eragrostis autumnalis 秋画眉草：autumnale/ autumnalis 秋季开花的；autumnus 秋季；-aris（阳性、阴性）/ -are（中性）← -alis（阳性、阴性）/ -ale（中性）属于，相似，如同，具有，涉及，关于，联结（将名词作形容词用，其中 -aris 常用于以 l 或 r 为词干末尾的词）

Eragrostis bulbillifera 珠芽画眉草：bulbillus/ bulbilus = bulbus + illus 小球茎，小鳞茎；bulbus 球，球形，球茎，鳞茎；-illi- ← -ulus 小，稍微，略微（-ulus 在字母 e 或 i 之后变成 -olus/ -ellus/ -illus）；-ferus/ -ferum/ -fera/ -fero/ -fere/ -fer 有，具有，产（区别：作独立词使用的 ferus 意思是"野生的"）

Eragrostis cilianensis 大画眉草：cilianensis 西利安的（地名，意大利）

Eragrostis ciliata 纤毛画眉草：ciliatus = cilium + atus 缘毛的，流苏的；cilium 缘毛，睫毛；-atus/ -atum/ -ata 属于，相似，具有，完成（形容词词尾）

Eragrostis curvula 弯叶画眉草：curvulus = curvus + ulus 略弯曲的，小弯的

Eragrostis cylindrica 短穗画眉草：cylindricus 圆形的，圆筒状的

Eragrostis fauriei 佛欧里画眉草：fauriei ← L'Abbe Urbain Jean Faurie（人名，19 世纪活动于日本的法国传教士、植物学家）

Eragrostis ferruginea 知风草：ferrugineus 铁锈的，淡棕色的；ferrugo = ferrus + ugo 铁锈（ferrugo 的词干为 ferrugin-）；词尾为 -go 的词其词干末尾视为 -gin；ferreus → ferr- 铁，铁的，铁色的，坚硬如铁的；-eus/ -eum/ -ea（接拉丁语词干时）属于……的，色如……的，质如……的（表示原料、颜色或品质的相似），（接希腊语词干时）属于……的，以……出名，为……所占有（表示具有某种特性）

Eragrostis fractus 垂穗画眉草：fractus 背折的，弯曲的

Eragrostis guangxiensis 广西画眉草：guangxiensis 广西的（地名）

Eragrostis hainanensis 海南画眉草：hainanensis 海南的（地名）

Eragrostis japonica 乱草：japonica 日本的（地名）；-icus/ -icum/ -ica 属于，具有某种特性（常用于地名、起源、生境）

Eragrostis longispicula 长穗鼠妇草：longe-/ longi- ← longus 长的，纵向的；spiculus = spicus + ulus 小穗的，细尖的；spicus 穗，谷穗，花穗；-culus/ -culum/ -cula 小的，略微的，稍微的（同第

三变格法和第四变格法名词形成复合词）

Eragrostis mairei 梅氏画眉草：mairei（人名）；Edouard Ernest Maire（人名，19 世纪活动于中国云南的传教士）；Rene C. J. E. Maire 人名（20 世纪阿尔及利亚植物学家，研究北非植物）；-i 表示人名，接在以元音字母结尾的人名后面，但 -a 除外

Eragrostis minor 小画眉草：minor 较小的，更小的

Eragrostis nevinii 华南画眉草：nevinii ← Joseph Cook Nevin（人名，美国植物采集员）

Eragrostis nigra 黑穗画眉草：nigrus 黑色的；niger 黑色的

Eragrostis perennans 宿根画眉草：perennans = per + annus 多年生的；per-（在 l 前面音变为 pel-）极，很，颇，甚，非常，完全，通过，遍及（表示效果加强，与 sub- 互为反义词）；annus 一年的，每年的，一年生的

Eragrostis perlaxa 疏穗画眉草：perlaxus 极疏的；per-（在 l 前面音变为 pel-）极，很，颇，甚，非常，完全，通过，遍及（表示效果加强，与 sub- 互为反义词）；laxus 稀疏的，松散的，宽松的

Eragrostis pilosa 画眉草：pilosus = pilus + osus 多毛的，被柔毛的，具疏柔毛的，被短弱细毛的；pilus 毛，疏柔毛；-osus/ -osum/ -osa 多的，充分的，丰富的，显著发育的，程度高的，特征明显的（形容词词尾）

Eragrostis pilosa var. imberbis 无毛画眉草：imberbis 无芒的，无胡须的；in-/ im-（来自 il- 的音变）内，在内，内部，向内，相反，不，无，非；il- 在内，向内，为，相反（希腊语为 en-）；词首 il- 的音变：il-（在 l 前面），im-（在 b、m、p 前面），in-（在元音字母和大多数辅音字母前面），ir-（在 r 前面），如 illaudatus（不值得称赞的，评价不好的），impermeabilis（不透水的，穿不透的），ineptus（不合适的），insertus（插入的），irretortus（无弯曲的，无扭曲的）；berbis ← barba 胡须，髯毛，绒毛

Eragrostis pilosa var. pilosa 画眉草-原变种（词义见上面解释）

Eragrostis pilosissima 多毛知风草：pilosissimus 密被柔毛的；pilosus = pilus + osus 多毛的，被柔毛的，具疏柔毛的，被短弱细毛的；pilus 毛，疏柔毛；-osus/ -osum/ -osa 多的，充分的，丰富的，显著发育的，程度高的，特征明显的（形容词词尾）；-issimus/ -issima/ -issimum 最，非常，极其（形容词最高级）

Eragrostis pulchra 美丽画眉草：pulchrum 美丽，优雅，绮丽

Eragrostis reflexa 扭枝画眉草：reflexus 反曲的，后曲的；re- 返回，相反，再次，重复，向后，回头；flexus ← flecto 扭曲的，卷曲的，弯弯曲曲的，柔性的；flecto 弯曲，使扭曲

Eragrostis rufinerva 红脉画眉草：rufinervus 红脉的；ruf-/ rufi-/ frufo- ← rufus/ rubus 红褐色的，锈色的，红色的，发红的，淡红色的；nervus 脉，叶脉

Eragrostis tenella 鲫鱼草（鲫 jì）：tenellus = tenuis + ellus 柔软的，纤细的，纤弱的，精美的，雅致的；tenuis 薄的，纤细的，弱的，瘦的，窄的；-ellus/ -ellum/ -ella ← -ulus 小的，略微的，稍微的（小词 -ulus 在字母 e 或 i 之后有多种变缀，即

E

-olus/ -olum/ -ola、-ellus/ -ellum/ -ella、-illus/ -illum/ -illa，用于第一变格法名词）

Eragrostis unioloides 牛虱草：Uniola（禾本科一属）；-oides/ -oideus/ -oideum/ -oidea/ -odes/ -eidos 像……的，类似……的，呈……状的（名词词尾）

Eragrostis zeylanica 长画眉草：zeylanicus 锡兰（斯里兰卡，国家名）；-icus/ -icum/ -ica 属于，具有某种特性（常用于地名、起源、生境）

Eranthemum 喜花草属（爵床科）（70：p58）：eranthemus 可爱的花，早春开花的；eros 爱劳斯（希腊神话中的爱神）；er- 春天；anthemus ← anthemon 花

Eranthemum austrosinense 华南可爱花：austrosinense 华南的（地名）；austro-/ austr- 南方的，南半球的，大洋洲的；auster 南方，南风

Eranthemum pubipetalum 毛冠可爱花（冠 guān）：pubi- ← pubis 细柔毛的，短柔毛的，毛被的；petalus/ petalum/ petala ← petalon 花瓣

Eranthemum pulchellum 喜花草：pulchellus/ pulcellus = pulcher + ellus 稍美丽的，稍可爱的；pulcher/pulcer 美丽的，可爱的；-ellus/ -ellum/ -ella ← -ulus 小的，略微的，稍微的（小词 -ulus 在字母 e 或 i 之后有多种变缀，即 -olus/ -olum/ -ola、-ellus/ -ellum/ -ella、-illus/ -illum/ -illa，用于第一变格法名词）

Eranthemum splendens 云南可爱花：splendens 有光泽的，发光的，漂亮的

Eranthis 菟葵属（菟 tù）（毛茛科）（27：p108）：eranthos 春天的花，早春的花；er- 春天；anthus/ anthum/ antha/ anthe ← anthos 花（用于希腊语复合词）

Eranthis albiflora 白花菟葵：albus → albi-/ albo- 白色的；florus/ florum/ flora ← flos 花（用于复合词）

Eranthis lobulata 浅裂菟葵：lobulatus = lobus + ulus + atus 小裂片的，浅裂的，凸轮状的；lobus/ lobos/ lobon 浅裂，耳片（裂片先端钝圆），荚果，蒴果

Eranthis stellata 菟葵：stellatus/ stellaris 具星状的；stella 星状的；-atus/ -atum/ -ata 属于，相似，具有，完成（形容词词尾）；-aris（阳性、阴性）/ -are（中性）← -alis（阳性、阴性）/ -ale（中性）属于，相似，如同，具有，涉及，关于，联结于（将名词作形容词用，其中 -aris 常用于以 l 或 r 为词干末尾的词）

Erechtites 菊芹属（有时误拼为"Erechthites"）（菊科）（增补）：erechtites（希腊传说中的国王）

Erechtites hieraciifolius 梁子菜：Hieracium 山柳菊属（菊科）；folius/ folium/ folia 叶，叶片（用于复合词）

Erechtites valerianifolius 败酱叶菊芹：valerianifolius = Valeriana + folius 缬草叶的（该加词不能写成 valerianaefolius）；Valeriana 缬草属（败酱科）；folius/ folium/ folia 叶，叶片（用于复合词）

Eremochloa 蜈蚣草属（禾本科）（10-2：p270）：eremochloa 野地里的草；eremos 荒凉的，孤独的，孤立的；chloa ← chloe 草，禾草

Eremochloa bimaculata 西南马陆草：bi-/ bis- 二，二数，二回（希腊语为 di-）；maculatus = maculus + atus 有小斑点的，略有斑点的；maculus 斑点，网眼，小斑点，略有斑点；-atus/ -atum/ -ata 属于，相似，具有，完成（形容词词尾）

Eremochloa ciliaris 蜈蚣草：ciliaris 缘毛的，睫毛的（流苏状）；cilia 睫毛，缘毛；cili- 纤毛，缘毛；-aris（阳性、阴性）/ -are（中性）← -alis（阳性、阴性）/ -ale（中性）属于，相似，如同，具有，涉及，关于，联结于（将名词作形容词用，其中 -aris 常用于以 l 或 r 为词干末尾的词）

Eremochloa ophiuroides 假俭草：Ophiuros 蛇尾草属（禾本科）；-oides/ -oideus/ -oideum/ -oidea/ -odes/ -eidos 像……的，类似……的，呈……状的（名词词尾）

Eremochloa zeylanica 马陆草：zeylanicus 锡兰（斯里兰卡，国家名）；-icus/ -icum/ -ica 属于，具有某种特性（常用于地名、起源、生境）

Eremopoa 旱禾属（禾本科）（9-2：p232）：eremopoa 野地里的早熟禾；eremos 荒凉的，孤独的，孤立的；poa 草，早熟禾

Eremopoa altaica 阿尔泰旱禾：altaica 阿尔泰的（地名，新疆北部山脉）

Eremopoa oxyglumis 尖颖旱禾：oxyglumis 尖颖的；oxy- ← oxys 尖锐的，酸的；glumis ← gluma 颖片，具颖片的（glumis 为 gluma 的复数夺格）

Eremopoa persica 旱禾：persica 桃，杏，波斯的（地名）

Eremopoa songarica 新疆旱禾：songarica 准噶尔的（地名，新疆维吾尔自治区）；-icus/ -icum/ -ica 属于，具有某种特性（常用于地名、起源、生境）

Eremopogon 旱茅属（禾本科）（10-2：p139）：eremopogon 野地里的芒草；eremos 荒凉的，孤独的，孤立的；pogon 胡须，髯毛，芒尖

Eremopogon delavayi 旱茅：delavayi ← P. J. M. Delavay（人名，1834–1895，法国传教士，曾在中国采集植物标本）；-i 表示人名，接在以元音字母结尾的人名后面，但 -a 除外

Eremopyrum 旱麦草属（禾本科）（9-3：p116）：eremopyrum 野地里的小麦；eremos 荒凉的，孤独的，孤立的；pyrus = pirus ← pyros 梨，梨树，核，核果，小麦，谷物

Eremopyrum orientale 东方旱麦草：orientale/ orientalis 东方的；oriens 初升的太阳，东方

Eremopyrum triticeum 旱麦草：triticeum 像小麦的；Triticum 小麦属（禾本科）；-eus/ -eum/ -ea（接拉丁语词干时）属于……的，色如……的，质如……的（表示原料、颜色或品质的相似），（接希腊语词干时）属于……的，以……出名，为……所占有（表示具有某种特性）

Eremosparton 无叶豆属（豆科）（42-1：p9）：eremos 荒凉的，孤独的，孤立的；spartos 绳索，纤维（spartos 原本是一种植物名，希腊语，借以泛指纤维类植物）

Eremosparton songoricum 准噶尔无叶豆（噶 gá）：songoricum 准噶尔的（地名，新疆维吾尔自治区）；-icus/ -icum/ -ica 属于，具有某种特性（常用于地名、起源、生境）

Eremostachys 沙穗属（唇形科）（65-2：p412）：eremos 荒凉的，孤独的，孤立的；stachy-/ stachyo-/ -stachys/ -stachyus/ -stachyum/ -stachya 穗子，穗子的，穗子状的，穗状花序的

Eremostachys moluccelloides 沙穗：Moluccella 贝壳花属（唇形科）；moluccella ← Molucca 马鲁古群岛的（地名，印度尼西亚，旧称为摩鹿加群岛）；-oides/ -oideus/ -oideum/ -oidea/ -odes/ -eidos 像……的，类似……的，呈……状的（名词词尾）

Eremostachys speciosa var. speciosa 美丽沙穗-原变种：speciosus 美丽的，华丽的；species 外形，外观，美观，物种（缩写 sp.，复数 spp.）；-osus/ -osum/ -osa 多的，充分的，丰富的，显著发育的，程度高的，特征明显的（形容词词尾）

Eremostachys speciosa var. viridifolia 美丽沙穗-绿叶变种：viridus 绿色的；folium/ folium/ folia 叶，叶片（用于复合词）

Eremotropa 沙晶兰属（鹿蹄草科）（56：p210）：eremos 荒凉的，孤独的，孤立的；tropus 回旋，朝向

Eremotropa sciaphila 沙晶兰：scio 阴影，树荫；philus/ philein ← philos → phil-/ phili/ philo- 喜好的，爱好的，喜欢的；Sciaphila 喜荫草属（霉草科）

Eremotropa wuana 五瓣沙晶兰：wuana（人名）

Eremurus 独尾草属（百合科）（14：p35）：eremurus 单尾的；eremos 荒凉的，孤独的，孤立的；-urus/ -ura/ -ourus/ -oura/ -oure/ -uris 尾巴

Eremurus altaicus 阿尔泰独尾草：altaicus 阿尔泰的（地名，新疆北部山脉）

Eremurus anisopterus 异翅独尾草：aniso- ← anisos 不等的，不同的，不整齐的；pterus/ pteron 翅，翼，蕨类

Eremurus chinensis 独尾草：chinensis = china + ensis 中国的（地名）；China 中国

Eremurus inderiensis 粗柄独尾草：inderiensis（地名）

Eria 毛兰属（兰科）（19：p1）：erion 绵毛，羊毛

Eria acervata 钝叶毛兰：acervatus 成堆的，堆积的，隆起的；acervus 堆积，成堆

Eria amica 粗茎毛兰：amicus 朋友

Eria bambusifolia 竹叶毛兰：bambusifolius 簕竹叶的；Bambusa 簕竹属（禾本科）；folius/ folium/ folia 叶，叶片（用于复合词）

Eria bipunctata 双点毛兰：bi-/ bis- 二，二数，二回（希腊语为 di-）；punctatus = punctus + atus 具斑点的；punctus 斑点

Eria clausa 匍茎毛兰：clausus 关闭的，闭锁的

Eria conferta 密苞毛兰：confertus 密集的

Eria corneri 半柱毛兰：corneri（人名）；-eri 表示人名，在以 -er 结尾的人名后面加上 i 形成

Eria coronaria 足茎毛兰：coronarius 花冠的，花环的，具副花冠的；corona 花冠，花环；-arius/ -arium/ -aria 相似，属于（表示地点，场所，关系，所属）

Eria crassifolia 厚叶毛兰：crassi- ← crassus 厚的，粗的，多肉质的；folius/ folium/ folia 叶，叶片（用于复合词）

Eria dasyphylla 瓜子毛兰：dasyphyllus = dasys + phyllus 粗毛叶的；dasy- ← dasys 毛茸茸的，粗毛的，毛；phyllus/ phyllum/ phylla ← phyllon 叶片（用于希腊语复合词）

Eria excavata 反苞毛兰：excavatus 凹陷的，坑洼的，内弯成曲线的；excavatio 挖掘，坑洼；excavo/ excavare/ excavavi 挖掘，挖坑

Eria formosana 台湾毛兰：formosanus = formosus + anus 美丽的，台湾的；formosus ← formosa 美丽的，台湾的（葡萄牙殖民者发现台湾时对其的称呼，即美丽的岛屿）；-anus/ -anum/ -ana 属于，来自（形容词词尾）

Eria gagnepainii 香港毛兰：gagnepainii ← Francois R Gagnepain（人名，18 世纪法国植物学家）；-ii 表示人名，接在以辅音字母结尾的人名后面，但 -er 除外

Eria graminifolia 禾叶毛兰：graminus 禾草，禾本科草；folius/ folium/ folia 叶，叶片（用于复合词）

Eria javanica 香花毛兰：javanica 爪哇的（地名，印度尼西亚）；-icus/ -icum/ -ica 属于，具有某种特性（常用于地名、起源、生境）

Eria lasiopetala 白绵毛兰：lasi-/ lasio- 羊毛状的，有毛的，粗糙的；petalus/ petalum/ petala ← petalon 花瓣

Eria longlingensis 龙陵毛兰：longlingensis 龙陵的（地名，云南省）

Eria marginata 棒茎毛兰：marginatus ← margo 边缘的，具边缘的；margo/ marginis → margin- 边缘，边线，边界；词尾为 -go 的词其词干末尾视为 -gin

Eria medogensis 墨脱毛兰：medogensis 墨脱的（地名，西藏自治区）

Eria microphylla 小叶毛兰：micr-/ micro- ← micros 小的，微小的，微观的（用于希腊语复合词）；phyllus/ phyllum/ phylla ← phyllon 叶片（用于希腊语复合词）

Eria muscicola 网鞘毛兰：muscicolus 苔藓上生的；musc-/ musci- 藓类的；colus ← colo 分布于，居住于，栖居，殖民（常作词尾）；colo/ colere/ colui/ cultum 居住，耕作，栽培

Eria obvia 长苞毛兰：obvius 明显的，显眼的

Eria ovata 大脚筒：ovatus = ovus + atus 卵圆形的；ovus 卵，胚珠，卵形的，椭圆形的；-atus/ -atum/ -ata 属于，相似，具有，完成（形容词词尾）

Eria paniculata 竹枝毛兰：paniculatus = paniculus + atus 具圆锥花序的；paniculus 圆锥花序；panus 谷穗；panicus 野稗，粟，谷子；-atus/ -atum/ -ata 属于，相似，具有，完成（形容词词尾）

Eria pannea 指叶毛兰：panneus 毡毛状的，毡毛质的

Eria pudica 版纳毛兰：pudicus 害羞的，内向的（比喻花不开放）

Eria pulvinata 高茎毛兰：pulvinatus = pulvinus + atus 垫状的；pulvinus 叶枕，叶柄基部膨大部分，坐垫，枕头

Eria pusilla 对茎毛兰：pusillus 纤弱的，细小的，无价值的

Eria quinquelamellosa 五脊毛兰：quin-/ quinqu-/ quinque-/ quinqui- 五，五数（希腊语为 penta-）；lamellosus = lamella + osus 片状的，层状的，片状特征明显的；lamella = lamina + ella 薄片的，菌褶

·487·

的，鳍状突起的；lamina 片，叶片；-osus/ -osum/ -osa 多的，充分的，丰富的，显著发育的，程度高的，特征明显的（形容词词尾）

Eria reptans 高山毛兰：reptans/ reptus ← repo 匍匐的，匍匐生根的

Eria rhomboidalis 菱唇毛兰：rhomboidalis = rhombus + oides + alis 长菱形的；rhombus 菱形，纺锤；-aris（阳性、阴性）/ -are（中性）← -alis（阳性、阴性）/ -ale（中性）属于，相似，如同，具有，涉及，关于，联结于（将名词作形容词用，其中 -aris 常用于以 l 或 r 为词干末尾的词）

Eria robusta 长囊毛兰：robustus 大型的，结实的，健壮的，强壮的

Eria rosea 玫瑰毛兰：roseus = rosa + eus 像玫瑰的，玫瑰色的，粉红色的；rosa 蔷薇（古拉丁名）← rhodon 蔷薇（希腊语）← rhodd 红色，玫瑰红（凯尔特语）；-eus/ -eum/ -ea（接拉丁语词干时）属于……的，色如……的，质如……的（表示原料、颜色或品质的相似），（接希腊语词干时）属于……的，以……出名，为……所占有（表示具有某种特性）

Eria sinica 小毛兰：sinica 中国的（地名）；-icus/ -icum/ -ica 属于，具有某种特性（常用于地名、起源、生境）

Eria spicata 密花毛兰：spicatus 具穗的，具穗状花的，具尖头的；spicus 穗，谷穗，花穗；-atus/ -atum/ -ata 属于，相似，具有，完成（形容词词尾）

Eria stricta 鹅白毛兰：strictus 直立的，硬直的，笔直的，彼此靠拢的

Eria szetschuanica 马齿毛兰：szetschuanica 四川的（地名）；-icus/ -icum/ -ica 属于，具有某种特性（常用于地名、起源、生境）

Eria tenuicaulis 细茎毛兰：tenui- ← tenuis 薄的，纤细的，弱的，瘦的，窄的；caulis ← caulos 茎，茎秆，主茎

Eria thao 石豆毛兰：thao（人名）

Eria tomentosa 黄绒毛兰：tomentosus = tomentum + osus 绒毛的，密被绒毛的；tomentum 绒毛，浓密的毛被，棉絮，棉絮状填充物（被褥、垫子等）；-osus/ -osum/ -osa 多的，充分的，丰富的，显著发育的，程度高的，特征明显的（形容词词尾）

Eria vittata 条纹毛兰：vittatus 具条纹的，具条带的，具油管的，有条带装饰的；vitta 条带，细带，缎带

Eria yanshanensis 砚山毛兰：yanshanensis 砚山的（地名，云南省）

Eria yunnanensis 滇南毛兰：yunnanensis 云南的（地名）

Eriachne 鹧鸪草属（鹧鸪 zhè gū）（禾本科）（9-3: p123）：eriachne 多毛的鳞片（指内外稃片均被毛）；erion 绵毛，羊毛；achne 鳞片，稃片，谷壳（希腊语）

Eriachne pallescens 鹧鸪草：pallescens 变苍白色的；pallens 淡白色的，蓝白色的，略带蓝色的；-escens/ -ascens 改变，转变，变成，略微，带有，接近，相似，大致，稍微（表示变化的趋势，并未完全相似或相同，有别于表示达到完成状态的 -atus）

Erianthus 蔗茅属（蔗 zhè）（禾本科）（10-2: p45）：erianthus 多毛的花（指花序被银白色毛）；erion 绵毛，羊毛；anthus/ anthum/ antha/ anthe ← anthos 花（用于希腊语复合词）

Erianthus formosanus 台蔗茅：formosanus = formosus + anus 美丽的，台湾的；formosus ← formosa 美丽的，台湾的（葡萄牙殖民者发现台湾时对其的称呼，即美丽的岛屿）；-anus/ -anum/ -ana 属于，来自（形容词词尾）

Erianthus formosanus var. formosanus 台蔗茅-原变种 （词义见上面解释）

Erianthus formosanus var. pollinioides 紫台蔗茅：pollinioides 像单序草的；Pollinia 单序草属（已合并到 Polytrias）；-oides/ -oideus/ -oideum/ -oidea/ -odes/ -eidos 像……的，类似……的，呈……状的（名词词尾）

Erianthus hookeri 西南蔗茅：hookeri ← William Jackson Hooker（人名，19 世纪英国植物学家）；-eri 表示人名，在以 -er 结尾的人名后面加上 i 形成

Erianthus longisetosus 长齿蔗茅：longe-/ longi- ← longus 长的，纵向的；setosus = setus + osus 被刚毛的，被短毛的，被芒刺的；setus/ saetus 刚毛，刺毛，芒刺；-osus/ -osum/ -osa 多的，充分的，丰富的，显著发育的，程度高的，特征明显的（形容词词尾）

Erianthus ravennae 沙生蔗茅：ravennae（人名）；-ae 表示人名，以 -a 结尾的人名后面加上 -e 形成

Erianthus rockii 滇南蔗茅：rockii ← Joseph Francis Charles Rock（人名，20 世纪美国植物采集员）

Erianthus rufipilus 蔗茅：ruf-/ rufi-/ frufo- ← rufus/ rubus 红褐色的，锈色的，红色的，发红的，淡红色的；pilus 毛，疏柔毛

Erianthus stenophyllus 窄叶蔗茅：sten-/ steno- ← stenus 窄的，狭的，薄的；phyllus/ phyllum/ phylla ← phyllon 叶片（用于希腊语复合词）

Erianthus trichophyllus 毛叶蔗茅：trich-/ tricho-/ tricha- ← trichos ← thrix 毛，多毛的，线状的，丝状的；phyllus/ phyllum/ phylla ← phyllon 叶片（用于希腊语复合词）

Ericaceae 杜鹃花科（57-1: p1, 57-3: p1）：Erica 欧石南属；-aceae（分类单位科的词尾，为 -aceus 的阴性复数主格形式，加到模式属的名称后或同义词的词干后以组成族群名称）

Erigeron 飞蓬属（菊科）（74: p295）：erigeron 白发老人（指被灰白色柔毛）；erion 绵毛，羊毛；geron 老人

Erigeron acris 飞蓬（种加词有时误拼为"acer"）：acer/ acris/ acre 尖的，辛辣的，槭树

Erigeron allochrous 异色飞蓬：allochrous 杂色的；allo- ← allos 不同的，不等的，异样的；-chromus/ -chrous/ -chrus 颜色，彩色，有色的

Erigeron altaicus 阿尔泰飞蓬：altaicus 阿尔泰的（地名，新疆北部山脉）

Erigeron annuus 一年蓬：annuus/ annus 一年的，每年的，一年生的

Erigeron aurantiacus 橙花飞蓬：aurantiacus/ aurantius 橙黄色的，金黄色的；aurus 金，金色的；aurant-/ auranti- 橙黄色，金黄色

Erigeron bonariensis 香丝草（另见 Conyza bonariensis）：bonariensis 布宜诺斯艾利斯的（地

E

名，阿根廷）

Erigeron breviscapus 短莛飞蓬：brevi- ← brevis
短的（用于希腊语复合词词首）；scapus（scap-/
scapi-）← skapos 主茎，树干，花柄，花轴

Erigeron breviscapus var. alboradiatus 短莛飞
蓬-白舌变种：albus → albi-/ albo- 白色的；
radiatus = radius + atus 辐射状的，放射状的；
radius 辐射，射线，半径，边花，伞形花序

Erigeron breviscapus var. breviscapus 短莛飞
蓬-原变种 （词义见上面解释）

Erigeron breviscapus var. tibeticus 短莛飞蓬-西
藏变种：tibeticus 西藏的（地名）；-icus/ -icum/
-ica 属于，具有某种特性（常用于地名、起源、生境）

Erigeron canadensis 小蓬草（另见 Conyza
canadensis）：canadensis 加拿大的（地名）

Erigeron elongatus 长茎飞蓬：elongatus 伸长的，
延长的；elongare 拉长，延长；longus 长的，纵向
的；e-/ ex- 不，无，非，缺乏，不具有（e- 用在辅
音字母前，ex- 用在元音字母前，为拉丁语词首，对
应的希腊语词首为 a-/ an-，英语为 un-/ -less，注意
作词首用的 e-/ ex- 和介词 e/ ex 意思不同，后者意
为"出自、从……、由……离开、由于、依照"）

Erigeron eriocalyx 棉苞飞蓬：erion 绵毛，羊毛；
calyx → calyc- 萼片（用于希腊语复合词）

Erigeron fukuyamae 台湾飞蓬：fukuyamae 福山
（人名）；-ae 表示人名，以 -a 结尾的人名后面加上
-e 形成

Erigeron himalajensis 珠峰飞蓬：himalajensis 喜
马拉雅的（地名）

Erigeron kamtschaticus 堪察加飞蓬：
kamtschaticus/ kamschaticus ← Kamchatka 勘察加
的（地名）；-aticus/ -aticum/ -atica 属于，表示生
长的地方，作名词词尾

Erigeron kiukiangensis 俅江飞蓬：kiukiangensis
俅江的（地名，云南省独龙江的旧称）

Erigeron komarovii 山飞蓬：komarovii ←
Vladimir Leontjevich Komarov 科马洛夫（人名，
1869–1945，俄国植物学家）

Erigeron krylovii 西疆飞蓬：krylovii（人名）；-ii 表
示人名，接在以辅音字母结尾的人名后面，但 -er
除外

Erigeron kunshanensis 贡山飞蓬：kunshanensis 贡
山的（地名，云南省）

Erigeron lachnocephalus 毛苞飞蓬：lachno- ←
lachnus 绒毛的，绵毛的；cephalus/ cephale ←
cephalos 头，头状花序

Erigeron lanuginosus 棉毛飞蓬：lanuginosus =
lanugo + osus 具绵毛的，具柔毛的；lanugo =
lana + ugo 绒毛（lanugo 的词干为 lanugin-）；词尾
为 -go 的词其词干末尾视为 -gin；lana 羊毛，绵毛

Erigeron leioreades 光山飞蓬：lei-/ leio-/ lio- ←
leius ← leios 光滑的，平滑的；oreades（女山神）；
oreos 山，山地，高山

Erigeron leucoglossus 白舌飞蓬：leuc-/ leuco- ←
leucus 白色的（如果和其他表示颜色的词混用则表
示淡色）；glossus 舌，舌状的

Erigeron lonchophyllus 矛叶飞蓬：loncho- 尖头的，
矛尖的；phyllus/ phyllum/ phylla ← phyllon 叶片

（用于希腊语复合词）

Erigeron morrisonensis 玉山飞蓬：morrisonensis
磨里山的（地名，今台湾新高山）

Erigeron multifolius 密叶飞蓬：multi- ← multus
多个，多数，很多（希腊语为 poly-）；folius/
folium/ folia 叶，叶片（用于复合词）

Erigeron multifolius var. amplisquamus 密叶飞
蓬-阔苞变种：ampli- ← amplus 大的，宽的，膨大
的，扩大的；squamus 鳞，鳞片，薄膜

Erigeron multifolius var. multifolius 密叶飞
蓬-原变种 （词义见上面解释）

Erigeron multifolius var. pilanthus 密叶飞蓬-毛
花变种：pilanthus 毛花的；pilus 毛，疏柔毛；
anthus/ anthum/ antha/ anthe ← anthos 花（用于
希腊语复合词）

Erigeron multiradiatus 多舌飞蓬：multi- ←
multus 多个，多数，很多（希腊语为 poly-）；
radiatus = radius + atus 辐射状的，放射状的；
radius 辐射，射线，半径，边花，伞形花序

Erigeron multiradiatus var. glabrescens 多舌飞
蓬-无毛变种：glabrus 光秃的，无毛的，光滑的；
-escens/ -ascens 改变，转变，变成，略微，带有，
接近，相似，大致，稍微（表示变化的趋势，并未完
全相似或相同，有别于表示达到完成状态的 -atus）

Erigeron multiradiatus var. multiradiatus 多舌
飞蓬-原变种 （词义见上面解释）

Erigeron multiradiatus var. ovatifolius 多舌飞
蓬-卵叶变种：ovatus = ovus + atus 卵圆形的；
ovus 卵，胚珠，卵形的，椭圆形的；-atus/ -atum/
-ata 属于，相似，具有，完成（形容词词尾）；
folius/ folium/ folia 叶，叶片（用于复合词）

Erigeron multiradiatus var. salicifolius 多舌飞
蓬-柳叶变种：salici ← Salix 柳属；构词规则：以
-ix/ -iex 结尾的词其词干末尾视为 -ic，以 -ex 结尾
视为 -i/ -ic，其他以 -x 结尾视为 -c；folius/ folium/
folia 叶，叶片（用于复合词）

Erigeron oreades 山地飞蓬：oreades（女山神）；
oreos 山，山地，高山

Erigeron patentisquamus 展苞飞蓬：patens 开展
的（呈 90°），伸展的，传播的，飞散的；squamus
鳞，鳞片，薄膜

Erigeron petiolaris 柄叶飞蓬：petiolaris 具叶柄的；
-aris（阳性、阴性）/ -are（中性）← -alis（阳性、
阴性）/ -ale（中性）属于，相似，如同，具有，涉
及，关于，联结于（将名词作形容词用，其中 -aris
常用于以 l 或 r 为词干末尾的词）

Erigeron philadelphicus 春飞蓬：philadelphicus
费城的（地名，美国）

Erigeron porphyrolepis 紫苞飞蓬：porphyr-/
porphyro- 紫色的；lepis/ lepidos 鳞片

Erigeron pseudoseravschanicus 假泽山飞蓬：
pseudoseravschanicus 像 seravschanicus 的；
pseudo-/ pseud- ← pseudos 假的，伪的，接近，相
似（但不是）；Erigeron seravschanicus 泽山飞蓬

Erigeron pseudoseravschanicus f. glabrescens
无毛假泽山飞蓬：glabrus 光秃的，无毛的，光滑的；
-escens/ -ascens 改变，转变，变成，略微，带有，
接近，相似，大致，稍微（表示变化的趋势，并未完

全相似或相同，有别于表示达到完成状态的 -atus）

Erigeron pseudoseravschanicus f. pseudoseravschanicus 假泽山飞蓬-原变型（词义见上面解释）

Erigeron purpurascens 紫茎飞蓬：purpurascens 带紫色的，发紫的；purpur- 紫色的；-escens/ -ascens 改变，转变，变成，略微，带有，接近，相似，大致，稍微（表示变化的趋势，并未完全相似或相同，有别于表示达到完成状态的 -atus）

Erigeron schmalhausenii 革叶飞蓬：schmalhausenii（人名）；-ii 表示人名，接在以辅音字母结尾的人名后面，但 -er 除外

Erigeron seravschanicus 泽山飞蓬：seravschanicus（地名，俄罗斯）

Erigeron speciosus 美丽飞蓬：speciosus 美丽的，华丽的；species 外形，外观，美观，物种（缩写 sp.，复数 spp.）；-osus/ -osum/ -osa 多的，充分的，丰富的，显著发育的，程度高的，特征明显的（形容词词尾）

Erigeron strigosus （鬃毛飞蓬）：strigosus = striga + osus 鬃毛的，刷毛的；striga → strig- 条纹的，网纹的（如种子具网纹），糙伏毛的；-osus/ -osum/ -osa 多的，充分的，丰富的，显著发育的，程度高的，特征明显的（形容词词尾）

Erigeron sumatrensis 苏门白酒草（另见 Conyza sumatrensis）：sumatrensis 苏门答腊的（地名，印度尼西亚）

Erigeron taipeiensis 太白飞蓬：taipeiensis 太白的（地名，陕西省，有时拼写为"taipai"，而"太白"的规范拼音为"taibai"），台北的（地名，属台湾省）

Erigeron tenuicaulis 细茎飞蓬：tenui- ← tenuis 薄的，纤细的，弱的，瘦的，窄的；caulis ← caulos 茎，茎秆，主茎

Erigeron tianschanicus 天山飞蓬：tianschanicus 天山的（地名，新疆维吾尔自治区）；-icus/ -icum/ -ica 属于，具有某种特性（常用于地名、起源、生境）

Erigeron vicarius 蓝舌飞蓬：vicarius 代替的

Eriobotrya 枇杷属（枇杷 pí pá）（蔷薇科）（36: p260）：eriobotrya 被毛的总状花序；erion 绵毛，羊毛；botryus ← botrys 总状的，簇状的，葡萄串状的

Eriobotrya bengalensis 南亚枇杷：bengalensis 孟加拉的（地名）

Eriobotrya bengalensis f. angustifolia 窄叶南亚枇杷：angusti- ← angustus 窄的，狭的，细的；folius/ folium/ folia 叶，叶片（用于复合词）

Eriobotrya bengalensis f. bengalensis 南亚枇杷-原变型（词义见上面解释）

Eriobotrya bengalensis f. intermedia 四柱南亚枇杷：intermedius 中间的，中位的，中等的；inter- 中间的，在中间，之间；medius 中间的，中央的

Eriobotrya cavaleriei 大花枇杷：cavaleriei ← Pierre Julien Cavalerie（人名，20 世纪法国传教士）；-i 表示人名，接在以元音字母结尾的人名后面，但 -a 除外

Eriobotrya deflexa 台湾枇杷：deflexus 向下曲折的，反卷的；de- 向下，向外，从……，脱离，脱落，离开，去掉；flexus ← flecto 扭曲的，卷曲的，弯弯曲曲的，柔性的；flecto 弯曲，使扭曲

Eriobotrya deflexa f. buisanensis 台湾枇杷武-葳山变型（葳 wēi）：buisanensis 武威山的（地名，位于台湾省屏东县，"bui"为"武威"的日语读音）

Eriobotrya deflexa f. deflexa 台湾枇杷-原变型（词义见上面解释）

Eriobotrya deflexa f. koshuensis 台湾枇杷-恒春变型：koshuensis 恒春的（地名，台湾省南部半岛，已修订为 koshunensis，日语读音）

Eriobotrya fragrans 香花枇杷：fragrans 有香气的，飘香的；fragro 飘香，有香味

Eriobotrya henryi 窄叶枇杷：henryi ← Augustine Henry 或 B. C. Henry（人名，前者，1857–1930，爱尔兰医生、植物学家，曾在中国采集植物，后者，1850–1901，曾活动于中国的传教士）

Eriobotrya japonica 枇杷：japonica 日本的（地名）；-icus/ -icum/ -ica 属于，具有某种特性（常用于地名、起源、生境）

Eriobotrya malipoensis 麻栗坡枇杷：malipoensis 麻栗坡的（地名，云南省）

Eriobotrya obovata 倒卵叶枇杷：obovatus = ob + ovus + atus 倒卵形的；ob- 相反，反对，倒（ob- 有多种音变：ob- 在元音字母和大多数辅音字母前面，oc- 在 c 前面，of- 在 f 前面，op- 在 p 前面）；ovus 卵，胚珠，卵形的，椭圆形的

Eriobotrya prinoides 栎叶枇杷：Prinos → Ilex 冬青属（冬青科，Prinos 已合并到 Ilex 而成为弃用的异名）；-oides/ -oideus/ -oideum/ -oidea/ -odes/ -eidos 像……的，类似……的，呈……状的（名词词尾）

Eriobotrya salwinensis 怒江枇杷：salwinensis 萨尔温江的（地名，怒江流入缅甸部分的名称）

Eriobotrya seguinii 小叶枇杷：seguinii（人名）；-ii 表示人名，接在以辅音字母结尾的人名后面，但 -er 除外

Eriobotrya serrata 齿叶枇杷：serratus = serrus + atus 有锯齿的；serrus 齿，锯齿

Eriobotrya tengyuehensis 腾越枇杷：tengyuehensis 腾越的（地名，云南省）

Eriocaulaceae 谷精草科（13-3: p20）：Erioncaulon 谷精草属；-aceae（分类单位科的词尾，为 -aceus 的阴性复数主格形式，加到模式属的名称后或同义词的词干后以组成族群名称）

Eriocaulon 谷精草属（谷精草科）（13-3: p20）：erion 绵毛，羊毛；caulus/ caulon/ caule ← caulos 茎，茎秆，主茎

Eriocaulon acutibracteatum 双江谷精草：acutibracteatus 具锐尖苞片的；acuti-/ acu- ← acutus 锐尖的，针尖的，刺尖的，锐角的；bracteatus = bracteus + atus 具苞片的；bracteus 苞，苞片，苞鳞

Eriocaulon alpestre 高山谷精草：alpestris 高山的，草甸带的；alpus 高山；-estris/ -estre/ ester/ -esteris 生于……地方，喜好……地方

Eriocaulon alpestre var. alpestre 高山谷精草-原变种（词义见上面解释）

Eriocaulon alpestre var. sichuanense 四川谷精草：sichuanense 四川的（地名）

Eriocaulon angustulum 狭叶谷精草：

angustulus = angustus + ulus 略窄的，略狭的，略细的；angustus 窄的，狭的，细的；-ulus/ -ulum/ -ula 小的，略微的，稍微的（小词 -ulus 在字母 e 或 i 之后有多种变缀，即 -olus/ -olum/ -ola、-ellus/ -ellum/ -ella、-illus/ -illum/ -illa，与第一变格法和第二变格法名词形成复合词）

Eriocaulon australe 毛谷精草：australe 南方的，大洋洲的；austro-/ austr- 南方的，南半球的，大洋洲的；auster 南方，南风；-aris（阳性、阴性）/ -are（中性）← -alis（阳性、阴性）/ -ale（中性）属于，相似，如同，具有，涉及，关于，联结于（将名词作形容词用，其中 -aris 常用于以 l 或 r 为词干末尾的词）

Eriocaulon bilobatum 裂瓣谷精草：bi-/ bis- 二，二数，二回（希腊语为 di-）；lobatus = lobus + atus 具浅裂的，具耳垂状突起的；lobus/ lobos/ lobon 浅裂，耳片（裂片先端钝圆），荚果，蒴果；-atus/ -atum/ -ata 属于，相似，具有，完成（形容词词尾）

Eriocaulon brownianum 云南谷精草：brownianum ← Nebrownii（人名）；-ii 表示人名，接在以辅音字母结尾的人名后面，但 -er 除外

Eriocaulon brownianum var. brownianum 云南谷精草-原变种 （词义见上面解释）

Eriocaulon brownianum var. nilagirense 印度谷精草：nilagirense（地名，印度）

Eriocaulon buergerianum 谷精草：buergerianum ← Heinrich Buerger（人名，19 世纪荷兰植物学家）

Eriocaulon chinorossicum 中俄谷精草：chinorossicum 中俄的，中国和俄罗斯的（地名）

Eriocaulon cinereum 白药谷精草：cinereus 灰色的，草木灰色的（为纯黑和纯白的混合色，希腊语为 tephro-/ spodo-）；ciner-/ cinere-/ cinereo- 灰色；-eus/ -eum/ -ea（接拉丁语词干时）属于……的，色如……的，质如……的（表示原料、颜色或品质的相似），（接希腊语词干时）属于……的，以……出名，为……所占有（表示具有某种特性）

Eriocaulon decemflorum 长苞谷精草：deca-/ dec- 十（希腊语，拉丁语为 decem-）；florus/ florum/ flora ← flos 花（用于复合词）

Eriocaulon echinulatum 尖苞谷精草：echinulatus = echinus + ulus + atus 刺猬状的，海胆状的（比喻果实被短芒刺）；echinus ← echinos → echino-/ echin- 刺猬，海胆

Eriocaulon faberi 江南谷精草：faberi ← Ernst Faber（人名，19 世纪活动于中国的德国植物采集员）；-eri 表示人名，在以 -er 结尾的人名后面加上 i 形成

Eriocaulon glabripetalum 光瓣谷精草：glabrus 光秃的，无毛的，光滑的；petalus/ petalum/ petala ← petalon 花瓣

Eriocaulon henryanum 蒙自谷精草：henryanum ← Augustine Henry 或 B. C. Henry（人名，前者，1857–1930，爱尔兰医生、植物学家，曾在中国采集植物，后者，1850–1901，曾活动于中国的传教士）

Eriocaulon leianthum 光萼谷精草：lei-/ leio-/ lio- ← leius ← leios 光滑的，平滑的；anthus/ anthum/ antha/ anthe ← anthos 花（用于希腊语复合词）

Eriocaulon luzulifolium 小谷精草：luzulifolius 地杨梅叶的；Luzula 地杨梅属（灯心草科）；folius/ folium/ folia 叶，叶片（用于复合词）

Eriocaulon mangshanese 莽山谷精草：mangshanese 莽山的（地名，湖南省）

Eriocaulon merrillii 菲律宾谷精草：merrillii ← E. D. Merrill（人名，1876–1956，美国植物学家）

Eriocaulon merrillii var. longibracteatum 长菲谷精草：longe-/ longi- ← longus 长的，纵向的；bracteatus = bracteus + atus 具苞片的；bracteus 苞，苞片，苞鳞

Eriocaulon merrillii var. merrillii 菲律宾谷精草-原变种 （词义见上面解释）

Eriocaulon minusculum 极小谷精草：minusculum 较小的，略小的；minus 少的，小的；-usculus ← -culus 小的，略微的，稍微的（小词 -culus 和某些词构成复合词时变成 -usculus）

Eriocaulon nantoense 南投谷精草：nantoense 南投的（地名，属台湾省）

Eriocaulon nantoense var. micropetalum 小瓣谷精草：micr-/ micro- ← micros 小的，微小的，微观的（用于希腊语复合词）；petalus/ petalum/ petala ← petalon 花瓣

Eriocaulon nantoense var. nantoense 南投谷精草-原变种 （词义见上面解释）

Eriocaulon nantoense var. parviceps 疏毛谷精草：parvus 小的，些微的，弱的；-ceps/ cephalus ← captus 头，头状的，头状花序

Eriocaulon pullum 褐色谷精草：pullus 暗色的，黑色的

Eriocaulon robustius 宽叶谷精草：robustius 更强的，更大的；robustus 大型的，结实的，健壮的，强壮的；-ius/ -ium/ -ia 具有……特性的（表示有关、关联、相似）

Eriocaulon rockianum 玉龙山谷精草：rockianum ← Joseph Francis Charles Rock（人名，20 世纪美国植物采集员）

Eriocaulon rockianum var. latifolium 宽玉谷精草：lati-/ late- ← latus 宽的，宽广的；folius/ folium/ folia 叶，叶片（用于复合词）

Eriocaulon rockianum var. rockianum 玉龙山谷精草-原变种 （词义见上面解释）

Eriocaulon schochianum 云贵谷精草：schochianum（人名）

Eriocaulon sclerophyllum 硬叶谷精草：sclero- ← scleros 坚硬的，硬质的；phyllus/ phyllum/ phylla ← phyllon 叶片（用于希腊语复合词）

Eriocaulon senile 老谷精草：senilis 老人的

Eriocaulon setaceum 丝叶谷精草：setus/ saetus 刚毛，刺毛，芒刺；-aceus/ -aceum/ -acea 相似的，有……性质的，属于……的

Eriocaulon sexangulare 华南谷精草：sex- 六，六数（希腊语为 hex-）；angulare 棱角，角度

Eriocaulon sikokianum 四国谷精草：sikokianum 四国的（地名，日本）

E

Eriocaulon sikokianum var. linanense 龙塘山谷精草：linanense 临安的（地名，浙江省）

Eriocaulon sikokianum var. sikokianum 四国谷精草-原变种 （词义见上面解释）

Eriocaulon sollyanum 大药谷精草：sollyanum（人名）

Eriocaulon taishanense 泰山谷精草：taishanense 泰山的（地名，山东省）

Eriocaulon truncatum 流星谷精草：truncatus 截平的，截形的，截断的；truncare 切断，截断，截平（动词）；-atus/ -atum/ -ata 属于，相似，具有，完成（形容词词尾）

Eriocaulon yaoshanense 瑶山谷精草：yaoshanense 瑶山的（地名，广西壮族自治区）

Eriocaulon yaoshanense var. brevicalyx 短萼谷精草：brevi- ← brevis 短的（用于希腊语复合词词首）；calyx → calyc- 萼片（用于希腊语复合词）

Eriocaulon yaoshanense var. yaoshanense 瑶山谷精草-原变种 （词义见上面解释）

Eriocaulon zollingerianum 翅谷精草：zollingerianum ← Heinrich Zollinger（人名，19 世纪德国植物学家）

Eriochloa 野黍属（黍 shǔ）（禾本科）（10-1：p275）：eriochloa 被毛的禾草（指小穗及穗柄密被绒毛）；erion 绵毛，羊毛；chloa ← chloe 草，禾草

Eriochloa procera 高野黍：procerus 高的，有高度的，极高的

Eriochloa villosa 野黍：villosus 柔毛的，绵毛的；villus 毛，羊毛，长绒毛；-osus/ -osum/ -osa 多的，充分的，丰富的，显著发育的，程度高的，特征明显的（形容词词尾）

Eriocycla 绒果芹属（伞形科）（55-2：p15）：eriocycla 被毛的圆形果实；erion 绵毛，羊毛；cyclus ← cyklos 圆形，圈环

Eriocycla albescens 绒果芹：albescens 淡白的，略白的，发白的，褪色的；albus → albi-/ albo- 白色的；-escens/ -ascens 改变，转变，变成，略微，带有，接近，相似，大致，稍微（表示变化的趋势，并未完全相似或相同，有别于表示达到完成状态的 -atus）

Eriocycla albescens var. albescens 绒果芹-原变种 （词义见上面解释）

Eriocycla albescens var. latifolia 大叶绒果芹：lati-/ late- ← latus 宽的，宽广的；folius/ folium/ folia 叶，叶片（用于复合词）

Eriocycla nuda 裸茎绒果芹：nudus 裸露的，无装饰的

Eriocycla nuda var. nuda 裸茎绒果芹-原变种 （词义见上面解释）

Eriocycla nuda var. purpurescens 紫花裸茎绒果芹：purpura 紫色（purpura 原为一种介壳虫名，其体液为紫色，可作颜料）；-escens/ -ascens 改变，转变，变成，略微，带有，接近，相似，大致，稍微（表示变化的趋势，并未完全相似或相同，有别于表示达到完成状态的 -atus）

Eriocycla pelliotii 新疆绒果芹：pelliotii ← pellitus 隐藏的，覆盖的

Eriodes 毛梗兰属（兰科）（18：p245）：eriodes = Eria + odes 像毛兰属的；Eria 毛兰属；-oides/

-oideus/ -oideum/ -oidea/ -odes/ -eidos 像……的，类似……的，呈……状的（名词词尾）

Eriodes barbata 毛梗兰：barbatus = barba + atus 具胡须的，具须毛的；barba 胡须，髯毛，绒毛；-atus/ -atum/ -ata 属于，相似，具有，完成（形容词词尾）

Erioglossum 赤才属（无患子科）（47-1：p18）：erion 绵毛，羊毛；glossus 舌，舌状的

Erioglossum rubiginosum 赤才：rubiginosus/ robiginosus 锈色的，锈红色的，红褐色的；robigo 锈（词干为 rubigin-）；-osus/ -osum/ -osa 多的，充分的，丰富的，显著发育的，程度高的，特征明显的（形容词词尾）；词尾为 -go 的词其词干末尾视为 -gin

Eriolaena 火绳树属（梧桐科）（49-2：p162）：erion 绵毛，羊毛；laenus 外衣，包被，覆盖

Eriolaena candollei 南火绳：candollei ← Augustin Pyramus de Candolle（人名，19 世纪瑞典植物学家）

Eriolaena glabrescens 光叶火绳：glabrus 光秃的，无毛的，光滑的；-escens/ -ascens 改变，转变，变成，略微，带有，接近，相似，大致，稍微（表示变化的趋势，并未完全相似或相同，有别于表示达到完成状态的 -atus）

Eriolaena kwangsiensis 桂火绳：kwangsiensis 广西的（地名）

Eriolaena quinquelocularis 五室火绳：quinquelocularis 五室的；quin-/ quinqu-/ quinque-/ quinqui- 五，五数（希腊语为 penta-）；locularis/ locularia 隔室的，胞室的，腔室；loculatus 有棚的，有分隔的；loculus 小盒，小罐，室，棺椁；locus 场所，位置，座位；loco/ locatus/ locatio 放置，横躺

Eriolaena spectabilis 火绳树：spectabilis 壮观的，美丽的，漂亮的，显著的，值得看的；spectus 观看，观察，观测，表情，外观，外表，样子；-ans/ -ens/ -bilis/ -ilis 能够，可能（为形容词词尾，-ans/ -ens 用于主动语态，-bilis/ -ilis 用于被动语态）

Eriophorum 羊胡子草属（莎草科）（11：p34）：erion 绵毛，羊毛；-phorus/ -phorum/ -phora 载体，承载物，支持物，带着，生着，附着（表示一个部分带着别的部分，包括起支撑或承载作用的柄、柱、托、囊等，如 gynophorum = gynus + phorum 雌蕊柄的，带有雌蕊的，承载雌蕊的）；gynus/ gynum/ gyna 雌蕊，子房，心皮

Eriophorum comosum 丛毛羊胡子草：comosus 丛状长毛的；-osus/ -osum/ -osa 多的，充分的，丰富的，显著发育的，程度高的，特征明显的（形容词词尾）

Eriophorum gracile 细秆羊胡子草：gracile → gracil- 细长的，纤弱的，丝状的；gracilis 细长的，纤弱的，丝状的

Eriophorum japonicum 日羊胡子草：japonicum 日本的（地名）；-icus/ -icum/ -ica 属于，具有某种特性（常用于地名、起源、生境）

Eriophorum latifolium 宽叶羊胡子草：lati-/ late- ← latus 宽的，宽广的；folius/ folium/ folia 叶，叶片（用于复合词）

Eriophorum russeolum 红毛羊胡子草：russeolus 略带红色的

E

Eriophorum russeolum var. majus 大型红毛羊胡子草：majus 大的，巨大的

Eriophorum russeolum var. russeolum 红毛羊胡子草-原变种 （词义见上面解释）

Eriophorum vaginatum 白毛羊胡子草：vaginatus = vaginus + atus 鞘，具鞘的；vaginus 鞘，叶鞘；-atus/ -atum/ -ata 属于，相似，具有，完成（形容词词尾）

Eriophyton 绵参属（参 shēn）（唇形科）（65-2：p538）：erion 绵毛，羊毛；phyton → phytus 植物

Eriophyton wallichii 绵参：wallichii ← Nathaniel Wallich（人名，19 世纪初丹麦植物学家、医生）

Eriosema 鸡头薯属（豆科）（41：p341）：eriosema 被毛的旗瓣（指荚果被毛）；erion 绵毛，羊毛；semus 旗，旗瓣，标志

Eriosema chinense 鸡头薯：chinense 中国的（地名）

Eriosema himalaicum 绵三七：himalaicum 喜马拉雅的（地名）；-icus/ -icum/ -ica 属于，具有某种特性（常用于地名、起源、生境）

Eriosolena 毛花瑞香属（瑞香科）（52-1：p385）：eriosolena 被毛的管子（指花冠被毛）；erion 绵毛，羊毛；solena/ solen 管，管状的

Eriosolena composita 毛管花：compositus = co + positus 复合的，复生的，分枝的，化合的，组成的，编成的；positus 放于，置于，位于；co- 联合，共同，合起来（拉丁语词首，为 cum- 的音变，表示结合、强化、完全，对应的希腊语为 syn-）；co- 的缀词音变有 co-/ com-/ con-/ col-/ cor-：co-（在 h 和元音字母前面），col-（在 l 前面），com-（在 b、m、p 之前），con-（在 c、d、f、g、j、n、qu、s、t 和 v 前面），cor-（在 r 前面）

Erismanthus 轴花木属（大戟科）（44-2：p169）：erismanthus 支柱状花（指花托延长成细柱状）；erism- ← ereisma 支持物（花柱等）；anthus/ anthum/ antha/ anthe ← anthos 花（用于希腊语复合词）

Erismanthus sinensis 轴花木：sinensis = Sina + ensis 中国的（地名）；Sina 中国

Eritrichium 齿缘草属（紫草科）（64-2：p116）：eritrichium 柔毛的（全身有白毛）；erion 绵毛，羊毛；trichius ← trichos ← thrix 毛，毛发，被毛

Eritrichium aciculare 针刺齿缘草：aciculare = acus + culus + are 针形，发夹状的；acus 针，发夹，发簪；-culus/ -culum/ -cula 小的，略微的，稍微的（同第三变格法和第四变格法名词形成复合词）；-aris（阳性、阴性）/ -are（中性）← -alis（阳性、阴性）/ -ale（中性）属于，相似，如同，具有，涉及，关于，联结于（将名词作形容词用，其中 -aris 常用于以 l 或 r 为词干末尾的词）

Eritrichium aktonense 阿克陶齿缘草：aktonense 阿克陶的（地名，新疆维吾尔自治区）

Eritrichium angustifolium 狭叶齿缘草：angusti- ← angustus 窄的，狭的，细的；folius/ folium/ folia 叶，叶片（用于复合词）

Eritrichium axillare 腋花齿缘草：axillare 在叶腋；axill- 叶腋

Eritrichium borealisinense 北齿缘草：borealisinense 华北的（地名）；borealis 北方的；

sinense = Sina + ense 中国的（地名）；Sina 中国

Eritrichium brachytubum 大叶假鹤虱：brachy- ← brachys 短的（用于拉丁语复合词词首）；tubus 管子的，管状的，筒状的

Eritrichium canum 灰毛齿缘草：canus 灰色的，灰白色的

Eritrichium confertiflorum 密花齿缘草：confertus 密集的；florus/ florum/ flora ← flos 花（用于复合词）

Eritrichium deflexum 反折假鹤虱：deflexus 向下曲折的，反卷的；de- 向下，向外，从……，脱离，脱落，离开，去掉；flexus ← flecto 扭曲的，卷曲的，弯弯曲曲的，柔性的；flecto 弯曲，使扭曲

Eritrichium deltodentum 三角刺齿缘草：deltodentus = delta + dentus 三角状齿的；delta 三角；dentus 齿，牙齿

Eritrichium difforme 异型假鹤虱：difforme ← difformis = dis + formis 不整齐的，不匀称的（dis- 在辅音字母前发生同化）；di-/ dis- 二，二数，二分，分离，不同，在……之间，从……分开（希腊语，拉丁语为 bi-/ bis-）；forme/ forma 形状

Eritrichium echinocaryum 云南齿缘草：echinocaryum = echinus + carium 刺猬状核果的；echinus ← echinos → echino-/ echin- 刺猬，海胆；caryum ← caryon ← koryon 坚果，核（希腊语）

Eritrichium fruticulosum 小灌齿缘草：fruticulosus 小灌丛的，多分枝的；frutex 灌木；构词规则：以 -ix/ -iex 结尾的词其词干末尾视为 -ic，以 -ex 结尾视为 -i/ -ic，其他以 -x 结尾视为 -c；-culosus = culus + osus 小而多的，小而密集的；-culus/ -culum/ -cula 小的，略微的，稍微的（同第三变格法和第四变格法名词形成复合词）；-osus/ -osum/ -osa 多的，充分的，丰富的，显著发育的，程度高的，特征明显的（形容词词尾）

Eritrichium gracile 条叶齿缘草：gracile → gracil- 细长的，纤弱的，丝状的；gracilis 细长的，纤弱的，丝状的

Eritrichium hemisphaericum 半球齿缘草：hemi- 一半；sphaericus 球的，球形的

Eritrichium heterocarpum 异果齿缘草：hete-/ heter-/ hetero- ← heteros 不同的，多样的，不齐的；carpus/ carpum/ carpa/ carpon ← carpos 果实（用于希腊语复合词）

Eritrichium humillimum 矮齿缘草：humillimus 最矮的；humilis 矮的，低的；-limus/ -lima/ -limum 最，非常，极其（以 -ilis 结尾的形容词最高级，将末尾的 -is 换成 l + imus，从而构成 -illimus）

Eritrichium incanum 钝叶齿缘草：incanus 灰白色的，密被灰白色毛的

Eritrichium lasiocarpum 毛果齿缘草：lasi-/ lasio- 羊毛状的，有毛的，粗糙的；carpus/ carpum/ carpa/ carpon ← carpos 果实（用于希腊语复合词）

Eritrichium latifolium 宽叶齿缘草：lati-/ late- ← latus 宽的，宽广的；folius/ folium/ folia 叶，叶片（用于复合词）

Eritrichium laxum 疏花齿缘草：laxus 稀疏的，松散的，宽松的

Eritrichium longipes 长梗齿缘草：longe-/ longi- ←

longus 长的，纵向的；pes/ pedis 柄，梗，茎秆，腿，足，爪（作词首或词尾，pes 的词干视为 "ped-"）

Eritrichium mandshuricum 东北齿缘草：mandshuricum 满洲的（地名，中国东北，地理区域）

Eritrichium medicarpum 青海齿缘草：medicus 医疗的，药用的；carpus/ carpum/ carpa/ carpon ← carpos 果实（用于希腊语复合词）

Eritrichium oligacanthum 疏刺齿缘草：oligo-/ olig- 少数的（希腊语，拉丁语为 pauci-）；acanthus ← Akantha 刺，具刺的（Acantha 是希腊神话中的女神，和太阳神阿波罗发生冲突，太阳神将其变成带刺的植物）

Eritrichium pamiricum 帕米尔齿缘草：pamiricum 帕米尔的（地名，中亚东南部高原，跨塔吉克斯坦、中国、阿富汗）；-icus/ -icum/ -ica 属于，具有某种特性（常用于地名、起源、生境）

Eritrichium pectinatociliatum 篦毛齿缘草：pectinato-/ pectinari- ← pectinatus = pectinaceus 栉齿状的；pectini-/ pectino-/ pectin- ← pecten 篦子，梳子；ciliatus = cilium + atus 缘毛的，流苏的；cilium 缘毛，睫毛；-atus/ -atum/ -ata 属于，相似，具有，完成（形容词词尾）

Eritrichium pendulifructum 垂果齿缘草：pendulus ← pendere 下垂的，垂吊的（悬空或因支持体细软而下垂）；pendere/ pendeo 悬挂，垂悬；-ulus/ -ulum/ -ula（表示趋向或动作）（小词 -ulus 在字母 e 或 i 之后有多种变缀，即 -olus/ -olum/ -ola、-ellus/ -ellum/ -ella、-illus/ -illum/ -illa，与第一变格法和第二变格法名词形成复合词）；fructus 果实

Eritrichium petiolare 具柄齿缘草：petiolare 叶柄明显的

Eritrichium petiolare var. petiolare 具柄齿缘草-原变种 （词义见上面解释）

Eritrichium petiolare var. subturbinatum 陀果齿缘草：subturbinatus 近倒圆锥形的；sub-（表示程度较弱）与……类似，几乎，稍微，弱，亚，之下，下面；turbinatus 倒圆锥形的，陀螺状的；turbinus 陀螺，涡轮；turbo 旋转，涡旋

Eritrichium petiolare var. villosum 柔毛齿缘草：villosus 柔毛的，绵毛的；villus 毛，羊毛，长绒毛；-osus/ -osum/ -osa 多的，充分的，丰富的，显著发育的，程度高的，特征明显的（形容词词尾）

Eritrichium pseudolatifolium 对叶齿缘草：pseudolatifolium 像 latifolium 的；pseudo-/ pseud- ← pseudos 假的，伪的，接近，相似（但不是）；Eritrichium latifolium 宽叶齿缘草；latus 宽的，宽广的；folius/ folium/ folia 叶，叶片（用于复合词）

Eritrichium qofengense 珠峰齿缘草：qofengense 珠峰的（地名，西藏自治区）

Eritrichium rupestre 石生齿缘草：rupestre/ rupicolus/ rupestris 生于岩壁的，岩栖的；rup-/ rupi- ← rupes/ rupis 岩石的；-estris/ -estre/ ester/ -esteris 生于……地方，喜好……地方

Eritrichium sessilifructum 无梗齿缘草：sessile-/ sessili-/ sessil- ← sessilis 无柄的，无茎的，基生的，基部的；fructus 果实

Eritrichium sichotense （斯乔齿缘草）：sichotense（地名，俄罗斯）

Eritrichium sinomicrocarpum 小果齿缘草：sinomicrocarpus 中国型小果的；sino- 中国；micr-/ micro- ← micros 小的，微小的，微观的（用于希腊语复合词）；carpus/ carpum/ carpa/ carpon ← carpos 果实（用于希腊语复合词）

Eritrichium spathulatum 匙叶齿缘草（匙 chí）：spathulatus = spathus + ulus + atus 匙形的，佛焰苞状的，小佛焰苞；spathus 佛焰苞，薄片，刀剑

Eritrichium subjacquemontii 新疆齿缘草：subjacquemontii 像 subjacquemontii 的；sub-（表示程度较弱）与……类似，几乎，稍微，弱，亚，之下，下面；Eritrichium jacquemontii 雅库齿缘草；jacquemontii ← Victor Jacquemont（人名，1801–1832，法国自然科学家）

Eritrichium tangkulaense 唐古拉齿缘草：tangkulaense 唐古拉的（地名，西藏自治区）

Eritrichium thymifolium 假鹤虱：thymifolius 百里香叶片的；Thymus 百里香属（唇形科）；folius/ folium/ folia 叶，叶片（用于复合词）

Eritrichium thymifolium subsp. latialatum 宽翅假鹤虱：lati-/ late- ← latus 宽的，宽广的；alatus → ala-/ alat-/ alati-/ alato- 翅，具翅的，具翼的

Eritrichium thymifolium subsp. thymifolium 假鹤虱-原亚种 （词义见上面解释）

Eritrichium uncinatum 卵萼假鹤虱：uncinatus = uncus + inus + atus 具钩的；uncus 钩，倒钩刺；-inus/ -inum/ -ina/ -inos 相近，接近，相似，具有（通常指颜色）；-atus/ -atum/ -ata 属于，相似，具有，完成（形容词词尾）

Eritrichium villosum 长毛齿缘草：villosus 柔毛的，绵毛的；villus 毛，羊毛，长绒毛；-osus/ -osum/ -osa 多的，充分的，丰富的，显著发育的，程度高的，特征明显的（形容词词尾）

Erodium 牻牛儿苗属（牻 máng）（牻牛儿苗科）（43-1: p18）：erodium ← erodios 苍鹭（比喻果实的长喙）

Erodium cicutarium 芹叶牻牛儿苗：cicutarius 毒芹一样的；Cicuta 毒芹属（伞形科）；-arius/ -arium/ -aria 相似，属于（表示地点，场所，关系，所属）

Erodium oxyrrhynchum 尖喙牻牛儿苗：oxyrrhynchus 尖喙的；oxy- ← oxys 尖锐的，酸的；rhynchus ← rhynchos 喙状的，鸟嘴状的（-rh- 接在元音字母后面构成复合词时要变成 -rrh-）

Erodium stephanianum 牻牛儿苗：stephanianum ← C. F. Stephan（人名，19 世纪德国植物学家）

Erodium tibetanum 西藏牻牛儿苗：tibetanum 西藏的（地名）

Eruca 芝麻菜属（十字花科）（33: p34）：eruca 毛毛虫，青虫，蠕虫

Eruca sativa 芝麻菜：sativus 栽培的，种植的，耕地的，耕作的

Eruca sativa var. eriocarpa 绵果芝麻菜：erion 绵毛，羊毛；carpus/ carpum/ carpa/ carpon ←

carpos 果实（用于希腊语复合词）

Eruca sativa var. sativa 芝麻菜-原变种 （词义见上面解释）

Ervatamia 狗牙花属（夹竹桃科）（63：p98）：ervatamia ← Ervartam（人名）

Ervatamia chengkiangensis 澄江狗牙花：chengkiangensis 澄江的（地名，云南省）

Ervatamia chinensis 中国狗牙花：chinensis = china + ensis 中国的（地名）；China 中国

Ervatamia continentalis 大陆狗牙花：continentalis 大陆的；continens 大陆，洲；-aris（阳性、阴性）/ -are（中性）← -alis（阳性、阴性）/ -ale（中性）属于，相似，如同，具有，涉及，关于，联结于（将名词作形容词用，其中 -aris 常用于以 l 或 r 为词干末尾的词）

Ervatamia continentalis var. continentalis 大陆狗牙花-原变种 （词义见上面解释）

Ervatamia continentalis var. pubiflora 毛瓣狗牙花：pubi- ← pubis 细柔毛的，短柔毛的，毛被的；florus/ florum/ flora ← flos 花（用于复合词）

Ervatamia divaricata 单瓣狗牙花：divaricatus 广歧的，发散的，散开的

Ervatamia divaricata cv. Gouyahua 狗牙花：gouyahua 狗牙花（中文品种名，夹竹桃科品种）

Ervatamia flabelliformis 扇形狗牙花：flabellus 扇子，扇形的；formis/ forma 形状

Ervatamia hainanensis 海南狗牙花：hainanensis 海南的（地名）

Ervatamia kwangsiensis 广西狗牙花：kwangsiensis 广西的（地名）

Ervatamia kweichowensis 贵州狗牙花：kweichowensis 贵州的（地名）

Ervatamia macrocarpa 大果狗牙花：macro-/ macr- ← macros 大的，宏观的（用于希腊语复合词）；carpus/ carpum/ carpa/ carpon ← carpos 果实（用于希腊语复合词）

Ervatamia mucronata 尖果狗牙花：mucronatus = mucronus + atus 具短尖的，有微突起的；mucronus 短尖头，微突；-atus/ -atum/ -ata 属于，相似，具有，完成（形容词词尾）

Ervatamia officinalis 药用狗牙花：officinalis/ officinale 药用的，有药效的；officina ← opificina 药店，仓库，作坊

Ervatamia pandacaqui 台湾狗牙花：pandacaqui（地名，菲律宾）

Ervatamia puberula 毛叶狗牙花：puberulus = puberus + ulus 略被柔毛的，被微柔毛的；puberus 多毛的，毛茸茸的；-ulus/ -ulum/ -ula 小的，略微的，稍微的（小词 -ulus 在字母 e 或 i 之后有多种变缀，即 -olus/ -olum/ -ola、-ellus/ -ellum/ -ella、-illus/ -illum/ -illa，与第一变格法和第二变格法名词形成复合词）

Ervatamia tenuiflora 纤花狗牙花：tenui- ← tenuis 薄的，纤细的，弱的，瘦的，窄的；florus/ florum/ flora ← flos 花（用于复合词）

Ervatamia yunnanensis 云南狗牙花：yunnanensis 云南的（地名）

Ervatamia yunnanensis var. heterosepala 异萼云南狗牙花：hete-/ heter-/ hetero- ← heteros 不同的，多样的，不齐的；sepalus/ sepalum/ sepala 萼片（用于复合词）

Ervatamia yunnanensis var. yunnanensis 云南狗牙花-原变种 （词义见上面解释）

Erycibe 丁公藤属（旋花科）（64-1：p14）：erycibe 丁公藤（印度土名）

Erycibe elliptilimba 九来龙：ellipticus 椭圆形的；limbus 冠檐，萼檐，瓣片，叶片

Erycibe ferruginea 锈毛丁公藤：ferrugineus 铁锈的，淡棕色的；ferrugo = ferrus + ugo 铁锈（ferrugo 的词干为 ferrugin-）；词尾为 -go 的词其词干末尾视为 -gin；ferreus → ferr- 铁，铁的，铁色的，坚硬如铁的；-eus/ -eum/ -ea（接拉丁语词干时）属于……的，色如……的，质如……的（表示原料、颜色或品质的相似），（接希腊语词干时）属于……的，以……出名，为……所占有（表示具有某种特性）

Erycibe glaucescens 粉绿丁公藤：glaucescens 变白的，发白的，灰绿的；glauco-/ glauc- ← glaucus 被白粉的，发白的，灰绿色的；-escens/ -ascens 改变，转变，变成，略微，带有，接近，相似，大致，稍微（表示变化的趋势，并未完全相似或相同，有别于表示达到完成状态的 -atus）

Erycibe hainanensis 毛叶丁公藤：hainanensis 海南的（地名）

Erycibe henryi 台湾丁公藤：henryi ← Augustine Henry 或 B. C. Henry（人名，前者，1857–1930，爱尔兰医生、植物学家，曾在中国采集植物，后者，1850–1901，曾活动于中国的传教士）

Erycibe myriantha 多花丁公藤：myri-/ myrio- ← myrios 无数的，大量的，极多的（希腊语）；anthus/ anthum/ antha/ anthe ← anthos 花（用于希腊语复合词）

Erycibe obtusifolia 丁公藤：obtusus 钝的，钝形的，略带圆形的；folius/ folium/ folia 叶，叶片（用于复合词）

Erycibe oligantha 疏花丁公藤：oligo-/ olig- 少数的（希腊语，拉丁语为 pauci-）；anthus/ anthum/ antha/ anthe ← anthos 花（用于希腊语复合词）

Erycibe schmidtii 光叶丁公藤：schmidtii ← Johann Anton Schmidt（人名，19 世纪德国植物学家）

Erycibe sinii 瑶山丁公藤：sinii（人名）；-ii 表示人名，接在以辅音字母结尾的人名后面，但 -er 除外

Erycibe subspicata 锥序丁公藤：subspicatus 近穗状花的；sub-（表示程度较弱）与……类似，几乎，稍微，弱，亚，之下，下面；spicatus 具穗的，具穗状花的，具尖头的；spicus 穗，谷穗，花穗；-atus/ -atum/ -ata 属于，相似，具有，完成（形容词词尾）

Eryngium 刺芹属（伞形科）（55-1：p63）：eryngium ← eryngos 蓟属一种（指叶缘具刺）

Eryngium foetidum 刺芹：foetidus = foetus + idus 臭的，恶臭的，令人作呕的；foetus/ faetus/ fetus 臭味，恶臭，令人不悦的气味；-idus/ -idum/ -ida 表示在进行中的动作或情况，作动词、名词或形容词的词尾

E

Eryngium planum 扁叶刺芹：planus/ planatus 平板状的，扁平的，平面的

Erysimum 糖芥属（十字花科）（33：p376）：erysimum ← erysimon 救人，帮助（指某些种类有药效）

Erysimum benthamii 四川糖芥：benthamii ← George Bentham（人名，19 世纪英国植物学家）

Erysimum bracteatum 具苞糖芥：bracteatus = bracteus + atus 具苞片的；bracteus 苞，苞片，苞鳞；-atus/ -atum/ -ata 属于，相似，具有，完成（形容词词尾）

Erysimum bungei 糖芥：bungei ← Alexander von Bunge（人名，19 世纪俄国植物学家）；-i 表示人名，接在以元音字母结尾的人名后面，但 -a 除外

Erysimum bungei f. bungei 糖芥-原变型（词义见上面解释）

Erysimum bungei f. flavum 黄花糖芥：flavus → flavo-/ flavi-/ flav- 黄色的，鲜黄色的，金黄色的（指纯正的黄色）

Erysimum chamaephyton 紫花糖芥：chamae- ← chamai 矮小的，匍匐的，地面的；phyton → phytus 植物

Erysimum cheiranthoides 小花糖芥：Cheiranthus 桂竹香属（唇形科）；-oides/ -oideus/ -oideum/ -oidea/ -odes/ -eidos 像……的，类似……的，呈……状的（名词词尾）

Erysimum deflexum 外折糖芥：deflexus 向下曲折的，反卷的；de- 向下，向外，从……，脱离，脱落，离开，去掉；flexus ← flecto 扭曲的，卷曲的，弯弯曲曲的，柔性的；flecto 弯曲，使扭曲

Erysimum diffusum 灰毛糖芥：diffusus = dis + fusus 蔓延的，散开的，扩展的，渗透的（dis- 在辅音字母前发生同化）；fusus 散开的，松散的，松弛的；di-/ dis- 二，二数，二分，分离，不同，在……之间，从……分开（希腊语，拉丁语为 bi-/ bis-）

Erysimum flavum 蒙古糖芥：flavus → flavo-/ flavi-/ flav- 黄色的，鲜黄色的，金黄色的（指纯正的黄色）

Erysimum flavum var. flavum 蒙古糖芥-原变种（词义见上面解释）

Erysimum flavum var. shinganicum 兴安糖芥：shinganicum 兴安的（地名，大兴安岭或小兴安岭）；-icus/ -icum/ -ica 属于，具有某种特性（常用于地名、起源、生境）

Erysimum hieraciifolium 山柳菊叶糖芥：Hieracium 山柳菊属（菊科）；folius/ folium/ folia 叶，叶片（用于复合词）

Erysimum longisiliquum 长角糖芥：longe-/ longi- ← longus 长的，纵向的；siliquus 角果的，荚果的

Erysimum odoratum 星毛糖芥：odoratus = odorus + atus 香气的，气味的；odor 香气，气味；-atus/ -atum/ -ata 属于，相似，具有，完成（形容词词尾）

Erysimum repandum 粗梗糖芥：repandus 细波状的，浅波状的（指叶缘略不平而呈波状，比 sinuosus 更浅）；re- 返回，相反，再次，重复，向后，回头；pandus 弯曲

Erysimum schlagintweitianum 矮糖芥：schlagintweitianum（人名）

Erysimum schneideri 腋花糖芥：schneideri（人名）；-eri 表示人名，在以 -er 结尾的人名后面加上 i 形成

Erysimum sinuatum 波齿叶糖芥：sinuatus = sinus + atus 深波浪状的；sinus 波浪，弯缺，海湾（sinus 的词干视为 sinu-）

Erysimum sisymbrioides 小糖芥：sisymbrioides 像大蒜芥的；Sisymbrium 大蒜芥属（十字花科）；-oides/ -oideus/ -oideum/ -oidea/ -odes/ -eidos 像……的，类似……的，呈……状的（名词词尾）

Erysimum yunnanense 云南糖芥：yunnanense 云南的（地名）

Erythrina 刺桐属（豆科）（41：p163）：erythrina ← erythros 红色的；-inus/ -inum/ -ina/ -inos 相近，接近，相似，具有（通常指颜色）

Erythrina arborescens 鹦哥花：arbor 乔木，树木；-escens/ -ascens 改变，转变，变成，略微，带有，接近，相似，大致，稍微（表示变化的趋势，并未完全相似或相同，有别于表示达到完成状态的 -atus）

Erythrina caffra 南非刺桐：caffra ← Kafferaria（地名，非洲）

Erythrina corallodendron 龙牙花：corallo- 珊瑚状的；dendron 树木

Erythrina crista-galli 鸡冠刺桐（冠 guān）：cristagalli 鸡冠；crista 鸡冠，山脊，网壁；galli 鸡，家禽

Erythrina senegalensis 塞内加尔刺桐（塞 sài）：senegalensis 塞内加尔河的（地名，西非）

Erythrina speciosa 象牙花：speciosus 美丽的，华丽的；species 外形，外观，美观，物种（缩写 sp.，复数 spp.）；-osus/ -osum/ -osa 多的，充分的，丰富的，显著发育的，程度高的，特征明显的（形容词词尾）

Erythrina stricta 劲直刺桐（种加词有时错印为"strica"）（劲 jìng）：strictus 直立的，硬直的，笔直的，彼此靠拢的

Erythrina subumbrans 翅果刺桐：subumbrans 稍阴暗的；sub-（表示程度较弱）与……类似，几乎，稍微，弱，亚，之下，下面；umbrans 遮阴的，阴暗的，阴地的

Erythrina variegata 刺桐：variegatus = variego + atus 有彩斑的，有条纹的，杂食的，杂色的；variego = varius + ago 染上各种颜色，使成五彩缤纷的，装饰，点缀，使闪出五颜六色的光彩，变化，变更，不同；varius = varus + ius 各种各样的，不同的，多型的，易变的；varus 不同的，变化的，外弯的，凸起的；-ius/ -ium/ -ia 具有……特性的（表示有关、关联、相似）；-ago 表示相似或联系，如 plumbago，铅的一种（来自 plumbum 铅），来自 -go；-go 表示一种能做工作的力量，如 vertigo，也表示事态的变化或者一种事态、趋向或病态，如 robigo（红的情况，变红的趋势，因而是铁锈），aerugo（铜锈），因此它变成一个表示具有某种质的属性的构词元素，如 lactago（具有乳浆的草），或相似性，如 ferulago（近似 ferula，阿魏）、canilago（一种 canila）

Erythrina yunnanensis 云南刺桐：yunnanensis 云

南的（地名）

Erythrodes 钳唇兰属（兰科）（17：p160）：erythrodes 发红，带红的；erythros 红色的；-oides/ -oideus/ -oideum/ -oidea/ -odes/ -eidos 像……的，类似……的，呈……状的（名词词尾）

Erythrodes blumei 钳唇兰：blumei ← Carl Ludwig von Blumen（人名，18 世纪德国博物学家）；-i 表示人名，接在以元音字母结尾的人名后面，但 -a 除外

Erythronium 猪牙花属（百合科）（14：p84）：erythros 红色的

Erythronium japonicum 猪牙花：japonicum 日本的（地名）；-icus/ -icum/ -ica 属于，具有某种特性（常用于地名、起源、生境）

Erythronium sibiricum 新疆猪牙花：sibiricum 西伯利亚的（地名，俄罗斯）；-icus/ -icum/ -ica 属于，具有某种特性（常用于地名、起源、生境）

Erythropalum 赤苍藤属（铁青树科）（24：p44）：erythr-/ erythro- ← erythros 红色的（希腊语）；palum ← palos 抽签，签

Erythropalum scandens 赤苍藤：scandens 攀缘的，缠绕的，藤本的；scando/ scansum 上升，攀登，缠绕

Erythrophleum 格木属（豆科）（39：p117）：erythr-/ erythro- ← erythros 红色的（希腊语）；phleum ← phleos 芦苇（希腊语名）

Erythrophleum fordii 格木：fordii ← Charles Ford（人名）

Erythropsis 火桐属（梧桐科）（49-2：p136）：erythr-/ erythro- ← erythros 红色的（希腊语）；-opsis/ -ops 相似，稍微，带有

Erythropsis colorata 火桐：coloratus = color + atus 有色的，带颜色的；color 颜色；-atus/ -atum/ -ata 属于，相似，具有，完成（形容词词尾）

Erythropsis kwangsiensis 广西火桐：kwangsiensis 广西的（地名）

Erythropsis pulcherrima 美丽火桐：pulcherrima 极美丽的，最美丽的；pulcher/pulcer 美丽的，可爱的；-rimus/ -rima/ -rimum 最，极，非常（词尾为 -er 的形容词最高级）

Erythrorchis 倒吊兰属（兰科）（18：p11）：erythr-/ erythro- ← erythros 红色的（希腊语）；orchis 红门兰，兰花

Erythrorchis altissima 倒吊兰：al-/ alti-/ alto- ← altus 高的，高处的；-issimus/ -issima/ -issimum 最，非常，极其（形容词最高级）

Erythroxylaceae 古柯科（43-1：p109）：Erythroxylum 古柯属；-aceae（分类单位科的词尾，为 -aceus 的阴性复数主格形式，加到模式属的名称后或同义词的词干后以组成族群名称）

Erythroxylum 古柯属（古柯科）（43-1：p109）：erythr-/ erythro- ← erythros 红色的（希腊语）；xylum ← xylon 木材，木质

Erythroxylum novogranatense 古柯：novogranatense 像 granatense（一种植物名）的，新型 granatense 的；novus 新的；granatense（地名）

Erythroxylum sinense 东方古柯：sinense = Sina + ense 中国的（地名）；Sina 中国

Eschenbachia 白酒草属（另见 Conyza）（菊科）（增补）：eschenbachia（人名）

Eschscholtzia 花菱草属（罂粟科）（32：p60）：eschscholtzia ← Johann Friedrich Gustav von Eschscholtz（人名，1793–1831，奥地利医生、植物学家）

Eschscholtzia californica 花菱草：californica 加利福尼亚的（地名，美国）

Esmeralda 花蜘蛛兰属（兰科）（19：p331）：esmeralda（人名）

Esmeralda bella 口盖花蜘蛛兰：bellus ← belle 可爱的，美丽的

Esmeralda clarkei 花蜘蛛兰：clarkei（人名）

Ethulia 都丽菊属（菊科）（74：p3）：ethulia ← ethos 性格，习惯

Ethulia conyzoides 都丽菊：Conyza 白酒草属（菊科）；-oides/ -oideus/ -oideum/ -oidea/ -odes/ -eidos 像……的，类似……的，呈……状的（名词词尾）

Euaraliopsis 掌叶树属（五加科）（54：p17）：eu- 好的，秀丽的，真的，正确的，完全的；Aralia 楤木属（五加科）；-opsis/ -ops 相似，稍微，带有

Euaraliopsis ciliata 假通草：ciliatus = cilium + atus 缘毛的，流苏的；cilium 缘毛，睫毛；-atus/ -atum/ -ata 属于，相似，具有，完成（形容词词尾）

Euaraliopsis dumicola 翅叶掌叶树：dumicolus = dumus + colus 生于灌丛的，生于荒草丛的；dumus 灌丛，荆棘丛，荒草丛；colus ← colo 分布于，居住于，栖居，殖民（常作词尾）；colo/ colere/ colui/ cultum 居住，耕作，栽培

Euaraliopsis fatsioides 盘叶掌叶树：Fatsia 八角金盘属（五加科）；-oides/ -oideus/ -oideum/ -oidea/ -odes/ -eidos 像……的，类似……的，呈……状的（名词词尾）

Euaraliopsis ferruginea 锈毛掌叶树：ferrugineus 铁锈的，淡棕色的；ferrugo = ferrus + ugo 铁锈（ferrugo 的词干为 ferrugin-）；词尾为 -go 的词其词干末尾视为 -gin；ferreus → ferr- 铁，铁的，铁色的，坚硬如铁的；-eus/ -eum/ -ea（接拉丁语词干时）属于……的，色如……的，质如……的（表示原料、颜色或品质的相似），（接希腊语词干时）属于……的，以……出名，为……所占有（表示具有某种特性）

Euaraliopsis ficifolia 榕叶掌叶树：Ficus 榕属（桑科）；folius/ folium/ folia 叶，叶片（用于复合词）

Euaraliopsis hainla 浅裂掌叶树：hainla（土名）

Euaraliopsis hispida 粗毛掌叶树：hispidus 刚毛的，糙毛状的

Euaraliopsis palmipes 假柄掌叶树：palmus 手掌，掌状的；pes/ pedis 柄，梗，茎秆，腿，足，爪（作词首或词尾，pes 的词干视为 "ped-"）

Eucalyptus 桉属（桃金娘科）（53-1：p31）：eucalyptus = eu + calyptos 盖得好的，充分遮盖的（指萼片在花开放前包被雄蕊）；eu- 好的，秀丽的，真的，正确的，完全的；calyptos 隐藏的，覆盖的

Eucalyptus alba 白桉：albus → albi-/ albo- 白色的

Eucalyptus amplifolia 广叶桉：ampli- ← amplus 大的，宽的，膨大的，扩大的；folius/ folium/ folia 叶，叶片（用于复合词）

Eucalyptus bicolor 二色桉：bi-/ bis- 二，二数，二回（希腊语为 di-）；color 颜色

Eucalyptus blakelyi 布氏桉：blakelyi（人名）；-i 表示人名，接在以元音字母结尾的人名后面，但 -a 除外

Eucalyptus botryoides 葡萄桉：botrys → botr-/ botry- 簇，串，葡萄串状，丛，总状；-oides/ -oideus/ -oideum/ -oidea/ -odes/ -eidos 像……的，类似……的，呈……状的（名词词尾）

Eucalyptus camaldulensis 赤桉：camaldulensis（地名）

Eucalyptus camaldulensis var. acuminata 渐尖赤桉：acuminatus = acumen + atus 锐尖的，渐尖的；acumen 渐尖头；-atus/ -atum/ -ata 属于，相似，具有，完成（形容词词尾）

Eucalyptus camaldulensis var. brevirostris 短喙赤桉：brevi- ← brevis 短的（用于希腊语复合词词首）；rostris 鸟喙，喙状

Eucalyptus camaldulensis var. camaldulensis 赤桉-原变种 （词义见上面解释）

Eucalyptus camaldulensis var. obtusa 钝盖赤桉：obtusus 钝的，钝形的，略带圆形的

Eucalyptus camaldulensis var. pendula 垂枝赤桉：pendulus ← pendere 下垂的，垂吊的（悬空或因支持体细软而下垂）；pendere/ pendeo 悬挂，垂悬；-ulus/ -ulum/ -ula （表示趋向或动作）（小词 -ulus 在字母 e 或 i 之后有多种变缀，即 -olus/ -olum/ -ola、-ellus/ -ellum/ -ella、-illus/ -illum/ -illa，与第一变格法和第二变格法名词形成复合词）

Eucalyptus citriodora 柠檬桉：citrus ← kitron 柑橘，柠檬（柠檬的古拉丁名）；odorus 香气的，气味的；odoratus 具香气的，有气味的

Eucalyptus crebra 常桉：crebrus 频繁的，常见的

Eucalyptus exserta 窿缘桉：exsertus 露出的，伸出的

Eucalyptus globulus 蓝桉：globulus 小球形的；globus → glob-/ globi- 球体，圆球，地球；-ulus/ -ulum/ -ula 小的，略微的，稍微的（小词 -ulus 在字母 e 或 i 之后有多种变缀，即 -olus/ -olum/ -ola、-ellus/ -ellum/ -ella、-illus/ -illum/ -illa，与第一变格法和第二变格法名词形成复合词）

Eucalyptus globulus var. maidenii 直杆蓝桉：maidenii ← Joseph Henry Maiden（人名，19 世纪在澳大利亚的英国植物学家）；-ii 表示人名，接在以辅音字母结尾的人名后面，但 -er 除外

Eucalyptus grandis 大桉：grandis 大的，大型的，宏大的

Eucalyptus kirtoniana 斜脉胶桉：kirtoniana（人名）

Eucalyptus leptophleba 纤脉桉：leptus ← leptos 细的，薄的，瘦小的，狭长的；phlebus 脉，叶脉

Eucalyptus maculata 斑皮桉：maculatus = maculus + atus 有小斑点的，略有斑点的；maculus 斑点，网眼，小斑点，略有斑点；-atus/ -atum/ -ata 属于，相似，具有，完成（形容词词尾）

Eucalyptus maideni 直干蓝桉（干 gàn）：maideni ← Joseph Henry Maiden（人名，19 世纪在澳大利亚的英国植物学家）（注：词尾改为 "-ii"

似更妥）；-ii 表示人名，接在以辅音字母结尾的人名后面，但 -cr 除外；-i 表示人名，接在以元音字母结尾的人名后面，但 -a 除外

Eucalyptus melliodora 蜜味桉：mellis/ mella 蜂蜜；odorus 香气的，气味的；关联词：odoratus 具香气的，有气味的

Eucalyptus microcorys 小帽桉：micr-/ micro- ← micros 小的，微小的，微观的（用于希腊语复合词）；corys 头盔，口袋，兜（指总苞形状，希腊语）

Eucalyptus paniculata 圆锥花桉：paniculatus = paniculus + atus 具圆锥花序的；paniculus 圆锥花序；panus 谷穗；panicus 野稗，粟，谷子；-atus/ -atum/ -ata 属于，相似，具有，完成（形容词词尾）

Eucalyptus pellita 粗皮桉：pellitus 隐藏的，覆盖的

Eucalyptus platyphylla 阔叶桉：platys 大的，宽的（用于希腊语复合词）；phyllus/ phyllum/ phylla ← phyllon 叶片（用于希腊语复合词）

Eucalyptus polyanthemos 多花桉：poly- ← polys 多个，许多（希腊语，拉丁语为 multi-）；anthemos ← anthemon → anthemus 花

Eucalyptus punctata 斑叶桉：punctatus = punctus + atus 具斑点的；punctus 斑点

Eucalyptus robusta 桉：robustus 大型的，结实的，健壮的，强壮的

Eucalyptus rudis 野桉：rudis 粗糙的，粗野的

Eucalyptus saligna 柳叶桉：Salix 柳属（杨柳科）；-inus/ -inum/ -ina/ -inos 相近，接近，相似，具有（通常指颜色）

Eucalyptus tereticornis 细叶桉：tereticornis 圆柱形犄角的；tereti- ← teretis 圆柱形的，棒状的；cornis ← cornus/ cornatus 角，犄角

Eucalyptus torelliana 毛叶桉：torelliana（人名）

Euchlaena 类蜀黍属（黍 shǔ）（禾本科）（10-2: p286）：euchlaena 美丽的外衣（指鞘苞）；eu- 好的，秀丽的，真的，正确的，完全的；chlaenus 外衣，宝贝，覆盖，膜，斗篷

Euchlaena mexicana 类蜀黍：mexicana 墨西哥的（地名）

Euchresta 山豆根属（豆科）（42-2: p383）：euchresta ← euchrestos 有用的

Euchresta formosana 台湾山豆根：formosanus = formosus + anus 美丽的，台湾的；formosus ← formosa 美丽的，台湾的（葡萄牙殖民者发现台湾时对其的称呼，即美丽的岛屿）；-anus/ -anum/ -ana 属于，来自（形容词词尾）

Euchresta horsfieldii 伏毛山豆根：horsfieldii（人名）；-ii 表示人名，接在以辅音字母结尾的人名后面，但 -er 除外

Euchresta japonica 山豆根：japonica 日本的（地名）；-icus/ -icum/ -ica 属于，具有某种特性（常用于地名、起源、生境）

Euchresta tubulosa 管萼山豆根：tubulosus = tubus + ulus + osus 管状的，具管的；tubus 管子的，管状的；-ulus/ -ulum/ -ula 小的，略微的，稍微的（小词 -ulus 在字母 e 或 i 之后有多种变缀，即 -olus/ -olum/ -ola、-ellus/ -ellum/ -ella、-illus/ -illum/ -illa，与第一变格法和第二变格法名词形成

复合词）；-osus/ -osum/ -osa 多的，充分的，丰富的，显著发育的，程度高的，特征明显的（形容词词尾）

Euchresta tubulosa var. brevituba 短萼山豆根：brevi- ← brevis 短的（用于希腊语复合词词首）；tubus 管子的，管状的，筒状的

Euchresta tubulosa var. longiracemosa 长序山豆根：longe-/ longi- ← longus 长的，纵向的；racemosus = racemus + osus 总状花序的；racemus 总状的，葡萄串状的；-osus/ -osum/ -osa 多的，充分的，丰富的，显著发育的，程度高的，特征明显的（形容词词尾）

Euchresta tubulosa var. tubulosa 管萼山豆根-原变种（词义见上面解释）

Euclidium 乌头荠属（荠 jì）（十字花科）（33：p113）：euclidium ← eukleia 光荣的，荣耀的；eu- 好的，秀丽的，真的，正确的，完全的；-idium ← -idion 小的，稍微的（表示小或程度较轻）

Euclidium syriacum 乌头荠：syriacum 叙利亚的，小亚细亚的（地名）

Eucommia 杜仲属（杜仲科）（35-2：p116）：eucommia 优质树胶的；eu- 好的，秀丽的，真的，正确的，完全的；commia ← commi 树胶

Eucommia ulmoides 杜仲：ulmoides 像榆树的；Ulmus 榆属；-oides/ -oideus/ -oideum/ -oidea/ -odes/ -eidos 像……的，类似……的，呈……状的（名词词尾）

Eucommiaceae 杜仲科（35-2：p116）：Eucommia 杜仲属；-aceae（分类单位科的词尾，为 -aceus 的阴性复数主格形式，加到模式属的名称后或同义词的词干后以组成族群名称）

Eugenia 番樱桃属（桃金娘科）（53-1：p58）：eugenia ← Eugene de Savoie（人名，1663–1736，奥地利王子）

Eugenia aherniana 吕宋番樱桃：aherniana ← Ahern（人名）

Eugenia uniflora 红果仔（仔 zǎi）：uni-/ uno- ← unus/ unum/ una 一，单一（希腊语为 mono-/ mon-）；florus/ florum/ flora ← flos 花（用于复合词）

Eulalia 黄金茅属（禾本科）（10-2：p81）：eulalia ← Eulalie Delile（人名，19 世纪德国植物绘画艺术家）

Eulalia brevifolia 短叶金茅：brevi- ← brevis 短的（用于希腊语复合词词首）；folius/ folium/ folia 叶，叶片（用于复合词）

Eulalia leschenaultiana 龚氏金茅：leschenaultiana ← Jean Baptiste Louis Theodore Leschenault de la Tour（人名，19 世纪法国植物学家）

Eulalia micranthera 微药金茅：micr-/ micro- ← micros 小的，微小的，微观的（用于希腊语复合词）；andrus/ andros/ antherus ← aner 雄蕊，花药，雄性

Eulalia mollis 银丝金茅：molle/ mollis 软的，柔毛的

Eulalia pallens 白健秆：pallens 淡白色的，蓝白色的，略带蓝色的

Eulalia phaeothrix 棕茅：phaeus(phaios) → phae-/ phaeo-/ phai-/ phaio 暗色的，褐色的，灰蒙

蒙的；thrix 毛，多毛的，线状的，丝状的

Eulalia quadrinervis 四脉金茅：quadri-/ quadr- 四，四数（希腊语为 tetra-/ tetr-）；nervis ← nervus 脉，叶脉

Eulalia speciosa 金茅：speciosus 美丽的，华丽的；species 外形，外观，美观，物种（缩写 sp.，复数 spp.）；-osus/ -osum/ -osa 多的，充分的，丰富的，显著发育的，程度高的，特征明显的（形容词词尾）

Eulalia splendens 红健秆：splendens 有光泽的，发光的，漂亮的

Eulalia trispicata 三穗金茅：tri-/ tripli-/ triplo- 三个，三数；spicatus 具穗的，具穗状花的，具尖头的；spicus 穗，谷穗，花穗，-atus/ -atum/ -ata 属于，相似，具有，完成（形容词词尾）

Eulalia wightii 魏氏金茅：wightii ← Robert Wight（人名，19 世纪英国医生、植物学家）

Eulalia yunnanensis 云南金茅：yunnanensis 云南的（地名）

Eulaliopsis 拟金茅属（禾本科）（10-2：p96）：Eulalia 黄金茅属（禾本科）；-opsis/ -ops 相似，稍微，带有

Eulaliopsis binata 拟金茅：binatus 二倍的，二出的，二数的；bi-/ bis- 二，二数，二回（希腊语为 di-）

Eulophia 美冠兰属（冠 guān）（兰科）（18：p175）：eulophia 美丽的鸡冠（指花冠有龙骨状突起）；eu- 好的，秀丽的，真的，正确的，完全的；lophius = lophus + ius 鸡冠状的，驼峰状突起的

Eulophia bicallosa 台湾美冠兰：bi-/ bis- 二，二数，二回（希腊语为 di-）；callosus = callus + osus 具硬皮的，出老茧的，包块的，疙瘩的，胼胝体状的，愈伤组织的；callus 硬皮，老茧，包块，疙瘩，胼胝体，愈伤组织；-osus/ -osum/ -osa 多的，充分的，丰富的，显著发育的，程度高的，特征明显的（形容词词尾）；形近词：callos/ calos ← kallos 美丽的

Eulophia bracteosa 长苞美冠兰：bracteosus = bracteus + osus 苞片多的；bracteus 苞，苞片，苞鳞；-osus/ -osum/ -osa 多的，充分的，丰富的，显著发育的，程度高的，特征明显的（形容词词尾）

Eulophia faberi 长距美冠兰：faberi ← Ernst Faber（人名，19 世纪活动于中国的德国植物采集员）；-eri 表示人名，在以 -er 结尾的人名后面加上 i 形成

Eulophia flava 黄花美冠兰：flavus → flavo-/ flavi-/ flav- 黄色的，鲜黄色的，金黄色的（指纯正的黄色）

Eulophia graminea 美冠兰：gramineus 禾草状的，禾本科植物状的；graminus 禾草，禾本科草；gramen 禾本科植物；-eus/ -eum/ -ea（接拉丁语词干时）属于……的，色如……的，质如……的（表示原料、颜色或品质的相似），（接希腊语词干时）属于……的，以……出名，为……所占有（表示具有某种特性）

Eulophia herbacea 毛唇美冠兰：herbaceus = herba + aceus 草本的，草质的，草绿色的；herba 草，草本植物；-aceus/ -aceum/ -acea 相似的，有……性质的，属于……的

Eulophia hirsuta 短毛美冠兰：hirsutus 粗毛的，糙毛的，有毛的（长而硬的毛）

Eulophia monantha 单花美冠兰：mono-/ mon- ← monos 一个，单一的（希腊语，拉丁语为 unus/ uni-/ uno-）；anthus/ anthum/ antha/ anthe ←

anthos 花（用于希腊语复合词）

Eulophia pulchra 美花美冠兰：pulchrum 美丽，优雅，绮丽

Eulophia sooi 剑叶美冠兰：sooi（人名）

Eulophia spectabilis 紫花美冠兰：spectabilis 壮观的，美丽的，漂亮的，显著的，值得看的；spectus 观看，观察，观测，表情，外观，外表，样子；-ans/ -ens/ -bilis/ -ilis 能够，可能（为形容词词尾，-ans/ -ens 用于主动语态，-bilis/ -ilis 用于被动语态）

Eulophia taiwanensis 宝岛美冠兰：taiwanensis 台湾的（地名）

Eulophia yunnanensis 云南美冠兰：yunnanensis 云南的（地名）

Eulophia zollingeri 无叶美冠兰：zollingeri ← Heinrich Zollinger（人名，19 世纪德国植物学家）；-eri 表示人名，在以 -er 结尾的人名后面加上 i 形成

Euonymus 卫矛属（卫矛科）(45-3: p3)：euonymus = eu + onymus 好名声的（指受欢迎）；eu- 好的，秀丽的，真的，正确的，完全的；onymus ← onoma 名字，名声；注：常见将 Euonymus 误拼为"Evonymus、Evonimus、Euonimus"

Euonymus acanthocarpus 刺果卫矛：acanth-/ acantho- ← acanthus 刺，有刺的（希腊语）；carpus/ carpum/ carpa/ carpon ← carpos 果实（用于希腊语复合词）

Euonymus acanthocarpus var. acanthocarpus 刺果卫矛-原变种 （词义见上面解释）

Euonymus acanthocarpus var. laxus 长梗刺果卫矛：laxus 稀疏的，松散的，宽松的

Euonymus acanthocarpus var. lushanensis 短刺刺果卫矛：lushanensis 庐山的（地名，江西省）

Euonymus actinocarpus 星刺卫矛：actinus ← aktinos ← actis 辐射状的，射线的，星状的，光线，光照（表示辐射状排列）；carpus/ carpum/ carpa/ carpon ← carpos 果实（用于希腊语复合词）

Euonymus aculeatus 软刺卫矛：aculeatus 有刺的，有针的；aculeus 皮刺；-atus/ -atum/ -ata 属于，相似，具有，完成（形容词词尾）

Euonymus aculeolus 微刺卫矛：aculeolus 有小刺的；aculeus 皮刺；-ulus/ -ulum/ -ula 小的，略微的，稍微的（小词 -ulus 在字母 e 或 i 之后有多种变缀，即 -olus/ -olum/ -ola/ -ellus/ -ellum/ -ella, -illus/ -illum/ -illa，与第一变格法和第二变格法名词形成复合词）

Euonymus alatus 卫矛：alatus → ala-/ alat-/ alati-/ alato- 翅，具翅的，具翼的；反义词：exalatus 无翼的，无翅的

Euonymus alatus var. alatus 卫矛-原变种 （词义见上面解释）

Euonymus alatus var. pubescens 毛脉卫矛：pubescens ← pubens 被短柔毛的，长出柔毛的；pubi- ← pubis 细柔毛的，短柔毛的，毛被的；pubesco/ pubescere 长成的，变为成熟的，长出柔毛的，青春期体毛的；-escens/ -ascens 改变，转变，变成，略微，带有，接近，相似，大致，稍微（表示变化的趋势，并未完全相似或相同，有别于表示达到完成状态的 -atus)

Euonymus amygdalifolius 大理卫矛：Amygdalus 桃属（蔷薇科）；folius/ folium/ folia 叶，叶片（用于复合词）

Euonymus angustatus 紫刺卫矛：angustatus = angustus + atus 变窄的；angustus 窄的，狭的，细的

Euonymus austro-tibetanus 藏南卫矛：austro-/ austr- 南方的，南半球的，大洋洲的；auster 南方，南风；tibetanus 西藏的（地名）

Euonymus bockii 南川卫矛：bockii（人名）；-ii 表示人名，接在以辅音字母结尾的人名后面，但 -er 除外

Euonymus bockii var. bockii 南川卫矛-原变种（词义见上面解释）

Euonymus bockii var. orgyalis 六尺卫矛：orgyalis 胳臂长度的（约 6 ft）

Euonymus carnosus 肉花卫矛：carnosus 肉质的；carne 肉；-osus/ -osum/ -osa 多的，充分的，丰富的，显著发育的，程度高的，特征明显的（形容词词尾）

Euonymus centidens 百齿卫矛：centidens 多齿的；centi- ← centus 百，一百（比喻数量很多，希腊语为 hecto-/ hecato-)；dens/ dentus 齿，牙齿

Euonymus chengii 静容卫矛：chengii ← Wan-Chun Cheng 郑万钧（人名，1904–1983，中国树木分类学家），郑氏，程氏

Euonymus chenmoui 陈谋卫矛：chenmoui 陈谋（人名）

Euonymus chloranthoides 缙云卫矛（缙 jìn）：chloranthoides 像金粟兰的；Chloranthus 金粟兰属（金粟兰科）；-oides/ -oideus/ -oideum/ -oidea/ -odes/ -eidos 像……的，类似……的，呈……状的（名词词尾）

Euonymus chuii 隐刺卫矛：chuii（人名，词尾改为"-i"似更妥）；-ii 表示人名，接在以辅音字母结尾的人名后面，但 -er 除外；-i 表示人名，接在以元音字母结尾的人名后面，但 -a 除外

Euonymus cinereus 灰绿卫矛：cinereus 灰色的，草木灰色的（为纯黑和纯白的混合色，希腊语为 tephro-/ spodo-)；ciner-/ cinere-/ cinereo- 灰色；-eus/ -eum/ -ea（接拉丁语词干时）属于……的，色如……的，质如……的（表示原料、颜色或品质的相似），（接希腊语词干时）属于……的，以……出名，为……所占有（表示具有某种特性）

Euonymus clivicolus 岩坡卫矛：clivicolus 生于山坡的，生于丘陵的（指生境）；clivus 山坡，斜坡，丘陵；colus ← colo 分布于，居住于，栖居，殖民（常作词尾）；colo/ colere/ colui/ cultum 居住，耕作，栽培

Euonymus contractus 密花卫矛：contractus 收缩的，缩小的；co- 联合，共同，合起来（拉丁语词首，为 cum- 的音变，表示结合、强化、完全，对应的希腊语为 syn-)；co- 的缀词音变有 co-/ com-/ con-/ col-/ cor-：co-（在 h 和元音字母前面），col-（在 l 前面），com-（在 b、m、p 之前），con-（在 c、d、f、g、j、n、qu、s、t 和 v 前面），cor-（在 r 前面）；tractus 束，带，地域

Euonymus cornutus 角翅卫矛：cornutus = cornus + utus 犄角的，兽角的，角质的；cornus 角，

犄角，兽角，角质，角质般坚硬；-utus/ -utum/ -uta（名词词尾，表示具有）

Euonymus crenatus 灵兰卫矛：crenatus = crena + atus 圆齿状的，具圆齿的；crena 叶缘的圆齿

Euonymus dielsianus 裂果卫矛：dielsianus ← Friedrich Ludwig Emil Diels（人名，20 世纪德国植物学家）

Euonymus distichus 双歧卫矛：distichus 二列的；di-/ dis- 二，二数，二分，分离，不同，在……之间，从……分开（希腊语，拉丁语为 bi-/ bis-）；stichus ← stichon 行列，队列，排列

Euonymus dolichopus 长梗卫矛：dolicho- ← dolichos 长的；-pus ← pous 腿，足，爪，柄，茎

Euonymus echinatus 棘刺卫矛：echinatus = echinus + atus 有刚毛的，有芒状刺的，刺猬状的，海胆状的；echinus ← echinos → echino-/ echin- 刺猬，海胆；-atus/ -atum/ -ata 属于，相似，具有，完成（形容词词尾）

Euonymus ellipticus 南昌卫矛：ellipticus 椭圆形的；-ticus/ -ticum/ tica/ -ticos 表示属于，关于，以……著称，作形容词词尾

Euonymus euscaphis 鸦椿卫矛：euscaphis 美丽的小舟（指蓇葖果颜色形状）；eu- 好的，秀丽的，真的，正确的，完全的；skaphis 小舟；Euscaphis 野鸦椿属（省沽油科）

Euonymus fertilis 全育卫矛：fertilis/ fertile 多产的，结果实多的，能育的

Euonymus fertilis var. euryanthus 宽蕊卫矛：eurys 宽阔的；anthus/ anthum/ antha/ anthe ← anthos 花（用于希腊语复合词）

Euonymus fertilis var. fertilis 全育卫矛-原变种（词义见上面解释）

Euonymus ficoides 榕叶卫矛：Ficus 榕属（桑科）；-oides/ -oideus/ -oideum/ -oidea/ -odes/ -eidos 像……的，类似……的，呈……状的（名词词尾）

Euonymus fimbriatus 繸叶卫矛（繸 suì）：fimbriatus = fimbria + atus 具长缘毛的，具流苏的，具锯齿状裂的（指花瓣）；fimbria → fimbri- 流苏，长缘毛；-atus/ -atum/ -ata 属于，相似，具有，完成（形容词词尾）

Euonymus fortunei 扶芳藤：fortunei ← Robert Fortune（人名，19 世纪英国园艺学家，曾在中国采集植物）；-i 表示人名，接在以元音字母结尾的人名后面，但 -a 除外

Euonymus frigidus 冷地卫矛：frigidus 寒带的，寒冷的，僵硬的；frigus 寒冷，寒冬；-idus/ -idum/ -ida 表示在进行中的动作或情况，作动词、名词或形容词的词尾

Euonymus frigidus var. cornutoides 窄叶冷地卫矛：cornutoides 像 cornutus 的，稍具翅的；Euonymus cornutus 角翅卫矛；cornutus = cornus + utus 犄角的，兽角的，角质的；cornus 角，犄角，兽角，角质，角质般坚硬；-utus/ -utum/ -uta（名词词尾，表示具有）；-oides/ -oideus/ -oideum/ -oidea/ -odes/ -eidos 像……的，类似……的，呈……状的（名词词尾）

Euonymus frigidus var. frigidus 冷地卫矛-原变种（词义见上面解释）

Euonymus gibber 流苏卫矛：gibber 驼峰，隆起，浮肿

Euonymus giraldii 纤齿卫矛：giraldii ← Giuseppe Giraldi（人名，19 世纪活动于中国的意大利传教士）

Euonymus gracillimus 纤细卫矛：gracillimus 极细长的，非常纤细的；gracilis 细长的，纤弱的，丝状的；-limus/ -lima/ -limum 最，非常，极其（以 -ilis 结尾的形容词最高级，将末尾的 -is 换成 l + imus，从而构成 -illimus）

Euonymus grandiflorus 大花卫矛：grandi- ← grandis 大的；florus/ florum/ flora ← flos 花（用于复合词）

Euonymus grandiflorus f. grandiflorus 大花卫矛-原变型（词义见上面解释）

Euonymus grandiflorus f. salicifolius 柳叶大花卫矛：salici ← Salix 柳属；构词规则：以 -ix/ -iex 结尾的词其词干末尾视为 -ic，以 -ex 结尾视为 -i/ -ic，其他以 -x 结尾视为 -c；folius/ folium/ folia 叶，叶片（用于复合词）

Euonymus hainanensis 海南卫矛：hainanensis 海南的（地名）

Euonymus hamiltonianus 西南卫矛：hamiltonianus ← Lord Hamilton（人名，1762–1829，英国植物学家）

Euonymus hamiltonianus f. hamiltonianus 西南卫矛-原变型（词义见上面解释）

Euonymus hamiltonianus f. lanceifolius 毛脉西南卫矛：lance-/ lancei-/ lanci-/ lanceo-/ lanc- ← lanceus 披针形的，矛形的，尖刀状的，柳叶刀状的；folius/ folium/ folia 叶，叶片（用于复合词）

Euonymus hederaceus 常春卫矛：hederaceus 常春藤状的；Hedera 常春藤属（五加科）；-aceus/ -aceum/ -acea 相似的，有……性质的，属于……的

Euonymus hemsleyanus 厚叶卫矛：hemsleyanus ← William Botting Hemsley（人名，19 世纪研究中美洲植物的植物学家）

Euonymus hui 秀英卫矛：hui 胡氏（人名）

Euonymus hukuangensis 湖广卫矛：hukuangensis 湖广的（地名，湖南省和广东省）

Euonymus hystrix 刺猬卫矛：hystrix/ hystris 豪猪，刚毛，刺猬状刚毛；Hystrix 猬草属（禾本科）

Euonymus japonicus 冬青卫矛：japonicus 日本的（地名）；-icus/ -icum/ -ica 属于，具有某种特性（常用于地名、起源、生境）

Euonymus japonicus var. albo-marginatus 银边黄杨：albus → albi-/ albo- 白色的；marginatus ← margo 边缘的，具边缘的；margo/ marginis → margin- 边缘，边线，边界

Euonymus japonicus var. aurea-marginatus 金边黄杨：aureus = aurus + eus → aure-/ aureo- 金色的，黄色的；aurus 金，金色；-eus/ -eum/ -ea（接拉丁语词干时）属于……的，色如……的，质如……的（表示原料、颜色或品质的相似），（接希腊语词干时）属于……的，以……出名，为……所占有（表示具有某种特性）；marginatus ← margo 边缘的，具边缘的；margo/ marginis → margin- 边缘，边线，边界

E

Euonymus jinfoshanensis 金佛山卫矛：jinfoshanensis 金佛山的（地名，重庆市）

Euonymus jinggangshanensis 井冈山卫矛：jinggangshanensis 井冈山的（地名，江西省）

Euonymus jinyangensis 金阳卫矛：jinyangensis 金阳的（地名，四川省）

Euonymus kengmaensis 耿马卫矛：kengmaensis 耿马的（地名，云南省）

Euonymus kiautschovicus 胶州卫矛：kiautschovicus 胶州的（地名，山东省）；-icus/ -icum/ -ica 属于，具有某种特性（常用于地名、起源、生境）

Euonymus kwangtungensis 长叶卫矛：kwangtungensis 广东的（地名）

Euonymus lawsonii 中缅卫矛：lawsonii ← Isaac Lawson（人名，18 世纪英国军医，林奈的朋友和资助人）

Euonymus lawsonii f. lawsonii 中缅卫矛-原变型（词义见上面解释）

Euonymus lawsonii f. salicifolius 柳叶中缅卫矛：salici ← Salix 柳属；构词规则：以 -ix/ -iex 结尾的词其词干末尾视为 -ic，以 -ex 结尾视为 -i/ -ic，其他以 -x 结尾视为 -c；folius/ folium/ folia 叶，叶片（用于复合词）

Euonymus laxicymosus 稀序卫矛：laxus 稀疏的，松散的，宽松的；cymosus 聚伞状的；cyma/ cyme 聚伞花序；-osus/ -osum/ -osa 多的，充分的，丰富的，显著发育的，程度高的，特征明显的（形容词词尾）

Euonymus laxiflorus 疏花卫矛：laxus 稀疏的，松散的，宽松的；florus/ florum/ flora ← flos 花（用于复合词）

Euonymus leclerei 革叶卫矛：leclerei（人名）

Euonymus lichiangensis 丽江卫矛：lichiangensis 丽江的（地名，云南省）

Euonymus linearifolius 线叶卫矛：linearis = lineus + aris 线条的，线形的，线状的，亚麻状的；folius/ folium/ folia 叶，叶片（用于复合词）；-aris（阳性、阴性）/ -are（中性）← -alis（阳性、阴性）/ -ale（中性）属于，相似，如同，具有，涉及，关于，联结于（将名词作形容词用，其中 -aris 常用于以 l 或 r 为词干末尾的词）

Euonymus maackii 白杜：maackii ← Richard Maack（人名，19 世纪俄国博物学家）

Euonymus macropterus 黄心卫矛：macro-/ macr- ← macros 大的，宏观的（用于希腊语复合词）；pterus/ pteron 翅，翼，蕨类

Euonymus maximowiczianus 凤城卫矛：maximowiczianus ← C. J. Maximowicz 马克希莫夫（人名，1827–1891，俄国植物学家）

Euonymus mengtseanus 蒙自卫矛：mengtseanus 蒙自的（地名，云南省）

Euonymus microcarpus 小果卫矛：micr-/ micro- ← micros 小的，微小的，微观的（用于希腊语复合词）；carpus/ carpum/ carpa/ carpon ← carpos 果实（用于希腊语复合词）

Euonymus mitratus 帽果卫矛：mitratus 具僧帽的，具缨帽的，僧帽状的；mitra 僧帽，缨帽

Euonymus morrisonensis 玉山卫矛：morrisonensis 磨里山的（地名，今台湾新高山）

Euonymus myrianthus 大果卫矛：myri-/ myrio- ← myrios 无数的，大量的，极多的（希腊语）；anthus/ anthum/ antha/ anthe ← anthos 花（用于希腊语复合词）

Euonymus nanoides 小卫矛：nanoides 像 nanus 的；Euonymus nanus 小卫矛；-oides/ -oideus/ -oideum/ -oidea/ -odes/ -eidos 像……的，类似……的，呈……状的（名词词尾）

Euonymus nanus 矮卫矛：nanus ← nanos/ nannos 矮小的，小的；nani-/ nano-/ nanno- 矮小的，小的

Euonymus nitidus 中华卫矛：nitidus = nitere + idus 光亮的，发光的；nitere 发亮；-idus/ -idum/ -ida 表示在进行中的动作或情况，作动词、名词或形容词的词尾；nitens 光亮的，发光的

Euonymus nitidus f. nitidus 中华卫矛-原变型（词义见上面解释）

Euonymus nitidus f. tsoi 窄叶中华卫矛：tsoi（人名）；-i 表示人名，接在以元音字母结尾的人名后面，但 -a 除外

Euonymus oblongifolius 矩叶卫矛：oblongus = ovus + longus 长椭圆形的（ovus 的词干 ov- 音变为 ob-）；ovus 卵，胚珠，卵形的，椭圆形的；longus 长的，纵向的；folius/ folium/ folia 叶，叶片（用于复合词）

Euonymus omeiensis 峨眉卫矛：omeiensis 峨眉山的（地名，四川省）

Euonymus oxyphyllus 垂丝卫矛：oxyphyllus 尖叶的；oxy- ← oxys 尖锐的，酸的；phyllus/ phyllum/ phylla ← phyllon 叶片（用于希腊语复合词）

Euonymus pallidifolius 淡绿叶卫矛：pallidus 苍白的，淡白色的，淡色的，蓝白色的，无活力的；palide 淡地，淡色地（反义词：sturate 深色地，浓色地，充分地，丰富地，饱和地）；folius/ folium/ folia 叶，叶片（用于复合词）

Euonymus parasimilis 碧江卫矛：parasimilis 极相似的，极接近的；para- 类似，接近，近旁，假的；similis 相似的

Euonymus paravagans 滇西卫矛：paravagans 近似漂游的，近似 vagans 的；para- 类似，接近，近旁，假的；Euonymus vagans 游藤卫矛；vagans 流浪的，漫游的，漂泊的

Euonymus pashanensis 巴山卫矛：pashanensis 巴山的（地名，跨陕西、四川、湖北三省）

Euonymus pendulus 垂序卫矛：pendulus ← pendere 下垂的，垂吊的（悬空或因支持体细软而下垂）；pendere/ pendeo 悬挂，垂悬；-ulus/ -ulum/ -ula（表示趋向或动作）（小词 -ulus 在字母 e 或 i 之后有多种变缀，即 -olus/ -olum/ -ola、-ellus/ -ellum/ -ella、-illus/ -illum/ -illa，与第一变格法和第二变格法名词形成复合词）

Euonymus perbellus 美丽卫矛：perbellus 非常美丽的；per-（在 l 前面音变为 pel-）极，很，颇，甚，非常，完全，通过，遍及（表示效果加强，与 sub- 互为反义词）；bellus ← belle 可爱的，美丽的

Euonymus percoriaceus 西畴卫矛：per-（在 l 前面音变为 pel-）极，很，颇，甚，非常，完全，通过，

E

遍及（表示效果加强，与 sub- 互为反义词）；coriaceus = corius + aceus 近皮革的，近革质的；corius 皮革的，革质的；-aceus/ -aceum/ -acea 相似的，有……性质的，属于……的

Euonymus phellomanus 栓翅卫矛：phellos 软木塞，木栓；manus ← manos 松软的，软的

Euonymus porphyreus 紫花卫矛：porphyreus 紫红色

Euonymus potingensis 保亭卫矛：potingensis 保亭的（地名，海南省）

Euonymus przwalskii 八宝茶：przwalskii ← Nicolai Przewalski（人名，19 世纪俄国探险家、博物学家）

Euonymus pseudo-sootepensis 光果卫矛：pseudo-sootepensis 像 sootepensis 的；pseudo-/ pseud- ← pseudos 假的，伪的，接近，相似（但不是）；Euonymus sootepensis（卫矛科属一种）

Euonymus rehderianus 短翅卫矛：rehderianus ← Alfred Rehder（人名，1863–1949，德国植物分类学家、树木学家，在美国 Arnold 植物园工作）

Euonymus rostratus 喙果卫矛：rostratus 具喙的，喙状的；rostrus 鸟喙（常作词尾）；rostre 鸟喙的，喙状的

Euonymus sanguineus 石枣子：sanguineus = sanguis + ineus 血液的，血色的；sanguis 血液；-ineus/ -inea/ -ineum 相近，接近，相似，所有（通常表示材料或颜色），意思同 -eus

Euonymus sanguineus var. lanceolatus 披针叶石枣子：lanceolatus = lanceus + olus + atus 小披针形的，小柳叶刀的；lance-/ lancei-/ lanci-/ lanceo-/ lanc- ← lanceus 披针形的，矛形的，尖刀状的，柳叶刀状的；-olus ← -ulus 小，稍微，略微（-ulus 在字母 e 或 i 之后变成 -olus/ -ellus/ -illus）；-atus/ -atum/ -ata 属于，相似，具有，完成（形容词词尾）

Euonymus sanguineus var. sanguineus 石枣子-原变种（词义见上面解释）

Euonymus saxicolus 岩卫矛：saxicolus 生于石缝的；saxum 岩石，结石；colus ← colo 分布于，居住于，栖居，殖民（常作词尾）；colo/ colere/ colui/ cultum 居住，耕作，栽培

Euonymus scandens 爬藤卫矛：scandens 攀缘的，缠绕的，藤本的；scando/ scansum 上升，攀登，缠绕

Euonymus schensianus 陕西卫矛：schensianus 陕西的（地名）

Euonymus semenovii 中亚卫矛：semenovii（人名）；-ii 表示人名，接在以辅音字母结尾的人名后面，但 -er 除外

Euonymus spraguei 疏刺卫矛：spraguei ← Sprague（人名）

Euonymus subcordatus 近心叶卫矛：subcordatus 近心形的；sub-（表示程度较弱）与……类似，几乎，稍微，弱，亚，之下，下面；cordatus ← cordis/ cor 心脏的，心形的；-atus/ -atum/ -ata 属于，相似，具有，完成（形容词词尾）

Euonymus subsessilis 无柄卫矛：subsessilis 近无柄的；sub-（表示程度较弱）与……类似，几乎，稍微，弱，亚，之下，下面；sessile-/ sessili-/

sessil- ← sessilis 无柄的，无茎的，基生的，基部的

Euonymus subtrinervis 三脉卫矛：subtrinervis 近三脉的；sub-（表示程度较弱）与……类似，几乎，稍微，弱，亚，之下，下面；tri-/ tripli-/ triplo- 三个，三数；nervis ← nervus 脉，叶脉

Euonymus szechuanensis 四川卫矛：szechuan 四川（地名）

Euonymus tashiroi 菱叶卫矛：tashiroi/ tachiroei（人名）；-i 表示人名，接在以元音字母结尾的人名后面，但 -a 除外

Euonymus tengyuehensis 腾冲卫矛：tengyuehensis 腾越的（地名，云南省）

Euonymus theacolus 茶色卫矛：theacolus 生于茶树的，附生于茶树的；thea ← thei ← thi/ tcha 茶，茶树（中文土名）；colus ← colo 分布于，居住于，栖居，殖民（常作词尾）；colo/ colere/ colui/ cultum 居住，耕作，栽培

Euonymus theifolius 茶叶卫矛：theifolius 茶树叶子的；thei ← thi 茶（中文土名）；folius/ folium/ folia 叶，叶片（用于复合词）

Euonymus tibeticus 西藏卫矛：tibeticus 西藏的（地名）；-icus/ -icum/ -ica 属于，具有某种特性（常用于地名、起源、生境）

Euonymus tingens 染用卫矛：tingens 着了色的

Euonymus tonkinensis 北部湾卫矛：tonkin 东京（地名，越南河内的旧称）

Euonymus trichocarpus 卵叶刺果卫矛：trich-/ tricho-/ tricha- ← trichos ← thrix 毛，多毛的，线状的，丝状的；carpus/ carpum/ carpa/ carpon ← carpos 果实（用于希腊语复合词）

Euonymus vaganoides 拟游藤卫矛：vaganoides 像 vagans 的；Euonymus vagans 游藤卫矛；-oides/ -oideus/ -oideum/ -oidea/ -odes/ -eidos 像……的，类似……的，呈……状的（名词词尾）

Euonymus vagans 游藤卫矛：vagans 流浪的，漫游的，漂泊的

Euonymus venosus 曲脉卫矛：venosus 细脉的，细脉明显的，分枝脉的；venus 脉，叶脉，血脉，血管；-osus/ -osum/ -osa 多的，充分的，丰富的，显著发育的，程度高的，特征明显的（形容词词尾）

Euonymus verrucosoides 疣点卫矛：verrucosoides 略有疣点的，像 verrucosus 的；Euonymus verrucosus 瘤枝卫矛；-oides/ -oideus/ -oideum/ -oidea/ -odes/ -eidos 像……的，类似……的，呈……状的（名词词尾）

Euonymus verrucosoides var. verrucosoides 疣点卫矛-原变种（词义见上面解释）

Euonymus verrucosoides var. viridiflorus 小叶疣点卫矛：viridus 绿色的；florus/ florum/ flora ← flos 花（用于复合词）

Euonymus verrucosus 瘤枝卫矛：verrucosus 具疣状凸起的；verrucus ← verrucos 疣状物；-osus/ -osum/ -osa 多的，充分的，丰富的，显著发育的，程度高的，特征明显的（形容词词尾）

Euonymus verrucosus var. chinensis 中华瘤枝卫矛：chinensis = china + ensis 中国的（地名）；China 中国

Euonymus verrucosus var. pauciflorus 少花瘤枝

卫矛：pauci- ← paucus 少数的，少的（希腊语为 oligo-）；florus/ florum/ flora ← flos 花（用于复合词）

Euonymus verrucosus var. verrucosus 瘤枝卫矛-原变种 （词义见上面解释）

Euonymus viburnoides 莢蒾卫矛（蒾 mí）：viburnoides 像莢蒾的；Viburnum 莢蒾属（忍冬科）；-oides/ -oideus/ -oideum/ -oidea/ -odes/ -eidos 像……的，类似……的，呈……状的（名词词尾）

Euonymus wensiensis 文县卫矛：wensiensis 文县的（地名，甘肃省）

Euonymus wilsonii 长刺卫矛：wilsonii ← John Wilson（人名，18 世纪英国植物学家）

Euonymus wui 征镒卫矛（镒 yì）：wui 吴征镒（人名，字百兼，1916–2013，中国植物学家，命名或参与命名 1766 个植物新分类群，提出"被子植物八纲系统"的新观点）；-i 表示人名，接在以元音字母结尾的人名后面，但 -a 除外

Euonymus xylocarpus 木果卫矛：xylon 木材，木质；carpus/ carpum/ carpa/ carpon ← carpos 果实（用于希腊语复合词）；Xylocarpus 木果楝属（楝科）

Euonymus yunnanensis 云南卫矛：yunnanensis 云南的（地名）

Eupatorium 泽兰属（菊科）（74：p54）：eupatorium ← Mithridates Eupator Dionysos 米特里达梯（人名，公元前 132 或前 131 年–前 63 年，黑海东南岸本都王国第六世国王，发现该属模式种有解毒药效）

Eupatorium amabile 多花泽兰：amabilis 可爱的，有魅力的；amor 爱；-ans/ -ens/ -bilis/ -ilis 能够，可能（为形容词词尾，-ans/ -ens 用于主动语态，-bilis/ -ilis 用于被动语态）

Eupatorium cannabinum 大麻叶泽兰：cannabinus 像大麻的；cannabis ← kannabis ← kanb 大麻（波斯语）；-inus/ -inum/ -ina/ -inos 相近，接近，相似，具有（通常指颜色）

Eupatorium chinense 多须公：chinense 中国的（地名）

Eupatorium coelestinum 破坏草：coelestinus/ coelestis/ coeles/ caelestinus/ caelestis/ caeles 天空的，天上的，云端的，天蓝色的；-inus/ -inum/ -ina/ -inos 相近，接近，相似，具有（通常指颜色）

Eupatorium formosanum 台湾泽兰：formosanus = formosus + anus 美丽的，台湾的；formosus ← formosa 美丽的，台湾的（葡萄牙殖民者发现台湾时对其的称呼，即美丽的岛屿）；-anus/ -anum/ -ana 属于，来自（形容词词尾）

Eupatorium fortunei 佩兰：fortunei ← Robert Fortune（人名，19 世纪英国园艺学家，曾在中国采集植物）；-i 表示人名，接在以元音字母结尾的人名后面，但 -a 除外

Eupatorium fortunei var. angustilobum （狭裂泽兰）：angusti- ← angustus 窄的，狭的，细的；lobus/ lobos/ lobon 浅裂，耳片（裂片先端钝圆），荚果，蒴果

Eupatorium heterophyllum 异叶泽兰：heterophyllus 异型叶的；hete-/ heter-/ hetero- ← heteros 不同的，多样的，不齐的；phyllus/

phyllum/ phylla ← phyllon 叶片（用于希腊语复合词）

Eupatorium japonicum 白头婆：japonicum 日本的（地名）；-icus/ -icum/ -ica 属于，具有某种特性（常用于地名、起源、生境）

Eupatorium japonicum var. japonicum 白头婆-原变种 （词义见上面解释）

Eupatorium japonicum var. tozanense 土场白头婆（场 cháng）：tozanense（地名，属台湾省，日语读音）

Eupatorium japonicum var. tripartitum 白头婆三裂叶变种：tripartitus 三裂的，三部分的；tri-/ tripli-/ triplo- 三个，三数；partitus 深裂的，分离的

Eupatorium lindleyanum 林泽兰：lindleyanum ← John Lindley（人名，18 世纪英国植物学家）

Eupatorium lindleyanum var. eglandulosum 林泽兰-无腺变种：eglandulosus 无腺体的；e-/ ex- 不，无，非，缺乏，不具有（e- 用在辅音字母前，ex- 用在元音字母前，为拉丁语词首，对应的希腊语词首为 a-/ an-，英语为 un-/ -less，注意作词首用的 e-/ ex- 和介词 e/ ex 意思不同，后者意为"出自、从……、由……离开、由于、依照"）；glandulosus = glandus + ulus + osus 被细腺的，具腺体的，腺体质的

Eupatorium lindleyanum var. lindleyanum 林泽兰-原变种 （词义见上面解释）

Eupatorium luchuense var. kiirunense 基隆泽兰：luchuense 禄劝的（地名，云南省）；kiirunense 基隆的（地名，属台湾省）

Eupatorium nanchuanense 南川泽兰：nanchuanense 南川的（地名，重庆市）

Eupatorium odoratum 飞机草（另见 Chromolaena odorata）：odoratus = odorus + atus 香气的，气味的；odor 香气，气味；-atus/ -atum/ -ata 属于，相似，具有，完成（形容词词尾）

Eupatorium omeiense 峨眉泽兰：omeiense 峨眉山的（地名，四川省）

Eupatorium shimadai 毛果泽兰：shimadai 岛田（日本人名）；-i 表示人名，接在以元音字母结尾的人名后面，但 -a 除外，故该词尾改为"-ae"似更妥

Eupatorium tashiroi 木泽兰：tashiroi/ tachiroei（人名）；-i 表示人名，接在以元音字母结尾的人名后面，但 -a 除外

Euphorbia 大戟属（大戟科）（44-3：p26）：euphorbia ← Euphorbos（人名，古罗马御医）

Euphorbia alatavica 阿拉套大戟：alatavica 阿拉套山的（地名，新疆沙湾地区）

Euphorbia alpina 北高山大戟：alpinus = alpus + inus 高山的；alpus 高山；al-/ alti-/ alto- ← altus 高的，高处的；-inus/ -inum/ -ina/ -inos 相近，接近，相似，具有（通常指颜色）；关联词：subalpinus 亚高山的

Euphorbia altaica 阿尔泰大戟：altaica 阿尔泰的（地名，新疆北部山脉）

Euphorbia altotibetica 青藏大戟：altotibetica 西藏高原的；al-/ alti-/ alto- ← altus 高的，高处的；tibetica 西藏的（地名）

E

Euphorbia antiquorum 火殃勒（勒 lè）：antiquorus 古代的，高龄的，老旧的，传世的

Euphorbia atoto 海滨大戟：atoto（夏威夷一种植物的土名）

Euphorbia bifida 细齿大戟：bi-/ bis- 二，二数，二回（希腊语为 di-）；fidus ← findere 裂开，分裂（裂深不超过 1/3，常作词尾）

Euphorbia blepharophylla 睫毛大戟：blepharo/ blephari-/ blepharid- 睫毛，缘毛，流苏；phyllus/ phyllum/ phylla ← phyllon 叶片（用于希腊语复合词）

Euphorbia buchtormensis 布赫塔尔大戟：buchtormensis 布赫塔尔的（地名，哈萨克斯坦阿尔泰地区）

Euphorbia chamaeclada 毛果地锦：chamae- ← chamai 矮小的，匍匐的，地面的；cladus ← clados 枝条，分枝

Euphorbia consanguinea （血红大戟）（血 xuè）：consanguineus = co + sanguineus 非常像血液的，酷似血的；co- 联合，共同，合起来（拉丁语词首，为 cum- 的音变，表示结合、强化、完全，对应的希腊语为 syn-）；co- 的缀词音变有 co-/ com-/ con-/ col-/ cor-：co-（在 h 和元音字母前面），col-（在 l 前面），com-（在 b、m、p 之前），con-（在 c、d、f、g、j、n、qu、s、t 和 v 前面），cor-（在 r 前面）；sanguineus = sanguis + ineus 血液的，血色的；sanguis 血液；-ineus/ -inea/ -ineum 相近，接近，相似，所有（通常表示材料或颜色），意思同 -eus

Euphorbia cotinifolia 紫锦木：Cotinus 黄栌属（漆树科）；folius/ folium/ folia 叶，叶片（用于复合词）

Euphorbia cyathophora 猩猩草：cyathus ← cyathos 杯，杯状的；-phorus/ -phorum/ -phora 载体，承载物，支持物，带着，生着，附着（表示一个部分带着别的部分，包括起支撑或承载作用的柄、柱、托、囊等，如 gynophorum = gynus + phorum 雌蕊柄的，带有雌蕊的，承载雌蕊的）；gynus/ gynum/ gyna 雌蕊，子房，心皮

Euphorbia dentata 齿裂大戟：dentatus = dentus + atus 牙齿的，齿状的，具齿的；dentus 齿，牙齿；-atus/ -atum/ -ata 属于，相似，具有，完成（形容词词尾）

Euphorbia donii 长叶大戟：donii（人名）；-ii 表示人名，接在以辅音字母结尾的人名后面，但 -er 除外

Euphorbia dracunculoides 蒿状大戟：dracunculus 小龙的；-oides/ -oideus/ -oideum/ -oidea/ -odes/ -eidos 像……的，类似……的，呈……状的（名词词尾）

Euphorbia esula 乳浆大戟：esulus 辛辣的

Euphorbia fischeriana 狼毒大戟（原名"狼毒"，瑞香科有重名）：fischeriana ← Friedrich Ernst Ludwig Fischer（人名，19 世纪生于德国的俄国植物学家）

Euphorbia franchetii 北疆大戟：franchetii ← A. R. Franchet（人名，19 世纪法国植物学家）

Euphorbia garanbiensis 鹅銮鼻大戟（銮 luán）：garanbiensis 鹅銮鼻的（地名，属台湾省，"garanbi" 为 "鹅銮鼻" 的日语读音）

Euphorbia granula 土库曼大戟：granulus 颗粒，颗粒状的/ granular/ granulatus/ granulose/ granulum；granus 粒，种粒，谷粒，颗粒；-ulus/ -ulum/ -ula 小的，略微的，稍微的（小词 -ulus 在字母 e 或 i 之后有多种变缀，即 -olus/ -olum/ -ola、-ellus/ -ellum/ -ella、-illus/ -illum/ -illa，与第一变格法和第二变格法名词形成复合词）

Euphorbia griffithii 圆苞大戟：griffithii ← William Griffith（人名，19 世纪印度植物学家，加尔各答植物园主任）

Euphorbia hainanensis 海南大戟：hainanensis 海南的（地名）

Euphorbia heishuiensis 黑水大戟：heishuiensis 黑水河的（地名，四川省）

Euphorbia helioscopia 泽漆：helioscopius 向日的；heli-/ helio- ← helios 太阳的，日光的；scopius 向，趋向

Euphorbia heterophylla 白苞猩猩草：heterophyllus 异型叶的；hete-/ heter-/ hetero- ← heteros 不同的，多样的，不齐的；phyllus/ phyllum/ phylla ← phyllon 叶片（用于希腊语复合词）

Euphorbia heyneana 闽南大戟（原名"小叶地锦"，葡萄科有重名）：heyneana（人名）

Euphorbia hirta 飞扬草：hirtus 有毛的，粗毛的，刚毛的（长而明显的毛）

Euphorbia hsinchuensis 新竹地锦：hsinchuensis 新竹的（地名，属台湾省）

Euphorbia humifusa 蔓茎大戟（原名"地锦"，葡萄科有重名）：humifusus 匍匐，蔓延

Euphorbia humilis 矮大戟：humilis 矮的，低的

Euphorbia hylonoma 湖北大戟：hylonomus 灌丛生的，林内的；hylo- ← hyla/ hyle 林木，树木，森林；nomus 区域，范围

Euphorbia hypericifolia 通奶草：hypericifolia 金丝桃叶片的；Hypericum 金丝桃属（金丝桃科）；folius/ folium/ folia 叶，叶片（用于复合词）

Euphorbia hyssopifolia 紫斑大戟：Hyssopus 神香草属（唇形科）；folius/ folium/ folia 叶，叶片（用于复合词）

Euphorbia inderiensis 英德尔大戟：inderiensis（地名）

Euphorbia jolkinii 大狼毒：jolkinii（人名）；-ii 表示人名，接在以辅音字母结尾的人名后面，但 -er 除外

Euphorbia kansuensis 甘肃大戟：kansuensis 甘肃的（地名）

Euphorbia kansui 甘遂：kansui 甘遂（大戟科一种植物，中国土名）

Euphorbia kozlovii 沙生大戟：kozlovii（人名）；-ii 表示人名，接在以辅音字母结尾的人名后面，但 -er 除外

Euphorbia lathyris 续随子：lathyris 大戟（Euphorbia 的古希腊语名）

Euphorbia latifolia 宽叶大戟：lati-/ late- ← latus 宽的，宽广的；folius/ folium/ folia 叶，叶片（用于复合词）

Euphorbia lingiana 线叶大戟：lingiana（人名）

Euphorbia lioui 刘氏大戟：lioui（人名）

E

Euphorbia lucorum 林大戟：lucorum 丛林的，片林的（lucus 的复数所有格）；lucus 祭祀神的丛林，片林

Euphorbia macrorrhiza 粗根大戟：macro-/ macr- ← macros 大的，宏观的（用于希腊语复合词）；rhizus 根，根状茎（-rh- 接在元音字母后面构成复合词时要变成 -rrh-）

Euphorbia maculata 斑地锦：maculatus = maculus + atus 有小斑点的，略有斑点的；maculus 斑点，网眼，小斑点，略有斑点；-atus/ -atum/ -ata 属于，相似，具有，完成（形容词词尾）

Euphorbia makinoi 小叶大戟：makinoi ← Tomitaro Makino 牧野富太郎（人名，20 世纪日本植物学家）；-i 表示人名，接在以元音字母结尾的人名后面，但 -a 除外

Euphorbia marginata 银边翠：marginatus ← margo 边缘的，具边缘的；margo/ marginis → margin- 边缘，边线，边界；词尾为 -go 的词其词干末尾视为 -gin

Euphorbia micractina 甘青大戟：micractinus 小射线的，小星星状的；micr-/ micro- ← micros 小的，微小的，微观的（用于希腊语复合词）；actinus ← aktinos ← actis 辐射状的，射线的，星状的，光线，光照（表示辐射状排列）

Euphorbia milii 铁海棠：milii ← Milius（人名，留尼汪岛总督）

Euphorbia milii var. tananarivae（塔娜大戟）：tananarivae（人名）

Euphorbia monocyathium 单伞大戟：mono-/ mon- ← monos 一个，单一的（希腊语，拉丁语为 unus/ uni-/ uno-）；cyathius 杯，杯状的

Euphorbia neriifolia 金刚纂：neriifolia = Nerium + folius 夹竹桃叶的；缀词规则：以属名作复合词时原词尾变形后的 i 要保留；neri ← Nerium 夹竹桃属（夹竹桃科）；folius/ folium/ folia 叶，叶片（用于复合词）

Euphorbia nutans 美洲地锦草：nutans 弯曲的，下垂的（弯曲程度远大于 90°）；关联词：cernuus 点头的，前屈的，略俯垂的（弯曲程度略大于 90°）

Euphorbia pachyrrhiza 长根大戟：pachyrrhizus 粗根的；pachy- ← pachys 厚的，粗的，肥的；rhizus 根，根状茎（-rh- 接在元音字母后面构成复合词时要变成 -rrh-）

Euphorbia pekinensis 大戟：pekinensis 北京的（地名）

Euphorbia peplus 南欧大戟：peplus 被毛的，覆被的，上衣的

Euphorbia pilosa 毛大戟：pilosus = pilus + osus 多毛的，被柔毛的，具疏柔毛的，被短弱细毛的；pilus 毛，疏柔毛；-osus/ -osum/ -osa 多的，充分的，丰富的，显著发育的，程度高的，特征明显的（形容词词尾）

Euphorbia prolifera 土瓜狼毒：proliferus 能育的，具零余子的；proli- 扩展，繁殖，后裔，零余子；proles 后代，种族；-ferus/ -ferum/ -fera/ -fero/ -fere/ -fer 有，具有，产（区别：作独立词使用的 ferus 意思是"野生的"）

Euphorbia prostrata 匍匐大戟：prostratus/ pronus/ procumbens 平卧的，匍匐的

Euphorbia pulcherrima 一品红：pulcherrima 极美丽的，最美丽的；pulcher/pulcer 美丽的，可爱的；-rimus/ -rima/ -rimum 最，极，非常（词尾为 -er 的形容词最高级）

Euphorbia rapulum 小萝卜大戟（卜 bo）：rapulus = rapum + ulus 小块根，小萝卜；rapum 块根，芜菁，萝卜（古拉丁名）

Euphorbia royleana 霸王鞭：royleana ← John Forbes Royle（人名，19 世纪英国植物学家、医生）

Euphorbia schuganica 苏甘大戟：schuganica 苏甘的（地名）；-icus/ -icum/ -ica 属于，具有某种特性（常用于地名、起源、生境）

Euphorbia seguieriana 西格尔大戟：seguieriana（人名）

Euphorbia serpens 匐根大戟：serpens 蛇，龙，蛇形匍匐的

Euphorbia sessiliflora 百步回阳：sessile-/ sessili-/ sessil- ← sessilis 无柄的，无茎的，基生的，基部的；florus/ florum/ flora ← flos 花（用于复合词）

Euphorbia sieboldiana 钩腺大戟：sieboldiana ← Franz Philipp von Siebold 西博德（人名，1796–1866，德国医生、植物学家，曾专门研究日本植物）

Euphorbia sikkimensis 黄苞大戟：sikkimensis 锡金的（地名）

Euphorbia soongarica 准噶尔大戟（噶 gá）：soongarica 准噶尔的（地名，新疆维吾尔自治区）；-icus/ -icum/ -ica 属于，具有某种特性（常用于地名、起源、生境）

Euphorbia sororia 对叶大戟：sororius 成块的，堆积的；sorus ← soros 堆（指密集成簇），孢子囊群

Euphorbia sparrmannii 心叶大戟：sparrmannii（人名）；-ii 表示人名，接在以辅音字母结尾的人名后面，但 -er 除外

Euphorbia stracheyi 高山大戟：stracheyi（人名）；-i 表示人名，接在以元音字母结尾的人名后面，但 -a 除外

Euphorbia taihsiensis 台西地锦：taihsiensis 台西的（地名，属台湾省）

Euphorbia thomsoniana 天山大戟：thomsoniana ← Thomas Thomson（人名，19 世纪英国植物学家）

Euphorbia thymifolia 千根草：thymifolius 百里香叶片的；Thymus 百里香属（唇形科）；folius/ folium/ folia 叶，叶片（用于复合词）

Euphorbia tibetica 西藏大戟：tibetica 西藏的（地名）；-icus/ -icum/ -ica 属于，具有某种特性（常用于地名、起源、生境）

Euphorbia tirucalli 绿玉树：tirucalli（词源不详）

Euphorbia tongchuanensis 铜川大戟：tongchuanensis 铜川的（地名，陕西省）

Euphorbia turczaninowii 土大戟：turczaninowii/ turczaninovii ← Nicholai S. Turczaninov（人名，19 世纪乌克兰植物学家，曾积累大量植物标本）

Euphorbia turkestanica 中亚大戟：turkestanica 土耳其的（地名）；-icus/ -icum/ -ica 属于，具有某

E

种特性（常用于地名、起源、生境）

Euphorbia wallichii 大果大戟：wallichii ← Nathaniel Wallich（人名，19 世纪初丹麦植物学家、医生）

Euphorbia yanjinensis 盐津大戟：yanjinensis 盐津的（地名，云南省）

Euphorbiaceae 大戟科（44-1：p1, 44-3：p1）：Euphorbia 大戟属；-aceae（分类单位科的词尾，为 -aceus 的阴性复数主格形式，加到模式属的名称后或同义词的词干后以组成族群名称）；注：大戟科中的叶下珠亚科已独立为叶下珠科 Phyllanthaceae

Euphrasia 小米草属（玄参科）（67-2：p372）：euphrasia 爽快的，阳光的（自古认为该属植物具有改善视力的药效）

Euphrasia amurensis 东北小米草：amurense/ amurensis 阿穆尔的（地名，东西伯利亚的一个州，南部以黑龙江为界），阿穆尔河的（即黑龙江的俄语音译）

Euphrasia bilineata 两列毛小米草：bi-/ bis- 二，二数，二回（希腊语为 di-）；lineatus = lineus + atus 具线的，线状的，呈亚麻状的；-atus/ -atum/ -ata 属于，相似，具有，完成（形容词词尾）

Euphrasia durietziana 多腺小米草：durietziana（人名）

Euphrasia exilis 一齿小米草：exilis 细弱的，绵薄的

Euphrasia filicaulis 高砂小米草：filicaulis 细茎的，丝状茎的；fili-/ fil- ← filum 线状的，丝状的；caulis ← caulos 茎，茎秆，主茎

Euphrasia hirtella 长腺小米草：hirtellus = hirtus + ellus 被短粗硬毛的；hirtus 有毛的，粗毛的，刚毛的（长而明显的毛）；-ellus/ -ellum/ -ella ← -ulus 小的，略微的，稍微的（小词 -ulus 在字母 e 或 i 之后有多种变缀，即 -olus/ -olum/ -ola、-ellus/ -ellum/ -ella、-illus/ -illum/ -illa，用于第一变格法名词）

Euphrasia jaeschkei 大花小米草：jaeschkei（人名）

Euphrasia masamuneana 钝齿小米草：masamuneana ← Genkei Masamune（人名，20 世纪日本植物学家）

Euphrasia matsudae 光叶小米草：matsudae ← Sadahisa Matsuda 松田定久（人名，日本植物学家，早期研究中国植物）；-ae 表示人名，以 -a 结尾的人名后面加上 -e 形成

Euphrasia nankotaizanensis 高山小米草：nankotaizanensis 南湖大山的（地名，台湾省中部山峰，日语读音）

Euphrasia pectinata 小米草：pectinatus/ pectinaceus 栉齿状的；pectini-/ pectino-/ pectin- ← pecten 篦子，梳子；-aceus/ -aceum/ -acea 相似的，有……性质的，属于……的

Euphrasia pectinata subsp. pectinata 小米草-原亚种 （词义见上面解释）

Euphrasia pectinata subsp. sichuanica 小米草-四川亚种：sichuanica 四川的（地名）；-icus/ -icum/ -ica 属于，具有某种特性（常用于地名、起源、生境）

Euphrasia pectinata subsp. simplex 小米草-高枝亚种：simplex 单一的，简单的，无分歧的（词干为

simplic-）

Euphrasia pumilis 矮小米草：pumilis 矮的，小的，低矮的，矮人的

Euphrasia regelii 短腺小米草：regelii ← Eduard August von Regel（人名，19 世纪德国植物学家）

Euphrasia regelii subsp. kangtienensis 短腺小米草-川藏亚种：kangtienensis 康定的（地名，四川省）

Euphrasia regelii subsp. regelii 短腺小米草-原亚种 （词义见上面解释）

Euphrasia tarokoana 太鲁阁小米草：tarokoana 太鲁阁的（地名，属台湾省）

Euphrasia transmorrisonensis 台湾小米草：transmorrisonensis = trans + morrisonensis 跨磨里山的；tran-/ trans- 横过，远侧边，远方，在那边；morrisonensis 磨里山的（地名，今台湾新高山）

Euptelea 领春木属（领春木科）（27：p19）：euptelea = eu + ptelea 美丽的榆树（果实像榆树，但花很美丽）；eu- 好的，秀丽的，真的，正确的，完全的；pteleus 榆树（希腊语）

Euptelea pleiosperma 领春木（种加词有时拼写为"pleiospermum" 属不当，因属名和种加词的性属须一致）：pleo-/ plei-/ pleio- ← pleos/ pleios 多的；spermus/ spermum/ sperma 种子的（用于希腊语复合词）

Eupteleaceae 领春木科（27：p19）：Euptelea 领春木属；-aceae（分类单位科的词尾，为 -aceus 的阴性复数主格形式，加到模式属的名称后或同义词的词干后以组成族群名称）

Eurya 柃木属（柃 líng）（山茶科）（50-1：p70）：eurya ← eurys 宽阔的

Eurya acuminata 尾尖叶柃：acuminatus = acumen + atus 锐尖的，渐尖的；acumen 渐尖头；-atus/ -atum/ -ata 属于，相似，具有，完成（形容词词尾）

Eurya acuminata var. acuminata 尾尖叶柃-原变种 （词义见上面解释）

Eurya acuminata var. arisanensis 阿里山尾尖叶柃：arisanensis 阿里山的（地名，属台湾省）

Eurya acuminata var. suzukii 尖尾锐叶柃：suzukii 铃木（人名）

Eurya acuminatissima 尖叶毛柃：acuminatus = acumen + atus 锐尖的，渐尖的；acumen 渐尖头；-atus/ -atum/ -ata 属于，相似，具有，完成（形容词词尾）；-issimus/ -issima/ -issimum 最，非常，极其（形容词最高级）

Eurya acuminoides 川黔尖叶柃：acuminoides 略尖的；acuminatus = acumen + atus 锐尖的，渐尖的；acumen 渐尖头；-atus/ -atum/ -ata 属于，相似，具有，完成（形容词词尾）；-oides/ -oideus/ -oideum/ -oidea/ -odes/ -eidos 像……的，类似……的，呈……状的（名词词尾）

Eurya acutisepala 尖萼毛柃：acutisepalus 尖萼的；acuti-/ acu- ← acutus 锐尖的，针尖的，刺尖的，锐角的；sepalus/ sepalum/ sepala 萼片（用于复合词）

Eurya alata 翅柃：alatus → ala-/ alat-/ alati-/ alato- 翅，具翅的，具翼的；反义词：exalatus 无翼的，无翅的

Eurya amplexifolia 穿心柃：amplexi- 跨骑状的，

紧握的，抱紧的；folius/ folium/ folia 叶，叶片（用于复合词）

Eurya aurea 金叶柃：aureus = aurus + eus → aure-/ aureo- 金色的，黄色的；aurus 金，金色；-eus/ -eum/ -ea（接拉丁语词干时）属于……的，色如……的，质如……的（表示原料、颜色或品质的相似），（接希腊语词干时）属于……的，以……出名，为……所占有（表示具有某种特性）

Eurya auriformis 耳叶柃：auriculus 小耳朵的，小耳状的；auri- ← auritus 耳朵，耳状的；-culus/ -culum/ -cula 小的，略微的，稍微的（同第三变格法和第四变格法名词形成复合词）；formis/ forma 形状

Eurya bifidostyla 双柱柃：bi-/ bis- 二，二数，二回（希腊语为 di-）；fidus ← findere 裂开，分裂（裂深不超过 1/3，常作词尾）；bifidus 中裂的，一分为二的；stylus/ stylis ← stylos 柱，花柱

Eurya brevistyla 短柱柃：brevi- ← brevis 短的（用于希腊语复合词词首）；stylus/ stylis ← stylos 柱，花柱

Eurya cavinervis 云南凹脉柃：cavinervis 陷脉的；cavus 凹陷，孔洞；nervis ← nervus 脉，叶脉

Eurya cavinervis f. cavinervis 云南凹脉柃-原变型（词义见上面解释）

Eurya cavinervis f. laevis 平脉柃：laevis/ levis/ laeve/ leve → levi-/ laevi- 光滑的，无毛的，无不平或粗糙感觉的

Eurya cerasifolia（樱叶柃）：cerasifolia 樱桃状叶的；cerasi- ← cerasus 樱花，樱桃；folius/ folium/ folia 叶，叶片（用于复合词）

Eurya chinensis 米碎花：chinensis = china + ensis 中国的（地名）；China 中国

Eurya chinensis var. chinensis 米碎花-原变种（词义见上面解释）

Eurya chinensis var. glabra 光枝米碎花：glabrus 光秃的，无毛的，光滑的

Eurya chukiangensis 大果柃：chukiangensis（地名）

Eurya ciliata 华南毛柃：ciliatus = cilium + atus 缘毛的，流苏的；cilium 缘毛，睫毛；-atus/ -atum/ -ata 属于，相似，具有，完成（形容词词尾）

Eurya crassilimba 厚叶柃：crassi- ← crassus 厚的，粗的，多肉质的；limbus 冠檐，萼檐，瓣片，叶片

Eurya crenatifolia 钝齿柃：crenatus = crena + atus 圆齿状的，具圆齿的；crena 叶缘的圆齿；folius/ folium/ folia 叶，叶片（用于复合词）

Eurya cuneata 楔叶柃：cuneatus = cuneus + atus 具楔子的，属楔形的；cuneus 楔子的；-atus/ -atum/ -ata 属于，相似，具有，完成（形容词词尾）

Eurya cuneata var. cuneata 楔叶柃-原变种（词义见上面解释）

Eurya cuneata var. glabra 光枝楔叶柃：glabrus 光秃的，无毛的，光滑的

Eurya disticha 秃小耳柃：distichus 二列的；di-/ dis- 二，二数，二分，分离，不同，在……之间，从……分开（希腊语，拉丁语为 bi-/ bis-）；stichus ← stichon 行列，队列，排列

Eurya distichophylla 二列叶柃：distichophyllus 二列叶的；di-/ dis- 二，二数，二分，分离，不同，在……之间，从……分开（希腊语，拉丁语为 bi-/ bis-）；stichus ← stichon 行列，队列，排列；phyllus/ phyllum/ phylla ← phyllon 叶片（用于希腊语复合词）

Eurya distichophylla f. asymmetrica 偏心毛柃：asymmetricus 不对称的，不整齐的；a-/ an- 无，非，没有，缺乏，不具有（an- 用于元音前）（a-/ an- 为希腊语词首，对应的拉丁语词首为 e-/ ex-，相当于英语的 un-/ -less，注意词首 a- 和作为介词的 a/ ab 不同，后者的意思是"从……、由……、关于……、因为……"）；symmetricus 对称的，整齐的

Eurya distichophylla f. distichophylla 二列叶柃-原变型（词义见上面解释）

Eurya emarginata 滨柃：emarginatus 先端稍裂的，凹头的；marginatus ← margo 边缘的，具边缘的；margo/ marginis → margin- 边缘，边线，边界；词尾为 -go 的词其词干末尾视为 -gin；e-/ ex- 不，无，非，缺乏，不具有（e- 用在辅音字母前，ex- 用在元音字母前，为拉丁语词首，对应的希腊语词首为 a-/ an-，英语为 un-/ -less，注意作词首用的 e-/ ex- 和介词 e/ ex 意思不同，后者意为"出自、从……、由……离开、由于、依照"）

Eurya fangii 川柃：fangii（人名）；-ii 表示人名，接在以辅音字母结尾的人名后面，但 -er 除外

Eurya fangii var. fangii 川柃-原变种（词义见上面解释）

Eurya fangii var. megaphylla 大叶川柃：megaphylla 大叶子的；mega-/ megal-/ megalo- ← megas 大的，巨大的；phyllus/ phyllum/ phylla ← phyllon 叶片（用于希腊语复合词）

Eurya fragrans var. rubriflora 红花柃木（原名"厚叶茶梨"，科内有重名）：fragrans 有香气的，飘香的；fragro 飘香，有香味；rubr-/ rubri-/ rubro- ← rubrus 红色；florus/ florum/ flora ← flos 花（用于复合词）

Eurya glaberrima 光柃：glaberrimus 完全无毛的；glaber/ glabrus 光滑的，无毛的；-rimus/ -rima/ -rimum 最，极，非常（词尾为 -er 的形容词最高级）

Eurya glandulosa 腺柃：glandulosus = glandus + ulus + osus 被细腺的，具腺体的，腺体质的；glandus ← glans 腺体；-ulus/ -ulum/ -ula 小的，略微的，稍微的（小词 -ulus 在字母 e 或 i 之后有多种变缀，即 -olus/ -olum/ -ola、-ellus/ -ellum/ -ella、-illus/ -illum/ -illa，与第一变格法和第二变格法名词形成复合词）；-osus/ -osum/ -osa 多的，充分的，丰富的，显著发育的，程度高的，特征明显的（形容词词尾）

Eurya glandulosa var. cuneiformis 楔基腺柃：cuneus 楔子的；formis/ forma 形状

Eurya glandulosa var. dasyclados 粗枝腺柃：dasycladus 毛枝的，枝条有粗毛的；dasy- ← dasys 毛茸茸的，粗毛的，毛；clados → cladus 枝条，分枝

Eurya glandulosa var. glandulosa 腺柃-原变种（词义见上面解释）

Eurya gnaphalocarpa 灰毛柃：gnaphalon 软绒毛的；carpus/ carpum/ carpa/ carpon ← carpos 果实（用于希腊语复合词）

Eurya groffii 岗柃：groffii（人名）；-ii 表示人名，接

在以辅音字母结尾的人名后面，但 -er 除外

Eurya gungshanensis 贡山柃：gungshanensis 贡山的（地名，云南省）

Eurya gynandra （合蕊柃）：gynandrus 两性花的，雌雄合生的；gyn-/ gyno-/ gyne- ← gynus 雌性的，雌蕊的，雌花的，心皮的；andrus/ andros/ antherus ← aner 雄蕊，花药，雄性

Eurya hainanensis 海南柃：hainanensis 海南的（地名）

Eurya handel-mazzettii 丽江柃：handel-mazzettii ← H. Handel-Mazzetti（人名，奥地利植物学家，第一次世界大战期间在中国西南地区研究植物）

Eurya hayatai 台湾柃：hayatai ← Bunzo Hayata 早田文藏（人名，1874–1934，日本植物学家，专门研究日本和中国台湾植物）；-i 表示人名，接在以元音字母结尾的人名后面，但 -a 除外，故该词改为"hayataiana"或"hayatae"似更妥

Eurya hebeclados 微毛柃：hebe- 柔毛；clados → cladus 枝条，分枝

Eurya henryi 披针叶毛柃：henryi ← Augustine Henry 或 B. C. Henry（人名，前者，1857–1930，爱尔兰医生、植物学家，曾在中国采集植物，后者，1850–1901，曾活动于中国的传教士）

Eurya hupehensis 鄂柃：hupehensis 湖北的（地名）

Eurya impressinervis 凹脉柃：impressinervis 凹脉的；impressi- ← impressus 凹陷的，凹入的，雕刻的；in-/ im-（来自 il- 的音变）内，在内，内部，向内，相反，不，无，非；il- 在内，向内，为，相反（希腊语为 en-）；词首 il- 的音变：il-（在 l 前面），im-（在 b、m、p 前面），in-（在元音字母和大多数辅音字母前面），ir-（在 r 前面），如 illaudatus（不值得称赞的，评价不好的），impermeabilis（不透水的，穿不透的），ineptus（不合适的），insertus（插入的），irretortus（无弯曲的，无扭曲的）；pressus 压，压力，挤压，紧密；nervis ← nervus 脉，叶脉

Eurya inaequalis 偏心叶柃：inaequalis 不等的，不同的，不整齐的；aequalis 相等的，相同的，对称的；inaequal- 不相等，不同；aequus 平坦的，均等的，公平的，友好的；in-/ im-（来自 il- 的音变）内，在内，内部，向内，相反，不，无，非；il- 在内，向内，为，相反（希腊语为 en-）；词首 il- 的音变：il-（在 l 前面），im-（在 b、m、p 前面），in-（在元音字母和大多数辅音字母前面），ir-（在 r 前面），如 illaudatus（不值得称赞的，评价不好的），impermeabilis（不透水的，穿不透的），ineptus（不合适的），insertus（插入的），irretortus（无弯曲的，无扭曲的）

Eurya japonica 柃木：japonica 日本的（地名）；-icus/ -icum/ -ica 属于，具有某种特性（常用于地名、起源、生境）

Eurya jintungensis 景东柃：jintungensis 景东的（地名，云南省）

Eurya kueichowensis 贵州毛柃：kueichowensis 贵州的（地名）

Eurya lanciformis 披针叶柃：lance-/ lancei-/ lanci-/ lanceo-/ lanc- ← lanceus 披针形的，矛形的，尖刀状的，柳叶刀状的；formis/ forma 形状

Eurya leptophylla 薄叶柃：leptus ← leptos 细的，薄的，瘦小的，狭长的；phyllus/ phyllum/ phylla ← phyllon 叶片（用于希腊语复合词）

Eurya loquaiana 细枝柃：loquaiana（人名）

Eurya loquaiana var. aureo-punctata 金叶细枝柃：aure-/ aureo- ← aureus 黄色，金色；punctatus = punctus + atus 具斑点的；punctus 斑点

Eurya loquaiana var. loquaiana 细枝柃-原变种（词义见上面解释）

Eurya lunglingensis 隆林耳叶柃：lunglingensis 龙陵的（地名，云南省），隆林的（地名，广西壮族自治区）

Eurya macartneyi 黑柃：macartneyi（人名）

Eurya magniflora 大花柃：magn-/ magni- 大的；florus/ florum/ flora ← flos 花（用于复合词）

Eurya marlipoensis 麻栗坡柃：marlipoensis 麻栗坡的（地名，云南省）

Eurya megatrichocarpa 大果毛柃：mega-/ megal-/ megalo- ← megas 大的，巨大的；tricho- ← trichus ← trichos 毛，毛发，被毛（希腊语）；carpus/ carpum/ carpa/ carpon ← carpos 果实（用于希腊语复合词）

Eurya metcalfiana 从化柃：metcalfiana（人名）

Eurya muricata 格药柃：muricatus = murex + atus 粗糙的，糙面的，海螺状表面的（由于密被小的瘤状凸起），具短硬尖的；muri-/ muric- ← murex 海螺（指表面有瘤状凸起），粗糙的，糙面的；构词规则：以 -ix/ -iex 结尾的词其词干末尾视为 -ic，以 -ex 结尾视为 -i/ -ic，其他以 -x 结尾视为 -c；-atus/ -atum/ -ata 属于，相似，具有，完成（形容词词尾）

Eurya muricata var. huiana 毛枝格药柃：huiana 胡氏（人名）

Eurya muricata var. muricata 格药柃-原变种（词义见上面解释）

Eurya nitida 细齿叶柃：nitidus = nitere + idus 光亮的，发光的；nitere 发亮；-idus/ -idum/ -ida 表示在进行中的动作或情况，作动词、名词或形容词的词尾；nitens 光亮的，发光的

Eurya nitida var. aurescens 黄背叶柃：aurescens 变金黄色的，略呈金黄色的；aure-/ aureo- ← aureus 黄色，金色；-escens/ -ascens 改变，转变，变成，略微，带有，接近，相似，大致，稍微（表示变化的趋势，并未完全相似或相同，有别于表示达到完成状态的 -atus）

Eurya nitida var. nitida 细齿叶柃-原变种（词义见上面解释）

Eurya obliquifolia 斜基叶柃：obliquifolius 偏斜叶的；obliqui- ← obliquus 对角线的，斜线的，歪斜的；folius/ folium/ folia 叶，叶片（用于复合词）

Eurya oblonga 矩圆叶柃：oblongus = ovus + longus 长椭圆形的（ovus 的词干 ov- 音变为 ob-）；ovus 卵，胚珠，卵形的，椭圆形的；longus 长的，纵向的

Eurya oblonga var. oblonga 矩圆叶柃-原变种（词义见上面解释）

Eurya oblonga var. stylosa 合柱矩圆叶柃：stylosus 具花柱的，花柱明显的；stylus/ stylis ←

E

stylos 柱，花柱；-osus/ -osum/ -osa 多的，充分的，丰富的，显著发育的，程度高的，特征明显的（形容词词尾）

Eurya obtusifolia 钝叶柃：obtusus 钝的，钝形的，略带圆形的；folius/ folium/ folia 叶，叶片（用于复合词）

Eurya ovatifolia 卵叶柃：ovatus = ovus + atus 卵圆形的；ovus 卵，胚珠，卵形的，椭圆形的；-atus/ -atum/ -ata 属于，相似，具有，完成（形容词词尾）；folius/ folium/ folia 叶，叶片（用于复合词）

Eurya paratetragonoclada 滇四角柃：paratertagonocladus 近四棱茎的，近似 tetragonoclada 的；para- 类似，接近，近旁，假的；Eurya tetragonoclada 四角柃；tetra-/ tetr- 四，四数（希腊语，拉丁语为 quadri-/ quadr-）；gono/ gonos/ gon 关节，棱角，角度；cladus ← clados 枝条，分枝

Eurya patentipila 长毛柃：patentipilus 展毛的；patens 开展的（呈 90°），伸展的，传播的，飞散的；pilus 毛，疏柔毛

Eurya pentagyna 五柱柃：penta- 五，五数（希腊语，拉丁语为 quin/ quinqu/ quinque-/ quinqui-）；gynus/ gynum/ gyna 雌蕊，子房，心皮

Eurya perserrata 尖齿叶柃：perserratus 多锯齿的；per-（在 l 前面音变为 pel-）极，很，颇，甚，非常，完全，通过，遍及（表示效果加强，与 sub- 互为反义词）；serratus = serrus + atus 有锯齿的；serrus 齿，锯齿

Eurya persicaefolia 坚桃叶柃：persicaefolia = persica + folia 杏叶的（注：组成复合词时，要将前面词的词尾 -us/ -um/ -a 变成 -i- 或 -o- 而不是所有格，故该词宜改为"persicifolia"）；persica 桃，杏，波斯的（地名）；folius/ folium/ folia 叶，叶片（用于复合词）

Eurya pittosporifolia 海桐叶柃：pittosporifolia 海桐花叶的；Pittosporum 海桐花属（海桐花科）；folius/ folium/ folia 叶，叶片（用于复合词）

Eurya polyneura 多脉柃：polyneurus 多脉的；poly- ← polys 多个，许多（希腊语，拉丁语为 multi-）；neurus ← neuron 脉，神经

Eurya prunifolia 桃叶柃：prunus 李，杏；folius/ folium/ folia 叶，叶片（用于复合词）

Eurya pseudocerasifera 肖樱叶柃（肖 xiào）：pseudocerasifera 像 cerasifera 的；pseudo-/ pseud- ← pseudos 假的，伪的，接近，相似（但不是）；Eurya cerasifera 樱花柃木

Eurya pyracanthifolia 火棘叶柃：Pyracantha 火棘属（蔷薇科）；folius/ folium/ folia 叶，叶片（用于复合词）

Eurya quinquelocularis 大叶五室柃：quinquelocularis 五室的；quin-/ quinqu-/ quinque-/ quinqui- 五，五数（希腊语为 penta-）；locularis/ locularia 隔室的，胞室的，腔室；loculatus 有棚的，有分隔的；loculus 小盒，小罐，室，棺椁；locus 场所，位置，座位；loco/ locatus/ locatio 放置，横躺

Eurya rengechiensis 莲华柃：rengechiensis 莲花池的（地名，属台湾省，"rengechi"为"莲花池"的日语读音）

Eurya rubiginosa 红褐柃：rubiginosus/ robiginosus 锈色的，锈红色的，红褐色的；robigo 锈（词干为 rubigin-）；-osus/ -osum/ -osa 多的，充分的，丰富的，显著发育的，程度高的，特征明显的（形容词词尾）；词尾为 -go 的词其词干末尾视为 -gin

Eurya rubiginosa var. attenuata 窄基红褐柃：attenuatus = ad + tenuis + atus 渐尖的，渐狭的，变细的，变弱的；ad- 向，到，近（拉丁语词首，表示程度加强）；构词规则：构成复合词时，词首末尾的辅音字母常同化为紧接其后的那个辅音字母（如 ad + t → att）；tenuis 薄的，纤细的，弱的，瘦的，窄的

Eurya rubiginosa var. rubiginosa 红褐柃-原变种（词义见上面解释）

Eurya rugosa 皱叶柃：rugosus = rugus + osus 收缩的，有皱纹的，多褶皱的（同义词：rugatus）；rugus/ rugum/ ruga 褶皱，皱纹，皱缩；-osus/ -osum/ -osa 多的，充分的，丰富的，显著发育的，程度高的，特征明显的（形容词词尾）

Eurya saxicola 岩柃：saxicolus 生于石缝的；saxum 岩石，结石；colus ← colo 分布于，居住于，栖居，殖民（常作词尾）；colo/ colere/ colui/ cultum 居住，耕作，栽培

Eurya saxicola f. puberula 毛岩柃：puberulus = puberus + ulus 略被柔毛的，被微柔毛的；puberus 多毛的，毛茸茸的；-ulus/ -ulum/ -ula 小的，略微的，稍微的（小词 -ulus 在字母 e 或 i 之后有多种变缀，即 -olus/ -olum/ -ola、-ellus/ -ellum/ -ella、-illus/ -illum/ -illa，与第一变格法和第二变格法名词形成复合词）

Eurya saxicola f. saxicola 岩柃-原变型（词义见上面解释）

Eurya semiserrata 半齿柃：semiserratus 半锯齿的；semi- 半，准，略微；serratus = serrus + atus 有锯齿的；serrus 齿，锯齿

Eurya stenophylla 窄叶柃：sten-/ steno- ← stenus 窄的，狭的，薄的；phyllus/ phyllum/ phylla ← phyllon 叶片（用于希腊语复合词）

Eurya stenophylla var. caudata 长尾窄叶柃：caudatus = caudus + atus 尾巴的，尾巴状的，具尾的；caudus 尾巴

Eurya stenophylla var. stenophylla 窄叶柃-原变种（词义见上面解释）

Eurya stenophylla var. stenophylla f. pubescens 毛窄叶柃：pubescens ← pubens 被短柔毛的，长出柔毛的；pubi- ← pubis 细柔毛的，短柔毛的，毛被的；pubesco/ pubescere 长成的，变为成熟的，长出柔毛的，青春期体毛的；-escens/ -ascens 改变，转变，变成，略微，带有，接近，相似，大致，稍微（表示变化的趋势，并未完全相似或相同，有别于表示达到完成状态的 -atus）

Eurya stenophylla var. stenophylla f. stenophylla 窄叶柃-原变型（词义见上面解释）

Eurya strigillosa 台湾毛柃：strigillosus = striga + illus + osus 紧毛的，刷毛的；striga 条纹的，网纹的（如种子具网纹），糙伏毛的；-osus/ -osum/ -osa 多的，充分的，丰富的，显著发育的，程度高的，特征明显的（形容词词尾）；-ellus/ -ellum/ -ella ←

-ulus 小的，略微的，稍微的（小词 -ulus 在字母 e 或 i 之后有多种变缀，即 -olus/ -olum/ -ola、-ellus/ -ellum/ -ella、-illus/ -illum/ -illa，用于第一变格法名词）

Eurya subcordata 微心叶毛枻：subcordatus 近心形的；sub-（表示程度较弱）与……类似，几乎，稍微，弱，亚，之下，下面；cordatus ← cordis/ cor 心脏的，心形的；-atus/ -atum/ -ata 属于，相似，具有，完成（形容词词尾）

Eurya subintegra 假杨桐：subintegra 近全缘的；sub-（表示程度较弱）与……类似，几乎，稍微，弱，亚，之下，下面；integer/ integra/ integrum → integri- 完整的，整个的，全缘的

Eurya taronensis 独龙枻：taronensis 独龙江的（地名，云南省）

Eurya tetragonoclada 四角枻：tetragonocladus 四棱枝的；tetra-/ tetr- 四，四数（希腊语，拉丁语为 quadri-/ quadr-）；gono/ gonos/ gon 关节，棱角，角度；cladus ← clados 枝条，分枝

Eurya trichocarpa 毛果枻：trich-/ tricho-/ tricha- ← trichos ← thrix 毛，多毛的，线状的，丝状的；carpus/ carpum/ carpa/ carpon ← carpos 果实（用于希腊语复合词）

Eurya tsaii 怒江枻：tsaii 蔡希陶（人名，1911–1981，中国植物学家）

Eurya tsingpienensis 镇边枻：tsingpienensis 金屏的（地名，云南省金平县的旧称）

Eurya velutina 信宜毛枻：velutinus 天鹅绒的，柔软的；velutus 绒毛的；-inus/ -inum/ -ina/ -inos 相近，接近，相似，具有（通常指颜色）

Eurya weissiae 单耳枻：weissiae 维西（人名）

Eurya wenshanensis 文山枻：wenshanensis 文山的（地名，云南省）

Eurya yunnanensis 云南枻：yunnanensis 云南的（地名）

Euryale 芡属（芡 qiàn）（睡莲科）（27：p6）：euryale 欧律阿勒（希腊神话中鬼脸蛇发女妖，用来比喻该属植物多刺）

Euryale ferox 芡实：ferox 多刺的，硬刺的，危险的

Eurycorymbus 伞花木属（无患子科）（47-1：p63）：eurys 宽阔的；corymbus 伞形的，伞状的

Eurycorymbus cavaleriei 伞花木：cavaleriei ← Pierre Julien Cavalerie（人名，20 世纪法国传教士）；-i 表示人名，接在以元音字母结尾的人名后面，但 -a 除外

Euryodendron 猪血木属（血 xuè）（山茶科）（50-1：p68）：euryo ← eurys 宽阔的；dendron 树木

Euryodendron excelsum 猪血木：excelsus 高的，高贵的，超越的

Eurysolen 宽管花属（唇形科）（65-2：p90）：eurys 宽阔的；solena/ solen 管，管状的

Eurysolen gracilis 宽管花：gracilis 细长的，纤弱的，丝状的

Euscaphis 野鸦椿属（省沽油科）（46：p23）：euscaphis 美丽的小舟（指蓇葖果颜色形状）；eu- 好的，秀丽的，真的，正确的，完全的；skaphis 小舟

Euscaphis fukienensis 福建野鸦椿：fukienensis 福建的（地名）

Euscaphis japonica 野鸦椿：japonica 日本的（地名）；-icus/ -icum/ -ica 属于，具有某种特性（常用于地名、起源、生境）

Eustachys 真穗草属（禾本科）（10-1：p85）：eu- 好的，秀丽的，真的，正确的，完全的；stachy-/ stachyo-/ -stachys -stachyus/ -stachyum -stachya 穗子，穗子的，穗子状的，穗状花序的

Eustachys tener 真穗草：tener 娇嫩的，精美的，雅致的，纤细的

Eustigma 秀柱花属（金缕梅科）（35-2：p96）：eustigma 秀丽柱头的；eu- 好的，秀丽的，真的，正确的，完全的；stigmus 柱头

Eustigma balansae 褐毛秀柱花：balansae ← Benedict Balansa（人名，19 世纪法国植物采集员）；-ae 表示人名，以 -a 结尾的人名后面加上 -e 形成

Eustigma lenticellatum 云南秀柱花：lenticellatus 具皮孔的；lenticella 皮孔

Eustigma lenticellatum f. stellatum 云南秀柱花-变型：stellatus/ stellaris 具星状的；stella 星状的；-atus/ -atum/ -ata 属于，相似，具有，完成（形容词词尾）；-aris（阳性、阴性）/ -are（中性）← -alis（阳性、阴性）/ -ale（中性）属于，相似，如同，具有，涉及，关于，联结于（将名词作形容词用，其中 -aris 常用于以 l 或 r 为词干末尾的词）

Eustigma oblongifolium 秀柱花：oblongus = ovus + longus 长椭圆形的（ovus 的词干 ov- 音变为 ob-）；ovus 卵，胚珠，卵形的，椭圆形的；longus 长的，纵向的；folius/ folium/ folia 叶，叶片（用于复合词）

Eutrema 山萮菜属（萮 yú）（十字花科）（33：p400）：eutrema 美丽凹陷的；eu- 好的，秀丽的，真的，正确的，完全的；trema 孔，孔洞，凹痕（指果实表面有凹陷）（希腊语）

Eutrema deltoideum 三角叶山萮菜：deltoideus/ deltoides 三角形的，正三角形的；delta 三角；-oides/ -oideus/ -oideum/ -oidea/ -odes/ -eidos 像……的，类似……的，呈……状的（名词词尾）

Eutrema deltoideum var. deltoideum 三角叶山萮菜-原变种（词义见上面解释）

Eutrema deltoideum var. grandiflorum 大花山萮菜：grandi- ← grandis 大的；florus/ florum/ flora ← flos 花（用于复合词）

Eutrema edwardsii 西北山萮菜：edwardsii ← George Warren Edwards（人名，19 世纪美国官员）

Eutrema heterophylla 密序山萮菜：heterophyllus 异型叶的；hete-/ heter-/ hetero- ← heteros 不同的，多样的，不齐的；phyllus/ phyllum/ phylla ← phyllon 叶片（用于希腊语复合词）

Eutrema integrifolium 全缘叶山萮菜：integer/ integra/ integrum → integri- 完整的，整个的，全缘的；folius/ folium/ folia 叶，叶片（用于复合词）

Eutrema lancifolium 川滇山萮菜：lance-/ lancei-/ lanci-/ lanceo-/ lanc- ← lanceus 披针形的，矛形的，尖刀状的，柳叶刀状的；folius/ folium/ folia 叶，叶片（用于复合词）

Eutrema obliquum 歪叶山萮菜：obliquus 斜的，偏的，歪斜的，对角线的；obliq-/ obliqui- 对角线的，斜线的，歪斜的

E

Eutrema pseudocardifolium 北疆山萮菜：pseudocardifolium 像 cardifolium 的，近似心形叶的；pseudo-/ pseud- ← pseudos 假的，伪的，接近，相似（但不是）；Eutrema ardifolium 心叶山萮菜；cardius 心脏，心形；folius/ folium/ folia 叶，叶片（用于复合词）

Eutrema tenue 日本山萮菜：tenue 薄的，纤细的，弱的，瘦的，窄的

Eutrema thibeticum 缺柱山萮菜：thibeticum 西藏的（地名）；-icus/ -icum/ -ica 属于，具有某种特性（常用于地名、起源、生境）

Eutrema yunnanense 山萮菜：yunnanense 云南的（地名）

Eutrema yunnanense var. tenerum 细弱山萮菜：tenerus 柔软的，娇嫩的，精美的，雅致的，纤细的

Eutrema yunnanense var. yunnanense 山萮菜-原变种 （词义见上面解释）

Evodia 吴茱萸属（茱萸 zhū yú）（芸香科）（43-2: p56）：evodia = eu + odia 宜人芳香的（"Evodia" 属误拼，应为 "Euodia"）；eu- 好的，秀丽的，真的，正确的，完全的；odia 芳香

Evodia ailanthifolia 云南吴萸：Ailanthus 臭椿属（苦木科）；folius/ folium/ folia 叶，叶片（用于复合词）

Evodia austrosinensis 华南吴萸：austrosinensis 华南的（地名）；austro-/ austr- 南方的，南半球的，大洋洲的；auster 南方，南风；sinensis = Sina + ensis 中国的（地名）；Sina 中国

Evodia calcicola 石山吴萸：calcicolus 钙生的，生于石灰质土壤的；calci- ← calcium 石灰，钙质；colus ← colo 分布于，居住于，栖居，殖民（常作词尾）；colo/ colere/ colui/ cultum 居住，耕作，栽培

Evodia compacta 密果吴萸：compactus 小型的，压缩的，紧凑的，致密的，稠密的；pactus 压紧，紧缩；co- 联合，共同，合起来（拉丁语词首，为 cum- 的音变，表示结合、强化、完全，对应的希腊语为 syn-）；co- 的缀词音变有 co-/ com-/ con-/ col-/ cor-：co-（在 h 和元音字母前面），col-（在 l 前面），com-（在 b、m、p 之前），con-（在 c、d、f、g、j、n、qu、s、t 和 v 前面），cor-（在 r 前面）

Evodia daniellii 臭檀吴萸：daniellii ← William Freeman Daniell（人名，19 世纪英国军队外科医生）

Evodia delavayi 丽江吴萸：delavayi ← P. J. M. Delavay（人名，1834–1895，法国传教士，曾在中国采集植物标本）；-i 表示人名，接在以元音字母结尾的人名后面，但 -a 除外

Evodia fargesii 臭辣吴萸：fargesii ← Pere Paul Guillaume Farges（人名，19 世纪中叶至 20 世纪活动于中国的法国传教士，植物采集员）

Evodia fraxinifolia 无腺吴萸：Fraxinus 梣属（木樨科），白蜡树；folius/ folium/ folia 叶，叶片（用于复合词）

Evodia glabrifolia 楝叶吴萸：glabrus 光秃的，无毛的，光滑的；folius/ folium/ folia 叶，叶片（用于复合词）

Evodia henryi 密序吴萸：henryi ← Augustine Henry 或 B. C. Henry（人名，前者，1857–1930，爱尔兰医生、植物学家，曾在中国采集植物，后者，

1850–1901，曾活动于中国的传教士）

Evodia hirsutifolia 硬毛吴萸：hirsutus 粗毛的，糙毛的，有毛的（长而硬的毛）；folius/ folium/ folia 叶，叶片（用于复合词）

Evodia lenticellata 蜜楝吴萸：lenticellatus 具皮孔的；lenticella 皮孔

Evodia lepta 三桠苦（桠 yā）：leptus ← leptos 细的，薄的，瘦小的，狭长的；lept-/ lepto- 细的，薄的，瘦小的，狭长的

Evodia lepta var. cambodiana 毛三桠苦：cambodiana 柬埔寨的（地名）

Evodia lepta var. lepta 三桠苦-原变种 （词义见上面解释）

Evodia lunu-ankenda 三刈叶吴萸（刈 yì）：lunu-ankenda（人名，有时误拼为 "lunur-ankenda"）

Evodia rutaecarpa 吴茱萸（茱 zhū）：rutaecarpa 芸香果的（注：组成复合词时，要将前面词的词尾 -us/ -um/ -a 变成 -i- 或 -o- 而不是所有格，故该词宜改为 "ruticarpa"）；Ruta 芸香属（芸香科）；carpus/ carpum/ carpa/ carpon ← carpos 果实（用于希腊语复合词）

Evodia rutaecarpa var. bodinieri 波氏吴萸：bodinieri ← Emile Marie Bodinieri（人名，19 世纪活动于中国的法国传教士）；-eri 表示人名，在以 -er 结尾的人名后面加上 i 形成

Evodia rutaecarpa var. officinalis 石虎：officinalis/ officinale 药用的，有药效的；officina ← opificina 药店，仓库，作坊

Evodia rutaecarpa var. rutaecarpa 吴茱萸-原变种 （词义见上面解释）

Evodia simplicifolia 单叶吴萸：simplicifolius = simplex + folius 单叶的；simplex 单一的，简单的，无分歧的（词干为 simplic-）；构词规则：以 -ix/ -iex 结尾的词其词干末尾视为 -ic，以 -ex 结尾视为 -i/ -ic，其他以 -x 结尾视为 -c；folius/ folium/ folia 叶，叶片（用于复合词）

Evodia simplicifolia var. pubescens 毛单叶吴萸：pubescens ← pubens 被短柔毛的，长出柔毛的；pubi- ← pubis 细柔毛的，短柔毛的，毛被的；pubesco/ pubescere 长成的，变为成熟的，长出柔毛的，青春期体毛的；-escens/ -ascens 改变，转变，变成，略微，带有，接近，相似，大致，稍微（表示变化的趋势，并未完全相似或相同，有别于表示达到完成状态的 -atus）

Evodia simplicifolia var. simplicifolia 单叶吴萸-原变种 （词义见上面解释）

Evodia subtrigonosperma 棱子吴萸：subtrigonospermus 近三棱种子的；sub-（表示程度较弱）与……类似，几乎，稍微，弱，亚，之下，下面；tri-/ tripli-/ triplo- 三个，三数；gono/ gonos/ gon 关节，棱角，角度；spermus/ spermum/ sperma 种子的（用于希腊语复合词）

Evodia sutchuenensis 四川吴萸：sutchuenensis 四川的（地名）

Evodia trichotoma 牛纠吴萸（纠 tǒu）：tri-/ tripli-/ triplo- 三个，三数；cho-/ chao- 分开，割裂，离开；tomus ← tomos 小片，片段，卷册（书）

Evodia trichotoma var. pubescens 毛牛纠吴萸：

pubescens ← pubens 被短柔毛的，长出柔毛的；**pubi- ← pubis** 细柔毛的，短柔毛的，毛被的；**pubesco/ pubescere** 长成的，变为成熟的，长出柔毛的，青春期体毛的；**-escens/ -ascens** 改变，转变，变成，略微，带有，接近，相似，大致，稍微（表示变化的趋势，并未完全相似或相同，有别于表示达到完成状态的 **-atus**）

Evodia trichotoma var. trichotoma 牛纠吴萸-原变种（词义见上面解释）

Evodia triphylla 三叶吴萸：**tri-/ tripli-/ triplo-** 三个，三数；**phyllus/ phyllum/ phylla ← phyllon** 叶片（用于希腊语复合词）

Evolvulus 土丁桂属（旋花科）（64-1：p10）：**evolvulus** 不缠绕的（指茎不缠绕）；**e-/ ex-** 不，无，非，缺乏，不具有（**e-** 用在辅音字母前，**ex-** 用在元音字母前，为拉丁语词首，对应的希腊语词首为 **a-/ an-**，英语为 **un-/ -less**，注意作词首用的 **e-/ ex-** 和介词 **e/ ex** 意思不同，后者意为"出自、从……、由……离开、由于、依照"）；**volvus** 缠绕，旋卷

Evolvulus alsinoides 土丁桂：**alsinoides** 像雀舌草的；**Stellaria alsine** 雀舌草（石竹科繁缕属）；**-oides/ -oideus/ -oideum/ -oidea/ -odes/ -eidos** 像……的，类似……的，呈……状的（名词词尾）

Evolvulus alsinoides var. alsinoides 土丁桂-原变种（词义见上面解释）

Evolvulus alsinoides var. decumbens 银丝草：**decumbens** 横卧的，匍匐的，爬行的；**decumb-** 横卧，匍匐，爬行；**-ans/ -ens/ -bilis/ -ilis** 能够，可能（为形容词词尾，**-ans/ -ens** 用于主动语态，**-bilis/ -ilis** 用于被动语态）

Evolvulus alsinoides var. rotundifolius 圆叶土丁桂：**rotundus** 圆形的，呈圆形的，肥大的；**rotundo** 使呈圆形，使圆滑；**roto** 旋转，滚动；**folius/ folium/ folia** 叶，叶片（用于复合词）

Exacum 藻百年属（龙胆科）（62：p5）：**exacum ← exacon** 百金花（凯尔特语）

Exacum tetragonum 藻百年：**tetragonus** 四棱的；**tetra-/ tetr-** 四，四数（希腊语，拉丁语为 **quadri-/ quadr-**）；**gonus ← gonos** 棱角，膝盖，关节，足

Exbucklandia 马蹄荷属（金缕梅科）（35-2：p40）：**exbucklandia** 非白克木的，与白克木不同的；**e-/ ex-** 不，无，非，缺乏，不具有（**e-** 用在辅音字母前，**ex-** 用在元音字母前，为拉丁语词首，对应的希腊语词首为 **a-/ an-**，英语为 **un-/ -less**，注意作词首用的 **e-/ ex-** 和介词 **e/ ex** 意思不同，后者意为"出自、从……、由……离开、由于、依照"）；**Bucklandia** 白克木属（人名）

Exbucklandia longipetala 长瓣马蹄荷：**longe-/ longi- ← longus** 长的，纵向的；**petalus/ petalum/ petala ← petalon** 花瓣

Exbucklandia populnea 马蹄荷：**populneus** 杨树的；**Populus** 杨属（杨柳科）；**-eus/ -eum/ -ea**（接拉丁语词干时）属于……的，色如……的，质如……的（表示原料、颜色或品质的相似），（接希腊语词干时）属于……的，以……出名，为……所占有（表示具有某种特性）

Exbucklandia tonkinensis 大果马蹄荷：**tonkin** 东京（地名，越南河内的旧称）

Exbucklandia tricuspis 三尖马蹄荷：**tri-/ tripli-/ triplo-** 三个，三数；**cuspis**（所有格为 **cuspidis**）齿尖，凸尖，尖头

Excentrodendron 蚬木属（蚬 xiǎn）（椴树科）（49-1：p113）：**e-/ ex-** 不，无，非，缺乏，不具有（**e-** 用在辅音字母前，**ex-** 用在元音字母前，为拉丁语词首，对应的希腊语词首为 **a-/ an-**，英语为 **un-/ -less**，注意作词首用的 **e-/ ex-** 和介词 **e/ ex** 意思不同，后者意为"出自、从……、由……离开、由于、依照"）；**centron ← kentron** 距（距：雄鸡、雉等的腿的后面突出像脚趾的部分）；**dendron** 树木

Excentrodendron hsienmu 蚬木：**hsienmu** 蚬木（中文名）

Excentrodendron obconicum 长蒴蚬木：**obconicus = ob + conicus** 倒圆锥形的；**conicus** 圆锥形的；**ob-** 相反，反对，倒（**ob-** 有多种音变：**ob-** 在元音字母和大多数辅音字母前面，**oc-** 在 c 前面，**of-** 在 f 前面，**op-** 在 p 前面）

Excentrodendron rhombifolium 菱叶蚬木：**rhombus** 菱形，纺锤；**folius/ folium/ folia** 叶，叶片（用于复合词）

Excentrodendron tonkinense 节花蚬木：**tonkin** 东京（地名，越南河内的旧称）

Excoecaria 海漆属（大戟科）（44-3：p6）：**excoecaria** 致盲的（因有毒）

Excoecaria acerifolia 云南土沉香：**acerifolius** 槭叶的；**Acer** 槭属（槭树科）；**folius/ folium/ folia** 叶，叶片（用于复合词）

Excoecaria acerifolia var. acerifolia 云南土沉香-原变种（词义见上面解释）

Excoecaria acerifolia var. cuspidata 狭叶土沉香：**cuspidatus = cuspis + atus** 尖头的，凸尖的；构词规则：词尾为 -is 和 -ys 的词的词干分别视为 -id 和 -yd；**cuspis**（所有格为 **cuspidis**）齿尖，凸尖，尖头；**-atus/ -atum/ -ata** 属于，相似，具有，完成（形容词词尾）

Excoecaria agallocha 海漆：**agallocha/ agallochum** 像沉香的，美化的

Excoecaria cochinchinensis 红背桂花：**cochinchinensis ← Cochinchine** 南圻的（历史地名，即今越南南部及其周边国家和地区）

Excoecaria formosana 绿背桂花：**formosanus = formosus + anus** 美丽的，台湾的；**formosus ← formosa** 美丽的，台湾的（葡萄牙殖民者发现台湾时对其的称呼，即美丽的岛屿）；**-anus/ -anum/ -ana** 属于，来自（形容词词尾）

Excoecaria kawakamii 兰屿土沉香：**kawakamii** 川上（人名，20 世纪日本植物采集员）

Excoecaria venenata 鸡尾木：**venenatus** 有毒的，中毒的；**venenosus** 有毒的，中毒的；**toxicarius** 有毒的，有害的；**toxicus** 有毒的；**-arius/ -arium/ -aria** 相似，属于（表示地点，场所，关系，所属）

Exochorda 白鹃梅属（蔷薇科）（36：p98）：**exochorda** 纤维在上面的（指纤维在胎座的外面）；**exo-** 外部，外侧；反义词：**intra-/ intro-/ endo-/ end-** 内部，内侧；**chorda** 纽带，丝带

Exochorda giraldii 红柄白鹃梅：**giraldii ← Giuseppe Giraldi**（人名，19 世纪活动于中国的意大

利传教士）

Exochorda giraldii var. giraldii 红柄白鹃梅-原变种 （词义见上面解释）

Exochorda giraldii var. wilsonii 绿柄红柄白鹃梅：wilsonii ← John Wilson（人名，18 世纪英国植物学家）

Exochorda racemosa 白鹃梅：racemosus = racemus + osus 总状花序的；racemus/ raceme 总状花序，葡萄串状的；-osus/ -osum/ -osa 多的，充分的，丰富的，显著发育的，程度高的，特征明显的（形容词词尾）

Exochorda serratifolia 齿叶白鹃梅：serratus = serrus + atus 有锯齿的；serrus 齿，锯齿；folius/ folium/ folia 叶，叶片（用于复合词）

Faberia 花佩菊属（菊科）（80-1：p166）：faberia ← R. E. Faber（人名，1839–1899，英国植物学家，曾在中国采集植物标本）

Faberia cavaleriei 小花花佩菊：cavaleriei ← Pierre Julien Cavalerie（人名，20 世纪法国传教士）；-i 表示人名，接在以元音字母结尾的人名后面，但 -a 除外

Faberia ceterach 红冠花佩菊（冠 guān）：ceterach ← chetrak 蕨（希腊语或波斯语）；Ceterach 药蕨属（铁角蕨科）

Faberia lanceifolia （披针叶花佩菊）：lance-/ lancei-/ lanci-/ lanceo-/ lanc- ← lanceus 披针形的，矛形的，尖刀状的，柳叶刀状的；folius/ folium/ folia 叶，叶片（用于复合词）

Faberia nanchuanensis 狭叶花佩菊：nanchuanensis 南川的（地名，重庆市）

Faberia sinensis 花佩菊：sinensis = Sina + ensis 中国的（地名）；Sina 中国

Faberia thibetica 光滑花佩菊：thibetica 西藏的（地名）；-icus/ -icum/ -ica 属于，具有某种特性（常用于地名、起源、生境）

Faberia tsiangii 卵叶花佩菊：tsiangii 黔，贵州的（地名），蒋氏（人名）

Fagaceae 壳斗科（壳 qiào）（22：p1）：Fagus 水青冈属，山毛榉属；-aceae（分类单位科的词尾，为 -aceus 的阴性复数主格形式，加到模式属的名称后或同义词的词干后以组成族群名称）

Fagerlindia 浓子茉莉属（茜草科）（71-1：p340）：fagerlindia（人名）

Fagerlindia depauperata 多刺山黄皮：depauperatus 萎缩的，衰弱的，瘦弱的；de- 向下，向外，从……，脱离，脱落，离开，去掉；paupera 瘦弱的，贫穷的

Fagerlindia scandens 浓子茉莉：scandens 攀缘的，缠绕的，藤本的；scando/ scansum 上升，攀登，缠绕

Fagopyrum 荞麦属（蓼科）（25-1：p108）：fagopyrum 山毛榉样的小麦（指果实三棱形像山毛榉）；Fagus 水青冈属，山毛榉属（壳斗科）；pyrus = pirus ← pyros 梨，梨树，核，核果，小麦，谷物

Fagopyrum caudatum 疏穗野荞麦：caudatus = caudus + atus 尾巴的，尾巴状的，具尾的；caudus 尾巴；-atus/ -atum/ -ata 属于，相似，具有，完成（形容词词尾）

Fagopyrum dibotrys 金荞麦：dibotrys 二簇的；di-/ dis- 二，二数，二分，分离，不同，在……之间，从……分开（希腊语，拉丁语为 bi-/ bis-）；botrys → botr-/ botry- 簇，串，葡萄串状，丛，总状

Fagopyrum esculentum 荞麦：esculentus 食用的，可食的；esca 食物，食料；-ulentus/ -ulentum/ -ulenta/ -olentus/ -olentum/ -olenta（表示丰富、充分或显著发展）

Fagopyrum gilesii 心叶野荞麦：gilesii（人名）；-ii 表示人名，接在以辅音字母结尾的人名后面，但 -er 除外

Fagopyrum gracilipes 细柄野荞麦：gracilis 细长的，纤弱的，丝状的；pes/ pedis 柄，梗，茎秆，腿，足，爪（作词首或词尾，pes 的词干视为"ped-"）

Fagopyrum leptopodum 小野荞麦：leptus ← leptos 细的，薄的，瘦小的，狭长的；podus/ pus 柄，梗，茎秆，足，腿

Fagopyrum leptopodum var. grossii 疏穗小野荞麦：grossii ← grossus 粗大的，肥厚的

Fagopyrum leptopodum var. leptopodum 小野荞麦-原变种 （词义见上面解释）

Fagopyrum lineare 线叶野荞麦：lineare 线状的，亚麻状的；lineus = linum + eus 线状的，丝状的，亚麻状的；linum ← linon 亚麻，线（古拉丁名）

Fagopyrum statice 长柄野荞麦：statice ← statizo 阻止，遏止（指治疗腹泻）

Fagopyrum tataricum 苦荞麦：tatarica ← Tatar 鞑靼的（古代欧亚大草原不同游牧民族的泛称，有多种音译：达怛、达靼、塔坦、鞑靼、达打、达达）

Fagopyrum urophyllum 硬枝野荞麦：uro-/ -urus ← ura 尾巴，尾巴状的；phyllus/ phyllum/ phylla ← phyllon 叶片（用于希腊语复合词）；Urophyllum 尖叶木属（茜草科）

Fagraea 灰莉属（马钱科）（61：p226）：fagraea ← Jonas Theodor Fagraeus（人名，1729–1797，瑞典医生、植物学家）

Fagraea ceilanica 灰莉：ceilanica ← ceylon 锡兰的（地名，今斯里兰卡）

Fagus 水青冈属（冈 gāng）（壳斗科）（22：p3）：fagus ← phagein 可食的，取、食用（希腊语）

Fagus chienii 钱氏水青冈：chienii ← S. S. Chien 钱崇澍（人名，1883–1965，中国植物学家）

Fagus engleriana 米心水青冈：engleriana ← Adolf Engler 阿道夫·恩格勒（人名，1844–1931，德国植物学家，创立了以假花学说为基础的植物分类系统，于 1897 年发表）

Fagus hayatae 台湾水青冈：hayatae ← Bunzo Hayata 早田文藏（人名，1874–1934，日本植物学家，专门研究日本和中国台湾植物）；-ae 表示人名，以 -a 结尾的人名后面加上 -e 形成

Fagus longipetiolata 水青冈：longe-/ longi- ← longus 长的，纵向的；petiolatus = petiolus + atus 具叶柄的；petiolus 叶柄

Fagus longipetiolata f. clavata 棒梗水青冈：clavatus 棍棒状的；clava 棍棒

Fagus longipetiolata f. longipetiolata 水青冈-原变型 （词义见上面解释）

Fagus lucida 光叶水青冈：lucidus ← lucis ← lux 发光的，光辉的，清晰的，发亮的，荣耀的（lux 的单数所有格为 lucis，词尾为 -is 和 -ys 的词的词干分别视为 -id 和 -yd）

Falconeria 异序乌桕属（另见 Sapium 美洲柏属）（大戟科）（增补）：Falconeria ← Hugh Falconer（人名，19 世纪活动于印度的英国地质学家、医生）

Falconeria insigne 异序乌桕（另见 Sapium insigne）：insigne 勋章，显著的，杰出的；in-/ im-（来自 il- 的音变）内，在内，内部，向内，相反，不，无，非；il- 在内，向内，为，相反（希腊语为 en-）；词首 il- 的音变：il-（在 l 前面），im-（在 b、m、p 前面），in-（在元音字母和大多数辅音字母前面），ir-（在 r 前面），如 illaudatus（不值得称赞的，评价不好的），impermeabilis（不透水的，穿不透的），ineptus（不合适的），insertus（插入的），irretortus（无弯曲的，无扭曲的）；signum 印记，标记，刻画，图章

Fallopia 何首乌属（蓼科）（25-1：p96）：fallopia ← Gabriello（Gabriele）Fallopia（人名，16 世纪意大利人体解剖学家，发现输卵管）（除 -er 外，以辅音字母结尾的人名用作属名时在末尾加 -ia，如果人名词尾为 -us 则将词尾变成 -ia）

Fallopia aubertii 木藤蓼（蓼 liǎo）：aubertii ← Georges Eleosippe Aubert（人名，19 世纪法国传教士）

Fallopia convolvulus 卷茎蓼：convolvulus 缠绕的，拧劲的；convolvere 缠绕，拧劲（动词）；con-（在 c、d、f、g、j、n、qu、s、t 和 v 前面）联合，共同，合起来（拉丁语词首，为 cum- 的音变，表示结合、强化、完全，对应的希腊语为 syn-）；volvus 缠绕，旋卷；-ulus/ -ulum/ -ula 小的，略微的，稍微的（小词 -ulus 在字母 e 或 i 之后有多种变缀，即 -olus/ -olum/ -ola、-ellus/ -ellum/ -ella、-illus/ -illum/ -illa，与第一变格法和第二变格法名词形成复合词）

Fallopia cynanchoides 牛皮消蓼：Cynanchum 鹅绒藤属（萝藦科）；-oides/ -oideus/ -oideum/ -oidea/ -odes/ -eidos 像……的，类似……的，呈……状的（名词词尾）

Fallopia cynanchoides var. cynanchoides 牛皮消蓼-原变种 （词义见上面解释）

Fallopia cynanchoides var. glabriuscula 光叶牛皮消蓼：glabriusculus = glabrus + usculus 近无毛的，稍光滑的；glabrus 光秃的，无毛的，光滑的；-usculus ← -culus 小的，略微的，稍微的（小词 -culus 和某些词构成复合词时变成 -usculus）

Fallopia dentato-alata 齿翅蓼：dentato-alata 齿状翼的；dentato- ← dentatus = dentus + atus 具齿的；dentatus = dentus + atus 牙齿的，齿状的，具齿的；dentus 齿，牙齿；-atus/ -atum/ -ata 属于，相似，具有，完成（形容词词尾）；alatus → ala-/ alat-/ alati-/ alato- 翅，具翅的，具翼的

Fallopia denticulata 齿叶蓼：denticulatus = dentus + culus + atus 具细齿的，具齿的；dentus 齿，牙齿；-culus/ -culum/ -cula 小的，略微的，稍微的（同第三变格法和第四变格法名词形成复合词）；-atus/ -atum/ -ata 属于，相似，具有，完成（形容词词尾）

Fallopia dumetora 篱蓼：dumetorum = dumus + etorum 灌丛的，小灌木状的，荒草丛的；dumus 灌丛，荆棘丛，荒草丛；-etorum 群落的（表示群丛、群落的词尾）

Fallopia dumetora var. dumetora 篱蓼-原变种（词义见上面解释）

Fallopia dumetora var. pauciflora 疏花篱蓼：pauci- ← paucus 少数的，少的（希腊语为 oligo-）；florus/ florum/ flora ← flos 花（用于复合词）

Fallopia multiflora 何首乌：multi- ← multus 多个，多数，很多（希腊语为 poly-）；florus/ florum/ flora ← flos 花（用于复合词）

Fallopia multiflora var. ciliinerve 毛脉蓼（ciliinerve 已修订为 "ciliinervis"）：ciliinervus/ ciliinerve = cilium + nervus 缘毛脉的（缀词规则：用非属名构成复合词且词干末尾字母为 i 时，省略词尾，直接用词干和后面的构词成分连接，故 cilii- 应简化为 cili-）；cilium 缘毛，睫毛；nerve ← nervus 脉，叶脉

Fallopia multiflora var. multiflora 何首乌-原变种（词义见上面解释）

Farfugium 大吴风草属（菊科）（77-2：p1）：farfugium ← Tussilago farfara 款冬（菊科款冬属）；farfara 激动的，健谈的（指药效明显，舒缓咳嗽）；fugus 驱赶，驱除

Farfugium japonicum 大吴风草：japonicum 日本的（地名）；-icus/ -icum/ -ica 属于，具有某种特性（常用于地名、起源、生境）

Fargesia 箭竹属（禾本科）（9-1：p387）：fargesia ← Pere Paul Guillaume Farges（人名，1844–1912，法国传教士，曾在中国采集植物标本）

Fargesia acuticontracta 尖削箭竹（削 xuē）：acuticontractus 尖端收紧的，锐尖的；acuti-/ acu- ← acutus 锐尖的，针尖的，刺尖的，锐角的；contractus 收缩的，缩小的

Fargesia adpressa 贴毛箭竹：adpressus/ appressus = ad + pressus 压紧的，压扁的，紧贴的，平卧的；ad- 向，到，近（拉丁语词首，表示程度加强）；构词规则：构成复合词时，词首末尾的辅音字母常同化为紧接其后的那个辅音字母（如 ad + p → app）；pressus 压，压力，挤压，紧密

Fargesia albo-cerea 片马箭竹：albus → albi-/ albo- 白色的；cereus/ ceraceus（cereus = cerus + eus）蜡，蜡质的；cerus/ cerum/ cera 蜡；Cereus 仙人柱属（仙人掌科）；-eus/ -eum/ -ea（接拉丁语词干时）属于……的，色如……的，质如……的（表示原料、颜色或品质的相似），（接希腊语词干时）属于……的，以……出名，为……所占有（表示具有某种特性）

Fargesia altior 船竹：altior 较高的（altus 的比较级）；altus 高度，高的

Fargesia ampullaris 樟木箭竹：ampullaris 细颈瓶状的；-aris（阳性、阴性）/ -are（中性）← -alis（阳性、阴性）/ -ale（中性）属于，相似，如同，具有，涉及，关于，联结于（将名词作形容词用，其中 -aris 常用于以 l 或 r 为词干末尾的词）

Fargesia angustissima 油竹子：angusti- ← angustus 窄的，狭的，细的；-issimus/ -issima/

F

Fargesia brevipes 短柄箭竹：brevi- ← brevis 短的（用于希腊语复合词词首）；pes/ pedis 柄，梗，茎秆，腿，足，爪（作词首或词尾，pes 的词干视为"ped-"）

Fargesia brevissima 窝竹：brevi- ← brevis 短的（用于希腊语复合词词首）；-issimus/ -issima/ -issimum 最，非常，极其（形容词最高级）

Fargesia caduca 景谷箭竹：caducus 早落的（指萼片或花瓣下垂或脱落）

Fargesia canaliculata 岩斑竹：canaliculatus 有沟槽的，管子形的；canaliculus = canalis + culus + atus 小沟槽，小运河；canalis 沟，凹槽，运河；-culus/ -culum/ -cula 小的，略微的，稍微的（同第三变格法和第四变格法名词形成复合词）；-atus/ -atum/ -ata 属于，相似，具有，完成（形容词词尾）

Fargesia circinata 卷耳箭竹：circinatus/ circinalis 线圈状的，涡旋状的，圆角的；circinus 圆规

Fargesia collaris 颈鞘箭竹：collaris 胶状的，黏着的；collum/ collare/ collarium 颈，脖颈，领子，项圈；-aris（阳性、阴性）/ -are（中性）← -alis（阳性、阴性）/ -ale（中性）属于，相似，如同，具有，涉及，关于，联结于（将名词作形容词用，其中 -aris 常用于以 l 或 r 为词干末尾的词）

Fargesia communis 马亨箭竹：communis 普通的，通常的，共通的

Fargesia concinna 美丽箭竹：concinnus 精致的，高雅的，形状好看的

Fargesia conferta 笼笼竹（笼 lóng）：confertus 密集的

Fargesia contracta 带鞘箭竹：contractus 收缩的，缩小的；co- 联合，共同，合起来（拉丁语词首，为 cum- 的音变，表示结合、强化、完全，对应的希腊语为 syn-）；co- 的缀词音变有 co-/ com-/ con-/ col-/ cor-：co-（在 h 和元音字母前面），col-（在 l 前面），com-（在 b、m、p 之前），con-（在 c、d、f、g、j、n、qu、s、t 和 v 前面），cor-（在 r 前面）；tractus 束，带，地域

Fargesia contracta f. contracta 带鞘箭竹-原变型（词义见上面解释）

Fargesia contracta f. evacuata 空心带鞘箭竹：evacuatus 空的，空心的；evacuo/ evacuare/ evacuavi/ evacuatum 清空，抽干净，撤离，使无效，停止

Fargesia crassinoda 粗节箭竹：crassi- ← crassus 厚的，粗的，多肉质的；nodus 节，节点，连接点

Fargesia cuspidata 尖尾箭竹：cuspidatus = cuspis + atus 尖头的，凸尖的；构词规则：词尾为 -is 和 -ys 的词的词干分别视为 -id 和 -yd；cuspis（所有格为 cuspidis）齿尖，凸尖，尖头；-atus/ -atum/ -ata 属于，相似，具有，完成（形容词词尾）

Fargesia declivis 斜倚箭竹：declivis 陡的，下斜的

Fargesia decurvata 毛龙头竹：decurvatus = decurvus + atus 反折的；decurvus 下弯的，反折的

Fargesia demissa 矮箭竹：demissus 沉没的，软弱的

Fargesia denudata 缺苞箭竹：denudatus = de + nudus + atus 裸露的，露出的，无毛的（近义词：glaber）；de- 向下，向外，从……，脱离，脱落，离开，去掉；nudus 裸露的，无装饰的

Fargesia dracocephala 龙头箭竹（原名"龙头竹"，箭竹属有重名）：dracocephalus 龙头；draco- ← dracon ← drakon 龙；cephalus/ cephale ← cephalos 头，头状花序

Fargesia dura 马斯箭竹：durus/ durrus 持久的，坚硬的，坚韧的

Fargesia edulis 空心箭竹：edule/ edulis 食用的，可食的

Fargesia emaculata 牛麻箭竹：emaculatus 无斑点的；e-/ ex- 不，无，非，缺乏，不具有（e- 用在辅音字母前，ex- 用在元音字母前，为拉丁语词首，对应的希腊语词首为 a-/ an-，英语为 un-/ -less，注意作词首用的 e-/ ex- 和介词 e/ ex 意思不同，后者意为"出自、从……、由……离开、由于、依照"）；maculatus = maculus + atus 有小斑点的，略有斑点的；maculus 斑点，网眼，小斑点，略有斑点；-atus/ -atum/ -ata 属于，相似，具有，完成（形容词词尾）

Fargesia extensa 喇叭箭竹（喇 lǎ）：extensus 扩展的，展开的

Fargesia farcta 勒布箭竹（勒 lè）：farctus/ farctum/ farcta 实心的，充满的，内部组织比外部柔软的

Fargesia ferax 丰实箭竹：ferax 果实多的，富足的

Fargesia fractiflexa 扫把竹（把 bǎ）：fractiflexa 多曲折的；fractus 背折的，弯曲的；flexus ← flecto 扭曲的，卷曲的，弯弯曲曲的，柔性的；flecto 弯曲，使扭曲

Fargesia frigida 凋叶箭竹：frigidus 寒带的，寒冷的，僵硬的；frigus 寒冷，寒冬；-idus/ -idum/ -ida 表示在进行中的动作或情况，作动词、名词或形容词的词尾

Fargesia fungosa 棉花竹：fungosus 海绵质的，海绵状的，多孔的，由菌类形成的；fungus 蘑菇

Fargesia glabrifolia 光叶箭竹：glabrus 光秃的，无毛的，光滑的；folius/ folium/ folia 叶，叶片（用于复合词）

Fargesia gongshanensis 贡山箭竹：gongshanensis 贡山的（地名，云南省）

Fargesia grossa 错那箭竹：grossus 粗大的，肥厚的

Fargesia gyirongensis 吉隆箭竹：gyirongensis 吉隆的（地名，西藏中尼边境县）

Fargesia hainanensis 海南箭竹：hainanensis 海南的（地名）

Fargesia hsuchiana 冬竹：hsuchiana（人名）

Fargesia hygrophila 喜湿箭竹：hydrophilus 喜水的，喜湿的；hydro- 水；philus/ philein ← philos → phil-/ phili/ philo- 喜好的，爱好的，喜欢的（注意区别形近词：phylus、phyllus）；phylus/ phylum/ phyla ← phylon/ phyle 植物分类单位中的"门"，位于"界"和"纲"之间，类群，种族，部落，聚群；phyllus/ phyllum/ phylla ← phyllon 叶片（用于希腊语复合词）；Hygrophila 水蓑衣属（爵床科）

Fargesia jiulongensis 九龙箭竹：jiulongensis 九龙的（地名，四川省）

Fargesia lincangensis 雪山箭竹：lincangensis 临沧的（地名，云南省）

F

Fargesia lushuiensis 泸水箭竹：lushuiensis 泸水的（地名，云南省）

Fargesia mairei 大姚箭竹：mairei（人名）；Edouard Ernest Maire（人名，19 世纪活动于中国云南的传教士）；Rene C. J. E. Maire 人名（20 世纪阿尔及利亚植物学家，研究北非植物）；-i 表示人名，接在以元音字母结尾的人名后面，但 -a 除外

Fargesia mali 马利箭竹：mali ← malus 苹果

Fargesia melanostachys 黑穗箭竹：mel-/ mela-/ melan-/ melano- ← melanus/ melaenus ← melas/ melanos 黑色的，浓黑色的，暗色的；stachy-/ stachyo-/ -stachys/ -stachyus/ -stachyum/ -stachya 穗子，穗子的，穗子状的，穗状花序的

Fargesia murielae 神农箭竹：murielae ← Muriel Wilson（人名，20 世纪英国植物采集员 Ernest Wilson 的女儿）；-ae 表示人名，以 -a 结尾的人名后面加上 -e 形成

Fargesia nitida 华西箭竹：nitidus = nitere + idus 光亮的，发光的；nitere 发亮；-idus/ -idum/ -ida 表示在进行中的动作或情况，作动词、名词或形容词的词尾；nitens 光亮的，发光的

Fargesia obliqua 团竹：obliquus 斜的，偏的，歪斜的，对角线的；obliq-/ obliqui- 对角线的，斜线的，歪斜的

Fargesia orbiculata 长圆鞘箭竹：orbiculatus/ orbicularis = orbis + culus + atus 圆形的；orbis 圆，圆形，圆圈，环；-culus/ -culum/ -cula 小的，略微的，稍微的（同第三变格法和第四变格法名词形成复合词）；-atus/ -atum/ -ata 属于，相似，具有，完成（形容词词尾）

Fargesia papyrifera 云龙箭竹：papyriferus 有纸的，可造纸的；papyrus 纸张的，纸质的；-ferus/ -ferum/ -fera/ -fero/ -fere/ -fer 有，具有，产（区别：作独立词使用的 ferus 意思是"野生的"）

Fargesia pauciflora 少花箭竹：pauci- ← paucus 少数的，少的（希腊语为 oligo-）；florus/ florum/ flora ← flos 花（用于复合词）

Fargesia perlonga 超包箭竹：perlongus 极长的；per-（在 l 前面音变为 pel-）极，很，颇，甚，非常，完全，通过，遍及（表示效果加强，与 sub- 互为反义词）；longe-/ longi- ← longus 长的，纵向的

Fargesia pleniculmis 皱壳箭竹：plenus → plen-/ pleni- 很多的，充满的，大量的，重瓣的，多重的；culmis/ culmius 杆，杆状的

Fargesia plurisetosa 密毛箭竹：pluri-/ plur- 复数的，多个；setosus = setus + osus 被刚毛的，被短毛的，被芒刺的；setus/ saetus 刚毛，刺毛，芒刺；-osus/ -osum/ -osa 多的，充分的，丰富的，显著发育的，程度高的，特征明显的（形容词词尾）

Fargesia porphyrea 红壳箭竹：porphyreus 紫红色

Fargesia praecipua 弩刀箭竹（弩 nǔ）：praecipuus/ praecipio 优先权的，主要的，特别的，首要的

Fargesia qinlingensis 秦岭箭竹：qinlingensis 秦岭的（地名，陕西省）

Fargesia robusta 拐棍竹：robustus 大型的，结实的，健壮的，强壮的

Fargesia rufa 青川箭竹：rufus 红褐色的，发红的，淡红色的；ruf-/ rufi-/ frufo- ← rufus/ rubus 红褐色的，锈色的，红色的，发红的，淡红色的

Fargesia sagittatinea 佤箭竹（佤 wǎ）：sagittatinea = sagittatus + atus + ineus 箭头状的；sagita/ sagitta 箭，箭头；-atus/ -atum/ -ata 属于，相似，具有，完成（形容词词尾）；-ineus/ -inea/ -ineum 相近，接近，相似，所有（通常表示材料或颜色），意思同 -eus

Fargesia scabrida 糙花箭竹：scabridus 粗糙的；scabrus ← scaber 粗糙的，有凹凸的，不平滑的；-idus/ -idum/ -ida 表示在进行中的动作或情况，作动词、名词或形容词的词尾

Fargesia semicoriacea 白竹：semi- 半，准，略微；coriaceus = corius + aceus 近皮革的，近革质的；corius 皮革的，革质的；-aceus/ -aceum/ -acea 相似的，有……性质的，属于……的

Fargesia semiorbiculata 圆芽箭竹：semi- 半，准，略微；orbiculatus/ orbicularis = orbis + culus + atus 圆形的；orbis 圆，圆形，圆圈，环；-ulus/ -ulum/ -ula 小的，略微的，稍微的（小词 -ulus 在字母 e 或 i 之后有多种变缀，即 -olus/ -olum/ -ola、-ellus/ -ellum/ -ella、-illus/ -illum/ -illa，与第一变格法和第二变格法名词形成复合词）；-atus/ -atum/ -ata 属于，相似，具有，完成（形容词词尾）

Fargesia setosa 西藏箭竹：setosus = setus + osus 被刚毛的，被短毛的，被芒刺的；setus/ saetus 刚毛，刺毛，芒刺；-osus/ -osum/ -osa 多的，充分的，丰富的，显著发育的，程度高的，特征明显的（形容词词尾）

Fargesia similaris 秃鞘箭竹：similaris 相似的；-aris（阳性、阴性）/ -are（中性）← -alis（阳性、阴性）/ -ale（中性）属于，相似，如同，具有，涉及，关于，联结于（将名词作形容词用，其中 -aris 常用于以 l 或 r 为词干末尾的词）

Fargesia solida 腾冲箭竹：solidus 完全的，实心的，致密的，坚固的，结实的

Fargesia spathacea 箭竹：spathaceus 佛焰苞状的；spathus 佛焰苞，薄片，刀剑；-aceus/ -aceum/ -acea 相似的，有……性质的，属于……的

Fargesia stenoclada 细枝箭竹：sten-/ steno- ← stenus 窄的，狭的，薄的；cladus ← clados 枝条，分枝

Fargesia strigosa 粗毛箭竹：strigosus = striga + osus 鬃毛的，刷毛的；striga → strig- 条纹的，网纹的（如种子具网纹），糙伏毛的；-osus/ -osum/ -osa 多的，充分的，丰富的，显著发育的，程度高的，特征明显的（形容词词尾）

Fargesia subflexuosa 曲竿箭竹：subflexuosus 近折弯的；sub-（表示程度较弱）与……类似，几乎，稍微，弱，亚，之下，下面；flexuosus = flexus + osus 弯曲的，波状的，曲折的；flexus ← flecto 扭曲的，卷曲的，弯弯曲曲的，柔性的；flecto 弯曲，使扭曲；-osus/ -osum/ -osa 多的，充分的，丰富的，显著发育的，程度高的，特征明显的（形容词词尾）

Fargesia sylvestris 德钦箭竹：sylvestris 森林的，野地的；sylva/ silva 森林；-estris/ -estre/ ester/ -esteris 生于……地方，喜好……地方

Fargesia tenuilignea 薄壁箭竹：tenui- ← tenuis 薄的，纤细的，弱的，瘦的，窄的；ligneus 木质的

Fargesia ungulata 鸡爪箭竹：ungulatus = unguis + ulatus 蹄形的；unguis 爪子的；-ulatus/ -ulata/ -ulatum = ulus + atus 小的，略微的，稍微的，属于小的；-ulus/ -ulum/ -ula 小的，略微的，稍微的（小词 -ulus 在字母 e 或 i 之后有多种变缀，即 -olus/ -olum/ -ola、-ellus/ -ellum/ -ella、-illus/ -illum/ -illa，与第一变格法和第二变格法名词形成复合词）；-atus/ -atum/ -ata 属于，相似，具有，完成（形容词词尾）

Fargesia utilis 伞把竹（把 bà）：utilis 有用的

Fargesia vicina 紫序箭竹：vicinus/ vicinum/ vicina/ vicinitas 近处，近邻，邻居，附近；vicinia 近邻，类似，相近

Fargesia wuliangshanensis 无量山箭竹（量 liàng）：wuliangshanensis 无量山的（地名，云南省）

Fargesia yuanjiangensis 元江箭竹：yuanjiangensis 元江的（地名，云南省）

Fargesia yulongshanensis 玉龙山箭竹：yulongshanensis 玉龙山的（地名，云南省）

Fargesia yunnanensis 昆明实心竹：yunnanensis 云南的（地名）

Fargesia zayuensis 察隅箭竹：zayuensis 察隅的（地名，西藏自治区）

Fatoua 水蛇麻属（桑科）（23-1：p3）：fatoua 水蛇麻（东南亚土名）

Fatoua pilosa 细齿水蛇麻：pilosus = pilus + osus 多毛的，被柔毛的，具疏柔毛的，被短弱细毛的；pilus 毛，疏柔毛；-osus/ -osum/ -osa 多的，充分的，丰富的，显著发育的，程度高的，特征明显的（形容词词尾）

Fatoua villosa 水蛇麻：villosus 柔毛的，绵毛的；villus 毛，羊毛，长绒毛；-osus/ -osum/ -osa 多的，充分的，丰富的，显著发育的，程度高的，特征明显的（形容词词尾）

Fatsia 八角金盘属（五加科）（54：p12）：fatsia 八手（日文）

Fatsia japonica 八角金盘：japonica 日本的（地名）；-icus/ -icum/ -ica 属于，具有某种特性（常用于地名、起源、生境）

Fatsia polycarpa 多室八角金盘：poly- ← polys 多个，许多（希腊语，拉丁语为 multi-）；carpus/ carpum/ carpa/ carpon ← carpos 果实（用于希腊语复合词）

Fedtschenkiella 长蕊青兰属（唇形科）（65-2：p344）：fedtschenkiella ← Fedtschenki（俄国人名）；-ella 小（用作人名或一些属名词尾时并无小词意义）

Fedtschenkiella staminea 长蕊青兰：stamineus 属于雄蕊的；staminus 雄性的，雄蕊的；stamen/ staminis 雄蕊；-eus/ -eum/ -ea（接拉丁语词干时）属于……的，色如……的，质如……的（表示原料、颜色或品质的相似），（接希腊语词干时）属于……的，以……出名，为……所占有（表示具有某种特性）

Feijoa 南美檎属（檎 niǎn，此处不改成"稔"niàn 或"莶"niè）（桃金娘科）（53-1：p135）：feijoa ← Don João da Silva Feijo（人名，19 世纪葡萄牙博物学家、植物学家）

Feijoa sellowiana 南美檎：sellowiana ← Friedrich Sello（Sellow）（人名，19 世纪初德国探险家，曾在南美洲采集标本）

Fernandoa 厚膜树属（紫葳科）（69：p19）：fernandoa（人名）

Fernandoa guangxiensis 广西厚膜树：guangxiensis 广西的（地名）

Feronia 象橘属（芸香科）（43-2：p212）：feronia（古罗马神话故事中的森林女神）

Feronia limonia 象橘：limonius 柠檬色的；limon 檬檬，柠檬，-ius/ -ium/ -ia 具有……特性的（表示有关、关联、相似）

Ferrocalamus 铁竹属（禾本科）（9-1：p675）：ferrum 铁；calamus ← calamos ← kalem 芦苇的，管子的，空心的

Ferrocalamus strictus 铁竹：strictus 直立的，硬直的，笔直的，彼此靠拢的

Ferula 阿魏属（伞形科）（55-3：p85）：ferula 手杖（另一解释为茴香的拉丁语名称）

Ferula akitschkensis 山地阿魏：akitschkensis（地名，俄罗斯）

Ferula bungeana 硬阿魏：bungeana ← Alexander von Bunge（人名，1813–1866，俄国植物学家）

Ferula canescens 灰色阿魏：canescens 变灰色的，淡灰色的；canens 使呈灰色的；canus 灰色的，灰白色的；-escens/ -ascens 改变，转变，变成，略微，带有，接近，相似，大致，稍微（表示变化的趋势，并未完全相似或相同，有别于表示达到完成状态的 -atus）

Ferula caspica 里海阿魏：caspica 里海的（地名）

Ferula conocaula 圆锥茎阿魏：conocaulus 圆锥状茎的，圆锥状主干的；conos 圆锥，尖塔；caulus/ caulon/ caule ← caulos 茎，茎秆，主茎

Ferula dissecta 全裂叶阿魏：dissectus 多裂的，全裂的，深裂的；di-/ dis- 二，二数，二分，分离，不同，在……之间，从……分开（希腊语，拉丁语为 bi-/ bis-）；sectus 分段的，分节的，切开的，分裂的

Ferula dubjanskyi 沙生阿魏：dubjanskyi（人名）；-i 表示人名，接在以元音字母结尾的人名后面，但 -a 除外

Ferula ferulaeoides 多伞阿魏：Ferula 阿魏属（伞形科）；-oides/ -oideus/ -oideum/ -oidea/ -odes/ -eidos 像……的，类似……的，呈……状的（名词词尾）

Ferula fukanensis 阜康阿魏（阜 fù）：fukanensis 阜康的（地名，新疆维吾尔自治区）

Ferula gracilis 细茎阿魏：gracilis 细长的，纤弱的，丝状的

Ferula hexiensis 河西阿魏：hexiensis 河西的（地名，甘肃省）

Ferula jaeschkeana 中亚阿魏：jaeschkeana（人名）

Ferula karataviensis 短柄阿魏：karataviensis ← Karatau 卡拉套山脉的（地名，哈萨克斯坦）

Ferula kingdon-wardii 草甸阿魏：kingdon-wardii ← Frank Kingdon-Ward（人名，1840–1909，英国植物学家）

Ferula kirialovii 山蛇床阿魏：kirialovii（人名）；-ii 表示人名，接在以辅音字母结尾的人名后面，但 -er 除外

F

Ferula krylovii 托里阿魏：krylovii（人名）；-ii 表示人名，接在以辅音字母结尾的人名后面，但 -er 除外

Ferula lapidosa 多石阿魏：lapidosus 多石的，石生的；lapis 石头，岩石（lapis 的词干为 lapid-）；构词规则：词尾为 -is 和 -ys 的词的词干分别视为 -id 和 -yd；-osus/ -osum/ -osa 多的，充分的，丰富的，显著发育的，程度高的，特征明显的（形容词词尾）

Ferula lehmannii 大果阿魏：lehmannii ← Johann Georg Christian Lehmann（人名，19 世纪德国植物学家）

Ferula licentiana 太行阿魏：licentiana（人名）

Ferula licentiana var. licentiana 太行阿魏-原变种 （词义见上面解释）

Ferula licentiana var. tunshanica 铜山阿魏：tunshanica 铜山的（地名）；-icus/ -icum/ -ica 属于，具有某种特性（常用于地名、起源、生境）

Ferula olivacea 橄绿阿魏：olivaceus 绿褐色的，橄榄色的；oliva 橄榄；-aceus/ -aceum/ -acea 相似的，有……性质的，属于……的

Ferula ovina 羊食阿魏：ovinus 羊的，羊喜欢的

Ferula sinkiangensis 新疆阿魏：sinkiangensis 新疆的（地名）

Ferula songorica 准噶尔阿魏（噶 gá）：songorica 准噶尔的（地名，新疆维吾尔自治区）；-icus/ -icum/ -ica 属于，具有某种特性（常用于地名、起源、生境）

Ferula sumbul 麝香阿魏（麝 shè）：sumbul（土名）

Ferula syreitschikowii 荒地阿魏：syreitschikowii（人名）；-ii 表示人名，接在以辅音字母结尾的人名后面，但 -er 除外

Ferula teterrima 臭阿魏：teterrimus 极恶臭的，极厌恶的；teter 恶臭的，厌恶的；-rimus/ -rima/ -rimum 最，极，非常（词尾为 -er 的形容词最高级）

Festuca 羊茅属（禾本科）(9-2：p40)：festuca 一种田间杂草（古拉丁名），嫩枝，麦秆，茎秆

Festuca alaica 帕米尔羊茅：alaica 阿拉的（地名，位于帕米尔高原）

Festuca alatavica 阿拉套羊茅：alatavica 阿拉套山的（地名，新疆沙湾地区）

Festuca altaica 阿尔泰羊茅：altaica 阿尔泰的（地名，新疆北部山脉）

Festuca amblyodes 葱岭羊茅：amblyodes 略为钝齿的；amblyo-/ ambly- 钝的，钝角的；-oides/ -oideus/ -oideum/ -oidea/ -odes/ -eidos 像……的，类似……的，呈……状的（名词词尾）

Festuca arioides 高山羊茅：aris 海芋；-oides/ -oideus/ -oideum/ -oidea/ -odes/ -eidos 像……的，类似……的，呈……状的（名词词尾）

Festuca arundinacea 苇状羊茅：arundinaceus 芦竹状的；Arundo 芦竹属（禾本科）；-inus/ -inum/ -ina/ -inos 相近，接近，相似，具有（通常指颜色）；-aceus/ -aceum/ -acea 相似的，有……性质的，属于……的

Festuca arundinacea subsp. arundinacea 苇状羊茅-原亚种 （词义见上面解释）

Festuca arundinacea subsp. orientalis 东方羊茅：orientalis 东方的；oriens 初升的太阳，东方

Festuca brachyphylla 短叶羊茅：brachy- ← brachys 短的（用于拉丁语复合词词首）；phyllus/

phyllum/ phylla ← phyllon 叶片（用于希腊语复合词）

Festuca changduensis 昌都羊茅：changduensis 昌都的（地名，西藏自治区）

Festuca chayuensis 察隅羊茅：chayuensis 察隅的（地名，西藏东南部）

Festuca chelungkiangnica 草原羊茅：chelungkiangnica 黑龙江的（地名）

Festuca chumbiensis 春丕谷羊茅：chumbiensis 春丕的（地名，西藏自治区）

Festuca coelestis 矮羊茅：coelestinus/ coelestis/ coeles/ caelestinus/ caelestis/ caeles 天空的，天上的，云端的，天蓝色的

Festuca dahurica 达乌里羊茅：dahurica（daurica/ davurica）达乌里的（地名，外贝加尔湖，属西伯利亚的一个地区，即贝加尔湖以东及以南至中国和蒙古边界）

Festuca dahurica subsp. dahurica 达乌里羊茅-原亚种 （词义见上面解释）

Festuca dahurica subsp. mongolica 蒙古羊茅：mongolica 蒙古的（地名）；mongolia 蒙古的（地名）；-icus/ -icum/ -ica 属于，具有某种特性（常用于地名、起源、生境）

Festuca dolichantha 长花羊茅：dolich-/ dolicho- ← dolichos 长的；anthus/ anthum/ antha/ anthe ← anthos 花（用于希腊语复合词）

Festuca durata 硬序羊茅：duratus + durus + atus 坚硬的，坚韧的，持久的；durus/ durrus 持久的，坚硬的，坚韧的

Festuca elata 高羊茅：elatus 高的，梢端的

Festuca extremiorientalis 远东羊茅：extremiorientalis 远东的；extremi- 极端的；orientalis 东方的；oriens 初升的太阳，东方；-aris（阳性、阴性）/ -are（中性）← -alis（阳性、阴性）/ -ale（中性）属于，相似，如同，具有，涉及，关于，联结于（将名词作形容词用，其中 -aris 常用于以 l 或 r 为词干末尾的词）

Festuca fascinata 蛊羊茅（蛊 gǔ）：fascinatus 迷惑的，有魅力的，妖术的；fascinus 魅力，妖术，阴茎

Festuca formosana 台湾羊茅：formosanus = formosus + anus 美丽的，台湾的；formosus ← formosa 美丽的，台湾的（葡萄牙殖民者发现台湾时对其的称呼，即美丽的岛屿）；-anus/ -anum/ -ana 属于，来自（形容词词尾）

Festuca forrestii 玉龙羊茅：forrestii ← George Forrest（人名，1873–1932，英国植物学家，曾在中国西部采集大量植物标本）

Festuca gigantea 大羊茅：giganteus 巨大的；giga-/ gigant-/ giganti- ← gigantos 巨大的；-eus/ -eum/ -ea（接拉丁语词干时）属于……的，色如……的，质如……的（表示原料、颜色或品质的相似），（接希腊语词干时）属于……的，以……出名，为……所占有（表示具有某种特性）

Festuca jacutica 雅库羊茅：jacutica 雅库的（地名，俄罗斯西伯利亚地区）

Festuca japonica 日本羊茅：japonica 日本的（地名）；-icus/ -icum/ -ica 属于，具有某种特性（常用于地名、起源、生境）

F

Festuca kansuensis 甘肃羊茅：kansuensis 甘肃的（地名）

Festuca kashmiriana 克什米尔羊茅：kashmiriana 克什米尔的（地名）

Festuca kirilowii 毛稃羊茅（稃 fū）：kirilowii ← Ivan Petrovich Kirilov（人名，19 世纪俄国植物学家）

Festuca kryloviana 寒生羊茅：kryloviana（人名）

Festuca kurtschumica 三界羊茅：kurtschumica（地名，俄罗斯）；-icus/ -icum/ -ica 属于，具有某种特性（常用于地名、起源、生境）

Festuca leptopogon 弱须羊茅：leptus ← leptos 细的，薄的，瘦小的，狭长的；pogon 胡须，髯毛，芒尖

Festuca liangshanica 凉山羊茅（种加词有时误拼为"liangshenica"）：liangshanica 凉山的（地名，四川省）；-icus/ -icum/ -ica 属于，具有某种特性（常用于地名、起源、生境）

Festuca litvinovii 东亚羊茅：litvinovii（人名）；-ii 表示人名，接在以辅音字母结尾的人名后面，但 -er 除外

Festuca longiglumis 长颖羊茅：longe-/ longi- ← longus 长的，纵向的；glumis ← gluma 颖片，具颖片的（glumis 为 gluma 的复数夺格）

Festuca mazzetiana 昆明羊茅：mazzetiana（人名）

Festuca modesta 素羊茅：modestus 适度的，保守的

Festuca mutica 无芒羊茅：muticus 无突起的，钝头的，非针状的

Festuca nitidula 微药羊茅：nitidulus = nitidus + ulus 稍光亮的；nitidulus = nitidus + ulus 略有光泽的；-ulus/ -ulum/ -ula 小的，略微的，稍微的（小词 -ulus 在字母 e 或 i 之后有多种变缀，即 -olus/ -olum/ -ola、-ellus/ -ellum/ -ella、-illus/ -illum/ -illa，与第一变格法和第二变格法名词形成复合词）

Festuca ovina 羊茅：ovinus 羊的，羊喜欢的

Festuca parvigluma 小颖羊茅：parvus 小的，些微的，弱的；gluma 颖片

Festuca pratensis 草甸羊茅：pratensis 生于草原的；pratum 草原

Festuca pseudovina 假羊茅：pseudovina 像 ovina 的；pseudo-/ pseud- ← pseudos 假的，伪的，接近，相似（但不是）；Festuca ovina 羊茅；ovinus 羊的，羊喜欢的

Festuca pubiglumis 毛颖羊茅：pubi- ← pubis 细柔毛的，短柔毛的，毛被的；glumis ← gluma 颖片，具颖片的（glumis 为 gluma 的复数夺格）

Festuca rubra 紫羊茅：rubrus/ rubrum/ rubra/ ruber 红色的

Festuca rubra subsp. pluriflora 多花羊茅：pluri-/ plur- 复数，多个；florus/ florum/ flora ← flos 花（用于复合词）

Festuca rubra subsp. rubra 紫羊茅-原亚种（词义见上面解释）

Festuca rubra subsp. rubra var. nankotaizanensis 南湖紫羊茅：nankotaizanensis 南湖大山的（地名，台湾省中部山峰，日语读音）

Festuca rubra subsp. rubra var. niitakensis 玉山紫羊茅：niitakensis 新高山的（地名，位于台湾省，"新高"的日语读音为"niitaka"）

Festuca rubra subsp. villosa 糙毛羊茅：villosus 柔毛的，绵毛的；villus 毛，羊毛，长绒毛；-osus/ -osum/ -osa 多的，充分的，丰富的，显著发育的，程度高的，特征明显的（形容词词尾）

Festuca rupicola 沟叶羊茅：rupicolus/ rupestris 生于岩壁的，岩栖的；rup-/ rupi- ← rupes/ rupis 岩石的；colus ← colo 分布于，居住于，栖居，殖民（常作词尾）；colo/ colere/ colui/ cultum 居住，耕作，栽培

Festuca scabriflora 糙花羊茅：scabriflorus 糙花的；scabri- ← scaber 粗糙的，有凹凸的，不平滑的；florus/ florum/ flora ← flos 花（用于复合词）

Festuca sinensis 中华羊茅：sinensis = Sina + ensis 中国的（地名）；Sina 中国

Festuca stapfii 细芒羊茅：stapfii（人名）；-ii 表示人名，接在以辅音字母结尾的人名后面，但 -er 除外

Festuca subalpina 长白山羊茅：subalpinus 亚高山的；sub-（表示程度较弱）与……类似，几乎，稍微，弱，亚，之下，下面；alpinus = alpus + inus 高山的；alpus 高山；al-/ alti-/ alto- ← altus 高的，高处的；-inus/ -inum/ -ina/ -inos 相近，接近，相似，具有（通常指颜色）

Festuca taiwanensis 光稃羊茅：taiwanensis 台湾的（地名）

Festuca takasagoensis 高砂羊茅：takasagoensis（地名，属台湾省，源于台湾少数民族名称，日语读音）

Festuca tristis 黑穗羊茅：tristis 暗淡的，阴沉的

Festuca undata 曲枝羊茅：undatus = unda + atus 波动的，钝波形的；unda 起波浪的，弯曲的；-atus/ -atum/ -ata 属于，相似，具有，完成（形容词词尾）

Festuca valesiaca 瑞士羊茅：valesiaca（词源不详）

Festuca vierhapperi 藏滇羊茅：vierhapperi（人名）；-eri 表示人名，在以 -er 结尾的人名后面加上 i 形成

Festuca wallichiana 藏羊茅：wallichiana ← Nathaniel Wallich（人名，19 世纪初丹麦植物学家、医生）

Festuca yulungschanica 丽江羊茅：yulungschanica 玉龙山的（地名，云南省）

Festuca yunnanensis 滇羊茅：yunnanensis 云南的（地名）

Festuca yunnanensis var. villosa 毛羊茅：villosus 柔毛的，绵毛的；villus 毛，羊毛，长绒毛；-osus/ -osum/ -osa 多的，充分的，丰富的，显著发育的，程度高的，特征明显的（形容词词尾）

Festuca yunnanensis var. yunnanensis 滇羊茅-原变种 （词义见上面解释）

Fibraurea 天仙藤属（防己科）(30-1: p15)：fibraurea 金黄色纤维的；fibra 纤维，筋；aureus = aurus + eus 属于金色的，属于黄色的；aurus 金，金色；-eus/ -eum/ -ea（接拉丁语词干时）属于……的，色如……的，质如……的（表示原料、颜色或品质的相似），（接希腊语词干时）属于……的，以……出名，为……所占有（表示具有某种特性）

Fibraurea recisa 天仙藤：recisus 缩短的，简单的

F

Ficus 榕属（桑科）（23-1：p66）：ficus 无花果（古拉丁名，比喻种子很多）

Ficus abelii 石榕树：abelii（人名）；-ii 表示人名，接在以辅音字母结尾的人名后面，但 -er 除外

Ficus altissima 高山榕：al-/ alti-/ alto- ← altus 高的，高处的；-issimus/ -issima/ -issimum 最，非常，极其（形容词最高级）

Ficus ampelas 菲律宾榕：ampelas ← ampelos 葡萄蔓

Ficus annulata 环纹榕：annulatus 环状的，环形花纹的

Ficus asperiuscula 钩毛榕：asperiusculus = asperus + usculus 略粗糙的；asper/ asperus/ asperum/ aspera 粗糙的，不平的；-usculus ← -culus 小的，略微的，稍微的（小词 -culus 和某些词构成复合词时变成 -usculus）

Ficus aurantiaca 橙黄榕：aurantiacus/ aurantius 橙黄色的，金黄色的；aurus 金，金色；aurant-/ auranti- 橙黄色，金黄色

Ficus auriculata 大果榕：auriculatus 耳形的，具小耳的（基部有两个小圆片）；auriculus 小耳朵的，小耳状的；auritus 耳朵的，耳状的；-culus/ -culum/ -cula 小的，略微的，稍微的（同第三变格法和第四变格法名词形成复合词）；-atus/ -atum/ -ata 属于，相似，具有，完成（形容词词尾）

Ficus beipeiensis 北碚榕（碚 bèi）：beipeiensis 北碚的（地名，重庆市）

Ficus benguetensis 黄果榕：benguetensis（地名）

Ficus benjamina 垂叶榕：benjamina（印度土名）

Ficus benjamina var. benjamina 垂叶榕-原变种（词义见上面解释）

Ficus benjamina var. nuda 丛毛垂叶榕：nudus 裸露的，无装饰的

Ficus callosa 硬皮榕：callosus = callus + osus 具硬皮的，出老茧的，包块的，疙瘩的，胼胝体状的，愈伤组织的；callus 硬皮，老茧，包块，疙瘩，胼胝体，愈伤组织；-osus/ -osum/ -osa 多的，充分的，丰富的，显著发育的，程度高的，特征明显的（形容词尾）；形近词：callos/ calos ← kallos 美丽的

Ficus cardiophylla 龙州榕：cardio- ← kardia 心脏；phyllus/ phyllum/ phylla ← phyllon 叶片（用于希腊语复合词）

Ficus carica 无花果：carica ← karike 无花果（希腊语）；Carica 番木瓜属（番木瓜科）

Ficus caulocarpa 大叶赤榕：caulocarpus 茎果的，多次结果的；caulus/ caulon/ caule ← caulos 茎，茎秆，主茎；carpus/ carpum/ carpa/ carpon ← carpos 果实（用于希腊语复合词）

Ficus chapaensis 沙坝榕：chapaensis ← Chapa 沙巴的（地名，越南北部）

Ficus chartacea 纸叶榕：chartaceus 西洋纸质的；charto-/ chart- 羊皮纸，纸质；-aceus/ -aceum/ -acea 相似的，有……性质的，属于……的

Ficus chartacea var. chartacea 纸叶榕-原变种（词义见上面解释）

Ficus chartacea var. torulosa 无柄纸叶榕：torulosus = torus + ulus + osus 多结节的，多凸起的；torus 垫子，花托，结节，隆起；-ulus/ -ulum/

-ula 小的，略微的，稍微的（小词 -ulus 在字母 e 或 i 之后有多种变缀，即 -olus/ -olum/ -ola、-ellus/ -ellum/ -ella、-illus/ -illum/ -illa，与第一变格法和第二变格法名词形成复合词）；-osus/ -osum/ -osa 多的，充分的，丰富的，显著发育的，程度高的，特征明显的（形容词词尾）

Ficus chrysocarpa 金毛榕：chrys-/ chryso- ← chrysos 黄色的，金色的；carpus/ carpum/ carpa/ carpon ← carpos 果实（用于希腊语复合词）

Ficus ciliata 缘毛榕：ciliatus = cilium + atus 缘毛的，流苏的；cilium 缘毛，睫毛；-atus/ -atum/ -ata 属于，相似，具有，完成（形容词词尾）

Ficus concinna 雅榕：concinnus 精致的，高雅的，形状好看的

Ficus concinna var. concinna 雅榕-原变种（词义见上面解释）

Ficus concinna var. subsessilis 近无柄雅榕：subsessilis 近无柄的；sub-（表示程度较弱）与……类似，几乎，稍微，弱，亚，之下，下面；sessile-/ sessili-/ sessil- ← sessilis 无柄的，无茎的，基生的，基部的

Ficus cornelisiana 百兼榕（"百兼"为植物学家吴征镒的字）：cornelisiana ← Jacob Cornelis Matthias Radermacher（人名，18 世纪荷兰植物学家）

Ficus cumingii 糙毛榕：cumingii ← Hugh Cuming（人名，19 世纪英国贝类专家、植物学家）

Ficus curtipes 钝叶榕：curtipes 短茎的；curtus 短的，不完整的，残缺的；pes/ pedis 柄，梗，茎秆，腿，足，爪（作词首或词尾，pes 的词干视为"ped-"）

Ficus cyrtophylla 歪叶榕：cyrtophyllus = cyrtos + phyllus 弯叶的；cyrt-/ cyrto- ← cyrtus ← cyrtos 弯曲的；phyllus/ phyllum/ phylla ← phyllon 叶片（用于希腊语复合词）

Ficus daimingshanensis 大明山榕：daimingshanensis 大明山的（地名，广西壮族自治区）

Ficus dinganensis 定安榕：dinganensis 定安的（地名，海南省）

Ficus drupacea 枕果榕：drupaceus 核果状的，浆果状的，橄榄状的；drupa 橄榄；-aceus/ -aceum/ -acea 相似的，有……性质的，属于……的

Ficus drupacea var. drupacea 枕果榕-原变种（词义见上面解释）

Ficus drupacea var. pubescens 毛果枕果榕：pubescens ← pubens 被短柔毛的，长出柔毛的；pubi- ← pubis 细柔毛的，短柔毛的，毛被的；pubesco/ pubescere 长成的，变为成熟的，长出柔毛的，青春期体毛的；-escens/ -ascens 改变，转变，变成，略微，带有，接近，相似，大致，稍微（表示变化的趋势，并未完全相似或相同，有别于表示达到完成状态的 -atus）

Ficus elastica 印度榕：elasticus 有弹性的

Ficus elastica cv. Aureo-marginata 金边印度榕：aure-/ aureo- ← aureus 黄色，金色；marginatus ← margo 边缘的，具边缘的；margo/ marginis → margin- 边缘，边线，边界；词尾为 -go 的词其词干末尾视为 -gin

F

Ficus erecta 矮小天仙果：erectus 直立的，笔直的

Ficus erecta var. beecheyana 天仙果：beecheyana（人名）

Ficus erecta var. beecheyana f. koshunensis 狭叶天仙果：koshunensis 恒春的（地名，台湾省南部半岛，日语读音）

Ficus erecta var. erecta 矮小天仙果-原变种 （词义见上面解释）

Ficus esquiroliana 黄毛榕：esquiroliana（人名）

Ficus filicauda 线尾榕：filicaudatus 具丝状尾的；fili-/ fil- ← filum 线状的，丝状的；caudus 尾巴

Ficus filicauda var. filicauda 线尾榕-原变种 （词义见上面解释）

Ficus filicauda var. longipes 长柄线尾榕：longe-/ longi- ← longus 长的，纵向的；pes/ pedis 柄，梗，茎秆，腿，足，爪（作词首或词尾，pes 的词干视为"ped-"）

Ficus fistulosa 水同木：fistulosus = fistulus + osus 管状的，空心的，多孔的；fistulus 管状的，空心的；-osus/ -osum/ -osa 多的，充分的，丰富的，显著发育的，程度高的，特征明显的（形容词词尾）

Ficus formosana 台湾榕：formosanus = formosus + anus 美丽的，台湾的；formosus ← formosa 美丽的，台湾的（葡萄牙殖民者发现台湾时对其的称呼，即美丽的岛屿）；-anus/ -anum/ -ana 属于，来自（形容词词尾）

Ficus formosana f. formosana 台湾榕-原变型 （词义见上面解释）

Ficus formosana f. shimadai 细叶台湾榕：shimadai 岛田（日本人名）；-i 表示人名，接在以元音字母结尾的人名后面，但 -a 除外，故该词尾改为"-ae"似更妥

Ficus fusuiensis 扶绥榕（绥 suí）：fusuiensis 扶绥的（地名，广西壮族自治区）

Ficus gasparriniana 冠毛榕（冠 guān）：gasparriniana（人名）

Ficus gasparriniana var. esquirolii 长叶冠毛榕：esquirolii（人名）；-ii 表示人名，接在以辅音字母结尾的人名后面，但 -er 除外

Ficus gasparriniana var. gasparriniana 冠毛榕-原变种 （词义见上面解释）

Ficus gasparriniana var. laceratifolia 菱叶冠毛榕：laceratus 撕裂状的，不整齐裂的；lacerus 撕裂状的，不整齐裂的；-atus/ -atum/ -ata 属于，相似，具有，完成（形容词词尾）；folius/ folium/ folia 叶，叶片（用于复合词）

Ficus gasparriniana var. viridescens 绿叶冠毛榕：viridescens 变绿的，发绿的，淡绿色的；viridi-/ virid- ← viridus 绿色的；-escens/ -ascens 改变，转变，变成，略微，带有，接近，相似，大致，稍微（表示变化的趋势，并未完全相似或相同，有别于表示达到完成状态的 -atus）

Ficus geniculata 曲枝榕：geniculatus 关节的，膝状弯曲的；geniculum 节，关节，节片；-atus/ -atum/ -ata 属于，相似，具有，完成（形容词词尾）

Ficus glaberrima 大叶水榕：glaberrimus 完全无毛的；glaber/ glabrus 光滑的，无毛的；-rimus/ -rima/ -rimum 最，极，非常（词尾为 -er 的形容词最高级）

Ficus glaberrima var. glaberrima 大叶水榕-原变种 （词义见上面解释）

Ficus glaberrima var. pubescens 毛叶大叶水榕：pubescens ← pubens 被短柔毛的，长出柔毛的；pubi- ← pubis 细柔毛的，短柔毛的，毛被的；pubesco/ pubescere 长成的，变为成熟的，长出柔毛的，青春期体毛的；-escens/ -ascens 改变，转变，变成，略微，带有，接近，相似，大致，稍微（表示变化的趋势，并未完全相似或相同，有别于表示达到完成状态的 -atus）

Ficus guangxiensis 广西榕：guangxiensis 广西的（地名）

Ficus guizhouensis 贵州榕：guizhouensis 贵州的（地名）

Ficus hederacea 藤榕：hederacea 常春藤状的；Hedera 常春藤属（五加科）；-aceus/ -aceum/ -acea 相似的，有……性质的，属于……的

Ficus henryi 尖叶榕：henryi ← Augustine Henry 或 B. C. Henry（人名，前者，1857–1930，爱尔兰医生、植物学家，曾在中国采集植物，后者，1850–1901，曾活动于中国的传教士）

Ficus heteromorpha 异叶榕：hete-/ heter-/ hetero- ← heteros 不同的，多样的，不齐的；morphus ← morphos 形状，形态

Ficus heterophylla 山榕：heterophyllus 异型叶的；hete-/ heter-/ hetero- ← heteros 不同的，多样的，不齐的；phyllus/ phyllum/ phylla ← phyllon 叶片（用于希腊语复合词）

Ficus heteropleura 尾叶榕：hete-/ heter-/ hetero- ← heteros 不同的，多样的，不齐的；pleurus ← pleuron 肋，脉，肋状的，侧生的

Ficus hirta 粗叶榕：hirtus 有毛的，粗毛的，刚毛的（长而明显的毛）

Ficus hirta var. brevipila 全缘粗叶榕：brevi- ← brevis 短的（用于希腊语复合词词首）；pilus 毛，疏柔毛

Ficus hirta var. hirta 粗叶榕-原变种 （词义见上面解释）

Ficus hirta var. imberbis 薄毛粗叶榕（薄 bó，意"稀少、稀疏"）：imberbis 无芒的，无胡须的；in-/ im-（来自 il- 的音变）内，在内，内部，向内，相反，不，无，非；il- 在内，向内，为，相反（希腊语为 en-）；词首 il- 的音变：il-（在 l 前面），im-（在 b、m、p 前面），in-（在元音字母和大多数辅音字母前面），ir-（在 r 前面），如 illaudatus（不值得称赞的，评价不好的），impermeabilis（不透水的，穿不透的），ineptus（不合适的），insertus（插入的），irretortus（无弯曲的，无扭曲的）；berbis ← barba 胡须，髯毛，绒毛

Ficus hirta var. roxburghii 大果粗叶榕：roxburghii ← William Roxburgh（人名，18 世纪英国植物学家，研究印度植物）

Ficus hispida 对叶榕：hispidus 刚毛的，髯毛状的

Ficus hispida var. badiostrigosa 扁果榕：badius 栗色的，咖啡色的，棕色的；strigosus = striga + osus 髯毛的，刷毛的；striga → strig- 条纹的，网纹

的（如种子具网纹），糙伏毛的；-osus/ -osum/ -osa 多的，充分的，丰富的，显著发育的，程度高的，特征明显的（形容词词尾）

Ficus hispida var. hispida 对叶榕-原变种 （词义见上面解释）

Ficus hispida var. rubra 红果对叶榕：rubrus/ rubrum/ rubra/ ruber 红色的

Ficus hookeriana 大青树：hookeriana ← William Jackson Hooker（人名，19 世纪英国植物学家）

Ficus irisana 糙叶榕：irisana ← iris 彩虹的，彩虹神的

Ficus ischnopoda 壶托榕：ischno- 纤细的，瘦弱的，枯萎的；podus/ pus 柄，梗，茎秆，足，腿

Ficus laevis 光叶榕：laevis/ levis/ laeve/ leve → levi-/ laevi- 光滑的，无毛的，无不平或粗糙感觉的

Ficus langkokensis 青藤公：langkokensis（地名）

Ficus maclellandii 瘤枝榕：maclellandii（人名）；-ii 表示人名，接在以辅音字母结尾的人名后面，但 -er 除外

Ficus maclellandii var. maclellandii 瘤枝榕-原变种 （词义见上面解释）

Ficus maclellandii var. rhododendrifolia 杜鹃叶榕：Rhododendron 杜鹃属（杜鹃花科）；folius/ folium/ folia 叶，叶片（用于复合词）

Ficus microcarpa 榕树：micr-/ micro- ← micros 小的，微小的，微观的（用于希腊语复合词）；carpus/ carpum/ carpa/ carpon ← carpos 果实（用于希腊语复合词）

Ficus microcarpa var. crassifolia 厚叶榕树：crassi- ← crassus 厚的，粗的，多肉质的；folius/ folium/ folia 叶，叶片（用于复合词）

Ficus napoensis 那坡榕：napoensis 那坡的（地名，广西壮族自治区）

Ficus neriifolia 森林榕：neriifolia = Nerium + folius 夹竹桃叶的；缀词规则：以属名作复合词时原词尾变形后的 i 要保留；neri ← Nerium 夹竹桃属（夹竹桃科）；folius/ folium/ folia 叶，叶片（用于复合词）

Ficus neriifolia var. fieldingii 薄果森林榕：fieldingii（人名）；-ii 表示人名，接在以辅音字母结尾的人名后面，但 -er 除外

Ficus neriifolia var. nemoralis 薄叶森林榕（薄 báo，"厚"的反义）：nemoralis = nemus + orum + alis 属于森林的，生于森林的；nemus/ nema 密林，丛林，树丛（常用来比喻密集成丛的纤细物，如花丝、果柄等）；-orum 属于……的（第二变格法名词复数所有格词尾，表示群落或多数）；-aris（阳性、阴性）/ -are（中性）← -alis（阳性、阴性）/ -ale（中性）属于，相似，如同，具有，涉及，关于，联结于（将名词作形容词用，其中 -aris 常用于以 l 或 r 为词干末尾的词）

Ficus neriifolia var. neriifolia 森林榕-原变种 （词义见上面解释）

Ficus neriifolia var. trilepis 棒果森林榕：tri-/ tripli-/ triplo- 三个，三数；lepis/ lepidos 鳞片

Ficus nervosa 九丁榕：nervosus 多脉的，叶脉明显的；nervus 脉，叶脉；-osus/ -osum/ -osa 多的，充

分的，丰富的，显著发育的，程度高的，特征明显的（形容词词尾）

Ficus oligodon 苹果榕：oligodon 疏齿的；oligo-/ olig- 少数的（希腊语，拉丁语为 pauci-）；odontus/ odontos → odon-/ odont-/ odonto-（可作词首或词尾）齿，牙齿状的；odous 齿，牙齿（单数，其所有格为 odontos）

Ficus orthoneura 直脉榕：orthoneurus = ortho + neurus 直脉的；ortho- ← orthos 直的，正面的；neurus ← neuron 脉，神经

Ficus ovatifolia 卵叶榕：ovatus = ovus + atus 卵圆形的；ovus 卵，胚珠，卵形的，椭圆形的；-atus/ -atum/ -ata 属于，相似，具有，完成（形容词词尾）；folius/ folium/ folia 叶，叶片（用于复合词）

Ficus pandurata 琴叶榕：panduratus = pandura + atus 小提琴状的；pandura 一种类似小提琴的乐器

Ficus pandurata var. angustifolia 条叶榕：angusti- ← angustus 窄的，狭的，细的；folius/ folium/ folia 叶，叶片（用于复合词）

Ficus pandurata var. holophylla 全缘琴叶榕：holophyllus 全缘叶的；holo-/ hol- 全部的，所有的，完全的，联合的，全缘的，不分裂的；phyllus/ phyllum/ phylla ← phyllon 叶片（用于希腊语复合词）

Ficus pandurata var. pandurata 琴叶榕-原变种 （词义见上面解释）

Ficus pedunculosa 蔓榕（蔓 màn）：pedunculosus = pedunculus + osus = peduncularis 具花序柄的，具总花梗的；pedunculus/ peduncule/ pedunculis ← pes 花序柄，总花梗（花序基部无花着生部分，不同于花柄）；关联词：pedicellus/ pediculus 小花梗，小花柄（不同于花序柄）；pes/ pedis 柄，梗，茎秆，腿，足，爪（作词首或词尾，pes 的词干视为 "ped-"）；-osus/ -osum/ -osa 多的，充分的，丰富的，显著发育的，程度高的，特征明显的（形容词词尾）

Ficus pedunculosa var. mearnsii 鹅銮鼻蔓榕（銮 luán）：mearnsii ← Edgar Alexander Mearns（人名，1856–1916，美国博物学家）

Ficus pedunculosa var. pedunculosa 蔓榕-原变种 （词义见上面解释）

Ficus pisocarpa 豆果榕：pisocarpus 豌豆果的；piso ← pisum 豆，豌豆；carpus/ carpum/ carpa/ carpon ← carpos 果实（用于希腊语复合词）

Ficus polynervis 多脉榕：poly- ← polys 多个，许多（希腊语，拉丁语为 multi-）；nervis ← nervus 脉，叶脉

Ficus prostrata 平枝榕：prostratus/ pronus/ procumbens 平卧的，匍匐的

Ficus pubigera 褐叶榕：pubi- ← pubis 细柔毛的，短柔毛的，毛被的；gerus → -ger/ -gerus/ -gerum/ -gera 具有，有，带有

Ficus pubigera var. anserina 鳞果褐叶榕：anserinus 属于野鹅的，属于大雁的（指生境）

Ficus pubigera var. maliformis 大果褐叶榕：maliformis = malus + formis 苹果状的；malus ← malon 苹果（希腊语）；formis/ forma 形状

Ficus pubigera var. pubigera 褐叶榕-原变种 （词义见上面解释）

Ficus pubigera var. reticulata 网果褐叶榕：reticulatus = reti + culus + atus 网状的；reti-/rete- 网（同义词：dictyo-）；-culus/ -culum/ -cula 小的，略微的，稍微的（同第三变格法和第四变格法名词形成复合词）；-atus/ -atum/ -ata 属于，相似，具有，完成（形容词词尾）

Ficus pubilimba 球果山榕：pubi- ← pubis 细柔毛的，短柔毛的，毛被的；limbus 冠檐，萼檐，瓣片，叶片

Ficus pubinervis 绿岛榕：pubi- ← pubis 细柔毛的，短柔毛的，毛被的；nervis ← nervus 脉，叶脉

Ficus pumila 薜荔（薜 bì）：pumilus 矮的，小的，低矮的，矮人的

Ficus pumila var. awkeotsang 爱玉子：awkeotsang（土名）

Ficus pumila var. pumila 薜荔-原变种 （词义见上面解释）

Ficus pyriformis 舶梨榕：pyrus/ pirus ← pyros 梨，梨树，核，核果，小麦，谷物；pyrum/ pirum 梨；formis/ forma 形状

Ficus pyriformis var. hirtinervis 毛脉舶梨榕：hirtus 有毛的，粗毛的，刚毛的（长而明显的毛）；nervis ← nervus 脉，叶脉

Ficus pyriformis var. pyriformis 舶梨榕-原变种 （词义见上面解释）

Ficus racemosa 聚果榕：racemosus = racemus + osus 总状花序的；racemus/ raceme 总状花序，葡萄串状的；-osus/ -osum/ -osa 多的，充分的，丰富的，显著发育的，程度高的，特征明显的（形容词词尾）

Ficus racemosa var. miquelli 柔毛聚果榕：miquelli ← Friedrich A. W. Miquel（人名，19 世纪荷兰植物学家）

Ficus racemosa var. racemosa 聚果榕-原变种 （词义见上面解释）

Ficus religiosa 菩提树：religiosus 宗教的，教会的，尊严的，神圣的；religio 宗教，神圣，迷信，深信，神殿；religo 深信的

Ficus ruficaulis 红茎榕：ruf-/ rufi-/ frufo- ← rufus/ rubus 红褐色的，锈色的，红色的，发红的，淡红色的；caulis ← caulos 茎，茎秆，主茎

Ficus rumphii 心叶榕：rumphii ← Georg Everhard Rumpf（拉丁化为 Rumphius）（人名，18 世纪德国植物学家）

Ficus ruyuanensis 乳源榕：ruyuanensis 乳源的（地名，广东省）

Ficus sagittata 羊乳榕：sagittatus/ sagittalis 箭头状的；sagita/ sagitta 箭，箭头；-atus/ -atum/ -ata 属于，相似，具有，完成（形容词词尾）

Ficus sarmentosa 匍茎榕：sarmentosus 匍匐茎的；sarmentum 匍匐茎，鞭条；-osus/ -osum/ -osa 多的，充分的，丰富的，显著发育的，程度高的，特征明显的（形容词词尾）

Ficus sarmentosa var. duclouxii 大果爬藤榕：duclouxii（人名）；-ii 表示人名，接在以辅音字母结尾的人名后面，但 -er 除外

Ficus sarmentosa var. henryi 珍珠莲：henryi ← Augustine Henry 或 B. C. Henry（人名，前者，1857–1930，爱尔兰医生、植物学家，曾在中国采集植物，后者，1850–1901，曾活动于中国的传教士）

Ficus sarmentosa var. impressa 爬藤榕：impressus → impressi- 凹陷的，凹入的，雕刻的；in-/ im-（来自 il- 的音变）内，在内，内部，向内，相反，不，无，非；il- 在内，向内，为，相反（希腊语为 en-）；词首 il- 的音变：il-（在 l 前面），im-（在 b、m、p 前面），in-（在元音字母和大多数辅音字母前面），ir-（在 r 前面），如 illaudatus（不值得称赞的，评价不好的），impermeabilis（不透水的，穿不透的），ineptus（不合适的），insertus（插入的），irretortus（无弯曲的，无扭曲的）；pressus 压，压力，挤压，紧密；nerve ← nervus 脉，叶脉

Ficus sarmentosa var. lacrymans 尾尖爬藤榕：lacrymans ← lacrymus 眼泪，泪珠，泪滴状的

Ficus sarmentosa var. luducca 长柄爬藤榕：luducca（词源不详）

Ficus sarmentosa var. luducca f. sessilis 无柄爬藤榕：sessilis 无柄的，无茎的，基生的，基部的

Ficus sarmentosa var. nipponica 白背爬藤榕：nipponica 日本的（地名）；-icus/ -icum/ -ica 属于，具有某种特性（常用于地名、起源、生境）

Ficus sarmentosa var. sarmentosa 匍茎榕-原变种 （词义见上面解释）

Ficus sarmentosa var. thunbergii 少脉爬藤榕：thunbergii ← C. P. Thunberg（人名，1743–1828，瑞典植物学家，曾专门研究日本的植物）

Ficus semicordata 鸡嗦子榕（嗦 sù）：semi- 半，准，略微；cordatus ← cordis/ cor 心脏的，心形的；-atus/ -atum/ -ata 属于，相似，具有，完成（形容词词尾）

Ficus septica 棱果榕：septicus 腐败的，腐生的

Ficus simplicissima 极简榕：simplicissimus = simplex + issimus 完全单一的，完全不分枝的，全缘的；simplex 单一的，简单的，无分歧的（词干为 simplic-）；构词规则：以 -ix/ -iex 结尾的词其词干末尾视为 -ic，以 -ex 结尾视为 -i/ -ic，其他以 -x 结尾视为 -c；-issimus/ -issima/ -issimum 最，非常，极其（形容词最高级）

Ficus squamosa 肉托榕：squamosus 多鳞片的，鳞片明显的；squamus 鳞，鳞片，薄膜；-osus/ -osum/ -osa 多的，充分的，丰富的，显著发育的，程度高的，特征明显的（形容词词尾）

Ficus stenophylla 竹叶榕：sten-/ steno- ← stenus 窄的，狭的，薄的；phyllus/ phyllum/ phylla ← phyllon 叶片（用于希腊语复合词）

Ficus stenophylla var. macropodocarpa 长柄竹叶榕：macropodocarpus 大柄果实的；macro-/ macr- ← macros 大的，宏观的（用于希腊语复合词）；podus/ pus 柄，梗，茎秆，足，腿；carpus/ carpum/ carpa/ carpon ← carpos 果实（用于希腊语复合词）

Ficus stenophylla var. stenophylla 竹叶榕-原变种 （词义见上面解释）

Ficus stricta 劲直榕（劲 jìng）：strictus 直立的，硬直的，笔直的，彼此靠拢的

F

Ficus subincisa 棒果榕：sub-（表示程度较弱）与……类似，几乎，稍微，弱，亚，之下，下面；incisus 深裂的，锐裂的，缺刻的

Ficus subincisa var. paucidentata 细梗棒果榕：pauci- ← paucus 少数的，少的（希腊语为 oligo-）；dentatus = dentus + atus 牙齿的，齿状的，具齿的；dentus 齿，牙齿；-atus/ -atum/ -ata 属于，相似，具有，完成（形容词词尾）

Ficus subincisa var. subincisa 棒果榕-原变种（词义见上面解释）

Ficus subulata 假斜叶榕：subulatus 钻形的，尖头的，针尖状的；subulus 钻头，尖头，针尖状

Ficus superba 华丽榕：superbus/ superbiens 超越的，高雅的，华丽的，无敌的；super- 超越的，高雅的，上层的；关联词：superbire 盛气凌人的，自豪的

Ficus superba var. japonica 笔管榕：japonica 日本的（地名）；-icus/ -icum/ -ica 属于，具有某种特性（常用于地名、起源、生境）

Ficus superba var. superba 华丽榕-原变种（词义见上面解释）

Ficus tannoensis 滨榕：tannoensis（地名，属台湾省）

Ficus tannoensis f. rhombifolia 菱叶滨榕：rhombus 菱形，纺锤；folius/ folium/ folia 叶，叶片（用于复合词）

Ficus tannoensis f. tannoensis 滨榕-原变型（词义见上面解释）

Ficus tikoua 地果：tikoua 地果（中国土名）

Ficus tinctoria 斜叶榕：tinctorius = tinctorus + ius 属于染色的，属于着色的，属于染料的；tingere/ tingo 浸泡，浸染；tinctorus 染色，着色，染料；tinctus 染色的，彩色的；-ius/ -ium/ -ia 具有……特性的（表示有关、关联、相似）

Ficus tinctoria subsp. gibbosa 山猪枷（原名"斜叶榕"和原种重名）：gibbosus 囊状突起的，偏肿的，一侧隆突的；gibbus 驼峰，隆起，浮肿；-osus/ -osum/ -osa 多的，充分的，丰富的，显著发育的，程度高的，特征明显的（形容词词尾）

Ficus tinctoria subsp. parastica 凸尖榕：parasticus 寄生的，寄生性的

Ficus tinctoria subsp. swinhoei 匍匐斜叶榕：swinhoei（人名）；-i 表示人名，接在以元音字母结尾的人名后面，但 -a 除外

Ficus tinctoria subsp. tinctoria 斜叶榕-原亚种（词义见上面解释）

Ficus trichocarpa 毛果榕：trich-/ tricho-/ tricha- ← trichos ← thrix 毛，多毛的，线状的，丝状的；carpus/ carpum/ carpa/ carpon ← carpos 果实（用于希腊语复合词）

Ficus trichocarpa var. obtusa 钝叶毛果榕：obtusus 钝的，钝形的，略带圆形的

Ficus trichocarpa var. trichocarpa 毛果榕-原变种（词义见上面解释）

Ficus trivia 楔叶榕：trivia 常见的，普通的；trivium 三叉路口，闹市通道；tri-/ tres 三；via 道路，街道

Ficus trivia var. laevigata 光叶楔叶榕：laevigatus/ levigatus 光滑的，平滑的，平滑而发亮的；laevis/ levis/ laeve/ leve → levi-/ laevi- 光滑的，无毛的，无不平或粗糙感觉的；laevigo/ levigo 使光滑，削平

Ficus trivia var. trivia 楔叶榕-原变种（词义见上面解释）

Ficus tsiangii 岩木瓜：tsiangii 黔，贵州的（地名），蒋氏（人名）

Ficus tuphapensis 平塘榕：tuphapensis（地名）

Ficus undulata 波缘榕：undulatus = undus + ulus + atus 略呈波浪状的，略弯曲的；undus/ undum/ unda 起波浪的，弯曲的；-ulus/ -ulum/ -ula 小的，略微的，稍微的（小词 -ulus 在字母 e 或 i 之后有多种变缀，即 -olus/ -olum/ -ola、-ellus/ -ellum/ -ella、-illus/ -illum/ -illa，与第一变格法和第二变格法名词形成复合词）；-atus/ -atum/ -ata 属于，相似，具有，完成（形容词词尾）

Ficus vaccinioides 越橘叶蔓榕（蔓 màn）：Vaccinium 越橘属（杜鹃花科），乌饭树属；-oides/ -oideus/ -oideum/ -oidea/ -odes/ -eidos 像……的，类似……的，呈……状的（名词词尾）

Ficus variegata 杂色榕：variegatus = variego + atus 有彩斑的，有条纹的，杂食的，杂色的；variego = varius + ago 染上各种颜色，使成五彩缤纷的，装饰，点缀，使闪出五颜六色的光彩，变化，变更，不同；varius = varus + ius 各种各样的，不同的，多型的，易变的；varus 不同的，变化的，外弯的，凸起的；-ius/ -ium/ -ia 具有……特性的（表示有关、关联、相似）；-ago 表示相似或联系，如 plumbago，铅的一种（来自 plumbum 铅），来自 -go；-go 表示一种能做工作的力量，如 vertigo，也表示事态的变化或者一种事态、趋向或病态，如 robigo（红的情况，变红的趋势，因而是铁锈），aerugo（铜锈），因此它变成一个表示具有某种质的属性的构词元素，如 lactago（具有乳浆的草），或相似性，如 ferulago（近似 ferula，阿魏）、canilago（一种 canila）

Ficus variegata var. chlorocarpa 青果榕：chlorocarpus 绿色果实的；chlor-/ chloro- ← chloros 绿色的（希腊语，相当于拉丁语的 viridis）；carpus/ carpum/ carpa/ carpon ← carpos 果实（用于希腊语复合词）

Ficus variegata var. garciae 斡花榕（斡 wò）：garciae（人名）；-ae 表示人名，以 -a 结尾的人名后面加上 -e 形成

Ficus variegata var. variegata 杂色榕-原变种（词义见上面解释）

Ficus variolosa 变叶榕：variolosus = varius + ulus + osus 斑孔的，杂色的；varius = varus + ius 各种各样的，不同的，多型的，易变的；varus 不同的，变化的，外弯的，凸起的；-ius/ -ium/ -ia 具有……特性的（表示有关、关联、相似）；-ulus/ -ulum/ -ula 小的，略微的，稍微的（小词 -ulus 在字母 e 或 i 之后有多种变缀，即 -olus/ -olum/ -ola、-ellus/ -ellum/ -ella、-illus/ -illum/ -illa，与第一变格法和第二变格法名词形成复合词）；-osus/ -osum/ -osa 多的，充分的，丰富的，显著发育的，程度高的，特征明显的（形容词词尾）

Ficus vasculosa 白肉榕：vasculosus = vas + culosus 维管束的，管子小而密集的；vas/ vasa 管

子，导管；-culosus = culus + osus 小而多的，小而密集的；-culus/ -culum/ -cula 小的，略微的，稍微的（同第三变格法和第四变格法名词形成复合词）；-osus/ -osum/ -osa 多的，充分的，丰富的，显著发育的，程度高的，特征明显的（形容词词尾）

Ficus virens 绿黄葛树：virens 绿色的，变绿的

Ficus virens var. sublanceolata 黄葛树：sublanceolatus 近似具披针形的；sub-（表示程度较弱）与……类似，几乎，稍微，弱，亚，之下，下面；lanceolatus = lanceus + olus + atus 小披针形的，小柳叶刀的；lance-/ lancei-/ lanci-/ lanceo-/ lanc- ← lanceus 披针形的，矛形的，尖刀状的，柳叶刀状的；-olus ← -ulus 小，稍微，略微（-ulus 在字母 e 或 i 之后变成 -olus/ -ellus/ -illus）；-atus/ -atum/ -ata 属于，相似，具有，完成（形容词词尾）

Ficus virens var. virens 绿黄葛树-原变种（词义见上面解释）

Ficus virgata 岛榕：virgatus 细长枝条的，有条纹的，嫩枝状的；virga/ virgus 纤细枝条，细而绿的枝条；-atus/ -atum/ -ata 属于，相似，具有，完成（形容词词尾）

Ficus yunnanensis 云南榕：yunnanensis 云南的（地名）

Filago 絮菊属（菊科）（75：p67）：filago ← filum + ago 线，纤维（指花内有毛）；-ago/ -ugo/ -go ← agere 相似，诱导，影响，遭遇，用力，运送，做，成就（阴性名词词尾，表示相似、某种性质或趋势，也用于人名词尾以示纪念）

Filago arvensis 絮菊：arvensis 田里生的；arvum 耕地，可耕地

Filago spathulata 匙叶絮菊（匙 chí）：spathulatus = spathus + ulus + atus 匙形的，佛焰苞状的，小佛焰苞；spathus 佛焰苞，薄片，刀剑

Filifolium 线叶菊属（菊科）（76-1：p127）：fili-/ fil- ← filum 线状的，丝状的；folius/ folium/ folia 叶，叶片（用于复合词）

Filifolium sibiricum 线叶菊：sibiricum 西伯利亚的（地名，俄罗斯）；-icus/ -icum/ -ica 属于，具有某种特性（常用于地名、起源、生境）

Filipendula 蚊子草属（蔷薇科）（37：p4）：filipendulus = filium + pendulus 悬吊的细丝；fili-/ fil- ← filum 线状的，丝状的；pendulus ← pendere 下垂的，垂吊的（悬空或因支持体细软而下垂）；pendere/ pendeo 悬挂，垂悬；-ulus/ -ulum/ -ula（表示趋向或动作）（小词 -ulus 在字母 e 或 i 之后有多种变缀，即 -olus/ -olum/ -ola、-ellus/ -ellum/ -ella、-illus/ -illum/ -illa，与第一变格法和第二变格法名词形成复合词）

Filipendula angustiloba 细叶蚊子草：angusti- ← angustus 窄的，狭的，细的；lobus/ lobos/ lobon 浅裂，耳片（裂片先端钝圆），荚果，蒴果

Filipendula intermedia 翻白蚊子草：intermedius 中间的，中位的，中等的；inter- 中间的，在中间，之间；medius 中间的，中央的

Filipendula kiraishiensis 台湾蚊子草：kiraishiensis 奇莱山的（地名，属台湾省）

Filipendula palmata 蚊子草：palmatus = palmus + atus 掌状的，具掌的；palmus 掌，手掌

Filipendula palmata var. glabra 光叶蚊子草：glabrus 光秃的，无毛的，光滑的

Filipendula palmata var. palmata 蚊子草-原变种（词义见上面解释）

Filipendula purpurea 槭叶蚊子草（槭 qì）：purpureus = purpura + eus 紫色的；purpura 紫色（purpura 原为一种介壳虫名，其体液为紫色，可作颜料）；-eus/ -eum/ -ea（接拉丁语词干时）属于……的，色如……的，质如……的（表示原料、颜色或品质的相似），（接希腊语词干时）属于……的，以……出名，为……所占有（表示具有某种特性）

Filipendula ulmaria 旋果蚊子草：ulmaria 像榆树的；Ullmus 榆属；-arius/ -arium/ -aria 相似，属于（表示地点，场所，关系，所属）

Filipendula vestita 锈脉蚊子草：vestitus 包被的，覆盖的，被柔毛的，袋状的

Fimbristylis 飘拂草属（莎草科）（11：p72）：fimbria → fimbri- 流苏，长缘毛；stylus/ stylis ← stylos 柱，花柱

Fimbristylis acuminata 披针穗飘拂草：acuminatus = acumen + atus 锐尖的，渐尖的；acumen 渐尖头；-atus/ -atum/ -ata 属于，相似，具有，完成（形容词词尾）

Fimbristylis aestivalis 夏飘拂草：aestivus/ aestivalis 夏天的

Fimbristylis aphylla 无叶飘拂草：aphyllus 无叶的；a-/ an- 无，非，没有，缺乏，不具有（an- 用于元音前）（a-/ an- 为希腊语词首，对应的拉丁语词首为 e-/ ex-，相当于英语的 un-/ -less，注意词首 a- 和作为介词的 a/ ab 不同，后者的意思是"从……、由……、关于……、因为……"）；phyllus/ phyllum/ phylla ← phyllon 叶片（用于希腊语复合词）

Fimbristylis aphylla var. aphylla 无叶飘拂草-原变种（词义见上面解释）

Fimbristylis aphylla var. gracilis 小飘拂草：gracilis 细长的，纤弱的，丝状的

Fimbristylis bisumbellata 复序飘拂草：bisumbellata 二回伞形的；bi-/ bis- 二，二数，二回（希腊语为 di-）；umbellatus = umbella + atus 伞形花序的，具伞的；umbella 伞形花序

Fimbristylis chinensis 华飘拂草：chinensis = china + ensis 中国的（地名）；China 中国

Fimbristylis complanata 扁鞘飘拂草：complanatus 扁平的，压扁的；planus/ planatus 平板状的，扁平的，平面的；co- 联合，共同，合起来（拉丁语词首，为 cum- 的音变，表示结合、强化、完全，对应的希腊语为 syn-）；co- 的缀词音变有 co-/ com-/ con-/ col-/ cor-：co-（在 h 和元音字母前面），col-（在 l 前面），com-（在 b、m、p 之前），con-（在 c、d、f、g、j、n、qu、s、t 和 v 前面），cor-（在 r 前面）

Fimbristylis complanata var. complanata 扁鞘飘拂草-原变种（词义见上面解释）

Fimbristylis complanata var. kraussiana 矮扁鞘飘拂草：kraussiana ← Ferdinand Friedrich von Krauss（人名，19 世纪德国博物学家）

Fimbristylis cymosa 黑果飘拂草：cymosus 聚伞状的；cyma/ cyme 聚伞花序；-osus/ -osum/ -osa 多

F

的，充分的，丰富的，显著发育的，程度高的，特征明显的（形容词词尾）

Fimbristylis dichotoma 两歧飘拂草：dichotomus 二叉分歧的，分离的；dicho-/ dicha- 二分的，二歧的；di-/ dis- 二，二数，二分，分离，不同，在……之间，从……分开（希腊语，拉丁语为 bi-/ bis-）；cho-/ chao- 分开，割裂，离开；tomus ← tomos 小片，片段，卷册（书）

Fimbristylis dichotoma f. annua 线叶两歧飘拂草：annuus/ annus 一年的，每年的，一年生的

Fimbristylis dichotoma f. depauperata 矮两歧飘拂草：depauperatus 萎缩的，衰弱的，瘦弱的；de- 向下，向外，从……，脱离，脱落，离开，去掉；paupera 瘦弱的，贫穷的

Fimbristylis dichotoma f. dichotoma 两歧飘拂草-原变种（词义见上面解释）

Fimbristylis dichotomoides 拟两歧飘拂草：dichotomoides 像 dichotoma 的；Fimbristylis dichotoma 两歧飘拂草；-oides/ -oideus/ -oideum/ -oidea/ -odes/ -eidos 像……的，类似……的，呈……状的（名词词尾）

Fimbristylis diphylloides 拟二叶飘拂草：diphylloides 像 diphylla 的，像二叶的；Fimbristylis diphylla 二叶飘拂草；-oides/ -oideus/ -oideum/ -oidea/ -odes/ -eidos 像……的，类似……的，呈……状的（名词词尾）；di-/ dis- 二，二数，二分，分离，不同，在……之间，从……分开（希腊语，拉丁语为 bi-/ bis-）；phyllus/ phyllum/ phylla ← phyllon 叶片（用于希腊语复合词）

Fimbristylis diphylloides var. diphylloides 拟二叶飘拂草-原变种（词义见上面解释）

Fimbristylis diphylloides var. straminea 黄鳞二叶飘拂草：stramineus 禾秆色的，秆黄色的，干草状黄色的；stramen 禾秆，麦秆；stramimis 禾秆，秸秆，麦秆；-eus/ -eum/ -ea（接拉丁语词干时）属于……的，色如……的，质如……的（表示原料、颜色或品质的相似），（接希腊语词干时）属于……的，以……出名，为……所占有（表示具有某种特性）

Fimbristylis dipsacea 起绒飘拂草：Dipsacus 川续断属（川续断科）；-aceus/ -aceum/ -acea 相似的，有……性质的，属于……的

Fimbristylis eragrostis 知风飘拂草：eragrostis = era + agrostis 田地里的禾草；era 田地；agrostis 草，禾草；Eragrostis 画眉草属（禾本科）

Fimbristylis ferrugineae 锈鳞飘拂草：ferrugineae ← ferrugineus 铁锈的；ferrugo = ferrus + ugo 铁锈（ferrugo 的词干为 ferrugin-）；词尾为 -go 的词其词干末尾视为 -gin；ferreus → ferr- 铁，铁的，铁色的，坚硬如铁的；-eus/ -eum/ -ea（接拉丁语词干时）属于……的，色如……的，质如……的（表示原料、颜色或品质的相似），（接希腊语词干时）属于……的，以……出名，为……所占有（表示具有某种特性）

Fimbristylis ferrugineae var. ferrugineae 锈鳞飘拂草-原变种（词义见上面解释）

Fimbristylis ferrugineae var. sieboldii 弱锈鳞飘拂草：sieboldii ← Franz Philipp von Siebold 西博德（人名，1796–1866，德国医生、植物学家，曾专门研究日本植物）

Fimbristylis fordii 罗浮飘拂草：fordii ← Charles Ford（人名）

Fimbristylis fusca 暗褐飘拂草：fuscus 棕色的，暗色的，发黑的，暗棕色的，褐色的

Fimbristylis fusca var. contoniensis 广州暗褐飘拂草：contoniensis 广东的（地名，已修订为 cantoniensis）

Fimbristylis fusca var. fusca 暗褐飘拂草-原变种（词义见上面解释）

Fimbristylis globulosa 球穗飘拂草：globulosus = globus + ulus + osus 多小球的，充满小球的；globus → glob-/ globi- 球体，圆球，地球；-ulus/ -ulum/ -ula 小的，略微的，稍微的（小词 -ulus 在字母 e 或 i 之后有多种变缀，即 -olus/ -olum/ -ola、-ellus/ -ellum/ -ella、-illus/ -illum/ -illa，与第一变格法和第二变格法名词形成复合词）；-osus/ -osum/ -osa 多的，充分的，丰富的，显著发育的，程度高的，特征明显的（形容词词尾）

Fimbristylis globulosa var. austro-japonica 两广球穗飘拂草：austro-/ austr- 南方的，南半球的，大洋洲的；auster 南方，南风；japonica 日本的（地名）

Fimbristylis globulosa var. globulosa 球穗飘拂草-原变种（词义见上面解释）

Fimbristylis gracilenta 纤细飘拂草：gracilentus 细长的，纤弱的；gracilis 细长的，纤弱的，丝状的；-ulentus/ -ulentum/ -ulenta/ -olentus/ -olentum/ -olenta（表示丰富、充分或显著发展）

Fimbristylis hainanensis 海南飘拂草：hainanensis 海南的（地名）

Fimbristylis henryi 宜昌飘拂草：henryi ← Augustine Henry 或 B. C. Henry（人名，前者，1857–1930，爱尔兰医生、植物学家，曾在中国采集植物，后者，1850–1901，曾活动于中国的传教士）

Fimbristylis hookeriana 金色飘拂草：hookeriana ← William Jackson Hooker（人名，19 世纪英国植物学家）

Fimbristylis longispica 长穗飘拂草：longe-/ longi- ← longus 长的，纵向的；spicus 穗，谷穗，花穗

Fimbristylis longistipitata 长柄果飘拂草：longistipitatus 具长柄的；longe-/ longi- ← longus 长的，纵向的；stipitatus = stipitus + atus 具柄的；stipitus 柄，梗；-atus/ -atum/ -ata 属于，相似，具有，完成（形容词词尾）

Fimbristylis makinoana 短尖飘拂草：makinoana ← Tomitaro Makino 牧野富太郎（人名，20 世纪日本植物学家）

Fimbristylis miliacea 水虱草：Milium 粟草属（禾本科）；-aceus/ -aceum/ -acea 相似的，有……性质的，属于……的

Fimbristylis monostachya 独穗飘拂草：mono-/ mon- ← monos 一个，单一的（希腊语，拉丁语为 unus/ uni-/ uno-）；stachy-/ stachyo-/ -stachys/ -stachyus/ -stachyum/ -stachya 穗子，穗子的，穗子状的，穗状花序的

F

Fimbristylis nanningensis 南宁飘拂草：nanningensis 南宁的（地名，广西壮族自治区）

Fimbristylis nanofusca 矮飘拂草：nanofuscus 矮生褐色的；nanus ← nanos/ nannos 矮小的，小的；nani-/ nano-/ nanno- 矮小的，小的；fuscus 棕色的，暗色的，发黑的，暗棕色的，褐色的

Fimbristylis nigrobrunnea 褐鳞飘拂草：nigro-/ nigri- ← nigrus 黑色的；niger 黑色的；brunneus/ bruneus 深褐色的

Fimbristylis nutans 垂穗飘拂草：nutans 弯曲的，下垂的（弯曲程度远大于90°）；关联词：cernuus 点头的，前屈的，略俯垂的（弯曲程度略大于90°）

Fimbristylis pierotii 东南飘拂草：pierotii（人名）；-ii 表示人名，接在以辅音字母结尾的人名后面，但-er 除外

Fimbristylis polytrichoides 细叶飘拂草：polytrichoides 近似多毛的；polytrichus 多毛的；poly- ← polys 多个，许多（希腊语，拉丁语为 multi-）；trichus 毛，毛发，线；-oides/ -oideus/ -oideum/ -oidea/ -odes/ -eidos 像……的，类似……的，呈……状的（名词词尾）

Fimbristylis psammocola 砂生飘拂草：psammocola 栖居于沙地的；psammos 沙子；colus ← colo 分布于，居住于，栖居，殖民（常作词尾）；colo/ colere/ colui/ cultum 居住，耕作，栽培

Fimbristylis quinquangularis 五棱秆飘拂草：quin-/ quinqu-/ quinque-/ quinqui- 五，五数（希腊语为 penta-）；angularis = angulus + aris 具棱角的，有角度的；-aris（阳性、阴性）/ -are（中性）← -alis（阳性、阴性）/ -ale（中性）属于，相似，如同，具有，涉及，关于，联结于（将名词作形容词用，其中 -aris 常用于以 l 或 r 为词干末尾的词）

Fimbristylis quinquangularis var. bistaminifera 异五棱飘拂草：bi- 二，二数，二回；staminus 雄性的，雄蕊的；stamen/ staminis 雄蕊；-ferus/ -ferum/ -fera/ -fero/ -fere/ -fer 有，具有，产（区别：作独立词使用的 ferus 意思是"野生的"）

Fimbristylis quinquangularis var. elata 高五棱飘拂草：elatus 高的，梢端的

Fimbristylis quinquangularis var. quinquangularis 五棱秆飘拂草-原变种（词义见上面解释）

Fimbristylis rigidula 结状飘拂草：rigidulus 稍硬的；rigidus 坚硬的，不弯曲的，强直的；-ulus/ -ulum/ -ula 小的，略微的，稍微的（小词 -ulus 在字母 e 或 i 之后有多种变缀，即 -olus/ -olum/ -ola、-ellus/ -ellum/ -ella、-illus/ -illum/ -illa，与第一变格法和第二变格法名词形成复合词）

Fimbristylis rufoglumosa 红鳞飘拂草：ruf-/ rufi-/ frufo- ← rufus/ rubus 红褐色的，锈色的，红色的，发红的，淡红色的；glumosus 颖片，鳞片；gluma 颖片

Fimbristylis schoenoides 少穗飘拂草：schoenites 像灯心草的，像赤箭莎的；schoenus/ schoinus 灯心草（希腊语）；Schoenus 赤箭莎属（莎草科）；-oides/ -oideus/ -oideum/ -oidea/ -odes/ -eidos 像……的，类似……的，呈……状的（名词词尾）

Fimbristylis sericea 绢毛飘拂草（绢 juàn）：sericeus 绢丝状的；sericus 绢丝的，绢毛的，赛尔人的（Ser 为印度一民族）；-eus/ -eum/ -ea（接拉丁语词干时）属于……的，色如……的，质如……的（表示原料、颜色或品质的相似），（接希腊语词干时）属于……的，以……出名，为……所占有（表示具有某种特性）

Fimbristylis spathacea 佛焰苞飘拂草：spathaceus 佛焰苞状的；spathus 佛焰苞，薄片，刀剑；-aceus/ -aceum/ -acea 相似的，有……性质的，属于……的

Fimbristylis squarrosa 畦畔飘拂草（畦 qí）：squarrosus = squarrus + osus 粗糙的，不平滑的，有凸起的；squarrus 糙的，不平，凸点；-osus/ -osum/ -osa 多的，充分的，丰富的，显著发育的，程度高的，特征明显的（形容词词尾）

Fimbristylis stauntoni 烟台飘拂草：stauntoni（人名，词尾改为"-ii"似更妥）；-ii 表示人名，接在以辅音字母结尾的人名后面，但 -er 除外；-i 表示人名，接在以元音字母结尾的人名后面，但 -a 除外

Fimbristylis stolonifera 匍匐茎飘拂草：stolon 匍匐茎；-ferus/ -ferum/ -fera/ -fero/ -fere/ -fer 有，具有，产（区别：作独立词使用的 ferus 意思是"野生的"）

Fimbristylis subbispicata 双穗飘拂草：subbispicata 像 bispicata 的，近似二穗的；sub-（表示程度较弱）与……类似，几乎，稍微，弱，亚，之下，下面；Fimbristylis bispicata 二穗飘拂草；bi-/ bis- 二，二数，二回（希腊语为 di-）；spicatus 具穗的，具穗状花的，具尖头的；spicus 穗，谷穗，花穗

Fimbristylis tetragona 四棱飘拂草：tetra-/ tetr- 四，四数（希腊语，拉丁语为 quadri-/ quadr-）；gonus ← gonos 棱角，膝盖，关节，足

Fimbristylis thomsonii 西南飘拂草：thomsonii ← Thomas Thomson（人名，19 世纪英国植物学家）；-ii 表示人名，接在以辅音字母结尾的人名后面，但 -er 除外

Fimbristylis verrucifera 疣果飘拂草：verrucus ← verrucos 疣状物；-ferus/ -ferum/ -fera/ -fero/ -fere/ -fer 有，具有，产（区别：作独立词使用的 ferus 意思是"野生的"）

Fimbristylis wukungshanensis 武功山飘拂草：wukungshanensis 武功山的（地名，江西省中部，罗霄山脉北支）

Fimbristylis yunnanensis 滇飘拂草：yunnanensis 云南的（地名）

Firmiana 梧桐属（梧桐科）（49-2：p133）：firmiana ← Karl Joseph von Firmian（人名，1716–1782，德国植物学家）

Firmiana hainanensis 海南梧桐：hainanensis 海南的（地名）

Firmiana major 云南梧桐：major 较大的，更大的（majus 的比较级）；majus 大的，巨大的

Firmiana platanifolia 梧桐：Platanus 悬铃木属（悬铃木科）；folius/ folium/ folia 叶，叶片（用于复合词）

Fissistigma 瓜馥木属（馥 fù）（番荔枝科）（30-2：p130）：fissistigma 开裂柱头的；fissus = fissuratus 分裂的，裂开的，中裂的；stigmus 柱头

Fissistigma acuminatissimum 尖叶瓜馥木：

F

acuminatus = acumen + atus 锐尖的，渐尖的；acumen 渐尖头；-atus/ -atum/ -ata 属于，相似，具有，完成（形容词词尾）；-issimus/ -issima/ -issimum 最，非常，极其（形容词最高级）

Fissistigma balansae 多脉瓜馥木：balansae ← Benedict Balansa（人名，19 世纪法国植物采集员）；-ae 表示人名，以 -a 结尾的人名后面加上 -e 形成

Fissistigma bracteolatum 排骨灵：bracteolatus = bracteus + ulus + atus 具小苞片的；bracteus 苞，苞片，苞鳞；-ulus/ -ulum/ -ula 小的，略微的，稍微的（小词 -ulus 在字母 e 或 i 之后有多种变缀，即 -olus/ -olum/ -ola、-ellus/ -ellum/ -ella、-illus/ -illum/ -illa，与第一变格法和第二变格法名词形成复合词）；-atus/ -atum/ -ata 属于，相似，具有，完成（形容词词尾）

Fissistigma cavaleriei 独山瓜馥木：cavaleriei ← Pierre Julien Cavalerie（人名，20 世纪法国传教士）；-i 表示人名，接在以元音字母结尾的人名后面，但 -a 除外

Fissistigma chloroneurum 阔叶瓜馥木：chloroneurus 绿色脉的；chlor-/ chloro- ← chloros 绿色的（希腊语，相当于拉丁语的 viridis）；neurus ← neuron 脉，神经

Fissistigma cupreonitens 金果瓜馥木：cupreonitens 发铜光的；cupreatus 铜，铜色的；nitidus = nitere + idus 光亮的，发光的；nitere 发亮；-idus/ -idum/ -ida 表示在进行中的动作或情况，作动词、名词或形容词的词尾；nitens 光亮的，发光的

Fissistigma glaucescens 白叶瓜馥木：glaucescens 变白的，发白的，灰绿的；glauco-/ glauc- ← glaucus 被白粉的，发白的，灰绿色的；-escens/ -ascens 改变，转变，变成，略微，带有，接近，相似，大致，稍微（表示变化的趋势，并未完全相似或相同，有别于表示达到完成状态的 -atus）

Fissistigma globosum 坝治瓜馥木：globosus = globus + osus 球形的；globus → glob-/ globi- 球体，圆球，地球；-osus/ -osum/ -osa 多的，充分的，丰富的，显著发育的，程度高的，特征明显的（形容词词尾）；关联词：globularis/ globulifer/ globulosus（小球状的、具小球的），globuliformis（纽扣状的）

Fissistigma kwangsiense 广西瓜馥木：kwangsiense 广西的（地名）

Fissistigma latifolium 大叶瓜馥木：lati-/ late- ← latus 宽的，宽广的；folius/ folium/ folia 叶，叶片（用于复合词）

Fissistigma maclurei 毛瓜馥木：maclurei（人名）

Fissistigma minuticalyx 小萼瓜馥木：minutus 极小的，细微的，微小的；calyx → calyc- 萼片（用于希腊语复合词）

Fissistigma oldhamii 瓜馥木：oldhamii ← Richard Oldham（人名，19 世纪植物采集员）

Fissistigma oldhamii var. longistipitatum 长柄瓜馥木：longistipitatus 具长柄的；longe-/ longi- ← longus 长的，纵向的；stipitus 柄，梗；-atus/ -atum/ -ata 属于，相似，具有，完成（形容词词尾）；stipitatus = stipitus + atus 具柄的

Fissistigma oldhamii var. oldhamii 瓜馥木-原变

种 （词义见上面解释）

Fissistigma poilanei 火绳藤：poilanei（人名，法国植物学家）

Fissistigma polyanthum 黑风藤：polyanthus 多花的；poly- ← polys 多个，许多（希腊语，拉丁语为 multi-）；anthus/ anthum/ antha/ anthe ← anthos 花（用于希腊语复合词）

Fissistigma retusum 凹叶瓜馥木：retusus 微凹的

Fissistigma shangtzeense 上思瓜馥木：shangtzeense 上思的（地名，广西壮族自治区）

Fissistigma tientangense 天堂瓜馥木：tientangense 天堂山的（地名，广西壮族自治区）

Fissistigma tungfangense 东方瓜馥木：tungfangense 东方的（地名，海南省）

Fissistigma uonicum 香港瓜馥木：uonicum（地名）

Fissistigma wallichii 贵州瓜馥木：wallichii ← Nathaniel Wallich（人名，19 世纪初丹麦植物学家、医生）

Fissistigma xylopetalum 木瓣瓜馥木：xylon 木材，木质；petalus/ petalum/ petala ← petalon 花瓣

Fittonia 网纹草属（爵床科）（70：p1）：fittonia ← Elizabeth Fitton 和 Sarah Mary Fitton（人名，19 世纪姐妹植物学家）

Fittonia verschaffeltii 网纹草：verschaffeltii ← Ambroise Alexandre Verschaffelt（人名，19 世纪比利时植物学家、植物绘画艺术家）

Flacourtia 刺篱木属（大风子科）（52-1：p41）：flacourtia ← Etienne de Flacourt（人名，1607–1660，在法国的东印度公司董事长）

Flacourtia indica 刺篱木：indica 印度的（地名）；-icus/ -icum/ -ica 属于，具有某种特性（常用于地名、起源、生境）

Flacourtia inermis 罗比梅：inermus/ inermis = in + arma 无针刺的，不尖锐的，无齿的，无武装的；in-/ im-（来自 il- 的音变）内，在内，内部，向内，相反，不，无，非；il- 在内，向内，为，相反（希腊语为 en-）；词首 il- 的音变：il-（在 l 前面），im-（在 b、m、p 前面），in-（在元音字母和大多数辅音字母前面），ir-（在 r 前面），如 illaudatus（不值得称赞的，评价不好的），impermeabilis（不透水的，穿不透的），ineptus（不合适的），insertus（插入的），irretortus（无弯曲的，无扭曲的）；arma 武器，装备，工具，防护，挡板，军队

Flacourtia jangomas 云南刺篱木：jangomas（人名）

Flacourtia montana 山刺子：montanus 山，山地；montis 山，山地的；mons 山，山脉，岩石

Flacourtia ramontchii 大果刺篱木：ramontchii（人名）；-ii 表示人名，接在以辅音字母结尾的人名后面，但 -er 除外

Flacourtia rukam 大叶刺篱木：rukam 李子，樱桃（马来西亚语）

Flacourtiaceae 大风子科（52-1：p1）：Flacourtia 刺篱木属；-aceae（分类单位科的词尾，为 -aceus 的阴性复数主格形式，加到模式属的名称后或同义词的词干后以组成族群名称）

Flagellaria 须叶藤属（须叶藤科）（13-3：p2）：flagellaria 鞭状的，匍匐枝的（指缠绕茎）；

F

flagellum 鞭子；-arius/ -arium/ -aria 相似，属于（表示地点，场所，关系，所属）

Flagellaria indica 须叶藤：indica 印度的（地名）；-icus/ -icum/ -ica 属于，具有某种特性（常用于地名、起源、生境）

Flagellariaceae 须叶藤科（13-3：p2）：Flagellaria 须叶藤属；-aceae（分类单位科的词尾，为 -aceus 的阴性复数主格形式，加到模式属的名称后或同义词的词干后以组成族群名称）

Flaveria 黄顶菊属（菊科）（增补）：flaveria 变黄的，黄色的；flavus → flavo-/ flavi-/ flav- 黄色的，鲜黄色的，金黄色的（指纯正的黄色）

Flaveria bidentis 黄顶菊：bidentis 二齿的；bi-/ bis- 二，二数，二回（希腊语为 di-）；dens/ dentus 齿，牙齿

Flemingia 千斤拔属（豆科）（41：p313）：flemingia ← John Fleming（人名，19 世纪英国药用植物学家）

Flemingia chappar 墨江千斤拔：chappar（土名）

Flemingia fluminalis 河边千斤拔：fluminalis 流水的，河流的（指生境）；flumen 河流，河川，大海，大量；-aris（阳性、阴性）/ -are（中性）← -alis（阳性、阴性）/ -ale（中性）属于，相似，如同，具有，涉及，关于，联结于（将名词作形容词用，其中 -aris 常用于以 l 或 r 为词干末尾的词）

Flemingia glutinosa 腺毛千斤拔：glutinosus 黏的，被黏液的；glutinium 胶，黏结物；-osus/ -osum/ -osa 多的，充分的，丰富的，显著发育的，程度高的，特征明显的（形容词词尾）

Flemingia grahamiana 绒毛千斤拔：grahamiana ← Edward Graham（人名，1930 年代美国植物学家）

Flemingia involucrata 总苞千斤拔：involucratus = involucrus + atus 有总苞的；involucrus 总苞，花苞，包被

Flemingia kweichowensis 贵州千斤拔：kweichowensis 贵州的（地名）

Flemingia latifolia 宽叶千斤拔：lati-/ late- ← latus 宽的，宽广的；folius/ folium/ folia 叶，叶片（用于复合词）

Flemingia latifolia var. hainanensis 海南千斤拔：hainanensis 海南的（地名）

Flemingia latifolia var. latifolia 宽叶千斤拔-原变种 （词义见上面解释）

Flemingia lineata 细叶千斤拔：lineatus = lineus + atus 具线的，线状的，呈亚麻状的；lineus = linum + eus 线状的，丝状的，亚麻状的；linum ← linon 亚麻，线（古拉丁名）；-atus/ -atum/ -ata 属于，相似，具有，完成（形容词词尾）

Flemingia macrophylla 大叶千斤拔：macro-/ macr- ← macros 大的，宏观的（用于希腊语复合词）；phyllus/ phyllum/ phylla ← phyllon 叶片（用于希腊语复合词）

Flemingia mengpengensis 勐板千斤拔（勐 měng）：mengpengensis 勐板的（地名，云南省）

Flemingia paniculata 锥序千斤拔：paniculatus = paniculus + atus 具圆锥花序的；paniculus 圆锥花序；panus 谷穗；panicus 野稗，粟，谷子；-atus/

-atum/ -ata 属于，相似，具有，完成（形容词词尾）

Flemingia philippinensis 千斤拔：philippinensis 菲律宾的（地名）

Flemingia procumbens 矮千斤拔：procumbens 俯卧的，匍匐的，倒伏的；procumb- 俯卧，匍匐，倒伏；-ans/ -ens/ -bilis/ -ilis 能够，可能（为形容词词尾，-ans/ -ens 用于主动语态，-bilis/ -ilis 用于被动语态）

Flemingia stricta 长叶千斤拔：strictus 直立的，硬直的，笔直的，彼此靠拢的

Flemingia strobilifera 球穗千斤拔：strobilus ← strobilos 球果的，圆锥的；strobus 球果的，圆锥的；-ferus/ -ferum/ -fera/ -fero/ -fere/ -fer 有，具有，产（区别：作独立词使用的 ferus 意思是"野生的"）

Flemingia wallichii 云南千斤拔：wallichii ← Nathaniel Wallich（人名，19 世纪初丹麦植物学家、医生）

Flickingeria 金石斛属（斛 hú）（兰科）（19：p146）：flickingeria ← Edward A. Flickinger（人名，英国园林杂志出版商）

Flickingeria albopurpurea 滇金石斛：albus → albi-/ albo- 白色的；purpureus = purpura + eus 紫色的；purpura 紫色（purpura 原为一种介壳虫名，其体液为紫色，可作颜料）；-eus/ -eum/ -ea（接拉丁语词干时）属于……的，色如……的，质如……的（表示原料、颜色或品质的相似），（接希腊语词干时）属于……的，以……出名，为……所占有（表示具有某种特性）

Flickingeria angustifolia 狭叶金石斛：angusti- ← angustus 窄的，狭的，细的；folius/ folium/ folia 叶，叶片（用于复合词）

Flickingeria bicolor 二色金石斛：bi-/ bis- 二，二数，二回（希腊语为 di-）；color 颜色

Flickingeria calocephala 红头金石斛：call-/ calli-/ callo-/ cala-/ calo- ← calos/ callos 美丽的；cephalus/ cephale ← cephalos 头，头状花序

Flickingeria comata 金石斛：comatus 具簇毛的，具缨的

Flickingeria concolor 同色金石斛：concolor = co + color 同色的，一色的，单色的；co- 联合，共同，合起来（拉丁语词首，为 cum- 的音变，表示结合、强化、完全，对应的希腊语为 syn-）；co- 的缀词音变有 co-/ com-/ con-/ col-/ cor-：co-（在 h 和元音字母前面），col-（在 l 前面），com-（在 b、m、p 之前），con-（在 c、d、f、g、j、n、qu、s、t 和 v 前面），cor-（在 r 前面）；color 颜色

Flickingeria fimbriata 流苏金石斛：fimbriatus = fimbria + atus 具长缘毛的，具流苏的，具锯齿状裂的（指花瓣）；fimbria → fimbri- 流苏，长缘毛；-atus/ -atum/ -ata 属于，相似，具有，完成（形容词词尾）

Flickingeria tairukounia 卵唇金石斛：tairukounia（土名）

Flickingeria tricarinata 三脊金石斛：tricarinatus 三龙骨的；tri-/ tripli-/ triplo- 三个，三数；carinatus 脊梁的，龙骨的，龙骨状的

Flickingeria tricarinata var. tricarinata 三脊金石斛-原变种 （词义见上面解释）

F

Flickingeria tricarinata var. viridilamella 绿脊金石斛：viridus 绿色的；lamella = lamina + ella 薄片的，菌褶的，鳍状突起的；lamina 片，叶片

Flindersia 巨盘木属（芸香科）（43-2：p95）：flindersia ← William Matthew Flinders Petrie（人名，1774–1814，英国船长、探险家）

Flindersia amboinensis 巨盘木：amboinensis 安汶岛的（地名，印度尼西亚）

Floscopa 聚花草属（鸭跖草科）（13-3：p80）：floscopa 笤帚状花的（指花密集在一起）；flos/florus 花；scopus 笤帚

Floscopa scandens 聚花草：scandens 攀缘的，缠绕的，藤本的；scando/ scansum 上升，攀登，缠绕

Floscopa yunnanensis 云南聚花草：yunnanensis 云南的（地名）

Flueggea 白饭树属（大戟科）（44-1：p68）：flueggea ← J. Fluegge（人名，1775–1816，德国植物学家）

Flueggea acicularis 毛白饭树：acicularis 针形的，发夹的；aciculare = acus + culus + aris 针形，发夹状的；acus 针，发夹，发簪；-culus/ -culum/ -cula 小的，略微的，稍微的（同第三变格法和第四变格法名词形成复合词）；-aris（阳性、阴性）/ -are（中性）← -alis（阳性、阴性）/ -ale（中性）属于，相似，如同，具有，涉及，关于，联结于（将名词作形容词用，其中 -aris 常用于以 l 或 r 为词干末尾的词）

Flueggea leucopyra 聚花白饭树：leuc-/ leuco- ← leucus 白色的（如果和其他表示颜色的词混用则表示淡色）；pyrus/ pirus ← pyros 梨，梨树，核，核果，小麦，谷物

Flueggea suffruticosa 一叶萩（萩 qiū）：suffruticosus 亚灌木状的；suffrutex 亚灌木，半灌木；suf- ← sub- 亚，像，稍微（sub- 在字母 f 前同化为 suf-）；frutex 灌木；-osus/ -osum/ -osa 多的，充分的，丰富的，显著发育的，程度高的，特征明显的（形容词词尾）

Flueggea virosa 白饭树：virosus 有毒的，恶臭的；virus 毒素，毒液，黏液，恶臭

Foeniculum 茴香属（伞形科）（55-2：p211）：faeniculum = faenum（foenum）+ culus 略像干草的，略像希腊秣刍的（一种具强烈气味的草本植物）（秣刍 mò chú，意饲草）；foenum ← faenum 干草，枯草；-culus/ -culum/ -cula 小的，略微的，稍微的（同第三变格法和第四变格法名词形成复合词）

Foeniculum vulgare 茴香：vulgaris 常见的，普通的，分布广的；vulgus 普通的，到处可见的

Fokienia 福建柏属（柏科）（7：p345）：fokienia 福建的（地名）

Fokienia hodginsii 福建柏：hodginsii（人名）；-ii 表示人名，接在以辅音字母结尾的人名后面，但 -er 除外

Fontanesia 雪柳属（木樨科）（61：p4）：fontanesia ← Rene Louiche des Desfontaines（人名，1750–1833，法国植物学家、作家）

Fontanesia fortunei 雪柳：fortunei ← Robert Fortune（人名，19 世纪英国园艺学家，曾在中国采集植物）；-i 表示人名，接在以元音字母结尾的人名

后面，但 -a 除外

Fordia 干花豆属（豆科）（40：p132）：fordia ← Charles Ford（人名，1844–1927，英国植物学家，曾在中国采集植物标本）

Fordia cauliflora 干花豆：cauliflorus 茎干生花的；cauli- ← caulia/ caulis 茎，茎秆，主茎；florus/ florum/ flora ← flos 花（用于复合词）

Fordia microphylla 小叶干花豆：micr-/ micro- ← micros 小的，微小的，微观的（用于希腊语复合词）；phyllus/ phyllum/ phylla ← phyllon 叶片（用于希腊语复合词）

Fordiophyton 异药花属（野牡丹科）（53-1：p236）：fordio ← Charles Ford（人名，1844–1927，英国植物学家，曾在中国采集植物标本）；phyton → phytus 植物

Fordiophyton brevicaule 短茎异药花：brevi- ← brevis 短的（用于希腊语复合词词首）；caulus/ caulon/ caule ← caulos 茎，茎秆，主茎

Fordiophyton cordifolium 心叶异药花：cordi- ← cordis/ cor 心脏的，心形的；folius/ folium/ folia 叶，叶片（用于复合词）

Fordiophyton faberi 异药花：faberi ← Ernst Faber（人名，19 世纪活动于中国的德国植物采集员）；-eri 表示人名，在以 -er 结尾的人名后面加上 i 形成

Fordiophyton fordii 肥肉草：fordii ← Charles Ford（人名）

Fordiophyton fordii var. fordii 肥肉草-原变种（词义见上面解释）

Fordiophyton fordii var. pilosum 毛柄肥肉草：pilosus = pilus + osus 多毛的，被柔毛的，具疏柔毛的，被短弱细毛的；pilus 毛，疏柔毛；-osus/ -osum/ -osa 多的，充分的，丰富的，显著发育的，程度高的，特征明显的（形容词词尾）

Fordiophyton fordii var. vernicinum 光萼肥肉草：vernicinum = vernicosus + inus 漆状的，清漆状的；vernicosus 涂漆的，油亮的；-inus/ -inum/ -ina/ -inos 相近，接近，相似，具有（通常指颜色）

Fordiophyton longipes 长柄异药花：longe-/ longi- ← longus 长的，纵向的；pes/ pedis 柄，梗，茎秆，腿，足，爪（作词首或词尾，pes 的词干视为"ped-"）

Fordiophyton multiflorum 多花肥肉草：multi- ← multus 多个，多数，很多（希腊语为 poly-）；florus/ florum/ flora ← flos 花（用于复合词）

Fordiophyton repens 匍匐异药花：repens/ repentis/ repsi/ reptum/ repere/ repo 匍匐，爬行（同义词：reptans/ reptoare）

Fordiophyton strictum 劲枝异药花（劲 jìng）：strictus 直立的，硬直的，笔直的，彼此靠拢的

Formania 复芒菊属（菊科）（76-1：p81）：formania ← Forman（人名）

Formania mekongensis 复芒菊：mekongensis 湄公河的（地名，澜沧江流入中南半岛部分称湄公河）

Forsythia 连翘属（翘 qiáo）（木樨科）（61：p41）：forsythia ← William Forsyth（人名，1737–1840，英国园艺学家）

Forsythia giraldiana 秦连翘：giraldiana ← Giuseppe Giraldi（人名，19 世纪活动于中国的意大

利传教士）

Forsythia likiangensis 丽江连翘：likiangensis 丽江的（地名，云南省）

Forsythia mandschurica 东北连翘：mandschurica 满洲的（地名，中国东北，地理区域）

Forsythia mira 奇异连翘：mirus/ mirabilis 惊奇的，稀奇的，奇异的，非常的；miror 惊奇，惊叹，崇拜

Forsythia ovata 卵叶连翘：ovatus = ovus + atus 卵圆形的；ovus 卵，胚珠，卵形的，椭圆形的；-atus/ -atum/ -ata 属于，相似，具有，完成（形容词词尾）

Forsythia suspensa 连翘：suspensus 悬挂的，垂吊的

Forsythia suspensa f. pubescens 毛连翘：pubescens ← pubens 被短柔毛的，长出柔毛的；pubi- ← pubis 细柔毛的，短柔毛的，毛被的；pubesco/ pubescere 长成的，变为成熟的，长出柔毛的，青春期体毛的；-escens/ -ascens 改变，转变，变成，略微，带有，接近，相似，大致，稍微（表示变化的趋势，并未完全相似或相同，有别于表示达到完成状态的 -atus）

Forsythia suspensa f. suspensa 连翘-原变型 （词义见上面解释）

Forsythia viridissima 金钟花：viridus 绿色的；-issimus/ -issima/ -issimum 最，非常，极其（形容词最高级）

Fortunearia 牛鼻栓属（金缕梅科）（35-2: p94）：fortunearia ← Robert Fortune（人名，1812–1880，英国园艺学家，曾在中国采集植物标本）

Fortunearia sinensis 牛鼻栓：sinensis = Sina + ensis 中国的（地名）；Sina 中国

Fortunella 金橘属（芸香科）（43-2: p169）：fortunella ← Robert Fortune（人名，1812–1880，英国园艺学家，曾在中国采集植物标本）；-ella 小（用作人名或一些属名词尾时并无小词意义）

Fortunella bawangica 霸王金橘：bawangica 坝王（中文土名）

Fortunella hindsii 山橘：hindsii ← Richard Brinsley Hinds（人名，19 世纪英国皇家海军外科医生、博物学家）

Fortunella japonica 金柑：japonica 日本的（地名）；-icus/ -icum/ -ica 属于，具有某种特性（常用于地名、起源、生境）

Fortunella margarita 金橘：margaritus 珍珠的，珍珠状的

Fortunella margarita cv. Calamondin 四季橘：calamondin（地名，品种名）

Fortunella margarita cv. Changshou Jingan 长寿金柑：changshou jingan 长寿金柑（中文品种名）

Fortunella margarita cv. Chintan 金弹：chintan 金弹（中文品种名）

Fortunella margarita cv. Lanshan Jingan 蓝山金柑：lanshan jingan 蓝山金柑（中文品种名）

Fortunella margarita cv. Rongan Jingan 融安金柑：rongan jingan 融安金柑（中文品种名）；rongan 融安（地名，广西壮族自治区）

Fortunella venosa 金豆：venosus 细脉的，细脉明显的，分枝脉的；venus 脉，叶脉，血脉，血管；

-osus/ -osum/ -osa 多的，充分的，丰富的，显著发育的，程度高的，特征明显的（形容词词尾）

Fragaria 草莓属（蔷薇科）（37: p350）：fragaria = fragum + aria 草莓的；fragum 草莓；-arius/ -arium/ -aria 相似，属于（表示地点，场所，关系，所属）

Fragaria × ananassa 草莓：ananassus 像菠萝的（指味道）；Ananans 凤梨属（凤梨科）

Fragaria daltoniana 裂萼草莓：daltoniana ← Dalton（人名）

Fragaria gracilis 纤细草莓：gracilis 细长的，纤弱的，丝状的

Fragaria moupinensis 西南草莓：moupinensis 穆坪的（地名，四川省宝兴县），木坪的（地名，重庆市）

Fragaria nilgerrensis 黄毛草莓：nilgerrensis（地名）

Fragaria nilgerrensis var. mairei 粉叶黄毛草莓：mairei（人名）；Edouard Ernest Maire（人名，19 世纪活动于中国云南的传教士）；Rene C. J. E. Maire 人名（20 世纪阿尔及利亚植物学家，研究北非植物）；-i 表示人名，接在以元音字母结尾的人名后面，但 -a 除外

Fragaria nilgerrensis var. nilgerrensis 黄毛草莓-原变种 （词义见上面解释）

Fragaria nubicola 西藏草莓：nubicolus 住在云中的，高居云端的；nubius 云雾的；colus ← colo 分布于，居住于，栖居，殖民（常作词尾）；colo/ colere/ colui/ cultum 居住，耕作，栽培

Fragaria orientalis 东方草莓：orientalis 东方的；oriens 初升的太阳，东方

Fragaria pentaphylla 五叶草莓：penta- 五，五数（希腊语，拉丁语为 quin/ quinqu/ quinque-/ quinqui-）；phyllus/ phyllum/ phylla ← phyllon 叶片（用于希腊语复合词）

Fragaria vesca 野草莓：vescus 薄的，细的，纤弱的，可食的

Frankenia 瓣鳞花属（瓣鳞花科）（50-2: p139）：frankenia ← Johan Frankenius（人名，17 世纪在瑞典的德国植物学家）

Frankenia pulverulenta 瓣鳞花：pulverulentus 细粉末状的，粉末覆盖的；pulvereus 粉末的，粉尘的；pulveris 粉末的，粉尘的，灰尘的；pulvis 粉末，粉尘，灰尘；-eus/ -eum/ -ea（接拉丁语词干时）属于……的，色如……的，质如……的（表示原料、颜色或品质的相似），（接希腊语词干时）属于……的，以……出名，为……所占有（表示具有某种特性）；-ulentus/ -ulentum/ -ulenta/ -olentus/ -olentum/ -olenta（表示丰富、充分或显著发展）

Frankeniaceae 瓣鳞花科（50-2: p139）：Frankenia 瓣鳞花属；-aceae（分类单位科的词尾，为 -aceus 的阴性复数主格形式，加到模式属的名称后或同义词的词干后以组成族群名称）

Fraxinus 梣属（梣 chén）（木樨科）（61: p5）：fraxinus（白蜡树的古拉丁名）

Fraxinus americana 美国白梣：americana 美洲的（地名）

Fraxinus angustifolia subsp. oxycarpa 尖果梣：angusti- ← angustus 窄的，狭的，细的；folius/ folium/ folia 叶，叶片（用于复合词）；oxycarpus 尖

F

果的；oxy- ← oxys 尖锐的，酸的；carpus/ carpum/ carpa/ carpon ← carpos 果实（用于希腊语复合词）

Fraxinus baroniana 狭叶梣：baroniana ← Reverend Baron（人名，20 世纪活动于南非的英国传教士）

Fraxinus bungeana 小叶梣：bungeana ← Alexander von Bunge（人名，1813–1866，俄国植物学家）

Fraxinus chinensis 白蜡树：chinensis = china + ensis 中国的（地名）；China 中国

Fraxinus depauperata 疏花梣：depauperatus 萎缩的，衰弱的，瘦弱的；de- 向下，向外，从……，脱离，脱落，离开，去掉；paupera 瘦弱的，贫穷的

Fraxinus excelsior 欧梣：excelsior 较高的，较高贵的（excelsus 的比较级）

Fraxinus ferruginea 锈毛梣：ferrugineus 铁锈的，淡棕色的；ferrugo = ferrus + ugo 铁锈（ferrugo 的词干为 ferrugin-）；词尾为 -go 的词其词干末尾视为 -gin；ferreus → ferr- 铁，铁的，铁色的，坚硬如铁的；-eus/ -eum/ -ea（接拉丁语词干时）属于……的，色如……的，质如……的（表示原料、颜色或品质的相似），（接希腊语词干时）属于……的，以……出名，为……所占有（表示具有某种特性）

Fraxinus floribunda 多花梣：floribundus = florus + bundus 多花的，繁花的，花正盛开的；florus/ florum/ flora ← flos 花（用于复合词）；-bundus/ -bunda/ -bundum 正在做，正在进行（类似于现在分词），充满，盛行

Fraxinus griffithii 光蜡树：griffithii ← William Griffith（人名，19 世纪印度植物学家，加尔各答植物园主任）

Fraxinus hupehensis 湖北梣：hupehensis 湖北的（地名）

Fraxinus insularis 苦枥木（枥 lì）：insularis 岛屿的；insula 岛屿；-aris（阳性、阴性）/ -are（中性）← -alis（阳性、阴性）/ -ale（中性）属于，相似，如同，具有，涉及，关于，联结于（将名词作形容词用，其中 -aris 常用于以 l 或 r 为词干末尾的词）

Fraxinus insularis var. henryana 齿缘苦枥木：henryana ← Augustine Henry 或 B. C. Henry（人名，前者，1857–1930，爱尔兰医生、植物学家，曾在中国采集植物，后者，1850–1901，曾活动于中国的传教士）

Fraxinus insularis var. insularis 苦枥木-原变种（词义见上面解释）

Fraxinus latifolia 阔叶梣：lati-/ late- ← latus 宽的，宽广的；folius/ folium/ folia 叶，叶片（用于复合词）

Fraxinus lingelsheimii 云南梣：lingelsheimii（人名）；-ii 表示人名，接在以辅音字母结尾的人名后面，但 -er 除外

Fraxinus malacophylla 白枪杆：malac-/ malaco-/ malaci- ← malacus 软的，温柔的；phyllus/ phyllum/ phylla ← phyllon 叶片（用于希腊语复合词）

Fraxinus mandschurica 水曲柳：mandschurica 满洲的（地名，中国东北，地理区域）

Fraxinus mariesii 庐山梣：mariesii（人名）；-ii 表示人名，接在以辅音字母结尾的人名后面，但 -er 除外

Fraxinus obovata （倒卵叶花曲柳）：obovatus = ob + ovus + atus 倒卵形的；ob- 相反，反对，倒（ob- 有多种音变：ob- 在元音字母和大多数辅音字母前面，oc- 在 c 前面，of- 在 f 前面，op- 在 p 前面）；ovus 卵，胚珠，卵形的，椭圆形的

Fraxinus odontocalyx 尖萼梣：odontocalyx 齿萼的；odontus/ odontos → odon-/ odont-/ odonto-（可作词首或词尾）齿，牙齿状的；odous 齿，牙齿（单数，其所有格为 odontos）；calyx → calyc- 萼片（用于希腊语复合词）

Fraxinus ornus 花梣：ornus 灰烬的

Fraxinus paxiana 秦岭梣：paxiana（人名）

Fraxinus pennsylvanica 美国红梣：pennsylvanica 宾夕法尼亚的（地名，美国）；-icus/ -icum/ -ica 属于，具有某种特性（常用于地名、起源、生境）

Fraxinus pennsylvanica var. subintegerrima 绿梣：subintegerrimus 近完整全缘的；sub-（表示程度较弱）与……类似，几乎，稍微，弱，亚，之下，下面；integer/ integra/ integrum → integri- 完整的，整个的，全缘的；-rimus/ -rima/ -rimum 最，极，非常（词尾为 -er 的形容词最高级）

Fraxinus platypoda 象蜡树：platypodus/ platypus 宽柄的，粗柄的；platys 大的，宽的（用于希腊语复合词）；podus/ pus 柄，梗，茎秆，足，腿

Fraxinus punctata 斑叶梣：punctatus = punctus + atus 具斑点的；punctus 斑点

Fraxinus retusifoliolata 楷叶梣（楷 jiē）：retusus 微凹的；foliolatus = folius + ulus + atus 具小叶的，具叶片的；folius/ folium/ folia 叶，叶片（用于复合词）；-ulus/ -ulum/ -ula 小的，略微的，稍微的（小词 -ulus 在字母 e 或 i 之后有多种变缀，即 -olus/ -olum/ -ola、-ellus/ -ellum/ -ella、-illus/ -illum/ -illa，与第一变格法和第二变格法名词形成复合词）；-atus/ -atum/ -ata 属于，相似，具有，完成（形容词词尾）

Fraxinus rhynchophylla 花曲柳：rhynchus ← rhynchos 喙状的，鸟嘴状的；phyllus/ phyllum/ phylla ← phyllon 叶片（用于希腊语复合词）

Fraxinus sargentiana 川梣：sargentana ← Charles Sprague Sargent（人名，1841–1927，美国植物学家）；-anus/ -anum/ -ana 属于，来自（形容词词尾）

Fraxinus sikkimensis 锡金梣：sikkimensis 锡金的（地名）

Fraxinus sogdiana 天山梣：sogdiana 索格底亚那的（地名，小亚细亚东部波斯地区）

Fraxinus stylosa 宿柱梣：stylosus 具花柱的，花柱明显的；stylus/ stylis ← stylos 柱，花柱；-osus/ -osum/ -osa 多的，充分的，丰富的，显著发育的，程度高的，特征明显的（形容词词尾）

Fraxinus szaboana 尖萼梣：szaboana（人名）

Fraxinus trifoliolata 三叶梣：tri-/ tripli-/ triplo- 三个，三数；foliolatus = folius + ulus + atus 具小叶的，具叶片的；folius/ folium/ folia 叶，叶片（用于复合词）；-ulus/ -ulum/ -ula 小的，略微的，稍微的（小词 -ulus 在字母 e 或 i 之后有多种变缀，即 -olus/ -olum/ -ola、-ellus/ -ellum/ -ella、-illus

F

-illum/ -illa，与第一变格法和第二变格法名词形成复合词）；-atus/ -atum/ -ata 属于，相似，具有，完成（形容词词尾）

Fraxinus uhdei 墨西哥梣：uhdei ← Carl Adolph Uhde（人名，19 世纪德国商人、博物学家）；-i 表示人名，接在以元音字母结尾的人名后面，但 -a 除外

Fraxinus velutina 绒毛梣：velutinus 天鹅绒的，柔软的；velutus 绒毛的；-inus/ -inum/ -ina/ -inos 相近，接近，相似，具有（通常指颜色）

Fraxinus xanthoxyloides 椒叶梣：Xanthoxylum 花椒属（芸香科）；-oides/ -oideus/ -oideum/ -oidea/ -odes/ -eidos 像……的，类似……的，呈……状的（名词词尾）

Freesia 香雪兰属（鸢尾科）（16-1：p129）：freesia ← Friedrich Heinrich Theodor Freese（人名，19 世纪德国医生、植物学家）

Freesia refracta 香雪兰：refractus 骤折的，倒折的，反折的；re- 返回，相反，再次，重复，向后，回头；fractus 背折的，弯曲的

Freycinetia 藤露兜树属（露兜树科）（8：p13）：freycinetia ← C. L. Freycinet（人名，1766–1841，法国航海家探险家）

Freycinetia formosana 山露兜：formosanus = formosus + anus 美丽的，台湾的；formosus ← formosa 美丽的，台湾的（葡萄牙殖民者发现台湾时对其的称呼，即美丽的岛屿）；-anus/ -anum/ -ana 属于，来自（形容词词尾）

Freycinetia williamsii 菲岛山林投：williamsii ← Williams（人名）

Fritillaria 贝母属（百合科）（14：p97）：fritillarius = fritillus + arius 骰子筒状的（指花冠筒形状）；fritillus 骰子筒（指花冠筒形状）；-arius/ -arium/ -aria 相似，属于（表示地点，场所，关系，所属）

Fritillaria cirrhosa 川贝母：cirrhosus = cirrhus + osus 多卷须的，蔓生的；cirrhus/ cirrus/ cerris 卷毛的，卷曲的，卷须的；-osus/ -osum/ -osa 多的，充分的，丰富的，显著发育的，程度高的，特征明显的（形容词词尾）

Fritillaria cirrhosa var. ecirrhosa 康定贝母：ecirrhosus = e + cirrhosus 无卷须的；e-/ ex- 不，无，非，缺乏，不具有（e- 用在辅音字母前，ex- 用在元音字母前，为拉丁语词首，对应的希腊语词首为 a-/ an-，英语为 un-/ -less，注意作词首用的 e-/ ex- 和介词 e/ ex 意思不同，后者意为"出自、从……、由……离开、由于、依照"）；cirrhosus = cirrhus + osus 多卷须的，蔓生的

Fritillaria crassicaulis 粗茎贝母：crassicaulis 肉质茎的，粗茎的

Fritillaria davidii 米贝母：davidii ← Pere Armand David（人名，1826–1900，曾在中国采集植物标本的法国传教士）；-ii 表示人名，接在以辅音字母结尾的人名后面，但 -er 除外

Fritillaria delavayi 梭砂贝母：delavayi ← P. J. M. Delavay（人名，1834–1895，法国传教士，曾在中国采集植物标本）；-i 表示人名，接在以元音字母结尾的人名后面，但 -a 除外

Fritillaria ferganensis 乌恰贝母：ferganensis 费尔干纳的（地名，吉尔吉斯斯坦）

Fritillaria fusca 高山贝母：fuscus 棕色的，暗色的，发黑的，暗棕色的，褐色的

Fritillaria hupehensis 湖北贝母：hupehensis 湖北的（地名）

Fritillaria karelinii 砂贝母：karelinii ← Grigorii Silich（Silovich）Karelin（人名，19 世纪俄国博物学家）；-ii 表示人名，接在以辅音字母结尾的人名后面，但 -er 除外

Fritillaria maximowiczii 轮叶贝母：maximowiczii ← C. J. Maximowicz 马克希莫夫（人名，1827–1891，俄国植物学家）

Fritillaria meleagria 阿尔泰贝母：meleagria 珠鸡斑，斑点

Fritillaria monantha 天目贝母：mono-/ mon- ← monos 一个，单一的（希腊语，拉丁语为 unus/ uni-/ uno-）；anthus/ anthum/ antha/ anthe ← anthos 花（用于希腊语复合词）

Fritillaria omeiensis 峨眉贝母：omeiensis 峨眉山的（地名，四川省）

Fritillaria pallidiflora 伊贝母：pallidus 苍白的，淡白色的，淡的，蓝白色的，无活力的；palide 淡地，淡色地（反义词：sturate 深色地，浓色地，充分地，丰富地，饱和地）；florus/ florum/ flora ← flos 花（用于复合词）

Fritillaria przewalskii 甘肃贝母：przewalskii ← Nicolai Przewalski（人名，19 世纪俄国探险家、博物学家）

Fritillaria taipaiensis 太白贝母：taipaiensis 太白山的（地名，陕西省）

Fritillaria thunbergii 浙贝母：thunbergii ← C. P. Thunberg（人名，1743–1828，瑞典植物学家，曾专门研究日本的植物）

Fritillaria thunbergii var. chekiangensis 东贝母：chekiangensis 浙江的（地名）

Fritillaria unibracteata 暗紫贝母：unibracteata 一个苞片的；uni-/ uno- ← unus/ unum/ una 一，单一（希腊语为 mono-/ mon-）；bracteus 苞，苞片，苞鳞

Fritillaria ussuriensis 平贝母：ussuriensis 乌苏里江的（地名，中国黑龙江省与俄罗斯界河）

Fritillaria verticillata 黄花贝母：verticillatus/ verticillaris 螺纹的，螺旋的，轮生的，环状的；verticillus 轮，环状排列

Fritillaria walujewii 新疆贝母：walujewii（人名）；-ii 表示人名，接在以辅音字母结尾的人名后面，但 -er 除外

Fuchsia 倒挂金钟属（柳叶菜科）（53-2：p40）：fuchsia ← Leonard Fuchs（人名，1501–1565，法国医生、植物学家）

Fuchsia hybrida 倒挂金钟：hybridus 杂种的

Fuirena 芙兰草属（莎草科）（11：p42）：fuirena ← George Fuiren（人名，16 世纪丹麦医生、植物学家）

Fuirena ciliaris 毛芙兰草：ciliaris 缘毛的，睫毛的（流苏状）；cilia 睫毛，缘毛；cili- 纤毛，缘毛；-aris（阳性、阴性）/ -are（中性）← -alis（阳性、阴性）/ -ale（中性）属于，相似，如同，具有，涉及，关于，联结于（将名词作形容词用，其中 -aris 常用于以 l 或 r 为词干末尾的词）

F

Fuirena rhizomatifer 黔芙兰草：rhiz-/ rhizo- ← rhizus 根，根状茎；rhizomatus = rhizomus + atus 具根状茎的；-ferus/ -ferum/ -fera/ -fero/ -fere/ -fer 有，具有，产（区别：作独立词使用的 ferus 意思是"野生的"）

Fuirena umbellata 芙兰草：umbellatus = umbella + atus 伞形花序的，具伞的；umbella 伞形花序

Fumaria 烟堇属（罂粟科）（32：p481）：fumaria = fumus + aria 烟雾的；fumus 烟，烟雾；-arius/ -arium/ -aria 相似，属于（表示地点，场所，关系，所属）

Fumaria schleicheri 烟堇：schleicheri（人名）；-eri 表示人名，在以 -er 结尾的人名后面加上 i 形成

Fumaria vaillantii 短梗烟堇：vaillantii（人名）；-ii 表示人名，接在以辅音字母结尾的人名后面，但 -er 除外

Gagea 顶冰花属（百合科）（14：p65）：gagea ← Thomas Gage（人名，1781–1820，爱尔兰和葡萄牙植物学家）

Gagea albertii 毛梗顶冰花：albertii ← Luigi d'Albertis（人名，19 世纪意大利博物学家）；-ii 表示人名，接在以辅音字母结尾的人名后面，但 -er 除外

Gagea bulbifera 腋球顶冰花：bulbi- ← bulbus 球，球形，球茎，鳞茎；-ferus/ -ferum/ -fera/ -fero/ -fere/ -fer 有，具有，产（区别：作独立词使用的 ferus 意思是"野生的"）

Gagea divaricata 叉梗顶冰花（叉 chā）：divaricatus 广歧的，发散的，散开的

Gagea emarginata 钝瓣顶冰花：emarginatus 先端稍裂的，凹头的；marginatus ← margo 边缘的，具边缘的；margo/ marginis → margin- 边缘，边线，边界；词尾为 -go 的词其词干末梢视为 -gin；e-/ ex- 不，无，非，缺乏，不具有（e- 用在辅音字母前，ex- 用在元音字母前，为拉丁语词首，对应的希腊语词首为 a-/ an-，英语为 un-/ -less，注意作词首用的 e-/ ex- 和介词 e/ ex 意思不同，后者意为"出自、从……、由……离开、由于、依照"）

Gagea fedtschenkoana 镰叶顶冰花：fedtschenkoana ← Boris Fedtschenko（人名，20 世纪俄国植物学家）

Gagea filiformis 丝生顶冰花：filiforme/ filiformis 线状的；fili-/ fil- ← filum 线状的，丝状的；formis/ forma 形状

Gagea granulosa 粒鳞顶冰花：granulosus = granulatus 粒状的，颗粒状的，一粒一粒的；granus 粒，种粒，谷粒，颗粒；-ulosus = ulus + osus 小而多的；-ulus/ -ulum/ -ula 小的，略微的，稍微的（小词 -ulus 在字母 e 或 i 之后有多种变缀，即 -olus/ -olum/ -ola、-ellus/ -ellum/ -ella、-illus/ -illum/ -illa，与第一变格法和第二变格法名词形成复合词）；-osus/ -osum/ -osa 多的，充分的，丰富的，显著发育的，程度高的，特征明显的（形容词词尾）

Gagea hiensis 小顶冰花：hiensis 西安的（地名，陕西省）

Gagea jaeschkei 高山顶冰花：jaeschkei（人名）

Gagea lutea 顶冰花：luteus 黄色的

Gagea nigra 黑鳞顶冰花：nigrus 黑色的；niger 黑色的

Gagea olgae 乌恰顶冰花：olgae ← Olga Fedtschenko（人名，20 世纪俄国植物学家）

Gagea ova 多球顶冰花：ovus 卵，胚珠，卵形的，椭圆形的；ovi-/ ovo- ← ovus 卵，卵形的，椭圆形的

Gagea pauciflora 少花顶冰花：pauci- ← paucus 少数的，少的（希腊语为 oligo-）；florus/ florum/ flora ← flos 花（用于复合词）

Gagea sacculifera 囊瓣顶冰花：sacculus = saccus + ulus 小袋子的，小包囊的；saccus 袋子，囊，包囊；-ferus/ -ferum/ -fera/ -fero/ -fere/ -fer 有，具有，产（区别：作独立词使用的 ferus 意思是"野生的"）

Gagea stepposa 草原顶冰花：stepposus = steppa + osus 草原的；steppa 草原；-osus/ -osum/ -osa 多的，充分的，丰富的，显著发育的，程度高的，特征明显的（形容词词尾）

Gagea subalpina 新疆顶冰花：subalpinus 亚高山的；sub-（表示程度较弱）与……类似，几乎，稍微，弱，亚，之下，下面；alpinus = alpus + inus 高山的；alpus 高山；al-/ alti-/ alto- ← altus 高的，高处的；-inus/ -inum/ -ina/ -inos 相近，接近，相似，具有（通常指颜色）

Gagea tenera 细弱顶冰花：tenerus 柔软的，娇嫩的，精美的，雅致的，纤细的

Gagea triflora 三花顶冰花：tri-/ tripli-/ triplo- 三个，三数；florus/ florum/ flora ← flos 花（用于复合词）

Gahnia 黑莎草属（莎草科）（11：p121）：gahnia ← Henricus Gahn（人名，1747–1816，瑞典植物学家，林奈的学生）（除 -er 外，以辅音字母结尾的人名用作属名时在末尾加 -ia，如果人名词尾为 -us 则将词尾变成 -ia）

Gahnia javanica 爪哇黑莎草：javanica 爪哇的（地名，印度尼西亚）；-icus/ -icum/ -ica 属于，具有某种特性（常用于地名、起源、生境）

Gahnia tristis 黑莎草：tristis 暗淡的，阴沉的

Gaillardia 天人菊属（菊科）（75：p389）：gaillardia ← M. Gaillard de Marentoneau（人名，18 世纪法国植物学家）

Gaillardia aristata 宿根天人菊：aristatus(aristosus) = arista + atus 具芒的，具芒刺的，具刚毛的，具胡须的；arista 芒

Gaillardia pulchella 天人菊：pulchellus/ pulcellus = pulcher + ellus 稍美丽的，稍可爱的；pulcher/pulcer 美丽的，可爱的；-ellus/ -ellum/ -ella ← -ulus 小的，略微的，稍微的（小词 -ulus 在字母 e 或 i 之后有多种变缀，即 -olus/ -olum/ -ola、-ellus/ -ellum/ -ella、-illus/ -illum/ -illa，用于第一变格法名词）

Gaillardia pulchella var. picta 矢车天人菊：pictus 有色的，彩色的，美丽的（指浓淡相间的花纹）

Galactia 乳豆属（豆科）（41：p214）：galactia ← gala 乳白的

Galactia formosana 台湾乳豆：formosanus = formosus + anus 美丽的，台湾的；formosus ←

G

formosa 美丽的，台湾的（葡萄牙殖民者发现台湾时对其的称呼，即美丽的岛屿）；-anus/ -anum/ -ana 属于，来自（形容词词尾）

Galactia tashiroi 琉球乳豆：tashiroi/ tachiroei（人名）；-i 表示人名，接在以元音字母结尾的人名后面，但 -a 除外

Galactia tenuiflora 乳豆：tenui- ← tenuis 薄的，纤细的，弱的，瘦的，窄的；florus/ florum/ flora ← flos 花（用于复合词）

Galatella 乳菀属（菀 wǎn）（菊科）（74：p264）：galatella ← galatea（海中女神）；-ella 小（用作人名或一些属名词尾时并无小词意义）

Galatella altaica 阿尔泰乳菀：altaica 阿尔泰的（地名，新疆北部山脉）

Galatella angustissima 窄叶乳菀：angusti- ← angustus 窄的，狭的，细的；-issimus/ -issima/ -issimum 最，非常，极其（形容词最高级）

Galatella biflora 盘花乳菀：bi-/ bis- 二，二数，二回（希腊语为 di-）；florus/ florum/ flora ← flos 花（用于复合词）

Galatella chromopappa 紫缨乳菀：chromus/ chrous 颜色的，彩色的，有色的；pappus ← pappos 冠毛

Galatella dahurica 兴安乳菀：dahurica（daurica/ davurica）达乌里的（地名，外贝加尔湖，属西伯利亚的一个地区，即贝加尔湖以东及以南至中国和蒙古边界）

Galatella fastigiiformis 帚枝乳菀：fastigiiformis 笤帚状的（缀词规则：用非属名构成复合词且词干末尾字母为 i 时，省略词尾，直接用词干和后面的构词成分连接，故该词宜改为"fastagiformis"）；fastigius 笤帚；formis/ forma 形状

Galatella hauptii 鳞苞乳菀：hauptii（人名）；-ii 表示人名，接在以辅音字母结尾的人名后面，但 -er 除外

Galatella punctata 乳菀：punctatus = punctus + atus 具斑点的；punctus 斑点

Galatella regelii 昭苏乳菀：regelii ← Eduard August von Regel（人名，19 世纪德国植物学家）

Galatella scoparia 卷缘乳菀：scoparius 笤帚状的；scopus 笤帚；-arius/ -arium/ -aria 相似，属于（表示地点，场所，关系，所属）；Scoparia 野甘草属（玄参科）

Galatella songorica 新疆乳菀：songorica 准噶尔的（地名，新疆维吾尔自治区）；-icus/ -icum/ -ica 属于，具有某种特性（常用于地名、起源、生境）

Galatella songorica var. angustifolia 新疆乳菀-窄叶变种：angusti- ← angustus 窄的，狭的，细的；folius/ folium/ folia 叶，叶片（用于复合词）

Galatella songorica var. discoidea 新疆乳菀-盘花变种：discoideus 圆盘状的；dic-/ disci-/ disco- discus ← discos 碟子，盘子，圆盘；-oides/ -oideus/ -oideum/ -oidea/ -odes/ -eidos 像……的，类似……的，呈……状的（名词词尾）

Galatella songorica var. latifolia 新疆乳菀-宽叶变种：lati-/ late- ← latus 宽的，宽广的；folius/ folium/ folia 叶，叶片（用于复合词）

Galatella songorica var. songorica 新疆乳菀-原变种 （词义见上面解释）

Galatella tianshanica 天山乳菀：tianshanica 天山的（地名，新疆维吾尔自治区）；-icus/ -icum/ -ica 属于，具有某种特性（常用于地名、起源、生境）

Galatella villosa 长柔毛乳菀：villosus 柔毛的，绵毛的；villus 毛，羊毛，长绒毛；-osus/ -osum/ -osa 多的，充分的，丰富的，显著发育的，程度高的，特征明显的（形容词词尾）

Galega 山羊豆属（豆科）（42-2：p165）：galega 牛奶（希腊语，传说牛吃了后会产更多的牛奶）

Galega officinalis 山羊豆：officinalis/ officinale 药用的，有药效的；officina ← opificina 药店，仓库，作坊

Galega officinalis var. hartlandii 粉花山羊豆：hartlandii（人名）；-ii 表示人名，接在以辅音字母结尾的人名后面，但 -er 除外

Galega officinalis var. patus 斜果山羊豆：patus 展开的，伸展的

Galega officinalis var. persica 白花山羊豆：persica 桃，杏，波斯的（地名）

Galeobdolon 小野芝麻属（唇形科，已修订为 Matsumurella）（65-2：p492）：galeobdolon 鼬臭味；galee 黄鼠狼，黄鼬（希腊语）；bdolon ← bdolos 恶臭气味，鼬臭味；matsumurella ← Jinzo Matsumura 松村任三（人名，20 世纪初日本植物学家）

Galeobdolon chinense 小野芝麻：chinense 中国的（地名）

Galeobdolon chinense var. arbustum 小野芝麻-粗壮变种：arbustum 树上种植的，树上培养的

Galeobdolon chinense var. chinense 小野芝麻-原变种 （词义见上面解释）

Galeobdolon chinense var. subglabrum 小野芝麻-近无毛变种：subglabrus 近无毛的；sub-（表示程度较弱）与……类似，几乎，稍微，弱，亚，之下，下面；glabrus 光秃的，无毛的，光滑的

Galeobdolon kwangtungense 广东小野芝麻：kwangtungense 广东的（地名）

Galeobdolon szechuanense 四川小野芝麻：szechuanense 四川的（地名）

Galeobdolon tuberiferum 块根小野芝麻：tuber/ tuber-/ tuberi- 块茎的，结节状凸起的，瘤状的；-ferus/ -ferum/ -fera/ -fero/ -fere/ -fer 有，具有，产（区别：作独立词使用的 ferus 意思是"野生的"）

Galeobdolon yangsoense 阳朔小野芝麻：yangsoense 阳朔的（地名，广西壮族自治区）

Galeola 山珊瑚属（兰科）（18：p8）：galeola = galea + ellus 小头盔的，小兜状的；galea 头盔，帽子，毛皮帽子；-olus ← -ulus 小，稍微，略微（-ulus 在字母 e 或 i 之后变成 -olus/ -ellus/ -illus）

Galeola faberi 山珊瑚：faberi ← Ernst Faber（人名，19 世纪活动于中国的德国植物采集员）；-eri 表示人名，在以 -er 结尾的人名后面加上 i 形成

Galeola lindleyana 毛萼山珊瑚：lindleyana ← John Lindley（人名，18 世纪英国植物学家）

Galeola matsudai 直立山珊瑚：matsudai ← Sadahisa Matsuda 松田定久（人名，日本植物学家，

早期研究中国植物）；-i 表示人名，接在以元音字母结尾的人名后面，但 -a 除外，故该词改为"mutsudaiana"或"matsudae"似更妥

Galeola nudifolia 蔓生山珊瑚（蔓 màn）：nudi- ← nudus 裸露的；folius/ folium/ folia 叶，叶片（用于复合词）

Galeopsis 鼬瓣花属（鼬 yòu）（唇形科）（65-2：p481）：gale 黄鼠狼，黄鼬；-opsis/ -ops 相似，稍微，带有

Galeopsis bifida 鼬瓣花：bi-/ bis- 二，二数，二回（希腊语为 di-）；fidus ← findere 裂开，分裂（裂深不超过 1/3，常作词尾）

Galinsoga 牛膝菊属（菊科）（75：p383）：galinsoga ← Mariano Martinez Galinsoga（人名，18 世纪西班牙医生）

Galinsoga parviflora 牛膝菊：parviflorus 小花的；parvus 小的，些微的，弱的；florus/ florum/ flora ← flos 花（用于复合词）

Galinsoga quadriradiata 粗毛牛膝菊：quadri-/ quadr- 四，四数（希腊语为 tetra-/ tetr-）；radiatus = radius + atus 辐射状的，放射状的；radius 辐射，射线，半径，边花，伞形花序

Galium 拉拉藤属（茜草科）（71-2：p216）：galium ← galion ← gala 乳汁，牛奶（制作奶酪时作牛奶的凝固剂）

Galium acutum 尖瓣拉拉藤：acutus 尖锐的，锐角的

Galium aparine 原拉拉藤：aparine ← Galium 拉拉藤属（茜草科）

Galium aparine var. aparine 原拉拉藤-原变种（词义见上面解释）

Galium aparine var. echinospermum 拉拉藤：echinospermus = echinus + spermus 刺猬状种子的，种子具芒刺的；echinus ← echinos → echino-/ echin- 刺猬，海胆；spermus/ spermum/ sperma 种子的（用于希腊语复合词）

Galium aparine var. leiospermum 光果拉拉藤：lei-/ leio-/ lio- ← leius ← leios 光滑的，平滑的；spermus/ spermum/ sperma 种子的（用于希腊语复合词）

Galium aparine var. tenerum 猪殃殃（另见 G. spurium）：tenerus 柔软的，娇嫩的，精美的，雅致的，纤细的

Galium asperifolium 楔叶葎：asper/ asperus/ asperum/ aspera 粗糙的，不平的；folius/ folium/ folia 叶，叶片（用于复合词）

Galium asperifolium var. asperifolium 楔叶葎-原变种（词义见上面解释）

Galium asperifolium var. lasiocarpum 毛果楔叶葎：lasi-/ lasio- 羊毛状的，有毛的，粗糙的；carpus/ carpum/ carpa/ carpon ← carpos 果实（用于希腊语复合词）

Galium asperifolium var. setosum 刚毛小叶葎（葎 lǜ）：setosus = setus + osus 被刚毛的，被短毛的，被芒刺的；setus/ saetus 刚毛，刺毛，芒刺；-osus/ -osum/ -osa 多的，充分的，丰富的，显著发育的，程度高的，特征明显的（形容词词尾）

Galium asperifolium var. sikkimense 小叶葎：sikkimense 锡金的（地名）

Galium asperifolium var. verrucifructum 滇小叶葎：verrucus ← verrucos 疣状物；fructus 果实

Galium asperuloides 车叶葎：asperuloides 像车叶草属的；Asperula 车叶草属（茜草科）；-oides/ -oideus/ -oideum/ -oidea/ -odes/ -eidos 像……的，类似……的，呈……状的（名词词尾）

Galium asperuloides subsp. asperuloides 车叶葎-原亚种（词义见上面解释）

Galium asperuloides subsp. hoffmeisteri 六叶葎：hoffmeisteri（人名）；-eri 表示人名，在以 -er 结尾的人名后面加上 i 形成

Galium baldensiforme 玉龙拉拉藤：baldensiforme 巴尔多山型的；baldo 巴尔多（地名，意大利）；forme/ forma 形状

Galium boreale 北方拉拉藤：borealis 北方的；-aris（阳性、阴性）/ -are（中性）← -alis（阳性、阴性）/ -ale（中性）属于，相似，如同，具有，涉及，关于，联结于（将名词作形容词用，其中 -aris 常用于以 l 或 r 为词干末尾的词）

Galium boreale var. angustifolium 狭叶砧草（砧 zhēn）：angusti- ← angustus 窄的，狭的，细的；folius/ folium/ folia 叶，叶片（用于复合词）

Galium boreale var. boreale 北方拉拉藤-原变种（词义见上面解释）

Galium boreale var. ciliatum 硬毛拉拉藤：ciliatus = cilium + atus 缘毛的，流苏的；cilium 缘毛，睫毛；-atus/ -atum/ -ata 属于，相似，具有，完成（形容词词尾）

Galium boreale var. hyssopifolium 斐梭浦砧草：Hyssopus 神香草属（唇形科）；folius/ folium/ folia 叶，叶片（用于复合词）

Galium boreale var. intermedium 新砧草：intermedius 中间的，中位的，中等的；inter- 中间的，在中间，之间；medius 中间的，中央的

Galium boreale var. kamtschaticum 堪察加拉拉藤：kamtschaticum/ kamschaticum ← Kamchatka 勘察加的（地名）；-aticus/ -aticum/ -atica 属于，表示生长的地方，作名词词尾

Galium boreale var. lanceolatum 光果砧草：lanceolatus = lanceus + olus + atus 小披针形的，小柳叶刀的；lance-/ lancei-/ lanci-/ lanceo-/ lanc- ← lanceus 披针形的，矛形的，尖刀状的，柳叶刀状的；-olus ← -ulus 小，稍微，略微（-ulus 在字母 e 或 i 之后变成 -olus/ -ellus/ -illus）；-atus/ -atum/ -ata 属于，相似，具有，完成（形容词词尾）

Galium boreale var. lancilimbum 披针叶砧草：lance-/ lancei-/ lanci-/ lanceo-/ lanc- ← lanceus 披针形的，矛形的，尖刀状的，柳叶刀状的；limbus 冠檐，萼檐，瓣片，叶片

Galium boreale var. latifolium 宽叶拉拉藤：lati-/ late- ← latus 宽的，宽广的；folius/ folium/ folia 叶，叶片（用于复合词）

Galium boreale var. pseudo-rubioides 假茜砧草：pseudo-rubioides 像 rubioides 的；pseudo-/ pseud- ← pseudos 假的，伪的，接近，相似（但不是）；Galium rubioides（拉拉藤属一种）；rubioides

G

像茜草的，略带红色的

Galium boreale var. rubioides 茜砧草：rubioides 像茜草的，略带红色的；Rubia 茜草属（茜草科）；-oides/ -oideus/ -oideum/ -oidea/ -odes/ -eidos 像……的，类似……的，呈……状的（名词词尾）

Galium bullatum 泡果拉拉藤：bullatus = bulla + atus 泡状的，膨胀的；bulla 球，水泡，凸起；-atus/ -atum/ -ata 属于，相似，具有，完成（形容词词尾）

Galium bungei 四叶葎：bungei ← Alexander von Bunge（人名，19 世纪俄国植物学家）；-i 表示人名，接在以元音字母结尾的人名后面，但 -a 除外

Galium bungei var. angustifolium 狭叶四叶葎：angusti- ← angustus 窄的，狭的，细的；folius/ folium/ folia 叶，叶片（用于复合词）

Galium bungei var. bungei 四叶葎-原变种 （词义见上面解释）

Galium bungei var. hispidum 硬毛四叶葎：hispidus 刚毛的，鬃毛状的

Galium bungei var. punduanoides 毛四叶葎：punduanoides 像 punduana 的；Saurauia punduana 大花水东哥；-oides/ -oideus/ -oideum/ -oidea/ -odes/ -eidos 像……的，类似……的，呈……状的（名词词尾）

Galium bungei var. setuliflorum 毛冠四叶葎（冠 guān）：setulus = setus + ulus 细刚毛的，细刺毛的，细芒刺的；setus/ saetus 刚毛，刺毛，芒刺；florus/ florum/ flora ← flos 花（用于复合词）

Galium bungei var. trachyspermum 阔叶四叶葎：trachys 粗糙的；spermus/ spermum/ sperma 种子的（用于希腊语复合词）；Trachyspermum 糙果芹属（伞形科）

Galium comari 线梗拉拉藤：comari ← comarum 像沼委陵菜的；Comarum 沼委陵菜属（毛莨科）

Galium crassifolium 厚叶拉拉藤：crassi- ← crassus 厚的，粗的，多肉质的；folius/ folium/ folia 叶，叶片（用于复合词）

Galium davuricum 大叶猪殃殃：davuricum （dahuricum/ dauricum）达乌里的（地名，外贝加尔湖，属西伯利亚的一个地区，即贝加尔湖以东及以南至中国和蒙古边界）

Galium davuricum var. davuricum 大叶猪殃殃-原变种 （词义见上面解释）

Galium davuricum var. manshuricum 东北猪殃殃：manshuricum 满洲的（地名，中国东北，日语读音）

Galium davuricum var. tokyoense 钝叶拉拉藤：tokyoense 东京的（地名，日本）

Galium echinocarpum 刺果猪殃殃：echinocarpus = echinus + carpus 刺猬状果实的；echinus ← echinos → echino-/ echin- 刺猬，海胆；carpus/ carpum/ carpa/ carpon ← carpos 果实（用于希腊语复合词）

Galium elegans 小红参（参 shēn）：elegans 优雅的，秀丽的

Galium elegans var. angustifolium 狭叶拉拉藤：angusti- ← angustus 窄的，狭的，细的；folius/ folium/ folia 叶，叶片（用于复合词）

Galium elegans var. elegans 小红参-原变种 （词义见上面解释）

Galium elegans var. glabriusculum 广西拉拉藤：glabriusculus = glabrus + usculus 近无毛的，稍光滑的；glabrus 光秃的，无毛的，光滑的；-usculus ← -culus 小的，略微的，稍微的（小词 -culus 和某些词构成复合词时变成 -usculus）

Galium elegans var. nemorosum 四川拉拉藤：nemorosus = nemus + orum + osus = nemoralis 森林的，树丛的；nemo- ← nemus 森林的，成林的，树丛的，喜林的，林内的；-orum 属于……的（第二变格法名词复数所有格词尾，表示群落或多数）；-osus/ -osum/ -osa 多的，充分的，丰富的，显著发育的，程度高的，特征明显的（形容词词尾）

Galium elegans var. nephrostigmaticum 肾柱拉拉藤：nephro-/ nephr- ← nephros 肾脏，肾形；stigmaticus 具柱头的，有条纹的；stigmus 柱头

Galium elegans var. velutinum 毛拉拉藤：velutinus 天鹅绒的，柔软的；velutus 绒毛的；-inus/ -inum/ -ina/ -inos 相近，接近，相似，具有（通常指颜色）

Galium exile 单花拉拉藤：exile ← exilis 细弱的，绵薄的

Galium forrestii 丽江拉拉藤：forrestii ← George Forrest（人名，1873–1932，英国植物学家，曾在中国西部采集大量植物标本）

Galium glandulosum 腺叶拉拉藤：glandulosus = glandus + ulus + osus 被细腺的，具腺体的，腺体质的；glandus ← glans 腺体；-ulus/ -ulum/ -ula 小的，略微的，稍微的（小词 -ulus 在字母 e 或 i 之后有多种变缀，即 -olus/ -olum/ -ola、-ellus/ -ellum/ -ella、-illus/ -illum/ -illa，与第一变格法和第二变格法名词形成复合词）；-osus/ -osum/ -osa 多的，充分的，丰富的，显著发育的，程度高的，特征明显的（形容词词尾）

Galium humifusum 蔓生拉拉藤（蔓 màn）：humifusus 匍匐，蔓延

Galium hupehense 湖北拉拉藤：hupehense 湖北的（地名）

Galium hupehense var. hupehense 湖北拉拉藤-原变种 （词义见上面解释）

Galium hupehense var. molle 毛鄂拉拉藤：molle/ mollis 软的，柔毛的

Galium kamtschaticum 三脉猪殃殃：kamtschaticum/ kamschaticum ← Kamchatka 勘察加的（地名）；-aticus/ -aticum/ -atica 属于，表示生长的地方，作名词词尾

Galium karakulense 粗沼拉拉藤：karakulense（地名，俄罗斯）

Galium kinuta 显脉拉拉藤：kinuta（日文）

Galium kwanzanense 关山猪殃殃：kwanzanense 关山的（地名，属台湾省）

Galium linearifolium 线叶拉拉藤：linearis = lineus + aris 线条的，线形的，线状的，亚麻状的；folius/ folium/ folia 叶，叶片（用于复合词）；-aris（阳性、阴性）/ -are（中性）← -alis（阳性、阴性）/ -ale（中性）属于，相似，如同，具有，涉及，关于，联结于（将名词作形容词用，其中 -aris

G

常用于以 l 或 r 为词干末尾的词）

Galium maborasense 高山猪殃殃：maborasense
（地名）

Galium majmechense 卷边拉拉藤：majmechense
（地名）

Galium martinii 安平拉拉藤：martinii ← Raymond
Martin（人名，19 世纪美国仙人掌植物采集员）

Galium maximowiczii 异叶轮草：maximowiczii ←
C. J. Maximowicz 马克希莫夫（人名，1827–1891，
俄国植物学家）

Galium minutissimum 微小拉拉藤：minutus 极小
的，细微的，微小的；-issimus/ -issima/ -issimum
最，非常，极其（形容词最高级）

Galium morii 森氏猪殃殃：morii 森（日本人名）

Galium nakaii 福建拉拉藤：nakaii = nakai + i 中
井猛之进（人名，1882–1952，日本植物学家）；-ii
表示人名，接在以辅音字母结尾的人名后面，但 -er
除外；-i 表示人名，接在以元音字母结尾的人名后
面，但 -a 除外

Galium nankotaizanum 南湖大山猪殃殃：
nankotaizanum 南湖大山的（地名，台湾省中部山
峰，日语读音）

Galium niewerthii 昌化拉拉藤：niewerthii（人名）；
-ii 表示人名，接在以辅音字母结尾的人名后面，但
-er 除外

Galium odoratum 车轴草：odoratus = odorus +
atus 香气，气味的；odor 香气，气味；-atus/
-atum/ -ata 属于，相似，具有，完成（形容词词尾）

Galium palustre 沼生拉拉藤：palustris/
paluster ← palus + estre 喜好沼泽的，沼生的；
palus 沼泽，湿地，泥潭，水塘，草甸子（palus 的
复数主格为 paludes）；-estris/ -estre/ ester/ -esteris
生于……地方，喜好……地方

Galium paniculatum 圆锥拉拉藤：paniculatus =
paniculus + atus 具圆锥花序的；paniculus 圆锥花
序；panus 谷穗；panicus 野稗，粟，谷子；-atus/
-atum/ -ata 属于，相似，具有，完成（形容词词尾）

Galium paradoxum 林猪殃殃：paradoxus 似是而
非的，少见的，奇异的，难以解释的；para- 类似，
接近，近旁，假的；-doxa/ -doxus 荣耀的，瑰丽的，
壮观的，显眼的

Galium platygalium 卵叶轮草：platygalium 宽拉
拉藤的；platys 大的，宽的（用于希腊语复合词）；
Galium 拉拉藤属（茜草科）

Galium prattii 康定拉拉藤：prattii ← Antwerp E.
Pratt（人名，19 世纪活动于中国的英国动物学家、
探险家）

Galium pseudoasprellum 山猪殃殃：
pseudoasprellum 像 asprellum 的；pseudo-/
pseud- ← pseudos 假的，伪的，接近，相似（但不
是）；Galium asprellum 粗鳞猪殃殃；asprellus/
asperellus 略粗糙的；asper/ asperus/ asperum/
aspera 粗糙的，不平的；-ellus/ -ellum/ -ella ←
-ulus 小的，略微的，稍微的（小词 -ulus 在字母 e
或 i 之后有多种变缀，即 -olus/ -olum/ -ola、-ellus/
-ellum/ -ella、-illus/ -illum/ -illa，用于第一变格法
名词）

Galium pseudoasprellum var. densiflorum 密花

拉拉藤：densus 密集的，繁茂的；florus/ florum/
flora ← flos 花（用于复合词）

Galium pseudoasprellum var. pseudoasprellum
山猪殃殃-原变种 （词义见上面解释）

Galium pusillosetosum 细毛拉拉藤：pusillus 纤弱
的，细小的，无价值的；setosus = setus + osus 被
刚毛的，被短毛的，被芒刺的；setus/ saetus 刚毛，
刺毛，芒刺；-osus/ -osum/ -osa 多的，充分的，丰
富的，显著发育的，程度高的，特征明显的（形容
词词尾）

Galium quinatum 五叶拉拉藤：quinatus 五个的，
五数的；quin-/ quinqu-/ quinque-/ quinqui- 五，五
数（希腊语为 penta-）

Galium rivale 中亚车轴草：rivale ← rivalis 溪流的，
河流的（指生境）；rivus 河流，溪流

Galium salwinense 怒江拉拉藤：salwinense 萨尔温
江的（地名，怒江流入缅甸部分的名称）

Galium saurense 狭序拉拉藤：saurense 萨吾尔山的
（地名，另有音译"沙乌尔""萨乌尔"，新疆维吾尔
自治区）

Galium serpylloides 隆子拉拉藤：serpylloides 像百
里香的；serpyllum ← Thymus serpyllum 亚洲百里
香（唇形科）；-oides/ -oideus/ -oideum/ -oidea/
-odes/ -eidos 像……的，类似……的，呈……状的
（名词词尾）

Galium smithii 无梗拉拉藤：smithii ← James
Edward Smith（人名，1759–1828，英国植物学家）

Galium soongoricum 准噶尔拉拉藤（噶 gá）：
soongoricum 准噶尔的（地名，新疆维吾尔自治区）；
-icus/ -icum/ -ica 属于，具有某种特性（常用于地
名、起源、生境）

Galium spurium 猪殃殃（另见 G. aparine var.
tenerum）：spurius 假的

Galium sungpanense 松潘拉拉藤：sungpanense 松
潘的（地名，四川省）

Galium taiwanense 台湾猪殃殃：taiwanense 台湾
的（地名）

Galium takasagomontana 山地拉拉藤：takasago
（地名，属台湾省，源于台湾少数民族名称，日语读
音）；montanus 山，山地

Galium tarokoense 太鲁阁猪殃殃：tarokoense 太
鲁阁的（地名，属台湾省）

Galium tenuissimum 纤细拉拉藤：tenui- ← tenuis
薄的，纤细的，弱的，瘦的，窄的；-issimus/
-issima/ -issimum 最，非常，极其（形容词最高级）

Galium tricorne 麦仁珠：tricorne 三个角地；tri-/
tripli-/ triplo- 三个，三数；cornus 角，犄角，兽角，
角质，角质般坚硬

Galium trifidum 小叶猪殃殃：trifidus 三深裂的；
tri-/ tripli-/ triplo- 三个，三数；fidus ← findere 裂
开，分裂（裂深不超过 1/3，常作词尾）

Galium trifidum var. modestum 小猪殃殃：
modestus 适度的，保守的

Galium trifidum var. trifidum 小叶猪殃殃-原变
种 （词义见上面解释）

Galium triflorum 三花拉拉藤：tri-/ tripli-/ triplo-
三个，三数；florus/ florum/ flora ← flos 花（用于
复合词）

Galium turkestanicum 中亚拉拉藤：turkestanicum 土耳其的（地名）；-icus/ -icum/ -ica 属于，具有某种特性（常用于地名、起源、生境）

Galium uliginosum 沼猪殃殃：uliginosus 沼泽的，湿地的，潮湿的；uligo/ vuligo/ uliginis 潮湿，湿地，沼泽（uligo 的词干为 uligin-）；词尾为 -go 的词其词干末尾视为 -gin；-osus/ -osum/ -osa 多的，充分的，丰富的，显著发育的，程度高的，特征明显的（形容词词尾）

Galium verum 蓬子菜：verus 正统的，纯正的，真正的，标准的（形近词：veris 春天的）

Galium verum var. asiaticum 长叶蓬子菜：asiaticum 亚洲的（地名）；-aticus/ -aticum/ -atica 属于，表示生长的地方，作名词词尾

Galium verum var. lacteum 白花蓬子菜：lacteus 乳汁的，乳白色的，白色略带蓝色的；lactis 乳汁；-eus/ -eum/ -ea（接拉丁语词干时）属于……的，色如……的，质如……的（表示原料、颜色或品质的相似），（接希腊语词干时）属于……的，以……出名，为……所占有（表示具有某种特性）

Galium verum var. leiophyllum 淡黄蓬子菜：lei-/ leio-/ lio- ← leius ← leios 光滑的，平滑的；phyllus/ phyllum/ phylla ← phyllon 叶片（用于希腊语复合词）

Galium verum var. nikkoense 日光蓬子菜：nikkoense 日光的（地名，日本）

Galium verum var. tomentosum 毛蓬子菜：tomentosus = tomentum + osus 绒毛的，密被绒毛的；tomentum 绒毛，浓密的毛被，棉絮，棉絮状填充物（被褥、垫子等）；-osus/ -osum/ -osa 多的，充分的，丰富的，显著发育的，程度高的，特征明显的（形容词词尾）

Galium verum var. trachycarpum 毛果蓬子菜：trachys 粗糙的；carpus/ carpum/ carpa/ carpon ← carpos 果实（用于希腊语复合词）

Galium verum var. trachyphyllum 粗糙蓬子菜：trachys 粗糙的；phyllus/ phyllum/ phylla ← phyllon 叶片（用于希腊语复合词）

Galium verum var. verum 蓬子菜-原变种（词义见上面解释）

Galium xinjiangense 新疆拉拉藤：xinjiangense 新疆的（地名）

Galium yunnanense 滇拉拉藤：yunnanense 云南的（地名）

Gamochaeta 合冠鼠曲草属（菊科）（增补）：gamochaeta 冠毛联合的（指冠毛基部联合）；gamo ← gameo 结合，联合，结婚；chaeta/ chaete ← chaite 胡须，鬃毛，长毛

Gamochaeta pensylvanica 匙叶鼠麹舅：pensylvanica 宾夕法尼亚的（地名，美国）

Garcinia 藤黄属（藤黄科）（50-2：p89）：garcinia ← Laurent Garcen（人名，1683–1751，法国植物学家）

Garcinia bracteata 大苞藤黄：bracteatus = bracteus + atus 具苞片的；bracteus 苞，苞片，苞鳞；-atus/ -atum/ -ata 属于，相似，具有，完成（形容词词尾）

Garcinia cowa 云树：cowa（土名）

Garcinia esculenta 山木瓜：esculentus 食用的，可食的；esca 食物，食料；-ulentus/ -ulentum/ -ulenta/ -olentus/ -olentum/ -olenta（表示丰富、充分或显著发展）

Garcinia kwangsiensis 广西藤黄：kwangsiensis 广西的（地名）

Garcinia lancilimba 长裂藤黄：lance-/ lancei-/ lanci-/ lanceo-/ lanc- ← lanceus 披针形的，矛形的，尖刀状的，柳叶刀状的；limbus 冠檐，萼檐，瓣片，叶片

Garcinia linii 兰屿福木：linii（人名）；-ii 表示人名，接在以辅音字母结尾的人名后面，但 -er 除外

Garcinia mangostana 莽吉柿：mangostana ← mangosteen 山竹（印度-马来西亚土名）

Garcinia multiflora 木竹子：multi- ← multus 多个，多数，很多（希腊语为 poly-）；florus/ florum/ flora ← flos 花（用于复合词）

Garcinia nujiangensis 怒江藤黄：nujiangensis 怒江的（地名，云南省）

Garcinia oblongifolia 岭南山竹子：oblongus = ovus + longus 长椭圆形的（ovus 的词干 ov- 音变为 ob-）；ovus 卵，胚珠，卵形的，椭圆形的；longus 长的，纵向的；folius/ folium/ folia 叶，叶片（用于复合词）

Garcinia oligantha 单花山竹子：oligo-/ olig- 少数的（希腊语，拉丁语为 pauci-）；anthus/ anthum/ antha/ anthe ← anthos 花（用于希腊语复合词）

Garcinia paucinervis 金丝李：pauci- ← paucus 少数的，少的（希腊语为 oligo-）；nervis ← nervus 脉，叶脉

Garcinia pedunculata 大果藤黄：pedunculatus/ peduncularis 具花序柄的，具总花梗的；pedunculus/ peduncule/ pedunculis ← pes 花序柄，总花梗（花序基部无花着生部分，不同于花柄）；关联词：pedicellus/ pediculus 小花梗，小花柄（不同于花序柄）；pes/ pedis 柄，梗，茎秆，腿，足，爪（作词首或词尾，pes 的词干视为 "ped-"）

Garcinia rubrisepala 红萼藤黄：rubr-/ rubri-/ rubro- ← rubrus 红色；sepalus/ sepalum/ sepala 萼片（用于复合词）

Garcinia schefferi 越南藤黄：schefferi（人名）；-eri 表示人名，在以 -er 结尾的人名后面加上 i 形成

Garcinia subelliptica 菲岛福木：subellipticus 近椭圆形的；sub-（表示程度较弱）与……类似，几乎，稍微，弱，亚，之下，下面；ellipticus 椭圆形的

Garcinia subfalcata 尖叶藤黄：subfalcatus 略呈镰刀状的；sub-（表示程度较弱）与……类似，几乎，稍微，弱，亚，之下，下面；falcatus = falx + atus 镰刀的，镰刀状的；构词规则：以 -ix/ -iex 结尾的词其词干末尾视为 -ic，以 -ex 结尾视为 -i/ -ic，其他以 -x 结尾视为 -c；-atus/ -atum/ -ata 属于，相似，具有，完成（形容词词尾）

Garcinia tetralata 双籽藤黄：tetralatus 四翅的；tetra-/ tetr- 四，四数（希腊语，拉丁语为 quadri-/ quadr-）；alatus → ala-/ alat-/ alati-/ alato- 翅，具翅的，具翼的

Garcinia xanthochymus 大叶藤黄：xanthos 黄色的（希腊语）；chymus 汁液

G

Garcinia xipshuanbannaensis 版纳藤黄：xipshuanbannaensis 西双版纳的（地名，云南省）

Garcinia yunnanensis 云南藤黄：yunnanensis 云南的（地名）

Gardenia 栀子属（栀 zhī）（茜草科）（71-1：p329）：gardenia ← Alexander Garden（人名，1730–1791，英国医生、植物学家）

Gardenia angkorensis 匙叶栀子（匙 chí）：angkorensis（地名）

Gardenia hainanensis 海南栀子：hainanensis 海南的（地名）

Gardenia jasminoides 栀子：jasminoides 像茉莉花的；Jasminum 素馨属（茉莉花所在的属，木樨科）；-oides/ -oideus/ -oideum/ -oidea/ -odes/ -eidos 像……的，类似……的，呈……状的（名词词尾）

Gardenia jasminoides var. fortuniana 白蟾：fortuniana ← Robert Fortune（人名，19 世纪英国园艺学家，曾在中国采集植物）

Gardenia jasminoides var. jasminoides 栀子-原变种（词义见上面解释）

Gardenia sootepensis 大黄栀子：sootepensis（地名，泰国）

Gardenia stenophylla 狭叶栀子：sten-/ steno- ← stenus 窄的，狭的，薄的；phyllus/ phyllum/ phylla ← phyllon 叶片（用于希腊语复合词）

Gardneria 蓬莱葛属（葛 gé）（马钱科）（61：p242）：gardneria ← G. Gardner（人名，1812–1849，英国植物学家）

Gardneria angustifolia 狭叶蓬莱葛：angusti- ← angustus 窄的，狭的，细的；folius/ folium/ folia 叶，叶片（用于复合词）

Gardneria distincta 离药蓬莱葛：distinctus 分离的，离生的，独特的，不同的

Gardneria lanceolata 柳叶蓬莱葛：lanceolatus = lanceus + olus + atus 小披针形的，小柳叶刀的；lance-/ lancei-/ lanci-/ lanceo-/ lanc- ← lanceus 披针形的，矛形的，尖刀状的，柳叶刀状的；-olus ← -ulus 小，稍微，略微（-ulus 在字母 e 或 i 之后变成 -olus/ -ellus/ -illus）；-atus/ -atum/ -ata 属于，相似，具有，完成（形容词词尾）

Gardneria linifolia 线叶蓬莱葛：Linum 亚麻属（亚麻科）；folius/ folium/ folia 叶，叶片（用于复合词）

Gardneria multiflora 蓬莱葛：multi- ← multus 多个，多数，很多（希腊语为 poly-）；florus/ florum/ flora ← flos 花（用于复合词）

Gardneria ovata 卵叶蓬莱葛：ovatus = ovus + atus 卵圆形的；ovus 卵，胚珠，卵形的，椭圆形的；-atus/ -atum/ -ata 属于，相似，具有，完成（形容词词尾）

Garhadiolus 小疮菊属（菊科）（80-1：p58）：Garhadiolus 为 Rhagadiolus（拟小疮菊属）的改缀词；rhagadiolus = rhagados + ulus 小裂口的；rhagados 裂口

Garhadiolus papposus 小疮菊：papposus 具冠毛的；pappus ← pappos 冠毛；-osus/ -osum/ -osa 多的，充分的，丰富的，显著发育的，程度高的，特征明显的（形容词词尾）

Garnotia 耳稃草属（稃 fū）（禾本科）（10-1：p135）：garnotia（人名）

Garnotia acutigluma 锐颖葛氏草（葛 gě）：acutigluma 尖颖的；acuti-/ acu- ← acutus 锐尖的，针尖的，刺尖的，锐角的；gluma 颖片

Garnotia caespitosa 丛茎耳稃草：caespitosus = caespitus + osus 明显成簇的，明显丛生的；caespitus 成簇的，丛生的；-osus/ -osum/ -osa 多的，充分的，丰富的，显著发育的，程度高的，特征明显的（形容词词尾）

Garnotia ciliata 纤毛耳稃草：ciliatus = cilium + atus 缘毛的，流苏的；cilium 缘毛，睫毛；-atus/ -atum/ -ata 属于，相似，具有，完成（形容词词尾）

Garnotia ciliata var. ciliata 纤毛耳稃草-原变种（词义见上面解释）

Garnotia ciliata var. conduplicata 折叶耳稃草：conduplicatus = co + duplicatus 二重的，折为二部分的；co- 联合，共同，合起来（拉丁语词首，为 cum- 的音变，表示结合、强化、完全，对应的希腊语为 syn-）；co- 的缀词音变有 co-/ com-/ con-/ col-/ cor-：co-（在 h 和元音字母前面），col-（在 l 前面），com-（在 b、m、p 之前），con-（在 c、d、f、g、j、n、qu、s、t 和 v 前面），cor-（在 r 前面）；duplicatus ← duplex 二重的，重复的，重瓣的；plicatus = plex + atus 折扇状的，有沟的，纵向折叠的，棕榈叶状的（= plicativus）；plex/ plica 褶，折扇状，卷折（plex 的词干为 plic-）；构词规则：以 -ix/ -iex 结尾的词其词干末尾视为 -ic，以 -ex 结尾视为 -i/ -ic，其他以 -x 结尾视为 -c

Garnotia fragilis 脆枝耳稃草：fragilis 脆的，易碎的

Garnotia maxima 大耳稃草：maximus 最大的

Garnotia mutica 无芒耳稃草：muticus 无突起的，钝头的，非针状的

Garnotia patula 耳稃草：patulus 稍开展的，稍伸展的；patus 展开的，伸展的；-ulus/ -ulum/ -ula 小的，略微的，稍微的（小词 -ulus 在字母 e 或 i 之后有多种变缀，即 -olus/ -olum/ -ola、-ellus/ -ellum/ -ella、-illus/ -illum/ -illa，与第一变格法和第二变格法名词形成复合词）

Garnotia patula var. grandior 大穗耳稃草：grandior 较大的，更大的

Garnotia patula var. hainanensis 海南耳稃草：hainanensis 海南的（地名）

Garnotia patula var. hainanensis f. similis 拟海南耳稃草：similis/ simile 相似，相似的；similo 相似

Garnotia patula var. partitipilosa 斑毛耳稃草：partitus 深裂的，分离的；pilosus = pilus + osus 多毛的，被柔毛的，具疏柔毛的，被短弱细毛的；pilus 毛，疏柔毛；-osus/ -osum/ -osa 多的，充分的，丰富的，显著发育的，程度高的，特征明显的（形容词词尾）

Garnotia patula var. patula 耳稃草-原变种（词义见上面解释）

Garnotia patula var. patula f. sinensis 中华耳稃草：sinensis = Sina + ensis 中国的（地名）；Sina 中国

Garnotia patula var. strictor 劲直耳稃草（劲 jìng）：strictor 较为硬直的（strictus 的比较级）；

G

strictus 直立的，硬直的，笔直的，彼此靠拢的

Garnotia stricta （硬叶耳稃草）：strictus 直立的，硬直的，笔直的，彼此靠拢的

Garnotia tenuis 细弱耳稃草：tenuis 薄的，纤细的，弱的，瘦的，窄的

Garnotia triseta 三芒耳稃草：trisetus 三芒的；tri-/ tripli-/ triplo- 三个，三数；setus/ saetus 刚毛，刺毛，芒刺

Garnotia triseta var. decumbens 偃卧耳稃草（偃 yǎn）：decumbens 横卧的，葡匐的，爬行的；decumb- 横卧，葡匐，爬行；-ans/ -ens/ -bilis/ -ilis 能够，可能（为形容词词尾，-ans/ -ens 用于主动语态，-bilis/ -ilis 用于被动语态）

Garnotia triseta var. triseta 三芒耳稃草-原变种（词义见上面解释）

Garrettia 辣莸属（莸 yóu）（马鞭草科）（65-1：p192）：garrettia ← H. B. Garrett（人名，英国植物学家）

Garrettia siamensis 辣莸：siamensis 暹罗的（地名，泰国古称）（暹 xiān）

Garuga 嘉榄属（橄榄科）（43-3：p20）：garuga（印度尼西亚土名）

Garuga floribunda 南洋白头树：floribundus = florus + bundus 多花的，繁花的，花正盛开的；florus/ florum/ flora ← flos 花（用于复合词）；-bundus/ -bunda/ -bundum 正在做，正在进行（类似于现在分词），充满，盛行

Garuga floribunda var. floribunda 南洋白头树-原变种（词义见上面解释）

Garuga floribunda var. gamblei 多花白头树：gamblei ← James Sykes Gamble（人名，20 世纪英国植物学家）；-i 表示人名，接在以元音字母结尾的人名后面，但 -a 除外

Garuga forrestii 白头树：forrestii ← George Forrest（人名，1873–1932，英国植物学家，曾在中国西部采集大量植物标本）

Garuga pierrei 光叶白头树：pierrei（人名）；-i 表示人名，接在以元音字母结尾的人名后面，但 -a 除外

Garuga pinnata 羽叶白头树：pinnatus = pinnus + atus 羽状的，具羽的；pinnus/ pennus 羽毛，羽状，羽片；-atus/ -atum/ -ata 属于，相似，具有，完成（形容词词尾）

Gastrochilus 盆距兰属（兰科）（19：p399）：gastrochilus 囊状唇瓣的；gastro ← gaster 胃，肚子；chilus ← cheilos 唇，唇瓣，唇边，边缘，岸边

Gastrochilus acinacifolius 镰叶盆距兰：acinaci 长刀；folius/ folium/ folia 叶，叶片（用于复合词）

Gastrochilus acutifolius 尖叶盆距兰：acutifolius 尖叶的；acuti-/ acu- ← acutus 锐尖的，针尖的，刺尖的，锐角的；folius/ folium/ folia 叶，叶片（用于复合词）

Gastrochilus bellinus 大花盆距兰：bellinus = bellus + inus 似乎美丽的；bellus ← belle 可爱的，美丽的；-inus/ -inum/ -ina/ -inos 相近，接近，相似，具有（通常指颜色）

Gastrochilus calceolaris 盆距兰：calceolaris = calceus + ulus + aris 拖鞋形的；calceus 鞋，半筒靴；-aris（阳性、阴性）/ -are（中性）← -alis（阳

性、阴性）/ -ale（中性）属于，相似，如同，具有，涉及，关于，联结于（将名词作形容词用，其中 -aris 常用于以 l 或 r 为词干末尾的词）

Gastrochilus changjiangensis 昌江盆距兰：changjiangensis 昌江的（地名，海南西北部）

Gastrochilus distichus 列叶盆距兰：distichus 二列的；di-/ dis- 二，二数，二分，分离，不同，在……之间，从……分开（希腊语，拉丁语为 bi-/ bis-）；stichus ← stichon 行列，队列，排列

Gastrochilus fargesii 城口盆距兰：fargesii ← Pere Paul Guillaume Farges（人名，19 世纪中叶至 20 世纪活动于中国的法国传教士，植物采集员）

Gastrochilus flavus 金松盆距兰：flavus → flavo-/ flavi-/ flav- 黄色的，鲜黄色的，金黄色的（指纯正的黄色）

Gastrochilus formosanus 台湾盆距兰：formosanus = formosus + anus 美丽的，台湾的；formosus ← formosa 美丽的，台湾的（葡萄牙殖民者发现台湾时对其的称呼，即美丽的岛屿）；-anus/ -anum/ -ana 属于，来自（形容词词尾）

Gastrochilus fuscopunctatus 红斑盆距兰：fusci-/ fusco- ← fuscus 棕色的，暗色的，发黑的，暗棕色的，褐色的；punctatus = punctus + atus 具斑点的；punctus 斑点

Gastrochilus gongshanensis 贡山盆距兰：gongshanensis 贡山的（地名，云南省）

Gastrochilus guangtungensis 广东盆距兰：guangtungensis 广东的（地名）

Gastrochilus hainanensis 海南盆距兰：hainanensis 海南的（地名）

Gastrochilus hoi 何氏盆距兰（种加词有时误拼为"hoii"）：hoi 何氏（人名）；-i 表示人名，接在以元音字母结尾的人名后面，但 -a 除外，该种加词有时拼写为"hoii"，似不妥

Gastrochilus intermedius 细茎盆距兰：intermedius 中间的，中位的，中等的；inter- 中间的，在中间，之间；medius 中间的，中央的

Gastrochilus japonicus 黄松盆距兰：japonicus 日本的（地名）；-icus/ -icum/ -ica 属于，具有某种特性（常用于地名、起源、生境）

Gastrochilus linearifolius 狭叶盆距兰：linearis = lineus + aris 线条的，线形的，线状的，亚麻状的；folius/ folium/ folia 叶，叶片（用于复合词）；-aris（阳性、阴性）/ -are（中性）← -alis（阳性、阴性）/ -ale（中性）属于，相似，如同，具有，涉及，关于，联结于（将名词作形容词用，其中 -aris 常用于以 l 或 r 为词干末尾的词）

Gastrochilus matsudai 宽唇盆距兰：matsudai ← Sadahisa Matsuda 松田定久（人名，日本植物学家，早期研究中国植物）；-i 表示人名，接在以元音字母结尾的人名后面，但 -a 除外，故该词改为"mutsudaiana"或"matsudae"似更妥

Gastrochilus nanchuanensis 南川盆距兰：nanchuanensis 南川的（地名，重庆市）

Gastrochilus nanus 江口盆距兰：nanus ← nanos/ nannos 矮小的，小的；nani-/ nano-/ nanno- 矮小的，小的

Gastrochilus obliquus 无茎盆距兰：obliquus 斜的，

G

偏的，歪斜的，对角线的；obliq-/ obliqui- 对角线的，斜线的，歪斜的

Gastrochilus platycalcaratus 滇南盆距兰：platycalcaratus 大距的；platys 大的，宽的（用于希腊语复合词）；calcaratus = calcar + atus 距的，有距的；calcar- ← calcar 距，花萼或花瓣生蜜源的距，短枝（结果枝）（距：雄鸡、雄等的腿的后面突出像脚趾的部分）；-atus/ -atum/ -ata 属于，相似，具有，完成（形容词词尾）

Gastrochilus pseudodistichus 小唇盆距兰：pseudodistichus 像 distichus 的；pseudo-/ pseud- ← pseudos 假的，伪的，接近，相似（但不是）；Gastrochilus distichus 裂叶盆距兰；di-/ dis- 二，二数，二分，分离，不同，在……之间，从……分开（希腊语，拉丁语为 bi-/ bis-）；stichus ← stichon 行列，队列，排列

Gastrochilus rantabunensis 合欢盆距兰：rantabunensis（地名，属台湾省）

Gastrochilus raraensis 红松盆距兰：raraensis 拉拉山的（地名，位于台湾省，"rara"为"拉拉"的日语读音）

Gastrochilus saccatus 四肋盆距兰：saccatus = saccus + atus 具袋子的，袋子状的，具囊的；saccus 袋子，囊，包囊；-atus/ -atum/ -ata 属于，相似，具有，完成（形容词词尾）

Gastrochilus sinensis 中华盆距兰：sinensis = Sina + ensis 中国的（地名）；Sina 中国

Gastrochilus subpapillosus 歪头盆距兰：subpapillosus 近乳头状的；sub-（表示程度较弱）与……类似，几乎，稍微，弱，亚，之下，下面；papillosus 乳头状的；papilli- ← papilla 乳头的，乳突的

Gastrochilus tianbaoensis 天保盆距兰：tianbaoensis 天保的（地名，云南省）

Gastrochilus xuanenensis 宣恩盆距兰：xuanenensis 宣恩的（地名，湖北省）

Gastrochilus yunnanensis 云南盆距兰：yunnanensis 云南的（地名）

Gastrocotyle 腹脐草属（紫草科）(64-2：p71)：gastrocotyle 胃一样的杯子；gastrodia ← gaster 胃（比喻花被胃状膨胀）；cotyle 杯子状（希腊语）

Gastrocotyle hispida 腹脐草：hispidus 刚毛的，鬃毛状的

Gastrodia 天麻属（兰科）(18：p29)：gastrodia ← gaster 胃（比喻花被胃状膨胀）

Gastrodia angusta 原天麻：angustus 窄的，狭的，细的

Gastrodia appendiculata 无喙天麻：appendiculatus = appendix + ulus + atus 有小附属物的；appendix = ad + pendix 附属物；ad- 向，到，近（拉丁语词首，表示程度加强）；构词规则：构成复合词时，词首末尾的辅音字母常同化为紧接其后的那个辅音字母（如 ad + p → app）；pendix ← pendens 垂悬的，挂着的，悬挂的；构词规则：以 -ix/ -iex 结尾的词其词干末尾视为 -ic，以 -ex 结尾视为 -i/ -ic，其他以 -x 结尾视为 -c；-ulus/ -ulum/ -ula 小的，略微的，稍微的（小词 -ulus 在字母 e 或 i 之后有多种变缀，即 -olus/ -olum/ -ola、

-ellus/ -ellum/ -ella、-illus/ -illum/ -illa，与第一变格法和第二变格法名词形成复合词）；-atus/ -atum/ -ata 属于，相似，具有，完成（形容词词尾）

Gastrodia autumnalis 秋天麻：autumnale/ autumnalis 秋季开花的；autumnus 秋季；-aris（阳性、阴性）/ -are（中性）← -alis（阳性、阴性）/ -ale（中性）属于，相似，如同，具有，涉及，关于，联结于（将名词作形容词用，其中 -aris 常用于以 l 或 r 为词干末尾的词）

Gastrodia confusa 八代天麻：confusus 混乱的，混同的，不确定的，不明确的；fusus 散开的，松散的，松弛的；co- 联合，共同，合起来（拉丁语词首，为 cum- 的音变，表示结合、强化、完全，对应的希腊语为 syn-）；co- 的缀词音变有 co-/ com-/ con-/ col-/ cor-：co-（在 h 和元音字母前面），col-（在 l 前面），com-（在 b、m、p 之前），con-（在 c、d、f、g、j、n、qu、s、t 和 v 前面），cor-（在 r 前面）

Gastrodia elata 天麻：elatus 高的，梢端的

Gastrodia elata f. alba 松天麻：albus → albi-/ albo- 白色的

Gastrodia elata f. elata 天麻-原变型（词义见上面解释）

Gastrodia elata f. flavida 黄天麻：flavidus 淡黄的，泛黄的，发黄的；flavus → flavo-/ flavi-/ flav- 黄色的，鲜黄色的，金黄色的（指纯正的黄色）；-idus/ -idum/ -ida 表示在进行中的动作或情况，作动词、名词或形容词的词尾

Gastrodia elata f. glauca 乌天麻：glaucus → glauco-/ glauc- 被白粉的，发白的，灰绿色的

Gastrodia elata f. viridis 绿天麻：viridis 绿色的，鲜嫩的（相当于希腊语的 chloro-）

Gastrodia flavilabella 夏天麻：flavilabella 黄色唇瓣的（有时误拼为"flabilabella"）；flavus → flavo-/ flavi-/ flav- 黄色的，鲜黄色的，金黄色的（指纯正的黄色）；labellus 唇瓣

Gastrodia fontinalis 春天麻：fontinalis/ fontanus 泉水的，流水的（指生境）；fons 泉，源泉，溪流；fundo 流出，流动；-aris（阳性、阴性）/ -are（中性）← -alis（阳性、阴性）/ -ale（中性）属于，相似，如同，具有，涉及，关于，联结于（将名词作形容词用，其中 -aris 常用于以 l 或 r 为词干末尾的词）

Gastrodia gracilis 细天麻：gracilis 细长的，纤弱的，丝状的

Gastrodia hiemalis 冬天麻：hiemalis/ hiemale/ hyemalis/ hibernus 冬天的，冬季开花的；hiemas 冬季，冰冷，严寒

Gastrodia javanica 南天麻：javanica 爪哇的（地名，印度尼西亚）；-icus/ -icum/ -ica 属于，具有某种特性（常用于地名、起源、生境）

Gastrodia kachinensis 克钦天麻：kachinensis 克钦的，卡钦的（地名）

Gastrodia menghaiensis 勐海天麻（勐 měng）：menghaiensis 勐海的（地名，云南省）

Gastrodia peichatieniana 北插天天麻：peichatieniana 北插天山的（地名，属台湾省）

Gastrodia putaoensis 葡萄天麻：putaoensis 葡萄的（地名，缅甸）

Gastrodia tuberculata 疣天麻：tuberculatus 具疣

G

状凸起的，具结节的，具小瘤的；tuber/ tuber-/ tuberi- 块茎的，结节状凸起的，瘤状的；-culatus = culus + atus 小的，略微的，稍微的（用于第三和第四变格法名词）；-culus/ -culum/ -cula 小的，略微的，稍微的（同第三变格法和第四变格法名词形成复合词）；-atus/ -atum/ -ata 属于，相似，具有，完成（形容词词尾）

Gaultheria 白珠树属（杜鹃花科）（57-3：p45）：gaultheria ← Jean-Francois Gaultier（人名，18 世纪加拿大植物学家）

Gaultheria borneensis 高山白珠：borneensis 小笠原群岛的（地名，日本）

Gaultheria cardiosepala 苍山白珠：cardio- ← kardia 心脏；sepalus/ sepalum/ sepala 萼片（用于复合词）

Gaultheria cuneata 四川白珠：cuneatus = cuneus + atus 具楔子的，属楔形的；cuneus 楔子的；-atus/ -atum/ -ata 属于，相似，具有，完成（形容词词尾）

Gaultheria dolichopoda 长梗白珠：dolicho- ← dolichos 长的；podus/ pus 柄，梗，茎秆，足，腿

Gaultheria dumicola 丛林白珠：dumicolus = dumus + colus 生于灌丛的，生于荒草丛的；dumus 灌丛，荆棘丛，荒草丛；colus ← colo 分布于，居住于，栖居，殖民（常作词尾）；colo/ colere/ colui/ cultum 居住，耕作，栽培

Gaultheria dumicola var. aspera 粗糙丛林白珠：asper/ asperus/ asperum/ aspera 粗糙的，不平的

Gaultheria dumicola var. dumicola 丛林白珠-原变种 （词义见上面解释）

Gaultheria dumicola var. petanoneuron 高山丛林白珠：petanoneuron（词源不详，可能是"petaloneuron"的误拼， = petalus + neuron）；petalus/ petalum/ petala ← petalon 花瓣；neuron 脉，神经

Gaultheria forrestii 地檀香：forrestii ← George Forrest（人名，1873–1932，英国植物学家，曾在中国西部采集大量植物标本）

Gaultheria forrestii var. forrestii 地檀香-原变种（词义见上面解释）

Gaultheria forrestii var. setigera 刚毛地檀香：setigerus 具刚毛的；setigerus = setus + gerus 具刷毛的，具鬃毛的；setus/ saetus 刚毛，刺毛，芒刺；gerus → -ger/ -gerus/ -gerum/ -gera 具有，有，带有

Gaultheria fragrantissima 芳香白珠：fragrantus 芳香的；-issimus/ -issima/ -issimum 最，非常，极其（形容词最高级）

Gaultheria griffithiana 尾叶白珠：griffithiana ← William Griffith（人名，19 世纪印度植物学家，加尔各答植物园主任）

Gaultheria hookeri 红粉白珠：hookeri ← William Jackson Hooker（人名，19 世纪英国植物学家）；-eri 表示人名，在以 -er 结尾的人名后面加上 i 形成

Gaultheria hookeri var. angustifolia 狭叶红粉白珠：angusti- ← angustus 窄的，狭的，细的；folius/ folium/ folia 叶，叶片（用于复合词）

Gaultheria hookeri var. hookeri 红粉白珠-原变种 （词义见上面解释）

Gaultheria hypochlora 绿背白珠：hypochlorus 背面绿色的；hyp-/ hypo- 下面的，以下的，不完全的；chlorus 绿色的

Gaultheria leucocarpa 白果白珠：leuc-/ leuco- ← leucus 白色的（如果和其他表示颜色的词混用则表示淡色）；carpus/ carpum/ carpa/ carpon ← carpos 果实（用于希腊语复合词）

Gaultheria leucocarpa var. crenulata 滇白珠：crenulatus = crena + ulus + atus 细圆锯齿的，略呈圆锯齿的

Gaultheria leucocarpa var. cumingiana 白珠树：cumingiana ← Hugh Cuming（人名，19 世纪英国贝类专家、植物学家）

Gaultheria leucocarpa var. hirsuta 硬毛白珠：hirsutus 粗毛的，糙毛的，有毛的（长而硬的毛）

Gaultheria leucocarpa var. leucocarpa 白果白珠-原变种 （词义见上面解释）

Gaultheria leucocarpa var. pingbienensis 屏边白珠：pingbienensis 屏边的（地名，云南省）

Gaultheria longiracemosa 长序白珠：longe-/ longi- ← longus 长的，纵向的；racemosus = racemus + osus 总状花序的；racemus 总状的，葡萄串状的；-osus/ -osum/ -osa 多的，充分的，丰富的，显著发育的，程度高的，特征明显（形容词词尾）

Gaultheria nana 矮小白珠：nanus ← nanos/ nannos 矮小的，小的；nani-/ nano-/ nanno- 矮小的，小的

Gaultheria notabilis 短穗白珠：notabilis 值得注目的，有价值的，显著的，特殊的；notus/ notum/ nota ① 知名的、常见的、印记、特征、注目，② 背部、脊背（注：该词具有两类完全不同的意思，要根据植物特征理解其含义）；nota 记号，标签，特征，标点，污点；noto 划记号，记载，注目，观察；-ans/ -ens/ -bilis/ -ilis 能够，可能（为形容词词尾，-ans/ -ens 用于主动语态，-bilis/ -ilis 用于被动语态）

Gaultheria nummularioides 铜钱叶白珠：nummularius = nummus + ulus + arius 古钱形的，圆盘状的；nummulus 硬币；nummus/ numus 钱币，货币；-ulus/ -ulum/ -ula 小的，略微的，稍微的（小词 -ulus 在字母 e 或 i 之后有多种变缀，即 -olus/ -olum/ -ola、-ellus/ -ellum/ -ella、-illus/ -illum/ -illa，与第一变格法和第二变格法名词形成复合词）；-arius/ -arium/ -aria 相似，属于（表示地点，场所，关系，所属）；-oides/ -oideus/ -oideum/ -oidea/ -odes/ -eidos 像……的，类似……的，呈……状的（名词词尾）

Gaultheria nummularioides var. microphylla 小叶铜钱白珠：micr-/ micro- ← micros 小的，微小的，微观的（用于希腊语复合词）；phyllus/ phyllum/ phylla ← phyllon 叶片（用于希腊语复合词）

Gaultheria nummularioides var. nummularioides 铜钱叶白珠-原变种 （词义见上面解释）

Gaultheria praticola 草地白珠：praticola 生于草原的；pratum 草原；colus ← colo 分布于，居住于，

栖居，殖民（常作词尾）；colo/ colere/ colui/ cultum 居住，耕作，栽培

Gaultheria prostrata 平卧白珠：prostratus/ pronus/ procumbens 平卧的，匍匐的

Gaultheria pyroloides 鹿蹄草叶白珠：Pyrola 鹿蹄草属（鹿蹄草科）；-oides/ -oideus/ -oideum/ -oidea/ -odes/ -eidos 像……的，类似……的，呈……状的（名词词尾）

Gaultheria semi-infera 五雄白珠：semiinferus 半下位的，中位的；semi- 半，准，略微；inferus 下部的，下面的

Gaultheria sinensis 华白珠：sinensis = Sina + ensis 中国的（地名）；Sina 中国

Gaultheria sinensis var. nivea 白果华白珠：niveus 雪白的，雪一样的；nivus/ nivis/ nix 雪，雪白色

Gaultheria sinensis var. sinensis 华白珠-原变种（词义见上面解释）

Gaultheria taiwaniana 台湾白珠：taiwaniana 台湾的（地名）

Gaultheria tetramera 四裂白珠：tetramerus 四分的，四基数的，一个特定部分或一轮的四个部分；tetra-/ tetr- 四，四数（希腊语，拉丁语为 quadri-/ quadr-）；-merus ← meros 部分，一份，特定部分，成员

Gaultheria trichoclada 毛枝白珠：trich-/ tricho-/ tricha- ← trichos ← thrix 毛，多毛的，线状的，丝状的；cladus ← clados 枝条，分枝

Gaultheria trichophylla 刺毛白珠：trich-/ tricho-/ tricha- ← trichos ← thrix 毛，多毛的，线状的，丝状的；phyllus/ phyllum/ phylla ← phyllon 叶片（用于希腊语复合词）

Gaultheria wardii 西藏白珠：wardii ← Francis Kingdon-Ward（人名，20 世纪英国植物学家）

Gaultheria wardii var. serrulata 齿缘西藏白珠：serrulatus = serrus + ulus + atus 具细锯齿的；serrus 齿，锯齿；-ulus/ -ulum/ -ula 小的，略微的，稍微的（小词 -ulus 在字母 e 或 i 之后有多种变缀，即 -olus/ -olum/ -ola、-ellus/ -ellum/ -ella、-illus/ -illum/ -illa，与第一变格法和第二变格法名词形成复合词）；-atus/ -atum/ -ata 属于，相似，具有，完成（形容词词尾）

Gaultheria wardii var. wardii 西藏白珠-原变种（词义见上面解释）

Gaura 山桃草属（柳叶菜科）（53-2：p57）：gaura ← gauros 崇高的

Gaura biennis 阔果山桃草：biennis 二年生的，越年生的

Gaura lindheimeri 山桃草：lindheimeri ← Ferdinand Jacob Lindheimer（人名，19 世纪德国植物学家）；-eri 表示人名，在以 -er 结尾的人名后面加上 i 形成

Gaura parviflora 小花山桃草：parviflorus 小花的；parvus 小的，些微的，弱的；florus/ florum/ flora ← flos 花（用于复合词）

Geissaspis 睫苞豆属（豆科）（41：p357）：geissaspis 边缘呈盾状的（指大而宿存的苞片）；gless- ← geisson 边缘；aspis 盾，盾片

Geissaspis cristata 睫苞豆：cristatus = crista + atus 鸡冠的，鸡冠状的，扇形的，山脊状的；crista 鸡冠，山脊，网壁；-atus/ -atum/ -ata 属于，相似，具有，完成（形容词词尾）

Gelidocalamus 井冈寒竹属（禾本科）（9-1：p620）：gelidus 冰的，寒地生的；calamus ← calamos ← kalem 芦苇的，管子的，空心的

Gelidocalamus annulatus 亮竿竹：annulatus 环状的，环形花纹的

Gelidocalamus kunishii 台湾矢竹：kunishii（人名）；-ii 表示人名，接在以辅音字母结尾的人名后面，但 -er 除外

Gelidocalamus latifolius 掌竿竹：lati-/ late- ← latus 宽的，宽广的；folius/ folium/ folia 叶，叶片（用于复合词）

Gelidocalamus longiinternodus 箭靶竹：longe-/ longi- ← longus 长的，纵向的；internodus 节间的；nodus 节，节点，连接点

Gelidocalamus multifolius 多叶井冈竹：multi- ← multus 多个，多数，很多（希腊语为 poly-）；folius/ folium/ folia 叶，叶片（用于复合词）

Gelidocalamus rutilans 红壳寒竹：rutilans 橙红色的，发红的；rutilus 橙红色的，金色的，发亮的；rutilo 泛红，发红光，发亮；-ans/ -ens/ -bilis/ -ilis 能够，可能（为形容词词尾，-ans/ -ens 用于主动语态，-bilis/ -ilis 用于被动语态）

Gelidocalamus solidus 实心短枝竹：solidus 完全的，实心的，致密的，坚固的，结实的

Gelidocalamus stellatus 井冈寒竹：stellatus/ stellaris 具星状的；stella 星状的；-atus/ -atum/ -ata 属于，相似，具有，完成（形容词词尾）；-aris（阳性、阴性）/ -are（中性）← -alis（阳性、阴性）/ -ale（中性）属于，相似，如同，具有，涉及，关于，联结于（将名词作形容词用，其中 -aris 常用于以 l 或 r 为词干末尾的词）

Gelidocalamus tessellatus 抽筒竹：tessellatus = tessella + atus 网格的，马赛克的，棋盘格的；tessella 方块石头，马赛克，棋盘格（拼接图案用）；-atus/ -atum/ -ata 属于，相似，具有，完成（形容词词尾）

Gelsemium 钩吻属（马钱科）（61：p249）：gelsemium ← gelsemino 像茉莉花的（意大利语）

Gelsemium elegans 钩吻：elegans 优雅的，秀丽的

Gendarussa 驳骨草属（爵床科）（70：p299）：gendarussa ← gendarussa 驳骨草（马来西亚土名）

Gendarussa ventricosa 黑叶小驳骨：ventricosus = ventris + icus + osus 不均匀肿胀的，鼓肚的，一面鼓的，在一边特别膨胀的；venter/ ventris 肚子，腹部，鼓肚，肿胀（同义词：vesica）；-icus/ -icum/ -ica 属于，具有某种特性（常用于地名、起源、生境）；-osus/ -osum/ -osa 多的，充分的，丰富的，显著发育的，程度高的，特征明显的（形容词词尾）

Gendarussa vulgaris 小驳骨（另见 Justicia gendarussa）：vulgaris 常见的，普通的，分布广的；vulgus 普通的，到处可见的

Genianthus 须花藤属（萝藦科）（63：p293）：genianthus 花瓣有髯毛的；geneion 髯毛；anthus/ anthum/ antha/ anthe ← anthos 花（用于希腊语

G

复合词）

Genianthus laurifolius 须花藤：lauri- ← Laurus 月桂属（樟科）；folius/ folium/ folia 叶，叶片（用于复合词）

Geniosporum 网萼木属（唇形科）（66：p552）：genion 髯毛（髯 rán）；sporus ← sporos → sporo- 孢子，种子

Geniosporum coloratum 网萼木：coloratus = color + atus 有色的，带颜色的；color 颜色；-atus/ -atum/ -ata 属于，相似，具有，完成（形容词词尾）

Geniostoma 髯管花属（髯 rán）（马钱科）（61：p253）：geneion 髯毛；stomus 口，开口，气孔

Geniostoma rupestre 髯管花：rupestre/ rupicolus/ rupestris 生于岩壁的，岩栖的；rup-/ rupi- ← rupes/ rupis 岩石的；-estris/ -estre/ ester/ -esteris 生于……地方，喜好……地方

Genista 染料木属（豆科）（42-2：p422）：genista 金雀儿（植物名）

Genista tinctoria 染料木：tinctorius = tinctorus + ius 属于染色的，属于着色的，属于染料的；tingere/ tingo 浸泡，浸染；tinctorus 染色，着色，染料；tinctus 染色的，彩色的；-ius/ -ium/ -ia 具有……特性的（表示有关、关联、相似）

Gentiana 龙胆属（龙胆科）（62：p14）：gentiana ← Gentium（人名，6 世纪伊利里亚国王，用黄龙胆为士兵治疗疟疾）

Gentiana abaensis 阿坝龙胆：abaensis 阿坝的（地名，四川省）

Gentiana albicalyx 银萼龙胆：albus → albi-/ albo- 白色的；calyx → calyc- 萼片（用于希腊语复合词）

Gentiana albo-marginata 膜边龙胆：albus → albi-/ albo- 白色的；marginatus ← margo 边缘的，具边缘的；margo/ marginis → margin- 边缘，边线，边界；词尾为 -go 的词其词干末尾视为 -gin

Gentiana algida 高山龙胆：algidus 喜冰的

Gentiana alsinoides 繁缕状龙胆：alsinoides 像雀舌草的；Stellaria alsine 雀舌草（石竹科繁缕属）；-oides/ -oideus/ -oideum/ -oidea/ -odes/ -eidos 像……的，类似……的，呈……状的（名词词尾）

Gentiana altigena 椭叶龙胆：altigena = altus + genus 生于高地的，生于高山的；al-/ alti-/ alto- ← altus 高的，高处的；genus ← gignere ← geno 出生，发生，起源，产于，生于（指地方或条件），属（植物分类单位）

Gentiana altorum 道孚龙胆：altorum 高的（altus 的复数所有格）；altus 高度，高的

Gentiana ampla 宽筒龙胆：amplus 大的，宽的，膨大的，扩大的

Gentiana amplicrater 硕花龙胆：ampli- ← amplus 大的，宽的，膨大的，扩大的；crater ← krater 碗，碟斗，杯子，火山口

Gentiana angusta 狭瓣龙胆：angustus 窄的，狭的，细的

Gentiana anisostemon 异药龙胆：aniso- ← anisos 不等的，不同的，不整齐的；stemon 雄蕊

Gentiana aperta 开张龙胆：apertus → aper- 开口的，开裂的，无盖的，裸露的

Gentiana aperta var. aperta 开张龙胆-原变种（词义见上面解释）

Gentiana aperta var. aureo-punctata 黄斑龙胆：aure-/ aureo- ← aureus 黄色，金色；punctatus = punctus + atus 具斑点的；punctus 斑点

Gentiana aphrosperma 泡沫龙胆（泡 pào）：aphrosperma 爱神果；aphro ← Aphrodite 阿芙洛狄忒（希腊神话中的爱之女神）；spermus/ spermum/ sperma 种子的（用于希腊语复合词）

Gentiana apiata 太白龙胆：apiatus 有斑点的

Gentiana aquatica 水生龙胆：aquaticus/ aquatilis 水的，水生的，潮湿的；aqua 水；-aticus/ -aticum/ -atica 属于，表示生长的地方

Gentiana arethusae 川东龙胆：arethusae 阿瑞图萨（希腊神话中的山林仙女）

Gentiana arethusae var. arethusae 川东龙胆-原变种 （词义见上面解释）

Gentiana arethusae var. delicatula 七叶龙胆：delicatulus 略优美的，略美味的；delicatus 柔软的，细腻的，优美的，美味的；delicia 优雅，喜悦，美味；-ulus/ -ulum/ -ula 小的，略微的，稍微的（小词 -ulus 在字母 e 或 i 之后有多种变缀，即 -olus/ -olum/ -ola、-ellus/ -ellum/ -ella、-illus/ -illum/ -illa，与第一变格法和第二变格法名词形成复合词）

Gentiana argentea 银脉龙胆：argenteus = argentum + eus 银白色的；argentum 银；-eus/ -eum/ -ea（接拉丁语词干时）属于……的，色如……的，质如……的（表示原料、颜色或品质的相似），（接希腊语词干时）属于……的，以……出名，为……所占有（表示具有某种特性）

Gentiana arisanensis 阿里山龙胆：arisanensis 阿里山的（地名，属台湾省）

Gentiana aristata 刺芒龙胆：aristatus(aristosus) = arista + atus 具芒的，具芒刺的，具刚毛的，具胡须的；arista 芒

Gentiana asparagoides 天冬叶龙胆：Asparagus 天门冬属（百合科）；-oides/ -oideus/ -oideum/ -oidea/ -odes/ -eidos 像……的，类似……的，呈……状的（名词词尾）

Gentiana asterocalyx 星萼龙胆：astero-/ astro- 星状的，多星的（用于希腊语复合词词首）；calyx → calyc- 萼片（用于希腊语复合词）

Gentiana atropurpurea 黑紫龙胆：atro-/ atr-/ atri-/ atra- ← ater 深色，浓色，暗色，发黑（ater 作为词干后接辅音字母开头的词时，要在词干后面加一个连接用的元音字母"o"或"i"，故为"ater-o-"或"ater-i-"，变形为"atr-"开头）；purpureus = purpura + eus 紫色的；purpura（purpura 原为一种介壳虫名，其体液为紫色，可作颜料）；-eus/ -eum/ -ea（接拉丁语词干时）属于……的，色如……的，质如……的（表示原料、颜色或品质的相似），（接希腊语词干时）属于……的，以……出名，为……所占有（表示具有某种特性）

Gentiana atuntsiensis 阿墩子龙胆：atuntsiensis 阿墩子的（地名，云南省德钦县的旧称，藏语音译）

Gentiana baoxingensis 宝兴龙胆：baoxingensis 宝兴的（地名，四川省）

G

Gentiana bella 秀丽龙胆：bellus ← belle 可爱的，美丽的

Gentiana bomiensis 波密龙胆：bomiensis 波密的（地名，西藏自治区）

Gentiana bryoides 卵萼龙胆：bry-/ bryo- ← bryum/ bryon 苔藓，苔藓状的（指窄细）；Bryum ← bryon 真藓属（真藓科），苔藓（希腊语）；-oides/ -oideus/ -oideum/ -oidea/ -odes/ -eidos 像……的，类似……的，呈……状的（名词词尾）

Gentiana burkillii 白条纹龙胆：burkillii（人名）；-ii 表示人名，接在以辅音字母结尾的人名后面，但 -er 除外

Gentiana burmensis 缅甸龙胆：burmensis 缅甸的（地名）

Gentiana caelestis 天蓝龙胆：caelestis 蓝色的，天蓝色的，深蓝色的

Gentiana caeruleo-grisea 蓝灰龙胆：caeruleo/ caeruleus 蓝色的，天蓝色的，深蓝色的；griseus ← griseo 灰色的

Gentiana callistantha 粗根龙胆：callist-/ callisto- ← callistos 最美的；call-/ calli-/ callo-/ cala-/ calo- ← calos/ callos 美丽的；anthus/ anthum/ antha/ anthe ← anthos 花（用于希腊语复合词）

Gentiana capitata 头状龙胆：capitatus 头状的，头状花序的；capitus ← capitis 头，头状

Gentiana caryophyllea 石竹叶龙胆：caryophylleus 像石竹的，石竹色的；Caryophyllum → Dianthus 石竹属；-eus/ -eum/ -ea（接拉丁语词干时）属于……的，色如……的，质如……的（表示原料、颜色或品质的相似），（接希腊语词干时）属于……的，以……出名，为……所占有（表示具有某种特性）

Gentiana cephalantha 头花龙胆：cephalanthus 头状的，头状花序的；cephalus/ cephale ← cephalos 头，头状花序；cephal-/ cephalo- ← cephalus 头，头状，头部；anthus/ anthum/ antha/ anthe ← anthos 花（用于希腊语复合词）

Gentiana chinensis 中国龙胆：chinensis = china + ensis 中国的（地名）；China 中国

Gentiana choanantha 反折花龙胆：choanantha = choane + anthus 漏斗状花的；choane 漏斗（希腊语）；anthus/ anthum/ antha/ anthe ← anthos 花（用于希腊语复合词）

Gentiana chungtienensis 中甸龙胆：chungtienensis 中甸的（地名，云南省香格里拉市的旧称）

Gentiana clarkei 西域龙胆：clarkei（人名）

Gentiana complexa 莲座叶龙胆：complexus = co + plexus 综合的，包括的，卷上的，复杂的；co- 联合，共同，合起来（拉丁语词首，为 cum- 的音变，表示结合、强化、完全，对应的希腊语为 syn-）；co- 的缀词音变有 co-/ com-/ con-/ col-/ cor-：co-（在 h 和元音字母前面），col-（在 l 前面），com-（在 b、m、p 之前），con-（在 c、d、f、g、j、n、qu、s、t 和 v 前面），cor-（在 r 前面）；plexus 编织的，交错的

Gentiana conduplicata 对折龙胆：conduplicatus = co + duplicatus 二重的，折为二部分的；co- 联合，共同，合起来（拉丁语词首，为 cum- 的音变，表示结合、强化、完全，对应的希腊

语为 syn-）；co- 的缀词音变有 co-/ com-/ con-/ col-/ cor-：co-（在 h 和元音字母前面），col-（在 l 前面），com-（在 b、m、p 之前），con-（在 c、d、f、g、j、n、qu、s、t 和 v 前面），cor-（在 r 前面）；duplicatus ← duplex 二重的，重复的，重瓣的；plicatus = plex + atus 折扇状的，有沟的，纵向折叠的，棕榈叶状的（= plicativus）；plex/ plica 褶，折扇状，卷折（plex 的词干为 plic-）；构词规则：以 -ix/ -iex 结尾的词其词干末尾视为 -ic，以 -ex 结尾视为 -i/ -ic，其他以 -x 结尾视为 -c

Gentiana confertifolia 密叶龙胆：confertus 密集的；folius/ folium/ folia 叶，叶片（用于复合词）

Gentiana contorta 回旋扁蕾：contortus 拧劲的，旋转的；co- 联合，共同，合起来（拉丁语词首，为 cum- 的音变，表示结合、强化、完全，对应的希腊语为 syn-）；co- 的缀词音变有 co-/ com-/ con-/ col-/ cor-：co-（在 h 和元音字母前面），col-（在 l 前面），com-（在 b、m、p 之前），con-（在 c、d、f、g、j、n、qu、s、t 和 v 前面），cor-（在 r 前面）；tortus 拧劲，捻，扭曲

Gentiana crassicaulis 粗茎秦艽：crassicaulis 肉质茎的，粗茎的

Gentiana crassula 景天叶龙胆：crassula = crassus + ulus 厚叶的；crassus 厚的，粗的，多肉质的；-ulus/ -ulum/ -ula 小的，略微的，稍微的（小词 -ulus 在字母 e 或 i 之后有多种变缀，即 -olus/ -olum/ -ola、-ellus/ -ellum/ -ella、-illus/ -illum/ -illa，与第一变格法和第二变格法名词形成复合词）

Gentiana crassuloides 肾叶龙胆：crassuloides 像青琐龙的；Crassula 青琐龙属（景天科）；-oides/ -oideus/ -oideum/ -oidea/ -odes/ -eidos 像……的，类似……的，呈……状的（名词词尾）

Gentiana crenulato-truncata 圆齿褶龙胆（褶 zhě）：crenulatus = crena + ulus + atus 细圆锯齿的，略呈圆锯齿的；truncatus 截平的，截形的，截断的；truncare 切断，截断，截平（动词）

Gentiana cristata 脊突龙胆：cristatus = crista + atus 鸡冠的，鸡冠状的，扇形的，山脊状的；crista 鸡冠，山脊，网壁；-atus/ -atum/ -ata 属于，相似，具有，完成（形容词词尾）

Gentiana cuneibarba 髯毛龙胆（髯 rǎn）：cuneus 楔子的；barba 胡须，髯毛，绒毛

Gentiana curvianthera 弯药龙胆：curviantherus 弯药的；curvus 弯曲的；andrus/ andros/ antherus ← aner 雄蕊，花药，雄性

Gentiana curviphylla 弯叶龙胆：curviphyllus 弯叶的；curvus 弯曲的；phyllus/ phyllum/ phylla ← phyllon 叶片（用于希腊语复合词）

Gentiana dahurica 达乌里秦艽：dahurica（daurica/ davurica）达乌里的（地名，外贝加尔湖，属西伯利亚的一个地区，即贝加尔湖以东及以南至中国和蒙古边界）

Gentiana dahurica var. campanulata 钟花达乌里秦艽：campanula + atus 钟形的，具钟的（指花冠）；campanula 钟，吊钟状的，风铃草状的；-atus/ -atum/ -ata 属于，相似，具有，完成（形容词词尾）

Gentiana dahurica var. dahurica 达乌里秦艽-原变种 （词义见上面解释）

G

Gentiana damyonensis 深裂龙胆：damyonensis（地名，四川省）

Gentiana daochengensis 稻城龙胆：daochengensis 稻城的（地名，四川省）

Gentiana davidii 五岭龙胆：davidii ← Pere Armand David（人名，1826–1900，曾在中国采集植物标本的法国传教士）；-ii 表示人名，接在以辅音字母结尾的人名后面，但 -er 除外

Gentiana davidii var. **davidii** 五岭龙胆-原变种（词义见上面解释）

Gentiana davidii var. **formosana** 台湾龙胆：formosanus = formosus + anus 美丽的，台湾的；formosus ← formosa 美丽的，台湾的（葡萄牙殖民者发现台湾时对其的称呼，即美丽的岛屿）；-anus/ -anum/ -ana 属于，来自（形容词词尾）

Gentiana decipiens 聚叶龙胆：decipiens 欺骗的，虚假的，迷惑的（表示和另外的种非常近似）

Gentiana decorata 美龙胆：decoratus 美丽的，装饰的，具装饰物的；decor 装饰，美丽；-atus/ -atum/ -ata 属于，相似，具有，完成（形容词词尾）

Gentiana decumbens 斜升秦艽：decumbens 横卧的，匍匐的，爬行的；decumb- 横卧，匍匐，爬行；-ans/ -ens/ -bilis/ -ilis 能够，可能（为形容词词尾，-ans/ -ens 用于主动语态，-bilis/ -ilis 用于被动语态）

Gentiana delavayi 微籽龙胆：delavayi ← P. J. M. Delavay（人名，1834–1895，法国传教士，曾在中国采集植物标本）；-i 表示人名，接在以元音字母结尾的人名后面，但 -a 除外

Gentiana delicata 黄山龙胆：delicatus 柔软的，细腻的，优美的，美味的；delicia 优雅，喜悦，美味

Gentiana deltoidea 三角叶龙胆：deltoideus/ deltoides 三角形的，正三角形的；delta 三角；-oides/ -oideus/ -oideum/ -oidea/ -odes/ -eidos 像……的，类似……的，呈……状的（名词词尾）

Gentiana dendrologi 川西秦艽：dendrologi ← dendrologia 树木的，树木学的；dendron 树木

Gentiana depressa 平龙胆：depressus 凹陷的，压扁的；de- 向下，向外，从……，脱离，脱落，离开，去掉；pressus 压，压力，挤压，紧密

Gentiana divaricata 叉枝龙胆（叉 chā）：divaricatus 广歧的，发散的，散开的

Gentiana dolichocalyx 长萼龙胆：dolicho- ← dolichos 长的；calyx → calyc- 萼片（用于希腊语复合词）

Gentiana doxiongshanensis 多雄山龙胆：doxiongshanensis 多雄山的（地名，西藏自治区）

Gentiana duclouxii 昆明龙胆：duclouxii（人名）；-ii 表示人名，接在以辅音字母结尾的人名后面，但 -er 除外

Gentiana ecaudata 无尾尖龙胆：ecaudatus = e + caudatus 无尾的；e-/ ex- 不，无，非，缺乏，不具有（e- 用在辅音字母前，ex- 用在元音字母前，为拉丁语词首，对应的希腊语词首为 a-/ an-，英语为 un-/ -less，注意作词首用的 e-/ ex- 和介词 e/ ex 意思不同，后者意为"出自、从……、由……离开、由于、依照"）；caudatus = caudus + atus 尾巴的，尾巴状的，具尾的；caudus 尾巴

Gentiana elwesii 壶冠龙胆（冠 guān）：elwesii（人名）；-ii 表示人名，接在以辅音字母结尾的人名后面，但 -er 除外

Gentiana emergens 露萼龙胆：emergens 突出水面的，露出的

Gentiana emodi 扇叶龙胆：emodi ← Emodus 埃莫多斯山的（地名，所有格，属喜马拉雅山西坡，古希腊人对喜马拉雅山的称呼）（词末尾改为"-ii"似更妥）；-ii 表示人名，接在以辅音字母结尾的人名后面，但 -er 除外；-i 表示人名，接在以元音字母结尾的人名后面，但 -a 除外

Gentiana epichysantha 齿褶龙胆（褶 zhě）：epi- 上面的，表面的，在上面；chys ← stachys 穗，穗状花序；anthus/ anthum/ antha/ anthe ← anthos 花（用于希腊语复合词）

Gentiana erecto-sepala 直萼龙胆：erectus 直立的，笔直的；sepalus/ sepalum/ sepala 萼片（用于复合词）

Gentiana esquirolii 贵州龙胆：esquirolii（人名）；-ii 表示人名，接在以辅音字母结尾的人名后面，但 -er 除外

Gentiana exigua 弱小龙胆：exiguus 弱小的，瘦弱的

Gentiana expansa 盐丰龙胆：expansus 扩展的，蔓延的

Gentiana exquisita 丝瓣龙胆：exquisitus 精致的，优美的

Gentiana farreri 线叶龙胆：farreri ← Reginald John Farrer（人名，20 世纪英国植物学家、作家）；-eri 表示人名，在以 -er 结尾的人名后面加上 i 形成

Gentiana faucipilosa 毛喉龙胆：faucius 喉咙的，咽喉的；fauces 咽喉，脖颈，关隘，海峡，地峡，峡谷；pilosus = pilus + osus 多毛的，被柔毛的，具疏柔毛的，被短弱细毛的；pilus 毛，疏柔毛；-osus/ -osum/ -osa 多的，充分的，丰富的，显著发育的，程度高的，特征明显的（形容词词尾）

Gentiana faucipilosa var. **caudata** 尾尖毛喉龙胆：caudatus = caudus + atus 尾巴的，尾巴状的，具尾的；caudus 尾巴

Gentiana faucipilosa var. **faucipilosa** 毛喉龙胆-原变种（词义见上面解释）

Gentiana filisepala 丝萼龙胆：fili-/ fil- ← filum 线状的，丝状的；sepalus/ sepalum/ sepala 萼片（用于复合词）

Gentiana filistyla 丝柱龙胆：fili-/ fil- ← filum 线状的，丝状的；stylus/ stylis ← stylos 柱，花柱

Gentiana filistyla var. **filistyla** 丝柱龙胆-原变种（词义见上面解释）

Gentiana filistyla var. **parviflora** 小花丝柱龙胆：parviflorus 小花的；parvus 小的，些微的，弱的；florus/ florum/ flora ← flos 花（用于复合词）

Gentiana flavo-maculata 黄花龙胆：flavus → flavo-/ flavi-/ flav- 黄色的，鲜黄色的，金黄色的（指纯正的黄色）；maculatus = maculus + atus 有小斑点的，略有斑点的；maculus 斑点，网眼，小斑点，略有斑点；-atus/ -atum/ -ata 属于，相似，具有，完成（形容词词尾）

Gentiana flexicaulis 弯茎龙胆：flexus ← flecto 扭曲的，卷曲的，弯弯曲曲的，柔性的；flecto 弯曲，使扭曲；caulis ← caulos 茎，茎秆，主茎

Gentiana formosa 美丽龙胆：formosus ← formosa 美丽的，台湾的（葡萄牙殖民者发现台湾时对其的称呼，即美丽的岛屿）

Gentiana formosa f. albiflora （白花美丽龙胆）：albus → albi-/ albo- 白色的；florus/ florum/ flora ← flos 花（用于复合词）

Gentiana forrestii 苍白龙胆：forrestii ← George Forrest（人名，1873–1932，英国植物学家，曾在中国西部采集大量植物标本）

Gentiana franchetiana 密枝龙胆：franchetiana ← A. R. Franchet（人名，19 世纪法国植物学家）

Gentiana futtereri 青藏龙胆：futtereri（人名）；-eri 表示人名，在以 -er 结尾的人名后面加上 i 形成

Gentiana gentilis 高贵龙胆：gentilis 高贵的，同一族群的

Gentiana gilvo-striata 黄条纹龙胆：gilvo- ← gilvus 暗黄色的；striatus = stria + atus 有条纹的，有细沟的；stria 条纹，线条，细纹，细沟

Gentiana gilvo-striata var. gilvo-striata 黄条纹龙胆-原变种 （词义见上面解释）

Gentiana gilvo-striata var. stricta 劲直黄条纹龙胆（劲 jìng）：strictus 直立的，硬直的，笔直的，彼此靠拢的

Gentiana globosa 圆球龙胆：globosus = globus + osus 球形的；globus → glob-/ globi- 球体，圆球，地球；-osus/ -osum/ -osa 多的，充分的，丰富的，显著发育的，程度高的，特征明显的（形容词词尾）；关联词：globularis/ globulifer/ globulosus（小球状的、具小球的），globuliformis（纽扣状的）

Gentiana grata 长流苏龙胆：gratus 美味的，可爱的，迷人的，快乐的

Gentiana grumii 南山龙胆：grumii（人名）；-ii 表示人名，接在以辅音字母结尾的人名后面，但 -er 除外

Gentiana gyirongensis 吉隆龙胆：gyirongensis 吉隆的（地名，西藏中尼边境县）

Gentiana handeliana 斑点龙胆：handeliana ← H. Handel-Mazzetti（人名，奥地利植物学家，第一次世界大战期间在中国西南地区研究植物）

Gentiana harrowiana 扭果柄龙胆：harrowiana ← George Harrow（人名，20 世纪苗木经纪人）

Gentiana haynaldii 钻叶龙胆：haynaldii（人名）；-ii 表示人名，接在以辅音字母结尾的人名后面，但 -er 除外

Gentiana heleonastes 针叶龙胆：heleo-/ helo- 湿地，湿原，沼泽；-astes ← -aster（名词词尾，表示自然分布，野生的）

Gentiana helophila 喜湿龙胆：heleo-/ helo- 湿地，湿原，沼泽；philus/ philein ← philos → phil-/ phili/ philo- 喜好的，爱好的，喜欢的（注意区别形近词：phylus、phyllus）；phylus/ phylum/ phyla ← phylon/ phyle 植物分类单位中的"门"，位于"界"和"纲"之间，类群，种族，部落，聚群；phyllus/ phyllum/ phylla ← phyllon 叶片（用于希腊语复合词）

Gentiana heterostemon 异蕊龙胆：hete-/ heter-/ hetero- ← heteros 不同的，多样的，不齐的；stemon 雄蕊

Gentiana heterostemon subsp. bietii （别特异蕊龙胆）：bietii（人名）；-ii 表示人名，接在以辅音字母结尾的人名后面，但 -er 除外

Gentiana heterostemon subsp. cavaleriei （卡瓦异蕊龙胆）：cavaleriei ← Pierre Julien Cavalerie（人名，20 世纪法国传教士）；-i 表示人名，接在以元音字母结尾的人名后面，但 -a 除外

Gentiana heterostemon subsp. glabricaulis （裸茎龙胆）：glabrus 光秃的，无毛的，光滑的；caulis ← caulos 茎，茎秆，主茎

Gentiana hexaphylla 六叶龙胆：hex-/ hexa- 六（希腊语，拉丁语为 sex-）；phyllus/ phyllum/ phylla ← phyllon 叶片（用于希腊语复合词）

Gentiana hirsuta 硬毛龙胆：hirsutus 粗毛的，糙毛的，有毛的（长而硬的毛）

Gentiana hyalina 膜果龙胆：hyalinus 透明的，通透的

Gentiana incompta 苞叶龙胆：incomptus 无装饰的，自然的，朴素的；in-/ im-（来自 il- 的音变）内，在内，内部，向内，相反，不，无，非；il- 在内，向内，为，相反（希腊语为 en-）；词首 il- 的音变：il-（在 l 前面），im-（在 b、m、p 前面），in-（在元音字母和大多数辅音字母前面），ir-（在 r 前面），如 illaudatus（不值得称赞的，评价不好的），impermeabilis（不透水的，穿不透的），ineptus（不合适的），insertus（插入的），irretortus（无弯曲的，无扭曲的）；comptus 美丽的，装饰的

Gentiana infelix 小耳褶龙胆（褶 zhě）：infelix 果实不多的；in-/ im-（来自 il- 的音变）内，在内，内部，向内，相反，不，无，非；il- 在内，向内，为，相反（希腊语为 en-）；词首 il- 的音变：il-（在 l 前面），im-（在 b、m、p 前面），in-（在元音字母和大多数辅音字母前面），ir-（在 r 前面），如 illaudatus（不值得称赞的，评价不好的），impermeabilis（不透水的，穿不透的），ineptus（不合适的），insertus（插入的），irretortus（无弯曲的，无扭曲的）；felix 果实多的，高产的

Gentiana intricata 帚枝龙胆：intricatus 纷乱的，复杂的，缠结的

Gentiana itzershanensis 伊泽山龙胆：itzershanensis 伊泽山的（地名，属台湾省）

Gentiana jamesii 长白山龙胆：jamesii ← Frederick C. James（人名，20 世纪美国植物学家）

Gentiana jingdongensis 景东龙胆：jingdongensis 景东的（地名，云南省）

Gentiana karelinii 新疆龙胆：karelinii ← Grigorii Silich (Silovich) Karelin（人名，19 世纪俄国博物学家）；-ii 表示人名，接在以辅音字母结尾的人名后面，但 -er 除外

Gentiana kaufmanniana 中亚秦艽：kaufmanniana ← General Konstantin von Kaufmann（人名，19 世纪乌兹别克斯坦塔什干总督）

Gentiana kusnezowii 翅萼龙胆：kusnezowii（人名）；-ii 表示人名，接在以辅音字母结尾的人名后面，但 -er 除外

Gentiana kwangsiensis 广西龙胆：kwangsiensis 广西的（地名）

Gentiana lacerulata 撕裂边龙胆：lacerulatus =

G

lacerus + ulus + atus 细裂的，碎裂的；lacerus 撕裂状的，不整齐裂的

Gentiana lacinulata 条裂龙胆：lacinulatus = lacinulus + atus 具细条裂的；lacinulus 丝状裂的，极细长裂条的；lacinius → laci-/ lacin-/ lacini- 撕裂的，条状裂的

Gentiana leptoclada 蔓枝龙胆（蔓 màn）：leptus ← leptos 细的，薄的，瘦小的，狭长的；cladus ← clados 枝条，分枝

Gentiana leucomelaena 蓝白龙胆：leucomelanus 黑灰色的，灰色的；leuc-/ leuco- ← leucus 白色的（如果和其他表示颜色的词混用则表示淡色）；melanus/ melaenus 黑色的，浓黑色的，暗色的；melus 黑色，暗色；-anus/ -anum/ -ana 属于，来自（形容词词尾）

Gentiana lhassica 全萼秦艽：lhassica 拉萨的（地名，西藏自治区）；-icus/ -icum/ -ica 属于，具有某种特性（常用于地名、起源、生境）

Gentiana lineolata 四数龙胆：lineolatus ← lineus + ulus + atus 细线状的；lineus = linum + eus 线状的，丝状的，亚麻状的；linum ← linon 亚麻，线（古拉丁名）；-ulus/ -ulum/ -ula 小的，略微的，稍微的（小词 -ulus 在字母 e 或 i 之后有多种变缀，即 -olus/ -olum/ -ola、-ellus/ -ellum/ -ella、-illus/ -illum/ -illa，与第一变格法和第二变格法名词形成复合词）；-atus/ -atum/ -ata 属于，相似，具有，完成（形容词词尾）

Gentiana linoides 亚麻状龙胆：Linum 亚麻属（亚麻科）；-oides/ -oideus/ -oideum/ -oidea/ -odes/ -eidos 像……的，类似……的，呈……状的（名词词尾）

Gentiana longistyla 长柱龙胆：longe-/ longi- ← longus 长的，纵向的；stylus/ stylis ← stylos 柱，花柱

Gentiana loureirii 华南龙胆：loureirii ← Joao Loureiro（人名，18 世纪葡萄牙博物学家）

Gentiana ludingensis 泸定龙胆：ludingensis 泸定的（地名，四川省）

Gentiana ludlowii 短蕊龙胆：ludlowii（人名）；-ii 表示人名，接在以辅音字母结尾的人名后面，但 -er 除外

Gentiana macrauchena 大颈龙胆：macro-/ macr- ← macros 大的，宏观的（用于希腊语复合词）；auchenus 颈

Gentiana macrophylla 秦艽（艽 jiāo）：macro-/ macr- ← macros 大的，宏观的（用于希腊语复合词）；phyllus/ phyllum/ phylla ← phyllon 叶片（用于希腊语复合词）

Gentiana macrophylla var. fetissowii 大花秦艽：fetissowii（人名）；-ii 表示人名，接在以辅音字母结尾的人名后面，但 -er 除外

Gentiana macrophylla var. macrophylla 秦艽-原变种 （词义见上面解释）

Gentiana maeulchanensis 马耳山龙胆：maeulchanensis 马耳山的（地名，云南省）

Gentiana mailingensis 米林龙胆：mailingensis 米林的（地名，西藏自治区）

Gentiana mairei 寡流苏龙胆：mairei（人名）；

Edouard Ernest Maire（人名，19 世纪活动于中国云南的传教士）；Rene C. J. E. Maire 人名（20 世纪阿尔及利亚植物学家，研究北非植物）；-i 表示人名，接在以元音字母结尾的人名后面，但 -a 除外

Gentiana manshurica 条叶龙胆：manshurica 满洲的（地名，中国东北，日语读音）

Gentiana melandriifolia 女娄菜叶龙胆：melandriifolia 女娄菜叶的（以属名作复合词时原词尾变形后的 i 要保留，即 Melandri-um + folia = melandriifolia）；Melandrium 女娄菜属（石竹科）；folius/ folium/ folia 叶，叶片（用于复合词）

Gentiana micans 亮叶龙胆：micans 有光泽的，发光的，云母状的

Gentiana micantiformis 类亮叶龙胆：micantiformis 像 micans 的；Gentiana micans 亮叶龙胆；formis/ forma 形状

Gentiana microdonta 小齿龙胆：micr-/ micro- ← micros 小的，微小的，微观的（用于希腊语复合词）；dontus 齿，牙齿

Gentiana microphyta 微形龙胆：micr-/ micro- ← micros 小的，微小的，微观的（用于希腊语复合词）；phytus/ phytum/ phyta 植物

Gentiana moniliformis 念珠脊龙胆：moniliformis 念珠状的；monilius 念珠，串珠；monile 首饰，宝石；formis/ forma 形状

Gentiana monochroa 单色龙胆：mono-/ mon- ← monos 一个，单一的（希腊语，拉丁语为 unus/ uni-/ uno-）；-chromus/ -chrous/ -chrus 颜色，彩色，有色的

Gentiana muscicola 藓生龙胆：muscicolus 苔藓上生的；musc-/ musci- 藓类的；colus ← colo 分布于，居住于，栖居，殖民（常作词尾）；colo/ colere/ colui/ cultum 居住，耕作，栽培

Gentiana myrioclada 多枝龙胆：myri-/ myrio- ← myrios 无数的，大量的，极多的（希腊语）；cladus ← clados 枝条，分枝

Gentiana namlaensis 墨脱龙胆：namlaensis（地名，西藏自治区）

Gentiana nannobella 钟花龙胆：nannobella 小巧可爱的；nanus ← nanos/ nannos 矮小的，小的；nani-/ nano-/ nanno- 矮小的，小的；bellus ← belle 可爱的，美丽的

Gentiana napulifera 蒴根龙胆（蒴 fú）：napuliferus = napus + ulus + ferus 具有小圆根的；napus 芜菁，疙瘩头，圆根（古拉丁名）；-ulus/ -ulum/ -ula 小的，略微的，稍微的（小词 -ulus 在字母 e 或 i 之后有多种变缀，即 -olus/ -olum/ -ola、-ellus/ -ellum/ -ella、-illus/ -illum/ -illa，与第一变格法和第二变格法名词形成复合词）；-ferus/ -ferum/ -fera/ -fero/ -fere/ -fer 有，具有，产（区别：作独立词使用的 ferus 意思是"野生的"）

Gentiana ninglangensis 宁蒗龙胆（蒗 làng）：ninglangensis 宁蒗的（地名，云南省）

Gentiana nubigena 云雾龙胆：nubigenus = nubius + genus 生于云雾间的；nubius 云雾的；genus ← gignere ← geno 出生，发生，起源，产于，生于（指地方或条件），属（植物分类单位）

Gentiana nutans 垂花龙胆：nutans 弯曲的，下垂

的（弯曲程度远大于 90°）；关联词：cernuus 点头的，前屈的，略俯垂的（弯曲程度略大于 90°）

Gentiana nyalamensis 聂拉木龙胆：nyalamensis 聂拉木的（地名，西藏自治区）

Gentiana nyalamensis var. nyalamensis 聂拉木龙胆-原变种 （词义见上面解释）

Gentiana nyalamensis var. parviflora 小花聂拉木龙胆：parviflorus 小花的；parvus 小的，些微的，弱的；florus/ florum/ flora ← flos 花（用于复合词）

Gentiana nyingchiensis 林芝龙胆：nyingchiensis 林芝的（地名，西藏自治区）

Gentiana obconica 倒锥花龙胆：obconicus = ob + conicus 倒圆锥形的；conicus 圆锥形的；ob- 相反，反对，倒（ob- 有多种音变：ob- 在元音字母和大多数辅音字母前面，oc- 在 c 前面，of- 在 f 前面，op- 在 p 前面）

Gentiana officinalis 黄管秦艽：officinalis/ officinale 药用的，有药效的；officina ← opificina 药店，仓库，作坊

Gentiana oligophylla 少叶龙胆：oligo-/ olig- 少数的（希腊语，拉丁语为 pauci-）；phyllus/ phyllum/ phylla ← phyllon 叶片（用于希腊语复合词）

Gentiana omeiensis 峨眉龙胆：omeiensis 峨眉山的（地名，四川省）

Gentiana oreodoxa 山景龙胆：oreodoxa 装饰山地的；oreo-/ ores-/ ori- ← oreos 山，山地，高山；-doxa/ -doxus 荣耀的，瑰丽的，壮观的，显眼的

Gentiana otophora 耳褶龙胆（褶 zhě）：otophorus = otos + phorus 具耳的；otos 耳朵，-phorus/ -phorum/ -phora 载体，承载物，支持物，带着，生着，附着（表示一个部分带着别的部分，包括起支撑或承载作用的柄、柱、托、囊等，如 gynophorum = gynus + phorum 雌蕊柄的，带有雌蕊的，承载雌蕊的）；gynus/ gynum/ gyna 雌蕊，子房，心皮；Otophora 爪耳木属（无患子科）

Gentiana otophoroides 类耳褶龙胆：otophoroides 像爪耳木的；Otophora 爪耳木属（无患子科）；-oides/ -oideus/ -oideum/ -oidea/ -odes/ -eidos 像……的，类似……的，呈……状的（名词词尾）

Gentiana panthaica 流苏龙胆：panthaica（地名）

Gentiana papillosa 乳突龙胆：papillosus 乳头状的；papilli- ← papilla 乳头的，乳突的；-osus/ -osum/ -osa 多的，充分的，丰富的，显著发育的，程度高的，特征明显的（形容词词尾）

Gentiana parvula 小龙胆：parvulus = parvus + ulus 略小的，总体上小的；parvus → parvi-/ parv- 小的，些微的，弱的；-ulus/ -ulum/ -ula 小的，略微的，稍微的（小词 -ulus 在字母 e 或 i 之后有多种变缀，即 -olus/ -olum/ -ola、-ellus/ -ellum/ -ella、-illus/ -illum/ -illa，与第一变格法和第二变格法名词形成复合词）

Gentiana pedata 鸟足龙胆：pedatus 鸟足形的；pes/ pedis 柄，梗，茎秆，腿，足，爪（作词首或词尾，pes 的词干视为 "ped-"）

Gentiana pedicellata 糙毛龙胆：pedicellatus = pedicellus + atus 具小花柄的；pedicellus = pes + cellus 小花梗，小花柄（不同于花序柄）；pes/ pedis 柄，梗，茎秆，腿，足，爪（作词首或词尾，pes 的

词干视为 "ped-"）；-cellus/ -cellum/ -cella、-cillus/ -cillum/ -cilla 小的，略微的，稍微的（与任何变格法名词形成复合词）；关联词：pedunculus 花序柄，总花梗（花序基部无花着生部分）；-ellatus = ellus + atus 小的，属于小的；-atus/ -atum/ -ata 属于，相似，具有，完成（形容词词尾）

Gentiana phyllocalyx 叶萼龙胆：phyllocalyx 叶状萼片的；phyllus/ phyllum/ phylla ← phyllon 叶片（用于希腊语复合词）；calyx → calyc- 萼片（用于希腊语复合词）

Gentiana phyllopoda 叶柄龙胆：phyllopodus 叶状柄的；phyllus/ phyllum/ phylla ← phyllon 叶片（用于希腊语复合词）；podus/ pus 柄，梗，茎秆，足，腿

Gentiana piasezkii 陕南龙胆：piasezkii（人名）；-ii 表示人名，接在以辅音字母结尾的人名后面，但 -er 除外

Gentiana picta 着色龙胆（着 zhuó）：pictus 有色的，彩色的，美丽的（指浓淡相间的花纹）

Gentiana praeclara 脊萼龙胆：praeclara 高尚的，极好的，精彩的；prae- 先前的，前面的，在先的，早先的，上面的，很，十分，极其；clarus 光亮的，美好的

Gentiana prainii 柔软龙胆：prainii ← David Prain （人名，20 世纪英国植物学家）

Gentiana praticola 草甸龙胆：praticola 生于草原的；pratum 草原；colus ← colo 分布于，居住于，栖居，殖民（常作词尾）；colo/ colere/ colui/ cultum 居住，耕作，栽培

Gentiana prattii 黄白龙胆：prattii ← Antwerp E. Pratt （人名，19 世纪活动于中国的英国动物学家、探险家）

Gentiana primuliflora 报春花龙胆：Primula 报春花属；florus/ florum/ flora ← flos 花（用于复合词）

Gentiana producta 伸梗龙胆：productus 伸长的，延长的

Gentiana prolata 观赏龙胆：prolatus 伸长的，扩大的，延展的，长球形的；prolato/ profero 伸展，扩展，加长，延长

Gentiana pseudo-aquatica 假水生龙胆：pseudo-aquatica 像 aquatica 的；pseudo-/ pseud- ← pseudos 假的，伪的，接近，相似（但不是）；Gentiana aquatica 水生龙胆；aquaticus/ aquatilis 水的，水生的，潮湿的；aqua 水

Gentiana pseudosquarrosa 假鳞叶龙胆：pseudosquarrosa 像 squarrosus 的；pseudo-/ pseud- ← pseudos 假的，伪的，接近，相似（但不是）；Gentiana squarrosa 鳞叶龙胆；squarrosus = squarrus + osus 粗糙的，不平滑的，有凸起的；squarrus 糙的，不平，凸点

Gentiana pterocalyx 翼萼龙胆：pterus/ pteron 翅，翼，蕨类；calyx → calyc- 萼片（用于希腊语复合词）

Gentiana pubicaulis 毛茎龙胆：pubi- ← pubis 细柔毛的，短柔毛的，毛被的；caulis ← caulos 茎，茎秆，主茎

Gentiana pubiflora 毛花龙胆：pubi- ← pubis 细柔毛的，短柔毛的，毛被的；florus/ florum/ flora ← flos 花（用于复合词）

Gentiana pubigera 柔毛龙胆：pubi- ← pubis 细柔毛的，短柔毛的，毛被的；gerus → -ger/ -gerus/ -gerum/ -gera 具有，有，带有

Gentiana pudica 偏翅龙胆：pudicus 害羞的，内向的（比喻花不开放）

Gentiana purdomii 岷县龙胆（岷 mín）：purdomii（人名）；-ii 表示人名，接在以辅音字母结尾的人名后面，但 -er 除外

Gentiana qiujiangensis 俅江龙胆：qiujiangensis 俅江的（地名，云南省独龙江的旧称）

Gentiana radiata 辐射龙胆：radiatus = radius + atus 辐射状的，放射状的；radius 辐射，射线，半径，边花，伞形花序

Gentiana rhodantha 红花龙胆：rhodantha = rhodon + anthus 玫瑰花的，红花的；rhodon → rhodo- 红色的，玫瑰色的；anthus/ anthum/ antha/ anthe ← anthos 花（用于希腊语复合词）

Gentiana rigescens 滇龙胆草：rigescens 稍硬的；rigens 坚硬的，不弯曲的，强直的；-escens/ -ascens 改变，转变，变成，略微，带有，接近，相似，大致，稍微（表示变化的趋势，并未完全相似或相同，有别于表示达到完成状态的 -atus）

Gentiana riparia 河边龙胆：riparius = ripa + arius 河岸的，水边的；ripa 河岸，水边；-arius/ -arium/ -aria 相似，属于（表示地点，场所，关系，所属）

Gentiana robusta 粗壮秦艽：robustus 大型的，结实的，健壮的，强壮的

Gentiana rubicunda 深红龙胆：rubicundus = rubus + cundus 红的，变红的；rubrus/ rubrum/ rubra/ ruber 红色的；-cundus/ -cundum/ -cunda 变成，倾向（表示倾向或不变的趋势）

Gentiana rubicunda var. biloba 二裂深红龙胆：bilobus 二裂的；bi-/ bis- 二，二数，二回（希腊语为 di-）；lobus/ lobos/ lobon 浅裂，耳片（裂片先端钝圆），荚果，蒴果

Gentiana rubicunda var. purpurata 大花深红龙胆：purpuratus 呈紫红色的；purpuraria 紫色的；purpura 紫色（purpura 原为一种介壳虫名，其体液为紫色，可作颜料）

Gentiana rubicunda var. rubicunda 深红龙胆-原变种（词义见上面解释）

Gentiana samolifolia 水繁缕叶龙胆：Samolus 水茴草属（报春花科）；folius/ folium/ folia 叶，叶片（用于复合词）

Gentiana sarcorrhiza 菊花参（参 shēn）：sarcorrhizus 肉质根的；sarc-/ sarco- ← sarx/ sarcos 肉，肉质的；rhizus 根，根状茎（-rh- 接在元音字母后面构成复合词时要变成 -rrh-）

Gentiana scabra 龙胆：scabrus ← scaber 粗糙的，有凹凸的，不平滑的

Gentiana scabrida 玉山龙胆：scabridus 粗糙的；scabrus ← scaber 粗糙的，有凹凸的，不平滑的；-idus/ -idum/ -ida 表示在进行中的动作或情况，作动词、名词或形容词的词尾

Gentiana scabrida var. horaimontana 矮玉山龙胆：horaimontana 蓬莱山的（地名，山东省烟台市，"蓬莱"的日语读音为"horai"）；montanus 山，山地

Gentiana scabrida var. scabrida 玉山龙胆-原变种（词义见上面解释）

Gentiana scabrifilamenta 毛蕊龙胆：scabri- ← scaber 粗糙的，有凹凸的，不平滑的；filamentus/ filum 花丝，丝状体，藻丝

Gentiana scytophylla 革叶龙胆：scytophyllus 革质叶的；scytos 革质的，革状的；phyllus/ phyllum/ phylla ← phyllon 叶片（用于希腊语复合词）

Gentiana serra 锯齿龙胆：serrus 齿，锯齿

Gentiana sichitoensis 短管龙胆：sichitoensis（地名，西藏自治区）

Gentiana sikkimensis 锡金龙胆：sikkimensis 锡金的（地名）

Gentiana simulatrix 厚边龙胆：simulatrix = simulatus + rix 模仿者，伪装者；simulo/ simuilare/ simulatus 模仿，模拟，伪装；-rix（表示动作者）

Gentiana sino-ornata 华丽龙胆：sino- 中国；ornatus 装饰的，华丽的

Gentiana sino-ornata f. alba （白花华丽龙胆）：albus → albi-/ albo- 白色的

Gentiana sino-ornata var. gloriosa 瘦华丽龙胆：gloriosus = gloria + osus 荣耀的，漂亮的，辉煌的；gloria 荣耀，荣誉，名誉，功绩；Gloriosa 嘉兰属（百合科）

Gentiana sino-ornata var. sino-ornata 华丽龙胆-原变种（词义见上面解释）

Gentiana siphonantha 管花秦艽：siphonanthus 管状花的；siphonus ← sipho → siphon-/ siphono-/ -siphonius 管，筒，管状物；anthus/ anthum/ antha/ anthe ← anthos 花（用于希腊语复合词）

Gentiana souliei 毛脉龙胆：souliei（人名）；-i 表示人名，接在以元音字母结尾的人名后面，但 -a 除外

Gentiana spathulifolia 匙叶龙胆（匙 chí）：spathulifolius 匙形叶的，佛焰苞状叶的；spathulatus = spathus + ulus + atus 匙形的，佛焰苞状的，小佛焰苞；spathus 佛焰苞，薄片，刀剑；folius/ folium/ folia 叶，叶片（用于复合词）

Gentiana spathulifolia var. ciliata 紫红花龙胆：ciliatus = cilium + atus 缘毛的，流苏的；cilium 缘毛，睫毛；-atus/ -atum/ -ata 属于，相似，具有，完成（形容词词尾）

Gentiana spathulifolia var. spathulifolia 匙叶龙胆-原变种（词义见上面解释）

Gentiana squarrosa 鳞叶龙胆：squarrosus = squarrus + osus 粗糙的，不平滑的，有凸起的；squarrus 糙的，不平，凸点；-osus/ -osum/ -osa 多的，充分的，丰富的，显著发育的，程度高的，特征明显的（形容词词尾）

Gentiana stellata 珠峰龙胆：stellatus/ stellaris 具星状的；stella 星状的；-atus/ -atum/ -ata 属于，相似，具有，完成（形容词词尾）；-aris（阳性、阴性）/ -are（中性）← -alis（阳性、阴性）/ -ale（中性）属于，相似，如同，具有，涉及，关于，联结于（将名词作形容词用，其中 -aris 常用于以 l 或 r 为词干末尾的词）

Gentiana stellulata 星状龙胆：stellulatus = stella + ulus + atus 具小星芒状的；stella 星状的；

G

-ulus/ -ulum/ -ula 小的，略微的，稍微的（小词 -ulus 在字母 e 或 i 之后有多种变缀，即 -olus/ -olum/ -ola、-ellus/ -ellum/ -ella、-illus/ -illum/ -illa，与第一变格法和第二变格法名词形成复合词）；-atus/ -atum/ -ata 属于，相似，具有，完成（形容词词尾）

Gentiana stellulata var. dichotoma 歧伞星状龙胆：dichotomus 二叉分歧的，分离的；dicho-/ dicha- 二分的，二歧的；di-/ dis- 二，二数，二分，分离，不同，在……之间，从……分开（希腊语，拉丁语为 bi-/ bis-）；cho-/ chao- 分开，割裂，离开；tomus ← tomos 小片，片段，卷册（书）

Gentiana stellulata var. stellulata 星状龙胆-原变种（词义见上面解释）

Gentiana stipitata 短柄龙胆：stipitatus = stipitus + atus 具柄的；stipitus 柄，梗

Gentiana stragulata 匙萼龙胆（种加词疑似 "strangulata" 的误拼）：stragulatus 具遮盖物的，具罩的；stragulum 罩，床罩，绒毯

Gentiana straminea 麻花艽：stramineus 禾秆色的，秆黄色的，干草状黄色的；stramen 禾秆，麦秆；stramimis 禾秆，秸秆，麦秆；-eus/ -eum/ -ea（接拉丁语词干时）属于……的，色如……的，质如……的（表示原料、颜色或品质的相似），（接希腊语词干时）属于……的，以……出名，为……所占有（表示具有某种特性）

Gentiana striata 条纹龙胆：striatus = stria + atus 有条纹的，有细沟的；stria 条纹，线条，细纹，细沟

Gentiana striolata 多花龙胆：striolatus = stria + ulus + atus 具细线条的；stria 条纹，线条，细纹，细沟

Gentiana subintricata 假帚枝龙胆：subintricata 像 intricata 的；sub-（表示程度较弱）与……类似，几乎，稍微，弱，亚，之下，下面；Gentiana intricata 帚枝龙胆；intricatus 纷乱的，复杂的，缠结的

Gentiana suborbisepala 圆萼龙胆：suborbisepalus 近圆形萼片的；sub-（表示程度较弱）与……类似，几乎，稍微，弱，亚，之下，下面；orbisepalus = orbis + sepalus 圆形萼片的；orbis 圆，圆形，圆圈，环；sepalus/ sepalum/ sepala 萼片（用于复合词）

Gentiana subtilis 纤细龙胆：subtlis/ subtile 细微的，雅趣的，朴素的

Gentiana subuniflora 单花龙胆：subuniflorus 近单花的；sub-（表示程度较弱）与……类似，几乎，稍微，弱，亚，之下，下面；uni-/ uno- ← unus/ unum/ una 一，单一（希腊语为 mono-/ mon-）；florus/ florum/ flora ← flos 花（用于复合词）

Gentiana sutchuenensis 四川龙胆：sutchuenensis 四川的（地名）

Gentiana syringea 紫花龙胆：syringeus 像丁香的，丁香色的；Syringa 丁香属（木樨科）；-eus/ -eum/ -ea（接拉丁语词干时）属于……的，色如……的，质如……的（表示原料、颜色或品质的相似），（接希腊语词干时）属于……的，以……出名，为……所占有（表示具有某种特性）

Gentiana szechenyii 大花龙胆：szechenyii（人名，字母 y 为元音，故词尾改为 "-i" 似更妥）；-ii 表示人名，接在以辅音字母结尾的人名后面，但 -er 除

外；-i 表示人名，接在以元音字母结尾的人名后面，但 -a 除外

Gentiana taliensis 大理龙胆：taliensis 大理的（地名，云南省）

Gentiana tatakensis 塔塔卡龙胆：tatakensis 塔塔卡山的（地名，属台湾省）

Gentiana tatsienensis 打箭炉龙胆：tatsienensis 打箭炉的（地名，四川省康定县的别称）

Gentiana tentyoensis 厚叶龙胆：tentyoensis（地名，属台湾省）

Gentiana tenuicaulis 纤茎秦艽：tenui- ← tenuis 薄的，纤细的，弱的，瘦的，窄的；caulis ← caulos 茎，茎秆，主茎

Gentiana ternifolia 三叶龙胆：ternat- ← ternatus 三数的，三出的；folius/ folium/ folia 叶，叶片（用于复合词）

Gentiana tetraphylla 四叶龙胆：tetra-/ tetr- 四，四数（希腊语，拉丁语为 quadri-/ quadr-）；phyllus/ phyllum/ phylla ← phyllon 叶片（用于希腊语复合词）

Gentiana tetrasticha 四列龙胆：tetrastichus 四列的；tetra-/ tetr- 四，四数（希腊语，拉丁语为 quadri-/ quadr-）；stichus ← stichon 行列，队列，排列

Gentiana thunbergii 丛生龙胆：thunbergii ← C. P. Thunberg（人名，1743–1828，瑞典植物学家，曾专门研究日本的植物）

Gentiana tianschanica 天山秦艽：tianschanica 天山的（地名，新疆维吾尔自治区）；-icus/ -icum/ -ica 属于，具有某种特性（常用于地名、起源、生境）

Gentiana tibetica 西藏秦艽：tibetica 西藏的（地名）；-icus/ -icum/ -ica 属于，具有某种特性（常用于地名、起源、生境）

Gentiana tongolensis 东俄洛龙胆：tongol 东俄洛（地名，四川西部）

Gentiana trichotoma 三歧龙胆：tri-/ tripli-/ triplo- 三个，三数；cho-/ chao- 分开，割裂，离开；tomus ← tomos 小片，片段，卷册（书）

Gentiana trichotoma var. brevicaulis 短茎三歧龙胆：brevi- ← brevis 短的（用于希腊语复合词词首）；caulis ← caulos 茎，茎秆，主茎

Gentiana trichotoma var. trichotoma 三歧龙胆-原变种（词义见上面解释）

Gentiana tricolor 三色龙胆：tri-/ tripli-/ triplo- 三个，三数；color 颜色

Gentiana triflora 三花龙胆：tri-/ tripli-/ triplo- 三个，三数；florus/ florum/ flora ← flos 花（用于复合词）

Gentiana tubiflora 筒花龙胆：tubi-/ tubo- ← tubus 管子的，管状的；florus/ florum/ flora ← flos 花（用于复合词）

Gentiana uchiyamai 朝鲜龙胆：uchiyamai 内山（日本人名）；-i 表示人名，接在以元音字母结尾的人名后面，但 -a 除外，故该词改为 "uchiyamaiana" 或 "uchiyamae" 似更妥

Gentiana urnula 乌奴龙胆：urnula（人名）

Gentiana vandellioides 母草叶龙胆：Vandellia → Lindernia 母草属（玄参科）；-oides/ -oideus/

-oideum/ -oidea/ -odes/ -eidos 像……的，类似……的，呈……状的（名词词尾）

Gentiana vandellioides var. biloba 二裂母草叶龙胆：bilobus 二裂的；bi-/ bis- 二，二数，二回（希腊语为 di-）；lobus/ lobos/ lobon 浅裂，耳片（裂片先端钝圆），荚果，蒴果

Gentiana vandellioides var. vandellioides 母草叶龙胆-原变种（词义见上面解释）

Gentiana veitchiorum 蓝玉簪龙胆（簪 zān）：veitchiorum/ veitchianus ← James Veitch（人名，19 世纪植物学家）；-orum 属于……的（第二变格法名词复数所有格词尾，表示群落或多数）

Gentiana venusta 喜马拉雅龙胆：venustus ← Venus 女神维纳斯的，可爱的，美丽的，有魅力的

Gentiana vernayi 露蕊龙胆：vernayi（人名）

Gentiana viatrix 五叶龙胆：viatrix（词源不详）

Gentiana villifera 紫毛龙胆：villus 毛，羊毛，长绒毛；-ferus/ -ferum/ -fera/ -fero/ -fere/ -fer 有，具有，产（区别：作独立词使用的 ferus 意思是"野生的"）

Gentiana waltonii 长梗秦艽（艽 jiāo）：waltonii（人名）；-ii 表示人名，接在以辅音字母结尾的人名后面，但 -er 除外

Gentiana waltonii f. lhasaensis（西藏秦艽）：lhasaensis 拉萨的（地名，西藏自治区）

Gentiana walujewii 新疆秦艽：walujewii（人名）；-ii 表示人名，接在以辅音字母结尾的人名后面，但 -er 除外

Gentiana wardii 矮龙胆：wardii ← Francis Kingdon-Ward（人名，20 世纪英国植物学家）

Gentiana wardii var. micrantha 小花矮龙胆：micr-/ micro- ← micros 小的，微小的，微观的（用于希腊语复合词）；anthus/ anthum/ antha/ anthe ← anthos 花（用于希腊语复合词）

Gentiana wardii var. wardii 矮龙胆-原变种（词义见上面解释）

Gentiana wasenensis 瓦山龙胆：wasenensis 瓦山的（地名，四川省）

Gentiana wilsonii 川西龙胆：wilsonii ← John Wilson（人名，18 世纪英国植物学家）

Gentiana xanthonannos 小黄花龙胆：xanthos 黄色的（希腊语）；nanus ← nanos/ nannos 矮小的，小的；nani-/ nano-/ nanno- 矮小的，小的

Gentiana yakushimensis 台湾轮叶龙胆：yakushim ← Yakushima 屋久岛的（地名，日本）

Gentiana yiliangensis 奕良龙胆（奕 yì）：yiliangensis 宜良的（地名，云南省）

Gentiana yokusai 灰绿龙胆：yokusai 欲齐（日本人名，"youkusai"为"欲齐"的日语读音）

Gentiana yokusai var. cordifolia 心叶灰绿龙胆：cordi- ← cordis/ cor 心脏的，心形的；folius/ folium/ folia 叶，叶片（用于复合词）

Gentiana yokusai var. japonica 日本灰绿龙胆：japonica 日本的（地名）；-icus/ -icum/ -ica 属于，具有某种特性（常用于地名、起源、生境）

Gentiana yokusai var. yokusai 灰绿龙胆-原变种（词义见上面解释）

Gentiana yunnanensis 云南龙胆：yunnanensis 云南的（地名）

Gentiana zollingeri 笔龙胆：zollingeri ← Heinrich Zollinger（人名，19 世纪德国植物学家）；-eri 表示人名，在以 -er 结尾的人名后面加上 i 形成

Gentianaceae 龙胆科（62：p1）：Gentiana 龙胆属；-aceae（分类单位科的词尾，为 -aceus 的阴性复数主格形式，加到模式属的名称后或同义词的词干后以组成族群名称）

Gentianella 假龙胆属（龙胆科）（62：p312）：gentianella = Gentiana + ellus 小于龙胆的；Gentiana 龙胆属；-ella 小（用作人名或一些属名词尾时并无小词意义）

Gentianella acuta 尖叶假龙胆：acutus 尖锐的，锐角的

Gentianella angustiflora 窄花假龙胆：angusti- angustus 窄的，狭的，细的；florus/ florum/ flora ← flos 花（用于复合词）

Gentianella anomala 异萼假龙胆：anomalus = a + nomalus 异常的，变异的，不规则的；a-/ an- 无，非，没有，缺乏，不具有（an- 用于元音前）（a-/ an- 为希腊语词首，对应的拉丁语词首为 e-/ ex-，相当于英语的 un-/ -less，注意词首 a- 和作为介词的 a/ ab 不同，后者的意思是"从……、由……、关于……、因为……"）；nomalus 规则的，规律的，法律的；nomus ← nomos 规则，规律，法律

Gentianella arenaria 紫红假龙胆：arenaria ← arena 沙子，沙地，沙地的，沙生的；-arius/ -arium/ aria 相似，属于（表示地点，场所，关系，所属）；Arenaria 无心菜属（石竹科）

Gentianella azurea 黑边假龙胆：azureus 天蓝色的，淡蓝色的；-eus/ -eum/ -ea（接拉丁语词干时）属于……的，色如……的，质如……的（表示原料、颜色或品质的相似），（接希腊语词干时）属于……的，以……出名，为……所占有（表示具有某种特性）

Gentianella gentianoides 密花假龙胆：Gentiana 龙胆属（龙胆科）；-oides/ -oideus/ -oideum/ -oidea/ -odes/ -eidos 像……的，类似……的，呈……状的（名词词尾）

Gentianella moorcroftiana 普兰假龙胆：moorcroftiana ← William Moorcroft（人名，19 世纪英国兽医）

Gentianella pygmaea 矮假龙胆：pygmaeus/ pygmaei 小的，低矮的，极小的，矮人的；pygm- 矮，小，侏儒；-aeus/ -aeum/ -aea 表示属于……，名词形容词化词尾，如 europaeus ← europa 欧洲的

Gentianella turkestanorum 新疆假龙胆：turkestanorum 土耳其的（地名）

Gentianopsis 扁蕾属（龙胆科）（62：p293）：Gentiana 龙胆属；-opsis/ -ops 相似，稍微，带有

Gentianopsis barbata 扁蕾：barbatus = barba + atus 具胡须的，具须毛的；barba 胡须，髯毛，绒毛；-atus/ -atum/ -ata 属于，相似，具有，完成（形容词词尾）

Gentianopsis barbata var. albo-flavida 黄白扁蕾：albus → albi-/ albo- 白色的；flavidus 淡黄的，泛黄的，发黄的；flavus → flavo-/ flavi-/ flav- 黄色的，鲜黄色的，金黄色的（指纯正的黄色）；-idus/

G

-idum/ -ida 表示在进行中的动作或情况，作动词、名词或形容词的词尾

Gentianopsis barbata var. barbata 扁蕾-原变种（词义见上面解释）

Gentianopsis barbata var. stenocalyx 细萼扁蕾：sten-/ steno- ← stenus 窄的，狭的，薄的；calyx → calyc- 萼片（用于希腊语复合词）

Gentianopsis contorta 廻旋扁蕾：contortus 拧劲的，旋转的；co- 联合，共同，合起来（拉丁语词首，为 cum- 的音变，表示结合、强化、完全，对应的希腊语为 syn-）；co- 的缀词音变有 co-/ com-/ con-/ col-/ cor-：co-（在 h 和元音字母前面），col-（在 l 前面），com-（在 b、m、p 之前），con-（在 c、d、f、g、j、n、qu、s、t 和 v 前面），cor-（在 r 前面）；tortus 拧劲，捻，扭曲

Gentianopsis grandis 大花扁蕾：grandis 大的，大型的，宏大的

Gentianopsis lutea 黄花扁蕾：luteus 黄色的

Gentianopsis paludosa 湿生扁蕾：paludosus 沼泽的，沼生的；paludes ← palus（paludes 为 palus 的复数主格）沼泽，湿地，泥潭，水塘，草甸子；-osus/ -osum/ -osa 多的，充分的，丰富的，显著发育的，程度高的，特征明显的（形容词词尾）

Gentianopsis paludosa var. alpina 高原扁蕾：alpinus = alpus + inus 高山的；alpus 高山；al-/ alti-/ alto- ← altus 高的，高处的；-inus/ -inum/ -ina/ -inos 相近，接近，相似，具有（通常指颜色）；关联词：subalpinus 亚高山的

Gentianopsis paludosa var. ovato-deltoidea 卵叶扁蕾：ovatus = ovus + atus 卵圆形的；ovus 卵，胚珠，卵形的，椭圆形的；deltoideus/ deltoides 三角形的，正三角形的；delta 三角；-oides/ -oideus/ -oideum/ -oidea/ -odes/ -eidos 像……的，类似……的，呈……状的（名词词尾）

Gentianopsis paludosa var. paludosa 湿生扁蕾-原变种（词义见上面解释）

Gentianopsis vvedenskyi（韦德扁蕾）（韦 wéi）：vvedenskyi ← Aleksandr Ivanovich Vvedensky（人名，20 世纪俄国植物学家）

Geodorum 地宝兰属（兰科）（18：p186）：geo- 地，地面，土壤；dorum ← doron 礼物

Geodorum attenuatum 大花地宝兰：attenuatus = ad + tenuis + atus 渐尖的，渐狭的，变细的，变弱的；ad- 向，到，近（拉丁语词首，表示程度加强）；构词规则：构成复合词时，词首末尾的辅音字母常同化为紧接其后的那个辅音字母（如 ad + t → att）；tenuis 薄的，纤细的，弱的，瘦的，窄的

Geodorum densiflorum 地宝兰：densus 密集的，繁茂的；florus/ florum/ flora ← flos 花（用于复合词）

Geodorum eulophioides 贵州地宝兰：Eulophia 美冠兰属（兰科）；-oides/ -oideus/ -oideum/ -oidea/ -odes/ -eidos 像……的，类似……的，呈……状的（名词词尾）

Geodorum pulchellum 美丽地宝兰：pulchellus/ pulcellus = pulcher + ellus 稍美丽的，稍可爱的；pulcher/pulcer 美丽的，可爱的；-ellus/ -ellum/ -ella ← -ulus 小的，略微的，稍微的（小词 -ulus 在

字母 e 或 i 之后有多种变缀，即 -olus/ -olum/ -ola、-ellus/ -ellum/ -ella、-illus/ -illum/ -illa，用于第一变格法名词）

Geodorum recurvum 多花地宝兰：recurvus 反曲，反卷，后曲；re- 返回，相反，再次，重复，向后，回头；curvus 弯曲的

Geophila 爱地草属（茜草科）（71-2：p63）：geo- 地，地面，土壤；philus/ philein ← philos → phil-/ phili/ philo- 喜好的，爱好的，喜欢的（注意区别形近词：phylus、phyllus）；phylus/ phylum/ phyla ← phylon/ phyle 植物分类单位中的"门"，位于"界"和"纲"之间，类群，种族，部落，聚群；phyllus/ phyllum/ phylla ← phyllon 叶片（用于希腊语复合词）

Geophila herbacea 爱地草：herbaceus = herba + aceus 草本的，草质的，草绿色的；herba 草，草本植物；-aceus/ -aceum/ -acea 相似的，有……性质的，属于……的

Geraniaceae 牻牛儿苗科（43-1：p18）：geranium 老鹳草属；-aceae（分类单位科的词尾，为 -aceus 的阴性复数主格形式，加到模式属的名称后或同义词的词干后以组成族群名称）

Geranium 老鹳草属（鹳 guān）（牻牛儿苗科）（43-1：p22）：geranium ← geranos 鹳（指果实形状像鹳的口器）

Geranium albiflorum 白花老鹳草：albus → albi-/ albo- 白色的；florus/ florum/ flora ← flos 花（用于复合词）

Geranium bockii 金佛山老鹳草：bockii（人名）；-ii 表示人名，接在以辅音字母结尾的人名后面，但 -er 除外

Geranium calanthum 美花老鹳草：calos/ callos → call-/ calli-/ calo-/ callo- 美丽的；形近词：callosus = callus + osus 具硬皮的，出老茧的，包块，疙瘩；anthus/ anthum/ antha/ anthe ← anthos 花（用于希腊语复合词）

Geranium carolinianum 野老鹳草：carolinianum 卡罗来纳的（地名，美国）

Geranium christensenianum 大姚老鹳草：christensenianum ← Karl Christensen（人名，蕨类分类专家）

Geranium collinum 丘陵老鹳草：collinus 丘陵的，山岗的

Geranium dahuricum 粗根老鹳草：dahuricum（daurica/ davurica）达乌里的（地名，外贝加尔湖，属西伯利亚的一个地区，即贝加尔湖以东及以南至中国和蒙古边界）

Geranium dahuricum var. dahuricum 粗根老鹳草-原变种（词义见上面解释）

Geranium dahuricum var. paishanense 长白老鹳草：paishanense 白山的（地名，吉林省长白山）

Geranium delavayi 五叶老鹳草：delavayi ← P. J. M. Delavay（人名，1834–1895，法国传教士，曾在中国采集植物标本）；-i 表示人名，接在以元音字母结尾的人名后面，但 -a 除外

Geranium divaricatum 叉枝老鹳草（叉 chā）：divaricatus 广歧的，发散的，散开的

G

Geranium donianum 长根老鹳草：donianum（人名）

Geranium erianthum 东北老鹳草：erion 绵毛，羊毛；anthus/ anthum/ antha/ anthe ← anthos 花（用于希腊语复合词）

Geranium franchetii 灰岩紫地榆：franchetii ← A. R. Franchet（人名，19 世纪法国植物学家）

Geranium franchetii var. franchetii 灰岩紫地榆-原变种 （词义见上面解释）

Geranium franchetii var. glandulosum 腺灰岩紫地榆：glandulosus = glandus + ulus + osus 被细腺的，具腺体的，腺体质的；glandus ← glans 腺体；-ulus/ -ulum/ -ula 小的，略微的，稍微的（小词 -ulus 在字母 e 或 i 之后有多种变缀，即 -olus/ -olum/ -ola、-ellus/ -ellum/ -ella、-illus/ -illum/ -illa，与第一变格法和第二变格法名词形成复合词）；-osus/ -osum/ -osa 多的，充分的，丰富的，显著发育的，程度高的，特征明显的（形容词词尾）

Geranium hayatanum 单花老鹳草：hayatanum ← Bunzo Hayata 早田文藏（人名，1874–1934，日本植物学家，专门研究日本和中国台湾植物）

Geranium himalayense 大花老鹳草：himalayense 喜马拉雅的（地名）

Geranium hispidissimum 刚毛紫地榆：hispidus 刚毛的，鬃毛状的；-issimus/ -issima/ -issimum 最，非常，极其（形容词最高级）

Geranium kariense 滇老鹳草：kariense 卡里的，更里的（地名，云南省维西县）

Geranium koreanum 朝鲜老鹳草：koreanum 朝鲜的（地名）

Geranium krameri 突节老鹳草：krameri ← Johann Georg Heinrich Kramer（人名，18 世纪匈牙利植物学家、医生）；-eri 表示人名，在以 -er 结尾的人名后面加上 i 形成

Geranium lamberti 吉隆老鹳草：lamberti ← Aylmer Bourke Lambert（人名，1761–1842，英国植物学家、作家）（词尾改为 "-ii" 似更妥）；-ii 表示人名，接在以辅音字母结尾的人名后面，但 -er 除外；-i 表示人名，接在以元音字母结尾的人名后面，但 -a 除外

Geranium limprichtii 齿托紫地榆：limprichtii（人名）；-ii 表示人名，接在以辅音字母结尾的人名后面，但 -er 除外

Geranium maximowiczii 兴安老鹳草：maximowiczii ← C. J. Maximowicz 马克希莫夫（人名，1827–1891，俄国植物学家）

Geranium melanandrum 黑药老鹳草：mel-/ mela-/ melan-/ melano- ← melanus/ melaenus ← melas/ melanos 黑色的，浓黑色的，暗色的；andrus/ andros/ antherus ← aner 雄蕊，花药，雄性

Geranium moupinense 宝兴老鹳草：moupinense 穆坪的（地名，四川省宝兴县），木坪的（地名，重庆市）

Geranium napuligerum 萝卜根老鹳草（卜 bo）：napuliferus = napus + ulus + gerus 具有小圆根的；napus 芜菁，疙瘩头，圆根（古拉丁名）；-ulus/ -ulum/ -ula 小的，略微的，稍微的（小词 -ulus 在字母 e 或 i 之后有多种变缀，即 -olus/ -olum/ -ola、

-ellus/ -ellum/ -ella、-illus/ -illum/ -illa，与第一变格法和第二变格法名词形成复合词）；gerus → -ger/ -gerus/ -gerum/ -gera 具有，有，带有

Geranium nepalense 尼泊尔老鹳草：nepalense 尼泊尔的（地名）

Geranium nepalense var. nepalense 尼泊尔老鹳草-原变种 （词义见上面解释）

Geranium nepalense var. oliganthum 少花老鹳草：oligo-/ olig- 少数的（希腊语，拉丁语为 pauci-）；anthus/ anthum/ antha/ anthe ← anthos 花（用于希腊语复合词）

Geranium nepalense var. thunbergii 中日老鹳草：thunbergii ← C. P. Thunberg（人名，1743–1828，瑞典植物学家，曾专门研究日本的植物）

Geranium ocellatum 二色老鹳草：ocellatus 具眼状斑的，蛇眼状的

Geranium orientali-tibeticum 川西老鹳草：orientali-tibeticum 藏东的；orientalis 东方的；oriens 初升的太阳，东方；tibeticum 西藏的（地名）

Geranium pinetorum 松林老鹳草：pinetorum 松林的，松林生的；Pinus 松属（松科）；-etorum 群落的（表示群丛、群落的词尾）

Geranium platyanthum 毛蕊老鹳草：platyanthus 大花的，宽花的；platys 大的，宽的（用于希腊语复合词）；anthus/ anthum/ antha/ anthe ← anthos 花（用于希腊语复合词）

Geranium platylobum 宽片老鹳草：platylobus 宽裂片的；platys 大的，宽的（用于希腊语复合词）；lobus/ lobos/ lobon 浅裂，耳片（裂片先端钝圆），荚果，蒴果

Geranium platyrenifolium 宽肾叶老鹳草：platys 大的，宽的（用于希腊语复合词）；ren-/ reni- ← ren/ renis 肾，肾形；renarius/ renalis 肾脏的，肾形的；folius/ folium/ folia 叶，叶片（用于复合词）

Geranium polyanthes 多花老鹳草：poly- ← polys 多个，许多（希腊语，拉丁语为 multi-）；anthes ← anthos 花

Geranium pratense 草地老鹳草：pratense 生于草原的；pratum 草原

Geranium pratense var. affine 草甸老鹳草：affine = affinis = ad + finis 酷似的，近似的，有联系的；ad- 向，到，近（拉丁语词首，表示程度加强）；构词规则：构成复合词时，词首末尾的辅音字母常同化为紧接其后的那个辅音字母（如 ad + f → aff）；finis 界限，境界；affin- 相似，近似，相关

Geranium pratense var. pratense 草地老鹳草-原变种 （词义见上面解释）

Geranium pseudosibiricum 蓝花老鹳草：pseudosibiricum 像 sibirica 的；pseudo-/ pseud- ← pseudos 假的，伪的，接近，相似（但不是）；Geranium sibiricum 鼠掌老鹳草；sibiricum 西伯利亚的（地名）

Geranium pylzowianum 甘青老鹳草：pylzowianum ← Mikhail Alexandrovich Pyltsov（人名，19 世纪俄国军官，曾和 Nicolai Przewalski 一起在中国考察）

Geranium rectum 直立老鹳草：rectus 直线的，笔直的，向上的

G

Geranium refractoides 紫萼老鹳草：refractoides 像 refractum 的，近似反曲的；Geranium refractum 反瓣老鹳草；refractus 倒折的，反折的；re- 返回，相反，再次，重复，向后，回头；fractus 背折的，弯曲的；-oides/ -oideus/ -oideum/ -oidea/ -odes/ -eidos 像……的，类似……的，呈……状的（名词词尾）

Geranium refractum 反瓣老鹳草：refractus 倒折的，反折的；re- 返回，相反，再次，重复，向后，回头；fractus 背折的，弯曲的

Geranium robertianum 汉荭鱼腥草（荭 hóng）：robertianum（人名）

Geranium rosthornii 湖北老鹳草（鹳 guàn）：rosthornii ← Arthur Edler von Rosthorn（人名，19 世纪匈牙利驻北京大使）

Geranium rotundifolium 圆叶老鹳草：rotundus 圆形的，呈圆形的，肥大的；rotundo 使呈圆形，使圆滑；roto 旋转，滚动；folius/ folium/ folia 叶，叶片（用于复合词）

Geranium rubifolium 红叶老鹳草：rubifolius 悬钩子叶的，树莓叶的，红叶的；Rubus 悬钩子属（蔷薇科）；rubrus/ rubrum/ rubra/ ruber 红色的；folius/ folium/ folia 叶，叶片（用于复合词）

Geranium shensianum 陕西老鹳草：shensianum 陕西的（地名）

Geranium sibiricum 鼠掌老鹳草：sibiricum 西伯利亚的（地名，俄罗斯）；-icus/ -icum/ -ica 属于，具有某种特性（常用于地名、起源、生境）

Geranium sinense 中华老鹳草：sinense = Sina + ense 中国的（地名）；Sina 中国

Geranium soboliferum 线裂老鹳草：soboliferus 具根出条的；sobolis 根出条，根部徒长枝；-ferus/ -ferum/ -fera/ -fero/ -fere/ -fer 有，具有，产（区别：作独立词使用的 ferus 意思是"野生的"）

Geranium strictipes 紫地榆：strictipes 硬直茎的；strictus 直立的，硬直的，笔直的，彼此靠拢的；pes/ pedis 柄，梗，茎秆，腿，足，爪（作词首或词尾，pes 的词干视为"ped-"）

Geranium strigellum 反毛老鹳草：strigellus = striga + ellus 被短的糙伏毛的，具网纹的；striga 条纹的，网纹的（如种子具网纹），糙伏毛的；-ellus/ -ellum/ -ella ← -ulus 小的，略微的，稍微的（小词 -ulus 在字母 e 或 i 之后有多种变缀，即 -olus/ -olum/ -ola、-ellus/ -ellum/ -ella、-illus/ -illum/ -illa，用于第一变格法名词）

Geranium suzukii 黄花老鹳草：suzukii 铃木（人名）

Geranium transversale 球根老鹳草：transversale → transversus 横的，横过的；-aris（阳性、阴性）/ -are（中性）← -alis（阳性、阴性）/ -ale（中性）属于，相似，如同，具有，涉及，关于，联系于（将名词作形容词用，其中 -aris 常用于以 l 或 r 为词干末尾的词）

Geranium umbelliforme 伞花老鹳草：umbeli-/ umbelli- 伞形花序；forme/ forma 形状

Geranium wallichianum 宽托叶老鹳草：wallichianum ← Nathaniel Wallich（人名，19 世纪初丹麦植物学家、医生）

Geranium wilfordii 老鹳草：wilfordii（人名）；-ii 表示人名，接在以辅音字母结尾的人名后面，但 -er 除外

Geranium wlassowianum 灰背老鹳草：wlassowianum（人名）

Geranium yunnanense 云南老鹳草：yunnanense 云南的（地名）

Gerbera 大丁草属（菊科）（79：p73）：gerbera ← Traugott Gerber（人名，18 世纪德国博物学家）（以 -er 结尾的人名用作属名时在末尾加 a，如 Lonicera = Lonicer + a）

Gerbera anandria 大丁草：anandrius 无雄蕊的；a-/ an- 无，非，没有，缺乏，不具有（an- 用于元音前）（a-/ an- 为希腊语词首，对应的拉丁语词首为 e-/ ex-，相当于英语的 un-/ -less，注意词首 a- 和作为介词的 a/ ab 不同，后者的意思是"从……、由……、关于……、因为……"）；andrius 具雄蕊的；andrus/ andros/ antherus ← aner 雄蕊，花药，雄性；-ius/ -ium/ -ia 具有……特性的（表示有关、关联、相似）

Gerbera anandria var. anandria 大丁草-原变种（词义见上面解释）

Gerbera anandria var. densiloba 多裂大丁草：densus 密集的，繁茂的；lobus/ lobos/ lobon 浅裂，耳片（裂片先端钝圆），荚果，蒴果

Gerbera bonatiana 早花大丁草：bonatiana（人名）

Gerbera connata 合缨大丁草：connatus 融为一体的，合并在一起的；connecto/ conecto 联合，结合

Gerbera curvisquama 弯苞大丁草：curvus 弯曲的；squamus 鳞，鳞片，薄膜

Gerbera delavayi 钩苞大丁草：delavayi ← P. J. M. Delavay（人名，1834–1895，法国传教士，曾在中国采集植物标本）；-i 表示人名，接在以元音字母结尾的人名后面，但 -a 除外

Gerbera henryi 蒙自大丁草：henryi ← Augustine Henry 或 B. C. Henry（人名，前者，1857–1930，爱尔兰医生、植物学家，曾在中国采集植物，后者，1850–1901，曾活动于中国的传教士）

Gerbera jamesonii 非洲菊：jamesonii ← Robert Jameson（人名，19 世纪植物学家）

Gerbera kunzeana 长喙大丁草：kunzeana ← Gustav Kunze（人名，19 世纪德国植物学家）

Gerbera latiligulata 阔舌大丁草：lati-/ late- ← latus 宽的，宽广的；ligulatus/ ligularis 小舌状的

Gerbera lijiangensis 丽江大丁草：lijiangensis 丽江的（地名，云南省）

Gerbera macrocephala 巨头大丁草：macro-/ macr- ← macros 大的，宏观的（用于希腊语复合词）；cephalus/ cephale ← cephalos 头，头状花序

Gerbera maxima 箭叶大丁草：maximus 最大的

Gerbera nivea 白背大丁草：niveus 雪白的，雪一样的；nivus/ nivis/ nix 雪，雪白色

Gerbera piloselloides 毛大丁草：piloselloides 像山柳菊的；Pilosella → Hieracium 山柳菊属（菊科）；-oides/ -oideus/ -oideum/ -oidea/ -odes/ -eidos 像……的，类似……的，呈……状的（名词词尾）

Gerbera pterodonta 翼齿大丁草：pterodontus 翅齿的；pterus/ pteron 翅，翼，蕨类；odontus/ odontos → odon-/ odont-/ odonto-（可作词首或词

G

尾）齿，牙齿状的；odous 齿，牙齿（单数，其所有格为 odontos）

Gerbera raphanifolia 光叶大丁草：raphanifolius 萝卜叶的；raphanus 萝卜；folius/ folium/ folia 叶，叶片（用于复合词）

Gerbera ruficoma 红缨大丁草：ruf-/ rufi-/ frufo- ← rufus/ rubus 红褐色的，锈色的，红色的，发红的，淡红色的；comus ← comis 冠毛，头缨，一簇（毛或叶片）

Gerbera saxatilis 石上大丁草：saxatilis 生于岩石的，生于石缝的；saxum 岩石，结石；-atilis（阳性、阴性）/ -atile（中性）（表示生长的地方）

Gerbera serotina 晚花大丁草：serotinus 晚来的，晚季的，晚开花的

Gerbera tanantii 钝苞大丁草：tanantii（人名）；-ii 表示人名，接在以辅音字母结尾的人名后面，但 -er 除外

Germainia 吉曼草属（禾本科）（10-2：p113）：germainia ← E. Germain de Saint Pierre（人名，法国医生、植物学家）

Germainia capitata 吉曼草：capitatus 头状的，头状花序的；capitus ← capitis 头，头状

Gesneriaceae 苦苣苔科（此处的苔不可以写成"薹"）（69：p125）：gesnerianus（属名，苦苣苔科模式属）；gesnerianus ← Conrad von Gessner（人名，16 世纪博物学家）；-aceae（分类单位科的词尾，为 -aceus 的阴性复数主格形式，加到模式属的名称后或同义词的词干后以组成族群名称）

Geum 路边青属（蔷薇科）（37：p221）：geum ← geuo 美味的（由古罗马博物学家 Pliny 命名）

Geum aleppicum 路边青：aleppicum ← Aleppo 阿勒颇的（地名，叙利亚）

Geum japonicum 日本路边青：japonicum 日本的（地名）；-icus/ -icum/ -ica 属于，具有某种特性（常用于地名、起源、生境）

Geum japonicum var. chinense 柔毛路边青：chinense 中国的（地名）

Geum japonicum var. japonicum 日本路边青-原变种（词义见上面解释）

Geum rivale 紫萼路边青：rivale ← rivalis 溪流的，河流的（指生境）；rivus 河流，溪流

Gigantochloa 巨竹属（禾本科）（9-1：p196）：gigantos 巨大的；chloa ← chloe 草，禾草

Gigantochloa albociliata 白毛巨竹：albus → albi-/ albo- 白色的；ciliatus = cilium + atus 缘毛的，流苏的；-atus/ -atum/ -ata 属于，相似，具有，完成（形容词词尾）

Gigantochloa felix 滇竹：felix 果实多的，高产的

Gigantochloa nigrociliata 黑毛巨竹：nigro-/ nigri- ← nigrus 黑色的；niger 黑色的；ciliatus = cilium + atus 缘毛的，流苏的；cilium 缘毛，睫毛；-atus/ -atum/ -ata 属于，相似，具有，完成（形容词词尾）

Gigantochloa parviflora 南峤滇竹（峤 qiáo）：parviflorus 小花的；parvus 小的，些微的，弱的；florus/ florum/ flora ← flos 花（用于复合词）

Gigantochloa verticillata 花巨竹：verticillatus/ verticillaris 螺纹的，螺旋的，轮生的，环状的；verticillus 轮，环状排列

Ginkgo 银杏属（银杏科）（7：p18）：ginkgo 银杏（"银杏"的日语读音 ginkyo 的讹误）

Ginkgo biloba 银杏：bilobus 二裂的；bi-/ bis- 二，二数，二回（希腊语为 di-）；lobus/ lobos/ lobon 浅裂，耳片（裂片先端钝圆），荚果，蒴果

Ginkgo biloba cv. Damaling 大马铃：damaling 大马铃（中文品种名，银杏品种）

Ginkgo biloba cv. Dameihai 大梅核：dameihai 大梅核（中文品种名，银杏品种）

Ginkgo biloba cv. Dongtinghuang 洞庭皇：dongtinghuang 洞庭皇（中文品种名）

Ginkgo biloba cv. Fozhi 佛指：fozhi 佛指（中文品种名）

Ginkgo biloba cv. Ganglanfoshou 橄榄佛手（橄 gǎn）：ganglanfoshou 橄榄佛手（中文品种名）

Ginkgo biloba cv. Luanguofoshou 卵果佛手：luanguofoshou 卵果佛手（中文品种名）

Ginkgo biloba cv. Mianhuaguo 棉花果：mianhuaguo 棉花果（中文品种名）

Ginkgo biloba cv. Tongziguo 桐子果：tongziguo 桐子果（中文品种名）

Ginkgo biloba cv. Wuxinyinxing 无心银杏：wuxinyinxing 无心银杏（中文品种名）

Ginkgo biloba cv. Xiaofoshou 小佛手：xiaofoshou 小佛手（中文品种名）

Ginkgo biloba cv. Yaweiyinxing 鸭尾银杏：yaweiyinxing 鸭尾银杏（中文品种名）

Ginkgo biloba cv. Yuandifoshou 圆底佛手：yuandifoshou 圆底佛手（中文品种名）

Ginkgoaceae 银杏科（7：p18）：Ginkgo 银杏属；-aceae（分类单位科的词尾，为 -aceus 的阴性复数主格形式，加到模式属的名称后或同义词的词干后以组成族群名称）

Ginkgopsida 银杏纲：Ginkgoaceae 银杏科；-opsida（分类单位纲的词尾）；classis 分类纲（位于门之下）

Girardinia 蝎子草属（荨麻科）（23-2：p48）：girardinia ← J. Girandin（人名，法国植物学家）

Girardinia chingiana 浙江蝎子草：chingiana ← R. C. Chin 秦仁昌（人名，1898–1986，中国植物学家，蕨类植物专家），秦氏

Girardinia diversifolia 大蝎子草：diversus 多样的，各种各样的，多方向的；folius/ folium/ folia 叶，叶片（用于复合词）

Girardinia formosana 台湾蝎子草：formosanus = formosus + anus 美丽的，台湾的；formosus ← formosa 美丽的，台湾的（葡萄牙殖民者发现台湾时对其的称呼，即美丽的岛屿）；-anus/ -anum/ -ana 属于，来自（形容词词尾）

Girardinia suborbiculata 蝎子草：suborbiculatus 近圆形的；sub-（表示程度较弱）与……类似，几乎，稍微，弱，亚，之下，下面；orbiculatus/ orbicularis = orbis + culus + atus 近圆形的；orbis 圆，圆形，圆圈，环；-ulus/ -ulum/ -ula 小的，略微的，稍微的（小词 -ulus 在字母 e 或 i 之后有多种变缀，即 -olus/ -olum/ -ola、-ellus/ -ellum/ -ella、-illus/ -illum/ -illa，与第一变格法和第二变格法名

G

词形成复合词）；-atus/ -atum/ -ata 属于，相似，具有，完成（形容词词尾）

Girardinia suborbiculata subsp. grammata 棱果蝎子草：grammatus 有突起条纹的；grammus 条纹的，花纹的，线条的（希腊语）

Girardinia suborbiculata subsp. suborbiculata 蝎子草-原亚种 （词义见上面解释）

Girardinia suborbiculata subsp. triloba 红火麻：tri-/ tripli-/ triplo- 三个，三数；lobus/ lobos/ lobon 浅裂，耳片（裂片先端钝圆），荚果，蒴果

Girgensohnia 对叶盐蓬属（藜科）（25-2：p150）：girgensohnia ← Girgensohn（人名）

Girgensohnia oppositiflora 对叶盐蓬：oppositi- ← oppositus = ob + positus 相对的，对生的；ob- 相反，反对，倒（ob- 有多种音变：ob- 在元音字母和大多数辅音字母前面，oc- 在 c 前面，of- 在 f 前面，op- 在 p 前面）；positus 放置，位置；florus/ florum/ flora ← flos 花（用于复合词）

Gironniera 白颜树属（榆科）（22：p386）：gironniera（人名）

Gironniera subaequalis 白颜树：subaequalis 近似对称的，近似对等的；sub-（表示程度较弱）与……类似，几乎，稍微，弱，亚，之下，下面；aequalis 相等的，相同的，对称的；aequus 平坦的，均等的，公平的，友好的

Gisekia 针晶粟草属（番杏科）（26：p22）：gisekia（人名）

Gisekia pharnaceoides 针晶粟草：Pharnaceum（属名，番杏科）；-oides/ -oideus/ -oideum/ -oidea/ -odes/ -eidos 像……的，类似……的，呈……状的（名词词尾）

Gladiolus 唐菖蒲属（鸢尾科）（16-1：p124）：gladiolus = gladius + ulus 小剑状的，略呈剑状的；gladius 剑；-olus ← -ulus 小，稍微，略微（-ulus 在字母 e 或 i 之后变成 -olus/ -ellus/ -illus）

Gladiolus gandavensis 唐菖蒲：gandavensis（地名，比利时）

Gladiolus × hybridus 小唐菖蒲：hybridus 杂种的

Glaphyropteridopsis 方秆蕨属（金星蕨科）（4-1：p126）：Glaphyropteris（有时误拼为"Glaphylopteris"）→ Cyclogramma 钩毛蕨属；构词规则：词尾为 -is 和 -ys 的词的词干分别视为 -id 和 -yd；-opsis/ -ops 相似，稍微，带有

Glaphyropteridopsis emeiensis 峨眉方秆蕨：emeiensis 峨眉山的（地名，四川省）

Glaphyropteridopsis eriocarpa 毛囊方秆蕨：erion 绵毛，羊毛；carpus/ carpum/ carpa/ carpon ← carpos 果实（用于希腊语复合词）

Glaphyropteridopsis erubescens 方秆蕨：erubescens/ erubui ← erubeco/ erubere/ rubui 变红色的，浅红色的，赤红面的；rubescens 发红的，带红的，近红的；rubus ← ruber/ rubeo 树莓的，红色的；rubens 发红色的，变红的，红的；rubco/ rubere/ rubui 红色的，变红，放光，闪耀；rubesco/ rubere/ rubui 变红；-escens/ -ascens 改变，转变，变成，略微，带有，接近，相似，大致，稍微（表示变化的趋势，并未完全相似或相同，有别于表示达到完成状态的 -atus）

Glaphyropteridopsis glabrata 光滑方秆蕨：glabratus = glabrus + atus 脱毛的，光滑的；glabrus 光秃的，无毛的，光滑的；-atus/ -atum/ -ata 属于，相似，具有，完成（形容词词尾）

Glaphyropteridopsis jinfushanensis 金佛山方秆蕨：jinfushanensis 金佛山的（地名，重庆市）

Glaphyropteridopsis mollis 柔弱方秆蕨：molle/ mollis 软的，柔毛的

Glaphyropteridopsis pallida 灰白方秆蕨：pallidus 苍白的，淡白色的，淡色的，蓝白色的，无活力的；palide 淡地，淡色地（反义词：sturate 深色地，浓色地，充分地，丰富地，饱和地）

Glaphyropteridopsis rufostraminea 粉红方秆蕨：ruf-/ rufi-/ frufo- ← rufus/ rubus 红褐色的，锈色的，红色的，发红的，淡红色的；stramineus 禾秆色的，秆黄色的，干草状黄色的；stramen 禾秆，麦秆；-ineus/ -inea/ -ineum 相近，接近，相似，所有（通常表示材料或颜色），意思同 -eus

Glaphyropteridopsis sichuanensis 四川方秆蕨：sichuanensis 四川的（地名）

Glaphyropteridopsis splendens 大叶方秆蕨：splendens 有光泽的，发光的，漂亮的

Glaphyropteridopsis villosa 柔毛方秆蕨：villosus 柔毛的，绵毛的；villus 毛，羊毛，长绒毛；-osus/ -osum/ -osa 多的，充分的，丰富的，显著发育的，程度高的，特征明显的（形容词词尾）

Glaucium 海罂粟属（罂粟科）（32：p64）：glaucius = glaucus + ius 具白粉的，呈灰绿色的；glaucus → glauco-/ glauc- 被白粉的，发白的，灰绿色的；-ius/ -ium/ -ia 具有……特性的（表示有关、关联、相似）

Glaucium elegans 天山海罂粟：elegans 优雅的，秀丽的

Glaucium fimbrilligerum 海罂粟：fimbrilliferum = fimbria + ulus + ferus 具小睫毛的，具小流苏状毛的；fimbria → fimbri- 流苏，长缘毛；-illi- ← -ulus 小，稍微，略微（-ulus 在字母 e 或 i 之后变成 -olus/ -ellus/ -illus）；-ferus/ -ferum/ -fera/ -fero/ -fere/ -fer 有，具有，产（区别：作独立词使用的 ferus 意思是"野生的"）

Glaucium squamigerum 新疆海罂粟：squamigerus 具鳞片的；squamus 鳞，鳞片，薄膜；gerus → -ger/ -gerus/ -gerum/ -gera 具有，有，带有

Glaux 海乳草属（报春花科）（59-1：p134）：glaux 海乳草（一种植物名）

Glaux maritima 海乳草：maritimus 海滨的（指生境）

Gleadovia 藨寄生属（藨 biāo）（列当科）（69：p89）：gleadovia ← Gleadov（俄国人名）

Gleadovia mupinense 宝兴藨寄生：mupinense 穆坪的（地名，四川省）

Gleadovia ruborum 藨寄生：ruborum 属于悬钩子的（指寄生于悬钩子属，复数所有格）；Rubus 悬钩子属（蔷薇科）；-orum 属于……的（第二变格法名词复数所有格词尾，表示群落或多数）

Homalocladium 竹节蓼属（蓼科）（增补）：homalocladium 扁平枝条的；homalos 平坦的（希腊语）；clados → cladus 枝条，分枝；-ius/ -ium/ -ia 有……特性的，有联系或相似，名词词尾

G

·559·

Glebionis carinata 蒿子秆：carinatus 脊梁的，龙骨的，龙骨状的；carina → carin-/ carini- 脊梁，龙骨状突起，中肋

Glebionis coronaria 茼蒿（另见 Chrysanthemum coronarium）：coronarius 花冠的，花环的，具副花冠的；corona 花冠，花环；-arius/ -arium/ -aria 相似，属于（表示地点，场所，关系，所属）

Glebionis segetum 南茼蒿（另见 Chrysanthemum segetum）：segetum 玉米地的，农田的，庄稼地的（复数所有格）；seges/ segetis 耕地，作物；-etum/ -cetum 群丛，群落（表示数量很多，为群落优势种）（如 arboretum 乔木群落，quercetum 栎树林，rosetum 蔷薇群落）

Glechoma 活血丹属（血 xuè）（唇形科）（65-2：p315）：glechoma ← glechon 薄荷（古希腊语名）

Glechoma biondiana 白透骨消：biondiana（人名）

Glechoma biondiana var. angustituba 白透骨消-狭萼变种：angusti- ← angustus 窄的，狭的，细的；tubus 管子的，管状的，筒状的

Glechoma biondiana var. biondiana 白透骨消-原变种（词义见上面解释）

Glechoma biondiana var. glabrescens 白透骨消-无毛变种：glabrus 光秃的，无毛的，光滑的；-escens/ -ascens 改变，转变，变成，略微，带有，接近，相似，大致，稍微（表示变化的趋势，并未完全相似或相同，有别于表示达到完成状态的 -atus）

Glechoma grandis 日本活血丹：grandis 大的，大型的，宏大的

Glechoma hederacea 欧活血丹：hederacea 常春藤状的；Hedera 常春藤属（五加科）；-aceus/ -aceum/ -acea 相似的，有……性质的，属于……的

Glechoma longituba 活血丹：longe-/ longi- ← longus 长的，纵向的；tubus 管子的，管状的，筒状的

Glechoma sinograndis 大花活血丹：sinograndis 中国型宏大的；sino- 中国；grandis 大的，大型的，宏大的

Gleditsia 皂荚属（豆科）（39：p80）：gleditsia ← Johann Gottlieb Gleditsch（人名，1714–1786，德国柏林植物园主任）

Gleditsia australis 小果皂荚：australis 南方的，南半球的；austro-/ austr- 南方的，南半球的，大洋洲的；auster 南方，南风；-aris（阳性、阴性）/ -are（中性）← -alis（阳性、阴性）/ -ale（中性）属于，相似，如同，具有，涉及，关于，联结于（将名词作形容词用，其中 -aris 常用于以 l 或 r 为词干末尾的词）

Gleditsia fera 华南皂荚：ferus 野生的（独立使用的"ferus"与作词尾用的"ferus"意思不同）；-ferus/ -ferum/ -fera/ -fero/ -fere/ -fer 有，具有，产

Gleditsia japonica 山皂荚：japonica 日本的（地名）；-icus/ -icum/ -ica 属于，具有某种特性（常用于地名、起源、生境）

Gleditsia japonica var. delavayi 滇皂荚：delavayi ← P. J. M. Delavay（人名，1834–1895，法国传教士，曾在中国采集植物标本）；-i 表示人名，接在以元音字母结尾的人名后面，但 -a 除外

Gleditsia japonica var. japonica 山皂荚-原变种（词义见上面解释）

Gleditsia japonica var. velutina 绒毛皂荚：velutinus 天鹅绒的，柔软的；velutus 绒毛的；-inus/ -inum/ -ina/ -inos 相近，接近，相似，具有（通常指颜色）

Gleditsia microphylla 野皂荚：micr-/ micro- ← micros 小的，微小的，微观的（用于希腊语复合词）；phyllus/ phyllum/ phylla ← phyllon 叶片（用于希腊语复合词）

Gleditsia sinensis 皂荚：sinensis = Sina + ensis 中国的（地名）；Sina 中国

Gleditsia triacanthos 美国皂荚：triacanthos 三刺的；tri-/ tripli-/ triplo- 三个，三数；acanthos ← akantha 刺，具刺的（希腊语）

Glehnia 珊瑚菜属（伞形科）（55-3：p77）：glehnia ← Peter von Glehn（人名，德国植物学家）

Glehnia littoralis 珊瑚菜：litoralis/ littoralis 海滨的，海岸的；littoris/ litoris/ littus/ litus 海岸，海滩，海滨

Gleicheniaceae 里白科（2：p116）：Gleichenia 里白属；-aceae（分类单位科的词尾，为 -aceus 的阴性复数主格形式，加到模式属的名称后或同义词的词干后以组成族群名称）

Glinus 星粟草属（番杏科）（26：p24）：glinus（词源不详）

Glinus herniarioides （治疝星粟草）（疝 shàn）：herniarioides 像 Herniaria 的；Herniaria 治疝草属（石竹科）；-oides/ -oideus/ -oideum/ -oidea/ -odes/ -eidos 像……的，类似……的，呈……状的（名词词尾）

Glinus lotoides 星粟草：lotoides 像百脉根的；Lotus 百脉根属（豆科）；-oides/ -oideus/ -oideum/ -oidea/ -odes/ -eidos 像……的，类似……的，呈……状的（名词词尾）

Glinus oppositifolius 长梗星粟草：oppositi- ← oppositus = ob + positus 相对的，对生的；ob- 相反，反对，倒（ob- 有多种音变：ob- 在元音字母和大多数辅音字母前面，oc- 在 c 前面，of- 在 f 前面，op- 在 p 前面）；positus 放置，位置；folius/ folium/ folia 叶，叶片（用于复合词）

Globba 舞花姜属（姜科）（16-2：p64）：globba（马来西亚土名）

Globba barthei 毛舞花姜：barthei（人名）；-i 表示人名，接在以元音字母结尾的人名后面，但 -a 除外

Globba mairei （迈尔舞花姜）：mairei（人名）；Edouard Ernest Maire（人名，19 世纪活动于中国云南的传教士）；Rene C. J. E. Maire 人名（20 世纪阿尔及利亚植物学家，研究北非植物）；-i 表示人名，接在以元音字母结尾的人名后面，但 -a 除外

Globba racemosa 舞花姜：racemosus = racemus + osus 总状花序的；racemus/ raceme 总状花序，葡萄串状的；-osus/ -osum/ -osa 多的，充分的，丰富的，显著发育的，程度高的，特征明显的（形容词词尾）

Globba schomburgkii 双翅舞花姜：schomburgkii ← Richard Schomburgk（人名，19 世纪澳大利亚植物学家）

Globba schomburgkii var. angustata 小珠舞花

G

姜：angustatus = angustus + atus 变窄的；angustus 窄的，狭的，细的

Glochidion 算盘子属（大戟科）（44-1：p133）：glochidion/ glochis 突点，倒钩刺，钩毛（指花药具长尖）

Glochidion arborescens 白毛算盘子：arbor 乔木，树木；-escens/ -ascens 改变，转变，变成，略微，带有，接近，相似，大致，稍微（表示变化的趋势，并未完全相似或相同，有别于表示达到完成状态的 -atus）

Glochidion assamicum 四裂算盘子：assamicum 阿萨姆邦的（地名，印度）

Glochidion chademenosocarpum 线药算盘子：chademenoso-（词源不详）；carpus/ carpum/ carpa/ carpon ← carpos 果实（用于希腊语复合词）

Glochidion coccineum 红算盘子：coccus/ coccineus 浆果，绯红色（一种形似浆果的介壳虫的颜色）；同形异义词：coccus/ cocco/ cocci/ coccis 心室，心皮；-eus/ -eum/ -ea（接拉丁语词干时）属于……的，色如……的，质如……的（表示原料、颜色或品质的相似），（接希腊语词干时）属于……的，以……出名，为……所占有（表示具有某种特性）

Glochidion daltonii 革叶算盘子：daltonii（人名）；-ii 表示人名，接在以辅音字母结尾的人名后面，但 -er 除外

Glochidion eriocarpum 毛果算盘子：erion 绵毛，羊毛；carpus/ carpum/ carpa/ carpon ← carpos 果实（用于希腊语复合词）

Glochidion hirsutum 厚叶算盘子：hirsutus 粗毛的，糙毛的，有毛的（长而硬的毛）

Glochidion khasicum 长柱算盘子：khasicum ← Khasya 喀西的，卡西的（地名，印度阿萨姆邦）；-icus/ -icum/ -ica 属于，具有某种特性（常用于地名、起源、生境）

Glochidion kusukusense 台湾算盘子：kusukusense 古思故斯的（地名，台湾屏东县高士佛村的旧称）

Glochidion lanceolarium 艾胶算盘子：lanceolarius/ lanceolatus 披针形的，锐尖的；lance-/ lancei-/ lanci-/ lanceo-/ lanc- ← lanceus 披针形的，矛形的，尖刀状的，柳叶刀状的；-olus ← -ulus 小，稍微，略微（-ulus 在字母 e 或 i 之后变成 -olus/ -ellus/ -illus）；-arius/ -arium/ -aria 相似，属于（表示地点，场所，关系，所属）

Glochidion lanceolatum 披针叶算盘子：lanceolatus = lanceus + olus + atus 小披针形的，小柳叶刀的；lance-/ lancei-/ lanci-/ lanceo-/ lanc- ← lanceus 披针形的，矛形的，尖刀状的，柳叶刀状的；-olus ← -ulus 小，稍微，略微（-ulus 在字母 e 或 i 之后变成 -olus/ -ellus/ -illus）；-atus/ -atum/ -ata 属于，相似，具有，完成（形容词词尾）

Glochidion lutescens 山漆茎：lutescens 淡黄色的；luteus 黄色的；-escens/ -ascens 改变，转变，变成，略微，带有，接近，相似，大致，稍微（表示变化的趋势，并未完全相似或相同，有别于表示达到完成状态的 -atus）

Glochidion medogense 墨脱算盘子：medogense 墨脱的（地名，西藏自治区）

Glochidion nubigenum 云雾算盘子：nubigenus = nubius + genus 生于云雾间的；nubius 云雾的；genus ← gignere ← geno 出生，发生，起源，产于，生于（指地方或条件），属（植物分类单位）

Glochidion oblatum 宽果算盘子：oblatus 扁圆形的；ob- 相反，反对，倒（ob- 有多种音变：ob- 在元音字母和大多数辅音字母前面，oc- 在 c 前面，of- 在 f 前面，op- 在 p 前面）；latus 宽的，宽广的

Glochidion obovatum 倒卵叶算盘子：obovatus = ob + ovus + atus 倒卵形的；ob- 相反，反对，倒（ob- 有多种音变：ob- 在元音字母和大多数辅音字母前面，oc- 在 c 前面，of- 在 f 前面，op- 在 p 前面）；ovus 卵，胚珠，卵形的，椭圆形的

Glochidion philippicum 甜叶算盘子：philippicum 菲律宾的（地名）；-icus/ -icum/ -ica 属于，具有某种特性（常用于地名、起源、生境）

Glochidion puberum 算盘子：puberus 多毛的，毛茸茸的

Glochidion ramiflorum 茎花算盘子：ramiflorus 枝上生花的；ramus 分枝，枝条；florus/ florum/ flora ← flos 花（用于复合词）

Glochidion rubrum 台闽算盘子：rubrus/ rubrum/ rubra/ ruber 红色的

Glochidion sphaerogynum 圆果算盘子：sphaero- 圆形，球形；gynus/ gynum/ gyna 雌蕊，子房，心皮

Glochidion suishaense 水社算盘子：suishaense 水社的（地名，属台湾省，日语读音）

Glochidion thomsonii 青背叶算盘子：thomsonii ← Thomas Thomson（人名，19 世纪英国植物学家）；-ii 表示人名，接在以辅音字母结尾的人名后面，但 -er 除外

Glochidion triandrum 里白算盘子：tri-/ tripli-/ triplo- 三个，三数；andrus/ andros/ antherus ← aner 雄蕊，花药，雄性

Glochidion triandrum var. siamense 泰云算盘子：siamense 暹罗的（地名，泰国古称）（暹 xiān）

Glochidion triandrum var. triandrum 里白算盘子-原变种 （词义见上面解释）

Glochidion velutinum 绒毛算盘子：velutinus 天鹅绒的，柔软的；velutus 绒毛的；-inus/ -inum/ -ina/ -inos 相近，接近，相似，具有（通常指颜色）

Glochidion wilsonii 湖北算盘子：wilsonii ← John Wilson（人名，18 世纪英国植物学家）

Glochidion wrightii 白背算盘子：wrightii ← Charles（Carlos）Wright（人名，19 世纪美国植物学家）

Glochidion zeylanicum 香港算盘子：zeylanicus 锡兰（斯里兰卡，国家名）；-icus/ -icum/ -ica 属于，具有某种特性（常用于地名、起源、生境）

Gloriosa 嘉兰属（百合科）（14：p64）：gloriosus = gloria + osus 荣耀的，漂亮的，辉煌的；gloria 荣耀，荣誉，名誉，功绩；-osus/ -osum/ -osa 多的，充分的，丰富的，显著发育的，程度高的，特征明显的（形容词词尾）

Gloriosa superba 嘉兰：superbus/ superbiens 超越的，高雅的，华丽的，无敌的；super- 超越的，高雅的，上层的；关联词：superbire 盛气凌人的，自豪的

Glossogyne 鹿角草属（菊科，已修订为 Glossocardia）（75：p381）：glossogyne 舌状花柱的

G

·561·

（指花柱分枝形状）；glosso- 舌，舌状的；gyne ← gynus 雌蕊的，雌性的，心皮的

Glossogyne tenuifolia 鹿角草：tenui- ← tenuis 薄的，纤细的，弱的，瘦的，窄的；folius/ folium/ folia 叶，叶片（用于复合词）

Glyceria 甜茅属（禾本科）（9-2：p321）：glyceria ← glyceros 甜的（指某种的颖果具甜味）

Glyceria acutiflora subsp. japonica 甜茅：acutiflorus 尖花的；acuti-/ acu- ← acutus 锐尖的，针尖的，刺尖的，锐角的；florus/ florum/ flora ← flos 花（用于复合词）；japonica 日本的（地名）；-icus/ -icum/ -ica 属于，具有某种特性（常用于地名、起源、生境）

Glyceria chinensis 中华甜茅：chinensis = china + ensis 中国的（地名）；China 中国

Glyceria leptolepis 假鼠妇草：leptolepis 薄鳞片的；leptus ← leptos 细的，薄的，瘦小的，狭长的；lepis/ lepidos 鳞片

Glyceria leptorhiza 细根茎甜茅：leptorhiza 细根的（缀词规则：-rh- 接在元音字母后面构成复合词时要变成 -rrh-，故该词宜改为"leptorrhiza"）；leptus ← leptos 细的，薄的，瘦小的，狭长的；rhizus 根，根状茎

Glyceria lithuanica 两蕊甜茅：lithuanica 立陶宛的（地名）

Glyceria maxima 水甜茅：maximus 最大的

Glyceria plicata 折甜茅：plicatus = plex + atus 折扇状的，有沟的，纵向折叠的，棕榈叶状的（= plicativus）；plex/ plica 褶，折扇状，卷折（plex 的词干为 plic-）；plico 折叠，出褶，卷折

Glyceria spiculosa 狭叶甜茅：spiculosus = spicus + ulus + osus 多小穗的，多尖头的；spicus 穗，谷穗，花穗；-ulus/ -ulum/ -ula 小的，略微的，稍微的（小词 -ulus 在字母 e 或 i 之后有多种变缀，即 -olus/ -olum/ -ola、-ellus/ -ellum/ -ella、-illus/ -illum/ -illa，与第一变格法和第二变格法名词形成复合词）；-culus/ -culum/ -cula 小的，略微的，稍微的（同第三变格法和第四变格法名词形成复合词）；-osus/ -osum/ -osa 多的，充分的，丰富的，显著发育的，程度高的，特征明显的（形容词词尾）

Glyceria tonglensis 卵花甜茅：tonglensis（地名）

Glyceria triflora 东北甜茅：tri-/ tripli-/ triplo- 三个，三数；florus/ florum/ flora ← flos 花（用于复合词）

Glyceria triflora var. effusa 散穗甜茅：effusus = ex + fusus 很松散的，非常稀疏的；fusus 散开的，松散的，松弛的；e-/ ex- 不，无，非，缺乏，不具有（e- 用在辅音字母前，ex- 用在元音字母前，为拉丁语词首，对应的希腊语词首为 a-/ an-，英语为 un-/ -less，注意作词首用的 e-/ ex- 和介词 e/ ex 意思不同，后者意为"出自、从……、由……离开、由于、依照"）；构词规则：构成复合词时，词首末尾的辅音字母常同化为紧接其后的那个辅音字母（如 ex + f → eff）

Glyceria triflora var. triflora 东北甜茅-原变种（词义见上面解释）

Glycine 大豆属（豆科）（41：p233）：glycine ← glycys 甜的

Glycine clandestina 澎湖大豆（澎 péng）：clandestinus 隐藏的

Glycine gracilis 宽叶蔓豆（蔓 màn）：gracilis 细长的，纤弱的，丝状的

Glycine gracilis var. nigra 白花宽叶蔓豆：nigrus 黑色的；niger 黑色的

Glycine max 大豆：max ← maximum 最大的

Glycine soja 劳豆（野大豆）：soja 酱油（日文，意为制作酱油的原料）

Glycine soja var. albiflora 白花野大豆：albus → albi-/ albo- 白色的；florus/ florum/ flora ← flos 花（用于复合词）

Glycine soja var. albiflora f. angustifolia 狭叶白花野大豆：angusti- ← angustus 窄的，狭的，细的；folius/ folium/ folia 叶，叶片（用于复合词）

Glycine soja var. soja f. lanceolata 狭叶野大豆：lanceolatus = lanceus + olus + atus 小披针形的，小柳叶刀的；lance-/ lancei-/ lanci-/ lanceo-/ lanc- ← lanceus 披针形的，矛形的，尖刀状的，柳叶刀状的；-olus ← -ulus 小，稍微，略微（-ulus 在字母 e 或 i 之后变成 -olus/ -ellus/ -illus）；-atus/ -atum/ -ata 属于，相似，具有，完成（形容词词尾）

Glycine tabacina 烟豆：tabacinus = tabacum + inus 烟草色的；tabacum 烟草（印第安语）；-inus/ -inum/ -ina/ -inos 相近，接近，相似，具有（通常指颜色）

Glycine tomentella 短绒野大豆：tomentellus 被短绒毛的，被微绒毛的；tomentum 绒毛，浓密的毛被，棉絮，棉絮状填充物（被褥、垫子等）；-ellus/ -ellum/ -ella ← -ulus 小的，略微的，稍微的（小词 -ulus 在字母 e 或 i 之后有多种变缀，即 -olus/ -olum/ -ola、-ellus/ -ellum/ -ella、-illus/ -illum/ -illa，用于第一变格法名词）

Glycosmis 山小橘属（芸香科）（43-2：p117）：glycosmis 香味的；glyco-/ glyc- 甜的，有甜味的

Glycosmis cochinchinensis 山橘树：cochinchinensis ← Cochinchine 南圻的（历史地名，即今越南南部及其周边国家和地区）

Glycosmis craibii 毛山小橘：craibii（人名）；-ii 表示人名，接在以辅音字母结尾的人名后面，但 -er 除外

Glycosmis craibii var. craibii 毛山小橘-原变种（词义见上面解释）

Glycosmis craibii var. glabra 光叶山小橘：glabrus 光秃的，无毛的，光滑的

Glycosmis esquirolii 锈毛山小橘：esquirolii（人名）；-ii 表示人名，接在以辅音字母结尾的人名后面，但 -er 除外

Glycosmis longifolia 长叶山小橘：longe-/ longi- ← longus 长的，纵向的；folius/ folium/ folia 叶，叶片（用于复合词）

Glycosmis lucida 亮叶山小橘：lucidus ← lucis ← lux 发光的，光辉的，清晰的，发亮的，荣耀的（lux 的单数所有格为 lucis，词尾为 -is 和 -ys 的词的词干分别视为 -id 和 -yd）

Glycosmis montana 海南山小橘：montanus 山，山地；montis 山，山地的；mons 山，山脉，岩石

G

Glycosmis motuoensis 墨脱山小橘：motuoensis 墨脱的（地名，西藏自治区）

Glycosmis oligantha 少花山小橘：oligo-/ olig- 少数的（希腊语，拉丁语为 pauci-）；anthus/ anthum/ antha/ anthe ← anthos 花（用于希腊语复合词）

Glycosmis parviflora 小花山小橘：parviflorus 小花的；parvus 小的，些微的，弱的；florus/ florum/ flora ← flos 花（用于复合词）

Glycosmis pentaphylla 山小橘：penta- 五，五数（希腊语，拉丁语为 quin/ quinqu/ quinque-/ quinqui-）；phyllus/ phyllum/ phylla ← phyllon 叶片（用于希腊语复合词）

Glycosmis pseudoracemosa 华山小橘（华 huà）：pseudoracemosa 假总状花序的，近似总状花序的；pseudo-/ pseud- ← pseudos 假的，伪的，接近，相似（但不是）；racemosus = racemus + osus 总状花序的；racemus 总状的，葡萄串状的；-osus/ -osum/ -osa 多的，充分的，丰富的，显著发育的，程度高的，特征明显的（形容词词尾）

Glycyrrhiza 甘草属（豆科）（42-2：p167）：glycys 甜的；rhizus 根，根状茎（-rh- 接在元音字母后面构成复合词时要变成 -rrh-）

Glycyrrhiza aspera 粗毛甘草：asper/ asperus/ asperum/ aspera 粗糙的，不平的

Glycyrrhiza eglandulosa 无腺毛甘草：eglandulosus 无腺体的；e-/ ex- 不，无，非，缺乏，不具有（e- 用在辅音字母前，ex- 用在元音字母前，为拉丁语词首，对应的希腊语词首为 a-/ an-，英语为 un-/ -less，注意作词首用的 e-/ ex- 和介词 e/ ex 意思不同，后者意为"出自、从……、由……离开、由于、依照"）；glandulosus = glandus + ulus + osus 被细腺的，具腺体的，腺体质的

Glycyrrhiza glabra 洋甘草：glabrus 光秃的，无毛的，光滑的

Glycyrrhiza inflata 胀果甘草：inflatus 膨胀的，袋状的

Glycyrrhiza pallidiflora 刺果甘草：pallidus 苍白的，淡白色的，淡色的，蓝白色的，无活力的；palide 淡地，淡色地（反义词：sturate 深色地，浓色地，充分地，丰富地，饱和地）；florus/ florum/ flora ← flos 花（用于复合词）

Glycyrrhiza squamulosa 圆果甘草：squamulosus = squamus + ulosus 小鳞片很多的，被小鳞片的；squamus 鳞，鳞片，薄膜；-ulosus = ulus + osus 小而多的；-ulus/ -ulum/ -ula 小的，略微的，稍微的（小词 -ulus 在字母 e 或 i 之后有多种变缀，即 -olus/ -olum/ -ola、-ellus/ -ellum/ -ella、-illus/ -illum/ -illa，与第一变格法和第二变格法名词形成复合词）；-osus/ -osum/ -osa 多的，充分的，丰富的，显著发育的，程度高的，特征明显的（形容词词尾）

Glycyrrhiza uralensis 甘草：uralensis 乌拉尔山脉的（地名，俄罗斯）

Glycyrrhiza yunnanensis 云南甘草：yunnanensis 云南的（地名）

Glyptopetalum 沟瓣属（卫矛科）（45-3：p87）：glyptopetalum 花瓣有刻纹的（指花瓣有褶皱沟槽）；glyptos 雕刻，刻痕，缺刻；petalus/ petalum/ petala ← petalon 花瓣

Glyptopetalum aquifolium 冬青沟瓣：aquifolius 具刺叶的（指叶缘有硬的钩刺）；aqui- ← aquila 鹏，鹭（比喻形状像鹰爪、刺）；folius/ folium/ folia 叶，叶片（用于复合词）

Glyptopetalum continentale 大陆沟瓣：continentale 大陆的；continens 大陆，洲；-aris（阳性、阴性）/ -are（中性）← -alis（阳性、阴性）/ -ale（中性）属于，相似，如同，具有，涉及，关于，联结于（将名词作形容词用，其中 -aris 常用于以 l 或 r 为词干末尾的词）

Glyptopetalum feddei 罗甸沟瓣：feddei（人名）；-i 表示人名，接在以元音字母结尾的人名后面，但 -a 除外

Glyptopetalum fengii 海南沟瓣：fengii（人名）；-ii 表示人名，接在以辅音字母结尾的人名后面，但 -er 除外

Glyptopetalum geloniifolium 白树沟瓣：Gelonium 白树属（大戟科）；folius/ folium/ folia 叶，叶片（用于复合词）

Glyptopetalum geloniifolium var. geloniifolium 白树沟瓣-原变种（词义见上面解释）

Glyptopetalum geloniifolium var. robustum 大叶白树沟瓣：robustus 大型的，结实的，健壮的，强壮的

Glyptopetalum ilicifolium 刺叶沟瓣：ilici- ← Ilex 冬青属（冬青科）；构词规则：以 -ix/ -iex 结尾的词其词干末尾视为 -ic，以 -ex 结尾视为 -i/ -ic，其他以 -x 结尾视为 -c；folius/ folium/ folia 叶，叶片（用于复合词）

Glyptopetalum longepedunculatum 细梗沟瓣：longe-/ longi- ← longus 长的，纵向的；pedunculatus/ peduncularis 具花序柄的，具总花梗的；pedunculus/ peduncule/ pedunculis ← pes 花序柄，总花梗（花序基部无花着生部分，不同于花柄）；关联词：pedicellus/ pediculus 小花梗，小花柄（不同于花序柄）

Glyptopetalum longipedicellatum 长梗沟瓣：longe-/ longi- ← longus 长的，纵向的；pedicellatus = pedicellus + atus 具小花柄的；pedicellus = pes + cellus 小花梗，小花柄（不同于花序柄）；pes/ pedis 柄，梗，茎秆，腿，足，爪（作词首或词尾，pes 的词干视为"ped-"）；-cellus/ -cellum/ -cella、-cillus/ -cillum/ -cilla 小的，略微的，稍微的（与任何变格法名词形成复合词）；关联词：pedunculus 花序柄，总花梗（花序基部无花着生部分）；-atus/ -atum/ -ata 属于，相似，具有，完成（形容词词尾）

Glyptopetalum rhytidophyllum 皱叶沟瓣：rhytido-/ rhyt- ← rhytidos 褶皱的，皱纹的，折叠的；phyllus/ phyllum/ phylla ← phyllon 叶片（用于希腊语复合词）

Glyptopetalum sclerocarpum 硬果沟瓣：sclero- ← scleros 坚硬的，硬质的；carpus/ carpum/ carpa/ carpon ← carpos 果实（用于希腊语复合词）

Glyptostrobus 水松属（杉科）（7：p299）：glyptostrobus 雕刻的球果（指球果具花纹状突起）；glyptos 雕刻，刻痕，缺刻；strobus 球果的，圆锥的

G

Glyptostrobus pensilis 水松：pensilis 垂吊的，悬挂的，垂悬的

Gmelina 石梓属（梓 zǐ）（马鞭草科）（65-1：p122)：gmelina ← Johann Gottlieb Gmelin（人名，1709–1755，德国博物学家，曾对西伯利亚和勘察加进行大量考察）

Gmelina arborea 云南石梓：arboreus 乔木状的；arbor 乔木，树木；-eus/ -eum/ -ea（接拉丁语词干时）属于……的，色如……的，质如……的（表示原料、颜色或品质的相似），（接希腊语词干时）属于……的，以……出名，为……所占有（表示具有某种特性）

Gmelina asiatica 亚洲石梓：asiatica 亚洲的（地名）；-aticus/ -aticum/ -atica 属于，表示生长的地方，作名词词尾

Gmelina chinensis 石梓：chinensis = china + ensis 中国的（地名）；China 中国

Gmelina delavayana 小叶石梓：delavayana ← Delavay ← P. J. M. Delavay（人名，1834–1895，法国传教士，曾在中国采集植物标本）

Gmelina hainanensis 苦梓：hainanensis 海南的（地名）

Gmelina lecomtei 越南石梓：lecomtei ← Paul Henri Lecomte（人名，20 世纪法国植物学家）

Gmelina szechwanensis 四川石梓：szechwanensis 四川的（地名）

Gnaphalium 鼠麴草属（麴 qū）（菊科）（75：p220）：gnaphalon 软绒毛的

Gnaphalium adnatum 宽叶鼠麴草：adnatus/ adunatus 贴合的，贴生的，贴满的，全长附着的，广泛附着的，连着的

Gnaphalium affine 鼠麴草：affine = affinis = ad + finis 酷似的，近似的，有联系的；ad- 向，到，近（拉丁语词首，表示程度加强）；构词规则：构成复合词时，词首末尾的辅音字母常同化为紧接其后的那个辅音字母（如 ad + f → aff）；finis 界限，境界；affin- 相似，近似，相关

Gnaphalium baicalense 贝加尔鼠麴草：baicalense 贝加尔湖的（地名，俄罗斯）

Gnaphalium chrysocephalum 金头鼠麴草：chrys-/ chryso- ← chrysos 黄色的，金色的；cephalus/ cephale ← cephalos 头，头状花序

Gnaphalium flavescens 拉萨鼠麴草：flavescens 淡黄的，发黄的，变黄的；flavus → flavo-/ flavi-/ flav- 黄色的，鲜黄色的，金黄色的（指纯正的黄色）；-escens/ -ascens 改变，转变，变成，略微，带有，接近，相似，大致，稍微（表示变化的趋势，并未完全相似或相同，有别于表示达到完成状态的 -atus）

Gnaphalium hypoleucum 秋鼠麴草：hypoleucus 背面白色的，下面白色的；hyp-/ hypo- 下面的，以下的，不完全的；leucus 白色的，淡色的

Gnaphalium hypoleucum var. amoyense 同白秋鼠麴草：amoyense 厦门的（地名，福建省）

Gnaphalium hypoleucum var. brunneonitens 亮褐秋鼠麴草：brunneonitens 亮褐色的；brunneo- ← brunneus/ bruneus 深褐色的；nitidus = nitere + idus 光亮的，发光的；nitere 发亮；-idus/ -idum/ -ida 表示在进行中的动作或情况，

作动词、名词或形容词的词尾；nitens 光亮的，发光的

Gnaphalium hypoleucum var. hypoleucum 秋鼠麴草-原变种 （词义见上面解释）

Gnaphalium involucratum 星芒鼠麴草：involucratus = involucrus + atus 有总苞的；involucrus 总苞，花苞，包被

Gnaphalium involucratum var. involucratum 星芒鼠麴草-原变种 （词义见上面解释）

Gnaphalium involucratum var. ramosum 分枝星芒鼠麴草：ramosus = ramus + osus 有分枝的，多分枝的；ramus 分枝，枝条；-osus/ -osum/ -osa 多的，充分的，丰富的，显著发育的，程度高的，特征明显的（形容词词尾）

Gnaphalium involucratum var. simplex 单茎星芒鼠麴草：simplex 单一的，简单的，无分歧的（词干为 simplic-）

Gnaphalium japonicum 细叶鼠麴草：japonicum 日本的（地名）；-icus/ -icum/ -ica 属于，具有某种特性（常用于地名、起源、生境）

Gnaphalium kasachstanicum 天山鼠麴草：kasachstanicum（地名，哈萨克斯坦）

Gnaphalium luteo-album 丝棉草：luteo-album 黄白色的；luteus 黄色的；albus → albi-/ albo- 白色的

Gnaphalium mandshuricum 东北鼠麴草：mandshuricum 满洲的（地名，中国东北，地理区域）

Gnaphalium nanchuanense 南川鼠麴草：nanchuanense 南川的（地名，重庆市）

Gnaphalium norvegicum 挪威鼠麴草：norvegicum 挪威的（地名）；-icus/ -icum/ -ica 属于，具有某种特性（常用于地名、起源、生境）

Gnaphalium pensylvanicum 匙叶鼠麴草（匙 chí）：pensylvanicum 宾夕法尼亚的（地名，美国）；-icus/ -icum/ -ica 属于，具有某种特性（常用于地名、起源、生境）

Gnaphalium polycaulon 多茎鼠麴草：poly- ← polys 多个，许多（希腊语，拉丁语为 multi-）；caulus/ caulon/ caule ← caulos 茎，茎秆，主茎

Gnaphalium pulvinatum 垫头鼠麴草：pulvinatus = pulvinus + atus 垫状的；pulvinus 叶枕，叶柄基部膨大部分，坐垫，枕头

Gnaphalium stewartii 矮鼠麴草：stewartii ← John Stuart（人名，1713–1792，英国植物爱好者，常拼写为“Stewart”）

Gnaphalium supinum 平卧鼠麴草：supinus 仰卧的，平卧的，平展的，匍匐的

Gnaphalium sylvaticum 林地鼠麴草：silvaticus/ sylvaticus 森林的，林地的；sylva/ silva 森林；-aticus/ -aticum/ -atica 属于，表示生长的地方，作名词词尾

Gnaphalium tranzschelii 湿生鼠麴草：tranzschelii（人名）；-ii 表示人名，接在以辅音字母结尾的人名后面，但 -er 除外

Gnetaceae 买麻藤科（7：p490）：Gnetum 买麻藤属；-aceae（分类单位科的词尾，为 -aceus 的阴性复数主格形式，加到模式属的名称后或同义词的词干后以组成族群名称）

Gnetopsida 买麻藤纲（倪藤纲）：Gnetaceae 买麻藤科；-opsida（分类单位纲的词尾）；classis 分类纲（位于门之下）

Gnetum 买麻藤属（买麻藤科）（7：p490）：gnetum ← Gnemon（借用属名改缀）

Gnetum cleistostachyum 闭苞买麻藤：cleisto- 关闭的，合上的；stachy-/ stachyo-/ -stachys/ -stachyus/ -stachyum/ -stachya 穗子，穗子的，穗子状的，穗状花序的

Gnetum formosum （美丽买麻藤）：formosus ← formosa 美丽的，台湾的（葡萄牙殖民者发现台湾时对其的称呼，即美丽的岛屿）

Gnetum gracilipes 细柄买麻藤：gracilis 细长的，纤弱的，丝状的；pes/ pedis 柄，梗，茎秆，腿，足，爪（作词首或词尾，pes 的词干视为"ped-"）

Gnetum hainanense 海南买麻藤：hainanense 海南的（地名）

Gnetum lofuense 罗浮买麻藤：lofuense 罗浮山的（地名，广东省）

Gnetum montanum 买麻藤：montanus 山，山地；montis 山，山地的；mons 山，山脉，岩石

Gnetum montanum f. megalocarpum 大子买麻藤：mega-/ megal-/ megalo- ← megas 大的，巨大的；carpus/ carpum/ carpa/ carpon ← carpos 果实（用于希腊语复合词）

Gnetum montanum f. montanum 买麻藤-原变型（词义见上面解释）

Gnetum parvifolium 小叶买麻藤：parvifolius 小叶的；parvus 小的，些微的，弱的；folius/ folium/ folia 叶，叶片（用于复合词）

Gnetum pendulum 垂子买麻藤：pendulus ← pendere 下垂的，垂吊的（悬空或因支持体细软而下垂）；pendere/ pendeo 悬挂，垂悬；-ulus/ -ulum/ -ula（表示趋向或动作）（小词 -ulus 在字母 e 或 i 之后有多种变缀，即 -olus/ -olum/ -ola、-ellus/ -ellum/ -ella、-illus/ -illum/ -illa，与第一变格法和第二变格法名词形成复合词）

Gnetum pendulum f. intermedium 短柄垂子买麻藤：intermedius 中间的，中位的，中等的；inter- 中间的，在中间，之间；medius 中间的，中央的

Gnetum pendulum f. pendulum 垂子买麻藤-原变型（词义见上面解释）

Gnetum pendulum f. subsessile 无柄垂子买麻藤：subsessile 近无茎的；sub-（表示程度较弱）与……类似，几乎，稍微，弱，亚，之下，下面；sessile-/ sessili-/ sessil- ← sessilis 无柄的，无茎的，基生的，基部的

Gochnatia 白菊木属（菊科）（79：p1）：gochnatia ← Caroli Gochnat（人名，阿根廷植物学家）

Gochnatia decora 白菊木：decorus 美丽的，漂亮的，装饰的；decor 装饰，美丽

Goldbachia 四棱荠属（荠 jì）（十字花科）（33：p375）：goldbachia（人名）

Goldbachia laevigata 四棱荠：laevigatus/ levigatus 光滑的，平滑的，平滑而发亮的；laevis/ levis/ laeve/ leve → levi-/ laevi- 光滑的，无毛的，无不平或粗糙感觉的；laevigo/ levigo 使光滑，削平

Goldfussia 金足草属（爵床科）（70：p159）：goldfussia（人名）

Goldfussia austinii 蒙自金足草：austinii（人名）；-ii 表示人名，接在以辅音字母结尾的人名后面，但 -er 除外

Goldfussia capitata 金足草：capitatus 头状的，头状花序的；capitus ← capitis 头，头状

Goldfussia equitans 黔金足草：equitans 骑在马上的，向两侧开展的；equus 马；eques 骑士，骑兵，骑马的人；equito 骑马，骑马奔驰

Goldfussia feddei 观音山金足草：feddei（人名）；-i 表示人名，接在以元音字母结尾的人名后面，但 -a 除外

Goldfussia formosana 台湾金足草：formosanus = formosus + anus 美丽的，台湾的；formosus ← formosa 美丽的，台湾的（葡萄牙殖民者发现台湾时对其的称呼，即美丽的岛屿）；-anus/ -anum/ -ana 属于，来自（形容词词尾）

Goldfussia glandibracteata 腺苞金足草：glandi- ← glandus ← glans 腺体；bracteatus = bracteus + atus 具苞片的；bracteus 苞，苞片，苞鳞

Goldfussia glomerata 聚花金足草：glomeratus = glomera + atus 聚集的，球形的，聚成球形的；glomera 线球，一团，一束

Goldfussia leucocephala 白头金足草：leuc-/ leuco- ← leucus 白色的（如果和其他表示颜色的词混用则表示淡色）；cephalus/ cephale ← cephalos 头，头状花序

Goldfussia ningmingensis 宁明金足草：ningmingensis 宁明的（地名，广西壮族自治区）

Goldfussia ovatibracteata 卵苞金足草：ovatus = ovus + atus 卵圆形的；ovus 卵，胚珠，卵形的，椭圆形的；bracteatus = bracteus + atus 具苞片的；bracteus 苞，苞片，苞鳞；-atus/ -atum/ -ata 属于，相似，具有，完成（形容词词尾）

Goldfussia pentstemonoides 圆苞金足草：pentstemonoides 近五雄的，似五雄的，像吊钟柳的；Pentstemon/ Penstemon 吊钟柳属（玄参科）；penta- 五，五数（希腊语，拉丁语为 quin/ quinqu/ quinque-/ quinqui-）；stemon 雄蕊；pentstemon 五个雄蕊的（含一个较大的不育雄蕊）；-oides/ -oideus/ -oideum/ -oidea/ -odes/ -eidos 像……的，类似……的，呈……状的（名词词尾）

Goldfussia psilostachys 细穗金足草：psil-/ psilo- ← psilos 平滑的，光滑的；stachy-/ stachyo-/ -stachys/ -stachyus/ -stachyum/ -stachya 穗子，穗子的，穗子状的，穗状花序的

Goldfussia seguini 独山金足草：seguini（人名，词尾改为"-ii"似更妥）；-ii 表示人名，接在以辅音字母结尾的人名后面，但 -er 除外；-i 表示人名，接在以元音字母结尾的人名后面，但 -a 除外

Goldfussia straminea 草色金足草：stramineus 禾秆色的，秆黄色的，干草状黄色的；stramen 禾秆，麦秆；stramimis 禾秆，秸秆，麦秆；-eus/ -eum/ -ea（接拉丁语词干时）属于……的，色如……的，质如……的（表示原料、颜色或品质的相似），（接希腊语词干时）属于……的，以……出名，为……所占有（表示具有某种特性）

G

Gomphandra 粗丝木属（茶茱萸科）（46：p40）：gomphos 棍棒，钉子；andrus/ andros/ antherus ← aner 雄蕊，花药，雄性

Gomphandra mollis 毛粗丝木：molle/ mollis 软的，柔毛的

Gomphandra tetrandra 粗丝木：tetrandrus 四雄蕊的；tetra-/ tetr- 四，四数（希腊语，拉丁语为 quadri-/ quadr-）；andrus/ andros/ antherus ← aner 雄蕊，花药，雄性

Gomphia 赛金莲木属（金莲木科）（49-2：p304）：gomphia ← gomphos 棍棒，钉子

Gomphia serrata 齿叶赛金莲木：serratus = serrus + atus 有锯齿的；serrus 齿，锯齿

Gomphia striata 赛金莲木：striatus = stria + atus 有条纹的，有细沟的；stria 条纹，线条，细纹，细沟

Gomphocarpus 钉头果属（钉 dīng）（萝藦科）（63：p390）：gomphocarpus 棍棒状果的，钉状果的；gomphos 棍棒，钉子；carpus/ carpum/ carpa/ carpon ← carpos 果实（用于希腊语复合词）

Gomphocarpus fruticosus 钉头果：fruticosus/ frutesceus 灌丛状的；frutex 灌木；构词规则：以 -ix/ -iex 结尾的词其词干末尾视为 -ic，以 -ex 结尾视为 -i/ -ic，其他以 -x 结尾视为 -c；-osus/ -osum/ -osa 多的，充分的，丰富的，显著发育的，程度高的，特征明显的（形容词词尾）

Gomphogyne 锥形果属（葫芦科）（73-1：p96）：gomphogyne 棍棒状雌蕊的；gomphos 棍棒，钉子；gyne ← gynus 雌蕊的，雌性的，心皮的

Gomphogyne cissiformis 锥形果：Cissus 白粉藤属（葡萄科）；formis/ forma 形状

Gomphogyne cissiformis var. cissiformis 锥形果-原变种 （词义见上面解释）

Gomphogyne cissiformis var. villosa 毛锥形果：villosus 柔毛的，绵毛的；villus 毛，羊毛，长绒毛；-osus/ -osum/ -osa 多的，充分的，丰富的，显著发育的，程度高的，特征明显的（形容词词尾）

Gomphostemma 锥花属（唇形科）（65-2：p100）：gomphostemmus 棒状王冠的（指花丝棍棒状）；gomphos 棍棒，钉子；stemmus 王冠，花冠，花环

Gomphostemma arbusculum 木锥花：arbusculus = arbor + usculus 小乔木的，矮树的，灌木的，丛生的；arbor 乔木，树木；-usculus ← -culus 小的，略微的，稍微的（小词 -culus 和某些词构成复合词时变成 -usculus）

Gomphostemma callicarpoides 紫珠状锥花：Callicarpa 紫珠属（马鞭草科）；-oides/ -oideus/ -oideum/ -oidea/ -odes/ -eidos 像……的，类似……的，呈……状的（名词词尾）

Gomphostemma chinense 中华锥花：chinense 中国的（地名）

Gomphostemma chinense var. cauliflorum 中华锥花-茎花变种：cauliflorus 茎干生花的；cauli-/ caulia/ caulis 茎，茎秆，主茎；florus/ florum/ flora ← flos 花（用于复合词）

Gomphostemma chinense var. chinense 中华锥花-原变种 （词义见上面解释）

Gomphostemma crinitum 长毛锥花：crinitus 被长毛的；crinis 头发的，彗星尾的，长而软的簇生毛发

Gomphostemma deltodon 三角齿锥花：deltodon/ deltodontus/ deltodus 三角形齿的 = delta + dontus 三角状齿的；delta 三角；dontus 齿，牙齿；-don/ -odontus 齿，有齿的

Gomphostemma formosanum 台湾锥花：formosanus = formosus + anus 美丽的，台湾的；formosus ← formosa 美丽的，台湾的（葡萄牙殖民者发现台湾时对其的称呼，即美丽的岛屿）；-anus/ -anum/ -ana 属于，来自（形容词词尾）

Gomphostemma hainanense 海南锥花：hainanense 海南的（地名）

Gomphostemma latifolium 宽叶锥花：lati-/ late- ← latus 宽的，宽广的；folius/ folium/ folia 叶，叶片（用于复合词）

Gomphostemma leptodon 细齿锥花：leptus ← leptos 细的，薄的，瘦小的，狭长的；-don/ -odontus 齿，有齿的

Gomphostemma lucidum 光泽锥花：lucidus ← lucis ← lux 发光的，光辉的，清晰的，发亮的，荣耀的（lux 的单数所有格为 lucis，词尾为 -is 和 -ys 的词的词干分别视为 -id 和 -yd）

Gomphostemma lucidum var. intermedium 光泽锥花-中间变种：intermedius 中间的，中位的，中等的；inter- 中间的，在中间，之间；medius 中间的，中央的

Gomphostemma lucidum var. lucidum 光泽锥花-原变种 （词义见上面解释）

Gomphostemma microdon 小齿锥花：micr-/ micro- ← micros 小的，微小的，微观的（用于希腊语复合词）；-don/ -odontus 齿，有齿的

Gomphostemma parviflorum 小花锥花：parviflorus 小花的；parvus 小的，些微的，弱的；florus/ florum/ flora ← flos 花（用于复合词）

Gomphostemma parviflorum var. farinosum 小花锥花-被粉变种：farinosus 粉末状的，飘粉的；farinus 粉末，粉末状覆盖物；far/ farris 一种小麦，面粉；-osus/ -osum/ -osa 多的，充分的，丰富的，显著发育的，程度高的，特征明显的（形容词词尾）

Gomphostemma parviflorum var. parviflorum 小花锥花-原变种 （词义见上面解释）

Gomphostemma pedunculatum 抽葶锥花：pedunculatus/ peduncularis 具花序柄的，具总花梗的；pedunculus/ peduncule/ pedunculis ← pes 花序柄，总花梗（花序基部无花着生部分，不同于花柄）；关联词：pedicellus/ pediculus 小花梗，小花柄（不同于花序柄）；pes/ pedis 柄，梗，茎秆，腿，足，爪（作词首或词尾，pes 的词干视为 "ped-"）

Gomphostemma pseudocrinitum 拟长毛锥花：pseudocrinitum 像 crinitum 的；pseudo-/ pseud- ← pseudos 假的，伪的，接近，相似（但不是）；Gomphostemma crinitum 长毛锥花；crinitus 被长毛的

Gomphostemma stellatohirsutum 硬毛锥花：stellatohirsutus 星状糙毛的；stellatus/ stellaris 具星状的；stella 星状的；-atus/ -atum/ -ata 属于，相似，具有，完成（形容词词尾）；-aris（阳性、阴性）/ -are（中性）← -alis（阳性、阴性）/ -ale（中性）属于，相似，如同，具有，涉及，关于，联

G

结于（将名词作形容词用，其中 -aris 常用于以 l 或 r 为词干末尾的词）；hirsutus 粗毛的，糙毛的，有毛的（长而硬的毛）

Gomphostemma sulcatum 槽茎锥花：sulcatus 具皱纹的，具犁沟的，具沟槽的；sulcus 犁沟，沟槽，皱纹

Gomphrena 千日红属（苋科）（25-2：p237）：gomphrena ← gomphaena 苋（古拉丁名）

Gomphrena celosioides 银花苋：Celosia 青葙属（苋科）；-oides/ -oideus/ -oideum/ -oidea/ -odes/ -eidos 像……的，类似……的，呈……状的（名词词尾）

Gomphrena globosa 千日红：globosus = globus + osus 球形的；globus → glob-/ globi- 球体，圆球，地球；-osus/ -osum/ -osa 多的，充分的，丰富的，显著发育的，程度高的，特征明显的（形容词词尾）；关联词：globularis/ globulifer/ globulosus（小球状的、具小球的），globuliformis（纽扣状的）

Gonatanthus 曲苞芋属（天南星科）（13-2：p62）：gonatanthus 膝盖状花的（指佛焰苞弯曲）；gonat- ← gonatus ← gonus 膝盖（指弯曲），关节，棱角；anthus/ anthum/ antha/ anthe ← anthos 花（用于希腊语复合词）

Gonatanthus ornatus 秀丽曲苞芋（种加词有时错印为"ornathus"）：ornatus 装饰的，华丽的

Gonatanthus pumilus 曲苞芋：pumilus 矮的，小的，低矮的，矮人的

Gongronema 纤冠藤属（冠 guān）（萝藦科）（63：p428）：gongros 鳗鱼；nemus/ nema 密林，丛林，树丛（常用来比喻密集成丛的纤细物，如花丝、果柄等）

Gongronema nepalense 纤冠藤：nepalense 尼泊尔的（地名）

Goniolimon 驼舌草属（白花丹科）（60-1：p22）：gonius 棱角，膝盖；limon ← leimon 湿草地，沼泽

Goniolimon callicomum 疏花驼舌草：call-/ calli-/ callo-/ cala-/ calo- ← calos/ callos 美丽的；comus ← comis 冠毛，头缨，一簇（毛或叶片）

Goniolimon dschungaricum 大叶驼舌草：dschungaricum 准噶尔的（地名，新疆维吾尔自治区）；-icus/ -icum/ -ica 属于，具有某种特性（常用于地名、起源、生境）

Goniolimon eximium 团花驼舌草：eximius 超群的，别具一格的

Goniolimon speciosum 驼舌草：speciosus 美丽的，华丽的；species 外形，外观，美观，物种（缩写 sp.，复数 spp.）；-osus/ -osum/ -osa 多的，充分的，丰富的，显著发育的，程度高的，特征明显的（形容词词尾）

Goniolimon speciosum var. speciosum 驼舌草-秀丽变种（词义见上面解释）

Goniolimon speciosum var. strictum 直杆驼舌草：strictus 直立的，硬直的，笔直的，彼此靠拢的

Goniostemma 勐腊藤属（勐 měng）（萝藦科）（63：p291）：goniostemma 有角的花环（指副冠裂片外弯）；goni-/ gonia-/ gonio- ← gonius 具角的，长角的，棱角，膝盖；stemmus 王冠，花冠，花环

Goniostemma punctatum 勐腊藤：punctatus = punctus + atus 具斑点的；punctus 斑点

Goniothalamus 哥纳香属（番荔枝科）（30-2：p63）：goni-/ gonia-/ gonio- ← gonius 具角的，长角的，棱角，膝盖；thalamus 花托

Goniothalamus amuyon 台湾哥纳香：amuyon（菲律宾土名）

Goniothalamus cheliensis 景洪哥纳香：cheliensis 车里的（地名，云南西双版纳景洪市的旧称）

Goniothalamus chinensis 哥纳香：chinensis = china + ensis 中国的（地名）；China 中国

Goniothalamus donnaiensis 田方骨：donnaiensis 同奈的（地名，越南）

Goniothalamus gabriacianus 保亭哥纳香：gabriacianus（人名）

Goniothalamus gardneri 长叶哥纳香：gardneri（人名）；-eri 表示人名，在以 -er 结尾的人名后面加上 i 形成

Goniothalamus griffithii 大花哥纳香：griffithii ← William Griffith（人名，19 世纪印度植物学家，加尔各答植物园主任）

Goniothalamus howii 海南哥纳香：howii（人名）；-ii 表示人名，接在以辅音字母结尾的人名后面，但 -er 除外

Goniothalamus leiocarpus 金平哥纳香：lei-/ leio-/ lio- ← leius ← leios 光滑的，平滑的；carpus/ carpum/ carpa/ carpon ← carpos 果实（用于希腊语复合词）

Goniothalamus yunnanensis 云南哥纳香：yunnanensis 云南的（地名）

Gonocaryum 琼榄属（茶茱萸科）（46：p43）：gonocaryum 果核有棱的；gono/ gonos/ gon 关节，棱角，角度；caryum ← caryon ← koryon 坚果，核（希腊语）

Gonocaryum calleryanum 台湾琼榄：calleryanum ← Joseph Callery（人名，19 世纪活动于中国的法国传教士）

Gonocaryum lobbianum 琼榄：lobbianum ← Lobb（人名）

Gonocormus 团扇蕨属（膜蕨科）（2：p175）：gonocormus 茎有棱角的；gono/ gonos/ gon 关节，棱角，角度；cormus ← cormos 茎，球茎（指单子叶植物实心茎秆鳞茎状的基部）

Gonocormus australis 海南团扇蕨：australis 南方的，南半球的；austro-/ austr- 南方的，南半球的，大洋洲的；auster 南方，南风；-aris（阳性、阴性）/ -are（中性）← -alis（阳性、阴性）/ -ale（中性）属于，相似，如同，具有，涉及，关于，联结于（将名词作形容词用，其中 -aris 常用于以 l 或 r 为词干末尾的词）

Gonocormus matthewii 广东团扇蕨：matthewii（人名）；-ii 表示人名，接在以辅音字母结尾的人名后面，但 -er 除外

Gonocormus minutus 团扇蕨：minutus 极小的，细微的，微小的

Gonocormus nitidulus 细口团扇蕨：nitidulus = nitidus + ulus 稍光亮的；nitidulus = nitidus + ulus 略有光泽的；-ulus/ -ulum/ -ula 小的，略微的，

G

稍微的（小词 -ulus 在字母 e 或 i 之后有多种变缀，即 -olus/ -olum/ -ola、-ellus/ -ellum/ -ella、-illus/ -illum/ -illa，与第一变格法和第二变格法名词形成复合词）

Gonocormus prolifer 节节团扇蕨：proliferus 能育的，具零余子的；proli- 扩展，繁殖，后裔，零余子；proles 后代，种族；-ferus/ -ferum/ -fera/ -fero/ -fere/ -fer 有，具有，产（区别：作独立词使用的 ferus 意思是"野生的"）

Gonostegia 糯米团属（糯 nuò）（荨麻科）（23-2：p365）：gono/ gonos/ gon 关节，棱角，角度；stegius ← stege/ stegon 盖子，加盖，覆盖，包裹，遮盖物

Gonostegia hirta 糯米团：hirtus 有毛的，粗毛的，刚毛的（长而明显的毛）

Gonostegia matsudai 台湾糯米团：matsudai ← Sadahisa Matsuda 松田定久（人名，日本植物学家，早期研究中国植物）；-i 表示人名，接在以元音字母结尾的人名后面，但 -a 除外，故该词改为"mutsudaiana"或"matsudae"似更妥

Gonostegia neurocarpa 小叶糯米团：neur-/ neuro- ← neuron 脉，神经；carpus/ carpum/ carpa/ carpon ← carpos 果实（用于希腊语复合词）

Gonostegia pentandra var. akoensis 异叶糯米团：penta- 五，五数（希腊语，拉丁语为 quin/ quinqu/ quinque-/ quinqui-）；andrus/ andros/ antherus ← aner 雄蕊，花药，雄性；akoensis 阿猴的（地名，台湾省屏东县的旧称，"ako"为"阿猴"的日语读音）

Gonostegia pentandra var. hypericifolia 狭叶糯米团：hypericifolia 金丝桃叶片的；Hypericum 金丝桃属（金丝桃科）；folius/ folium/ folia 叶，叶片（用于复合词）

Gonostegia pentandra var. pentandra（五蕊糯米团）（词义见上面解释）

Goodeniaceae 草海桐科（73-2：p177）：goodenia ← Samuel Goodenough（人名，19 世纪英国博物学家、皇家学会副会长）；-aceae（分类单位科的词尾，为 -aceus 的阴性复数主格形式，加到模式属的名称后或同义词的词干后以组成族群名称）

Goodyera 斑叶兰属（兰科）（17：p128）：goodyera ← John Goodyer（人名，17 世纪英国植物学家）（以 -er 结尾的人名用作属名时在末尾加 a，如 Lonicera = Lonicer + a）

Goodyera biflora 大花斑叶兰：bi-/ bis- 二，二数，二回（希腊语为 di-）；florus/ florum/ flora ← flos 花（用于复合词）

Goodyera bilamellata 长叶斑叶兰：bilamellatus 二片的，二层的；bi-/ bis- 二，二数，二回（希腊语为 di-）；lamella = lamina + ella 薄片的，菌褶的，鳍状突起的；lamina 片，叶片；-atus/ -atum/ -ata 属于，相似，具有，完成（形容词词尾）

Goodyera bomiensis 波密斑叶兰：bomiensis 波密的（地名，西藏自治区）

Goodyera brachystegia 莲座叶斑叶兰：brachy- ← brachys 短的（用于拉丁语复合词词首）；stegius ← stege/ stegon 盖子，加盖，覆盖，包裹，遮盖物

Goodyera daibuzanensis 大武斑叶兰：daibuzanensis 大武山的（地名，位于台湾省，"daibuzan"为"大武山"的日语读音）

Goodyera foliosa 多叶斑叶兰：foliosus = folius + osus 多叶的；folius/ folium/ folia → foli-/ folia- 叶，叶片；-osus/ -osum/ -osa 多的，充分的，丰富的，显著发育的，程度高的，特征明显的（形容词词尾）

Goodyera fumata 烟色斑叶兰：fumatus = fumus + atus 烟色的；fumus 烟，烟雾

Goodyera fusca 脊唇斑叶兰：fuscus 棕色的，暗色的，发黑的，暗棕色的，褐色的

Goodyera grandis 红花斑叶兰：grandis 大的，大型的，宏大的

Goodyera hachijoensis 白网脉斑叶兰：hachijoensis 八丈岛的（地名，日本）

Goodyera henryi 光萼斑叶兰：henryi ← Augustine Henry 或 B. C. Henry（人名，前者，1857–1930，爱尔兰医生、植物学家，曾在中国采集植物，后者，1850–1901，曾活动于中国的传教士）

Goodyera kwangtungensis 花格斑叶兰：kwangtungensis 广东的（地名）

Goodyera nankoensis 南湖斑叶兰：nankoensis 南湖大山的（地名，台湾省中部山峰，"nanko"为"南湖"的日语读音）

Goodyera pendula 垂枝斑叶兰：pendulus ← pendere 下垂的，垂吊的（悬空或因支持体细软而下垂）；pendere/ pendeo 悬挂，垂悬；-ulus/ -ulum/ -ula（表示趋向或动作）（小词 -ulus 在字母 e 或 i 之后有多种变缀，即 -olus/ -olum/ -ola、-ellus/ -ellum/ -ella、-illus/ -illum/ -illa，与第一变格法和第二变格法名词形成复合词）

Goodyera prainii 长苞斑叶兰：prainii ← David Prain（人名，20 世纪英国植物学家）

Goodyera procera 高斑叶兰：procerus 高的，有高度的，极高的

Goodyera repens 小斑叶兰：repens/ repentis/ repsi/ reptum/ repere/ repo 匍匐，爬行（同义词：reptans/ reptoare）

Goodyera robusta 滇藏斑叶兰：robustus 大型的，结实的，健壮的，强壮的

Goodyera schlechtendaliana 斑叶兰：schlechtendaliana ← Diederich Franz Leon von Schlechtendal（人名，19 世纪德国植物学家）

Goodyera seikoomontana 歌绿斑叶兰：seikoomontana 成功岭的（地名，位于台湾省中部，"seikoo"为"成功"的日语读音）；montanus 山，山地

Goodyera shixingensis 始兴斑叶兰：shixingensis 始兴的（地名，广东省）

Goodyera velutina 绒叶斑叶兰：velutinus 天鹅绒的，柔软的；velutus 绒毛的；-inus/ -inum/ -ina/ -inos 相近，接近，相似，具有（通常指颜色）

Goodyera viridiflora 绿花斑叶兰：viridus 绿色的；florus/ florum/ flora ← flos 花（用于复合词）

Goodyera vittata 秀丽斑叶兰：vittatus 具条纹的，具条带的，具油管的，有条带装饰的；vitta 条带，细带，缎带

Goodyera wolongensis 卧龙斑叶兰：wolongensis 卧龙的（地名，四川省）

Goodyera wuana 天全斑叶兰：wuana（人名）

Goodyera yamiana 兰屿斑叶兰：yamiana（人名）

Goodyera yangmeishanensis 小小斑叶兰：yangmeishanensis 杨梅山的（地名，属台湾省苗栗县）

Goodyera youngsayei 香港斑叶兰：youngsayei（人名）

Goodyera yunnanensis 川滇斑叶兰：yunnanensis 云南的（地名）

Gordonia 大头茶属（山茶科）（49-3：p206）：gordonia ← James Gordon（人名，1727–1791，英国园艺学家，林奈的通信员）

Gordonia acuminata 四川大头茶：acuminatus = acumen + atus 锐尖的，渐尖的；acumen 渐尖头；-atus/ -atum/ -ata 属于，相似，具有，完成（形容词词尾）

Gordonia axillaris 大头茶：axillaris 腋生的；axillus 叶腋的；axill-/ axilli- 叶腋；superaxillaris 腋上的；subaxillaris 近腋生的；extraaxillaris 腋外的；infraaxillaris 腋下的；-aris（阳性、阴性）/ -are（中性）← -alis（阳性、阴性）/ -ale（中性）属于，相似，如同，具有，涉及，关于，联结于（将名词作形容词用，其中 -aris 常用于以 l 或 r 为词干末尾的词）；形近词：axilis ← axis 轴，中轴

Gordonia axillaris var. axillaris 大头茶-原变种（词义见上面解释）

Gordonia axillaris var. nantoensis 南投大头茶：nantoensis 南投的（地名，属台湾省）

Gordonia axillaris var. tagawae （田川大头茶）：tagawae ← Motozi Tagawa 田川（人名，20 世纪日本植物学家）；-ae 表示人名，以 -a 结尾的人名后面加上 -e 形成

Gordonia chrysandra 黄药大头茶：chrys-/ chryso- ← chrysos 黄色的，金色的；andrus/ andros/ antherus ← aner 雄蕊，花药，雄性

Gordonia hainanensis 海南大头茶：hainanensis 海南的（地名）

Gordonia kwangsiensis 广西大头茶：kwangsiensis 广西的（地名）

Gordonia longicarpa 长果大头茶：longe-/ longi- ← longus 长的，纵向的；carpus/ carpum/ carpa/ carpon ← carpos 果实（用于希腊语复合词）

Gossypium 棉属（锦葵科）（49-2：p94）：gossypium ← gossypion 棉花（古拉丁名，指果实膨大的形状）

Gossypium arboreum 树棉：arboreus 乔木状的；arbor 乔木，树木；-eus/ -eum/ -ea（接拉丁语词干时）属于……的，色如……的，质如……的（表示原料、颜色或品质的相似），（接希腊语词干时）属于……的，以……出名，为……所占有（表示具有某种特性）

Gossypium arboreum var. arboreum 树棉-原变种（词义见上面解释）

Gossypium arboreum var. obtusifolium 钝叶树棉：obtusus 钝的，钝形的，略带圆形的；folius/ folium/ folia 叶，叶片（用于复合词）

Gossypium barbadense 海岛棉：barbadense ← Barbados 巴巴多斯的（地名，印度尼西亚）

Gossypium barbadense var. acuminatum 巴西海岛棉：acuminatus = acumen + atus 锐尖的，渐尖的；acumen 渐尖头；-atus/ -atum/ -ata 属于，相似，具有，完成（形容词词尾）

Gossypium barbadense var. barbadense 海岛棉-原变种 （词义见上面解释）

Gossypium herbaceum 草棉：herbaceus = herba + aceus 草本的，草质的，草绿色的；herba 草，草本植物；-aceus/ -aceum/ -acea 相似的，有……性质的，属于……的

Gossypium hirsutum 陆地棉：hirsutus 粗毛的，糙毛的，有毛的（长而硬的毛）

Gouania 咀签属（咀 jǔ）（有时误拼为"Gouana"）（鼠李科）（48-1：p154）：gouana ← Antoine Gouan（人名，1732–1821，法国植物学家）

Gouania javanica 毛咀签：javanica 爪哇的（地名，印度尼西亚）；-icus/ -icum/ -ica 属于，具有某种特性（常用于地名、起源、生境）

Gouania leptostachya 咀签：leptostachyus 细长总状花序的，细长花穗的；leptus ← leptos 细的，薄的，瘦小的，狭长的；stachy-/ stachyo-/ -stachys/ -stachyus/ -stachyum/ -stachya 穗子，穗子的，穗子状的，穗状花序的；Leptostachya 纤穗爵床属（爵床科）

Gouania leptostachya var. leptostachya 咀签-原变种 （词义见上面解释）

Gouania leptostachya var. macrocarpa 大果咀签：macro-/ macr- ← macros 大的，宏观的（用于希腊语复合词）；carpus/ carpum/ carpa/ carpon ← carpos 果实（用于希腊语复合词）

Gouania leptostachya var. tonkinensis 越南咀签：tonkin 东京（地名，越南河内的旧称）

Gramineae 禾本科（9-1：p1，10-1：p1）：graminus 禾草，禾本科草；-eae（分类群词尾，为 -eus 的阴性复数主格形式，加到模式属名或同义词的词干后以组成族群名，但多数科采用 -aceae 作词尾）；Gramineae 为保留科名，其标准科名为 Poaceae，来自模式属 Poa 早熟禾属

Grammitidaceae 禾叶蕨科（6-2：p297）：Grammitis 禾叶蕨属；-aceae（分类单位科的词尾，为 -aceus 的阴性复数主格形式，加到模式属的名称后或同义词的词干后以组成族群名称）

Grammitis 禾叶蕨属（禾叶蕨科）（6-2：p314）：grammitis ← grammus 条纹的，花纹的，线条的（希腊语）

Grammitis adspersa 无毛禾叶蕨：adspersus = aspersus = ad + spersus 分散的，散生的，散布的（ad + sp → asp）；ad- 向，到，近（拉丁语词首，表示程度加强）；构词规则：构成复合词时，词首末尾的辅音字母常同化为紧接其后的那个辅音字母（如 ad + s → ass）；spersus 分散的，散生的，散布的

Grammitis congener 太武禾叶蕨：congener 同属的成员（种）

Grammitis dorsipila 短柄禾叶蕨：dorsus 背面，背侧；pilus 毛，疏柔毛

Grammitis intromissa 大禾叶蕨：intromissus 向内的，内曲的；intra-/ intro-/ endo-/ end- 内部，内侧；反义词：exo- 外部，外侧；missus 送

Grammitis jagoriana 拟禾叶蕨：jugus ← jugos 成

G

·569·

对的，成双的，一组，牛轭，束缚（动词为 jugo）；jugorum 成对的，成双的，牛轭，束缚（jugus 的复数所有格）；-anus/ -anum/ -ana 属于，来自（形容词词尾）

Grammitis nuda 长孢禾叶蕨：nudus 裸露的，无装饰的

Grammitis reinwardtii 毛禾叶蕨：reinwardtii（人名）；-ii 表示人名，接在以辅音字母结尾的人名后面，但 -er 除外

Grangea 田基黄属（菊科）（74：p83）：grangea ← N. Granger（人名，法国植物学家）

Grangea maderaspatana 田基黄：maderaspatana ← Madras 马德拉斯的（地名，印度金奈的旧称）

Graphistemma 天星藤属（萝藦科）（63：p412）：graphistemma 王冠上的铭文（指图案像书写的文字）；graphis/ graph/ graphe/ grapho 书写的，涂写的，绘画的，画成的，雕刻的，画笔的；stemmus 王冠，花冠，花环

Graphistemma pictum 天星藤：pictus 有色的，彩色的，美丽的（指浓淡相间的花纹）

Gratiola 水八角属（玄参科）（67-2：p90）：gratiola = gratia = ulus 美味，可爱，恩惠，利益（指有药效）；-ulus/ -ulum/ -ula 小的，略微的，稍微的（小词 -ulus 在字母 e 或 i 之后有多种变缀，即 -olus/ -olum/ -ola、-ellus/ -ellum/ -ella、-illus/ -illum/ -illa，与第一变格法和第二变格法名词形成复合词）

Gratiola griffithii 黄花水八角：griffithii ← William Griffith（人名，19 世纪印度植物学家，加尔各答植物园主任）

Gratiola japonica 白花水八角：japonica 日本的（地名）；-icus/ -icum/ -ica 属于，具有某种特性（常用于地名、起源、生境）

Grevillea 银桦属（桦 huà）（山龙眼科）（24：p6）：grevillea ← Charles Francis Grevill（人名，1749–1809，英国皇家学会创始人之一）

Grevillea robusta 银桦：robustus 大型的，结实的，健壮的，强壮的

Grewia 扁担杆属（担 dān，杆 gǎn）（椴树科）（49-1：p89）：grewia ← Nehemiah Grew（人名，1641–1712，英国医生、作家）

Grewia abutilifolia 苘麻叶扁担杆（苘 qǐng）：abutilifolia 苘麻叶的；Abutilon 苘麻属（锦葵科）；folius/ folium/ folia 叶，叶片（用于复合词）

Grewia angustisepala 狭萼扁担杆：angusti- ← angustus 窄的，狭的，细的；sepalus/ sepalum/ sepala 萼片（用于复合词）

Grewia biloba 扁担杆：bilobus 二裂的；bi-/ bis- 二，二数，二回（希腊语为 di-）；lobus/ lobos/ lobon 浅裂，耳片（裂片先端钝圆），荚果，蒴果

Grewia biloba var. biloba 扁担杆-原变种（词义见上面解释）

Grewia biloba var. microphylla 小叶扁担杆：micr-/ micro- ← micros 小的，微小的，微观的（用于希腊语复合词）；phyllus/ phyllum/ phylla ← phyllon 叶片（用于希腊语复合词）

Grewia biloba var. parviflora 小花扁担杆：parviflorus 小花的；parvus 小的，些微的，弱的；

florus/ florum/ flora ← flos 花（用于复合词）

Grewia brachypoda 短柄扁担杆：brachy- ← brachys 短的（用于拉丁语复合词词首）；podus/ pus 柄，梗，茎秆，足，腿

Grewia celtidifolia 朴叶扁担杆（朴 pò）：celtidifolia = Celtis + folia 朴树叶的，叶片像朴树叶的；构词规则：词尾为 -is 和 -ys 的词的词干分别视为 -id 和 -yd；Celtis 朴属（榆科）；folius/ folium/ folia 叶，叶片（用于复合词）

Grewia chuniana 崖县扁担杆（崖 yá）：chuniana ← W. Y. Chun 陈焕镛（人名，1890–1971，中国植物学家）

Grewia concolor 同色扁担杆：concolor = co + color 同色的，一色的，单色的；co- 联合，共同，合起来（拉丁语词首，为 cum- 的音变，表示结合、强化、完全，对应的希腊语为 syn-）；co- 的缀词音变有 co-/ com-/ con-/ col-/ cor-：co-（在 h 和元音字母前面），col-（在 l 前面），com-（在 b、m、p 之前），con-（在 c、d、f、g、j、n、qu、s、t 和 v 前面），cor-（在 r 前面）；color 颜色

Grewia cuspidato-serrata 复齿扁担杆：cuspidato- ← cuspidatus 尖头的，凸尖的；cuspis（所有格为 cuspidis）齿尖，凸尖，尖头；serratus = serrus + atus 有锯齿的；serrus 齿，锯齿；-atus/ -atum/ -ata 属于，相似，具有，完成（形容词词尾）

Grewia densiserrulata 密齿扁担杆：densus 密集的，繁茂的；serrulatus = serrus + ulus + atus 具细锯齿的；serrus 齿，锯齿

Grewia eriocarpa 毛果扁担杆：erion 绵毛，羊毛；carpus/ carpum/ carpa/ carpon ← carpos 果实（用于希腊语复合词）

Grewia falcata 镰叶扁担杆：falcatus = falx + atus 镰刀的，镰刀状的；构词规则：以 -ix/ -iex 结尾的词其词干末尾视为 -ic，以 -ex 结尾视为 -i/ -ic，其他以 -x 结尾视为 -c；falx 镰刀，镰刀形，镰刀状弯曲；-atus/ -atum/ -ata 属于，相似，具有，完成（形容词词尾）

Grewia henryi 黄麻叶扁担杆：henryi ← Augustine Henry 或 B. C. Henry（人名，前者，1857–1930，爱尔兰医生、植物学家，曾在中国采集植物，后者，1850–1901，曾活动于中国的传教士）

Grewia hirsuta 粗毛扁担杆：hirsutus 粗毛的，糙毛的，有毛的（长而硬的毛）

Grewia hirsuto-velutina 粗茸扁担杆：hirsuto-velutina 密被柔毛的；hirsutus 粗毛的，糙毛的，有毛的（长而硬的毛）；velutinus 天鹅绒的，柔软的

Grewia humilis （矮扁担杆）：humilis 矮的，低的

Grewia kwangtungensis 广东扁担杆：kwangtungensis 广东的（地名）

Grewia macropetala 长瓣扁担杆：macro-/ macr- ← macros 大的，宏观的（用于希腊语复合词）；petalus/ petalum/ petala ← petalon 花瓣

Grewia oligandra 寡蕊扁担杆：oligo-/ olig- 少数的（希腊语，拉丁语为 pauci-）；andrus/ andros/ antherus ← aner 雄蕊，花药，雄性

Grewia permagna 大叶扁担杆：permagnus 极大的；per-（在 l 前面音变为 pel-）极，很，颇，甚，非常，

G

完全，通过，遍及（表示效果加强，与 sub- 互为反义词）；magnus 大的，巨大的

Grewia piscatorum 海岸扁担杆：piscatorum 渔夫的，捕鱼的，渔业的（piscatus 的复数所有格，比喻海岸生境）；piscatus/ piscor 捕鱼，钓鱼；piscator/ piscatrix 渔夫；piscatorius 渔业的，渔夫的；piscatio 捕鱼

Grewia retusifolia 钝叶扁担杆：retusus 微凹的；folius/ folium/ folia 叶，叶片（用于复合词）

Grewia rhombifolia 菱叶扁担杆：rhombus 菱形，纺锤；folius/ folium/ folia 叶，叶片（用于复合词）

Grewia rotunda 圆叶扁担杆：rotundus 圆形的，呈圆形的，肥大的；rotundo 使呈圆形，使圆滑；roto 旋转，滚动

Grewia rugulosa 硬毛扁担杆：rugulosus 被细皱纹的，布满小皱纹的；rugus/ rugum/ ruga 褶皱，皱纹，皱缩；-ulosus = ulus + osus 小而多的；-ulus/ -ulum/ -ula 小的，略微的，稍微的（小词 -ulus 在字母 e 或 i 之后有多种变缀，即 -olus/ -olum/ -ola、-ellus/ -ellum/ -ella、-illus/ -illum/ -illa，与第一变格法和第二变格法名词形成复合词）；-osus/ -osum/ -osa 多的，充分的，丰富的，显著发育的，程度高的，特征明显的（形容词词尾）

Grewia sessiliflora 无柄扁担杆：sessile-/ sessili-/ sessil- ← sessilis 无柄的，无茎的，基生的，基部的；florus/ florum/ flora ← flos 花（用于复合词）

Grewia tiliaefolia 椴叶扁担杆：tiliaefolia = Tilia + folia 椴树叶的（注：以属名作复合词时原词尾变形后的 i 要保留，故该词宜改为"tiliifolia"）；Tilia 椴树属（椴树科）；folius/ folium/ folia 叶，叶片（用于复合词）

Grewia urenifolia 梒叶扁担杆（梒 niǎn，此处不写作"稔" niàn 或"苶" niè）：urenifolius 梵天花叶的；Urena 梵天花属（锦葵科）；folius/ folium/ folia 叶，叶片（用于复合词）

Grewia yunnanensis 云南扁担杆：yunnanensis 云南的（地名）

Grosourdya 火炬兰属（兰科）（19：p431）：grosourdya（人名）

Grosourdya appendiculatum 火炬兰：appendiculatus = appendix + ulus + atus 有小附属物的；appendix = ad + pendix 附属物；ad- 向，到，近（拉丁语词首，表示程度加强）；构词规则：构成复合词时，词首末尾的辅音字母常同化为紧接其后的那个辅音字母（如 ad + p → app）；pendix ← pendens 垂悬的，挂着的，悬挂的；构词规则：以 -ix/ -iex 结尾的词其词干末尾视为 -ic，以 -ex 结尾视为 -i/ -ic，其他以 -x 结尾视为 -c；-ulus/ -ulum/ -ula 小的，略微的，稍微的（小词 -ulus 在字母 e 或 i 之后有多种变缀，即 -olus/ -olum/ -ola、-ellus/ -ellum/ -ella、-illus/ -illum/ -illa，与第一变格法和第二变格法名词形成复合词）；-atus/ -atum/ -ata 属于，相似，具有，完成（形容词词尾）

Gueldenstaedtia 米口袋属（豆科）（42-2：p146）：gueldenstaedtia ← A. J. von Gueldenstaedt（人名，1841–1885，拉脱维亚植物学家）

Gueldenstaedtia delavayi 川滇米口袋：delavayi ← P. J. M. Delavay（人名，1834–1895，

法国传教士，曾在中国采集植物标本）；-i 表示人名，接在以元音字母结尾的人名后面，但 -a 除外

Gueldenstaedtia delavayi f. alba 白花川滇米口袋：albus → albi-/ albo- 白色的

Gueldenstaedtia delavayi f. delavayi 川滇米口袋-原变型 （词义见上面解释）

Gueldenstaedtia gansuensis 甘肃米口袋：gansuensis 甘肃的（地名）

Gueldenstaedtia gracilis 细瘦米口袋：gracilis 细长的，纤弱的，丝状的

Gueldenstaedtia guangxiensis 广西米口袋：guangxiensis 广西的（地名）

Gueldenstaedtia harmsii 长柄米口袋：harmsii（人名）；-ii 表示人名，接在以辅音字母结尾的人名后面，但 -er 除外

Gueldenstaedtia henryi 川鄂米口袋：henryi ← Augustine Henry 或 B. C. Henry（人名，前者，1857–1930，爱尔兰医生、植物学家，曾在中国采集植物，后者，1850–1901，曾活动于中国的传教士）

Gueldenstaedtia maritima 光滑米口袋：maritimus 海滨的（指生境）

Gueldenstaedtia monophylla 一叶米口袋：mono-/ mon- ← monos 一个，单一的（希腊语，拉丁语为 unus/ uni-/ uno-）；phyllus/ phyllum/ phylla ← phyllon 叶片（用于希腊语复合词）

Gueldenstaedtia stenophylla 狭叶米口袋：sten-/ steno- ← stenus 窄的，狭的，薄的；phyllus/ phyllum/ phylla ← phyllon 叶片（用于希腊语复合词）

Gueldenstaedtia taihangensis 太行米口袋：taihangensis 太行山的（地名，华北）

Gueldenstaedtia verna 少花米口袋：vernus 春天的，春天开花的；vern- 春天，春分；ver/ veris 春天，春季

Gueldenstaedtia verna subsp. multiflora 米口袋：multi- ← multus 多个，多数，很多（希腊语为 poly-）；florus/ florum/ flora ← flos 花（用于复合词）

Gueldenstaedtia verna subsp. multiflora f. alba 白花米口袋：albus → albi-/ albo- 白色的

Gueldenstaedtia verna subsp. multiflora f. multiflora 米口袋-原变型 （词义见上面解释）

Gueldenstaedtia verna subsp. verna 少花米口袋-原亚种 （词义见上面解释）

Guettarda 海岸桐属（茜草科）（71-2：p13）：guettarda ← Jean Etienne Guettard（人名，1715–1785，法国博物学家、地理学家）

Guettarda speciosa 海岸桐：speciosus 美丽的，华丽的；species 外形，外观，美观，物种（缩写 sp.，复数 spp.）；-osus/ -osum/ -osa 多的，充分的，丰富的，显著发育的，程度高的，特征明显的（形容词词尾）

Guihaia 石山棕属（棕榈科）（13-1：p14）：guihaia 桂海（地名，广西历史别称）

Guihaia argyrata 石山棕：argyratus 银白色的；argyr-/ argyro- ← argyros 银，银色的

Guihaia grossefibrosa 两广石山棕：grosse-/ grosso- ← grossus 粗大的，肥厚的；fibrosus/

fibrillosus 纤维状的，多纤维的；fibra 纤维，筋；-osus/ -osum/ -osa 多的，充分的，丰富的，显著发育的，程度高的，特征明显的（形容词词尾）

Guihaiothamnus 桂海木属（茜草科）（71-1: p221）：guihai 桂海（地名，广西历史别称）；thamnus ← thamnos 灌木

Guihaiothamnus acaulis 桂海木：acaulia/ acaulis 无茎的，矮小的；a-/ an- 无，非，没有，缺乏，不具有（an- 用于元音前）（a-/ an- 为希腊语词首，对应的拉丁语词首为 e-/ ex-，相当于英语的 un-/ -less，注意词首 a- 和作为介词的 a/ ab 不同，后者的意思是"从……、由……、关于……、因为……"）；caulia/ caulis 茎，茎秆，主茎

Guttiferae 藤黄科（50-2: p1）：guttiferae 具树脂的；gutta 斑点，泪滴，油滴；-ferae/ -ferus 有，具有；Guttiferae 为保留科名，其标准科名为 Clusiaceae，来自模式属 Clusia 书带木属

Gutzlaffia 山一笼鸡属（笼 lóng）（爵床科）（70: p100）：gutzlaffia ← A. G. Gutzlaff（人名）

Gutzlaffia aprica 山一笼鸡：apricus 喜光耐旱的

Gutzlaffia aprica var. aprica 山一笼鸡-原变种（词义见上面解释）

Gutzlaffia aprica var. glabra 岩一笼鸡：glabrus 光秃的，无毛的，光滑的

Gymnadenia 手参属（参 shēn）（兰科）（17: p388）：gymnadenia 腺体裸露的（花粉块黏着体裸露）；gymnos 裸露的；adenia 具腺体的

Gymnadenia bicornis 角距手参：bi-/ bis- 二，二数，二回（希腊语为 di-）；cornis ← cornus/ cornatus 角，犄角

Gymnadenia conopsea 手参：conopseus 圆锥形帐篷的

Gymnadenia crassinervis 短距手参：crassi- ← crassus 厚的，粗的，多肉质的；nervis ← nervus 脉，叶脉

Gymnadenia emeiensis 峨眉手参：emeiensis 峨眉山的（地名，四川省）

Gymnadenia orchidis 西南手参：orchidis 橄榄状的，睾丸状的；orchis 橄榄，兰花

Gymnanthera 海岛藤属（萝藦科）（63: p260）：gymn-/ gymno- ← gymnos 裸露的；andrus/ andros/ antherus ← aner 雄蕊，花药，雄性

Gymnanthera nitida 海岛藤：nitidus = nitere + idus 光亮的，发光的；nitere 发亮；-idus/ -idum/ -ida 表示在进行中的动作或情况，作动词、名词或形容词的词尾；nitens 光亮的，发光的

Gymnaster 裸菀属（菀 wǎn）（菊科）（74: p94）：gymnaster 比紫菀裸露（指瘦果顶端无冠毛）；gymn-/ gymno- ← gymnos 裸露的；Aster 紫菀属

Gymnaster angustifolius 窄叶裸菀：angusti- ← angustus 窄的，狭的，细的；folius/ folium/ folia 叶，叶片（用于复合词）

Gymnaster piccolii 裸菀：piccolii（人名）；-ii 表示人名，接在以辅音字母结尾的人名后面，但 -er 除外

Gymnaster simplex 四川裸菀：simplex 单一的，简单的，无分歧的（词干为 simplic-）

Gymnema 匙羹藤属（匙 chí）（萝藦科）（63: p415）：gymnema 裸露的密集花丝；gymn-/ gymno- ←

gymnos 裸露的；nemus/ nema 密林，丛林，树丛（常用来比喻密集成丛的纤细物，如花丝、果柄等）

Gymnema foetidum 华宁藤：foetidus = foetus + idus 臭的，恶臭的，令人作呕的；foetus/ faetus/ fetus 臭味，恶臭，令人不悦的气味；-idus/ -idum/ -ida 表示在进行中的动作或情况，作动词、名词或形容词的词尾

Gymnema foetidum var. foetidum 华宁藤-原变种（词义见上面解释）

Gymnema foetidum var. mairei 毛脉华宁藤：mairei（人名）；Edouard Ernest Maire（人名，19世纪活动于中国云南的传教士）；Rene C. J. E. Maire 人名（20 世纪阿尔及利亚植物学家，研究北非植物）；-i 表示人名，接在以元音字母结尾的人名后面，但 -a 除外

Gymnema hainanense 海南匙羹藤：hainanense 海南的（地名）

Gymnema inodorum 广东匙羹藤：inodorus 无气味的；in-/ im-（来自 il- 的音变）内，在内，内部，向内，相反，不，无，非；il- 在内，向内，为，相反（希腊语为 en-）；词首 il- 的音变：il-（在 l 前面），im-（在 b、m、p 前面），in-（在元音字母和大多数辅音字母前面），ir-（在 r 前面），如 illaudatus（不值得称赞的，评价不好的），impermeabilis（不透水的，穿不透的），ineptus（不合适的），insertus（插入的），irretortus（无弯曲的，无扭曲的）；odorus 香气的，气味的

Gymnema latifolium 宽叶匙羹藤：lati-/ late- ← latus 宽的，宽广的；folius/ folium/ folia 叶，叶片（用于复合词）

Gymnema longiretinaculatum 会东藤：longe-/ longi- ← longus 长的，纵向的；retinaculatus 具珠柄钩的，具绳的，具网的；retinere/ retineo 抓住，不放松，束缚，维持；retinaculis 珠柄钩

Gymnema sylvestre 匙羹藤：sylvester/ sylvestre/ sylvestris 森林的，野地的；-estris/ -estre/ ester/ -esteris 生于……地方，喜好……地方

Gymnema tingens 大叶匙羹藤：tingens 着了色的

Gymnema yunnanense 云南匙羹藤：yunnanense 云南的（地名）

Gymnocarpium 羽节蕨属（蹄盖蕨科）（3-2: p62）：gymnocarpius 裸果的；gymn-/ gymno- ← gymnos 裸露的；carpius = carpus + ius 果实，具果实的；carpus/ carpum/ carpa/ carpon ← carpos 果实（用于希腊语复合词）；-ium 具有（第三变格法名词复数所有格词尾，表示"具有、属于"）

Gymnocarpium dryopteris 欧洲羽节蕨：dryopteris 生于槲树上的蕨类；drys 栎树，栲树，槠树；pteris ← pteryx 翅，翼，蕨类（希腊语）；Dryopteris 鳞毛蕨属（鳞毛蕨科）

Gymnocarpium jessoense 羽节蕨：jessoense 虾夷的，北海道的（地名，日本）；jesso/ jeso/ jezo 虾夷（地名，日本北海道古称，日语读音为"ezo"）

Gymnocarpium oyamense 东亚羽节蕨：oyamense（地名，日本）

Gymnocarpium remotepinnatum 细裂羽节蕨：remotepinnatus 疏离羽片的；remotus 分散的，分开的，稀疏的，远距离的；pinnatus = pinnus +

atus 羽状的，具羽的；pinnus/ pennus 羽毛，羽状，羽片；-atus/ -atum/ -ata 属于，相似，具有，完成（形容词词尾）

Gymnocarpium robertianum 密腺羽节蕨：robertianum（人名）

Gymnocarpos 裸果木属（石竹科）（26：p51）：gymn-/ gymno- ← gymnos 裸露的；carpos → carpus 果实

Gymnocarpos przewalskii 裸果木：przewalskii ← Nicolai Przewalski（人名，19 世纪俄国探险家、博物学家）

Gymnocladus 肥皂荚属（豆科）（39：p79）：gymn-/ gymno- ← gymnos 裸露的；cladus ← clados 枝条，分枝

Gymnocladus chinensis 肥皂荚：chinensis = china + ensis 中国的（地名）；China 中国

Gymnocoronis 裸冠菊属（菊科）（增补）：gymn-/ gymno- ← gymnos 裸露的；corona 花冠，花环；-is 表示密切联系，名词词尾

Gymnocoronis spilanthoides 裸冠菊：spilanthoides = Spilanthes + oides 像鸽笼菊的；Spilanthes 鸽笼菊属 → Acmella 金纽扣属；-oides/ -oideus/ -oideum/ -oidea/ -odes/ -eidos 像……的，类似……的，呈……状的（名词词尾）

Gymnogrammitidaceae 雨蕨科（6-1：p198）：Gymnogrammitis 雨蕨属；-aceae（分类单位科的词尾，为 -aceus 的阴性复数主格形式，加到模式属的名称后或同义词的词干后以组成族群名称）

Gymnogrammitis 雨蕨属（雨蕨科）（2：p284，6-1：p198）：gymn-/ gymno- ← gymnos 裸露的；gramitis ← grammus 条纹的，花纹的，线条的（希腊语）

Gymnogrammitis dareiformis 雨蕨：dareiformis 形如 darei-（词源不详）；formis/ forma 形状

Gymnopetalum 金瓜属（葫芦科）（73-1：p212）：gymn-/ gymno- ← gymnos 裸露的；petalus/ petalum/ petala ← petalon 花瓣

Gymnopetalum chinense 金瓜：chinense 中国的（地名）

Gymnopetalum integrifolium 凤瓜：integer/ integra/ integrum → integri- 完整的，整个的，全缘的；folius/ folium/ folia 叶，叶片（用于复合词）

Gymnopteris 金毛裸蕨属（裸子蕨科，已修订为 Paragymnopteris）（3-1：p220）：gymnopteris 裸露的蕨类（指孢子囊裸露）；gymn-/ gymno- ← gymnos 裸露的；pteris ← pteryx 翅，翼，蕨类（希腊语）

Gymnopteris bipinnata 川西金毛裸蕨：bipinnatus 二回羽状的；bi-/ bis- 二，二数，二回（希腊语为 di-）；pinnatus = pinnus + atus 羽状的，具羽的；pinnus/ pennus 羽毛，羽状，羽片；-atus/ -atum/ -ata 属于，相似，具有，完成（形容词词尾）

Gymnopteris bipinnata var. auriculata 耳羽金毛裸蕨：auriculatus 耳形的，具小耳的（基部有两个小圆片）；auriculus 小耳朵的，小耳状的；auritus 耳朵的，耳状的；-culus/ -culum/ -cula 小的，略微的，稍微的（同第三变格法和第四变格法名词形成复合词）；-atus/ -atum/ -ata 属于，相似，具有，完

成（形容词词尾）

Gymnopteris bipinnata var. bipinnata 川西金毛裸蕨-原变种（词义见上面解释）

Gymnopteris delavayi 滇西金毛裸蕨：delavayi ← P. J. M. Delavay（人名，1834–1895，法国传教士，曾在中国采集植物标本）；-i 表示人名，接在以元音字母结尾的人名后面，但 -a 除外

Gymnopteris marantae 欧洲金毛裸蕨：marantae（人名）；-ae 表示人名，以 -a 结尾的人名后面加上 -e 形成

Gymnopteris marantae var. intermedia 中间金毛裸蕨：intermedius 中间的，中位的，中等的；inter- 中间的，在中间，之间；medius 中间的，中央的

Gymnopteris marantae var. marantae 欧洲金毛裸蕨-原变种（词义见上面解释）

Gymnopteris sargentii 三角金毛裸蕨：sargentii ← Charles Sprague Sargent（人名，1841–1927，美国植物学家）；-ii 表示人名，接在以辅音字母结尾的人名后面，但 -er 除外

Gymnopteris vestita 金毛裸蕨：vestitus 包被的，覆盖的，被柔毛的，袋状的

Gymnosiphon 腐草属（水玉簪科）（16-2：p175）：gymn-/ gymno- ← gymnos 裸露的；siphonus ← sipho → siphon-/ siphono-/ -siphonius 管，筒，管状物

Gymnosiphon nana 腐草：nanus ← nanos/ nannos 矮小的，小的；nani-/ nano-/ nanno- 矮小的，小的

Gymnospermae 裸子植物门（亚门，含 5 个植物纲）：gymnosperm ← gymnospermos 裸子植物，种子无包被的，种子裸露的（希腊语）；gymn-/ gymno- ← gymnos 裸露的；spermus/ spermum/ sperma 种子的（用于希腊语复合词）；spermae 种子（为 spermus 的复数）

Gymnospermium 牡丹草属（小檗科）（29：p300）：gymn-/ gymno- ← gymnos 裸露的；spermius = spermus + ius 具种子的；spermus/ spermum/ sperma 种子的（用于希腊语复合词）；-ius/ -ium/ -ia 具有……特性的（表示有关、关联、相似）

Gymnospermium altaicum 阿尔泰牡丹草：altaicum 阿尔泰的（地名，新疆北部山脉）

Gymnospermium kiangnanense 江南牡丹草：kiangnanense 江南的（地名，浙江省）

Gymnospermium microrrhynchum 牡丹草：micr-/ micro- ← micros 小的，微小的，微观的（用于希腊语复合词）；rhynchus ← rhynchos 喙状的，鸟嘴状的（-rh- 接在元音字母后面构成复合词时要变成 -rrh-）

Gymnostachyum 裸柱草属（爵床科）（70：p73）：gymn-/ gymno- ← gymnos 裸露的；stachy-/ stachyo-/ -stachys/ -stachyus/ -stachyum/ -stachya 穗子，穗子的，穗子状的，穗状花序的

Gymnostachyum kwangsiense 广西裸柱草：kwangsiense 广西的（地名）

Gymnostachyum sanguinolentum 裸柱草：sanguinolentus/ sanguilentus 血红色的；sanguino 出血的，血色的；sanguis 血液；-ulentus/ -ulentum/ -ulenta/ -olentus/ -olentum/ -olenta（表

示丰富、充分或显著发展）

Gymnostachyum sinense 华裸柱草：sinense = Sina + ense 中国的（地名）；Sina 中国

Gymnostachyum subrosulatum 矮裸柱草：subrosulatus 近似莲座状的；sub-（表示程度较弱）与……类似，几乎，稍微，弱，亚，之下，下面；rosulatus/ rosularis/ rosulans ← rosula 莲座状的

Gymnotheca 裸蒴属（三白草科）（20-1：p8）：gymn-/ gymno- ← gymnos 裸露的；theca ← thekion（希腊语）盒子，室（花药的药室）

Gymnotheca chinensis 裸蒴：chinensis = china + ensis 中国的（地名）；China 中国

Gymnotheca involucrata 白苞裸蒴：involucratus = involucrus + atus 有总苞的；involucrus 总苞，花苞，包被

Gynandropsis 白花菜属（山柑科）（增补）：gynandrus 两性花的，雌雄合生的；gyn-/ gyno-/ gyne- ← gynus 雌性的，雌蕊的，雌花的，心皮的；andrus/ andros/ antherus ← aner 雄蕊，花药，雄性；-opsis/ -ops 相似，稍微，带有

Gynandropsis gynandra 羊角菜：gynandrus 两性花的，雌雄合生的；gyn-/ gyno-/ gyne- ← gynus 雌性的，雌蕊的，雌花的，心皮的；andrus/ andros/ antherus ← aner 雄蕊，花药，雄性

Gynocardia 马蛋果属（大风子科）（52-1：p12）：gynocardia 雌蕊心形的；gyn-/ gyno-/ gyne- ← gynus 雌性的，雌蕊的，雌花的，心皮的；cardius 心脏，心形

Gynocardia odorata 马蛋果：odoratus = odorus + atus 香气的，气味的；odor 香气，气味；-atus/ -atum/ -ata 属于，相似，具有，完成（形容词词尾）

Gynostemma 绞股蓝属（葫芦科）（73-1：p265）：gyn-/ gyno-/ gyne- ← gynus 雌性的，雌蕊的，雌花的，心皮的；stemmus 王冠，花冠，花环

Gynostemma aggregatum 聚果绞股蓝：aggregatus = ad + grex + atus 群生的，密集的，团状的，簇生的（反义词：segregatus 分离的，分散的，隔离的）；grex（词干为 greg-）群，类群，聚群；ad- 向，到，近（拉丁语词首，表示程度加强）；构词规则：构成复合词时，词首末尾的辅音字母常同化为紧接其后的那个辅音字母（如 ad + g → agg）

Gynostemma burmanicum 缅甸绞股蓝：burmanicum 缅甸的（地名）

Gynostemma burmanicum var. burmanicum 缅甸绞股蓝-原变种 （词义见上面解释）

Gynostemma burmanicum var. molle 大果绞股蓝：molle/ mollis 软的，柔毛的

Gynostemma cardiospermum 心籽绞股蓝：cardiospermus 心形种子的；cardius 心脏，心形；spermus/ spermum/ sperma 种子的（用于希腊语复合词）；Cardiospermum 倒地铃属（无患子科）

Gynostemma laxiflorum 疏花绞股蓝：laxus 稀疏的，松散的，宽松的；florus/ florum/ flora ← flos 花（用于复合词）

Gynostemma laxum 光叶绞股蓝：laxus 稀疏的，松散的，宽松的

Gynostemma longipes 长梗绞股蓝：longe-/ longi- ← longus 长的，纵向的；pes/ pedis 柄，梗，茎秆，腿，足，爪（作词首或词尾，pes 的词干视为"ped-"）

Gynostemma microspermum 小籽绞股蓝：micr-/ micro- ← micros 小的，微小的，微观的（用于希腊语复合词）；spermus/ spermum/ sperma 种子的（用于希腊语复合词）

Gynostemma pentaphyllum 绞股蓝：penta- 五，五数（希腊语，拉丁语为 quin/ quinqu/ quinque-/ quinqui-）；phyllus/ phyllum/ phylla ← phyllon 叶片（用于希腊语复合词）

Gynostemma pentaphyllum var. dasycarpum 毛果绞股蓝：dasycarpus 粗毛果的；dasy- ← dasys 毛茸茸的，粗毛的，毛；carpus/ carpum/ carpa/ carpon ← carpos 果实（用于希腊语复合词）

Gynostemma pentaphyllum var. pentaphyllum 绞股蓝-原变种 （词义见上面解释）

Gynostemma pubescens 毛绞股蓝：pubescens ← pubens 被短柔毛的，长出柔毛的；pubi- ← pubis 细柔毛的，短柔毛的，毛被的；pubesco/ pubescere 长成的，变为成熟的，长出柔毛的，青春期体毛的；-escens/ -ascens 改变，转变，变成，略微，带有，接近，相似，大致，稍微（表示变化的趋势，并未完全相似或相同，有别于表示达到完成状态的 -atus）

Gynostemma simplicifolium 单叶绞股蓝：simplicifolius = simplex + folius 单叶的；simplex 单一的，简单的，无分歧的（词干为 simplic-）；构词规则：以 -ix/ -iex 结尾的词其词干末尾视为 -ic，以 -ex 结尾视为 -i/ -ic，其他以 -x 结尾视为 -c；folius/ folium/ folia 叶，叶片（用于复合词）

Gynostemma yixingense 喙果绞股蓝：yixingense 宜兴的（地名，江苏省）

Gynura 菊三七属（菊科）（77-1：p309）：gynura 雌蕊尾巴状的（指柱头形状）；gyn-/ gyno-/ gyne- ← gynus 雌性的，雌蕊的，雌花的，心皮的；-urus/ -ura/ -ourus/ -oura/ -oure/ -uris 尾巴

Gynura barbareifolia 山芥菊三七：Barbarea 山芥属（十字花科）；folius/ folium/ folia 叶，叶片（用于复合词）

Gynura bicolor 红凤菜：bi-/ bis- 二，二数，二回（希腊语为 di-）；color 颜色

Gynura cusimbua 木耳菜：cusimbua（词源不详）

Gynura divaricata 白子菜：divaricatus 广歧的，发散的，散开的

Gynura elliptica 兰屿木耳菜：ellipticus 椭圆形的；-ticus/ -ticum/ tica/ -ticos 表示属于，关于，以……著称，作形容词词尾

Gynura formosana 白凤菜：formosanus = formosus + anus 美丽的，台湾的；formosus ← formosa 美丽的，台湾的（葡萄牙殖民者发现台湾时对其的称呼，即美丽的岛屿）；-anus/ -anum/ -ana 属于，来自（形容词词尾）

Gynura japonica 菊三七：japonica 日本的（地名）；-icus/ -icum/ -ica 属于，具有某种特性（常用于地名、起源、生境）

Gynura nepalensis 尼泊尔菊三七：nepalensis 尼泊尔的（地名）

Gynura procumbens 平卧菊三七：procumbens 俯卧的，匍匐的，倒伏的；procumb- 俯卧，匍匐，倒

G

伏；-ans/ -ens/ -bilis/ -ilis 能够，可能（为形容词词尾，-ans/ -ens 用于主动语态，-bilis/ -ilis 用于被动语态）

Gynura pseudochina 狗头七：pseudochina 近中国型的；pseudo-/ pseud- ← pseudos 假的，伪的，接近，相似（但不是）；China 中国

Gypsophila 石头花属（石竹科）（26：p430）：gypsos 白垩，石灰；philus/ philein ← philos → phil-/ phili/ philo- 喜好的，爱好的，喜欢的（注意区别形近词：phylus、phyllus）；phylus/ phylum/ phyla ← phylon/ phyle 植物分类单位中的"门"，位于"界"和"纲"之间，类群，种族，部落，聚群；phyllus/ phyllum/ phylla ← phyllon 叶片（用于希腊语复合词）

Gypsophila altissima 高石头花：al-/ alti-/ alto- ← altus 高的，高处的；-issimus/ -issima/ -issimum 最，非常，极其（形容词最高级）

Gypsophila capituliflora 头状石头花：capitulus = capitus + ulus 小头；capitus ← capitis 头，头状；florus/ florum/ flora ← flos 花（用于复合词）

Gypsophila cephalotes 膜苞石头花：cephalotes 具头的；cephalus/ cephale ← cephalos 头，头状花序；cephal-/ cephalo- ← cephalus 头，头状，头部；-otes（构成抽象名词，表示一种特殊的性状）

Gypsophila cerastioides 卷耳状石头花：cerastioides/ cerastoides 像卷耳的；Cerastium 卷耳属（石竹科）；-oides/ -oideus/ -oideum/ -oidea/ -odes/ -eidos 像……的，类似……的，呈……状的（名词词尾）

Gypsophila davurica 草原石头花：davurica （dahurica/ daurica）达乌里的（地名，外贝加尔湖，属西伯利亚的一个地区，即贝加尔湖以东及以南至中国和蒙古边界）

Gypsophila davurica var. angustifolia 狭叶草原石头花：angusti- ← angustus 窄的，狭的，细的；folius/ folium/ folia 叶，叶片（用于复合词）

Gypsophila davurica var. davurica 草原石头花-原变种 （词义见上面解释）

Gypsophila desertorum 荒漠石头花：desertorum 沙漠的，荒漠的，荒芜的（desertus 的复数所有格）；desertus 沙漠的，荒漠的，荒芜的；-orum 属于……的（第二变格法名词复数所有格词尾，表示群落或多数）

Gypsophila elegans 缕丝花：elegans 优雅的，秀丽的

Gypsophila huashanensis 华山石头花：huashanensis 华山的（地名）

Gypsophila licentiana 细叶石头花：licentiana （人名）

Gypsophila muralis 细小石头花：muralis 生于墙壁的；murus 墙壁；-aris（阳性、阴性）/ -are（中性）← -alis（阳性、阴性）/ -ale（中性）属于，相似，如同，具有，涉及，关于，联结于（将名词作形容词用，其中 -aris 常用于以 l 或 r 为词干末尾的词）

Gypsophila oldhamiana 长蕊石头花：oldhamiana ← Richard Oldham（人名，19 世纪植物采集员）

Gypsophila pacifica 大叶石头花：pacificus 太平洋

的；-icus/ -icum/ -ica 属于，具有某种特性（常用于地名、起源、生境）

Gypsophila paniculata 圆锥石头花：paniculatus = paniculus + atus 具圆锥花序的；paniculus 圆锥花序；panus 谷穗；panicus 野稗，粟，谷子；-atus/ -atum/ -ata 属于，相似，具有，完成（形容词词尾）

Gypsophila patrinii 紫萼石头花：patrinii（人名）；-ii 表示人名，接在以辅音字母结尾的人名后面，但 -er 除外

Gypsophila perfoliata 钝叶石头花：perfoliatus 叶片抱茎的；peri-/ per- 周围的，缠绕的（与拉丁语 circum- 意思相同）；foliatus 具叶的，多叶的；folius/ folium/ folia → foli-/ folia- 叶，叶片

Gypsophila sericea 绢毛石头花（绢 juàn）：sericeus 绢丝状的；sericus 绢丝的，绢毛的，赛尔人的（Ser 为印度一民族）；-eus/ -eum/ -ea（接拉丁语干时）属于……的，色如……的，质如……的（表示原料、颜色或品质的相似），（接希腊语词干时）属于……的，以……出名，为……所占有（表示具有某种特性）

Gypsophila spinosa 刺序石头花：spinosus = spinus + osus 具刺的，多刺的，长满刺的；spinus 刺，针刺；-osus/ -osum/ -osa 多的，充分的，丰富的，显著发育的，程度高的，特征明显的（形容词词尾）

Gypsophila tschiliensis 河北石头花：tschiliensis 车里的（地名，云南省西双版纳景洪镇的旧称）

Gyrocheilos 圆唇苣苔属（苦苣苔科）（69：p451）：gyrocheilos = gyros + cheilos 圆唇的；gyros 圆圈，环形，陀螺（希腊语）；cheilos → cheilus → cheil-/ cheilo- 唇，唇边，边缘，岸边

Gyrocheilos chorisepalum 圆唇苣苔：chori- ← choris 分离的，离开的，裂开的；sepalus/ sepalum/ sepala 萼片（用于复合词）

Gyrocheilos chorisepalum var. chorisepalum 圆唇苣苔-原变种 （词义见上面解释）

Gyrocheilos chorisepalum var. synsepalum 北流圆唇苣苔：synsepalus 联合萼片的；syn- 联合，共同，合起来（希腊语词首，对应的拉丁语为 co-）；syn- 的缀词音变有：sy-/ syl-/ sym-/ syn-/ syr-/ sys-（在 s、t 前面），syl-（在 l 前面），sym-（在 b 和 p 前面），syn-/ syr-（在 r 前面）；sepalus/ sepalum/ sepala 萼片（用于复合词）；Synsepalum 神秘果属（山榄科）

Gyrocheilos lasiocalyx 毛萼圆唇苣苔：lasi-/ lasio- 羊毛状的，有毛的，粗糙的；calyx → calyc- 萼片（用于希腊语复合词）

Gyrocheilos microtrichum 微毛圆唇苣苔：micr-/ micro- ← micros 小的，微小的，微观的（用于希腊语复合词）；trichus 毛，毛发，线

Gyrocheilos retrotrichum var. oligolobum 稀裂圆唇苣苔：retro- 向后，反向；trichus 毛，毛发，线；oligo-/ olig- 少数的（希腊语，拉丁语为 pauci-）；lobus/ lobos/ lobon 浅裂，耳片（裂片先端钝圆），荚果，蒴果

Gyrocheilos retrotrichum var. retrotrichum 折毛圆唇苣苔-原变种 （词义见上面解释）

Gyrocheilos retrotrichus 折毛圆唇苣苔 （词义见

G

上面解释）

Gyrogyne 圆果苣苔属（苦苣苔科）（69：p565）：gyros 圆圈，环形，陀螺（希腊语）；gyne ← gynus 雌蕊的，雌性的，心皮的

Gyrogyne subaequifolia 圆果苣苔：subaequifolius 近似相同叶的；sub-（表示程度较弱）与……类似，几乎，稍微，弱，亚，之下，下面；aequus 平坦的，均等的，公平的，友好的；aequi- 相等，相同；folius/ folium/ folia 叶，叶片（用于复合词）

Habenaria <u>玉凤花属</u>（兰科）（17：p422）：habenaria ← habena 缰绳，绶带（指花的唇瓣呈飘带状）

Habenaria acianthoides 小花玉凤花：acianthoides 像蚊兰的；Acianthus 蚊兰属（兰科）；aci- ← acus/ acis 尖锐的，针，针状的；anthus/ anthum/ antha/ anthe ← anthos 花（用于希腊语复合词）；-oides/ -oideus/ -oideum/ -oidea/ -odes/ -eidos 像……的，类似……的，呈……状的（名词词尾）

Habenaria acuifera 凸孔坡参（参 shēn）：acuifera/ acutifera 具锐尖的，具刺尖的；acui/ acuti-/ acu- ← acutus/ acuo 锐尖的，针尖的，刺尖的，锐角的；-ferus/ -ferum/ -fera/ -fero/ -fere/ -fer 有，具有，产（区别：作独立词使用的 ferus 意思是"野生的"）

Habenaria aitchisonii 落地金钱：aitchisonii（人名）；-ii 表示人名，接在以辅音字母结尾的人名后面，但 -er 除外

Habenaria arietina 毛瓣玉凤花：arietinus 羊角的

Habenaria austrosinensis 薄叶玉凤花：austrosinensis 华南的（地名）；austro-/ austr- 南方的，南半球的，大洋洲的；auster 南方，南风；sinensis = Sina + ensis 中国的（地名）；Sina 中国

Habenaria balfouriana 滇蜀玉凤花：balfouriana ← Isaac Bayley Balfour（人名，19 世纪英国植物学家）

Habenaria ciliolaris 毛莛玉凤花：ciliolaris 缘毛的，纤毛的，睫毛的；-aris/ -alis/ -ale 属于，相似，如同，具有，涉及，关于，联结于（将名词作形容词用，其中 aris 常用于以 l 或 r 为词干末尾等词）

Habenaria commelinifolia 斧萼玉凤花：Commelina 鸭跖草属（鸭跖草科）；folius/ folium/ folia 叶，叶片（用于复合词）

Habenaria coultousii 香港玉凤花：coultousii（人名）；-ii 表示人名，接在以辅音字母结尾的人名后面，但 -er 除外

Habenaria davidii 长距玉凤花：davidii ← Pere Armand David（人名，1826–1900，曾在中国采集植物标本的法国传教士）；-ii 表示人名，接在以辅音字母结尾的人名后面，但 -er 除外

Habenaria delavayi 厚瓣玉凤花：delavayi ← P. J. M. Delavay（人名，1834–1895，法国传教士，曾在中国采集植物标本）；-i 表示人名，接在以元音字母结尾的人名后面，但 -a 除外

Habenaria dentata 鹅毛玉凤花：dentatus = dentus + atus 牙齿的，齿状的，具齿的；dentus 齿，牙齿；-atus/ -atum/ -ata 属于，相似，具有，完成（形容词词尾）

Habenaria diphylla 二叶玉凤花：di-/ dis- 二，二数，二分，分离，不同，在……之间，从……分开

（希腊语，拉丁语为 bi-/ bis-）；phyllus/ phyllum/ phylla ← phyllon 叶片（用于希腊语复合词）

Habenaria diplonema 小巧玉凤花：dipl-/ diplo- ← diplous ← diploos 双重的，二重的，二倍的，二数的；nemus/ nema 密林，丛林，树丛（常用来比喻密集成丛的纤细物，如花丝、果柄等）；di-/ dis- 二，二数，二分，分离，不同，在……之间，从……分开（希腊语，拉丁语为 bi-/ bis-）

Habenaria fargesii 雅致玉凤花：fargesii ← Pere Paul Guillaume Farges（人名，19 世纪中叶至 20 世纪活动于中国的法国传教士，植物采集员）

Habenaria finetiana 齿片玉凤花：finetiana ← Finet（人名）

Habenaria fordii 线瓣玉凤花：fordii ← Charles Ford（人名）

Habenaria fulva 褐黄玉凤花：fulvus 咖啡色的，黄褐色的

Habenaria furcifera 密花玉凤花：furcus 叉子，叉子状的，分叉的；-ferus/ -ferum/ -fera/ -fero/ -fere/ -fer 有，具有，产（区别：作独立词使用的 ferus 意思是"野生的"）

Habenaria glaucifolia 粉叶玉凤花：glaucifolius = glaucus + folius 粉绿叶的，灰绿叶的，叶被白粉的；glaucus → glauco-/ glauc- 被白粉的，发白的，灰绿色的；folius/ folium/ folia 叶，叶片（用于复合词）

Habenaria hosokawa 毛唇玉凤花：hosokawa（人名）

Habenaria humidicola 湿地玉凤花：humidus 湿的，湿地的；colus ← colo 分布于，居住于，栖居，殖民（常作词尾）；colo/ colere/ colui/ cultum 居住，耕作，栽培

Habenaria hystris 粤琼玉凤花：hystrix/ hystris 豪猪，刚毛，刺猬状刚毛

Habenaria intermedia 大花玉凤花：intermedius 中间的，中位的，中等的；inter- 中间的，在中间，之间；medius 中间的，中央的

Habenaria leptoloba 细裂玉凤兰：leptus ← leptos 细的，薄的，瘦小的，狭长的；lobus/ lobos/ lobon 浅裂，耳片（裂片先端钝圆），荚果，蒴果

Habenaria limprichtii 宽药隔玉凤花：limprichtii（人名）；-ii 表示人名，接在以辅音字母结尾的人名后面，但 -er 除外

Habenaria linearifolia 线叶十字兰：linearis = lineus + aris 线条的，线形的，线状的，亚麻状的；folius/ folium/ folia 叶，叶片（用于复合词）；-aris（阳性、阴性）/ -are（中性）← -alis（阳性、阴性）/ -ale（中性）属于，相似，如同，具有，涉及，关于，联结于（将名词作形容词用，其中 -aris 常用于以 l 或 r 为词干末尾的词）

Habenaria linguella 坡参（参 shēn）：linguellus = lingua + ellus 小舌的，细丝带状的；lingua 舌状的，丝带状的，语言的；-ellus/ -ellum/ -ella ← -ulus 小的，略微的，稍微的（小词 -ulus 在字母 e 或 i 之后有多种变缀，即 -olus/ -olum/ -ola、-ellus/ -ellum/ -ella、-illus/ -illum/ -illa，用于第一变格法名词）

Habenaria lucida 细花玉凤花：lucidus ← lucis ← lux 发光的，光辉的，清晰的，发亮的，荣耀的（lux 的单数所有格为 lucis，词尾为 -is 和 -ys 的词的词

干分别视为 -id 和 -yd）

Habenaria mairei 棒距玉凤花：mairei（人名）；Edouard Ernest Maire（人名，19 世纪活动于中国云南的传教士）；Rene C. J. E. Maire 人名（20 世纪阿尔及利亚植物学家，研究北非植物）；-i 表示人名，接在以元音字母结尾的人名后面，但 -a 除外

Habenaria malintana 南方玉凤花：malintana（人名）

Habenaria malipoensis 麻栗坡玉凤花：malipoensis 麻栗坡的（地名，云南省）

Habenaria marginata 滇南玉凤花：marginatus ← margo 边缘的，具边缘的；margo/ marginis → margin- 边缘，边线，边界；词尾为 -go 的词其词干末尾视为 -gin

Habenaria medioflexa 版纳玉凤花：medioflexa 中等柔性的；medio- ← medius 中间的，中央的；flexus ← flecto 扭曲的，卷曲的，弯弯曲曲的，柔性的；flecto 弯曲，使扭曲

Habenaria minor 岩坡玉凤花：minor 较小的，更小的

Habenaria nematocerata 细距玉凤花：nematus/ nemato- 密林的，丛林的，线状的，丝状的；ceratus 角，犄角

Habenaria pantlingiana 丝瓣玉凤花：pantlingiana（人名）

Habenaria pectinata 剑叶玉凤花：pectinatus/ pectinaceus 栉齿状的；pectini-/ pectino-/ pectin- ← pecten 篦子，梳子；-aceus/ -aceum/ -acea 相似的，有……性质的，属于……的

Habenaria petelotii 裂瓣玉凤花：petelotii（人名）；-ii 表示人名，接在以辅音字母结尾的人名后面，但 -er 除外

Habenaria plurifoliata 莲座玉凤花：pluri-/ plur- 复数，多个；foliatus 具叶的，多叶的；folius/ folium/ folia → foli-/ folia- 叶，叶片

Habenaria polytricha 丝裂玉凤花：poly- ← polys 多个，许多（希腊语，拉丁语为 multi-）；trichus 毛，毛发，线

Habenaria purpureo-punctata 紫斑玉凤花：purpureo- ← purpureus 紫色；purpureus = purpura + eus 紫色的；purpura 紫色（purpura 原为一种介壳虫名，其体液为紫色，可作颜料）；-eus/ -eum/ -ea（接拉丁语词干时）属于……的，色如……的，质如……的（表示原料、颜色或品质的相似），（接希腊语词干时）属于……的，以……出名，为……所占有（表示具有某种特性）；punctatus = punctus + atus 具斑点的；punctus 斑点

Habenaria reniformis 肾叶玉凤花：reniformis 肾形的；ren-/ reni- ← ren/ renis 肾，肾形；renarius/ renalis 肾脏的，肾形的；formis/ forma 形状

Habenaria rhodocheila 橙黄玉凤花：rhodon → rhodo- 红色的，玫瑰色的；chilus ← cheilos 唇，唇瓣，唇边，边缘，岸边

Habenaria rostellifera 齿片坡参：rostelliferus = rostrus + ellus + ferus 小喙的；rostrus 鸟喙（常作词尾）；-ellus/ -ellum/ -ella ← -ulus 小的，略微的，稍微的（小词 -ulus 在字母 e 或 i 之后有多种变缀，即 -olus/ -olum/ -ola、-ellus/ -ellum/ -ella、-illus/

-illum/ -illa，用于第一变格法名词）；-ferus/ -ferum/ -fera/ -fero/ -fere/ -fer 有，具有，产（区别：作独立词使用的 ferus 意思是"野生的"）

Habenaria rostrata 喙房坡参：rostratus 具喙的，喙状的；rostrus 鸟喙（常作词尾）；rostre 鸟喙的，喙状的

Habenaria schindleri 十字兰：schindleri（人名）；-eri 表示人名，在以 -er 结尾的人名后面加上 i 形成

Habenaria shweliensis 中缅玉凤花：shweliensis 瑞丽的（地名，云南省）

Habenaria siamensis 中泰玉凤花：siamensis 暹罗的（地名，泰国古称）（暹 xiān）

Habenaria stenopetala 狭瓣玉凤花：stenopetalus = steno + petalus 狭瓣的，窄瓣的；sten-/ steno- ← stenus 窄的，狭的，薄的；petalus/ petalum/ petala ← petalon 花瓣

Habenaria szechuanica 四川玉凤花：szechuanica 四川的（地名）；-icus/ -icum/ -ica 属于，具有某种特性（常用于地名、起源、生境）

Habenaria tibetica 西藏玉凤花：tibetica 西藏的（地名）；-icus/ -icum/ -ica 属于，具有某种特性（常用于地名、起源、生境）

Habenaria tonkinensis 丛叶玉凤花：tonkin 东京（地名，越南河内的旧称）

Habenaria viridiflora 绿花玉凤花：viridus 绿色的；florus/ florum/ flora ← flos 花（用于复合词）

Habenaria wolongensis 卧龙玉凤花：wolongensis 卧龙的（地名，四川省）

Habenaria yuana 川滇玉凤花：yuana（人名）

Hackelochloa 球穗草属（禾本科）(10-2：p277)：hackel ← Edward Hackel（人名，奥地利植物学家）；chloa ← chloe 草，禾草

Hackelochloa granularis 球穗草：granularis 颗粒状的；granus 粒，种粒，谷粒，颗粒；-ulus/ -ulum/ -ula 小的，略微的，稍微的（小词 -ulus 在字母 e 或 i 之后有多种变缀，即 -olus/ -olum/ -ola、-ellus/ -ellum/ -ella、-illus/ -illum/ -illa，与第一变格法和第二变格法名词形成复合词）；-aris（阳性、阴性）/ -are（中性）← -alis（阳性、阴性）/ -ale（中性）属于，相似，如同，具有，涉及，关于，联结于（将名词作形容词用，其中 -aris 常用于以 l 或 r 为词干末尾的词）

Hackelochloa porifera 穿孔球穗草：porus 孔隙，细孔，孔洞；-ferus/ -ferum/ -fera/ -fero/ -fere/ -fer 有，具有，产（区别：作独立词使用的 ferus 意思是"野生的"）

Haemanthus 网球花属（石蒜科）(16-1：p2)：haem-/ haimato- 血的，红色的，鲜红的；haematinus 血色的，血红的；anthus/ anthum/ antha/ anthe ← anthos 花（用于希腊语复合词）

Haemanthus multiflorus 网球花：multi- ← multus 多个，多数，很多（希腊语为 poly-）；florus/ florum/ flora ← flos 花（用于复合词）

Haematoxylon 采木属（豆科）(39：p115)：haem-/ haimato- 血的，红色的，鲜红的；haematinus 血色的，血红的；xylon 木材，木质

Haematoxylon campechianum 采木：campechianum ← Campeche 坎佩切的（地名，墨

西哥）

Hainania 海南椴属（椴树科）（49-1：p120）：hainania 海南的（地名）

Hainania trichosperma 海南椴：trich-/ tricho-/ tricha- ← trichos ← thrix 毛，多毛的，线状的，丝状的；spermus/ spermum/ sperma 种子的（用于希腊语复合词）

Haldina 心叶木属（茜草科）（71-1：p277）：haldina（印度土名）

Haldina cordifolia 心叶木：cordi- ← cordis/ cor 心脏的，心形的；folius/ folium/ folia 叶，叶片（用于复合词）

Halenia 花锚属（锚 máo）（龙胆科）（62：p290）：halenia ← Jonas Halen（人名，18 世纪瑞典植物学家，林奈的学生）

Halenia corniculata 花锚：corniculatus = cornus + culus + atus 犄角的，兽角的，兽角般坚硬的；cornus 角，犄角，兽角，角质，角质般坚硬；-culus/ -culum/ -cula 小的，略微的，稍微的（同第三变格法和第四变格法名词形成复合词）；-atus/ -atum/ -ata 属于，相似，具有，完成（形容词词尾）

Halenia elliptica 椭圆叶花锚：ellipticus 椭圆形的；-ticus/ -ticum/ tica/ -ticos 表示属于，关于，以……著称，作形容词词尾

Halenia elliptica var. elliptica 卵萼花锚-原变种（词义见上面解释）

Halenia elliptica var. grandiflora 大花花锚：grandi- ← grandis 大的；florus/ florum/ flora ← flos 花（用于复合词）

Halerpestes 碱毛茛属（茛 gèn）（毛茛科）（28：p334）：haler ← halo 呼吸；pestes 飞行者

Halerpestes cymbalaria 水葫芦苗：cymbarius/ cymbalarius = cymbe + arius 舟状的；cymbe 船，舟；-arius/ -arium/ aria 相似，属于（表示地点，场所，关系，所属）；Cymbalaria 蔓柳穿鱼属（车前科）

Halerpestes filisecta 丝裂碱毛茛：filisectus 线状细裂的；fili-/ fil- ← filum 线状的，丝状的；sectus 分段的，分节的，切开的，分裂的

Halerpestes lancifolia 狭叶碱毛茛：lance-/ lancei-/ lanci-/ lanceo-/ lanc- ← lanceus 披针形的，矛形的，尖刀状的，柳叶刀状的；folius/ folium/ folia 叶，叶片（用于复合词）

Halerpestes ruthenica 长叶碱毛茛：ruthenica/ ruthenia（地名，俄罗斯）；-icus/ -icum/ -ica 属于，具有某种特性（常用于地名、起源、生境）

Halerpestes tricuspis 三裂碱毛茛：tri-/ tripli-/ triplo- 三个，三数；cuspis（所有格为 cuspidis）齿尖，凸尖，尖头

Halesia 银钟花属（安息香科）（60-2：p130）：halesia ← Stephen Hales（人名，19 世纪英国植物学家）

Halesia macgregorii 银钟花：macgregorii ← MacGregor（人名）

Halimocnemis 盐蓬属（藜科）（25-2：p187）：halimocnemis 海边的覆盖物（指生于盐碱地）；halimos 海，海水的，含盐碱的；cnemis 胫衣，套裤

Halimocnemis karelinii 短苞盐蓬：karelinii ← Grigorii Silich (Silovich) Karelin（人名，19 世纪

俄国博物学家）；-ii 表示人名，接在以辅音字母结尾的人名后面，但 -er 除外

Halimocnemis longifolia 长叶盐蓬：longe-/ longi- ← longus 长的，纵向的；folius/ folium/ folia 叶，叶片（用于复合词）

Halimocnemis villosa 柔毛盐蓬：villosus 柔毛的，绵毛的；villus 毛，羊毛，长绒毛；-osus/ -osum/ -osa 多的，充分的，丰富的，显著发育的，程度高的，特征明显的（形容词词尾）

Halimodendron 铃铛刺属（豆科）（42-1：p12）：halimodendron 海边的树木（指生于盐碱地）；halimos 海，海水的，含盐碱的；dendron 树木

Halimodendron halodendron 铃铛刺：halo- ← halos 盐，海；dendron 树木

Halimodendron halodendron var. albiflorum 白花铃铛刺：albus → albi-/ albo- 白色的；florus/ florum/ flora ← flos 花（用于复合词）

Halimodendron halodendron var. halodendron 铃铛刺-原变种（词义见上面解释）

Halocnemum 盐节木属（藜科）（25-2：p19）：halocnemum 海边的覆盖物（指生于盐碱地）；halo- ← halos 盐，海；cnemis 胫衣，套裤

Halocnemum strobilaceum 盐节木：strobilaceus 球果状的，圆锥状的；strobilus ← strobilos 球果的，圆锥的；strobus 球果的，圆锥的；-aceus/ -aceum/ -acea 相似的，有……性质的，属于……的

Halodule 二药藻属（眼子菜科）（8：p96）：halodule = halos + doulos 咸水下面的，海水的（指某些种类生于盐水中）；halo- ← halos 盐，海；doulos 奴隶

Halodule pinifolia 羽叶二药藻：pinifolia 松针状的；Pinus 松属（松科）；folius/ folium/ folia 叶，叶片（用于复合词）

Halodule uninervis 二药藻：uninervis 单脉的；uni-/ uno- ← unus/ unum/ una 一，单一（希腊语为 mono-/ mon-）；nervis ← nervus 脉，叶脉

Halogeton 盐生草属（藜科）（25-2：p152）：halo- ← halos 盐，海；geton/ geiton 附近的，紧邻的，邻居

Halogeton arachnoideus 白茎盐生草：arachne 蜘蛛的，蜘蛛网的；-oides/ -oideus/ -oideum/ -oidea/ -odes/ -eidos 像……的，类似……的，呈……状的（名词词尾）

Halogeton glomeratus 盐生草：glomeratus = glomera + atus 聚集的，球形的，聚成球形的；glomera 线球，一团，一束

Halogeton glomeratus var. glomeratus 盐生草-原变种（词义见上面解释）

Halogeton glomeratus var. tibeticus 西藏盐生草：tibeticus 西藏的（地名）；-icus/ -icum/ -ica 属于，具有某种特性（常用于地名、起源、生境）

Halopeplis 盐千屈菜属（藜科）（25-2：p12）：halopeplis 生于海边的荸艾（指生于盐碱地，形态像荸艾）；halo- ← halos 盐，海；Pelis 荸艾属（千屈菜科）

Halopeplis pygmaea 盐千屈菜：pygmaeus/ pygmaei 小的，低矮的，极小的，矮人的；pygm- 矮，小，侏儒；-aeus/ -aeum/ -aea 表示属于……，名词形容词化词尾，如 europaeus ← europa 欧洲的

H

Halophila 喜盐草属（水鳖科）（8：p185）：halo- ← halos 盐，海；philus/ philein ← philos → phil-/ phili/ philo- 喜好的，爱好的，喜欢的

Halophila beccarii 贝克喜盐草：beccarii ← Odoardo Beccari（人名，20 世纪意大利植物学家）；-ii 表示人名，接在以辅音字母结尾的人名后面，但 -er 除外

Halophila minor 小喜盐草：minor 较小的，更小的

Halophila ovalis 喜盐草：ovalis 广椭圆形的；ovus 卵，胚珠，卵形的，椭圆形的

Haloragidaceae 小二仙草科（53-2：p134）：Haloragis 小二仙草属；-aceae（分类单位科的词尾，为 -aceus 的阴性复数主格形式，加到模式属的名称后或同义词的词干后以组成族群名称）

Haloragis 小二仙草属（小二仙草科）（53-2：p140）：halo- ← halos 盐，海；ragis ← rhax 葡萄

Haloragis chinensis 黄花小二仙草：chinensis = china + ensis 中国的（地名）；China 中国

Haloragis micrantha 小二仙草：micr-/ micro- ← micros 小的，微小的，微观的（用于希腊语复合词）；anthus/ anthum/ antha/ anthe ← anthos 花（用于希腊语复合词）

Halostachys 盐穗木属（藜科）（25-2：p19）：halo- ← halos 盐，海；stachy-/ stachyo-/ -stachys/ -stachyus/ -stachyum/ -stachya 穗子，穗子的，穗子状的，穗状花序的

Halostachys caspica 盐穗木：caspica 里海的（地名）

Haloxylon 梭梭属（藜科）（25-2：p139）：halo- ← halos 盐，海；xylon 木材，木质

Haloxylon ammodendron 梭梭：ammodendron 沙生树木；ammos 沙子的，沙地的（指生境）；dendron 树木；Ammodendron 银砂槐属（豆科）

Haloxylon persicum 白梭梭：persicus 桃，杏，波斯的（地名）；-icus/ -icum/ -ica 属于，具有某种特性（常用于地名、起源、生境）

Hamamelidaceae 金缕梅科（35-2：p36）：Hamamelis 金缕梅属；-aceae（分类单位科的词尾，为 -aceus 的阴性复数主格形式，加到模式属的名称后或同义词的词干后以组成族群名称）

Hamamelis 金缕梅属（金缕梅科）（35-2：p73）：hama 在一起；melis ← melon 苹果

Hamamelis japonica 日本金缕梅：japonica 日本的（地名）；-icus/ -icum/ -ica 属于，具有某种特性（常用于地名、起源、生境）

Hamamelis mollis 金缕梅：molle/ mollis 软的，柔毛的

Hamamelis subaequalis 小叶金缕梅：subaequalis 近似对称的，近似对等的；sub-（表示程度较弱）与……类似，几乎，稍微，弱，亚，之下，下面；aequalis 相等的，相同的，对称的；aequus 平坦的，均等的，公平的，友好的

Hamelia 长隔木属（茜草科）（71-1：p388）：hamelia ← Henri Louis Duhamel du Monceau（人名，1700–1781，法国植物学家）

Hamelia patens 长隔木：patens 开展的（呈 90°），伸展的，传播的，飞散的；patentius 开展的，伸展的，传播的，飞散的

Hanceola 四轮香属（唇形科）（66：p396）：hanceola ← H. Fletcher Hance（人名，1827–1886，英国驻香港领事）；-ulus/ -ulum/ -ula 小的，略微的，稍微的（小词 -ulus 在字母 e 或 i 之后有多种变缀，即 -olus/ -olum/ -ola、-ellus/ -ellum/ -ella、-illus/ -illum/ -illa，与第一变格法和第二变格法名词形成复合词）

Hanceola cavaleriei 贵州四轮香：cavaleriei ← Pierre Julien Cavalerie（人名，20 世纪法国传教士）；-i 表示人名，接在以元音字母结尾的人名后面，但 -a 除外

Hanceola cordiovata 心卵叶四轮香：cordi- ← cordis/ cor 心脏的，心形的；ovatus = ovus + atus 卵圆形的

Hanceola exserta 出蕊四轮香：exsertus 露出的，伸出的

Hanceola flexuosa 曲折四轮香：flexuosus = flexus + osus 弯曲的，波状的，曲折的；flexus ← flecto 扭曲的，卷曲的，弯弯曲曲的，柔性的；flecto 弯曲，使扭曲；-osus/ -osum/ -osa 多的，充分的，丰富的，显著发育的，程度高的，特征明显的（形容词词尾）

Hanceola labordei 高坡四轮香：labordei ← J. Laborde（人名，19 世纪活动于中国贵州的法国植物采集员）；-i 表示人名，接在以元音字母结尾的人名后面，但 -a 除外

Hanceola mairei 龙溪四轮香：mairei（人名）；Edouard Ernest Maire（人名，19 世纪活动于中国云南的传教士）；Rene C. J. E. Maire 人名（20 世纪阿尔及利亚植物学家，研究北非植物）；-i 表示人名，接在以元音字母结尾的人名后面，但 -a 除外

Hanceola sinensis 四轮香：sinensis = Sina + ensis 中国的（地名）；Sina 中国

Hanceola suffruticosa 木茎四轮香：suffruticosus 亚灌木状的；suffrutex 亚灌木，半灌木；suf- ← sub- 亚，像，稍微（sub- 在字母 f 前同化为 suf-）；frutex 灌木；-osus/ -osum/ -osa 多的，充分的，丰富的，显著发育的，程度高的，特征明显的（形容词词尾）

Hanceola tuberifera 块茎四轮香：tuber/ tuber-/ tuberi- 块茎的，结节状凸起的，瘤状的；-ferus/ -ferum/ -fera/ -fero/ -fere/ -fer 有，具有，产（区别：作独立词使用的 ferus 意思是"野生的"）

Hancockia 滇兰属（兰科）（18：p247）：hancockia ← W. Hancock（人名，1847–1914，英国人）

Hancockia uniflora 滇兰：uni-/ uno- ← unus/ unum/ una 一，单一（希腊语为 mono-/ mon-）；florus/ florum/ flora ← flos 花（用于复合词）

Handelia 天山蓍属（蓍 shī）（菊科）（76-1：p19）：handelia ← H. Handel-Mazzetti（人名，奥地利植物学家，第一次世界大战期间在中国西南地区研究植物）

Handelia trichophylla 天山蓍：trich-/ tricho-/ tricha- ← trichos ← thrix 毛，多毛的，线状的，丝状的；phyllus/ phyllum/ phylla ← phyllon 叶片（用于希腊语复合词）

Handeliodendron 掌叶木属（无患子科）（47-1：p62）：handelio ← H. Handel-Mazzetti（人名，奥地利植物学家，第一次世界大战期间在中国西南地

区研究植物）；dendron 树木

Handeliodendron bodinieri 掌叶木：bodinieri ← Emile Marie Bodinieri（人名，19 世纪活动于中国的法国传教士）；-eri 表示人名，在以 -er 结尾的人名后面加上 i 形成

Hapaline 细柄芋属（天南星科）（13-2：p65）：hapaline ← hapalos 软嫩的，纤细的

Hapaline ellipticifolium 细柄芋：ellipticus 椭圆形的；folius/ folium/ folia 叶，叶片（用于复合词）

Haplophyllum 拟芸香属（芸香科）（43-2：p84）：haplo- 单一的，一个的；phyllus/ phyllum/ phylla ← phyllon 叶片（用于希腊语复合词）

Haplophyllum dauricum 北芸香：dauricum（dahuricum/ davuricum）达乌里的（地名，外贝加尔湖，属西伯利亚的一个地区，即贝加尔湖以东及以南至中国和蒙古边界）

Haplophyllum perforatum 大叶芸香：perforatus 贯通的，有孔的；peri-/ per- 周围的，缠绕的（与拉丁语 circum- 意思相同）；foratus 具孔的；foro/ forare 穿孔，挖洞

Haplophyllum tragacanthoides 针枝芸香：Tragacantha → Astragalus 黄芪属（豆科）；-oides/ -oideus/ -oideum/ -oidea/ -odes/ -eidos 像……的，类似……的，呈……状的（名词词尾）

Haplosphaera 单球芹属（伞形科）（55-2：p262）：haplo- 单一的，一个的；sphaerus 球的，球形的

Haplosphaera himalayensis 西藏单球芹：himalayensis 喜马拉雅的（地名）

Haplosphaera phaea 单球芹：phaeus(phaios) → phae-/ phaeo-/ phai-/ phaio 暗色的，褐色的

Haraella 香兰属（兰科）（19：p399）：haraella ← Y. Hara 原（人名，日本植物学家）；-ella 小（用作人名或一些属名词尾时并无小词意义）

Haraella retrocalla 香兰：retrocallus 逆向胼胝的；retro- 向后，反向；callus 硬皮，老茧，包块，疙瘩，胼胝体，愈伤组织

Harpachne 镰稃草属（稃 fū）（禾本科）（10-1：p31）：harpachne ← harpe 镰刀（希腊语）；achne 鳞片，稃片，谷壳（希腊语）

Harpachne harpachnoides 镰稃草：harpachnoides 像镰稃草的，近似镰刀状的；Harpachne 镰稃草属（禾本科）；harpachne ← harpe 镰刀（希腊语）；achne 鳞片，稃片，谷壳（希腊语）；-oides/ -oideus/ -oideum/ -oidea/ -odes/ -eidos 像……的，类似……的，呈……状的（名词词尾）

Harpullia 假山罗属（不写"假山萝"）（无患子科）（47-1：p65）：harpullia（印度土名）

Harpullia cupanoides 假山罗：Cupania（属名，无患子科）；cupania ← Francesco (Francis) Cupani（人名，18 世纪意大利僧人、博物学家）；-oides/ -oideus/ -oideum/ -oidea/ -odes/ -eidos 像……的，类似……的，呈……状的（名词词尾）

Harrisonia 牛筋果属（苦木科）（43-3：p15）：harrisonia ← Arnold Harrison（人名，19 世纪英国园艺学家）

Harrisonia perforata 牛筋果：perforatus 贯通的，有孔的；peri-/ per- 周围的，缠绕的（与拉丁语 circum- 意思相同）；foratus 具孔的；foro/ forare 穿

孔，挖洞

Harrysmithia 细裂芹属（伞形科）（55-2：p134）：harry ← Sir James Harry Veitch（人名，20 世纪园艺学家）；smithii ← James Edward Smith（人名，1759–1828，英国植物学家）

Harrysmithia dissecta 云南细裂芹：dissectus 多裂的，全裂的，深裂的；di-/ dis- 二，二数，二分，分离，不同，在……之间，从……分开（希腊语，拉丁语为 bi-/ bis-）；sectus 分段的，分节的，切开的，分裂的

Harrysmithia heterophylla 细裂芹：heterophyllus 异型叶的；hete-/ heter-/ hetero- ← heteros 不同的，多样的，不齐的；phyllus/ phyllum/ phylla ← phyllon 叶片（用于希腊语复合词）

Hartia 折柄茶属（山茶科）（49-3：p227）：hartia ← Adrian Hardy Haworth（人名，1768–1833，英国植物学家）

Hartia brevicalyx 短萼折柄茶：brevi- ← brevis 短的（用于希腊语复合词词首）；calyx → calyc- 萼片（用于希腊语复合词）

Hartia cordifolia 心叶折柄茶：cordi- ← cordis/ cor 心脏的，心形的；folius/ folium/ folia 叶，叶片（用于复合词）

Hartia crassifolia 圆萼折柄茶：crassi- ← crassus 厚的，粗的，多肉质的；folius/ folium/ folia 叶，叶片（用于复合词）

Hartia densivillosa 狭萼折柄茶：densus 密集的，繁茂的；villosus 柔毛的，绵毛的；villus 毛，羊毛，长绒毛；-osus/ -osum/ -osa 多的，充分的，丰富的，显著发育的，程度高的，特征明显的（形容词词尾）

Hartia gracilis 总状折柄茶：gracilis 细长的，纤弱的，丝状的

Hartia micrantha 小花折柄茶：micr-/ micro- ← micros 小的，微小的，微观的（用于希腊语复合词）；anthus/ anthum/ antha/ anthe ← anthos 花（用于希腊语复合词）

Hartia nankwanica 南昆折柄茶：nankwanica 南昆的（地名，广东省）；-icus/ -icum/ -ica 属于，具有某种特性（常用于地名、起源、生境）

Hartia obovata 钝叶折柄茶：obovatus = ob + ovus + atus 倒卵形的；ob- 相反，反对，倒（ob- 有多种音变：ob- 在元音字母和大多数辅音字母前面，oc- 在 c 前面，of- 在 f 前面，op- 在 p 前面）；ovus 卵，胚珠，卵形的，椭圆形的

Hartia sichuanensis 四川折柄茶：sichuanensis 四川的（地名）

Hartia sinensis 折柄茶：sinensis = Sina + ensis 中国的（地名）；Sina 中国

Hartia sinii 黄毛折柄茶：sinii（人名）；-ii 表示人名，接在以辅音字母结尾的人名后面，但 -er 除外

Hartia tonkinensis 小叶折柄茶：tonkin 东京（地名，越南河内的旧称）

Hartia villosa 毛折柄茶：villosus 柔毛的，绵毛的；villus 毛，羊毛，长绒毛；-osus/ -osum/ -osa 多的，充分的，丰富的，显著发育的，程度高的，特征明显的（形容词词尾）

Hartia villosa var. elliptica 短叶毛折柄茶：ellipticus 椭圆形的；-ticus/ -ticum/ tica/ -ticos 表

H

示属于，关于，以……著称，作形容词词尾

Hartia villosa var. grandifolia 大叶毛折柄茶：grandi- ← grandis 大的；folius/ folium/ folia 叶，叶片（用于复合词）

Hartia villosa var. kwangtungensis 贴毛折柄茶：kwangtungensis 广东的（地名）

Hartia villosa var. villosa 毛折柄茶-原变种 （词义见上面解释）

Hartia yunnanensis 云南折柄茶：yunnanensis 云南的（地名）

Hedera 常春藤属（五加科）（54：p73）：hedera 常春藤（古拉丁名）

Hedera helix 洋常春藤：helix 螺旋状的

Hedera nepalensis 尼泊尔常春藤：nepalensis 尼泊尔的（地名）

Hedera nepalensis var. nepalensis 尼泊尔常春藤-原变种 （词义见上面解释）

Hedera nepalensis var. sinensis 常春藤：sinensis = Sina + ensis 中国的（地名）；Sina 中国

Hedera rhombea 菱叶常春藤：rhombeus 菱形的；rhombus 菱形，纺锤；-eus/ -eum/ -ea（接拉丁语词干时）属于……的，色如……的，质如……的（表示原料、颜色或品质的相似），（接希腊语词干时）属于……的，以……出名，为……所占有（表示具有某种特性）

Hedera rhombea var. formosana 台湾菱叶常春藤：formosanus = formosus + anus 美丽的，台湾的；formosus ← formosa 美丽的，台湾的（葡萄牙殖民者发现台湾时对其的称呼，即美丽的岛屿）；-anus/ -anum/ -ana 属于，来自（形容词词尾）

Hedera rhombea var. rhombea 菱叶常春藤-原变种 （词义见上面解释）

Hedinia 藏荠属（藏荠 zàng jì）（十字花科）（33：p85）：hedinia（人名）

Hedinia tibetica 藏荠：tibetica 西藏的（地名）；-icus/ -icum/ -ica 属于，具有某种特性（常用于地名、起源、生境）

Hedychium 姜花属（姜科）（16-2：p24）：hedychium 美如白雪的（指花色）；hedy- ← hedys 香甜的，美味的，好的；chium ← chion 雪，雪白的

Hedychium bijiangense 碧江姜花：bijiangense 碧江的（地名，云南省，已并入泸水县和福贡县）

Hedychium brevicaule 矮姜花：brevi- ← brevis 短的（用于希腊语复合词词首）；caulus/ caulon/ caule ← caulos 茎，茎秆，主茎

Hedychium coccineum 红姜花：coccus/ coccineus 浆果，绯红色（一种形似浆果的介壳虫的颜色）；同形异义词：coccus/ cocco/ cocci/ coccis 心室，心皮；-eus/ -eum/ -ea（接拉丁语词干时）属于……的，色如……的，质如……的（表示原料、颜色或品质的相似），（接希腊语词干时）属于……的，以……出名，为……所占有（表示具有某种特性）

Hedychium coronarium 姜花：coronarius 花冠的，花环的，具副花冠的；corona 花冠，花环；-arius/ -arium/ -aria 相似，属于（表示地点，场所，关系，所属）

Hedychium densiflorum 密花姜花：densus 密集的，繁茂的；florus/ florum/ flora ← flos 花（用于复合词）

Hedychium efilamentosum 无丝姜花：efilamentosus 无花丝的；e-/ ex- 不，无，非，缺乏，不具有（e- 用在辅音字母前，ex- 用在元音字母前，为拉丁语词首，对应的希腊语词首为 a-/ an-，英语为 un-/ -less，注意作词首用的 e-/ ex- 和介词 e/ ex 意思不同，后者意为"出自、从……、由……离开、由于、依照"）；filamentosus = filamentum + osus 花丝的，多纤维的，充满丝的，丝状的；filamentum/ filum 花丝，丝状体，藻丝；-osus/ -osum/ -osa 多的，充分的，丰富的，显著发育的，程度高的，特征明显的（形容词词尾）

Hedychium flavum 黄姜花：flavus → flavo-/ flavi-/ flav- 黄色的，鲜黄色的，金黄色的（指纯正的黄色）

Hedychium forrestii 圆瓣姜花：forrestii ← George Forrest（人名，1873–1932，英国植物学家，曾在中国西部采集大量植物标本）

Hedychium kwangsiense 广西姜花：kwangsiense 广西的（地名）

Hedychium parvibracteatum 小苞姜花：parvus 小的，些微的，弱的；bracteatus = bracteus + atus 具苞片的；bracteus 苞，苞片，苞鳞

Hedychium sinoaureum 小花姜花：sinoaureum 中国型金黄色的；sino- 中国；aureus = aurus + eus 属于金色的，属于黄色的；aurus 金，金色；-eus/ -eum/ -ea（接拉丁语词干时）属于……的，色如……的，质如……的（表示原料、颜色或品质的相似），（接希腊语词干时）属于……的，以……出名，为……所占有（表示具有某种特性）

Hedychium spicatum 草果药：spicatus 具穗的，具穗状花的，具尖头的；spicus 穗，谷穗，花穗；-atus/ -atum/ -ata 属于，相似，具有，完成（形容词词尾）

Hedychium spicatum var. acuminatum 疏花草果药：acuminatus = acumen + atus 锐尖的，渐尖的；acumen 渐尖头；-atus/ -atum/ -ata 属于，相似，具有，完成（形容词词尾）

Hedychium tienlinense 田林姜花：tienlinense 田林的（地名，广西壮族自治区）

Hedychium villosum 毛姜花：villosus 柔毛的，绵毛的；villus 毛，羊毛，长绒毛；-osus/ -osum/ -osa 多的，充分的，丰富的，显著发育的，程度高的，特征明显的（形容词词尾）

Hedychium villosum var. tenuiflorum 小毛姜花：tenui- ← tenuis 薄的，纤细的，弱的，瘦的，窄的；florus/ florum/ flora ← flos 花（用于复合词）

Hedychium yunnanense 滇姜花：yunnanense 云南的（地名）

Hedyosmum 雪香兰属（金粟兰科）（20-1：p95）：hedy- ← hedys 香甜的，美味的，好的；osmus 气味，香味

Hedyosmum orientale 雪香兰：orientale/ orientalis 东方的；oriens 初升的太阳，东方

Hedyotis 耳草属（茜草科）（71-1：p26）：hedys 香甜的，美味的，好的；-otis/ -otitcs/ -otus/ -otion/ -oticus/ -otos/ -ous 耳，耳朵

Hedyotis acutangula 金草：acutangularis/ acutangulatus/ acutangulus 锐角的；acutus 尖锐的，锐角的；angulus 角，棱角，角度，角落

Hedyotis ampliflora 广花耳草：ampli- ← amplus 大的，宽的，膨大的，扩大的；florus/ florum/ flora ← flos 花（用于复合词）

Hedyotis assimilis 清远耳草：assimilis = ad + similis 相似的，同样的，有关系的；simile 相似地，相近地；ad- 向，到，近（拉丁语词首，表示程度加强）；构词规则：构成复合词时，词首末尾的辅音字母常同化为紧接其后的那个辅音字母（如 ad + s → ass）；similis 相似的

Hedyotis auricularia 耳草：auricularius 具小耳的（基部有两个小圆片）；auriculus 小耳朵的，小耳状的；-arius/ -arium/ -aria 相似，属于（表示地点，场所，关系，所属）

Hedyotis auricularia var. auricularia 耳草-原变种（词义见上面解释）

Hedyotis auricularia var. mina 细叶亚婆潮：mina 矿物，彩釉，美女，一种钱币，Joseph Mina（人名）；Mina 金鱼花属（旋花科）

Hedyotis baotingensis 保亭耳草：baotingensis 保亭的（地名，海南省）

Hedyotis biflora 双花耳草：bi-/ bis- 二，二数，二回（希腊语为 di-）；florus/ florum/ flora ← flos 花（用于复合词）

Hedyotis bodinieri 大帽山耳草：bodinieri ← Emile Marie Bodinieri（人名，19 世纪活动于中国的法国传教士）；-eri 表示人名，在以 -er 结尾的人名后面加上 i 形成

Hedyotis bracteosa 大苞耳草：bracteosus = bracteus + osus 苞片多的；bracteus 苞，苞片，苞鳞；-osus/ -osum/ -osa 多的，充分的，丰富的，显著发育的，程度高的，特征明显的（形容词词尾）

Hedyotis butensis 台湾耳草：butensis（地名，属台湾省）

Hedyotis cantoniensis 广州耳草：cantoniensis 广东的（地名）

Hedyotis capitellata 头状花耳草：capitellatus = capitis + ellus + atus 具细头状的，具细头状花序的；capitus ← capitis 头，头状；-ellus/ -ellum/ -ella ← -ulus 小的，略微的，稍微的（小词 -ulus 在字母 e 或 i 之后有多种变缀，即 -olus/ -olum/ -ola、-ellus/ -ellum/ -ella、-illus/ -illum/ -illa，用于第一变格法名词）；-atus/ -atum/ -ata 属于，相似，具有，完成（形容词词尾）

Hedyotis capitellata var. capitellata 头状花耳草-原变种（词义见上面解释）

Hedyotis capitellata var. mollis 疏毛头状花耳草：molle/ mollis 软的，柔毛的

Hedyotis capitellata var. mollissima 绒毛头状花耳草：molle/ mollis 软的，柔毛的；-issimus/ -issima/ -issimum 最，非常，极其（形容词最高级）

Hedyotis capituligera 败酱耳草：capitulus = capitus + ulus 小头；capitus ← capitis 头，头状；gerus → -ger/ -gerus/ -gerum/ -gera 具有，有，带有

Hedyotis cathayana 中华耳草：cathayana ← Cathay ← Khitay/ Khitai 中国的，契丹的（地名，10–12 世纪中国北方契丹人的领域，辽国前身，多用来代表中国，俄语称中国为 Kitay）

Hedyotis caudatifolia 剑叶耳草：caudatus = caudus + atus 尾巴的，尾巴状的，具尾的；caudus 尾巴；folius/ folium/ folia 叶，叶片（用于复合词）

Hedyotis chereevensis 越南耳草：chereevensis（地名）

Hedyotis chrysotricha 金毛耳草：chrys-/ chryso- ← chrysos 黄色的，金色的；trichus 毛，毛发，线

Hedyotis communis 大众耳草：communis 普通的，通常的，共通的

Hedyotis consanguinea 拟金草：consanguineus = co + sanguineus 非常像血液的，酷似血的；co- 联合，共同，合起来（拉丁语词首，为 cum- 的音变，表示结合、强化、完全，对应的希腊语为 syn-）；co- 的缀词音变有 co-/ com-/ con-/ col-/ cor-：co-（在 h 和元音字母前面），col-（在 l 前面），com-（在 b、m、p 之前），con-（在 c、d、f、g、j、n、qu、s、t 和 v 前面），cor-（在 r 前面）；sanguineus = sanguis + ineus 血液的，血色的；sanguis 血液；-ineus/ -inea/ -ineum 相近，接近，相似，所有（通常表示材料或颜色），意思同 -eus

Hedyotis coreana 肉叶耳草：coreana 朝鲜的（地名）

Hedyotis coronaria 合叶耳草：coronarius 花冠的，花环的，具副花冠的；corona 花冠，花环；-arius/ -arium/ -aria 相似，属于（表示地点，场所，关系，所属）

Hedyotis corymbosa 伞房花耳草：corymbosus = corymbus + osus 伞房花序的；corymbus 伞形的，伞状的；-osus/ -osum/ -osa 多的，充分的，丰富的，显著发育的，程度高的，特征明显的（形容词词尾）

Hedyotis corymbosa var. corymbosa 伞房花耳草-原变种（词义见上面解释）

Hedyotis costata 脉耳草：costatus 具肋的，具脉的，具中脉的（指脉明显）；costus 主脉，叶脉，肋，肋骨

Hedyotis cryptantha 闭花耳草：cryptanthus 隐花的；crypt-/ crypto- ← kryptos 覆盖的，隐藏的（希腊语）；anthus/ anthum/ antha/ anthe ← anthos 花（用于希腊语复合词）

Hedyotis dianxiensis 滇西耳草：dianxiensis 滇西的（地名，云南省）

Hedyotis diffusa 白花蛇舌草：diffusus = dis + fusus 蔓延的，散开的，扩展的，渗透的（dis- 在辅音字母前发生同化）；fusus 散开的，松散的，松弛的；di-/ dis- 二，二数，二分，分离，不同，在……之间，从……分开（希腊语，拉丁语为 bi-/ bis-）

Hedyotis dinganensis 定安耳草：dinganensis 定安的（地名，海南省）

Hedyotis effusa 鼎湖耳草：effusus = ex + fusus 很松散的，非常稀疏的；fusus 散开的，松散的，松弛的；e-/ ex- 不，无，非，缺乏，不具有（e- 用在辅音字母前，ex- 用在元音字母前，为拉丁语词首，对应的希腊语词首为 a-/ an-，英语为 un-/ -less，注意作词首用的 e-/ ex- 和介词 e/ ex 意思不同，后者意为"出自、从……、由……离开、由于、依照"）；构词规则：构成复合词时，词首末尾的辅音字母常同化为紧接其后的那个辅音字母（如 ex + f → eff）

Hedyotis exserta 长花轴耳草：exsertus 露出的，

H

伸出的

Hedyotis hainanensis 海南耳草：hainanensis 海南
的（地名）

Hedyotis hedyotidea 牛白藤：hedyotideus =
hedyotis + eus 像耳蕨的，稍美好的；构词规则：词
尾为 -is 和 -ys 的词的词干分别视为 -id 和 -yd；
Hedyotis 耳草属（茜草科）；hedys 香甜的，美味的，
好的；-eus/ -eum/ -ea（接拉丁语词干时）属
于……的，色如……的，质如……的（表示原料、颜
色或品质的相似），（接希腊语词干时）属于……的，
以……出名，为……所占有（表示具有某种特性）

Hedyotis herbacea 丹草：herbaceus = herba +
aceus 草本的，草质的，草绿色的；herba 草，草本
植物；-aceus/ -aceum/ -acea 相似的，有……性质
的，属于……的

Hedyotis lianshanensis 连山耳草（种加词有时误拼
为"lianshaniensis"）：lianshanensis 连山的（地名，
广东省）

Hedyotis lineata 东亚耳草：lineatus = lineus +
atus 具线的，线状的，呈亚麻状的；lineus =
linum + eus 线状的，丝状的，亚麻状的；linum ←
linon 亚麻，线（古拉丁名）；-atus/ -atum/ -ata 属
于，相似，具有，完成（形容词词尾）

Hedyotis loganioides 粤港耳草：Logania（属名，
马钱科模式属）；lgnania ← James Harvey Logan
（人名，19 世纪美国法官）；-oides/ -oideus/
-oideum/ -oidea/ -odes/ -eidos 像……的，类
似……的，呈……状的（名词词尾）

Hedyotis longiexserta 上思耳草：longe-/ longi- ←
longus 长的，纵向的；exsertus 露出的，伸出的

Hedyotis longipetala 长瓣耳草：longe-/ longi- ←
longus 长的，纵向的；petalus/ petalum/ petala ←
petalon 花瓣

Hedyotis matthewii 疏花耳草：matthewii（人名）；
-ii 表示人名，接在以辅音字母结尾的人名后面，但
-er 除外

Hedyotis mellii 粗毛耳草：mellii（人名）

Hedyotis minutopuberula 粉毛耳草：
minutopuberulus 微柔毛的；minutus 极小的，细微
的，微小的；puberulus = puberus + ulus 略被柔毛
的，被微柔毛的

Hedyotis obliquinervis 偏脉耳草：obliquinervis 偏
脉的；obliqui- ← obliquus 对角线的，斜线的，歪斜
的；nervis ← nervus 脉，叶脉

Hedyotis ovata 卵叶耳草：ovatus = ovus + atus 卵
圆形的；ovus 卵，胚珠，卵形的，椭圆形的；-atus/
-atum/ -ata 属于，相似，具有，完成（形容词词尾）

Hedyotis ovatifolia 矮小耳草：ovatus = ovus +
atus 卵圆形的；ovus 卵，胚珠，卵形的，椭圆形的；
-atus/ -atum/ -ata 属于，相似，具有，完成（形容词
词尾）；folius/ folium/ folia 叶，叶片（用于复合词）

Hedyotis ovatifolia var. tereticaulis 圆茎耳草：
tereticaulis 圆柱形茎的；tereti- ← teretis 圆柱形
的，棒状的；caulis ← caulos 茎，茎秆，主茎

Hedyotis paridifolia 延龄耳草：paridifolius =
Paris + folius 重楼叶的；构词规则：词尾为 -is 和
-ys 的词的词干分别视为 -id 和 -yd；Paris 重楼属
（百合科）；folius/ folium/ folia 叶，叶片（用于复
合词）

Hedyotis philippensis 菲律宾耳草：philippensis 菲
律宾的（地名）

Hedyotis pinifolia 松叶耳草：pinifolia 松针状的；
Pinus 松属（松科）；folius/ folium/ folia 叶，叶片
（用于复合词）

Hedyotis platystipula 阔托叶耳草：platys 大的，
宽的（用于希腊语复合词）；stipulus 托叶

Hedyotis pterita 翅果耳草：pteritus 翅，具翅的

Hedyotis pulcherrima 艳丽耳草：pulcherrima 极美
丽的，最美丽的；pulcher/pulcer 美丽的，可爱的；
-rimus/ -rima/ -rimum 最，极，非常（词尾为 -er
的形容词最高级）

Hedyotis scandens 攀茎耳草：scandens 攀缘的，缠
绕的，藤本的；scando/ scansum 上升，攀登，缠绕

Hedyotis taiwanensis 单花耳草：taiwanensis 台湾
的（地名）

Hedyotis tenelliflora 纤花耳草（种加词有时错印为
"tenellifloa"）：tenelliflorus 细花的；tenellus =
tenuis + ellus 柔软的，纤细的，纤弱的，精美的，
雅致的；tenuis 薄的，纤细的，弱的，瘦的，窄的；
-ellus/ -ellum/ -ella ← -ulus 小的，略微的，稍微的
（小词 -ulus 在字母 e 或 i 之后有多种变缀，即
-olus/ -olum/ -ola、-ellus/ -ellum/ -ella、-illus/
-illum/ -illa，用于第一变格法名词）；flora 花（floa
属误拼）；florus/ florum/ flora ← flos 花（用于复
合词）

Hedyotis tenuipes 细梗耳草：tenui- ← tenuis 薄的，
纤细的，弱的，瘦的，窄的；pes/ pedis 柄，梗，茎
秆，腿，足，爪（作词首或词尾，pes 的词干视为
"ped-"）

Hedyotis terminaliflora 顶花耳草：terminaliflorus
顶端生花的；terminalis 顶端的，顶生的，末端的；
florus/ florum/ flora ← flos 花（用于复合词）

Hedyotis tetrangularis 方茎耳草：tetrangularis 四
角的；tetra-/ tetr- 四，四数（希腊语，拉丁语为
quadri-/ quadr-）；angularis = angulus + aris 具棱
角的，有角度的

Hedyotis trinervia 三脉耳草：tri-/ tripli-/ triplo-
三个，三数；nervius = nervus + ius 具脉的，具叶
脉的；nervus 脉，叶脉；-ius/ -ium/ -ia 具有……特
性的（表示有关、关联、相似）

Hedyotis umbellata 伞形花耳草：umbellatus =
umbella + atus 伞形花序的，具伞的；umbella 伞
形花序

Hedyotis uncinella 长节耳草：uncinella 小钩状的；
uncinus = uncus + inus 钩状的，倒刺，刺；uncus
钩，倒钩刺；-inus/ -inum/ -ina/ -inos 相近，接近，
相似，具有（通常指颜色）；-ellus/ -ellum/ -ella ←
-ulus 小的，略微的，稍微的（小词 -ulus 在字母 e
或 i 之后有多种变缀，即 -olus/ -olum/ -ola、-ellus/
-ellum/ -ella、-illus/ -illum/ -illa，用于第一变格法
名词）

Hedyotis vachellii 香港耳草：vachellii（人名）；-ii
表示人名，接在以辅音字母结尾的人名后面，但 -er
除外

Hedyotis verticillata 粗叶耳草：verticillatus/
verticillaris 螺纹的，螺旋的，轮生的，环状的；

H

·583·

verticillus 轮，环状排列

Hedyotis xanthochroa 黄叶耳草：xanthos 黄色的（希腊语）；-chromus/ -chrous/ -chrus 颜色，彩色，有色的

Hedyotis yangchunensis 阳春耳草：yangchunensis 阳春的（地名，广东省）

Hedysarum 岩黄芪属（豆科）（42-2：p177）：hedysarum ← hedysaron = hedys + saros 美丽扫帚的（希腊语，指果序形状）；hedys 香甜的，美味的，好的；saros 扫帚

Hedysarum algidum 块茎岩黄芪：algidus 喜冰的

Hedysarum alpinum 山岩黄芪：alpinus = alpus + inus 高山的；alpus 高山；al-/ alti-/ alto- ← altus 高的，高处的；-inus/ -inum/ -ina/ -inos 相近，接近，相似，具有（通常指颜色）；关联词：subalpinus 亚高山的

Hedysarum alpinum subsp. alpinum 山岩黄芪-原亚种 （词义见上面解释）

Hedysarum alpinum subsp. laxiflorum 疏花岩黄芪：laxus 稀疏的，松散的，宽松的；florus/ florum/ flora ← flos 花（用于复合词）

Hedysarum blepharopterum （细翅岩黄芪）：blepharo/ blephari-/ blepharid- 睫毛，缘毛，流苏；pterus/ pteron 翅，翼，蕨类

Hedysarum brachypterum 短翼岩黄芪：brachy- ← brachys 短的（用于拉丁语复合词词首）；pterus/ pteron 翅，翼，蕨类

Hedysarum campylocarpon 曲果岩黄芪：campylos 弯弓的，弯曲的，曲折的；campso-/ campto-/ campylo- 弯弓的，弯曲的，曲折的；carpus/ carpum/ carpa/ carpon ← carpos 果实（用于希腊语复合词）

Hedysarum chinense 中国岩黄芪：chinense 中国的（地名）

Hedysarum citrinum 黄花岩黄芪：citrinum 像柑橘的；citrus ← kitron 柑橘，柠檬（柠檬的古拉丁名）；-inus/ -inum/ -ina/ -inos 相近，接近，相似，具有（通常指颜色）

Hedysarum dahuricum 刺岩黄芪：dahuricum（daurica/ davurica）达乌里的（地名，外贝加尔湖，属西伯利亚的一个地区，即贝加尔湖以东及以南至中国和蒙古边界）

Hedysarum dentato-alatum 齿翅岩黄芪：dentato-alata 齿状翼的；dentato- ← dentatus = dentus + atus 具齿的；dentatus = dentus + atus 牙齿的，齿状的，具齿的；dentus 齿，牙齿；-atus/ -atum/ -ata 属于，相似，具有，完成（形容词词尾）；alatus → ala-/ alat-/ alati-/ alato- 翅，具翅的，具翼的

Hedysarum falconeri 藏西岩黄芪：falconeri ← Hugh Falconer（人名，19 世纪活动于印度的英国地质学家、医生）；-eri 表示人名，在以 -er 结尾的人名后面加上 i 形成

Hedysarum ferganense 费尔干岩黄芪：ferganense 费尔干纳的（地名，吉尔吉斯斯坦）

Hedysarum ferganense var. ferganense 费尔干岩黄芪-原变种 （词义见上面解释）

Hedysarum ferganense var. minjanense 敏姜岩黄芪：minjanense 敏姜的（地名）

Hedysarum ferganense var. poncinsii 河滩岩黄芪：poncinsii（人名）；-ii 表示人名，接在以辅音字母结尾的人名后面，但 -er 除外

Hedysarum fistulosum 空茎岩黄芪：fistulosus = fistulus + osus 管状的，空心的，多孔的；fistulus 管状的，空心的；-osus/ -osum/ -osa 多的，充分的，丰富的，显著发育的，程度高的，特征明显的（形容词词尾）

Hedysarum flavescens 乌恰岩黄芪：flavescens 淡黄的，发黄的，变黄的；flavus → flavo-/ flavi-/ flav- 黄色的，鲜黄色的，金黄色的（指纯正的黄色）；-escens/ -ascens 改变，转变，变成，略微，带有，接近，相似，大致，稍微（表示变化的趋势，并未完全相似或相同，有别于表示达到完成状态的 -atus）

Hedysarum fruticosum 山竹岩黄芪：fruticosus/ frutesceus 灌丛状的；frutex 灌木；构词规则：以 -ix/ -iex 结尾的词其词干末尾视为 -ic，以 -ex 结尾视为 -i/ -ic，其他以 -x 结尾视为 -c；-osus/ -osum/ -osa 多的，充分的，丰富的，显著发育的，程度高的，特征明显的（形容词词尾）

Hedysarum fruticosum var. fruticosum 山竹岩黄芪-原变种 （词义见上面解释）

Hedysarum fruticosum var. laeve 塔落岩黄芪：laevis/ levis/ laeve/ leve → levi-/ laevi- 光滑的，无毛的，无不平或粗糙感觉的

Hedysarum fruticosum var. lignosum 木岩黄芪：lignosus 木质的；lignus 木，木质；-osus/ -osum/ -osa 多的，充分的，丰富的，显著发育的，程度高的，特征明显的（形容词词尾）

Hedysarum fruticosum var. mongolicum 蒙古岩黄芪：mongolicum 蒙古的（地名）；mongolia 蒙古的（地名）；-icus/ -icum/ -ica 属于，具有某种特性（常用于地名、起源、生境）

Hedysarum gmelinii 华北岩黄芪：gmelinii ← Johann Gottlieb Gmelin（人名，18 世纪德国博物学家，曾对西伯利亚和勘察加进行大量考察）

Hedysarum iliense 伊犁岩黄芪：iliense/ iliensis 伊利的（地名，新疆维吾尔自治区），伊犁河的（河流名，跨中国新疆与哈萨克斯坦）

Hedysarum inundatum 湿地岩黄芪：inundatus 泛滥的，涨水的（指河滩地生境）

Hedysarum jinchuanense 金川岩黄芪：jinchuanense 金川的（地名，四川省）

Hedysarum kirghisorum 吉尔吉斯岩黄芪：kirghisorum 吉尔吉斯的（地名）

Hedysarum krylovii 克氏岩黄芪：krylovii（人名）；-ii 表示人名，接在以辅音字母结尾的人名后面，但 -er 除外

Hedysarum kumaonense 库茂恩岩黄芪：kumaonense（地名，印度）

Hedysarum limitaneum 滇岩黄芪：limitaneus 边缘的，边界的；limes 田界，边界，划界

Hedysarum longigynophorum 长柄岩黄芪：longigynophorum 长雌蕊柄的，具长雌蕊的；longe-/ longi- ← longus 长的，纵向的；gynus/ gynum/ gyna 雌蕊，子房，心皮；-phorus/ -phorum/ -phora

H

载体，承载物，支持物，带着，生着，附着（表示一个部分带着别的部分，包括起支撑或承载作用的柄、柱、托、囊等，如 gynophorum = gynus + phorum 雌蕊柄的，带有雌蕊的，承载雌蕊的）

Hedysarum montanum 山地岩黄芪：montanus 山，山地；montis 山，山地的；mons 山，山脉，岩石

Hedysarum multijugum 红花岩黄芪：multijugus 多对的；multi- ← multus 多个，多数，很多（希腊语为 poly-）；jugus ← jugos 成对的，成双的，一组，牛轭，束缚（动词为 jugo）

Hedysarum nagarzense 浪卡子岩黄芪：nagarzense 浪卡子的（地名，西藏自治区）

Hedysarum neglectum 疏忽岩黄芪：neglectus 不显著的，不显眼的，容易看漏的，容易忽略的

Hedysarum petrovii 贺兰山岩黄芪：petrovii（人名）；-ii 表示人名，接在以辅音字母结尾的人名后面，但 -er 除外

Hedysarum polybotrys 多序岩黄芪：polybotrys 多花束的，总状花序的；poly- ← polys 多个，许多（希腊语，拉丁语为 multi-）；botrys → botr-/ botry- 簇，串，葡萄串状，丛，总状

Hedysarum polybotrys var. alaschanicum 宽叶岩黄芪：alaschanicum 阿拉善的（地名，内蒙古最西部）

Hedysarum polybotrys var. euodontum （秀齿多序岩黄芪）：eu- 好的，秀丽的，真的，正确的，完全的；odontus/ odontos → odon-/ odont-/ odonto-（可作词首或词尾）齿，牙齿状的；odous 齿，牙齿（单数，其所有格为 odontos）

Hedysarum polybotrys var. polybotrys 多序岩黄芪-原变种 （词义见上面解释）

Hedysarum polybotrys var. robustum 粗壮岩黄芪-粗茎变种：robustus 大型的，结实的，健壮的，强壮的

Hedysarum pseudoastragalus 紫云英岩黄芪：pseudoastragalus 像 astragalus 的；pseudo-/ pseud- ← pseudos 假的，伪的，接近，相似（但不是）；Hedysarum astragalus 黄芪；astragalus 距骨，距（希腊古语）（距：雄鸡、雉等的腿的后面突出像脚趾的部分）

Hedysarum scoparium 细枝岩黄芪：scoparius 笤帚状的；scopus 笤帚；-arius/ -arium/ -aria 相似，属于（表示地点，场所，关系，所属）

Hedysarum semenovii 天山岩黄芪：semenovii（人名）；-ii 表示人名，接在以辅音字母结尾的人名后面，但 -er 除外

Hedysarum setigerum 短茎岩黄芪：setigerus = setus + gerus 具刷毛的，具鬃毛的；setus/ saetus 刚毛，刺毛，芒刺；gerus → -ger/ -gerus/ -gerum/ -gera 具有，有，带有

Hedysarum setosum 刚毛岩黄芪：setosus = setus + osus 被刚毛的，被短毛的，被芒刺的；setus/ saetus 刚毛，刺毛，芒刺；-osus/ -osum/ -osa 多的，充分的，丰富的，显著发育的，程度高的，特征明显的（形容词词尾）

Hedysarum sikkimense 锡金岩黄芪：sikkimense 锡金的（地名）

Hedysarum sikkimense var. rigidum 坚硬岩黄芪：rigidus 坚硬的，不弯曲的，强直的

Hedysarum sikkimense var. sikkimense 锡金岩黄芪-原变种 （词义见上面解释）

Hedysarum sikkimense var. xiangchengense 乡城岩黄芪：xiangchengense 乡城的（地名，四川省）

Hedysarum songaricum 准格尔岩黄芪：songaricum 准噶尔的（地名，新疆维吾尔自治区）；-icus/ -icum/ -ica 属于，具有某种特性（常用于地名、起源、生境）

Hedysarum songaricum var. songaricum 准格尔岩黄芪-原变种 （词义见上面解释）

Hedysarum songaricum var. urumchiense 乌鲁木齐岩黄芪：urumchiense 乌鲁木齐的（地名，新疆维吾尔自治区）

Hedysarum splendens 光滑岩黄芪：splendens 有光泽的，发光的，漂亮的

Hedysarum taipeicum 太白岩黄芪：taipeicum 太白的（地名，陕西省，有时拼写为 "taipai"，而 "太白" 的规范拼音为 "taibai"），台北的（地名，属台湾省）；-icus/ -icum/ -ica 属于，具有某种特性（常用于地名、起源、生境）

Hedysarum tanguticum 唐古特岩黄芪：tanguticum ← Tangut 唐古特的，党项的（西夏时期生活于中国西北地区的党项羌人，蒙古语称其为 "唐古特"，有多种音译，如唐兀、唐古、唐括等）；-icus/ -icum/ -ica 属于，具有某种特性（常用于地名、起源、生境）

Hedysarum thiochroum 中甸岩黄芪：thio- 硫黄，硫黄色；-chromus/ -chrous/ -chrus 颜色，彩色，有色的

Hedysarum trigonomerum 三角荚岩黄芪：trigonomerus 三角心皮的；trigono 三角的，三棱的；tri-/ tripli-/ triplo- 三个，三数；gono/ gonos/ gon 关节，棱角，角度；-merus ← meros 部分，一份，特定部分，成员

Hedysarum vicioides 拟蚕豆岩黄芪：Vicia 野豌豆属（豆科）；-oides/ -oideus/ -oideum/ -oidea/ -odes/ -eidos 像……的，类似……的，呈……状的（名词词尾）

Hedysarum xizangense 西藏岩黄芪：xizangense 西藏的（地名）

Heimia 黄薇属（千屈菜科）（52-2：p90）：heimia ← G. C. Heim（人名，1743–1807，德国植物学家）

Heimia myrtifolia 黄薇：Myrtus 香桃木属（桃金娘科）；folius/ folium/ folia 叶，叶片（用于复合词）

Helenium 堆心菊属（菊科）（增补）：helenium ← Helen（神话中的特洛伊王后，另一解释为来自菊科植物土木香 Inula helenium）

Helenium autumnale 堆心菊：autumnale/ autumnalis 秋季开花的；autumnus 秋季；-aris（阳性、阴性）/ -are（中性）← -alis（阳性、阴性）/ -ale（中性）属于，相似，如同，具有，涉及，关于，联结于（将名词作形容词用，其中 -aris 常用于以 l 或 r 为词干末尾的词）

Helenium bigelovii 比格罗堆心菊：bigelovii ← John Milton Bigelow（人名，19 世纪美国植物学家）

Heleocharis 荸荠属（属名已修订为 Eleocharis）（荸

H

荸荠（bí qí）（莎草科）（11：p45）：heleo-/ helo- 湿地，湿原，沼泽；charis/ chares 美丽，优雅，喜悦，恩典，偏爱

Heleocharis argyrolepis 银鳞荸荠：argyr-/ argyro- ← argyros 银，银色的；lepis/ lepidos 鳞片

Heleocharis atropurpurea 紫果蔺（蔺 lìn）：atro-/ atr-/ atri-/ atra- ← ater 深色，浓色，暗色，发黑（ater 作为词干后接辅音字母开头的词时，要在词干后面加一个连接用的元音字母"o"或"i"，故为"ater-o-"或"ater-i-"，变形为"atr-"开头）；purpureus = purpura + eus 紫色的；purpura 紫色（purpura 原为一种介壳虫名，其体液为紫色，可作颜料）；-eus/ -eum/ -ea（接拉丁语词干时）属于……的，色如……的，质如……的（表示原料、颜色或品质的相似），（接希腊语词干时）属于……的，以……出名，为……所占有（表示具有某种特性）

Heleocharis attenuata 渐尖穗荸荠：attenuatus = ad + tenuis + atus 渐尖的，渐狭的，变细的，变弱的；ad- 向，到，近（拉丁语词首，表示程度加强）；构词规则：构成复合词时，词首末尾的辅音字母常同化为紧接其后的那个辅音字母（如 ad + t → att）；tenuis 薄的，纤细的，弱的，瘦的，窄的

Heleocharis attenuata var. attenuata 渐尖穗荸荠-原变种 （词义见上面解释）

Heleocharis attenuata var. erhizomatosa 无根状茎荸荠：erhizomatosa 无根状茎的（缀词规则：-rh- 接在元音字母后面构成复合词时要变成 -rrh-，故该词宜改为"errhizomatosa"）；e-/ ex- 不，无，非，缺乏，不具有（e- 用在辅音字母前，ex- 用在元音字母前，为拉丁语词首，对应的希腊语词首为 a-/ an-，英语为 un-/ -less，注意作词首用的 e-/ ex- 和介词 e/ ex 意思不同，后者意为"出自、从……、由……离开、由于、依照"）；rhiz-/ rhizo- ← rhizus 根，根状茎；rhizomatosus 多根茎的

Heleocharis caribaea 黑籽荸荠：caribaea ← Caribe（西班牙语）加勒比的（地名，中美洲海域）

Heleocharis chaetaria 贝壳叶荸荠：chaetarius 刺毛状的，刚毛状的；chaeta/ chaete ← chaite 胡须，鬃毛，长毛；-arius/ -arium/ -aria 相似，属于（表示地点，场所，关系，所属）

Heleocharis congesta 密花荸荠：congestus 聚集的，充满的

Heleocharis dulcis 荸荠：dulcis 甜的，甜味的

Heleocharis equisetina 木贼状荸荠：equisetina ← equisetum 马尾状的，木贼状的；equus 马；saetus/ setus 刚毛的，刺毛的，芒刺的；-inus/ -inum/ -ina/ -inos 相近，接近，相似，具有（通常指颜色）

Heleocharis eupalustris 沼泽荸荠：eu- 好的，秀丽的，真的，正确的，完全的；palustris/ paluster ← palus 喜好沼泽的，沼生的；palus 沼泽，湿地，泥潭，水塘，草甸子（palus 的复数主格为 paludes）；-estris/ -estre/ ester/ -esteris 生于……地方，喜好……地方

Heleocharis fennica 扁基荸荠：fennica 芬兰的（地名）；-icus/ -icum/ -ica 属于，具有某种特性（常用于地名、起源、生境）

Heleocharis fennica f. fennica 扁基荸荠-原变型 （词义见上面解释）

Heleocharis fennica f. sareptana 具刚毛扁基荸荠：sareptana（人名）

Heleocharis fistulosa 空心秆荸荠：fistulosus = fistulus + osus 管状的，空心的，多孔的；fistulus 管状的，空心的；-osus/ -osum/ -osa 多的，充分的，丰富的，显著发育的，程度高的，特征明显的（形容词词尾）

Heleocharis intersita 中间型荸荠：intersitus 居间的；inter- 中间的，在中间，之间；situs 放置，位置，位于

Heleocharis intersita f. acetosa 内蒙古荸荠：acetosus 酸的；acetum 醋，酸的；acet-/ aceto- 酸的；-osus/ -osum/ -osa 多的，充分的，丰富的，显著发育的，程度高的，特征明显的（形容词词尾）

Heleocharis intersita f. intersita 中间型荸荠-原变型 （词义见上面解释）

Heleocharis kamtschatica 大基荸荠：kamtschatica/ kamschatica ← Kamchatka 勘察加的（地名）；-aticus/ -aticum/ -atica 属于，表示生长的地方，作名词词尾

Heleocharis kamtschatica f. kamtschatica 大基荸荠-原变型 （词义见上面解释）

Heleocharis kamtschatica f. reducta 无刚毛荸荠：reductus 退化的，缩减的

Heleocharis liouana 刘氏荸荠：liouana（人名）

Heleocharis mamillata 乳头基荸荠：mamillatus 乳头的，乳房的；mamm- 乳头，乳房；mammifera/ mammillifera 具乳头的，具乳头状突起的

Heleocharis mamillata var. cyclocarpa 圆果乳头基荸荠：cyclo-/ cycl- ← cyclos 圆形，圈环；carpus/ carpum/ carpa/ carpon ← carpos 果实（用于希腊语复合词）

Heleocharis mamillata var. mamillata 乳头基荸荠-原变种 （词义见上面解释）

Heleocharis migoana 江南荸荠：migoana ← Migo（人名）

Heleocharis ochrostachys 假马蹄：ochro- ← ochra 黄色的，黄土的；stachy-/ stachyo-/ -stachys/ -stachyus/ -stachyum/ -stachya 穗子，穗子的，穗子状的，穗状花序的

Heleocharis pauciflora 少花荸荠：pauci- ← paucus 少数的，少的（希腊语为 oligo-）；florus/ florum/ flora ← flos 花（用于复合词）

Heleocharis pellucida 透明鳞荸荠：pellucidus/ perlucidus = per + lucidus 透明的，透光的，极透明的；per-（在 l 前面音变为 pel-）极，很，颇，甚，非常，完全，通过，遍及（表示效果加强，与 sub- 互为反义词）；lucidus ← lucis ← lux 发光的，光辉的，清晰的，发亮的，荣耀的（lux 的单数所有格为 lucis，词尾为 -is 和 -ys 的词的词干分别视为 -id 和 -yd）

Heleocharis pellucida var. japonica 稻田荸荠：japonica 日本的（地名）；-icus/ -icum/ -ica 属于，具有某种特性（常用于地名、起源、生境）

Heleocharis pellucida var. pellucida 透明鳞荸荠-原变种 （词义见上面解释）

Heleocharis pellucida var. sanguinolenta 血红穗荸荠（血 xuè）：sanguinolentus/ sanguilentus 血

H

红色的；sanguino 出血的，血色的；sanguis 血液；
-ulentus/ -ulentum/ -ulenta/ -olentus/ -olentum/
-olenta（表示丰富、充分或显著发展）

Heleocharis pellucida var. spongiosa 海绵基荸
荠：spongiosus 海绵的，海绵质的；spongia 海绵
（同义词：fungus）；-osus/ -osum/ -osa 多的，充分
的，丰富的，显著发育的，程度高的，特征明显的
（形容词词尾）

Heleocharis plantagineiformis 野荸荠：
plantagineiformis = plantaginea + formis 车前状
的，像 plantaginea 的；plantaginea 像车前的（几
种隶属于不同科的植物学名种加词）；Plantago 车前
属（车前科）（plantago 的词干为 plantagin-）；词尾
为 -go 的词其词干末尾视为 -gin；-eus/ -eum/ -ea
（接拉丁语词干时）属于……的，色如……的，质
如……的（表示原料、颜色或品质的相似），（接希
腊语词干时）属于……的，以……出名，为……所
占有（表示具有某种特性）；formis/ forma 形状

Heleocharis soloniensis 卵穗荸荠：soloniensis ←
Solona 梭伦拿的（地名，希腊柯林斯地区）

Heleocharis spiralis 螺旋鳞荸荠：spiralis/ spirale
螺旋状的，盘卷的，缠绕的；spira ← speira 螺旋状
的，环状的，缠绕的，盘卷的（希腊语）

Heleocharis tetraquetra 龙师草：tetraquetrus 四
翼的；tetra-/ tetr- 四，四数（希腊语，拉丁语为
quadri-/ quadr-）；-quetrus 棱角的，锐角的，角

Heleocharis trilateralis 三面秆荸荠：trilateralis 三
侧面的；tri-/ tripli-/ triplo- 三个，三数；lateralis =
laterus + alis 侧边的，侧生的；laterus 边，侧边

Heleocharis uniglumis 单鳞苞荸荠：uni-/ uno- ←
unus/ unum/ una 一，单一（希腊语为 mono-/
mon-）；glumis ← gluma 颖片，具颖片的（glumis
为 gluma 的复数夺格）

Heleocharis valleculosa 具槽秆荸荠：
valleculosus = vallis + culosus 多小沟的，多细槽
的；valle/ vallis 沟，沟谷，谷地；-culosus =
culus + osus 小而多的，小而密集的；-culus/
-culum/ -cula 小的，略微的，稍微的（同第三变格
法和第四变格法名词形成复合词）；-ulus/ -ulum/
-ula 小的，略微的，稍微的（小词 -ulus 在字母 e 或
i 之后有多种变缀，即 -olus/ -olum/ -ola、-ellus/
-ellum/ -ella、-illus/ -illum/ -illa，与第一变格法和
第二变格法名词形成复合词）；-osus/ -osum/ -osa
多的，充分的，丰富的，显著发育的，程度高的，特
征明显的（形容词词尾）

Heleocharis valleculosa f. setosa 具刚毛荸荠：
setosus = setus + osus 被刚毛的，被短毛的，被芒
刺的；setus/ saetus 刚毛，刺毛，芒刺；-osus/
-osum/ -osa 多的，充分的，丰富的，显著发育的，
程度高的，特征明显的（形容词词尾）

Heleocharis valleculosa f. valleculosa 具槽秆荸
荠-原变型 （词义见上面解释）

Heleocharis wichurai 羽毛荸荠：wichurai（人
名）（注：-i 表示人名，接在以元音字母结尾的人名
后面，但 -a 除外，故该词尾宜改为"-ae"）

Heleocharis yokoscensis 牛毛毡：yokoscensis 横须
贺的（地名，日本）

Heleocharis yunnanensis 云南荸荠：yunnanensis

云南的（地名）

Helianthemum 半日花属（半日花科）（50-2：p178）：
helios 太阳；anthemus ← anthemon 花

Helianthemum songaricum 半日花：songaricum
准噶尔的（地名，新疆维吾尔自治区）；-icus/
-icum/ -ica 属于，具有某种特性（常用于地名、起
源、生境）

Helianthus 向日葵属（菊科）（75：p357）：
helianthus 向着太阳的花，太阳花；heli-/ helio- ←
helios 太阳的，日光的；anthus/ anthum/ antha/
anthe ← anthos 花（用于希腊语复合词）

Helianthus angustifolius 狭叶向日葵：angusti- ←
angustus 窄的，狭的，细的；folius/ folium/ folia
叶，叶片（用于复合词）

Helianthus annuus 向日葵：annuus/ annus 一年的，
每年的，一年生的

Helianthus argophyllus 绢毛葵（绢 juàn）：argo-
银白色的；phyllus/ phyllum/ phylla ← phyllon 叶
片（用于希腊语复合词）

Helianthus atrorubens 黑紫向日葵：atro-/ atr-/
atri-/ atra- ← ater 深色，浓色，暗色，发黑（ater
作为词干后接辅音字母开头的词时，要在词干后面
加一个连接用的元音字母"o"或"i"，故为
"ater-o-"或"ater-i-"，变形为"atr-"开头）；
rubens 发红的，带红色的，变红的；rubrus/
rubrum/ rubra/ ruber 红色的

Helianthus cucumerifolius 瓜叶葵：cucumeris/
cucumis 瓜，黄瓜；folius/ folium/ folia 叶，叶片
（用于复合词）

Helianthus decapetalus 千瓣葵：decapetalus 十个
花瓣的；deca-/ dec- 十（希腊语，拉丁语为
decem-）；petalus/ petalum/ petala ← petalon 花瓣

Helianthus × laetiflorus 美丽向日葵：laetiflorus
鲜艳花的，令人愉悦的花；laetus 生辉的，生动的，
色彩鲜艳的，可喜的，愉快的；laete 光亮地，鲜艳
地；florus/ florum/ flora ← flos 花（用于复合词）

Helianthus maxillianii 糙叶向日葵：maxillianii
（人名）

Helianthus mollis 毛叶向日葵：molle/ mollis 软的，
柔毛的

Helianthus mollis var. cordatus 心叶毛叶向日葵：
cordatus ← cordis/ cor 心脏的，心形的；-atus/
-atum/ -ata 属于，相似，具有，完成（形容词词尾）

Helianthus tuberosus 菊芋：tuberosus = tuber +
osus 块茎的，膨大成块茎的；tuber/ tuber-/ tuberi-
块茎的，结节状凸起的，瘤状的；-osus/ -osum/
-osa 多的，充分的，丰富的，显著发育的，程度高
的，特征明显的（形容词词尾）

Helichrysum 蜡菊属（菊科）（75：p242）：heli-/
helio- ← helios 太阳的，日光的；chrysus 金色的，
黄色的；chrys-/ chryso- ← chrysos 黄色的，金色的

Helichrysum arenarium 沙生蜡菊：arenarius 沙
子，沙地，沙地的，沙生的；arena 沙子；-arius/
-arium/ -aria 相似，属于（表示地点，场所，关系，
所属）

Helichrysum bellidioides （雏菊状蜡菊）：
bellid- ← Bellis 雏菊属（菊科）；构词规则：词尾为
-is 和 -ys 的词的词干分别视为 -id 和 -yd；-oides/

-oideus/ -oideum/ -oidea/ -odes/ -eidos 像……的，类似……的，呈……状的（名词词尾）

Helichrysum bracteatum 蜡菊：bracteatus = bracteus + atus 具苞片的；bracteus 苞，苞片，苞鳞；-atus/ -atum/ -ata 属于，相似，具有，完成（形容词词尾）

Helichrysum petiolatum （长柄蜡菊）：petiolatus = petiolus + atus 具叶柄的；petiolus 叶柄；-atus/ -atum/ -ata 属于，相似，具有，完成（形容词词尾）

Helichrysum thianschanicum 天山蜡菊：thianschanicum 天山的（地名，新疆维吾尔自治区）；-icus/ -icum/ -ica 属于，具有某种特性（常用于地名、起源、生境）

Helicia 山龙眼属（山龙眼科）（24：p7）：helicia = helix + ius 具螺旋的；helix 螺旋状的；构词规则：以 -ix/ -iex 结尾的词其词干末尾视为 -ic，以 -ex 结尾视为 -i/ -ic，其他以 -x 结尾视为 -c；-ius/ -ium/ -ia 具有……特性的（表示有关、关联、相似）

Helicia cauliflora 东兴山龙眼：cauliflorus 茎干生花的；cauli- ← caulia/ caulis 茎，茎秆，主茎；florus/ florum/ flora ← flos 花（用于复合词）

Helicia clivicola 山地山龙眼：clivicolus 生于山坡的，生于丘陵的（指生境）；clivus 山坡，斜坡，丘陵；colus ← colo 分布于，居住于，栖居，殖民（常作词尾）；colo/ colere/ colui/ cultum 居住，耕作，栽培

Helicia cochinchinensis 小果山龙眼：cochinchinensis ← Cochinchine 南圻的（历史地名，即今越南南部及其周边国家和地区）

Helicia falcata 镰叶山龙眼：falcatus = falx + atus 镰刀的，镰刀状的；构词规则：以 -ix/ -iex 结尾的词其词干末尾视为 -ic，以 -ex 结尾视为 -i/ -ic，其他以 -x 结尾视为 -c；falx 镰刀，镰刀形，镰刀状弯曲；-atus/ -atum/ -ata 属于，相似，具有，完成（形容词词尾）

Helicia formosana 山龙眼：formosanus = formosus + anus 美丽的，台湾的；formosus ← formosa 美丽的，台湾的（葡萄牙殖民者发现台湾时对其的称呼，即美丽的岛屿）；-anus/ -anum/ -ana 属于，来自（形容词词尾）

Helicia grandis 大山龙眼：grandis 大的，大型的，宏大的

Helicia hainanensis 海南山龙眼：hainanensis 海南的（地名）

Helicia kwangtungensis 广东山龙眼：kwangtungensis 广东的（地名）

Helicia longipetiolata 长柄山龙眼：longe-/ longi- ← longus 长的，纵向的；petiolatus = petiolus + atus 具叶柄的；petiolus 叶柄

Helicia nilagirica 深绿山龙眼：nilagirica（地名，印度）；-icus/ -icum/ -ica 属于，具有某种特性（常用于地名、起源、生境）

Helicia obovatifolia 倒卵叶山龙眼：obovatus = ob + ovus + atus 倒卵形的；ob- 相反，反对，倒（ob- 有多种音变：ob- 在元音字母和大多数辅音字母前面，oc- 在 c 前面，of- 在 f 前面，op- 在 p 前面）；ovus 卵，胚珠，卵形的，椭圆形的；folius/ folium/ folia 叶，叶片（用于复合词）

Helicia obovatifolia var. mixta 枇杷叶山龙眼（枇杷 pí pá）：mixtus 混合的，杂种的

Helicia obovatifolia var. obovatifolia 倒卵叶山龙眼-原变种 （词义见上面解释）

Helicia pyrrhobotrya 焰序山龙眼：pyrrho/ pyrrh-/ pyro- 火焰，火焰状的，火焰色的；botryus ← botrys 总状的，簇状的，葡萄串状的

Helicia rengetiensis （莲池山龙眼）：rengetiensis 莲花池的（地名，属台湾省，"rengeti/ rengechi" 为 "莲花池" 的日语读音）

Helicia reticulata 网脉山龙眼：reticulatus = reti + culus + atus 网状的；reti-/ rete- 网（同义词：dictyo-）；-culus/ -culum/ -cula 小的，略微的，稍微的（同第三变格法和第四变格法名词形成复合词）；-atus/ -atum/ -ata 属于，相似，具有，完成（形容词词尾）

Helicia shweliensis 瑞丽山龙眼：shweliensis 瑞丽的（地名，云南省）

Helicia silvicola 林地山龙眼：silvicola 生于森林的；silva/ sylva 森林；colus ← colo 分布于，居住于，栖居，殖民（常作词尾）；colo/ colere/ colui/ cultum 居住，耕作，栽培

Helicia tibetensis 西藏山龙眼：tibetensis 西藏的（地名）

Helicia tsaii 潞西山龙眼（潞 lù）：tsaii 蔡希陶（人名，1911–1981，中国植物学家）

Helicia vestita 浓毛山龙眼：vestitus 包被的，覆盖的，被柔毛的，袋状的

Helicia vestita var. longipes 锈毛山龙眼：longe-/ longi- ← longus 长的，纵向的；pes/ pedis 柄，梗，茎秆，腿，足，爪（作词首或词尾，pes 的词干视为 "ped-"）

Helicia vestita var. vestita 浓毛山龙眼-原变种（词义见上面解释）

Heliciopsis 假山龙眼属（山龙眼科）（24：p23）：Helicia 山龙眼属；-opsis/ -ops 相似，稍微，带有

Heliciopsis henryi 假山龙眼：henryi ← Augustine Henry 或 B. C. Henry（人名，前者，1857–1930，爱尔兰医生、植物学家，曾在中国采集植物，后者，1850–1901，曾活动于中国的传教士）

Heliciopsis lobata 调羹树（调 tiáo）：lobatus = lobus + atus 具浅裂的，具耳垂状突起的；lobus/ lobos/ lobon 浅裂，耳片（裂片先端钝圆），荚果，蒴果；-atus/ -atum/ -ata 属于，相似，具有，完成（形容词词尾）

Heliciopsis terminalis 痄腮树（痄 zhà）：terminalis 顶端的，顶生的，末端的；terminus 终结，限界；terminate 使终结，设限界

Heliconia 蝎尾蕉属（芭蕉科）（16-2：p18）：heliconia ← Helicon（希腊神话中的缪斯女神）

Heliconia aureostriata （黄纹蝎尾蕉）：aure-/ aureo- ← aureus 黄色，金色；striatus = stria + atus 有条纹的，有细沟的；stria 条纹，线条，细纹，细沟

Heliconia illustris （秀丽蝎尾蕉）：illustris 漂亮的，高贵的，有光泽的

Heliconia metallica 蝎尾蕉：metallicus 金属的，矿工；metallus 金属，矿山；-icus/ -icum/ -ica 属于，

H

具有某种特性（常用于地名、起源、生境）

Helicteres 山芝麻属（梧桐科）（49-2：p155）：helicteres ← heliktos 螺旋状的，线圈状的，涡旋状的；helic- ← helyx 螺旋，线圈，涡旋

Helicteres angustifolia 山芝麻：angusti- ← angustus 窄的，狭的，细的；folius/ folium/ folia 叶，叶片（用于复合词）

Helicteres elongata 长序山芝麻：elongatus 伸长的，延长的；elongare 拉长，延长；longus 长的，纵向的；e-/ ex- 不，无，非，缺乏，不具有（e- 用在辅音字母前，ex- 用在元音字母前，为拉丁语词首，对应的希腊语词首为 a-/ an-，英语为 un-/ -less，注意作词首用的 e-/ ex- 和介词 e/ ex 意思不同，后者意为"出自、从……、由……离开、由于、依照"）

Helicteres glabriuscula 细齿山芝麻：glabriusculus = glabrus + usculus 近无毛的，稍光滑的；glabrus 光秃的，无毛的，光滑的；-usculus ← -culus 小的，略微的，稍微的（小词 -culus 和某些词构成复合词时变成 -usculus）

Helicteres hirsuta 雁婆麻：hirsutus 粗毛的，糙毛的，有毛的（长而硬的毛）

Helicteres isora 火索麻：isorus 同型尾的；iso- ← isos 相等的，相同的，酷似的；orus 尾巴

Helicteres lanceolata 剑叶山芝麻：lanceolatus = lanceus + olus + atus 小披针形的，小柳叶刀的；lance-/ lancei-/ lanci-/ lanceo-/ lanc- ← lanceus 披针形的，矛形的，尖刀状的，柳叶刀状的；-olus ← -ulus 小，稍微，略微（-ulus 在字母 e 或 i 之后变成 -olus/ -ellus/ -illus）；-atus/ -atum/ -ata 属于，相似，具有，完成（形容词词尾）

Helicteres obtusa 钝叶山芝麻：obtusus 钝的，钝形的，略带圆形的

Helicteres plebeja 矮山芝麻：plebeius/ plebejus 普通的，常见的，一般的

Helicteres viscida 黏毛山芝麻：viscidus 黏的

Helictotrichon 异燕麦属（禾本科）（9-3：p154）：helictotrichon 卷曲的头发，卷发；helictos 螺旋，线圈，涡旋；tricho- ← trichus ← trichos 毛，毛发，被毛（希腊语）

Helictotrichon abietetorum 冷杉异燕麦：abietetorum 冷杉林的，生于冷山林的；Abies 冷杉属（松科）；-etorum 群落的（表示群丛、群落的词尾）

Helictotrichon altius 高异燕麦：altus 高度，高的；-ius/ -ium/ -ia 具有……特性的（表示有关、关联、相似）；altius 较高的，属于高的

Helictotrichon dahuricum 大穗异燕麦：dahuricum（daurica/ davurica）达乌里的（地名，外贝加尔湖，属西伯利亚的一个地区，即贝加尔湖以东及以南至中国和蒙古边界）

Helictotrichon delavayi 云南异燕麦：delavayi ← P. J. M. Delavay（人名，1834–1895，法国传教士，曾在中国采集植物标本）；-i 表示人名，接在以元音字母结尾的人名后面，但 -a 除外

Helictotrichon leianthum 光花异燕麦：lei-/ leio-/ lio- ← leius ← leios 光滑的，平滑的；anthus/ anthum/ antha/ anthe ← anthos 花（用于希腊语复合词）

Helictotrichon mongolicum 蒙古异燕麦：mongolicum 蒙古的（地名）；mongolia 蒙古的（地名）；-icus/ -icum/ -ica 属于，具有某种特性（常用于地名、起源、生境）

Helictotrichon polyneurum 长稃异燕麦（稃 fū）：polyneurus 多脉的；poly- ← polys 多个，许多（希腊语，拉丁语为 multi-）；neurus ← neuron 脉，神经

Helictotrichon potaninii 短药异燕麦：potaninii ← Grigory Nikolaevich Potanin（人名，19 世纪俄国植物学家）

Helictotrichon pubescens 毛轴异燕麦：pubescens ← pubens 被短柔毛的，长出柔毛的；pubi- ← pubis 细柔毛的，短柔毛的，毛被的；pubesco/ pubescere 长成的，变为成熟的，长出柔毛的，青春期毛的；-escens/ -ascens 改变，转变，变成，略微，带有，接近，相似，大致，稍微（表示变化的趋势，并未完全相似或相同，有别于表示达到完成状态的 -atus）

Helictotrichon schellianum 异燕麦：schellianum ← W. A. Schell（人名）

Helictotrichon schmidii 粗糙异燕麦：schmidii（人名）；-ii 表示人名，接在以辅音字母结尾的人名后面，但 -er 除外

Helictotrichon schmidii var. parviglumum 小颖异燕麦：parvus 小的，些微的，弱的；gluma 颖片

Helictotrichon schmidii var. schmidii 粗糙异燕麦-原变种 （词义见上面解释）

Helictotrichon tianschanicum 天山异燕麦：tianschanicum 天山的（地名，新疆维吾尔自治区）；-icus/ -icum/ -ica 属于，具有某种特性（常用于地名、起源、生境）

Helictotrichon tibeticum 藏异燕麦：tibeticum 西藏的（地名）

Helictotrichon tibeticum var. laxiflorum 疏花异燕麦：laxus 稀疏的，松散的，宽松的；florus/ florum/ flora ← flos 花（用于复合词）

Helictotrichon tibeticum var. tibeticum 藏异燕麦-原变种 （词义见上面解释）

Helictotrichon virescens 变绿异燕麦：virencens/ virescens 发绿的，带绿色的；virens 绿色的，变绿的；-escens/ -ascens 改变，转变，变成，略微，带有，接近，相似，大致，稍微（表示变化的趋势，并未完全相似或相同，有别于表示达到完成状态的 -atus）

Heliotropium 天芥菜属（紫草科）（64-2：p22）：heli-/ helio- ← helios 太阳的，日光的；tropium ← tropos 转动，转向，随……而转动

Heliotropium acutiflorum 尖花天芥菜：acutiflorus 尖花的；acuti-/ acu- ← acutus 锐尖的，针尖的，刺尖的，锐角的；florus/ florum/ flora ← flos 花（用于复合词）

Heliotropium arborescens 南美天芥菜：arbor 乔木，树木；-escens/ -ascens 改变，转变，变成，略微，带有，接近，相似，大致，稍微（表示变化的趋势，并未完全相似或相同，有别于表示达到完成状态的 -atus）

Heliotropium ellipticum 椭圆叶天芥菜：ellipticus 椭圆形的；-ticus/ -ticum/ tica/ -ticos 表示属于，关于，以……著称，作形容词词尾

H

Heliotropium europaeum 天芥菜：europaeum = europa + aeus 欧洲的（地名）；europa 欧洲；-aeus/ -aeum/ -aea（表示属于……，名词形容词化词尾）

Heliotropium europaeum var. europaeum 天芥菜-原变种 （词义见上面解释）

Heliotropium europaeum var. lasiocarpum 毛果天芥菜：lasi-/ lasio- 羊毛状的，有毛的，粗糙的；carpus/ carpum/ carpa/ carpon ← carpos 果实（用于希腊语复合词）

Heliotropium formosanum 台湾天芥菜：formosanus = formosus + anus 美丽的，台湾的；formosus ← formosa 美丽的，台湾的（葡萄牙殖民者发现台湾时对其的称呼，即美丽的岛屿）；-anus/ -anum/ -ana 属于，来自（形容词词尾）

Heliotropium indicum 大尾摇：indicum 印度的（地名）；-icus/ -icum/ -ica 属于，具有某种特性（常用于地名、起源、生境）

Heliotropium marifolium 大苞天芥菜：mari- ← maron/ marum（一种植物名，有时指唇形科的西亚牛至 Origanum sipyleum）；folius/ folium/ folia 叶，叶片（用于复合词）

Heliotropium micranthum 小花天芥菜：micr-/ micro- ← micros 小的，微小的，微观的（用于希腊语复合词）；anthus/ anthum/ antha/ anthe ← anthos 花（用于希腊语复合词）

Heliotropium pseudoindicum 拟大尾摇：pseudoindicum 像 indicum 的；pseudo-/ pseud- ← pseudos 假的，伪的，接近，相似（但不是）；Heliotropium indicum 大尾摇；indicum 印度的（地名）

Heliotropium strigosum 细叶天芥菜：strigosus = striga + osus 鬃毛的，刷毛的；striga → strig- 条纹的，网纹的（如种子具网纹），糙伏毛的；-osus/ -osum/ -osa 多的，充分的，丰富的，显著发育的，程度高的，特征明显的（形容词词尾）

Heliotropium xinjiangense 新疆天芥菜：xinjiangense 新疆的（地名）

Helixanthera 离瓣寄生属（桑寄生科）（24：p95）：helix 螺旋状的；andrus/ andros/ antherus ← aner 雄蕊，花药，雄性

Helixanthera coccinea 景洪离瓣寄生：coccus/ coccineus 浆果，绯红色（一种形似浆果的介壳虫的颜色）；同形异义词：coccus/ cocco/ cocci/ coccis 心室，心皮；-eus/ -eum/ -ea（接拉丁语词干时）属于……的，色如……的，质如……的（表示原料、颜色或品质的相似），（接希腊语词干时）属于……的，以……出名，为……所占有（表示具有某种特性）

Helixanthera guangxiensis 广西离瓣寄生：guangxiensis 广西的（地名）

Helixanthera parasitica 离瓣寄生：parasiticus ← parasitos 寄生的（希腊语）

Helixanthera pierrei 密花离瓣寄生：pierrei（人名）；-i 表示人名，接在以元音字母结尾的人名后面，但 -a 除外

Helixanthera sampsoni 油茶离瓣寄生：sampsoni（人名，词尾改为"-ii"似更妥）；-ii 表示人名，接在以辅音字母结尾的人名后面，但 -er 除外；-i 表示人名，接在以元音字母结尾的人名后面，但 -a 除外

Helixanthera scoriarum 滇西离瓣寄生：scoriarum 矿渣的，火山渣的；scoria 矿渣，火山渣；-arum 属于……的（第一变格法名词复数所有格词尾，表示群落或多数）

Helixanthera terrestris 林地离瓣寄生：terrestris 陆地生的，地面的；terreus 陆地的，地面的；-estris/ -estre/ ester/ -esteris 生于……地方，喜好……地方

Helleborus 铁筷子属（毛茛科）（27：p106）：helleborus ← helleboros（一种植物的古拉丁名）

Helleborus thibetanus 铁筷子：thibetanus 西藏的（地名）

Helminthostachyaceae 七指蕨科（2：p25）：Helminthostachys 七指蕨属；-aceae（分类单位科的词尾，为 -aceus 的阴性复数主格形式，加到模式属的名称后或同义词的词干后以组成族群名称）

Helminthostachys 七指蕨属（七指蕨科）（2：p25）：helminthostachys 蠕虫状花穗（指枝条柔软）；helmintho- ← helmins 蠕虫，毛毛虫，青虫；stachy-/ stachyo-/ -stachys/ -stachyus/ -stachyum/ -stachya 穗子，穗子的，穗子状的，穗状花序的

Helminthostachys zeylanica 七指蕨：zeylanicus 锡兰（斯里兰卡，国家名）；-icus/ -icum/ -ica 属于，具有某种特性（常用于地名、起源、生境）

Heloniopsis 胡麻花属（百合科）（14：p15）：Helonias 沼红花属（地百合属，蓝药花属）（百合科）；-opsis/ -ops 相似，稍微，带有

Heloniopsis arisanensis （阿里山胡麻花）：arisanensis 阿里山的（地名，属台湾省）

Heloniopsis umbellata 胡麻花：umbellatus = umbella + atus 伞形花序的，具伞的；umbella 伞形花序

Helwingia 青荚叶属（山茱萸科）（56：p20）：helwingia ← G. A. Helwing（人名，1666–1748，德国植物学家）

Helwingia chinensis 中华青荚叶：chinensis = china + ensis 中国的（地名）；China 中国

Helwingia chinensis var. chinensis 中华青荚叶-原变种 （词义见上面解释）

Helwingia chinensis var. crenata 钝齿青荚叶：crenatus = crena + atus 圆齿状的，具圆齿的；crena 叶缘的圆齿

Helwingia chinensis var. microphylla 小叶青荚叶：micr-/ micro- ← micros 小的，微小的，微观的（用于希腊语复合词）；phyllus/ phyllum/ phylla ← phyllon 叶片（用于希腊语复合词）

Helwingia chinensis var. stenophylla 窄叶青荚叶：sten-/ steno- ← stenus 窄的，狭的，薄的；phyllus/ phyllum/ phylla ← phyllon 叶片（用于希腊语复合词）

Helwingia himalaica 西域青荚叶：himalaica 喜马拉雅的（地名）；-icus/ -icum/ -ica 属于，具有某种特性（常用于地名、起源、生境）

Helwingia himalaica var. gracilipes 细梗青荚叶：gracilis 细长的，纤弱的，丝状的；pes/ pedis 柄，梗，茎秆，腿，足，爪（作词首或词尾，pes 的词干视为"ped-"）

Helwingia himalaica var. himalaica 西域青荚叶-原变种 （词义见上面解释）

H

Helwingia himalaica var. nanchuanensis 南川青荚叶：nanchuanensis 南川的（地名，重庆市）

Helwingia himalaica var. parvifolia 小型青荚叶：parvifolius 小叶的；parvus 小的，些微的，弱的；folius/ folium/ folia 叶，叶片（用于复合词）

Helwingia himalaica var. prunifolia 桃叶青荚叶：prunus 李，杏；folius/ folium/ folia 叶，叶片（用于复合词）

Helwingia japonica 青荚叶：japonica 日本的（地名）；-icus/ -icum/ -ica 属于，具有某种特性（常用于地名、起源、生境）

Helwingia japonica subsp. formosana 台湾青荚叶：formosanus = formosus + anus 美丽的，台湾的；formosus ← formosa 美丽的，台湾的（葡萄牙殖民者发现台湾时对其的称呼，即美丽的岛屿）；-anus/ -anum/ -ana 属于，来自（形容词词尾）

Helwingia japonica subsp. japonica var. grisea 灰色青荚叶：griseus ← griseo 灰色的

Helwingia japonica subsp. japonica var. hypoleuca 白粉青荚叶：hypoleucus 背面白色的，下面白色的；hyp-/ hypo- 下面的，以下的，不完全的；leucus 白色的，淡色的

Helwingia japonica subsp. japonica var. japonica 青荚叶-原变种 （词义见上面解释）

Helwingia japonica subsp. japonica var. papillosa 乳突青荚叶：papillosus 乳头状的；papilli- ← papilla 乳头的，乳突的；-osus/ -osum/ -osa 多的，充分的，丰富的，显著发育的，程度高的，特征明显的（形容词词尾）

Helwingia japonica subsp. japonica var. szechuanensis 四川青荚叶：szechuan 四川（地名）

Helwingia omeiensis 峨眉青荚叶：omeiensis 峨眉山的（地名，四川省）

Helwingia omeiensis var. oblonga 长圆青荚叶：oblongus = ovus + longus 长椭圆形的（ovus 的词干 ov- 音变为 ob-）；ovus 卵，胚珠，卵形的，椭圆形的；longus 长的，纵向的

Helwingia omeiensis var. omeiensis 峨眉青荚叶-原变种 （词义见上面解释）

Helwingia zhejiangensis 浙江青荚叶：zhejiangensis 浙江的（地名）

Hemarthria 牛鞭草属（禾本科）（10-2: p261）：hemiarthron 一半关节的（花穗轴每个节的一侧凹陷）；hemi- 一半；arthron 关节

Hemarthria altissima 牛鞭草：al-/ alti-/ alto- ← altus 高的，高处的；-issimus/ -issima/ -issimum 最，非常，极其（形容词最高级）

Hemarthria compressa 扁穗牛鞭草：compressus 扁平的，压扁的；pressus 压，压力，挤压，紧密；co- 联合，共同，合起来（拉丁语词首，为 cum- 的音变，表示结合、强化、完全，对应的希腊语为 syn-）；co- 的缀词音变有 co-/ com-/ con-/ col-/ cor-：co-（在 h 和元音字母前面），col-（在 l 前面），com-（在 b、m、p 之前），con-（在 c、d、f、g、j、n、qu、s、t 和 v 前面），cor-（在 r 前面）

Hemarthria longiflora 长花牛鞭草：longe-/ longi- ← longus 长的，纵向的；florus/ florum/ flora ← flos 花（用于复合词）

Hemarthria protensa 小牛鞭草：protensa ← protendo 伸出，伸展

Hemerocallis 萱草属（萱 xuān）（百合科）（14: p52）：hemerocallis 一日之美（花期只有一天）；hemera 一天，一日；callos/ calos ← kallos（kalos）美丽的

Hemerocallis aurantiaca （金花萱草）：aurantiacus/ aurantius 橙黄色的，金黄色的；aurus 金，金色；aurant-/ auranti- 橙黄色，金黄色

Hemerocallis citrina 黄花菜：citrinus 柠檬色的，橘黄色的；citrus ← kitron 柑橘，柠檬（柠檬的古拉丁名）

Hemerocallis dumortieri 小萱草：dumortieri ← Barthelemy Charles Joseph Dumortier（人名，19世纪比利时植物学家）；-eri 表示人名，在以 -er 结尾的人名后面加上 i 形成

Hemerocallis esculenta 北萱草：esculentus 食用的，可食的；esca 食物，食料；-ulentus/ -ulentum/ -ulenta/ -olentus/ -olentum/ -olenta（表示丰富、充分或显著发展）

Hemerocallis forrestii 西南萱草：forrestii ← George Forrest（人名，1873–1932，英国植物学家，曾在中国西部采集大量植物标本）

Hemerocallis fulva 萱草：fulvus 咖啡色的，黄褐色的

Hemerocallis fulva var. disticha 长管萱草：distichus 二列的；di-/ dis- 二，二数，二分，分离，不同，在……之间，从……分开（希腊语，拉丁语为 bi-/ bis-）；stichus ← stichon 行列，队列，排列

Hemerocallis fulva var. fulva 萱草-原变种 （词义见上面解释）

Hemerocallis fulva var. kwanso 重瓣萱草（重chóng）：kwanso 萱草（"萱草"的日语读音）

Hemerocallis lilio-asphodelus 北黄花菜：lilio-asphodelus 像百合和阿福花的；Lilium 百合属（百合科）；Asphodelus 阿福花属（百合科）

Hemerocallis middendorffii 大苞萱草（种加词有时误拼为"middendorfii"）：middendorffii ← Alexander Theodor von Middendorff（人名，19 世纪西伯利亚地区的动物学家）

Hemerocallis minor 小黄花菜：minor 较小的，更小的

Hemerocallis multiflora 多花萱草：multi- ← multus 多个，多数，很多（希腊语为 poly-）；florus/ florum/ flora ← flos 花（用于复合词）

Hemerocallis nana 矮萱草：nanus ← nanos/ nannos 矮小的，小的；nani-/ nano-/ nanno- 矮小的，小的

Hemerocallis plicata 折叶萱草：plicatus = plex + atus 折扇状的，有沟的，纵向折叠的，棕榈叶状的（= plicativus）；plex/ plica 褶，折扇状，卷折（plex 的词干为 plic-）；plico 折叠，出褶，卷折

Hemiboea 半蒴苣苔属（苦苣苔科）（69: p283）：hemi- 一半；Boea 旋蒴苣苔属

Hemiboea albiflora 白花半蒴苣苔：albus → albi-/ albo- 白色的；florus/ florum/ flora ← flos 花（用于复合词）

Hemiboea bicornuta 台湾半蒴苣苔：bi-/ bis- 二，

二数，二回（希腊语为 di-）；cornutus/ cornis 角，犄角

Hemiboea cavaleriei 贵州半蒴苣苔：cavaleriei ← Pierre Julien Cavalerie（人名，20 世纪法国传教士）；-i 表示人名，接在以元音字母结尾的人名后面，但 -a 除外

Hemiboea cavaleriei var. cavaleriei 贵州半蒴苣苔-原变种 （词义见上面解释）

Hemiboea cavaleriei var. paucinervis 疏脉半蒴苣苔：pauci- ← paucus 少数的，少的（希腊语为 oligo-）；nervis ← nervus 脉，叶脉

Hemiboea fangii 齿叶半蒴苣苔：fangii（人名）；-ii 表示人名，接在以辅音字母结尾的人名后面，但 -er 除外

Hemiboea flaccida 毛果半蒴苣苔：flaccidus 柔软的，软乎乎的，软绵绵的；flaccus 柔弱的，软垂的；-idus/ -idum/ -ida 表示在进行中的动作或情况，作动词、名词或形容词的词尾

Hemiboea follicularis 华南半蒴苣苔：follicularis = folliculus + aris 蓇葖状的，蓇葖果的；folliculus 蓇葖，蓇葖果（蓇葖 gū tū）；-aris（阳性、阴性）/ -are（中性）← -alis（阳性、阴性）/ -ale（中性）属于，相似，如同，具有，涉及，关于，联结于（将名词作形容词用，其中 -aris 常用于以 l 或 r 为词干末尾的词）

Hemiboea gamosepala 合萼半蒴苣苔：gamo ← gameo 结合，联合，结婚；sepalus/ sepalum/ sepala 萼片（用于复合词）

Hemiboea glandulosa 腺萼半蒴苣苔：glandulosus = glandus + ulus + osus 被细腺的，具腺体的，腺体质的；glandus ← glans 腺体；-ulus/ -ulum/ -ula 小的，略微的，稍微的（小词 -ulus 在字母 e 或 i 之后有多种变缀，即 -olus/ -olum/ -ola、-ellus/ -ellum/ -ella、-illus/ -illum/ -illa，与第一变格法和第二变格法名词形成复合词）；-osus/ -osum/ -osa 多的，充分的，丰富的，显著发育的，程度高的，特征明显的（形容词词尾）

Hemiboea gracilis 纤细半蒴苣苔：gracilis 细长的，纤弱的，丝状的

Hemiboea gracilis var. gracilis 纤细半蒴苣苔-原变种 （词义见上面解释）

Hemiboea gracilis var. pilobracteata 毛苞半蒴苣苔：pilus 毛，疏柔毛；bracteatus = bracteus + atus 具苞片的；bracteus 苞，苞片，苞鳞

Hemiboea henryi 半蒴苣苔：henryi ← Augustine Henry 或 B. C. Henry（人名，前者，1857–1930，爱尔兰医生、植物学家，曾在中国采集植物，后者，1850–1901，曾活动于中国的传教士）

Hemiboea henryi var. guandongensis 广东半蒴苣苔：guandongensis 广东的（地名，已修订为 guangdongensis）

Hemiboea henryi var. henryi 半蒴苣苔-原变种 （词义见上面解释）

Hemiboea integra 全叶半蒴苣苔：integer/ integra/ integrum → integri- 完整的，整个的，全缘的

Hemiboea latisepala 宽萼半蒴苣苔：lati-/ late- ← latus 宽的，宽广的；sepalus/ sepalum/ sepala 萼片（用于复合词）

Hemiboea longgangensis 岽岗半蒴苣苔（岽 lòng）：longgangensis 岽岗的（地名，广西壮族自治区，有时错印为"弄岗"）

Hemiboea longisepala 长萼半蒴苣苔：longe-/ longi- ← longus 长的，纵向的；sepalus/ sepalum/ sepala 萼片（用于复合词）

Hemiboea lungzhouensis 龙州半蒴苣苔：lungzhouensis 龙州的（地名，广西壮族自治区）

Hemiboea mollifolia 柔毛半蒴苣苔：molle/ mollis 软的，柔毛的；folius/ folium/ folia 叶，叶片（用于复合词）

Hemiboea omeiensis 峨眉半蒴苣苔：omeiensis 峨眉山的（地名，四川省）

Hemiboea parviflora 小花半蒴苣苔：parviflorus 小花的；parvus 小的，些微的，弱的；florus/ florum/ flora ← flos 花（用于复合词）

Hemiboea pingbianensis 屏边半蒴苣苔：pingbianensis 屏边的（地名，云南省）

Hemiboea strigosa 腺毛半蒴苣苔：strigosus = striga + osus 鬃毛的，刷毛的；striga → strig- 条纹的，网纹的（如种子具网纹），糙伏毛的；-osus/ -osum/ -osa 多的，充分的，丰富的，显著发育的，程度高的，特征明显的（形容词词尾）

Hemiboea subacaulis 短茎半蒴苣苔：subacaulis 近无茎的；sub-（表示程度较弱）与……类似，几乎，稍微，弱，亚，之下，下面；acaulia/ acaulis 无茎的，矮小的；a-/ an- 无，非，没有，缺乏，不具有（an- 用于元音前）（a-/ an- 为希腊语词首，对应的拉丁语词首为 e-/ ex-，相当于英语的 un-/ -less，注意词首 a- 和作为介词的 a/ ab 不同，后者的意思是"从……、由……、关于……、因为……"）；caulia/ caulis 茎，茎秆，主茎

Hemiboea subacaulis var. jiangxiensis 江西半蒴苣苔：jiangxiensis 江西的（地名）

Hemiboea subacaulis var. subacaulis 短茎半蒴苣苔-原变种 （词义见上面解释）

Hemiboea subcapitata 降龙草（降 xiáng）：subcapitatus 近头状的；sub-（表示程度较弱）与……类似，几乎，稍微，弱，亚，之下，下面；capitatus 头状的，头状花序的；capitus ← capitis 头，头状

Hemiboea subcapitata var. denticulata 密齿降龙草：denticulatus = dentus + culus + atus 具细齿的，具齿的；dentus 齿，牙齿；-culus/ -culum/ -cula 小的，略微的，稍微的（同第三变格法和第四变格法名词形成复合词）；-atus/ -atum/ -ata 属于，相似，具有，完成（形容词词尾）

Hemiboea subcapitata var. sordidopuberula 污毛降龙草：sordidus 暗色的，玷污的，肮脏的，不鲜明的；puberulus = puberus + ulus 略被柔毛的，被微柔毛的；-ulus/ -ulum/ -ula 小的，略微的，稍微的（小词 -ulus 在字母 e 或 i 之后有多种变缀，即 -olus/ -olum/ -ola、-ellus/ -ellum/ -ella、-illus/ -illum/ -illa，与第一变格法和第二变格法名词形成复合词）

Hemiboea subcapitata var. subcapitata 降龙草-原变种 （词义见上面解释）

Hemiboeopsis 密序苣苔属（苦苣苔科）（69：p303）

Hemiboe 半蒴苣苔属；-opsis/ -ops 相似，稍微，带有

Hemiboeopsis longisepala 密序苣苔：longe-/ longi- ← longus 长的，纵向的；sepalus/ sepalum/ sepala 萼片（用于复合词）

Hemigramma 沙皮蕨属（叉蕨科）（6-1：p101）：hemi- 一半；grammus 条纹的，花纹的，线条的（希腊语）

Hemigramma decurrens 沙皮蕨：decurrens 下延的；decur- 下延的

Hemigraphis 半插花属（爵床科）（70：p84）：hemi- 一半；graphis/ graph/ graphe/ grapho 书写的，涂写的，绘画的，画成的，雕刻的，画笔的

Hemigraphis cumingiana 直立半插花：cumingiana ← Hugh Cuming（人名，19 世纪英国贝类专家、植物学家）

Hemigraphis primulifolia 恒春半插花：Primula 报春花属；folius/ folium/ folia 叶，叶片（用于复合词）

Hemigraphis reptans 匍匐半插花：reptans/ reptus ← repo 匍匐的，匍匐生根的

Hemilophia 半脊荠属（荠 jì）（十字花科）（33：p88）：hemi- 一半；lophius = lophus + ius 鸡冠状的，驼峰状突起的；lophus ← lophos 鸡冠，冠毛，额头，驼峰状突起；-ia 为第三变格法名词复数主格、呼格、宾格词尾

Hemilophia pulchella 半脊荠：pulchellus/ pulcellus = pulcher + ellus 稍美丽的，稍可爱的；pulcher/pulcer 美丽的，可爱的；-ellus/ -ellum/ -ella ← -ulus 小的，略微的，稍微的（小词 -ulus 在字母 e 或 i 之后有多种变缀，即 -olus/ -olum/ -ola、-ellus/ -ellum/ -ella、-illus/ -illum/ -illa，用于第一变格法名词）

Hemilophia pulchella var. flavida 浅黄花半脊荠：flavidus 淡黄的，泛黄的，发黄的；flavus → flavo-/ flavi-/ flav- 黄色的，鲜黄色的，金黄色的（指纯正的黄色）；-idus/ -idum/ -ida 表示在进行中的动作或情况，作动词、名词或形容词的词尾

Hemilophia pulchella var. pilosa 柔毛半脊荠：pilosus = pilus + osus 多毛的，被柔毛的，具疏柔毛的，被短弱细毛的；pilus 毛，疏柔毛；-osus/ -osum/ -osa 多的，充分的，丰富的，显著发育的，程度高的，特征明显的（形容词词尾）

Hemilophia pulchella var. pulchella 半脊荠-原变种（词义见上面解释）

Hemilophia rockii 小叶半脊荠：rockii ← Joseph Francis Charles Rock（人名，20 世纪美国植物采集员）

Hemionitidaceae 裸子蕨科（3-1：p216）：Hemionitis 泽泻蕨属；-aceae（分类单位科的词尾，为 -aceus 的阴性复数主格形式，加到模式属的名称后或同义词的词干后以组成族群名称）

Hemionitis 泽泻蕨属（裸子蕨科）（3-1：p217）：hemionitis（希腊语名，一种蕨类植物）

Hemionitis arifolia 泽泻蕨：arifolius 戟形叶的，箭形叶的，疆南星叶的；Arum 疆南属（天南星科）；ari- 戟形的，箭头形的；folius/ folium/ folia 叶，叶片（用于复合词）

Hemiphragma 鞭打绣球属（玄参科）（67-2：p222）：hemi- 一半；phragmus 篱笆，栅栏，隔膜

Hemiphragma heterophyllum 鞭打绣球：heterophyllus 异型叶的；hete-/ heter-/ hetero- ← heteros 不同的，多样的，不齐的；phyllus/ phyllum/ phylla ← phyllon 叶片（用于希腊语复合词）

Hemiphragma heterophyllum var. dentatum 鞭打绣球齿状变种：dentatus = dentus + atus 牙齿的，齿状的，具齿的；dentus 齿，牙齿；-atus/ -atum/ -ata 属于，相似，具有，完成（形容词词尾）

Hemiphragma heterophyllum var. pedicellatum 鞭打绣球有梗变种：pedicellatus = pedicellus + atus 具小花柄的；pedicellus = pes + cellus 小花梗，小花柄（不同于花序柄）；pes/ pedis 柄，梗，茎秆，腿，足，爪（作词首或词尾，pes 的词干视为"ped-"）；-cellus/ -cellum/ -cella、-cillus/ -cillum/ -cilla 小的，略微的，稍微的（与任何变格法名词形成复合词）；关联词：pedunculus 花序柄，总花梗（花序基部无花着生部分）；-atus/ -atum/ -ata 属于，相似，具有，完成（形容词词尾）

Hemipilia 舌喙兰属（兰科）（17：p273）：hemi- 一半；pilia ← pileos 帽子

Hemipilia amesiana 四川舌喙兰：amesiana（人名）

Hemipilia cordifolia 心叶舌喙兰：cordi- ← cordis/ cor 心脏的，心形的；folius/ folium/ folia 叶，叶片（用于复合词）

Hemipilia crassicalcarata 粗距舌喙兰：crassi- ← crassus 厚的，粗的，多肉质的；calcaratus = calcar + atus 距的，有距的；calcar- ← calcar 距，花萼或花瓣生蜜源的距，短枝（结果枝）（距：雄鸡、雉等的腿的后面突出像脚趾的部分）；-atus/ -atum/ -ata 属于，相似，具有，完成（形容词词尾）

Hemipilia cruciata 舌喙兰：cruciatus 十字形的，交叉的；crux 十字（词干为 cruc-，用于构成复合词时常为 cruci-）；crucis 十字的（crux 的单数所有格）；构词规则：以 -ix/ -iex 结尾的词其词干末尾视为 -ic，以 -ex 结尾视为 -i/ -ic，其他以 -x 结尾视为 -c

Hemipilia flabellata 扇唇舌喙兰：flabellatus = flabellus + atus 扇形的；flabellus 扇子，扇形的

Hemipilia forrestii 长距舌喙兰：forrestii ← George Forrest（人名，1873–1932，英国植物学家，曾在中国西部采集大量植物标本）

Hemipilia henryi 裂唇舌喙兰：henryi ← Augustine Henry 或 B. C. Henry（人名，前者，1857–1930，爱尔兰医生、植物学家，曾在中国采集植物，后者，1850–1901，曾活动于中国的传教士）

Hemipilia kwangsiensis 广西舌喙兰：kwangsiensis 广西的（地名）

Hemipilia limprichtii 短距舌喙兰：limprichtii（人名）；-ii 表示人名，接在以辅音字母结尾的人名后面，但 -er 除外

Hemiptelea 刺榆属（榆科）（22：p378）：hemi- 一半；pteleus 榆树（希腊语）

Hemiptelea davidii 刺榆：davidii ← Pere Armand David（人名，1826–1900，曾在中国采集植物标本的法国传教士）；-ii 表示人名，接在以辅音字母结尾的人名后面，但 -er 除外

H

Hemisteptia 泥胡菜属（菊科）（有时误拼为
"Hemistepta"）（78-1：p137）：hemi- 一半；
steptia ← steptos 具冠的

Hemisteptia lyrata 泥胡菜：lyratus 大头羽裂的，
琴状的

Hemsleya 雪胆属（葫芦科）（73-1：p102）：
hemsleya ← William Botting Hemsley（人名，
1843–1924，研究中美洲植物的英国植物学家）

Hemsleya amabilis 曲莲：amabilis 可爱的，有魅力
的；amor 爱；-ans/ -ens/ -bilis/ -ilis 能够，可能
（为形容词词尾，-ans/ -ens 用于主动语态，-bilis/
-ilis 用于被动语态）

Hemsleya carnosiflora 肉花雪胆：carnosus 肉质的；
carne 肉；florus/ florum/ flora ← flos 花（用于复
合词）

Hemsleya changningensis 赛金刚：changningensis
昌宁的（地名，云南省）

Hemsleya chinensis 雪胆：chinensis = china +
ensis 中国的（地名）；China 中国

Hemsleya chinensis var. chinensis 雪胆-原变种
（词义见上面解释）

Hemsleya chinensis var. ningnanensis 宁南雪胆：
ningnanensis 宁南的（地名，四川省）

Hemsleya chinensis var. polytricha 毛雪胆：
poly- ← polys 多个，许多（希腊语，拉丁语为
multi-）；trichus 毛，毛发，线

Hemsleya cissiformis 滇南雪胆：Cissus 白粉藤属
（葡萄科）；formis/ forma 形状

Hemsleya clavata 棒果雪胆：clavatus 棍棒状的；
clava 棍棒

Hemsleya delavayi 短柄雪胆：delavayi ← P. J. M.
Delavay（人名，1834–1895，法国传教士，曾在中国
采集植物标本）；-i 表示人名，接在以元音字母结尾
的人名后面，但 -a 除外

Hemsleya delavayi var. delavayi 短柄雪胆-原变
种 （词义见上面解释）

Hemsleya delavayi var. yalungensis 雅砻雪胆
（砻 lóng）：yalungensis 雅砻的（地名，西藏自治区）

Hemsleya dipterygia 翼蛇莲：dipterygius 双翅的；
di-/ dis- 二，二数，二分，分离，不同，在……之间，
从……分开（希腊语，拉丁语为 bi-/ bis-）；
pterygius = pteryx + ius 具翅的，具翼的；
pteris ← pteryx 翅，翼，蕨类（希腊语）；-ius/
-ium/ -ia 具有……特性的（表示有关、关联、相似）

Hemsleya dolichocarpa 长果雪胆：dolicho- ←
dolichos 长的；carpus/ carpum/ carpa/ carpon ←
carpos 果实（用于希腊语复合词）

Hemsleya dulongjiangensis 独龙江雪胆：
dulongjiangensis 独龙江的（地名，云南省）

Hemsleya ellipsoidea 椭圆果雪胆：ellipsoideus 广
椭圆形的；ellipso 椭圆形的；-oides/ -oideus/
-oideum/ -oidea/ -odes/ -eidos 像……的，类
似……的，呈……状的（名词词尾）

Hemsleya endecaphylla 十一叶雪胆：endeca 十一；
phyllus/ phyllum/ phylla ← phyllon 叶片（用于希
腊语复合词）

Hemsleya gigantha 巨花雪胆：gigantha ← giganta
巨大的

Hemsleya graciliflora 马铜铃：gracilis 细长的，纤
弱的，丝状的；florus/ florum/ flora ← flos 花（用
于复合词）

Hemsleya grandiflora 大花雪胆：grandi- ←
grandis 大的；florus/ florum/ flora ← flos 花（用于
复合词）

Hemsleya lijiangensis 丽江雪胆：lijiangensis 丽江
的（地名，云南省）

Hemsleya longivillosa 长毛雪胆：longe-/ longi- ←
longus 长的，纵向的；-osus/ -osum/ -osa 多的，充
分的，丰富的，显著发育的，程度高的，特征明显的
（形容词词尾）；villosus 柔毛的，绵毛的；villus 毛，
羊毛，长绒毛

Hemsleya macrocarpa 大果雪胆：macro-/
macr- ← macros 大的，宏观的（用于希腊语复合
词）；carpus/ carpum/ carpa/ carpon ← carpos 果
实（用于希腊语复合词）

Hemsleya macrosperma 罗锅底：macro-/
macr- ← macros 大的，宏观的（用于希腊语复合
词）；spermus/ spermum/ sperma 种子的（用于希
腊语复合词）

Hemsleya macrosperma var. macrosperma 罗
锅底-原变种 （词义见上面解释）

Hemsleya macrosperma var. oblongicarpa 长果
罗锅底：oblongus = ovus + longus 长椭圆形的
（ovus 的词干 ov- 音变为 ob-）；ovus 卵，胚珠，卵
形的，椭圆形的；longus 长的，纵向的；carpus/
carpum/ carpa/ carpon ← carpos 果实（用于希腊
语复合词）

Hemsleya megathyrsa 大序雪胆：megathyrsus 大
密锥花序的；mega-/ megal-/ megalo- ← megas 大
的，巨大的；thyrsus/ thyrsos 花簇，金字塔，圆锥
形，聚伞圆锥花序

Hemsleya megathyrsa var. major 大花大序雪胆：
major 较大的，更大的（majus 的比较级）；majus
大的，巨大的

Hemsleya megathyrsa var. megathyrsa 大序雪
胆-原变种 （词义见上面解释）

Hemsleya mitrata 帽果雪胆：mitratus 具僧帽的，
具缨帽的，僧帽状的；mitra 僧帽，缨帽

Hemsleya obconica 圆锥果雪胆：obconicus = ob +
conicus 倒圆锥形的；conicus 圆锥形的；ob- 相反，
反对，倒（ob- 有多种音变：ob- 在元音字母和大多
数辅音字母前面，oc- 在 c 前面，of- 在 f 前面，op-
在 p 前面）

Hemsleya omeiensis 峨眉雪胆：omeiensis 峨眉山
的（地名，四川省）

Hemsleya panacis-scandens 藤三七雪胆：
panacis-scandens 藤本人参；panax 人参；scandens
攀缘的，缠绕的，藤本的

Hemsleya panacis-scandens var.
panacis-scandens 藤三七雪胆-原变种 （词义见上
面解释）

Hemsleya panacis-scandens var. pingbianensis
屏边藤三七雪胆：pingbianensis 屏边的（地名，云
南省）

Hemsleya panlongqi 盘龙七：panlongqi 盘龙七
（中文名）

H

Hemsleya pengxianensis 彭县雪胆：pengxianensis 彭县的（地名，四川省彭州市的旧称）

Hemsleya pengxianensis var. gulinensis 古蔺雪胆（蔺 lìn）：gulinensis 古蔺的（地名，四川省）

Hemsleya pengxianensis var. jinfushanensis 金佛山雪胆：jinfushanensis 金佛山的（地名，重庆市）

Hemsleya pengxianensis var. junlianensis 筠连雪胆（筠 jūn）：junlianensis 筠连的（地名，四川省）

Hemsleya pengxianensis var. pengxianensis 彭县雪胆-原变种（词义见上面解释）

Hemsleya pengxianensis var. polycarpa 多果雪胆：poly- ← polys 多个，许多（希腊语，拉丁语为 multi-）；carpus/ carpum/ carpa/ carpon ← carpos 果实（用于希腊语复合词）

Hemsleya sphaerocarpa 蛇莲：sphaerocarpus 球形果的；sphaero- 圆形，球形；carpus/ carpum/ carpa/ carpon ← carpos 果实（用于希腊语复合词）

Hemsleya turbinata 陀螺果雪胆：turbinatus 倒圆锥形的，陀螺状的；turbinus 陀螺，涡轮；turbo 旋转，涡旋

Hemsleya villosipetala 母猪雪胆：villosipetalus = villosus + petalus 毛瓣的，花瓣有柔毛的；villosus 柔毛的，绵毛的；villus 毛，羊毛，长绒毛；-osus/ -osum/ -osa 多的，充分的，丰富的，显著发育的，程度高的，特征明显的（形容词词尾）；petalus/ petalum/ petala ← petalon 花瓣

Hemsleya wenshanensis 文山雪胆：wenshanensis 文山的（地名，云南省）

Hemsleya zhejiangensis 浙江雪胆：zhejiangensis 浙江的（地名）

Henckelia 南洋苣苔属（苦苣苔科）（增补）：henckelia（人名）

Henckelia multinervia 多脉汉克苣苔：multi- ← multus 多个，多数，很多（希腊语为 poly-）；nervius = nervus + ius 具脉的，具叶脉的；nervus 脉，叶脉；-ius/ -ium/ -ia 具有……特性的（表示有关、关联、相似）

Henckelia nanxiheensis 南溪河汉克苣苔：nanxiheensis 南溪的（地名，云南省）

Henckelia xinpingensis 新平汉克苣苔：xinpingensis 新平的（地名，云南省）

Hepatica 獐耳细辛属（獐 zhāng）（毛茛科）（28: p56）：hepaticus 深棕色的，肝脏的（形近词：hepaticis 苔藓植物，苔类植物）

Hepatica henryi 川鄂獐耳细辛：henryi ← Augustine Henry 或 B. C. Henry（人名，前者，1857–1930，爱尔兰医生、植物学家，曾在中国采集植物，后者，1850–1901，曾活动于中国的传教士）

Hepatica nobilis var. asiatica 獐耳细辛：nobilis 高贵的，有名的，高雅的；asiatica 亚洲的（地名）；-aticus/ -aticum/ -atica 属于，表示生长的地方，作名词词尾

Heptacodium 七子花属（忍冬科）（72: p108）：hepta- 七（希腊语，拉丁语为 septem-/ sept-/ septi-）；codeia 头；codion 绒毛状表皮

Heptacodium miconioides 七子花：Miconia 野牡丹属（人名，野牡丹科）；miconia ← Francisco Mico（人名，16 世纪西班牙医生、植物学家）；

-oides/ -oideus/ -oideum/ -oidea/ -odes/ -eidos 像……的，类似……的，呈……状的（名词词尾）

Heracleum 独活属（伞形科）（55-3: p181）：heracleum ← Hercules 体力之神（希腊神话人物）

Heracleum acuminatum 渐尖叶独活：acuminatus = acumen + atus 锐尖的，渐尖的；acumen 渐尖头；-atus/ -atum/ -ata 属于，相似，具有，完成（形容词词尾）

Heracleum apaense 法落海：apaense 阿坝的（地名，四川省）

Heracleum barmanicum 印度独活：barmanicum（地名，印度）

Heracleum bivittatum 二管独活：bivittatus 两个条纹的，两个条带的，两个油管的；bi-/ bis- 二，二数，二回（希腊语为 di-）；vittatus 具条纹的，具条带的，具油管的，有条带装饰的；vitta 条带，细带，缎带

Heracleum candicans 白亮独活：candicans 白毛状的，发白光的，变白的；-icans 表示正在转变的过程或相似程度，有时表示相似程度非常接近、几乎相同

Heracleum canescens 灰白独活：canescens 变灰色的，淡灰色的；canens 使呈灰色的；canus 灰色的，灰白色的；-escens/ -ascens 改变，转变，变成，略微，带有，接近，相似，大致，稍微（表示变化的趋势，并未完全相似或相同，有别于表示达到完成状态的 -atus）

Heracleum dissectifolium 多裂独活：dissectus 多裂的，全裂的，深裂的；di-/ dis- 二，二数，二分，分离，不同，在……之间，从……分开（希腊语，拉丁语为 bi-/ bis-）；folius/ folium/ folia 叶，叶片（用于复合词）

Heracleum dissectum 兴安独活：dissectus 多裂的，全裂的，深裂的；di-/ dis- 二，二数，二分，分离，不同，在……之间，从……分开（希腊语，拉丁语为 bi-/ bis-）；sectus 分段的，分节的，切开的，分裂的

Heracleum fargesii 城口独活：fargesii ← Pere Paul Guillaume Farges（人名，19 世纪中叶至 20 世纪活动于中国的法国传教士，植物采集员）

Heracleum forrestii 中甸独活：forrestii ← George Forrest（人名，1873–1932，英国植物学家，曾在中国西部采集大量植物标本）

Heracleum hemsleyanum 独活：hemsleyanum ← William Botting Hemsley（人名，19 世纪研究中美洲植物的植物学家）

Heracleum henryi 思茅独活：henryi ← Augustine Henry 或 B. C. Henry（人名，前者，1857–1930，爱尔兰医生、植物学家，曾在中国采集植物，后者，1850–1901，曾活动于中国的传教士）

Heracleum kansuense 甘肃独活：kansuense 甘肃的（地名）

Heracleum kingdoni 贡山独活：kingdoni ← Frank Kingdon-Ward（人名，1840–1909，英国植物学家，已修订为 kingdonii）

Heracleum likiangense 丽江独活：likiangense 丽江的（地名，云南省）

Heracleum longilobum 锐尖叶独活：longe-/ longi- ← longus 长的，纵向的；lobus/ lobos/ lobon 浅裂，耳片（裂片先端钝圆），荚果，蒴果

Heracleum millefolium 裂叶独活：mille- 千，很多；folius/ folium/ folia 叶，叶片（用于复合词）

Heracleum moellendorffii 短毛独活：moellendorffii ← Otto von Möllendorf（人名，20世纪德国外交官和软体动物学家）

Heracleum moellendorffii var. moellendorffii 短毛独活-原变种 （词义见上面解释）

Heracleum moellendorffii var. paucivittatum 少管短毛独活：pauci- ← paucus 少数的，少的（希腊语为 oligo-）；vittatus 具条纹的，具条带的，具油管的，有条带装饰的；vitta 条带，细带，缎带

Heracleum moellendorffii var. subbipinnatum 狭叶短毛独活：subbipinnatus 近二回羽状的；sub-（表示程度较弱）与……类似，几乎，稍微，弱，亚，之下，下面；bi-/ bis- 二，二数，二回（希腊语为 di-）；pinnatus = pinnus + atus 羽状的，具羽的；pinnus/ pennus 羽毛，羽状，羽片；bipinnatus 二回羽状的

Heracleum nyalamense 聂拉木独活：nyalamense 聂拉木的（地名，西藏南部）

Heracleum obtusifolium 钝叶独活：obtusus 钝的，钝形的，略带圆形的；folius/ folium/ folia 叶，叶片（用于复合词）

Heracleum oreocharis 山地独活：oreo-/ ores-/ ori- ← oreos 山，山地，高山；charis/ chares 美丽，优雅，喜悦，恩典，偏爱；Oreocharis 马铃苣苔属（苦苣苔科）

Heracleum rapula 鹤庆独活：rapulus = rapum + ulus 小块根，小萝卜；rapum 块根，芜菁，萝卜（古拉丁名）

Heracleum scabridum 糙独活：scabridus 粗糙的；scabrus ← scaber 粗糙的，有凹凸的，不平滑的；-idus/ -idum/ -ida 表示在进行中的动作或情况，作动词、名词或形容词的词尾

Heracleum schansianum 山西独活：schansianum 山西的（地名）

Heracleum souliei 康定独活：souliei（人名）；-i 表示人名，接在以元音字母结尾的人名后面，但 -a 除外

Heracleum stenopteroides 腾冲独活：stenopteroides 像 stenopterum 的，近似狭翅的；Heracleum stenopterum 狭翅独活；stenus 窄，狭的，薄的；pterus/ pteron 翅，翼，蕨类；stenopterus 狭翼的；-oides/ -oideus/ -oideum/ -oidea/ -odes/ -eidos 像……的，类似……的，呈……状的（名词词尾）

Heracleum stenopterum 狭翅独活：stenopterus 狭翼的；sten-/ steno- ← stenus 窄的，狭的，薄的；pterus/ pteron 翅，翼，蕨类

Heracleum tiliifolium 椴叶独活：tiliifolius = Tilia + folius 椴树叶的；缀词规则：以属名作复合词时原词尾变形后的 i 要保留；Tilia 椴树属（椴树科）；folius/ folium/ folia 叶，叶片（用于复合词）

Heracleum vicinum 平截独活：vicinus/ vicinum/ vicina/ vicinitas 近处，近邻，邻居，附近；vicinia 近邻，类似，相近

Heracleum yungningense 永宁独活：yungningense 永宁的（地名，云南省）

Heracleum yunnanense 云南独活：yunnanense 云南的（地名）

Herissantia 胖果苘属（胖 pāo）（锦葵科）（增补）：herissantia（人名）

Herissantia crispa 胖果苘：crispus 收缩的，褶皱的，波纹的（如花瓣周围的波浪状褶皱）

Heritiera 银叶树属（梧桐科）（49-2：p139）：heritiera ← Charles Louis de Brutelle L'Heritier（人名，19 世纪法国植物学家）（以 -er 结尾的人名用作属名时在末尾加 a，如 Lonicera = Lonicer + a）

Heritiera angustata 长柄银叶树：angustatus = angustus + atus 变窄的；angustus 窄的，狭的，细的

Heritiera littoralis 银叶树：litoralis/ littoralis 海滨的，海岸的；littoris/ litoris/ littus/ litus 海岸，海滩，海滨

Heritiera parvifolia 蝴蝶树：parvifolius 小叶的；parvus 小的，些微的，弱的；folius/ folium/ folia 叶，叶片（用于复合词）

Herminium 角盘兰属（兰科）（17：p340）：herminium ← hermin 支柱，支持物

Herminium alaschanicum 裂瓣角盘兰：alaschanicum 阿拉善的（地名，内蒙古最西部）

Herminium angustilabre 狭唇角盘兰：angusti- ← angustus 窄的，狭的，细的；labre 唇，唇瓣

Herminium carnosilabre 厚唇角盘兰：carnosus 肉质的；carne 肉；labre 唇，唇瓣

Herminium chloranthum 矮角盘兰：chlor-/ chloro- ← chloros 绿色的（希腊语，相当于拉丁语的 viridis）；anthus/ anthum/ antha/ anthe ← anthos 花（用于希腊语复合词）

Herminium coiloglossum 条叶角盘兰：coil 螺旋的，盘旋的；glossus 舌，舌状的

Herminium ecalcaratum 无距角盘兰：ecalcaratus = e + calcaratus 无距的；e-/ ex- 不，无，非，缺乏，不具有（e- 用在辅音字母前，ex- 用在元音字母前，为拉丁语词首，对应的希腊语词首为 a-/ an-，英语为 un-/ -less，注意作词首用的 e-/ ex- 和介词 e/ ex 意思不同，后者意为"出自、从……、由……离开、由于、依照"）；calcaratus = calcar + atus 距的，有距的；calcar- ← calcar 距，花萼或花瓣生蜜腺的距，短枝（结果枝）（距：雄鸡、雉等的腿的后面突出像脚趾的部分）

Herminium glossophyllum 雅致角盘兰：glosso- 舌，舌状的；phyllus/ phyllum/ phylla ← phyllon 叶片（用于希腊语复合词）

Herminium josephi 宽唇角盘兰：josephi（人名，词尾改为 "-ii" 似更妥）；-ii 表示人名，接在以辅音字母结尾的人名后面，但 -er 除外；-i 表示人名，接在以元音字母结尾的人名后面，但 -a 除外

Herminium lanceum 叉唇角盘兰（叉 chā）：lanceus 披针形的，矛形的，尖刀状的，柳叶刀状的

Herminium latifolia 宽叶角盘兰：lati-/ late- ← latus 宽的，宽广的；folius/ folium/ folia 叶，叶片（用于复合词）

Herminium macrophyllum 耳片角盘兰：macro-/ macr- ← macros 大的，宏观的（用于希腊语复合词）；phyllus/ phyllum/ phylla ← phyllon 叶片（用

H

于希腊语复合词）

Herminium monorchis 角盘兰：monorchis 一个球的，一个兰花的；mono-/ mon- ← monos 一个，单一的（希腊语，拉丁语为 unus/ uni-/ uno-）；Orchis 红门兰属（兰科）

Herminium ophioglossoides 长瓣角盘兰：ophioglossoides 像瓶尔小草的；Ophioglossum 瓶尔小草属（瓶尔小草科）；-oides/ -oideus/ -oideum/ -oidea/ -odes/ -eidos 像……的，类似……的，呈……状的（名词词尾）

Herminium orbiculare（圆叶角盘兰）：orbiculare 近圆形地；orbis 圆，圆形，圆圈，环；-culus/ -culum/ -cula 小的，略微的，稍微的（同第三变格法和第四变格法名词形成复合词）；-aris（阳性、阴性）/ -are（中性）← -alis（阳性、阴性）/ -ale（中性）属于，相似，如同，具有，涉及，关于，联结于（将名词作形容词用，其中 -aris 常用于以 l 或 r 为词干末尾的词）

Herminium quinquelobum 秀丽角盘兰：quinquelobus 五裂的；quin-/ quinqu-/ quinque-/ quinqui- 五，五数（希腊语为 penta-）；lobus/ lobos/ lobon 浅裂，耳片（裂片先端钝圆），荚果，蒴果

Herminium singulum 披针唇角盘兰：singulus 单个的，单一的

Herminium souliei 宽萼角盘兰：souliei（人名）；-i 表示人名，接在以元音字母结尾的人名后面，但 -a 除外

Herminium yunnanense 云南角盘兰：yunnanense 云南的（地名）

Hernandia 莲叶桐属（莲叶桐科）（31：p465）：hernandia ← Francisco Hernandez（人名，西班牙医生、旅行家）

Hernandia sonora 莲叶桐：sonorus 响亮的

Hernandiaceae 莲叶桐科（31：p463）：Hernandia 莲叶桐属；-aceae（分类单位科的词尾，为 -aceus 的阴性复数主格形式，加到模式属的名称后或同义词的词干后以组成族群名称）

Herniaria 治疝草属（疝 shàn）（石竹科）（26：p52）：herniaria 肠脱出的（指治疗脱肠病）；hernia 肠脱出；-arius/ -arium/ -aria 相似，属于（表示地点，场所，关系，所属）

Herniaria caucasica 高加索治疝草：caucasica 高加索的（地名，俄罗斯）

Herniaria glabra 治疝草：glabrus 光秃的，无毛的，光滑的

Herniaria polygama 杂性治疝草：polygamus 杂性的；poly- ← polys 多个，许多（希腊语，拉丁语为 multi-）；gamus 花（指有性花或繁殖能力）

Herpetospermum 波棱瓜属（葫芦科）（73-1：p210）：herpeton 爬虫；spermus/ spermum/ sperma 种子的（用于希腊语复合词）

Herpetospermum pedunculosum 波棱瓜：pedunculosus = pedunculus + osus = peduncularis 具花序柄的，具总花梗的；pedunculus/ peduncule/ pedunculis ← pes 花序柄，总花梗（花序基部无花着生部分，不同于花柄）；关联词：pedicellus/ pediculus 小花梗，小花柄（不同于花序柄）；pes/

pedis 柄，梗，茎秆，腿，足，爪（作词首或词尾，pes 的词干视为 "ped-"）；-osus/ -osum/ -osa 多的，充分的，丰富的，显著发育的，程度高的，特征明显的（形容词词尾）

Herpysma 爬兰属（兰科）（17：p159）：herpo 爬，攀爬；somos 推进

Herpysma longicaulis 爬兰：longe-/ longi- ← longus 长的，纵向的；caulis ← caulos 茎，茎秆，主茎

Hesperis 香花芥属（十字花科）（33：p365）：hesperos 黄昏（指夜间开花）；Hesperis 黄昏女神（希腊神话人物）

Hesperis matronalis 欧亚香花芥：matronalis/ matricalis 母亲的，妇人的；matrona 已婚女性，贵妇人

Hesperis oreophila 雾灵香花芥：oreo-/ ores-/ ori- ← oreos 山，山地，高山；philus/ philein ← philos → phil-/ phili/ philo- 喜好的，爱好的，喜欢的（注意区别形近词：phylus、phyllus）；phylus/ phylum/ phyla ← phylon/ phyle 植物分类单位中的"门"，位于"界"和"纲"之间，类群，种族，部落，聚群；phyllus/ phyllum/ phylla ← phyllon 叶片（用于希腊语复合词）

Hesperis sibirica 北香花芥：sibirica 西伯利亚的（地名，俄罗斯）；-icus/ -icum/ -ica 属于，具有某种特性（常用于地名、起源、生境）

Hesperis trichosepala 香花芥：trich-/ tricho-/ tricha- ← trichos ← thrix 毛，多毛的，线状的，丝状的；sepalus/ sepalum/ sepala 萼片（用于复合词）

Hetaeria 翻唇兰属（兰科）（17：p181）：hetaeria 伴侣

Hetaeria biloba 四腺翻唇兰：bilobus 二裂的；bi-/ bis- 二，二数，二回（希腊语为 di-）；lobus/ lobos/ lobon 浅裂，耳片（裂片先端钝圆），荚果，蒴果

Hetaeria cristata 白肋翻唇兰：cristatus = crista + atus 鸡冠的，鸡冠状的，扇形的，山脊状的；crista 鸡冠，山脊，网壁；-atus/ -atum/ -ata 属于，相似，具有，完成（形容词词尾）

Hetaeria elongata 长序翻唇兰：elongatus 伸长的，延长的；elongare 拉长，延长；longus 长的，纵向的；e-/ ex- 不，无，非，缺乏，不具有（e- 用在辅音字母前，ex- 用在元音字母前，为拉丁语词首，对应的希腊语词首为 a-/ an-，英语为 un-/ -less，注意作词首用的 e-/ ex- 和介词 e/ ex 意思不同，后者意为"出自、从……、由……离开、由于、依照"）

Hetaeria obliqua 斜瓣翻唇兰：obliquus 斜的，偏的，歪斜的，对角线的；obliq-/ obliqui- 对角线的，斜线的，歪斜的

Hetaeria rubens 滇南翻唇兰：rubens = rubus + ens 发红的，带红色的，变红的；rubrus/ rubrum/ rubra/ ruber 红色的

Heteracia 异喙菊属（菊科）（80-1：p299）：heteracia ← heteros 异样的，不同的（指头状花序内外轮果的形态不同）；hete-/ heter-/ hetero- ← heteros 不同的，多样的，不齐的

Heteracia szovitsii 异喙菊：szovitsii ← Johann Nepomuk Szovits（人名，19 世纪匈牙利药学家、植物采集员）

Heterocaryum 异果鹤虱属（紫草科）（64-2：p208）：hete-/ heter-/ hetero- ← heteros 不同的，多样的，不齐的；caryum ← caryon ← koryon 坚果，核（希腊语）

Heterocaryum rigidum 异果鹤虱：rigidus 坚硬的，不弯曲的，强直的

Heterolamium 异野芝麻属（唇形科）（66：p202）：hete-/ heter-/ hetero- ← heteros 不同的，多样的，不齐的；Lamium 野芝麻属

Heterolamium debile 异野芝麻：debile 软弱的，脆弱的

Heterolamium debile var. cardiophyllum 异野芝麻-细齿变种：cardio- ← kardia 心脏；phyllus/ phyllum/ phylla ← phyllon 叶片（用于希腊语复合词）

Heterolamium debile var. debile 异野芝麻-原变种 （词义见上面解释）

Heterolamium debile var. tochauense 异野芝麻-尖齿变种：tochauense（地名，四川省）

Heteropanax 幌伞枫属（幌 huǎng）（五加科）（54：p136）：hete-/ heter-/ hetero- ← heteros 不同的，多样的，不齐的；panax 人参

Heteropanax brevipedicellatus 短梗幌伞枫：brevi- ← brevis 短的（用于希腊语复合词词首）；pedicellatus = pedicellus + atus 具小花柄的；pedicellus = pes + cellus 小花梗，小花柄（不同于花序柄）；pes/ pedis 柄，梗，茎秆，腿，足，爪（作词首或词尾，pes 的词干视为"ped-"）；-cellus/ -cellum/ -cella、-cillus/ -cillum/ -cilla 小的，略微的，稍微的（与任何变格法名词形成复合词）；关联词：pedunculus 花序柄，总花梗（花序基部无花着生部分）；-atus/ -atum/ -ata 属于，相似，具有，完成（形容词词尾）

Heteropanax chinensis 华幌伞枫：chinensis = china + ensis 中国的（地名）；China 中国

Heteropanax fragrans 幌伞枫：fragrans 有香气的，飘香的；fragro 飘香，有香味

Heteropanax fragrans var. attenuatus 狭叶幌伞枫：attenuatus = ad + tenuis + atus 渐尖的，渐狭的，变细的，变弱的；ad- 向，到，近（拉丁语词首，表示程度加强）；构词规则：构成复合词时，词首末尾的辅音字母常同化为紧接其后的那个辅音字母（如 ad + t → att）；tenuis 薄的，纤细的，弱的，瘦的，窄的

Heteropanax fragrans var. fragrans 幌伞枫-原变种 （词义见上面解释）

Heteropanax fragrans var. subcordatus 心叶幌伞枫：subcordatus 近心形的；sub-（表示程度较弱）与……类似，几乎，稍微，弱，亚，之下，下面；cordatus ← cordis/ cor 心脏的，心形的；-atus/ -atum/ -ata 属于，相似，具有，完成（形容词词尾）

Heteropanax nitentifolius 亮叶幌伞枫：nittentifolius = nitens + folius 亮叶子的；nitens 光亮的，发光的；folius/ folium/ folia 叶，叶片（用于复合词）

Heteropanax yunnanensis 云南幌伞枫：yunnanensis 云南的（地名）

Heteropappus 狗娃花属（菊科）（74：p110）：

hete-/ heter-/ hetero- ← heteros 不同的，多样的，不齐的；pappus ← pappos 冠毛

Heteropappus altaicus 阿尔泰狗娃花：altaicus 阿尔泰的（地名，新疆北部山脉）

Heteropappus altaicus var. altaicus 阿尔泰狗娃花-原变种 （词义见上面解释）

Heteropappus altaicus var. canescens 阿尔泰狗娃花-灰白变种：canescens 变灰色的，淡灰色的；canens 使呈灰色的；canus 灰色的，灰白色的；-escens/ -ascens 改变，转变，变成，略微，带有，接近，相似，大致，稍微（表示变化的趋势，并未完全相似或相同，有别于表示达到完成状态的 -atus）

Heteropappus altaicus var. hirsutus 阿尔泰狗娃花-粗毛变种：hirsutus 粗毛的，糙毛的，有毛的（长而硬的毛）

Heteropappus altaicus var. millefolius 阿尔泰狗娃花-千叶变种：mille- 千，很多；folius/ folium/ folia 叶，叶片（用于复合词）

Heteropappus altaicus var. scaber 阿尔泰狗娃花-糙毛变种：scaber → scabrus 粗糙的，有凹凸的，不平滑的

Heteropappus altaicus var. taitoensis 阿尔泰狗娃花-台东变种：taitoensis 台东的（地名，属台湾省，"台东"的日语读音）

Heteropappus arenarius 普陀狗娃花：arenarius 沙子，沙地，沙地的，沙生的；arena 沙子；-arius/ -arium/ -aria 相似，属于（表示地点，场所，关系，所属）

Heteropappus bowerii 青藏狗娃花：bowerii ← James Bowie（人名，19 世纪英国植物学家）（词尾改为"-i"似更妥）；-eri 表示人名，在以 -er 结尾的人名后面加上 i 形成；-ii 表示人名，接在以辅音字母结尾的人名后面，但 -er 除外

Heteropappus ciliosus 华南狗娃花：ciliosus 流苏状的，纤毛的；cilium 缘毛，睫毛；-osus/ -osum/ -osa 多的，充分的，丰富的，显著发育的，程度高的，特征明显的（形容词词尾）

Heteropappus crenatifolius 圆齿狗娃花：crenatus = crena + atus 圆齿状的，具圆齿的；crena 叶缘的圆齿；folius/ folium/ folia 叶，叶片（用于复合词）

Heteropappus crenatifolius var. ramosissimus （多枝圆齿狗娃花）：ramosus = ramus + osus 分枝极多的；ramus 分枝，枝条；-osus/ -osum/ -osa 多的，充分的，丰富的，显著发育的，程度高的，特征明显的（形容词词尾）；-issimus/ -issima/ -issimum 最，非常，极其（形容词最高级）

Heteropappus eligulatus 无舌狗娃花：e-/ ex- 不，无，非，缺乏，不具有（e- 用在辅音字母前，ex- 用在元音字母前，为拉丁语词首，对应的希腊语词首为 a-/ an-，英语为 un-/ -less，注意作词首用的 e-/ ex- 和介词 e/ ex 意思不同，后者意为"出自、从……、由……离开、由于、依照"）；ligulatus（= ligula + atus）/ ligularis（= ligula + aris）舌状的，具舌的；ligula = lingua + ulus 小舌，小舌状物；lingua 舌，语言；ligule 舌，舌状物，舌瓣，叶舌

Heteropappus gouldii 拉萨狗娃花：gouldii（人名）；-ii 表示人名，接在以辅音字母结尾的人名后

面，但 -er 除外

Heteropappus hispidus 狗娃花：hispidus 刚毛的，髭毛状的

Heteropappus meyendorffii 砂狗娃花：meyendorffii（人名）；-ii 表示人名，接在以辅音字母结尾的人名后面，但 -er 除外

Heteropappus oldhami 台北狗娃花：oldhami ← Richard Oldham（人名，19 世纪植物采集员）（注：词尾改为“-ii”似更妥）；-ii 表示人名，接在以辅音字母结尾的人名后面，但 -er 除外；-i 表示人名，接在以元音字母结尾的人名后面，但 -a 除外

Heteropappus oldhami f. discoidus 盘状台北狗娃花：discoidus 圆盘状的；dic-/ disci-/ disco- ← discus ← discos 碟子，盘子，圆盘

Heteropappus semiprostratus 半卧狗娃花：semi- 半，准，略微；prostratus/ pronus/ procumbens 平卧的，匍匐的

Heteropappus tataricus 鞑靼狗娃花（鞑靼 dá dá）：tatarica ← Tatar 鞑靼的（古代欧亚大草原不同游牧民族的泛称，有多种音译：达怛、达靼、塔坦、鞑靼、达打、达达）

Heteropholis 假蛇尾草属（禾本科）（10-2：p276）：hete-/ heter-/ hetero- ← heteros 不同的，多样的，不齐的；pholis 鳞片

Heteropholis cochinchinensis 假蛇尾草：cochinchinensis ← Cochinchine 南圻的（历史地名，即今越南南部及其周边国家和地区）

Heteropholis cochinchinensis var. chenii 屏东假蛇尾草：chenii（人名）；-ii 表示人名，接在以辅音字母结尾的人名后面，但 -er 除外

Heteropholis cochinchinensis var. cochinchinensis 假蛇尾草-原变种 （词义见上面解释）

Heteroplexis 异裂菊属（菊科）（74：p290）：hete-/ heter-/ hetero- ← heteros 不同的，多样的，不齐的；plexis ← plexus 编织的，网状的，交错的

Heteroplexis sericophylla 绢叶异裂菊（绢 juàn）：sericophyllus 绢毛叶的；sericus 绢丝的，绢毛的，赛尔人的（Ser 为印度一民族）；phyllus/ phyllum/ phylla ← phyllon 叶片（用于希腊语复合词）

Heteroplexis vernonioides 异裂菊：Vernonia 斑鸠菊属（菊科）；-oides/ -oideus/ -oideum/ -oidea/ -odes/ -eidos 像……的，类似……的，呈……状的（名词词尾）

Heteropogon 黄茅属（禾本科）（10-2：p239）：hete-/ heter-/ hetero- ← heteros 不同的，多样的，不齐的；pogon 胡须，髯毛，芒尖

Heteropogon contortus 黄茅：contortus 拧劲的，旋转的；co- 联合，共同，合起来（拉丁语词首，为 cum- 的音变，表示结合、强化、完全，对应的希腊语为 syn-）；co- 的缀词音变有 co-/ com-/ con-/ col-/ cor-：co-（在 h 和元音字母前面），col-（在 l 前面），com-（在 b、m、p 之前），con-（在 c、d、f、g、j、n、qu、s、t 和 v 前面），cor-（在 r 前面）；tortus 拧劲，捻，扭曲

Heteropogon melanocarpus 黑果黄茅：mel-/ mela-/ melan-/ melano- ← melanus/ melaenus ← melas/ melanos 黑色的，浓黑色的，暗色的；

carpus/ carpum/ carpa/ carpon ← carpos 果实（用于希腊语复合词）

Heteropogon triticeus 麦黄茅：triticeus 像小麦的；Triticum 小麦属（禾本科）；-eus/ -eum/ -ea（接拉丁语词干时）属于……的，色如……的，质如……的（表示原料、颜色或品质的相似），（接希腊语词干时）属于……的，以……出名，为……所占有（表示具有某种特性）

Heterosmilax 肖菝葜属（肖菝葜 xiào bá qiā）（百合科）（15：p238）：hete-/ heter-/ hetero- ← heteros 不同的，多样的，不齐的；Smilax 菝葜属

Heterosmilax chinensis 华肖菝葜：chinensis = china + ensis 中国的（地名）；China 中国

Heterosmilax erecta 直立肖菝葜：erectus 直立的，笔直的

Heterosmilax japonica 肖菝葜：japonica 日本的（地名）；-icus/ -icum/ -ica 属于，具有某种特性（常用于地名、起源、生境）

Heterosmilax japonica var. gaudichaudiana 合丝肖菝葜：gaudichaudiana ← Charles Gaudichaud-Baupre（人名，19 世纪法国植物学家、医生）

Heterosmilax polyandra 多蕊肖菝葜：poly- ← polys 多个，许多（希腊语，拉丁语为 multi-）；andrus/ andros/ antherus ← aner 雄蕊，花药，雄性

Heterosmilax pottingeri 纤柄肖菝葜：pottingeri（人名）

Heterosmilax seisuiensis 台湾肖菝葜：seisuiensis（地名，属台湾省，日语读音）

Heterosmilax yunnanensis 短柱肖菝葜：yunnanensis 云南的（地名）

Heterostemma 醉魂藤属（萝藦科）（63：p512）：hete-/ heter-/ hetero- ← heteros 不同的，不齐的；stemmus 王冠，花冠，花环

Heterostemma alatum 醉魂藤：alatus → ala-/ alat-/ alati-/ alato- 翅，具翅的，具翼的；反义词：exalatus 无翼的，无翅的

Heterostemma brownii 台湾醉魂藤：brownii ← Nebrownii（人名）；-ii 表示人名，接在以辅音字母结尾的人名后面，但 -er 除外

Heterostemma esquirolii 贵州醉魂藤：esquirolii（人名）；-ii 表示人名，接在以辅音字母结尾的人名后面，但 -er 除外

Heterostemma grandiflorum 大花醉魂藤：grandi- ← grandis 大的；florus/ florum/ flora ← flos 花（用于复合词）

Heterostemma oblongifolium 催乳藤：oblongus = ovus + longus 长椭圆形的（ovus 的词干 ov- 音变为 ob-）；ovus 卵，胚珠，卵形的，椭圆形的；longus 长的，纵向的；folius/ folium/ folia 叶，叶片（用于复合词）

Heterostemma renchangii 广西醉魂藤：renchangii 秦仁昌（人名，1898–1986，中国植物学家，蕨类植物专家）

Heterostemma siamicum 心叶醉魂藤：siamicum 暹罗的（地名，泰国古称）（暹 xiān）

Heterostemma sinicum 海南醉魂藤：sinicum 中国的（地名）；-icus/ -icum/ -ica 属于，具有某种特性

（常用于地名、起源、生境）

Heterostemma tsoongii 灵山醉魂藤：tsoongii ← K. K. Tsoong 钟观光（人名，1868–1940，中国植物学家，北京大学教授，最先用科学方法广泛研究植物分类学，近代中国最早采集植物标本的学者，也是近代植物学的开拓者）

Heterostemma villosum 长毛醉魂藤：villosus 柔毛的，绵毛的；villus 毛，羊毛，长绒毛；-osus/ -osum/ -osa 多的，充分的，丰富的，显著发育的，程度高的，特征明显的（形容词词尾）

Heterostemma wallichii 云南醉魂藤：wallichii ← Nathaniel Wallich（人名，19 世纪初丹麦植物学家、医生）

Hevea 橡胶树属（大戟科）（44-2：p138）：hevea 橡胶树（巴西土名）

Hevea brasiliensis 橡胶树：brasiliensis 巴西的（地名）

Hewittia 猪菜藤属（旋花科）（64-1：p43）：hewittia ← John Hewitt（人名，20 世纪英国动物学家、博物学家）

Hewittia sublobata 猪菜藤：sublobatus 近浅裂的；sub-（表示程度较弱）与……类似，几乎，稍微，弱，亚，之下，下面；lobatus = lobus + atus 具浅裂的，具耳垂状突起的；lobus/ lobos/ lobon 浅裂，耳片（裂片先端钝圆），荚果，蒴果；-atus/ -atum/ -ata 属于，相似，具有，完成（形容词词尾）

Hibiscus 木槿属（槿 jǐn）（锦葵科）（49-2：p61）：hibiscus 木槿（锦葵属一种大型植物的古拉丁名）

Hibiscus aridicola 旱地木槿：aridus 干旱的；colus ← colo 分布于，居住于，栖居，殖民（常作词尾）；colo/ colere/ colui/ cultum 居住，耕作，栽培

Hibiscus aridicola var. aridicola 旱地木槿-原变种 （词义见上面解释）

Hibiscus aridicola var. glabratus 光柱旱地木槿：glabratus = glabrus + atus 脱毛的，光滑的；glabrus 光秃的，无毛的，光滑的；-atus/ -atum/ -ata 属于，相似，具有，完成（形容词词尾）

Hibiscus austro-yunnanensis 滇南芙蓉：austro-/ austr- 南方的，南半球的，大洋洲的；auster 南方，南风；yunnanensis 云南的（地名）

Hibiscus cannabinus 大麻槿：cannabinus 像大麻的；cannabis ← kannabis ← kanb 大麻（波斯语）；-inus/ -inum/ -ina/ -inos 相近，接近，相似，具有（通常指颜色）

Hibiscus coccineus 红秋葵：coccus/ coccineus 浆果，绯红色（一种形似浆果的介壳虫的颜色）；同形异义词：coccus/ cocco/ cocci/ coccis 心室，心皮；-eus/ -eum/ -ea（接拉丁语词干时）属于……的，色如……的，质如……的（表示原料、颜色或品质的相似），（接希腊语词干时）属于……的，以……出名，为……所占有（表示具有某种特性）

Hibiscus elatus 高红槿：elatus 高的，梢端的

Hibiscus grewiifolius 樟叶槿：Grewia 扁担杆属（椴树科）；缀词规则：以属名作复合词时原词尾变形后的 i 要保留；folius/ folium/ folia 叶，叶片（用于复合词）

Hibiscus indicus 美丽芙蓉：indicus 印度的（地名）；-icus/ -icum/ -ica 属于，具有某种特性（常用于地

名、起源、生境）

Hibiscus indicus var. indicus 美丽芙蓉-原变种（词义见上面解释）

Hibiscus indicus var. integrilobus 全叶美丽芙蓉：integer/ integra/ integrum → integri- 完整的，整个的，全缘的；lobus/ lobos/ lobon 浅裂，耳片（裂片先端钝圆），荚果，蒴果

Hibiscus labordei 贵州芙蓉：labordei ← J. Laborde（人名，19 世纪活动于中国贵州的法国植物采集员）；-i 表示人名，接在以元音字母结尾的人名后面，但 -a 除外

Hibiscus leiospermus 光籽木槿：lei-/ leio-/ lio- ← leius ← leios 光滑的，平滑的；spermus/ spermum/ sperma 种子的（用于希腊语复合词）

Hibiscus lobatus 草木槿：lobatus = lobus + atus 具浅裂的，具耳垂状突起的；lobus/ lobos/ lobon 浅裂，耳片（裂片先端钝圆），荚果，蒴果；-atus/ -atum/ -ata 属于，相似，具有，完成（形容词词尾）

Hibiscus macrophyllus 大叶木槿：macro-/ macr- ← macros 大的，宏观的（用于希腊语复合词）；phyllus/ phyllum/ phylla ← phyllon 叶片（用于希腊语复合词）

Hibiscus moscheutos 芙蓉葵：moscheutos 麝香味的；mosch- 麝香

Hibiscus mutabilis 木芙蓉：mutabilis = mutatus + bilis 容易变化的，不稳定的，形态多样的（叶片、花的形状和颜色等）；mutatus 变化了的，改变了的，突变的；mutatio 改变；-ans/ -ens/ -bilis/ -ilis 能够，可能（为形容词词尾，-ans/ -ens 用于主动语态，-bilis/ -ilis 用于被动语态）

Hibiscus mutabilis f. mutabilis 木芙蓉-原变型（词义见上面解释）

Hibiscus mutabilis f. plenus 重瓣木芙蓉（重 chóng）：plenus → plen-/ pleni- 很多的，充满的，大量的，重瓣的，多重的

Hibiscus paramutabilis 庐山芙蓉：paramutabilis 稍易变的，近似 mutabilis 的；para- 类似，接近，近旁，假的；Hibiscus mutabilis 木芙蓉；mutatus 变化了的，改变了的，突变的；-ans/ -ens/ -bilis/ -ilis 能够，可能（为形容词词尾，-ans/ -ens 用于主动语态，-bilis/ -ilis 用于被动语态）

Hibiscus paramutabilis var. longipedicellatus 长梗庐山芙蓉：longe-/ longi- ← longus 长的，纵向的；pedicellatus = pedicellus + atus 具小花柄的；pedicellus = pes + cellus 小花梗，小花柄（不同于花序柄）；pes/ pedis 柄，梗，茎秆，腿，足，爪（作词首或词尾，pes 的词干视为 "ped-"）；-cellus/ -cellum/ -cella、-cillus/ -cillum/ -cilla 小的，略微的，稍微的（与任何变格法名词形成复合词）；关联词：pedunculus 花序柄，总花梗（花序基部无花着生部分）；-atus/ -atum/ -ata 属于，相似，具有，完成（形容词词尾）

Hibiscus paramutabilis var. paramutabilis 庐山芙蓉-原变种 （词义见上面解释）

Hibiscus radiatus 辐射刺芙蓉：radiatus = radius + atus 辐射状的，放射状的；radius 辐射，射线，半径，边花，伞形花序

Hibiscus rosa-sinensis 朱槿：rosa-sinensis 中国蔷

薇；Rosa 蔷薇属（蔷薇科）；rosa 蔷薇（古拉丁名）← rhodon 蔷薇（希腊语）← rhodd 红色，玫瑰红（凯尔特语）；sinensis = Sina + ensis 中国的（地名）；Sina 中国

Hibiscus rosa-sinensis var. rosa-sinensis 朱槿-原变种 （词义见上面解释）

Hibiscus rosa-sinensis var. rubro-plenus 重瓣朱槿：rubr-/ rubri-/ rubro- ← rubrus 红色；plenus → plen-/ pleni- 很多的，充满的，大量的，重瓣的，多重的

Hibiscus sabdariffa 玫瑰茄（茄 qié）：sabdariffa （印度方言土名）

Hibiscus schizopetalus 吊灯扶桑：schiz-/ schizo- 裂开的，分歧的，深裂的（希腊语）；petalus/ petalum/ petala ← petalon 花瓣

Hibiscus sinosyriacus 华木槿：sinosyriacus 中国小亚细亚的；sino- 中国；syriacus 叙利亚的，小亚细亚的（地名）

Hibiscus surattensis 刺芙蓉：surattensis 素叻他尼的（地名，泰国）

Hibiscus syriacus 木槿：syriacus 叙利亚的，小亚细亚的（地名）

Hibiscus syriacus var. brevibracteatus 短苞木槿：brevi- ← brevis 短的（用于希腊语复合词词首）；bracteatus = bracteus + atus 具苞片的；bracteus 苞，苞片，苞鳞

Hibiscus syriacus var. longibracteatus 长苞木槿：longe-/ longi- ← longus 长的，纵向的；bracteatus = bracteus + atus 具苞片的；bracteus 苞，苞片，苞鳞

Hibiscus syriacus var. syriacus 木槿-原变种 （词义见上面解释）

Hibiscus syriacus var. syriacus f. albus-plenus 白花重瓣木槿：albus → albi-/ albo- 白色的；plenus → plen-/ pleni- 很多的，充满的，大量的，重瓣的，多重的

Hibiscus syriacus var. syriacus f. amplissimus 粉紫重瓣木槿：ampli- ← amplus 大的，宽的，膨大的，扩大的；-issimus/ -issima/ -issimum 最，非常，极其（形容词最高级）

Hibiscus syriacus var. syriacus f. elegantissimus 雅致木槿：elegantus ← elegans 优雅的；-issimus/ -issima/ -issimum 最，非常，极其（形容词最高级）

Hibiscus syriacus var. syriacus f. grandiflorus 大花木槿：grandi- ← grandis 大的；florus/ florum/ flora ← flos 花（用于复合词）

Hibiscus syriacus var. syriacus f. paeoniflorus 牡丹木槿：paeoniflorus 芍药花的（注：以属名作复合词时原词尾变形后的 i 要保留，故该种加词宜改为"paeoniiflorus"）；Paeonia 芍药属（毛茛科，芍药科）；florus/ florum/ flora ← flos 花（用于复合词）

Hibiscus syriacus var. syriacus f. totus-albus 白花单瓣木槿：totus-albus 全白的；totus 全体的，完全的；albus → albi-/ albo- 白色的

Hibiscus syriacus var. syriacus f. violaceus 紫花重瓣木槿：violaceus 紫红色的，紫堇色的，堇菜状的；Viola 堇菜属（堇菜科）；-aceus/ -aceum/

-acea 相似的，有……性质的，属于……的

Hibiscus taiwanensis 台湾芙蓉：taiwanensis 台湾的（地名）

Hibiscus tiliaceus 黄槿：Tilia 椴树属（椴树科）；-aceus/ -aceum/ -acea 相似的，有……性质的，属于……的

Hibiscus trionum 野西瓜苗：trionum 最北，北斗星

Hibiscus yunnanensis 云南芙蓉：yunnanensis 云南的（地名）

Hicriopteris 里白属（里白科）（2：p122）：hicriopteris 山核桃状蕨（指羽状叶相似）；hicrio 山核桃；pteris ← pteryx 翅，翼，蕨类（希腊语）

Hicriopteris blotiana 阔片里白：blotiana（人名）

Hicriopteris cantonensis 粤里白：cantonensis 广东的（地名）

Hicriopteris chinensis 中华里白：chinensis = china + ensis 中国的（地名）；China 中国

Hicriopteris critica 正里白：criticus 值得注意的

Hicriopteris gigantea 大里白：giganteus 巨大的；giga-/ gigant-/ giganti- ← gigantos 巨大的；-eus/ -eum/ -ea（接拉丁语词干时）属于……的，色如……的，质如……的（表示原料、颜色或品质的相似），（接希腊语词干时）属于……的，以……出名，为……所占有（表示具有某种特性）

Hicriopteris glauca 里白：glaucus → glauco-/ glauc- 被白粉的，发白的，灰绿色的

Hicriopteris glaucoides 假里白：glaucoides = glaucus + oides 近似 glauca 的，略白的（glauca 为原种的种加词）；-oides/ -oideus/ -oideum/ -oidea/ -odes/ -eidos 像……的，类似……的，呈……状的（名词词尾）

Hicriopteris laevissima 光里白：laevis/ levis/ laeve/ leve → levi-/ laevi- 光滑的，无毛的，无不平或粗糙感觉的；-issimus/ -issima/ -issimum 最，非常，极其（形容词最高级）

Hicriopteris maxima 绿里白：maximus 最大的

Hicriopteris omeiensis 峨眉里白：omeiensis 峨眉山的（地名，四川省）

Hicriopteris reflexa 灰里白：reflexus 反曲的，后曲的；re- 返回，相反，再次，重复，向后，回头；flexus ← flecto 扭曲的，卷曲的，弯弯曲曲的，柔性的；flecto 弯曲，使扭曲

Hicriopteris remota 远羽里白：remotus 分散的，分开的，稀疏的，远距离的

Hicriopteris rufa 厚毛里白：rufus 红褐色的，发红的，淡红色的；ruf-/ rufi-/ frufo- ← rufus/ rubus 红褐色的，锈色的，红色的，发红的，淡红色的

Hicriopteris rufo-pilosa 红毛里白：ruf-/ rufi-/ frufo- ← rufus/ rubus 红褐色的，锈色的，红色的，发红的，淡红色的；pilosus = pilus + osus 多毛的，被柔毛的，具疏柔毛的，被短弱细毛的；pilus 毛，疏柔毛；-osus/ -osum/ -osa 多的，充分的，丰富的，显著发育的，程度高的，特征明显的（形容词词尾）

Hicriopteris simulans 海南里白：simulans 仿造的，模仿的；simulo/ simuilare/ simulatus 模仿，模拟，伪装

Hicriopteris tamdaoensis 越北里白：tamdaoensis ← Tam Dao 大毛山的（地名，越南北

部靠近中国边界）

Hicriopteris yunnanensis 云南里白：yunnanensis 云南的（地名）

Hieracium 山柳菊属（菊科）（80-1：p93）：hieracium ← hierax 鹰（传说鹰取食该植物可以增强视力）

Hieracium asiaticum 中亚山柳菊：asiaticum 亚洲的（地名）；-aticus/ -aticum/ -atica 属于，表示生长的地方，作名词词尾

Hieracium coreanum 宽叶山柳菊：coreanum 朝鲜的（地名）

Hieracium echioides 刚毛山柳菊：Echioides 像蓝蓟的；Echium 蓝蓟属（紫草科）；-oides/ -oideus/ -oideum/ -oidea/ -odes/ -eidos 像……的，类似……的，呈……状的（名词词尾）

Hieracium hololeion 全光菊：holo-/ hol- 全部的，所有的，完全的，联合的，全缘的，不分裂的；leion 平滑的，全缘的

Hieracium korshinskyi 新疆山柳菊：korshinskyi（人名）；-i 表示人名，接在以元音字母结尾的人名后面，但 -a 除外

Hieracium morii（日本山柳菊）：morii 森（日本人名）

Hieracium pinanense（卑南山柳菊）：pinanense 卑南的（台湾省旧县名，于 1945 年并入台东县）

Hieracium procerum 棕毛山柳菊：procerus 高的，有高度的，极高的

Hieracium regelianum 卵叶山柳菊：regelianum ← Eduard August von Regel（人名，19 世纪德国植物学家）

Hieracium umbellatum 山柳菊：umbellatus = umbella + atus 伞形花序的，具伞的；umbella 伞形花序

Hieracium virosum 粗毛山柳菊：virosus 有毒的，恶臭的；virus 毒素，毒液，黏液，恶臭

Hierochloe 茅香属（禾本科）（9-3：p175）：hieros + chloe 圣草（北欧地区的习惯，祭奠基督教徒时把有芳香味的草散放在教会门口）；hieros 神圣的；chloa ← chloe 草，禾草

Hierochloe alpina 高山茅香：alpinus = alpus + inus 高山的；alpus 高山；al-/ alti-/ alto- ← altus 高的，高处的；-inus/ -inum/ -ina/ -inos 相近，接近，相似，具有（通常指颜色）；关联词：subalpinus 亚高山的

Hierochloe glabra 光稃香草（稃 fū）：glabrus 光秃的，无毛的，光滑的

Hierochloe laxa 松序茅香草：laxus 稀疏的，松散的，宽松的

Hierochloe odorata 茅香：odoratus = odorus + atus 香气的，气味的；odor 香气，气味；-atus/ -atum/ -ata 属于，相似，具有，完成（形容词词尾）

Hierochloe odorata var. odorata 茅香-原变种（词义见上面解释）

Hierochloe odorata var. pubescens 毛鞘茅香：pubescens ← pubens 被短柔毛的，长出柔毛的；pubi- ← pubis 细柔毛的，短柔毛的，毛被的；pubesco/ pubescere 长成的，变为成熟的，长出柔毛的，青春期体毛的；-escens/ -ascens 改变，转变，

变成，略微，带有，接近，相似，大致，稍微（表示变化的趋势，并未完全相似或相同，有别于表示达到完成状态的 -atus）

Himalrandia 须弥茜树属（茜 qiàn）（茜草科）（71-1：p358）：himalrandia（人名）

Himalrandia lichiangensis 须弥茜树：lichiangensis 丽江的（地名，云南省）

Hippeastrum 朱顶红属（石蒜科）（16-1：p14）：hippeastrum 马鞍状的；hippeos 骑士（比喻跨腿的形状）；-aster/ -astra/ -astrum/ -ister/ -istra/ -istrum 相似的，程度稍弱，稍小的，次等级的（用于拉丁语复合词词尾，表示不完全相似或低级之意，常用以区别一种野生植物与栽培植物，如 oleaster、oleastrum 野橄榄，以区别于 olea，即栽培的橄榄，而作形容词词尾时则表示小或程度弱化，如 surdaster 稍聋的，比 surdus 稍弱）

Hippeastrum rutilum 朱顶红：rutilus 橙红色的，金色的，发亮的；rutilo 泛红，发红光，发亮

Hippeastrum vittatum 花朱顶红：vittatus 具条纹的，具条带的，具油管的，有条带装饰的；vitta 条带，细带，缎带

Hippeophyllum 套叶兰属（兰科）（18：p150）：hippeos 骑士（比喻跨腿的形状）；phyllus/ phyllum/ phylla ← phyllon 叶片（用于希腊语复合词）

Hippeophyllum pumilum 宝岛套叶兰：pumilus 矮的，小的，低矮的，矮人的

Hippeophyllum sinicum 套叶兰：sinicum 中国的（地名）；-icus/ -icum/ -ica 属于，具有某种特性（常用于地名、起源、生境）

Hippobroma 马醉草属（桔梗科）（增补）：hippobroma 马暴怒的（指毒性能使马狂暴）；hippion ← hippos 马；bromos 暴怒，愤怒

Hippobroma longiflora 马醉草：longe-/ longi- ← longus 长的，纵向的；florus/ florum/ flora ← flos 花（用于复合词）

Hippocastanaceae 七叶树科（46：p274）：hippocastanum = hippos + castanus 马鬃色板栗（七叶树的古拉丁名）；-aceae（分类单位科的词尾，为 -aceus 的阴性复数主格形式，加到模式属的名称后或同义词的词干后以组成族群名称）；hippos 马（希腊语）；Castanea 栗属（壳斗科）

Hippocrateaceae 翅子藤科（46：p1）：hippocrates（人名，公元前 460– 前 377，古希腊医学家）；-aceae（分类单位科的词尾，为 -aceus 的阴性复数主格形式，加到模式属的名称后或同义词的词干后以组成族群名称）

Hippolytia 女蒿属（菊科）（76-1：p87）：hippolytia（希腊神话中的女神）

Hippolytia alashanensis 贺兰山女蒿：alashanensis 阿拉善的（地名，内蒙古最西部）

Hippolytia delavayi 川滇女蒿：delavayi ← P. J. M. Delavay（人名，1834–1895，法国传教士，曾在中国采集植物标本）；-i 表示人名，接在以元音字母结尾的人名后面，但 -a 除外

Hippolytia desmantha 束伞女蒿：desmanthus 束状花的；desma 带，条带，链子，束状的；anthus/ anthum/ antha/ anthe ← anthos 花（用于希腊语

H

复合词）

Hippolytia glomerata 团伞女蒿：glomeratus = glomera + atus 聚集的，球形的，聚成球形的；glomera 线球，一团，一束

Hippolytia gossypina 棉毛女蒿：gossypinus 密被绵毛的

Hippolytia herderi 新疆女蒿：herderi ← Ferdinand Gottfried Theobald von Herder（人名，19 世纪植物学家）；-eri 表示人名，在以 -er 结尾的人名后面加上 i 形成

Hippolytia kennedyi 垫状女蒿：kennedyi ← John Kennedy（人名，英国种苗专家）；-i 表示人名，接在以元音字母结尾的人名后面，但 -a 除外

Hippolytia senecionis 普兰女蒿：senecionis 千里光的（所有格）；Senecio 千里光属（菊科）

Hippolytia syncalathiformis 合头女蒿：syncalathiformis 合头菊状的，合头状的；Syncalathium 合头菊属（菊科）；syn- 联合，共同，合起来（希腊语词首，对应的拉丁语为 co-）；syn- 的缀词音变有：sy-/ syl-/ sym-/ syn-/ syr-/ sys-（在 s、t 前面），syl-（在 l 前面），sym-（在 b 和 p 前面），syn-/ syr-（在 r 前面）；calathium ← calathos 篮，花篮；formis/ forma 形状

Hippolytia tomentosa 灰叶女蒿：tomentosus = tomentum + osus 绒毛的，密被绒毛的；tomentum 绒毛，浓密的毛被，棉絮，棉絮状填充物（被褥、垫子等）；-osus/ -osum/ -osa 多的，充分的，丰富的，显著发育的，程度高的，特征明显的（形容词词尾）

Hippolytia trifida 女蒿：trifidus 三深裂的；tri-/ tripli-/ triplo- 三个，三数；fidus ← findere 裂开，分裂（裂深不超过 1/3，常作词尾）

Hippolytia yunnanensis 大叶女蒿：yunnanensis 云南的（地名）

Hippophae 沙棘属（胡颓子科）（52-2：p60）：hippophae 灰色的马（指叶片背面密被灰色油亮的短伏毛）；hippos 马（希腊语）；phaeus ← phaios 暗色的，褐色的，灰色的

Hippophae neurocarpa 肋果沙棘：neur-/ neuro- ← neuron 脉，神经；carpus/ carpum/ carpa/ carpon ← carpos 果实（用于希腊语复合词）

Hippophae rhamnoides 沙棘：rhamnoides 像鼠李的；Rhamnus 鼠李属（鼠李科）；-oides/ -oideus/ -oideum/ -oidea/ -odes/ -eidos 像……的，类似……的，呈……状的（名词词尾）

Hippophae rhamnoides subsp. gyantsensis 江孜沙棘：gyantsensis 江孜的（地名，西藏自治区）

Hippophae rhamnoides subsp. mongolica 蒙古沙棘：mongolica 蒙古的（地名）；mongolia 蒙古的（地名）；-icus/ -icum/ -ica 属于，具有某种特性（常用于地名、起源、生境）

Hippophae rhamnoides subsp. rhamnoides 沙棘-原亚种 （词义见上面解释）

Hippophae rhamnoides subsp. sinensis 中国沙棘：sinensis = Sina + ensis 中国的（地名）；Sina 中国

Hippophae rhamnoides subsp. turkestanica 中亚沙棘：turkestanica 土耳其的（地名）；-icus/ -icum/ -ica 属于，具有某种特性（常用于地名、起

源、生境）

Hippophae rhamnoides subsp. yunnanensis 云南沙棘：yunnanensis 云南的（地名）

Hippophae salicifolia 柳叶沙棘：salici ← Salix 柳属；构词规则：以 -ix/ -iex 结尾的词其词干末尾视为 -ic，以 -ex 结尾视为 -i/ -ic，其他以 -x 结尾视为 -c；folius/ folium/ folia 叶，叶片（用于复合词）

Hippophae thibetana 西藏沙棘：thibetana 西藏的（地名）

Hippuridaceae 杉叶藻科（53-2：p144）：Hippuris 杉叶藻属；-aceae（分类单位科的词尾，为 -aceus 的阴性复数主格形式，加到模式属的名称后或同义词的词干后以组成族群名称）

Hippuris 杉叶藻属（杉叶藻科）（53-2：p144）：hippuris = hippos + uris 马尾巴；hippos 马（希腊语）；-urus/ -ura/ -ourus/ -oura/ -oure/ -uris 尾巴

Hippuris spiralis 螺旋杉叶藻：spiralis/ spirale 螺旋状的，盘卷的，缠绕的；spira ← speira 螺旋状的，环状的，缠绕的，盘卷的（希腊语）

Hippuris vulgaris 杉叶藻：vulgaris 常见的，普通的，分布广的；vulgus 普通的，到处可见的

Hippuris vulgaris var. ramificans 分枝杉叶藻：ramificans 在分枝的，生枝条的；ramus 分枝，枝条；-ficans/ -ficatio 繁殖，增值，分生，出产

Hippuris vulgaris var. vulgaris 杉叶藻-原变种 （词义见上面解释）

Hiptage 风筝果属（金虎尾科）（43-3：p115）：hiptage ← hiptamai 飞（希腊语）（指翅果）

Hiptage acuminata 尖叶风筝果：acuminatus = acumen + atus 锐尖的，渐尖的；acumen 渐尖头；-atus/ -atum/ -ata 属于，相似，具有，完成（形容词词尾）

Hiptage benghalensis 风筝果：benghalensis 孟加拉的（地名）

Hiptage benghalensis var. benghalensis 风筝果-原变种 （词义见上面解释）

Hiptage benghalensis var. tonkinensis 越南风筝果：tonkin 东京（地名，越南河内的旧称）

Hiptage candicans 白花风筝果：candicans 白毛状的，发白光的，变白的；-icans 表示正在转变的过程或相似程度，有时表示相似程度非常接近、几乎相同

Hiptage candicans var. candicans 白花风筝果-原变种 （词义见上面解释）

Hiptage candicans var. harmandiana 越南白花风筝果：harmandiana（人名）

Hiptage fraxinifolia 白蜡叶风筝果：Fraxinus 梣属（木樨科），白蜡树；folius/ folium/ folia 叶，叶片（用于复合词）

Hiptage lanceoleata 披针叶风筝果：lanceoleata（为 "lanceolata" 的误拼）；lanceolatus = lanceus + olus + atus 小披针形的，小柳叶刀的；lance-/ lancei-/ lanci-/ lanceo-/ lanc- ← lanceus 披针形的，矛形的，尖刀状的，柳叶刀状的；-olus ← -ulus 小，稍微，略微（-ulus 在字母 e 或 i 之后变成 -olus/ -ellus/ -illus）；-atus/ -atum/ -ata 属于，相似，具有，完成（形容词词尾）

Hiptage leptophylla 薄叶风筝果：leptus ← leptos 细的，薄的，瘦小的，狭长的；phyllus/ phyllum/

H

phylla ← phyllon 叶片（用于希腊语复合词）

Hiptage luodianensis 罗甸风筝果：luodianensis 罗甸的（地名，贵州省）

Hiptage lushuiensis 泸水风筝果：lushuiensis 泸水的（地名，云南省）

Hiptage minor 小花风筝果：minor 较小的，更小的

Hiptage multiflora 多花风筝果：multi- ← multus 多个，多数，很多（希腊语为 poly-）；florus/ florum/ flora ← flos 花（用于复合词）

Hiptage sericea 绢毛风筝果（绢 juàn）：sericeus 绢丝状的；sericus 绢丝的，绢毛的，赛尔人的（Ser 为印度一民族）；-eus/ -eum/ -ea（接拉丁语词干时）属于……的，色如……的，质如……的（表示原料、颜色或品质的相似），（接希腊语词干时）属于……的，以……出名，为……所占有（表示具有某种特性）

Hiptage tianyangensis 田阳风筝果：tianyangensis 田阳的（地名，广西壮族自治区）

Hiptage yunnanensis 云南风筝果：yunnanensis 云南的（地名）

Histiopteris 栗蕨属（凤尾蕨科）（3-1：p89）：histion 编织物（指网状）；pteris ← pteryx 翅，翼，蕨类（希腊语）

Histiopteris incisa 栗蕨：incisus 深裂的，锐裂的，缺刻的

Hodgsonia 油渣果属（葫芦科）（73-1：p257）：hodgsonia ← Brain H. Hodgson（人名，1800–1894，英国植物学家）

Hodgsonia macrocarpa 油渣果：macro-/ macr- ← macros 大的，宏观的（用于希腊语复合词）；carpus/ carpum/ carpa/ carpon ← carpos 果实（用于希腊语复合词）

Hodgsonia macrocarpa var. capniocarpa 腺点油瓜：capnio- ← capnoides 烟色的；carpus/ carpum/ carpa/ carpon ← carpos 果实（用于希腊语复合词）

Hodgsonia macrocarpa var. macrocarpa 油渣果-原变种（词义见上面解释）

Holarrhena 止泻木属（夹竹桃科）（63：p117）：holo-/ hol- 全部的，所有的，完全的，联合的，全缘的，不分裂的；arrhena 男性，强劲，雄蕊，花药

Holarrhena antidysenterica 止泻木：antidysenterica 防治痢疾的；anti- 相反，反对，抵抗，治疗（anti- 为希腊语词首，相当于拉丁语的 contra-/ contro）；dysentericus 痢疾的

Holboellia 八月瓜属（木通科）（29：p11）：holboellia ← Frederick Ludvig Holboell（人名，1765–1829，丹麦植物学家）

Holboellia brachyandra 短蕊八月瓜：brachy- ← brachys 短的（用于拉丁语复合词词首）；andrus/ andros/ antherus ← aner 雄蕊，花药，雄性

Holboellia chapaensis 沙坝八月瓜：chapaensis ← Chapa 沙巴的（地名，越南北部）

Holboellia coriacea 鹰爪枫：coriaceus = corius + aceus 近皮革的，近革质的；corius 皮革的，革质的；-aceus/ -aceum/ -acea 相似的，有……性质的，属于……的

Holboellia fargesii 五月瓜藤：fargesii ← Pere Paul Guillaume Farges（人名，19 世纪中叶至 20 世纪活动于中国的法国传教士，植物采集员）

Holboellia grandiflora 牛姆瓜：grandi- ← grandis 大的；florus/ florum/ flora ← flos 花（用于复合词）

Holboellia latifolia 八月瓜：lati-/ late- ← latus 宽的，宽广的；folius/ folium/ folia 叶，叶片（用于复合词）

Holboellia latifolia var. angustifolia 狭叶八月瓜：angusti- ← angustus 窄的，狭的，细的；folius/ folium/ folia 叶，叶片（用于复合词）

Holboellia latifolia var. latifolia 八月瓜-原变种（词义见上面解释）

Holboellia latistaminea 扁丝八月瓜：lati-/ late- ← latus 宽的，宽广的；stamineus 属于雄蕊的；staminus 雄性的，雄蕊的；stamen/ staminis 雄蕊；-eus/ -eum/ -ea（接拉丁语词干时）属于……的，色如……的，质如……的（表示原料、颜色或品质的相似），（接希腊语词干时）属于……的，以……出名，为……所占有（表示具有某种特性）

Holboellia linearifolia 线叶八月瓜：linearis = lineus + aris 线条的，线形的，线状的，亚麻状的；folius/ folium/ folia 叶，叶片（用于复合词）；-aris（阳性、阴性）/ -are（中性）← -alis（阳性、阴性）/ -ale（中性）属于，相似，如同，具有，涉及，关于，联结于（将名词作形容词用，其中 -aris 常用于以 l 或 r 为词干末尾的词）

Holboellia medogensis 墨脱八月瓜：medogensis 墨脱的（地名，西藏自治区）

Holboellia ovatifoliolata 昆明鹰爪枫：ovatus = ovus + atus 卵圆形的；ovus 卵，胚珠，卵形的，椭圆形的；foliolatus = folius + ulus + atus 具小叶的，具叶片的；folius/ folium/ folia 叶，叶片（用于复合词）；-ulus/ -ulum/ -ula 小的，略微的，稍微的（小词 -ulus 在字母 e 或 i 之后有多种变缀，即 -olus/ -olum/ -ola、-ellus/ -ellum/ -ella、-illus/ -illum/ -illa，与第一变格法和第二变格法名词形成复合词）；-atus/ -atum/ -ata 属于，相似，具有，完成（形容词词尾）

Holboellia parviflora 小花鹰爪枫：parviflorus 小花的；parvus 小的，些微的，弱的；florus/ florum/ flora ← flos 花（用于复合词）

Holboellia pterocaulis 棱茎八月瓜：pterus/ pteron 翅，翼，蕨类；caulis ← caulos 茎，茎秆，主茎

Holcoglossum 槽舌兰属（兰科）（19：p420）：holcos ← holkos 条带，窄带（希腊语）；glossus 舌，舌状的

Holcoglossum amesianum 大根槽舌兰：amesianum（人名）

Holcoglossum flavescens 短距槽舌兰：flavescens 淡黄的，发黄的，变黄的；flavus → flavo-/ flavi-/ flav- 黄色的，鲜黄色的，金黄色的（指纯正的黄色）；-escens/ -ascens 改变，转变，变成，略微，带有，接近，相似，大致，稍微（表示变化的趋势，并未完全相似或相同，有别于表示达到完成状态的 -atus）

Holcoglossum kimballianum 管叶槽舌兰：kimballianum（地名，缅甸）

Holcoglossum lingulatum 舌唇槽舌兰：lingulatus = lingua + ulus + atus 具小舌的，具细丝带的；lingua 舌状的，丝带状的，语言的；

H

-ulatus/ -ulata/ -ulatum = ulus + atus 小的，略微的，稍微的，属于小的；-ulus/ -ulum/ -ula 小的，略微的，稍微的（小词 -ulus 在字母 e 或 i 之后有多种变缀，即 -olus/ -olum/ -ola、-ellus/ -ellum/ -ella、-illus/ -illum/ -illa，与第一变格法和第二变格法名词形成复合词）；-atus/ -atum/ -ata 属于，相似，具有，完成（形容词词尾）

Holcoglossum quasipinifolium 槽舌兰：quasipinifolius 酷似松针的；quasi- 恰似，犹如，几乎；Pinus 松属（松科）；folius/ folium/ folia 叶，叶片（用于复合词）

Holcoglossum rupestre 滇西槽舌兰：rupestre/ rupicolus/ rupestris 生于岩壁的，岩栖的；rup-/ rupi- ← rupes/ rupis 岩石的；-estris/ -estre/ ester/ -esteris 生于……地方，喜好……地方

Holcoglossum sinicum 中华槽舌兰：sinicum 中国的（地名）；-icus/ -icum/ -ica 属于，具有某种特性（常用于地名、起源、生境）

Holcoglossum subulifolium 白唇槽舌兰：subulus 钻头，尖头，针尖状；folius/ folium/ folia 叶，叶片（用于复合词）

Holcus 绒毛草属（禾本科）（9-3：p121）：holcus（禾本科一种植物名）

Holcus lanatus 绒毛草：lanatus = lana + atus 具羊毛的，具长柔毛的；lana 羊毛，绵毛

Holmskioldia 冬红属（马鞭草科）（65-1：p191）：holmskioldia ← Theodor Holmskiold（人名，1732–1794，丹麦医生、植物学家）

Holmskioldia sanguinea 冬红：sanguineus = sanguis + ineus 血液的，血色的；sanguis 血液；-ineus/ -inea/ -ineum 相近，接近，相似，所有（通常表示材料或颜色），意思同 -eus

Holocheila 全唇花属（唇形科）（65-2：p94）：holo-/ hol- 全部的，所有的，完全的，联合的，全缘的，不分裂的；chilus ← cheilos 唇，唇瓣，唇边，边缘，岸边

Holocheila longipedunculata 全唇花：longe-/ longi- ← longus 长的，纵向的；pedunculatus/ peduncularis 具花序柄的，具总花梗的；pedunculus/ peduncule/ pedunculis ← pes 花序柄，总花梗（花序基部无花着生部分，不同于花柄）；关联词：pedicellus/ pediculus 小花梗，小花柄（不同于花序柄）；pes/ pedis 柄，梗，茎秆，腿，足，爪（作词首或词尾，pes 的词干视为 "ped-"）

Holopogon 无喙兰属（兰科）（17：p96）：holo-/ hol- 全部的，所有的，完全的，联合的，全缘的，不分裂的；pogon 胡须，髯毛，芒尖

Holopogon gaudissartii 无喙兰：gaudissartii（人名）；-ii 表示人名，接在以辅音字母结尾的人名后面，但 -er 除外

Holopogon smithianus 叉唇无喙兰（叉 chā）：smithianus ← James Edward Smith（人名，1759–1828，英国植物学家）

Holostemma 铰剪藤属（萝藦科）（63：p410）：holo-/ hol- 全部的，所有的，完全的，联合的，全缘的，不分裂的；stemmus 王冠，花冠，花环

Holostemma annulare 铰剪藤：annulare/ anularis 环状的

Holosteum 硬骨草属（石竹科）（26：p158）：holo-/ hol- 全部的，所有的，完全的，联合的，全缘的，不分裂的；osteus ← osteon 骨

Holosteum umbellatum 硬骨草：umbellatus = umbella + atus 伞形花序的，具伞的；umbella 伞形花序

Holttumochloa hainanensis 海南多枝竹：hainanensis 海南的（地名）

Homalanthus 澳杨属（大戟科）（44-3：p2）：homal ← homalos 平的，光滑的（希腊语）；anthus/ anthum/ antha/ anthe ← anthos 花（用于希腊语复合词）

Homalanthus alpinus 高山澳杨：alpinus = alpus + inus 高山的；alpus 高山；al-/ alti-/ alto- ← altus 高的，高处的；-inus/ -inum/ -ina/ -inos 相近，接近，相似，具有（通常指颜色）；关联词：subalpinus 亚高山的

Homalanthus fastuosus 圆叶澳杨：fastuosus 壮观的，美丽的，自豪的，骄傲的；fastus 高傲，傲慢

Homalium 天料木属（大风子科）（52-1：p20）：homalium ← homalos 平坦的（希腊语）

Homalium breviracemosum 短穗天料木：brevi- ← brevis 短的（用于希腊语复合词词首）；racemosus = racemus + osus 总状花序的；racemus 总状的，葡萄串状的；-osus/ -osum/ -osa 多的，充分的，丰富的，显著发育的，程度高的，特征明显的（形容词词尾）

Homalium brevisepalum 短萼天料木：brevi- ← brevis 短的（用于希腊语复合词词首）；sepalus/ sepalum/ sepala 萼片（用于复合词）

Homalium ceylanicum 斯里兰卡天料木：ceylanicum/ zeylanicus 锡兰（斯里兰卡，国家名）

Homalium ceylanicum var. ceylanicum 斯里兰卡天料木-原变种 （词义见上面解释）

Homalium ceylanicum var. laoticum 老挝天料木（挝 wō）：laoticum 老挝的（地名）

Homalium cochinchinense 天料木：cochinchinense ← Cochinchine 南圻的（历史地名，即今越南南部及其周边国家和地区）

Homalium cochinchinense var. cochinchinense 天料木-原变种 （词义见上面解释）

Homalium cochinchinense var. pseudopaniculatum 台湾天料木：pseudopaniculatum 假圆锥花序的，近似圆锥花序的；pseudo-/ pseud- ← pseudos 假的，伪的，接近，相似（但不是）；paniculatus = paniculus + atus 具圆锥花序的；paniculus 圆锥花序；panus 谷穗；panicus 野稗，粟，谷子；-atus/ -atum/ -ata 属于，相似，具有，完成（形容词词尾）

Homalium hainanense 红花天料木：hainanense 海南的（地名）

Homalium kainantense 阔瓣天料木：kainantense 海南岛的（地名，"海南岛"的日语读音为 "kainanto"）

Homalium kwangsiense 广西天料木：kwangsiense 广西的（地名）

Homalium mollissimum 毛天料木：molle/ mollis 软的，柔毛的；-issimus/ -issima/ -issimum 最，非

H

常，极其（形容词最高级）

Homalium paniculiflorum 广南天料木：paniculiflorus 圆锥花序花的；paniculus 圆锥花序；florus/ florum/ flora ← flos 花（用于复合词）

Homalium phanerophlebium 显脉天料木：phanerophlebius 显脉的；phanerus ← phaneros 显著的，显现的，突出的；phlebius = phlebus + ius 叶脉，属于有脉的；phlebus 脉，叶脉；-ius/ -ium/ -ia 具有……特性的（表示有关、关联、相似）

Homalium phanerophlebium var. obovatifolium 卵叶天料木：obovatus = ob + ovus + atus 倒卵形的；ob- 相反，反对，倒（ob- 有多种音变：ob- 在元音字母和大多数辅音字母前面，oc- 在 c 前面，of- 在 f 前面，op- 在 p 前面）；ovus 卵，胚珠，卵形的，椭圆形的；folius/ folium/ folia 叶，叶片（用于复合词）

Homalium phanerophlebium var. phanerophlebium 显脉天料木-原变种（词义见上面解释）

Homalium sabiifolium 柳叶天料木：sabiifolium = Sabia + folius 清风藤叶的（缀词规则：以属名作复合词时原词尾变形后的 i 要保留，不能用所有格词尾，如错误例：Actinidia sabiaefolia）；Sabia 清风藤属（清风藤科）；folius/ folium/ folia 叶，叶片（用于复合词）

Homalium stenophyllum 狭叶天料木：sten-/ steno- ← stenus 窄的，狭的，薄的；phyllus/ phyllum/ phylla ← phyllon 叶片（用于希腊语复合词）

Homalocladium 竹节蓼属（蓼科）（增补）：homalocladium 扁平枝条的；homalos 平坦的（希腊语）；clados → cladus 枝条，分枝；-ius/ -ium/ -ia 有……特性的，有联系或相似，名词词尾

Homalocladium platycladum 竹节蓼：platys 大的，宽的（用于希腊语复合词）；cladus ← clados 枝条，分枝

Homalomena 千年健属（天南星科）（13-2：p48）：homalos 平坦的（希腊语）；mena 月亮，月牙，苞叶

Homalomena hainanensis 海南千年健：hainanensis 海南的（地名）

Homalomena kelungensis 台湾千年健：kelungensis 基隆的（地名，属台湾省）

Homalomena occulta 千年健：occultus 隐藏的，不明显的

Homocodon 同钟花属（桔梗科）（73-2：p143）：homo-/ hommoeo-/ homoio- 相同的，相似的，同样的，同类的，均质的；codon 钟，吊钟形的

Homocodon brevipes 同钟花：brevi- ← brevis 短的（用于希腊语复合词词首）；pes/ pedis 柄，梗，茎秆，腿，足，爪（作词首或词尾，pes 的词干视为"ped-"）

Homonoia 水柳属（大戟科）（44-2：p87）：homonoia 同形的；homo-/ hommoeo-/ homoio- 相同的，相似的，同样的，同类的，均质的；-ius/ -ium/ -ia 具有……特性的（表示有关、关联、相似）

Homonoia riparia 水柳：riparius = ripa + arius 河岸的，水边的；ripa 河岸，水边；-arius/ -arium/ -aria 相似，属于（表示地点，场所，关系，所属）

Hopea 坡垒属（龙脑香科）（50-2：p118）：hopea ← John Hope（人名，1725–1786，英国植物学家）

Hopea chinensis 狭叶坡垒：chinensis = china + ensis 中国的（地名）；China 中国

Hopea exalata 铁凌：exalatus 无翼的，无翅的；e-/ ex- 不，无，非，缺乏，不具有（e- 用在辅音字母前，ex- 用在元音字母前，为拉丁语词首，对应的希腊语词首为 a-/ an-，英语为 un-/ -less，注意作词首用的 e-/ ex- 和介词 e/ ex 意思不同，后者意为"出自、从……、由……离开、由于、依照"）；alatus → ala-/ alat-/ alati-/ alato- 翅，具翅的，具翼的

Hopea hainanensis 坡垒：hainanensis 海南的（地名）

Hopea hongayensis 河内坡垒：hongayensis 鸿基的（地名，越南）

Hopea mollissima 多毛坡垒：molle/ mollis 软的，柔毛的；-issimus/ -issima/ -issimum 最，非常，极其（形容词最高级）

Horaninowia 对节刺属（藜科）（25-2：p138）：horaninowia ← Pave Fodorovich Horaninow（人名，1796–1866，俄国人）

Horaninowia minor 弓叶对节刺：minor 较小的，更小的

Horaninowia ulicina 对节刺：ulicinus 像荆豆的；Ulex 荆豆属；构词规则：以 -ix/ -iex 结尾的词其词干末尾视为 -ic，以 -ex 结尾视为 -i/ -ic，其他以 -x 结尾视为 -c；-inus/ -inum/ -ina/ -inos 相近，接近，相似，具有（通常指颜色）

Hordeum 大麦属（禾本科）（9-3：p26）：hordeum 大麦（古拉丁名）

Hordeum agriocrithon 野生六棱大麦：agriocrithon 野生大麦；agri-/ ger 野生，野地，农业，农田；crithon 大麦

Hordeum bogdanii 布顿大麦草：bogdanii 博格达山的（地名，新疆维吾尔自治区）

Hordeum brevisubulatum 短芒大麦草：brevi- ← brevis 短的（用于希腊语复合词词首）；subulatus 钻形的，尖头的，针尖状的；subulus 钻头，尖头，针尖状

Hordeum bulbosum 球茎大麦：bulbosus = bulbus + osus 球形的，鳞茎状的；bulbus 球，球形，球茎，鳞茎；-osus/ -osum/ -osa 多的，充分的，丰富的，显著发育的，程度高的，特征明显的（形容词词尾）

Hordeum distichon 栽培二棱大麦：distichon 二列的；di-/ dis- 二，二数，二分，分离，不同，在……之间，从……分开（希腊语，拉丁语为 bi-/ bis-）；stichus ← stichon 行列，队列，排列

Hordeum jubatum 芒颖大麦草：jubatus 凤头的，羽冠的，具鬃毛的（指禾本科的圆锥花序）；juba 凤头，羽冠，鬃毛（指禾本科的圆锥花序）

Hordeum lagunculiforme 野生瓶形大麦：lagunculus 小瓶子；forme/ forma 形状；-ulus/ -ulum/ -ula 小的，略微的，稍微的（小词 -ulus 在字母 e 或 i 之后有多种变缀，即 -olus/ -olum/ -ola、-ellus/ -ellum/ -ella、-illus/ -illum/ -illa，与第一变格法和第二变格法名词形成复合词）

H

Hordeum spontaneum 钝稃野大麦（稃 fū）：spontaneus 野生的，自生的

Hordeum spontaneum var. ischnatherum 尖稃野大麦：ischinatherus 长芒的，细芒的；ischno- 纤细的，瘦弱的，枯萎的；atherus ← ather 芒

Hordeum spontaneum var. proskowetzii 芒稃野大麦：proskowetzii（人名）；-ii 表示人名，接在以辅音字母结尾的人名后面，但 -er 除外

Hordeum spontaneum var. spontaneum 钝稃野大麦-原变种 （词义见上面解释）

Hordeum turkestanicum 糙稃大麦草：turkestanicum 土耳其的（地名）；-icus/ -icum/ -ica 属于，具有某种特性（常用于地名、起源、生境）

Hordeum violaceum 紫大麦草：violaceus 紫红色的，紫堇色的，堇菜状的；Viola 堇菜属（堇菜科）；-aceus/ -aceum/ -acea 相似的，有……性质的，属于……的

Hordeum vulgare 大麦：vulgaris 常见的，普通的，分布广的；vulgus 普通的，到处可见的

Hordeum vulgare var. nudum 青稞（稞 kē）：nudus 裸露的，无装饰的

Hordeum vulgare var. trifurcatum 藏青稞：trifurcatus 三歧的，三叉的；tri-/ tripli-/ triplo- 三个，三数；furcatus/ furcans = furcus + atus 叉子状的，分叉的；furcus 叉子，叉子状的，分叉的；-atus/ -atum/ -ata 属于，相似，具有，完成（形容词词尾）

Hordeum vulgare var. vulgare 大麦-原变种 （词义见上面解释）

Hornstedtia 大豆蔻属（蔻 kòu）（姜科）（16-2：p135）：hornstedtia ← Klas Fredrik Hornstedt（人名，18 世纪瑞典植物学家，师从 Carl Peter Thunberg）

Hornstedtia hainanensis 大豆蔻：hainanensis 海南的（地名）

Hornstedtia tibetica 西藏大豆蔻：tibetica 西藏的（地名）；-icus/ -icum/ -ica 属于，具有某种特性（常用于地名、起源、生境）

Horsfieldia 风吹楠属（肉豆蔻科）（30-2：p194）：horsfieldia ← Thomas Horsfield（人名，1773–1859，美国植物学家）

Horsfieldia glabra 风吹楠：glabrus 光秃的，无毛的，光滑的

Horsfieldia hainanensis 海南风吹楠：hainanensis 海南的（地名）

Horsfieldia kingii 大叶风吹楠：kingii ← Clarence King（人名，19 世纪美国地质学家）

Horsfieldia pandurifolia 琴叶风吹楠：pandura 一种类似小提琴的乐器；folius/ folium/ folia 叶，叶片（用于复合词）

Horsfieldia tetratepala 滇南风吹楠：tetra-/ tetr- 四，四数（希腊语，拉丁语为 quadri-/ quadr-）；tepalus 花被，瓣状被片

Hosiea 无须藤属（茶茱萸科）（46：p58）：hosiea（人名）

Hosiea sinensis 无须藤：sinensis = Sina + ensis 中国的（地名）；Sina 中国

Hosta 玉簪属（簪 zān）（百合科）（14：p49）：hosta ← Nicolaus Thomas Host（人名，1761–1834，奥地利植物学家、医生）

Hosta albo-marginata 紫玉簪：albus → albi-/ albo- 白色的；marginatus ← margo 边缘的，具边缘的；margo/ marginis → margin- 边缘，边线，边界；词尾为 -go 的词其词干末尾视为 -gin

Hosta cathayana （中国玉簪）：cathayana ← Cathay ← Khitay/ Khitai 中国的，契丹的（地名，10–12 世纪中国北方契丹人的领域，辽国前身，多用来代表中国，俄语称中国为 Kitay）

Hosta ensata 东北玉簪：ensatus 剑形的，剑一样锋利的

Hosta plantaginea 玉簪：plantagineus 像车前的；Plantago 车前属（车前科）（plantago 的词干为 plantagin-）；词尾为 -go 的词其词干末尾视为 -gin；-eus/ -eum/ -ea（接拉丁语词干时）属于……的，色如……的，质如……的（表示原料、颜色或品质的相似），（接希腊语词干时）属于……的，以……出名，为……所占有（表示具有某种特性）

Hosta ventricosa 紫萼：ventricosus = ventris + icus + osus 不均匀肿胀的，鼓肚的，一面鼓的，在一边特别膨胀的；venter/ ventris 肚子，腹部，鼓肚，肿胀（同义词：vesica）；-icus/ -icum/ -ica 属于，具有某种特性（常用于地名、起源、生境）；-osus/ -osum/ -osa 多的，充分的，丰富的，显著发育的，程度高的，特征明显的（形容词词尾）

Houttuynia 蕺菜属（蕺 jí）（三白草科）（20-1：p8）：houttuynia ← Martin Houttuyn（人名，1920–1994，荷兰博物学家）

Houttuynia cordata 蕺菜：cordatus ← cordis/ cor 心脏的，心形的；-atus/ -atum/ -ata 属于，相似，具有，完成（形容词词尾）

Hovenia 枳椇属（枳椇 zhǐ jǔ）（鼠李科）（48-1：p88）：hovenia ← David Hoven（人名，1724–1787，荷兰传教士）

Hovenia acerba 枳椇：acerbus 酸的，辣的，未成熟的

Hovenia acerba var. acerba 枳椇-原变种 （词义见上面解释）

Hovenia acerba var. kiukiangensis 俅江枳椇：kiukiangensis 俅江的（地名，云南省独龙江的旧称）

Hovenia dulcis 北枳椇：dulcis 甜的，甜味的

Hovenia trichocarpa 毛果枳椇：trich-/ tricho-/ tricha- ← trichos ← thrix 毛，多毛的，线状的，丝状的；carpus/ carpum/ carpa/ carpon ← carpos 果实（用于希腊语复合词）

Hovenia trichocarpa var. robusta 光叶毛果枳椇：robustus 大型的，结实的，健壮的，强壮的

Hovenia trichocarpa var. trichocarpa 毛果枳椇-原变种 （词义见上面解释）

Hoya 球兰属（萝藦科，球兰属已修订调入夹竹桃科）（63：p475）：hoya ← Thomas Hoy（人名，19 世纪英国园艺学家）

Hoya carnosa 球兰：carnosus 肉质的；carne 肉；-osus/ -osum/ -osa 多的，充分的，丰富的，显著发育的，程度高的，特征明显的（形容词词尾）

H

Hoya carnosa var. marmorata 花叶球兰：marmoreus/ mrmoratus 大理石花纹的，斑纹的

Hoya dasyantha 厚花球兰：dasyanthus = dasy + anthus 粗毛花的；dasy- ← dasys 毛茸茸的，粗毛的，毛；anthus/ anthum/ antha/ anthe ← anthos 花（用于希腊语复合词）

Hoya formosana （台湾花球兰）：formosanus = formosus + anus 美丽的，台湾的；formosus ← formosa 美丽的，台湾的（葡萄牙殖民者发现台湾时对其的称呼，即美丽的岛屿）；-anus/ -anum/ -ana 属于，来自（形容词词尾）

Hoya fungii 护耳草：fungii 冯氏（人名）

Hoya fusca 黄花球兰：fuscus 棕色的，暗色的，发黑的，暗棕色的，褐色的

Hoya gaoligongensis 高黎贡球兰：gaoligongensis 高黎贡山的（地名，云南省）

Hoya hainanensis 海南球兰：hainanensis 海南的（地名）

Hoya kwangsiensis 长叶球兰：kwangsiensis 广西的（地名）

Hoya lacunosa 裂瓣球兰：lacunosus 多孔的，布满凹陷的；lacuna 腔隙，气腔，凹点（地衣叶状体上），池塘，水塘；-osus/ -osum/ -osa 多的，充分的，丰富的，显著发育的，程度高的，特征明显的（形容词词尾）

Hoya lancilimba 荷秋藤：lance-/ lancei-/ lanci-/ lanceo-/ lanc- ← lanceus 披针形的，矛形的，尖刀状的，柳叶刀状的；limbus 冠檐，萼檐，瓣片，叶片

Hoya lancilimba f. lancilimba 荷秋藤-原变型（词义见上面解释）

Hoya lancilimba f. tsoi 狭叶荷秋藤：tsoi（人名）；-i 表示人名，接在以元音字母结尾的人名后面，但 -a 除外

Hoya lantsangensis 澜沧球兰：lantsangensis 澜沧江的（地名，云南省）

Hoya liangii 崖县球兰（崖 yá）：liangii（人名）；-ii 表示人名，接在以辅音字母结尾的人名后面，但 -er 除外

Hoya linearis 线叶球兰：linearis = lineus + aris 线条的，线形的，线状的，亚麻状的；lineus = linum + eus 线状的，丝状的，亚麻状的；linum ← linon 亚麻，线（古拉丁名）；-aris（阳性、阴性）/ -are（中性）← -alis（阳性、阴性）/ -ale（中性）属于，相似，如同，具有，涉及，关于，联结于（将名词作形容词用，其中 -aris 常用于以 l 或 r 为词干末尾的词）

Hoya lyi 香花球兰：lyi（人名）

Hoya mengtzeensis 薄叶球兰：mengtzeensis 蒙自的（地名，云南省）

Hoya nervosa 凸脉球兰：nervosus 多脉的，叶脉明显的；nervus 脉，叶脉；-osus/ -osum/ -osa 多的，充分的，丰富的，显著发育的，程度高的，特征明显的（形容词词尾）

Hoya obovata 凹叶球兰：obovatus = ob + ovus + atus 倒卵形的；ob- 相反，反对，倒（ob- 有多种音变：ob- 在元音字母和大多数辅音字母前面，oc- 在 c 前面，of- 在 f 前面，op- 在 p 前面）；ovus 卵，胚珠，卵形的，椭圆形的

Hoya obovata var. kerrii 凹叶球兰-科氏变种：kerrii ← Arthur Francis George Kerr 或 William Kerr（人名）

Hoya pandurata 琴叶球兰：panduratus = pandura + atus 小提琴状的；pandura 一种类似小提琴的乐器

Hoya pottsii 铁草鞋：pottsii ← John Potts（人名，19 世纪英国植物学家）

Hoya pottsii var. angustifolia 狭叶铁草鞋：angusti- ← angustus 窄的，狭的，细的；folius/ folium/ folia 叶，叶片（用于复合词）

Hoya pottsii var. pottsii 铁草鞋-原变种 （词义见上面解释）

Hoya radicalis 匙叶球兰（匙 chí）：radicalis ← radix 根系的，有根；radicus ← radix 根的；-aris（阳性、阴性）/ -are（中性）← -alis（阳性、阴性）/ -ale（中性）属于，相似，如同，具有，涉及，关于，联结于（将名词作形容词用，其中 -aris 常用于以 l 或 r 为词干末尾的词）

Hoya revolubilis 卷边球兰：revolubilis 外旋的，反卷的，易旋转的；re- 返回，相反，再（相当拉丁文 ana-）；volubilis 拧劲的，缠绕的；volutus/ volutum/ volvo 转动，滚动，旋卷，盘结；-ans/ -ens/ -bilis/ -ilis 能够，可能（为形容词词尾，-ans/ -ens 用于主动语态，-bilis/ -ilis 用于被动语态）

Hoya salweenica 怒江球兰：salweenica 萨尔温江的（地名，怒江流入缅甸部分的名称）

Hoya silvatica 山球兰：silvaticus/ silvaticus 森林的，生于森林的；silva/ sylva 森林；-aticus/ -aticum/ -atica 属于，表示生长的地方，作名词词尾

Hoya villosa 毛球兰：villosus 柔毛的，绵毛的；villus 毛，羊毛，长绒毛；-osus/ -osum/ -osa 多的，充分的，丰富的，显著发育的，程度高的，特征明显的（形容词词尾）

Humata 阴石蕨属（骨碎补科）（2：p306，6-1：p188）：humatus 地表层的，埋起来的（指根状茎匍匐）

Humata assamica 长叶阴石蕨：assamica 阿萨姆邦的（地名，印度）

Humata griffithiana 杯盖阴石蕨：griffithiana ← William Griffith（人名，19 世纪印度植物学家，加尔各答植物园主任）

Humata henryana 云南阴石蕨：henryana ← Augustine Henry 或 B. C. Henry（人名，前者，1857–1930，爱尔兰医生、植物学家，曾在中国采集植物，后者，1850–1901，曾活动于中国的传教士）

Humata macrostegia 台湾阴石蕨：macro-/ macr- ← macros 大的，宏观的（用于希腊语复合词）；stegius ← stege/ stegon 盖子，加盖，覆盖，包裹，遮盖物

Humata pectinata 马来阴石蕨：pectinatus/ pectinaceus 栉齿状的；pectini-/ pectino-/ pectin- ← pecten 篦子，梳子；-aceus/ -aceum/ -acea 相似的，有……性质的，属于……的

Humata platylepis 半圆盖阴石蕨：platylepis 宽鳞的；platys 大的，宽的（用于希腊语复合词）；lepis/ lepidos 鳞片

Humata repens 阴石蕨：repens/ repentis/ repsi/ reptum/ repere/ repo 匍匐，爬行（同义词：

reptans/ reptoare）

Humata trifoliata 鳞叶阴石蕨：tri-/ tripli-/ triplo-三个，三数；foliatus 具叶的，多叶的；folius/ folium/ folia → foli-/ folia- 叶，叶片；-atus/ -atum/ -ata 属于，相似，具有，完成（形容词词尾）

Humata tyermanni 圆盖阴石蕨：tyermanni/ tyermannii/ tyermanii ← John Simpson Tyerman（人名，19 世纪英国植物学家）（注：词尾改为 "-ii" 似更妥）；-ii 表示人名，接在以辅音字母结尾的人名后面，但 -er 除外；-i 表示人名，接在以元音字母结尾的人名后面，但 -a 除外

Humata vestita 热带阴石蕨：vestitus 包被的，覆盖的，被柔毛的，袋状的

Humulus 葎草属（葎 lǜ）（桑科）（23-1：p220）：humulus 葎草（古拉丁名，条顿语）

Humulus lupulus 啤酒花：lupulus ← lupus 狼（古拉丁名，比喻适应性强）

Humulus scandens 葎草：scandens 攀缘的，缠绕的，藤本的；scando/ scansum 上升，攀登，缠绕

Humulus yunnanensis 滇葎草：yunnanensis 云南的（地名）

Hunteria 仔榄树属（仔 zǎi）（夹竹桃科）（63：p15）：hunteria ← Hunter（人名）

Hunteria zeylanica 仔榄树：zeylanicus 锡兰（斯里兰卡，国家名）；-icus/ -icum/ -ica 属于，具有某种特性（常用于地名、起源、生境）

Huodendron 山茉莉属（安息香科）（60-2：p126）：huo ← Hu 胡先骕；dendron 树木

Huodendron biaristatum 双齿山茉莉：bi-/ bis-二，二数，二回（希腊语为 di-）；aristatus(aristosus) = arista + atus 具芒的，具芒刺的，具刚毛的，具胡须的；arista 芒

Huodendron biaristatum var. biaristatum 双齿山茉莉-原变种 （词义见上面解释）

Huodendron biaristatum var. parviflorum 岭南山茉莉：parviflorus 小花的；parvus 小的，些微的，弱的；florus/ florum/ flora ← flos 花（用于复合词）

Huodendron tibeticum 西藏山茉莉：tibeticum 西藏的（地名）

Huodendron tomentosum 绒毛山茉莉：tomentosus = tomentum + osus 绒毛的，密被绒毛的；tomentum 绒毛，浓密的毛被，棉絮，棉絮状填充物（被褥、垫子等）；-osus/ -osum/ -osa 多的，充分的，丰富的，显著发育的，程度高的，特征明显的（形容词词尾）

Huodendron tomentosum var. guangxiense 广西山茉莉：guangxiense 广西的（地名）

Huodendron tomentosum var. tomentosum 绒毛山茉莉-原变种 （词义见上面解释）

Huodendron yunnanense （云南安息香）：yunnanense 云南的（地名）

Huperzia 石杉属（石杉科）（6-3：p1）：huperzia ← Johann Peter Huperz（人名，19 世纪初德国植物学家、蕨类植物专家）

Huperzia bucahwangensis 曲尾石杉：bucahwangensis（地名，云南西北部察龙县一个村名）

Huperzia chinensis 中华石杉：chinensis = china + ensis 中国的（地名）；China 中国

Huperzia chishuiensis 赤水石杉：chishuiensis 赤水的（地名，贵州省）

Huperzia crispata 皱边石杉：crispatus 有皱纹的，有褶皱的；crispus 收缩的，褶皱的，波纹的（如花瓣周围的波浪状褶皱）

Huperzia delavayi 苍山石杉：delavayi ← P. J. M. Delavay（人名，1834–1895，法国传教士，曾在中国采集植物标本）；-i 表示人名，接在以元音字母结尾的人名后面，但 -a 除外

Huperzia dixitiana 华西石杉：dixitiana（人名）

Huperzia emeiensis 峨眉石杉：emeiensis 峨眉山的（地名，四川省）

Huperzia herterana 锡金石杉：herterana ← C. L. Herter（人名，20 世纪德国植物学家）

Huperzia kangdingensis 康定石杉：kangdingensis 康定的（地名，四川省）

Huperzia kunmingensis 昆明石杉：kunmingensis 昆明的（地名，云南省）

Huperzia laipoensis 雷波石杉：laipoensis 雷波的（地名，四川省）

Huperzia lajouensis 拉觉石杉（觉 jué）：lajouensis 拉觉的（地名，西藏自治区）

Huperzia leishanensis 雷山石杉：leishanensis 雷山的（地名，贵州省）

Huperzia liangshanica 凉山石杉：liangshanica 凉山的（地名，四川省）；-icus/ -icum/ -ica 属于，具有某种特性（常用于地名、起源、生境）

Huperzia lucida 亮叶石杉：lucidus ← lucis ← lux 发光的，光辉的，清晰的，发亮的，荣耀的（lux 的单数所有格为 lucis，词尾为 -is 和 -ys 的词的词干分别视为 -id 和 -yd）

Huperzia medogensis 墨脱石杉：medogensis 墨脱的（地名，西藏自治区）

Huperzia miyoshiana 东北石杉：miyoshiana 三好学（日本人名）

Huperzia nanchuanensis 南川石杉：nanchuanensis 南川的（地名，重庆市）

Huperzia quasipolytrichoides 金发石杉：quasi- 恰似，犹如，几乎；Polytrichum 丛藓属（金发藓科）；-oides/ -oideus/ -oideum/ -oidea/ -odes/ -eidos 像……的，类似……的，呈……状的（名词词尾）

Huperzia quasipolytrichoides var. quasipolytrichoides 金发石杉-原变种 （词义见上面解释）

Huperzia quasipolytrichoides var. rectifolia 直叶金发石杉：rectifolius 直叶的；recti-/ recto- ← rectus 直线的，笔直的，向上的；folius/ folium/ folia 叶，叶片（用于复合词）

Huperzia rubicaulis 红茎石杉：rubicaulis = rubus + caulis 红茎的；rubus ← ruber/ rubeo 树莓的，红色的；rubrus/ rubrum/ rubra/ ruber 红色的；caulis ← caulos 茎，茎秆，主茎

Huperzia selago 小杉兰：selago 石松

Huperzia serrata 蛇足石杉：serratus = serrus + atus 有锯齿的；serrus 齿，锯齿

Huperzia somai 相马石杉（相 xiàng）：somai 相马（日本人名，相 xiàng）；-i 表示人名，接在以元音字母结尾的人名后面，但 -a 除外，故该词改为"somaiana"或"somae"似更妥

Huperzia sutchueniana 四川石杉：sutchueniana 四川的（地名）

Huperzia tibetica 西藏石杉：tibetica 西藏的（地名）；-icus/ -icum/ -ica 属于，具有某种特性（常用于地名、起源、生境）

Huperziaceae 石杉科（6-3：p1）：Huperzia 石杉属（石杉科）；-aceae（分类单位科的词尾，为 -aceus 的阴性复数主格形式，加到模式属的名称后或同义词的词干后以组成族群名称）

Hura 响盒子属（大戟科）（44-3：p24）：hura 沙盒树（南美土名）

Hura crepitans 响盒子：crepitans 沙沙作响的

Hyalea 琉苞菊属（菊科）（78-1：p208）：hyalea ← hyaleos 透明的，玻璃般的（指苞片）

Hyalea pulchella 琉苞菊：pulchellus/ pulcellus = pulcher + ellus 稍美丽的，稍可爱的；pulcher/pulcer 美丽的，可爱的；-ellus/ -ellum/ -ella ← -ulus 小的，略微的，稍微的（小词 -ulus 在字母 e 或 i 之后有多种变缀，即 -olus/ -olum/ -ola、-ellus/ -ellum/ -ella、-illus/ -illum/ -illa，用于第一变格法名词）

Hybanthus 鼠鞭草属（堇菜科）（51：p5）：hybos 驼背（希腊语）；anthus/ anthum/ antha/ anthe ← anthos 花（用于希腊语复合词）

Hybanthus enneaspermus 鼠鞭草：ennea- 九，九个（希腊语，相当于拉丁语的 noven-/ novem-）；spermus/ spermum/ sperma 种子的（用于希腊语复合词）

Hydnocarpus 大风子属（大风子科）（52-1：p7）：hydnon（一种真菌）；carpus/ carpum/ carpa/ carpon ← carpos 果实（用于希腊语复合词）

Hydnocarpus annamensis 大叶龙角：annamensis 安南的（地名，越南古称）

Hydnocarpus anthelminthica 泰国大风子：anthelminthicus 驱虫的

Hydnocarpus hainanensis 海南大风子：hainanensis 海南的（地名）

Hydnocarpus kurzii 印度大风子：kurzii ← Wilhelm Sulpiz Kurz（人名，19 世纪植物学家）

Hydrangea 绣球属（虎耳草科）（35-1：p201）：hydrangea 水箱的（比喻蒴果形状）；hydro- 水；angeion 容器

Hydrangea anomala 冠盖绣球（冠 guān）：anomalus = a + nomalus 异常的，变异的，不规则的；a-/ an- 无，非，没有，缺乏，不具有（an- 用于元音前）（a-/ an- 为希腊语词首，对应的拉丁语词首为 e-/ ex-，相当于英语的 un-/ -less，注意词首 a- 和作为介词的 a/ ab 不同，后者的意思是"从……、由……、关于……、因为……"）；nomalus 规则的，规律的，法律的；nomus ← nomos 规则，规律，法律

Hydrangea aspera 马桑绣球：asper/ asperus/ asperum/ aspera 粗糙的，不平的

Hydrangea bretschneideri 东陵绣球：

bretschneideri ← Emil Bretschneider（人名，19 世纪俄国植物采集员）

Hydrangea candida 珠光绣球：candidus 洁白的，有白毛的，亮白的，雪白的（希腊语为 argo- ← argenteus 银白色的）

Hydrangea caudatifolia 尾叶绣球：caudatus = caudus + atus 尾巴的，尾巴状的，具尾的；caudus 尾巴；folius/ folium/ folia 叶，叶片（用于复合词）

Hydrangea chinensis 中国绣球：chinensis = china + ensis 中国的（地名）；China 中国

Hydrangea chungii 福建绣球：chungii（人名）；-ii 表示人名，接在以辅音字母结尾的人名后面，但 -er 除外

Hydrangea coacta 毡毛绣球：coactus 毡毛状的

Hydrangea coenobialis 酥醪绣球（醪 láo）：coenobialis 属庙宇的（同义词：coloniabilis 群体的）；coenobium 修道院，庙宇（比喻"集群、群落、群体"）；-aris（阳性、阴性）/ -are（中性）← -alis（阳性、阴性）/ -ale（中性）属于，相似，如同，具有，涉及，关于，联结于（将名词作形容词用，其中 -aris 常用于以 l 或 r 为词干末尾的词）

Hydrangea davidii 西南绣球：davidii ← Pere Armand David（人名，1826–1900，曾在中国采集植物标本的法国传教士）；-ii 表示人名，接在以辅音字母结尾的人名后面，但 -er 除外

Hydrangea discocarpa 盘果绣球：discocarpus 盘状果的；dic-/ disci-/ disco- ← discus ← discos 碟子，盘子，圆盘；carpus/ carpum/ carpa/ carpon ← carpos 果实（用于希腊语复合词）

Hydrangea dumicola 银针绣球：dumicolus = dumus + colus 生于灌丛的，生于荒草丛的；dumus 灌丛，荆棘丛，荒草丛；colus ← colo 分布于，居住于，栖居，殖民（常作词尾）；colo/ colere/ colui/ cultum 居住，耕作，栽培

Hydrangea glabripes 光柄绣球：glabrus 光秃的，无毛的，光滑的；pes/ pedis 柄，梗，茎秆，腿，足，爪（作词首或词尾，pes 的词干视为"ped-"）

Hydrangea glaucophylla 粉背绣球：glaucus → glauco-/ glauc- 被白粉的，发白的，灰绿色的；phyllus/ phyllum/ phylla ← phyllon 叶片（用于希腊语复合词）

Hydrangea glaucophylla var. glaucophylla 粉背绣球-原变种（词义见上面解释）

Hydrangea glaucophylla var. sericea 绢毛绣球（绢 juàn）：sericeus 绢丝状的；sericus 绢丝的，绢毛的，赛尔人的（Ser 为印度一民族）；-eus/ -eum/ -ea（接拉丁语词干时）属于……的，色如……的，质如……的（表示原料、颜色或品质的相似），（接希腊语词干时）属于……的，以……出名，为……所占有（表示具有某种特性）

Hydrangea gracilis 细枝绣球：gracilis 细长的，纤弱的，丝状的

Hydrangea heteromalla 微绒绣球：heteromallus 异向的，多方向的；hete-/ heter-/ hetero- ← heteros 不同的，多样的，不齐的；mallus 方向，朝向，毛

Hydrangea hypoglauca 白背绣球：hypoglaucus 下面白色的；hyp-/ hypo- 下面的，以下的，不完全的；

H

glaucus → glauco-/ glauc- 被白粉的，发白的，灰绿色的

Hydrangea hypoglauca var. giraldii 陕西绣球：giraldii ← Giuseppe Giraldi（人名，19 世纪活动于中国的意大利传教士）

Hydrangea hypoglauca var. hypoglauca 白背绣球-原变种 （词义见上面解释）

Hydrangea hypoglauca var. obovata 倒卵白背绣球：obovatus = ob + ovus + atus 倒卵形的；ob- 相反，反对，倒（ob- 有多种音变：ob- 在元音字母和大多数辅音字母前面，oc- 在 c 前面，of- 在 f 前面，op- 在 p 前面）；ovus 卵，胚珠，卵形的，椭圆形的

Hydrangea integrifolia 全缘绣球：integer/ integra/ integrum → integri- 完整的，整个的，全缘的；folius/ folium/ folia 叶，叶片（用于复合词）

Hydrangea kawakamii 蝶萼绣球：kawakamii 川上（人名，20 世纪日本植物采集员）

Hydrangea kwangsiensis 粤西绣球：kwangsiensis 广西的（地名）

Hydrangea kwangsiensis var. hedyotidea 白皮绣球：hedyotideus = hedyotis + eus 像耳蕨的，稍美好的；构词规则：词尾为 -is 和 -ys 的词的词干分别视为 -id 和 -yd；Hedyotis 耳草属（茜草科）；hedys 香甜的，美味的，好的；-eus/ -eum/ -ea（接拉丁语词干时）属于……的，色如……的，质如……的（表示原料、颜色或品质的相似），（接希腊语词干时）属于……的，以……出名，为……所占有（表示具有某种特性）

Hydrangea kwangsiensis var. kwangsiensis 粤西绣球-原变种 （词义见上面解释）

Hydrangea kwangtungensis 广东绣球：kwangtungensis 广东的（地名）

Hydrangea lingii 狭叶绣球：lingii（人名）；-ii 表示人名，接在以辅音字母结尾的人名后面，但 -er 除外

Hydrangea linkweiensis 临桂绣球：linkweiensis 临桂的（地名，广西壮族自治区）

Hydrangea linkweiensis var. linkweiensis 临桂绣球-原变种 （词义见上面解释）

Hydrangea linkweiensis var. subumbellata 利川绣球：subumbellatus 像 umbellatus 的，近伞形的；sub-（表示程度较弱）与……类似，几乎，稍微，弱，亚，之下，下面；Stellaria umbellata 伞花繁缕；umbellatus = umbella + atus 伞形花序的，具伞的；umbella 伞形花序

Hydrangea longialata 长翅绣球：longe-/ longi- ← longus 长的，纵向的；alatus → ala-/ alat-/ alati-/ alato- 翅，具翅的，具翼的

Hydrangea longifolia 长叶绣球：longe-/ longi- ← longus 长的，纵向的；folius/ folium/ folia 叶，叶片（用于复合词）

Hydrangea longipes 莼兰绣球（莼 chún）：longe-/ longi- ← longus 长的，纵向的；pes/ pedis 柄，梗，茎秆，腿，足，爪（作词首或词尾，pes 的词干视为"ped-"）

Hydrangea longipes var. fulvescens 锈毛绣球：fulvus 咖啡色的，黄褐色的；-escens/ -ascens 改变，转变，变成，略微，带有，接近，相似，大致，稍微（表示变化的趋势，并未完全相似或相同，有别于表

示达到完成状态的 -atus）

Hydrangea longipes var. lanceolata 披针绣球：lanceolatus = lanceus + olus + atus 小披针形的，小柳叶刀的；lance-/ lancei-/ lanci-/ lanceo-/ lanc- ← lanceus 披针形的，矛形的，尖刀状的，柳叶刀状的；-olus ← -ulus 小，稍微，略微（-ulus 在字母 e 或 i 之后变成 -olus/ -ellus/ -illus）；-atus/ -atum/ -ata 属于，相似，具有，完成（形容词词尾）

Hydrangea longipes var. longipes 莼兰绣球-原变种 （词义见上面解释）

Hydrangea macrocarpa 大果绣球：macro-/ macr- ← macros 大的，宏观的（用于希腊语复合词）；carpus/ carpum/ carpa/ carpon ← carpos 果实（用于希腊语复合词）

Hydrangea macrophylla 绣球：macro-/ macr- ← macros 大的，宏观的（用于希腊语复合词）；phyllus/ phyllum/ phylla ← phyllon 叶片（用于希腊语复合词）

Hydrangea macrophylla var. macrophylla 绣球-原变种 （词义见上面解释）

Hydrangea macrophylla var. normalis 山绣球：normalis/ normale 平常的，正规的，常态的；norma 标准，规则，三角尺

Hydrangea macrosepala 大瓣绣球：macro-/ macr- ← macros 大的，宏观的（用于希腊语复合词）；sepalus/ sepalum/ sepala 萼片（用于复合词）

Hydrangea mandarinorum 灰绒绣球：mandarinorum 橘红色的（mandarinus 的复数所有格）；mandarinus 橘红色的；-orum 属于……的（第二变格法名词复数所有格词尾，表示群落或多数）

Hydrangea mangshanensis 莽山绣球：mangshanensis 莽山的（地名，湖南省）

Hydrangea mollis 白绒绣球：molle/ mollis 软的，柔毛的

Hydrangea obovatifolia 倒卵绣球：obovatus = ob + ovus + atus 倒卵形的；ob- 相反，反对，倒（ob- 有多种音变：ob- 在元音字母和大多数辅音字母前面，oc- 在 c 前面，of- 在 f 前面，op- 在 p 前面）；ovus 卵，胚珠，卵形的，椭圆形的；folius/ folium/ folia 叶，叶片（用于复合词）

Hydrangea paniculata 圆锥绣球：paniculatus = paniculus + atus 具圆锥花序的；paniculus 圆锥花序；panus 谷穗；panicus 野稗，粟，谷子；-atus/ -atum/ -ata 属于，相似，具有，完成（形容词词尾）

Hydrangea petiolaris 藤绣球：petiolaris 具叶柄的；-aris（阳性、阴性）/ -are（中性）← -alis（阳性、阴性）/ -ale（中性）属于，相似，如同，具有，涉及，关于，联结于（将名词作形容词用，其中 -aris 常用于以 l 或 r 为词干末尾的词）

Hydrangea rosthornii 乐思绣球：rosthornii ← Arthur Edler von Rosthorn（人名，19 世纪匈牙利驻北京大使）

Hydrangea rotundifolia 圆叶绣球：rotundus 圆形的，呈圆形的，肥大的；rotundo 使呈圆形，使圆滑；roto 旋转，滚动；folius/ folium/ folia 叶，叶片（用于复合词）

Hydrangea sargentiana 紫彩绣球：sargentana ← Charles Sprague Sargent（人名，1841–1927，美国

植物学家）；-anus/ -anum/ -ana 属于，来自（形容词词尾）

Hydrangea serrata f. acuminata 泽八绣球：serratus = serrus + atus 有锯齿的；serrus 齿，锯齿；acuminatus = acumen + atus 锐尖的，渐尖的；acumen 渐尖头；-atus/ -atum/ -ata 属于，相似，具有，完成（形容词词尾）

Hydrangea shaochingii 上思绣球：shaochingii（人名）；-ii 表示人名，接在以辅音字母结尾的人名后面，但 -er 除外

Hydrangea stenophylla 柳叶绣球：sten-/ steno- ← stenus 窄的，狭的，薄的；phyllus/ phyllum/ phylla ← phyllon 叶片（用于希腊语复合词）

Hydrangea strigosa 蜡莲绣球：strigosus = striga + osus 紫毛的，刷毛的；striga → strig- 条纹的，网纹的（如种子具网纹），糙伏毛的；-osus/ -osum/ -osa 多的，充分的，丰富的，显著发育的，程度高的，特征明显的（形容词词尾）

Hydrangea strigosa var. macrophylla 阔叶蜡莲绣球：macro-/ macr- ← macros 大的，宏观的（用于希腊语复合词）；phyllus/ phyllum/ phylla ← phyllon 叶片（用于希腊语复合词）

Hydrangea strigosa var. strigosa 蜡莲绣球-原变种 （词义见上面解释）

Hydrangea sungpanensis 松潘绣球：sungpanensis 松潘的（地名，四川省）

Hydrangea taronensis 独龙绣球：taronensis 独龙江的（地名，云南省）

Hydrangea villosa 柔毛绣球：villosus 柔毛的，绵毛的；villus 毛，羊毛，长绒毛；-osus/ -osum/ -osa 多的，充分的，丰富的，显著发育的，程度高的，特征明显的（形容词词尾）

Hydrangea vinicolor 紫叶绣球：vinicolor 葡萄酒红色的；vinus 葡萄，葡萄酒；color 颜色

Hydrangea xanthoneura 挂苦绣球：xanthos 黄色的（希腊语）；neurus ← neuron 脉，神经

Hydrangea xanthoneura var. setchuenensis 四川挂苦绣球：setchuenensis 四川的（地名）

Hydrangea xanthoneura var. xanthoneura 挂苦绣球-原变种 （词义见上面解释）

Hydrangea zhewanensis 浙皖绣球：zhewanensis 浙皖的，浙江和安徽的（地名）

Hydrilla 黑藻属（水鳖科）（8：p183）：hydrilla = hydra + illus 水栖的，水生的；-ulus/ -ulum/ -ula 小的，略微的，稍微的（小词 -ulus 在字母 e 或 i 之后有多种变缀，即 -olus/ -olum/ -ola、-ellus/ -ellum/ -ella、-illus/ -illum/ -illa，与第一变格法和第二变格法名词形成复合词）

Hydrilla verticillata 黑藻：verticillatus/ verticillaris 螺纹的，螺旋的，轮生的，环状的；verticillus 轮，环状排列

Hydrilla verticillata var. rosburghii 罗氏轮叶黑藻：rosburghii（人名）；-ii 表示人名，接在以辅音字母结尾的人名后面，但 -er 除外

Hydrilla verticillata var. verticillata 黑藻-原变种 （词义见上面解释）

Hydrobryum 水石衣属（川苔草科）（24：p3）：hydro- 水；Bryum ← bryon 真藓属（真藓科），苔藓（希腊语）

Hydrobryum griffithii 水石衣：griffithii ← William Griffith（人名，19 世纪印度植物学家，加尔各答植物园主任）

Hydrocera 水角属（凤仙花科）（47-2：p218）：hydro- 水；-ceras/ -ceros/ cerato- ← keras 犄角，兽角，角状突起（希腊语）

Hydrocera triflora 水角：tri-/ tripli-/ triplo- 三个，三数；florus/ florum/ flora ← flos 花（用于复合词）

Hydrocharis 水鳖属（水鳖科）（8：p164）：hydro- 水；charis/ chares 美丽，优雅，喜悦，恩典，偏爱

Hydrocharis dubia 水鳖：dubius 可疑的，不确定的

Hydrocharitaceae 水鳖科（8：p151）：Hydrocharis 水鳖属（-charis 作构词成分时其词干视为 -charit）；-aceae（分类单位科的词尾，为 -aceus 的阴性复数主格形式，加到模式属的名称后或同义词的词干后以组成族群名称）

Hydrocotyle 天胡荽属（荽 suī）（伞形科）（55-1：p12, 55-3：p225）：hydro- 水；cotyle 杯子状（希腊语）

Hydrocotyle benguetensis 吕宋天胡荽：benguetensis（地名）

Hydrocotyle burmanica 缅甸天胡荽：burmanica 缅甸的（地名）

Hydrocotyle chinensis 中华天胡荽：chinensis = china + ensis 中国的（地名）；China 中国

Hydrocotyle dichondroides 毛柄天胡荽：Dichondra 金马蹄属（旋花科）；-oides/ -oideus/ -oideum/ -oidea/ -odes/ -eidos 像……的，类似……的，呈……状的（名词词尾）

Hydrocotyle dielsiana 裂叶天胡荽：dielsiana ← Friedrich Ludwig Emil Diels（人名，20 世纪德国植物学家）

Hydrocotyle forrestii 中缅天胡荽：forrestii ← George Forrest（人名，1873–1932，英国植物学家，曾在中国西部采集大量植物标本）

Hydrocotyle handelii 普渡天胡荽：handelii ← H. Handel-Mazzetti（人名，奥地利植物学家，第一次世界大战期间在中国西南地区研究植物）

Hydrocotyle hookeri 阿萨姆天胡荽：hookeri ← William Jackson Hooker（人名，19 世纪英国植物学家）；-eri 表示人名，在以 -er 结尾的人名后面加上 i 形成

Hydrocotyle nepalensis 红马蹄草：nepalensis 尼泊尔的（地名）

Hydrocotyle podantha 柄花天胡荽：podanthus 有柄花的；podo-/ pod- ← podos 腿，足，爪，柄，茎；anthus/ anthum/ antha/ anthe ← anthos 花（用于希腊语复合词）

Hydrocotyle pseudo-conferta 密伞天胡荽：pseudo-conferta 像 conferta 的；pseudo-/ pseud- ← pseudos 假的，伪的，接近，相似（但不是）；Hydrocotyle conferta（天胡荽属一种）；confertus 密集的

Hydrocotyle ramiflora 长梗天胡荽：ramiflorus 枝上生花的；ramus 分枝，枝条；florus/ florum/ flora ← flos 花（用于复合词）

H

Hydrocotyle salwinica 怒江天胡荽：salwinica 萨尔温江的（地名，怒江流入缅甸部分的名称）；-icus/ -icum/ -ica 属于，具有某种特性（常用于地名、起源、生境）

Hydrocotyle salwinica var. obtusiloba 钝裂天胡荽：obtusus 钝的，钝形的，略带圆形的；lobus/ lobos/ lobon 浅裂，耳片（裂片先端钝圆），荚果，蒴果

Hydrocotyle setulosa 刺毛天胡荽：setulosus = setus + ulus + osus 多细刚毛的，多细刺毛的，多细芒刺的；setus/ saetus 刚毛，刺毛，芒刺；-ulus/ -ulum/ -ula 小的，略微的，稍微的（小词 -ulus 在字母 e 或 i 之后有多种变缀，即 -olus/ -olum/ -ola、-ellus/ -ellum/ -ella、-illus/ -illum/ -illa，与第一变格法和第二变格法名词形成复合词）；-osus/ -osum/ -osa 多的，充分的，丰富的，显著发育的，程度高的，特征明显的（形容词词尾）

Hydrocotyle sibthorpioides 天胡荽：Sibthorpia（属名，人名，玄参科，原产欧洲）；-oides/ -oideus/ -oideum/ -oidea/ -odes/ -eidos 像……的，类似……的，呈……状的（名词词尾）

Hydrocotyle sibthorpioides var. batrachium 破铜钱：batrachius 蛙（比喻水湿生境）；Batrachium 水毛茛属（毛茛科）

Hydrocotyle vulgaris 南美天胡荽：vulgaris 常见的，普通的，分布广的；vulgus 普通的，到处可见的

Hydrocotyle wilfordi 肾叶天胡荽：wilfordi（人名，词尾改为"-ii"似更妥）；-ii 表示人名，接在以辅音字母结尾的人名后面，但 -er 除外；-i 表示人名，接在以元音字母结尾的人名后面，但 -a 除外

Hydrocotyle wilsonii 鄂西天胡荽：wilsonii ← John Wilson（人名，18 世纪英国植物学家）

Hydrolea 田基麻属（田基麻科）（64-1：p161）：hydro- 水；elaia 橄榄

Hydrolea zeylanica 田基麻：zeylanicus 锡兰（斯里兰卡，国家名）；-icus/ -icum/ -ica 属于，具有某种特性（常用于地名、起源、生境）

Hydrophyllaceae 田基麻科（64-1：p160）：Hydrophyllum 田埂草属；-aceae（分类单位科的词尾，为 -aceus 的阴性复数主格形式，加到模式属的名称后或同义词的词干后以组成族群名称）

Hygrochilus 湿唇兰属（兰科）（19：p333）：hygro- ← hugros 潮湿的，潮气的，湿气的（希腊语）；hygroscopicus 吸湿的，容易吸收湿气的（膨胀或改变形状或姿态）；hygrophanus 吸湿透明的（湿时透明，干时不透明）；chilus ← cheilos 唇，唇瓣，唇边，边缘，岸边

Hygrochilus parishii 湿唇兰：parishii ← Parish（人名，发现很多兰科植物）

Hygrophila 水蓑衣属（蓑 suō）（爵床科）（70：p68）：hygro- ← hugros 潮湿的，潮气的，湿气的（希腊语）；philus/ philein ← philos → phil-/ phili/ philo- 喜好的，爱好的，喜欢的（注意区别形近词：phylus、phyllus）；phylus/ phylum/ phyla → phylon/ phyle 植物分类单位中的"门"，位于"界"和"纲"之间，类群，种族，部落，聚群；phyllus/ phyllum/ phylla ← phyllon 叶片（用于希腊语复合词）

Hygrophila erecta 小叶水蓑衣：erectus 直立的，笔直的

Hygrophila megalantha 大花水蓑衣：mega-/ megal-/ megalo- ← megas 大的，巨大的；anthus/ anthum/ antha/ anthe ← anthos 花（用于希腊语复合词）

Hygrophila phlomiodes 毛水蓑衣：Phlomis 糙苏属（唇形科）；-oides/ -oideus/ -oideum/ -oidea/ -odes/ -eidos 像……的，类似……的，呈……状的（名词词尾）

Hygrophila pogonocalyx 大安水蓑衣：pogonocalyx 髯毛萼片的；pogon 胡须，髯毛，芒尖；calyx → calyc- 萼片（用于希腊语复合词）

Hygrophila polysperma 小狮子草：poly- ← polys 多个，许多（希腊语，拉丁语为 multi-）；spermus/ spermum/ sperma 种子的（用于希腊语复合词）

Hygrophila salicifolia 水蓑衣：salici ← Salix 柳属；构词规则：以 -ix/ -iex 结尾的词其词干末尾视为 -ic，以 -ex 结尾视为 -i/ -ic，其他以 -x 结尾视为 -c；folius/ folium/ folia 叶，叶片（用于复合词）

Hygrophila salicifolia var. longihirsuta 贵港水蓑衣：longe-/ longi- ← longus 长的，纵向的；hirsutus 粗毛的，糙毛的，有毛的（长而硬的毛）

Hygrophila salicifolia var. salicifolia 水蓑衣-原变种（词义见上面解释）

Hygroryza 水禾属（禾本科）（9-2：p13）：hygro- ← hugros 潮湿的，潮气的，湿气的（希腊语）；hygroscopicus 吸湿的，容易吸收湿气的（膨胀或改变形状或姿态）；hygrophanus 吸湿透明的（湿时透明，干时不透明）；Oryza 稻属

Hygroryza aristata 水禾：aristatus(aristosus) = arista + atus 具芒的，具芒刺的，具刚毛的，具胡须的；arista 芒

Hylocereus 量天尺属（仙人掌科）（52-1：p282）：hylo- ← hyla/ hyle 林木，树木，森林；Cereus 仙人柱属（仙人掌科）

Hylocereus undatus 量天尺：undatus = unda + atus 波动的，钝波形的；unda 起波浪的，弯曲的；-atus/ -atum/ -ata 属于，相似，具有，完成（形容词词尾）

Hylomecon 荷青花属（罂粟科）（32：p72）：hylomecon 林中的罂粟；hylo- ← hyla/ hyle 林木，树木，森林；mecon ← mekon 罂粟，鸦片（希腊语）

Hylomecon japonica 荷青花：japonica 日本的（地名）；-icus/ -icum/ -ica 属于，具有某种特性（常用于地名、起源、生境）

Hylomecon japonica var. dentipetala 縫瓣荷青花：dentipetala = dentus + petalus；dens/ dentus 齿，牙齿；petalus/ petalum/ petala ← petalon 花瓣

Hylomecon japonica var. dissecta 多裂荷青花：dissectus 多裂的，全裂的，深裂的；di-/ dis- 二，二数，二分，分离，不同，在……之间，从……分开（希腊语，拉丁语为 bi-/ bis-）；sectus 分段的，分节的，切开的，分裂的

Hylomecon japonica var. japonica 荷青花-原变种（词义见上面解释）

Hylomecon japonica var. subincisa 锐裂荷青花：sub-（表示程度较弱）与……类似，几乎，稍微，弱，

H

亚，之下，下面；incisus 深裂的，锐裂的，缺刻的

Hylophila 袋唇兰属（兰科）（17：p155）：hylo- ←
hyla/ hyle 林木，树木，森林；philus/ philein ←
philos → phil-/ phili/ philo- 喜好的，爱好的，喜欢
的（注意区别形近词：phylus、phyllus）；phylus/
phylum/ phyla ← phylon/ phyle 植物分类单位中的
"门"，位于"界"和"纲"之间，类群，种族，部
落，聚群；phyllus/ phyllum/ phylla ← phyllon 叶
片（用于希腊语复合词）

Hylophila nipponica 袋唇兰：nipponica 日本的
（地名）；-icus/ -icum/ -ica 属于，具有某种特性（常
用于地名、起源、生境）

Hylotelephium 八宝属（景天科）（34-1：p48）：
hylotelephium 林中的多肉植物；hylo- ← hyla/ hyle
林木，树木，森林；telephium 多肉的，多汁的

Hylotelephium angustum 狭穗八宝：angustus 窄
的，狭的，细的

Hylotelephium bonnafousii 川鄂八宝：
bonnafousii（人名）；-ii 表示人名，接在以辅音字母
结尾的人名后面，但 -er 除外

Hylotelephium erythrostictum 八宝：erythr-/
erythro- ← erythros 红色的（希腊语）；stictus ←
stictos 斑点，雀斑

Hylotelephium ewersii 圆叶八宝：ewersii ←
Joseph Philipp Gustav Ewers（人名，19 世纪德
国人）

Hylotelephium mingjinianum 紫花八宝：
mingjinianum（人名）

Hylotelephium mongolicum 承德八宝：
mongolicum 蒙古的（地名）；mongolia 蒙古的（地
名）；-icus/ -icum/ -ica 属于，具有某种特性（常用
于地名、起源、生境）

Hylotelephium pallescens 白八宝：pallescens 变苍
白色的；pallens 淡白色的，蓝白色的，略带蓝色的；
-escens/ -ascens 改变，转变，变成，略微，带有，
接近，相似，大致，稍微（表示变化的趋势，并未完
全相似或相同，有别于表示达到完成状态的 -atus）

Hylotelephium pseudospectabile 心叶八宝：
pseudospectabile 像 spectabile 的，近似美丽的；
pseudo-/ pseud- ← pseudos 假的，伪的，接近，相
似（但不是）；Hylotelephium spectabile 长药八宝；
spectabile ← spectabilis 壮观的，美丽的，漂亮的，
显著的，值得看的；spectus 观看，观察，观测，表
情，外观，外表，样子；-ans/ -ens/ -bilis/ -ilis 能
够，可能（为形容词词尾，-ans/ -ens 用于主动语
态，-bilis/ -ilis 用于被动语态）

Hylotelephium purpureum 紫八宝：purpureus =
purpura + eus 紫色的；purpura 紫色（purpura 原
为一种介壳虫名，其体液为紫色，可作颜料）；-eus/
-eum/ -ea（接拉丁语词干时）属于……的，色
如……的，质如……的（表示原料、颜色或品质的
相似），（接希腊语词干时）属于……的，以……出
名，为……所占有（表示具有某种特性）

Hylotelephium sieboldii 圆扇八宝：sieboldii ←
Franz Philipp von Siebold 西博德（人名，
1796–1866，德国医生、植物学家，曾专门研究日本
植物）

Hylotelephium spectabile 长药八宝：spectabilis

壮观的，美丽的，漂亮的，显著的，值得看的；
spectus 观看，观察，观测，表情，外观，外表，样
子；-ans/ -ens/ -bilis/ -ilis 能够，可能（为形容词
词尾，-ans/ -ens 用于主动语态，-bilis/ -ilis 用于被
动语态）

Hylotelephium spectabile var. angustifolium
狭叶长药八宝：angusti- ← angustus 窄的，狭的，
细的；folius/ folium/ folia 叶，叶片（用于复合词）

Hylotelephium spectabile var. spectabile 长药
八宝-原变种 （词义见上面解释）

Hylotelephium subcapitatum 头状八宝：
subcapitatus 近头状的；sub-（表示程度较弱）
与……类似，几乎，稍微，弱，亚，之下，下面；
capitatus 头状的，头状花序的；capitus ← capitis
头，头状

Hylotelephium tatarinowii 华北八宝：tatarinowii
（人名）；-ii 表示人名，接在以辅音字母结尾的人名
后面，但 -er 除外

Hylotelephium tatarinowii var. integrifolium
全缘华北八宝：integer/ integra/ integrum →
integri- 完整的，整个的，全缘的；folius/ folium/
folia 叶，叶片（用于复合词）

Hylotelephium tatarinowii var. tatarinowii 华
北八宝-原变种 （词义见上面解释）

Hylotelephium verticillatum 轮叶八宝：
verticillatus/ verticillaris 螺纹的，螺旋的，轮生的，
环状的；verticillus 轮，环状排列

Hylotelephium viviparum 珠芽八宝：viviparus =
vivus + parus 胎生的，零余子的，母体上发芽的；
vivus 活的，新鲜的；-parus ← parens 亲本，母体

Hymenachne 膜稃草属（稃 fū）（禾本科）（10-1：
p296）：hymen-/ hymeno- 膜的，膜状的；achne 鳞
片，稃片，谷壳（希腊语）

Hymenachne acutigluma 膜稃草：acutigluma 尖
颖的；acuti-/ acu- ← acutus 锐尖的，针尖的，刺
尖的，锐角的；gluma 颖片

Hymenachne assamicum 弊草：assamicum 阿萨姆
邦的（地名，印度）

Hymenachne insulicola 长耳膜稃草：insula 岛屿；
colus ← colo 分布于，居住于，栖居，殖民（常作词
尾）；colo/ colere/ colui/ cultum 居住，耕作，栽培

Hymenachne patens 展穗膜稃草：patens 开展的
（呈 90°），伸展的，传播的，飞散的；patentius 开展
的，伸展的，传播的，飞散的

Hymenaea 李叶豆属（豆科）（39：p211）：
hymenaeus ← Hymen 结婚之神的，月下老的（比
喻成对的小叶，Hymen 为希腊神话人物月下老）

Hymenaea courbaril 李叶豆：courbarii（人名，
courmaril 似为印刷错误）

Hymenaea verrucosa 疣果李叶豆：verrucosus 具疣
状凸起的；verrucus ← verrucos 疣状物；-osus/
-osum/ -osa 多的，充分的，丰富的，显著发育的，
程度高的，特征明显的（形容词词尾）

Hymenocallis 水鬼蕉属（石蒜科）（16-1：p13）：
hymen-/ hymeno- 膜的，膜状的；callis ← callos ←
kallos 美丽的（希腊语）

Hymenocallis littoralis 水鬼蕉：litoralis/ littoralis
海滨的，海岸的；littoris/ litoris/ littus/ litus 海岸，

海滩，海滨

Hymenochlaena 延苞蓝属（爵床科）（70：p193）：hymen-/ hymeno- 膜的，膜状的；chlaenus 外衣，宝贝，覆盖，膜，斗篷

Hymenochlaena pteroclada 延苞蓝：pterus/ pteron 翅，翼，蕨类；cladus ← clados 枝条，分枝

Hymenodictyon 土连翘属（翘 qiáo）（茜草科）（71-1：p227）：hymen-/ hymeno- 膜的，膜状的；dictyon 网，网状（希腊语）

Hymenodictyon flaccidum 土连翘：flaccidus 柔软的，软乎乎的，软绵绵的；flaccus 柔弱的，软垂的；-idus/ -idum/ -ida 表示在进行中的动作或情况，作动词、名词或形容词的词尾

Hymenodictyon orixense 毛土连翘：orixense（地名）

Hymenolobus 薄果荠属（薄 báo，荠 jì）（十字花科，已修订为 Hornungia）（33：p86）：hymen-/ hymeno- 膜的，膜状的；lobus/ lobos/ lobon 浅裂，耳片（裂片先端钝圆），荚果，蒴果；hornungia 人名

Hymenolobus procumbens 薄果荠：procumbens 俯卧的，匍匐的，倒伏的；procumb- 俯卧，匍匐，倒伏；-ans/ -ens/ -bilis/ -ilis 能够，可能（为形容词词尾，-ans/ -ens 用于主动语态，-bilis/ -ilis 用于被动语态）

Hymenolyma 斑膜芹属（伞形科，已修订为 Hyalolaena）（55-2：p144）：hymen-/ hymeno- 膜的，膜状的；lyma 污染物；hyalolaenus 透明包被的；hyalos 玻璃（希腊语）；laenus 外衣，包被，覆盖

Hymenolyma bupleuroides 柴胡状斑膜芹：bupleuroides 像柴胡的；Bupleurum 柴胡属（伞形科）；-oides/ -oideus/ -oideum/ -oidea/ -odes/ -eidos 像……的，类似……的，呈……状的（名词词尾）

Hymenolyma trichophylla 斑膜芹：trich-/ tricho-/ tricha- ← trichos ← thrix 毛，多毛的，线状的，丝状的；phyllus/ phyllum/ phylla ← phyllon 叶片（用于希腊语复合词）

Hymenophyllaceae 膜蕨科（2：p132）：Hymenophyllum 膜蕨属；-aceae（分类单位科的词尾，为 -aceus 的阴性复数主格形式，加到模式属的名称后或同义词的词干后以组成族群名称）

Hymenophyllum 膜蕨属（膜蕨科）（2：p151）：hymen-/ hymeno- 膜的，膜状的；phyllus/ phyllum/ phylla ← phyllon 叶片（用于希腊语复合词）

Hymenophyllum austro-sinicum 华南膜蕨：austro-/ austr- 南方的，南半球的，大洋洲的；auster 南方，南风；sinicum 中国的（地名）

Hymenophyllum barbatum 华东膜蕨：barbatus = barba + atus 具胡须的，具须毛的；barba 胡须，髯毛，绒毛；-atus/ -atum/ -ata 属于，相似，具有，完成（形容词词尾）

Hymenophyllum fastigiosum 长叶膜蕨：fastigiosus 笤帚的（指枝条平行向上直立）；fastigius 笤帚；-osus/ -osum/ -osa 多的，充分的，丰富的，显著发育的，程度高的，特征明显的（形容词词尾）

Hymenophyllum khasyanum 顶果膜蕨：khasyanum ← Khasya 喀西的，卡西的（地名，印度阿萨姆邦）

Hymenophyllum minuti-denticulatum 微齿膜蕨：minutus 极小的，细微的，微小的；denticulatus = dentus + culus + atus 具细齿的，具齿的

Hymenophyllum omeiense 峨眉膜蕨：omeiense 峨眉山的（地名，四川省）

Hymenophyllum oxyodon 小叶膜蕨：oxyodon 尖齿的；oxy- ← oxys 尖锐的，酸的；odontus/ odontos → odon-/ odont-/ odonto-（可作词首或词尾）齿，牙齿状的；odous 齿，牙齿（单数，其所有格为 odontos）

Hymenophyllum simonsianum 宽片膜蕨：simonsianum（人名）

Hymenophyllum spinosum 刺边膜蕨：spinosus = spinus + osus 具刺的，多刺的，长满刺的；spinus 刺，针刺；-osus/ -osum/ -osa 多的，充分的，丰富的，显著发育的，程度高的，特征明显的（形容词词尾）

Hymenophyllum whangshanense 黄山膜蕨：whangshanense 黄山的（地名，安徽省）

Hyoscyamus 天仙子属（茄科）（67-1：p30）：hyoscyamus 毒猪豆（该属植物对人畜均有毒）；hyos 猪；cyamos ← kyamos 豆

Hyoscyamus bohemicus 小天仙子：bohemicus（地名）

Hyoscyamus niger 天仙子：niger 黑色的

Hyoscyamus pusillus 中亚天仙子：pusillus 纤弱的，细小的，无价值的

Hyparrhenia 苞茅属（禾本科）（10-2：p231）：hyparrhenia 雄蕊位于下部的，以下的，不完全的；hyp-/ hypo- 下面的，以下的，不完全的；arrhena 男性，强劲，雄蕊，花药

Hyparrhenia bracteata 苞茅：bracteatus = bracteus + atus 具苞片的；bracteus 苞，苞片，苞鳞；-atus/ -atum/ -ata 属于，相似，具有，完成（形容词词尾）

Hyparrhenia diplandra 短梗苞茅：dipl-/ diplo- ← diplous ← diploos 双重的，二重的，二倍的，二数的；andrus/ andros/ antherus ← aner 雄蕊，花药，雄性；di-/ dis- 二，二数，二分，分离，不同，在……之间，从……分开（希腊语，拉丁语为 bi-/ bis-）

Hyparrhenia filipendula 纤细苞茅：filipendulus = filium + pendulus 悬吊的细丝；fili-/ fil- ← filum 线状的，丝状的；pendulus ← pendere 下垂的，垂吊的（悬空或因支持体细软而下垂）；pendere/ pendeo 悬挂，垂悬；Filipendula 蚊子草属（蔷薇科）

Hyparrhenia rufa 红苞茅：rufus 红褐色的，发红的，淡红色的；ruf-/ rufi-/ frufo- ← rufus/ rubus 红褐色的，锈色的，红色的，发红的，淡红色的

Hyparrhenia rufa var. rufa 红苞茅-原变种（词义见上面解释）

Hyparrhenia rufa var. siamensis 泰国苞茅：siamensis 暹罗的（地名，泰国古称）（暹 xiān）

Hypecoum 角茴香属（罂粟科）（32：p80）：hypecoum ← hypekoon（一种叶似芸香的植物）

Hypecoum erectum 角茴香：erectus 直立的，笔直的

Hypecoum leptocarpum 细果角茴香：leptus ← leptos 细的，薄的，瘦小的，狭长的；carpus/

carpum/ carpa/ carpon ← carpos 果实（用于希腊语复合词）

Hypecoum parviflorum 小花角茴香：parviflorus 小花的；parvus 小的，些微的，弱的；florus/ florum/ flora ← flos 花（用于复合词）

Hypericum 金丝桃属（藤黄科）（50-2: p2）：hypericum ← hypericon 金丝桃（古希腊语名）

Hypericum acmosepalum 尖萼金丝桃：acmosepalus 尖萼的；acmo- ← acme ← akme 顶点，尖锐的，边缘（希腊语）；sepalus/ sepalum/ sepala 萼片（用于复合词）

Hypericum addingtonii 碟花金丝桃：addingtonii（人名）；-ii 表示人名，接在以辅音字母结尾的人名后面，但 -er 除外

Hypericum ascyron 黄海棠：ascyron ← askyron（金丝桃一种，希腊语名）

Hypericum attenuatum 赶山鞭：attenuatus = ad + tenuis + atus 渐尖的，渐狭的，变细的，变弱的；ad- 向，到，近（拉丁语词首，表示程度加强）；构词规则：构成复合词时，词首末尾的辅音字母常同化为紧接其后的那个辅音字母（如 ad + t → att）；tenuis 薄的，纤细的，弱的，瘦的，窄的

Hypericum augustinii 无柄金丝桃：augustinii ← Augustine Henry（人名，1857–1930，爱尔兰医生、植物学家）

Hypericum beanii 栽秧花：beanii ← William Jackson Bean（人名，20 世纪英国植物学家）

Hypericum bellum 美丽金丝桃：bellus ← belle 可爱的，美丽的

Hypericum bellum subsp. bellum 美丽金丝桃-原亚种 （词义见上面解释）

Hypericum bellum subsp. latisepalum 宽萼金丝桃：lati-/ late- ← latus 宽的，宽广的；sepalus/ sepalum/ sepala 萼片（用于复合词）

Hypericum choisianum 多蕊金丝桃：choisianum（地名，印度，已修订为 choisyanum）；-anus/ -anum/ -ana 属于，来自（形容词词尾）

Hypericum cohaerens 连柱金丝桃：cohaerens 连着的，黏合的，黏着的

Hypericum curvisepalum 弯萼金丝桃：curvisepalus 弯萼的；curvus 弯曲的；sepalus/ sepalum/ sepala 萼片（用于复合词）

Hypericum elatoides 岐山金丝桃（岐 qí）：elatus 高的，梢端的；-oides/ -oideus/ -oideum/ -oidea/ -odes/ -eidos 像……的，类似……的，呈……状的（名词词尾）

Hypericum elliptifolium 椭圆叶金丝桃：ellipticus 椭圆形的；folius/ folium/ folia 叶，叶片（用于复合词）

Hypericum elodeoides 挺茎遍地金：elodeoides 像 helodes 的（"elodes" 为 "helodes" 的误拼，意沼泽）；Hypericum elodes（应为 "H. helodes"）沼生金丝桃；-oides/ -oideus/ -oideum/ -oidea/ -odes/ -eidos 像……的，类似……的，呈……状的（名词词尾）

Hypericum erectum 小连翘：erectus 直立的，笔直的

Hypericum faberi 扬子小连翘：faberi ← Ernst Faber（人名，19 世纪活动于中国的德国植物采集员）；-eri 表示人名，在以 -er 结尾的人名后面加上 i 形成

Hypericum filicaule 纤茎金丝桃：filicaule 细茎的，丝状茎的；fili-/ fil- ← filum 线状的，丝状的；caulus/ caulon/ caule ← caulos 茎，茎秆，主茎

Hypericum formosanum 台湾金丝桃：formosanus = formosus + anus 美丽的，台湾的；formosus ← formosa 美丽的，台湾的（葡萄牙殖民者发现台湾时对其的称呼，即美丽的岛屿）；-anus/ -anum/ -ana 属于，来自（形容词词尾）

Hypericum forrestii 川滇金丝桃：forrestii ← George Forrest（人名，1873–1932，英国植物学家，曾在中国西部采集大量植物标本）

Hypericum geminiflorum 双花金丝桃：geminus 双生的，对生的；florus/ florum/ flora ← flos 花（用于复合词）

Hypericum geminiflorum subsp. geminiflorum 双花金丝桃-原亚种 （词义见上面解释）

Hypericum geminiflorum subsp. simplicistylum 小双花金丝桃：simplicistylus = simplex + stylus 单柱的；simplex 单一的，简单的，无分歧的（词干为 simplic-）；构词规则：以 -ix/ -iex 结尾的词其词干末尾视为 -ic，以 -ex 结尾视为 -i/ -ic，其他以 -x 结尾视为 -c；stylus/ stylis ← stylos 柱，花柱

Hypericum gramineum 细叶金丝桃：gramineus 禾草状的，禾本科植物状的；graminus 禾草，禾本科草；gramen 禾本科植物；-eus/ -eum/ -ea（接拉丁语词干时）属于……的，色如……的，质如……的（表示原料、颜色或品质的相似），（接希腊语词干时）属于……的，以……出名，为……所占有（表示具有某种特性）

Hypericum hengshanense 衡山金丝桃：hengshanense 衡山的（地名，湖南省）

Hypericum henryi 西南金丝梅：henryi ← Augustine Henry 或 B. C. Henry（人名，前者，1857–1930，爱尔兰医生、植物学家，曾在中国采集植物，后者，1850–1901，曾活动于中国的传教士）

Hypericum henryi subsp. hancockii 蒙自金丝梅：hancockii ← W. Hancock（人名，1847–1914，英国海关官员，曾在中国采集植物标本）

Hypericum henryi subsp. henryi 西南金丝梅-原亚种 （词义见上面解释）

Hypericum henryi subsp. uraloides 岷江金丝梅（岷 mín）：uraloides 像 uralum 的；Hypericum uralum 匙萼金丝桃；-oides/ -oideus/ -oideum/ -oidea/ -odes/ -eidos 像……的，类似……的，呈……状的（名词词尾）

Hypericum himalaicum 西藏金丝桃：himalaicum 喜马拉雅的（地名）；-icus/ -icum/ -ica 属于，具有某种特性（常用于地名、起源、生境）

Hypericum hirsutum 毛金丝桃：hirsutus 粗毛的，糙毛的，有毛的（长而硬的毛）

Hypericum hookerianum 短柱金丝桃：hookerianum ← William Jackson Hooker（人名，19 世纪英国植物学家）

Hypericum japonicum 地耳草：japonicum 日本的

H

（地名）；-icus/ -icum/ -ica 属于，具有某种特性（常用于地名、起源、生境）

Hypericum kouytchense 贵州金丝桃：kouytchense 贵州的（地名）

Hypericum lagarocladum 纤枝金丝桃：lagaros 细的，毛细管状的，中空的；cladus ← clados 枝条，分枝

Hypericum lancasteri 展萼金丝桃：lancasteri ← Sydney Percy-Lancaster（人名，20 世纪印度植物学家，培育美人蕉杂交种）；-eri 表示人名，在以 -er 结尾的人名后面加上 i 形成

Hypericum longistylum 长柱金丝桃：longe-/ longi- ← longus 长的，纵向的；stylus/ stylis ← stylos 柱，花柱

Hypericum longistylum subsp. giraldii 圆果金丝桃：giraldii ← Giuseppe Giraldi（人名，19 世纪活动于中国的意大利传教士）

Hypericum longistylum subsp. longistylum 长柱金丝桃-原亚种 （词义见上面解释）

Hypericum maclarenii 康定金丝桃：maclarenii（人名）；-ii 表示人名，接在以辅音字母结尾的人名后面，但 -er 除外

Hypericum macrosepalum 大萼金丝桃：macro-/ macr- ← macros 大的，宏观的（用于希腊语复合词）；sepalus/ sepalum/ sepala 萼片（用于复合词）

Hypericum monanthemum 单花遍地金：mono-/ mon- ← monos 一个，单一的（希腊语，拉丁语为 unus/ uni-/ uno-）；anthemus ← anthemon 花

Hypericum monogynum 金丝桃：mono-/ mon- ← monos 一个，单一的（希腊语，拉丁语为 unus/ uni-/ uno-）；gynus/ gynum/ gyna 雌蕊，子房，心皮

Hypericum nagasawai 玉山金丝桃：nagasawai 永泽，长泽（日本人名）；-i 表示人名，接在以元音字母结尾的人名后面，但 -a 除外，故该词改为"nagasawaiana"或"nagasawae"似更妥

Hypericum nakamurai 清水金丝桃：nakamurai 中村（人名，日本植物采集员）；-i 表示人名，接在以元音字母结尾的人名后面，但 -a 除外，故该词改为"nakamuraiana"或"nakamurae"似更妥

Hypericum nokoense 能高金丝桃：nokoense 能高山的（地名，位于台湾省，"noko"为"能高"的日语读音）

Hypericum patulum 金丝梅：patulus = pateo + ulus 稍开展的，稍伸展的；patus 展开的，伸展的；pateo/ patesco/ patui 展开，舒展，明朗；-ulus/ -ulum/ -ula 小的，略微的，稍微的（小词 -ulus 在字母 e 或 i 之后有多种变缀，即 -olus/ -olum/ -ola、-ellus/ -ellum/ -ella、-illus/ -illum/ -illa，与第一变格法和第二变格法名词形成复合词）

Hypericum pedunculatum 具梗金丝桃：pedunculatus/ peduncularis 具花序柄的，具总花梗的；pedunculus/ peduncule/ pedunculis ← pes 花序柄，总花梗（花序基部无花着生部分，不同于花柄）；关联词：pedicellus/ pediculus 小花梗，小花柄（不同于花序柄）；pes/ pedis 柄，梗，茎秆，腿，足，爪（作词首或词尾，pes 的词干视为"ped-"）

Hypericum perforatum 贯叶连翘：perforatus 贯通的，有孔的；peri-/ per- 周围的，缠绕的（与拉丁语 circum- 意思相同）；foratus 具孔的；foro/ forare 穿孔，挖洞

Hypericum petiolulatum 短柄小连翘：petiolulatus = petiolus + ulus + atus 具小叶柄的；petiolus 叶柄；-ulus/ -ulum/ -ula 小的，略微的，稍微的（小词 -ulus 在字母 e 或 i 之后有多种变缀，即 -olus/ -olum/ -ola、-ellus/ -ellum/ -ella、-illus/ -illum/ -illa，与第一变格法和第二变格法名词形成复合词）；-atus/ -atum/ -ata 属于，相似，具有，完成（形容词词尾）

Hypericum petiolulatum subsp. petiolulatum 短柄小连翘-原亚种 （词义见上面解释）

Hypericum petiolulatum subsp. yunnanense 云南小连翘：yunnanense 云南的（地名）

Hypericum prattii 大叶金丝桃：prattii ← Antwerp E. Pratt（人名，19 世纪活动于中国的英国动物学家、探险家）

Hypericum przewalskii 突脉金丝桃：przewalskii ← Nicolai Przewalski（人名，19 世纪俄国探险家、博物学家）

Hypericum pseudohenryi 北栽秧花：pseudohenryi 像 henryi 的；pseudo-/ pseud- ← pseudos 假的，伪的，接近，相似（但不是）；Hypericum henryi 西南金丝梅；henryi ← Henry（人名）

Hypericum pseudopetiolatum 短柄金丝桃：pseudopetiolatum 像 petiolatum 的；pseudo-/ pseud- ← pseudos 假的，伪的，接近，相似（但不是）；Hypericum petiolatum 有柄金丝桃；petiolatus = petiolus + atus 具叶柄的；petiolus 叶柄；-atus/ -atum/ -ata 属于，相似，具有，完成（形容词词尾）

Hypericum reptans 匍枝金丝桃：reptans/ reptus ← repo 匍匐的，匍匐生根的

Hypericum sampsonii 元宝草：sampsonii（人名）；-ii 表示人名，接在以辅音字母结尾的人名后面，但 -er 除外

Hypericum scabrum 糙枝金丝桃：scabrus ← scaber 粗糙的，有凹凸的，不平滑的

Hypericum seniavinii 密腺小连翘：seniavinii（人名）；-ii 表示人名，接在以辅音字母结尾的人名后面，但 -er 除外

Hypericum stellatum 星萼金丝桃：stellatus/ stellaris 具星状的；stella 星状的；-atus/ -atum/ -ata 属于，相似，具有，完成（形容词词尾）；-aris（阳性、阴性）/ -are（中性）← -alis（阳性、阴性）/ -ale（中性）属于，相似，如同，具有，涉及，关于，联结于（将名词作形容词用，其中 -aris 常用于以 l 或 r 为词干末尾的词）

Hypericum subalatum 方茎金丝桃：subalatus 稍有翅的；sub-（表示程度较弱）与……类似，几乎，稍微，弱，亚，之下，下面；alatus → ala-/ alat-/ alati-/ alato- 翅，具翅的，具翼的

Hypericum subsessile 近无柄金丝桃：subsessile 近无茎的；sub-（表示程度较弱）与……类似，几乎，稍微，弱，亚，之下，下面；sessile-/ sessili-/ sessil- ← sessilis 无柄的，无茎的，基生的，基部的

Hypericum uralum 匙萼金丝桃（匙 chí）：uralum

（地名，尼泊尔喜马拉雅地区）

Hypericum wightianum 遍地金：wightianum ←
Robert Wight（人名，19 世纪英国医生、植物学家）

Hypericum wightianum subsp. axillare 察隅遍
地金：axillare 在叶腋；axill- 叶腋

Hypericum wightianum subsp. wightianum 遍
地金-原亚种 （词义见上面解释）

Hypericum wilsonii 川鄂金丝桃：wilsonii ← John
Wilson（人名，18 世纪英国植物学家）

Hypochaeris 猫儿菊属（菊科）（80-1：p50）：
hypochaeris = hypo + chaoeros（该属的古希腊语
名，传说猪喜欢吃该属植物的根，由希腊博物学家
Theophrastus 正式采用，有时也拼写为
"hypochoeris"）；hyp-/ hypo- 下面的，以下的，不
完全的；choeros 猪（希腊语）

Hypochaeris ciliata 猫儿菊：ciliatus = cilium +
atus 缘毛的，流苏的；cilium 缘毛，睫毛；-atus/
-atum/ -ata 属于，相似，具有，完成（形容词词尾）

Hypochaeris maculata 新疆猫儿菊：maculatus =
maculus + atus 有小斑点的，略有斑点的；maculus
斑点，网眼，小斑点，略有斑点；-atus/ -atum/
-ata 属于，相似，具有，完成（形容词词尾）

Hypodematiaceae 肿足蕨科（4-1：p1）：hyp-/
hypo- 下面的，以下的，不完全的；Hypodematium
肿足蕨属；-aceae（分类单位科的词尾，为 -aceus
的阴性复数主格形式，加到模式属的名称后或同义
词的词干后以组成族群名称）

Hypodematium 肿足蕨属（肿足蕨科）（4-1：p1）：
hypodematium 活体下面的（指叶柄基部膨大）；
hyp-/ hypo- 下面的，以下的，不完全的；
dematium ← demas 活体，生体

Hypodematium crenatum 肿足蕨：crenatus =
crena + atus 圆齿状的，具圆齿的；crena 叶缘
的圆齿

Hypodematium daochengense 稻城肿足蕨：
daochengense 稻城的（地名，四川省）

Hypodematium fordii 福氏肿足蕨：fordii ←
Charles Ford（人名）

Hypodematium glabrum 无毛肿足蕨：glabrus 光
秃的，无毛的，光滑的

Hypodematium glanduloso-pilosum 球腺肿足蕨：
glandulosus = glandus + ulus + osus 被细腺的，具
腺体的，腺体质的；glandus ← glans 腺体；
pilosus = pilus + osus 多毛的，被柔毛的，具疏柔
毛的，被短弱细毛的；pilus 毛，疏柔毛；-osus/
-osum/ -osa 多的，充分的，丰富的，显著发育的，
程度高的，特征明显的（形容词词尾）

Hypodematium glandulosum 腺毛肿足蕨：
glandulosus = glandus + ulus + osus 被细腺的，具
腺体的，腺体质的；glandus ← glans 腺体；-ulus/
-ulum/ -ula 小的，略微的，稍微的（小词 -ulus 在
字母 e 或 i 之后有多种变缀，即 -olus/ -olum/ -ola、
-ellus/ -ellum/ -ella、-illus/ -illum/ -illa，与第一变
格法和第二变格法名词形成复合词）；-osus/ -osum/
-osa 多的，充分的，丰富的，显著发育的，程度高
的，特征明显的（形容词词尾）

Hypodematium gracile 修株肿足蕨：gracile →
gracil- 细长的，纤弱的，丝状的；gracilis 细长的，

纤弱的，丝状的

Hypodematium hirsutum 光轴肿足蕨：hirsutus
粗毛的，糙毛的，有毛的（长而硬的毛）

Hypodematium microlepioides 滇边肿足蕨：
microlepioides 像 Microlepia 的；Microlepia 鳞盖蕨
属（碗蕨科）；micr-/ micro- ← micros 小的，微小
的，微观的（用于希腊语复合词）；lepis/ lepidos 鳞
片；-oides/ -oideus/ -oideum/ -oidea/ -odes/ -eidos
像……的，类似……的，呈……状的（名词词尾）

Hypodematium sinense 山东肿足蕨：sinense =
Sina + ense 中国的（地名）；Sina 中国

Hypodematium squamuloso-pilosum 鳞毛肿足
蕨：squamuloso- ← squamulosus = squamus +
ulosus 小鳞片很多的，被小鳞片的；squamus 鳞，
鳞片，薄膜；-ulosus = ulus + osus 小而多的；
-ulus/ -ulum/ -ula 小的，略微的，稍微的（小词
-ulus 在字母 e 或 i 之后有多种变缀，即 -olus/
-olum/ -ola、-ellus/ -ellum/ -ella、-illus/ -illum/
-illa，与第一变格法和第二变格法名词形成复合词）；
pilosus = pilus + osus 多毛的，被柔毛的，具疏柔
毛的，被短弱细毛的；pilus 毛，疏柔毛；-osus/
-osum/ -osa 多的，充分的，丰富的，显著发育的，
程度高的，特征明显的（形容词词尾）

Hypodematium taiwanensis 台湾肿足蕨：
taiwanensis 台湾的（地名）

Hypoestes 枪刀药属（爵床科）（70：p248）：
hypoestes 在房屋下面（指苞片包被花萼）；hyp-/
hypo- 下面的，以下的，不完全的；estia 房屋

Hypoestes cumingiana 枪刀菜：cumingiana ←
Hugh Cuming（人名，19 世纪英国贝类专家、植物
学家）

Hypoestes phyllostachys （叶穗枪刀药）：
phyllostachys = phyllon + stachyon 叶状穗总花序
的，穗子上有叶片的（指假小穗基部佛焰苞片顶端
有退化的叶片）；phyllus/ phyllum/ phylla ←
phyllon 叶片（用于希腊语复合词）；stachy-/
stachyo-/ -stachys/ -stachyus/ -stachyum/ -stachya
穗子，穗子的，穗子状的，穗状花序的；
Phyllostachys 刚竹属（禾本科）

Hypoestes purpurea 枪刀药：purpureus =
purpura + eus 紫色的；purpura 紫色（purpura 原
为一种介壳虫名，其体液为紫色，可作颜料）；-eus/
-eum/ -ea（接拉丁语词干时）属于……的，色
如……的，质如……的（表示原料、颜色或品质的
相似），（接希腊语词干时）属于……的，以……出
名，为……所占有（表示具有某种特性）

Hypoestes triflora 三花枪刀药：tri-/ tripli-/ triplo-
三个，三数；florus/ florum/ flora ← flos 花（用于
复合词）

Hypolepidaceae 姬蕨科（合并到碗蕨科）：
Hypolepis 姬蕨属；-aceae（分类单位科的词尾，为
-aceus 的阴性复数主格形式，加到模式属的名称后
或同义词的词干后以组成族群名称）

Hypolepis 姬蕨属（碗蕨科，曾属姬蕨科）（2：
p246）：hypolepis 鳞片下面的（指孢子囊生于鳞片
下面）；hyp-/ hypo- 下面的，以下的，不完全的；
lepis/ lepidos 鳞片

Hypolepis alte-gracillima 台湾姬蕨：alte- 深的；

H

gracillimus 极细长的，非常纤细的；gracilis 细长的，纤弱的，丝状的；-limus/ -lima/ -limum 最，非常，极其（以 -ilis 结尾的形容词最高级，将末尾的 -is 换成 l + imus，从而构成 -illimus）

Hypolepis gigantea 大姬蕨：giganteus 巨大的；giga-/ gigant-/ giganti- ← gigantos 巨大的；-eus/ -eum/ -ea（接拉丁语词干时）属于……的，色如……的，质如……的（表示原料、颜色或品质的相似），（接希腊语词干时）属于……的，以……出名，为……所占有（表示具有某种特性）

Hypolepis glabrescens 亚光姬蕨：glabrus 光秃的，无毛的，光滑的；-escens/ -ascens 改变，转变，变成，略微，带有，接近，相似，大致，稍微（表示变化的趋势，并未完全相似或相同，有别于表示达到完成状态的 -atus）

Hypolepis punctata 姬蕨：punctatus = punctus + atus 具斑点的；punctus 斑点

Hypolepis tenera 狭叶姬蕨：tenerus 柔软的，娇嫩的，精美的，雅致的，纤细的

Hypolepis yunnanensis 云南姬蕨：yunnanensis 云南的（地名）

Hypolytrum 割鸡芒属（莎草科）（11：p198）：hypolytrum = hypo + elytrum 在鳞片下面的，在叶鞘下面的；hyp-/ hypo- 下面的，以下的，不完全的；elytrum ← elytron 鞘，鞘状的

Hypolytrum formosanum 台湾割鸡芒：formosanus = formosus + anus 美丽的，台湾的；formosus ← formosa 美丽的，台湾的（葡萄牙殖民者发现台湾时对其的称呼，即美丽的岛屿）；-anus/ -anum/ -ana 属于，来自（形容词词尾）

Hypolytrum hainanense 海南割鸡芒：hainanense 海南的（地名）

Hypolytrum latifolium 宽叶割鸡芒：lati-/ late- ← latus 宽的，宽广的；folius/ folium/ folia 叶，叶片（用于复合词）

Hypolytrum paucistrobiliferum 少穗割鸡芒：paucistrobiliferus 少球穗的；pauci- ← paucus 少数的，少的（希腊语为 oligo-）；strobil-/ strobili- ← strobillos 球果的，圆锥的；-ferus/ -ferum/ -fera/ -fero/ -fere/ -fer 有，具有，产（区别：作独立词使用的 ferus 意思是“野生的”）

Hypoxis 小金梅草属（石蒜科）（16-1：p39）：hypoxis = hypo + oxys 下面尖锐的，基部尖锐的；易混词：hypoxis 微酸的，略带酸味的

Hypoxis aurea 小金梅草：aureus = aurus + eus → aure-/ aureo- 金色的，黄色的；aurus 金，金色；-eus/ -eum/ -ea（接拉丁语词干时）属于……的，色如……的，质如……的（表示原料、颜色或品质的相似），（接希腊语词干时）属于……的，以……出名，为……所占有（表示具有某种特性）

Hypserpa 夜花藤属（防己科）（30-1：p26）：Hypserpa = hypso + herpa 爬高的；hypso-/ hypsi- 高地的，高位的，高处的；herpo 爬，攀爬

Hypserpa nitida 夜花藤：nitidus = nitcrc + idus 光亮的，发光的；nitere 发亮；-idus/ -idum/ -ida 表示在进行中的动作或情况，作动词、名词或形容词的词尾；nitens 光亮的，发光的

Hyptianthera 藏药木属（藏 cáng）（茜草科）（71-1：

p386）：hyptianthera 花药内藏的；hyptios 放在背后的；andrus/ andros/ antherus ← aner 雄蕊，花药，雄性

Hyptianthera stricta 藏药木：strictus 直立的，硬直的，笔直的，彼此靠拢的

Hyptis 山香属（唇形科）（66：p404）：hyptis/ hyptios 放在背面的（指花冠的唇瓣转向背面）

Hyptis brevipes 短柄吊球草：brevi- ← brevis 短的（用于希腊语复合词词首）；pes/ pedis 柄，梗，茎秆，腿，足，爪（作词首或词尾，pes 的词干视为“ped-”）

Hyptis rhomboidea 吊球草：rhomboideus 菱形的；rhombus 菱形，纺锤；-oides/ -oideus/ -oideum/ -oidea/ -odes/ -eidos 像……的，类似……的，呈……状的（名词词尾）

Hyptis spicigera 穗序山香：spicigerus = spicus + gerus 具穗状花序的；spicus 穗，谷穗，花穗；gerus → -ger/ -gerus/ -gerum/ -gera 具有，有，带有

Hyptis suaveolens 山香：suaveolens 芳香的，香味的；suavis/ suave 甜的，愉快的，高兴的，有魅力的，漂亮的；olens ← olere 气味，发出气味（不分香臭）

Hyssopus 神香草属（唇形科）（66：p242）：hyssopus ← hyssopos（希腊语一种芳香植物名）

Hyssopus cuspidatus 硬尖神香草：cuspidatus = cuspis + atus 尖头的，凸尖的；构词规则：词尾为 -is 和 -ys 的词的词干分别视为 -id 和 -yd；cuspis（所有格为 cuspidis）齿尖，凸尖，尖头；-atus/ -atum/ -ata 属于，相似，具有，完成（形容词词尾）

Hyssopus cuspidatus var. albiflorus 硬尖神香草-白花变种：albus → albi-/ albo- 白色的；florus/ florum/ flora ← flos 花（用于复合词）

Hyssopus cuspidatus var. cuspidatus 硬尖神香草-原变种 （词义见上面解释）

Hyssopus latilabiatus 宽唇神香草：lati-/ late- ← latus 宽的，宽广的；labiatus ← labius 具唇的，具唇瓣的；labius 唇，唇瓣，唇形

Hyssopus officinalis 神香草：officinalis/ officinale 药用的，有药效的；officina ← opificina 药店，仓库，作坊

Hystrix 猬草属（禾本科）（9-3：p34）：hystrix/ hystris 豪猪，刚毛，刺猬状刚毛

Hystrix duthiei 猬草：duthiei（人名）；-i 表示人名，接在以元音字母结尾的人名后面，但 -a 除外

Hystrix komarovii 东北猬草：komarovii ← Vladimir Leontjevich Komarov 科马洛夫（人名，1869–1945，俄国植物学家）

Iberis 屈曲花属（十字花科）（33：p71）：iberis（希腊语土名）

Iberis amara 屈曲花：amarus 苦味的

Iberis intermedia 披针叶屈曲花：intermedius 中间的，中位的，中等的；inter- 中间的，在中间，之间；medius 中间的，中央的

Icacinaceae 茶茱萸科（茶茱萸 zhū yú）（46：p37）：Icacin（属名，茶茱萸科）；-aceae（分类单位科的词尾，为 -aceus 的阴性复数主格形式，加到模式属的名称后或同义词的词干后以组成族群名称）

I

Ichnanthus 距花黍属（黍 shǔ）（禾本科）（10-1：p219）：ichnanthus 距花的（指模式种的第二外稃的两侧具附属体）；ichnos 有距的，纤细的；anthus/ anthum/ antha/ anthe ← anthos 花（用于希腊语复合词）

Ichnanthus vicinus 距花黍：vicinus/ vicinum/ vicina/ vicinitas 近处，近邻，邻居，附近；vicinia 近邻，类似，相近

Ichnocarpus 腰骨藤属（夹竹桃科）（63：p225）：ichnocarpus 纤细果的，距果的（指蓇葖果双生）；ichnos 有距的，纤细的；carpus/ carpum/ carpa/ carpon ← carpos 果实（用于希腊语复合词）

Ichnocarpus frutescens 腰骨藤：frutescens = frutex + escens 变成灌木状的，略呈灌木状的；frutex 灌木；-escens/ -ascens 改变，转变，变成，略微，带有，接近，相似，大致，稍微（表示变化的趋势，并未完全相似或相同，有别于表示达到完成状态的 -atus）

Ichnocarpus frutescens f. frutescens 腰骨藤-原变型（词义见上面解释）

Ichnocarpus frutescens f. pubescens 毛叶腰骨藤：pubescens ← pubens 被短柔毛的，长出柔毛的；pubi- ← pubis 细柔毛的，短柔毛的，毛被的；pubesco/ pubescere 长成的，变为成熟的，长出柔毛的，青春期体毛的；-escens/ -ascens 改变，转变，变成，略微，带有，接近，相似，大致，稍微（表示变化的趋势，并未完全相似或相同，有别于表示达到完成状态的 -atus）

Ichnocarpus oliganthus 少花腰骨藤：oligo-/ olig- 少数的（希腊语，拉丁语为 pauci-）；anthus/ anthum/ antha/ anthe ← anthos 花（用于希腊语复合词）

Idesia 山桐子属（大风子科）（52-1：p56）：idesia ← Eberhard Isbrand（或 Ysbrantes）Ides（人名，17世纪在沙皇俄国的德国或荷兰探险家）

Idesia polycarpa 山桐子：poly- ← polys 多个，许多（希腊语，拉丁语为 multi-）；carpus/ carpum/ carpa/ carpon ← carpos 果实（用于希腊语复合词）

Idesia polycarpa var. fujianensis 福建山桐子：fujianensis 福建的（地名）

Idesia polycarpa var. longicarpa 长果山桐子：longe-/ longi- ← longus 长的，纵向的；carpus/ carpum/ carpa/ carpon ← carpos 果实（用于希腊语复合词）

Idesia polycarpa var. polycarpa 山桐子-原变种（词义见上面解释）

Idesia polycarpa var. vestita 毛叶山桐子：vestitus 包被的，覆盖的，被柔毛的，袋状的

Ikonnikovia 伊犁花属（白花丹科）（60-1：p21）：ikonnikovia ← Ikonnikov Galitzkij（人名，俄国植物学家）

Ikonnikovia kaufmanniana 伊犁花：kaufmanniana ← General Konstantin von Kaufmann（人名，19 世纪乌兹别克斯坦塔什干总督）

Ilex 冬青属（冬青科）（45-2：p2）：ilex 冬青（古拉丁名）

Ilex aculeolata 满树星：aculeolatus = aculeus +

ulus + atus 有小刺的，属于有小皮刺的；aculeus 皮刺；-ulus/ -ulum/ -ula 小的，略微的，稍微的（小词 -ulus 在字母 e 或 i 之后有多种变缀，即 -olus/ -olum/ -ola、-ellus/ -ellum/ -ella、-illus/ -illum/ -illa，与第一变格法和第二变格法名词形成复合词）；aculeolus 有小刺的；-atus/ -atum/ -ata 属于，相似，具有，完成（形容词词尾）

Ilex angulata 棱枝冬青：angulatus = angulus + atus 具棱角的，有角度的；angulus 角，棱角，角度，角落；-atus/ -atum/ -ata 属于，相似，具有，完成（形容词词尾）

Ilex arisanensis 阿里山冬青：arisanensis 阿里山的（地名，属台湾省）

Ilex asprella 秤星树：asprellus/ asperellus 略粗糙的；asper/ asperus/ asperum/ aspera 粗糙的，不平的

Ilex asprella var. asprella 秤星树-原变种（词义见上面解释）

Ilex asprella var. tapuensis 大埔秤星树（埔 bǔ）：tapuensis 大埔的（地名，广东省）

Ilex atrata 黑果冬青：atratus = ater + atus 发黑的，浓暗的，玷污的；ater 黑色的（希腊语，词干视为 atro-/ atr-/ atri-/ atra-）

Ilex atrata var. atrata 黑果冬青-原变种（词义见上面解释）

Ilex atrata var. glabra 无毛黑果冬青：glabrus 光秃的，无毛的，光滑的

Ilex atrata var. wangii 长梗黑果冬青：wangii（人名）；-ii 表示人名，接在以辅音字母结尾的人名后面，但 -er 除外

Ilex austro-sinensis 两广冬青：austro-/ austr- 南方的，南半球的，大洋洲的；auster 南方，南风；sinensis = Sina + ensis 中国的（地名）；Sina 中国

Ilex bidens 双齿冬青：bidens 二齿的（指果实先端的两个尖刺）；bi-/ bis- 二，二数，二回（希腊语为 di-）；dens/ dentus 齿，牙齿；Bidens 鬼针草属（菊科）

Ilex bioritsensis 刺叶冬青：bioritsensis 苗栗的（地名，属台湾省）

Ilex brachyphylla 短叶冬青：brachy- ← brachys 短的（用于拉丁语复合词词首）；phyllus/ phyllum/ phylla ← phyllon 叶片（用于希腊语复合词）

Ilex buergeri 短梗冬青：buergeri ← Heinrich Buerger（人名，19 世纪荷兰植物学家）；-eri 表示人名，在以 -er 结尾的人名后面加上 i 形成

Ilex buxoides 黄杨冬青：buxoides 黄杨状的；Buxus 黄杨属（黄杨科）；-oides/ -oideus/ -oideum/ -oidea/ -odes/ -eidos 像……的，类似……的，呈……状的（名词词尾）

Ilex cauliflora 茎花冬青：cauliflorus 茎干生花的；cauli- ← caulia/ caulis 茎，茎秆，主茎；florus/ florum/ flora ← flos 花（用于复合词）

Ilex centrochinensis 华中枸骨：centrochinensis 华中的（地名）；centro-/ centr- ← centrum 中部的，中央的；chinensis = china + ensis 中国的（地名）；China 中国

Ilex chamaebuxus 矮杨梅冬青：chamae- ← chamai 矮小的，匍匐的，地面的；Buxus 黄杨属（黄杨科）

Ilex championii 凹叶冬青：championii ← John George Champion（人名，19 世纪英国植物学家，研究东亚植物）

Ilex chapaensis 沙坝冬青：chapaensis ← Chapa 沙巴的（地名，越南北部）

Ilex chartaceifolia 纸叶冬青：chartaceus 西洋纸质的；charto-/ chart- 羊皮纸，纸质；-aceus/ -aceum/ -acea 相似的，有……性质的，属于……的；folius/ folium/ folia 叶，叶片（用于复合词）

Ilex chartaceifolia var. chartaceifolia 纸叶冬青-原变种 （词义见上面解释）

Ilex chartaceifolia var. glabra 无毛纸叶冬青：glabrus 光秃的，无毛的，光滑的

Ilex chengkouensis 城口冬青：chengkouensis 城口的（地名，重庆市）

Ilex cheniana 龙陵冬青：cheniana（人名）

Ilex chinensis 冬青：chinensis = china + ensis 中国的（地名）；China 中国

Ilex chingiana 苗山冬青：chingiana ← R. C. Chin 秦仁昌（人名，1898–1986，中国植物学家，蕨类植物专家），秦氏

Ilex chuniana 铁仔冬青（仔 zǎi）：chuniana ← W. Y. Chun 陈焕镛（人名，1890–1971，中国植物学家）

Ilex ciliospinosa 纤齿枸骨：ciliosus 流苏状的，纤毛的；cilium 缘毛，睫毛；spinosus = spinus + osus 具刺的，多刺的，长满刺的；spinus 刺，针刺；-osus/ -osum/ -osa 多的，充分的，丰富的，显著发育的，程度高的，特征明显的（形容词词尾）

Ilex cinerea 灰冬青：cinereus 灰色的，草木灰色的（为纯黑和纯白的混合色，希腊语为 tephro-/ spodo-）；ciner-/ cinere-/ cinereo- 灰色；-eus/ -eum/ -ea（接拉丁语词干时）属于……的，色如……的，质如……的（表示原料、颜色或品质的相似），（接希腊语词干时）属于……的，以……出名，为……所占有（表示具有某种特性）

Ilex cochinchinensis 越南冬青：cochinchinensis ← Cochinchine 南圻的（历史地名，即今越南南部及其周边国家和地区）

Ilex confertiflora 密花冬青：confertus 密集的；florus/ florum/ flora ← flos 花（用于复合词）

Ilex confertiflora var. confertiflora 密花冬青-原变种 （词义见上面解释）

Ilex confertiflora var. kwangsiensis 广西密花冬青：kwangsiensis 广西的（地名）

Ilex corallina 珊瑚冬青：corallinus 带珊瑚红色的；-inus/ -inum/ -ina/ -inos 相近，接近，相似，具有（通常指颜色）

Ilex corallina var. aberrans 刺叶珊瑚冬青：aberrans 异常的，畸形的，不同于一般的（近义词：abnormalis，anomalus，atypicus）

Ilex corallina var. corallina 珊瑚冬青-原变种 （词义见上面解释）

Ilex corallina var. macrocarpa 大果珊瑚冬青：macro-/ macr- ← macros 大的，宏观的（用于希腊语复合词）；carpus/ carpum/ carpa/ carpon ← carpos 果实（用于希腊语复合词）

Ilex corallina var. pubescens 毛枝珊瑚冬青：pubescens ← pubens 被短柔毛的，长出柔毛的；

pubi- ← pubis 细柔毛的，短柔毛的，毛被的；pubesco/ pubescere 长成的，变为成熟的，长出柔毛的，青春期体毛的；-escens/ -ascens 改变，转变，变成，略微，带有，接近，相似，大致，稍微（表示变化的趋势，并未完全相似或相同，有别于表示达到完成状态的 -atus）

Ilex cornuta 枸骨（枸 gǒu）：cornutus = cornus + utus 犄角的，兽角的，角质的；cornus 角，犄角，兽角，角质，角质般坚硬；-utus/ -utum/ -uta（名词词尾，表示具有）

Ilex crenata 齿叶冬青：crenatus = crena + atus 圆齿状的，具圆齿的；crena 叶缘的圆齿

Ilex crenata f. crenata 齿叶冬青-原变型 （词义见上面解释）

Ilex crenata f. longipedunculata 长梗齿叶冬青：longe-/ longi- ← longus 长的，纵向的；pedunculatus/ peduncularis 具花序柄的，具总花梗的；pedunculus/ peduncule/ pedunculis ← pes 花序柄，总花梗（花序基部无花着生部分，不同于花柄）；关联词：pedicellus/ pediculus 小花梗，小花柄（不同于花序柄）；pes/ pedis 柄，梗，茎秆，腿，足，爪（作词首或词尾，pes 的词干视为 "ped-"）

Ilex crenata f. multicrenata 多齿钝齿冬青：multi- ← multus 多个，多数，很多（希腊语为 poly-）；crenatus = crena + atus 圆齿状的，具圆齿的；crena 叶缘的圆齿

Ilex cupreonitens 铜光冬青：cupreonitens 发铜光的；cupreatus 铜，铜色的；nitidus = nitere + idus 光亮的，发光的；nitere 发亮；-idus/ -idum/ -ida 表示在进行中的动作或情况，作动词、名词或形容词的词尾；nitens 光亮的，发光的

Ilex cyrtura 弯尾冬青：cyrtura = cyrtos + ura 弯尾的；cyrt-/ cyrto- ← cyrtus ← cyrtos 弯曲的；uro-/ -urus ← ura 尾巴，尾巴状的

Ilex dabieshanensis 大别山冬青：dabieshanensis 大别山的（地名，安徽省）

Ilex dasyclada 毛枝冬青：dasycladus 毛枝，枝条有粗毛的；dasy- ← dasys 毛茸茸的，粗毛的，毛；cladus ← clados 枝条，分枝

Ilex dasyphylla 黄毛冬青：dasyphyllus = dasys + phyllus 粗毛叶的；dasy- ← dasys 毛茸茸的，粗毛的，毛；phyllus/ phyllum/ phylla ← phyllon 叶片（用于希腊语复合词）

Ilex dehongensis 德宏冬青：dehongensis 德宏的（地名，云南省）

Ilex delavayi 陷脉冬青：delavayi ← P. J. M. Delavay（人名，1834–1895，法国传教士，曾在中国采集植物标本）；-i 表示人名，接在以元音字母结尾的人名后面，但 -a 除外

Ilex delavayi var. comblriana 丽江陷脉冬青：comblriana（人名）

Ilex delavayi var. delavayi 陷脉冬青-原变种 （词义见上面解释）

Ilex delavayi var. exalta 高山陷脉冬青：exaltus = ex + altus 非常高的；e-/ ex- 不，无，非，缺乏，不具有（e- 用在辅音字母前，ex- 用在元音字母前，为拉丁语词首，对应的希腊语词首为 a-/ an-，英语为 un-/ -less，注意作词首用的 e-/ ex- 和介词 e/ ex 意

思不同，后者意为"出自、从……、由……离开、由于、依照"）；altus 高度，高的

Ilex delavayi var. linearifolia 线叶陷脉冬青：linearis = lineus + aris 线条的，线形的，线状的，亚麻状的；folius/ folium/ folia 叶，叶片（用于复合词）；-aris（阳性、阴性）/ -are（中性）← -alis（阳性、阴性）/ -ale（中性）属于，相似，如同，具有，涉及，关于，联结于（将名词作形容词用，其中 -aris 常用于以 l 或 r 为词干末尾的词）

Ilex delavayi var. muliensis 木里陷脉冬青：muliensis 木里的（地名，四川省）

Ilex denticulata 细齿冬青：denticulatus = dentus + culus + atus 具细齿的，具齿的；dentus 齿，牙齿；-culus/ -culum/ -cula 小的，略微的，稍微的（同第三变格法和第四变格法名词形成复合词）；-atus/ -atum/ -ata 属于，相似，具有，完成（形容词词尾）

Ilex dianguiensis 滇贵冬青：dianguiensis 滇贵的（地名，云南省和贵州省）

Ilex dicarpa 双果冬青：dicarpus 二果的；di-/ dis- 二，二数，二分，分离，不同，在……之间，从……分开（希腊语，拉丁语为 bi-/ bis-）；carpus/ carpum/ carpa/ carpon ← carpos 果实（用于希腊语复合词）

Ilex dipyrena 双核枸骨：dipyrena 二核的；di-/ dis- 二，二数，二分，分离，不同，在……之间，从……分开（希腊语，拉丁语为 bi-/ bis-）；pyrenus 核，硬核，核果

Ilex dolichopoda 长柄冬青：dolicho- ← dolichos 长的；podus/ pus 柄，梗，茎秆，足，腿

Ilex dunniana 龙里冬青：dunniana（人名）

Ilex editicostata 显脉冬青：editi- 突起的；costatus 具肋的，具脉的，具中脉的（指脉明显）；costus 主脉，叶脉，肋，肋骨

Ilex elmerrilliana 厚叶冬青：elmerrilliana（人名）

Ilex estriata 平核冬青：estriatus 无条纹的；striatus = stria + atus 有条纹的，有细沟的；stria 条纹，线条，细纹，细沟；e-/ ex- 不，无，非，缺乏，不具有（e- 用在辅音字母前，ex- 用在元音字母前，为拉丁语词首，对应的希腊语词首为 a-/ an-，英语为 un-/ -less，注意作词首用的 e-/ ex- 和介词 e/ ex 意思不同，后者意为"出自、从……、由……离开、由于、依照"）

Ilex euryoides 枱叶冬青（枱 líng）：Euryo 枱木属（茶科）；-oides/ -oideus/ -oideum/ -oidea/ -odes/ -eidos 像……的，类似……的，呈……状的（名词词尾）

Ilex excelsa 高冬青：excelsus 高的，高贵的，超越的

Ilex excelsa var. excelsa 高冬青-原变种 （词义见上面解释）

Ilex excelsa var. hypotricha 毛背高冬青：hyp-/ hypo- 下面的，以下的，不完全的；trichus 毛，毛发，线

Ilex fargesii 狭叶冬青：fargesii ← Pere Paul Guillaume Farges（人名，19 世纪中叶至 20 世纪活动于中国的法国传教士，植物采集员）

Ilex fargesii var. angustifolia 线叶冬青：angusti- ← angustus 窄的，狭的，细的；folius/

folium/ folia 叶，叶片（用于复合词）

Ilex fargesii var. fargesii 狭叶冬青-原变种 （词义见上面解释）

Ilex fengqingensis 凤庆冬青：fengqingensis 凤庆的（地名，云南省）

Ilex ferruginea 锈毛冬青：ferrugineus 铁锈的，淡棕色的；ferrugo = ferrus + ugo 铁锈（ferrugo 的词干为 ferrugin-）；词尾为 -go 的词其词干末尾视为 -gin；ferreus → ferr- 铁，铁的，铁色的，坚硬如铁的；-eus/ -eum/ -ea（接拉丁语词干时）属于……的，色如……的，质如……的（表示原料、颜色或品质的相似），（接希腊语词干时）属于……的，以……出名，为……所占有（表示具有某种特性）

Ilex ficifolia 硬叶冬青：Ficus 榕属（桑科）；folius/ folium/ folia 叶，叶片（用于复合词）

Ilex ficifolia f. daiyunshanensis 毛硬叶冬青：daiyunshanensis 戴云山的（地名，福建省）

Ilex ficifolia f. ficifolia 硬叶冬青-原变型 （词义见上面解释）

Ilex ficoidea 榕叶冬青：Ficus 榕属（桑科）；-oides/ -oideus/ -oideum/ -oidea/ -odes/ -eidos 像……的，类似……的，呈……状的（名词词尾）

Ilex formosana 台湾冬青：formosanus = formosus + anus 美丽的，台湾的；formosus ← formosa 美丽的，台湾的（葡萄牙殖民者发现台湾时对其的称呼，即美丽的岛屿）；-anus/ -anum/ -ana 属于，来自（形容词词尾）

Ilex formosana var. formosana 台湾冬青-原变种 （词义见上面解释）

Ilex formosana var. macropyrena 大核台湾冬青：macro-/ macr- ← macros 大的，宏观的（用于希腊语复合词）；pyrenus 核，硬核，核果

Ilex forrestii 滇西冬青：forrestii ← George Forrest（人名，1873–1932，英国植物学家，曾在中国西部采集大量植物标本）

Ilex forrestii var. forrestii 滇西冬青-原变种 （词义见上面解释）

Ilex forrestii var. glabra 无毛滇西冬青：glabrus 光秃的，无毛的，光滑的

Ilex fragilis 薄叶冬青：fragilis 脆的，易碎的

Ilex fragilis f. fragilis 薄叶冬青-原变型 （词义见上面解释）

Ilex fragilis f. kingii 毛薄叶冬青：kingii ← Clarence King（人名，19 世纪美国地质学家）

Ilex franchetiana 康定冬青：franchetiana ← A. R. Franchet（人名，19 世纪法国植物学家）

Ilex franchetiana var. franchetiana 康定冬青-原变种 （词义见上面解释）

Ilex franchetiana var. parvifolia 小叶康定冬青：parvifolius 小叶的；parvus 小的，些微的，弱的；folius/ folium/ folia 叶，叶片（用于复合词）

Ilex fukienensis 福建冬青：fukienensis 福建的（地名）

Ilex fukienensis f. fukienensis 福建冬青-原变型 （词义见上面解释）

Ilex fukienensis f. puberula 毛枝福建冬青：puberulus = puberus + ulus 略被柔毛的，被微柔毛的；puberus 多毛的，毛茸茸的；-ulus/ -ulum/

I

-ula 小的，略微的，稍微的（小词 -ulus 在字母 e 或 i 之后有多种变缀，即 -olus/ -olum/ -ola、-ellus/ -ellum/ -ella、-illus/ -illum/ -illa，与第一变格法和第二变格法名词形成复合词）

Ilex georgei 长叶枸骨：georgei（人名）

Ilex gingtungensis 景东冬青：gingtungensis 景东的（地名，云南省）

Ilex glomerata 团花冬青：glomeratus = glomera + atus 聚集的，球形的，聚成球形的；glomera 线球，一团，一束

Ilex godajam 伞花冬青：godajam（土名）

Ilex goshiensis 海岛冬青：goshiensis（地名，属台湾省）

Ilex graciliflora 纤花冬青：gracilis 细长的，纤弱的，丝状的；florus/ florum/ flora ← flos 花（用于复合词）

Ilex gracilis 纤枝冬青：gracilis 细长的，纤弱的，丝状的

Ilex guangnanensis 广南冬青：guangnanensis 广南的（地名，云南省）

Ilex guizhouensis 贵州冬青：guizhouensis 贵州的（地名）

Ilex hainanensis 海南冬青：hainanensis 海南的（地名）

Ilex hanceana 青茶香：hanceana ← Henry Fletcher Hance（人名，19 世纪英国驻香港领事，曾在中国采集植物）

Ilex hayataiana 早田氏冬青：hayataiana（注：改成"hayatana"似更妥）← Bunzo Hayata 早田文藏（人名，1874–1934，日本植物学家，专门研究日本和中国台湾植物）

Ilex hirsuta 硬毛冬青：hirsutus 粗毛的，糙毛的，有毛的（长而硬的毛）

Ilex hookeri 贡山冬青：hookeri ← William Jackson Hooker（人名，19 世纪英国植物学家）；-eri 表示人名，在以 -er 结尾的人名后面加上 i 形成

Ilex huiana 秀英冬青：huiana 胡氏（人名）

Ilex hylonoma 细刺枸骨：hylonomus 灌丛生的，林内的；hylo- ← hyla/ hyle 林木，树木，森林；nomus 区域，范围

Ilex hylonoma var. glabra 光叶细刺枸骨：glabrus 光秃的，无毛的，光滑的

Ilex hylonoma var. hylonoma 细刺枸骨-原变种（词义见上面解释）

Ilex integra 全缘冬青：integer/ integra/ integrum → integri- 完整的，整个的，全缘的

Ilex intermedia 中型冬青：intermedius 中间的，中位的，中等的；inter- 中间的，在中间，之间；medius 中间的，中央的

Ilex intricata 错枝冬青：intricatus 纷乱的，复杂的，缠结的

Ilex jiaolingensis 蕉岭冬青：jiaolingensis 蕉岭的（地名，广东省）

Ilex jinyunensis 缙云冬青（缙 jìn）：jinyunensis 缙云山的（地名，重庆市）

Ilex jiuwanshanensis 九万山冬青：jiuwanshanensis 九万山的（地名，广西壮族自治区）

Ilex kaushue 扣树：kaushue 扣树（中文名）

Ilex kengii 皱柄冬青：kengii（人名）；-ii 表示人名，接在以辅音字母结尾的人名后面，但 -er 除外

Ilex kiangsiensis 江西满树星：kiangsiensis 江西的（地名）

Ilex kobuskiana 凸脉冬青：kobuskiana（日文）

Ilex kunmingensis 昆明冬青：kunmingensis 昆明的（地名，云南省）

Ilex kunmingensis var. capitata 头状昆明冬青：capitatus 头状的，头状花序的；capitus ← capitis 头，头状

Ilex kunmingensis var. kunmingensis 昆明冬青-原变种 （词义见上面解释）

Ilex kusanoi 兰屿冬青：kusanoi（人名）

Ilex kwangtungensis 广东冬青：kwangtungensis 广东的（地名）

Ilex lancilimba 剑叶冬青：lance-/ lancei-/ lanci-/ lanceo-/ lanc- ← lanceus 披针形的，矛形的，尖刀状的，柳叶刀状的；limbus 冠檐，萼檐，瓣片，叶片

Ilex latifolia 大叶冬青：lati-/ late- ← latus 宽的，宽广的；folius/ folium/ folia 叶，叶片（用于复合词）

Ilex latifrons 阔叶冬青：lati-/ late- ← latus 宽的，宽广的；-frons 叶子，叶状体

Ilex liana 毛核冬青：lianus ← liane 藤本的

Ilex liangii 保亭冬青：liangii（人名）；-ii 表示人名，接在以辅音字母结尾的人名后面，但 -er 除外

Ilex lihuaensis 溪畔冬青：lihuaensis 黎花的（地名，贵州省，为"荔波"的讹误）

Ilex limii 汝昌冬青：limii（人名）；-ii 表示人名，接在以辅音字母结尾的人名后面，但 -er 除外

Ilex litseaefolia 木姜冬青：litseaefolia 木姜子叶的（注：组成复合词时，要将前面词的词尾 -us/ -um/ -a 变成 -i- 或 -o- 而不是所有格，故该词宜改为"litseifolia"）；Litsea 木姜子属（樟科）；folius/ folium/ folia 叶，叶片（用于复合词）

Ilex lohfauensis 矮冬青：lohfauensis 罗浮山的（地名，广东省）

Ilex longecaudata 长尾冬青：longe-/ longi- ← longus 长的，纵向的；caudatus = caudus + atus 尾巴的，尾巴状的，具尾的；caudus 尾巴

Ilex longecaudata var. glabra 无毛长尾冬青：glabrus 光秃的，无毛的，光滑的

Ilex longecaudata var. longecaudata 长尾冬青-原变种 （词义见上面解释）

Ilex longzhouensis 龙州冬青：longzhouensis 龙州的（地名，广西壮族自治区）

Ilex lonicerifolia 忍冬叶冬青：Lonicera 忍冬属（忍冬科）；folius/ folium/ folia 叶，叶片（用于复合词）

Ilex lonicerifolia var. lonicerifolia 忍冬叶冬青-原变种 （词义见上面解释）

Ilex lonicerifolia var. matsudai 松田氏冬青：matsudai ← Sadahisa Matsuda 松田定久（人名，日本植物学家，早期研究中国植物）；-i 表示人名，接在以元音字母结尾的人名后面，但 -a 除外，故该词改为"mutsudaiana"或"matsudae"似更妥

Ilex ludianensis 鲁甸冬青：ludianensis 鲁甸的（地名，云南省鲁甸县）

Ilex machilifolia 楠叶冬青：Machilus 润楠属（樟科）；folius/ folium/ folia 叶，叶片（用于复合词）

I

Ilex maclurei 长圆叶冬青：maclurei（人名）

Ilex macrocarpa 大果冬青：macro-/ macr- ← macros 大的，宏观的（用于希腊语复合词）；carpus/ carpum/ carpa/ carpon ← carpos 果实（用于希腊语复合词）

Ilex macrocarpa var. longipedunculata 长梗冬青：longe-/ longi- ← longus 长的，纵向的；pedunculatus/ peduncularis 具花序柄的，具总花梗的；pedunculus/ peduncule/ pedunculis ← pes 花序柄，总花梗（花序基部无花着生部分，不同于花柄）；关联词：pedicellus/ pediculus 小花梗，小花柄（不同于花序柄）；pes/ pedis 柄，梗，茎秆，腿，足，爪（作词首或词尾，pes 的词干视为 "ped-"）

Ilex macrocarpa var. macrocarpa 大果冬青-原变种 （词义见上面解释）

Ilex macrocarpa var. reevesae 柔毛冬青：reevesae ← John Reeves（人名，19 世纪英国植物学家）

Ilex macropoda 大柄冬青：macro-/ macr- ← macros 大的，宏观的（用于希腊语复合词）；podus/ pus 柄，梗，茎秆，足，腿

Ilex macrostigma 大柱头冬青：macrostigmus 长柱的；macro-/ macr- ← macros 大的，宏观的（用于希腊语复合词）；stigmus 柱头

Ilex mamillata 乳头冬青：mamillatus 乳头的，乳房的；mamm- 乳头，乳房；mammifera/ mammillifera 具乳头的，具乳头状突起的

Ilex manneiensis 红河冬青：manneiensis（地名，云南省）

Ilex marlipoensis 麻栗坡冬青：marlipoensis 麻栗坡的（地名，云南省）

Ilex maximowicziana 倒卵叶冬青：maximowicziana ← C. J. Maximowicz 马克希莫夫（人名，1827–1891，俄国植物学家）

Ilex medogensis 墨脱冬青：medogensis 墨脱的（地名，西藏自治区）

Ilex melanophylla 黑叶冬青：mel-/ mela-/ melan-/ melano- ← melanus/ melaenus ← melas/ melanos 黑色的，浓黑色的，暗色的；phyllus/ phyllum/ phylla ← phyllon 叶片（用于希腊语复合词）

Ilex melanotricha 黑毛冬青：mel-/ mela-/ melan-/ melano- ← melanus/ melaenus ← melas/ melanos 黑色的，浓黑色的，暗色的；trichus 毛，毛发，线

Ilex memecylifolia 谷木叶冬青：Memecylon 谷木属（野牡丹科）；folius/ folium/ folia 叶，叶片（用于复合词）

Ilex metabaptista 河滩冬青：metabaptista 像 baptista 的，在 baptista 之后的（baptista 为一种植物名）；meta- 之后的，后来的，近似的，中间的，转变的，替代的，有关联的，共同的；baptista 洗礼者

Ilex metabaptista var. metabaptista 河滩冬青-原变种 （词义见上面解释）

Ilex metabaptista var. myrsinoides 紫金牛叶冬青：Myrsine 铁仔属（紫金牛科）；-oides/ -oideus/ -oideum/ -oidea/ -odes/ -eidos 像……的，类似……的，呈……状的（名词词尾）

Ilex micrococca 小果冬青：micrococcus 小心室的，小浆果的；micr-/ micro- ← micros 小的，微小的，微观的（用于希腊语复合词）；coccus/ cocco/ cocci/ coccis 心室，心皮；同形异义词：coccus/ coccineus 浆果，绯红色（一种形似浆果的介壳虫的颜色）

Ilex micrococca f. micrococca 小果冬青-原变型（词义见上面解释）

Ilex micrococca f. pilosa 毛梗冬青：pilosus = pilus + osus 多毛的，被柔毛的，具疏柔毛的，被短弱细毛的；pilus 毛，疏柔毛；-osus/ -osum/ -osa 多的，充分的，丰富的，显著发育的，程度高的，特征明显的（形容词词尾）

Ilex micropyrena 小核冬青：micr-/ micro- ← micros 小的，微小的，微观的（用于希腊语复合词）；pyrenus 核，硬核，核果

Ilex miguensis 米谷冬青：miguensis 米谷的（地名，西藏自治区）

Ilex nanchuanensis 南川冬青：nanchuanensis 南川的（地名，重庆市）

Ilex nanningensis 南宁冬青：nanningensis 南宁的（地名，广西壮族自治区）

Ilex ningdeensis 宁德冬青：ningdeensis 宁德的（地名，福建省）

Ilex nitidissima 亮叶冬青：nitidissimus = nitidus + ssimus 非常光亮的；nitidus = nitere + idus 光亮的，发光的；nitere 发亮，-idus/ -idum/ -ida 表示在进行中的动作或情况，作动词、名词或形容词的词尾；nitens 光亮的，发光的；-issimus/ -issima/ -issimum 最，非常，极其（形容词最高级）

Ilex nothofagifolia 小圆叶冬青：nothofagifolia 假山毛榉叶的，像山毛榉的；Nothofagus 假山毛榉属（假山毛榉科）；noth-/ notho- 伪的，假的；folius/ folium/ folia 叶，叶片（用于复合词）

Ilex nubicola 云中冬青：nubicolus 住在云中的，高居云端的；nubius 云雾的；colus ← colo 分布于，居住于，栖居，殖民（常作词尾）；colo/ colere/ colui/ cultum 居住，耕作，栽培

Ilex nuculicava 洼皮冬青（洼 wā）：nuculicavus 凹核的；nuc-/ nuci- ← nux 坚果；构词规则：以 -ix/ -iex 结尾的词其词干末尾视为 -ic，以 -ex 结尾视为 -i/ -ic，其他以 -x 结尾视为 -c；nuculus 核，核状的，小坚果的；cavus 凹陷，孔洞，-culus/ -culum/ -cula 小的，略微的，稍微的（同第三变格法和第四变格法名词形成复合词）

Ilex nuculicava var. autumnalis 秋花洼皮冬青：autumnale/ autumnalis 秋季开花的；autumnus 秋季；-aris（阳性、阴性）/ -are（中性）← -alis（阳性、阴性）/ -ale（中性）属于，相似，如同，具有，涉及，关于，联结于（将名词作形容词用，其中 -aris 常用于以 l 或 r 为词干末尾的词）

Ilex nuculicava var. glabra 光枝洼皮冬青：glabrus 光秃的，无毛的，光滑的

Ilex nuculicava var. nuculicava 洼皮冬青-原变种（词义见上面解释）

Ilex oblonga 长圆果冬青：oblongus = ovus + longus 长椭圆形的（ovus 的词干 ov- 音变为 ob-）；ovus 卵，胚珠，卵形的，椭圆形的；longus 长的，纵向的

Ilex occulta 粤桂冬青：occultus 隐藏的，不明显的

Ilex oligodonta 疏齿冬青：oligodontus 具有少数齿

的；oligo-/ olig- 少数的（希腊语，拉丁语为 pauci-）；odontus/ odontos → odon-/ odont-/ odonto-（可作词首或词尾）齿，牙齿状的；odous 齿，牙齿（单数，其所有格为 odontos）

Ilex omeiensis 峨眉冬青：omeiensis 峨眉山的（地名，四川省）

Ilex pedunculosa 具柄冬青：pedunculosus = pedunculus + osus = peduncularis 具花序柄的，具总花梗的；pedunculus/ peduncule/ pedunculis ← pes 花序柄，总花梗（花序基部无花着生部分，不同于花柄）；关联词：pedicellus/ pediculus 小花梗，小花柄（不同于花序柄）；pes/ pedis 柄，梗，茎秆，腿，足，爪（作词首或词尾，pes 的词干视为"ped-"）；-osus/ -osum/ -osa 多的，充分的，丰富的，显著发育的，程度高的，特征明显的（形容词词尾）

Ilex peiradena 上思冬青：peiradena（人名）

Ilex pentagona 五棱苦丁茶：pentagonus 五角的，五棱的；penta- 五，五数（希腊语，拉丁语为 quin/ quinqu/ quinque-/ quinqui-）；gonus ← gonos 棱角，膝盖，关节，足

Ilex perlata 巨叶冬青：perlatus 非常宽的；per-（在 l 前面音变为 pel-）极，很，颇，甚，非常，完全，通过，遍及（表示效果加强，与 sub- 互为反义词）；latus 宽的，宽广的

Ilex pernyi 猫儿刺：pernyi ← Paul Hubert Perny（人名，19 世纪活动于中国的法国传教士）；-i 表示人名，接在以元音字母结尾的人名后面，但 -a 除外

Ilex perryana 皱叶冬青：perryana（人名）

Ilex pingheensis 平和冬青：pingheensis 平和的（地名，福建省）

Ilex pingnanensis 平南冬青：pingnanensis 平南的（地名，广西壮族自治区）

Ilex polyneura 多脉冬青：polyneurus 多脉的；poly- ← polys 多个，许多（希腊语，拉丁语为 multi-）；neurus ← neuron 脉，神经

Ilex polypyrena 多核冬青：polypyrenus 多核的；poly- ← polys 多个，许多（希腊语，拉丁语为 multi-）；pyrenus 核，硬核，核果

Ilex pseudomachilifolia 假楠叶冬青：pseudomachilifolia 像 machifolia 的；pseudo-/ pseud- ← pseudos 假的，伪的，接近，相似（但不是）；Ilex machilifolia 楠叶冬青；Machilus 润楠属（樟科）；folius/ folium/ folia 叶，叶片（用于复合词）

Ilex pubescens 毛冬青：pubescens ← pubens 被短柔毛的，长出柔毛的；pubi- ← pubis 细柔毛的，短柔毛的，毛被的；pubesco/ pubescere 长成的，变为成熟的，长出柔毛的，青春期体毛的；-escens/ -ascens 改变，转变，变成，略微，带有，接近，相似，大致，稍微（表示变化的趋势，并未完全相似或相同，有别于表示达到完成状态的 -atus）

Ilex pubescens var. kwangsiensis 广西毛冬青：kwangsiensis 广西的（地名）

Ilex pubescens var. pubescens 毛冬青-原变种（词义见上面解释）

Ilex pubigera 有毛冬青：pubi- ← pubis 细柔毛的，短柔毛的，毛被的；gerus → -ger/ -gerus/ -gerum/ -gera 具有，有，带有

Ilex pubilimba 毛叶冬青：pubi- ← pubis 细柔毛的，短柔毛的，毛被的；limbus 冠檐，萼檐，瓣片，叶片

Ilex punctatilimba 点叶冬青：punctatus = punctus + atus 具斑点的；punctus 斑点；limbus 冠檐，萼檐，瓣片，叶片

Ilex pyrifolia 梨叶冬青：pyrus/ pirus ← pyros 梨，梨树，核，核果，小麦，谷物；pyrum/ pirum 梨；folius/ folium/ folia 叶，叶片（用于复合词）

Ilex qianlingshanensis 黔灵山冬青：qianlingshanensis 黔灵山的（地名，贵州省）

Ilex qingyuanensis 庆元冬青：qingyuanensis 庆元的（地名，浙江省）

Ilex rarasanensis 拉拉山冬青：rarasanensis 拉拉山的（地名，位于台湾省，"rarasan"为"拉拉山"的日语读音）

Ilex reticulata 网脉冬青：reticulatus = reti + culus + atus 网状的；reti-/ rete- 网（同义词：dictyo-）；-culus/ -culum/ -cula 小的，略微的，稍微的（同第三变格法和第四变格法名词形成复合词）；-atus/ -atum/ -ata 属于，相似，具有，完成（形容词词尾）

Ilex retusifolia 微凹冬青：retusus 微凹的；folius/ folium/ folia 叶，叶片（用于复合词）

Ilex revoluta 卷边冬青：revolutus 外旋的，反卷的；re- 返回，相反，再（相当拉丁文 ana-）；volutus/ volutum/ volvo 转动，滚动，旋卷，盘结

Ilex robusta 粗枝冬青：robustus 大型的，结实的，健壮的，强壮的

Ilex robustinervosa 粗脉冬青：robustus 大型的，结实的，健壮的，强壮的；nervosus 多脉的，叶脉明显的；nervus 脉，叶脉

Ilex rockii 高山冬青：rockii ← Joseph Francis Charles Rock（人名，20 世纪美国植物采集员）

Ilex rotunda 铁冬青：rotundus 圆形的，呈圆形的，肥大的；rotundo 使呈圆形，使圆滑；roto 旋转，滚动

Ilex salicina 柳叶冬青：salicinus = Salix + inus 像柳树的；构词规则：以 -ix/ -iex 结尾的词其词干末尾视为 -ic，以 -ex 结尾视为 -i/ -ic，其他以 -x 结尾视为 -c；Salix 柳属；-inus/ -inum/ -ina/ -inos 相近，接近，相似，具有（通常指颜色）

Ilex saxicola 石生冬青：saxicolus 生于石缝的；saxum 岩石，结石；colus ← colo 分布于，居住于，栖居，殖民（常作词尾）；colo/ colere/ colui/ cultum 居住，耕作，栽培

Ilex serrata 落霜红：serratus = serrus + atus 有锯齿的；serrus 齿，锯齿

Ilex shennongjiaensis 神农架冬青：shennongjiaensis 神农架的（地名，湖北省）

Ilex shimeica 石枚冬青：shimeica 石枚的（地名，海南省陵水县）

Ilex sikkimensis 锡金冬青：sikkimensis 锡金的（地名）

Ilex sinica 中华冬青：sinica 中国的（地名）；-icus/ -icum/ -ica 属于，具有某种特性（常用于地名、起源、生境）

Ilex sterrophylla 华南冬青：sterro ← stero 硬质的；phyllus/ phyllum/ phylla ← phyllon 叶片（用于希

Ilex stewardii 黔桂冬青：stewardii（人名）；-ii 表示人名，接在以辅音字母结尾的人名后面，但 -er 除外

Ilex strigillosa 粗毛冬青：strigillosus = striga + illus + osus 鬃毛的，刷毛的；striga 条纹的，网纹的（如种子具网纹），糙伏毛的；-osus/ -osum/ -osa 多的，充分的，丰富的，显著发育的，程度高的，特征明显的（形容词词尾）；-ellus/ -ellum/ -ella ← -ulus 小的，略微的，稍微的（小词 -ulus 在字母 e 或 i 之后有多种变缀，即 -olus/ -olum/ -ola、-ellus/ -ellum/ -ella、-illus/ -illum/ -illa，用于第一变格法名词）

Ilex suaveolens 香冬青：suaveolens 芳香的，香味的；suavis/ suave 甜的，愉快的，高兴的，有魅力的，漂亮的；olens ← olere 气味，发出气味（不分香臭）

Ilex subcoriacea 薄革叶冬青：subcoriaceus 略呈革质的，近似革质的；sub-（表示程度较弱）与……类似，几乎，稍微，弱，亚，之下，下面；coriaceus = corius + aceus 近皮革的，近革质的；corius 皮革的，革质的；-aceus/ -aceum/ -acea 相似的，有……性质的，属于……的

Ilex subcrenata 拟钝齿冬青：subcrenatus 像 crenata 的，近钝齿状的；sub-（表示程度较弱）与……类似，几乎，稍微，弱，亚，之下，下面；Ilex crenata 齿叶冬青；crenatus = crena + atus 圆齿状的，具圆齿的；crena 叶缘的圆齿

Ilex subficoidea 拟榕叶冬青：sub-（表示程度较弱）与……类似，几乎，稍微，弱，亚，之下，下面；ficoidea ← Ilex ficoidea 榕叶冬青

Ilex sublongecaudata 拟长尾冬青：sublongecaudatus 像 longecaudata 的，近长尾状的；sub-（表示程度较弱）与……类似，几乎，弱，亚，之下，下面；Ilex longecaudata 长尾冬青；longe-/ longi- ← longus 长的，纵向的；caudatus = caudus + atus 尾巴的，尾巴状的，具尾的；caudus 尾巴

Ilex subodorata 微香冬青：subodoratus 稍具香气的；sub-（表示程度较弱）与……类似，几乎，稍微，弱，亚，之下，下面；odoratus = odorus + atus 香气的，气味的

Ilex subrugosa 异齿冬青：subrugosus 稍有褶皱的；sub-（表示程度较弱）与……类似，几乎，稍微，弱，亚，之下，下面；rugosus = rugus + osus 收缩的，有皱纹的，多褶皱的（同义词：rugatus）；rugus/ rugum/ ruga 褶皱，皱纹，皱缩；-osus/ -osum/ -osa 多的，充分的，丰富的，显著发育的，程度高的，特征明显的（形容词词尾）

Ilex sugerokii 太平山冬青：sugerokii ← Mizutani Sugeroku（水谷丰文，讹化为"助六"，读音为"Sugeroku"，日本人名，19 世纪日本植物采集员，和 Philipp Franz Balthasar von Siebold 合作）

Ilex sugerokii var. brevipedunculata 短序太平山冬青（原名"太平山冬青"和原种重名）：brevi- ← brevis 短的（用于希腊语复合词词首）；pedunculatus/ peduncularis 具花序柄的，具总花梗的；pedunculus/ peduncule/ pedunculis ← pes 花序柄，总花梗（花序基部无花着生部分，不同于花柄）；关联词：pedicellus/ pediculus 小花梗，小花

柄（不同于花序柄）；pes/ pedis 柄，梗，茎秆，腿，足，爪（作词首或词尾，pes 的词干视为"ped-"）

Ilex sugerokii var. sugerokii 太平山冬青-原变种（词义见上面解释）

Ilex suichangensis 遂昌冬青：suichangensis 遂昌的（地名，浙江省）

Ilex suzukii 铃木冬青：suzukii 铃木（人名）

Ilex synpyrena 合核冬青：synpyrenus 核果联合的（按缀词规则，该复合词应拼写为"sympyrensus"）；syn- 联合，共同，合起来（希腊语词首，对应的拉丁语为 co-）；syn- 的缀词音变有：sy-/ syl-/ sym-/ syn-/ syr-/ sys-（在 s、t 前面），syl-（在 l 前面），sym-（在 b 和 p 前面），syn-/ syr-（在 r 前面）；pyrenus 核，硬核，核果

Ilex syzygiophylla 蒲桃叶冬青：Syzygioium 蒲桃属（桃金娘科）；phyllus/ phyllum/ phylla ← phyllon 叶片（用于希腊语复合词）

Ilex szechwanensis 四川冬青：szechwanensis 四川的（地名）

Ilex szechwanensis var. huiana 桂南四川冬青：huiana 胡氏（人名）

Ilex szechwanensis var. mollissima 毛叶川冬青：molle/ mollis 软的，柔毛的；-issimus/ -issima/ -issimum 最，非常，极其（形容词最高级）

Ilex szechwanensis var. szechwanensis 四川冬青-原变种 （词义见上面解释）

Ilex tenuis 薄核冬青（薄 báo）：tenuis 薄的，纤细的，弱的，瘦的，窄的

Ilex tetramera 灰叶冬青：tetramerus 四分的，四基数的，一个特定部分或一轮的四个部分；tetra-/ tetr- 四，四数（希腊语，拉丁语为 quadri-/ quadr-）；-merus ← meros 部分，一份，特定部分，成员

Ilex tetramera var. glabra 无毛灰叶冬青：glabrus 光秃的，无毛的，光滑的

Ilex tetramera var. tetramera 灰叶冬青-原变种（词义见上面解释）

Ilex trichocarpa 毛果冬青：trich-/ tricho-/ tricha- ← trichos ← thrix 毛，多毛的，线状的，丝状的；carpus/ carpum/ carpa/ carpon ← carpos 果实（用于希腊语复合词）

Ilex triflora 三花冬青：tri-/ tripli-/ triplo- 三个，三数；florus/ florum/ flora ← flos 花（用于复合词）

Ilex triflora var. kanehirai 钝头冬青：kanehirai（人名）（注：-i 表示人名，接在以元音字母结尾的人名后面，但 -a 除外，故该词尾宜改为"-ae"）

Ilex triflora var. triflora 三花冬青-原变种 （词义见上面解释）

Ilex tsangii 细枝冬青：tsangii（人名）；-ii 表示人名，接在以辅音字母结尾的人名后面，但 -er 除外

Ilex tsangii var. guangxiensis 瑶山细枝冬青：guangxiensis 广西的（地名）

Ilex tsangii var. tsangii 细枝冬青-原变种 （词义见上面解释）

Ilex tsiangiana 蒋英冬青：tsiangiana 黔，贵州的（地名），蒋氏（人名）

Ilex tsoii 紫果冬青：tsoii（人名，词尾改为"-i"似更妥）；-ii 表示人名，接在以辅音字母结尾的人名后

I

面，但 -er 除外；-i 表示人名，接在以元音字母结尾的人名后面，但 -a 除外

Ilex tsoii var. guangxiensis 广西紫果冬青：guangxiensis 广西的（地名）

Ilex tsoii var. tsoii 紫果冬青-原变种 （词义见上面解释）

Ilex tugitakayamensis 雪山冬青：tugitakayamensis 次高山的（地名，位于台湾省，日语读音）

Ilex tutcheri 罗浮冬青：tutcheri（人名）；-eri 表示人名，在以 -er 结尾的人名后面加上 i 形成

Ilex umbellulata 伞序冬青：umbellulatus = umbella + ullus + atus 具小伞形花序的；umbella 伞形花序

Ilex uraiensis 乌来冬青：uraiensis 乌来的（地名，属台湾省）

Ilex venosa 细脉冬青：venosus 细脉的，细脉明显的，分枝脉的；venus 脉，叶脉，血脉，血管；-osus/ -osum/ -osa 多的，充分的，丰富的，显著发育的，程度高的，特征明显的（形容词词尾）

Ilex venulosa 微脉冬青：venulosus 多脉的，叶脉短而多的；venus 脉，叶脉，血脉，血管；-ulosus = ulus + osus 小而多的；-ulus/ -ulum/ -ula 小的，略微的，稍微的（小词 -ulus 在字母 e 或 i 之后有多种变缀，即 -olus/ -olum/ -ola、-ellus/ -ellum/ -ella、-illus/ -illum/ -illa，与第一变格法和第二变格法名词形成复合词）；-osus/ -osum/ -osa 多的，充分的，丰富的，显著发育的，程度高的，特征明显的（形容词词尾）

Ilex venulosa var. simplifrons 短梗微脉冬青：simplifrons = simplex + frons 单叶状体的；simplex 单一的，简单的，无分歧的（词干为 simplic-）；-frons 叶子，叶状体

Ilex venulosa var. venulosa 微脉冬青-原变种 （词义见上面解释）

Ilex verisimilis 湿生冬青：verisimilis 非常相似的；verus 正统的，纯正的，真正的，标准的（形近词：veris 春天的）；similis 相似的

Ilex viridis 绿冬青：viridis 绿色的，鲜嫩的（相当于希腊语的 chloro-）

Ilex wangiana 假枝冬青：wangiana（人名）

Ilex wardii 滇缅冬青：wardii ← Francis Kingdon-Ward（人名，20 世纪英国植物学家）

Ilex wattii 假香冬青：wattii（人名）；-ii 表示人名，接在以辅音字母结尾的人名后面，但 -er 除外

Ilex wenchowensis 温州冬青：wenchowensis 温州的（地名，浙江省）

Ilex wilsonii 尾叶冬青：wilsonii ← John Wilson（人名，18 世纪英国植物学家）

Ilex wilsonii var. handel-mazzettii 武冈尾叶冬青：handel-mazzettii ← H. Handel-Mazzetti（人名，奥地利植物学家，第一次世界大战期间在中国西南地区研究植物）

Ilex wilsonii var. wilsonii 尾叶冬青-原变种 （词义见上面解释）

Ilex wugonshanensis 武功山冬青：wugonshanensis 武功山的（地名，江西省，已修订为 wugongshanensis）

Ilex wuiana 征镒冬青（镒 yì）：wuiana 吴征镒（人名，字百兼，1916–2013，中国植物学家，命名或参与命名 1766 个植物新分类群，提出"被子植物八纲系统"的新观点）（种加词改为"wuana"似更妥）

Ilex xiaojinensis 小金冬青：xiaojinensis 小金的（地名，四川省）

Ilex xizangensis 西藏冬青：xizangensis 西藏的（地名）

Ilex yangchunensis 阳春冬青：yangchunensis 阳春的（地名，广东省）

Ilex yuiana 独龙冬青：yuiana 俞德浚（人名，中国植物学家，1908–1986）

Ilex yunnanensis 云南冬青：yunnanensis 云南的（地名）

Ilex yunnanensis var. gentilis 高贵云南冬青：gentilis 高贵的，同一族群的

Ilex yunnanensis var. parvifolia 小叶云南冬青：parvifolius 小叶的；parvus 小的，些微的，弱的；folius/ folium/ folia 叶，叶片（用于复合词）

Ilex yunnanensis var. paucidentata 硬叶云南冬青：pauci- ← paucus 少数的，少的（希腊语为 oligo-）；dentatus = dentus + atus 牙齿的，齿状的，具齿的；dentus 齿，牙齿；-atus/ -atum/ -ata 属于，相似，具有，完成（形容词词尾）

Ilex yunnanensis var. yunnanensis 云南冬青-原变种 （词义见上面解释）

Ilex zhejiangensis 浙江冬青：zhejiangensis 浙江的（地名）

Iljinia 戈壁藜属（藜科）（25-2：p154）：iljinia（人名，俄国植物学家）

Iljinia regelii 戈壁藜：regelii ← Eduard August von Regel（人名，19 世纪德国植物学家）

Illicium 八角属（木兰科）（30-1：p199）：illicium ← illicio 诱人的，有诱惑力的（比喻芳香味）

Illicium angustisepalum 大屿八角：angusti- ← angustus 窄的，狭的，细的；sepalus/ sepalum/ sepala 萼片（用于复合词）

Illicium arborescens 台湾八角：arbor 乔木，树木；-escens/ -ascens 改变，转变，变成，略微，带有，接近，相似，大致，稍微（表示变化的趋势，并未完全相似或相同，有别于表示达到完成状态的 -atus）

Illicium brevistylum 短柱八角：brevi- ← brevis 短的（用于希腊语复合词词首）；stylus/ stylis ← stylos 柱，花柱

Illicium burmanicum 中缅八角：burmanicum 缅甸的（地名）

Illicium difengpi 地枫皮：difengpi 地枫皮（中国土名，一种八角属植物）

Illicium dunnianum 红花八角：dunnianum（人名）

Illicium griffithii 西藏八角：griffithii ← William Griffith（人名，19 世纪印度植物学家，加尔各答植物园主任）

Illicium henryi 红茴香：henryi ← Augustine Henry 或 B. C. Henry（人名，前者，1857–1930，爱尔兰医生、植物学家，曾在中国采集植物，后者，1850–1901，曾活动于中国的传教士）

Illicium jiadifengpi 假地枫皮：jiadifengpi 假地枫皮（中文名）

I

Illicium jiadifengpi var. baishanense 百山祖八角：baishanense 百山祖的（地名，浙江省）

Illicium jiadifengpi var. jiadifengpi 假地枫皮-原变种（词义见上面解释）

Illicium jiadifengpi var. szechuanense 四川八角：szechuanense 四川的（地名）

Illicium lanceolatum 红毒茴：lanceolatus = lanceus + olus + atus 小披针形的，小柳叶刀的；lance-/ lancei-/ lanci-/ lanceo-/ lanc- ← lanceus 披针形的，矛形的，尖刀状的，柳叶刀状的；-olus ← -ulus 小，稍微，略微（-ulus 在字母 e 或 i 之后变成 -olus/ -ellus/ -illus）；-atus/ -atum/ -ata 属于，相似，具有，完成（形容词词尾）

Illicium leiophyllum 平滑叶八角：lei-/ leio-/ lio- ← leius ← leios 光滑的，平滑的；phyllus/ phyllum/ phylla ← phyllon 叶片（用于希腊语复合词）

Illicium macranthum 大花八角：macro-/ macr- ← macros 大的，宏观的（用于希腊语复合词）；anthus/ anthum/ antha/ anthe ← anthos 花（用于希腊语复合词）

Illicium majus 大八角：majus 大的，巨大的

Illicium merrillianum 滇西八角：merrillianum ← E. D. Merrill（人名，1876–1956，美国植物学家）

Illicium micranthum 小花八角：micr-/ micro- ← micros 小的，微小的，微观的（用于希腊语复合词）；anthus/ anthum/ antha/ anthe ← anthos 花（用于希腊语复合词）

Illicium minwanense 闽皖八角（种加词已修订为"angustisepalum"）：minwanense 闽皖的（地名，福建省和安徽省）

Illicium modestum 滇南八角：modestus 适度的，保守的

Illicium oligandrum 少药八角：oligo-/ olig- 少数的（希腊语，拉丁语为 pauci-）；andrus/ andros/ antherus ← aner 雄蕊，花药，雄性

Illicium pachyphyllum 短梗八角：pachyphyllus 厚叶子的；pachy- ← pachys 厚的，粗的，肥的；phyllus/ phyllum/ phylla ← phyllon 叶片（用于希腊语复合词）

Illicium petelotii 少果八角：petelotii（人名）；-ii 表示人名，接在以辅音字母结尾的人名后面，但 -er 除外

Illicium philippinense 白花八角：philippinense 菲律宾的（地名）

Illicium simonsii 野八角：simonsii（人名）；-ii 表示人名，接在以辅音字母结尾的人名后面，但 -er 除外

Illicium tashiroi 峦大八角：tashiroi/ tachiroei（人名）；-i 表示人名，接在以元音字母结尾的人名后面，但 -a 除外

Illicium ternstroemioides 厚皮香八角：Ternstroemia 厚皮香属（山茶科）；-oides/ -oideus/ -oideum/ -oidea/ -odes/ -eidos 像……的，类似……的，呈……状的（名词词尾）

Illicium tsaii 文山八角：tsaii 蔡希陶（人名，1911–1981，中国植物学家）

Illicium tsangii 粤中八角：tsangii（人名）；-ii 表示人名，接在以辅音字母结尾的人名后面，但 -er 除外

Illicium verum 八角：verus 正统的，纯正的，真正的，标准的（形近词：veris 春天的）

Illicium wardii 贡山八角：wardii ← Francis Kingdon-Ward（人名，20 世纪英国植物学家）

Illigera 青藤属（莲叶桐科）（31：p467）：illigera（人名）（以 -er 结尾的人名用作属名时在末尾加 a，如 Lonicera = Lonicer + a）

Illigera brevistaminata 短蕊青藤：brevi- ← brevis 短的（用于希腊语复合词词首）；staminatus 雄蕊的，具雄蕊的；staminus 雄性的，雄蕊的；stamen/ staminis 雄蕊

Illigera celebica 宽药青藤：celebica 西里伯斯岛的（地名，印度尼西亚苏拉威西岛的旧称）

Illigera cordata 心叶青藤：cordatus ← cordis/ cor 心脏的，心形的；-atus/ -atum/ -ata 属于，相似，具有，完成（形容词词尾）

Illigera cordata var. cordata 心叶青藤-原变种（词义见上面解释）

Illigera cordata var. mollissima 多毛青藤：molle/ mollis 软的，柔毛的；-issimus/ -issima/ -issimum 最，非常，极其（形容词最高级）

Illigera glabra 无毛青藤：glabrus 光秃的，无毛的，光滑的

Illigera grandiflora 大花青藤：grandi- ← grandis 大的；florus/ florum/ flora ← flos 花（用于复合词）

Illigera grandiflora var. grandiflora 大花青藤-原变种（词义见上面解释）

Illigera grandiflora var. microcarpa 小果青藤：micr-/ micro- ← micros 小的，微小的，微观的（用于希腊语复合词）；carpus/ carpum/ carpa/ carpon ← carpos 果实（用于希腊语复合词）

Illigera grandiflora var. pubescens 柔毛青藤：pubescens ← pubens 被短柔毛的，长出柔毛的；pubi- ← pubis 细柔毛的，短柔毛的，毛被的；pubesco/ pubescere 长成的，变为成熟的，长出柔毛的，青春期体毛的；-escens/ -ascens 改变，转变，变成，略微，带有，接近，相似，大致，稍微（表示变化的趋势，并未完全相似或相同，有别于表示达到完成状态的 -atus）

Illigera henryi 蒙自青藤：henryi ← Augustine Henry 或 B. C. Henry（人名，前者，1857–1930，爱尔兰医生、植物学家，曾在中国采集植物，后者，1850–1901，曾活动于中国的传教士）

Illigera khasiana 披针叶青藤：khasiana ← Khasya 喀西的，卡西的（地名，印度阿萨姆邦）

Illigera luzonensis 台湾青藤：luzonensis ← Luzon 吕宋岛的（地名，菲律宾）

Illigera nervosa 显脉青藤：nervosus 多脉的，叶脉明显的；nervus 脉，叶脉；-osus/ -osum/ -osa 多的，充分的，丰富的，显著发育的，程度高的，特征明显的（形容词词尾）

Illigera orbiculata 圆叶青藤：orbiculatus/ orbicularis = orbis + culus + atus 圆形的；orbis 圆，圆形，圆圈，环；-culus/ -culum/ -cula 小的，略微的，稍微的（同第三变格法和第四变格法名词形成复合词）；-atus/ -atum/ -ata 属于，相似，具有，完成（形容词词尾）

Illigera parviflora 小花青藤：parviflorus 小花的；

parvus 小的，些微的，弱的；florus/ florum/ flora ← flos 花（用于复合词）

Illigera pseudoparviflora 尾叶青藤：pseudoparviflora 像 parviflora 的；pseudo-/ pseud- ← pseudos 假的，伪的，接近，相似（但不是）；Illigera parviflora 小花青藤；parvi-/ parv- ← parvus 小的；florus/ florum/ flora ← flos 花（用于复合词）

Illigera rhodantha 红花青藤：rhodantha = rhodon + anthus 玫瑰花的，红花的；rhodon → rhodo- 红色的，玫瑰色的；anthus/ anthum/ antha/ anthe ← anthos 花（用于希腊语复合词）

Illigera rhodantha var. angustifoliolata 狭叶青藤：angusti- ← angustus 窄的，狭的，细的；foliolatus = folius + ulus + atus 具小叶的，具叶片的；folius/ folium/ folia 叶，叶片（用于复合词）；-ulus/ -ulum/ -ula 小的，略微的，稍微的（小词 -ulus 在字母 e 或 i 之后有多种变缀，即 -olus/ -olum/ -ola、-ellus/ -ellum/ -ella、-illus/ -illum/ -illa，与第一变格法和第二变格法名词形成复合词）；-atus/ -atum/ -ata 属于，相似，具有，完成（形容词词尾）

Illigera rhodantha var. dunniana 绣毛青藤：dunniana（人名）

Illigera rhodantha var. orbiculata 圆翅青藤：orbiculatus/ orbicularis = orbis + culus + atus 圆形的；orbis 圆，圆形，圆圈，环；-culus/ -culum/ -cula 小的，略微的，稍微的（同第三变格法和第四变格法名词形成复合词）；-atus/ -atum/ -ata 属于，相似，具有，完成（形容词词尾）

Illigera rhodantha var. rhodantha 红花青藤-原变种 （词义见上面解释）

Illigera trifoliata 三叶青藤：tri-/ tripli-/ triplo- 三个，三数；foliatus 具叶的，多叶的；folius/ folium/ folia → foli-/ folia- 叶，叶片；-atus/ -atum/ -ata 属于，相似，具有，完成（形容词词尾）

Illigera trifoliata subsp. cucullata 兜状青藤：cucullatus/ cuculatus 兜状的，勺状的，罩住的，头巾的；cucullus 外衣，头巾

Illigera trifoliata subsp. trifoliata 三叶青藤-原亚种 （词义见上面解释）

Impatiens 凤仙花属（凤仙花科）(47-2: p1)：impatiens/ impatient 急躁的，不耐心的（因为蒴果一触碰就弹开，种子飞散）；in-/ im-（来自 il- 的音变）内，在内，内部，向内，相反，不，无，非；il- 在内，向内，为，相反（希腊语为 en-）；词首 il- 的音变：il-（在 l 前面），im-（在 b、m、p 前面），in-（在元音字母和大多数辅音字母前面），ir-（在 r 前面），如 illaudatus（不值得称赞的，评价不好的），impermeabilis（不透水的，穿不透的），ineptus（不合适的），insertus（插入的），irretortus（无弯曲的，无扭曲的）；patient 忍耐的

Impatiens abbatis 神父凤仙花：abbatis ← abba 神父，修道院长

Impatiens alpicola 太子凤仙花：alpicolus 生于高山的，生于草甸带的；alpus 高山；colus ← colo 分布于，居住于，栖居，殖民（常作词尾）；colo/ colere/ colui/ cultum 居住，耕作，栽培

Impatiens amabilis 迷人凤仙花：amabilis 可爱的，有魅力的；amor 爱；-ans/ -ens/ -bilis/ -ilis 能够，可能（为形容词词尾，-ans/ -ens 用于主动语态，-bilis/ -ilis 用于被动语态）

Impatiens amplexicaulis 抱茎凤仙花：amplexi- 跨骑状的，紧握的，抱紧的；caulis ← caulos 茎，茎秆，主茎

Impatiens angustiflora 狭花凤仙花：angusti- ← angustus 窄的，狭的，细的；florus/ florum/ flora ← flos 花（用于复合词）

Impatiens anhuiensis 安徽凤仙花：anhuiensis 安徽的（地名）

Impatiens apalophylla 大叶凤仙花：apalophyllus/ hapalophyllus 软叶的；hapalus/ apalus 软的；phyllus/ phyllum/ phylla ← phyllon 叶片（用于希腊语复合词）

Impatiens apsotis 川西凤仙花：apsotis（词源不详）

Impatiens aquatilis 水凤仙花：aquaticus/ aquatilis 水的，水生的，潮湿的；aqua 水；-atilis（阳性、阴性）/ -atile（中性）（表示生长的地方）

Impatiens arctosepala 紧萼凤仙花：Arctous 北极果属（天栌属，杜鹃花科）；sepalus/ sepalum/ sepala 萼片（用于复合词）

Impatiens arguta 锐齿凤仙花：argutus → argut-/ arguti- 尖锐的

Impatiens atherosepala 芒萼凤仙花：atheros 倒刺，脊椎；sepalus/ sepalum/ sepala 萼片（用于复合词）

Impatiens aureliana 缅甸凤仙花：aureliana ← Marcus Aurelius Antoninus（人名，121–180，罗马皇帝）

Impatiens bachii 马红凤仙花：bachii（人名）；-ii 表示人名，接在以辅音字母结尾的人名后面，但 -er 除外

Impatiens bahanensis 白汉洛凤仙花：bahanensis 白汉洛的（地名，云南省贡山县）

Impatiens balansae 大苞凤仙花：balansae ← Benedict Balansa（人名，19 世纪法国植物采集员）；-ae 表示人名，以 -a 结尾的人名后面加上 -e 形成

Impatiens balsamina 凤仙花：balsamina 松香的，松脂的，松香味的，香枞树（一种冷杉）；-inus/ -inum/ -ina/ -inos 相近，接近，相似，具有（通常指颜色）

Impatiens baokangensis 保康凤仙花：baokangensis 保康的（湖北省）

Impatiens barbata 髯毛凤仙花（髯 rǎn）：barbatus = barba + atus 具胡须的，具须毛的；barba 胡须，髯毛，绒毛；-atus/ -atum/ -ata 属于，相似，具有，完成（形容词词尾）

Impatiens begonifolia 秋海棠叶凤仙花：begonifolia 秋海棠叶的（注：以属名作复合词时原词尾变形后的 i 要保留，故该词宜改为 "begoniifolia"）；Begonia 秋海棠属（秋海棠科）；folius/ folium/ folia 叶，叶片（用于复合词）

Impatiens bellula 美丽凤仙花：bellulus = bellus + ulus 稍可爱，稍美丽的；bellus ← belle 可爱的，美丽的；-ulus/ -ulum/ -ula 小的，略微的，稍微的（小词 -ulus 在字母 e 或 i 之后有多种变缀，即 -olus/ -olum/ -ola、-ellus/ -ellum/ -ella、-illus/

I

-illum/ -illa，与第一变格法和第二变格法名词形成复合词）

Impatiens bicornuta 双角凤仙花：bi-/ bis- 二，二数，二回（希腊语为 di-）；cornutus/ cornis 角，犄角

Impatiens blepharosepala 睫毛萼凤仙花：blepharo/ blephari-/ blepharid- 睫毛，缘毛，流苏；sepalus/ sepalum/ sepala 萼片（用于复合词）

Impatiens blinii 东川凤仙花：blinii（人名）；-ii 表示人名，接在以辅音字母结尾的人名后面，但 -er 除外

Impatiens bodinieri 包氏凤仙花：bodinieri ← Emile Marie Bodinieri（人名，19 世纪活动于中国的法国传教士）；-eri 表示人名，在以 -er 结尾的人名后面加上 i 形成

Impatiens brachycentra 短距凤仙花：brachy- ← brachys 短的（用于拉丁语复合词词首）；centrus ← centron 距，有距的，鹰爪状刺（距：雄鸡、雉等的腿的后面突出像脚趾的部分）

Impatiens bracteata 睫苞凤仙花：bracteatus = bracteus + atus 具苞片的；bracteus 苞，苞片，苞鳞；-atus/ -atum/ -ata 属于，相似，具有，完成（形容词词尾）

Impatiens brevipes 短柄凤仙花：brevi- ← brevis 短的（用于希腊语复合词词首）；pes/ pedis 柄，梗，茎秆，腿，足，爪（作词首或词尾，pes 的词干视为"ped-"）

Impatiens ceratophora 具角凤仙花：ceratophorus 带角的；-ceros/ -ceras/ -cera/ cerat-/ cerato- 角，犄角；-phorus/ -phorum/ -phora 载体，承载物，支持物，带着，生着，附着（表示一个部分带着别的部分，包括起支撑或承载作用的柄、柱、托、囊等，如 gynophorum = gynus + phorum 雌蕊柄的，带有雌蕊的，承载雌蕊的）；gynus/ gynum/ gyna 雌蕊，子房，心皮

Impatiens chekiangensis 浙江凤仙花：chekiangensis 浙江的（地名）

Impatiens chimiliensis 高黎贡山凤仙花：chimiliensis（地名，缅甸）

Impatiens chinensis 华凤仙：chinensis = china + ensis 中国的（地名）；China 中国

Impatiens chishuiensis 赤水凤仙花：chishuiensis 赤水的（地名，贵州省）

Impatiens chiulungensis 九龙凤仙花：chiulungensis 九龙的（地名，四川省）

Impatiens chlorosepala 绿萼凤仙花：chlor-/ chloro- ← chloros 绿色的（希腊语，相当于拉丁语的 viridis）；sepalus/ sepalum/ sepala 萼片（用于复合词）

Impatiens chloroxantha 淡黄绿凤仙花：chloroxanthus 淡黄绿色的；chlor-/ chloro- ← chloros 绿色的（希腊语，相当于拉丁语的 viridis）；xanthus ← xanthos 黄色的

Impatiens chungtienensis 中甸凤仙花：chungtienensis 中甸的（地名，云南省香格里拉市的旧称）

Impatiens clavicuspis 棒尾凤仙花：clava 棍棒；cuspis（所有格为 cuspidis）齿尖，凸尖，尖头

Impatiens clavicuspis var. brevicuspis 短尖棒尾凤仙花：brevi- ← brevis 短的（用于希腊语复合词词首）；cuspis（所有格为 cuspidis）齿尖，凸尖，尖头

Impatiens clavicuspis var. clavicuspis 棒尾凤仙花-原变种（词义见上面解释）

Impatiens claviger 棒凤仙花：claviger 棍棒状的；clava 棍棒；gerus → -ger/ -gerus/ -gerum/ -gera 具有，有，带有

Impatiens commelinoides 鸭跖草状凤仙花（距 zhí）：Commelina 鸭跖草属（鸭跖草科）；-oides/ -oideus/ -oideum/ -oidea/ -odes/ -eidos 像……的，类似……的，呈……状的（名词词尾）

Impatiens compta 顶喙凤仙花：comptus 美丽的，装饰的

Impatiens conchibracteata 贝苞凤仙花：conchus 贝壳，贝壳的；bracteatus = bracteus + atus 具苞片的；bracteus 苞，苞片，苞鳞

Impatiens corchorifolia 黄麻叶凤仙花：Corchorus 黄麻属（椴树科）；folius/ folium/ folia 叶，叶片（用于复合词）

Impatiens cornucopia 叶底花凤仙花：cornucopia 充满花或果的犄角；cornu- ← cornus 犄角的，兽角的，兽角般坚硬的；copius 多花果的

Impatiens crassicaudex 粗茎凤仙花：crassi- ← crassus 厚的，粗的，多肉质的；caudex 茎，木质茎，根状茎，直立茎

Impatiens crassiloba 厚裂凤仙花：crassi- ← crassus 厚的，粗的，多肉质的；lobus/ lobos/ lobon 浅裂，耳片（裂片先端钝圆），荚果，蒴果

Impatiens crenulata 细圆齿凤仙花：crenulatus = crena + ulus + atus 细圆锯齿的，略呈圆锯齿的

Impatiens cristata 西藏凤仙花：cristatus = crista + atus 鸡冠的，鸡冠状的，扇形的，山脊状的；crista 鸡冠，山脊，网壁；-atus/ -atum/ -ata 属于，相似，具有，完成（形容词词尾）

Impatiens cuonaensis 错那凤仙花：cuonaensis 错那的（地名，西藏自治区，为"conaensis"的误拼）

Impatiens cyanantha 蓝花凤仙花：cyanus/ cyan-/ cyano- 蓝色的，青色的；anthus/ anthum/ antha/ anthe ← anthos 花（用于希腊语复合词）

Impatiens cyathiflora 金凤花：cyathus ← cyathos 杯，杯状的；florus/ florum/ flora ← flos 花（用于复合词）

Impatiens cyclosepala 环萼凤仙花：cyclo-/ cycl- ← cyclos 圆形，圈环；sepalus/ sepalum/ sepala 萼片（用于复合词）

Impatiens cymbifera 舟状凤仙花：cymbo-/ cymbi- ← cymbe 船，舟；-ferus/ -ferum/ -fera/ -fero/ -fere/ -fer 有，具有，产（区别：作独立词使用的 ferus 意思是"野生的"）

Impatiens davidii 牯岭凤仙花（牯 gǔ）（种加词有时拼写为"davidi"，不规范）：davidii ← Pere Armand David（人名，1826–1900，曾在中国采集植物标本的法国传教士）；-ii 表示人名，接在以辅音字母结尾的人名后面，但 -er 除外

Impatiens delavayi 耳叶凤仙花：delavayi ← P. J. M. Delavay（人名，1834–1895，法国传教士，曾在中国采集植物标本）；-i 表示人名，接在以元音字母结尾的人名后面，但 -a 除外

Impatiens desmantha 束花凤仙花：desmanthus 束状花的；desma 带，条带，链子，束状的；anthus/ anthum/ antha/ anthe ← anthos 花（用于希腊语复合词）

Impatiens devolii 棣慕华凤仙花（棣 dì）：devolii（人名）；-ii 表示人名，接在以辅音字母结尾的人名后面，但 -er 除外

Impatiens diaphana 透明凤仙花：diaphanus 透明的，透光的，非常薄的

Impatiens dicentra 齿萼凤仙花：dicentrus 二距的；di-/ dis- 二，二数，二分，分离，不同，在……之间，从……分开（希腊语，拉丁语为 bi-/ bis-）；centrus ← centron 距，有距的，鹰爪状刺（距：雄鸡、雉等的腿的后面突出像脚趾的部分）；Dicentra 荷包牡丹属（罂粟科）

Impatiens dichroa 二色凤仙花：dichrous/ dichrus 二色的；di-/ dis- 二，二数，二分，分离，不同，在……之间，从……分开（希腊语，拉丁语为 bi-/ bis-）；-chromus/ -chrous/ -chrus 颜色，彩色，有色的；Dichroa 常山属（虎耳草科）

Impatiens dichrocarpa 色果凤仙花：dichrocarpus 二色果的；dichrous/ dichrus 二色的；di-/ dis- 二，二数，二分，分离，不同，在……之间，从……分开（希腊语，拉丁语为 bi-/ bis-）；-chromus/ -chrous/ -chrus 颜色，彩色，有色的；carpus/ carpum/ carpa/ carpon ← carpos 果实（用于希腊语复合词）

Impatiens dimorphophylla 异型叶凤仙花：dimorphus 二型的，异型的；di-/ dis- 二，二数，二分，分离，不同，在……之间，从……分开（希腊语，拉丁语为 bi-/ bis-）；morphus ← morphos 形状，形态；phyllus/ phyllum/ phylla ← phyllon 叶片（用于希腊语复合词）

Impatiens distracta 散生凤仙花：distractus 远离的

Impatiens divaricata 叉开凤仙花（叉 chā）：divaricatus 广歧的，发散的，散开的

Impatiens dolichoceras 长距凤仙花：dolicho- ← dolichos 长的；-ceras/ -ceros/ cerato- ← keras 犄角，兽角，角状突起（希腊语）

Impatiens drepanophora 镰萼凤仙花：drepano- 镰刀形弯曲的，镰形的；-phorus/ -phorum/ -phora 载体，承载物，支持物，带着，生着，附着（表示一个部分带着别的部分，包括起支撑或承载作用的柄、柱、托、囊等，如 gynophorum = gynus + phorum 雌蕊柄的，带有雌蕊的，承载雌蕊的）；gynus/ gynum/ gyna 雌蕊，子房，心皮

Impatiens duclouxii 滇南凤仙花：duclouxii（人名）；-ii 表示人名，接在以辅音字母结尾的人名后面，但 -er 除外

Impatiens epilobioides 柳叶菜状凤仙花：Epilobium 柳叶菜属（柳叶菜科）；-oides/ -oideus/ -oideum/ -oidea/ -odes/ -eidos 像……的，类似……的，呈……状的（名词词尾）

Impatiens eramosa 英德凤仙花：e-/ ex- 不，无，非，缺乏，不具有（e- 用在辅音字母前，ex- 用在元音字母前，为拉丁语词首，对应的希腊语词首为 a-/ an-，英语为 un-/ -less，注意作词首用的 e-/ ex- 和介词 e/ ex 意思不同，后者意为 "出自、从……、由……离开、由于、依照"）；ramosus = ramus + osus 有分枝的，多分枝的；ramus 分枝，枝条；-osus/ -osum/ -osa 多的，充分的，丰富的，显著发育的，程度高的，特征明显的（形容词词尾）

Impatiens ernstii 川滇凤仙花：ernstii ← Ernst van Jaarsveld（人名）

Impatiens exiguiflora 鄂西凤仙花：exiguus 弱小的，瘦弱的；florus/ florum/ flora ← flos 花（用于复合词）

Impatiens extensifolia 展叶凤仙花：extensus 扩展的，展开的；folius/ folium/ folia 叶，叶片（用于复合词）

Impatiens faberi 华丽凤仙花：faberi ← Ernst Faber（人名，19 世纪活动于中国的德国植物采集员）；-eri 表示人名，在以 -er 结尾的人名后面加上 i 形成

Impatiens falcifer 镰瓣凤仙花：falcifer 具镰刀的，呈镰刀状的；falci- ← falx 镰刀，镰刀形，镰刀状弯曲；构词规则：以 -ix/ -iex 结尾的词其词干末尾视为 -ic，以 -ex 结尾视为 -i/ -ic，其他以 -x 结尾视为 -c；-ferus/ -ferum/ -fera/ -fero/ -fere/ -fer 有，具有，产（区别：作独立词使用的 ferus 意思是 "野生的"）

Impatiens fanjingshanica 梵净山凤仙花（梵 fàn）：fanjingshanica 梵净山的（地名，贵州省）

Impatiens fargesii 川鄂凤仙花：fargesii ← Pere Paul Guillaume Farges（人名，19 世纪中叶至 20 世纪活动于中国的法国传教士，植物采集员）

Impatiens fenghwaiana 封怀凤仙花：fenghwaiana 陈封怀（人名，1900–1993，中国植物学家）

Impatiens fissicornis 裂距凤仙花：fissi- ← fissus 分裂的，裂开的，中裂的；cornis ← cornus/ cornatus 角，犄角

Impatiens forrestii 滇西凤仙花：forrestii ← George Forrest（人名，1873–1932，英国植物学家，曾在中国西部采集大量植物标本）

Impatiens fragicolor 草莓凤仙花：fragum 草莓；color 颜色

Impatiens furcillata 东北凤仙花：furcillatus = furcus + ulus + atus 具小分叉的；furcus 叉子，叉子状的，分叉的；-ulus/ -ulum/ -ula 小的，略微的，稍微的（小词 -ulus 在字母 e 或 i 之后有多种变缀，即 -olus/ -olum/ -ola、-ellus/ -ellum/ -ella、-illus/ -illum/ -illa，与第一变格法和第二变格法名词形成复合词）；-atus/ -atum/ -ata 属于，相似，具有，完成（形容词词尾）

Impatiens ganpiuana 平坝凤仙花：ganpiuana 安坪的（地名，贵州省安顺市平坝区，学名印刷有误，宜改为 "ganpinana"）

Impatiens gasterocheila 腹唇凤仙花：gasterocheilus 腹唇的；gaster 腹；chilus ← cheilos 唇，唇瓣，唇边，边缘，岸边

Impatiens gongshanensis 贡山凤仙花：gongshanensis 贡山的（地名，云南省）

Impatiens gracilipes 细梗凤仙花：gracilis 细长的，纤弱的，丝状的；pes/ pedis 柄，梗，茎秆，腿，足，爪（作词首或词尾，pes 的词干视为 "ped-"）

Impatiens guizhouensis 贵州凤仙花：guizhouensis 贵州的（地名）

I

Impatiens hainanensis 海南凤仙花：hainanensis 海南的（地名）

Impatiens hancockii 滇东南凤仙花：hancockii ← W. Hancock（人名，1847–1914，英国海关官员，曾在中国采集植物标本）

Impatiens henanensis 中州凤仙花：henanensis 河南的（地名）

Impatiens hengduanensis 横断山凤仙花：hengduanensis 横断山的（地名，青藏高原东南部山脉）

Impatiens henryi 心萼凤仙花：henryi ← Augustine Henry 或 B. C. Henry（人名，前者，1857–1930，爱尔兰医生、植物学家，曾在中国采集植物，后者，1850–1901，曾活动于中国的传教士）

Impatiens heterosepala 异萼凤仙花：hete-/ heter-/ hetero- ← heteros 不同的，多样的，不齐的；sepalus/ sepalum/ sepala 萼片（用于复合词）

Impatiens holocentra 同距凤仙花：holo-/ hol- 全部的，所有的，完全的，联合的，全缘的，不分裂的；centrus ← centron 距，有距的，鹰爪状刺（距：雄鸡、雉等的腿的后面突出像脚趾的部分）

Impatiens hongkongensis 香港凤仙花：hongkongensis 香港的（地名）

Impatiens hunanensis 湖南凤仙花：hunanensis 湖南的（地名）

Impatiens imbecilla 纤袅凤仙花（袅 niǎo）：imbecillus 脆弱的，软弱的

Impatiens infirma 脆弱凤仙花：infirmus 弱的，不结实的；in-/ im-（来自 il- 的音变）内，在内，内部，向内，相反，不，无，非；il- 在内，向内，为，相反（希腊语为 en-）；词首 il- 的音变：il-（在 l 前面），im-（在 b、m、p 前面），in-（在元音字母和大多数辅音字母前面），ir-（在 r 前面），如 illaudatus（不值得称赞的，评价不好的），impermeabilis（不透水的，穿不透的），ineptus（不合适的），insertus（插入的），irretortus（无弯曲的，无扭曲的）；firmus 坚固的，强的

Impatiens jinggangensis 井冈山凤仙花：jinggangensis 井冈山的（地名，江西省）

Impatiens jiulongshanica 九龙山凤仙花：jiulongshanica 九龙山的（地名，浙江省遂昌地区）；-icus/ -icum/ -ica 属于，具有某种特性（常用于地名、起源、生境）

Impatiens labordei 高坡凤仙花：labordei ← J. Laborde（人名，19 世纪活动于中国贵州的法国植物采集员）；-i 表示人名，接在以元音字母结尾的人名后面，但 -a 除外

Impatiens lacinulifera 撕裂萼凤仙花：lacinulus 丝状裂的，极细长裂条的；lacinius → laci-/ lacin-/ lacini- 撕裂的，条状裂的；-ferus/ -ferum/ -fera/ -fero/ -fere/ -fer 有，具有，产（区别：作独立词使用的 ferus 意思是"野生的"）；-ulus/ -ulum/ -ula 小的，略微的，稍微的（小词 -ulus 在字母 e 或 i 之后有多种变缀，即 -olus/ -olum/ -ola、-ellus/ -ellum/ -ella、-illus/ -illum/ -illa，与第一变格法和第二变格法名词形成复合词）

Impatiens lasiophyton 毛凤仙花：lasi-/ lasio- 羊毛状的，有毛的，粗糙的；phyton → phytus 植物

Impatiens latebracteata 阔苞凤仙花：lati-/ late- ← latus 宽的，宽广的；bracteatus = bracteus + atus 具苞片的；bracteus 苞，苞片，苞鳞

Impatiens lateristachys 侧穗凤仙花：later-/ lateri- 侧面的，横向的；stachy-/ stachyo-/ -stachys/ -stachyus/ -stachyum/ -stachya 穗子，穗子的，穗子状的，穗状花序的

Impatiens laxiflora 疏花凤仙花：laxus 稀疏的，松散的，宽松的；florus/ florum/ flora ← flos 花（用于复合词）

Impatiens lecomtei 滇西北凤仙花：lecomtei ← Paul Henri Lecomte（人名，20 世纪法国植物学家）

Impatiens lemeei 荞麦地凤仙花：lemeei（人名）

Impatiens lepida 具鳞凤仙花（注：根据词义，中文名译为"秀丽凤仙花"似更妥，且凤仙花属植物不具鳞片）：lepidus 美丽的，典雅的，整洁的，装饰华丽的；lepidus ← lepis + idus 具鳞片的；lepis/ lepidos 鳞片；-idus/ -idum/ -ida 表示在进行中的动作或情况，作动词、名词或形容词的词尾；注：构词成分 lepid-/ lepdi-/ lepido- 需要根据植物特征翻译成"秀丽"或"鳞片"

Impatiens leptocaulon 细柄凤仙花：leptus ← leptos 细的，薄的，瘦小的，狭长的；caulus/ caulon/ caule ← caulos 茎，茎秆，主茎

Impatiens leveillei 羊坪凤仙花：leveillei（人名）；-i 表示人名，接在以元音字母结尾的人名后面，但 -a 除外

Impatiens lilacina 丁香色凤仙花：lilacinus 淡紫色的，丁香色的；lilacius 丁香，紫丁香；-inus/ -inum/ -ina/ -inos 相近，接近，相似，具有（通常指颜色）

Impatiens linghziensis 林芝凤仙花：linghziensis 林芝的（地名，西藏自治区）

Impatiens linocentra 秦岭凤仙花：linocentrus 线状距的；lino- 线形的，线状的；centrus ← centron 距，有距的，鹰爪状刺（距：雄鸡、雉等的腿的后面突出像脚趾的部分）

Impatiens longialata 长翼凤仙花：longe-/ longi- ← longus 长的，纵向的；alatus → ala-/ alat-/ alati-/ alato- 翅，具翅的，具翼的

Impatiens longicornuta 长角凤仙花：longicornutus 具长角的；longe-/ longi- ← longus 长的，纵向的；cornutus/ cornis 角，犄角

Impatiens longipes 长梗凤仙花：longe-/ longi- ← longus 长的，纵向的；pes/ pedis 柄，梗，茎秆，腿，足，爪（作词首或词尾，pes 的词干视为"ped-"）

Impatiens loulanensis 路南凤仙花：loulanensis 路南的（地名，云南省石林彝族自治县的旧称）

Impatiens lucorum 林生凤仙花：lucorum 丛林的，片林的（lucus 的复数所有格）；lucus 祭祀神的丛林，片林

Impatiens macrovexilla 大旗瓣凤仙花：macro-/ macr- ← macros 大的，宏观的（用于希腊语复合词）；vexillus 旗，旗帜，旗瓣

Impatiens mairei 岔河凤仙花：mairei（人名）；Edouard Ernest Maire（人名，19 世纪活动于中国云南的传教士）；Rene C. J. E. Maire 人名（20 世纪阿尔及利亚植物学家，研究北非植物）；-i 表示人名，接在以元音字母结尾的人名后面，但 -a 除外

I

Impatiens margaritifera 无距凤仙花：margaritus 珍珠的，珍珠状的；-ferus/ -ferum/ -fera/ -fero/ -fere/ -fer 有，具有，产（区别：作独立词使用的 ferus 意思是"野生的"）

Impatiens margaritifera var. humilis 矮小无距凤仙花：humilis 矮的，低的

Impatiens margaritifera var. margaritifera 无距凤仙花-原变种 （词义见上面解释）

Impatiens margaritifera var. purpurascens 紫花无距凤仙花：purpurascens 带紫色的，发紫的；purpur- 紫色的；-escens/ -ascens 改变，转变，变成，略微，带有，接近，相似，大致，稍微（表示变化的趋势，并未完全相似或相同，有别于表示达到完成状态的 -atus）

Impatiens martinii 齿苞凤仙花：martinii ← Raymond Martin（人名，19 世纪美国仙人掌植物采集员）

Impatiens medogensis 墨脱凤仙花：medogensis 墨脱的（地名，西藏自治区）

Impatiens membranifolia 膜叶凤仙花：membranus 膜；folius/ folium/ folia 叶，叶片（用于复合词）

Impatiens mengtzeana 蒙自凤仙花：mengtzeana 蒙自的（地名，云南省）

Impatiens meyana 梅氏凤仙花：meyana（人名）

Impatiens microcentra 小距凤仙花：micr-/ micro- ← micros 小的，微小的，微观的（用于希腊语复合词）；centrus ← centron 距，有距的，鹰爪状刺（距：雄鸡、雉等的腿的后面突出像脚趾的部分）

Impatiens microstachys 小穗凤仙花：micr-/ micro- ← micros 小的，微小的，微观的（用于希腊语复合词）；stachy-/ stachyo-/ -stachys/ -stachyus/ -stachyum/ -stachya 穗子，穗子的，穗子状的，穗状花序的

Impatiens minimisepala 微萼凤仙花：minimus 最小的，很小的；sepalus/ sepalum/ sepala 萼片（用于复合词）

Impatiens monticola 山地凤仙花：monticolus 生于山地的；monti- ← mons 山，山地，岩石；montis 山，山地的；colus ← colo 分布于，居住于，栖居，殖民（常作词尾）；colo/ colere/ colui/ cultum 居住，耕作，栽培

Impatiens morsei 龙州凤仙花：morsei ← morsus 啮蚀状的

Impatiens muliensis 木里凤仙花：muliensis 木里的（地名，四川省）

Impatiens mussoti 慕索凤仙花：mussoti（人名，词尾改为"-ii"似更妥）；-ii 表示人名，接在以辅音字母结尾的人名后面，但 -er 除外；-i 表示人名，接在以元音字母结尾的人名后面，但 -a 除外

Impatiens musyana 越南凤仙花：musyana（人名）

Impatiens nanlingensis 南岭凤仙花：nanlingensis 南岭的（地名，广东省）

Impatiens napoensis 那坡凤仙花：napoensis 那坡的（地名，广西壮族自治区）

Impatiens nasuta 大鼻凤仙花：nasutus 稳固的（指主茎像树干）

Impatiens neglecta 浙皖凤仙花：neglectus 不显著的，不显眼的，容易看漏的，容易忽略的

Impatiens nobilis 高贵凤仙花：nobilis 高贵的，有名的，高雅的

Impatiens noli-tangere 水金凤：noli-tangere 勿碰（因触碰后种子会立即弹出）；non- 不，无，非，不许；tangere ← tangens 接触，触碰

Impatiens notolophora 西固凤仙花：notolophorus = notum + lophus + orus 背面有鸡冠的；noto- ← notum 背部，脊背；lopho-/lophio- ← lophus 鸡冠，冠毛，额头，驼峰状突起；-orum 属于……的（第二变格法名词复数所有格词尾，表示群落或多数）

Impatiens nubigena 高山凤仙花：nubigenus = nubius + genus 生于云雾间的；nubius 云雾的；genus ← gignere ← geno 出生，发生，起源，产于，生于（指地方或条件），属（植物分类单位）

Impatiens nyimana 米林凤仙花：nyimana（人名）

Impatiens obesa 丰满凤仙花：obesus 肥胖的

Impatiens odontopetala 齿瓣凤仙花：odontus/ odontos → odon-/ odont-/ odonto-（可作词首或词尾）齿，牙齿状的；odous 齿，牙齿（单数，其所有格为 odontos）；petalus/ petalum/ petala ← petalon 花瓣

Impatiens odontophylla 齿叶凤仙花：odontus/ odontos → odon-/ odont-/ odonto-（可作词首或词尾）齿，牙齿状的；odous 齿，牙齿（单数，其所有格为 odontos）；phyllus/ phyllum/ phylla ← phyllon 叶片（用于希腊语复合词）

Impatiens oligoneura 少脉凤仙花：oligo-/ olig- 少数的（希腊语，拉丁语为 pauci-）；neurus ← neuron 脉，神经

Impatiens omeiana 峨眉凤仙花：omeiana 峨眉山的（地名，四川省）

Impatiens oxyanthera 红雉凤仙花：oxyantherus 尖药的；oxy- ← oxys 尖锐的，酸的；andrus/ andros/ antherus ← aner 雄蕊，花药，雄性

Impatiens paradoxa 奇形凤仙花：paradoxus 似是而非的，少见的，奇异的，难以解释的；para- 类似，接近，近旁，假的；-doxa/ -doxus 荣耀的，瑰丽的，壮观的，显眼的

Impatiens parviflora 小花凤仙花：parviflorus 小花的；parvus 小的，些微的，弱的；florus/ florum/ flora ← flos 花（用于复合词）

Impatiens pinetorum 松林凤仙花：pinetorum 松林的，松林生的；Pinus 松属（松科）；-etorum 群落的（表示群丛、群落的词尾）

Impatiens pinfanensis 块节凤仙花：pinfanensis（地名，贵州省，已修订为 piufanensis）

Impatiens platyceras 宽距凤仙花：platyceras 大角的，宽角的；platys 大的，宽的（用于希腊语复合词）；-ceras/ -ceros/ cerato- ← keras 犄角，兽角，角状突起（希腊语）

Impatiens platychlaena 紫萼凤仙花：platys 大的，宽的（用于希腊语复合词）；chlaenus 外衣，宝贝，覆盖，膜，斗篷

Impatiens platysepala 阔萼凤仙花：platys 大的，宽的（用于希腊语复合词）；sepalus/ sepalum/

I

sepala 萼片（用于复合词）

Impatiens poculifer 罗平凤仙花：poculum/ pocillum/ poculi- 小杯子，杯子状，杯状物；-ferus/ -ferum/ -fera/ -fero/ -fere/ -fer 有，具有，产（区别：作独立词使用的 ferus 意思是"野生的"）

Impatiens polyceras 多角凤仙花：poly- ← polys 多个，许多（希腊语，拉丁语为 multi-）；-ceras/ -ceros/ cerato- ← keras 犄角，兽角，角状突起（希腊语）

Impatiens polyneura 多脉凤仙花：polyneurus 多脉的；poly- ← polys 多个，许多（希腊语，拉丁语为 multi-）；neurus ← neuron 脉，神经

Impatiens porrecta 伸展凤仙花：porrectus 外伸的，前伸的

Impatiens potaninii 陇南凤仙花（陇 lǒng）：potaninii ← Grigory Nikolaevich Potanin（人名，19 世纪俄国植物学家）

Impatiens principis 澜沧凤仙花：principis（princeps 的所有格）帝王的，第一的

Impatiens pritzelii 湖北凤仙花：pritzelii（人名）；-ii 表示人名，接在以辅音字母结尾的人名后面，但 -er 除外

Impatiens procumbens 平卧凤仙花：procumbens 俯卧的，匍匐的，倒伏的；procumb- 俯卧，匍匐，倒伏；-ans/ -ens/ -bilis/ -ilis 能够，可能（为形容词词尾，-ans/ -ens 用于主动语态，-bilis/ -ilis 用于被动语态）

Impatiens pseudo-kingii 直距凤仙花：pseudo-kingii 像 kingii 的；pseudo-/ pseud- ← pseudos 假的，伪的，接近，相似（但不是）；Impatiens kingii（凤仙花属一种）；kingii（人名）

Impatiens pterosepala 翼萼凤仙花：pterus/ pteron 翅，翼，蕨类；sepalus/ sepalum/ sepala 萼片（用于复合词）

Impatiens puberula 柔毛凤仙花：puberulus = puberus + ulus 略被柔毛的，被微柔毛的；puberus 多毛的，毛茸茸的；-ulus/ -ulum/ -ula 小的，略微的，稍微的（小词 -ulus 在字母 e 或 i 之后有多种变缀，即 -olus/ -olum/ -ola、-ellus/ -ellum/ -ella、-illus/ -illum/ -illa，与第一变格法和第二变格法名词形成复合词）

Impatiens pudica 羞怯凤仙花（怯 qiè）：pudicus 害羞的，内向的（比喻花不开放）

Impatiens purpurea 紫花凤仙花：purpureus = purpura + eus 紫色的；purpura 紫色（purpura 原为一种介壳虫名，其体液为紫色，可作颜料）；-eus/ -eum/ -ea（接拉丁语词干时）属于……的，色如……的，质如……的（表示原料、颜色或品质的相似），（接希腊语词干时）属于……的，以……出名，为……所占有（表示具有某种特性）

Impatiens quintadecimacopii 滇红凤仙花：quintadecimacopii = quintus decimus + cop 联合国生物多样性共约缔约方大会第十五次会议（COP15）（注：根据构词规则，该词拼缀为"quintidecimicopii"或"quindecimicopii"似乎更妥）；quindecim 十五；quintus decimus 第十五；quinque 五；quintus 第五；decem 十（希腊语为 deca-）；decimus 第十；cop ← *Conference of the*

Parties（COP）缔约方大会；-ii 表示人名，接在以辅音字母结尾的人名后面，但 -er 除外

Impatiens racemosa 总状凤仙花：racemosus = racemus + osus 总状花序的；racemus/ raceme 总状花序，葡萄串状的；-osus/ -osum/ -osa 多的，充分的，丰富的，显著发育的，程度高的，特征明显的（形容词词尾）

Impatiens racemosa var. ecalcarata 无距总状凤仙花：ecalcaratus = e + calcaratus 无距的；e-/ ex- 不，无，非，缺乏，不具有（e- 用在辅音字母前，ex- 用在元音字母前，为拉丁语词首，对应的希腊语词首为 a-/ an-，英语为 un-/ -less，注意作词首用的 e-/ ex- 和介词 e/ ex 意思不同，后者意为"出自、从……、由……离开、由于、依照"）；calcaratus = calcar + atus 距的，有距的；calcar- ← calcar 距，花萼或花瓣生蜜源的距，短枝（结果枝）（距：雄鸡、雉等的腿的后面突出像脚趾的部分）；-atus/ -atum/ -ata 属于，相似，具有，完成（形容词词尾）

Impatiens racemosa var. racemosa 总状凤仙花-原变种 （词义见上面解释）

Impatiens radiata 辐射凤仙花：radiatus = radius + atus 辐射状的，放射状的；radius 辐射，射线，半径，边花，伞形花序

Impatiens rectangula 直角凤仙花：rectangulus 直角的；recti-/ recto- ← rectus 直线的，笔直的，向上的；angulus 角，棱角，角度，角落

Impatiens rectirostrata 直喙凤仙花：rectirostratus = rectus + rostrus + atus 直喙的；recti-/ recto- ← rectus 直线的，笔直的，向上的；rostrus 鸟喙（常作词尾）

Impatiens recurvicornis 弯距凤仙花：recurvicornis 外弯角的；recurvus 反曲，反卷，后曲；re- 返回，相反，再次，重复，向后，回头；curvus 弯曲的；cornis ← cornus/ cornatus 角，犄角

Impatiens reptans 匍匐凤仙花：reptans/ reptus ← repo 匍匐的，匍匐生根的

Impatiens rhombifolia 菱叶凤仙花：rhombus 菱形，纺锤；folius/ folium/ folia 叶，叶片（用于复合词）

Impatiens robusta 粗壮凤仙花：robustus 大型的，结实的，健壮的，强壮的

Impatiens rostellata 短喙凤仙花：rostellatus = rostrus + ellatus 小喙的；rostrus 鸟喙（常作词尾）；-ellatus = ellus + atus 小的，属于小的；-ellus/ -ellum/ -ella ← -ulus 小的，略微的，稍微的（小词 -ulus 在字母 e 或 i 之后有多种变缀，即 -olus/ -olum/ -ola、-ellus/ -ellum/ -ella、-illus/ -illum/ -illa，用于第一变格法名词）；-atus/ -atum/ -ata 属于，相似，具有，完成（形容词词尾）

Impatiens rubro-striata 红纹凤仙花：rubr-/ rubri-/ rubro- ← rubrus 红色；striatus = stria + atus 有条纹的，有细沟的；stria 条纹，线条，细纹，细沟

Impatiens ruiliensis 瑞丽凤仙花：ruiliensis 瑞丽的（地名，云南省）

Impatiens scabrida 糙毛凤仙花：scabridus 粗糙的；scabrus ← scaber 粗糙的，有凹凸的，不平滑的；-idus/ -idum/ -ida 表示在进行中的动作或情况，作动词、名词或形容词的词尾

I

Impatiens scutisepala 盾萼凤仙花：scutisepalus 盾形萼片的；scutus 盾片；sepalus/ sepalum/ sepala 萼片（用于复合词）

Impatiens serrata 藏南凤仙花：serratus = serrus + atus 有锯齿的；serrus 齿，锯齿

Impatiens siculifer 黄金凤：siculifer 具小短剑的；sicul- 小短剑，尖刀；-ferus/ -ferum/ -fera/ -fero/ -fere/ -fer 有，具有，产（区别：作独立词使用的 ferus 意思是"野生的"）

Impatiens siculifer var. mitis 雅致黄金凤：mitis 温和的，无刺的

Impatiens siculifer var. porphyrea 紫花黄金凤：porphyreus 紫红色

Impatiens siculifer var. siculifer 黄金凤-原变种（词义见上面解释）

Impatiens sigmoidea 斯格玛凤仙花：sigmoideus 呈 S 形的；-oides/ -oideus/ -oideum/ -oidea/ -odes/ -eidos 像……的，类似……的，呈……状的（名词词尾）

Impatiens silvestrii 建始凤仙花：silvestrii/ sylvestrii ← Filippo Silvestri（人名，19 世纪意大利解剖学家、动物学家）；-ii 表示人名，接在以辅音字母结尾的人名后面，但 -er 除外

Impatiens soulieana 康定凤仙花：soulieana（人名）

Impatiens spathulata 匙叶凤仙花（匙 chí）：spathulatus = spathus + ulus + atus 匙形的，佛焰苞状的，小佛焰苞；spathus 佛焰苞，薄片，刀剑

Impatiens spirifer （螺旋凤仙花）：spirifer 具螺旋的；spiro-/ spiri-/ spir- ← spira ← speira 螺旋，缠绕（希腊语）；-ferus/ -ferum/ -fera/ -fero/ -fere/ -fer 有，具有，产（区别：作独立词使用的 ferus 意思是"野生的"）

Impatiens stenantha 窄花凤仙花：sten-/ steno- ← stenus 窄的，狭的，薄的；anthus/ anthum/ antha/ anthe ← anthos 花（用于希腊语复合词）

Impatiens stenosepala 窄萼凤仙花：sten-/ steno- ← stenus 窄的，狭的，薄的；sepalus/ sepalum/ sepala 萼片（用于复合词）

Impatiens stenosepala var. parviflora 小花窄萼凤仙花：parviflorus 小花的；parvus 小的，些微的，弱的；florus/ florum/ flora ← flos 花（用于复合词）

Impatiens stenosepala var. stenosepala 窄萼凤仙花-原变种 （词义见上面解释）

Impatiens subecalcarata 近无距凤仙花：subecalcaratus 近无距的；sub-（表示程度较弱）与……类似，几乎，稍微，弱，亚，之下，下面；ecalcaratus = e + calcaratus 无距的；e-/ ex- 不，无，非，缺乏，不具有（e- 用在辅音字母前，ex- 用在元音字母前，为拉丁语词首，对应的希腊语词首为 a-/ an-，英语为 un-/ -less，注意作词首用的 e-/ ex- 和介词 e/ ex 意思不同，后者意为"出自、从……、由……离开、由于、依照"）；calcaratus = calcar + atus 距的，有距的；calcar- ← calcar 距，花萼或花瓣生蜜源的距，短枝（结果枝）（距：雄鸡、雉等的腿的后面突出像脚趾的部分）；-atus/ -atum/ -ata 属于，相似，具有，完成（形容词词尾）

Impatiens suichangensis 遂昌凤仙花：suichangensis 遂昌的（地名，浙江省）

Impatiens sulcata 槽茎凤仙花：sulcatus 具皱纹的，具犁沟的，具沟槽的；sulcus 犁沟，沟槽，皱纹；sulc-/ sulci- ← sulcus 犁沟，沟槽，皱纹

Impatiens sutchuanensis 四川凤仙花：sutchuanensis 四川的的（地名）

Impatiens taishunensis 泰顺凤仙花：taishunensis 泰顺的（地名，浙江省）

Impatiens taliensis 大理凤仙花：taliensis 大理的（地名，云南省）

Impatiens taronensis 独龙凤仙花：taronensis 独龙江的（地名，云南省）

Impatiens tayemonii 关雾凤仙花：tayemonii（人名）；-ii 表示人名，接在以辅音字母结尾的人名后面，但 -er 除外

Impatiens tenerrima 柔茎凤仙花：tenerrima 非常柔软的，非常纤细的；tenerus 柔软的，娇嫩的，精美的，雅致的，纤细的；-rimus/ -rima/ -rimum 最，极，非常（词尾为 -er 的形容词最高级）

Impatiens tenuibracteata 膜苞凤仙花：tenui- ← tenuis 薄的，纤细的，弱的，瘦的，窄的；bracteatus = bracteus + atus 具苞片的；bracteus 苞，苞片，苞鳞

Impatiens textori 野凤仙花：textori 纺织人的（textor 的复数所有格）；textor 纺织人；textus 纺织品，编织物；texo 纺织，编织

Impatiens thiochroa 硫色凤仙花：thio- 硫黄，硫黄色；-chromus/ -chrous/ -chrus 颜色，彩色，有色的

Impatiens thomsonii 藏西凤仙花：thomsonii ← Thomas Thomson（人名，19 世纪英国植物学家）；-ii 表示人名，接在以辅音字母结尾的人名后面，但 -er 除外

Impatiens tienchuanensis 天全凤仙花：tienchuanensis 天全山的（地名，四川省）

Impatiens tienmushanica 天目山凤仙花：tienmushanica 天山的（地名，新疆维吾尔自治区）；-icus/ -icum/ -ica 属于，具有某种特性（常用于地名、起源、生境）

Impatiens tienmushanica var. longicalcarata 长距天目山凤仙花：longe-/ longi- ← longus 长的，纵向的；calcaratus = calcar + atus 距的，有距的；calcar- ← calcar 距，花萼或花瓣生蜜源的距，短枝（结果枝）（距：雄鸡、雉等的腿的后面突出像脚趾的部分）；-atus/ -atum/ -ata 属于，相似，具有，完成（形容词词尾）

Impatiens tienmushanica var. tienmushanica 天目山凤仙花-原变种 （词义见上面解释）

Impatiens tomentella 微绒毛凤仙花：tomentellus 被短绒毛的，被微绒毛的；tomentum 绒毛，浓密的毛被，棉絮，棉絮状填充物（被褥、垫子等）；-ellus/ -ellum/ -ella ← -ulus 小的，略微的，稍微的（小词 -ulus 在字母 e 或 i 之后有多种变缀，即 -olus/ -olum/ -ola、-ellus/ -ellum/ -ella、-illus/ -illum/ -illa，用于第一变格法名词）

Impatiens tongbiguanensis 铜壁关凤仙花：tongbiguanensis 铜壁关的（地名，云南省）

Impatiens tortisepala 扭萼凤仙花：tortus 拧劲，捻，扭曲；sepalus/ sepalum/ sepala 萼片（用于复合词）

Impatiens torulosa 念珠凤仙花：torulosus = torus + ulus + osus 多结节的，多凸起的；torus 垫子，花托，结节，隆起；-ulus/ -ulum/ -ula 小的，略微的，稍微的（小词 -ulus 在字母 e 或 i 之后有多种变缀，即 -olus/ -olum/ -ola、-ellus/ -ellum/ -ella、-illus/ -illum/ -illa，与第一变格法和第二变格法名词形成复合词）；-osus/ -osum/ -osa 多的，充分的，丰富的，显著发育的，程度高的，特征明显的（形容词词尾）

Impatiens toxophora 东俄洛凤仙花：toxo- 有毒的；-phorus/ -phorum/ -phora 载体，承载物，支持物，带着，生着，附着（表示一个部分带着别的部分，包括起支撑或承载作用的柄、柱、托、囊等，如 gynophorum = gynus + phorum 雌蕊柄的，带有雌蕊的，承载雌蕊的）；gynus/ gynum/ gyna 雌蕊，子房，心皮

Impatiens trichopoda 毛柄凤仙花：trich-/ tricho-/ tricha- ← trichos ← thrix 毛，多毛的，线状的，丝状的；podus/ pus 柄，梗，茎秆，足，腿

Impatiens trichosepala 毛萼凤仙花：trich-/ tricho-/ tricha- ← trichos ← thrix 毛，多毛的，线状的，丝状的；sepalus/ sepalum/ sepala 萼片（用于复合词）

Impatiens trigonosepala 三角萼凤仙花：trigono 三角的，三棱的；tri-/ tripli-/ triplo- 三个，三数；sepalus/ sepalum/ sepala 萼片（用于复合词）

Impatiens tsangshanensis 苍山凤仙花：tsangshanensis 苍山的（地名，云南省）

Impatiens tuberculata 瘤果凤仙花：tuberculatus 具疣状凸起的，具结节的，具小瘤的；tuber/ tuber-/ tuberi- 块茎的，结节状凸起的，瘤状的；-culatus = culus + atus 小的，略微的，稍微的（用于第三和第四变格法名词）；-culus/ -culum/ -cula 小的，略微的，稍微的（同第三变格法和第四变格法名词形成复合词）；-atus/ -atum/ -ata 属于，相似，具有，完成（形容词词尾）

Impatiens tubulosa 管茎凤仙花：tubulosus = tubus + ulus + osus 管状的，具管的；tubus 管子的，管状的；-ulus/ -ulum/ -ula 小的，略微的，稍微的（小词 -ulus 在字母 e 或 i 之后有多种变缀，即 -olus/ -olum/ -ola、-ellus/ -ellum/ -ella、-illus/ -illum/ -illa，与第一变格法和第二变格法名词形成复合词）；-osus/ -osum/ -osa 多的，充分的，丰富的，显著发育的，程度高的，特征明显的（形容词词尾）

Impatiens uliginosa 滇水金凤：uliginosus 沼泽的，湿地的，潮湿的；uligo/ vuligo/ uliginis 潮湿，湿地，沼泽（uligo 的词干为 uligin-）；词尾为 -go 的词其词干末尾视为 -gin；-osus/ -osum/ -osa 多的，充分的，丰富的，显著发育的，程度高的，特征明显的（形容词词尾）

Impatiens undulata 波缘凤仙花：undulatus = undus + ulus + atus 略呈波浪状的，略弯曲的；undus/ undum/ unda 起波浪的，弯曲的；-ulus/ -ulum/ -ula 小的，略微的，稍微的（小词 -ulus 在字母 e 或 i 之后有多种变缀，即 -olus/ -olum/ -ola、-ellus/ -ellum/ -ella、-illus/ -illum/ -illa，与第一变格法和第二变格法名词形成复合词）；-atus/ -atum/ -ata 属于，相似，具有，完成（形容词词尾）

Impatiens uniflora 单花凤仙花：uni-/ uno- ← unus/ unum/ una 一，单一（希腊语为 mono-/ mon-）；florus/ florum/ flora ← flos 花（用于复合词）

Impatiens urticifolia 荨麻叶凤仙花（荨 qián）：Urtica 荨麻属（荨麻科）；folius/ folium/ folia 叶，叶片（用于复合词）

Impatiens usambarensis 赞比亚凤仙花：usambarensis 乌桑巴拉山的（地名，东非）

Impatiens vaniotiana 巧家凤仙花：vaniotiana ← Eugene Vaniot（人名，20 世纪法国植物学家）

Impatiens vittata 条纹凤仙花：vittatus 具条纹的，具条带的，具油管的，有条带装饰的；vitta 条带，细带，缎带

Impatiens waldheimiana 瓦氏凤仙花：waldheimiana ← Waldheim（人名，德国植物学家）

Impatiens walleriana 苏丹凤仙花：walleriana ← Horace Waller（人名，19 世纪在中非传教）

Impatiens weihsiensis 维西凤仙花：weihsiensis 维西的（地名，云南省）

Impatiens wilsonii 白花凤仙花：wilsonii ← John Wilson（人名，18 世纪英国植物学家）

Impatiens wuyuanensis 婺源凤仙花（婺 wù）：wuyuanensis 婺源的（地名，江西省）

Impatiens xanthina 金黄凤仙花：xanthinus = xanthus + inus 黄色的，接近黄色的；xanthus ← xanthos 黄色的；-inus/ -inum/ -ina/ -inos 相近，接近，相似，具有（通常指颜色）

Impatiens xanthina var. pusilla 细小金黄凤仙花：pusillus 纤弱的，细小的，无价值的

Impatiens xanthina var. xanthina 金黄凤仙花-原变种（词义见上面解释）

Impatiens xanthocephala 黄头凤仙花：xanthos 黄色的（希腊语）；cephalus/ cephale ← cephalos 头，头状花序

Impatiens yingjiangensis 盈江凤仙花：yingjiangensis 盈江的（地名，云南省）

Impatiens yunnanensis 云南凤仙花：yunnanensis 云南的（地名）

Imperata 白茅属（禾本科）（10-2：p30）：imperata ← Ferrante Imperato（人名，16 世纪意大利植物学家）

Imperata cylindrica 白茅：cylindricus 圆形的，圆筒状的

Imperata cylindrica var. major 大白茅：major 较大的，更大的（majus 的比较级）；majus 大的，巨大的

Imperata flavida 黄穗茅：flavidus 淡黄的，泛黄的，发黄的；flavus → flavo-/ flavi-/ flav- 黄色的，鲜黄色的，金黄色的（指纯正的黄色）；-idus/ -idum/ -ida 表示在进行中的动作或情况，作动词、名词或形容词的词尾

Imperata koenigii 丝茅：koenigii ← Johann Gerhard Koenig（人名，18 世纪植物学家）

Imperata latifolia 宽叶白茅：lati-/ late- ← latus 宽的，宽广的；folius/ folium/ folia 叶，叶片（用于复合词）

I

Incarvillea 角蒿属（紫葳科）（69：p34）：incarvillea ← Pierre d'Incarville（人名，18 世纪法国传教士）

Incarvillea altissima 高波罗花：al-/ alti-/ alto- ← altus 高的，高处的；-issimus/ -issima/ -issimum 最，非常，极其（形容词最高级）

Incarvillea arguta 两头毛：argutus → argut-/ arguti- 尖锐的

Incarvillea arguta var. arguta 两头毛-原变种（词义见上面解释）

Incarvillea arguta var. longipedicellata 长梗两头毛：longe-/ longi- ← longus 长的，纵向的；pedicellatus = pedicellus + atus 具小花柄的；pedicellus = pes + cellus 小花梗，小花柄（不同于花序柄）；pes/ pedis 柄，梗，茎秆，腿，足，爪（作词首或词尾，pes 的词干视为"ped-"）；-cellus/ -cellum/ -cella、-cillus/ -cillum/ -cilla 小的，略微的，稍微的（与任何变格法名词形成复合词）；关联词：pedunculus 花序柄，总花梗（花序基部无花着生部分）；-atus/ -atum/ -ata 属于，相似，具有，完成（形容词词尾）

Incarvillea beresowskii 四川波罗花：beresowskii（人名）；-ii 表示人名，接在以辅音字母结尾的人名后面，但 -er 除外

Incarvillea compacta 密生波罗花：compactus 小型的，压缩的，紧凑的，致密的，稠密的；pactus 压紧，紧缩；co- 联合，共同，合起来（拉丁语词首，为 cum- 的音变，表示结合、强化、完全，对应的希腊语为 syn-）；co- 的缀词音变有 co-/ com-/ con-/ col-/ cor-：co-（在 h 和元音字母前面），col-（在 l 前面），com-（在 b、m、p 之前），con-（在 c、d、f、g、j、n、qu、s、t 和 v 前面），cor-（在 r 前面）

Incarvillea delavayi 红波罗花：delavayi ← P. J. M. Delavay（人名，1834–1895，法国传教士，曾在中国采集植物标本）；-i 表示人名，接在以元音字母结尾的人名后面，但 -a 除外

Incarvillea forrestii 单叶波罗花：forrestii ← George Forrest（人名，1873–1932，英国植物学家，曾在中国西部采集大量植物标本）

Incarvillea lutea 黄波罗花：luteus 黄色的

Incarvillea mairei 鸡肉参（参 shēn）：mairei（人名）；Edouard Ernest Maire（人名，19 世纪活动于中国云南的传教士）；Rene C. J. E. Maire 人名（20 世纪阿尔及利亚植物学家，研究北非植物）；-i 表示人名，接在以元音字母结尾的人名后面，但 -a 除外

Incarvillea mairei var. grandiflora 大花鸡肉参：grandi- ← grandis 大的；florus/ florum/ flora ← flos 花（用于复合词）

Incarvillea mairei var. mairei 鸡肉参-原变种（词义见上面解释）

Incarvillea mairei var. multifoliolata 多小叶鸡肉参：multi- ← multus 多个，多数，很多（希腊语为 poly-）；foliolatus = folius + ulus + atus 具小叶的，具叶片的；folius/ folium/ folia 叶，叶片（用于复合词）；-ulus/ -ulum/ -ula 小的，略微的，稍微的（小词 -ulus 在字母 e 或 i 之后有多种变缀，即 -olus/ -olum/ -ola、-ellus/ -ellum/ -ella、-illus/ -illum/ -illa，与第一变格法和第二变格法名词形成复合词）；

-atus/ -atum/ -ata 属于，相似，具有，完成（形容词词尾）

Incarvillea potaninii 聚叶角蒿：potaninii ← Grigory Nikolaevich Potanin（人名，19 世纪俄国植物学家）

Incarvillea sinensis 角蒿：sinensis = Sina + ensis 中国的（地名）；Sina 中国

Incarvillea sinensis var. przewalskii 黄花角蒿：przewalskii ← Nicolai Przewalski（人名，19 世纪俄国探险家、博物学家）

Incarvillea sinensis var. sinensis 角蒿-原变种（词义见上面解释）

Incarvillea younghusbandii 藏波罗花（藏 zàng）：younghusbandii（人名）；-ii 表示人名，接在以辅音字母结尾的人名后面，但 -er 除外

Indigofera 木蓝属（豆科）（40：p239）：indigo 蓝色；-ferus/ -ferum/ -fera/ -fero/ -fere/ -fer 有，具有，产（区别：作独立词使用的 ferus 意思是"野生的"）

Indigofera acutipetala 尖瓣木蓝：acutipetalus = acutus + petalus 尖瓣的；acuti-/ acu- ← acutus 锐尖的，针尖的，刺尖的，锐角的；petalus/ petalum/ petala ← petalon 花瓣

Indigofera amblyantha 多花木蓝：amblyanthus 钝形花的；amblyo-/ ambly- 钝的，钝角的；anthus/ anthum/ antha/ anthe ← anthos 花（用于希腊语复合词）

Indigofera arborea 树木蓝：arboreus 乔木状的；arbor 乔木，树木；-eus/ -eum/ -ea（接拉丁语词干时）属于……的，色如……的，质如……的（表示原料、颜色或品质的相似），（接希腊语词干时）属于……的，以……出名，为……所占有（表示具有某种特性）

Indigofera argutidens 尖齿木蓝：argutidens 锐齿的，尖齿的；argutus → argut-/ arguti- 尖锐的；-dens ← dentatus 齿，牙齿的

Indigofera atropurpurea 深紫木蓝：atro-/ atr-/ atri-/ atra- ← ater 深色，浓色，暗色，发黑（ater 作为词干后接辅音字母开头的词时，要在词干后面加一个连接用的元音字母"o"或"i"，故为"ater-o-"或"ater-i-"，变形为"atr-"开头）；purpureus = purpura + eus 紫色的；purpura 紫色（purpura 原为一种介壳虫名，其体液为紫色，可作颜料）；-eus/ -eum/ -ea（接拉丁语词干时）属于……的，色如……的，质如……的（表示原料、颜色或品质的相似），（接希腊语词干时）属于……的，以……出名，为……所占有（表示具有某种特性）

Indigofera balfouriana 丽江木蓝：balfouriana ← Isaac Bayley Balfour（人名，19 世纪英国植物学家）

Indigofera bracteata 苞叶木蓝：bracteatus = bracteus + atus 具苞片的；bracteus 苞，苞片，苞鳞；-atus/ -atum/ -ata 属于，相似，具有，完成（形容词词尾）

Indigofera bungeana 河北木蓝：bungeana ← Alexander von Bunge（人名，1813–1866，俄国植物学家）

Indigofera byobiensis 屏东木蓝：byobiensis（地名，台湾省屏东县，为"屏风"的日语读音）

Indigofera calcicola 灰岩木蓝：calcicolus 钙生的，

I

生于石灰质土壤的；calci- ← calcium 石灰，钙质；colus ← colo 分布于，居住于，栖居，殖民（常作词尾）；colo/ colere/ colui/ cultum 居住，耕作，栽培

Indigofera canocalyx 毛萼木蓝：canocalyx 灰色萼片的；canus 灰色的，灰白色的；calyx → calyc- 萼片（用于希腊语复合词）

Indigofera carlesii 苏木蓝：carlesii ← W. R. Carles（人名）

Indigofera cassoides 椭圆叶木蓝：cassus 不毛的，空虚的，欠缺的；-oides/ -oideus/ -oideum/ -oidea/ -odes/ -eidos 像……的，类似……的，呈……状的（名词词尾）

Indigofera caudata 尾叶木蓝：caudatus = caudus + atus 尾巴的，尾巴状的，具尾的；caudus 尾巴

Indigofera chaetodonta 刺齿木蓝：chaeto- ← chaite 胡须，鬃毛，长毛；odontus/ odontos → odon-/ odont-/ odonto-（可作词首或词尾）齿，牙齿状的；odous 齿，牙齿（单数，其所有格为 odontos）

Indigofera chenii 南京木蓝：chenii（人名）；-ii 表示人名，接在以辅音字母结尾的人名后面，但 -er 除外

Indigofera chuniana 疏花木蓝：chuniana ← W. Y. Chun 陈焕镛（人名，1890–1971，中国植物学家）

Indigofera cinerascens 灰色木蓝：cinerascens/ cinerasceus 发灰的，变灰色的，灰白的，淡灰色的（比 cinereus 更白）；cinereus 灰色的，草木灰色的（为纯黑和纯白的混合色，希腊语为 tephro-/ spodo-）；ciner-/ cinere-/ cinereo- 灰色；-escens/ -ascens 改变，转变，变成，略微，带有，接近，相似，大致，稍微（表示变化的趋势，并未完全相似或相同，有别于表示达到完成状态的 -atus）

Indigofera cylindracea 筒果木蓝：cylindraceus 圆柱状的；-aceus/ -aceum/ -acea 相似的，有……性质的，属于……的

Indigofera daochengensis 稻城木蓝：daochengensis 稻城的（地名，四川省）

Indigofera decora 庭藤：decorus 美丽的，漂亮的，装饰的；decor 装饰，美丽

Indigofera decora var. chalara 兴山木蓝：chalarus 稀疏的，疏松的

Indigofera decora var. cooperii 宁波木蓝：cooperii ← Joseph Cooper（人名，19 世纪英国园艺学家）（注：词尾改为"-eri"似更妥）；-eri 表示人名，在以 -er 结尾的人名后面加上 i 形成；-ii 表示人名，接在以辅音字母结尾的人名后面，但 -er 除外

Indigofera decora var. decora 庭藤-原变种（词义见上面解释）

Indigofera decora var. ichangensis 宜昌木蓝：ichangensis 宜昌的（地名，湖北省）

Indigofera delavayi 滇木蓝：delavayi ← P. J. M. Delavay（人名，1834–1895，法国传教士，曾在中国采集植物标本）；-i 表示人名，接在以元音字母结尾的人名后面，但 -a 除外

Indigofera densifructa 密果木蓝：densus 密集的，繁茂的；fructus 果实

Indigofera dichroa 川西木蓝：dichrous/ dichrus 二色的；di-/ dis- 二，二数，二分，分离，不同，

在……之间，从……分开（希腊语，拉丁语为 bi-/ bis-）；-chromus/ -chrous/ -chrus 颜色，彩色，有色的；Dichroa 常山属（虎耳草科）

Indigofera dolichochaeta 长齿木蓝：dolicho- ← dolichos 长的；chaeta/ chaete ← chaite 胡须，鬃毛，长毛

Indigofera dumetorum 黄花木蓝：dumetorum = dumus + etorum 灌丛的，小灌木状的，荒草丛的；dumus 灌丛，荆棘丛，荒草丛；-etorum 群落的（表示群丛、群落的词尾）

Indigofera emarginata 凹叶木蓝：emarginatus 先端稍裂的，凹头的；marginatus ← margo 边缘的，具边缘的；margo/ marginis → margin- 边缘，边线，边界；词尾为 -go 的词其词干末尾视为 -gin；e-/ ex- 不，无，非，缺乏，不具有（e- 用在辅音字母前，ex- 用在元音字母前，为拉丁语词首，对应的希腊语词首为 a-/ an-，英语为 un-/ -less，注意作词首用的 e-/ ex- 和介词 e/ ex 意思不同，后者意为"出自、从……、由……离开、由于、依照"）

Indigofera esquirolii 黔南木蓝：esquirolii（人名）；-ii 表示人名，接在以辅音字母结尾的人名后面，但 -er 除外

Indigofera forrestii 苍山木蓝：forrestii ← George Forrest（人名，1873–1932，英国植物学家，曾在中国西部采集大量植物标本）

Indigofera fortunei 华东木蓝：fortunei ← Robert Fortune（人名，19 世纪英国园艺学家，曾在中国采集植物）；-i 表示人名，接在以元音字母结尾的人名后面，但 -a 除外

Indigofera galegoides 假大青蓝：galegoides = Galega + oides 像山羊豆的；Galega 山羊豆属（豆科）；-oides/ -oideus/ -oideum/ -oidea/ -odes/ -eidos 像……的，类似……的，呈……状的（名词词尾）

Indigofera hainanensis 海南木蓝：hainanensis 海南的（地名）

Indigofera hancockii 绢毛木蓝（绢 juàn）：hancockii ← W. Hancock（人名，1847–1914，英国海关官员，曾在中国采集植物标本）

Indigofera hebepetala 毛瓣木蓝：hebe- 柔毛；petalus/ petalum/ petala ← petalon 花瓣

Indigofera hebepetala var. glabra 光叶毛瓣木蓝：glabrus 光秃的，无毛的，光滑的

Indigofera hebepetala var. hebepetala 毛瓣木蓝-原变种 （词义见上面解释）

Indigofera henryi 长梗木蓝：henryi ← Augustine Henry 或 B. C. Henry（人名，前者，1857–1930，爱尔兰医生、植物学家，曾在中国采集植物，后者，1850–1901，曾活动于中国的传教士）

Indigofera heterantha 异花木蓝：heteranthus 不同花的；hete-/ heter-/ hetero- ← heteros 不同的，多样的，不齐的；anthus/ anthum/ antha/ anthe ← anthos 花（用于希腊语复合词）

Indigofera hirsuta 硬毛木蓝：hirsutus 粗毛的，糙毛的，有毛的（长而硬的毛）

Indigofera hosiei 陕甘木蓝：hosiei（人名）；-i 表示人名，接在以元音字母结尾的人名后面，但 -a 除外

I

Indigofera howellii 长序木蓝：howellii ← Thomas Howell（人名，19 世纪植物采集员）

Indigofera jikongensis 鸡公木蓝：jikongensis 鸡公山的（地名，河南省）

Indigofera jindongensis 景东木蓝：jindongensis 景东的（地名，云南省）

Indigofera kirilowii 花木蓝：kirilowii ← Ivan Petrovich Kirilov（人名，19 世纪俄国植物学家）

Indigofera lenticellata 岷谷木蓝（岷 mín）：lenticellatus 具皮孔的；lenticella 皮孔

Indigofera linifolia 单叶木蓝：Linum 亚麻属（亚麻科）；folius/ folium/ folia 叶，叶片（用于复合词）

Indigofera linnaei 九叶木蓝：linnaei ← Carl（von）Linnaeus 林奈（人名，1707–1778，瑞典植物学家，创立动植物双名命名法，并为 8800 多个物种命名）

Indigofera litoralis 滨海木蓝：litoralis/ littoralis 海滨的，海岸的

Indigofera longipedunculata 长总梗木蓝：longe-/ longi- ← longus 长的，纵向的；pedunculatus/ peduncularis 具花序柄的，具总花梗的；pedunculus/ peduncule/ pedunculis ← pes 花序柄，总花梗（花序基部无花着生部分，不同于花柄）；关联词：pedicellus/ pediculus 小花梗，小花柄（不同于花序柄）；pes/ pedis 柄，梗，茎秆，腿，足，爪（作词首或词尾，pes 的词干视为 "ped-"）

Indigofera longispica 长穗木蓝：longe-/ longi- ← longus 长的，纵向的；spicus 穗，谷穗，花穗

Indigofera mekongensis 湄公木蓝（湄 méi）：mekongensis 湄公河的（地名，澜沧江流入中南半岛部分称湄公河）

Indigofera mengtzeana 蒙自木蓝：mengtzeana 蒙自的（地名，云南省）

Indigofera monbeigii 西南木蓝：monbeigii（人名）；-ii 表示人名，接在以辅音字母结尾的人名后面，但 -er 除外

Indigofera muliensis 木里木蓝（种加词有时错印为 "mulinnensis"）：muliensis 木里的（地名，四川省）

Indigofera myosurus 华西木蓝：myosurus 鼠尾的；myos 老鼠，小白鼠；-urus/ -ura/ -ourus/ -oura/ -oure/ -uris 尾巴

Indigofera neoglabra 光叶木蓝：neoglabra 晚于 glabra 的；neo- ← neos 新，新的；Indigofera glabra，亮叶木蓝；glabrus 光秃的，无毛的，光滑的

Indigofera nigrescens 黑叶木蓝：nigrus 黑色的；niger 黑色的；-escens/ -ascens 改变，转变，变成，略微，带有，接近，相似，大致，稍微（表示变化的趋势，并未完全相似或相同，有别于表示达到完成状态的 -atus）

Indigofera nummularifolia 刺荚木蓝：nummularifolius 古钱形叶的；nummularius = nummus + ulus + arius 古钱形的，圆盘状的；nummulus 硬币；nummus/ numus 钱币，货币；-ulus/ -ulum/ -ula 小的，略微的，稍微的（小词 -ulus 在字母 e 或 i 之后有多种变缀，即 -olus/ -olum/ -ola、-ellus/ -ellum/ -ella、-illus/ -illum/ -illa，与第一变格法和第二变格法名词形成复合词）；-arius/ -arium/ -aria 相似，属于（表示地点，场所，关系，所属）；folius/ folium/ folia 叶，叶片（用于复合词）

Indigofera pampaniniana 昆明木蓝：pampaniniana（人名）

Indigofera parkesii 浙江木蓝：parkesii（人名）；-ii 表示人名，接在以辅音字母结尾的人名后面，但 -er 除外

Indigofera parkesii var. parkesii 浙江木蓝-原变种 （词义见上面解释）

Indigofera parkesii var. polyphylla 多叶浙江木蓝：poly- ← polys 多个，许多（希腊语，拉丁语为 multi-）；phyllus/ phyllum/ phylla ← phyllon 叶片（用于希腊语复合词）

Indigofera pendula 垂序木蓝：pendulus ← pendere 下垂的，垂吊的（悬空或因支持体细软而下垂）；pendere/ pendeo 悬挂，垂悬；-ulus/ -ulum/ -ula（表示趋向或动作）（小词 -ulus 在字母 e 或 i 之后有多种变缀，即 -olus/ -olum/ -ola、-ellus/ -ellum/ -ella、-illus/ -illum/ -illa，与第一变格法和第二变格法名词形成复合词）

Indigofera pendula var. macrophylla 大叶垂序木蓝：macro-/ macr- ← macros 大的，宏观的（用于希腊语复合词）；phyllus/ phyllum/ phylla ← phyllon 叶片（用于希腊语复合词）

Indigofera pendula var. pendula 垂序木蓝-原变种 （词义见上面解释）

Indigofera pendula var. pubescens 毛垂序木蓝：pubescens ← pubens 被短柔毛的，长出柔毛的；pubi- ← pubis 细柔毛的，短柔毛的，毛被的；pubesco/ pubescere 长成的，变为成熟的，长出柔毛的，青春期体毛的；-escens/ -ascens 改变，转变，变成，略微，带有，接近，相似，大致，稍微（表示变化的趋势，并未完全相似或相同，有别于表示达到完成状态的 -atus）

Indigofera pendula var. umbrosa 狭叶垂序木蓝：umbrosus 多荫的，喜阴的，生于阴地的；umbra 荫凉，阴影，阴地；-osus/ -osum/ -osa 多的，充分的，丰富的，显著发育的，程度高的，特征明显的（形容词词尾）

Indigofera penduloides 拟垂序木蓝：penduloides 像 pendula 的；Indigofera pendula 垂序木蓝；pendulus ← pendere 下垂的，垂吊的（悬空或因支持体细软而下垂）；pendere/ pendeo 悬挂，垂悬；-oides/ -oideus/ -oideum/ -oidea/ -odes/ -eidos 像……的，类似……的，呈……状的（名词词尾）

Indigofera potaninii 甘肃木蓝：potaninii ← Grigory Nikolaevich Potanin（人名，19 世纪俄国植物学家）

Indigofera pseudotinctoria 马棘：pseudotinctoria 像 tinctoria 的；pseudo-/ pseud- ← pseudos 假的，伪的，接近，相似（但不是）；Indigofera tinctoria 木蓝；tinctorius = tinctorus + ius 染色的，着色的，染料的；tinctorus 染色，着色，染料；-ius/ -ium/ -ia 具有……特性的（表示有关、关联、相似）

Indigofera ramulosissima 多枝木蓝：ramulosissima = ramus + ulus + issimus 小枝条非常多的；ramulosus = ramus + ulosus 小枝的，多小枝的；ramulus 小枝；-ulosus = ulus + osus 小而多的；-ulus/ -ulum/ -ula 小的，略微的，稍微的

I

（小词 -ulus 在字母 e 或 i 之后有多种变缀，即 -olus/ -olum/ -ola、-ellus/ -ellum/ -ella、-illus/ -illum/ -illa，与第一变格法和第二变格法名词形成复合词）；-osus/ -osum/ -osa 多的，充分的，丰富的，显著发育的，程度高的，特征明显的（形容词词尾）；-issimus/ -issima/ -issimum 最，非常，极其（形容词最高级）

Indigofera reticulata 网叶木蓝：reticulatus = reti + culus + atus 网状的；reti-/ rete- 网（同义词：dictyo-）；-culus/ -culum/ -cula 小的，略微的，稍微的（同第三变格法和第四变格法名词形成复合词）；-atus/ -atum/ -ata 属于，相似，具有，完成（形容词词尾）

Indigofera rigioclada 硬叶木蓝：rigio- ← rigens 坚硬的，不弯曲的，强直的；cladus ← clados 枝条，分枝

Indigofera scabrida 腺毛木蓝：scabridus 粗糙的；scabrus ← scaber 粗糙的，有凹凸的，不平滑的；-idus/ -idum/ -ida 表示在进行中的动作或情况，作动词、名词或形容词的词尾

Indigofera sensitiva 敏感木蓝：sensitivus = sentire + ivus 敏感的（= sensibilis）；sentire 感到；-ivus/ -ivum/ -iva 表示能力、所有、具有……性质，作动词或名词词尾

Indigofera sericophylla 丝毛木蓝：sericophyllus 绢毛叶的；sericus 绢丝的，绢毛的，赛尔人的（Ser 为印度一民族）；phyllus/ phyllum/ phylla ← phyllon 叶片（用于希腊语复合词）

Indigofera silvestrii 刺序木蓝：silvestrii/ sylvestrii ← Filippo Silvestri（人名，19 世纪意大利解剖学家、动物学家）；-ii 表示人名，接在以辅音字母结尾的人名后面，但 -er 除外

Indigofera simaoensis 思茅木蓝：simaoensis 思茅的（地名，云南省）

Indigofera souliei 康定木蓝：souliei（人名）；-i 表示人名，接在以元音字母结尾的人名后面，但 -a 除外

Indigofera spicata 穗序木蓝：spicatus 具穗的，具穗状花的，具尖头的；spicus 穗，谷穗，花穗；-atus/ -atum/ -ata 属于，相似，具有，完成（形容词词尾）

Indigofera squalida 远志木蓝：squalidus/ squalens 脏的，玷污的，粗糙的

Indigofera stachyodes 茸毛木蓝：Stachys 水苏属（唇形科）；stachy-/ stachyo-/ -stachys/ -stachyus/ -stachyum/ -stachya 穗子，穗子的，穗子状的，穗状花序的；-oides/ -oideus/ -oideum/ -oidea/ -odes/ -eidos 像……的，类似……的，呈……状的（名词词尾）

Indigofera sticta 矮木蓝：stictus ← stictos 斑点，雀斑

Indigofera subsecunda 侧花木蓝：subsecundus 近侧生的；sub-（表示程度较弱）与……类似，几乎，稍微，弱，亚，之下，下面；secundus/ secumdus 生于单侧的，花柄一侧着花的，沿着……，顺着……

Indigofera subverticillata 轮花木蓝（种加词有时错印为 "subverticellata"）：subverticillatus 近轮生的，不完全轮生的；sub-（表示程度较弱）与……类似，几乎，稍微，弱，亚，之下，下面；verticillatus/ verticillaris 螺纹的，螺旋的，轮生的，环状的；verticillus 轮，环状排列

Indigofera suffruticosa 野青树：suffruticosus 亚灌木状的；suffrutex 亚灌木，半灌木；suf- ← sub- 亚，像，稍微（sub- 在字母 f 前同化为 suf-）；frutex 灌木；-osus/ -osum/ -osa 多的，充分的，丰富的，显著发育的，程度高的，特征明显的（形容词词尾）

Indigofera szechuensis 四川木蓝：szechuensis 四川的（地名）

Indigofera tenyuehensis 腾冲木蓝：tenyuehensis 腾越的（地名，云南省）

Indigofera tinctoria 木蓝：tinctorius = tinctorus + ius 属于染色的，属于着色的，属于染料的；tingere/ tingo 浸泡，浸染；tinctorus 染色，着色，染料；tinctus 染色的，彩色的；-ius/ -ium/ -ia 具有……特性的（表示有关、关联、相似）

Indigofera trifoliata 三叶木蓝：tri-/ tripli-/ triplo- 三个，三数；foliatus 具叶的，多叶的；folius/ folium/ folia → foli-/ folia- 叶，叶片；-atus/ -atum/ -ata 属于，相似，具有，完成（形容词词尾）

Indigofera venulosa 脉叶木蓝：venulosus 多脉的，叶脉短而多的；venus 脉，叶脉，血脉，血管；-ulosus = ulus + osus 小而多的；-ulus/ -ulum/ -ula 小的，略微的，稍微的（小词 -ulus 在字母 e 或 i 之后有多种变缀，即 -olus/ -olum/ -ola、-ellus/ -ellum/ -ella、-illus/ -illum/ -illa，与第一变格法和第二变格法名词形成复合词）；-osus/ -osum/ -osa 多的，充分的，丰富的，显著发育的，程度高的，特征明显的（形容词词尾）

Indigofera wilsonii 大花木蓝：wilsonii ← John Wilson（人名，18 世纪英国植物学家）

Indigofera zollingeriana 尖叶木蓝：zollingeriana ← Heinrich Zollinger（人名，19 世纪德国植物学家）

Indocalamus 箬竹属（箬 ruò）（禾本科）（9-1: p676）：indo- 印度（地名）；calamus ← calamos ← kalem 芦苇的，管子的，空心的

Indocalamus auriculatus 具耳箬竹：auriculatus 耳形的，具小耳的（基部有两个小圆片）；auriculus 小耳朵的，小耳状的；auritus 耳朵的，耳状的；-culus/ -culum/ -cula 小的，略微的，稍微的（同第三变格法和第四变格法名词形成复合词）；-atus/ -atum/ -ata 属于，相似，具有，完成（形容词词尾）

Indocalamus barbatus 髯毛箬竹（髯 rǎn）：barbatus = barba + atus 具胡须的，具须毛的；barba 胡须，髯须，绒毛；-atus/ -atum/ -ata 属于，相似，具有，完成（形容词词尾）

Indocalamus bashanensis 巴山箬竹：bashanensis 巴山的（地名，跨陕西、四川、湖北三省）

Indocalamus decorus 美丽箬竹：decorus 美丽的，漂亮的，装饰的；decor 装饰，美丽

Indocalamus emeiensis 峨眉箬竹：emeiensis 峨眉山的（地名，四川省）

Indocalamus guangdongensis 广东箬竹：guangdongensis 广东的（地名）

Indocalamus guangdongensis var. guangdongensis 广东箬竹-原变种（词义见上面解释）

Indocalamus guangdongensis var. mollis 柔毛箬竹：molle/ mollis 软的，柔毛的

Indocalamus herklotsii 粽巴箬竹：herklotsii（人名）；-ii 表示人名，接在以辅音字母结尾的人名后面，但 -er 除外

Indocalamus hirsutissimus 多毛箬竹：hirsutus 粗毛的，糙毛的，有毛的（长而硬的毛）；-issimus/ -issima/ -issimum 最，非常，极其（形容词最高级）

Indocalamus hirsutissimus var. glabrifolius 光叶箬竹：glabrus 光秃的，无毛的，光滑的；folius/ folium/ folia 叶，叶片（用于复合词）

Indocalamus hirsutissimus var. hirsutissimus 多毛箬竹-原变种 （词义见上面解释）

Indocalamus hirtivaginatus 毛鞘箬竹：hirtus 有毛的，粗毛的，刚毛的（长而明显的毛）；vaginatus = vaginus + atus 鞘，具鞘的；vaginus 鞘，叶鞘；-atus/ -atum/ -ata 属于，相似，具有，完成（形容词词尾）

Indocalamus hispidus 硬毛箬竹：hispidus 刚毛的，鬓毛状的

Indocalamus hunanensis 湖南箬竹：hunanensis 湖南的（地名）

Indocalamus latifolius 阔叶箬竹：lati-/ late- ← latus 宽的，宽广的；folius/ folium/ folia 叶，叶片（用于复合词）

Indocalamus longiauritus 箬叶竹：longe-/ longi- ← longus 长的，纵向的；auritus 耳朵的，耳状的

Indocalamus longiauritus var. hengshanensis 衡山箬竹：hengshanensis 衡山的（地名，湖南省）

Indocalamus longiauritus var. longiauritus 箬叶竹-原变种 （词义见上面解释）

Indocalamus longiauritus var. semifalcatus 半耳箬竹：semi- 半，准，略微；falcatus = falx + atus 镰刀的，镰刀状的；构词规则：以 -ix/ -iex 结尾的词其词干末尾视为 -ic，以 -ex 结尾视为 -i/ -ic，其他以 -x 结尾视为 -c；-atus/ -atum/ -ata 属于，相似，具有，完成（形容词词尾）

Indocalamus longiauritus var. yiyangensis 益阳箬竹：yiyangensis 益阳的（地名，湖南省）

Indocalamus pedalis 矮箬竹：pedalis 足的，足长的，一步长的，一英尺的（1 ft = 0.3048 m）；pes/ pedis 柄，梗，茎秆，腿，足，爪（作词首或词尾，pes 的词干视为"ped-"）

Indocalamus pseudosinicus 锦帐竹：pseudosinicus 像 sinicus 的；pseudo-/ pseud- ← pseudos 假的，伪的，接近，相似（但不是）；Indocalamus sinicus 水银竹；sinicus 中国的（地名）

Indocalamus pseudosinicus var. densinervillus 密脉箬竹：densus 密集的，繁茂的；nervillus = nervis + illus 小侧脉的，小叶脉，稍具脉的；nervis ← nervus 脉，叶脉

Indocalamus pseudosinicus var. pseudosinicus 锦帐竹-原变种 （词义见上面解释）

Indocalamus quadratus 方脉箬竹：quadratus 正方形的，四数的；quadri-/ quadr- 四，四数（希腊语为 tetra-/ tetr-）

Indocalamus sinicus 水银竹：sinicus 中国的（地

名）；-icus/ -icum/ -ica 属于，具有某种特性（常用于地名、起源、生境）

Indocalamus tessellatus 箬竹：tessellatus = tessella + atus 网格的，马赛克的，棋盘格的；tessella 方块石头，马赛克，棋盘格（拼接图案用）；-atus/ -atum/ -ata 属于，相似，具有，完成（形容词词尾）

Indocalamus tongchunensis 同春箬竹：tongchunensis 同春的（地名，福建省）

Indocalamus victorialis 胜利箬竹：victorialis 胜利的；victoria 胜利，成功，胜利女神

Indocalamus wilsoni 鄂西箬竹：wilsoni ← John Wilson（人名，18 世纪英国植物学家）（注：词尾改为"-ii"似更妥）；-ii 表示人名，接在以辅音字母结尾的人名后面，但 -er 除外；-i 表示人名，接在以元音字母结尾的人名后面，但 -a 除外

Indocalamus wuxiensis 巫溪箬竹：wuxiensis 巫溪的（地名，重庆市）

Indofevillea 藏瓜属（藏 zàng）（葫芦科）（73-1：p131）：indofevillea 印度费瓜（指模式种采自印度且像费瓜）；indo- 印度（地名）；Fevillea 费瓜属（葫芦科）；fevillea ← Feuillee 费伊勒（人名，法国植物学家）

Indofevillea khasiana 藏瓜（藏 zàng）：khasiana ← Khasya 喀西的，卡西的（地名，印度阿萨姆邦）

Indosasa 大节竹属（禾本科）（9-1：p204）：indosasa 印度矮竹；indo 印度；sasa 赤竹，矮竹（sasa 为"笹"的日语读音，笹 tì）

Indosasa angustata 甜大节竹：angustatus = angustus + atus 变窄的；angustus 窄的，狭的，细的

Indosasa crassiflora 大节竹：crassi- ← crassus 厚的，粗的，多肉质的；florus/ florum/ flora ← flos 花（用于复合词）

Indosasa gigantea 橄榄竹（橄 gǎn）：giganteus 巨大的；giga-/ gigant-/ giganti- ← gigantos 巨大的；-eus/ -eum/ -ea（接拉丁语词干时）属于……的，色如……的，质如……的（表示原料、颜色或品质的相似），（接希腊语词干时）属于……的，以……出名，为……所占有（表示具有某种特性）

Indosasa glabrata 算盘竹：glabratus = glabrus + atus 脱毛的，光滑的；glabrus 光秃的，无毛的，光滑的；-atus/ -atum/ -ata 属于，相似，具有，完成（形容词词尾）

Indosasa glabrata var. albo-hispidula 毛算盘竹：albus → albi-/ albo- 白色的；hispidulus 稍有刚毛的；hispidus 刚毛的，鬓毛状的；-ulus/ -ulum/ -ula 小的，略微的，稍微的（小词 -ulus 在字母 e 或 i 之后有多种变缀，即 -olus/ -olum/ -ola、-ellus/ -ellum/ -ella、-illus/ -illum/ -illa，与第一变格法和第二变格法名词形成复合词）

Indosasa glabrata var. glabrata 算盘竹-原变种 （词义见上面解释）

Indosasa hispida 浦竹仔（仔 zǎi）：hispidus 刚毛的，鬓毛状的

Indosasa ingens 粗穗大节竹：ingens 巨大的，巨型的

I

·641·

Indosasa lingchuanensis 灵川大节竹：lingchuanensis 灵川的（地名，广西壮族自治区）

Indosasa lipoensis 荔波大节竹：lipoensis 荔波的（地名，贵州省）

Indosasa longispicata 棚竹：longe-/ longi- ← longus 长的，纵向的；spicatus 具穗的，具穗状花的，具尖头的；spicus 穗，谷穗，花穗；-atus/ -atum/ -ata 属于，相似，具有，完成（形容词词尾）

Indosasa parvifolia 小叶大节竹：parvifolius 小叶的；parvus 小的，些微的，弱的；folius/ folium/ folia 叶，叶片（用于复合词）

Indosasa patens 横枝竹：patens 开展的（呈 90°），伸展的，传播的，飞散的；patentius 开展的，伸展的，传播的，飞散的

Indosasa shibataeoides 摆竹：Shibataea 倭竹属（倭 wō）；-oides/ -oideus/ -oideum/ -oidea/ -odes/ -eidos 像……的，类似……的，呈……状的（名词词尾）

Indosasa sinica 中华大节竹：sinica 中国的（地名）；-icus/ -icum/ -ica 属于，具有某种特性（常用于地名、起源、生境）

Indosasa spongiosa 江华大节竹：spongiosus 海绵的，海绵质的；spongia 海绵（同义词：fungus）；-osus/ -osum/ -osa 多的，充分的，丰富的，显著发育的，程度高的，特征明显的（形容词词尾）

Indosasa triangulata 五爪竹：tri-/ tripli-/ triplo- 三个，三数；angulatus = angulus + atus 具棱角的，有角度的；-atus/ -atum/ -ata 属于，相似，具有，完成（形容词词尾）

Intsia 印茄属（茄 qié）（豆科）（39: p209）：intsia（马达加斯加土名）

Intsia bijuga （双轭印茄）：bi-/ bis- 二，二数，二回（希腊语为 di-）；jugus ← jugos 成对的，成双的，一组，牛轭，束缚（动词为 jugo）

Inula 旋覆花属（菊科）（75: p248）：inula ← Inula helenium 土木香（古拉丁名）

Inula aspera 糙毛旋覆花：asper/ asperus/ asperum/ aspera 粗糙的，不平的

Inula britanica 欧亚旋覆花：britanicus 英国的（地名）；-icus/ -icum/ -ica 属于，具有某种特性（常用于地名、起源、生境）

Inula britanica var. angustifolia 狭叶欧亚旋覆花：angusti- ← angustus 窄的，狭的，细的；folius/ folium/ folia 叶，叶片（用于复合词）

Inula britanica var. ramosissima 多枝欧亚旋覆花：ramosus = ramus + osus 分枝极多的；ramus 分枝，枝条；-osus/ -osum/ -osa 多的，充分的，丰富的，显著发育的，程度高的，特征明显的（形容词词尾）；-issimus/ -issima/ -issimum 最，非常，极其（形容词最高级）

Inula britanica var. sublanata 棉毛欧亚旋覆花：sublanatus 稍具长柔毛的；sub-（表示程度较弱）与……类似，几乎，稍微，弱，亚，之下，下面；lanatus = lana + atus 具羊毛的，具长柔毛的；lana 羊毛，绵毛

Inula cappa 羊耳菊：cappa（土名）

Inula caspica 里海旋覆花：caspica 里海的（地名）

Inula caspica var. scaberrima （糙叶旋覆花）：

scaberrimus 极粗糙的；scaber → scabrus 粗糙的，有凹凸的，不平滑的；-rimus/ -rima/ -rimum 最，极，非常（词尾为 -er 的形容词最高级）

Inula cuspidata 凸尖羊耳菊：cuspidatus = cuspis + atus 尖头的，凸尖的；构词规则：词尾为 -is 和 -ys 的词的词干分别视为 -id 和 -yd；cuspis（所有格为 cuspidis）齿尖，凸尖，尖头；-atus/ -atum/ -ata 属于，相似，具有，完成（形容词词尾）

Inula eupatoerioides 泽兰羊耳菊：Eupatorium 泽兰属（菊科）；-oides/ -oideus/ -oideum/ -oidea/ -odes/ -eidos 像……的，类似……的，呈……状的（名词词尾）

Inula falconeri 西藏旋覆花：falconeri ← Hugh Falconer（人名，19 世纪活动于印度的英国地质学家、医生）；-eri 表示人名，在以 -er 结尾的人名后面加上 i 形成

Inula forrestii 拟羊耳菊：forrestii ← George Forrest（人名，1873–1932，英国植物学家，曾在中国西部采集大量植物标本）

Inula grandis 大叶土木香：grandis 大的，大型的，宏大的

Inula helenium 土木香：helenium ← Helen（神话中的特洛伊王后，另一解释为来自菊科植物土木香 Inula helenium）；Helenium 堆心菊属（菊科）

Inula helianthus-aquatica 水朝阳旋覆花：helianthus 向着太阳的花，太阳花；heli-/ helio- ← helios 太阳的，日光的；anthus/ anthum/ antha/ anthe ← anthos 花（用于希腊语复合词）；Helianthus 向日葵属（菊科）；aquaticus/ aquatilis 水的，水生的，潮湿的；aqua 水；-aticus/ -aticum/ -atica 属于，表示生长的地方

Inula helianthus-aquatica f. holophylla 全缘叶水朝阳旋覆花：holophyllus 全缘叶的；holo-/ hol- 全部的，所有的，完全的，联合的，全缘的，不分裂的；phyllus/ phyllum/ phylla ← phyllon 叶片（用于希腊语复合词）

Inula helianthus-aquatica f. rotundifolia 圆叶水朝阳旋覆花：rotundus 圆形的，呈圆形的，肥大的；rotundo 使呈圆形，使圆滑；roto 旋转，滚动；folius/ folium/ folia 叶，叶片（用于复合词）

Inula hookeri 锈毛旋覆花：hookeri ← William Jackson Hooker（人名，19 世纪英国植物学家）；-eri 表示人名，在以 -er 结尾的人名后面加上 i 形成

Inula hookeri f. major （大锈毛旋覆花）：major 较大的，更大的（majus 的比较级）；majus 大的，巨大的

Inula hupehensis 湖北旋覆花：hupehensis 湖北的（地名）

Inula japonica 旋覆花：japonica 日本的（地名）；-icus/ -icum/ -ica 属于，具有某种特性（常用于地名、起源、生境）

Inula lineariifolia 线叶旋覆花：lineariifolia（为 "linariifolia" 的误拼，已修订）；linariifolius 柳穿鱼叶的；缀词规则：以属名作复合词时原词尾变形后的 i 要保留；Linaria 柳穿鱼属（玄参科）；folius/ folium/ folia 叶，叶片（用于复合词）

Inula lineariifolia f. simplex （简单线叶旋覆花）：simplex 单一的，简单的，无分歧的（词干为

I

simplic-）

Inula nervosa 显脉旋覆花：nervosus 多脉的，叶脉明显的；nervus 脉，叶脉；-osus/ -osum/ -osa 多的，充分的，丰富的，显著发育的，程度高的，特征明显的（形容词词尾）

Inula obtusifolia 钝叶旋覆花：obtusus 钝的，钝形的，略带圆形的；folius/ folium/ folia 叶，叶片（用于复合词）

Inula pterocaula 翼茎羊耳菊：pterus/ pteron 翅，翼，蕨类；caulus/ caulon/ caule ← caulos 茎，茎秆，主茎

Inula racemosa 总状土木香：racemosus = racemus + osus 总状花序的；racemus/ raceme 总状花序，葡萄串状的；-osus/ -osum/ -osa 多的，充分的，丰富的，显著发育的，程度高的，特征明显的（形容词词尾）

Inula rhizocephala 羊眼花：rhizocephalus 根头的；rhiz-/ rhizo- ← rhizus 根，根状茎；cephalus/ cephale ← cephalos 头，头状花序

Inula rhizocephaloides 拟羊眼花：Rhizocephalum 卧雪莲属（桔梗科）；rhiz-/ rhizo- ← rhizus 根，根状茎；-oides/ -oideus/ -oideum/ -oidea/ -odes/ -eidos 像……的，类似……的，呈……状的（名词词尾）

Inula rubricaulis 赤茎羊耳菊：rubr-/ rubri-/ rubro- ← rubrus 红色；caulis ← caulos 茎，茎秆，主茎

Inula salicina 柳叶旋覆花：salicinus = Salix + inus 像柳树的；构词规则：以 -ix/ -iex 结尾的词其词干末尾视为 -ic，以 -ex 结尾视为 -i/ -ic，其他以 -x 结尾视为 -c；Salix 柳属；-inus/ -inum/ -ina/ -inos 相近，接近，相似，具有（通常指颜色）

Inula salicina var. hirsuta 疏毛柳叶旋覆花：hirsutus 粗毛的，糙毛的，有毛的（长而硬的毛）

Inula salsoloides 蓼子朴（蓼 liǎo，朴 pò）：Salsola 猪毛菜属（藜科）；-oides/ -oideus/ -oideum/ -oidea/ -odes/ -eidos 像……的，类似……的，呈……状的（名词词尾）

Inula sericophylla 绢叶旋覆花（绢 juàn）：sericophyllus 绢毛叶的；sericus 绢丝的，绢毛的，赛尔人的（Ser 为印度一民族）；phyllus/ phyllum/ phylla ← phyllon 叶片（用于希腊语复合词）

Inula simonii 西孟旋覆花：simonii（人名）；-ii 表示人名，接在以辅音字母结尾的人名后面，但 -er 除外

Inula vernoniiformis （斑鸠菊旋覆花）：vernoniiformis = Vernonia + formis 斑鸠菊叶子的（以属名作复合词时原词尾变形后的 i 要保留）；Vernonia 斑鸠菊属（菊科）；formis/ forma 形状

Inula verrucosa （疣点旋覆花）（"verrusosa" 为错印）：verrucosus 具疣状凸起的；verrucus ← verrucos 疣状物；-osus/ -osum/ -osa 多的，充分的，丰富的，显著发育的，程度高的，特征明显的（形容词词尾）

Inula wissmanniana 滇南羊耳菊：wissmanniana ← Hermann Wilhelm Leopold Ludwig von Wissmann（人名，19 世纪德国探险家）

Iodes 微花藤属（茶茱萸科）（46：p54）：iodes = ion + odes 蓝紫色的，紫堇色的；ion 堇菜（希腊语）；-oides/ -oideus/ -oideum/ -oidea/ -odes/ -eidos 像……的，类似……的，呈……状的（名词词尾）

Iodes balansae 大果微花藤：balansae ← Benedict Balansa（人名，19 世纪法国植物采集员）；-ae 表示人名，以 -a 结尾的人名后面加上 -e 形成

Iodes cirrhosa 微花藤：cirrhosus = cirrhus + osus 多卷须的，蔓生的；cirrhus/ cirrus/ cerris 卷毛的，卷曲的，卷须的；-osus/ -osum/ -osa 多的，充分的，丰富的，显著发育的，程度高的，特征明显的（形容词词尾）

Iodes seguini 瘤枝微花藤：seguini（人名，词尾改为 "-ii" 似更妥）；-ii 表示人名，接在以辅音字母结尾的人名后面，但 -er 除外；-i 表示人名，接在以元音字母结尾的人名后面，但 -a 除外

Iodes vitiginea 小果微花藤：vitigineus = vitis + gigno + eus 蔓生的，葡萄藤状的，用葡萄制成的；vitis 葡萄，藤蔓植物（古拉丁名）；gigno/ gignui/ gignitum 产生，生出；-eus/ -eum/ -ea（接拉丁语词干时）属于……的，色如……的，质如……的（表示原料、颜色或品质的相似），（接希腊语词干时）属于……的，以……出名，为……所占有（表示具有某种特性）

Iphigenia 山慈姑属（百合科）（14：p63）：iphigenia ← Iphigeneia 伊菲革涅亚（希腊神话中的女神）

Iphigenia indica 山慈姑：indica 印度的（地名）；-icus/ -icum/ -ica 属于，具有某种特性（常用于地名、起源、生境）

Ipomoea 番薯属（旋花科）（64-1：p81）：ipomoea 像常春藤的（希腊语）；ipsos 常春藤；homoios 相似的

Ipomoea aculeata 夜花薯藤：aculeatus 有刺的，有针的；aculeus 皮刺；-atus/ -atum/ -ata 属于，相似，具有，完成（形容词词尾）

Ipomoea alba 月光花（另见 Calonyction aculeatum）：albus → albi-/ albo- 白色的

Ipomoea aquatica 蕹菜（蕹 wèng）：aquaticus/ aquatilis 水的，水生的，潮湿的；aqua 水；-aticus/ -aticum/ -atica 属于，表示生长的地方

Ipomoea batatas 番薯：batatas 薯类（南美土语）

Ipomoea cairica 五爪金龙：cairica 开罗的（地名）

Ipomoea cairica var. cairica 五爪金龙-原变种（词义见上面解释）

Ipomoea cairica var. gracillima 纤细五爪金龙：gracillimus 极细长的，非常纤细的；gracilis 细长的，纤弱的，丝状的；-limus/ -lima/ -limum 最，非常，极其（以 -ilis 结尾的形容词最高级，将末尾的 -is 换成 l + imus，从而构成 -illimus）

Ipomoea caloxantha （鲜黄五爪金龙）：call-/ calli-/ callo-/ cala-/ calo- ← calos/ callos 美丽的；xanthus ← xanthos 黄色的

Ipomoea digitata 七爪龙（另见 I. mauritiana）：digitatus 指状的，掌状的；digitus 手指，手指长的（3.4 cm）

Ipomoea eriocarpa 毛果薯：erion 绵毛，羊毛；carpus/ carpum/ carpa/ carpon ← carpos 果实（用于希腊语复合词）

Ipomoea fistulosa 树牵牛：fistulosus = fistulus +

I

osus 管状的，空心的，多孔的；fistulus 管状的，空心的；-osus/ -osum/ -osa 多的，充分的，丰富的，显著发育的，程度高的，特征明显的（形容词词尾）

Ipomoea gracilis 南沙薯藤：gracilis 细长的，纤弱的，丝状的

Ipomoea hederifolia 心叶茑萝：hederifolia 常春藤叶的；Hedera 常春藤属（五加科）；folius/ folium/ folia 叶，叶片（用于复合词）

Ipomoea indica 变色牵牛（另见 Pharbitis indica）：indica 印度的（地名）；-icus/ -icum/ -ica 属于，具有某种特性（常用于地名、起源、生境）

Ipomoea lacunosa 瘤梗甘薯：lacunosus 多孔的，布满凹陷的；lacuna 腔隙，气腔，凹点（地衣叶状体上），池塘，水塘；-osus/ -osum/ -osa 多的，充分的，丰富的，显著发育的，程度高的，特征明显的（形容词词尾）

Ipomoea mauritiana 七爪龙（另见 I. digitata）：mauritiana ← Mauritius 毛里求斯的（地名）

Ipomoea maxima 毛茎薯：maximus 最大的

Ipomoea nil 牵牛（另见 Pharbitis nil）：nil 蓝色（阿拉伯语）

Ipomoea obscura 小心叶薯：obscurus 暗色的，不明确的，不明显的，模糊的

Ipomoea pes-caprae 厚藤：pes/ pedis 柄，梗，茎秆，腿，足，爪（作词首或词尾，pes 的词干视为"ped-"）；caprae 山羊

Ipomoea pes-tigridis 虎掌藤：tigridis 老虎的，像老虎的，虎斑的；tigris 老虎

Ipomoea pileata 帽苞薯：pileatus 帽子，盖子，帽子状的，斗笠状的；pileus 帽子；-atus/ -atum/ -ata 属于，相似，具有，完成（形容词词尾）

Ipomoea polymorpha 羽叶薯：polymorphus 多形的；poly- ← polys 多个，许多（希腊语，拉丁语为 multi-）；morphus ← morphos 形状，形态

Ipomoea purpurea 圆叶牵牛（另见 Pharbitis purpurea）：purpureus = purpura + eus 紫色的；purpura 紫色（purpura 原为一种介壳虫名，其体液为紫色，可作颜料）；-eus/ -eum/ -ea（接拉丁语词干时）属于……的，色如……的，质如……的（表示原料、颜色或品质的相似），（接希腊语词干时）属于……的，以……出名，为……所占有（表示具有某种特性）

Ipomoea quamoclit 茑萝：quamoclit ← kymamos + clitos 低矮的豆类（指像豆类的蔓生植物）；kyamos 豆类；clitos 矮的；Quamoclit 茑萝属（旋花科）

Ipomoea soluta 大花千斤藤：solutus 分离的；solus 单独，单一，独立

Ipomoea soluta var. alba 白大花千斤藤：albus → albi-/ albo- 白色的

Ipomoea soluta var. soluta 大花千斤藤-原变种（词义见上面解释）

Ipomoea staphylina 海南薯：staphylinus = staphyle + inus 近总状的，近束状的；-inus/ -inum/ -ina/ -inos 相近，接近，相似，具有（通常指颜色）

Ipomoea stolonifera 假厚藤：stolon 匍匐茎；-ferus/ -ferum/ -fera/ -fero/ -fere/ -fer 有，具有，产（区别：作独立词使用的 ferus 意思是"野生的"）

Ipomoea triloba 三裂叶薯：tri-/ tripli-/ triplo- 三个，三数；lobus/ lobos/ lobon 浅裂，耳片（裂片先端钝圆），荚果，蒴果

Ipomoea tuba 管花薯：tubus 管子的，管状的，筒状的

Ipomoea wangii 大萼山土瓜：wangii（人名）；-ii 表示人名，接在以辅音字母结尾的人名后面，但 -er 除外

Iresine 血苋属（血 xuè）（苋科）（25-2：p239）：iresine ← eiresione 羊毛花环；erion 绵毛，羊毛

Iresine herbstii 血苋：herbstii ← Hermann Carl Gottlieb Herbst（人名，巴西植物学家）

Iridaceae 鸢尾科（16-1：p120）：Iris 鸢尾属；-aceae（分类单位科的词尾，为 -aceus 的阴性复数主格形式，加到模式属的名称后或同义词的词干后以组成族群名称）

Iris 鸢尾属（鸢 yuān）（鸢尾科）（16-1：p133）：iris 彩虹（比喻花色）；Iris 伊丽丝（希腊神话中的彩虹女神）

Iris anguifuga 单苞鸢尾：angui- ← anguinus 蛇，蛇状弯曲的；fugus 驱赶，驱除

Iris bloudowii 中亚鸢尾：bloudowii（人名）；-ii 表示人名，接在以辅音字母结尾的人名后面，但 -er 除外

Iris bulleyana 西南鸢尾：bulleyana ← Arthur Bulley（人名，英国棉花经纪人）

Iris bulleyana f. alba 白花西南鸢尾：albus → albi-/ albo- 白色的

Iris bungei 大苞鸢尾：bungei ← Alexander von Bunge（人名，19 世纪俄国植物学家）；-i 表示人名，接在以元音字母结尾的人名后面，但 -a 除外

Iris cathayensis 华夏鸢尾：cathayensis ← Cathay ← Khitay/ Khitai 中国的，契丹的（地名，10–12 世纪中国北方契丹人的领域，辽国前身，多用来代表中国，俄语称中国为 Kitay）

Iris chrysographes 金脉鸢尾：chrys-/ chryso- ← chrysos 黄色的，金色的；graphis/ graph/ graphe/ grapho 书写的，涂写的，绘画的，画成的，雕刻的，画笔的

Iris clarkei 西藏鸢尾：clarkei（人名）

Iris collettii 高原鸢尾：collettii ← Philibert Collet（人名，17 世纪法国植物学家）

Iris confusa 扁竹兰：confusus 混乱的，混同的，不确定的，不明确的；fusus 散开的，松散的，松弛的；co- 联合，共同，合起来（拉丁语词首，为 cum- 的音变，表示结合、强化、完全，对应的希腊语为 syn-）；co- 的缀词音变有 co-/ com-/ con-/ col-/ cor-：co-（在 h 和元音字母前面），col-（在 l 前面），com-（在 b、m、p 之前），con-（在 c、d、f、g、j、n、qu、s、t 和 v 前面），cor-（在 r 前面）

Iris curvifolia 弯叶鸢尾：curvifolius 弯叶的；curvus 弯曲的；folius/ folium/ folia 叶，叶片（用于复合词）

Iris decora 尼泊尔鸢尾：decorus 美丽的，漂亮的，装饰的；decor 装饰，美丽

Iris delavayi 长葶鸢尾：delavayi ← P. J. M. Delavay（人名，1834–1895，法国传教士，曾在中国采集植物标本）；-i 表示人名，接在以元音字母结尾的人名后面，但 -a 除外

I

Iris dichotoma 野鸢尾：dichotomus 二叉分歧的，分离的；dicho-/ dicha- 二分的，二歧的；di-/ dis- 二，二数，二分，分离，不同，在……之间，从……分开（希腊语，拉丁语为 bi-/ bis-）；cho-/ chao- 分开，割裂，离开；tomus ← tomos 小片，片段，卷册（书）

Iris ensata 玉蝉花：ensatus 剑形的，剑一样锋利的

Iris ensata var. hortensis 花菖蒲：hortensis 属于园圃的，属于园艺的；hortus 花园，园圃

Iris flavissima 黄金鸢尾：flavus → flavo-/ flavi-/ flav- 黄色的，鲜黄色的，金黄色的（指纯正的黄色）；-issimus/ -issima/ -issimum 最，非常，极其（形容词最高级）

Iris formosana 台湾鸢尾：formosanus = formosus + anus 美丽的，台湾的；formosus ← formosa 美丽的，台湾的（葡萄牙殖民者发现台湾时对其的称呼，即美丽的岛屿）；-anus/ -anum/ -ana 属于，来自（形容词词尾）

Iris forrestii 云南鸢尾：forrestii ← George Forrest（人名，1873–1932，英国植物学家，曾在中国西部采集大量植物标本）

Iris germanica 德国鸢尾：germanicus 德国的（地名）；-icus/ -icum/ -ica 属于，具有某种特性（常用于地名、起源、生境）

Iris goniocarpa 锐果鸢尾：goni-/ gonia-/ gonio- ← gonius 具角的，长角的，棱角，膝盖；carpus/ carpum/ carpa/ carpon ← carpos 果实（用于希腊语复合词）

Iris goniocarpa var. grossa 大锐果鸢尾：grossus 粗大的，肥厚的

Iris goniocarpa var. tenella 细锐果鸢尾：tenellus = tenuis + ellus 柔软的，纤细的，纤弱的，精美的，雅致的；tenuis 薄的，纤细的，弱的，瘦的，窄的；-ellus/ -ellum/ -ella ← -ulus 小的，略微的，稍微的（小词 -ulus 在字母 e 或 i 之后有多种变缀，即 -olus/ -olum/ -ola、-ellus/ -ellum/ -ella、-illus/ -illum/ -illa，用于第一变格法名词）

Iris halophila 喜盐鸢尾：halo- ← halos 盐，海；philus/ philein ← philos → phil-/ phili/ philo- 喜好的，爱好的，喜欢的；Halophila 喜盐草属（水鳖科）

Iris halophila var. sogdiana 蓝花喜盐鸢尾：sogdiana 索格底亚那的（地名，小亚细亚东部波斯地区）

Iris henryi 长柄鸢尾：henryi ← Augustine Henry 或 B. C. Henry（人名，前者，1857–1930，爱尔兰医生、植物学家，曾在中国采集植物，后者，1850–1901，曾活动于中国的传教士）

Iris japonica 蝴蝶花：japonica 日本的（地名）；-icus/ -icum/ -ica 属于，具有某种特性（常用于地名、起源、生境）

Iris japonica f. pallescens 白蝴蝶花：pallescens 变苍白色的；pallens 淡白色的，蓝白色的，略带蓝色的；-escens/ -ascens 改变，转变，变成，略微，带有，接近，相似，大致，稍微（表示变化的趋势，并未完全相似或相同，有别于表示达到完成状态的 -atus）

Iris kemaonensis 库门鸢尾：kemaonensis 库门的（地名，印度）

Iris kobayashii 矮鸢尾：kobayashii 小林（人名）

Iris lactea 白花马蔺（蔺 lìn）：lacteus 乳汁的，乳白色的，白色略带蓝色的；lactis 乳汁；-eus/ -eum/ -ea（接拉丁语词干时）属于……的，色如……的，质如……的（表示原料、颜色或品质的相似），（接希腊语词干时）属于……的，以……出名，为……所有有（表示具有某种特性）

Iris lactea var. chinensis 马蔺：chinensis = china + ensis 中国的（地名）；China 中国

Iris lactea var. chrysantha 黄花马蔺：chrys-/ chryso- ← chrysos 黄色的，金色的；anthus/ anthum/ antha/ anthe ← anthos 花（用于希腊语复合词）

Iris laevigata 燕子花：laevigatus/ levigatus 光滑的，平滑的，平滑而发亮的；laevis/ levis/ laeve/ leve → levi-/ laevi- 光滑的，无毛的，无不平或粗糙感觉的；laevigo/ levigo 使光滑，削平

Iris latistyla 宽柱鸢尾：lati-/ late- ← latus 宽的，宽广的；stylus/ stylis ← stylos 柱，花柱

Iris leptophylla 薄叶鸢尾：leptus ← leptos 细的，薄的，瘦小的，狭长的；phyllus/ phyllum/ phylla ← phyllon 叶片（用于希腊语复合词）

Iris loczyi 天山鸢尾：loczyi（人名）

Iris maackii 乌苏里鸢尾：maackii ← Richard Maack（人名，19 世纪俄国博物学家）

Iris mandshurica 长白鸢尾：mandshurica 满洲的（地名，中国东北，地理区域）

Iris milesii 红花鸢尾：milesii（人名）；-ii 表示人名，接在以辅音字母结尾的人名后面，但 -er 除外

Iris minutoaurea 小黄花鸢尾：minutoaureus 小而黄的；minutus 极小的，细微的，微小的；aureus = aurus + eus 属于金色的，属于黄色的；aurus 金，金色；-eus/ -eum/ -ea（接拉丁语词干时）属于……的，色如……的，质如……的（表示原料、颜色或品质的相似），（接希腊语词干时）属于……的，以……出名，为……所占有（表示具有某种特性）

Iris narcissiflora 水仙花鸢尾：Narcissus 水仙属（石蒜科）；florus/ florum/ flora ← flos 花（用于复合词）

Iris pallida 香根鸢尾：pallidus 苍白的，淡白色的，淡色的，蓝白色的，无活力的；palide 淡地，淡色地（反义词：sturate 深色地，浓色地，充分地，丰富地，饱和地）

Iris pandurata 甘肃鸢尾：panduratus = pandura + atus 小提琴状的；pandura 一种类似小提琴的乐器

Iris polysticta 多斑鸢尾：poly- ← polys 多个，许多（希腊语，拉丁语为 multi-）；stictus ← stictos 斑点，雀斑

Iris potaninii 卷鞘鸢尾：potaninii ← Grigory Nikolaevich Potanin（人名，19 世纪俄国植物学家）

Iris potaninii var. ionantha 蓝花卷鞘鸢尾：io-/ ion-/ iono- 紫色，堇菜色，紫罗兰色；anthus/ anthum/ antha/ anthe ← anthos 花（用于希腊语复合词）

Iris proantha 小鸢尾：proantha 开花前的；pro- 前，在前，在先，极其；anthus/ anthum/ antha/ anthe ← anthos 花（用于希腊语复合词）

Iris proantha var. valida 粗壮小鸢尾：validus 强的，刚直的，正统的，结实的，刚健的

Iris pseudacorus 黄菖蒲：pseudacorus 像菖蒲的；

·645·

pseudo-/ pseud- ← pseudos 假的，伪的，接近，相似（但不是）；Acorus 菖蒲属（天南星科）

Iris qinghainica 青海鸢尾：qinghainica 青海的（地名）；-icus/ -icum/ -ica 属于，具有某种特性（常用于地名、起源、生境）

Iris rossii 长尾鸢尾：rossii ← Ross（人名）

Iris ruthenica 紫苞鸢尾：ruthenica/ ruthenia（地名，俄罗斯）；-icus/ -icum/ -ica 属于，具有某种特性（常用于地名、起源、生境）

Iris ruthenica var. brevituba 短筒紫苞鸢尾：brevi- ← brevis 短的（用于希腊语复合词词首）；tubus 管子的，管状的，筒状的

Iris ruthenica var. nana 矮紫苞鸢尾：nanus ← nanos/ nannos 矮小的，小的；nani-/ nano-/ nanno- 矮小的，小的

Iris ruthenica var. ruthenica f. lecantha 白花紫苞鸢尾：lecane 盆子；anthus/ anthum/ antha/ anthe ← anthos 花（用于希腊语复合词）

Iris sanguinea 溪荪（荪 sūn）：sanguineus = sanguis + ineus 血液的，血色的；sanguis 血液；-ineus/ -inea/ -ineum 相近，接近，相似，所有（通常表示材料或颜色），意思同 -eus

Iris sanguinea var. sanguinea f. albiflora 白花溪荪：albus → albi-/ albo- 白色的；florus/ florum/ flora ← flos 花（用于复合词）

Iris sanguinea var. yixingensis 宜兴溪荪：yixingensis 宜兴的（地名，江苏省）

Iris scariosa 膜苞鸢尾（鸢 yuān）：scariosus 干燥薄膜的

Iris setosa 山鸢尾：setosus = setus + osus 被刚毛的，被短毛的，被芒刺的；setus/ saetus 刚毛，刺毛，芒刺；-osus/ -osum/ -osa 多的，充分的，丰富的，显著发育的，程度高的，特征明显的（形容词词尾）

Iris sibirica 西伯利亚鸢尾：sibirica 西伯利亚的（地名，俄罗斯）；-icus/ -icum/ -ica 属于，具有某种特性（常用于地名、起源、生境）

Iris sichuanensis 四川鸢尾：sichuanensis 四川的（地名）

Iris songarica 准噶尔鸢尾（噶 gá）：songarica 准噶尔的（地名，新疆维吾尔自治区）；-icus/ -icum/ -ica 属于，具有某种特性（常用于地名、起源、生境）

Iris speculatrix 小花鸢尾：speculatrix 照镜者；speculatus 光亮如镜的；speculus 镜子，镜面；-rix（表示动作者）

Iris subdichotoma 中甸鸢尾：subdichotomus 像 dichotoma 的，近二歧的；sub-（表示程度较弱）与……类似，几乎，稍微，弱，亚，之下，下面；Iris dichotoma 野鸢尾；dichotomus 二叉分歧的，分离的；dicho-/ dicha- 二分的，二歧的；di-/ dis- 二，二数，二分，分离，不同，在……之间，从……分开（希腊语，拉丁语为 bi-/ bis-）；cho-/ chao- 分开，割裂，离开；tomus ← tomos 小片，片段，卷册（书）

Iris tectorum 鸢尾：tectorum 屋顶的；tectum 屋顶，拱顶；-orum 属于……的（第二变格法名词复数所有格词尾，表示群落或多数）

Iris tectorum f. alba 白花鸢尾：albus → albi-/ albo- 白色的

Iris tenuifolia 细叶鸢尾：tenui- ← tenuis 薄的，纤细的，弱的，瘦的，窄的；folius/ folium/ folia 叶，叶片（用于复合词）

Iris tigridia 粗根鸢尾：tigridius 老虎斑纹的，像老虎的；tigridis/ tigris 老虎的，虎斑的；-ius/ -ium/ -ia 具有……特性的（表示有关、关联、相似）；Tigridia 虎皮花属（鸢尾科）

Iris tigridia var. fortis 大粗根鸢尾：fortis 有活力的，强壮的

Iris typhifolia 北陵鸢尾：Thypa 香蒲属（禾本科）；folius/ folium/ folia 叶，叶片（用于复合词）

Iris uniflora 单花鸢尾：uni-/ uno- ← unus/ unum/ una 一，单一（希腊语为 mono-/ mon-）；florus/ florum/ flora ← flos 花（用于复合词）

Iris uniflora var. caricina 窄叶单花鸢尾：caricinus 像薹草的，像番木瓜的；Carex 薹草属（莎草科），Carex + inus → caricinus；Carica 番木瓜属（番木瓜科），Carica + inus → caricinus；构词规则：以 -ix/ -iex 结尾的词其词干末尾视为 -ic，以 -ex 结尾视为 -i/ -ic，其他以 -x 结尾视为 -c；-inus/ -inum/ -ina/ -inos 相近，接近，相似，具有（通常指颜色）

Iris ventricosa 囊花鸢尾：ventricosus = ventris + icus + osus 不均匀肿胀的，鼓肚的，一面鼓的，在一边特别膨胀的；venter/ ventris 肚子，腹部，鼓肚，肿胀（同义词：vesica）；-icus/ -icum/ -ica 属于，具有某种特性（常用于地名、起源、生境）；-osus/ -osum/ -osa 多的，充分的，丰富的，显著发育的，程度高的，特征明显的（形容词词尾）

Iris versicolor 变色鸢尾：versicolor = versus + color 变色的，杂色的，有斑点的；versus ← vertor ← verto 变换，转换，转变；color 颜色

Iris wattii 扇形鸢尾：wattii（人名）；-ii 表示人名，接在以辅音字母结尾的人名后面，但 -er 除外

Iris wilsonii 黄花鸢尾：wilsonii ← John Wilson（人名，18 世纪英国植物学家）

Isachne 柳叶箬属（箬 ruò）（禾本科）（10-1：p176）：isachne 相同大小桴片的；isos → iso- 相等的，相同的，酷似的；achne 鳞片，稃片，谷壳（希腊语）

Isachne albens 白花柳叶箬：albens 变白色的；albus → albi-/ albo- 白色的；-ans/ -ens/ -bilis/ -ilis 能够，可能（为形容词词尾，-ans/ -ens 用于主动语态，-bilis/ -ilis 用于被动语态）

Isachne albens var. albens 白花柳叶箬-原变种（词义见上面解释）

Isachne albens var. glandulifera 腺斑柳叶箬：glanduli- ← glandus + ulus 腺体的，小腺体的；glandus ← glans 腺体；-ferus/ -ferum/ -fera/ -fero/ -fere/ -fer 有，具有，产（区别：作独立词使用的 ferus 意思是"野生的"）

Isachne beneckei 小花柳叶箬（种加词有时错印为"benecgkei"）：beneckei（人名）

Isachne ciliatiflora 纤毛柳叶箬：ciliato-/ ciliati- ← ciliatus = cilium + atus 缘毛的，流苏的；florus/ florum/ flora ← flos 花（用于复合词）

Isachne debilis 荏弱柳叶箬（荏 rěn）：debilis 软弱的，脆弱的

Isachne depauperata 瘦瘠柳叶箬：depauperatus 萎缩的，衰弱的，瘦弱的；de- 向下，向外，从……，脱离，脱落，离开，去掉；paupera 瘦弱的，贫穷的

I

Isachne dispar 二型柳叶箬：dispar 不相等的，不同的，成对但不同的；par 成对，一组，同伴，夫妻；di-/ dis- 二，二数，二分，分离，不同，在……之间，从……分开（希腊语，拉丁语为 bi-/ bis-）

Isachne globosa 柳叶箬：globosus = globus + osus 球形的；globus → glob-/ globi- 球体，圆球，地球；-osus/ -osum/ -osa 多的，充分的，丰富的，显著发育的，程度高的，特征明显的（形容词词尾）；关联词：globularis/ globulifer/ globulosus（小球状的、具小球的），globuliformis（纽扣状的）

Isachne globosa var. compacta 紧穗柳叶箬：compactus 小型的，压缩的，紧凑的，致密的，稠密的；pactus 压紧，紧缩；co- 联合，共同，合起来（拉丁语词首，为 cum- 的音变，表示结合、强化、完全，对应的希腊语为 syn-）；co- 的缀词音变有 co-/ com-/ con-/ col-/ cor-：co-（在 h 和元音字母前面），col-（在 l 前面），com-（在 b、m、p 之前），con-（在 c、d、f、g、j、n、qu、s、t 和 v 前面），cor-（在 r 前面）

Isachne globosa var. globosa 柳叶箬-原变种 （词义见上面解释）

Isachne guangxiensis 广西柳叶箬：guangxiensis 广西的（地名）

Isachne hainanensis 海南柳叶箬：hainanensis 海南的（地名）

Isachne hirsuta 刺毛柳叶箬：hirsutus 粗毛的，糙毛的，有毛的（长而硬的毛）

Isachne hirsuta var. angusta 窄花柳叶箬：angustus 窄的，狭的，细的

Isachne hirsuta var. hirsuta 刺毛柳叶箬-原变种 （词义见上面解释）

Isachne hirsuta var. yongxiouensis 永修柳叶箬：yongxiouensis 永修的（地名，江西省）

Isachne hoi 浙江柳叶箬：hoi 何氏（人名）；-i 表示人名，接在以元音字母结尾的人名后面，但 -a 除外，该种加词有时拼写为 "hoii"，似不妥

Isachne miliacea 类黍柳叶箬（黍 shǔ）：Milium 粟草属（禾本科）；-aceus/ -aceum/ -acea 相似的，有……性质的，属于……的

Isachne nipponensis 日本柳叶箬：nipponensis 日本的（地名）

Isachne nipponensis var. kiangsiensis 江西柳叶箬：kiangsiensis 江西的（地名）

Isachne nipponensis var. nipponensis 日本柳叶箬-原变种 （词义见上面解释）

Isachne repens 匍匐柳叶箬：repens/ repentis/ repsi/ reptum/ repere/ repo 匍匐，爬行（同义词：reptans/ reptoare）

Isachne tenuis 细弱柳叶箬：tenuis 薄的，纤细的，弱的，瘦的，窄的

Isachne truncata 平颖柳叶箬：truncatus 截平的，截形的，截断的；truncare 切断，截断，截平（动词）

Isachne truncata var. cordata 心叶柳叶箬：cordatus ← cordis/ cor 心脏的，心形的；-atus/ -atum/ -ata 属于，相似，具有，完成（形容词词尾）

Isachne truncata var. crispa 皱叶柳叶箬：crispus 收缩的，褶皱的，波纹的（如花瓣周围的波浪状褶皱）

Isachne truncata var. maxima 硕大柳叶箬：maximus 最大的

Isachne truncata var. truncata 平颖柳叶箬-原变种 （词义见上面解释）

Isatis 菘蓝属（菘 sōng）（十字花科）（33：p61）：isatis（希腊语，一种可提取染料的草本植物）

Isatis costata 三肋菘蓝：costatus 具肋的，具脉的，具中脉的（指脉明显）；costus 主脉，叶脉，肋，肋骨

Isatis indigotica 菘蓝：indigoticus 蓝靛色的；indigo 蓝色；-ticus/ -ticum/ tica/ -ticos 表示属于，关于，以……著称，作形容词词尾

Isatis minima 小果菘蓝：minimus 最小的，很小的

Isatis oblongata 长圆果菘蓝：oblongus = ovus + longus + atus 长椭圆形的（ovus 的词干 ov- 音变为 ob-）；ovus 卵，胚珠，卵形的，椭圆形的；longus 长的，纵向的

Isatis tinctoria 欧洲菘蓝：tinctorius = tinctorus + ius 属于染色的，属于着色的，属于染料的；tingere/ tingo 浸泡，浸染；tinctorus 染色，着色，染料；tinctus 染色的，彩色的；-ius/ -ium/ -ia 具有……特性的（表示有关、关联、相似）

Isatis tinctoria var. praecox 毛果菘蓝：praecox 早期的，早熟的，早开花的；prae- 先前的，前面的，在先的，早先的，上面的，很，十分，极其；-cox 成熟，开花，出生

Isatis tinctoria var. tinctoria 欧洲菘蓝-原变种 （词义见上面解释）

Isatis violascens 宽翅菘蓝：violascens/ violaceus 紫红色的，紫堇色的，堇菜状的；-escens/ -ascens 改变，转变，变成，略微，带有，接近，相似，大致，稍微（表示变化的趋势，并未完全相似或相同，有别于表示达到完成状态的 -atus）

Ischaemum 鸭嘴草属（禾本科）（10-2：p154）：ischaemum/ ischaemum ← ischaimon 止血的（某些种有止血功能）；ischo- 制止；haemum ← haimus 血

Ischaemum akonense 屏东鸭嘴草：akoense 阿猴的（地名，台湾省屏东县的旧称，"ako" 为 "阿猴" 的日语读音）

Ischaemum anthephoroides 毛鸭嘴草：anthephoroides 像 Anthephora 的；Anthephora 瓶刷草属（禾本科）；-oides/ -oideus/ -oideum/ -oidea/ -odes/ -eidos 像……的，类似……的，呈……状的（名词词尾）

Ischaemum aristatum 有芒鸭嘴草：aristatus(aristosus) = arista + atus 具芒的，具芒刺的，具刚毛的，具胡须的；arista 芒

Ischaemum aristatum var. aristatum 有芒鸭嘴草-原变种 （词义见上面解释）

Ischaemum aristatum var. glaucum 鸭嘴草：glaucus → glauco-/ glauc- 被白粉的，发白的，灰绿色的

Ischaemum aureum 黄金鸭嘴草：aureus = aurus + eus 属于金色的，属于黄色的；aurus 金，金色；-eus/ -eum/ -ea（接拉丁语词干时）属于……的，色如……的，质如……的（表示原料、颜色或品质的相似），（接希腊语词干时）属于……的，以……出名，为……所占有（表示具有某种特性）

Ischaemum barbatum 粗毛鸭嘴草：barbatus =

I

barba + atus 具胡须的，具须毛的；barba 胡须，髯毛，绒毛；-atus/ -atum/ -ata 属于，相似，具有，完成（形容词词尾）

Ischaemum goebelii 圆柱鸭嘴草：goebelii ← Karl Immanuel Eberhard von Goebel（人名，20 世纪德国植物学家）

Ischaemum indicum 细毛鸭嘴草：indicum 印度的（地名）；-icus/ -icum/ -ica 属于，具有某种特性（常用于地名、起源、生境）

Ischaemum lanceolatum （披针叶鸭嘴草）：lanceolatus = lanceus + olus + atus 小披针形的，小柳叶刀的；lance-/ lancei-/ lanci-/ lanceo-/ lanc- ← lanceus 披针形的，矛形的，尖刀状的，柳叶刀状的；-olus ← -ulus 小，稍微，略微（-ulus 在字母 e 或 i 之后变成 -olus/ -ellus/ -illus）；-atus/ -atum/ -ata 属于，相似，具有，完成（形容词词尾）

Ischaemum muticum 无芒鸭嘴草：muticus 无突起的，钝头的，非针状的

Ischaemum rugosum 田间鸭嘴草：rugosus = rugus + osus 收缩的，有皱纹的，多褶皱的（同义词：rugatus）；rugus/ rugum/ ruga 褶皱，皱纹，皱缩；-osus/ -osum/ -osa 多的，充分的，丰富的，显著发育的，程度高的，特征明显的（形容词词尾）

Ischaemum setaceum 小黄金鸭嘴草：setus/ saetus 刚毛，刺毛，芒刺；-aceus/ -aceum/ -acea 相似的，有……性质的，属于……的

Ischnochloa 旱茅竹属（禾本科）（10-2：p65）：ischno- 纤细的，瘦弱的，枯萎的；chloa ← chloe 草，禾草

Ischnochloa monostachya 单穗旱茅竹：mono-/ mon- ← monos 一个，单一的（希腊语，拉丁语为 unus/ uni-/ uno-）；stachy-/ stachyo-/ -stachys/ -stachyus/ -stachyum/ -stachya 穗子，穗子的，穗子状的，穗状花序的

Ischnogyne 瘦房兰属（兰科）（18：p409）：ischno- 纤细的，瘦弱的，枯萎的；gyne ← gynus 雌蕊的，雌性的，心皮的

Ischnogyne mandarinorum 瘦房兰：mandarinorum 橘红色的（mandarinus 的复数所有格）；mandarinus 橘红色的；-orum 属于……的（第二变格法名词复数所有格词尾，表示群落或多数）

Isodon 香茶菜属（唇形科，另见 Rabdosia）（66：p416）：isodon 等齿的（指花萼裂片大小相同）；iso- ← isos 相等的，相同的，酷似的；don- ← dons 齿

Isodon delavayi 洱源香茶菜（模式标本由 Delavay 于 1887 年采自云南浪穹，即今洱源县，120 多年后被发现为新种）：delavayi ← P. J. M. Delavay（人名，1834–1895，法国传教士，曾在中国采集植物标本）；-i 表示人名，接在以元音字母结尾的人名后面，但 -a 除外

Isodon wui 吴氏香茶菜：wui 吴征镒（人名，字百兼，1916–2013，中国植物学家，命名或参与命名 1766 个植物新分类群，提出"被子植物八纲系统"的新观点）；-i 表示人名，接在以元音字母结尾的人名后面，但 -a 除外

Isoetaceae 水韭科（6-3：p220）：Isoetes 水韭属；-aceae（分类单位科的词尾，为 -aceus 的阴性复数

主格形式，加到模式属的名称后或同义词的词干后以组成族群名称）

Isoetes 水韭属（水韭科）（6-3：p220）：isoetes 全年相同的（指常年绿色）；isos → iso- 相等的，相同的，酷似的；etos 年

Isoetes hypsophila 高寒水韭：hypso-/ hypsi- 高地的，高位的，高处的；philus/ philein ← philos → phil-/ phili/ philo- 喜好的，爱好的，喜欢的（注意区别形近词：phylus、phyllus）；phylus/ phylum/ phyla ← phylon/ phyle 植物分类单位中的"门"，位于"界"和"纲"之间，类群，种族，部落，聚群；phyllus/ phyllum/ phylla ← phyllon 叶片（用于希腊语复合词）

Isoetes sinensis 中华水韭：sinensis = Sina + ensis 中国的（地名）；Sina 中国

Isoetes taiwanensis 台湾水韭：taiwanensis 台湾的（地名）

Isoetes yunguiensis 云贵水韭：yunguiensis 云贵高原的（地名，云南省和贵州省）

Isoglossa 叉序草属（叉 chā）（爵床科）（70：p231）：iso- ← isos 相等的，相同的，酷似的；glossus 舌，舌状的

Isoglossa collina 叉序草：collinus 丘陵的，山岗的

Isoglossa glabra 光叉序草：glabrus 光秃的，无毛的，光滑的

Isometrum 金盏苣苔属（苦苣苔科）（69：p177）：iso- ← isos 相等的，相同的，酷似的；metrum ← metron 量，度量

Isometrum crenatum 圆齿金盏苣苔：crenatus = crena + atus 圆齿状的，具圆齿的；crena 叶缘的圆齿

Isometrum eximium 多裂金盏苣苔：eximius 超群的，别具一格的

Isometrum fargesii 城口金盏苣苔：fargesii ← Pere Paul Guillaume Farges（人名，19 世纪中叶至 20 世纪活动于中国的法国传教士，植物采集员）

Isometrum farreri 金盏苣苔：farreri ← Reginald John Farrer（人名，20 世纪英国植物学家、作家）；-eri 表示人名，在以 -er 结尾的人名后面加上 i 形成

Isometrum giraldii 毛蕊金盏苣苔：giraldii ← Giuseppe Giraldi（人名，19 世纪活动于中国的意大利传教士）

Isometrum glandulosum 短檐金盏苣苔：glandulosus = glandus + ulus + osus 被细腺的，具腺体的，腺体质的；glandus ← glans 腺体；-ulus/ -ulum/ -ula 小的，略微的，稍微的（小词 -ulus 在字母 e 或 i 之后有多种变缀，即 -olus/ -olum/ -ola、-ellus/ -ellum/ -ella、-illus/ -illum/ -illa，与第一变格法和第二变格法名词形成复合词）；-osus/ -osum/ -osa 多的，充分的，丰富的，显著发育的，程度高的，特征明显的（形容词词尾）

Isometrum lancifolium 紫花金盏苣苔：lance-/ lancei-/ lanci-/ lanceo-/ lanc- ← lanceus 披针形的，矛形的，尖刀状的，柳叶刀状的；folius/ folium/ folia 叶，叶片（用于复合词）

Isometrum lancifolium var. lancifolium 紫花金盏苣苔-原变种（词义见上面解释）

Isometrum lancifolium var. mucronatum 汶川

金盏苣苔（汶 wèn）：mucronatus = mucronus + atus 具短尖的，有微突起的；mucronus 短尖头，微突；-atus/ -atum/ -ata 属于，相似，具有，完成（形容词词尾）

Isometrum lancifolium var. tsingchengshanicum 狭叶金盏苣苔：tsingchengshanicum 青城山的（地名，四川省）；-icus/ -icum/ -ica 属于，具有某种特性（常用于地名、起源、生境）

Isometrum leucanthum 白花金盏苣苔：leuc-/ leuco- ← leucus 白色的（如果和其他表示颜色的词混用则表示淡色）；anthus/ anthum/ antha/ anthe ← anthos 花（用于希腊语复合词）

Isometrum lungshengense 龙胜金盏苣苔：lungshengense 龙胜的（地名，广西壮族自治区）

Isometrum pinnatilobatum 裂叶金盏苣苔：pinnatilobatus = pinnatus + lobatus 具羽状浅裂的；pinnatus = pinnus + atus 羽状的，具羽的；pinnus/ pennus 羽毛，羽状，羽片；lobatus = lobus + atus 具浅裂的，具耳垂状突起的；lobus/ lobos/ lobon 浅裂，耳片（裂片先端钝圆），荚果，蒴果；-atus/ -atum/ -ata 属于，相似，具有，完成（形容词词尾）

Isometrum primuliflorum 羽裂金盏苣苔：Primula 报春花属；florus/ florum/ flora ← flos 花（用于复合词）

Isometrum sichuanicum 四川金盏苣苔：sichuanicum 四川的（地名）；-icus/ -icum/ -ica 属于，具有某种特性（常用于地名、起源、生境）

Isometrum villosum 柔毛金盏苣苔：villosus 柔毛的，绵毛的；villus 毛，羊毛，长绒毛；-osus/ -osum/ -osa 多的，充分的，丰富的，显著发育的，程度高的，特征明显的（形容词词尾）

Isopyrum 扁果草属（毛茛科）（27：p466）：isopyrum ← Fumaria 烟堇属（罂粟科烟堇属的古希腊语名为 isopyros，烟堇与扁果草叶形相似）

Isopyrum anemonoides 扁果草：anemonoides 像银莲花的；Anemone 银莲花属（毛茛科）；-oides/ -oideus/ -oideum/ -oidea/ -odes/ -eidos 像……的，类似……的，呈……状的（名词词尾）

Isopyrum manshuricum 东北扁果草：manshuricum 满洲的（地名，中国东北，日语读音）

Isotrema cangshanense 苍山关木通：cangshanense 苍山的（地名，云南省）

Isotrema hei 何氏关木通：hei 何氏（人名）

Isotrema plagiostomum 斜檐关木通：plagiostomus 斜目的，斜口的；plagios 斜的，歪的，偏的；stomus 口，开口，气孔

Isotrema sanyaense 三亚关木通：sanyaense 三亚的（地名，海南省）

Itea 鼠刺属（虎耳草科）（35-1：p261）：itea 柳树（希腊语柳树名称，因叶形相似而借用）

Itea amoena 秀丽鼠刺：amoenus 美丽的，可爱的

Itea chinensis 鼠刺：chinensis = china + ensis 中国的（地名）；China 中国

Itea chinensis f. angustata 狭叶老鼠刺：angustatus = angustus + atus 变窄的；angustus 窄的，狭的，细的

Itea chingiana 子农鼠刺：chingiana ← R. C. Chin 秦仁昌（人名，1898–1986，中国植物学家，蕨类植物专家），秦氏

Itea coriacea 厚叶鼠刺：coriaceus = corius + aceus 近皮革的，近革质的；corius 皮革的，革质的；-aceus/ -aceum/ -acea 相似的，有……性质的，属于……的

Itea glutinosa 腺鼠刺：glutinosus 黏的，被黏液的；glutinium 胶，黏结物；-osus/ -osum/ -osa 多的，充分的，丰富的，显著发育的，程度高的，特征明显的（形容词词尾）

Itea ilicifolia 冬青叶鼠刺：ilici- ← Ilex 冬青属（冬青科）；构词规则：以 -ix/ -iex 结尾的词其词干末尾视为 -ic，以 -ex 结尾视为 -i/ -ic，其他以 -x 结尾视为 -c；folius/ folium/ folia 叶，叶片（用于复合词）

Itea indochinensis 毛鼠刺：indochiensis 中南半岛的（地名，含越南、柬埔寨、老挝等东南亚国家）

Itea indochinensis var. indochinensis 毛鼠刺-原变种（词义见上面解释）

Itea indochinensis var. pubinervia 毛脉鼠刺：pubi- ← pubis 细柔毛的，短柔毛的，毛被的；nervius = nervus + ius 具脉的，具叶脉的；nervus 脉，叶脉；-ius/ -ium/ -ia 具有……特性的（表示有关、关联、相似）

Itea kiukiangensis 俅江鼠刺：kiukiangensis 俅江的（地名，云南省独龙江的旧称）

Itea macrophylla 大叶鼠刺：macro-/ macr- ← macros 大的，宏观的（用于希腊语复合词）；phyllus/ phyllum/ phylla ← phyllon 叶片（用于希腊语复合词）

Itea oblonga 矩叶鼠刺：oblongus = ovus + longus 长椭圆形的（ovus 的词干 ov- 音变为 ob-）；ovus 卵，胚珠，卵形的，椭圆形的；longus 长的，纵向的

Itea oldhamii 台湾鼠刺：oldhamii ← Richard Oldham（人名，19 世纪植物采集员）

Itea parviflora 小花鼠刺：parviflorus 小花的；parvus 小的，些微的，弱的；florus/ florum/ flora ← flos 花（用于复合词）

Itea quizhouensis 黔鼠刺：quizhouensis 贵州的（地名）

Itea riparia 河岸鼠刺：riparius = ripa + arius 河岸的，水边的；ripa 河岸，水边；-arius/ -arium/ -aria 相似，属于（表示地点，场所，关系，所属）

Itea thorelii 锥花鼠刺：thorelii ← Clovis Thorel（人名，19 世纪法国植物学家、医生）；-ii 表示人名，接在以辅音字母结尾的人名后面，但 -er 除外

Itea yangchunensis 阳春鼠刺：yangchunensis 阳春的（地名，广东省）

Itea yunnanensis 滇鼠刺：yunnanensis 云南的（地名）

Itoa 栀子皮属（栀 zhī）（大风子科）（52-1：p66）：itoa ← ito 伊桐（中文土名）

Itoa orientalis 栀子皮：orientalis 东方的；oriens 初升的太阳，东方

Itoa orientalis var. glabrescens 光叶栀子皮：glabrus 光秃的，无毛的，光滑的；-escens/ -ascens 改变，转变，变成，略微，带有，接近，相似，大致，稍微（表示变化的趋势，并未完全相似或相同，有别于表示达到完成状态的 -atus）

I

Itoa orientalis var. orientalis 栀子皮-原变种（词义见上面解释）

Ixeridium 小苦荬属（荬 mǎi）（菊科）（80-1：p245）：ixeridium = Ixeris + idium 小的苦麦菜；Ixeris 苦荬菜属（菊科）；-idium ← -idion 小的，稍微的（表示小或程度较轻）

Ixeridium aculeolatum 刺株小苦荬：aculeolatus = aculeus + ulus + atus 有小刺的，属于有小皮刺的；aculeus 皮刺；-ulus/ -ulum/ -ula 小的，略微的，稍微的（小词 -ulus 在字母 e 或 i 之后有多种变缀，即 -olus/ -olum/ -ola、-ellus/ -ellum/ -ella、-illus/ -illum/ -illa，与第一变格法和第二变格法名词形成复合词）；aculeolus 有小刺的；-atus/ -atum/ -ata 属于，相似，具有，完成（形容词词尾）

Ixeridium biparum 并齿小苦荬：biparus 成双的，二部分的；bi-/ bis- 二，二数，二回（希腊语为 di-）；parus 部分，组成部分

Ixeridium chinense 中华小苦荬：chinense 中国的（地名）

Ixeridium dentatum 小苦荬：dentatus = dentus + atus 牙齿的，齿状的，具齿的；dentus 齿，牙齿；-atus/ -atum/ -ata 属于，相似，具有，完成（形容词词尾）

Ixeridium elegans 精细小苦荬：elegans 优雅的，秀丽的

Ixeridium gracile 细叶小苦荬：gracile → gracil- 细长的，纤弱的，丝状的；gracilis 细长的，纤弱的，丝状的

Ixeridium gramineum 窄叶小苦荬：gramineus 禾草状的，禾本科植物状的；graminus 禾草，禾本科草；gramen 禾本科植物；-eus/ -eum/ -ea（接拉丁语词干时）属于……的，色如……的，质如……的（表示原料、颜色或品质的相似），（接希腊语词干时）属于……的，以……出名，为……所占有（表示具有某种特性）

Ixeridium graminifolium 丝叶小苦荬：graminus 禾草，禾本科草；folius/ folium/ folia 叶，叶片（用于复合词）

Ixeridium laevigatum 褐冠小苦荬（冠 guān）：laevigatus/ levigatus 光滑的，平滑的，平滑而发亮的；laevis/ levis/ laeve/ leve → levi-/ laevi- 光滑的，无毛的，无不平或粗糙感觉的；laevigo/ levigo 使光滑，削平

Ixeridium sagittaroides 戟叶小苦荬：sagittaroides（注：该词来自 Sagittaria，其词干为 sagittari-，故改为 "sagittarioides" 似更妥）；sagittarioides 像慈姑的，像箭头的；Sagittaria 慈姑属；sagittarius = satitta + arius 箭头状的（指叶片形状）；-arius/ -arium/ -aria 相似，属于（表示地点，场所，关系，所属）；-oides/ -oideus/ -oideum/ -oidea/ -odes/ -eidos 像……的，类似……的，呈……状的（名词词尾）

Ixeridium sonchifolium 抱茎小苦荬：sonchifolius 苦苣菜叶的；Sonchus 苦苣菜属（菊科）；folius/ folium/ folia 叶，叶片（用于复合词）

Ixeridium strigosum 光滑小苦荬：strigosus = striga + osus 鬃毛的，刷毛的；striga → strig- 条纹的，网纹的（如种子具网纹），糙伏毛的；-osus/

-osum/ -osa 多的，充分的，丰富的，显著发育的，程度高的，特征明显的（形容词词尾）

Ixeridium yunnanense 云南小苦荬：yunnanense 云南的（地名）

Ixeris 苦荬菜属（菊科）（80-1：p240）：ixeris = ixos + seris 有黏液的菊苣；ixos 黏的，有黏性的；seris 菊苣

Ixeris dissecta 深裂苦荬菜：dissectus 多裂的，全裂的，深裂的；di-/ dis- 二，二数，二分，分离，不同，在……之间，从……分开（希腊语，拉丁语为 bi-/ bis-）；sectus 分段的，分节的，切开的，分裂的

Ixeris japonica 剪刀股：japonica 日本的（地名）；-icus/ -icum/ -ica 属于，具有某种特性（常用于地名、起源、生境）

Ixeris polycephala 苦荬菜：poly- ← polys 多个，许多（希腊语，拉丁语为 multi-）；cephalus/ cephale ← cephalos 头，头状花序

Ixeris stolonifera 圆叶苦荬菜：stolon 匍匐茎；-ferus/ -ferum/ -fera/ -fero/ -fere/ -fer 有，具有，产（区别：作独立词使用的 ferus 意思是"野生的"）

Ixiolirion 鸢尾蒜属（鸢 yuān）（石蒜科）（16-1：p10）：ixios 黏性的；lirion ← leirion 百合（希腊语）

Ixiolirion tataricum 鸢尾蒜：tatarica ← Tatar 鞑靼的（古代欧亚大草原不同游牧民族的泛称，有多种音译：达怛、达靼、塔坦、鞑靼、达打、达达）

Ixiolirion tataricum var. ixiolirioides 假管鸢尾蒜：Ixiolirion 鸢尾蒜属（石蒜科）；-oides/ -oideus/ -oideum/ -oidea/ -odes/ -eidos 像……的，类似……的，呈……状的（名词词尾）

Ixonanthes 黏木属（古柯科）（43-1：p113）：ixos 黏的，有黏性的；anthes ← anthos 花

Ixonanthes chinensis 黏木：chinensis = china + ensis 中国的（地名）；China 中国

Ixonanthes cochinchinensis 云南黏木：cochinchinensis ← Cochinchine 南圻的（历史地名，即今越南南部及其周边国家和地区）

Ixora 龙船花属（茜草科）（71-2：p30）：ixora（希腊神话中的女神）

Ixora amplexicaulis 抱茎龙船花：amplexi- 跨骑状的，紧握的，抱紧的；caulis ← caulos 茎，茎秆，主茎

Ixora auricularis 耳叶龙船花：auricularis 耳朵的，属于耳朵的（基部有两个小圆片）；auriculus 小耳朵的，小耳状的；-aris（阳性、阴性）/ -are（中性）← -alis（阳性、阴性）/ -ale（中性）属于，相似，如同，具有，涉及，关于，联结于（将名词作形容词用，其中 -aris 常用于以 l 或 r 为词干末尾的词）

Ixora cephalophora 团花龙船花：cephalophora 花托的，具头的；cephalus/ cephale ← cephalos 头，头状花序；cephal-/ cephalo- ← cephalus 头，头状，头部；-phorus/ -phorum/ -phora 载体，承载物，支持物，带着，生着，附着（表示一个部分带着别的部分，包括起支撑或承载作用的柄、柱、托、囊等，如 gynophorum = gynus + phorum 雌蕊柄的，带有雌蕊的，承载雌蕊的）；gynus/ gynum/ gyna 雌蕊，子房，心皮

Ixora chinensis 龙船花：chinensis = china + ensis 中国的（地名）；China 中国

Ixora effusa 散花龙船花：effusus = ex + fusus 很松散的，非常稀疏的；fusus 散开的，松散的，松弛的；e-/ ex- 不，无，非，缺乏，不具有（e- 用在辅音字母前，ex- 用在元音字母前，为拉丁语词首，对应的希腊语词首为 a-/ an-，英语为 un-/ -less，注意作词首用的 e-/ ex- 和介词 e/ ex 意思不同，后者意为"出自、从……、由……离开、由于、依照"）；构词规则：构成复合词时，词首末尾的辅音字母常同化为紧接其后的那个辅音字母（如 ex + f → eff）

Ixora finlaysoniana 薄叶龙船花：finlaysoniana（人名）

Ixora foonchowii 宽昭龙船花：foonchowii（人名）；-ii 表示人名，接在以辅音字母结尾的人名后面，但 -er 除外

Ixora fulgens 亮叶龙船花：fulgens/ fulgidus 光亮的，光彩夺目的；fulgo/ fulgeo 发光的，耀眼的

Ixora gracilis 纤花龙船花：gracilis 细长的，纤弱的，丝状的

Ixora hainanensis 海南龙船花：hainanensis 海南的（地名）

Ixora henryi 白花龙船花：henryi ← Augustine Henry 或 B. C. Henry（人名，前者，1857–1930，爱尔兰医生、植物学家，曾在中国采集植物，后者，1850–1901，曾活动于中国的传教士）

Ixora insignis 长序龙船花：insignis 著名的，超群的，优秀的，显著的，杰出的；in-/ im-（来自 il- 的音变）内，在内，内部，向内，相反，不，无，非；il- 在内，向内，为，相反（希腊语为 en-）；词首 il- 的音变：il-（在 l 前面），im-（在 b、m、p 前面），in-（在元音字母和大多数辅音字母前面），ir-（在 r 前面），如 illaudatus（不值得称赞的，评价不好的），impermeabilis（不透水的，穿不透的），ineptus（不合适的），insertus（插入的），irretortus（无弯曲的，无扭曲的）；signum 印记，标记，刻画，图章

Ixora nienkui 泡叶龙船花（泡 pào）：nienkui（人名）

Ixora paraopaca 版纳龙船花：paraopacus 几乎无光泽的，黯淡无光的，几乎不透明的；para- 类似，接近，近旁，假的；opacus 不透明的，暗的，无光泽的

Ixora philippinensis 小仙龙船花：philippinensis 菲律宾的（地名）

Ixora subsessilis 囊果龙船花：subsessilis 近无柄的；sub-（表示程度较弱）与……类似，几乎，稍微，弱，亚，之下，下面；sessile-/ sessili-/ sessil- ← sessilis 无柄的，无茎的，基生的，基部的

Ixora tibetana 西藏龙船花：tibetana 西藏的（地名）

Ixora tsangii 上思龙船花：tsangii（人名）；-ii 表示人名，接在以辅音字母结尾的人名后面，但 -er 除外

Ixora yunnanensis 云南龙船花：yunnanensis 云南的（地名）

Jacaranda 蓝花楹属（楹 yíng）（紫葳科）（69：p54）：jacaranda（一种树木，葡萄牙语）

Jacaranda cuspidifolia 尖叶蓝花楹：cuspidifolius = cuspis + folius 尖叶的；构词规则：词尾为 -is 和 -ys 的词的词干分别视为 -id 和 -yd；folius/ folium/ folia 叶，叶片（用于复合词）

Jacaranda mimosifolia 蓝花楹：Mimosa 含羞草属（豆科）；folius/ folium/ folia 叶，叶片（用于复合词）

Jacquemontia 小牵牛属（旋花科）（64-1：p45）：acquemontia ← Victor Jacquemont（人名，1801–1832，法国植物学家）

Jacquemontia paniculata 小牵牛：paniculatus = paniculus + atus 具圆锥花序的；paniculus 圆锥花序；panus 谷穗；panicus 野稗，粟，谷子；-atus/ -atum/ -ata 属于，相似，具有，完成（形容词词尾）

Jacquemontia paniculata var. lanceolata 披针叶小牵牛：lanceolatus = lanceus + olus + atus 小披针形的，小柳叶刀的；lance-/ lancei-/ lanci-/ lanceo-/ lanc- ← lanceus 披针形的，矛形的，尖刀状的，柳叶刀状的；-olus ← -ulus 小，稍微，略微（-ulus 在字母 e 或 i 之后变成 -olus/ -ellus/ -illus）；-atus/ -atum/ -ata 属于，相似，具有，完成（形容词词尾）

Jacquemontia paniculata var. paniculata 小牵牛-原变种 （词义见上面解释）

Jacquemontia tamnifolia 苞叶小牵牛：tamnus 一种藤本植物；folius/ folium/ folia 叶，叶片（用于复合词）

Jaeschkea 口药花属（龙胆科）（62：p319）：jaeschkea（人名）

Jaeschkea canaliculata 宽萼口药花：canaliculatus 有沟槽的，管子形的；canaliculus = canalis + culus + atus 小沟槽，小运河；canalis 沟，凹槽，运河；-culus/ -culum/ -cula 小的，略微的，稍微的（同第三变格法和第四变格法名词形成复合词）；-atus/ -atum/ -ata 属于，相似，具有，完成（形容词词尾）

Jaeschkea microsperma 小籽口药花：micr-/ micro- ← micros 小的，微小的，微观的（用于希腊语复合词）；spermus/ spermum/ sperma 种子的（用于希腊语复合词）

Jasminum 素馨属（馨 xīn）（木樨科）（61：p174）：jasminum ← yasmyn（茉莉花的阿拉伯语）

Jasminum albicalyx 白萼素馨：albus → albi-/ albo- 白色的；calyx → calyc- 萼片（用于希腊语复合词）

Jasminum anisophyllum 异叶素馨：aniso- ← anisos 不等的，不同的，不整齐的；phyllus/ phyllum/ phylla ← phyllon 叶片（用于希腊语复合词）

Jasminum attenuatum 大叶素馨：attenuatus = ad + tenuis + atus 渐尖的，渐狭的，变细的，变弱的；ad- 向，到，近（拉丁语词首，表示程度加强）；构词规则：构成复合词时，词首末尾的辅音字母常同化为紧接其后的那个辅音字母（如 ad + t → att）；tenuis 薄的，纤细的，弱的，瘦的，窄的

Jasminum beesianum 红素馨：beesianum ← Bee's Nursery（蜂场，位于英国港口城市切斯特）

Jasminum brevidentatum 短萼素馨：brevi- ← brevis 短的（用于希腊语复合词词首）；dentatus = dentus + atus 牙齿的，齿状的，具齿的；dentus 齿，牙齿；-atus/ -atum/ -ata 属于，相似，具有，完成（形容词词尾）

Jasminum cathayense 华南素馨：cathayense ← Cathay ← Khitay/ Khitai 中国的，契丹的（地名，10–12 世纪中国北方契丹人的领域，辽国前身，多用来代表中国，俄语称中国为 Kitay）

J

Jasminum cinnamomifolium 樟叶素馨：Cinnamomum 樟属（樟科）；folius/ folium/ folia 叶，叶片（用于复合词）

Jasminum coarctatum 密花素馨：coarctatus 拥挤的，密集的；co- 联合，共同，合起来（拉丁语词首，为 cum- 的音变，表示结合、强化、完全，对应的希腊语为 syn-）；co- 的缀词音变有 co-/ com-/ con-/ col-/ cor-：co-（在 h 和元音字母前面），col-（在 l 前面），com-（在 b、m、p 之前），con-（在 c、d、f、g、j、n、qu、s、t 和 v 前面），cor-（在 r 前面）；arctus/ artus 紧密的，密实的；arctatus 紧密的，密实的；arcte 紧密地（副词）

Jasminum coarctatum var. caudatifolium 尾叶密花素馨：caudatus = caudus + atus 尾巴的，尾巴状的，具尾的；caudus 尾巴；folius/ folium/ folia 叶，叶片（用于复合词）

Jasminum coarctatum var. coarctatum 密花素馨-原变种 （词义见上面解释）

Jasminum coffeinum 咖啡素馨（咖 kā）：coffeinum 咖啡的，咖啡色的；coffea 咖啡（来自阿拉伯语的 kahwah）；-inus/ -inum/ -ina/ -inos 相近，接近，相似，具有（通常指颜色）

Jasminum cordatulum 心叶素馨：cordatulus = cordatus + ulus 心形的，略呈心形的；cordatus ← cordis/ cor 心脏的，心形的；-ulus/ -ulum/ -ula 小的，略微的，稍微的（小词 -ulus 在字母 e 或 i 之后有多种变缀，即 -olus/ -olum/ -ola、-ellus/ -ellum/ -ella、-illus/ -illum/ -illa，与第一变格法和第二变格法名词形成复合词）

Jasminum dispermum 双子素馨：dispermus 具二种子的；di-/ dis- 二，二数，二分，分离，不同，在……之间，从……分开（希腊语，拉丁语为 bi-/ bis-）；spermus/ spermum/ sperma 种子的（用于希腊语复合词）

Jasminum duclouxii 丛林素馨：duclouxii（人名）；-ii 表示人名，接在以辅音字母结尾的人名后面，但 -er 除外

Jasminum elongatum 扭肚藤（肚 dù）：elongatus 伸长的，延长的；elongare 拉长，延长；longus 长的，纵向的；e-/ ex- 不，无，非，缺乏，不具有（e- 用在辅音字母前，ex- 用在元音字母前，为拉丁语词首，对应的希腊语词首为 a-/ an-，英语为 un-/ -less，注意作词首用的 e-/ ex- 和介词 e/ ex 意思不同，后者意为"出自、从……、由……离开、由于、依照"）

Jasminum floridum 探春花：floridus/ floribundus = florus + idus 有花的，多花的，花明显的；florus/ florum/ flora ← flos 花（用于复合词）；-idus/ -idum/ -ida 表示在进行中的动作或情况，作动词、名词或形容词的词尾

Jasminum floridum subsp. floridum 探春花-原亚种 （词义见上面解释）

Jasminum floridum subsp. giraldii 黄素馨：giraldii ← Giuseppe Giraldi（人名，19 世纪活动于中国的意大利传教士）

Jasminum fuchsiaefolium 倒吊钟叶素馨：fuchsiaefolium = Fuchsia + folium 倒挂金钟叶的（注：复合词中前段词的词尾变成 i 而不是所有格，如果用的是属名，则变形后的词尾 i 要保留，故该词宜改为"fuchsiifolium"）；Fuchsia 倒挂金钟属（柳叶菜科）；folius/ folium/ folia 叶，叶片（用于复合词）

Jasminum grandiflorum 素馨花：grandi- ← grandis 大的；florus/ florum/ flora ← flos 花（用于复合词）

Jasminum guangxiense 广西素馨：guangxiense 广西的（地名）

Jasminum hongshuihoense 绒毛素馨：hongshuihoense 红水河的（河流名，起源于云南省南盘江，流经贵州省和广西壮族自治区）

Jasminum humile 矮探春：humile 矮的

Jasminum humile var. humile 矮探春-原变种（词义见上面解释）

Jasminum humile var. humile f. pubigerum 密毛矮探春：pubi- ← pubis 细柔毛的，短柔毛的，毛被的；gerus → -ger/ -gerus/ -gerum/ -gera 具有，有，带有

Jasminum humile var. humile f. wallichianum 羽叶矮探春：wallichianum ← Nathaniel Wallich（人名，19 世纪初丹麦植物学家、医生）

Jasminum humile var. microphyllum 小叶矮探春：micr-/ micro- ← micros 小的，微小的，微观的（用于希腊语复合词）；phyllus/ phyllum/ phylla ← phyllon 叶片（用于希腊语复合词）

Jasminum humile var. microphyllum f. kansuense 甘肃矮探春：kansuense 甘肃的（地名）

Jasminum lanceolarium 清香藤：lanceolarius/ lanceolatus 披针形的，锐尖的；lance-/ lancei-/ lanci-/ lanceo-/ lanc- ← lanceus 披针形的，矛形的，尖刀状的，柳叶刀状的；-olus ← -ulus 小，稍微，略微（-ulus 在字母 e 或 i 之后变成 -olus/ -ellus/ -illus）；-arius/ -arium/ -aria 相似，属于（表示地点，场所，关系，所属）

Jasminum lang 栀花素馨（栀 zhī）：lang（人名）

Jasminum laurifolium 桂叶素馨：lauri- ← Laurus 月桂属（樟科）；folius/ folium/ folia 叶，叶片（用于复合词）

Jasminum ligustrioides 海南素馨：ligustrioides 像女贞的；Ligustrum 女贞属（木樨科）；-oides/ -oideus/ -oideum/ -oidea/ -odes/ -eidos 像……的，类似……的，呈……状的（名词词尾）

Jasminum longitubum 长管素馨：longe-/ longi- ← longus 长的，纵向的；tubus 管子的，管状的，筒状的

Jasminum mesnyi 野迎春：mesnyi ← William Mesny（人名，19 世纪植物采集员）；-i 表示人名，接在以元音字母结尾的人名后面，但 -a 除外

Jasminum microcalyx 小萼素馨：micr-/ micro- ← micros 小的，微小的，微观的（用于希腊语复合词）；calyx → calyc- 萼片（用于希腊语复合词）

Jasminum multiflorum 毛茉莉：multi- ← multus 多个，多数，很多（希腊语为 poly-）；florus/ florum/ flora ← flos 花（用于复合词）

Jasminum nervosum 青藤仔（仔 zǎi）：nervosus 多脉的，叶脉明显的；nervus 脉，叶脉；-osus/ -osum/ -osa 多的，充分的，丰富的，显著发育的，程度高的，特征明显的（形容词词尾）

Jasminum nintooides 银花素馨：nintoides/ nintooides 像金银花的；ninto 忍冬（中文方言）；-oides/ -oideus/ -oideum/ -oidea/ -odes/ -eidos 像……的，类似……的，呈……状的（名词词尾）

Jasminum nudiflorum 迎春花：nudi- ← nudus 裸露的；florus/ florum/ flora ← flos 花（用于复合词）

Jasminum nudiflorum var. nudiflorum 迎春花-原变种 （词义见上面解释）

Jasminum nudiflorum var. pulvinatum 垫状迎春：pulvinatus = pulvinus + atus 垫状的；pulvinus 叶枕，叶柄基部膨大部分，坐垫，枕头

Jasminum officinale 素方花：officinalis/ officinale 药用的，有药效的；officina ← opificina 药店，仓库，作坊

Jasminum officinale var. officinale 素方花-原变种 （词义见上面解释）

Jasminum officinale var. officinale f. affine 大花素方花：affine = affinis = ad + finis 酷似的，近似的，有联系的；ad- 向，到，近（拉丁语词首，表示程度加强）；构词规则：构成复合词时，词首末尾的辅音字母常同化为紧接其后的那个辅音字母（如 ad + f → aff）；finis 界限，境界；affin- 相似，近似，相关

Jasminum officinale var. piliferum 具毛素方花：pilus 毛，疏柔毛；-ferus/ -ferum/ -fera/ -fero/ -fere/ -fer 有，具有，产（区别：作独立词使用的 ferus 意思是"野生的"）

Jasminum officinale var. tibeticum 西藏素方花：tibeticum 西藏的（地名）

Jasminum pentaneurum 厚叶素馨：penta- 五，五数（希腊语，拉丁语为 quin/ quinqu/ quinque-/ quinqui-）；neurus ← neuron 脉，神经

Jasminum pilosicalyx 毛萼素馨：pilosus = pilus + osus 多毛的，被柔毛的，具疏柔毛的，被短弱细毛的；pilus 毛，疏柔毛；-osus/ -osum/ -osa 多的，充分的，丰富的，显著发育的，程度高的，特征明显的（形容词词尾）；calyx → calyc- 萼片（用于希腊语复合词）；pilosicalyx 疏柔毛萼的

Jasminum polyanthum 多花素馨：polyanthus 多花的；poly- ← polys 多个，许多（希腊语，拉丁语为 multi-）；anthus/ anthum/ antha/ anthe ← anthos 花（用于希腊语复合词）

Jasminum prainii 披针叶素馨：prainii ← David Prain（人名，20 世纪英国植物学家）

Jasminum rehderianum 白皮素馨：rehderianum ← Alfred Rehder（人名，1863–1949，德国植物分类学家、树木学家，在美国 Arnold 植物园工作）

Jasminum sambac 茉莉花：sambac（阿拉伯语）

Jasminum seguinii 亮叶素馨：seguinii（人名）；-ii 表示人名，接在以辅音字母结尾的人名后面，但 -er 除外

Jasminum sinense 华素馨：sinense = Sina + ense 中国的（地名）；Sina 中国

Jasminum × stephanense 淡红素馨：stephanense（地名）

Jasminum subhumile 滇素馨：subhumile 稍矮的，近似 humile 的；sub-（表示程度较弱）与……类似，

几乎，稍微，弱，亚，之下，下面；Jasminum humile 矮探春；humile 矮的

Jasminum urophyllum 川素馨：uro-/ -urus ← ura 尾巴，尾巴状的；phyllus/ phyllum/ phylla ← phyllon 叶片（用于希腊语复合词）；Urophyllum 尖叶木属（茜草科）

Jasminum wangii 腺叶素馨：wangii（人名）；-ii 表示人名，接在以辅音字母结尾的人名后面，但 -er 除外

Jasminum xizhangense 西藏素馨：xizangense 西藏的（地名）

Jasminum yingjiangense 盈江素馨：yingjiangense 盈江的（地名，云南省）

Jasminum yuanjiangense 元江素馨：yuanjiangense 元江的（地名，云南省）

Jasminum yunnanense 云南素馨：yunnanense 云南的（地名）

Jatropha 麻风树属（大戟科）（44-2：p147）：jatropha = itros + trophe 医生的食物（指可供药用，希腊语）；itros 医师；trophe 食物，营养

Jatropha curcas 麻风树：curcas ← curcaso 科卡的坚果（西班牙土名）

Jatropha gossypiifolia 棉叶珊瑚花：gossypiifolius 棉花叶的；Gossypium 棉属（锦葵科）；folius/ folium/ folia 叶，叶片（用于复合词）；缀词规则：以属名作复合词时原词尾变形后的 i 要保留

Jatropha integerrima 变叶珊瑚花：integerrimus 绝对全缘的；integer/ integra/ integrum → integri- 完整的，整个的，全缘的；-rimus/ -rima/ -rimum 最，极，非常（词尾为 -er 的形容词最高级）

Jatropha multifida 多裂珊瑚花（原名"珊瑚花"，爵床科有重名）：multifidus 多个中裂的；multi- ← multus 多个，多数，很多（希腊语为 poly-）；fidus ← findere 裂开，分裂（裂深不超过 1/3，常作词尾）

Jatropha podagrica 佛肚树（肚 dù）：podagricus/ podagrosus 痛风的，肥大的，肿胀的，肿柄的；podargra 痛风病；podager 痛风病患者；podo-/ pod- ← podos 腿，足，爪，柄，茎

Juglandaceae 胡桃科（21：p6）：Juglans 胡桃属；-aceae（分类单位科的词尾，为 -aceus 的阴性复数主格形式，加到模式属的名称后或同义词的词干后以组成族群名称）

Juglans 胡桃属（胡桃科）（21：p30）：juglans 朱庇特的坚果；Ju- ← Jupiter ← Jovis 朱庇特（古罗马主神），木星；glans 坚果，橡实

Juglans cathayensis 野核桃：cathayensis ← Cathay ← Khitay/ Khitai 中国的，契丹的（地名，10–12 世纪中国北方契丹人的领域，辽国前身，多用来代表中国，俄语称中国为 Kitay）

Juglans cathayensis var. cathayensis 野核桃-原变种 （词义见上面解释）

Juglans cathayensis var. formosana 华东野核桃：formosanus = formosus + anus 美丽的，台湾的；formosus ← formosa 美丽的，台湾的（葡萄牙殖民者发现台湾时对其的称呼，即美丽的岛屿）；-anus/ -anum/ -ana 属于，来自（形容词词尾）

Juglans draconia 小果核桃：draconia 龙的

J

Juglans hopeiensis 麻核桃：hopeiensis 河北的（地名）

Juglans mandshurica 胡桃楸：mandshurica 满洲的（地名，中国东北，地理区域）

Juglans regia 胡桃：regia 帝王的

Juglans sigillata 泡核桃：sigillatus 印痕的，压痕的，有记号的；signus 记号，印记，信号，雕刻；sigilla 小雕像，小雕刻

Juncaceae 灯心草科（13-3：p146）：Juncus 灯心草属；-aceae（分类单位科的词尾，为 -aceus 的阴性复数主格形式，加到模式属的名称后或同义词的词干后以组成族群名称）

Juncellus 水莎草属（莎草科）（11：p158）：juncellus 比灯心草小的；Juncus 灯心草属；-ellus/ -ellum/ -ella ← -ulus 小的，略微的，稍微的（小词 -ulus 在字母 e 或 i 之后有多种变缀，即 -olus/ -olum/ -ola、-ellus/ -ellum/ -ella、-illus/ -illum/ -illa，用于第一变格法名词）

Juncellus limosus 沼生水莎草：limosus 沼泽的，湿地的，泥沼的；limus 沼泽，泥沼，湿地；-osus/ -osum/ -osa 多的，充分的，丰富的，显著发育的，程度高的，特征明显的（形容词词尾）

Juncellus pannonicus 花穗水莎草：pannonicus ← Pannonia 潘诺尼亚的（地名，古代国家名，现属匈牙利）；-icus/ -icum/ -ica 属于，具有某种特性（常用于地名、起源、生境）

Juncellus serotinus 水莎草（另见 Cyperus serotinus）：serotinus 晚来的，晚季的，晚开花的

Juncellus serotinus var. inundatus 广东水莎草：inundatus 泛滥的，涨水的（指河滩地生境）

Juncellus serotinus var. serotinus 水莎草-原变种（词义见上面解释）

Juncellus serotinus var. serotinus f. depauperatus 少花水莎草：depauperatus 萎缩的，衰弱的，瘦弱的；de- 向下，向外，从……，脱离，脱落，离开，去掉；paupera 瘦弱的，贫穷的

Juncellus serotinus var. serotinus f. serotinus 水莎草-原变型 （词义见上面解释）

Juncus 灯心草属（灯心草科）（"灯心草"为原始名，日文也沿用其全部中文名，即"灯心草""蔺""蔺草"，但《现代汉语词典》第 7 版采用"灯芯草"）（13-3：p147）：juncus ← jungere 编织（古拉丁名，因灯心草可作编织材料）

Juncus alatus 翅茎灯心草：alatus → ala-/ alat-/ alati-/ alato- 翅，具翅的，具翼的；反义词：exalatus 无翼的，无翅的

Juncus albescens 淡白灯心草（种加词有时错印为"albesens"）：albescens 淡白的，略白的，发白的，褪色的；albus → albi-/ albo- 白色的；-escens/ -ascens 改变，转变，变成，略微，带有，接近，相似，大致，稍微（表示变化的趋势，并未完全相似或相同，有别于表示达到完成状态的 -atus）

Juncus aletaiensis 阿勒泰灯心草（勒 lè）：aletaiensis 阿勒泰的，阿尔泰的（地名，新疆北部山脉）

Juncus allioides 葱状灯心草：allium 大蒜，葱（古拉丁名）；-oides/ -oideus/ -oideum/ -oidea/ -odes/ -eidos 像……的，类似……的，呈……状的（名词词尾）

Juncus amplifolius 走茎灯心草：ampli- ← amplus 大的，宽的，膨大的，扩大的；folius/ folium/ folia 叶，叶片（用于复合词）

Juncus amplifolius var. amplifolius 走茎灯心草-原变种 （词义见上面解释）

Juncus amplifolius var. pumilus 矮茎灯心草：pumilus 矮的，小的，低矮的，矮人的

Juncus articulatus 小花灯心草：articularis/ articulatus 有关节的，有接合点的

Juncus atratus 黑头灯心草：atratus = ater + atus 发黑的，浓暗的，玷污的；ater 黑色的（希腊语，词干视为 atro-/ atr-/ atri-/ atra-）

Juncus auritus 长耳灯心草：auritus 耳朵的，耳状的

Juncus benghalensis 孟加拉灯心草：benghalensis 孟加拉的（地名）

Juncus biluoshanensis 碧罗灯心草：biluoshanensis 碧罗雪山的（地名，云南省）

Juncus brachyspathus 短苞灯心草（原名"长苞灯心草"，本属有重名）：brachyspathus 短佛焰苞的，短苞的；brachy- ← brachys 短的（用于拉丁语复合词词首）；spathus 佛焰苞，薄片，刀剑

Juncus brachystigma 短柱灯心草：brachy- ← brachys 短的（用于拉丁语复合词词首）；stigmus 柱头

Juncus bracteatus 显苞灯心草：bracteatus = bracteus + atus 具苞片的；bracteus 苞，苞片，苞鳞；-atus/ -atum/ -ata 属于，相似，具有，完成（形容词词尾）

Juncus bufonius 小灯心草：bufonius 蟾蜍的（指生境潮湿）

Juncus castaneus 栗花灯心草：castaneus 棕色的，板栗色的；Castanea 栗属（壳斗科）

Juncus cephalostigma 头柱灯心草：cephalostigma 头状柱头；cephalus/ cephale ← cephalos 头，头状花序；cephal-/ cephalo- ← cephalus 头，头状，头部；stigmus 柱头；Cephalostigma 星花草属（桔梗科）

Juncus cephalostigma var. cephalostigma 头柱灯心草-原变种 （词义见上面解释）

Juncus cephalostigma var. dingjieensis 定结灯心草：dingjieensis 定结的（地名，西藏自治区）

Juncus chrysocarpus 丝节灯心草：chrys-/ chryso- ← chrysos 黄色的，金色的；carpus/ carpum/ carpa/ carpon ← carpos 果实（用于希腊语复合词）

Juncus clarkei 印度灯心草：clarkei（人名）

Juncus clarkei var. clarkei 印度灯心草-原变种 （词义见上面解释）

Juncus clarkei var. marginatus 膜边灯心草：marginatus ← margo 边缘的，具边缘的；margo/ marginis → margin- 边缘，边线，边界

Juncus compressus 扁茎灯心草：compressus 扁平的，压扁的；pressus 压，压力，挤压，紧密；co- 联合，共同，合起来（拉丁语词首，为 cum- 的音变，表示结合、强化、完全，对应的希腊语为 syn-）；co- 的缀词音变有 co-/ com-/ con-/ col-/ cor-：co-（在

词尾）

J

h 和元音字母前面），col-（在 l 前面），com-（在 b、m、p 之前），con-（在 c、d、f、g、j、n、qu、s、t 和 v 前面），cor-（在 r 前面）

Juncus concinnus 雅灯心草：concinnus 精致的，高雅的，形状好看的

Juncus concinnus var. concinnus 雅灯心草-原变种 （词义见上面解释）

Juncus concinnus var. monocephalus 单头雅灯心草：mono-/ mon- ← monos 一个，单一的（希腊语，拉丁语为 unus/ uni-/ uno-）；cephalus/ cephale ← cephalos 头，头状花序

Juncus concolor 同色灯心草：concolor = co + color 同色的，一色的，单色的；co- 联合，共同，合起来（拉丁语词首，为 cum- 的音变，表示结合、强化、完全，对应的希腊语为 syn-）；co- 的缀词音变有 co-/ com-/ con-/ col-/ cor-：co-（在 h 和元音字母前面），col-（在 l 前面），com-（在 b、m、p 之前），con-（在 c、d、f、g、j、n、qu、s、t 和 v 前面），cor-（在 r 前面）；color 颜色

Juncus crassistylus 粗状灯心草：crassi- ← crassus 厚的，粗的，多肉质的；stylus/ stylis ← stylos 柱，花柱

Juncus diastrophanthus 星花灯心草：diastroph- ← diastruphus 扭旋的，拧劲的；anthus/ anthum/ antha/ anthe ← anthos 花（用于希腊语复合词）

Juncus dongchuanensis 东川灯心草：dongchuanensis 东川的（地名，云南省）

Juncus effusus 灯心草：effusus = ex + fusus 很松散的，非常稀疏的；fusus 散开的，松散的，松弛的；e-/ ex- 不，无，非，缺乏，不具有（e- 用在辅音字母前，ex- 用在元音字母前，为拉丁语词首，对应的希腊语词首为 a-/ an-，英语为 un-/ -less，注意作词首用的 e-/ ex- 和介词 e/ ex 意思不同，后者意为"出自、从……、由……离开、由于、依照"）；构词规则：构成复合词时，词首末尾的辅音字母常同化为紧接其后的那个辅音字母（如 ex + f → eff）

Juncus filiformis 丝状灯心草：filiforme/ filiformis 线状的；fili-/ fil- ← filum 线状的，丝状的；formis/ forma 形状

Juncus giganteus 巨灯心草：giganteus 巨大的；giga-/ gigant-/ giganti- ← gigantos 巨大的；-eus/ -eum/ -ea（接拉丁语词干时）属于……的，色如……的，质如……的（表示原料、颜色或品质的相似），（接希腊语词干时）属于……的，以……出名，为……所占有（表示具有某种特性）

Juncus glomeratus 密花灯心草：glomeratus = glomera + atus 聚集的，球形的，聚成球形的；glomera 线球，一团，一束

Juncus gracilicaulis 细茎灯心草：gracili- 细长的，纤弱的；caulis ← caulos 茎，茎秆，主茎

Juncus grisebachii 节叶灯心草：grisebachii（人名）；-ii 表示人名，接在以辅音字母结尾的人名后面，但 -er 除外

Juncus haenkei 滨灯心草：haenkei（人名）

Juncus heptapotamicus 七河灯心草：hepta- 七（希腊语，拉丁语为 septem-/ sept-/ septi-）；potamicus 河流的，河中生长的；potamus ← potamos 河流；-icus/ -icum/ -ica 属于，具有某种特性（常用于地名、起源、生境）

Juncus heptapotamicus var. heptapotamicus 七河灯心草-原变种 （词义见上面解释）

Juncus heptapotamicus var. yiningensis 伊宁灯心草：yiningensis 伊宁的（地名，新疆维吾尔自治区）

Juncus himalensis 喜马灯心草：himalensis 喜马拉雅的（地名）

Juncus inflexus 片髓灯心草（髓 suǐ）：inflexus 内弯的；flexus ← flecto 扭曲的，卷曲的，弯弯曲曲的，柔性的；flecto 弯曲，使扭曲；in-/ im-（来自 il- 的音变）内，在内，内部，向内，相反，不，无，非；il- 在内，向内，为，相反（希腊语为 en-）；词首 il- 的音变：il-（在 l 前面），im-（在 b、m、p 前面），in-（在元音字母和大多数辅音字母前面），ir-（在 r 前面），如 illaudatus（不值得称赞的，评价不好的），impermeabilis（不透水的，穿不透的），ineptus（不合适的），insertus（插入的），irretortus（无弯曲的，无扭曲的）

Juncus inflexus subsp. austro-occidentalis 西南灯心草：austro-/ austr- 南方的，南半球的，大洋洲的；auster 南方，南风；occidentale ← occidentalis 西方的，西部的，欧美的

Juncus inflexus subsp. inflexus 片髓灯心草-原亚种 （词义见上面解释）

Juncus kangdingensis 康定灯心草：kangdingensis 康定的（地名，四川省）

Juncus kangpuensis 康普灯心草：kangpuensis 康普的（地名，云南省）

Juncus kingii 金灯心草：kingii ← Clarence King（人名，19 世纪美国地质学家）

Juncus krameri 短喙灯心草：krameri ← Johann Georg Heinrich Kramer（人名，18 世纪匈牙利植物学家、医生）；-eri 表示人名，在以 -er 结尾的人名后面加上 i 形成

Juncus leptospermus 细子灯心草：leptospermus 细长种子的；leptus ← leptos 细的，薄的，瘦小的，狭长的；spermus/ spermum/ sperma 种子的（用于希腊语复合词）

Juncus leucanthus 甘川灯心草：leuc-/ leuco- ← leucus 白色的（如果和其他表示颜色的词混用则表示淡色）；anthus/ anthum/ antha/ anthe ← anthos 花（用于希腊语复合词）

Juncus leucomelas 长苞灯心草：leucomelas 黑灰色的，灰色的；leuc-/ leuco- ← leucus 白色的（如果和其他表示颜色的词混用则表示淡色）；melas 黑色的（希腊语）

Juncus longistamineus 长蕊灯心草：longe-/ longi- ← longus 长的，纵向的；stamineus 属于雄蕊的

Juncus manasiensis 玛纳斯灯心草：manasiensis 玛纳斯的（地名，新疆维吾尔自治区）

Juncus maximowiczii 长白灯心草：maximowiczii ← C. J. Maximowicz 马克希莫夫（人名，1827-1891，俄国植物学家）

Juncus meiguensis 美姑灯心草：meiguensis 美姑的（地名，四川省）

J

Juncus membranaceus 膜耳灯心草：membranaceus 膜质的，膜状的；membranus 膜；-aceus/ -aceum/ -acea 相似的，有……性质的，属于……的

Juncus milashanensis 米拉山灯心草：milashanensis 米拉山的（地名，西藏自治区）

Juncus minimus 矮灯心草：minimus 最小的，很小的

Juncus miyiensis 米易灯心草：miyiensis 米易的（地名，四川省）

Juncus modestus 分枝灯心草：modestus 适度的，保守的

Juncus modicus 多花灯心草：modicus 适度的，中庸的，有节制的；modus 尺，度，规，大小，尺度，规则，限界，抑制，限制

Juncus nigroviolaceus 黑紫灯心草：nigroviolaceus 略呈黑紫色的；nigro-/ nigri- ← nigrus 黑色的；niger 黑色的；Viola 堇菜属（堇菜科）；-aceus/ -aceum/ -acea 相似的，有……性质的，属于……的

Juncus ochraceus 羽序灯心草：ochraceus 赭黄色的；ochra 黄色的，黄土的；-aceus/ -aceum/ -acea 相似的，有……性质的，属于……的

Juncus ohwianus 台湾灯心草：ohwianus 大井次三郎（日本人名）

Juncus papillosus 乳头灯心草：papillosus 乳头状的；papilli- ← papilla 乳头的，乳突的；-osus/ -osum/ -osa 多的，充分的，丰富的，显著发育的，程度高的，特征明显的（形容词词尾）

Juncus pauciflorus 疏花灯心草：pauci- ← paucus 少数的，少的（希腊语为 oligo-）；florus/ florum/ flora ← flos 花（用于复合词）

Juncus perparvus 单花灯心草：perparvus 极小的；per-（在 l 前面音变为 pel-）极，很，颇，甚，非常，完全，通过，遍及（表示效果加强，与 sub- 互为反义词）；parvus → parvi-/ parv- 小的，些微的，弱的

Juncus perpusillus 短茎灯心草：perpusillus 非常小的，微小的；per-（在 l 前面音变为 pel-）极，很，颇，甚，非常，完全，通过，遍及（表示效果加强，与 sub- 互为反义词）；pusillus 纤弱的，细小的，无价值的

Juncus phaeocarpus 短果灯心草：phaeus(phaios) → phae-/ phaeo-/ phai-/ phaio 暗色的，褐色的，灰蒙蒙的；carpus/ carpum/ carpa/ carpon ← carpos 果实（用于希腊语复合词）

Juncus potaninii 单枝灯心草：potaninii ← Grigory Nikolaevich Potanin（人名，19 世纪俄国植物学家）

Juncus prismatocarpus 笄石菖（笄 jī）：prismatocarpus 棱柱形果的；prismatus 具棱柱的，属于棱柱体的；carpus/ carpum/ carpa/ carpon ← carpos 果实（用于希腊语复合词）

Juncus prismatocarpus subsp. prismatocarpus 笄石菖-原亚种 （词义见上面解释）

Juncus prismatocarpus subsp. teretifolius 圆柱叶灯心草：teretifolius 棒状叶的；tereti- ← teretis 圆柱形的，棒状的；folius/ folium/ folia 叶，叶片（用于复合词）

Juncus przewalskii 长柱灯心草：przewalskii ← Nicolai Przewalski（人名，19 世纪俄国探险家、博物学家）

Juncus przewalskii var. discolor 苍白灯心草：discolor 异色的，不同色的（指花瓣花萼等）；di-/ dis- 二，二数，二分，分离，不同，在……之间，从……分开（希腊语，拉丁语为 bi-/ bis-）；color 颜色

Juncus przewalskii var. przewalskii 长柱灯心草-原变种 （词义见上面解释）

Juncus pseudocastaneus 假栗花灯心草：pseudocastaneus 像 castaneus 的；pseudo-/ pseud- ← pseudos 假的，伪的，接近，相似（但不是）；Juncus castaneus 栗花灯心草；castaneus 棕色的，板栗色的；Castanea 栗属（壳斗科）；-eus/ -eum/ -ea（接拉丁语词干时）属于……的，色如……的，质如……的（表示原料、颜色或品质的相似），（接希腊语词干时）属于……的，以……出名，为……所占有（表示具有某种特性）

Juncus ranarus 簇花灯心草：ranarus 蛙的（指水湿生境）

Juncus setchuensis 野灯心草：setchuensis 四川的（地名）

Juncus setchuensis var. effusoides 假灯心草：effusus = ex + fusus 很松散的，非常稀疏的；fusus 散开的，松散的，松弛的；e-/ ex- 不，无，非，缺乏，不具有（e- 用在辅音字母前，ex- 用在元音字母前，为拉丁语词首，对应的希腊语词首为 a-/ an-，英语为 un-/ -less，注意作词首用的 e-/ ex- 和介词 e/ ex 意思不同，后者意为"出自、从……、由……离开、由于、依照"）；构词规则：构成复合词时，词首末尾的辅音字母常同化为紧接其后的那个辅音字母（如 ex + f → eff）；-oides/ -oideus/ -oideum/ -oidea/ -odes/ -eidos 像……的，类似……的，呈……状的（名词词尾）

Juncus setchuensis var. setchuensis 野灯心草-原变种 （词义见上面解释）

Juncus sikkimensis 锡金灯心草：sikkimensis 锡金的（地名）

Juncus sikkimensis var. helvolus 德钦灯心草：helvolus 黄褐色的，蜜蜂色的，淡黄色的，粉红色的；helvus 蜡黄色的，琥珀黄色的，浅黄色的

Juncus sikkimensis var. sikkimensis 锡金灯心草-原变种 （词义见上面解释）

Juncus sphacelatus 枯灯心草：sphacelatus 凋萎的，枯死的，暗色星点的

Juncus sphaerocephalus 球头灯心草：sphaerocephalus 球形头状花序的；sphaero- 圆形，球形；cephalus/ cephale ← cephalos 头，头状花序

Juncus subglobosus 圆果灯心草：subglobosus 近球形的；sub-（表示程度较弱）与……类似，几乎，稍微，弱，亚，之下，下面；globosus = globus + osus 球形的；glob-/ globi- ← globus 球体，圆球，地球

Juncus tanguticus 陕甘灯心草：tanguticus ← Tangut 唐古特的，党项的（西夏时期生活于中国西北地区的党项羌人，蒙古语称其为"唐古特"，有多种音译，如唐兀、唐古、唐括等）；-icus/ -icum/ -ica 属于，具有某种特性（常用于地名、起源、生境）

Juncus taonanensis 洮南灯心草（洮 táo）：taonanensis 洮南的（地名，吉林省）

Juncus tenuis 坚被灯心草：tenuis 薄的，纤细的，弱的，瘦的，窄的

Juncus thomsonii 展苞灯心草：thomsonii ← Thomas Thomson（人名，19 世纪英国植物学家）；-ii 表示人名，接在以辅音字母结尾的人名后面，但 -er 除外

Juncus thomsonii var. fulvus 褐花灯心草：fulvus 咖啡色的，黄褐色的

Juncus thomsonii var. thomsonii 展苞灯心草-原变种 （词义见上面解释）

Juncus tibeticus 西藏灯心草：tibeticus 西藏的（地名）；-icus/ -icum/ -ica 属于，具有某种特性（常用于地名、起源、生境）

Juncus triflorus 三花灯心草：tri-/ tripli-/ triplo- 三个，三数；florus/ florum/ flora ← flos 花（用于复合词）

Juncus triglumis 贴苞灯心草：tri-/ tripli-/ triplo- 三个，三数；glumis ← gluma 颖片，具颖片的（glumis 为 gluma 的复数夺格）

Juncus turczaninowii 尖被灯心草：turczaninowii/ turczaninovii ← Nicholai S. Turczaninov（人名，19 世纪乌克兰植物学家，曾积累大量植物标本）

Juncus turczaninowii var. jeholensis 热河灯心草：jeholensis 热河的（地名，旧省名，跨现在的内蒙古自治区、河北省、辽宁省）

Juncus turczaninowii var. turczaninowii 尖被灯心草-原变种 （词义见上面解释）

Juncus unifolius 单叶灯心草：unifoliatus/ unifolius 具一叶的；uni-/ uno- ← unus/ unum/ una 一，单一（希腊语为 mono-/ mon-）；folius/ folium/ folia 叶，叶片（用于复合词）

Juncus wallichianus 针灯心草：wallichianus ← Nathaniel Wallich（人名，19 世纪初丹麦植物学家、医生）

Juncus yunnanensis 云南灯心草：yunnanensis 云南的（地名）

Juniperus 刺柏属（柏科）(7：p376)：juniperus 刺柏，柏树（古拉丁名）

Juniperus communis 欧洲刺柏：communis 普通的，通常的，共通的

Juniperus formosana 刺柏：formosanus = formosus + anus 美丽的，台湾的；formosus ← formosa 美丽的，台湾的（葡萄牙殖民者发现台湾时对其的称呼，即美丽的岛屿）；-anus/ -anum/ -ana 属于，来自（形容词词尾）

Juniperus formosana f. tenella （纤细刺柏）：tenellus = tenuis + ellus 柔软的，纤细的，纤弱的，精美的，雅致的；tenuis 薄的，纤细的，弱的，瘦的，窄的；-ellus/ -ellum/ -ella ← -ulus 小的，略微的，稍微的（小词 -ulus 在字母 e 或 i 之后有多种变缀，即 -olus/ -olum/ -ola、-ellus/ -ellum/ -ella、-illus/ -illum/ -illa，用于第一变格法名词）

Juniperus rigida 杜松：rigidus 坚硬的，不弯曲的，强直的

Juniperus sibirica 西伯利亚刺柏：sibirica 西伯利亚的（地名，俄罗斯）；-icus/ -icum/ -ica 属于，具有某种特性（常用于地名、起源、生境）

Jurinea 苓菊属（苓 líng）（菊科）(78-1：p32)：

jurinea ← Ande Jurine（人名，18 世纪瑞士植物学家）；jurinea ← Louis Jurine（人名，1751–1819，瑞典药学家）

Jurinea adenocarpa 腺果苓菊：adenocarpus 腺果的；aden-/ adeno- ← adenus 腺，腺体；carpus/ carpum/ carpa/ carpon ← carpos 果实（用于希腊语复合词）

Jurinea algida 矮小苓菊：algidus 喜冰的

Jurinea chaetocarpa 刺果苓菊：chaeto- ← chaite 胡须，鬃毛，长毛；carpus/ carpum/ carpa/ carpon ← carpos 果实（用于希腊语复合词）

Jurinea dshungarica 天山苓菊：dshungarica 准噶尔的（地名，新疆维吾尔自治区）；-icus/ -icum/ -ica 属于，具有某种特性（常用于地名、起源、生境）

Jurinea flaccida 软叶苓菊：flaccidus 柔软的，软乎乎的，软绵绵的；flaccus 柔弱的，软垂的；-idus/ -idum/ -ida 表示在进行中的动作或情况，作动词、名词或形容词的词尾

Jurinea kaschgarica 南疆苓菊：kaschgarica 喀什的（地名，新疆维吾尔自治区）；-icus/ -icum/ -ica 属于，具有某种特性（常用于地名、起源、生境）

Jurinea lanipes 绒毛苓菊：lanipes 绵毛柄的；lani- 羊毛状的，多毛的，密被软毛的；pes/ pedis 柄，梗，茎秆，腿，足，爪（作词首或词尾，pes 的词干视为 "ped-"）

Jurinea lipskyi 苓菊：lipskyi（人名）；-i 表示人名，接在以元音字母结尾的人名后面，但 -a 除外

Jurinea mongolica 蒙疆苓菊：mongolica 蒙古的（地名）；mongolia 蒙古的（地名）；-icus/ -icum/ -ica 属于，具有某种特性（常用于地名、起源、生境）

Jurinea multiflora 多花苓菊：multi- ← multus 多个，多数，很多（希腊语为 poly-）；florus/ florum/ flora ← flos 花（用于复合词）

Jurinea pamirica 帕米尔苓菊：pamirica 帕米尔的（地名，中亚东南部高原，跨塔吉克斯坦、中国、阿富汗）；-icus/ -icum/ -ica 属于，具有某种特性（常用于地名、起源、生境）

Jurinea pilostemonoides 羽冠苓菊（冠 guān）：Pilostemon 毛蕊菊属（菊科）；-oides/ -oideus/ -oideum/ -oidea/ -odes/ -eidos 像……的，类似……的，呈……状的（名词词尾）

Jurinea scapiformis 长莛苓菊：scapiformis 花莛状的；scapus（scap-/ scapi-）← skapos 主茎，树干，花柄，花轴；formis/ forma 形状

Jurinea suidunensis 绥定苓菊（绥 suí）：suidunensis 绥定的（地名，新疆霍城县水定镇的旧称）

Justicia 爵床属（另见 Rostellularia）（爵床科）（增补）：James Justice（人名，18 世纪英国园艺学家，音译"爵床"）

Justicia adhatoda 鸭嘴花（另见 Erigeron canadensis）：adhatoda（僧伽罗语，一种叶子有苦味的植物）；Adhatoda 鸭嘴花属（爵床科）

Justicia gendarussa 小驳骨（另见 Gendarussa vulgaris）：gendarussa ← gendarussa 驳骨草（马来西亚土名）；Gendarussa 驳骨草属

Justicia procumbens 爵床（另见 Rostellularia procumbens）：procumbens 俯卧的，匍匐的，倒伏

的；procumb- 俯卧，匍匐，倒伏；-ans/ -ens/ -bilis/ -ilis 能够，可能（为形容词词尾，-ans/ -ens 用于主动语态，-bilis/ -ilis 用于被动语态）

Kadsura 南五味子属（木兰科）（30-1: p232）：kadsura 葛藤，藤蔓（日文，日语汉字为"葛""蔓"，读音均为"kadsura/ kazura"）

Kadsura ananosma 中泰南五味子：ananosma 有气味的，并非无气味的；a-/ an- 无，非，没有，缺乏，不具有（an- 用于元音前）（a-/ an- 为希腊语词首，对应的拉丁语词首为 e-/ ex-，相当于英语的 un-/ -less，注意词首 a- 和作为介词的 a/ ab 不同，后者的意思是"从……、由……、关于……、因为……"）；anosmus 无气味；osmus 气味，香味

Kadsura coccinea 黑老虎：coccus/ coccineus 浆果，绯红色（一种形似浆果的介壳虫的颜色）；同形异义词：coccus/ cocco/ cocci/ coccis 心室，心皮；-eus/ -eum/ -ea（接拉丁语词干时）属于……的，色如……的，质如……的（表示原料、颜色或品质的相似），（接希腊语词干时）属于……的，以……出名，为……所占有（表示具有某种特性）

Kadsura coccinea var. coccinea 黑老虎-原变种（词义见上面解释）

Kadsura coccinea var. sichuanensis 四川黑老虎：sichuanensis 四川的（地名）

Kadsura heteroclita 异形南五味子：heteroclitus 多形的，不规则的，异样的，异常的；clitus 多种形状的，不规则的，异常的

Kadsura induta 毛南五味子：indutus 包膜，盖子

Kadsura interior 凤庆南五味子：interior/ interius 内部的，内测的；inter- 中间的，在中间，之间

Kadsura japonica 日本南五味子：japonica 日本的（地名）；-icus/ -icum/ -ica 属于，具有某种特性（常用于地名、起源、生境）

Kadsura longipedunculata 南五味子：longe-/ longi- ← longus 长的，纵向的；pedunculatus/ peduncularis 具花序柄的，具总花梗的；pedunculus/ peduncule/ pedunculis ← pes 花序柄，总花梗（花序基部无花着生部分，不同于花柄）；关联词：pedicellus/ pediculus 小花梗，小花柄（不同于花序柄）；pes/ pedis 柄，梗，茎秆，腿，足，爪（作词首或词尾，pes 的词干视为"ped-"）

Kadsura oblongifolia 冷饭藤：oblongus = ovus + longus 长椭圆形的（ovus 的词干 ov- 音变为 ob-）；ovus 卵，胚珠，卵形的，椭圆形的；longus 长的，纵向的；folius/ folium/ folia 叶，叶片（用于复合词）

Kadsura polysperma 多子南五味子：poly- ← polys 多个，许多（希腊语，拉丁语为 multi-）；spermus/ spermum/ sperma 种子的（用于希腊语复合词）

Kadsura renchangiana 仁昌南五味子：renchangiana 秦仁昌（人名，1898–1986，中国植物学家，蕨类植物专家）

Kaempferia 山柰属（柰 nài）（姜科）（16-2: p40）：kaempferia ← Engelbert Kaempfer（人名，1651–1716，德国医生、植物学家，曾在东亚地区做大量考察）

Kaempferia candida 白花山柰：candidus 洁白的，有白毛的，亮白的，雪白的（希腊语为 argo- ←

argenteus 银白色的）

Kaempferia elegans 紫花山柰：elegans 优雅的，秀丽的

Kaempferia galanga 山柰：galanga 蒿子（阿拉伯语）

Kaempferia galanga var. latifolia 大叶山柰：lati-/ late- ← latus 宽的，宽广的；folius/ folium/ folia 叶，叶片（用于复合词）

Kaempferia rotunda 海南三七：rotundus 圆形的，呈圆形的，肥大的；rotundo 使呈圆形，使圆滑；roto 旋转，滚动

Kalanchoe 伽蓝菜属（伽 qié）（景天科）（34-1: p36）：kalanchoe 伽蓝菜（中文名）

Kalanchoe garambiensis 台南伽蓝菜：garambiensis 鹅銮鼻的（地名，属台湾省，"garambi" 为"鹅銮鼻"的日语读音）

Kalanchoe integra 匙叶伽蓝菜（另见 Kalanchoe spathulata）：integer/ integra/ integrum → integri- 完整的，整个的，全缘的

Kalanchoe laciniata 伽蓝菜：laciniatus 撕裂的，条状裂的；lacinius → laci-/ lacin-/ lacini- 撕裂的，条状裂的

Kalanchoe spathulata 匙叶伽蓝菜（匙 chí）（另见 Kalanchoe integra）：spathulatus = spathus + ulus + atus 匙形的，佛焰苞状的，小佛焰苞；spathus 佛焰苞，薄片，刀剑

Kalanchoe tashiroi 台东伽蓝菜：tashiroi/ tachiroei（人名）；-i 表示人名，接在以元音字母结尾的人名后面，但 -a 除外

Kalidium 盐爪爪属（爪 zhuǎ）（藜科）（25-2: p14）：kalidium ← kalidion 茅舍

Kalidium caspicum 里海盐爪爪：caspicum 里海的（地名）

Kalidium cuspidatum 尖叶盐爪爪：cuspidatus = cuspis + atus 尖头的，凸尖的；构词规则：词尾为 -is 和 -ys 的词的词干分别视为 -id 和 -yd；cuspis（所有格为 cuspidis）齿尖，凸尖，尖头；-atus/ -atum/ -ata 属于，相似，具有，完成（形容词词尾）

Kalidium cuspidatum var. cuspidatum 尖叶盐爪爪-原变种（词义见上面解释）

Kalidium cuspidatum var. sinicum 黄毛头：sinicum 中国的（地名）；-icus/ -icum/ -ica 属于，具有某种特性（常用于地名、起源、生境）

Kalidium foliatum 盐爪爪：foliatus 具叶的，多叶的；folius/ folium/ folia → foli-/ folia- 叶，叶片

Kalidium gracile 细枝盐爪爪：gracile → gracil- 细长的，纤弱的，丝状的；gracilis 细长的，纤弱的，丝状的

Kalidium schrenkianum 圆叶盐爪爪：schrenkianum（人名）

Kalimeris 马兰属（菊科）（74: p97）：kalimeris = kalos + mero 美丽的部分（指花瓣）；kalos 美丽的，-mero/ -meris 部分，份，数

Kalimeris incisa 裂叶马兰：incisus 深裂的，锐裂的，缺刻的

Kalimeris indica 马兰：indica 印度的（地名）；-icus/ -icum/ -ica 属于，具有某种特性（常用于地名、起源、生境）

K

Kalimeris indica var. indica 马兰-原变种 （词义见上面解释）

Kalimeris indica var. polymorpha 多型马兰：polymorphus 多形的；poly- ← polys 多个，许多（希腊语，拉丁语为 multi-）；morphus ← morphos 形状，形态

Kalimeris indica var. stenolepis 狭苞马兰：sten-/ steno- ← stenus 窄的，狭的，薄的；lepis/ lepidos 鳞片

Kalimeris indica var. stenophylla 狭叶马兰：sten-/ steno- ← stenus 窄的，狭的，薄的；phyllus/ phyllum/ phylla ← phyllon 叶片（用于希腊语复合词）

Kalimeris integrifolia 全叶马兰：integer/ integra/ integrum → integri- 完整的，整个的，全缘的；folius/ folium/ folia 叶，叶片（用于复合词）

Kalimeris lautureana 山马兰：lautureana（人名）

Kalimeris longipetiolata 长柄马兰：longe-/ longi- ← longus 长的，纵向的；petiolatus = petiolus + atus 具叶柄的；petiolus 叶柄

Kalimeris mongolica 蒙古马兰：mongolica 蒙古的（地名）；mongolia 蒙古的（地名）；-icus/ -icum/ -ica 属于，具有某种特性（常用于地名、起源、生境）

Kalimeris shimadai 毡毛马兰：shimadai 岛田（日本人名）；-i 表示人名，接在以元音字母结尾的人名后面，但 -a 除外，故该词尾改为"-ae"似更妥

Kalimeris shimadai f. pinnatifida 羽裂叶毡毛马兰：pinnatifidus = pinnatus + fidus 羽状中裂的；pinnatus = pinnus + atus 羽状的，具羽的；pinnus/ pennus 羽毛，羽状，羽片；fidus ← findere 裂开，分裂（裂深不超过 1/3，常作词尾）

Kalopanax 刺楸属（五加科）（54：p76）：kalopanax = kalos + panax 美丽的人参（叶裂整齐像人参）；kalos 美丽的；panax 人参

Kalopanax septemlobus 刺楸：septem-/ sept-/ septi- 七（希腊语为 hepta-）；lobus/ lobos/ lobon 浅裂，耳片（裂片先端钝圆），荚果，蒴果

Kalopanax septemlobus var. magnificus 毛叶刺楸：magnificus 壮大的，大规模的；magnus 大的，巨大的；-ficus 非常，极其（作独立词使用的 ficus 意思是"榕树，无花果"）

Kalopanax septemlobus var. maximowiczii 深裂刺楸（种加词有时误拼为"maximowiczi"）：maximowiczii ← C. J. Maximowicz 马克希莫夫（人名，1827–1891，俄国植物学家）

Kalopanax septemlobus var. septemlobus 刺楸-原变种 （词义见上面解释）

Kandelia 秋茄树属（茄 qié）（红树科）（52-2：p133）：kandelia（印度某地土名）

Kandelia candel 秋茄树：candel/ candela 蜡烛

Karelinia 花花柴属（菊科）（75：p54）：karelinia ← Grigorii Silich（Silovich）Karelin（人名，1843–1896，俄国博物学家）

Karelinia caspia 花花柴：caspia/ caspium 里海的（地名）

Karelinia caspia f. angustifolia 狭叶花花柴：angusti- ← angustus 窄的，狭的，细的；folius/ folium/ folia 叶，叶片（用于复合词）

Karelinia caspia f. ovalifolia 卵叶花花柴：ovalis 广椭圆形的；ovus 卵，胚珠，卵形的，椭圆形的；folius/ folium/ folia 叶，叶片（用于复合词）

Kaschgaria 喀什菊属（喀 kā）（菊科）（76-1：p128）：kaschgaria 喀什的（地名，新疆维吾尔自治区）

Kaschgaria brachanthemoides 密枝喀什菊：Brachanthemum 短舌菊属（菊科）；-oides/ -oideus/ -oideum/ -oidea/ -odes/ -eidos 像……的，类似……的，呈……状的（名词词尾）

Kaschgaria komarovii 喀什菊：komarovii ← Vladimir Leontjevich Komarov 科马洛夫（人名，1869–1945，俄国植物学家）

Keenania 溪楠属（茜草科）（71-1：p308）：keenania（人名）

Keenania flava 黄溪楠：flavus → flavo-/ flavi-/ flav- 黄色的，鲜黄色的，金黄色的（指纯正的黄色）

Keenania tonkinensis 溪楠：tonkin 东京（地名，越南河内的旧称）

Keiskea 香简草属（唇形科）（66：p358）：keiskea ← Keisuke Ito 伊藤圭介（人名，19 世纪日本植物学家，草本植物专家）

Keiskea australis 南方香简草：australis 南方的，南半球的；austro-/ austr- 南方的，南半球的，大洋洲的；auster 南方，南风；-aris（阳性、阴性）/ -are（中性）← -alis（阳性、阴性）/ -ale（中性）属于，相似，如同，具有，涉及，关于，联结于（将名词作形容词用，其中 -aris 常用于以 l 或 r 为词干末尾的词）

Keiskea elsholtzioides 香薷状香简草（薷 rú）：elsholtzioides 像香薷的；Elsholtzia 香薷属；-oides/ -oideus/ -oideum/ -oidea/ -odes/ -eidos 像……的，类似……的，呈……状的（名词词尾）

Keiskea glandulosa 腺毛香简草：glandulosus = glandus + ulus + osus 被细腺的，具腺体的，腺体质的；glandus ← glans 腺体；-ulus/ -ulum/ -ula 小的，略微的，稍微的（小词 -ulus 在字母 e 或 i 之后有多种变缀，即 -olus/ -olum/ -ola、-ellus/ -ellum/ -ella、-illus/ -illum/ -illa，与第一变格法和第二变格法名词形成复合词）；-osus/ -osum/ -osa 多的，充分的，丰富的，显著发育的，程度高的，特征明显的（形容词词尾）

Keiskea sinensis 中华香简草：sinensis = Sina + ensis 中国的（地名）；Sina 中国

Keiskea szechuanensis 香简草：szechuan 四川（地名）

Kelloggia 钩毛果属（原名"钩毛草属"，禾本科有重名）（茜草科）（71-2：p156）：kelloggia ← Albert Kellogg（人名，1813–1887，美国医生、植物学家）

Kelloggia chinensis 云南钩毛果（原名"云南钩毛草"）：chinensis = china + ensis 中国的（地名）；China 中国

Kerria 棣棠花属（棣 dì）（蔷薇科）（37：p2）：kerria ← Arthur Francis George Kerr 或 William Kerr（人名，18 世纪英国植物采集员）

Kerria japonica 棣棠花：japonica 日本的（地名）；-icus/ -icum/ -ica 属于，具有某种特性（常用于地名、起源、生境）

Kerria japonica f. aureo-variegata 金边棣棠花：

K

aure-/ aureo- ← aureus 黄色，金色；variegatus = variego + atus 有彩斑的，有条纹的，杂食的，杂色的；variego = varius + ago 染上各种颜色，使成五彩缤纷的，装饰，点缀，使闪出五颜六色的光彩，变化，变更，不同；varius = varus + ius 各种各样的，不同的，多型的，易变的；varus 不同的，变化的，外弯的，凸起的；-ius/ -ium/ -ia 具有……特性的（表示有关、关联、相似）；-ago 表示相似或联系，如 plumbago，铅的一种（来自 plumbum 铅），来自 -go；-go 表示一种能做工作的力量，如 vertigo，也表示事态的变化或者一种事态、趋向或病态，如 robigo（红的情况，变红的趋势，因而是铁锈），aerugo（铜锈），因此它变成一个表示具有某种质的属性的构词元素，如 lactago（具有乳浆的草），或相似性，如 ferulago（近似 ferula，阿魏）、canilago（一种 canila）

Kerria japonica f. picta 银边棣棠花：pictus 有色的，彩色的，美丽的（指浓淡相间的花纹）

Kerria japonica f. pleniflora 重瓣棣棠花（重chóng）：plenus → plen-/ pleni- 很多的，充满的，大量的，重瓣的，多重的；florus/ florum/ flora ← flos 花（用于复合词）

Keteleeria 油杉属（松科）（7：p34）：keteleeria ← Jean Baptiste Keteleer（人名，19 世纪法国园艺学家）

Keteleeria calcarea 黄枝油杉：calcareus 白垩色的，粉笔色的，石灰的，石灰质的；-eus/ -eum/ -ea（接拉丁语词干时）属于……的，色如……的，质如……的（表示原料、颜色或品质的相似），（接希腊语词干时）属于……的，以……出名，为……所占有（表示具有某种特性）

Keteleeria cyclolepis 江南油杉：cyclo-/ cycl- ← cyclos 圆形，圈环；lepis/ lepidos 鳞片

Keteleeria davidiana 铁坚油杉：davidiana ← Pere Armand David（人名，1826–1900，曾在中国采集植物标本的法国传教士）

Keteleeria davidiana var. chien-peii 青岩油杉：chien-peii（人名，词尾改为"-i"似更妥）；-ii 表示人名，接在以辅音字母结尾的人名后面，但 -er 除外

Keteleeria davidiana var. davidiana 铁坚油杉-原变种（词义见上面解释）

Keteleeria evelyniana 云南油杉：evelyniana（人名）

Keteleeria formosana 台湾油杉：formosanus = formosus + anus 美丽的，台湾的；formosus ← formosa 美丽的，台湾的（葡萄牙殖民者发现台湾时对其的称呼，即美丽的岛屿）；-anus/ -anum/ -ana 属于，来自（形容词词尾）

Keteleeria fortunei 油杉：fortunei ← Robert Fortune（人名，19 世纪英国园艺学家，曾在中国采集植物）；-i 表示人名，接在以元音字母结尾的人名后面，但 -a 除外

Keteleeria hainanensis 海南油杉：hainanensis 海南的（地名）

Keteleeria oblonga 矩鳞油杉：oblongus = ovus + longus 长椭圆形的（ovus 的词干 ov- 音变为 ob-）；ovus 卵，胚珠，卵形的，椭圆形的；longus 长的，纵向的

Keteleeria pubescens 柔毛油杉：pubescens ← pubens 被短柔毛的，长出柔毛的；pubi- ← pubis 细柔毛的，短柔毛的，毛被的；pubesco/ pubescere 长成的，变为成熟的，长出柔毛的，青春期体毛的；-escens/ -ascens 改变，转变，变成，略微，带有，接近，相似，大致，稍微（表示变化的趋势，并未完全相似或相同，有别于表示达到完成状态的 -atus）

Khaya 非洲楝属（楝科）（43-3：p46）：khaya（人名）

Khaya senegalensis 非洲楝：senegalensis 塞内加尔河的（地名，西非）

Kigelia 吊灯树属（紫葳科）（69：p58）：kigelia（斯瓦西里语土名）

Kigelia africana 吊灯树：africana 非洲的（地名）

Kingdonia 独叶草属（毛茛科）（28：p239）：kingdonia ← Frank Kingdon-Ward（人名，1840–1909，英国植物学家）

Kingdonia uniflora 独叶草：uni-/ uno- ← unus/ unum/ una 一，单一（希腊语为 mono-/ mon-）；florus/ florum/ flora ← flos 花（用于复合词）

Kingidium 尖囊兰属（兰科）（19：p350）：kingidium ← George King（人名，1840–1909，英国植物学家）

Kingidium braceanum 尖囊兰：braceanum（人名，20 世纪美国植物采集员）

Kingidium deliciosum 大尖囊兰：deliciosus 优雅的，喜悦的，美味的；delicia 优雅，喜悦，美味；-osus/ -osum/ -osa 多的，充分的，丰富的，显著发育的，程度高的，特征明显的（形容词词尾）

Kingidium taeniale 小尖囊兰：taeniale 条状的；taenius 绸带，纽带，条带状的；-aris（阳性、阴性）/ -are（中性）← -alis（阳性、阴性）/ -ale（中性）属于，相似，如同，具有，涉及，关于，联结于（将名词作形容词用，其中 -aris 常用于以 l 或 r 为词干末尾的词）

Kinostemon 动蕊花属（唇形科）（65-2：p22）：kinostemon 摆动的花蕊（指细长花丝常摆动）；kineo 运动，摆动；stemon 雄蕊

Kinostemon alborubrum 粉红动蕊花：alboruburus 粉色的；albus → albi-/ albo- 白色的；rubrus/ rubrum/ rubra/ ruber 红色的

Kinostemon ornatum 动蕊花：ornatus 装饰的，华丽的

Kinostemon ornatum f. falcatum 动蕊花-镰叶变型：falcatus = falx + atus 镰刀的，镰刀状的；falx 镰刀，镰刀形，镰刀状弯曲；构词规则：以 -ix/ -iex 结尾的词其词干末尾视为 -ic，以 -ex 结尾视为 -i/ -ic，其他以 -x 结尾视为 -c；-atus/ -atum/ -ata 属于，相似，具有，完成（形容词词尾）

Kinostemon ornatum f. ornatum 动蕊花-原变型（词义见上面解释）

Kinostemon ornatum f. subintegrifolium 动蕊花-全叶变型：subintegrifolium 近全缘叶的；sub-（表示程度较弱）与……类似，几乎，稍微，弱，亚，之下，下面；integer/ integra/ integrum → integri- 完整的，整个的，全缘的；folius/ folium/ folia 叶，叶片（用于复合词）

Kirengeshoma 黄山梅属（虎耳草科）（35-1：p67）：kirengeshoma（日文）

K

Kirengeshoma palmata 黄山梅：palmatus = palmus + atus 掌状的，具掌的；palmus 掌，手掌

Kirilowia 棉藜属（藜科）（25-2：p112）：kirilowia ← Ivan Petrovich Kirilov（人名，19 世纪俄国植物学家）

Kirilowia eriantha 棉藜：erion 绵毛，羊毛；anthus/ anthum/ antha/ anthe ← anthos 花（用于希腊语复合词）

Kleinhovia 鹧鸪麻属（鹧鸪 zhè gū）（梧桐科）（49-2：p142）：kleinhovia ← C. Kleinhof（人名，1704–1763，德国药学家）

Kleinhovia hospita 鹧鸪麻：hospita 好客的，热情的，友好的

Kmeria 单性木兰属（木兰科）（30-1：p147）：kmeria（人名，英国植物学家）

Kmeria septentrionalis 单性木兰：septentrionalis 北方的，北半球的，北极附近的；septentrio 北斗七星，北方，北风；septem-/ sept-/ septi- 七（希腊语为 hepta-）；trio 耕牛，大、小熊星座

Knema 红光树属（肉豆蔻科）（30-2：p177）：knema 碎屑（希腊语）

Knema cinerea var. glauca 狭叶红光树：cinereus 灰色的，草木灰色的（为纯黑和纯白的混合色，希腊语为 tephro-/ spodo-）；ciner-/ cinere-/ cinereo- 灰色；-eus/ -eum/ -ea（接拉丁语词干时）属于……的，色如……的，质如……的（表示原料、颜色或品质的相似），（接希腊语词干时）属于……的，以……出名，为……所占有（表示具有某种特性）；glaucus → glauco-/ glauc- 被白粉的，发白的，灰绿色的

Knema conferta 密花红光树：confertus 密集的

Knema erratica 假广子：erraticus 排列不整齐的，乱七八糟的，散乱的，失败的

Knema furfuracea 红光树：furfuraceus 糠麸状的，头屑状的，叶鞘的；furfur/ furfuris 糠麸，鞘

Knema globularia 小叶红光树：globularia = globus + ulus + aria 小球形的，属于小球的；globus → glob-/ globi- 球体，圆球，地球；-arius/ -arium/ -aria 相似，属于（表示地点，场所，关系，所属）

Knema linifolia 大叶红光树：Linum 亚麻属（亚麻科）；folius/ folium/ folia 叶，叶片（用于复合词）

Knoxia 红芽大戟属（茜草科）（71-2：p3）：knoxia ← R. Knox（人名，英国旅行家）

Knoxia corymbosa 红芽大戟：corymbosus = corymbus + osus 伞房花序的；corymbus 伞形的，伞状的；-osus/ -osum/ -osa 多的，充分的，丰富的，显著发育的，程度高的，特征明显的（形容词词尾）

Knoxia mollis 贵州红芽大戟：molle/ mollis 软的，柔毛的

Knoxia valerianoides 红大戟：Valeriana 缬草属（败酱科）；-oides/ -oideus/ -oideum/ -oidea/ -odes/ -eidos 像……的，类似……的，呈……状的（名词词尾）

Kobresia 嵩草属（嵩 sōng）（莎草科）（12：p1）：kobresia ← V. Kobres（人名，18–19 世纪德国博物学家）

Kobresia angusta 细序嵩草：angustus 窄的，狭的，细的

Kobresia burangensis 普兰嵩草：burangensis 普兰的（地名，西藏阿里地区）

Kobresia capillifolia 线叶嵩草：capillus 毛发的，头发的，细毛的；folius/ folium/ folia 叶，叶片（用于复合词）

Kobresia caricina 薹穗嵩草：caricinus 像薹草的，像番木瓜的；Carex 薹草属（莎草科），Carex + inus → caricinus；Carica 番木瓜属（番木瓜科），Carica + inus → caricinus；构词规则：以 -ix/ -iex 结尾的词其词干末尾视为 -ic，以 -ex 结尾视为 -i/ -ic，其他以 -x 结尾视为 -c；-inus/ -inum/ -ina/ -inos 相近，接近，相似，具有（通常指颜色）

Kobresia cercostachys 尾穗嵩草：cercostachys 尾状花穗的；cercis 刀鞘，刀鞘状的，尾巴状的，紫荆（古拉丁名）；stachy-/ stachyo-/ -stachys/ -stachyus/ -stachyum/ -stachya 穗子，穗子的，穗子状的，穗状花序的

Kobresia cercostachys var. capillacea 发秆嵩草：capillaceus 毛发状的；capillus 毛发的，头发的，细毛的；-aceus/ -aceum/ -acea 相似的，有……性质的，属于……的

Kobresia cercostachys var. cercostachys 尾穗嵩草-原变种 （词义见上面解释）

Kobresia clarkeana 杂穗嵩草：clarkeana（人名）

Kobresia cuneata 截形嵩草：cuneatus = cuneus + atus 具楔子的，属楔形的；cuneus 楔子的；-atus/ -atum/ -ata 属于，相似，具有，完成（形容词词尾）

Kobresia curticeps 短梗嵩草：curtus 短的，不完整的，残缺的；-ceps/ cephalus ← captus 头，头状的，头状花序

Kobresia curticeps var. curticeps 短梗嵩草-原变种 （词义见上面解释）

Kobresia curticeps var. gyirongensis 吉隆嵩草：gyirongensis 吉隆的（地名，西藏中尼边境县）

Kobresia curvata 弯叶嵩草：curvatus = curvus + atus 弯曲的，具弯的，弯弓形的；curvus 弯曲的

Kobresia daqingshanica 大青山嵩草：daqingshanica 大青山的（地名，内蒙古自治区）；-icus/ -icum/ -ica 属于，具有某种特性（常用于地名、起源、生境）

Kobresia deasyi 藏西嵩草：deasyi（人名）；-i 表示人名，接在以元音字母结尾的人名后面，但 -a 除外

Kobresia duthiei 线形嵩草：duthiei（人名）；-i 表示人名，接在以元音字母结尾的人名后面，但 -a 除外

Kobresia esanbeckii 三脉嵩草：esanbeckii（人名）；-ii 表示人名，接在以辅音字母结尾的人名后面，但 -er 除外

Kobresia falcata 镰叶嵩草：falcatus = falx + atus 镰刀的，镰刀状的；构词规则：以 -ix/ -iex 结尾的词其词干末尾视为 -ic，以 -ex 结尾视为 -i/ -ic，其他以 -x 结尾视为 -c；falx 镰刀，镰刀形，镰刀状弯曲；-atus/ -atum/ -ata 属于，相似，具有，完成（形容词词尾）

Kobresia filicina 蕨状嵩草：filicinus 蕨类样的，像蕨类的；filix ← filic- 蕨；构词规则：以 -ix/ -iex 结尾的词其词干末尾视为 -ic，以 -ex 结尾视为 -i/ -ic，

其他以 -x 结尾视为 -c；-inus/ -inum/ -ina/ -inos 相近，接近，相似，具有（通常指颜色）

Kobresia filicina var. filicina 蕨状嵩草-原变种（词义见上面解释）

Kobresia filicina var. subfilicinoides 近蕨嵩草：subfilicinoides 近似蕨类的，近似蕨状嵩草的；sub-（表示程度较弱）与……类似，几乎，稍微，弱，亚，之下，下面；filicinus 蕨类样的，像蕨类的；filicina ← Kobresia filicina 蕨状嵩草；-oides/ -oideus/ -oideum/ -oidea/ -odes/ -eidos 像……的，类似……的，呈……状的（名词词尾）

Kobresia filifolia 丝叶嵩草：fili-/ fil- ← filum 线状的，丝状的；folius/ folium/ folia 叶，叶片（用于复合词）

Kobresia fragilis 囊状嵩草：fragilis 脆的，易碎的

Kobresia glaucifolia 粉绿嵩草：glaucifolius = glaucus + folius 粉绿叶的，灰绿叶的，叶被白粉的；glaucus → glauco-/ glauc- 被白粉的，发白的，灰绿色的；folius/ folium/ folia 叶，叶片（用于复合词）

Kobresia graminifolia 禾叶嵩草：graminus 禾草，禾本科草；folius/ folium/ folia 叶，叶片（用于复合词）

Kobresia helanshanica 贺兰山嵩草：helanshanica 贺兰山的（地名，跨内蒙古自治区与与宁夏回族自治区）

Kobresia humilis 矮生嵩草：humilis 矮的，低的

Kobresia inflata 膨囊嵩草：inflatus 膨胀的，袋状的

Kobresia kansuensis 甘肃嵩草：kansuensis 甘肃的（地名）

Kobresia kuekenthaliana 宁远嵩草：kuekenthaliana ← G. Kuekenthal（人名，1864–1955，德国人）

Kobresia lacustris 湖滨嵩草：lacustris 湖水的

Kobresia laxa 疏穗嵩草：laxus 稀疏的，松散的，宽松的

Kobresia lepidochlamys 鳞被嵩草：lepido- ← lepis 鳞片，鳞片状（lepis 词干视为 lepid-，后接辅音字母时通常加连接用的"o"，故形成"lepido-"）；lepido- ← lepidus 美丽的，典雅的，整洁的，装饰华丽的；chlamys 花被，包被，外罩，被盖；注：构词成分 lepid-/ lepdi-/ lepido- 需要根据植物特征翻译成"秀丽"或"鳞片"

Kobresia littledalei 藏北嵩草（藏 zàng）：littledalei ← George R. Littledale（人名，模式标本采集者）；-i 表示人名，接在以元音字母结尾的人名后面，但 -a 除外

Kobresia loliacea 黑麦嵩草：loliaceus 像黑麦草的；Lolium 黑麦草属（禾本科）；-aceus/ -aceum/ -acea 相似的，有……性质的，属于……的

Kobresia longearistita 长芒嵩草：longearistita（为 longearistata 的误拼）；longearistatus = longus + aristatus 具长芒的；longe-/ longi- ← longus 长的，纵向的；aristatus(aristosus) = arista + atus 具芒的，具芒刺的，具刚毛的，具胡须的；arista 芒

Kobresia macrantha 大花嵩草：macro-/ macr- ← macros 大的，宏观的（用于希腊语复合词）；anthus/ anthum/ antha/ anthe ← anthos 花（用于希腊语复合词）

Kobresia macrantha var. macrantha 大花嵩草-原变种（词义见上面解释）

Kobresia macrantha var. nudicarpa 裸果嵩草：nudi- ← nudus 裸露的；carpus/ carpum/ carpa/ carpon ← carpos 果实（用于希腊语复合词）

Kobresia macroprophylla 祁连嵩草（祁 qí）：macro-/ macr- ← macros 大的，宏观的（用于希腊语复合词）；pro- 前，在前，在先，极其；phyllus/ phyllum/ phylla ← phyllon 叶片（用于希腊语复合词）；prophyllus 先出叶，小苞片

Kobresia maquensis 玛曲嵩草：maquensis 玛曲的（地名，甘肃省）

Kobresia menyuanica 门源嵩草：menyuanica 门源的（地名，青海省）；-icus/ -icum/ -ica 属于，具有某种特性（常用于地名、起源、生境）

Kobresia minshanica 岷山嵩草（岷 mín）：minshanica 岷山的（地名，四川省），岷县的（地名，甘肃省）；-icus/ -icum/ -ica 属于，具有某种特性（常用于地名、起源、生境）

Kobresia myosuroides 嵩草：myosuroides 像鼠尾的；myos 老鼠，小白鼠；-urus/ -ura/ -ourus/ -oura/ -oure/ -uris 尾巴；-oides/ -oideus/ -oideum/ -oidea/ -odes/ -eidos 像……的，类似……的，呈……状的（名词词尾）

Kobresia nepalensis 尼泊尔嵩草：nepalensis 尼泊尔的（地名）

Kobresia nitens 亮绿嵩草：nitens 光亮的，发光的；nitere 发亮；nit- 闪耀，发光

Kobresia persica 波斯嵩草：persica 桃，杏，波斯的（地名）

Kobresia pinetorum 松林嵩草：pinetorum 松林的，松林生的；Pinus 松属（松科）；-etorum 群落的（表示群丛、群落的词尾）

Kobresia prainii 不丹嵩草：prainii ← David Prain（人名，20 世纪英国植物学家）

Kobresia pusilla 高原嵩草：pusillus 纤弱的，细小的，无价值的

Kobresia pygmaea 高山嵩草：pygmaeus/ pygmaei 小的，低矮的，极小的，矮人的；pygm- 矮，小，侏儒；-aeus/ -aeum/ -aea 表示属于……，名词形容词化词尾，如 europaeus ← europa 欧洲的

Kobresia pygmaea var. filiculmis 新都嵩草：fili-/ fil- ← filum 线状的，丝状的；culmis/ culmius 杆，杆状的

Kobresia pygmaea var. pygmaea 高山嵩草-原变种（词义见上面解释）

Kobresia robusta 粗壮嵩草：robustus 大型的，结实的，健壮的，强壮的

Kobresia royleana 喜马拉雅嵩草：royleana ← John Forbes Royle（人名，19 世纪英国植物学家、医生）

Kobresia schoenoides 赤箭嵩草：schoenites 像灯心草的，像赤箭莎的；schoenus/ schoinus 灯心草（希腊语）；Schoenus 赤箭莎属（莎草科）；-oides/ -oideus/ -oideum/ -oidea/ -odes/ -eidos 像……的，类似……的，呈……状的（名词词尾）

Kobresia setchwanensis 四川嵩草：setchwanensis 四川的（地名）

Kobresia seticulmis 坚挺嵩草：setus/ saetus 刚毛，刺毛，芒刺；culmis/ culmius 杆，杆状的

Kobresia squamaeformis 夏河嵩草：squamaeformis 鳞片状的（注：组成复合词时，要将前面词的词尾 -us/ -um/ -a 变成 -i- 或 -o- 而不是所有格，故该词宜改为"squamiformis"）；squamus 鳞，鳞片，薄膜；formis/ forma 形状

Kobresia stenocarpa 细果嵩草：sten-/ steno- ← stenus 窄的，狭的，薄的；carpus/ carpum/ carpa/ carpon ← carpos 果实（用于希腊语复合词）

Kobresia stolonifera 匍茎嵩草：stolon 匍匐茎；-ferus/ -ferum/ -fera/ -fero/ -fere/ -fer 有，具有，产（区别：作独立词使用的 ferus 意思是"野生的"）

Kobresia tibetica 西藏嵩草：tibetica 西藏的（地名）；-icus/ -icum/ -ica 属于，具有某种特性（常用于地名、起源、生境）

Kobresia tunicata 玉龙嵩草：tunicatus 覆膜的，包被的；tunica 覆膜，包被，外壳

Kobresia uncinoides 钩状高草：uncinoides 似钩的，略成钩状的；uncinus = uncus + inus 钩状的，倒刺，刺；uncus 钩，倒钩刺；-inus/ -inum/ -ina/ -inos 相近，接近，相似，具有（通常指颜色）；-oides/ -oideus/ -oideum/ -oidea/ -odes/ -eidos 像……的，类似……的，呈……状的（名词词尾）

Kobresia vidua 短轴嵩草：viduus 缺少，没有

Kobresia williamsii 根茎嵩草：williamsii ← Williams（人名）

Kobresia yadongensis 亚东嵩草：yadongensis 亚东的（地名，西藏自治区）

Kobresia yangii 纤细嵩草：yangii（人名）；-ii 表示人名，接在以辅音字母结尾的人名后面，但 -er 除外

Kobresia yushuensis 玉树嵩草：yushuensis 玉树的（地名，青海省）

Kochia 地肤属（藜科）（25-2：p99）：kochia ← Wilhelm Daniel Joseph Koch（人名，1771–1849，德国植物学家）

Kochia iranica 伊朗地肤：iranica 伊朗的（地名）；-icus/ -icum/ -ica 属于，具有某种特性（常用于地名、起源、生境）

Kochia krylovii 全翅地肤：krylovii（人名）；-ii 表示人名，接在以辅音字母结尾的人名后面，但 -er 除外

Kochia laniflora 毛花地肤：lani- 羊毛状的，多毛的，密被软毛的；florus/ florum/ flora ← flos 花（用于复合词）

Kochia melanoptera 黑翅地肤：mel-/ mela-/ melan-/ melano- ← melanus/ melaenus ← melas/ melanos 黑色的，浓黑色的，暗色的；pterus/ pteron 翅，翼，蕨类

Kochia odontoptera 尖翅地肤：odontus/ odontos → odon-/ odont-/ odonto-（可作词首或词尾）齿，牙齿状的；odous 齿，牙齿（单数，其所有格为 odontos）；pterus/ pteron 翅，翼，蕨类

Kochia prostrata 木地肤：prostratus/ pronus/ procumbens 平卧的，匍匐的

Kochia prostrata var. canescens 灰毛木地肤：canescens 变灰色的，淡灰色的；canens 使呈灰色的；canus 灰色的，灰白色的；-escens/ -ascens 改变，转变，变成，略微，带有，接近，相似，大致，

稍微（表示变化的趋势，并未完全相似或相同，有别于表示达到完成状态的 -atus）

Kochia prostrata var. prostrata 木地肤-原变种（词义见上面解释）

Kochia prostrata var. villosissima 密毛木地肤：villosissimus 柔毛很多的；villosus 柔毛的，绵毛的；villus 毛，羊毛，长绒毛；-osus/ -osum/ -osa 多的，充分的，丰富的，显著发育的，程度高的，特征明显的（形容词词尾）；-issimus/ -issima/ -issimum 最，非常，极其（形容词最高级）

Kochia scoparia 地肤：scoparius 笤帚状的；scopus 笤帚；-arius/ -arium/ -aria 相似，属于（表示地点，场所，关系，所属）；Scoparia 野甘草属（玄参科）

Kochia scoparia var. scoparia 地肤-原变种 （词义见上面解释）

Kochia scoparia var. sieversiana 碱地肤：sieversiana（人名）

Kochia scoparia f. trichophylla 扫帚菜：trich-/ tricho-/ tricha- ← trichos ← thrix 毛，多毛的，线状的，丝状的；phyllus/ phyllum/ phylla ← phyllon 叶片（用于希腊语复合词）

Koeleria 落草属（落 qià）（禾本科）（9-3：p129）：koeleria ← George Ludwig Koeler（人名，1765–1807，德国植物学家）

Koeleria asiatica 匍茎落草：asiatica 亚洲的（地名）；-aticus/ -aticum/ -atica 属于，表示生长的地方，作名词词尾

Koeleria cristata 落草：cristatus = crista + atus 鸡冠的，鸡冠状的，扇形的，山脊状的；crista 鸡冠，山脊，网壁；-atus/ -atum/ -ata 属于，相似，具有，完成（形容词词尾）

Koeleria cristata var. cristata 落草-原变种 （词义见上面解释）

Koeleria cristata var. poaeformis 小花落草：poaeformis = Poa + formis 早熟禾状的（注：组成复合词时，要将前面词的词尾 -us/ -um/ -a 变成 -i- 或 -o- 而不是所有格，故该词宜改为"poiformis"）；Poa 早熟禾属（禾本科）；formis/ forma 形状

Koeleria cristata var. pseudocristata 大花落草：pseudocristata 像 cristata（本属植物名）的；pseudo-/ pseud- ← pseudos 假的，伪的，接近，相似（但不是）

Koeleria litvinowii 芒落草：litvinowii（人名）；-ii 表示人名，接在以辅音字母结尾的人名后面，但 -er 除外

Koeleria litvinowii var. litvinowii 芒落草-原变种（词义见上面解释）

Koeleria litvinowii var. tafelii 矮落草：tafelii（人名）；-ii 表示人名，接在以辅音字母结尾的人名后面，但 -er 除外

Koelpinia 蝎尾菊属（菊科）（80-1：p10）：koelpinia ← Koilpine（人名）

Koelpinia linearis 蝎尾菊：linearis = lineus + aris 线条的，线形的，线状的，亚麻状的；lineus = linum + eus 线状的，丝状的，亚麻状的；linum ← linon 亚麻，线（古拉丁名）；-aris（阳性、阴性）/ -are（中性）← -alis（阳性、阴性）/ -ale（中性）属于，相似，如同，具有，涉及，关于，联

结于（将名词作形容词用，其中 -aris 常用于以 l 或 r 为词干末尾的词）

Koelreuteria 栾树属（栾 luán）（无患子科）（47-1：p54）：koelreuteria ← Joseph Gottlieb Koelreuter（人名，1733–1806，德国自然历史学家）

Koelreuteria bipinnata 复羽叶栾树：bipinnatus 二回羽状的；bi-/ bis- 二，二数，二回（希腊语为 di-）；pinnatus = pinnus + atus 羽状的，具羽的；pinnus/ pennus 羽毛，羽状，羽片；-atus/ -atum/ -ata 属于，相似，具有，完成（形容词词尾）

Koelreuteria bipinnata var. integrifoliola 全缘叶栾树：integer/ integra/ integrum → integri- 完整的，整个的，全缘的；foliolus = folius + ulus 小叶

Koelreuteria elegans subsp. formosana 台湾栾树：elegans 优雅的，秀丽的；formosanus = formosus + anus 美丽的，台湾的；formosus ← formosa 美丽的，台湾的（葡萄牙殖民者发现台湾时对其的称呼，即美丽的岛屿）；-anus/ -anum/ -ana 属于，来自（形容词词尾）

Koelreuteria paniculata 栾树：paniculatus = paniculus + atus 具圆锥花序的；paniculus 圆锥花序；panus 谷穗；panicus 野稗，粟，谷子；-atus/ -atum/ -ata 属于，相似，具有，完成（形容词词尾）

Koenigia 冰岛蓼属（蓼 liǎo）（蓼科）（25-1：p3）：koenigia ← Johann Gerhard Koenig（人名，18 世纪植物学家）

Koenigia islandica 冰岛蓼：islandica 冰岛的（地名）

Koilodepas 白茶树属（大戟科）（44-2：p93）：koilos 空的（希腊语）；depas 广口瓶（希腊语）

Koilodepas hainanense 白茶树：hainanense 海南的（地名）

Kolkwitzia 猬实属（"蝟"为"猬"的异体字）（忍冬科）（72：p114）：kolkwitzia ← Richard Kolkwitz（人名，19 世纪德国植物学家）

Kolkwitzia amabilis 猬实：amabilis 可爱的，有魅力的；amor 爱；-ans/ -ens/ -bilis/ -ilis 能够，可能（为形容词词尾，-ans/ -ens 用于主动语态，-bilis/ -ilis 用于被动语态）

Kopsia 蕊木属（夹竹桃科）（63：p41）：kopsia ← Jan Kops（人名，1765–1859，荷兰植物学家）

Kopsia fruticosa 红花蕊木：fruticosus/ frutesceus 灌丛状的；frutex 灌木；构词规则：以 -ix/ -iex 结尾的词其词干末尾视为 -ic，以 -ex 结尾视为 -i/ -ic，其他以 -x 结尾视为 -c；-osus/ -osum/ -osa 多的，充分的，丰富的，显著发育的，程度高的，特征明显的（形容词词尾）

Kopsia hainanensis 海南蕊木：hainanensis 海南的（地名）

Kopsia lancibracteolata 蕊木：lance-/ lancei-/ lanci-/ lanceo-/ lanc- ← lanceus 披针形的，矛形的，尖刀状的，柳叶刀状的；bracteolatus = bracteus + ulus + atus 具小苞片的；bracteus 苞，苞片，苞鳞，-ulus/ -ulum/ -ula 小的，略微的，稍微的（小词 -ulus 在字母 e 或 i 之后有多种变缀，即 -olus/ -olum/ -ola、-ellus/ -ellum/ -ella、-illus/ -illum/ -illa，与第一变格法和第二变格法名词形成复合词）；-atus/ -atum/ -ata 属于，相似，具有，完成（形容词词尾）

Kopsia officinalis 云南蕊木：officinalis/ officinale 药用的，有药效的；officina ← opificina 药店，仓库，作坊

Korthalsella 栗寄生属（桑寄生科）（24：p140）：korthalsella ← Pieter Willem Korthals（人名，荷兰植物学家）；-ella 小（用作人名或一些属名词尾时并无小词意义）；Korthalsia（科萨属）（棕榈科）

Korthalsella japonica 栗寄生：japonica 日本的（地名）；-icus/ -icum/ -ica 属于，具有某种特性（常用于地名、起源、生境）

Korthalsella japonica var. fasciculata 狭茎栗寄生：fasciculatus 成束的，束状的，成簇的；fasciculus 丛，簇，束；fascis 束

Korthalsella japonica var. japonica 栗寄生-原变种（词义见上面解释）

Krasnovia 块茎芹属（伞形科）（55-1：p80）：krasnovia（人名，俄国植物学家）

Krasnovia longiloba 块茎芹：longe-/ longi- ← longus 长的，纵向的；lobus/ lobos/ lobon 浅裂，耳片（裂片先端钝圆），荚果，蒴果

Krylovia 岩菀属（菀 wǎn）（菊科）（74：p254）：krylovia（人名）

Krylovia eremophila 沙生岩菀：eremos 荒凉的，孤独的，孤立的；philus/ philein ← philos → phil-/ phili/ philo- 喜好的，爱好的，喜欢的（注意区别形近词：phylus、phyllus）；phylus/ phylum/ phyla ← phylon/ phyle 植物分类单位中的"门"，位于"界"和"纲"之间，类群，种族，部落，聚群；phyllus/ phyllum/ phylla ← phyllon 叶片（用于希腊语复合词）

Krylovia limoniifolia 岩菀：limoniifolius = Limonium + folius 补血草叶的；缀词规则：以属名作复合词尾时原词尾变形后的 i 要保留；Limonium 补血草属（白花丹科）；folius/ folium/ folia 叶，叶片（用于复合词）

Kudoacanthus 银脉爵床属（爵床科）（70：p230）：kudo 工藤（人名）；Acanthus 老鼠簕属（簕 lè）

Kudoacanthus albo-nervosa 银脉爵床：albus → albi-/ albo- 白色的；nervosus 多脉的，叶脉明显的；nervus 脉，叶脉；-osus/ -osum/ -osa 多的，充分的，丰富的，显著发育的，程度高的，特征明显的（形容词词尾）

Kummerowia 鸡眼草属（豆科）（41：p159）：kummerowia（人名，俄国植物学家，专门研究波兰植物）

Kummerowia stipulacea 长萼鸡眼草：stipulaceus 托叶的，托叶状的，托叶上的；stipulus 托叶；-aceus/ -aceum/ -acea 相似的，有……性质的，属于……的

Kummerowia striata 鸡眼草：striatus = stria + atus 有条纹的，有细沟的；stria 条纹，线条，细纹，细沟

Kuniwatsukia 拟鳞毛蕨属（蹄盖蕨科）（3-2：p77）：kuniwatsukia（人名）

Kuniwatsukia cuspidata 拟鳞毛蕨：cuspidatus = cuspis + atus 尖头的，凸尖的；构词规则：词尾为 -is 和 -ys 的词的词干分别视为 -id 和 -yd；cuspis（所有格为 cuspidis）齿尖，凸尖，尖头；-atus/

-atum/ -ata 属于，相似，具有，完成（形容词词尾）

Kydia 翅果麻属（锦葵科）（49-2：p39）：kydia ← Colonel Robert Kyd（人名，18 世纪加尔各答植物园主任）

Kydia calycina 翅果麻：calycinus = calyx + inus 萼片的，萼片状的，萼片宿存的；calyx → calyc- 萼片（用于希腊语复合词）；构词规则：以 -ix/ -iex 结尾的词其词干末尾视为 -ic，以 -ex 结尾视为 -i/ -ic，其他以 -x 结尾视为 -c；-inus/ -inum/ -ina/ -inos 相近，接近，相似，具有（通常指颜色）

Kydia glabrescens 光叶翅果麻：glabrus 光秃的，无毛的，光滑的；-escens/ -ascens 改变，转变，变成，略微，带有，接近，相似，大致，稍微（表示变化的趋势，并未完全相似或相同，有别于表示达到完成状态的 -atus）

Kydia glabrescens var. glabrescens 光叶翅果麻-原变种 （词义见上面解释）

Kydia glabrescens var. intermedia 毛叶翅果麻：intermedius 中间的，中位的，中等的；inter- 中间的，在中间，之间；medius 中间的，中央的

Kydia jujubifolia 枣叶翅果麻：jujuba 枣树（阿拉伯语）；folius/ folium/ folia 叶，叶片（用于复合词）

Kyllinga 水蜈蚣属（莎草科）（11：p184）：kyllinga ← Peter Kylling（人名，1640–1696，丹麦植物学家）

Kyllinga brevifolia 短叶水蜈蚣：brevi- ← brevis 短的（用于希腊语复合词词首）；folius/ folium/ folia 叶，叶片（用于复合词）

Kyllinga brevifolia var. brevifolia 短叶水蜈蚣-原变种 （词义见上面解释）

Kyllinga brevifolia var. brevifolia f. brevifolia 短叶水蜈蚣-原变型 （词义见上面解释）

Kyllinga brevifolia var. brevifolia f. pumila 矮短叶水蜈蚣：pumilus 矮的，小的，低矮的，矮人的

Kyllinga brevifolia var. leiolepis 无刺鳞水蜈蚣：lei-/ leio-/ lio- ← leius ← leios 光滑的，平滑的；lepis/ lepidos 鳞片

Kyllinga brevifolia var. stellulata 小星穗水蜈蚣：stellulatus = stella + ulus + atus 具小星芒状的；stella 星状的；-ulus/ -ulum/ -ula 小的，略微的，稍微的（小词 -ulus 在字母 e 或 i 之后有多种变缀，即 -olus/ -olum/ -ola、-ellus/ -ellum/ -ella、-illus/ -illum/ -illa，与第一变格法和第二变格法名词形成复合词）；-atus/ -atum/ -ata 属于，相似，具有，完成（形容词词尾）

Kyllinga cylindrica 圆筒穗水蜈蚣：cylindricus 圆形的，圆筒状的

Kyllinga melanosperma 黑籽水蜈蚣：mel-/ mela-/ melan-/ melano- ← melanus/ melaenus ← melas/ melanos 黑色的，浓黑色的，暗色的；spermus/ spermum/ sperma 种子的（用于希腊语复合词）

Kyllinga monocephala 单穗水蜈蚣：mono-/ mon- ← monos 一个，单一的（希腊语，拉丁语为 unus/ uni-/ uno-）；cephalus/ cephale ← cephalos 头，头状花序

Kyllinga squamulata 冠鳞水蜈蚣（冠 guān）：squamulatus = squamus + ulus + atus 具小鳞片的；squamus 鳞，鳞片，薄膜

Kyllinga triceps 三头水蜈蚣：tri-/ tripli-/ triplo- 三个，三数；-ceps/ cephalus ← captus 头，头状的，头状花序

Labiatae 唇形科（65-2：p1）：labiatus ← labius 具唇的，具唇瓣的；labius 唇，唇瓣，唇形；-ae（来自 -eus，为复数阴性主格，但多数科采用 -aceae 作词尾）；Labiatae 为保留科名，其标准科名为 Lamiaceae，来自模式属 Lamium 野芝麻属

Lablab 扁豆属（豆科）（41：p270）：lablab 缠绕的（阿拉伯语）

Lablab purpureus 扁豆：purpureus = purpura + eus 紫色的；purpura 紫色（purpura 原为一种介壳虫名，其体液为紫色，可作颜料）；-eus/ -eum/ -ea（接拉丁语词干时）属于……的，色如……的，质如……的（表示原料、颜色或品质的相似），（接希腊语词干时）属于……的，以……出名，为……所占有（表示具有某种特性）

Laburnocytisus 金雀毒豆属（豆科）（42-2：p419）：Laburnum 毒豆属（豆科）；Ctytisus 金雀花属（豆科）

Laburnocytisus × adamii 金雀毒豆：adamii（人名）；-ii 表示人名，接在以辅音字母结尾的人名后面，但 -er 除外

Laburnum 毒豆属（豆科）（42-2：p417）：laburnum（豆科一种三叶植物希腊语名）

Laburnum anagyroides 毒豆：Anagyris 臭豆属（豆科）；-oides/ -oideus/ -oideum/ -oidea/ -odes/ -eidos 像……的，类似……的，呈……状的（名词词尾）

Lachnoloma 绵果荠属（荠 jì）（十字花科）（33：p110）：lachno- ← lachnus 绒毛的，绵毛的；lomus/ lomatos 边缘

Lachnoloma lehmannii 绵果荠：lehmannii ← Johann Georg Christian Lehmann（人名，19 世纪德国植物学家）

Lactuca 莴苣属（菊科）（80-1：p233）：lactuca ← lactis 乳汁，莴苣（本属名为莴苣 Lactuca sativa 的古拉丁名，因其茎含乳汁）；lac/ lactis 乳汁，乳液

Lactuca altaica 阿尔泰莴苣：altaica 阿尔泰的（地名，新疆北部山脉）

Lactuca dissecta 裂叶莴苣：dissectus 多裂的，全裂的，深裂的；di-/ dis- 二，二数，二分，分离，不同，在……之间，从……分开（希腊语，拉丁语为 bi-/ bis-）；sectus 分段的，分节的，切开的，分裂的

Lactuca dolichophylla 长叶莴苣：dolicho- ← dolichos 长的；phyllus/ phyllum/ phylla ← phyllon 叶片（用于希腊语复合词）

Lactuca sativa 莴苣：sativus 栽培的，种植的，耕地的，耕作的

Lactuca sativa var. angustata 莴笋：angustatus = angustus + atus 变窄的；angustus 窄的，狭的，细的

Lactuca sativa var. capitata 卷心莴苣：capitatus 头状的，头状花序的；capitus ← capitis 头，头状

Lactuca sativa var. ramosa 生菜：ramosus = ramus + osus 有分枝的，多分枝的；ramus 分枝，枝条；-osus/ -osum/ -osa 多的，充分的，丰富的，显著发育的，程度高的，特征明显的（形容词词尾）

L

Lactuca scandens （细藤莴苣）：scandens 攀缘的，缠绕的，藤本的；scando/ scansum 上升，攀登，缠绕

Lactuca serriola 野莴苣：serriolus = serrus + ulus 细齿的，细锯齿的；serrus 齿，锯齿；-ulus/ -ulum/ -ula 小的，略微的，稍微的（小词 -ulus 在字母 e 或 i 之后有多种变缀，即 -olus/ -olum/ -ola、-ellus/ -ellum/ -ella、-illus/ -illum/ -illa，与第一变格法和第二变格法名词形成复合词）

Lactuca undulata 飘带果：undulatus = undus + ulus + atus 略呈波浪状的，略弯曲的；undus/ undum/ unda 起波浪的，弯曲的；-ulus/ -ulum/ -ula 小的，略微的，稍微的（小词 -ulus 在字母 e 或 i 之后有多种变缀，即 -olus/ -olum/ -ola、-ellus/ -ellum/ -ella、-illus/ -illum/ -illa，与第一变格法和第二变格法名词形成复合词）；-atus/ -atum/ -ata 属于，相似，具有，完成（形容词词尾）

Lactuca virosa （臭莴苣）：virosus 有毒的，恶臭的；virus 毒素，毒液，黏液，恶臭

Lafoensia 丽薇属（千屈菜科）（52-2：p87）：lafoensia（人名，葡萄牙植物学家）

Lafoensia vandelliana 丽薇：vandelliana（人名）

Lagarosolen 细筒苣苔属（苦苣苔科）（69：p329）：lagaros 细的，毛细管状的，中空的；solena/ solen 管，管状的

Lagarosolen hispidus 细筒苣苔：hispidus 刚毛的，鬃毛状的

Lagedium 山莴苣属（菊科，已合并到莴苣属 Lactuca）（80-1：p69）：lagedium ← Lagedi（地名，爱沙尼亚）

Lagedium sibiricum 山莴苣：sibiricum 西伯利亚的（地名，俄罗斯）；-icus/ -icum/ -ica 属于，具有某种特性（常用于地名、起源、生境）

Lagenaria 葫芦属（葫芦科）（73-1：p216）：lagenaria ← lagenos 瓶子，葫芦（比喻果实的形状）；-arius/ -arium/ -aria 相似，属于（表示地点，场所，关系，所属）

Lagenaria siceraria 葫芦：sicerarius 醉的

Lagenaria siceraria var. depressa 瓠瓜（瓠 hù）：depressus 凹陷的，压扁的；de- 向下，向外，从……，脱离，脱落，离开，去掉；pressus 压，压力，挤压，紧密

Lagenaria siceraria var. hispida 瓠子：hispidus 刚毛的，鬃毛状的

Lagenaria siceraria var. microcarpa 小葫芦：micr-/ micro- ← micros 小的，微小的，微观的（用于希腊语复合词）；carpus/ carpum/ carpa/ carpon ← carpos 果实（用于希腊语复合词）

Lagenaria siceraria var. siceraria 葫芦-原变种（词义见上面解释）

Lagenophora 瓶头草属（菊科）（74：p84）：lagenos 瓶子，葫芦，长颈鹿（比喻果实的形状）；-phorus/ -phorum/ -phora 载体，承载物，支持物，带着，生着，附着（表示一个部分带着别的部分，包括起支撑或承载作用的柄、柱、托、囊等，如 gynophorum = gynus + phorum 雌蕊柄的，带有雌蕊的，承载雌蕊的）；gynus/ gynum/ gyna 雌蕊，子房，心皮

Lagenophora stipitata 瓶头草：stipitatus = stipitus + atus 具柄的；stipitus 柄，梗

Lagerstroemia 紫薇属（千屈菜科）（同音字"紫葳属"为紫葳科）（52-2：p92）：lagerstroemia ← Magnus von Lagerstroem（人名，1691–1759，瑞典商人、博物学家，林奈之友）

Lagerstroemia balansae 毛萼紫薇：balansae ← Benedict Balansa（人名，19 世纪法国植物采集员）；-ae 表示人名，以 -a 结尾的人名后面加上 -e 形成

Lagerstroemia caudata 尾叶紫薇：caudatus = caudus + atus 尾巴的，尾巴状的，具尾的；caudus 尾巴

Lagerstroemia excelsa 川黔紫薇：excelsus 高的，高贵的，超越的

Lagerstroemia fordii 广东紫薇：fordii ← Charles Ford（人名）

Lagerstroemia glabra 光紫薇：glabrus 光秃的，无毛的，光滑的

Lagerstroemia guilinensis 桂林紫薇：guilinensis 桂林的（地名，广西壮族自治区）

Lagerstroemia indica 紫薇：indica 印度的（地名）；-icus/ -icum/ -ica 属于，具有某种特性（常用于地名、起源、生境）

Lagerstroemia indica f. alba 银薇：albus → albi-/ albo- 白色的

Lagerstroemia intermedia 云南紫薇：intermedius 中间的，中位的，中等的；inter- 中间的，在中间，之间；medius 中间的，中央的

Lagerstroemia limii 福建紫薇：limii（人名）；-ii 表示人名，接在以辅音字母结尾的人名后面，但 -er 除外

Lagerstroemia micrantha 小花紫薇：micr-/ micro- ← micros 小的，微小的，微观的（用于希腊语复合词）；anthus/ anthum/ antha/ anthe ← anthos 花（用于希腊语复合词）

Lagerstroemia siamica 南洋紫薇：siamica 暹罗的（地名，泰国古称）（暹 xiān）

Lagerstroemia speciosa 大花紫薇：speciosus 美丽的，华丽的；species 外形，外观，美观，物种（缩写 sp.，复数 spp.）；-osus/ -osum/ -osa 多的，充分的，丰富的，显著发育的，程度高的，特征明显的（形容词词尾）

Lagerstroemia stenopetala 狭瓣紫薇：stenopetalus = steno + petalus 狭瓣的，窄瓣的；sten-/ steno- ← stenus 窄的，狭的，薄的；petalus/ petalum/ petala ← petalon 花瓣

Lagerstroemia subcostata 南紫薇：subcostatus 稍有中脉的；sub-（表示程度较弱）与……类似，几乎，稍微，弱，亚，之下，下面；costatus 具肋的，具脉的，具中脉的（指脉明显）；costus 主脉，叶脉，肋，肋骨

Lagerstroemia suprareticulata 网脉紫薇：supra- 上部的；reticulatus = reti + culus + atus 网状的；reti-/ rete- 网（同义词：dictyo-）；-atus/ -atum/ -ata 属于，相似，具有，完成（形容词词尾）

Lagerstroemia tomentosa 绒毛紫薇：tomentosus = tomentum + osus 绒毛的，密被绒毛的；tomentum 绒毛，浓密的毛被，棉絮，棉絮状填

L

充物（被褥、垫子等）；-osus/ -osum/ -osa 多的，充分的，丰富的，显著发育的，程度高的，特征明显的（形容词词尾）

Lagerstroemia venusta 西双紫薇：venustus ← Venus 女神维纳斯的，可爱的，美丽的，有魅力的

Lagerstroemia villosa 毛紫薇：villosus 柔毛的，绵毛的；villus 毛，羊毛，长绒毛；-osus/ -osum/ -osa 多的，充分的，丰富的，显著发育的，程度高的，特征明显的（形容词词尾）

Laggera 六棱菊属（菊科）（75：p46）：laggera（瑞士人名）（以 -er 结尾的人名用作属名时在末尾加 a，如 Lonicera = Lonicer + a）

Laggera alata 六棱菊：alatus → ala-/ alat-/ alati-/ alato- 翅，具翅的，具翼的；反义词：exalatus 无翼的，无翅的

Laggera intermedia 假六棱菊：intermedius 中间的，中位的，中等的；inter- 中间的，在中间，之间；medius 中间的，中央的

Laggera pterodonta 翼齿六棱菊：pterodontus 翅齿的；pterus/ pteron 翅，翼，蕨类；odontus/ odontos → odon-/ odont-/ odonto-（可作词首或词尾）齿，牙齿状的；odous 齿，牙齿（单数，其所有格为 odontos）

Lagochilus 兔唇花属（唇形科）（65-2：p525）：lagos 兔子；chilus ← cheilos 唇，唇瓣，唇边，边缘，岸边

Lagochilus altaicus 阿尔泰兔唇花：altaicus 阿尔泰的（地名，新疆北部山脉）

Lagochilus brachyacanthus 短刺兔唇花：brachy- ← brachys 短的（用于拉丁语复合词词首）；acanthus ← Akantha 刺，具刺的（Acantha 是希腊神话中的女神，和太阳神阿波罗发生冲突，太阳神将其变成带刺的植物）

Lagochilus chingii 四齿兔唇花：chingii ← R. C. Chin 秦仁昌（人名，1898–1986，中国植物学家，蕨类植物专家），秦氏

Lagochilus diacanthophyllus 二刺叶兔唇花：diacanthum 双刺的；di-/ dis- 二，二数，二分，分离，不同，在……之间，从……分开（希腊语，拉丁语为 bi-/ bis-）；acanthus ← Akantha 刺，具刺的（Acantha 是希腊神话中的女神，和太阳神阿波罗发生冲突，太阳神将其变成带刺的植物）；phyllus/ phyllum/ phylla ← phyllon 叶片（用于希腊语复合词）

Lagochilus grandiflorus 大花兔唇花：grandi- ← grandis 大的；florus/ florum/ flora ← flos 花（用于复合词）

Lagochilus hirtus 硬毛兔唇花：hirtus 有毛的，粗毛的，刚毛的（长而明显的毛）

Lagochilus ilicifolius 冬青叶兔唇花：ilici- ← Ilex 冬青属（冬青科）；构词规则：以 -ix/ -iex 结尾的词其词干末尾视为 -ic，以 -ex 结尾视为 -i/ -ic，其他以 -x 结尾视为 -c；folius/ folium/ folia 叶，叶片（用于复合词）

Lagochilus iliensis 宽齿兔唇花：iliense/ iliensis 伊利的（地名，新疆维吾尔自治区），伊犁河的（河流名，跨中国新疆与哈萨克斯坦）

Lagochilus kaschgaricus 喀什兔唇花（喀 kā）：kaschgaricus 喀什的（地名，新疆维吾尔自治区）；

-icus/ -icum/ -ica 属于，具有某种特性（常用于地名、起源、生境）

Lagochilus lanatonodus 毛节兔唇花：lanatus = lana + atus 具羊毛的，具长柔毛的；lana 羊毛，绵毛；nodus 节，节点，连接点

Lagochilus leiacanthus 光刺兔唇花：lei-/ leio-/ lio- ← leius ← leios 光滑的，平滑的；acanthus ← Akantha 刺，具刺的（Acantha 是希腊神话中的女神，和太阳神阿波罗发生冲突，太阳神将其变成带刺的植物）

Lagochilus obliquus 斜喉兔唇花：obliquus 斜的，偏的，歪斜的，对角线的；obliq-/ obliqui- 对角线的，斜线的，歪斜的

Lagochilus platyacanthus 阔刺兔唇花：platyacanthus 大刺的，宽刺的；platys 大的，宽的（用于希腊语复合词）；acanthus ← Akantha 刺，具刺的（Acantha 是希腊神话中的女神，和太阳神阿波罗发生冲突，太阳神将其变成带刺的植物）

Lagochilus pungens 锐刺兔唇花：pungens 硬尖的，针刺的，针刺般的，辛辣的；pungo/ pupugi/ punctum 扎，刺，使痛苦

Lagopsis 夏至草属（唇形科）（65-2：p254）：lago- 兔子；-opsis/ -ops 相似，稍微，带有

Lagopsis eriostachys 毛穗夏至草：erion 绵毛，羊毛；stachy-/ stachyo-/ -stachys/ -stachyus/ -stachyum/ -stachya 穗子，穗子的，穗子状的，穗状花序的

Lagopsis flava 黄花夏至草：flavus → flavo-/ flavi-/ flav- 黄色的，鲜黄色的，金黄色的（指纯正的黄色）

Lagopsis supina 夏至草：supinus 仰卧的，平卧的，平展的，匍匐的

Lagotis 兔耳草属（玄参科）（67-2：p325）：lagotis 兔子耳朵（比喻叶形）；lagos 兔子；-otis/ -otites/ -otus/ -otion/ -oticus/ -otos/ -ous 耳，耳朵

Lagotis alutacea 革叶兔耳草：alutaceus 革质的，牛皮色的；alutarius 革质的，牛皮色的；-aceus/ -aceum/ -acea 相似的，有……性质的，属于……的

Lagotis alutacea var. alutacea 革叶兔耳草-原变种（词义见上面解释）

Lagotis alutacea var. rockii 革叶兔耳草-裂唇变种：rockii ← Joseph Francis Charles Rock（人名，20 世纪美国植物采集员）

Lagotis angustibracteata 狭苞兔耳草：angusti- ← angustus 窄的，狭的，细的；bracteatus = bracteus + atus 具苞片的；bracteus 苞，苞片，苞鳞

Lagotis brachystachya 短穗兔耳草：brachy- ← brachys 短的（用于拉丁语复合词词首）；stachy-/ stachyo-/ -stachys/ -stachyus/ -stachyum/ -stachya 穗子，穗子的，穗子状的，穗状花序的

Lagotis brevituba 短筒兔耳草：brevi- ← brevis 短的（用于希腊语复合词词首）；tubus 管子的，管状的，筒状的

Lagotis clarkei 大萼兔耳草：clarkei（人名）

Lagotis crassifolia 厚叶兔耳草：crassi- ← crassus 厚的，粗的，多肉质的；folius/ folium/ folia 叶，叶片（用于复合词）

Lagotis decumbens 倾卧兔耳草：decumbens 横卧的，匍匐的，爬行的；decumb- 横卧，匍匐，爬行；

L

-ans/ -ens/ -bilis/ -ilis 能够，可能（为形容词词尾，-ans/ -ens 用于主动语态，-bilis/ -ilis 用于被动语态）

Lagotis humilis 矮兔耳草：humilis 矮的，低的

Lagotis integra 全缘兔耳草：integer/ integra/ integrum → integri- 完整的，整个的，全缘的

Lagotis integrifolia 亚中兔耳草：integer/ integra/ integrum → integri- 完整的，整个的，全缘的；folius/ folium/ folia 叶，叶片（用于复合词）

Lagotis kongboensis 粗筒兔耳草：kongboensis 工布的（地名，西藏自治区）

Lagotis macrosiphon 大筒兔耳草：macro-/ macr- ← macros 大的，宏观的（用于希腊语复合词）；siphonus ← sipho → siphon-/ siphono-/ -siphonius 管，筒，管状物

Lagotis pharica 裂唇兔耳草：pharica 帕里的（地名，西藏南部亚东县）

Lagotis praecox 紫叶兔耳草：praecox 早期的，早熟的，早开花的；prae- 先前的，前面的，在先的，早先的，上面的，很，十分，极其；-cox 成熟，开花，出生

Lagotis ramalana 圆穗兔耳草：ramalana（人名）

Lagotis wardii 箭药兔耳草：wardii ← Francis Kingdon-Ward（人名，20 世纪英国植物学家）

Lagotis yunnanensis 云南兔耳草：yunnanensis 云南的（地名）

Lallemantia 扁柄草属（唇形科）（65-2：p384）：lallemantia ← Julius Leopold Eduard（人名，1803–1867，德国植物学家）

Lallemantia royleana 扁柄草：royleana ← John Forbes Royle（人名，19 世纪英国植物学家、医生）

Lamiophlomis 独一味属（唇形科）（65-2：p480）：Lamium 野芝麻属；Phlomis 糙苏属

Lamiophlomis rotata 独一味：rotatus 车轮状的，轮状的；roto 旋转，滚动

Lamium 野芝麻属（唇形科）（65-2：p484）：lamium ← laimos 咽喉（希腊语，指花的喉管）；-ius/ -ium/ -ia 具有……特性的（表示有关、关联、相似）

Lamium album 短柄野芝麻：albus → albi-/ albo- 白色的

Lamium amplexicaule 宝盖草：amplexi- 跨骑状的，紧握的，抱紧的；caulus/ caulon/ caule ← caulos 茎，茎秆，主茎

Lamium barbatum 野芝麻：barbatus = barba + atus 具胡须的，具须毛的；barba 胡须，髯毛，绒毛；-atus/ -atum/ -ata 属于，相似，具有，完成（形容词词尾）

Lamium barbatum var. barbatum 野芝麻-原变种（词义见上面解释）

Lamium barbatum var. glabrescens 野芝麻-近无毛变种：glabrus 光秃的，无毛的，光滑的；-escens/ -ascens 改变，转变，变成，略微，带有，接近，相似，大致，稍微（表示变化的趋势，并未完全相似或相同，有别于表示达到完成状态的 -atus）

Lamium barbatum var. hirsutum 野芝麻-硬毛变种：hirsutus 粗毛的，糙毛的，有毛的（长而硬的毛）

Lamium barbatum var. rigidum 野芝麻-坚硬变种：rigidus 坚硬的，不弯曲的，强直的

Lamium maculatum 紫花野芝麻：maculatus = maculus + atus 有小斑点的，略有斑点的；maculus 斑点，网眼，小斑点，略有斑点；-atus/ -atum/ -ata 属于，相似，具有，完成（形容词词尾）

Lamium maculatum var. kansuense 紫花野芝麻-甘肃变种：kansuense 甘肃的（地名）

Lamium maculatum var. maculatum 紫花野芝麻-原变种（词义见上面解释）

Lancea 肉果草属（玄参科）（67-2：p113）：lancea ← John Henry Lance（人名，1793–1878，英国植物学家，兰科植物专家）

Lancea hirsuta 粗毛肉果草：hirsutus 粗毛的，糙毛的，有毛的（长而硬的毛）

Lancea tibetica 肉果草：tibetica 西藏的（地名）；-icus/ -icum/ -ica 属于，具有某种特性（常用于地名、起源、生境）

Lannea 厚皮树属（漆树科）（45-1：p87）：lannea ← Lannes de Montebello（人名，法国人，曾在日本采集植物标本）

Lannea coromandelica 厚皮树：coromandelica 科罗曼德尔海岸的（地名，新西兰）

Lantana 马缨丹属（马鞭草科）（65-1：p17）：lantana 像绵毛荚蒾的（忍冬科绵毛荚蒾 Viburnum lantana，因花形和花序相似而借用）

Lantana camara 马缨丹：camara（马缨丹属一种植物的南美土名）

Lantana montevidensis 蔓马缨丹（蔓 màn）：montevidensis ← Montevideo 蒙特维迪亚的（地名，乌拉圭）

Laportea 艾麻属（荨麻科）（23-2：p31）：laportea ← Francois Louis de la Porte（人名，19 世纪法国博物学家，昆虫学家）

Laportea aestuans 火焰桑叶麻：aestuans 摆动的，火焰状的

Laportea bulbifera 珠芽艾麻：bulbi- ← bulbus 球，球形，球茎，鳞茎；-ferus/ -ferum/ -fera/ -fero/ -fere/ -fer 有，具有，产（区别：作独立词使用的 ferus 意思是"野生的"）

Laportea bulbifera subsp. bulbifera 珠芽艾麻-原变种（词义见上面解释）

Laportea bulbifera subsp. dielsii 螫麻（螫 shì）：dielsii ← Friedrich Ludwig Emil Diels（人名，20 世纪德国植物学家）

Laportea bulbifera subsp. latiuscula 心叶艾麻：latiusculus = latus + usculus 略宽的；latus 宽的，宽广的；-usculus ← -culus 小的，略微的，稍微的（小词 -culus 和某些词构成复合词时变成 -usculus）

Laportea bulbifera subsp. rugosa 皱果艾麻：rugosus = rugus + osus 收缩的，有皱纹的，多褶皱的（同义词：rugatus）；rugus/ rugum/ ruga 褶皱，皱纹，皱缩；-osus/ -osum/ -osa 多的，充分的，丰富的，显著发育的，程度高的，特征明显的（形容词词尾）

Laportea cuspidata 艾麻：cuspidatus = cuspis + atus 尖头的，凸尖的；构词规则：词尾为 -is 和 -ys 的词的词干分别视为 -id 和 -yd；cuspis（所有格为 cuspidis）齿尖，凸尖，尖头；-atus/ -atum/ -ata 属于，相似，具有，完成（形容词词尾）

L

Laportea elevata 棱果艾麻：elevatus 高起的，提高的，突起的；elevo 举起，提高

Laportea fujianensis 福建红小麻：fujianensis 福建的（地名）

Laportea interrupta 红小麻：interruptus 中断的，断续的；inter- 中间的，在中间，之间；ruptus 破裂的

Laportea medogensis 墨脱艾麻：medogensis 墨脱的（地名，西藏自治区）

Laportea violacea 葡萄叶艾麻：violaceus 紫红色的，紫堇色的，堇菜状的；Viola 堇菜属（堇菜科）；-aceus/ -aceum/ -acea 相似的，有……性质的，属于……的

Lappula 鹤虱属（紫草科）（64-2：p177）：lappula = lappa + ulus 刺毛的，果实有短刺毛的；lappa 有刺的果实，牛蒡（Arctium lappa，菊科）

Lappula anocarpa 畸形果鹤虱（畸 jī）：anocarpus 畸形果的，异型果的；ano- ← anomo- ← anomalus 异常的，变异的，不规则的；carpus/ carpum/ carpa/ carpon ← carpos 果实（用于希腊语复合词）

Lappula balchaschensis 密枝鹤虱：balchaschensis ← Balchasch 巴尔喀阡的（地名）

Lappula brachycentra 短刺鹤虱：brachy- ← brachys 短的（用于拉丁语复合词词首）；centrus ← centron 距，有距的，鹰爪状刺（距：雄鸡、雉等的腿的后面突出像脚趾的部分）

Lappula caespitosa 密丛鹤虱：caespitosus = caespitus + osus 明显成簇的，明显丛生的；caespitus 成簇的，丛生的；-osus/ -osum/ -osa 多的，充分的，丰富的，显著发育的，程度高的，特征明显的（形容词词尾）

Lappula consanguinea 蓝刺鹤虱：consanguineus = co + sanguineus 非常像血液的，酷似血的；co- 联合，共同，合起来（拉丁语词首，为 cum- 的音变，表示结合、强化、完全，对应的希腊语为 syn-）；co- 的缀词音变有 co-/ com-/ con-/ col-/ cor-：co-（在 h 和元音字母前面），col-（在 l 前面），com-（在 b、m、p 之前），con-（在 c、d、f、g、j、n、qu、s、t 和 v 前面），cor-（在 r 前面）；sanguineus = sanguis + ineus 血液的，血色的；sanguis 血液；-ineus/ -inea/ -ineum 相近，接近，相似，所有（通常表示材料或颜色），意思同 -eus

Lappula consanguinea var. consanguinea 蓝刺鹤虱-原变种 （词义见上面解释）

Lappula consanguinea var. cupuliformis 杯翅鹤虱：cupulus = cupus + ulus 小杯子，小杯形的，壳斗状的；formis/ forma 形状

Lappula deserticola 沙生鹤虱：deserticolus 生于沙漠的；desertus 沙漠的，荒漠的，荒芜的；colus ← colo 分布于，居住于，栖居，殖民（常作词尾）；colo/ colere/ colui/ cultum 居住，耕作，栽培

Lappula duplicicarpa 两形果鹤虱：duplicicarpa/ duplicarpa = duplex + carpus 二重果实的，二果的；duplex = duo + plex 二折的，重复的，重瓣的；duo 二；plex/ plica 褶，折扇状，卷折（plex 的词干为 plic-）；构词规则：以 -ix/ -iex 结尾的词其词干末尾视为 -ic，以 -ex 结尾视为 -i/ -ic，其他以 -x 结尾视为 -c；carpus/ carpum/ carpa/ carpon ←

carpos 果实（用于希腊语复合词）

Lappula duplicicarpa var. brevispinula 小刺鹤虱：brevi- ← brevis 短的（用于希腊语复合词词首）；spinulus 小刺；spinus 刺，针刺；-ulus/ -ulum/ -ula 小的，略微的，稍微的（小词 -ulus 在字母 e 或 i 之后有多种变缀，即 -olus/ -olum/ -ola、-ellus/ -ellum/ -ella、-illus/ -illum/ -illa，与第一变格法和第二变格法名词形成复合词）

Lappula duplicicarpa var. densihispida 密毛鹤虱：densus 密集的，繁茂的；hispidus 刚毛的，鬃毛状的

Lappula duplicicarpa var. duplicicarpa 两形果鹤虱-原变种 （词义见上面解释）

Lappula heteracantha 异刺鹤虱：heteracanthus 不同形状刺的；hete-/ heter-/ hetero- ← heteros 不同的，多样的，不齐的；acanthus ← Akantha 刺，具刺的（Acantha 是希腊神话中的女神，和太阳神阿波罗发生冲突，太阳神将其变成带刺的植物）

Lappula heteromorpha 异形鹤虱：hete-/ heter-/ hetero- ← heteros 不同的，多样的，不齐的；morphus ← morphos 形状，形态

Lappula himalayensis 喜马拉雅鹤虱：himalayensis 喜马拉雅的（地名）

Lappula macra 白花鹤虱：macer/ macrum/ macra 贫乏的，贫瘠的，瘦的

Lappula microcarpa 小果鹤虱：micr-/ micro- ← micros 小的，微小的，微观的（用于希腊语复合词）；carpus/ carpum/ carpa/ carpon ← carpos 果实（用于希腊语复合词）

Lappula monocarpa 单果鹤虱：mono-/ mon- ← monos 一个，单一的（希腊语，拉丁语为 unus/ uni-/ uno-）；carpus/ carpum/ carpa/ carpon ← carpos 果实（用于希腊语复合词）

Lappula myosotis 鹤虱：myosotis 鼠耳的（指叶片短而柔软）；myos 老鼠，小白鼠；-otis/ -otites/ -otus/ -otion/ -oticus/ -otos/ -ous 耳，耳朵；Myosotis 勿忘草属（紫草科）

Lappula occultata 隐果鹤虱：occultatus 隐藏的，不明显的；occultus 隐藏的，不明显的

Lappula patula 卵果鹤虱：patulus 稍开展的，稍伸展的；patus 展开的，伸展的；-ulus/ -ulum/ -ula 小的，略微的，稍微的（小词 -ulus 在字母 e 或 i 之后有多种变缀，即 -olus/ -olum/ -ola、-ellus/ -ellum/ -ella、-illus/ -illum/ -illa，与第一变格法和第二变格法名词形成复合词）

Lappula platyacantha 宽刺鹤虱：platyacanthus 大刺的，宽刺的；platys 大的，宽的（用于希腊语复合词）；acanthus ← Akantha 刺，具刺的（Acantha 是希腊神话中的女神，和太阳神阿波罗发生冲突，太阳神将其变成带刺的植物）

Lappula platyptera 宽翅鹤虱：platys 大的，宽的（用于希腊语复合词）；pterus/ pteron 翅，翼，蕨类

Lappula pratensis 草地鹤虱：pratensis 生于草原的；pratum 草原

Lappula redowskii 卵盘鹤虱：redowskii（人名）；-ii 表示人名，接在以辅音字母结尾的人名后面，但 -er 除外

Lappula scleroptera 硬翅鹤虱：scleropterus 硬翅

的；sclero- ← scleros 坚硬的，硬质的；pterus/ pteron 翅，翼，蕨类

Lappula semiglabra 狭果鹤虱：semi- 半，准，略微；glabrus 光秃的，无毛的，光滑的

Lappula semiglabra var. heterocaryoides 异形狭果鹤虱：Heterocaryum 异果鹤虱属（紫草科）；-oides/ -oideus/ -oideum/ -oidea/ -odes/ -eidos 像……的，类似……的，呈……状的（名词词尾）

Lappula semiglabra var. semiglabra 狭果鹤虱-原变种 （词义见上面解释）

Lappula sericata 绢毛鹤虱（绢 juàn）：sericatus = sericus + atus 绢丝状的，有绢丝的；sericus 绢丝的，绢毛的，赛尔人的（Ser 为印度一民族）

Lappula shanhsiensis 山西鹤虱：shanhsiensis 山西的（地名）

Lappula sinaica 短萼鹤虱：sinaica（地名，埃及）

Lappula spinocarpos 石果鹤虱：spinocarpos 刺果的；spinus 刺，针刺；carpos → carpus 果实

Lappula stricta 劲直鹤虱（劲 jìn）：strictus 直立的，硬直的，笔直的，彼此靠拢的

Lappula stricta var. leiocarpa 平滑果鹤虱：lei-/ leio-/ lio- ← leius ← leios 光滑的，平滑的；carpus/ carpum/ carpa/ carpon ← carpos 果实（用于希腊语复合词）

Lappula stricta var. stricta 劲直鹤虱-原变种 （词义见上面解释）

Lappula tadshikorum 短梗鹤虱：tadshikorum（人名）

Lappula tenuis 细刺鹤虱：tenuis 薄的，纤细的，弱的，瘦的，窄的

Lappula tianschanica 天山鹤虱：tianschanica 天山的（地名，新疆维吾尔自治区）；-icus/ -icum/ -ica 属于，具有某种特性（常用于地名、起源、生境）

Lappula tianschanica var. altaica 阿尔泰鹤虱：altaica 阿尔泰的（地名，新疆北部山脉）

Lappula tianschanica var. gracilis 细枝鹤虱：gracilis 细长的，纤弱的，丝状的

Lappula tianschanica var. tianschanica 天山鹤虱-原变种 （词义见上面解释）

Lappula xinjiangensis 新疆鹤虱：xinjiangensis 新疆的（地名）

Lapsana 稻槎菜属（槎 chá）（菊科）（80-1：p209）：lapsana = lampsana ← 萝卜

Lapsana apogonoides 稻槎菜：apogonoides 近似无髯毛的，似乎无髯毛的；apogon 无髯毛的；-oides/ -oideus/ -oideum/ -oidea/ -odes/ -eidos 像……的，类似……的，呈……状的（名词词尾）

Lapsana humilis 矮小稻槎菜：humilis 矮的，低的

Lapsana takasei （东方稻槎菜）：takasei（人名）

Lapsana uncinata （钩稻槎菜）：uncinatus = uncus + inus + atus 具钩的；uncus 钩，倒钩刺；-inus/ -inum/ -ina/ -inos 相近，接近，相似，具有（通常指颜色）；-atus/ -atum/ -ata 属于，相似，具有，完成（形容词词尾）

Lardizabalaceae 木通科（29：p1）：Lardizabala（属名，木通科）；-aceae（分类单位科的词尾，为-aceus 的阴性复数主格形式，加到模式属的名称后或同义词的词干后以组成族群名称）

Larix 落叶松属（松科）（7：p168）：larix 落叶松（古拉丁名，凯尔特语）

Larix chinensis 太白红杉：chinensis = china + ensis 中国的（地名）；China 中国

Larix decidua 欧洲落叶松：deciduus 脱落的，非永存的，有脱落部分的

Larix gmelinii 落叶松：gmelinii ← Johann Gottlieb Gmelin（人名，18 世纪德国博物学家，曾对西伯利亚和勘察加进行大量考察）

Larix griffithiana 西藏红杉：griffithiana ← William Griffith（人名，19 世纪印度植物学家，加尔各答植物园主任）

Larix himalaica 喜马拉雅红杉：himalaica 喜马拉雅的（地名）；-icus/ -icum/ -ica 属于，具有某种特性（常用于地名、起源、生境）

Larix kaempferi 日本落叶松：kaempferi ← Engelbert Kaempfer（人名，德国医生、植物学家，曾在东亚地区做大量考察）；-eri 表示人名，在以 -er 结尾的人名后面加上 i 形成

Larix mastersiana 四川红杉：mastersiana ← William Masters（人名，19 世纪印度加尔各答植物园园艺学家）

Larix olgensis 黄花落叶松：olgensis（地名，俄罗斯西伯利亚远东地区）

Larix olgensis f. olgensis 黄花落叶松-原变型 （词义见上面解释）

Larix olgensis f. viridis 绿果黄花落叶松：viridis 绿色的，鲜嫩的（相当于希腊语的 chloro-）

Larix potaninii 红杉：potaninii ← Grigory Nikolaevich Potanin（人名，19 世纪俄国植物学家）

Larix potaninii var. macrocarpa 大果红杉：macro-/ macr- ← macros 大的，宏观的（用于希腊语复合词）；carpus/ carpum/ carpa/ carpon ← carpos 果实（用于希腊语复合词）

Larix potaninii var. potaninii 红杉-原变种 （词义见上面解释）

Larix principis-rupprechtii 华北落叶松：principis（princeps 的所有格）帝王的，第一的；rupprechtii ← Franz Joseph Ruprecht（人名，19 世纪俄国植物学家）

Larix sibirica 新疆落叶松：sibirica 西伯利亚的（地名，俄罗斯）；-icus/ -icum/ -ica 属于，具有某种特性（常用于地名、起源、生境）

Larix speciosa 怒江红杉：speciosus 美丽的，华丽的；species 外形，外观，美观，物种（缩写 sp.，复数 spp.）；-osus/ -osum/ -osa 多的，充分的，丰富的，显著发育的，程度高的，特征明显的（形容词词尾）

Lasia 刺芋属（天南星科）（13-2：p13）：lasius ← lasios 多毛的，毛茸茸的

Lasia spinosa 刺芋：spinosus = spinus + osus 具刺的，多刺的，长满刺的；spinus 刺，针刺；-osus/ -osum/ -osa 多的，充分的，丰富的，显著发育的，程度高的，特征明显的（形容词词尾）

Lasianthus 粗叶木属（茜草科）（71-2：p70）：Lasia 刺芋属（天南星科）；lasios → lasi-/ lasio- 羊毛状的，有毛的，粗糙的（希腊语）；anthus/ anthum/ antha/ anthe ← anthos 花（用于希腊语复合词）

Lasianthus appressihirtus 伏毛粗叶木：appressihirtus 伏卧刚毛的；adpressus/ appressus = ad + pressus 压紧的，压扁的，紧贴的，平卧的；ad- 向，到，近（拉丁语词首，表示程度加强）；构词规则：构成复合词时，词首末尾的辅音字母常同化为紧接其后的那个辅音字母（如 ad + p → app）；pressus 压，压力，挤压，紧密；hirtus 有毛的，粗毛的，刚毛的（长而明显的毛）

Lasianthus austrosinensis 华南粗叶木：austrosinensis 华南的（地名）；austro-/ austr- 南方的，南半球的，大洋洲的；auster 南方，南风；sinensis = Sina + ensis 中国的（地名）；Sina 中国

Lasianthus biermanni 梗花粗叶木：biermanni（人名，词尾改为 "-ii" 似更妥）；-ii 表示人名，接在以辅音字母结尾的人名后面，但 -er 除外；-i 表示人名，接在以元音字母结尾的人名后面，但 -a 除外

Lasianthus biermanni subsp. biermanni 梗花粗叶木-原亚种 （词义见上面解释）

Lasianthus biermanni subsp. crassipedunculatus 粗梗粗叶木：crassi- ← crassus 厚的，粗的，多肉质的；pedunculatus/ peduncularis 具花序柄的，具总花梗的；pedunculus/ peduncule/ pedunculis ← pes 花序柄，总花梗（花序基部无花着生部分，不同于花柄）；关联词：pedicellus/ pediculus 小花梗，小花柄（不同于花序柄）；pes/ pedis 柄，梗，茎秆，腿，足，爪（作词首或词尾，pes 的词干视为 "ped-"）

Lasianthus bunzanensis 文山粗叶木：bunzanensis 文山的（地名，位于台湾省台北市，"bunzan" 为 "文山" 的日语读音）

Lasianthus calycinus 黄果粗叶木：calycinus = calyx + inus 萼片的，萼片状的，萼片宿存的；calyx → calyc- 萼片（用于希腊语复合词）；构词规则：以 -ix/ -iex 结尾的词其词干末尾视为 -ic，以 -ex 结尾视为 -i/ -ic，其他以 -x 结尾视为 -c；-inus/ -inum/ -ina/ -inos 相近，接近，相似，具有（通常指颜色）

Lasianthus chinensis 粗叶木：chinensis = china + ensis 中国的（地名）；China 中国

Lasianthus chunii 焕镛粗叶木（镛 yōng）：chunii ← W. Y. Chun 陈焕镛（人名，1890–1971，中国植物学家）

Lasianthus curtisii 广东粗叶木：curtisii ← William Curtis（人名，创办期刊 *Curtis's Botanical Magazine*）

Lasianthus filipes 长梗粗叶木：filipes 线状柄的，线状茎的；fili-/ fil- ← filum 线状的，丝状的；pes/ pedis 柄，梗，茎秆，腿，足，爪（作词首或词尾，pes 的词干视为 "ped-"）

Lasianthus fordii 罗浮粗叶木：fordii ← Charles Ford（人名）

Lasianthus fordii var. fordii 罗浮粗叶木-原变种 （词义见上面解释）

Lasianthus fordii var. trichocladus 毛枝粗叶木：trich-/ tricho-/ tricha- ← trichos ← thrix 毛，多毛的，线状的，丝状的；cladus ← clados 枝条，分枝

Lasianthus formosensis 台湾粗叶木：formosensis ← formosa + ensis 台湾的；

formosus ← formosa 美丽的，台湾的（葡萄牙殖民者发现台湾时对其的称呼，即美丽的岛屿）

Lasianthus henryi 西南粗叶木：henryi ← Augustine Henry 或 B. C. Henry（人名，前者，1857–1930，爱尔兰医生、植物学家，曾在中国采集植物，后者，1850–1901，曾活动于中国的传教士）

Lasianthus hiiranensis 栖兰粗叶木：hiiranensis（地名，属台湾省恒春半岛）

Lasianthus hirsutus 鸡屎树：hirsutus 粗毛的，糙毛的，有毛的（长而硬的毛）

Lasianthus hookeri 虎克粗叶木：hookeri ← William Jackson Hooker（人名，19 世纪英国植物学家）；-eri 表示人名，在以 -er 结尾的人名后面加上 i 形成

Lasianthus hookeri var. dunniana 睫毛粗叶木：dunniana（人名）

Lasianthus hookeri var. hookeri 虎克粗叶木-原变种 （词义见上面解释）

Lasianthus japonicus 日本粗叶木：japonicus 日本的（地名）；-icus/ -icum/ -ica 属于，具有某种特性（常用于地名、起源、生境）

Lasianthus japonicus var. japonicus 日本粗叶木-原变种 （词义见上面解释）

Lasianthus japonicus var. lancilimbus 榄绿粗叶木：lance-/ lancei-/ lanci-/ lanceo-/ lanc- ← lanceus 披针形的，矛形的，尖刀状的，柳叶刀状的；limbus 冠檐，萼檐，瓣片，叶片

Lasianthus japonicus var. latifolius 宽叶日本粗叶木：lati-/ late- ← latus 宽的，宽广的；folius/ folium/ folia 叶，叶片（用于复合词）

Lasianthus japonicus var. satsumensis 曲毛日本粗叶木：satsumensis 萨摩的（地名，日本九州）

Lasianthus kerrii 泰北粗叶木：kerrii ← Arthur Francis George Kerr 或 William Kerr（人名）

Lasianthus koi 黄毛粗叶木：koi（人名）

Lasianthus kurzii 库兹粗叶木：kurzii ← Wilhelm Sulpiz Kurz（人名，19 世纪植物学家）

Lasianthus kurzii var. howii 宽昭粗叶木：howii（人名）；-ii 表示人名，接在以辅音字母结尾的人名后面，但 -er 除外

Lasianthus kurzii var. kurzii 库兹粗叶木-原变种 （词义见上面解释）

Lasianthus kurzii var. sylvicola 林生粗叶木：sylvicola 生于森林的；sylva/ silva 森林；colus ← colo 分布于，居住于，栖居，殖民（常作词尾）；colo/ colere/ colui/ cultum 居住，耕作，栽培

Lasianthus lancifolius 美脉粗叶木：lance-/ lancei-/ lanci-/ lanceo-/ lanc- ← lanceus 披针形的，矛形的，尖刀状的，柳叶刀状的；folius/ folium/ folia 叶，叶片（用于复合词）

Lasianthus lei 琼崖粗叶木（崖 yá）：lei-/ leio-/ lio- ← leius ← leios 光滑的，平滑的

Lasianthus linearisepalus 线萼粗叶木：linearis = lineus + aris 线条的，线形的，线状的，亚麻状的；sepalus/ sepalum/ sepala 萼片（用于复合词）；-aris（阳性、阴性）/ -are（中性）← -alis（阳性、阴性）/ -ale（中性）属于，相似，如同，具有，涉

及，关于，联结于（将名词作形容词用，其中 -aris 常用于以 l 或 r 为词干末尾的词）

Lasianthus longicaudus 云广粗叶木：longe-/ longi- ← longus 长的，纵向的；caudus 尾巴

Lasianthus longisepalus 长萼粗叶木：longe-/ longi- ← longus 长的，纵向的；sepalus/ sepalum/ sepala 萼片（用于复合词）

Lasianthus longisepalus var. jianfengensis 尖峰粗叶木：jianfengensis 尖峰岭的（地名，海南省）

Lasianthus longisepalus var. longisepalus 长萼粗叶木-原变种 （词义见上面解释）

Lasianthus lucidus 无苞粗叶木：lucidus ← lucis ← lux 发光的，光辉的，清晰的，发亮的，荣耀的（lux 的单数所有格为 lucis，词尾为 -is 和 -ys 的词的词干分别视为 -id 和 -yd）

Lasianthus micranthus 小花粗叶木：micr-/ micro- ← micros 小的，微小的，微观的（用于希腊语复合词）；anthus/ anthum/ antha/ anthe ← anthos 花（用于希腊语复合词）

Lasianthus microphyllus 小叶粗叶木：micr-/ micro- ← micros 小的，微小的，微观的（用于希腊语复合词）；phyllus/ phyllum/ phylla ← phyllon 叶片（用于希腊语复合词）

Lasianthus obliquinervis 斜脉粗叶木：obliquinervis 偏脉的；obliqui- ← obliquus 对角线的，斜线的，歪斜的；nervis ← nervus 脉，叶脉

Lasianthus obliquinervis var. obliquinervis 斜脉粗叶木-原变种 （词义见上面解释）

Lasianthus obliquinervis var. simizui 清水氏粗叶木：simizui 清水（日本人名）；-i 表示人名，接在以元音字母结尾的人名后面，但 -a 除外

Lasianthus obliquinervis var. taitoensis 台中粗叶木：taitoensis 台东的（地名，属台湾省，"台东"的日语读音）

Lasianthus sikkimensis 锡金粗叶木：sikkimensis 锡金的（地名）

Lasianthus tentaculatus 大叶粗叶木：tentaculatus 触角状的，尖凸的，具卷须的，敏感腺毛的；tentaculum 敏感腺毛；tentus/ tensus/ tendo 伸长，拉长，撑开，张开；-culus/ -culum/ -cula 小的，略微的，稍微的（同第三变格法和第四变格法名词形成复合词）

Lasianthus trichophlebus 钟萼粗叶木：trich-/ tricho-/ tricha- ← trichos ← thrix 毛，多毛的，线状的，丝状的；phlebus 脉，叶脉

Lasianthus tubiferus 革叶粗叶木：tubi-/ tubo- ← tubus 管子的，管状的；-ferus/ -ferum/ -fera/ -fero/ -fere/ -fer 有，具有，产（区别：作独立词使用的 ferus 意思是"野生的"）

Lasianthus verrucosus 瘤果粗叶木：verrucosus 具疣状凸起的；verrucus ← verrucos 疣状物；-osus/ -osum/ -osa 多的，充分的，丰富的，显著发育的，程度高的，特征明显的（形容词词尾）

Lasianthus wallichii 斜基粗叶木：wallichii ← Nathaniel Wallich（人名，19 世纪初丹麦植物学家、医生）

Lasianthus wallichii var. setosus 硬毛粗叶木：setosus = setus + osus 被刚毛的，被短毛的，被芒刺的；setus/ saetus 刚毛，刺毛，芒刺；-osus/ -osum/ -osa 多的，充分的，丰富的，显著发育的，程度高的，特征明显的（形容词词尾）

Lasianthus wallichii var. wallichii 斜基粗叶木-原变种 （词义见上面解释）

Lasiocaryum 毛果草属（紫草科）（64-2：p210）：lasios → lasi-/ lasio- 羊毛状的，有毛的，粗糙的（希腊语）；caryum ← caryon ← koryon 坚果，核（希腊语）

Lasiocaryum densiflorum 毛果草：densus 密集的，繁茂的；florus/ florum/ flora ← flos 花（用于复合词）

Lasiocaryum munroi 小花毛果草：munroi ← George C. Munro（人名，20 世纪美国博物学家）；-i 表示人名，接在以元音字母结尾的人名后面，但 -a 除外

Lasiocaryum trichocarpum 云南毛果草：trich-/ tricho-/ tricha- ← trichos ← thrix 毛，多毛的，线状的，丝状的；carpus/ carpum/ carpa/ carpon ← carpos 果实（用于希腊语复合词）

Lasiococca 轮叶戟属（大戟科）（44-2：p83）：lasiococca 毛果的，被毛心室的；lasi-/ lasio- 羊毛状的，有毛的，粗糙的；coccus/ cocco/ cocci/ coccis 心室，心皮；同形异义词：coccus/ coccineus 浆果，绯红色（一种形似浆果的介壳虫的颜色）

Lasiococca comberi 印度轮叶戟：comberi（人名）；-eri 表示人名，在以 -er 结尾的人名后面加上 i 形成

Lasiococca comberi var. comberi 印度轮叶戟-原变种 （词义见上面解释）

Lasiococca comberi var. pseudoverticillata 轮叶戟：pseudoverticillata 近轮生的；pseudo-/ pseud- ← pseudos 假的，伪的，接近，相似（但不是）；verticillatus/ verticillaris 螺纹的，螺旋的，轮生的，环状的；verticillus 轮，环状排列

Lastrea 假鳞毛蕨属（金星蕨科）（4-1：p25）：lastrea ← Charles Jean Louis Delastre（人名，19 世纪法国植物学家）

Lastrea elwesii 锡金假鳞毛蕨：elwesii（人名）；-ii 表示人名，接在以辅音字母结尾的人名后面，但 -er 除外

Lastrea quelpaertensis 亚洲假鳞毛蕨：quelpaertensis/ quelpartensis 济州岛的（地名，韩国）

Lastreopsis 节毛蕨属（叉蕨科）（6-1：p56）：Lastrea 假鳞毛蕨属（金星蕨科）；-opsis/ -ops 相似，稍微，带有

Lastreopsis subrecedens 海南节毛蕨：subrecedens 近分离的，稍分离的；sub-（表示程度较弱）与……类似，几乎，稍微，弱，亚，之下，下面；recedens 分离的，分别的

Lastreopsis tenera 台湾节毛蕨：tenerus 柔软的，娇嫩的，精美的，雅致的，纤细的

Lathraea 齿鳞草属（列当科）（69：p92）：lathraea ← lathraios 隐藏的（希腊语）

Lathraea japonica 齿鳞草：japonica 日本的（地名）；-icus/ -icum/ -ica 属于，具有某种特性（常用于地名、起源、生境）

Lathyrus 山黧豆属（黧 lí）（豆科）（42-2：p270）：

lathyrus ← la + thyros 非常刺激的，非常有激情的（古时候人们认为该属植物能使动物发情）；la- 非常，很；thyros 刺激的，激情的

Lathyrus anhuiensis 安徽山黧豆：anhuiensis 安徽的（地名）

Lathyrus caudatus 尾叶山黧豆：caudatus = caudus + atus 尾巴的，尾巴状的，具尾的；caudus 尾巴；-atus/ -atum/ -ata 属于，相似，具有，完成（形容词词尾）

Lathyrus davidii 大山黧豆：davidii ← Pere Armand David（人名，1826–1900，曾在中国采集植物标本的法国传教士）；-ii 表示人名，接在以辅音字母结尾的人名后面，但 -er 除外

Lathyrus dielsianus 中华山黧豆：dielsianus ← Friedrich Ludwig Emil Diels（人名，20 世纪德国植物学家）

Lathyrus gmelinii 新疆山黧豆：gmelinii ← Johann Gottlieb Gmelin（人名，18 世纪德国博物学家，曾对西伯利亚和勘察加进行大量考察）

Lathyrus humilis 矮山黧豆：humilis 矮的，低的

Lathyrus japonicus 海滨山黧豆：japonicus 日本的（地名）；-icus/ -icum/ -ica 属于，具有某种特性（常用于地名、起源、生境）

Lathyrus japonicus f. japonicus 海滨山黧豆-原变型 （词义见上面解释）

Lathyrus japonicus f. pubescens 毛海滨山黧豆：pubescens ← pubens 被短柔毛的，长出柔毛的；pubi- ← pubis 细柔毛的，短柔毛的，毛被的；pubesco/ pubescere 长成的，变为成熟的，长出柔毛的，青春期体毛的；-escens/ -ascens 改变，转变，变成，略微，带有，接近，相似，大致，稍微（表示变化的趋势，并未完全相似或相同，有别于表示达到完成状态的 -atus）

Lathyrus komarovii 三脉山黧豆：komarovii ← Vladimir Leontjevich Komarov 科马洛夫（人名，1869–1945，俄国植物学家）

Lathyrus krylovii 狭叶山黧豆：krylovii（人名）；-ii 表示人名，接在以辅音字母结尾的人名后面，但 -er 除外

Lathyrus latifolius 宽叶山黧豆：lati-/ late- ← latus 宽的，宽广的；folius/ folium/ folia 叶，叶片（用于复合词）

Lathyrus odoratus 香豌豆：odoratus = odorus + atus 香气的，气味的；odor 香气，气味；-atus/ -atum/ -ata 属于，相似，具有，完成（形容词词尾）

Lathyrus palustris 欧山黧豆：palustris/ paluster ← palus + estris 喜好沼泽的，沼生的；palus 沼泽，湿地，泥潭，水塘，草甸子（palus 的复数主格为 paludes）；-estris/ -estre/ ester/ -esteris 生于……地方，喜好……地方

Lathyrus palustris subsp. exalatus 无翅山黧豆：exalatus 无翼的，无翅的；e-/ ex- 不，无，非，缺乏，不具有（e- 用在辅音字母前，ex- 用在元音字母前，为拉丁语词首，对应的希腊语词首为 a-/ an-，英语为 un-/ -less，注意作词首用的 e-/ ex- 和介词 e/ ex 意思不同，后者意为"出自、从……、由……离开、由于、依照"）；alatus → ala-/ alat-/ alati-/ alato- 翅，具翅的，具翼的

Lathyrus palustris subsp. exalatus f. exalatus 无翅山黧豆-原变型 （词义见上面解释）

Lathyrus palustris subsp. exalatus f. pubescens 微毛山黧豆：pubescens ← pubens 被短柔毛的，长出柔毛的；pubi- ← pubis 细柔毛的，短柔毛的，毛被的；pubesco/ pubescere 长成的，变为成熟的，长出柔毛的，青春期体毛的；-escens/ -ascens 改变，转变，变成，略微，带有，接近，相似，大致，稍微（表示变化的趋势，并未完全相似或相同，有别于表示达到完成状态的 -atus）

Lathyrus palustris subsp. pilosus 毛山黧豆：pilosus = pilus + osus 多毛的，被柔毛的，具疏柔毛的，被短弱细毛的；pilus 毛，疏柔毛；-osus/ -osum/ -osa 多的，充分的，丰富的，显著发育的，程度高的，特征明显的（形容词词尾）

Lathyrus palustris subsp. pilosus var. linearifolius 线叶山黧豆：linearis = lineus + aris 线条的，线形的，线状的，亚麻状的；folius/ folium/ folia 叶，叶片（用于复合词）；-aris（阳性、阴性）/ -are（中性）← -alis（阳性、阴性）/ -ale（中性）属于，相似，如同，具有，涉及，关于，联结于（将名词作形容词用，其中 -aris 常用于以 l 或 r 为词干末尾的词）

Lathyrus palustris subsp. pilosus var. pilosus 毛山黧豆-原变种 （词义见上面解释）

Lathyrus pisiformis 大托叶山黧豆：pisiformis 豌豆形的；Pisum 豌豆属（豆科）；formis/ forma 形状

Lathyrus pratensis 牧地山黧豆：pratensis 生于草原的；pratum 草原

Lathyrus quinquenervius 山黧豆：quin-/ quinqu-/ quinque-/ quinqui- 五，五数（希腊语为 penta-）；nervius = nervus + ius 具脉的，具叶脉的；nervus 脉，叶脉；-ius/ -ium/ -ia 具有……特性的（表示有关、关联、相似）

Lathyrus sativus 家山黧豆：sativus 栽培的，种植的，耕地的，耕作的

Lathyrus tuberosus 玫红山黧豆：tuberosus = tuber + osus 块茎的，膨大成块茎的；tuber/ tuber-/ tuberi- 块茎的，结节状凸起的，瘤状的；-osus/ -osum/ -osa 多的，充分的，丰富的，显著发育的，程度高的，特征明显的（形容词词尾）

Lathyrus vaniotii 东北山黧豆：vaniotii ← Eugene Vaniot（人名，20 世纪法国植物学家）

Latouchea 匙叶草属（匙 chí）（龙胆科）（62：p286）：latouchea ← La Touche（人名，法国植物学家）

Latouchea fokiensis 匙叶草：fokiensis 福建的（地名）

Launaea 栓果菊属（菊科）（80-1：p162）：launaea（人名）（以元音字母 a 结尾的人名用作属名时在末尾加 ea）

Launaea acaulis 光茎栓果菊：acaulia/ acaulis 无茎的，矮小的；a-/ an- 无，非，没有，缺乏，不具有（an- 用于元音前）（a-/ an- 为希腊语词首，对应的拉丁语词首为 e-/ ex-，相当于英语的 un-/ -less，注意词首 a- 和作为介词的 a/ ab 不同，后者的意思是"从……、由……、关于……、因为……"）；caulia/ caulis 茎，茎秆，主茎

Launaea glabra var. rufescens （淡红栓果菊）：

L

glabrus 光秃的，无毛的，光滑的；rufascens 略红的；ruf-/ rufi-/ frufo- ← rufus/ rubus 红褐色的，锈色的，红色的，发红的，淡红色的；-escens/ -ascens 改变，转变，变成，略微，带有，接近，相似，大致，稍微（表示变化的趋势，并未完全相似或相同，有别于表示达到完成状态的 -atus）

Launaea sarmentosa 匍枝栓果菊：sarmentosus 匍匐茎的；sarmentum 匍匐茎，鞭条；-osus/ -osum/ -osa 多的，充分的，丰富的，显著发育的，程度高的，特征明显的（形容词词尾）

Lauraceae 樟科（31：p1）：Laurus 月桂属；-aceae（分类单位科的词尾，为 -aceus 的阴性复数主格形式，加到模式属的名称后或同义词的词干后以组成族群名称）

Laurocerasus 桂樱属（蔷薇科）（38：p106）：laurus 月桂属（樟科）；cerasus 樱花，樱桃（古拉丁名）

Laurocerasus andersonii 云南桂樱：andersonii ← Charles Lewis Anderson（人名，19世纪美国医生、植物学家）

Laurocerasus aquifolioides 冬青叶桂樱：aquifolioides 像冬青的（冬青属有的种叶缘带刺），叶缘略带钩刺的；Aquifolium → Illex 冬青属（冬青科），具刺叶的；-oides/ -oideus/ -oideum/ -oidea/ -odes/ -eidos 像……的，类似……的，呈……状的（名词词尾）

Laurocerasus australis 南方桂樱：australis 南方的，南半球的；austro-/ austr- 南方的，南半球的，大洋洲的；auster 南方，南风；-aris（阳性、阴性）/ -are（中性）← -alis（阳性、阴性）/ -ale（中性）属于，相似，如同，具有，涉及，关于，联结于（将名词作形容词用，其中 -aris 常用于以 l 或 r 为词干末尾的词）

Laurocerasus dolichophylla 长叶桂樱：dolicho- ← dolichos 长的；phyllus/ phyllum/ phylla ← phyllon 叶片（用于希腊语复合词）

Laurocerasus fordiana 华南桂樱：fordiana ← Charles Ford（人名）

Laurocerasus hypotricha 毛背桂樱：hyp-/ hypo- 下面的，以下的，不完全的；trichus 毛，毛发，线

Laurocerasus jenkinsii 坚核桂樱：jenkinsii（人名）；-ii 表示人名，接在以辅音字母结尾的人名后面，但 -er 除外

Laurocerasus marginata 全缘桂樱：marginatus ← margo 边缘的，具边缘的；margo/ marginis → margin- 边缘，边线，边界；词尾为 -go 的词其词干末尾视为 -gin

Laurocerasus menghaiensis 勐海桂樱（勐měng）：menghaiensis 勐海的（地名，云南省）

Laurocerasus phaeosticta 腺叶桂樱：phaeus(phaios) → phae-/ phaeo-/ phai-/ phaio 暗色的，褐色的，灰蒙蒙的；stictus ← stictos 斑点，雀斑

Laurocerasus phaeosticta f. ciliospinosa 锐齿桂樱：ciliosus 流苏状的，纤毛的；cilium 缘毛，睫毛；spinosus = spinus + osus 具刺的，多刺的，长满刺的；spinus 刺，针刺；-osus/ -osum/ -osa 多的，充分的，丰富的，显著发育的，程度高的，特征明显的（形容词词尾）

Laurocerasus phaeosticta f. dentigera 粗齿桂樱：dentus 齿，牙齿；gerus → -ger/ -gerus/ -gerum/ -gera 具有，有，带有

Laurocerasus phaeosticta f. lasioclada 微齿桂樱：lasi-/ lasio- 羊毛状的，有毛的，粗糙的；cladus ← clados 枝条，分枝

Laurocerasus phaeosticta f. phaeosticta 腺叶桂樱-原变型（词义见上面解释）

Laurocerasus phaeosticta f. puberula 毛枝桂樱：puberulus = puberus + ulus 略被柔毛的，被微柔毛的；puberus 多毛的，毛茸茸的；-ulus/ -ulum/ -ula 小的，略微的，稍微的（小词 -ulus 在字母 e 或 i 之后有多种变缀，即 -olus/ -olum/ -ola、-ellus/ -ellum/ -ella、-illus/ -illum/ -illa，与第一变格法和第二变格法名词形成复合词）

Laurocerasus phaeosticta f. pubipedunculata 毛序桂樱：pubipedunculatus = pubis + pedunculus + atus 柔毛花序柄的；pubi- ← pubis 细柔毛的，短柔毛的，毛被的；pedunculatus/ peduncularis 具花序柄的，具总花梗的；pedunculus/ peduncule/ pedunculis ← pes 花序柄，总花梗（花序基部无花着生部分，不同于花柄）；关联词：pedicellus/ pediculus 小花梗，小花柄（不同于花序柄）；pes/ pedis 柄，梗，茎秆，腿，足，爪（作词首或词尾，pes 的词干视为"ped-"）；-culus/ -culum/ -cula 小的，略微的，稍微的（同第三变格法和第四变格法名词形成复合词）；-atus/ -atum/ -ata 属于，相似，具有，完成（形容词词尾）

Laurocerasus spinulosa 刺叶桂樱：spinulosus = spinus + ulus + osus 被细刺的；spinus 刺，针刺；-ulus/ -ulum/ -ula 小的，略微的，稍微的（小词 -ulus 在字母 e 或 i 之后有多种变缀，即 -olus/ -olum/ -ola、-ellus/ -ellum/ -ella、-illus/ -illum/ -illa，与第一变格法和第二变格法名词形成复合词）；-osus/ -osum/ -osa 多的，充分的，丰富的，显著发育的，程度高的，特征明显的（形容词词尾）

Laurocerasus undulata 尖叶桂樱：undulatus = undus + ulus + atus 略呈波浪状的，略弯曲的；undus/ undum/ unda 起波浪的，弯曲的；-ulus/ -ulum/ -ula 小的，略微的，稍微的（小词 -ulus 在字母 e 或 i 之后有多种变缀，即 -olus/ -olum/ -ola、-ellus/ -ellum/ -ella、-illus/ -illum/ -illa，与第一变格法和第二变格法名词形成复合词）；-atus/ -atum/ -ata 属于，相似，具有，完成（形容词词尾）

Laurocerasus undulata f. elongata 狭尖叶桂樱：elongatus 伸长的，延长的；elongare 拉长，延长；longus 长的，纵向的；e-/ ex- 不，无，非，缺乏，不具有（e- 用在辅音字母前，ex- 用在元音字母前，为拉丁语词首，对应的希腊语词首为 a-/ an-，英语为 un-/ -less，注意作词首用的 e-/ ex- 和介词 e/ ex 意思不同，后者意为"出自、从……、由……离开、由于、依照"）

Laurocerasus undulata f. microbotrys 钝齿尖叶桂樱：micr-/ micro- ← micros 小的，微小的，微观的（用于希腊语复合词）；botrys → botr-/ botry- 簇，串，葡萄串状，丛，总状

Laurocerasus undulata f. pubigera 毛序尖叶桂樱：pubi- ← pubis 细柔毛的，短柔毛的，毛被的；

L

gerus → -ger/ -gerus/ -gerum/ -gera 具有，有，带有

Laurocerasus undulata f. undulata 尖叶桂樱-原变型 （词义见上面解释）

Laurocerasus zippeliana 大叶桂樱：zippeliana（人名）

Laurocerasus zippeliana var. crassistyla 短柱桂樱：crassi- ← crassus 厚的，粗的，多肉质的；stylus/ stylis ← stylos 柱，花柱

Laurocerasus zippeliana var. zippeliana 大叶桂樱-原变种 （词义见上面解释）

Laurocerasus zippeliana var. zippeliana f. angustifolia 狭叶桂樱：angusti- ← angustus 窄的，狭的，细的；folius/ folium/ folia 叶，叶片（用于复合词）

Laurus 月桂属（樟科）（31：p437）：laurus ← laur 绿色的（凯尔特语，指常绿）

Laurus nobilis 月桂：nobilis 高贵的，有名的，高雅的

Lavandula 薰衣草属（唇形科）（65-2：p248）：lavandula ← lavo 洗涤，洗浴（古时用薰衣草洗浴）

Lavandula angustifolia 薰衣草：angusti- ← angustus 窄的，狭的，细的；folius/ folium/ folia 叶，叶片（用于复合词）

Lavandula latifolia 宽叶薰衣草：lati-/ late- ← latus 宽的，宽广的；folius/ folium/ folia 叶，叶片（用于复合词）

Lavatera 花葵属（锦葵科）（49-2：p8）：lavatera ← Johann Kaspar Lavater（人名，18 世纪瑞士医生的博物学家）（以 -er 结尾的人名用作属名时在末尾加 a，如 Lonicera = Lonicer + a）

Lavatera arborea 花葵：arboreus 乔木状的；arbor 乔木，树木；-eus/ -eum/ -ea（接拉丁语词干时）属于……的，色如……的，质如……的（表示原料、颜色或品质的相似），（接希腊语词干时）属于……的，以……出名，为……所占有（表示具有某种特性）

Lavatera cashemiriana 新疆花葵：cashemiriana 克什米尔的（地名）

Lavatera trimestris 三月花葵：trimestris 三个月的，三个月成熟的

Lawsonia 散沫花属（千屈菜科）（52-2：p111）：lawsonia ← Isaac Lawson（人名，18 世纪英国军医，林奈的朋友和资助人）

Lawsonia inermis 散沫花：inermus/ inermis = in + arma 无针刺的，不尖锐的，无齿的，无武装的；in-/ im-（来自 il- 的音变）内，在内，内部，向内，相反，不，无，非；il- 在内，向内，为，相反（希腊语为 en-）；词首 il- 的音变：il-（在 l 前面），im-（在 b、m、p 前面），in-（在元音字母和大多数辅音字母前面），ir-（在 r 前面），如 illaudatus（不值得称赞的，评价不好的），impermeabilis（不透水的，穿不透的），ineptus（不合适的），insertus（插入的），irretortus（无弯曲的，无扭曲的）；arma 武器，装备，工具，防护，挡板，军队

Lecanorchis 盂兰属（盂 yú）（兰科）（18：p13）：lecane 盆子；orchis 红门兰，兰花

Lecanorchis cerina 宝岛盂兰：cerinus = cera + inus 蜡黄的，蜡质的；cerus/ cerum/ cera 蜡；

-inus/ -inum/ -ina/ -inos 相近，接近，相似，具有（通常指颜色）

Lecanorchis japonica 盂兰：japonica 日本的（地名）；-icus/ -icum/ -ica 属于，具有某种特性（常用于地名、起源、生境）

Lecanorchis multiflora 多花盂兰：multi- ← multus 多个，多数，很多（希腊语为 poly-）；florus/ florum/ flora ← flos 花（用于复合词）

Lecanorchis nigricans 全唇盂兰：nigricans/ nigrescens 几乎是黑色的，发黑的，变黑的；nigrus 黑色的；niger 黑色的；-escens/ -ascens 改变，转变，变成，略微，带有，接近，相似，大致，稍微（表示变化的趋势，并未完全相似或相同，有别于表示达到完成状态的 -atus）；-icans 表示正在转变的过程或相似程度，有时表示相似程度非常接近、几乎相同

Lecanorchis taiwaniana 台湾盂兰：taiwaniana 台湾的（地名）

Lecanorchis thalassica 灰绿盂兰：thalassicus 海绿色的，蓝绿色的，海生的；Thalassa 塔拉萨（希腊神话中的海水女神）

Lecanthus 假楼梯草属（荨麻科）（23-2：p156）：lecane 盆子；anthus/ anthum/ antha/ anthe ← anthos 花（用于希腊语复合词）

Lecanthus peduncularis 假楼梯草：pedunculatus/ peduncularis 具花序柄的，具总花梗的；pedunculus/ peduncule/ pedunculis ← pes 花序柄，总花梗（花序基部无花着生部分，不同于花柄）；关联词：pedicellus/ pediculus 小花梗，小花柄（不同于花序柄）；pes/ pedis 柄，梗，茎秆，腿，足，爪（作词首或词尾，pes 的词干视为 "ped-"）；-aris（阳性、阴性）/ -are（中性）← -alis（阳性、阴性）/ -ale（中性）属于，相似，如同，具有，涉及，关于，联结于（将名词作形容词用，其中 -aris 常用于以 l 或 r 为词干末尾的词）

Lecanthus petelotii 越南假楼梯草：petelotii（人名）；-ii 表示人名，接在以辅音字母结尾的人名后面，但 -er 除外

Lecanthus petelotii var. corniculata 角被假楼梯草：corniculatus = cornus + culus + atus 犄角的，兽角的，兽角般坚硬的；cornus 角，犄角，兽角，角质，角质般坚硬；-culus/ -culum/ -cula 小的，略微的，稍微的（同第三变格法和第四变格法名词形成复合词）；-atus/ -atum/ -ata 属于，相似，具有，完成（形容词词尾）

Lecanthus petelotii var. yunnanensis 云南假楼梯草：yunnanensis 云南的（地名）

Lecanthus pileoides 冷水花假楼梯草：pileoides 像冷冰花的，近似有盖的；Pilea 冷冰花属（荨麻科）；pileus 帽子；-oides/ -oideus/ -oideum/ -oidea/ -odes/ -eidos 像……的，类似……的，呈……状的（名词词尾）

Lecythidaceae 玉蕊科（52-2：p121）：Lecythis 猴子罐属；-aceae（分类单位科的词尾，为 -aceus 的阴性复数主格形式，加到模式属的名称后或同义词的词干后以组成族群名称）

Ledum 杜香属（杜鹃花科）（57-1：p4）：ledum ← ledon 岩蔷薇（半日花科岩蔷薇属 Cistus 含挥发性树脂，杜香的芳香味很像其中一种希腊语名称为

L

ledon 的植物）

Ledum palustre 杜香：palustris/ paluster ← palus + estre 喜好沼泽的，沼生的；palus 沼泽，湿地，泥潭，水塘，草甸子（palus 的复数主格为 paludes）；-estris/ -estre/ ester/ -esteris 生于……地方，喜好……地方

Ledum palustre var. decumbens 小叶杜香：decumbens 横卧的，匍匐的，爬行的；decumb- 横卧，匍匐，爬行；-ans/ -ens/ -bilis/ -ilis 能够，可能（为形容词词尾，-ans/ -ens 用于主动语态，-bilis/ -ilis 用于被动语态）

Ledum palustre var. dilatatum 宽叶杜香：dilatatus = dilatus + atus 扩大的，膨大的；dilatus/ dilat-/ dilati-/ dilato- 扩大，膨大

Ledum palustre var. palustre 杜香-原变种（词义见上面解释）

Leea 火筒树属（葡萄科）（48-2：p3）：leea ← James Lee（人名，1715–1795，英国种苗专家）

Leea aequata 圆腺火筒树：aequatus 均分的，均等的；aequus 平坦的，均等的，公平的，友好的

Leea compactiflora 密花火筒树：compactus 小型的，压缩的，紧凑的，致密的，稠密的；pactus 压紧，紧缩；co- 联合，共同，合起来（拉丁语词首，为 cum- 的音变，表示结合、强化、完全，对应的希腊语为 syn-）；co- 的缀词音变有 co-/ com-/ con-/ col-/ cor-：co-（在 h 和元音字母前面），col-（在 l 前面），com-（在 b、m、p 之前），con-（在 c、d、f、g、j、n、qu、s、t 和 v 前面），cor-（在 r 前面）；florus/ florum/ flora ← flos 花（用于复合词）

Leea crispa 单羽火筒树：crispus 收缩的，褶皱的，波纹的（如花瓣周围的波浪状褶皱）

Leea glabra 光叶火筒树：glabrus 光秃的，无毛的，光滑的

Leea guineensis 台湾火筒树：guineensis 几内亚的（地名）

Leea indica 火筒树：indica 印度的（地名）；-icus/ -icum/ -ica 属于，具有某种特性（常用于地名、起源、生境）

Leea longifolia 窄叶火筒树：longe-/ longi- ← longus 长的，纵向的；folius/ folium/ folia 叶，叶片（用于复合词）

Leea macrophylla 大叶火筒树：macro-/ macr- ← macros 大的，宏观的（用于希腊语复合词）；phyllus/ phyllum/ phylla ← phyllon 叶片（用于希腊语复合词）

Leea philippinensis 菲律宾火筒树：philippinensis 菲律宾的（地名）

Leea setulifera 糙毛火筒树：setulus = setus + ulus 细刚毛的，细刺毛的，细芒刺的；setus/ saetus 刚毛，刺毛，芒刺；-ferus/ -ferum/ -fera/ -fero/ -fere/ -fer 有，具有，产（区别：作独立词使用的 ferus 意思是"野生的"）

Leersia 假稻属（禾本科）（9-2：p9）：leersia ← J. Daniel Leer（人名，18 世纪德国植物学家）

Leersia hexandra 李氏禾：hexandrus 六个雄蕊的；hex-/ hexa- 六（希腊语，拉丁语为 sex-）；andrus/ andros/ antherus ← aner 雄蕊，花药，雄性

Leersia japonica 假稻：japonica 日本的（地名）；

-icus/ -icum/ -ica 属于，具有某种特性（常用于地名、起源、生境）

Leersia oryzoides 蓉草：oryzoides 像水稻的；Oryza 稻属（禾本科）；-oides/ -oideus/ -oideum/ -oidea/ -odes/ -eidos 像……的，类似……的，呈……状的（名词词尾）

Leersia sayanuka 秕壳草（秕 bǐ）：sayanuka（日文）

Legazpia 三翅萼属（玄参科）（67-2：p117）：legazpia（人名）

Legazpia polygonoides 三翅萼：Polygonum 蓼属（蓼科）；-oides/ -oideus/ -oideum/ -oidea/ -odes/ -eidos 像……的，类似……的，呈……状的（名词词尾）

Leguminosae 豆科（39：p1，42-1：p1）：leguminosae ← leguminosus 具荚果的；关联词汇：legumen/ legumina（豆荚），leguminaceus（荚果状的）；Laguminosae 为保留科名，其标准科名为 Fabaceae，来自模式属 Faba 蚕豆属

Lemmaphyllum 伏石蕨属（水龙骨科）（6-2：p98）：lemma 皮壳，外皮；phyllus/ phyllum/ phylla ← phyllon 叶片（用于希腊语复合词）

Lemmaphyllum carnosum 肉质伏石蕨：carnosus 肉质的；carne 肉；-osus/ -osum/ -osa 多的，充分的，丰富的，显著发育的，程度高的，特征明显的（形容词词尾）

Lemmaphyllum microphyllum 伏石蕨：micr-/ micro- ← micros 小的，微小的，微观的（用于希腊语复合词）；phyllus/ phyllum/ phylla ← phyllon 叶片（用于希腊语复合词）

Lemmaphyllum microphyllum var. microphyllum 伏石蕨-原变种（词义见上面解释）

Lemmaphyllum microphyllum var. obovatum 倒卵伏石蕨：obovatus = ob + ovus + atus 倒卵形的；ob- 相反，反对，倒（ob- 有多种音变：ob- 在元音字母和大多数辅音字母前面，oc- 在 c 前面，of- 在 f 前面，op- 在 p 前面）；ovus 卵，胚珠，卵形的，椭圆形的

Lemna 浮萍属（浮萍科）（13-2：p209）：lemna ← limne 沼泽（指水生）

Lemna aequinoctialis 稀脉浮萍（另见 L. perpusilla）：aequinoctialis 昼夜等长的，春分的，秋分的；aequus 平坦的，均等的，公平的，友好的；aequi- 相等，相同；equinox 春分，秋分，昼夜平分点；nocti-/ noct- ← nocturnum 夜晚的；-aris（阳性、阴性）-are（中性）← -alis（阳性、阴性）/ -ale（中性）属于，相似，如同，具有，涉及，关于，联结于（将名词作形容词用，其中 -aris 常用于以 l 或 r 为词干末尾的词）

Lemna minor 浮萍：minor 较小的，更小的

Lemna perpusilla 稀脉浮萍（另见 L. aequinoctialis）：perpusillus 非常小的，微小的；per-（在 l 前面音变为 pel-）极，很，颇，甚，非常，完全，通过，遍及（表示效果加强，与 sub- 互为反义词）；pusillus 纤弱的，细小的，无价值的

Lemna trisulca 品藻：trisulcus 三沟的；tri-/ tripli-/ triplo- 三个，三数；sulcus 犁沟，沟槽，皱纹

Lemnaceae 浮萍科（13-2：p206）：Lemna 浮萍属；lemna 一种水生植物；-aceae（分类单位科的词尾，

为 -aceus 的阴性复数主格形式，加到模式属的名称后或同义词的词干后以组成族群名称）

Lens 兵豆属（豆科）（42-2：p286）：lens 扁豆（希腊语）

Lens culinaris 兵豆：culinaris ← culina 厨房的（比喻可食）；-aris（阳性、阴性）/ -are（中性）← -alis（阳性、阴性）/ -ale（中性）属于，相似，如同，具有，涉及，关于，联结于（将名词作形容词用，其中 -aris 常用于以 l 或 r 为词干末尾的词）

Lentibulariaceae 狸藻科（69：p582）：Lentibulari → Utricularia 狸藻属；lentibularis = lentus + tubularis 软管（指茎细长中空）；lentus 柔软的，有韧性的，胶黏的；tubularis = tubus + ulus + aris 细管形的，细筒形的；tubus 管子的，管状的，筒状的；-ulus/ -ulum/ -ula 小的，略微的，稍微的（小词 -ulus 在字母 e 或 i 之后有多种变缀，即 -olus/ -olum/ -ola、-ellus/ -ellum/ -ella、-illus/ -illum/ -illa，与第一变格法和第二变格法名词形成复合词）；-aceae（分类单位科的词尾，为 -aceus 的阴性复数主格形式，加到模式属的名称后或同义词的词干后以组成族群名称）

Leontice 囊果草属（牡丹草属）（小檗科）（29：p303）：leontice ← leon 狮子状的（古拉丁名，指叶形像狮子脚掌）

Leontice incerta 囊果草：incertus 不确定的；certus 确定的；in-/ im-（来自 il- 的音变）内，在内，内部，向内，相反，不，无，非；il- 在内，向内，为，相反（希腊语为 en-）；词首 il- 的音变：il-（在 l 前面），im-（在 b、m、p 前面），in-（在元音字母和大多数辅音字母前面），ir-（在 r 前面），如 illaudatus（不值得称赞的，评价不好的），impermeabilis（不透水的，穿不透的），ineptus（不合适的），insertus（插入的），irretortus（无弯曲的，无扭曲的）

Leontopodium 火绒草属（菊科）（75：p72）：leontopodium = leon + poius 狮爪（指密生绵毛的苞叶）；leon 狮子，狮子黄；podius ← podion 腿，足，柄

Leontopodium × albo-griseum 白灰火绒草：albus → albi-/ albo- 白色的；griseus 灰白色的

Leontopodium andersonii 松毛火绒草：andersonii ← Charles Lewis Anderson（人名，19世纪美国医生、植物学家）

Leontopodium artemisiifolium 艾叶火绒草：artemisiifolius 蒿子叶的；缀词规则：以属名作复合词时原词尾变形后的 i 要保留；Artemisia 蒿属（菊科）；folius/ folium/ folia 叶，叶片（用于复合词）

Leontopodium aurantiacum 黄毛火绒草：aurantiacus/ aurantius 橙黄色的，金黄色的；aurus 金，金色；aurant-/ auranti- 橙黄色，金黄色

Leontopodium brachyactis 短星火绒草：brachyactis 短射线的（指舌状花短小）；brachy- ← brachys 短的（用于拉丁语复合词词首）；actis 辐射状的，射线的，星状的；Brachyactis 短星菊属（菊科）

Leontopodium calocephalum 美头火绒草：call-/ calli-/ callo-/ cala-/ calo- ← calos/ callos 美丽的；cephalus/ cephale ← cephalos 头，头状花序

Leontopodium calocephalum var.

calocephalum 美头火绒草-原变种 （词义见上面解释）

Leontopodium calocephalum var. depauperatum 美头火绒草-疏苞变种：depauperatus 萎缩的，衰弱的，瘦弱的；de- 向下，向外，从……，脱离，脱落，离开，去掉；paupera 瘦弱的，贫穷的

Leontopodium calocephalum var. uliginosum 美头火绒草-湿生变种：uliginosus 沼泽的，湿地的，潮湿的；uligo/ vuligo/ uliginis 潮湿，湿地，沼泽（uligo 的词干为 uligin-）；词尾为 -go 的词其词干末尾视为 -gin；-osus/ -osum/ -osa 多的，充分的，丰富的，显著发育的，程度高的，特征明显的（形容词词尾）

Leontopodium campestre 山野火绒草：campestre 野生的，草地的，平原的；campus 平坦地带的，校园的；-estris/ -estre/ ester/ -esteris 生于……地方，喜好……地方

Leontopodium chuii 川甘火绒草：chuii（人名，词尾改为"-i"似更妥）；-ii 表示人名，接在以辅音字母结尾的人名后面，但 -er 除外；-i 表示人名，接在以元音字母结尾的人名后面，但 -a 除外

Leontopodium conglobatum 团球火绒草：conglobatus = co + globatus 密集成球的，成团的，团聚的；globus → glob-/ globi- 球体，圆球，地球；-atus/ -atum/ -ata 属于，相似，具有，完成（形容词词尾）；co- 联合，共同，合起来（拉丁语词首，为 cum- 的音变，表示结合、强化、完全，对应的希腊语为 syn-）；co- 的缀词音变有 co-/ com-/ con-/ col-/ cor-：co-（在 h 和元音字母前面），col-（在 l 前面），com-（在 b、m、p 之前），con-（在 c、d、f、g、j、n、qu、s、t 和 v 前面），cor-（在 r 前面）

Leontopodium dedekensii 戟叶火绒草：dedekensii（人名）；-ii 表示人名，接在以辅音字母结尾的人名后面，但 -er 除外

Leontopodium dedekensii var. dedekensii 戟叶火绒草-原变种 （词义见上面解释）

Leontopodium dedekensii var. microcalathinum 戟叶火绒草-小花变种：micr-/ micro- ← micros 小的，微小的，微观的（用于希腊语复合词）；calathinus 杯状的，篮状的（指菊科的头状花序）

Leontopodium delavayanum 云岭火绒草：delavayanum ← Delavay ← P. J. M. Delavay（人名，1834–1895，法国传教士，曾在中国采集植物标本）

Leontopodium fangingense 梵净火绒草（梵 fàn）：fangingense 梵净山的（地名，贵州省）

Leontopodium forrestianum 鼠麹火绒草：forrestianum ← George Forrest（人名，1873–1932，英国植物学家，曾在中国西部采集大量植物标本）

Leontopodium franchetii 坚杆火绒草：franchetii ← A. R. Franchet（人名，19 世纪法国植物学家）

Leontopodium franchetii × dedekensii 坚杆×戟叶火绒草：dedekensii（人名）；-ii 表示人名，接在以辅音字母结尾的人名后面，但 -er 除外

Leontopodium giraldii 秦岭火绒草：giraldii ←

Giuseppe Giraldi（人名，19 世纪活动于中国的意大利传教士）

Leontopodium × gracile 纤细火绒草：gracile → gracil- 细长的，纤弱的，丝状的；gracilis 细长的，纤弱的，丝状的

Leontopodium haastioides 密垫火绒草：Haastia（属名，人名，菊科，产于新西兰）；-oides/ -oideus/ -oideum/ -oidea/ -odes/ -eidos 像……的，类似……的，呈……状的（名词词尾）

Leontopodium haplophylloides 香芸火绒草：haplophylloides 像 Haplophyllum 的；Haplophyllum 拟芸香属（芸香科）；haplo- 单一的，一个的；phyllus/ phyllum/ phylla ← phyllon 叶片（用于希腊语复合词）；-oides/ -oideus/ -oideum/ -oidea/ -odes/ -eidos 像……的，类似……的，呈……状的（名词词尾）

Leontopodium himalayanum 珠峰火绒草：himalayanum 喜马拉雅的（地名）

Leontopodium himalayanum var. himalayanum 珠峰火绒草-原变种 （词义见上面解释）

Leontopodium himalayanum var. pumilum 珠峰火绒草-矮小变种（种加词有时误拼为"pumillum"）：pumilus 矮的，小的，低矮的，矮人的

Leontopodium jacotianum 雅谷火绒草：jacotianum（人名）

Leontopodium jacotianum var. cespitosum 丛生雅谷火绒草：cespitosus 丛生的，簇生的

Leontopodium jacotianum var. jacotianum 雅谷火绒草-原变种 （词义见上面解释）

Leontopodium jacotianum var. minum 雅谷火绒草-长茎变种：minus 少的，小的

Leontopodium jacotianum var. paradoxum 雅谷火绒草-密生变种：paradoxus 似是而非的，少见的，奇异的，难以解释的；para- 类似，接近，近旁，假的；-doxa/ -doxus 荣耀的，瑰丽的，壮观的，显眼的

Leontopodium japonicum 薄雪火绒草（薄 bó，意"稀少、稀疏"）：japonicum 日本的（地名）；-icus/ -icum/ -ica 属于，具有某种特性（常用于地名、起源、生境）

Leontopodium japonicum var. japonicum 薄雪火绒草-原变种 （词义见上面解释）

Leontopodium japonicum var. microcephalum 薄雪火绒草小头变种：micr-/ micro- ← micros 小的，微小的，微观的（用于希腊语复合词）；cephalus/ cephale ← cephalos 头，头状花序

Leontopodium japonicum var. xerogenes 薄雪火绒草厚茸变种：xerogenes 旱生的；xeros 干旱的，干燥的；genes ← gennao 产，生产

Leontopodium leontopodioides 火绒草：Leontopodium 火绒草属（菊科）；-oides/ -oideus/ -oideum/ -oidea/ -odes/ -eidos 像……的，类似……的，呈……状的（名词词尾）

Leontopodium longifolium 长叶火绒草：longe-/ longi- ← longus 长的，纵向的；folius/ folium/ folia 叶，叶片（用于复合词）

Leontopodium longifolium f. angustifolium 狭

叶长叶火绒草：angusti- ← angustus 窄的，狭的，细的；folius/ folium/ folia 叶，叶片（用于复合词）

Leontopodium longifolium f. brevifolium 短叶火绒草：brevi- ← brevis 短的（用于希腊语复合词词首）；folius/ folium/ folia 叶，叶片（用于复合词）

Leontopodium longifolium f. humile 矮小长叶火绒草：humile 矮的

Leontopodium longifolium × stoechas 长叶×木茎火绒草：stoechas ← Stoechades/ Hyeras 耶尔群岛的（地名，法国）

Leontopodium melanolepis 黑苞火绒草：mel-/ mela-/ melan-/ melano- ← melanus ← melas/ melanos 黑色的，浓黑色的，暗色的；lepis/ lepidos 鳞片；Melanolepis 墨鳞属（大戟科）

Leontopodium micranthum 小花火绒草：micr-/ micro- ← micros 小的，微小的，微观的（用于希腊语复合词）；anthus/ anthum/ antha/ anthe ← anthos 花（用于希腊语复合词）

Leontopodium microcephalum 小头薄雪火绒草：micr-/ micro- ← micros 小的，微小的，微观的（用于希腊语复合词）；cephalus/ cephale ← cephalos 头，头状花序

Leontopodium microphyllum 小叶火绒草：micr-/ micro- ← micros 小的，微小的，微观的（用于希腊语复合词）；phyllus/ phyllum/ phylla ← phyllon 叶片（用于希腊语复合词）

Leontopodium monocephalum 单头火绒草：mono-/ mon- ← monos 一个，单一的（希腊语，拉丁语为 unus/ uni-/ uno-）；cephalus/ cephale ← cephalos 头，头状花序

Leontopodium monocephalum var. edgeworthianum （艾迪火绒草）：edgeworthianum ← Michael Pakenham Edgeworth（人名，19 世纪英国植物学家）

Leontopodium monocephalum var. evax （艾瓦火绒草）：evax（人名）

Leontopodium monocephalum var. fimbrilliferum （缘毛火绒草）：fimbrilliferum = fimbria + ulus + ferus 具小睫毛的，具小流苏状毛的；fimbria → fimbri- 流苏，长缘毛；-illi- ← -ulus 小，稍微，略微（-ulus 在字母 e 或 i 之后变成 -olus/ -ellus/ -illus）；-ferus/ -ferum/ -fera/ -fero/ -fere/ -fer 有，具有，产（区别：作独立词使用的 ferus 意思是"野生的"）

Leontopodium muscoides 藓状火绒草：muscoides 苔藓状的；musc-/ musci- 藓类的；-oides/ -oideus/ -oideum/ -oidea/ -odes/ -eidos 像……的，类似……的，呈……状的（名词词尾）

Leontopodium nanum 矮火绒草：nanus ← nanos/ nannos 矮小的，小的；nani-/ nano-/ nanno- 矮小的，小的

Leontopodium nanum f. caulescens （短茎火绒草）：caulescens 有茎的，变成有茎的，大致有茎的；caulus/ caulon/ caule ← caulos 茎，茎秆，主茎；-escens/ -ascens 改变，转变，变成，略微，带有，接近，相似，大致，稍微（表示变化的趋势，并未完全相似或相同，有别于表示达到完成状态的 -atus）

Leontopodium niveum 白雪火绒草：niveus 雪白

L

的，雪一样的；nivus/ nivis/ nix 雪，雪白色

Leontopodium niveum × sinense 白雪×华火绒草：sinense = Sina + ense 中国的（地名）；Sina 中国

Leontopodium ochroleucum 黄白火绒草：ochroleucus 黄白色的；ochro- ← ochra 黄色的，黄土的；leucus 白色的，淡色的

Leontopodium omeiense 峨眉火绒草：omeiense 峨眉山的（地名，四川省）

Leontopodium pusillum 弱小火绒草：pusillus 纤弱的，细小的，无价值的

Leontopodium roseum 红花火绒草：roseus = rosa + eus 像玫瑰的，玫瑰色的，粉红色的；rosa 蔷薇（古拉丁名）← rhodon 蔷薇（希腊语）← rhodd 红色，玫瑰红（凯尔特语）；-eus/ -eum/ -ea（接拉丁语词干时）属于……的，色如……的，质如……的（表示原料、颜色或品质的相似），（接希腊语词干时）属于……的，以……出名，为……所占有（表示具有某种特性）

Leontopodium rosmarinoides 迷迭香火绒草：Rosmarinus 迷迭香属（唇形科）；-oides/ -oideus/ -oideum/ -oidea/ -odes/ -eidos 像……的，类似……的，呈……状的（名词词尾）

Leontopodium sinense 华火绒草：sinense = Sina + ense 中国的（地名）；Sina 中国

Leontopodium smithianum 绢茸火绒草（绢juàn）：smithianum ← James Edward Smith（人名，1759–1828，英国植物学家）

Leontopodium souliei 银叶火绒草：souliei（人名）；-i 表示人名，接在以元音字母结尾的人名后面，但 -a 除外

Leontopodium stoechas 木茎火绒草：stoechas ← Stoechades/ Hyeras 耶尔群岛的（地名，法国）

Leontopodium stoechas × artemisiifolium 木茎×艾叶火绒草：artemisiifolius 蒿子叶的；缀词规则：以属名作复合词时原词尾变形后的 i 要保留；Artemisia 蒿属（菊科）；folius/ folium/ folia 叶，叶片（用于复合词）

Leontopodium stoechas × dedekensii 木茎×载叶火绒草：dedekensii（人名）；-ii 表示人名，接在以辅音字母结尾的人名后面，但 -er 除外

Leontopodium stoechas var. minor 木茎火绒草-小花变种：minor 较小的，更小的

Leontopodium stoechas var. stoechas 木茎火绒草-原变种 （词义见上面解释）

Leontopodium stoloniferum 匍枝火绒草：stolon 匍匐茎；-ferus/ -ferum/ -fera/ -fero/ -fere/ -fer 有，具有，产（区别：作独立词使用的 ferus 意思是"野生的"）

Leontopodium stoloniferum × dedekensii 匍枝×载叶火绒草：dedekensii（人名）；-ii 表示人名，接在以辅音字母结尾的人名后面，但 -er 除外

Leontopodium stracheyi 毛香火绒草：stracheyi（人名）；-i 表示人名，接在以元音字母结尾的人名后面，但 -a 除外

Leontopodium stracheyi × artemisiifolium 毛香×艾叶火绒草：artemisiifolius 蒿子叶的；缀词规则：以属名作复合词时原词尾变形后的 i 要保留；

Artemisia 蒿属（菊科）；folius/ folium/ folia 叶，叶片（用于复合词）

Leontopodium stracheyi × franchetii 毛香×坚杆火绒草：franchetii ← A. R. Franchet（人名，19 世纪法国植物学家）

Leontopodium stracheyi var. stracheyi 毛香火绒草-原变种 （词义见上面解释）

Leontopodium stracheyi × subulatum 毛香×钻叶火绒草：subulatus 钻形的，尖头的，针尖状的；subulus 钻头，尖头，针尖状

Leontopodium stracheyi var. tenuicaule 毛香火绒草-细茎变种：tenui- ← tenuis 薄的，纤细的，弱的，瘦的，窄的；caulus/ caulon/ caule ← caulos 茎，茎秆，主茎

Leontopodium subulatum 钻叶火绒草：subulatus 钻形的，尖头的，针尖状的；subulus 钻头，尖头，针尖状

Leontopodium subulatum var. bonatii 钻叶火绒草-疏叶变种：bonatii ← H. J. Bonatz（人名）

Leontopodium subulatum var. subulatum 钻叶火绒草-原变种 （词义见上面解释）

Leontopodium villosum 柔毛火绒草：villosus 柔毛的，绵毛的；villus 毛，羊毛，长绒毛；-osus/ -osum/ -osa 多的，充分的，丰富的，显著发育的，程度高的，特征明显的（形容词词尾）

Leontopodium wilsonii 川西火绒草：wilsonii ← John Wilson（人名，18 世纪英国植物学家）

Leonurus 益母草属（唇形科）（65-2：p505）：leonurus 狮子尾巴的（比喻长花序）；leon 狮子，狮子黄；-urus/ -ura/ -ourus/ -oura/ -oure/ -uris 尾巴

Leonurus artemisia 益母草：artemisia ← Artemis（希腊神话中的女神）；Artemisia 蒿属（菊科）

Leonurus artemisia var. albiflorus 益母草-白花变种：albus → albi-/ albo- 白色的；florus/ florum/ flora ← flos 花（用于复合词）

Leonurus artemisia var. artemisia 益母草-原变种 （词义见上面解释）

Leonurus chaituroides 假鬃尾草：Chaiturus 鬃尾草属（唇形儿科）；-oides/ -oideus/ -oideum/ -oidea/ -odes/ -eidos 像……的，类似……的，呈……状的（名词词尾）

Leonurus glaucescens 灰白益母草：glaucescens 变白的，发白的，灰绿的；glauco-/ glauc- ← glaucus 被白粉的，发白的，灰绿色的；-escens/ -ascens 改变，转变，变成，略微，带有，接近，相似，大致，稍微（表示变化的趋势，并未完全相似或相同，有别于表示达到完成状态的 -atus）

Leonurus macranthus 大花益母草：macro-/ macr- ← macros 大的，宏观的（用于希腊语复合词）；anthus/ anthum/ antha/ anthe ← anthos 花（用于希腊语复合词）

Leonurus panzerioides 绵毛益母草：Panzeria 脓疮草属（唇形科）；-oides/ -oideus/ -oideum/ -oidea/ -odes/ -eidos 像……的，类似……的，呈……状的（名词词尾）

Leonurus pseudomacranthus 錾菜（錾 zàn）：pseudomacranthus 像 macranthus 的；pseudo-/ pseud- ← pseudos 假的，伪的，接近，相似（但不

L

是）；Leonurus macranthus 大花益母草

Leonurus pseudomacranthus f. leucanthus 錾菜-白花变型：leuc-/ leuco- ← leucus 白色的（如果和其他表示颜色的词混用则表示淡色）；anthus/ anthum/ antha/ anthe ← anthos 花（用于希腊语复合词）

Leonurus pseudomacranthus f. pseudomacranthus 錾菜-原变型（词义见上面解释）

Leonurus sibiricus 细叶益母草：sibiricus 西伯利亚的（地名，俄罗斯）；-icus/ -icum/ -ica 属于，具有某种特性（常用于地名、起源、生境）

Leonurus sibiricus f. albiflorus 细叶益母草-白花变型：albus → albi-/ albo- 白色的；florus/ florum/ flora ← flos 花（用于复合词）

Leonurus sibiricus f. sibiricus 细叶益母草-原变型（词义见上面解释）

Leonurus tataricus 兴安益母草：tatarica ← Tatar 鞑靼的（古代欧亚大草原不同游牧民族的泛称，有多种音译：达怛、达靼、塔坦、鞑靼、达打、达达）

Leonurus turkestanicus 突厥益母草（厥 jué）：turkestanicus 土耳其的（地名）；-icus/ -icum/ -ica 属于，具有某种特性（常用于地名、起源、生境）

Leonurus urticifolius 荨麻叶益母草（荨 qián）：Urtica 荨麻属（荨麻科）；folius/ folium/ folia 叶，叶片（用于复合词）

Leonurus villosissimus 柔毛益母草：villosissimus 柔毛很多的；villosus 柔毛的，绵毛的；villus 毛，羊毛，长绒毛；-osus/ -osum/ -osa 多的，充分的，丰富的，显著发育的，程度高的，特征明显的（形容词词尾）；-issimus/ -issima/ -issimum 最，非常，极其（形容词最高级）

Leonurus wutaishanicus 五台山益母草：wutaishanicus 五台山的（地名，山西省）；-icus/ -icum/ -ica 属于，具有某种特性（常用于地名、起源、生境）

Lepechiniella 翅鹤虱属（紫草科）（64-2：p207）：lepechinia ← Ivan Ivanovich Lepechin (Lepekhin)（人名，18 世纪俄国植物学家）；-ella 小（用作人名或一些属名词尾时并无小词意义）

Lepechiniella lasiocarpa 翅鹤虱：lasi-/ lasio- 羊毛状的，有毛的，粗糙的；carpus/ carpum/ carpa/ carpon ← carpos 果实（用于希腊语复合词）

Lepidagathis 鳞花草属（爵床科）（70：p196）：lepidagathis = lepis + agathis 鳞状毛毡的；构词规则：词尾为 -is 和 -ys 的词的词干分别视为 -id 和 -yd；lepis/ lepidos 鳞片；agathis ← agathos 好的，美好的，线毡的，毛毡的（如柔荑花序等）

Lepidagathis fasciculata 齿叶鳞花草：fasciculatus 成束的，束状的，成簇的；fasciculus 丛，簇，束；fascis 束

Lepidagathis formosensis 台湾鳞花草：formosensis ← formosa + ensis 台湾的；formosus ← formosa 美丽的，台湾的（葡萄牙殖民者发现台湾时对其的称呼，即美丽的岛屿）

Lepidagathis hainanensis 海南鳞花草：hainanensis 海南的（地名）

Lepidagathis inaequalis 卵叶鳞花草：inaequalis 不等的，不同的，不整齐的；aequalis 相等的，相同的，对称的；inaequal- 不相等，不同；aequus 平坦的，均等的，公平的，友好的；in-/ im-（来自 il- 的音变）内，在内，内部，向内，相反，不，无，非；il- 在内，向内，为，相反（希腊语为 en-）；词首 il- 的音变：il-（在 l 前面），im-（在 b、m、p 前面），in-（在元音字母和大多数辅音字母前面），ir-（在 r 前面），如 illaudatus（不值得称赞的，评价不好的），impermeabilis（不透水的，穿不透的），ineptus（不合适的），insertus（插入的），irretortus（无弯曲的，无扭曲的）

Lepidagathis incurva 鳞花草：incurvus 内弯的；in-/ im-（来自 il- 的音变）内，在内，内部，向内，相反，不，无，非；il- 在内，向内，为，相反（希腊语为 en-）；词首 il- 的音变：il-（在 l 前面），im-（在 b、m、p 前面），in-（在元音字母和大多数辅音字母前面），ir-（在 r 前面），如 illaudatus（不值得称赞的，评价不好的），impermeabilis（不透水的，穿不透的），ineptus（不合适的），insertus（插入的），irretortus（无弯曲的，无扭曲的）；curvus 弯曲的

Lepidagathis secunda 小琉球鳞花草：secundus/ secumdus 生于单侧的，花柄一侧着花的，沿着……，顺着……

Lepidagathis stenophylla 柳叶鳞花草：sten-/ steno- ← stenus 窄的，狭的，薄的；phyllus/ phyllum/ phylla ← phyllon 叶片（用于希腊语复合词）

Lepidium 独行菜属（十字花科）（33：p46）：lepidium 独行菜的古拉丁名，来自 lepidion = lepis + idium 小鳞片（指角果的形状）；-idium ← -idion 小的，稍微的（表示小或程度较轻）

Lepidium alashanicum 阿拉善独行菜：alashanicum 阿拉善的（地名，内蒙古最西部）

Lepidium apetalum 独行菜：apetalus 无花瓣的，花瓣缺如的；a-/ an- 无，非，没有，缺乏，不具有（an- 用于元音前）（a-/ an- 为希腊语词首，对应的拉丁语词首为 e-/ ex-，相当于英语的 un-/ -less，注意词首 a- 和作为介词的 a/ ab 不同，后者的意思是"从……、由……、关于……、因为……"）；petalus/ petalum/ petala ← petalon 花瓣

Lepidium campestre 绿独行菜：campestre 野生的，草地的，平原的；campus 平坦地带的，校园的；-estris/ -estre/ ester/ -esteris 生于……地方，喜好……地方

Lepidium capitatum 头花独行菜：capitatus 头状的，头状花序的；capitus ← capitis 头，头状

Lepidium cartilagineum 碱独行菜：cartilagineus/ cartilaginosus 软骨质的；cartilago 软骨；词尾为 -go 的词其词干末尾视为 -gin

Lepidium cordatum 心叶独行菜：cordatus ← cordis/ cor 心脏的，心形的；-atus/ -atum/ -ata 属于，相似，具有，完成（形容词词尾）

Lepidium cuneiforme 楔叶独行菜：cuneus 楔子的；forme/ forma 形状

Lepidium densiflorum 密花独行菜：densus 密集的，繁茂的；florus/ florum/ flora ← flos 花（用于复合词）

Lepidium ferganense 全缘独行菜：ferganense 费尔

L

干纳的（地名，吉尔吉斯斯坦）

Lepidium latifolium 宽叶独行菜：lati-/ late- ← latus 宽的，宽广的；folius/ folium/ folia 叶，叶片（用于复合词）

Lepidium latifolium var. affine 光果宽叶独行菜：affine = affinis = ad + finis 酷似的，近似的，有联系的；ad- 向，到，近（拉丁语词首，表示程度加强）；构词规则：构成复合词时，词首末尾的辅音字母常同化为紧接其后的那个辅音字母（如 ad + f → aff）；finis 界限，境界；affin- 相似，近似，相关

Lepidium latifolium var. latifolium 宽叶独行菜-原变种 （词义见上面解释）

Lepidium obtusum 钝叶独行菜：obtusus 钝的，钝形的，略带圆形的

Lepidium perfoliatum 抱茎独行菜：perfoliatus 叶片抱茎的；peri-/ per- 周围的，缠绕的（与拉丁语 circum- 意思相同）；foliatus 具叶的，多叶的；folius/ folium/ folia → foli-/ folia- 叶，叶片

Lepidium ruderale 柱毛独行菜：ruderale 生于荒地的，生于垃圾堆的；rudera/ rudus/ rodus 碎石堆，瓦砾堆

Lepidium sativum 家独行菜：sativus 栽培的，种植的，耕地的，耕作的

Lepidium virginicum 北美独行菜：virginicus/ virginianus 弗吉尼亚的（地名，美国）；-icus/ -icum/ -ica 属于，具有某种特性（常用于地名、起源、生境）

Lepidogrammitis 骨牌蕨属（水龙骨科）（6-2：p93）：lepido- ← lepis 鳞片，鳞片状（lepis 词干视为 lepid-，后接辅音字母时通常加连接用的 "o"，故形成 "lepido-"）；lepido- ← lepidus 美丽的，典雅的，整洁的，装饰华丽的；注：构词成分 lepid-/ lepdi-/ lepido- 需要根据植物特征翻译成 "秀丽" 或 "鳞片"；gramitis ← grammus 条纹的，花纹的，线条的（希腊语）

Lepidogrammitis adnascens 贴生骨牌蕨：adnascens 附着的；adnatus/ adunatus 贴合的，贴生的，贴满的，全长附着的，广泛附着的，连着的；-escens/ -ascens 改变，转变，变成，略微，带有，接近，相似，大致，稍微（表示变化的趋势，并未完全相似或相同，有别于表示达到完成状态的 -atus）

Lepidogrammitis diversa 披针骨牌蕨：diversus 多样的，各种各样的，多方向的；di-/ dis- 二，二数，二分，分离，不同，在……之间，从……分开（希腊语，拉丁语为 bi-/ bis-）；versus 向，向着，对着（表示朝向或变化趋势）

Lepidogrammitis drymoglossoides 抱石莲：Drymoglossum 抱树莲属（水龙骨科）；-oides/ -oideus/ -oideum/ -oidea/ -odes/ -eidos 像……的，类似……的，呈……状的（名词词尾）

Lepidogrammitis elongata 长叶骨牌蕨：elongatus 伸长的，延长的；elongare 拉长，延长；longus 长的，纵向的；e-/ ex- 不，无，非，缺乏，不具有（e- 用在辅音字母前，ex- 用在元音字母前，为拉丁语词首，对应的希腊语词首为 a-/ an-，英语为 un-/ -less，注意作词首用的 e-/ ex- 和介词 e/ ex 意思不同，后者意为 "出自、从……、由……离开、由于、依照"）

Lepidogrammitis intermedia 中间骨牌蕨：

intermedius 中间的，中位的，中等的；inter- 中间的，在中间，之间；medius 中间的，中央的

Lepidogrammitis kansuensis 甘肃骨牌蕨：kansuensis 甘肃的（地名）

Lepidogrammitis pyriformis 梨叶骨牌蕨：pyrus/ pirus ← pyros 梨，梨树，核，核果，小麦，谷物；pyrum/ pirum 梨；formis/ forma 形状

Lepidogrammitis rostrata 骨牌蕨：rostratus 具喙的，喙状的；rostrus 鸟喙（常作词尾）；rostre 鸟喙的，喙状的

Lepidomicrosorum（Lepidomicrosorium）鳞果星蕨属（水龙骨科）（6-2：p107）：lepidomicrosorum 鳞片状小孢子囊的；lepido- ← lepis 鳞片，鳞片状（lepis 词干视为 lepid-，后接辅音字母时通常加连接用的 "o"，故形成 "lepido-"）；lepido- ← lepidus 美丽的，典雅的，整洁的，装饰华丽的；注：构词成分 lepid-/ lepdi-/ lepido- 需要根据植物特征翻译成 "秀丽" 或 "鳞片"；Microsorum（Microsorium）星蕨属；microsorum 小孢子囊群（位于叶状体下面）；micr-/ micro- ← micros 小的，微小的，微观的（用于希腊语复合词）；sorus ← soros 堆（指密集成簇），孢子囊群

Lepidomicrosorum angustifolium 狭叶鳞果星蕨：angusti- ← angustus 窄的，狭的，细的；folius/ folium/ folia 叶，叶片（用于复合词）

Lepidomicrosorum asarifolium 细辛鳞果星蕨：Asarum 细辛属（马兜铃科）；folius/ folium/ folia 叶，叶片（用于复合词）

Lepidomicrosorum brevipes 短柄鳞果星蕨：brevi- ← brevis 短的（用于希腊语复合词词首）；pes/ pedis 柄，梗，茎秆，腿，足，爪（作词首或词尾，pes 的词干视为 "ped-"）

Lepidomicrosorum buergerianum 鳞果星蕨：buergerianum ← Heinrich Buerger（人名，19 世纪荷兰植物学家）

Lepidomicrosorum caudifrons 尾叶鳞果星蕨：caudi- ← cauda/ caudus/ caudum 尾巴；-frons 叶子，叶状体

Lepidomicrosorum crenatum 圆齿鳞果星蕨：crenatus = crena + atus 圆齿状的，具圆齿的；crena 叶缘的圆齿

Lepidomicrosorum emeiense 峨眉鳞果星蕨：emeiense 峨眉山的（地名，四川省）

Lepidomicrosorum hederaceum 常春藤鳞果星蕨：hederaceum 常春藤状的；Hedera 常春藤属（五加科）；-aceus/ -aceum/ -acea 相似的，有……性质的，属于……的

Lepidomicrosorum hunanense 湖南鳞果星蕨：hunanense 湖南的（地名）

Lepidomicrosorum lanceolatum 披针鳞果星蕨：lanceolatus = lanceus + olus + atus 小披针形的，小柳叶刀形的；lance-/ lancei-/ lanci-/ lanceo-/ lanc- ← lanceus 披针形的，矛形的，尖刀状的，柳叶刀状的；-olus ← -ulus 小，稍微，略微（-ulus 在字母 e 或 i 之后变成 -olus/ -ellus/ -illus）；-atus/ -atum/ -ata 属于，相似，具有，完成（形容词词尾）

Lepidomicrosorum laojunense 老君鳞果星蕨：laojunense 老君山的（地名，云南省）

L

Lepidomicrosorum latibasis 阔基鳞果星蕨：lati-/ late- ← latus 宽的，宽广的；basis 基部，基座

Lepidomicrosorum lineare 线叶鳞果星蕨：lineare 线状的，亚麻状的；lineus = linum + eus 线状的，丝状的，亚麻状的；linum ← linon 亚麻，线（古拉丁名）

Lepidomicrosorum microsorioides 小果鳞果星蕨：microsorioides 像星蕨的；Microsorum (Microsorium) 星蕨属（水龙骨科）；-oides/ -oideus/ -oideum/ -oidea/ -odes/ -eidos 像……的，类似……的，呈……状的（名词词尾）

Lepidomicrosorum nanchuanense 南川鳞果星蕨：nanchuanense 南川的（地名，重庆市）

Lepidomicrosorum sichuanense 四川鳞果星蕨：sichuanense 四川的（地名）

Lepidomicrosorum subsessile 近无柄鳞果星蕨：subsessile 近无茎的；sub-（表示程度较弱）与……类似，几乎，稍微，弱，亚，之下，下面；sessile-/ sessili-/ sessil- ← sessilis 无柄的，无茎的，基生的，基部的

Lepidomicrosorum suijiangense 绥江鳞果星蕨（绥 suí）：suijiangense 绥江的（地名，云南省）

Lepidosperma 鳞籽莎属（莎草科）（11：p120）：lepido- ← lepis 鳞片，鳞片状（lepis 词干视为 lepid-，后接辅音字母时通常加连接用的 "o"，故形成 "lepido-"）；lepido- ← lepidus 美丽的，典雅的，整洁的，装饰华丽的；注：构词成分 lepid-/ lepdi-/ lepido- 需要根据植物特征翻译成 "秀丽" 或 "鳞片"；spermus/ spermum/ sperma 种子的（用于希腊语复合词）

Lepidosperma chinense 鳞籽莎：chinense 中国的（地名）

Lepionurus 鳞尾木属（山柚子科）（24：p51）：lepis/ lepidos 鳞片；-urus/ -ura/ -ourus/ -oura/ -oure/ -uris 尾巴

Lepionurus sylvestris 鳞尾木：sylvestris 森林的，野地的；sylva/ silva 森林；-estris/ -estre/ ester/ -esteris 生于……地方，喜好……地方

Lepironia 石龙刍属（刍 chú）（莎草科）（11：p201）：lepis/ lepidos 鳞片；ronia ← eiro 结合

Lepironia mucronata 光果石龙刍：mucronatus = mucronus + atus 具短尖的，有微突起的；mucronus 短尖头，微突；-atus/ -atum/ -ata 属于，相似，具有，完成（形容词词尾）

Lepironia mucronata var. compressa 短穗石龙刍：compressus 扁平的，压扁的；pressus 压，压力，挤压，紧密；co- 联合，共同，合起来（拉丁语词首，为 cum- 的音变，表示结合、强化、完全，对应的希腊语为 syn-）；co- 的缀词音变有 co-/ com-/ con-/ col-/ cor-：co-（在 h 和元音字母前面），col-（在 l 前面），com-（在 b、m、p 之前），con-（在 c、d、f、g、j、n、qu、s、t 和 v 前面），cor-（在 r 前面）

Lepironia mucronata var. mucronata 光果石龙刍-原变种（词义见上面解释）

Lepisanthes 鳞花木属（无患子科）（47-1：p22）：lepis/ lepidos 鳞片；anthes ← anthos 花

Lepisanthes basicardia 心叶鳞花木：basis 基部，基座；cardius 心脏，心形

Lepisanthes browniana 大叶鳞花木：browniana ← Nebrownii（人名）；-ii 表示人名，接在以辅音字母结尾的人名后面，但 -er 除外

Lepisanthes hainanensis 鳞花木：hainanensis 海南的（地名）

Lepisorus 瓦韦属（韦 wéi）（水龙骨科）（6-2：p43）：lepisorus 子囊群混有鳞片的；lepis/ lepidos 鳞片；soros 堆（指密集成簇），孢子囊群

Lepisorus affinis 海南瓦韦：affinis = ad + finis 酷似的，近似的，有联系的；ad- 向，到，近（拉丁语词首，表示程度加强）；构词规则：构成复合词时，词首末尾的辅音字母常同化为紧接其后的那个辅音字母（如 ad + f → aff）；finis 界限，境界；affin- 相似，近似，相关

Lepisorus albertii 天山瓦韦：albertii ← Luigi d'Albertis（人名，19 世纪意大利博物学家）；-ii 表示人名，接在以辅音字母结尾的人名后面，但 -er 除外

Lepisorus angustus 狭叶瓦韦：angustus 窄的，狭的，细的

Lepisorus asterolepis 黄瓦韦：astero-/ astro- 星状的，多星的（用于希腊语复合词词首）；lepis/ lepidos 鳞片

Lepisorus bicolor 二色瓦韦：bi-/ bis- 二，二数，二回（希腊语为 di-）；color 颜色

Lepisorus cespitosus 丛生瓦韦：cespitosus 丛生的，簇生的

Lepisorus clathratus 网眼瓦韦：clathratus 方格状的，网格状的；clathra/ clathri 栅格，网格

Lepisorus coaetaneus 金顶瓦韦：coetaneus/ coaetaneus = co + taneus 同时出现的（指花、叶等同时出现）；taneus 时间，时刻；co- 联合，共同，合起来（拉丁语词首，为 cum- 的音变，表示结合、强化、完全，对应的希腊语为 syn-）；co- 的缀词音变有 co-/ com-/ con-/ col-/ cor-：co-（在 h 和元音字母前面），col-（在 l 前面），com-（在 b、m、p 之前），con-（在 c、d、f、g、j、n、qu、s、t 和 v 前面），cor-（在 r 前面）

Lepisorus confluens 汇生瓦韦：confluens 汇合的，混合成一的

Lepisorus contortus 扭瓦韦：contortus 拧劲的，旋转的；co- 联合，共同，合起来（拉丁语词首，为 cum- 的音变，表示结合、强化、完全，对应的希腊语为 syn-）；co- 的缀词音变有 co-/ com-/ con-/ col-/ cor-：co-（在 h 和元音字母前面），col-（在 l 前面），com-（在 b、m、p 之前），con-（在 c、d、f、g、j、n、qu、s、t 和 v 前面），cor-（在 r 前面）；tortus 拧劲，捻，扭曲

Lepisorus crassipes 粗柄瓦韦：crassi- ← crassus 厚的，粗的，多肉质的；pes/ pedis 柄，梗，茎秆，腿，足，爪（作词首或词尾，pes 的词干视为 "ped-"）

Lepisorus eilophyllus 高山瓦韦：eilophyllus 卷叶的；eilo- 卷曲的；phyllus/ phyllum/ phylla ← phyllon 叶片（用于希腊语复合词）

Lepisorus elegans 片马瓦韦：elegans 优雅的，秀丽的

Lepisorus gyriongensis 吉隆瓦韦：gyriongensis 吉隆的（地名，西藏中尼边境县）

L

Lepisorus heterolepis 异叶瓦韦：hete-/ heter-/ hetero- ← heteros 不同的，多样的，不齐的；lepis/ lepidos 鳞片

Lepisorus honanensis 河南瓦韦：honanensis 河南的（地名）

Lepisorus hsiawutaiensis 小五台瓦韦：hsiawutaiensis 小五台山的（地名，河北省）

Lepisorus iridescens 彩虹瓦韦：iridescens 彩虹色的；irid- ← Iris 鸢尾属（鸢尾科），虹；构词规则：词尾为 -is 和 -ys 的词的词干分别视为 -id 和 -yd；-escens/ -ascens 改变，转变，变成，略微，带有，接近，相似，大致，稍微（表示变化的趋势，并未完全相似或相同，有别于表示达到完成状态的 -atus）

Lepisorus kansuensis 甘肃瓦韦（种加词有时错印为 "kasuensis"）：kansuensis 甘肃的（地名）

Lepisorus kuchenensis 瑶山瓦韦：kuchenensis 古城的（地名，广西壮族自治区）

Lepisorus lancifolius 披针叶瓦韦：lance-/ lancei-/ lanci-/ lanceo-/ lanc- ← lanceus 披针形的，矛形的，尖刀状的，柳叶刀状的；folius/ folium/ folia 叶，叶片（用于复合词）

Lepisorus lewisii 庐山瓦韦（种加词有时误拼为 "lewissi"）：lewisii ← Merriweather Lewis（人名，19 世纪航海家，第一次跨越南北美洲考察）；-ii 表示人名，接在以辅音字母结尾的人名后面，但 -er 除外；-i 表示人名，接在以元音字母结尾的人名后面，但 -a 除外

Lepisorus ligulatus 舌叶瓦韦：ligulatus（= ligula + atus）/ ligularis（= ligula + aris）舌状的，具舌的；ligula = lingua + ulus 小舌，小舌状物；lingua 舌，语言；ligule 舌，舌状物，舌瓣，叶舌

Lepisorus likiangensis 丽江瓦韦：likiangensis 丽江的（地名，云南省）

Lepisorus lineariformis 线叶瓦韦：linearis = lineus + aris 线条的，线形的，线状的，亚麻状的；formis/ forma 形状；-aris（阳性、阴性）/ -are（中性）← -alis（阳性、阴性）/ -ale（中性）属于，相似，如同，具有，涉及，关于，联结于（将名词作形容词用，其中 -aris 常用于以 l 或 r 为词干末尾的词）

Lepisorus longus 长叶瓦韦：longus 长的，纵向的

Lepisorus loriformis 带叶瓦韦：lorus 带状的，舌状的；formis/ forma 形状

Lepisorus luchunensis 绿春瓦韦：luchunensis 禄劝的（地名，云南省）

Lepisorus macrosphaerus 大瓦韦：macro-/ macr- ← macros 大的，宏观的（用于希腊语复合词）；sphaerus 球的，球形的

Lepisorus macrosphaerus f. macrosphaerus 大瓦韦-原变型（词义见上面解释）

Lepisorus macrosphaerus f. maximus 大叶瓦韦：maximus 最大的

Lepisorus macrosphaerus f. minimus 小叶瓦韦：minimus 最小的，很小的

Lepisorus maowenensis 茂汶瓦韦（汶 wèn）：maowenensis 茂汶的（地名，四川省）

Lepisorus marginatus 有边瓦韦：marginatus ← margo 边缘的，具边缘的；margo/ marginis → margin- 边缘，边线，边界

Lepisorus medogensis 墨脱瓦韦：medogensis 墨脱的（地名，西藏自治区）

Lepisorus megasorus 宝岛瓦韦（种加词有时错印为 "magasorus"）：megasorus 大子囊群的；mega-/ megal-/ megalo- ← megas 大的，巨大的；soros 堆（指密集成簇），孢子囊群

Lepisorus morrisonensis 白边瓦韦：morrisonensis 磨里山的（地名，今台湾新高山）

Lepisorus nylamensis 聂拉木瓦韦：nylamensis 聂拉木的（地名，西藏自治区）

Lepisorus obscure-venulosus 粤瓦韦：obscure 阴暗地，不明显地，不明确地，模糊地；venulosus 多脉的，叶脉短而多的；venus 脉，叶脉，血脉，血管；-ulosus = ulus + osus 小而多的；-ulus/ -ulum/ -ula 小的，略微的，稍微的（小词 -ulus 在字母 e 或 i 之后有多种变缀，即 -olus/ -olum/ -ola、-ellus/ -ellum/ -ella、-illus/ -illum/ -illa，与第一变格法和第二变格法名词形成复合词）；-osus/ -osum/ -osa 多的，充分的，丰富的，显著发育的，程度高的，特征明显的（形容词词尾）

Lepisorus oligolepidus 鳞瓦韦（建议中文名修订为 "稀鳞瓦韦"）：oligolepidus 少鳞（该词拼缀为 "oligolepis" 似更妥）；oligo-/ olig- 少数的（希腊语，拉丁语为 pauci-）；lepidus 美丽的，典雅的，整洁的，装饰华丽的；区别：lepidus 和 lep-idus 尽管拼写相同但来源不同，意义也不同，前者为独立词，后者为复合词，即 lepis + idus = lepidus，意思为 "具鳞片的"；lepis/ lepidos 鳞片；-idus/ -idum/ -ida 表示在进行中的动作或情况，作动词、名词或形容词的词尾

Lepisorus paleparaphysus 淡丝瓦韦：paleparaphysus 鳞片状隔丝的；paleus 托苞，内颖，内稃，鳞片；paraphysus 侧丝，隔丝，夹毛

Lepisorus paohuashanensis 百华山瓦韦：paohuashanensis 百华山的（地名，浙江省）

Lepisorus papakensis 台湾瓦韦：papakensis （地名）

Lepisorus patungensis 神农架瓦韦：patungensis 巴东的（地名，湖北省）

Lepisorus petiolatus 长柄瓦韦：petiolatus = petiolus + atus 具叶柄的；petiolus 叶柄；-atus/ -atum/ -ata 属于，相似，具有，完成（形容词词尾）

Lepisorus pseudo-clathratus 假网眼瓦韦：pseudo-clathratus 像 clathratus 的；pseudo-/ pseud- ← pseudos 假的，伪的，接近，相似（但不是）；Lepisorus clathratus 网眼瓦韦；clathratus 方格状的，网格状的

Lepisorus pseudonudus 长瓦韦：pseudonudus 像 nudus 的；pseudo-/ pseud- ← pseudos 假的，伪的，接近，相似（但不是）；Lepisorus nudus 裸柄瓦韦；nudus 裸露的，无装饰的

Lepisorus pseudoussuriensis 拟乌苏里瓦韦：pseudoussuriensis 像 ussuriensis 的；pseudo-/ pseud- ← pseudos 假的，伪的，接近，相似（但不是）；Lepisorus ussuriensis 乌苏里瓦韦

Lepisorus scolopendrium 棕鳞瓦韦：scolopendrium ← skolopendra/ scolopendra 蜈蚣（指叶缘形状或孢子囊排列方式似蜈蚣的足）

L

Lepisorus shansiensis 山西瓦韦：shansiensis 山西的（地名）

Lepisorus shensiensis 陕西瓦韦：shensiensis 陕西的（地名）

Lepisorus sinensis 中华瓦韦：sinensis = Sina + ensis 中国的（地名）；Sina 中国

Lepisorus sinuatus 圆齿瓦韦：sinuatus = sinus + atus 深波浪状的；sinus 波浪，弯缺，海湾（sinus 的词干视为 sinu-）

Lepisorus sordidus 黑鳞瓦韦：sordidus 暗色的，玷污的，肮脏的，不鲜明的

Lepisorus soulieanus 川西瓦韦：soulieanus（人名）

Lepisorus stenistus 狭带瓦韦：stenistus ← steniste 窄的，狭的，薄的

Lepisorus subconfluens 连珠瓦韦：subconfluens 像 confluens 的，近似汇合的；sub-（表示程度较弱）与……类似，几乎，稍微，弱，亚，之下，下面；Lepisorus confluens 汇生瓦韦；confluens 汇合的

Lepisorus sublinearis 滇瓦韦：sublinearis 近线状的；sub-（表示程度较弱）与……类似，几乎，稍微，弱，亚，之下，下面；linearis = lineus + aris 线条的，线形的，线状的，亚麻状的；-aris（阳性、阴性）/ -are（中性）← -alis（阳性、阴性）/ -ale（中性）属于，相似，如同，具有，涉及，关于，联结于（将名词作形容词用，其中 -aris 常用于以 l 或 r 为词干末尾的词）

Lepisorus suboligolepidus 拟鳞瓦韦（建议中文名修订为"拟稀鳞瓦韦"）：suboligolepidus 像 oligolepidus 的（该词拼缀为"suboligolepis"似更妥）；Lepisorus oligolepidus 鳞瓦韦；sub-（表示程度较弱）与……类似，几乎，稍微，弱，亚，之下，下面；oligo-/ olig- 少数的（希腊语，拉丁语为 pauci-）；lepis/ lepidos 鳞片；lepidus 美丽的，典雅的，整洁的，装饰华丽的（该词意义不同于 lep-idus ← lepis + idus）；注：构词成分 lepid-/ lepdi-/ lepido- 需要根据植物特征翻译成"秀丽"或"鳞片"

Lepisorus subsessilis 短柄瓦韦：subsessilis 近无柄的；sub-（表示程度较弱）与……类似，几乎，稍微，弱，亚，之下，下面；sessile-/ sessili-/ sessil- ← sessilis 无柄的，无茎的，基生的，基部的

Lepisorus thaipaiensis 太白瓦韦：thaipaiensis 太白山的（地名，陕西省）

Lepisorus thunbergianus 瓦韦：thunbergianus ← C. P. Thunberg（人名，1743–1828，瑞典植物学家，曾专门研究日本的植物）

Lepisorus tibeticus 西藏瓦韦：tibeticus 西藏的（地名）；-icus/ -icum/ -ica 属于，具有某种特性（常用于地名、起源、生境）

Lepisorus tosaensis 阔叶瓦韦：tosaensis 上佐的（地名，日本高知县）

Lepisorus tricholepis 软毛瓦韦：tricholepis 毛鳞的；trich-/ tricho-/ tricha- ← trichos ← thrix 毛，多毛的，线状的，丝状的；lepis/ lepidos 鳞片；Tricholepis 针苞菊属（菊科）

Lepisorus ussuriensis 乌苏里瓦韦：ussuriensis 乌苏里江的（地名，中国黑龙江省与俄罗斯界河）

Lepisorus variabilis 多变瓦韦：variabilis 多种多样的，易变化的，多型的；varius = varus + ius 各种各样的，不同的，多型的，易变的；varus 不同的，变化的，外弯的，凸起的；-ius/ -ium/ -ia 具有……特性的（表示有关、关联、相似）；-ans/ -ens/ -bilis/ -ilis 能够，可能（为形容词词尾，-ans/ -ens 用于主动语态，-bilis/ -ilis 用于被动语态）

Lepisorus venosus 显脉瓦韦：venosus 细脉的，细脉明显的，分枝脉的；venus 脉，叶脉，血脉，血管；-osus/ -osum/ -osa 多的，充分的，丰富的，显著发育的，程度高的，特征明显的（形容词词尾）

Lepisorus virencens 绿色瓦韦：virencens/ virescens 发绿的，带绿色的；virens 绿色的，变绿的；-cens 带有，呈……状

Lepisorus vittaroides 线囊群瓦韦：vittaroides 像书带蕨的，略带条纹的（注：宜改为"vittarioides"）；Vittaria 书带蕨属；-oides/ -oideus/ -oideum/ -oidea/ -odes/ -eidos 像……的，类似……的，呈……状的（名词词尾）

Lepisorus xiphiopteris 云南瓦韦：xiphio- ← xiphius 剑，剑状的；pteris ← pteryx 翅，翼，蕨类（希腊语）

Lepisorus youxingii 尤兴瓦韦：youxingii 林尤兴（人名，蕨类植物专家）

Lepistemon 鳞蕊藤属（旋花科）（64-1：p114）：lepis/ lepidos 鳞片；stemon 雄蕊

Lepistemon binectariferum 鳞蕊藤：bi-/ bis- 二，二数，二回（希腊语为 di-）；nectarium ← nectaris 花蜜，蜜腺，-ferus/ -ferum/ -fera/ -fero/ -fere/ -fer 有，具有，产（区别：作独立词使用的 ferus 意思是"野生的"）

Lepistemon intermedius 中间鳞蕊藤：intermedius 中间的，中位的，中等的；inter- 中间的，在中间，之间；medius 中间的，中央的

Lepistemon lobatum 裂叶鳞蕊藤：lobatus = lobus + atus 具浅裂的，具耳垂状突起的；lobus/ lobos/ lobon 浅裂，耳片（裂片先端钝圆），荚果，蒴果；-atus/ -atum/ -ata 属于，相似，具有，完成（形容词词尾）

Leptaleum 丝叶芥属（十字花科）（33：p360）：leptaleus ← leptaleos 纤细的，瘦弱的，薄的

Leptaleum filifolium 丝叶芥：fili-/ fil- ← filum 线状的，丝状的；folius/ folium/ folia 叶，叶片（用于复合词）；Filifolium 线叶菊属（菊科）

Leptaspis 囊稃竹属（稃 fū）（禾本科）（9-2：p1）：lept-/ lepto- 细的，薄的，瘦小的，狭长的；aspis 盾，盾片

Leptaspis formosana 囊稃竹：formosanus = formosus + anus 美丽的，台湾的；formosus ← formosa 美丽的，台湾的（葡萄牙殖民者发现台湾时对其的称呼，即美丽的岛屿）；-anus/ -anum/ -ana 属于，来自（形容词词尾）

Leptoboea 细蒴苣苔属（苦苣苔科）（69：p252）：leptoboea 比旋蒴苣苔属小的；leptus ← leptos 细的，薄的，瘦小的，狭长的；Boea 旋蒴苣苔属

Leptoboea multiflora 细蒴苣苔：multi- ← multus 多个，多数，很多（希腊语为 poly-）；florus/ florum/ flora ← flos 花（用于复合词）

Leptocarpus 薄果草属（薄 báo）（帚灯草科）（13-3：

L

p5）：leptus ← leptos 细的，薄的，瘦小的，狭长的；carpus/ carpum/ carpa/ carpon ← carpos 果实（用于希腊语复合词）

Leptocarpus disjunctus 薄果草：disjunctus 分离的，不连接的；di-/ dis- 二，二数，二分，分离，不同，在……之间，从……分开（希腊语，拉丁语为 bi-/ bis-）；junctus 连接的，接合的，联合的

Leptochilus 薄唇蕨属（水龙骨科）（6-2：p259）：leptus ← leptos 细的，薄的，瘦小的，狭长的；chilus ← cheilos 唇，唇瓣，唇边，边缘，岸边

Leptochilus axillaris 薄唇蕨：axillaris 腋生的；axillus 叶腋的；axill-/ axilli- 叶腋；superaxillaris 腋上的；subaxillaris 近腋生的；extraaxillaris 腋外的；infraaxillaris 腋下的；-aris（阳性、阴性）/ -are（中性）← -alis（阳性、阴性）/ -ale（中性）属于，相似，如同，具有，涉及，关于，联结于（将名词作形容词用，其中 -aris 常用于以 l 或 r 为词干末尾的词）；形近词：axilis ← axis 轴，中轴

Leptochilus cantoniensis 心叶薄唇蕨：cantoniensis 广东的（地名）

Leptochilus decurrens 似薄唇蕨：decurrens 下延的；decur- 下延的

Leptochloa 千金子属（禾本科）（10-1：p56）：leptus ← leptos 细的，薄的，瘦小的，狭长的；chloa ← chloe 草，禾草

Leptochloa chinensis 千金子：chinensis = china + ensis 中国的（地名）；China 中国

Leptochloa panicea 虮子草（虮 jǐ）：paniceus 像黍子的；Panicum 黍属（禾本科）；-eus/ -eum/ -ea（接拉丁语词干时）属于……的，色如……的，质如……的（表示原料、颜色或品质的相似），（接希腊语词干时）属于……的，以……出名，为……所占有（表示具有某种特性）

Leptocodon 细钟花属（桔梗科）（73-2：p74）：leptus ← leptos 细的，薄的，瘦小的，狭长的；codon 钟，吊钟形的

Leptocodon gracilis 细钟花：gracilis 细长的，纤弱的，丝状的

Leptocodon hirsutus 毛细钟花：hirsutus 粗毛的，糙毛的，有毛的（长而硬的毛）

Leptodermis 野丁香属（茜草科）（71-2：p120）：leptus ← leptos 细的，薄的，瘦小的，狭长的；dermis ← derma 皮，皮肤，表皮

Leptodermis bechuanensis 北川野丁香：bechuanensis 北川的（地名，四川省）

Leptodermis brevisepala 短萼野丁香：brevi- ← brevis 短的（用于希腊语复合词词首）；sepalus/ sepalum/ sepala 萼片（用于复合词）

Leptodermis buxifolia 黄杨叶野丁香：buxifolia 黄杨叶的；Buxus 黄杨属（黄杨科）；folius/ folium/ folia 叶，叶片（用于复合词）

Leptodermis buxifolia f. buxifolia 黄杨叶野丁香-原变型 （词义见上面解释）

Leptodermis buxifolia f. strigosa 雅江野丁香：strigosus = striga + osus 鬃毛的，刷毛的；striga → strig- 条纹的，网纹的（如种子具网纹），糙伏毛的；-osus/ -osum/ -osa 多的，充分的，丰富的，显著发育的，程度高的，特征明显的（形容词词尾）

Leptodermis dielsiana 丽江野丁香：dielsiana ← Friedrich Ludwig Emil Diels（人名，20 世纪德国植物学家）

Leptodermis diffusa 文水野丁香：diffusus = dis + fusus 蔓延的，散开的，扩展的，渗透的（dis- 在辅音字母前发生同化）；fusus 散开的，松散的，松弛的；di-/ dis- 二，二数，二分，分离，不同，在……之间，从……分开（希腊语，拉丁语为 bi-/ bis-）

Leptodermis forrestii 高山野丁香：forrestii ← George Forrest（人名，1873–1932，英国植物学家，曾在中国西部采集大量植物标本）

Leptodermis glomerata 聚花野丁香：glomeratus = glomera + atus 聚集的，球形的，聚成球形的；glomera 线球，一团，一束

Leptodermis gracilis 柔枝野丁香：gracilis 细长的，纤弱的，丝状的

Leptodermis gracilis var. gracilis 柔枝野丁香-原变种 （词义见上面解释）

Leptodermis gracilis var. longiflora 长花野丁香：longe-/ longi- ← longus 长的，纵向的；florus/ florum/ flora ← flos 花（用于复合词）

Leptodermis handeliana 川南野丁香：handeliana ← H. Handel-Mazzetti（人名，奥地利植物学家，第一次世界大战期间在中国西南地区研究植物）

Leptodermis hirsutiflora 拉萨野丁香：hirsutus 粗毛的，糙毛的，有毛的（长而硬的毛）；florus/ florum/ flora ← flos 花（用于复合词）

Leptodermis hirsutiflora var. ciliata 光萼野丁香：ciliatus = cilium + atus 缘毛的，流苏的；cilium 缘毛，睫毛；-atus/ -atum/ -ata 属于，相似，具有，完成（形容词词尾）

Leptodermis hirsutiflora var. hirsutiflora 拉萨野丁香-原变种 （词义见上面解释）

Leptodermis huashanica 华山野丁香（华 huà）：huashanica 华山的（地名）；-icus/ -icum/ -ica 属于，具有某种特性（常用于地名、起源、生境）

Leptodermis kumaonensis 吉隆野丁香：kumaonensis（地名，印度）

Leptodermis lanata 绵毛野丁香：lanatus = lana + atus 具羊毛的，具长柔毛的；lana 羊毛，绵毛

Leptodermis lanceolata （披针叶野丁香）：lanceolatus = lanceus + olus + atus 小披针形的，小柳叶刀的；lance-/ lancei-/ lanci-/ lanceo-/ lanc- ← lanceus 披针形的，矛形的，尖刀状的，柳叶刀状的；-olus ← -ulus 小，稍微，略微（-ulus 在字母 e 或 i 之后变成 -olus/ -ellus/ -illus）；-atus/ -atum/ -ata 属于，相似，具有，完成（形容词词尾）

Leptodermis limprichtii 林氏野丁香（原名"川南野丁香"，本属有重名）：limprichtii（人名）；-ii 表示人名，接在以辅音字母结尾的人名后面，但 -er 除外

Leptodermis oblonga 薄皮木：oblongus = ovus + longus 长椭圆形的（ovus 的词干 ov- 音变为 ob-）；ovus 卵，胚珠，卵形的，椭圆形的；longus 长的，纵向的

Leptodermis ordosica 内蒙野丁香：ordosica 鄂尔多斯的（地名，内蒙古自治区）

Leptodermis ovata 卵叶野丁香：ovatus = ovus +

L

atus 卵圆形的；ovus 卵，胚珠，卵形的，椭圆形的；-atus/ -atum/ -ata 属于，相似，具有，完成（形容词词尾）

Leptodermis parkeri 大叶野丁香：parkeri（人名）；-eri 表示人名，在以 -er 结尾的人名后面加上 i 形成

Leptodermis parvifolia 瓦山野丁香：parvifolius 小叶的；parvus 小的，些微的，弱的；folius/ folium/ folia 叶，叶片（用于复合词）

Leptodermis pilosa 川滇野丁香：pilosus = pilus + osus 多毛的，被柔毛的，具疏柔毛的，被短弱细毛的；pilus 毛，疏柔毛；-osus/ -osum/ -osa 多的，充分的，丰富的，显著发育的，程度高的，特征明显的（形容词词尾）

Leptodermis pilosa var. acanthoclada 刺枝野丁香：acanth-/ acantho- ← acanthus 刺，有刺的（希腊语）；cladus ← clados 枝条，分枝

Leptodermis pilosa var. glabrescens 光叶野丁香：glabrus 光秃的，无毛的，光滑的；-escens/ -ascens 改变，转变，变成，略微，带有，接近，相似，大致，稍微（表示变化的趋势，并未完全相似或相同，有别于表示达到完成状态的 -atus）

Leptodermis pilosa var. pilosa 川滇野丁香-原变种（词义见上面解释）

Leptodermis pilosa var. spicatiformis 穗花野丁香：spicatus 具穗的，具穗状花的，具尖头的；spicus 穗，谷穗，花穗；-atus/ -atum/ -ata 属于，相似，具有，完成（形容词词尾）；formis/ forma 形状

Leptodermis potanini 野丁香：potanini（人名，词尾改为"-ii"似更妥）；-ii 表示人名，接在以辅音字母结尾的人名后面，但 -er 除外；-i 表示人名，接在以元音字母结尾的人名后面，但 -a 除外

Leptodermis potanini var. angustifolia 狭叶野丁香：angusti- ← angustus 窄的，狭的，细的；folius/ folium/ folia 叶，叶片（用于复合词）

Leptodermis potanini var. glauca 粉绿野丁香：glaucus → glauco-/ glauc- 被白粉的，发白的，灰绿色的

Leptodermis potanini var. potanini 野丁香-原变种（词义见上面解释）

Leptodermis potanini var. tomentosa 绒毛野丁香：tomentosus = tomentum + osus 绒毛的，密被绒毛的；tomentum 绒毛，浓密的毛被，棉絮，棉絮状填充物（被褥、垫子等）；-osus/ -osum/ -osa 多的，充分的，丰富的，显著发育的，程度高的，特征明显的（形容词词尾）

Leptodermis pumila 矮小野丁香：pumilus 矮的，小的，低矮的，矮人的

Leptodermis purdomii 甘肃野丁香：purdomii（人名）；-ii 表示人名，接在以辅音字母结尾的人名后面，但 -er 除外

Leptodermis rehderiana 白毛野丁香：rehderiana ← Alfred Rehder（人名，1863–1949，德国植物分类学家、树木学家，在美国 Arnold 植物园工作）

Leptodermis scabrida 糙叶野丁香：scabridus 粗糙的；scabrus ← scaber 粗糙的，有凹凸的，不平滑的；-idus/ -idum/ -ida 表示在进行中的动作或情况，作动词、名词或形容词的词尾

Leptodermis schneideri 纤枝野丁香：schneideri（人名）；-eri 表示人名，在以 -er 结尾的人名后面加上 i 形成

Leptodermis scissa 撕裂野丁香：scissus 撕裂的，裂开的

Leptodermis tomentella 蒙自野丁香：tomentellus 被短绒毛的，被微绒毛的；tomentum 绒毛，浓密的毛被，棉絮，棉絮状填充物（被褥、垫子等）；-ellus/ -ellum/ -ella ← -ulus 小的，略微的，稍微的（小词 -ulus 在字母 e 或 i 之后有多种变缀，即 -olus/ -olum/ -ola、-ellus/ -ellum/ -ella、-illus/ -illum/ -illa，用于第一变格法名词）

Leptodermis tubicalyx 管萼野丁香：tubi-/ tubo- ← tubus 管子的，管状的；calyx → calyc- 萼片（用于希腊语复合词）

Leptodermis umbellata 伞花野丁香：umbellatus = umbella + atus 伞形花序的，具伞的；umbella 伞形花序

Leptodermis velutiniflora 毛花野丁香：velutiniflorus 绒毛花的；velutinus 天鹅绒的，柔软的；velutus 绒毛的；-inus/ -inum/ -ina/ -inos 相近，接近，相似，具有（通常指颜色）；florus/ florum/ flora ← flos 花（用于复合词）

Leptodermis velutiniflora var. tenera 薄叶野丁香：tenerus 柔软的，娇嫩的，精美的，雅致的，纤细的

Leptodermis velutiniflora var. velutiniflora 毛花野丁香-原变种（词义见上面解释）

Leptodermis vestita 广东野丁香：vestitus 包被的，覆盖的，被柔毛的，袋状的

Leptodermis virgata （细枝野丁香）：virgatus 细长枝条的，有条纹的，嫩枝状的；virga/ virgus 纤细枝条，细而绿的枝条；-atus/ -atum/ -ata 属于，相似，具有，完成（形容词词尾）

Leptodermis wilsoni 大果野丁香：wilsoni ← John Wilson（人名，18 世纪英国植物学家）（注：词尾改为"-ii"似更妥）；-ii 表示人名，接在以辅音字母结尾的人名后面，但 -er 除外；-i 表示人名，接在以元音字母结尾的人名后面，但 -a 除外

Leptodermis xizangensis 西藏野丁香：xizangensis 西藏的（地名）

Leptodermis yui 德浚野丁香（浚 jùn）：yui 俞氏（人名）；-i 表示人名，接在以元音字母结尾的人名后面，但 -a 除外

Leptogramma 茯蕨属（茯 fú）（金星蕨科）（4-1：p113）：leptus ← leptos 细的，薄的，瘦小的，狭长的；grammus 条纹的，花纹的，线条的（希腊语）

Leptogramma centro-chinensis 华中茯蕨：centro-chinensis 华中的（地名）；centro-/ centr- ← centrum 中部的，中央的；chinensis = china + ensis 中国的（地名）；China 中国

Leptogramma himalaica 喜马拉雅茯蕨：himalaica 喜马拉雅的（地名）；-icus/ -icum/ -ica 属于，具有某种特性（常用于地名、起源、生境）

Leptogramma huishuiensis 惠水茯蕨：huishuiensis 惠水的（地名，贵州省）

Leptogramma intermedia 中间茯蕨：intermedius 中间的，中位的，中等的；inter- 中间的，在中间，

之间；medius 中间的，中央的

Leptogramma jinfoshanensis 金佛山茯蕨：jinfoshanensis 金佛山的（地名，重庆市）

Leptogramma pozoi 毛叶茯蕨：pozoi（人名）

Leptogramma scallanii 峨眉茯蕨：scallanii（人名）；-ii 表示人名，接在以辅音字母结尾的人名后面，但 -er 除外

Leptogramma sinica 中华茯蕨：sinica 中国的（地名）；-icus/ -icum/ -ica 属于，具有某种特性（常用于地名、起源、生境）

Leptogramma tottoides 小叶茯蕨：tottoides 像 totta 的；Leptogramma totta 茯蕨（茯蕨属模式种）；totta ← Hottentots 霍屯督人（南非游牧民族）；-oides/ -oideus/ -oideum/ -oidea/ -odes/ -eidos 像……的，类似……的，呈……状的（名词词尾）

Leptogramma yahanensis 雅安茯蕨：yahanensis 雅安的（地名，四川省）

Leptolepidium 薄鳞蕨属（薄 báo）（中国蕨科）（3-1：p166）：leptus ← leptos 细的，薄的，瘦小的，狭长的；lepidium ← lepidion = lepis + idium 小鳞片；-idium ← -idion 小的，稍微的（表示小或程度较轻）

Leptolepidium caesium 华西薄鳞蕨：caesius 淡蓝色的，灰绿色的，蓝绿色的

Leptolepidium dalhousiae 薄叶薄鳞蕨：dalhousiae ← Dalhousie（人名）；-ae 表示人名，以 -a 结尾的人名后面加上 -e 形成

Leptolepidium kuhnii 华北薄鳞蕨：kuhnii（人名）；-ii 表示人名，接在以辅音字母结尾的人名后面，但 -er 除外

Leptolepidium kuhnii var. brandtii 宽叶薄鳞蕨：brandtii（人名）；-ii 表示人名，接在以辅音字母结尾的人名后面，但 -er 除外

Leptolepidium kuhnii var. kuhnii 华北薄鳞蕨-原变种（词义见上面解释）

Leptolepidium subvillosum 绒毛薄鳞蕨：subvillosus 稍被柔毛的；sub-（表示程度较弱）与……类似，几乎，稍微，弱，亚，之下，下面；villosus 柔毛的，绵毛的；villus 毛，羊毛，长绒毛

Leptolepidium subvillosum var. dilatatum 大叶薄鳞蕨：dilatatus = dilatus + atus 扩大的，膨大的；dilatus/ dilat-/ dilati-/ dilato- 扩大，膨大

Leptolepidium subvillosum var. subvillosum 绒毛薄鳞蕨-原变种（词义见上面解释）

Leptolepidium subvillosum var. tibeticum 西藏薄鳞蕨：tibeticum 西藏的（地名）

Leptolepidium tenellum 察隅薄鳞蕨：tenellus = tenuis + ellus 柔软的，纤细的，纤弱的，精美的，雅致的；tenuis 薄的，纤细的，弱的，瘦的，窄的；-ellus/ -ellum/ -ella ← -ulus 小的，略微的，稍微的（小词 -ulus 在字母 e 或 i 之后有多种变缀，即 -olus/ -olum/ -ola、-ellus/ -ellum/ -ella、-illus/ -illum/ -illa，用于第一变格法名词）

Leptoloma 薄稃草属（薄稃 báo fū）（禾本科）（10-1：p303）：leptus ← leptos 细的，薄的，瘦小的，狭长的；lomus/ lomatos 边缘

Leptoloma fujianensis 福建薄稃草：fujianensis 福建的（地名）

Leptomischus 报春茜属（茜 qiàn）（茜草科）（71-1：p184）：leptus ← leptos 细的，薄的，瘦小的，狭长的；mischus ← mischos 柄，梗

Leptomischus erianthus 毛花报春茜：erianthus 多毛的花（指花序被银白色毛）；erion 绵毛，羊毛；anthus/ anthum/ antha/ anthe ← anthos 花（用于希腊语复合词）；Erianthus 蔗茅属（禾本科）

Leptomischus funingensis 富宁报春茜：funingensis 富宁的（地名，云南省）

Leptomischus guangxiensis 心叶报春茜：guangxiensis 广西的（地名）

Leptomischus parviflorus 小花报春茜：parviflorus 小花的；parvus 小的，些微的，弱的；florus/ florum/ flora ← flos 花（用于复合词）

Leptomischus primuloides 报春茜：primuloides/ primulinus 像报春花的；Primula 报春花属（报春花科）；-oides/ -oideus/ -oideum/ -oidea/ -odes/ -eidos 像……的，类似……的，呈……状的（名词词尾）

Leptopus 雀舌木属（大戟科）（44-1：p10）：leptopus/ leptopodus 细长柄的；leptus ← leptos 细的，薄的，瘦小的，狭长的；-pus ← pous 腿，足，爪，柄，茎

Leptopus australis 薄叶雀舌木：australis 南方的，南半球的；austro-/ austr- 南方的，南半球的，大洋洲的；auster 南方，南风；-aris（阳性、阴性）/ -are（中性）← -alis（阳性、阴性）/ -ale（中性）属于，相似，如同，具有，涉及，关于，联结于（将名词作形容词用，其中 -aris 常用于以 l 或 r 为词干末尾的词）

Leptopus chinensis 雀儿舌头：chinensis = china + ensis 中国的（地名）；China 中国

Leptopus chinensis var. chinensis 雀儿舌头-原变种（词义见上面解释）

Leptopus chinensis var. hirsutus 粗毛雀舌木：hirsutus 粗毛的，糙毛的，有毛的（长而硬的毛）

Leptopus clarkei 缘腺雀舌木：clarkei（人名）

Leptopus esquirolii 尾叶雀舌木：esquirolii（人名）；-ii 表示人名，接在以辅音字母结尾的人名后面，但 -er 除外

Leptopus esquirolii var. esquirolii 尾叶雀舌木-原变种（词义见上面解释）

Leptopus esquirolii var. villosus 长毛雀舌木：villosus 柔毛的，绵毛的；villus 毛，羊毛，长绒毛；-osus/ -osum/ -osa 多的，充分的，丰富的，显著发育的，程度高的，特征明显的（形容词词尾）

Leptopus hainanensis 海南雀舌木：hainanensis 海南的（地名）

Leptopus lolonum 线叶雀舌木：lolonum（词源不详）

Leptopus nanus 小叶雀舌木：nanus ← nanos/ nannos 矮小的，小的；nani-/ nano-/ nanno- 矮小的，小的

Leptopus pachyphyllus 厚叶雀舌木：pachyphyllus 厚叶子的；pachy- ← pachys 厚的，粗的，肥的；phyllus/ phyllum/ phylla ← phyllon 叶片（用于希腊语复合词）

L

Leptopus yunnanensis 云南雀舌木：yunnanensis 云南的（地名）

Leptopyrum 蓝堇草属（毛茛科）（27：p470）：leptus ← leptos 细的，薄的，瘦小的，狭长的；pyros 小麦，谷物，粮食（比喻果实味美）

Leptopyrum fumarioides 蓝堇草：Fumaria 烟堇属（罂粟科）；fumaria = fumus + aria 烟雾的；fumus 烟，烟雾；-arius/ -arium/ -aria 相似，属于（表示地点，场所，关系，所属）；-oides/ -oideus/ -oideum/ -oidea/ -odes/ -eidos 像……的，类似……的，呈……状的（名词词尾）

Leptorhabdos 方茎草属（玄参科）（67-2：p352）：leptus ← leptos 细的，薄的，瘦小的，狭长的；rhabdos 四方形的，棒状的，秆状的，条纹的

Leptorhabdos parviflora 方茎草：parviflorus 小花的；parvus 小的，些微的，弱的；florus/ florum/ flora ← flos 花（用于复合词）

Leptorumohra 毛枝蕨属（鳞毛蕨科）（5-1：p11）：leptus ← leptos 细的，薄的，瘦小的，狭长的；Rumohra 复叶耳蕨属（鳞毛蕨科，人名）

Leptorumohra miqueliana 毛枝蕨：miqueliana ← Friedrich A. W. Miquel（人名，19 世纪荷兰植物学家）

Leptorumohra quadripinnata 四回毛枝蕨：quadri-/ quadr- 四，四数（希腊语为 tetra-/ tetr-）；pinnatus = pinnus + atus 羽状的，具羽的；pinnus/ pennus 羽毛，羽状，羽片；-atus/ -atum/ -ata 属于，相似，具有，完成（形容词词尾）

Leptorumohra sino-miqueliana 无鳞毛枝蕨：sino- 中国；miqueliana ← Friedrich A. W. Miquel（人名，19 世纪荷兰植物学家）

Leptosiphonium 拟地皮消属（爵床科）（70：p56）：leptus ← leptos 细的，薄的，瘦小的，狭长的；siphonus ← sipho → siphon-/ siphono-/ -siphonius 管，筒，管状物

Leptosiphonium venustum 拟地皮消：venustus ← Venus 女神维纳斯的，可爱的，美丽的，有魅力的

Leptostachya 纤穗爵床属（爵床科）（70：p228）：leptostachyus 细长总状花序的，细长花穗的；leptus ← leptos 细的，薄的，瘦小的，狭长的；stachy-/ stachyo-/ -stachys/ -stachyus/ -stachyum/ -stachya 穗子，穗子的，穗子状的，穗状花序的

Leptostachya caudatifolia 尾叶纤穗爵床：caudatus = caudus + atus 尾巴的，尾巴状的，具尾的；caudus 尾巴；folius/ folium/ folia 叶，叶片（用于复合词）

Leptostachya wallichii 纤穗爵床：wallichii ← Nathaniel Wallich（人名，19 世纪初丹麦植物学家、医生）

Lepturus 细穗草属（禾本科）（9-3：p3）：leptus ← leptos 细的，薄的，瘦小的，狭长的；-urus/ -ura/ -ourus/ -oura/ -oure/ -uris 尾巴

Lepturus repens 细穗草：repens/ repentis/ repsi/ reptum/ repere/ repo 匍匐，爬行（同义词：reptans/ reptoare）

Lepyrodiclis 薄蒴草属（薄 báo）（石竹科）（26：p263）：lepyros 皮壳；diclis ← diklis 双折的，折叠门的（希腊语）

Lepyrodiclis holosteoides 薄蒴草：Holosteum 硬骨草属（石竹科）；-oides/ -oideus/ -oideum/ -oidea/ -odes/ -eidos 像……的，类似……的，呈……状的（名词词尾）

Lepyrodiclis stellarioides 繁缕薄蒴草：stellarioides 像繁缕的，星状的；Stellaria 繁缕属（石竹科）；-oides/ -oideus/ -oideum/ -oidea/ -odes/ -eidos 像……的，类似……的，呈……状的（名词词尾）

Lerchea 多轮草属（茜草科）（71-1：p17）：lerchea（人名）

Lerchea micrantha 多轮草：micr-/ micro- ← micros 小的，微小的，微观的（用于希腊语复合词）；anthus/ anthum/ antha/ anthe ← anthos 花（用于希腊语复合词）

Lerchea sinica 华多轮草：sinica 中国的（地名）；-icus/ -icum/ -ica 属于，具有某种特性（常用于地名、起源、生境）

Lespedeza 胡枝子属（豆科）（41：p131）：lespedeza ← Vincente M. de Cespedez（错写为 Lespedez）（人名，18 世纪西班牙裔美国佛罗里达州州长）

Lespedeza bicolor 胡枝子：bi-/ bis- 二，二数，二回（希腊语为 di-）；color 颜色

Lespedeza buergeri 绿叶胡枝子：buergeri ← Heinrich Buerger（人名，19 世纪荷兰植物学家）；-eri 表示人名，在以 -er 结尾的人名后面加上 i 形成

Lespedeza caraganae 长叶胡枝子：caraganae 属于锦鸡儿的，像锦鸡儿的；Caragana 锦鸡儿属（豆科）

Lespedeza chinensis 中华胡枝子：chinensis = china + ensis 中国的（地名）；China 中国

Lespedeza cuneata 截叶铁扫帚：cuneatus = cuneus + atus 具楔子的，属楔形的；cuneus 楔子的；-atus/ -atum/ -ata 属于，相似，具有，完成（形容词词尾）

Lespedeza cyrtobotrya 短梗胡枝子：cyrtobotrya 弯穗的；cyrt-/ cyrto- ← cyrtus ← cyrtos 弯曲的；botrys → botr-/ botry- 簇，串，葡萄串状，丛，总状

Lespedeza daurica 兴安胡枝子：daurica（dahurica/ davurica）达乌里的（地名，外贝加尔湖，属西伯利亚的一个地区，即贝加尔湖以东及以南至中国和蒙古边界）

Lespedeza daurica var. daurica 兴安胡枝子-原变种（词义见上面解释）

Lespedeza daurica var. shimadae 大胡枝子：shimadae 岛田（日本人名）

Lespedeza davidii 大叶胡枝子：davidii ← Pere Armand David（人名，1826–1900，曾在中国采集植物标本的法国传教士）；-ii 表示人名，接在以辅音字母结尾的人名后面，但 -er 除外

Lespedeza dielsiana （迪艾胡枝子）：dielsiana ← Friedrich Ludwig Emil Diels（人名，20 世纪德国植物学家）

Lespedeza dunnii 春花胡枝子：dunnii（人名）；-ii 表示人名，接在以辅音字母结尾的人名后面，但 -er 除外

Lespedeza fasciculiflora 束花铁马鞭：fasciculus 丛，簇，束；fascis 束；florus/ florum/ flora ← flos 花（用于复合词）

L

Lespedeza floribunda 多花胡枝子：floribundus = florus + bundus 多花的，繁花的，花正盛开的；florus/ florum/ flora ← flos 花（用于复合词）；-bundus/ -bunda/ -bundum 正在做，正在进行（类似于现在分词），充满，盛行

Lespedeza fordii 广东胡枝子：fordii ← Charles Ford（人名）

Lespedeza formosa 美丽胡枝子：formosus ← formosa 美丽的，台湾的（葡萄牙殖民者发现台湾时对其的称呼，即美丽的岛屿）

Lespedeza forrestii 矮生胡枝子：forrestii ← George Forrest（人名，1873–1932，英国植物学家，曾在中国西部采集大量植物标本）

Lespedeza hupehensis （湖北胡枝子）：hupehensis 湖北的（地名）

Lespedeza inschanica 阴山胡枝子：inschanica 阴山的（地名，内蒙古自治区）

Lespedeza juncea 尖叶铁扫帚：junceus 像灯心草的；Juncus 灯心草属（灯心草科）；-eus/ -eum/ -ea（接拉丁语词干时）属于……的，色如……的，质如……的（表示原料、颜色或品质的相似），（接希腊语词干时）属于……的，以……出名，为……所占有（表示具有某种特性）

Lespedeza maximowiczii 宽叶胡枝子：maximowiczii ← C. J. Maximowicz 马克希莫夫（人名，1827–1891，俄国植物学家）

Lespedeza merrilli （梅尔胡枝子）：merrilli ← E. D. Merrill（人名，1876–1956，美国植物学家）（词尾改为 "-ii" 似更妥）；-ii 表示人名，接在以辅音字母结尾的人名后面，但 -er 除外

Lespedeza mucronata 短叶胡枝子：mucronatus = mucronus + atus 具短尖的，有微突起的；mucronus 短尖头，微突；-atus/ -atum/ -ata 属于，相似，具有，完成（形容词词尾）

Lespedeza nantcianensis （南漳胡枝子）：nantcianensis 南漳的（地名，湖北省）

Lespedeza patens 展枝胡枝子：patens 开展的（呈90°），伸展的，传播的，飞散的；patentius 开展的，伸展的，传播的，飞散的

Lespedeza pilosa 铁马鞭：pilosus = pilus + osus 多毛的，被柔毛的，具疏柔毛的，被短弱细毛的；pilus 毛，疏柔毛；-osus/ -osum/ -osa 多的，充分的，丰富的，显著发育的，程度高的，特征明显的（形容词词尾）

Lespedeza potaninii 牛枝子：potaninii ← Grigory Nikolaevich Potanin（人名，19 世纪俄国植物学家）

Lespedeza pubescens 柔毛胡枝子：pubescens ← pubens 被短柔毛的，长出柔毛的；pubi- ← pubis 细柔毛的，短柔毛的，毛被的；pubesco/ pubescere 长成的，变为成熟的，长出柔毛的，青春期体毛的；-escens/ -ascens 改变，转变，变成，略微，带有，接近，相似，大致，稍微（表示变化的趋势，并未完全相似或相同，有别于表示达到完成状态的 -atus）

Lespedeza stollsae （斯特胡枝子）：stollsae（人名）

Lespedeza tomentosa 绒毛胡枝子：tomentosus = tomentum + osus 绒毛的，密被绒毛的；tomentum 绒毛，浓密的毛被，棉絮，棉絮状填充物（被褥、垫子等）；-osus/ -osum/ -osa 多的，充分的，丰富的，显著发育的，程度高的，特征明显的（形容词词尾）

Lespedeza veitchii （韦氏胡枝子）（韦 wéi）：veitchii/ veitchianus ← James Veitch（人名，19 世纪植物学家）

Lespedeza viatorum 路生胡枝子：viatorum 道路的；viator 旅行者；-orum 属于……的（第二变格法名词复数所有格词尾，表示群落或多数）

Lespedeza virgata 细梗胡枝子：virgatus 细长枝条的，有条纹的，嫩枝状的；virga/ virgus 纤细枝条，细而绿的枝条；-atus/ -atum/ -ata 属于，相似，具有，完成（形容词词尾）

Lespedeza virgata var. macrovirgata 大细梗胡枝子：macro-/ macr- ← macros 大的，宏观的（用于希腊语复合词）；virga/ virgus 纤细枝条，细而绿的枝条；-atus/ -atum/ -ata 属于，相似，具有，完成（形容词词尾）；virgatus 细长枝条的，有条纹的，嫩枝状的

Lespedeza virgata var. virgata 细梗胡枝子-原变种（词义见上面解释）

Lespedeza wilfordi 南胡枝子：wilfordi（人名，词尾改为 "-ii" 似更妥）；-ii 表示人名，接在以辅音字母结尾的人名后面，但 -er 除外；-i 表示人名，接在以元音字母结尾的人名后面，但 -a 除外

Leucaena 银合欢属（豆科）（39：p18）：leucos 白色的，淡色的；leuc-/ leuco- ← leucus 白色的（如果和其他表示颜色的词混用则表示淡色）

Leucaena leucocephala 银合欢：leuc-/ leuco- ← leucus 白色的（如果和其他表示颜色的词混用则表示淡色）；cephalus/ cephale ← cephalos 头，头状花序

Leucanthemella 小滨菊属（菊科）（76-1：p23）：Leucanthemum 滨菊属；-ellus/ -ellum/ -ella ← -ulus 小的，略微的，稍微的（小词 -ulus 在字母 e 或 i 之后有多种变缀，即 -olus/ -olum/ -ola、-ellus/ -ellum/ -ella、-illus/ -illum/ -illa，用于第一变格法名词）

Leucanthemella linearis 小滨菊：linearis = lineus + aris 线条的，线形的，线状的，亚麻状的；lineus = linum + eus 线状的，丝状的，亚麻状的；linum ← linon 亚麻，线（古拉丁名）；-aris（阳性、阴性）/ -are（中性）← -alis（阳性、阴性）/ -ale（中性）属于，相似，如同，具有，涉及，关于，联结于（将名词作形容词用，其中 -aris 常用于以 l 或 r 为词干末尾的词）

Leucanthemum 滨菊属（菊科）（76-1：p25）：leuc-/ leuco- ← leucus 白色的（如果和其他表示颜色的词混用则表示淡色）；anthemus ← anthemon 花

Leucanthemum maximum 大滨菊：maximus 最大的

Leucanthemum vulgare 滨菊：vulgaris 常见的，普通的，分布广的；vulgus 普通的，到处可见的

Leucas 绣球防风属（唇形科）（65-2：p418）：leucas → leucus 白色的，淡色的；leuc-/ leuco- ← leucus 白色的（如果和其他表示颜色的词混用则表示淡色）

Leucas aspera 蜂巢草：asper/ asperus/ asperum/ aspera 粗糙的，不平的

L

·689·

Leucas chinensis 滨海白绒草：chinensis = china + ensis 中国的（地名）；China 中国

Leucas ciliata 绣球防风：ciliatus = cilium + atus 缘毛的，流苏的；cilium 缘毛，睫毛；-atus/ -atum/ -ata 属于，相似，具有，完成（形容词词尾）

Leucas lavandulifolia 线叶白绒草：Lavandula 薰衣草属（唇形科）；folius/ folium/ folia 叶，叶片（用于复合词）

Leucas martinicensis 卵叶白绒草：martinicensis 马提尼克的（地名，北美洲）

Leucas mollissima 白绒草：molle/ mollis 软的，柔毛的；-issimus/ -issima/ -issimum 最，非常，极其（形容词最高级）

Leucas mollissima var. chinensis 白绒草-疏毛变种：chinensis = china + ensis 中国的（地名）；China 中国

Leucas mollissima var. mollissima 白绒草-原变种（词义见上面解释）

Leucas mollissima var. scaberula 白绒草-糙叶变种：scaberulus 略粗糙的；scaber → scabrus 粗糙的，有凹凸的，不平滑的；-ulus/ -ulum/ -ula 小的，略微的，稍微的（小词 -ulus 在字母 e 或 i 之后有多种变缀，即 -olus/ -olum/ -ola、-ellus/ -ellum/ -ella、-illus/ -illum/ -illa，与第一变格法和第二变格法名词形成复合词）

Leucas zeylanica 绉面草（绉 zhòu）：zeylanicus 锡兰（斯里兰卡，国家名）；-icus/ -icum/ -ica 属于，具有某种特性（常用于地名、起源、生境）

Leucojum 雪片莲属（石蒜科）（16-1：p4）：leuc-/ leuco- ← leucus 白色的（如果和其他表示颜色的词混用则表示淡色）；jum ← ion 蓝紫色的

Leucojum aestivum 夏雪片莲：aestivus/ aestivalis 夏天的

Leucopoa 银穗草属（禾本科）（9-2：p227）：leuc-/ leuco- ← leucus 白色的（如果和其他表示颜色的词混用则表示淡色）；poa ← paein 禾草，牧草（古希腊语）

Leucopoa albida 银穗草：albidus 带白色的，微白色的，变白的；albus → albi-/ albo- 白色的；-idus/ -idum/ -ida 表示在进行中的动作或情况，作动词、名词或形容词的词尾

Leucopoa caucasica 中亚银穗草：caucasica 高加索的（地名，俄罗斯）

Leucopoa deasyi 藏银穗草：deasyi（人名）；-i 表示人名，接在以元音字母结尾的人名后面，但 -a 除外

Leucopoa karatavica 高山银穗草：karatavica ← Karatau 卡拉套山脉的（地名，哈萨克斯坦）；-icus/ -icum/ -ica 属于，具有某种特性（常用于地名、起源、生境）

Leucopoa olgae 西山银穗草：olgae ← Olga Fedtschenko（人名，20 世纪俄国植物学家）

Leucopoa pseudosclerophylla 拟硬叶银穗草：pseudosclerophylla 像 sclerophylla 的；pseudo-/ pseud- ← pseudos 假的，伪的，接近，相似（但不是）；Leucopoa sclerophylla 硬叶银穗草；sclero- ← scleros 坚硬的，硬质的；phyllus/ phyllum/ phylla ← phyllon 叶片（用于希腊语复合词）

Leucopoa sclerophylla 硬叶银穗草：sclero- ←

scleros 坚硬的，硬质的；phyllus/ phyllum/ phylla ← phyllon 叶片（用于希腊语复合词）

Leucosceptrum 米团花属（唇形科）（66：p301）：leuc-/ leuco- ← leucus 白色的（如果和其他表示颜色的词混用则表示淡色）；sceptrum 王权的，王位的，王杖的

Leucosceptrum canum 米团花：canus 灰色的，灰白色的

Leucosceptrum plectranthoides （延命米团花）：plectranthoides 像延命草的；Plecranthus 延命草属（唇形科）；-oides/ -oideus/ -oideum/ -oidea/ -odes/ -eidos 像……的，类似……的，呈……状的（名词词尾）

Leucostegia 大膜盖蕨属（骨碎补科）（2：p296，6-1：p177）：leuc-/ leuco- ← leucus 白色的（如果和其他表示颜色的词混用则表示淡色）；stegius ← stege/ stegon 盖子，加盖，覆盖，包裹，遮盖物

Leucostegia immersa 大膜盖蕨：immersus 水面下的，沉水的；in-/ im-（来自 il- 的音变）内，在内，内部，向内，相反，不，无，非；il- 在内，向内，为，相反（希腊语为 en-）；词首 il- 的音变：il-（在 l 前面），im-（在 b、m、p 前面），in-（在元音字母和大多数辅音字母前面），ir-（在 r 前面），如 illaudatus（不值得称赞的，评价不好的），impermeabilis（不透水的，穿不透的），ineptus（不合适的），insertus（插入的），irretortus（无弯曲的，无扭曲的）；emersus 突出水面的，露出的，挺直的

Leucosyke 四脉麻属（荨麻科）（23-2：p396）：leuc-/ leuco- ← leucus 白色的（如果和其他表示颜色的词混用则表示淡色）；syke 无花果

Leucosyke quadrinervia 四脉麻：quadri-/ quadr- 四，四数（希腊语为 tetra-/ tetr-）；nervius = nervus + ius 具脉的，具叶脉的；nervus 脉，叶脉，-ius/ -ium/ -ia 具有……特性的（表示有关、关联、相似）

Leucothoe 木藜芦属（杜鹃花科）（57-3：p19）：leucothoe ← Leucothea 琉喀忒亚（希腊神话中的海中女神，波斯 Orchamus 国王的女儿）

Leucothoe griffithiana 尖基木藜芦：griffithiana ← William Griffith（人名，19 世纪印度植物学家，加尔各答植物园主任）

Leucothoe sessilifolia 短柄木藜芦：sessile-/ sessili-/ sessil- ← sessilis 无柄的，无茎的，基生的，基部的；folius/ folium/ folia 叶，叶片（用于复合词）

Leucothoe tonkinensis 圆基木藜芦：tonkin 东京（地名，越南河内的旧称）

Levisticum 欧当归属（伞形科）（55-3：p75）：levisticum ← levistikon（希腊语，一种伞形科植物名）

Levisticum officinale 欧当归：officinalis/ officinale 药用的，有药效的；officina ← opificina 药店，仓库，作坊

Leycesteria 鬼吹箫属（忍冬科）（72：p135）：leycesteria ← William Leycester（人名，19 世纪法国法官）

Leycesteria crocothyrsos 黄花鬼吹箫：crocothyrsos 橙黄色穗状花序的；crocos 番红花，橙

L

黄色的；thyrsus/ thyrsos 花簇，金字塔，圆锥形，聚伞圆锥花序

Leycesteria formosa 鬼吹箫：formosus ← formosa 美丽的，台湾的（葡萄牙殖民者发现台湾时对其的称呼，即美丽的岛屿）

Leycesteria formosa var. formosa 鬼吹箫-原变种（词义见上面解释）

Leycesteria formosa var. liogyne （光蕊鬼吹箫）：lei-/ leio-/ lio- ← leius ← leios 光滑的，平滑的；gyne ← gynus 雌蕊的，雌性的，心皮的

Leycesteria formosa var. stenosepala 狭萼鬼吹箫：sten-/ steno- ← stenus 窄的，狭的，薄的；sepalus/ sepalum/ sepala 萼片（用于复合词）

Leycesteria gracilis 纤细鬼吹箫：gracilis 细长的，纤弱的，丝状的

Leycesteria sinensis 华鬼吹箫：sinensis = Sina + ensis 中国的（地名）；Sina 中国

Leycesteria stipulata 绵毛鬼吹箫：stipulatus = stipulus + atus 具托叶的；stipulus 托叶；关联词：estipulatus/ exstipulatus 无托叶的，不具托叶的

Leycesteria thibetica 西藏鬼吹箫：thibetica 西藏的（地名）；-icus/ -icum/ -ica 属于，具有某种特性（常用于地名、起源、生境）

Leymus 赖草属（禾本科）（9-3：p15）：leymus ← leimon 草地（指生境）

Leymus angustus 窄颖赖草：angustus 窄的，狭的，细的

Leymus chinensis 羊草：chinensis = china + ensis 中国的（地名）；China 中国

Leymus mollis 滨麦：molle/ mollis 软的，柔毛的

Leymus multicaulis 多枝赖草：multi- ← multus 多个，多数，很多（希腊语为 poly-）；caulis ← caulos 茎，茎秆，主茎

Leymus ovatus 宽穗赖草：ovatus = ovus + atus 卵圆形的；ovus 卵，胚珠，卵形的，椭圆形的；-atus/ -atum/ -ata 属于，相似，具有，完成（形容词词尾）

Leymus paboanus 毛穗赖草：paboanus（人名）

Leymus racemosus 大赖草：racemosus = racemus + osus 总状花序的；racemus/ raceme 总状花序，葡萄串状的；-osus/ -osum/ -osa 多的，充分的，丰富的，显著发育的，程度高的，特征明显的（形容词词尾）

Leymus secalinus 赖草：secalinus 像黑麦的；Secale 黑麦属（禾本科）；-inus/ -inum/ -ina/ -inos 相近，接近，相似，具有（通常指颜色）

Leymus tianschanicus 天山赖草：tianschanicus 天山的（地名，新疆维吾尔自治区）；-icus/ -icum/ -ica 属于，具有某种特性（常用于地名、起源、生境）

Libanotis 岩风属（伞形科）（55-2：p160）：libanotis ← libanotos 熏香（希腊语，比喻气味浓烈）

Libanotis acaulis 阔鞘岩风：acaulia/ acaulis 无茎的，矮小的；a-/ an- 无，非，没有，缺乏，不具有（an- 用于元音前）（a-/ an- 为希腊语词首，对应的拉丁语词首为 e-/ ex-，相当于英语的 un-/ -less，注意词首 a- 和作为介词的 a/ ab 不同，后者的意思是"从……、由……、关于……、因为……"）；caulia/ caulis 茎，茎秆，主茎

Libanotis amurensis 山香芹：amurense/ amurensis 阿穆尔的（地名，东西伯利亚的一个州，南部以黑龙江为界），阿穆尔河的（即黑龙江的俄语音译）

Libanotis buchtormensis 岩风：buchtormensis 布赫塔尔的（地名，哈萨克斯坦阿尔泰地区）

Libanotis condensata 密花岩风：condensatus = co + densus + atus 密集的，收缩的；co- 联合，共同，合起来（拉丁语词首，为 cum- 的音变，表示结合、强化、完全，对应的希腊语为 syn-）；co- 的缀词音变有 co-/ com-/ con-/ col-/ cor-：co-（在 h 和元音字母前面），col-（在 l 前面），com-（在 b、m、p 之前），con-（在 c、d、f、g、j、n、qu、s、t 和 v 前面），cor-（在 r 前面）；densus 密集的，繁茂的

Libanotis depressa 地岩风：depressus 凹陷的，压扁的；de- 向下，向外，从……，脱离，脱落，离开，去掉；pressus 压，压力，挤压，紧密

Libanotis eriocarpa 绵毛岩风：erion 绵毛，羊毛；carpus/ carpum/ carpa/ carpon ← carpos 果实（用于希腊语复合词）

Libanotis iliensis 伊犁岩风：iliense/ iliensis 伊利的（地名，新疆维吾尔自治区），伊犁河的（河流名，跨中国新疆与哈萨克斯坦）

Libanotis incana 碎叶岩风：incanus 灰白色的，密被灰白色毛的

Libanotis lancifolia 条叶岩风：lance-/ lancei-/ lanci-/ lanceo-/ lanc- ← lanceus 披针形的，矛形的，尖刀状的，柳叶刀状的；folius/ folium/ folia 叶，叶片（用于复合词）

Libanotis lanzhouensis 兰州岩风：lanzhouensis 兰州的（地名，甘肃省）

Libanotis laticalycina 宽萼岩风：lati-/ late- ← latus 宽的，宽广的；calycinus = calyx + inus 萼片的，萼片状的，萼片宿存的；calyx → calyc- 萼片（用于希腊语复合词）；构词规则：以 -ix/ -iex 结尾的词其词干末尾视为 -ic，以 -ex 结尾视为 -i/ -ic，其他以 -x 结尾视为 -c；-inus/ -inum/ -ina/ -inos 相近，接近，相似，具有（通常指颜色）

Libanotis schrenkiana 坚挺岩风：schrenkiana（人名）

Libanotis seseloides 香芹：Seseli 西风芹属（伞形科）；-oides/ -oideus/ -oideum/ -oidea/ -odes/ -eidos 像……的，类似……的，呈……状的（名词词尾）

Libanotis sibirica 亚洲岩风：sibirica 西伯利亚的（地名，俄罗斯）；-icus/ -icum/ -ica 属于，具有某种特性（常用于地名、起源、生境）

Libanotis spodotrichoma 灰毛岩风：spodios 灰色的；spod-/ spodo- 灰色；trichoma 毛，毛发，被毛（希腊语）

Libanotis wannienchun 万年春：wannienchun 万年春（中文名）

Licuala 轴榈属（榈 lú）（棕榈科）（13-1：p29）：licuala（马鲁古群岛土名）

Licuala dasyantha 毛花轴榈：dasyanthus = dasy + anthus 粗毛花的；dasy- ← dasys 毛茸茸的，粗毛的，毛；anthus/ anthum/ antha/ anthe ← anthos 花（用于希腊语复合词）

Licuala fordiana 穗花轴榈：fordiana ← Charles Ford（人名）

Licuala spinosa 刺轴榈：spinosus = spinus + osus 具刺的，多刺的，长满刺的；spinus 刺，针刺；-osus/ -osum/ -osa 多的，充分的，丰富的，显著发育的，程度高的，特征明显的（形容词词尾）

Lignariella 弯梗芥属（十字花科）（33：p108）：lignariella 略呈木质的；lignus 木，木质；-ellus/ -ellum/ -ella ← -ulus 小的，略微的，稍微的（小词 -ulus 在字母 e 或 i 之后有多种变缀，即 -olus/ -olum/ -ola、-ellus/ -ellum/ -ella、-illus/ -illum/ -illa，用于第一变格法名词）

Lignariella hobsonii 弯梗芥：hobsonii（人名）；-ii 表示人名，接在以辅音字母结尾的人名后面，但 -er 除外

Ligularia 橐吾属（橐吾 tuó wú）（菊科）（77-2：p4）：ligulatus（= ligula + atus）/ ligularis（= ligula + aris）舌状的，具舌的；ligula = lingua + ulus 小舌，小舌状物；lingua 舌，语言；ligule 舌，舌状物，舌瓣，叶舌；-arius/ -arium/ -aria 相似，属于（表示地点，场所，关系，所属）

Ligularia achyrotricha 刚毛橐吾：achyrotrichus 毛颖的，表面有毛的；achyron 颖片，稻壳，皮壳；trichus 毛，毛发，线

Ligularia alatipes 翅柄橐吾：alatipes 茎具翼的，翼柄的；alatus → ala-/ alat-/ alati-/ alato- 翅，具翅的，具翼的；pes/ pedis 柄，梗，茎秆，腿，足，爪（作词首或词尾，pes 的词干视为 "ped-"）

Ligularia alpigena 帕米尔橐吾：alpigenus 高山生的；alpus 高山；genus ← gignere ← geno 出生，发生，起源，产于，生于（指地方或条件），属（植物分类单位）

Ligularia altaica 阿勒泰橐吾（勒 lè）：altaica 阿尔泰的（地名，新疆北部山脉）

Ligularia anoleuca 白序橐吾：anoleucus 上部白色的；leuc-/ leuco- ← leucus 白色的（如果和其他表示颜色的词混用则表示淡色）

Ligularia atkinsonii 亚东橐吾：atkinsonii ← Caroline Louisa Waring Atkinson Calvert（人名，19 世纪新南威尔士博物学家）；-ii 表示人名，接在以辅音字母结尾的人名后面，但 -er 除外

L

Ligularia atroviolacea 黑紫橐吾：atroviolacea 暗紫堇色的；atro-/ atr-/ atri-/ atra- ← ater 深色，浓色，暗色，发黑（ater 作为词干后接辅音字母开头的词时，要在词干后面加一个连接用的元音字母 "o" 或 "i"，故为 "ater-o-" 或 "ater-i-"，变形为 "atr-" 开头）；Viola 堇菜属；violaceus 紫红色的，紫堇色的，堇菜状的；-aceus/ -aceum/ -acea 相似的，有……性质的，属于……的

Ligularia biceps 无缨橐吾：bi-/ bis- 二，二数，二回（希腊语为 di-）；-ceps/ cephalus ← captus 头，头状的，头状花序

Ligularia botryodes 总状橐吾：botryodes 总状的，簇状的；-oides/ -oideus/ -oideum/ -oidea/ -odes/ -eidos 像……的，类似……的，呈……状的（名词词尾）

Ligularia brassicoides 芥形橐吾：brassicoides 像甘蓝的；Brassica 芸薹属；-oides/ -oideus/ -oideum/

-oidea/ -odes/ -eidos 像……的，类似……的，呈……状的（名词词尾）

Ligularia caloxantha 黄亮橐吾：call-/ calli-/ callo-/ cala-/ calo- ← calos/ callos 美丽的；xanthus ← xanthos 黄色的

Ligularia calthifolia 乌苏里橐吾：calthifolius 驴蹄草叶的；Catltha 驴蹄草属（毛茛科）；folius/ folium/ folia 叶，叶片（用于复合词）

Ligularia chalybea 灰苞橐吾：chalybeus 铁灰色的，钢灰色的

Ligularia chekiangensis 浙江橐吾：chekiangensis 浙江的（地名）

Ligularia chimiliensis 缅甸橐吾：chimiliensis（地名，缅甸）

Ligularia confertiflora 密花橐吾：confertus 密集的；florus/ florum/ flora ← flos 花（用于复合词）

Ligularia cremanthodioides 垂头橐吾：Cremanthodium 垂头菊属（菊科）；-oides/ -oideus/ -oideum/ -oidea/ -odes/ -eidos 像……的，类似……的，呈……状的（名词词尾）

Ligularia curvisquama 弯苞橐吾：curvus 弯曲的；squamus 鳞，鳞片，薄膜

Ligularia cyathiceps 浅苞橐吾：cyathus ← cyathos 杯，杯状的；-ceps/ cephalus ← captus 头，头状的，头状花序

Ligularia cymbulifera 舟叶橐吾：cymbulus 小舟的；cymbus/ cymbum/ cymba ← cymbe 小舟；-ulus/ -ulum/ -ula 小的，略微的，稍微的（小词 -ulus 在字母 e 或 i 之后有多种变缀，即 -olus/ -olum/ -ola、-ellus/ -ellum/ -ella、-illus/ -illum/ -illa，与第一变格法和第二变格法名词形成复合词）；-ferus/ -ferum/ -fera/ -fero/ -fere/ -fer 有，具有，产（区别：作独立词使用的 ferus 意思是 "野生的"）

Ligularia cymosa 聚伞橐吾：cymosus 聚伞状的；cyma/ cyme 聚伞花序；-osus/ -osum/ -osa 多的，充分的，丰富的，显著发育的，程度高的，特征明显的（形容词词尾）

Ligularia dentata 齿叶橐吾：dentatus = dentus + atus 牙齿的，齿状的，具齿的；dentus 齿，牙齿；-atus/ -atum/ -ata 属于，相似，具有，完成（形容词词尾）

Ligularia dictyoneura 网脉橐吾：dictyoneurus 网状脉的；dictyon 网，网状（希腊语）；neurus ← neuron 脉，神经

Ligularia discoidea 盘状橐吾：discoideus 圆盘状的；dic-/ disci-/ disco- ← discus ← discos 碟子，盘子，圆盘；-oides/ -oideus/ -oideum/ -oidea/ -odes/ -eidos 像……的，类似……的，呈……状的（名词词尾）

Ligularia dolichobotrys 太白山橐吾：dolicho- ← dolichos 长的；botrys → botr-/ botry- 簇，串，葡萄串状，丛，总状

Ligularia duciformis 大黄橐吾：duciformis = duco + formis 管状的；ducco ← ductus/ ductulus/ ductare/ ductatum/ ductavi 管子，导管，引导，拉拽，吸引；formis/ forma 形状

Ligularia dux 紫花橐吾：dux 统治者，君主

Ligularia dux var. dux 紫花橐吾-原变种 （词义见上面解释）

Ligularia dux var. minima 小紫花橐吾：minimus 最小的，很小的

Ligularia euryphylla 广叶橐吾：eurys 宽阔的；phyllus/ phyllum/ phylla ← phyllon 叶片（用于希腊语复合词）

Ligularia fangiana 植夫橐吾：fangiana （人名）

Ligularia fargesii 矢叶橐吾：fargesii ← Pere Paul Guillaume Farges （人名，19 世纪中叶至 20 世纪活动于中国的法国传教士，植物采集员）

Ligularia fischeri 蹄叶橐吾：fischeri ← Friedrich Ernst Ludwig Fischer（人名，19 世纪生于德国的俄国植物学家）；-eri 表示人名，在以 -er 结尾的人名后面加上 i 形成

Ligularia franchetiana 隐舌橐吾：franchetiana ← A. R. Franchet （人名，19 世纪法国植物学家）

Ligularia ghatsukupa 粗茎橐吾：ghatsukupa （土名）

Ligularia heterophylla 异叶橐吾：heterophyllus 异型叶的；hete-/ heter-/ hetero- ← heteros 不同的，多样的，不齐的；phyllus/ phyllum/ phylla ← phyllon 叶片（用于希腊语复合词）

Ligularia hodgsonii 鹿蹄橐吾：hodgsonii ← Bryan Houghton Hodgson （人名，19 世纪在尼泊尔的英国植物学家）

Ligularia hookeri 细茎橐吾：hookeri ← William Jackson Hooker （人名，19 世纪英国植物学家）；-eri 表示人名，在以 -er 结尾的人名后面加上 i 形成

Ligularia hopeiensis 河北橐吾：hopeiensis 河北的 （地名）

Ligularia ianthochaeta 岷县橐吾 （岷 mín）：iantho- 紫堇状的，紫堇色的；chaeta/ chaete ← chaite 胡须，鬃毛，长毛

Ligularia intermedia 狭苞橐吾：intermedius 中间的，中位的，中等的；inter- 中间的，在中间，之间；medius 中间的，中央的

Ligularia jaluensis 复序橐吾：jaluensis 鸭绿江的（河流名）

Ligularia jamesii 长白山橐吾：jamesii ← Frederick C. James （人名，20 世纪美国植物学家）

Ligularia japonica 大头橐吾：japonica 日本的（地名）；-icus/ -icum/ -ica 属于，具有某种特性（常用于地名、起源、生境）

Ligularia japonica var. japonica 大头橐吾-原变种 （词义见上面解释）

Ligularia japonica var. scaberrima 糙叶大头橐吾：scaberrimus 极粗糙的；scaber → scabrus 粗糙的，有凹凸的，不平滑的；-rimus/ -rima/ -rimum 最，极，非常（词尾为 -er 的形容词最高级）

Ligularia kanaitzensis 干崖子橐吾（崖 yá）：kanaitzensis 干崖子的（地名，云南省，"崖"字有些地区方言读作 "ái"）

Ligularia kanaitzensis var. kanaitzensis 干崖子橐吾-原变种 （词义见上面解释）

Ligularia kanaitzensis var. subnudicaulis 菱苞橐吾：subnudicaulis 近裸茎的；sub-（表示程度较弱）与……类似，几乎，稍微，弱，亚，之下，下面；

nudi- ← nudus 裸露的；caulis ← caulos 茎，茎秆，主茎

Ligularia kangtingensis 康定橐吾：kangtingensis 康定的（地名，四川省）

Ligularia kojimae 台湾橐吾：kojimae（人名）；-ae 表示人名，以 -a 结尾的人名后面加上 -e 形成

Ligularia kongkalingensis 贡嘎岭橐吾 （嘎 gá）：kongkalingensis 贡嘎岭的（地名，四川省稻城县）

Ligularia lamarum 沼生橐吾：lamarum 喇嘛的 （lama 的复数所有格）；-arum 属于……的（第一变格法名词复数所有格词尾，表示群落或多数）

Ligularia lankongensis 洱源橐吾：lankongensis 浪穹的（地名，云南省洱源县的旧称）

Ligularia lapathifolia 牛蒡叶橐吾：lapathifolius 叶片像 Lapathum 的；Lapathum → Rumex 酸模属（蓼科）；lapathum ← lapazein 清洁，净化（血液、肠道等，具有催泻作用，希腊语）；folius/ folium/ folia 叶，叶片（用于复合词）

Ligularia latihastata 宽戟橐吾：lati-/ late- ← latus 宽的，宽广的；hastatus 戟形的，三尖头的（两侧基部有朝外的三角形裂片）；hasta 长矛，标枪

Ligularia latipes 阔柄橐吾：lati-/ late- ← latus 宽的，宽广的；pes/ pedis 柄，梗，茎秆，腿，足，爪（作词首或词尾，pes 的词干视为 "ped-"）

Ligularia leveillei 贵州橐吾：leveillei（人名）；-i 表示人名，接在以元音字母结尾的人名后面，但 -a 除外

Ligularia liatroides 缘毛橐吾：liatrioides 像蛇鞭菊的；Liatris 蛇鞭菊属（菊科，一种植物名）；-oides/ -oideus/ -oideum/ -oidea/ -odes/ -eidos 像……的，类似……的，呈……状的（名词词尾）

Ligularia lidjiangensis 丽江橐吾：lidjiangensis 丽江的（地名，云南省）

Ligularia limprichtii （林氏橐吾）：limprichtii（人名）；-ii 表示人名，接在以辅音字母结尾的人名后面，但 -er 除外

Ligularia lingiana 君范橐吾：lingiana （人名）

Ligularia longifolia 长叶橐吾：longe-/ longi- ← longus 长的，纵向的；folius/ folium/ folia 叶，叶片（用于复合词）

Ligularia longihastata 长戟橐吾：longe-/ longi- ← longus 长的，纵向的；hastatus 戟形的，三尖头的（两侧基部有朝外的三角形裂片）；hasta 长矛，标枪

Ligularia macrodonta 大齿橐吾：macro-/ macr- ← macros 大的，宏观的（用于希腊语复合词）；odontus/ odontos → odon-/ odont-/ odonto-（可作词首或词尾）齿，牙齿状的；odous 齿，牙齿（单数，其所有格为 odontos）

Ligularia macrophylla 大叶橐吾：macro-/ macr- ← macros 大的，宏观的（用于希腊语复合词）；phyllus/ phyllum/ phylla ← phyllon 叶片（用于希腊语复合词）

Ligularia melanocephala 黑苞橐吾：mel-/ mela-/ melan-/ melano- ← melanus/ melaenus ← melas/ melanos 黑色的，浓黑色的，暗色的；cephalus/ cephale ← cephalos 头，头状花序

Ligularia melanothyrsa 黑穗橐吾：mel-/ mela-/ melan-/ melano- ← melanus/ melaenus ← melas/

L

melanos 黑色的，浓黑色的，暗色的；thyrsus/ thyrsos 花簇，金字塔，圆锥形，聚伞圆锥花序

Ligularia microcardia 心叶橐吾：micr-/ micro- ← micros 小的，微小的，微观的（用于希腊语复合词）；cardius 心脏，心形

Ligularia microcephala 小头橐吾：micr-/ micro- ← micros 小的，微小的，微观的（用于希腊语复合词）；cephalus/ cephale ← cephalos 头，头状花序

Ligularia mongolica 全缘橐吾：mongolica 蒙古的（地名）；mongolia 蒙古的（地名）；-icus/ -icum/ -ica 属于，具有某种特性（常用于地名、起源、生境）

Ligularia muliensis 木里橐吾：muliensis 木里的（地名，四川省）

Ligularia myriocephala 千花橐吾：myri-/ myrio- ← myrios 无数的，大量的，极多的（希腊语）；cephalus/ cephale ← cephalos 头，头状花序

Ligularia nanchuanica 南川橐吾：nanchuanica 南川的（地名，重庆市）；-icus/ -icum/ -ica 属于，具有某种特性（常用于地名、起源、生境）

Ligularia narynensis 天山橐吾：narynensis 纳伦是的（地名，新疆天山）

Ligularia nelumbifolia 莲叶橐吾：Nelumbo 莲属（睡莲科）；folius/ folium/ folia 叶，叶片（用于复合词）

Ligularia nyingchiensis 林芝橐吾：nyingchiensis 林芝的（地名，西藏自治区）

Ligularia odontomanes 马蹄叶橐吾：odontus/ odontos → odon-/ odont-/ odonto-（可作词首或词尾）齿，牙齿状的；odous 齿，牙齿（单数，其所有格为 odontos）；manes ← manos 松软的，软的

Ligularia oligonema 疏舌橐吾：oligo-/ olig- 少数的（希腊语，拉丁语为 pauci-）；nemus/ nema 密林，丛林，树丛（常用来比喻密集成丛的纤细物，如花丝、果柄等）

Ligularia paradoxa 奇形橐吾：paradoxus 似是而非的，少见的，奇异的，难以解释的；para- 类似，接近，近旁，假的；-doxa/ -doxus 荣耀的，瑰丽的，壮观的，显眼的

Ligularia parvifolia 小叶橐吾：parvifolius 小叶的；parvus 小的，些微的，弱的；folius/ folium/ folia 叶，叶片（用于复合词）

Ligularia petiolaris 裸柱橐吾：petiolaris 具叶柄的；-aris（阳性、阴性）/ -are（中性）← -alis（阳性、阴性）/ -ale（中性）属于，相似，如同，具有，涉及，关于，联结于（将名词作形容词用，其中 -aris 常用于以 l 或 r 为词干末尾的词）

Ligularia phoenicochaeta 紫缨橐吾：phoenicochaeta 紫红色缨毛的；phoeniceus/ puniceus 紫红色的，鲜红的，石榴红的；punicum 石榴；chaetus/ chaeta/ chaete ← chaite 胡须，鬃毛，长毛

Ligularia phyllocolea 叶状鞘橐吾：phyllocoleus 叶状唇的；phyllus/ phyllum/ phylla ← phyllon 叶片（用于希腊语复合词）；coleus ← coleos 鞘（唇瓣呈鞘状），鞘状的，果荚

Ligularia platyglossa 宽舌橐吾：platyglossus 宽舌的；platys 大的，宽的（用于希腊语复合词）；

glossus 舌，舌状的

Ligularia pleurocaulis 侧茎橐吾：pleurocaulis 肋茎的；pleur-/ pleuro- ← pleurus 肋，肋状的，有肋的，侧生的；caulis ← caulos 茎，茎秆，主茎

Ligularia potaninii 浅齿橐吾：potaninii ← Grigory Nikolaevich Potanin（人名，19 世纪俄国植物学家）

Ligularia przewalskii 掌叶橐吾：przewalskii ← Nicolai Przewalski（人名，19 世纪俄国探险家、博物学家）

Ligularia pterodonta 宽翅橐吾：pterodontus 翅齿的；pterus/ pteron 翅，翼，蕨类；odontus/ odontos → odon-/ odont-/ odonto-（可作词首或词尾）齿，牙齿状的；odous 齿，牙齿（单数，其所有格为 odontos）

Ligularia purdomii 褐毛橐吾：purdomii（人名）；-ii 表示人名，接在以辅音字母结尾的人名后面，但 -er 除外

Ligularia pyrifolia 梨叶橐吾：pyrus/ pirus ← pyros 梨，梨树，核，核果，小麦，谷物；pyrum/ pirum 梨；folius/ folium/ folia 叶，叶片（用于复合词）

Ligularia retusa 黑毛橐吾：retusus 微凹的

Ligularia rockiana 独舌橐吾：rockiana ← Joseph Francis Charles Rock（人名，20 世纪美国植物采集员）

Ligularia ruficoma 节毛橐吾：ruf-/ rufi-/ frufo- ← rufus/ rubus 红褐色的，锈色的，红色的，发红的，淡红色的；comus ← comis 冠毛，头缨，一簇（毛或叶片）

Ligularia rumicifolia 藏橐吾：rumicifolia = Rumex + folia 酸模叶的；Rumex 酸模属（蓼科）；构词规则：以 -ix/ -iex 结尾的词其词干末尾视为 -ic，以 -ex 结尾视为 -i/ -ic，其他以 -x 结尾视为 -c；folius/ folium/ folia 叶，叶片（用于复合词）

Ligularia sachalinensis 黑龙江橐吾：sachalinensis ← Sakhalin 库页岛的（地名，日本海北部俄属岛屿，日文桦太，俄称萨哈林岛）

Ligularia sagitta 箭叶橐吾：sagitta 箭，箭头

Ligularia schmidtii 合苞橐吾：schmidtii ← Johann Anton Schmidt（人名，19 世纪德国植物学家）

Ligularia sibirica 橐吾：sibirica 西伯利亚的（地名，俄罗斯）；-icus/ -icum/ -ica 属于，具有某种特性（常用于地名、起源、生境）

Ligularia sibirica var. araneosa 毛苞橐吾：araneosus 蜘蛛网的，蛛丝状的

Ligularia sibirica var. sibirica 橐吾-原变种（词义见上面解释）

Ligularia songarica 准噶尔橐吾（噶 gá）：songarica 准噶尔的（地名，新疆维吾尔自治区）；-icus/ -icum/ -ica 属于，具有某种特性（常用于地名、起源、生境）

Ligularia stenocephala 窄头橐吾：sten-/ steno- ← stenus 窄的，狭的，薄的；cephalus/ cephale ← cephalos 头，头状花序

Ligularia stenocephala var. scabrida 糙叶窄头橐吾：scabridus 粗糙的；scabrus ← scaber 粗糙的，有凹凸的，不平滑的；-idus/ -idum/ -ida 表示在进行中的动作或情况，作动词、名词或形容词的词尾

L

Ligularia stenocephala var. stenocephala 窄头橐吾-原变种 （词义见上面解释）

Ligularia stenoglossa 裂舌橐吾：sten-/ steno- ← stenus 窄的，狭的，薄的；glossus 舌，舌状的

Ligularia subspicata 穗序橐吾：subspicatus 近穗状花的；sub-（表示程度较弱）与……类似，几乎，稍微，弱，亚，之下，下面；spicatus 具穗的，具穗状花的，具尖头的；spicus 穗，谷穗，花穗；-atus/-atum/ -ata 属于，相似，具有，完成（形容词词尾）

Ligularia tenuicaulis 纤细橐吾：tenui- ← tenuis 薄的，纤细的，弱的，瘦的，窄的；caulis ← caulos 茎，茎秆，主茎

Ligularia tenuipes 簇梗橐吾：tenui- ← tenuis 薄的，纤细的，弱的，瘦的，窄的；pes/ pedis 柄，梗，茎秆，腿，足，爪（作词首或词尾，pes 的词干视为"ped-"）

Ligularia thomsonii 西域橐吾：thomsonii ← Thomas Thomson（人名，19 世纪英国植物学家）；-ii 表示人名，接在以辅音字母结尾的人名后面，但 -er 除外

Ligularia thyrsoidea 塔序橐吾：thyrsus/ thyrsos 花簇，金字塔，圆锥形，聚伞圆锥花序；-oides/-oideus/ -oideum/ -oidea/ -odes/ -eidos 像……的，类似……的，呈……状的（名词词尾）

Ligularia tongkyukensis 东久橐吾：tongkyukensis 东久的（地名，西藏林芝）

Ligularia tongolensis 东俄洛橐吾：tongol 东俄洛（地名，四川西部）

Ligularia transversifolia 横叶橐吾：transversus 横的，横过的；folius/ folium/ folia 叶，叶片（用于复合词）

Ligularia tsangchanensis 苍山橐吾：tsangchanensis 苍山的（地名，云南省）

Ligularia veitchiana 离舌橐吾：veitchiana ← James Veitch（人名，19 世纪植物学家）；Veitch + i（表示连接，复合）+ ana（形容词词尾）

Ligularia vellerea 棉毛橐吾：vellereus 绵毛的

Ligularia villosa 长毛橐吾：villosus 柔毛的，绵毛的；villus 毛，羊毛，长绒毛；-osus/ -osum/ -osa 多的，充分的，丰富的，显著发育的，程度高的，特征明显的（形容词词尾）

Ligularia virgaurea 黄帚橐吾：virgaureus 金树枝，黄色的树枝；virga/ virgus 纤细枝条，细而绿的枝条；aureus = aurus + eus 属于金色的，属于黄色的；aurus 金，金色；-eus/ -eum/ -ea（接拉丁语词干时）属于……的，色如……的，质如……的（表示原料、颜色或品质的相似），（接希腊语词干时）属于……的，以……出名，为……所占有（表示具有某种特性）

Ligularia virgaurea var. pilosa 黄毛帚橐吾：pilosus = pilus + osus 多毛的，被柔毛的，具疏柔毛的，被短弱细毛的；pilus 毛，疏柔毛；-osus/-osum/ -osa 多的，充分的，丰富的，显著发育的，程度高的，特征明显的（形容词词尾）

Ligularia virgaurea var. virgaurea 黄帚橐吾-原变种 （词义见上面解释）

Ligularia wilsoniana 川鄂橐吾：wilsoniana ← John Wilson（人名，18 世纪英国植物学家）

Ligularia xanthotricha 黄毛橐吾：xanthos 黄色的（希腊语）；trichus 毛，毛发，线

Ligularia yunnanensis 云南橐吾：yunnanensis 云南的（地名）

Ligulariopsis 假橐吾属（菊科）（77-1：p87）：Ligularia 橐吾属；-opsis/ -ops 相似，稍微，带有；ligulatus（= ligula + atus）/ ligularis（= ligula + aris）舌状的，具舌的；ligula = lingua + ulus 小舌，小舌状物；lingua 舌，语言；ligule 舌，舌状物，舌瓣，叶舌；-arius/ -arium/ -aria 相似，属于（表示地点，场所，关系，所属）

Ligulariopsis shichuana 假橐吾：shichuana 四川的（地名）

Ligusticum 藁本属（藁 gǎo）（伞形科）（55-2：p234，55-3：p250）：ligusticum ← ligusticos ← Liguria（古代意大利地名，当时大量栽培藁本）

Ligusticum acuminatum 尖叶藁本：acuminatus = acumen + atus 锐尖的，渐尖的；acumen 渐尖头；-atus/ -atum/ -ata 属于，相似，具有，完成（形容词词尾）

Ligusticum ajanense 黑水岩茴香：ajanense ← Ajan 阿扬河的（地名，俄罗斯西伯利亚地区）

Ligusticum angelicifolium 归叶藁本：angelicifolium 当归叶的；Angelica 当归属（伞形科）；folius/ folium/ folia 叶，叶片（用于复合词）

Ligusticum brachylobum 短片藁本：brachy- ← brachys 短的（用于拉丁语复合词词首）；lobus/ lobos/ lobon 浅裂，耳片（裂片先端钝圆），荚果，蒴果

Ligusticum calophlebicum 美脉藁本：call-/ calli-/ callo-/ cala-/ calo- ← calos/ callos 美丽的；phlebus 脉，叶脉，-icus/ -icum/ -ica 属于，具有某种特性（常用于地名、起源、生境）；phlebicus 有明显叶脉的

Ligusticum capillaceum 细苞藁本：capillaceus 毛发状的；capillus 毛发的，头发的，细毛的；-aceus/-aceum/ -acea 相似的，有……性质的，属于……的

Ligusticum chuanxiong 川芎（芎 xiōng）：chuanxiong 川芎（中国土名）

Ligusticum daucoides 羽苞藁本：Daucus 胡萝卜属（伞形科）；-oides/ -oideus/ -oideum/ -oidea/ -odes/ -eidos 像……的，类似……的，呈……状的（名词词尾）

Ligusticum delavayi 丽江藁本：delavayi ← P. J. M. Delavay（人名，1834–1895，法国传教士，曾在中国采集植物标本）；-i 表示人名，接在以元音字母结尾的人名后面，但 -a 除外

Ligusticum discolor 异色藁本：discolor 异色的，不同色的（指花瓣花萼等）；di-/ dis- 二，二数，二分，分离，不同，在……之间，从……分开（希腊语，拉丁语为 bi-/ bis-）；color 颜色

Ligusticum elatum 高升藁本：elatus 高的，梢端的

Ligusticum franchetii 紫色藁本：franchetii ← A. R. Franchet（人名，19 世纪法国植物学家）

Ligusticum gyirongense 吉隆藁本：gyirongense 吉隆的（地名，西藏中尼边境县）

Ligusticum hispidum 毛藁本：hispidus 刚毛的，鬃毛状的

L

Ligusticum involucratum 多苞藁本：
involucratus = involucrus + atus 有总苞的；
involucrus 总苞，花苞，包被

Ligusticum jeholense 辽藁本：jeholense 热河的
（地名，旧省名，跨现在的内蒙古自治区、河北省、
辽宁省）

Ligusticum kingdon-wardii 草甸藁本：
kingdon-wardii ← Frank Kingdon-Ward（人名，
1840–1909，英国植物学家）

Ligusticum littledalei 利特藁本：littledalei ←
George R. Littledale（人名，模式标本采集者）；-i
表示人名，接在以元音字母结尾的人名后面，但 -a
除外

Ligusticum maireii 白龙藁本：maireii（人名）；
Edouard Ernest Maire（人名，19 世纪活动于中国
云南的传教士）；Rene C. J. E. Maire 人名（20 世
纪阿尔及利亚植物学家，研究北非植物）（词尾改为
"-i" 似更妥）；-ii 表示人名，接在以辅音字母结尾的
人名后面，但 -er 除外；-i 表示人名，接在以元音字
母结尾的人名后面，但 -a 除外

Ligusticum multivittatum 多管藁本：multi- ←
multus 多个，多数，很多（希腊语为 poly-）；
vittatus 具条纹的，具条带的，具油管的，有条带装
饰的；vitta 条带，细带，缎带

Ligusticum oliverianum 膜苞藁本：oliverianum
（人名）

Ligusticum pteridophyllum 蕨叶藁本：pterido-/
pteridi-/ pterid- ← pteris ← pteryx 翅，翼，蕨类
（希腊语）；构词规则：词尾为 -is 和 -ys 的词的词干
分别视为 -id 和 -yd；phyllus/ phyllum/ phylla ←
phyllon 叶片（用于希腊语复合词）

Ligusticum rechingerana 玉龙藁本：rechingerana
（人名）

Ligusticum reptans 匍匐藁本：reptans/ reptus ←
repo 匍匐的，匍匐生根的

Ligusticum scapiforme 抽薹藁本：scapiformis 花
薹状的；scapus（scap-/ scapi-）← skapos 主茎，树
干，花柄，花轴；forme/ forma 形状

Ligusticum sikiangense 川滇藁本：sikiangense（地
名，旧西康省，1955 年分别并入四川省和西藏自
治区）

Ligusticum sinense 藁本：sinense = Sina + ense
中国的（地名）；Sina 中国

Ligusticum tachiroei 岩茴香：tachiroei 田代（日本
人名）

Ligusticum tenuisectum 细裂藁本：tenuisectus 细
全裂的；tenui- ← tenuis 薄的，纤细的，弱的，瘦
的，窄的；sectus 分段的，分节的，切开的，分裂的

Ligusticum tenuissimum 细叶藁本：tenui- ←
tenuis 薄的，纤细的，弱的，瘦的，窄的；-issimus/
-issima/ -issimum 最，非常，极其（形容词最高级）

Ligusticum thomsonii 长茎藁本：thomsonii ←
Thomas Thomson（人名，19 世纪英国植物学家）；
-ii 表示人名，接在以辅音字母结尾的人名后面，但
-er 除外

Ligusticum thomsonii var. evolutior 开展藁本：
evolutior 较开展的，较伸展的；evolutus 伸展的，
解开的，发达的

Ligustrum 女贞属（木樨科）（61：p136）：
ligustrum ← ligare 捆绑，绑缚（女贞属一种的古拉
丁名，该种植物的枝条可以当作捆绑材料）

Ligustrum amamianum 台湾女贞：amamianum 奄
美大岛的（地名，日本）

Ligustrum angustum 狭叶女贞：angustus 窄的，
狭的，细的

Ligustrum compactum 长叶女贞：compactus 小型
的，压缩的，紧凑的，致密的，稠密的；pactus 压
紧，紧缩；co- 联合，共同，合起来（拉丁语词首，
为 cum- 的音变，表示结合、强化、完全，对应的希
腊语为 syn-）；co- 的缀词音变有 co-/ com-/ con-/
col-/ cor-：co-（在 h 和元音字母前面），col-（在 l
前面），com-（在 b、m、p 之前），con-（在 c、d、
f、g、j、n、qu、s、t 和 v 前面），cor-（在 r 前面）

Ligustrum compactum var. compactum 长叶女
贞-原变种 （词义见上面解释）

Ligustrum compactum var. velutinum 毛长叶女
贞：velutinus 天鹅绒的，柔软的；velutus 绒毛的；
-inus/ -inum/ -ina/ -inos 相近，接近，相似，具有
（通常指颜色）

Ligustrum confusum 散生女贞：confusus 混乱的，
混同的，不确定的，不明确的；fusus 散开的，松散
的，松弛的；co- 联合，共同，合起来（拉丁语词首，
为 cum- 的音变，表示结合、强化、完全，对应的希
腊语为 syn-）；co- 的缀词音变有 co-/ com-/ con-/
col-/ cor-：co-（在 h 和元音字母前面），col-（在 l
前面），com-（在 b、m、p 之前），con-（在 c、d、
f、g、j、n、qu、s、t 和 v 前面），cor-（在 r 前面）

Ligustrum confusum var. confusum 散生女贞-原
变种 （词义见上面解释）

Ligustrum confusum var. macrocarpum 大果女
贞：macro-/ macr- ← macros 大的，宏观的（用于
希腊语复合词）；carpus/ carpum/ carpa/
carpon ← carpos 果实（用于希腊语复合词）

Ligustrum delavayanum 紫药女贞：
delavayanum ← Delavay ← P. J. M. Delavay（人
名，1834–1895，法国传教士，曾在中国采集植物
标本）

Ligustrum expansum 扩展女贞：expansus 扩展的，
蔓延的

Ligustrum gracile 细女贞：gracile → gracil- 细长
的，纤弱的，丝状的；gracilis 细长的，纤弱的，
丝状的

Ligustrum gyirongense 吉隆女贞：gyirongense 吉
隆的（地名，西藏中尼边境县）

Ligustrum henryi 丽叶女贞：henryi ← Augustine
Henry 或 B. C. Henry（人名，前者，1857–1930，
爱尔兰医生、植物学家，曾在中国采集植物，后者，
1850–1901，曾活动于中国的传教士）

Ligustrum ibota var. microphyllum 东亚女贞：
ibota（日文）；micr-/ micro- ← micros 小的，微小
的，微观的（用于希腊语复合词）；phyllus/
phyllum/ phylla ← phyllon 叶片（用于希腊语复
合词）

Ligustrum japonicum 日本女贞：japonicum 日本
的（地名）；-icus/ -icum/ -ica 属于，具有某种特性
（常用于地名、起源、生境）

L

Ligustrum lianum 华女贞：lianus ← liane 藤本的

Ligustrum longipedicellatum 长柄女贞：longe-/ longi- ← longus 长的，纵向的；pedicellatus = pedicellus + atus 具小花柄的；pedicellus = pes + cellus 小花梗，小花柄（不同于花序柄）；pes/ pedis 柄，梗，茎秆，腿，足，爪（作词首或词尾，pes 的词干视为"ped-"）；-cellus/ -cellum/ -cella、-cillus/ -cillum/ -cilla 小的，略微的，稍微的（与任何变格法名词形成复合词）；关联词：pedunculus 花序柄，总花梗（花序基部无花着生部分）；-atus/ -atum/ -ata 属于，相似，具有，完成（形容词词尾）

Ligustrum longitubum 长筒女贞：longe-/ longi- ← longus 长的，纵向的；tubus 管子的，管状的，筒状的

Ligustrum lucidum 女贞：lucidus ← lucis ← lux 发光的，光辉的，清晰的，发亮的，荣耀的（lux 的单数所有格为 lucis，词尾为 -is 和 -ys 的词的词干分别视为 -id 和 -yd）

Ligustrum lucidum f. latifolium 落叶女贞：lati-/ late- ← latus 宽的，宽广的；folius/ folium/ folia 叶，叶片（用于复合词）

Ligustrum lucidum f. lucidum 女贞-原变型 （词义见上面解释）

Ligustrum molliculum 蜡子树：molliculus 稍软的；molle/ mollis 软的，柔毛的；-culus/ -culum/ -cula 小的，略微的，稍微的（同第三变格法和第四变格法名词形成复合词）

Ligustrum morrisonense 玉山女贞：morrisonense 磨里山的（地名，今台湾新高山）

Ligustrum obovatilimbum 倒卵叶女贞：obovatus = ob + ovus + atus 倒卵形的；ob- 相反，反对，倒（ob- 有多种音变：ob- 在元音字母和大多数辅音字母前面，oc- 在 c 前面，of- 在 f 前面，op- 在 p 前面）；ovus 卵，胚珠，卵形的，椭圆形的；limbus 冠檐，萼檐，瓣片，叶片

Ligustrum obtusifolium subsp. obtusifolium （钝叶女贞-原亚种）：obtusus 钝的，钝形的，略带圆形的；folius/ folium/ folia 叶，叶片（用于复合词）

Ligustrum obtusifolium subsp. suave 辽东水蜡树：suavis/ suave 甜的，愉快的，高兴的，有魅力的，漂亮的

Ligustrum ovalifolium 卵叶女贞：ovalis 广椭圆形的；ovus 卵，胚珠，卵形的，椭圆形的；folius/ folium/ folia 叶，叶片（用于复合词）

Ligustrum pricei 总梗女贞：pricei ← William Price（人名，植物学家）；-i 表示人名，接在以元音字母结尾的人名后面，但 -a 除外

Ligustrum punctifolium 斑叶女贞：punctatus = punctus + atus 具斑点的；punctus 斑点；folius/ folium/ folia 叶，叶片（用于复合词）

Ligustrum quihoui 小叶女贞：quihoui（人名）

Ligustrum retusum 凹叶女贞：retusus 微凹的

Ligustrum robustum 粗壮女贞：robustus 大型的，结实的，健壮的，强壮的

Ligustrum sempervirens 裂果女贞：sempervirens 常绿的；semper 总是，经常，永久；virens 绿色的，变绿的

Ligustrum sinense 小蜡：sinense = Sina + ense 中国的（地名）；Sina 中国

Ligustrum sinense var. concavum 滇桂小蜡：concavus 凹陷的

Ligustrum sinense var. coryanum 多毛小蜡：coryanum（人名）

Ligustrum sinense var. luodianense 罗甸小蜡：luodianense 罗甸的（地名，贵州省）

Ligustrum sinense var. myrianthum 光萼小蜡：myri-/ myrio- ← myrios 无数的，大量的，极多的（希腊语）；anthus/ anthum/ antha/ anthe ← anthos 花（用于希腊语复合词）

Ligustrum sinense var. opienense 峨边小蜡：opienense 峨边的（地名，四川省）

Ligustrum sinense var. rugosulum 皱叶小蜡：rugosus = rugus + osus 收缩的，有皱纹的，多褶皱的（同义词：rugatus）；rugus/ rugum/ ruga 褶皱，皱纹，皱缩；-osus/ -osum/ -osa 多的，充分的，丰富的，显著发育的，程度高的，特征明显的（形容词词尾）；-ulus/ -ulum/ -ula 小的，略微的，稍微的（小词 -ulus 在字母 e 或 i 之后有多种变缀，即 -olus/ -olum/ -ola、-ellus/ -ellum/ -ella、-illus/ -illum/ -illa，与第一变格法和第二变格法名词形成复合词）

Ligustrum sinense var. sinense 小蜡-原变种 （词义见上面解释）

Ligustrum strongylophyllum 宜昌女贞：strongyl-/ strongylo- ← strongylos 圆形的；phyllus/ phyllum/ phylla ← phyllon 叶片（用于希腊语复合词）

Ligustrum tenuipes 细梗女贞：tenui- ← tenuis 薄的，纤细的，弱的，瘦的，窄的；pes/ pedis 柄，梗，茎秆，腿，足，爪（作词首或词尾，pes 的词干视为"ped-"）

Ligustrum xingrenense 兴仁女贞：xingrenense 兴仁的（地名，贵州省）

Ligustrum yunguiense 云贵女贞：yunguiense 云贵高原的（地名，云南省和贵州省）

Liliaceae 百合科（14：p1）：Lilium 百合属；-aceae（分类单位科的词尾，为 -aceus 的阴性复数主格形式，加到模式属的名称后或同义词的词干后以组成族群名称）

Liliopsida 百合纲（见 Monocotyledoneae）：Liliaceae 百合科；-opsida（分类单位纲的词尾）；classis 分类纲（位于门之下）

Lilium 百合属（百合科）（14：p116）：lilium ← leirion 百合（凯尔特语）

Lilium amoenum 玫红百合：amoenus 美丽的，可爱的

Lilium apertum 开瓣百合：apertus → aper- 开口的，开裂的，无盖的，裸露的

Lilium bakerianum 滇百合：bakerianum ← Edmund Gilbert Baker（人名，20 世纪英国植物学家）

Lilium bakerianum var. aureum 金黄花滇百合：aureus = aurus + eus 属于金色的，属于黄色的；aurus 金，金色；-eus/ -eum/ -ea（接拉丁语词干时）属于……的，色如……的，质如……的（表示原料、颜色或品质的相似），（接希腊语词干时）属

于……的，以……出名，为……所占有（表示具有某种特性）

Lilium bakerianum var. delavayi 黄绿花滇百合：delavayi ← P. J. M. Delavay（人名，1834–1895，法国传教士，曾在中国采集植物标本）；-i 表示人名，接在以元音字母结尾的人名后面，但 -a 除外

Lilium bakerianum var. rubrum 紫红花滇百合：rubrus/ rubrum/ rubra/ ruber 红色的

Lilium bakerianum var. yunnanense 无斑滇百合：yunnanense 云南的（地名）

Lilium brownii 野百合：brownii ← Nebrownii（人名）；-ii 表示人名，接在以辅音字母结尾的人名后面，但 -er 除外

Lilium brownii var. viridulum 百合：viridulus 淡绿色的；viridus 绿色的；-ulus/ -ulum/ -ula 小的，略微的，稍微的（小词 -ulus 在字母 e 或 i 之后有多种变缀，即 -olus/ -olum/ -ola、-ellus/ -ellum/ -ella、-illus/ -illum/ -illa，与第一变格法和第二变格法名词形成复合词）

Lilium callosum 条叶百合：callosus = callus + osus 具硬皮的，出老茧的，包块的，疙瘩的，胼胝体状的，愈伤组织的；callus 硬皮，老茧，包块，疙瘩，胼胝体，愈伤组织；-osus/ -osum/ -osa 多的，充分的，丰富的，显著发育的，程度高的，特征明显的（形容词词尾）；形近词：callos/ calos ← kallos 美丽的

Lilium cernuum 垂花百合：cernuus 点头的，前屈的，略俯垂的（弯曲程度略大于 90°）；cernu-/ cernui- 弯曲，下垂；关联词：nutans 弯曲的，下垂的（弯曲程度远大于 90°）

Lilium concolor 渥丹（渥 wò）：concolor = co + color 同色的，一色的，单色的；co- 联合，共同，合起来（拉丁语词首，为 cum- 的音变，表示结合、强化、完全，对应的希腊语为 syn-）；co- 的缀词音变有 co-/ com-/ con-/ col-/ cor-：co-（在 h 和元音字母前面），col-（在 l 前面），com-（在 b、m、p 之前），con-（在 c、d、f、g、j、n、qu、s、t 和 v 前面），cor-（在 r 前面）；color 颜色

Lilium concolor var. megalanthum 大花百合：mega-/ megal-/ megalo- ← megas 大的，巨大的；anthus/ anthum/ antha/ anthe ← anthos 花（用于希腊语复合词）

Lilium concolor var. pulchellum 有斑百合：pulchellus/ pulcellus = pulcher + ellus 稍美丽的，稍可爱的；pulcher/pulcer 美丽的，可爱的；-ellus/ -ellum/ -ella ← -ulus 小的，略微的，稍微的（小词 -ulus 在字母 e 或 i 之后有多种变缀，即 -olus/ -olum/ -ola、-ellus/ -ellum/ -ella、-illus/ -illum/ -illa，用于第一变格法名词）

Lilium dauricum 毛百合：dauricum（dahuricum/ davuricum）达乌里的（地名，外贝加尔湖，属西伯利亚的一个地区，即贝加尔湖以东及以南至中国和蒙古边界）

Lilium davidii 川百合：davidii ← Pere Armand David（人名，1826–1900，曾在中国采集植物标本的法国传教士）；-ii 表示人名，接在以辅音字母结尾的人名后面，但 -er 除外

Lilium distichum 东北百合：distichus 二列的；di-/ dis- 二，二数，二分，分离，不同，在……之间，

从……分开（希腊语，拉丁语为 bi-/ bis-）；stichus ← stichon 行列，队列，排列

Lilium duchartrei 宝兴百合：duchartrei ← Pierre Etienne Duchartre（人名，19 世纪法国植物学家）；-i 表示人名，接在以元音字母结尾的人名后面，但 -a 除外

Lilium fargesii 绿花百合：fargesii ← Pere Paul Guillaume Farges（人名，19 世纪中叶至 20 世纪活动于中国的法国传教士，植物采集员）

Lilium formosanum 台湾百合：formosanus = formosus + anus 美丽的，台湾的；formosus ← formosa 美丽的，台湾的（葡萄牙殖民者发现台湾时对其的称呼，即美丽的岛屿）；-anus/ -anum/ -ana 属于，来自（形容词词尾）

Lilium henricii 墨江百合：henricii ← Henry（人名）

Lilium henricii var. maculatum 斑块百合：maculatus = maculus + atus 有小斑点的，略有斑点的；maculus 斑点，网眼，小斑点，略有斑点；-atus/ -atum/ -ata 属于，相似，具有，完成（形容词词尾）

Lilium henryi 湖北百合：henryi ← Augustine Henry 或 B. C. Henry（人名，前者，1857–1930，爱尔兰医生、植物学家，曾在中国采集植物，后者，1850–1901，曾活动于中国的传教士）

Lilium lancifolium 卷丹：lance-/ lancei-/ lanci-/ lanceo-/ lanc- ← lanceus 披针形的，矛形的，尖刀状的，柳叶刀状的；folius/ folium/ folia 叶，叶片（用于复合词）

Lilium leichtlinii 柠檬色百合：leichtlinii ← Max Leichtlin（人名，19 世纪德国植物学家）

Lilium leichtlinii var. maximowiczii 大花卷丹：maximowiczii ← C. J. Maximowicz 马克希莫夫（人名，1827–1891，俄国植物学家）

Lilium leucanthum 宜昌百合：leuc-/ leuco- ← leucus 白色的（如果和其他表示颜色的词混用则表示淡色）；anthus/ anthum/ antha/ anthe ← anthos 花（用于希腊语复合词）

Lilium leucanthum var. centifolium 紫脊百合：centifolius 多叶的；centi- ← centus 百，一百（比喻数量很多，希腊语为 hecto-/ hecato-）；folius/ folium/ folia 叶，叶片（用于复合词）

Lilium longiflorum 麝香百合（麝 shè）：longe-/ longi- ← longus 长的，纵向的；florus/ florum/ flora ← flos 花（用于复合词）

Lilium lophophorum 尖被百合：lophophorum 带鸡冠的；lopho-/ lophio- ← lophus 鸡冠，冠毛，额头，驼峰状突起；-phorus/ -phorum/ -phora 载体，承载物，支持物，带着，生着，附着（表示一个部分带着别的部分，包括起支撑或承载作用的柄、柱、托、囊等，如 gynophorum = gynus + phorum 雌蕊柄的，带有雌蕊的，承载雌蕊的）；gynus/ gynum/ gyna 雌蕊，子房，心皮

Lilium lophophorum var. linearifolium 线叶百合：linearis = lineus + aris 线条的，线形的，线状的，亚麻状的；folius/ folium/ folia 叶，叶片（用于复合词）；-aris（阳性、阴性）/ -are（中性）← -alis（阳性、阴性）/ -ale（中性）属于，相似，如同，具有，涉及，关于，联结于（将名词作形容词

L

用，其中 -aris 常用于以 l 或 r 为词干末尾的词）

Lilium martagon 欧洲百合：martagon 火星的孩子

Lilium martagon var. pilosiusculum 新疆百合：
pilosiusculus = pilosus + usculus 略有疏柔毛的；
pilosus = pilus + osus 多毛的，被柔毛的，具疏柔
毛的，被短弱细毛的；pilus 毛，疏柔毛；-osus/
-osum/ -osa 多的，充分的，丰富的，显著发育的，
程度高的，特征明显的（形容词词尾）；-usculus ←
-culus 小的，略微的，稍微的（小词 -culus 和某些
词构成复合词时变成 -usculus）

Lilium nanum 小百合：nanus ← nanos/ nannos 矮
小的，小的；nani-/ nano-/ nanno- 矮小的，小的

Lilium nanum var. brevistylum 短花柱小百合：
brevi- ← brevis 短的（用于希腊语复合词词首）；
stylus/ stylis ← stylos 柱，花柱

Lilium nanum var. flavidum 黄花小百合：
flavidus 淡黄的，泛黄的，发黄的；flavus → flavo-/
flavi-/ flav- 黄色的，鲜黄色的，金黄色的（指纯正
的黄色）；-idus/ -idum/ -ida 表示在进行中的动作
或情况，作动词、名词或形容词的词尾

Lilium nepalense 紫斑百合：nepalense 尼泊尔的
（地名）

Lilium nepalense var. burmanicum 窄叶百合：
burmanicum 缅甸的（地名）

Lilium nepalense var. ochraceum 披针叶百合：
ochraceus 赭黄色的；ochra 黄色的，黄土的；
-aceus/ -aceum/ -acea 相似的，有……性质的，属
于……的

Lilium ninae 双苞百合：ninae（人名）

Lilium papilliferum 乳头百合：papilli- ← papilla
乳头的，乳突的；-ferus/ -ferum/ -fera/ -fero/
-fere/ -fer 有，具有，产（区别：作独立词使用的
ferus 意思是"野生的"）

Lilium paradoxum 藏百合（藏 zàng）：paradoxus
似是而非的，少见的，奇异的，难以解释的；para-
类似，接近，近旁，假的；-doxa/ -doxus 荣耀的，
瑰丽的，壮观的，显眼的

Lilium pumilum 山丹：pumilus 矮的，小的，低矮
的，矮人的

Lilium regale 岷江百合（岷 mín）：regale 杰出的，
帝王的；rex/ regis 国王，亲王，蜂王；-aris（阳性、
阴性）/ -are（中性）← -alis（阳性、阴性）/ -ale
（中性）属于，相似，如同，具有，涉及，关于，联
结于（将名词作形容词用，其中 -aris 常用于以 l 或
r 为词干末尾的词）

Lilium rosthornii 南川百合：rosthornii ← Arthur
Edler von Rosthorn（人名，19 世纪匈牙利驻北京
大使）

Lilium saluenense 碟花百合：saluenense 萨尔温江
的（地名，怒江流入缅甸部分的名称）

Lilium sargentiae 通江百合：sargentiae ← Charles
Sprague Sargent（人名，1841–1927，美国植物学
家）；-ae 表示人名，以 -a 结尾的人名后面加上 -e
形成

Lilium sempervivoideum 蒜头百合：
sumpervivoides 长生的（指抗性强），像长生草的；
semper 总是，经常，永久；viv- ← vivus 活的，新
鲜的，有生机的，有活力的；-oides/ -oideus/

-oideum/ -oidea/ -odes/ -eidos 像……的，类
似……的，呈……状的（名词词尾）；Sempervivum
长生草属（景天科）

Lilium souliei 紫花百合：souliei（人名）；-i 表示人
名，接在以元音字母结尾的人名后面，但 -a 除外

Lilium speciosum 美丽百合：speciosus 美丽的，华
丽的；species 外形，外观，美观，物种（缩写 sp.，
复数 spp.）；-osus/ -osum/ -osa 多的，充分的，丰
富的，显著发育的，程度高的，特征明显的（形容
词词尾）

Lilium speciosum var. gloriosoides 药百合：
Gloriosa 嘉兰属（百合科）；-oides/ -oideus/
-oideum/ -oidea/ -odes/ -eidos 像……的，类
似……的，呈……状的（名词词尾）

Lilium stewartianum 单花百合：stewartianum ←
John Stuart（人名，1713–1792，英国植物爱好者，
常拼写为"Stewart"）

Lilium sulphureum 淡黄花百合：sulphureus/
sulfureus 硫黄色的

Lilium taliense 大理百合：taliense 大理的（地名，
云南省）

Lilium tsingtauense 青岛百合：tsingtauense 青岛
的（地名，山东省）

Lilium wardii 卓巴百合：wardii ← Francis
Kingdon-Ward（人名，20 世纪英国植物学家）

Lilium xanthellum 乡城百合：xanthellum 稍黄，
略黄，有点黄，发黄；xanth-/ xiantho- ← xanthos
黄色的

Lilium xanthellum var. luteum 黄花百合：luteus
黄色的

Limnocharis 黄花蔺属（蔺 lìn）（花蔺科）（8：p149）：
limnocharis 美丽的沼泽；limne 沼泽；chyris 美丽的

Limnocharis flava 黄花蔺：flavus → flavo-/ flavi-/
flav- 黄色的，鲜黄色的，金黄色的（指纯正的黄色）

Limnophila 石龙尾属（玄参科）（67-2：p103）：
limnophila = limne + philos 生于沼泽的；limne 沼
泽；philus/ philein ← philos → phil-/ phili/ philo-
喜好的，爱好的，喜欢的

Limnophila aromatica 紫苏草：aromaticus 芳香
的，香味的

Limnophila cavaleriei（卡瓦石龙尾）：
cavaleriei ← Pierre Julien Cavalerie（人名，20 世
纪法国传教士）；-i 表示人名，接在以元音字母结尾
的人名后面，但 -a 除外

Limnophila chinensis 中华石龙尾：chinensis =
china + ensis 中国的（地名）；China 中国

Limnophila connata 抱茎石龙尾：connatus 融为一
体的，合并在一起的；connecto/ conecto 联合，结合

Limnophila erecta 直立石龙尾：erectus 直立的，
笔直的

Limnophila heterophylla 异叶石龙尾：
heterophyllus 异型叶的；hete-/ heter-/ hetero- ←
heteros 不同的，多样的，不齐的；phyllus/
phyllum/ phylla ← phyllon 叶片（用于希腊语复
合词）

Limnophila indica 有梗石龙尾：indica 印度的（地
名）；-icus/ -icum/ -ica 属于，具有某种特性（常用
于地名、起源、生境）

L

Limnophila repens 匍匐石龙尾：repens/ repentis/ repsi/ reptum/ repere/ repo 匍匐，爬行（同义词：reptans/ reptoare）

Limnophila rugosa 大叶石龙尾：rugosus = rugus + osus 收缩的，有皱纹的，多褶皱的（同义词：rugatus）；rugus/ rugum/ ruga 褶皱，皱纹，皱缩；-osus/ -osum/ -osa 多的，充分的，丰富的，显著发育的，程度高的，特征明显的（形容词词尾）

Limnophila sessiliflora 石龙尾：sessile-/ sessili-/ sessil- ← sessilis 无柄的，无茎的，基生的，基部的；florus/ florum/ flora ← flos 花（用于复合词）

Limonium 补血草属（血 xuè）（白花丹科）（60-1：p28）：limonium（古希腊语 leimon）沼泽，湿草原

Limonium aureum 黄花补血草：aureus = aurus + eus 属于金色的，属于黄色的；aurus 金，金色；-eus/ -eum/ -ea（接拉丁语词干时）属于……的，色如……的，质如……的（表示原料、颜色或品质的相似），（接希腊语词干时）属于……的，以……出名，为……所占有（表示具有某种特性）

Limonium aureum var. aureum 黄花补血草-原变种 （词义见上面解释）

Limonium aureum var. dielsianum 巴隆补血草：dielsianum ← Friedrich Ludwig Emil Diels（人名，20 世纪德国植物学家）

Limonium aureum var. potaninii 星毛补血草：potaninii ← Grigory Nikolaevich Potanin（人名，19 世纪俄国植物学家）

Limonium bicolor 二色补血草：bi-/ bis- 二，二数，二回（希腊语为 di-）；color 颜色

Limonium chrysocomum 簇枝补血草：chrys-/ chryso- ← chrysos 黄色的，金色的；comus ← comis 冠毛，头缨，一簇（毛或叶片）

Limonium chrysocomum var. chrysocephalum 细簇补血草：chrys-/ chryso- ← chrysos 黄色的，金色的；cephalus/ cephale ← cephalos 头，头状花序

Limonium chrysocomum var. chrysocomum 簇枝补血草-原变种 （词义见上面解释）

Limonium chrysocomum var. sedoides 矮簇补血草：Sedum 景天属（景天科）；-oides/ -oideus/ -oideum/ -oidea/ -odes/ -eidos 像……的，类似……的，呈……状的（名词词尾）

Limonium chrysocomum var. semenowii 大簇补血草：semenowii（人名）；-ii 表示人名，接在以辅音字母结尾的人名后面，但 -er 除外

Limonium coralloides 珊瑚补血草：corallo- 珊瑚状的；-oides/ -oideus/ -oideum/ -oidea/ -odes/ -eidos 像……的，类似……的，呈……状的（名词词尾）

Limonium drepanostachyum 弯穗补血草：drepano- 镰刀形弯曲的，镰形的；stachy-/ stachyo-/ -stachys/ -stachyus/ -stachyum/ -stachya 穗子，穗子的，穗子状的，穗状花序的；Drepanostachyum 镰序竹属（禾本科）

Limonium drepanostachyum subsp. callianthum 美花补血草：callianthum 美丽花朵的；call-/ calli-/ callo-/ cala-/ calo- ← calos/ callos 美丽的；anthus/ anthum/ antha/ anthe ← anthos 花（用于希腊语复合词）

Limonium drepanostachyum subsp.

drepanostachyum 弯穗补血草-原亚种 （词义见上面解释）

Limonium flexuosum 曲枝补血草：flexuosus = flexus + osus 弯曲的，波状的，曲折的；flexus ← flecto 扭曲，卷曲的，弯弯曲曲的，柔性的；flecto 弯曲，使扭曲；-osus/ -osum/ -osa 多的，充分的，丰富的，显著发育的，程度高的，特征明显的（形容词词尾）

Limonium franchetii 烟台补血草：franchetii ← A. R. Franchet（人名，19 世纪法国植物学家）

Limonium gmelinii 大叶补血草：gmelinii ← Johann Gottlieb Gmelin（人名，18 世纪德国博物学家，曾对西伯利亚和勘察加进行大量考察）

Limonium kaschgaricum 喀什补血草（喀 kā）：kaschgaricum 喀什的（地名，新疆维吾尔自治区）；-icus/ -icum/ -ica 属于，具有某种特性（常用于地名、起源、生境）

Limonium leptolobum 精河补血草：leptus ← leptos 细的，薄的，瘦小的，狭长的；lobus/ lobos/ lobon 浅裂，耳片（裂片先端钝圆），荚果，蒴果

Limonium macrorrhabdon 裂瓣补血草：macro-/ macr- ← macros 大的，宏观的（用于希腊语复合词）；rhabdon 杆状的，棒状的，条纹的（-rh- 接在元音字母后面构成复合词时要变成 -rrh-）

Limonium myrianthum 繁枝补血草：myri-/ myrio- ← myrios 无数的，大量的，极多的（希腊语）；anthus/ anthum/ antha/ anthe ← anthos 花（用于希腊语复合词）

Limonium otolepis 耳叶补血草：otolepis 耳状鳞片的；otos 耳朵；lepis/ lepidos 鳞片

Limonium roborowskii 灰杆补血草：roborowskii（人名）；-ii 表示人名，接在以辅音字母结尾的人名后面，但 -er 除外

Limonium sinense 补血草：sinense = Sina + ense 中国的（地名）；Sina 中国

Limonium suffruticosum 木本补血草：suffruticosus 亚灌木状的；suffrutex 亚灌木，半灌木；suf- ← sub- 亚，像，稍微（sub- 在字母 f 前同化为 suf-）；frutex 灌木；-osus/ -osum/ -osa 多的，充分的，丰富的，显著发育的，程度高的，特征明显的（形容词词尾）

Limonium tenellum 细枝补血草：tenellus = tenuis + ellus 柔软的，纤细的，纤弱的，精美的，雅致的；tenuis 薄的，纤细的，弱的，瘦的，窄的；-ellus/ -ellum/ -ella ← -ulus 小的，略微的，稍微的（小词 -ulus 在字母 e 或 i 之后有多种变缀，即 -olus/ -olum/ -ola、-ellus/ -ellum/ -ella、-illus/ -illum/ -illa，用于第一变格法名词）

Limonium wrightii 海芙蓉：wrightii ← Charles（Carlos）Wright（人名，19 世纪美国植物学家）

Limonium wrightii var. luteum 黄花海芙蓉：luteus 黄色的

Limonium wrightii var. wrightii 海芙蓉-原变种（词义见上面解释）

Limosella 水茫草属（玄参科）（67-2：p199）：limosella = limus + osus + ellus 沼泽，泥沼，湿地，-osus/ -osum/ -osa 多的，充分的，丰富的，显著发育的，程度高的，特征明显的（形容词词尾）；-ella

小（用作人名或一些属名词尾时并无小词意义）

Limosella aquatica 水茫草：aquaticus/ aquatilis 水的，水生的，潮湿的；aqua 水；-aticus/ -aticum/ -atica 属于，表示生长的地方

Linaceae 亚麻科（43-1：p93）：Linum 亚麻属；-aceae（分类单位科的词尾，为 -aceus 的阴性复数主格形式，加到模式属的名称后或同义词的词干后以组成族群名称）

Linaria 柳穿鱼属（玄参科）（67-2：p200）：linaria ← linon 像亚麻的，线状的；linon 线，筋，亚麻

Linaria bungei 紫花柳穿鱼：bungei ← Alexander von Bunge（人名，19 世纪俄国植物学家）；-i 表示人名，接在以元音字母结尾的人名后面，但 -a 除外

Linaria buriatica 多枝柳穿鱼：buriatica（地名）

Linaria japonica 海滨柳穿鱼：japonica 日本的（地名）；-icus/ -icum/ -ica 属于，具有某种特性（常用于地名、起源、生境）

Linaria kulabensis 帕米尔柳穿鱼：kulabensis（地名，新疆维吾尔自治区）

Linaria longicalcarata 长距柳穿鱼：longe-/ longi- ← longus 长的，纵向的；calcaratus = calcar + atus 距的，有距的；calcar- ← calcar 距，花萼或花瓣生蜜源的距，短枝（结果枝）（距：雄鸡、雄等的腿的后面突出像脚趾的部分）；-atus/ -atum/ -ata 属于，相似，具有，完成（形容词词尾）

Linaria thibetica 宽叶柳穿鱼：thibetica 西藏的（地名）；-icus/ -icum/ -ica 属于，具有某种特性（常用于地名、起源、生境）

Linaria vulgaris 柳穿鱼：vulgaris 常见的，普通的，分布广的；vulgus 普通的，到处可见的

Linaria vulgaris subsp. acutiloba 新疆柳穿鱼：acutilobus 尖浅裂的；acuti-/ acu- ← acutus 锐尖的，针尖的，刺尖的，锐角的；lobus/ lobos/ lobon 浅裂的，耳片（裂片先端钝圆），荚果，蒴果

Linaria vulgaris subsp. sinensis 柳穿鱼-原亚种：sinensis = Sina + ensis 中国的（地名）；Sina 中国

Linaria yunnanensis 云南柳穿鱼：yunnanensis 云南的（地名）

Lindelofia 长柱琉璃草属（紫草科）（64-2：p229）：lindelofia ← Friedrich von Lindelof（人名，19 世纪德国植物学家）

Lindelofia stylosa 长柱琉璃草：stylosus 具花柱的，花柱明显的；stylus/ stylis ← stylos 柱，花柱；-osus/ -osum/ -osa 多的，充分的，丰富的，显著发育的，程度高的，特征明显的（形容词词尾）

Lindenbergia 钟萼草属（玄参科）（67-2：p94）：lindenbergia ← J. B. W. Linderberg（人名，19 世纪德国植物学家，地钱专家）

Lindenbergia grandiflora 大花钟萼草：grandi- ← grandis 大的；florus/ florum/ flora ← flos 花（用于复合词）

Lindenbergia philippensis 钟萼草：philippensis 菲律宾的（地名）

Lindenbergia ruderalis 野地钟萼草：ruderalis 生于荒地的，生于垃圾堆的；rudera/ rudus/ rodus 碎石堆，瓦砾堆

Lindera 山胡椒属（樟科）（31：p379）：lindera ← Johann Linder（人名，18 世纪瑞典植物学家）（以

-er 结尾的人名用作属名时在末尾加 a，如 Lonicera = Lonicer + a）

Lindera aggregata 乌药：aggregatus = ad + grex + atus 群生的，密集的，团状的，簇生的（反义词：segregatus 分离的，分散的，隔离的）；grex（词干为 greg-）群，类群，聚群；ad- 向，到，近（拉丁语词首，表示程度加强）；构词规则：构成复合词时，词首末尾的辅音字母常同化为紧接其后的那个辅音字母（如 ad + g → agg）

Lindera aggregata var. aggregata 乌药-原变种（词义见上面解释）

Lindera aggregata var. playfairii 小叶乌药：playfairii（人名）；-ii 表示人名，接在以辅音字母结尾的人名后面，但 -er 除外

Lindera akoensis 台湾香叶树：akoensis 阿猴的（地名，台湾省屏东县的旧称，"ako" 为 "阿猴" 的日语读音）

Lindera angustifolia 狭叶山胡椒：angusti- ← angustus 窄的，狭的，细的；folius/ folium/ folia 叶，叶片（用于复合词）

Lindera caudata 香面叶：caudatus = caudus + atus 尾巴的，尾巴状的，具尾的；caudus 尾巴

Lindera chienii 江浙山胡椒：chienii ← S. S. Chien 钱崇澍（人名，1883–1965，中国植物学家）

Lindera chunii 鼎湖钓樟：chunii ← W. Y. Chun 陈焕镛（人名，1890–1971，中国植物学家）

Lindera communis 香叶树：communis 普通的，通常的，共通的

Lindera doniana 贡山山胡椒：doniana（人名）

Lindera erythrocarpa 红果山胡椒：erythr-/ erythro- ← erythros 红色的（希腊语）；carpus/ carpum/ carpa/ carpon ← carpos 果实（用于希腊语复合词）

Lindera flavinervia 黄脉钓樟：flavus → flavo-/ flavi-/ flav- 黄色的，鲜黄色的，金黄色的（指纯正的黄色）；nervius = nervus + ius 具脉的，具叶脉的；nervus 脉，叶脉；-ius/ -ium/ -ia 具有……特性的（表示有关、关联、相似）

Lindera floribunda 绒毛钓樟：floribundus = florus + bundus 多花的，繁花的，花正盛开的；florus/ florum/ flora ← flos 花（用于复合词）；-bundus/ -bunda/ -bundum 正在做，正在进行（类似于现在分词），充满，盛行

Lindera foveolata 蜂房叶山胡椒：foveolatus = fovea + ulus + atus 具小孔的，蜂巢状的，有小凹陷的；fovea 孔穴，腔隙

Lindera fragrans 香叶子：fragrans 有香气的，飘香的；fragro 飘香，有香味

Lindera fruticosa 绿叶甘橿（橿 jiāng）：fruticosus/ frutesceus 灌丛状的；frutex 灌木；构词规则：以 -ix/ -iex 结尾的词其词干末尾视为 -ic，以 -ex 结尾视为 -i/ -ic，其他以 -x 结尾视为 -c；-osus/ -osum/ -osa 多的，充分的，丰富的，显著发育的，程度高的，特征明显的（形容词词尾）

Lindera fruticosa var. fruticosa 绿叶甘橿-原变种（词义见上面解释）

Lindera fruticosa var. pomiensis 波密钓樟：pomiensis 波密的（地名，西藏自治区）

Lindera glauca 山胡椒：glaucus → glauco-/ glauc- 被白粉的，发白的，灰绿色的

Lindera gracilipes 纤梗山胡椒：gracilis 细长的，纤弱的，丝状的；pes/ pedis 柄，梗，茎秆，腿，足，爪（作词首或词尾，pes 的词干视为 "ped-"）

Lindera guangxiensis 广西钓樟：guangxiensis 广西的（地名）

Lindera kariensis 更里山胡椒（更 gèng）：kariensis 卡里的，更里的（地名，云南省维西县）

Lindera kariensis f. glabrescens 无毛山胡椒：glabrus 光秃的，无毛的，光滑的；-escens/ -ascens 改变，转变，变成，略微，带有，接近，相似，大致，稍微（表示变化的趋势，并未完全相似或相同，有别于表示达到完成状态的 -atus）

Lindera kariensis f. kariensis 更里山胡椒-原变型（词义见上面解释）

Lindera kwangtungensis 广东山胡椒：kwangtungensis 广东的（地名）

Lindera latifolia 团香果：lati-/ late- ← latus 宽的，宽广的；folius/ folium/ folia 叶，叶片（用于复合词）

Lindera limprichtii 卵叶钓樟：limprichtii（人名）；-ii 表示人名，接在以辅音字母结尾的人名后面，但 -er 除外

Lindera longipedunculata 山柿子果：longe-/ longi- ← longus 长的，纵向的；pedunculatus/ peduncularis 具花序柄的，具总花梗的；pedunculus/ peduncule/ pedunculis ← pes 花序柄，总花梗（花序基部无花着生部分，不同于花柄）；关联词：pedicellus/ pediculus 小花梗，小花柄（不同于花序柄）；pes/ pedis 柄，梗，茎秆，腿，足，爪（作词首或词尾，pes 的词干视为 "ped-"）

Lindera lungshengensis 龙胜钓樟：lungshengensis 龙胜的（地名，广西壮族自治区）

Lindera megaphylla 黑壳楠：megaphylla 大叶子的；mega-/ megal-/ megalo- ← megas 大的，巨大的；phyllus/ phyllum/ phylla ← phyllon 叶片（用于希腊语复合词）

Lindera megaphylla f. megaphylla 黑壳楠-原变型（词义见上面解释）

Lindera megaphylla f. touyunensis 毛黑壳楠：touyunensis（地名）

Lindera metcalfiana 滇粤山胡椒：metcalfiana（人名）

Lindera metcalfiana var. dictyophylla 网叶山胡椒：dictyophyllus 网脉叶的；dictyon 网，网状（希腊语）；phyllus/ phyllum/ phylla ← phyllon 叶片（用于希腊语复合词）

Lindera metcalfiana var. metcalfiana 滇粤山胡椒-原变种（词义见上面解释）

Lindera monghaiensis 勐海山胡椒（勐 měng）：monghaiensis 勐海的（地名，云南省）

Lindera motuoensis 西藏山胡椒：motuoensis 墨脱的（地名，西藏自治区）

Lindera nacusua 绒毛山胡椒：nacusuus 被绵毛的

Lindera nacusua var. monglunensis 勐仑山胡椒：monglunensis 勐仑的（地名，云南省）

Lindera nacusua var. nacusua 绒毛山胡椒-原变种 （词义见上面解释）

Lindera obtusiloba 三桠乌药（桠 yā）：obtusus 钝的，钝形的，略带圆形的；lobus/ lobos/ lobon 浅裂，耳片（裂片先端钝圆），荚果，蒴果

Lindera obtusiloba var. heterophylla 滇藏钓樟：heterophyllus 异型叶的；hete-/ heter-/ hetero- ← heteros 不同的，多样的，不齐的；phyllus/ phyllum/ phylla ← phyllon 叶片（用于希腊语复合词）

Lindera obtusiloba var. obtusiloba 三桠乌药-原变种 （词义见上面解释）

Lindera praecox 大果山胡椒：praecox 早期的，早熟的，早开花的；prae- 先前的，前面的，在先的，早先的，上面的，很，十分，极其；-cox 成熟，开花，出生

Lindera prattii 峨眉钓樟：prattii ← Antwerp E. Pratt（人名，19 世纪活动于中国的英国动物学家、探险家）

Lindera pulcherrima 西藏钓樟：pulcherrima 极美丽的，最美丽的；pulcher/pulcer 美丽的，可爱的；-rimus/ -rima/ -rimum 最，极，非常（词尾为 -er 的形容词最高级）

Lindera pulcherrima var. attenuata 香粉叶：attenuatus = ad + tenuis + atus 渐尖的，渐狭的，变细的，变弱的；ad- 向，到，近（拉丁语词首，表示程度加强）；构词规则：构成复合词时，词首末尾的辅音字母常同化为紧接其后的那个辅音字母（如 ad + t → att）；tenuis 薄的，纤细的，弱的，瘦的，窄的

Lindera pulcherrima var. hemsleyana 川钓樟：hemsleyana ← William Botting Hemsley（人名，19 世纪研究中美洲植物的植物学家）

Lindera pulcherrima var. pulcherrima 西藏钓樟-原变种 （词义见上面解释）

Lindera reflexa 山橿（橿 jiāng）：reflexus 反曲的，后曲的；re- 返回，相反，再次，重复，向后，回头；flexus ← flecto 扭曲的，卷曲的，弯弯曲曲的，柔性的；flecto 弯曲，使扭曲

Lindera robusta 海南山胡椒：robustus 大型的，结实的，健壮的，强壮的

Lindera rubronervia 红脉钓樟：rubr-/ rubri-/ rubro- ← rubrus 红色；nervius = nervus + ius 具脉的，具叶脉的；nervus 脉，叶脉；-ius/ -ium/ -ia 具有……特性的（表示有关、关联、相似）

Lindera setchuenensis 四川山胡椒：setchuenensis 四川的（地名）

Lindera supracostata 菱叶钓樟：supra- 上部的；costatus 具肋的，具脉的，具中脉的（指脉明显）；costus 主脉，叶脉，肋，肋骨

Lindera thomsonii 三股筋香：thomsonii ← Thomas Thomson（人名，19 世纪英国植物学家）；-ii 表示人名，接在以辅音字母结尾的人名后面，但 -er 除外

Lindera thomsonii var. thomsonii 三股筋香-原变种 （词义见上面解释）

Lindera thomsonii var. vernayana 长尾钓樟：vernayana（人名）

Lindera tienchuanensis 天全钓樟：tienchuanensis 天全山的（地名，四川省）

Lindera tonkinensis 假桂钓樟：tonkin 东京（地名，越南河内的旧称）

Lindera tonkinensis var. subsessilis 无梗钓樟：subsessilis 近无柄的；sub-（表示程度较弱）与……类似，几乎，稍微，弱，亚，之下，下面；sessile-/ sessili-/ sessil- ← sessilis 无柄的，无茎的，基生的，基部的

Lindera tonkinensis var. tonkinensis 假桂钓樟-原变种（词义见上面解释）

Lindera villipes 毛柄钓樟：villipes = villus + pes 毛柄的，茎秆有绵毛的；villus 毛，羊毛，长绒毛；pes/ pedis 柄，梗，茎秆，腿，足，爪（作词首或词尾，pes 的词干视为"ped-"）

Lindernia 母草属（玄参科）（67-2：p119）：lindernia ← Franz Balthasar von Lindern（人名，1682–1755，德国植物学家）

Lindernia anagallis 长蒴母草：anagallis 反复欣赏的（比喻阴天花关闭，晴天花又开放）；ana- 上升，攀登，向上，反复；agallis ← agallein 享受的，欣赏的；Anagallis 琉璃繁缕属（报春花科）

Lindernia angustifolia 狭叶母草：angusti- ← angustus 窄的，狭的，细的；folius/ folium/ folia 叶，叶片（用于复合词）

Lindernia antipoda 泥花草：antipodus 反足的；antipodum 翻足的，相反的；anti- 相反，反对，抵抗，治疗（anti- 为希腊语词首，相当于拉丁语的 contra-/ contro）；podus/ pus 柄，梗，茎秆，足，腿

Lindernia brevipedunculata 短梗母草：brevi- ← brevis 短的（用于希腊语复合词词首）；pedunculatus/ peduncularis 具花序柄的，具总花梗的；pedunculus/ peduncule/ pedunculis ← pes 花序柄，总花梗（花序基部无花着生部分，不同于花柄）；关联词：pedicellus/ pediculus 小花梗，小花柄（不同于花序柄）；pes/ pedis 柄，梗，茎秆，腿，足，爪（作词首或词尾，pes 的词干视为"ped-"）

Lindernia ciliata 刺齿泥花草：ciliatus = cilium + atus 缘毛的，流苏的；cilium 缘毛，睫毛；-atus/ -atum/ -ata 属于，相似，具有，完成（形容词词尾）

Lindernia crustacea 母草：crustaceus 硬壳的，硬皮的；-aceus/ -aceum/ -acea 相似的，有……性质的，属于……的

Lindernia cyrtotricha 曲毛母草：cyrtotrichus 弯毛的；cyrt-/ cyrto- ← cyrtus ← cyrtos 弯曲的；trichus 毛，毛发，线

Lindernia delicatula 柔弱母草：delicatulus 略优美的，略美味的；delicatus 柔软的，细腻的，优美的，美味的；delicia 优雅，喜悦，美味；-ulus/ -ulum/ -ula 小的，略微的，稍微的（小词 -ulus 在字母 e 或 i 之后有多种变缀，即 -olus/ -olum/ -ola、-ellus/ -ellum/ -ella、-illus/ -illum/ -illa，与第一变格法和第二变格法名词形成复合词）

Lindernia dictyophora 网萼母草：dictyophorus 具网的；dictyon 网，网状（希腊语）；-phorus/ -phorum/ -phora 载体，承载物，支持物，带着，生着，附着（表示一个部分带着别的部分，包括起支撑或承载作用的柄、柱、托、囊等，如 gynophorum =

gynus + phorum 雌蕊柄的，带有雌蕊的，承载雌蕊的）；gynus/ gynum/ gyna 雌蕊，子房，心皮

Lindernia hyssopioides 尖果母草：Hyssopus 神香草属（唇形科）；-oides/ -oideus/ -oideum/ -oidea/ -odes/ -eidos 像……的，类似……的，呈……状的（名词词尾）

Lindernia kiangsiensis 江西母草：kiangsiensis 江西的（地名）

Lindernia macrobotrys 长序母草：macro-/ macr- ← macros 大的，宏观的（用于希腊语复合词）；botrys → botr-/ botry- 簇，串，葡萄串状，丛，总状

Lindernia megaphylla 大叶母草：megaphylla 大叶子的；mega-/ megal-/ megalo- ← megas 大的，巨大的；phyllus/ phyllum/ phylla ← phyllon 叶片（用于希腊语复合词）

Lindernia montana 红骨草：montanus 山，山地；montis 山，山地的；mons 山，山脉，岩石

Lindernia nummularifolia 宽叶母草：nummularifolius 古钱形叶的；nummularius = nummus + ulus + arius 古钱形的，圆盘状的；nummulus 硬币；nummus/ numus 钱币，货币；-ulus/ -ulum/ -ula 小的，略微的，稍微的（小词 -ulus 在字母 e 或 i 之后有多种变缀，即 -olus/ -olum/ -ola、-ellus/ -ellum/ -ella、-illus/ -illum/ -illa，与第一变格法和第二变格法名词形成复合词）；-arius/ -arium/ -aria 相似，属于（表示地点，场所，关系，所属）；folius/ folium/ folia 叶，叶片（用于复合词）

Lindernia oblonga 棱萼母草：oblongus = ovus + longus 长椭圆形的（ovus 的词干 ov- 音变为 ob-）；ovus 卵，胚珠，卵形的，椭圆形的；longus 长的，纵向的

Lindernia procumbens 陌上菜：procumbens 俯卧的，匍匐的，倒伏的；procumb- 俯卧，匍匐，倒伏；-ans/ -ens/ -bilis/ -ilis 能够，可能（为形容词词尾，-ans/ -ens 用于主动语态，-bilis/ -ilis 用于被动语态）

Lindernia pusilla 细茎母草：pusillus 纤弱的，细小的，无价值的

Lindernia ruellioides 旱田草：Ruellia 芦莉草属（爵床科）；-oides/ -oideus/ -oideum/ -oidea/ -odes/ -eidos 像……的，类似……的，呈……状的（名词词尾）

Lindernia scutellariiformis 黄芩母草（芩 qín，"芩"为错印）：scutellariiformis = Scutellaria + formis 像黄芩的，碟子形的；缀词规则：以属名作复合词时原词尾变形后的 i 要保留；scutellaria ← scutella 小碟子，像黄芩属（唇形科）；formis/ forma 形状

Lindernia setulosa 刺毛母草：setulosus = setus + ulus + osus 多细刚毛的，多细刺毛的，多细芒刺的；setus/ saetus 刚毛，刺毛，芒刺；-ulus/ -ulum/ -ula 小的，略微的，稍微的（小词 -ulus 在字母 e 或 i 之后有多种变缀，即 -olus/ -olum/ -ola、-ellus/ -ellum/ -ella、-illus/ -illum/ -illa，与第一变格法和第二变格法名词形成复合词）；-osus/ -osum/ -osa 多的，充分的，丰富的，显著发育的，程度高的，特征明显的（形容词词尾）

L

Lindernia stricta 坚挺母草：strictus 直立的，硬直的，笔直的，彼此靠拢的

Lindernia tenuifolia 细叶母草：tenui- ← tenuis 薄的，纤细的，弱的，瘦的，窄的；folius/ folium/ folia 叶，叶片（用于复合词）

Lindernia urticifolia 荨麻叶母草（荨 qián）：Urtica 荨麻属（荨麻科）；folius/ folium/ folia 叶，叶片（用于复合词）

Lindernia viscosa 黏毛母草：viscosus = viscus + osus 黏的；viscus 胶，胶黏物（比喻有黏性物质）；-osus/ -osum/ -osa 多的，充分的，丰富的，显著发育的，程度高的，特征明显的（形容词词尾）

Lindernia yaoshanensis 瑶山母草：yaoshanensis 瑶山的（地名，广西壮族自治区）

Lindsaea 陵齿蕨属（陵齿蕨科，已修订为鳞始蕨科鳞始蕨属）（2: p257）：lindsaea ← John Lindsay（人名，19 世纪英国外科医生）（以元音字母 a 结尾的人名用作属名时在末尾加 ea）

Lindsaea austro-sinica 华南陵齿蕨：austro-/ austr- 南方的，南半球的，大洋洲的；auster 南方，南风；sinica 中国的（地名）

Lindsaea changii 狭叶陵齿蕨：changii（人名）；-ii 表示人名，接在以辅音字母结尾的人名后面，但 -er 除外

Lindsaea chienii 钱氏陵齿蕨：chienii ← S. S. Chien 钱崇澍（人名，1883–1965，中国植物学家）

Lindsaea chingii 碎叶陵齿蕨：chingii ← R. C. Chin 秦仁昌（人名，1898–1986，中国植物学家，蕨类植物专家），秦氏

Lindsaea commixta 海岛陵齿蕨：commixtus = co + mixtus 混合的；mixtus 混合的，杂种的；co- 联合，共同，合起来（拉丁语词首，为 cum- 的音变，表示结合、强化、完全，对应的希腊语为 syn-）；co- 的缀词音变有 co-/ com-/ con-/ col-/ cor-：co-（在 h 和元音字母前面），col-（在 l 前面），com-（在 b、m、p 之前），con-（在 c、d、f、g、j、n、qu、s、t 和 v 前面），cor-（在 r 前面）

Lindsaea concinna 假陵齿蕨：concinnus 精致的，高雅的，形状好看的

Lindsaea conformis 啮蚀陵齿蕨（啮 niè）：conformis = co + formis 同形的，相符的，相同的；formis/ forma 形状；co- 联合，共同，合起来（拉丁语词首，为 cum- 的音变，表示结合、强化、完全，对应的希腊语为 syn-）；co- 的缀词音变有 co-/ com-/ con-/ col-/ cor-：co-（在 h 和元音字母前面），col-（在 l 前面），com-（在 b、m、p 之前），con-（在 c、d、f、g、j、n、qu、s、t 和 v 前面），cor-（在 r 前面）

Lindsaea cultrata 陵齿蕨：cultratus → cultr-/ cultri- 刀形的，尖锐的，刀片状的

Lindsaea davallioides 网脉陵齿蕨：davallioides 像骨碎补属的；Davallia 骨碎补属；-oides/ -oideus/ -oideum/ -oidea/ -odes/ -eidos 像……的，类似……的，呈……状的（名词词尾）

Lindsaea hainanensis 海南陵齿蕨：hainanensis 海南的（地名）

Lindsaea japonica 日本陵齿蕨：japonica 日本的（地名）；-icus/ -icum/ -ica 属于，具有某种特性（常用于地名、起源、生境）

Lindsaea kusukusensis 方柄陵齿蕨：kusukusensis 古思故斯的（地名，台湾屏东县高士佛村的旧称）

Lindsaea liankwangensis 两广陵齿蕨：liankwangensis 两广的（地名，广东省和广西壮族自治区）

Lindsaea longipetiolata 长柄陵齿蕨：longe-/ longi- ← longus 长的，纵向的；petiolatus = petiolus + atus 具叶柄的；petiolus 叶柄

Lindsaea lucida 亮叶陵齿蕨：lucidus ← lucis ← lux 发光的，光辉的，清晰的，发亮的，荣耀的（lux 的单数所有格为 lucis，词尾为 -is 和 -ys 的词的词干分别视为 -id 和 -yd）

Lindsaea macraeana 攀援陵齿蕨：macraeana（人名）

Lindsaea merrillii 蔓生陵齿蕨（蔓 màn）：merrillii ← E. D. Merrill（人名，1876–1956，美国植物学家）

Lindsaea neocultrata 长片陵齿蕨：neocultrata 晚于 cultrata 的；neo- ← neos 新，新的；Lindsaea cultrata 陵齿蕨；cultratus → cultr-/ cultri- 刀形的，尖锐的，刀片状的

Lindsaea orbiculata 团叶陵齿蕨：orbiculatus/ orbicularis = orbis + culus + atus 圆形的；orbis 圆，圆形，圆圈，环；-culus/ -culum/ -cula 小的，略微的，稍微的（同第三变格法和第四变格法名词形成复合词）；-atus/ -atum/ -ata 属于，相似，具有，完成（形容词词尾）

Lindsaea recedens 阔边陵齿蕨：recedens 分离的，分别的

Lindsaea simulans 假团叶陵齿蕨：simulans 仿造的，模仿的；simulo/ simuilare/ simulatus 模仿，模拟，伪装

Lindsaea taiwaniana 台湾陵齿蕨：taiwaniana 台湾的（地名）

Lindsaea yunnanensis 云南陵齿蕨：yunnanensis 云南的（地名）

Lindsaeaceae 陵齿蕨科（已修订为鳞始蕨科）（2: p256）：Lindsaya 月影草属（人名）；-aceae（分类单位科的词尾，为 -aceus 的阴性复数主格形式，加到模式属的名称后或同义词的词干后以组成族群名称）

Linnaea 北极花属（也称林奈草属，忍冬科）（72: p112）：linnaea ← Linnaeus ← Carl (von) Linnaeus 林奈（人名，1707–1778，瑞典植物学家，创立动植物双名命名法，并为 8800 多个物种命名，其族姓 Linnaeus 是林奈的父亲为家族立姓时借用的椴树的瑞典语名 linn → lind，英语为 linden，后来林奈的弟子 Gronovius 用林奈的名字为北极花命名，林奈采用其方案并正式发表，故定名人记为 Gronov. ex Linn.，其中介词 ex 表示替代发表）

Linnaea borealis 北极花：borealis 北方的；-aris（阳性、阴性）/ -are（中性）← -alis（阳性、阴性）/ -ale（中性）属于，相似，如同，具有，涉及，关于，联结于（将名词作形容词用，其中 -aris 常用于 l 或 r 为词干末尾的词）

Linociera 李榄属（木樨科）（61: p112）：linociera ← G. linocier（人名，法国植物学家）（以 -er 结尾的人名用作属名时在末尾加 a，如

Lonicera = Lonicer + a）

Linociera caudata （尾叶李榄）：caudatus = caudus + atus 尾巴的，尾巴状的，具尾的；caudus 尾巴

Linociera guangxiensis 广西李榄：guangxiensis 广西的（地名）

Linociera hainanensis 海南李榄：hainanensis 海南的（地名）

Linociera insignis 李榄：insignis 著名的，超群的，优秀的，显著的，杰出的；in-/ im-（来自 il- 的音变）内，在内，内部，向内，相反，不，无，非；il- 在内，向内，为，相反（希腊语为 en-）；词首 il- 的音变：il-（在 l 前面），im-（在 b、m、p 前面），in-（在元音字母和大多数辅音字母前面），ir-（在 r 前面），如 illaudatus（不值得称赞的，评价不好的），impermeabilis（不透水的，穿不透的），ineptus（不合适的），insertus（插入的），irretortus（无弯曲的，无扭曲的）；signum 印记，标记，刻画，图章

Linociera leucoclada 白枝李榄：leuc-/ leuco- ← leucus 白色的（如果和其他表示颜色的词混用则表示淡色）；cladus ← clados 枝条，分枝

Linociera longiflora 长花李榄：longe-/ longi- ← longus 长的，纵向的；florus/ florum/ flora ← flos 花（用于复合词）

Linociera ramiflora 枝花李榄：ramiflorus 枝上生花的；ramus 分枝，枝条；florus/ florum/ flora ← flos 花（用于复合词）

Linociera ramiflora var. grandiflora 大花李榄：grandi- ← grandis 大的；florus/ florum/ flora ← flos 花（用于复合词）

Linociera ramiflora var. ramiflora 枝花李榄-原变种 （词义见上面解释）

Linosyris 麻菀属（菀 wǎn）（菊科，已修订为 Crinitina 和 Galatella）（74：p279）：linosyris = Linum + Osyris 亚麻状沙针的；Linum 亚麻属；Osyris 沙针属（檀香科）；crinitus 被长毛的；crinis 头发的，彗星尾的，长而软的簇生毛发；-inus/ -inum/ -ina/ -inos 相近，接近，相似，具有（通常指颜色）

Linosyris tatarica 新疆麻菀：tatarica ← Tatar 鞑靼的（古代欧亚大草原不同游牧民族的泛称，有多种音译：达怛、达靼、塔坦、鞑靼、达打、达达）

Linosyris villosa 灰毛麻菀：villosus 柔毛的，绵毛的；villus 毛，羊毛，长绒毛；-osus/ -osum/ -osa 多的，充分的，丰富的，显著发育的，程度高的，特征明显的（形容词词尾）

Linum 亚麻属（亚麻科）（43-1：p98）：linum ← linon 亚麻，线（古拉丁语）

Linum altaicum 阿尔泰亚麻：altaicum 阿尔泰的（地名，新疆北部山脉）

Linum amurense 黑水亚麻：amurense/ amurensis 阿穆尔的（地名，东西伯利亚的一个州，南部以黑龙江为界），阿穆尔河的（即黑龙江的俄语音译）

Linum corymbulosum 长萼亚麻：corymbulosus = corymbus + ulosus 小散房花序的；corymbus 伞形的，伞状的；-ulosus = ulus + osus 小而多的；-ulus/ -ulum/ -ula 小的，略微的，稍微的（小词 -ulus 在字母 e 或 i 之后有多种变缀，即 -olus/ -olum/ -ola、-ellus/ -ellum/ -ella、-illus/ -illum/ -illa，与第一变格法和第二变格法名词形成复合词）；-osus/ -osum/ -osa 多的，充分的，丰富的，显著发育的，程度高的，特征明显的（形容词词尾）

Linum heterosepalum 异萼亚麻：hete-/ heter-/ hetero- ← heteros 不同的，多样的，不齐的；sepalus/ sepalum/ sepala 萼片（用于复合词）

Linum nutans 垂果亚麻：nutans 弯曲的，下垂的（弯曲程度远大于 90°）；关联词：cernuus 点头的，前屈的，略俯垂的（弯曲程度略大于 90°）

Linum pallescens 短柱亚麻：pallescens 变苍白色的；pallens 淡白色的，蓝白色的，略带蓝色的；-escens/ -ascens 改变，转变，变成，略微，带有，接近，相似，大致，稍微（表示变化的趋势，并未完全相似或相同，有别于表示达到完成状态的 -atus）

Linum perenne 宿根亚麻：perenne = per + annus 多年生的；per-（在 l 前面音变为 pel-）极，很，颇，甚，非常，完全，通过，遍及（表示效果加强，与 sub- 互为反义词）；annus 一年的，每年的，一年生的

Linum stelleroides 野亚麻：Stellera 狼毒属（瑞香科）；-oides/ -oideus/ -oideum/ -oidea/ -odes/ -eidos 像……的，类似……的，呈……状的（名词词尾）

Linum usitatissimum 亚麻：usitatus 平常的，普通的；-issimus/ -issima/ -issimum 最，非常，极其（形容词最高级）

Liparis 羊耳蒜属（兰科）（18：p53）：liparis 脂肪样的，发亮光的（指叶片油亮）

Liparis acuminata （尖叶羊耳蒜）：acuminatus = acumen + atus 锐尖的，渐尖的；acumen 渐尖头，-atus/ -atum/ -ata 属于，相似，具有，完成（形容词词尾）

Liparis amabilis 白花羊耳蒜：amabilis 可爱的，有魅力的；amor 爱；-ans/ -ens/ -bilis/ -ilis 能够，可能（为形容词词尾，-ans/ -ens 用于主动语态，-bilis/ -ilis 用于被动语态）

Liparis assamica 扁茎羊耳蒜：assamica 阿萨姆邦的（地名，印度）

Liparis auriculata 玉簪羊耳蒜（簪 zān）：auriculatus 耳形的，具小耳的（基部有两个小圆片）；auriculus 小耳朵的，小耳状的；auritus 耳朵的，耳状的；-culus/ -culum/ -cula 小的，略微的，稍微的（同第三变格法和第四变格法名词形成复合词）；-atus/ -atum/ -ata 属于，相似，具有，完成（形容词词尾）

Liparis balansae 圆唇羊耳蒜：balansae ← Benedict Balansa（人名，19 世纪法国植物采集员）；-ae 表示人名，以 -a 结尾的人名后面加上 -e 形成

Liparis barbata 须唇羊耳蒜：barbatus = barba + atus 具胡须的，具须毛的；barba 胡须，髯毛，绒毛；-atus/ -atum/ -ata 属于，相似，具有，完成（形容词词尾）

Liparis bautingensis 保亭羊耳蒜：bautingensis 保亭的（地名，海南省）

Liparis bistriata 折唇羊耳蒜：bi-/ bis- 二，二数，二回（希腊语为 di-）；striatus = stria + atus 有条纹的，有细沟的；stria 条纹，线条，细纹，细沟

L

Liparis bootanensis 镰翅羊耳蒜：bootanensis（地名）

Liparis bootanensis var. angustissima 狭翅羊耳蒜：angusti- ← angustus 窄的，狭的，细的；-issimus/ -issima/ -issimum 最，非常，极其（形容词最高级）

Liparis bootanensis var. bootanensis 镰翅羊耳蒜-原变种 （词义见上面解释）

Liparis campylostalix 齿唇羊耳蒜：campylos 弯弓的，弯曲的，曲折的；campso-/ campto-/ campylo- 弯弓的，弯曲的，曲折的；stalix 桩子，柱子，棒子

Liparis cathcartii 二褶羊耳蒜（褶 zhě）：cathcartii（人名）；-ii 表示人名，接在以辅音字母结尾的人名后面，但 -er 除外

Liparis cespitosa 丛生羊耳蒜：cespitosus 丛生的，簇生的

Liparis chapaensis 平卧羊耳蒜：chapaensis ← Chapa 沙巴的（地名，越南北部）

Liparis condylobulbon 细茎羊耳蒜：condy 节，关节；bulbon ← bulbos 球，球形，球茎，鳞茎

Liparis cordifolia 心叶羊耳蒜：cordi- ← cordis/ cor 心脏的，心形的；folius/ folium/ folia 叶，叶片（用于复合词）

Liparis delicatula 小巧羊耳蒜：delicatulus 略优美的，略美味的；delicatus 柔软的，细腻的，优美的，美味的；delicia 优雅，喜悦，美味；-ulus/ -ulum/ -ula 小的，略微的，稍微的（小词 -ulus 在字母 e 或 i 之后有多种变缀，即 -olus/ -olum/ -ola、-ellus/ -ellum/ -ella、-illus/ -illum/ -illa，与第一变格法和第二变格法名词形成复合词）

Liparis distans 大花羊耳蒜：distans 远缘的，分离的

Liparis dunnii 福建羊耳蒜：dunnii（人名）；-ii 表示人名，接在以辅音字母结尾的人名后面，但 -er 除外

Liparis elliptica 扁球羊耳蒜：ellipticus 椭圆形的；-ticus/ -ticum/ tica/ -ticos 表示属于，关于，以……著称，作形容词词尾

Liparis esquirolii 贵州羊耳蒜：esquirolii（人名）；-ii 表示人名，接在以辅音字母结尾的人名后面，但 -er 除外

Liparis fargesii 小羊耳蒜：fargesii ← Pere Paul Guillaume Farges（人名，19 世纪中叶至 20 世纪活动于中国的法国传教士，植物采集员）

Liparis ferruginea 锈色羊耳蒜：ferrugineus 铁锈的，淡棕色的；ferrugo = ferrus + ugo 铁锈（ferrugo 的词干为 ferrugin-）；词尾为 -go 的词其词干末尾视为 -gin；ferreus → ferr- 铁，铁的，铁色的，坚硬如铁的；-eus/ -eum/ -ea（接拉丁语词干时）属于……的，色如……的，质如……的（表示原料、颜色或品质的相似），（接希腊语词干时）属于……的，以……出名，为……所占有（表示具有某种特性）

Liparis fissilabris 裂唇羊耳蒜：fissus/ fissuratus 分裂的，裂开的，中裂的；labris 唇，唇瓣

Liparis fissipetala 裂瓣羊耳蒜：fissus/ fissuratus 分裂的，裂开的，中裂的；petalus/ petalum/ petala ← petalon 花瓣

Liparis glossula 方唇羊耳蒜：glossulus 舌头的，舌状的；-ulus/ -ulum/ -ula 小的，略微的，稍微的（小词 -ulus 在字母 e 或 i 之后有多种变缀，即 -olus/ -olum/ -ola、-ellus/ -ellum/ -ella、-illus/ -illum/ -illa，与第一变格法和第二变格法名词形成复合词）

Liparis grossa 恒春羊耳蒜：grossus 粗大的，肥厚的

Liparis hensoaensis 日月潭羊耳蒜：hensoaensis（地名，属台湾省）

Liparis inaperta 长苞羊耳蒜：inapertus 封闭的，不开口的；in-/ im-（来自 il- 的音变）内，在内，内部，向内，相反，不，无，非；il- 在内，向内，为，相反（希腊语为 en-）；词首 il- 的音变：il-（在 l 前面），im-（在 b、m、p 前面），in-（在元音字母和大多数辅音字母前面），ir-（在 r 前面），如 illaudatus（不值得称赞的，评价不好的），impermeabilis（不透水的，穿不透的），ineptus（不合适的），insertus（插入的），irretortus（无弯曲的，无扭曲的）；apertus 开口的，开裂的，无盖的，裸露的

Liparis japonica 羊耳蒜：japonica 日本的（地名）；-icus/ -icum/ -ica 属于，具有某种特性（常用于地名、起源、生境）

Liparis kawakamii 凹唇羊耳蒜：kawakamii 川上（人名，20 世纪日本植物采集员）

Liparis krameri 尾唇羊耳蒜：krameri ← Johann Georg Heinrich Kramer（人名，18 世纪匈牙利植物学家、医生）；-eri 表示人名，在以 -er 结尾的人名后面加上 i 形成

Liparis kumokiri （云雾羊耳蒜）：kumokiri（日文）

Liparis kwangtungensis 广东羊耳蒜：kwangtungensis 广东的（地名）

Liparis latifolia 宽叶羊耳蒜：lati-/ late- ← latus 宽的，宽广的；folius/ folium/ folia 叶，叶片（用于复合词）

Liparis latilabris 阔唇羊耳蒜：lati-/ late- ← latus 宽的，宽广的；labris 唇，唇瓣

Liparis luteola 黄花羊耳蒜：luteolus = luteus + ulus 发黄的，带黄色的；luteus 黄色的

Liparis makinoana （牧野羊耳蒜）：makinoana ← Tomitaro Makino 牧野富太郎（人名，20 世纪日本植物学家）

Liparis mannii 三裂羊耳蒜：mannii ← Horace Mann Jr.（人名，19 世纪美国博物学家）

Liparis nervosa 见血青（血 xuè）：nervosus 多脉的，叶脉明显的；nervus 脉，叶脉；-osus/ -osum/ -osa 多的，充分的，丰富的，显著发育的，程度高的，特征明显的（形容词词尾）

Liparis nigra 紫花羊耳蒜：nigrus 黑色的；niger 黑色的

Liparis nokoensis （能高羊耳蒜）：nokoensis 能高山的（地名，位于台湾省，"noko" 为 "能高" 的日语读音）

Liparis odorata 香花羊耳蒜：odoratus = odorus + atus 香气的，气味的；odor 香气，气味；-atus/ -atum/ -ata 属于，相似，具有，完成（形容词词尾）

Liparis pauliana 长唇羊耳蒜：pauliana（人名）

Liparis petiolata 柄叶羊耳蒜：petiolatus = petiolus + atus 具叶柄的；petiolus 叶柄；-atus/ -atum/ -ata 属于，相似，具有，完成（形容词词尾）

Liparis platyrachis 小花羊耳蒜：platys 大的，宽的（用于希腊语复合词）；rachis/ rhachis 主轴，花序

L

轴，叶轴，脊棱（指着生小叶或花的部分的中轴，如羽状复叶、穗状花序总柄基部以外的部分）

Liparis popaensis 佛山羊耳蒜：popaensis 佛山的（地名，缅甸）

Liparis regnieri 翼蕊羊耳蒜：regnieri（人名）；-eri 表示人名，在以 -er 结尾的人名后面加上 i 形成

Liparis resupinata 蕊丝羊耳蒜：resupinatus 逆向弯曲的，上下颠倒的，倒置的；resupinus 倒置，倒弯，扁平；re- 返回，相反，再次，重复，向后，回头；supinus 仰卧的，平卧的，平展的，匍匐的

Liparis rostrata 齿突羊耳蒜：rostratus 具喙的，喙状的；rostrus 鸟喙（常作词尾）；rostre 鸟喙的，喙状的

Liparis sasakii 阿里山羊耳蒜：sasakii 佐佐木（日本人名）

Liparis seidenfadeniana 管花羊耳蒜：seidenfadeniana ← Gunnar Seidenfaden（人名，21世纪丹麦兰科植物专家）

Liparis siamensis 滇南羊耳蒜：siamensis 暹罗的（地名，泰国古称）（暹 xiān）

Liparis somai 台湾羊耳蒜：somai 相马（日本人名，相 xiàng）；-i 表示人名，接在以元音字母结尾的人名后面，但 -a 除外，故该词改为"somaiana"或"somae"似更妥

Liparis sootenzanensis 插天山羊耳蒜：sootenzanensis 插天山的（地名，位于台湾省，日语读音）

Liparis stricklandiana 扇唇羊耳蒜：stricklandiana（人名）

Liparis tschangii 折苞羊耳蒜：tschangii（人名）；-ii 表示人名，接在以辅音字母结尾的人名后面，但 -er 除外

Liparis viridiflora 长茎羊耳蒜：viridus 绿色的；florus/ florum/ flora ← flos 花（用于复合词）

Lipocarpha 湖瓜草属（莎草科）（11：p193）：lipocarpha 肥厚皮壳的；lipos 肥厚的；carphos 稻壳，皮壳，糠秕，糠麸

Lipocarpha chinensis 华湖瓜草：chinensis = china + ensis 中国的（地名）；China 中国

Lipocarpha senegalensis 银穗湖瓜草：senegalensis 塞内加尔河的（地名，西非）

Lipocarpha tenera 细秆湖瓜草：tenerus 柔软的，娇嫩的，精美的，雅致的，纤细的

Liquidambar 枫香树属（金缕梅科）（35-2：p54）：liquidambar 液体琥珀的（指树液有芳香味）；liquidus 液体；ambar 琥珀（阿拉伯语）

Liquidambar acalycina 缺萼枫香树：acalycinus 不具萼片的，近乎无萼的；a-/ an- 无，非，没有，缺乏，不具有（an- 用于元音前）（a-/ an- 为希腊语词首，对应的拉丁语词首为 e-/ ex-，相当于英语的 un-/ -less，注意词首 a- 和作为介词的 a/ ab 不同，后者的意思是"从……、由……、关于……、因为……"）；calycinus = calyx + inus 萼片的，萼片状的，萼片宿存的；calyx → calyc- 萼片（用于希腊语复合词）；构词规则：以 -ix/ -iex 结尾的词其词干末尾视为 -ic，以 -ex 结尾视为 -i/ -ic，其他以 -x 结尾视为 -c；-inus/ -inum/ -ina/ -inos 相近，接近，相似，具有（通常指颜色）

Liquidambar formosana 枫香树：formosanus = formosus + anus 美丽的，台湾的；formosus ← formosa 美丽的，台湾的（葡萄牙殖民者发现台湾时对其的称呼，即美丽的岛屿）；-anus/ -anum/ -ana 属于，来自（形容词词尾）

Liquidambar formosana var. monticola 山枫香树：monticolus 生于山地的；monti- ← mons 山，山地，岩石；montis 山，山地的；colus ← colo 分布于，居住于，栖居，殖民（常作词尾）；colo/ colere/ colui/ cultum 居住，耕作，栽培

Liriodendron 鹅掌楸属（木兰科）（30-1：p194）：liriodendron 像百合的树木（指花的外观像百合）；lirion ← leirion 百合（希腊语）；dendron 树木

Liriodendron chinense 鹅掌楸：chinense 中国的（地名）

Liriodendron sinostellata（星叶鹅掌楸）：sinostellata 中国型星状的；sino- 中国；stellatus/ stellaris 具星状的；stella 星状的；-atus/ -atum/ -ata 属于，相似，具有，完成（形容词词尾）；-aris（阳性、阴性）/ -are（中性）← -alis（阳性、阴性）/ -ale（中性）属于，相似，如同，具有，涉及，关于，联结于（将名词作形容词用，其中 -aris 常用于以 l 或 r 为词干末尾的词）

Liriodendron tulipifera 北美鹅掌楸：tulipiferus 具郁金香状花的；tulipi 郁金香；-ferus/ -ferum/ -fera/ -fero/ -fere/ -fer 有，具有，产（区别：作独立词使用的 ferus 意思是"野生的"）

Liriope 山麦冬属（百合科）（15：p123）：liriope ← Liriope（希腊神话水仙）

Liriope graminifolia 禾叶山麦冬：graminus 禾草，禾本科草；folius/ folium/ folia 叶，叶片（用于复合词）

Liriope kansuensis 甘肃山麦冬：kansuensis 甘肃的（地名）

Liriope longipedicellata 长梗山麦冬：longe-/ longi- ← longus 长的，纵向的；pedicellatus = pedicellus + atus 具小花柄的；pedicellus = pes + cellus 小花梗，小花柄（不同于花序柄）；pes/ pedis 柄，梗，茎秆，腿，足，爪（作词首或词尾，pes 的词干视为"ped-"）；-cellus/ -cellum/ -cella、-cillus/ -cillum/ -cilla 小的，略微的，稍微的（与任何变格法名词形成复合词）；关联词：pedunculus 花序柄，总花梗（花序基部无花着生部分）；-atus/ -atum/ -ata 属于，相似，具有，完成（形容词词尾）

Liriope minor 矮小山麦冬：minor 较小的，更小的

Liriope platyphylla 阔叶山麦冬：platys 大的，宽的（用于希腊语复合词）；phyllus/ phyllum/ phylla ← phyllon 叶片（用于希腊语复合词）

Liriope spicata 山麦冬：spicatus 具穗的，具穗状花的，具尖头的；spicus 穗，谷穗，花穗；-atus/ -atum/ -ata 属于，相似，具有，完成（形容词词尾）

Listera 对叶兰属（兰科）（17：p103）：listera ← Martin Lister（人名，1638–1712，英国植物学家）（以 -er 结尾的人名用作属名时在末尾加 a，如 Lonicera = Lonicer + a）

Listera bambusetorum 高山对叶兰：bambusetorum 竹林的，生于竹林的；bambusus 竹子；-etorum 群落的（表示群丛、群落的词尾）

L

Listera biflora 二花对叶兰：bi-/ bis- 二，二数，二回（希腊语为 di-）；florus/ florum/ flora ← flos 花（用于复合词）

Listera deltoidea 三角对叶兰：deltoideus/ deltoides 三角形的，正三角形的；delta 三角，-oides/ -oideus/ -oideum/ -oidea/ -odes/ -eidos 像……的，类似……的，呈……状的（名词词尾）

Listera divaricata 叉唇对叶兰（叉 chā）：divaricatus 广歧的，发散的，散开的

Listera grandiflora 大花对叶兰：grandi- ← grandis 大的；florus/ florum/ flora ← flos 花（用于复合词）

Listera grandiflora var. grandiflora 大花对叶兰-原变种 （词义见上面解释）

Listera grandiflora var. megalochila 巨唇对叶兰：mega-/ megal-/ megalo- ← megas 大的，巨大的；chilus ← cheilos 唇，唇瓣，唇边，边缘，岸边

Listera japonica 日本对叶兰：japonica 日本的（地名）；-icus/ -icum/ -ica 属于，具有某种特性（常用于地名、起源、生境）

Listera longicaulis 毛脉对叶兰：longe-/ longi- ← longus 长的，纵向的；caulis ← caulos 茎，茎秆，主茎

Listera macrantha 长唇对叶兰：macro-/ macr- ← macros 大的，宏观的（用于希腊语复合词）；anthus/ anthum/ antha/ anthe ← anthos 花（用于希腊语复合词）

Listera morrisonicola 浅裂对叶兰：morrisonicola 磨里山产的；morrison 磨里山（地名，今台湾新高山）；colus ← colo 分布于，居住于，栖居，殖民（常作词尾）；colo/ colere/ colui/ cultum 居住，耕作，栽培

Listera mucronata 短柱对叶兰：mucronatus = mucronus + atus 具短尖的，有微突起的；mucronus 短尖头，微突；-atus/ -atum/ -ata 属于，相似，具有，完成（形容词词尾）

Listera nanchuanica 南川对叶兰：nanchuanica 南川的（地名，重庆市）；-icus/ -icum/ -ica 属于，具有某种特性（常用于地名、起源、生境）

Listera nankomontana 台湾对叶兰：nankomontanus 南湖大山的（地名，台湾省中部山峰，"nanko" 为 "南湖" 的日语读音）；montanus 山，山地

Listera oblata 圆唇对叶兰：oblatus 扁圆形的；ob- 相反，反对，倒（ob- 有多种音变：ob- 在元音字母和大多数辅音字母前面，oc- 在 c 前面，of- 在 f 前面，op- 在 p 前面）；latus 宽的，宽广的

Listera pinetorum 西藏对叶兰：pinetorum 松林的，松林生的；Pinus 松属（松科）；-etorum 群落的（表示群丛、群落的词尾）

Listera pseudonipponica 耳唇对叶兰：pseudonipponica 像 nipponica 的；pseudo-/ pseud- ← pseudos 假的，伪的，接近，相似（但不是）；Listera nipponica 日本对叶兰；nipponica 日本的（地名）

Listera puberula 对叶兰：puberulus = puberus + ulus 略被柔毛的，被微柔毛的；puberus 多毛的，毛茸茸的；-ulus/ -ulum/ -ula 小的，略微的，稍微的（小词 -ulus 在字母 e 或 i 之后有多种变缀，即

-olus/ -olum/ -ola、-ellus/ -ellum/ -ella、-illus/ -illum/ -illa，与第一变格法和第二变格法名词形成复合词）

Listera puberula var. maculata 花叶对叶兰：maculatus = maculus + atus 有小斑点的，略有斑点的；maculus 斑点，网眼，小斑点，略有斑点；-atus/ -atum/ -ata 属于，相似，具有，完成（形容词词尾）

Listera puberula var. puberula 对叶兰-原变种 （词义见上面解释）

Listera shaoii 邵氏对叶兰：shaoii（人名，词尾改为 "-i" 似更妥）；-ii 表示人名，接在以辅音字母结尾的人名后面，但 -er 除外

Listera smithii 小叶对叶兰：smithii ← James Edward Smith（人名，1759–1828，英国植物学家）

Listera suzukii 无毛对叶兰：suzukii 铃木（人名）

Listera taizanensis 小花对叶兰：taizanensis 南湖大山的（地名，台湾省中部山峰，"taizan" 为 "大山" 的日语读音）

Listera tianschanica 天山对叶兰：tianschanica 天山的（地名，新疆维吾尔自治区）；-icus/ -icum/ -ica 属于，具有某种特性（常用于地名、起源、生境）

Listera yunnanensis 云南对叶兰：yunnanensis 云南的（地名）

Litchi 荔枝属（无患子科）（47-1：p31）：Litchi 荔枝（中文名）

Litchi chinensis 荔枝：chinensis = china + ensis 中国的（地名）；China 中国

Lithocarpus 柯属（壳斗科）（22：p80）：lithocarpus 石头一样的果实（比喻坚硬）；lithos 石头，岩石；litho-/ lith- 石头，岩石；carpus/ carpum/ carpa/ carpon ← carpos 果实（用于希腊语复合词）

Lithocarpus amoenus 愉柯：amoenus 美丽的，可爱的

Lithocarpus amygdalifolius 杏叶柯：Amygdalus 桃属（蔷薇科）；folius/ folium/ folia 叶，叶片（用于复合词）

Lithocarpus amygdalifolius var. amygdalifolius 杏叶柯-原变种 （词义见上面解释）

Lithocarpus amygdalifolius var. praecipitiorum 崖柯（崖 yá）：praecipitiorum 悬崖的，峭壁的，深渊的（praecipitium 的复数所有格）；praecipitium/ praecipitio/ praecips/ praeceps 悬崖，峭壁，深渊，坠落；praecipitum/ praecipito 坠落，坠崖，灭顶

Lithocarpus apricus 向阳柯：apricus 喜光耐旱的

Lithocarpus arcaula 小箱柯（种加词有时错印为 "arcuala"）：arcaula 小箱

Lithocarpus areca 槟榔柯（槟 bīng）：areca ← areec 槟榔（马来西亚土名）；Areca 槟榔属（棕榈科）

Lithocarpus attenuatus 尖叶柯：attenuatus = ad + tenuis + atus 渐尖的，渐狭的，变细的，变弱的；ad- 向，到，近（拉丁语词首，表示程度加强）；构词规则：构成复合词时，词首末尾的辅音字母常同化为紧接其后的那个辅音字母（如 ad + t → att）；tenuis 薄的，纤细的，弱的，瘦的，窄的

L

Lithocarpus bacgiangensis 苣果柯：bacgiangensis（地名）

Lithocarpus balansae 猴面柯：balansae ← Benedict Balansa（人名，19 世纪法国植物采集员）；-ae 表示人名，以 -a 结尾的人名后面加上 -e 形成

Lithocarpus bonnetii 帽柯：bonnetii ← Charles Bonnet（人名，18 世纪法国植物学家）

Lithocarpus brachystachyus 短穗柯：brachy- ← brachys 短的（用于拉丁语复合词词首）；stachy-/ stachyo-/ -stachys/ -stachyus/ -stachyum/ -stachya 穗子，穗子的，穗子状的，穗状花序的

Lithocarpus brevicaudatus 短尾柯：brevi- ← brevis 短的（用于希腊语复合词词首）；caudatus = caudus + atus 尾巴的，尾巴状的，具尾的；caudus 尾巴

Lithocarpus calolepis 美苞柯：call-/ calli-/ callo-/ cala-/ calo- ← calos/ callos 美丽的；lepis/ lepidos 鳞片

Lithocarpus calophyllus 美叶柯：call-/ calli-/ callo-/ cala-/ calo- ← calos/ callos 美丽的；phyllus/ phyllum/ phylla ← phyllon 叶片（用于希腊语复合词）

Lithocarpus carolinae 红心柯：carolinae 卡罗来纳的（地名，美国）

Lithocarpus caudatilimbus 尾叶柯：caudatus = caudus + atus 尾巴的，尾巴状的，具尾的；caudus 尾巴；limbus 冠檐，萼檐，瓣片，叶片

Lithocarpus chifui 粤北柯：chifui（人名）

Lithocarpus chiungchungensis 琼中柯：chiungchungensis 琼中的（地名，海南省）

Lithocarpus chrysocomus 金毛柯：chrys-/ chryso- ← chrysos 黄色的，金色的；comus ← comis 冠毛，头缨，一簇（毛或叶片）

Lithocarpus cinereus 炉灰柯：cinereus 灰色的，草木灰色的（为纯黑和纯白的混合色，希腊语为 tephro-/ spodo-）；ciner-/ cinere-/ cinereo- 灰色；-eus/ -eum/ -ea（接拉丁语词干时）属于……的，色如……的，质如……的（表示原料、颜色或品质的相似），（接希腊语词干时）属于……的，以……出名，为……所占有（表示具有某种特性）

Lithocarpus cleistocarpus 包果柯：cleisto- 关闭的，合上的；carpus/ carpum/ carpa/ carpon ← carpos 果实（用于希腊语复合词）

Lithocarpus cleistocarpus var. cleistocarpus 包果柯-原变种 （词义见上面解释）

Lithocarpus cleistocarpus var. omeiensis 峨眉包果柯：omeiensis 峨眉山的（地名，四川省）

Lithocarpus collettii 格林柯：collettii ← Philibert Collet（人名，17 世纪法国植物学家）

Lithocarpus confinis 窄叶柯：confinis 边界，范围，共同边界，邻近的；co- 联合，共同，合起来（拉丁语词首，为 cum- 的音变，表示结合、强化、完全，对应的希腊语为 syn-）；co- 的缀词音变有 co-/ com-/ con-/ col-/ cor-：co-（在 h 和元音字母前面），col-（在 l 前面），com-（在 b、m、p 之前），con-（在 c、d、f、g、j、n、qu、s、t 和 v 前面），cor-（在 r 前面）；finis 界限，境界

Lithocarpus corneus 烟斗柯：corneus = cornus + eus 角质的；cornus 角，犄角，兽角，角质，角质般坚硬，-eus/ -eum/ -ea（接拉丁语词干时）属于……的，色如……的，质如……的（表示原料、颜色或品质的相似），（接希腊语词干时）属于……的，以……出名，为……所占有（表示具有某种特性）

Lithocarpus corneus var. angustifolius 窄叶烟斗柯：angusti- ← angustus 窄的，狭的，细的；folius/ folium/ folia 叶，叶片（用于复合词）

Lithocarpus corneus var. corneus 烟斗柯-原变种（词义见上面解释）

Lithocarpus corneus var. fructuosus 多果烟斗柯：fructuosus 产果的，多果的；fructus 果实；-osus/ -osum/ -osa 多的，充分的，丰富的，显著发育的，程度高的，特征明显的（形容词词尾）

Lithocarpus corneus var. hainanensis 海南烟斗柯：hainanensis 海南的（地名）

Lithocarpus corneus var. rhytidophyllus 皱叶烟斗柯：rhytido-/ rhyt- ← rhytidos 褶皱的，皱纹的，折叠的；phyllus/ phyllum/ phylla ← phyllon 叶片（用于希腊语复合词）

Lithocarpus corneus var. zonatus 环鳞烟斗柯：zonatus/ zonalis 有环状纹的，带状的；zona 带，腰带，（地球经纬度的）带

Lithocarpus craibianus 白穗柯：craibianus（人名）

Lithocarpus crassifolius 硬叶柯：crassi- ← crassus 厚的，粗的，多肉质的；folius/ folium/ folia 叶，叶片（用于复合词）

Lithocarpus cryptocarpus 闭壳柯：cryptocarpus 隐果的，果实隐藏；crypt-/ crypto- ← kryptos 覆盖的，隐藏的（希腊语）；carpus/ carpum/ carpa/ carpon ← carpos 果实（用于希腊语复合词）

Lithocarpus cucullatus 风兜柯：cucullatus/ cuculatus 兜状的，勺状的，罩住的，头巾的；cucullus 外衣，头巾

Lithocarpus cyrtocarpus 鱼蓝柯：cyrt-/ cyrto- ← cyrtus ← cyrtos 弯曲的；carpus/ carpum/ carpa/ carpon ← carpos 果实（用于希腊语复合词）

Lithocarpus damiaoshanicus 大苗山柯：damiaoshanicus 大苗山的（地名，广西北部）

Lithocarpus dealbatus 白柯：dealbatus 变白的，刷白的（在较深的底色上略有白色，非纯白）；de- 向下，向外，从……，脱离，脱落，离开，去掉；albatus = albus + atus 发白的；albus → albi-/ albo- 白色的

Lithocarpus dodonaeifolius 柳叶柯：Dodonaea 车桑子属（无患子科）；folius/ folium/ folia 叶，叶片（用于复合词）

Lithocarpus echinophorus 壶壳柯：echinophorus = echinus + phorus 带刺的；echinus ← echinos → echino-/ echin- 刺猬，海胆，-phorus/ -phorum/ -phora 载体，承载物，支持物，带着，生着，附着（表示一个部分带着别的部分，包括起支撑或承载作用的柄、柱、托、囊等，如 gynophorum = gynus + phorum 雌蕊柄的，带有雌蕊的，承载雌蕊的）；gynus/ gynum/ gyna 雌蕊，子房，心皮

Lithocarpus echinophorus var. bidoupensis 金平柯：bidoupensis（地名）

L

Lithocarpus echinophorus var. chapensis 沙坝柯：chapensis ← Chapa 沙巴的（地名，越南北部）

Lithocarpus echinophorus var. echinophorus 壶壳柯-原变种（词义见上面解释）

Lithocarpus echinotholus 刺壳柯：echinotholus = echinus + tholus 刺猬状外壳的；echinotholus 刺斗的，刺猬状外壳的；echinus ← echinos → echino-/ echin- 刺猬，海胆；tholus 圆形外壳的，圆形壳斗的

Lithocarpus elaeagnifolius 胡颓子叶柯：Elaeagnus 胡颓子属（胡颓子科）；folius/ folium/ folia 叶，叶片（用于复合词）

Lithocarpus elizabethae 厚斗柯：elizabethae ← Elisabeth Locke Besse 伊丽莎白（人名）

Lithocarpus elmerrillii 万宁柯：elmerrillii（人名）；-ii 表示人名，接在以辅音字母结尾的人名后面，但 -er 除外

Lithocarpus eriobotryoides 枇杷叶柯（枇杷 pí pá）：Eriobotrya 枇杷属（蔷薇科）；-oides/ -oideus/ -oideum/ -oidea/ -odes/ -eidos 像……的，类似……的，呈……状的（名词词尾）

Lithocarpus fangii 川柯：fangii（人名）；-ii 表示人名，接在以辅音字母结尾的人名后面，但 -er 除外

Lithocarpus farinulentus 易武柯：farinus 粉末，粉末状覆盖物；far/ farris 一种小麦，面粉；lentus 柔软的，有韧性的，胶黏的

Lithocarpus fenestratus 泥柯：fenestratus/ fenenstralis 小窗的状，透光的；fenestrellatus 透光的；fenestra 膜孔，壁孔，窗户，枪眼，间隙

Lithocarpus fenestratus var. brachycarpus 短穗泥柯：brachy- ← brachys 短的（用于拉丁语复合词词首）；carpus/ carpum/ carpa/ carpon ← carpos 果实（用于希腊语复合词）

Lithocarpus fenestratus var. fenestratus 泥柯-原变种（词义见上面解释）

Lithocarpus fenzelianus 红柯：fenzelianus（人名）

Lithocarpus floccosus 卷毛柯：floccosus 密被绵毛的，毛状的，丛卷毛的；floccus 丛卷毛，簇状毛（毛成簇脱落）

Lithocarpus fohaiensis 勐海柯（勐 měng）：fohaiensis 佛海的（地名，云南省勐海县的旧称）

Lithocarpus fordianus 密脉柯：fordianus ← Charles Ford（人名）

Lithocarpus formosanus 台湾柯：formosanus = formosus + anus 美丽的，台湾的；formosus ← formosa 美丽的，台湾的（葡萄牙殖民者发现台湾时对其的称呼，即美丽的岛屿）；-anus/ -anum/ -ana 属于，来自（形容词词尾）

Lithocarpus gaoligongensis 高黎贡柯：gaoligongensis 高黎贡山的（地名，云南省）

Lithocarpus garrettianus 望楼柯：garrettianus ← H. B. Garrett（人名，英国植物学家）

Lithocarpus glaber 柯：glaber/ glabrus 光滑的，无毛的

Lithocarpus grandifolius 耳叶柯：grandi- ← grandis 大的；folius/ folium/ folia 叶，叶片（用于复合词）

Lithocarpus gymnocarpus 假鱼蓝柯：gymn-/ gymno- ← gymnos 裸露的；carpus/ carpum/

carpa/ carpon ← carpos 果实（用于希腊语复合词）

Lithocarpus haipinii 耳柯：haipinii（人名）；-ii 表示人名，接在以辅音字母结尾的人名后面，但 -er 除外

Lithocarpus hancei 硬壳柯：hancei ← Henry Fletcher Hance（人名，19 世纪英国驻香港领事，曾在中国采集植物）；-i 表示人名，接在以元音字母结尾的人名后面，但 -a 除外

Lithocarpus handelianus 瘤果柯：handelianus ← H. Handel-Mazzetti（人名，奥地利植物学家，第一次世界大战期间在中国西南地区研究植物）

Lithocarpus harlandii 港柯：harlandii ← William Aurelius Harland（人名，18 世纪英国医生，移居香港并研究中国植物）

Lithocarpus henryi 灰柯：henryi ← Augustine Henry 或 B. C. Henry（人名，前者，1857–1930，爱尔兰医生、植物学家，曾在中国采集植物，后者，1850–1901，曾活动于中国的传教士）

Lithocarpus himalaicus 细柄柯：himalaicus 喜马拉雅的（地名）；-icus/ -icum/ -ica 属于，具有某种特性（常用于地名、起源、生境）

Lithocarpus howii 梨果柯：howii（人名）；-ii 表示人名，接在以辅音字母结尾的人名后面，但 -er 除外

Lithocarpus hypoglaucus 灰背叶柯：hypoglaucus 下面白色的；hyp-/ hypo- 下面的，以下的，不完全的；glaucus → glauco-/ glauc- 被白粉的，发白的，灰绿色的

Lithocarpus irwinii 广南柯：irwinii ← Howard Samuel Irwin（人名，20 世纪植物学家）

Lithocarpus iteaphyllus 鼠刺叶柯：Itea 鼠刺属（虎耳草科）；phyllus/ phyllum/ phylla ← phyllon 叶片（用于希腊语复合词）

Lithocarpus ithyphyllus 挺叶柯：ithy- 挺直的；phyllus/ phyllum/ phylla ← phyllon 叶片（用于希腊语复合词）

Lithocarpus jenkinsii 盈江柯：jenkinsii（人名）；-ii 表示人名，接在以辅音字母结尾的人名后面，但 -er 除外

Lithocarpus kawakamii 齿叶柯：kawakamii 川上（人名，20 世纪日本植物采集员）

Lithocarpus konishii 油叶柯：konishii 小西（日本人名）

Lithocarpus laetus 屏边柯：laetus 生辉的，生动的，色彩鲜艳的，可喜的，愉快的；laete 光亮地，鲜艳地

Lithocarpus laoticus 老挝柯（挝 wō）：laoticus 老挝的（地名）；-icus/ -icum/ -ica 属于，具有某种特性（常用于地名、起源、生境）

Lithocarpus lepidocarpus 鬼石柯：lepido- ← lepis 鳞片，鳞片状（lepis 词干视为 lepid-，后接辅音字母时通常加连接用的"o"，故形成"lepido-"）；lepido- ← lepidus 美丽的，典雅的，整洁的，装饰华丽的；carpus/ carpum/ carpa/ carpon ← carpos 果实（用于希腊语复合词）；注：构词成分 lepid-/ lepdi-/ lepido- 需要根据植物特征翻译成"秀丽"或"鳞片"

Lithocarpus leucodermis 白枝柯：leuc-/ leuco- ← leucus 白色的（如果和其他表示颜色的词混用则表示淡色）；dermis ← derma 皮，皮肤，表皮

Lithocarpus levis 滑壳柯：laevis/ levis/ laeve/ leve → levi-/ laevi- 光滑的，无毛的，无不平或粗糙感觉的

Lithocarpus listeri 谊柯：listeri（人名，英国植物学家）；-eri 表示人名，在以 -er 结尾的人名后面加上 i 形成

Lithocarpus litseifolius 木姜叶柯：litseifolius 木姜子叶的；litsei ← Litsea 木姜子属；folius/ folium/ folia 叶，叶片（用于复合词）

Lithocarpus litseifolius var. litseifolius 木姜叶柯-原变种 （词义见上面解释）

Lithocarpus litseifolius var. pubescens 毛枝木姜叶柯：pubescens ← pubens 被短柔毛的，长出柔毛的；pubi- ← pubis 细柔毛的，短柔毛的，毛被的；pubesco/ pubescere 长成的，变为成熟的，长出柔毛的，青春期体毛的；-escens/ -ascens 改变，转变，变成，略微，带有，接近，相似，大致，稍微（表示变化的趋势，并未完全相似或相同，有别于表示达到完成状态的 -atus）

Lithocarpus longanoides 龙眼柯：longanoides 像龙眼的；longan 龙眼（中文方言）；-oides/ -oideus/ -oideum/ -oidea/ -odes/ -eidos 像……的，类似……的，呈……状的（名词词尾）

Lithocarpus longipedicellatus 柄果柯：longe-/ longi- ← longus 长的，纵向的；pedicellatus = pedicellus + atus 具小花柄的；pedicellus = pes + cellus 小花梗，小花柄（不同于花序柄）；pes/ pedis 柄，梗，茎秆，腿，足，爪（作词首或词尾，pes 的词干视为 "ped-"）；-cellus/ -cellum/ -cella、-cillus/ -cillum/ -cilla 小的，略微的，稍微的（与任何变格法名词形成复合词）；关联词：pedunculus 花序柄，总花梗（花序基部无花着生部分）；-atus/ -atum/ -ata 属于，相似，具有，完成（形容词词尾）

Lithocarpus lycoperdon 香菌柯：lycoperdon 狼放屁（挤压会喷出孢子或粉末）；lyco- ← lycos ← lykos 狼；perdon 放屁

Lithocarpus macilentus 粉叶柯：macilentus 瘦弱的，贫瘠的

Lithocarpus magneinii 黑家柯：magneinii（人名）；-ii 表示人名，接在以辅音字母结尾的人名后面，但 -er 除外

Lithocarpus mairei 光叶柯：mairei（人名）；Edouard Ernest Maire（人名，19 世纪活动于中国云南的传教士）；Rene C. J. E. Maire 人名（20 世纪阿尔及利亚植物学家，研究北非植物）；-i 表示人名，接在以元音字母结尾的人名后面，但 -a 除外

Lithocarpus megalophyllus 大叶柯：mega-/ megal-/ megalo- ← megas 大的，巨大的；phyllus/ phyllum/ phylla ← phyllon 叶片（用于希腊语复合词）

Lithocarpus mekongensis 澜沧柯：mekongensis 湄公河的（地名，澜沧江流入中南半岛部分称湄公河）

Lithocarpus melanochromus 黑柯：mel-/ mela-/ melan-/ melano- ← melanus/ melaenus ← melas/ melanos 黑色的，浓黑色的，暗色的；-chromus/ -chrous/ -chrus 颜色，彩色，有色的

Lithocarpus mianningensis 缅宁柯：mianningensis 冕宁的（地名，四川省），缅宁的（地名，云南省临沧市）

Lithocarpus microspermus 小果柯：micr-/ micro- ← micros 小的，微小的，微观的（用于希腊语复合词）；spermus/ spermum/ sperma 种子的（用于希腊语复合词）

Lithocarpus naiadarum 水仙柯：naiadarum ← Naidas 水中女神的（希腊神话人物，复数所有格）；-arum 属于……的（第一变格法名词复数所有格词尾，表示群落或多数）

Lithocarpus nantoensis 南投柯：nantoensis 南投的（地名，属台湾省）

Lithocarpus nitidinux 光果柯：nitidinux = nitidus + nux 光亮坚果的；nitidus = nitere + idus 光亮的，发光的；nitere 发亮；-idus/ -idum/ -ida 表示在进行中的动作或情况，作动词、名词或形容词的词尾；nitens 光亮的，发光的；nux 坚果

Lithocarpus oblanceolatus 峨眉柯：ob- 相反，反对，倒（ob- 有多种音变：ob- 在元音字母和大多数辅音字母前面，oc- 在 c 前面，of- 在 f 前面，op- 在 p 前面）；lanceolatus = lanceus + olus + atus 小披针形的，小柳叶刀的；lance-/ lancei-/ lanci-/ lanceo-/ lanc- ← lanceus 披针形的，矛形的，尖刀状的，柳叶刀状的；-olus ← -ulus 小，稍微，略微（-ulus 在字母 e 或 i 之后变成 -olus/ -ellus/ -illus）；-atus/ -atum/ -ata 属于，相似，具有，完成（形容词词尾）

Lithocarpus obovatilimbus 卵叶柯：obovatus = ob + ovus + atus 倒卵形的；ob- 相反，反对，倒（ob- 有多种音变：ob- 在元音字母和大多数辅音字母前面，oc- 在 c 前面，of- 在 f 前面，op- 在 p 前面）；ovus 卵，胚珠，卵形的，椭圆形的；limbus 冠檐，萼檐，瓣片，叶片

Lithocarpus obscurus 墨脱柯：obscurus 暗色的，不明确的，不明显的，模糊的

Lithocarpus oleaefolius 榄叶柯：oleaefolius = Olea + folius 木橄榄叶的（注：组成复合词时，要将前面词的词尾 -us/ -um/ -a 变成 -i- 或 -o- 而不是所有格，故该词宜改为 "oleifolius"）；Olea 木樨榄属，油橄榄属（木樨科）；folius/ folium/ folia 叶，叶片（用于复合词）

Lithocarpus pachylepis 厚鳞柯：pachylepis 厚鳞片的；pachy- ← pachys 厚的，粗的，肥的；lepis/ lepidos 鳞片

Lithocarpus pachyphyllus 厚叶柯：pachyphyllus 厚叶子的；pachy- ← pachys 厚的，粗的，肥的；phyllus/ phyllum/ phylla ← phyllon 叶片（用于希腊语复合词）

Lithocarpus pachyphyllus var. fruticosus 顺宁厚叶柯：fruticosus/ frutesceus 灌丛状的；frutex 灌木；构词规则：以 -ix/ -iex 结尾的词其词干末尾视为 -ic，以 -ex 结尾视为 -i/ -ic，其他以 -x 结尾视为 -c；-osus/ -osum/ -osa 多的，充分的，丰富的，显著发育的，程度高的，特征明显的（形容词词尾）

Lithocarpus pachyphyllus var. pachyphyllus 厚叶柯-原变种 （词义见上面解释）

Lithocarpus paihengii 大叶苦柯：paihengii（人名）；-ii 表示人名，接在以辅音字母结尾的人名后面，但 -er 除外

Lithocarpus pakhaensis 滇南柯：pakhaensis（地名）

Lithocarpus paniculatus 圆锥柯：paniculatus = paniculus + atus 具圆锥花序的；paniculus 圆锥花序；panus 谷穗；panicus 野稗，粟，谷子；-atus/ -atum/ -ata 属于，相似，具有，完成（形容词词尾）

Lithocarpus pasania 石柯：pasania（印度尼西亚爪哇地区用的土名）

Lithocarpus petelotii 星毛柯：petelotii（人名）；-ii 表示人名，接在以辅音字母结尾的人名后面，但 -er 除外

Lithocarpus phansipanensis 桂南柯：phansipanensis ← Phansipan（地名，越南）

Lithocarpus propinquus 三柄果柯：propinquus 有关系的，近似的，近缘的

Lithocarpus pseudoreinwardtii 单果柯：pseudoreinwardtii 像 reinwardtii 的；pseudo-/ pseud- ← pseudos 假的，伪的，接近，相似（但不是）；Lithocarpus reinwardtii 雷沃石栎；reinwardtii（人名）

Lithocarpus pseudovestitus 毛果柯：pseudovestitus 像 vestitus 的；pseudo-/ pseud- ← pseudos 假的，伪的，接近，相似（但不是）；Lithocarpus vestitus（= Lythocarpus bacginensis）茸果柯，茸果石栎；vestitus 包被的，覆盖的，被柔毛的，袋状的；-atus/ -atum/ -ata 属于，相似，具有，完成（形容词词尾）

Lithocarpus qinzhouicus 钦州柯：qinzhouicus 钦州的（地名，广西壮族自治区）；-icus/ -icum/ -ica 属于，具有某种特性（常用于地名、起源、生境）

Lithocarpus quercifolius 栎叶柯：Quercus 栎属（壳斗科）；folius/ folium/ folia 叶，叶片（用于复合词）

Lithocarpus rhabdostachyus subsp. dakhaensis 毛枝柯：rhabdus ← rhabdon 杆状的，棒状的，条纹的；stachy-/ stachyo-/ -stachys/ -stachyus/ -stachyum/ -stachya 穗子，穗子的，穗子状的，穗状花序的；dakhaensis（地名，云南省）

Lithocarpus rosthornii 南川柯：rosthornii ← Arthur Edler von Rosthorn（人名，19 世纪匈牙利驻北京大使）

L

Lithocarpus shinsuiensis 浸水营柯：shinsuiensis 浸水营的（地名，属台湾省，日语读音）

Lithocarpus silvicolarum 犁耙柯（耙 bà）：silvicolarus 森林居民的，生于森林的；colus ← colo 分布于，居住于，栖居，殖民（常作词尾）；colo/ colere/ colui/ cultum 居住，耕作，栽培；-arum 属于……的（第一变格法名词复数所有格词尾，表示群落或多数）

Lithocarpus skanianus 滑皮柯：skanianus ← S. A. Skan（英国人名）

Lithocarpus sphaerocarpus 球壳柯：sphaerocarpus 球形果的；sphaero- 圆形，球形；carpus/ carpum/ carpa/ carpon ← carpos 果实（用于希腊语复合词）

Lithocarpus tabularis 平头柯：tabularis 水平压扁的，如金属片的，桌山（Table mountain）的（南非）；tabula 圆桌，平板，平台，菌盖，图版，表格，台账；-aris（阳性、阴性）/ -are（中性）← -alis（阳性、阴性）/ -ale（中性）属于，相似，如同，具有，涉及，关于，联结于（将名词作形容词用，其中 -aris 常用于以 l 或 r 为词干末尾的词）

Lithocarpus taitoensis 菱果柯：taitoensis 台东的（地名，属台湾省，"台东"的日语读音）

Lithocarpus talangensis 石屏柯：talangensis（地名，云南省）

Lithocarpus tenuilimbus 薄叶柯：tenui- ← tenuis 薄的，纤细的，弱的，瘦的，窄的；limbus 冠檐，萼檐，瓣片，叶片

Lithocarpus tephrocarpus 灰壳柯：tephrocarpus 灰果的；tephros 灰色的，火山灰的；carpus/ carpum/ carpa ← carpos 果实

Lithocarpus thomsonii 潞西柯（潞 lù）：thomsonii ← Thomas Thomson（人名，19 世纪英国植物学家）；-ii 表示人名，接在以辅音字母结尾的人名后面，但 -er 除外

Lithocarpus trachycarpus 糙果柯：trachys 粗糙的；carpus/ carpum/ carpa/ carpon ← carpos 果实（用于希腊语复合词）；Trachycarpus 棕榈属（棕榈科）

Lithocarpus triqueter 棱果柯：triqueter 三角柱的，三棱柱的；tri-/ tripli-/ triplo- 三个，三数；-queter 棱角的，锐角的，角

Lithocarpus truncatus 截果柯：truncatus 截平的，截形的，截断的；truncare 切断，截断，截平（动词）；-atus/ -atum/ -ata 属于，相似，具有，完成（形容词词尾）

Lithocarpus truncatus var. baviensis 小截果柯：baviensis（地名，越南河内）

Lithocarpus truncatus var. truncatus 截果柯-原变种（词义见上面解释）

Lithocarpus tubulosus 壶嘴柯：tubulosus = tubus + ulus + osus 管状的，具管的；tubus 管子的，管状的；-ulus/ -ulum/ -ula 小的，略微的，稍微的（小词 -ulus 在字母 e 或 i 之后有多种变缀，即 -olus/ -olum/ -ola、-ellus/ -ellum/ -ella、-illus/ -illum/ -illa，与第一变格法和第二变格法名词形成复合词）；-osus/ -osum/ -osa 多的，充分的，丰富的，显著发育的，程度高的，特征明显的（形容词词尾）

Lithocarpus uvariifolius 紫玉盘柯：Uvaria 紫玉盘属（番荔枝科）；folius/ folium/ folia 叶，叶片（用于复合词）

Lithocarpus uvariifolius var. ellipticus 卵叶玉盘柯：ellipticus 椭圆形的；-ticus/ -ticum/ tica/ -ticos 表示属于，关于，以……著称，作形容词词尾

Lithocarpus uvariifolius var. uvariifolius 紫玉盘柯-原变种（词义见上面解释）

Lithocarpus variolosus 麻子壳柯：variolosus = varius + ulus + osus 斑孔的，杂色的；varius = varus + ius 各种各样的，不同的，多型的，易变的；varus 不同的，变化的，外弯的，凸起的；-ius/ -ium/ -ia 具有……特性的（表示有关、关联、相似）；-ulus/ -ulum/ -ula 小的，略微的，稍微的（小词 -ulus 在字母 e 或 i 之后有多种变缀，即 -olus/ -olum/ -ola、-ellus/ -ellum/ -ella、-illus/ -illum/ -illa，与第一变格法和第二变格法名词形成复合词）；

-osus/ -osum/ -osa 多的，充分的，丰富的，显著发育的，程度高的，特征明显的（形容词词尾）

Lithocarpus xizangensis 西藏柯：xizangensis 西藏的（地名）

Lithocarpus xylocarpus 木果柯：xylon 木材，木质；carpus/ carpum/ carpa/ carpon ← carpos 果实（用于希腊语复合词）；Xylocarpus 木果楝属（楝科）

Lithocarpus yongfuensis 永福柯：yongfuensis 永福的（地名，福建省）

Lithospermum 紫草属（紫草科）（64-2：p34）：lithos 石头，岩石；spermus/ spermum/ sperma 种子的（用于希腊语复合词）

Lithospermum arvense 田紫草：arvensis 田里生的；arvum 耕地，可耕地

Lithospermum erythrorhizon 紫草：erythrorhizon 红根的（缀词规则：-rh- 接在元音字母后面构成复合词时要变成 -rrh-，故该词宜改为"eryothrorrhizon"）；erythr-/ erythro- ← erythros 红色的（希腊语）；rhizon → rhizus 根，根状茎

Lithospermum hancockianum 石生紫草：hancockianum ← W. Hancock（人名，1847–1914，英国海关官员，曾在中国采集植物标本）

Lithospermum officinale 小花紫草：officinalis/ officinale 药用的，有药效的；officina ← opificina 药店，仓库，作坊

Lithospermum zollingeri 梓木草（梓 zǐ）：zollingeri ← Heinrich Zollinger（人名，19 世纪德国植物学家）；-eri 表示人名，在以 -er 结尾的人名后面加上 i 形成

Lithostegia 石盖蕨属（鳞毛蕨科）（5-1：p100）：lithos 石头，岩石；stegius ← stege/ stegon 盖子，加盖，覆盖，包裹，遮盖物

Lithostegia foeniculacea 石盖蕨：foeniculaceus 像茴香的；Foeniculum 茴香属（伞形科）；-aceus/ -aceum/ -acea 相似的，有……性质的，属于……的

Litosanthes 石核木属（茜草科）（71-2：p106）：litos 小的；anthes ← anthos 花

Litosanthes biflora 石核木：bi-/ bis- 二，二数，二回（希腊语为 di-）；florus/ florum/ flora ← flos 花（用于复合词）

Litsea 木姜子属（樟科）（31：p261）：litsea 李子（汉语方言）

Litsea acutivena 尖脉木姜子：acutivenus = acutus + venus 尖脉的；acuti-/ acu- ← acutus 锐尖的，针尖的，刺尖的，锐角的；venus 脉，叶脉，血脉，血管

Litsea akoensis 屏东木姜子：akoensis 阿猴的（地名，台湾省屏东县的旧称，"ako"为"阿猴"的日语读音）

Litsea atrata 黑木姜子：atratus = ater + atus 发黑的，浓暗的，玷污的；ater 黑色的（希腊语，词干视为 atro-/ atr-/ atri-/ atra-）

Litsea auriculata 天目木姜子：auriculatus 耳形的，具小耳的（基部有两个小圆片）；auriculus 小耳朵的，小耳状的；auritus 耳朵的，耳状的；-culus/ -culum/ -cula 小的，略微，稍微（同第三变格法和第四变格法名词形成复合词）；-atus/ -atum/ -ata 属于，相似，具有，完成（形容词词尾）

Litsea balansae 假辣子：balansae ← Benedict Balansa（人名，19 世纪法国植物采集员）；-ae 表示人名，以 -a 结尾的人名后面加上 -e 形成

Litsea baviensis 大萼木姜子：baviensis（地名，越南河内）

Litsea beilschmiediifolia 琼楠叶木姜子：Beilschmiedia 琼楠属（樟科）；folius/ folium/ folia 叶，叶片（用于复合词）

Litsea chinpingensis 金平木姜子：chinpingensis 金平的（地名，云南省）

Litsea chunii 高山木姜子：chunii ← W. Y. Chun 陈焕镛（人名，1890–1971，中国植物学家）

Litsea chunii var. chunii 高山木姜子-原变种（词义见上面解释）

Litsea chunii var. latifolia 大叶木姜子：lati-/ late- ← latus 宽的，宽广的；folius/ folium/ folia 叶，叶片（用于复合词）

Litsea chunii var. likiangensis 丽江木姜子：likiangensis 丽江的（地名，云南省）

Litsea coreana 朝鲜木姜子：coreana 朝鲜的（地名）

Litsea coreana var. coreana 朝鲜木姜子-原变种（词义见上面解释）

Litsea coreana var. lanuginosa 毛豹皮樟：lanuginosus = lanugo + osus 具绵毛的，具柔毛的；lanugo = lana + ugo 绒毛（lanugo 的词干为 lanugin-）；词尾为 -go 的词其词干末尾视为 -gin；lana 羊毛，绵毛

Litsea coreana var. sinensis 豹皮樟：sinensis = Sina + ensis 中国的（地名）；Sina 中国

Litsea cubeba 山鸡椒：cubebus ← kababah 荜澄茄，荜茇（bì bá）（阿拉伯语）

Litsea cubeba var. cubeba 山鸡椒-原变种（词义见上面解释）

Litsea cubeba var. cubeba f. cubeba 山鸡椒-原变型（词义见上面解释）

Litsea cubeba var. cubeba f. obtusifolia 钝叶山鸡椒：obtusus 钝的，钝形的，略带圆形的；folius/ folium/ folia 叶，叶片（用于复合词）

Litsea cubeba var. formosana 毛山鸡椒：formosanus = formosus + anus 美丽的，台湾的；formosus ← formosa 美丽的，台湾的（葡萄牙殖民者发现台湾时对其的称呼，即美丽的岛屿）；-anus/ -anum/ -ana 属于，来自（形容词词尾）

Litsea dilleniifolia 五桠果叶木姜子（桠 yā）：dilleniifolia 五桠果叶的；Dillenia 五桠果属（五桠果科）；folius/ folium/ folia 叶，叶片（用于复合词）；缀词规则：以属名作复合词时原词尾变形后的 i 要保留

Litsea dunniana 出蕊木姜子：dunniana（人名）

Litsea elongata 黄丹木姜子：elongatus 伸长的，延长的；elongare 拉长，延长；longus 长的，纵向的；e-/ ex- 不，无，非，缺乏，不具有（e- 用在辅音字母前，ex- 用在元音字母前，为拉丁语词首，对应的希腊语词首为 a-/ an-，英语为 un-/ -less，注意作词首用的 e-/ ex- 和介词 e/ ex 意思不同，后者意为"出自、从……、由……离开、由于、依照"）

Litsea elongata var. elongata 黄丹木姜子-原变种（词义见上面解释）

L

Litsea elongata var. faberi 石木姜子：faberi ← Ernst Faber（人名，19 世纪活动于中国的德国植物采集员）；-eri 表示人名，在以 -er 结尾的人名后面加上 i 形成

Litsea elongata var. subverticillata 近轮叶木姜子：subverticillatus 近轮生的，不完全轮生的；sub-（表示程度较弱）与……类似，几乎，稍微，弱，亚，之下，下面；verticillatus/ verticillaris 螺纹的，螺旋的，轮生的，环状的；verticillus 轮，环状排列

Litsea euosma 清香木姜子：euosmum 清香气味的；eu- 好的，秀丽的，真的，正确的，完全的；osmus 气味，香味

Litsea forrestii 长梗木姜子：forrestii ← George Forrest（人名，1873–1932，英国植物学家，曾在中国西部采集大量植物标本）

Litsea foveolata 蜂窝木姜子：foveolatus = fovea + ulus + atus 具小孔的，蜂巢状的，有小凹陷的；fovea 孔穴，腔隙

Litsea garciae 兰屿木姜子：garciae（人名）；-ae 表示人名，以 -a 结尾的人名后面加上 -e 形成

Litsea garrettii 滇南木姜子：garrettii ← H. B. Garrett（人名，英国植物学家）

Litsea globosa 圆果木姜子：globosus = globus + osus 球形的；globus → glob-/ globi- 球体，圆球，地球；-osus/ -osum/ -osa 多的，充分的，丰富的，显著发育的，程度高的，特征明显的（形容词词尾）；关联词：globularis/ globulifer/ globulosus（小球状的、具小球的），globuliformis（纽扣状的）

Litsea glutinosa 潺槁木姜子（潺槁 chán gǎo）：glutinosus 黏的，被黏液的；glutinium 胶，黏结物；-osus/ -osum/ -osa 多的，充分的，丰富的，显著发育的，程度高的，特征明显的（形容词词尾）

Litsea glutinosa var. brideliifolia 白野槁树：Bridelia 土蜜树属（大戟科）；folius/ folium/ folia 叶，叶片（用于复合词）

Litsea glutinosa var. glutinosa 潺槁木姜子-原变种 （词义见上面解释）

Litsea gongshanensis 贡山木姜子：gongshanensis 贡山的（地名，云南省）

Litsea greenmaniana 华南木姜子：greenmaniana（人名）

Litsea greenmaniana var. angustifolia 狭叶华南木姜子：angusti- ← angustus 窄的，狭的，细的；folius/ folium/ folia 叶，叶片（用于复合词）

Litsea greenmaniana var. greenmaniana 华南木姜子-原变种 （词义见上面解释）

Litsea hayatae 台湾木姜子：hayatae ← Bunzo Hayata 早田文藏（人名，1874–1934，日本植物学家，专门研究日本和中国台湾植物）；-ae 表示人名，以 -a 结尾的人名后面加上 -e 形成

Litsea honghoensis 红河木姜子：honghoensis 红河的（地名， 云南省）

Litsea hunanensis 湖南木姜子：hunanensis 湖南的（地名）

Litsea hupehana 湖北木姜子：hupehana 湖北的（地名）

Litsea ichangensis 宜昌木姜子：ichangensis 宜昌的（地名，湖北省）

Litsea kobuskiana 安顺木姜子：kobuskiana（日文）

Litsea kwangsiensis 红楠刨（刨 bào）：kwangsiensis 广西的（地名）

Litsea kwangtungensis 广东木姜子：kwangtungensis 广东的（地名）

Litsea lancifolia 剑叶木姜子：lance-/ lancei-/ lanci-/ lanceo-/ lanc- ← lanceus 披针形的，矛形的，尖刀状的，柳叶刀状的；folius/ folium/ folia 叶，叶片（用于复合词）

Litsea lancifolia var. ellipsoidea 椭圆果木姜子：ellipsoideus 广椭圆形的；ellipso 椭圆形的；-oides/ -oideus/ -oideum/ -oidea/ -odes/ -eidos 像……的，类似……的，呈……状的（名词词尾）

Litsea lancifolia var. lancifolia 剑叶木姜子-原变种 （词义见上面解释）

Litsea lancifolia var. pedicellata 有梗木姜子：pedicellatus = pedicellus + atus 具小花柄的；pedicellus = pes + cellus 小花梗，小花柄（不同于花序柄）；pes/ pedis 柄，梗，茎秆，腿，足，爪（作词首或词尾，pes 的词干视为 “ped-”）；-cellus/ -cellum/ -cella、-cillus/ -cillum/ -cilla 小的，略微的，稍微的（与任何变格法名词形成复合词）；关联词：pedunculus 花序柄，总花梗（花序基部无花着生部分）；-ellatus = ellus + atus 小的，属于小的；-atus/ -atum/ -ata 属于，相似，具有，完成（形容词词尾）

Litsea lancilimba 大果木姜子：lance-/ lancei-/ lanci-/ lanceo-/ lanc- ← lanceus 披针形的，矛形的，尖刀状的，柳叶刀状的；limbus 冠檐，萼檐，瓣片，叶片

Litsea lii 大武山木姜子：lii（人名）；-ii 表示人名，接在以辅音字母结尾的人名后面，但 -er 除外

Litsea linii 白鳞木姜子：linii（人名）；-ii 表示人名，接在以辅音字母结尾的人名后面，但 -er 除外

Litsea litseaefolia 海南木姜子：litseaefolia 木姜子叶的（注：组成复合词时，要将前面词的词尾 -us/ -um/ -a 变成 -i- 或 -o- 而不是所有格，故该词宜改为 “litseifolia”）；Litsea 木姜子属（樟科）；folius/ folium/ folia 叶，叶片（用于复合词）

Litsea liyuyingi 圆锥木姜子：liyuyingi（人名，词尾改为 “-ii” 似更妥）；-ii 表示人名，接在以辅音字母结尾的人名后面，但 -er 除外；-i 表示人名，接在以元音字母结尾的人名后面，但 -a 除外

Litsea longistaminata 长蕊木姜子：longe-/ longi- ← longus 长的，纵向的；staminatus 雄蕊的，具雄蕊的；staminus 雄性的，雄蕊的；stamen/ staminis 雄蕊

Litsea machiloides 润楠叶木姜子：Machilus 润楠属（樟科）；-oides/ -oideus/ -oideum/ -oidea/ -odes/ -eidos 像……的，类似……的，呈……状的（名词词尾）

Litsea magnoliifolia 玉兰叶木姜子：Magnolia 木兰属（木兰科）；folius/ folium/ folia 叶，叶片（用于复合词）

Litsea mishmiensis 米什米木姜子：mishmiensis 米什米的（地名，西藏自治区）

Litsea mollis 毛叶木姜子：molle/ mollis 软的，柔毛的

L

Litsea monantha 单花木姜子：mono-/ mon- ← monos 一个，单一的（希腊语，拉丁语为 unus/ uni-/ uno-）；anthus/ anthum/ antha/ anthe ← anthos 花（用于希腊语复合词）

Litsea monopetala 假柿木姜子：mono-/ mon- ← monos 一个，单一的（希腊语，拉丁语为 unus/ uni-/ uno-）；petalus/ petalum/ petala ← petalon 花瓣

Litsea moupinensis 宝兴木姜子：moupinensis 穆坪的（地名，四川省宝兴县），木坪的（地名，重庆市）

Litsea moupinensis var. glabrescens 峨眉木姜子：glabrus 光秃的，无毛的，光滑的；-escens/ -ascens 改变，转变，变成，略微，带有，接近，相似，大致，稍微（表示变化的趋势，并未完全相似或相同，有别于表示达到完成状态的 -atus）

Litsea moupinensis var. moupinensis 宝兴木姜子-原变种 （词义见上面解释）

Litsea moupinensis var. szechuanica 四川木姜子：szechuanica 四川的（地名）；-icus/ -icum/ -ica 属于，具有某种特性（常用于地名、起源、生境）

Litsea oligophlebia 少脉木姜子：oligo-/ olig- 少数的（希腊语，拉丁语为 pauci-）；phlebius = phlebus + ius 叶脉，属于有脉的；phlebus 脉，叶脉，-ius/ -ium/ -ia 具有……特性的（表示有关、关联、相似）

Litsea panamonja 香花木姜子：panamonja（土名）

Litsea pedunculata 红皮木姜子：pedunculatus/ peduncularis 具花序柄的，具总花梗的；pedunculus/ peduncule/ pedunculis ← pes 花序柄，总花梗（花序基部无花着生部分，不同于花柄）；关联词：pedicellus/ pediculus 小花梗，小花柄（不同于花序柄）；pes/ pedis 柄，梗，茎秆，腿，足，爪（作词首或词尾，pes 的词干视为"ped-"）

Litsea pedunculata var. pedunculata 红皮木姜子-原变种 （词义见上面解释）

Litsea pedunculata var. pubescens 毛红皮木姜子：pubescens ← pubens 被短柔毛的，长出柔毛的；pubi- ← pubis 细柔毛的，短柔毛的，毛被的；pubesco/ pubescere 长成的，变为成熟的，长出柔毛的，青春期体毛的；-escens/ -ascens 改变，转变，变成，略微，带有，接近，相似，大致，稍微（表示变化的趋势，并未完全相似或相同，有别于表示达到完成状态的 -atus）

Litsea pierrei 越南木姜子：pierrei（人名）；-i 表示人名，接在以元音字母结尾的人名后面，但 -a 除外

Litsea pierrei var. pierrei 越南木姜子-原变种 （词义见上面解释）

Litsea pierrei var. szemaois 思茅木姜子：szemaois 思茅的（地名，云南省，有时误拼为"szemois"）

Litsea pittosporifolia 海桐叶木姜子：pittosporifolia 海桐花叶的；Pittosporum 海桐花属（海桐花科）；folius/ folium/ folia 叶，叶片（用于复合词）

Litsea populifolia 杨叶木姜子：Populus 杨属（杨柳科）；folius/ folium/ folia 叶，叶片（用于复合词）

Litsea pseudoelongata 竹叶木姜子：pseudoelongata 像 elongata 的，近似加长的；

pseudo-/ pseud- ← pseudos 假的，伪的，接近，相似（但不是）；Litsea elongate 黄丹木姜子；elongatus 伸长的，延长的；elongare 拉长，延长；longus 长的，纵向的；e-/ ex- 不，无，非，缺乏，不具有（e- 用在辅音字母前，ex- 用在元音字母前，为拉丁语词首，对应的希腊语词首为 a-/ an-，英语为 un-/ -less，注意作词首用的 e-/ ex- 和介词 e/ ex 意思不同，后者意为"出自、从……、由……离开、由于、依照"）

Litsea pungens 木姜子：pungens 硬尖的，针刺的，针刺般的，辛辣的；pungo/ pupugi/ punctum 扎，刺，使痛苦

Litsea rotundifolia 圆叶豺皮樟（豺 chái）：rotundus 圆形的，呈圆形的，肥大的；rotundo 使呈圆形，使圆滑；roto 旋转，滚动；folius/ folium/ folia 叶，叶片（用于复合词）

Litsea rotundifolia var. oblongifolia 豺皮樟：oblongus = ovus + longus 长椭圆形的（ovus 的词干 ov- 音变为 ob-）；ovus 卵，胚珠，卵形的，椭圆形的；longus 长的，纵向的；folius/ folium/ folia 叶，叶片（用于复合词）

Litsea rotundifolia var. ovatifolia 卵叶豺皮樟：ovatus = ovus + atus 卵圆形的；ovus 卵，胚珠，卵形的，椭圆形的；-atus/ -atum/ -ata 属于，相似，具有，完成（形容词词尾）；folius/ folium/ folia 叶，叶片（用于复合词）

Litsea rotundifolia var. rotundifolia 圆叶豺皮樟-原变种 （词义见上面解释）

Litsea rubescens 红叶木姜子：rubescens = rubus + escens 红色，变红的；rubus ← ruber/ rubeo 树莓的，红色的；-escens/ -ascens 改变，转变，变成，略微，带有，接近，相似，大致，稍微（表示变化的趋势，并未完全相似或相同，有别于表示达到完成状态的 -atus）

Litsea rubescens var. rubescens 红叶木姜子-原变种 （词义见上面解释）

Litsea rubescens var. yunnanensis 滇木姜子：yunnanensis 云南的（地名）

Litsea sasakii 浸水营木姜子：sasakii 佐佐木（日本人名）

Litsea sericea 绢毛木姜子（绢 juàn）：sericeus 绢丝状的；sericus 绢丝的，绢毛的，赛尔人的（Ser 为印度一民族）；-eus/ -eum/ -ea（接拉丁语词干时）属于……的，色如……的，质如……的（表示原料、颜色或品质的相似），（接希腊语词干时）属于……的，以……出名，为……所占有（表示具有某种特性）

Litsea subcoriacea 桂北木姜子：subcoriaceus 略呈革质的，近似革质的；sub-（表示程度较弱）与……类似，几乎，稍微，弱，亚，之下，下面；coriaceus = corius + aceus 近皮革的，近革质的；corius 皮革的，革质的；-aceus/ -aceum/ -acea 相似的，有……性质的，属于……的

Litsea subcoriacea var. stenophylla 狭叶桂北木姜子：sten-/ steno- ← stenus 窄的，狭的，薄的；phyllus/ phyllum/ phylla ← phyllon 叶片（用于希腊语复合词）

Litsea subcoriacea var. subcoriacea 桂北木姜子-原变种 （词义见上面解释）

L

Litsea suberosa 栓皮木姜子：suberosus ← suber-osus/ subereus 木栓质的，木栓发达的（同形异义词：sub-erosus 略呈啮蚀状的）；suber- 木栓质的；-osus/ -osum/ -osa 多的，充分的，丰富的，显著发育的，程度高的，特征明显的（形容词词尾）

Litsea taronensis 独龙木姜子：taronensis 独龙江的（地名，云南省）

Litsea tibetana 西藏木姜子：tibetana 西藏的（地名）

Litsea tsinlingensis 秦岭木姜子：tsinlingensis 秦岭的（地名，陕西省）

Litsea umbellata 伞花木姜子：umbellatus = umbella + atus 伞形花序的，具伞的；umbella 伞形花序

Litsea vang 薄托木姜子：vang（人名）

Litsea vang var. lobata 沧源木姜子：lobatus = lobus + atus 具浅裂的，具耳垂状突起的；lobus/ lobos/ lobon 浅裂，耳片（裂片先端钝圆），荚果，蒴果；-atus/ -atum/ -ata 属于，相似，具有，完成（形容词词尾）

Litsea vang var. vang 薄托木姜子-原变种 （词义见上面解释）

Litsea variabilis 黄椿木姜子：variabilis 多种多样的，易变化的，多型的；varius = varus + ius 各种各样的，不同的，多型的，易变的；varus 不同的，变化的，外弯的，凸起的；-ius/ -ium/ -ia 具有……特性的（表示有关、关联、相似）；-ans/ -ens/ -bilis/ -ilis 能够，可能（为形容词词尾，-ans/ -ens 用于主动语态，-bilis/ -ilis 用于被动语态）

Litsea variabilis var. oblonga 毛黄椿木姜子：oblongus = ovus + longus 长椭圆形的（ovus 的词干 ov- 音变为 ob-）；ovus 卵，胚珠，卵形的，椭圆形的；longus 长的，纵向的

Litsea variabilis var. variabilis 黄椿木姜子-原变种 （词义见上面解释）

Litsea variabilis var. variabilis f. chinensis 雄鸡树：chinensis = china + ensis 中国的（地名）；China 中国

Litsea variabilis var. variabilis f. variabilis 黄椿木姜子-原变型 （词义见上面解释）

Litsea veitchiana 钝叶木姜子：veitchiana ← James Veitch（人名，19 世纪植物学家）；Veitch + i（表示连接，复合）+ ana（形容词词尾）

Litsea veitchiana var. trichocarpa 毛果木姜子：trich-/ tricho-/ tricha- ← trichos ← thrix 毛，多毛的，线状的，丝状的；carpus/ carpum/ carpa/ carpon ← carpos 果实（用于希腊语复合词）

Litsea veitchiana var. veitchiana 钝叶木姜子-原变种 （词义见上面解释）

Litsea verticillata 轮叶木姜子：verticillatus/ verticillaris 螺纹的，螺旋的，轮生的，环状的；verticillus 轮，环状排列

Litsea verticillifolia 琼南木姜子：verticillifolia 螺纹状叶片的；verticillaris/ verticillatus 螺纹的，螺旋的，轮生的，环状的；folius/ folium/ folia 叶，叶片（用于复合词）

Litsea viridis 干香柴：viridis 绿色的，鲜嫩的（相当于希腊语的 chloro-）

Litsea wilsonii 绒叶木姜子：wilsonii ← John Wilson（人名，18 世纪英国植物学家）

Litsea yaoshanensis 瑶山木姜子：yaoshanensis 瑶山的（地名，广西壮族自治区）

Litsea yunnanensis 云南木姜子：yunnanensis 云南的（地名）

Littledalea 扇穗茅属（禾本科）（9-2：p377）：littledalea（人名）

Littledalea alaica 帕米尔扇穗茅：alaica 阿拉的（地名，位于帕米尔高原）

Littledalea przevalskyi 寡穗茅：przevalskyi ← Nicolai Przewalski（人名，19 世纪俄国探险家、博物学家）；-i 表示人名，接在以元音字母结尾的人名后面，但 -a 除外

Littledalea racemosa 扇穗茅：racemosus = racemus + osus 总状花序的；racemus/ raceme 总状花序，葡萄串状的；-osus/ -osum/ -osa 多的，充分的，丰富的，显著发育的，程度高的，特征明显的（形容词词尾）

Littledalea tibetica 藏扇穗茅：tibetica 西藏的（地名）；-icus/ -icum/ -ica 属于，具有某种特性（常用于地名、起源、生境）

Litwinowia 脱喙荠属（荠 jì）（十字花科）（33：p115）：litwinowia ← Litwinow（俄国人名）

Litwinowia tenuissima 脱喙荠：tenui- ← tenuis 薄的，纤细的，弱的，瘦的，窄的；-issimus/ -issima/ -issimum 最，非常，极其（形容词最高级）

Livistona 蒲葵属（棕榈科）（13-1：p25）：livistona ← Patrick Murray Livistone（人名，17 世纪英国植物学家）

Livistona chinensis 蒲葵：chinensis = china + ensis 中国的（地名）；China 中国

Livistona cochinchinensis （越南蒲葵）：cochinchinensis ← Cochinchine 南圻的（历史地名，即今越南南部及其周边国家和地区）

Livistona saribus 大叶蒲葵：saribus = saron + ibus 具枝的；saron 枝；-ibus 具有（第三、四变格法名词及 B 类形容词复数夺格和与格词尾，表示"具有某种属性或特征"，如 floribus 有花的，staminibus 有雄蕊的）

Livistona speciosa 美丽蒲葵：speciosus 美丽的，华丽的；species 外形，外观，美观，物种（缩写 sp.，复数 spp.）；-osus/ -osum/ -osa 多的，充分的，丰富的，显著发育的，程度高的，特征明显的（形容词词尾）

Lloydia 洼瓣花属（洼 wā）（百合科）（14：p79）：lloydia ← Edward Lloyd（人名，1660–1709，英国植物学家，本属模式标本采集人）

Lloydia delavayi 黄洼瓣花：delavayi ← P. J. M. Delavay（人名，1834–1895，法国传教士，曾在中国采集植物标本）；-i 表示人名，接在以元音字母结尾的人名后面，但 -a 除外

Lloydia flavonutans 平滑洼瓣花：flavonutans 具黄色垂点的；flavus → flavo-/ flavi-/ flav- 黄色的，鲜黄色的，金黄色的（指纯正的黄色）；nutans 弯曲的，下垂的（弯曲程度远大于 90°）

Lloydia ixiolirioides 紫斑洼瓣花：Ixiolirion 鸢尾蒜属（石蒜科）；-oides/ -oideus/ -oideum/ -oidea/

-odes/ -eidos 像……的，类似……的，呈……状的（名词词尾）

Lloydia oxycarpa 尖果洼瓣花：oxycarpus 尖果的；oxy- ← oxys 尖锐的，酸的；carpus/ carpum/ carpa/ carpon ← carpos 果实（用于希腊语复合词）

Lloydia serotina 洼瓣花：serotinus 晚来的，晚季的，晚开花的

Lloydia serotina var. parva 小洼瓣花：parvus → parvi-/ parv- 小的，些微的，弱的

Lloydia tibetica 西藏洼瓣花：tibetica 西藏的（地名）；-icus/ -icum/ -ica 属于，具有某种特性（常用于地名、起源、生境）

Lloydia yunnanensis 云南洼瓣花：yunnanensis 云南的（地名）

Lobelia 半边莲属（桔梗科）（73-2：p145）：lobelia ← Mathiasde Lobel（人名，1538–1616，比利时植物学家）

Lobelia alsinoides 短柄半边莲：alsinoides 像雀舌草的；Stellaria alsine 雀舌草（石竹科繁缕属）；-oides/ -oideus/ -oideum/ -oidea/ -odes/ -eidos 像……的，类似……的，呈……状的（名词词尾）

Lobelia chinensis 半边莲：chinensis = china + ensis 中国的（地名）；China 中国

Lobelia clavata 密毛山梗菜：clavatus 棍棒状的；clava 棍棒

Lobelia colorata 狭叶山梗菜：coloratus = color + atus 有色的，带颜色的；color 颜色；-atus/ -atum/ -ata 属于，相似，具有，完成（形容词词尾）

Lobelia colorata var. baculus 思茅狭叶山梗菜：baculus 杆，杆子

Lobelia colorata var. colorata 狭叶山梗菜-原变种（词义见上面解释）

Lobelia colorata var. dsolinhoensis 长萼狭叶山梗菜：dsolinhoensis（地名）

Lobelia davidii 江南山梗菜：davidii ← Pere Armand David（人名，1826–1900，曾在中国采集植物标本的法国传教士）；-ii 表示人名，接在以辅音字母结尾的人名后面，但 -er 除外

Lobelia davidii var. davidii 江南山梗菜-原变种（词义见上面解释）

Lobelia davidii var. kwangsiensis 广西山梗菜：kwangsiensis 广西的（地名）

Lobelia davidii var. sichuanensis 四川山梗菜：sichuanensis 四川的（地名）

Lobelia doniana 微齿山梗菜：doniana（人名）

Lobelia erectiuscula 直立山梗菜：erectiusculus = erectus + usculus 近直立的；erectus 直立的，笔直的；-usculus ← -culus 小的，略微的，稍微的（小词 -culus 和某些词构成复合词时变成 -usculus）

Lobelia hainanensis 海南半边莲：hainanensis 海南的（地名）

Lobelia hancei 假半边莲：hancei ← Henry Fletcher Hance（人名，19 世纪英国驻香港领事，曾在中国采集植物）；-i 表示人名，接在以元音字母结尾的人名后由，但 -a 除外

Lobelia heyneana 翅茎半边莲：heyneana（人名）

Lobelia iteophylla 柳叶山梗菜：Itea 鼠刺属（虎耳草科）；phyllus/ phyllum/ phylla ← phyllon 叶片

（用于希腊语复合词）

Lobelia melliana 线萼山梗菜：melliana（人名）

Lobelia pleotricha 毛萼山梗菜：pleo-/ plei-/ pleio- ← pleos/ pleios 多的；trichus 毛，毛发，线

Lobelia pleotricha var. cacumiflora 少花山梗菜：cacuminus ← cacumen 尖顶的，顶端的，矛状的，顶峰的，山峰的；florus/ florum/ flora ← flos 花（用于复合词）

Lobelia pleotricha var. handelii 毛瓣山梗菜：handelii ← H. Handel-Mazzetti（人名，奥地利植物学家，第一次世界大战期间在中国西南地区研究植物）

Lobelia pleotricha var. pleotricha 毛萼山梗菜-原变种（词义见上面解释）

Lobelia pyramidalis 塔花山梗菜：pyramidalis 金字塔形的，三角形的，锥形的；pyramis 棱形体，锥形体，金字塔；构词规则：词尾为 -is 和 -ys 的词的词干分别视为 -id 和 -yd

Lobelia sequinii 西南山梗菜：sequinii（人名）；-ii 表示人名，接在以辅音字母结尾的人名后面，但 -er 除外

Lobelia sessilifolia 山梗菜：sessile-/ sessili-/ sessil- ← sessilis 无柄的，无茎的，基生的，基部的；folius/ folium/ folia 叶，叶片（用于复合词）

Lobelia taliensis 大理山梗菜：taliensis 大理的（地名，云南省）

Lobelia terminalis 顶花半边莲：terminalis 顶端的，顶生的，末端的；terminus 终结，限界；terminate 使终结，设限界

Lobelia zeylanica 卵叶半边莲：zeylanicus 锡兰（斯里兰卡，国家名）；-icus/ -icum/ -ica 属于，具有某种特性（常用于地名、起源、生境）

Lobelia zeylanica var. lobbiana 大花卵叶半边莲：lobbiana ← Lobb（人名）

Lobelia zeylanica var. zeylanica 卵叶半边莲-原变种（词义见上面解释）

Lobularia 香雪球属（十字花科）（33：p127）：lobularia 有小裂片的，微浅裂的

Lobularia maritima 香雪球：maritimus 海滨的（指生境）

Loeseneriella 翅子藤属（翅子藤科）（46：p8）：loeseneriella ← L. E. T. Loesener（人名，19–20 世纪德国植物学家）；-ella 小（用作人名或一些属名词尾时并无小词意义）

Loeseneriella concinna 程香仔树（仔 zǎi）：concinnus 精致的，高雅的，形状好看的

Loeseneriella griseoramula 灰枝翅子藤：griseo- ← griseus 灰色的；ramulus 小枝

Loeseneriella lenticellata 皮孔翅子藤：lenticellatus 具皮孔的；lenticella 皮孔

Loeseneriella merrilliana 翅子藤：merrilliana ← E. D. Merrill（人名，1876–1956，美国植物学家）

Loeseneriella yunnanensis 云南翅子藤：yunnanensis 云南的（地名）

Loganiaceae 马钱科（61：p223）：Logania（属名，马钱科模式属）；-aceae（分类单位科的词尾，为 -aceus 的阴性复数主格形式，加到模式属的名称后或同义词的词干后以组成族群名称）

L

Lolium 黑麦草属（禾本科）（9-2：p288）：lolium 毒麦（古拉丁名称）

Lolium arvense 田野黑麦草（另见 L. temulentum var. arvense）：arvensis 田里生的；arvum 耕地，可耕地

Lolium multiflorum 多花黑麦草：multi- ← multus 多个，多数，很多（希腊语为 poly-）；florus/ florum/ flora ← flos 花（用于复合词）

Lolium perenne 黑麦草：perenne = per + annus 多年生的；per-（在 l 前面音变为 pel-）极，很，颇，甚，非常，完全，通过，遍及（表示效果加强，与 sub- 互为反义词）；annus 一年的，每年的，一年生的

Lolium persicum 欧黑麦草：persicus 桃，杏，波斯的（地名）；-icus/ -icum/ -ica 属于，具有某种特性（常用于地名、起源、生境）

Lolium remotum 疏花黑麦草：remotus 分散的，分开的，稀疏的，远距离的

Lolium rigidum 硬直黑麦草：rigidus 坚硬的，不弯曲的，强直的

Lolium temulentum 毒麦：temulentus 醉人的，醉倒的，眩晕的；temulus 点头的，酒醉的；-ulentus/ -ulentum/ -ulenta/ -olentus/ -olentum/ -olenta（表示丰富、充分或显著发展）

Lolium temulentum var. arvense 田野黑麦草（另见 L. arvense）：arvensis 田里生的；arvum 耕地，可耕地

Lolium temulentum var. longiaristatum 长芒毒麦：longe-/ longi- ← longus 长的，纵向的；aristatus（aristosus）= arista + atus 具芒的，具芒刺的，具刚毛的，具胡须的；arista 芒

Lomagramma 网藤蕨属（藤蕨科）（6-1：p129）：lomus/ lomatos 边缘；grammus 条纹的，花纹的，线条的（希腊语）

Lomagramma grosseserrata 粗齿网藤蕨：grosseserratus = grossus + serrus + atus 具粗大锯齿的；grossus 粗大的，肥厚的；serrus 齿，锯齿；-atus/ -atum/ -ata 属于，相似，具有，完成（形容词词尾）

Lomagramma matthewii 网藤蕨：matthewii（人名）；-ii 表示人名，接在以辅音字母结尾的人名后面，但 -er 除外

Lomagramma yunnanensis 云南网藤蕨：yunnanensis 云南的（地名）

Lomariopsidaceae 藤蕨科（6-1：p125）：Lomariopsis 藤蕨属；-aceae（分类单位科的词尾，为 -aceus 的阴性复数主格形式，加到模式属的名称后或同义词的词干后以组成族群名称）

Lomariopsis 藤蕨属（骨碎补科有中文同名属 Arthropteris）（藤蕨科）（6-1：p125）：Lomaria 罗曼蕨属；-opsis/ -ops 相似，稍微，带有

Lomariopsis chinensis 中华藤蕨：chinensis = china + ensis 中国的（地名）；China 中国

Lomariopsis cochinchinensis 藤蕨：cochinchinensis ← Cochinchine 南圻的（历史地名，即今越南南部及其周边国家和地区）

Lomariopsis spectabilis 美丽藤蕨：spectabilis 壮观的，美丽的，漂亮的，显著的，值得看的；spectus

观看，观察，观测，表情，外观，外表，样子；-ans/ -ens/ -bilis/ -ilis 能够，可能（为形容词词尾，-ans/ -ens 用于主动语态，-bilis/ -ilis 用于被动语态）

Lomatogoniopsis 辐花属（龙胆科）（62：p341）：Lomatogonium 肋柱花属（龙胆科）；-opsis/ -ops 相似，稍微，带有

Lomatogoniopsis alpina 辐花：alpinus = alpus + inus 高山的；alpus 高山；al-/ alti-/ alto- ← altus 高的，高处的；-inus/ -inum/ -ina/ -inos 相近，接近，相似，具有（通常指颜色）；关联词：subalpinus 亚高山的

Lomatogoniopsis galeiformis 盔形辐花：galeiformis 头盔状的；galea 头盔，帽子，毛皮帽子；formis/ forma 形状

Lomatogoniopsis ovatifolia 卵叶辐花：ovatus = ovus + atus 卵圆形的；ovus 卵，胚珠，卵形的，椭圆形的；-atus/ -atum/ -ata 属于，相似，具有，完成（形容词词尾）；folius/ folium/ folia 叶，叶片（用于复合词）

Lomatogonium 肋柱花属（龙胆科）（62：p323）：lomus/ lomatos 边缘；gonius 棱角，膝盖

Lomatogonium bellum 美丽肋柱花：bellus ← belle 可爱的，美丽的

Lomatogonium brachyantherum 短药肋柱花：brachy- ← brachys 短的（用于拉丁语复合词词首）；andrus/ andros/ antherus ← aner 雄蕊，花药，雄性

Lomatogonium caeruleum 喜马拉雅肋柱花：caeruleus/ coeruleus 深蓝色的，海洋蓝的，青色的，暗绿色的；caerulus/ coerulus 深蓝色，海洋蓝，青色，暗绿色；-eus/ -eum/ -ea（接拉丁语词干时）属于……的，色如……的，质如……的（表示原料、颜色或品质的相似），（接希腊语词干时）属于……的，以……出名，为……所占有（表示具有某种特性）

Lomatogonium carinthiacum 肋柱花：carinthiacum（地名，奥地利）

Lomatogonium chumbicum 亚东肋柱花：chumbicum 春丕的（地名，西藏自治区）

Lomatogonium cordifolium 心叶肋柱花：cordi- ← cordis/ cor 心脏的，心形的；folius/ folium/ folia 叶，叶片（用于复合词）

Lomatogonium forrestii 云南肋柱花：forrestii ← George Forrest（人名，1873–1932，英国植物学家，曾在中国西部采集大量植物标本）

Lomatogonium forrestii var. bonatianum 云贵肋柱花：bonatianum（人名）

Lomatogonium forrestii var. forrestii 云南肋柱花-原变种 （词义见上面解释）

Lomatogonium gamosepalum 合萼肋柱花：gamo ← gameo 结合，联合，结婚；sepalus/ sepalum/ sepala 萼片（用于复合词）

Lomatogonium lijiangense 丽江肋柱花：lijiangense 丽江的（地名，云南省）

Lomatogonium lloydioides 岗巴肋柱花：Lloydia 洼瓣花属；-oides/ -oideus/ -oideum/ -oidea/ -odes/ -eidos 像……的，类似……的，呈……状的（名词词尾）

Lomatogonium longifolium 长叶肋柱花：longe-/ longi- ← longus 长的，纵向的；folius/ folium/ folia

叶，叶片（用于复合词）

Lomatogonium macranthum 大花肋柱花：macro-/ macr- ← macros 大的，宏观的（用于希腊语复合词）；anthus/ anthum/ antha/ anthe ← anthos 花（用于希腊语复合词）

Lomatogonium micranthum 小花肋柱花：micr-/ micro- ← micros 小的，微小的，微观的（用于希腊语复合词）；anthus/ anthum/ antha/ anthe ← anthos 花（用于希腊语复合词）

Lomatogonium oreocharis 圆叶肋柱花：oreo-/ ores-/ ori- ← oreos 山，山地，高山；charis/ chares 美丽，优雅，喜悦，恩典，偏爱；Oreocharis 马铃苣苔属（苦苣苔科）

Lomatogonium perenne 宿根肋柱花：perenne = per + annus 多年生的；per-（在 l 前面音变为 pel-）极，很，颇，甚，非常，完全，通过，遍及（表示效果加强，与 sub- 互为反义词）；annus 一年的，每年的，一年生的

Lomatogonium rotatum 辐状肋柱花：rotatus 车轮状的，轮状的；roto 旋转，滚动

Lomatogonium rotatum var. floribundum 密序肋柱花：floribundus = florus + bundus 多花的，繁花的，花正盛开的；florus/ florum/ flora ← flos 花（用于复合词）；-bundus/ -bunda/ -bundum 正在做，正在进行（类似于现在分词），充满，盛行

Lomatogonium rotatum var. rotatum 辐状肋柱花-原变种 （词义见上面解释）

Lomatogonium saccatum 囊腺肋柱花：saccatus = saccus + atus 具袋子的，袋子状的，具囊的；saccus 袋子，囊，包囊；-atus/ -atum/ -ata 属于，相似，具有，完成（形容词词尾）

Lomatogonium sikkimense 锡金肋柱花：sikkimense 锡金的（地名）

Lomatogonium stapfii 垂花肋柱花：stapfii（人名）；-ii 表示人名，接在以辅音字母结尾的人名后面，但 -er 除外

Lomatogonium thomsonii 铺散肋柱花（铺 pū）：thomsonii ← Thomas Thomson（人名，19 世纪英国植物学家）；-ii 表示人名，接在以辅音字母结尾的人名后面，但 -er 除外

Londesia 绒藜属（藜科）（25-2: p111）：londesia ← Londes（俄国人名）

Londesia eriantha 绒藜：erion 绵毛，羊毛；anthus/ anthum/ antha/ anthe ← anthos 花（用于希腊语复合词）

Lonicera 忍冬属（忍冬科）（72: p143）：lonicera ← Adam Lonicer（Lonitzer）（人名，1528–1586，德国植物学家）（以 -er 结尾的人名用作属名时在末尾加 a，如 Lonicera = Lonicer + a）

Lonicera acuminata 淡红忍冬：acuminatus = acumen + atus 锐尖的，渐尖的；acumen 渐尖头；-atus/ -atum/ -ata 属于，相似，具有，完成（形容词词尾）

Lonicera acuminata var. acuminata 淡红忍冬-原变种 （词义见上面解释）

Lonicera acuminata var. depilata 无毛淡红忍冬：depilatus = de + pilus + atus 无毛的，脱毛的（同义词：depilis/ depilosus）；de- 向下，向外，从……，脱离，脱落，离开，去掉；pilus 毛，疏柔毛

Lonicera alberti 沼生忍冬：alberti ← Luigi d'Albertis（人名，19 世纪意大利博物学家）；-i 表示人名，接在以元音字母结尾的人名后面，但 -a 除外，故该种加词词尾宜改为 "-ii"；-ii 表示人名，接在以辅音字母结尾的人名后面，但 -er 除外

Lonicera altmannii 截萼忍冬：altmannii（人名）；-ii 表示人名，接在以辅音字母结尾的人名后面，但 -er 除外

Lonicera angustifolia 狭叶忍冬：angusti- ← angustus 窄的，狭的，细的；folius/ folium/ folia 叶，叶片（用于复合词）

Lonicera anisocalyx 异萼忍冬：aniso- ← anisos 不等的，不同的，不整齐的；calyx → calyc- 萼片（用于希腊语复合词）

Lonicera bournei 西南忍冬：bournei ← Johann Ambrosius Beurer（人名，18 世纪德国药剂师）；-i 表示人名，接在以元音字母结尾的人名后面，但 -a 除外

Lonicera brevisepala 短萼忍冬：brevi- ← brevis 短的（用于希腊语复合词词首）；sepalus/ sepalum/ sepala 萼片（用于复合词）

Lonicera buchananii 滇西忍冬：buchananii ← Francis Buchanan-Hamilton（人名，19 世纪英国植物学家）

Lonicera buddleioides 醉鱼草状忍冬：buddleioides 醉鱼草状的；Buddleja 醉鱼草属（马钱科）；-oides/ -oideus/ -oideum/ -oidea/ -odes/ -eidos 像……的，类似……的，呈……状的（名词词尾）

Lonicera caerulea 蓝果忍冬：caeruleus/ coeruleus 深蓝色的，海洋蓝的，青色的，暗绿色的；caerulus/ coerulus 深蓝色，海洋蓝，青色，暗绿色；-eus/ -eum/ -ea（接拉丁语词干时）属于……的，色如……的，质如……的（表示原料、颜色或品质的相似），（接希腊语词干时）属于……的，以……出名，为……所占有（表示具有某种特性）

Lonicera caerulea var. altaica 阿尔泰忍冬：altaica 阿尔泰的（地名，新疆北部山脉）

Lonicera caerulea var. caerulea 蓝果忍冬-原变种 （词义见上面解释）

Lonicera caerulea var. edulis 蓝靛果：edule/ edulis 食用的，可食的

Lonicera calcarata 长距忍冬：calcaratus = calcar + atus 距的，有距的；calcar- ← calcar 距，花萼或花瓣生蜜源的距，短枝（结果枝）（距：雄鸡、雉等的腿的后面突出像脚趾的部分）；-atus/ -atum/ -ata 属于，相似，具有，完成（形容词词尾）

Lonicera calvescens 海南忍冬：calvescens 变光秃的，几乎无毛的；calvus 光秃的，无毛的，无芒的，裸露的；-escens/ -ascens 改变，转变，变成，略微，带有，接近，相似，大致，稍微（表示变化的趋势并未完全相似或相同，有别于表示达到完成状态的 -atus）

Lonicera carnosifolia 肉叶忍冬：carnosus 肉质的；carne 肉；folius/ folium/ folia 叶，叶片（用于复合词）

Lonicera chrysantha 金花忍冬：chrys-/ chryso- ← chrysos 黄色的，金色的；anthus/ anthum/ antha/

L

anthe ← anthos 花（用于希腊语复合词）

Lonicera chrysantha subsp. chrysantha 金花忍冬-原亚种 （词义见上面解释）

Lonicera chrysantha subsp. koehneana 须蕊忍冬：koehneana ← Bernhard Adalbert Emil Koehne（人名，20 世纪德国植物学家）

Lonicera ciliosissima 长睫毛忍冬：ciliosus 流苏状的，纤毛的；cilium 缘毛，睫毛；-osus/ -osum/ -osa 多的，充分的，丰富的，显著发育的，程度高的，特征明显的（形容词词尾）；-issimus/ -issima/ -issimum 最，非常，极其（形容词最高级）

Lonicera cinerea 灰毛忍冬：cinereus 灰色的，草木灰色的（为纯黑和纯白的混合色，希腊语为 tephro-/ spodo-）；ciner-/ cinere-/ cinereo- 灰色；-eus/ -eum/ -ea（接拉丁语词干时）属于……的，色如……的，质如……的（表示原料、颜色或品质的相似），（接希腊语词干时）属于……的，以……出名，为……所占有（表示具有某种特性）

Lonicera codonantha 钟花忍冬：codon 钟，吊钟形的；anthus/ anthum/ antha/ anthe ← anthos 花（用于希腊语复合词）

Lonicera confusa 华南忍冬：confusus 混乱的，混同的，不确定的，不明确的；fusus 散开的，松散的，松弛的；co- 联合，共同，合起来（拉丁语词首，为 cum- 的音变，表示结合、强化、完全，对应的希腊语为 syn-）；co- 的缀词音变有 co-/ com-/ con-/ col-/ cor-：co-（在 h 和元音字母前面），col-（在 l 前面），com-（在 b、m、p 之前），con-（在 c、d、f、g、j、n、qu、s、t 和 v 前面），cor-（在 r 前面）

Lonicera crassifolia 匍匐忍冬：crassi- ← crassus 厚的，粗的，多肉质的；folius/ folium/ folia 叶，叶片（用于复合词）

Lonicera cyanocarpa 微毛忍冬：cyanus/ cyan-/ cyano- 蓝色的，青色的；carpus/ carpum/ carpa/ carpon ← carpos 果实（用于希腊语复合词）

Lonicera cyanocarpa var. porphyrantha （紫花微毛忍冬）：porphyr-/ porphyro- 紫色；anthus/ anthum/ antha/ anthe ← anthos 花（用于希腊语复合词）

Lonicera dasystyla 水忍冬：dasystylus + dasy + stylus 毛柱的，花柱有粗毛的；dasy- ← dasys 毛茸茸的，粗毛的，毛；stylus/ stylis ← stylos 柱，花柱

Lonicera elisae 北京忍冬：elisae（人名）；-ae 表示人名，以 -a 结尾的人名后面加上 -e 形成

Lonicera fargesii 黏毛忍冬：fargesii ← Pere Paul Guillaume Farges（人名，19 世纪中叶至 20 世纪活动于中国的法国传教士，植物采集员）

Lonicera ferdinandii 葱皮忍冬：ferdinandii ← Baron Ferdinand von Mueller（人名，德国植物学家）

Lonicera ferruginea 锈毛忍冬：ferrugineus 铁锈的，淡棕色的；ferrugo = ferrus + ugo 铁锈（ferrugo 的词干为 ferrugin-）；词尾为 -go 的词其词干末尾视为 -gin；ferreus → ferr- 铁，铁的，铁色的，坚硬如铁的；-eus/ -eum/ -ea（接拉丁语词干时）属于……的，色如……的，质如……的（表示原料、颜色或品质的相似），（接希腊语词干时）属于……的，以……出名，为……所占有（表示具有某种特性）

Lonicera fragilis 短柱忍冬：fragilis 脆的，易碎的

Lonicera fragrantissima 郁香忍冬：fragrantus 芳香的；-issimus/ -issima/ -issimum 最，非常，极其（形容词最高级）

Lonicera fragrantissima subsp. fragrantissima 郁香忍冬-原亚种 （词义见上面解释）

Lonicera fragrantissima subsp. phyllocarpa 樱桃忍冬：phyllocarpus 叶状果的；phyllus/ phyllum/ phylla ← phyllon 叶片（用于希腊语复合词）；carpus/ carpum/ carpa/ carpon ← carpos 果实（用于希腊语复合词）

Lonicera fragrantissima subsp. standishii 苦糖果：standishii ← Johon Standish（人名，19 世纪英国种苗专家）

Lonicera fulvotomentosa 黄褐毛忍冬：fulvus 咖啡色的，黄褐色的；tomentosus = tomentum + osus 绒毛的，密被绒毛的；tomentum 绒毛，浓密的毛被，棉絮，棉絮状填充物（被褥、垫子等）；-osus/ -osum/ -osa 多的，充分的，丰富的，显著发育的，程度高的，特征明显的（形容词词尾）

Lonicera graebneri 短梗忍冬：graebneri（人名）；-eri 表示人名，在以 -er 结尾的人名后面加上 i 形成

Lonicera gynochlamydea 蕊被忍冬：gynochlamydeus 具子房被套的；gyn-/ gyno-/ gyne- ← gynus 雌性的，雌蕊的，雌花的，心皮的；chlamydeus 包被的，花被的，覆盖的

Lonicera gynopogon （毛蕊忍冬）：gyn-/ gyno-/ gyne- ← gynus 雌性的，雌蕊的，雌花的，心皮的；pogon 胡须，髯毛，芒尖

Lonicera hemsleyana 倒卵叶忍冬：hemsleyana ← William Botting Hemsley（人名，19 世纪研究中美洲植物的植物学家）

Lonicera heterophylla 异叶忍冬：heterophyllus 异型叶的；hete-/ heter-/ hetero- ← heteros 不同的，多样的，不齐的；phyllus/ phyllum/ phylla ← phyllon 叶片（用于希腊语复合词）

Lonicera hildebrandiana 大果忍冬：hildebrandiana ← Hildebrand（人名，19–20 世纪英国和德国有多位植物学家同用此姓）

Lonicera hispida 刚毛忍冬：hispidus 刚毛的，鬃毛状的

Lonicera humilis 矮小忍冬：humilis 矮的，低的

Lonicera hypoglauca 菰腺忍冬（菰 gū）：hypoglaucus 下面白色的；hyp-/ hypo- 下面的，以下的，不完全的；glaucus → glauco-/ glauc- 被白粉的，发白的，灰绿色的

Lonicera hypoglauca subsp. hypoglauca 菰腺忍冬-原亚种 （词义见上面解释）

Lonicera hypoglauca subsp. nudiflora 净花菰腺忍冬：nudi- ← nudus 裸露的；florus/ florum/ flora ← flos 花（用于复合词）

Lonicera hypoleuca 白背忍冬：hypoleucus 背面白色的，下面白色的；hyp-/ hypo- 下面的，以下的，不完全的；leucus 白色的，淡色的

Lonicera inconspicua 杯萼忍冬：inconspicuus 不显眼的，不起眼的，很小的；in-/ im-（来自 il- 的音变）内，在内，内部，向内，相反，不，无，非；il- 在内，向内，为，相反（希腊语为 en-）；词首 il- 的

L

音变：il-（在 l 前面），im-（在 b、m、p 前面），in-（在元音字母和大多数辅音字母前面），ir-（在 r 前面），如 illaudatus（不值得称赞的，评价不好的），impermeabilis（不透水的，穿不透的），ineptus（不合适的），insertus（插入的），irretortus（无弯曲的，无扭曲的）；conspicuus 显著的，显眼的

Lonicera inodora 卵叶忍冬：inodorus 无气味的；in-/ im-（来自 il- 的音变）内，在内，内部，向内，相反，不，无，非；il- 在内，向内，为，相反（希腊语为 en-）；词首 il- 的音变：il-（在 l 前面），im-（在 b、m、p 前面），in-（在元音字母和大多数辅音字母前面），ir-（在 r 前面），如 illaudatus（不值得称赞的，评价不好的），impermeabilis（不透水的，穿不透的），ineptus（不合适的），insertus（插入的），irretortus（无弯曲的，无扭曲的）；odorus 香气的，气味的

Lonicera japonica 忍冬：japonica 日本的（地名）；-icus/ -icum/ -ica 属于，具有某种特性（常用于地名、起源、生境）

Lonicera japonica var. chinensis 红白忍冬：chinensis = china + ensis 中国的（地名）；China 中国

Lonicera japonica var. japonica 忍冬-原变种（词义见上面解释）

Lonicera jilongensis 吉隆忍冬：jilongensis 吉隆的（地名，西藏自治区）

Lonicera kansuensis 甘肃忍冬：kansuensis 甘肃的（地名）

Lonicera kawakamii 玉山忍冬：kawakamii 川上（人名，20 世纪日本植物采集员）

Lonicera lanceolata 柳叶忍冬：lanceolatus = lanceus + olus + atus 小披针形的，小柳叶刀的；lance-/ lancei-/ lanci-/ lanceo-/ lanc- ← lanceus 披针形的，矛形的，尖刀状的，柳叶刀状的；-olus ← -ulus 小，稍微，略微（-ulus 在字母 e 或 i 之后变成 -olus/ -ellus/ -illus）；-atus/ -atum/ -ata 属于，相似，具有，完成（形容词词尾）

Lonicera lanceolata var. glabra 光枝柳叶忍冬：glabrus 光秃的，无毛的，光滑的

Lonicera lanceolata var. lanceolata 柳叶忍冬-原变种（词义见上面解释）

Lonicera ligustrina 女贞叶忍冬：ligustrina 像女贞的；Ligustrum 女贞属（木樨科）；-inus/ -inum/ -ina/ -inos 相近，接近，相似，具有（通常指颜色）

Lonicera ligustrina subsp. ligustrina 女贞叶忍冬-原亚种（词义见上面解释）

Lonicera ligustrina subsp. yunnanensis 亮叶忍冬：yunnanensis 云南的（地名）

Lonicera litangensis 理塘忍冬：litangensis 理塘的（地名，四川省）

Lonicera longiflora 长花忍冬：longe-/ longi- ← longus 长的，纵向的；florus/ florum/ flora ← flos 花（用于复合词）

Lonicera longituba 卷瓣忍冬：longe-/ longi- ← longus 长的，纵向的；tubus 管子的，管状的，筒状的

Lonicera maackii 金银忍冬：maackii ← Richard Maack（人名，19 世纪俄国博物学家）

Lonicera maackii var. erubescens 红花金银忍冬：erubescens/ erubui ← erubeco/ erubere/ rubui 变红色的，浅红色的，赤红面的；rubescens 发红的，带红的，近红的；rubus ← ruber/ rubeo 树莓的，红色的；rubens 发红的，带红色的，变红的，红的；rubeo/ rubere/ rubui 红色的，变红，放光，闪耀；rubesco/ rubere/ rubui 变红；-escens/ -ascens 改变，转变，变成，略微，带有，接近，相似，大致，稍微（表示变化的趋势，并未完全相似或相同，有别于表示达到完成状态的 -atus）

Lonicera maackii var. maackii 金银忍冬-原变种（词义见上面解释）

Lonicera macrantha 大花忍冬：macro-/ macr- ← macros 大的，宏观的（用于希腊语复合词）；anthus/ anthum/ antha/ anthe ← anthos 花（用于希腊语复合词）

Lonicera macrantha var. heterotricha 异毛忍冬：hete-/ heter-/ hetero- ← heteros 不同的，多样的，不齐的；trichus 毛，毛发，线

Lonicera macrantha var. macrantha 大花忍冬-原变种 （词义见上面解释）

Lonicera macranthoides 灰毡毛忍冬：macranthoides 像 macrantha 的，近似大花的；Lonicera macrantha 大花忍冬；macro-/ macr- ← macros 大的，宏观的（用于希腊语复合词）；anthus/ anthum/ antha/ anthe ← anthos 花（用于希腊语复合词）；-oides/ -oideus/ -oideum/ -oidea/ -odes/ -eidos 像……的，类似……的，呈……状的（名词词尾）

Lonicera maximowiczii 紫花忍冬：maximowiczii ← C. J. Maximowicz 马克希莫夫（人名，1827–1891，俄国植物学家）

Lonicera microphylla 小叶忍冬：micr-/ micro- ← micros 小的，微小的，微观的（用于希腊语复合词）；phyllus/ phyllum/ phylla ← phyllon 叶片（用于希腊语复合词）

Lonicera minuta 矮生忍冬：minutus 极小的，细微的，微小的

Lonicera minutifolia 细叶忍冬：minutus 极小的，细微的，微小的；folius/ folium/ folia 叶，叶片（用于复合词）

Lonicera modesta 下江忍冬：modestus 适度的，保守的

Lonicera modesta var. lushanensis 庐山忍冬：lushanensis 庐山的（地名，江西省）

Lonicera modesta var. modesta 下江忍冬-原变种（词义见上面解释）

Lonicera mucronata 短尖忍冬：mucronatus = mucronus + atus 具短尖的，有微突起的；mucronus 短尖头，微突；-atus/ -atum/ -ata 属于，相似，具有，完成（形容词词尾）

Lonicera myrtillus 越橘叶忍冬：myrtillus = Myrtus + illus 小香桃木（指像桃香木）；Myrtus 香桃木属（桃金娘科）；-illus ← ellus 小的，略微的，稍微的

Lonicera myrtillus var. cyclophylla 圆叶忍冬：cyclo-/ cycl- ← cyclos 圆形，圈环；phyllus/ phyllum/ phylla ← phyllon 叶片（用于希腊语复

L

合词）

Lonicera myrtillus var. myrtillus 越橘叶忍冬-原变种 （词义见上面解释）

Lonicera nervosa 红脉忍冬：nervosus 多脉的，叶脉明显的；nervus 脉，叶脉；-osus/ -osum/ -osa 多的，充分的，丰富的，显著发育的，程度高的，特征明显的（形容词词尾）

Lonicera nigra 黑果忍冬：nigrus 黑色的；niger 黑色的

Lonicera nubium 云雾忍冬：nubius 云雾的

Lonicera oblata 丁香叶忍冬：oblatus 扁圆形的；ob- 相反，反对，倒（ob- 有多种音变：ob- 在元音字母和大多数辅音字母前面，oc- 在 c 前面，of- 在 f 前面，op- 在 p 前面）；latus 宽的，宽广的

Lonicera oiwakensis 瘤基忍冬：oiwakensis 追分的（地名，属台湾省，"oiwake" 为 "追分" 的日语读音）

Lonicera omissa 无毛忍冬：omissus 被忽略的，不被注意的

Lonicera oreodoxa 垫状忍冬：oreodoxa 装饰山地的；oreo-/ ores-/ ori- ← oreos 山，山地，高山；-doxa/ -doxus 荣耀的，瑰丽的，壮观的，显眼的

Lonicera pampaninii 短柄忍冬：pampaninii（人名）；-ii 表示人名，接在以辅音字母结尾的人名后面，但 -er 除外

Lonicera perulata （鳞盾忍冬）：perulatus = perulus + atus 具芽鳞的，具鳞片的，具小囊的；perulus 芽鳞，小囊

Lonicera pileata 蕊帽忍冬：pileatus 帽子，盖子，帽子状的，斗笠状的；pileus 帽子；-atus/ -atum/ -ata 属于，相似，具有，完成（形容词词尾）

Lonicera pileata var. linearis 条叶蕊帽忍冬：linearis = lineus + aris 线条的，线形的，线状的，亚麻状的；lineus = linum + eus 线状的，丝状的，亚麻状的；linum ← linon 亚麻，线（古拉丁名）；-aris（阳性、阴性）/ -are（中性）← -alis（阳性、阴性）/ -ale（中性）属于，相似，如同，具有，涉及，关于，联结于（将名词作形容词用，其中 -aris 常用于以 l 或 r 为词干末尾的词）

Lonicera pileata var. pileata 蕊帽忍冬-原变种 （词义见上面解释）

Lonicera praeflorens 早花忍冬：praeflorens 早开花的，先叶开花的；prae- 先前的，前面的，在先的，早先的，上面的，很，十分，极其；florens 开花

Lonicera prostrata 平卧忍冬：prostratus/ pronus/ procumbens 平卧的，匍匐的

Lonicera proterantha （早春忍冬）：proteranthus 花先开放的；proter- 在前，在先；anthus/ anthum/ antha/ anthe ← anthos 花（用于希腊语复合词）

Lonicera retusa 凹叶忍冬：retusus 微凹的

Lonicera rhytidophylla 皱叶忍冬：rhytido-/ rhyt- ← rhytidos 褶皱的，皱纹的，折叠的；phyllus/ phyllum/ phylla ← phyllon 叶片（用于希腊语复合词）

Lonicera rockii （洛基忍冬）：rockii ← Joseph Francis Charles Rock（人名，20 世纪美国植物采集员）

Lonicera rupicola 岩生忍冬：rupicolus/ rupestris 生于岩壁的，岩栖的；rup-/ rupi- ← rupes/ rupis

岩石的；colus ← colo 分布于，居住于，栖居，殖民（常作词尾）；colo/ colere/ colui/ cultum 居住，耕作，栽培

Lonicera rupicola var. rupicola 岩生忍冬-原变种 （词义见上面解释）

Lonicera rupicola var. syringantha 红花岩生忍冬：Syringa 丁香属（木樨科）；anthus/ anthum/ antha/ anthe ← anthos 花（用于希腊语复合词）

Lonicera ruprechtiana 长白忍冬：ruprechtiana ← Franz Joseph Ruprecht（人名，19 世纪俄国植物学家）

Lonicera ruprechtiana var. calvescens 光枝长白忍冬：calvescens 变光秃的，几乎无毛的；calvus 光秃的，无毛的，无芒的，裸露的；-escens/ -ascens 改变，转变，变成，略微，带有，接近，相似，大致，稍微（表示变化的趋势，并未完全相似或相同，有别于表示达到完成状态的 -atus）

Lonicera ruprechtiana var. ruprechtiana 长白忍冬-原变种 （词义见上面解释）

Lonicera saccata 袋花忍冬：saccatus = saccus + atus 具袋子的，袋子状的，具囊的；saccus 袋子，囊，包囊；-atus/ -atum/ -ata 属于，相似，具有，完成（形容词词尾）

Lonicera saccata var. saccata 袋花忍冬-原变种 （词义见上面解释）

Lonicera saccata var. tangiana 毛果袋花忍冬：tangiana（人名）

Lonicera schneideriana 短苞忍冬：schneideriana（人名）

Lonicera semenovii 藏西忍冬：semenovii（人名）；-ii 表示人名，接在以辅音字母结尾的人名后面，但 -er 除外

Lonicera sempervirens 贯月忍冬：sempervirens 常绿的；semper 总是，经常，永久；virens 绿色的，变绿的

Lonicera serreana 毛药忍冬：serreanus 具锯齿的；serrus 齿，锯齿；-anus/ -anum/ -ana 属于，来自（形容词词尾）

Lonicera setchuensis （川蜀忍冬）：setchuensis 四川的（地名）

Lonicera setifera 齿叶忍冬：setiferus 具刚毛的；setus/ saetus 刚毛，刺毛，芒刺；-ferus/ -ferum/ -fera/ -fero/ -fere/ -fer 有，具有，产（区别：作独立词使用的 ferus 意思是 "野生的"）

Lonicera similis 细毡毛忍冬：similis/ simile 相似，相似的；similo 相似

Lonicera similis var. omeiensis 峨眉忍冬：omeiensis 峨眉山的（地名，四川省）

Lonicera similis var. similis 细毡毛忍冬-原变种 （词义见上面解释）

Lonicera spinosa 棘枝忍冬：spinosus = spinus + osus 具刺的，多刺的，长满刺的；spinus 刺，针刺；-osus/ -osum/ -osa 多的，充分的，丰富的，显著发育的，程度高的，特征明显的（形容词词尾）

Lonicera stephanocarpa 冠果忍冬（冠 guān）：stephanocarpus 冠状果的（指果排列成冠状）；stephanus ← stephanos = stephos/ stephus + anus 冠，王冠，花冠，冠状物，花环（希腊语）；carpus/

L

carpum/ carpa/ carpon ← carpos 果实（用于希腊语复合词）

Lonicera subaequalis 川黔忍冬：subaequalis 近似对称的，近似对等的；sub-（表示程度较弱）与……类似，几乎，稍微，弱，亚，之下，下面；aequalis 相等的，相同的，对称的；aequus 平坦的，均等的，公平的，友好的

Lonicera subhispida 单花忍冬：subhispidus 稍被刚毛的，近似 hispida 的；sub-（表示程度较弱）与……类似，几乎，稍微，弱，亚，之下，下面；Lonicera hispida 刚毛忍冬；hispidus 刚毛的，鬃毛状的

Lonicera sublabiata 唇花忍冬：sublabiata 略呈唇形的，近唇形的；sub-（表示程度较弱）与……类似，几乎，稍微，弱，亚，之下，下面；labiatus ← labius 具唇的，具唇瓣的；labius 唇，唇瓣，唇形

Lonicera szechuanica 四川忍冬：szechuanica 四川的（地名）；-icus/ -icum/ -ica 属于，具有某种特性（常用于地名、起源、生境）

Lonicera taipeiensis 太白忍冬：taipeiensis 太白的（地名，陕西省，有时拼写为"taipai"，而"太白"的规范拼音为"taibai"），台北的（地名，属台湾省）

Lonicera tangutica 唐古特忍冬：tangutica ← Tangut 唐古特的，党项（西夏时期生活于中国西北地区的党项羌人，蒙古语称其为"唐古特"，有多种音译，如唐兀、唐古、唐括等）；-icus/ -icum/ -ica 属于，具有某种特性（常用于地名、起源、生境）

Lonicera tatarica 新疆忍冬：tatarica ← Tatar 鞑靼的（古代欧亚大草原不同游牧民族的泛称，有多种音译：达怛、达靼、塔坦、鞑靼、达打、达达）

Lonicera tatarica var. micrantha 小花忍冬：micr-/ micro- ← micros 小的，微小的，微观的（用于希腊语复合词）；anthus/ anthum/ antha/ anthe ← anthos 花（用于希腊语复合词）

Lonicera tatarica var. tatarica 新疆忍冬-原变种（词义见上面解释）

Lonicera tatarinowii 华北忍冬：tatarinowii（人名）；-ii 表示人名，接在以辅音字母结尾的人名后面，但 -er 除外

Lonicera tomentella 毛冠忍冬：tomentellus 被短绒毛的，被微绒毛的；tomentum 绒毛，浓密的毛被，棉絮，棉絮状填充物（被褥、垫子等）；-ellus/ -ellum/ -ella ← -ulus 小的，略微的，稍微的（小词 -ulus 在字母 e 或 i 之后有多种变缀，即 -olus/ -olum/ -ola、-ellus/ -ellum/ -ella、-illus/ -illum/ -illa，用于第一变格法名词）

Lonicera tomentella var. tomentella 毛冠忍冬-原变种（词义见上面解释）

Lonicera tomentella var. tsarongensis 察瓦龙忍冬：tsarongensis 察瓦龙的（地名，西藏自治区）

Lonicera tragophylla 盘叶忍冬：Tragus 锋芒草属（禾本科）；phyllus/ phyllum/ phylla ← phyllon 叶片（用于希腊语复合词）

Lonicera tricalysioides 赤水忍冬：tricalysioides 像狗骨柴的；Tricalysia 狗骨柴属（茜草科）；calysia ← calyx 萼片；-oides/ -oideus/ -oideum/ -oidea/ -odes/ -eidos 像……的，类似……的，呈……状的（名词词尾）

Lonicera trichogyne 毛果忍冬：trich-/ tricho-/ tricha- ← trichos ← thrix 毛，多毛的，线状的，丝状的；gyne ← gynus 雌蕊的，雌性的，心皮的

Lonicera trichogyne var. aequipila（毛被忍冬）：aequus 平坦的，均等的，公平的，友好的；aequi- 相等，相同；pilus 毛，疏柔毛

Lonicera trichosantha 毛花忍冬：trich-/ tricho-/ tricha- ← trichos ← thrix 毛，多毛的，线状的，丝状的；anthus/ anthum/ antha/ anthe ← anthos 花（用于希腊语复合词）

Lonicera trichosantha var. trichosantha 毛花忍冬-原变种（词义见上面解释）

Lonicera trichosantha var. xerocalyx 长叶毛花忍冬：xeros 干旱的，干燥的；calyx → calyc- 萼片（用于希腊语复合词）

Lonicera trichosepala 毛萼忍冬：trich-/ tricho-/ tricha- ← trichos ← thrix 毛，多毛的，线状的，丝状的；sepalus/ sepalum/ sepala 萼片（用于复合词）

Lonicera tubuliflora 管花忍冬：tubuliflorus = tubus + ulus + florus 小管状花的；tubus 管子的，管状的，筒状的；-ulus/ -ulum/ -ula 小的，略微的，稍微的（小词 -ulus 在字母 e 或 i 之后有多种变缀，即 -olus/ -olum/ -ola、-ellus/ -ellum/ -ella、-illus/ -illum/ -illa，与第一变格法和第二变格法名词形成复合词）；florus/ florum/ flora ← flos 花（用于复合词）

Lonicera virgultorum 绢柳林忍冬（绢 juàn）：virgultorum 灌丛的；virgultus/ virgultum 灌丛的，密林的；virgula 小枝，细枝；virga/ virgus 纤细枝条，细而绿的枝条；-orum 属于……的（第二变格法名词复数所有格词尾，表示群落或多数）

Lonicera webbiana 华西忍冬：webbiana ← Philip Barker Webb（人名，19 世纪植物采集员，摩洛哥 Tetuan 山植物采集第一人）

Lonicera webbiana var. mupinensis 川西忍冬：mupinensis 穆坪的（地名，四川省）

Lonicera webbiana var. webbiana 华西忍冬-原变种（词义见上面解释）

Lonicera yunnanensis 云南忍冬：yunnanensis 云南的（地名）

Lonicera yunnanensis var. tenuis 云南忍冬-变种：tenuis 薄的，纤细的，弱的，瘦的，窄的

Lophanthus 扭藿香属（藿 huò）（唇形科）（65-2: p260）：lophus ← lophos 鸡冠，冠毛，额头，驼峰状突起；anthus/ anthum/ antha/ anthe ← anthos 花（用于希腊语复合词）

Lophanthus chinensis 扭藿香：chinensis = china + ensis 中国的（地名）；China 中国

Lophanthus krylovii 阿尔泰扭藿香：krylovii（人名）；-ii 表示人名，接在以辅音字母结尾的人名后面，但 -er 除外

Lophanthus schrenkii 天山扭藿香：schrenkii（人名）；-ii 表示人名，接在以辅音字母结尾的人名后面，但 -er 除外

Lophanthus tibeticus 西藏扭藿香：tibeticus 西藏的（地名）；-icus/ -icum/ -ica 属于，具有某种特性（常用于地名、起源、生境）

Lophatherum 淡竹叶属（禾本科）（9-2: p35)：

L

lophatherum = lophos + ather 鸡冠状芒的；lophus ← lophos 鸡冠，冠毛，额头，驼峰状突起；atherus ← ather 芒

Lophatherum gracile 淡竹叶：gracile → gracil- 细长的，纤弱的，丝状的；gracilis 细长的，纤弱的，丝状的

Lophatherum sinense 中华淡竹叶：sinense = Sina + ense 中国的（地名）；Sina 中国

Loranthaceae 桑寄生科（24：p86）：Loranthus 桑寄生属；-aceae（分类单位科的词尾，为 -aceus 的阴性复数主格形式，加到模式属的名称后或同义词的词干后以组成族群名称）

Loranthus 桑寄生属（桑寄生科）（24：p101）：loranthus 飘带状花的（比喻线裂的花冠）；lor- ← lorus ← loron 带子，带状，飘带；anthus/ anthum/ antha/ anthe ← anthos 花（用于希腊语复合词）

Loranthus delavayi 椆树桑寄生（椆 chóu）：delavayi ← P. J. M. Delavay（人名，1834–1895，法国传教士，曾在中国采集植物标本）；-i 表示人名，接在以元音字母结尾的人名后面，但 -a 除外

Loranthus guizhouensis 南桑寄生：guizhouensis 贵州的（地名）

Loranthus kaoi 台中桑寄生：kaoi 高氏（人名）

Loranthus lambertianus 吉隆桑寄生：lambertianus ← Aylmer Bourke Lambert（人名，1761–1842，英国植物学家、作家）

Loranthus pseudo-odoratus 华中桑寄生：pseudo-odoratus 像 odoratus 的；pseudo-/ pseud- ← pseudos 假的，伪的，接近，相似（但不是）；Lathyrus odoratus 香豌豆；odoratus = odorus + atus 香气的，气味的

Loropetalum 檵木属（檵 jì）（金缕梅科）（35-2：p70）：loro 带状的，舌状的；petalus/ petalum/ petala ← petalon 花瓣

Loropetalum chinense 檵木：chinense 中国的（地名）

Loropetalum chinense var. rubrum 红花檵木：rubrus/ rubrum/ rubra/ ruber 红色的

Loropetalum lanceum 大果檵木：lanceus 披针形的，矛形的，尖刀状的，柳叶刀状的

Loropetalum subcapitatum 大叶檵木：subcapitatus 近头状的；sub-（表示程度较弱）与……类似，几乎，稍微，弱，亚，之下，下面；capitatus 头状的，头状花序的；capitus ← capitis 头，头状

Lotononis 罗顿豆属（豆科）（42-2：p382）：lotononis（人名）

Lotononis bainesii 罗顿豆：bainesii ← Thomas Baines（人名，19 世纪非洲探险家、艺术家）；-ii 表示人名，接在以辅音字母结尾的人名后面，但 -er 除外

Lotus 百脉根属（豆科）（42-2：p222）：lotus/ lotos ① 一种甜果（古希腊诗人荷马首次使用），② 百脉根属（林奈用来为三叶草状的该属植物命名），③ 荷叶、莲子，④ 沉浸水中

Lotus alpinus 高原百脉根：alpinus = alpus + inus 高山的；alpus 高山；al-/ alti-/ alto- ← altus 高的，高处的；-inus/ -inum/ -ina/ -inos 相近，接近，相似，具有（通常指颜色）；关联词：subalpinus 亚高山的

Lotus angustissimus 尖齿百脉根：angusti- ← angustus 窄的，狭的，细的；-issimus/ -issima/ -issimum 最，非常，极其（形容词最高级）

Lotus australis 兰屿百脉根：australis 南方的，南半球的；austro-/ austr- 南方的，南半球的，大洋洲的；auster 南方，南风；-aris（阳性、阴性）/ -are（中性）← -alis（阳性、阴性）/ -ale（中性）属于，相似，如同，具有，涉及，关于，联结于（将名词作形容词用，其中 -aris 常用于以 l 或 r 为词干末尾的词）

Lotus corniculatus 百脉根：corniculatus = cornus + culus + atus 犄角的，兽角的，兽角般坚硬的；cornus 角，犄角，兽角，角质，角质般坚硬；-culus/ -culum/ -cula 小的，略微的，稍微的（同第三变格法和第四变格法名词形成复合词）；-atus/ -atum/ -ata 属于，相似，具有，完成（形容词词尾）

Lotus corniculatus var. corniculatus 百脉根-原变种（词义见上面解释）

Lotus corniculatus var. japonicus 光叶百脉根：japonicus 日本的（地名）；-icus/ -icum/ -ica 属于，具有某种特性（常用于地名、起源、生境）

Lotus frondosus 新疆百脉根：frondosus/ foliosus 多叶的，生叶的，叶状的；frond/ frons 叶（蕨类、棕榈、苏铁类），叶状体，叶簇，叶丛，植物体（藻类、藓类），前额，正前面；frondula 羽片（羽状叶的分离部分）；-osus/ -osum/ -osa 多的，充分的，丰富的，显著发育的，程度高的，特征明显的（形容词词尾）

Lotus praetermissus 短果百脉根：praetermissus 漏看的，省略的

Lotus tenuis 细叶百脉根：tenuis 薄的，纤细的，弱的，瘦的，窄的

Lotus tetragonolobus 翅荚百脉根：tetra-/ tetr- 四，四数（希腊语，拉丁语为 quadri-/ quadr-）；gono/ gonos/ gon 关节，棱角，角度；lobus/ lobos/ lobon 浅裂，耳片（裂片先端钝圆），荚果，蒴果

Loxocalyx 斜萼草属（唇形科）（65-2：p540）：loxocalyx 萼片歪斜的，萼片不正的（萼片上下唇齿度不同，呈歪斜的五角形）；loxos 歪斜的，不正的；loxo- 歪的，斜的，偏的；calyx → calyc- 萼片（用于希腊语复合词）

Loxocalyx quinquenervius 五脉斜萼草：quin-/ quinqu-/ quinque-/ quinqui- 五，五数（希腊语为 penta-）；nervius = nervus + ius 具脉的，具叶脉的；nervus 脉，叶脉；-ius/ -ium/ -ia 具有……特性的（表示有关、关联、相似）

Loxocalyx urticifolius 斜萼草：Urtica 荨麻属（荨麻科）；folius/ folium/ folia 叶，叶片（用于复合词）

Loxocalyx urticifolius var. decemnervius 斜萼草-十脉变种：deca-/ dec- 十（希腊语，拉丁语为 decem-）；nervius = nervus + ius 具脉的，具叶脉的；nervus 脉，叶脉；-ius/ -ium/ -ia 具有……特性的（表示有关、关联、相似）

Loxocalyx urticifolius var. urticifolius 斜萼草-原变种（词义见上面解释）

Loxogrammaceae 剑蕨科（6-2：p323）：
Loxogramme 剑蕨属；-aceae（分类单位科的词尾，为 -aceus 的阴性复数主格形式，加到模式属的名称后或同义词的词干后以组成族群名称）

Loxogramme 剑蕨属（剑蕨科）（6-2：p323）：
loxogramme = loxos + gramme 斜线的（指孢子囊群排列成斜线形）；loxos 歪斜的，不正的；gramme 线条

Loxogramme acroscopa 顶生剑蕨：acroscopa 向顶端的，位于顶端的，向上的；acr-/ acro- ← acros 顶尖，顶端，尖头，在顶尖的，辛辣，酸的；scopa 观察，新芽，新枝，笤帚

Loxogramme assimilis 黑鳞剑蕨：assimilis = ad + similis 相似的，同样的，有关系的；simile 相似地，相近地；ad- 向，到，近（拉丁语词首，表示程度加强）；构词规则：构成复合词时，词首末尾的辅音字母常同化为紧接其后的那个辅音字母（如 ad + s → ass）；similis 相似的

Loxogramme chinensis 中华剑蕨：chinensis = china + ensis 中国的（地名）；China 中国

Loxogramme cuspidata 西藏剑蕨：cuspidatus = cuspis + atus 尖头的，凸尖的；构词规则：词尾为 -is 和 -ys 的词的词干分别视为 -id 和 -yd；cuspis（所有格为 cuspidis）齿尖，凸尖，尖头；-atus/ -atum/ -ata 属于，相似，具有，完成（形容词词尾）

Loxogramme duclouxii 褐柄剑蕨：duclouxii（人名）；-ii 表示人名，接在以辅音字母结尾的人名后面，但 -er 除外

Loxogramme formosana 台湾剑蕨：formosanus = formosus + anus 美丽的，台湾的；formosus ← formosa 美丽的，台湾的（葡萄牙殖民者发现台湾时对其的称呼，即美丽的岛屿）；-anus/ -anum/ -ana 属于，来自（形容词词尾）

Loxogramme grammitoides 匙叶剑蕨（匙 chí）：Grammitis 禾叶蕨属（禾叶蕨科）；-oides/ -oideus/ -oideum/ -oidea/ -odes/ -eidos 像……的，类似……的，呈……状的（名词词尾）

Loxogramme involuta 内卷剑蕨：involutus 向内包裹的，向内卷曲的；in-/ im-（来自 il- 的音变）内，在内，内部，向内，相反，不，无，非；il- 在内，向内，为，相反（希腊语为 en-）；词首 il- 的音变：il-（在 l 前面），im-（在 b、m、p 前面），in-（在元音字母和大多数辅音字母前面），ir-（在 r 前面），如 illaudatus（不值得称赞的，评价不好的），impermeabilis（不透水的，穿不透的），ineptus（不合适的），insertus（插入的），irretortus（无弯曲的，无扭曲的）；volutus/ volutum/ volvo 转动，滚动，旋卷，盘结

Loxogramme lankokiensis 老街剑蕨：lankokiensis（地名）

Loxogramme porcata 拟内卷剑蕨：porcatus 有脊的

Loxogramme salicifolia 柳叶剑蕨：salici ← Salix 柳属；构词规则：以 -ix/ -iex 结尾的词其词干末尾视为 -ic，以 -ex 结尾视为 -i/ -ic，其他以 -x 结尾视为 -c；folius/ folium/ folia 叶，叶片（用于复合词）

Loxostemon 弯蕊芥属（十字花科）（33：p231）：loxos 歪斜的，不正的；stemon 雄蕊

Loxostemon axillus 腋生弯蕊芥：axillus 叶腋的；axill-/ axilli- 叶腋

Loxostemon delavayi 宽翅弯蕊芥：delavayi ← P. J. M. Delavay（人名，1834–1895，法国传教士，曾在中国采集植物标本）；-i 表示人名，接在以元音字母结尾的人名后面，但 -a 除外

Loxostemon granulifer 三叶弯蕊芥：granulifer 具颗粒的；granus 粒，种粒，谷粒，颗粒；granulus 颗粒，颗粒状的/ granular/ granulatus/ granulose/ granulum；-ulus/ -ulum/ -ula 小的，略微的，稍微的（小词 -ulus 在字母 e 或 i 之后有多种变缀，即 -olus/ -olum/ -ola、-ellus/ -ellum/ -ella、-illus/ -illum/ -illa，与第一变格法和第二变格法名词形成复合词）；-ferus/ -ferum/ -fera/ -fero/ -fere/ -fer 有，具有，产（区别：作独立词使用的 ferus 意思是"野生的"）

Loxostemon incanus 灰毛弯蕊芥：incanus 灰白色的，密被灰白色毛的

Loxostemon loxostemonoides 大花弯蕊芥：Loxostemon 弯蕊芥属（十字花科）；stemon 雄蕊；-oides/ -oideus/ -oideum/ -oidea/ -odes/ -eidos 像……的，类似……的，呈……状的（名词词尾）

Loxostemon pulchellus 弯蕊芥：pulchellus/ pulcellus = pulcher + ellus 稍美丽的，稍可爱的；pulcher/pulcer 美丽的，可爱的；-ellus/ -ellum/ -ella ← -ulus 小的，略微的，稍微的（小词 -ulus 在字母 e 或 i 之后有多种变缀，即 -olus/ -olum/ -ola、-ellus/ -ellum/ -ella、-illus/ -illum/ -illa，用于第一变格法名词）

Loxostemon purpurascens 紫花弯蕊芥：purpurascens 带紫色的，发紫的；purpur- 紫色的；-escens/ -ascens 改变，转变，变成，略微，带有，接近，相似，大致，稍微（表示变化的趋势，并未完全相似或相同，有别于表示达到完成状态的 -atus）

Loxostemon repens 匍匐弯蕊芥：repens/ repentis/ repsi/ reptum/ repere/ repo 匍匐，爬行（同义词：reptans/ reptoare）

Loxostemon smithii 白花弯蕊芥：smithii ← James Edward Smith（人名，1759–1828，英国植物学家）

Loxostemon smithii var. smithii 白花弯蕊芥-原变种（词义见上面解释）

Loxostemon smithii var. wenchuanensis 汶川弯蕊芥（汶 wèn）：wenchuanensis 汶川的（地名，四川省）

Loxostemon stenolobus 狭叶弯蕊芥：stenolobus = stenus + lobus 细裂的，窄裂的，细荚的；sten-/ steno- ← stenus 窄的，狭的，薄的；lobus/ lobos/ lobon 浅裂，耳片（裂片先端钝圆），荚果，蒴果

Loxostigma 紫花苣苔属（苦苣苔科）（69：p491）：loxos 歪斜的，不正的；stigmus 柱头

Loxostigma brevipetiolatum 短柄紫花苣苔：brevi- ← brevis 短的（用于希腊语复合词词首）；petiolatus = petiolus + atus 具叶柄的；petiolus 叶柄

Loxostigma cavaleriei 滇黔紫花苣苔：cavaleriei ← Pierre Julien Cavalerie（人名，20 世纪法国传教士）；-i 表示人名，接在以元音字母结尾的人名后面，但 -a 除外

L

Loxostigma fimbrisepalum 齿萼紫花苣苔：fimbria → fimbri- 流苏，长缘毛；sepalus/ sepalum/ sepala 萼片（用于复合词）

Loxostigma glabrifolium 光叶紫花苣苔：glabrus 光秃的，无毛的，光滑的；folius/ folium/ folia 叶，叶片（用于复合词）

Loxostigma griffithii 紫花苣苔：griffithii ← William Griffith（人名，19 世纪印度植物学家，加尔各答植物园主任）

Loxostigma mekongense 澜沧紫花苣苔：mekongense 湄公河的（地名，澜沧江流入中南半岛部分称湄公河）

Loxostigma musetorum 蕉林紫花苣苔：musetorum 芭蕉群落的，芭蕉群落生的；musa 芭蕉，-etorum 群落的（表示群丛、群落的词尾）

Luculia 滇丁香属（茜草科）（71-1：p238）：luculia 滇丁香（尼泊尔土名）

Luculia gratissima 馥郁滇丁香（馥 fù）：gratus 美味的，可爱的，迷人的，快乐的；-issimus/ -issima/ -issimum 最，非常，极其（形容词最高级）

Luculia intermedia （中位滇丁香）：intermedius 中间的，中位的，中等的；inter- 中间的，在中间，之间；medius 中间的，中央的

Luculia pinciana var. pinciana 滇丁香-原变种：pinciana（人名，有时拼写为"pinceana"）

Luculia pinciana var. pubescens 毛滇丁香：pubescens ← pubens 被短柔毛的，长出柔毛的；pubi- ← pubis 细柔毛的，短柔毛的，毛被的；pubesco/ pubescere 长成的，变为成熟的，长出柔毛的，青春期体毛的；-escens/ -ascens 改变，转变，变成，略微，带有，接近，相似，大致，稍微（表示变化的趋势，并未完全相似或相同，有别于表示达到完成状态的 -atus）

Luculia yunnanensis 鸡冠滇丁香（冠 guān）：yunnanensis 云南的（地名）

Lucuma 蛋黄果属（山榄科）（60-1：p68）：lucuma 蛋黄果（印第安土名）

Lucuma nervosa 蛋黄果：nervosus 多脉的，叶脉明显的；nervus 脉，叶脉；-osus/ -osum/ -osa 多的，充分的，丰富的，显著发育的，程度高的，特征明显的（形容词词尾）

Ludisia 血叶兰属（血 xuè）（兰科）（17：p157）：ludisia ← Ludis（法国人名）

Ludisia discolor 血叶兰：discolor 异色的，不同色的（指瓣花萼等）；di-/ dis- 二，二数，二分，分离，不同，在……之间，从……分开（希腊语，拉丁语为 bi-/ bis-）；color 颜色

Ludwigia 丁香蓼属（蓼 liǎo）（柳叶菜科）（53-2：p28）：ludwigia ← Gottlieb Ludwig（人名，1709–1773，德国植物学家、自然史学家）

Ludwigia adscendens 水龙：ascendens/ adscendens 上升的，向上的；反义词：descendens 下降着的

Ludwigia epilobioides 假柳叶菜：Epilobium 柳叶菜属（柳叶菜科）；-oides/ -oideus/ -oideum/ -oidea/ -odes/ -eidos 像……的，类似……的，呈……状的（名词词尾）

Ludwigia hyssopifolia 草龙：Hyssopus 神香草属（唇形科）；folius/ folium/ folia 叶，叶片（用于复合词）

Ludwigia octovalvis 毛草龙：octo-/ oct- 八（拉丁语和希腊语相同）；valva/ valvis 裂瓣，开裂，瓣片，啮合

Ludwigia ovalis 卵叶丁香蓼：ovalis 广椭圆形的；ovus 卵，胚珠，卵形的，椭圆形的

Ludwigia peploides subsp. stipulacea 黄花水龙：Peplis 荸艾属（千屈菜科）；-oides/ -oideus/ -oideum/ -oidea/ -odes/ -eidos 像……的，类似……的，呈……状的（名词词尾）；stipulaceus 托叶的，托叶状的，托叶上的；stipulus 托叶；-aceus/ -aceum/ -acea 相似的，有……性质的，属于……的

Ludwigia perennis 细花丁香蓼：perennis/ perenne = perennans + anus 多年生的；per-（在 l 前面音变为 pel-）极，很，颇，甚，非常，完全，通过，遍及（表示效果加强，与 sub- 互为反义词）；annus 一年的，每年的，一年生的

Ludwigia prostrata 丁香蓼：prostratus/ pronus/ procumbens 平卧的，匍匐的

Ludwigia × taiwanensis 台湾水龙：taiwanensis 台湾的（地名）

Luffa 丝瓜属（葫芦科）（73-1：p193）：luffa 丝瓜（阿拉伯语）

Luffa acutangula 广东丝瓜：acutangularis/ acutangulatus/ acutangulus 锐角的；acutus 尖锐的，锐角的；angulus 角，棱角，角度，角落

Luffa cylindrica 丝瓜：cylindricus 圆形的，圆筒状的

Luisia 钗子股属（兰科）（19：p390）：luisia ← Luis de Torres（人名，19 世纪西班牙植物学家）

Luisia brachystachys 小花钗子股：brachy- ← brachys 短的（用于拉丁语复合词词首）；stachy-/ stachyo-/ -stachys/ -stachyus/ -stachyum/ -stachya 穗子，穗子的，穗子状的，穗状花序的

Luisia cordata 圆叶钗子股：cordatus ← cordis/ cor 心脏的，心形的；-atus/ -atum/ -ata 属于，相似，具有，完成（形容词词尾）

Luisia filiformis 长瓣钗子股：filiforme/ filiformis 线状的；fili-/ fil- ← filum 线状的，丝状的；formis/ forma 形状

Luisia hancockii 纤叶钗子股：hancockii ← W. Hancock（人名，1847–1914，英国海关官员，曾在中国采集植物标本）

Luisia longispica 长穗钗子股：longe-/ longi- ← longus 长的，纵向的；spicus 穗，谷穗，花穗

Luisia magniflora 大花钗子股：magn-/ magni- 大的；florus/ florum/ flora ← flos 花（用于复合词）

Luisia morsei 钗子股：morsei ← morsus 啮蚀状的

Luisia ramosii 宽瓣钗子股：ramosii（人名）

Luisia teres 叉唇钗子股（叉 chā）：teres 圆柱形的，圆棒状的，棒状的

Luisia trichorhiza （细根钗子股）：trichorhiza 毛根的，丝状根的（缀词规则：-rh- 接在元音字母后面构成复合词时要变成 -rrh-，故该词宜改为"trichorrhiza"）；trich-/ tricho-/ tricha- ← trichos ← thrix 毛，多毛的，线状的，丝状的；rhizus 根，根状茎

L

Luisia zollingeri 长叶钗子股：zollingeri ← Heinrich Zollinger（人名，19 世纪德国植物学家）；-eri 表示人名，在以 -er 结尾的人名后面加上 i 形成

Lumnitzera 榄李属（使君子科）(53-1：p14)：lumnitzera ← Stefan Lumnitzer（人名，德国植物学家）（以 -er 结尾的人名用作属名时在末尾加 a，如 Lonicera = Lonicer + a）

Lumnitzera littorea 红榄李：littoreus 海滨的，海岸的；littoris/ litoris/ littus/ litus 海岸，海滩，海滨

Lumnitzera racemosa 榄李：racemosus = racemus + osus 总状花序的；racemus/ raceme 总状花序，葡萄串状的；-osus/ -osum/ -osa 多的，充分的，丰富的，显著发育的，程度高的，特征明显的（形容词词尾）

Lunathyrium 娥眉蕨属（不写"蛾眉蕨"或"峨眉蕨"）（蹄盖蕨科）(3-2：p294)：luna 月亮，弯月；Athyrium 蹄盖蕨属

Lunathyrium acutum 尖片娥眉蕨：acutus 尖锐的，锐角的

Lunathyrium acutum var. acutum 尖片娥眉蕨-原变种 （词义见上面解释）

Lunathyrium acutum var. bagaense 巴嘎娥眉蕨（嘎 gá）：bagaense 巴嘎的（地名，西藏自治区）

Lunathyrium acutum var. liubaense 六巴娥眉蕨：liubaense 六巴的（地名，四川省）

Lunathyrium auriculatum 大耳娥眉蕨：auriculatus 耳形的，具小耳的（基部有两个小圆片）；auriculus 小耳朵，小耳状的；auritus 耳朵的，耳状的；-culus/ -culum/ -cula 小的，略微的，稍微的（同第三变格法和第四变格法名词形成复合词）；-atus/ -atum/ -ata 属于，相似，具有，完成（形容词词尾）

Lunathyrium auriculatum var. auriculatum 大耳娥眉蕨-原变种 （词义见上面解释）

Lunathyrium auriculatum var. zhongdianense 中甸娥眉蕨：zhongdianense 中甸的（地名，云南省香格里拉市的旧称）

Lunathyrium brevipinnum 短羽娥眉蕨：brevi- ← brevis 短的（用于希腊语复合词词首）；pinnus/ pennus 羽毛，羽状，羽片

Lunathyrium dolosum 昆明娥眉蕨：dolosus 伪的，假的

Lunathyrium dolosum var. chinense 中华娥眉蕨：chinense 中国的（地名）

Lunathyrium dolosum var. dolosum 昆明娥眉蕨-原变种 （词义见上面解释）

Lunathyrium emeiense 棒孢娥眉蕨：emeiense 峨眉山的（地名，四川省）

Lunathyrium giraldii 陕西娥眉蕨：giraldii ← Giuseppe Giraldi（人名，19 世纪活动于中国的意大利传教士）

Lunathyrium hirtirachis 毛轴娥眉蕨：hirtus 有毛的，粗毛的，刚毛的（长而明显的毛）；rachis/ rhachis 主轴，花序轴，叶轴，脊棱（指着生小叶或花的部分的中轴，如羽状复叶、穗状花序总柄基部以外的部分）

Lunathyrium kanghsienense 康县娥眉蕨：kanghsienense 康县的（地名，甘肃省）

Lunathyrium liangshanense 凉山娥眉蕨：liangshanense 凉山的（地名，四川省）

Lunathyrium liangshanense var. liangshanense 凉山娥眉蕨-原变种 （词义见上面解释）

Lunathyrium liangshanense var. sericeum 绢毛娥眉蕨（绢 juàn）：sericeus 绢丝状的；sericus 绢丝的，绢毛的，赛尔人的（Ser 为印度一民族）；-eus/ -eum/ -ea（接拉丁语词干时）属于……的，色如……的，质如……的（表示原料、颜色或品质的相似），（接希腊语词干时）属于……的，以……出名，为……所占有（表示具有某种特性）

Lunathyrium ludingense 泸定娥眉蕨：ludingense 泸定的（地名，四川省）

Lunathyrium medogense 墨脱娥眉蕨：medogense 墨脱的（地名，西藏自治区）

Lunathyrium medogense var. medogense 墨脱娥眉蕨-原变种 （词义见上面解释）

Lunathyrium medogense var. weimingii 维明娥眉蕨：weimingii（人名）；-ii 表示人名，接在以辅音字母结尾的人名后面，但 -er 除外

Lunathyrium nanchuanense 南川娥眉蕨：nanchuanense 南川的（地名，重庆市）

Lunathyrium orientale 东亚娥眉蕨：orientale/ orientalis 东方的；oriens 初升的太阳，东方

Lunathyrium orientale var. jiulungense 九龙娥眉蕨：jiulungense 九龙的（地名，四川省九龙县），九龙山的（地名，浙江省遂昌地区）

Lunathyrium orientale var. orientale 东亚娥眉蕨-原变种 （词义见上面解释）

Lunathyrium pycnosorum 东北娥眉蕨：pycnosorus 密生孢子囊群的；pycn-/ pycno- ← pycnos 密生的，密集的；sorus ← soros 堆（指密集成簇），孢子囊群

Lunathyrium pycnosorum var. longidens 长齿娥眉蕨：longe-/ longi- ← longus 长的，纵向的；dens/ dentus 齿，牙齿

Lunathyrium pycnosorum var. pycnosorum 东北娥眉蕨-原变种 （词义见上面解释）

Lunathyrium shennongense 华中娥眉蕨：shennongense 神农架的（地名，湖北省）

Lunathyrium sichuanense 四川娥眉蕨：sichuanense 四川的（地名）

Lunathyrium sichuanense var. gongshanense 贡山娥眉蕨：gongshanense 贡山的（地名，云南省）

Lunathyrium sichuanense var. jinfoshanense 金佛山娥眉蕨：jinfoshanense 金佛山的（地名，重庆市）

Lunathyrium sichuanense var. sichuanense 四川娥眉蕨-原变种 （词义见上面解释）

Lunathyrium sikkimense 锡金娥眉蕨：sikkimense 锡金的（地名）

Lunathyrium truncatum 截头娥眉蕨：truncatus 截平的，截形的，截断的；truncare 切断，截断，截平（动词）；-atus/ -atum/ -ata 属于，相似，具有，完成（形容词词尾）

Lunathyrium vegetius 河北娥眉蕨：vegetius = vegetus + ivus 有力的，精力旺盛的；vegetus 新生

L

的，有活力的；-ivus/ -ivum/ -iva 表示能力、所有、具有……性质，作动词或名词词尾

Lunathyrium vegetius var. miyunense 密云娥眉蕨：miyunense 密云的（地名，北京市）

Lunathyrium vegetius var. turgidum 壳盖娥眉蕨：turgidus 膨胀，肿胀

Lunathyrium vegetius var. vegetius 河北娥眉蕨-原变种 （词义见上面解释）

Lunathyrium vermiforme 湖北娥眉蕨：vermiforme 蠕虫形的；vermi- ← vermis 虫子，蠕虫；forme/ forma 形状

Lunathyrium wilsonii 峨山娥眉蕨：wilsonii ← John Wilson（人名，18 世纪英国植物学家）

Lunathyrium wilsonii var. habaense 哈巴娥眉蕨：habaense 哈巴雪山的（地名，云南省香格里拉市）

Lunathyrium wilsonii var. incisoserratum 锐裂娥眉蕨：inciso- ← incisus 深裂的，锐裂的，缺刻的；serratus = serrus + atus 有锯齿的；serrus 齿，锯齿

Lunathyrium wilsonii var. maximum 大娥眉蕨：maximus 最大的

Lunathyrium wilsonii var. muliense 木里娥眉蕨：muliense 木里的（地名，四川省）

Lunathyrium wilsonii var. wilsonii 峨山娥眉蕨-原变种 （词义见上面解释）

Lupinus 羽扇豆属（豆科）（42-2：p412）：lupinus/ lupine ← lupus 狼（古拉丁名，比喻适应性强）

Lupinus albus 白羽扇豆：albus → albi-/ albo- 白色的

Lupinus angustifolius 狭叶羽扇豆：angusti- ← angustus 窄的，狭的，细的；folius/ folium/ folia 叶，叶片（用于复合词）

Lupinus digitatus 埃及羽扇豆：digitatus 指状的，掌状的；digitus 手指，手指长的（3.4 cm）

Lupinus hartwegii 墨西哥羽扇豆：hartwegii ← Carl Theodor Hartweg（人名，19 世纪德国园林学家）

Lupinus incanus 大叶羽扇豆：incanus 灰白色的，密被灰白色毛的

Lupinus luteus 黄羽扇豆：luteus 黄色的

Lupinus micranthus 羽扇豆：micr-/ micro- ← micros 小的，微小的，微观的（用于希腊语复合词）；anthus/ anthum/ antha/ anthe ← anthos 花（用于希腊语复合词）

Lupinus mutabilis 南美羽扇豆：mutabilis = mutatus + bilis 容易变化的，不稳定的，形态多样的（叶片、花的形状和颜色等）；mutatus 变化了的，改变了的，突变的；mutatio 改变；-ans/ -ens/ -bilis/ -ilis 能够，可能（为形容词词尾，-ans/ -ens 用于主动语态，-bilis/ -ilis 用于被动语态）

Lupinus nanus 倭羽扇豆（倭 wō）：nanus ← nanos/ nannos 矮小的，小的；nani-/ nano-/ nanno- 矮小的，小的

Lupinus perenius 宿根羽扇豆：perenius ← perennius = per + annus + ius 多年生的；per-（在 l 前面音变为 pel-）极，很，颇，甚，非常，完全，通过，遍及（表示效果加强，与 sub- 互为反义词）；annus 一年的，每年的，一年生的

Lupinus polyphyllus 多叶羽扇豆：poly- ← polys 多个，许多（希腊语，拉丁语为 multi-）；phyllus/ phyllum/ phylla ← phyllon 叶片（用于希腊语复合词）

Lupinus pubescens 毛羽扇豆：pubescens ← pubens 被短柔毛的，长出柔毛的；pubi- ← pubis 细柔毛的，短柔毛的，毛被的；pubesco/ pubescere 长成的，变为成熟的，长出柔毛的，青春期体毛的；-escens/ -ascens 改变，转变，变成，略微，带有，接近，相似，大致，稍微（表示变化的趋势，并未完全相似或相同，有别于表示达到完成状态的 -atus）

Luvunga 三叶藤橘属（芸香科）（43-2：p151）：luvunga（人名）

Luvunga scandens 三叶藤橘：scandens 攀缘的，缠绕的，藤本的；scando/ scansum 上升，攀登，缠绕

Luzula 地杨梅属（灯心草科）（13-3：p232）：luzula ← luxulae 光，发光（该属有一种植物结露时会发光，或来自意大利土名 lucciola）

Luzula badia 栗花地杨梅：badius 栗色的，咖啡色的，棕色的

Luzula bomiensis 波密地杨梅：bomiensis 波密的（地名，西藏自治区）

Luzula campestris 地杨梅：campestris 野生的，草地的，平原的；campus 平坦地带的，校园的；-estris/ -estre/ ester/ -esteris 生于……地方，喜好……地方

Luzula capitata （头花地杨梅）：capitatus 头状的，头状花序的；capitus ← capitis 头，头状

Luzula effusa 散序地杨梅：effusus = ex + fusus 很松散的，非常稀疏的；fusus 散开的，松散的，松弛的；e-/ ex- 不，无，非，缺乏，不具有（e- 用在辅音字母前，ex- 用在元音字母前，为拉丁语词首，对应的希腊语词首为 a-/ an-，英语为 un-/ -less，注意作词首用的 e-/ ex- 和介词 e/ ex 意思不同，后者意为"出自、从……、由……离开、由于、依照"）；构词规则：构成复合词时，词首末尾的辅音字母常同化为紧接其后的那个辅音字母（如 ex + f → eff）

Luzula effusa var. chinensis 中国地杨梅：chinensis = china + ensis 中国的（地名）；China 中国

Luzula effusa var. effusa 散序地杨梅-原变种 （词义见上面解释）

Luzula inaequalis 异被地杨梅：inaequalis 不等的，不同的，不整齐的；aequalis 相等的，相同的，对称的；inaequal- 不相等，不同；aequus 平坦的，均等的，公平的，友好的；in-/ im-（来自 il- 的音变）内，在内，内部，向内，相反，不，无，非；il- 在内，向内，为，相反（希腊语为 en-）；词首 il- 的音变：il-（在 l 前面），im-（在 b、m、p 前面），in-（在元音字母和大多数辅音字母前面），ir-（在 r 前面），如 illaudatus（不值得称赞的，评价不好的），impermeabilis（不透水的，穿不透的），ineptus（不合适的），insertus（插入的），irretortus（无弯曲的，无扭曲的）

Luzula jilongensis 西藏地杨梅：jilongensis 吉隆的（地名，西藏自治区）

Luzula multiflora 多花地杨梅：multi- ← multus 多个，多数，很多（希腊语为 poly-）；florus/ florum

L

flora ← flos 花（用于复合词）

Luzula multiflora subsp. frigida 硬秆地杨梅：frigidus 寒带的，寒冷的，僵硬的；frigus 寒冷，寒冬；-idus/ -idum/ -ida 表示在进行中的动作或情况，作动词、名词或形容词的词尾

Luzula multiflora subsp. multiflora 多花地杨梅-原变种 （词义见上面解释）

Luzula oligantha 华北地杨梅：oligo-/ olig- 少数的（希腊语，拉丁语为 pauci-）；anthus/ anthum/ antha/ anthe ← anthos 花（用于希腊语复合词）

Luzula pallescens 淡花地杨梅：pallescens 变苍白色的；pallens 淡白色的，蓝白色的，略带蓝色的；-escens/ -ascens 改变，转变，变成，略微，带有，接近，相似，大致，稍微（表示变化的趋势，并未完全相似或相同，有别于表示达到完成状态的 -atus）

Luzula pallescens var. castanescens 安图地杨梅：castanescens 栗褐色的，变成栗色的；castaneus 棕色的，板栗色的；Castanea 栗属（壳斗科）；-escens/ -ascens 改变，转变，变成，略微，带有，接近，相似，大致，稍微（表示变化的趋势，并未完全相似或相同，有别于表示达到完成状态的 -atus）

Luzula pallescens var. pallescens 淡花地杨梅-原变种 （词义见上面解释）

Luzula parviflora 小花地杨梅：parviflorus 小花的；parvus 小的，些微的，弱的；florus/ florum/ flora ← flos 花（用于复合词）

Luzula plumosa 羽毛地杨梅：plumosus 羽毛状的；-osus/ -osum/ -osa 多的，充分的，丰富的，显著发育的，程度高的，特征明显的（形容词词尾）；plumla 羽毛

Luzula rufescens 火红地杨梅：rufascens 略红的；ruf-/ rufi-/ frufo- ← rufus/ rubus 红褐色的，锈色的，红色的，发红的，淡红色的；-escens/ -ascens 改变，转变，变成，略微，带有，接近，相似，大致，稍微（表示变化的趋势，并未完全相似或相同，有别于表示达到完成状态的 -atus）

Luzula rufescens var. macrocarpa 大果地杨梅：macro-/ macr- ← macros 大的，宏观的（用于希腊语复合词）；carpus/ carpum/ carpa/ carpon ← carpos 果实（用于希腊语复合词）

Luzula rufescens var. rufescens 火红地杨梅-原变种 （词义见上面解释）

Luzula sichuanensis 四川地杨梅：sichuanensis 四川的（地名）

Luzula spicata 穗花地杨梅：spicatus 具穗的，具穗状花的，具尖头的；spicus 穗，谷穗，花穗；-atus/ -atum/ -ata 属于，相似，具有，完成（形容词词尾）

Luzula taiwaniana 台湾地杨梅：taiwaniana 台湾的（地名）

Luzula wahlenbergii 云间地杨梅：wahlenbergii（人名）；-ii 表示人名，接在以辅音字母结尾的人名后面，但 -er 除外

Lychnis 剪秋罗属（石竹科）（26：p267）：lychnis ← lychnos 火焰色的，鲜红色的

Lychnis chalcedonica 皱叶剪秋罗：chalcedonica ← Kadikoy 卡尔西登的（地名，土耳其，卡德柯伊的旧称）

Lychnis cognata 浅裂剪秋罗：cognatus 近亲的，有亲缘关系的

Lychnis coronaria 毛剪秋罗：coronarius 花冠的，花环的，具副花冠的；corona 花冠，花环；-arius/ -arium/ -aria 相似，属于（表示地点，场所，关系，所属）

Lychnis coronata 剪春罗：coronatus 冠，具花冠的；corona 花冠，花环

Lychnis fulgens 剪秋罗：fulgens/ fulgidus 光亮的，光彩夺目的；fulgo/ fulgeo 发光的，耀眼的

Lychnis senno 剪红纱花：senno 旃那（日文）

Lychnis sibirica 狭叶剪秋罗：sibirica 西伯利亚的（地名，俄罗斯）；-icus/ -icum/ -ica 属于，具有某种特性（常用于地名、起源、生境）

Lychnis wilfordii 丝瓣剪秋罗：wilfordii（人名）；-ii 表示人名，接在以辅音字母结尾的人名后面，但 -er 除外

Lycianthes 红丝线属（茄科）（67-1：p120）：Lycium 枸杞属；anthes ← anthos 花

Lycianthes biflora 红丝线：bi-/ bis- 二，二数，二回（希腊语为 di-）；florus/ florum/ flora ← flos 花（用于复合词）

Lycianthes biflora var. biflora 红丝线-原变种（词义见上面解释）

Lycianthes biflora var. subtusochracea 密毛红丝线：subtusochrace 略呈土黄色，略显和黄色，略呈赭黄色；sub-（表示程度较弱）与……类似，几乎，稍微，弱，亚，之下，下面；tusochraceus 赭黄色，土黄色，褐黄色（赭 zhě）；-aceus/ -aceum/ -acea 相似的，有……性质的，属于……的；ochra 黄色的，黄土的

Lycianthes hupehensis 鄂红丝线：hupehensis 湖北的（地名）

Lycianthes lysimachioides 单花红丝线：Lysimachia 珍珠菜属（报春花科）；-oides/ -oideus/ -oideum/ -oidea/ -odes/ -eidos 像……的，类似……的，呈……状的（名词词尾）

Lycianthes lysimachioides var. caulorhiza 茎根红丝线：caulorhiza 茎根的，根状茎的，匍匐茎的（缀词规则：-rh- 接在元音字母后面构成复合词时要变成 -rrh-，故该词宜改为"caulorrhiza"）；caulus/ caulon/ caule ← caulos 茎，茎秆，主茎

Lycianthes lysimachioides var. cordifolia 心叶单花红丝线：cordi- ← cordis/ cor 心脏的，心形的；folius/ folium/ folia 叶，叶片（用于复合词）

Lycianthes lysimachioides var. formosana 台湾红丝线：formosanus = formosus + anus 美丽的，台湾的；formosus ← formosa 美丽的，台湾的（葡萄牙殖民者发现台湾时对其的称呼，即美丽的岛屿）；-anus/ -anum/ -ana 属于，来自（形容词词尾）

Lycianthes lysimachioides var. lysimachioides 单花红丝线-原变种 （词义见上面解释）

Lycianthes lysimachioides var. purpuriflora 紫单花红丝线：purpura 紫色（purpura 原为一种介壳虫名，其体液为紫色，可作颜料）；florus/ florum/ flora ← flos 花（用于复合词）

Lycianthes lysimachioides var. rotundifolia 圆叶单花红丝线：rotundus 圆形的，呈圆形的，肥大

的；rotundo 使呈圆形，使圆滑；roto 旋转，滚动；folius/ folium/ folia 叶，叶片（用于复合词）

Lycianthes lysimachioides var. sinensis 中华红丝线：sinensis = Sina + ensis 中国的（地名）；Sina 中国

Lycianthes macrodon 大齿红丝线：macro-/ macr- ← macros 大的，宏观的（用于希腊语复合词）；-don/ -odontus 齿，有齿的

Lycianthes macrodon var. macrodon 大齿红丝线-原变种 （词义见上面解释）

Lycianthes macrodon var. manipurensis 曼尼浦红丝线：manipurensis 曼尼普尔的（地名，印度）

Lycianthes macrodon var. molliitersetosa 软刚毛红丝线：molliitersetosus 具软刚毛的；molliter 柔软地，软地；setosus = setus + osus 被刚毛的，被短毛的，被芒刺的；setus/ saetus 刚毛，刺毛，芒刺；-osus/ -osum/ -osa 多的，充分的，丰富的，显著发育的，程度高的，特征明显的（形容词词尾）

Lycianthes macrodon var. sikkimensis 锡金红丝线：sikkimensis 锡金的（地名）

Lycianthes marlipoensis 麻栗坡红丝线：marlipoensis 麻栗坡的（地名，云南省）

Lycianthes shunningensis 顺宁红丝线：shunningensis 顺宁的（地名，云南省凤庆县的旧称）

Lycianthes solitaria 单果红丝线：solitarius 单生的，独生的，唯一的；solus 单独，单一，独立

Lycianthes subtruncata 截萼红丝线：subtruncatus 近截平的；sub-（表示程度较弱）与……类似，几乎，稍微，弱，亚，之下，下面；truncatus 截平的，截形的，截断的；truncare 切断，截断，截平（动词）

Lycianthes subtruncata var. paucicarpa 疏果截萼红丝线：pauci- ← paucus 少数的，少的（希腊语为 oligo-）；carpus/ carpum/ carpa/ carpon ← carpos 果实（用于希腊语复合词）

Lycianthes subtruncata var. remotidens 疏齿红丝线：remotidens 疏离牙齿的；remotus 分散的，分开的，稀疏的，远距离的；dens/ dentus 齿，牙齿

Lycianthes subtruncata var. subtruncata 截萼红丝线-原变种 （词义见上面解释）

Lycianthes yunnanensis 滇红丝线：yunnanensis 云南的（地名）

Lycium 枸杞属（枸杞 gǒu qǐ）（茄科）（67-1：p8）：lycium ← lycion（中亚地区一种多刺灌木）

Lycium barbarum 宁夏枸杞：barbarus 外国的，异乡的

Lycium barbarum var. auranticarpum 黄果枸杞：aurant-/ auranti- 橙黄色，金黄色；carpus/ carpum/ carpa/ carpon ← carpos 果实（用于希腊语复合词）

Lycium barbarum var. barbarum 宁夏枸杞-原变种 （词义见上面解释）

Lycium chinense 枸杞：chinense 中国的（地名）

Lycium chinense var. chinense 枸杞-原变种 （词义见上面解释）

Lycium chinense var. potaninii 北方枸杞：potaninii ← Grigory Nikolaevich Potanin（人名，19 世纪俄国植物学家）

Lycium cylindricum 柱筒枸杞：cylindricus 圆形的，圆筒状的

Lycium dasystemum 新疆枸杞：dasystemus = dasy + stemus 毛蕊的，雄蕊有粗毛的；dasy- ← dasys 毛茸茸的，粗毛的，毛；stemus 雄蕊

Lycium dasystemum var. dasystemum 新疆枸杞-原变种 （词义见上面解释）

Lycium dasystemum var. rubricaulium 红枝枸杞：rubr-/ rubri-/ rubro- ← rubrus 红色；caulius = caulus + ius 茎的，具茎的；caulus/ caulon/ caule ← caulos 茎，茎秆，主茎；-ius/ -ium/ -ia 具有……特性的（表示有关、关联、相似）

Lycium flexicaule （曲茎枸杞）：flexicaule 弯曲主干的；flexus ← flecto 扭曲的，卷曲的，弯弯曲曲的，柔性的；flecto 弯曲，使扭曲；caulus/ caulon/ caule ← caulos 茎，茎秆，主茎

Lycium ruthenicum 黑果枸杞：ruthenicum/ ruthenia（地名，俄罗斯）；-icus/ -icum/ -ica 属于，具有某种特性（常用于地名、起源、生境）

Lycium truncatum 截萼枸杞：truncatus 截平的，截形的，截断的；truncare 切断，截断，截平（动词）；-atus/ -atum/ -ata 属于，相似，具有，完成（形容词词尾）

Lycium yunnanense 云南枸杞：yunnanense 云南的（地名）

Lycopersicon 番茄属（茄 qié）（茄科）（67-1：p136）：lycopersicon 狼桃（比喻味道不好）；lyco- ← lycos ← lykos 狼；persicon 桃

Lycopersicon esculentum 番茄：esculentus 食用的，可食的；esca 食物，食料；-ulentus/ -ulentum/ -ulenta/ -olentus/ -olentum/ -olenta（表示丰富、充分或显著发展）

Lycopodiaceae 石松科（6-3：p55）：Lycopodium 石松属；-aceae（分类单位科的词尾，为 -aceus 的阴性复数主格形式，加到模式属的名称后或同义词的词干后以组成族群名称）

Lycopodiastrum 藤石松属（石松科）（6-3：p83）：Lycopodium 石松属；-aster/ -astra/ -astrum/ -ister/ -istra/ -istrum 相似的，程度稍弱，稍小的，次等级的（用于拉丁语复合词词尾，表示不完全相似或低级之意，常用以区别一种野生植物与栽培植物，如 oleaster、oleastrum 野橄榄，以区别于 olea，即栽培的橄榄，而作形容词词尾时则表示小或程度弱化，如 surdaster 稍聋的，比 surdus 稍弱）

Lycopodiastrum casuarinoides 藤石松：Casuarina 木麻黄属（木麻黄科）；-oides/ -oideus/ -oideum/ -oidea/ -odes/ -eidos 像……的，类似……的，呈……状的（名词词尾）

Lycopodiella 小石松属（石松科）（6-3：p66）：Lycopodium 石松属；-ellus/ -ellum/ -ella ← -ulus 小的，略微的，稍微的（小词 -ulus 在字母 e 或 i 之后有多种变缀，即 -olus/ -olum/ -ola、-ellus/ -ellum/ -ella、-illus/ -illum/ -illa，用于第一变格法名词）

Lycopodiella inundata 小石松：inundatus 泛滥的，涨水的（指河滩地生境）

Lycopodium 石松属（石松科）（6-3：p55）：lycoposium 狼足状的（指根或茎的形状）；lycos ←

L

lykos 狼；podius ← podion 腿，足，柄

Lycopodium annotinum 多穗石松：annotinus 一年的，去年的

Lycopodium clavatum 东北石松：clavatus 棍棒状的；clava 棍棒

Lycopodium japonicum 石松：japonicum 日本的（地名）；-icus/ -icum/ -ica 属于，具有某种特性（常用于地名、起源、生境）

Lycopodium neopungens 新锐叶石松：neopungens 晚于 pungens 的；neo- ← neos 新，新的；Lycopodium pungens 锐叶石松；pungens 硬尖的，针刺的，针刺般的，辛辣的

Lycopodium obscurum 玉柏：obscurus 暗色的，不明确的，不明显的，模糊的

Lycopodium obscurum f. obscurum 玉柏-原变型（词义见上面解释）

Lycopodium obscurum f. strictum 笔直石松：strictus 直立的，硬直的，笔直的，彼此靠拢的

Lycopodium zonatum 成层石松：zonatus/ zonalis 有环状纹的，带状的；zona 带，腰带，（地球经纬度的）带

Lycopsis 狼紫草属（紫草科）（64-2: p69）：lycos ← lykos 狼；-opsis/ -ops 相似，稍微，带有

Lycopsis orientalis 狼紫草：orientalis 东方的；oriens 初升的太阳，东方

Lycopus 地笋属（唇形科）（66: p274）：lycos ← lykos 狼；-pus ← pous 腿，足，爪，柄，茎

Lycopus coreanus 小叶地笋：coreanus 朝鲜的（地名）

Lycopus coreanus var. cavaleriei 小叶地笋-西南变种：cavaleriei ← Pierre Julien Cavalerie（人名，20 世纪法国传教士）；-i 表示人名，接在以元音字母结尾的人名后面，但 -a 除外

Lycopus coreanus var. coreanus 小叶地笋-原变种 （词义见上面解释）

Lycopus europaeus 欧地笋：europaeus = europa + aeus 欧洲的（地名）；europa 欧洲；-aeus/ -aeum/ -aea（表示属于……，名词形容词化词尾）

Lycopus europaeus var. europaeus 欧地笋-原变种 （词义见上面解释）

Lycopus europaeus var. exaltatus 欧地笋-深裂变种：exaltatus = ex + altus + atus 非常高的（比 elatus 程度还高）；e/ ex 出自，从……，由……离开，由于，依照（拉丁语介词，相当于英语的 from，对应的希腊语为 a/ ab，注意介词 e/ ex 所作词首用的 e-/ ex- 意思不同，后者意为"不、无、非、缺乏、不具有"）；altus 高度，高的

Lycopus lucidus 地笋：lucidus ← lucis ← lux 发光的，光辉的，清晰的，发亮的，荣耀的（lux 的单数所有格为 lucis，词尾为 -is 和 -ys 的词的词干分别视为 -id 和 -yd）

Lycopus lucidus var. hirtus 地笋-硬毛变种：hirtus 有毛的，粗毛的，刚毛的（长而明显的毛）

Lycopus lucidus var. lucidus 地笋-原变种 （词义见上面解释）

Lycopus lucidus var. maackianus 地笋-异叶变种：maackianus ← Richard Maack（人名，19 世纪俄国博物学家）

Lycopus parviflorus 小花地笋：parviflorus 小花的；parvus 小的，些微的，弱的；florus/ florum/ flora ← flos 花（用于复合词）

Lycoris 石蒜属（石蒜科）（16-1: p16）：lycoris（人名，古罗马女演员）

Lycoris albiflora 乳白石蒜：albus → albi-/ albo- 白色的；florus/ florum/ flora ← flos 花（用于复合词）

Lycoris anhuiensis 安徽石蒜：anhuiensis 安徽的（地名）

Lycoris aurea 忽地笑（地 de）：aureus = aurus + eus → aure-/ aureo- 金色的，黄色的；aurus 金，金色；-eus/ -eum/ -ea（接拉丁语词干时）属于……的，色如……的，质如……的（表示原料、颜色或品质的相似），（接希腊语词干时）属于……的，以……出名，为……所占有（表示具有某种特性）

Lycoris caldwellii 短蕊石蒜：caldwellii ← Otis William Caldwell（人名，19 世纪美国植物学家）

Lycoris chinensis 中国石蒜：chinensis = china + ensis 中国的（地名）；China 中国

Lycoris guangxiensis 广西石蒜：guangxiensis 广西的（地名）

Lycoris houdyshelii 江苏石蒜：houdyshelii（人名）；-ii 表示人名，接在以辅音字母结尾的人名后面，但 -er 除外

Lycoris incarnata 香石蒜：incarnatus 肉色的；incarn- 肉

Lycoris longituba 长筒石蒜：longe-/ longi- ← longus 长的，纵向的；tubus 管子的，管状的，筒状的

Lycoris longituba var. flava 黄长筒石蒜：flavus → flavo-/ flavi-/ flav- 黄色的，鲜黄色的，金黄色的（指纯正的黄色）

Lycoris radiata 石蒜：radiatus = radius + atus 辐射状的，放射状的；radius 辐射，射线，半径，边花，伞形花序

Lycoris rosea 玫瑰石蒜：roseus = rosa + eus 像玫瑰的，玫瑰色的，粉红色的；rosa 蔷薇（古拉丁名）← rhodon 蔷薇（希腊语）← rhodd 红色，玫瑰红（凯尔特语）；-eus/ -eum/ -ea（接拉丁语词干时）属于……的，色如……的，质如……的（表示原料、颜色或品质的相似），（接希腊语词干时）属于……的，以……出名，为……所占有（表示具有某种特性）

Lycoris shaanxiensis 陕西石蒜：shaanxiensis 陕西的（地名）

Lycoris sprengeri 换锦花：sprengeri ← herr sprenger（品种名，人名）；-eri 表示人名，在以 -er 结尾的人名后面加上 i 形成

Lycoris squamigera 鹿葱：squamigerus 具鳞片的；squamus 鳞，鳞片，薄膜；gerus → -ger/ -gerus/ -gerum/ -gera 具有，有，带有

Lycoris straminea 稻草石蒜：stramineus 禾秆色的，秆黄色的，干草状黄色的；stramen 禾秆，麦秆；stramimis 禾秆，秸秆，麦秆；-eus/ -eum/ -ea（接拉丁语词干时）属于……的，色如……的，质如……的（表示原料、颜色或品质的相似），（接希腊语词干时）属于……的，以……出名，为……所占有（表示具有某种特性）

L

Lygodiaceae 海金沙科（2：p105）：Lygodium 海金沙属；-aceae（分类单位科的词尾，为 -aceus 的阴性复数主格形式，加到模式属的名称后或同义词的词干后以组成族群名称）

Lygodium 海金沙属（海金沙科）（2：p106）：lygodium ← lygodes 柔软的（指纤弱的攀缘茎）

Lygodium conforme 海南海金沙：conforme = co + forme 同形的，相符的，相同的；formis/ forma 形状；co- 联合，共同，合起来（拉丁语词首，为 cum- 的音变，表示结合、强化、完全，对应的希腊语为 syn-）；co- 的缀词音变有 co-/ com-/ con-/ col-/ cor-：co-（在 h 和元音字母前面），col-（在 l 前面），com-（在 b、m、p 之前），con-（在 c、d、f、g、j、n、qu、s、t 和 v 前面），cor-（在 r 前面）

Lygodium digitatum 掌叶海金沙：digitatus 指状的，掌状的；digitus 手指，手指长的（3.4 cm）

Lygodium flexuosum 曲轴海金沙：flexuosus = flexus + osus 弯曲的，波状的，曲折的；flexus ← flecto 扭曲的，卷曲的，弯弯曲曲的，柔性的；flecto 弯曲，使扭曲；-osus/ -osum/ -osa 多的，充分的，丰富的，显著发育的，程度高的，特征明显的（形容词词尾）

Lygodium japonicum 海金沙：japonicum 日本的（地名）；-icus/ -icum/ -ica 属于，具有某种特性（常用于地名、起源、生境）

Lygodium microstachyum 狭叶海金沙：micr-/ micro- ← micros 小的，微小的，微观的（用于希腊语复合词）；stachy-/ stachyo-/ -stachys/ -stachyus/ -stachyum/ -stachya 穗子，穗子的，穗子状的，穗状花序的

Lygodium polystachyum 羽裂海金沙：polystachyus 多穗的；poly- ← polys 多个，许多（希腊语，拉丁语为 multi-）；stachy-/ stachyo-/ -stachys/ -stachyus/ -stachyum/ -stachya 穗子，穗子的，穗子状的，穗状花序的

Lygodium salicifolium 柳叶海金沙：salici ← Salix 柳属；构词规则：以 -ix/ -iex 结尾的词其词干末尾视为 -ic，以 -ex 结尾视为 -i/ -ic，其他以 -x 结尾视为 -c；folius/ folium/ folia 叶，叶片（用于复合词）

Lygodium scandens 小叶海金沙：scandens 攀缘的，缠绕的，藤本的；scando/ scansum 上升，攀登，缠绕

Lygodium subareolatum 网脉海金沙：subareolatus 略有网孔的；sub-（表示程度较弱）与……类似，几乎，稍微，弱，亚，之下，下面；areolatus 网孔的，多网孔的

Lygodium yunnanense 云南海金沙：yunnanense 云南的（地名）

Lyonia 珍珠花属（杜鹃花科）（57-3：p27）：lyonia ← John Lyon（人名，18 世纪美国植物学家）

Lyonia compta 秀丽珍珠花：comptus 美丽的，装饰的

Lyonia doyonensis 圆叶珍珠花：doyonensis（地名，云南省）

Lyonia macrocalyx 大萼珍珠花：macro-/ macr- ← macros 大的，宏观的（用于希腊语复合词）；calyx → calyc- 萼片（用于希腊语复合词）

Lyonia ovalifolia 珍珠花：ovalis 广椭圆形的；ovus

卵，胚珠，卵形的，椭圆形的；folius/ folium/ folia 叶，叶片（用于复合词）

Lyonia ovalifolia var. elliptica 小果珍珠花：ellipticus 椭圆形的；-ticus/ -ticum/ tica/ -ticos 表示属于，关于，以……著称，作形容词词尾

Lyonia ovalifolia var. hebecarpa 毛果珍珠花：hebe- 柔毛；carpus/ carpum/ carpa/ carpon ← carpos 果实（用于希腊语复合词）

Lyonia ovalifolia var. lanceolata 狭叶珍珠花：lanceolatus = lanceus + olus + atus 小披针形的，小柳叶刀的；lance-/ lancei-/ lanci-/ lanceo-/ lanc- ← lanceus 披针形的，矛形的，尖刀状的，柳叶刀状的；-olus ← -ulus 小，稍微，略微（-ulus 在字母 e 或 i 之后变成 -olus/ -ellus/ -illus）；-atus/ -atum/ -ata 属于，相似，具有，完成（形容词词尾）

Lyonia ovalifolia var. ovalifolia 珍珠花-原变种（词义见上面解释）

Lyonia rubrovenia 红脉珍珠花：rubr-/ rubri-/ rubro- ← rubrus 红色；venius 脉，叶脉的

Lyonia villosa 毛叶珍珠花：villosus 柔毛的，绵毛的；villus 毛，羊毛，长绒毛；-osus/ -osum/ -osa 多的，充分的，丰富的，显著发育的，程度高的，特征明显的（形容词词尾）

Lyonia villosa var. pubescens 毛脉珍珠花：pubescens ← pubens 被短柔毛的，长出柔毛的；pubi- ← pubis 细柔毛的，短柔毛的，毛被的；pubesco/ pubescere 长成的，变为成熟的，长出柔毛的，青春期体毛的；-escens/ -ascens 改变，转变，变成，略微，带有，接近，相似，大致，稍微（表示变化的趋势，并未完全相似或相同，有别于表示达到完成状态的 -atus）

Lyonia villosa var. sphaerantha 光叶珍珠花：sphaerus 球的，球形的；anthus/ anthum/ antha/ anthe ← anthos 花（用于希腊语复合词）

Lyonia villosa var. villosa 毛叶珍珠花-原变种（词义见上面解释）

Lysidice 仪花属（豆科）（39：p203）：lysidice ← Lysidike（英国人名）

Lysidice brevicalyx 短萼仪花：brevi- ← brevis 短的（用于希腊语复合词词首）；calyx → calyc- 萼片（用于希腊语复合词）

Lysidice rhodostegia 仪花：rhodon → rhodo- 红色的，玫瑰色的；stegius ← stege/ stegon 盖子，加盖，覆盖，包裹，遮盖物

Lysimachia 珍珠菜属（报春花科）（59-1：p3）：lysimachia ← King Lysimachus（人名）

Lysimachia albescens 云南过路黄：albescens 淡白的，略白的，发白的，褪色的；albus → albi-/ albo- 白色的；-escens/ -ascens 改变，转变，变成，略微，带有，接近，相似，大致，稍微（表示变化的趋势，并未完全相似或相同，有别于表示达到完成状态的 -atus）

Lysimachia alfredii 广西过路黄：alfredii ← Alfred Rehder（人名，1863–1949，德国植物分类学家、树木学家，在美国 Arnold 植物园工作）；-ii 表示人名，接在以辅音字母结尾的人名后面，但 -er 除外

Lysimachia alfredii var. alfredii 广西过路黄-原变种（词义见上面解释）

Lysimachia alfredii var. chrysosplenioides 小广西过路黄：chrysosplenioides = Chrysosplenium + oides 像金腰子的；Chrysosplenium 金腰属（虎耳草科）；-oides/ -oideus/ -oideum/ -oidea/ -odes/ -eidos 像……的，类似……的，呈……状的（名词词尾）

Lysimachia alpestris 香港过路黄：alpestris 高山的，草甸带的；alpus 高山；-estris/ -estre/ ester/ -esteris 生于……地方，喜好……地方

Lysimachia aspera 短枝香草：asper/ asperus/ asperum/ aspera 粗糙的，不平的

Lysimachia auriculata 耳叶珍珠菜：auriculatus 耳形的，具小耳的（基部有两个小圆片）；auriculus 小耳朵的，小耳状的；auritus 耳朵的，耳状的；-culus/ -culum/ -cula 小的，略微的，稍微的（同第三变格法和第四变格法名词形成复合词）；-atus/ -atum/ -ata 属于，相似，具有，完成（形容词词尾）

Lysimachia baoxingensis 宝兴过路黄：baoxingensis 宝兴的（地名，四川省）

Lysimachia barystachys 狼尾花（原名"虎尾草"，禾本科有重名）：bary- 重的，笨重的；stachy-/ stachyo-/ -stachys/ -stachyus/ -stachyum/ -stachya 穗子，穗子的，穗子状的，穗状花序的

Lysimachia biflora 双花香草：bi-/ bis- 二，二数，二回（希腊语为 di-）；florus/ florum/ flora ← flos 花（用于复合词）

Lysimachia brachyandra 短蕊香草：brachy- ← brachys 短的（用于拉丁语复合词词首）；andrus/ andros/ antherus ← aner 雄蕊，花药，雄性

Lysimachia breviflora 短花珍珠菜：brevi- ← brevis 短的（用于希腊语复合词词首）；florus/ florum/ flora ← flos 花（用于复合词）

Lysimachia brittenii 展枝过路黄：brittenii（人名）；-ii 表示人名，接在以辅音字母结尾的人名后面，但 -er 除外

Lysimachia candida 泽珍珠菜：candidus 洁白的，有白毛的，亮白的，雪白的（希腊语为 argo- ← argenteus 银白色的）

Lysimachia capillipes 细梗香草：capillipes 纤细的，细如毛发的（指花柄、叶柄等）

Lysimachia capillipes var. capillipes 细梗香草-原变种 （词义见上面解释）

Lysimachia capillipes var. cavaleriei 石山细梗香草：cavaleriei ← Pierre Julien Cavalerie（人名，20世纪法国传教士）；-i 表示人名，接在以元音字母结尾的人名后面，但 -a 除外

Lysimachia carinata 阳朔过路黄：carinatus 脊梁的，龙骨的，龙骨状的；carina → carin-/ carini- 脊梁，龙骨状突起，中肋

Lysimachia cauliflora 茎花香草：cauliflorus 茎干生花的；cauli- ← caulia/ caulis 茎，茎秆，主茎；florus/ florum/ flora ← flos 花（用于复合词）

Lysimachia chekiangensis 浙江过路黄：chekiangensis 浙江的（地名）

Lysimachia chenopodioides 藜状珍珠菜：Chenopodium 藜属（藜科）；-oides/ -oideus/ -oideum/ -oidea/ -odes/ -eidos 像……的，类似……的，呈……状的（名词词尾）

Lysimachia chikungensis 长穗珍珠菜：chikungensis 鸡公山的（地名，河南省）

Lysimachia christinae 过路黄：christinae ← Christiane Peckover（人名，20世纪南非仙人掌类植物采集者 Ralph Peckover 之妻）；-ae 表示人名，以 -a 结尾的人名后面加上 -e 形成

Lysimachia chungdienensis 中甸珍珠菜：chungdienensis 中甸的（地名，云南省香格里拉市的旧称）

Lysimachia circaeoides 露珠珍珠菜：Circaea 露珠草属（柳叶菜科）；-oides/ -oideus/ -oideum/ -oidea/ -odes/ -eidos 像……的，类似……的，呈……状的（名词词尾）

Lysimachia clethroides 矮桃：Clethra 桤叶树属（桤叶树科）；-oides/ -oideus/ -oideum/ -oidea/ -odes/ -eidos 像……的，类似……的，呈……状的（名词词尾）

Lysimachia congestiflora 临时救：congestus 聚集的，充满的；florus/ florum/ flora ← flos 花（用于复合词）

Lysimachia congestiflora var. congestiflora 临时救-原变种 （词义见上面解释）

Lysimachia congestiflora var. kwangtungensis 广东临时救：kwangtungensis 广东的（地名）

Lysimachia cordifolia 心叶香草：cordi- ← cordis/ cor 心脏的，心形的；folius/ folium/ folia 叶，叶片（用于复合词）

Lysimachia crassifolia 厚叶香草：crassi- ← crassus 厚的，粗的，多肉质的；folius/ folium/ folia 叶，叶片（用于复合词）

Lysimachia crispidens 异花珍珠菜：crispidens 皱齿的；crispus 收缩的，褶皱的，波纹的（如花瓣周围的波浪状褶皱）；dens/ dentus 齿，牙齿

Lysimachia crista-galli 距萼过路黄：cristagalli 鸡冠；crista 鸡冠，山脊，网壁；galli 鸡，家禽

Lysimachia daqiaoensis 大桥珍珠菜：daqiaoensis 大桥的（地名，广东省乳源县）

Lysimachia davurica 黄连花：davurica（dahurica/ daurica）达乌里的（地名，外贝加尔湖，属西伯利亚的一个地区，即贝加尔湖以东及以南至中国和蒙古边界）

Lysimachia debilis 南亚过路黄：debilis 软弱的，脆弱的

Lysimachia decurrens 延叶珍珠菜：decurrens 下延的；decur- 下延的

Lysimachia delavayi 金江珍珠菜：delavayi ← P. J. M. Delavay（人名，1834–1895，法国传教士，曾在中国采集植物标本）；-i 表示人名，接在以元音字母结尾的人名后面，但 -a 除外

Lysimachia deltoidea 三角叶过路黄：deltoideus/ deltoides 三角形的，正三角形的；delta 三角；-oides/ -oideus/ -oideum/ -oidea/ -odes/ -eidos 像……的，类似……的，呈……状的（名词词尾）

Lysimachia deltoidea var. cinerascens 小寸金黄：cinerascens/ cinerasceus 发灰的，变灰色的，灰白的，淡灰色的（比 cinereus 更白）；cinereus 灰色的，草木灰色的（为纯黑和纯白的混合色，希腊语为 tephro-/ spodo-）；ciner-/ cinere-/ cinereo- 灰色；

L

Lysimachia deltoidea var. deltoidea 三角叶过路黄-原变种 （词义见上面解释）

Lysimachia drymarifolia 锈毛过路黄：Drymaria 荷莲豆草属（石竹科）；folius/ folium/ folia 叶，叶片（用于复合词）

Lysimachia dushanensis 独山香草：dushanensis 独山的（地名，贵州省）

Lysimachia englerii 思茅香草：englerii ← Adolf Engler 阿道夫·恩格勒（人名，1844–1931，德国植物学家，创立了以假花学说为基础的植物分类系统，于 1897 年发表）（注：词尾改为"-eri"似更妥）；-eri 表示人名，在以 -er 结尾的人名后面加上 i 形成；-ii 表示人名，接在以辅音字母结尾的人名后面，但 -er 除外

Lysimachia englerii var. englerii 思茅香草-原变种 （词义见上面解释）

Lysimachia englerii var. glabra 小思茅香草：glabrus 光秃的，无毛的，光滑的

Lysimachia erosipetala 尖瓣过路黄：erosus 啮蚀状的，牙齿不整齐的；petalus/ petalum/ petala ← petalon 花瓣

Lysimachia esquirolii 长柄过路黄：esquirolii（人名）；-ii 表示人名，接在以辅音字母结尾的人名后面，但 -er 除外

Lysimachia evalvis 不裂果香草：evalvis 无裂片的；e-/ ex- 不，无，非，缺乏，不具有（e- 用在辅音字母前，ex- 用在元音字母前，为拉丁语词首，对应的希腊语词首为 a-/ an-，英语为 un-/ -less，注意作词首用的 e-/ ex- 和介词 e/ ex 意思不同，后者意为"出自、从……、由……离开、由于、依照"）；valva/ valvis 裂瓣，开裂，瓣片，啮合

Lysimachia excisa 短柱珍珠菜：excisus 缺刻的，切掉的；exci- 缺刻的，切掉的

Lysimachia fanii 樊氏香草：fanii 樊氏（人名）；-ii 表示人名，接在以辅音字母结尾的人名后面，但 -er 除外

Lysimachia filipes 纤柄香草：filipes 线状柄的，线状茎的；fili-/ fil- ← filum 线状的，丝状的；pes/ pedis 柄，梗，茎秆，腿，足，爪（作词首或词尾，pes 的词干视为"ped-"）

Lysimachia fistulosa 管茎过路黄：fistulosus = fistulus + osus 管状的，空心的，多孔的；fistulus 管状的，空心的；-osus/ -osum/ -osa 多的，充分的，丰富的，显著发育的，程度高的，特征明显的（形容词词尾）

Lysimachia fistulosa var. fistulosa 管茎过路黄-原变种 （词义见上面解释）

Lysimachia fistulosa var. wulingensis 五岭管茎过路黄：wulingensis 武陵的（地名，湖南省），雾灵的（地名，河北省），五岭的（地名，分布于两广、湖南、江西的五座山岭）

Lysimachia foenum-graecum 灵香草：foenum-graecum 希腊秼刍（秼刍 mò chú）（一种含有强力挥发油的草本植物）；foenum 干草，枯草；craecum 希腊的

Lysimachia fooningensis 富宁香草：fooningensis 富宁的（地名，云南省）

Lysimachia fordiana 大叶过路黄：fordiana ← Charles Ford（人名）

Lysimachia fortunei 星宿菜（原名"红根草"，唇形科有重名）：fortunei ← Robert Fortune（人名，19 世纪英国园艺学家，曾在中国采集植物）；-i 表示人名，接在以元音字母结尾的人名后面，但 -a 除外

Lysimachia fukienensis 福建过路黄：fukienensis 福建的（地名）

Lysimachia glanduliflora 縋瓣珍珠菜（縋 suì）：glanduli- ← glandus + ulus 腺体的，小腺体的；glandus ← glans 腺体；florus/ florum/ flora ← flos 花（用于复合词）

Lysimachia glaucina 灰叶珍珠菜：glaucinus = glaucus + inus 海绿色的，灰绿色的，发灰的，发白的；glaucus → glauco-/ glauc- 被白粉的，发白的，灰绿色的；-inus/ -inum/ -ina/ -inos 相近，接近，相似，具有（通常指颜色）

Lysimachia grammica 金爪儿（爪 zhuǎ）：grammicus 突起条纹的；gramma 一行的（文字）；-icus/ -icum/ -ica 属于，具有某种特性（常用于地名、起源、生境）

Lysimachia grandiflora 大花香草：grandi- ← grandis 大的；florus/ florum/ flora ← flos 花（用于复合词）

Lysimachia hemsleyana 点腺过路黄：hemsleyana ← William Botting Hemsley（人名，19 世纪研究中美洲植物的植物学家）

Lysimachia hemsleyi 叶苞过路黄：hemsleyi ← William Botting Hemsley（人名，19 世纪研究中美洲植物的植物学家）；-i 表示人名，接在以元音字母结尾的人名后面，但 -a 除外

Lysimachia henryi 宜昌过路黄：henryi ← Augustine Henry 或 B. C. Henry（人名，前者，1857–1930，爱尔兰医生、植物学家，曾在中国采集植物，后者，1850–1901，曾活动于中国的传教士）

Lysimachia heterobotrys 邕宁香草（邕 yōng）：hete-/ heter-/ hetero- ← heteros 不同的，多样的，不齐的；botrys → botr-/ botry- 簇，串，葡萄串状，丛，总状

Lysimachia heterogenea 黑腺珍珠菜：heterogeneus 异型的，异质的，结构不一致的；hete-/ heter-/ hetero- ← heteros 不同的，多样的，不齐的；-geneus/ -genea/ -geneum 结构的，形态的，特种的

Lysimachia huitsunae 白花过路黄：huitsunae（人名）；-ae 表示人名，以 -a 结尾的人名后面加上 -e 形成

Lysimachia hypericoides 巴山过路黄：hypericoides 金丝桃状的；Hypericum 金丝桃属（金丝桃科）；-oides/ -oideus/ -oideum/ -oidea/ -odes/ -eidos 像……的，类似……的，呈……状的（名词词尾）

Lysimachia inaperta 长萼香草：inapertus 封闭的，不开口的；in-/ im-（来自 il- 的音变）内，在内，内部，向内，相反，不，无，非；il- 在内，向内，为，相反（希腊语为 en-）；词首 il- 的音变：il-（在 l 前

-escens/ -ascens 改变，转变，变成，略微，带有，接近，相似，大致，稍微（表示变化的趋势，并未完全相似或相同，有别于表示达到完成状态的 -atus）

面），im-（在 b、m、p 前面），in-（在元音字母和大多数辅音字母前面），ir-（在 r 前面），如 illaudatus（不值得称赞的，评价不好的），impermeabilis（不透水的，穿不透的），ineptus（不合适的），insertus（插入的），irretortus（无弯曲的，无扭曲的）；apertus 开口的，开裂的，无盖的，裸露的

Lysimachia insignis 三叶香草：insignis 著名的，超群的，优秀的，显著的，杰出的；in-/ im-（来自 il- 的音变）内，在内，内部，向内，相反，不，无，非；il- 在内，向内，为，相反（希腊语为 en-）；词首 il- 的音变：il-（在 l 前面），im-（在 b、m、p 前面），in-（在元音字母和大多数辅音字母前面），ir-（在 r 前面），如 illaudatus（不值得称赞的，评价不好的），impermeabilis（不透水的，穿不透的），ineptus（不合适的），insertus（插入的），irretortus（无弯曲的，无扭曲的）；signum 印记，标记，刻画，图章

Lysimachia japonica 小茄（茄 qié）：japonica 日本的（地名）；-icus/ -icum/ -ica 属于，具有某种特性（常用于地名、起源、生境）

Lysimachia jiangxiensis 江西珍珠菜：jiangxiensis 江西的（地名）

Lysimachia jingdongensis 景东香草：jingdongensis 景东的（地名，云南省）

Lysimachia klattiana 轮叶过路黄：klattiana（人名）

Lysimachia lancifolia 长叶香草：lance-/ lancei-/ lanci-/ lanceo-/ lanc- ← lanceus 披针形的，矛形的，尖刀状的，柳叶刀状的；folius/ folium/ folia 叶，叶片（用于复合词）

Lysimachia laxa 多枝香草：laxus 稀疏的，松散的，宽松的

Lysimachia linguiensis 临桂香草：linguiensis 临桂的（地名，广西壮族自治区）

Lysimachia liui 红头索：liui（人名）

Lysimachia lobelioides 长蕊珍珠菜：lobelioides 像半边莲的；Lobelis 半边莲属（桔梗科）；-oides/ -oideus/ -oideum/ -oidea/ -odes/ -eidos 像……的，类似……的，呈……状的（名词词尾）

Lysimachia longipes 长梗过路黄：longe-/ longi- ← longus 长的，纵向的；pes/ pedis 柄，梗，茎秆，腿，足，爪（作词首或词尾，pes 的词干视为"ped-"）

Lysimachia lychnoides 假琴叶过路黄：lychnoides 像剪秋罗的；Lychnis 剪秋罗属（石竹科）；-oides/ -oideus/ -oideum/ -oidea/ -odes/ -eidos 像……的，类似……的，呈……状的（名词词尾）

Lysimachia mauritiana 滨海珍珠菜：mauritiana ← Mauritius 毛里求斯的（地名）

Lysimachia melampyroides 山罗过路黄：Melampyrum 山罗花属（玄参科）；-oides/ -oideus/ -oideum/ -oidea/ -odes/ -eidos 像……的，类似……的，呈……状的（名词词尾）

Lysimachia melampyroides var. amplexicaulis 抱茎山罗过路黄：amplexi- 跨骑状的，紧握的，抱紧的；caulis ← caulos 茎，茎秆，主茎

Lysimachia melampyroides var. brunelloides 小山罗过路黄：Brunella（唇形科一属）；-oides/ -oideus/ -oideum/ -oidea/ -odes/ -eidos 像……的，类似……的，呈……状的（名词词尾）

Lysimachia melampyroides var. melampyroides 山罗过路黄-原变种 （词义见上面解释）

Lysimachia metogensis 墨脱珍珠菜：metogensis 墨脱的（地名，西藏自治区，已修订为 medogensis）

Lysimachia microcarpa 小果香草：micr-/ micro- ← micros 小的，微小的，微观的（用于希腊语复合词）；carpus/ carpum/ carpa/ carpon ← carpos 果实（用于希腊语复合词）

Lysimachia millietii 兴义香草：millietii（人名）；-ii 表示人名，接在以辅音字母结尾的人名后面，但 -er 除外

Lysimachia miyiensis 米易过路黄：miyiensis 米易的（地名，四川省）

Lysimachia nanchuanensis 南川过路黄：nanchuanensis 南川的（地名，重庆市）

Lysimachia nanpingensis 南平过路黄：nanpingensis 南平的（地名，福建省）

Lysimachia navillei 木茎香草：navillei（人名）

Lysimachia navillei var. hainanensis 海南木茎香草：hainanensis 海南的（地名）

Lysimachia navillei var. navillei 木茎香草-原变种（词义见上面解释）

Lysimachia nutantiflora 垂花香草：nutanti- 弯曲的，垂吊的；florus/ florum/ flora ← flos 花（用于复合词）

Lysimachia omeiensis 峨眉过路黄：omeiensis 峨眉山的（地名，四川省）

Lysimachia ophelioides 琴叶过路黄：Ophelus（属名，锦葵科）；-oides/ -oideus/ -oideum/ -oidea/ -odes/ -eidos 像……的，类似……的，呈……状的（名词词尾）

Lysimachia orbicularis 圆瓣珍珠菜：orbicularis/ orbiculatus 圆形的；orbis 圆，圆形，圆圈，环；-culus/ -culum/ -cula 小的，略微的，稍微的（同第三变格法和第四变格法名词形成复合词）；-aris（阳性、阴性）/ -are（中性）← -alis（阳性、阴性）/ -ale（中性）属于，相似，如同，具有，涉及，关于，联结于（将名词作形容词用，其中 -aris 常用于以 l 或 r 为词干末尾的词）

Lysimachia otophora 耳柄过路黄：otophorus = otos + phorus 具耳的；otos 耳朵；-phorus/ -phorum/ -phora 载体，承载物，支持物，带着，生着，附着（表示一个部分带着别的部分，包括起支撑或承载作用的柄、柱、托、囊等，如 gynophorum = gynus + phorum 雌蕊柄的，带有雌蕊的，承载雌蕊的）；gynus/ gynum/ gyna 雌蕊，子房，心皮；Otophora 爪耳木属（无患子科）

Lysimachia paridiformis 落地梅：paridiformis = Paris + formis 重楼状的；构词规则：词尾为 -is 和 -ys 的词的词干分别视为 -id 和 -yd；Paris 重楼属（百合科）；formis/ forma 形状

Lysimachia paridiformis var. paridiformis 落地梅-原变种 （词义见上面解释）

Lysimachia paridiformis var. stenophylla 狭叶落地梅：sten-/ steno- ← stenus 窄的，狭的，薄的；phyllus/ phyllum/ phylla ← phyllon 叶片（用于希腊语复合词）

L

Lysimachia parvifolia 小叶珍珠菜：parvifolius 小叶的；parvus 小的，些微的，弱的；folius/ folium/ folia 叶，叶片（用于复合词）

Lysimachia patungensis 巴东过路黄：patungensis 巴东的（地名，湖北省）

Lysimachia patungensis f. glabrifolia 光叶巴东过路黄：glabrus 光秃的，无毛的，光滑的；folius/ folium/ folia 叶，叶片（用于复合词）

Lysimachia patungensis f. patungensis 巴东过路黄-原变型 （词义见上面解释）

Lysimachia peduncularis 假过路黄：pedunculatus/ peduncularis 具花序柄的，具总花梗的；pedunculus/ peduncule/ pedunculis ← pes 花序柄，总花梗（花序基部无花着生部分，不同于花柄）；关联词：pedicellus/ pediculus 小花梗，小花柄（不同于花序柄）；pes/ pedis 柄，梗，茎秆，腿，足，爪（作词首或词尾，pes 的词干视为 "ped-"）；-aris（阳性、阴性）/ -are（中性）← -alis（阳性、阴性）/ -ale（中性）属于，相似，如同，具有，涉及，关于，联结于（将名词作形容词用，其中 -aris 常用于以 l 或 r 为词干末尾的词）

Lysimachia pentapetala 狭叶珍珠菜：penta- 五，五数（希腊语，拉丁语为 quin/ quinqu/ quinque-/ quinqui-）；petalus/ petalum/ petala ← petalon 花瓣

Lysimachia perfoliata 贯叶过路黄：perfoliatus 叶片抱茎的；peri-/ per- 周围的，缠绕的（与拉丁语 circum- 意思相同）；foliatus 具叶的，多叶的；folius/ folium/ folia → foli-/ folia- 叶，叶片

Lysimachia phyllocephala 叶头过路黄：phyllocephalus 叶状头状花序的；phyllus/ phyllum/ phylla ← phyllon 叶片（用于希腊语复合词）；cephalus/ cephale ← cephalos 头，头状花序

Lysimachia phyllocephala var. phyllocephala 叶头过路黄-原变种 （词义见上面解释）

Lysimachia phyllocephala var. polycephala 短毛叶头过路黄：poly- ← polys 多个，许多（希腊语，拉丁语为 multi-）；cephalus/ cephale ← cephalos 头，头状花序

Lysimachia physaloides 金平香草：physalodes/ physaloides 像酸浆的，泡囊状的；Physalis 酸浆属（茄科）；-oides/ -oideus/ -oideum/ -oidea/ -odes/ -eidos 像……的，类似……的，呈……状的（名词词尾）

Lysimachia pittosporoides 海桐状香草：pittosporoides 像海桐花的；Pittosporum 海桐花属（海桐花科）；-oides/ -oideus/ -oideum/ -oidea/ -odes/ -eidos 像……的，类似……的，呈……状的（名词词尾）

Lysimachia platypetala 阔瓣珍珠菜：platys 大的，宽的（用于希腊语复合词）；petalus/ petalum/ petala ← petalon 花瓣

Lysimachia prolifera 多育星宿菜（宿 xiù）：proliferus 能育的，具零余子的；proli- 扩展，繁殖，后裔，零余子；proles 后代，种族；-ferus/ -ferum/ -fera/ -fero/ -fere/ -fer 有，具有，产（区别：作独立词使用的 ferus 意思是 "野生的"）

Lysimachia pseudohenryi 疏头过路黄：

pseudohenryi 像 henryi 的；pseudo-/ pseud- ← pseudos 假的，伪的，接近，相似（但不是）；Hypericum henryi 西南金丝梅；henryi ← Henry（人名）

Lysimachia pseudotrichopoda 鄂西香草：pseudotrichopoda 像 trichopoda 的，近似毛柄的；pseudo-/ pseud- ← pseudos 假的，伪的，接近，相似（但不是）；Lysimachia trichopoda 蔓延香草；trich-/ tricho-/ tricha- ← trichos ← thrix 毛，多毛的，线状的，丝状的；podus/ pus 柄，梗，茎秆，足，腿

Lysimachia pterantha 翅萼过路黄：pteranthus 翼花的，翅花的；anthus/ anthum/ antha/ anthe ← anthos 花（用于希腊语复合词）

Lysimachia pteranthoides 川西过路黄：pteranthoides 像 pterantha 的，近似翼花的；Lysimachia pterantha 翅萼过路黄；pteranthus 翼花的，翅花的；-oides/ -oideus/ -oideum/ -oidea/ -odes/ -eidos 像……的，类似……的，呈……状的（名词词尾）

Lysimachia pumila 矮星宿菜：pumilus 矮的，小的，低矮的，矮人的

Lysimachia punctatilimba 点叶落地梅：punctatus = punctus + atus 具斑点的；punctus 斑点；limbus 冠檐，萼檐，瓣片，叶片

Lysimachia racemiflora 总花珍珠菜：racemus 总状的，葡萄串状的；florus/ florum/ flora ← flos 花（用于复合词）

Lysimachia reflexiloba 折瓣珍珠菜：reflexilobus 反曲裂片的；reflexus 反曲的，后曲的；re- 返回，相反，再次，重复，向后，回头；flexus ← flecto 扭曲的，卷曲的，弯弯曲曲的，柔性的；flecto 弯曲，使扭曲；lobus/ lobos/ lobon 浅裂，耳片（裂片先端钝圆），荚果，蒴果

Lysimachia remota 疏节过路黄：remotus 分散的，分开的，稀疏的，远距离的

Lysimachia remota var. lushanensis 庐山疏节过路黄：lushanensis 庐山的（地名，江西省）

Lysimachia remota var. remota 疏节过路黄-原变种 （词义见上面解释）

Lysimachia robusta 粗壮珍珠菜：robustus 大型的，结实的，健壮的，强壮的

Lysimachia roseola 粉红珍珠菜：roseolus = roseus + olus 淡红色的，粉红色的；roseus = rosa + eus 像玫瑰的，玫瑰色的，粉红色的；rosa 蔷薇（古拉丁名）← rhodon 蔷薇（希腊语）← rhodd 红色，玫瑰红（凯尔特语）；-eus/ -eum/ -ea（接拉丁语词干时）属于……的，色如……的，质如……的（表示原料、颜色或品质的相似），（接希腊语词干时）属于……的，以……出名，为……所占有（表示具有某种特性）；rosei-/ roseo- 玫瑰，玫瑰红色；-olus ← -ulus 小，稍微，略微（-ulus 在字母 e 或 i 之后变成 -olus/ -ellus/ -illus）

Lysimachia rubiginosa 显苞过路黄：rubiginosus/ robiginosus 锈色的，锈红色的，红褐色的；robigo 锈（词干为 rubigin-）；-osus/ -osum/ -osa 多的，充分的，丰富的，显著发育的，程度高的，特征明显的（形容词词尾）；词尾为 -go 的词其词干末尾视为 -gin

L

Lysimachia rubinervis 紫脉过路黄：rubinervis = rubus + nervis 红脉的；rubus ← ruber/ rubeo 树莓的，红色的；rubrus/ rubrum/ rubra/ ruber 红色的；nervis ← nervus 脉，叶脉

Lysimachia rupestris 龙津过路黄：rupestre/ rupicolus/ rupestris 生于岩壁的，岩栖的；rup-/ rupi- ← rupes/ rupis 岩石的；-estris/ -estre/ ester/ -esteris 生于……地方，喜好……地方

Lysimachia saxicola 岩居香草：saxicolus 生于石缝的；saxum 岩石，结石；colus ← colo 分布于，居住于，栖居，殖民（常作词尾）；colo/ colere/ colui/ cultum 居住，耕作，栽培

Lysimachia saxicola var. minor 小岩居香草：minor 较小的，更小的

Lysimachia saxicola var. saxicola 岩居香草-原变种 （词义见上面解释）

Lysimachia sciadantha 伞花落地梅：sciadanthus 伞花的；sciad-/ sciado-/ scia- 伞，遮荫，阴影，荫庇处；anthus/ anthum/ antha/ anthe ← anthos 花（用于希腊语复合词）

Lysimachia sciadophylla 黔阳过路黄：sciadophyllus 伞状叶的；sciadoc/ sciados 伞，伞形的；phyllus/ phyllum/ phylla ← phyllon 叶片（用于希腊语复合词）

Lysimachia shimianensis 石棉过路黄：shimianensis 石棉的（地名，四川省）

Lysimachia siamensis 泰国过路黄：siamensis 暹罗的（地名，泰国古称）（暹 xiān）

Lysimachia sikokiana 假排草：sikokiana 四国的（地名，日本）

Lysimachia sikokiana subsp. petelotii 阔叶假排草：petelotii（人名）；-ii 表示人名，接在以辅音字母结尾的人名后面，但 -er 除外

Lysimachia sikokiana subsp. sikokiana 假排草-原亚种 （词义见上面解释）

Lysimachia silvestrii 北延叶珍珠菜：silvestrii/ sylvestrii ← Filippo Silvestri（人名，19 世纪意大利解剖学家、动物学家）；-ii 表示人名，接在以辅音字母结尾的人名后面，但 -er 除外

Lysimachia solaniflora 茄花香草（茄 qié）：Solanum 茄属（茄科）；florus/ florum/ flora ← flos 花（用于复合词）

Lysimachia stellarioides 茂汶过路黄（汶 wèn）：stellarioides 像繁缕的，星状的；Stellaria 繁缕属（石竹科）；-oides/ -oideus/ -oideum/ -oidea/ -odes/ -eidos 像……的，类似……的，呈……状的（名词词尾）

Lysimachia stenosepala 腺药珍珠菜：sten-/ steno- ← stenus 窄的，狭的，薄的；sepalus/ sepalum/ sepala 萼片（用于复合词）

Lysimachia stenosepala var. flavescens 云贵腺药珍珠菜：flavescens 淡黄的，发黄的，变黄的；flavus → flavo-/ flavi-/ flav- 黄色的，鲜黄色的，金黄色的（指纯正的黄色）；-escens/ -ascens 改变，转变，变成，略微，带有，接近，相似，大致，稍微（表示变化的趋势，并未完全相似或相同，有别于表示达到完成状态的 -atus）

Lysimachia stenosepala var. stenosepala 腺药珍珠菜-原变种 （词义见上面解释）

Lysimachia stigmatosa 大叶珍珠菜：stigmatosus 具柱头的，具多数柱头的；stigmus 柱头；-osus/ -osum/ -osa 多的，充分的，丰富的，显著发育的，程度高的，特征明显的（形容词词尾）

Lysimachia subracemosa 近总序香草：subracemosus 近总状的；sub-（表示程度较弱）与……类似，几乎，稍微，弱，亚，之下，下面；racemosus = racemus + osus 总状花序的；racemus 总状的，葡萄串状的；-osus/ -osum/ -osa 多的，充分的，丰富的，显著发育的，程度高的，特征明显的（形容词词尾）

Lysimachia subverticillata 轮花香草：subverticillatus 近轮生的，不完全轮生的；sub-（表示程度较弱）与……类似，几乎，稍微，弱，亚，之下，下面；verticillatus/ verticillaris 螺纹的，螺旋的，轮生的，环状的；verticillus 轮，环状排列

Lysimachia taliensis 大理珍珠菜：taliensis 大理的（地名，云南省）

Lysimachia tengyuehensis 腾冲过路黄：tengyuehensis 腾越的（地名，云南省）

Lysimachia thyrsiflora 球尾花：thyrsus/ thyrsos 花簇，金字塔，圆锥形，聚伞圆锥花序；florus/ florum/ flora ← flos 花（用于复合词）

Lysimachia tianyangensis 田阳香草：tianyangensis 田阳的（地名，广西壮族自治区）

Lysimachia tienmushanensis 天目珍珠菜：tienmushanensis 天目山的（地名，浙江省）

Lysimachia trichopoda 蔓延香草（蔓 màn）：trich-/ tricho-/ tricha- ← trichos ← thrix 毛，多毛的，线状的，丝状的；podus/ pus 柄，梗，茎秆，足，腿

Lysimachia trichopoda var. sarmentosa 长萼蔓延香草：sarmentosus 匍匐茎的；sarmentum 匍匐茎，鞭条；-osus/ -osum/ -osa 多的，充分的，丰富的，显著发育的，程度高的，特征明显的（形容词词尾）

Lysimachia trichopoda var. trichopoda 蔓延香草-原变种 （词义见上面解释）

Lysimachia tsarongensis 藏珍珠菜：tsarongensis 察瓦龙的（地名，西藏自治区）

Lysimachia violascens 大花珍珠菜：violascens/ violaceus 紫红色的，紫堇色的，堇菜状的；-escens/ -ascens 改变，转变，变成，略微，带有，接近，相似，大致，稍微（表示变化的趋势，并未完全相似或相同，有别于表示达到完成状态的 -atus）

Lysimachia violascens var. robusta 丽江珍珠菜：robustus 大型的，结实的，健壮的，强壮的

Lysimachia violascens var. violascens 大花珍珠菜-原变种 （词义见上面解释）

Lysimachia violascens var. xerophila 千生珍珠菜：xeros 干旱的，干燥的；philus/ philein ← philos → phil-/ phili/ philo- 喜好的，爱好的，喜欢的（注意区别形近词：phylus、phyllus）；phylus/ phylum/ phyla ← phylon/ phyle 植物分类单位中的"门"，位于"界"和"纲"之间，类群，种族，部落，聚群；phyllus/ phyllum/ phylla ← phyllon 叶

片（用于希腊语复合词）

Lysimachia vittiformis 条叶香草：vitta 条带，细带，缎带；formis/ forma 形状

Lysimachia vulgaris 毛黄连花：vulgaris 常见的，普通的，分布广的；vulgus 普通的，到处可见的

Lysimachia wilsonii 川香草：wilsonii ← John Wilson（人名，18 世纪英国植物学家）

Lysimachia yindeensis 英德过路黄：yindeensis 英德的（地名，广东省）

Lysionotus 吊石苣苔属（苦苣苔科）（69：p529）：lysionotus 脊背分离的（比喻长鞘状果实裂开的状态）；lysis 分离，放松；notum 背部，脊背

Lysionotus aeschynanthoides 桂黔吊石苣苔：Aeschynanthus 芒毛苣苔属（苦苣苔科）；-oides/ -oideus/ -oideum/ -oidea/ -odes/ -eidos 像……的，类似……的，呈……状的（名词词尾）

Lysionotus angustisepalus 狭萼吊石苣苔：angusti- ← angustus 窄的，狭的，细的；sepalus/ sepalum/ sepala 萼片（用于复合词）

Lysionotus atropurpureus 深紫吊石苣苔：atro-/ atr-/ atri-/ atra- ← ater 深色，浓色，暗色，发黑（ater 作为词干后接辅音字母开头的词时，要在词干后面加一个连接用的元音字母 "o" 或 "i"，故为 "ater-o-" 或 "ater-i-"，变形为 "atr-" 开头）；purpureus = purpura + eus 紫色的；purpura 紫色（purpura 原为一种介壳虫名，其体液为紫色，可作颜料）；-eus/ -eum/ -ea（接拉丁语词干时）属于……的，色如……的，质如……的（表示原料、颜色或品质的相似），（接希腊语词干时）属于……的，以……出名，为……所占有（表示具有某种特性）

Lysionotus carnosus 蒙自吊石苣苔：carnosus 肉质的；carne 肉；-osus/ -osum/ -osa 多的，充分的，丰富的，显著发育的，程度高的，特征明显的（形容词词尾）

Lysionotus chingii 攀援吊石苣苔：chingii ← R. C. Chin 秦仁昌（人名，1898–1986，中国植物学家，蕨类植物专家），秦氏

Lysionotus denticulosus 多齿吊石苣苔：denticulosus = dentus + culosus 密齿的，细齿的；dentus 齿，牙齿；-culosus = culus + osus 小而多的，小而密集的；-culus/ -culum/ -cula 小的，略微的，稍微的（同第三变格法和第四变格法名词形成复合词）；-osus/ -osum/ -osa 多的，充分的，丰富的，显著发育的，程度高的，特征明显的（形容词词尾）

Lysionotus forrestii 滇西吊石苣苔：forrestii ← George Forrest（人名，1873–1932，英国植物学家，曾在中国西部采集大量植物标本）

Lysionotus gamosepalus 合萼吊石苣苔：gamo ← gameo 结合，联合，结婚；sepalus/ sepalum/ sepala 萼片（用于复合词）

Lysionotus gracilis 纤细吊石苣苔：gracilis 细长的，纤弱的，丝状的

Lysionotus hainanensis 海南吊石苣苔：hainanensis 海南的（地名）

Lysionotus heterophyllus 异叶吊石苣苔：heterophyllus 异型叶的；hete-/ heter-/ hetero- ← heteros 不同的，多样的，不齐的；phyllus/ phyllum/ phylla ← phyllon 叶片（用于希腊语复合词）

Lysionotus heterophyllus var. heterophyllus 异叶吊石苣苔-原变种 （词义见上面解释）

Lysionotus heterophyllus var. lasianthus 龙胜吊石苣苔：Lasia 刺芋属（天南星科）；lasios → lasi-/ lasio- 羊毛状的，有毛的，粗糙的（希腊语）；anthus/ anthum/ antha/ anthe ← anthos 花（用于希腊语复合词）；Lasianthus 粗叶木属（茜草科）

Lysionotus heterophyllus var. mollis 毛叶吊石苣苔：molle/ mollis 软的，柔毛的

Lysionotus ikedae 兰屿吊石苣苔：ikedae（人名）；-ae 表示人名，以 -a 结尾的人名后面加上 -e 形成

Lysionotus involucratus 圆苞吊石苣苔：involucratus = involucrus + atus 有总苞的；involucrus 总苞，花苞，包被

Lysionotus kwangsiensis 广西吊石苣苔：kwangsiensis 广西的（地名）

Lysionotus longipedunculatus 长梗吊石苣苔：longe-/ longi- ← longus 长的，纵向的；pedunculatus/ peduncularis 具花序柄的，具总花梗的；pedunculus/ peduncule/ pedunculis ← pes 花序柄，总花梗（花序基部无花着生部分，不同于花柄）；关联词：pedicellus/ pediculus 小花梗，小花柄（不同于花序柄）；pes/ pedis 柄，梗，茎秆，腿，足，爪（作词首或词尾，pes 的词干视为 "ped-"）

Lysionotus metuoensis 墨脱吊石苣苔：metuoensis 墨脱的（地名，西藏自治区）

Lysionotus microphyllus 小叶吊石苣苔：micr-/ micro- ← micros 小的，微小的，微观的（用于希腊语复合词）；phyllus/ phyllum/ phylla ← phyllon 叶片（用于希腊语复合词）

Lysionotus montanus 高山吊石苣苔：montanus 山，山地；montis 山，山地的；mons 山，山脉，岩石

Lysionotus oblongifolius 长圆吊石苣苔：oblongus = ovus + longus 长椭圆形的（ovus 的词干 ov- 音变为 ob-）；ovus 卵，胚珠，卵形的，椭圆形的；longus 长的，纵向的；folius/ folium/ folia 叶，叶片（用于复合词）

Lysionotus omeiensis 峨眉吊石苣苔：omeiensis 峨眉山的（地名，四川省）

Lysionotus pauciflorus 吊石苣苔：pauci- ← paucus 少数的，少的（希腊语为 oligo-）；florus/ florum/ flora ← flos 花（用于复合词）

Lysionotus pauciflorus var. indutus 灰叶吊石苣苔：indutus 包膜，盖子

Lysionotus pauciflorus var. lancifolius 披针吊石苣苔：lance-/ lancei-/ lanci-/ lanceo-/ lanc- ← lanceus 披针形的，矛形的，尖刀状的，柳叶刀状的；folius/ folium/ folia 叶，叶片（用于复合词）

Lysionotus pauciflorus var. lasianthus 毛花吊石苣苔：Lasia 刺芋属（天南星科）；lasios → lasi-/ lasio- 羊毛状的，有毛的，粗糙的（希腊语）；anthus/ anthum/ antha/ anthe ← anthos 花（用于希腊语复合词）；Lasianthus 粗叶木属（茜草科）

Lysionotus pauciflorus var. latifolius 宽叶吊石苣苔：lati-/ late- ← latus 宽的，宽广的；folius/ folium/ folia 叶，叶片（用于复合词）

Lysionotus pauciflorus var. linearis 条叶吊石苣

苔：linearis = lineus + aris 线条的，线形的，线状的，亚麻状的；lineus = linum + eus 线状的，丝状的，亚麻状的；linum ← linon 亚麻，线（古拉丁名）；-aris（阳性、阴性）/ -are（中性）← -alis（阳性、阴性）/ -ale（中性）属于，相似，如同，具有，涉及，关于，联结于（将名词作形容词用，其中 -aris 常用于以 l 或 r 为词干末尾的词）

Lysionotus pauciflorus var. pauciflorus 吊石苣苔-原变种 （词义见上面解释）

Lysionotus petelotii 细萼吊石苣苔：petelotii（人名）；-ii 表示人名，接在以辅音字母结尾的人名后面，但 -er 除外

Lysionotus sangzhiensis 桑植吊石苣苔：sangzhiensis 桑植的（地名，湖南省）

Lysionotus serratus 齿叶吊石苣苔：serratus = serrus + atus 有锯齿的；serrus 齿，锯齿

Lysionotus serratus var. pterocaulis 翅茎吊石苣苔：pterus/ pteron 翅，翼，蕨类；caulis ← caulos 茎，茎秆，主茎

Lysionotus serratus var. serratus 齿叶吊石苣苔-原变种 （词义见上面解释）

Lysionotus sessilifolius 短柄吊石苣苔：sessile-/ sessili-/ sessil- ← sessilis 无柄的，无茎的，基生的，基部的；folius/ folium/ folia 叶，叶片（用于复合词）

Lysionotus sulphureus 黄花吊石苣苔：sulphureus/ sulfureus 硫黄色的

Lysionotus wardii 毛枝吊石苣苔：wardii ← Francis Kingdon-Ward（人名，20 世纪英国植物学家）

Lysionotus wilsonii 川西吊石苣苔：wilsonii ← John Wilson（人名，18 世纪英国植物学家）

Lythraceae 千屈菜科（52-2：p67）：lythron 血液（比喻颜色）；-aceae（分类单位科的词尾，为 -aceus 的阴性复数主格形式，加到模式属的名称后或同义词的词干后以组成族群名称）

Lythrum 千屈菜属（千屈菜科）（52-2：p78）：lythron 血液（比喻颜色）

Lythrum anceps 光千屈菜：anceps 二棱的，二翼的，茎有翼的

Lythrum intermedium 中型千屈菜：intermedius 中间的，中位的，中等的；inter- 中间的，在中间，之间；medius 中间的，中央的

Lythrum salicaria 千屈菜：salicaria = Salix + arius 像柳树的；构词规则：以 -ix/ -iex 结尾的词其词干末尾视为 -ic，以 -ex 结尾视为 -i/ -ic，其他以 -x 结尾视为 -c；Salix 柳属；-arius/ -arium/ -aria 相似，属于（表示地点，场所，关系，所属）

Lythrum virgatum 帚枝千屈菜：virgatus 细长枝条的，有条纹的，嫩枝状的；virga/ virgus 纤细枝条，细而绿的枝条；-atus/ -atum/ -ata 属于，相似，具有，完成（形容词词尾）

Maackia 马鞍树属（豆科）（40：p56）：maackia ← Richard Maack（人名，1825–1886，俄国博物学家）

Maackia amurensis 朝鲜槐：amurense/ amurensis 阿穆尔的（地名，东西伯利亚的一个州，南部以黑龙江为界），阿穆尔河的（即黑龙江的俄语音译）

Maackia amurensis var. buergeri 毛叶怀槐：buergeri ← Heinrich Buerger（人名，19 世纪荷兰

植物学家）；-eri 表示人名，在以 -er 结尾的人名后面加上 i 形成

Maackia australis 华南马鞍树：australis 南方的，南半球的；austro-/ austr- 南方的，南半球的，大洋洲的；auster 南方，南风；-aris（阳性、阴性）/ -are（中性）← -alis（阳性、阴性）/ -ale（中性）属于，相似，如同，具有，涉及，关于，联结于（将名词作形容词用，其中 -aris 常用于以 l 或 r 为词干末尾的词）

Maackia chekiangensis 浙江马鞍树：chekiangensis 浙江的（地名）

Maackia ellipticocarpa 香港马鞍树：ellipticus 椭圆形的；carpus/ carpum/ carpa/ carpon ← carpos 果实（用于希腊语复合词）

Maackia floribunda 多花马鞍树：floribundus = florus + bundus 多花的，繁花的，花正盛开的；florus/ florum/ flora ← flos 花（用于复合词）；-bundus/ -bunda/ -bundum 正在做，正在进行（类似于现在分词），充满，盛行

Maackia hupehensis 马鞍树：hupehensis 湖北的（地名）

Maackia hwashanensis 华山马鞍树（华 huà）：hwashanensis 黄山的（地名，安徽省）

Maackia tenuifolia 光叶马鞍树：tenui- ← tenuis 薄的，纤细的，弱的，瘦的，窄的；folius/ folium/ folia 叶，叶片（用于复合词）

Macadamia 大洋洲坚果属（山龙眼科）（24：p28）：macadamia ← John MacAdam（人名，19 世纪澳大利亚化学家）（除 -er 外，以辅音字母结尾的人名用作属名时在末尾加 -ia，如果人名词尾为 -us 则将词尾变成 -ia）

Macadamia ternifolia 澳洲坚果：ternat- ← ternatus 三数的，三出的；folius/ folium/ folia 叶，叶片（用于复合词）

Macadamia tetraphylla 四叶澳洲坚果：tetra-/ tetr- 四，四数（希腊语，拉丁语为 quadri-/ quadr-）；phyllus/ phyllum/ phylla ← phyllon 叶片（用于希腊语复合词）

Macaranga 血桐属（血 xuè）（大戟科）（44-2：p48）：macaranga 血桐（马达加斯加土名）

Macaranga adenantha 盾叶木：adenanthus 腺花的；aden-/ adeno- ← adenus 腺，腺体；anthus/ anthum/ antha/ anthe ← anthos 花（用于希腊语复合词）

Macaranga andamanica 安达曼血桐：andamanica 安达曼群岛的（地名，印度）

Macaranga auriculata 刺果血桐：auriculatus 耳形的，具小耳的（基部有两个小圆片）；auriculus 小耳朵的，小耳状的；auritus 耳朵的，耳状的；-culus/ -culum/ -cula 小的，略微的，稍微的（同第三变格法和第四变格法名词形成复合词）；-atus/ -atum/ -ata 属于，相似，具有，完成（形容词词尾）

Macaranga bracteata 大苞血桐：bracteatus = bracteus + atus 具苞片的；bracteus 苞，苞片，苞鳞；-atus/ -atum/ -ata 属于，相似，具有，完成（形容词词尾）

Macaranga denticulata 中平树：denticulatus = dentus + culus + atus 具细齿的，具齿的；dentus

M

齿，牙齿；-culus/ -culum/ -cula 小的，略微的，稍微的（同第三变格法和第四变格法名词形成复合词）；-atus/ -atum/ -ata 属于，相似，具有，完成（形容词词尾）

Macaranga esquirolii 灰岩血桐：esquirolii（人名）；-ii 表示人名，接在以辅音字母结尾的人名后面，但 -er 除外

Macaranga hemsleyana 山中平树：hemsleyana ← William Botting Hemsley（人名，19 世纪研究中美洲植物的植物学家）

Macaranga henryi 草鞋木：henryi ← Augustine Henry 或 B. C. Henry（人名，前者，1857–1930，爱尔兰医生、植物学家，曾在中国采集植物，后者，1850–1901，曾活动于中国的传教士）

Macaranga indica 印度血桐：indica 印度的（地名）；-icus/ -icum/ -ica 属于，具有某种特性（常用于地名、起源、生境）

Macaranga kurzii 尾叶血桐：kurzii ← Wilhelm Sulpiz Kurz（人名，19 世纪植物学家）

Macaranga pustulata 泡腺血桐：pustulatus = pustulus + atus 小凸起的，粉刺状的；pustulus 泡状凸起，粉刺

Macaranga rosuliflora 轮苞血桐：rosulus 莲座状的，近似莲座的；florus/ florum/ flora ← flos 花（用于复合词）

Macaranga sampsonii 鼎湖血桐：sampsonii（人名）；-ii 表示人名，接在以辅音字母结尾的人名后面，但 -er 除外

Macaranga sinensis 台湾血桐：sinensis = Sina + ensis 中国的（地名）；Sina 中国

Macaranga tanarius 血桐：tanarius（词源不详）

Macaranga trigonostemonoides 卵苞血桐：Trigonostemon 三宝木属（大戟科）；-oides/ -oideus/ -oideum/ -oidea/ -odes/ -eidos 像……的，类似……的，呈……状的（名词词尾）

Macfadyena 猫爪藤属（爪 zhǎo）（紫葳科）（69：p6）：macfadyena ← James Macfadyen（人名，19 世纪英国植物学家）

Macfadyena unguis-cati 猫爪藤：unguis-cati 猫爪子的；unguis 爪子的；catus/ cattus 猫（复数主格为 cati）

Machilus 润楠属（樟科）（31：p7）：machilus（印度尼西亚土名）

Machilus bombycina 黄心树：bombycinus 绢丝状的，蚕茧状的，柔滑的（指长纤维），绢丝色的；bombycis ← bombyx 绢丝的，蚕茧的，柔滑的（指长纤维）；-inus/ -inum/ -ina/ -inos 相近，接近，相似，具有（通常指颜色）

Machilus bonii 枇杷叶润楠（枇杷 pí pá）：bonii（人名）；-ii 表示人名，接在以辅音字母结尾的人名后面，但 -er 除外

Machilus breviflora 短序润楠：brevi- ← brevis 短的（用于希腊语复合词词首）；florus/ florum/ flora ← flos 花（用于复合词）

Machilus cavaleriei 安顺润楠：cavaleriei ← Pierre Julien Cavalerie（人名，20 世纪法国传教士）；-i 表示人名，接在以元音字母结尾的人名后面，但 -a 除外

Machilus chayuensis 察隅润楠：chayuensis 察隅的（地名，西藏东南部）

Machilus chekiangensis 浙江润楠：chekiangensis 浙江的（地名）

Machilus chienkweiensis 黔桂润楠：chienkweiensis 黔桂的（地名，贵州省和广西壮族自治区）

Machilus chinensis 华润楠：chinensis = china + ensis 中国的（地名）；China 中国

Machilus chrysotricha 黄毛润楠：chrys-/ chryso- ← chrysos 黄色的，金色的；trichus 毛，毛发，线

Machilus chuanchienensis 川黔润楠：chuanchienensis 川黔的（地名，四川省和贵州省）

Machilus cicatricosa 刻节润楠：cicatricosus = cicatrix + osus 多疤痕的；cicatrix/ cicatricis 疤痕，叶痕，果脐；构词规则：以 -ix/ -iex 结尾的词其词干末尾视为 -ic，以 -ex 结尾视为 -i/ -ic，其他以 -x 结尾视为 -c；-osus/ -osum/ -osa 多的，充分的，丰富的，显著发育的，程度高的，特征明显的（形容词词尾）

Machilus decursinervis 基脉润楠：decursinervis ← decursiveneris 下延脉的；decursivus 下延的，鱼鳍状的；nervis ← nervus 脉，叶脉

Machilus dumicola 灌丛润楠：dumicolus = dumus + colus 生于灌丛的，生于荒草丛的；dumus 灌丛，荆棘丛，荒草丛；colus ← colo 分布于，居住于，栖居，殖民（常作词尾）；colo/ colere/ colui/ cultum 居住，耕作，栽培

Machilus fasciculata 簇序润楠：fasciculatus 成束的，束状的，成簇的；fasciculus 丛，簇，束；fascis 束

Machilus foonchewii 琼桂润楠：foonchewii（人名）；-ii 表示人名，接在以辅音字母结尾的人名后面，但 -er 除外

Machilus fukienensis 闽润楠：fukienensis 福建的（地名）

Machilus gongshanensis 贡山润楠：gongshanensis 贡山的（地名，云南省）

Machilus gracillima 柔弱润楠：gracillimus 极细长的，非常纤细的；gracilis 细长的，纤弱的，丝状的；-limus/ -lima/ -limum 最，非常，极其（以 -ilis 结尾的形容词最高级，将末尾的 -is 换成 l + imus，从而构成 -illimus）

Machilus grijsii 黄绒润楠：grijsii（人名）；-ii 表示人名，接在以辅音字母结尾的人名后面，但 -er 除外

Machilus holadena 全腺润楠：holadena 全腺的；holo-/ hol- 全部的，所有的，完全的，联合的，全缘的，不分裂的；adenus 腺，腺体

Machilus ichangensis 宜昌润楠：ichangensis 宜昌的（地名，湖北省）

Machilus ichangensis var. ichangensis 宜昌润楠-原变种（词义见上面解释）

Machilus ichangensis var. leiophylla 滑叶润楠：lei-/ leio-/ lio- ← leius ← leios 光滑的，平滑的；phyllus/ phyllum/ phylla ← phyllon 叶片（用于希腊语复合词）

Machilus kusanoi 大叶楠：kusanoi（人名）

Machilus kwangtungensis 广东润楠：
kwangtungensis 广东的（地名）

Machilus leptophylla 薄叶润楠：leptus ← leptos
细的，薄的，瘦小的，狭长的；phyllus/ phyllum/
phylla ← phyllon 叶片（用于希腊语复合词）

Machilus lichuanensis 利川润楠：lichuanensis 利川
的（地名，湖北省），黎川的（地名，江西省）

Machilus litseifolia 木姜润楠：litseifolia 木姜子叶
的；litsei ← Litsea 木姜子属；folius/ folium/ folia
叶，叶片（用于复合词）

Machilus lohuiensis 乐会润楠：lohuiensis 乐会的
（地名，海南省琼海市的旧称）

Machilus longipedicellata 长梗润楠：longe-/
longi- ← longus 长的，纵向的；pedicellatus =
pedicellus + atus 具小花柄的；pedicellus = pes +
cellus 小花梗，小花柄（不同于花序柄）；pes/ pedis
柄，梗，茎秆，腿，足，爪（作词首或词尾，pes 的
词干视为 "ped-"）；-cellus/ -cellum/ -cella、-cillus/
-cillum/ -cilla 小的，略微的，稍微的（与任何变格
法名词形成复合词）；关联词：pedunculus 花序柄，
总花梗（花序基部无花着生部分）；-atus/ -atum/
-ata 属于，相似，具有，完成（形容词词尾）

Machilus longipes 东莞润楠（莞 guǎn）：longe-/
longi- ← longus 长的，纵向的；pes/ pedis 柄，梗，
茎秆，腿，足，爪（作词首或词尾，pes 的词干视为
"ped-"）

Machilus melanophylla 暗叶润楠：mel-/ mela-/
melan-/ melano- ← melanus/ melaenus ← melas/
melanos 黑色的，浓黑色的，暗色的；phyllus/
phyllum/ phylla ← phyllon 叶片（用于希腊语复
合词）

Machilus microcarpa 小果润楠：micr-/ micro- ←
micros 小的，微小的，微观的（用于希腊语复合
词）；carpus/ carpum/ carpa/ carpon ← carpos 果
实（用于希腊语复合词）

Machilus microcarpa var. microcarpa 小果润
楠-原变种 （词义见上面解释）

Machilus microcarpa var. omeiensis 峨眉润楠：
omeiensis 峨眉山的（地名，四川省）

Machilus minkweiensis 闽桂润楠：minkweiensis
闽桂的（地名，福建省和广西壮族自治区）

Machilus minutiloba 雁荡润楠：minutus 极小的，
细微的，微小的；lobus/ lobos/ lobon 浅裂，耳片
（裂片先端钝圆），荚果，蒴果

Machilus monticola 尖峰润楠：monticolus 生于山
地的；monti- ← mons 山，山地，岩石；montis 山，
山地的；colus ← colo 分布于，居住于，栖居，殖民
（常作词尾）；colo/ colere/ colui/ cultum 居住，耕
作，栽培

Machilus multinervia 多脉润楠：multi- ← multus
多个，多数，很多（希腊语为 poly-）；nervius =
nervus + ius 具脉的，具叶脉的；nervus 脉，叶脉；
-ius/ -ium/ -ia 具有……特性的（表示有关、关联、
相似）

Machilus nakao 纳槁润楠（槁 gǎo）：nakao（人名）

Machilus nanchuanensis 南川润楠：nanchuanensis
南川的（地名，重庆市）

Machilus obovatifolia 倒卵叶润楠：obovatus =

ob + ovus + atus 倒卵形的；ob- 相反，反对，倒
（ob- 有多种音变：ob- 在元音字母和大多数辅音字
母前面，oc- 在 c 前面，of- 在 f 前面，op- 在 p 前
面）；ovus 卵，胚珠，卵形的，椭圆形的；folius/
folium/ folia 叶，叶片（用于复合词）

Machilus obscurinervia 隐脉润楠：obscurus 暗色
的，不明确的，不明显的，模糊的；nervius =
nervus + ius 具脉的，具叶脉的；nervus 脉，叶脉；
-ius/ -ium/ -ia 具有……特性的（表示有关、关联、
相似）

Machilus oculodracontis 龙眼润楠：
oculodracontis 龙眼的；oculo- ← oculus 眼睛的，
小孔的，眼珠状的；dracontis 龙的

Machilus oreophila 建润楠：oreo-/ ores-/ ori- ←
oreos 山，山地，高山；philus/ philein ← philos →
phil-/ phili/ philo- 喜好的，爱好的，喜欢的（注意
区别形近词：phylus、phyllus）；phylus/ phylum/
phyla ← phylon/ phyle 植物分类单位中的"门"，
位于"界"和"纲"之间，类群，种族，部落，聚
群；phyllus/ phyllum/ phylla ← phyllon 叶片（用
于希腊语复合词）

Machilus ovatiloba 糙枝润楠：ovatus = ovus +
atus 卵圆形的；ovus 卵，胚珠，卵形的，椭圆形的；
-atus/ -atum/ -ata 属于，相似，具有，完成（形容
词词尾）；lobus/ lobos/ lobon 浅裂，耳片（裂片先
端钝圆），荚果，蒴果

Machilus parabreviflora 赛短花润楠：
parabreviflora 近似短花的，近似 breviflora 的；
para- 类似，接近，近旁，假的；Machilus breviflora
短序润楠；brevi- ← brevis 短的（用于希腊语复合
词词首）；florus/ florum/ flora ← flos 花（用于复
合词）

Machilus pauhoi 刨花润楠（刨 bào）：pauhoi 刨花
（中文土名）

Machilus phoenicis 凤凰润楠：phoenicis ←
phoenix 椰枣的，凤凰的（单数所有格）

Machilus pingii 润楠：pingii（人名）；-ii 表示人名，
接在以辅音字母结尾的人名后面，但 -er 除外

Machilus platycarpa 扁果润楠：platycarpus 大果
的，宽果的；platys 大的，宽的（用于希腊语复合
词）；carpus/ carpum/ carpa/ carpon ← carpos 果
实（用于希腊语复合词）

Machilus pomifera 梨润楠：pomi-/ pom- ←
pomaceus 苹果，苹果状的；-ferus/ -ferum/ -fera/
-fero/ -fere/ -fer 有，具有，产（区别：作独立词使
用的 ferus 意思是"野生的"）

Machilus pyramidalis 塔序润楠：pyramidalis 金字
塔形的，三角形的，锥形的；pyramis 棱形体，锥形
体，金字塔；构词规则：词尾为 -is 和 -ys 的词的词
干分别视为 -id 和 -yd

Machilus rehderi 狭叶润楠：rehderi ← Alfred
Rehder（人名，1863–1949，德国植物分类学家、树
木学家，在美国 Arnold 植物园工作）

Machilus robusta 粗壮润楠：robustus 大型的，结
实的，健壮的，强壮的

Machilus rufipes 红梗润楠：rufipes 红柄的；ruf-/
rufi-/ frufo- ← rufus/ rubus 红褐色的，锈色的，红
色的，发红的，淡红色的；pes/ pedis 柄，梗，茎秆，

腿，足，爪（作词首或词尾，pes 的词干视为"ped-"）

Machilus salicina 柳叶润楠：salicinus = Salix + inus 像柳树的；构词规则：以 -ix/ -iex 结尾的词其词干末尾视为 -ic，以 -ex 结尾视为 -i/ -ic，其他以 -x 结尾视为 -c；Salix 柳属；-inus/ -inum/ -ina/ -inos 相近，接近，相似，具有（通常指颜色）

Machilus salicoides 华萣润楠（萣 yíng）：salicoides 像柳树的；salic ← Salix 柳属；-oides/ -oideus/ -oideum/ -oidea/ -odes/ -eidos 像……的，类似……的，呈……状的（名词词尾）

Machilus shiwandashanica 十万大山润楠：shiwandashanica 十万大山的（地名，广西壮族自治区）

Machilus shweliensis 瑞丽润楠：shweliensis 瑞丽的（地名，云南省）

Machilus sichourensis 西畴润楠：sichourensis 西畴的（地名，云南省）

Machilus sichuanensis 四川润楠：sichuanensis 四川的（地名）

Machilus suaveolens 芳槁润楠（槁 gǎo）：suaveolens 芳香的，香味的；suavis/ suave 甜的，愉快的，高兴的，有魅力的，漂亮的；olens ← olere 气味，发出气味（不分香臭）

Machilus tenuipila 细毛润楠：tenui- ← tenuis 薄的，纤细的，弱的，瘦的，窄的；pilus 毛，疏柔毛

Machilus thunbergii 红楠：thunbergii ← C. P. Thunberg（人名，1743–1828，瑞典植物学家，曾专门研究日本的植物）

Machilus velutina 绒毛润楠：velutinus 天鹅绒的，柔软的；velutus 绒毛的；-inus/ -inum/ -ina/ -inos 相近，接近，相似，具有（通常指颜色）

Machilus verruculosa 疣枝润楠：verruculosus 小疣点多的；verrucus ← verrucos 疣状物；-culosus = culus + osus 小而多的，小而密集的；-culus/ -culum/ -cula 小的，略微的，稍微的（同第三变格法和第四变格法名词形成复合词）；-osus/ -osum/ -osa 多的，充分的，丰富的，显著发育的，程度高的，特征明显的（形容词词尾）

Machilus villosa 柔毛润楠：villosus 柔毛的，绵毛的；villus 毛，羊毛，长绒毛；-osus/ -osum/ -osa 多的，充分的，丰富的，显著发育的，程度高的，特征明显的（形容词词尾）

Machilus viridis 绿叶润楠：viridis 绿色的，鲜嫩的（相当于希腊语的 chloro-）

Machilus wangchiana 信宜润楠：wangchiana（人名）

Machilus wenshanensis 文山润楠：wenshanensis 文山的（地名，云南省）

Machilus yunnanensis 滇润楠：yunnanensis 云南的（地名）

Machilus yunnanensis var. tibetana 西藏润楠：tibetana 西藏的（地名）

Machilus yunnanensis var. yunnanensis 滇润楠-原变种（词义见上面解释）

Machilus zuihoensis 香润楠：zuihoensis 瑞芳的（地名，属台湾省）

Macleaya 博落回属（罂粟科）（32：p77）：macleaya ← Alexander Macleay（人名，1767–1848，英国植物学家，林奈学会秘书）

Macleaya cordata 博落回：cordatus ← cordis/ cor 心脏的，心形的；-atus/ -atum/ -ata 属于，相似，具有，完成（形容词词尾）

Macleaya microcarpa 小果博落回：micr-/ micro- ← micros 小的，微小的，微观的（用于希腊语复合词）；carpus/ carpum/ carpa/ carpon ← carpos 果实（用于希腊语复合词）

Maclura 橙桑属（桑科）（23-1：p56）：maclura ← William Maclure（人名，1763–1840，美国地质学家）

Maclura pomifera 橙桑：pomi-/ pom- ← pomaceus 苹果，苹果状的；-ferus/ -ferum/ -fera/ -fero/ -fere/ -fer 有，具有，产（区别：作独立词使用的 ferus 意思是"野生的"）

Macodes petola（拟线柱兰）：petola 环状的，莲座状的

Macropanax 大参属（参 shēn）（五加科）（54：p128）：macro-/ macr- ← macros 大的，宏观的（用于希腊语复合词）；panax 人参

Macropanax chienii 显脉大参：chienii ← S. S. Chien 钱崇澍（人名，1883–1965，中国植物学家）

Macropanax decandrus 十蕊大参：decandrus 十个雄蕊的；deca-/ dec- 十（希腊语，拉丁语为 decem-）；andrus/ andros/ antherus ← aner 雄蕊，花药，雄性

Macropanax oreophilus 大参：oreo-/ ores-/ ori- ← oreos 山，山地，高山；philus/ philein ← philos → phil-/ phili/ philo- 喜好的，爱好的，喜欢的（注意区别形近词：phylus、phyllus）；phylus/ phylum/ phyla ← phylon/ phyle 植物分类单位中的"门"，位于"界"和"纲"之间，类群，种族，部落，聚群；phyllus/ phyllum/ phylla ← phyllon 叶片（用于希腊语复合词）

Macropanax parviflorus 小花大参：parviflorus 小花的；parvus 小的，些微的，弱的；florus/ florum/ flora ← flos 花（用于复合词）

Macropanax rosthornii 短梗大参：rosthornii ← Arthur Edler von Rosthorn（人名，19 世纪匈牙利驻北京大使）

Macropanax undulatus 波缘大参：undulatus = undus + ulus + atus 略呈波浪状的，略弯曲的；undus/ undum/ unda 起波浪的，弯曲的；-ulus/ -ulum/ -ula 小的，略微的，稍微的（小词 -ulus 在字母 e 或 i 之后有多种变缀，即 -olus/ -olum/ -ola、-ellus/ -ellum/ -ella、-illus/ -illum/ -illa，与第一变格法和第二变格法名词形成复合词）；-atus/ -atum/ -ata 属于，相似，具有，完成（形容词词尾）

Macropanax undulatus var. simplex 单序波缘大参：simplex 单一的，简单的，无分歧的（词干为 simplic-）

Macropanax undulatus var. undulatus 波缘大参-原变种（词义见上面解释）

Macropodium 长柄芥属（十字花科）（33：p12）：macro-/ macr- ← macros 大的，宏观的（用于希腊语复合词）；podius ← podion 腿，足，柄

M

Macropodium nivale 长柄芥：nivalis 生于冰雪带的，积雪时期的；nivus/ nivis/ nix 雪，雪白色；-aris（阳性、阴性）/ -are（中性）← -alis（阳性、阴性）/ -ale（中性）属于，相似，如同，具有，涉及，关于，联结于（将名词作形容词用，其中 -aris 常用于以 l 或 r 为词干末尾的词）

Macroptilium 大翼豆属（豆科）（41：p293）：macro-/ macr- ← macros 大的，宏观的（用于希腊语复合词）；ptilius ← ptilon 羽毛，翼，翅

Macroptilium atropurpureum 紫花大翼豆：atropurpureus 暗紫色的；atro-/ atr-/ atri-/ atra- ← ater 深色，浓色，暗色，发黑（ater 作为词干后接辅音字母开头的词时，要在词干后面加一个连接用的元音字母 "o" 或 "i"，故为 "ater-o-" 或 "ater-i-"，变形为 "atr-" 开头）；purpureus = purpura + eus 紫色的；purpura 紫色（purpura 原为一种介壳虫名，其体液为紫色，可作颜料）；-eus/ -eum/ -ea（接拉丁语词干时）属于……的，色如……的，质如……的（表示原料、颜色或品质的相似），（接希腊语词干时）属于……的，以……出名，为……所占有（表示具有某种特性）

Macroptilium lathyroides 大翼豆：Lathyrus 山黧豆属（豆科）；-oides/ -oideus/ -oideum/ -oidea/ -odes/ -eidos 像……的，类似……的，呈……状的（名词词尾）

Macrosolen 鞘花属（桑寄生科）（24：p88）：macro-/ macr- ← macros 大的，宏观的（用于希腊语复合词）；solena/ solen 管，管状的

Macrosolen bibracteolatus 双花鞘花：bi-/ bis- 二，二数，二回（希腊语为 di-）；bracteolatus = bracteus + ulus + atus 具小苞片的

Macrosolen cochinchinensis 鞘花：cochinchinensis ← Cochinchine 南圻的（历史地名，即今越南南部及其周边国家和地区）

Macrosolen robinsonii 短序鞘花：robinsonii ← William Robinson（人名，20 世纪英国园艺学家）

Macrosolen suberosus 勐腊鞘花（勐 měng）：suberosus ← suber-osus/ subereus 木栓质的，木栓发达的（同形异义词：sub-erosus 略呈啮蚀状的）；suber- 木栓质的；-osus/ -osum/ -osa 多的，充分的，丰富的，显著发育的，程度高的，特征明显的（形容词词尾）

Macrosolen tricolor 三色鞘花：tri-/ tripli-/ triplo- 三个，三数；color 颜色

Macrothelypteris 针毛蕨属（金星蕨科）（4-1：p72）：macro-/ macr- ← macros 大的，宏观的（用于希腊语复合词）；Thelypteris 沼泽蕨属

Macrothelypteris contingens 细裂针毛蕨：contingens 接近的，接触的，邻近的

Macrothelypteris oligophlebia 针毛蕨：oligo-/ olig- 少数的（希腊语，拉丁语为 pauci-）；phlebius = phlebus + ius 叶脉，属于有脉的；phlebus 脉，叶脉；-ius/ -ium/ -ia 具有……特性的（表示有关、关联、相似）

Macrothelypteris oligophlebia var. changshaensis 长沙针毛蕨：changshaensis 长沙的（地名，湖南省）

Macrothelypteris oligophlebia var. elegans 雅致针毛蕨：elegans 优雅的，秀丽的

Macrothelypteris oligophlebia var. oligophlebia 针毛蕨-原变种 （词义见上面解释）

Macrothelypteris ornata 树形针毛蕨：ornatus 装饰的，华丽的

Macrothelypteris polypodioides 桫椤针毛蕨（桫椤 suō luó）：polypodioides 像多足蕨的；Polypodium 多足蕨属（水龙骨科）；poly- ← polys 多个，许多（希腊语，拉丁语为 multi-）；podius ← podion 腿，足，柄；-oides/ -oideus/ -oideum/ -oidea/ -odes/ -eidos 像……的，类似……的，呈……状的（名词词尾）

Macrothelypteris setigera 刚鳞针毛蕨：setigerus 具刚毛的；setigerus = setus + gerus 具刷毛的，具鬃毛的；setus/ saetus 刚毛，刺毛，芒刺；gerus → -ger/ -gerus/ -gerum/ -gera 具有，有，带有

Macrothelypteris torresiana 普通针毛蕨：torresiana ← Don Luis de Torres（人名，19 世纪西班牙植物学家）

Macrothelypteris viridifrons 翠绿针毛蕨：viridus 绿色的；-frons 叶子，叶状体

Macrotyloma 硬皮豆属（豆科）（41：p277）：macro-/ macr- ← macros 大的，宏观的（用于希腊语复合词）；tyloma 坚硬边缘的（指果皮坚硬）；tyle 突起，结节，疣，块，脊背；lomus/ lomatos 边缘

Macrotyloma uniflorum 硬皮豆：uni-/ uno- ← unus/ unum/ una 一，单一（希腊语为 mono-/ mon-）；florus/ florum/ flora ← flos 花（用于复合词）

Maddenia 臭樱属（蔷薇科）（38：p129）：maddenia ← E. Madden（人名，英国植物标本采集员）

Maddenia himalaica 喜马拉雅臭樱：himalaica 喜马拉雅的（地名）；-icus/ -icum/ -ica 属于，具有某种特性（常用于地名、起源、生境）

Maddenia hypoleuca 臭樱：hypoleucus 背面白色的，下面白色的；hyp-/ hypo- 下面的，以下的，不完全的；leucus 白色的，淡色的

Maddenia hypoxantha 四川臭樱：hypoxanthus 背面黄色的；hyp-/ hypo- 下面的，以下的，不完全的；xanthus ← xanthos 黄色的；形近词：hypoxis 微酸的，略带酸味的

Maddenia incisoserrata 锐齿臭樱：inciso- ← incisus 深裂的，锐裂的，缺刻的；serratus = serrus + atus 有锯齿的；serrus 齿，锯齿

Maddenia wilsonii 华西臭樱：wilsonii ← John Wilson（人名，18 世纪英国植物学家）

Madhuca 紫荆木属（山榄科）（60-1：p53）：madhuca 紫荆木（印度土名）

Madhuca hainanensis 海南紫荆木：hainanensis 海南的（地名）

Madhuca pasquieri 紫荆木：pasquieri（人名）

Maesa 杜茎山属（紫金牛科）（58：p3）：maesa ← maass（阿拉伯语）

Maesa acuminatissima 米珍果：acuminatus = acumen + atus 锐尖的，渐尖的；acumen 渐尖头；-atus/ -atum/ -ata 属于，相似，具有，完成（形容

M

词词尾）；-issimus/ -issima/ -issimum 最，非常，极其（形容词最高级）

Maesa ambigua 坚髓杜茎山（髓 suǐ）：ambiguus 可疑的，不确定的，含糊的

Maesa argentea 银叶杜茎山：argenteus = argentum + eus 银白色的；argentum 银；-eus/ -eum/ -ea（接拉丁语词干时）属于……的，色如……的，质如……的（表示原料、颜色或品质的相似），（接希腊语词干时）属于……的，以……出名，为……所占有（表示具有某种特性）

Maesa argentea var. kwangsiensis（广西杜茎山）：kwangsiensis 广西的（地名）

Maesa balansae 顶花杜茎山：balansae ← Benedict Balansa（人名，19 世纪法国植物采集员）；-ae 表示人名，以 -a 结尾的人名后面加上 -e 形成

Maesa cavinervis 凹脉杜茎山：cavinervis 陷脉的；cavus 凹陷，孔洞；nervis ← nervus 脉，叶脉

Maesa chisia 灰叶杜茎山：chisia（人名）

Maesa consanguinea 拟杜茎山：consanguineus = co + sanguineus 非常像血液的，酷似血的；co- 联合，共同，合起来（拉丁语词首，为 cum- 的音变，表示结合、强化、完全，对应的希腊语为 syn-）；co- 的缀词音变有 co-/ com-/ con-/ col-/ cor-：co-（在 h 和元音字母前面），col-（在 l 前面），com-（在 b、m、p 之前），con-（在 c、d、f、g、j、n、qu、s、t 和 v 前面），cor-（在 r 前面）；sanguineus = sanguis + ineus 血液的，血色的；sanguis 血液；-ineus/ -inea/ -ineum 相近，接近，相似，所有（通常表示材料或颜色），意思同 -eus

Maesa hupehensis 湖北杜茎山：hupehensis 湖北的（地名）

Maesa indica 包疮叶：indica 印度的（地名）；-icus/ -icum/ -ica 属于，具有某种特性（常用于地名、起源、生境）

Maesa insignis 毛穗杜茎山：insignis 著名的，超群的，优秀的，显著的，杰出的；in-/ im-（来自 il- 的音变）内，在内，内部，向内，相反，不，无，非；il- 在内，向内，为，相反（希腊语为 en-）；词首 il- 的音变：il-（在 l 前面），im-（在 b、m、p 前面），in-（在元音字母和大多数辅音字母前面），ir-（在 r 前面），如 illaudatus（不值得称赞的，评价不好的），impermeabilis（不透水的，穿不透的），ineptus（不合适的），insertus（插入的），irretortus（无弯曲的，无扭曲的）；signum 印记，标记，刻画，图章

M

Maesa japonica 杜茎山：japonica 日本的（地名）；-icus/ -icum/ -ica 属于，具有某种特性（常用于地名、起源、生境）

Maesa laxiflora 疏花杜茎山：laxus 稀疏的，松散的，宽松的；florus/ florum/ flora ← flos 花（用于复合词）

Maesa macilenta 细梗杜茎山：macilentus 瘦弱的，贫瘠的

Maesa macilentoides 薄叶杜茎山：macilentoides 像 macilenta 的，近瘦弱的；Maesa macilenta 细梗杜茎山；macilentus 瘦弱的，贫瘠的；-oides/ -oideus/ -oideum/ -oidea/ -odes/ -eidos 像……的，类似……的，呈……状的（名词词尾）

Maesa manipurensis 隐纹杜茎山：manipurensis 曼尼普尔的（地名，印度）

Maesa marionae 毛脉杜茎山：marionae（人名）

Maesa membranacea 腺叶杜茎山：membranaceus 膜质的，膜状的；membranus 膜；-aceus/ -aceum/ -acea 相似的，有……性质的，属于……的

Maesa montana 金珠柳：montanus 山，山地；montis 山，山地的；mons 山，山脉，岩石

Maesa parvifolia 小叶杜茎山：parvifolius 小叶的；parvus 小的，些微的，弱的；folius/ folium/ folia 叶，叶片（用于复合词）

Maesa parvifolia var. brevipaniculata 短序杜茎山：brevi- ← brevis 短的（用于希腊语复合词词首）；paniculatus = paniculus + atus 具圆锥花序的；paniculus 圆锥花序；panus 谷穗；panicus 野稗，粟，谷子；-atus/ -atum/ -ata 属于，相似，具有，完成（形容词词尾）

Maesa parvifolia var. parvifolia 小叶杜茎山-原变种（词义见上面解释）

Maesa perlarius 鲫鱼胆（鲫 jì）：perlarius 珍珠状的，具珠光的；perl- 珍珠；-arius/ -arium/ -aria 相似，属于（表示地点，场所，关系，所属）

Maesa permollis 毛杜茎山：permollis 极柔软的，极多柔毛的；per-（在 l 前面音变为 pel-）极，很，颇，甚，非常，完全，通过，遍及（表示效果加强，与 sub- 互为反义词）；molle/ mollis 软的，柔毛的

Maesa prodigiosa 密腺杜茎山：prodigiosus = prodigium + osus 异常的，奇怪的；prodigium 奇怪，奇异，怪物，怪异的前兆；形近词：prodigus 浪费的，奢侈的，丰富的，气味浓烈的；-osus/ -osum/ -osa 多的，充分的，丰富的，显著发育的，程度高的，特征明显的（形容词词尾）

Maesa ramentacea 秤杆树：ramentaceus 鳞秕状的，芽鳞状的，木屑状的；ramentum 碎屑，碎片，木屑；-aceus/ -aceum/ -acea 相似的，有……性质的，属于……的

Maesa reticulata 网脉杜茎山：reticulatus = reti + culus + atus 网状的；reti-/ rete- 网（同义词：dictyo-）；-culus/ -culum/ -cula 小的，略微的，稍微的（同第三变格法和第四变格法名词形成复合词）；-atus/ -atum/ -ata 属于，相似，具有，完成（形容词词尾）

Maesa rugosa 皱叶杜茎山：rugosus = rugus + osus 收缩的，有皱纹的，多褶皱的（同义词：rugatus）；rugus/ rugum/ ruga 褶皱，皱纹，皱缩；-osus/ -osum/ -osa 多的，充分的，丰富的，显著发育的，程度高的，特征明显的（形容词词尾）

Maesa salicifolia 柳叶杜茎山：salici ← Salix 柳属；构词规则：以 -ix/ -iex 结尾的词其词干末尾视为 -ic，以 -ex 结尾视为 -i/ -ic，其他以 -x 结尾视为 -c；folius/ folium/ folia 叶，叶片（用于复合词）

Maesa striata var. opaca 纹果杜茎山：striatus = stria + atus 有条纹的，有细沟的；stria 条纹，线条，细纹，细沟；opacus 不透明的，暗的，无光泽的

Maesa subrotunda 圆叶杜茎山：subrotundus 近似圆形的；sub-（表示程度较弱）与……类似，几乎，稍微，弱，亚，之下，下面；rotundus 圆形的，呈圆形的，肥大的

Maesa tenera 软弱杜茎山：tenerus 柔软的，娇嫩的，精美的，雅致的，纤细的

Magnolia 木兰属（木兰科）（30-1：p108）：magnolia ← Pierre Magnol（人名，1683–1751，法国植物学家）

Magnolia albosericea 绢毛木兰（绢 juàn）：albo-sericea 白色绢丝状的；albus → albi-/ albo- 白色的；sericeus 绢丝状的；sericus 绢丝的，绢毛的，赛尔人的（Ser 为印度一民族）；-eus/ -eum/ -ea（接拉丁语词干时）属于……的，色如……的，质如……的（表示原料、颜色或品质的相似），（接希腊语词干时）属于……的，以……出名，为……所占有（表示具有某种特性）

Magnolia amoena 天目木兰：amoenus 美丽的，可爱的

Magnolia biondii 望春玉兰：biondii（人名）；-ii 表示人名，接在以辅音字母结尾的人名后面，但 -er 除外

Magnolia campbellii 滇藏木兰：campbellii ← Archibald Campbell（人名，19 世纪植物学家，曾在喜马拉雅山探险）

Magnolia championii 香港木兰：championii ← John George Champion（人名，19 世纪英国植物学家，研究东亚植物）

Magnolia coco 夜香木兰：coco 猴子（葡萄牙语，坚果表面有三个凹陷像猴子的脸）

Magnolia cylindrica 黄山木兰：cylindricus 圆形的，圆筒状的

Magnolia dawsoniana 光叶木兰：dawsoniana ← Jackson T. Dawson（人名，20 世纪 Arnold 植物园主任）

Magnolia delavayi 山玉兰：delavayi ← P. J. M. Delavay（人名，1834–1895，法国传教士，曾在中国采集植物标本）；-i 表示人名，接在以元音字母结尾的人名后面，但 -a 除外

Magnolia denudata 玉兰：denudatus = de + nudus + atus 裸露的，露出的，无毛的（近义词：glaber）；de- 向下，向外，从……，脱离，脱落，离开，去掉；nudus 裸露的，无装饰的

Magnolia elliptigemmata 椭蕾玉兰：ellipticus 椭圆形的；gemmatus 零余子的，珠芽的；gemmus 芽，珠芽，零余子

Magnolia globosa 毛叶木兰：globosus = globus + osus 球形的；globus → glob-/ globi- 球体，圆球，地球；-osus/ -osum/ -osa 多的，充分的，丰富的，显著发育的，程度高的，特征明显的（形容词词尾）；关联词：globularis/ globulifer/ globulosus（小球状的、具小球的），globuliformis（纽扣状的）

Magnolia grandiflora 荷花玉兰：grandi- ← grandis 大的；florus/ florum/ flora ← flos 花（用于复合词）

Magnolia henryi 大叶玉兰：henryi ← Augustine Henry 或 B. C. Henry（人名，前者，1857–1930，爱尔兰医生、植物学家，曾在中国采集植物，后者，1850–1901，曾活动于中国的传教士）

Magnolia hypoleuca 日本厚朴：hypoleucus 背面白色的，下面白色的；hyp-/ hypo- 下面的，以下的，不完全的；leucus 白色的，淡色的

Magnolia liliiflora 紫玉兰：liliiflora 百合花的；缀

词规则：以属名作复合词时原词尾变形后的 i 要保留；Lilium 百合属（百合科）；florus/ florum/ flora ← flos 花（用于复合词）

Magnolia multiflora 多花木兰：multi- ← multus 多个，多数，很多（希腊语为 poly-）；florus/ florum/ flora ← flos 花（用于复合词）

Magnolia odoratissima 馨香玉兰（馨 xīn）：odorati- ← odoratus 香气的，气味的；-issimus/ -issima/ -issimum 最，非常，极其（形容词最高级）

Magnolia officinalis 厚朴（朴 pò）：officinalis/ officinale 药用的，有药效的；officina ← opificina 药店，仓库，作坊

Magnolia officinalis subsp. biloba 凹叶厚朴：bilobus 二裂的；bi-/ bis- 二，二数，二回（希腊语为 di-）；lobus/ lobos/ lobon 浅裂，耳片（裂片先端钝圆），荚果，蒴果

Magnolia officinalis subsp. officinalis 厚朴-原亚种（词义见上面解释）

Magnolia paenetalauma 长叶木兰：paenetalauma（南美土名）

Magnolia pilocarpa 罗田玉兰：pilus 毛，疏柔毛；carpus/ carpum/ carpa/ carpon ← carpos 果实（用于希腊语复合词）

Magnolia praecocissima 皱叶木兰：praecocissimus 很早的，非常早的；prae- 先前的，前面的，在先的，早先的，上面的，很，十分，极其；-cox 成熟，开花，出生；praecox 早期的，早熟的，早开花的；-issimus/ -issima/ -issimum 最，非常，极其（形容词最高级）

Magnolia rostrata 长喙厚朴：rostratus 具喙的，喙状的；rostrus 鸟喙（常作词尾）；rostre 鸟喙的，喙状的

Magnolia sargentiana 凹叶木兰：sargentana ← Charles Sprague Sargent（人名，1841–1927，美国植物学家）；-anus/ -anum/ -ana 属于，来自（形容词词尾）

Magnolia sieboldii 天女木兰：sieboldii ← Franz Philipp von Siebold 西博德（人名，1796–1866，德国医生、植物学家，曾专门研究日本植物）

Magnolia sinensis 圆叶玉兰：sinensis = Sina + ensis 中国的（地名）；Sina 中国

Magnolia sinostellata （星叶木兰）：sinostellata 中国型星状的；sino- 中国；stellatus/ stellaris 具星状的；stella 星状的；-atus/ -atum/ -ata 属于，相似，具有，完成（形容词词尾）；-aris（阳性、阴性）/ -are（中性）← -alis（阳性、阴性）/ -ale（中性）属于，相似，如同，具有，涉及，关于，联结于（将名词作形容词用，其中 -aris 常用于以 l 或 r 为词干末尾的词）

Magnolia soulangeana 二乔木兰：soulangeana ← Etienne Soulange-Bodin（人名，19 世纪皇家园林研究所所长）

Magnolia sprengeri 武当木兰：sprengeri ← herr sprenger（品种名，人名）；-eri 表示人名，在以 -er 结尾的人名后面加上 i 形成

Magnolia tomentosa 星花木兰：tomentosus = tomentum + osus 绒毛的，密被绒毛的；tomentum 绒毛，浓密的毛被，棉絮，棉絮状填充物（被褥、垫

M

子等）；-osus/ -osum/ -osa 多的，充分的，丰富的，显著发育的，程度高的，特征明显的（形容词词尾）

Magnolia wilsonii 西康玉兰：wilsonii ← John Wilson（人名，18 世纪英国植物学家）

Magnolia wufengensis 红花玉兰（种加词已修订为"sprengeri"）：wufengensis 五峰的（地名，湖北省）

Magnolia wufengensis var. multitepala 多瓣红花玉兰（种加词已修订为"sprengeri"）：multitepalus 多被的；multi- ← multus 多个，多数，很多（希腊语为 poly-）；tepalus 花被，瓣状被片

Magnolia zenii 宝华玉兰：zenii ← zena 好客的，友善的（希腊语）

Magnoliaceae 木兰科（30-1：p82）：Magnolia 木兰属；-aceae（分类单位科的词尾，为 -aceus 的阴性复数主格形式，加到模式属的名称后或同义词的词干后以组成族群名称）

Mahonia <u>十大功劳属</u>（小檗科）（29：p214）：mahonia ← Bernard MacMahon（人名，1775–1816，美国园林学家）

Mahonia bealei 阔叶十大功劳：bealei ← Thomas C. Beale（人名）；-i 表示人名，接在以元音字母结尾的人名后面，但 -a 除外

Mahonia bijuga（双轭十大功劳）：bi-/ bis- 二，二数，二回（希腊语为 di-）；jugus ← jugos 成对的，成双的，一组，牛轭，束缚（动词为 jugo）

Mahonia bodinieri 小果十大功劳：bodinieri ← Emile Marie Bodinieri（人名，19 世纪活动于中国的法国传教士）；-eri 表示人名，在以 -er 结尾的人名后面加上 i 形成

Mahonia bracteolata 鹤庆十大功劳：bracteolatus = bracteus + ulus + atus 具小苞片的；bracteus 苞，苞片，苞鳞；-ulus/ -ulum/ -ula 小的，略微的，稍微的（小词 -ulus 在字母 e 或 i 之后有多种变缀，即 -olus/ -olum/ -ola、-ellus/ -ellum/ -ella、-illus/ -illum/ -illa，与第一变格法和第二变格法名词形成复合词）；-atus/ -atum/ -ata 属于，相似，具有，完成（形容词词尾）

Mahonia breviracema 短序十大功劳：brevi- ← brevis 短的（用于希腊语复合词词首）；racemus 总状的，葡萄串状的

Mahonia calamicaulis subsp. kingdon-wardiana 察隅十大功劳：calamus ← calamos ← kalem 芦苇的，管子的，空心的；caulis ← caulos 茎，茎秆，主茎；kingdon-wardiana ← Frank Kingdon-Ward（人名，1840–1909，英国植物学家）

Mahonia cardiophylla 宜章十大功劳：cardio- ← kardia 心脏；phyllus/ phyllum/ phylla ← phyllon 叶片（用于希腊语复合词）

Mahonia conferta 密叶十大功劳：confertus 密集的

Mahonia decipiens 鄂西十大功劳：decipiens 欺骗的，虚假的，迷惑的（表示和另外的种非常近似）

Mahonia duclouxiana 长柱十大功劳：duclouxiana ← François Ducloux（人名，20 世纪初在云南采集植物）

Mahonia eurybracteata 宽苞十大功劳：eurys 宽阔的；bracteatus = bracteus + atus 具苞片的；bracteus 苞，苞片，苞鳞

Mahonia eurybracteata subsp. eurybracteata 宽苞十大功劳-原亚种（词义见上面解释）

Mahonia eurybracteata subsp. ganpinensis 安坪十大功劳：ganpinensis 安坪的（地名，贵州省安顺市平坝区）

Mahonia fordii 北江十大功劳：fordii ← Charles Ford（人名）

Mahonia fortunei 十大功劳：fortunei ← Robert Fortune（人名，19 世纪英国园艺学家，曾在中国采集植物）；-i 表示人名，接在以元音字母结尾的人名后面，但 -a 除外

Mahonia gracilipes 细柄十大功劳：gracilis 细长的，纤弱的，丝状的；pes/ pedis 柄，梗，茎秆，腿，足，爪（作词首或词尾，pes 的词干视为"ped-"）

Mahonia hancockiana 滇南十大功劳：hancockiana ← W. Hancock（人名，1847–1914，英国海关官员，曾在中国采集植物标本）

Mahonia hypoleuca（里白十大功劳）：hypoleucus 背面白色的，下面白色的；hyp-/ hypo- 下面的，以下的，不完全的；leucus 白色的，淡色的

Mahonia imbricata 遵义十大功劳：imbricatus/ imbricans 重叠的，覆瓦状的

Mahonia japonica 台湾十大功劳：japonica 日本的（地名）；-icus/ -icum/ -ica 属于，具有某种特性（常用于地名、起源、生境）

Mahonia leptodonta 细齿十大功劳：leptus ← leptos 细的，薄的，瘦小的，狭长的；odontus/ odontos → odon-/ odont-/ odonto-（可作词首或词尾）齿，牙齿状的；odous 齿，牙齿（单数，其所有格为 odontos）

Mahonia longibracteata 长苞十大功劳：longe-/ longi- ← longus 长的，纵向的；bracteatus = bracteus + atus 具苞片的；bracteus 苞，苞片，苞鳞

Mahonia microphylla 小叶十大功劳：micr-/ micro- ← micros 小的，微小的，微观的（用于希腊语复合词）；phyllus/ phyllum/ phylla ← phyllon 叶片（用于希腊语复合词）

Mahonia monyulensis 门隅十大功劳：monyulensis 门隅的（地名，西藏自治区）

Mahonia napaulensis 尼泊尔十大功劳：napaulensis 尼泊尔的（地名）

Mahonia nitens 亮叶十大功劳：nitens 光亮的，发光的；nitere 发亮；nit- 闪耀，发光

Mahonia oiwakensis 阿里山十大功劳：oiwakensis 追分的（地名，属台湾省，"oiwake"为"追分"的日语读音）

Mahonia paucijuga 景东十大功劳：pauci- ← paucus 少数的，少的（希腊语为 oligo-）；jugus ← jugos 成对的，成双的，一组，牛轭，束缚（动词为 jugo）

Mahonia polydonta 峨眉十大功劳：poly- ← polys 多个，许多（希腊语，拉丁语为 multi-）；odontus/ odontos → odon-/ odont-/ odonto-（可作词首或词尾）齿，牙齿状的；odous 齿，牙齿（单数，其所有格为 odontos）

Mahonia retinervis 网脉十大功劳：retinervis 网脉的；reti-/ rete- 网（同义词：dictyo-）；nervis ← nervus 脉，叶脉

Mahonia setosa 刺齿十大功劳：setosus = setus + osus 被刚毛的，被短毛的，被芒刺的；setus/ saetus 刚毛，刺毛，芒刺；-osus/ -osum/ -osa 多的，充分的，丰富的，显著发育的，程度高的，特征明显的（形容词词尾）

Mahonia shenii 沈氏十大功劳：shenii（人名）；-ii 表示人名，接在以辅音字母结尾的人名后面，但 -er 除外

Mahonia sheridaniana 长阳十大功劳：sheridaniana ← William Sherard（人名，18 世纪英国植物学家）

Mahonia subimbricata 靖西十大功劳：subimbricatus 稍重叠的；sub-（表示程度较弱）与……类似，几乎，稍微，弱，亚，之下，下面；imbricans/ imbricatus 重叠的，覆瓦状的

Mahonia taronensis 独龙十大功劳：taronensis 独龙江的（地名，云南省）

Maianthemum 舞鹤草属（百合科）（15：p40）：maianthemum ← majanthemum = majos + anthemon 五月开花的；mai ← majos 五月；anthemon 花

Maianthemum bifolium 舞鹤草：bi-/ bis- 二，二数，二回（希腊语为 di-）；folius/ folium/ folia 叶，叶片（用于复合词）

Malaisia 牛筋藤属（桑科）（23-1：p28）：malaisia ← malay 马来群岛的（地名）

Malaisia scandens 牛筋藤：scandens 攀缘的，缠绕的，藤本的；scando/ scansum 上升，攀登，缠绕

Malania 蒜头果属（铁青树科）（24：p34）：malania ← malan 马兰（一种植物的中文土名）

Malania oleifera 蒜头果：oleiferus 具油的，产油的；olei-/ ole- ← oleum 橄榄，橄榄油，油；oleus/ oleum/ olea 橄榄，橄榄油，油；Olea 木樨榄属，油橄榄属（木樨科）；-ferus/ -ferum/ -fera/ -fero/ -fere/ -fer 有，具有，产（区别：作独立词使用的 ferus 意思是"野生的"）

Malaxis 沼兰属（兰科）（18：p104）：malaxis ← malacos 纤弱的，细弱的

Malaxis acuminata 浅裂沼兰：acuminatus = acumen + atus 锐尖的，渐尖的；acumen 渐尖头；-atus/ -atum/ -ata 属于，相似，具有，完成（形容词词尾）

Malaxis bahanensis 云南沼兰：bahanensis 白汉洛的（地名，云南省贡山县）

Malaxis bancanoides 兰屿沼兰：bancanoides 邦卡型的，像 bancanus 的；bancanus 邦卡的（地名，位于印度尼西亚苏门答腊岛）；-oides/ -oideus/ -oideum/ -oidea/ -odes/ -eidos 像……的，类似……的，呈……状的（名词词尾）；Gonystylus bancanus 拉敏白木（棱柱木科 Gonystylus）

Malaxis biaurita 二耳沼兰：bi-/ bis- 二，二数，二回（希腊语为 di-）；auritus 耳朵的，耳状的

Malaxis calophylla 美叶沼兰：call-/ calli-/ callo-/ cala-/ calo- ← calos/ callos 美丽的；phyllus/ phyllum/ phylla ← phyllon 叶片（用于希腊语复合词）

Malaxis concava 凹唇沼兰：concavus 凹陷的

Malaxis copelandii 圆钝沼兰：copelandii ← Edwin Bingham Copeland（人名，19 世纪植物学家、农学家）

Malaxis finetii 二脊沼兰：finetii ← Finet（人名）

Malaxis hainanensis 海南沼兰：hainanensis 海南的（地名）

Malaxis insularis 琼岛沼兰：insularis 岛屿的；insula 岛屿；-aris（阳性、阴性）/ -are（中性）← -alis（阳性、阴性）/ -ale（中性）属于，相似，如同，具有，涉及，关于，联结于（将名词作形容词用，其中 -aris 常用以 l 或 r 为词干末尾的词）

Malaxis khasiana 细茎沼兰：khasiana ← Khasya 喀西的，卡西的（地名，印度阿萨姆邦）

Malaxis latifolia 阔叶沼兰：lati-/ late- ← latus 宽的，宽广的；folius/ folium/ folia 叶，叶片（用于复合词）

Malaxis mackinnonii 铺叶沼兰（铺 pū）：mackinnonii（人名）；-ii 表示人名，接在以辅音字母结尾的人名后面，但 -er 除外

Malaxis matsudai 鞍唇沼兰：matsudai ← Sadahisa Matsuda 松田定久（人名，日本植物学家，早期研究中国植物）；-i 表示人名，接在以元音字母结尾的人名后面，但 -a 除外，故该词改为"mutsudaiana"或"matsudae"似更妥

Malaxis microtatantha 小沼兰：micr-/ micro- ← micros 小的，微小的，微观的（用于希腊语复合词）；-tatos 极其的，极端的；anthus/ anthum/ antha/ anthe ← anthos 花（用于希腊语复合词）

Malaxis monophyllos 沼兰：mono-/ mon- ← monos 一个，单一的（希腊语，拉丁语为 unus/ uni-/ uno-）；phyllus/ phyllum/ phylla ← phyllon 叶片（用于希腊语复合词）

Malaxis orbicularis 齿唇沼兰：orbicularis/ orbiculatus 圆形的；orbis 圆，圆形，圆圈，环；-culus/ -culum/ -cula 小的，略微的，稍微的（同第三变格法和第四变格法名词形成复合词）；-aris（阳性、阴性）/ -are（中性）← -alis（阳性、阴性）/ -ale（中性）属于，相似，如同，具有，涉及，关于，联结于（将名词作形容词用，其中 -aris 常用于以 l 或 r 为词干末尾的词）

Malaxis ovalisepala 卵萼沼兰：ovalis 广椭圆形的；ovus 卵，胚珠，卵形的，椭圆形的；sepalus/ sepalum/ sepala 萼片（用于复合词）

Malaxis purpurea 深裂沼兰：purpureus = purpura + eus 紫色的；purpura 紫色（purpura 原为一种介壳虫名，其体液为紫色，可作颜料）；-eus/ -eum/ -ea（接拉丁语词干时）属于……的，色如……的，质如……的（表示原料、颜色或品质的相似），（接希腊语词干时）属于……的，以……出名，为……所占有（表示具有某种特性）

Malaxis ramosii 心唇沼兰：ramosii（人名）

Malaxis roohutuensis 紫背沼兰：roohutuensis（地名，属台湾省南部，日语读音）

Malcolmia 涩荠属（荠 jì）（十字花科）（33：p361）：malcolmia ← William Malcolm（人名，美国植物学家）

Malcolmia africana 涩荠：africana 非洲的（地名）

Malcolmia africana var. africana 涩荠-原变种（词义见上面解释）

M

Malcolmia africana var. trichocarpa 硬果涩荠：trich-/ tricho-/ tricha- ← trichos ← thrix 毛，多毛的，线状的，丝状的；carpus/ carpum/ carpa/ carpon ← carpos 果实（用于希腊语复合词）

Malcolmia brevipes 短梗涩荠：brevi- ← brevis 短的（用于希腊语复合词词首）；pes/ pedis 柄，梗，茎秆，腿，足，爪（作词首或词尾，pes 的词干视为"ped-"）

Malcolmia hispida 刚毛涩荠：hispidus 刚毛的，鬃毛状的

Malcolmia scorpioides 卷果涩荠：scorpioides/ scorpoides 像蝎尾的，卷曲的；scorp- 蝎子；-oides/ -oideus/ -oideum/ -oidea/ -odes/ -eidos 像……的，类似……的，呈……状的（名词词尾）

Malleola 槌柱兰属（兰科）（19：p436）：maleola ← malleus 棒槌的（比喻花柱形状）

Malleola dentifera 槌柱兰：dentus 齿，牙齿；-ferus/ -ferum/ -fera/ -fero/ -fere/ -fer 有，具有，产（区别：作独立词使用的 ferus 意思是"野生的"）

Mallotus 野桐属（大戟科）（44-2：p13）：mallotus ← mallotos 具长柔毛的，密被柔毛的

Mallotus anomalus 锈毛野桐：anomalus = a + nomalus 异常的，变异的，不规则的；a-/ an- 无，非，没有，缺乏，不具有（an- 用于元音前）（a-/ an- 为希腊语词首，对应的拉丁语词首为 e-/ ex-，相当于英语的 un-/ -less，注意词首 a- 和作为介词的 a/ ab 不同，后者的意思是"从……、由……、关于……、因为……"）；nomalus 规则的，规律的，法律的；nomus ← nomos 规则，规律，法律

Mallotus apelta 白背叶：apeltus 非盾形的，无盾片的；a-/ an- 无，非，没有，缺乏，不具有（an- 用于元音前）（a-/ an- 为希腊语词首，对应的拉丁语词首为 e-/ ex-，相当于英语的 un-/ -less，注意词首 a- 和作为介词的 a/ ab 不同，后者的意思是"从……、由……、关于……、因为……"）；peltus ← pelte 盾片，小盾片，盾形的

Mallotus apelta var. apelta 白背叶-原变种（词义见上面解释）

Mallotus apelta var. kwangsiensis 广西白背叶：kwangsiensis 广西的（地名）

Mallotus barbatus 毛桐：barbatus = barba + atus 具胡须的，具须毛的；barba 胡须，髯毛，绒毛；-atus/ -atum/ -ata 属于，相似，具有，完成（形容词词尾）

Mallotus barbatus var. barbatus 毛桐-原变种（词义见上面解释）

Mallotus barbatus var. congestus 密序野桐：congestus 聚集的，充满的

Mallotus barbatus var. croizatianus 两广野桐：croizatianus（人名）

Mallotus barbatus var. hubeiensis 湖北野桐：hubeiensis 湖北的（地名）

Mallotus barbatus var. pedicellaris 长梗野桐：pedicellaris = pedicellus + aris 具小花柄的；pedicellus = pes + cellus 小花梗，小花柄（不同于花序柄）；pes/ pedis 柄，梗，茎秆，腿，足，爪（作词首或词尾，pes 的词干视为"ped-"）；-cellus/ -cellum/ -cella、-cillus/ -cillum/ -cilla 小的，略微

的，稍微的（与任何变格法名词形成复合词）；关联词：pedunculus 花序柄，总花梗（花序基部无花着生部分）；-aris（阳性、阴性）/ -are（中性）← -alis（阳性、阴性）/ -ale（中性）属于，相似，如同，具有，涉及，关于，联结于（将名词作形容词用，其中 -aris 常用于以 l 或 r 为词干末尾的词）

Mallotus conspurcatus 桂野桐：conspurcatus 具污点的，唾沫的（指不洁）；co- 联合，共同，合起来（拉丁语词首，为 cum- 的音变，表示结合、强化、完全，对应的希腊语为 syn-）；co- 的缀词音变有 co-/ com-/ con-/ col-/ cor-：co-（在 h 和元音字母前面），col-（在 l 前面），com-（在 b、m、p 之前），con-（在 c、d、f、g、j、n、qu、s、t 和 v 前面），cor-（在 r 前面）；spurcus → spurcatus 脏的，玷污的，不洁的；spurco 玷污，弄脏

Mallotus decipiens 短柄野桐：decipiens 欺骗的，虚假的，迷惑的（表示和另外的种非常近似）

Mallotus dunnii 南平野桐：dunnii（人名）；-ii 表示人名，接在以辅音字母结尾的人名后面，但 -er 除外

Mallotus esquirolii 长叶野桐：esquirolii（人名）；-ii 表示人名，接在以辅音字母结尾的人名后面，但 -er 除外

Mallotus garrettii 粉叶野桐：garrettii ← H. B. Garrett（人名，英国植物学家）

Mallotus hainanensis 海南野桐：hainanensis 海南的（地名）

Mallotus hookerianus 粗毛野桐：hookerianus ← William Jackson Hooker（人名，19 世纪英国植物学家）

Mallotus japonicus 野梧桐：japonicus 日本的（地名）；-icus/ -icum/ -ica 属于，具有某种特性（常用于地名、起源、生境）

Mallotus japonicus var. floccosus 野桐：floccosus 密被绵毛的，毛状的，丛卷毛的，簇状毛的；floccus 丛卷毛，簇状毛（毛成簇脱落）

Mallotus japonicus var. japonicus 野梧桐-原变种（词义见上面解释）

Mallotus japonicus var. oreophilus 绒毛野桐：oreo-/ ores-/ ori- ← oreos 山，山地，高山；philus/ philein ← philos → phil-/ phili/ philo- 喜好的，爱好的，喜欢的（注意区别形近词：phylus、phyllus）；phylus/ phylum/ phyla ← phylon/ phyle 植物分类单位中的"门"，位于"界"和"纲"之间，类群，种族，部落，聚群；phyllus/ phyllum/ phylla ← phyllon 叶片（用于希腊语复合词）

Mallotus lianus 东南野桐：lianus ← liane 藤本的

Mallotus metcalfianus 褐毛野桐：metcalfianus（人名）

Mallotus microcarpus 小果野桐：micr-/ micro- ← micros 小的，微小的，微观的（用于希腊语复合词）；carpus/ carpum/ carpa/ carpon ← carpos 果实（用于希腊语复合词）

Mallotus millietii 崖豆藤野桐（崖 yá）：millietii（人名）；-ii 表示人名，接在以辅音字母结尾的人名后面，但 -er 除外

Mallotus nepalensis 尼泊尔野桐：nepalensis 尼泊尔的（地名）

Mallotus oblongifolius 山苦茶：oblongus = ovus +

M

longus 长椭圆形的（ovus 的词干 ov- 音变为 ob-）；ovus 卵，胚珠，卵形的，椭圆形的；longus 长的，纵向的；folius/ folium/ folia 叶，叶片（用于复合词）

Mallotus oreophilus subsp. latifolius 肾叶野桐：oreo-/ ores-/ ori- ← oreos 山，山地，高山；philus/ philein ← philos → phil-/ phili/ philo- 喜好的，爱好的，喜欢的（注意区别形近词：phylus、phyllus）；phylus/ phylum/ phyla ← phylon/ phyle 植物分类单位中的"门"，位于"界"和"纲"之间，类群，种族，部落，聚群；phyllus/ phyllum/ phylla ← phyllon 叶片（用于希腊语复合词）；lati-/ late- ← latus 宽的，宽广的；folius/ folium/ folia 叶，叶片（用于复合词）

Mallotus pallidus 樟叶野桐：pallidus 苍白的，淡白色的，淡色的，蓝白色的，无活力的；palide 淡地，淡色地（反义词：sturate 深色地，浓色地，充分地，丰富地，饱和地）

Mallotus paniculatus 白楸：paniculatus = paniculus + atus 具圆锥花序的；paniculus 圆锥花序；panus 谷穗；panicus 野稗，粟，谷子；-atus/ -atum/ -ata 属于，相似，具有，完成（形容词词尾）

Mallotus paxii 红叶野桐：paxii（人名）；-ii 表示人名，接在以辅音字母结尾的人名后面，但 -er 除外

Mallotus paxii var. castanopsis 栗果野桐：castanopsis 像板栗的；Castanea 栗属；-opsis/ -ops 相似，稍微，带有；Castanopsis 锥属（栲属）（壳斗科）

Mallotus paxii var. paxii 红叶野桐-原变种（词义见上面解释）

Mallotus philippensis 粗糠柴：philippensis 菲律宾的（地名）

Mallotus philippensis var. menglianensis 孟连野桐：menglianensis 孟连的（地名，云南省）

Mallotus philippensis var. philippensis 粗糠柴-原变种（词义见上面解释）

Mallotus repandus 石岩枫：repandus 细波状的，浅波状的（指叶缘略不平而呈波状，比 sinuosus 更浅）；re- 返回，相反，再次，重复，向后，回头；pandus 弯曲

Mallotus repandus var. chrysocarpus 杠香藤：chrys-/ chryso- ← chrysos 黄色的，金色的；carpus/ carpum/ carpa/ carpon ← carpos 果实（用于希腊语复合词）

Mallotus repandus var. megaphyllus 大叶石岩枫：mega-/ megal-/ megalo- ← megas 大的，巨大的；phyllus/ phyllum/ phylla ← phyllon 叶片（用于希腊语复合词）

Mallotus repandus var. repandus 石岩枫-原变种（词义见上面解释）

Mallotus reticulatus 网脉野桐：reticulatus = reti + culus + atus 网状的；reti-/ rete- 网（同义词：dictyo-）；-culus/ -culum/ -cula 小的，略微的，稍微的（同第三变格法和第四变格法名词形成复合词）；-atus/ -atum/ -ata 属于，相似，具有，完成（形容词词尾）

Mallotus roxburghianus 圆叶野桐：roxburghianus ← William Roxburgh（人名，18 世纪英国植物学家，研究印度植物）

Mallotus tetracoccus 四果野桐：tetracoccus 四心皮的，四心室的；tetra-/ tetr- 四，四数（希腊语，拉丁语为 quadri-/ quadr-）；coccus/ cocco/ cocci/ coccis 心室，心皮；同形异义词：coccus/ coccineus 浆果，绯红色（一种形似浆果的介壳虫的颜色）

Mallotus tiliifolius 椴叶野桐：tiliifolius = Tilia + folius 椴树叶的；缀词规则：以属名作复合词时原词尾变形后的 i 要保留；Tilia 椴树属（椴树科）；folius/ folium/ folia 叶，叶片（用于复合词）

Mallotus yunnanensis 云南野桐：yunnanensis 云南的（地名）

Malpighia 金虎尾属（金虎尾科）（43-3：p128）：malpighia ← Marcello Malpighi（人名，1628–1694，意大利博物学家）

Malpighia coccigera 金虎尾：coccigerus 具浆果的；coccus/ coccineus 浆果，绯红色（一种形似浆果的介壳虫的颜色）；同形异义词：coccus/ cocco/ cocci/ coccis 心室，心皮；gerus → -ger/ -gerus/ -gerum/ -gera 具有，有，带有

Malpighiaceae 金虎尾科（43-3：p105）：Malpighia 金虎尾属；-aceae（分类单位科的词尾，为 -aceus 的阴性复数主格形式，加到模式属的名称后或同义词的词干后以组成族群名称）

Malus 苹果属（蔷薇科）（36：p372）：malus ← malon 苹果（希腊语）

Malus asiatica 花红：asiatica 亚洲的（地名）；-aticus/ -aticum/ -atica 属于，表示生长的地方，作名词词尾

Malus baccata 山荆子：baccatus = baccus + atus 浆果的，浆果状的；baccus 浆果

Malus baccata f. baccata 山荆子-原变型（词义见上面解释）

Malus baccata f. gracilis 垂枝山荆子：gracilis 细长的，纤弱的，丝状的

Malus doumeri 台湾林檎（檎 qín）：doumeri（人名）；-eri 表示人名，在以 -er 结尾的人名后面加上 i 形成

Malus halliana 垂丝海棠：halliana ← Hall（人名，19–20 世纪欧美植物学家中有多人同用此姓）

Malus honanensis 河南海棠：honanensis 河南的（地名）

Malus hupehensis 湖北海棠：hupehensis 湖北的（地名）

Malus kansuensis 陇东海棠（陇 lǒng）：kansuensis 甘肃的（地名）

Malus kansuensis f. calva 光叶陇东海棠：calvus 光秃的，无毛的，无芒的，裸露的

Malus kansuensis f. kansuensis 陇东海棠-原变型（词义见上面解释）

Malus komarovii 山楂海棠：komarovii ← Vladimir Leontjevich Komarov 科马洛夫（人名，1869–1945，俄国植物学家）

Malus mandshurica 毛山荆子：mandshurica 满洲的（地名，中国东北，地理区域）

Malus melliana 尖嘴林檎：melliana（人名）

Malus micromalus 西府海棠：micr-/ micro- ← micros 小的，微小的，微观的（用于希腊语复合词）；malus ← malon 苹果（希腊语）

M

Malus ombrophila 沧江海棠：ombrophilus 喜雨的；ombros 雨；philus/ philein ← philos → phil-/ phili/ philo- 喜好的，爱好的，喜欢的（注意区别形近词：phylus、phyllus）；phylus/ phylum/ phyla ← phylon/ phyle 植物分类单位中的"门"，位于"界"和"纲"之间，类群，种族，部落，聚群；phyllus/ phyllum/ phylla ← phyllon 叶片（用于希腊语复合词）

Malus prattii 西蜀海棠：prattii ← Antwerp E. Pratt（人名，19 世纪活动于中国的英国动物学家、探险家）

Malus prunifolia 楸子：prunus 李，杏；folius/ folium/ folia 叶，叶片（用于复合词）

Malus pumila 苹果：pumilus 矮的，小的，低矮的，矮人的

Malus rockii 丽江山荆子：rockii ← Joseph Francis Charles Rock（人名，20 世纪美国植物采集员）

Malus sieboldii 三叶海棠：sieboldii ← Franz Philipp von Siebold 西博德（人名，1796–1866，德国医生、植物学家，曾专门研究日本植物）

Malus sieversii 新疆野苹果：sieversii（人名）；-ii 表示人名，接在以辅音字母结尾的人名后面，但 -er 除外

Malus spectabilis 海棠花：spectabilis 壮观的，美丽的，漂亮的，显著的，值得看的；spectus 观看，观察，观测，表情，外观，外表，样子；-ans/ -ens/ -bilis/ -ilis 能够，可能（为形容词词尾，-ans/ -ens 用于主动语态，-bilis/ -ilis 用于被动语态）

Malus spectabilis var. albiplena （亮白海棠花）：albus → albi-/ albo- 白色的；plenus → plen-/ pleni- 很多的，充满的，大量的，重瓣的，多重的

Malus spectabilis var. riversii （丽韦海棠花）（韦 wéi）：riversii（人名）；-ii 表示人名，接在以辅音字母结尾的人名后面，但 -er 除外

Malus spectabilis var. spectabilis 海棠花-原变种（词义见上面解释）

Malus toringoides 变叶海棠：toringoides 近似撕裂的，稍撕裂的（指叶片不规则裂）；toring 撕裂的，撕开的（英语）

Malus transitoria 花叶海棠：transitus 过渡，跨越，推移，通过，渐变（颜色等）；-orius/ -orium/ -oria 属于，能够，表示能力或动能

Malus transitoria var. centralasiatica 长圆果花叶海棠：centralasiatica = centralis + asiaticus 中亚的（地名）；centralis/ centralium 中部的，中央的；asiaticus 亚洲的（地名）

Malus transitoria var. transitoria 花叶海棠-原变种 （词义见上面解释）

Malus yunnanensis 滇池海棠：yunnanensis 云南的（地名）

Malus yunnanensis var. veitchii 川鄂滇池海棠：veitchii/ veitchianus ← James Veitch（人名，19 世纪植物学家）

Malus yunnanensis var. yunnanensis 滇池海棠-原变种 （词义见上面解释）

Malva 锦葵属（锦葵科）（49-2：p3）：malva ← malache 软的，韧性的（希腊语，指因有黏液而使植物富有韧性）

Malva crispa 冬葵：crispus 收缩的，褶皱的，波纹的（如花瓣周围的波浪状褶皱）

Malva rotundifolia 圆叶锦葵：rotundus 圆形的，呈圆形的，肥大的；rotundo 使呈圆形，使圆滑；roto 旋转，滚动；folius/ folium/ folia 叶，叶片（用于复合词）

Malva sinensis 锦葵：sinensis = Sina + ensis 中国的（地名）；Sina 中国

Malva verticillata 野葵：verticillatus/ verticillaris 螺纹的，螺旋的，轮生的，环状的；verticillus 轮，环状排列

Malva verticillata var. chinensis 中华野葵：chinensis = china + ensis 中国的（地名）；China 中国

Malva verticillata var. verticillata 野葵-原变种（词义见上面解释）

Malvaceae 锦葵科（49-2：p1）：Malva 锦葵属（锦葵科）；-aceae（分类单位科的词尾，为 -aceus 的阴性复数主格形式，加到模式属的名称后或同义词的词干后以组成族群名称）

Malvastrum 赛葵属（锦葵科）（49-2：p14）：malvastrum 像锦葵的；Malva 锦葵属（锦葵科）；-aster/ -astra/ -astrum/ -ister/ -istra/ -istrum 相似的，程度稍弱，稍小的，次等级的（用于拉丁语复合词词尾，表示不完全相似或低级之意，常用以区别一种野生植物与栽培植物，如 oleaster、oleastrum 野橄榄，以区别于 olea，即栽培的橄榄，而作形容词词尾时则表示小或程度弱化，如 surdaster 稍聋的，比 surdus 稍弱）

Malvastrum americanum 穗花赛葵：americanum 美洲的（地名）

Malvastrum coromandelianum 赛葵：coromandelianum 科罗曼德尔海岸的（地名，新西兰）

Malvaviscus 悬铃花属（锦葵科）（49-2：p49）：malvaviscus 具胶的锦葵（有些种类具黏液）；Malva 锦葵属（锦葵科）；viscus 胶，胶黏物（比喻有黏性物质）

Malvaviscus arboreus 悬铃花：arboreus 乔木状的；arbor 乔木，树木；-eus/ -eum/ -ea（接拉丁语词干时）属于……的，色如……的，质如……的（表示原料、颜色或品质的相似），（接希腊语词干时）属于……的，以……出名，为……所占有（表示具有某种特性）

Malvaviscus arboreus var. drummondii 小悬铃花：drummondii ← Thomas Drummond（人名，19 世纪英国博物学家）

Malvaviscus arboreus var. penduliflorus 垂花悬铃花：pendulus ← pendere 下垂的，垂吊的（悬空或因支持体细软而下垂）；pendere/ pendeo 悬挂，垂悬；-ulus/ -ulum/ -ula（表示趋向或动作）（小词 -ulus 在字母 e 或 i 之后有多种变缀，即 -olus/ -olum/ -ola、-ellus/ -ellum/ -ella、-illus/ -illum/ -illa，与第一变格法和第二变格法名词形成复合词）；florus/ florum/ flora ← flos 花（用于复合词）

Mananthes 野靛棵属（爵床科）（70：p289）：manos 宽松的（希腊语）；anthes ← anthos 花

Mananthes acutangula 棱茎野靛棵：

M

acutangularis/ acutangulatus/ acutangulus 锐角的；acutus 尖锐的，锐角的；angulus 角，棱角，角度，角落

Mananthes amblyosepala 钝萼野靛棵：amblyosepalus 钝形萼的；amblyo-/ ambly- 钝的，钝角的；sepalus/ sepalum/ sepala 萼片（用于复合词）

Mananthes austroguanxiensis 桂南野靛棵：austroguanxiensis 桂南的，广西南部的（地名，宜改为"austroguangxiensis"）；austro-/ austr- 南方的，南半球的，大洋洲的；auster 南方，南风

Mananthes austroguanxiensis f. albinervia 白脉野靛棵：albus → albi-/ albo- 白色的；nervius = nervus + ius 具脉的，具叶脉的；nervus 脉，叶脉；-ius/ -ium/ -ia 具有……特性的（表示有关、关联、相似）

Mananthes austroguanxiensis f. austroguanxiensis 桂南野靛棵-原变型 （词义见上面解释）

Mananthes austrosinensis 华南野靛棵：austrosinensis 华南的（地名）；austro-/ austr- 南方的，南半球的，大洋洲的；auster 南方，南风；sinensis = Sina + ensis 中国的（地名）；Sina 中国

Mananthes cardiophylla 心叶野靛棵：cardio- ← kardia 心脏；phyllus/ phyllum/ phylla ← phyllon 叶片（用于希腊语复合词）

Mananthes damingensis 大明野靛棵：damingensis 大明山的（地名，广西武鸣区）

Mananthes ferruginea 锈背野靛棵：ferrugineus 铁锈的，淡棕色的；ferrugo = ferrus + ugo 铁锈（ferrugo 的词干为 ferrugin-）；词尾为 -go 的词其词干末尾视为 -gin；ferreus → ferr- 铁，铁的，铁色的，坚硬如铁的；-eus/ -eum/ -ea（接拉丁语词干时）属于……的，色如……的，质如……的（表示原料、颜色或品质的相似），（接希腊语词干时）属于……的，以……出名，为……所占有（表示具有某种特性）

Mananthes kampotensis 那坡野靛棵：kampotensis 柬埔寨的（地名，已修订为 kampotiana）

Mananthes latiflora 紫苞野靛棵：lati-/ late- ← latus 宽的，宽广的；florus/ florum/ flora ← flos 花（用于复合词）

Mananthes leptostachya 南岭野靛棵：leptostachyus 细长总状花序的，细长花穗的；leptus ← leptos 细的，薄的，瘦小的，狭长的；stachy-/ stachyo-/ -stachys/ -stachyus/ -stachyum/ -stachya 穗子，穗子的，穗子状的，穗状花序的；Leptostachya 纤穗爵床属（爵床科）

Mananthes lianshanica 广东野靛棵：lianshanica 连山的（地名，广东省）；-icus/ -icum/ -ica 属于，具有某种特性（常用于地名、起源、生境）

Mananthes microdonta 小齿野靛棵：micr-/ micro- ← micros 小的，微小的，微观的（用于希腊语复合词）；dontus 齿，牙齿

Mananthes panduriformis 琴叶野靛棵：pandura 一种类似小提琴的乐器；formis/ forma 形状

Mananthes patentiflora 野靛棵：patens 开展的（呈 90°），伸展的，传播的，飞散的；florus/ florum/ flora ← flos 花（用于复合词）

Mananthes pseudospicata 黄花野靛棵：pseudospicata 近似穗状的；pseudo-/ pseud- ← pseudos 假的，伪的，接近，相似（但不是）；spicatus 具穗的，具穗状花的，具尖头的；spicus 穗，谷穗，花穗；-atus/ -atum/ -ata 属于，相似，具有，完成（形容词词尾）

Mananthes vasculosa 滇野靛棵：vasculosus = vas + culosus 维管束的，管子小而密集的；vas/ vasa 管子，导管；-culosus = culus + osus 小而多的，小而密集的；-culus/ -culum/ -cula 小的，略微的，稍微的（同第三变格法和第四变格法名词形成复合词）；-osus/ -osum/ -osa 多的，充分的，丰富的，显著发育的，程度高的，特征明显的（形容词词尾）

Mandragora 茄参属（茄参 qié shēn）（茄科）（67-1：p137）：mandragora（茄参属一种植物的希腊语名）

Mandragora caulescens 茄参：caulescens 有茎的，变成有茎的，大致有茎的；caulus/ caulon/ caule ← caulos 茎，茎秆，主茎；-escens/ -ascens 改变，转变，变成，略微，带有，接近，相似，大致，稍微（表示变化的趋势，并未完全相似或相同，有别于表示达到完成状态的 -atus）

Mandragora chinghaiensis 青海茄参：chinghaiensis 青海的（地名）

Mangifera 杧果属（杧 máng）（漆树科）（45-1：p73）：mango ← monga 杧果（葡萄牙语）；-ferus/ -ferum/ -fera/ -fero/ -fere/ -fer 有，具有，产（区别：作独立词使用的 ferus 意思是"野生的"）

Mangifera indica 杧果：indica 印度的（地名）；-icus/ -icum/ -ica 属于，具有某种特性（常用于地名、起源、生境）

Mangifera longipes 长梗杧果：longe-/ longi- ← longus 长的，纵向的；pes/ pedis 柄，梗，茎秆，腿，足，爪（作词首或词尾，pes 的词干视为"ped-"）

Mangifera persiciformis 天桃木（原名"扁桃"，蔷薇科有重名）：persicus 桃，杏，波斯的（地名）；formis/ forma 形状

Mangifera siamensis 泰果杧果：siamensis 暹罗的（地名，泰国古称）（暹 xiān）

Mangifera sylvatica 林生杧果：silvaticus/ sylvaticus 森林的，林地的；sylva/ silva 森林；-aticus/ -aticum/ -atica 属于，表示生长的地方，作名词词尾

Manglietia 木莲属（木兰科）（30-1：p85）：manglietia ← manglie（马来西亚语一种植物土名）

Manglietia aromatica 香木莲：aromaticus 芳香的，香味的

Manglietia chevalieri 睦南木莲：chevalieri（人名）；-eri 表示人名，在以 -er 结尾的人名后面加上 i 形成

Manglietia chingii 桂南木莲：chingii ← R. C. Chin 秦仁昌（人名，1898–1986，中国植物学家，蕨类植物专家），秦氏

Manglietia crassipes 粗梗木莲：crassi- ← crassus 厚的，粗的，多肉质的；pes/ pedis 柄，梗，茎秆，腿，足，爪（作词首或词尾，pes 的词干视为"ped-"）

Manglietia duclouxii 川滇木莲：duclouxii（人名）；-ii 表示人名，接在以辅音字母结尾的人名后面，但 -er 除外

M

Manglietia fordiana 木莲：fordiana ← Charles Ford（人名）

Manglietia forrestii 滇桂木莲：forrestii ← George Forrest（人名，1873–1932，英国植物学家，曾在中国西部采集大量植物标本）

Manglietia glaucifolia 苍背木莲：glaucifolius = glaucus + folius 粉绿叶的，灰绿叶的，叶被白粉的；glaucus → glauco-/ glauc- 被白粉的，发白的，灰绿色的；folius/ folium/ folia 叶，叶片（用于复合词）

Manglietia grandis 大果木莲：grandis 大的，大型的，宏大的

Manglietia hainanensis 海南木莲：hainanensis 海南的（地名）

Manglietia hebecarpa 毛果木莲：hebe- 柔毛；carpus/ carpum/ carpa/ carpon ← carpos 果实（用于希腊语复合词）

Manglietia hookeri 中缅木莲：hookeri ← William Jackson Hooker（人名，19 世纪英国植物学家）；-eri 表示人名，在以 -er 结尾的人名后面加上 i 形成

Manglietia insignis 红色木莲：insignis 著名的，超群的，优秀的，显著的，杰出的；in-/ im-（来自 il- 的音变）内，在内，内部，向内，相反，不，无，非；il- 在内，向内，为，相反（希腊语为 en-）；词首 il- 的音变：il-（在 l 前面），im-（在 b、m、p 前面），in-（在元音字母和大多数辅音字母前面），ir-（在 r 前面），如 illaudatus（不值得称赞的，评价不好的），impermeabilis（不透水的，穿不透的），ineptus（不合适的），insertus（插入的），irretortus（无弯曲的，无扭曲的）；signum 印记，标记，刻画，图章

Manglietia megaphylla 大叶木莲：megaphylla 大叶子的；mega-/ megal-/ megalo- ← megas 大的，巨大的；phyllus/ phyllum/ phylla ← phyllon 叶片（用于希腊语复合词）

Manglietia microtricha 西藏木莲：micr-/ micro- ← micros 小的，微小的，微观的（用于希腊语复合词）；trichus 毛，毛发，线

Manglietia moto 毛桃木莲：moto 动摇，移动，游荡；moveo 移动，动荡，振动，变换，骚乱，激怒

Manglietia obovalifolia 倒卵叶木莲：obovalis 倒卵形的；folius/ folium/ folia 叶，叶片（用于复合词）

Manglietia pachyphylla 厚叶木莲：pachyphyllus 厚叶子的；pachy- ← pachys 厚的，粗的，肥的；phyllus/ phyllum/ phylla ← phyllon 叶片（用于希腊语复合词）

Manglietia patungensis 巴东木莲：patungensis 巴东的（地名，湖北省）

Manglietia rufibarbata 锈毛木莲：ruf-/ rufi-/ frufo- ← rufus/ rubus 红褐色的，锈色的，红色的，发红的，淡红色的；barbatus = barba + atus 具胡须的，具须毛的；barba 胡须，髯毛，绒毛；-atus/ -atum/ -ata 属于，相似，具有，完成（形容词词尾）

Manglietia szechuanica 四川木莲：szechuanica 四川的（地名）；-icus/ -icum/ -ica 属于，具有某种特性（常用于地名、起源、生境）

Manglietia yuyuanensis 乳源木莲：yuyuanensis 乳源的（地名，广东省）

Manglietiastrum 华盖木属（木兰科）（30-1：p106）：manglietiastrum 像木莲的；Manglietia 木莲属（木兰科）；-aster/ -astra/ -astrum/ -ister/ -istra/ -istrum 相似的，程度稍弱，稍小的，次等级的（用于拉丁语复合词词尾，表示不完全相似或低级之意，常用以区别一种野生植物与栽培植物，如 oleaster、oleastrum 野橄榄，以区别于 olea，即栽培的橄榄，而作形容词词尾时则表示小或程度弱化，如 surdaster 稍聋的，比 surdus 稍弱）

Manglietiastrum sinicum 华盖木：sinicum 中国的（地名）；-icus/ -icum/ -ica 属于，具有某种特性（常用于地名、起源、生境）

Manihot 木薯属（大戟科）（44-2：p172）：manihot 木薯（巴西土名）

Manihot esculenta 木薯：esculentus 食用的，可食的；esca 食物，食料；-ulentus/ -ulentum/ -ulenta/ -olentus/ -olentum/ -olenta（表示丰富、充分或显著发展）

Manihot glaziovii 木薯胶：glaziovii ← Auguste François Marie Glaziou（人名，20 世纪在巴西的法国植物采集员）

Manilkara 铁线子属（山榄科）（60-1：p49）：manilkara = manilcara ← malabar 铁线子（南美土名）

Manilkara hexandra 铁线子：hexandrus 六个雄蕊的；hex-/ hexa- 六（希腊语，拉丁语为 sex-）；andrus/ andros/ antherus ← aner 雄蕊，花药，雄性

Manilkara zapota 人心果：zapota ← sapota（南美俗名）

Mannagettaea 豆列当属（列当科）（69：p94）：mannagettaea（人名）

Mannagettaea hummelii 矮生豆列当：hummelii（人名）；-ii 表示人名，接在以辅音字母结尾的人名后面，但 -er 除外

Mannagettaea labiata 豆列当：labiatus ← labius + atus 具唇的，具唇瓣的；labius 唇，唇瓣，唇形

Maoutia 水丝麻属（荨麻科）（23-2：p398）：maoutia ← E. Lamaout（人名，法国植物学家）

Maoutia puya 水丝麻：puya（智利土名）

Maoutia setosa 兰屿水丝麻：setosus = setus + osus 被刚毛的，被短毛的，被芒刺的；setus/ saetus 刚毛，刺毛，芒刺；-osus/ -osum/ -osa 多的，充分的，丰富的，显著发育的，程度高的，特征明显的（形容词词尾）

Mapania 擂鼓芳属（擂 léi）（莎草科）（11：p196）：mapania（人名）

Mapania dolichopoda 长秆擂鼓芳：dolicho- ← dolichos 长的；podus/ pus 柄，梗，茎秆，足，腿

Mapania sinensis 华擂鼓芳：sinensis = Sina + ensis 中国的（地名）；Sina 中国

Mappianthus 定心藤属（茶茱萸科）（46：p52）：Mappia 马比木属（茶茱萸科）；anthus/ anthum/ antha/ anthe ← anthos 花（用于希腊语复合词）

Mappianthus iodoides 定心藤：iodoides 像微花藤的，近紫色的；Iodes 微花藤属（茶茱萸科）；iodes 蓝紫色的，紫堇色的；-oides/ -oideus/ -oideum/ -oidea/ -odes/ -eidos 像……的，类似……的，呈……状的（名词词尾）

Maranta 竹芋属（竹芋科）（16-2：p167）：maranta ← Bartolommeo Maranti（人名，16 世纪

M

意大利植物学家）

Maranta arundinacea 竹芋：arundinaceus 芦竹状的；Arundo 芦竹属（禾本科）；-inus/ -inum/ -ina/ -inos 相近，接近，相似，具有（通常指颜色）；-aceus/ -aceum/ -acea 相似的，有……性质的，属于……的

Maranta arundinacea var. variegata 斑叶竹芋：variegatus = variego + atus 有彩斑的，有条纹的，杂色的，杂色的；variego = varius + ago 染上各种颜色，使成五彩缤纷的，装饰，点缀，使闪出五颜六色的光彩，变化，变更，不同；varius = varus + ius 各种各样的，不同的，多型的，易变的；varus 不同的，变化的，外弯的，凸起的；-ius/ -ium/ -ia 具有……特性的（表示有关、关联、相似）；-ago 表示相似或联系，如 plumbago，铅的一种（来自 plumbum 铅），来自 -go；-go 表示一种能做工作的力量，如 vertigo，也表示事态的变化或者一种事态、趋向或病态，如 robigo（红的情况，变红的趋势，因而是铁锈），aerugo（铜锈），因此它变成一个表示具有某种质的属性的构词元素，如 lactago（具有乳浆的草），或相似性，如 ferulago（近似 ferula，阿魏）、canilago（一种 canila）

Maranta bicolor 花叶竹芋：bi-/ bis- 二，二数，二回（希腊语为 di-）；color 颜色

Marantaceae 竹芋科（16-2：p158）：Marant 竹芋属；-aceae（分类单位科的词尾，为 -aceus 的阴性复数主格形式，加到模式属的名称后或同义词的词干后以组成族群名称）

Marattia 合囊蕨属（合囊蕨科）（6-3：p246）：marattia ← Giovanni Maratti（人名，18 世纪意大利植物学家）

Marattia pellucida 合囊蕨：pellucidus/ perlucidus = per + lucidus 透明的，透光的，极透明的；per-（在 l 前面音变为 pel-）极，很，颇，甚，非常，完全，通过，遍及（表示效果加强，与 sub- 互为反义词）；lucidus ← lucis ← lux 发光的，光辉的，清晰的，发亮的，荣耀的（lux 的单数所有格为 lucis，词尾为 -is 和 -ys 的词的词干分别视为 -id 和 -yd）

Marattiaceae 合囊蕨科（6-3：p246）：Marattia 合囊蕨属（合囊蕨科）；-aceae（分类单位科的词尾，为 -aceus 的阴性复数主格形式，加到模式属的名称后或同义词的词干后以组成族群名称）

Margaritaria 蓝子木属（大戟科）（44-1：p76）：margaritaria ← margaritus 珍珠的，珍珠状的

Margaritaria indica 蓝子木：indica 印度的（地名）；-icus/ -icum/ -ica 属于，具有某种特性（常用于地名、起源、生境）

Mariscus 砖子苗属（莎草科）（11：p173）：mariscus 小沟的，一种灯心草

Mariscus aristatus 具芒鳞砖子苗：aristatus（aristosus）= arista + atus 具芒的，具芒刺的，具刚毛的，具胡须的；arista 芒

Mariscus compactus 密穗砖子苗：compactus 小型的，压缩的，紧凑的，致密的，稠密的；pactus 压紧，紧缩；co- 联合，共同，合起来（拉丁语词首，为 cum- 的音变，表示结合、强化、完全，对应的希腊语为 syn-）；co- 的缀词音变有 co-/ com-/ con-/

col-/ cor-：co-（在 h 和元音字母前面），col-（在 l 前面），com-（在 b、m、p 之前），con-（在 c、d、f、g、j、n、qu、s、t 和 v 前面），cor-（在 r 前面）

Mariscus compactus var. compactus 密穗砖子苗-原变种（词义见上面解释）

Mariscus compactus var. macrostachys 大密穗砖子苗：macro-/ macr- ← macros 大的，宏观的（用于希腊语复合词）；stachy-/ stachyo-/ -stachys/ -stachyus/ -stachyum/ -stachya 穗子，穗子的，穗子状的，穗状花序的

Mariscus cyperinus 莎草砖子苗：cyperinus 像莎草的

Mariscus cyperinus var. bengalensis 孟加拉砖子苗：bengalensis 孟加拉的（地名）

Mariscus cyperinus var. cyperinus 莎草砖子苗-原变种（词义见上面解释）

Mariscus javanicus 羽状穗砖子苗：javanicus 爪哇的（地名，印度尼西亚）；-icus/ -icum/ -ica 属于，具有某种特性（常用于地名、起源、生境）

Mariscus radians 辐射砖子苗：radians 辐射状的，放射状的

Mariscus trialatus 三翅秆砖子苗：trialatus 三翅的；tri-/ tripli-/ triplo- 三个，三数；alatus → ala-/ alat-/ alati-/ alato- 翅，具翅的，具翼的

Mariscus umbellatus 砖子苗：umbellatus = umbella + atus 伞形花序的，具伞的；umbella 伞形花序

Mariscus umbellatus var. evolutior 展穗砖子苗：evolutior 较开展的，较伸展的；evolutus 伸展的，解开的，发达的

Mariscus umbellatus var. microstachys 小穗砖子苗：micr-/ micro- ← micros 小的，微小的，微观的（用于希腊语复合词）；stachy-/ stachyo-/ -stachys/ -stachyus/ -stachyum/ -stachya 穗子，穗子的，穗子状的，穗状花序的

Mariscus umbellatus var. subcompositus 复出穗砖子苗：subcompositus 近复生的；sub-（表示程度较弱）与……类似，几乎，稍微，弱，亚，之下，下面；compositus = co + positus 复合的，复生的，分枝的，化合的，组成的，编成的；positus 放于，置于，位于；co- 联合，共同，合起来（拉丁语词首，为 cum- 的音变，表示结合、强化、完全，对应的希腊语为 syn-）；co- 的缀词音变有 co-/ com-/ con-/ col-/ cor-：co-（在 h 和元音字母前面），col-（在 l 前面），com-（在 b、m、p 之前），con-（在 c、d、f、g、j、n、qu、s、t 和 v 前面），cor-（在 r 前面）

Mariscus umbellatus var. umbellatus 砖子苗-原变种（词义见上面解释）

Marrubium 欧夏至草属（唇形科）（65-2：p252）：marrubium 苦汁（希伯来语）

Marrubium vulgare 欧夏至草：vulgaris 常见的，普通的，分布广的；vulgus 普通的，到处可见的

Marsdenia 牛奶菜属（萝藦科）（63：p442）：marsdenia ← William Marsden（人名，1754–1836，英国植物采集员）

Marsdenia balansae 云南牛奶菜：balansae ← Benedict Balansa（人名，19 世纪法国植物采集员）；-ae 表示人名，以 -a 结尾的人名后面加上 -e 形成

Marsdenia carnea 红肉牛奶菜：carneus ← caro 肉红色的，肌肤色的；carn- 肉，肉色；-eus/ -eum/ -ea（接拉丁语词干时）属于……的，色如……的，质如……的（表示原料、颜色或品质的相似），（接希腊语词干时）属于……的，以……出名，为……所占有（表示具有某种特性）

Marsdenia formosana 台湾牛奶菜：formosanus = formosus + anus 美丽的，台湾的；formosus ← formosa 美丽的，台湾的（葡萄牙殖民者发现台湾时对其的称呼，即美丽的岛屿）；-anus/ -anum/ -ana 属于，来自（形容词词尾）

Marsdenia globifera 球花牛奶菜：glob-/ globi- ← globus 球体，圆球，地球；-ferus/ -ferum/ -fera/ -fero/ -fere/ -fer 有，具有，产（区别：作独立词使用的 ferus 意思是"野生的"）

Marsdenia glomerata 团花牛奶菜：glomeratus = glomera + atus 聚集的，球形的，聚成球形的；glomera 线球，一团，一束

Marsdenia griffithii 大白药：griffithii ← William Griffith（人名，19 世纪印度植物学家，加尔各答植物园主任）

Marsdenia hainanensis 海南牛奶菜：hainanensis 海南的（地名）

Marsdenia hainanensis var. alata 翅叶牛奶菜：alatus → ala-/ alat-/ alati-/ alato- 翅，具翅的，具翼的；反义词：exalatus 无翼的，无翅的

Marsdenia hainanensis var. hainanensis 海南牛奶菜-原变种 （词义见上面解释）

Marsdenia koi 大叶牛奶菜：koi（人名）

Marsdenia lachnostoma 毛喉牛奶菜：lachnostomus 绵毛喉的，毛口的；lachno- ← lachnus 绒毛的，绵毛的；stomus 口，开口，气孔

Marsdenia longipes 百灵草：longe-/ longi- ← longus 长的，纵向的；pes/ pedis 柄，梗，茎秆，腿，足，爪（作词首或词尾，pes 的词干视为"ped-"）

Marsdenia officinalis 海枫屯：officinalis/ officinale 药用的，有药效的；officina ← opificina 药店，仓库，作坊

Marsdenia oreophila 喙柱牛奶菜：oreo-/ ores-/ ori- ← oreos 山，山地，高山；philus/ philein ← philos → phil-/ phili/ philo- 喜好的，爱好的，喜欢的（注意区别形近词：phylus、phyllus）；phylus/ phylum/ phyla ← phylon/ phyle 植物分类单位中的"门"，位于"界"和"纲"之间，类群，种族，部落，聚群；phyllus/ phyllum/ phylla ← phyllon 叶片（用于希腊语复合词）

Marsdenia pseudotinctoria 假蓝叶藤：pseudotinctoria 像 tinctoria 的；pseudo-/ pseud- ← pseudos 假的，伪的，接近，相似（但不是）；Indigofera tinctoria 木蓝；tinctorius = tinctorus + ius 染色的，着色的，染料的；tinctorus 染色，着色，染料；-ius/ -ium/ -ia 具有……特性的（表示有关、关联、相似）

Marsdenia pulchella 美蓝叶藤：pulchellus/ pulcellus = pulcher + ellus 稍美丽的，稍可爱的；pulcher/ pulcer 美丽的，可爱的；-ellus/ -ellum/ -ella ← -ulus 小的，略微的，稍微的（小词 -ulus 在字母 e 或 i 之后有多种变缀，即 -olus/ -olum/ -ola、-ellus/ -ellum/ -ella、-illus/ -illum/ -illa，用于第一变格法名词）

Marsdenia schneideri 四川牛奶菜：schneideri（人名）；-eri 表示人名，在以 -er 结尾的人名后面加上 i 形成

Marsdenia sinensis 牛奶菜：sinensis = Sina + ensis 中国的（地名）；Sina 中国

Marsdenia stenantha 狭花牛奶菜：sten-/ steno- ← stenus 窄的，狭的，薄的；anthus/ anthum/ antha/ anthe ← anthos 花（用于希腊语复合词）

Marsdenia tenacissima 通光散：tenacissimus = tenax + issimus 抓紧的，黏性很强的；tenax 顽强的，坚强的，强力的，黏性强的，抓住的；-issimus/ -issima/ -issimum 最，非常，极其（形容词最高级）；构词规则：以 -ix/ -iex 结尾的词其词干末尾视为 -ic，以 -ex 结尾视为 -i/ -ic，其他以 -x 结尾视为 -c

Marsdenia tinctoria 蓝叶藤：tinctorius = tinctorus + ius 属于染色的，属于着色的，属于染料的；tingere/ tingo 浸泡，浸染；tinctorus 染色，着色，染料；tinctus 染色的，彩色的；-ius/ -ium/ -ia 具有……特性的（表示有关、关联、相似）

Marsdenia tinctoria var. brevis 短序蓝叶藤：brevis 短的（希腊语）

Marsdenia tinctoria var. tinctoria 蓝叶藤-原变种 （词义见上面解释）

Marsdenia tinctoria var. tomentosa 绒毛蓝叶藤：tomentosus = tomentum + osus 绒毛的，密被绒毛的；tomentum 绒毛，浓密的毛被，棉絮，棉絮状填充物（被褥、垫子等）；-osus/ -osum/ -osa 多的，充分的，丰富的，显著发育的，程度高的，特征明显的（形容词词尾）

Marsdenia tomentosa 假防己：tomentosus = tomentum + osus 绒毛的，密被绒毛的；tomentum 绒毛，浓密的毛被，棉絮，棉絮状填充物（被褥、垫子等）；-osus/ -osum/ -osa 多的，充分的，丰富的，显著发育的，程度高的，特征明显的（形容词词尾）

Marsdenia tsaiana 圆头牛奶菜：tsaiana 蔡希陶（人名，1911–1981，中国植物学家）

Marsdenia yaungpienensis 漾濞牛奶菜（濞 bì）：yaungpienensis 漾濞的（地名，云南省）

Marsilea 蘋属（蘋 pín，不能简化成"苹"）（蘋科）（6-2：p336）：marsilea ← Luigi Fernando Conte Marsigil（人名，1658–1730，意大利植物学家）

Marsilea aegyptica 埃及蘋：aegyptica 埃及的（地名）

Marsilea crenata 南国田字草：crenatus = crena + atus 圆齿状的，具圆齿的；crena 叶缘的圆齿

Marsilea quadrifolia 蘋：quadri-/ quadr- 四，四数（希腊语为 tetra-/ tetr-）；folius/ folium/ folia 叶，叶片（用于复合词）

Marsileaceae 蘋科（6-2：p336）：Marsilea 蘋属；-aceae（分类单位科的词尾，为 -aceus 的阴性复数主格形式，加到模式属的名称后或同义词的词干后以组成族群名称）

Martynia 角胡麻属（角胡麻科）（69：p67）：martynia ← John Martyn（人名，18 世纪英国植物学家）

M

Martynia annua 角胡麻：annuus/ annus 一年的，每年的，一年生的

Martyniaceae 角胡麻科（69：p67）：Martynia 角胡麻属；-aceae（分类单位科的词尾，为 -aceus 的阴性复数主格形式，加到模式属的名称后或同义词的词干后以组成族群名称）

Mastixia 单室茱萸属（茱萸 zhū yú）（山茱萸科）（56：p2）：mastixia ← mastix 鞭子（希腊语）

Mastixia caudatilimba 长尾单室茱萸：caudatus = caudus + atus 尾巴的，尾巴状的，具尾的；caudus 尾巴；limbus 冠檐，萼檐，瓣片，叶片

Mastixia pentandra 五蕊单室茱萸：penta- 五，五数（希腊语，拉丁语为 quin/ quinqu/ quinque-/ quinqui-）；andrus/ andros/ antherus ← aner 雄蕊，花药，雄性

Mastixia pentandra subsp. cambodiana 单室茱萸：cambodiana 柬埔寨的（地名）

Mastixia pentandra subsp. chinensis 云南单室茱萸：chinensis = china + ensis 中国的（地名）；China 中国

Mastixia pentandra subsp. pentandra 五蕊单室茱萸-原亚种 （词义见上面解释）

Mastixia trichophylla 毛叶单室茱萸：trich-/ tricho-/ tricha- ← trichos ← thrix 毛，多毛的，线状的，丝状的；phyllus/ phyllum/ phylla ← phyllon 叶片（用于希腊语复合词）

Matricaria 母菊属（菊科）（76-1：p49）：matricaria ← matrix 子宫（传说对妇科疾病有疗效）

Matricaria chamomilla 母菊（另见 M. recutita）：chamomilla 母菊（古希腊语名）

Matricaria matricarioides 同花母菊：Matricaria 母菊属（菊科）；-oides/ -oideus/ -oideum/ -oidea/ -odes/ -eidos 像……的，类似……的，呈……状的（名词词尾）

Matricaria recutita 母菊（另见 M. chamomilla）：recutitus 无表皮的，去皮的

Matteuccia 荚果蕨属（球子蕨科）（4-2：p159）：matteuccia ← C. Matteucci（人名，1800–1868，意大利医生）

Matteuccia intermedia 中华荚果蕨：intermedius 中间的，中位的，中等的；inter- 中间的，在中间，之间；medius 中间的，中央的

Matteuccia orientalis 东方荚果蕨：orientalis 东方的；oriens 初升的太阳，东方

Matteuccia struthiopteris 荚果蕨：struthion 小麻雀；pteris ← pteryx 翅，翼，蕨类（希腊语）；Struthiopteris 荚囊蕨属（乌毛蕨科）

Matteuccia struthiopteris var. acutiloba 尖裂荚果蕨：acutilobus 尖浅裂的；acuti-/ acu- ← acutus 锐尖的，针尖的，刺尖的，锐角的；lobus/ lobos/ lobon 浅裂，耳片（裂片先端钝圆），荚果，蒴果

Matteuccia struthiopteris var. struthiopteris 荚果蕨-原变种 （词义见上面解释）

Matthiola 紫罗兰属（十字花科）（33：p342）：matthiola ← Pierandrea Mattioli（人名，1500–1577，意大利医生、植物学家）

Matthiola incana 紫罗兰：incanus 灰白色的，密被灰白色毛的

Matthiola stoddarti 新疆紫罗兰：stoddarti（人名，词尾改为 "-ii" 似更妥）；-ii 表示人名，接在以辅音字母结尾的人名后面，但 -er 除外；-i 表示人名，接在以元音字母结尾的人名后面，但 -a 除外

Mattiastrum 盘果草属（紫草科）（64-2：p236）：mattiastrum 像 Mattia 属的；Mattia（属名，人名）；-aster/ -astra/ -astrum/ -ister/ -istra/ -istrum 相似的，程度稍弱，稍小的，次等级的（用于拉丁语复合词词尾，表示不完全相似或低级之意，常用以区别一种野生植物与栽培植物，如 oleaster、oleastrum 野橄榄，以区别于 olea，即栽培的橄榄，而作形容词词尾时则表示小或程度弱化，如 surdaster 稍聋的，比 surdus 稍弱）

Mattiastrum himalayense 盘果草：himalayense 喜马拉雅的（地名）

Mattiastrum thomsonii （汤姆森盘果草）：thomsonii ← Thomas Thomson（人名，19 世纪英国植物学家）；-ii 表示人名，接在以辅音字母结尾的人名后面，但 -er 除外

Mattiastrum tibeticum （西藏盘果草）：tibeticum 西藏的（地名）

Mattiastrum trinervium （三脉盘果草）：tri-/ tripli-/ triplo- 三个，三数；nervius = nervus + ius 具脉的，具叶脉的；nervus 脉，叶脉，-ius/ -ium/ -ia 具有……特性的（表示有关、关联、相似）

Mayodendron 火烧花属（紫葳科）（69：p52）：mayodendron 梅奥树；mayo ← Lord Mayo（人名，19 世纪印度总督，在任期间被暗杀）；dendron 树木

Mayodendron igneum 火烧花：igneus 火焰色的，火一样的

Maytenus 美登木属（卫矛科）（45-3：p129）：maytenus ← maiten 美登木（智利土名）

Maytenus austroyunnanensis 滇南美登木：austroyunnanensis 滇南的（地名）；austro-/ austr- 南方的，南半球的，大洋洲的；auster 南方，南风；yunnanensis 云南的（地名）

Maytenus berberoides 小檗美登木（檗 bò）：berberoides = Berberis + oides 像小檗的（注：词尾为 -is 和 -ys 的词的词干分别视为 -id 和 -yd，故该词拼写为 "berberidoides" 似更妥）；Berberis 小檗属（小檗科）；-oides/ -oideus/ -oideum/ -oidea/ -odes/ -eidos 像……的，类似……的，呈……状的（名词词尾）

Maytenus confertiflorus 密花美登木：confertus 密集的；florus/ florum/ flora ← flos 花（用于复合词）

Maytenus diversicymosa 异序美登木：diversus 多样的，各种各样的，多方向的；cymosus 聚伞状的；cyma/ cyme 聚伞花序；-osus/ -osum/ -osa 多的，充分的，丰富的，显著发育的，程度高的，特征明显的（形容词词尾）

Maytenus diversifolius 变叶美登木：diversus 多样的，各种各样的，多方向的；folius/ folium/ folia 叶，叶片（用于复合词）

Maytenus emarginata 台湾美登木：emarginatus 先端稍裂的，凹头的；marginatus ← margo 边缘的，具边缘的；margo/ marginis → margin- 边缘，

M

边线，边界；词尾为 -go 的词其词干末尾视为 -gin；e-/ ex- 不，无，非，缺乏，不具有（e- 用在辅音字母前，ex- 用在元音字母前，为拉丁语词首，对应的希腊语词首为 a-/ an-，英语为 un-/ -less，注意作词首用的 e-/ ex- 和介词 e/ ex 意思不同，后者意为"出自、从……、由……离开、由于、依照"）

Maytenus esquirolii 贵州美登木：esquirolii（人名）；-ii 表示人名，接在以辅音字母结尾的人名后面，但 -er 除外

Maytenus garanbiensis 光叶美登木：garanbiensis 鹅銮鼻的（地名，属台湾省，"garanbi" 为"鹅銮鼻"的日语读音）

Maytenus guangxiensis 广西美登木：guangxiensis 广西的（地名）

Maytenus hainanensis 海南美登木：hainanensis 海南的（地名）

Maytenus hookeri 美登木：hookeri ← William Jackson Hooker（人名，19 世纪英国植物学家）；-eri 表示人名，在以 -er 结尾的人名后面加上 i 形成

Maytenus hookeri var. hookeri 美登木-原变种（词义见上面解释）

Maytenus hookeri var. longiradiata 长梗美登木：longe-/ longi- ← longus 长的，纵向的；radiatus = radius + atus 辐射状的，放射状的；radius 辐射，射线，半径，边花，伞形花序

Maytenus inflata 胀果美登木：inflatus 膨胀的，袋状的

Maytenus jinyangensis 金阳美登木：jinyangensis 金阳的（地名，四川省）

Maytenus longlinensis 隆林美登木：longlinensis 隆林的（地名，广西壮族自治区）

Maytenus orbiculatus 圆叶美登木：orbiculatus/ orbicularis = orbis + culus + atus 圆形的；orbis 圆，圆形，圆圈，环；-culus/ -culum/ -cula 小的，略微的，稍微的（同第三变格法和第四变格法名词形成复合词）；-atus/ -atum/ -ata 属于，相似，具有，完成（形容词词尾）

Maytenus royleanus 被子美登木：royleanus ← John Forbes Royle（人名，19 世纪英国植物学家、医生）

Maytenus rufus 淡红美登木：rufus 红褐色的，发红的，淡红色的；ruf-/ rufi-/ frufo- ← rufus/ rubus 红褐色的，锈色的，红色的，发红的，淡红色的

Maytenus thyrsiflorus 长序美登木：thyrsus/ thyrsos 花簇，金字塔，圆锥形，聚伞圆锥花序；florus/ florum/ flora ← flos 花（用于复合词）

Maytenus tiaoloshanensis 吊罗美登木：tiaoloshanensis 吊罗山的（地名，海南省）

Maytenus variabilis 刺茶美登木：variabilis 多种多样的，易变化的，多型的；varius = varus + ius 各种各样的，不同的，多型的，易变的；varus 不同的，变化的，外弯的，凸起的；-ius/ -ium/ -ia 具有……特性的（表示有关、关联、相似）；-ans/ -ens/ -bilis/ -ilis 能够，可能（为形容词词尾，-ans/ -ens 用于主动语态，-bilis/ -ilis 用于被动语态）

Mazus 通泉草属（玄参科）（67-2：p172）：mazus ← mazos 乳头状突起（指花冠喉部的突起）

Mazus alpinus 高山通泉草：alpinus = alpus + inus 高山的；alpus 高山；al-/ alti-/ alto- ← altus 高的，高处的；-inus/ -inum/ -ina/ -inos 相近，接近，相似，具有（通常指颜色）；关联词：subalpinus 亚高山的

Mazus caducifer 早落通泉草：caducifer 具早落特性的；caducus 早落的（指萼片或花瓣下垂或脱落）；-ferus/ -ferum/ -fera/ -fero/ -fere/ -fer 有，具有，产（区别：作独立词使用的 ferus 意思是"野生的"）

Mazus cavaleriei 平坝通泉草：cavaleriei ← Pierre Julien Cavalerie（人名，20 世纪法国传教士）；-i 表示人名，接在以元音字母结尾的人名后面，但 -a 除外

Mazus celsioides 琴叶通泉草：Celsia 毛蕊花属（玄参科）；-oides/ -oideus/ -oideum/ -oidea/ -odes/ -eidos 像……的，类似……的，呈……状的（名词词尾）

Mazus fauriei 台湾通泉草：fauriei ← L'Abbe Urbain Jean Faurie（人名，19 世纪活动于日本的法国传教士、植物学家）

Mazus fukienensis 福建通泉草：fukienensis 福建的（地名）

Mazus gracilis 纤细通泉草：gracilis 细长的，纤弱的，丝状的

Mazus henryi 长柄通泉草：henryi ← Augustine Henry 或 B. C. Henry（人名，前者，1857–1930，爱尔兰医生、植物学家，曾在中国采集植物，后者，1850–1901，曾活动于中国的传教士）

Mazus henryi var. elatior 长柄通泉草-高茎变种：elatior 较高的（elatus 的比较级）；-ilor 比较级

Mazus henryi var. henryi 长柄通泉草-原变种（词义见上面解释）

Mazus humilis 低矮通泉草：humilis 矮的，低的

Mazus japonicus 通泉草：japonicus 日本的（地名）；-icus/ -icum/ -ica 属于，具有某种特性（常用于地名、起源、生境）

Mazus japonicus var. delavayi 通泉草-多枝变种：delavayi ← P. J. M. Delavay（人名，1834–1895，法国传教士，曾在中国采集植物标本）；-i 表示人名，接在以元音字母结尾的人名后面，但 -a 除外

Mazus japonicus var. japonicus 通泉草-原变种（词义见上面解释）

Mazus japonicus var. macrocalyx 通泉草-大萼变种：macro-/ macr- ← macros 大的，宏观的（用于希腊语复合词）；calyx → calyc- 萼片（用于希腊语复合词）

Mazus japonicus var. wangii 通泉草-匍茎变种：wangii（人名）；-ii 表示人名，接在以辅音字母结尾的人名后面，但 -er 除外

Mazus kweichowensis 贵州通泉草：kweichowensis 贵州的（地名）

Mazus lanceifolius 狭叶通泉草：lance-/ lancei-/ lanci-/ lanceo-/ lanc- ← lanceus 披针形的，矛形的，尖刀状的，柳叶刀状的；folius/ folium/ folia 叶，叶片（用于复合词）

Mazus lecomtei 莲座叶通泉草：lecomtei ← Paul Henri Lecomte（人名，20 世纪法国植物学家）

Mazus longipes 长蔓通泉草（蔓 màn）：longe-/ longi- ← longus 长的，纵向的；pes/ pedis 柄，梗，

茎秆，腿，足，爪（作词首或词尾，pes 的词干视为"ped-"）

Mazus macranthus 大花通泉草：macro-/ macr- ← macros 大的，宏观的（用于希腊语复合词）；anthus/ anthum/ antha/ anthe ← anthos 花（用于希腊语复合词）

Mazus miquelii 匍茎通泉草：miquelii ← Friedrich A. W. Miquel（人名，19 世纪荷兰植物学家）

Mazus oliganthus 稀花通泉草：oligo-/ olig- 少数的（希腊语，拉丁语为 pauci-）；anthus/ anthum/ antha/ anthe ← anthos 花（用于希腊语复合词）

Mazus omeiensis 岩白翠：omeiensis 峨眉山的（地名，四川省）

Mazus procumbens 长匍通泉草：procumbens 俯卧的，匍匐的，倒伏的；procumb- 俯卧，匍匐，倒伏；-ans/ -ens/ -bilis/ -ilis 能够，可能（为形容词词尾，-ans/ -ens 用于主动语态，-bilis/ -ilis 用于被动语态）

Mazus pulchellus 美丽通泉草：pulchellus/ pulcellus = pulcher + ellus 稍美丽的，稍可爱的；pulcher/pulcer 美丽的，可爱的；-ellus/ -ellum/ -ella ← -ulus 小的，略微的，稍微的（小词 -ulus 在字母 e 或 i 之后有多种变缀，即 -olus/ -olum/ -ola、-ellus/ -ellum/ -ella、-illus/ -illum/ -illa，用于第一变格法名词）

Mazus rockii 丽江通泉草：rockii ← Joseph Francis Charles Rock（人名，20 世纪美国植物采集员）

Mazus saltuarius 林地通泉草：saltuarius 属于森林的，森林管理员，林业工作者，林学家；saltus 森林草原，林地，山谷，小径；-arius/ -arium/ -aria 相似，属于（表示地点，场所，关系，所属）

Mazus solanifolius 茄叶通泉草（茄 qié）：Solanum 茄属（茄科）；folius/ folium/ folia 叶，叶片（用于复合词）

Mazus spicatus 毛果通泉草：spicatus 具穗的，具穗状花的，具尖头的；spicus 穗，谷穗，花穗；-atus/ -atum/ -ata 属于，相似，具有，完成（形容词词尾）

Mazus stachydifolius 弹刀子菜（弹 tán）：stachydifolius = Stachys + folius 水苏叶的；构词规则：词尾为 -is 和 -ys 的词的词干分别视为 -id 和 -yd；Stachys 水苏属（唇形科）；folius/ folium/ folia 叶，叶片（用于复合词）

Mazus surculosus 西藏通泉草：surculosus 吸收枝的，多萌条的，像树的（指草），木质的；surculus 幼枝，萌条，根出条；suculo 修剪，除蘖，抹芽；surcularis 生嫩芽的；surcularius 嫩芽的，幼枝的；surculose 像树一样地；-osus/ -osum/ -osa 多的，充分的，丰富的，显著发育的，程度高的，特征明显的（形容词词尾）

Mazus wilsoni 束花通泉草：wilsoni ← John Wilson（人名，18 世纪英国植物学家）（注：词尾改为"-ii"似更妥）；-ii 表示人名，接在以辅音字母结尾的人名后面，但 -er 除外；-i 表示人名，接在以元音字母结尾的人名后面，但 -a 除外

Mecodium 蒴蕨属（蒴 lù）（膜蕨科）（2：p134）：mecodium = mekon + eidos 像罂粟的（指叶的形状）；mekon 罂粟；-oides/ -oideus/ -oideum/ -oidea/ -odes/ -eidos 像……的，类似……的，呈……状的（名词词尾）

Mecodium acrocarpum 顶果蒴蕨：acrocarpus 顶果的，顶端着生果实的；acr-/ acro- ← acros 顶尖，顶端，尖头，在顶尖的，辛辣，酸的；carpus/ carpum/ carpa/ carpon ← carpos 果实（用于希腊语复合词）

Mecodium badium 蒴蕨：badius 栗色的，咖啡色的，棕色的

Mecodium corrugatum 皱叶蒴蕨：corrugatus = co + rugatus 皱纹的，多皱纹的（各部分向各方向不规则地褶皱）；rugatus = rugus + atus 收缩的，有皱纹的，多褶皱的（同义词：rugosus）；rugus/ rugum/ ruga 褶皱，皱纹，皱缩；构词规则："r"前后均为元音时，常变成"-rr-"，如 a + rhizus = arrhizus 无根的；co- 联合，共同，合起来（拉丁语词首，为 cum- 的音变，表示结合、强化、完全，对应的希腊语为 syn-）；co- 的缀词音变有 co-/ com-/ con-/ col-/ cor-：co-（在 h 和元音字母前面），col-（在 l 前面），com-（在 b、m、p 之前），con-（在 c、d、f、g、j、n、qu、s、t 和 v 前面），cor-（在 r 前面）

Mecodium crispatum 波纹蒴蕨：crispatus 有皱纹的，有褶皱的；crispus 收缩的，褶皱的，波纹的（如花瓣周围的波浪状褶皱）

Mecodium exsertum 毛蒴蕨：exsertus 露出的，伸出的

Mecodium hainanense 海南蒴蕨：hainanense 海南的（地名）

Mecodium levingei 鳞蒴蕨：levingei（人名）

Mecodium likiangense 丽江蒴蕨：likiangense 丽江的（地名，云南省）

Mecodium lineatum 线叶蒴蕨：lineatus = lineus + atus 具线的，线状的，呈亚麻状的；lineus = linum + eus 线状的，丝状的，亚麻状的；linum ← linon 亚麻，线（古拉丁名）；-atus/ -atum/ -ata 属于，相似，具有，完成（形容词词尾）

Mecodium lofoushanense 罗浮蒴蕨：lofoushanense 罗浮山的（地名，广东省）

Mecodium longissimum 长叶蒴蕨：longe-/ longi- ← longus 长的，纵向的；-issimus/ -issima/ -issimum 最，非常，极其（形容词最高级）

Mecodium lushanense 庐山蒴蕨：lushanense 庐山的（地名，江西省）

Mecodium microsorum 小果蒴蕨：microsorum 小孢子囊的；micr-/ micro- ← micros 小的，微小的，微观的（用于希腊语复合词）；sorus ← soros 堆（指密集成簇），孢子囊群

Mecodium osmundoides 长柄蒴蕨：osmundoides 像紫萁的；Osmunda 紫萁属（紫萁科）；-oides/ -oideus/ -oideum/ -oidea/ -odes/ -eidos 像……的，类似……的，呈……状的（名词词尾）

Mecodium ovalifolium 卵圆蒴蕨：ovalis 广椭圆形的；ovus 卵，胚珠，卵形的，椭圆形的；folius/ folium/ folia 叶，叶片（用于复合词）

Mecodium paniculiflorum 扁苞蒴蕨：paniculiflorus 圆锥花序花的；paniculus 圆锥花序；florus/ florum/ flora ← flos 花（用于复合词）

Mecodium propinquum 齿苞蒴蕨：propinquus 有关系的，近似的，近缘的

Mecodium stenocladum 撕苞蒴蕨：sten-/

M

steno- ← stenus 窄的，狭的，薄的；cladus ← clados 枝条，分枝

Mecodium szechuanense 四川蕗蕨：szechuanense 四川的（地名）

Mecodium tenuifrons 全苞蕗蕨：tenui- ← tenuis 薄的，纤细的，弱的，瘦的，窄的；-frons 叶子，叶状体

Mecodium wangii 王氏蕗蕨：wangii（人名）；-ii 表示人名，接在以辅音字母结尾的人名后面，但 -er 除外

Meconopsis 绿绒蒿属（罂粟科）（32：p7）：meconopsis 像罂粟的；mecon ← mekon 罂粟，鸦片（希腊语）；-opsis/ -ops 相似，稍微，带有

Meconopsis aculeata 皮刺绿绒蒿：aculeatus 有刺的，有针的；aculeus 皮刺；-atus/ -atum/ -ata 属于，相似，具有，完成（形容词词尾）

Meconopsis argemonantha 白花绿绒蒿：argemonanthus 蓟罂粟花的，银色单花的；Argemone 蓟罂粟属（罂粟科）；argentum 银；monanthus 单花的；mono-/ mon- ← monos 一个，单一的（希腊语，拉丁语为 unus/ uni-/ uno-）；anthus/ anthum/ antha/ anthe ← anthos 花（用于希腊语复合词）

Meconopsis barbiseta 久治绿绒蒿：barbisetus 毛刺的，胡须的；barba 胡须，髯毛，绒毛；setus/ saetus 刚毛，刺毛，芒刺

Meconopsis betonicifolia 藿香叶绿绒蒿（藿 huò）：Betonica 药水苏属（唇形科）；folius/ folium/ folia 叶，叶片（用于复合词）

Meconopsis chelidonifolia 椭果绿绒蒿：chelidonifolia 白屈菜叶的（注：以属名作复合词时原词尾变形后的 i 要保留，故该词宜改为 "chelidoniifolia"）；chelidoni ← Chelidonium 白屈菜属（罂粟科）；folius/ folium/ folia 叶，叶片（用于复合词）

Meconopsis concinna 优雅绿绒蒿：concinnus 精致的，高雅的，形状好看的

Meconopsis delavayi 长果绿绒蒿：delavayi ← P. J. M. Delavay（人名，1834–1895，法国传教士，曾在中国采集植物标本）；-i 表示人名，接在以元音字母结尾的人名后面，但 -a 除外

Meconopsis discigera 毛盘绿绒蒿：discus 碟子，盘子，圆盘；dic-/ disci-/ disco- ← discus ← discos 碟子，盘子，圆盘；gerus → -ger/ -gerus/ -gerum/ -gera 具有，有，带有

Meconopsis florindae 西藏绿绒蒿：florindae ← Florinda Annesley（人名，Richard Grove Annesley 之妻）；Richard Grove Annesley（人名，1879–1966，英国植物学家）

Meconopsis forrestii 丽江绿绒蒿：forrestii ← George Forrest（人名，1873–1932，英国植物学家，曾在中国西部采集大量植物标本）

Meconopsis georgei 黄花绿绒蒿：georgei（人名）

Meconopsis gracilipes 细梗绿绒蒿：gracilis 细长的，纤弱的，丝状的；pes/ pedis 柄，梗，茎秆，腿，足，爪（作词首或词尾，pes 的词干视为 "ped-"）

Meconopsis grandis 大花绿绒蒿：grandis 大的，大型的，宏大的

Meconopsis henricii 川西绿绒蒿：henricii ← Henry（人名）

Meconopsis horridula 多刺绿绒蒿：horridulus 具小刺的，略带刺的，略可怕的；horridus 刺毛的，带刺的，可怕的；-ulus/ -ulum/ -ula 小的，略微的，稍微的（小词 -ulus 在字母 e 或 i 之后有多种变缀，即 -olus/ -olum/ -ola、-ellus/ -ellum/ -ella、-illus/ -illum/ -illa，与第一变格法和第二变格法名词形成复合词）

Meconopsis impedita 滇西绿绒蒿：impeditus 阻碍的，妨碍的（意指不完全）

Meconopsis integrifolia 全缘叶绿绒蒿：integer/ integra/ integrum → integri- 完整的，整个的，全缘的；folius/ folium/ folia 叶，叶片（用于复合词）

Meconopsis integrifolia var. integrifolia 全缘叶绿绒蒿-原变种 （词义见上面解释）

Meconopsis integrifolia var. uniflora 轮叶绿绒蒿：uni-/ uno- ← unus/ unum/ una 一，单一（希腊语为 mono-/ mon-）；florus/ florum/ flora ← flos 花（用于复合词）

Meconopsis lancifolia 长叶绿绒蒿：lance-/ lancei-/ lanci-/ lanceo-/ lanc- ← lanceus 披针形的，矛形的，尖刀状的，柳叶刀状的；folius/ folium/ folia 叶，叶片（用于复合词）

Meconopsis lyrata 琴叶绿绒蒿：lyratus 大头羽裂的，琴状的

Meconopsis napaulensis 尼泊尔绿绒蒿：napaulensis 尼泊尔的（地名）

Meconopsis oliverana 柱果绿绒蒿：oliverana（人名）

Meconopsis paniculata 锥花绿绒蒿：paniculatus = paniculus + atus 具圆锥花序的；paniculus 圆锥花序；panus 谷穗；panicus 野稗，粟，谷子；-atus/ -atum/ -ata 属于，相似，具有，完成（形容词词尾）

Meconopsis pinnatifolia 吉隆绿绒蒿：pinnatifolius = pinnatus + folius 羽状叶的；pinnatus = pinnus + atus 羽状的，具羽的；pinnus/ pennus 羽毛，羽状，羽片；folius/ folium/ folia 叶，叶片（用于复合词）

Meconopsis primulina 报春绿绒蒿：primulinus = Primula + inus 像报春花的；Primula 报春花属（报春花科）；-inus/ -inum/ -ina/ -inos 相近，接近，相似，具有（通常指颜色）；Primulina 报春苣苔属（苦苣苔科）

Meconopsis pseudohorridula 拟多刺绿绒蒿：pseudohorridula 像 horridula 的；pseudo-/ pseud- ← pseudos 假的，伪的，接近，相似（但不是）；Meconopsis horridula 多刺绿绒蒿；horridus 刺毛的，带刺的，可怕的；-ulus/ -ulum/ -ula 小的，略微的，稍微的（小词 -ulus 在字母 e 或 i 之后有多种变缀，即 -olus/ -olum/ -ola、-ellus/ -ellum/ -ella、-illus/ -illum/ -illa，与第一变格法和第二变格法名词形成复合词）；horridulus 具小刺的，略带刺的，略可怕的

Meconopsis pseudovenusta 拟秀丽绿绒蒿：pseudovenusta 像 venusta 的，较美丽的；pseudo-/ pseud- ← pseudos 假的，伪的，接近，相似（但不是）；Meconopsis venusta 秀丽绿绒蒿；venustus ←

Venus 女神维纳斯的，可爱的，美丽的，有魅力的

Meconopsis punicea 红花绿绒蒿：puniceus 石榴的，像石榴的，石榴色的，红色的，鲜红色的；Punica 石榴属（石榴科）；-eus/ -eum/ -ea（接拉丁语词干时）属于……的，色如……的，质如……的（表示原料、颜色或品质的相似），（接希腊语词干时）属于……的，以……出名，为……所占有（表示具有某种特性）

Meconopsis quintuplinervia 五脉绿绒蒿：quintuplus 五倍的，五重的；quin-/ quinqu-/ quinque-/ quinqui- 五，五数（希腊语为 penta-）；tuplus ← tuplex 倍数，重复，元组；nervius = nervus + ius 具脉的，具叶脉的；nervus 脉，叶脉；-ius/ -ium/ -ia 具有……特性的（表示有关、关联、相似）

Meconopsis quintuplinervia var. glabra 光果五脉绿绒蒿：glabrus 光秃的，无毛的，光滑的

Meconopsis quintuplinervia var. quintuplinervia 五脉绿绒蒿-原变种 （词义见上面解释）

Meconopsis racemosa 总状绿绒蒿：racemosus = racemus + osus 总状花序的；racemus/ raceme 总状花序，葡萄串状的；-osus/ -osum/ -osa 多的，充分的，丰富的，显著发育的，程度高的，特征明显的（形容词词尾）

Meconopsis racemosa var. racemosa 总状绿绒蒿-原变种 （词义见上面解释）

Meconopsis racemosa var. spinulifera 刺瓣绿绒蒿：spinulus 小刺；spinus 刺，针刺；-ulus/ -ulum/ -ula 小的，略微的，稍微的（小词 -ulus 在字母 e 或 i 之后有多种变缀，即 -olus/ -olum/ -ola、-ellus/ -ellum/ -ella、-illus/ -illum/ -illa，与第一变格法和第二变格法名词形成复合词）；-ferus/ -ferum/ -fera/ -fero/ -fere/ -fer 有，具有，产（区别：作独立词使用的 ferus 意思是"野生的"）

Meconopsis simplicifolia 单叶绿绒蒿：simplicifolius = simplex + folius 单叶的；simplex 单一的，简单的，无分歧的（词干为 simplic-）；构词规则：以 -ix/ -iex 结尾的词其词干末尾视为 -ic，以 -ex 结尾视为 -i/ -ic，其他以 -x 结尾视为 -c；folius/ folium/ folia 叶，叶片（用于复合词）

Meconopsis smithiana 贡山绿绒蒿：smithiana ← James Edward Smith（人名，1759–1828，英国植物学家）

Meconopsis speciosa 美丽绿绒蒿：speciosus 美丽的，华丽的；species 外形，外观，美观，物种（缩写 sp.，复数 spp.）；-osus/ -osum/ -osa 多的，充分的，丰富的，显著发育的，程度高的，特征明显的（形容词词尾）

Meconopsis superba 高茎绿绒蒿：superbus/ superbiens 超越的，高雅的，华丽的，无敌的；super- 超越的，高雅的，上层的；关联词：superbire 盛气凌人的，自豪的

Meconopsis torquata 毛瓣绿绒蒿：torquatus 脖颈的，领子的，饰有带子的，扭曲的；torqueo/ tortus 拧紧，捻，扭曲

Meconopsis venusta 秀丽绿绒蒿：venustus ← Venus 女神维纳斯的，可爱的，美丽的，有魅力的

Meconopsis violacea 紫花绿绒蒿：violaceus 紫红色的，紫堇色的，堇菜状的；Viola 堇菜属（堇菜科）；-aceus/ -aceum/ -acea 相似的，有……性质的，属于……的

Meconopsis wumungensis 乌蒙绿绒蒿：wumungensis 乌蒙山的（地名，云南省）

Meconopsis zangnanensis 藏南绿绒蒿：zangnanensis 藏南的（地名）

Mecopus 长柄荚属（豆科）（41：p65）：mecopus 长足的（指荚果具长柄）；mecos ← mekos 长的（希腊语）；-pus ← pous 腿，足，爪，柄，茎

Mecopus nidulans 长柄荚：nidulans = nidus + ulus + ans 巢穴状的；nidus 巢穴；-ulus/ -ulum/ -ula 小的，略微的，稍微的（小词 -ulus 在字母 e 或 i 之后有多种变缀，即 -olus/ -olum/ -ola、-ellus/ -ellum/ -ella、-illus/ -illum/ -illa，与第一变格法和第二变格法名词形成复合词）；-ans/ -ens/ -bilis/ -ilis 能够，可能（为形容词词尾，-ans/ -ens 用于主动语态，-bilis/ -ilis 用于被动语态）

Medicago 苜蓿属（苜蓿 mù xu）（豆科）（42-2：p312）：medice 紫花苜蓿；-ago/ -ugo/ -go ← agere 相似，诱导，影响，遭遇，用力，运送，做，成就（阴性名词词尾，表示相似、某种性质或趋势，也用于人名词尾以示纪念）

Medicago alasshanica （阿拉善苜蓿）：alasshanica 阿拉善的（地名，内蒙古最西部）

Medicago arabica 褐斑苜蓿：arabicus 阿拉伯的；-icus/ -icum/ -ica 属于，具有某种特性（常用于地名、起源、生境）

Medicago arborea 木本苜蓿：arboreus 乔木状的；arbor 乔木，树木；-eus/ -eum/ -ea（接拉丁语词干时）属于……的，色如……的，质如……的（表示原料、颜色或品质的相似），（接希腊语词干时）属于……的，以……出名，为……所占有（表示具有某种特性）

Medicago archiducis-nicolai 青海苜蓿：archiducis-nicolai 尼古拉一世（人名）；archiducis 开始，第一，首领；nicolai 尼古拉（人名，19 世纪俄国探险家博物学家）；-i 表示人名，接在以元音字母结尾的人名后面，但 -a 除外，故该词改为 "nicolaiana" 或 "nicolae" 似更妥；arch-/ arche-/ archi- 原始，开始，第一，首领

Medicago edgeworthii 毛荚苜蓿：edgeworthii ← Michael Pakenham Edgeworth（人名，19 世纪英国植物学家）

Medicago falcata 野苜蓿：falcatus = falx + atus 镰刀的，镰刀状的；构词规则：以 -ix/ -iex 结尾的词其词干末尾视为 -ic，以 -ex 结尾视为 -i/ -ic，其他以 -x 结尾视为 -c；falx 镰刀，镰刀形，镰刀状弯曲；-atus/ -atum/ -ata 属于，相似，具有，完成（形容词词尾）

Medicago falcata var. falcata 野苜蓿-原变种 （词义见上面解释）

Medicago falcata var. romanica 草原苜蓿：romanica 罗马的（地名，意大利）；-icus/ -icum/ -ica 属于，具有某种特性（常用于地名、起源、生境）

Medicago lupulina 天蓝苜蓿：lupulina 像羽扇豆的；Lupinus 羽扇豆属（豆科）

M

Medicago minima 小苜蓿：minimus 最小的，很小的

Medicago minima var. brevispina 小苜蓿-短刺变种：brevi- ← brevis 短的（用于希腊语复合词词首）；spinus 刺，针刺

Medicago platycarpos 阔荚苜蓿：platycarpos 大果的，宽果的；platys 大的，宽的（用于希腊语复合词）；carpos → carpus 果实

Medicago polymorpha 南苜蓿：polymorphus 多形的；poly- ← polys 多个，许多（希腊语，拉丁语为multi-）；morphus ← morphos 形状，形态

Medicago polymorpha var. brevispina 短刺南苜蓿：brevi- ← brevis 短的（用于希腊语复合词词首）；spinus 刺，针刺

Medicago polymorpha var. polymorpha 南苜蓿-原变种（词义见上面解释）

Medicago polymorpha var. vulgaris 南苜蓿-变种：vulgaris 常见的，普通的，分布广的；vulgus 普通的，到处可见的

Medicago praecox 早花苜蓿：praecox 早期的，早熟的，早开花的；prae- 先前的，前面的，在先的，早先的，上面的，很，十分，极其；-cox 成熟，开花，出生

Medicago roborovskii （罗博苜蓿）：roborovskii（人名）；-ii 表示人名，接在以辅音字母结尾的人名后面，但 -er 除外

Medicago ruthenica 花苜蓿：ruthenica/ ruthenia（地名，俄罗斯）；-icus/ -icum/ -ica 属于，具有某种特性（常用于地名、起源、生境）

Medicago sativa 紫苜蓿：sativus 栽培的，种植的，耕地的，耕作的

Medicago varia 杂交苜蓿：varius = varus + ius 各种各样的，不同的，多型的，易变的；varus 不同的，变化的，外弯的，凸起的；-ius/ -ium/ -ia 具有……特性的（表示有关、关联、相似）

Medinilla 酸脚杆属（杆 gǎn）（野牡丹科）（53-1：p268）：medinilla ← Jose de Medinilla（人名，马里亚纳岛官员）

Medinilla arboricola 附生美丁花：arboricola 栖居于树上的；arbor 乔木，树木；colus ← colo 分布于，居住于，栖居，殖民（常作词尾）；colo/ colere/ colui/ cultum 居住，耕作，栽培

Medinilla assamica 顶花酸脚杆：assamica 阿萨姆邦的（地名，印度）

Medinilla erythrophylla 红叶酸脚杆：erythrophyllus 红叶的；erythr-/ erythro- ← erythros 红色的（希腊语）；phyllus/ phyllum/ phylla ← phyllon 叶片（用于希腊语复合词）

Medinilla fengii 西畴酸脚杆：fengii（人名）；-ii 表示人名，接在以辅音字母结尾的人名后面，但 -er 除外

Medinilla formosana 台湾酸脚杆：formosanus = formosus + anus 美丽的，台湾的；formosus ← formosa 美丽的，台湾的（葡萄牙殖民者发现台湾时对其的称呼，即美丽的岛屿）；-anus/ -anum/ -ana 属于，来自（形容词词尾）

Medinilla fuligineo-glandulifera 细点酸脚杆：fuligineus 黑褐色的；glandulus = glandus + ulus 小腺体的，稍具腺体的；-ulus/ -ulum/ -ula 小的，略微的，稍微的（小词 -ulus 在字母 e 或 i 之后有多种变缀，即 -olus/ -olum/ -ola、-ellus/ -ellum/ -ella、-illus/ -illum/ -illa，与第一变格法和第二变格法名词形成复合词）；glandus ← glans 腺体；-ferus/ -ferum/ -fera/ -fero/ -fere/ -fer 有，具有，产（区别：作独立词使用的 ferus 意思是"野生的"）

Medinilla hainanensis 海南美丁花：hainanensis 海南的（地名）

Medinilla hayataiana 糠秕酸脚杆（秕 bǐ）：hayataiana（注：改成"hayatana"似更妥）← Bunzo Hayata 早田文藏（人名，1874–1934，日本植物学家，专门研究日本和中国台湾植物）

Medinilla himalayana 锥序酸脚杆：himalayana 喜马拉雅的（地名）

Medinilla lanceata 酸脚杆：lanceatus = lanceus + atus 披针形的，具柳叶刀的；lance-/ lancei-/ lanci-/ lanceo-/ lanc- ← lanceus 披针形的，矛形的，尖刀状的，柳叶刀状的；-atus/ -atum/ -ata 属于，相似，具有，完成（形容词词尾）

Medinilla luchuenensis 绿春酸脚杆：luchuenensis 禄劝的（地名，云南省）

Medinilla nana 矮酸脚杆：nanus ← nanos/ nannos 矮小的，小的；nani-/ nano-/ nanno- 矮小的，小的

Medinilla petelotii 沙巴酸脚杆：petelotii（人名）；-ii 表示人名，接在以辅音字母结尾的人名后面，但 -er 除外

Medinilla rubicunda var. rubicunda （红酸脚杆）：rubicundus = rubus + cundus 红的，变红的；rubrus/ rubrum/ rubra/ ruber 红色的；-cundus/ -cundum/ -cunda 变成，倾向（表示倾向或不变的趋势）

Medinilla rubicunda var. tibetica 墨脱酸脚杆：tibetica 西藏的（地名）；-icus/ -icum/ -ica 属于，具有某种特性（常用于地名、起源、生境）

Medinilla septentrionalis 北酸脚杆：septentrionalis 北方的，北半球的，北极附近的；septentrio 北斗七星，北方，北风；septem-/ sept-/ septi- 七（希腊语为 hepta-）；trio 耕牛，大、小熊星座

Medinilla yunnanensis 滇酸脚杆：yunnanensis 云南的（地名）

Meehania 龙头草属（唇形科）（65-2：p334）：meehania ← Thomas Meehan（人名，1826–1910，美国苗木专家、园艺学家）

Meehania faberi 肉叶龙头草：faberi ← Ernst Faber（人名，19 世纪活动于中国的德国植物采集员）；-eri 表示人名，在以 -er 结尾的人名后面加上 i 形成

Meehania fargesii 华西龙头草：fargesii ← Pere Paul Guillaume Farges（人名，19 世纪中叶至 20 世纪活动于中国的法国传教士，植物采集员）

Meehania fargesii var. fargesii 华西龙头草-原变种（词义见上面解释）

Meehania fargesii var. pedunculata 华西龙头草-梗花变种：pedunculatus/ peduncularis 具花序柄的，具总花梗的；pedunculus/ peduncule/ pedunculis ← pes 花序柄，总花梗（花序基部无花着生部分，不同于花柄）；关联词：pedicellus/

M

pediculus 小花梗，小花柄（不同于花序柄）；pes/ pedis 柄，梗，茎秆，腿，足，爪（作词首或词尾，pes 的词干视为"ped-"）

Meehania fargesii var. pinetorum 华西龙头草-松林变种：pinetorum 松林的，松林生的；Pinus 松属（松科）；-etorum 群落的（表示群丛、群落的词尾）

Meehania fargesii var. radicans 华西龙头草-走茎变种：radicans 生根的；radicus ← radix 根的

Meehania henryi 龙头草：henryi ← Augustine Henry 或 B. C. Henry（人名，前者，1857–1930，爱尔兰医生、植物学家，曾在中国采集植物，后者，1850–1901，曾活动于中国的传教士）

Meehania henryi var. henryi 龙头草-原变种（词义见上面解释）

Meehania henryi var. kaitcheensis 龙头草-长叶变种：kaitcheensis 凯县的（地名，贵州凯里县的简称，即现在的凯里市）

Meehania henryi var. stachydifolia 龙头草-圆基叶变种：stachydifolius = Stachys + folius 水苏叶的；构词规则：词尾为 -is 和 -ys 的词的词干分别视为 -id 和 -yd；Stachys 水苏属（唇形科）；folius/ folium/ folia 叶，叶片（用于复合词）

Meehania pinfaensis 狭叶龙头草：pinfaensis 平伐的（地名，贵州省）

Meehania urticifolia 荨麻叶龙头草（荨 qián）：Urtica 荨麻属（荨麻科）；folius/ folium/ folia 叶，叶片（用于复合词）

Megacarpaea 高河菜属（十字花科）（33：p72）：mega-/ megal-/ megalo- ← megas 大的，巨大的；carpaea ← carpus/ carpium ← carpos 果实

Megacarpaea delavayi 高河菜：delavayi ← P. J. M. Delavay（人名，1834–1895，法国传教士，曾在中国采集植物标本）；-i 表示人名，接在以元音字母结尾的人名后面，但 -a 除外

Megacarpaea delavayi var. delavayi 高河菜-原变种（词义见上面解释）

Megacarpaea delavayi var. grandiflora 长瓣高河菜：grandi- ← grandis 大的；florus/ florum/ flora ← flos 花（用于复合词）

Megacarpaea delavayi var. minor 矮高河菜：minor 较小的，更小的

Megacarpaea delavayi var. minor f. microphylla 小叶高河菜：micr-/ micro- ← micros 小的，微小的，微观的（用于希腊语复合词）；phyllus/ phyllum/ phylla ← phyllon 叶片（用于希腊语复合词）

Megacarpaea delavayi var. minor f. pallidiflora 浅紫花高河菜：pallidus 苍白的，淡白色的，淡色的，蓝白色的，无活力的；palide 淡地，淡色地（反义词：sturate 深色地，浓色地，充分地，丰富地，饱和地）；florus/ florum/ flora ← flos 花（用于复合词）

Megacarpaea delavayi var. pinnatifida 短羽裂高河菜：pinnatifidus = pinnatus + fidus 羽状中裂的；pinnatus = pinnus + atus 羽状的，具羽的；pinnus/ pennus 羽毛，羽状，羽片；fidus ← findere 裂开，分裂（裂深不超过 1/3，常作词尾）

Megacarpaea megalocarpa 大果高河菜：mega-/ megal-/ megalo- ← megas 大的，巨大的；carpus/

carpum/ carpa/ carpon ← carpos 果实（用于希腊语复合词）

Megacarpaea polyandra 多蕊高河菜：poly- ← polys 多个，许多（希腊语，拉丁语为 multi-）；andrus/ andros/ antherus ← aner 雄蕊，花药，雄性

Megacodon 大钟花属（龙胆科）（62：p287）：mega-/ megal-/ megalo- ← megas 大的，巨大的；codon 钟，吊钟形的

Megacodon lushuiensis 泸水大钟花：lushuiensis 泸水的（地名，云南省）

Megacodon stylophorus 大钟花：stylus/ stylis ← stylos 柱，花柱；-phorus/ -phorum/ -phora 载体，承载物，支持物，带着，生着，附着（表示一个部分带着别的部分，包括起支撑或承载作用的柄、柱、托、囊等，如 gynophorum = gynus + phorum 雌蕊柄的，带有雌蕊的，承载雌蕊的）；gynus/ gynum/ gyna 雌蕊，子房，心皮

Megacodon venosus 川东大钟花：venosus 细脉的，细脉明显的，分枝脉的；venus 脉，叶脉，血脉，血管；-osus/ -osum/ -osa 多的，充分的，丰富的，显著发育的，程度高的，特征明显的（形容词词尾）

Megadenia 双果荠属（荠 jì）（十字花科）（33：p78）：megadenia 大腺体的（指花的腺体很大）；mega-/ megal-/ megalo- ← megas 大的，巨大的；adenius = adenus + ius 具腺体的

Megadenia pygmaea 双果荠：pygmaeus/ pygmaei 小的，低矮的，极小的，矮人的；pygm- 矮，小，侏儒；-aeus/ -aeum/ -aea 表示属于……，名词形容词化词尾，如 europaeus ← europa 欧洲的

Megistostigma 大柱藤属（大戟科）（44-2：p117）：megistostigma 大柱头的；megisto- 非常大的；stigmus 柱头

Megistostigma yunnanense 云南大柱藤：yunnanense 云南的（地名）

Meiogyne 鹿茸木属（番荔枝科）（30-2：p78）：mei-/ meio- 较少的，较小的，略微的；gyne ← gynus 雌蕊，雌性的，心皮的

Meiogyne kwangtungensis 鹿茸木：kwangtungensis 广东的（地名）

Melaleuca 白千层属（桃金娘科）（53-1：p54）：melaleuca 有黑有白的（指树干黑色，树皮白色）；melas 黑色的（希腊语）；leucus 白色的，淡色的

Melaleuca leucadendron 白千层：leuc-/ leuco- ← leucus 白色的（如果和其他表示颜色的词混用则表示淡色）；dendron 树木

Melaleuca parviflora 细花白千层：parviflorus 小花的；parvus 小的，些微的，弱的；florus/ florum/ flora ← flos 花（用于复合词）

Melampyrum 山罗花属（玄参科）（67-2：p364）：melampyrum 黑色的小麦（该属一种植物的种子黑色）；melas 黑色的（希腊语）；pyrus = pirus ← pyros 梨，梨树，核，核果，小麦，谷物

Melampyrum klebelsbergianum 滇川山罗花：klebelsbergianum（人名）

Melampyrum laxum 圆苞山罗花：laxus 稀疏的，松散的，宽松的

Melampyrum roseum 山罗花：roseus = rosa + eus 像玫瑰的，玫瑰色的，粉红色的；rosa 蔷薇（古

M

·761·

拉丁名）← rhodon 蔷薇（希腊语）← rhodd 红色，玫瑰红（凯尔特语）；-eus/ -eum/ -ea（接拉丁语词干时）属于……的，色如……的，质如……的（表示原料、颜色或品质的相似），（接希腊语词干时）属于……的，以……出名，为……所占有（表示具有某种特性）

Melampyrum roseum var. obtusifolium 山罗花-钝叶变种：obtusus 钝的，钝形的，略带圆形的；folius/ folium/ folia 叶，叶片（用于复合词）

Melampyrum roseum var. ovalifolium 山罗花-卵叶变种：ovalis 广椭圆形的；ovus 卵，胚珠，卵形的，椭圆形的；folius/ folium/ folia 叶，叶片（用于复合词）

Melampyrum roseum var. roseum 山罗花-原变种 （词义见上面解释）

Melampyrum roseum var. setaceum 山罗花-狭叶变种：setus/ saetus 刚毛，刺毛，芒刺；-aceus/ -aceum/ -acea 相似的，有……性质的，属于……的

Melanolepis 墨鳞属（大戟科）（44-2：p45）：mel-/ mela-/ melan-/ melano- ← melanus/ melaenus ← melas/ melanos 黑色的，浓黑色的，暗色的；lepis/ lepidos 鳞片

Melanolepis multiglandulosa 墨鳞：multi- ← multus 多个，多数，很多（希腊语为 poly-）；glandulosus = glandus + ulus + osus 被细腺的，具腺体的，腺体质的；glandus ← glans 腺体

Melanosciadium 紫伞芹属（伞形科）（55-1：p194）：melanosciadium 黑伞（指伞形花序黑紫色）；mel-/ mela-/ melan-/ melano- ← melanus/ melaenus ← melas/ melanos 黑色的，浓黑色的，暗色的；sciadius ← sciados + ius 伞，伞形的，遮阴的；scias 伞，伞形的

Melanosciadium pimpinelloideum 紫伞芹：pimpinelloideum 像茴芹的；pimpinella 茴芹属（伞形科）；-oides/ -oideus/ -oideum/ -oidea/ -odes/ -eidos 像……的，类似……的，呈……状的（名词词尾）

Melanthera 卤地菊属（菊科）（增补）：melanthera 黑色花药的；mel-/ mela-/ melan-/ melano- ← melanus/ melaenus ← melas/ melanos 黑色的，浓黑色的，暗色的；andrus/ andros/ antherus ← aner 雄蕊，花药，雄性

Melanthera prostrata 卤地菊（另见 Wedelia prostrata）：prostratus/ pronus/ procumbens 平卧的，匍匐的

Melasma 黑蒴属（玄参科）（67-2：p349）：melasma 黑色且有气味的；melas 黑色的（希腊语）；osmus 气味，香味

Melasma arvense 黑蒴：arvensis 田里生的；arvum 耕地，可耕地

Melastoma 野牡丹属（野牡丹科）（53-1：p152）：melastoma 染黑嘴的（指吃了后会将嘴染黑）；melas 黑色的（希腊语）；stomus 口，开口，气孔

Melastoma affine 多花野牡丹：affine = affinis = ad + finis 酷似的，近似的，有联系的；ad- 向，到，近（拉丁语词首，表示程度加强）；构词规则：构成复合词时，词首末尾的辅音字母常同化为紧接其后的那个辅音字母（如 ad + f → aff）；finis 界限，境界；affin- 相似，近似，相关

Melastoma candidum 野牡丹（另见 M. malabathricum）：candidus 洁白的，有白毛的，亮白的，雪白的（希腊语为 argo- ← argenteus 银白色的）

Melastoma dendrisetosum 枝毛野牡丹：dendron 树木；setosus = setus + osus 被刚毛的，被短毛的，被芒刺的；setus/ saetus 刚毛，刺毛，芒刺；-osus/ -osum/ -osa 多的，充分的，丰富的，显著发育的，程度高的，特征明显的（形容词词尾）

Melastoma dodecandrum 地菍（菍 niǎn，此处不写作"稔"niàn 或"葋"niè）：dodec- 十二；andrus/ andros/ antherus ← aner 雄蕊，花药，雄性

Melastoma imbricatum 大野牡丹：imbricatus/ imbricans 重叠的，覆瓦状的

Melastoma intermedium 细叶野牡丹：intermedius 中间的，中位的，中等的；inter- 中间的，在中间，之间；medius 中间的，中央的

Melastoma malabathricum 野牡丹（另见 M. candidum）：malabathricum 马拉巴尔的（地名，印度）

Melastoma normale 展毛野牡丹：normalis/ normale 平常的，正规的，常态的；norma 标准，规则，三角尺

Melastoma penicillatum 紫毛野牡丹：penicillatus 毛笔状的，毛刷状的，羽毛状的；penicillum 画笔，毛刷

Melastoma sanguineum 毛菍：sanguineus = sanguis + ineus 血液的，血色的；sanguis 血液；-ineus/ -inea/ -ineum 相近，接近，相似，所有（通常表示材料或颜色），意思同 -eus

Melastoma sanguineum var. latisepalum 宽萼毛菍：lati-/ late- ← latus 宽的，宽广的；sepalus/ sepalum/ sepala 萼片（用于复合词）

Melastoma sanguineum var. sanguineum 毛菍-原变种 （词义见上面解释）

Melastomataceae 野牡丹科（53-1：p135）：Melostama 野牡丹属；-aceae（分类单位科的词尾，为 -aceus 的阴性复数主格形式，加到模式属的名称后或同义词的词干后以组成族群名称）

Melhania 梅蓝属（梧桐科）（49-2：p183）：melhania ← Melhan 梅蓝山（山名，中东地区）

Melhania hamiltoniana 梅蓝（种加词有时错印为"hamiltaniana"）：hamiltoniana ← Lord Hamilton（人名，1762–1829，英国植物学家）

Melia 楝属（楝科）（43-3：p99）：melia 白蜡树，梣（chén）（希腊语，因楝树叶形与梣属相似）

Melia azedarach 楝：azedarach 高贵的树（波斯语）

Melia toosendan 川楝：toosendan 土参丹（中国土名）

Meliaceae 楝科（43-3：p34）：Melia 楝属；-aceae（分类单位科的词尾，为 -aceus 的阴性复数主格形式，加到模式属的名称后或同义词的词干后以组成族群名称）

Melica 臭草属（禾本科）（9-2：p296）：melica ← meliga 稷（jì），谷物

Melica altissima 高臭草：al-/ alti-/ alto- ← altus 高的，高处的；-issimus/ -issima/ -issimum 最，非

M

常，极其（形容词最高级）

Melica canescens 毛鞘臭草：canescens 变灰色的，淡灰色的；canens 使呈灰色的；canus 灰色的，灰白色的；-escens/ -ascens 改变，转变，变成，略微，带有，接近，相似，大致，稍微（表示变化的趋势，并未完全相似或相同，有别于表示达到完成状态的 -atus）

Melica grandiflora 大花臭草：grandi- ← grandis 大的；florus/ florum/ flora ← flos 花（用于复合词）

Melica komarovii 鞘翅臭草：komarovii ← Vladimir Leontjevich Komarov 科马洛夫（人名，1869–1945，俄国植物学家）

Melica kozlovii 柴达木臭草：kozlovii（人名）；-ii 表示人名，接在以辅音字母结尾的人名后面，但 -er 除外

Melica longiligulata 长舌臭草：longe-/ longi- ← longus 长的，纵向的；ligulatus（= ligula + atus）/ ligularis（= ligula + aris）舌状的，具舌的；ligula = lingua + ulus 小舌，小舌状物；lingua 舌，语言；ligule 舌，舌状物，舌瓣，叶舌

Melica nutans 俯垂臭草：nutans 弯曲的，下垂的（弯曲程度远大于 90°）；关联词：cernuus 点头的，前屈的，略俯垂的（弯曲程度略大于 90°）

Melica onoei 广序臭草：onoei（日本人名）

Melica onoei var. onoei 广序臭草-原变种 （词义见上面解释）

Melica onoei var. pilosula 毛叶臭草：pilosulus = pilus + osus + ulus 被软毛的；pilosus = pilus + osus 多毛的，被柔毛的，具疏柔毛的，被短弱细毛的；pilus 毛，疏柔毛；-osus/ -osum/ -osa 多的，充分的，丰富的，显著发育的，程度高的，特征明显的（形容词词尾）；-ulus/ -ulum/ -ula 小的，略微的，稍微的（小词 -ulus 在字母 e 或 i 之后有多种变缀，即 -olus/ -olum/ -ola、-ellus/ -ellum/ -ella、-illus/ -illum/ -illa，与第一变格法和第二变格法名词形成复合词）

Melica pappiana 北臭草：pappus ← pappos 冠毛；-anus/ -anum/ -ana 属于，来自（形容词词尾）

Melica persica 伊朗臭草：persica 桃，杏，波斯的（地名）

Melica persica var. scabra 伊朗臭草-糙叶变种：scabrus ← scaber 粗糙的，有凹凸的，不平滑的

Melica persica var. vestida 伊朗臭草-毛叶变种：vestidus = vestis + idus 有包被的，有覆盖的，有毛被的；vestis 包被，包被物，覆盖，毛被；-idus/ -idum/ -ida 表示在进行中的动作或情况，作动词、名词或形容词的词尾

Melica przewalskyi 甘肃臭草：przewalskyi ← Nicolai Przewalski（人名，19 世纪俄国探险家、博物学家）；-i 表示人名，接在以元音字母结尾的人名后面，但 -a 除外

Melica radula 细叶臭草：radulus 金属般骨骼的，小痒痒挠的；radula 毛钩，齿舌（动物）；rado 挠，切削，削平

Melica scaberrima 糙臭草：scaberrimus 极粗糙的；scaber → scabrus 粗糙的，有凹凸的，不平滑的；-rimus/ -rima/ -rimum 最，极，非常（词尾为 -er 的形容词最高级）

Melica scabrosa 臭草：scabrosa = scabrus + osus 明显粗糙的，明显不平的；scabrus ← scaber 粗糙的，有凹凸的，不平滑的；-osus/ -osum/ -osa 多的，充分的，丰富的，显著发育的，程度高的，特征明显的（形容词词尾）

Melica scabrosa var. puberula 毛臭草：puberulus = puberus + ulus 略被柔毛的，被微柔毛的；puberus 多毛的，毛茸茸的；-ulus/ -ulum/ -ula 小的，略微的，稍微的（小词 -ulus 在字母 e 或 i 之后有多种变缀，即 -olus/ -olum/ -ola、-ellus/ -ellum/ -ella、-illus/ -illum/ -illa，与第一变格法和第二变格法名词形成复合词）

Melica scabrosa var. scabrosa 臭草-原变种 （词义见上面解释）

Melica schuetzeana 藏东臭草：schuetzeana（人名）

Melica secunda 偏穗臭草：secundus/ secumdus 生于单侧的，花柄一侧着花的，沿着……，顺着……

Melica subflava 黄穗臭草：subflavus 近黄色的；sub-（表示程度较弱）与……类似，几乎，稍微，弱，亚，之下，下面；flavus → flavo-/ flavi-/ flav- 黄色的，鲜黄色的，金黄色的（指纯正的黄色）

Melica tangutorum 青甘臭草：tangutorum ← Tangut 唐古特的，党项的（西夏时期生活于中国西北地区的党项羌人，蒙古语称其为"唐古特"，有多种音译，如唐兀、唐古、唐括等）；-orum 属于……的（第二变格法名词复数所有格词尾，表示群落或多数）

Melica taurica 小穗臭草：taurica（地名，乌克兰）

Melica taylori 高山臭草：taylori ← Edward Taylor（人名，1848–1928）（注：词尾改为"-ii"似更妥）；-ii 表示人名，接在以辅音字母结尾的人名后面，但 -er 除外；-i 表示人名，接在以元音字母结尾的人名后面，但 -a 除外

Melica tibetica 藏臭草（藏 zàng）：tibetica 西藏的（地名）；-icus/ -icum/ -ica 属于，具有某种特性（常用于地名、起源、生境）

Melica transsilvanica 德兰臭草：transsilvanica → Transylvania 特兰西瓦尼亚的（地名，美国）；-icus/ -icum/ -ica 属于，具有某种特性（常用于地名、起源、生境）

Melica turczaninowiana 大臭草：turczaninowiana/ turczaninovii ← Nicholai S. Turczaninov（人名，19 世纪乌克兰植物学家，曾积累大量植物标本）

Melica virgata 抱草：virgatus 细长枝条的，有条纹的，嫩枝状的；virga/ virgus 纤细枝条，细而绿的枝条；-atus/ -atum/ -ata 属于，相似，具有，完成（形容词词尾）

Melica yajiangensis 雅江臭草：yajiangensis 雅江的（地名，四川省）

Melicoccus 蜜莓属（无患子科）（47-1：p1）：melicoccus 甜蜜浆果的；melino-/ melin-/ mel-/ meli- ← melinus/ mellinus 蜜，蜜色的，貂鼠色的；coccus/ coccineus 浆果，绯红色的（一种形似浆果的介壳虫的颜色）；同形异义词：coccus/ cocco/ cocci/ coccis 心室，心皮

Melicoccus bijugatus 蜜莓：bi-/ bis- 二，二数，二回（希腊语为 di-）；jugatus 接合的，连结的，成对

M

的；jugus ← jugos 成对的，成双的，一组，牛轭，束缚（动词为 jugo）

Melicope 蜜茱萸属（茱萸 zhū yú）（芸香科）（43-2：p79）：melicope 蜂蜜块（指子房周围的腺体）；melino-/ melin-/ mel-/ meli- ← melinus/ mellinus 蜜，蜜色的，貂鼠色的；cope 块体，分区

Melicope patulinervia 蜜茱萸：patulinervis 展脉的；patulus = pateo + ulus 稍开展的，稍伸展的；patus 展开的，伸展的；pateo/ patesco/ patui 展开，舒展，明朗；nervius = nervus + ius 具脉的，具叶脉的；nervus 脉，叶脉；-ius/ -ium/ -ia 具有……特性的（表示有关、关联、相似）；-ulus/ -ulum/ -ula 小的，略微的，稍微的（小词 -ulus 在字母 e 或 i 之后有多种变缀，即 -olus/ -olum/ -ola、-ellus/ -ellum/ -ella、-illus/ -illum/ -illa，与第一变格法和第二变格法名词形成复合词）

Melicope triphylla 三叶蜜茱萸：tri-/ tripli-/ triplo- 三个，三数；phyllus/ phyllum/ phylla ← phyllon 叶片（用于希腊语复合词）

Melilotus 草木樨属（豆科）（42-2：p297）：melilotus 招引蜜蜂的百脉根，产蜜的百脉根；melino-/ melin-/ mel-/ meli- ← melinus/ mellinus 蜜，蜜色的，貂鼠色的；Lotus 百脉根属（豆科）

Melilotus albus 白花草木樨：albus → albi-/ albo- 白色的

Melilotus dentata 细齿草木樨：dentatus = dentus + atus 牙齿的，齿状的，具齿的；dentus 齿，牙齿；-atus/ -atum/ -ata 属于，相似，具有，完成（形容词词尾）

Melilotus dentata subsp. dentata 细齿草木樨-原亚种（词义见上面解释）

Melilotus dentata subsp. sibirica 西伯利亚草木樨：sibirica 西伯利亚的（地名，俄罗斯）；-icus/ -icum/ -ica 属于，具有某种特性（常用于地名、起源、生境）

Melilotus indicus 印度草木樨：indicus 印度的（地名）；-icus/ -icum/ -ica 属于，具有某种特性（常用于地名、起源、生境）

Melilotus officinalis 草木樨：officinalis/ officinale 药用的，有药效的；officina ← opificina 药店，仓库，作坊

Melinis 糖蜜草属（禾本科）（10-1：p228）：melinis ← meline 稷（jì），谷物，小米（另一解释：melinis ← melinus 蜜，蜂蜜）

Melinis minutiflora 糖蜜草：minutus 极小的，细微的，微小的；florus/ florum/ flora ← flos 花（用于复合词）

Melinis repens 红毛草（另见 Rhynchelytrum repens）：repens/ repentis/ repsi/ reptum/ repere/ repo 匍匐，爬行（同义词：reptans/ reptoare）

Meliosma 泡花树属（泡 pào）（清风藤科）（47-1：p96）：meliosma 蜂蜜气味；melino-/ melin-/ mel-/ meli- ← melinus/ mellinus 蜜，蜜色的，貂鼠色的；osmus 气味，香味

Meliosma angustifolia 狭叶泡花树：angusti- ← angustus 窄的，狭的，细的；folius/ folium/ folia 叶，叶片（用于复合词）

Meliosma arnottiana 南亚泡花树：arnottiana ← George Arnold Walker-Arnott（人名，19 世纪英国植物学家）

Meliosma beaniana 珂楠树（珂 kē）：beaniana ← William Jackson Bean（人名，20 世纪英国植物学家）

Meliosma bifida 双裂泡花树：bi-/ bis- 二，二数，二回（希腊语为 di-）；fidus ← findere 裂开，分裂（裂深不超过 1/3，常作词尾）

Meliosma callicarpaefolia 紫珠叶泡花树：callicarpaefolia 紫珠叶子的（注：组成复合词时，要将前面词的词尾 -us/ -um/ -a 变成 -i- 或 -o- 而不是所有格，故该词宜改为"callicarpifolia"）；Callicarpa 紫珠属（马鞭草科）；call-/ calli-/ callo-/ cala-/ calo- ← calos/ callos 美丽的；carpus/ carpum/ carpa/ carpon ← carpos 果实（用于希腊语复合词）；folius/ folium/ folia 叶，叶片（用于复合词）

Meliosma cuneifolia 泡花树：cuneus 楔子的；folius/ folium/ folia 叶，叶片（用于复合词）

Meliosma cuneifolia var. glabriuscula 光叶泡花树：glabriusculus = glabrus + usculus 近无毛的，稍光滑的；glabrus 光秃的，无毛的，光滑的；-usculus ← -culus 小的，略微的，稍微的（小词 -culus 和某些词构成复合词时变成 -usculus）

Meliosma dilleniifolia 重齿泡花树（重 chóng）：dilleniifolia 五桠果叶的；Dillenia 五桠果属（五桠果科）；folius/ folium/ folia 叶，叶片（用于复合词）；缀词规则：以属名作复合词时原词尾变形后的 i 要保留

Meliosma dumicola 灌丛泡花树：dumicolus = dumus + colus 生于灌丛的，生于荒草丛的；dumus 灌丛，荆棘丛，荒草丛；colus ← colo 分布于，居住于，栖居，殖民（常作词尾）；colo/ colere/ colui/ cultum 居住，耕作，栽培

Meliosma flexuosa 垂枝泡花树：flexuosus = flexus + osus 弯曲的，波状的，曲折的；flexus ← flecto 扭曲的，卷曲的，弯弯曲曲的，柔性的；flecto 弯曲，使扭曲；-osus/ -osum/ -osa 多的，充分的，丰富的，显著发育的，程度高的，特征明显的（形容词词尾）

Meliosma fordii 香皮树：fordii ← Charles Ford（人名）

Meliosma fordii var. sinii 辛氏泡花树：sinii（人名）；-ii 表示人名，接在以辅音字母结尾的人名后面，但 -er 除外

Meliosma glandulosa 腺毛泡花树：glandulosus = glandus + ulus + osus 被细腺的，具腺体的，腺体质的；glandus ← glans 腺体；-ulus/ -ulum/ -ula 小的，略微的，稍微的（小词 -ulus 在字母 e 或 i 之后有多种变缀，即 -olus/ -olum/ -ola、-ellus/ -ellum/ -ella、-illus/ -illum/ -illa，与第一变格法和第二变格法名词形成复合词）；-osus/ -osum/ -osa 多的，充分的，丰富的，显著发育的，程度高的，特征明显的（形容词词尾）

Meliosma henryi 贵州泡花树：henryi ← Augustine Henry 或 B. C. Henry（人名，前者，1857–1930，爱尔兰医生、植物学家，曾在中国采集植物，后者，1850–1901，曾活动于中国的传教士）

M

Meliosma kirkii 山青木：kirkii ← Kirk（人名）

Meliosma laui 华南泡花树：laui ← Alfred B. Lau（人名，21 世纪仙人掌植物采集员）；-i 表示人名，接在以元音字母结尾的人名后面，但 -a 除外

Meliosma longipes 疏枝泡花树：longe-/ longi- ← longus 长的，纵向的；pes/ pedis 柄，梗，茎秆，腿，足，爪（作词首或词尾，pes 的词干视为"ped-"）

Meliosma myriantha 多花泡花树：myri-/ myrio- ← myrios 无数的，大量的，极多的（希腊语）；anthus/ anthum/ antha/ anthe ← anthos 花（用于希腊语复合词）

Meliosma myriantha var. discolor 异色泡花树：discolor 异色的，不同色的（指花瓣花萼等）；di-/ dis- 二，二数，二分，分离，不同，在……之间，从……分开（希腊语，拉丁语为 bi-/ bis-）；color 颜色

Meliosma myriantha var. pilosa 柔毛泡花树：pilosus = pilus + osus 多毛的，被柔毛的，具疏柔毛的，被短弱细毛的；pilus 毛，疏柔毛；-osus/ -osum/ -osa 多的，充分的，丰富的，显著发育的，程度高的，特征明显的（形容词词尾）

Meliosma oldhamii 红柴枝：oldhamii ← Richard Oldham（人名，19 世纪植物采集员）

Meliosma oldhamii var. glandulifera 有腺泡花树：glanduli- ← glandus + ulus 腺体的，小腺体的；glandus ← glans 腺体；-ferus/ -ferum/ -fera/ -fero/ -fere/ -fer 有，具有，产（区别：作独立词使用的 ferus 意思是"野生的"）

Meliosma parviflora 细花泡花树：parviflorus 小花的；parvus 小的，些微的，弱的；florus/ florum/ flora ← flos 花（用于复合词）

Meliosma paupera 狭序泡花树：paupera 瘦弱的，贫穷的

Meliosma pinnata 羽叶泡花树：pinnatus = pinnus + atus 羽状的，具羽的；pinnus/ pennus 羽毛，羽状，羽片；-atus/ -atum/ -ata 属于，相似，具有，完成（形容词词尾）

Meliosma rhoifolia 漆叶泡花树：rhoifolia 像漆树叶的；rhoi ← Rhus 盐肤木属；folius/ folium/ folia 叶，叶片（用于复合词）

Meliosma rhoifolia var. barbulata 腋毛泡花树：barbulatus = barba + ulus + atus 具短须的；barba 胡须，髯毛，绒毛；-ulus/ -ulum/ -ula 小的，略微的，稍微的（小词 -ulus 在字母 e 或 i 之后有多种变缀，即 -olus/ -olum/ -ola、-ellus/ -ellum/ -ella、-illus/ -illum/ -illa，与第一变格法和第二变格法名词形成复合词）；-atus/ -atum/ -ata 属于，相似，具有，完成（形容词词尾）

Meliosma rigida 笔罗子：rigidus 坚硬的，不弯曲的，强直的

Meliosma rigida var. pannosa 毡毛泡花树：pannosus 充满毛的，毡毛状的

Meliosma simplicifolia 单叶泡花树：simplicifolius = simplex + folius 单叶的；simplex 单一的，简单的，无分歧的（词干为 simplic-）；构词规则：以 -ix/ -iex 结尾的词其词干末尾视为 -ic，以 -ex 结尾视为 -i/ -ic，其他以 -x 结尾视为 -c；folius/ folium/ folia 叶，叶片（用于复合词）

Meliosma squamulata 樟叶泡花树：squamulatus = squamus + ulus + atus 具小鳞片的；squamus 鳞，鳞片，薄膜

Meliosma subverticilaris 近轮叶泡花树：subverticilaris 近轮生，不完全轮生；sub-（表示程度较弱）与……类似，几乎，稍微，弱，亚，之下，下面；verticillatus/ verticillaris 螺纹的，螺旋的，轮生的，环状的；verticillus 轮，环状排列；-aris（阳性、阴性）/ -are（中性）← -alis（阳性、阴性）/ -ale（中性）属于，相似，如同，具有，涉及，关于，联结于（将名词作形容词用，其中 -aris 常用于以 l 或 r 为词干末尾的词）

Meliosma thomsonii 西南泡花树：thomsonii ← Thomas Thomson（人名，19 世纪英国植物学家）；-ii 表示人名，接在以辅音字母结尾的人名后面，但 -er 除外

Meliosma thorelii 山檨叶泡花树（檨 shē）：thorelii ← Clovis Thorel（人名，19 世纪法国植物学家、医生）；-ii 表示人名，接在以辅音字母结尾的人名后面，但 -er 除外

Meliosma trichocarpa （毛果泡花树）：trich-/ tricho-/ tricha- ← trichos ← thrix 毛，多毛的，线状的，丝状的；carpus/ carpum/ carpa/ carpon ← carpos 果实（用于希腊语复合词）

Meliosma veitchiorum 暖木：veitchiorum/ veitchianus ← James Veitch（人名，19 世纪植物学家）；-orum 属于……的（第二变格法名词复数所有格词尾，表示群落或多数）

Meliosma velutina 毛泡花树：velutinus 天鹅绒的，柔软的；velutus 绒毛的；-inus/ -inum/ -ina/ -inos 相近，接近，相似，具有（通常指颜色）

Meliosma yunnanensis 云南泡花树：yunnanensis 云南的（地名）

Melissa 蜜蜂花属（唇形科）（66：p211）：melissa 蜜蜂（指花的形状像蜜蜂）

Melissa axillaris 蜜蜂花：axillaris 腋生的；axillus 叶腋的；axill-/ axilli- 叶腋；superaxillaris 腋上的；subaxillaris 近腋生的；extraaxillaris 腋外的；infraaxillaris 腋下的；-aris（阳性、阴性）/ -are（中性）← -alis（阳性、阴性）/ -ale（中性）属于，相似，如同，具有，涉及，关于，联结于（将名词作形容词用，其中 -aris 常用于以 l 或 r 为词干末尾的词）；形近词：axilis ← axis 轴，中轴

Melissa flava 黄蜜蜂花：flavus → flavo-/ flavi-/ flav- 黄色的，鲜黄色的，金黄色的（指纯正的黄色）

Melissa officinalis 香蜂花：officinalis/ officinale 药用的，有药效的；officina ← opificina 药店，仓库，作坊

Melissa yunnanensis 云南蜜蜂花：yunnanensis 云南的（地名）

Melliodendron 陀螺果属（安息香科）（60-2：p132）：mellio ← mellis/ mella 蜂蜜；dendron 树木

Melliodendron xylocarpum 陀螺果：xylon 木材，木质；carpus/ carpum/ carpa/ carpon ← carpos 果实（用于希腊语复合词）

Melocalamus 梨藤竹属（禾本科）（9-1：p36）：melon 苹果，瓜，甜瓜；calamus ← calamos ← kalem 芦苇的，管子的，空心的

M

Melocalamus arrectus 澜沧梨藤竹：arrectus = ad + rectus 直立的，挺立的；ad- 向，到，近（拉丁语词首，表示程度加强）；构词规则：构成复合词时，词首末尾的辅音字母常同化为紧接其后的那个辅音字母（如 ad + r → arr）；rectus 直线的，笔直的，向上的

Melocalamus elevatissimus 西藏梨藤竹：elevatus 高起的，提高的，突起的；-issimus/ -issima/ -issimum 最，非常，极其（形容词最高级）

Melocanna 梨竹属（禾本科）（9-1：p13）：melocanna 苹果状的芦苇（指果实形状如苹果或梨）；melon 苹果，瓜，甜瓜；canna 芦苇（凯尔特语）

Melocanna baccifera 梨竹：bacciferus 具有浆果的；bacc- ← baccus 浆果；-ferus/ -ferum/ -fera/ -fero/ -fere/ -fer 有，具有，产（区别：作独立词使用的 ferus 意思是"野生的"）

Melochia 马松子属（梧桐科）（49-2：p166）：melochia ← melochieh 马松子（阿拉伯语）

Melochia corchorifolia 马松子：Corchorus 黄麻属（椴树科）；folius/ folium/ folia 叶，叶片（用于复合词）

Melodinus 山橙属（夹竹桃科）（63：p17）：melodinus 有缠绕的苹果（指植物体有缠绕，果的形状像苹果）；melon 苹果，瓜，甜瓜；dinos 回旋的，旋转的

Melodinus angustifolius 台湾山橙：angusti- ← angustus 窄的，狭的，细的；folius/ folium/ folia 叶，叶片（用于复合词）

Melodinus axillaris 腋花山橙：axillaris 腋生的；axillus 叶腋的；axill-/ axilli- 叶腋；superaxillaris 腋上的；subaxillaris 近腋生的；extraaxillaris 腋外的；infraaxillaris 腋下的；-aris（阳性、阴性）/ -are（中性）← -alis（阳性、阴性）/ -ale（中性）属于，相似，如同，具有，涉及，关于，联结于（将名词作形容词用，其中 -aris 常用于以 l 或 r 为词干末尾的词）；形近词：axilis ← axis 轴，中轴

Melodinus fusiformis 尖山橙：fusi 纺锤；formis/ forma 形状

Melodinus hemsleyanus 川山橙：hemsleyanus ← William Botting Hemsley（人名，19 世纪研究中美洲植物的植物学家）

Melodinus henryi 思茅山橙：henryi ← Augustine Henry 或 B. C. Henry（人名，前者，1857–1930，爱尔兰医生、植物学家，曾在中国采集植物，后者，1850–1901，曾活动于中国的传教士）

Melodinus khasianus 景东山橙：khasianus ← Khasya 喀西的，卡西的（地名，印度阿萨姆邦）

Melodinus magnificus 茶藤：magnificus 壮大的，大规模的；magnus 大的，巨大的；-ficus 非常，极其（作独立词使用的 ficus 意思是"榕树，无花果"）

Melodinus morsei 龙州山橙：morsei ← morsus 啮蚀状的

Melodinus suaveolens 山橙：suaveolens 芳香的，香味的；suavis/ suave 甜的，愉快的，高兴的，有魅力的，漂亮的；olens ← olere 气味，发出气味（不分香臭）

Melodinus tenuicaudatus 薄叶山橙：tenui- ← tenuis 薄的，纤细的，弱的，瘦的，窄的；

caudatus = caudus + atus 尾巴的，尾巴状的，具尾的；caudus 尾巴

Melodinus yunnanensis 雷打果：yunnanensis 云南的（地名）

Memecylon 谷木属（野牡丹科）（53-1：p284）：memecylon 莓实果

Memecylon cyanocarpum 蓝果谷木：cyanus/ cyan-/ cyano- 蓝色的，青色的；carpus/ carpum/ carpa/ carpon ← carpos 果实（用于希腊语复合词）

Memecylon floribundum 多花谷木：floribundus = florus + bundus 多花的，繁花的，花正盛开的；florus/ florum/ flora ← flos 花（用于复合词）；-bundus/ -bunda/ -bundum 正在做，正在进行（类似于现在分词），充满，盛行

Memecylon hainanense 海南谷木：hainanense 海南的（地名）

Memecylon lanceolatum 狭叶谷木：lanceolatus = lanceus + olus + atus 小披针形的，小柳叶刀的；lance-/ lancei-/ lanci-/ lanceo-/ lanc- ← lanceus 披针形的，矛形的，尖刀状的，柳叶刀状的；-olus ← -ulus 小，稍微，略微（-ulus 在字母 e 或 i 之后变成 -olus/ -ellus/ -illus）；-atus/ -atum/ -ata 属于，相似，具有，完成（形容词词尾）

Memecylon ligustrifolium 谷木：ligustrifolium 像女贞叶的；Ligustrum 女贞属（木樨科）；folius/ folium/ folia 叶，叶片（用于复合词）

Memecylon ligustrifolium var. ligustrifolium 谷木-原变种 （词义见上面解释）

Memecylon ligustrifolium var. monocarpum 单果谷木：mono-/ mon- ← monos 一个，单一的（希腊语，拉丁语为 unus/ uni-/ uno-）；carpus/ carpum/ carpa/ carpon ← carpos 果实（用于希腊语复合词）

Memecylon luchuenense 绿春谷木：luchuenense 禄劝的（地名，云南省）

Memecylon nigrescens 黑叶谷木：nigrus 黑色的；niger 黑色的；-escens/ -ascens 改变，转变，变成，略微，带有，接近，相似，大致，稍微（表示变化的趋势，并未完全相似或相同，有别于表示达到完成状态的 -atus）

Memecylon octocostatum 棱果谷木：octo-/ oct- 八（拉丁语和希腊语相同）；costatus 具肋的，具脉的，具中脉的（指脉明显）；costus 主脉，叶脉，肋，肋骨

Memecylon pauciflorum 少花谷木：pauci- ← paucus 少数的，少的（希腊语为 oligo-）；florus/ florum/ flora ← flos 花（用于复合词）

Memecylon polyanthum 滇谷木：polyanthus 多花的；poly- ← polys 多个，许多（希腊语，拉丁语为 multi-）；anthus/ anthum/ antha/ anthe ← anthos 花（用于希腊语复合词）

Memecylon scutellatum 细叶谷木：scutellatus = scutus + ellus + atus 具小盾片的；scutus 盾片；-ellus/ -ellum/ -ella ← -ulus 小的，略微的，稍微的（小词 -ulus 在字母 e 或 i 之后有多种变缀，即 -olus/ -olum/ -ola、-ellus/ -ellum/ -ella、-illus/ -illum/ -illa，用于第一变格法名词）；-atus/ -atum/ -ata 属于，相似，具有，完成（形容词词尾）

M

Menispermaceae 防己科（30-1：p1）：
Menispermum 蝙蝠葛属；-aceae（分类单位科的词尾，为 -aceus 的阴性复数主格形式，加到模式属的名称后或同义词的词干后以组成族群名称）

Menispermum 蝙蝠葛属（葛 gé）（防己科）（30-1：p39）：men-/ meni- ← mene 弯月，月牙；spermus/ spermum/ sperma 种子的（用于希腊语复合词）

Menispermum dauricum 蝙蝠葛：dauricum（dahuricum/ davuricum）达乌里的（地名，外贝加尔湖，属西伯利亚的一个地区，即贝加尔湖以东及以南至中国和蒙古边界）

Menstruocalamus 月月竹属（禾本科，已修订为 Chimonobambusa）（9-1：p240）：menstruus ← menstrualis 一个月之久的，经月的；men-/ meni- ← mene 弯月，月牙；calamus ← calamos ← kalem 芦苇的，管子的，空心的

Menstruocalamus sichuanensis 月月竹：sichuanensis 四川的（地名）

Mentha 薄荷属（薄 bò）（唇形科）（66：p260）：mentha ← Menthe（希腊人话女神）

Mentha asiatica 假薄荷：asiatica 亚洲的（地名）；-aticus/ -aticum/ -atica 属于，表示生长的地方，作名词词尾

Mentha canadensis 加拿大薄荷：canadensis 加拿大的（地名）

Mentha citrata 柠檬留兰香：citratus 柑橘的，柠檬色的，像柠檬的；citrus ← kitron 柑橘，柠檬（柠檬的古拉丁名）

Mentha crispata 皱叶留兰香：crispatus 有皱纹的，有褶皱的；crispus 收缩的，褶皱的，波纹的（如花瓣周围的波浪状褶皱）

Mentha dahurica 兴安薄荷：dahurica（daurica/ davurica）达乌里的（地名，外贝加尔湖，属西伯利亚的一个地区，即贝加尔湖以东及以南至中国和蒙古边界）

Mentha haplocalyx 薄荷：haplo- 单一的，一个的；calyx → calyc- 萼片（用于希腊语复合词）

Mentha longifolia 欧薄荷：longe-/ longi- ← longus 长的，纵向的；folius/ folium/ folia 叶，叶片（用于复合词）

Mentha piperita 辣薄荷：piperitus 胡椒状的；Piper 胡椒属（胡椒科）

Mentha pulegium 唇萼薄荷：pulegium ← pulex 虱子，跳蚤（因该属植物能驱赶虱子）

Mentha rotundifolia 圆叶薄荷：rotundus 圆形的，呈圆形的，肥大的；rotundo 使呈圆形，使圆滑；roto 旋转，滚动；folius/ folium/ folia 叶，叶片（用于复合词）

Mentha sachalinensis 东北薄荷：sachalinensis ← Sakhalin 库页岛的（地名，日本海北部俄属岛屿，日文桦太，俄称萨哈林岛）

Mentha spicata 留兰香：spicatus 具穗的，具穗状花的，具尖头的；spicus 穗，谷穗，花穗；-atus/ -atum/ -ata 属于，相似，具有，完成（形容词词尾）

Mentha vagans 灰薄荷：vagans 流浪的，漫游的，漂泊的

Menyanthes 睡菜属（龙胆科）（62：p411）：menyanthes 展开的花（指总状花序徐徐展开）；

menyein 表现，展现；anthes ← anthos 花

Menyanthes trifoliata 睡菜：tri-/ tripli-/ triplo- 三个，三数；foliatus 具叶的，多叶的；folius/ folium/ folia → foli-/ folia- 叶，叶片；-atus/ -atum/ -ata 属于，相似，具有，完成（形容词词尾）

Mercurialis 山靛属（大戟科）（44-2：p82）：mercurialis ← Mercury（希腊神话人物）

Mercurialis leiocarpa 山靛：lei-/ leio-/ lio- ← leius ← leios 光滑的，平滑的；carpus/ carpum/ carpa/ carpon ← carpos 果实（用于希腊语复合词）

Meringium 厚壁蕨属（膜蕨科）（2：p149）：meringium ← merinx 刺毛

Meringium acanthoides 皱翅厚壁蕨：acanthoides 像老鼠簕的；Acanthus 老鼠簕属（爵床科）；-oides/ -oideus/ -oideum/ -oidea/ -odes/ -eidos 像……的，类似……的，呈……状的（名词词尾）

Meringium denticulatum 厚壁蕨：denticulatus = dentus + culus + atus 具细齿的，具齿的；dentus 齿，牙齿；-culus/ -culum/ -cula 小的，略微的，稍微的（同第三变格法和第四变格法名词形成复合词）；-atus/ -atum/ -ata 属于，相似，具有，完成（形容词词尾）

Meringium holochilum 南洋厚壁蕨：holo-/ hol- 全部的，所有的，完全的，联合的，全缘的，不分裂的；chilus ← cheilos 唇，唇瓣，唇边，边缘，岸边

Merremia 鱼黄草属（旋花科）（64-1：p60）：merremia ← B. Merrem（人名，德国科学家）

Merremia boisiana 金钟藤：boisiana（人名）

Merremia boisiana var. boisiana 金钟藤-原变种（词义见上面解释）

Merremia boisiana var. fulvopilosa 黄毛金钟藤：fulvus 咖啡色的，黄褐色的；pilosus = pilus + osus 多毛的，被柔毛的，具疏柔毛的，被短弱细毛的；pilus 毛，疏柔毛；-osus/ -osum/ -osa 多的，充分的，丰富的，显著发育的，程度高的，特征明显的（形容词词尾）

Merremia cordata 心叶山土瓜：cordatus ← cordis/ cor 心脏的，心形的；-atus/ -atum/ -ata 属于，相似，具有，完成（形容词词尾）

Merremia dissecta 多裂鱼黄草：dissectus 多裂的，全裂的，深裂的；di-/ dis- 二，二数，二分，分离，不同，在……之间，从……分开（希腊语，拉丁语为 bi-/ bis-）；sectus 分段的，分节的，切开的，分裂的

Merremia emarginata 肾叶山猪菜：emarginatus 先端稍裂的，凹头的；marginatus ← margo 边缘的，具边缘的；margo/ marginis → margin- 边缘，边线，边界；词尾为 -go 的词其词干末尾视为 -gin；e-/ ex- 不，无，非，缺乏，不具有（e- 用在辅音字母前，ex- 用在元音字母前，为拉丁语词首，对应的希腊语词首为 a-/ an-，英语为 un-/ -less，注意作词首用的 e-/ ex- 和介词 e/ ex 意思不同，后者意为"出自、从……、由……离开、由于、依照"）

Merremia gemella 金花鱼黄草：gemellus 成对的，双生的

Merremia hainanensis 海南山猪菜：hainanensis 海南的（地名）

Merremia hederacea 篱栏网：hederacea 常春藤状的；Hedera 常春藤属（五加科）；-aceus/ -aceum/

-acea 相似的，有……性质的，属于……的

Merremia hirta 毛山猪菜：hirtus 有毛的，粗毛的，刚毛的（长而明显的毛）

Merremia hungaiensis 山土瓜：hungaiensis 红岩的（地名，云南省）

Merremia hungaiensis var. hungaiensis 山土瓜-原变种 （词义见上面解释）

Merremia hungaiensis var. linifolia 线叶山土瓜：Linum 亚麻属（亚麻科）；folius/ folium/ folia 叶，叶片（用于复合词）

Merremia longipedunculata 长梗山猪菜：longe-/ longi- ← longus 长的，纵向的；pedunculatus/ peduncularis 具花序柄的，具总花梗的；pedunculus/ peduncule/ pedunculis ← pes 花序柄，总花梗（花序基部无花着生部分，不同于花柄）；关联词：pedicellus/ pediculus 小花梗，小花柄（不同于花序柄）；pes/ pedis 柄，梗，茎秆，腿，足，爪（作词首或词尾，pes 的词干视为"ped-"）

Merremia quinata 指叶山猪菜：quinatus 五个的，五数的；quin-/ quinqu-/ quinque-/ quinqui- 五，五数（希腊语为 penta-）

Merremia sibirica 北鱼黄草：sibirica 西伯利亚的（地名，俄罗斯）；-icus/ -icum/ -ica 属于，具有某种特性（常用于地名、起源、生境）

Merremia sibirica var. macrosperma 大籽鱼黄草：macro-/ macr- ← macros 大的，宏观的（用于希腊语复合词）；spermus/ spermum/ sperma 种子的（用于希腊语复合词）

Merremia sibirica var. sibirica 北鱼黄草-原变种 （词义见上面解释）

Merremia sibirica var. trichosperma 毛籽鱼黄草：trich-/ tricho-/ tricha- ← trichos ← thrix 毛，多毛的，线状的，丝状的；spermus/ spermum/ sperma 种子的（用于希腊语复合词）

Merremia sibirica var. vesiculosa 囊毛鱼黄草：vesiculosus 小水泡的，多泡的；vesica 泡，膀胱，囊，鼓包，鼓肚（同义词：venter/ ventris）；vesiculus 小水泡；-culosus = culus + osus 小而多的，小而密集的；-culus/ -culum/ -cula 小的，略微的，稍微的（同第三变格法和第四变格法名词形成复合词）；-osus/ -osum/ -osa 多的，充分的，丰富的，显著发育的，程度高的，特征明显的（形容词词尾）

Merremia tridentata 三齿鱼黄草：tri-/ tripli-/ triplo- 三个，三数；dentatus = dentus + atus 牙齿的，齿状的，具齿的；dentus 齿，牙齿；-atus/ -atum/ -ata 属于，相似，具有，完成（形容词词尾）

Merremia tridentata subsp. hastata 尖萼鱼黄草：hastatus 戟形的，三尖头的（两侧基部有朝外的三角形裂片）；hasta 长矛，标枪

Merremia tridentata subsp. tridentata 三齿鱼黄草-原亚种 （词义见上面解释）

Merremia tuberosa 块茎鱼黄草：tuberosus = tuber + osus 块茎的，膨大成块茎的；tuber/ tuber-/ tuberi- 块茎的，结节状凸起的，瘤状的；-osus/ -osum/ -osa 多的，充分的，丰富的，显著发育的，程度高的，特征明显的（形容词词尾）

Merremia umbellata 伞花茉栾藤（栾 luán）：umbellatus = umbella + atus 伞形花序的，具伞的；

umbella 伞形花序

Merremia umbellata subsp. orientalis 山猪菜：orientalis 东方的；oriens 初升的太阳，东方

Merremia umbellata subsp. umbellata 伞花茉栾藤-原亚种 （词义见上面解释）

Merremia vitifolia 掌叶鱼黄草：vitifolia 葡萄叶；vitis 葡萄，藤蔓植物（古拉丁名）；folius/ folium/ folia 叶，叶片（用于复合词）

Merremia yunnanensis 蓝花土瓜：yunnanensis 云南的（地名）

Merremia yunnanensis var. glabrescens 近无毛蓝花土瓜：glabrus 光秃的，无毛的，光滑的；-escens/ -ascens 改变，转变，变成，略微，带有，接近，相似，大致，稍微（表示变化的趋势，并未完全相似或相同，有别于表示达到完成状态的 -atus）

Merremia yunnanensis var. pallescens 红花土瓜：pallescens 变苍白色的；pallens 淡白色的，蓝白色的，略带蓝色的；-escens/ -ascens 改变，转变，变成，略微，带有，接近，相似，大致，稍微（表示变化的趋势，并未完全相似或相同，有别于表示达到完成状态的 -atus）

Merremia yunnanensis var. yunnanensis 蓝花土瓜-原变种 （词义见上面解释）

Merrillanthus 驼峰藤属（萝藦科）（63：p394）：merrill ← E. D. Merrill（人名，1876–1956，美国植物学家）；anthus/ anthum/ antha/ anthe ← anthos 花（用于希腊语复合词）

Merrillanthus hainanensis 驼峰藤：hainanensis 海南的（地名）

Merrilliopanax 常春木属（五加科）（54：p80）：merrillii ← E. D. Merrill（人名，1876–1956，美国植物学家）；panax 人参

Merrilliopanax chinensis 常春木：chinensis = china + ensis 中国的（地名）；China 中国

Merrilliopanax listeri 长梗常春木：listeri（人名，英国植物学家）；-eri 表示人名，在以 -er 结尾的人名后面加上 i 形成

Mertensia 滨紫草属（紫草科）（64-2：p110）：mertensia ← Franz Karl（Carl）Mertens（人名，1764–1831，德国植物学家）

Mertensia davurica 长筒滨紫草：davurica（dahurica/ daurica）达乌里的（地名，外贝加尔湖，属西伯利亚的一个地区，即贝加尔湖以东及以南至中国和蒙古边界）

Mertensia sibirica 大叶滨紫草：sibirica 西伯利亚的（地名，俄罗斯）；-icus/ -icum/ -ica 属于，具有某种特性（常用于地名、起源、生境）

Mesembryanthemum 日中花属（番杏科）（26：p32）：mesembryanthemum 正午的花；mesembria/ mesombira 正午；anthemon 花；Mesembria 墨森布瑞亚（希腊神话中的正午女神）

Mesembryanthemum cordifolium 心叶日中花：cordi- ← cordis/ cor 心脏的，心形的；folius/ folium/ folia 叶，叶片（用于复合词）

Mesembryanthemum crystallinum 冰叶日中花：crystallinus 水晶般的，透明的，结晶的；crystallus 结晶体；-inus/ -inum/ -ina/ -inos 相近，接近，相似，具有（通常指颜色）

M

Mesembryanthemum edule 食用日中花：edule/ edulis 食用的，可食的

Mesembryanthemum spectabile 美丽日中花：spectabilis 壮观的，美丽的，漂亮的，显著的，值得看的；spectus 观看，观察，观测，表情，外观，外表，样子；-ans/ -ens/ -bilis/ -ilis 能够，可能（为形容词词尾，-ans/ -ens 用于主动语态，-bilis/ -ilis 用于被动语态）

Mesembryanthemum uncatum 弯叶日中花：uncatus = uncus + atus 具钩的，钩状的，倒钩状的；uncus 钩子，弯钩，弯钩状的

Mesona 凉粉草属（唇形科）（66：p547）：mesona ← mesos 中间的，中等的

Mesona chinensis 凉粉草：chinensis = china + ensis 中国的（地名）；China 中国

Mesona parviflora 小花凉粉草：parviflorus 小花的；parvus 小的，些微的，弱的；florus/ florum/ flora ← flos 花（用于复合词）

Mesopteris 龙津蕨属（金星蕨科）（4-1：p166）：mes-/ meso- 中间，中央，中部，中等；pteris ← pteryx 翅，翼，蕨类（希腊语）

Mesopteris tonkinensis 龙津蕨：tonkin 东京（地名，越南河内的旧称）

Messerschmidia 砂引草属（紫草科）（64-2：p32）：messerschmidia ← Messerschmid（德国人名）

Messerschmidia argentea 银毛树：argenteus = argentum + eus 银白色的；argentum 银；-eus/ -eum/ -ea（接拉丁语词干时）属于……的，色如……的，质如……的（表示原料、颜色或品质的相似），（接希腊语词干时）属于……的，以……出名，为……所占有（表示具有某种特性）

Messerschmidia sibirica 砂引草：sibirica 西伯利亚的（地名，俄罗斯）；-icus/ -icum/ -ica 属于，具有某种特性（常用于地名、起源、生境）

Messerschmidia sibirica var. angustior 细叶砂引草（另见 Tournefortia sibirica var. angustior）：angustior 较狭窄的（angustus 的比较级）

Messerschmidia sibirica var. sibirica 砂引草-原变种 （词义见上面解释）

Mesua 铁力木属（藤黄科）（50-2：p79）：mesua ← Johannes Mesue（人名，777–857，阿拉伯医生、植物学家）

Mesua ferrea 铁力木：ferreus → ferr- 铁，铁的，铁色的，坚硬如铁的；-eus/ -eum/ -ea（接拉丁语词干时）属于……的，色如……的，质如……的（表示原料、颜色或品质的相似），（接希腊语词干时）属于……的，以……出名，为……所占有（表示具有某种特性）

Metabriggsia 单座苣苔属（苦苣苔科）（69：p279）：metabriggsia = meta + Briggsia 像 Briggsia 的，在 Briggsia 之后的；meta- 之后的，后来的，近似的，中间的，转变的，替代的，有关联的，共同的；Briggsia 粗筒苣苔属

Metabriggsia ovalifolia 单座苣苔：ovalis 广椭圆形的；ovus 卵，胚珠，卵形的，椭圆形的；folius/ folium/ folia 叶，叶片（用于复合词）

Metabriggsia purpureotincta 紫叶单座苣苔：purpureus = purpura + eus 紫色的；purpura 紫色

（purpura 原为一种介壳虫名，其体液为紫色，可作颜料）；-eus/ -eum/ -ea（接拉丁语词干时）属于……的，色如……的，质如……的（表示原料、颜色或品质的相似），（接希腊语词干时）属于……的，以……出名，为……所占有（表示具有某种特性）；tinctus 染色的，彩色的

Metadina 黄棉木属（茜草科）（71-1：p267）：meta-之后的，后来的，近似的，中间的，转变的，替代的，有关联的，共同的；Adina 水团花属

Metadina trichotoma 黄棉木：tri-/ tripli-/ triplo- 三个，三数；cho-/ chao- 分开，割裂，离开；tomus ← tomos 小片，片段，卷册（书）

Metaeritrichium 颈果草属（紫草科）（64-2：p175）：meta- 之后的，后来的，近似的，中间的，转变的，有关联的，共同的；Eritrichium 齿缘草属

Metaeritrichium microuloides 颈果草：Microula 微孔草属（紫草科）；-oides/ -oideus/ -oideum/ -oidea/ -odes/ -eidos 像……的，类似……的，呈……状的（名词词尾）

Metanemone 毛茛莲花属（茛 gèn）（毛茛科）（28：p72）：meta- 之后的，后来的，近似的，中间的，转变的，替代的，有关联的，共同的；Anemone 银莲花属

Metanemone ranunculoides 毛茛莲花：ranunculoides 像毛茛的；Ranunculus 毛茛属（毛茛科）；-oides/ -oideus/ -oideum/ -oidea/ -odes/ -eidos 像……的，类似……的，呈……状的（名词词尾）

Metapetrocosmea 盾叶苣苔属（苦苣苔科）（69：p323）：meta- 之后的，后来的，近似的，中间的，转变的，替代的，有关联的，共同的；Petrocosmea 石蝴蝶属

Metapetrocosmea peltata 盾叶苣苔：peltatus = peltus + atus 盾状的，具盾片的；peltus ← pelte 盾片，小盾片，盾形的；-atus/ -atum/ -ata 属于，相似，具有，完成（形容词词尾）

Metaplexis 萝藦属（藦 mó）（萝藦科）（63：p403）：metaplexis 交织在一起的（指雄蕊和花冠的排列方式）；meta- 之后的，后来的，近似的，中间的，转变的，替代的，有关联的，共同的；plexis ← plexus 编织的，网状的，交错的

Metaplexis hemsleyana 华萝藦：hemsleyana ← William Botting Hemsley（人名，19 世纪研究中美洲植物的植物学家）

Metaplexis japonica 萝藦：japonica 日本的（地名）；-icus/ -icum/ -ica 属于，具有某种特性（常用于地名、起源、生境）

Metapolypodium 篦齿蕨属（水龙骨科）（6-2：p12）：meta- 之后的，后来的，近似的，中间的，转变的，替代的，有关联的，共同的；Polypodium 多足蕨属

Metapolypodium manmeiense 篦齿蕨：manmeiense（地名，云南省）

Metasasa 异枝竹属（禾本科）（9-1：p659）：metasasa 像赤竹的；meta- 之后的，后来的，近似的，中间的，转变的，替代的，有关联的，共同的；Sasa 赤竹属

Metasasa albo-farinosa 白环异枝竹：albus → albi-/ albo- 白色的；farinosus 粉末状的，飘粉的；

farinus 粉末，粉末状覆盖物；far/ farris 一种小麦，面粉；-osus/ -osum/ -osa 多的，充分的，丰富的，显著发育的，程度高的，特征明显的（形容词词尾）

Metasasa carinata 异枝竹：carinatus 脊梁的，龙骨的，龙骨状的；carina → carin-/ carini- 脊梁，龙骨状突起，中肋

Metasequoia 水杉属（杉科）（7：p310）：metasequoia 晚于北美红杉的，像北美红杉的（水杉属由日本学者 Shigeru Miki 于 1941 年根据化石植物建立，两年后的 1943 年活体植物在中国被发现）；meta- 之后的，后来的，近似的，中间的，转变的，替代的，有关联的，共同的；Sequoia 北美红杉属（杉科）；Shigeru Miki 三木茂（人名，1901–1974，日本古植物学家）

Metasequoia glyptostroboides 水杉：glyptostroboides = Glyptostrobus + oides 像水松的，近似水松的；Glyptostrobus 水松属（杉科）；-oides/ -oideus/ -oideum/ -oidea/ -odes/ -eidos 像……的，类似……的，呈……状的（名词词尾）；水杉发现简史：王战（1911–2000），中国林学家、植物分类学家，于 1943 年采得第一份水杉标本，研究两年难以定论，遂请教郑万钧，郑请教胡先骕，后于 1948 年被胡、郑二人联名发表

Metastachydium 箭叶水苏属（唇形科）（66：p28）：metastachydium 像 Stachydium 的；meta- 之后的，后来的，近似的，中间的，转变的，替代的，有关联的，共同的；Stachydium（属名）；stachydium = stachys + ius 具花穗的；构词规则：词尾为 -is 和 -ys 的词的词干分别视为 -id 和 -yd；stachy-/ stachyo-/ -stachys/ -stachyon/ -stachyos/ -stachyus 穗子，穗子的，穗子状的，穗状花序的（希腊语，表示与穗状花序有关的）；-ius/ -ium/ -ia 具有……特性的（表示有关、关联、相似）

Metastachydium sagittatum 箭叶水苏：sagittatus/ sagittalis 箭头状的；sagita/ sagitta 箭，箭头；-atus/ -atum/ -ata 属于，相似，具有，完成（形容词词尾）

Metathelypteris 凸轴蕨属（金星蕨科）（4-1：p58）：metathelypteris 像沼泽蕨的；meta- 之后的，后来的，近似的，中间的，转变的，替代的，有关联的，共同的；Thelypteris 沼泽蕨属

Metathelypteris adscendens 微毛凸轴蕨：ascendens/ adscendens 上升的，向上的；反义词：descendens 下降着的

Metathelypteris decipiens 迷人凸轴蕨：decipiens 欺骗的，虚假的，迷惑的（表示和另外的种非常近似）

Metathelypteris flaccida 薄叶凸轴蕨：flaccidus 柔软的，软乎乎的，软绵绵的；flaccus 柔弱的，软垂的；-idus/ -idum/ -ida 表示在进行中的动作或情况，作动词、名词或形容词的词尾

Metathelypteris glandulifera 有腺凸轴蕨：glanduli- ← glandus + ulus 腺体的，小腺体的；glandus ← glans 腺体；-ferus/ -ferum/ -fera/ -fero/ -fere/ -fer 有，具有，产（区别：作独立词使用的 ferus 意思是"野生的"）

Metathelypteris gracilescens 凸轴蕨：gracilescens 变纤细的，略纤细的；gracile → gracil- 细长的，纤

弱的，丝状的；-escens/ -ascens 改变，转变，变成，略微，带有，接近，相似，大致，稍微（表示变化的趋势，并未完全相似或相同，有别于表示达到完成状态的 -atus）

Metathelypteris hattorii 林下凸轴蕨：hattorii（人名）；-ii 表示人名，接在以辅音字母结尾的人名后面，但 -er 除外

Metathelypteris laxa 疏羽凸轴蕨：laxus 稀疏的，松散的，宽松的

Metathelypteris petiolulata 有柄凸轴蕨：petiolulatus = petiolus + ulus + atus 具小叶柄的；petiolus 叶柄；-ulus/ -ulum/ -ula 小的，略微的，稍微的（小词 -ulus 在字母 e 或 i 之后有多种变缀，即 -olus/ -olum/ -ola、-ellus/ -ellum/ -ella、-illus/ -illum/ -illa，与第一变格法和第二变格法名词形成复合词）；-atus/ -atum/ -ata 属于，相似，具有，完成（形容词词尾）

Metathelypteris singalanensis 鲜绿凸轴蕨：singalanensis（地名）

Metathelypteris uraiensis 乌来凸轴蕨：uraiensis 乌来的（地名，属台湾省）

Metathelypteris uraiensis var. tibetica 西藏凸轴蕨：tibetica 西藏的（地名）；-icus/ -icum/ -ica 属于，具有某种特性（常用于地名、起源、生境）

Metathelypteris uraiensis var. uraiensis 乌来凸轴蕨-原变种 （词义见上面解释）

Metathelypteris wuyishanensis 武夷山凸轴蕨：wuyishanensis 武夷山的（地名，福建省）

Meyna 琼梅属（茜草科）（71-2：p7）：meyna（人名）

Meyna hainanensis 琼梅：hainanensis 海南的（地名）

Mezzettiopsis 蚁花属（番荔枝科）（30-2：p31）：Mezzettia（马来番荔枝属，番荔枝科）；-opsis/ -ops 相似，稍微，带有

Mezzettiopsis creaghii 蚁花：creaghii（人名）；-ii 表示人名，接在以辅音字母结尾的人名后面，但 -er 除外

Michelia 含笑属（木兰科）（30-1：p151）：michelia ← Pietro Antonio Micheli（人名，1679–1737，意大利植物学家）

Michelia alba 白兰：albus → albi-/ albo- 白色的

Michelia angustioblonga 狭叶含笑：angusti- ← angustus 窄的，狭的，细的；oblongus = ovus + longus 长椭圆形的（ovus 的词干 ov- 音变为 ob-）；ovus 卵，胚珠，卵形的，椭圆形的；longus 长的，纵向的

Michelia balansae 苦梓含笑（梓 zǐ）：balansae ← Benedict Balansa（人名，19 世纪法国植物采集员）；-ae 表示人名，以 -a 结尾的人名后面加上 -e 形成

Michelia balansae var. appressipubescens 细毛含笑：adpressus/ appressus = ad + pressus 压紧的，压扁的，紧贴的，平卧的；ad- 向，到，近（拉丁语词首，表示程度加强）；构词规则：构成复合词时，词首末尾的辅音字母常同化为紧接其后的那个辅音字母（如 ad + p → app）；pressus 压，压力，挤压，紧密；pubescens ← pubens 被短柔毛的，长出柔毛的；pubesco/ pubescere 长成的，变为成熟

M

的，长出柔毛的，青春期体毛的；-escens/ -ascens 改变，转变，变成，略微，带有，接近，相似，大致，稍微（表示变化的趋势，并未完全相似或相同，有别于表示达到完成状态的 -atus）

Michelia balansae var. balansae 苦梓含笑-原变种（词义见上面解释）

Michelia calcicola 灰岩含笑：calcicolus 钙生的，生于石灰质土壤的；calci- ← calcium 石灰，钙质；colus ← colo 分布于，居住于，栖居，殖民（常作词尾）；colo/ colere/ colui/ cultum 居住，耕作，栽培

Michelia caloptila 美毛含笑：call-/ calli-/ callo-/ cala-/ calo- ← calos/ callos 美丽的；ptilon 羽毛，翼，翅

Michelia cavaleriei 平伐含笑：cavaleriei ← Pierre Julien Cavalerie（人名，20 世纪法国传教士）；-i 表示人名，接在以元音字母结尾的人名后面，但 -a 除外

Michelia champaca 黄兰含笑（原名"黄兰"，兰科有重名）：champaca（印度教土名）

Michelia chapensis 乐昌含笑：chapensis ← Chapa 沙巴的（地名，越南北部）

Michelia compressa 台湾含笑：compressus 扁平的，压扁的；pressus 压，压力，挤压，紧密；co- 联合，共同，合起来（拉丁语词首，为 cum- 的音变，表示结合、强化、完全，对应的希腊语为 syn-）；co- 的缀词音变有 co-/ com-/ con-/ col-/ cor-：co-（在 h 和元音字母前面），col-（在 l 前面），com-（在 b、m、p 之前），con-（在 c、d、f、g、j、n、qu、s、t 和 v 前面），cor-（在 r 前面）

Michelia crassipes 紫花含笑：crassi- ← crassus 厚的，粗的，多肉质的；pes/ pedis 柄，梗，茎秆，腿，足，爪（作词首或词尾，pes 的词干视为"ped-"）

Michelia doltsopa 南亚含笑：doltsopa 南亚含笑（藏语名）

Michelia elegans 雅致含笑：elegans 优雅的，秀丽的

Michelia figo 含笑花：figo 固着，依附

Michelia flaviflora 素黄含笑：flavus → flavo-/ flavi-/ flav- 黄色的，鲜黄色的，金黄色的（指纯正的黄色）；florus/ florum/ flora ← flos 花（用于复合词）

Michelia floribunda 多花含笑：floribundus = florus + bundus 多花的，繁花的，花正盛开的；florus/ florum/ flora ← flos 花（用于复合词）；-bundus/ -bunda/ -bundum 正在做，正在进行（类似于现在分词），充满，盛行

Michelia foveolata 金叶含笑：foveolatus = fovea + ulus + atus 具小孔的，蜂巢状的，有小凹陷的；fovea 孔穴，腔隙

Michelia foveolata var. cinerascens 灰毛含笑：cinerascens/ cinerasceus 发灰的，变灰色的，灰白的，淡灰色的（比 cinereus 更白）；cinereus 灰色的，草木灰色的（为纯黑和纯白的混合色，希腊语为 tephro-/ spodo-）；ciner-/ cinere-/ cinereco- 灰色，-escens/ -ascens 改变，转变，变成，略微，带有，接近，相似，大致，稍微（表示变化的趋势，并未完全相似或相同，有别于表示达到完成状态的 -atus）

Michelia foveolata var. foveolata 金叶含笑-原变种（词义见上面解释）

Michelia fujianensis 福建含笑：fujianensis 福建的（地名）

Michelia fulgens 亮叶含笑：fulgens/ fulgidus 光亮的，光彩夺目的；fulgo/ fulgeo 发光的，耀眼的

Michelia hedyosperma 香子含笑：hedys 香甜的，美味的，好的；spermus/ spermum/ sperma 种子的（用于希腊语复合词）；hedy- ← hedys 香甜的，美味的，好的

Michelia iteophylla 鼠刺含笑：Itea 鼠刺属（虎耳草科）；phyllus/ phyllum/ phylla ← phyllon 叶片（用于希腊语复合词）

Michelia kisopa 西藏含笑：kisopa（土名）

Michelia lacei 壮丽含笑：lacei（人名）

Michelia laevifolia 溜叶含笑（溜 liū）：laevis/ levis/ laeve/ leve → levi-/ laevi- 光滑的，无毛的，无不平或粗糙感觉的；folius/ folium/ folia 叶，叶片（用于复合词）

Michelia longipetiolata 长柄含笑：longe-/ longi- ← longus 长的，纵向的；petiolatus = petiolus + atus 具叶柄的；petiolus 叶柄

Michelia longistamina 长蕊含笑：longe-/ longi- ← longus 长的，纵向的；staminus 雄性的，雄蕊的；stamen/ staminis 雄蕊

Michelia longistyla 长柱含笑：longe-/ longi- ← longus 长的，纵向的；stylus/ stylis ← stylos 柱，花柱

Michelia macclurei 醉香含笑：macclurei（人名）

Michelia macclurei var. macclurei 醉香含笑-原变种 （词义见上面解释）

Michelia macclurei var. sublanea 展毛含笑：sublaneus 稍具绵毛的；sub-（表示程度较弱）与……类似，几乎，稍微，弱，亚，之下，下面；laneus 绵毛状的

Michelia martinii 黄心夜合：martinii ← Raymond Martin（人名，19 世纪美国仙人掌植物采集员）

Michelia maudiae 深山含笑：maudiae ← Maud Dunn（人名，20 世纪英国植物学家 Stephen Troyte Dunn 的妻子）

Michelia mediocris 白花含笑：mediocris 中位的

Michelia pachycarpa 厚果含笑：pachycarpus 肥厚果实的；pachy- ← pachys 厚的，粗的，肥的；carpus/ carpum/ carpa/ carpon ← carpos 果实（用于希腊语复合词）

Michelia platypetala 阔瓣含笑：platys 大的，宽的（用于希腊语复合词）；petalus/ petalum/ petala ← petalon 花瓣

Michelia polyneura 多脉含笑：polyneurus 多脉的；poly- ← polys 多个，许多（希腊语，拉丁语为 multi-）；neurus ← neuron 脉，神经

Michelia shiluensis 石碌含笑：shiluensis 石碌的（地名，海南省）

Michelia skinneriana 野含笑：skinneriana（人名）

Michelia sphaerantha 球花含笑：sphaerus 球的，球形的；anthus/ anthum/ antha/ anthe ← anthos 花（用于希腊语复合词）

Michelia szechuanica 川含笑：szechuanica 四川的（地名）；-icus/ -icum/ -ica 属于，具有某种特性（常用于地名、起源、生境）

M

Michelia velutina 绒叶含笑：velutinus 天鹅绒的，柔软的；velutus 绒毛的；-inus/ -inum/ -ina/ -inos 相近，接近，相似，具有（通常指颜色）

Michelia wilsonii 峨眉含笑：wilsonii ← John Wilson（人名，18 世纪英国植物学家）

Michelia xanthantha 黄花含笑：xanth-/ xiantho- ← xanthos 黄色的；anthus/ anthum/ antha/ anthe ← anthos 花（用于希腊语复合词）

Michelia yunnanensis 云南含笑：yunnanensis 云南的（地名）

Micrechites 小花藤属（夹竹桃科）（63：p188）：micrechites 极小包被的（指萼片小）；micr-/ micro- ← micros 小的，微小的，微观的（用于希腊语复合词）；chiton 罩衣

Micrechites formicina 平脉藤：formicinus = formicus + inus 像蚂蚁的；formicus 蚂蚁；-inus/ -inum/ -ina/ -inos 相近，接近，相似，具有（通常指颜色）

Micrechites lachnocarpa 毛果小花藤：lachno- ← lachnus 绒毛的，绵毛的；carpus/ carpum/ carpa/ carpon ← carpos 果实（用于希腊语复合词）

Micrechites malipoensis 麻栗坡小花藤：malipoensis 麻栗坡的（地名，云南省）

Micrechites malipoensis var. malipoensis 麻栗坡小花藤-原变种 （词义见上面解释）

Micrechites malipoensis var. parvifolia 云南小花藤：parvifolius 小叶的；parvus 小的，些微的，弱的；folius/ folium/ folia 叶，叶片（用于复合词）

Micrechites polyantha 小花藤：polyanthus 多花的；poly- ← polys 多个，许多（希腊语，拉丁语为 multi-）；anthus/ anthum/ antha/ anthe ← anthos 花（用于希腊语复合词）

Micrechites rehderiana 上思小花藤：rehderiana ← Alfred Rehder（人名，1863–1949，德国植物分类学家、树木学家，在美国 Arnold 植物园工作）

Microbiota 小侧柏属（柏科）（7：p313）：micr-/ micro- ← micros 小的，微小的，微观的（用于希腊语复合词）；Biota (Platycladus) 侧柏属

Microbiota decussata （互生小侧柏）：decussatus 交叉状的，十字的，交互对生的；decusso 使交叉，使成十字形

Microcarpaea 小果草属（玄参科）（67-2：p198）：micr-/ micro- ← micros 小的，微小的，微观的（用于希腊语复合词）；carpus/ carpum/ carpa/ carpon ← carpos 果实（用于希腊语复合词）

Microcarpaea minima 小果草：minimus 最小的，很小的

Microcaryum 微果草属（紫草科）（64-2：p113）：micr-/ micro- ← micros 小的，微小的，微观的（用于希腊语复合词）；caryum ← caryon ← koryon 坚果，核（希腊语）

Microcaryum pygmaeum 微果草：pygmaeus/ pygmaei 小的，低矮的，极小的，矮人的；pygm- 矮，小，侏儒；-aeus/ -aeum/ -aea 表示属于……，名词形容词化词尾，如 europaeus ← europa 欧洲的

Microchloa 小草属（禾本科）（10-1：p87）：micr-/ micro- ← micros 小的，微小的，微观的（用于希腊语复合词）；chloe 草，禾草

Microchloa indica 小草：indica 印度的（地名）；-icus/ -icum/ -ica 属于，具有某种特性（常用于地名、起源、生境）

Microchloa indica var. indica 小草-原变种 （词义见上面解释）

Microchloa indica var. kunthii 长穗小草：kunthii ← Carl Sigismund Kunth（人名，19 世纪德国植物学家）

Microcos 破布叶属（椴树科）（49-1：p86）：micr-/ micro- ← micros 小的，微小的，微观的（用于希腊语复合词）；cocos ← coco 猴子（葡萄牙语，坚果表面有三个凹陷像猴子的脸）

Microcos chungii 海南破布叶：chungii（人名）；-ii 表示人名，接在以辅音字母结尾的人名后面，但 -er 除外

Microcos paniculata 破布叶：paniculatus = paniculus + atus 具圆锥花序的；paniculus 圆锥花序；panus 谷穗；panicus 野稗，粟，谷子；-atus/ -atum/ -ata 属于，相似，具有，完成（形容词词尾）

Microcos stauntoniana 毛破布叶：stauntoniana ← George Leonard Staunton（人名，18 世纪首任英国驻中国大使秘书）

Microdesmis 小盘木属（攀打科）（43-1：p1）：micr-/ micro- ← micros 小的，微小的，微观的（用于希腊语复合词）；desmis → desmo-/ desma- 束，束状的，带状的，链子

Microdesmis caseariifolia 小盘木：caseariifolius 叶子像脚骨脆的；缀词规则：以属名作复合词时原词尾变形后的 i 要保留；Casearia 脚骨脆属（大风子科）；folius/ folium/ folia 叶，叶片（用于复合词）

Microglossa 小舌菊属（菊科）（74：p337）：micr-/ micro- ← micros 小的，微小的，微观的（用于希腊语复合词）；glossus 舌，舌状的

Microglossa pyrifolia 小舌菊：pyrus/ pirus ← pyros 梨，梨树，核，核果，小麦，谷物；pyrum/ pirum 梨；folius/ folium/ folia 叶，叶片（用于复合词）

Microgonium 单叶假脉蕨属（膜蕨科）（2：p158）：micr-/ micro- ← micros 小的，微小的，微观的（用于希腊语复合词）；gonium ← gonius 棱角

Microgonium beccarianum 短柄单叶假脉蕨：beccarianum ← Odoardo Beccari（人名，20 世纪意大利植物学家）

Microgonium bimarginatum 叉脉单叶假脉蕨（叉 chā）：bi-/ bis- 二，二数，二回（希腊语为 di-）；marginatus ← margo 边缘的，具边缘的；margo/ marginis → margin- 边缘，边线，边界；词尾为 -go 的词其词干末尾视为 -gin

Microgonium omphalodes 盾形单叶假脉蕨：omphalodes = omphalos + eides 脐形的（比喻果实形状）；omphalos = ompholos 肚脐；-oides/ -oideus/ -oideum/ -oidea/ -odes/ -eidos 像……的，类似……的，呈……状的（名词词尾）

Microgynoecium 小果滨藜属（藜科）（25-2：p20）：micr-/ micro- ← micros 小的，微小的，微观的（用于希腊语复合词）；gynoecium 雌蕊群

Microgynoecium tibeticum 小果滨藜：tibeticum 西藏的（地名）

Microlepia 鳞盖蕨属（碗蕨科）（2：p207）：micr-/ micro- ← micros 小的，微小的，微观的（用于希腊语复合词）；lepis/ lepidos 鳞片

Microlepia ampla 浅杯鳞盖蕨：amplus 大的，宽的，膨大的，扩大的

Microlepia angustipinna 狭羽鳞盖蕨：angusti- ← angustus 窄的，狭的，细的；pinnus/ pennus 羽毛，羽状，羽片

Microlepia bipinnata 二羽鳞盖蕨：bipinnatus 二回羽状的；bi-/ bis- 二，二数，二回（希腊语为 di-）；pinnatus = pinnus + atus 羽状的，具羽的；pinnus/ pennus 羽毛，羽状，羽片；-atus/ -atum/ -ata 属于，相似，具有，完成（形容词词尾）

Microlepia calvescens 光叶鳞盖蕨：calvescens 变光秃的，几乎无毛的；calvus 光秃的，无毛的，无芒的，裸露的；-escens/ -ascens 改变，转变，变成，略微，带有，接近，相似，大致，稍微（表示变化的趋势，并未完全相似或相同，有别于表示达到完成状态的 -atus）

Microlepia caudifolia 尾头鳞盖蕨：caudi- ← cauda/ caudus/ caudum 尾巴；folius/ folium/ folia 叶，叶片（用于复合词）

Microlepia caudiformis 尾叶鳞盖蕨：caudi- ← cauda/ caudus/ caudum 尾巴；formis/ forma 形状

Microlepia chrysocarpa 金果鳞盖蕨：chrys-/ chryso- ← chrysos 黄色的，金色的；carpus/ carpum/ carpa/ carpon ← carpos 果实（用于希腊语复合词）

Microlepia communis 疏毛鳞盖蕨：communis 普通的，通常的，共通的

Microlepia crassa 革质鳞盖蕨：crassus 厚的，粗的，多肉质的

Microlepia crenata 圆齿鳞盖蕨：crenatus = crena + atus 圆齿状的，具圆齿的；crena 叶缘的圆齿

Microlepia crenato-serrata 隆脉鳞盖蕨：crenato-serrata 扇贝状齿的，圆齿的；crenatus = crena + atus 圆齿状的，具圆齿的；crena 叶缘的圆齿；serratus = serrus + atus 有锯齿的；serrus 齿，锯齿

Microlepia critica 正鳞盖蕨：criticus 值得注意的

Microlepia firma 长托鳞盖蕨：firmus 坚固的，强的

Microlepia formosana 线羽鳞盖蕨：formosanus = formosus + anus 美丽的，台湾的；formosus ← formosa 美丽的，台湾的（葡萄牙殖民者发现台湾时对其的称呼，即美丽的岛屿）；-anus/ -anum/ -ana 属于，来自（形容词词尾）

Microlepia ganlanbaensis 阴脉鳞盖蕨：ganlanbaensis 橄榄坝的（地名，云南省）

Microlepia gigantea 乔大鳞盖蕨：giganteus 巨大的；giga-/ gigant-/ giganti- ← gigantos 巨大的；-eus/ -eum/ -ea（接拉丁语词干时）属于……的，色如……的，质如……的（表示原料、颜色或品质的相似），（接希腊语词干时）属于……的，以……出名，为……所占有（表示具有某种特性）

Microlepia glabra 光盖鳞盖蕨：glabrus 光秃的，无毛的，光滑的

Microlepia hainanensis 海南鳞盖蕨：hainanensis 海南的（地名）

Microlepia hancei 华南鳞盖蕨：hancei ← Henry Fletcher Hance（人名，19 世纪英国驻香港领事，曾在中国采集植物）；-i 表示人名，接在以元音字母结尾的人名后面，但 -a 除外

Microlepia herbacea 草叶鳞盖蕨：herbaceus = herba + aceus 草本的，草质的，草绿色的；herba 草，草本植物；-aceus/ -aceum/ -acea 相似的，有……性质的，属于……的

Microlepia hispida 刚毛鳞盖蕨：hispidus 刚毛的，鬃毛状的

Microlepia hookeriana 虎克鳞盖蕨：hookeriana ← William Jackson Hooker（人名，19 世纪英国植物学家）

Microlepia intermedia 中型鳞盖蕨：intermedius 中间的，中位的，中等的；inter- 中间的，在中间，之间；medius 中间的，中央的

Microlepia khasiyana 西南鳞盖蕨：khasiyana ← Khasya 喀西的，卡西的（地名，印度阿萨姆邦）

Microlepia kurzii 毛阔叶鳞盖蕨：kurzii ← Wilhelm Sulpiz Kurz（人名，19 世纪植物学家）

Microlepia lofoushanensis 罗浮鳞盖蕨：lofoushanensis 罗浮山的（地名，广东省）

Microlepia longipilosa 长毛鳞盖蕨：longe-/ longi- ← longus 长的，纵向的；pilosus = pilus + osus 多毛的，被柔毛的，具疏柔毛的，被短弱细毛的；pilus 毛，疏柔毛；-osus/ -osum/ -osa 多的，充分的，丰富的，显著发育的，程度高的，特征明显的（形容词词尾）

Microlepia marginata 边缘鳞盖蕨：marginatus ← margo 边缘的，具边缘的；margo/ marginis → margin- 边缘，边线，边界；词尾为 -go 的词其词干末尾视为 -gin

Microlepia marginata var. bipinnata 边缘鳞盖蕨-二回羽状变种：bipinnatus 二回羽状的；bi-/ bis- 二，二数，二回（希腊语为 di-）；pinnatus = pinnus + atus 羽状的，具羽的；pinnus/ pennus 羽毛，羽状，羽片；-atus/ -atum/ -ata 属于，相似，具有，完成（形容词词尾）

Microlepia marginata var. villosa 边缘鳞盖蕨-毛叶变种：villosus 柔毛的，绵毛的；villus 毛，羊毛，长绒毛；-osus/ -osum/ -osa 多的，充分的，丰富的，显著发育的，程度高的，特征明显的（形容词词尾）

Microlepia matthewii 岭南鳞盖蕨：matthewii（人名）；-ii 表示人名，接在以辅音字母结尾的人名后面，但 -er 除外

Microlepia modesta 皖南鳞盖蕨：modestus 适度的，保守的

Microlepia neostrigosa 新粗毛鳞盖蕨：neostrigosa 晚于 strigosa 的；neo- ← neos 新，新的；Microlepia strigosa 粗毛鳞盖蕨；-osus/ -osum/ -osa 多的，充分的，丰富的，显著发育的，程度高的，特征明显的（形容词词尾）；strigosus = striga + osus 鬃毛的，刷毛的；striga → strig- 条纹的，网纹的（如种子具网纹），糙伏毛的

Microlepia obtusiloba 团羽鳞盖蕨：obtusus 钝的，钝形的，略带圆形的；lobus/ lobos/ lobon 浅裂，耳

片（裂片先端钝圆），荚果，蒴果

Microlepia omeiensis 峨眉鳞盖蕨：omeiensis 峨眉山的（地名，四川省）

Microlepia pallida 淡秆鳞盖蕨：pallidus 苍白的，淡白色的，淡色的，蓝白色的，无活力的；palide 淡地，淡色地（反义词：sturate 深色地，浓色地，充分地，丰富地，饱和地）

Microlepia pilosissima 多毛鳞盖蕨：pilosissimus 密被柔毛的；pilosus = pilus + osus 多毛的，被柔毛的，具疏柔毛的，被短弱细毛的；pilus 毛，疏柔毛；-osus/ -osum/ -osa 多的，充分的，丰富的，显著发育的，程度高的，特征明显的（形容词词尾）；-issimus/ -issima/ -issimum 最，非常，极其（形容词最高级）

Microlepia pilosula 褐毛鳞盖蕨：pilosulus = pilus + osus + ulus 被软毛的；pilosus = pilus + osus 多毛的，被柔毛的，具疏柔毛的，被短弱细毛的；pilus 毛，疏柔毛；-osus/ -osum/ -osa 多的，充分的，丰富的，显著发育的，程度高的，特征明显的（形容词词尾）；-ulus/ -ulum/ -ula 小的，略微的，稍微的（小词 -ulus 在字母 e 或 i 之后有多种变缀，即 -olus/ -olum/ -ola、-ellus/ -ellum/ -ella、-illus/ -illum/ -illa，与第一变格法和第二变格法名词形成复合词）

Microlepia pingpienensis 屏边鳞盖蕨：pingpienensis 屏边的（地名，云南省）

Microlepia platyphylla 阔叶鳞盖蕨：platys 大的，宽的（用于希腊语复合词）；phyllus/ phyllum/ phylla ← phyllon 叶片（用于希腊语复合词）

Microlepia rhomboidea 斜方鳞盖蕨：rhomboideus 菱形的；rhombus 菱形，纺锤；-oides/ -oideus/ -oideum/ -oidea/ -odes/ -eidos 像……的，类似……的，呈……状的（名词词尾）

Microlepia scyphoformis 深杯鳞盖蕨：scyphoformis 杯状的；scypho- ← skyphos 杯子的，杯子状的；formis/ forma 形状

Microlepia singpinensis 新平鳞盖蕨：singpinensis 新平的（地名，云南省）

Microlepia sino-strigosa 中华鳞盖蕨：sino- 中国；strigosus = striga + osus 鬃毛的，刷毛的；striga → strig- 条纹的，网纹的（如种子具网纹），糙伏毛的；-osus/ -osum/ -osa 多的，充分的，丰富的，显著发育的，程度高的，特征明显的（形容词词尾）

Microlepia speluncae 热带鳞盖蕨：speluncae ← speluncus 洞穴的，岩洞的

Microlepia straminea 广西鳞盖蕨：stramineus 禾秆色的，秆黄色的，干草状黄色的；stramen 禾秆，麦秆；stramimis 禾秆，秸秆，麦秆；-eus/ -eum/ -ea（接拉丁语词干时）属于……的，色如……的，质如……的（表示原料、颜色或品质的相似），（接希腊语词干时）属于……的，以……出名，为……所占有（表示具有某种特性）

Microlepia strigosa 粗毛鳞盖蕨：strigosus = striga + osus 鬃毛的，刷毛的；striga → strig- 条纹的，网纹的（如种子具网纹），糙伏毛的；-osus/ -osum/ -osa 多的，充分的，丰富的，显著发育的，程度高的，特征明显的（形容词词尾）

Microlepia strigosa var. intramarginalis（边生粗毛鳞盖蕨）：intramarginalis 边缘内生的；intra-/ intro-/ endo-/ end- 内部，内侧；反义词：exo- 外部，外侧；marginalis 边缘；margo/ marginis → margin- 边缘，边线，边界；-aris（阳性、阴性）/ -are（中性）← -alis（阳性、阴性）/ -ale（中性）属于，相似，如同，具有，涉及，关于，联结于（将名词作形容词用，其中 -aris 常用于以 l 或 r 为词干末尾的词）

Microlepia subrhomboidea 短毛鳞盖蕨：subrhomboidea 像 rhomboidea 的，近菱形的；sub-（表示程度较弱）与……类似，几乎，稍微，弱，亚，之下，下面；Microlepia rhomboidea 斜方鳞盖蕨；rhombeus 菱形的；-oides/ -oideus/ -oideum/ -oidea/ -odes/ -eidos 像……的，类似……的，呈……状的（名词词尾）

Microlepia subspeluncae 滇西鳞盖蕨：subspeluncae 像 speluncae 的；Microlepia speluncae 热带鳞盖蕨；sub-（表示程度较弱）与……类似，几乎，稍微，弱，亚，之下，下面；speluncae ← speluncus 洞穴的，岩洞的

Microlepia substrigosa 亚粗毛鳞盖蕨：substrigosus 像 strigosa 的，近鬃毛状的；sub-（表示程度较弱）与……类似，几乎，稍微，弱，亚，之下，下面；Microlepia strigosa 粗毛鳞盖蕨；Saxifraga strigosa 伏毛虎耳草；strigosus = striga + osus 鬃毛的，刷毛的；striga → strig- 条纹的，网纹的（如种子具网纹），糙伏毛的

Microlepia subtrichosticha 尖山鳞盖蕨：subtrichostichus 稍具列毛的；sub-（表示程度较弱）与……类似，几乎，稍微，弱，亚，之下，下面；trichostichus 具列毛的；trich-/ tricho-/ tricha- ← trichos ← thrix 毛，多毛的，线状的，丝状的；stichus ← stichon 行列，队列，排列

Microlepia szechuanica 四川鳞盖蕨：szechuanica 四川的（地名）；-icus/ -icum/ -ica 属于，具有某种特性（常用于地名、起源、生境）

Microlepia taiwanensis 台湾鳞盖蕨：taiwanensis 台湾的（地名）

Microlepia tenella 膜叶鳞盖蕨：tenellus = tenuis + ellus 柔软的，纤细的，纤弱的，精美的，雅致的；tenuis 薄的，纤细的，弱的，瘦的，窄的；-ellus/ -ellum/ -ella ← -ulus 小的，略微的，稍微的（小词 -ulus 在字母 e 或 i 之后有多种变缀，即 -olus/ -olum/ -ola、-ellus/ -ellum/ -ella、-illus/ -illum/ -illa，用于第一变格法名词）

Microlepia tenera 薄叶鳞盖蕨：tenerus 柔软的，娇嫩的，精美的，雅致的，纤细的

Microlepia trapeziformis 针毛鳞盖蕨：trapez-/ trapezi- 不规则四边形，梯形；formis/ forma 形状

Microlepia trichocarpa 毛果鳞盖蕨：trich-/ tricho-/ tricha- ← trichos ← thrix 毛，多毛的，线状的，丝状的；carpus/ carpum/ carpa/ carpon ← carpos 果实（用于希腊语复合词）

Microlepia trichoclada 亮毛鳞盖蕨：trich-/ tricho-/ tricha- ← trichos ← thrix 毛，多毛的，线状的，丝状的；cladus ← clados 枝条，分枝

Microlepia trichosora 毛囊鳞盖蕨：trichosorus 毛囊群的；trich-/ tricho-/ tricha- ← trichos ← thrix

毛，多毛的，线状的，丝状的；sorus ← soros 堆（指密集成簇），孢子囊群

Microlepia tripinnata 浓毛鳞盖蕨：tripinnatus 三回羽状的；tri-/ tripli-/ triplo- 三个，三数；pinnatus = pinnus + atus 羽状的，具羽的；pinnus/ pennus 羽毛，羽状，羽片；-atus/ -atum/ -ata 属于，相似，具有，完成（形容词词尾）

Microlepia villosa 密毛鳞盖蕨：villosus 柔毛的，绵毛的；villus 毛，羊毛，长绒毛；-osus/ -osum/ -osa 多的，充分的，丰富的，显著发育的，程度高的，特征明显的（形容词词尾）

Microlepia yunnanensis 云南鳞盖蕨：yunnanensis 云南的（地名）

Micromelum 小芸木属（芸香科）（43-2：p114）：micr-/ micro- ← micros 小的，微小的，微观的（用于希腊语复合词）；melum ← melon 苹果，瓜，甜瓜

Micromelum falcatum 大管：falcatus = falx + atus 镰刀的，镰刀状的；falx 镰刀，镰刀形，镰刀状弯曲；构词规则：以 -ix/ -iex 结尾的词其词干末尾视为 -ic，以 -ex 结尾视为 -i/ -ic，其他以 -x 结尾视为 -c；-atus/ -atum/ -ata 属于，相似，具有，完成（形容词词尾）

Micromelum integerrimum 小芸木：integerrimus 绝对全缘的；integer/ integra/ integrum → integri- 完整的，整个的，全缘的；-rimus/ -rima/ -rimum 最，极，非常（词尾为 -er 的形容词最高级）

Micromelum integerrimum var. integerrimum 小芸木-原变种 （词义见上面解释）

Micromelum integerrimum var. mollissimum 毛叶小芸木：molle/ mollis 软的，柔毛的；-issimus/ -issima/ -issimum 最，非常，极其（形容词最高级）

Micromeria 姜味草属（唇形科）（66：p216）：micr-/ micro- ← micros 小的，微小的，微观的（用于希腊语复合词）；meria/ meris ← meros 部分（希腊语）

Micromeria barosma 小香薷（薷 rú）：barosma 浓烈气味的，浓香的；baro- 浓烈的，厚重的（希腊语）；osmus 气味，香味

Micromeria biflora 姜味草：bi-/ bis- 二，二数，二回（希腊语为 di-）；florus/ florum/ flora ← flos 花（用于复合词）

Micromeria euosma 清香姜味草：euosmum 清香气味的；eu- 好的，秀丽的，真的，正确的，完全的；osmus 气味，香味

Micromeria formosana 台湾姜味草：formosanus = formosus + anus 美丽的，台湾的；formosus ← formosa 美丽的，台湾的（葡萄牙殖民者发现台湾时对其的称呼，即美丽的岛屿）；-anus/ -anum/ -ana 属于，来自（形容词词尾）

Micromeria wardii 西藏姜味草：wardii ← Francis Kingdon-Ward（人名，20 世纪英国植物学家）

Microphysa 泡果茜草属（泡 pāo，茜 qiàn）（茜草科）（71-2：p318）：micr-/ micro- ← micros 小的，微小的，微观的（用于希腊语复合词）；physus ← physos 水泡的，气泡的，口袋的，膀胱的，囊状的（表示中空）

Microphysa elongata 泡果茜草：elongatus 伸长的，延长的；elongare 拉长，延长；longus 长的，纵向的；e-/ ex- 不，无，非，缺乏，不具有（e- 用在辅

音字母前，ex- 用在元音字母前，为拉丁语词首，对应的希腊语词首为 a-/ an-，英语为 un-/ -less，注意作词首用的 e-/ ex- 和介词 e/ ex 意思不同，后者意为"出自、从……、由……离开、由于、依照"）

Micropolypodium 锯蕨属（禾叶蕨科）（6-2：p300）：micr-/ micro- ← micros 小的，微小的，微观的（用于希腊语复合词）；poly- ← polys 多个，许多（希腊语，拉丁语为 multi-）；podius ← podion 腿，足，柄

Micropolypodium cornigera 叉毛锯蕨（叉 chā）：cornus 角，犄角，兽角，角质，角质般坚硬；gerus → -ger/ -gerus/ -gerum/ -gera 具有，有，带有

Micropolypodium okuboi 锯蕨：okuboi 大久保（日本人名）

Micropolypodium sikkimensis 锡金锯蕨：sikkimensis 锡金的（地名）

Microsisymbrium 小蒜芥属（十字花科）（33：p418）：micr-/ micro- ← micros 小的，微小的，微观的（用于希腊语复合词）；Sisymbrium 大蒜芥属

Microsisymbrium minutiflorum 小花小蒜芥：minutus 极小的，细微的，微小的；florus/ florum/ flora ← flos 花（用于复合词）

Microsisymbrium yechengicum 叶城小蒜芥：yechengicum 叶城的（地名，新疆维吾尔自治区）

Microsorum 星蕨属（水龙骨科）（6-2：p215）：microsorum 小孢子囊的；micr-/ micro- ← micros 小的，微小的，微观的（用于希腊语复合词）；sorus ← soros 堆（指密集成簇），孢子囊群

Microsorum fortunei 江南星蕨：fortunei ← Robert Fortune（人名，19 世纪英国园艺学家，曾在中国采集植物）；-i 表示人名，接在以元音字母结尾的人名后面，但 -a 除外

Microsorum insigne 羽裂星蕨：insigne 勋章，显著的，杰出的；in-/ im-（来自 il- 的音变）内，在内，内部，向内，相反，不，无，非；il- 在内，向内，为，相反（希腊语为 en-）；词首 il- 的音变：il-（在 l 前面），im-（在 b、m、p 前面），in-（在元音字母和大多数辅音字母前面），ir-（在 r 前面），如 illaudatus（不值得称赞的，评价不好的），impermeabilis（不透水的，穿不透的），ineptus（不合适的），insertus（插入的），irretortus（无弯曲的，无扭曲的）；signum 印记，标记，刻画，图章

Microsorum membranaceum 膜叶星蕨：membranaceus 膜质的，膜状的；membranus 膜；-aceus/ -aceum/ -acea 相似的，有……性质的，属于……的

Microsorum pteropus 有翅星蕨：pteropus 翅柄的；pterus/ pteron 翅，翼，蕨类；-pus ← pous 腿，足，爪，柄，茎

Microsorum punctatum 星蕨：punctatus = punctus + atus 具斑点的；punctus 斑点

Microsorum reticulatum 网脉星蕨：reticulatus = reti + culus + atus 网状的；reti-/ rete- 网（同义词：dictyo-）；-culus/ -culum/ -cula 小的，略微的，稍微的（同第三变格法和第四变格法名词形成复合词）；-atus/ -atum/ -ata 属于，相似，具有，完成（形容词词尾）

Microsorum steerei 广叶星蕨：steerei（人名）

M

Microsorum superficiale 表面星蕨：superficiale/ superficialis 发生在叶的上面的；superficiaris 生于一个器官的表面的；superficies 上表面，面；super- 超越的，高雅的，上层的

Microsorum zippelii 显脉星蕨：zippelii（人名）；-ii 表示人名，接在以辅音字母结尾的人名后面，但 -er 除外

Microstegium 莠竹属（禾本科）（10-2：p67）：micr-/ micro- ← micros 小的，微小的，微观的（用于希腊语复合词）；stegius ← stege/ stegon 盖子，加盖，覆盖，包裹，遮盖物

Microstegium biaristatum 二芒莠竹：bi-/ bis- 二，二数，二回（希腊语为 di-）；aristatus(aristosus) = arista + atus 具芒的，具芒刺的，具刚毛的，具胡须的；arista 芒

Microstegium biforme 二型莠竹：bifoliatus/ bifolius 具二叶的；bi-/ bis- 二，二数，二回（希腊语为 di-）；forme/ forma 形状

Microstegium ciliatum 刚莠竹：ciliatus = cilium + atus 缘毛的，流苏的；cilium 缘毛，睫毛；-atus/ -atum/ -ata 属于，相似，具有，完成（形容词词尾）

Microstegium delicatulum 荏弱莠竹（荏 rěn）：delicatulus 略优美的，略美味的；delicatus 柔软的，细腻的，优美的，美味的；delicia 优雅，喜悦，美味；-ulus/ -ulum/ -ula 小的，略微的，稍微的（小词 -ulus 在字母 e 或 i 之后有多种变缀，即 -olus/ -olum/ -ola、-ellus/ -ellum/ -ella、-illus/ -illum/ -illa，与第一变格法和第二变格法名词形成复合词）

Microstegium dilatatum 大穗莠竹：dilatatus = dilatus + atus 扩大的，膨大的；dilatus/ dilat-/ dilati-/ dilato- 扩大，膨大

Microstegium fauriei 法利莠竹：fauriei ← L'Abbe Urbain Jean Faurie（人名，19 世纪活动于日本的法国传教士、植物学家）

Microstegium geniculatum 膝曲莠竹：geniculatus 关节的，膝状弯曲的；geniculum 节，关节，节片；-atus/ -atum/ -ata 属于，相似，具有，完成（形容词词尾）

Microstegium glaberrimum 短轴莠竹：glaberrimus 完全无毛的；glaber/ glabrus 光滑的，无毛的；-rimus/ -rima/ -rimum 最，极，非常（词尾为 -er 的形容词最高级）

Microstegium japonicum 日本莠竹：japonicum 日本的（地名）；-icus/ -icum/ -ica 属于，具有某种特性（常用于地名、起源、生境）

Microstegium monanthum 单花莠竹：mono-/ mon- ← monos 一个，单一的（希腊语，拉丁语为 unus/ uni-/ uno-）；anthus/ anthum/ antha/ anthe ← anthos 花（用于希腊语复合词）

Microstegium nodosum 莠竹：nodosus 有关节的，有结节的，多关节的；nodus 节，节点，连接点；-osus/ -osum/ -osa 多的，充分的，丰富的，显著发育的，程度高的，特征明显的（形容词词尾）

Microstegium nudum 竹叶茅：nudus 裸露的，无装饰的

Microstegium somai 多芒莠竹：somai 相马（日本人名，相 xiàng）；-i 表示人名，接在以元音字母结尾的人名后面，但 -a 除外，故该词改为 "somaiana" 或 "somae" 似更妥

Microstegium vagans 蔓生莠竹（蔓 màn）：vagans 流浪的，漫游的，漂泊的

Microstegium vimineum 柔枝莠竹：vimineus/ viminalis ← vimen 修长枝条的，像葡萄藤的；-eus/ -eum/ -ea（接拉丁语词干时）属于……的，色如……的，质如……的（表示原料、颜色或品质的相似），（接希腊语词干时）属于……的，以……出名，为……所占有（表示具有某种特性）

Microstegium yunnanense 云南莠竹：yunnanense 云南的（地名）

Microstigma 小柱芥属（十字花科）（33：p344）：micr-/ micro- ← micros 小的，微小的，微观的（用于希腊语复合词）；stigmus 柱头

Microstigma brachycarpum 短果小柱芥：brachy- ← brachys 短的（用于拉丁语复合词词首）；carpus/ carpum/ carpa/ carpon ← carpos 果实（用于希腊语复合词）

Microtatorchis 拟蜘蛛兰属（兰科）（19：p430）：micr-/ micro- ← micros 小的，微小的，微观的（用于希腊语复合词）；-tatos 极其的，极端的；orchis 红门兰，兰花

Microtatorchis compacta 拟蜘蛛兰：compactus 小型的，压缩的，紧凑的，致密的，稠密的；pactus 压紧，紧缩；co- 联合，共同，合起来（拉丁语词首，为 cum- 的音变，表示结合、强化、完全，对应的希腊语为 syn-）；co- 的缀词音变有 co-/ com-/ con-/ col-/ cor-：co-（在 h 和元音字母前面），col-（在 l 前面），com-（在 b、m、p 之前），con-（在 c、d、f、g、j、n、qu、s、t 和 v 前面），cor-（在 r 前面）

Microtis 葱叶兰属（兰科）（17：p238）：micr-/ micro- ← micros 小的，微小的，微观的（用于希腊语复合词）；-otis/ -otites/ -otus/ -otion/ -oticus/ -otos/ -ous 耳，耳朵

Microtis unifolia 葱叶兰：uni-/ uno- ← unus/ unum/ una 一，单一（希腊语为 mono-/ mon-）；folius/ folium/ folia 叶，叶片（用于复合词）

Microtoena 冠唇花属（冠 guān）（唇形科）（66：p46）：micr-/ micro- ← micros 小的，微小的，微观的（用于希腊语复合词）；toena ← tainia 带子，条带状的

Microtoena affinis 相近冠唇花：affinis = ad + finis 酷似的，近似的，有联系的；ad- 向，到，近（拉丁语词首，表示程度加强）；构词规则：构成复合词时，词首末尾的辅音字母常同化为紧接其后的那个辅音字母（如 ad + f → aff）；finis 界限，境界；affin- 相似，近似，相关

Microtoena albescens 白花冠唇花：albescens 淡白的，略白的，发白的，褪色的；albus → albi-/ albo- 白色的；-escens/ -ascens 改变，转变，变成，略微，带有，接近，相似，大致，稍微（表示变化的趋势并未完全相似或相同，有别于表示达到完成状态的 -atus）

Microtoena delavayi 云南冠唇花：delavayi ← P. J. M. Delavay（人名，1834–1895，法国传教士，曾在中国采集植物标本）；-i 表示人名，接在以元音字母结尾的人名后面，但 -a 除外

M

Microtoena delavayi var. amblyodon 云南冠唇花-钝齿变种：amblyodon 钝齿的；amblyo-/ ambly- 钝的，钝角的；odontus/ odontos → odon-/ odont-/ odonto-（可作词首或词尾）齿，牙齿状的；odous 齿，牙齿（单数，其所有格为 odontos）

Microtoena delavayi var. delavayi 云南冠唇花-原变种 （词义见上面解释）

Microtoena delavayi var. grandiflora 云南冠唇花-大花变种：grandi- ← grandis 大的；florus/ florum/ flora ← flos 花（用于复合词）

Microtoena delavayi var. lutea 云南冠唇花-黄花变种：luteus 黄色的

Microtoena insuavis 冠唇花：insuavis 劣味的，不愉快的

Microtoena longisepala 长萼冠唇花：longe-/ longi- ← longus 长的，纵向的；sepalus/ sepalum/ sepala 萼片（用于复合词）

Microtoena maireana 石山冠唇花：maireana（人名）；Edouard Ernest Maire（人名，19 世纪活动于中国云南的传教士）；Rene C. J. E. Maire 人名（20 世纪阿尔及利亚植物学家，研究北非植物）

Microtoena megacalyx 大萼冠唇花：mega-/ megal-/ megalo- ← megas 大的，巨大的；calyx → calyc- 萼片（用于希腊语复合词）

Microtoena miyiensis 米易冠唇花：miyiensis 米易的（地名，四川省）

Microtoena mollis 毛冠唇花：molle/ mollis 软的，柔毛的

Microtoena moupinensis 宝兴冠唇花：moupinensis 穆坪的（地名，四川省宝兴县），木坪的（地名，重庆市）

Microtoena muliensis 木里冠唇花：muliensis 木里的（地名，四川省）

Microtoena omeiensis 峨眉冠唇花：omeiensis 峨眉山的（地名，四川省）

Microtoena patchoulii 滇南冠唇花：patchoulii（人名）；-ii 表示人名，接在以辅音字母结尾的人名后面，但 -er 除外

Microtoena pauciflora 少花冠唇花：pauci- ← paucus 少数的，少的（希腊语为 oligo-）；florus/ florum/ flora ← flos 花（用于复合词）

Microtoena prainiana 南川冠唇花：prainiana ← David Prain（人名，20 世纪英国植物学家）

Microtoena robusta 粗壮冠唇花：robustus 大型的，结实的，健壮的，强壮的

Microtoena stenocalyx 狭萼冠唇花：sten-/ steno- ← stenus 窄的，狭的，薄的；calyx → calyc- 萼片（用于希腊语复合词）

Microtoena subspicata 近穗状冠唇花：subspicatus 近穗状花的；sub-（表示程度较弱）与……类似，几乎，稍微，弱，亚，之下，下面；spicatus 具穗的，具穗状花的，具尖头的；spicus 穗，谷穗，花穗；-atus/ -atum/ -ata 属于，相似，具有，完成（形容词词尾）

Microtoena subspicata var. intermedia 近穗状冠唇花-中间变种：intermedius 中间的，中位的，中等的；inter- 中间的，在中间，之间；medius 中间的，中央的

Microtoena subspicata var. subspicata 近穗状冠唇花-原变种 （词义见上面解释）

Microtoena urticifolia 麻叶冠唇花：Urtica 荨麻属（荨麻科）；folius/ folium/ folia 叶，叶片（用于复合词）

Microtoena urticifolia var. brevipedunculata 麻叶冠唇花-短梗变种：brevi- ← brevis 短的（用于希腊语复合词词首）；pedunculatus/ peduncularis 具花序柄的，具总花梗的；pedunculus/ peduncule/ pedunculis ← pes 花序柄，总花梗（花序基部无花着生部分，不同于花柄）；关联词：pedicellus/ pediculus 小花梗，小花柄（不同于花序柄）；pes/ pedis 柄，梗，茎秆，腿，足，爪（作词首或词尾，pes 的词干视为"ped-"）

Microtoena urticifolia var. urticifolia 麻叶冠唇花-原变种 （词义见上面解释）

Microtoena vanchingshanensis 梵净山冠唇花（梵 fàn）：vanchingshanensis 梵净山的（地名，贵州省）

Microtropis 假卫矛属（卫矛科）（45-3：p150）：micr-/ micro- ← micros 小的，微小的，微观的（用于希腊语复合词）；tropis 龙骨（希腊语）

Microtropis biflora 双花假卫矛：bi-/ bis- 二，二数，二回（希腊语为 di-）；florus/ florum/ flora ← flos 花（用于复合词）

Microtropis caudata 尖尾假卫矛：caudatus = caudus + atus 尾巴的，尾巴状的，具尾的；caudus 尾巴

Microtropis discolor 异色假卫矛：discolor 异色的，不同色的（指花瓣花萼等）；di-/ dis- 二，二数，二分，分离，不同，在……之间，从……分开（希腊语，拉丁语为 bi-/ bis-）；color 颜色

Microtropis fokienensis 福建假卫矛：fokienensis 福建的（地名）

Microtropis gracilipes 密花假卫矛：gracilis 细长的，纤弱的，丝状的；pes/ pedis 柄，梗，茎秆，腿，足，爪（作词首或词尾，pes 的词干视为"ped-"）

Microtropis henryi 滇东假卫矛：henryi ← Augustine Henry 或 B. C. Henry（人名，前者，1857–1930，爱尔兰医生、植物学家，曾在中国采集植物，后者，1850–1901，曾活动于中国的传教士）

Microtropis hexandra 六蕊假卫矛：hexandrus 六个雄蕊的；hex-/ hexa- 六（希腊语，拉丁语为 sex-）；andrus/ andros/ antherus ← aner 雄蕊，花药，雄性

Microtropis japonica 日本假卫矛：japonica 日本的（地名）；-icus/ -icum/ -ica 属于，具有某种特性（常用于地名、起源、生境）

Microtropis macrophyllus 大叶假卫矛：macro-/ macr- ← macros 大的，宏观的（用于希腊语复合词）；phyllus/ phyllum/ phylla ← phyllon 叶片（用于希腊语复合词）

Microtropis micrantha 小花假卫矛：micr-/ micro- ← micros 小的，微小的，微观的（用于希腊语复合词）；anthus/ anthum/ antha/ anthe ← anthos 花（用于希腊语复合词）

Microtropis obliquinervia 斜脉假卫矛：obliquinervius 偏脉的；obliqui- ← obliquus 对角线的，斜线的，歪斜的；nervius = nervus + ius 具脉

的，具叶脉的；nervus 脉，叶脉；-ius/ -ium/ -ia 具有……特性的（表示有关、关联、相似）

Microtropis obscurinervia 隐脉假卫矛：obscurus 暗色的，不明确的，不明显的，模糊的；nervius = nervus + ius 具脉的，具叶脉的；nervus 脉，叶脉；-ius/ -ium/ -ia 具有……特性的（表示有关、关联、相似）

Microtropis oligantha 逢春假卫矛：oligo-/ olig- 少数的（希腊语，拉丁语为 pauci-）；anthus/ anthum/ antha/ anthe ← anthos 花（用于希腊语复合词）

Microtropis osmanthoides 木樨假卫矛：osmanthoides 像木樨的，稍有香气的；Osmanthus 木樨属（木樨科）；osmus/ osmum/ osma/ osme → osm-/ osmo-/ osmi- 香味，气味（希腊语）；anthus/ anthum/ antha/ anthe ← anthos 花（用于希腊语复合词）；-oides/ -oideus/ -oideum/ -oidea/ -odes/ -eidos 像……的，类似……的，呈……状的（名词词尾）

Microtropis paucinervia 少脉假卫矛：pauci- ← paucus 少数的，少的（希腊语为 oligo-）；nervius = nervus + ius 具脉的，具叶脉的；nervus 脉，叶脉；-ius/ -ium/ -ia 具有……特性的（表示有关、关联、相似）

Microtropis petelotii 广序假卫矛：petelotii（人名）；-ii 表示人名，接在以辅音字母结尾的人名后面，但 -er 除外

Microtropis pyramidalis 塔蕾假卫矛：pyramidalis 金字塔形的，三角形的，锥形的；pyramis 棱形体，锥形体，金字塔；构词规则：词尾为 -is 和 -ys 的词的词干分别视为 -id 和 -yd

Microtropis reticulata 网脉假卫矛：reticulatus = reti + culus + atus 网状的；reti-/ rete- 网（同义词：dictyo-）；-culus/ -culum/ -cula 小的，略微的，稍微的（同第三变格法和第四变格法名词形成复合词）；-atus/ -atum/ -ata 属于，相似，具有，完成（形容词词尾）

Microtropis semipaniculata 复序假卫矛：semi- 半，准，略微；paniculatus = paniculus + atus 具圆锥花序的；paniculus 圆锥花序；panus 谷穗；panicus 野稗，粟，谷子；-atus/ -atum/ -ata 属于，相似，具有，完成（形容词词尾）

Microtropis sphaerocarpa 圆果假卫矛：sphaerocarpus 球形果的；sphaero- 圆形，球形；carpus/ carpum/ carpa/ carpon ← carpos 果实（用于希腊语复合词）

Microtropis submembranacea 灵香假卫矛：submembranaceus 近膜质的；sub-（表示程度较弱）与……类似，几乎，稍微，弱，亚，之下，下面；membranaceus 膜质的，膜状的；membranus 膜；-aceus/ -aceum/ -acea 相似的，有……性质的，属于……的

Microtropis tetragona 方枝假卫矛：tetra-/ tetr- 四，四数（希腊语，拉丁语为 quadri-/ quadr-）；gonus ← gonos 棱角，膝盖，关节，足

Microtropis thyrsiflora 大序假卫矛：thyrsus/ thyrsos 花簇，金字塔，圆锥形，聚伞圆锥花序；florus/ florum/ flora ← flos 花（用于复合词）

Microtropis triflora 三花假卫矛：tri-/ tripli-/

triplo- 三个，三数；florus/ florum/ flora ← flos 花（用于复合词）

Microtropis triflora var. szechuanensis 阔叶三花假卫矛：szechuan 四川（地名）

Microtropis triflora var. triflora 三花假卫矛-原变种 （词义见上面解释）

Microtropis yunnanensis 云南假卫矛：yunnanensis 云南的（地名）

Microula 微孔草属（紫草科）（64-2：p151）：microula = micro + ulus 微小的；micr-/ micro- ← micros 小的，微小的，微观的（用于希腊语复合词）；-ulus/ -ulum/ -ula 小的，略微的，稍微的（小词 -ulus 在字母 e 或 i 之后有多种变缀，即 -olus/ -olum/ -ola、-ellus/ -ellum/ -ella、-illus/ -illum/ -illa，与第一变格法和第二变格法名词形成复合词）

Microula bhutanica 大孔微孔草：bhutanica ← Bhotan 不丹的（地名）

Microula blepharolepis 尖叶微孔草：blepharo/ blephari-/ blepharid- 睫毛，缘毛，流苏；lepis/ lepidos 鳞片

Microula ciliaris 巴塘微孔草：ciliaris 缘毛的，睫毛的（流苏状）；cilia 睫毛，缘毛；cili- 纤毛，缘毛；-aris（阳性、阴性）/ -are（中性）← -alis（阳性、阴性）/ -ale（中性）属于，相似，如同，具有，涉及，关于，联结于（将名词作形容词用，其中 -aris 常用于以 l 或 r 为词干末尾的词）

Microula diffusa 疏散微孔草：diffusus = dis + fusus 蔓延的，散开的，扩展的，渗透的（dis- 在辅音字母前发生同化）；fusus 散开的，松散的，松弛的；di-/ dis- 二，二数，二分，分离，不同，在……之间，从……分开（希腊语，拉丁语为 bi-/ bis-）

Microula efoveolata 无孔微孔草：efoveolata 无孔的；e-/ ex- 不，无，非，缺乏，不具有（e- 用在辅音字母前，ex- 用在元音字母前，为拉丁语词首，对应的希腊语词首为 a-/ an-，英语为 un-/ -less，注意作词首用的 e-/ ex- 和介词 e/ ex 意思不同，后者意为"出自、从……、由……离开、由于、依照"）；foveolatus = fovea + ulus + atus 具小孔的，蜂巢状的，有小凹陷的；fovea 孔穴，腔隙

Microula floribunda 多花微孔草：floribundus = florus + bundus 多花的，繁花的，花正盛开的；florus/ florum/ flora ← flos 花（用于复合词）；-bundus/ -bunda/ -bundum 正在做，正在进行（类似于现在分词），充满，盛行

Microula forrestii 丽江微孔草：forrestii ← George Forrest（人名，1873-1932，英国植物学家，曾在中国西部采集大量植物标本）

Microula hispidissima 密毛微孔草：hispidus 刚毛的，鬃毛状的；-issimus/ -issima/ -issimum 最，非常，极其（形容词最高级）

Microula involucriformis 总苞微孔草：involucriformis 总苞状的；involucri- ← involucrus 总苞，花苞，花被；formis/ forma 形状

Microula jilongensis 吉隆微孔草：jilongensis 吉隆的（地名，西藏自治区）

Microula leiocarpa 光果微孔草：lei-/ leio-/ lio- ← leius ← leios 光滑的，平滑的；carpus/ carpum/ carpa/ carpon ← carpos 果实（用于希腊语复合词）

M

Microroula longipes 长梗微孔草：longe-/ longi- ← longus 长的，纵向的；pes/ pedis 柄，梗，茎秆，腿，足，爪（作词首或词尾，pes 的词干视为 "ped-"）

Microroula longituba 长筒微孔草：longe-/ longi- ← longus 长的，纵向的；tubus 管子的，管状的，筒状的

Microroula muliensis 木里微孔草：muliensis 木里的（地名，四川省）

Microroula myosotidea 鹤庆微孔草：myosotidea = Myosotis + eus 像勿忘草的；构词规则：词尾为 -is 和 -ys 的词的词干分别视为 -id 和 -yd；Myosotis 勿忘草属（紫草科）；-eus/ -eum/ -ea（接拉丁语词干时）属于……的，色如……的，质如……的（表示原料、颜色或品质的相似），（接希腊语词干时）属于……的，以……出名，为……所占有（表示具有某种特性）

Microroula oblongifolia 长圆微孔草：oblongus = ovus + longus 长椭圆形的（ovus 的词干 ov- 音变为 ob-）；ovus 卵，胚珠，卵形的，椭圆形的；longus 长的，纵向的；folius/ folium/ folia 叶，叶片（用于复合词）

Microroula oblongifolia var. glabrescens 疏毛长圆微孔草：glabrus 光秃的，无毛的，光滑的；-escens/ -ascens 改变，转变，变成，略微，带有，接近，相似，大致，稍微（表示变化的趋势，并未完全相似或相同，有别于表示达到完成状态的 -atus）

Microroula oblongifolia var. oblongifolia 长圆微孔草-原变种 （词义见上面解释）

Microroula ovalifolia 卵叶微孔草：ovalis 广椭圆形的；ovus 卵，胚珠，卵形的，椭圆形的；folius/ folium/ folia 叶，叶片（用于复合词）

Microroula ovalifolia var. ovalifolia 卵叶微孔草-原变种 （词义见上面解释）

Microroula ovalifolia var. pubiflora 毛花卵叶微孔草：pubi- ← pubis 细柔毛的，短柔毛的，毛被的；florus/ florum/ flora ← flos 花（用于复合词）

Microroula polygonoides 蓼状微孔草（蓼 liǎo）：Polygonum 蓼属（蓼科）；-oides/ -oideus/ -oideum/ -oidea/ -odes/ -eidos 像……的，类似……的，呈……状的（名词词尾）

Microroula pseudotrichocarpa 甘青微孔草：pseudotrichocarpa 像 trichocarpa 的，近似毛果的；pseudo-/ pseud- ← pseudos 假的，伪的，接近，相似（但不是）；Microroula trichocarpa 长叶微孔草；trich-/ tricho-/ tricha- ← trichos ← thrix 毛，多毛的，线状的，丝状的；carpus/ carpum/ carpa/ carpon ← carpos 果实（用于希腊语复合词）

Microroula pseudotrichocarpa var. grandiflora 大花甘青微孔草：grandi- ← grandis 大的；florus/ florum/ flora ← flos 花（用于复合词）

Microroula pseudotrichocarpa var. pseudotrichocarpa 甘青微孔草-原变种 （词义见上面解释）

Microroula pustulosa 小果微孔草：pustulosus 泡状凸起的，粉刺状的；-osus/ -osum/ -osa 多的，充分的，丰富的，显著发育的，程度高的，特征明显的（形容词词尾）

Microroula pustulosa var. pustulosa 小果微孔

草-原变种 （词义见上面解释）

Microroula pustulosa var. setulosa 刚毛小果微孔草：setulosus = setus + ulus + osus 多细刚毛的，多细刺毛的，多细芒刺的；setus/ saetus 刚毛，刺毛，芒刺，-ulus/ -ulum/ -ula 小的，略微的，稍微的（小词 -ulus 在字母 e 或 i 之后有多种变缀，即 -olus/ -olum/ -ola、-ellus/ -ellum/ -ella、-illus/ -illum/ -illa，与第一变格法和第二变格法名词形成复合词）；-osus/ -osum/ -osa 多的，充分的，丰富的，显著发育的，程度高的，特征明显的（形容词词尾）

Microroula rockii 柔毛微孔草：rockii ← Joseph Francis Charles Rock（人名，20 世纪美国植物采集员）

Microroula sikkimensis 微孔草：sikkimensis 锡金的（地名）

Microroula spathulata 匙叶微孔草（匙 chí）：spathulatus = spathus + ulus + atus 匙形的，佛焰苞状的，小佛焰苞；spathus 佛焰苞，薄片，刀剑

Microroula stenophylla 狭叶微孔草：sten-/ steno- ← stenus 窄的，狭的，薄的；phyllus/ phyllum/ phylla ← phyllon 叶片（用于希腊语复合词）

Microroula tangutica 宽苞微孔草：tangutica ← Tangut 唐古特的，党项的（西夏时期生活于中国西北地区的党项羌人，蒙古语称其为 "唐古特"，有多种音译，如唐兀、唐古、唐括等）；-icus/ -icum/ -ica 属于，具有某种特性（常用于地名、起源、生境）

Microroula tibetica 西藏微孔草：tibetica 西藏的（地名）；-icus/ -icum/ -ica 属于，具有某种特性（常用于地名、起源、生境）

Microroula tibetica var. laevis 光果西藏微孔草：laevis/ levis/ laeve/ leve → levi-/ laevi- 光滑的，无毛的，无不平或粗糙感觉的

Microroula tibetica var. pratensis 小花西藏微孔草：pratensis 生于草原的；pratum 草原

Microroula tibetica var. tibetica 西藏微孔草-原变种 （词义见上面解释）

Microroula trichocarpa 长叶微孔草：trich-/ tricho-/ tricha- ← trichos ← thrix 毛，多毛的，线状的，丝状的；carpus/ carpum/ carpa/ carpon ← carpos 果实（用于希腊语复合词）

Microroula trichocarpa var. lasiantha 毛花长叶微孔草：lasi-/ lasio- 羊毛状的，有毛的，粗糙的；anthus/ anthum/ antha/ anthe ← anthos 花（用于希腊语复合词）

Microroula trichocarpa var. macrantha 大花长叶微孔草：macro-/ macr- ← macros 大的，宏观的（用于希腊语复合词）；anthus/ anthum/ antha/ anthe ← anthos 花（用于希腊语复合词）

Microroula trichocarpa var. trichocarpa 长叶微孔草-原变种 （词义见上面解释）

Microroula turbinata 长果微孔草：turbinatus 倒圆锥形的，陀螺状的；turbinus 陀螺，涡轮；turbo 旋转，涡旋

Microroula younghusbandii 小微孔草：younghusbandii（人名）；-ii 表示人名，接在以辅音字母结尾的人名后面，但 -er 除外

Mikania 假泽兰属（菊科）（74：p69）：mikania ← Joseph G. Mikan（人名，18 世纪捷克植物学家）

M

Mikania cordata 假泽兰：cordatus ← cordis/ cor 心脏的，心形的；-atus/ -atum/ -ata 属于，相似，具有，完成（形容词词尾）

Mikania micrantha 微甘菊：micr-/ micro- ← micros 小的，微小的，微观的（用于希腊语复合词）；anthus/ anthum/ antha/ anthe ← anthos 花（用于希腊语复合词）

Milium 粟草属（禾本科）（9-3：p267）：milium 小米（古拉丁名）

Milium effusum 粟草：effusus = ex + fusus 很松散的，非常稀疏的；fusus 散开的，松散的，松弛的；e-/ ex- 不，无，非，缺乏，不具有（e- 用在辅音字母前，ex- 用在元音字母前，为拉丁语词首，对应的希腊语词首为 a-/ an-，英语为 un-/ -less，注意作词首用的 e-/ ex- 和介词 e/ ex 意思不同，后者意为"出自、从……、由……离开、由于、依照"）；构词规则：构成复合词时，词首末尾的辅音字母常同化为紧接其后的那个辅音字母（如 ex + f → eff）

Miliusa 野独活属（番荔枝科）（30-2：p39）：miliusus 稷粒状的，谷粒状的

Miliusa chunii 野独活：chunii ← W. Y. Chun 陈焕镛（人名，1890–1971，中国植物学家）

Miliusa sinensis 中华野独活：sinensis = Sina + ensis 中国的（地名）；Sina 中国

Miliusa tenuistipitata 云南野独活：tenui- ← tenuis 薄的，纤细的，弱的，瘦的，窄的；stipitatus = stipitus + atus 具柄的；stipitus 柄，梗

Millettia 崖豆藤属（崖 yá，本属部分种类归入鸡血藤属 Callerya，血 xuè）（豆科）（40：p135）：millettia ← J. A. Millett（人名，18 世纪法国植物学家）；callerya ← Joseph Callery（人名，19 世纪活动于中国的法国传教士）

Millettia bonatiana 滇桂崖豆藤：bonatiana（人名）

Millettia championii 绿花崖豆藤：championii ← John George Champion（人名，19 世纪英国植物学家，研究东亚植物）

Millettia cinerea 灰毛崖豆藤：cinereus 灰色的，草木灰色的（为纯黑和纯白的混合色，希腊语为 tephro-/ spodo-）；ciner-/ cinere-/ cinereo- 灰色；-eus/ -eum/ -ea（接拉丁语词干时）属于……的，色如……的，质如……的（表示原料、颜色或品质的相似），（接希腊语词干时）属于……的，以……出名，为……所占有（表示具有某种特性）

Millettia congestiflora 密花崖豆藤：congestus 聚集的，充满的；florus/ florum/ flora ← flos 花（用于复合词）

Millettia cubittii 红河崖豆：cubittii（人名）；-ii 表示人名，接在以辅音字母结尾的人名后面，但 -er 除外

Millettia dielsiana 香花崖豆藤：dielsiana ← Friedrich Ludwig Emil Diels（人名，20 世纪德国植物学家）

Millettia dielsiana var. dielsiana 香花崖豆藤-原变种 （词义见上面解释）

Millettia dielsiana var. heterocarpa 异果崖豆藤：hete-/ heter-/ hetero- ← heteros 不同的，多样的，不齐的；carpus/ carpum/ carpa/ carpon ← carpos 果实（用于希腊语复合词）

Millettia dielsiana var. solida 雪峰山崖豆藤：solidus 完全的，实心的，致密的，坚固的，结实的

Millettia dorwardii 滇缅崖豆藤：dorwardii（人名）；-ii 表示人名，接在以辅音字母结尾的人名后面，但 -er 除外；-i 表示人名，接在以元音字母结尾的人名后面，但 -a 除外

Millettia entadoides 榼藤子崖豆藤（榼 kē）：Entada 榼藤属（豆科）；-oides/ -oideus/ -oideum/ -oidea/ -odes/ -eidos 像……的，类似……的，呈……状的（名词词尾）

Millettia erythrocalyx 红萼崖豆：erythrocalyx 红萼的；erythr-/ erythro- ← erythros 红色的（希腊语）；calyx → calyc- 萼片（用于希腊语复合词）

Millettia eurybotrya 宽序崖豆藤：eurys 宽阔的；botryus ← botrys 总状的，簇状的，葡萄串状的

Millettia fordii 广东崖豆藤：fordii ← Charles Ford（人名）

Millettia gentiliana 黔滇崖豆藤：gentiliana ← A. Gentil（人名）

Millettia griffithi 孟连崖豆：griffithi ← William Griffith（人名，19 世纪印度植物学家，加尔各答植物园主任）（种加词改为"griffithii"似更妥）

Millettia ichthyochtona 闹鱼崖豆：ichthyochtonus 毒死鱼的（指有毒）；ichthyo 鱼；-chtonus/ -ctonus 毒，毒死，杀死

Millettia kiangsiensis 江西崖豆藤：kiangsiensis 江西的（地名）

Millettia kiangsiensis f. kiangsiensis 江西崖豆藤-原变型 （词义见上面解释）

Millettia kiangsiensis f. purpurea 紫花崖豆藤：purpureus = purpura + eus 紫色的；purpura 紫色（purpura 原为一种介壳虫名，其体液为紫色，可作颜料）；-eus/ -eum/ -ea（接拉丁语词干时）属于……的，色如……的，质如……的（表示原料、颜色或品质的相似），（接希腊语词干时）属于……的，以……出名，为……所占有（表示具有某种特性）

Millettia lantsangensis 澜沧崖豆藤：lantsangensis 澜沧江的（地名，云南省）

Millettia leptobotrya 思茅崖豆：leptus ← leptos 细的，薄的，瘦小的，狭长的；botryus ← botrys 总状的，簇状的，葡萄串状的

Millettia longipedunculata 长梗崖豆藤：longe-/ longi- ← longus 长的，纵向的；pedunculatus/ peduncularis 具花序柄的，具总花梗的；pedunculus/ peduncule/ pedunculis ← pes 花序柄，总花梗（花序基部无花着生部分，不同于花柄）；关联词：pedicellus/ pediculus 小花梗，小花柄（不同于花序柄）；pes/ pedis 柄，梗，茎秆，腿，足，爪（作词首或词尾，pes 的词干视为"ped-"）

Millettia macrostachya 大穗崖豆：macro-/ macr- ← macros 大的，宏观的（用于希腊语复合词）；stachy-/ stachyo-/ -stachys/ -stachyus/ -stachyum/ -stachya 穗子，穗子的，穗子状的，穗状花序的

Millettia nitida 亮叶崖豆藤：nitidus = nitere + idus 光亮的，发光的；nitere 发亮；-idus/ -idum/ -ida 表示在进行中的动作或情况，作动词、名词或形容词的词尾；nitens 光亮的，发光的

M

Millettia nitida var. hirsutissima 丰城崖豆藤：hirsutus 粗毛的，糙毛的，有毛的（长而硬的毛）；-issimus/ -issima/ -issimum 最，非常，极其（形容词最高级）

Millettia nitida var. minor 峨眉崖豆藤：minor 较小的，更小的

Millettia nitida var. nitida 亮叶崖豆藤-原变种（词义见上面解释）

Millettia oosperma 皱果崖豆藤：oospermus 卵状种子的；oo- 卵；spermus/ spermum/ sperma 种子的（用于希腊语复合词）

Millettia oraria 香港崖豆：orarius 海岸的；ora 海岸，边缘；-arius/ -arium/ -aria 相似，属于（表示地点，场所，关系，所属）

Millettia pachycarpa 厚果崖豆藤：pachycarpus 肥厚果实的；pachy- ← pachys 厚的，粗的，肥的；carpus/ carpum/ carpa/ carpon ← carpos 果实（用于希腊语复合词）

Millettia pachyloba 海南崖豆藤：pachylobus 厚裂片的，大荚果的；pachy- ← pachys 厚的，粗的，肥的；lobus/ lobos/ lobon 浅裂，耳片（裂片先端钝圆），荚果，蒴果

Millettia pubinervis 薄叶崖豆：pubi- ← pubis 细柔毛的，短柔毛的，毛被的；nervis ← nervus 脉，叶脉

Millettia pulchra 印度崖豆：pulchrum 美丽，优雅，绮丽

Millettia pulchra var. chinensis 华南小叶崖豆：chinensis = china + ensis 中国的（地名）；China 中国

Millettia pulchra var. laxior 疏叶崖豆：laxior 较稀疏的；laxus 稀疏的，松散的，宽松的

Millettia pulchra var. microphylla 台湾小叶崖豆：micr-/ micro- ← micros 小的，微小的，微观的（用于希腊语复合词）；phyllus/ phyllum/ phylla ← phyllon 叶片（用于希腊语复合词）

Millettia pulchra var. parvifolia 景东小叶崖豆：parvifolius 小叶的；parvus 小的，些微的，弱的；folius/ folium/ folia 叶，叶片（用于复合词）

Millettia pulchra var. pulchra 印度崖豆-原变种（词义见上面解释）

Millettia pulchra var. tomentosa 绒叶印度崖豆：tomentosus = tomentum + osus 绒毛的，密被绒毛的；tomentum 绒毛，浓密的毛被，棉絮，棉絮状填充物（被褥、垫子等）；-osus/ -osum/ -osa 多的，充分的，丰富的，显著发育的，程度高的，特征明显的（形容词词尾）

Millettia pulchra var. yunnanensis 云南崖豆：yunnanensis 云南的（地名）

Millettia reticulata 网络崖豆藤：reticulatus = reti + culus + atus 网状的；reti-/ rete- 网（同义词：dictyo-）；-culus/ -culum/ -cula 小的，略微的，稍微的（同第三变格法和第四变格法名词形成复合词）；-atus/ -atum/ -ata 属于，相似，具有，完成（形容词词尾）

Millettia reticulata var. reticulata 网络崖豆藤-原变种（词义见上面解释）

Millettia reticulata var. stenophylla 线叶崖豆藤：sten-/ steno- ← stenus 窄的，狭的，薄的；phyllus/ phyllum/ phylla ← phyllon 叶片（用于希腊语复合词）

Millettia sapindiifolia 无患子叶崖豆藤：Sapindus 无患子属；folius/ folium/ folia 叶，叶片（用于复合词）

Millettia sericosema 锈毛崖豆藤：sericosemus 绢毛旗的；sericus 绢丝的，绢毛的，赛尔人的（Ser 为印度一民族）；semus 旗，旗瓣，标志

Millettia speciosa 美丽崖豆藤：speciosus 美丽的，华丽的；species 外形，外观，美观，物种（缩写 sp.，复数 spp.）；-osus/ -osum/ -osa 多的，充分的，丰富的，显著发育的，程度高的，特征明显的（形容词词尾）

Millettia sphaerosperma 球子崖豆藤：sphaero- 圆形，球形；spermus/ spermum/ sperma 种子的（用于希腊语复合词）

Millettia tetraptera 四翅崖豆：tetra-/ tetr- 四，四数（希腊语，拉丁语为 quadri-/ quadr-）；pterus/ pteron 翅，翼，蕨类

Millettia tsui 喙果崖豆藤：tsui ← Y. W. Tsui 崔友文（人名，1907–1980）；-i 表示人名，接在以元音字母结尾的人名后面，但 -a 除外

Millettia unijuga 三叶崖豆藤：unijugus 一对的；uni-/ uno- ← unus/ unum/ una 一，单一（希腊语为 mono-/ mon-）；jugus ← jugos 成对的，成双的，一组，牛轭，束缚（动词为 jugo）

Millettia velutina 绒毛崖豆：velutinus 天鹅绒的，柔软的；velutus 绒毛的；-inus/ -inum/ -ina/ -inos 相近，接近，相似，具有（通常指颜色）

Millingtonia 老鸦烟筒花属（紫葳科）（69：p8）：millingtonia ← Thomas Millington（人名，18 世纪英国植物学家）

Millingtonia hortensis 老鸦烟筒花：hortensis 属于园圃的，属于园艺的；hortus 花园，园圃

Milula 穗花韭属（百合科）（14：p169）：milula（改缀词，来自 Allium 葱属）

Milula spicata 穗花韭：spicatus 具穗的，具穗状花的，具尖头的；spicus 穗，谷穗，花穗；-atus/ -atum/ -ata 属于，相似，具有，完成（形容词词尾）

Mimosa 含羞草属（豆科）（39：p15）：mimosa 模仿者（指叶片会动）

Mimosa bimucronata 光荚含羞草（另见 M. sepiaria）：bi-/ bis- 二，二数，二回（希腊语为 di-）；mucronatus = mucronus + atus 具短尖的，有微突起的；mucronus 短尖头，微突；-atus/ -atum/ -ata 属于，相似，具有，完成（形容词词尾）

Mimosa diplotricha 巴西含羞草（另见 M. invisa）：diplous ← diploos 双重的，二重的，二倍的，二数的；trich-/ tricho-/ tricha- ← trichos ← thrix 毛，多毛的，线状的，丝状的

Mimosa diplotricha var. inermis 无刺巴西含羞草：inermus/ inermis = in + arma 无针刺的，不尖锐的，无齿的，无武装的；in-/ im-（来自 il- 的音变）内，在内，内部，向内，相反，不，无，非；il- 在内，向内，为，相反（希腊语为 en-）；词首 il- 的音变：il-（在 l 前面），im-（在 b、m、p 前面），in-（在元音字母和大多数辅音字母前面），ir-（在 r 前

M

面），如 illaudatus（不值得称赞的，评价不好的），impermeabilis（不透水的，穿不透的），ineptus（不合适的），insertus（插入的），irretortus（无弯曲的，无扭曲的）；arma 武器，装备，工具，防护，挡板，军队

Mimosa invisa 巴西含羞草（另见 M. diplotricha）：invisus 不可见的，容易忽视的（比喻很小）；in-/ im-（来自 il- 的音变）内，在内，内部，向内，相反，不，无，非；il- 在内，向内，为，相反（希腊语为 en-）；词首 il- 的音变：il-（在 l 前面），im-（在 b、m、p 前面），in-（在元音字母和大多数辅音字母前面），ir-（在 r 前面），如 illaudatus（不值得称赞的，评价不好的），impermeabilis（不透水的，穿不透的），ineptus（不合适的），insertus（插入的），irretortus（无弯曲的，无扭曲的）；visus 可见的，看见的

Mimosa invisa var. inermis 无刺含羞草：inermus/ inermis = in + arma 无针刺的，不尖锐的，无齿的，无武装的；in-/ im-（来自 il- 的音变）内，在内，内部，向内，相反，不，无，非；il- 在内，向内，为，相反（希腊语为 en-）；词首 il- 的音变：il-（在 l 前面），im-（在 b、m、p 前面），in-（在元音字母和大多数辅音字母前面），ir-（在 r 前面），如 illaudatus（不值得称赞的，评价不好的），impermeabilis（不透水的，穿不透的），ineptus（不合适的），insertus（插入的），irretortus（无弯曲的，无扭曲的）；arma 武器，装备，工具，防护，挡板，军队

Mimosa invisa var. invisa 巴西含羞草-原变种（词义见上面解释）

Mimosa pigra 刺轴含羞草：pigrus 缓慢的，懒惰的（指叶片运动状态）

Mimosa pudica 含羞草：pudicus 害羞的，内向的（比喻花不开放）

Mimosa sepiaria 光荚含羞草（另见 M. bimucronata）：sepiarius 属于篱笆的，篱笆边生的；sepium 篱笆的，栅栏的；-arius/ -arium/ -aria 相似，属于（表示地点，场所，关系，所属）

Mimulicalyx 虾子草属（水鳖科有同名属）（玄参科）（67-2：p209）：mimulus 模拟者；calyx → calyc- 萼片（用于希腊语复合词）

Mimulicalyx paludigenus 沼生虾子草：paludigenus = paludosus + genus 沼泽的，沼生的；paludosus 沼泽的，沼生的；genus ← gignere ← geno 出生，发生，起源，产于，生于（指地方或条件），属（植物分类单位）

Mimulicalyx rosulatus 虾子草：rosulatus/ rosularis/ rosulans ← rosula 莲座状的

Mimulus 沟酸浆属（玄参科）（67-2：p164）：mimulus 模拟者

Mimulus bodinieri 匍生沟酸浆：bodinieri ← Emile Marie Bodinieri（人名，19 世纪活动于中国的法国传教士）；-eri 表示人名，在以 -er 结尾的人名后面加上 i 形成

Mimulus bracteosa 小苞沟酸浆：bracteosus = bracteus + osus 苞片多的；bracteus 苞，苞片，苞鳞；-osus/ -osum/ -osa 多的，充分的，丰富的，显著发育的，程度高的，特征明显的（形容词词尾）

Mimulus bracteosa f. bracteosa 小苞沟酸浆-原变型（词义见上面解释）

Mimulus bracteosa f. salicifolia 柳叶沟酸浆：salici ← Salix 柳属；构词规则：以 -ix/ -iex 结尾的词其词干末尾视为 -ic，以 -ex 结尾视为 -i/ -ic，其他以 -x 结尾视为 -c；folius/ folium/ folia 叶，叶片（用于复合词）

Mimulus szechuanensis 四川沟酸浆：szechuan 四川（地名）

Mimulus tenellus 沟酸浆：tenellus = tenuis + ellus 柔软的，纤细的，纤弱的，精美的，雅致的；tenuis 薄的，纤细的，弱的，瘦的，窄的；-ellus/ -ellum/ -ella ← -ulus 小的，略微的，稍微的（小词 -ulus 在字母 e 或 i 之后有多种变缀，即 -olus/ -olum/ -ola、-ellus/ -ellum/ -ella、-illus/ -illum/ -illa，用于第一变格法名词）

Mimulus tenellus var. nepalensis 尼泊尔沟酸浆：nepalensis 尼泊尔的（地名）

Mimulus tenellus var. platyphyllus 南红藤：platys 大的，宽的（用于希腊语复合词）；phyllus/ phyllum/ phylla ← phyllon 叶片（用于希腊语复合词）

Mimulus tenellus var. procerus 高大沟酸浆：procerus 高的，有高度的，极高的

Mimulus tenellus var. tenellus 沟酸浆-原变种（词义见上面解释）

Mimulus tibeticus 西藏沟酸浆：tibeticus 西藏的（地名）；-icus/ -icum/ -ica 属于，具有某种特性（常用于地名、起源、生境）

Mina 金鱼花属（旋花科）（64-1：p113）：mina 矿物，彩釉，美女，一种钱币，Joseph Mina（人名）

Mina lobata 金鱼花：lobatus = lobus + atus 具浅裂的，具耳垂状突起的；lobus/ lobos/ lobon 浅裂，耳片（裂片先端钝圆），荚果，蒴果；-atus/ -atum/ -ata 属于，相似，具有，完成（形容词词尾）

Minuartia 米努草属（石竹科）（26：p258）：minuartia ← Jean Minuart（人名，1693–1768，西班牙植物学家、药学家）

Minuartia biflora 二花米努草：bi-/ bis- 二，二数，二回（希腊语为 di-）；florus/ florum/ flora ← flos 花（用于复合词）

Minuartia kashmirica 克什米尔米努草：kashmirica 克什米尔的（地名）；-icus/ -icum/ -ica 属于，具有某种特性（常用于地名、起源、生境）

Minuartia kryloviana 新疆米努草：kryloviana（人名）

Minuartia laricina 石米努草：laricinus 落叶松样的；Larix 落叶松属（松科）；构词规则：以 -ix/ -iex 结尾的词其词干末尾视为 -ic，以 -ex 结尾视为 -i/ -ic，其他以 -x 结尾视为 -c；-inus/ -inum/ -ina/ -inos 相近，接近，相似，具有（通常指颜色）

Minuartia litwinowii 西北米努草：litwinowii（人名）；-ii 表示人名，接在以辅音字母结尾的人名后面，但 -er 除外

Minuartia macrocarpa 大果米努草：macro-/ macr- ← macros 大的，宏观的（用于希腊语复合词）；carpus/ carpum/ carpa/ carpon ← carpos 果实（用于希腊语复合词）

M

Minuartia macrocarpa var. koreana 长白米努草：koreana 朝鲜的（地名）

Minuartia macrocarpa var. macrocarpa 大果米努草-原变种 （词义见上面解释）

Minuartia regeliana 米努草：regeliana ← Eduard August von Regel（人名，19 世纪德国植物学家）

Minuartia verna 春米努草：vernus 春天的，春天开花的；vern- 春天，春分；ver/ veris 春天，春季

Mirabilis 紫茉莉属（紫茉莉科）（26：p7）：mirabilis 奇异的，奇迹的；-ans/ -ens/ -bilis/ -ilis 能够，可能（为形容词词尾，-ans/ -ens 用于主动语态，-bilis/ -ilis 用于被动语态）

Mirabilis jalapa 紫茉莉：jalapa（地名，墨西哥）

Miscanthus 芒属（禾本科）（10-2：p4）：miscanthus 花具柄的（指孪生小穗具柄）；misc-/ mischo- ← mischos 花梗；anthus/ anthum/ antha/ anthe ← anthos 花（用于希腊语复合词）

Miscanthus flavidus 黄金芒：flavidus 淡黄的，泛黄的，发黄的；flavus → flavo-/ flavi-/ flav- 黄色的，鲜黄色的，金黄色的（指纯正的黄色）；-idus/ -idum/ -ida 表示在进行中的动作或情况，作动词、名词或形容词的词尾

Miscanthus floridulus 五节芒：floridulus = floridus + ulus 多小花的，花开得很美丽的；floridus/ floribundus = florus + idus 有花的，多花的，花明显的；florus/ florum/ flora ← flos 花（用于复合词）；-idus/ -idum/ -ida 表示在进行中的动作或情况，作动词、名词或形容词的词尾；-ulus/ -ulum/ -ula 小的，略微的，稍微的（小词 -ulus 在字母 e 或 i 之后有多种变缀，即 -olus/ -olum/ -ola、-ellus/ -ellum/ -ella、-illus/ -illum/ -illa，与第一变格法和第二变格法名词形成复合词）

Miscanthus jinxianensis 金县芒：jinxianensis 金县的（地名，辽宁省大连市金州区的旧称）

Miscanthus purpurascens 紫芒：purpurascens 带紫色的，发紫的；purpur- 紫色的；-escens/ -ascens 改变，转变，变成，略微，带有，接近，相似，大致，稍微（表示变化的趋势，并未完全相似或相同，有别于表示达到完成状态的 -atus）

Miscanthus sinensis 芒：sinensis = Sina + ensis 中国的（地名）；Sina 中国

Miscanthus transmorrisonensis 高山芒：transmorrisonensis = trans + morrisonensis 跨磨里山的；tran-/ trans- 横过，远侧边，远方，在那边；morrisonensis 磨里山的（地名，今台湾新高山）

Mischobulbum 球柄兰属（兰科）（18：p230）：mischobulbum 球茎具柄的；misc-/ mischo- ← mischos 花梗；bulbon ← bulbos 球，球形，球茎，鳞茎

Mischobulbum cordifolium 心叶球柄兰：cordi- ← cordis/ cor 心脏的，心形的；folius/ folium/ folia 叶，叶片（用于复合词）

Mischocarpus 柄果木属（无患子科）（47-1：p42）：misc-/ mischo- ← mischos 花梗；carpus/ carpum/ carpa/ carpon ← carpos 果实（用于希腊语复合词）

Mischocarpus hainanensis 海南柄果木：hainanensis 海南的（地名）

Mischocarpus pentapetalus 褐叶柄果木：penta-

五，五数（希腊语，拉丁语为 quin/ quinqu/ quinque-/ quinqui-）；petalus/ petalum/ petala ← petalon 花瓣

Mischocarpus sundaicus 柄果木：sundaicus ← Sunda 巽他群岛的（地名）

Mitchella 蔓虎刺属（蔓 màn）（茜草科）（71-2：p156）：mitchella ← John Mitchell（人名，1676–1768，居住于弗吉尼亚的植物学家，林奈的好友）；-ella 小（用作人名或一些属名词尾时并无小词意义）

Mitchella undulata 蔓虎刺：undulatus = undus + ulus + atus 略呈波浪状的，略弯曲的；undus/ undum/ unda 起波浪的，弯曲的；-ulus/ -ulum/ -ula 小的，略微的，稍微的（小词 -ulus 在字母 e 或 i 之后有多种变缀，即 -olus/ -olum/ -ola、-ellus/ -ellum/ -ella、-illus/ -illum/ -illa，与第一变格法和第二变格法名词形成复合词）；-atus/ -atum/ -ata 属于，相似，具有，完成（形容词词尾）

Mitella 唢呐草属（虎耳草科）（34-2：p232）：mitella ← mitra 和尚帽子，头巾（唢呐草属幼果形似和尚帽子）；-ella 小（用作人名或一些属名词尾时并无小词意义）

Mitella formosana 台湾唢呐草：formosanus = formosus + anus 美丽的，台湾的；formosus ← formosa 美丽的，台湾的（葡萄牙殖民者发现台湾时对其的称呼，即美丽的岛屿）；-anus/ -anum/ -ana 属于，来自（形容词词尾）

Mitella nuda 唢呐草：nudus 裸露的，无装饰的

Mitracarpus 盖裂果属（茜草科）（71-2：p210）：mitra 僧帽，缨帽；carpus/ carpum/ carpa/ carpon ← carpos 果实（用于希腊语复合词）

Mitracarpus hirtus 盖裂果（另见 M. villosus）：hirtus 有毛的，粗毛的，刚毛的（长而明显的毛）

Mitracarpus villosus 盖裂果（另见 M. hirtus）：villosus 柔毛的，绵毛的；villus 毛，羊毛，长绒毛；-osus/ -osum/ -osa 多的，充分的，丰富的，显著发育的，程度高的，特征明显的（形容词词尾）

Mitragyna 帽蕊木属（茜草科）（71-1：p245）：mitra 僧帽，缨帽；gynus/ gynum/ gyna 雌蕊，子房，心皮

Mitragyna rotundifolia 帽蕊木：rotundus 圆形的，呈圆形的，肥大的；rotundo 使呈圆形，使圆滑；roto 旋转，滚动；folius/ folium/ folia 叶，叶片（用于复合词）

Mitrasacme 尖帽草属（马钱科）（61：p256）：mitrasacme 尖帽；mitra 僧帽，缨帽；acme ← akme 顶点，尖锐的，边缘（希腊语）

Mitrasacme indica 尖帽草：indica 印度的（地名）；-icus/ -icum/ -ica 属于，具有某种特性（常用于地名、起源、生境）

Mitrasacme pygmaea 水田白：pygmaeus/ pygmaei 小的，低矮的，极小的，矮人的；pygm- 矮，小，侏儒；-aeus/ -aeum/ -aea 表示属于……，名词形容词化词尾，如 europaeus ← europa 欧洲的

Mitrasacme pygmaea var. confertifolia 密叶水田白：confertus 密集的；folius/ folium/ folia 叶，叶片（用于复合词）

Mitrasacme pygmaea var. grandiflora 大花水田白：grandi- ← grandis 大的；florus/ florum/

flora ← flos 花（用于复合词）

Mitrasacme pygmaea var. pygmaea 水田白-原变种 （词义见上面解释）

Mitrastemon 帽蕊草属（大花草科）（24：p246）：mitra 僧帽，缨帽；stemon 雄蕊

Mitrastemon yamamotoi 帽蕊草：yamamotoi 山本（日本人名）

Mitrastemon yamamotoi var. kanehirai 多鳞帽蕊草：kanehirai（人名）（注：-i 表示人名，接在以元音字母结尾的人名后面，但 -a 除外，故该词尾宜改为"-ae"）

Mitrastemon yamamotoi var. yamamotoi 帽蕊草-原变种 （词义见上面解释）

Mitreola 度量草属（马钱科）（61：p259）：mitreola ← mitra 僧帽，缨帽

Mitreola pedicellata 大叶度量草：pedicellatus = pedicellus + atus 具小花柄的；pedicellus = pes + cellus 小花梗，小花柄（不同于花序柄）；pes/ pedis 柄，梗，茎秆，腿，足，爪（作词首或词尾，pes 的词干视为"ped-"）；-cellus/ -cellum/ -cella、-cillus/ -cillum/ -cilla 小的，略微的，稍微的（与任何变格法名词形成复合词）；关联词：pedunculus 花序柄，总花梗（花序基部无花着生部分）；-ellatus = ellus + atus 小的，属于小的；-atus/ -atum/ -ata 属于，相似，具有，完成（形容词词尾）

Mitreola petiolata 度量草：petiolatus = petiolus + atus 具叶柄的；petiolus 叶柄；-atus/ -atum/ -ata 属于，相似，具有，完成（形容词词尾）

Mitreola petiolatoides 小叶度量草：petiolatoides 像 petiolata 的；Mitreola petiolata 度量草；-oides/ -oideus/ -oideum/ -oidea/ -odes/ -eidos 像……的，类似……的，呈……状的（名词词尾）

Mitreola reticulata 网子度量草：reticulatus = reti + culus + atus 网状的；reti-/ rete- 网（同义词：dictyo-）；-culus/ -culum/ -cula 小的，略微的，稍微的（同第三变格法和第四变格法名词形成复合词）；-atus/ -atum/ -ata 属于，相似，具有，完成（形容词词尾）

Mitrephora 银钩花属（番荔枝科）（30-2：p55）：mitra 僧帽，缨帽；-phorus/ -phorum/ -phora 载体，承载物，支持物，带着，生着，附着（表示一个部分带着别的部分，包括起支撑或承载作用的柄、柱、托、囊等，如 gynophorum = gynus + phorum 雌蕊柄的，带有雌蕊的，承载雌蕊的）；gynus/ gynum/ gyna 雌蕊，子房，心皮

M

Mitrephora maingayi 山蕉：maingayi ← Andrew Carroll Maingay（人名，19 世纪活动于中国云南的传教士）

Mitrephora thorelii 银钩花：thorelii ← Clovis Thorel（人名，19 世纪法国植物学家、医生）；-ii 表示人名，接在以辅音字母结尾的人名后面，但 -er 除外

Mitrephora wangii 云南银钩花：wangii（人名）；-ii 表示人名，接在以辅音字母结尾的人名后面，但 -er 除外

Mnesithea 毛俭草属（禾本科）（10-2：p280）：mnesithea ← Mnesitheos（人名，古希腊医生）

Mnesithea mollicoma 毛俭草：molle/ mollis 软的，

柔毛的；comus ← comis 冠毛，头缨，一簇（毛或叶片）

Moehringia 种阜草属（种阜 zhǒng fù）（石竹科）（26：p247）：moehringia ← P. H. G. Moehring（人名，1710–1792，德国医生）

Moehringia lateriflora 种阜草：later-/ lateri- 侧面的，横向的；florus/ florum/ flora ← flos 花（用于复合词）

Moehringia trinervia 三脉种阜草：tri-/ tripli-/ triplo- 三个，三数；nervius = nervus + ius 具脉的，具叶脉的；nervus 脉，叶脉；-ius/ -ium/ -ia 具有……特性的（表示有关、关联、相似）

Moehringia umbrosa 新疆种阜草：umbrosus 多荫的，喜阴的，生于阴地的；umbra 荫凉，阴影，阴地；-osus/ -osum/ -osa 多的，充分的，丰富的，显著发育的，程度高的，特征明显的（形容词词尾）

Molinia 麦氏草属（禾本科）（9-2：p32）：molinia ← Juan Ignacio Molina（人名，19 世纪智利博物学家）

Molinia hui 拟麦氏草：hui 胡氏（人名）

Molinia japonica 日本麦氏草：japonica 日本的（地名）；-icus/ -icum/ -ica 属于，具有某种特性（常用于地名、起源、生境）

Mollugo 粟米草属（番杏科）（26：p27）：mollugo ← mollis 软的；-ago/ -ugo/ -go ← agere 相似，诱导，影响，遭遇，用力，运送，做，成就（阴性名词词尾，表示相似、某种性质或趋势，也用于人名词尾以示纪念）

Mollugo cerviana 线叶粟米草：cervianus 鹿，鹿黄色的；cervus 鹿；cervi- ← cervus 鹿

Mollugo nudicaulis 无茎粟米草：nudi- ← nudus 裸露的；caulis ← caulos 茎，茎秆，主茎

Mollugo stricta 粟米草：strictus 直立的，硬直的，笔直的，彼此靠拢的

Mollugo verticillata 种棱粟米草（种 zhǒng）：verticillatus/ verticillaris 螺纹的，螺旋的，轮生的，环状的；verticillus 轮，环状排列

Momordica 苦瓜属（葫芦科）（73-1：p188）：momordica 啃咬（种子上面呈啃咬的凹凸）

Momordica charantia 苦瓜：charantia 苦瓜（印度语名）

Momordica cochinchinensis 木鳖子：cochinchinensis ← Cochinchine 南圻的（历史地名，即今越南南部及其周边国家和地区）

Momordica dioica 云南木鳖：dioicus/ dioecus/ dioecius 雌雄异株的（dioicus 常用于苔藓学）；di-/ dis- 二，二数，二分，分离，不同，在……之间，从……分开（希腊语，拉丁语为 bi-/ bis-）；-oicus/ -oecius 雌雄体的，雌雄株的（仅用于词尾）；monoecius/ monoicus 雌雄同株的

Momordica subangulata 凹萼木鳖：subangulatus 略有棱的；sub-（表示程度较弱）与……类似，几乎，稍微，弱，亚，之下，下面；angulatus = angulus + atus 具棱角的，有角度的

Monachosoraceae 稀子蕨科（2：p250）：Monachosorum 稀子蕨属；-aceae（分类单位科的词尾，为 -aceus 的阴性复数主格形式，加到模式属的名称后或同义词的词干后以组成族群名称）

Monachosorum 稀子蕨属（稀子蕨科）（2：p252）：

monachos 单个的，单一的；sorus ← soros 堆（指密集成簇），孢子囊群

Monachosorum davallioides 大叶稀子蕨：davallioides 像骨碎补属的；Davallia 骨碎补属；-oides/ -oideus/ -oideum/ -oidea/ -odes/ -eidos 像……的，类似……的，呈……状的（名词词尾）

Monachosorum elegans 倭山稀子蕨：elegans 优雅的，秀丽的

Monachosorum flagellare 尾叶稀子蕨：flagellare/ flagellaris 鞭状的，匍匐的；flagellus/ flagrus 鞭子的，匍匐枝的

Monachosorum flagellare var. nipponicum 华中稀子蕨：nipponicum 日本的（地名）；-icus/ -icum/ -ica 属于，具有某种特性（常用于地名、起源、生境）

Monachosorum henryi 稀子蕨：henryi ← Augustine Henry 或 B. C. Henry（人名，前者，1857–1930，爱尔兰医生、植物学家，曾在中国采集植物，后者，1850–1901，曾活动于中国的传教士）

Monarda 美国薄荷属（薄 bò）（唇形科）（66：p200）：monarda ← Nicolas Monardes（人名，1493–1578，西班牙植物学家）

Monarda didyma 美国薄荷：didymus 成对的，孪生的，两个联合的，二裂的；关联词：tetradidymus 四对的，tetradymus 四细胞的，tetradidynamus 四强雄蕊的，didynamus 二强雄蕊的

Monarda fistulosa 拟美国薄荷：fistulosus = fistulus + osus 管状的，空心的，多孔的；fistulus 管状的，空心的；-osus/ -osum/ -osa 多的，充分的，丰富的，显著发育的，程度高的，特征明显的（形容词词尾）

Moneses 独丽花属（鹿蹄草科）（56：p193）：moneses 孤独喜悦的（指花单一而美丽）；monos 孤独的，单独的；esis 喜悦，高兴

Moneses uniflora 独丽花：uni-/ uno- ← unus/ unum/ una 一，单一（希腊语为 mono-/ mon-）；florus/ florum/ flora ← flos 花（用于复合词）

Monimopetalum 永瓣藤属（卫矛科）（45-3：p94）：monimopetalum 固定花瓣的（指花瓣宿存）；monimos 固定的；petalus/ petalum/ petala ← petalon 花瓣

Monimopetalum chinense 永瓣藤：chinense 中国的（地名）

Monochasma 鹿茸草属（玄参科）（68：p387）：monochasma 一个裂口的（指蒴果开裂方式）；mono-/ mon- ← monos 一个，单一的（希腊语，拉丁语为 unus/ uni-/ uno-）；chasme 开口的

Monochasma monantha 单花鹿茸草：mono-/ mon- ← monos 一个，单一的（希腊语，拉丁语为 unus/ uni-/ uno-）；anthus/ anthum/ antha/ anthe ← anthos 花（用于希腊语复合词）

Monochasma savatieri 沙氏鹿茸草：savatieri ← Paul Amadee Ludovic Savatier（人名，19 世纪法国植物学家）；-eri 表示人名，在以 -er 结尾的人名后面加上 i 形成

Monochasma sheareri 鹿茸草：sheareri（人名）；-eri 表示人名，在以 -er 结尾的人名后面加上 i 形成

Monochoria 雨久花属（雨久花科）（13-3：p135）：mono-/ mon- ← monos 一个，单一的（希腊语，拉丁语为 unus/ uni-/ uno-）；choria ← chorizo 分离，分叉，分歧，裂开

Monochoria hastata 箭叶雨久花：hastatus 戟形的，三尖头的（两侧基部有朝外的三角形裂片）；hasta 长矛，标枪

Monochoria korsakowii 雨久花：korsakowii（人名）；-ii 表示人名，接在以辅音字母结尾的人名后面，但 -er 除外

Monochoria vaginalis 鸭舌草：vaginalis = vaginus + alis 叶鞘的；vaginus 鞘，叶鞘；-aris（阳性、阴性）/ -are（中性）← -alis（阳性、阴性）/ -ale（中性）属于，相似，如同，具有，涉及，关于，联结于（将名词作形容词用，其中 -aris 常用于以 l 或 r 为词干末尾的词）

Monocladus 单枝竹属（禾本科）（9-1：p39）：mono-/ mon- ← monos 一个，单一的（希腊语，拉丁语为 unus/ uni-/ uno-）；cladus ← clados 枝条，分枝

Monocladus amplexicaulis 芸香竹：amplexi- 跨骑状的，紧握的，抱紧的；caulis ← caulos 茎，茎秆，主茎

Monocladus levigatus 响子竹：laevigatus/ levigatus 光滑的，平滑的，平滑而发亮的；laevis/ levis/ laeve/ leve → levi-/ laevi- 光滑的，无毛的，无不平或粗糙感觉的

Monocladus saxatilis 单枝竹：saxatilis 生于岩石的，生于石缝的；saxum 岩石，结石；-atilis（阳性、阴性）/ -atile（中性）（表示生长的地方）

Monocladus saxatilis var. saxatilis 单枝竹-原变种（词义见上面解释）

Monocladus saxatilis var. solidus 箭竿竹：solidus 完全的，实心的，致密的，坚固的，结实的

Monocotyledoneae 单子叶植物纲（也称百合纲 Liliopsida）（目前已不再视为植物类群名称）：mono-/ mon- ← monos 一个，单一的（希腊语，拉丁语为 unus/ uni-/ uno-）；cotyledon 子叶（所有格为 cotyledoneae）；-eae（分类纲的词尾，同 -opsida）

Monogramma 一条线蕨属（书带蕨科）（3-2：p29）：mono-/ mon- ← monos 一个，单一的（希腊语，拉丁语为 unus/ uni-/ uno-）；grammus 条纹的，花纹的，线条的（希腊语）

Monogramma paradoxa 连孢一条线蕨：paradoxus 似是而非的，少见的，奇异的，难以解释的；para- 类似，接近，近旁，假的；-doxa/ -doxus 荣耀的，瑰丽的，壮观的，显眼的

Monomelangium 毛轴线盖蕨属（蹄盖蕨科）（3-2：p346）：monomelangium 单个黑色的容器（指孢子囊单生且为黑色）；mono-/ mon- ← monos 一个，单一的（希腊语，拉丁语为 unus/ uni-/ uno-）；melas 黑色的（希腊语）；angius ← angeion 容器

Monomelangium dinghushanicum 鼎湖山毛轴线盖蕨：dinghushanicum 鼎湖山的（地名，广东省）

Monomelangium pullingeri 毛轴线盖蕨：pullingeri（人名）；-eri 表示人名，在以 -er 结尾的人名后面加上 i 形成

Monomelangium pullingeri var. daweishanicolum 大围山毛轴线盖蕨：daweishanicolum 分布于大围山的；daweishan 大围

M

山（地名，云南省）；colus ← colo 分布于，居住于，栖居，殖民（常作词尾）；colo/ colere/ colui/ cultum 居住，耕作，栽培

Monomelangium pullingeri var. pullingeri 毛轴线盖蕨-原变种 （词义见上面解释）

Monomeria 短瓣兰属（兰科）（19：p257）：mono-/ mon- ← monos 一个，单一的（希腊语，拉丁语为 unus/ uni-/ uno-）；meria/ meris ← meros 部分（希腊语）

Monomeria barbata 短瓣兰：barbatus = barba + atus 具胡须的，具须毛的；barba 胡须，髯毛，绒毛；-atus/ -atum/ -ata 属于，相似，具有，完成（形容词词尾）

Monotropa 水晶兰属（鹿蹄草科）（56：p212）：monotropa 转向一侧的（指茎顶端偏转）；mono-/ mon- ← monos 一个，单一的（希腊语，拉丁语为 unus/ uni-/ uno-）；tropus 回旋，朝向

Monotropa hypopitys 松下兰：hypopitys 松林下的，针叶林下的；hyp-/ hypo- 下面的，以下的，不完全的；pitys 松树

Monotropa hypopitys var. hirsuta 毛花松下兰：hirsutus 粗毛的，糙毛的，有毛的（长而硬的毛）

Monotropa hypopitys var. hypopitys 松下兰-原变种 （词义见上面解释）

Monotropa uniflora 水晶兰：uni-/ uno- ← unus/ unum/ una 一，单一（希腊语为 mono-/ mon-）；florus/ florum/ flora ← flos 花（用于复合词）

Monstera 龟背竹属（天南星科）（13-2：p41）：monstera 怪兽的，畸形的

Monstera deliciosa 龟背竹：deliciosus 优雅的，喜悦的，美味的；delicia 优雅，喜悦，美味；-osus/ -osum/ -osa 多的，充分的，丰富的，显著发育的，程度高的，特征明显的（形容词词尾）

Moraceae 桑科（23-1：p1）：Morus 桑属；-aceae（分类单位科的词尾，为 -aceus 的阴性复数主格形式，加到模式属的名称后或同义词的词干后以组成族群名称）

Moraea 肖鸢尾属（肖 xiào，鸢 yuān）（鸢尾科）（16-1：p133）：moraea ← J. Moraeus（人名，瑞典医生）（以元音字母 a 结尾的人名用作属名时在末尾加 ea）

Moraea iridioides 肖鸢尾：irid- ← Iris 鸢尾属（鸢尾科），虹；构词规则：词尾为 -is 和 -ys 的词的词干分别视为 -id 和 -yd；-oides/ -oideus/ -oideum/ -oidea/ -odes/ -eidos 像……的，类似……的，呈……状的（名词词尾）

Morina 刺续断属（川续断科）（73-1：p48）：morina ← Louis Morin（人名，1636–1715，法国植物学家）

Morina chinensis 圆萼刺参（参 shēn）：chinensis = china + ensis 中国的（地名）；China 中国

Morina chlorantha 绿花刺参：chlor-/ chloro- ← chloros 绿色的（希腊语，相当于拉丁语的 viridis）；anthus/ anthum/ antha/ anthe ← anthos 花（用于希腊语复合词）

Morina kokonorica 青海刺参：kokonorica 切吉干巴的（地名，青海西北部）

Morina nepalensis 刺续断：nepalensis 尼泊尔的（地名）

Morina nepalensis var. alba 白花刺参：albus → albi-/ albo- 白色的

Morina nepalensis var. delavayi 大花刺参：delavayi ← P. J. M. Delavay（人名，1834–1895，法国传教士，曾在中国采集植物标本）；-i 表示人名，接在以元音字母结尾的人名后面，但 -a 除外

Morina nepalensis var. nepalensis 刺续断-原变种 （词义见上面解释）

Morinda 巴戟天属（茜草科）（71-2：p179）：morindca = Morus + indus 印度的桑树（比喻果实像桑葚一样多肉而且产于印度）；Morus 桑属（桑科）；indus 印度的（地名）

Morinda angustifolia 黄木巴戟：angusti- ← angustus 窄的，狭的，细的；folius/ folium/ folia 叶，叶片（用于复合词）

Morinda badia 栗色巴戟：badius 栗色的，咖啡色的，棕色的

Morinda brevipes 短柄鸡眼藤：brevi- ← brevis 短的（用于希腊语复合词词首）；pes/ pedis 柄，梗，茎秆，腿，足，爪（作词首或词尾，pes 的词干视为"ped-"）

Morinda brevipes var. brevipes 短柄鸡眼藤-原变种 （词义见上面解释）

Morinda brevipes var. stenophylla 狭叶鸡眼藤：sten-/ steno- ← stenus 窄的，狭的，薄的；phyllus/ phyllum/ phylla ← phyllon 叶片（用于希腊语复合词）

Morinda callicarpaefolia 紫珠叶巴戟：callicarpaefolia 紫珠叶子的（注：组成复合词时，要将前面词的词尾 -us/ -um/ -a 变成 -i- 或 -o- 而不是所有格，故该词宜改为"callicarpifolia"）；Callicarpa 紫珠属（马鞭草科）；call-/ calli-/ callo-/ cala-/ calo- ← calos/ callos 美丽的；carpus/ carpum/ carpa/ carpon ← carpos 果实（用于希腊语复合词）；folius/ folium/ folia 叶，叶片（用于复合词）

Morinda cinnamomifoliata 樟叶巴戟：Cinnamomum 樟属（樟科）；foliatus 具叶的，多叶的；folius/ folium/ folia → foli-/ folia- 叶，叶片

Morinda citrifolia 海滨木巴戟：citrus ← kitron 柑橘，柠檬（柠檬的古拉丁名）；folius/ folium/ folia 叶，叶片（用于复合词）

Morinda citrina 金叶巴戟：citrinus 柠檬色的，橘黄色的；citrus ← kitron 柑橘，柠檬（柠檬的古拉丁名）

Morinda citrina var. chlorina 白蕊巴戟：chlorinus 绿色的；chlor-/ chloro- ← chloros 绿色的（希腊语，相当于拉丁语的 viridis）；-inus/ -inum/ -ina/ -inos 相近，接近，相似，具有（通常指颜色）

Morinda citrina var. citrina 金叶巴戟-原变种 （词义见上面解释）

Morinda cochinchinensis 大果巴戟：cochinchinensis ← Cochinchine 南圻的（历史地名，即今越南南部及其周边国家和地区）

Morinda hainanensis 海南巴戟：hainanensis 海南的（地名）

M

Morinda howiana 糠藤：howiana（人名）

Morinda hupehensis 湖北巴戟：hupehensis 湖北的（地名）

Morinda lacunosa 长序羊角藤：lacunosus 多孔的，布满凹陷的；lacuna 腔隙，气腔，凹点（地衣叶状体上），池塘，水塘；-osus/ -osum/ -osa 多的，充分的，丰富的，显著发育的，程度高的，特征明显的（形容词词尾）

Morinda leiantha 顶花木巴戟：lei-/ leio-/ lio- ← leius ← leios 光滑的，平滑的；anthus/ anthum/ antha/ anthe ← anthos 花（用于希腊语复合词）

Morinda litseifolia 木姜叶巴戟：litseifolia 木姜子叶的；litsei ← Litsea 木姜子属；folius/ folium/ folia 叶，叶片（用于复合词）

Morinda longissima 大花木巴戟：longe-/ longi- ← longus 长的，纵向的；-issimus/ -issima/ -issimum 最，非常，极其（形容词最高级）

Morinda nanlingensis 南岭鸡眼藤：nanlingensis 南岭的（地名，广东省）

Morinda nanlingensis var. nanlingensis 南岭鸡眼藤-原变种（词义见上面解释）

Morinda nanlingensis var. pauciflora 少花鸡眼藤：pauci- ← paucus 少数的，少的（希腊语为 oligo-）；florus/ florum/ flora ← flos 花（用于复合词）

Morinda nanlingensis var. pilophora 毛背鸡眼藤：pilophorus 带毛的；pilus 毛，疏柔毛；-phorus/ -phorum/ -phora 载体，承载物，支持物，带着，生着，附着（表示一个部分带着别的部分，包括起支撑或承载作用的柄、柱、托、囊等，如 gynophorum = gynus + phorum 雌蕊柄的，带有雌蕊的，承载雌蕊的）；gynus/ gynum/ gyna 雌蕊，子房，心皮

Morinda officinalis 巴戟天：officinalis/ officinale 药用的，有药效的；officina ← opificina 药店，仓库，作坊

Morinda officinalis var. hirsuta 毛巴戟天：hirsutus 粗毛的，糙毛的，有毛的（长而硬的毛）

Morinda officinalis var. officinalis 巴戟天-原变种（词义见上面解释）

Morinda officinalis var. officinalis cv. Uniflora 密梗巴戟天：uni-/ uno- ← unus/ unum/ una 一，单一（希腊语为 mono-/ mon-）；florus/ florum/ flora ← flos 花（用于复合词）

Morinda parvifolia 鸡眼藤：parvifolius 小叶的；parvus 小的，些微的，弱的；folius/ folium/ folia 叶，叶片（用于复合词）

Morinda persicaefolia 短梗木巴戟：persicaefolia = persica + folia 杏叶的（注：组成复合词时，要将前面词的词尾 -us/ -um/ -a 变成 -i- 或 -o- 而不是所有格，故该词宜改为"persicifolia"）；persica 桃，杏，波斯的（地名）；folius/ folium/ folia 叶，叶片（用于复合词）

Morinda pubiofficinalis 细毛巴戟：pubi- ← pubis 细柔毛的，短柔毛的，毛被的；officinalis/ officinale 药用的，有药效的；officina ← opificina 药店，仓库，作坊

Morinda rosiflora 红木巴戟：rosiflorus 蔷薇色花的，红花的；rosa 蔷薇（古拉丁名）← rhodon 蔷薇（希腊语）← rhodd 红色，玫瑰红（凯尔特语）；florus/ florum/ flora ← flos 花（用于复合词）

Morinda rugulosa 皱面鸡眼藤：rugulosus 被细皱纹的，布满小皱纹的；rugus/ rugum/ ruga 褶皱，皱纹，皱缩；-ulosus = ulus + osus 小而多的；-ulus/ -ulum/ -ula 小的，略微的，稍微的（小词 -ulus 在字母 e 或 i 之后有多种变缀，即 -olus/ -olum/ -ola、-ellus/ -ellum/ -ella、-illus/ -illum/ -illa，与第一变格法和第二变格法名词形成复合词）；-osus/ -osum/ -osa 多的，充分的，丰富的，显著发育的，程度高的，特征明显的（形容词词尾）

Morinda scabrifolia 西南巴戟：scabrifolius 糙叶的；scabri- ← scaber 粗糙的，有凹凸的，不平滑的；folius/ folium/ folia 叶，叶片（用于复合词）

Morinda shuanghuaensis 假巴戟：shuanghuaensis（地名，广东省）

Morinda umbellata 印度羊角藤：umbellatus = umbella + atus 伞形花序的，具伞的；umbella 伞形花序

Morinda umbellata subsp. obovata 羊角藤：obovatus = ob + ovus + atus 倒卵形的；ob- 相反，反对，倒（ob- 有多种音变：ob- 在元音字母和大多数辅音字母前面，oc- 在 c 前面，of- 在 f 前面，op- 在 p 前面）；ovus 卵，胚珠，卵形的，椭圆形的

Morinda umbellata subsp. umbellata 印度羊角藤-原亚种（词义见上面解释）

Morinda undulata 波叶木巴戟：undulatus = undus + ulus + atus 略呈波浪状的，略弯曲的；undus/ undum/ unda 起波浪的，弯曲的；-ulus/ -ulum/ -ula 小的，略微的，稍微的（小词 -ulus 在字母 e 或 i 之后有多种变缀，即 -olus/ -olum/ -ola、-ellus/ -ellum/ -ella、-illus/ -illum/ -illa，与第一变格法和第二变格法名词形成复合词）；-atus/ -atum/ -ata 属于，相似，具有，完成（形容词词尾）

Morinda villosa 须弥巴戟：villosus 柔毛的，绵毛的；villus 毛，羊毛，长绒毛；-osus/ -osum/ -osa 多的，充分的，丰富的，显著发育的，程度高的，特征明显的（形容词词尾）

Moringa 辣木属（辣木科）（34-1：p6）：moringo 辣木（印度马拉巴尔地区的土名）

Moringa oleifera 辣木：oleiferus 具油的，产油的；olei-/ ole- ← oleum 橄榄，橄榄油，油；oleus/ oleum/ olea 橄榄，橄榄油，油；Olea 木樨榄属，油橄榄属（木樨科）；-ferus/ -ferum/ -fera/ -fero/ -fere/ -fer 有，具有，产（区别：作独立词使用的 ferus 意思是"野生的"）

Moringaceae 辣木科（34-1：p6）：Moringo 辣木属；-aceae（分类单位科的词尾，为 -aceus 的阴性复数主格形式，加到模式属的名称后或同义词的词干后以组成族群名称）

Morus 桑属（桑科）（23-1：p6）：morus ← morea 桑树（希腊语）；Morus 摩洛斯（希腊神话中的厄神、命数神）

Morus alba 桑：albus → albi-/ albo- 白色的

Morus alba var. alba 桑-原变种（词义见上面解释）

Morus alba var. multicaulis 鲁桑：multi- ← multus 多个，多数，很多（希腊语为 poly-）；

M

caulis ← caulos 茎，茎秆，主茎

Morus australis 鸡桑：australis 南方的，南半球的；austro-/ austr- 南方的，南半球的，大洋洲的；auster 南方，南风；-aris（阳性、阴性）/ -are（中性）← -alis（阳性、阴性）/ -ale（中性）属于，相似，如同，具有，涉及，关于，联结于（将名词作形容词用，其中 -aris 常用于以 l 或 r 为词干末尾的词）

Morus australis var. australis 鸡桑-原变种（词义见上面解释）

Morus australis var. hastifolia 戟叶桑：hastatus 戟形的，三尖头的（两侧基部有朝外的三角形裂片）；hasta 长矛，标枪；folius/ folium/ folia 叶，叶片（用于复合词）

Morus australis var. incisa 细裂叶鸡桑：incisus 深裂的，锐裂的，缺刻的

Morus australis var. inusitata 花叶鸡桑：inusitatus 不寻常的，少见的

Morus australis var. linearipartita 鸡爪叶桑（爪zhǎo）：linearis = lineus + aris 线条的，线形的，线状的，亚麻状的；partitus 深裂的，分离的；-aris（阳性、阴性）/ -are（中性）← -alis（阳性、阴性）/ -ale（中性）属于，相似，如同，具有，涉及，关于，联结于（将名词作形容词用，其中 -aris 常用于以 l 或 r 为词干末尾的词）

Morus australis var. oblongifolia 狭叶鸡桑：oblongus = ovus + longus 长椭圆形的（ovus 的词干 ov- 音变为 ob-）；ovus 卵，胚珠，卵形的，椭圆形的；longus 长的，纵向的；folius/ folium/ folia 叶，叶片（用于复合词）

Morus cathayana 华桑：cathayana ← Cathay ← Khitay/ Khitai 中国的，契丹的（地名，10—12 世纪中国北方契丹人的领域，辽国前身，多用来代表中国，俄语称中国为 Kitay）

Morus cathayana var. cathayana 华桑-原变种（词义见上面解释）

Morus cathayana var. gongshanensis 贡山桑：gongshanensis 贡山的（地名，云南省）

Morus liboensis 荔波桑：liboensis 荔波的（地名，贵州省）

Morus macroura 奶桑：macrourus 大尾巴的，长尾巴的，尾巴长的，尾巴大的；macro-/ macr- ← macros 大的，宏观的（用于希腊语复合词）；-urus/ -ura/ -ourus/ -oura/ -oure/ -uris 尾巴

Morus macroura var. macroura 奶桑-原变种（词义见上面解释）

Morus macroura var. mawu 毛叶奶桑：mawu（土名）

Morus mongolica 蒙桑：mongolica 蒙古的（地名）；mongolia 蒙古的（地名）；-icus/ -icum/ -ica 属于，具有某种特性（常用于地名、起源、生境）

Morus mongolica var. barkamensis 马尔康桑：barkamensis 马尔康的（地名，四川北部）

Morus mongolica var. diabolica 山桑：diabolicus 魔鬼的，大而粗糙的

Morus mongolica var. longicaudata 尾叶蒙桑：longe-/ longi- ← longus 长的，纵向的；caudatus = caudus + atus 尾巴的，尾巴状的，具尾的；caudus 尾巴

Morus mongolica var. mongolica 蒙桑-原变种（词义见上面解释）

Morus mongolica var. rotundifolia 圆叶蒙桑：rotundus 圆形的，呈圆形的，肥大的；rotundo 使呈圆形，使圆滑；roto 旋转，滚动；folius/ folium/ folia 叶，叶片（用于复合词）

Morus mongolica var. yunnanensis 云南桑：yunnanensis 云南的（地名）

Morus nigra 黑桑：nigrus 黑色的；niger 黑色的

Morus notabilis 川桑：notabilis 值得注目的，有价值的，显著的，特殊的；notus/ notum/ nota ① 知名的、常见的、印记、特征、注目，② 背部、脊背（注：该词具有两类完全不同的意思，要根据植物特征理解其含义）；nota 记号，标签，特征，标点，污点；noto 划记号，记载，注目，观察；-ans/ -ens -bilis/ -ilis 能够，可能（为形容词词尾，-ans/ -ens 用于主动语态，-bilis/ -ilis 用于被动语态）

Morus serrata 吉隆桑：serratus = serrus + atus 有锯齿的；serrus 齿，锯齿

Morus trilobata 裂叶桑：tri-/ tripli-/ triplo- 三个，三数；lobatus = lobus + atus 具浅裂的，具耳垂状突起的；lobus/ lobos/ lobon 浅裂，耳片（裂片先端钝圆），荚果，蒴果；-atus/ -atum/ -ata 属于，相似，具有，完成（形容词词尾）

Morus wittiorum 长穗桑：wittiorum（人名）

Mosla 石荠苧属（苧荠 zhù jì）（唇形科）（66：p287）：mosla 石荠苧（印度土名）

Mosla cavaleriei 小花荠苧：cavaleriei ← Pierre Julien Cavalerie（人名，20 世纪法国传教士）；-i 表示人名，接在以元音字母结尾的人名后面，但 -a 除外

Mosla chinensis 石香薷（薷 rú）：chinensis = china + ensis 中国的（地名）；China 中国

Mosla dianthera 小鱼仙草：di-/ dis- 二，二数，二分，分离，不同，在……之间，从……分开（希腊语，拉丁语为 bi-/ bis-）；andrus/ andros/ antherus ← aner 雄蕊，花药，雄性

Mosla exfoliata 无叶荠苧：exfoliatus 无叶的；e-/ ex- 不，无，非，缺乏，不具有（e- 用在辅音字母前，ex- 用在元音字母前，为拉丁语词首，对应的希腊语词首为 a-/ an-，英语为 un-/ -less，注意作词首用的 e-/ ex- 和介词 e/ ex 意思不同，后者意为"出自、从……、由……离开、由于、依照"）；foliatus 具叶的，多叶的；folius/ folium/ folia → foli-/ folia- 叶，叶片

Mosla formosana 台湾荠苧：formosanus = formosus + anus 美丽的，台湾的；formosus ← formosa 美丽的，台湾的（葡萄牙殖民者发现台湾时对其的称呼，即美丽的岛屿）；-anus/ -anum/ -ana 属于，来自（形容词词尾）

Mosla grosseserrata 荠苧：grosseserratus = grossus + serrus + atus 具粗大锯齿的；grossus 粗大的，肥厚的；serrus 齿，锯齿；-atus/ -atum/ -ata 属于，相似，具有，完成（形容词词尾）

Mosla hangchowensis 杭州石荠苧：hangchowensis 杭州的（地名，浙江省）

Mosla hangchowensis var. cheteana 石荠苧-建德变种：cheteana 建德的（地名，浙江省）

Mosla hangchowensis var. hangchowensis 杭州石荠苧-原变种 （词义见上面解释）

Mosla longibracteata 长苞荠苧：longe-/ longi- ← longus 长的，纵向的；bracteatus = bracteus + atus 具苞片的；bracteus 苞，苞片，苞鳞

Mosla longispica 长穗荠苧：longe-/ longi- ← longus 长的，纵向的；spicus 穗，谷穗，花穗

Mosla pauciflora 少花荠苧：pauci- ← paucus 少数的，少的（希腊语为 oligo-）；florus/ florum/ flora ← flos 花（用于复合词）

Mosla scabra 石荠苧：scabrus ← scaber 粗糙的，有凹凸的，不平滑的

Mosla soochowensis 苏州荠苧：soochowensis 苏州的（地名，江苏省）

Mouretia 牡丽草属（茜草科）（71-1：p183）：mouretia（人名）

Mouretia guangdongensis 广东牡丽草：guangdongensis 广东的（地名）

Mucuna 黧豆属（黧 lí）（豆科）（41：p170）：mucuna（巴西土名）

Mucuna birdwoodiana 白花油麻藤：birdwoodiana（人名）

Mucuna bodiniana 镇宁黧豆：bodiniana（人名）

Mucuna bracteata 黄毛黧豆：bracteatus = bracteus + atus 具苞片的；bracteus 苞，苞片，苞鳞；-atus/ -atum/ -ata 属于，相似，具有，完成（形容词词尾）

Mucuna calophylla 美叶油麻藤：call-/ calli-/ callo-/ cala-/ calo- ← calos/ callos 美丽的；phyllus/ phyllum/ phylla ← phyllon 叶片（用于希腊语复合词）

Mucuna championii 港油麻藤：championii ← John George Champion（人名，19 世纪英国植物学家，研究东亚植物）

Mucuna cyclocarpa 闽油麻藤：cyclo-/ cycl- ← cyclos 圆形，圈环；carpus/ carpum/ carpa/ carpon ← carpos 果实（用于希腊语复合词）

Mucuna gigantea 巨黧豆：giganteus 巨大的；giga-/ gigant-/ giganti- ← gigantos 巨大的；-eus/ -eum/ -ea（接拉丁语词干时）属于……的，色如……的，质如……的（表示原料、颜色或品质的相似），（接希腊语词干时）属于……的，以……出名，为……所占有（表示具有某种特性）

Mucuna guangxiensis 广西油麻藤：guangxiensis 广西的（地名）

Mucuna hainanensis 海南黧豆：hainanensis 海南的（地名）

Mucuna interrupta 间序油麻藤（间 jiàn）：interruptus 中断的，断续的；inter- 中间的，在中间，之间；ruptus 破裂的

Mucuna lamellata 褶皮黧豆（褶 zhě）：lamellatus/ lamellaris = lamella + atus 具薄片的，具菌褶突起的，具鳍状突起的；lamella = lamina + ella 薄片的，菌褶的，鳍状突起的；lamina 片，叶片；-atus/ -atum/ -ata 属于，相似，具有，完成（形容词词尾）

Mucuna macrobotrys 大球油麻藤：macro-/ macr- ← macros 大的，宏观的（用于希腊语复合词）；botrys → botr-/ botry- 簇，串，葡萄串状，丛，总状

Mucuna macrocarpa 大果油麻藤：macro-/ macr- ← macros 大的，宏观的（用于希腊语复合词）；carpus/ carpum/ carpa/ carpon ← carpos 果实（用于希腊语复合词）

Mucuna membranacea 兰屿血藤（血 xuè）：membranaceus 膜质的，膜状的；membranus 膜；-aceus/ -aceum/ -acea 相似的，有……性质的，属于……的

Mucuna pruriens 刺毛黧豆：pruriens 痒痒毛的

Mucuna pruriens var. pruriens 刺毛黧豆-原变种（词义见上面解释）

Mucuna pruriens var. utilis 黧豆：utilis 有用的

Mucuna sempervirens 常春油麻藤：sempervirens 常绿的；semper 总是，经常，永久；virens 绿色的，变绿的

Mucuna terrens 贵州黧豆：terrens ← terra 陆地的，地面的，土壤的（指匍匐于地面）

Muhlenbergia 乱子草属（"子 zǐ"不读轻声）（禾本科）（10-1：p103）：muhlenbergia ← Gotthilf Henry Ernest Muhlenberg（人名，1753–1815，美国植物学家）

Muhlenbergia curviaristata 弯芒乱子草：curviaristatus 弯芒的；curvus 弯曲的；aristatus(aristosus) = arista + atus 具芒的，具芒刺的，具刚毛的，具胡须的；arista 芒

Muhlenbergia hakonensis 箱根乱子草：hakonensis 箱根的（地名，日本）

Muhlenbergia himalayensis 喜马拉雅乱子草：himalayensis 喜马拉雅的（地名）

Muhlenbergia hugelii 乱子草：hugelii（人名）；-ii 表示人名，接在以辅音字母结尾的人名后面，但 -er 除外

Muhlenbergia japonica 日本乱子草：japonica 日本的（地名）；-icus/ -icum/ -ica 属于，具有某种特性（常用于地名、起源、生境）

Muhlenbergia ramosa 多枝乱子草：ramosus = ramus + osus 有分枝的，多分枝的；ramus 分枝，枝条；-osus/ -osum/ -osa 多的，充分的，丰富的，显著发育的，程度高的，特征明显的（形容词词尾）

Mukdenia 槭叶草属（槭 qì）（虎耳草科）（34-2：p23）：mukdenia ← Mukden 奉天的（地名，沈阳的旧称，来自满语"谋克敦"的音译）

Mukdenia rossii 槭叶草：rossii ← Ross（人名）

Mukia 帽儿瓜属（葫芦科）（73-1：p174）：mukia（人名）

Mukia javanica 爪哇帽儿瓜：javanica 爪哇的（地名，印度尼西亚）；-icus/ -icum/ -ica 属于，具有某种特性（常用于地名、起源、生境）

Mukia maderaspatana 帽儿瓜：maderaspatana ← Madras 马德拉斯的（地名，印度金奈的旧称）

Mulgedium 乳苣属（菊科）（80-1：p70）：mulgedium ← mulgeo 牛奶（希腊语，比喻白色乳汁）

Mulgedium bracteatum 苞叶乳苣：bracteatus = bracteus + atus 具苞片的；bracteus 苞，苞片，苞

M

鳞；-atus/ -atum/ -ata 属于，相似，具有，完成（形容词词尾）

Mulgedium lessertianum 黑苞乳苣：lessertianum ← Jules Paul Benjamin de Lessert（人名，19 世纪法国银行家、植物学家）

Mulgedium monocephalum 单头乳苣：mono-/ mon- ← monos 一个，单一的（希腊语，拉丁语为 unus/ uni-/ uno-）；cephalus/ cephale ← cephalos 头，头状花序

Mulgedium tataricum 乳苣：tatarica ← Tatar 鞑靼的（古代欧亚大草原不同游牧民族的泛称，有多种音译：达怛、达靼、塔坦、鞑靼、达打、达达）

Mulgedium tataricum var. tibetum（藏乳苣）：tibetum 西藏的（地名）

Mulgedium umbrosum 伞房乳苣：umbrosus 多荫的，喜阴的，生于阴地的；umbra 荫凉，阴影，阴地；-osus/ -osum/ -osa 多的，充分的，丰富的，显著发育的，程度高的，特征明显的（形容词词尾）

Munronia 地黄连属（楝科）（43-3: p52）：munronia（英国人名）

Munronia delavayi 云南地黄连：delavayi ← P. J. M. Delavay（人名，1834–1895，法国传教士，曾在中国采集植物标本）；-i 表示人名，接在以元音字母结尾的人名后面，但 -a 除外

Munronia hainanensis 海南地黄连：hainanensis 海南的（地名）

Munronia hainanensis var. hainanensis 海南地黄连-原变种（词义见上面解释）

Munronia hainanensis var. microphylla 封开地黄连：micr-/ micro- ← micros 小的，微小的，微观的（用于希腊语复合词）；phyllus/ phyllum/ phylla ← phyllon 叶片（用于希腊语复合词）

Munronia henryi 矮陀陀：henryi ← Augustine Henry 或 B. C. Henry（人名，前者，1857–1930，爱尔兰医生、植物学家，曾在中国采集植物，后者，1850–1901，曾活动于中国的传教士）

Munronia heterotricha 小芙蓉：hete-/ heter-/ hetero- ← heteros 不同的，多样的，不齐的；trichus 毛，毛发，线

Munronia hunanensis 湖南地黄连：hunanensis 湖南的（地名）

Munronia simplicifolia 崖州地黄连（崖 yá）：simplicifolius = simplex + folius 单叶的；simplex 单一的，简单的，无分歧的（词干为 simplic-）；构词规则：以 -ix/ -iex 结尾的词其词干末尾视为 -ic，以 -ex 结尾视为 -i/ -ic，其他以 -x 结尾视为 -c；folius/ folium/ folia 叶，叶片（用于复合词）

Munronia sinica 地黄连：sinica 中国的（地名）；-icus/ -icum/ -ica 属于，具有某种特性（常用于地名、起源、生境）

Munronia unifoliolata 单叶地黄连：uni-/ uno- ← unus/ unum/ una 一，单一（希腊语为 mono-/ mon-）；foliolatus = folius + ulus + atus 具小叶的，具叶片的；folius/ folium/ folia 叶，叶片（用于复合词）；-ulus/ -ulum/ -ula 小的，略微的，稍微的（小词 -ulus 在字母 e 或 i 之后有多种变缀，即 -olus/ -olum/ -ola、-ellus/ -ellum/ -ella、-illus/ -illum/ -illa，与第一变格法和第二变格法名词形成复合词）；

-atus/ -atum/ -ata 属于，相似，具有，完成（形容词词尾）

Munronia unifoliolata var. trifoliolata 贵州地黄连：tri-/ tripli-/ triplo- 三个，三数；foliolatus = folius + ulus + atus 具小叶的，具叶片的；folius/ folium/ folia 叶，叶片（用于复合词）；-ulus/ -ulum/ -ula 小的，略微的，稍微的（小词 -ulus 在字母 e 或 i 之后有多种变缀，即 -olus/ -olum/ -ola、-ellus/ -ellum/ -ella、-illus/ -illum/ -illa，与第一变格法和第二变格法名词形成复合词）；-atus/ -atum/ -ata 属于，相似，具有，完成（形容词词尾）

Munronia unifoliolata var. unifoliolata 单叶地黄连-原变种（词义见上面解释）

Muntingia 文定果属（椴树科/ 文定果科 Muntingiaceae）（49-1: p47）：muntingia ← Abraham Munting（人名，1626–1683，荷兰植物学家）

Muntingia calabura 文定果：calabura（南美土名，有时误拼为"colabura"）

Murdannia 水竹叶属（鸭跖草科）（13-3: p92）：murdannia ← Munshi Murdan Ali（人名，萨哈兰普尔植物园主任，植物采集员）

Murdannia bracteata 大苞水竹叶：bracteatus = bracteus + atus 具苞片的；bracteus 苞，苞片，苞鳞；-atus/ -atum/ -ata 属于，相似，具有，完成（形容词词尾）

Murdannia citrina 橙花水竹叶：citrinus 柠檬色的，橘黄色的；citrus ← kitron 柑橘，柠檬（柠檬的古拉丁名）

Murdannia divergens 紫背鹿衔草：divergens 略叉开的

Murdannia edulis 莛花水竹叶：edule/ edulis 食用的，可食的

Murdannia hookeri 根茎水竹叶：hookeri ← William Jackson Hooker（人名，19 世纪英国植物学家）；-eri 表示人名，在以 -er 结尾的人名后面加上 i 形成

Murdannia japonica 宽叶水竹叶：japonica 日本的（地名）；-icus/ -icum/ -ica 属于，具有某种特性（常用于地名、起源、生境）

Murdannia kainantensis 狭叶水竹叶：kainantensis 海南岛的（地名，"海南岛"的日语读音为"kainanto"）

Murdannia keisak 疣草：keisak（人名）

Murdannia loriformis 牛轭草：lorus 带状的，舌状的；formis/ forma 形状

Murdannia macrocarpa 大果水竹叶：macro-/ macr- ← macros 大的，宏观的（用于希腊语复合词）；carpus/ carpum/ carpa/ carpon ← carpos 果实（用于希腊语复合词）

Murdannia medica 少叶水竹叶：medicus 医疗的，药用的

Murdannia nudiflora 裸花水竹叶：nudi- ← nudus 裸露的；florus/ florum/ flora ← flos 花（用于复合词）

Murdannia simplex 细竹蒿草（蒿 gāo）：simplex 单一的，简单的，无分歧的（词干为 simplic-）

Murdannia spectabilis 腺毛水竹叶：spectabilis 壮

M

观的，美丽的，漂亮的，显著的，值得看的；spectus 观看，观察，观测，表情，外观，外表，样子；-ans/ -ens/ -bilis/ -ilis 能够，可能（为形容词词尾，-ans/ -ens 用于主动语态，-bilis/ -ilis 用于被动语态）

Murdannia spirata 矮水竹叶：spiratus = spira + atus 螺旋的；spira ← speira 螺旋状的，环状的，缠绕的，盘卷的（希腊语）

Murdannia stenothyrsa 树头花：sten-/ steno- ← stenus 窄的，狭的，薄的；thyrsus/ thyrsos 花簇，金字塔，圆锥形，聚伞圆锥花序

Murdannia triquetra 水竹叶：triquetrus 三角柱的，三棱柱的；tri-/ tripli-/ triplo- 三个，三数；-quetrus 棱角的，锐角的，角

Murdannia undulata 波缘水竹叶：undulatus = undus + ulus + atus 略呈波浪状的，略弯曲的；undus/ undum/ unda 起波浪的，弯曲的；-ulus/ -ulum/ -ula 小的，略微的，稍微的（小词 -ulus 在字母 e 或 i 之后有多种变缀，即 -olus/ -olum/ -ola、-ellus/ -ellum/ -ella、-illus/ -illum/ -illa，与第一变格法和第二变格法名词形成复合词）；-atus/ -atum/ -ata 属于，相似，具有，完成（形容词词尾）

Murdannia vaginata 细柄水竹叶：vaginatus = vaginus + atus 鞘，具鞘的；vaginus 鞘，叶鞘；-atus/ -atum/ -ata 属于，相似，具有，完成（形容词词尾）

Murdannia yunnanensis 云南水竹叶：yunnanensis 云南的（地名）

Murraya 九里香属（芸香科）(43-2：p139)：murraya ← Johann Andreas Murray（人名，1704–1791，瑞典植物学家，林奈的学生）

Murraya alata 翼叶九里香：alatus → ala-/ alat-/ alati-/ alato- 翅，具翅的，具翼的；反义词：exalatus 无翼的，无翅的

Murraya crenulata 兰屿九里香：crenulatus = crena + ulus + atus 细圆锯齿的，略呈圆锯齿的

Murraya euchrestifolia 豆叶九里香：euchrestifolia 山豆根叶子；Euchresta 山豆根属；folius/ folium/ folia 叶，叶片（用于复合词）

Murraya exotica 九里香：exoticus 外国的，外来的

Murraya koenigii 调料九里香（调 tiáo）：koenigii ← Johann Gerhard Koenig（人名，18 世纪植物学家）

Murraya kwangsiensis 广西九里香：kwangsiensis 广西的（地名）

Murraya kwangsiensis var. kwangsiensis 广西九里香-原变种（词义见上面解释）

Murraya kwangsiensis var. macrophylla 大叶九里香：macro-/ macr- ← macros 大的，宏观的（用于希腊语复合词）；phyllus/ phyllum/ phylla ← phyllon 叶片（用于希腊语复合词）

Murraya microphylla 小叶九里香：micr-/ micro- ← micros 小的，微小的，微观的（用于希腊语复合词）；phyllus/ phyllum/ phylla ← phyllon 叶片（用于希腊语复合词）

Murraya paniculata 千里香：paniculatus = paniculus + atus 具圆锥花序的；paniculus 圆锥花序；panus 谷穗；panicus 野稗，粟，谷子；-atus/ -atum/ -ata 属于，相似，具有，完成（形容词词尾）

Murraya tetramera 四数九里香：tetramerus 四分的，四基数的，一个特定部分或一轮的四个部分；tetra-/ tetr- 四，四数（希腊语，拉丁语为 quadri-/ quadr-）；-merus ← meros 部分，一份，特定部分，成员

Musa 芭蕉属（芭蕉科）(16-2：p6)：musa ← Antonio Musa（人名，古罗马王国医生）

Musa acuminata 小果野蕉：acuminatus = acumen + atus 锐尖的，渐尖的；acumen 渐尖头；-atus/ -atum/ -ata 属于，相似，具有，完成（形容词词尾）

Musa balbisiana 野蕉：balbisiana ← Giovanni-Batista Balbis（人名，17 世纪意大利植物学家）

Musa basjoo 芭蕉：basjoo 芭蕉（日文）

Musa coccinea 红蕉：coccus/ coccineus 浆果，绯红色（一种形似浆果的介壳虫的颜色）；同形异义词：coccus/ cocco/ cocci/ coccis 心室，心皮；-eus/ -eum/ -ea（接拉丁语词干时）属于……的，色如……的，质如……的（表示原料、颜色或品质的相似），（接希腊语词干时）属于……的，以……出名，为……所占有（表示具有某种特性）

Musa formosana（台湾芭蕉）：formosanus = formosus + anus 美丽的，台湾的；formosus ← formosa 美丽的，台湾的（葡萄牙殖民者发现台湾时对其的称呼，即美丽的岛屿）；-anus/ -anum/ -ana 属于，来自（形容词词尾）

Musa insularimontana（岛屿芭蕉）：insularimontanus 岛屿山地的；insularis 岛屿的；insula 岛屿；montanus 山，山地

Musa itinerans 阿宽蕉：itinerans 柳条编的

Musa nagensium 勒加卜蕉（勒 lè，卜 bǔ）：nagensium（词源不详）

Musa nana 香蕉：nanus ← nanos/ nannos 矮小的，小的；nani-/ nano-/ nanno- 矮小的，小的

Musa rubra 阿希蕉：rubrus/ rubrum/ rubra/ ruber 红色的

Musa sapientum 大蕉：sapientum 圣人的，创造者的（复数所有格）

Musa textilis 蕉麻：textilis 编制的，用于织物的，纺织品的；textus 纺织品，编织物；texo 纺织，编织

Musa wilsonii 树头芭蕉：wilsonii ← John Wilson（人名，18 世纪英国植物学家）

Musa zaifuii 再富芭蕉：zaifuii 许再富（人名，1939 年生，植物学家，曾任西双版纳植物园园长）（词尾改为"-i"似更妥）；-ii 表示人名，接在以辅音字母结尾的人名后面，但 -er 除外；-i 表示人名，接在以元音字母结尾的人名后面，但 -a 除外

Musaceae 芭蕉科（16-2：p1）：Musa 芭蕉属

Musella 地涌金莲属（芭蕉科）(16-2：p3)：musa 芭蕉；-ellus/ -ellum/ -ella ← -ulus 小的，略微的，稍微的（小词 -ulus 在字母 e 或 i 之后有多种变缀，即 -olus/ -olum/ -ola、-ellus/ -ellum/ -ella、-illus/ -illum/ -illa，用于第一变格法名词）

Musella lasiocarpa 地涌金莲：lasi-/ lasio- 羊毛状的，有毛的，粗糙的；carpus/ carpum/ carpa/ carpon ← carpos 果实（用于希腊语复合词）

Mussaenda 玉叶金花属（茜草科）（71-1: p283）：mussaenda 玉叶金花属一种（斯里兰卡土名）

Mussaenda anomala 异形玉叶金花：anomalus = a + nomalus 异常的，变异的，不规则的；a-/ an- 无，非，没有，缺乏，不具有（an- 用于元音前）（a-/ an- 为希腊语词首，对应的拉丁语词首为 e-/ ex-，相当于英语的 un-/ -less，注意词首 a- 和作为介词的 a/ ab 不同，后者的意思是"从……、由……、关于……、因为……"）；nomalus 规则的，规律的，法律的；nomus ← nomos 规则，规律，法律

Mussaenda antiloga 壮丽玉叶金花：antilogus 异类的，矛盾的，顽强的；关联词：analogus 类似的，同类的，同功的；-logus ← catalogus 类别，类目，目录，清单

Mussaenda breviloba 短裂玉叶金花：brevi- ← brevis 短的（用于希腊语复合词词首）；lobus/ lobos/ lobon 浅裂，耳片（裂片先端钝圆），荚果，蒴果

Mussaenda chingii 仁昌玉叶金花：chingii ← R. C. Chin 秦仁昌（人名，1898-1986，中国植物学家，蕨类植物专家），秦氏

Mussaenda decipiens 墨脱玉叶金花：decipiens 欺骗的，虚假的，迷惑的（表示和另外的种非常近似）

Mussaenda densiflora 密花玉叶金花：densus 密集的，繁茂的；florus/ florum/ flora ← flos 花（用于复合词）

Mussaenda divaricata 展枝玉叶金花：divaricatus 广歧的，发散的，散开的

Mussaenda divaricata var. divaricata 展枝玉叶金花-原变种（词义见上面解释）

Mussaenda divaricata var. mollis 柔毛玉叶金花：molle/ mollis 软的，柔毛的

Mussaenda elliptica 椭圆玉叶金花：ellipticus 椭圆形的；-ticus/ -ticum/ tica/ -ticos 表示属于，关于，以……著称，作形容词词尾

Mussaenda elongata 长玉叶金花：elongatus 伸长的，延长的；elongare 拉长，延长；longus 长的，纵向的；e-/ ex- 不，无，非，缺乏，不具有（e- 用在辅音字母前，ex- 用在元音字母前，为拉丁语词首，对应的希腊语词首为 a-/ an-，英语为 un-/ -less，注意作词首用的 e-/ ex- 和介词 e/ ex 意思不同，后者意为"出自、从……、由……离开、由于、依照"）

Mussaenda erosa 楠藤：erosus 啮蚀状的，牙齿不整齐的

Mussaenda esquirolii 黐花（黐 chī）：esquirolii（人名）；-ii 表示人名，接在以辅音字母结尾的人名后面，但 -er 除外

Mussaenda frondosa 洋玉叶金花：frondosus/ foliosus 多叶的，生叶的，叶状的；frond/ frons 叶（蕨类、棕榈、苏铁类），叶状体，叶簇，叶丛，植物体（藻类、藓类），前额，正前面；frondula 羽片（羽状叶的分离部分）；-osus/ -osum/ -osa 多的，充分的，丰富的，显著发育的，程度高的，特征明显的（形容词词尾）

Mussaenda hainanensis 海南玉叶金花：hainanensis 海南的（地名）

Mussaenda henryi 南玉叶金花：henryi ← Augustine Henry 或 B. C. Henry（人名，前者，

1857-1930，爱尔兰医生、植物学家，曾在中国采集植物，后者，1850-1901，曾活动于中国的传教士）

Mussaenda hirsutula 粗毛玉叶金花：hirsutulus = hirsutus + ulus 略有粗毛的；hirsutus 粗毛的，糙毛的，有毛的（长而硬的毛）；-ulus/ -ulum/ -ula 小的，略微的，稍微的（小词 -ulus 在字母 e 或 i 之后有多种变缀，即 -olus/ -olum/ -ola、-ellus/ -ellum/ -ella、-illus/ -illum/ -illa，与第一变格法和第二变格法名词形成复合词）

Mussaenda hossei 红毛玉叶金花：hossei（人名）

Mussaenda inflata 胀管玉叶金花：inflatus 膨胀的，袋状的

Mussaenda kwangsiensis 广西玉叶金花：kwangsiensis 广西的（地名）

Mussaenda kwangtungensis 广东玉叶金花：kwangtungensis 广东的（地名）

Mussaenda laxiflora 疏花玉叶金花：laxus 稀疏的，松散的，宽松的；florus/ florum/ flora ← flos 花（用于复合词）

Mussaenda lotungensis 乐东玉叶金花：lotungensis 乐东的（地名，海南省）

Mussaenda macrophylla 大叶玉叶金花：macro-/ macr- ← macros 大的，宏观的（用于希腊语复合词）；phyllus/ phyllum/ phylla ← phyllon 叶片（用于希腊语复合词）

Mussaenda membranifolia 膜叶玉叶金花：membranus 膜；folius/ folium/ folia 叶，叶片（用于复合词）

Mussaenda mollissima 多毛玉叶金花：molle/ mollis 软的，柔毛的；-issimus/ -issima/ -issimum 最，非常，极其（形容词最高级）

Mussaenda multinervis 多脉玉叶金花：multi- ← multus 多个，多数，很多（希腊语为 poly-）；nervis ← nervus 脉，叶脉

Mussaenda parviflora 小玉叶金花：parviflorus 小花的；parvus 小的，些微的，弱的；florus/ florum/ flora ← flos 花（用于复合词）

Mussaenda pingpienensis 屏边玉叶金花：pingpienensis 屏边的（地名，云南省）

Mussaenda pubescens 玉叶金花：pubescens ← pubens 被短柔毛的，长出柔毛的；pubi- ← pubis 细柔毛的，短柔毛的，毛被的；pubesco/ pubescere 长成的，变为成熟的，长出柔毛的，青春期体毛的；-escens/ -ascens 改变，转变，变成，略微，带有，接近，相似，大致，稍微（表示变化的趋势，并未完全相似或相同，有别于表示达到完成状态的 -atus）

Mussaenda pubescens f. clematidiflora 灵仙玉叶金花：clematidiflora = Clematis + flora 铁线莲叶的；构词规则：词尾为 -is 和 -ys 的词的词干分别视为 -id 和 -yd；Clematis 铁线莲属（毛茛科）；florus/ florum/ flora ← flos 花（用于复合词）

Mussaenda pubescens f. pubescens 玉叶金花-原变型（词义见上面解释）

Mussaenda sessilifolia 无柄玉叶金花：sessile-/ sessili-/ sessil- ← sessilis 无柄的，无茎的，基生的，基部的；folius/ folium/ folia 叶，叶片（用于复合词）

Mussaenda simpliciloba 单裂玉叶金花：

M

simplicilobus = simplex + lobus 单裂的；simplex 单一的，简单的，无分歧的（词干为 simplic-）；构词规则：以 -ix/ -iex 结尾的词其词干末尾视为 -ic，以 -ex 结尾视为 -i/ -ic，其他以 -x 结尾视为 -c；lobus/ lobos/ lobon 浅裂，耳片（裂片先端钝圆），荚果，蒴果

Mussaenda treutleri 贡山玉叶金花：treutleri（人名）；-eri 表示人名，在以 -er 结尾的人名后面加上 i 形成

Mycetia 腺萼木属（茜草科）（71-1：p313）：mycetia ← myketos/ mydes（一种菌）

Mycetia anlongensis 安龙腺萼木：anlongensis 安龙的（地名，贵州省）

Mycetia anlongensis var. anlongensis 安龙腺萼木-原变种（词义见上面解释）

Mycetia bracteata 长苞腺萼木：bracteatus = bracteus + atus 具苞片的；bracteus 苞，苞片，苞鳞；-atus/ -atum/ -ata 属于，相似，具有，完成（形容词词尾）

Mycetia brevipes 短柄腺萼木：brevi- ← brevis 短的（用于希腊语复合词词首）；pes/ pedis 柄，梗，茎秆，腿，足，爪（作词首或词尾，pes 的词干视为"ped-"）

Mycetia brevisepala 短萼腺萼木：brevi- ← brevis 短的（用于希腊语复合词词首）；sepalus/ sepalum/ sepala 萼片（用于复合词）

Mycetia coriacea 革叶腺萼木：coriaceus = corius + aceus 近皮革的，近革质的；corius 皮革的，革质的；-aceus/ -aceum/ -acea 相似的，有……性质的，属于……的

Mycetia glandulosa 腺萼木：glandulosus = glandus + ulus + osus 被细腺的，具腺体的，腺体质的；glandus ← glans 腺体；-ulus/ -ulum/ -ula 小的，略微的，稍微的（小词 -ulus 在字母 e 或 i 之后有多种变缀，即 -olus/ -olum/ -ola、-ellus/ -ellum/ -ella、-illus/ -illum/ -illa，与第一变格法和第二变格法名词形成复合词）；-osus/ -osum/ -osa 多的，充分的，丰富的，显著发育的，程度高的，特征明显的（形容词词尾）

Mycetia gracilis 纤梗腺萼木：gracilis 细长的，纤弱的，丝状的

Mycetia hainanensis 海南腺萼木：hainanensis 海南的（地名）

Mycetia hirta 毛腺萼木：hirtus 有毛的，粗毛的，刚毛的（长而明显的毛）

Mycetia longiflora 长花腺萼木：longe-/ longi- ← longus 长的，纵向的；florus/ florum/ flora ← flos 花（用于复合词）

Mycetia longiflora f. howii 侯氏腺萼木：howii（人名）；-ii 表示人名，接在以辅音字母结尾的人名后面，但 -er 除外

Mycetia longiflora f. longiflora 长花腺萼木-原变型（词义见上面解释）

Mycetia longiflora var. multiciliata 那坡腺萼木：multi- ← multus 多个，多数，很多（希腊语为 poly-）；ciliatus = cilium + atus 缘毛的，流苏的；cilium 缘毛，睫毛；-atus/ -atum/ -ata 属于，相似，具有，完成（形容词词尾）

Mycetia longifolia 长叶腺萼木：longe-/ longi- ← longus 长的，纵向的；folius/ folium/ folia 叶，叶片（用于复合词）

Mycetia macrocarpa 大果腺萼木：macro-/ macr- ← macros 大的，宏观的（用于希腊语复合词）；carpus/ carpum/ carpa/ carpon ← carpos 果实（用于希腊语复合词）

Mycetia nepalensis 垂花腺萼木：nepalensis 尼泊尔的（地名）

Mycetia sinensis 华腺萼木：sinensis = Sina + ensis 中国的（地名）；Sina 中国

Mycetia sinensis f. angustisepala 狭萼腺萼木：angusti- ← angustus 窄的，狭的，细的；sepalus/ sepalum/ sepala 萼片（用于复合词）

Mycetia sinensis f. sinensis 华腺萼木-原变型（词义见上面解释）

Mycetia sinensis f. trichophylla 毛叶腺萼木：trich-/ tricho-/ tricha- ← trichos ← thrix 毛，多毛的，线状的，丝状的；phyllus/ phyllum/ phylla ← phyllon 叶片（用于希腊语复合词）

Mycetia yunnanica 云南腺萼木：yunnanica 云南的（地名）；-icus/ -icum/ -ica 属于，具有某种特性（常用于地名、起源、生境）

Myoporaceae 苦槛蓝科（70：p310）：Myoporum 苦槛蓝属（海茵芋属）；-aceae（分类单位科的词尾，为 -aceus 的阴性复数主格形式，加到模式属的名称后或同义词的词干后以组成族群名称）

Myoporum 苦槛蓝属（槛 kǎn）（海茵芋属，另见 Pentacoelium）（苦槛蓝科）（70：p310）：myoporum 孔眼关闭的（指叶有透明的腺点）；myein ← myo 关闭；poros 孔，孔隙

Myoporum bontioides 苦槛蓝（另见 Pentacoelium bontioides）：Bontia 假瑞香属（苦槛蓝科）；-oides/ -oideus/ -oideum/ -oidea/ -odes/ -eidos 像……的，类似……的，呈……状的（名词词尾）

Myosotis 勿忘草属（紫草科）（64-2：p73）：myosotis 鼠耳的（指叶片短而柔软）；myos 老鼠，小白鼠；-otis/ -otites/ -otus/ -otion/ -oticus/ -otos/ -ous 耳，耳朵

Myosotis bothriospermoides 承德勿忘草：Bothriospermum 斑种草属（紫草科）；-oides/ -oideus/ -oideum/ -oidea/ -odes/ -eidos 像……的，类似……的，呈……状的（名词词尾）

Myosotis caespitosa 湿地勿忘草：caespitosus = caespitus + osus 明显成簇的，明显丛生的；caespitus 成簇的，丛生的；-osus/ -osum/ -osa 多的，充分的，丰富的，显著发育的，程度高的，特征明显的（形容词词尾）

Myosotis silvatica 勿忘草：silvaticus/ silvaticus 森林的，生于森林的；silva/ sylva 森林；-aticus/ -aticum/ -atica 属于，表示生长的地方，作名词词尾

Myosotis sparsiflora 稀花勿忘草：sparsus 散生的，稀疏的，稀少的；florus/ florum/ flora ← flos 花（用于复合词）

Myosoton 鹅肠菜属（石竹科）（26：p74）：myos 老鼠，小白鼠；soton ← sote 保存，拯救

Myosoton aquaticum 鹅肠菜：aquaticus/ aquatilis 水的，水生的，潮湿的；aqua 水；-aticus/ -aticum/

-atica 属于，表示生长的地方

Myriactis 黏冠草属（冠 guān）（菊科）（74：p86）：myriactis 无数射线的（指放射花多数）；myri-/myrio- ← myrios 无数的，大量的，极多的（希腊语）；actis 辐射状的，射线的，星状的

Myriactis delevayi 羽裂黏冠草：delevayi（为"delavayi"的误拼）；delavayi ← P. J. M. Delavay（人名，1834–1895，法国传教士，曾在中国采集植物标本）；-i 表示人名，接在以元音字母结尾的人名后面，但 -a 除外

Myriactis longipedunculata 台湾黏冠草：longe-/longi- ← longus 长的，纵向的；pedunculatus/peduncularis 具花序柄的，具总花梗的；pedunculus/ peduncule/ pedunculis ← pes 花序柄，总花梗（花序基部无花着生部分，不同于花柄）；关联词：pedicellus/ pediculus 小花梗，小花柄（不同于花序柄）；pes/ pedis 柄，梗，茎秆，腿，足，爪（作词首或词尾，pes 的词干视为"ped-"）

Myriactis longipedunculata var. bipinnatisecta 再裂台湾黏冠草：bi-/ bis- 二，二数，二回（希腊语为 di-）；bipinnatus 二回羽状的；pinnus/ pennus 羽毛，羽状，羽片；sectus 分段的，分节的，切开的，分裂的；-atus/ -atum/ -ata 属于，相似，具有，完成（形容词词尾）

Myriactis longipedunculata var. formosana 台湾黏冠草-单头变种：formosanus = formosus + anus 美丽的，台湾的；formosus ← formosa 美丽的，台湾的（葡萄牙殖民者发现台湾时对其的称呼，即美丽的岛屿）；-anus/ -anum/ -ana 属于，来自（形容词词尾）

Myriactis longipedunculata var. longipedunculata 台湾黏冠草-原变种（词义见上面解释）

Myriactis nepalensis 圆舌黏冠草：nepalensis 尼泊尔的（地名）

Myriactis wallichii 狐狸草（狸 lí）：wallichii ← Nathaniel Wallich（人名，19 世纪初丹麦植物学家、医生）

Myriactis wightii 黏冠草：wightii ← Robert Wight（人名，19 世纪英国医生、植物学家）

Myriactis wightii var. cordata 心叶黏冠草：cordatus ← cordis/ cor 心脏的，心形的；-atus/ -atum/ -ata 属于，相似，具有，完成（形容词词尾）

Myrica 杨梅属（杨梅科）（21：p2）：myrica ← myrike 柽柳（希腊语）（另一解释为来自一种具有芳香味的灌木的希腊语名 myrike，而这种灌木的名称可能源自 myrizein，意思是"芳香，香料"）

Myrica adenophora 青杨梅：adenophorus 具腺的；aden-/ adeno- ← adenus 腺，腺体；-phorus/ -phorum/ -phora 载体，承载物，支持物，带着，生着，附着（表示一个部分带着别的部分，包括起支撑或承载作用的柄、柱、托、囊等，如 gynophorum = gynus + phorum 雌蕊柄的，带有雌蕊的，承载雌蕊的）；gynus/ gynum/ gyna 雌蕊，子房，心皮；Adenophora 沙参属（桔梗科）

Myrica adenophora var. adenophora 青杨梅-原变种（词义见上面解释）

Myrica adenophora var. kusanoi 恒春杨梅：kusanoi（人名）

Myrica esculenta 毛杨梅：esculentus 食用的，可食的；esca 食物，食料；-ulentus/ -ulentum/ -ulenta/ -olentus/ -olentum/ -olenta（表示丰富、充分或显著发展）

Myrica nana 云南杨梅：nanus ← nanos/ nannos 矮小的，小的；nani-/ nano-/ nanno- 矮小的，小的

Myrica rubra 杨梅：rubrus/ rubrum/ rubra/ ruber 红色的

Myricaceae 杨梅科（21：p1）：Myrica 杨梅属；-aceae（分类单位科的词尾，为 -aceus 的阴性复数主格形式，加到模式属的名称后或同义词的词干后以组成族群名称）

Myricaria 水柏枝属（柽柳科）（50-2：p167）：myricaria ← myrike 柽柳（或一种具有芳香味的灌木名称）（希腊语）

Myricaria bracteata 宽苞水柏枝：bracteatus = bracteus + atus 具苞片的；bracteus 苞，苞片，苞鳞；-atus/ -atum/ -ata 属于，相似，具有，完成（形容词词尾）

Myricaria elegans 秀丽水柏枝：elegans 优雅的，秀丽的

Myricaria elegans var. elegans 秀丽水柏枝-原变种（词义见上面解释）

Myricaria elegans var. tsetangensis 泽当水柏枝：tsetangensis 泽当的（地名，西藏自治区）

Myricaria laxa 球花水柏枝：laxus 稀疏的，松散的，宽松的

Myricaria laxiflora 疏花水柏枝：laxus 稀疏的，松散的，宽松的；florus/ florum/ flora ← flos 花（用于复合词）

Myricaria paniculata 三春水柏枝：paniculatus = paniculus + atus 具圆锥花序的；paniculus 圆锥花序；panus 谷穗；panicus 野稗，粟，谷子；-atus/ -atum/ -ata 属于，相似，具有，完成（形容词词尾）

Myricaria platyphylla 宽叶水柏枝：platys 大的，宽的（用于希腊语复合词）；phyllus/ phyllum/ phylla ← phyllon 叶片（用于希腊语复合词）

Myricaria prostrata 匍匐水柏枝：prostratus/ pronus/ procumbens 平卧的，匍匐的

Myricaria pulcherrima 心叶水柏枝：pulcherrima 极美丽的，最美丽的；pulcher/pulcer 美丽的，可爱的；-rimus/ -rima/ -rimum 最，极，非常（词尾为 -er 的形容词最高级）

Myricaria rosea 卧生水柏枝：roseus = rosa + eus 像玫瑰的，玫瑰色的，粉红色的；rosa 蔷薇（古拉丁名）← rhodon 蔷薇（希腊语）← rhodd 红色，玫瑰红（凯尔特语）；-eus/ -eum/ -ea（接拉丁语词干时）属于……的，色如……的，质如……的（表示原料、颜色或品质的相似），（接希腊语词干时）属于……的，以……出名，为……所占有（表示具有某种特性）

Myricaria squamosa 具鳞水柏枝：squamosus 多鳞片的，鳞片明显的；squamus 鳞，鳞片，薄膜；-osus/ -osum/ -osa 多的，充分的，丰富的，显著发育的，程度高的，特征明显的（形容词词尾）

Myricaria wardii 小花水柏枝：wardii ← Francis Kingdon-Ward（人名，20 世纪英国植物学家）

M

Myrioneuron 密脉木属（茜草科）（71-1：p309）：myri-/ myrio- ← myrios 无数的，大量的，极多的（希腊语）；neuron 脉，神经

Myrioneuron effusum 大叶密脉木：effusus = ex + fusus 很松散的，非常稀疏的；fusus 散开的，松散的，松弛的；e-/ ex- 不，无，非，缺乏，不具有（e- 用在辅音字母前，ex- 用在元音字母前，为拉丁语词首，对应的希腊语词首为 a-/ an-，英语为 un-/ -less，注意作词首用的 e-/ ex- 和介词 e/ ex 意思不同，后者意为"出自、从……、由……离开、由于、依照"）；构词规则：构成复合词时，词首末尾的辅音字母常同化为紧接其后的那个辅音字母（如 ex + f → eff）

Myrioneuron faberi 密脉木：faberi ← Ernst Faber（人名，19 世纪活动于中国的德国植物采集员）；-eri 表示人名，在以 -er 结尾的人名后面加上 i 形成

Myrioneuron nutans 垂花密脉木：nutans 弯曲的，下垂的（弯曲程度远大于 90°）；关联词：cernuus 点头的，前屈的，略俯垂的（弯曲程度略大于 90°）

Myrioneuron tonkinense 越南密脉木：tonkin 东京（地名，越南河内的旧称）

Myrioneuron tonkinense f. tonkinense 越南密脉木-原变型 （词义见上面解释）

Myrioneuron tonkinensis f. longipes 长梗密脉木：tonkin 东京（地名，越南河内的旧称）；longe-/ longi- ← longus 长的，纵向的；pes/ pedis 柄，梗，茎秆，腿，足，爪（作词首或词尾，pes 的词干视为"ped-"）

Myriophyllum 狐尾藻属（小二仙草科）（53-2：p134）：myri-/ myrio- ← myrios 无数的，大量的，极多的（希腊语）；phyllus/ phyllum/ phylla ← phyllon 叶片（用于希腊语复合词）

Myriophyllum aquaticum 粉绿狐尾藻：aquaticus/ aquatilis 水的，水生的，潮湿的；aqua 水；-aticus/ -aticum/ -atica 属于，表示生长的地方

Myriophyllum humile 矮狐尾藻：humile 矮的

Myriophyllum propinquum 乌苏里狐尾藻：propinquus 有关系的，近似的，近缘的

Myriophyllum spicatum 穗状狐尾藻：spicatus 具穗的，具穗状花的，具尖头的；spicus 穗，谷穗，花穗；-atus/ -atum/ -ata 属于，相似，具有，完成（形容词词尾）

Myriophyllum spicatum var. muricatum 瘤果狐尾藻：muricatus = murex + atus 粗糙的，糙面的，海螺状表面的（由于密被小的瘤状凸起），具短硬尖的；muri-/ muric- ← murex 海螺（指表面有瘤状凸起），粗糙的，糙面的；构词规则：以 -ix/ -iex 结尾的词其词干末尾视为 -ic，以 -ex 结尾视为 -i/ -ic，其他以 -x 结尾视为 -c；-atus/ -atum/ -ata 属于，相似，具有，完成（形容词词尾）

Myriophyllum spicatum var. spicatum 穗状狐尾藻-原变种 （词义见上面解释）

Myriophyllum tetrandrum 四蕊狐尾藻：tetrandrus 四雄蕊的；tetra-/ tetr- 四，四数（希腊语，拉丁语为 quadri-/ quadr-）；andrus/ andros/ antherus ← aner 雄蕊，花药，雄性

Myriophyllum verticillatum 狐尾藻：verticillatus/ verticillaris 螺纹的，螺旋的，轮生的，环状的；verticillus 轮，环状排列

Myriopteron 翅果藤属（萝藦科）（63：p270）：myri-/ myrio- ← myrios 无数的，大量的，极多的（希腊语）；pterus/ pteron 翅，翼，蕨类

Myriopteron extensum 翅果藤：extensus 扩展的，展开的

Myripnois 蚂蚱腿子属（蚂 mà）（菊科）（79：p21）：myrion 香油；pnois ← ploe 呼吸

Myripnois dioica 蚂蚱腿子：dioicus/ dioecus/ dioecius 雌雄异株的（dioicus 常用于苔藓学）；di-/ dis- 二，二数，二分，分离，不同，在……之间，从……分开（希腊语，拉丁语为 bi-/ bis-）；-oicus/ -oecius 雌雄体的，雌雄株的（仅用于词尾）；monoecius/ monoicus 雌雄同株的

Myristica 肉豆蔻属（蔻 kòu）（肉豆蔻科）（30-2：p188）：myristica ← myristicos 香膏，芳香油（指可作香料）

Myristica cagayanensis 台湾肉豆蔻：cagayanensis ← Cagayan 卡格扬河的（地名，菲律宾）

Myristica fragrans 肉豆蔻：fragrans 有香气的，飘香的；fragro 飘香，有香味

Myristica simiarum 菲律宾肉豆蔻：simiarum（simia 的复数所有格）猿猴的，类人猿的；simia 猴子，猿；-arum 属于……的（第一变格法名词复数所有格词尾，表示群落或多数）

Myristica yunnanensis 云南肉豆蔻：yunnanensis 云南的（地名）

Myristicaceae 肉豆蔻科（30-2：p176）：Myristica 肉豆蔻属；-aceae（分类单位科的词尾，为 -aceus 的阴性复数主格形式，加到模式属的名称后或同义词的词干后以组成族群名称）

Myrmechis 全唇兰属（兰科）（17：p176）：myrmechis ← myrmex 蚂蚁（由日语直译）

Myrmechis chinensis 全唇兰：chinensis = china + ensis 中国的（地名）；China 中国

Myrmechis drymoglossifolia 阿里山全唇兰：Drymoglossum 抱树莲属（水龙骨科）；folius/ folium/ folia 叶，叶片（用于复合词）

Myrmechis japonica 日本全唇兰：japonica 日本的（地名）；-icus/ -icum/ -ica 属于，具有某种特性（常用于地名、起源、生境）

Myrmechis pumila 矮全唇兰：pumilus 矮的，小的，低矮的，矮人的

Myrmechis urceolata 宽瓣全唇兰：urceolatus 坛状的，壶形的（指中空且口部收缩）；urceolus 小坛子，小水壶；urceus 坛子，水壶

Myrsinaceae 紫金牛科（58：p1）：Myrsine 铁仔属；-aceae（分类单位科的词尾，为 -aceus 的阴性复数主格形式，加到模式属的名称后或同义词的词干后以组成族群名称）

Myrsine 铁仔属（仔 zǎi）（紫金牛科）（58：p123）：myrsine（希腊语名）

Myrsine africana 铁仔：africana 非洲的（地名）

Myrsine africana var. acuminata 尖叶铁仔：acuminatus = acumen + atus 锐尖的，渐尖的；acumen 渐尖头；-atus/ -atum/ -ata 属于，相似，具有，完成（形容词词尾）

Myrsine africana var. africana 铁仔-原变种 （词义见上面解释）

Myrsine elliptica 广西铁仔：ellipticus 椭圆形的；-ticus/ -ticum/ tica/ -ticos 表示属于，关于，以……著称，作形容词词尾

Myrsine semiserrata 针齿铁仔：semiserratus 半锯齿的；semi- 半，准，略微；serratus = serrus + atus 有锯齿的；serrus 齿，锯齿

Myrsine stolonifera 光叶铁仔：stolon 匍匐茎；-ferus/ -ferum/ -fera/ -fero/ -fere/ -fer 有，具有，产（区别：作独立词使用的 ferus 意思是"野生的"）

Myrtaceae 桃金娘科（53-1：p28）：Myrtus 香桃木属；-aceae（分类单位科的词尾，为 -aceus 的阴性复数主格形式，加到模式属的名称后或同义词的词干后以组成族群名称）

Myrtus 香桃木属（桃金娘科）（53-1：p125）：myrtus ← myrtle 香桃木（希腊语）

Myrtus communis 香桃木：communis 普通的，通常的，共通的

Mytilaria 壳菜果属（壳 qiào）（金缕梅科）（35-2：p50）：mytilaria ← mytilinus 介壳状的

Mytilaria laosensis 壳菜果：laosensis 老挝的（地名）

Myxopyrum 胶核木属（木樨科）（61：p221）：myxa 黏液；pyrus = pirus ← pyros 梨，梨树，核，核果，小麦，谷物

Myxopyrum ellipticitimbum （椭圆胶核木）：ellipticus 椭圆形的；timbum ← timber 木头，木料

Myxopyrum hainanense 海南胶核木：hainanense 海南的（地名）

Nabalus 耳菊属（菊科）（80-1：p219）：nabalus（词源不详）

Nabalus ochroleucus 耳菊：ochroleucus 黄白色的；ochro- ← ochra 黄色的，黄土的；leucus 白色的，淡色的

Najadaceae 茨藻科（8：p102）：Najas 茨藻属；-aceae（分类单位科的词尾，为 -aceus 的阴性复数主格形式，加到模式属的名称后或同义词的词干后以组成族群名称）

Najas 茨藻属（茨 cí）（茨藻科）（8：p108）：najas ← naias 泉妖（希腊神话人物，指该属植物水生）

Najas ancistrocarpa 弯果茨藻：ancistron 钩，钩刺；carpus/ carpum/ carpa/ carpon ← carpos 果实（用于希腊语复合词）

Najas browniana 高雄茨藻：browniana ← Nebrownii（人名）；-ii 表示人名，接在以辅音字母结尾的人名后面，但 -er 除外

Najas foveolata 多孔茨藻：foveolatus = fovea + ulus + atus 具小孔的，蜂巢状的，有小凹陷的；fovea 孔穴，腔隙

Najas gracillima 纤细茨藻：gracillimus 极细长的，非常纤细的；gracilis 细长的，纤弱的，丝状的；-limus/ -lima/ -limum 最，非常，极其（以 -ilis 结尾的形容词最高级，将末尾的 -is 换成 l + imus，从而构成 -illimus）

Najas graminea 草茨藻：gramineus 禾草状的，禾本科植物状的；graminus 禾草，禾本科草；gramen 禾本科植物；-eus/ -eum/ -ea（接拉丁语词干时）属

于……的，色如……的，质如……的（表示原料、颜色或品质的相似），（接希腊语词干时）属于……的，以……出名，为……所占有（表示具有某种特性）

Najas graminea var. graminea 草茨藻-原变种（词义见上面解释）

Najas graminea var. recurvata 弯果草茨藻：recurvatus 反曲的，反卷的，后曲的；re- 返回，相反，再次，重复，向后，回头；curvus 弯曲的；-atus/ -atum/ -ata 属于，相似，具有，完成（形容词词尾）

Najas marina 大茨藻：marinus 海，海中生的

Najas marina var. brachycarpa 短果茨藻：brachy- ← brachys 短的（用于拉丁语复合词词首）；carpus/ carpum/ carpa/ carpon ← carpos 果实（用于希腊语复合词）

Najas marina var. grossedentata 粗齿大茨藻：grosse-/ grosso- ← grossus 粗大的，肥厚的；dentatus = dentus + atus 牙齿的，齿状的，具齿的；dentus 齿，牙齿；-atus/ -atum/ -ata 属于，相似，具有，完成（形容词词尾）

Najas marina var. marina 大茨藻-原变种（词义见上面解释）

Najas minor 小茨藻：minor 较小的，更小的

Najas oguraensis 澳古茨藻（中文名翻译有误，应订正为"小仓茨藻"或"日本茨藻"）：oguraensis 小仓的（地名，日本，"ogura"为"小仓"的日语读音）

Najas orientalis 东方茨藻：orientalis 东方的；oriens 初升的太阳，东方

Nandina 南天竹属（小檗科）（29：p52）：nandina 南天（中文名）

Nandina domestica 南天竹：domesticus 国内的，本地的，本土的，家庭的

Nanocnide 花点草属（荨麻科）（23-2：p27）：nanocnide 矮小的荨麻；nanus ← nanos/ nannos 矮小的，小的；nani-/ nano-/ nanno- 矮小的，小的；cnide 荨麻（希腊语名）

Nanocnide japonica 花点草：japonica 日本的（地名）；-icus/ -icum/ -ica 属于，具有某种特性（常用于地名、起源、生境）

Nanocnide lobata 毛花点草：lobatus = lobus + atus 具浅裂的，具耳垂状突起的；lobus/ lobos/ lobon 浅裂，耳片（裂片先端钝圆），荚果，蒴果；-atus/ -atum/ -ata 属于，相似，具有，完成（形容词词尾）

Nanophyton 小蓬属（藜科）（25-2：p186）：nanus ← nanos/ nannos 矮小的，小的；nani-/ nano-/ nanno- 矮小的，小的；phyton → phytus 植物

Nanophyton erinaceum 小蓬：erinaceus 具刺的，刺猬状的；Erinaceus 猬属（动物）；ericius 刺猬

Naravelia 锡兰莲属（毛茛科）（28：p235）：naravelia ← narawael 锡兰莲（斯里兰卡土名）

Naravelia pilulifera 两广锡兰莲：pilul-/ piluli- 球，圆球；-ferus/ -ferum/ -fera/ -fero/ -fere/ -fer 有，具有，产（区别：作独立词使用的 ferus 意思是"野生的"）

Naravelia zeylanica 锡兰莲：zeylanicus 锡兰（斯里兰卡，国家名）；-icus/ -icum/ -ica 属于，具有某种特性（常用于地名、起源、生境）

Narcissus 水仙属（石蒜科）（16-1：p27）：narcissus（希腊神话人物）

Narcissus jonquilla 长寿花：jonquilla = Juncus + illus 比灯心草小的；Juncus 灯心草属（灯心草科）；-illus/ -illum/ -illa ← -ulus 小的，略微的，稍微的（小词 -ulus 在字母 e 或 i 之后有多种变缀，即 -olus/ -olum/ -ola、-ellus/ -ellum/ -ella、-illus/ -illum/ -illa，用于第一变格法名词）

Narcissus pseudo-narcissus 黄水仙：pseudo-narcissus 像 narcissus 的；pseudo-/ pseud- ← pseudos 假的，伪的，接近，相似（但不是）；Narcissus 水仙属（石蒜科）

Narcissus tazetta var. chinensis 水仙：tazetta 小型咖啡杯（意大利语，比喻副花冠的形状）；chinensis = china + ensis 中国的（地名）；China 中国

Nardostachys 甘松属（败酱科）（73-1：p23）：nardus ← nardos 甘松（印度败酱科一种植物）；stachy-/ stachyo-/ -stachys/ -stachyus/ -stachyum/ -stachya 穗子，穗子的，穗子状的，穗状花序的

Nardostachys chinensis 甘松：chinensis = china + ensis 中国的（地名）；China 中国

Nardostachys jatamansi 匙叶甘松（匙 chí）：jatamansi（人名，词尾改为"-ii"似更妥）；-ii 表示人名，接在以辅音字母结尾的人名后面，但 -er 除外；-i 表示人名，接在以元音字母结尾的人名后面，但 -a 除外

Narenga 河八王属（禾本科）（10-2：p35）：narenga（产于印度的一种禾本科植物）

Narenga fallax 金猫尾：fallax 假的，迷惑的

Narenga fallax var. aristata 短芒金猫尾：aristatus(aristosus) = arista + atus 具芒的，具芒刺的，具刚毛的，具胡须的；arista 芒

Narenga fallax var. fallax 金猫尾-原变种（词义见上面解释）

Narenga porphyrocoma 河八王：porphyr-/ porphyro- 紫色；comus ← comis 冠毛，头缨，一簇（毛或叶片）

Nasturtium 豆瓣菜属（十字花科）（33：p311）：nasturtium = nasus + tortus 拧鼻子（比喻刺激性辛辣气味）；nasus 鼻子；tortus 拧劲，捻，扭曲

Nasturtium officinale 豆瓣菜：officinalis/ officinale 药用的，有药效的；officina ← opificina 药店，仓库，作坊

Nasturtium tibeticum 西藏豆瓣菜：tibeticum 西藏的（地名）

Natsiatopsis 麻核藤属（茶茱萸科）（46：p62）：Natsiatum 薄核藤属；-opsis/ -ops 相似，稍微，带有

Natsiatopsis thunbergiaefolia 麻核藤：thunbergiaefolia 牵牛叶片的（注：以属名作复合词时原词尾变形后的 i 要保留，不能使用所有格，故该词宜改为"thunbergiifolia"）；Thunbergia 山牵牛属（爵床科）；folius/ folium/ folia 叶，叶片（用于复合词）

Natsiatum 薄核藤属（薄 báo）（茶茱萸科）（46：p61）：natsiatum ← natsiat（印度一种植物名）

Natsiatum herpeticum 薄核藤：herpeticus 缠绕的

Nauclea 乌檀属（茜草科）（71-1：p258）：nauclea ← 小舟，小船

Nauclea officinalis 乌檀：officinalis/ officinale 药用的，有药效的；officina ← opificina 药店，仓库，作坊

Neanotis 新耳草属（茜草科）（71-1：p77）：neos 新，新的；Anotis → Arcytophyllum（属名，茜草科）

Neanotis boerhaavioides 卷毛新耳草：boerhaavioides 像黄细心的；Boerhavia（也有拼写为"Boerhaavia"）黄细心属（紫茉莉科）← H. Boerhaave（人名，德国植物学家）；-oides/ -oideus/ -oideum/ -oidea/ -odes/ -eidos 像……的，类似……的，呈……状的（名词词尾）

Neanotis calycina 紫花新耳草：calycinus = calyx + inus 萼片的，萼片状的，萼片宿存的；calyx → calyc- 萼片（用于希腊语复合词）；构词规则：以 -ix/ -iex 结尾的词其词干末尾视为 -ic，以 -ex 结尾视为 -i/ -ic，其他以 -x 结尾视为 -c；-inus/ -inum/ -ina/ -inos 相近，接近，相似，具有（通常指颜色）

Neanotis formosana 台湾新耳草：formosanus = formosus + anus 美丽的，台湾的；formosus ← formosa 美丽的，台湾的（葡萄牙殖民者发现台湾时对其的称呼，即美丽的岛屿）；-anus/ -anum/ -ana 属于，来自（形容词词尾）

Neanotis hirsuta 薄叶新耳草：hirsutus 粗毛的，糙毛的，有毛的（长而硬的毛）

Neanotis hirsuta var. glabricalycina 光萼新耳草：glabrus 光秃的，无毛的，光滑的；calycinus = calyx + inus 萼片的，萼片状的，萼片宿存的；calyx → calyc- 萼片（用于希腊语复合词）；构词规则：以 -ix/ -iex 结尾的词其词干末尾视为 -ic，以 -ex 结尾视为 -i/ -ic，其他以 -x 结尾视为 -c；-inus/ -inum/ -ina/ -inos 相近，接近，相似，具有（通常指颜色）

Neanotis hirsuta var. hirsuta 薄叶新耳草-原变种（词义见上面解释）

Neanotis ingrata 臭味新耳草：ingratus = in + gratus 令人厌恶的，令人不快的，劣味的，难闻的；in-/ im-（来自 il- 的音变）内，在内，内部，向内，相反，不，无，非；il- 在内，向内，为，相反（希腊语为 en-）；词首 il- 的音变：il-（在 l 前面），im-（在 b、m、p 前面），in-（在元音字母和大多数辅音字母前面），ir-（在 r 前面），如 illaudatus（不值得称赞的，评价不好的），impermeabilis（不透水的，穿不透的），ineptus（不合适的），insertus（插入的），irretortus（无弯曲的，无扭曲的）；gratus 美味的，可爱的，迷人的，快乐的

Neanotis ingrata f. ingrata 臭味新耳草-原变型（词义见上面解释）

Neanotis ingrata f. parvifolia 小叶臭味新耳草：parvifolius 小叶的；parvus 小的，些微的，弱的；folius/ folium/ folia 叶，叶片（用于复合词）

Neanotis kwangtungensis 广东新耳草：kwangtungensis 广东的（地名）

Neanotis thwaitesiana 新耳草：thwaitesiana（人名）

Neanotis wightiana 西南新耳草：wightiana ←

Robert Wight（人名，19 世纪英国医生、植物学家）

Nechamanadra 虾子菜属（原名"虾子草属"，玄参科有重名）（水鳖科）（8：p181）：nechamanadra（人名）

Nechamanadra alternifolia 虾子菜（原名"虾子草"，玄参科有重名）：alternus 互生，交互，交替；folius/ folium/ folia 叶，叶片（用于复合词）

Neillia 绣线梅属（蔷薇科）（36：p82）：neillia ← Patrick Neill（人名，1766–1858，英国加里东园艺学会秘书）（除 -er 外，以辅音字母结尾的人名用作属名时在末尾加 -ia，如果人名词尾为 -us 则将词尾变成 -ia）

Neillia affinis 川康绣线梅：affinis = ad + finis 酷似的，近似的，有联系的；ad- 向，到，近（拉丁语词首，表示程度加强）；构词规则：构成复合词时，词首末尾的辅音字母常同化为紧接其后的那个辅音字母（如 ad + f → aff）；finis 界限，境界；affin- 相似，近似，相关

Neillia affinis var. affinis 川康绣线梅-原变种（词义见上面解释）

Neillia affinis var. pauciflora 少花川康绣线梅：pauci- ← paucus 少数的，少的（希腊语为 oligo-）；florus/ florum/ flora ← flos 花（用于复合词）

Neillia affinis var. polygyna 多果川康绣线梅：poly- ← polys 多个，许多（希腊语，拉丁语为 multi-）；gynus/ gynum/ gyna 雌蕊，子房，心皮

Neillia gracilis 矮生绣线梅：gracilis 细长的，纤弱的，丝状的

Neillia ribesioides 毛叶绣线梅：ribesioides 像茶藨的；Ribes 茶藨属（虎耳草科）；-oides/ -oideus/ -oideum/ -oidea/ -odes/ -eidos 像……的，类似……的，呈……状的（名词词尾）

Neillia rubiflora 粉花绣线梅：rubiflorus = rubus + florus 红花的；rubrus/ rubrum/ rubra/ ruber 红色的；florus/ florum/ flora ← flos 花（用于复合词）

Neillia serratisepala 云南绣线梅：serratus = serrus + atus 有锯齿的；serrus 齿，锯齿；sepalus/ sepalum/ sepala 萼片（用于复合词）

Neillia sinensis 中华绣线梅：sinensis = Sina + ensis 中国的（地名）；Sina 中国

Neillia sinensis var. caudata 尾尖叶中华绣线梅：caudatus = caudus + atus 尾巴的，尾巴状的，具尾的；caudus 尾巴

Neillia sinensis var. duclouxii 滇东中华绣线梅：duclouxii（人名）；-ii 表示人名，接在以辅音字母结尾的人名后面，但 -er 除外

Neillia sinensis var. sinensis 中华绣线梅-原变种（词义见上面解释）

Neillia sparsiflora 疏花绣线梅：sparsus 散生的，稀疏的，稀少的；florus/ florum/ flora ← flos 花（用于复合词）

Neillia thibetica 西康绣线梅：thibetica 西藏的（地名）；-icus/ -icum/ -ica 属于，具有某种特性（常用于地名、起源、生境）

Neillia thibetica var. lobata 裂叶西康绣线梅：lobatus = lobus + atus 具浅裂的，具耳垂状突起的；lobus/ lobos/ lobon 浅裂，耳片（裂片先端钝圆），荚果，蒴果；-atus/ -atum/ -ata 属于，相似，具有，

完成（形容词词尾）

Neillia thibetica var. thibetica 西康绣线梅-原变种（词义见上面解释）

Neillia thyrsiflora 绣线梅：thyrsus/ thyrsos 花簇，金字塔，圆锥形，聚伞圆锥花序；florus/ florum/ flora ← flos 花（用于复合词）

Neillia thyrsiflora var. thyrsiflora 绣线梅-原变种（词义见上面解释）

Neillia thyrsiflora var. tunkinensis 毛果绣线梅：tunkinensis 东京的（地名，越南河内的旧称）

Neillia uekii 东北绣线梅：uekii（人名）；-ii 表示人名，接在以辅音字母结尾的人名后面，但 -er 除外

Nelsonia 瘤子草属（爵床科）（70：p43）：nelsonia ← Nelson（人名，英国植物学家）

Nelsonia canescens 瘤子草：canescens 变灰色的，淡灰色的；canens 使呈灰色的；canus 灰色的，灰白色的；-escens/ -ascens 改变，转变，变成，略微，带有，接近，相似，大致，稍微（表示变化的趋势，并未完全相似或相同，有别于表示达到完成状态的 -atus）

Nelumbo 莲属（睡莲科）（27：p3）：nelumbo 莲花（斯里兰卡土名）

Nelumbo nucifera 莲：nucifera 具坚果的；nuc-/ nuci- ← nux 坚果；构词规则：以 -ix/ -iex 结尾的词其词干末尾视为 -ic，以 -ex 结尾视为 -i/ -ic，其他以 -x 结尾视为 -c；-ferus/ -ferum/ -fera/ -fero/ -fere/ -fer 有，具有，产（区别：作独立词使用的 ferus 意思是"野生的"）

Nemosenecio 羽叶菊属（菊科）（77-1：p161）：nemosenecio 林内的千里光；nemus/ nema 密林，丛林，树丛（常用来比喻密集成丛的纤细物，如花丝、果柄等）；Senecio 千里光属

Nemosenecio concinus 裸果羽叶菊：concinus ← concino 和谐的，共鸣的，一致的

Nemosenecio formosanus 台湾刘寄奴：formosanus = formosus + anus 美丽的，台湾的；formosus ← formosa 美丽的，台湾的（葡萄牙殖民者发现台湾时对其的称呼，即美丽的岛屿）；-anus/ -anum/ -ana 属于，来自（形容词词尾）

Nemosenecio incisifolius 刻裂羽叶菊：incisus 深裂的，锐裂的，缺刻的；folius/ folium/ folia 叶，叶片（用于复合词）

Nemosenecio solenoides 茄状羽叶菊（茄 qié）：solenoides 像茅瓜的；Solena 茅瓜属（葫芦科）；-oides/ -oideus/ -oideum/ -oidea/ -odes/ -eidos 像……的，类似……的，呈……状的（名词词尾）

Nemosenecio yunnanensis 滇羽叶菊：yunnanensis 云南的（地名）

Neoalsomitra 棒槌瓜属（葫芦科）（73-1：p99）：neoalsomitra 新悬瓜（指从悬瓜属分出的新属或像悬瓜属）；neo- ← neos 新，新的；Alsomitra 悬瓜属（葫芦科）

Neoalsomitra clavigera 藏棒槌瓜（藏 zàng）：clava 棍棒；gerus → -ger/ -gerus/ -gerum/ -gera 具有，有，带有

Neoalsomitra integrifoliola 棒槌瓜：integer/ integra/ integrum → integri- 完整的，整个的，全缘的；foliolus = folius + ulus 小叶

Neoathyrium 新蹄盖蕨属（蹄盖蕨科）（3-2：p94）：neo- ← neos 新，新的；Athyrium 蹄盖蕨属

Neoathyrium crenulatoserrulatum 新蹄盖蕨：crenulatus = crena + ulus + atus 细圆锯齿的，略呈圆锯齿的；serrulatus = serrus + ulus + atus 具细锯齿的；serrus 齿，锯齿

Neocheiropteris 扇蕨属（水龙骨科）（6-2：p32）：neo- ← neos 新，新的；Cheiropteris（属名，水龙骨科）

Neocheiropteris palmatopedata 扇蕨：palmatus = palmus + atus 掌状的，具掌的；palmus 掌，手掌；pedatus 鸟足形的；pes/ pedis 柄，梗，茎秆，腿，足，爪（作词首或词尾，pes 的词干视为"ped-"）

Neocheiropteris waltoni 戟形扇蕨：waltoni（人名，词尾改为"-ii"似更妥）；-ii 表示人名，接在以辅音字母结尾的人名后面，但 -er 除外；-i 表示人名，接在以元音字母结尾的人名后面，但 -a 除外

Neocinnamomum 新樟属（樟科）（31：p229）：neo- ← neos 新，新的；Cinnamomum 樟属

Neocinnamomum caudatum 滇新樟：caudatus = caudus + atus 尾巴的，尾巴状的，具尾的；caudus 尾巴；-atus/ -atum/ -ata 属于，相似，具有，完成（形容词词尾）

Neocinnamomum delavayi 新樟：delavayi ← P. J. M. Delavay（人名，1834–1895，法国传教士，曾在中国采集植物标本）；-i 表示人名，接在以元音字母结尾的人名后面，但 -a 除外

Neocinnamomum fargesii 川鄂新樟：fargesii ← Pere Paul Guillaume Farges（人名，19 世纪中叶至 20 世纪活动于中国的法国传教士，植物采集员）

Neocinnamomum lecomtei 海南新樟：lecomtei ← Paul Henri Lecomte（人名，20 世纪法国植物学家）

Neocinnamomum mekongense 沧江新樟：mekongense 湄公河的（地名，澜沧江流入中南半岛部分称湄公河）

Neofinetia 风兰属（兰科）（19：p380）：neofinetia 新型 Finetia 的（为了避免重名而在前面加上 neo-）；neo- ← neos 新，新的；Finetia → Anogeissus 榆绿木属（使君子科）

Neofinetia falcata 风兰：falcatus = falx + atus 镰刀的，镰刀状的；构词规则：以 -ix/ -iex 结尾的词其词干末尾视为 -ic，以 -ex 结尾视为 -i/ -ic，其他以 -x 结尾视为 -c；falx 镰刀，镰刀形，镰刀状弯曲；-atus/ -atum/ -ata 属于，相似，具有，完成（形容词词尾）

Neofinetia richardsiana 短距风兰：richardsiana（人名）

Neogyna 新型兰属（兰科）（18：p405）：neo- ← neos 新，新的；gyna/ gynus 雌蕊的，雌性的，心皮的

Neogyna gardneriana 新型兰：gardneriana ← Hon. Edward Gardner（人名，代表 19 世纪的英国东印度公司，该公司于 1600 年在印度成立，于 1858 年破产，也称约翰公司）

Neohusnotia 山鸡谷草属（禾本科）（10-1：p234）：neo- ← neos 新，新的；Husnotia（属名，夹竹桃科）

Neohusnotia tonkinensis 山鸡谷草：tonkin 东京（地名，越南河内的旧称）

Neohymenopogon 石丁香属（茜草科）（71-1：p230）：neo- ← neos 新，新的；pogon 胡须，髯毛，芒尖；hymen-/ hymeno- 膜的，膜状的

Neohymenopogon oligocarpus 疏果石丁香：oligo-/ olig- 少数的（希腊语，拉丁语为 pauci-）；carpus/ carpum/ carpa/ carpon ← carpos 果实（用于希腊语复合词）

Neohymenopogon parasiticus 石丁香：parasiticus ← parasitos 寄生的（希腊语）

Neolamarckia 团花属（茜草科）（71-1：p260）：neo- ← neos 新，新的；lamarckia（人名）

Neolamarckia cadamba 团花：cadamba（人名）；Cadamba 卡丹木属（为海岸桐属 Guettarda 的异名）

Neolepisorus 盾蕨属（水龙骨科）（6-2：p35）：neo- ← neos 新，新的；Lepisorus 瓦韦属（水龙骨科）

Neolepisorus dengii 世纬盾蕨：dengii（人名）；-ii 表示人名，接在以辅音字母结尾的人名后面，但 -er 除外

Neolepisorus dengii f. dengii 世纬盾蕨-原变型（词义见上面解释）

Neolepisorus dengii f. hastatus 戟叶盾蕨：hastatus 戟形的，三尖头的（两侧基部有朝外的三角形裂片）；hasta 长矛，标枪

Neolepisorus emeiensis 峨眉盾蕨：emeiensis 峨眉山的（地名，四川省）

Neolepisorus emeiensis f. dissectus 深裂盾蕨：dissectus 多裂的，全裂的，深裂的；di-/ dis- 二，二数，二分，分离，不同，在……之间，从……分开（希腊语，拉丁语为 bi-/ bis-）；sectus 分段的，分节的，切开的，分裂的

Neolepisorus emeiensis f. emeiensis 峨眉盾蕨-原变型（词义见上面解释）

Neolepisorus ensatus 剑叶盾蕨：ensatus 剑形的，剑一样锋利的

Neolepisorus ensatus f. ensatus 剑叶盾蕨-原变型（词义见上面解释）

Neolepisorus ensatus f. monstriferus 畸变剑叶盾蕨（畸 jī）：monstrus 畸形的，发育异常的；-ferus/ -ferum/ -fera/ -fero/ -fere/ -fer 有，具有，产（区别：作独立词使用的 ferus 意思是"野生的"）

Neolepisorus ensatus f. platyphyllus 宽剑叶盾蕨：platys 大的，宽的（用于希腊语复合词）；phyllus/ phyllum/ phylla ← phyllon 叶片（用于希腊语复合词）

Neolepisorus lancifolius 梵净山盾蕨（梵 fàn）：lance-/ lancei-/ lanci-/ lanceo-/ lanc- ← lanceus 披针形的，矛形的，尖刀状的，柳叶刀状的；folius/ folium/ folia 叶，叶片（用于复合词）

Neolepisorus minor 小盾蕨：minor 较小的，更小的

Neolepisorus ovatus 盾蕨：ovatus = ovus + atus 卵圆形的；ovus 卵，胚珠，卵形的，椭圆形的；-atus/ -atum/ -ata 属于，相似，具有，完成（形容词词尾）

Neolepisorus ovatus f. deltoideus 三角叶盾蕨：deltoideus/ deltoides 三角形的，正三角形的；delta 三角；-oides/ -oideus/ -oideum/ -oidea/ -odes/

N

-eidos 像……的，类似……的，呈……状的（名词词尾）

Neolepisorus ovatus f. doryopteris 蟹爪盾蕨：dory 矛；pteris ← pteryx 翅，翼，蕨类（希腊语）；Doryopteris 黑心蕨属（中国蕨科）

Neolepisorus ovatus f. gracilis 卵圆盾蕨：gracilis 细长的，纤弱的，丝状的

Neolepisorus ovatus f. monstrosus 畸裂盾蕨：monstrosus 畸形的，发育异常的；monstrus 畸形的，发育异常的；-osus/ -osum/ -osa 多的，充分的，丰富的，显著发育的，程度高的，特征明显的（形容词词尾）

Neolepisorus ovatus f. ovatus 盾蕨-原变型（词义见上面解释）

Neolepisorus sinensis 中华盾蕨：sinensis = Sina + ensis 中国的（地名）；Sina 中国

Neolepisorus tenuipes 细足盾蕨：tenui- ← tenuis 薄的，纤细的，弱的，瘦的，窄的；pes/ pedis 柄，梗，茎秆，腿，足，爪（作词首或词尾，pes 的词干视为"ped-"）

Neolepisorus truncatus 截基盾蕨：truncatus 截平的，截形的，截断的；truncare 切断，截断，截平（动词）；-atus/ -atum/ -ata 属于，相似，具有，完成（形容词词尾）

Neolepisorus truncatus f. laciniatus 撕裂盾蕨（种加词有时误拼为"laciatus"）：laciniatus 撕裂的，条状裂的；lacinius → laci-/ lacin-/ lacini- 撕裂的，条状裂的

Neolepisorus truncatus f. truncatus 截基盾蕨-原变型（词义见上面解释）

Neolepisorus tsaii 希陶盾蕨：tsaii 蔡希陶（人名，1911–1981，中国植物学家）

Neolitsea 新木姜子属（樟科）（31：p336）：neo- ← neos 新，新的；Litsea 木姜子属（樟科）

Neolitsea acuminatissima 尖叶新木姜子：acuminatus = acumen + atus 锐尖的，渐尖的；acumen 渐尖头；-atus/ -atum/ -ata 属于，相似，具有，完成（形容词词尾）；-issimus/ -issima/ -issimum 最，非常，极其（形容词最高级）

Neolitsea acuto-trinervia 台湾新木姜子：acuto-/ acuti-/ acu- ← acutus 锐尖的，针尖的，刺尖的，锐角的；tri-/ tripli-/ triplo- 三个，三数；nervius = nervus + ius 具脉的，具叶脉的；nervus 脉，叶脉；-ius/ -ium/ -ia 具有……特性的（表示有关、关联、相似）

Neolitsea alongensis 下龙新木姜子：alongensis 下龙的（地名，云南省）

Neolitsea aurata 新木姜子：auratus = aurus + atus 金黄色的；aurus 金，金色

Neolitsea aurata var. aurata 新木姜子-原变种（词义见上面解释）

Neolitsea aurata var. chekiangensis 浙江新木姜子：chekiangensis 浙江的（地名）

Neolitsea aurata var. glauca 粉叶新木姜子：glaucus → glauco-/ glauc- 被白粉的，发白的，灰绿色的

Neolitsea aurata var. paraciculata 云和新木姜子：paraciculatus 近针形的；para- 类似，接近，近

旁，假的；aciculatus = acus + culus + atus 针形，发夹状的；acus 针，发夹，发簪；-culus/ -culum/ -cula 小的，略微的，稍微的（同第三变格法和第四变格法名词形成复合词）；-atus/ -atum/ -ata 属于，相似，具有，完成（形容词词尾）

Neolitsea aurata var. undulatula 浙闽新木姜子：undulatula 略呈波浪状的，略弯曲的（该种加词的构成为 unda + ulus + atus + ulus，其中小词 -ulus 出现两次，后者似乎是多余的，故可简化为 undulata）；unda 起波浪的，弯曲的；-ulus/ -ulum/ -ula 小的，略微的，稍微的（小词 -ulus 在字母 e 或 i 之后有多种变缀，即 -olus/ -olum/ -ola、-ellus/ -ellum/ -ella、-illus/ -illum/ -illa，与第一变格法和第二变格法名词形成复合词）；-atus/ -atum/ -ata 属于，相似，具有，完成（形容词词尾）

Neolitsea brevipes 短梗新木姜子：brevi- ← brevis 短的（用于希腊语复合词词首）；pes/ pedis 柄，梗，茎秆，腿，足，爪（作词首或词尾，pes 的词干视为"ped-"）

Neolitsea buisanensis 武威山新木姜子：buisanensis 武威山的（地名，位于台湾省屏东县，"bui"为"武威"的日语读音）

Neolitsea cambodiana 锈叶新木姜子：cambodiana 柬埔寨的（地名）

Neolitsea cambodiana var. cambodiana 锈叶新木姜子-原变种（词义见上面解释）

Neolitsea cambodiana var. glabra 香港新木姜子：glabrus 光秃的，无毛的，光滑的

Neolitsea chrysotricha 金毛新木姜子：chrys-/ chryso- ← chrysos 黄色的，金色的；trichus 毛，毛发，线

Neolitsea chuii 鸭公树：chuii（人名，词尾改为"-i"似更妥）；-ii 表示人名，接在以辅音字母结尾的人名后面，但 -er 除外；-i 表示人名，接在以元音字母结尾的人名后面，但 -a 除外

Neolitsea confertifolia 簇叶新木姜子：confertus 密集的；folius/ folium/ folia 叶，叶片（用于复合词）

Neolitsea daibuensis 大武山新木姜子：daibuensis 大武山的（地名，台湾省中央山脉最高峰，"daibu"为"大武"的日语读音）

Neolitsea ellipsoidea 香果新木姜子：ellipsoideus 广椭圆形的；ellipso 椭圆形的；-oides/ -oideus/ -oideum/ -oidea/ -odes/ -eidos 像……的，类似……的，呈……状的（名词词尾）

Neolitsea hainanensis 海南新木姜子：hainanensis 海南的（地名）

Neolitsea hiiranensis 南仁山新木姜子：hiiranensis（地名，属台湾省恒春半岛）

Neolitsea homilantha 团花新木姜子：homil- 团聚的，聚集的；anthus/ anthum/ antha/ anthe ← anthos 花（用于希腊语复合词）

Neolitsea howii 保亭新木姜子：howii（人名）；-ii 表示人名，接在以辅音字母结尾的人名后面，但 -er 除外

Neolitsea hsiangkweiensis 湘桂新木姜子：hsiangkweiensis 湘桂的（地名，湖南省和广西壮族自治区）

Neolitsea impressa 凹脉新木姜子：impressus →

impressi- 凹陷的，凹入的，雕刻的；in-/ im-（来自 il- 的音变）内，在内，内部，向内，相反，不，无，非；il- 在内，向内，为，相反（希腊语为 en-）；词首 il- 的音变：il-（在 l 前面），im-（在 b、m、p 前面），in-（在元音字母和大多数辅音字母前面），ir-（在 r 前面），如 illaudatus（不值得称赞的，评价不好的），impermeabilis（不透水的，穿不透的），ineptus（不合适的），insertus（插入的），irretortus（无弯曲的，无扭曲的）；pressus 压，压力，挤压，紧密；nerve ← nervus 脉，叶脉

Neolitsea konishii 五掌楠：konishii 小西（日本人名）

Neolitsea kotoensis 兰屿新木姜子：kotoensis 红头屿的（地名，台湾省台东县岛屿，因产蝴蝶兰，于 1947 年改名"兰屿"，"koto"为"红头"的日语读音）

Neolitsea kwangsiensis 广西新木姜子：kwangsiensis 广西的（地名）

Neolitsea levinei 大叶新木姜子：levinei ← N. D. Levine（人名）

Neolitsea longipedicellata 长梗新木姜子：longe-/ longi- ← longus 长的，纵向的；pedicellatus = pedicellus + atus 具小花柄的；pedicellus = pes + cellus 小花梗，小花柄（不同于花序柄）；pes/ pedis 柄，梗，茎秆，腿，足，爪（作词首或词尾，pes 的词干视为"ped-"）；-cellus/ -cellum/ -cella、-cillus/ -cillum/ -cilla 小的，略微的，稍微的（与任何变格法名词形成复合词）；关联词：pedunculus 花序柄，总花梗（花序基部无花着生部分）；-atus/ -atum/ -ata 属于，相似，具有，完成（形容词词尾）

Neolitsea lunglingensis 龙陵新木姜子：lunglingensis 龙陵的（地名，云南省），隆林的（地名，广西壮族自治区）

Neolitsea menglaensis 勐腊新木姜子（勐 měng）：menglaensis 勐腊的（地名，云南省）

Neolitsea oblongifolia 长圆叶新木姜子：oblongus = ovus + longus 长椭圆形的（ovus 的词干 ov- 音变为 ob-）；ovus 卵，胚珠，卵形的，椭圆形的；longus 长的，纵向的；folius/ folium/ folia 叶，叶片（用于复合词）

Neolitsea obtusifolia 钝叶新木姜子：obtusus 钝的，钝形的，略带圆形的；folius/ folium/ folia 叶，叶片（用于复合词）

Neolitsea ovatifolia 卵叶新木姜子：ovatus = ovus + atus 卵圆形的；ovus 卵，胚珠，卵形的，椭圆形的；-atus/ -atum/ -ata 属于，相似，具有，完成（形容词词尾）；folius/ folium/ folia 叶，叶片（用于复合词）

Neolitsea ovatifolia var. ovatifolia 卵叶新木姜子-原变种 （词义见上面解释）

Neolitsea ovatifolia var. puberula 毛柄新木姜子：puberulus = puberus + ulus 略被柔毛的，被微柔毛的；puberus 多毛的，毛茸茸的；-ulus/ -ulum/ -ula 小的，略微的，稍微的（小词 -ulus 在字母 e 或 i 之后有多种变缀，即 -olus/ -olum/ -ola、-ellus/ -ellum/ -ella、-illus/ -illum/ -illa，与第一变格法和第二变格法名词形成复合词）

Neolitsea pallens 灰白新木姜子：pallens 淡白色的，蓝白色的，略带蓝色的

Neolitsea parvigemma 小芽新木姜子：parvus 小的，些微的，弱的；gemmus 芽，珠芽，零余子

Neolitsea phanerophlebia 显脉新木姜子：phanerophlebius 显脉的；phanerus ← phaneros 显著的，显现的，突出的；phlebius = phlebus + ius 叶脉，属于有脉的；phlebus 脉，叶脉；-ius/ -ium/ -ia 具有……特性的（表示有关、关联、相似）

Neolitsea pingbienensis 屏边新木姜子：pingbienensis 屏边的（地名，云南省）

Neolitsea pinninervis 羽脉新木姜子：pinninervis = pinnus + nervis 羽状脉的；pinnus/ pennus 羽毛，羽状，羽片；nervis ← nervus 脉，叶脉

Neolitsea polycarpa 多果新木姜子：poly- ← polys 多个，许多（希腊语，拉丁语为 multi-）；carpus/ carpum/ carpa/ carpon ← carpos 果实（用于希腊语复合词）

Neolitsea pulchella 美丽新木姜子：pulchellus/ pulcellus = pulcher + ellus 稍美丽的，稍可爱的；pulcher/pulcer 美丽的，可爱的；-ellus/ -ellum/ -ella ← -ulus 小的，略微的，稍微的（小词 -ulus 在字母 e 或 i 之后有多种变缀，即 -olus/ -olum/ -ola、-ellus/ -ellum/ -ella、-illus/ -illum/ -illa，用于第一变格法名词）

Neolitsea purpurascens 紫新木姜子：purpurascens 带紫色的，发紫的；purpur- 紫色的；-escens/ -ascens 改变，转变，变成，略微，带有，接近，相似，大致，稍微（表示变化的趋势，并未完全相似或相同，有别于表示达到完成状态的 -atus）

Neolitsea sericea 舟山新木姜子：sericeus 绢丝状的；sericus 绢丝的，绢毛的，赛尔人的（Ser 为印度一民族）；-eus/ -eum/ -ea（接拉丁语词干时）属于……的，色如……的，质如……的（表示原料、颜色或品质的相似），（接希腊语词干时）属于……的，以……出名，为……所占有（表示具有某种特性）

Neolitsea shingningensis 新宁新木姜子：shingningensis 新宁的（地名，湖南省）

Neolitsea sutchuanensis 四川新木姜子：sutchuanensis 四川的的（地名）

Neolitsea sutchuanensis var. gongshanensis 贡山新木姜子：gongshanensis 贡山的（地名，云南省）

Neolitsea sutchuanensis var. sutchuanensis 四川新木姜子-原变种 （词义见上面解释）

Neolitsea tomentosa 绒毛新木姜子：tomentosus = tomentum + osus 绒毛的，密被绒毛的；tomentum 绒毛，浓密的毛被，棉絮，棉絮状填充物（被褥、垫子等）；-osus/ -osum/ -osa 多的，充分的，丰富的，显著发育的，程度高的，特征明显的（形容词词尾）

Neolitsea undulatifolia 波叶新木姜子：undulatus = undus + ulus + atus 略呈波浪状的，略弯曲的；undus/ undum/ unda 起波浪的，弯曲的；-ulus/ -ulum/ -ula 小的，略微的，稍微的（小词 -ulus 在字母 e 或 i 之后有多种变缀，即 -olus/ -olum/ -ola、-ellus/ -ellum/ -ella、-illus/ -illum/ -illa，与第一变格法和第二变格法名词形成复合词）；-atus/ -atum/ -ata 属于，相似，具有，完成（形容词词尾）；folius/ folium/ folia 叶，叶片（用于复合词）

Neolitsea variabillima 变叶新木姜子：

N

variabillimus + variabilis + limus 极多变的；variabilis 多种多样的，易变化的，多型的；varius = varus + ius 各种各样的，不同的，多型的，易变的；varus 不同的，变化的，外弯的，凸起的；-ius/ -ium/ -ia 具有……特性的（表示有关、关联、相似）；-ans/ -ens/ -bilis/ -ilis 能够，可能（为形容词词尾，-ans/ -ens 用于主动语态，-bilis/ -ilis 用于被动语态）；-limus/ -lima/ -limum 最，非常，极其（以 -ilis 结尾的形容词最高级，将末尾的 -is 换成 l + imus，从而构成 -illimus）

Neolitsea velutina 毛叶新木姜子：velutinus 天鹅绒的，柔软的；velutus 绒毛的；-inus/ -inum/ -ina/ -inos 相近，接近，相似，具有（通常指颜色）

Neolitsea wushanica 巫山新木姜子：wushanica 巫山的（地名，重庆市）；-icus/ -icum/ -ica 属于，具有某种特性（常用于地名、起源、生境）

Neolitsea wushanica var. pubens 紫云山新木姜子：pubens 被短柔毛的，具柔毛的

Neolitsea wushanica var. wushanica 巫山新木姜子-原变种 （词义见上面解释）

Neolitsea zeylanica 南亚新木姜子：zeylanicus 锡兰（斯里兰卡，国家名）；-icus/ -icum/ -ica 属于，具有某种特性（常用于地名、起源、生境）

Neomartinella 堇叶芥属（十字花科）（33：p251）：neo- ← neos 新，新的；martinii ← Martin（人名）；-ella 小（用作人名或一些属名词尾时并无小词意义）

Neomartinella violifolia 堇叶芥：violifolius 堇菜叶的；Viola 堇菜属（堇菜科）；folius/ folium/ folia 叶，叶片（用于复合词）

Neomicrocalamus 新小竹属（禾本科）（9-1：p44）：neo- ← neos 新，新的；Microcalamus 小竹属；calamus ← calamos ← kalem 芦苇的，管子的，空心的

Neomicrocalamus microphyllus 西藏新小竹：micr-/ micro- ← micros 小的，微小的，微观的（用于希腊语复合词）；phyllus/ phyllum/ phylla ← phyllon 叶片（用于希腊语复合词）

Neomicrocalamus prainii 新小竹：prainii ← David Prain（人名，20 世纪英国植物学家）

Neonauclea 新乌檀属（茜草科）（71-1：p261）：neo- ← neos 新，新的；Nauclea 乌檀属

Neonauclea griffithii 新乌檀：griffithii ← William Griffith（人名，19 世纪印度植物学家，加尔各答植物园主任）

Neonauclea sessilifolia 无柄新乌檀：sessile-/ sessili-/ sessil- ← sessilis 无柄的，无茎的，基生的，基部的；folius/ folium/ folia 叶，叶片（用于复合词）

Neonauclea truncata 台湾新乌檀：truncatus 截平的，截形的，截断的；truncare 切断，截断，截平（动词）

Neonauclea tsaiana 滇南新乌檀：tsaiana 蔡希陶（人名，1911–1981，中国植物学家）

Neopallasia 栉叶蒿属（栉 zhì）（菊科）（76-1：p130）：neo- ← neos 新，新的；Pallasia 脆菊木属（已修订为 Encelia）

Neopallasia pectinata 栉叶蒿：pectinatus/ pectinaceus 栉齿状的；pectini-/ pectino-/ pectin- ← pecten 箆子，梳子；-aceus/ -aceum/ -acea 相似的，有……性质的，属于……的

Neoshirakia 白木乌桕属（另见 Sapium 美洲柏属）（大戟科）（增补）：neoshirakia = neo + Shirakia 新白木的，像白木属的；neo- ← neos 新，新的；Shirakia 白木属，白木（日本人名，shiraki 为"白木"的日语读音）

Neoshirakia atrobadiomaculatum 斑子乌桕（另见 Sapium atrobadiomaculatum）：atro-/ atr-/ atri-/ atra- ← ater 深色，浓色，暗色，发黑（ater 作为词干后接辅音字母开头的词时，要在词干后面加一个连接用的元音字母"o"或"i"，故为"ater-o-"或"ater-i-"，变形为"atr-"开头）；maculatus = maculus + atus 有小斑点的，略有斑点的；maculus 斑点，网眼，小斑点，略有斑点；-atus/ -atum/ -ata 属于，相似，具有，完成（形容词词尾）

Neoshirakia japonicum 白木乌桕（另见 Sapium japonicum）：japonicum 日本的（地名）；-icus/ -icum/ -ica 属于，具有某种特性（常用于地名、起源、生境）

Neosinocalamus 慈竹属（禾本科）（9-1：p131）：neo- ← neos 新，新的；Sinocalamus 甜竹属；sino- 中国；calamus ← calamos ← kalem 芦苇的，管子的，空心的

Neosinocalamus affinis 慈竹：affinis = ad + finis 酷似的，近似的，有联系的；ad- 向，到，近（拉丁语词首，表示程度加强）；构词规则：构成复合词时，词首末尾的辅音字母常同化为紧接其后的那个辅音字母（如 ad + f → aff）；finis 界限，境界；affin- 相似，近似，相关

Neosinocalamus affinis cv. Affinis 慈竹-原栽培变种 （词义见上面解释）

Neosinocalamus affinis cv. Chrysotrichus 黄毛竹：chrys-/ chryso- ← chrysos 黄色的，金色的；trichus 毛，毛发，线

Neosinocalamus affinis cv. Flavidovirens 大琴丝（种加词有时错印为"flavidorivens"）：flavidovirens = flavidus + virens 淡黄绿色的；flavidus 淡黄的，泛黄的，发黄的；flavus → flavo-/ flavi-/ flav- 黄色的，鲜黄色的，金黄色的（指纯正的黄色）；-idus/ -idum/ -ida 表示在进行中的动作或情况，作动词、名词或形容词的词尾；virens 绿色的，变绿的

Neosinocalamus affinis cv. Striatus 绿竿花慈竹：striatus = stria + atus 有条纹的，有细沟的；stria 条纹，线条，细纹，细沟

Neosinocalamus affinis cv. Viridiflavus 金丝慈：viridiflavus 黄绿色的；viridis 绿色的，鲜嫩的（相当于希腊语的 chloro-）；flavus → flavo-/ flavi-/ flav- 黄色的，鲜黄色的，金黄色的（指纯正的黄色）

Neosinocalamus recto-cuneatus 孖竹（孖 mā）：recti-/ recto- ← rectus 直线的，笔直的，向上的；cuneatus = cuneus + atus 具楔子的，属楔形的；cuneus 楔子的

Neottia 鸟巢兰属（兰科）（17：p97）：neottia 鸟巢（指根系等聚集）

Neottia acuminata 尖唇鸟巢兰：acuminatus =

acumen + atus 锐尖的，渐尖的；acumen 渐尖头；
-atus/ -atum/ -ata 属于，相似，具有，完成（形容
词词尾）

Neottia brevilabris 短唇鸟巢兰：brevi- ← brevis
短的（用于希腊语复合词词首）；labris 唇，唇瓣

Neottia camtschatea 北方鸟巢兰：camtschatea 勘
察加的（地名，俄罗斯）

Neottia listeroides 高山鸟巢兰：Listera 对叶兰属
（兰科）；-oides/ -oideus/ -oideum/ -oidea/ -odes/
-eidos 像……的，类似……的，呈……状的（名词
词尾）

Neottia megalochila 大花鸟巢兰：mega-/ megal-/
megalo- ← megas 大的，巨大的；chilus ← cheilos
唇，唇瓣，唇边，边缘，岸边

Neottia papilligera 凹唇鸟巢兰：papilligera 具乳突
的；papilli- ← papilla 乳头的，乳突的；gerus →
-ger/ -gerus/ -gerum/ -gera 具有，有，带有

Neottia tenii 耳唇鸟巢兰：tenii（人名）；-ii 表示人
名，接在以辅音字母结尾的人名后面，但 -er 除外

Neottianthe 兜被兰属（兰科）（17：p376）：neottia
鸟巢（指根系等聚集）；anthus/ anthum/ antha/
anthe ← anthos 花（用于希腊语复合词）

Neottianthe angustifolia 二狭叶兜被兰：
angusti- ← angustus 窄的，狭的，细的；folius/
folium/ folia 叶，叶片（用于复合词）

Neottianthe calcicola 密花兜被兰：calcicolus 钙生
的，生于石灰质土壤的；calci- ← calcium 石灰，钙
质；colus ← colo 分布于，居住于，栖居，殖民（常
作词尾）；colo/ colere/ colui/ cultum 居住，耕作，
栽培

Neottianthe camptoceras 大花兜被兰：
camptoceras 弯角的；campso-/ campto-/ campylo-
弯弓的，弯曲的，曲折的；-ceras/ -ceros/
cerato- ← keras 犄角，兽角，角状突起（希腊语）

Neottianthe compacta 川西兜被兰：compactus 小
型的，压缩的，紧凑的，致密的，稠密的；pactus
压紧，紧缩；co- 联合，共同，合起来（拉丁语词首，
为 cum- 的音变，表示结合、强化、完全，对应的希
腊语为 syn-）；co- 的缀词音变有 co-/ com-/ con-/
col-/ cor-：co-（在 h 和元音字母前面），col-（在 l
前面），com-（在 b、m、p 之前），con-（在 c、d、
f、g、j、n、qu、s、t 和 v 前面），cor-（在 r 前面）

Neottianthe cucullata 二叶兜被兰：cucullatus/
cuculatus 兜状的，勺状的，罩住的，头巾的；
cucullus 外衣，头巾

Neottianthe gymnadenioides 细距兜被兰：
Gymnadenia 手参属（兰科）；-oides/ -oideus/
-oideum/ -oidea/ -odes/ -eidos 像……的，类
似……的，呈……状的（名词词尾）

Neottianthe luteola 淡黄花兜被兰：luteolus =
luteus + ulus 发黄的，带黄色的；luteus 黄色的

Neottianthe monophylla 一叶兜被兰：mono-/
mon- ← monos 一个，单一的（希腊语，拉丁语为
unus/ uni-/ uno-）；phyllus/ phyllum/ phylla ←
phyllon 叶片（用于希腊语复合词）

Neottianthe oblonga 长圆叶兜被兰：oblongus =
ovus + longus 长椭圆形的（ovus 的词干 ov- 音变
为 ob-）；ovus 卵，胚珠，卵形的，椭圆形的；

longus 长的，纵向的

Neottianthe ovata 卵叶兜被兰：ovatus = ovus +
atus 卵圆形的；ovus 卵，胚珠，卵形的，椭圆形的；
-atus/ -atum/ -ata 属于，相似，具有，完成（形容
词词尾）

Neottianthe pseudo-diphylax 兜被兰：
pseudo-diphylax 像 diphylax 的；pseudo-/
pseud- ← pseudos 假的，伪的，接近，相似（但不
是）；Diphylax 尖药兰属

Neottianthe secundiflora 侧花兜被兰：
secundiflorus 单侧生花的；secundus/ secumdus 生
于单侧的，花柄一侧着花的，沿着……，顺着……；
florus/ florum/ flora ← flos 花（用于复合词）

Neottopteris 巢蕨属（铁角蕨科）（4-2：p128）：
neottopteris 鸟巢状的蕨类（指叶子聚集）；neottia
鸟巢（指根系等聚集）；pteris ← pteryx 翅，翼，蕨
类（希腊语）

Neottopteris antiqua 大鳞巢蕨：antiquus 古老的，
古代的，古董的

Neottopteris antrophyoides 狭翅巢蕨：
antrophyoides 像车前蕨属的；Antrophyum 车前蕨
属（车前蕨科）；-oides/ -oideus/ -oideum/ -oidea/
-odes/ -eidos 像……的，类似……的，呈……状的
（名词词尾）

Neottopteris antrophyoides var. antrophyoides
狭翅巢蕨-原变种 （词义见上面解释）

Neottopteris antrophyoides var. cristata 鸡冠
巢蕨（冠 guān）：cristatus = crista + atus 鸡冠的，
鸡冠状的，扇形的，山脊状的；crista 鸡冠，山脊，
网壁；-atus/ -atum/ -ata 属于，相似，具有，完成
（形容词词尾）

Neottopteris humbertii 扁柄巢蕨：humbertii ←
Henri Humbert（人名，20 世纪法国植物学家）

Neottopteris latibasis 阔足巢蕨：lati-/ late- ←
latus 宽的，宽广的；basis 基部，基座

Neottopteris latipes 阔翅巢蕨：lati-/ late- ← latus
宽的，宽广的；pes/ pedis 柄，梗，茎秆，腿，足，
爪（作词首或词尾，pes 的词干视为 "ped-"）

Neottopteris longistipes 长柄巢蕨：longistipes 长
柄的；longe-/ longi- ← longus 长的，纵向的；
stipes 柄，脚，梗

Neottopteris nidus 巢蕨：nidus 巢穴

Neottopteris phyllitidis 长叶巢蕨：phyllitidis/
phyllitis 属于叶的，多叶的；Phyllitis 对开蕨属（铁
角蕨科）；phyllus/ phyllum/ phylla ← phyllon 叶片
（用于希腊语复合词）

Neottopteris salwinensis 尖头巢蕨：salwinensis 萨
尔温江的（地名，怒江流入缅甸部分的名称）

Neottopteris simonsiana 狭叶巢蕨：simonsiana
（人名）

Neottopteris subantiqua 黑鳞巢蕨：subantiquus
像 antiquus 的，近似古老的；sub-（表示程度较弱）
与……类似，几乎，稍微，弱，亚，之下，下面；
Neottopteris antiqua 鸟巢蕨；antiquus 古老的，古
代的，古董的

Nepenthaceae 猪笼草科（34-1：p11）：Nepenthes
猪笼草属；-aceae（分类单位科的词尾，为 -aceus
的阴性复数主格形式，加到模式属的名称后或同义

N

·803·

词的词干后以组成族群名称）

Nepenthes 猪笼草属（笼 lóng）（猪笼草科）（34-1：p11）：nepenthes 无忧无虑的（可能比喻捕虫囊中的液体）；ne- 无，没有，非；penthes ← penthos 忧虑，担忧

Nepenthes mirabilis 猪笼草：mirabilis 奇异的，奇迹的；-ans/ -ens/ -bilis/ -ilis 能够，可能（为形容词词尾，-ans/ -ens 用于主动语态，-bilis/ -ilis 用于被动语态）；Mirabilis 紫茉莉属（紫茉莉科）

Nepeta 荆芥属（唇形科）（65-2：p270）：nepeta（地名，意大利）

Nepeta angustifolia 藏荆芥：angusti- ← angustus 窄的，狭的，细的；folius/ folium/ folia 叶，叶片（用于复合词）

Nepeta atroviridis 黑绿荆芥：atro-/ atr-/ atri-/ atra- ← ater 深色，浓色，暗色，发黑（ater 作为词干后接辅音字母开头的词时，要在词干后面加一个连接用的元音字母"o"或"i"，故为"ater-o-"或"ater-i-"，变形为"atr-"开头）；viridis 绿色的，鲜嫩的（相当于希腊语的 chloro-）

Nepeta cataria 荆芥：cataria 猫，关于猫的

Nepeta coerulescens 蓝花荆芥：caerulescens/ coerulescens 青色的，深蓝色的，变蓝的；caeruleus/ coeruleus 深蓝色的，海洋蓝的，青色的，暗绿色的；caerulus/ coerulus 深蓝色，海洋蓝，青色，暗绿色；-escens/ -ascens 改变，转变，变成，略微，带有，接近，相似，大致，稍微（表示变化的趋势，并未完全相似或相同，有别于表示达到完成状态的 -atus）

Nepeta densiflora 密花荆芥：densus 密集的，繁茂的；florus/ florum/ flora ← flos 花（用于复合词）

Nepeta dentata 齿叶荆芥：dentatus = dentus + atus 牙齿的，齿状的，具齿的；dentus 齿，牙齿；-atus/ -atum/ -ata 属于，相似，具有，完成（形容词词尾）

Nepeta discolor 异色荆芥：discolor 异色的，不同色的（指花瓣花萼等）；di-/ dis- 二，二数，二分，分离，不同，在……之间，从……分开（希腊语，拉丁语为 bi-/ bis-）；color 颜色

Nepeta everardi 浙荆芥：everardi（人名，词尾改为"-ii"似更妥）；-ii 表示人名，接在以辅音字母结尾的人名后面，但 -er 除外；-i 表示人名，接在以元音字母结尾的人名后面，但 -a 除外

Nepeta fedtschenkoi 南疆荆芥：fedtschenkoi ← Boris Fedtschenko（人名，20 世纪俄国植物学家）

Nepeta floccosa 丛卷毛荆芥：floccosus 密被绵毛的，毛状的，丛卷毛的，簇状毛的；floccus 丛卷毛，簇状毛（毛成簇脱落）

Nepeta fordii 心叶荆芥：fordii ← Charles Ford（人名）

Nepeta glutinosa 腺荆芥：glutinosus 黏的，被黏液的；glutinium 胶，黏结物；-osus/ -osum/ -osa 多的，充分的，丰富的，显著发育的，程度高的，特征明显的（形容词词尾）

Nepeta kokamirica 绢毛荆芥（绢 juàn）：kokamirica（地名，俄罗斯）；-icus/ -icum/ -ica 属于，具有某种特性（常用于地名、起源、生境）

Nepeta kokanica 绒毛荆芥：kokanica ← Kokand 浩罕的（地名，俄国）

Nepeta laevigata 穗花荆芥：laevigatus/ levigatus 光滑的，平滑的，平滑而发亮的；laevis/ levis/ laeve/ leve → levi-/ laevi- 光滑的，无毛的，无不平或粗糙感觉的；laevigo/ levigo 使光滑，削平

Nepeta leucolaena 白绵毛荆芥：leuc-/ leuco- ← leucus 白色的（如果和其他表示颜色的词混用则表示淡色）；laenus 外衣，包被，覆盖

Nepeta longibracteata 长苞荆芥：longe-/ longi- ← longus 长的，纵向的；bracteatus = bracteus + atus 具苞片的；bracteus 苞，苞片，苞鳞

Nepeta manchuriensis 黑龙江荆芥：manchuriensis 满洲的（地名，中国东北，地理区域）

Nepeta membranifolia 膜叶荆芥：membranus 膜；folius/ folium/ folia 叶，叶片（用于复合词）

Nepeta micrantha 小花荆芥：micr-/ micro- ← micros 小的，微小的，微观的（用于希腊语复合词）；anthus/ anthum/ antha/ anthe ← anthos 花（用于希腊语复合词）

Nepeta nervosa var. lutea 黄花具脉荆芥：nervosus 多脉的，叶脉明显的；nervus 脉，叶脉，-osus/ -osum/ -osa 多的，充分的，丰富的，显著发育的，程度高的，特征明显的（形容词词尾）；luteus 黄色的

Nepeta pannonica 直齿荆芥：pannonica ← Pannoni 潘诺尼亚的（地名，古代国家名，现属匈牙利）；-icus/ -icum/ -ica 属于，具有某种特性（常用于地名、起源、生境）

Nepeta prattii 康藏荆芥：prattii ← Antwerp E. Pratt（人名，19 世纪活动于中国的英国动物学家、探险家）

Nepeta pungens 刺尖荆芥：pungens 硬尖的，针刺的，针刺般的，辛辣的；pungo/ pupugi/ punctum 扎，刺，使痛苦

Nepeta salviaefolia 鼠尾草叶荆芥：salviaefolia 鼠尾草花的（注：以属名作复合词时原词尾变形后的 i 要保留，故该词宜改为"salviifolia"）；Salvia 鼠尾草属（唇形科）；folius/ folium/ folia 叶，叶片（用于复合词）

Nepeta sessilis 无柄荆芥：sessilis 无柄的，无茎的，基生的，基部的

Nepeta sibirica 大花荆芥：sibirica 西伯利亚的（地名，俄罗斯）；-icus/ -icum/ -ica 属于，具有某种特性（常用于地名、起源、生境）

Nepeta souliei 狭叶荆芥：souliei（人名）；-i 表示人名，接在以元音字母结尾的人名后面，但 -a 除外

Nepeta stewartiana 多花荆芥：stewartiana ← John Stuart（人名，1713–1792，英国植物爱好者，常拼写为"Stewart"）

Nepeta sungpanensis 松潘荆芥：sungpanensis 松潘的（地名，四川省）

Nepeta sungpanensis var. angustidentata 松潘荆芥-狭齿变种：angusti- ← angustus 窄的，狭的，细的；dentatus = dentus + atus 牙齿的，齿状的，具齿的；dentus 齿，牙齿；-atus/ -atum/ -ata 属于，相似，具有，完成（形容词词尾）

Nepeta sungpanensis var. sungpanensis 松潘荆芥-原变种（词义见上面解释）

Nepeta supina 平卧荆芥：supinus 仰卧的，平卧的，平展的，匍匐的

Nepeta tenuiflora 细花荆芥：tenui- ← tenuis 薄的，纤细的，弱的，瘦的，窄的；florus/ florum/ flora ← flos 花（用于复合词）

Nepeta thomsonii 密叶荆芥：thomsonii ← Thomas Thomson（人名，19 世纪英国植物学家）；-ii 表示人名，接在以辅音字母结尾的人名后面，但 -er 除外

Nepeta ucranica 尖齿荆芥：ucranica 乌克兰的（地名）；-icus/ -icum/ -ica 属于，具有某种特性（常用于地名、起源、生境）

Nepeta veitchii 川西荆芥：veitchii/ veitchianus ← James Veitch（人名，19 世纪植物学家）

Nepeta virgata 帚枝荆芥：virgatus 细长枝条的，有条纹的，嫩枝状的；virga/ virgus 纤细枝条，细而绿的枝条；-atus/ -atum/ -ata 属于，相似，具有，完成（形容词词尾）

Nepeta wilsonii 圆齿荆芥：wilsonii ← John Wilson（人名，18 世纪英国植物学家）

Nepeta yanthina 淡紫荆芥：yanthina（人名）

Nephelaphyllum 云叶兰属（兰科）(18：p232)：nephelion 小片云；phyllus/ phyllum/ phylla ← phyllon 叶片（用于希腊语复合词）

Nephelaphyllum tenuiflorum 云叶兰：tenui- ← tenuis 薄的，纤细的，弱的，瘦的，窄的；florus/ florum/ flora ← flos 花（用于复合词）

Nephelium 韶子属（韶 sháo）(无患子科)(47-1：p37)：nephelium ← nephelion 小片云；nephelim（一种植物名）

Nephelium chryseum 韶子：chryseus 金，金色的，金黄色的；chrys-/ chryso- ← chrysos 黄色的，金色的；-eus/ -eum/ -ea（接拉丁语词干时）属于……的，色如……的，质如……的（表示原料、颜色或品质的相似），（接希腊语词干时）属于……的，以……出名，为……所占有（表示具有某种特性）

Nephelium lappaceum 红毛丹：lappaceus 像牛蒡的；lappa 有刺的果实（如板栗的针刺状总苞），牛蒡；-aceus/ -aceum/ -acea 相似的，有……性质的，属于……的

Nephelium topengii 海南韶子：topengii ← David LeRoy Topping（人名，20 世纪美国蕨类植物采集员、博物学家）

Nephrolepidaceae 肾蕨科 (6-1：p143)：Nephrolepis 肾蕨属；-aceae（分类单位科的词尾，为 -aceus 的阴性复数主格形式，加到模式属的名称后或同义词的词干后以组成族群名称）

Nephrolepis 肾蕨属（肾蕨科）(2：p313, 6-1：p143)：nephrolepis 肾形鳞片的；nephro-/ nephr- ← nephros 肾脏，肾形；lepis/ lepidos 鳞片

Nephrolepis auriculata 肾蕨：auriculatus 耳形的，具小耳的（基部有两个小圆片）；auriculus 小耳朵的，小耳状的；auritus 耳朵的，耳状的；-culus/ -culum/ -cula 小的，略微的，稍微的（同第三变格法和第四变格法名词形成复合词）；-atus/ -atum/ -ata 属于，相似，具有，完成（形容词词尾）

Nephrolepis biserrata 长叶肾蕨：bi-/ bis- 二，二数，二回（希腊语为 di-）；serratus = serrus + atus 有锯齿的；serrus 齿，锯齿

Nephrolepis biserrata var. auriculata 耳叶肾蕨：auriculatus 耳形的，具小耳的（基部有两个小圆片）；auriculus 小耳朵的，小耳状的；auritus 耳朵的，耳状的；-culus/ -culum/ -cula 小的，略微的，稍微的（同第三变格法和第四变格法名词形成复合词）；-atus/ -atum/ -ata 属于，相似，具有，完成（形容词词尾）

Nephrolepis biserrata var. biserrata 长叶肾蕨-原变种 （词义见上面解释）

Nephrolepis delicatula 薄叶肾蕨：delicatulus 略优美的，略美味的；delicatus 柔软的，细腻的，优美的，美味的；delicia 优雅，喜悦，美味；-ulus/ -ulum/ -ula 小的，略微的，稍微的（小词 -ulus 在字母 e 或 i 之后有多种变缀，即 -olus/ -olum/ -ola、-ellus/ -ellum/ -ella、-illus/ -illum/ -illa，与第一变格法和第二变格法名词形成复合词）

Nephrolepis duffii 圆叶肾蕨：duffii（人名）；-ii 表示人名，接在以辅音字母结尾的人名后面，但 -er 除外

Nephrolepis falcata 镰叶肾蕨：falcatus = falx + atus 镰刀的，镰刀状的；构词规则：以 -ix/ -iex 结尾的词其词干末尾视为 -ic，以 -ex 结尾视为 -i/ -ic，其他以 -x 结尾视为 -c；falx 镰刀，镰刀形，镰刀状弯曲；-atus/ -atum/ -ata 属于，相似，具有，完成（形容词词尾）

Nephrolepis hirsutula 毛叶肾蕨：hirsutulus = hirsutus + ulus 略有粗毛的；hirsutus 粗毛的，糙毛的，有毛的（长而硬的毛）；-ulus/ -ulum/ -ula 小的，略微的，稍微的（小词 -ulus 在字母 e 或 i 之后有多种变缀，即 -olus/ -olum/ -ola、-ellus/ -ellum/ -ella、-illus/ -illum/ -illa，与第一变格法和第二变格法名词形成复合词）

Neptunia 假含羞草属（豆科）(39：p11)：neptunia ← Neptune 海王星，水神（希腊神话）

Neptunia plena 假含羞草：plenus → plen-/ pleni- 很多的，充满的，大量的，重瓣的，多重的

Nerium 夹竹桃属（夹 jiā）(夹竹桃科)(63：p146)：nerium ← neros 潮湿的，生于湿地的

Nerium indicum 夹竹桃：indicum 印度的（地名）；-icus/ -icum/ -ica 属于，具有某种特性（常用于地名、起源、生境）

Nerium indicum cv. Paihua 白花夹竹桃：paihua 白花（中文品种名）

Nerium oleander 欧洲夹竹桃：oleander/ oleandra/ oleandrus/ oleandrum 橄榄状雄蕊的；olei-/ ole- ← oleum 橄榄，橄榄油，油；Olea 木樨榄属，油橄榄属（木樨科）；andr-/ andro-/ ander-/ aner- ← andrus ← andros 雄蕊，雄花，雄性，男性（aner 的词干为 ander-，作复合词成分时变为 andr-）

Nertera 薄柱草属（薄 báo）(茜草科)(71-2：p162)：nertera ← nerteros 低劣的，低矮的（指茎纤细匍匐）

Nertera depressa 红果薄柱草：depressus 凹陷的，压扁的；de- 向下，向外，从……，脱离，脱落，离开，去掉；pressus 压，压力，挤压，紧密

Nertera nigricarpa 黑果薄柱草：nigra/ nigrans 涂黑的，黑色的；nigrus 黑色的；niger 黑色的；carpus/ carpum/ carpa/ carpon ← carpos 果实（用于希腊语复合词）

N

Nertera sinensis 薄柱草：sinensis = Sina + ensis 中国的（地名）；Sina 中国

Nervilia 芋兰属（兰科）（18；p21）：nervilia ← nervus 脉，叶脉的（指某些种叶脉显著）

Nervilia aragoana 广布芋兰：aragoana（人名）

Nervilia cumberlegii 流苏芋兰：cumberlegii（人名）；-ii 表示人名，接在以辅音字母结尾的人名后面，但 -er 除外

Nervilia fordii 毛唇芋兰：fordii ← Charles Ford（人名）

Nervilia infundibulifolia 漏斗叶芋兰：infundibulifolius = infundibulus + folius 漏斗状叶的；infundibulus = infundere + bulus 漏斗状的；infundere 注入；-bulus（表示动作的手段）；folius/ folium/ folia 叶，叶片（用于复合词）

Nervilia lanyuensis 兰屿芋兰：lanyuensis 兰屿的（地名，属台湾省）

Nervilia mackinnonii 七角叶芋兰：mackinnonii（人名）；-ii 表示人名，接在以辅音字母结尾的人名后面，但 -er 除外

Nervilia plicata 毛叶芋兰：plicatus = plex + atus 折扇状的，有沟的，纵向折叠的，棕榈叶状的（= plicativus）；plex/ plica 褶，折扇状，卷折（plex 的词干为 plic-）；plico 折叠，出褶，卷折

Nervilia plicata var. plicata 毛叶芋兰-原变种（词义见上面解释）

Nervilia plicata var. purpurea 紫花芋兰：purpureus = purpura + eus 紫色的；purpura 紫色（purpura 原为一种介壳虫名，其体液为紫色，可作颜料）；-eus/ -eum/ -ea（接拉丁语词干时）属于……的，色如……的，质如……的（表示原料、颜色或品质的相似），（接希腊语词干时）属于……的，以……出名，为……所占有（表示具有某种特性）

Nervilia taitoensis（台东芋兰）：taitoensis 台东的（地名，属台湾省，"台东"的日语读音）

Nervilia taiwaniana 台湾芋兰：taiwaniana 台湾的（地名）

Nervilia viridiflora 绿花芋兰：viridus 绿色的；florus/ florum/ flora ← flos 花（用于复合词）

Neslia 球果荠属（荠 jì）（十字花科）（33；p115）：neslia ← I. A. N. de Nesle（人名，法国植物学家）

Neslia paniculata 球果荠：paniculatus = paniculus + atus 具圆锥花序的；paniculus 圆锥花序；panus 谷穗；panicus 野稗，粟，谷子；-atus/ -atum/ -ata 属于，相似，具有，完成（形容词词尾）

Nesopteris 球杆毛蕨属（秆 gǎn）（膜蕨科）（2；p194）：nesos 岛，岛屿；pteris ← pteryx 翅，翼，蕨类（希腊语）

Nesopteris grandis 大球杆毛蕨：grandis 大的，大型的，宏大的

Nesopteris thysanostoma 球杆毛蕨：thysanostomus 流苏状口缘的；thysanos 流苏，缨子；stomus 口，开口，气孔

Neuropeltis 盾苞藤属（旋花科）（64-1；p13）：neuron 脉，神经；peltis ← pelte 盾片，小盾片，盾形的

Neuropeltis racemosa 盾苞藤：racemosus = racemus + osus 总状花序的；racemus/ raceme 总状花序，葡萄串状的；-osus/ -osum/ -osa 多的，充分的，丰富的，显著发育的，程度高的，特征明显的（形容词词尾）

Neuwiedia 三蕊兰属（兰科）（17；p14）：neuwiedia ← Maximilian von Wiedneuwied（人名，18–19 世纪植物标本采集家）

Neuwiedia singapureana 三蕊兰：singapureana 新加坡的（地名）

Neyraudia 类芦属（禾本科）（9-2；p22）：neyraudia ← Reynaudia（改缀属名，禾本科）

Neyraudia arundinacea 大类芦：arundinaceus 芦竹状的；Arundo 芦竹属（禾本科）；-inus/ -inum/ -ina/ -inos 相近，接近，相似，具有（通常指颜色）；-aceus/ -aceum/ -acea 相似的，有……性质的，属于……的

Neyraudia fanjingshanensis 梵净山类芦（梵 fàn）：fanjingshanensis 梵净山的（地名，贵州省）

Neyraudia montana 山类芦：montanus 山，山地；montis 山，山地的；mons 山，山脉，岩石

Neyraudia reynaudiana 类芦：reynaudiana ← A. A. Reynaud（人名，20 世纪法国植物学家）

Nicandra 假酸浆属（茄科）（67-1；p6）：nicandra ← Nikander（人名，古希腊植物学家）

Nicandra physalodes 假酸浆：physalodes/ physaloides 像酸浆的，泡囊状的；Physalis 酸浆属（茄科）；-oides/ -oideus/ -oideum/ -oidea/ -odes/ -eidos 像……的，类似……的，呈……状的（名词词尾）

Nicotiana 烟草属（茄科）（67-1；p150）：nicotiana ← Jean Nicot（人名，1530–1600，最先把烟草从美洲引种到法国）

Nicotiana alata 花烟草：alatus → ala-/ alat-/ alati-/ alato- 翅，具翅的，具翼的；反义词：exalatus 无翼的，无翅的

Nicotiana glauca 光烟草：glaucus → glauco-/ glauc- 被白粉的，发白的，灰绿色的

Nicotiana rustica 黄花烟草：rusticus 农村的，荒野的

Nicotiana tabacum 烟草：tabacum 烟草（印第安语）

Nigella 黑种草属（种 zhǒng）（毛茛科）（27；p111）：nigella 黑色的（指种子黑色）；-ella 小（用作人名或一些属名词尾时并无小词意义）

Nigella damascena 黑种草：damascena 大马士革的（地名，叙利亚）

Nigella glandulifera 腺毛黑种草：glanduli- ← glandus + ulus 腺体的，小腺体的；glandus ← glans 腺体；-ferus/ -ferum/ -fera/ -fero/ -fere/ -fer 有，具有，产（区别：作独立词使用的 ferus 意思是"野生的"）

Nitraria 白刺属（蒺藜科）（43-1；p117）：nitrarius 碱土的，碱土生的；nitrum 硝碱；-arius/ -arium/ -aria 相似，属于（表示地点，场所，关系，所属）

Nitraria pamirica 帕米尔白刺：pamirica 帕米尔的（地名，中亚东南部高原，跨塔吉克斯坦、中国、阿富汗）；-icus/ -icum/ -ica 属于，具有某种特性（常用于地名、起源、生境）

Nitraria praevisa 毛瓣白刺：praevisus 值得看的，好看的；prae- 先前的，前面的，在先的，早先的，上面的，很，十分，极其；visus 可见的，看见的

Nitraria roborowskii 大白刺：roborowskii（人名）；-ii 表示人名，接在以辅音字母结尾的人名后面，但 -er 除外

Nitraria sibirica 小果白刺：sibirica 西伯利亚的（地名，俄罗斯）；-icus/ -icum/ -ica 属于，具有某种特性（常用于地名、起源、生境）

Nitraria sphaerocarpa 泡泡刺：sphaerocarpus 球形果的；sphaero- 圆形，球形；carpus/ carpum/ carpa/ carpon ← carpos 果实（用于希腊语复合词）

Nitraria tangutorum 白刺：tangutorum ← Tangut 唐古特的，党项的（西夏时期生活于中国西北地区的党项羌人，蒙古语称其为"唐古特"，有多种音译，如唐兀、唐古、唐括等）；-orum 属于……的（第二变格法名词复数所有格词尾，表示群落或多数）

Nogra 土黄芪属（豆科）（41：p229）：nogra（人名）

Nogra guangxiensis 广西土黄芪：guangxiensis 广西的（地名）

Nomocharis 豹子花属（百合科）（14：p159）：nomocharis 美丽的草地；nomos 草地，牧场；charis/ chares 美丽，优雅，喜悦，恩典，偏爱

Nomocharis basilissa 美丽豹子花：basilissa 基生的

Nomocharis farrei 豹子花：farrei（人名）；-i 表示人名，接在以元音字母结尾的人名后面，但 -a 除外

Nomocharis forrestii 滇蜀豹子花：forrestii ← George Forrest（人名，1873–1932，英国植物学家，曾在中国西部采集大量植物标本）

Nomocharis mairei 宽瓣豹子花：mairei（人名）；Edouard Ernest Maire（人名，19 世纪活动于中国云南的传教士）；Rene C. J. E. Maire 人名（20 世纪阿尔及利亚植物学家，研究北非植物）；-i 表示人名，接在以元音字母结尾的人名后面，但 -a 除外

Nomocharis meleagrina 多斑豹子花：meleagrina 珠鸡斑，斑点；-inus/ -inum/ -ina/ -inos 相近，接近，相似，具有（通常指颜色）

Nomocharis pardanthina var. farrei 滇西豹子花：pardanthinus 像豹斑花的；farrei（人名）；-i 表示人名，接在以元音字母结尾的人名后面，但 -a 除外

Nonea 假狼紫草属（紫草科）（64-2：p69）：nonea ← J. P. Nonne（人名，德国植物学家）

Nonea caspica 假狼紫草：caspica 里海的（地名）

Nosema 龙船草属（唇形科）（66：p544）：nosema 疾病（指有药效能治疗疾病）

Nosema cochinchinensis 龙船草：cochinchinensis ← Cochinchine 南圻的（历史地名，即今越南南部及其周边国家和地区）

Nothaphoebe 赛楠属（樟科）（31：p79）：nothaphoebe 假楠木；noth-/ notho- 伪的，假的；Phoebe 楠属（樟科）

Nothaphoebe cavaleriei 赛楠：cavaleriei ← Pierre Julien Cavalerie（人名，20 世纪法国传教士）；-i 表示人名，接在以元音字母结尾的人名后面，但 -a 除外

Nothaphoebe fargesii 城口赛楠：fargesii ← Pere Paul Guillaume Farges（人名，19 世纪中叶至 20 世纪活动于中国的法国传教士，植物采集员）

Nothaphoebe konishii 台湾赛楠：konishii 小西（日本人名）

Nothapodytes 假柴龙树属（茶茱萸科）（46：p48）：noth-/ notho- 伪的，假的；Apodytes 柴龙树属

Nothapodytes collina 厚叶假柴龙树：collinus 丘陵的，山岗的

Nothapodytes foetida 臭味假柴龙树：foetidus = foetus + idus 臭的，恶臭的，令人作呕的；foetus/ faetus/ fetus 臭味，恶臭，令人不悦的气味；-idus/ -idum/ -ida 表示在进行中的动作或情况，作动词、名词或形容词的词尾

Nothapodytes obscura 薄叶假柴龙树：obscurus 暗色的，不明确的，不明显的，模糊的

Nothapodytes obtusifolia 假柴龙树：obtusus 钝的，钝形的，略带圆形的；folius/ folium/ folia 叶，叶片（用于复合词）

Nothapodytes pittosporoides 马比木：pittosporoides 像海桐花的；Pittosporum 海桐花属（海桐花科）；-oides/ -oideus/ -oideum/ -oidea/ -odes/ -eidos 像……的，类似……的，呈……状的（名词词尾）

Nothapodytes tomentosa 毛假柴龙树：tomentosus = tomentum + osus 绒毛的，密被绒毛的；tomentum 绒毛，浓密的毛被，棉絮，棉絮状填充物（被褥、垫子等）；-osus/ -osum/ -osa 多的，充分的，丰富的，显著发育的，程度高的，特征明显的（形容词词尾）

Nothodoritis 象鼻兰属（兰科）（19：p278）：nothodoritis 假五唇兰的；noth-/ notho- 伪的，假的；Doritis 五唇兰属

Nothodoritis zhejiangensis 象鼻兰：zhejiangensis 浙江的（地名）

Notholaena 隐囊蕨属（中国蕨科）（3-1：p113）：noth-/ notho- 伪的，假的；laenus 外衣，包被，覆盖

Notholaena chinensis 中华隐囊蕨：chinensis = china + ensis 中国的（地名）；China 中国

Notholaena hirsuta 隐囊蕨：hirsutus 粗毛的，糙毛的，有毛的（长而硬的毛）

Notholirion 假百合属（百合科）（14：p164）：noth-/ notho- 伪的，假的；lirion ← leirion 百合（希腊语）

Notholirion bulbuliferum 假百合：bulbuliferus = bulbus + ulus + ferus 具小球茎的；bulbus 球，球形，球茎，鳞茎；-ulus/ -ulum/ -ula 小的，略微的，稍微的（小词 -ulus 在字母 e 或 i 之后有多种变缀，即 -olus/ -olum/ -ola、-ellus/ -ellum/ -ella、-illus/ -illum/ -illa，与第一变格法和第二变格法名词形成复合词）；-ferus/ -ferum/ -fera/ -fero/ -fere/ -fer 有，具有，产（区别：作独立词使用的 ferus 意思是"野生的"）；注：bulbus、-ulus 和 -ferum 三者构成复合词时，bulbus 变成 bulbi-，-ulus 变成 -illi-，故该种加词改为"bulbilliferum"或"bulbiliferum"似更妥，其中 bulbus 和 -ulus 构成的复合词为 bulbillus 或 bulbilus，意为"小球茎，小鳞茎"

Notholirion campanulatum 钟花假百合：campanula + atus 钟形的，具钟的（指花冠）；campanula 钟，吊钟状的，风铃草状的；-atus/ -atum/ -ata 属于，相似，具有，完成（形容词词尾）

Notholirion macrophyllum 大叶假百合：macro-/

N

macr- ← macros 大的，宏观的（用于希腊语复合词）；phyllus/ phyllum/ phylla ← phyllon 叶片（用于希腊语复合词）

Nothopanax 梁王茶属（五加科）（54：p82）：noth-/ notho- 伪的，假的；panax 人参

Nothopanax davidii 异叶梁王茶：davidii ← Pere Armand David（人名，1826–1900，曾在中国采集植物标本的法国传教士）；-ii 表示人名，接在以辅音字母结尾的人名后面，但 -er 除外

Nothopanax delavayi 掌叶梁王茶：delavayi ← P. J. M. Delavay（人名，1834–1895，法国传教士，曾在中国采集植物标本）；-i 表示人名，接在以元音字母结尾的人名后面，但 -a 除外

Nothoperanema 肉刺蕨属（鳞毛蕨科）（5-1：p3）：noth-/ notho- 伪的，假的；Peranema 柄盖蕨属

Nothoperanema diacalpioides 棕鳞肉刺蕨：diacalpioides 红腺蕨属（球盖蕨科）；-oides/ -oideus/ -oideum/ -oidea/ -odes/ -eidos 像……的，类似……的，呈……状的（名词词尾）

Nothoperanema giganteum 大叶肉刺蕨：giganteus 巨大的；giga-/ gigant-/ giganti- ← gigantos 巨大的；-eus/ -eum/ -ea（接拉丁语词干时）属于……的，色如……的，质如……的（表示原料、颜色或品质的相似），（接希腊语词干时）属于……的，以……出名，为……所占有（表示具有某种特性）

Nothoperanema hendersonii 有盖肉刺蕨：hendersonii ← Louis Fourniquet Henderson（人名，19 世纪美国植物学家）

Nothoperanema shikokianum 无盖肉刺蕨：shikokianum 四国的（地名，日本）

Nothoperanema squamisetum 肉刺蕨：squamisetus 鳞状刺毛的；squamus 鳞，鳞片，薄膜；setus/ saetus 刚毛，刺毛，芒刺

Nothoscordum 假葱属（石蒜科）（增补）：noth-/ notho- 伪的，假的；scordius ← scordon 蒜

Nothoscordum gracile 假韭：gracile → gracil- 细长的，纤弱的，丝状的；gracilis 细长的，纤弱的，丝状的

Nothosmyrnium 白苞芹属（伞形科）（55-2：p147）：noth-/ notho- 伪的，假的；Smyrnium 史麦纳属，马芹属（伞形科）

Nothosmyrnium japonicum 白苞芹：japonicum 日本的（地名）；-icus/ -icum/ -ica 属于，具有某种特性（常用于地名、起源、生境）

Nothosmyrnium japonicum var. japonicum 白苞芹-原变种 （词义见上面解释）

Nothosmyrnium japonicum var. sutchuensis 川白苞芹：sutchuensis 四川的（地名）

Nothosmyrnium xizangense 西藏白苞芹：xizangense 西藏的（地名）

Nothosmyrnium xizangense var. simpliciorum 少裂西藏白苞芹：simpliciorum = simplex + orum 简单的，单一的；构词规则：以 -ix/ -iex 结尾的词其词干末尾视为 -ic，以 -ex 结尾视为 -i/ -ic，其他以 -x 结尾视为 -c；-orum 属于……的（第二变格法名词复数所有格词尾，表示群落或多数）

Nothosmyrnium xizangense var. xizangense 西藏白苞芹-原变种 （词义见上面解释）

Notochaete 钩萼草属（唇形科）（65-2：p408）：noto- ← notum 背部，脊背；chaeta/ chaete ← chaite 胡须，鬃毛，长毛

Notochaete hamosa 钩萼草：hamosus 钩形的；hamus 钩，钩子；-osus/ -osum/ -osa 多的，充分的，丰富的，显著发育的，程度高的，特征明显的（形容词词尾）

Notochaete longiaristata 长刺钩萼草：longe-/ longi- ← longus 长的，纵向的；aristatus（aristosus）= arista + atus 具芒的，具芒刺的，具刚毛的，具胡须的；arista 芒

Notopterygium 羌活属（羌 qiāng）（伞形科）（55-1：p188，55-3：p233）：notopterygium 背棱有翅的；noto- ← notum 背部，脊背；pterygius = pteryx + ius 具翅的，具翼的；pteris ← pteryx 翅，翼，蕨类（希腊语）；-ius/ -ium/ -ia 具有……特性的（表示有关、关联、相似）

Notopterygium forbesii 宽叶羌活：forbesii ← Charles Noyes Forbes（人名，20 世纪美国植物学家）

Notopterygium forbesii var. oviforme 卵叶羌活：ovus 卵，胚珠，卵形的，椭圆形的；ovi-/ ovo- ← ovus 卵，卵形的，椭圆形的；forme/ forma 形状

Notopterygium forrestii 澜沧羌活：forrestii ← George Forrest（人名，1873–1932，英国植物学家，曾在中国西部采集大量植物标本）

Notopterygium incisum 羌活：incisus 深裂的，锐裂的，缺刻的

Notoseris 紫菊属（菊科）（80-1：p211）：noto- ← notos 南方；seris 菊苣

Notoseris dolichophylla 长叶紫菊：dolicho- ← dolichos 长的；phyllus/ phyllum/ phylla ← phyllon 叶片（用于希腊语复合词）

Notoseris formosana （台湾紫菊）：formosanus = formosus + anus 美丽的，台湾的；formosus ← formosa 美丽的，台湾的（葡萄牙殖民者发现台湾时对其的称呼，即美丽的岛屿）；-anus/ -anum/ -ana 属于，来自（形容词词尾）

Notoseris gracilipes 细梗紫菊：gracilis 细长的，纤弱的，丝状的；pes/ pedis 柄，梗，茎秆，腿，足，爪（作词首或词尾，pes 的词干视为"ped-"）

Notoseris guizhouensis 全叶紫菊：guizhouensis 贵州的（地名）

Notoseris henryi 多裂紫菊：henryi ← Augustine Henry 或 B. C. Henry（人名，前者，1857–1930，爱尔兰医生、植物学家，曾在中国采集植物，后者，1850–1901，曾活动于中国的传教士）

Notoseris melanantha 黑花紫菊：mel-/ mela-/ melan-/ melano- ← melanus/ melaenus ← melas/ melanos 黑色的，浓黑色的，暗色的；anthus/ anthum/ antha/ anthe ← anthos 花（用于希腊语复合词）

Notoseris nanchuanensis 金佛山紫菊：nanchuanensis 南川的（地名，重庆市）

Notoseris porphyrolepis 南川紫菊：porphyr-/ porphyro- 紫色；lepis/ lepidos 鳞片

N

Notoseris psilolepis 紫菊：psil-/ psilo- ← psilos 平滑的，光滑的；lepis/ lepidos 鳞片

Notoseris rhombiformis 菱叶紫菊：rhombus 菱形，纺锤；formis/ forma 形状

Notoseris triflora 三花紫菊：tri-/ tripli-/ triplo- 三个，三数；florus/ florum/ flora ← flos 花（用于复合词）

Notoseris wilsonii （韦氏紫菊）（韦 wéi）：wilsonii ← John Wilson（人名，18 世纪英国植物学家）

Notoseris yunnanensis 云南紫菊：yunnanensis 云南的（地名）

Nouelia 栌菊木属（栌 lú）（菊科）（79：p72）：nouelia（人名）

Nouelia insignis 栌菊木：insignis 著名的，超群的，优秀的，显著的，杰出的；in-/ im-（来自 il- 的音变）内，在内，内部，向内，相反，不，无，非；il- 在内，向内，为，相反（希腊语为 en-）；词首 il- 的音变：il-（在 l 前面），im-（在 b、m、p 前面），in-（在元音字母和大多数辅音字母前面），ir-（在 r 前面），如 illaudatus（不值得称赞的，评价不好的），impermeabilis（不透水的，穿不透的），ineptus（不合适的），insertus（插入的），irretortus（无弯曲的，无扭曲的）；signum 印记，标记，刻画，图章

Nuphar 萍蓬草属（睡莲科）（27：p12）：nuphar（阿拉伯土名）

Nuphar bornetii 贵州萍蓬草：bornetii（人名）；-ii 表示人名，接在以辅音字母结尾的人名后面，但 -er 除外

Nuphar luteum 欧亚萍蓬草：luteus 黄色的

Nuphar pumilum 萍蓬草：pumilus 矮的，小的，低矮的，矮人的

Nuphar shimadai 台湾萍蓬草：shimadai 岛田（日本人名）；-i 表示人名，接在以元音字母结尾的人名后面，但 -a 除外，故该词尾改为 "-ae" 似更妥

Nuphar sinensis 中华萍蓬草：sinensis = Sina + ensis 中国的（地名）；Sina 中国

Nyctaginaceae 紫茉莉科（26：p1）：Nyctagineus 夜茉莉属，每夜的（指每夜开花）；-aceae（分类单位科的词尾，为 -aceus 的阴性复数主格形式，加到模式属的名称后或同义词的词干后以组成族群名称）

Nyctanthes 夜花属（木樨科）（61：p219）：nyctos/ nyx 夜晚的；anthes ← anthos 花

Nyctanthes arbor-tristis 夜花：arbor 乔木，树木；tristis 暗淡的，阴沉的

Nyctocalos 照夜白属（紫葳科）（69：p4）：nyctos/ nyx 夜晚的；nyct-/ nycti-/ nicto- 夜间；calos/ callos → call-/ calli-/ calo-/ callo- 美丽的；形近词：callosus = callus + osus 具硬皮的，出老茧的，包块，疙瘩

Nyctocalos brunfelsiiflorum 照夜白：Brunfelsia 鸳鸯茉莉属（茄科）；brunfelsia ← Otto Brunfels（人名）；florus/ florum/ flora ← flos 花（用于复合词）

Nyctocalos pinnata 羽叶照夜白：pinnatus = pinnus + atus 羽状的，具羽的；pinnus/ pennus 羽毛，羽状，羽片；-atus/ -atum/ -ata 属于，相似，具有，完成（形容词词尾）

Nymphaea 睡莲属（睡莲科）（27：p8）：nymphaea ← Nympha/ Nymphe 宁斐，川泽女神（希腊神话人物，转义指湖泊、水域）

Nymphaea alba 白睡莲：albus → albi-/ albo- 白色的

Nymphaea alba var. rubra 红睡莲：rubrus/ rubrum/ rubra/ ruber 红色的

Nymphaea candida 雪白睡莲：candidus 洁白的，有白毛的，亮白的，雪白的（希腊语为 argo- ← argenteus 银白色的）

Nymphaea esquirolii （艾氏睡莲）：esquirolii（人名）；-ii 表示人名，接在以辅音字母结尾的人名后面，但 -er 除外

Nymphaea lotus 齿叶睡莲：lotus/ lotos ① 一种甜果（古希腊诗人荷马首次使用），② 百脉根属（林奈用来为三叶草状的该属植物命名），③ 荷叶、莲子，④ 沉浸水中

Nymphaea lotus var. lotus 齿叶睡莲-原变种 （词义见上面解释）

Nymphaea lotus var. pubescens 柔毛齿叶睡莲：pubescens ← pubens 被短柔毛的，长出柔毛的；pubi- ← pubis 细柔毛的，短柔毛的，毛被的；pubesco/ pubescere 长成的，变为成熟的，长出柔毛的，青春期体毛的；-escens/ -ascens 改变，转变，变成，略微，带有，接近，相似，大致，稍微（表示变化的趋势，并未完全相似或相同，有别于表示达到完成状态的 -atus）

Nymphaea mexicana 黄睡莲：mexicana 墨西哥的（地名）

Nymphaea stellata 延药睡莲：stellatus/ stellaris 具星状的；stella 星状的；-atus/ -atum/ -ata 属于，相似，具有，完成（形容词词尾）；-aris（阳性、阴性）/ -are（中性）← -alis（阳性、阴性）/ -ale（中性）属于，相似，如同，具有，涉及，关于，联结于（将名词作形容词用，其中 -aris 常用于以 l 或 r 为词干末尾的词）

Nymphaea tetragona 睡莲：tetra-/ tetr- 四，四数（希腊语，拉丁语为 quadri-/ quadr-）；gonus ← gonos 棱角，膝盖，关节，足

Nymphaeaceae 睡莲科（27：p2）：Nymphaea 睡莲属；-aceae（分类单位科的词尾，为 -aceus 的阴性复数主格形式，加到模式属的名称后或同义词的词干后以组成族群名称）

Nymphoides 荇菜属（荇 xìng）/莕菜属（莕 xìng）（龙胆科）（62：p412）：Nymphoides 像睡莲的；Nymphaea 睡莲属（睡莲科）；-oides/ -oideus/ -oideum/ -oidea/ -odes/ -eidos 像……的，类似……的，呈……状的（名词词尾）

Nymphoides aurantiaca 水金莲花：aurantiacus/ aurantius 橙黄色的，金黄色的；aurus 金，金色；aurant-/ auranti- 橙黄色，金黄色

Nymphoides coreana 小荇菜：coreana 朝鲜的（地名）

Nymphoides cristata 水皮莲：cristatus = crista + atus 鸡冠的，鸡冠状的，扇形的，山脊状的；crista 鸡冠，山脊，网壁；-atus/ -atum/ -ata 属于，相似，具有，完成（形容词词尾）

Nymphoides hydrophylla 刺种荇菜（种 zhǒng）：

hydrophyllus 水叶的；Hydrophyllum 水叶草属（田基麻科）；hydro- 水；phyllus/ phyllum/ phylla ← phyllon 叶片（用于希腊语复合词）

Nymphoides indica 金银莲花：indica 印度的（地名）；-icus/ -icum/ -ica 属于，具有某种特性（常用于地名、起源、生境）

Nymphoides peltata 荇菜：peltatus = peltus + atus 盾状的，具盾片的；peltus ← pelte 盾片，小盾片，盾形的；-atus/ -atum/ -ata 属于，相似，具有，完成（形容词词尾）

Nypa 水椰属（棕榈科）（13-1：p148）：nypa（马来西亚或马鲁古群岛的土名）

Nypa fructicans 水椰：fructicans 结果的，产果的；fructus 果实；-icans 表示正在转变的过程或相似程度，有时表示相似程度非常接近、几乎相同

Nyssa 蓝果树属（蓝果树科）（52-2：p147）：nyssa 蓝果树（希腊语，借用一种植物名）

Nyssa javanica 华南蓝果树：javanica 爪哇的（地名，印度尼西亚）；-icus/ -icum/ -ica 属于，具有某种特性（常用于地名、起源、生境）

Nyssa leptophylla 薄叶蓝果树：leptus ← leptos 细的，薄的，瘦小的，狭长的；phyllus/ phyllum/ phylla ← phyllon 叶片（用于希腊语复合词）

Nyssa shangszeensis 上思蓝果树：shangszeensis 上思的（地名，广西壮族自治区）

Nyssa shweliensis 瑞丽蓝果树：shweliensis 瑞丽的（地名，云南省）

Nyssa sinensis 蓝果树：sinensis = Sina + ensis 中国的（地名）；Sina 中国

Nyssa sinensis var. oblongifolia 矩圆叶蓝果树：oblongus = ovus + longus 长椭圆形的（ovus 的词干 ov- 音变为 ob-）；ovus 卵，胚珠，卵形的，椭圆形的；longus 长的，纵向的；folius/ folium/ folia 叶，叶片（用于复合词）

Nyssa sinensis var. sinensis 蓝果树-原变种（词义见上面解释）

Nyssa wenshanensis 文山蓝果树：wenshanensis 文山的（地名，云南省）

Nyssa wenshanensis var. longipedunculata 长梗蓝果树：longe-/ longi- ← longus 长的，纵向的；pedunculatus/ peduncularis 具花序柄的，具总花梗的；pedunculus/ peduncule/ pedunculis ← pes 花序柄，总花梗（花序基部无花着生部分，不同于花柄）；关联词：pedicellus/ pediculus 小花梗，小花柄（不同于花序柄）；pes/ pedis 柄，梗，茎秆，腿，足，爪（作词首或词尾，pes 的词干视为 "ped-"）

Nyssa wenshanensis var. wenshanensis 文山蓝果树-原变种（词义见上面解释）

Nyssa yunnanensis 云南蓝果树：yunnanensis 云南的（地名）

Nyssaceae 蓝果树科（52-2：p144）：Nyssa 蓝果树属；-aceae（分类单位科的词尾，为 -aceus 的阴性复数主格形式，加到模式属的名称后或同义词的词干后以组成族群名称）

Oberonia 鸢尾兰属（鸢 yuān）（兰科）（18：p123）：oberonia ← Oberon 奥伯伦（中世纪传说中的仙女王、精灵王、花仙子，比喻花很小）（除 -er 外，以辅音字母结尾的人名用作属名时在末尾加 -ia，如果

人名词尾为 -us 则将词尾变成 -ia）

Oberonia acaulis 显脉鸢尾兰：acaulia/ acaulis 无茎的，矮小的；a-/ an- 无，非，没有，缺乏，不具有（an- 用于元音前）（a-/ an- 为希腊语词首，对应的拉丁语词首为 e-/ ex-，相当于英语的 un-/ -less，注意词首 a- 和作为介词的 a/ ab 不同，后者的意思是"从……、由……、关于……、因为……"）；caulia/ caulis 茎，茎秆，主茎

Oberonia acaulis var. acaulis 显脉鸢尾兰-原变种（词义见上面解释）

Oberonia acaulis var. luchunensis 绿春鸢尾兰：luchunensis 禄劝的（地名，云南省）

Oberonia anthropophora 长裂鸢尾兰：anthropophorus 具人形的；anthropo- 人类；-phorus/ -phorum/ -phora 载体，承载物，支持物，带着，生着，附着（表示一个部分带着别的部分，包括起支撑或承载作用的柄、柱、托、囊等，如 gynophorum = gynus + phorum 雌蕊柄的，带有雌蕊的，承载雌蕊的）；gynus/ gynum/ gyna 雌蕊，子房，心皮

Oberonia arisanensis 阿里山鸢尾兰：arisanensis 阿里山的（地名，属台湾省）

Oberonia austro-yunnanensis 滇南鸢尾兰：austro-/ austr- 南方的，南半球的，大洋洲的；auster 南方，南风；yunnanensis 云南的（地名）

Oberonia cathayana 中华鸢尾兰：cathayana ← Cathay ← Khitay/ Khitai 中国的，契丹的（地名，10–12 世纪中国北方契丹人的领域，辽国前身，多用来代表中国，俄语称中国为 Kitay）

Oberonia caulescens 狭叶鸢尾兰：caulescens 有茎的，变成有茎的，大致有茎的；caulus/ caulon/ caule ← caulos 茎，茎秆，主茎；-escens/ -ascens 改变，转变，变成，略微，带有，接近，相似，大致，稍微（表示变化的趋势，并未完全相似或相同，有别于表示达到完成状态的 -atus）

Oberonia delicata 无齿鸢尾兰：delicatus 柔软的，细腻的，优美的，美味的；delicia 优雅，喜悦，美味

Oberonia ensiformis 剑叶鸢尾兰：ensi- 剑；formis/ forma 形状

Oberonia falconeri 短耳鸢尾兰：falconeri ← Hugh Falconer（人名，19 世纪活动于印度的英国地质学家、医生）；-eri 表示人名，在以 -er 结尾的人名后面加上 i 形成

Oberonia gammiei 齿瓣鸢尾兰：gammiei（人名）

Oberonia gigantea 橙黄鸢尾兰：giganteus 巨大的；giga-/ gigant-/ giganti- ← gigantos 巨大的；-eus/ -eum/ -ea（接拉丁语词干时）属于……的，色如……的，质如……的（表示原料、颜色或品质的相似），（接希腊语词干时）属于……的，以……出名，为……所占有（表示具有某种特性）

Oberonia integerrima 全唇鸢尾兰：integerrimus 绝对全缘的；integer/ integra/ integrum → integri- 完整的，整个的，全缘的；-rimus/ -rima/ -rimum 最，极，非常（词尾为 -er 的形容词最高级）

Oberonia iridifolia 鸢尾兰：irid- ← Iris 鸢尾属（鸢尾科），虹；构词规则：词尾为 -is 和 -ys 的词的词干分别视为 -id 和 -yd；folius/ folium/ folia 叶，叶片（用于复合词）

Oberonia japonica 小叶鸢尾兰：japonica 日本的（地名）；-icus/ -icum/ -ica 属于，具有某种特性（常用于地名、起源、生境）

Oberonia jenkinsiana 条裂鸢尾兰：jenkinsiana（人名）

Oberonia kwangsiensis 广西鸢尾兰：kwangsiensis 广西的（地名）

Oberonia latipetala 阔瓣鸢尾兰：lati-/ late- ← latus 宽的，宽广的；petalus/ petalum/ petala ← petalon 花瓣

Oberonia longibracteata 长苞鸢尾兰：longe-/ longi- ← longus 长的，纵向的；bracteatus = bracteus + atus 具苞片的；bracteus 苞，苞片，苞鳞

Oberonia mannii 小花鸢尾兰：mannii ← Horace Mann Jr.（人名，19 世纪美国博物学家）

Oberonia menghaiensis 勐海鸢尾兰（勐 měng）：menghaiensis 勐海的（地名，云南省）

Oberonia menglaensis 勐腊鸢尾兰：menglaensis 勐腊的（地名，云南省）

Oberonia myosurus 棒叶鸢尾兰：myosurus 鼠尾的；myos 老鼠，小白鼠，-urus/ -ura/ -ourus/ -oura/ -oure/ -uris 尾巴

Oberonia obcordata 橘红鸢尾兰：obcordatus = ob + cordatus 倒心形的；ob- 相反，反对，倒（ob- 有多种音变：ob- 在元音字母和大多数辅音字母前面，oc- 在 c 前面，of- 在 f 前面，op- 在 p 前面）；cordatus ← cordis/ cor 心脏的，心形的；-atus/ -atum/ -ata 属于，相似，具有，完成（形容词词尾）

Oberonia pachyrachis 扁莛鸢尾兰：pachyrachis/ pachyrrachis 粗轴的；pachy- ← pachys 厚的，粗的，肥的；rachis/ rhachis 主轴，花序轴，叶轴，脊棱（指着生小叶或花的部分的中轴，如羽状复叶、穗状花序总柄基部以外的部分）

Oberonia pyrulifera 裂唇鸢尾兰：pyruli- ← pyrus 梨；-ferus/ -ferum/ -fera/ -fero/ -fere/ -fer 有，具有，产（区别：作独立词使用的 ferus 意思是"野生的"）

Oberonia rosea 玫瑰鸢尾兰：roseus = rosa + eus 像玫瑰的，玫瑰色的，粉红色的；rosa 蔷薇（古拉丁名）← rhodon 蔷薇（希腊语）← rhodd 红色，玫瑰红（凯尔特语）；-eus/ -eum/ -ea（接拉丁语词干时）属于……的，色如……的，质如……的（表示原料、颜色或品质的相似），（接希腊语词干时）属于……的，以……出名，为……所占有（表示具有某种特性）

Oberonia rufilabris 红唇鸢尾兰：ruf-/ rufi-/ frufo- ← rufus/ rubus 红褐色的，锈色的，红色的，发红的，淡红色的；labris 唇，唇瓣

Oberonia variabilis 密苞鸢尾兰：variabilis 多种多样的，易变化的，多型的；varius = varus + ius 各种各样的，不同的，多型的，易变的；varus 不同的，变化的，外弯的，凸起的；-ius/ -ium/ -ia 具有……特性的（表示有关、关联、相似）；-ans/ -ens/ -bilis/ -ilis 能够，可能（为形容词词尾，-ans/ -ens 用于主动语态，-bilis/ -ilis 用于被动语态）

Ochna 金莲木属（金莲木科）（49-2：p303）：ochna ← ochne 梨树（指叶形像梨树）

Ochna integerrima 金莲木：integerrimus 绝对全缘的；integer/ integra/ integrum → integri- 完整的，整个的，全缘的；-rimus/ -rima/ -rimum 最，极，非常（词尾为 -er 的形容词最高级）

Ochnaceae 金莲木科（49-2：p302）：Ochna 金莲木属；-aceae（分类单位科的词尾，为 -aceus 的阴性复数主格形式，加到模式属的名称后或同义词的词干后以组成族群名称）

Ochrocarpus 格脉树属（藤黄科）（50-2：p86）：ochro- ← ochra 黄色的，黄土的；carpus/ carpum/ carpa/ carpon ← carpos 果实（用于希腊语复合词）

Ochrocarpus yunnanensis 格脉树：yunnanensis 云南的（地名）

Ochroma 轻木属（木棉科）（49-2：p109）：ochromus 苍白的，黄白色的；ochro- ← ochra 黄色的，黄土的；-chromus/ -chrous/ -chrus 颜色，彩色，有色的

Ochroma lagopus 轻木：lagopus 兔子腿

Ochrosia 玫瑰树属（夹竹桃科）（63：p38）：ochrosia ← ochros 黄色（木材颜色）

Ochrosia borbonica 玫瑰树：borbonica ← Gaston de Bourbon（人名，17 世纪法国奥尔良公爵）

Ochrosia elliptica 古城玫瑰树：ellipticus 椭圆形的；-ticus/ -ticum/ tica/ -ticos 表示属于，关于，以……著称，作形容词词尾

Ocimum 罗勒属（勒 lè）（唇形科）（66：p559）：ocimum 芳香的，有气味的

Ocimum americanum 灰罗勒：americanum 美洲的（地名）

Ocimum basilicum 罗勒：basilicum ← basilikos 王室的（另一解释为一种芳香植物的希腊土名）；Basilicum 小冠薰属（唇形科）

Ocimum basilicum var. basilicum 罗勒-原变种（词义见上面解释）

Ocimum basilicum var. majus 罗勒-大型变种：majus 大的，巨大的

Ocimum basilicum var. pilosum 罗勒-疏柔毛变种：pilosus = pilus + osus 多毛的，被柔毛的，具疏柔毛的，被短弱细毛的；pilus 毛，疏柔毛；-osus/ -osum/ -osa 多的，充分的，丰富的，显著发育的，程度高的，特征明显的（形容词词尾）

Ocimum gratissimum 丁香罗勒：gratus 美味的，可爱的，迷人的，快乐的；-issimus/ -issima/ -issimum 最，非常，极其（形容词最高级）

Ocimum gratissimum var. gratissimum 丁香罗勒-原变种 （词义见上面解释）

Ocimum gratissimum var. suave 罗勒-毛叶变种：suavis/ suave 甜的，愉快的，高兴的，有魅力的，漂亮的

Ocimum sanctum 圣罗勒：sanctus 圣地的，领地的

Ocimum tashiroi 台湾罗勒：tashiroi/ tachiroei（人名）；-i 表示人名，接在以元音字母结尾的人名后面，但 -a 除外

Odontites 疗齿草属（玄参科）（67-2：p389）：odontites 医疗牙齿的，牙齿药，牙痛药；odontus/ odontos → odon-/ odont-/ odonto-（可作词首或词尾）齿，牙齿状的

Odontites serotina 疗齿草：serotinus 晚来的，晚季的，晚开花的

O

Odontochilus putaoensis 葡萄齿唇兰：putaoensis 葡萄的（地名，缅甸）

Oenanthe 水芹属（伞形科）（55-2：p199）：oenanthe = oinos 酒 + anthos 花

Oenanthe benghalensis 短辐水芹：benghalensis 孟加拉的（地名）

Oenanthe dielsii 西南水芹：dielsii ← Friedrich Ludwig Emil Diels（人名，20 世纪德国植物学家）

Oenanthe dielsii var. dielsii 西南水芹-原变种（词义见上面解释）

Oenanthe dielsii var. stenophylla 细叶水芹：sten-/ steno- ← stenus 窄的，狭的，薄的；phyllus/ phyllum/ phylla ← phyllon 叶片（用于希腊语复合词）

Oenanthe hookeri 高山水芹：hookeri ← William Jackson Hooker（人名，19 世纪英国植物学家）；-eri 表示人名，在以 -er 结尾的人名后面加上 i 形成

Oenanthe javanica 水芹：javanica 爪哇的（地名，印度尼西亚）；-icus/ -icum/ -ica 属于，具有某种特性（常用于地名、起源、生境）

Oenanthe linearis 线叶水芹：linearis = lineus + aris 线条的，线形的，线状的，亚麻状的；lineus = linum + eus 线状的，丝状的，亚麻状的；linum ← linon 亚麻，线（古拉丁名）；-aris（阳性、阴性）/ -are（中性）← -alis（阳性、阴性）/ -ale（中性）属于，相似，如同，具有，涉及，关于，联结于（将名词作形容词用，其中 -aris 常用于以 l 或 r 为词干末尾的词）

Oenanthe rivularis 蒙自水芹：rivularis = rivulus + aris 生于小溪的，喜好小溪的；rivulus = rivus + ulus 小溪，细流；rivus 河流，溪流；-aris（阳性、阴性）/ -are（中性）← -alis（阳性、阴性）/ -ale（中性）属于，相似，如同，具有，涉及，关于，联结于（将名词作形容词用，其中 -aris 常用于以 l 或 r 为词干末尾的词）

Oenanthe rosthornii 卵叶水芹：rosthornii ← Arthur Edler von Rosthorn（人名，19 世纪匈牙利驻北京大使）

Oenanthe sinensis 中华水芹：sinensis = Sina + ensis 中国的（地名）；Sina 中国

Oenanthe thomsonii 多裂叶水芹：thomsonii ← Thomas Thomson（人名，19 世纪英国植物学家）；-ii 表示人名，接在以辅音字母结尾的人名后面，但 -er 除外

Oenothera 月见草属（柳叶菜科）（53-2：p60）：oenothera = oinos 酒 + ther 野兽（根有葡萄酒味，传说野兽喜欢吃）（曾为柳兰属）

Oenothera biennis 月见草：biennis 二年生的，越年生的

Oenothera drummondii 海边月见草：drummondii ← Thomas Drummond（人名，19 世纪英国博物学家）

Oenothera glazioviana 黄花月见草：glazioviana ← Auguste Francois Marie Glaziou（人名，19 世纪法国植物学家）

Oenothera laciniata 裂叶月见草：laciniatus 撕裂的，条状裂的；lacinius → laci-/ lacin-/ lacini- 撕裂的，条状裂的

Oenothera macrocarpa 长果月见草：macro-/ macr- ← macros 大的，宏观的（用于希腊语复合词）；carpus/ carpum/ carpa/ carpon ← carpos 果实（用于希腊语复合词）

Oenothera oakesiana 曲序月见草：oakesiana（人名）

Oenothera parviflora 小花月见草：parviflorus 小花的；parvus 小的，些微的，弱的；florus/ florum/ flora ← flos 花（用于复合词）

Oenothera rosea 粉花月见草：roseus = rosa + eus 像玫瑰的，玫瑰色的，粉红色的；rosa 蔷薇（古拉丁名）← rhodon 蔷薇（希腊语）← rhodd 红色，玫瑰红（凯尔特语）；-eus/ -eum/ -ea（接拉丁语词干时）属于……的，色如……的，质如……的（表示原料、颜色或品质的相似），（接希腊语词干时）属于……的，以……出名，为……所占有（表示具有某种特性）

Oenothera stricta 待宵草：strictus 直立的，硬直的，笔直的，彼此靠拢的

Oenothera tetraptera 四翅月见草：tetra-/ tetr- 四，四数（希腊语，拉丁语为 quadri-/ quadr-）；pterus/ pteron 翅，翼，蕨类

Oenothera villosa 长毛月见草：villosus 柔毛的，绵毛的；villus 毛，羊毛，长绒毛；-osus/ -osum/ -osa 多的，充分的，丰富的，显著发育的，程度高的，特征明显的（形容词词尾）

Olacaceae 铁青树科（24：p30）：Olax 铁青树属；-aceae（分类单位科的词尾，为 -aceus 的阴性复数主格形式，加到模式属的名称后或同义词的词干后以组成族群名称）

Olax 铁青树属（铁青树科）（24：p35）：olax 芳香的

Olax acuminata 尖叶铁青树：acuminatus = acumen + atus 锐尖的，渐尖的；acumen 渐尖头；-atus/ -atum/ -ata 属于，相似，具有，完成（形容词词尾）

Olax austrosinensis 疏花铁青树：austrosinensis 华南的（地名）；austro-/ austr- 南方的，南半球的，大洋洲的；auster 南方，南风；sinensis = Sina + ensis 中国的（地名）；Sina 中国

Olax imbricata 孟加拉铁青树：imbricatus/ imbricans 重叠的，覆瓦状的

Olax wightiana 铁青树：wightiana ← Robert Wight（人名，19 世纪英国医生、植物学家）

Olea 木樨榄属（也称油橄榄属，木樨科）（61：p120）：oleus/ oleum/ olea 橄榄，橄榄油，油

Olea brachiata 滨木樨榄：brachiatus 交互对生枝条的，具臂的；brach- ← brachium 臂，一臂之长的（臂长约 65 cm）；-atus/ -atum/ -ata 属于，相似，具有，完成（形容词词尾）

Olea caudatilimba 尾叶木樨榄：caudatus = caudus + atus 尾巴的，尾巴状的，具尾的；caudus 尾巴；limbus 冠檐，萼檐，瓣片，叶片

Olea dioica 异株木樨榄：dioicus/ dioecus/ dioecius 雌雄异株的（dioicus 常用于苔藓学）；di-/ dis- 二，二数，二分，分离，不同，在……之间，从……分开（希腊语，拉丁语为 bi-/ bis-）；-oicus/ -oecius 雌雄体的，雌雄株的（仅用于词尾）；monoecius/ monoicus 雌雄同株的

Olea dioica var. dioica 异株木樨榄-原变种 （词义见上面解释）

Olea dioica var. wightiana 球果木樨榄：wightiana ← Robert Wight（人名，19 世纪英国医生、植物学家）

Olea europaea 木樨榄：europaea = europa + aeus 欧洲的（地名）；europa 欧洲；-aeus/ -aeum/ -aea（表示属于……，名词形容词化词尾）

Olea europaea subsp. africana 非洲木樨榄：africana 非洲的（地名）

Olea europaea subsp. europaea 木樨榄-原亚种 （词义见上面解释）

Olea ferruginea 锈鳞木樨榄：ferrugineus 铁锈的，淡棕色的；ferrugo = ferrus + ugo 铁锈（ferrugo 的词干为 ferrugin-）；词尾为 -go 的词其词干末尾视为 -gin；ferreus → ferr- 铁，铁的，铁色的，坚硬如铁的；-eus/ -eum/ -ea（接拉丁语词干时）属于……的，色如……的，质如……的（表示原料、颜色或品质的相似），（接希腊语词干时）属于……的，以……出名，为……所占有（表示具有某种特性）

Olea gamblei 喜马木樨榄：gamblei ← James Sykes Gamble（人名，20 世纪英国植物学家）；-i 表示人名，接在以元音字母结尾的人名后面，但 -a 除外

Olea glandulifera 腺叶木樨榄：glanduli- ← glandus + ulus 腺体的，小腺体的；glandus ← glans 腺体；-ferus/ -ferum/ -fera/ -fero/ -fere/ -fer 有，具有，产（区别：作独立词使用的 ferus 意思是"野生的"）

Olea guangxiensis 广西木樨榄：guangxiensis 广西的（地名）

Olea hainanensis 海南木樨榄：hainanensis 海南的（地名）

Olea laxiflora 疏花木樨榄：laxus 稀疏的，松散的，宽松的；florus/ florum/ flora ← flos 花（用于复合词）

Olea neriifolia 狭叶木樨榄：neriifolia = Nerium + folius 夹竹桃叶的；缀词规则：以属名作复合词时原词尾变形后的 i 要保留；neri ← Nerium 夹竹桃属（夹竹桃科）；folius/ folium/ folia 叶，叶片（用于复合词）

Olea parvilimba 小叶木樨榄：parvilimbus 小叶的；parvus 小的，些微的，弱的；limbus 冠檐，萼檐，瓣片，叶片

Olea rosea 红花木樨榄：roseus = rosa + eus 像玫瑰的，玫瑰色的，粉红色的；rosa 蔷薇（古拉丁名）← rhodon 蔷薇（希腊语）← rhodd 红色，玫瑰红（凯尔特语）；-eus/ -eum/ -ea（接拉丁语词干时）属于……的，色如……的，质如……的（表示原料、颜色或品质的相似），（接希腊语词干时）属于……的，以……出名，为……所占有（表示具有某种特性）

Olea tetragonoclada 方枝木樨榄：tetragonocladus 四棱枝的；tetra-/ tetr- 四，四数（希腊语，拉丁语为 quadri-/ quadr-）；gono/ gonos/ gon 关节，棱角，角度；cladus ← clados 枝条，分枝

Olea yuennanensis 云南木樨榄：yuennanensis 云南的（地名）

Oleaceae 木樨科（61：p2）：Olea 橄榄属；-aceae（分类单位科的词尾，为 -aceus 的阴性复数主格形

式，加到模式属的名称后或同义词的词干后以组成族群名称）

Oleandra 条蕨属 ← 篠蕨属（篠 tiáo）（条蕨科）（2：p320）：oleander/ oleandra/ oleandrus/ oleandrum 橄榄状的（指叶形）

Oleandra cantonensis 广州条蕨：cantonensis 广东的（地名）

Oleandra cumingii 华南条蕨：cumingii ← Hugh Cuming（人名，19 世纪英国贝类专家、植物学家）

Oleandra hainanensis 海南条蕨：hainanensis 海南的（地名）

Oleandra intermedia 圆基条蕨：intermedius 中间的，中位的，中等的；inter- 中间的，在中间，之间；medius 中间的，中央的

Oleandra musifolia 光叶条蕨：musifolia = musa + folia 芭蕉叶的；musa 芭蕉；folius/ folium/ folia 叶，叶片（用于复合词）

Oleandra undulata 波边条蕨：undulatus = undus + ulus + atus 略呈波浪状的，略弯曲的；undus/ undum/ unda 起波浪的，弯曲的；-ulus/ -ulum/ -ula 小的，略微的，稍微的（小词 -ulus 在字母 e 或 i 之后有多种变缀，即 -olus/ -olum/ -ola、-ellus/ -ellum/ -ella、-illus/ -illum/ -illa，与第一变格法和第二变格法名词形成复合词）；-atus/ -atum/ -ata 属于，相似，具有，完成（形容词词尾）

Oleandra wallichii 高山条蕨：wallichii ← Nathaniel Wallich（人名，19 世纪初丹麦植物学家、医生）

Oleandra yunnanensis 云南条蕨：yunnanensis 云南的（地名）

Oleandraceae 条蕨科（2：p319，6-1：p154）：Oleandra 条蕨属；-aceae（分类单位科的词尾，为 -aceus 的阴性复数主格形式，加到模式属的名称后或同义词的词干后以组成族群名称）

Olgaea 蝟菊属（蝟 wèi，为"猬"的异体字）（菊科）（78-1：p62）：olgaea ← Olga Fedtschenko（人名，20 世纪俄国植物学家）

Olgaea lanipes 九眼菊：lanipes 绵毛柄的；lani- 羊毛状的，多毛的，密被软毛的；pes/ pedis 柄，梗，茎秆，腿，足，爪（作词首或词尾，pes 的词干视为"ped-"）

Olgaea leucophylla 火媒草：leuc-/ leuco- ← leucus 白色的（如果和其他表示颜色的词混用则表示淡色）；phyllus/ phyllum/ phylla ← phyllon 叶片（用于希腊语复合词）

Olgaea lomonosowii 蝟菊：lomonosowii（人名）；-ii 表示人名，接在以辅音字母结尾的人名后面，但 -er 除外

Olgaea lomonossowii 猬菊：lomonossowii（人名）

Olgaea pectinata 新疆蝟菊：pectinatus/ pectinaceus 栉齿状的；pectini-/ pectino-/ pectin- ← pecten 篦子，梳子；-aceus/ -aceum/ -acea 相似的，有……性质的，属于……的

Olgaea roborowskyi 假九眼菊：roborowskyi（人名）；-i 表示人名，接在以元音字母结尾的人名后面，但 -a 除外

Olgaea tangutica 刺疙瘩（瘩 dá）：tangutica ← Tangut 唐古特的，党项的（西夏时期生活于中国西北地区的党项羌人，蒙古语称其为"唐古特"，有多

O

种音译，如唐兀、唐古、唐括等）；-icus/ -icum/ -ica 属于，具有某种特性（常用于地名、起源、生境）

Olgaea thomsonii（汤姆森蝟菊）：thomsonii ← Thomas Thomson（人名，19 世纪英国植物学家）；-ii 表示人名，接在以辅音字母结尾的人名后面，但 -er 除外

Oligochaeta 寡毛菊属（菊科）（78-1：p159）：loigochaeta 少毛的（指苞蒴有少量的毛）；oligo-/ olig- 少数的（希腊语，拉丁语为 pauci-）；chaeta/ chaete ← chaite 胡须，鬃毛，长毛

Oligochaeta minima 寡毛菊：minimus 最小的，很小的

Oligomeris 川樨草属（木樨草科）（34-1：p4）：oligo-/ olig- 少数的（希腊语，拉丁语为 pauci-）；-mero/ -meris 部分，份，数

Oligomeris linifolia 川樨草：Linum 亚麻属（亚麻科）；folius/ folium/ folia 叶，叶片（用于复合词）

Oligostachyum 少穗竹属（禾本科）（9-1：p569）：oligo-/ olig- 少数的（希腊语，拉丁语为 pauci-）；stachy-/ stachyo-/ -stachys/ -stachyus/ -stachyum/ -stachya 穗子，穗子的，穗子状的，穗状花序的

Oligostachyum glabrescens 屏南少穗竹：glabrus 光秃的，无毛的，光滑的；-escens/ -ascens 改变，转变，变成，略微，带有，接近，相似，大致，稍微（表示变化的趋势，并未完全相似或相同，有别于表示达到完成状态的 -atus）

Oligostachyum gracilipes 细柄少穗竹：gracilis 细长的，纤弱的，丝状的；pes/ pedis 柄，梗，茎秆，腿，足，爪（作词首或词尾，pes 的词干视为"ped-"）

Oligostachyum hupehense 凤竹：hupehense 湖北的（地名）

Oligostachyum langcaolatum 云和少穗竹：langcaolatum 兰考的（地名，河南省）

Oligostachyum lubricum 四季竹：lubricus 黏的

Oligostachyum nuspiculum 林仔竹（仔 zǎi）：nuspiculus 无小穗的；nu- ← nullus 没有，绝无；spiculus = spicus + ulus 小穗的，细尖的；spicus 穗，谷穗，花穗；-ulus/ -ulum/ -ula 小的，略微的，稍微的（小词 -ulus 在字母 e 或 i 之后有多种变缀，即 -olus/ -olum/ -ola、-ellus/ -ellum/ -ella、-illus/ -illum/ -illa，与第一变格法和第二变格法名词形成复合词）

Oligostachyum oedogonatum 肿节少穗竹：oedo- 膨胀的，肿胀的；gonatus ← gonus 膝盖（指弯曲），关节，棱角

Oligostachyum paniculatum 圆锥少穗竹：paniculatus = paniculus + atus 具圆锥花序的；paniculus 圆锥花序；panus 谷穗；panicus 野稗，粟，谷子；-atus/ -atum/ -ata 属于，相似，具有，完成（形容词词尾）

Oligostachyum puberulum 多毛少穗竹：puberulus = puberus + ulus 略被柔毛的，被微柔毛的；puberus 多毛的，毛茸茸的；-ulus/ -ulum/ -ula 小的，略微的，稍微的（小词 -ulus 在字母 e 或 i 之后有多种变缀，即 -olus/ -olum/ -ola、-ellus/ -ellum/ -ella、-illus/ -illum/ -illa，与第一变格法和第二变格法名词形成复合词）

Oligostachyum pulchellum 鼎湖少穗竹：pulchellus/ pulcellus = pulcher + ellus 稍美丽的，稍可爱的；pulcher/ pulcer 美丽的，可爱的；-ellus/ -ellum/ -ella ← -ulus 小的，略微的，稍微的（小词 -ulus 在字母 e 或 i 之后有多种变缀，即 -olus/ -olum/ -ola、-ellus/ -ellum/ -ella、-illus/ -illum/ -illa，用于第一变格法名词）

Oligostachyum scabriflorum 糙花少穗竹：scabriflorus 糙花的；scabri- ← scaber 粗糙的，有凹凸的，不平滑的；florus/ florum/ flora ← flos 花（用于复合词）

Oligostachyum scabriflorum var. breviligulatum 短舌少穗竹：brevi- ← brevis 短的（用于希腊语复合词词首）；ligulatus（= ligula + atus）/ ligularis（= ligula + aris）舌状的，具舌的；ligula = lingua + ulus 小舌，小舌状物；lingua 舌，语言；ligule 舌，舌状物，舌瓣，叶舌

Oligostachyum scabriflorum var. scabriflorum 糙花少穗竹-原变种（词义见上面解释）

Oligostachyum scopulum 毛稃少穗竹（稃 fū）：scopulus 带棱角的岩石，岩壁，峭壁

Oligostachyum shiuyingianum 秀英竹：shiuyingianum（人名）

Oligostachyum spongiosum 斗竹：spongiosus 海绵的，海绵质的；spongia 海绵（同义词：fungus）；-osus/ -osum/ -osa 多的，充分的，丰富的，显著发育的，程度高的，特征明显的（形容词词尾）

Oligostachyum sulcatum 少穗竹：sulcatus 具皱纹的，具犁沟的，具沟槽的；sulcus 犁沟，沟槽，皱纹

Ombrocharis 喜雨草属（唇形科）（65-2：p572）：ombros 雨；chares/ charis 美丽，优雅，喜悦，恩典，偏爱

Ombrocharis dulcis 喜雨草：dulcis 甜的，甜味的

Omphalogramma 独花报春属（报春花科）（59-2：p277）：omphalos = ompholos 肚脐；grammus 条纹的，花纹的，线条的（希腊语）

Omphalogramma brachysiphon 钟状独花报春：brachy- ← brachys 短的（用于拉丁语复合词词首）；siphonus ← sipho → siphon-/ siphono-/ -siphonius 管，筒，管状物

Omphalogramma delavayi 大理独花报春：delavayi ← P. J. M. Delavay（人名，1834–1895，法国传教士，曾在中国采集植物标本）；-i 表示人名，接在以元音字母结尾的人名后面，但 -a 除外

Omphalogramma elegans 丽花独报春：elegans 优雅的，秀丽的

Omphalogramma elwesiana 光叶独花报春：elwesiana（人名）

Omphalogramma forrestii 中甸独花报春：forrestii ← George Forrest（人名，1873–1932，英国植物学家，曾在中国西部采集大量植物标本）

Omphalogramma minus 小独花报春：minus 少的，小的

Omphalogramma souliei 长柱独花报春：souliei（人名）；-i 表示人名，接在以元音字母结尾的人名后面，但 -a 除外

Omphalogramma tibeticum 西藏独花报春：tibeticum 西藏的（地名）

O

Omphalogramma vinciflora 独花报春：vinciflorus 蔓长春花的；Vinca 蔓长春花属（夹竹桃科）；florus/ florum/ flora ← flos 花（用于复合词）

Omphalothrix 脐草属（玄参科）（67-2：p386）：omphalos = ompholos 肚脐；thrix 毛，多毛的，线状的，丝状的

Omphalothrix longipes 脐草：longe-/ longi- ← longus 长的，纵向的；pes/ pedis 柄，梗，茎秆，腿，足，爪（作词首或词尾，pes 的词干视为"ped-"）

Omphalotrigonotis 皿果草属（紫草科）（64-2：p109）：omphalos = ompholos 肚脐；trigonos 三角形的；gono/ gonos/ gon 关节，棱角，角度

Omphalotrigonotis cupulifera 皿果草：cupulus = cupus + ulus 小杯子，小杯形的，壳斗状的；-ferus/ -ferum/ -fera/ -fero/ -fere/ -fer 有，具有，产（区别：作独立词使用的 ferus 意思是"野生的"）

Omphalotrigonotis taishunensis 泰顺皿果草：taishunensis 泰顺的（地名，浙江省）

Onagraceae 柳叶菜科（53-2：p27）：Onagra（属名，柳叶菜科）；-aceae（分类单位科的词尾，为 -aceus 的阴性复数主格形式，加到模式属的名称后或同义词的词干后以组成族群名称）；Oenotheraceae 柳叶菜科废弃名

Oncoba 鼻烟盒树属（大风子科）（52-1：p5）：oncoba ← Onkub（北非地区土名）

Oncoba spinosa 鼻烟盒树：spinosus = spinus + osus 具刺的，多刺的，长满刺的；spinus 刺，针刺；-osus/ -osum/ -osa 多的，充分的，丰富的，显著发育的，程度高的，特征明显的（形容词词尾）

Oncodostigma 蕉木属（番荔枝科）（30-2：p80）：oncodostigma 瘤状柱头的（指柱头基部缢缩）；oncos 肿块，小瘤，瘤状凸起的；stigmus 柱头

Oncodostigma hainanense 蕉木：hainanense 海南的（地名）

Onobrychis 驴食草属（豆科）（42-2：p218）：onobrychis 驴喜欢吃的（比喻优良饲料）；onos 驴（希腊语）；brycho 贪婪地吃

Onobrychis pulchella 美丽红豆草：pulchellus/ pulcellus = pulcher + ellus 稍美丽的，稍可爱的；pulcher/pulcer 美丽的，可爱的；-ellus/ -ellum/ -ella ← -ulus 小的，略微的，稍微的（小词 -ulus 在字母 e 或 i 之后有多种变缀，即 -olus/ -olum/ -ola、-ellus/ -ellum/ -ella、-illus/ -illum/ -illa，用于第一变格法名词）

Onobrychis taneitica 顿河红豆草：taneitica（地名，俄罗斯，已修订为 tanaitica）

Onobrychis viciifolia 驴食草：Vicia 野豌豆属（豆科）；folius/ folium/ folia 叶，叶片（用于复合词）

Onoclea 球子蕨属（球子蕨科）（4-2：p157）：onoclea（Dioscorides 用过的一种植物名）

Onoclea sensibilis 球子蕨：sensibilis = sentire + bilis 敏感的（= sensitivus）；sentire 感到；-ans/ -ens/ -bilis/ -ilis 能够，可能（为形容词词尾，-ans/ -ens 用于主动语态，-bilis/ -ilis 用于被动语态）

Onocleaceae 球子蕨科（4-2：p157）：Onoclea 球子蕨属；-aceae（分类单位科的词尾，为 -aceus 的阴性复数主格形式，加到模式属的名称后或同义词的词干后以组成族群名称）

Ononis 芒柄花属（豆科）（42-2：p291）：ononis（希腊语名）

Ononis antiquorum 伊犁芒柄花：antiquorus 古代的，高龄的，老旧的，传世的

Ononis arvensis 芒柄花：arvensis 田里生的；arvum 耕地，可耕地

Ononis campestris 红芒柄花：campestris 野生的，草地的，平原的；campus 平坦地带的，校园的；-estris/ -estre/ ester/ -esteris 生于……地方，喜好……地方

Ononis natrix 黄芒柄花：natrix 水蛇

Onopordum 大翅蓟属（菊科）（78-1：p139）：onopordum 驴屁臭的；onos 驴（希腊语）；pordum ← porde 放屁，臭味

Onopordum acanthium 大翅蓟：acanthium = acanthus + ium 具刺的；acanthus ← Akantha 刺，具刺的（Acantha 是希腊神话中的女神，和太阳神阿波罗发生冲突，太阳神将其变成带刺的植物）；-ius/ -ium/ -ia 具有……特性的（表示有关、关联、相似）

Onopordum leptolepis 羽冠大翅蓟（冠 guān）：leptolepis 薄鳞片的；leptus ← leptos 细的，薄的，瘦小的，狭长的；lepis/ lepidos 鳞片

Onosma 滇紫草属（紫草科）（64-2：p45）：onosma 驴的气味（指本属植物有臭味）；onos 驴（希腊语）；osmus 气味，香味

Onosma adenopus 腺花滇紫草：adenopus 腺柄的；aden-/ adeno- ← adenus 腺，腺体；-pus ← pous 腿，足，爪，柄，茎

Onosma album 白花滇紫草：albus → albi-/ albo- 白色的

Onosma bicolor 二色滇紫草：bi-/ bis- 二，二数，二回（希腊语为 di-）；color 颜色

Onosma cingulatum 昭通滇紫草：cingulatus = cingulus + atus 条带的，围带的；cingulus 带，地带，带状

Onosma confertum 密花滇紫草：confertus 密集的

Onosma decastichum 易门滇紫草：deca-/ dec- 十（希腊语，拉丁语为 decem-）；stichus ← stichon 行列，队列，排列

Onosma dumetorum 丛林滇紫草：dumetorum = dumus + etorum 灌丛的，小灌木状的，荒草丛的；dumus 灌丛，荆棘丛，荒草丛；-etorum 群落的（表示群丛、群落的词尾）

Onosma echioides 昭苏滇紫草：Echioides 像蓝蓟的；Echium 蓝蓟属（紫草科）；-oides/ -oideus/ -oideum/ -oidea/ -odes/ -eidos 像……的，类似……的，呈……状的（名词词尾）

Onosma emodi 污花滇紫草：emodi ← Emodus 埃莫多斯山的（地名，所有格，属喜马拉雅山西坡，古希腊人对喜马拉雅山的称呼）（词末尾改为"-ii"似更妥）；-ii 表示人名，接在以辅音字母结尾的人名后面，但 -er 除外；-i 表示人名，接在以元音字母结尾的人名后面，但 -a 除外

Onosma exsertum 露蕊滇紫草：exsertus 露出的，伸出的

Onosma fistulosum 管状滇紫草：fistulosus = fistulus + osus 管状的，空心的，多孔的；fistulus 管状的，空心的；-osus/ -osum/ -osa 多的，充分的，

O

丰富的，显著发育的，程度高的，特征明显的（形容词词尾）

Onosma glomeratum 团花滇紫草：glomeratus = glomera + atus 聚集的，球形的，聚成球形的；glomera 线球，一团，一束

Onosma gmelinii 黄花滇紫草：gmelinii ← Johann Gottlieb Gmelin（人名，18 世纪德国博物学家，曾对西伯利亚和勘察加进行大量考察）

Onosma hookeri 细花滇紫草：hookeri ← William Jackson Hooker（人名，19 世纪英国植物学家）；-eri 表示人名，在以 -er 结尾的人名后面加上 i 形成

Onosma hookeri var. hirsutum 毛柱滇紫草：hirsutus 粗毛的，糙毛的，有毛的（长而硬的毛）

Onosma hookeri var. hookeri 细花滇紫草-原变种（词义见上面解释）

Onosma hookeri var. longiflorum 长花滇紫草：longe-/ longi- ← longus 长的，纵向的；florus/ florum/ flora ← flos 花（用于复合词）

Onosma lijiangense 丽江滇紫草：lijiangense 丽江的（地名，云南省）

Onosma luquanense 禄劝滇紫草：luquanense 禄劝的（地名，云南省）

Onosma lycopsioides 宽萼滇紫草：Lycopsis 狼紫草属（紫草科）；-oides/ -oideus/ -oideum/ -oidea/ -odes/ -eidos 像……的，类似……的，呈……状的（名词词尾）

Onosma maaikangense 马尔康滇紫草：maaikangense 马尔康的（地名，四川省）

Onosma mertensioides 川西滇紫草：Mertensia 滨紫草属（紫草科）；-oides/ -oideus/ -oideum/ -oidea/ -odes/ -eidos 像……的，类似……的，呈……状的（名词词尾）

Onosma microstoma 镇康滇紫草：micr-/ micro- ← micros 小的，微小的，微观的（用于希腊语复合词）；stomus 口，开口，气孔

Onosma multiramosum 多枝滇紫草：multi- ← multus 多个，多数，很多（希腊语为 poly-）；ramosus = ramus + osus 有分枝的，多分枝的；ramus 分枝，枝条；-osus/ -osum/ -osa 多的，充分的，丰富的，显著发育的，程度高的，特征明显的（形容词词尾）

Onosma nangqienense 囊谦滇紫草：nangqienense 囊谦的（地名，青海省）

Onosma paniculatum 滇紫草：paniculatus = paniculus + atus 具圆锥花序的；paniculus 圆锥花序；panus 谷穗；panicus 野稗，粟，谷子；-atus/ -atum/ -ata 属于，相似，具有，完成（形容词词尾）

Onosma sinicum 小叶滇紫草：sinicum 中国的（地名）；-icus/ -icum/ -ica 属于，具有某种特性（常用于地名、起源、生境）

Onosma sinicum var. farreri 小花滇紫草：farreri ← Reginald John Farrer（人名，20 世纪英国植物学家、作家）；-eri 表示人名，在以 -er 结尾的人名后面加上 i 形成

Onosma sinicum var. sinicum 小叶滇紫草-原变种（词义见上面解释）

Onosma strigosum 壤塘滇紫草：strigosus = striga + osus 鬃毛的，刷毛的；striga → strig- 条纹的，网纹的（如种子具网纹），糙伏毛的；-osus/ -osum/ -osa 多的，充分的，丰富的，显著发育的，程度高的，特征明显的（形容词词尾）

Onosma waddellii 丛茎滇紫草：waddellii（人名）；-ii 表示人名，接在以辅音字母结尾的人名后面，但 -er 除外

Onosma waltonii 西藏滇紫草：waltonii（人名）；-ii 表示人名，接在以辅音字母结尾的人名后面，但 -er 除外

Onosma wardii 德钦滇紫草：wardii ← Francis Kingdon-Ward（人名，20 世纪英国植物学家）

Onosma yajiangense 雅江滇紫草：yajiangense 雅江的（地名，四川省）

Onosma zayuense 察隅滇紫草：zayuense 察隅的（地名，西藏自治区）

Onychium 金粉蕨属（中国蕨科）（3-1: p103）：onychium 爪（比喻叶裂片狭尖）；onyx 爪

Onychium angustifrons 狭叶金粉蕨：angusti- ← angustus 窄的，狭的，细的；-frons 叶子，叶状体

Onychium contiguum 黑足金粉蕨：contiguus 接触的，接近的，近缘的，连续的，压紧的

Onychium japonicum 野雉尾金粉蕨：japonicum 日本的（地名）；-icus/ -icum/ -ica 属于，具有某种特性（常用于地名、起源、生境）

Onychium japonicum var. japonicum 野雉尾金粉蕨-原变种（词义见上面解释）

Onychium japonicum var. lucidum 栗柄金粉蕨：lucidus ← lucis ← lux 发光的，光辉的，清晰的，发亮的，荣耀的（lux 的单数所有格为 lucis，词尾为 -is 和 -ys 的词的词干分别视为 -id 和 -yd）

Onychium moupinense 穆坪金粉蕨：moupinense 穆坪的（地名，四川省宝兴县），木坪的（地名，重庆市）

Onychium moupinense var. ipii 湖北金粉蕨：ipii（人名）；-ii 表示人名，接在以辅音字母结尾的人名后面，但 -er 除外

Onychium moupinense var. moupinense 穆坪金粉蕨-原变种（词义见上面解释）

Onychium plumosum 繁羽金粉蕨：plumosus 羽毛状的；-osus/ -osum/ -osa 多的，充分的，丰富的，显著发育的，程度高的，特征明显的（形容词词尾）；plumla 羽毛

Onychium siliculosum 金粉蕨：siliculosus = siliculus + osus 短角果的；siliculus = siliquus + ulus 短角果；-ulus/ -ulum/ -ula 小的，略微的，稍微的（小词 -ulus 在字母 e 或 i 之后有多种变缀，即 -olus/ -olum/ -ola、-ellus/ -ellum/ -ella、-illus/ -illum/ -illa，与第一变格法和第二变格法名词形成复合词）；-osus/ -osum/ -osa 多的，充分的，丰富的，显著发育的，程度高的，特征明显的（形容词词尾）

Onychium tenuifrons 蚀盖金粉蕨：tenui- ← tenuis 薄的，纤细的，弱的，瘦的，窄的；-frons 叶子，叶状体

Onychium tibeticum 西藏金粉蕨：tibeticum 西藏的（地名）

Operculina 盒果藤属（旋花科）（64-1: p79）：operculum 帽子，盖子（比喻蒴果开裂状等）；

-inus/ -inum/ -ina/ -inos 相近，接近，相似，具有（通常指颜色）

Operculina turpethum 盒果藤：turpethum（词源不详）

Ophioderma 带状瓶尔小草属（瓶尔小草科）（2：p10）：ophio- 蛇，蛇状；dermis ← derma 皮，皮肤，表皮

Ophioderma pendula 带状瓶尔小草：pendulus ← pendere 下垂的，垂吊的（悬空或因支持体细软而下垂）；pendere/ pendeo 悬挂，垂悬；-ulus/ -ulum/ -ula（表示趋向或动作）（小词 -ulus 在字母 c 或 i 之后有多种变缀，即 -olus/ -olum/ -ola、-ellus/ -ellum/ -ella、-illus/ -illum/ -illa，与第一变格法和第二变格法名词形成复合词）

Ophioglossaceae 瓶尔小草科（2：p6）：ophioglossum 蛇状舌的；-aceae（分类单位科的词尾，为 -aceus 的阴性复数主格形式，加到模式属的名称后或同义词的词干后以组成族群名称）

Ophioglossum 瓶尔小草属（瓶尔小草科）（2：p6）：ophioglossum 蛇状舌的；ophio- 蛇，蛇状；glossulus 舌头的，舌状的

Ophioglossum parvifolium 小叶瓶尔小草：parvifolius 小叶的；parvus 小的，些微的，弱的；folius/ folium/ folia 叶，叶片（用于复合词）

Ophioglossum pedunculosum 尖头瓶尔小草：pedunculosus = pedunculus + osus = peduncularis 具花序柄的，具总花梗的；pedunculus/ peduncule/ pedunculis ← pes 花序柄，总花梗（花序基部无花着生部分，不同于花柄）；关联词：pedicellus/ pediculus 小花梗，小花柄（不同于花序柄）；pes/ pedis 柄，梗，茎秆，腿，足，爪（作词首或词尾，pes 的词干视为 "ped-"）；-osus/ -osum/ -osa 多的，充分的，丰富的，显著发育的，程度高的，特征明显的（形容词词尾）

Ophioglossum petiolatum 钝头瓶尔小草：petiolatus = petiolus + atus 具叶柄的；petiolus 叶柄；-atus/ -atum/ -ata 属于，相似，具有，完成（形容词词尾）

Ophioglossum reticulatum 心脏叶瓶尔小草（脏zàng）：reticulatus = reti + culus + atus 网状的；reti-/ rete- 网（同义词：dictyo-）；-culus/ -culum/ -cula 小的，略微的，稍微的（同第三变格法和第四变格法名词形成复合词）；-atus/ -atum/ -ata 属于，相似，具有，完成（形容词词尾）

Ophioglossum thermale 狭叶瓶尔小草：thermale ← thermalis 暖的，春天的，温泉的

Ophioglossum vulgatum 瓶尔小草：vulgatus 常见的，普通的，分布广的；vulgus 普通的，到处可见的

Ophiopogon 沿阶草属（百合科）（15：p130）：ophiopogon 蛇状须的；ophio- 蛇，蛇状；pogon 胡须，髯毛，芒尖

Ophiopogon amblyphyllus 钝叶沿阶草：amblyphyllus 钝形叶的；amblyo-/ ambly- 钝的，钝角的；phyllus/ phyllum/ phylla ← phyllon 叶片（用于希腊语复合词）

Ophiopogon bockianus 连药沿阶草：bockianus（人名）

Ophiopogon bockianus var. angustifoliatus 短药沿阶草：angusti- ← angustus 窄的，狭的，细的；foliatus 具叶的，多叶的；folius/ folium/ folia → foli-/ folia- 叶，叶片

Ophiopogon bodinieri 沿阶草：bodinieri ← Emile Marie Bodinieri（人名，19 世纪活动于中国的法国传教士）；-eri 表示人名，在以 -er 结尾的人名后面加上 i 形成

Ophiopogon bodinieri var. pygmaeus 矮小沿阶草：pygmaeus/ pygmaei 小的，低矮的，极小的，矮人的；pygm- 矮，小，侏儒；-aeus/ -aeum/ -aea 表示属于……，名词形容词化词尾，如 europaeus ← europa 欧洲的

Ophiopogon chingii 长茎沿阶草：chingii ← R. C. Chin 秦仁昌（人名，1898–1986，中国植物学家，蕨类植物专家），秦氏

Ophiopogon chingii var. glaucifolius 粉叶沿阶草：glaucifolius = glaucus + folius 粉绿叶的，灰绿叶的，叶被白粉的；glaucus → glauco-/ glauc- 被白粉的，发白的，灰绿色的；folius/ folium/ folia 叶，叶片（用于复合词）

Ophiopogon clarkei 长丝沿阶草：clarkei（人名）

Ophiopogon clavatus 棒叶沿阶草：clavatus 棍棒状的；clava 棍棒

Ophiopogon corifolius 厚叶沿阶草：corius 皮革的，革质的；folius/ folium/ folia 叶，叶片（用于复合词）

Ophiopogon dracaenoides 褐鞘沿阶草：Dracaena 龙血树属（百合科）；-oides/ -oideus/ -oideum/ -oidea/ -odes/ -eidos 像……的，类似……的，呈……状的（名词词尾）

Ophiopogon fooningensis 富宁沿阶草：fooningensis 富宁的（地名，云南省）

Ophiopogon grandis 大沿阶草：grandis 大的，大型的，宏大的

Ophiopogon heterandrus 异药沿阶草：heterandrus 雄蕊多型的；andrus/ andros/ antherus ← aner 雄蕊，花药，雄性；hete-/ heter-/ hetero- ← heteros 不同的，多样的，不齐的

Ophiopogon intermedius 间型沿阶草：intermedius 中间的，中位的，中等的；inter- 中间的，在中间，之间；medius 中间的，中央的

Ophiopogon japonicus 麦冬：japonicus 日本的（地名）；-icus/ -icum/ -ica 属于，具有某种特性（常用于地名、起源、生境）

Ophiopogon latifolius 大叶沿阶草：lati-/ late- ← latus 宽的，宽广的；folius/ folium/ folia 叶，叶片（用于复合词）

Ophiopogon lofouensis 铺散沿阶草（铺pū）：lofouensis 罗浮山的（地名，广东省）

Ophiopogon mairei 西南沿阶草：mairei（人名）；Edouard Ernest Maire（人名，19 世纪活动于中国云南的传教士）；Rene C. J. E. Maire 人名（20 世纪阿尔及利亚植物学家，研究北非植物）；-i 表示人名，接在以元音字母结尾的人名后面，但 -a 除外

Ophiopogon marmoratus 丽叶沿阶草：marmoreus/ mrmoratus 大理石花纹的，斑纹的

Ophiopogon megalanthus 大花沿阶草：mega-/ megal-/ megalo- ← megas 大的，巨大的；anthus/

O

anthum/ antha/ anthe ← anthos 花（用于希腊语复合词）

Ophiopogon peliosanthoides 长药沿阶草：peliosanthoides 像球子草的；Peliosanthes 球子草属（百合科）；-oides/ -oideus/ -oideum/ -oidea/ -odes/ -eidos 像……的，类似……的，呈……状的（名词词尾）

Ophiopogon pingbienensis 屏边沿阶草：pingbienensis 屏边的（地名，云南省）

Ophiopogon platyphyllus 宽叶沿阶草：platys 大的，宽的（用于希腊语复合词）；phyllus/ phyllum/ phylla ← phyllon 叶片（用于希腊语复合词）

Ophiopogon reversus 广东沿阶草：reversus 反转的，逆向的；reverto/ revertor 返回，折回，回归；re- 返回，相反，再（相当拉丁文 ana-）；versus 朝向……，向着……；verto 朝向……，向着……，旋转，转向，逆向

Ophiopogon revolutus 卷瓣沿阶草：revolutus 外旋的，反卷的；re- 返回，相反，再（相当拉丁文 ana-）；volutus/ volutum/ volvo 转动，滚动，旋卷，盘结

Ophiopogon sarmentosus 匍茎沿阶草：sarmentosus 匍匐茎的；sarmentum 匍匐茎，鞭条；-osus/ -osum/ -osa 多的，充分的，丰富的，显著发育的，程度高的，特征明显的（形容词词尾）

Ophiopogon sparsiflorus 疏花沿阶草：sparsus 散生的，稀疏的，稀少的；florus/ florum/ flora ← flos 花（用于复合词）

Ophiopogon stenophyllus 狭叶沿阶草：sten-/ steno- ← stenus 窄的，狭的，薄的；phyllus/ phyllum/ phylla ← phyllon 叶片（用于希腊语复合词）

Ophiopogon sylvicola 林生沿阶草：sylvicola 生于森林的；sylva/ silva 森林；colus ← colo 分布于，居住于，栖居，殖民（常作词尾）；colo/ colere/ colui/ cultum 居住，耕作，栽培

Ophiopogon szechuanensis 四川沿阶草：szechuan 四川（地名）

Ophiopogon tienensis 云南沿阶草：tienensis（地名，云南省）

Ophiopogon tonkinensis 多花沿阶草：tonkin 东京（地名，越南河内的旧称）

Ophiopogon tsaii 簇叶沿阶草：tsaii 蔡希陶（人名，1911-1981，中国植物学家）

Ophiopogon umbraticola 阴生沿阶草：umbraticolus 生于阴暗处的；umbraticus = umbratus + icus 阴暗的，阴生的；umbratus 阴影的，有荫凉的；umbra 荫凉，阴影，阴地；colus ← colo 分布于，居住于，栖居，殖民（常作词尾）；colo/ colere/ colui/ cultum 居住，耕作，栽培

Ophiopogon xylorrhizus 木根沿阶草：xylon 木材，木质；rhizus 根，根状茎（-rh- 接在元音字母后面构成复合词时要变成 -rrh-）

Ophiopogon zingiberaceus 姜状沿阶草：zingiberaceus 像姜的，像兽角的；Zingiber 姜属（姜科）；-aceus/ -aceum/ -acea 相似的，有……性质的，属于……的

Ophiorrhiza 蛇根草属（茜草科）（71-1：p110）：ophio- 蛇，蛇状；rhizus 根，根状茎（-rh- 接在元音字母后面构成复合词时要变成 -rrh-）

Ophiorrhiza alata 有翅蛇根草：alatus → ala-/ alat-/ alati-/ alato- 翅，具翅的，具翼的；反义词：exalatus 无翼的，无翅的

Ophiorrhiza alatiflora 延翅蛇根草：alatus → ala-/ alat-/ alati-/ alato- 翅，具翅的，具翼的；florus/ florum/ flora ← flos 花（用于复合词）

Ophiorrhiza alatiflora var. alatiflora 延翅蛇根草-原变种 （词义见上面解释）

Ophiorrhiza alatiflora var. trichoneura 毛脉蛇根草：trich-/ tricho-/ tricha- ← trichos ← thrix 毛，多毛的，线状的，丝状的；neurus ← neuron 脉，神经

Ophiorrhiza aureolina 金黄蛇根草：aureolinus 金黄色的

Ophiorrhiza aureolina f. aureolina 金黄蛇根草-原变型 （词义见上面解释）

Ophiorrhiza aureolina f. qiongyaensis 琼崖蛇根草（崖 yá）：qiongyaensis 琼崖的（地名，海南岛别称）

Ophiorrhiza austroyunnanensis 滇南蛇根草：austroyunnanensis 滇南的（地名）；austro-/ austr- 南方的，南半球的，大洋洲的；auster 南方，南风；yunnanensis 云南的（地名）

Ophiorrhiza brevidentata 短齿蛇根草：brevi- ← brevis 短的（用于希腊语复合词词首）；dentatus = dentus + atus 牙齿的，齿状的，具齿的；dentus 齿，牙齿；-atus/ -atum/ -ata 属于，相似，具有，完成（形容词词尾）

Ophiorrhiza calcarata （有距蛇根草）：calcaratus = calcar + atus 距的，有距的；calcar- ← calcar 距，花萼或花瓣生蜜源的距，短枝（结果枝）（距：雄鸡、雉等的腿的后面突出像脚趾的部分）；-atus/ -atum/ -ata 属于，相似，具有，完成（形容词词尾）

Ophiorrhiza cana 灰叶蛇根草：canus 灰色的，灰白色的

Ophiorrhiza cantoniensis 广州蛇根草：cantoniensis 广东的（地名）

Ophiorrhiza carnosicaulis 肉茎蛇根草：carnosus 肉质的；carne 肉；caulis ← caulos 茎，茎秆，主茎

Ophiorrhiza chinensis 中华蛇根草：chinensis = china + ensis 中国的（地名）；China 中国

Ophiorrhiza chinensis f. chinensis 中华蛇根草-原变型 （词义见上面解释）

Ophiorrhiza chinensis f. emeiensis 峨眉蛇根草：emeiensis 峨眉山的（地名，四川省）

Ophiorrhiza chingii 秦氏蛇根草：chingii ← R. C. Chin 秦仁昌（人名，1898-1986，中国植物学家，蕨类植物专家），秦氏

Ophiorrhiza cordata 心叶蛇根草：cordatus ← cordis/ cor 心脏的，心形的；-atus/ -atum/ -ata 属于，相似，具有，完成（形容词词尾）

Ophiorrhiza crassifolia 厚叶蛇根草：crassi- ← crassus 厚的，粗的，多肉质的；folius/ folium/ folia 叶，叶片（用于复合词）

O

Ophiorrhiza densa 密脉蛇根草：densus 密集的，繁茂的

Ophiorrhiza dulongensis 独龙蛇根草：dulongensis 独龙江的（地名，云南省）

Ophiorrhiza ensiformis 剑齿蛇根草：ensi- 剑；formis/ forma 形状

Ophiorrhiza fangdingii 方鼎蛇根草：fangdingii 方鼎（人名）

Ophiorrhiza fasciculata 簇花蛇根草：fasciculatus 成束的，束状的，成簇的；fasciculus 丛，簇，束；fascis 束

Ophiorrhiza filibracteolata 大桥蛇根草：fili-/ fil- ← filum 线状的，丝状的；bracteolatus = bracteus + ulus + atus 具小苞片的

Ophiorrhiza gracilis 纤弱蛇根草：gracilis 细长的，纤弱的，丝状的

Ophiorrhiza grandibracteolata 大苞蛇根草：grandi- ← grandis 大的；bracteolatus = bracteus + ulus + atus 具小苞片的；bracteus 苞，苞片，苞鳞

Ophiorrhiza hainanensis 海南蛇根草：hainanensis 海南的（地名）

Ophiorrhiza hayatana 瘤果蛇根草：hayatana ← Bunzo Hayata 早田文藏（人名，1874–1934，日本植物学家，专门研究日本和中国台湾植物）

Ophiorrhiza hispida 尖叶蛇根草：hispidus 刚毛的，鬃毛状的

Ophiorrhiza hispidula 版纳蛇根草：hispidulus 稍有刚毛的；hispidus 刚毛的，鬃毛状的；-ulus/ -ulum/ -ula 小的，略微的，稍微的（小词 -ulus 在字母 e 或 i 之后有多种变缀，即 -olus/ -olum/ -ola、-ellus/ -ellum/ -ella、-illus/ -illum/ -illa，与第一变格法和第二变格法名词形成复合词）

Ophiorrhiza howii 宽昭蛇根草：howii（人名）；-ii 表示人名，接在以辅音字母结尾的人名后面，但 -er 除外

Ophiorrhiza humilis 溪畔蛇根草：humilis 矮的，低的

Ophiorrhiza hunanica 湖南蛇根草：hunanica 湖南的（地名）；-icus/ -icum/ -ica 属于，具有某种特性（常用于地名、起源、生境）

Ophiorrhiza japonica 日本蛇根草：japonica 日本的（地名）；-icus/ -icum/ -ica 属于，具有某种特性（常用于地名、起源、生境）

Ophiorrhiza kwangsiensis 广西蛇根草：kwangsiensis 广西的（地名）

Ophiorrhiza laevifolia 平滑蛇根草：laevis/ levis/ laeve/ leve → levi-/ laevi- 光滑的，无毛的，无不平或粗糙感觉的；folius/ folium/ folia 叶，叶片（用于复合词）

Ophiorrhiza laoshanica 老山蛇根草：laoshanica 老山的（地名，广西壮族自治区田林县）；-icus/ -icum/ -ica 属于，具有某种特性（常用于地名、起源、生境）

Ophiorrhiza liangkwangensis 两广蛇根草：liangkwangensis 两广的（地名，广东省和广西壮族自治区）

Ophiorrhiza lignosa 木茎蛇根草：lignosus 木质的；lignus 木，木质；-osus/ -osum/ -osa 多的，充分的，

丰富的，显著发育的，程度高的，特征明显的（形容词词尾）

Ophiorrhiza liukiuensis 小花蛇根草：liukiuensis 琉球的（地名，日语读音）

Ophiorrhiza longicornis 长角蛇根草：longicornis 长角的；longe-/ longi- ← longus 长的，纵向的；cornis ← cornus/ cornatus 角，犄角

Ophiorrhiza longipes 长梗蛇根草：longe-/ longi- ← longus 长的，纵向的；pes/ pedis 柄，梗，茎秆，腿，足，爪（作词首或词尾，pes 的词干视为"ped-"）

Ophiorrhiza longzhouensis 龙州蛇根草：longzhouensis 龙州的（地名，广西壮族自治区）

Ophiorrhiza luchunensis 绿春蛇根草：luchunensis 禄劝的（地名，云南省）

Ophiorrhiza lurida 黄褐蛇根草：luridus 灰黄色的，淡黄色的

Ophiorrhiza macrantha 大花蛇根草：macro-/ macr- ← macros 大的，宏观的（用于希腊语复合词）；anthus/ anthum/ antha/ anthe ← anthos 花（用于希腊语复合词）

Ophiorrhiza macrodonta 大齿蛇根草：macro-/ macr- ← macros 大的，宏观的（用于希腊语复合词）；odontus/ odontos → odon-/ odont-/ odonto- （可作词首或词尾）齿，牙齿状的；odous 齿，牙齿（单数，其所有格为 odontos）

Ophiorrhiza medogensis 长萼蛇根草：medogensis 墨脱的（地名，西藏自治区）

Ophiorrhiza mitchelloides 东南蛇根草：Mitchella 蔓虎刺属（茜草科）；-oides/ -oideus/ -oideum/ -oidea/ -odes/ -eidos 像……的，类似……的，呈……状的（名词词尾）

Ophiorrhiza mycetiifolia 腺木叶蛇根草：mycetii ← Mycetia 腺萼木属（茜草科）；folius/ folium/ folia 叶，叶片（用于复合词）

Ophiorrhiza nandanica 南丹蛇根草：nandanica 南丹的（地名，广西壮族自治区）

Ophiorrhiza napoensis 那坡蛇根草：napoensis 那坡的（地名，广西壮族自治区）

Ophiorrhiza nigricans 变黑蛇根草：nigricans/ nigrescens 几乎是黑色的，发黑的，变黑的；nigrus 黑色的；niger 黑色的；-escens/ -ascens 改变，转变，变成，略微，带有，接近，相似，大致，稍微（表示变化的趋势，并未完全相似或相同，有别于表示达到完成状态的 -atus）；-icans 表示正在转变的过程或相似程度，有时表示相似程度非常接近、几乎相同

Ophiorrhiza nutans 垂花蛇根草：nutans 弯曲的，下垂的（弯曲程度远大于 90°）；关联词：cernuus 点头的，前屈的，略俯垂的（弯曲程度略大于 90°）

Ophiorrhiza ochroleuca 黄花蛇根草：ochroleucus 黄白色的；ochro- ← ochra 黄色的，黄土的；leucus 白色的，淡色的

Ophiorrhiza oppositiflora 对生蛇根草：oppositi- ← oppositus = ob + positus 相对的，对生的；ob- 相反，反对，倒（ob- 有多种音变：ob- 在元音字母和大多数辅音字母前面，oc- 在 c 前面，of- 在 f 前面，op- 在 p 前面）；positus 放置，位置；florus/ florum/ flora ← flos 花（用于复合词）

Ophiorrhiza paniculiformis 圆锥蛇根草：paniculiformis 圆锥花序状的；paniculus 圆锥花序；formis/ forma 形状

Ophiorrhiza pauciflora 少花蛇根草：pauci- ← paucus 少数的，少的（希腊语为 oligo-）；florus/ florum/ flora ← flos 花（用于复合词）

Ophiorrhiza petrophila 法斗蛇根草：petrophilus 石生的，喜岩石的；petra← petros 石头，岩石，岩石地带（指生境）；philus/ philein ← philos → phil-/ phili/ philo- 喜好的，爱好的，喜欢的（注意区别形近词：phylus、phyllus）；phylus/ phylum/ phyla ← phylon/ phyle 植物分类单位中的"门"，位于"界"和"纲"之间，类群，种族，部落，聚群；phyllus/ phyllum/ phylla ← phyllon 叶片（用于希腊语复合词）

Ophiorrhiza pingbienensis 屏边蛇根草：pingbienensis 屏边的（地名，云南省）

Ophiorrhiza pumila 短小蛇根草：pumilus 矮的，小的，低矮的，矮人的

Ophiorrhiza purpurascens 紫脉蛇根草：purpurascens 带紫色的，发紫的；purpur- 紫色的；-escens/ -ascens 改变，转变，变成，略微，带有，接近，相似，大致，稍微（表示变化的趋势，并未完全相似或相同，有别于表示达到完成状态的 -atus）

Ophiorrhiza purpureonervis 苍梧蛇根草：purpureus = purpura + eus 紫色的；purpura 紫色（purpura 原为一种介壳虫名，其体液为紫色，可作颜料）；-eus/ -eum/ -ea（接拉丁语词干时）属于……的，色如……的，质如……的（表示原料、颜色或品质的相似），（接希腊语词干时）属于……的，以……出名，为……所占有（表示具有某种特性）；nervis ← nervus 脉，叶脉

Ophiorrhiza rarior 毛果蛇根草：arior 较稀少的；rarus 稀少的

Ophiorrhiza repandicalyx 大叶蛇根草：repandus 细波状的，浅波状的（指叶缘略不平而呈波状，比 sinuosus 更浅）；re- 返回，相反，再次，重复，向后，回头；pandus 弯曲；calyx → calyc- 萼片（用于希腊语复合词）

Ophiorrhiza rhodoneura 红脉蛇根草：rhodon → rhodo- 红色的，玫瑰色的；neurus ← neuron 脉，神经

Ophiorrhiza rosea 美丽蛇根草：roseus = rosa + eus 像玫瑰的，玫瑰色的，粉红色的；rosa 蔷薇（古拉丁名）← rhodon 蔷薇（希腊语）← rhodd 红色，玫瑰红（凯尔特语）；-eus/ -eum/ -ea（接拉丁语词干时）属于……的，色如……的，质如……的（表示原料、颜色或品质的相似），（接希腊语词干时）属于……的，以……出名，为……所占有（表示具有某种特性）

Ophiorrhiza rufipilis 红毛蛇根草：ruf-/ rufi-/ frufo- ← rufus/ rubus 红褐色的，锈色的，红色的，发红的，淡红色的；pilis 毛，毛发

Ophiorrhiza rufopunctata 红腺蛇根草：ruf-/ rufi-/ frufo- ← rufus/ rubus 红褐色的，锈色的，红色的，发红的，淡红色的；punctatus = punctus + atus 具斑点的；punctus 斑点

Ophiorrhiza rugosa 匐地蛇根草：rugosus =

rugus + osus 收缩的，有皱纹的，多褶皱的（同义词：rugatus）；rugus/ rugum/ ruga 褶皱，皱纹，皱缩；-osus/ -osum/ -osa 多的，充分的，丰富的，显著发育的，程度高的，特征明显的（形容词词尾）

Ophiorrhiza salicifolia 柳叶蛇根草：salici ← Salix 柳属；构词规则：以 -ix/ -iex 结尾的词其词干末尾视为 -ic，以 -ex 结尾视为 -i/ -ic，其他以 -x 结尾视为 -c；folius/ folium/ folia 叶，叶片（用于复合词）

Ophiorrhiza sichuanensis 四川蛇根草：sichuanensis 四川的（地名）

Ophiorrhiza subrubescens 变红蛇根草：subrubescens 近浅红色的，略发红的；sub-（表示程度较弱）与……类似，几乎，稍微，弱，亚，之下，下面；rubus ← ruber/ rubeo 树莓的，红色的；-escens/ -ascens 改变，转变，变成，略微，带有，接近，相似，大致，稍微（表示变化的趋势，并未完全相似或相同，有别于表示达到完成状态的 -atus）

Ophiorrhiza succirubra 高原蛇根草：succirubrus 红色汁液的；succus/ sucus 汁液；rubrus/ rubrum/ rubra/ ruber 红色的

Ophiorrhiza umbricola 阴地蛇根草：umbricolus 阴生的；umbra 荫凉，阴影，阴地；colus ← colo 分布于，居住于，栖居，殖民（常作词尾）；colo/ colere/ colui/ cultum 居住，耕作，栽培

Ophiorrhiza wallichii 大果蛇根草：wallichii ← Nathaniel Wallich（人名，19 世纪初丹麦植物学家、医生）

Ophiorrhiza wenshanensis 文山蛇根草：wenshanensis 文山的（地名，云南省）

Ophiorrhiza wui 吴氏蛇根草：wui 吴征镒（人名，字百兼，1916–2013，中国植物学家，命名或参与命名 1766 个植物新分类群，提出"被子植物八纲系统"的新观点）；-i 表示人名，接在以元音字母结尾的人名后面，但 -a 除外

Ophiorrhiziphyllon 蛇根叶属（爵床科）（70：p41）：ophio- 蛇，蛇状；rhizus 根，根状茎（-rh- 接在元音字母后面构成复合词时要变成 -rrh-）；phyllus/ phyllum/ phylla ← phyllon 叶片（用于希腊语复合词）

Ophiorrhiziphyllon macrobotryum 蛇根叶：macro-/ macr- ← macros 大的，宏观的（用于希腊语复合词）；botryus ← botrys 总状的，簇状的，葡萄串状的

Ophiuros 蛇尾草属（禾本科）（10-2：p274）：ophiuros 蛇尾；ophis 蛇；-urus/ -ura/ -ourus/ -oura/ -oure/ -uris 尾巴

Ophiuros exaltatus 蛇尾草：exaltatus = ex + altus + atus 非常高的（比 elatus 程度还高）；e/ ex 出自，从……里，由……离开，由于，依照（拉丁语介词，相当于英语的 from，对应的希腊语为 a/ ab，注意介词 e/ ex 所作词首用的 e-/ ex- 意思不同，后者意为"不、无、非、缺乏、不具有"）；altus 高度，高的

Ophrestia 拟大豆属（豆科）（41：p259）：ophrestia ← Tephrosia 灰毛豆属（豆科，改缀词）

Ophrestia pinnata 羽叶拟大豆：pinnatus = pinnus + atus 羽状的，具羽的；pinnus/ pennus 羽毛，羽状，羽片；-atus/ -atum/ -ata 属于，相似，

O

具有，完成（形容词词尾）

Opilia 山柚子属（柚 yòu）（山柚子科）（24：p48）：
opilia ← opili 牧人

Opilia amentacea 山柚子：amentaceus 柔荑花序状
的；-aceus/ -aceum/ -acea 相似的，有……性质的，
属于……的

Opiliaceae 山柚子科（24：p46）：Opilia 山柚子属；
-aceae（分类单位科的词尾，为 -aceus 的阴性复数
主格形式，加到模式属的名称后或同义词的词干后
以组成族群名称）

Opisthopappus 太行菊属（菊科）（76-1：p73）：
opisthopappus 背部有冠毛的；opisthen 背上，背
部；pappus ← pappos 冠毛

Opisthopappus longilobus 长裂太行菊：longe-/
longi- ← longus 长的，纵向的；lobus/ lobos/ lobon
浅裂，耳片（裂片先端钝圆），荚果，蒴果

Opisthopappus taihangensis 太行菊：taihangensis
太行山的（地名，华北）

Opithandra 后蕊苣苔属（苦苣苔科）（69：p260）：
opisthen 背上，背部；andrus/ andros/ antherus ←
aner 雄蕊，花药，雄性

Opithandra acaulis 小花后蕊苣苔：acaulia/ acaulis
无茎的，矮小的；a-/ an- 无，非，没有，缺乏，不
具有（an- 用于元音前）（a-/ an- 为希腊语词首，对
应的拉丁语词首为 e-/ ex-，相当于英语的 un-/
-less，注意词首 a- 和作为介词的 a/ ab 不同，后者
的意思是"从……、由……、关于……、因
为……"）；caulia/ caulis 茎，茎秆，主茎

Opithandra cinerea 灰叶后蕊苣苔：cinereus 灰色
的，草木灰色的（为纯黑和纯白的混合色，希腊语
为 tephro-/ spodo-）；ciner-/ cinere-/ cinereo- 灰色；
-eus/ -eum/ -ea（接拉丁语词干时）属于……的，色
如……的，质如……的（表示原料、颜色或品质的
相似），（接希腊语词干时）属于……的，以……出
名，为……所占有（表示具有某种特性）

Opithandra dalzielii 汕头后蕊苣苔：dalzielii（人
名）；-ii 表示人名，接在以辅音字母结尾的人名后
面，但 -er 除外

Opithandra dinghushanensis 鼎湖后蕊苣苔：
dinghushanensis 鼎湖山的（地名，广东省）

Opithandra fargesii 皱叶后蕊苣苔：fargesii ←
Pere Paul Guillaume Farges（人名，19 世纪中叶至
20 世纪活动于中国的法国传教士，植物采集员）

Opithandra obtusidentata 钝齿后蕊苣苔：
obtusus 钝的，钝形的，略带圆形的；dentatus =
dentus + atus 牙齿的，齿状的，具齿的；dentus
齿，牙齿；-atus/ -atum/ -ata 属于，相似，具有，
完成（形容词词尾）

Opithandra sinohenryi 毡毛后蕊苣苔：sinohenryi
中国型亨利的（henryi 指一种植物学名的种加词）；
sino- 中国

Oplismenus 求米草属（禾本科）（10-1：p241）：
oplismenos 武装了的（指小穗具芒）

Oplismenus compositus 竹叶草：compositus =
co + positus 复合的，复生的，分枝的，化合的，组
成的，编成的；positus 放于，置于，位于；co- 联
合，共同，合起来（拉丁语词首，为 cum- 的音变，
表示结合、强化、完全，对应的希腊语为 syn-）；co-

的缀词音变有 co-/ com-/ con-/ col-/ cor-：co-（在
h 和元音字母前面），col-（在 l 前面），com-（在 b、
m、p 之前），con-（在 c、d、f、g、j、n、qu、s、t
和 v 前面），cor-（在 r 前面）

Oplismenus compositus var. compositus 竹叶
草-原变种 （词义见上面解释）

Oplismenus compositus var. formosanus 台湾竹
叶草：formosanus = formosus + anus 美丽的，台
湾的；formosus ← formosa 美丽的，台湾的（葡萄
牙殖民者发现台湾时对其的称呼，即美丽的岛屿）；
-anus/ -anum/ -ana 属于，来自（形容词词尾）

Oplismenus compositus var. intermedius 中间
型竹叶草：intermedius 中间的，中位的，中等的；
inter- 中间的，在中间，之间；medius 中间的，
中央的

Oplismenus compositus var. owatarii 大叶竹叶
草：owatarii（人名）；-ii 表示人名，接在以辅音字
母结尾的人名后面，但 -er 除外

Oplismenus compositus var. submuticus 无芒竹
叶草：submuticus 近无突头的；sub-（表示程度较
弱）与……类似，几乎，稍微，弱，亚，之下，下面；
muticus 无突起的，钝头的，非针状的

Oplismenus fujianensis 福建竹叶草：fujianensis 福
建的（地名）

Oplismenus patens 疏穗竹叶草：patens 开展的
（呈 90°），伸展的，传播的，飞散的；patentius 开展
的，伸展的，传播的，飞散的

Oplismenus patens var. angustifolius 狭叶竹叶
草：angusti- ← angustus 窄的，狭的，细的；
folius/ folium/ folia 叶，叶片（用于复合词）

Oplismenus patens var. patens 疏穗竹叶草-原变
种 （词义见上面解释）

Oplismenus patens var. yunnanensis 云南竹叶
草：yunnanensis 云南的（地名）

Oplismenus undulatifolius 求米草：undulatus =
undus + ulus + atus 略呈波浪状的，略弯曲的；
undus/ undum/ unda 起波浪的，弯曲的；-ulus/
-ulum/ -ula 小的，略微的，稍微的（小词 -ulus 在
字母 e 或 i 之后有多种变缀，即 -olus/ -olum/ -ola、
-ellus/ -ellum/ -ella、-illus/ -illum/ -illa，与第一变
格法和第二变格法名词形成复合词）；-atus/ -atum/
-ata 属于，相似，具有，完成（形容词词尾）；
folius/ folium/ folia 叶，叶片（用于复合词）

Oplismenus undulatifolius var. binatus 双穗求
米草：binatus 二倍的，二出的，二数的；bi-/ bis-
二，二数，二回（希腊语为 di-）

Oplismenus undulatifolius var. glabrus 光叶求
米草：glabrus 光秃的，无毛的，光滑的

Oplismenus undulatifolius var. imbecillis 狭叶
求米草：imbecillis 脆弱的，软弱的

Oplismenus undulatifolius var. japonicus 日本
求米草：japonicus 日本的（地名）；-icus/ -icum/
-ica 属于，具有某种特性（常用于地名、起源、生境）

Oplismenus undulatifolius var. microphyllus 小
叶求米草：micr-/ micro- ← micros 小的，微小的，
微观的（用于希腊语复合词）；phyllus/ phyllum/
phylla ← phyllon 叶片（用于希腊语复合词）

O

Oplismenus undulatifolius var. undulatifolius 求米草-原变种 （词义见上面解释）

Oplopanax 刺参属（参 shēn）（五加科）（54：p16）：oplopanax 带武器的人参（指体刺）；oplon 武器，甲胄（zhòu）；panax 人参

Oplopanax elatus 刺参：elatus 高的，梢端的

Opuntia 仙人掌属（仙人掌科）（52-1：p276）：opuntia 仙人掌（希腊语，来自另一种植物名）

Opuntia cochinellifera 胭脂掌（脂 zhī）：cochinellifera → cochenillifera 产洋红的；cochinellus/ coccinellus 淡红色的，略带红色的，略显胭脂红的（指寄生于仙人掌科植物胭脂掌的胭脂虫产生的红色素）；cochineal/ coccineus 胭脂红的，深红的，洋红的；-ellus/ -ellum/ -ella ← -ulus 小的，略微的，稍微的（小词 -ulus 在字母 e 或 i 之后有多种变缀，即 -olus/ -olum/ -ola、-ellus/ -ellum/ -ella、-illus/ -illum/ -illa，用于第一变格法名词）；-ferus/ -ferum/ -fera -fero/ -fere/ -fer 有，具有，产（区别：作独立词使用的 ferus 意思是"野生的"）

Opuntia dillenii 仙人掌（另见 O. stricta var. dillenii）：dillenii ← Johann Jacob Dillen（人名，18 世纪德国植物学家、医生）

Opuntia ficus-indica 梨果仙人掌：ficus 无花果（古拉丁名）；Ficus 榕属（桑科）；indica 印度的（地名）；-icus/ -icum/ -ica 属于，具有某种特性（常用于地名、起源、生境）

Opuntia monacantha 单刺仙人掌：mono-/ mon- ← monos 一个，单一的（希腊语，拉丁语为 unus/ uni-/ uno-）；acanthus ← Akantha 刺，具刺的（Acantha 是希腊神话中的女神，和太阳神阿波罗发生冲突，太阳神将其变成带刺的植物）

Opuntia stricta 缩刺仙人掌：strictus 直立的，硬直的，笔直的，彼此靠拢的

Opuntia stricta var. dillenii 仙人掌（另见 O. dillenii）：dillenii ← Johann Jacob Dillen（人名，18 世纪德国植物学家、医生）

Opuntia stricta var. stricta 缩刺仙人掌-原变种（词义见上面解释）

Orchidaceae 兰科（17：p1）：Orchis 红门兰属；-aceae（分类单位科的词尾，为 -aceus 的阴性复数主格形式，加到模式属的名称后或同义词的词干后以组成族群名称）

Orchidantha 兰花蕉属（芭蕉科）（16-2：p19）：Orchis 红门兰属（兰科）；anthus/ anthum/ antha/ anthe ← anthos 花（用于希腊语复合词）

Orchidantha chinensis 兰花蕉：chinensis = china + ensis 中国的（地名）；China 中国

Orchidantha crassinervia 粗脉兰花蕉：crassi- ← crassus 厚的，粗的，多肉质的；nervius = nervus + ius 具脉的，具叶脉的；-ius/ -ium/ -ia 具有……特性的（表示有关、关联、相似）

Orchidantha insularis 海南兰花蕉：insularis 岛屿的；insula 岛屿；-aris（阳性、阴性）/ -are（中性）← -alis（阳性、阴性）/ -ale（中性）属于，相似，如同，具有，涉及，关于，联结于（将名词作形容词用，其中 -aris 常用于以 l 或 r 为词干末尾的词）

Orchidantha yunnanensis 云南兰花蕉：yunnanensis 云南的（地名）

Orchis 红门兰属（兰科）（17：p242）：orchis 睾丸，块根状，圆球状（指某些种类的块根形状）

Orchis brevicalcarata 短距红门兰：brevi- ← brevis 短的（用于希腊语复合词词首）；calcaratus = calcar + atus 距的，有距的；calcar- ← calcar 距，花萼或花瓣生蜜源的距，短枝（结果枝）（距：雄鸡、雄等的腿的后面突出像脚趾的部分）

Orchis chingshuishania 清水红门兰：chingshuishania 清水山的（地名，属台湾省）

Orchis chrysea 黄花红门兰：chryseus 金，金色的，金黄色的；chrys-/ chryso- ← chrysos 黄色的，金色的；-eus/ -eum/ -ea（接拉丁语词干时）属于……的，色如……的，质如……的（表示原料、颜色或品质的相似），（接希腊语词干时）属于……的，以……出名，为……所占有（表示具有某种特性）

Orchis chusua 广布红门兰：chusua 舟山群岛的（地名，浙江省）

Orchis crenulata 齿缘红门兰：crenulatus = crena + ulus + atus 细圆锯齿的，略呈圆锯齿的

Orchis cruenta 紫点红门兰：cruentus 血红色的，深红色的

Orchis cyclochila 卵唇红门兰：cyclo-/ cycl- ← cyclos 圆形，圈环；chilus ← cheilos 唇，唇瓣，唇边，边缘，岸边

Orchis diantha 二叶红门兰：di-/ dis- 二，二数，二分，分离，不同，在……之间，从……分开（希腊语，拉丁语为 bi-/ bis-）；anthus/ anthum/ antha/ anthe ← anthos 花（用于希腊语复合词）

Orchis exilis 细茎红门兰：exilis 细弱的，绵薄的

Orchis fuchsii 紫斑红门兰：fuchsii ← Leonard Fuchs（人名，16 世纪德国植物学家）

Orchis kiraishiensis 奇莱红门兰：kiraishiensis 奇莱山的（地名，属台湾省）

Orchis kuanshanensis 关山红门兰：kuanshanensis 关山的（地名，属台湾省）

Orchis kunihikoana 白花红门兰：kunihikoana 国彦（日本人名）

Orchis latifolia 宽叶红门兰：lati-/ late- ← latus 宽的，宽广的；folius/ folium/ folia 叶，叶片（用于复合词）

Orchis limprichtii 华西红门兰：limprichtii（人名）；-ii 表示人名，接在以辅音字母结尾的人名后面，但 -er 除外

Orchis militaris 四裂红门兰：militaris 军队的，大量的，士兵的

Orchis monophylla 毛轴红门兰：mono-/ mon- ← monos 一个，单一的（希腊语，拉丁语为 unus/ uni-/ uno-）；phyllus/ phyllum/ phylla ← phyllon 叶片（用于希腊语复合词）

Orchis nanhutashanensis 南湖红门兰：nanhutashanensis 南湖大山的（地名，台湾省中部山峰）

Orchis omeishanica 峨眉红门兰：omeishanica 峨眉山的（地名，四川省）

Orchis pugeensis 普格红门兰：pugeensis 普格的（地名，四川省）

Orchis roborowskii 北方红门兰：roborowskii（人名）；-ii 表示人名，接在以辅音字母结尾的人名后

面，但 -er 除外

Orchis sichuanica 四川红门兰：sichuanica 四川的（地名）；-icus/ -icum/ -ica 属于，具有某种特性（常用于地名、起源、生境）

Orchis taitungensis 台东红门兰：taitungensis 台东的（地名，属台湾省）

Orchis taitungensis var. albo-florens 白花台东红门兰：albus → albi-/ albo- 白色的；florens 开花；florus/ florum/ flora ← flos 花（用于复合词）

Orchis taitungensis var. taitungensis 台东红门兰-原变种 （词义见上面解释）

Orchis taiwanensis 台湾红门兰：taiwanensis 台湾的（地名）

Orchis takasago-montana 高山红门兰：takasago（地名，属台湾省，源于台湾少数民族名称，日语读音）；montanus 山，山地；montis 山，山地的；mons 山，山脉，岩石

Orchis tschiliensis 河北红门兰：tschiliensis 车里的（地名，云南省西双版纳景洪镇的旧称）

Orchis umbrosa 阴生红门兰：umbrosus 多荫的，喜阴的，生于阴地的；umbra 荫凉，阴影，阴地；-osus/ -osum/ -osa 多的，充分的，丰富的，显著发育的，程度高的，特征明显的（形容词词尾）

Orchis wardii 斑唇红门兰：wardii ← Francis Kingdon-Ward（人名，20 世纪英国植物学家）

Oreocharis 马铃苣苔属（苦苣苔科）（69：p141）：oreo-/ ores-/ ori- ← oreos 山，山地，高山；charis/ chares 美丽，优雅，喜悦，恩典，偏爱

Oreocharis amabilis 马铃苣苔：amabilis 可爱的，有魅力的；amor 爱；-ans/ -ens/ -bilis/ -ilis 能够，可能（为形容词词尾，-ans/ -ens 用于主动语态，-bilis/ -ilis 用于被动语态）

Oreocharis argentifolia 银叶马铃苣苔：argenti- 银白色的；argentum 银；folius/ folium/ folia 叶，叶片（用于复合词）

Oreocharis argyreia 紫花马铃苣苔：argyreia ← argyreios 银，银色的（指叶背具白色的毛）；Argyreia 银背藤属（旋花科）

Oreocharis argyreia var. angustifolia 窄叶马铃苣苔：angusti- ← angustus 窄的，狭的，细的；folius/ folium/ folia 叶，叶片（用于复合词）

Oreocharis argyreia var. argyreia 紫花马铃苣苔-原变种 （词义见上面解释）

Oreocharis aurantiaca 橙黄马铃苣苔：aurantiacus/ aurantius 橙黄色的，金黄色的；aurus 金，金色；aurant-/ auranti- 橙黄色，金黄色

Oreocharis aurea 黄马铃苣苔：aureus = aurus + eus → aure-/ aureo- 金色的，黄色的；aurus 金，金色；-eus/ -eum/ -ea（接拉丁语词干时）属于……的，色如……的，质如……的（表示原料、颜色或品质的相似），（接希腊语词干时）属于……的，以……出名，为……所占有（表示具有某种特性）

Oreocharis auricula 长瓣马铃苣苔：auriculus 小耳朵的，小耳状的；auri- ← auritus 耳朵，耳状的；-culus/ -culum/ -cula 小的，略微的，稍微的（同第三变格法和第四变格法名词形成复合词）

Oreocharis auricula var. auricula 长瓣马铃苣苔-原变种 （词义见上面解释）

Oreocharis auricula var. denticulata 细齿马铃苣苔：denticulatus = dentus + culus + atus 具细齿的，具齿的；dentus 齿，牙齿；-culus/ -culum/ -cula 小的，略微的，稍微的（同第三变格法和第四变格法名词形成复合词）；-atus/ -atum/ -ata 属于，相似，具有，完成（形容词词尾）

Oreocharis benthamii 大叶石上莲：benthamii ← George Bentham（人名，19 世纪英国植物学家）

Oreocharis benthamii var. benthamii 大叶石上莲-原变种 （词义见上面解释）

Oreocharis benthamii var. reticulata 石上莲：reticulatus = reti + culus + atus 网状的；reti-/ rete- 网（同义词：dictyo-）；-culus/ -culum/ -cula 小的，略微的，稍微的（同第三变格法和第四变格法名词形成复合词）；-atus/ -atum/ -ata 属于，相似，具有，完成（形容词词尾）

Oreocharis bodinieri 毛药马铃苣苔：bodinieri ← Emile Marie Bodinieri（人名，19 世纪活动于中国的法国传教士）；-eri 表示人名，在以 -er 结尾的人名后面加上 i 形成

Oreocharis cavaleriei 贵州马铃苣苔：cavaleriei ← Pierre Julien Cavalerie（人名，20 世纪法国传教士）；-i 表示人名，接在以元音字母结尾的人名后面，但 -a 除外

Oreocharis cinnamomea 肉色马铃苣苔：cinnamomeus 像肉桂的，像樟树的；cinnamommum ← kinnamomon = cinein + amomos 肉桂树，有芳香味的卷曲树皮，桂皮（希腊语）；cinein 卷曲；amomos 完美的，无缺点的（如芳香味等）；Cinnamomum 樟属（樟科）；-eus/ -eum/ -ea（接拉丁语词干时）属于……的，色如……的，质如……的（表示原料、颜色或品质的相似），（接希腊语词干时）属于……的，以……出名，为……所占有（表示具有某种特性）

Oreocharis cordato-ovata 卵心叶马铃苣苔：cordato- ← cordatus 心脏的，心形的；cordis/ cor 心脏，心；-atus/ -atum/ -ata 属于，相似，具有，完成（形容词词尾）；ovatus = ovus + atus 卵圆形的；ovus 卵，胚珠，卵形的，椭圆形的

Oreocharis cordatula 心叶马铃苣苔：cordatulus = cordatus + ulus 心形的，略呈心形的；cordatus ← cordis/ cor 心脏的，心形的；-ulus/ -ulum/ -ula 小的，略微的，稍微的（小词 -ulus 在字母 e 或 i 之后有多种变缀，即 -olus/ -olum/ -ola、-ellus/ -ellum/ -ella、-illus/ -illum/ -illa，与第一变格法和第二变格法名词形成复合词）

Oreocharis dasyantha 毛花马铃苣苔：dasyanthus = dasy + anthus 粗毛花的；dasy- ← dasys 毛茸茸的，粗毛的，毛；anthus/ anthum/ antha/ anthe ← anthos 花（用于希腊语复合词）

Oreocharis dasyantha var. dasyantha 毛花马铃苣苔-原变种 （词义见上面解释）

Oreocharis dasyantha var. ferruginosa 锈毛马铃苣苔：ferruginosus 铁锈的，玷污的；ferrugo = ferrus + ugo 铁锈（ferrugo 的词干为 ferrugin-）；词尾为 -go 的词其词干末尾视为 -gin；ferreus → ferr- 铁，铁的，铁色的，坚硬如铁的；ferrugineus 铁锈的，淡棕色的

O

Oreocharis delavayi 洱源马铃苣苔：delavayi ← P. J. M. Delavay（人名，1834–1895，法国传教士，曾在中国采集植物标本）；-i 表示人名，接在以元音字母结尾的人名后面，但 -a 除外

Oreocharis elliptica 椭圆马铃苣苔：ellipticus 椭圆形的；-ticus/ -ticum/ tica/ -ticos 表示属于，关于，以……著称，作形容词词尾

Oreocharis elliptica var. elliptica 椭圆马铃苣苔-原变种（词义见上面解释）

Oreocharis elliptica var. parvifolia 小叶马铃苣苔：parvifolius 小叶的；parvus 小的，些微的，弱的；folius/ folium/ folia 叶，叶片（用于复合词）

Oreocharis eriocarpa 毛柱马铃苣苔：erion 绵毛，羊毛；carpus/ carpum/ carpa/ carpon ← carpos 果实（用于希腊语复合词）

Oreocharis flavida 黄花马铃苣苔：flavidus 淡黄的，泛黄的，发黄的；flavus → flavo-/ flavi-/ flav- 黄色的，鲜黄色的，金黄色的（指纯正的黄色）；-idus/ -idum/ -ida 表示在进行中的动作或情况，作动词、名词或形容词的词尾

Oreocharis flavovirens 青翠马铃苣苔：flavovirens = flavus + virens 淡黄绿色的；flavus → flavo-/ flavi-/ flav- 黄色的，鲜黄色的，金黄色的（指纯正的黄色）；virens 绿色的，变绿的

Oreocharis forrestii 丽江马铃苣苔：forrestii ← George Forrest（人名，1873–1932，英国植物学家，曾在中国西部采集大量植物标本）

Oreocharis georgei 剑川马铃苣苔：georgei（人名）

Oreocharis henryana 川滇马铃苣苔：henryana ← Augustine Henry 或 B. C. Henry（人名，前者，1857–1930，爱尔兰医生、植物学家，曾在中国采集植物，后者，1850–1901，曾活动于中国的传教士）

Oreocharis jasminina 迎春花马铃苣苔：jasminina 像素馨的；Jasminum 素馨属（茉莉花所在的属，木樨科）

Oreocharis leveilleana 绒毛马铃苣苔：leveilleana（人名）

Oreocharis magnidens 大齿马铃苣苔：magn-/ magni- 大的；dens/ dentus 齿，牙齿

Oreocharis maximowiczii 大花石上莲：maximowiczii ← C. J. Maximowicz 马克希莫夫（人名，1827–1891，俄国植物学家）

Oreocharis maximowiczii var. mollis 密毛大花石上莲：molle/ mollis 软的，柔毛的

Oreocharis minor 小马铃苣苔：minor 较小的，更小的

Oreocharis nemoralis 湖南马铃苣苔：nemoralis = nemus + orum + alis 属于森林的，生于森林的；nemus/ nema 密林，丛林，树丛（常用来比喻密集成丛的纤细物，如花丝、果柄等）；-orum 属于……的（第二变格法名词复数所有格词尾，表示群落或多数）；-aris（阳性、阴性）/ -are（中性）← -alis（阳性、阴性）/ -ale（中性）属于，相似，如同，具有，涉及，关于，联结于（将名词作形容词用，其中 -aris 常用于以 l 或 r 为词干末尾的词）

Oreocharis obliqua 斜叶马铃苣苔：obliquus 斜的，偏的，歪斜的，对角线的；obliq-/ obliqui- 对角线的，斜线的，歪斜的

Oreocharis odontopetala 齿瓣马铃苣苔：odontus/ odontos → odon-/ odont-/ odonto-（可作词首或词尾）齿，牙齿状的；odous 齿，牙齿（单数，其所有格为 odontos）；petalus/ petalum/ petala ← petalon 花瓣

Oreocharis rhytidophylla 网叶马铃苣苔：rhytido-/ rhyt- ← rhytidos 褶皱的，皱纹的，折叠的；phyllus/ phyllum/ phylla ← phyllon 叶片（用于希腊语复合词）

Oreocharis rotundifolia 圆叶马铃苣苔：rotundus 圆形的，呈圆形的，肥大的；rotundo 使呈圆形，使圆滑；roto 旋转，滚动；folius/ folium/ folia 叶，叶片（用于复合词）

Oreocharis rubrostriata 红纹马铃苣苔：rubr-/ rubri-/ rubro- ← rubrus 红色；striatus = stria + atus 有条纹的，有细沟的；stria 条纹，线条，细纹，细沟

Oreocharis sericea 绢毛马铃苣苔（绢 juàn）：sericeus 绢丝状的；sericus 绢丝的，绢毛的，赛尔人的（Ser 为印度一民族）；-eus/ -eum/ -ea（接拉丁语词干时）属于……的，色如……的，质如……的（表示原料、颜色或品质的相似），（接希腊语词干时）属于……的，以……出名，为……所占有（表示具有某种特性）

Oreocharis tetrapterus 姑婆山马铃苣苔：tetra-/ tetr- 四，四数（希腊语，拉丁语为 quadri-/ quadr-）；pterus/ pteron 翅，翼，蕨类

Oreocharis tsaii 蔡氏马铃苣苔：tsaii 蔡希陶（人名，1911–1981，中国植物学家）

Oreocharis tubicella 管花马铃苣苔：tubicellus 小管，细管；tubi-/ tubo- ← tubus 管子的，管状的；-cellus/ -cellum/ -cella、-cillus/ -cillum/ -cilla 小的，略微的，稍微的（与任何变格法名词形成复合词）

Oreocharis tubiflora 筒花马铃苣苔：tubi-/ tubo- ← tubus 管子的，管状的；florus/ florum/ flora ← flos 花（用于复合词）

Oreocharis wenshanensis 文山马铃苣苔：wenshanensis 文山的（地名，云南省）

Oreocharis wumengensis 乌蒙马铃苣苔：wumengensis 乌蒙山的（地名，云南省）

Oreocharis xiangguiensis 湘桂马铃苣苔：xiangguiensis 湘桂的（地名，湖南省和广西壮族自治区）

Oreocnide 紫麻属（荨麻科）（23-2：p376）：oreocnide 山地荨麻；oreo-/ ores-/ ori- ← oreos 山，山地，高山；cnide 荨麻（希腊语名）

Oreocnide boniana 膜叶紫麻：boniana（人名）

Oreocnide frutescens 紫麻：frutescens = frutex + escens 变成灌木状的，略呈灌木状的；frutex 灌木；-escens/ -ascens 改变，转变，变成，略微，带有，接近，相似，大致，稍微（表示变化的趋势，并未完全相似或相同，有别于表示达到完成状态的 -atus）

Oreocnide frutescens subsp. frutescens 紫麻-原亚种（词义见上面解释）

Oreocnide frutescens subsp. insignis 细梗紫麻：insignis 著名的，超群的，优秀的，显著的，杰出的；in-/ im-（来自 il- 的音变）内，在内，内部，向内，相反，不，无，非；il- 在内，向内，为，相反（希腊

O

语为 en-）；词首 il- 的音变：il-（在 l 前面），im-（在 b、m、p 前面），in-（在元音字母和大多数辅音字母前面），ir-（在 r 前面），如 illaudatus（不值得称赞的，评价不好的），impermeabilis（不透水的，穿不透的），ineptus（不合适的），insertus（插入的），irretortus（无弯曲的，无扭曲的）；signum 印记，标记，刻画，图章

Oreocnide frutescens subsp. occidentalis 滇藏紫麻：occidentalis 西方的，西部的，欧美的；occidens 西方，西部

Oreocnide integrifolia 全缘叶紫麻：integer/ integra/ integrum → integri- 完整的，整个的，全缘的；folius/ folium/ folia 叶，叶片（用于复合词）

Oreocnide integrifolia subsp. integrifolia 全缘叶紫麻-原亚种 （词义见上面解释）

Oreocnide integrifolia subsp. subglabra 少毛紫麻：subglabrus 近无毛的；sub-（表示程度较弱）与……类似，几乎，稍微，弱，亚，之下，下面；glabrus 光秃的，无毛的，光滑的

Oreocnide kwangsiensis 广西紫麻：kwangsiensis 广西的（地名）

Oreocnide obovata 倒卵叶紫麻：obovatus = ob + ovus + atus 倒卵形的；ob- 相反，反对，倒（ob- 有多种音变：ob- 在元音字母和大多数辅音字母前面，oc- 在 c 前面，of- 在 f 前面，op- 在 p 前面）；ovus 卵，胚珠，卵形的，椭圆形的

Oreocnide obovata var. mucronata 凸尖紫麻：mucronatus = mucronus + atus 具短尖的，有微突起的；mucronus 短尖头，微突；-atus/ -atum/ -ata 属于，相似，具有，完成（形容词词尾）

Oreocnide obovata var. obovata 倒卵叶紫麻-原变种 （词义见上面解释）

Oreocnide obovata var. paradoxa 凹尖紫麻：paradoxus 似是而非的，少见的，奇异的，难以解释的；para- 类似，接近，近旁，假的；-doxa/ -doxus 荣耀的，瑰丽的，壮观的，显眼的

Oreocnide pedunculata 长梗紫麻：pedunculatus/ peduncularis 具花序柄的，具总花梗的；pedunculus/ peduncule/ pedunculis ← pes 花序柄，总花梗（花序基部无花着生部分，不同于花柄）；关联词：pedicellus/ pediculus 小花梗，小花柄（不同于花序柄）；pes/ pedis 柄，梗，茎秆，腿，足，爪（作词首或词尾，pes 的词干视为 "ped-"）

Oreocnide rubescens 红紫麻：rubescens = rubus + escens 红色，变红的；rubus ← ruber/ rubeo 树莓的，红色的；-escens/ -ascens 改变，转变，变成，略微，带有，接近，相似，大致，稍微（表示变化的趋势，并未完全相似或相同，有别于表示达到完成状态的 -atus）

Oreocnide serrulata 细齿紫麻：serrulatus = serrus + ulus + atus 具细锯齿的；serrus 齿，锯齿；-ulus/ -ulum/ -ula 小的，略微的，稍微的（小词 -ulus 在字母 e 或 i 之后有多种变缀，即 -olus/ -olum/ -ola、-ellus/ -ellum/ -ella、-illus/ -illum/ -illa，与第一变格法和第二变格法名词形成复合词）；-atus/ -atum/ -ata 属于，相似，具有，完成（形容词词尾）

Oreocnide tonkinensis 宽叶紫麻：tonkin 东京（地

名，越南河内的旧称）

Oreocnide tonkinensis var. discolor 灰背叶紫麻：discolor 异色的，不同色的（指花瓣花萼等）；di-/ dis- 二，二数，二分，分离，不同，在……之间，从……分开（希腊语，拉丁语为 bi-/ bis-）；color 颜色

Oreocnide tonkinensis var. tonkinensis 宽叶紫麻-原变种 （词义见上面解释）

Oreocnide villosa 海南紫麻：villosus 柔毛的，绵毛的；villus 毛，羊毛，长绒毛；-osus/ -osum/ -osa 多的，充分的，丰富的，显著发育的，程度高的，特征明显的（形容词词尾）

Oreomyrrhis 山茉莉芹属（伞形科）（55-1：p94）：oreo-/ ores-/ ori- ← oreos 山，山地，高山；Myrrhis（属名，伞形科）

Oreomyrrhis involucrata 山茉莉芹：involucratus = involucrus + atus 有总苞的；involucrus 总苞，花苞，包被

Oreomyrrhis taiwaniana 台湾山茉莉芹：taiwaniana 台湾的（地名）

Oreorchis 山兰属（兰科）（18：p154）：oreo-/ ores-/ ori- ← oreos 山，山地，高山；Orchis 红门兰属（兰科）

Oreorchis angustata 西南山兰：angustatus = angustus + atus 变窄的；angustus 窄的，狭的，细的

Oreorchis bilamellata 大霸山兰：bilamellatus 二片的，二层的；bi-/ bis- 二，二数，二回（希腊语为 di-）；lamella = lamina + ella 薄片的，菌褶的，鳍状突起的；lamina 片，叶片；-atus/ -atum/ -ata 属于，相似，具有，完成（形容词词尾）

Oreorchis erythrochrysea 短梗山兰：erythr-/ erythro- ← erythros 红色的（希腊语）；chryseus 金，金色的，金黄色的；chrys-/ chryso- ← chrysos 黄色的，金色的

Oreorchis fargesii 长叶山兰：fargesii ← Pere Paul Guillaume Farges（人名，19 世纪中叶至 20 世纪活动于中国的法国传教士，植物采集员）

Oreorchis indica 囊唇山兰：indica 印度的（地名）；-icus/ -icum/ -ica 属于，具有某种特性（常用于地名、起源、生境）

Oreorchis micrantha 狭叶山兰：micr-/ micro- ← micros 小的，微小的，微观的（用于希腊语复合词）；anthus/ anthum/ antha/ anthe ← anthos 花（用于希腊语复合词）

Oreorchis nana 硬叶山兰：nanus ← nanos/ nannos 矮小的，小的；nani-/ nano-/ nanno- 矮小的，小的

Oreorchis nepalensis 大花山兰：nepalensis 尼泊尔的（地名）

Oreorchis parvula 矮山兰：parvulus = parvus + ulus 略小的，总体上小的；parvus → parvi-/ parv- 小的，些微的，弱的；-ulus/ -ulum/ -ula 小的，略微的，稍微的（小词 -ulus 在字母 e 或 i 之后有多种变缀，即 -olus/ -olum/ -ola、-ellus/ -ellum/ -ella、-illus/ -illum/ -illa，与第一变格法和第二变格法名词形成复合词）

Oreorchis patens 山兰：patens 开展的（呈 90°），伸展的，传播的，飞散的；patentius 开展的，伸展

的，传播的，飞散的

Oreosolen 藏玄参属（参 shēn）（藏 zàng）（玄参科）（67-2：p83）：oreo-/ ores-/ ori- ← oreos 山，山地，高山；solena/ solen 管，管状的

Oreosolen wattii 藏玄参：wattii（人名）；-ii 表示人名，接在以辅音字母结尾的人名后面，但 -er 除外

Oresitrophe 独根草属（虎耳草科）（34-2：p23）：oresitrophe 山上的食物（一种山野菜名，指分布于山地）；oreo-/ ores-/ ori- ← oreos 山，山地，高山；trophe 食物，营养

Oresitrophe rupifraga 独根草：rupifragus 裂岩的，击碎岩石的；rup-/ rupi- ← rupes/ rupis 岩石的；fragus 碎裂的，碎片的，断片的

Origanum 牛至属（唇形科）（66：p246）：origanus 美丽的山地（比喻成片开花而壮观）；oreo-/ ores-/ ori- ← oreos 山，山地，高山；ganus ← ganos 美丽的

Origanum vulgare 牛至：vulgaris 常见的，普通的，分布广的；vulgus 普通的，到处可见的

Orinus 固沙草属（禾本科）（10-1：p39）：orinus ← oreinos 山居者，分布于山地的

Orinus anomala 异形固沙草（原名"鸡爪草"，毛茛科有重名）：anomalus = a + nomalus 异常的，变异的，不规则的；a-/ an- 无，非，没有，缺乏，不具有（an- 用于元音前）（a-/ an- 为希腊语词首，对应的拉丁语词首为 e-/ ex-，相当于英语的 un-/ -less，注意词首 a- 和作为介词的 a/ ab 不同，后者的意思是"从……、由……、关于……、因为……"）；nomalus 规则的，规律的，法律的；nomus ← nomos 规则，规律，法律

Orinus kokonorica 青海固沙草：kokonorica 切吉干巴的（地名，青海西北部）

Orinus thoroldii 固沙草：thoroldii（人名）；-ii 表示人名，接在以辅音字母结尾的人名后面，但 -er 除外

Orixa 臭常山属（芸香科）（43-2：p54）：orixa ← yorisagi（日语"小臭木"的误读，正确读音为 kokusagi）

Orixa japonica 臭常山：japonica 日本的（地名）；-icus/ -icum/ -ica 属于，具有某种特性（常用于地名、起源、生境）

Ormocarpum 链荚木属（豆科）（41：p348）：ormocarpum 链状果实的（指荚果中间缢缩成链状）；ormos 链子；carpus/ carpum/ carpa/ carpon ← carpos 果实（用于希腊语复合词）

Ormocarpum cochinchinense 链荚木：cochinchinense ← Cochinchine 南圻的（历史地名，即今越南南部及其周边国家和地区）

Ormosia 红豆属（豆科）（40：p7）：ormosia ← ormos 链子（指种子可作项链）

Ormosia apiculata 喙顶红豆：apiculatus = apicus + ulus + atus 小尖头的，顶端有小突起的；apicus/ apice 尖的，尖头的，顶端的

Ormosia balansae 长脐红豆：balansae ← Benedict Balansa（人名，19 世纪法国植物采集员）；-ae 表示人名，以 -a 结尾的人名后面加上 -e 形成

Ormosia elliptica 厚荚红豆：ellipticus 椭圆形的；-ticus/ -ticum/ tica/ -ticos 表示属于，关于，以……著称，作形容词词尾

Ormosia emarginata 凹叶红豆：emarginatus 先端稍裂的，凹头的；marginatus ← margo 边缘的，具边缘的；margo/ marginis → margin- 边缘，边线，边界；词尾为 -go 的词其词干末尾视为 -gin；e-/ ex- 不，无，非，缺乏，不具有（e- 用在辅音字母前，ex- 用在元音字母前，为拉丁语词首，对应的希腊语词首为 a-/ an-，英语为 un-/ -less，注意作词首用的 e-/ ex- 和介词 e/ ex 意思不同，后者意为"出自、从……、由……离开、由于、依照"）

Ormosia eugeniifolia 蒲桃叶红豆：Eugenia 番樱桃属（桃金娘科）；folius/ folium/ folia 叶，叶片（用于复合词）

Ormosia ferruginea 锈枝红豆：ferrugineus 铁锈的，淡棕色的；ferrugo = ferrus + ugo 铁锈（ferrugo 的词干为 ferrugin-）；词尾为 -go 的词其词干末尾视为 -gin；ferreus → ferr- 铁，铁的，铁色的，坚硬如铁的；-eus/ -eum/ -ea（接拉丁语词干时）属于……的，色如……的，质如……的（表示原料、颜色或品质的相似），（接希腊语词干时）属于……的，以……出名，为……所占有（表示具有某种特性）

Ormosia fordiana 肥荚红豆：fordiana ← Charles Ford（人名）

Ormosia formosana 台湾红豆：formosanus = formosus + anus 美丽的，台湾的；formosus ← formosa 美丽的，台湾的（葡萄牙殖民者发现台湾时对其的称呼，即美丽的岛屿）；-anus/ -anum/ -ana 属于，来自（形容词词尾）

Ormosia glaberrima 光叶红豆：glaberrimus 完全无毛的；glaber/ glabrus 光滑的，无毛的；-rimus/ -rima/ -rimum 最，极，非常（词尾为 -er 的形容词最高级）

Ormosia hekouensis 河口红豆：hekouensis 河口的（地名，云南省）

Ormosia henryi 花榈木（榈 lú）：henryi ← Augustine Henry 或 B. C. Henry（人名，前者，1857–1930，爱尔兰医生、植物学家，曾在中国采集植物，后者，1850–1901，曾活动于中国的传教士）

Ormosia hosiei 红豆树：hosiei（人名）；-i 表示人名，接在以元音字母结尾的人名后面，但 -a 除外

Ormosia howii 缘毛红豆：howii（人名）；-ii 表示人名，接在以辅音字母结尾的人名后面，但 -er 除外

Ormosia indurata 韧荚红豆：induratus 硬化的；durus/ durrus 持久的，坚硬的，坚韧的；indurescens 变硬的，硬化着的

Ormosia inflata 胀荚红豆：inflatus 膨胀的，袋状的

Ormosia longipes 纤柄红豆：longe-/ longi- ← longus 长的，纵向的；pes/ pedis 柄，梗，茎秆，腿，足，爪（作词首或词尾，pes 的词干视为"ped-"）

Ormosia merrilliana 云开红豆：merrilliana ← E. D. Merrill（人名，1876–1956，美国植物学家）

Ormosia microphylla 小叶红豆：micr-/ micro- ← micros 小的，微小的，微观的（用于希腊语复合词）；phyllus/ phyllum/ phylla ← phyllon 叶片（用于希腊语复合词）

Ormosia microphylla var. microphylla 小叶红豆-原变种 （词义见上面解释）

Ormosia microphylla var. tomentosa 绒毛小叶红豆：tomentosus = tomentum + osus 绒毛的，密

O

被绒毛的；tomentum 绒毛，浓密的毛被，棉絮，棉絮状填充物（被褥、垫子等）；-osus/ -osum/ -osa 多的，充分的，丰富的，显著发育的，程度高的，特征明显的（形容词词尾）

Ormosia nanningensis 南宁红豆：nanningensis 南宁的（地名，广西壮族自治区）

Ormosia napoensis 那坡红豆：napoensis 那坡的（地名，广西壮族自治区）

Ormosia nuda 秃叶红豆：nudus 裸露的，无装饰的

Ormosia olivacea 榄绿红豆：olivaceus 绿褐色的，橄榄色的；oliva 橄榄；-aceus/ -aceum/ -acea 相似的，有……性质的，属于……的

Ormosia pachycarpa 茸荚红豆：pachycarpus 肥厚果实的；pachy- ← pachys 厚的，粗的，肥的；carpus/ carpum/ carpa/ carpon ← carpos 果实（用于希腊语复合词）

Ormosia pachycarpa var. pachycarpa 茸荚红豆-原变种 （词义见上面解释）

Ormosia pachycarpa var. tenuis 薄毛茸荚红豆（薄 bó，意"稀少、稀疏"）：tenuis 薄的，纤细的，弱的，瘦的，窄的

Ormosia pachyptera 菱荚红豆：pachypterus 厚翅的；pachy- ← pachys 厚的，粗的，肥的；pterus/ pteron 翅，翼，蕨类

Ormosia pingbianensis 屏边红豆：pingbianensis 屏边的（地名，云南省）

Ormosia pinnata 海南红豆：pinnatus = pinnus + atus 羽状的，具羽的；pinnus/ pennus 羽毛，羽状，羽片；-atus/ -atum/ -ata 属于，相似，具有，完成（形容词词尾）

Ormosia pubescens 柔毛红豆：pubescens ← pubens 被短柔毛的，长出柔毛的；pubi- ← pubis 细柔毛的，短柔毛的，毛被的；pubesco/ pubescere 长成的，变为成熟的，长出柔毛的，青春期体毛的；-escens/ -ascens 改变，转变，变成，略微，带有，接近，相似，大致，稍微（表示变化的趋势，并未完全相似或相同，有别于表示达到完成状态的 -atus）

Ormosia purpureiflora 紫花红豆：purpureus = purpura + eus 紫色的；purpura 紫色（purpura 原为一种介壳虫名，其体液为紫色，可作颜料）；-eus/ -eum/ -ea（接拉丁语词干时）属于……的，色如……的，质如……的（表示原料、颜色或品质的相似），（接希腊语词干时）属于……的，以……出名，为……所占有（表示具有某种特性）；florus/ florum/ flora ← flos 花（用于复合词）

Ormosia saxatilis 岩生红豆：saxatilis 生于岩石的，生于石缝的；saxum 岩石，结石；-atilis（阳性、阴性）/ -atile（中性）（表示生长的地方）

Ormosia semicastrata 软荚红豆：semi- 半，准，略微；castratus 无花药的，花药退化的

Ormosia semicastrata f. litchifolia 荔枝叶红豆：Litchi 荔枝属；folius/ folium/ folia 叶，叶片（用于复合词）

Ormosia semicastrata f. pallida 苍叶红豆：pallidus 苍白的，淡白色的，淡色的，蓝白色的，无活力的；palide 淡地，淡色地（反义词：sturate 深色地，浓色地，充分地，丰富地，饱和地）

Ormosia semicastrata f. semicastrata 软荚红豆-原变型 （词义见上面解释）

Ormosia sericeolucida 亮毛红豆：sericeus 绢丝状的；sericus 绢丝的，绢毛的，赛里人的（Ser 为印度一民族）；-eus/ -eum/ -ea（接拉丁语词干时）属于……的，色如……的，质如……的（表示原料、颜色或品质的相似），（接希腊语词干时）属于……的，以……出名，为……所占有（表示具有某种特性）；lucidus ← lucis ← lux 发光的，光辉的，清晰的，发亮的，荣耀的（lux 的单数所有格为 lucis，词尾为 -is 和 -ys 的词的词干分别视为 -id 和 -yd）

Ormosia simplicifolia 单叶红豆：simplicifolius = simplex + folius 单叶的；simplex 单一的，简单的，无分歧的（词干为 simplic-）；构词规则：以 -ix/ -iex 结尾的词其词干末尾视为 -ic，以 -ex 结尾视为 -i/ -ic，其他以 -x 结尾视为 -c；folius/ folium/ folia 叶，叶片（用于复合词）

Ormosia striata 槽纹红豆：striatus = stria + atus 有条纹的，有细沟的；stria 条纹，线条，细纹，细沟

Ormosia xylocarpa 木荚红豆：xylon 木材，木质；carpus/ carpum/ carpa/ carpon ← carpos 果实（用于希腊语复合词）

Ormosia yunnanensis 云南红豆：yunnanensis 云南的（地名）

Ornithoboea 喜鹊苣苔属（苦苣苔科）（69：p476）：orhithoboea 像鸟的旋蒴苣苔；ornis/ ornithos 鸟；Boea 旋蒴苣苔属

Ornithoboea arachnoidea 蛛毛喜鹊苣苔：arachne 蜘蛛的，蜘蛛网的；-oides/ -oideus/ -oideum/ -oidea/ -odes/ -eidos 像……的，类似……的，呈……状的（名词词尾）

Ornithoboea calcicola 灰岩喜鹊苣苔：calcicolus 钙生的，生于石灰质土壤的；calci- ← calcium 石灰，钙质；colus ← colo 分布于，居住于，栖居，殖民（常作词尾）；colo/ colere/ colui/ cultum 居住，耕作，栽培

Ornithoboea feddei 贵州喜鹊苣苔：feddei（人名）；-i 表示人名，接在以元音字母结尾的人名后面，但 -a 除外

Ornithoboea henryi 喜鹊苣苔：henryi ← Augustine Henry 或 B. C. Henry（人名，前者，1857–1930，爱尔兰医生、植物学家，曾在中国采集植物，后者，1850–1901，曾活动于中国的传教士）

Ornithoboea wildeana 滇桂喜鹊苣苔：wildeana（人名）

Ornithochilus 羽唇兰属（兰科）（19：p283）：ornis/ ornithos 鸟；chilus ← cheilos 唇，唇瓣，唇边，边缘，岸边

Ornithochilus difformis 羽唇兰：difformis = dis + formis 不整齐的，不匀称的（dis- 在辅音字母前发生同化）；di-/ dis- 二，二数，二分，分离，不同，在……之间，从……分开（希腊语，拉丁语为 bi-/ bis-）；formis/ forma 形状

Ornithochilus yingjiangensis 盈江羽唇兰：yingjiangensis 盈江的（地名，云南省）

Ornithogalum 虎眼万年青属（百合科）（14：p168）：ornis/ ornithos 鸟；galum ← gala 乳汁

Ornithogalum arabicum （中东虎眼万年青）：

arabicus 阿拉伯的；-icus/ -icum/ -ica 属于，具有某种特性（常用于地名、起源、生境）

Ornithogalum caudatum 虎眼万年青：caudatus = caudus + atus 尾巴的，尾巴状的，具尾的；caudus 尾巴；-atus/ -atum/ -ata 属于，相似，具有，完成（形容词词尾）

Ornithogalum umbellatum （伞形虎眼万年青）：umbellatus = umbella + atus 伞形花序的，具伞的；umbella 伞形花序

Orobanchaceae 列当科（69：p69）：Orobanche 列当属；-aceae（分类单位科的词尾，为 -aceus 的阴性复数主格形式，加到模式属的名称后或同义词的词干后以组成族群名称）

Orobanche 列当属（列当科）（69：p97）：orobanche 绞杀的豆（指寄生）；orobos → orobus 苦野豌豆（古希腊语名）；anchein 绞杀，杀死

Orobanche aegyptiaca 分枝列当：aegyptiaca 埃及的（地名）

Orobanche alba 白花列当：albus → albi-/ albo- 白色的

Orobanche amoena 美丽列当：amoenus 美丽的，可爱的

Orobanche brassicae 光药列当：brassicae 甘蓝的

Orobanche caesia 毛列当：caesius 淡蓝色的，灰绿色的，蓝绿色的

Orobanche caryophyllacea 丝毛列当：caryophyllaceus 石竹色的，像石竹的；Caryophyllum → Dianthus 石竹属；-aceus/ -aceum/ -acea 相似的，有……性质的，属于……的

Orobanche cernua 弯管列当：cernuus 点头的，前屈的，略俯垂的（弯曲程度略大于 90°）；cernu-/ cernui- 弯曲，下垂；关联词：nutans 弯曲的，下垂的（弯曲程度远大于 90°）

Orobanche cernua var. cernua 弯管列当-原变种（词义见上面解释）

Orobanche cernua var. cumana 欧亚列当：cumana ← Cumans 山岳，库曼族（居住于欧亚草原区）

Orobanche cernua var. hansii 直管列当：hansii（人名）；-ii 表示人名，接在以辅音字母结尾的人名后面，但 -er 除外

Orobanche clarkei 西藏列当：clarkei（人名）

Orobanche coelestis 长齿列当：coelestinus/ coelestis/ coeles/ caelestinus/ caelestis/ caeles 天空的，天上的，云端的，天蓝色的

Orobanche coerulescens 列当：caerulescens/ coerulescens 青色的，深蓝色的，变蓝的；caeruleus/ coeruleus 深蓝色的，海洋蓝的，青色的，暗绿色的；caerulus/ coerulus 深蓝色，海洋蓝，青色，暗绿色；-escens/ -ascens 改变，转变，变成，略微，带有，接近，相似，大致，稍微（表示变化的趋势，并未完全相似或相同，有别于表示达到完成状态的 -atus）

Orobanche coerulescens f. coerulescens 列当-原变型 （词义见上面解释）

Orobanche coerulescens f. korshinskyi 北亚列当：korshinskyi（人名）；-i 表示人名，接在以元音字母结尾的人名后面，但 -a 除外

Orobanche grigorjevii （革氏列当）：grigorjevii（人名）；-ii 表示人名，接在以辅音字母结尾的人名后面，但 -er 除外

Orobanche kelleri 短齿列当：kelleri（人名）；-eri 表示人名，在以 -er 结尾的人名后面加上 i 形成

Orobanche kotschyi 缢筒列当（缢 yì）：kotschyi ← Theodor Kotschy（人名，19 世纪奥地利植物学家）；-i 表示人名，接在以元音字母结尾的人名后面，但 -a 除外

Orobanche major 短唇列当：major 较大的，更大的（majus 的比较级）；majus 大的，巨大的

Orobanche megalantha 大花列当：mega-/ megal-/ megalo- ← megas 大的，巨大的；anthus/ anthum/ antha/ anthe ← anthos 花（用于希腊语复合词）

Orobanche mongolica 中华列当：mongolica 蒙古的（地名）；mongolia 蒙古的（地名）；-icus/ -icum/ -ica 属于，具有某种特性（常用于地名、起源、生境）

Orobanche mupinensis 宝兴列当：mupinensis 穆坪的（地名，四川省）

Orobanche ombrochares 毛药列当：ombrochares 喜好雨林的；ombros 雨；chares/ charis 美丽，优雅，喜悦，恩典，偏爱

Orobanche pycnostachya 黄花列当：pycnostachyus 密穗的；pycn-/ pycno- ← pycnos 密生的，密集的；stachy-/ stachyo-/ -stachys/ -stachyus/ -stachyum/ -stachya 穗子，穗子的，穗子状的，穗状花序的

Orobanche pycnostachya var. amurensis 黑水列当：amurense/ amurensis 阿穆尔的（地名，东西伯利亚的一个州，南部以黑龙江为界），阿穆尔河的（即黑龙江的俄语音译）

Orobanche pycnostachya var. pycnostachya 黄花列当-原变种 （词义见上面解释）

Orobanche sinensis 四川列当：sinensis = Sina + ensis 中国的（地名）；Sina 中国

Orobanche sinensis var. cyanescens 蓝花列当：cyanus/ cyan-/ cyano- 蓝色的，青色的；-escens/ -ascens 改变，转变，变成，略微，带有，接近，相似，大致，稍微

Orobanche sinensis var. sinensis 四川列当-原变种 （词义见上面解释）

Orobanche solmsii 长苞列当：solmsii（人名）；-ii 表示人名，接在以辅音字母结尾的人名后面，但 -er 除外

Orobanche sordida 淡黄列当：sordidus 暗色的，沾污的，肮脏的，不鲜明的

Orobanche uralensis 多齿列当：uralensis 乌拉尔山脉的（地名，俄罗斯）

Orobanche yunnanensis 滇列当：yunnanensis 云南的（地名）

Orophea 澄广花属（澄 chéng）（番荔枝科）（30-2：p33）：orophea ← orophe 屋顶

Orophea anceps 广西澄广花：anceps 二棱的，二翼的，茎有翼的

Orophea hainanensis 澄广花：hainanensis 海南的（地名）

Orophea hirsuta 毛澄广花：hirsutus 粗毛的，糙毛的，有毛的（长而硬的毛）

O

Orophea yunnanensis 云南澄广花：yunnanensis 云南的（地名）

Orostachys 瓦松属（景天科）(34-1：p40)：orostachys = oros + stachys 生于山上的花穗；oros 山；stachy-/ stachyo-/ -stachys/ -stachyon/ -stachyos/ -stachyus 穗子，穗子的，穗子状的，穗状花序的（希腊语，表示与穗状花序有关的）

Orostachys alicae 有边瓦松：alicae ← Dona Alicia（人名，菲律宾前第一夫人）

Orostachys cartilagineus 狼爪瓦松：cartilagineus/ cartilaginosus 软骨质的；cartilago 软骨；词尾为 -go 的词其词干末尾视为 -gin

Orostachys chanetii 塔花瓦松：chanetii（人名）；-ii 表示人名，接在以辅音字母结尾的人名后面，但 -er 除外

Orostachys erubescens 晚红瓦松：erubescens/ erubui ← erubeco/ erubere/ rubui 变红色的，浅红色的，赤红面的；rubescens 发红的，带红的，近红的；rubus ← ruber/ rubeo 树莓的，红色的；rubens 发红的，带红色的，变红的，红的；rubeo/ rubere/ rubui 红色的，变红，放光，闪耀；rubesco/ rubere/ rubui 变红；-escens/ -ascens 改变，转变，变成，略微，带有，接近，相似，大致，稍微（表示变化的趋势，并未完全相似或相同，有别于表示达到完成状态的 -atus）

Orostachys fimbriatus 瓦松：fimbriatus = fimbria + atus 具长缘毛的，具流苏的，具锯齿状裂的（指花瓣）；fimbria → fimbri- 流苏，长缘毛；-atus/ -atum/ -ata 属于，相似，具有，完成（形容词词尾）

Orostachys malacophylla 钝叶瓦松：malac-/ malaco-，malaci- ← malacus 软的，温柔的；phyllus/ phyllum/ phylla ← phyllon 叶片（用于希腊语复合词）

Orostachys minutus 小瓦松：minutus 极小的，细微的，微小的

Orostachys schoenlandii 狭穗瓦松：schoenlandii ← Selmar Schonland（Schoenland）（人名，20 世纪南非植物学家）

Orostachys spinosus 黄花瓦松：spinosus = spinus + osus 具刺的，多刺的，长满刺的；spinus 刺，针刺；-osus/ -osum/ -osa 多的，充分的，丰富的，显著发育的，程度高的，特征明显的（形容词词尾）

Orostachys thyrsiflorus 小苞瓦松：thyrsus/ thyrsos 花簇，金字塔，圆锥形，聚伞圆锥花序；florus/ florum/ flora ← flos 花（用于复合词）

Oroxylum 木蝴蝶属（紫葳科）(69：p10)：oroxylum 山上的树木；oros 山；xylum ← xylon 木材，木质

Oroxylum indicum 木蝴蝶：indicum 印度的（地名）；-icus/ -icum/ -ica 属于，具有某种特性（常用于地名、起源、生境）

Orthilia 单侧花属（鹿蹄草科）(56：p196)：orthilia 具有笔直花柱的；ortho- ← orthos 直的，正面的；-ilia 具有

Orthilia obtusata 钝叶单侧花：obtusatus = abtusus + atus 钝形的，钝头的；obtusus 钝的，钝形的，略带圆形的

Orthilia obtusata var. obtusata 钝叶单侧花-原变种 （词义见上面解释）

Orthilia obtusata var. xizangensis 西藏单侧花（种加词有时误拼为 "xizanensis"）：xizangensis 西藏的（地名）

Orthilia secunda 单侧花：secundus/ secumdus 生于单侧的，花柄一侧着花的，沿着……，顺着……

Orthocarpus 直果草属（玄参科）(67-2：p363)：ortho- ← orthos 直的，正面的；carpus/ carpum/ carpa/ carpon ← carpos 果实（用于希腊语复合词）

Orthocarpus chinensis 直果草：chinensis = china + ensis 中国的（地名）；China 中国

Orthoraphium 直芒草属（禾本科）(9-3：p306)：orthoraphium 直立的针芒；ortho- ← orthos 直的，正面的；raphium ← raphis/ raphe 针，针状的

Orthoraphium grandifolium 大叶直芒草：grandi- ← grandis 大的；folius/ folium/ folia 叶，叶片（用于复合词）

Orthoraphium roylei 直芒草：roylei ← John Forbes Royle（人名，19 世纪英国植物学家、医生）；-i 表示人名，接在以元音字母结尾的人名后面，但 -a 除外

Orthosiphon 鸡脚参属（参 shēn）（唇形科）(66：p569)：ortho- ← orthos 直的，正面的；siphonus ← sipho → siphon-/ siphono-/ -siphonius 管，筒，管状物

Orthosiphon marmoritis 石生鸡脚参：marmoritis 大理石状的，大理石斑纹的；marmoreus/ mrmoratus 大理石花纹的，斑纹的；-itis/ -ites（表示有紧密联系）

Orthosiphon rubicundus 深红鸡脚参：rubicundus = rubus + cundus 红的，变红的；rubrus/ rubrum/ rubra/ ruber 红色的；-cundus/ -cundum/ -cunda 变成，倾向（表示倾向或不变的趋势）

Orthosiphon rubicundus var. hainanensis 深红鸡脚参-海南变种：hainanensis 海南的（地名）

Orthosiphon rubicundus var. rubicundus 深红鸡脚参-原变种 （词义见上面解释）

Orthosiphon wulfenioides 鸡脚参：Wulfenia 乌芬草属（玄参科，人名）；-oides/ -oideus/ -oideum/ -oidea/ -odes/ -eidos 像……的，类似……的，呈……状的（名词词尾）

Orthosiphon wulfenioides var. foliosus 鸡脚参-茎叶变种：foliosus = folius + osus 多叶的；folius/ folium/ folia → foli-/ folia- 叶，叶片；-osus/ -osum/ -osa 多的，充分的，丰富的，显著发育的，程度高的，特征明显的（形容词词尾）

Orthosiphon wulfenioides var. wulfenioides 鸡脚参-原变种 （词义见上面解释）

Orychophragmus 诸葛菜属（葛 gě）（十字花科）(33：p40)：orychophragmus 隔膜有凹点的（指荚果隔膜上的凹点）；orycho 挖掘，凹点；phragmus 篱笆，栅栏，隔膜

Orychophragmus violaceus 诸葛菜：violaceus 紫红色的，紫堇色的，堇菜状的；Viola 堇菜属（堇菜科）；-aceus/ -aceum/ -acea 相似的，有……性质的，属于……的

O

Orychophragmus violaceus var. hupehensis 湖北诸葛菜：hupehensis 湖北的（地名）

Orychophragmus violaceus var. intermedius 缺刻叶诸葛菜：intermedius 中间的，中位的，中等的；inter- 中间的，在中间，之间；medius 中间的，中央的

Orychophragmus violaceus var. lasiocarpus 毛果诸葛菜：lasi-/ lasio- 羊毛状的，有毛的，粗糙的；carpus/ carpum/ carpa/ carpon ← carpos 果实（用于希腊语复合词）

Orychophragmus violaceus var. violaceus 诸葛菜-原变种 （词义见上面解释）

Oryza 稻属（禾本科）（9-2：p3）：oryza ← eruz 大米，稻米（阿拉伯语）

Oryza glaberrima 光稃稻（稃 fu）：glaberrimus 完全无毛的；glaber/ glabrus 光滑的，无毛的；-rimus/ -rima/ -rimum 最，极，非常（词尾为 -er 的形容词最高级）

Oryza granulata 疣粒稻：granulatus/ granulus 米粒状的，米粒覆盖的；granus 粒，种粒，谷粒，颗粒；-ulatus/ -ulata/ -ulatum = ulus + atus 小的，略微的，稍微的，属于小的；-ulus/ -ulum/ -ula 小的，略微的，稍微的（小词 -ulus 在字母 e 或 i 之后有多种变缀，即 -olus/ -olum/ -ola、-ellus/ -ellum/ -ella、-illus/ -illum/ -illa，与第一变格法和第二变格法名词形成复合词）；-atus/ -atum/ -ata 属于，相似，具有，完成（形容词词尾）

Oryza latifolia 阔叶稻：lati-/ late- ← latus 宽的，宽广的；folius/ folium/ folia 叶，叶片（用于复合词）

Oryza officinalis 药用稻：officinalis/ officinale 药用的，有药效的；officina ← opificina 药店，仓库，作坊

Oryza rufipogon 野生稻：rufipogon 红褐色的胡须，锈色胡须；ruf-/ rufi-/ frufo- ← rufus/ rubus 红褐色的，锈色的，红色的，发红的，淡红色的

Oryza sativa 稻：sativus 栽培的，种植的，耕地的，耕作的

Oryza sativa subsp. indica 籼稻（籼 xiān）：indica 印度的（地名）；-icus/ -icum/ -ica 属于，具有某种特性（常用于地名、起源、生境）

Oryza sativa subsp. japonica 粳稻（粳 jīng）：japonica 日本的（地名）；-icus/ -icum/ -ica 属于，具有某种特性（常用于地名、起源、生境）

Oryzopsis 落芒草属（禾本科）（9-3：p287）：oryzopsis 像水稻的；Oryza 稻属；-opsis/ -ops 相似，稍微，带有

Oryzopsis aequiglumis 等颖落芒草：aequus 平坦的，均等的，公平的，友好的；aequi- 相等，相同；glumis ← gluma 颖片，具颖片的（glumis 为 gluma 的复数夺格）

Oryzopsis aequiglumis var. aequiglumis 等颖落芒草-原变种 （词义见上面解释）

Oryzopsis aequiglumis var. ligulata 长舌落芒草：ligulatus（= ligula + atus）/ ligularis（= ligula + aris）舌状的，具舌的；ligula = lingua + ulus 小舌，小舌状物；lingua 舌，语言；ligule 舌，舌状物，舌瓣，　叶舌

Oryzopsis chinensis 中华落芒草：chinensis = china + ensis 中国的（地名）；China 中国

Oryzopsis gracilis 小落芒草：gracilis 细长的，纤弱的，丝状的

Oryzopsis grandispicula 大穗落芒草：grandispiculus = grandis + spicus + ulus 稍大穗的；grandi- ← grandis 大的；spicus 穗，谷穗，花穗；-ulus/ -ulum/ -ula 小的，略微的，稍微的（小词 -ulus 在字母 e 或 i 之后有多种变缀，即 -olus/ -olum/ -ola、-ellus/ -ellum/ -ella、-illus/ -illum/ -illa，与第一变格法和第二变格法名词形成复合词）

Oryzopsis henryi 湖北落芒草：henryi ← Augustine Henry 或 B. C. Henry（人名，前者，1857–1930，爱尔兰医生、植物学家，曾在中国采集植物，后者，1850–1901，曾活动于中国的传教士）

Oryzopsis henryi var. acuta 尖颖落芒草：acutus 尖锐的，锐角的

Oryzopsis henryi var. henryi 湖北落芒草-原变种（词义见上面解释）

Oryzopsis humilis 矮落芒草：humilis 矮的，低的

Oryzopsis hymenoides 长毛落芒草：hymenoides 膜状的；hymen-/ hymeno- 膜的，膜状的；-oides/ -oideus/ -oideum/ -oidea/ -odes/ -eidos 像……的，类似……的，呈……状的（名词词尾）

Oryzopsis lateralis 细弱落芒草：lateralis = laterus + alis 侧边的，侧生的；laterus 边，侧边；later-/ lateri- 侧面的，横向的；-aris（阳性、阴性）/ -are（中性）← -alis（阳性、阴性）/ -ale（中性）属于，相似，如同，具有，涉及，关于，联结于（将名词作形容词用，其中 -aris 常用于以 l 或 r 为词干末尾的词）

Oryzopsis munroi 落芒草：munroi ← George C. Munro（人名，20 世纪美国博物学家）；-i 表示人名，接在以元音字母结尾的人名后面，但 -a 除外

Oryzopsis obtusa 钝颖落芒草：obtusus 钝的，钝形的，略带圆形的

Oryzopsis songarica 新疆落芒草：songarica 准噶尔的（地名，新疆维吾尔自治区）；-icus/ -icum/ -ica 属于，具有某种特性（常用于地名、起源、生境）

Oryzopsis tibetica 藏落芒草：tibetica 西藏的（地名）；-icus/ -icum/ -ica 属于，具有某种特性（常用于地名、起源、生境）

Oryzopsis tibetica var. psilolepis 光稃落芒草（稃 fū）：psil-/ psilo- ← psilos 平滑的，光滑的；lepis/ lepidos 鳞片

Oryzopsis tibetica var. tibetica 藏落芒草-原变种（词义见上面解释）

Oryzopsis wendelboi 少穗落芒草：wendelboi（人名）

Osbeckia 金锦香属（野牡丹科）（53-1：p138）：osbeckia ← Pehr Osbeck（人名，1723–1805，瑞典探险家、博物学家）

Osbeckia capitata 头序金锦香：capitatus 头状的，头状花序的；capitus ← capitis 头，头状

Osbeckia chinensis 金锦香：chinensis = china + ensis 中国的（地名）；China 中国

Osbeckia chinensis var. angustifolia 宽叶金锦香：angusti- ← angustus 窄的，狭的，细的；folius/

O

folium/ folia 叶，叶片（用于复合词）

Osbeckia chinensis var. chinensis 金锦香-原变种（词义见上面解释）

Osbeckia crinita 假朝天罐：crinitus 被长毛的；crinis 头发的，彗星尾的，长而软的簇生毛发

Osbeckia hainanensis 海南金锦香：hainanensis 海南的（地名）

Osbeckia mairei 三叶金锦香：mairei（人名）；Edouard Ernest Maire（人名，19 世纪活动于中国云南的传教士）；Rene C. J. E. Maire 人名（20 世纪阿尔及利亚植物学家，研究北非植物）；-i 表示人名，接在以元音字母结尾的人名后面，但 -a 除外

Osbeckia nepalensis 蚂蚁花：nepalensis 尼泊尔的（地名）

Osbeckia nepalensis var. albiflora 白蚂蚁花：albus → albi-/ albo- 白色的；florus/ florum/ flora ← flos 花（用于复合词）

Osbeckia nepalensis var. nepalensis 蚂蚁花-原变种 （词义见上面解释）

Osbeckia opipara 朝天罐：opiparus 漂亮的，优美的

Osbeckia paludosa 湿生金锦香：paludosus 沼泽的，沼生的；paludes ← palus（paludes 为 palus 的复数主格）沼泽，湿地，泥潭，水塘，草甸子；-osus/ -osum/ -osa 多的，充分的，丰富的，显著发育的，程度高的，特征明显的（形容词词尾）

Osbeckia pulchra 响铃金锦香：pulchrum 美丽，优雅，绮丽

Osbeckia rhopalotricha 棍毛金锦香：rhopalon 棍棒，棒状；trichus 毛，毛发，线

Osbeckia rostrata 秃金锦香：rostratus 具喙的，喙状的；rostrus 鸟喙（常作词尾）；rostre 鸟喙的，喙状的

Osbeckia sikkimensis 星毛金锦香：sikkimensis 锡金的（地名）

Osmanthus 木樨属（木樨科）（61：p85）：osmus/ osmum/ osma/ osme → osm-/ osmo-/ osmi- 香味，气味（希腊语）；anthus/ anthum/ antha/ anthe ← anthos 花（用于希腊语复合词）

Osmanthus armatus 红柄木樨：armatus 有刺的，带武器的，装备了的；arma 武器，装备，工具，防护，挡板，军队

Osmanthus attenuatus 狭叶木樨：attenuatus = ad + tenuis + atus 渐尖的，渐狭的，变细的，变弱的；ad- 向，到，近（拉丁语词首，表示程度加强）；构词规则：构成复合词时，词首末尾的辅音字母常同化为紧接其后的那个辅音字母（如 ad + t → att）；tenuis 薄的，纤细的，弱的，瘦的，窄的

Osmanthus austrozhejiangensis 浙南木樨：austrozhejiangensis 浙南的（地名，浙江省）；auster 南方，南风

Osmanthus caudatifolius 尾叶桂花：caudatus = caudus + atus 尾巴的，尾巴状的，具尾的；caudus 尾巴；folius/ folium/ folia 叶，叶片（用于复合词）

Osmanthus cooperi 宁波木樨：cooperi ← Joseph Cooper（人名，19 世纪英国园艺学家）；-eri 表示人名，在以 -er 结尾的人名后面加上 i 形成

Osmanthus delavayi 管花木樨（原名"山桂花"，大风子科有重名）：delavayi ← P. J. M. Delavay（人名，1834–1895，法国传教士，曾在中国采集植物标本）；-i 表示人名，接在以元音字母结尾的人名后面，但 -a 除外

Osmanthus didymopetalus 双瓣木樨：didymus 成对的，孪生的，两个联合的，二裂的；petalus/ petalum/ petala ← petalon 花瓣

Osmanthus enervius 无脉木樨：enervius 无脉的；e-/ ex- 不，无，非，缺乏，不具有（e- 用在辅音字母前，ex- 用在元音字母前，为拉丁语词首，对应的希腊语词首为 a-/ an-，英语为 un-/ -less，注意作词首用的 e-/ ex- 和介词 e/ ex 意思不同，后者意为"出自、从……、由……离开、由于、依照"）；nervius = nervus + ius 具脉的，具叶脉的；nervus 脉，叶脉；-ius/ -ium/ -ia 具有……特性的（表示有关、关联、相似）

Osmanthus fordii 石山桂花：fordii ← Charles Ford（人名）

Osmanthus × fortunei 齿叶木樨：fortunei ← Robert Fortune（人名，19 世纪英国园艺学家，曾在中国采集植物）；-i 表示人名，接在以元音字母结尾的人名后面，但 -a 除外

Osmanthus fragrans 木樨：fragrans 有香气的，飘香的；fragro 飘香，有香味

Osmanthus gracilinervis 细脉木樨：gracilis 细长的，纤弱的，丝状的；nervis ← nervus 脉，叶脉

Osmanthus hainanensis 显脉木樨：hainanensis 海南的（地名）

Osmanthus henryi 蒙自桂花：henryi ← Augustine Henry 或 B. C. Henry（人名，前者，1857–1930，爱尔兰医生、植物学家，曾在中国采集植物，后者，1850–1901，曾活动于中国的传教士）

Osmanthus heterophyllus 柊树（柊 zhōng）：heterophyllus 异型叶的；hete-/ heter-/ hetero- ← heteros 不同的，多样的，不齐的；phyllus/ phyllum/ phylla ← phyllon 叶片（用于希腊语复合词）

Osmanthus heterophyllus var. bibracteatis 异叶柊树：bi-/ bis- 二，二数，二回（希腊语为 di-）；bracteatus = bracteus + atus 具苞片的；bracteus 苞，苞片，苞鳞

Osmanthus heterophyllus var. heterophyllus 柊树-原变种 （词义见上面解释）

Osmanthus lanceolatus 锐叶木樨：lanceolatus = lanceus + olus + atus 小披针形的，小柳叶刀的；lance-/ lancei-/ lanci-/ lanceo-/ lanc- ← lanceus 披针形的，矛形的，尖刀状的，柳叶刀状的；-olus ← -ulus 小，稍微，略微（-ulus 在字母 e 或 i 之后变成 -olus/ -ellus/ -illus）；-atus/ -atum/ -ata 属于，相似，具有，完成（形容词词尾）

Osmanthus marginatus 厚边木樨：marginatus ← margo 边缘的，具边缘的；margo/ marginis → margin- 边缘，边线，边界

Osmanthus marginatus var. longissimus 长叶木樨：longe-/ longi- ← longus 长的，纵向的；-issimus/ -issima/ -issimum 最，非常，极其（形容词最高级）

Osmanthus marginatus var. marginatus 厚边木樨-原变种 （词义见上面解释）

Osmanthus marginatus var. pachyphyllus 厚叶木樨: pachyphyllus 厚叶子的; pachy- ← pachys 厚的, 粗的, 肥的; phyllus/ phyllum/ phylla ← phyllon 叶片 (用于希腊语复合词)

Osmanthus matsumuranus 牛矢果: matsumuranus ← Jinzo Matsumura 松村任三 (人名, 20 世纪初日本植物学家)

Osmanthus minor 小叶月桂: minor 较小的, 更小的

Osmanthus pubipedicellatus 毛柄木樨: pubi- ← pubis 细柔毛的, 短柔毛的, 毛被的; pedicellatus = pedicellus + atus 具小花柄的; pedicellus = pes + cellus 小花梗, 小花柄 (不同于花序柄); pes/ pedis 柄, 梗, 茎秆, 腿, 足, 爪 (作词首或词尾, pes 的词干视为 "ped-"); -cellus/ -cellum/ -cella、-cillus/ -cillum/ -cilla 小的, 略微的, 稍微的 (与任何变格法名词形成复合词); 关联词: pedunculus 花序柄, 总花梗 (花序基部无花着生部分)

Osmanthus reticulatus 网脉木樨: reticulatus = reti + culus + atus 网状的; reti-/ rete- 网 (同义词: dictyo-); -culus/ -culum/ -cula 小的, 略微的, 稍微的 (同第三变格法和第四变格法名词形成复合词); -atus/ -atum/ -ata 属于, 相似, 具有, 完成 (形容词词尾)

Osmanthus serrulatus 短丝木樨: serrulatus = serrus + ulus + atus 具细锯齿的; serrus 齿, 锯齿; -ulus/ -ulum/ -ula 小的, 略微的, 稍微的 (小词 -ulus 在字母 e 或 i 之后有多种变缀, 即 -olus/ -olum/ -ola、-ellus/ -ellum/ -ella、-illus/ -illum/ -illa, 与第一变格法和第二变格法名词形成复合词); -atus/ -atum/ -ata 属于, 相似, 具有, 完成 (形容词词尾)

Osmanthus suavis 香花木樨: suavis/ suave 甜的, 愉快的, 高兴的, 有魅力的, 漂亮的

Osmanthus urceolatus 坛花木樨: urceolatus 坛状的, 壶形的 (指中空且口部收缩); urceolus 小坛子, 小水壶; urceus 坛子, 水壶

Osmanthus venosus 毛木樨: venosus 细脉的, 细脉明显的, 分枝脉的; venus 脉, 叶脉, 血脉, 血管; -osus/ -osum/ -osa 多的, 充分的, 丰富的, 显著发育的, 程度高的, 特征明显的 (形容词词尾)

Osmanthus yunnanensis 野桂花: yunnanensis 云南的 (地名)

Osmorhiza 香根芹属 (伞形科) (55-1: p77): osmorhiza 香根的 (缀词规则: -rh- 接在元音字母后面构成复合词时要变成 -rrh-, 故该属名宜改为 "Osmorrhiza"); osmus/ osmum/ osma/ osme → osm-/ osmo-/ osmi- 香味, 气味 (希腊语); rhizus 根, 根状茎

Osmorhiza aristata 香根芹: aristatus(aristosus) = arista + atus 具芒的, 具芒刺的, 具刚毛的, 具胡须的; arista 芒

Osmorhiza aristata var. laxa 疏叶香根芹: laxus 稀疏的, 松散的, 宽松的

Osmunda 紫萁属 (萁 qí) (紫萁科) (2: p77): osmunder (神话人物名)

Osmunda angustifolia 狭叶紫萁: angusti- ← angustus 窄的, 狭的, 细的; folius/ folium/ folia 叶, 叶片 (用于复合词)

Osmunda banksiifolia 粗齿紫萁: Banksia (属名, 山龙眼科); folius/ folium/ folia 叶, 叶片 (用于复合词)

Osmunda cinnamomea 分株紫萁 (桂皮紫萁): cinnamomeus 像肉桂的, 像樟树的; cinnamommum ← kinnamomon = cinein + amomos 肉桂树, 有芳香味的卷曲树皮, 桂皮 (希腊语); cinein 卷曲; amomos 完美的, 无缺点的 (如芳香味等); Cinnamomum 樟属 (樟科); -eus/ -eum/ -ea (接拉丁语词干时) 属于……的, 色如……的, 质如……的 (表示原料、颜色或品质的相似), (接希腊语词干时) 属于……的, 以……出名, 为……所占有 (表示具有某种特性)

Osmunda cinnamomea var. asiatica 亚洲分株紫萁: asiatica 亚洲的 (地名); -aticus/ -aticum/ -atica 属于, 表示生长的地方, 作名词词尾

Osmunda cinnamomea var. fokiense 福建分株紫萁: fokiense 福建的 (地名)

Osmunda cinnamomea var. pilosa 绒紫萁-变种: pilosus = pilus + osus 多毛的, 被柔毛的, 具疏柔毛的, 被短弱细毛的; pilus 毛, 疏柔毛; -osus/ -osum/ -osa 多的, 充分的, 丰富的, 显著发育的, 程度高的, 特征明显的 (形容词词尾)

Osmunda claytoniana 绒紫萁: claytonianus ← John Clayton (人名, 18 世纪美国植物采集员)

Osmunda claytoniana var. pilosa (毛叶绒紫萁): pilosus = pilus + osus 多毛的, 被柔毛的, 具疏柔毛的, 被短弱细毛的; pilus 毛, 疏柔毛; -osus/ -osum/ -osa 多的, 充分的, 丰富的, 显著发育的, 程度高的, 特征明显的 (形容词词尾)

Osmunda japonica 紫萁: japonica 日本的 (地名); -icus/ -icum/ -ica 属于, 具有某种特性 (常用于地名、起源、生境)

Osmunda japonica var. sublancea 矛状紫萁: sublanceus 近披针形的; sub- (表示程度较弱) 与……类似, 几乎, 稍微, 弱, 亚, 之下, 下面; lanceus 披针形的, 矛形的, 尖刀状的, 柳叶刀状的

Osmunda javanica 宽叶紫萁: javanica 爪哇的 (地名, 印度尼西亚); -icus/ -icum/ -ica 属于, 具有某种特性 (常用于地名、起源、生境)

Osmunda lancea 日本紫萁: lancea ← John Henry Lance (人名, 19 世纪英国植物学家); lanceus 披针形的, 矛形的, 尖刀状的, 柳叶刀状的; Lancea 肉果草属 (玄参科)

Osmunda mildei 粤紫萁: mildei (人名)

Osmunda regalis var. sublancea (披针叶紫萁): regalis 杰出的, 帝王的; rex/ regis 国王, 亲王, 蜂王; -aris (阳性、阴性) / -are (中性) ← -alis (阳性、阴性) / -ale (中性) 属于, 相似, 如同, 具有, 涉及, 关于, 联结于 (将名词作形容词用, 其中 -aris 常用于以 l 或 r 为词干末尾的词); sublanceus 近披针形的; sub- (表示程度较弱) 与……类似, 几乎, 稍微, 弱, 亚, 之下, 下面; lanceus 披针形的, 矛形的, 尖刀状的, 柳叶刀状的

Osmunda vachellii 华南紫萁: vachellii (人名); -ii 表示人名, 接在以辅音字母结尾的人名后面, 但 -er 除外

Osmundaceae 紫萁科（2：p77）：osmunder（神话人物名）；-aceae（分类单位科的词尾，为 -aceus 的阴性复数主格形式，加到模式属的名称后或同义词的词干后以组成族群名称）

Osteomeles 小石积属（蔷薇科）（36：p206）：osteomeles 骨质果实的（指种子骨质）；osteo 骨；meles ← melon 苹果，瓜，甜瓜

Osteomeles anthyllidifolia 小石积：anthyllidifolius = Anthyullis + folius 绒毛花叶片的；构词规则：词尾为 -is 和 -ys 的词的词干分别视为 -id 和 -yd；Anthyllis = anthus + ioulos 绒毛花属（豆科）；anthus/ anthum/ antha/ anthe ← anthos 花（用于希腊语复合词）；ioulos 绒毛的；folius/ folium/ folia 叶，叶片（用于复合词）

Osteomeles schwerinae 华西小石积：schwerinae ← Frau Grafin von Schwerin（人名）；-ae 表示人名，以 -a 结尾的人名后面加上 -e 形成

Osteomeles schwerinae var. microphylla 小叶华西小石积：micr-/ micro- ← micros 小的，微小的，微观的（用于希腊语复合词）；phyllus/ phyllum/ phylla ← phyllon 叶片（用于希腊语复合词）

Osteomeles schwerinae var. schwerinae 华西小石积-原变种（词义见上面解释）

Osteomeles subrotunda 圆叶小石积：subrotundus 近似圆形的；sub-（表示程度较弱）与……类似，几乎，稍微，弱，亚，之下，下面；rotundus 圆形的，呈圆形的，肥大的

Osteomeles subrotunda var. glabrata 无毛圆叶小石积：glabratus = glabrus + atus 脱毛的，光滑的；glabrus 光秃的，无毛的，光滑的；-atus/ -atum/ -ata 属于，相似，具有，完成（形容词词尾）

Ostericum 山芹属（伞形科）（55-3：p63）：ostericum ← hystericos 歇斯底里的（指有药效，能治疗该疾病）

Ostericum citriodorum 隔山香：citrus ← kitron 柑橘，柠檬（柠檬的古拉丁名）；odorus 香气的，气味的；odoratus 具香气的，有气味的

Ostericum grosseserratum 大齿山芹：grosseserratus = grossus + serrus + atus 具粗大锯齿的；grossus 粗大的，肥厚的；serrus 齿，锯齿；-atus/ -atum/ -ata 属于，相似，具有，完成（形容词词尾）

Ostericum maximowiczii 全叶山芹：maximowiczii ← C. J. Maximowicz 马克希莫夫（人名，1827–1891，俄国植物学家）

Ostericum maximowiczii var. alpinum 高山全叶山芹：alpinus = alpus + inus 高山的；alpus 高山；al-/ alti-/ alto- ← altus 高的，高处的；-inus/ -inum/ -ina/ -inos 相近，接近，相似，具有（通常指颜色）；关联词：subalpinus 亚高山的

Ostericum maximowiczii var. australe 大全叶山芹：australe 南方的，大洋洲的；austro-/ austr- 南方的，南半球的，大洋洲的；auster 南方，南风；-aris（阳性、阴性）/ -are（中性）← -alis（阳性、阴性）/ -ale（中性）属于，相似，如同，具有，涉及，关于，联结于（将名词作形容词用，其中 -aris 常用于以 l 或 r 为词干末尾的词）

Ostericum maximowiczii var. filisectum 丝叶山芹：filisectus 线状细裂的；fili-/ fil- ← filum 线状的，丝状的；sectus 分段的，分节的，切开的，分裂的

Ostericum maximowiczii var. maximowiczii 全叶山芹-原变种 （词义见上面解释）

Ostericum scaberulum 疏毛山芹：scaberulus 略粗糙的；scaber → scabrus 粗糙的，有凹凸的，不平滑的；-ulus/ -ulum/ -ula 小的，略微的，稍微的（小词 -ulus 在字母 e 或 i 之后有多种变缀，即 -olus/ -olum/ -ola，-ellus/ -ellum/ -ella，-illus/ -illum/ -illa，与第一变格法和第二变格法名词形成复合词）

Ostericum sieboldii 山芹：sieboldii ← Franz Philipp von Siebold 西博德（人名，1796–1866，德国医生、植物学家，曾专门研究日本植物）

Ostericum sieboldii var. praeteritum 狭叶山芹：praeteritus 过去的，以前的

Ostericum sieboldii var. sieboldii 山芹-原变种（词义见上面解释）

Ostericum sieboldii var. sieboldii f. hirsutum 毛山芹：hirsutus 粗毛的，糙毛的，有毛的（长而硬的毛）

Ostericum viridiflorum 绿花山芹：viridus 绿色的；florus/ florum/ flora ← flos 花（用于复合词）

Ostodes 叶轮木属（大戟科）（44-2：p157）：osteon 骨；-oides/ -oideus/ -oideum/ -oidea/ -odes/ -eidos 像……的，类似……的，呈……状的（名词词尾）

Ostodes katharinae 云南叶轮木：katharinae ← Katherine（人名，多人同用此姓）；-ae 表示人名，以 -a 结尾的人名后面加上 -e 形成

Ostodes kuangii 绒毛叶轮木：kuangii（人名）；-ii 表示人名，接在以辅音字母结尾的人名后面，但 -er 除外

Ostodes paniculata 叶轮木：paniculatus = paniculus + atus 具圆锥花序的；paniculus 圆锥花序；panus 谷穗；panicus 野稗，粟，谷子；-atus/ -atum/ -ata 属于，相似，具有，完成（形容词词尾）

Ostrya 铁木属（桦木科）（21：p89）：ostrya ← osteo 骨头，骨头般坚硬的

Ostrya japonica 铁木：japonica 日本的（地名）；-icus/ -icum/ -ica 属于，具有某种特性（常用于地名、起源、生境）

Ostrya multinervis 多脉铁木：multi- ← multus 多个，多数，很多（希腊语为 poly-）；nervis ← nervus 脉，叶脉

Ostrya rehderiana 天目铁木：rehderiana ← Alfred Rehder（人名，1863–1949，德国植物分类学家、树木学家，在美国 Arnold 植物园工作）

Ostrya yunnanensis 云南铁木：yunnanensis 云南的（地名）

Ostryopsis 虎榛子属（桦木科）（21：p55）：Ostrya 铁木属；-opsis/ -ops 相似，稍微，带有

Ostryopsis davidiana 虎榛子：davidiana ← Pere Armand David（人名，1826–1900，曾在中国采集植物标本的法国传教士）

Ostryopsis nobilis 滇虎榛：nobilis 高贵的，有名的，高雅的

Osyris 沙针属（檀香科）（24：p63）：osyris（一种植物的希腊语名）

O

Osyris wightiana 沙针：wightiana ← Robert Wight（人名，19 世纪英国医生、植物学家）

Osyris wightiana var. rotundifolia 豆瓣香树：rotundus 圆形的，呈圆形的，肥大的；rotundo 使呈圆形，使圆滑；roto 旋转，滚动；folius/ folium/ folia 叶，叶片（用于复合词）

Osyris wightiana var. stipitata 滇沙针：stipitatus = stipitus + atus 具柄的；stipitus 柄，梗

Osyris wightiana var. wightiana 沙针-原变种（词义见上面解释）

Otanthera 耳药花属（野牡丹科）（53-1：p151）：otos 耳朵；andrus/ andros/ antherus ← aner 雄蕊，花药，雄性

Otanthera scaberrima 耳药花：scaberrimus 极粗糙的；scaber → scabrus 粗糙的，有凹凸的，不平滑的；-rimus/ -rima/ -rimum 最，极，非常（词尾为 -er 的形容词最高级）

Otochilus 耳唇兰属（兰科）（18：p401）：otos 耳朵；chilus ← cheilos 唇，唇瓣，唇边，边缘，岸边

Otochilus albus 白花耳唇兰：albus → albi-/ albo- 白色的

Otochilus fuscus 狭叶耳唇兰：fuscus 棕色的，暗色的，发黑的，暗棕色的，褐色的

Otochilus lancilabius 宽叶耳唇兰：lance-/ lancei-/ lanci-/ lanceo-/ lanc- ← lanceus 披针形的，矛形的，尖刀状的，柳叶刀状的；labius 唇，唇瓣的，唇形的

Otochilus porrectus 耳唇兰：porrectus 外伸的，前伸的

Otophora 爪耳木属（爪 zhǎo）（无患子科）（47-1：p26）：otos 耳朵；-phorus/ -phorum/ -phora 载体，承载物，支持物，带着，生着，附着（表示一个部分带着别的部分，包括起支撑或承载作用的柄、柱、托、囊等，如 gynophorum = gynus + phorum 雌蕊柄的，带有雌蕊的，承载雌蕊的）；gynus/ gynum/ gyna 雌蕊，子房，心皮

Otophora unilocularis 爪耳木：unilocularis 一室的；uni-/ uno- ← unus/ unum/ una 一，单一（希腊语为 mono-/ mon-）；locularis/ locularia 隔室的，胞室的，腔室；loculatus 有棚的，有分隔的；loculus 小盒，小罐，室，棺椁；locus 场所，位置，座位；loco/ locatus/ locatio 放置，横躺；-aris（阳性、阴性）/ -are（中性）← -alis（阳性、阴性）/ -ale（中性）属于，相似，如同，具有，涉及，关于，联结于（将名词作形容词用，其中 -aris 常用于以 l 或 r 为词干末尾的词）

Ottelia 水车前属（水鳖科）（8：p152）：ottelia ← ottele 水车前（印度马拉巴尔地区的土名）

Ottelia acuminata 海菜花：acuminatus = acumen + atus 锐尖的，渐尖的；acumen 渐尖头；-atus/ -atum/ -ata 属于，相似，具有，完成（形容词词尾）

Ottelia acuminata var. acuminata 海菜花-原变种（词义见上面解释）

Ottelia acuminata var. crispa 波叶海菜花：crispus 收缩的，褶皱的，波纹的（如花瓣周围的波浪状褶皱）

Ottelia acuminata var. jingxiensis 靖西海菜花：jingxiensis 靖西的（地名，广西壮族自治区）

Ottelia acuminata var. lunanensis 路南海菜花：lunanensis 路南的（地名，云南省石林彝族自治县的旧称）

Ottelia alismoides 龙舌草：alismoides 像泽泻的；Alisma 泽泻属；-oides/ -oideus/ -oideum/ -oidea/ -odes/ -eidos 像……的，类似……的，呈……状的（名词词尾）

Ottelia cordata 水菜花：cordatus ← cordis/ cor 心脏的，心形的；-atus/ -atum/ -ata 属于，相似，具有，完成（形容词词尾）

Ottelia emersa 出水水菜花：emersus 突出水面的，露出的，挺直的；反义词：demersus 水生的，沉水生的

Ottelia sinensis 贵州水车前：sinensis = Sina + ensis 中国的（地名）；Sina 中国

Ottochloa 露籽草属（禾本科）（10-1：p221）：otto ← Otto Staph（人名，1875–1933，英国植物学家）；chloa ← chloe 草，禾草

Ottochloa nodosa 露籽草：nodosus 有关节的，有结节的，多关节的；nodus 节，节点，连接点；-osus/ -osum/ -osa 多的，充分的，丰富的，显著发育的，程度高的，特征明显的（形容词词尾）

Ottochloa nodosa var. micrantha 小花露籽草：micr-/ micro- ← micros 小的，微小的，微观的（用于希腊语复合词）；anthus/ anthum/ antha/ anthe ← anthos 花（用于希腊语复合词）

Ottochloa nodosa var. nodosa 露籽草-原变种（词义见上面解释）

Oxalidaceae 酢浆草科（43-1：p3）：Oxalis 酢浆草属（酢 cù）；-aceae（分类单位科的词尾，为 -aceus 的阴性复数主格形式，加到模式属的名称后或同义词的词干后以组成族群名称）

Oxalis 酢浆草属（酢 cù）（酢浆草科）（43-1：p6）：oxalis ← oxys + alis 具酸的，酸的（因含草酸而呈酸味）；oxys 尖锐的，酸的；-aris（阳性、阴性）/ -are（中性）← -alis（阳性、阴性）/ -ale（中性）属于，相似，如同，具有，涉及，关于，联结于（将名词作形容词用，其中 -aris 常用于以 l 或 r 为词干末尾的词）

Oxalis acetosella 白花酢浆草：acetosella = acetosa + ellus 略酸的，比 acetosa 小的；acetosus 酸的；acet-/ aceto- 酸的；Rumex acetosa 酸模，-ellus/ -ellum/ -ella ← -ulus 小的，略微的，稍微的（小词 -ulus 在字母 e 或 i 之后有多种变缀，即 -olus/ -olum/ -ola、-ellus/ -ellum/ -ella、-illus/ -illum/ -illa，用于第一变格法名词）

Oxalis acetosella subsp. acetosella 白花酢浆草-原亚种（词义见上面解释）

Oxalis acetosella subsp. griffithii 山酢浆草：griffithii ← William Griffith（人名，19 世纪印度植物学家，加尔各答植物园主任）

Oxalis acetosella subsp. japonica 三角酢浆草：japonica 日本的（地名）；-icus/ -icum/ -ica 属于，具有某种特性（常用于地名、起源、生境）

Oxalis acetosella subsp. leucolepis 白鳞酢浆草：leuc-/ leuco- ← leucus 白色的（如果和其他表示颜色的词混用则表示淡色）；lepis/ lepidos 鳞片

Oxalis bowiei 大花酢浆草：bowiei ← James Bowie

（人名，19 世纪英国植物学家）；-i 表示人名，接在以元音字母结尾的人名后面，但 -a 除外

Oxalis corniculata 酢浆草：corniculatus = cornus + culus + atus 犄角的，兽角的，兽角般坚硬的；cornus 角，犄角，兽角，角质，角质般坚硬，-culus/ -culum/ -cula 小的，略微的，稍微的（同第三变格法和第四变格法名词形成复合词）；-atus/ -atum/ -ata 属于，相似，具有，完成（形容词词尾）

Oxalis corniculata var. corniculata 酢浆草-原变种 （词义见上面解释）

Oxalis corniculata var. stricta 直酢浆草：strictus 直立的，硬直的，笔直的，彼此靠拢的

Oxalis corymbosa 红花酢浆草：corymbosus = corymbus + osus 伞房花序的；corymbus 伞形的，伞状的；-osus/ -osum/ -osa 多的，充分的，丰富的，显著发育的，程度高的，特征明显的（形容词词尾）

Oxalis latifolia 宽叶酢浆草：lati-/ late- ← latus 宽的，宽广的；folius/ folium/ folia 叶，叶片（用于复合词）

Oxalis pes-caprae 黄花酢浆草：pes/ pedis 柄，梗，茎秆，腿，足，爪（作词首或词尾，pes 的词干视为"ped-"）；caprae 山羊

Oxalis triangularis 紫叶酢浆草：tri-/ tripli-/ triplo- 三个，三数；angularis = angulus + aris 具棱角的，有角度的；-aris（阳性、阴性）/ -are（中性）← -alis（阳性、阴性）/ -ale（中性）属于，相似，如同，具有，涉及，关于，联结于（将名词作形容词用，其中 -aris 常用于以 l 或 r 为词干末尾的词）

Oxybaphus 山紫茉莉属（紫茉莉科）（26：p8）：oxy- ← oxys 尖锐的，酸的；baphus 染色，颜色，染料

Oxybaphus himalaicus 山紫茉莉：himalaicus 喜马拉雅的（地名）；-icus/ -icum/ -ica 属于，具有某种特性（常用于地名、起源、生境）

Oxybaphus himalaicus var. chinensis 中华山紫茉莉：chinensis = china + ensis 中国的（地名）；China 中国

Oxybaphus himalaicus var. himalaicus 山紫茉莉-原变种 （词义见上面解释）

Oxybaphus nyctagineus 夜香紫茉莉：nyctagineus 每夜的，像夜荣莉的；Nyctaginia 夜荣莉属（紫茉莉科）；nyctos/ nyx 夜晚的；nyct-/ nycti-/ nicto- 夜间；-eus/ -eum/ -ea（接拉丁语词干时）属于……的，色如……的，质如……的（表示原料、颜色或品质的相似），（接希腊语词干时）属于……的，以……出名，为……所占有（表示具有某种特性）

Oxyceros 鸡爪簕属（簕 lè）（茜草科）（71-1：p343）：oxy- ← oxys 尖锐的，酸的；-ceros 角，犄角

Oxyceros evenosa 无脉鸡爪簕：evenosus 无脉的；e-/ ex- 不，无，非，缺乏，不具有（e- 用在辅音字母前，ex- 用在元音字母前，为拉丁语词首，对应的希腊语词首为 a-/ an-，英语为 un-/ -less，注意作词首用的 e-/ ex- 和介词 e/ ex 意思不同，后者意为"出自、从……、由……离开、由于、依照"）；venosus 细脉的，细脉明显的，分枝脉的；venus 脉，叶脉，血脉，血管；-osus/ -osum/ -osa 多的，充分的，丰富的，显著发育的，程度高的，特征明显的（形容词词尾）

Oxyceros griffithii 琼滇鸡爪簕：griffithii ← William Griffith（人名，19 世纪印度植物学家，加尔各答植物园主任）

Oxyceros rectispina 直刺鸡爪簕：rectispinus 直刺的；recti-/ recto- ← rectus 直线的，笔直的，向上的；spinus 刺，针刺

Oxyceros sinensis 鸡爪簕：sinensis = Sina + ensis 中国的（地名）；Sina 中国

Oxygraphis 鸦跖花属（跖 zhí）（毛茛科）（28：p331）：oxy- ← oxys 尖锐的，酸的；graphis/ graph/ graphe/ grapho 书写的，涂写的，绘画的，画成的，雕刻的，画笔的

Oxygraphis delavayi 脱萼鸦跖花：delavayi ← P. J. M. Delavay（人名，1834–1895，法国传教士，曾在中国采集植物标本）；-i 表示人名，接在以元音字母结尾的人名后面，但 -a 除外

Oxygraphis glacialis 鸦跖花：glacialis 冰的，冰雪地带的，冰川的；glacies 冰，冰块，耐寒，坚硬

Oxygraphis polypetala 圆齿鸦跖花：poly- ← polys 多个，许多（希腊语，拉丁语为 multi-）；petalus/ petalum/ petala ← petalon 花瓣

Oxygraphis tenuifolia 小鸦跖花：tenui- ← tenuis 薄的，纤细的，弱的，瘦的，窄的；folius/ folium/ folia 叶，叶片（用于复合词）

Oxyria 山蓼属（蓼 liǎo）（蓼科）（25-1：p144）：oxyria ← oxys 酸的，尖锐的

Oxyria digyna 山蓼：digynus 二雌蕊的，二心皮的；di-/ dis- 二，二数，二分，分离，不同，在……之间，从……分开（希腊语，拉丁语为 bi-/ bis-）；gynus/ gynum/ gyna 雌蕊，子房，心皮

Oxyria sinensis 中华山蓼：sinensis = Sina + ensis 中国的（地名）；Sina 中国

Oxyspora 尖子木属（野牡丹科）（53-1：p169）：oxy- ← oxys 尖锐的，酸的；sporus ← sporos → sporo- 孢子，种子

Oxyspora paniculata 尖子木：paniculatus = paniculus + atus 具圆锥花序的；paniculus 圆锥花序；panus 谷穗；panicus 野稗，粟，谷子；-atus/ -atum/ -ata 属于，相似，具有，完成（形容词词尾）

Oxyspora vagans 刚毛尖子木：vagans 流浪的，漫游的，漂泊的

Oxyspora yunnanensis 滇尖子木：yunnanensis 云南的（地名）

Oxystelma 尖槐藤属（萝藦科）（63：p304）：oxystelma 尖锐柱头的（指柱头先端凸起）；oxy- ← oxys 尖锐的，酸的；stelma 支柱，花柱，柱头

Oxystelma esculentum 尖槐藤：esculentus 食用的，可食的；esca 食物，食料；-ulentus/ -ulentum/ -ulenta/ -olentus/ -olentum/ -olenta（表示丰富、充分或显著发展）

Oxytropis 棘豆属（豆科）（42-2：p1）：oxytropis 尖形龙骨的；oxy- ← oxys 尖锐的，酸的；tropis 龙骨（希腊语）

Oxytropis aciphylla 猫头刺：aciphyllus 针形叶的；aci- ← acus/ acis 尖锐的，针，针状的；phyllus/ phyllum/ phylla ← phyllon 叶片（用于希腊语复合词）

O

Oxytropis aciphylla var. aciphylla 猫头刺-原变种 （词义见上面解释）

Oxytropis aciphylla var. utriculata 胀萼猫头刺： utriculatus = utriculus + atus 具胞果的，具囊的， 具肿包的，呈膀胱状的；utriculus 胞果的，囊状的， 膀胱状的，小腔囊的；uter/ utris 囊（内装液体）

Oxytropis alpina 高山棘豆：alpinus = alpus + inus 高山的；alpus 高山；al-/ alti-/ alto- ← altus 高的，高处的；-inus/ -inum/ -ina/ -inos 相近，接 近，相似，具有（通常指颜色）；关联词：subalpinus 亚高山的

Oxytropis altaica 阿尔泰棘豆：altaica 阿尔泰的 （地名，新疆北部山脉）

Oxytropis ambigua 似棘豆：ambiguus 可疑的，不 确定的，含糊的

Oxytropis ampullata 瓶状棘豆：ampullatus 细颈 瓶状的；ampulla 细颈瓶，烧瓶状的；-atus/ -atum/ -ata 属于，相似，具有，完成（形容词词尾）

Oxytropis anertii 长白棘豆：anertii（人名）；-ii 表 示人名，接在以辅音字母结尾的人名后面，但 -er 除外

Oxytropis anertii var. albiflora 白花长白棘豆： albus → albi-/ albo- 白色的；florus/ florum/ flora ← flos 花（用于复合词）

Oxytropis anertii var. anertii 长白棘豆-原变种 （词义见上面解释）

Oxytropis argentata 银棘豆：argentatus 像银子的， 被银的；argentum 银；-atus/ -atum/ -ata 属于，相 似，具有，完成（形容词词尾）

Oxytropis assiensis 阿西棘豆：assiensis 阿西的 （地名）

Oxytropis auriculata 耳瓣棘豆：auriculatus 耳形 的，具小耳的（基部有两个小圆片）；auriculus 小耳 朵的，小耳状的；auritus 耳朵的，耳状的；-culus/ -culum/ -cula 小的，略微的，稍微的（同第三变格 法和第四变格法名词形成复合词）；-atus/ -atum/ -ata 属于，相似，具有，完成（形容词词尾）

Oxytropis avis 山雀棘豆：avis 鸟的，飞鸟的（avius 的所有格）

Oxytropis avisoides 鸟状棘豆：avisoides 鸟状的， 像 avis 的；avius 鸟的，飞鸟的，欧洲甜樱桃（古 名）；Oxytropis avis 山雀棘豆；-oides/ -oideus/ -oideum/ -oidea/ -odes/ -eidos 像……的，类 似……的，呈……状的（名词词尾）

Oxytropis baxoiensis 八宿棘豆：baxoiensis 八宿的 （地名，西藏自治区）

Oxytropis bella 美丽棘豆：bellus ← belle 可爱的， 美丽的

Oxytropis bicolor 地角儿苗：bi-/ bis- 二，二数， 二回（希腊语为 di-）；color 颜色

Oxytropis bicolor var. bicolor 地角儿苗-原变种 （词义见上面解释）

Oxytropis bicolor var. luteola 淡黄花鸡嘴嘴： luteolus = luteus + ulus 发黄的，带黄色的；luteus 黄色的

Oxytropis biflora 二花棘豆：bi-/ bis- 二，二数，二 回（希腊语为 di-）；florus/ florum/ flora ← flos 花 （用于复合词）

Oxytropis biloba 二裂棘豆：bilobus 二裂的；bi-/ bis- 二，二数，二回（希腊语为 di-）；lobus/ lobos/ lobon 浅裂，耳片（裂片先端钝圆），荚果，蒴果

Oxytropis bogdoschanica 博格多山棘豆： bogdoschanica 博格达山的（地名，新疆维吾尔自 治区）

Oxytropis brevipedunculata 短梗棘豆：brevi- ← brevis 短的（用于希腊语复合词词首）； pedunculatus/ peduncularis 具花序柄的，具总花梗 的；pedunculus/ peduncule/ pedunculis ← pes 花 序柄，总花梗（花序基部无花着生部分，不同于花 柄）；关联词：pedicellus/ pediculus 小花梗，小花 柄（不同于花序柄）；pes/ pedis 柄，梗，茎秆，腿， 足，爪（作词首或词尾，pes 的词干视为 "ped-"）

Oxytropis caerulea 蓝花棘豆：caeruleus/ coeruleus 深蓝色的，海洋蓝，青色的，暗绿色的； caerulus/ coerulus 深蓝色，海洋蓝，青色，暗绿色； -eus/ -eum/ -ea（接拉丁语词干时）属于……的，色 如……的，质如……的（接希腊语词干时）属于……的，以……出 名，为……所占有（表示具有某种特性）

Oxytropis caespitosula 小丛生棘豆： caespitosulus = caespitus + osus + ulus 成小簇的， 成小丛的；caespitus 成簇的，丛生的；-osus/ -osum/ -osa 多的，充分的，丰富的，显著发育的， 程度高的，特征明显的（形容词词尾）；-ulus/ -ulum/ -ula 小的，略微的，稍微的（小词 -ulus 在 字母 e 或 i 之后有多种变缀，即 -olus/ -olum/ -ola、 -ellus/ -ellum/ -ella、-illus/ -illum/ -illa，与第一变 格法和第二变格法名词形成复合词）

Oxytropis cana 灰棘豆：canus 灰色的，灰白色的

Oxytropis chantengriensis 托木尔峰棘豆： chantengriensis 汗腾格里峰的（地名，新疆维吾尔 自治区）

Oxytropis chiliophylla 臭棘豆：chili-/ chilio- 千 （形容众多）；phyllus/ phyllum/ phylla ← phyllon 叶片（用于希腊语复合词）

Oxytropis chinglingensis 秦岭棘豆：chinglingensis 秦岭的（地名，陕西省）

Oxytropis chionobia 雪地棘豆：chionobia 生于雪 地的，分布于雪地的；chion-/ chiono- 雪，雪白色； -bius/ -bium/ -bia ← bion 生存，生活，居住

Oxytropis chionophylla 雪叶棘豆：chionophyllus 雪白叶片的；chion-/ chiono- 雪，雪白色；phyllus/ phyllum/ phylla ← phyllon 叶片（用于希腊语复 合词）

Oxytropis chorgossica 霍城棘豆：chorgossica 霍尔 果斯河的（河流名，新疆与哈萨克斯坦界河，向南 流入伊犁河）

Oxytropis ciliata 缘毛棘豆：ciliatus = cilium + atus 缘毛的，流苏的；cilium 缘毛，睫毛；-atus/ -atum/ -ata 属于，相似，具有，完成（形容词词尾）

Oxytropis cinerascens 灰叶棘豆：cinerascens/ cinerasceus 发灰的，变灰色的，灰白的，淡灰色的 （比 cinereus 更白）；cinereus 灰色的，草木灰色的 （为纯黑和纯白的混合色，希腊语为 tephro-/ spodo-）；ciner-/ cinere-/ cinereo- 灰色；-escens/ -ascens 改变，转变，变成，略微，带有，接近，相

似，大致，稍微（表示变化的趋势，并未完全相似或相同，有别于表示达到完成状态的 -atus）

Oxytropis confusa 混合棘豆：confusus 混乱的，混同的，不确定的，不明确的；fusus 散开的，松散的，松弛的；co- 联合，共同，合起来（拉丁语词首，为 cum- 的音变，表示结合、强化、完全，对应的希腊语为 syn-）；co- 的缀词音变有 co-/ com-/ con-/ col-/ cor-：co-（在 h 和元音字母前面），col-（在 l 前面），com-（在 b、m、p 之前），con-（在 c、d、f、g、j、n、qu、s、t 和 v 前面），cor-（在 r 前面）

Oxytropis cuspidata 尖喙棘豆：cuspidatus = cuspis + atus 尖头的，凸尖的；构词规则：词尾为 -is 和 -ys 的词的词干分别视为 -id 和 -yd；cuspis（所有格为 cuspidis）齿尖，凸尖，尖头；-atus/ -atum/ -ata 属于，相似，具有，完成（形容词词尾）

Oxytropis deflexa 急弯棘豆：deflexus 向下曲折的，反卷的；de- 向下，向外，从……，脱离，脱落，离开，去掉；flexus ← flecto 扭曲的，卷曲的，弯弯曲曲的，柔性的；flecto 弯曲，使扭曲

Oxytropis densa 密丛棘豆：densus 密集的，繁茂的

Oxytropis densifolia 密叶棘豆：densus 密集的，繁茂的；folius/ folium/ folia 叶，叶片（用于复合词）

Oxytropis dichroantha 色花棘豆：dichroanthus 双色花的；dichrous/ dichrus 二色的；di-/ dis- 二，二数，二分，分离，不同，在……之间，从……分开（希腊语，拉丁语为 bi-/ bis-）；-chromus/ -chrous/ -chrus 颜色，彩色，有色的；anthus/ anthum/ antha/ anthe ← anthos 花（用于希腊语复合词）

Oxytropis diversifolia 二型叶棘豆：diversus 多样的，各种各样的，多方向的；folius/ folium/ folia 叶，叶片（用于复合词）

Oxytropis eriocarpa 绵果棘豆：erion 绵毛，羊毛；carpus/ carpum/ carpa/ carpon ← carpos 果实（用于希腊语复合词）

Oxytropis falcata 镰荚棘豆：falcatus = falx + atus 镰刀的，镰刀状的；构词规则：以 -ix/ -iex 结尾的词其词干末尾视为 -ic，以 -ex 结尾视为 -i/ -ic，其他以 -x 结尾视为 -c；falx 镰刀，镰刀形，镰刀状弯曲；-atus/ -atum/ -ata 属于，相似，具有，完成（形容词词尾）

Oxytropis falcata var. falcata 镰荚棘豆-原变种（词义见上面解释）

Oxytropis falcata var. maquensis 玛曲棘豆：maquensis 玛曲的（地名，甘肃省）

Oxytropis fetissovii 粗毛棘豆（原名"硬毛棘豆"，本属有重名）：fetissovii（人名）；-ii 表示人名，接在以辅音字母结尾的人名后面，但 -er 除外

Oxytropis filiformis 线棘豆：filiforme/ filiformis 线状的；fili-/ fil- ← filum 线状的，丝状的；formis/ forma 形状

Oxytropis floribunda 多花棘豆：floribundus = florus + bundus 多花的，繁花的，花正盛开的；florus/ florum/ flora ← flos 花（用于复合词）；-bundus/ -bunda/ -bundum 正在做，正在进行（类似于现在分词），充满，盛行

Oxytropis frigida 冷棘豆：frigidus 寒带的，寒冷的，僵硬的；frigus 寒冷，寒冬；-idus/ -idum/ -ida 表示在进行中的动作或情况，作动词、名词或形容词

O

的词尾

Oxytropis ganningensis 陇东棘豆（陇 lǒng）：ganningensis 甘南的（地名，甘肃省）

Oxytropis gerzeensis 改则棘豆：gerzeensis 改则的（地名，西藏自治区）

Oxytropis giraldii 华西棘豆：giraldii ← Giuseppe Giraldi（人名，19 世纪活动于中国的意大利传教士）

Oxytropis glabra 小花棘豆：glabrus 光秃的，无毛的，光滑的

Oxytropis glabra var. drakeana 包头棘豆：drakeana ← Drake（人名，19 世纪英国植物绘画艺术家）

Oxytropis glabra var. glabra 小花棘豆-原变种（词义见上面解释）

Oxytropis glabra var. tenuis 细叶棘豆：tenuis 薄的，纤细的，弱的，瘦的，窄的

Oxytropis glacialis 冰川棘豆：glacialis 冰的，冰雪地带的，冰川的；glacies 冰，冰块，耐寒，坚硬

Oxytropis glareosa 砾石棘豆：glareosus 多砂砾的，砂砾地生的；glarea 石砾；-osus/ -osum/ -osa 多的，充分的，丰富的，显著发育的，程度高的，特征明显的（形容词词尾）

Oxytropis globiflora 球花棘豆：glob-/ globi- ← globus 球体，圆球，地球；florus/ florum/ flora ← flos 花（用于复合词）

Oxytropis gorbunovii 格布棘豆（原名"帕米尔棘豆"，本属有重名）：gorbunovii（人名）；-ii 表示人名，接在以辅音字母结尾的人名后面，但 -er 除外

Oxytropis grandiflora 大花棘豆：grandi- ← grandis 大的；florus/ florum/ flora ← flos 花（用于复合词）

Oxytropis gueldenstaedtioides 米口袋状棘豆：Gueldenstaedtia 米口袋属（豆科）；-oides/ -oideus/ -oideum/ -oidea/ -odes/ -eidos 像……的，类似……的，呈……状的（名词词尾）

Oxytropis hailarensis 海拉尔棘豆：hailarensis 海拉尔的（地名，内蒙古自治区）

Oxytropis hailarensis f. hailarensis 海拉尔棘豆-原变型（词义见上面解释）

Oxytropis hailarensis f. liocarpa 光果山棘豆：lei-/ leio-/ lio- ← leius ← leios 光滑的，平滑的；carpus/ carpum/ carpa/ carpon ← carpos 果实（用于希腊语复合词）

Oxytropis hirsuta 长硬毛棘豆：hirsutus 粗毛的，糙毛的，有毛的（长而硬的毛）

Oxytropis hirsutiuscula 短硬毛棘豆：hirsutus 粗毛的，糙毛的，有毛的（长而硬的毛）；-usculus ← -culus 小的，略微的，稍微的（小词 -culus 和某些词构成复合词时变成 -usculus）

Oxytropis hirta 硬毛棘豆：hirtus 有毛的，粗毛的，刚毛的（长而明显的毛）

Oxytropis hirta var. hirta 硬毛棘豆-原变种（词义见上面解释）

Oxytropis hirta var. wutuiensis 武都棘豆：wutuiensis 武都的（地名，甘肃省，已修订为 wutuensis）

Oxytropis holanshanensis 贺兰山棘豆：holanshanensis 贺兰山的（地名，跨内蒙古自治区与

宁夏回族自治区）

Oxytropis humifusa 铺地棘豆（铺 pū）：humifusus 匍匐，蔓延

Oxytropis humilis 矮棘豆：humilis 矮的，低的

Oxytropis hystrix 猬刺棘豆：hystrix/ hystris 豪猪，刚毛，刺猬状刚毛；Hystrix 猬草属（禾本科）

Oxytropis imbricata 密花棘豆：imbricatus/ imbricans 重叠的，覆瓦状的

Oxytropis immersa 和硕棘豆：immersus 水面下的，沉水的；in-/ im-（来自 il- 的音变）内，在内，内部，向内，相反，不，无，非；il- 在内，向内，为，相反（希腊语为 en-）；词首 il- 的音变：il-（在 l 前面），im-（在 b、m、p 前面），in-（在元音字母和大多数辅音字母前面），ir-（在 r 前面），如 illaudatus（不值得称赞的，评价不好的），impermeabilis（不透水的，穿不透的），ineptus（不合适的），insertus（插入的），irretortus（无弯曲的，无扭曲的）；emersus 突出水面的，露出的，挺直的

Oxytropis inschanica 阴山棘豆：inschanica 阴山的（地名，内蒙古自治区）

Oxytropis kansuensis 甘肃棘豆：kansuensis 甘肃的（地名）

Oxytropis ketmenica 克特明棘豆：ketmenica 克特明的（地名，哈萨克斯坦）；-icus/ -icum/ -ica 属于，具有某种特性（常用于地名、起源、生境）

Oxytropis krylovii 克氏棘豆：krylovii（人名）；-ii 表示人名，接在以辅音字母结尾的人名后面，但 -er 除外

Oxytropis ladyginii 拉德京棘豆：ladyginii（人名）；-ii 表示人名，接在以辅音字母结尾的人名后面，但 -er 除外

Oxytropis lanuginosa 多伦棘豆：lanuginosus = lanugo + osus 具绵毛的，具柔毛的；lanugo = lana + ugo 绒毛（lanugo 的词干为 lanugin-）；词尾为 -go 的词其词干末尾视为 -gin；lana 羊毛，绵毛

Oxytropis lapponica 拉普兰棘豆：lapponica ← Lapland 拉普兰的（地名，瑞典）

Oxytropis latialata 宽翼棘豆：lati-/ late- ← latus 宽的，宽广的；alatus → ala-/ alat-/ alati-/ alato- 翅，具翅的，具翼的

Oxytropis latibracteata 宽苞棘豆：lati-/ late- ← latus 宽的，宽广的；bracteatus = bracteus + atus 具苞片的；bracteus 苞，苞片，苞鳞

Oxytropis lehmanni 等瓣棘豆：lehmanni ← Johann Georg Christian Lehmann（人名，19 世纪德国植物学家）（词尾改为 "-ii" 似更妥）；-ii 表示人名，接在以辅音字母结尾的人名后面，但 -er 除外；-i 表示人名，接在以元音字母结尾的人名后面，但 -a 除外

Oxytropis leptophylla 山泡泡：leptus ← leptos 细的，薄的，瘦小的，狭长的；phyllus/ phyllum/ phylla ← phyllon 叶片（用于希腊语复合词）

Oxytropis leptophylla var. leptophylla 山泡泡-原变种 （词义见上面解释）

Oxytropis leptophylla var. turbinata 陀螺棘豆：turbinatus 倒圆锥形的，陀螺状的；turbinus 陀螺，涡轮；turbo 旋转，涡旋

Oxytropis linearibracteata 线苞棘豆：linearis =

lineatus 线条的，线形的，线状的；bracteatus = bracteus + atus 具苞片的；bracteus 苞，苞片，苞鳞

Oxytropis longialata 长翼棘豆：longe-/ longi- ← longus 长的，纵向的；alatus → ala-/ alat-/ alati-/ alato- 翅，具翅的，具翼的

Oxytropis longibracteata 长苞棘豆：longe-/ longi- ← longus 长的，纵向的；bracteatus = bracteus + atus 具苞片的；bracteus 苞，苞片，苞鳞

Oxytropis longipedunculata 长梗棘豆：longe-/ longi- ← longus 长的，纵向的；pedunculatus/ peduncularis 具花序柄的，具总花梗的；pedunculus/ peduncule/ pedunculis ← pes 花序柄，总花梗（花序基部无花着生部分，不同于花柄）；关联词：pedicellus/ pediculus 小花梗，小花柄（不同于花序柄）；pes/ pedis 柄，梗，茎秆，腿，足，爪（作词首或词尾，pes 的词干视为 "ped-"）

Oxytropis macrobotrys 长穗棘豆：macro-/ macr- ← macros 大的，宏观的（用于希腊语复合词）；botrys → botr-/ botry- 簇，串，葡萄串状，丛，总状

Oxytropis martijanovii 马氏棘豆：martijanovii（人名）；-ii 表示人名，接在以辅音字母结尾的人名后面，但 -er 除外

Oxytropis meinshausenii 萨拉套棘豆：meinshausenii（人名）；-ii 表示人名，接在以辅音字母结尾的人名后面，但 -er 除外

Oxytropis melanocalyx 黑萼棘豆：mel-/ mela-/ melan-/ melano- ← melanus/ melaenus ← melas/ melanos 黑色的，浓黑色的，暗色的；calyx → calyc- 萼片（用于希腊语复合词）

Oxytropis melanocalyx var. brevidentata 短萼齿棘豆：brevi- ← brevis 短的（用于希腊语复合词词首）；dentatus = dentus + atus 牙齿的，齿状的，具齿的；dentus 齿，牙齿；-atus/ -atum/ -ata 属于，相似，具有，完成（形容词词尾）

Oxytropis melanocalyx var. melanocalyx 黑萼棘豆-原变种 （词义见上面解释）

Oxytropis melanotricha 黑毛棘豆：mel-/ mela-/ melan-/ melano- ← melanus/ melaenus ← melas/ melanos 黑色的，浓黑色的，暗色的；trichus 毛，毛发，线

Oxytropis merkensis 米尔克棘豆：merkensis 米尔克的（地名，中亚天山地区）

Oxytropis microphylla 小叶棘豆：micr-/ micro- ← micros 小的，微小的，微观的（用于希腊语复合词）；phyllus/ phyllum/ phylla ← phyllon 叶片（用于希腊语复合词）

Oxytropis microsphaera 小球棘豆：micr-/ micro- ← micros 小的，微小的，微观的（用于希腊语复合词）；sphaerus 球的，球形的

Oxytropis moellendorffii 窄膜棘豆：moellendorffii ← Otto von Möllendorf（人名，20 世纪德国外交官和软体动物学家）

Oxytropis mollis 软毛棘豆：molle/ mollis 软的，柔毛的

Oxytropis multiramosa 昌都棘豆：multi- ← multus 多个，多数，很多（希腊语为 poly-）；ramosus = ramus + osus 有分枝的，多分枝的；

ramus 分枝，枝条；-osus/ -osum/ -osa 多的，充分的，丰富的，显著发育的，程度高的，特征明显的（形容词词尾）

Oxytropis muricata 糙荚棘豆：muricatus = murex + atus 粗糙的，糙面的，海螺状表面的（由于密被小的瘤状凸起），具短硬尖的；muri-/ muric- ← murex 海螺（指表面有瘤状凸起），粗糙的，糙面的；构词规则：以 -ix/ -iex 结尾的词其词干末尾视为 -ic，以 -ex 结尾视为 -i/ -ic，其他以 -x 结尾视为 -c；-atus/ -atum/ -ata 属于，相似，具有，完成（形容词词尾）

Oxytropis myriophylla 多叶棘豆：myri-/ myrio- ← myrios 无数的，大量的，极多的（希腊语）；phyllus/ phyllum/ phylla ← phyllon 叶片（用于希腊语复合词）

Oxytropis neimonggolica 内蒙古棘豆：neimonggolica 内蒙古的（地名）

Oxytropis ningxiaensis 六盘山棘豆：ningxiaensis 宁夏的（地名）

Oxytropis nutans 垂花棘豆：nutans 弯曲的，下垂的（弯曲程度远大于 90°）；关联词：cernuus 点头的，前屈的，略俯垂的（弯曲程度略大于 90°）

Oxytropis ochrantha 黄毛棘豆：ochro- ← ochra 黄色的，黄土的；anthus/ anthum/ antha/ anthe ← anthos 花（用于希腊语复合词）

Oxytropis ochrantha var. albopilosa 白毛棘豆：albus → albi-/ albo- 白色的；pilosus = pilus + osus 多毛的，被柔毛的，具疏柔毛的，被短弱细毛的；pilus 毛，疏柔毛；-osus/ -osum/ -osa 多的，充分的，丰富的，显著发育的，程度高的，特征明显的（形容词词尾）

Oxytropis ochrantha f. diversicolor 异色黄穗棘豆：diversus 多样的，各种各样的，多方向的；color 颜色

Oxytropis ochrantha var. ochrantha 黄毛棘豆-原变种 （词义见上面解释）

Oxytropis ochrocephala 黄花棘豆：ochro- ← ochra 黄色的，黄土的；cephalus/ cephale ← cephalos 头，头状花序

Oxytropis ochrocephala var. longibracteata 长苞黄花棘豆：longe-/ longi- ← longus 长的，纵向的；bracteatus = bracteus + atus 具苞片的；bracteus 苞，苞片，苞鳞

Oxytropis ochrocephala var. ochrocephala 黄花棘豆-原变种 （词义见上面解释）

Oxytropis ochroleuca 淡黄棘豆：ochroleucus 黄白色的；ochro- ← ochra 黄色的，黄土的；leucus 白色的，淡色的

Oxytropis parasericopetala 长萼棘豆：parasericopetalus 稍呈绢丝状花瓣的；para- 类似，接近，近旁，假的；sericus 绢丝的，绢毛的，赛尔人的（Ser 为印度一民族）；petalus/ petalum/ petala ← petalon 花瓣

Oxytropis pauciflora 少花棘豆：pauci- ← paucus 少数的，少的（希腊语为 oligo-）；florus/ florum/ flora ← flos 花（用于复合词）

Oxytropis pellita 地皮棘豆：pellitus 隐藏的，覆盖的

Oxytropis penduliflora 蓝垂花棘豆：pendulus ← pendere 下垂的，垂吊的（悬空或因支持体细软而下垂）；pendere/ pendeo 悬挂，垂悬；-ulus/ -ulum/ -ula（表示趋向或动作）（小词 -ulus 在字母 e 或 i 之后有多种变缀，即 -olus/ -olum/ -ola、-ellus/ -ellum/ -ella、-illus/ -illum/ -illa，与第一变格法和第二变格法名词形成复合词）；florus/ florum/ flora ← flos 花（用于复合词）

Oxytropis pilosa 疏毛棘豆：pilosus = pilus + osus 多毛的，被柔毛的，具疏柔毛的，被短弱细毛的；pilus 毛，疏柔毛；-osus/ -osum/ -osa 多的，充分的，丰富的，显著发育的，程度高的，特征明显的（形容词词尾）

Oxytropis platonychia 宽柄棘豆：platys 大的，宽的（用于希腊语复合词）；onychia ← onyx 爪（比喻裂片狭尖）

Oxytropis platysema 宽瓣棘豆：platys 大的，宽的（用于希腊语复合词）；semus 旗，旗瓣，标志

Oxytropis podoloba 长柄棘豆：podos/ podo-/ pous 腿，足，柄，茎；lobus/ lobos/ lobon 浅裂，耳片（裂片先端钝圆），荚果，蒴果

Oxytropis poncinsii 帕米尔棘豆：poncinsii（人名）；-ii 表示人名，接在以辅音字母结尾的人名后面，但 -er 除外

Oxytropis przewalskii 哈密棘豆：przewalskii ← Nicolai Przewalski（人名，19 世纪俄国探险家、博物学家）

Oxytropis pseudofrigida 阿拉套棘豆：pseudofrigida 像 frigida 的；pseudo-/ pseud- ← pseudos 假的，伪的，接近，相似（但不是）；Oxytropis frigida 冷棘豆；frigidus 寒带的，寒冷的，僵硬的

Oxytropis puberula 微柔毛棘豆：puberulus = puberus + ulus 略被柔毛的，被微柔毛的；puberus 多毛的，毛茸茸的；-ulus/ -ulum/ -ula 小的，略微的，稍微的（小词 -ulus 在字母 e 或 i 之后有多种变缀，即 -olus/ -olum/ -ola、-ellus/ -ellum/ -ella、-illus/ -illum/ -illa，与第一变格法和第二变格法名词形成复合词）

Oxytropis pusilla 细小棘豆：pusillus 纤弱的，细小的，无价值的

Oxytropis qilianshanica 祁连山棘豆（祁 qí）：qilianshanica 祁连山的（地名，甘肃省）

Oxytropis racemosa 砂珍棘豆：racemosus = racemus + osus 总状花序的；racemus/ raceme 总状花序，葡萄串状的；-osus/ -osum/ -osa 多的，充分的，丰富的，显著发育的，程度高的，特征明显的（形容词词尾）

Oxytropis racemosa f. albiflora 白花砂珍棘豆：albus → albi-/ albo- 白色的；florus/ florum/ flora ← flos 花（用于复合词）

Oxytropis racemosa f. racemosa 砂珍棘豆-原变型 （词义见上面解释）

Oxytropis ramosissima 多枝棘豆：ramosus = ramus + osus 分枝极多的；ramus 分枝，枝条；-osus/ -osum/ -osa 多的，充分的，丰富的，显著发育的，程度高的，特征明显的（形容词词尾）；-issimus/ -issima/ -issimum 最，非常，极其（形容

O

词最高级）

Oxytropis recognita 斋桑棘豆：recognitus 认识的，识别的，记住的；re- 返回，相反，再次，重复，向后，回头；cognosco/ cognitum 认识，知晓，读，观察，追到，探究；cognitus 已知的，已了解的；incognitus 不了解的，不认识的；gnosco/ nosco 认识，经验，承认

Oxytropis reniformis 肾瓣棘豆：reniformis 肾形的；ren-/ reni- ← ren/ renis 肾，肾形；renarius/ renalis 肾脏的，肾形的；formis/ forma 形状

Oxytropis rhynchophysa 乌卢套棘豆：rhynchus ← rhynchos 喙状的，鸟嘴状的；physus ← physos 水泡的，气泡的，口袋的，膀胱的，囊状的（表示中空）

Oxytropis rupifraga 悬岩棘豆：rupifragus 裂岩的，击碎岩石的；rup-/ rupi- ← rupes/ rupis 岩石的；fragus 碎裂的，碎片的，断片的

Oxytropis sacciformis 囊萼棘豆：saccus 袋子，囊，包囊；formis/ forma 形状

Oxytropis salina 盐生棘豆：salinus 有盐分的，生于盐地的；sal/ salis 盐，盐水，海，海水

Oxytropis saposhnikovii 萨氏棘豆：saposhnikovii （人名）；-ii 表示人名，接在以辅音字母结尾的人名后面，但 -er 除外

Oxytropis sarkandensis 萨坎德棘豆：sarkandensis 萨坎德的（地名，新疆维吾尔自治区）

Oxytropis saurica 萨吾尔棘豆：saurica 萨吾尔山的（地名，另有音译"沙乌尔""萨乌尔"，新疆维吾尔自治区）

Oxytropis savellanica 伊朗棘豆：savellanica （地名）

Oxytropis schrenkii 塔城棘豆：schrenkii （人名）；-ii 表示人名，接在以辅音字母结尾的人名后面，但 -er 除外

Oxytropis semenovii 谢米诺夫棘豆：semenovii （人名）；-ii 表示人名，接在以辅音字母结尾的人名后面，但 -er 除外

Oxytropis sericopetala 毛瓣棘豆：sericopetalus 绢毛瓣的；sericus 绢丝的，绢毛的，赛尔人的（Ser 为印度一民族）；petalus/ petalum/ petala ← petalon 花瓣

Oxytropis sichuanica 四川棘豆：sichuanica 四川的（地名）；-icus/ -icum/ -ica 属于，具有某种特性（常用于地名、起源、生境）

Oxytropis sinkiangensis 新疆棘豆：sinkiangensis 新疆的（地名）

Oxytropis sitaipaiensis 西太白棘豆：sitaipaiensis 西太白山的（地名，陕西省）

Oxytropis soongorica 准噶尔棘豆（噶 gá）：soongorica 准噶尔的（地名，新疆维吾尔自治区）；-icus/ -icum/ -ica 属于，具有某种特性（常用于地名、起源、生境）

Oxytropis spinifer 温泉棘豆：spinifer 具刺的；spinus 刺，针刺；-ferus/ -ferum/ -fera/ -fero/ -fere/ -fer 有，具有，产（区别：作独立词使用的 ferus 意思是"野生的"）

Oxytropis squamulosa 鳞萼棘豆：squamulosus = squamus + ulosus 小鳞片很多的，被小鳞片的；

squamus 鳞，鳞片，薄膜；-ulosus = ulus + osus 小而多的；-ulus/ -ulum/ -ula 小的，略微的，稍微的（小词 -ulus 在字母 e 或 i 之后有多种变缀，即 -olus/ -olum/ -ola、-ellus/ -ellum/ -ella、-illus/ -illum/ -illa，与第一变格法和第二变格法名词形成复合词）；-osus/ -osum/ -osa 多的，充分的，丰富的，显著发育的，程度高的，特征明显的（形容词词尾）

Oxytropis stracheyana 胀果棘豆：stracheyana （人名）

Oxytropis subfalcata 紫花棘豆：subfalcatus 略呈镰刀状的；sub-（表示程度较弱）与……类似，几乎，稍微，弱，亚，之下，下面；falcatus = falx + atus 镰刀的，镰刀状的；构词规则：以 -ix/ -iex 结尾的词其词干末尾视为 -ic，以 -ex 结尾视为 -i/ -ic，其他以 -x 结尾视为 -c；-atus/ -atum/ -ata 属于，相似，具有，完成（形容词词尾）

Oxytropis subfalcata var. albiflora 白花棘豆：albus → albi-/ albo- 白色的；florus/ florum/ flora ← flos 花（用于复合词）

Oxytropis subfalcata var. subfalcata 紫花棘豆-原变种 （词义见上面解释）

Oxytropis subpodoloba 短序棘豆：subpodoloba 像 podoloba 的；sub-（表示程度较弱）与……类似，几乎，稍微，弱，亚，之下，下面；Oxytropis podoloba 长柄棘豆

Oxytropis sulphurea 硫黄棘豆：sulphureus/ sulfureus 硫黄色的

Oxytropis taochensis 洮河棘豆（洮 táo）：taochensis 洮河的（地名，青海省和甘肃省）

Oxytropis thomsonii 长喙棘豆：thomsonii ← Thomas Thomson （人名，19 世纪英国植物学家）；-ii 表示人名，接在以辅音字母结尾的人名后面，但 -er 除外

Oxytropis tianschanica 天山棘豆：tianschanica 天山的（地名，新疆维吾尔自治区）；-icus/ -icum/ -ica 属于，具有某种特性（常用于地名、起源、生境）

Oxytropis trichocalycina 毛齿棘豆：trich-/ tricho-/ tricha- ← trichos ← thrix 毛，多毛的，线状的，丝状的；calycinus = calyx + inus 萼片的，萼片状的，萼片宿存的；calyx → calyc- 萼片（用于希腊语复合词）；构词规则：以 -ix/ -iex 结尾的词其词干末尾视为 -ic，以 -ex 结尾视为 -i/ -ic，其他以 -x 结尾视为 -c；-inus/ -inum/ -ina/ -inos 相近，接近，相似，具有（通常指颜色）

Oxytropis trichophora 具毛棘豆（原名"毛序棘豆"，本属有重名）：trich-/ tricho-/ tricha- ← trichos ← thrix 毛，多毛的，线状的，丝状的；-phorus/ -phorum/ -phora 载体，承载物，支持物，带着，生着，附着（表示一个部分带着别的部分，包括起支撑或承载作用的柄、柱、托、囊等，如 gynophorum = gynus + phorum 雌蕊柄的，带有雌蕊的，承载雌蕊的）；gynus/ gynum/ gyna 雌蕊，子房，心皮

Oxytropis trichophysa 毛泡棘豆：trich-/ tricho-/ tricha- ← trichos ← thrix 毛，多毛的，线状的，丝状的；physus ← physos 水泡的，气泡的，口袋的，膀胱的，囊状的（表示中空）

Oxytropis trichosphaera 毛序棘豆：trichosphaera

毛球的；trich-/ tricho-/ tricha- ← trichos ← thrix 毛，多毛的，线状的，丝状的；sphaerus 球的，球形的

Oxytropis wutaiensis 五台山棘豆：wutaiensis 五台山的（地名，山西省）

Oxytropis xinglongshanica 兴隆山棘豆：xinglongshanica 兴隆山的（地名，甘肃省）

Oxytropis yunnanensis 云南棘豆：yunnanensis 云南的（地名）

Pachira 瓜栗属（木棉科）（49-2：p104）：pachira ← pachys 厚的，粗的，肥的

Pachira aquatica 瓜栗（另见 P. macrocarpa）：aquaticus/ aquatilis 水的，水生的，潮湿的；aqua 水；-aticus/ -aticum/ -atica 属于，表示生长的地方

Pachira macrocarpa 瓜栗（另见 P. aquatica）：macro-/ macr- ← macros 大的，宏观的（用于希腊语复合词）；carpus/ carpum/ carpa/ carpon ← carpos 果实（用于希腊语复合词）

Pachycentria 厚距花属（野牡丹科）（53-1：p280）：pachy- ← pachys 厚的，粗的，肥的；centria ← centron 距

Pachycentria formosana 厚距花：formosanus = formosus + anus 美丽的，台湾；formosus ← formosa 美丽的，台湾的（葡萄牙殖民者发现台湾时对其的称呼，即美丽的岛屿）；-anus/ -anum/ -ana 属于，来自（形容词词尾）

Pachygone 粉绿藤属（防己科）（30-1：p35）：pachy- ← pachys 厚的，粗的，肥的；gone ← gony 膝，屈膝

Pachygone sinica 粉绿藤：sinica 中国的（地名）；-icus/ -icum/ -ica 属于，具有某种特性（常用于地名、起源、生境）

Pachygone valida 肾子藤：validus 强的，刚直的，正统的，结实的，刚健的

Pachygone yunnanensis 滇粉绿藤：yunnanensis 云南的（地名）

Pachypleurum 厚棱芹属（伞形科）（55-2：p258，55-3：p255）：pachy- ← pachys 厚的，粗的，肥的；pleurus ← pleuron 肋，脉，肋状的，侧生的

Pachypleurum alpinum 高山厚棱芹：alpinus = alpus + inus 高山的；alpus 高山；al-/ alti-/ alto- ← altus 高的，高处的；-inus/ -inum/ -ina/ -inos 相近，接近，相似，具有（通常指颜色）；关联词：subalpinus 亚高山的

Pachypleurum lhasanum 拉萨厚棱芹：lhasanum 拉萨的（地名，西藏自治区）

Pachypleurum mucronatum 短尖厚棱芹：mucronatus = mucronus + atus 具短尖的，有微突起的；mucronus 短尖头，微突；-atus/ -atum/ -ata 属于，相似，具有，完成（形容词词尾）

Pachypleurum muliense 木里厚棱芹：muliense 木里的（地名，四川省）

Pachypleurum nyalamense 聂拉木厚棱芹：nyalamense 聂拉木的（地名，西藏南部）

Pachypleurum xizangense 西藏厚棱芹：xizangense 西藏的（地名）

Pachypterygium 厚壁荠属（荠 jì）（十字花科）（33：p66）：pachy- ← pachys 厚的，粗的，肥的；

pterygius = pteryx + ius 具翅的，具翼的；pteris ← pteryx 翅，翼，蕨类（希腊语）；-ius/ -ium/ -ia 具有……特性的（表示有关、关联、相似）

Pachypterygium multicaule 厚壁荠：multi- ← multus 多个，多数，很多（希腊语为 poly-）；caulus/ caulon/ caule ← caulos 茎，茎秆，主茎

Pachyrhizus 豆薯属（豆科）（41：p212）：pachyrhizus 粗跟的（缀词规则：-rh- 接在元音字母后面构成复合词时要变成 -rrh-，故该属名宜改为"Pachyrrhizus"）；pachy- ← pachys 厚的，粗的，肥的；rhizus 根，根状茎

Pachyrhizus erosus 豆薯：erosus 啮蚀状的，牙齿不整齐的

Pachysandra 板凳果属（黄杨科）（45-1：p56）：pachys 粗的，厚的，肥的；andrus/ andros/ antherus ← aner 雄蕊，花药，雄性

Pachysandra axillaris 板凳果：axillaris 腋生的；axillus 叶腋的；axill-/ axilli- 叶腋；superaxillaris 腋上的；subaxillaris 近腋生的；extraaxillaris 腋外的；infraaxillaris 腋下的；-aris（阳性、阴性）/ -are（中性）← -alis（阳性、阴性）/ -ale（中性）属于，相似，如同，具有，涉及，关于，联结于（将名词作形容词用，其中 -aris 常用于以 l 或 r 为词干末尾的词）；形近词：axilis ← axis 轴，中轴

Pachysandra axillaris var. axillaris 板凳果-原变种（词义见上面解释）

Pachysandra axillaris var. glaberrima 光叶板凳果：glaberrimus 完全无毛的；glaber/ glabrus 光滑的，无毛的；-rimus/ -rima/ -rimum 最，极，非常（词尾为 -er 的形容词最高级）

Pachysandra axillaris var. stylosa 多毛板凳果：stylosus 具花柱的，花柱明显的；stylus/ stylis ← stylos 柱，花柱；-osus/ -osum/ -osa 多的，充分的，丰富的，显著发育的，程度高的，特征明显的（形容词词尾）

Pachysandra terminalis 顶花板凳果：terminalis 顶端的，顶生的，末端的；terminus 终结，限界；terminate 使终结，设限界

Pachystachys 厚穗爵床属（爵床科）（70：p1）：pachystachys 粗壮穗状花序的；pachys 粗的，厚的，肥的；stachy-/ stachyo-/ -stachys/ -stachyus/ -stachyum/ -stachya 穗子，穗子的，穗子状的，穗状花序的

Pachystachys lutea 金苞花：luteus 黄色的

Pachystoma 粉口兰属（兰科）（18：p249）：pachystoma 口部肥厚的（指唇瓣肥厚）；pachys 粗的，厚的，肥的；stomus 口，开口，气孔

Pachystoma pubescens 粉口兰：pubescens ← pubens 被短柔毛的，长出柔毛的；pubi- ← pubis 细柔毛的，短柔毛的，毛被的；pubesco/ pubescere 长成的，变为成熟的，长出柔毛的，青春期体毛的；-escens/ -ascens 改变，转变，变成，略微，带有，接近，相似，大致，稍微（表示变化的趋势，并未完全相似或相同，有别于表示达到完成状态的 -atus）

Padus 稠李属（蔷薇科）（38：p89）：padus ← pados 稠李（希腊语名）

Padus brachypoda 短梗稠李：brachy- ← brachys 短的（用于拉丁语复合词词首）；podus/ pus 柄，

P

梗，茎秆，足，腿

Padus brachypoda var. brachypoda 短梗稠李-原变种 （词义见上面解释）

Padus brachypoda var. microdonta 细齿短梗稠李：micr-/ micro- ← micros 小的，微小的，微观的（用于希腊语复合词）；dontus 齿，牙齿

Padus brunnescens 褐毛稠李：brunneus/ bruneus 深褐色的；-escens/ -ascens 改变，转变，变成，略微，带有，接近，相似，大致，稍微（表示变化的趋势，并未完全相似或相同，有别于表示达到完成状态的 -atus）；-eus/ -eum/ -ea（接拉丁语词干时）属于……的，色如……的，质如……的（表示原料、颜色或品质的相似），（接希腊语词干时）属于……的，以……出名，为……所占有（表示具有某种特性）

Padus buergeriana 橉木（橉 lìn）：buergeriana ← Heinrich Buerger （人名，19 世纪荷兰植物学家）

Padus cornuta 光萼稠李：cornutus = cornus + utus 犄角的，兽角的，角质的；cornus 角，犄角，兽角，角质，角质般坚硬；-utus/ -utum/ -uta（名词词尾，表示具有）

Padus grayana 灰叶稠李：grayana ← Asa Gray （人名，19 世纪中叶美国植物学家，达尔文的好朋友和支持者）

Padus integrifolia 全缘叶稠李：integer/ integra/ integrum → integri- 完整的，整个的，全缘的；folius/ folium/ folia 叶，叶片（用于复合词）

Padus maackii 斑叶稠李：maackii ← Richard Maack （人名，19 世纪俄国博物学家）

Padus maackii f. lanceolata 披针形斑叶稠李：lanceolatus = lanceus + olus + atus 小披针形的，小柳叶刀的；lance-/ lancei-/ lanci-/ lanceo-/ lanc- ← lanceus 披针形的，矛形的，尖刀状的，柳叶刀状的；-olus ← -ulus 小，稍微，略微（-ulus 在字母 e 或 i 之后变成 -olus/ -ellus/ -illus）；-atus/ -atum/ -ata 属于，相似，具有，完成（形容词词尾）

Padus maackii f. maackii 斑叶稠李-原变型 （词义见上面解释）

Padus napaulensis 粗梗稠李：napaulensis 尼泊尔的（地名）

Padus obtusata 细齿稠李：obtusatus = abtusus + atus 钝形的，钝头的；obtusus 钝的，钝形的，略带圆形的

Padus perulata 宿鳞稠李：perulatus = perulus + atus 具芽鳞的，具鳞片的，具小囊的；perulus 芽鳞，小囊

Padus racemosa 稠李：racemosus = racemus + osus 总状花序的；racemus/ raceme 总状花序，葡萄串状的；-osus/ -osum/ -osa 多的，充分的，丰富的，显著发育的，程度高的，特征明显的（形容词词尾）

Padus racemosa var. asiatica 北亚稠李：asiatica 亚洲的（地名）；-aticus/ -aticum/ -atica 属于，表示生长的地方，作名词词尾

Padus racemosa var. pubescens 毛叶稠李：pubescens ← pubens 被短柔毛的，长出柔毛的；pubi- ← pubis 细柔毛的，短柔毛的，毛被的；pubesco/ pubescere 长成的，变为成熟的，长出柔毛的，青春期体毛的；-escens/ -ascens 改变，转变，变成，略微，带有，接近，相似，大致，稍微（表示

变化的趋势，并未完全相似或相同，有别于表示达到完成状态的 -atus）

Padus racemosa var. racemosa 稠李-原变种 （词义见上面解释）

Padus ssiori （西罗稠李）：ssiori（该属植物茎的日本阿伊努语）

Padus stellipila 星毛稠李：stella 星状的；pilus 毛，疏柔毛

Padus velutina 毡毛稠李：velutinus 天鹅绒的，柔软的；velutus 绒毛的；-inus/ -inum/ -ina/ -inos 相近，接近，相似，具有（通常指颜色）

Padus wilsonii 绢毛稠李（绢 juàn）：wilsonii ← John Wilson （人名，18 世纪英国植物学家）

Paederia 鸡矢藤属（茜草科）（71-2：p110）：paederia ← paidor 恶臭的（指植物体有臭味）

Paederia cavaleriei 耳叶鸡矢藤：cavaleriei ← Pierre Julien Cavalerie （人名，20 世纪法国传教士）；-i 表示人名，接在以元音字母结尾的人名后面，但 -a 除外

Paederia foetida 臭鸡矢藤：foetidus = foetus + idus 臭的，恶臭的，令人作呕的；foetus/ faetus/ fetus 臭味，恶臭，令人不悦的气味；-idus/ -idum/ -ida 表示在进行中的动作或情况，作动词、名词或形容词的词尾

Paederia lanuginosa 绒毛鸡矢藤：lanuginosus = lanugo + osus 具绵毛的，具柔毛的；lanugo = lana + ugo 绒毛（lanugo 的词干为 lanugin-）；词尾为 -go 的词其词干末尾视为 -gin；lana 羊毛，绵毛

Paederia laxiflora 疏花鸡矢藤：laxus 稀疏的，松散的，宽松的；florus/ florum/ flora ← flos 花（用于复合词）

Paederia pertomentosa 白毛鸡矢藤：per-（在 l 前面音变为 pel-）极，很，颇，甚，非常，完全，通过，遍及（表示效果加强，与 sub- 互为反义词）；tomentosus = tomentum + osus 绒毛的，密被绒毛的；tomentum 绒毛，浓密的毛被，棉絮，棉絮状填充物（被褥、垫子等）；-osus/ -osum/ -osa 多的，充分的，丰富的，显著发育的，程度高的，特征明显的（形容词词尾）

Paederia praetermissa 奇异鸡矢藤：praetermissus 漏看的，省略的

Paederia scandens 鸡矢藤：scandens 攀缘的，缠绕的，藤本的；scando/ scansum 上升，攀登，缠绕

Paederia scandens var. tomentosa 毛鸡矢藤：tomentosus = tomentum + osus 绒毛的，密被绒毛的；tomentum 绒毛，浓密的毛被，棉絮，棉絮状填充物（被褥、垫子等）；-osus/ -osum/ -osa 多的，充分的，丰富的，显著发育的，程度高的，特征明显的（形容词词尾）

Paederia spectatissima 云桂鸡矢藤：spectatissima 极值得看的；spectatus = spectus + atus 美丽的，值得看的；spectus 观看，观察，观测，表情，外观，外表，样子；-issimus/ -issima/ -issimum 最，非常，极其（形容词最高级）

Paederia stenobotrya 狭序鸡矢藤：sten-/ steno- ← stenus 窄的，狭的，薄的；botryus ← botrys 总状的，簇状的，葡萄串状的

Paederia stenophylla 狭叶鸡矢藤：sten-/ steno- ←

stenus 窄的，狭的，薄的；phyllus/ phyllum/ phylla ← phyllon 叶片（用于希腊语复合词）

Paederia yunnanensis 云南鸡矢藤：yunnanensis 云南的（地名）

Paeonia 芍药属（毛茛科，芍药科）（27：p37）：paeonia ← Paeon（希腊神话中的医神名字，因该属植物根可入药而取其名）

Paeonia anomala 窄叶芍药：anomalus = a + nomalus 异常的，变异的，不规则的；a-/ an- 无，非，没有，缺乏，不具有（an- 用于元音前）（a-/ an- 为希腊语词首，对应的拉丁语词首为 e-/ ex-，相当于英语的 un-/ -less，注意词首 a- 和作为介词的 a/ ab 不同，后者的意思是"从……、由……、关于……、因为……"）；nomalus 规则的，规律的，法律的；nomus ← nomos 规则，规律，法律

Paeonia anomala var. intermedia 块根芍药：intermedius 中间的，中位的，中等的；inter- 中间的，在中间，之间；medius 中间的，中央的

Paeonia delavayi 紫牡丹（原名"野牡丹"，野牡丹科有重名）：delavayi ← P. J. M. Delavay（人名，1834–1895，法国传教士，曾在中国采集植物标本）；-i 表示人名，接在以元音字母结尾的人名后面，但 -a 除外

Paeonia delavayi var. angustiloba 狭叶牡丹：angusti- ← angustus 窄的，狭的，细的；lobus/ lobos/ lobon 浅裂，耳片（裂片先端钝圆），荚果，蒴果

Paeonia delavayi var. lutea 黄牡丹：luteus 黄色的

Paeonia emodi 多花芍药：emodi ← Emodus 埃莫多斯山的（地名，所有格，属喜马拉雅山西坡，古希腊人对喜马拉雅山的称呼）（词末尾改为"-ii"似更妥）；-ii 表示人名，接在以辅音字母结尾的人名后面，但 -er 除外；-i 表示人名，接在以元音字母结尾的人名后面，但 -a 除外

Paeonia lactiflora 芍药：lacteus 乳汁的，乳白色的，白色略带蓝色的；lactis 乳汁；florus/ florum/ flora ← flos 花（用于复合词）

Paeonia lactiflora var. trichocarpa 毛果芍药：trich-/ tricho-/ tricha- ← trichos ← thrix 毛，多毛的，线状的，丝状的；carpus/ carpum/ carpa/ carpon ← carpos 果实（用于希腊语复合词）

Paeonia mairei 美丽芍药：mairei（人名）；Edouard Ernest Maire（人名，19 世纪活动于中国云南的传教士）；Rene C. J. E. Maire 人名（20 世纪阿尔及利亚植物学家，研究北非植物）；-i 表示人名，接在以元音字母结尾的人名后面，但 -a 除外

Paeonia obovata 草芍药：obovatus = ob + ovus + atus 倒卵形的；ob- 相反，反对，倒（ob- 有多种音变：ob- 在元音字母和大多数辅音字母前面，oc- 在 c 前面，of- 在 f 前面，op- 在 p 前面）；ovus 卵，胚珠，卵形的，椭圆形的

Paeonia obovata var. willmottiae 毛叶草芍药：willmottiae ← Ellen Ann Willmott（人名，20 世纪英国园林学家）；-ae 表示人名，以 -a 结尾的人名后面加上 -e 形成

Paeonia sinjiangensis 新疆芍药：sinjiangensis 新疆的（地名）

Paeonia sterniana 白花芍药：sterniana ← Frederick Claude Stern（人名，20 世纪商人、银行家、园林学家）

Paeonia suffruticosa 牡丹：suffruticosus 亚灌木状的；suffrutex 亚灌木，半灌木；suf- ← sub- 亚，像，稍微（sub- 在字母 f 前同化为 suf-）；frutex 灌木；-osus/ -osum/ -osa 多的，充分的，丰富的，显著发育的，程度高的，特征明显的（形容词词尾）

Paeonia suffruticosa var. papaveracea 紫斑牡丹：papaveracea 像罂粟的；Papaver 罂粟属（罂粟科）；-aceus/ -aceum/ -acea 相似的，有……性质的，属于……的

Paeonia suffruticosa var. spontanea 矮牡丹：spontaneus 野生的，自生的

Paeonia szechuanica 四川牡丹：szechuanica 四川的（地名）；-icus/ -icum/ -ica 属于，具有某种特性（常用于地名、起源、生境）

Paeonia veitchii 川赤芍：veitchii/ veitchianus ← James Veitch（人名，19 世纪植物学家）

Paeonia veitchii var. leiocarpa 光果赤芍：lei-/ leio-/ lio- ← leius ← leios 光滑的，平滑的；carpus/ carpum/ carpa/ carpon ← carpos 果实（用于希腊语复合词）

Paeonia veitchii var. uniflora 单花赤芍：uni-/ uno- ← unus/ unum/ una 一，单一（希腊语为 mono-/ mon-）；florus/ florum/ flora ← flos 花（用于复合词）

Paeonia veitchii var. woodwardii 毛赤芍：woodwardii ← Thomas Jenkinson Woodward（人名，18 世纪英国植物学家）

Paesia 曲轴蕨属（蕨科）（3-1：p8）：paesia ← Paes（人名）

Paesia taiwanensis 台湾曲轴蕨：taiwanensis 台湾的（地名）

Palaquium 胶木属（山榄科）（60-1：p52）：palaquium ← palak 胶树（马来西亚土名）

Palaquium formosanum 台湾胶木：formosanus = formosus + anus 美丽的，台湾的；formosus ← formosa 美丽的，台湾的（葡萄牙殖民者发现台湾时对其的称呼，即美丽的岛屿）；-anus/ -anum/ -ana 属于，来自（形容词词尾）

Palhinhaea 垂穗石松属（石松科）（6-3：p69）：palhinhaea ← Ruy Telles Palhinha（人名，20 世纪葡萄牙植物学家）

Palhinhaea cernua 垂穗石松：cernuus 点头的，前屈的，略俯垂的（弯曲程度略大于 90°）；cernu-/ cernui- 弯曲，下垂；关联词：nutans 弯曲的，下垂的（弯曲程度远大于 90°）

Palhinhaea cernua f. cernua 垂穗石松-原变型（词义见上面解释）

Palhinhaea cernua f. sikkimensis 毛枝垂穗石松：sikkimensis 锡金的（地名）

Palhinhaea hainanensis 海南垂穗石松：hainanensis 海南的（地名）

Palhinhaea hainanensis f. glabra 光枝海南垂穗石松：glabrus 光秃的，无毛的，光滑的

Palhinhaea hainanensis f. hainanensis 海南垂穗石松-原变型 （词义见上面解释）

P

Paliurus 马甲子属（鼠李科）（48-1：p127）：paliurus 一种枣树（有刺），另一解释为来自 paliouros 利尿的

Paliurus hemsleyanus 铜钱树：hemsleyanus ← William Botting Hemsley（人名，19 世纪研究中美洲植物的植物学家）

Paliurus hirsutus 硬毛马甲子：hirsutus 粗毛的，糙毛的，有毛的（长而硬的毛）

Paliurus orientalis 短柄铜钱树：orientalis 东方的；oriens 初升的太阳，东方

Paliurus ramosissimus 马甲子：ramosus = ramus + osus 分枝极多的；ramus 分枝，枝条；-osus/ -osum/ -osa 多的，充分的，丰富的，显著发育的，程度高的，特征明显的（形容词词尾）；-issimus/ -issima/ -issimum 最，非常，极其（形容词最高级）

Paliurus spina-christi 滨枣：spinus 刺，针刺；spin-/ spini- ← spinus 刺，针刺；christi ← Herman Christ（人名，19 世纪瑞士植物学家）（注：词尾改为"-ii"似更妥）；-ii 表示人名，接在以辅音字母结尾的人名后面，但 -er 除外；-i 表示人名，接在以元音字母结尾的人名后面，但 -a 除外

Palmae 棕榈科（13-1：p2）：palmae ← palmus 手掌状的；Palmae 为保留科名，其标准科名为 Arecaceae，来自模式属 Areca 槟榔属

Panax 人参属（参 shēn）（五加科）（54：p179）：panax 包治百病的，万能药的；pan-/ panto- 全部，广泛，所有；-ax 倾向于，易于（动词词尾，如 fugere 逃跑，逃亡，消失 + ax → fugax 易消失的）（单数所有格为 -acis）

Panax ginseng 人参：ginseng 人参（汉语方言）

Panax pseudo-ginseng 假人参：pseudo-ginseng 像 ginseng 的；pseudo-/ pseud- ← pseudos 假的，伪的，接近，相似（但不是）；Panax ginseng 人参

Panax pseudo-ginseng var. angustifolius 狭叶假人参：angusti- ← angustus 窄的，狭的，细的；folius/ folium/ folia 叶，叶片（用于复合词）

Panax pseudo-ginseng var. bipinnatifidus 羽叶三七：bipinnatifidus 二回羽状中裂的；bi-/ bis- 二，二数，二回（希腊语为 di-）；pinnatifidus = pinnatus + fidus 羽状中裂的；pinnatus = pinnus + atus 羽状的，具羽的；pinnus/ pennus 羽毛，羽状，羽片；fidus ← findere 裂开，分裂（裂深不超过 1/3，常作词尾）

Panax pseudo-ginseng var. elegantior 秀丽假人参：elegantior ← elegantus 优雅的

Panax pseudo-ginseng var. japonicus 大叶三七：japonicus 日本的（地名）；-icus/ -icum/ -ica 属于，具有某种特性（常用于地名、起源、生境）

Panax pseudo-ginseng var. notoginseng 三七：notoginseng 南方人参；noto- ← notos 南方；ginseng 人参（汉语方言）

Panax pseudo-ginseng var. pseudo-ginseng 假人参-原变种 （词义见上面解释）

Panax quinquefolius 西洋参：quin-/ quinqu-/ quinque-/ quinqui- 五，五数（希腊语为 penta-）；folius/ folium/ folia 叶，叶片（用于复合词）

Panax zingiberensis 姜状三七：zingiberensis 属于姜的，像姜的，像兽角的；Zingiber 姜属（姜科）

Pancratium 全能花属（石蒜科）（16-1：p13）：pancratium 全能的（指药效）；pan-/ panto- 全部，广泛，所有；cratos 权力，威力，力量

Pancratium biflorum 全能花：bi-/ bis- 二，二数，二回（希腊语为 di-）；florus/ florum/ flora ← flos 花（用于复合词）

Pandaceae 攀打科（43-1：p1）：Panda 攀打属；-aceae（分类单位科的词尾，为 -aceus 的阴性复数主格形式，加到模式属的名称后或同义词的词干后以组成族群名称）

Pandanaceae 露兜树科（8：p12）：Pandanus 露兜树属；-aceae（分类单位科的词尾，为 -aceus 的阴性复数主格形式，加到模式属的名称后或同义词的词干后以组成族群名称）

Pandanus 露兜树属（露兜树科）（8：p14）：pandanus（马来西亚土名）

Pandanus amaryllifolius 香露兜：Amaryllis 孤挺花属（石蒜科）（Amaryllis 为希腊神话中的牧羊女，比喻头发闪亮发光）；folius/ folium/ folia 叶，叶片（用于复合词）

Pandanus austrosinensis 露兜草：austrosinensis 华南的（地名）；austro-/ austr- 南方的，南半球的，大洋洲的；auster 南方，南风；sinensis = Sina + ensis 中国的（地名）；Sina 中国

Pandanus austrosinensis var. austrosinensis 露兜草-原变种 （词义见上面解释）

Pandanus austrosinensis var. longifolius 长叶露兜草：longe-/ longi- ← longus 长的，纵向的；folius/ folium/ folia 叶，叶片（用于复合词）

Pandanus boninensis 小笠原露兜树：boninensis 小笠原群岛的（地名，日本）

Pandanus forceps 箣古子（箣 lè）：forceps 镊子，钳子

Pandanus furcatus 分叉露兜（叉 chā）：furcatus/ furcans = furcus + atus 叉子状的，分叉的；furcus 叉子，叉子状的，分叉的；-atus/ -atum/ -ata 属于，相似，具有，完成（形容词词尾）

Pandanus gressittii 小露兜：gressittii（人名）；-ii 表示人名，接在以辅音字母结尾的人名后面，但 -er 除外

Pandanus tectorius 露兜树：tectorius 屋顶的，属于屋顶的；tego 遮掩，隐藏；tectum 屋顶，拱顶；tectus 覆盖的，隐秘的；tector 泥瓦匠；tectorium 刷墙灰，灰色；tectorius 粉刷用的，覆盖用的；-orius/ -orium/ -oria 属于，能够，表示能力或动能

Pandanus tectorius var. sinensis 林投：sinensis = Sina + ensis 中国的（地名）；Sina 中国

Pandanus tectorius var. tectorius 露兜树-原变种 （词义见上面解释）

Pandanus utilis 扇叶露兜树：utilis 有用的

Panderia 兜藜属（藜科）（25-2：p109）：panderia（人名）（除 -er 外，以辅音字母结尾的人名用作属名时在末尾加 -ia，如果人名词尾为 -us 则将词尾变成 -ia）

Panderia turkestanica 兜藜：turkestanica 土耳其的（地名）；-icus/ -icum/ -ica 属于，具有某种特性

（常用于地名、起源、生境）

Pandorea 粉花凌霄属（紫薇科）（69：p62）：
Pandora 潘多拉（希腊神话中的女神，指果实像潘
多拉盒子）；-eus/ -eum/ -ea（接拉丁语词干时）属
于……的，色如……的，质如……的（表示原料、颜
色或品质的相似），（接希腊语词干时）属于……的，
以……出名，为……所占有（表示具有某种特性）

Pandorea jasminoides 粉花凌霄：jasminoides 像茉
莉花的；Jasminum 素馨属（茉莉花所在的属，木樨
科）；-oides/ -oideus/ -oideum/ -oidea/ -odes/
-eidos 像……的，类似……的，呈……状的（名词
词尾）

Panicum 黍属（黍 shǔ）（禾本科）（10-1：p198）：
panicum ← panus 黍子（古拉丁名）

Panicum amoenum 可爱黍：amoenus 美丽的，
可爱的

Panicum bisulcatum 糠稷：bi-/ bis- 二，二数，二
回（希腊语为 di-）；sulcatus 具皱纹的，具犁沟的，
具沟槽的；sulcus 犁沟，沟槽，皱纹

Panicum brevifolium 短叶黍：brevi- ← brevis 短
的（用于希腊语复合词词首）；folius/ folium/ folia
叶，叶片（用于复合词）

Panicum cambogiense 大罗网草：cambogiense 柬
埔寨的（地名）

Panicum cristatellum 冠黍（冠 guān）：
cristatus = crista + atus 鸡冠的，鸡冠状的，扇形
的，山脊状的；crista 鸡冠，山脊，网壁；-atus/
-atum/ -ata 属于，相似，具有，完成（形容词词
尾）；-ellus/ -ellum/ -ella ← -ulus 小的，略微的，
稍微的（小词 -ulus 在字母 e 或 i 之后有多种变缀，
即 -olus/ -olum/ -ola、-ellus/ -ellum/ -ella、-illus/
-illum/ -illa，用于第一变格法名词）

Panicum dichotomiflorum 洋野黍：dichotomus 二
叉分歧的，分离的；dicho-/ dicha- 二分的，二歧的；
di-/ dis- 二，二数，二分，分离，不同，在……之间，
从……分开（希腊语，拉丁语为 bi-/ bis-）；cho-/
chao- 分开，割裂，离开；tomus ← tomos 小片，片
段，卷册（书）；florus/ florum/ flora ← flos 花（用
于复合词）

Panicum incomtum 藤竹草：incomtus 不粗的；
in-/ im-（来自 il- 的音变）内，在内，内部，向内，
相反，不，无，非；il- 在内，向内，为，相反（希腊
语为 en-）；词首 il- 的音变：il-（在 l 前面），im-（在
b、m、p 前面），in-（在元音字母和大多数辅音字母
前面），ir-（在 r 前面），如 illaudatus（不值得称赞
的，评价不好的），impermeabilis（不透水的，穿不
透的），ineptus（不合适的），insertus（插入的），
irretortus（无弯曲的，无扭曲的）；comtus 粗茎

Panicum khasianum 滇西黍：khasianum ←
Khasya 喀西的，卡西的（地名，印度阿萨姆邦）

Panicum maximum 大黍：maximus 最大的

Panicum miliaceum 稷（稷 jì）：Milium 粟草属
（禾本科）；-aceus/ -aceum/ -acea 相似的，
有……性质的，属于……的

Panicum notatum 心叶稷：notatus 标志的，注明
的，具斑纹的，具色纹的，有特征的；notus/
notum/ nota ① 知名的、常见的、印记、特征、注
目，② 背部、脊背（注：该词具有两类完全不同的

意思，要根据植物特征理解其含义）；noto 划记号，
记载，注目，观察

Panicum paludosum 水生黍：paludosus 沼泽的，
沼生的；paludes ← palus（paludes 为 palus 的复数
主格）沼泽，湿地，泥潭，水塘，草甸子；-osus/
-osum/ -osa 多的，充分的，丰富的，显著发育的，
程度高的，特征明显的（形容词词尾）

Panicum psilopodium 细柄黍：psil-/ psilo- ←
psilos 平滑的，光滑的；podius ← podion 腿，
足，柄

Panicum psilopodium var. epaleatum 无稃细柄
黍（稃 fū）：epaleatus 无内颖的，无鳞片的；e-/ ex-
不，无，非，缺乏，不具有（e- 用在辅音字母前，
ex- 用在元音字母前，为拉丁语词首，对应的希腊语
词首为 a-/ an-，英语为 un-/ -less，注意作词首用的
e-/ ex- 和介词 e/ ex 意思不同，后者意为"出自、
从……、由……离开、由于、依照"）；paleatus 具托
苞的，具内颖的，具稃的，具鳞片的

Panicum psilopodium var. psilopodium 细柄
黍-原变种 （词义见上面解释）

Panicum repens 铺地黍（铺 pū）：repens/
repentis/ repsi/ reptum/ repere/ repo 匍匐，爬行
（同义词：reptans/ reptoare）

Panicum trichoides 发枝稷：trichoides 毛状的，略
有毛的；trich-/ tricho-/ tricha- ← trichos ← thrix
毛，多毛的，线状的，丝状的

Panicum trypheron 旱黍草：trypheron 精美的，软
的，优雅的

Panicum virgatum 柳枝稷：virgatus 细长枝条的，
有条纹的，嫩枝状的；virga/ virgus 纤细枝条，细
而绿的枝条；-atus/ -atum/ -ata 属于，相似，具有，
完成（形容词词尾）

Panicum walense 南亚稷：walense（地名，塞内
加尔）

Panisea 曲唇兰属（兰科）（18：p380）：panisea 完全
相似的（指花被裂片彼此相似）

Panisea cavaleriei 平卧曲唇兰（种加词有时误拼为
"cavalerei"）：cavaleriei ← Pierre Julien Cavalerie
（人名，20 世纪法国传教士）；-i 表示人名，接在以
元音字母结尾的人名后面，但 -a 除外

Panisea moi 莫氏曲唇兰：moi（人名）；-i 表示人名，
接在以元音字母结尾的人名后面，但 -a 除外

Panisea tricallosa 曲唇兰：tri-/ tripli-/ triplo- 三
个，三数；callosus = callus + osus 具硬皮的，出老
茧的，包块的，疙瘩的，胼胝体状的，愈伤组织的；
callus 硬皮，老茧，包块，疙瘩，胼胝体，愈伤组织；
-osus/ -osum/ -osa 多的，充分的，丰富的，显著发
育的，程度高的，特征明显的（形容词词尾）；形近
词：callos/ calos ← kallos 美丽的

Panisea uniflora 单花曲唇兰：uni-/ uno- ← unus/
unum/ una 一，单一（希腊语为 mono-/ mon-）；
florus/ florum/ flora ← flos 花（用于复合词）

Panisea yunnanensis 云南曲唇兰：yunnanensis 云
南的（地名）

Panzeria 脓疮草属（唇形科，已修订为
Panzerina）（65-2：p521）：panzeria ← G. F. V.
Panzer（人名）（注：以辅音字母结尾的人名作属名
时在末尾加 ia，但当人名以 -er 结尾时则要加 a，如

Lonicera = Lonicer + a），故该属名改为
"Panzera" 似更妥

Panzeria alaschanica 脓疮草：alaschanica 阿拉善
的（地名，内蒙古最西部）

Panzeria alaschanica var. alaschanica 脓疮草-原
变种 （词义见上面解释）

Panzeria alaschanica var. minor 脓疮草-小花变
种：minor 较小的，更小的

Panzeria kansuensis 甘肃脓疮草：kansuensis 甘肃
的（地名）

Panzeria parviflora 小花脓疮草：parviflorus 小花
的；parvus 小的，些微的，弱的；florus/ florum/
flora ← flos 花（用于复合词）

Papaver 罂粟属（罂粟科）（32：p51）：papaver ←
papa 粥（传说用其汁液煮粥喂婴儿可催眠，因此
得名）

Papaver canescens 灰毛罂粟：canescens 变灰色的，
淡灰色的；canens 使呈灰色的；canus 灰色的，灰
白色的；-escens/ -ascens 改变，转变，变成，略微，
带有，接近，相似，大致，稍微（表示变化的趋势，
并未完全相似或相同，有别于表示达到完成状态的
-atus）

Papaver nudicaule 野罂粟：nudi- ← nudus 裸露的；
caulus/ caulon/ caule ← caulos 茎，茎秆，主茎

Papaver nudicaule var. aquilegioides 光果野罂
粟：aquilegioides 像耧斗菜的；Aquilegia 耧斗菜属
（毛茛科）；-oides/ -oideus/ -oideum/ -oidea/ -odes/
-eidos 像……的，类似……的，呈……状的（名词
词尾）

**Papaver nudicaule var. aquilegioides f.
amurense** 黑水罂粟：amurense/ amurensis 阿穆尔
的（地名，东西伯利亚的一个州，南部以黑龙江为
界），阿穆尔河的（即黑龙江的俄语音译）

**Papaver nudicaule var. aquilegioides f.
aquilegioides** 光果野罂粟-原变型 （词义见上面
解释）

Papaver nudicaule var. nudicaule 野罂粟-原变种
（词义见上面解释）

Papaver nudicaule var. nudicaule f. nudicaule
野罂粟-原变型 （词义见上面解释）

**Papaver nudicaule var. nudicaule f.
seticarpum** 毛果野罂粟：setus/ saetus 刚毛，刺
毛，芒刺；carpus/ carpum/ carpa/ carpon ←
carpos 果实（用于希腊语复合词）

Papaver orientale 鬼罂粟：orientale/ orientalis 东
方的；oriens 初升的太阳，东方

Papaver pavoninum 黑环罂粟：pavoninus 像孔雀
的，孔雀眼的，孔雀羽毛的，五光十色的；pavo/
pavonis/ pavus/ pava 孔雀（比喻色彩或形状）；
-inus/ -inum/ -ina/ -inos 相近，接近，相似，具有
（通常指颜色）

Papaver pavoninum f. album 白花黑环罂粟：
albus → albi-/ albo- 白色的

Papaver pavoninum f. pavoninum 黑环罂粟-原变
型 （词义见上面解释）

Papaver radicatum var. pseudo-radicatum 长
白山罂粟：pseudo-radicatum 像 radicatum 的；
pseudo-/ pseud- ← pseudos 假的，伪的，接近，相

似（但不是）；Papaver radicatum 大根罂粟；
radicatus = radicus + atus 根，生根的，有根的；
radicus ← radix 根的

Papaver rhoeas 虞美人：rhoeas ← roia（虞美人的
古希腊语名，其花很像石榴）；roia 石榴

Papaver somniferum 罂粟：somniferum 催眠的；
somniferus/ somnifer 睡眠的，催眠的；somn- 睡眠，
催眠

Papaveraceae 罂粟科（32：p1）：Papaver 罂粟属；
-aceae（分类单位科的词尾，为 -aceus 的阴性复数
主格形式，加到模式属的名称后或同义词的词干后
以组成族群名称）

Paphiopedilum 兜兰属（兰科）（17：p52）：
paphiopedilum 帕福斯的拖鞋（比喻花的形态）；
paphio ← Paphos 帕福斯（希腊神话人物）；
pedilum ← pedilon 拖鞋，鞋

Paphiopedilum appletonianum 卷萼兜兰：
appletonianum ← W. M. Appleton （人名）

Paphiopedilum armeniacum 杏黄兜兰：
armeniacus 杏色的，橙黄色的，亚美尼亚的

Paphiopedilum barbigerum 小叶兜兰：
barbigerum 具芒的，具胡须的；barbi- ← barba 胡
须，髯毛，绒毛；gerus → -ger/ -gerus/ -gerum/
-gera 具有，有，带有

Paphiopedilum bellatulum 巨瓣兜兰：
bellatulus = bellus + atus + ulus 稍可爱的，稍美
丽的；bellus ← belle 可爱的，美丽的

Paphiopedilum concolor 同色兜兰：concolor =
co + color 同色的，一色的，单色的；co- 联合，共
同，合起来（拉丁语词首，为 cum- 的音变，表示结
合、强化、完全，对应的希腊语为 syn-）；co- 的缀
词音变有 co-/ com-/ con-/ col-/ cor-：co-（在 h 和
元音字母前面），col-（在 l 前面），com-（在 b、m、
p 之前），con-（在 c、d、f、g、j、n、qu、s、t 和 v
前面），cor-（在 r 前面）；color 颜色

Paphiopedilum dianthum 长瓣兜兰：di-/ dis- 二，
二数，二分，分离，不同，在……之间，从……分开
（希腊语，拉丁语为 bi-/ bis-）；anthus/ anthum/
antha/ anthe ← anthos 花（用于希腊语复合词）

Paphiopedilum emersonii 白花兜兰：emersonii
（人名）；-ii 表示人名，接在以辅音字母结尾的人名
后面，但 -er 除外

Paphiopedilum × fanaticum （迷人兜兰）：
fanaticus = fanum + atus + icus 痴迷的，狂热的，
狂乱的；fanum 寺院，圣地；-icus/ -icum/ -ica 属
于，具有某种特性（常用于地名、起源、生境）

Paphiopedilum gratrixianum （革氏兜兰）：
gratrixianum （人名）

Paphiopedilum × grussianum （格鲁兜兰）：
grussianum （人名）

Paphiopedilum henryanum 亨利兜兰：
henryanum ← Augustine Henry 或 B. C. Henry
（人名，前者，1857–1930，爱尔兰医生、植物学家，
曾在中国采集植物，后者，1850–1901，曾活动于中
国的传教士）

Paphiopedilum henryanum var. christae 无斑兜
兰：christae （人名）

Paphiopedilum henryanum var. henryanum 亨利兜兰-原变种 （词义见上面解释）

Paphiopedilum hirsutissimum 带叶兜兰：hirsutus 粗毛的，糙毛的，有毛的（长而硬的毛）；-issimus/ -issima/ -issimum 最，非常，极其（形容词最高级）

Paphiopedilum insigne 波瓣兜兰：insigne 勋章，显著的，杰出的；in-/ im-（来自 il- 的音变）内，在内，内部，向内，相反，不，无，非；il- 在内，向内，为，相反（希腊语为 en-）；词首 il- 的音变：il-（在 l 前面），im-（在 b、m、p 前面），in-（在元音字母和大多数辅音字母前面），ir-（在 r 前面），如 illaudatus（不值得称赞的，评价不好的），impermeabilis（不透水的，穿不透的），ineptus（不合适的），insertus（插入的），irretortus（无弯曲的，无扭曲的）；signum 印记，标记，刻画，图章

Paphiopedilum malipoense 麻栗坡兜兰：malipoense 麻栗坡的（地名，云南省）

Paphiopedilum markianum 虎斑兜兰：markianum（人名）

Paphiopedilum micranthum 硬叶兜兰：micr-/ micro- ← micros 小的，微小的，微观的（用于希腊语复合词）；anthus/ anthum/ antha/ anthe ← anthos 花（用于希腊语复合词）

Paphiopedilum parishii 飘带兜兰：parishii ← Parish（人名，发现很多兰科植物）

Paphiopedilum purpuratum 紫纹兜兰：purpuratus 呈紫红色的；purpuraria 紫色的；purpura 紫色（purpura 原为一种介壳虫名，其体液为紫色，可作颜料）

Paphiopedilum venustum 秀丽兜兰：venustus ← Venus 女神维纳斯的，可爱的，美丽的，有魅力的

Paphiopedilum villosum 紫毛兜兰：villosus 柔毛的，绵毛的；villus 毛，羊毛，长绒毛；-osus/ -osum/ -osa 多的，充分的，丰富的，显著发育的，程度高的，特征明显的（形容词词尾）

Paphiopedilum wardii 彩云兜兰：wardii ← Francis Kingdon-Ward（人名，20 世纪英国植物学家）

Papilionanthe 凤蝶兰属（兰科）（19：p370）：papilio = papillio 蝶，蛾；anthe ← anthus ← anthos 花

Papilionanthe biswasiana 白花凤蝶兰：biswasiana（人名）

Papilionanthe teres 凤蝶兰：teres 圆柱形的，圆棒状的，棒状的

Papilionanthe uniflora （单花凤蝶兰）：uni-/ uno- ← unus/ unum/ una 一，单一（希腊语为 mono-/ mon-）；florus/ florum/ flora ← flos 花（用于复合词）

Parabaena 连蕊藤属（防己科）（30-1：p25）：para- 类似，接近，近旁，假的；baena ← baino 走，去

Parabaena sagittata 连蕊藤：sagittatus/ sagittalis 箭头状的；sagita/ sagitta 箭，箭头；-atus/ -atum/ -ata 属于，相似，具有，完成（形容词词尾）

Parabarium 杜仲藤属（夹竹桃科）（63：p235）：para- 类似，接近，近旁，假的；barium ← baris 平底小舟；-arius/ -arium/ -aria 相似，属于（表示地点，场所，关系，所属）

Parabarium chunianum 红杜仲藤：chunianum ←

W. Y. Chun 陈焕镛（人名，1890–1971，中国植物学家）

Parabarium hainanense 海南杜仲藤：hainanense 海南的（地名）

Parabarium huaitingii 毛杜仲藤：huaitingii（人名）；-ii 表示人名，接在以辅音字母结尾的人名后面，但 -er 除外

Parabarium linearicarpum 牛角藤：linearis = lineus + aris 线条的，线形的，线状的，亚麻状的；carpus/ carpum/ carpa/ carpon ← carpos 果实（用于希腊语复合词）；-aris（阳性、阴性）/ -are（中性） ← -alis（阳性、阴性）/ -ale（中性）属于，相似，如同，具有，涉及，关于，联结于（将名词作形容词用，其中 -aris 常用于以 l 或 r 为词干末尾的词）

Parabarium micranthum 杜仲藤：micr-/ micro- ← micros 小的，微小的，微观的（用于希腊语复合词）；anthus/ anthum/ antha/ anthe ← anthos 花（用于希腊语复合词）

Parabarium spireanum 中赛格多：spireanus = spira + eus + anus 属于螺旋的；-eus/ -eum/ -ea（接拉丁语词干时）属于……的，色如……的，质如……的（表示原料、颜色或品质的相似），（接希腊语词干时）属于……的，以……出名，为……所占有（表示具有某种特性）；-anus/ -anum/ -ana 属于，来自（形容词词尾）

Parabarium tournieri 大赛格多：tournieri（人名）；-eri 表示人名，在以 -er 结尾的人名后面加上 i 形成

Paraboea 蛛毛苣苔属（苦苣苔科）（69：p460）：para- 类似，接近，近旁，假的；Boea 旋蒴苣苔属

Paraboea barbatipes 髯丝蛛毛苣苔（髯苒）：barbatipes 毛柄的；barbatus = barba + atus 具胡须的，具须毛的；barba 胡须，髯毛，绒毛；-atus/ -atum/ -ata 属于，相似，具有，完成（形容词词尾）；pes/ pedis 柄，梗，茎秆，腿，足，爪（作词首或词尾，pes 的词干视为 "ped-"）

Paraboea crassifolia 厚叶蛛毛苣苔：crassi- ← crassus 厚的，粗的，多肉质的；folius/ folium/ folia 叶，叶片（用于复合词）

Paraboea dictyoneura 网脉蛛毛苣苔：dictyoneurus 网状脉的；dictyon 网，网状（希腊语）；neurus ← neuron 脉，神经

Paraboea dolomitica 白云岩蛛毛苣苔：dolomiticus 白云岩的，生于白云岩的；dolomitus 白云岩；-icus/ -icum/ -ica 属于，具有某种特性（常用于地名、起源、生境）

Paraboea filipes 丝梗蛛毛苣苔：filipes 线状柄的，线状茎的；fili-/ fil- ← filum 线状的，丝状的；pes/ pedis 柄，梗，茎秆，腿，足，爪（作词首或词尾，pes 的词干视为 "ped-"）

Paraboea hainanensis 海南蛛毛苣苔：hainanensis 海南的（地名）

Paraboea martinii 白花蛛毛苣苔：martinii ← Raymond Martin（人名，19 世纪美国仙人掌植物采集员）

Paraboea nanxiensis 南溪蛛毛苣苔：nanxiensis 南溪的（地名，云南省）

Paraboea neurophylla 云南蛛毛苣苔：neur-/ neuro- ← neuron 脉，神经；phyllus/ phyllum/

P

phylla ← phyllon 叶片（用于希腊语复合词）

Paraboea rufescens 锈色蛛毛苣苔：rufascens 略红的；ruf-/ rufi-/ frufo- ← rufus/ rubus 红褐色的，锈色的，红色的，发红的，淡红色的；-escens/ -ascens 改变，转变，变成，略微，带有，接近，相似，大致，稍微（表示变化的趋势，并未完全相似或相同，有别于表示达到完成状态的 -atus）

Paraboea rufescens var. rufescens 锈色蛛毛苣苔-原变种 （词义见上面解释）

Paraboea rufescens var. umbellata 伞花蛛毛苣苔：umbellatus = umbella + atus 伞形花序的，具伞的；umbella 伞形花序

Paraboea sinensis 蛛毛苣苔：sinensis = Sina + ensis 中国的（地名）；Sina 中国

Paraboea swinhoei 锥序蛛毛苣苔：swinhoei（人名）；-i 表示人名，接在以元音字母结尾的人名后面，但 -a 除外

Paraboea thirionii 小花蛛毛苣苔：thirionii（人名）；-ii 表示人名，接在以辅音字母结尾的人名后面，但 -er 除外

Paraboea velutina 密叶蛛毛苣苔：velutinus 天鹅绒的，柔软的；velutus 绒毛的；-inus/ -inum/ -ina/ -inos 相近，接近，相似，具有（通常指颜色）

Parachampionella 兰嵌马蓝属（嵌 kàn）（爵床科）（70：p97）：para- 类似，接近，近旁，假的；Championella 棱果马兰属

Parachampionella flexicaulis 曲茎兰嵌马蓝：flexus ← flecto 扭曲的，卷曲的，弯弯曲曲的，柔性的；flecto 弯曲，使扭曲；caulis ← caulos 茎，茎秆，主茎

Parachampionella rankanensis 兰嵌马蓝：rankanensis（地名，属台湾省，"rankan" 为日语读音）

Parachampionella tashiroi 琉球兰嵌马蓝：tashiroi/ tachiroei（人名）；-i 表示人名，接在以元音字母结尾的人名后面，但 -a 除外

Paracolpodium 假拟沿沟草属（禾本科）（9-2：p283）：para- 类似，接近，近旁，假的；colpodes 鞘状的；colpus 沟槽

Paracolpodium altaicum 假拟沿沟草：altaicum 阿尔泰的（地名，新疆北部山脉）

Paracolpodium altaicum subsp. altaicum 假拟沿沟草-原亚种 （词义见上面解释）

Paracolpodium altaicum subsp. leucolepis 高山假拟沿沟草：leuc-/ leuco- ← leucus 白色的（如果和其他表示颜色的词混用则表示淡色）；lepis/ lepidos 鳞片

Paracolpodium tibeticum 藏假拟沿沟草：tibeticum 西藏的（地名）

Paradavallodes 假钻毛蕨属（骨碎补科）（6-1：p162）：para- 类似，接近，近旁，假的；Davallia 骨碎补属；-oides/ -oideus/ -oideum/ -oidea/ -odes/ -eidos 像……的，类似……的，呈……状的（名词词尾）

Paradavallodes chingae 秦氏假钻毛蕨：chingae 秦氏（人名）

Paradavallodes kansuense 甘肃假钻毛蕨：kansuense 甘肃的（地名）

Paradavallodes membranulosum 膜叶假钻毛蕨：membranulosus ← membranaceus 膜质的，略呈膜状的；membranus 膜；-ulosus = ulus + osus 小而多的

Paradavallodes multidentatum 假钻毛蕨：multi- ← multus 多个，多数，很多（希腊语为 poly-）；dentatus = dentus + atus 牙齿的，齿状的，具齿的；dentus 齿，牙齿；-atus/ -atum/ -ata 属于，相似，具有，完成（形容词词尾）

Paraderris 拟鱼藤属（豆科）（增补）：para- 类似，接近，近旁，假的；Derriss 鱼藤属（豆科）

Paraderris elliptica 毛鱼藤（另见 Derris elliptica）：ellipticus 椭圆形的；-ticus/ -ticum/ tica/ -ticos 表示属于，关于，以……著称，作形容词词尾

Paradombeya 平当树属（梧桐科）（49-2：p179）：para- 类似，接近，近旁，假的；Dombeya（属名，梧桐科）

Paradombeya sinensis 平当树：sinensis = Sina + ensis 中国的（地名）；Sina 中国

Paragutzlaffia 南一笼鸡属（笼 lóng）（爵床科）（70：p103）：para- 类似，接近，近旁，假的；Gutzlaffia 一笼鸡属

Paragutzlaffia henryi 南一笼鸡：henryi ← Augustine Henry 或 B. C. Henry（人名，前者，1857–1930，爱尔兰医生、植物学家，曾在中国采集植物，后者，1850–1901，曾活动于中国的传教士）

Paragutzlaffia lyi 异蕊一笼鸡：lyi（人名）

Paraixeris 黄瓜菜属（菊科）（80-1：p261）：para- 类似，接近，近旁，假的；Ixeris 苦荬菜属

Paraixeris chelidonifolia 少花黄瓜菜：chelidonifolia 白屈菜叶的（注：以属名作复合词时原词尾变形后的 i 要保留，故该词宜改为 "chelidoniifolia"）；chelidoni ← Chelidonium 白屈菜属（罂粟科）；folius/ folium/ folia 叶，叶片（用于复合词）

Paraixeris denticulata 黄瓜菜：denticulatus = dentus + culus + atus 具细齿的，具齿的；dentus 齿，牙齿；-culus/ -culum/ -cula 小的，略微的，稍微的（同第三变格法和第四变格法名词形成复合词）；-atus/ -atum/ -ata 属于，相似，具有，完成（形容词词尾）

Paraixeris denticulata subsp. pubescens（毛叶黄瓜菜）：pubescens ← pubens 被短柔毛的，长出柔毛的；pubi- ← pubis 细柔毛的，短柔毛的，毛被的；pubesco/ pubescere 长成的，变为成熟的，长出柔毛的，青春期体毛的；-escens/ -ascens 改变，转变，变成，略微，带有，接近，相似，大致，稍微（表示变化的趋势，并未完全相似或相同，有别于表示达到完成状态的 -atus）

Paraixeris humifusa 心叶黄瓜菜：humifusus 匍匐，蔓延

Paraixeris pinnatipartita 羽裂黄瓜菜：pinnatipartitus = pinnatus + partitus 羽状深裂的；pinnatus = pinnus + atus 羽状的，具羽的；pinnus/ pennus 羽毛，羽状，羽片；partitus 深裂的，分离的

Paraixeris saxatilis 岩黄瓜菜：saxatilis 生于岩石的，生于石缝的；saxum 岩石，结石；-atilis（阳性、阴性）/ -atile（中性）（表示生长的地方）

Paraixeris serotina 尖裂黄瓜菜：serotinus 晚来的，晚季的，晚开花的

Parakmeria 拟单性木兰属（木兰科）（30-1：p143）：para- 类似，接近，近旁，假的；Kmeria 单性木兰属（木兰科）

Parakmeria kachirachirai 恒春拟单性木兰：kachirachirai（人名）（注：-i 表示人名，接在以元音字母结尾的人名后面，但 -a 除外，故该词尾宜改为"-ae"）

Parakmeria lotungensis 乐东拟单性木兰：lotungensis 乐东的（地名，海南省）

Parakmeria nitida 光叶拟单性木兰：nitidus = nitere + idus 光亮的，发光的；nitere 发亮；-idus/ -idum/ -ida 表示在进行中的动作或情况，作动词、名词或形容词的词尾；nitens 光亮的，发光的

Parakmeria omeiensis 峨眉拟单性木兰：omeiensis 峨眉山的（地名，四川省）

Parakmeria yunnanensis 云南拟单性木兰：yunnanensis 云南的（地名）

Paralamium 假野芝麻属（唇形科）（65-2：p544）：para- 类似，接近，近旁，假的；Lamium 野芝麻属

Paralamium gracile 假野芝麻：gracile → gracil- 细长的，纤弱的，丝状的；gracilis 细长的，纤弱的，丝状的

Parameria 长节珠属（夹竹桃科）（63：p165）：para- 类似，接近，近旁，假的；merianus = meria + anus 部分

Parameria laevigata 长节珠：laevigatus/ levigatus 光滑的，平滑的，平滑而发亮的；laevis/ levis/ laeve/ leve → levi-/ laevi- 光滑的，无毛的，无不平或粗糙感觉的；laevigo/ levigo 使光滑，削平

Paramichelia 合果含笑属（木兰科）（30-1：p191）：para- 类似，接近，近旁，假的；Michelia 含笑属

Paramichelia baillonii 合果木：baillonii（人名）；-ii 表示人名，接在以辅音字母结尾的人名后面，但 -er 除外

Paramicrorhynchus 假小喙菊属（菊科）（80-1：p300）：para- 类似，接近，近旁，假的；Microrhynchus 小喙菊属（缀词规则：-rh- 接在元音字母后面构成复合词时要变成 -rrh-，故该属名宜改为"Microrrhynchus"）

Paramicrorhynchus procumbens 假小喙菊：procumbens 俯卧的，匍匐的，倒伏的；procumb- 俯卧，匍匐，倒伏；-ans/ -ens/ -bilis/ -ilis 能够，可能（为形容词词尾，-ans/ -ens 用于主动语态，-bilis/ -ilis 用于被动语态）

Paramignya 单叶藤橘属（芸香科）（43-2：p153）：para- 类似，接近，近旁，假的；Mignya（属名，芸香科）

Paramignya confertifolia 单叶藤橘：confertus 密集的；folius/ folium/ folia 叶，叶片（用于复合词）

Paramignya rectispina 直刺藤橘：rectispinus 直刺的；recti-/ recto- ← rectus 直线的，笔直的，向上的；spinus 刺，针刺

Paranephelium 假韶子属（韶 sháo）（无患子科）（47-1：p52）：para- 类似，接近，近旁，假的；Nephelium 韶子属（无患子科）

Paranephelium hainanensis 海南假韶子：hainanensis 海南的（地名）

Paranephelium hystrix 云南假韶子：hystrix/ hystris 豪猪，刚毛，刺猬状刚毛；Hystrix 猬草属（禾本科）

Paraphlomis 假糙苏属（唇形科）（65-2：p545）：para- 类似，接近，近旁，假的；Phlomis 糙苏属

Paraphlomis albida 白毛假糙苏：albidus 带白色的，微白色的，变白的；albus → albi-/ albo- 白色的；-idus/ -idum/ -ida 表示在进行中的动作或情况，作动词、名词或形容词的词尾

Paraphlomis albida var. albida 白毛假糙苏-原变种 （词义见上面解释）

Paraphlomis albida var. brevidens 白毛假糙苏-短齿变种：brevidens 短齿的；brevi- ← brevis 短的（用于希腊语复合词词首）；dens/ dentus 齿，牙齿

Paraphlomis albiflora 白花假糙苏：albus → albi-/ albo- 白色的；florus/ florum/ flora ← flos 花（用于复合词）

Paraphlomis albiflora var. albiflora 白花假糙苏-原变种 （词义见上面解释）

Paraphlomis albiflora var. biflora 白花假糙苏-二花变种：bi-/ bis- 二，二数，二回（希腊语为 di-）；florus/ florum/ flora ← flos 花（用于复合词）

Paraphlomis albo-tomentosa 绒毛假糙苏：albus → albi-/ albo- 白色的；tomentosus = tomentum + osus 绒毛的，密被绒毛的；tomentum 绒毛，浓密的毛被，棉絮，棉絮状填充物（被褥、垫子等）；-osus/ -osum/ -osa 多的，充分的，丰富的，显著发育的，程度高的，特征明显的（形容词词尾）

Paraphlomis brevifolia 短叶假糙苏：brevi- ← brevis 短的（用于希腊语复合词词首）；folius/ folium/ folia 叶，叶片（用于复合词）

Paraphlomis foliata 曲茎假糙苏：foliatus 具叶的，多叶的；folius/ folium/ folia → foli-/ folia- 叶，叶片

Paraphlomis formosana （台湾假糙苏）：formosanus = formosus + anus 美丽的，台湾的；formosus ← formosa 美丽的，台湾的（葡萄牙殖民者发现台湾时对其的称呼，即美丽的岛屿）；-anus/ -anum/ -ana 属于，来自（形容词词尾）

Paraphlomis gracilis 纤细假糙苏：gracilis 细长的，纤弱的，丝状的

Paraphlomis gracilis var. gracilis 纤细假糙苏-原变种 （词义见上面解释）

Paraphlomis gracilis var. lutienensis 纤细假糙苏-罗甸变种：lutienensis 鲁甸的（地名，云南省鲁甸县），罗甸的（地名，贵州省罗甸县，但"罗"字对应的规范拼音为"luo"）

Paraphlomis hirsutissima 多硬毛假糙苏：hirsutus 粗毛的，糙毛的，有毛的（长而硬的毛）；-issimus/ -issima/ -issimum 最，非常，极其（形容词最高级）

Paraphlomis hispida 刚毛假糙苏：hispidus 刚毛的，鬃毛状的

Paraphlomis intermedia 中间假糙苏：intermedius 中间的，中位的，中等的；inter- 中间的，在中间，之间；medius 中间的，中央的

Paraphlomis javanica 假糙苏：javanica 爪哇的（地名，印度尼西亚）；-icus/ -icum/ -ica 属于，具有某种特性（常用于地名、起源、生境）

Paraphlomis javanica var. angustifolia 假糙苏-狭叶变种：angusti- ← angustus 窄的，狭的，细的；folius/ folium/ folia 叶，叶片（用于复合词）

Paraphlomis javanica var. coronata 假糙苏-小叶变种：coronatus 冠，具花冠的；corona 花冠，花环

Paraphlomis javanica var. henryi 假糙苏-短齿变种：henryi ← Augustine Henry 或 B. C. Henry（人名，前者，1857–1930，爱尔兰医生、植物学家，曾在中国采集植物，后者，1850–1901，曾活动于中国的传教士）

Paraphlomis javanica var. javanica 假糙苏-原变种（词义见上面解释）

Paraphlomis kwangtungensis 八角花：kwangtungensis 广东的（地名）

Paraphlomis lanceolata 长叶假糙苏：lanceolatus = lanceus + olus + atus 小披针形的，小柳叶刀的；lance-/ lancei-/ lanci-/ lanceo-/ lanc- ← lanceus 披针形的，矛形的，尖刀状的，柳叶刀状的；-olus ← -ulus 小，稍微，略微（-ulus 在字母 e 或 i 之后变成 -olus/ -ellus/ -illus）；-atus/ -atum/ -ata 属于，相似，具有，完成（形容词词尾）

Paraphlomis lanceolata var. lanceolata 长叶假糙苏-原变种（词义见上面解释）

Paraphlomis lanceolata var. sessilifolia 长叶假糙苏-无柄变种：sessile-/ sessili-/ sessil- ← sessilis 无柄的，无茎的，基生的，基部的；folius/ folium/ folia 叶，叶片（用于复合词）

Paraphlomis lanceolata var. subrosea 长叶假糙苏-红花变种：subroseus 近似玫瑰色的；sub-（表示程度较弱）与……类似，几乎，稍微，弱，亚，之下，下面；roseus = rosa + eus 像玫瑰的，玫瑰色的，粉红色的；rosa 蔷薇（古拉丁名）← rhodon 蔷薇（希腊语）← rhodd 红色，玫瑰红（凯尔特语）；-eus/ -eum/ -ea（接拉丁语词干时）属于……的，色如……的，质如……的（表示原料、颜色或品质的相似），（接希腊语词干时）属于……的，以……出名，为……所占有（表示具有某种特性）

Paraphlomis lancidentata 云和假糙苏：lance-/ lancei-/ lanci-/ lanceo-/ lanc- ← lanceus 披针形的，矛形的，尖刀状的，柳叶刀状的；dentatus = dentus + atus 牙齿的，齿状的，具齿的；dentus 齿，牙齿；-atus/ -atum/ -ata 属于，相似，具有，完成（形容词词尾）

Paraphlomis membranacea 薄萼假糙苏：membranaceus 膜质的，膜状的；membranus 膜；-aceus/ -aceum/ -acea 相似的，有……性质的，属于……的

Paraphlomis pagantha 奇异假糙苏：paganthus 霜花的；anthus/ anthum/ antha/ anthe ← anthos 花（用于希腊语复合词）

Paraphlomis parviflora 小花假糙苏：parviflorus 小花的；parvus 小的，些微的，弱的；florus/ florum/ flora ← flos 花（用于复合词）

Paraphlomis patentisetulosa 展毛假糙苏：patentisetulosus 被展刚毛的；patens 开展的（呈90°），伸展的，传播的，飞散的；setulosus = setus + ulus + osus 多短刺的，被短毛的；setus/ saetus 刚毛，刺毛，芒刺；-ulus/ -ulum/ -ula 小的，略微的，稍微的（小词 -ulus 在字母 e 或 i 之后有多种变缀，即 -olus/ -olum/ -ola、-ellus/ -ellum/ -ella、-illus/ -illum/ -illa，与第一变格法和第二变格法名词形成复合词）；-osus/ -osum/ -osa 多的，充分的，丰富的，显著发育的，程度高的，特征明显的（形容词词尾）

Paraphlomis paucisetosa 少刺毛假糙苏：pauci- ← paucus 少数的，少的（希腊语为 oligo-）；setosus = setus + osus 被刚毛的，被短毛的，被芒刺的；setus/ saetus 刚毛，刺毛，芒刺；-osus/ -osum/ -osa 多的，充分的，丰富的，显著发育的，程度高的，特征明显的（形容词词尾）

Paraphlomis reflexa 折齿假糙苏：reflexus 反曲的，后曲的；re- 返回，相反，再次，重复，向后，回头；flexus ← flecto 扭曲的，卷曲的，弯弯曲曲的，柔性的；flecto 弯曲，使扭曲

Paraphlomis seticalyx 刺萼假糙苏：setus/ saetus 刚毛，刺毛，芒刺；calyx → calyc- 萼片（用于希腊语复合词）

Paraphlomis setulosa 小刺毛假糙苏：setulosus = setus + ulus + osus 多细刚毛的，多细刺毛的，多细芒刺的；setus/ saetus 刚毛，刺毛，芒刺；-ulus/ -ulum/ -ula 小的，略微的，稍微的（小词 -ulus 在字母 e 或 i 之后有多种变缀，即 -olus/ -olum/ -ola、-ellus/ -ellum/ -ella、-illus/ -illum/ -illa，与第一变格法和第二变格法名词形成复合词）；-osus/ -osum/ -osa 多的，充分的，丰富的，显著发育的，程度高的，特征明显的（形容词词尾）

Paraphlomis subcoriacea 近革叶假糙苏：subcoriaceus 略呈革质的，近似革质的；sub-（表示程度较弱）与……类似，几乎，稍微，弱，亚，之下，下面；coriaceus = corius + aceus 近皮革的，近革质的；corius 皮革的，革质的；-aceus/ -aceum/ -acea 相似的，有……性质的，属于……的

Paraphlomis tomentosocapitata 绒头假糙苏：tomentosocapitatus 头状花序被绒毛的；tomentosus = tomentum + osus 绒毛的，密被绒毛的；tomentum 绒毛，浓密的毛被，棉絮，棉絮状填充物（被褥、垫子等）；-osus/ -osum/ -osa 多的，充分的，丰富的，显著发育的，程度高的，特征明显的（形容词词尾）；capitatus 头状的，头状花序的；capitus ← capitis 头，头状

Parapholis 假牛鞭草属（禾本科）（9-3：p1）：para- 类似，接近，近旁，假的；pholis 鳞片

Parapholis incurva 假牛鞭草：incurvus 内弯的；in-/ im-（来自 il- 的音变）内，在内，内部，向内，相反，不，无，非；il- 在内，向内，为，相反（希腊语为 en-）；词首 il- 的音变：il-（在 l 前面），im-（在 b、m、p 前面），in-（在元音字母和大多数辅音字母前面），ir-（在 r 前面），如 illaudatus（不值得称赞的，评价不好的），impermeabilis（不透水的，穿不透的），ineptus（不合适的），insertus（插入的），irretortus（无弯曲的，无扭曲的）；curvus 弯曲的

Paraprenanthes 假福王草属（菊科）（80-1：p170）：para- 类似，接近，近旁，假的；Prenanthes 福王草

属（盘果菊属）

Paraprenanthes auriculiformis 圆耳假福王草：auriculus 小耳朵的，小耳状的；auri- ← auritus 耳朵，耳状的；formis/ forma 形状；-culus/ -culum/ -cula 小的，略微的，稍微的（同第三变格法和第四变格法名词形成复合词）

Paraprenanthes glandulosissima 密毛假福王草：glandulosus = glandus + ulus + osus 被细腺的，具腺体的，腺体质的；glandus ← glans 腺体；-issimus/ -issima/ -issimum 最，非常，极其（形容词最高级）；-ulus/ -ulum/ -ula 小的，略微的，稍微的（小词 -ulus 在字母 e 或 i 之后有多种变缀，即 -olus/ -olum/ -ola、-ellus/ -ellum/ -ella、-illus/ -illum/ -illa，与第一变格法和第二变格法名词形成复合词）；-osus/ -osum/ -osa 多的，充分的，丰富的，显著发育的，程度高的，特征明显的（形容词词尾）

Paraprenanthes gracilipes 长柄假福王草：gracilis 细长的，纤弱的，丝状的；pes/ pedis 柄，梗，茎秆，腿，足，爪（作词首或词尾，pes 的词干视为"ped-"）

Paraprenanthes hastata 三角叶假福王草：hastatus 戟形的，三尖头的（两侧基部有朝外的三角形裂片）；hasta 长矛，标枪

Paraprenanthes heptantha 雷山假福王草：hepta- 七（希腊语，拉丁语为 septem-/ sept-/ septi-）；anthus/ anthum/ antha/ anthe ← anthos 花（用于希腊语复合词）

Paraprenanthes longiloba 狭裂假福王草：longe-/ longi- ← longus 长的，纵向的；lobus/ lobos/ lobon 浅裂，耳片（裂片先端钝圆），荚果，蒴果

Paraprenanthes luchunensis 绿春假福王草：luchunensis 禄劝的（地名，云南省）

Paraprenanthes multiformis 三裂假福王草：multi- ← multus 多个，多数，很多（希腊语为 poly-）；formis/ forma 形状

Paraprenanthes pilipes 节毛假福王草：pilus 毛，疏柔毛；pes/ pedis 柄，梗，茎秆，腿，足，爪（作词首或词尾，pes 的词干视为"ped-"）

Paraprenanthes polypodifolia 蕨叶假福王草：Polypodium 多足蕨属；folius/ folium/ folia 叶，叶片（用于复合词）

Paraprenanthes prenanthoides 异叶假福王草：prenanthoides 像福王草的，近似垂花的；Prenanthes 福王草属（菊科）；prenanthes 花下垂的（比喻头状花序的着生方式）；prenes 下垂的；anthes ← anthus ← anthos 花；-oides/ -oideus/ -oideum/ -oidea/ -odes/ -eidos 像……的，类似……的，呈……状的（名词词尾）

Paraprenanthes sagittiformis 箭耳假福王草：sagittatus/ sagittalis 箭头状的；sagita/ sagitta 箭，箭头；-atus/ -atum/ -ata 属于，相似，具有，完成（形容词词尾）；formis/ forma 形状

Paraprenanthes sororia 假福王草：sororius 成块的，堆积的；sorus ← soros 堆（指密集成簇），孢子囊群

Paraprenanthes sylvicola 林生假福王草：sylvicola 生于森林的；sylva/ silva 森林；colus ← colo 分布于，居住于，栖居，殖民（常作词尾）；colo/ colere/ colui/ cultum 居住，耕作，栽培

Paraprenanthes yunnanensis 云南假福王草：yunnanensis 云南的（地名）

Parapteroceras 虾尾兰属（兰科）（19：p434）：para- 类似，接近，近旁，假的；Pteroceras 长足兰属

Parapteroceras elobe 虾尾兰：elobe 不裂的；e-/ ex- 不，无，非，缺乏，不具有（e- 用在辅音字母前，ex- 用在元音字母前，为拉丁语词首，对应的希腊语词首为 a-/ an-，英语为 un-/ -less，注意作词首用的 e-/ ex- 和介词 e/ ex 意思不同，后者意为"出自、从……、由……离开、由于、依照"）；lobe 裂片

Parapteropyrum 翅果蓼属（蓼 liǎo）（蓼科）（25-1：p142）：para- 类似，接近，近旁，假的；Pteropyrum（属名，蓼科）

Parapteropyrum tibeticum 翅果蓼：tibeticum 西藏的（地名）

Parapyrenaria 多瓣核果茶属（山茶科）（49-3：p245）：parapyrenaria 像核果茶的；para- 类似，接近，近旁，假的；Pyrineria 核果茶属（山茶科）；pyrenus 核，硬核，核果

Parapyrenaria multisepala 多瓣核果茶：multi- ← multus 多个，多数，很多（希腊语为 poly-）；sepalus/ sepalum/ sepala 萼片（用于复合词）

Paraquilegia 拟耧斗菜属（耧 lóu）（毛茛科）（27：p482）：para- 类似，接近，近旁，假的；Aquilegia 耧斗菜属

Paraquilegia anemonoides 乳突拟耧斗菜：anemonoides 像银莲花的；Anemone 银莲花属（毛茛科）；-oides/ -oideus/ -oideum/ -oidea/ -odes/ -eidos 像……的，类似……的，呈……状的（名词词尾）

Paraquilegia microphylla 拟耧斗菜：micr-/ micro- ← micros 小的，微小的，微观的（用于希腊语复合词）；phyllus/ phyllum/ phylla ← phyllon 叶片（用于希腊语复合词）

Pararuellia 地皮消属（爵床科）（70：p52）：para- 类似，接近，近旁，假的；Ruellia 单药花属（爵床科）

Pararuellia alata 节翅地皮消：alatus → ala-/ alat-/ alati-/ alato- 翅，具翅的，具翼的；反义词：exalatus 无翼的，无翅的

Pararuellia cavaleriei 罗甸地皮消：cavaleriei ← Pierre Julien Cavalerie（人名，20 世纪法国传教士）；-i 表示人名，接在以元音字母结尾的人名后面，但 -a 除外

Pararuellia delavayana 地皮消：delavayana ← Delavay ← P. J. M. Delavay（人名，1834–1895，法国传教士，曾在中国采集植物标本）

Pararuellia hainanensis 海南地皮消：hainanensis 海南的（地名）

Parasenecio 蟹甲草属（菊科）（77-1：p19）：parasenecio ← Cacalia 像千里光的；para- 类似，接近，近旁，假的；Senecio 千里光属（菊科）

Parasenecio ainsliiflorus 兔儿风蟹甲草：ainsliiflorus = Ainsliaea + florus 兔儿风花的；ainslii ← Ainsliaea 兔儿风属（菊科）；florus/ florum/ flora ← flos 花（用于复合词）；缀词规则：以属名作复合词时原词尾变形后的 i 要保留

Parasenecio ambiguus 两似蟹甲草：ambiguus 可疑的，不确定的，含糊的

Parasenecio ambiguus var. ambiguus 两似蟹甲草-原变种 （词义见上面解释）

Parasenecio ambiguus var. wangianus 作宾两似蟹甲草：wangianus（人名）

Parasenecio auriculatus 耳叶蟹甲草：auriculatus 耳形的，具小耳的（基部有两个小圆片）；auriculus 小耳朵的，小耳状的；auritus 耳朵的，耳状的；-culus/ -culum/ -cula 小的，略微的，稍微的（同第三变格法和第四变格法名词形成复合词）；-atus/ -atum/ -ata 属于，相似，具有，完成（形容词词尾）

Parasenecio begoniaefolius 秋海棠叶蟹甲草：begoniaefolius 秋海棠叶的（注：以属名作复合词时原词尾变形后的 i 要保留，不能使用所有格，故该词宜改为"begoniifolius"）；Begonia 秋海棠属（秋海棠科）；folius/ folium/ folia 叶，叶片（用于复合词）

Parasenecio bulbiferoides 珠芽蟹甲草：bulbiferoides 略带球根的，略呈球根状的；bulbi- ← bulbus 球，球形，球茎，鳞茎；-oides/ -oideus/ -oideum/ -oidea/ -odes/ -eidos 像……的，类似……的，呈……状的（名词词尾）

Parasenecio chola 藏南蟹甲草：chola（地名，锡金，改成"cholaensis"似更妥）

Parasenecio cyclotus 轮叶蟹甲草：cyclotus 圆形的，属于圆形的；cyclo-/ cycl- ← cyclos 圆形，圈环；-otus/ -otum/ -ota（希腊语词尾，表示相似或所有）

Parasenecio dasythyrsus 山西蟹甲草：dasythyrsus = dasy + thyrsus 粗毛花簇的；dasy- ← dasys 毛茸茸的，粗毛的，毛；thyrsus/ thyrsos 花簇，金字塔，圆锥形，聚伞圆锥花序

Parasenecio delphiniphyllus 翠雀叶蟹甲草：Delphinium 翠雀属（毛茛科）；phyllus/ phyllum/ phylla ← phyllon 叶片（用于希腊语复合词）

Parasenecio deltophyllus 三角叶蟹甲草：deltophyllus = delta + phyllus 三角形叶的；delta 三角；phyllus/ phyllum/ phylla ← phyllon 叶片（用于希腊语复合词）

Parasenecio firmus 大叶蟹甲草：firmus 坚固的，强的

Parasenecio forrestii 蟹甲草：forrestii ← George Forrest（人名，1873–1932，英国植物学家，曾在中国西部采集大量植物标本）

Parasenecio gansuensis 甘肃蟹甲草：gansuensis 甘肃的（地名）

Parasenecio hastatus 山尖子：hastatus 戟形的，三尖头的（两侧基部有朝外的三角形裂片）；hasta 长矛，标枪

Parasenecio hastatus var. glaber 无毛山尖子：glaber/ glabrus 光滑的，无毛的

Parasenecio hastatus var. hastatus 山尖子-原变种 （词义见上面解释）

Parasenecio hastiformis 戟状蟹甲草：hastatus 戟形的，三尖头的（两侧基部有朝外的三角形裂片）；hasta 长矛，标枪；formis/ forma 形状

Parasenecio hwangshanicus 黄山蟹甲草：hwangshanicus 黄山的（地名，安徽省）；-icus/ -icum/ -ica 属于，具有某种特性（常用于地名、起源、生境）

Parasenecio ianthophyllus 紫背蟹甲草：iantho- 紫堇状的，紫堇色的；phyllus/ phyllum/ phylla ← phyllon 叶片（用于希腊语复合词）

Parasenecio jiulongensis 九龙蟹甲草：jiulongensis 九龙的（地名，四川省）

Parasenecio kangxianensis 康县蟹甲草：kangxianensis 康县的（地名，甘肃省）

Parasenecio komarovianus 星叶蟹甲草：komarovianus ← Vladimir Leontjevich Komarov 科马洛夫（人名，1869–1945，俄国植物学家）

Parasenecio koualapensis 瓜拉坡蟹甲草：koualapensis 瓜拉坡的（地名，云南省）

Parasenecio lancifolius 披针叶蟹甲草：lance-/ lancei-/ lanci-/ lanceo-/ lanc- ← lanceus 披针形的，矛形的，尖刀状的，柳叶刀状的；folius/ folium/ folia 叶，叶片（用于复合词）

Parasenecio latipes 阔柄蟹甲草：lati-/ late- ← latus 宽的，宽广的；pes/ pedis 柄，梗，茎秆，腿，足，爪（作词首或词尾，pes 的词干视为"ped-"）

Parasenecio leucocephalus 白头蟹甲草：leuc-/ leuco- ← leucus 白色的（如果和其他表示颜色的词混用则表示淡色）；cephalus/ cephale ← cephalos 头，头状花序

Parasenecio lidjiangensis 丽江蟹甲草：lidjiangensis 丽江的（地名，云南省）

Parasenecio longispicus 长穗蟹甲草：longe-/ longi- ← longus 长的，纵向的；spicus 穗，谷穗，花穗

Parasenecio maowenensis 茂汶蟹甲草（汶 wèn）：maowenensis 茂汶的（地名，四川省）

Parasenecio matsudai 天目山蟹甲草：matsudai ← Sadahisa Matsuda 松田定久（人名，日本植物学家，早期研究中国植物）；-i 表示人名，接在以元音字母结尾的人名后面，但 -a 除外，故该词改为"mutsudaiana"或"matsudae"似更妥

Parasenecio morrisonensis 玉山蟹甲草：morrisonensis 磨里山的（地名，今台湾新高山）

Parasenecio nokoensis 高熊蟹甲草：nokoensis 能高山的（地名，位于台湾省，"noko"为"能高"的日语读音）

Parasenecio otopteryx 耳翼蟹甲草：otopteryx 耳状翼的；otos 耳朵；pteris ← pteryx 翅，翼，蕨类（希腊语）

Parasenecio palmatisectus 掌裂蟹甲草：palmatus = palmus + atus 掌状的，具掌的；palmus 掌，手掌；sectus 分段的，分节的，切开的，分裂的

Parasenecio palmatisectus var. moupinensis 腺毛掌裂蟹甲草：moupinensis 穆坪的（地名，四川省宝兴县），木坪的（地名，重庆市）

Parasenecio palmatisectus var. palmatisectus 掌裂蟹甲草-原变种 （词义见上面解释）

Parasenecio petasitoides 蜂头菜状蟹甲草：Petasites 蜂斗菜属（菊科）；-oides/ -oideus/ -oideum/ -oidea/ -odes/ -eidos 像……的，类似……的，呈……状的（名词词尾）

Parasenecio phyllolepis 苞鳞蟹甲草：phyllolepis 叶状鳞片的；phyllus/ phyllum/ phylla ← phyllon 叶片（用于希腊语复合词）；lepis/ lepidos 鳞片

Parasenecio pilgerianus 太白山蟹甲草：pilgerianus ← Pilger（人名）

Parasenecio praetermissus 长白蟹甲草：praetermissus 漏看的，省略的

Parasenecio profundorum 深山蟹甲草：profundorum 深处的（profundus 的复数所有格）；profundus 深处的；fundus 基部，底部；-orum 属于……的（第二变格法名词复数所有格词尾，表示群落或多数）

Parasenecio quinquelobus 五裂蟹甲草：quinquelobus 五裂的；quin-/ quinqu-/ quinque-/ quinqui- 五，五数（希腊语为 penta-）；lobus/ lobos/ lobon 浅裂，耳片（裂片先端钝圆），荚果，蒴果

Parasenecio quinquelobus var. quinquelobus 五裂蟹甲草-原变种 （词义见上面解释）

Parasenecio quinquelobus var. sinuatus 深裂五裂蟹甲草：sinuatus = sinus + atus 深波浪状的；sinus 波浪，弯缺，海湾（sinus 的词干视为 sinu-）

Parasenecio roborowskii 蛛毛蟹甲草：roborowskii（人名）；-ii 表示人名，接在以辅音字母结尾的人名后面，但 -er 除外

Parasenecio rockianus 玉龙蟹甲草：rockianus ← Joseph Francis Charles Rock（人名，20 世纪美国植物采集员）

Parasenecio rubescens 矢镞叶蟹甲草（镞 zú）：rubescens = rubus + escens 红色，变红的；rubus ← ruber/ rubeo 树莓的，红色的；-escens/ -ascens 改变，转变，变成，略微，带有，接近，相似，大致，稍微（表示变化的趋势，并未完全相似或相同，有别于表示达到完成状态的 -atus）

Parasenecio rufipilis 红毛蟹甲草：ruf-/ rufi-/ frufo- ← rufus/ rubus 红褐色的，锈色的，红色的，发红的，淡红色的；pilis 毛，毛发

Parasenecio sinicus 中华蟹甲草：sinicus 中国的（地名）；-icus/ -icum/ -ica 属于，具有某种特性（常用于地名、起源、生境）

Parasenecio souliei 川西蟹甲草：souliei（人名）；-i 表示人名，接在以元音字母结尾的人名后面，但 -a 除外

Parasenecio subglaber 无毛蟹甲草：subglaber 近无毛的；sub-（表示程度较弱）与……类似，几乎，稍微，弱，亚，之下，下面；glaber/ glabrus 光滑的，无毛的

Parasenecio taliensis 大理蟹甲草：taliensis 大理的（地名，云南省）

Parasenecio tenianus 盐丰蟹甲草：tenianus（人名）

Parasenecio tripteris 昆明蟹甲草：tri-/ tripli-/ triplo- 三个，三数；pteris ← pteryx 翅，翼，蕨类（希腊语）

Parasenecio tsinlingensis 秦岭蟹甲草：tsinlingensis 秦岭的（地名，陕西省）

Parasenecio vespertilo 川鄂蟹甲草：vespertilo/ vespertilio/ vespertilion 蝙蝠

Parasenecio xinjiashanensis 辛家山蟹甲草：xinjiashanensis 辛家山的（地名，陕西省）

Parashorea 柳安属（龙脑香科）（50-2：p126）：para- 类似，接近，近旁，假的；Shorea 娑罗双属

Parashorea chinensis 望天树：chinensis = china + ensis 中国的（地名）；China 中国

Parasitipomoea 寄生牵牛属（旋花科）（64-1：p142）：parasitipomoea 寄生的番薯；parasitus 寄生的；Ipomoea 番薯属

Parasitipomoea formosana 寄生牵牛：formosanus = formosus + anus 美丽的，台湾的；formosus ← formosa 美丽的，台湾的（葡萄牙殖民者发现台湾时对其的称呼，即美丽的岛屿）；-anus/ -anum/ -ana 属于，来自（形容词词尾）

Parastyrax 茉莉果属（安息香科）（60-2：p147）：para- 类似，接近，近旁，假的；styrax ← storax 安息香的（泛指产安息香的树木），安息香属（安息香科）

Parastyrax lacei 茉莉果：lacei（人名）

Parastyrax macrophyllus 大叶茉莉果：macro-/ macr- ← macros 大的，宏观的（用于希腊语复合词）；phyllus/ phyllum/ phylla ← phyllon 叶片（用于希腊语复合词）

Parathelypteris 金星蕨属（金星蕨科）（4-1：p29）：parathelypteris 近似沼泽蕨的；para- 类似，接近，近旁，假的；Thelypteris 沼泽蕨属

Parathelypteris angulariloba 钝角金星蕨：angularis = angulus + aris 具棱角的，有角度的；angulus 角，棱角，角度，角落；lobus/ lobos/ lobon 浅裂，耳片（裂片先端钝圆），荚果，蒴果

Parathelypteris angustifrons 狭叶金星蕨：angusti- ← angustus 窄的，狭的，细的；-frons 叶子，叶状体

Parathelypteris beddomei 长根金星蕨：beddomei ← Col. Richard Henry Beddome（人名，19 世纪英国植物学家）；-i 表示人名，接在以元音字母结尾的人名后面，但 -a 除外

Parathelypteris borealis 狭脚金星蕨：borealis 北方的；-aris（阳性、阴性）/ -are（中性）← -alis（阳性、阴性）/ -ale（中性）属于，相似，如同，具有，涉及，关于，联结于（将名词作形容词用，其中 -aris 常用于以 l 或 r 为词干末尾的词）

Parathelypteris caoshanensis 草山金星蕨：caoshanensis 草山的（地名，属台湾省，现称"阳明山"）

Parathelypteris castanea 台湾金星蕨：castaneus 棕色的，板栗色的；Castanea 栗属（壳斗科）

Parathelypteris caudata 尾羽金星蕨：caudatus = caudus + atus 尾巴的，尾巴状的，具尾的；caudus 尾巴

Parathelypteris changbaishanensis 长白山金星蕨：changbaishanensis 长白山的（地名，吉林省）

Parathelypteris chinensis 中华金星蕨：chinensis = china + ensis 中国的（地名）；China 中国

Parathelypteris chinensis var. chinensis 中华金星蕨-原变种 （词义见上面解释）

Parathelypteris chinensis var. hirticarpa 毛果

金星蕨：hirtus 有毛的，粗毛的，刚毛的（长而明显的毛）；carpus/ carpum/ carpa/ carpon ← carpos 果实（用于希腊语复合词）

Parathelypteris chingii 秦氏金星蕨：chingii ← R. C. Chin 秦仁昌（人名，1898–1986，中国植物学家，蕨类植物专家），秦氏

Parathelypteris chingii var. chingii 秦氏金星蕨-原变种 （词义见上面解释）

Parathelypteris chingii var. major 大羽金星蕨：major 较大的，更大的（majus 的比较级）；majus 大的，巨大的

Parathelypteris cystopteroides 马蹄金星蕨：Cystopteris 冷蕨属（蹄盖蕨科）；-oides/ -oideus/ -oideum/ -oidea/ -odes/ -eidos 像……的，类似……的，呈……状的（名词词尾）

Parathelypteris glanduligera 金星蕨：glanduli- ← glandus + ulus 腺体的，小腺体的；glandus ← glans 腺体；gerus → -ger/ -gerus/ -gerum/ -gera 具有，有，带有

Parathelypteris glanduligera var. glanduligera 金星蕨-原变种 （词义见上面解释）

Parathelypteris glanduligera var. puberula 微毛金星蕨：puberulus = puberus + ulus 略被柔毛的，被微柔毛的；puberus 多毛的，毛茸茸的；-ulus/ -ulum/ -ula 小的，略微的，稍微的（小词 -ulus 在字母 e 或 i 之后有多种变缀，即 -olus/ -olum/ -ola、-ellus/ -ellum/ -ella、-illus/ -illum/ -illa，与第一变格法和第二变格法名词形成复合词）

Parathelypteris grammitoides 矮小金星蕨：Grammitis 禾叶蕨属（禾叶蕨科）；-oides/ -oideus/ -oideum/ -oidea/ -odes/ -eidos 像……的，类似……的，呈……状的（名词词尾）

Parathelypteris hirsutipes 毛脚金星蕨：hirsutipes 多毛茎的；hirsutus 粗毛的，糙毛的，有毛的（长而硬的毛）；pes/ pedis 柄，梗，茎秆，腿，足，爪（作词首或词尾，pes 的词干视为 "ped-"）

Parathelypteris indo-chinensis 滇越金星蕨：indo-chiensis 中南半岛的（地名，含越南、柬埔寨、老挝等东南亚国家）

Parathelypteris japonica 光脚金星蕨：japonica 日本的（地名）；-icus/ -icum/ -ica 属于，具有某种特性（常用于地名、起源、生境）

Parathelypteris japonica var. glabrata 光叶金星蕨：glabratus = glabrus + atus 脱毛的，光滑的；glabrus 光秃的，无毛的，光滑的；-atus/ -atum/ -ata 属于，相似，具有，完成（形容词词尾）

Parathelypteris japonica var. japonica 光脚金星蕨-原变种 （词义见上面解释）

Parathelypteris japonica var. musashiensis 禾秆金星蕨：musashiensis 武藏的（地名，日本，"武藏" 的日语读音为 "musashi"）

Parathelypteris nigrescens 黑叶金星蕨：nigrus 黑色的；niger 黑色的；-escens/ -ascens 改变，转变，变成，略微，带有，接近，相似，大致，稍微（表示变化的趋势，并未完全相似或相同，有别于表示达到完成状态的 -atus）

Parathelypteris nipponica 中日金星蕨：nipponica 日本的（地名）；-icus/ -icum/ -ica 属于，具有某种特性（常用于地名、起源、生境）

Parathelypteris pauciloba 阔片金星蕨：pauci- ← paucus 少数的，少的（希腊语为 oligo-）；lobus/ lobos/ lobon 浅裂，耳片（裂片先端钝圆），荚果，蒴果

Parathelypteris petelotii 长毛金星蕨：petelotii（人名）；-ii 表示人名，接在以辅音字母结尾的人名后面，但 -er 除外

Parathelypteris qinlingensis 秦岭金星蕨：qinlingensis 秦岭的（地名，陕西省）

Parathelypteris serrulata 有齿金星蕨（该种原名为 Thelypteris serrulata，后并入新属 Parathelypteris，故种加词应为 "serrulata"，而 "serrutula" 则是错误的，应予纠正）：serrulatus = serrus + ulus + atus 具细锯齿的；serrus 齿，锯齿；-ulus/ -ulum/ -ula 小的，略微的，稍微的（小词 -ulus 在字母 e 或 i 之后有多种变缀，即 -olus/ -olum/ -ola、-ellus/ -ellum/ -ella、-illus/ -illum/ -illa，与第一变格法和第二变格法名词形成复合词）；-atus/ -atum/ -ata 属于，相似，具有，完成（形容词词尾）

Parathelypteris subimmersa 海南金星蕨：subimmersus 近水下的；sub-（表示程度较弱）与……类似，几乎，稍微，弱，亚，之下，下面；in-/ im-（来自 il- 的音变）内，在内，内部，向内，相反，不，无，非；il- 在内，向内，为，相反（希腊语为 en-）；词首 il- 的音变：il-（在 l 前面），im-（在 b、m、p 前面），in-（在元音字母和大多数辅音字母前面），ir-（在 r 前面），如 illaudatus（不值得称赞的，评价不好的），impermeabilis（不透水的，穿不透的），ineptus（不合适的），insertus（插入的），irretortus（无弯曲的，无扭曲的）；emersus 突出水面的，露出的，挺直的；immersus 水面下的，沉水的

Parathelypteris trichochlamys 毛盖金星蕨：trichochlamys 毛被的；trich-/ tricho-/ tricha- ← trichos ← thrix 毛，多毛的，线状的，丝状的；chlamys 花被，包被，外罩，被盖

Paravallaris 倒缨木属（夹竹桃科）（63：p133）：para- 类似，接近，近旁，假的；Vallaris 纽子花属；-aris（阳性、阴性）/ -are（中性）← -alis（阳性、阴性）/ -ale（中性）属于，相似，如同，具有，涉及，关于，联结于（将名词作形容词用，其中 -aris 常用于以 l 或 r 为词干末尾的词）

Paravallaris macrophylla 倒缨木：macro-/ macr- ← macros 大的，宏观的（用于希腊语复合词）；phyllus/ phyllum/ phylla ← phyllon 叶片（用于希腊语复合词）

Paravallaris yunnanensis 毛叶倒缨木：yunnanensis 云南的（地名）

Parepigynum 富宁藤属（夹竹桃科）（63：p245）：para- 类似，接近，近旁，假的；Epigynum 思茅藤属

Parepigynum funingense 富宁藤：funingense 富宁的（地名，云南省）

Parietaria 墙草属（荨麻科）（23-2：p400）：parietarius 墙壁的，在墙壁上的；paries 墙壁，壁；-arius/ -arium/ -aria 相似，属于（表示地点，场所，关系，所属）

P

Parietaria micrantha 墙草：micr-/ micro- ← micros 小的，微小的，微观的（用于希腊语复合词）；anthus/ anthum/ antha/ anthe ← anthos 花（用于希腊语复合词）

Paris 重楼属（重 chóng）（百合科）（15：p86）：paris 相同的，相等的，同形的（指花被）；Paris 帕里斯（希腊神话中的特洛伊王子，因诱拐美女海伦而引起特洛伊战争）；para- 类似，接近，近旁，假的

Paris bashanensis 巴山重楼：bashanensis 巴山的（地名，跨陕西、四川、湖北三省）

Paris fargesii 球药隔重楼：fargesii ← Pere Paul Guillaume Farges（人名，19 世纪中叶至 20 世纪活动于中国的法国传教士，植物采集员）

Paris fargesii var. petiolata 具柄重楼：petiolatus = petiolus + atus 具叶柄的；petiolus 叶柄；-atus/ -atum/ -ata 属于，相似，具有，完成（形容词词尾）

Paris polyphylla 七叶一枝花：poly- ← polys 多个，许多（希腊语，拉丁语为 multi-）；phyllus/ phyllum/ phylla ← phyllon 叶片（用于希腊语复合词）

Paris polyphylla var. apetala 缺瓣重楼：apetalus 无花瓣的，花瓣缺如的；a-/ an- 无，非，没有，缺乏，不具有（an- 用于元音前）（a-/ an- 为希腊语词首，对应的拉丁语词首为 e-/ ex-，相当于英语的 un-/ -less，注意词首 a- 和作为介词的 a/ ab 不同，后者的意思是"从……、由……、关于……、因为……"）；petalus/ petalum/ petala ← petalon 花瓣

Paris polyphylla var. appendiculata 短梗重楼：appendiculatus = appendix + ulus + atus 有小附属物的；appendix = ad + pendix 附属物；ad- 向，到，近（拉丁语词首，表示程度加强）；构词规则：构成复合词时，词首末尾的辅音字母常同化为紧接其后的那个辅音字母（如 ad + p → app）；pendix ← pendens 垂悬的，挂着的，悬挂的；构词规则：以 -ix/ -iex 结尾的词其词干末尾视为 -ic，以 -ex 结尾视为 -i/ -ic，其他以 -x 结尾视为 -c；-ulus/ -ulum/ -ula 小的，略微的，稍微的（小词 -ulus 在字母 e 或 i 之后有多种变缀，即 -olus/ -olum/ -ola、-ellus/ -ellum/ -ella、-illus/ -illum/ -illa，与第一变格法和第二变格法名词形成复合词）；-atus/ -atum/ -ata 属于，相似，具有，完成（形容词词尾）

Paris polyphylla var. chinensis 华重楼：chinensis = china + ensis 中国的（地名）；China 中国

Paris polyphylla var. latifolia 宽叶重楼：lati-/ late- ← latus 宽的，宽广的；folius/ folium/ folia 叶，叶片（用于复合词）

Paris polyphylla var. pseudothibetica 长药隔重楼：pseudothibetica 像 thibetica 的；pseudo-/ pseud- ← pseudos 假的，伪的，接近，相似（但不是）；Paris polyphylla var. thibetica 西南重楼（已修订为黑子重楼 Paris thibetica）；thibetica 西藏的（地名）

Paris polyphylla var. stenophylla 狭叶重楼：sten-/ steno- ← stenus 窄的，狭的，薄的；phyllus/ phyllum/ phylla ← phyllon 叶片（用于希腊语复合词）

合词）

Paris polyphylla var. yunnanensis 宽瓣重楼：yunnanensis 云南的（地名）

Paris pubescens 毛重楼：pubescens ← pubens 被短柔毛的，长出柔毛的；pubi- ← pubis 细柔毛的，短柔毛的，毛被的；pubesco/ pubescere 长成的，变为成熟的，长出柔毛的，青春期体毛的；-escens/ -ascens 改变，转变，变成，略微，带有，接近，相似，大致，稍微（表示变化的趋势，并未完全相似或相同，有别于表示达到完成状态的 -atus）

Paris qiliangiana 啟良重楼：qiliangiana 甘啟良（人名，1952 年生，中国植物学家）

Paris quadrifolia 四叶重楼：quadri-/ quadr- 四，四数（希腊语为 tetra-/ tetr-）；folius/ folium/ folia 叶，叶片（用于复合词）

Paris verticillata 北重楼：verticillatus/ verticillaris 螺纹的，螺旋的，轮生的，环状的；verticillus 轮，环状排列

Paris violacea 花叶重楼：violaceus 紫红色的，紫堇色的，堇菜状的；Viola 堇菜属（堇菜科）；-aceus/ -aceum/ -acea 相似的，有……性质的，属于……的

Parkeriaceae 水蕨科（3-1：p274）：Parkeria → Ceratopteris 水蕨属；-aceae（分类单位科的词尾，为 -aceus 的阴性复数主格形式，加到模式属的名称后或同义词的词干后以组成族群名称）

Parkia 球花豆属（豆科）（39：p73）：parkia ← Park ← Mungo Park（人名，1771–1805，英国旅行家）

Parkia leiophylla 大叶球花豆：lei-/ leio-/ lio- ← leius ← leios 光滑的，平滑的；phyllus/ phyllum/ phylla ← phyllon 叶片（用于希腊语复合词）

Parkia timoriana 球花豆：timoriana 帝汶岛的（地名，印度尼西亚）

Parkinsonia 扁轴木属（豆科）（39：p116）：parkinsonia ← John Parkinson（人名，1569–1629，英国植物学家、草药专家）

Parkinsonia aculeata 扁轴木：aculeatus 有刺的，有针的；aculeus 皮刺；-atus/ -atum/ -ata 属于，相似，具有，完成（形容词词尾）

Parmentiera 蜡烛树属（紫葳科）（69：p62）：parmentiera ← Antoine Augustin Parmentier（人名，1737–1813，法国植物学家）

Parmentiera cerifera 蜡烛树（原名"蜡烛果"，紫金牛科有重名）：cerus/ cerum/ cera 蜡；-ferus/ -ferum/ -fera/ -fero/ -fere/ -fer 有，具有，产（区别：作独立词使用的 ferus 意思是"野生的"）

Parnassia 梅花草属（虎耳草科）（35-1：p1）：parnassia ← Parnassus 帕纳萨斯山的（地名，希腊南部山地）

Parnassia amoena 南川梅花草：amoenus 美丽的，可爱的

Parnassia angustipetala 窄瓣梅花草：angusti- ← angustus 窄的，狭的，细的；petalus/ petalum/ petala ← petalon 花瓣

Parnassia bifolia 双叶梅花草：bi-/ bis- 二，二数，二回（希腊语为 di-）；folius/ folium/ folia 叶，叶片（用于复合词）

Parnassia brevistyla 短柱梅花草：brevi- ← brevis

P

短的（用于希腊语复合词词首）；stylus/ stylis ← stylos 柱，花柱

Parnassia cacuminum 高山梅花草：cacuminus ← cacumen 尖顶的，顶端的，矛状的，顶峰的，山峰的

Parnassia cacuminum f. cacuminum 高山梅花草-原变型 （词义见上面解释）

Parnassia cacuminum f. yushuensis 玉树梅花草：yushuensis 玉树的（地名，青海省）

Parnassia chengkouensis 城口梅花草：chengkouensis 城口的（地名，重庆市）

Parnassia chinensis 中国梅花草：chinensis = china + ensis 中国的（地名）；China 中国

Parnassia chinensis var. chinensis 中国梅花草-原变种 （词义见上面解释）

Parnassia chinensis var. sechuanensis 四川梅花草：sechuanensis 四川的（地名）

Parnassia cooperi 指裂梅花草：cooperi ← Joseph Cooper（人名，19 世纪英国园艺学家）；-eri 表示人名，在以 -er 结尾的人名后面加上 i 形成

Parnassia cordata 心叶梅花草：cordatus ← cordis/ cor 心脏的，心形的；-atus/ -atum/ -ata 属于，相似，具有，完成（形容词词尾）

Parnassia crassifolia 鸡心梅花草：crassi- ← crassus 厚的，粗的，多肉质的；folius/ folium/ folia 叶，叶片（用于复合词）

Parnassia davidii 大卫梅花草：davidii ← Pere Armand David（人名，1826–1900，曾在中国采集植物标本的法国传教士）；-ii 表示人名，接在以辅音字母结尾的人名后面，但 -er 除外

Parnassia davidii var. arenicola 喜沙梅花草：arenicola 栖于沙地的；arena 沙子；colus ← colo 分布于，居住于，栖居，殖民（常作词尾）；colo/ colere/ colui/ cultum 居住，耕作，栽培

Parnassia davidii var. davidii 大卫梅花草-原变种 （词义见上面解释）

Parnassia degeensis 德格梅花草：degeensis 德格的（地名，四川省）

Parnassia delavayi 突隔梅花草：delavayi ← P. J. M. Delavay（人名，1834–1895，法国传教士，曾在中国采集植物标本）；-i 表示人名，接在以元音字母结尾的人名后面，但 -a 除外

Parnassia deqenensis 德钦梅花草：deqenensis 德钦的（地名，云南省）

Parnassia dilatata 宽叶梅花草：dilatatus = dilatus + atus 扩大的，膨大的；dilatus/ dilat-/ dilati-/ dilato- 扩大，膨大

Parnassia epunctulata 无斑梅花草：epunctulatus 无小斑点的；e-/ ex- 不，无，非，缺乏，不具有（e- 用在辅音字母前，ex- 用在元音字母前，为拉丁语词首，对应的希腊语词首为 a-/ an-，英语为 un-/ -less，注意作词首用的 e-/ ex- 和介词 e/ ex 意思不同，后者意为"出自、从……、由……离开、由于、依照"）；punctulatus = punctus + ulus + atus 具小斑点的；punctus 斑点；-ulus/ -ulum/ -ula 小的，略微的，稍微的（小词 -ulus 在字母 e 或 i 之后有多种变缀，即 -olus/ -olum/ -ola、-ellus/ -ellum/ -ella、-illus/ -illum/ -illa，与第一变格法和第二变格法名词形成复合词）；-atus/ -atum/ -ata 属于，相

似，具有，完成（形容词词尾）

Parnassia esquirolii 龙场梅花草（场 cháng）：esquirolii（人名）；-ii 表示人名，接在以辅音字母结尾的人名后面，但 -er 除外

Parnassia faberi 峨眉梅花草：faberi ← Ernst Faber（人名，19 世纪活动于中国的德国植物采集员）；-eri 表示人名，在以 -er 结尾的人名后面加上 i 形成

Parnassia faberi f. abbreviata 短茎峨眉梅花草：abbreviatus = ad + brevis + atus 缩短了的，省略的；ad- 向，到，近（拉丁语词首，表示程度加强）；构词规则：构成复合词时，词首末尾的辅音字母常同化为紧接其后的那个辅音字母（如 ad + b → abb）；brevis 短的（希腊语）；-atus/ -atum/ -ata 属于，相似，具有，完成（形容词词尾）

Parnassia faberi f. faberi 峨眉梅花草-原变型 （词义见上面解释）

Parnassia farreri 长爪梅花草：farreri ← Reginald John Farrer（人名，20 世纪英国植物学家、作家）；-eri 表示人名，在以 -er 结尾的人名后面加上 i 形成

Parnassia filchneri 藏北梅花草（藏 zàng）：filchneri（人名）；-eri 表示人名，在以 -er 结尾的人名后面加上 i 形成

Parnassia foliosa 白耳菜：foliosus = folius + osus 多叶的；folius/ folium/ folia → foli-/ folia- 叶，叶片；-osus/ -osum/ -osa 多的，充分的，丰富的，显著发育的，程度高的，特征明显的（形容词词尾）

Parnassia gansuensis 甘肃梅花草：gansuensis 甘肃的（地名）

Parnassia humilis 矮小梅花草：humilis 矮的，低的

Parnassia kangdingensis 康定梅花草：kangdingensis 康定的（地名，四川省）

Parnassia labiata 宝兴梅花草：labiatus ← labius + atus 具唇的，具唇瓣的；labius 唇，唇瓣，唇形

Parnassia lanceolata 披针瓣梅花草：lanceolatus = lanceus + olus + atus 小披针形的，小柳叶刀的；lance-/ lancei-/ lanci-/ lanceo-/ lanc- ← lanceus 披针形的，矛形的，尖刀状的，柳叶刀状的；-olus ← -ulus 小，稍微，略微（-ulus 在字母 e 或 i 之后变成 -olus/ -ellus/ -illus）；-atus/ -atum/ -ata 属于，相似，具有，完成（形容词词尾）

Parnassia lanceolata var. lanceolata 披针瓣梅花草-原变种 （词义见上面解释）

Parnassia lanceolata var. oblongipetala 长圆瓣梅花草：oblongus = ovus + longus 长椭圆形的（ovus 的词干 ov- 音变为 ob-）；ovus 卵，胚珠，卵形的，椭圆形的；longus 长的，纵向的；petalus/ petalum/ petala ← petalon 花瓣

Parnassia laxmannii 新疆梅花草：laxmannii ← Erich Gustav Laxmann（人名，18 世纪俄国科学家）

Parnassia leptophylla 细裂梅花草：leptus ← leptos 细的，薄的，瘦小的，狭长的；phyllus/ phyllum/ phylla ← phyllon 叶片（用于希腊语复合词）

Parnassia lijiangensis 丽江梅花草：lijiangensis 丽江的（地名，云南省）

Parnassia longipetala 长瓣梅花草：longe-/ longi- ← longus 长的，纵向的；petalus/ petalum/ petala ← petalon 花瓣

Parnassia longipetala var. brevipetala 短瓣梅花

草：brevi- ← brevis 短的（用于希腊语复合词词首）；petalus/ petalum/ petala ← petalon 花瓣

Parnassia longipetala var. longipetala 长瓣梅花草-原变种 （词义见上面解释）

Parnassia longipetaloides 似长瓣梅花草：longipetaloides 像 longipetala 的，近长瓣的；Parnassia longipetala 长瓣梅花草；longe-/ longi- ← longus 长的，纵向的；petalus/ petalum/ petala ← petalon 花瓣；-oides/ -oideus/ -oideum/ -oidea/ -odes/ -eidos 像……的，类似……的，呈……状的（名词词尾）

Parnassia longshengensis 龙胜梅花草：longshengensis 龙胜的（地名，广西壮族自治区）

Parnassia lutea 黄花梅花草：luteus 黄色的

Parnassia monochoriifolia 大叶梅花草：Monochoria 雨久花属（雨久花科）；folius/ folium/ folia 叶，叶片（用于复合词）

Parnassia mysorensis 凹瓣梅花草：mysorensis 迈索尔的（地名，印度）

Parnassia mysorensis var. aucta 锐尖凹瓣梅花草：auctus 扩大的，增大的

Parnassia mysorensis var. mysorensis 凹瓣梅花草-原变种 （词义见上面解释）

Parnassia noemiae 棒状梅花草：noemiae（人名）；-ae 表示人名，以 -a 结尾的人名后面加上 -e 形成

Parnassia nubicola 云梅花草：nubicolus 住在云中的，高居云端的；nubius 云雾的；colus ← colo 分布于，居住于，栖居，殖民（常作词尾）；colo/ colere/ colui/ cultum 居住，耕作，栽培

Parnassia nubicola var. nana 矮云梅花草：nanus ← nanos/ nannos 矮小的，小的；nani-/ nano-/ nanno- 矮小的，小的

Parnassia nubicola var. nubicola 云梅花草-原变种 （词义见上面解释）

Parnassia obovata 倒卵叶梅花草：obovatus = ob + ovus + atus 倒卵形的；ob- 相反，反对，倒（ob- 有多种音变：ob- 在元音字母和大多数辅音字母前面，oc- 在 c 前面，of- 在 f 前面，op- 在 p 前面）；ovus 卵，胚珠，卵形的，椭圆形的

Parnassia omeiensis 金顶梅花草：omeiensis 峨眉山的（地名，四川省）

Parnassia oreophila 细叉梅花草（叉 chā）：oreo-/ ores-/ ori- ← oreos 山，山地，高山；philus/ philein ← philos → phil-/ phili/ philo- 喜好的，爱好的，喜欢的（注意区别形近词：phylus、phyllus）；phylus/ phylum/ phyla ← phylon/ phyle 植物分类单位中的"门"，位于"界"和"纲"之间，类群，种族，部落，聚群；phyllus/ phyllum/ phylla ← phyllon 叶片（用于希腊语复合词）

Parnassia palustris 梅花草：palustris/ paluster ← palus + estris 喜好沼泽的，沼生的；palus 沼泽，湿地，泥潭，水塘，草甸子（palus 的复数主格为paludes）；-estris/ -estre/ ester/ -esteris 生于……地方，喜好……地方

Parnassia palustris var. multiseta 多枝梅花草：multi- ← multus 多个，多数，很多（希腊语为poly-）；setus/ saetus 刚毛，刺毛，芒刺

Parnassia palustris var. palustris 梅花草-原变种 （词义见上面解释）

Parnassia palustris var. palustris f. nana 少花梅花草：nanus ← nanos/ nannos 矮小的，小的；nani-/ nano-/ nanno- 矮小的，小的

Parnassia perciliata 厚叶梅花草：per-（在 l 前面音变为 pel-）极，很，颇，甚，非常，完全，通过，遍及（表示效果加强，与 sub- 互为反义词）；ciliatus = cilium + atus 缘毛的，流苏的；cilium 缘毛，睫毛；-atus/ -atum/ -ata 属于，相似，具有，完成（形容词词尾）

Parnassia petitmenginii 贵阳梅花草：petitmenginii（人名）；-ii 表示人名，接在以辅音字母结尾的人名后面，但 -er 除外

Parnassia pusilla 类三脉梅花草：pusillus 纤弱的，细小的，无价值的

Parnassia rhombipetala 叙永梅花草：rhombus 菱形，纺锤；petalus/ petalum/ petala ← petalon 花瓣

Parnassia scaposa 白花梅花草：scaposus 具柄的，具粗柄的；scapus（scap-/ scapi-）← skapos 主茎，树干，花柄，花轴；-osus/ -osum/ -osa 多的，充分的，丰富的，显著发育的，程度高的，特征明显的（形容词词尾）

Parnassia submysorensis 近凹瓣梅花草：submysorensis 像 mysorensis 的；sub-（表示程度较弱）与……类似，几乎，稍微，弱，亚，之下，下面；Parnassia mysorensis 凹瓣梅花草

Parnassia subscaposa 倒卵瓣梅花草：subscaposus 像 scaposa 的，稍具莛的（有多种植物加词使用scaposa/ scaposum）；sub-（表示程度较弱）与……类似，几乎，稍微，弱，亚，之下，下面；Parnassia scaposa 白花梅花草；scaposus 具柄的，具粗柄的；scapus（scap-/ scapi-）← skapos 主茎，树干，花柄，花轴；-osus/ -osum/ -osa 多的，充分的，丰富的，显著发育的，程度高的，特征明显的（形容词词尾）

Parnassia tenella 青铜钱：tenellus = tenuis + ellus 柔软的，纤细的，纤弱的，精美的，雅致的；tenuis 薄的，纤细的，弱的，瘦的，窄的；-ellus/ -ellum/ -ella ← -ulus 小的，略微的，稍微的（小词 -ulus 在字母 e 或 i 之后有多种变缀，即 -olus/ -olum/ -ola、-ellus/ -ellum/ -ella、-illus/ -illum/ -illa，用于第一变格法名词）

Parnassia tibetana 西藏梅花草：tibetana 西藏的（地名）

Parnassia trinervis 三脉梅花草：tri-/ tripli-/ triplo- 三个，三数；nervis ← nervus 脉，叶脉

Parnassia venusta 娇媚梅花草：venustus ← Venus 女神维纳斯的，可爱的，美丽的，有魅力的

Parnassia viridiflora 绿花梅花草：viridus 绿色的；florus/ florum/ flora ← flos 花（用于复合词）

Parnassia wightiana 鸡肫梅花草（肫 jūn）：wightiana ← Robert Wight（人名，19 世纪英国医生、植物学家）

Parnassia xinganensis 兴安梅花草：xinganensis 兴安的（地名，大兴安岭或小兴安岭）

P

Parnassia yanyuanensis 盐源梅花草：yanyuanensis 盐源的（地名，四川省）

Parnassia yiliangensis 彝良梅花草（彝 yí）：yiliangensis 宜良的（地名，云南省）

Parnassia yui 俞氏梅花草：yui 俞氏（人名）；-i 表示人名，接在以元音字母结尾的人名后面，但 -a 除外

Parnassia yulongshanensis 玉龙山梅花草：yulongshanensis 玉龙山的（地名，云南省）

Parnassia yunnanensis 云南梅花草：yunnanensis 云南的（地名）

Parnassia yunnanensis var. longistipitata 长柄云南梅花草：longistipitatus 具长柄的；longe-/longi- ← longus 长的，纵向的；stipitatus = stipitus + atus 具柄的；stipitus 柄，梗；-atus/-atum/-ata 属于，相似，具有，完成（形容词词尾）

Parnassia yunnanensis var. yunnanensis 云南梅花草-原变种（词义见上面解释）

Parochetus 紫雀花属（豆科）（42-2：p295）：parochetus 沟旁的（指分布在沟边）；para- 类似，接近，近旁，假的；ochetus ← ochetos 沟

Parochetus communis 紫雀花：communis 普通的，通常的，共通的

Parrya 条果芥属（十字花科）（33：p353）：parrya ← W. E. Parry（人名，1790-1855，英国植物学家）

Parrya beketovii 天山条果芥：beketovii（人名）；-ii 表示人名，接在以辅音字母结尾的人名后面，但 -er 除外

Parrya eriocalyx 毛萼条果芥：erion 绵毛，羊毛；calyx → calyc- 萼片（用于希腊语复合词）

Parrya exscapa 无茎条果芥：exscapus 无主茎的；e-/ex- 不，无，非，缺乏，不具有（e- 用在辅音字母前，ex- 用在元音字母前，为拉丁语词首，对应的希腊语词首为 a-/an-，英语为 un-/-less，注意作词首用的 e-/ex- 和介词 e/ex 意思不同，后者意为 "出自、从……、由……离开、由于、依照"）；scapus（scap-/scapi-）← skapos 主茎，树干，花柄，花轴

Parrya fruticulosa 灌丛条果芥：fruticulosus 小灌丛的，多分枝的；frutex 灌木；构词规则：以 -ix/-iex 结尾的词其词干末尾视为 -ic，以 -ex 结尾视为 -i/-ic，其他以 -x 结尾视为 -c；-culosus = culus + osus 小而多的，小而密集的；-culus/-culum/-cula 小的，略微的，稍微的（同第三变格法和第四变格法名词形成复合词）；-osus/-osum/-osa 多的，充分的，丰富的，显著发育的，程度高的，特征明显的（形容词词尾）

Parrya nudicaulis 裸茎条果芥：nudi- ← nudus 裸露的；caulis ← caulos 茎，茎秆，主茎

Parrya pinnatifida 羽裂条果芥：pinnatifidus = pinnatus + fidus 羽状中裂的；pinnatus = pinnus + atus 羽状的，具羽的；pinnus/pennus 羽毛，羽状，羽片；fidus ← findere 裂开，分裂（裂深不超过 1/3，常作词尾）

Parrya pinnatifida var. glabra 无毛条果芥：glabrus 光秃的，无毛的，光滑的

Parrya pinnatifida var. hirsuta 有毛条果芥：hirsutus 粗毛的，糙毛的，有毛的（长而硬的毛）

Parrya pinnatifida var. pinnatifida 羽裂条果芥-原变种（词义见上面解释）

Parrya pulvinata 垫状条果芥：pulvinatus = pulvinus + atus 垫状的；pulvinus 叶枕，叶柄基部膨大部分，坐垫，枕头

Parrya subsiliquosa 近长角条果芥：subsiliquosus 近长角果；sub-（表示程度较弱）与……类似，几乎，稍微，弱，亚，之下，下面；siliquosus 长角果的；siliquus 角果的，荚果的；-osus/-osum/-osa 多的，充分的，丰富的，显著发育的，程度高的，特征明显的（形容词词尾）

Parryodes 腋花芥属（荠 jì）（十字花科）（33：p278）：Parrya 条果芥属；-oides/-oideus/-oideum/-oidea/-odes/-eidos 像……的，类似……的，呈……状的（名词词尾）

Parryodes axilliflora 腋花芥：axilli-florus 腋生花的；axillus 叶腋的；axill-/axilli- 叶腋；florus/florum/flora ← flos 花（用于复合词）

Parsonsia 同心结属（夹竹桃科）（63：p143）：parsonsia ← J. Parsons（人名，1705-1770，英国医生、植物学家）

Parsonsia goniostemon 广西同心结：goni-/gonia-/gonio- ← gonius 具角的，长角的，棱角，膝盖；stemon 雄蕊

Parsonsia howii 海南同心结：howii（人名）；-ii 表示人名，接在以辅音字母结尾的人名后面，但 -er 除外

Parsonsia laevigata 同心结：laevigatus/levigatus 光滑的，平滑的，平滑而发亮的；laevis/levis/laeve/leve → levi-/laevi- 光滑的，无毛的，无不平或粗糙感觉的；laevigo/levigo 使光滑，削平

Parthenium 银胶菊属（菊科）（75：p333）：parthenium 处女

Parthenium argentatum 灰白银胶菊：argentatus 像银子的，被银的；argentum 银；-atus/-atum/-ata 属于，相似，具有，完成（形容词词尾）

Parthenium hysterophorus 银胶菊：hysterophorus 具子房的；hystero- 子宫的，子房的；-phorus/-phorum/-phora 载体，承载物，支持物，带着，生着，附着（表示一个部分带着别的部分，包括起支撑或承载作用的柄、柱、托、囊等，如 gynophorum = gynus + phorum 雌蕊柄的，带有雌蕊的，承载雌蕊的）；gynus/gynum/gyna 雌蕊，子房，心皮

Parthenocissus 地锦属（葡萄科）（48-2：p12）：parthenos 处女；cissus ← kissos 常春藤（希腊语）

Parthenocissus chinensis 小叶地锦：chinensis = china + ensis 中国的（地名）；China 中国

Parthenocissus cuspidifera var. pubifolia 毛脉地锦：cuspidiferus = cuspis + ferus 具尖的；构词规则：词尾为 -is 和 -ys 的词的词干分别视为 -id 和 -yd；cuspis（所有格为 cuspidis）齿尖，凸尖，尖头；-ferus/-ferum/-fera/-fero/-fere/-fer 有，具有，产（区别：作独立词使用的 ferus 意思是 "野生的"）；pubi- ← pubis 细柔毛的，短柔毛的，毛被的；folius/folium/folia 叶，叶片（用于复合词）

Parthenocissus dalzielii 异叶地锦：dalzielii（人名）；-ii 表示人名，接在以辅音字母结尾的人名后面，但 -er 除外

Parthenocissus feddei 长柄地锦：feddei（人名）；-i 表示人名，接在以元音字母结尾的人名后面，但 -a

P

除外

Parthenocissus feddei var. feddei 长柄地锦-原变种 （词义见上面解释）

Parthenocissus feddei var. pubescens 锈毛长柄地锦：pubescens ← pubens 被短柔毛的，长出柔毛的；pubi- ← pubis 细柔毛的，短柔毛的，毛被的；pubesco/ pubescere 长成的，变为成熟的，长出柔毛的，青春期体毛的；-escens/ -ascens 改变，转变，变成，略微，带有，接近，相似，大致，稍微（表示变化的趋势，并未完全相似或相同，有别于表示达到完成状态的 -atus）

Parthenocissus henryana 花叶地锦：henryana ← Augustine Henry 或 B. C. Henry（人名，前者，1857–1930，爱尔兰医生、植物学家，曾在中国采集植物，后者，1850–1901，曾活动于中国的传教士）

Parthenocissus henryana var. henryana 花叶地锦-原变种 （词义见上面解释）

Parthenocissus henryana var. hirsuta 毛脉花叶地锦：hirsutus 粗毛的，糙毛的，有毛的（长而硬的毛）

Parthenocissus laetevirens 绿叶地锦：laetevirens 鲜绿色的，淡绿色的；laete 光亮地，鲜艳地；virens 绿色的，变绿的

Parthenocissus quinquefolia 五叶地锦：quin-/ quinqu-/ quinque-/ quinqui- 五，五数（希腊语为 penta-）；folius/ folium/ folia 叶，叶片（用于复合词）

Parthenocissus semicordata 三叶地锦：semi- 半，准，略微；cordatus ← cordis/ cor 心脏的，心形的；-atus/ -atum/ -ata 属于，相似，具有，完成（形容词词尾）

Parthenocissus semicordata var. rubifolia 红三叶地锦：rubifolius 悬钩子叶的，树莓叶的，红叶的；Rubus 悬钩子属（蔷薇科）；folius/ folium/ folia 叶，叶片（用于复合词）；rubrus/ rubrum/ rubra/ ruber 红色的

Parthenocissus semicordata var. semicordata 三叶地锦-原变种 （词义见上面解释）

Parthenocissus suberosa 栓翅地锦：suberosus ← suber-osus/ subereus 木栓质的，木栓发达的（同形异义词：sub-erosus 略呈啮蚀状的）；suber- 木栓质的；-osus/ -osum/ -osa 多的，充分的，丰富的，显著发育的，程度高的，特征明显的（形容词词尾）

Parthenocissus tricuspidata 地锦：tri-/ tripli-/ triplo- 三个，三数；cuspidatus = cuspis + atus 尖头的，凸尖的；构词规则：词尾为 -is 和 -ys 的词的词干分别视为 -id 和 -yd；cuspis（所有格为 cuspidis）齿尖，凸尖，尖头；-atus/ -atum/ -ata 属于，相似，具有，完成（形容词词尾）

Paspalidium 类雀稗属（禾本科）（10-1：p382）：paspalidium = paspalum + idium 像雀稗的；Paspalum 雀稗属；-idium ← -idion 小的，稍微的（表示小或程度较轻）

Paspalidium flavidium 类雀稗：flavidus 淡黄的，泛黄的，发黄的；flavus → flavo-/ flavi-/ flav- 黄色的，鲜黄色的，金黄色的（指纯正的黄色）；-idus/ -idum/ -ida 表示在进行中的动作或情况，作动词、名词或形容词的词尾

Paspalidium punctatum 尖头类雀稗：punctatus = punctus + atus 具斑点的；punctus 斑点

Paspalum 雀稗属（禾本科）（10-1：p280）：paspalum ← paspale 小米，黍，谡（希腊语）

Paspalum commersonii 南雀稗：commersonii（人名）；-ii 表示人名，接在以辅音字母结尾的人名后面，但 -er 除外

Paspalum conjugatum 两耳草：conjugatus = co + jugatus 一对的，连接的，孪生的；jugatus 接合的，连结的，成对的；jugus ← jugos 成对的，成双的，一组，牛轭，束缚（动词为 jugo）；co- 联合，共同，合起来（拉丁语词首，为 cum- 的音变，表示结合、强化、完全，对应的希腊语为 syn-）；co- 的缀词音变有 co-/ com-/ con-/ col-/ cor-：co-（在 h 和元音字母前面），col-（在 l 前面），com-（在 b、m、p 之前），con-（在 c、d、f、g、j、n、qu、s、t 和 v 前面），cor-（在 r 前面）

Paspalum delavayi 云南雀稗：delavayi ← P. J. M. Delavay（人名，1834–1895，法国传教士，曾在中国采集植物标本）；-i 表示人名，接在以元音字母结尾的人名后面，但 -a 除外

Paspalum dilatatum 毛花雀稗：dilatatus = dilatus + atus 扩大的，膨大的；dilatus/ dilat-/ dilati-/ dilato- 扩大，膨大

Paspalum distichum 双穗雀稗（另见 P. paspaloides）：distichus 二列的；di-/ dis- 二，二数，二分，分离，不同，在……之间，从……分开（希腊语，拉丁语为 bi-/ bis-）；stichus ← stichon 行列，队列，排列

Paspalum fimbriatum 裂颖雀稗：fimbriatus = fimbria + atus 具长缘毛的，具流苏的，具锯齿状裂的（指花瓣）；fimbria → fimbri- 流苏，长缘毛；-atus/ -atum/ -ata 属于，相似，具有，完成（形容词词尾）

Paspalum formosanum 台湾雀稗：formosanus = formosus + anus 美丽的，台湾的；formosus ← formosa 美丽的，台湾的（葡萄牙殖民者发现台湾时对其的称呼，即美丽的岛屿）；-anus/ -anum/ -ana 属于，来自（形容词词尾）

Paspalum longifolium 长叶雀稗：longe-/ longi- ← longus 长的，纵向的；folius/ folium/ folia 叶，叶片（用于复合词）

Paspalum malacophyllum 棱稃雀稗（稃 fū）：malac-/ malaco-，malaci- ← malacus 软的，温柔的；phyllus/ phyllum/ phylla ← phyllon 叶片（用于希腊语复合词）

Paspalum notatum 百喜草：notatus 标志的，注明的，具斑纹的，具色纹的，有特征的；notus/ notum/ nota ①知名的、常见的、印记、特征、注目，②背部、脊背（注：该词具有两类完全不同的意思，要根据植物特征理解其含义）；noto 划记号，记载，注目，观察

Paspalum orbiculare 圆果雀稗：orbiculare 近圆形地；orbis 圆，圆形，圆圈，环；-culus/ -culum/ -cula 小的，略微的，稍微的（同第三变格法和第四变格法名词形成复合词）；-aris（阳性、阴性）/ -are（中性）← -alis（阳性、阴性）/ -ale（中性）属于，相似，如同，具有，涉及，关于，联

结于（将名词作形容词用，其中 -aris 常用于以 l 或 r 为词干末尾的词）

Paspalum paniculatum 开穗雀稗：paniculatus = paniculus + atus 具圆锥花序的；paniculus 圆锥花序；panus 谷穗；panicus 野稗，粟，谷子；-atus/ -atum/ -ata 属于，相似，具有，完成（形容词词尾）

Paspalum paspaloides 双穗雀稗（另见 P. distichum）：Paspalum 雀稗属（禾本科）；-oides/ -oideus/ -oideum/ -oidea/ -odes/ -eidos 像……的，类似……的，呈……状的（名词词尾）

Paspalum plicatulum 皱稃雀稗：plicatulus = plicatus + ulus 具小褶的，折扇的；plicatus = plex + atus 折扇状的，有沟的，纵向折叠的，棕榈叶状的（= plicativus）；plex/ plica 褶，折扇状，卷折（plex 的词干为 plic-）；plico 折叠，出褶，卷折；-ulus/ -ulum/ -ula 小的，略微的，稍微的（小词 -ulus 在字母 e 或 i 之后有多种变缀，即 -olus/ -olum/ -ola、-ellus/ -ellum/ -ella、-illus/ -illum/ -illa，与第一变格法和第二变格法名词形成复合词）

Paspalum scrobiculatum 鸭嫲草（嫲 nǎ）：scrobiculatus 蜂窝状的，有窝孔的，凹陷的；scrobiculus 小孔，微凹；scrobis 沟，壕沟；-culus/ -culum/ -cula 小的，略微的，稍微的（同第三变格法和第四变格法名词形成复合词）

Paspalum thunbergii 雀稗：thunbergii ← C. P. Thunberg（人名，1743–1828，瑞典植物学家，曾专门研究日本的植物）

Paspalum urvillei 丝毛雀稗：urvillei ← J. S. C. Dumont d'Urville（人名，19 世纪法国植物学家）

Paspalum vaginatum 海雀稗：vaginatus = vaginus + atus 鞘，具鞘的；vaginus 鞘，叶鞘；-atus/ -atum/ -ata 属于，相似，具有，完成（形容词词尾）

Paspalum virgatum 粗秆雀稗：virgatus 细长枝条的，有条纹的，嫩枝状的；virga/ virgus 纤细枝条，细而绿的枝条；-atus/ -atum/ -ata 属于，相似，具有，完成（形容词词尾）

Passiflora 西番莲属（西番莲科）(52-1: p97)：passiflorus 受难的花，受刑的花（花呈十字架形）；passio 苦难，受难；florus/ florum/ flora ← flos 花（用于复合词）

Passiflora alato-caerulea 蓝翅西番莲：alatus → ala-/ alat-/ alati-/ alato- 翅，具翅的，具翼的；caeruleus/ coeruleus 深蓝色的，海洋蓝的，青色的，暗绿色的；caerulus/ coerulus 深蓝色，海洋蓝，青色，暗绿色；-eus/ -eum/ -ea（接拉丁语词干时）属于……的，色如……的，质如……的（表示原料、颜色或品质的相似），（接希腊语词干时）属于……的，以……出名，为……所占有（表示具有某种特性）

Passiflora altebilobata 月叶西番莲：alte- 深的；bi-/ bis- 二，二数，二回（希腊语为 di-）；lobatus = lobus + atus 具浅裂的，具耳垂状突起的；lobus/ lobos/ lobon 浅裂，耳片（裂片先端钝圆），荚果，蒴果；-atus/ -atum/ -ata 属于，相似，具有，完成（形容词词尾）

Passiflora caerulea 西番莲：caeruleus/ coeruleus 深蓝色的，海洋蓝的，青色的，暗绿色的；caerulus/ coerulus 深蓝色，海洋蓝，青色，暗绿色；

-eus/ -eum/ -ea（接拉丁语词干时）属于……的，色如……的，质如……的（表示原料、颜色或品质的相似），（接希腊语词干时）属于……的，以……出名，为……所占有（表示具有某种特性）

Passiflora cupiformis 杯叶西番莲：cupiformis 杯形的；cupus 杯；formis/ forma 形状

Passiflora eberhardtii 心叶西番莲：eberhardtii （人名）；-ii 表示人名，接在以辅音字母结尾的人名后面，但 -er 除外

Passiflora edulis 鸡蛋果：edule/ edulis 食用的，可食的

Passiflora foetida 龙珠果：foetidus = foetus + idus 臭的，恶臭的，令人作呕的；foetus/ faetus/ fetus 臭味，恶臭，令人不悦的气味；-idus/ -idum/ -ida 表示在进行中的动作或情况，作动词、名词或形容词的词尾

Passiflora gracilis 细柱西番莲（另见 P. suberosa）：gracilis 细长的，纤弱的，丝状的

Passiflora henryi 圆叶西番莲：henryi ← Augustine Henry 或 B. C. Henry（人名，前者，1857–1930，爱尔兰医生、植物学家，曾在中国采集植物，后者，1850–1901，曾活动于中国的传教士）

Passiflora jianfengensis 尖峰西番莲：jianfengensis 尖峰岭的（地名，海南省）

Passiflora jugorum 山峰西番莲：jugorum 成对的，成双的，牛轭，束缚（jugus 的复数所有格）；jugus ← jugos 成对的，成双的，一组，牛轭，束缚（动词为 jugo）；-orum 属于……的（第二变格法名词复数所有格词尾，表示群落或多数）

Passiflora kwangtungensis 广东西番莲：kwangtungensis 广东的（地名）

Passiflora laurifolia 樟叶西番莲：lauri- ← Laurus 月桂属（樟科）；folius/ folium/ folia 叶，叶片（用于复合词）

Passiflora menghaiensis 勐海西番莲：menghaiensis 勐海的（地名，云南省）

Passiflora moluccana 马来蛇王藤：moluccana ← Molucca 马鲁古群岛的（地名，印度尼西亚，旧称为摩鹿加群岛）

Passiflora moluccana var. glaberrima 长叶蛇王藤：glaberrimus 完全无毛的；glaber/ glabrus 光滑的，无毛的；-rimus/ -rima/ -rimum 最，极，非常（词尾为 -er 的形容词最高级）

Passiflora moluccana var. moluccana 马来蛇王藤-原变种 （词义见上面解释）

Passiflora moluccana var. teysmanniana 蛇王藤：teysmanniana （人名）

Passiflora papilio 蝴蝶藤：papilio/ papillio 蝶，蛾，蝶形的

Passiflora perpera 半边风：perpera ← perpere/ perperam 错误地，不正地

Passiflora quadrangularis 大果西番莲：quadrangularis 四棱的，四角的；quadri-/ quadr- 四，四数（希腊语为 tetra-/ tetr-）；angularis = angulus + aris 具棱角的，有角度的；-aris（阳性、阴性）/ -are（中性）← -alis（阳性、阴性）/ -ale（中性）属于，相似，如同，具有，涉及，关于，联结于（将名词作形容词用，其中 -aris 常用于以 l 或

r 为词干末尾的词）

Passiflora rhombiformis 菱叶西番莲：rhombus 菱形，纺锤；formis/ forma 形状

Passiflora siamica 长叶西番莲：siamica 暹罗的（地名，泰国古称）（暹 xiān）

Passiflora suberosa 细柱西番莲（另见 P. gracilis）：suberosus ← suber-osus/ subereus 木栓质的，木栓发达的（同形异义词：sub-erosus 略呈啮蚀状的）；suber- 木栓质的；-osus/ -osum/ -osa 多的，充分的，丰富的，显著发育的，程度高的，特征明显的（形容词词尾）

Passiflora wilsonii 镰叶西番莲：wilsonii ← John Wilson（人名，18 世纪英国植物学家）

Passifloraceae 西番莲科（52-1：p97）：Passiflora 西番莲属；-aceae（分类单位科的词尾，为 -aceus 的阴性复数主格形式，加到模式属的名称后或同义词的词干后以组成族群名称）

Pastinaca 欧防风属（伞形科）（55-3：p179）：pastinaca ← pastus 食物的（该属植物有可食用的粗大根）

Pastinaca sativa 欧防风：sativus 栽培的，种植的，耕地的，耕作的

Patrinia 败酱属（败酱科）（73-1：p6）：patrinia ← Eugene L. M. Patrin（人名，1755–1810，英国旅行家）

Patrinia glabrifolia 光叶败酱：glabrus 光秃的，无毛的，光滑的；folius/ folium/ folia 叶，叶片（用于复合词）

Patrinia heterophylla 墓头回：heterophyllus 异型叶的；hete-/ heter-/ hetero- ← heteros 不同的，多样的，不齐的；phyllus/ phyllum/ phylla ← phyllon 叶片（用于希腊语复合词）

Patrinia heterophylla subsp. angustifolia 窄叶败酱：angusti- ← angustus 窄的，狭的，细的；folius/ folium/ folia 叶，叶片（用于复合词）

Patrinia heterophylla subsp. heterophylla 墓头回-原亚种 （词义见上面解释）

Patrinia intermedia 中败酱：intermedius 中间的，中位的，中等的；inter- 中间的，在中间，之间；medius 中间的，中央的

Patrinia monandra 少蕊败酱：mono-/ mon- ← monos 一个，单一的（希腊语，拉丁语为 unus/ uni-/ uno-）；andrus/ andros/ antherus ← aner 雄蕊，花药，雄性

Patrinia monandra var. formosana 台湾败酱：formosanus = formosus + anus 美丽的，台湾的；formosus ← formosa 美丽的，台湾的（葡萄牙殖民者发现台湾时对其的称呼，即美丽的岛屿）；-anus/ -anum/ -ana 属于，来自（形容词词尾）

Patrinia monandra var. monandra 少蕊败酱-原变种 （词义见上面解释）

Patrinia punctiflora 斑花败酱：punctatus = punctus + atus 具斑点的；punctus 斑点；florus/ florum/ flora ← flos 花（用于复合词）

Patrinia punctiflora var. punctiflora 斑花败酱-原变种 （词义见上面解释）

Patrinia punctiflora var. robusta 大斑花败酱：robustus 大型的，结实的，健壮的，强壮的

Patrinia rupestris 岩败酱：rupestre/ rupicolus/ rupestris 生于岩壁的，岩栖的；rup-/ rupi- ← rupes/ rupis 岩石的；-estris/ -estre/ ester/ -esteris 生于……地方，喜好……地方

Patrinia rupestris subsp. rupestris 岩败酱-原亚种 （词义见上面解释）

Patrinia rupestris subsp. scabra 糙叶败酱：scabrus ← scaber 粗糙的，有凹凸的，不平滑的

Patrinia scabiosaefolia 败酱：scabiosaefolia = Scabiosa + folius 蓝盆花叶的（注：组成复合词时，要将前面词的词尾 -us/ -um/ -a 变成 -i- 或 -o- 而不是所有格，故该词宜改为 "scabiosifolia"）；Scabiosa 蓝盆花属，山萝卜属（川续断科）；folius/ folium/ folia 叶，叶片（用于复合词）

Patrinia sibirica 西伯利亚败酱：sibirica 西伯利亚的（地名，俄罗斯）；-icus/ -icum/ -ica 属于，具有某种特性（常用于地名、起源、生境）

Patrinia speciosa 秀苞败酱：speciosus 美丽的，华丽的；species 外形，外观，美观，物种（缩写 sp.，复数 spp.）；-osus/ -osum/ -osa 多的，充分的，丰富的，显著发育的，程度高的，特征明显的（形容词词尾）

Patrinia villosa 攀倒甑（倒 dǎo，甑 zèng）：villosus 柔毛的，绵毛的；villus 毛，羊毛，长绒毛；-osus/ -osum/ -osa 多的，充分的，丰富的，显著发育的，程度高的，特征明显的（形容词词尾）

Patrinia villosa subsp. punctifolia 斑叶败酱：punctatus = punctus + atus 具斑点的；punctus 斑点；folius/ folium/ folia 叶，叶片（用于复合词）

Patrinia villosa subsp. villosa 攀倒甑-原亚种 （词义见上面解释）

Pauldopia 翅叶木属（紫葳科）（69：p18）：pauldopia（人名）

Pauldopia ghorta 翅叶木：ghorta（土名）

Paulownia 泡桐属（泡 pāo，意 "松软"）（玄参科）（67-2：p28）：paulownia ← Anna Paulowna（人名，1795–1865，保罗沙皇一世的儿子）

Paulownia australis 南方泡桐：australis 南方的，南半球的；austro-/ austr- 南方的，南半球的，大洋洲的；auster 南方，南风；-aris（阳性、阴性）/ -are（中性）← -alis（阳性、阴性）/ -ale（中性）属于，相似，如同，具有，涉及，关于，联结于（将名词作形容词用，其中 -aris 常用于以 l 或 r 为词干末尾的词）

Paulownia catalpifolia 楸叶泡桐：Catalpa 梓属（紫葳科）；folius/ folium/ folia 叶，叶片（用于复合词）

Paulownia elongata 兰考泡桐：elongatus 伸长的，延长的；elongare 拉长，延长；longus 长的，纵向的；e-/ ex- 不，无，非，缺乏，不具有（e- 用在辅音字母前，ex- 用在元音字母前，为拉丁语词首，对应的希腊语词首为 a-/ an-，英语为 un-/ -less，注意作词首用的 e-/ ex- 和介词 e/ ex 意思不同，后者意为 "出自、从……、由……离开、由于、依照"）

Paulownia fargesii 川泡桐：fargesii ← Pere Paul Guillaume Farges（人名，19 世纪中叶至 20 世纪活动于中国的法国传教士，植物采集员）

Paulownia fortunei 白花泡桐：fortunei ← Robert

·861·

Fortune（人名，19 世纪英国园艺学家，曾在中国采集植物）；-i 表示人名，接在以元音字母结尾的人名后面，但 -a 除外

Paulownia kawakamii 台湾泡桐：kawakamii 川上（人名，20 世纪日本植物采集员）

Paulownia taiwaniana （台湾泡桐）：taiwaniana 台湾的（地名）

Paulownia tomentosa 毛泡桐：tomentosus = tomentum + osus 绒毛的，密被绒毛的；tomentum 绒毛，浓密的毛被，棉絮，棉絮状填充物（被褥、垫子等）；-osus/ -osum/ -osa 多的，充分的，丰富的，显著发育的，程度高的，特征明显的（形容词词尾）

Paulownia tomentosa var. tomentosa 毛泡桐-原变种 （词义见上面解释）

Paulownia tomentosa var. tsinlingensis 光泡桐：tsinlingensis 秦岭的（地名，陕西省）

Pavetta 大沙叶属（茜草科）（71-2：p25）：pavetta 大沙叶（斯里兰卡土名）

Pavetta arenosa 大沙叶：arenosus 多沙的；arena 沙子；-osus/ -osum/ -osa 多的，充分的，丰富的，显著发育的，程度高的，特征明显的（形容词词尾）

Pavetta arenosa f. arenosa 大沙叶-原变型 （词义见上面解释）

Pavetta arenosa f. glabrituba 光萼大沙叶：glabrus 光秃的，无毛的，光滑的；tubus 管子的，管状的，筒状的

Pavetta hongkongensis 香港大沙叶：hongkongensis 香港的（地名）

Pavetta polyantha 多花大沙叶：polyanthus 多花的；poly- ← polys 多个，许多（希腊语，拉丁语为 multi-）；anthus/ anthum/ antha/ anthe ← anthos 花（用于希腊语复合词）

Pavetta scabrifolia 糙叶大沙叶：scabrifolius 糙叶的；scabri- ← scaber 粗糙的，有凹凸的，不平滑的；folius/ folium/ folia 叶，叶片（用于复合词）

Pavetta swatouica 汕头大沙叶：swatouica 汕头的（地名）；-icus/ -icum/ -ica 属于，具有某种特性（常用于地名、起源、生境）

Pavetta tomentosa 绒毛大沙叶：tomentosus = tomentum + osus 绒毛的，密被绒毛的；tomentum 绒毛，浓密的毛被，棉絮，棉絮状填充物（被褥、垫子等）；-osus/ -osum/ -osa 多的，充分的，丰富的，显著发育的，程度高的，特征明显的（形容词词尾）

Pavieasia 檀栗属（无患子科）（47-1：p45）：pavieasia（人名）

Pavieasia kwangsiensis 广西檀栗：kwangsiensis 广西的（地名）

Pavieasia yunnanensis 云南檀栗：yunnanensis 云南的（地名）

Pecteilis 白蝶兰属（兰科）（17：p395）：pecteilis 栉齿（比喻唇瓣的栉齿状裂）

Pecteilis henryi 滇南白蝶兰：henryi ← Augustine Henry 或 B. C. Henry（人名，前者，1857–1930，爱尔兰医生、植物学家，曾在中国采集植物，后者，1850–1901，曾活动于中国的传教士）

Pecteilis radiata 狭叶白蝶兰：radiatus = radius + atus 辐射状的，放射状的；radius 辐射，射线，半径，边花，伞形花序

Pecteilis susannae 龙头兰：susannae ← Susanna（或 Suzanna）Muir（人名，19 世纪英国出生的美国博物学家、探险家）；-ae 表示人名，以 -a 结尾的人名后面加上 -e 形成

Pedaliaceae 胡麻科（69：p63）：Pedalium 叶胡麻属；-aceae（分类单位科的词尾，为 -aceus 的阴性复数主格形式，加到模式属的名称后或同义词的词干后以组成族群名称）

Pedicularis 马先蒿属（玄参科）（68：p1）：pedicularis ← pediculus ← pedis 有虱子的，多虱子的（传说牲口吃了该属的沼生马先蒿 P. palustris 会满身长虱子）（该词另一意思是"有柄的、足的、细枝的"）；pedis/ pediculus ← pes 虱子，柄，足，细枝；-aris（阳性、阴性）/ -are（中性）← -alis（阳性、阴性）/ -ale（中性）属于，相似，如同，具有，涉及，关于，联结于（将名词作形容词用，其中 -aris 常用于以 l 或 r 为词干末尾的词）

Pedicularis abrotanifolia 蒿叶马先蒿：abrotanifolius 南木蒿叶的；abrotani ← Artemesia abrotanum 南木蒿（菊科蒿属一种）；folius/ folium/ folia 叶，叶片（用于复合词）

Pedicularis abrotanifolia var. abrotanifolia 蒿叶马先蒿-蒿叶变种 （词义见上面解释）

Pedicularis abrotanifolia var. mongolica （蒙古蒿叶马先蒿）：mongolica 蒙古的（地名）；mongolia 蒙古的（地名）；-icus/ -icum/ -ica 属于，具有某种特性（常用于地名、起源、生境）

Pedicularis achilleifolia 蓍草叶马先蒿（蓍 shī）：achilleifolia 叶片像蓍的（属名词尾变成 i 与后面的词复合）；Achillea 蓍属（菊科）；folius/ folium/ folia 叶，叶片（用于复合词）

Pedicularis alaschanica 阿拉善马先蒿：alaschanica 阿拉善的（地名，内蒙古最西部）

Pedicularis alaschanica subsp. alaschanica 阿拉善马先蒿-阿拉善亚种 （词义见上面解释）

Pedicularis alaschanica subsp. tibetica 阿拉善马先蒿西藏亚种：tibetica 西藏的（地名）；-icus/ -icum/ -ica 属于，具有某种特性（常用于地名、起源、生境）

Pedicularis aloensis 阿洛马先蒿：aloensis 阿洛的（地名，云南西北部）

Pedicularis alopecuros 狐尾马先蒿：alopecuros = alopex + urus 狐狸尾巴的（指穗状花序形状）（该词拼缀宜改为"alopicuros"）；构词规则：以 -ix/ -iex 结尾的词其词干末尾视为 -ic，以 -ex 结尾视为 -i/ -ic，其他以 -x 结尾视为 -c；alopex 狐狸（词干为 alopi-/ alopic-）；-urus/ -ura/ -ourus/ -oura/ -oure/ -uris 尾巴

Pedicularis alopecuros var. alopecuros 狐尾马先蒿-狐尾变种 （词义见上面解释）

Pedicularis alopecuros var. lasiandra 狐尾马先蒿-毛药变种：lasi-/ lasio- 羊毛状的，有毛的，粗糙的；andrus/ andros/ antherus ← aner 雄蕊，花药，雄性

Pedicularis altaica 阿尔泰马先蒿：altaica 阿尔泰的（地名，新疆北部山脉）

Pedicularis altifrontalis 高额马先蒿：altifrontalis 高额头的，高叶簇的；al-/ alti-/ alto- ← altus 高

P

的，高处的；frontalis 叶簇的，叶丛的，前额的，正面的，前面的；frond/ frons 叶（蕨类、棕榈、苏铁类），叶状体，叶簇，叶丛，植物体（藻类、藓类），前额，正前面；-aris（阳性、阴性）/ -are（中性）← -alis（阳性、阴性）/ -ale（中性）属于，相似，如同，具有，涉及，关于，联结于（将名词作形容词用，其中 -aris 常用于以 l 或 r 为词干末尾的词）

Pedicularis amplituba 丰管马先蒿：ampli- ← amplus 大的，宽的，膨大的，扩大的；tubus 管子的，管状的，筒状的

Pedicularis anas 鸭首马先蒿：anas 鸭子

Pedicularis anas var. anas 鸭首马先蒿-鸭首变种（词义见上面解释）

Pedicularis anas var. tibetica 鸭首马先蒿-西藏变种：tibetica 西藏的（地名）；-icus/ -icum/ -ica 属于，具有某种特性（常用于地名、起源、生境）

Pedicularis anas var. xanthantha 鸭首马先蒿-黄花变种：xanth-/ xiantho- ← xanthos 黄色的；anthus/ anthum/ antha/ anthe ← anthos 花（用于希腊语复合词）

Pedicularis angularis 角盔马先蒿：angularis = angulus + aris 具棱角的，有角度的；angulus 角，棱角，角度，角落；-osus/ -osum/ -osa 多的，充分的，丰富的，显著发育的，程度高的，特征明显的（形容词词尾）；-aris（阳性、阴性）/ -are（中性）← -alis（阳性、阴性）/ -ale（中性）属于，相似，如同，具有，涉及，关于，联结于（将名词作形容词用，其中 -aris 常用于以 l 或 r 为词干末尾的词）

Pedicularis angustilabris 狭唇马先蒿：angusti- ← angustus 窄的，狭的，细的；labris 唇，唇瓣

Pedicularis angustiloba 狭裂马先蒿：angusti- ← angustus 窄的，狭的，细的；lobus/ lobos/ lobon 浅裂，耳片（裂片先端钝圆），荚果，蒴果

Pedicularis anthemifolia 春黄菊叶马先蒿：anthemifolius 春黄菊叶的；Anthemis 春黄菊属（菊科）；folius/ folium/ folia 叶，叶片（用于复合词）

Pedicularis anthemifolia subsp. anthemifolia 春黄菊叶马先蒿-春黄菊叶亚种（词义见上面解释）

Pedicularis anthemifolia subsp. elatior 春黄菊叶马先蒿-高升亚种：elatior 较高的（elatus 的比较级）；-ilor 比较级

Pedicularis aquilina 鹰嘴马先蒿：aquilinum 似白鹭的，弯曲的

Pedicularis armata 刺齿马先蒿：armatus 有刺的，带武器的，装备了的；arma 武器，装备，工具，防护，挡板，军队

Pedicularis artselaeri 埃氏马先蒿：artselaeri（人名）；-eri 表示人名，在以 -er 结尾的人名后面加上 i 形成

Pedicularis artselaeri var. artselaeri 埃氏马先蒿埃氏变种（词义见上面解释）

Pedicularis artselaeri var. wutaiensis 埃氏马先蒿五台变种：wutaiensis 五台山的（地名，山西省）

Pedicularis aschistorhyncha 全喙马先蒿：aschistorhynchus 全喙的（缀词规则：-rh- 接在元音字母后面构成复合词时要变成 -rrh-，故该词宜改为"aschistorrhynchus"）；a-/ an- 无，非，没有，缺乏，不具有（an- 用于元音前）（a-/ an- 为希腊语词首，

对应的拉丁语词首为 e-/ ex-，相当于英语的 un-/ -less，注意词首 a- 和作为介词的 a/ ab 不同，后者的意思是"从……、由……、关于……、因为……"）；schistus ← schizo 裂开的，分歧的；rhynchus ← rhynchos 喙状的，鸟嘴状的

Pedicularis atroviridis 深绿马先蒿：atro-/ atr-/ atri-/ atra- ← ater 深色，浓色，暗色，发黑（ater 作为词干后接辅音字母开头的词时，要在词干后面加一个连接用的元音字母"o"或"i"，故为"ater-o-"或"ater-i-"，变形为"atr-"开头）；viridis 绿色的，鲜嫩的（相当于希腊语的 chloro-）

Pedicularis atuntsiensis 阿墩子马先蒿：atuntsiensis 阿墩子的（地名，云南省德钦县的旧称，藏语音译）

Pedicularis aurata 金黄马先蒿：auratus = aurus + atus 金黄色的；aurus 金，金色

Pedicularis axillaris 腋花马先蒿：axillaris 腋生的；axillus 叶腋的；axill-/ axilli- 叶腋；superaxillaris 腋上的；subaxillaris 近腋生的；extraaxillaris 腋外的；infraaxillaris 腋下的；-aris（阳性、阴性）/ -are（中性）← -alis（阳性、阴性）/ -ale（中性）属于，相似，如同，具有，涉及，关于，联结于（将名词作形容词用，其中 -aris 常用于以 l 或 r 为词干末尾的词）；形近词：axilis ← axis 轴，中轴

Pedicularis axillaris subsp. axillaris 腋花马先蒿-腋花亚种（词义见上面解释）

Pedicularis axillaris subsp. balfouriana 腋花马先蒿-巴氏亚种：balfouriana ← Isaac Bayley Balfour（人名，19 世纪英国植物学家）

Pedicularis batangensis 巴塘马先蒿：batangensis 巴塘的（地名，四川西北部）

Pedicularis bella 美丽马先蒿：bellus ← belle 可爱的，美丽的

Pedicularis bella subsp. bella 美丽马先蒿-美丽亚种（词义见上面解释）

Pedicularis bella subsp. holophylla 美丽马先蒿-全叶亚种：holophyllus 全缘叶的；holo-/ hol- 全部的，所有的，完全的，联合的，全缘的，不分裂的；phyllus/ phyllum/ phylla ← phyllon 叶片（用于希腊语复合词）

Pedicularis bella subsp. holophylla var. cristifrons 美丽马先蒿-全叶亚种冠额变种（冠 guān）：crist-/ cristi- ← cristus 鸡冠状的；-frons 叶子，叶状体

Pedicularis bella subsp. holophylla var. holophylla f. holophylla 美丽马先蒿-全叶亚种全叶变种全叶变型（词义见上面解释）

Pedicularis bella subsp. holophylla var. holophylla f. rosea 美丽马先蒿-全叶亚种全叶变种绯色变型：roseus = rosa + eus 像玫瑰的，玫瑰色的，粉红色的；rosa 蔷薇（古拉丁名）← rhodon 蔷薇（希腊语）← rhodd 红色，玫瑰红（凯尔特语）；-eus/ -eum/ -ea（接拉丁语词干时）属于……的，色如……的，质如……的（表示原料、颜色或品质的相似），（接希腊语词干时）属于……的，以……出名，为……所占有（表示具有某种特性）

Pedicularis bicolor 二色马先蒿：bi-/ bis- 二，二数，二回（希腊语为 di-）；color 颜色

P

Pedicularis bidentata 二齿马先蒿：bi-/ bis- 二，二数，二回（希腊语为 di-）；dentatus = dentus + atus 牙齿的，齿状的，具齿的；dentus 齿，牙齿；-atus/ -atum/ -ata 属于，相似，具有，完成（形容词词尾）

Pedicularis bietii 皮氏马先蒿：bietii（人名）；-ii 表示人名，接在以辅音字母结尾的人名后面，但 -er 除外

Pedicularis binaria 双生马先蒿：binarius 双生的，孪生的；bi-/ bis- 二，二数，二回（希腊语为 di-）

Pedicularis brachycrania 短盔马先蒿：brachycranius 短盔状的；brachy- ← brachys 短的（用于拉丁语复合词词首）；cranos 头盔，头盖骨，颅骨；-ius/ -ium/ -ia 具有……特性的（表示有关、关联、相似）；cranius 头盖的，头盖骨的，颅骨的，头盔状的

Pedicularis breviflora 短花马先蒿：brevi- ← brevis 短的（用于希腊语复合词词首）；florus/ florum/ flora ← flos 花（用于复合词）

Pedicularis brevilabris 短唇马先蒿：brevi- ← brevis 短的（用于希腊语复合词词首）；labris 唇，唇瓣

Pedicularis cephalantha 头花马先蒿：cephalanthus 头状的，头状花序的；cephalus/ cephale ← cephalos 头，头状花序；cephal-/ cephalo- ← cephalus 头，头状，头部；anthus/ anthum/ antha/ anthe ← anthos 花（用于希腊语复合词）

Pedicularis cephalantha var. cephalantha 头花马先蒿-头花变种 （词义见上面解释）

Pedicularis cephalantha var. szetchuanica 头花马先-蒿四川变种：szetchuanica 四川的（地名）；-icus/ -icum/ -ica 属于，具有某种特性（常用于地名、起源、生境）

Pedicularis cernua 俯垂马先蒿：cernuus 点头的，前屈的，略俯垂的（弯曲程度略大于 90°）；cernu-/ cernui- 弯曲，下垂；关联词：nutans 弯曲的，下垂的（弯曲程度远大于 90°）

Pedicularis cernua subsp. cernua 俯垂马先蒿-俯垂亚种 （词义见上面解释）

Pedicularis cernua subsp. latifolia 俯垂马先蒿-宽叶亚种：lati-/ late- ← latus 宽的，宽广的；folius/ folium/ folia 叶，叶片（用于复合词）

Pedicularis cheilanthifolia 碎米蕨叶马先蒿：Cheilanthes → Cheilosoria 碎米蕨属（中国蕨科）；folius/ folium/ folia 叶，叶片（用于复合词）

Pedicularis cheilanthifolia subsp. cheilanthifolia 碎米蕨叶马先蒿-碎米蕨叶亚种 （词义见上面解释）

Pedicularis cheilanthifolia subsp. cheilanthifolia var. isochila 碎米蕨叶马先蒿-碎米蕨叶亚种等唇变种：iso- ← isos 相等的，相同的，酷似的；chilus ← cheilos 唇，唇瓣，唇边，边缘，岸边

Pedicularis cheilanthifolia subsp. svenhedinii 碎米蕨叶马先蒿-斯文氏亚种：svenhedinii（人名）；-ii 表示人名，接在以辅音字母结尾的人名后面，但 -er 除外

Pedicularis chenocephala 鹅首马先蒿：cheno 鹅；cephalus/ cephale ← cephalos 头，头状花序

Pedicularis chinensis 中国马先蒿：chinensis = china + ensis 中国的（地名）；China 中国

Pedicularis chinensis f. chinensis 中国马先蒿-中国变型 （词义见上面解释）

Pedicularis chinensis f. erubescens 中国马先蒿-浅红变型：erubescens/ erubui ← erubeco/ erubere/ rubui 变红色的，浅红色的，赤红面的；rubescens 发红的，带红的，近红的；rubus ← ruber/ rubeo 树莓的，红色的；rubens 发红的，带红色的，变红的，红的；rubeo/ rubere/ rubui 红色的，变红，放光，闪耀；rubesco/ rubere/ rubui 变红；-escens/ -ascens 改变，转变，变成，略微，带有，接近，相似，大致，稍微（表示变化的趋势，并未完全相似或相同，有别于表示达到完成状态的 -atus）

Pedicularis chingii 秦氏马先蒿：chingii ← R. C. Chin 秦仁昌（人名，1898–1986，中国植物学家，蕨类植物专家），秦氏

Pedicularis chumbica 春丕马先蒿：chumbica 春丕的（地名，西藏自治区）

Pedicularis cinerascens 灰色马先蒿：cinerascens/ cinerasceus 发灰的，变灰色的，灰白的，淡灰色的（比 cinereus 更白）；cinereus 灰色的，草木灰色的（为纯黑和纯白的混合色，希腊语为 tephro-/ spodo-）；ciner-/ cinere-/ cinereo- 灰色；-escens/ -ascens 改变，转变，变成，略微，带有，接近，相似，大致，稍微（表示变化的趋势，并未完全相似或相同，有别于表示达到完成状态的 -atus）

Pedicularis clarkei 克氏马先蒿：clarkei（人名）

Pedicularis comptoniaefolia 康泊东叶马先蒿：comptoniaefolia 香蕨木叶的（注：组成复合词时，要将前面词的词尾 -us/ -um/ -a 变成 -i- 或 -o- 而不是所有格，而以属名作复合词时原词尾变形后的 i 要保留，不能使用所有格，故该词宜改为"comptoniifolia"）；Comptonia 香蕨木属（杨梅科）；comptonia ← Henry Compton（人名，17 世纪英国树木学家）；folius/ folium/ folia 叶，叶片（用于复合词）

Pedicularis confertiflora 聚花马先蒿：confertus 密集的；florus/ florum/ flora ← flos 花（用于复合词）

Pedicularis confertiflora subsp. confertiflora 聚花马先蒿-聚花亚种 （词义见上面解释）

Pedicularis confertiflora subsp. parvifolia 聚花马先蒿-小叶亚种：parvifolius 小叶的；parvus 小的，些微的，弱的；folius/ folium/ folia 叶，叶片（用于复合词）

Pedicularis confluens 连齿马先蒿：confluens 汇合的，混合成一的

Pedicularis conifera 结球马先蒿：coni- 球果，圆锥，尖塔；-ferus/ -ferum/ -fera/ -fero/ -fere/ -fer 有，具有，产（区别：作独立词使用的 ferus 意思是"野生的"）

Pedicularis connata 连叶马先蒿：connatus 融为一体的，合并在一起的；connecto/ conecto 联合，结合

Pedicularis corydaloides 拟紫堇马先蒿：Corydalis 紫堇属（罂粟科）；-oides/ -oideus/ -oideum/ -oidea/ -odes/ -eidos 像……的，类似……的，

呈……状的（名词词尾）

Pedicularis cranolopha 凸额马先蒿：cranolophus 凸额的，额部突出的；cranos 头盔，头盖骨，颅骨；lophus ← lophos 鸡冠，冠毛，额头，驼峰状突起

Pedicularis cranolopha var. **cranolopha** 凸额马先蒿-凸额变种 （词义见上面解释）

Pedicularis cranolopha var. **garnieri** 凸额马先蒿-格氏变种：garnieri（人名）；-eri 表示人名，在以 -er 结尾的人名后面加上 i 形成

Pedicularis cranolopha var. **longicornuta** 凸额马先蒿-长角变种：longicornutus 具长角的；longe-/ longi- ← longus 长的，纵向的；cornutus/ cornis 角，犄角

Pedicularis craspedotricha 缘毛马先蒿：craspedus ← craspedon ← kraspedon 边缘，缘生的；trichus 毛，毛发，线

Pedicularis crenata 波齿马先蒿：crenatus = crena + atus 圆齿状的，具圆齿的；crena 叶缘的圆齿

Pedicularis crenata subsp. **crenata** 波齿马先蒿-波齿亚种 （词义见上面解释）

Pedicularis crenata subsp. **crenatiformis** 波齿马先蒿全裂亚种：crenatus = crena + atus 圆齿状的，具圆齿的；crena 叶缘的圆齿；formis/ forma 形状

Pedicularis crenularis 细波齿马先蒿：crenularis = crena + ulus + atus 圆齿状的，具圆齿的；crena 叶缘的圆齿；-aris（阳性、阴性）/ -are（中性）← -alis（阳性、阴性）/ -ale（中性）属于，相似，如同，具有，涉及，关于，联结于（将名词作形容词用，其中 -aris 常用于以 l 或 r 为词干末尾的词）

Pedicularis cristatella 具冠马先蒿：cristatus = crista + atus 鸡冠的，鸡冠状的，扇形的，山脊状的；crista 鸡冠，山脊，网壁；-atus/ -atum/ -ata 属于，相似，具有，完成（形容词词尾）；-ellus/ -ellum/ -ella ← -ulus 小的，略微的，稍微的（小词 -ulus 在字母 e 或 i 之后有多种变缀，即 -olus/ -olum/ -ola、-ellus/ -ellum/ -ella、-illus/ -illum/ -illa，用于第一变格法名词）

Pedicularis croizatiana 克洛氏马先蒿：croizatiana（人名）

Pedicularis cryptantha 隐花马先蒿：cryptanthus 隐花的；crypt-/ crypto- ← kryptos 覆盖的，隐藏的（希腊语）；anthus/ anthum/ antha/ anthe ← anthos 花（用于希腊语复合词）

Pedicularis cryptantha subsp. **cryptantha** 隐花马先蒿-隐花亚种 （词义见上面解释）

Pedicularis cryptantha subsp. **erecta** 隐花马先蒿-直立亚种：erectus 直立的，笔直的

Pedicularis curvituba 弯管马先蒿：curvitubus 弯管的；curvus 弯曲的；tubus 管子的，管状的，筒状的

Pedicularis curvituba subsp. **curvituba** 弯管马先蒿-弯管亚种 （词义见上面解释）

Pedicularis curvituba subsp. **provotii** 弯管马先蒿-普洛氏亚种：provotii（人名）；-ii 表示人名，接在以辅音字母结尾的人名后面，但 -er 除外

Pedicularis cyathophylla 斗叶马先蒿：cyathus ← cyathos 杯，杯状的；phyllus/ phyllum/ phylla ←

phyllon 叶片（用于希腊语复合词）

Pedicularis cyathophylloides 拟斗叶马先蒿：cyathus ← cyathos 杯，杯状的；phyllus/ phyllum/ phylla ← phyllon 叶片（用于希腊语复合词）；-oides/ -oideus/ -oideum/ -oidea/ -odes/ -eidos 像……的，类似……的，呈……状的（名词词尾）

Pedicularis cyclorhyncha 环喙马先蒿：cyclorhyncha 环状喙的（缀词规则：-rh- 接在元音字母后面构成复合词时要变成 -rrh-，故该词宜改为"cyclorrhyncha"）；cyclo-/ cycl- ← cyclos 圆形，圈环；rhynchus ← rhynchos 喙状的，鸟嘴状的

Pedicularis cymbalaria 舟形马先蒿：cymbarius/ cymbalarius = cymbe + arius 舟状的；cymbe 船，舟；-arius/ -arium/ aria 相似，属于（表示地点，场所，关系，所属）；Cymbalaria 蔓柳穿鱼属（车前科）

Pedicularis daltonii 道氏马先蒿：daltonii（人名）；-ii 表示人名，接在以辅音字母结尾的人名后面，但 -er 除外

Pedicularis dasystachys 毛穗马先蒿：dasystachys = dasy + stachys 毛穗的，花穗有粗毛的；dasy- ← dasys 毛茸茸的，粗毛的，毛；stachy-/ stachyo-/ -stachys/ -stachyus/ -stachyum/ -stachya 穗子，穗子的，穗子状的，穗状花序的

Pedicularis daucifolia 胡萝卜叶马先蒿（卜 bo）：Daucus 胡萝卜属（伞形科）；folius/ folium/ folia 叶，叶片（用于复合词）

Pedicularis davidii 大卫氏马先蒿：davidii ← Pere Armand David（人名，1826–1900，曾在中国采集植物标本的法国传教士）；-ii 表示人名，接在以辅音字母结尾的人名后面，但 -er 除外

Pedicularis davidii var. **davidii** 大卫氏马先蒿大卫氏变种 （词义见上面解释）

Pedicularis davidii var. **pentodon** 大卫氏马先蒿-五齿变种：pentodon 五齿的；penta- 五，五数（希腊语，拉丁语为 quin/ quinqu/ quinque-/ quinqui-）；odontus/ odontos → odon-/ odont-/ odonto-（可作词首或词尾）齿，牙齿状的；odous 齿，牙齿（单数，其所有格为 odontos）

Pedicularis davidii var. **platyodon** 大卫氏马先蒿宽齿变种：platyodon 宽齿的；platys 大的，宽的（用于希腊语复合词）；odontus/ odontos → odon-/ odont-/ odonto-（可作词首或词尾）齿，牙齿状的；odous 齿，牙齿（单数，其所有格为 odontos）

Pedicularis debilis 弱小马先蒿：debilis 软弱的，脆弱的

Pedicularis debilis subsp. **debilior** 弱小马先蒿-极弱亚种：debilior 较软弱的，较脆弱的（debilis 的比较级）

Pedicularis debilis subsp. **debilis** 弱小马先蒿-弱小亚种 （词义见上面解释）

Pedicularis decora 美观马先蒿：decorus 美丽的，漂亮的，装饰的；decor 装饰，美丽

Pedicularis decorissima 极丽马先蒿：decorus 美丽的，漂亮的，装饰的；-issimus/ -issima/ -issimum 最，非常，极其（形容词最高级）

Pedicularis deltoidea 三角叶马先蒿：deltoideus/ deltoides 三角形的，正三角形的；delta 三角；-oides/ -oideus/ -oideum/ -oidea/ -odes/ -eidos

像……的，类似……的，呈……状的（名词词尾）

Pedicularis densispica 密穗马先蒿：densispicus 密穗的；densus 密集的，繁茂的；spicus 穗，谷穗，花穗

Pedicularis densispica subsp. densispica 密穗马先蒿-密穗亚种 （词义见上面解释）

Pedicularis densispica subsp. schneideri 密穗马先蒿-许氏亚种：schneideri（人名）；-eri 表示人名，在以 -er 结尾的人名后面加上 i 形成

Pedicularis densispica subsp. viridescens 密穗马先蒿-绿盔亚种：viridescens 变绿的，发绿的，淡绿色的；viridi-/ virid- ← viridus 绿色的；-escens/ -ascens 改变，转变，变成，略微，带有，接近，相似，大致，稍微（表示变化的趋势，并未完全相似或相同，有别于表示达到完成状态的 -atus）

Pedicularis dichotoma 二歧马先蒿：dichotomus 二叉分歧的，分离的；dicho-/ dicha- 二分的，二歧的；di-/ dis- 二，二数，二分，分离，不同，在……之间，从……分开（希腊语，拉丁语为 bi-/ bis-）；cho-/ chao- 分开，割裂，离开；tomus ← tomos 小片，片段，卷册（书）

Pedicularis dichrocephala 重头马先蒿（重 chóng）：dichrous/ dichrus 二色的；cephalus/ cephale ← cephalos 头，头状花序；di-/ dis- 二，二数，二分，分离，不同，在……之间，从……分开（希腊语，拉丁语为 bi-/ bis-）；Dichrocephala 鱼眼草属（菊科）

Pedicularis dielsiana 第氏马先蒿：dielsiana ← Friedrich Ludwig Emil Diels（人名，20 世纪德国植物学家）

Pedicularis diffusa 铺散马先蒿（铺 pū）：diffusus = dis + fusus 蔓延的，散开的，扩展的，渗透的（dis- 在辅音字母前发生同化）；fusus 散开的，松散的，松弛的；di-/ dis- 二，二数，二分，分离，不同，在……之间，从……分开（希腊语，拉丁语为 bi-/ bis-）

Pedicularis diffusa subsp. diffusa 铺散马先蒿-铺散亚种 （词义见上面解释）

Pedicularis diffusa subsp. elatior 铺散马先蒿-高升亚种：elatior 较高的（elatus 的比较级）；-ilor 比较级

Pedicularis dissecta 全裂马先蒿：dissectus 多裂的，全裂的，深裂的；di-/ dis- 二，二数，二分，分离，不同，在……之间，从……分开（希腊语，拉丁语为 bi-/ bis-）；sectus 分段的，分节的，切开的，分裂的

Pedicularis dissectifolia 细裂叶马先蒿：dissectus 多裂的，全裂的，深裂的；di-/ dis- 二，二数，二分，分离，不同，在……之间，从……分开（希腊语，拉丁语为 bi-/ bis-）；folius/ folium/ folia 叶，叶片（用于复合词）

Pedicularis dolichantha 修花马先蒿：dolich-/ dolicho- ← dolichos 长的；anthus/ anthum/ antha/ anthe ← anthos 花（用于希腊语复合词）

Pedicularis dolichocymba 长舟马先蒿：dolicho- ← dolichos 长的；cymbus/ cymbum/ cymba ← cymbe 小舟

Pedicularis dolichoglossa 长舌马先蒿：dolicho- ← dolichos 长的；glossus 舌，舌状的

Pedicularis dolichorrhiza 长根马先蒿：dolicho- ←

dolichos 长的；rhizus 根，根状茎（-rh- 接在元音字母后面构成复合词时要变成 -rrh-）

Pedicularis dolichostachya 长穗马先蒿：dolicho- ← dolichos 长的；stachy-/ stachyo-/ -stachys/ -stachyus/ -stachyum/ -stachya 穗子，穗子的，穗子状的，穗状花序的

Pedicularis duclouxii 杜氏马先蒿：duclouxii（人名）；-ii 表示人名，接在以辅音字母结尾的人名后面，但 -er 除外

Pedicularis dunniana 邓氏马先蒿：dunniana （人名）

Pedicularis elata 高升马先蒿：elatus 高的，梢端的

Pedicularis elliotii 爱氏马先蒿：elliotii ← George F. Scott-Elliot（人名，20 世纪英国植物学家）

Pedicularis elwesii 哀氏马先蒿：elwesii（人名）；-ii 表示人名，接在以辅音字母结尾的人名后面，但 -er 除外

Pedicularis elwesii subsp. elwesii 哀氏马先蒿哀氏亚种 （词义见上面解释）

Pedicularis elwesii subsp. major 哀氏马先蒿高大亚种：major 较大的，更大的（majus 的比较级）；majus 大的，巨大的

Pedicularis elwesii subsp. minor 哀氏马先蒿矮小亚种：minor 较小的，更小的

Pedicularis excelsa 卓越马先蒿：excelsus 高的，高贵的，超越的

Pedicularis fargesii 法氏马先蒿：fargesii ← Pere Paul Guillaume Farges（人名，19 世纪中叶至 20 世纪活动于中国的法国传教士，植物采集员）

Pedicularis fastigiata 帚状马先蒿：fastigiatus 束状的，笋帚状的（枝条直立聚集）（形近词：fastigatus 高的，高举的）；fastigius 笋帚

Pedicularis fengii 国楣马先蒿（楣 méi）：fengii（人名）；-ii 表示人名，接在以辅音字母结尾的人名后面，但 -er 除外

Pedicularis fetisowii 费氏马先蒿（种加词有时误拼为"fetissowii"）：fetisowii（人名）；-ii 表示人名，接在以辅音字母结尾的人名后面，但 -er 除外

Pedicularis filicifolia 羊齿叶马先蒿：filix ← filic- 蕨；folius/ folium/ folia 叶，叶片（用于复合词）；构词规则：以 -ix/ -iex 结尾的词其词干末尾视为 -ic，以 -ex 结尾视为 -i/ -ic，其他以 -x 结尾视为 -c

Pedicularis filicula 拟蕨马先蒿：Filicula 小蕨属（岩蕨科）；filiculus = filix + ulus 小蕨状的；filix ← filic- 蕨；构词规则：以 -ix/ -iex 结尾的词其词干末尾视为 -ic，以 -ex 结尾视为 -i/ -ic，其他以 -x 结尾视为 -c；-culus/ -culum/ -cula 小的，略微的，稍微的（同第三变格法和第四变格法名词形成复合词）

Pedicularis filicula var. filicula 拟蕨马先蒿-拟蕨变种 （词义见上面解释）

Pedicularis filicula var. saganaica 拟蕨马先蒿-木里变种：saganaica 萨嘎的（地名，西藏自治区）；-icus/ -icum/ -ica 属于，具有某种特性（常用于地名、起源、生境）

Pedicularis filiculiformis 假拟蕨马先蒿：filiculus 小蕨状的；filix ← filic- 蕨；构词规则：以 -ix/ -iex 结尾的词其词干末尾视为 -ic，以 -ex 结尾视为 -i/ -ic，其他以 -x 结尾视为 -c；-culus/ -culum/ -cula

小的，略微的，稍微的（同第三变格法和第四变格法名词形成复合词）

Pedicularis flaccida 软弱马先蒿：flaccidus 柔软的，软乎乎的，软绵绵的；flaccus 柔弱的，软垂的；-idus/ -idum/ -ida 表示在进行中的动作或情况，作动词、名词或形容词的词尾

Pedicularis flava 黄花马先蒿：flavus → flavo-/ flavi-/ flav- 黄色的，鲜黄色的，金黄色的（指纯正的黄色）

Pedicularis fletcherii 阜莱氏马先蒿（阜 fù）：fletcherii ← Harold Roy Fletcher（人名，20 世纪英国皇家植物园主任）（注：词尾改为"-eri"似更妥）；-eri 表示人名，在以 -er 结尾的人名后面加上 i 形成；-ii 表示人名，接在以辅音字母结尾的人名后面，但 -er 除外

Pedicularis flexuosa 曲茎马先蒿：flexuosus = flexus + osus 弯曲的，波状的，曲折的；flexus ← flecto 扭曲的，卷曲的，弯弯曲曲的，柔性的；flecto 弯曲，使扭曲；-osus/ -osum/ -osa 多的，充分的，丰富的，显著发育的，程度高的，特征明显的（形容词词尾）

Pedicularis floribunda 多花马先蒿：floribundus = florus + bundus 多花的，繁花的，花正盛开的；florus/ florum/ flora ← flos 花（用于复合词）；-bundus/ -bunda/ -bundum 正在做，正在进行（类似于现在分词），充满，盛行

Pedicularis forrestiana 福氏马先蒿：forrestiana ← George Forrest（人名，1873–1932，英国植物学家，曾在中国西部采集大量植物标本）

Pedicularis forrestiana subsp. flabellifera 福氏马先蒿-扇苞亚种：flabellifer 具扇形器官的；flabellus 扇子，扇形的；-ferus/ -ferum/ -fera/ -fero/ -fere/ -fer 有，具有，产（区别：作独立词使用的 ferus 意思是"野生的"）

Pedicularis forrestiana subsp. forrestiana 福氏马先蒿-福氏亚种 （词义见上面解释）

Pedicularis fragarioides 草莓状马先蒿：fragarioides 像草莓的；Fragaria 草莓属（蔷薇科）；-oides/ -oideus/ -oideum/ -oidea/ -odes/ -eidos 像……的，类似……的，呈……状的（名词词尾）

Pedicularis franchetiana 佛氏马先蒿：franchetiana ← A. R. Franchet（人名，19 世纪法国植物学家）

Pedicularis furfuracea 糠秕马先蒿（秕 bǐ）：furfuraceus 糠麸状的，头屑状的，叶鞘的；furfur/ furfuris 糠麸，鞘

Pedicularis gagnepainiana 戛氏马先蒿（戛 jiá）：gagnepainiana（人名）

Pedicularis galeata 显盔马先蒿：galeatus = galea + atus 盔形的，具盔的；galea 头盔，帽子，毛皮帽子

Pedicularis ganpinensis 平坝马先蒿：ganpinensis 安坪的（地名，贵州省安顺市平坝区）

Pedicularis garckeana 戛克氏马先蒿：garckeana（人名）

Pedicularis geosiphon 地管马先蒿：geosiphon 地管；geo- 地，地面，土壤；siphonus ← sipho → siphon-/ siphono-/ -siphonius 管，筒，管状物

Pedicularis giraldiana 奇氏马先蒿：giraldiana ← Giuseppe Giraldi（人名，19 世纪活动于中国的意大利传教士）

Pedicularis glabrescens 退毛马先蒿：glabrus 光秃的，无毛的，光滑的；-escens/ -ascens 改变，转变，变成，略微，带有，接近，相似，大致，稍微（表示变化的趋势，并未完全相似或相同，有别于表示达到完成状态的 -atus）

Pedicularis globifera 球花马先蒿：glob-/ globi- ← globus 球体，圆球，地球；-ferus/ -ferum/ -fera/ -fero/ -fere/ -fer 有，具有，产（区别：作独立词使用的 ferus 意思是"野生的"）

Pedicularis gracilicaulis 细瘦马先蒿：gracili- 细长的，纤弱的；caulis ← caulos 茎，茎秆，主茎

Pedicularis gracilis 纤细马先蒿：gracilis 细长的，纤弱的，丝状的

Pedicularis gracilis subsp. gracilis 纤细马先蒿-纤细亚种 （词义见上面解释）

Pedicularis gracilis subsp. macrocarpa 纤细马先蒿-大果亚种：macro-/ macr- ← macros 大的，宏观的（用于希腊语复合词）；carpus/ carpum/ carpa/ carpon ← carpos 果实（用于希腊语复合词）

Pedicularis gracilis subsp. sinensis 纤细马先蒿-中国亚种：sinensis = Sina + ensis 中国的（地名）；Sina 中国

Pedicularis gracilis subsp. stricta 纤细马先蒿-坚挺亚种：strictus 直立的，硬直的，笔直的，彼此靠拢的

Pedicularis gracilituba 细管马先蒿：gracilis 细长的，纤弱的，丝状的；tubus 管子，管状的，筒状的

Pedicularis gracilituba subsp. gracilituba 细管马先蒿-细管亚种 （词义见上面解释）

Pedicularis gracilituba subsp. setosa 细管马先蒿-刺毛亚种：setosus = setus + osus 被刚毛的，被短毛的，被芒刺的；setus/ saetus 刚毛，刺毛，芒刺；-osus/ -osum/ -osa 多的，充分的，丰富的，显著发育的，程度高的，特征明显的（形容词词尾）

Pedicularis grandiflora 野苏子：grandi- ← grandis 大的；florus/ florum/ flora ← flos 花（用于复合词）

Pedicularis gruina 鹤首马先蒿：gruinus 鹤嘴形的

Pedicularis gruina subsp. gruina 鹤首马先蒿-鹤首亚种 （词义见上面解释）

Pedicularis gruina subsp. pilosa 鹤首马先蒿-多毛亚种：pilosus = pilus + osus 多毛的，被柔毛的，具疏柔毛的，被短弱细毛的；pilus 毛，疏柔毛；-osus/ -osum/ -osa 多的，充分的，丰富的，显著发育的，程度高的，特征明显的（形容词词尾）

Pedicularis gruina subsp. polyphylla 鹤首马先蒿-多叶亚种：poly- ← polys 多个，许多（希腊语，拉丁语为 multi-）；phyllus/ phyllum/ phylla ← phyllon 叶片（用于希腊语复合词）

Pedicularis gyrorhyncha 旋喙马先蒿：gyrorhyncha 环形喙的（缀词规则：-rh- 接在元音字母后面构成复合词时要变成 -rrh-，故该词宜改为"gyrorrhynchua"）；gyros 圆圈，环形，陀螺（希腊语）；rhynchus ← rhynchos 喙状的，鸟嘴状的

Pedicularis habachanensis 哈巴山马先蒿：

habachanensis 哈巴雪山的（地名，云南省香格里拉市）

Pedicularis habachanensis subsp. habachanensis 哈巴山马先蒿-哈巴山亚种 （词义见上面解释）

Pedicularis habachanensis subsp. multipinnata 哈巴山马先蒿-多羽片亚种：multi- ← multus 多个，多数，很多（希腊语为 poly-）；pinnatus = pinnus + atus 羽状的，具羽的；pinnus/ pennus 羽毛，羽状，羽片；-atus/ -atum/ -ata 属于，相似，具有，完成（形容词词尾）

Pedicularis hemsleyana 汉姆氏马先蒿：hemsleyana ← William Botting Hemsley（人名，19 世纪研究中美洲植物的植物学家）

Pedicularis henryi 亨氏马先蒿：henryi ← Augustine Henry 或 B. C. Henry（人名，前者，1857–1930，爱尔兰医生、植物学家，曾在中国采集植物，后者，1850–1901，曾活动于中国的传教士）

Pedicularis hirtella 粗毛马先蒿：hirtellus = hirtus + ellus 被短粗硬毛的；hirtus 有毛的，粗毛的，刚毛的（长而明显的毛）；-ellus/ -ellum/ -ella ← -ulus 小的，略微的，稍微的（小词 -ulus 在字母 e 或 i 之后有多种变缀，即 -olus/ -olum/ -ola、-ellus/ -ellum/ -ella、-illus/ -illum/ -illa，用于第一变格法名词）

Pedicularis holocalyx 全萼马先蒿：holocalyx 全萼的，萼片不分裂的；holo-/ hol- 全部的，所有的，完全的，联合的，全缘的，不分裂的；calyx → calyc- 萼片（用于希腊语复合词）

Pedicularis honanensis 河南马先蒿：honanensis 河南的（地名）

Pedicularis humilis 矮马先蒿：humilis 矮的，低的

Pedicularis ikomai 生驹氏马先蒿：ikomai ← Ikoma 生驹（日本人名）；-i 表示人名，接在以元音字母结尾的人名后面，但 -a 除外，故该词改为 "ikomaiana" 似更妥

Pedicularis inaequilobata 不等裂马先蒿：inaequilobata 不等裂片的；in-/ im-（来自 il- 的音变）内，在内，内部，向内，相反，不，无，非；il- 在内，向内，为，相反（希腊语为 en-）；词首 il- 的音变：il-（在 l 前面），im-（在 b、m、p 前面），in-（在元音字母和大多数辅音字母前面），ir-（在 r 前面），如 illaudatus（不值得称赞的，评价不好的），impermeabilis（不透水的，穿不透的），ineptus（不合适的），insertus（插入的），irretortus（无弯曲的，无扭曲的）；aequus 平坦的，均等的，公平的，友好的；aequi- 相等，相同；inaequi- 不相等，不同；lobatus = lobus + atus 具浅裂的，具耳垂状突起的；lobus/ lobos/ lobon 浅裂，耳片（裂片先端钝圆），荚果，蒴果；-atus/ -atum/ -ata 属于，相似，具有，完成（形容词词尾）

Pedicularis infirma 孱弱马先蒿（孱 chán）：infirmus 弱的，不结实的；in-/ im-（来自 il- 的音变）内，在内，内部，向内，相反，不，无，非；il- 在内，向内，为，相反（希腊语为 en-）；词首 il- 的音变：il-（在 l 前面），im-（在 b、m、p 前面），in-（在元音字母和大多数辅音字母前面），ir-（在 r 前面），如 illaudatus（不值得称赞的，评价不好的），

impermeabilis（不透水的，穿不透的），ineptus（不合适的），insertus（插入的），irretortus（无弯曲的，无扭曲的）；firmus 坚固的，强的

Pedicularis ingens 硕大马先蒿：ingens 巨大的，巨型的

Pedicularis insignis 显著马先蒿：insignis 著名的，超群的，优秀的，显著的，杰出的；in-/ im-（来自 il- 的音变）内，在内，内部，向内，相反，不，无，非；il- 在内，向内，为，相反（希腊语为 en-）；词首 il- 的音变：il-（在 l 前面），im-（在 b、m、p 前面），in-（在元音字母和大多数辅音字母前面），ir-（在 r 前面），如 illaudatus（不值得称赞的，评价不好的），impermeabilis（不透水的，穿不透的），ineptus（不合适的），insertus（插入的），irretortus（无弯曲的，无扭曲的）；signum 印记，标记，刻画，图章

Pedicularis integrifolia 全叶马先蒿：integer/ integra/ integrum → integri- 完整的，整个的，全缘的；folius/ folium/ folia 叶，叶片（用于复合词）

Pedicularis integrifolia subsp. integerrima 全叶马先蒿-全缘亚种：integerrimus 绝对全缘的；integer/ integra/ integrum → integri- 完整的，整个的，全缘的；-rimus/ -rima/ -rimum 最，极，非常（词尾为 -er 的形容词最高级）

Pedicularis integrifolia subsp. integrifolia 全叶马先蒿-全叶亚种 （词义见上面解释）

Pedicularis kangtingensis 康定马先蒿：kangtingensis 康定的（地名，四川省）

Pedicularis kansuensis 甘肃马先蒿：kansuensis 甘肃的（地名）

Pedicularis kansuensis subsp. kansuensis f. albiflora 甘肃马先蒿-白花变型：albus → albi-/ albo- 白色的；florus/ florum/ flora ← flos 花（用于复合词）

Pedicularis kansuensis subsp. kansuensis f. kansuensis 甘肃马先蒿-甘肃亚种甘肃变型 （词义见上面解释）

Pedicularis kansuensis subsp. kokonorica 甘肃马先蒿-青海亚种：kokonorica 切吉干巴的（地名，青海西北部）

Pedicularis kansuensis subsp. villosa 甘肃马先蒿-厚毛亚种：villosus 柔毛的，绵毛的；villus 毛，羊毛，长绒毛；-osus/ -osum/ -osa 多的，充分的，丰富的，显著发育的，程度高的，特征明显的（形容词词尾）

Pedicularis kansuensis subsp. yargongensis 甘肃马先蒿-雅江亚种：yargongensis 雅江的（地名，四川省）

Pedicularis kariensis 卡里马先蒿：kariensis 卡里的，更里的（地名，云南省维西县）

Pedicularis kialensis 甲拉马先蒿：kialensis（地名，四川省）

Pedicularis kiangsiensis 江西马先蒿：kiangsiensis 江西的（地名）

Pedicularis kongboensis 宫布马先蒿：kongboensis 工布的（地名，西藏自治区）

Pedicularis kongboensis var. kongboensis 宫布马先蒿-宫布变种 （词义见上面解释）

Pedicularis kongboensis var. obtusata 宫布马先

蒿-钝裂变种：obtusatus = abtusus + atus 钝形的，钝头的；obtusus 钝的，钝形的，略带圆形的

Pedicularis koueytchensis 滇东马先蒿：koueytchensis（地名，云南省）

Pedicularis labordei 拉氏马先蒿：labordei ← J. Laborde（人名，19 世纪活动于中国贵州的法国植物采集员）；-i 表示人名，接在以元音字母结尾的人名后面，但 -a 除外

Pedicularis labradorica 拉不拉多马先蒿：labradorica 拉布拉多的（地名）；-icus/ -icum/ -ica 属于，具有某种特性（常用于地名、起源、生境）

Pedicularis lachnoglossa 绒舌马先蒿：lachno- ← lachnus 绒毛的，绵毛的；glossus 舌，舌状的

Pedicularis lamioides 元宝草马先蒿：Lamium 野芝麻属（唇形科）；-oides/ -oideus/ -oideum/ -oidea/ -odes/ -eidos 像……的，类似……的，呈……状的（名词词尾）

Pedicularis lasiophrys 毛额马先蒿（额 ké）：lasiophrys 绵毛额的；lasi-/ lasio- 羊毛状的，有毛的，粗糙的；phrys 额（ké），嘴巴

Pedicularis lasiophrys var. lasiophrys 毛额马先蒿-毛额变种（词义见上面解释）

Pedicularis lasiophrys var. sinica 毛额马先蒿-毛背变种：sinica 中国的（地名）；-icus/ -icum/ -ica 属于，具有某种特性（常用于地名、起源、生境）

Pedicularis latirostris 宽喙马先蒿：lati-/ late- ← latus 宽的，宽广的；rostris 鸟喙，喙状

Pedicularis latituba 粗管马先蒿：lati-/ late- ← latus 宽的，宽广的；tubus 管子的，管状的，筒状的

Pedicularis laxiflora 疏花马先蒿：laxus 稀疏的，松散的，宽松的；florus/ florum/ flora ← flos 花（用于复合词）

Pedicularis laxispica 疏穗马先蒿：laxus 稀疏的，松散的，宽松的；spicus 穗，谷穗，花穗

Pedicularis lecomtei 勒公氏马先蒿（勒 lè）：lecomtei ← Paul Henri Lecomte（人名，20 世纪法国植物学家）

Pedicularis legendrei 勒氏马先蒿：legendrei（人名）

Pedicularis leptorhiza 小根马先蒿：leptorhiza 细根的（缀词规则：-rh- 接在元音字母后面构成复合词时要变成 -rrh-，故该词宜改为 "leptorrhiza"）；leptus ← leptos 细的，薄的，瘦小的，狭长的；rhizus 根，根状茎

Pedicularis leptosiphon 纤管马先蒿：leptosiphon/ leptosiphus 细管的；leptus ← leptos 细的，薄的，瘦小的，狭长的；siphonus ← sipho → siphon-/ siphono-/ -siphonius 管，筒，管状物

Pedicularis likiangensis 丽江马先蒿：likiangensis 丽江的（地名，云南省）

Pedicularis likiangensis subsp. likiangensis 丽江马先蒿-丽江亚种（词义见上面解释）

Pedicularis likiangensis subsp. pulchra 丽江马先蒿-美丽亚种：pulchrum 美丽，优雅，绮丽

Pedicularis limprichtiana 林氏马先蒿：limprichtiana（人名）

Pedicularis lineata 条纹马先蒿：lineatus = lineus + atus 具线的，线状的，呈亚麻状的；

lineus = linum + eus 线状的，丝状的，亚麻状的；linum ← linon 亚麻，线（古拉丁名）；-atus/ -atum/ -ata 属于，相似，具有，完成（形容词词尾）

Pedicularis lingelsheimiana 凌氏马先蒿：lingelsheimiana（人名）

Pedicularis longicaulis 长茎马先蒿：longe-/ longi- ← longus 长的，纵向的；caulis ← caulos 茎，茎秆，主茎

Pedicularis longiflora 长花马先蒿：longe-/ longi- ← longus 长的，纵向的；florus/ florum/ flora ← flos 花（用于复合词）

Pedicularis longiflora var. longiflora 长花马先蒿-长花变种（词义见上面解释）

Pedicularis longiflora var. tubiformis 长花马先蒿-管状变种：tubi-/ tubo- ← tubus 管子的，管状的；formis/ forma 形状

Pedicularis longipes 长梗马先蒿：longe-/ longi- ← longus 长的，纵向的；pes/ pedis 柄，梗，茎秆，腿，足，爪（作词首或词尾，pes 的词干视为 "ped-"）

Pedicularis longipetiolata 长柄马先蒿：longe-/ longi- ← longus 长的，纵向的；petiolatus = petiolus + atus 具叶柄的；petiolus 叶柄

Pedicularis longistipitata 长把马先蒿（把 bà）：longistipitatus 具长柄的；longe-/ longi- ← longus 长的，纵向的；stipitatus = stipitus + atus 具柄的；stipitus 柄，梗；-atus/ -atum/ -ata 属于，相似，具有，完成（形容词词尾）

Pedicularis lophotricha 盔须马先蒿：lopho-/lophio- ← lophus 鸡冠，冠毛，额头，驼峰状突起；trichus 毛，毛发，线

Pedicularis lunglingensis 龙陵马先蒿：lunglingensis 龙陵的（地名，云南省），隆林的（地名，广西壮族自治区）

Pedicularis lutescens 浅黄马先蒿：lutescens 淡黄色的；luteus 黄色的；-escens/ -ascens 改变，转变，变成，略微，带有，接近，相似，大致，稍微（表示变化的趋势，并未完全相似或相同，有别于表示达到完成状态的 -atus）

Pedicularis lutescens subsp. brevifolia 浅黄马先蒿-短叶亚种：brevi- ← brevis 短的（用于希腊语复合词词首）；folius/ folium/ folia 叶，叶片（用于复合词）

Pedicularis lutescens subsp. longipetiolata 浅黄马先蒿-长柄亚种：longe-/ longi- ← longus 长的，纵向的；petiolatus = petiolus + atus 具叶柄的；petiolus 叶柄

Pedicularis lutescens subsp. lutescens 浅黄马先蒿-浅黄亚种（词义见上面解释）

Pedicularis lutescens subsp. ramosa 浅黄马先蒿-多枝亚种：ramosus = ramus + osus 有分枝的，多分枝的；ramus 分枝，枝条；-osus/ -osum/ -osa 多的，充分的，丰富的，显著发育的，程度高的，特征明显的（形容词词尾）

Pedicularis lutescens subsp. tongtchuanensis 浅黄马先蒿-东川亚种：tongtchuanensis 东川的（地名，云南省）

Pedicularis lyrata 琴盔马先蒿：lyratus 大头羽裂的，琴状的

Pedicularis macilenta 瘠瘦马先蒿：macilentus 瘦弱的，贫瘠的

Pedicularis macrorhyncha 长喙马先蒿：macrorhyncha 长喙的，大嘴的（缀词规则：-rh- 接在元音字母后面构成复合词时要变成 -rrh-，故该词宜改为"macrorrhyncha"）；macro-/ macr- ← macros 大的，宏观的（用于希腊语复合词）；rhynchus ← rhynchos 喙状的，鸟嘴状的

Pedicularis macrosiphon 大管马先蒿：macro-/ macr- ← macros 大的，宏观的（用于希腊语复合词）；siphonus ← sipho → siphon-/ siphono-/ -siphonius 管，筒，管状物

Pedicularis mairei 梅氏马先蒿：mairei（人名）；Edouard Ernest Maire（人名，19 世纪活动于中国云南的传教士）；Rene C. J. E. Maire 人名（20 世纪阿尔及利亚植物学家，研究北非植物）；-i 表示人名，接在以元音字母结尾的人名后面，但 -a 除外

Pedicularis mandshurica 鸡冠子花（冠 guān）：mandshurica 满洲的（地名，中国东北，地理区域）

Pedicularis mariae 玛丽马先蒿：mariae（人名）

Pedicularis maxonii 马克逊马先蒿：maxonii（人名）；-ii 表示人名，接在以辅音字母结尾的人名后面，但 -er 除外

Pedicularis mayana 迈亚马先蒿：mayana（人名）

Pedicularis megalantha 硕花马先蒿：mega-/ megal-/ megalo- ← megas 大的，巨大的；anthus/ anthum/ antha/ anthe ← anthos 花（用于希腊语复合词）

Pedicularis megalochila 大唇马先蒿：mega-/ megal-/ megalo- ← megas 大的，巨大的；chilus ← cheilos 唇，唇瓣，唇边，边缘，岸边

Pedicularis megalochila var. ligulata 大唇马先蒿-舌状变种：ligulatus（= ligula + atus）/ ligularis（= ligula + aris）舌状的，具舌的；ligula = lingua + ulus 小舌，小舌状物；lingua 舌，语言；ligule 舌，舌状物，舌瓣，叶舌

Pedicularis megalochila var. megalochila f. megalochila 大唇马先蒿-大唇变种大唇变型（词义见上面解释）

Pedicularis megalochila var. megalochila f. rhodantha 大唇马先蒿-大唇变种红花变型：rhodantha = rhodon + anthus 玫瑰花的，红花的；rhodon → rhodo- 红色的，玫瑰色的；anthus/ anthum/ antha/ anthe ← anthos 花（用于希腊语复合词）

Pedicularis melampyriflora 山罗花马先蒿：Melampyrum 山罗花属（玄参科）；florus/ florum/ flora ← flos 花（用于复合词）

Pedicularis membranacea 膜叶马先蒿：membranaceus 膜质的，膜状的；membranus 膜；-aceus/ -aceum/ -acea 相似的，有……性质的，属于……的

Pedicularis merrilliana 迈氏马先蒿：merrilliana ← E. D. Merrill（人名，1876–1956，美国植物学家）

Pedicularis metaszetschuanica 后生四川马先蒿：metaszetschuanica 像 szetschuanica 的，在 szetschuanica 之后的；meta- 之后的，后来的，近似的，中间的，转变的，替代的，有关联的，共同的；Pedicularis szetschuanica 四川马先蒿

Pedicularis meteororhyncha 翘喙马先蒿：meteororhyncha 翘喙的（缀词规则：-rh- 接在元音字母后面构成复合词时要变成 -rrh-，故该词宜改为"meteororrhyncha"）；meteoro- 翘起的；rhynchus ← rhynchos 喙状的，鸟嘴状的

Pedicularis micrantha 小花马先蒿：micr-/ micro- ← micros 小的，微小的，微观的（用于希腊语复合词）；anthus/ anthum/ antha/ anthe ← anthos 花（用于希腊语复合词）

Pedicularis microcalyx 小萼马先蒿：micr-/ micro- ← micros 小的，微小的，微观的（用于希腊语复合词）；calyx → calyc- 萼片（用于希腊语复合词）

Pedicularis microchila 小唇马先蒿：micr-/ micro- ← micros 小的，微小的，微观的（用于希腊语复合词）；chilus ← cheilos 唇，唇瓣，唇边，边缘，岸边

Pedicularis minima 细小马先蒿：minimus 最小的，很小的

Pedicularis minutilabris 微唇马先蒿：minutus 极小的，细微的，微小的；labris 唇，唇瓣

Pedicularis mollis 柔毛马先蒿：molle/ mollis 软的，柔毛的

Pedicularis monbeigiana 蒙氏马先蒿：monbeigiana（人名）

Pedicularis moupinensis 穆坪马先蒿：moupinensis 穆坪的（地名，四川省宝兴县），木坪的（地名，重庆市）

Pedicularis muscicola 藓生马先蒿：muscicolus 苔藓上生的；musc-/ musci- 藓类的；colus ← colo 分布于，居住于，栖居，殖民（常作词尾）；colo/ colere/ colui/ cultum 居住，耕作，栽培

Pedicularis muscoides 藓状马先蒿：muscoides 苔藓状的；musc-/ musci- 藓类的；-oides/ -oideus/ -oideum/ -oidea/ -odes/ -eidos 像……的，类似……的，呈……状的（名词词尾）

Pedicularis muscoides var. muscoides 藓状马先蒿-藓状变种（词义见上面解释）

Pedicularis muscoides var. rosea 藓状马先蒿-玫瑰色变种：roseus = rosa + eus 像玫瑰的，玫瑰色的，粉红色的；rosa 蔷薇（古拉丁名）← rhodon 蔷薇（希腊语）← rhodd 红色，玫瑰红（凯尔特语）；-eus/ -eum/ -ea（接拉丁语词干时）属于……的，色如……的，质如……的（表示原料、颜色或品质的相似），（接希腊语词干时）属于……的，以……出名，为……所占有（表示具有某种特性）

Pedicularis mussoti var. lophocentra 刺冠谬氏马先蒿（冠 guān）：mussoti（人名，词尾改为"-ii"似更妥）；-ii 表示人名，接在以辅音字母结尾的人名后面，但 -er 除外；-i 表示人名，接在以元音字母结尾的人名后面，但 -a 除外；lopho-/lophio- ← lophus 鸡冠，冠毛，额头，驼峰状突起；centrus ← centron 距，有距的，鹰爪状刺（距：雄鸡、雉等的腿的后面突出像脚趾的部分）

Pedicularis mussotii 谬氏马先蒿（谬 miù）：mussotii（人名）；-ii 表示人名，接在以辅音字母结尾的人名后面，但 -er 除外

Pedicularis mussotii var. lophocentra 谬氏马先蒿-刺冠变种：lopho-/lophio- ← lophus 鸡冠，冠毛，额头，驼峰状突起；centrus ← centron 距，有距的，鹰爪状刺（距：雄鸡、雉等的腿的后面突出像脚趾的部分）

Pedicularis mussotii var. mussotii 谬氏马先蒿-谬氏变种 （词义见上面解释）

Pedicularis mussotii var. mutata 谬氏马先蒿-变形变种：mutatus 变化了的，改变了的，突变的

Pedicularis mychophila 菌生马先蒿：mychophilus 喜菌的，与菌类共生的；mycho- 菌；philus/ philein ← philos → phil-/ phili/ philo- 喜好的，爱好的，喜欢的（注意区别形近词：phylus、phyllus）；phylus/ phylum/ phyla ← phylon/ phyle 植物分类单位中的"门"，位于"界"和"纲"之间，类群，种族，部落，聚群；phyllus/ phyllum/ phylla ← phyllon 叶片（用于希腊语复合词）

Pedicularis myriophylla 万叶马先蒿：myri-/ myrio- ← myrios 无数的，大量的，极多的（希腊语）；phyllus/ phyllum/ phylla ← phyllon 叶片（用于希腊语复合词）

Pedicularis myriophylla var. myriophylla 万叶马先蒿-万叶变种 （词义见上面解释）

Pedicularis myriophylla var. purpurea 万叶马先蒿-紫色变种：purpureus = purpura + eus 紫色的；purpura 紫色（purpura 原为一种介壳虫名，其体液为紫色，可作颜料）；-eus/ -eum/ -ea（接拉丁语词干时）属于……的，色如……的，质如……的（表示原料、颜色或品质的相似），（接希腊语词干时）属于……的，以……出名，为……所占有（表示具有某种特性）

Pedicularis nanchuanensis 南川马先蒿：nanchuanensis 南川的（地名，重庆市）

Pedicularis nasturtiifolia 蔊菜叶马先蒿（蔊 hàn）：Nasturtium 豆瓣菜属（十字花科）；folius/ folium/ folia 叶，叶片（用于复合词）

Pedicularis neolatituba 新粗管马先蒿：neolatituba 晚于 latituba 的；neo- ← neos 新，新的；Pedicularis latituba 粗管马先蒿；latituba 粗管子的；lati-/ late- ← latus 宽的，宽广的；tubus 管子的，管状的，筒状的

Pedicularis nigra 黑马先蒿：nigrus 黑色的；niger 黑色的

Pedicularis obscura 暗昧马先蒿：obscurus 暗色的，不明确的，不明显的，模糊的

Pedicularis odontochila 齿唇马先蒿：odontochilus 齿唇的，唇瓣具牙齿状缺刻的；odontus/ odontos → odon-/ odont-/ odonto-（可作词首或词尾）齿，牙齿状的；odous 齿，牙齿（单数，其所有格为 odontos）

Pedicularis odontophora 具齿马先蒿：odontophorus 带齿的，具齿的；odontus/ odontos → odon-/ odont-/ odonto-（可作词首或词尾）齿，牙齿状的；odous 齿，牙齿（单数，其所有格为 odontos）；-phorus/ -phorum/ -phora 载体，承载物，支持物，带着，生着，附着（表示一个部分带着别的部分，包括起支撑或承载作用的柄、柱、托、囊等，如 gynophorum = gynus + phorum 雌蕊柄的，带有雌蕊的，承载雌蕊的）；gynus/ gynum/ gyna 雌蕊，子房，心皮

Pedicularis oederi 欧氏马先蒿：oederi（人名）；-eri 表示人名，在以 -er 结尾的人名后面加上 i 形成

Pedicularis oederi subsp. branchyophylla 欧氏马先蒿-鳃叶亚种：branchyo 腮，腮状的；phyllus/ phyllum/ phylla ← phyllon 叶片（用于希腊语复合词）

Pedicularis oederi subsp. multipinna 欧氏马先蒿-多羽片亚种：multi- ← multus 多个，多数，很多（希腊语为 poly-）；pinnus/ pennus 羽毛，羽状，羽片

Pedicularis oederi subsp. oederi var. angustiflora 欧氏马先蒿-欧氏亚种狭花变种：angusti- ← angustus 窄的，狭的，细的；florus/ florum/ flora ← flos 花（用于复合词）

Pedicularis oederi subsp. oederi var. heteroglossa 欧氏马先蒿-欧氏亚种异盔变种：hete-/ heter-/ hetero- ← heteros 不同的，多样的，不齐的；glossus 舌，舌状的

Pedicularis oederi subsp. oederi var. oederi f. oederi 欧氏马先蒿-欧氏亚种欧氏变种欧氏变型 （词义见上面解释）

Pedicularis oederi subsp. oederi var. oederi f. rubra 欧氏马先蒿-欧氏亚种欧氏变种红色变型：rubrus/ rubrum/ rubra/ ruber 红色的

Pedicularis oederi subsp. oederi var. sinensis 欧氏马先蒿-欧氏亚种中国变种：sinensis = Sina + ensis 中国的（地名）；Sina 中国

Pedicularis oligantha 少花马先蒿：oligo-/ olig- 少数的（希腊语，拉丁语为 pauci-）；anthus/ anthum/ antha/ anthe ← anthos 花（用于希腊语复合词）

Pedicularis oliveriana 奥氏马先蒿：oliveriana（人名）

Pedicularis omiiana 峨眉马先蒿：omiiana 峨眉山的（地名，四川省）

Pedicularis omiiana subsp. diffusa 峨眉马先蒿-铺散亚种（铺 pū）：diffusus = dis + fusus 蔓延的，散开的，扩展的，渗透的（dis- 在辅音字母前发生同化）；fusus 散开的，松散的，松弛的；di-/ dis- 二，二数，二分，分离，不同，在……之间，从……分开（希腊语，拉丁语为 bi-/ bis-）

Pedicularis omiiana subsp. omiiana 峨眉马先蒿-峨眉亚种 （词义见上面解释）

Pedicularis orthocoryne 直盔马先蒿：ortho- ← orthos 直的，正面的；coryno-/ coryne 棍棒状的

Pedicularis oxycarpa 尖果马先蒿：oxycarpus 尖果的；oxy- ← oxys 尖锐的，酸的；carpus/ carpum/ carpa/ carpon ← carpos 果实（用于希腊语复合词）

Pedicularis paiana 白氏马先蒿：paiana 白氏（人名）

Pedicularis palustris 沼生马先蒿：palustris/ paluster ← palus + estris 喜好沼泽的，沼生的；palus 沼泽，湿地，泥潭，水塘，草甸子（palus 的复数主格为 paludes）；-estris/ -estre/ ester/ -esteris 生于……地方，喜好……地方

Pedicularis palustris subsp. karoi 沼生马先蒿-卡氏变种：karoi（人名）；-i 表示人名，接在以元音字

母结尾的人名后面，但 -a 除外

Pedicularis palustris subsp. palustris 沼生马先蒿-沼生亚种 （词义见上面解释）

Pedicularis pantlingii 潘氏马先蒿：pantlingii（人名）；-ii 表示人名，接在以辅音字母结尾的人名后面，但 -er 除外

Pedicularis pantlingii subsp. brachycarpa 潘氏马先蒿-短果亚种：brachy- ← brachys 短的（用于拉丁语复合词词首）；carpus/ carpum/ carpa/ carpon ← carpos 果实（用于希腊语复合词）

Pedicularis pantlingii subsp. chimiliensis 潘氏马先蒿-缅甸亚种：chimiliensis（地名，缅甸）

Pedicularis pantlingii subsp. pantlingii 潘氏马先蒿-潘氏亚种 （词义见上面解释）

Pedicularis paxiana 派氏马先蒿：paxiana（人名）

Pedicularis pectinatiformis 拟篦齿马先蒿：pectinato-/ pectinari- ← pectinatus/ pectinaceus 栉齿状的；pectini-/ pectino-/ pectin- ← pecten 篦子，梳子；formis/ forma 形状

Pedicularis pentagona 五角马先蒿：pentagonus 五角的，五棱的；penta- 五，五数（希腊语，拉丁语为 quin/ quinqu/ quinque-/ quinqui-）；gonus ← gonos 棱角，膝盖，关节，足

Pedicularis petelotii 裴氏马先蒿（裴 péi）：petelotii（人名）；-ii 表示人名，接在以辅音字母结尾的人名后面，但 -er 除外

Pedicularis petitmenginii 伯氏马先蒿：petitmenginii（人名）；-ii 表示人名，接在以辅音字母结尾的人名后面，但 -er 除外

Pedicularis phaceliaefolia 法且利亚叶马先蒿：phaceliaefolia = Phacelia + folia 法且利亚叶的（注：以属名作复合词时原词尾变形后的 i 要保留，不能用所有格词尾，故该词宜改为"phaceliifolia"）；Phacelia 法且利亚属（田干麻科）；folius/ folium/ folia 叶，叶片（用于复合词）

Pedicularis pheulpini 费尔氏马先蒿：pheulpini（人名，词尾改为"-ii"似更妥）；-ii 表示人名，接在以辅音字母结尾的人名后面，但 -er 除外；-i 表示人名，接在以元音字母结尾的人名后面，但 -a 除外

Pedicularis pheulpini subsp. chilienensis 费尔氏马先蒿-祁连亚种（祁 qí）：chilienensis 祁连山的（地名，甘肃省）

Pedicularis pheulpini subsp. pheulpini 费尔氏马先蒿-费尔氏亚种 （词义见上面解释）

Pedicularis physocalyx 臌萼马先蒿（臌 gǔ）：physo-/phys- ← physus 水泡的，气泡的，口袋的，膀胱的，囊状的（表示中空）；calyx → calyc- 萼片（用于希腊语复合词）

Pedicularis pilostachya 绵穗马先蒿：pilo- ← pilosus 多毛的，被柔毛的，具疏柔毛的，被短弱细毛的；stachy-/ stachyo-/ -stachys/ -stachyus/ -stachyum/ -stachya 穗子，穗子的，穗子状的，穗状花序的

Pedicularis pinetorum 松林马先蒿：pinetorum 松林的，松林生的；Pinus 松属（松科）；-etorum 群落的（表示群丛、群落的词尾）

Pedicularis plicata 皱褶马先蒿（褶 zhě）：plicatus = plex + atus 折扇状的，有沟的，纵向折叠的，棕榈叶状的（= plicativus）；plex/ plica 褶，折扇状，卷折（plex 的词干为 plic-）；plico 折叠，出褶，卷折

Pedicularis plicata subsp. apiculata 皱褶马先蒿-凸尖亚种：apiculatus = apicus + ulus + atus 小尖头的，顶端有小突起的；apicus/ apice 尖的，尖头的，顶端的

Pedicularis plicata subsp. luteola 皱褶马先蒿-浅黄亚种：luteolus = luteus + ulus 发黄的，带黄色的；luteus 黄色的

Pedicularis plicata subsp. plicata 皱褶马先蒿-皱褶亚种 （词义见上面解释）

Pedicularis polygaloides 远志状马先蒿：Polygala 远志属（远志科）；-oides/ -oideus/ -oideum/ -oidea/ -odes/ -eidos 像……的，类似……的，呈……状的（名词词尾）

Pedicularis polyodonta 多齿马先蒿：poly- ← polys 多个，许多（希腊语，拉丁语为 multi-）；odontus/ odontos → odon-/ odont-/ odonto-（可作词首或词尾）齿，牙齿状的；odous 齿，牙齿（单数，其所有格为 odontos）

Pedicularis potaninii 波氏马先蒿：potaninii ← Grigory Nikolaevich Potanin（人名，19 世纪俄国植物学家）

Pedicularis praeruptorum 悬岩马先蒿：praeruptorum 峭壁的，崎岖的（praeruptus 的复数所有格）；prae- 先前的，前面的，在先的，早先的，上面的，很，十分，极其；praeruptus 峭壁的，崎岖的

Pedicularis prainiana 帕兰氏马先蒿：prainiana ← David Prain（人名，20 世纪英国植物学家）

Pedicularis princeps 高超马先蒿：princeps/ princepse 帝王，第一的

Pedicularis proboscidea 鼻喙马先蒿：proboscideus 有长角的，顶端有突起物的，象鼻样子的（希腊语，指果实形状）；proboscideus = proboscis + eus 有长角的，顶端有突起物的，象鼻样子的（希腊语）；构词规则：词尾为 -is 和 -ys 的词的词干分别视为 -id 和 -yd；-eus/ -eum/ -ea（接拉丁语词干时）属于……的，色如……的，质如……的（表示原料、颜色或品质的相似），（接希腊语词干时）属于……的，以……出名，为……所占有（表示具有某种特性）；Proboscidea 长角胡麻属（角胡麻科）

Pedicularis przewalskii 普氏马先蒿：przewalskii ← Nicolai Przewalski（人名，19 世纪俄国探险家、博物学家）

Pedicularis przewalskii subsp. australis 普氏马先蒿-南方亚种：australis 南方的，南半球的；austro-/ austr- 南方的，南半球的，大洋洲的；auster 南方，南风；-aris（阳性、阴性）/ -are（中性）← -alis（阳性、阴性）/ -ale（中性）属于，相似，如同，具有，涉及，关于，联结于（将名词作形容词用，其中 -aris 常用于以 l 或 r 为词干末尾的词）

Pedicularis przewalskii subsp. hirsuta 普氏马先蒿-粗毛亚种：hirsutus 粗毛的，糙毛的，有毛的（长而硬的毛）

Pedicularis przewalskii subsp. microphyton 普氏马先蒿-矮小亚种：micr-/ micro- ← micros 小的，

微小的，微观的（用于希腊语复合词）；phyton →
phytus 植物

**Pedicularis przewalskii subsp. microphyton
var. microphyton** 普氏马先蒿-矮小亚种矮小变种
（词义见上面解释）

**Pedicularis przewalskii subsp. microphyton
var. purpurea** 普氏马先蒿-矮小亚种紫色变种：
purpureus = purpura + eus 紫色的；purpura 紫色
（purpura 原为一种介壳虫名，其体液为紫色，可作
颜料）；-eus/ -eum/ -ea（接拉丁语词干时）属
于……的，色如……的，质如……的（表示原料、颜
色或品质的相似），（接希腊语词干时）属于……的，
以……出名，为……所占有（表示具有某种特性）

Pedicularis przewalskii subsp. przewalskii 普氏
马先蒿-普氏亚种 （词义见上面解释）

**Pedicularis przewalskii subsp. przewalskii var.
cristata** 普氏马先蒿-普氏亚种有冠变种（冠 guān）：
cristatus = crista + atus 鸡冠的，鸡冠状的，扇形
的，山脊状的；crista 鸡冠，山脊，网壁；-atus/
-atum/ -ata 属于，相似，具有，完成（形容词词尾）

**Pedicularis przewalskii subsp. przewalskii var.
przewalskii** 普氏马先蒿-普氏亚种普氏变种 （词义
见上面解释）

Pedicularis pseudo-ingens 假硕大马先蒿：
pseudo-ingens 像 ingens 的；pseudo-/ pseud- ←
pseudos 假的，伪的，接近，相似（但不是）；
Pedicularis ingens 硕大马先蒿；ingens 巨大的，
巨型的

Pedicularis pseudocephalantha 假头花马先蒿：
pseudocephalantha 像 cephalantha 的；pseudo-/
pseud- ← pseudos 假的，伪的，接近，相似（但不
是）；Pedicularis cephalantha 头花马先蒿；
cephalus/ cephale ← cephalos 头，头状花序；
anthus/ anthum/ antha/ anthe ← anthos 花（用于
希腊语复合词）

Pedicularis pseudocurvituba 假弯管马先蒿：
pseudocurvituba 像 curvituba 的；pseudo-/
pseud- ← pseudos 假的，伪的，接近，相似（但不
是）；Pedicularis curvituba 弯管马先蒿；curv-/
curvi- 弯曲的；tubus 管子的，管状的，筒状的

Pedicularis pseudomelampyriflora 假山罗花马先
蒿：pseudomelampyriflora 像 melampyriflora 的；
pseudo-/ pseud- ← pseudos 假的，伪的，接近，相
似（但不是）；Pedicularis melampyriflora 山罗花马
先蒿；Melampyrum 山罗花属（玄参科）；florus/
florum/ flora ← flos 花（用于复合词）

Pedicularis pseudomuscicola 假藓生马先蒿：
pseudomuscicola 像 muscicola 的；pseudo-/
pseud- ← pseudos 假的，伪的，接近，相似（但不
是）；Pedicularis muscicola 藓生马先蒿

Pedicularis pseudosteiningeri 假司氏马先蒿：
pseudosteiningeri 像 steiningeri 的；pseudo-/
pseud- ← pseudos 假的，伪的，接近，相似（但不
是）；Pedicularis steininger 司氏马先蒿；steiningeri
司特宁格（人名）

Pedicularis pseudoversicolor 假多色马先蒿：
pseudoversicolor 像 versicolor 的，较多色的；
pseudo-/ pseud- ← pseudos 假的，伪的，接近，相

似（但不是）；Astragalus versicolor 变色黄芪；
Pedicularis versicolor 多色马先蒿；versicolor =
versus + color 变色的，杂色的，有斑点的；
versus ← vertor ← verto 变换，转换，转变；color
颜色

Pedicularis pteridifolia 蕨叶马先蒿：pterido-/
pteridi-/ pterid- ← pteris ← pteryx 翅，翼，蕨类
（希腊语）；构词规则：词尾为 -is 和 -ys 的词的词干
分别视为 -id 和 -yd；folius/ folium/ folia 叶，叶片
（用于复合词）

Pedicularis pygmaea 儒侏马先蒿（侏 zhū）：
pygmaeus/ pygmaei 小的，低矮的，极小的，矮人
的；pygm- 矮，小，侏儒；-aeus/ -aeum/ -aea 表示
属于……，名词形容词化词尾，如 europaeus ←
europa 欧洲的

Pedicularis ramosissima 多枝马先蒿：ramosus =
ramus + osus 分枝极多的；ramus 分枝，枝条；
-osus/ -osum/ -osa 多的，充分的，丰富的，显著发
育的，程度高的，特征明显的（形容词词尾）；
-issimus/ -issima/ -issimum 最，非常，极其（形容
词最高级）

Pedicularis recurva 反曲马先蒿：recurvus 反曲，
反卷，后曲；re- 返回，相反，再次，重复，向后，
回头；curvus 弯曲的

Pedicularis remotiloba 疏裂马先蒿：remotilobus
疏离裂片的；remotus 分散的，分开的，稀疏的，远
距离的；lobus/ lobos/ lobon 浅裂，耳片（裂片先端
钝圆），荚果，蒴果

Pedicularis reptans 爬行马先蒿：reptans/
reptus ← repo 匍匐的，匍匐生根的

Pedicularis resupinata 返顾马先蒿：resupinatus
逆向弯曲的，上下颠倒的，倒置的；resupinus 倒置，
倒弯，扁平；re- 返回，相反，再次，重复，向后，
回头；supinus 仰卧的，平卧的，平展的，匍匐的

Pedicularis resupinata subsp. crassicaulis 返顾
马先蒿-粗茎亚种：crassicaulis 肉质茎的，粗茎的

Pedicularis resupinata subsp. galeobdolon 返顾
马先蒿-鼬臭亚种（鼬 yòu）：galeobdolon = galee +
bdolon 鼬臭的；galee 黄鼠狼，黄鼬（希腊语）；
bdolon ← bdolos 恶臭气味，鼬臭味；Galeobdolon
小野芝麻属（唇形科）

Pedicularis resupinata subsp. lasiophylla 返顾
马先蒿-毛叶亚种：lasi-/ lasio- 羊毛状的，有毛的，
粗糙的；phyllus/ phyllum/ phylla ← phyllon 叶片
（用于希腊语复合词）

Pedicularis resupinata subsp. resupinata 返顾
马先蒿-返顾亚种 （词义见上面解释）

Pedicularis retingensis 雷丁马先蒿：retingensis 雷
丁的（地名，西藏拉萨附近）

Pedicularis rex 大王马先蒿：rex 王者，帝王，国王

Pedicularis rex subsp. lipskyana 大王马先蒿立氏
亚种：lipskyana（人名）

Pedicularis rex subsp. parva 大王马先蒿矮小亚
种：parvus → parvi-/ parv- 小的，些微的，弱的

Pedicularis rex subsp. pseudocyathus 大王马先
蒿假斗亚种：pseudocyathus 像 cyathus 的，近似杯
状的；pseudo-/ pseud- ← pseudos 假的，伪的，接
近，相似（但不是）；Pedicularis cyathus 马先蒿；

P

cyathus ← cyathos 杯，杯状的

Pedicularis rex subsp. rex var. rex 大王马先蒿大王亚种大王变种 （词义见上面解释）

Pedicularis rex subsp. rex var. rockii 大王马先蒿-大王亚种洛氏变种：rockii ← Joseph Francis Charles Rock（人名，20 世纪美国植物采集员）

Pedicularis rhinanthoides 拟鼻花马先蒿：Rhinanthus 鼻花属（玄参科）；-oides/ -oideus/ -oideum/ -oidea/ -odes/ -eidos 像……的，类似……的，呈……状的（名词词尾）

Pedicularis rhinanthoides subsp. labellata 拟鼻花马先蒿-大唇亚种：labellatus = labius + ellus + atus 具唇瓣的，呈唇形的；labius 唇，唇瓣的，唇形的；-ellus/ -ellum/ -ella ← -ulus 小的，略微的，稍微的（小词 -ulus 在字母 e 或 i 之后有多种变缀，即 -olus/ -olum/ -ola、-ellus/ -ellum/ -ella、-illus/ -illum/ -illa，用于第一变格法名词）；-atus/ -atum/ -ata 属于，相似，具有，完成（形容词词尾）

Pedicularis rhinanthoides subsp. rhinanthoides 拟鼻花马先蒿-拟鼻亚种 （词义见上面解释）

Pedicularis rhinanthoides subsp. tibetica 拟鼻花马先蒿-西藏亚种：tibetica 西藏的（地名）；-icus/ -icum/ -ica 属于，具有某种特性（常用于地名、起源、生境）

Pedicularis rhizomatosa 根茎马先蒿：rhizomatosus 多根茎的；rhiz-/ rhizo- ← rhizus 根，根状茎；rhizomatus = rhizomus + atus 具根状茎的；-osus/ -osum/ -osa 多的，充分的，丰富的，显著发育的，程度高的，特征明显的（形容词词尾）

Pedicularis rhodotricha 红毛马先蒿：rhodon → rhodo- 红色的，玫瑰色的；trichus 毛，毛发，线

Pedicularis rhynchodonta 喙齿马先蒿：rhynchus ← rhynchos 喙状的，鸟嘴状的；odontus/ odontos → odon-/ odont-/ odonto-（可作词首或词尾）齿，牙齿状的；odous 齿，牙齿（单数，其所有格为 odontos）

Pedicularis rhynchotricha 喙毛马先蒿：rhynchus ← rhynchos 喙状的，鸟嘴状的；trichus 毛，毛发，线

Pedicularis rigida 坚挺马先蒿：rigidus 坚硬的，不弯曲的，强直的

Pedicularis rigidiformis 拟坚挺马先蒿：rigidus 坚硬的，不弯曲的，强直的；formis/ forma 形状

Pedicularis roborowskii 劳氏马先蒿：roborowskii（人名）；-ii 表示人名，接在以辅音字母结尾的人名后面，但 -er 除外

Pedicularis robusta 壮健马先蒿：robustus 大型的，结实的，健壮的，强壮的

Pedicularis rotundifolia 圆叶马先蒿：rotundus 圆形的，呈圆形的，肥大的；rotundo 使呈圆形，使圆滑；roto 旋转，滚动；folius/ folium/ folia 叶，叶片（用于复合词）

Pedicularis roylei 罗氏马先蒿：roylei ← John Forbes Royle（人名，19 世纪英国植物学家、医生）；-i 表示人名，接在以元音字母结尾的人名后面，但 -a 除外

Pedicularis roylei subsp. megalantha 罗氏马先蒿-大花亚种：mega-/ megal-/ megalo- ← megas 大

的，巨大的；anthus/ anthum/ antha/ anthe ← anthos 花（用于希腊语复合词）

Pedicularis roylei subsp. roylei var. brevigaleata 罗氏马先蒿-罗氏亚种短盔变种：brevi- ← brevis 短的（用于希腊语复合词词首）；galeatus = galea + atus 盔形的，具盔的；galea 头盔，帽子，毛皮帽子

Pedicularis roylei subsp. roylei var. roylei 罗氏马先蒿-罗氏亚种罗氏变种 （词义见上面解释）

Pedicularis roylei subsp. shawii 罗氏马先蒿-萧氏亚种：shawii（人名）；-ii 表示人名，接在以辅音字母结尾的人名后面，但 -er 除外

Pedicularis rubens 红色马先蒿：rubens = rubus + ens 发红的，带红色的，变红的；rubrus/ rubrum/ rubra/ ruber 红色的

Pedicularis rudis 粗野马先蒿：rudis 粗糙的，粗野的

Pedicularis rupicola 岩居马先蒿：rupicolus/ rupestris 生于岩壁的，岩栖的；rup-/ rupi- ← rupes/ rupis 岩石的；colus ← colo 分布于，居住于，栖居，殖民（常作词尾）；colo/ colere/ colui/ cultum 居住，耕作，栽培

Pedicularis rupicola subsp. rupicola f. flavescens 岩居马先蒿-岩居亚种黄花变型：flavescens 淡黄的，发黄的，变黄的；flavus → flavo-/ flavi-/ flav- 黄色的，鲜黄色的，金黄色的（指纯正的黄色）；-escens/ -ascens 改变，转变，变成，略微，带有，接近，相似，大致，稍微（表示变化的趋势，并未完全相似或相同，有别于表示达到完成状态的 -atus）

Pedicularis rupicola subsp. rupicola f. rupicola 岩居马先蒿-岩居亚种岩居变型 （词义见上面解释）

Pedicularis rupicola subsp. zambalensis 岩居马先蒿-川西亚种：zambalensis 川巴的（地名，四川省）

Pedicularis salicifolia 柳叶马先蒿：salici ← Salix 柳属；构词规则：以 -ix/ -iex 结尾的词其词干末尾视为 -ic，以 -ex 结尾视为 -i/ -ic，其他以 -x 结尾视为 -c；folius/ folium/ folia 叶，叶片（用于复合词）

Pedicularis salviaeflora 丹参花马先蒿（参 shēn）：salviaeflora 鼠尾草花的（注：属名作复合词时原词尾变形后的 i 要保留，不能使用所有格，故该词宜改为 "salviiflora"）；Salvia 鼠尾草属（唇形科）；florus/ florum/ flora ← flos 花（用于复合词）

Pedicularis sceptrum-carolinum 旌节马先蒿（旌 jīng）：sceptrum-carolinum 国王卡罗林的；sceptrum 王权的，王位的，王杖的；carolinum（人名）

Pedicularis sceptrum-carolinum subsp. pubescens 旌节马先蒿-有毛亚种：pubescens ← pubens 被短柔毛的，长出柔毛的；pubi- ← pubis 细柔毛的，短柔毛的，毛被的；pubesco/ pubescere 长成的，变为成熟的，长出柔毛的，青春期体毛的；-escens/ -ascens 改变，转变，变成，略微，带有，接近，相似，大致，稍微（表示变化的趋势，并未完全相似或相同，有别于表示达到完成状态的 -atus）

Pedicularis sceptrum-carolinum subsp. sceptrum-carolinum 旌节马先蒿-旌节亚种 （词

Pedicularis schizorhyncha 裂喙马先蒿：
schizorhyncha 裂喙的（缀词规则：-rh- 接在元音字
母后面构成复合词时要变成 -rrh-，故该词宜改为
"schizorrhyncha"）；schiz-/ schizo- 裂开的，分歧的，
深裂的（希腊语）；rhynchus ← rhynchos 喙状的，
鸟嘴状的

Pedicularis scolopax 鹬形马先蒿（鹬 yù）：
scolopax 丘鹬

Pedicularis semenovii 赛氏马先蒿：semenovii（人
名）；-ii 表示人名，接在以辅音字母结尾的人名后
面，但 -er 除外

Pedicularis semitorta 半扭卷马先蒿：semitortus
半旋扭的，稍扭曲的；semi- 半，准，略微；tortus
拧劲，捻，扭曲

Pedicularis shansiensis 山西马先蒿：shansiensis
山西的（地名）

Pedicularis sherriffii 休氏马先蒿：sherriffii ←
Major George Sherriff（人名，20 世纪探险家，曾和
Frank Ludlow 一起考察西藏东南地区）

Pedicularis sigmoidea 之形喙马先蒿：sigmoideus
呈 S 形的；-oides/ -oideus/ -oideum/ -oidea/
-odes/ -eidos 像……的，类似……的，呈……状的
（名词词尾）

Pedicularis sima 硅镁马先蒿：sima 矽镁（土名
音译）

Pedicularis siphonantha 管花马先蒿：
siphonanthus 管状花的；siphonus ← sipho →
siphon-/ siphono-/ -siphonius 管，筒，管状物；
anthus/ anthum/ antha/ anthe ← anthos 花（用于
希腊语复合词）

Pedicularis siphonantha var. delavayi 管花马先
蒿-台氏变种：delavayi ← P. J. M. Delavay（人名，
1834–1895，法国传教士，曾在中国采集植物标本）；
-i 表示人名，接在以元音字母结尾的人名后面，但
-a 除外

Pedicularis siphonantha var. siphonantha 管花
马先蒿-管花变种 （词义见上面解释）

Pedicularis smithiana 史氏马先蒿：smithiana ←
James Edward Smith（人名，1759–1828，英国植物
学家）

Pedicularis songarica 准噶尔马先蒿（噶 gá）：
songarica 准噶尔的（地名，新疆维吾尔自治区）；
-icus/ -icum/ -ica 属于，具有某种特性（常用于地
名、起源、生境）

Pedicularis sorbifolia 花楸叶马先蒿：Sorbus 花楸
属（蔷薇科）；folius/ folium/ folia 叶，叶片（用于
复合词）

Pedicularis souliei 苏氏马先蒿：souliei（人名）；-i
表示人名，接在以元音字母结尾的人名后面，但 -a
除外

Pedicularis sphaerantha 团花马先蒿：sphaerus 球
的，球形的；anthus/ anthum/ antha/ anthe ←
anthos 花（用于希腊语复合词）

Pedicularis spicata 穗花马先蒿：spicatus 具穗的，
具穗状花的，具尖头的；spicus 穗，谷穗，花穗；
-atus/ -atum/ -ata 属于，相似，具有，完成（形容
词词尾）

Pedicularis spicata subsp. bracteata 穗花马先
蒿-显苞亚种：bracteatus = bracteus + atus 具苞片
的；bracteus 苞，苞片，苞鳞；-atus/ -atum/ -ata
属于，相似，具有，完成（形容词词尾）

Pedicularis spicata subsp. spicata 穗花马先蒿-穗
花亚种 （词义见上面解释）

Pedicularis spicata subsp. stenocarpa 穗花马先
蒿-狭果亚种：sten-/ steno- ← stenus 窄的，狭的，
薄的；carpus/ carpum/ carpa/ carpon ← carpos 果
实（用于希腊语复合词）

Pedicularis stadlmanniana 施氏马先蒿：
stadlmanniana（人名）

Pedicularis steiningeri 司氏马先蒿：steiningeri 司
特宁格（人名）；Pedicularis steiningeri 司氏马先蒿；
-eri 表示人名，在以 -er 结尾的人名后面加上 i 形成

Pedicularis stenocorys 狭盔马先蒿：sten-/
steno- ← stenus 窄的，狭的，薄的；corys 头盔，口
袋，兜（指总苞形状，希腊语）

Pedicularis stenocorys subsp. melanotricha 狭
盔马先蒿-黑毛亚种：mel-/ mela-/ melan-/
melano- ← melanus/ melaenus ← melas/ melanos
黑色的，浓黑色的，暗色的；trichus 毛，毛发，线

**Pedicularis stenocorys subsp. stenocorys var.
angustissima** 狭盔马先蒿-狭盔亚种极狭变种：
angusti- ← angustus 窄的，狭的，细的；-issimus/
-issima/ -issimum 最，非常，极其（形容词最高级）

**Pedicularis stenocorys subsp. stenocorys var.
stenocorys** 狭盔马先蒿-狭盔亚种狭盔变种 （词义
见上面解释）

Pedicularis stenotheca 狭室马先蒿：sten-/
steno- ← stenus 窄的，狭的，薄的；theca ←
thekion（希腊语）盒子，室（花药的药室）

Pedicularis stewardii 斯氏马先蒿：stewardii（人
名）；-ii 表示人名，接在以辅音字母结尾的人名后
面，但 -er 除外

Pedicularis streptorhyncha 扭喙马先蒿：
streptorhyncha 曲喙的（缀词规则：-rh- 接在元音字
母后面构成复合词时要变成 -rrh-，故该词宜改为
"streptorrhyncha"）；streptos 拧劲，扭曲；
rhynchus ← rhynchos 喙状的，鸟嘴状的

Pedicularis striata 红纹马先蒿：striatus = stria +
atus 有条纹的，有细沟的；stria 条纹，线条，细纹，
细沟

Pedicularis striata subsp. arachnoidea 红纹马先
蒿-蛛丝亚种：arachne 蜘蛛的，蜘蛛网的；-oides/
-oideus/ -oideum/ -oidea/ -odes/ -eidos 像……的，
类似……的，呈……状的（名词词尾）

Pedicularis striata subsp. striata 红纹马先蒿-红
纹亚种 （词义见上面解释）

Pedicularis strobilacea 球状马先蒿：strobilaceus
球果状的，圆锥状的；strobilus ← strobilos 球果的，
圆锥的；strobus 球果的，圆锥的；-aceus/ -aceum/
-acea 相似的，有……性质的，属于……的

Pedicularis subulatidens 针齿马先蒿：subulatus
钻形的，尖头的，针尖状的；subulus 钻头，尖头，
针尖状；dens/ dentus 齿，牙齿

Pedicularis superba 华丽马先蒿：superbus/
superbiens 超越的，高雅的，华丽的，无敌的；

super- 超越的，高雅的，上层的；关联词：superbire 盛气凌人的，自豪的

Pedicularis szetschuanica 四川马先蒿：szetschuanica 四川的（地名）；-icus/ -icum/ -ica 属于，具有某种特性（常用于地名、起源、生境）

Pedicularis szetschuanica subsp. anastomosans 四川马先蒿-网脉亚种：anastomosans/ anastomosis 网络的，网状的，联结的（指叶脉）

Pedicularis szetschuanica subsp. latifolia 四川马先蒿-宽叶亚种：lati-/ late- ← latus 宽的，宽广的；folius/ folium/ folia 叶，叶片（用于复合词）

Pedicularis szetschuanica subsp. szetschuanica 四川马先蒿-原亚种 （词义见上面解释）

Pedicularis szetschuanica subsp. szetschuanica var. szetschuanica 四川马先蒿-四川亚种四川变种 （词义见上面解释）

Pedicularis tachanensis 大山马先蒿：tachanensis 大山的（地名，云南省）

Pedicularis tahaiensis 大海马先蒿：tahaiensis 大海的（地名，云南省）

Pedicularis takpoensis 塔布马先蒿：takpoensis 塔布的（地名，西藏古地区名）

Pedicularis taliensis 大理马先蒿：taliensis 大理的（地名，云南省）

Pedicularis tantalorhyncha 颤喙马先蒿：tantalorhyncha 颤喙的（缀词规则：-rh- 接在元音字母后面构成复合词时要变成 -rrh-，故该词宜改为"tantalorrhyncha"）；tantalo- 颤抖的；rhynchus ← rhynchos 喙状的，鸟嘴状的

Pedicularis tapaoensis 大炮马先蒿：tapaoensis 大炮山的（地名，四川省）

Pedicularis tatarinowii 塔氏马先蒿：tatarinowii（人名）；-ii 表示人名，接在以辅音字母结尾的人名后面，但 -er 除外

Pedicularis tatsienensis 打箭马先蒿：tatsienensis 打箭炉的（地名，四川省康定县的别称）

Pedicularis tayloriana 泰氏马先蒿：tayloriana ← Edward Taylor（人名，1848–1928）

Pedicularis tenacifolia 宿叶马先蒿：tenacifolia 不落叶的，宿存叶的；tenax 顽强的，坚强的，强力的，黏性强的，抓住的；folius/ folium/ folia 叶，叶片（用于复合词）；构词规则：以 -ix/ -iex 结尾的词其词干末尾视为 -ic，以 -ex 结尾视为 -i/ -ic，其他以 -x 结尾视为 -c

Pedicularis tenera 细茎马先蒿：tenerus 柔软的，娇嫩的，精美的，雅致的，纤细的

Pedicularis tenuicaulis 纤茎马先蒿：tenui- ← tenuis 薄的，纤细的，弱的，瘦的，窄的；caulis ← caulos 茎，茎秆，主茎

Pedicularis tenuisecta 纤裂马先蒿：tenuisectus 细全裂的；tenui- ← tenuis 薄的，纤细的，弱的，瘦的，窄的；sectus 分段的，分节的，切开的，分裂的

Pedicularis tenuituba 狭管马先蒿：tenui- ← tenuis 薄的，纤细的，弱的，瘦的，窄的；tubus 管子，管状的，筒状的

Pedicularis ternata 三叶马先蒿：ternatus 三数的，三出的

Pedicularis thamnophila 灌丛马先蒿：thamnos 灌木；philus/ philein ← philos → phil-/ phili/ philo- 喜好的，爱好的，喜欢的（注意区别形近词：phylus、phyllus）；phylus/ phylum/ phyla ← phylon/ phyle 植物分类单位中的"门"，位于"界"和"纲"之间，类群，种族，部落，聚群；phyllus/ phyllum/ phylla ← phyllon 叶片（用于希腊语复合词）

Pedicularis thamnophila subsp. cupuliformis 灌丛马先蒿-杯状亚种：cupulus = cupus + ulus 小杯子，小杯形的，壳斗状的；formis/ forma 形状

Pedicularis thamnophila subsp. thamnophila 灌丛马先蒿-灌丛亚种 （词义见上面解释）

Pedicularis tibetica 西藏马先蒿：tibetica 西藏的（地名）；-icus/ -icum/ -ica 属于，具有某种特性（常用于地名、起源、生境）

Pedicularis tomentosa 绒毛马先蒿：tomentosus = tomentum + osus 绒毛的，密被绒毛的；tomentum 绒毛，浓密的毛被，棉絮，棉絮状填充物（被褥、垫子等）；-osus/ -osum/ -osa 多的，充分的，丰富的，显著发育的，程度高的，特征明显的（形容词词尾）

Pedicularis tongolensis 东俄洛马先蒿：tongol 东俄洛（地名，四川西部）

Pedicularis torta 扭旋马先蒿：tortus 拧劲，捻，扭曲

Pedicularis transmorrisonensis 台湾马先蒿：transmorrisonensis = trans + morrisonensis 跨磨里山的；tran-/ trans- 横过，远侧边，远方，在那边；morrisonensis 磨里山的（地名，今台湾新高山）

Pedicularis triangularidens 三角齿马先蒿：tri-/ tripli-/ triplo- 三个，三数；angularidens 三角状齿的，三棱齿的；angulatus/ angularis 具棱角的，有角度的；dens/ dentus 齿，牙齿

Pedicularis triangularidens subsp. chrysosplenioides 三角齿马先蒿-猫眼草亚种：chrysosplenioides = Chrysosplenium + oides 像金腰子的；Chrysosplenium 金腰属（虎耳草科）；-oides/ -oideus/ -oideum/ -oidea/ -odes/ -eidos 像……的，类似……的，呈……状的（名词词尾）

Pedicularis triangularidens subsp. triangularidens var. angustiloba 三角齿马先蒿-三角齿亚种狭裂变种：angusti- ← angustus 窄的，狭的，细的；lobus/ lobos/ lobon 浅裂，耳片（裂片先端钝圆），荚果，蒴果

Pedicularis triangularidens subsp. triangularidens var. triangularidens 三角齿马先蒿-三角齿亚种三角齿变种 （词义见上面解释）

Pedicularis trichocymba 毛舟马先蒿：trichocymbus 具毛小舟的；trich-/ tricho-/ tricha- ← trichos ← thrix 毛，多毛的，线状的，丝状的；cymbus/ cymbum/ cymba ← cymbe 小舟

Pedicularis trichoglossa 毛盋马先蒿：trichoglossus 毛舌的；trich-/ tricho-/ tricha- ← trichos ← thrix 毛，多毛的，线状的，丝状的；glossus 舌，舌状的

Pedicularis trichomata 须毛马先蒿：trichomatus 须毛的；trich-/ tricho-/ tricha- ← trichos ← thrix 毛，多毛的，线状的，丝状的；matus 胡须，胡须状的

Pedicularis tricolor 三色马先蒿：tri-/ tripli-/

triplo- 三个，三数；color 颜色

Pedicularis tricolor var. aequiretusa 三色马先蒿-等凹变种：aequus 平坦的，均等的，公平的，友好的；aequi- 相等，相同；retusus 微凹的

Pedicularis tricolor var. tricolor 三色马先蒿-三色变种 （词义见上面解释）

Pedicularis tristis 阴郁马先蒿：tristis 暗淡的，阴沉的

Pedicularis tsaii 蔡氏马先蒿：tsaii 蔡希陶（人名，1911–1981，中国植物学家）

Pedicularis tsangchanensis 苍山马先蒿：tsangchanensis 苍山的（地名，云南省）

Pedicularis tsarungensis 察郎马先蒿：tsarungensis 察瓦龙的（地名，西藏自治区）

Pedicularis tsekouensis 茨口马先蒿（茨 cí）：tsekouensis 茨口的（地名，四川省）

Pedicularis tsiangii 蒋氏马先蒿：tsiangii 黔，贵州的（地名），蒋氏（人名）

Pedicularis uliginosa 水泽马先蒿：uliginosus 沼泽的，湿地的，潮湿的；uligo/ vuligo/ uliginis 潮湿，湿地，沼泽（uligo 的词干为 uligin-）；词尾为 -go 的词其词干末尾视为 -gin；-osus/ -osum/ -osa 多的，充分的，丰富的，显著发育的，程度高的，特征明显的（形容词词尾）

Pedicularis umbelliformis 伞花马先蒿：umbeli-/ umbelli- 伞形花序；formis/ forma 形状

Pedicularis urceolata 坛萼马先蒿：urceolatus 坛状的，壶形的（指中空且口部收缩）；urceolus 小坛子，小水壶；urceus 坛子，水壶

Pedicularis vagans 蔓生马先蒿（蔓 màn）：vagans 流浪的，漫游的，漂泊的

Pedicularis variegata 变色马先蒿：variegatus = variego + atus 有彩斑的，有条纹的，杂食的，杂色的；variego = varius + ago 染上各种颜色，使成五彩缤纷的，装饰，点缀，使闪出五颜六色的光彩，变化，变更，不同；varius = varus + ius 各种各样的，不同的，多型的，易变的；varus 不同的，变化的，外弯的，凸起的；-ius/ -ium/ -ia 具有……特性的（表示有关、关联、相似）；-ago 表示相似或联系，如 plumbago，铅的一种（来自 plumbum 铅），来自 -go；-go 表示一种能做工作的力量，如 vertigo，也表示事态的变化或者一种事态、趋向或病态，如 robigo（红的情况，变红的趋势，因而是铁锈），aerugo（铜锈），因此它变成一个表示具有某种质的属性的构词元素，如 lactago（具有乳浆的草），或相似性，如 ferulago（近似 ferula，阿魏）、canilago（一种 canila）

Pedicularis venusta 秀丽马先蒿：venustus ← Venus 女神维纳斯的，可爱的，美丽的，有魅力的

Pedicularis verbenaefolia 马鞭草叶马先蒿：verbenaefolia = Verbena + folius 马鞭草叶的（注：组成复合词时，要将前面词的词尾 -us/ -um/ -a 变成 -i- 或 -o- 而不是所有格，故该词宜改为 "verbenifolia"）；verbenae ← Verbena 马鞭草属；folius/ folium/ folia 叶，叶片（用于复合词）

Pedicularis veronicifolia 地黄叶马先蒿：veronicifolia 婆婆纳叶的；Veronica 婆婆纳属（玄参科）；folius/ folium/ folia 叶，叶片（用于复合词）

Pedicularis verticillata 轮叶马先蒿：verticillatus/ verticillaris 螺纹的，螺旋的，轮生的，环状的；verticillus 轮，环状排列

Pedicularis verticillata subsp. latisecta 轮叶马先蒿-宽裂亚种：lati-/ late- ← latus 宽的，宽广的；sectus 分段的，分节的，切开的，分裂的

Pedicularis verticillata subsp. tangutica 轮叶马先蒿-唐古特亚种：tangutica ← Tangut 唐古特的，党项的（西夏时期生活于中国西北地区的党项羌人，蒙古语称其为 "唐古特"，有多种音译，如唐兀、唐古、唐括等）；-icus/ -icum/ -ica 属于，具有某种特性（常用于地名、起源、生境）

Pedicularis verticillata subsp. verticillata 轮叶马先蒿-轮叶亚种 （词义见上面解释）

Pedicularis vialii 维氏马先蒿：vialii ← Pere Vial（人名，19 世纪活动于中国的法国传教士和民族学家）

Pedicularis violascens 堇色马先蒿：violascens/ violaceus 紫红色的，紫堇色的，堇菜状的；-escens/ -ascens 改变，转变，变成，略微，带有，接近，相似，大致，稍微（表示变化的趋势，并未完全相似或相同，有别于表示达到完成状态的 -atus）

Pedicularis wallichii 瓦氏马先蒿：wallichii ← Nathaniel Wallich（人名，19 世纪初丹麦植物学家、医生）

Pedicularis wanghongiae 王红马先蒿：wanghongiae 王红（人名，1963 年生，中国植物学家）

Pedicularis wardii 华氏马先蒿：wardii ← Francis Kingdon-Ward（人名，20 世纪英国植物学家）

Pedicularis wilsonii 魏氏马先蒿：wilsonii ← John Wilson（人名，18 世纪英国植物学家）

Pedicularis yui 季川马先蒿：yui 俞氏（人名）；-i 表示人名，接在以元音字母结尾的人名后面，但 -a 除外

Pedicularis yui var. ciliata 季川马先蒿-缘毛变种：ciliatus = cilium + atus 缘毛的，流苏的；cilium 缘毛，睫毛；-atus/ -atum/ -ata 属于，相似，具有，完成（形容词词尾）

Pedicularis yui var. yui 季川马先蒿-季川变种（词义见上面解释）

Pedicularis yunnanensis 云南马先蒿：yunnanensis 云南的（地名）

Pedilanthus 红雀珊瑚属（大戟科）（44-3：p127）：pedilon 靴子，靴子状的；anthus/ anthum/ antha/ anthe ← anthos 花（用于希腊语复合词）

Pedilanthus tithymaloides 红雀珊瑚：Tithymalus ← Euphorbia 大戟属（大戟科）；-oides/ -oideus/ -oideum/ -oidea/ -odes/ -eidos 像……的，类似……的，呈……状的（名词词尾）

Pegaeophyton 单花荠属（荠 jì）（十字花科）（33：p242）：pegaeophyton = pege + phyton 水边植物；pege 泉水（指水边生境）；phyton → phytus 植物

Pegaeophyton minutum 小单花荠：minutus 极小的，细微的，微小的

Pegaeophyton scapiflorum 单花荠：scapiflorus 莛生花的；scapus（scap-/ scapi-）← skapos 主茎，树干，花柄，花轴；florus/ florum/ flora ← flos 花

（用于复合词）

Pegaeophyton scapiflorum var. pilosicalyx 毛萼单花荠：pilosus = pilus + osus 多毛的，被柔毛的，具疏柔毛的，被短弱细毛的；pilus 毛，疏柔毛；-osus/ -osum/ -osa 多的，充分的，丰富的，显著发育的，程度高的，特征明显的（形容词词尾）；calyx → calyc- 萼片（用于希腊语复合词）；pilosicalyx 疏柔毛萼的

Pegaeophyton scapiflorum var. robustum 粗壮单花荠：robustus 大型的，结实的，健壮的，强壮的

Pegaeophyton scapiflorum var. scapiflorum 单花荠-原变种 （词义见上面解释）

Peganum 骆驼蓬属（蒺藜科）（43-1：p123）：peganum ← pegonon 芸香

Peganum harmala 骆驼蓬：harmala ← harmil（阿拉伯语）

Peganum multisectum 多裂骆驼蓬：multi- ← multus 多个，多数，很多（希腊语为 poly-）；sectus 分段的，分节的，切开的，分裂的

Peganum nigellastrum 骆驼蒿：nigellastrum 像黑种草的；Nigella 黑种草属（毛茛科）；-aster/ -astra/ -astrum/ -ister/ -istra/ -istrum 相似的，程度稍弱，稍小的，次等级的（用于拉丁语复合词词尾，表示不完全相似或低级之意，常用以区别一种野生植物与栽培植物，如 oleaster、oleastrum 野橄榄，以区别于 olea，即栽培的橄榄，而作形容词词尾时则表示小或程度弱化，如 surdaster 稍聋的，比 surdus 稍弱）

Pegia 藤漆属（漆树科）（45-1：p89）：pegia ← pege 泉水，泉边（指生境）

Pegia nitida 藤漆：nitidus = nitere + idus 光亮的，发光的；nitere 发亮；-idus/ -idum/ -ida 表示在进行中的动作或情况，作动词、名词或形容词的词尾；nitens 光亮的，发光的

Pegia sarmentosa 利黄藤：sarmentosus 匍匐茎的；sarmentum 匍匐茎，鞭条；-osus/ -osum/ -osa 多的，充分的，丰富的，显著发育的，程度高的，特征明显的（形容词词尾）

Pelargonium 天竺葵属（竺 zhú）（牻牛儿苗科）（43-1：p83）：pelargos 鹳（指果的形状似鹳的喙）

Pelargonium domesticum 家天竺葵：domesticus 国内的，本地的，本土的，家庭的

Pelargonium graveolens 香叶天竺葵：graveolens 强烈气味的，不快气味的，恶臭的；gravis 重的，重量大的，深厚的，浓密的，严重的，大量的，苦的，讨厌的；olens ← olere 气味，发出气味（不分香臭）

Pelargonium hortorum 天竺葵：hortorum = hortu + orum 花园的，庭园的（附属所有格）；hortus 花园，园圃；-orum 属于……的（第二变格法名词复数所有格词尾，表示群落或多数）

Pelargonium peltatum 盾叶天竺葵：peltatus = peltus + atus 盾状的，具盾片的；peltus ← pelte 盾片，小盾片，盾形的；-atus/ -atum/ -ata 属于，相似，具有，完成（形容词词尾）

Pelargonium radula 菊叶天竺葵：radulus 金属般骨骼的，小痒痒挠的；radula 毛钩，齿舌（动物）；rado 挠，切削，削平

Pelargonium zonale 马蹄纹天竺葵：zonalis 有环状纹的，带状的；zona 带，腰带，（地球经纬度的）带；-aris（阳性、阴性）/ -are（中性）← -alis（阳性、阴性）/ -ale（中性）属于，相似，如同，具有，涉及，关于，联结于（将名词作形容词用，其中 -aris 常用于以 l 或 r 为词干末尾的词）

Pelatantheria 钻柱兰属（钻 zuàn）（兰科）（19：p306）：pelatantherius 花瓣状花药的；pelatus 花瓣；-ia 为第三变格法名词复数主格、呼格、宾格词尾；antherius 花药的，具花药的

Pelatantheria bicuspidata 尾丝钻柱兰：cuspis（所有格为 cuspidis）齿尖，凸尖，尖头；-atus/ -atum/ -ata 属于，相似，具有，完成（形容词词尾）

Pelatantheria ctenoglossum 锯尾钻柱兰：ctenis 梳，篦子；glossus 舌，舌状的

Pelatantheria rivesii 钻柱兰：rivesii（人名，可能是"reversii"的误拼）

Pelexia 肥根兰属（兰科）（17：p231）：pelexia（人名）

Pelexia obliqua 肥根兰：obliquus 斜的，偏的，歪斜的，对角线的；obliq-/ obliqui- 对角线的，斜线的，歪斜的

Peliosanthes 球子草属（百合科）（15：p164）：pelios 铅灰色的；anthes ← anthos 花

Peliosanthes macrostegia 大盖球子草：macro-/ macr- ← macros 大的，宏观的（用于希腊语复合词）；stegius ← stege/ stegon 盖子，加盖，覆盖，包裹，遮盖物

Peliosanthes microphylla （小叶球子草）：micr-/ micro- ← micros 小的，微小的，微观的（用于希腊语复合词）；phyllus/ phyllum/ phylla ← phyllon 叶片（用于希腊语复合词）

Peliosanthes ophiopogonoides 长苞球子草：ophiopogonoides 像沿阶草的；Ophiopogon 沿阶草属（百合科）；ophio- 蛇，蛇状；pogon 胡须，髯毛，芒尖；-oides/ -oideus/ -oideum/ -oidea/ -odes/ -eidos 像……的，类似……的，呈……状的（名词词尾）

Peliosanthes sinica 匍匐球子草：sinica 中国的（地名）；-icus/ -icum/ -ica 属于，具有某种特性（常用于地名、起源、生境）

Peliosanthes teta 簇花球子草：teta 鸽子

Peliosanthes yunnanensis 云南球子草：yunnanensis 云南的（地名）

Pellacalyx 山红树属（红树科）（52-2：p142）：pella ← pellos 深色的，浓重的，暗色的；calyx → calyc- 萼片（用于希腊语复合词）

Pellacalyx yunnanensis 山红树：yunnanensis 云南的（地名）

Pellaea 旱蕨属（中国蕨科）（3-1：p124）：pellaea ← pella ← pellos 深色的，浓重的，暗色的；-eus/ -eum/ -ea（接拉丁语词干时）属于……的，色如……的，质如……的（表示原料、颜色或品质的相似），（接希腊语词干时）属于……的，以……出名，为……所占有（表示具有某种特性）

Pellaea calomelanos 三角羽旱蕨：calomelanos 美丽黑色的；call-/ calli-/ callo-/ cala-/ calo- ← calos/ callos 美丽的；melanos → mel-/ mela-/ melan-/ melano- ← melanus ← melas 黑色的，浓

P

黑色的，暗色的

Pellaea connectens 四川旱蕨：connectens 联合的，结合的；connecto/ conecto 联合，结合；-ans/ -ens/ -bilis/ -ilis 能够，可能（为形容词词尾，-ans/ -ens 用于主动语态，-bilis/ -ilis 用于被动语态）

Pellaea mairei 滇西旱蕨：mairei（人名）；Edouard Ernest Maire（人名，19 世纪活动于中国云南的传教士）；Rene C. J. E. Maire 人名（20 世纪阿尔及利亚植物学家，研究北非植物）；-i 表示人名，接在以元音字母结尾的人名后面，但 -a 除外

Pellaea nitidula 旱蕨：nitidulus = nitidus + ulus 稍光亮的；nitidulus = nitidus + ulus 略有光泽的；-ulus/ -ulum/ -ula 小的，略微的，稍微的（小词 -ulus 在字母 e 或 i 之后有多种变缀，即 -olus/ -olum/ -ola、-ellus/ -ellum/ -ella、-illus/ -illum/ -illa，与第一变格法和第二变格法名词形成复合词）

Pellaea patula 宜昌旱蕨：patulus 稍开展的，稍伸展的；patus 展开的，伸展的；-ulus/ -ulum/ -ula 小的，略微的，稍微的（小词 -ulus 在字母 e 或 i 之后有多种变缀，即 -olus/ -olum/ -ola、-ellus/ -ellum/ -ella、-illus/ -illum/ -illa，与第一变格法和第二变格法名词形成复合词）

Pellaea paupercula 凤尾旱蕨：paupercula = paupera + culus 稍瘦弱的，稍贫穷的；paupera 瘦弱的，贫穷的；-culus/ -culum/ -cula 小的，略微的，稍微的（同第三变格法和第四变格法名词形成复合词）

Pellaea smithii 西南旱蕨：smithii ← James Edward Smith（人名，1759–1828，英国植物学家）

Pellaea straminea 禾秆旱蕨：stramineus 禾秆色的，秆黄色的，干草状黄色的；stramen 禾秆，麦秆；stramimis 禾秆，秸秆，麦秆；-eus/ -eum/ -ea（接拉丁语词干时）属于……的，色如……的，质如……的（表示原料、颜色或品质的相似），（接希腊语词干时）属于……的，以……出名，为……所占有（表示具有某种特性）

Pellaea straminea var. straminea 禾秆旱蕨-原变种（词义见上面解释）

Pellaea straminea var. tibetica 西藏旱蕨：tibetica 西藏的（地名）；-icus/ -icum/ -ica 属于，具有某种特性（常用于地名、起源、生境）

Pellaea trichophylla 毛旱蕨：trich-/ tricho-/ tricha- ← trichos ← thrix 毛，多毛的，线状的，丝状的；phyllus/ phyllum/ phylla ← phyllon 叶片（用于希腊语复合词）

Pellaea yunnanensis 云南旱蕨：yunnanensis 云南的（地名）

Pellionia 赤车属（荨麻科）（23-2：p160）：pellionia ← J. Alphonse Odet Pellion（人名，19 世纪法国航海家、军官）

Pellionia acutidentata 尖齿赤车：acutidentatus/ acutodentatus 尖齿的；acuti-/ acu- ← acutus 锐尖的，针尖的，刺尖的，锐角的；dentatus = dentus + atus 牙齿的，齿状的，具齿的；dentus 齿，牙齿；-atus/ -atum/ -ata 属于，相似，具有，完成（形容词词尾）

Pellionia brachyceras 短角赤车：brachy- ← brachys 短的（用于拉丁语复合词词首）；-ceras/

-ceros/ cerato- ← keras 犄角，兽角，角状突起（希腊语）

Pellionia brevifolia 短叶赤车：brevi- ← brevis 短的（用于希腊语复合词词首）；folius/ folium/ folia 叶，叶片（用于复合词）

Pellionia caulialata 翅茎赤车：caulialatus 翅茎的；caulia/ caulis 茎，茎秆，主茎；caulus/ caulon/ caule ← caulos 茎，茎秆，主茎；alatus → ala-/ alat-/ alati-/ alato- 翅，具翅的，具翼的

Pellionia cephaloidea 头序赤车：cephalus/ cephale ← cephalos 头，头状花序；cephal-/ cephalo- ← cephalus 头，头状，头部；-oides/ -oideus/ -oideum/ -oidea/ -odes/ -eidos 像……的，类似……的，呈……状的（名词词尾）

Pellionia crispulihirtella 硬毛赤车：crispulus = crispus + ulus 略有收缩的，略有褶皱的，略有波纹的；hirtellus = hirtus + ellus 被短粗硬毛的；hirtus 有毛的，粗毛的，刚毛的（长而明显的毛）；-ellus/ -ellum/ -ella ← -ulus 小的，略微的，稍微的（小词 -ulus 在字母 e 或 i 之后有多种变缀，即 -olus/ -olum/ -ola、-ellus/ -ellum/ -ella、-illus/ -illum/ -illa，用于第一变格法名词）

Pellionia funingensis 富宁赤车：funingensis 富宁的（地名，云南省）

Pellionia grijsii 华南赤车：grijsii（人名）；-ii 表示人名，接在以辅音字母结尾的人名后面，但 -er 除外

Pellionia heteroloba 异被赤车：hete-/ heter-/ hetero- ← heteros 不同的，多样的，不齐的；lobus/ lobos/ lobon 浅裂，耳片（裂片先端钝圆），荚果，蒴果

Pellionia heteroloba var. heteroloba 异被赤车-原变种（词义见上面解释）

Pellionia heteroloba var. minor 小异被赤车：minor 较小的，更小的

Pellionia heyneana 全缘赤车：heyneana（人名）

Pellionia incisoserrata 羽脉赤车：inciso- ← incisus 深裂的，锐裂的，缺刻的；serratus = serrus + atus 有锯齿的；serrus 齿，锯齿

Pellionia leiocarpa 光果赤车：lei-/ leio-/ lio- ← leius ← leios 光滑的，平滑的；carpus/ carpum/ carpa/ carpon ← carpos 果实（用于希腊语复合词）

Pellionia longipedunculata 长梗赤车：longe-/ longi- ← longus 长的，纵向的；pedunculatus/ peduncularis 具花序柄的，具总花梗的；pedunculus/ peduncule/ pedunculis ← pes 花序柄，总花梗（花序基部无花着生部分，不同于花柄）；关联词：pedicellus/ pediculus 小花梗，小花柄（不同于花序柄）；pes/ pedis 柄，梗，茎秆，腿，足，爪（作词首或词尾，pes 的词干视为 "ped-"）

Pellionia macrophylla 大叶赤车：macro-/ macr- ← macros 大的，宏观的（用于希腊语复合词）；phyllus/ phyllum/ phylla ← phyllon 叶片（用于希腊语复合词）

Pellionia minima 小赤车：minimus 最小的，很小的

Pellionia paucidentata 滇南赤车：pauci- ← paucus 少数的，少的（希腊语为 oligo-）；dentatus = dentus + atus 牙齿的，齿状的，具齿的；dentus 齿，牙齿；-atus/ -atum/ -ata 属于，相

似，具有，完成（形容词词尾）

Pellionia paucidentata var. hainanica 海南赤车：hainanica 海南的（地名）；-icus/ -icum/ -ica 属于，具有某种特性（常用于地名、起源、生境）

Pellionia paucidentata var. paucidentata 滇南赤车-原变种 （词义见上面解释）

Pellionia radicans 赤车：radicans 生根的；radicus ← radix 根的

Pellionia radicans f. grandis 长茎赤车：grandis 大的，大型的，宏大的

Pellionia radicans f. radicans 赤车-原变型 （词义见上面解释）

Pellionia repens 吐烟花（吐 tǔ）：repens/ repentis/ repsi/ reptum/ repere/ repo 匍匐，爬行（同义词：reptans/ reptoare）

Pellionia retrohispida 曲毛赤车：retro- 向后，反向；hispidus 刚毛的，鬃毛状的

Pellionia scabra 蔓赤车（蔓 màn）：scabrus ← scaber 粗糙的，有凹凸的，不平滑的

Pellionia subundulata 波缘赤车：subundulatus 稍波状的；sub-（表示程度较弱）与……类似，几乎，稍微，弱，亚，之下，下面；undulatus = undus + ulus + atus 略呈波浪状的，略弯曲的；undus/ undum/ unda 起波浪的，弯曲的

Pellionia subundulata var. angustifolia 狭叶赤车：angusti- ← angustus 窄的，狭的，细的；folius/ folium/ folia 叶，叶片（用于复合词）

Pellionia subundulata var. subundulata 波缘赤车-原变种 （词义见上面解释）

Pellionia tsoongii 长柄赤车：tsoongii ← K. K. Tsoong 钟观光（人名，1868–1940，中国植物学家，北京大学教授，最先用科学方法广泛研究植物分类学，近代中国最早采集植物标本的学者，也是近代植物学的开拓者）

Pellionia viridis 绿赤车：viridis 绿色的，鲜嫩的（相当于希腊语的 chloro-）

Pellionia viridis var. basiinaequalis 斜基绿赤车：basiinaequalis 基部不对称的，基部不整齐的；basis 基部，基座；inaequalis 不等的，不同的，不整齐的；inaequal- 不相等，不同；aequus 平坦的，均等的，公平的，友好的；in-/ im-（来自 il- 的音变）内，在内，内部，向内，相反，不，无，非；il- 在内，向内，为，相反（希腊语为 en-）；词首 il- 的音变：il-（在 l 前面），im-（在 b、m、p 前面），in-（在元音字母和大多数辅音字母前面），ir-（在 r 前面），如 illaudatus（不值得称赞的，评价不好的），impermeabilis（不透水的，穿不透的），ineptus（不合适的），insertus（插入的），irretortus（无弯曲的，无扭曲的）

Pellionia viridis var. viridis 绿赤车-原变种 （词义见上面解释）

Pellionia yunnanensis 云南赤车：yunnanensis 云南的（地名）

Peltoboykinia 涧边草属（虎耳草科）（34-2：p33）：peltus ← pelte 盾片，小盾片，盾形的；Boykinia（人名）

Peltoboykinia tellimoides 涧边草：Tellima（虎耳草科一属）；-oides/ -oideus/ -oideum/ -oidea/

-odes/ -eidos 像……的，类似……的，呈……状的（名词词尾）

Peltophorum 盾柱木属（豆科）（39：p92）：peltus ← pelte 盾片，小盾片，盾形的；-phorus/ -phorum/ -phora 载体，承载物，支持物，带着，生着，附着（表示一个部分带着别的部分，包括起支撑或承载作用的柄、柱、托、囊等，如 gynophorum = gynus + phorum 雌蕊柄的，带有雌蕊的，承载雌蕊的）；gynus/ gynum/ gyna 雌蕊，子房，心皮

Peltophorum pterocarpum 盾柱木：pterus/ pteron 翅，翼，蕨类；carpus/ carpum/ carpa/ carpon ← carpos 果实（用于希腊语复合词）

Peltophorum tonkinense 银珠：tonkin 东京（地名，越南河内的旧称）

Pemphis 水芫花属（芫 yuán，此处不读 "yán"）（千屈菜科）（52-2：p89）：pemphis 水泡（指种子周围具海绵质的翅）

Pemphis acidula 水芫花：acidulus = acidus + ulus 略酸的，略有酸味的；acidus 酸的，有酸味的

Pennilabium 巾唇兰属（兰科）（19：p435）：pinnus/ pennus 羽毛，羽状，羽片；labius 唇，唇瓣的，唇形的

Pennilabium proboscideum 巾唇兰：proboscideus 有长角的，顶端有突起物的，象鼻样子的（希腊语，指果实形状）；proboscis 长角，顶端突起物；-eus/ -eum/ -ea（接拉丁语词干时）属于……的，色如……的，质如……的（表示原料、颜色或品质的相似），（接希腊语词干时）属于……的，以……出名，为……所占有（表示具有某种特性）

Pennisetum 狼尾草属（禾本科）（10-1：p361）：pinnus/ pennus 羽毛，羽状，羽片；setus/ saetus 刚毛，刺毛，芒刺

Pennisetum alopecuroides 狼尾草：alopecuroides 像看麦娘的，像狐狸尾巴的；Alopecurus 看麦娘属（禾本科）；-oides/ -oideus/ -oideum/ -oidea/ -odes/ -eidos 像……的，类似……的，呈……状的（名词词尾）

Pennisetum americanum 御谷：americanum 美洲的（地名）

Pennisetum americanum subsp. americanum 御谷-原亚种 （词义见上面解释）

Pennisetum centrasiaticum 白草：centrasiaticus 中亚的（地名）；centro-/ centr- ← centrum 中部的，中央的；asiaticus 亚洲的（地名）；-aticus/ -aticum/ -atica 属于，表示生长的地方，作名词词尾

Pennisetum centrasiaticum var. centrasiaticum 白草-原变种 （词义见上面解释）

Pennisetum centrasiaticum var. lanpingense 兰坪狼尾草：lanpingense 兰坪的（地名，云南省）

Pennisetum clandestinum 铺地狼尾草（种加词有时误拼为 "cladestinum"）（铺 pū）：clandestinus 隐藏的

Pennisetum lanatum 西藏狼尾草：lanatus = lana + atus 具羊毛的，具长柔毛的；lana 羊毛，绵毛

Pennisetum longissimum 长序狼尾草：longe-/ longi- ← longus 长的，纵向的；-issimus/ -issima/ -issimum 最，非常，极其（形容词最高级）

Pennisetum longissimum var. intermedium 中型狼尾草：intermedius 中间的，中位的，中等的；inter- 中间的，在中间，之间；medius 中间的，中央的

Pennisetum longissimum var. longissimum 长序狼尾草-原变种 （词义见上面解释）

Pennisetum purpureum 象草：purpureus = purpura + eus 紫色的；purpura 紫色（purpura 原为一种介壳虫名，其体液为紫色，可作颜料）；-eus/ -eum/ -ea（接拉丁语词干时）属于……的，色如……的，质如……的（表示原料、颜色或品质的相似），（接希腊语词干时）属于……的，以……出名，为……所占有（表示具有某种特性）

Pennisetum qianningense 乾宁狼尾草（乾 qián）：qianningense 乾宁的（地名，四川省）

Pennisetum setosum 牧地狼尾草：setosus = setus + osus 被刚毛的，被短毛的，被芒刺的；setus/ saetus 刚毛，刺毛，芒刺；-osus/ -osum/ -osa 多的，充分的，丰富的，显著发育的，程度高的，特征明显的（形容词词尾）

Pennisetum shaanxiense 陕西狼尾草：shaanxiense 陕西的（地名）

Pennisetum sichuanense 四川狼尾草：sichuanense 四川的（地名）

Pentacoelium 苦槛蓝属（另见 Myoporum）（苦槛蓝科）（增补）：penta- 五，五数（希腊语，拉丁语为 quin/ quinqu/ quinque-/ quinqui-）；coelius 空心的，中空的，腹部的

Pentacoelium bontioides 苦槛蓝（另见 Myoporum bontioides）：Bontia 假瑞香属（苦槛蓝科）；-oides/ -oideus/ -oideum/ -oidea/ -odes/ -eidos 像……的，类似……的，呈……状的（名词词尾）

Pentadesma 猪油果属（藤黄科）（50-2：p112）：penta- 五，五数（希腊语，拉丁语为 quin/ quinqu/ quinque-/ quinqui-）；desmo-/ desma- 束，束状的，带状的，链子

Pentadesma butyracea 猪油果：butyraceus 黄油状的；-aceus/ -aceum/ -acea 相似的，有……性质的，属于……的

Pentanema 苇谷草属（菊科）（75：p281）：penta- 五，五数（希腊语，拉丁语为 quin/ quinqu/ quinque-/ quinqui-）；nemus/ nema 密林，丛林，树丛（常用来比喻密集成丛的纤细物，如花丝、果柄等）

Pentanema cernuum 垂头苇谷草：cernuus 点头的，前屈的，略俯垂的（弯曲程度略大于 90°）；cernu-/ cernui- 弯曲，下垂；关联词：nutans 弯曲的，下垂的（弯曲程度远大于 90°）

Pentanema indicum 苇谷草：indicum 印度的（地名）；-icus/ -icum/ -ica 属于，具有某种特性（常用于地名、起源、生境）

Pentanema indicum var. hypoleucum 白背苇谷草：hypoleucus 背面白色的，下面白色的；hyp-/ hypo- 下面的，以下的，不完全的；leucus 白色的，淡色的

Pentanema indicum var. indicum 苇谷草-原变种（词义见上面解释）

Pentanema vestitum 毛苇谷草：vestitus 包被的，覆盖的，被柔毛的，袋状的

Pentapanax 五叶参属（参 shēn）（五加科）（54：p141）：penta- 五，五数（希腊语，拉丁语为 quin/ quinqu/ quinque-/ quinqui-）；panax 人参

Pentapanax castanopsisicola 台湾五叶参：castanopsisicolus 生在栲树上的，寄生在栲树上的；Castanopsis 锥属（栲属）（壳斗科）；colus ← colo 分布于，居住于，栖居，殖民（常作词尾）；colo/ colere/ colui/ cultum 居住，耕作，栽培

Pentapanax henryi 锈毛五叶参：henryi ← Augustine Henry 或 B. C. Henry（人名，前者，1857–1930，爱尔兰医生、植物学家，曾在中国采集植物，后者，1850–1901，曾活动于中国的传教士）

Pentapanax henryi var. fangii 小果锈毛五叶参：fangii（人名）；-ii 表示人名，接在以辅音字母结尾的人名后面，但 -er 除外

Pentapanax henryi var. henryi 锈毛五叶参-原变种（词义见上面解释）

Pentapanax henryi var. tomentosus 毛叶锈毛五叶参：tomentosus = tomentum + osus 绒毛的，密被绒毛的；tomentum 绒毛，浓密的毛被，棉絮，棉絮状填充物（被褥、垫子等）；-osus/ -osum/ -osa 多的，充分的，丰富的，显著发育的，程度高的，特征明显的（形容词词尾）

Pentapanax henryi var. wangshanensis 黄山锈毛五叶参：wangshanensis 黄山的（地名，安徽省）

Pentapanax lanceolatus 披针五叶参：lanceolatus = lanceus + olus + atus 小披针形的，小柳叶刀的；lance-/ lancei-/ lanci-/ lanceo-/ lanc- ← lanceus 披针形的，矛形的，尖刀状的，柳叶刀状的；-olus ← -ulus 小，稍微，略微（-ulus 在字母 e 或 i 之后变成 -olus/ -ellus/ -illus）；-atus/ -atum/ -ata 属于，相似，具有，完成（形容词词尾）

Pentapanax leschenaultii 五叶参：leschenaultii ← Jean Baptiste Louis Theodore Leschenault de la Tour（人名，19 世纪法国植物学家）

Pentapanax leschenaultii var. forrestii 全缘五叶参：forrestii ← George Forrest（人名，1873–1932，英国植物学家，曾在中国西部采集大量植物标本）

Pentapanax leschenaultii var. leschenaultii 五叶参-原变种（词义见上面解释）

Pentapanax parasiticus 寄生五叶参：parasiticus ← parasitos 寄生的（希腊语）

Pentapanax parasiticus var. khasianus 毛梗寄生五叶参：khasianus ← Khasya 喀西的，卡西的（地名，印度阿萨姆邦）

Pentapanax parasiticus var. parasiticus 寄生五叶参-原变种（词义见上面解释）

Pentapanax racemosus 总序五叶参：racemosus = racemus + osus 总状花序的；racemus/ raceme 总状花序，葡萄串状的；-osus/ -osum/ -osa 多的，充分的，丰富的，显著发育的，程度高的，特征明显的（形容词词尾）

Pentapanax subcordatus 心叶五叶参：subcordatus 近心形的；sub-（表示程度较弱）与……类似，几乎，稍微，弱，亚，之下，下面；cordatus ← cordis/ cor 心脏的，心形的；-atus/ -atum/ -ata 属于，相似，具有，完成（形容词词尾）

Pentapanax verticillatus 轮伞五叶参：

P

verticillatus/ verticillaris 螺纹的，螺旋的，轮生的，环状的；verticillus 轮，环状排列

Pentapanax yunnanensis 云南五叶参：yunnanensis 云南的（地名）

Pentapetes 午时花属（梧桐科）（49-2：p171）：penta- 五，五数（希腊语，拉丁语为 quin/ quinqu/ quinque-/ quinqui-）；petes ← petelon 花瓣

Pentapetes phoenicea 午时花：phoeniceus/ puniceus 紫红色的，鲜红的，石榴红的；punicum 石榴

Pentaphragma 五膜草属（桔梗科）（73-2：p174）：pentaphragmus 五层隔膜的（指子房隔膜）；penta- 五，五数（希腊语，拉丁语为 quin/ quinqu/ quinque-/ quinqui-）；phragmus 篱笆，栅栏，隔膜

Pentaphragma sinense 五膜草：sinense = Sina + ense 中国的（地名）；Sina 中国

Pentaphragma spicatum 直序五膜草：spicatus 具穗的，具穗状花的，具尖头的；spicus 穗，谷穗，花穗；-atus/ -atum/ -ata 属于，相似，具有，完成（形容词词尾）

Pentaphylacaceae 五列木科（45-1：p135）：Pentaphylax 五列木属；-aceae（分类单位科的词尾，为 -aceus 的阴性复数主格形式，加到模式属的名称后或同义词的词干后以组成族群名称）

Pentaphylax 五列木属（五列木科）（45-1：p136）：penta- 五，五数（希腊语，拉丁语为 quin/ quinqu/ quinque-/ quinqui-）；phylax 战车遮板，护盖，卫士

Pentaphylax euryoides 五列木：Euryo 柃木属（茶科）；-oides/ -oideus/ -oideum/ -oidea/ -odes/ -eidos 像……的，类似……的，呈……状的（名词词尾）

Pentas 五星花属（茜草科）（71-1：p174）：pentas 五

Pentas lanceolata 五星花：lanceolatus = lanceus + olus + atus 小披针形的，小柳叶刀的；lance-/ lancei-/ lanci-/ lanceo-/ lanc- ← lanceus 披针形的，矛形的，尖刀状的，柳叶刀状的；-olus ← -ulus 小，稍微，略微（-ulus 在字母 e 或 i 之后变成 -olus/ -ellus/ -illus）；-atus/ -atum/ -ata 属于，相似，具有，完成（形容词尾）

Pentasacme 石萝藦属（藦 mó）（萝藦科）（63：p414）：penta- 五，五数（希腊语，拉丁语为 quin/ quinqu/ quinque-/ quinqui-）；acme ← akme 顶点，尖锐的，边缘（希腊语）

Pentasacme championii 石萝藦：championii ← John George Champion（人名，19 世纪英国植物学家，研究东亚植物）

Pentastelma 白水藤属（萝藦科）（63：p392）：pentastelma 五角状柱头的；penta- 五，五数（希腊语，拉丁语为 quin/ quinqu/ quinque-/ quinqui-）；stelma 支柱，花柱，柱头

Pentastelma auritum 白水藤：auritus 耳朵的，耳状的

Penthorum 扯根菜属（虎耳草科）（34-2：p2）：penthorum 五柱的（指五角状喙）；penta- 五，五数（希腊语，拉丁语为 quin/ quinqu/ quinque-/ quinqui-）；horum ← horos 柱，标准，特征

Penthorum chinense 扯根菜：chinense 中国的（地名）

Peperomia 草胡椒属（胡椒科）（20-1：p70）：peperomia 胡椒，像胡椒的（希腊语）；peperi 胡椒；omia ← homoios 类似

Peperomia cavaleriei 硬毛草胡椒：cavaleriei ← Pierre Julien Cavalerie（人名，20 世纪法国传教士）；-i 表示人名，接在以元音字母结尾的人名后面，但 -a 除外

Peperomia dindygulensis 石蝉草：dindygulensis（地名）

Peperomia duclouxii 短穗草胡椒：duclouxii（人名）；-ii 表示人名，接在以辅音字母结尾的人名后面，但 -er 除外

Peperomia formosana （台湾草胡椒）：formosanus = formosus + anus 美丽的，台湾的；formosus ← formosa 美丽的，台湾的（葡萄牙殖民者发现台湾时对其的称呼，即美丽的岛屿）；-anus/ -anum/ -ana 属于，来自（形容词词尾）

Peperomia heyneana 蒙自草胡椒：heyneana（人名）

Peperomia laticaulis （粗茎草胡椒）：lati-/ late- ← latus 宽的，宽广的；caulis ← caulos 茎，茎秆，主茎

Peperomia leptostachya var. cambodiana 柬埔寨草胡椒（埔 pǔ）：leptostachyus 细长总状花序的，细长花穗的；leptus ← leptos 细的，薄的，瘦小的，狭长的；stachy-/ stachyo-/ -stachys/ -stachyus/ -stachyum/ -stachya 穗子，穗子的，穗子状的，穗状花序的；Leptostachya 纤穗爵床属（爵床科）；cambodiana 柬埔寨的（地名）

Peperomia nakaharai 山草椒：nakaharai ← Gonji Nakahara 中原（人名，日本植物学家）；-i 表示人名，接在以元音字母结尾的人名后面，但 -a 除外，故该词改为 "nakaharaiana" 或 "nakaharae" 似更妥

Peperomia pellucida 草胡椒：pellucidus/ perlucidus = per + lucidus 透明的，透光的，极透明的；per-（在 l 前面音变为 pel-）极，很，颇，甚，非常，完全，通过，遍及（表示效果加强，与 sub- 互为反义词）；lucidus ← lucis ← lux 发光的，光辉的，清晰的，发亮的，荣耀的（lux 的单数所有格为 lucis，词尾为 -is 和 -ys 的词的词干分别视为 -id 和 -yd）

Peperomia rubrivenosa （红脉草胡椒）：rubr-/ rubri-/ rubro- ← rubrus 红色；venosus 细脉的，细脉明显的，分枝脉的；venus 脉，叶脉，血脉，血管；-osus/ -osum/ -osa 多的，充分的，丰富的，显著发育的，程度高的，特征明显的（形容词词尾）

Peperomia tetraphylla 豆瓣绿：tetra-/ tetr- 四，四数（希腊语，拉丁语为 quadri-/ quadr-）；phyllus/ phyllum/ phylla ← phyllon 叶片（用于希腊语复合词）

Peperomia tetraphylla var. sinensis 毛叶豆瓣绿：sinensis = Sina + ensis 中国的（地名）；Sina 中国

Peplis 荸艾属（荸 bí）（千屈菜科）（52-2：p78）：peplis 荸艾（古拉丁名）

Peplis alternifolia 荸艾：alternus 互生，交互，交替；folius/ folium/ folia 叶，叶片（用于复合词）

Peracarpa 袋果草属（桔梗科）（73-2：p142）：pera- 袋，囊；carpus/ carpum/ carpa/ carpon ← carpos

P

果实（用于希腊语复合词）

Peracarpa carnosa 袋果草：carnosus 肉质的；carne 肉；-osus/ -osum/ -osa 多的，充分的，丰富的，显著发育的，程度高的，特征明显的（形容词词尾）

Peranema 柄盖蕨属（球盖蕨科）（4-2：p216）：pernama 囊柄的（指孢子囊具柄）；pera- 袋，囊；nemus/ nema 密林，丛林，树丛（常用来比喻密集成丛的纤细物，如花丝、果柄等）

Peranema cyatheoides 柄盖蕨：Cyathea 桫椤属（桫椤科）（Alsiohila），杯状的；-oides/ -oideus/ -oideum/ -oidea/ -odes/ -eidos 像……的，类似……的，呈……状的（名词词尾）；cyath- 杯，杯状的

Peranema cyatheoides var. cyatheoides 柄盖蕨-原变种（词义见上面解释）

Peranema cyatheoides var. luzonicum 东亚柄盖蕨：luzonicum ← Luzon 吕宋岛的（地名，菲律宾）

Peranemaceae 球盖蕨科（4-2：p216）：Peranema 柄盖蕨属；-aceae（分类单位科的词尾，为 -aceus 的阴性复数主格形式，加到模式属的名称后或同义词的词干后以组成族群名称）

Pereskia 木麒麟属（仙人掌科）（52-1：p273）：pereskia ← Nicolas Fabre de Peiresc（人名，16 世纪法国植物学家）

Pereskia aculeata 木麒麟：aculeatus 有刺的，有针的；aculeus 皮刺；-atus/ -atum/ -ata 属于，相似，具有，完成（形容词词尾）

Pericallis 瓜叶菊属（菊科）（77-1：p326）：pericallis 非常美丽的；per-（在 l 前面音变为 pel-）极，很，颇，甚，非常，完全，通过，遍及（表示效果加强，与 sub- 互为反义词）；callis ← callos ← kallos 美丽的（希腊语）；peri-/ per- 周围的，缠绕的（与拉丁语 circum- 意思相同）

Pericallis hybrida 瓜叶菊：hybridus 杂种的

Pericampylus 细圆藤属（防己科）（30-1：p27）：peri-/ per- 周围的，缠绕的（与拉丁语 circum- 意思相同）；campylos 弯弓的，弯曲的，曲折的

Pericampylus glaucus 细圆藤：glaucus → glauco-/ glauc- 被白粉的，发白的，灰绿色的

Perilepta 耳叶马蓝属（爵床科）（70：p115）：peri-/ per- 周围的，缠绕的（与拉丁语 circum- 意思相同）；leptus ← leptos 细的，薄的，瘦小的，狭长的；lept-/ lepto- 细的，薄的，瘦小的，狭长的

Perilepta auriculata 耳叶马蓝：auriculatus 耳形的，具小耳的（基部有两个小圆片）；auriculus 小耳朵的，小耳状的；auritus 耳朵的，耳状的；-culus/ -culum/ -cula 小的，略微的，稍微的（同第三变格法和第四变格法名词形成复合词）；-atus/ -atum/ -ata 属于，相似，具有，完成（形容词词尾）

Perilepta dyeriana 红背耳叶马蓝：dyeriana ← William Turner Thiselton-Dyer（人名，19 世纪初英国植物学家）

Perilepta edgeworthiana 墨江耳叶马蓝：edgeworthiana ← Michael Pakenham Edgeworth（人名，19 世纪英国植物学家）

Perilepta ferruginea 锈背耳叶马蓝：ferrugineus 铁锈的，淡棕色的；ferrugo = ferrus + ugo 铁锈（ferrugo 的词干为 ferrugin-）；词尾为 -go 的词其词

干末尾视为 -gin；ferreus → ferr- 铁，铁的，铁色的，坚硬如铁的；-eus/ -eum/ -ea（接拉丁语词干时）属于……的，色如……的，质如……的（表示原料、颜色或品质的相似），（接希腊语词干时）属于……的，以……出名，为……所占有（表示具有某种特性）

Perilepta longgangensis 弄岗耳叶马蓝（弄 lòng）：longgangensis 弄岗的（地名，广西壮族自治区，有时错印为"弄岗"）

Perilepta longzhouensis 龙州耳叶马蓝：longzhouensis 龙州的（地名，广西壮族自治区）

Perilepta refracta 折苞耳叶马蓝：refractus 骤折的，倒折的，反折的；re- 返回，相反，再次，重复，向后，回头；fractus 背折的，弯曲的

Perilepta retusa 凹苞耳叶马蓝：retusus 微凹的

Perilepta siamensis 泰国耳叶马蓝：siamensis 暹罗的（地名，泰国古称）（暹 xiān）

Perilla 紫苏属（唇形科）（66：p282）：perilla 紫苏（印度土名）

Perilla frutescens 紫苏：frutescens = frutex + escens 变成灌木状的，略呈灌木状的；frutex 灌木；-escens/ -ascens 改变，转变，变成，略微，带有，接近，相似，大致，稍微（表示变化的趋势，并未完全相似或相同，有别于表示达到完成状态的 -atus）

Perilla frutescens var. acuta 野生紫苏：acutus 尖锐的，锐角的

Perilla frutescens var. auriculato-dentata 紫苏-耳齿变种：auriculato- ← auriculatus 具小耳的（基部有两个小圆片）；dentatus = dentus + atus 牙齿的，齿状的，具齿的；dentus 齿，牙齿；-atus/ -atum/ -ata 属于，相似，具有，完成（形容词词尾）

Perilla frutescens var. crispa 回回苏：crispus 收缩的，褶皱的，波纹的（如花瓣周围的波浪状褶皱）

Perilla frutescens var. frutescens 紫苏-原变种（词义见上面解释）

Periploca 杠柳属（萝藦科）（63：p272）：peri-/ per- 周围的，缠绕的（与拉丁语 circum- 意思相同）；plocus 卷发

Periploca calophylla 青蛇藤：call-/ calli-/ callo-/ cala-/ calo- ← calos/ callos 美丽的；phyllus/ phyllum/ phylla ← phyllon 叶片（用于希腊语复合词）

Periploca floribunda 多花青蛇藤：floribundus = florus + bundus 多花的，繁花的，花正盛开的；florus/ florum/ flora ← flos 花（用于复合词）；-bundus/ -bunda/ -bundum 正在做，正在进行（类似于现在分词），充满，盛行

Periploca forrestii 黑龙骨：forrestii ← George Forrest（人名，1873–1932，英国植物学家，曾在中国西部采集大量植物标本）

Periploca sepium 杠柳：sepium 篱笆的，栅栏的

Peripterygium 心翼果属（茶茱萸科）（46：p63）：peri-/ per- 周围的，缠绕的（与拉丁语 circum- 意思相同）；pterygius = pteryx + ius 具翅的，具翼的；pteris ← pteryx 翅，翼，蕨类（希腊语）；-ius/ -ium/ -ia 具有……特性的（表示有关、关联、相似）

Peripterygium platycarpum 大心翼果：platycarpus 大果的，宽果的；platys 大的，宽的（用于希腊语复合词）；carpus/ carpum/ carpa/

carpon ← carpos 果实（用于希腊语复合词）

Peripterygium quinquelobum 心翼果：
quinquelobus 五裂的；quin-/ quinqu-/ quinque-/
quinqui- 五，五数（希腊语为 penta-）；lobus/
lobos/ lobon 浅裂，耳片（裂片先端钝圆），荚果，
蒴果

Peristrophe 观音草属（爵床科）（70；p240）：
peristrophe 周围扭曲的（指花冠扭转）；peri-/ per-
周围的，缠绕的（与拉丁语 circum- 意思相同）；
strophe ← strophos 拧劲的，麻花状的

Peristrophe baphica 观音草：baphicus 染色的，颜
色的，染料的；baphus 染色，颜色，染料；-icus/
-icum/ -ica 属于，具有某种特性（常用于地名、起
源、生境）

Peristrophe bicalyculata 双萼观音草：bi-/ bis- 二，
二数，二回（希腊语为 di-）；calyculatus = calyx +
ulus + atus 有小萼片的；calyx → calyc- 萼片（用
于希腊语复合词）；构词规则：以 -ix/ -iex 结尾的词
其词干末尾视为 -ic，以 -ex 结尾视为 -i/ -ic，其他
以 -x 结尾视为 -c

Peristrophe fera 野山蓝：ferus 野生的（独立使用的
"ferus" 与作词尾用的 "ferus" 意思不同）；-ferus/
-ferum/ -fera/ -fero/ -fere/ -fer 有，具有，产

Peristrophe fera var. fera 野山蓝-原变种（词义
见上面解释）

Peristrophe fera var. intermedia 大叶观音草：
intermedius 中间的，中位的，中等的；inter- 中间
的，在中间，之间；medius 中间的，中央的

Peristrophe floribunda 海南山蓝：floribundus =
florus + bundus 多花的，繁花的，花正盛开的；
florus/ florum/ flora ← flos 花（用于复合词）；
-bundus/ -bunda/ -bundum 正在做，正在进行（类
似于现在分词），充满，盛行

Peristrophe guangxiensis 广西山蓝：guangxiensis
广西的（地名）

Peristrophe japonica 九头狮子草：japonica 日本
的（地名）；-icus/ -icum/ -ica 属于，具有某种特性
（常用于地名、起源、生境）

Peristrophe lanceolaria 五指山蓝：lanceolarius/
lanceolatus 披针形的，锐尖的；lance-/ lancei-/
lanci-/ lanceo-/ lanc- ← lanceus 披针形的，矛形的，
尖刀状的，柳叶刀状的；-olus ← -ulus 小，稍微，
略微（-ulus 在字母 e 或 i 之后变成 -olus/ -ellus/
-illus）；-arius/ -arium/ -aria 相似，属于（表示地
点，场所，关系，所属）

Peristrophe montana 岩观音草：montanus 山，山
地；montis 山，山地的；mons 山，山脉，岩石

Peristrophe strigosa 糙叶山蓝：strigosus =
striga + osus 鬃毛的，刷毛的；striga → strig- 条纹
的，网纹的（如种子具网纹），糙伏毛的；-osus/
-osum/ -osa 多的，充分的，丰富的，显著发育的，
程度高的，特征明显的（形容词词尾）

Peristrophe tianmuensis 天目山蓝：tianmuensis
天目山的（地名，浙江省）

Peristrophe yunnanensis 滇观音草：yunnanensis
云南的（地名）

Peristylus 阔蕊兰属（兰科）（17；p398）：peri-/ per-
周围的，缠绕的（与拉丁语 circum- 意思相同）；

stylus/ stylis ← stylos 柱，花柱

Peristylus affinis 小花阔蕊兰：affinis = ad + finis
酷似的，近似的，有联系的；ad- 向，到，近（拉丁
语词首，表示程度加强）；构词规则：构成复合词时，
词首末尾的辅音字母常同化为紧接其后的那个辅音
字母（如 ad + f → aff）；finis 界限，境界；affin- 相
似，近似，相关

Peristylus bulleyi 条叶阔蕊兰：bulleyi（人名）；-i
表示人名，接在以元音字母结尾的人名后面，但 -a
除外

Peristylus calcaratus 长须阔蕊兰：calcaratus =
calcar + atus 距的，有距的；calcar- ← calcar 距，
花萼或花瓣生蜜源的距，短枝（结果枝）（距：雄鸡、
雉等的腿的后面突出像脚趾的部分）；-atus/ -atum/
-ata 属于，相似，具有，完成（形容词词尾）

Peristylus coeloceras 凸孔阔蕊兰：coelo- ← koilos
空心的，中空的，鼓肚的（希腊语）；caelum/
coelum 天空，天上，云端，最高处；-ceras/ -ceros/
cerato- ← keras 犄角，兽角，角状突起（希腊语）

Peristylus constrictus 大花阔蕊兰：constrictus 压
缩的，缢痕的；co- 联合，共同，合起来（拉丁语词
首，为 cum- 的音变，表示结合、强化、完全，对应
的希腊语为 syn-）；co- 的缀词音变有 co-/ com-/
con-/ col-/ cor-：co-（在 h 和元音字母前面），col-
（在 l 前面），com-（在 b、m、p 之前），con-（在 c、
d、f、g、j、n、qu、s、t 和 v 前面），cor-（在 r 前
面）；strictus 直立的，硬直的，笔直的，彼此靠拢的

Peristylus densus 狭穗阔蕊兰：densus 密集的，
繁茂的

Peristylus elisabethae 西藏阔蕊兰：elisabethae ←
Elisabeth Locke Besse 伊丽莎白（人名）

Peristylus fallax 盘腺阔蕊兰：fallax 假的，迷惑的

Peristylus flagellifer 鞭须阔蕊兰：flagellus/ flagrus
鞭子的，匍匐枝的；-ferus/ -ferum/ -fera/ -fero/
-fere/ -fer 有，具有，产（区别：作独立词使用的
ferus 意思是"野生的"）

Peristylus forceps 一掌参（参 shēn）：forceps 镊子，
钳子

Peristylus formosanus 台湾阔蕊兰：formosanus =
formosus + anus 美丽的，台湾的；formosus ←
formosa 美丽的，台湾的（葡萄牙殖民者发现台湾时
对其的称呼，即美丽的岛屿）；-anus/ -anum/ -ana
属于，来自（形容词词尾）

Peristylus forrestii 条唇阔蕊兰：forrestii ← George
Forrest（人名，1873–1932，英国植物学家，曾在中
国西部采集大量植物标本）

Peristylus goodyeroides 阔蕊兰：goodyeroides 像
斑叶兰的；Goodyera 斑叶兰属；-oides/ -oideus/
-oideum/ -oidea/ -odes/ -eidos 像……的，类
似……的，呈……状的（名词词尾）

Peristylus humidicolus 湿生阔蕊兰：humidus 湿
的，湿地的；colus ← colo 分布于，居住于，栖居，
殖民（常作词尾）；colo/ colere/ colui/ cultum 居
住，耕作，栽培

Peristylus jinchuanicus 金川阔蕊兰：jinchuanicus
金川的（地名，四川省）；-icus/ -icum/ -ica 属于，
具有某种特性（常用于地名、起源、生境）

Peristylus lacertiferus 撕唇阔蕊兰：lacertiferus

（根据形态描述及中文名中的"撕"字，该种加词印刷有误，应为"laceriferus"或"laceratiferus"，但前者更合适）；lacertiferus = lacertus + ferus 具强壮特征的（指茎粗壮）；lacerti- ← lacertus/ lacertosus 强壮的（注意 lacerti- 容易与 laceri-/ lacerati- 混淆）；laceriferus = lacerus + ferus 撕裂装裂片的，不整齐裂的；laceratiferus = lacerus + atus + ferus 具撕裂状裂片的，具不整齐裂的；lacerus 撕裂状的，不整齐裂的；-ferus/ -ferum/ -fera/ -fero/ -fere/ -fer 有，具有，产（区别：作独立词使用的 ferus 意思是"野生的"）

Peristylus longiracemus 长穗阔蕊兰：longe-/ longi- ← longus 长的，纵向的；racemus 总状的，葡萄串状的

Peristylus mannii 纤茎阔蕊兰：mannii ← Horace Mann Jr.（人名，19 世纪美国博物学家）

Peristylus neotineoides 川西阔蕊兰：neotineoides 像斑鸭兰的；Neotinea 斑鸭兰属（兰科）；neotinea（人名）；-oides/ -oideus/ -oideum/ -oidea/ -odes/ -eidos 像……的，类似……的，呈……状的（名词词尾）

Peristylus parishii 滇桂阔蕊兰：parishii ← Parish（人名，发现很多兰科植物）

Peristylus spiranthiformis （旋花阔蕊兰）：spiranthus = spira + anthus 螺旋花的，形如绶草的；Spiranthus 绶草属；spiro-/ spiri-/ spir- ← spira ← speira 螺旋，缠绕（希腊语）；anthes ← anthos 花；formis/ forma 形状

Peristylus tentaculatus 触须阔蕊兰：tentaculatus 触角状的，尖凸的，具卷须的，敏感腺毛的；tentaculum 敏感腺毛；tentus/ tensus/ tendo 伸长，拉长，撑开，张开；-culus/ -culum/ -cula 小的，略微的，稍微的（同第三变格法和第四变格法名词形成复合词）

Perotis 茅根属（禾本科）（10-1：p121）：perotis = peros + otis 切除耳朵；peros 切除；-otis/ -otites/ -otus/ -otion/ -oticus/ -otos/ -ous 耳，耳朵

Perotis hordeiformis 麦穗茅根：Hordeum 大麦属（禾本科）；formis/ forma 形状

Perotis indica 茅根：indica 印度的（地名）；-icus/ -icum/ -ica 属于，具有某种特性（常用于地名、起源、生境）

Perotis macrantha 大花茅根：macro-/ macr- ← macros 大的，宏观的（用于希腊语复合词）；anthus/ anthum/ antha/ anthe ← anthos 花（用于希腊语复合词）

Perovskia 分药花属（唇形科）（66：p199）：perovskia ← L. A. Perovski（人名，1793–1856，俄国植物学家）

Perovskia abrotanoides 分药花：abrotanoides 像南木蒿的；abrotani ← Artemesia abrotanum 南木蒿（菊科蒿属一种）；-oides/ -oideus/ -oideum/ -oidea/ -odes/ -eidos 像……的，类似……的，呈……状的（名词词尾）

Perovskia atriplicifolia 滨藜叶分药花：Atriplex 滨藜属（藜科）；folius/ folium/ folia 叶，叶片（用于复合词）；构词规则：以 -ix/ -iex 结尾的词其词干末尾视为 -ic，以 -ex 结尾视为 -i/ -ic，其他以 -x 结尾

视为 -c

Perrottetia 核子木属（卫矛科）（45-3：p184）：perrottetia ← G. S. Perrottet（法国人名）

Perrottetia arisanensis 台湾核子木：arisanensis 阿里山的（地名，属台湾省）

Perrottetia macrocarpa 大果核子木：macro-/ macr- ← macros 大的，宏观的（用于希腊语复合词）；carpus/ carpum/ carpa/ carpon ← carpos 果实（用于希腊语复合词）

Perrottetia racemosa 核子木：racemosus = racemus + osus 总状花序的；racemus/ raceme 总状花序，葡萄串状的；-osus/ -osum/ -osa 多的，充分的，丰富的，显著发育的，程度高的，特征明显的（形容词词尾）

Persea 鳄梨属（樟科）（31：p4）：persea（鳄梨属一种植物名）；Perseus 珀尔修斯（希腊神话中英雄）

Persea americana 鳄梨：americana 美洲的（地名）

Pertusadina 槽裂木属（茜草科）（71-1：p272）：pertusus 有孔洞的，有孔隙的，多孔的；Adina 水团花属

Pertusadina hainanensis 海南槽裂木：hainanensis 海南的（地名）

Pertya 帚菊属（菊科）（79：p3）：pertya ← Joseph Anton Maximilian Perty（人名，1800–1884，瑞士植物学家）

Pertya angustifolia 狭叶帚菊：angusti- ← angustus 窄的，狭的，细的；folius/ folium/ folia 叶，叶片（用于复合词）

Pertya berberidoides 异叶帚菊：berberidoides = Berberis + oides 像小檗的；构词规则：词尾为 -is 和 -ys 的词的词干分别视为 -id 和 -yd；Berberis 小檗属（小檗科）；-oides/ -oideus/ -oideum/ -oidea/ -odes/ -eidos 像……的，类似……的，呈……状的（名词词尾）

Pertya bodinieri 昆明帚菊：bodinieri ← Emile Marie Bodinieri（人名，19 世纪活动于中国的法国传教士）；-eri 表示人名，在以 -er 结尾的人名后面加上 i 形成

Pertya cordifolia 心叶帚菊：cordi- ← cordis/ cor 心脏的，心形的；folius/ folium/ folia 叶，叶片（用于复合词）

Pertya corymbosa 疏花帚菊：corymbosus = corymbus + osus 伞房花序的；corymbus 伞形的，伞状的；-osus/ -osum/ -osa 多的，充分的，丰富的，显著发育的，程度高的，特征明显的（形容词词尾）

Pertya desmocephala 聚头帚菊：desmo-/ desma- 束，束状的，带状的，链子；cephalus/ cephale ← cephalos 头，头状花序

Pertya discolor 两色帚菊：discolor 异色的，不同色的（指花瓣花萼等）；di-/ dis- 二，二数，二分，分离，不同，在……之间，从……分开（希腊语，拉丁语为 bi-/ bis-）；color 颜色

Pertya discolor var. calvescens 同色帚菊：calvescens 变光秃的，几乎无毛的；calvus 光秃的，无毛的，无芒的，裸露的；-escens/ -ascens 改变，转变，变成，略微，带有，接近，相似，大致，稍微（表示变化的趋势，并未完全相似或相同，有别于表示达到完成状态的 -atus）

P

Pertya discolor var. discolor 两色帚菊-原变种（词义见上面解释）

Pertya glabrescens 长花帚菊：glabrus 光秃的，无毛的，光滑的；-escens/ -ascens 改变，转变，变成，略微，带有，接近，相似，大致，稍微（表示变化的趋势，并未完全相似或相同，有别于表示达到完成状态的 -atus）

Pertya henanensis 瓜叶帚菊：henanensis 河南的（地名）

Pertya monocephala 单头帚菊：mono-/ mon- ← monos 一个，单一的（希腊语，拉丁语为 unus/ uni-/ uno-）；cephalus/ cephale ← cephalos 头，头状花序

Pertya phylicoides 针叶帚菊：phylicoides 像 Phylica 的；Phylica 石南茶属（鼠李科）；-oides/ -oideus/ -oideum/ -oidea/ -odes/ -eidos 像……的，类似……的，呈……状的（名词词尾）

Pertya pubescens 腺叶帚菊：pubescens ← pubens 被短柔毛的，长出柔毛的；pubi- ← pubis 细柔毛的，短柔毛的，毛被的；pubesco/ pubescere 长成的，变为成熟的，长出柔毛的，青春期体毛的；-escens/ -ascens 改变，转变，变成，略微，带有，接近，相似，大致，稍微（表示变化的趋势，并未完全相似或相同，有别于表示达到完成状态的 -atus）

Pertya pungens 尖苞帚菊：pungens 硬尖的，针刺的，针刺般的，辛辣的；pungo/ pupugi/ punctum 扎，刺，使痛苦

Pertya shimozawai 台湾帚菊：shimozawai 岛泽（日本人名）

Pertya sinensis 华帚菊：sinensis = Sina + ensis 中国的（地名）；Sina 中国

Pertya tsoongiana 巫山帚菊：tsoongiana ← K. K. Tsoong 钟观光（人名，1868–1940，中国植物学家，北京大学教授，最先用科学方法广泛研究植物分类学，近代中国最早采集植物标本的学者，也是近代植物学的开拓者）

Pertya uniflora 单花帚菊：uni-/ uno- ← unus/ unum/ una 一，单一（希腊语为 mono-/ mon-）；florus/ florum/ flora ← flos 花（用于复合词）

Petasites 蜂斗菜属（斗 dǒu）（菊科）（77-1：p94）：petasites 蜂斗菜（希腊语名）

Petasites formosanus 台湾蜂斗菜：formosanus = formosus + anus 美丽的，台湾的；formosus ← formosa 美丽的，台湾的（葡萄牙殖民者发现台湾时对其的称呼，即美丽的岛屿）；-anus/ -anum/ -ana 属于，来自（形容词词尾）

Petasites japonicus 蜂斗菜：japonicus 日本的（地名）；-icus/ -icum/ -ica 属于，具有某种特性（常用于地名、起源、生境）

Petasites rubellus 长白蜂斗菜：rubellus = rubus + ellus 稍带红色的，带红色的；rubrus/ rubrum/ rubra/ ruber 红色的；-ellus/ -ellum/ -ella ← -ulus 小的，略微的，稍微的（小词 -ulus 在字母 e 或 i 之后有多种变缀，即 -olus/ -olum/ -ola、-ellus/ -ellum/ -ella、-illus/ -illum/ -illa，用于第一变格法名词）

Petasites tatewakianus 掌叶蜂斗菜：tatewakianus 馆胁（日本人名）

Petasites tricholobus 毛裂蜂斗菜：tricholobus 毛裂片的，毛荚的；trich-/ tricho-/ tricha- ← trichos ← thrix 毛，多毛的，线状的，丝状的；lobus/ lobos/ lobon 浅裂，耳片（裂片先端钝圆），荚果，蒴果

Petasites versipilus 盐源蜂斗菜：versipilus 带毛的，出毛的；versi- ← versus 向，向着（表示朝向或变化趋势）；pilus 毛，疏柔毛

Petitmenginia 钟山草属（玄参科）（67-2：p343）：petitmenginia（人名）

Petitmenginia matsumurae 钟山草：matsumurae ← Jinzo Matsumura 松村任三（人名，20 世纪初日本植物学家）

Petrea 蓝花藤属（马鞭草科）（65-1：p21）：petrea ← Lord Robert James Petre（人名，1713–1743，英国植物爱好者）

Petrea volubilis 蓝花藤：volubilis 拧劲的，缠绕的；-ans/ -ens -bilis/ -ilis 能够，可能（为形容词词尾，-ans/ -ens 用于主动语态，-bilis/ -ilis 用于被动语态）

Petrocodon 石山苣苔属（苦苣苔科）（69：p418）：petra← petros 石头，岩石，岩石地带（指生境）；codon 钟，吊钟形的

Petrocodon ainsliifolius 兔儿风叶石山苣苔：ainsliifolius 兔儿风叶的；Ainsliaea 兔儿风属（菊科）；folius/ folium/ folia 叶，叶片（用于复合词）

Petrocodon dealbatus 石山苣苔：dealbatus 变白的，刷白的（在较深的底色上略有白色，非纯白）；de- 向下，向外，从……，脱离，脱落，离开，去掉；albatus = albus + atus 发白的；albus → albi-/ albo- 白色的

Petrocodon dealbatus var. dealbatus 石山苣苔-原变种（词义见上面解释）

Petrocodon dealbatus var. denticulatus 齿缘石山苣苔：denticulatus = dentus + culus + atus 具细齿的，具齿的；dentus 齿，牙齿；-culus/ -culum/ -cula 小的，略微的，稍微的（同第三变格法和第四变格法名词形成复合词）；-atus/ -atum/ -ata 属于，相似，具有，完成（形容词词尾）

Petrocodon ionophyllus 紫叶石山苣苔：ionophyllus = iono + phyllus 紫叶的；io-/ ion-/ iono- 紫色，堇菜色，紫罗兰色；phyllus/ phyllum/ phylla ← phyllon 叶片（用于希腊语复合词）

Petrocodon jiangxiensis 江西石山苣苔：jiangxiensis 江西的（地名）

Petrocodon lithophilus 岩生石山苣苔：lithos 石头，岩石；philus/ philein ← philos → phil-/ phili/ philo- 喜好的，爱好的，喜欢的（注意区别形近词 phylus、phyllus）；phylus/ phylum/ phyla ← phylon/ phyle 植物分类单位中的"门"，位于"界"和"纲"之间，类群，种族，部落，聚群；phyllus/ phyllum/ phylla ← phyllon 叶片（用于希腊语复合词）

Petrocodon longitubus 长筒石山苣苔：longe-/ longi- ← longus 长的，纵向的；tubus 管子的，管状的，筒状的

Petrocodon rubiginosus 锈梗石山苣苔：rubiginosus/ robiginosus 锈色的，锈红色的，红褐色的；robigo 锈（词干为 rubigin-）；词尾为 -go 的

词其词干末尾视为 -gin；-osus/ -osum/ -osa 多的，充分的，丰富的，显著发育的，程度高的，特征明显的（形容词词尾）

Petrocodon viridescens 长毛石山苣苔：viridescens 变绿的，发绿的，淡绿色的；viridi-/ virid- ← viridus 绿色的；-escens/ -ascens 改变，转变，变成，略微，带有，接近，相似，大致，稍微（表示变化的趋势，并未完全相似或相同，有别于表示达到完成状态的 -atus）

Petrocodon wenshanensis 文山石山苣苔：wenshanensis 文山的（地名，云南省）

Petrocodorn chongqingensis 重庆石山苣苔：chongqingensis 重庆的（地名）

Petrocosmea 石蝴蝶属（苦苣苔科）（69：p305）：petrocosmea 岩石上的装饰（指生于岩石上）；petra← petros 石头，岩石，岩石地带（指生境）；cosmea ← cosmos 装饰的

Petrocosmea barbata 髯毛石蝴蝶（髯 rǎn）：barbatus = barba + atus 具胡须的，具须毛的；barba 胡须，髯毛，绒毛；-atus/ -atum/ -ata 属于，相似，具有，完成（形容词词尾）

Petrocosmea begoniifolia 秋海棠叶石蝴蝶：begoniifolia 秋海棠叶的；缀词规则：以属名作复合词时原词尾变形后的 i 要保留；Begonia 秋海棠属（秋海棠科）；folius/ folium/ folia 叶，叶片（用于复合词）

Petrocosmea cavaleriei 贵州石蝴蝶：cavaleriei ← Pierre Julien Cavalerie（人名，20 世纪法国传教士）；-i 表示人名，接在以元音字母结尾的人名后面，但 -a 除外

Petrocosmea coerulea 蓝石蝴蝶：caeruleus/ coeruleus 深蓝色的，海洋蓝的，青色的，暗绿色的；caerulus/ coerulus 深蓝色，海洋蓝，青色，暗绿色；-eus/ -eum/ -ea（接拉丁语词干时）属于……的，色如……的，质如……的（表示原料、颜色或品质的相似），（接希腊语词干时）属于……的，以……出名，为……所占有（表示具有某种特性）

Petrocosmea confluens 汇药石蝴蝶：confluens 汇合的，混合成一的

Petrocosmea duclouxii 石蝴蝶：duclouxii（人名）；-ii 表示人名，接在以辅音字母结尾的人名后面，但 -er 除外

Petrocosmea flaccida 萎软石蝴蝶：flaccidus 柔软的，软乎乎的，软绵绵的；flaccus 柔弱的，软垂的；-idus/ -idum/ -ida 表示在进行中的动作或情况，作动词、名词或形容词的词尾

Petrocosmea forrestii 大理石蝴蝶：forrestii ← George Forrest（人名，1873–1932，英国植物学家，曾在中国西部采集大量植物标本）

Petrocosmea grandiflora 大花石蝴蝶：grandi- ← grandis 大的；florus/ florum/ flora ← flos 花（用于复合词）

Petrocosmea grandifolia 大叶石蝴蝶：grandi- ← grandis 大的；folius/ folium/ folia 叶，叶片（用于复合词）

Petrocosmea iodioides 蒙自石蝴蝶：iodioides 像微花藤的，近紫色的；Iodes 微花藤属（茶茱萸科）；iodes 蓝紫色的，紫堇色的；-oides/ -oideus/

-oideum/ -oidea/ -odes/ -eidos 像……的，类似……的，呈……状的（名词词尾）

Petrocosmea kerrii 滇泰石蝴蝶：kerrii ← Arthur Francis George Kerr 或 William Kerr（人名）

Petrocosmea kerrii var. crinita 绵毛石蝴蝶：crinitus 被长毛的；crinis 头发，彗星尾的，长而软的簇生毛发

Petrocosmea kerrii var. kerrii 滇泰石蝴蝶-原变种（词义见上面解释）

Petrocosmea longipedicellata 长梗石蝴蝶：longe-/ longi- ← longus 长的，纵向的；pedicellatus = pedicellus + atus 具小花柄的；pedicellus = pes + cellus 小花梗，小花柄（不同于花序柄）；pes/ pedis 柄，梗，茎秆，腿，足，爪（作词首或词尾，pes 的词干视为 "ped-"）；-cellus/ -cellum/ -cella、-cillus/ -cillum/ -cilla 小的，略微的，稍微的（与任何变格法名词形成复合词）；关联词：pedunculus 花序柄，总花梗（花序基部无花着生部分）；-atus/ -atum/ -ata 属于，相似，具有，完成（形容词词尾）

Petrocosmea mairei 东川石蝴蝶：mairei（人名）；Edouard Ernest Maire（人名，19 世纪活动于中国云南的传教士）；Rene C. J. E. Maire 人名（20 世纪阿尔及利亚植物学家，研究北非植物）；-i 表示人名，接在以元音字母结尾的人名后面，但 -a 除外

Petrocosmea mairei var. intraglabra 会东石蝴蝶：intra-/ intro-/ endo-/ end- 内部，内侧；反义词：exo- 外部，外侧；glabrus 光秃的，无毛的，光滑的

Petrocosmea mairei var. mairei 东川石蝴蝶-原变种（词义见上面解释）

Petrocosmea martinii 滇黔石蝴蝶：martinii ← Raymond Martin（人名，19 世纪美国仙人掌植物采集员）

Petrocosmea martinii var. leiandra 光蕊滇黔石蝴蝶：lei-/ leio-/ lio- ← leius ← leios 光滑的，平滑的；andrus/ andros/ antherus ← aner 雄蕊，花药，雄性

Petrocosmea martinii var. martinii 滇黔石蝴蝶-原变种（词义见上面解释）

Petrocosmea menglianensis 孟连石蝴蝶：menglianensis 孟连的（地名，云南省）

Petrocosmea minor 小石蝴蝶：minor 较小的，更小的

Petrocosmea nanchuanensis 南川石蝴蝶：nanchuanensis 南川的（地名，重庆市）

Petrocosmea nervosa 显脉石蝴蝶：nervosus 多脉的，叶脉明显的；nervus 脉，叶脉；-osus/ -osum/ -osa 多的，充分的，丰富的，显著发育的，程度高的，特征明显的（形容词词尾）

Petrocosmea oblata 扁圆石蝴蝶：oblatus 扁圆形的；ob- 相反，反对，倒（ob- 有多种音变：ob- 在元音字母和大多数辅音字母前面，oc- 在 c 前面，of- 在 f 前面，op- 在 p 前面）；latus 宽的，宽广的

Petrocosmea oblata var. latisepala 宽萼石蝴蝶：lati-/ late- ← latus 宽的，宽广的；sepalus/ sepalum/ sepala 萼片（用于复合词）

Petrocosmea oblata var. oblata 扁圆石蝴蝶-原变种（词义见上面解释）

P

Petrocosmea qinlingensis 秦岭石蝴蝶：qinlingensis 秦岭的（地名，陕西省）

Petrocosmea rhombifolia 菱叶石蝴蝶：rhombus 菱形，纺锤；folius/ folium/ folia 叶，叶片（用于复合词）

Petrocosmea rosettifolia 莲座石蝴蝶：rosetti 莲座状；folius/ folium/ folia 叶，叶片（用于复合词）

Petrocosmea sericea 丝毛石蝴蝶：sericeus 绢丝状的；sericus 绢丝的，绢毛的，赛尔人的（Ser 为印度一民族）；-eus/ -eum/ -ea（接拉丁语词干时）属于……的，色如……的，质如……的（表示原料、颜色或品质的相似），（接希腊语词干时）属于……的，以……出名，为……所占有（表示具有某种特性）

Petrocosmea sichuanensis 四川石蝴蝶：sichuanensis 四川的（地名）

Petrocosmea sinensis 中华石蝴蝶：sinensis = Sina + ensis 中国的（地名）；Sina 中国

Petrocosmea tsaii 蔡氏石蝴蝶：tsaii 蔡希陶（人名，1911–1981，中国植物学家）

Petrocosmea weiyigangii 毅刚石蝴蝶：weiyigangii 韦毅刚（人名，模式标本采集者）

Petrorhagia 膜萼花属（石竹科）（26：p406）：petrorhagia 出自岩石的；petra← petros 石头，岩石，岩石地带（指生境）；rhatia ← rhax 葡萄（指果实形状）

Petrorhagia alpina 直立膜萼花：alpinus = alpus + inus 高山的；alpus 高山；al-/ alti-/ alto- ← altus 高的，高处的；-inus/ -inum/ -ina/ -inos 相近，接近，相似，具有（通常指颜色）；关联词：subalpinus 亚高山的

Petrorhagia saxifraga 膜萼花：saxifraga 击碎岩石的，溶解岩石的（传说虎耳草属植物能溶化结石）；saxum 岩石，结石；frangere 打碎，粉碎；Saxifraga 虎耳草属（虎耳草科）

Petrosavia 无叶莲属（百合科）（14：p12）：petrosavia = petros + Savia 岩石上的姬碟木；petra← petros 石头，岩石，岩石地带（指生境）；Savia 姬碟木属（大戟科 ← 叶下珠科/叶萝藦科 Phyllanthaceae）；注：无叶莲属已独立为无叶莲科 Petrosaviaceae

Petrosavia sakurai 疏花无叶莲：sakurai 佐仓（日本人名）（注：-i 表示人名，接在以元音字母结尾的人名后面，但 -a 除外，故该词尾宜改为"-ae"）

Petrosavia sinii 无叶莲：sinii（人名）；-ii 表示人名，接在以辅音字母结尾的人名后面，但 -er 除外

Petroselinum 欧芹属（伞形科）（55-2：p9）：petra← petros 石头，岩石，岩石地带（指生境）；selinum ← selinon 芹

Petroselinum crispum 欧芹：crispus 收缩的，褶皱的，波纹的（如花瓣周围的波浪状褶皱）

Petrosimonia 叉毛蓬属（叉 chā）（藜科）（25-2：p190）：petra← petros 石头，岩石，岩石地带（指生境）；Simonia（属名）

Petrosimonia glaucescens 灰绿叉毛蓬：glaucescens 变白的，发白的，灰绿的；glauco-/ glauc- ← glaucus 被白粉的，发白的，灰绿色的；-escens/ -ascens 改变，转变，变成，略微，带有，接近，相似，大致，稍微（表示变化的趋势，并未完

全相似或相同，有别于表示达到完成状态的 -atus）

Petrosimonia litwinowii 平卧叉毛蓬：litwinowii（人名）；-ii 表示人名，接在以辅音字母结尾的人名后面，但 -er 除外

Petrosimonia oppositifolia 短苞叉毛蓬：oppositi- ← oppositus = ob + positus 相对的，对生的；ob- 相反，反对，倒（ob- 有多种音变：ob- 在元音字母和大多数辅音字母前面，oc- 在 c 前面，of- 在 f 前面，op- 在 p 前面）；positus 放置，位置；folius/ folium/ folia 叶，叶片（用于复合词）

Petrosimonia sibirica 叉毛蓬：sibirica 西伯利亚的（地名，俄罗斯）；-icus/ -icum/ -ica 属于，具有某种特性（常用于地名、起源、生境）

Petrosimonia squarrosa 粗糙叉毛蓬：squarrosus = squarrus + osus 粗糙的，不平滑的，有凸起的；squarrus 糙的，不平，凸点；-osus/ -osum/ -osa 多的，充分的，丰富的，显著发育的，程度高的，特征明显的（形容词词尾）

Petunia 碧冬茄属（茄 qié）（茄科）（67-1：p154）：petunia ← petum（香烟的巴西土名）

Petunia hybrida 碧冬茄：hybridus 杂种的

Peucedanum 前胡属（伞形科）（55-3：p123）：peucedanum 矮小的松树（指气味似松树）；peuce 松树；danum ← danos 矮的

Peucedanum acaule 会泽前胡：acaulia/ acaulis 无茎的，矮小的；a-/ an- 无，非，没有，缺乏，不具有（an- 用于元音前）（a-/ an- 为希腊语词首，对应的拉丁语词首为 e-/ ex-，相当于英语的 un-/ -less，注意词首 a- 和作为介词的 a/ ab 不同，后者的意思是"从……、由……、关于……、因为……"）；caulia/ caulis 茎，茎秆，主茎

Peucedanum ampliatum 天竺山前胡（竺 zhú）：ampliatus 大的，宽的，膨大的，扩大的

Peucedanum angelicoides 芷叶前胡（芷 zhǐ）：angelicoides 像当归的；Angelica 当归属（伞形科）；-oides/ -oideus/ -oideum/ -oidea/ -odes/ -eidos 像……的，类似……的，呈……状的（名词词尾）

Peucedanum baicalense 兴安前胡：baicalense 贝加尔湖的（地名，俄罗斯）

Peucedanum caespitosum 北京前胡：caespitosus = caespitus + osus 明显成簇的，明显丛生的；caespitus 成簇的，丛生的；-osus/ -osum/ -osa 多的，充分的，丰富的，显著发育的，程度高的，特征明显的（形容词词尾）

Peucedanum delavayi 滇西前胡：delavayi ← P. J. M. Delavay（人名，1834–1895，法国传教士，曾在中国采集植物标本）；-i 表示人名，接在以元音字母结尾的人名后面，但 -a 除外

Peucedanum dielsianum 竹节前胡：dielsianum ← Friedrich Ludwig Emil Diels（人名，20 世纪德国植物学家）

Peucedanum dissolutum 南川前胡：dissolutus 溶解的，消失的；solutus 分离的；di-/ dis- 二，二数，二分，分离，不同，在……之间，从……分开（希腊语，拉丁语为 bi-/ bis-）

Peucedanum diversifolium 林地前胡：diversus 多样的，各种各样的，多方向的；folius/ folium/ folia 叶，叶片（用于复合词）

Peucedanum elegans 刺尖前胡：elegans 优雅的，秀丽的

Peucedanum falcaria 镰叶前胡：falcarius 镰刀形的（指叶形）；falx 镰刀，镰刀形，镰刀状弯曲；-arius/ -arium/ -aria 相似，属于（表示地点，场所，关系，所属）

Peucedanum formosanum 台湾前胡：formosanus = formosus + anus 美丽的，台湾的；formosus ← formosa 美丽的，台湾的（葡萄牙殖民者发现台湾时对其的称呼，即美丽的岛屿）；-anus/ -anum/ -ana 属于，来自（形容词词尾）

Peucedanum guangxiense 广西前胡：guangxiense 广西的（地名）

Peucedanum harry-smithii 华北前胡：harry ← James Harry Veitch（人名，20 世纪英国园艺学家）；smithii ← James Edward Smith（人名，1759–1828，英国植物学家）

Peucedanum harry-smithii var. grande 广序北前胡：grande 大的，大型的，宏大的

Peucedanum harry-smithii var. harry-smithii 华北前胡-原变种（词义见上面解释）

Peucedanum harry-smithii var. subglabrum 少毛北前胡：subglabrus 近无毛的；sub-（表示程度较弱）与……类似，几乎，稍微，弱，亚，之下，下面；glabrus 光秃的，无毛的，光滑的

Peucedanum henryi 鄂西前胡：henryi ← Augustine Henry 或 B. C. Henry（人名，前者，1857–1930，爱尔兰医生、植物学家，曾在中国采集植物，后者，1850–1901，曾活动于中国的传教士）

Peucedanum heterophyllum 异叶前胡：heterophyllus 异型叶的；hete-/ heter-/ hetero- ← heteros 不同的，多样的，不齐的；phyllus/ phyllum/ phylla ← phyllon 叶片（用于希腊语复合词）

Peucedanum japonicum 滨海前胡：japonicum 日本的（地名）；-icus/ -icum/ -ica 属于，具有某种特性（常用于地名、起源、生境）

Peucedanum longshengense 南岭前胡：longshengense 龙胜的（地名，广西壮族自治区）

Peucedanum macilentum 细裂前胡：macilentus 瘦弱的，贫瘠的

Peucedanum mashanense 马山前胡：mashanense 马山的（地名，广西壮族自治区）

Peucedanum medicum 华中前胡：medicus 医疗的，药用的

Peucedanum medicum var. gracile 岩前胡：gracile → gracil- 细长的，纤弱的，丝状的；gracilis 细长的，纤弱的，丝状的

Peucedanum medicum var. medicum 华中前胡-原变种（词义见上面解释）

Peucedanum morisonii 准噶尔前胡（噶 gá）：morisonii ← Robert Morison（人名，17 世纪英国植物学家）

Peucedanum nanum 矮前胡：nanus ← nanos/ nannos 矮小的，小的；nani-/ nano-/ nanno- 矮小的，小的

Peucedanum piliferum 乳头前胡：pilus 毛，疏柔毛；-ferus/ -ferum/ -fera/ -fero/ -fere/ -fer 有，具有，产（区别：作独立词使用的 ferus 意思是"野生的"）

Peucedanum praeruptorum 前胡：praeruptorum 峭壁的，崎岖的（praeruptus 的复数所有格）；prae- 先前的，前面的，在先的，早先的，上面的，很，十分，极其；praeruptus 峭壁的，崎岖的

Peucedanum pricei 蒙古前胡：pricei ← William Price（人名，植物学家）；-i 表示人名，接在以元音字母结尾的人名后面，但 -a 除外

Peucedanum pubescens 毛前胡：pubescens ← pubens 被短柔毛的，长出柔毛的；pubi- ← pubis 细柔毛的，短柔毛的，毛被的；pubesco/ pubescere 长成的，变为成熟的，长出柔毛的，青春期体毛的；-escens/ -ascens 改变，转变，变成，略微，带有，接近，相似，大致，稍微（表示变化的趋势，并未完全相似或相同，有别于表示达到完成状态的 -atus）

Peucedanum rubricaule 红前胡：rubr-/ rubri-/ rubro- ← rubrus 红色；caulus/ caulon/ caule ← caulos 茎，茎秆，主茎

Peucedanum songpanense 松潘前胡：songpanense 松潘的（地名，四川省）

Peucedanum stepposum 草原前胡：stepposus = steppa + osus 草原的；steppa 草原；-osus/ -osum/ -osa 多的，充分的，丰富的，显著发育的，程度高的，特征明显的（形容词词尾）

Peucedanum terebinthaceum 石防风：terebinthaceus 树脂状的，松节油状的；terebinthina 松节油，乳香（葡萄牙语）；Pistacia terebinthus 笃香树（也称乳香树，漆树科黄连木属）；Terebinthus（属名，橄榄科）；-aceus/ -aceum/ -acea 相似的，有……性质的，属于……的

Peucedanum terebinthaceum var. deltoideum 宽叶石防风：deltoideus/ deltoides 三角形的，正三角形的；delta 三角；-oides/ -oideus/ -oideum/ -oidea/ -odes/ -eidos 像……的，类似……的，呈……状的（名词词尾）

Peucedanum terebinthaceum var. terebinthaceum 石防风-原变种（词义见上面解释）

Peucedanum torilifolium 窃衣叶前胡：Torilis 窃衣属（伞形科）；folius/ folium/ folia 叶，叶片（用于复合词）

Peucedanum turgeniifolium 长前胡：Turgenia 刺果芹属（伞形科）；folius/ folium/ folia 叶，叶片（用于复合词）

Peucedanum veitchii 华西前胡：veitchii/ veitchianus ← James Veitch（人名，19 世纪植物学家）

Peucedanum violaceum 紫茎前胡：violaceus 紫红色的，紫堇色的，堇菜状的；Viola 堇菜属（堇菜科）；-aceus/ -aceum/ -acea 相似的，有……性质的，属于……的

Peucedanum wawrae 泰山前胡：wawrae（人名）

Peucedanum wulongense 武隆前胡：wulongense 武隆的（地名，重庆市）

Peucedanum yunnanense 云南前胡：yunnanense 云南的（地名）

Phacellanthus 黄筒花属（列当科）（69：p74）：

phacellanthus 总状花；phacelos 束，丛；anthus/ anthum/ antha/ anthe ← anthos 花（用于希腊语复合词）

Phacellanthus tubiflorus 黄筒花：tubi-/ tubo- ← tubus 管子的，管状的；florus/ florum/ flora ← flos 花（用于复合词）

Phacellaria 重寄生属（重 chóng）（檀香科）（24：p64）：phacellaria ← phacelos 束，丛

Phacellaria caulescens 粗序重寄生：caulescens 有茎的，变成有茎的，大致有茎的；caulus/ caulon/ caule ← caulos 茎，茎秆，主茎；-escens/ -ascens 改变，转变，变成，略微，带有，接近，相似，大致，稍微（表示变化的趋势，并未完全相似或相同，有别于表示达到完成状态的 -atus）

Phacellaria compressa 扁序重寄生：compressus 扁平的，压扁的；pressus 压，压力，挤压，紧密；co- 联合，共同，合起来（拉丁语词首，为 cum- 的音变，表示结合、强化、完全，对应的希腊语为 syn-）；co- 的缀词音变有 co-/ com-/ con-/ col-/ cor-：co-（在 h 和元音字母前面），col-（在 l 前面），com-（在 b、m、p 之前），con-（在 c、d、f、g、j、n、qu、s、t 和 v 前面），cor-（在 r 前面）

Phacellaria fargesii 重寄生：fargesii ← Pere Paul Guillaume Farges（人名，19 世纪中叶至 20 世纪活动于中国的法国传教士，植物采集员）

Phacellaria rigidula 硬序重寄生：rigidulus 稍硬的；rigidus 坚硬的，不弯曲的，强直的；-ulus/ -ulum/ -ula 小的，略微的，稍微的（小词 -ulus 在字母 e 或 i 之后有多种变缀，即 -olus/ -olum/ -ola、-ellus/ -ellum/ -ella、-illus/ -illum/ -illa，与第一变格法和第二变格法名词形成复合词）

Phacellaria tonkinensis 长序重寄生：tonkin 东京（地名，越南河内的旧称）

Phacelurus 束尾草属（禾本科）（10-2：p258）：phacelos 束，丛；-urus/ -ura/ -ourus/ -oura/ -oure/ -uris 尾巴

Phacelurus latifolius 束尾草：lati-/ late- ← latus 宽的，宽广的；folius/ folium/ folia 叶，叶片（用于复合词）

Phacelurus latifolius var. angustifolius 狭叶束尾草：angusti- ← angustus 窄的，狭的，细的；folius/ folium/ folia 叶，叶片（用于复合词）

Phacelurus latifolius var. latifolius 束尾草-原变种（词义见上面解释）

Phacelurus latifolius var. monostachyus 单穗束尾草：mono-/ mon- ← monos 一个，单一的（希腊语，拉丁语为 unus/ uni-/ uno-）；stachy-/ stachyo-/ -stachys/ -stachyus/ -stachyum/ -stachya 穗子，穗子的，穗子状的，穗状花序的

Phacelurus latifolius var. trichophyllus 毛叶束尾草：trich-/ tricho-/ tricha- ← trichos ← thrix 毛，多毛的，线状的，丝状的；phyllus/ phyllum/ phylla ← phyllon 叶片（用于希腊语复合词）

Phaeanthus 亮花木属（番荔枝科）（30-2：p30）：phaeus(phaios) → phae-/ phaeo-/ phai-/ phaio 暗色的，褐色的，灰蒙蒙的；anthus/ anthum/ antha/ anthe ← anthos 花（用于希腊语复合词）

Phaeanthus saccopetaloides 囊瓣亮花木：

Saccopetalum 囊瓣木属（番荔枝科）；-oides/ -oideus/ -oideum/ -oidea/ -odes/ -eidos 像……的，类似……的，呈……状的（名词词尾）

Phaenosperma 显子草属（禾本科）（10-1：p111）：phaenos 突出的，显著的，发光的，发亮的；spermus/ spermum/ sperma 种子的（用于希腊语复合词）

Phaenosperma globosa 显子草：globosus = globus + osus 球形的；globus → glob-/ globi- 球体，圆球，地球；-osus/ -osum/ -osa 多的，充分的，丰富的，显著发育的，程度高的，特征明显的（形容词词尾）；关联词：globularis/ globulifer/ globulosus（小球状的、具小球的），globuliformis（纽扣状的）

Phaeonychium 藏芥属（藏 zàng）（十字花科）（33：p244）：phaeus(phaios) → phae-/ phaeo-/ phai-/ phaio 暗色的，褐色的，灰蒙蒙的；onyx/ onychos 爪

Phaeonychium parryoides 藏芥：Parrya 条果芥属（十字花科）；-oides/ -oideus/ -oideum/ -oidea/ -odes/ -eidos 像……的，类似……的，呈……状的（名词词尾）

Phagnalon 棉毛菊属（菊科）（75：p219）：phagnalon ← Gnaphalium 鼠麹草属（改缀词，麹 qū）

Phagnalon niveum 棉毛菊：niveus 雪白的，雪一样的；nivus/ nivis/ nix 雪，雪白色

Phaius 鹤顶兰属（兰科）（18：p258）：phaius ← phaios 暗色的，褐色的

Phaius columnaris 仙笔鹤顶兰：columnaris = columna + aris 柱状的，支柱的；-aris（阳性、阴性）/ -are（中性）← -alis（阳性、阴性）/ -ale（中性）属于，相似，如同，具有，涉及，关于，联结于（将名词作形容词用，其中 -aris 常用于以 l 或 r 为词干末尾的词）

Phaius flavus 黄花鹤顶兰：flavus → flavo-/ flavi-/ flav- 黄色的，鲜黄色的，金黄色的（指纯正的黄色）

Phaius hainanensis 海南鹤顶兰：hainanensis 海南的（地名）

Phaius longicruris 长茎鹤顶兰：longicruris 长腿的，长茎的；longe-/ longi- ← longus 长的，纵向的；cruris/ crus 腿，足，爪

Phaius magniflorus 大花鹤顶兰：magn-/ magni- 大的；florus/ florum/ flora ← flos 花（用于复合词）

Phaius mishmensis 紫花鹤顶兰：mishmensis（地名，印度）

Phaius tankervilleae 鹤顶兰：tankervilleae ← Tankerville（人名）；-ae 表示人名，以 -a 结尾的人名后面加上 -e 形成

Phaius wenshanensis 文山鹤顶兰：wenshanensis 文山的（地名，云南省）

Phalaenopsis 蝴蝶兰属（兰科）（19：p373）：phalaina 蛾，蝴蝶；-opsis/ -ops 相似，稍微，带有

Phalaenopsis aphrodite 蝴蝶兰：aphrodite 金星，阿芙洛狄忒（希腊神话中的女神）

Phalaenopsis equestris 小兰屿蝴蝶兰：equestris ← equestre 骑士的，勇猛的，叶片剑形的；equus 马；eques 骑士，骑兵，骑马的人

Phalaenopsis hainanensis 海南蝴蝶兰：hainanensis 海南的（地名）

Phalaenopsis mannii 版纳蝴蝶兰：mannii ← Horace Mann Jr.（人名，19 世纪美国博物学家）

Phalaenopsis stobariana 滇西蝴蝶兰：stobariana（人名）

Phalaenopsis wilsonii 华西蝴蝶兰：wilsonii ← John Wilson（人名，18 世纪英国植物学家）

Phalaris 虉草属（虉 yì）（禾本科）（9-3：p174）：phalaris（一种植物的希腊语名）

Phalaris arundinacea 虉草：arundinaceus 芦竹状的；Arundo 芦竹属（禾本科）；-inus/ -inum/ -ina/ -inos 相近，接近，相似，具有（通常指颜色）；-aceus/ -aceum/ -acea 相似的，有……性质的，属于……的

Phalaris arundinacea var. arundinacea 虉草-原变种（词义见上面解释）

Phalaris arundinacea var. picta 丝带草：pictus 有色的，彩色的，美丽的（指浓淡相间的花纹）

Phalaris minor 细虉草：minor 较小的，更小的

Phalaris paradoxa 奇虉草：paradoxus 似是而非的，少见的，奇异的，难以解释的；para- 类似，接近，近旁，假的；-doxa/ -doxus 荣耀的，瑰丽的，壮观的，显眼的

Phanerophlebiopsis 黔蕨属（鳞毛蕨科）（5-1：p95）：phanerophlebius 显脉的；phanerus ← phaneros 显著的，显现的，突出的；phlebius 叶脉的；phlebus 脉，叶脉；-opsis/ -ops 相似，稍微，带有

Phanerophlebiopsis blinii 粗齿黔蕨：blinii（人名）；-ii 表示人名，接在以辅音字母结尾的人名后面，但 -er 除外

Phanerophlebiopsis coadnata 合生黔蕨：coadnatus/ coadunatus 合生的，连着的，贴生的，混在一起的；adnatus/ adunatus 贴合的，贴生的，贴满的，全长附着的，广泛附着的，连着的；co- 联合，共同，合起来（拉丁语词首，为 cum- 的音变，表示结合、强化、完全，对应的希腊语为 syn-）；co- 的缀词音变有 co-/ com-/ con-/ col-/ cor-：co-（在 h 和元音字母前面），col-（在 l 前面），com-（在 b、m、p 之前），con-（在 c、d、f、g、j、n、qu、s、t 和 v 前面），cor-（在 r 前面）

Phanerophlebiopsis duplicato-serrata 重齿黔蕨（重 chóng）：duplicato-serratus 重锯齿的；duplicatus = duo + plicatus 二折的，重复的，重瓣的；duo 二；plicatus = plex + atus 折扇状的，有沟的，纵向折叠的，棕榈叶状的（= plicativus）；plex/ plica 褶，折扇状，卷折（plex 的词干为 plic-）；构词规则：以 -ix/ -iex 结尾的词其词干末尾视为 -ic，以 -ex 结尾视为 -i/ -ic，其他以 -x 结尾视为 -c；serratus = serrus + atus 有锯齿的；serrus 齿，锯齿；-atus/ -atum/ -ata 属于，相似，具有，完成（形容词词尾）

Phanerophlebiopsis falcata 镰羽黔蕨：falcatus = falx + atus 镰刀的，镰刀状的；构词规则：以 -ix/ -iex 结尾的词其词干末尾视为 -ic，以 -ex 结尾视为 -i/ -ic，其他以 -x 结尾视为 -c；falx 镰刀，镰刀形，镰刀状弯曲；-atus/ -atum/ -ata 属于，相似，具有，完成（形容词词尾）

Phanerophlebiopsis hunanensis 湖南黔蕨：hunanensis 湖南的（地名）

Phanerophlebiopsis intermedia 中间黔蕨：intermedius 中间的，中位的，中等的；inter- 中间的，在中间，之间；medius 中间的，中央的

Phanerophlebiopsis kweichowensis 大羽黔蕨：kweichowensis 贵州的（地名）

Phanerophlebiopsis neopodophylla 长叶黔蕨：neopodophylla 晚于 podophylla 的；neo- ← neos 新，新的；Phanerophlebiopsis podophylla 足叶黔蕨；podus/ pus 柄，梗，茎秆，足，腿；phyllus/ phyllum/ phylla ← phyllon 叶片（用于希腊语复合词）；Podophyllum 鬼臼属（小檗科）

Phanerophlebiopsis tsiangiana 黔蕨：tsiangiana 黔，贵州的（地名），蒋氏（人名）

Pharbitis 牵牛属（旋花科）（64-1：p103）：pharbitis 多彩的；pharbe 色彩

Pharbitis indica 变色牵牛（另见 Ipomoea indica）：indica 印度的（地名）；-icus/ -icum/ -ica 属于，具有某种特性（常用于地名、起源、生境）

Pharbitis nil 牵牛（另见 Ipomoea nil）：nil 蓝色（阿拉伯语）

Pharbitis purpurea 圆叶牵牛（另见 Ipomoea purpurea）：purpureus = purpura + eus 紫色的；purpura 紫色（purpura 原为一种介壳虫名，其体液为紫色，可作颜料）；-eus/ -eum/ -ea（接拉丁语词干时）属于……的，色如……的，质如……的（表示原料、颜色或品质的相似），（接希腊语词干时）属于……的，以……出名，为……所占有（表示具有某种特性）

Phaseolus 菜豆属（豆科）（41：p294）：phaseolus 木船的（芸豆的古拉丁名，比喻豆荚形状像小船）

Phaseolus anguinus（弯曲菜豆）：anguinus 蛇，蛇状弯曲的

Phaseolus coccineus 荷包豆：coccus/ coccineus 浆果，绯红色（一种形似浆果的介壳虫的颜色）；同形异义词：coccus/ cocco/ cocci/ coccis 心室，心皮；-eus/ -eum/ -ea（接拉丁语词干时）属于……的，色如……的，质如……的（表示原料、颜色或品质的相似），（接希腊语词干时）属于……的，以……出名，为……所占有（表示具有某种特性）

Phaseolus lunatus 棉豆：lunatus/ lunarius 弯月的，月牙形的；luna 月亮，弯月；-arius/ -arium/ -aria 相似，属于（表示地点，场所，关系，所属）

Phaseolus vulgaris 菜豆：vulgaris 常见的，普通的，分布广的；vulgus 普通的，到处可见的

Phaseolus vulgaris var. humilis 龙牙豆：humilis 矮的，低的

Phaulopsis 肾苞草属（爵床科）（70：p76）：phaulos 粗野的；-opsis/ -ops 相似，稍微，带有

Phaulopsis oppositifolia 肾苞草：oppositi- ← oppositus = ob + positus 相对的，对生的；ob- 相反，反对，倒（ob- 有多种音变：ob- 在元音字母和大多数辅音字母前面，oc- 在 c 前面，of- 在 f 前面，op- 在 p 前面）；positus 放置，位置；folius/ folium/ folia 叶，叶片（用于复合词）

Phegopteris 卵果蕨属（金星蕨科）（4-1：p83）：phegopteris 山毛榉林中的蕨；phegos 山毛榉，水青

冈；pteris ← pteryx 翅，翼，蕨类（希腊语）

Phegopteris connectilis 卵果蕨：connectilis 联合的，结合的；connecto/ conecto 联合，结合；-ans/ -ens/ -bilis/ -ilis 能够，可能（为形容词词尾，-ans/ -ens 用于主动语态，-bilis/ -ilis 用于被动语态）

Phegopteris decursive-pinnata 延羽卵果蕨：decursive-pinnatus 下延羽片的；decursivus 下延的，鱼鳍状的；pinnatus = pinnus + atus 羽状的，具羽的；pinnus/ pennus 羽毛，羽状，羽片；-atus/ -atum/ -ata 属于，相似，具有，完成（形容词词尾）

Phegopteris tibetica 西藏卵果蕨：tibetica 西藏的（地名）；-icus/ -icum/ -ica 属于，具有某种特性（常用于地名、起源、生境）

Phellodendron 黄檗属（也称"黄波罗属"）（檗 bò）（芸香科）（43-2：p99）：phellos 软木塞，木栓；dendron 树木

Phellodendron amurense 黄檗：amurense/ amurensis 阿穆尔的（地名，东西伯利亚的一个州，南部以黑龙江为界），阿穆尔河的（即黑龙江的俄语音译）

Phellodendron chinense 川黄檗：chinense 中国的（地名）

Phellodendron chinense var. chinense 川黄檗-原变种 （词义见上面解释）

Phellodendron chinense var. glabriusculum 秃叶黄檗：glabriusculus = glabrus + usculus 近无毛的，稍光滑的；glabrus 光秃的，无毛的，光滑的，-usculus ← -culus 小的，略微的，稍微的（小词-culus 和某些词构成复合词时变成 -usculus）

Philadelphus 山梅花属（虎耳草科）（35-1：p141）：philadelphus ← Ptolemy Philadelphus（人名，古埃及国王）；philadelphus（一种花很香的灌木）

Philadelphus brachybotrys 短序山梅花：brachy- ← brachys 短的（用于拉丁语复合词词首）；botrys → botr-/ botry- 簇，串，葡萄串状，丛，总状；Brachybotrys 山茄子属（紫草科）

Philadelphus calvescens 丽江山梅花：calvescens 变光秃的，几乎无毛的；calvus 光秃的，无毛的，无芒的，裸露的；-escens/ -ascens 改变，转变，变成，略微，带有，接近，相似，大致，稍微（表示变化的趋势，并未完全相似或相同，有别于表示达到完成状态的 -atus）

Philadelphus caudatus 尾萼山梅花：caudatus = caudus + atus 尾巴的，尾巴状的，具尾的；caudus 尾巴；-atus/ -atum/ -ata 属于，相似，具有，完成（形容词词尾）

Philadelphus dasycalyx 毛萼山梅花：dasycalyx 粗毛萼的；dasy- ← dasys 毛茸茸的，粗毛的，毛；calyx → calyc- 萼片（用于希腊语复合词）

Philadelphus delavayi 云南山梅花：delavayi ← P. J. M. Delavay（人名，1834–1895，法国传教士，曾在中国采集植物标本）；-i 表示人名，接在以元音字母结尾的人名后面，但 -a 除外

Philadelphus delavayi var. cruciflorus 十字山梅花：cruciflorus = crux + florus 十字花的；crux 十字（词干为 cruc-，用于构成复合词时常为 cruci-）；crucis 十字的（crux 的单数所有格）；构词规则：以 -ix/ -iex 结尾的词其词干末尾视为 -ic，以 -ex 结尾

视为 -i/ -ic，其他以 -x 结尾视为 -c；florus/ florum/ flora ← flos 花（用于复合词）

Philadelphus delavayi var. delavayi 云南山梅花-原变种 （词义见上面解释）

Philadelphus delavayi var. melanocalyx 黑萼山梅花：mel-/ mela-/ melan-/ melano- ← melanus/ melaenus ← melas/ melanos 黑色的，浓黑色的，暗色的；calyx → calyc- 萼片（用于希腊语复合词）

Philadelphus delavayi var. trichocladus 毛枝山梅花：trich-/ tricho-/ tricha- ← trichos ← thrix 毛，多毛的，线状的，丝状的；cladus ← clados 枝条，分枝

Philadelphus henryi 滇南山梅花：henryi ← Augustine Henry 或 B. C. Henry（人名，前者，1857–1930，爱尔兰医生、植物学家，曾在中国采集植物，后者，1850–1901，曾活动于中国的传教士）

Philadelphus henryi var. cinereus 灰毛山梅花：cinereus 灰色的，草木灰色的（为纯黑和纯白的混合色，希腊语为 tephro-/ spodo-）；ciner-/ cinere-/ cinereo- 灰色；-eus/ -eum/ -ea（接拉丁语词干时）属于……的，色如……的，质如……的（表示原料、颜色或品质的相似），（接希腊语词干时）属于……的，以……出名，为……所占有（表示具有某种特性）

Philadelphus henryi var. henryi 滇南山梅花-原变种 （词义见上面解释）

Philadelphus incanus 山梅花：incanus 灰白色的，密被灰白色毛的

Philadelphus incanus var. baileyi 短轴山梅花：baileyi（人名）；-i 表示人名，接在以元音字母结尾的人名后面，但 -a 除外

Philadelphus incanus var. incanus 山梅花-原变种 （词义见上面解释）

Philadelphus incanus var. mitsai 米柴山梅花：mitsai 米柴（中文土名）

Philadelphus kansuensis 甘肃山梅花：kansuensis 甘肃的（地名）

Philadelphus kunmingensis 昆明山梅花：kunmingensis 昆明的（地名，云南省）

Philadelphus kunmingensis var. kunmingensis 昆明山梅花-原变种 （词义见上面解释）

Philadelphus kunmingensis var. parvifolius 小叶山梅花：parvifolius 小叶的；parvus 小的，些微的，弱的；folius/ folium/ folia 叶，叶片（用于复合词）

Philadelphus laxiflorus 疏花山梅花：laxus 稀疏的，松散的，宽松的；florus/ florum/ flora ← flos 花（用于复合词）

Philadelphus lushuiensis 泸水山梅花：lushuiensis 泸水的（地名，云南省）

Philadelphus pekinensis 太平花：pekinensis 北京的（地名）

Philadelphus pekinensis var. lanceolatus 长叶太平花：lanceolatus = lanceus + olus + atus 小披针形的，小柳叶刀的；lance-/ lancei-/ lanci-/ lanceo-/ lanc- ← lanceus 披针形的，矛形的，尖刀状的，柳叶刀状的；-olus ← -ulus 小，稍微，略微（-ulus 在字母 e 或 i 之后变成 -olus/ -ellus/ -illus）；-atus/

P

-atum/ -ata 属于，相似，具有，完成（形容词词尾）

Philadelphus pekinensis var. pekinensis 太平花-原变种 （词义见上面解释）

Philadelphus purpurascens 紫萼山梅花：purpurascens 带紫色的，发紫的；purpur- 紫色的；-escens/ -ascens 改变，转变，变成，略微，带有，接近，相似，大致，稍微（表示变化的趋势），并未完全相似或相同，有别于表示达到完成状态的 -atus）

Philadelphus purpurascens var. purpurascens 紫萼山梅花-原变种 （词义见上面解释）

Philadelphus purpurascens var. szechuanensis 四川山梅花：szechuan 四川（地名）

Philadelphus purpurascens var. venustus 美丽山梅花：venustus ← Venus 女神维纳斯的，可爱的，美丽的，有魅力的

Philadelphus reevesianus 毛药山梅花：reevesianus ← John Reeves（人名，19 世纪英国植物学家）

Philadelphus schrenkii 东北山梅花：schrenkii（人名）；-ii 表示人名，接在以辅音字母结尾的人名后面，但 -er 除外

Philadelphus schrenkii var. jackii 河北山梅花：jackii ← John George Jack（人名，20 世纪加拿大树木学家）；-ii 表示人名，接在以辅音字母结尾的人名后面，但 -er 除外

Philadelphus schrenkii var. mandshuricus 毛盘山梅花：mandshuricus 满洲的（地名，中国东北，地理区域）；-icus/ -icum/ -ica 属于，具有某种特性（常用于地名、起源、生境）

Philadelphus schrenkii var. schrenkii 东北山梅花-原变种 （词义见上面解释）

Philadelphus sericanthus var. kulingensis 牯岭山梅花（牯 gǔ）：sericanthus 绢丝状的；sericus 绢丝的，绢毛的，赛尔人的（Ser 为印度一民族）；anthus/ anthum/ antha/ anthe ← anthos 花（用于希腊语复合词）；kulingensis 牯岭的（地名，江西省庐山）

Philadelphus sericanthus var. sericanthus 绢毛山梅花（绢 juàn） （词义见上面解释）

Philadelphus subcanus 毛柱山梅花：subcanus 近灰色的；sub-（表示程度较弱）与……类似，几乎，稍微，弱，亚，之下，下面；canus 灰色的，灰白色的

Philadelphus subcanus var. dubius 密毛山梅花：dubius 可疑的，不确定的

Philadelphus subcanus var. magdalenae 城口山梅花：magdalenae ← Magdalena C. Cantoria（人名，菲律宾植物学家）

Philadelphus subcanus var. subcanus 毛柱山梅花-原变种 （词义见上面解释）

Philadelphus tenuifolius 薄叶山梅花：tenui- ← tenuis 薄的，纤细的，弱的，瘦的，窄的；folius/ folium/ folia 叶，叶片（用于复合词）

Philadelphus tenuifolius var. latipetalus 宽瓣山梅花：lati-/ late- ← latus 宽的，宽广的；petalus/ petalum/ petala ← petalon 花瓣

Philadelphus tenuifolius var. tenuifolius 薄叶山梅花-原变种 （词义见上面解释）

Philadelphus tetragonus 四棱山梅花：tetragonus 四棱的；tetra-/ tetr- 四，四数（希腊语，拉丁语为 quadri-/ quadr-）；gonus ← gonos 棱角，膝盖，关节，足

Philadelphus tomentosus 绒毛山梅花：tomentosus = tomentum + osus 绒毛的，密被绒毛的；tomentum 绒毛，浓密的毛被，棉絮，棉絮状填充物（被褥、垫子等）；-osus/ -osum/ -osa 多的，充分的，丰富的，显著发育的，程度高的，特征明显的（形容词词尾）

Philadelphus tsianschanensis 千山山梅花：tsianschanensis 千山的（地名，辽宁鞍山市）

Philadelphus zhejiangensis 浙江山梅花：zhejiangensis 浙江的（地名）

Philodendron 喜林芋属（天南星科）（13-2：p79）：philodendron 喜好树木的；philus/ philein ← philos → phil-/ phili/ philo- 喜好的，爱好的，喜欢的；dendron 树木

Philodendron andreanum 金叶喜林芋：andreanum ← Edouard Francis Andre（人名，19 世纪法国探险家）

Philodendron asperatum 粗糙喜林芋：asper + atus 具粗糙面的，具短粗尖而质感粗糙的；asper/ asperus/ asperum/ aspera 粗糙的，不平的；-atus/ -atum/ -ata 属于，相似，具有，完成（形容词词尾）

Philodendron erubescens 红苞喜林芋：erubescens/ erubui ← erubeco/ erubere/ rubui 变红色的，浅红色的，赤红面的；rubescens 发红的，带红的，近红的；rubus ← ruber/ rubeo 树莓的，红色的；rubens 发红的，带红色的，变红的，红的；rubeo/ rubere/ rubui 红色的，变红，放光，闪耀；rubesco/ rubere/ rubui 变红；-escens/ -ascens 改变，转变，变成，略微，带有，接近，相似，大致，稍微（表示变化的趋势），并未完全相似或相同，有别于表示达到完成状态的 -atus）

Philodendron gloriosum 心叶喜林芋：gloriosus = gloria + osus 荣耀的，漂亮的，辉煌的；gloria 荣耀，荣誉，名誉，功绩；-osus/ -osum/ -osa 多的，充分的，丰富的，显著发育的，程度高的，特征明显的（形容词词尾）

Philodendron sagittifolium 箭叶喜林芋：sagittatus/ sagittalis 箭头状的；sagita/ sagitta 箭，箭头；-atus/ -atum/ -ata 属于，相似，具有，完成（形容词词尾）；folius/ folium/ folia 叶，叶片（用于复合词）

Philodendron tripartitum 三裂喜林芋：tripartitus 三裂的，三部分的；tri-/ tripli-/ triplo- 三个，三数；partitus 深裂的，分离的

Philoxerus 安旱苋属（苋科）（25-2：p240）：philoxerus 喜好干旱的（指生境）；philus/ philein ← philos → phil-/ phili/ philo- 喜好的，爱好的，喜欢的；xerus ← xeros 干旱的，干燥的

Philoxerus wrightii 安旱苋：wrightii ← Charles（Carlos）Wright（人名，19 世纪美国植物学家）

Philydraceae 田葱科（13-3：p142）：Philydrum 田葱属；-aceae（分类单位科的词尾，为 -aceus 的阴性复数主格形式，加到模式属的名称后或同义词的词干后以组成族群名称）

P

Philydrum 田葱属（田葱科）（13-3：p142）：philydrum = philus + hydrum 喜水的（注：构成复合词时，以"h+ 元音"开头的词前接辅音字母时该"h"会被省略）；philus 喜好的，爱好的，喜欢的（注意区别形近词 phylus 和 phyllus）；phylus/ phylum/ phyla ← phylon/ phyle 植物分类单位中的"门"，位于"界"和"纲"之间，类群，种族，部落，聚群；phyllus/ phyllum/ phylla ← phyllon 叶片（用于希腊语复合词）；hydrum ← hydros 水，水湿的

Philydrum lanuginosum 田葱：lanuginosus = lanugo + osus 具绵毛的，具柔毛的；lanugo = lana + ugo 绒毛（lanugo 的词干为 lanugin-）；词尾为 -go 的词其词干末尾视为 -gin；lana 羊毛，绵毛

Phlegmariurus 马尾杉属（石杉科）（6-3：p31）：phlegmarius 黏液质的；phlegm- 黏液；-arius/ -arium/ -aria 相似，属于（表示地点，场所，关系，所属）；-urus/ -ura/ -ourus/ -oura/ -oure/ -uris 尾巴

Phlegmariurus austrosinicus 华南马尾杉：austrosinicus 华南的（地名）；austro-/ austr- 南方的，南半球的，大洋洲的；auster 南方，南风；sinicus 中国的（地名）

Phlegmariurus cancellatus 网络马尾杉：cancellatus 具方格的，具网格的

Phlegmariurus carinatus 龙骨马尾杉：carinatus 脊梁的，龙骨的，龙骨状的；carina → carin-/ carini- 脊梁，龙骨状突起，中肋

Phlegmariurus cryptomerianus 柳杉叶马尾杉：cryptomerianus 柳杉的，像柳杉的；Cryptomeria 柳杉属（杉科）

Phlegmariurus cunninghamioides 杉形马尾杉：Cunninghamia 杉木属（杉科）；-oides/ -oideus/ -oideum/ -oidea/ -odes/ -eidos 像……的，类似……的，呈……状的（名词词尾）

Phlegmariurus fargesii 金丝条马尾杉：fargesii ← Pere Paul Guillaume Farges（人名，19 世纪中叶至 20 世纪活动于中国的法国传教士，植物采集员）

Phlegmariurus fordii 福氏马尾杉：fordii ← Charles Ford（人名）

Phlegmariurus guangdongensis 广东马尾杉：guangdongensis 广东的（地名）

Phlegmariurus hamiltonii 喜马拉雅马尾杉：hamiltonii ← Lord Hamilton（人名，1762–1829，英国植物学家）

Phlegmariurus henryi 椭圆马尾杉：henryi ← Augustine Henry 或 B. C. Henry（人名，前者，1857–1930，爱尔兰医生、植物学家，曾在中国采集植物，后者，1850–1901，曾活动于中国的传教士）

Phlegmariurus minchegensis 闽浙马尾杉：minchegensis 闽浙的（地名，福建省和浙江省，已修订为 mingcheensis）

Phlegmariurus nylamensis 聂拉木马尾杉：nylamensis 聂拉木的（地名，西藏自治区）

Phlegmariurus ovatifolius 卵叶马尾杉：ovatus = ovus + atus 卵圆形的；ovus 卵，胚珠，卵形的，椭圆形的；-atus/ -atum/ -ata 属于，相似，具有，完成（形容词词尾）；folius/ folium/ folia 叶，叶片

（用于复合词）

Phlegmariurus petiolatus 有柄马尾杉：petiolatus = petiolus + atus 具叶柄的；petiolus 叶柄；-atus/ -atum/ -ata 属于，相似，具有，完成（形容词词尾）

Phlegmariurus phlegmaria 马尾杉：phlegmarius 黏液质的；phlegm- 黏液；-arius/ -arium/ -aria 相似，属于（表示地点，场所，关系，所属）

Phlegmariurus pulcherrimus 美丽马尾杉：pulcherrimus 极美丽的，最美丽的；pulcher/pulcer 美丽的，可爱的；-rimus/ -rima/ -rimum 最，极，非常（词尾为 -er 的形容词最高级）

Phlegmariurus salvinioides 柔软马尾杉：Salvinia 槐叶蘋属（槐叶蘋科）；-oides/ -oideus/ -oideum/ -oidea/ -odes/ -eidos 像……的，类似……的，呈……状的（名词词尾）

Phlegmariurus shangsiensis 上思马尾杉：shangsiensis 上思的（地名，广西壮族自治区）

Phlegmariurus sieboldii 鳞叶马尾杉：sieboldii ← Franz Philipp von Siebold 西博德（人名，1796–1866，德国医生、植物学家，曾专门研究日本植物）

Phlegmariurus squarrosus 粗糙马尾杉：squarrosus = squarrus + osus 粗糙的，不平滑的，有凸起的；squarrus 糙的，不平，凸点；-osus/ -osum/ -osa 多的，充分的，丰富的，显著发育的，程度高的，特征明显的（形容词词尾）

Phlegmariurus taiwanensis 台湾马尾杉：taiwanensis 台湾的（地名）

Phlegmariurus yunnanensis 云南马尾杉：yunnanensis 云南的（地名）

Phleum 梯牧草属（禾本科）（9-3：p257）：phleum ← phleos 芦苇（希腊语名）

Phleum alpinum 高山梯牧草：alpinus = alpus + inus 高山的；alpus 高山；al-/ alti-/ alto- ← altus 高的，高处的；-inus/ -inum/ -ina/ -inos 相近，接近，相似，具有（通常指颜色）；关联词：subalpinus 亚高山的

Phleum paniculatum 鬼蜡烛：paniculatus = paniculus + atus 具圆锥花序的；paniculus 圆锥花序；panus 谷穗；panicus 野稗，粟，谷子；-atus/ -atum/ -ata 属于，相似，具有，完成（形容词词尾）

Phleum phleoides 假梯牧草：Phleoum 梯牧草属（禾本科）；-oides/ -oideus/ -oideum/ -oidea/ -odes/ -eidos 像……的，类似……的，呈……状的（名词词尾）

Phleum pratense 梯牧草：pratense 生于草原的；pratum 草原

Phlogacanthus 火焰花属（爵床科）（70：p207）：phlogos 火焰；acanthus ← Akantha 刺，具刺的（Acantha 是希腊神话中的女神，和太阳神阿波罗发生冲突，太阳神将其变成带刺的植物）；Acanthus 老鼠簕属

Phlogacanthus abbreviatus 缩序火焰花：abbreviatus = ad + brevis + atus 缩短了的，省略的；ad- 向，到，近（拉丁语词首，表示程度加强）构词规则：构成复合词时，词首末尾的辅音字母常同化为紧接其后的那个辅音字母（如 ad + b →

abb）；brevis 短的（希腊语）；-atus/ -atum/ -ata
属于，相似，具有，完成（形容词词尾）

Phlogacanthus colaniae 广西火焰花：colaniae
（人名）

Phlogacanthus curviflorus 火焰花：curviflorus 弯
花的；curvus 弯曲的；florus/ florum/ flora ← flos
花（用于复合词）

Phlogacanthus pubinervius 毛脉火焰花：pubi- ←
pubis 细柔毛的，短柔毛的，毛被的；nervius =
nervus + ius 具脉的，具叶脉的；nervus 脉，叶脉；
-ius/ -ium/ -ia 具有……特性的（表示有关、关联、
相似）

Phlogacanthus pyramidalis 金塔火焰花：
pyramidalis 金字塔形的，三角形的，锥形的；
pyramis 棱形体，锥形体，金字塔；构词规则：词尾
为 -is 和 -ys 的词的词干分别视为 -id 和 -yd

Phlogacanthus vitellinus 糙叶火焰花：vitellinus
淡黄色，橙黄色的；vitellus 蛋黄；-inus/ -inum/
-ina/ -inos 相近，接近，相似，具有（通常指颜色）

Phlojodicarpus 胀果芹属（伞形科）（55-3：p120）：
phloios 树皮；carpus/ carpum/ carpa/ carpon ←
carpos 果实（用于希腊语复合词）

Phlojodicarpus sibiricus 胀果芹：sibiricus 西伯利
亚的（地名，俄罗斯）；-icus/ -icum/ -ica 属于，具
有某种特性（常用于地名、起源、生境）

Phlojodicarpus villosus 柔毛胀果芹：villosus 柔毛
的，绵毛的；villus 毛，羊毛，长绒毛；-osus/
-osum/ -osa 多的，充分的，丰富的，显著发育的，
程度高的，特征明显的（形容词词尾）

Phlomis 糙苏属（唇形科）（65-2：p428）：
phlomis ← phlomos（一种植物的希腊语名）

Phlomis agraria 耕地糙苏：agraria 野生的，耕地生
的，农田生的；-arius/ -arium/ -aria 相似，属于
（表示地点，场所，关系，所属）

Phlomis alpina 高山糙苏：alpinus = alpus + inus
高山的；alpus 高山；al-/ alti-/ alto- ← altus 高的，
高处的；-inus/ -inum/ -ina/ -inos 相近，接近，相
似，具有（通常指颜色）；关联词：subalpinus 亚
高山的

Phlomis ambigua 沧江糙苏：ambiguus 可疑的，不
确定的，含糊的

Phlomis atropurpurea 深紫糙苏：atro-/ atr-/
atri-/ atra- ← ater 深色，浓色，暗色，发黑（ater
作为词干后接辅音字母开头的词时，要在词干后面
加一个连接用的元音字母"o"或"i"，故为
"ater-o-"或"ater-i-"，变形为"atr-"开头）；
purpureus = purpura + eus 紫色的；purpura 紫色
（purpura 原为一种介壳虫名，其体液为紫色，可作
颜料）；-eus/ -eum/ -ea（接拉丁语词干时）属
于……的，色如……的，质如……的（表示原料、颜
色或品质的相似），（接希腊语词干时）属于……的，
以……出名，为……所占有（表示具有某种特性）

Phlomis atropurpurea f. atropurpurea 深紫糙
苏-原变型 （词义见上面解释）

Phlomis atropurpurea f. pallidior 深紫糙苏-浅色
变型：pallidior ← pallidus 淡白色的，淡色的，蓝
白色的，无活力的

Phlomis atropurpurea f. pilosa 深紫糙苏-疏毛变

型：pilosus = pilus + osus 多毛的，被柔毛的，具
疏柔毛的，被短弱细毛的；pilus 毛，疏柔毛；
-osus/ -osum/ -osa 多的，充分的，丰富的，显著发
育的，程度高的，特征明显的（形容词词尾）

Phlomis betonicoides 假秦艽（艽 jiāo）：Betonica
药水苏属（唇形科）；-oides/ -oideus/ -oideum/
-oidea/ -odes/ -eidos 像……的，类似……的，
呈……状的（名词词尾）

Phlomis betonicoides f. alba 假秦艽-白花变型：
albus → albi-/ albo- 白色的

Phlomis betonicoides f. betonicoides 假秦艽-原
变型 （词义见上面解释）

Phlomis chinghoensis 青河糙苏：chinghoensis 青
河的（地名，新疆维吾尔自治区）

Phlomis congesta 乾精菜（乾 qián）：congestus 聚
集的，充满的

Phlomis cuneata 楔叶糙苏：cuneatus = cuneus +
atus 具楔子的，属楔形的；cuneus 楔子的；-atus/
-atum/ -ata 属于，相似，具有，完成（形容词词尾）

Phlomis dentosa 尖齿糙苏：dentosus = dentus +
osus 多齿的；dentus 齿，牙齿；-osus/ -osum/ -osa
多的，充分的，丰富的，显著发育的，程度高的，特
征明显的（形容词词尾）

Phlomis dentosa var. dentosa 尖齿糙苏-原变种
（词义见上面解释）

Phlomis dentosa var. glabrescens 尖齿糙苏-渐光
变种：glabrus 光秃的，无毛的，光滑的；-escens/
-ascens 改变，转变，变成，略微，带有，接近，相
似，大致，稍微（表示变化的趋势，并未完全相似
或相同，有别于表示达到完成状态的 -atus）

Phlomis fimbriata 裂唇糙苏：fimbriatus =
fimbria + atus 具长缘毛的，具流苏的，具锯齿状裂
的（指花瓣）；fimbria → fimbri- 流苏，长缘毛；
-atus/ -atum/ -ata 属于，相似，具有，完成（形容
词词尾）

Phlomis forrestii 苍山糙苏：forrestii ← George
Forrest（人名，1873—1932，英国植物学家，曾在中
国西部采集大量植物标本）

Phlomis forrestii var. forrestii 苍山糙苏-原变种
（词义见上面解释）

Phlomis forrestii var. taronensis 苍山糙苏-独龙
变种：taronensis 独龙江的（地名，云南省）

Phlomis franchetiana 大理糙苏：franchetiana ←
A. R. Franchet（人名，19 世纪法国植物学家）

Phlomis franchetiana var. aristata 大理糙苏-芒
尖变种：aristatus(aristosus) = arista + atus 具芒
的，具芒刺的，具刚毛的，具胡须的；arista 芒

Phlomis franchetiana var. franchetiana 大理糙
苏-原变种 （词义见上面解释）

Phlomis franchetiana var. leptophylla 大理糙
苏-薄叶变种：leptus ← leptos 细的，薄的，瘦小的，
狭长的；phyllus/ phyllum/ phylla ← phyllon 叶片
（用于希腊语复合词）

Phlomis fruticosa 橙花糙苏：fruticosus/ frutesceus
灌丛状的；frutex 灌木；构词规则：以 -ix/ -iex 结
尾的词其词干末尾视为 -ic，以 -ex 结尾视为 -i/ -ic，
其他以 -x 结尾视为 -c；-osus/ -osum/ -osa 多的，
充分的，丰富的，显著发育的，程度高的，特征明显

的（形容词词尾）

Phlomis inaequalisepala 斜萼糙苏：
inaequalisepalus 不等萼片的；in-/ im-（来自 il- 的音变）内，在内，内部，向内，相反，不，无，非；il- 在内，向内，为，相反（希腊语为 en-）；词首 il- 的音变：il-（在 l 前面），im-（在 b、m、p 前面），in-（在元音字母和大多数辅音字母前面），ir-（在 r 前面），如 illaudatus（不值得称赞的，评价不好的），impermeabilis（不透水的，穿不透的），ineptus（不合适的），insertus（插入的），irretortus（无弯曲的，无扭曲的）；aequus 平坦的，均等的，公平的，友好的；aequi- 相等，相同；inaequi- 不相等，不同；sepalus/ sepalum/ sepala 萼片（用于复合词）

Phlomis jeholensis 口外糙苏：jeholensis 热河的（地名，旧省名，跨现在的内蒙古自治区、河北省、辽宁省）

Phlomis kansuensis 甘肃糙苏：kansuensis 甘肃的（地名）

Phlomis koraiensis 长白糙苏：koraiensis 朝鲜的（地名）

Phlomis likiangensis 丽江糙苏：likiangensis 丽江的（地名，云南省）

Phlomis longicalyx 长萼糙苏：longicalyx 长萼的；longe-/ longi- ← longus 长的，纵向的；calyx → calyc- 萼片（用于希腊语复合词）

Phlomis maximowiczii 大叶糙苏：
maximowiczii ← C. J. Maximowicz 马克希莫夫（人名，1827–1891，俄国植物学家）

Phlomis medicinalis 萝卜秦艽（卜 bo，艽 jiāo）：medicinalis 药用的，入药的；medicus 医疗的，药用的；-aris（阳性、阴性）/ -are（中性）← -alis（阳性、阴性）/ -ale（中性）属于，相似，如同，具有，涉及，关于，联结于（将名词作形容词用，其中 -aris 常用于以 l 或 r 为词干末尾的词）

Phlomis megalantha 大花糙苏：mega-/ megal-/ megalo- ← megas 大的，巨大的；anthus/ anthum/ antha/ anthe ← anthos 花（用于希腊语复合词）

Phlomis megalantha var. megalantha 大花糙苏-原变种 （词义见上面解释）

Phlomis megalantha var. pauciflora 大花糙苏-少花变种：pauci- ← paucus 少数的，少的（希腊语为 oligo-）；florus/ florum/ flora ← flos 花（用于复合词）

Phlomis melanantha 黑花糙苏：mel-/ mela-/ melan-/ melano- ← melanus/ melaenus ← melas/ melanos 黑色的，浓黑色的，暗色的；anthus/ anthum/ antha/ anthe ← anthos 花（用于希腊语复合词）

Phlomis melanantha var. angustifolia 黑花糙苏-狭叶变种：angusti- ← angustus 窄的，狭的，细的；folius/ folium/ folia 叶，叶片（用于复合词）

Phlomis melanantha var. angustifolia f. angustifolia 黑花糙苏狭叶变种-原变型 （词义见上面解释）

Phlomis melanantha var. angustifolia f. pallidior 黑花糙苏-狭叶变种浅色变型：pallidior ← pallidus 淡白色的，淡色的，蓝白色的，无活力的

Phlomis melanantha var. melanantha 黑花糙苏-原变种 （词义见上面解释）

Phlomis melanantha var. melanantha f. melanantha 黑花糙苏-原变型 （词义见上面解释）

Phlomis milingensis 米林糙苏：milingensis 米林的（地名，西藏自治区）

Phlomis mongolica 串铃草：mongolica 蒙古的（地名）；mongolia 蒙古的（地名）；-icus/ -icum/ -ica 属于，具有某种特性（常用于地名、起源、生境）

Phlomis mongolica var. macrocephala 串铃草-大头变种：macro-/ macr- ← macros 大的，宏观的（用于希腊语复合词）；cephalus/ cephale ← cephalos 头，头状花序

Phlomis mongolica var. mongolica 串铃草-原变种 （词义见上面解释）

Phlomis muliensis 木里糙苏：muliensis 木里的（地名，四川省）

Phlomis oreophila 山地糙苏：oreo-/ ores-/ ori- ← oreos 山，山地，高山；philus/ philein ← philos → phil-/ phili/ philo- 喜好的，爱好的，喜欢的（注意区别形近词：phylus、phyllus）；phylus/ phylum/ phyla ← phylon/ phyle 植物分类单位中的"门"，位于"界"和"纲"之间，类群，种族，部落，聚群；phyllus/ phyllum/ phylla ← phyllon 叶片（用于希腊语复合词）

Phlomis oreophila var. evillosa 山地糙苏-无长毛变种：e-/ ex- 不，无，非，缺乏，不具有（e- 用在辅音字母前，ex- 用在元音字母前，为拉丁语词首，对应的希腊语词首为 a-/ an-，英语为 un-/ -less，注意作词首用的 e-/ ex- 和介词 e/ ex 意思不同，后者意为"出自、从……、由……离开、由于、依照"）；villosus 柔毛的，绵毛的；villus 毛，羊毛，长绒毛；-osus/ -osum/ -osa 多的，充分的，丰富的，显著发育的，程度高的，特征明显的（形容词词尾）

Phlomis oreophila var. oreophila 山地糙苏-原变种 （词义见上面解释）

Phlomis ornata 美观糙苏：ornatus 装饰的，华丽的

Phlomis ornata var. minor 美观糙苏-小花变种：minor 较小的，更小的

Phlomis ornata var. ornata 美观糙苏-原变种（词义见上面解释）

Phlomis paohsingensis 宝兴糙苏：paohsingensis 宝兴的（地名，四川省）

Phlomis pararotata 假轮状糙苏：para- 类似，接近，近旁，假的；rotatus 车轮状的，轮状的

Phlomis pedunculata 具梗糙苏：pedunculatus/ peduncularis 具花序柄的，具总花梗的；pedunculus/ peduncule/ pedunculis ← pes 花序柄，总花梗（花序基部无花着生部分，不同于花柄）；关联词：pedicellus/ pediculus 小花梗，小花柄（不同于花序柄）；pes/ pedis 柄，梗，茎秆，腿，足，爪（作词首或词尾，pes 的词干视为"ped-"）

Phlomis pratensis 草原糙苏：pratensis 生于草原的；pratum 草原

Phlomis pygmaea 矮糙苏：pygmaeus/ pygmaei 小的，低矮的，极小的，矮人的；pygm- 矮，小，侏儒；-aeus/ -aeum/ -aea 表示属于……，名词形容词化词尾，如 europaeus ← europa 欧洲的

Phlomis ruptilis 裂萼糙苏：ruptilis 开裂的，不规则裂的，龟裂状的

Phlomis setifera 刺毛糙苏：setiferus 具刚毛的；setus/ saetus 刚毛，刺毛，芒刺；-ferus/ -ferum/ -fera/ -fero/ -fere/ -fer 有，具有，产（区别：作独立词使用的 ferus 意思是"野生的"）

Phlomis strigosa 糙毛糙苏：strigosus = striga + osus 鬃毛的，刷毛的；striga → strig- 条纹的，网纹的（如种子具网纹），糙伏毛的；-osus/ -osum/ -osa 多的，充分的，丰富的，显著发育的，程度高的，特征明显的（形容词词尾）

Phlomis szechuanensis 柴续断：szechuan 四川（地名）

Phlomis tatsienensis 康定糙苏：tatsienensis 打箭炉的（地名，四川省康定县的别称）

Phlomis tatsienensis var. hirticalyx 康定糙苏-毛萼变种：hirtus 有毛的，粗毛的，刚毛的（长而明显的毛）；calyx → calyc- 萼片（用于希腊语复合词）

Phlomis tatsienensis var. tatsienensis 康定糙苏-原变种 （词义见上面解释）

Phlomis tibetica 西藏糙苏：tibetica 西藏的（地名）；-icus/ -icum/ -ica 属于，具有某种特性（常用于地名、起源、生境）

Phlomis tibetica var. tibetica 西藏糙苏-原变种（词义见上面解释）

Phlomis tibetica var. wardii 西藏糙苏-毛盔变种：wardii ← Francis Kingdon-Ward（人名，20 世纪英国植物学家）

Phlomis tuberosa 块根糙苏：tuberosus = tuber + osus 块茎的，膨大成块茎的；tuber/ tuber-/ tuberi- 块茎的，结节状凸起的，瘤状的；-osus/ -osum/ -osa 多的，充分的，丰富的，显著发育的，程度高的，特征明显的（形容词词尾）

Phlomis umbrosa 糙苏：umbrosus 多荫的，喜阴的，生于阴地的；umbra 荫凉，阴影，阴地；-osus/ -osum/ -osa 多的，充分的，丰富的，显著发育的，程度高的，特征明显的（形容词词尾）

Phlomis umbrosa var. australis 糙苏-南方变种：australis 南方的，南半球的；austro-/ austr- 南方的，南半球的，大洋洲的；auster 南方，南风；-aris（阳性、阴性）/ -are（中性）← -alis（阳性、阴性）/ -ale（中性）属于，相似，如同，具有，涉及，关于，联结于（将名词作形容词用，其中 -aris 常用于以 l 或 r 为词干末尾的词）

Phlomis umbrosa var. latibracteata 糙苏-宽苞变种：lati-/ late- ← latus 宽的，宽广的；bracteatus = bracteus + atus 具苞片的；bracteus 苞，苞片，苞鳞

Phlomis umbrosa var. latibracteata f. latibracteata 糙苏宽苞变种-原变型 （词义见上面解释）

Phlomis umbrosa var. latibracteata f. villosa 糙苏-宽苞变种长毛变型：villosus 柔毛的，绵毛的；villus 毛，羊毛，长绒毛；-osus/ -osum/ -osa 多的，充分的，丰富的，显著发育的，特征明显的（形容词词尾）

Phlomis umbrosa var. ovalifolia 糙苏-卵叶变种：ovalis 广椭圆形的；ovus 卵，胚珠，卵形的，椭圆形的；folius/ folium/ folia 叶，叶片（用于复合词）

Phlomis umbrosa var. stenocalyx 糙苏-狭萼变种：sten-/ steno- ← stenus 窄的，狭的，薄的；calyx → calyc- 萼片（用于希腊语复合词）

Phlomis umbrosa var. umbrosa 糙苏-原变种（词义见上面解释）

Phlomis uniceps 单头糙苏：uni-/ uno- ← unus/ unum/ una 一，单一（希腊语为 mono-/ mon-）；-ceps/ cephalus ← captus 头，头状的，头状花序

Phlomis younghusbandii 螃蟹甲：younghusbandii（人名）；-ii 表示人名，接在以辅音字母结尾的人名后面，但 -er 除外

Phlox 天蓝绣球属（花荵科）（64-1：p159）：phlox 火焰

Phlox drummondii 小天蓝绣球：drummondii ← Thomas Drummond（人名，19 世纪英国博物学家）

Phlox paniculata 天蓝绣球：paniculatus = paniculus + atus 具圆锥花序的；paniculus 圆锥花序；panus 谷穗；panicus 野稗，粟，谷子；-atus/ -atum/ -ata 属于，相似，具有，完成（形容词词尾）

Phlox subulata 针叶天蓝绣球：subulatus 钻形的，尖头的，针尖状的；subulus 钻头，尖头，针尖状

Phoebe 楠属（樟科）（31：p89）：phoebe 月亮女神菲比（希腊神话人物）

Phoebe angustifolia 沼楠：angusti- ← angustus 窄的，狭的，细的；folius/ folium/ folia 叶，叶片（用于复合词）

Phoebe bournei 闽楠：bournei ← Johann Ambrosius Beurer（人名，18 世纪德国药剂师）；-i 表示人名，接在以元音字母结尾的人名后面，但 -a 除外

Phoebe brachythyrsa 短序楠：brachy- ← brachys 短的（用于拉丁语复合词词首）；thyrsus/ thyrsos 花簇，金字塔，圆锥形，聚伞圆锥花序

Phoebe chekiangensis 浙江楠：chekiangensis 浙江的（地名）

Phoebe chinensis 山楠：chinensis = china + ensis 中国的（地名）；China 中国

Phoebe faberi 竹叶楠：faberi ← Ernst Faber（人名，19 世纪活动于中国的德国植物采集员）；-eri 表示人名，在以 -er 结尾的人名后面加上 i 形成

Phoebe formosana 台楠：formosanus = formosus + anus 美丽的，台湾的；formosus ← formosa 美丽的，台湾的（葡萄牙殖民者发现台湾时对其的称呼，即美丽的岛屿）；-anus/ -anum/ -ana 属于，来自（形容词词尾）

Phoebe forrestii 长毛楠：forrestii ← George Forrest（人名，1873–1932，英国植物学家，曾在中国西部采集大量植物标本）

Phoebe glaucophylla 粉叶楠：glaucus → glauco-/ glauc- 被白粉的，发白的，灰绿色的；phyllus/ phyllum/ phylla ← phyllon 叶片（用于希腊语复合词）

Phoebe hainanensis 茶槁楠（槁 gǎo）：hainanensis 海南的（地名）

Phoebe hui 细叶楠：hui 胡氏（人名）

Phoebe hunanensis 湘楠：hunanensis 湖南的（地名）

Phoebe hungmaoensis 红毛山楠（种加词有时错印为"hungmoensis"）：hungmaoensis 红毛山的（地名，海南省陵水县）

Phoebe kwangsiensis 桂楠：kwangsiensis 广西的（地名）

Phoebe lanceolata 披针叶楠：lanceolatus = lanceus + olus + atus 小披针形的，小柳叶刀的；lance-/ lancei-/ lanci-/ lanceo-/ lanc- ← lanceus 披针形的，矛形的，尖刀状的，柳叶刀状的；-olus ← -ulus 小，稍微，略微（-ulus 在字母 e 或 i 之后变成 -olus/ -ellus/ -illus）；-atus/ -atum/ -ata 属于，相似，具有，完成（形容词词尾）

Phoebe legendrei 雅砻江楠（砻 lóng）：legendrei（人名）

Phoebe lichuanensis 利川楠：lichuanensis 利川的（地名，湖北省），黎川的（地名，江西省）

Phoebe macrocarpa 大果楠：macro-/ macr- ← macros 大的，宏观的（用于希腊语复合词）；carpus/ carpum/ carpa/ carpon ← carpos 果实（用于希腊语复合词）

Phoebe megacalyx 大萼楠：mega-/ megal-/ megalo- ← megas 大的，巨大的；calyx → calyc- 萼片（用于希腊语复合词）

Phoebe microphylla 小叶楠：micr-/ micro- ← micros 小的，微小的，微观的（用于希腊语复合词）；phyllus/ phyllum/ phylla ← phyllon 叶片（用于希腊语复合词）

Phoebe minutiflora 小花楠：minutus 极小的，细微的，微小的；florus/ florum/ flora ← flos 花（用于复合词）

Phoebe motuonan 墨脱楠：motuonan 墨脱楠（中文名）

Phoebe nanmu 滇楠：nanmu 楠木（中文名）

Phoebe neurantha 白楠：neur-/ neuro- ← neuron 脉，神经；anthus/ anthum/ antha/ anthe ← anthos 花（用于希腊语复合词）

Phoebe neurantha var. brevifolia 短叶楠：brevi- ← brevis 短的（用于希腊语复合词词首）；folius/ folium/ folia 叶，叶片（用于复合词）

Phoebe neurantha var. cavaleriei 兴义楠：cavaleriei ← Pierre Julien Cavalerie（人名，20 世纪法国传教士）；-i 表示人名，接在以元音字母结尾的人名后面，但 -a 除外

Phoebe neurantha var. neurantha 白楠-原变种（词义见上面解释）

Phoebe neuranthoides 光枝楠：neuranthoides 像 neurantha 的；Phoebe neurantha 白楠；-oides/ -oideus/ -oideum/ -oidea/ -odes/ -eidos 像……的，类似……的，呈……状的（名词词尾）

Phoebe nigrifolia 黑叶楠：nigra/ nigrans 涂黑的，黑色的；nigrus 黑色的；niger 黑色的；folius/ folium/ folia 叶，叶片（用于复合词）

Phoebe pandurata 琴叶楠：panduratus = pandura + atus 小提琴状的；pandura 一种类似小提琴的乐器

Phoebe puwenensis 普文楠：puwenensis 普文的（地名，云南省）

Phoebe rufescens 红梗楠：rufascens 略红的；ruf-/

rufi-/ frufo- ← rufus/ rubus 红褐色的，锈色的，红色的，发红的，淡红色的；-escens/ -ascens 改变，转变，变成，略微，带有，接近，相似，大致，稍微（表示变化的趋势，并未完全相似或相同，有别于表示达到完成状态的 -atus）

Phoebe sheareri 紫楠：sheareri（人名）；-eri 表示人名，在以 -er 结尾的人名后面加上 i 形成

Phoebe sheareri var. omeiensis 峨眉楠：omeiensis 峨眉山的（地名，四川省）

Phoebe sheareri var. sheareri 紫楠-原变种（词义见上面解释）

Phoebe tavoyana 乌心楠：tavoyana（人名）

Phoebe yaiensis 崖楠（崖 yá）：yaiensis 崖县的（地名，海南省三亚市的旧称）

Phoebe yunnanensis 景东楠：yunnanensis 云南的（地名）

Phoebe zhennan 楠木：zhennan 桢楠（中名音译）

Phoenix 刺葵属（棕榈科）（13-1：p6）：phoenix 椰枣，凤凰（希腊语）

Phoenix acaulis 无茎刺葵：acaulia/ acaulis 无茎的，矮小的；a-/ an- 无，非，没有，缺乏，不具有（an- 用于元音前）（a-/ an- 为希腊语词首，对应的拉丁语词首为 e-/ ex-，相当于英语的 un-/ -less，注意词首 a- 和作为介词的 a/ ab 不同，后者的意思是"从……、由……、关于……、因为……"）；caulia/ caulis 茎，茎秆，主茎

Phoenix dactylifera 海枣：dactylis ← dactylos 手指，手指状的（希腊语）；-ferus/ -ferum/ -fera/ -fero/ -fere/ -fer 有，具有，产（区别：作独立词使用的 ferus 意思是"野生的"）

Phoenix hanceana 刺葵：hanceana ← Henry Fletcher Hance（人名，19 世纪英国驻香港领事，曾在中国采集植物）

Phoenix roebelenii 江边刺葵：roebelenii ← Carl Roebelen（Roebelin）（人名，该种的发现者）

Phoenix sylvestris 林刺葵：sylvestris 森林的，野生的；sylva/ silva 森林；-estris/ -estre/ ester/ -esteris 生于……地方，喜好……地方

Pholidota 石仙桃属（兰科）（18：p386）：pholidos 鳞片；-otis/ -otites/ -otus/ -otion/ -oticus/ -otos/ -ous 耳，耳朵

Pholidota articulata 节茎石仙桃：articularis/ articulatus 有关节的，有接合点的

Pholidota bracteata 粗脉石仙桃：bracteatus = bracteus + atus 具苞片的；bracteus 苞，苞片，苞鳞；-atus/ -atum/ -ata 属于，相似，具有，完成（形容词词尾）

Pholidota cantonensis 细叶石仙桃：cantonensis 广东的（地名）

Pholidota chinensis 石仙桃：chinensis = china + ensis 中国的（地名）；China 中国

Pholidota convallariae 凹唇石仙桃：convallariae 山谷里百合的，铃兰的；Convallaria 铃兰属（百合科）；co- 联合，共同，合起来（拉丁语词首，为 cum- 的音变，表示结合、强化、完全，对应的希腊语为 syn-）；co- 的缀词音变有 co-/ com-/ con-/ col-/ cor-：co-（在 h 和元音字母前面），col-（在 l

前面），com-（在 b、m、p 之前），con-（在 c、d、f、g、j、n、qu、s、t 和 v 前面），cor-（在 r 前面）

Pholidota imbricata 宿苞石仙桃：imbricatus/ imbricans 重叠的，覆瓦状的

Pholidota leveilleana 单叶石仙桃：leveilleana（人名）

Pholidota longipes 长足石仙桃：longe-/ longi- ← longus 长的，纵向的；pes/ pedis 柄，梗，茎秆，腿，足，爪（作词首或词尾，pes 的词干视为 "ped-"）

Pholidota missionariorum 尖叶石仙桃：missionariorum 传教士的（为 missionarius 的复数所有格）；-orum 属于……的（第二变格法名词复数所有格词尾，表示群落或多数）

Pholidota protracta 尾尖石仙桃：protractus 伸长的，延长的；pro- 前，在前，在先，极其；tractus 细长的面片（像面条）

Pholidota roseans 贵州石仙桃：roseans = roseus + ans 玫瑰色的，发红的；roseus = rosa + eus 像玫瑰的，玫瑰色的，粉红色的；rosa 蔷薇（古拉丁名）← rhodon 蔷薇（希腊语）← rhodd 红色，玫瑰红（凯尔特语）；-eus/ -eum/ -ea（接拉丁语词干时）属于……的，色如……的，质如……的（表示原料、颜色或品质的相似），（接希腊语词干时）属于……的，以……出名，为……所占有（表示具有某种特性）；-ans/ -ens/ -bilis/ -ilis 能够，可能（为形容词词尾，-ans/ -ens 用于主动语态，-bilis/ -ilis 用于被动语态）

Pholidota rupestris 岩生石仙桃：rupestre/ rupicolus/ rupestris 生于岩壁的，岩栖的；rup-/ rupi- ← rupes/ rupis 岩石的；-estris/ -estre/ ester/ -esteris 生于……地方，喜好……地方

Pholidota wenshanica 文山石仙桃：wenshanica 文山的（地名，云南省）；-icus/ -icum/ -ica 属于，具有某种特性（常用于地名、起源、生境）

Pholidota yunnanensis 云南石仙桃：yunnanensis 云南的（地名）

Photinia 石楠属（蔷薇科）（36：p216）：photinia ← photeinos 有光泽的

Photinia anlungensis 安龙石楠：anlungensis 安龙的（地名，贵州省）

Photinia arguta 锐齿石楠：argutus → argut-/ arguti- 尖锐的

Photinia arguta var. arguta 锐齿石楠-原变种（词义见上面解释）

Photinia arguta var. hookeri 毛果锐齿石楠：hookeri ← William Jackson Hooker（人名，19 世纪英国植物学家）；-eri 表示人名，在以 -er 结尾的人名后面加上 i 形成

Photinia arguta var. salicifolia 柳叶锐齿石楠：salici ← Salix 柳属；构词规则：以 -ix/ -iex 结尾的词其词干末尾视为 -ic，以 -ex 结尾视为 -i/ -ic，其他以 -x 结尾视为 -c；folius/ folium/ folia 叶，叶片（用于复合词）

Photinia beauverdiana 中华石楠：beauverdiana ← Gustave Beauverd（人名，20 世纪瑞士植物学家）

Photinia beauverdiana var. beauverdiana 中华石楠-原变种（词义见上面解释）

Photinia beauverdiana var. brevifolia 短叶中华石楠：brevi- ← brevis 短的（用于希腊语复合词词首）；folius/ folium/ folia 叶，叶片（用于复合词）

Photinia beauverdiana var. notabilis 厚叶中华石楠：notabilis 值得注目的，有价值的，显著的，特殊的；notus/ notum/ nota ① 知名的、常见的、印记、特征、注目，② 背部、脊背（注：该词具有两类完全不同的意思，要根据植物特征理解其含义）；nota 记号，标签，特征，标点，污点；noto 划记号，记载，注目，观察；-ans/ -ens/ -bilis/ -ilis 能够，可能（为形容词词尾，-ans/ -ens 用于主动语态，-bilis/ -ilis 用于被动语态）

Photinia beckii 椭圆叶石楠：beckii ← George Beck（人名，20 世纪美国植物学家）

Photinia benthamiana 闽粤石楠：benthamiana ← George Bentham（人名，19 世纪英国植物学家）

Photinia benthamiana var. benthamiana 闽粤石楠-原变种（词义见上面解释）

Photinia benthamiana var. obovata 倒卵叶闽粤石楠：obovatus = ob + ovus + atus 倒卵形的；ob-相反，反对，倒（ob- 有多种音变：ob- 在元音字母和大多数辅音字母前面，oc- 在 c 前面，of- 在 f 前面，op- 在 p 前面）；ovus 卵，胚珠，卵形的，椭圆形的

Photinia benthamiana var. salicifolia 柳叶闽粤石楠：salici ← Salix 柳属；构词规则：以 -ix/ -iex 结尾的词其词干末尾视为 -ic，以 -ex 结尾视为 -i/ -ic，其他以 -x 结尾视为 -c；folius/ folium/ folia 叶，叶片（用于复合词）

Photinia berberidifolia 小檗叶石楠（檗 bò）：berberidifolia = Berberis + folia 小檗叶的，叶片像小檗的；构词规则：词尾为 -is 和 -ys 的词的词干分别视为 -id 和 -yd；Berberis 小檗属（小檗科）；folius/ folium/ folia 叶，叶片（用于复合词）

Photinia bergerae 湖北石楠：bergerae ← Alwin Berger（人名，南非植物学家）；-ae 表示人名，以 -a 结尾的人名后面加上 -e 形成

Photinia blinii 短叶石楠：blinii（人名）；-ii 表示人名，接在以辅音字母结尾的人名后面，但 -er 除外

Photinia bodinieri 贵州石楠：bodinieri ← Emile Marie Bodinieri（人名，19 世纪活动于中国的法国传教士）；-eri 表示人名，在以 -er 结尾的人名后面加上 i 形成

Photinia bodinieri var. bodinieri 贵州石楠-原变种（词义见上面解释）

Photinia bodinieri var. longifolia 长叶贵州石楠：longe-/ longi- ← longus 长的，纵向的；folius/ folium/ folia 叶，叶片（用于复合词）

Photinia callosa 厚齿石楠：callosus = callus + osus 具硬皮的，出老茧的，包块的，疙瘩的，胼胝体状的，愈伤组织的；callus 硬皮，老茧，包块，疙瘩，胼胝体，愈伤组织；-osus/ -osum/ -osa 多的，充分的，丰富的，显著发育的，程度高的，特征明显的（形容词词尾）；形近词：callos/ calos ← kallos 美丽的

Photinia chihsiniana 临桂石楠：chihsiniana（人名）

Photinia chingiana 宜山石楠：chingiana ← R. C. Chin 秦仁昌（人名，1898–1986，中国植物学家，蕨类植物专家），秦氏

Photinia crassifolia 厚叶石楠：crassi- ← crassus 厚的，粗的，多肉质的；folius/ folium/ folia 叶，叶片

P

（用于复合词）

Photinia davidsoniae 椤木石楠（椤 luó）：davidsoniae ← A. Davidson（人名，1860–1932，美国人）；-ae 表示人名，以 -a 结尾的人名后面加上 -e 形成

Photinia davidsoniae var. ambigua 毛瓣椤木石楠-原变种：ambiguus 可疑的，不确定的，含糊的

Photinia davidsoniae var. pungens 锐尖椤木石楠-原变种：pungens 硬尖的，针刺的，针刺般的，辛辣的；pungo/ pupugi/ punctum 扎，刺，使痛苦

Photinia esquirolii 黔南石楠：esquirolii（人名）；-ii 表示人名，接在以辅音字母结尾的人名后面，但 -er 除外

Photinia fokienensis 福建石楠：fokienensis 福建的（地名）

Photinia glabra 光叶石楠：glabrus 光秃的，无毛的，光滑的

Photinia glomerata 球花石楠：glomeratus = glomera + atus 聚集的，球形的，聚成球形的；glomera 线球，一团，一束

Photinia hirsuta 褐毛石楠：hirsutus 粗毛的，糙毛的，有毛的（长而硬的毛）

Photinia hirsuta var. hirsuta 褐毛石楠-原变种（词义见上面解释）

Photinia hirsuta var. lobulata 裂叶褐毛石楠：lobulatus = lobus + ulus + atus 小裂片的，浅裂的，凸轮状的；lobus/ lobos/ lobon 浅裂，耳片（裂片先端钝圆），荚果，蒴果

Photinia impressivena 陷脉石楠：impressivena 凹脉的；impressi- ← impressus 凹陷的，凹入的，雕刻的；in-/ im-（来自 il- 的音变）内，在内，内部，向内，相反，不，无，非；il- 在内，向内，为，相反（希腊语为 en-）；词首 il- 的音变：il-（在 l 前面），im-（在 b、m、p 前面），in-（在元音字母和大多数辅音字母前面），ir-（在 r 前面），如 illaudatus（不值得称赞的，评价不好的），impermeabilis（不透水的，穿不透的），ineptus（不合适的），insertus（插入的），irretortus（无弯曲的，无扭曲的）；pressus 压，压力，挤压，紧密；venus 脉，叶脉，血脉，血管

Photinia impressivena var. impressivena 陷脉石楠-原变种（词义见上面解释）

Photinia impressivena var. urceolocarpa 毛序陷脉石楠：urceolocarpa 坛状果实的；urceolatus 坛状的，壶形的（指中空且口部收缩）；urceolus 小坛子，小水壶；urceus 坛子，水壶；carpus/ carpum/ carpa/ carpon ← carpos 果实（用于希腊语复合词）

Photinia integrifolia 全缘石楠：integer/ integra/ integrum → integri- 完整的，整个的，全缘的；folius/ folium/ folia 叶，叶片（用于复合词）

Photinia integrifolia var. flavidiflora 黄花全缘石楠：flavidus 淡黄的，泛黄的，发黄的；flavus → flavo-/ flavi-/ flav- 黄色的，鲜黄色的，金黄色的（指纯正的黄色）；-idus/ -idum/ -ida 表示在进行中的动作或情况，作动词、名词或形容词的词尾；florus/ florum/ flora ← flos 花（用于复合词）

Photinia integrifolia var. integrifolia 全缘石楠-原变种（词义见上面解释）

Photinia integrifolia var. notoniana 长柄全缘石楠：notoniana（人名）

Photinia kwangsiensis 广西石楠：kwangsiensis 广西的（地名）

Photinia lanuginosa 绵毛石楠：lanuginosus = lanugo + osus 具绵毛的，具柔毛的；lanugo = lana + ugo 绒毛（lanugo 的词干为 lanugin-）；词尾为 -go 的词其词干末尾视为 -gin；lana 羊毛，绵毛

Photinia lasiogyna 倒卵叶石楠：lasi-/ lasio- 羊毛状的，有毛的，粗糙的；gynus/ gynum/ gyna 雌蕊，子房，心皮

Photinia lochengensis 罗城石楠：lochengensis 罗城的（地名，广西壮族自治区）

Photinia loriformis 带叶石楠：lorus 带状的，舌状的；formis/ forma 形状

Photinia lucida 台湾石楠：lucidus ← lucis ← lux 发光的，光辉的，清晰的，发亮的，荣耀的（lux 的单数所有格为 lucis，词尾为 -is 和 -ys 的词的词干分别视为 -id 和 -yd）

Photinia obliqua 斜脉石楠：obliquus 斜的，偏的，歪斜的，对角线的；obliq-/ obliqui- 对角线的，斜线的，歪斜的

Photinia parviflora 小花石楠：parviflorus 小花的；parvus 小的，些微的，弱的；florus/ florum/ flora ← flos 花（用于复合词）

Photinia parvifolia 小叶石楠：parvifolius 小叶的；parvus 小的，些微的，弱的；folius/ folium/ folia 叶，叶片（用于复合词）

Photinia parvifolia var. kankoensis 台湾小叶石楠：kankoensis（地名，属台湾省，日语读音）

Photinia parvifolia var. parvifolia 小叶石楠-原变种（词义见上面解释）

Photinia pilosicalyx 毛果石楠：pilosus = pilus + osus 多毛的，被柔毛的，具疏柔毛的，被短弱细毛的；pilus 毛，疏柔毛；-osus/ -osum/ -osa 多的，充分的，丰富的，显著发育的，程度高的，特征明显的（形容词词尾）；calyx → calyc- 萼片（用于希腊语复合词）；pilosicalyx 疏柔毛萼的

Photinia podocarpifolia 罗汉松叶石楠：Podocarpus 罗汉松属（罗汉松科）；folius/ folium/ folia 叶，叶片（用于复合词）

Photinia prionophylla 刺叶石楠：prio-/ prion-/ priono- 锯，锯齿；phyllus/ phyllum/ phylla ← phyllon 叶片（用于希腊语复合词）

Photinia prionophylla var. nudifolia 无毛刺叶石楠：nudi- ← nudus 裸露的；folius/ folium/ folia 叶，叶片（用于复合词）

Photinia prionophylla var. prionophylla 刺叶石楠-原变种（词义见上面解释）

Photinia prunifolia 桃叶石楠：prunus 李，杏；folius/ folium/ folia 叶，叶片（用于复合词）

Photinia prunifolia var. denticulata 齿叶桃叶石楠：denticulatus = dentus + culus + atus 具细齿的，具齿的；dentus 齿，牙齿；-culus/ -culum/ -cula 小的，略微的，稍微的（同第三变格法和第四变格法名词形成复合词）；-atus/ -atum/ -ata 属于，相似，具有，完成（形容词词尾）

Photinia prunifolia var. prunifolia 桃叶石楠-原变种 （词义见上面解释）

Photinia raupingensis 饶平石楠：raupingensis 饶平的（地名，广东省）

Photinia scandens 攀援石楠：scandens 攀缘的，缠绕的，藤本的；scando/ scansum 上升，攀登，缠绕

Photinia schneideriana 绒毛石楠：schneideriana （人名）

Photinia serrulata 石楠：serrulatus = serrus + ulus + atus 具细锯齿的；serrus 齿，锯齿；-ulus/ -ulum/ -ula 小的，略微的，稍微的（小词 -ulus 在字母 e 或 i 之后有多种变缀，即 -olus/ -olum/ -ola、-ellus/ -ellum/ -ella、-illus/ -illum/ -illa，与第一变格法和第二变格法名词形成复合词）；-atus/ -atum/ -ata 属于，相似，具有，完成（形容词词尾）

Photinia serrulata var. ardisiifolia 石楠-窄叶变种：ardisiifolia = Ardisia + folia 紫金牛叶的；缀词规则：以属名作复合词时原词尾变形后的 i 要保留；Ardisia 紫金牛属（紫金牛科）；folius/ folium/ folia 叶，叶片（用于复合词）

Photinia serrulata var. daphniphylloides 宽叶石楠：Daphne 瑞香属（瑞香科），月桂（Laurus nobilis）；phyllus/ phyllum/ phylla ← phyllon 叶片（用于希腊语复合词）；-oides/ -oideus/ -oideum/ -oidea/ -odes/ -eidos 像……的，类似……的，呈……状的（名词词尾）

Photinia serrulata var. lasiopetala 毛瓣石楠：lasi-/ lasio- 羊毛状的，有毛的，粗糙的；petalus/ petalum/ petala ← petalon 花瓣

Photinia serrulata var. serrulata 石楠-原变种 （词义见上面解释）

Photinia stenophylla 窄叶石楠：sten-/ steno- ← stenus 窄的，狭的，薄的；phyllus/ phyllum/ phylla ← phyllon 叶片（用于希腊语复合词）

Photinia tsaii 福贡石楠：tsaii 蔡希陶（人名，1911–1981，中国植物学家）

Photinia tushanensis 独山石楠：tushanensis 独山的（地名，贵州省）

Photinia villosa 毛叶石楠：villosus 柔毛的，绵毛的；villus 毛，羊毛，长绒毛；-osus/ -osum/ -osa 多的，充分的，丰富的，显著发育的，程度高的，特征明显的（形容词词尾）

Photinia villosa var. sinica 无毛毛叶石楠：sinica 中国的（地名）；-icus/ -icum/ -ica 属于，具有某种特性（常用于地名、起源、生境）

Photinia villosa var. villosa 毛叶石楠-原变种 （词义见上面解释）

Photinopteris 顶育蕨属（槲蕨科）（6-2：p268）：Photinia 石楠属（蔷薇科）；pteris ← pteryx 翅，翼，蕨类（希腊语）

Photinopteris acuminata 顶育蕨：acuminatus = acumen + atus 锐尖的，渐尖的；acumen 渐尖头；-atus/ -atum/ -ata 属于，相似，具有，完成（形容词词尾）

Phragmites 芦苇属（禾本科）（9-2：p25）：phragmites ← phragma 篱笆，栅栏，隔膜（表示在水沟边形成篱笆状株形，希腊语）

Phragmites australis 芦苇：australis 南方的，南半球的；austro-/ austr- 南方的，南半球的，大洋洲的；auster 南方，南风；-aris（阳性、阴性）/ -are（中性）← -alis（阳性、阴性）/ -ale（中性）属于，相似，如同，具有，涉及，关于，联结于（将名词作形容词用，其中 -aris 常用于以 l 或 r 为词干末尾的词）

Phragmites australis var. australis 芦苇-原变种 （词义见上面解释）

Phragmites japonica 日本苇：japonica 日本的（地名）；-icus/ -icum/ -ica 属于，具有某种特性（常用于地名、起源、生境）

Phragmites japonica var. japonica 日本苇-原变种 （词义见上面解释）

Phragmites japonica var. prostrata 爬苇：prostratus/ pronus/ procumbens 平卧的，匍匐的

Phragmites karka 卡开芦：karka 芦苇（印度语）

Phragmites karka var. cincta 丝毛芦：cinctus 包围的，缠绕的

Phragmites karka var. karka 卡开芦-原变种 （词义见上面解释）

Phreatia 馥兰属（馥 fù）（兰科）（19：p64）：phreatia ← phrear 井，水井（指分布于井边）

Phreatia caulescens 垂茎馥兰：caulescens 有茎的，变成有茎的，大致有茎的；caulus/ caulon/ caule ← caulos 茎，茎秆，主茎；-escens/ -ascens 改变，转变，变成，略微，带有，接近，相似，大致，稍微（表示变化的趋势，并未完全相似或相同，有别于表示达到完成状态的 -atus）

Phreatia formosana 馥兰：formosanus = formosus + anus 美丽的，台湾的；formosus ← formosa 美丽的，台湾的（葡萄牙殖民者发现台湾时对其的称呼，即美丽的岛屿）；-anus/ -anum/ -ana 属于，来自（形容词词尾）

Phreatia morii 大馥兰：morii 森（日本人名）

Phreatia taiwaniana 台湾馥兰：taiwaniana 台湾的（地名）

Phryma 透骨草属（透骨草科）（70：p314）：phryma（北美印第安土名）

Phryma leptostachya 北美透骨草：leptostachyus 细长总状花序的，细长花穗的；leptus ← leptos 细的，薄的，瘦小的，狭长的；stachy-/ stachyo-/ -stachys/ -stachyus/ -stachyum/ -stachya 穗子，穗子的，穗子状的，穗状花序的；Leptostachya 纤穗爵床属（爵床科）

Phryma leptostachya subsp. asiatica 透骨草：asiatica 亚洲的（地名）；-aticus/ -aticum/ -atica 属于，表示生长的地方，作名词词尾

Phryma leptostachya subsp. leptostachya 北美透骨草-原亚种 （词义见上面解释）

Phrymaceae 透骨草科（70：p314）：Phryma 透骨草属；-aceae（分类单位科的词尾，为 -aceus 的阴性复数主格形式，加到模式属的名称后或同义词的词干后以组成族群名称）

Phrynium 柊叶属（柊 zhōng）（竹芋科）（16-2：p161）：phrynium ← phrynos 蟾蜍（指水湿生境）；-ius/ -ium/ -ia 具有……特性的（表示有关、关联、相似）

Phrynium capitatum 柊叶：capitatus 头状的，头状花序的；capitus ← capitis 头，头状

Phrynium dispermum 少花柊叶：dispermus 具二种子的；di-/ dis- 二，二数，二分，分离，不同，在……之间，从……分开（希腊语，拉丁语为 bi-/ bis-）；spermus/ spermum/ sperma 种子的（用于希腊语复合词）

Phrynium hainanense 海南柊叶：hainanense 海南的（地名）

Phrynium placentarium 尖苞柊叶：placentarium 胎座的，具胎座的；placenta 胎座；-arius/ -arium/ -aria 相似，属于（表示地点，场所，关系，所属）

Phrynium tonkinense 云南柊叶：tonkin 东京（地名，越南河内的旧称）

Phtheirospermum 松蒿属（玄参科）(67-2：p369)：phtheir 虱子，虱子状的；spermus/ spermum/ sperma 种子的（用于希腊语复合词）

Phtheirospermum esquirolii （艾氏松蒿）：esquirolii（人名）；-ii 表示人名，接在以辅音字母结尾的人名后面，但 -er 除外

Phtheirospermum japonicum 松蒿：japonicum 日本的（地名）；-icus/ -icum/ -ica 属于，具有某种特性（常用于地名、起源、生境）

Phtheirospermum tenuisectum 细裂叶松蒿：tenuisectus 细全裂的；tenui- ← tenuis 薄的，纤细的，弱的，瘦的，窄的；sectus 分段的，分节的，切开的，分裂的

Phuopsis 长柱草属（茜草科）(71-2：p212)：phuopsis = phou + opsis 像 phou 的；phou 缬草（败酱科缬草属一种植物的希腊语名）；-opsis/ -ops 相似，稍微，带有

Phuopsis stylosa 长柱花：stylosus 具花柱的，花柱明显的；stylus/ stylis ← stylos 柱，花柱；-osus/ -osum/ -osa 多的，充分的，丰富的，显著发育的，程度高的，特征明显的（形容词词尾）

Phyla 过江藤属（马鞭草科）(65-1：p18)：phyla ← phylon 种族的，部落的（指一片苞叶中聚集很多花）（注意区别形近词 philus 和 Pyllus）；philus/ philein ← philos → phil-/ phili/ philo- 喜好的，爱好的，喜欢的；phyllus/ phyllum/ phylla ← phyllon 叶片（用于希腊语复合词）

Phyla nodiflora 过江藤：nodiflorus 关节上开花的；nodus 节，节点，连接点；florus/ florum/ flora ← flos 花（用于复合词）

Phylacium 苞护豆属（豆科）(41：p90)：phylacium ← phylactos 要避开的（指苞片在结果时增大成膜质叶状）

Phylacium majus 苞护豆：majus 大的，巨大的

Phyllagathis 锦香草属（野牡丹科）(53-1：p209)：phyllus/ phyllum/ phylla ← phyllon 叶片（用于希腊语复合词）；agathis ← agathos 好的，美好的，线毯的，毛毯的（如柔荑花序等）

Phyllagathis anisophylla 毛柄锦香草：aniso- ← anisos 不等的，不同的，不整齐的；phyllus/ phyllum/ phylla ← phyllon 叶片（用于希腊语复合词）

Phyllagathis asarifolia 细辛锦香草：Asarum 细辛属（马兜铃科）；folius/ folium/ folia 叶，叶片（用于复合词）

Phyllagathis calisaurea 金盏锦香草：calisaureus =

calix + aureus 金色杯的；calix 杯子，盘子；aureus = aurus + eus 属于金色的，属于黄色的；aurus 金，金色；-eus/ -eum/ -ea（接拉丁语词干时）属于……的，色如……的，质如……的（表示原料、颜色或品质的相似），（接希腊语词干时）属于……的，以……出名，为……所占有（表示具有某种特性）

Phyllagathis cavaleriei 锦香草：cavaleriei ← Pierre Julien Cavalerie（人名，20 世纪法国传教士）；-i 表示人名，接在以元音字母结尾的人名后面，但 -a 除外

Phyllagathis cavaleriei var. cavaleriei 锦香草-原变种（词义见上面解释）

Phyllagathis cavaleriei var. tankahkeei 短毛熊巴掌：tankahkeei（人名）

Phyllagathis cavaleriei var. wilsoniana 长柄熊巴掌：wilsoniana ← John Wilson（人名，18 世纪英国植物学家）

Phyllagathis cymigera 聚伞锦香草：cyma/ cyme 聚伞花序；gerus → -ger/ -gerus/ -gerum/ -gera 具有，有，带有

Phyllagathis deltodea 三角齿锦香草（种加词有时误拼为 "deltoda"）：deltodea = delta + odeus 三角形的，正三角形的；delta 三角；-oides/ -oideus/ -oideum/ -oidea/ -odes/ -eidos 像……的，类似……的，呈……状的（名词词尾）

Phyllagathis elattandra 红敷地发：elatt- ← elatus 高的，长的；andrus/ andros/ antherus ← aner 雄蕊，花药，雄性

Phyllagathis erecta 直立锦香草：erectus 直立的，笔直的

Phyllagathis fordii 叶底红：fordii ← Charles Ford（人名）

Phyllagathis fordii var. fordii 叶底红-原变种（词义见上面解释）

Phyllagathis fordii var. micrantha 小花叶底红：micr-/ micro- ← micros 小的，微小的，微观的（用于希腊语复合词）；anthus/ anthum/ antha/ anthe ← anthos 花（用于希腊语复合词）

Phyllagathis gracilis 细梗锦香草：gracilis 细长的，纤弱的，丝状的

Phyllagathis hainanensis 海南锦香草：hainanensis 海南的（地名）

Phyllagathis hispida 刚毛锦香草：hispidus 刚毛的，鬃毛状的

Phyllagathis hispidissima 密毛锦香草：hispidus 刚毛的，鬃毛状的；-issimus/ -issima/ -issimum 最，非常，极其（形容词最高级）

Phyllagathis latisepala 宽萼锦香草：lati-/ late- latus 宽的，宽广的；sepalus/ sepalum/ sepala 萼片（用于复合词）

Phyllagathis longearistata 长芒锦香草：longearistatus = longus + aristatus 具长芒的；longe-/ longi- ← longus 长的，纵向的；aristatus(aristosus) = arista + atus 具芒的，具芒刺的，具刚毛的，具胡须的；arista 芒

Phyllagathis longiradiosa 大叶熊巴掌：longe-/ longi- ← longus 长的，纵向的；radius 辐射，射线，

半径，边花，伞形花序；-osus/ -osum/ -osa 多的，充分的，丰富的，显著发育的，程度高的，特征明显的（形容词词尾）；radiosus 多伞梗的，具边花的，辐射状的

Phyllagathis longiradiosa var. longiradiosa 大叶熊巴掌-原变种 （词义见上面解释）

Phyllagathis longiradiosa var. pulchella 丽萼熊巴掌：pulchellus/ pulcellus = pulcher + ellus 稍美丽的，稍可爱的；pulcher/pulcer 美丽的，可爱的；-ellus/ -ellum/ -ella ← -ulus 小的，略微的，稍微的（小词 -ulus 在字母 e 或 i 之后有多种变缀，即 -olus/ -olum/ -ola、-ellus/ -ellum/ -ella、-illus/ -illum/ -illa，用于第一变格法名词）

Phyllagathis melastomatoides 毛锦香草：Melastoma 野牡丹属（野牡丹科）；-oides/ -oideus/ -oideum/ -oidea/ -odes/ -eidos 像……的，类似……的，呈……状的（名词词尾）

Phyllagathis melastomatoides var. brevipes 短柄毛锦香草：brevi- ← brevis 短的（用于希腊语复合词词首）；pes/ pedis 柄，梗，茎秆，腿，足，爪（作词首或词尾，pes 的词干视为 "ped-"）

Phyllagathis melastomatoides var. melastomatoides 毛锦香草-原变种 （词义见上面解释）

Phyllagathis nudipes 秃柄锦香草：nudi- ← nudus 裸露的；pes/ pedis 柄，梗，茎秆，腿，足，爪（作词首或词尾，pes 的词干视为 "ped-"）

Phyllagathis ovalifolia 卵叶锦香草：ovalis 广椭圆形的；ovus 卵，胚珠，卵形的，椭圆形的；folius/ folium/ folia 叶，叶片（用于复合词）

Phyllagathis plagiopetala 偏斜锦香草：plagiopetalus 斜瓣的；plagios 斜的，歪的，偏的；petalus/ petalum/ petala ← petalon 花瓣

Phyllagathis scorpiothyrsoides 斑叶锦香草：Scorpiothyrsus 卷花丹属（juǎn）（野牡丹科）；-oides/ -oideus/ -oideum/ -oidea/ -odes/ -eidos 像……的，类似……的，呈……状的（名词词尾）

Phyllagathis setotheca 刺蕊锦香草：setus/ saetus 刚毛，刺毛，芒刺；theca ← thekion（希腊语）盒子，室（花药的药室）

Phyllagathis setotheca var. setotheca 刺蕊锦香草-原变种 （词义见上面解释）

Phyllagathis setotheca var. setotuba 毛萼锦香草：setus/ saetus 刚毛，刺毛，芒刺；tubus 管子的，管状的，筒状的

Phyllagathis stenophylla 窄叶锦香草：sten-/ steno- ← stenus 窄的，狭的，薄的；phyllus/ phyllum/ phylla ← phyllon 叶片（用于希腊语复合词）

Phyllagathis tenuicaulis 柔茎锦香草：tenui- ← tenuis 薄的，纤细的，弱的，瘦的，窄的；caulis ← caulos 茎，茎秆，主茎

Phyllagathis ternata 三瓣锦香草：ternatus 三数的，三出的

Phyllagathis tetrandra 四蕊熊巴掌：tetrandrus 四雄蕊的；tetra-/ tetr- 四，四数（希腊语，拉丁语为 quadri-/ quadr-）；andrus/ andros/ antherus ← aner 雄蕊，花药，雄性

Phyllagathis velutina 腺毛锦香草：velutinus 天鹅绒的，柔软的；velutus 绒毛的；-inus/ -inum/ -ina/ -inos 相近，接近，相似，具有（通常指颜色）

Phyllagathis wenshanensis 猫耳朵：wenshanensis 文山的（地名，云南省）

Phyllanthodendron 珠子木属（大戟科）（44-1：p116）：phyllanthodendron 像叶下珠的树木；Phyllanthus 叶下珠属；dendron 树木

Phyllanthodendron anthopotamicum 珠子木：anthi-/ antho- ← anthus ← anthos 花；potamicus 河流的，河中生长的；potamus ← potamos 河流；-icus/ -icum/ -ica 属于，具有某种特性（常用于地名、起源、生境）

Phyllanthodendron breynioides 龙州珠子木：breynioides 黑面神状的；Breynia 黑面神属（大戟科）；-oides/ -oideus/ -oideum/ -oidea/ -odes/ -eidos 像……的，类似……的，呈……状的（名词词尾）

Phyllanthodendron caudatifolium 尾叶珠子木：caudatus = caudus + atus 尾巴的，尾巴状的，具尾的；caudus 尾巴；folius/ folium/ folia 叶，叶片（用于复合词）

Phyllanthodendron dunnianum 枝翅珠子木：dunnianum（人名）

Phyllanthodendron lativenium 宽脉珠子木：lati-/ late- ← latus 宽的，宽广的；venius 脉，叶脉的

Phyllanthodendron moi 峎岗珠子木（峎 lòng）：moi（人名）；-i 表示人名，接在以元音字母结尾的人名后面，但 -a 除外

Phyllanthodendron orbicularifolium 圆叶珠子木：orbicularis/ orbiculatus 圆形的；orbis 圆，圆形，圆圈，环；-culus/ -culum/ -cula 小的，略微的，稍微的（同第三变格法和第四变格法名词形成复合词）；-aris（阳性、阴性）/ -are（中性）← -alis（阳性、阴性）/ -ale（中性）属于，相似，如同，具有，涉及，关于，联结于（将名词作形容词用，其中 -aris 常用于以 l 或 r 为词干末尾的词）；folius/ folium/ folia 叶，叶片（用于复合词）

Phyllanthodendron petraeum 岩生珠子木：petraeus 喜好岩石的，喜好岩隙的；petra ← petros 石头，岩石，岩石地带（指生境）；-aeus/ -aeum/ -aea 表示属于……，名词形容词化词尾，如 europaeus ← europa 欧洲的

Phyllanthodendron roseum 玫花珠子木：roseus = rosa + eus 像玫瑰的，玫瑰色的，粉红色的；rosa 蔷薇（古拉丁名）← rhodon 蔷薇（希腊语）← rhodd 红色，玫瑰红（凯尔特语）；-eus/ -eum/ -ea（接拉丁语词干时）属于……的，色如……的，质如……的（表示原料、颜色或品质的相似），（接希腊语词干时）属于……的，以……出名，为……所占有（表示具有某种特性）

Phyllanthodendron yunnanense 云南珠子木：yunnanense 云南的（地名）

Phyllanthus 叶下珠属（大戟科）（44-1：p78）：phyllanthus 叶下生花的；phyllus/ phyllum/ phylla ← phyllon 叶片（用于希腊语复合词）；anthus/ anthum/ antha/ anthe ← anthos 花（用于

希腊语复合词）；注：叶下珠属已归入叶下珠科/叶萝藦科 Phyllanthaceae

Phyllanthus amarus 苦味叶下珠：amarus 苦味的

Phyllanthus annamensis 崖县叶下珠（崖 yá）：annamensis 安南的（地名，越南古称）

Phyllanthus arenarius 沙地叶下珠：arenarius 沙子，沙地，沙地的，沙生的；arena 沙子；-arius/ -arium/ -aria 相似，属于（表示地点，场所，关系，所属）

Phyllanthus arenarius var. arenarius 沙地叶下珠-原变种 （词义见上面解释）

Phyllanthus arenarius var. yunnanensis 云南沙地叶下珠：yunnanensis 云南的（地名）

Phyllanthus bodinieri 贵州叶下珠：bodinieri ← Emile Marie Bodinieri（人名，19 世纪活动于中国的法国传教士）；-eri 表示人名，在以 -er 结尾的人名后面加上 i 形成

Phyllanthus chekiangensis 浙江叶下珠：chekiangensis 浙江的（地名）

Phyllanthus clarkei 滇藏叶下珠：clarkei（人名）

Phyllanthus cochinchinensis 越南叶下珠：cochinchinensis ← Cochinchine 南圻的（历史地名，即今越南南部及其周边国家和地区）

Phyllanthus dongfangensis 后生叶下珠：dongfangensis 东方的（地名，海南省）

Phyllanthus emblica 余甘子：emblicus 长寿的

Phyllanthus fanchenensis 尖叶下珠：fanchenensis 防城的（地名，广西西南部防城港市的旧称）

Phyllanthus fimbricalyx 穗萼叶下珠：fimbria → fimbri- 流苏，长缘毛；calyx → calyc- 萼片（用于希腊语复合词）

Phyllanthus flexuosus 落萼叶下珠：flexuosus = flexus + osus 弯曲的，波状的，曲折的；flexus ← flecto 扭曲的，卷曲的，弯弯曲曲的，柔性的；flecto 弯曲，使扭曲；-osus/ -osum/ -osa 多的，充分的，丰富的，显著发育的，程度高的，特征明显的（形容词词尾）

Phyllanthus forrestii 刺果叶下珠：forrestii ← George Forrest（人名，1873–1932，英国植物学家，曾在中国西部采集大量植物标本）

Phyllanthus franchetianus 云贵叶下珠：franchetianus ← A. R. Franchet（人名，19 世纪法国植物学家）

Phyllanthus glaucus 青灰叶下珠：glaucus → glauco-/ glauc- 被白粉的，发白的，灰绿色的

Phyllanthus gracilipes 毛果叶下珠：gracilis 细长的，纤弱的，丝状的；pes/ pedis 柄，梗，茎秆，腿，足，爪（作词首或词尾，pes 的词干视为 "ped-"）

Phyllanthus guangdongensis 隐脉叶下珠：guangdongensis 广东的（地名）

Phyllanthus hainanensis 海南叶下珠：hainanensis 海南的（地名）

Phyllanthus leptoclados 细枝叶下珠：leptus ← leptos 细的，薄的，瘦小的，狭长的；clados → cladus 枝条，分枝

Phyllanthus maderaspatensis 麻德拉斯叶下珠：maderaspatensis ← Madras 马德拉斯的（地名，印度金奈的旧称）

Phyllanthus myrtifolius 瘤腺叶下珠：Myrtus 香桃木属（桃金娘科）；folius/ folium/ folia 叶，叶片（用于复合词）

Phyllanthus nanellus 单花水油甘：nanellus 很矮的；nanus ← nanos/ nannos 矮小的，小的；nani-/ nano-/ nanno- 矮小的，小的；-ellus/ -ellum/ -ella ← -ulus 小的，略微的，稍微的（小词 -ulus 在字母 e 或 i 之后有多种变缀，即 -olus/ -olum/ -ola、-ellus/ -ellum/ -ella、-illus/ -illum/ -illa，用于第一变格法名词）

Phyllanthus niruri 珠子草：niruri（印度土名）

Phyllanthus oligospermus 少子叶下珠：oligo-/ olig- 少数的（希腊语，拉丁语为 pauci-）；spermus/ spermum/ sperma 种子的（用于希腊语复合词）

Phyllanthus parvifolius 水油甘：parvifolius 小叶的；parvus 小的，些微的，弱的；folius/ folium/ folia 叶，叶片（用于复合词）

Phyllanthus pulcher 云桂叶下珠：pulcher/pulcer 美丽的，可爱的

Phyllanthus reticulatus 小果叶下珠：reticulatus = reti + culus + atus 网状的；reti-/ rete- 网（同义词：dictyo-）；-culus/ -culum/ -cula 小的，略微的，稍微的（同第三变格法和第四变格法名词形成复合词）；-atus/ -atum/ -ata 属于，相似，具有，完成（形容词词尾）

Phyllanthus reticulatus var. glaber 无毛小果叶下珠：glaber/ glabrus 光滑的，无毛的

Phyllanthus reticulatus var. reticulatus 小果叶下珠-原变种 （词义见上面解释）

Phyllanthus ruber 红叶下珠：rubrus/ rubrum/ rubra/ ruber 红色的；rubr-/ rubri-/ rubro- ← rubrus 红色

Phyllanthus sootepensis 云泰叶下珠：sootepensis（地名，泰国）

Phyllanthus taxodiifolius 落羽松叶下珠：Taxodium 落羽松属（杉科）；folius/ folium/ folia 叶，叶片（用于复合词）

Phyllanthus tsarongensis 西南叶下珠：tsarongensis 察瓦龙的（地名，西藏自治区）

Phyllanthus urinaria 叶下珠：urinarius 尿道的；-arius/ -arium/ -aria 相似，属于（表示地点，场所，关系，所属）

Phyllanthus ussuriensis 蜜甘草：ussuriensis 乌苏里江的（地名，中国黑龙江省与俄罗斯界河）

Phyllanthus virgatus 黄珠子草：virgatus 细长枝条的，有条纹的，嫩枝状的；virga/ virgus 纤细枝条，细而绿的枝条；-atus/ -atum/ -ata 属于，相似，具有，完成（形容词词尾）

Phyllitis 对开蕨属（铁角蕨科）（4-2：p127）：phyllitis 属于叶的，多叶的（对开蕨属一种的希腊语名称）；-itis/ -ites（表示有紧密联系）

Phyllitis scolopendrium 对开蕨：scolopendrium ← skolopendra/ scolopendra 蜈蚣（指叶缘形状或孢子囊排列方式似蜈蚣的足）

Phyllodium 排钱树属（豆科）（41：p8）：phyllus/ phyllum/ phylla ← phyllon 叶片（用于希腊语复合词）；-dium ← eidos 相似

Phyllodium elegans 毛排钱树：elegans 优雅的，秀丽的

Phyllodium kurzianum 长柱排钱树：kurzianum ← Wilhelm Sulpiz Kurz（人名，19 世纪植物学家）

Phyllodium longipes 长叶排钱树：longe-/ longi- ← longus 长的，纵向的；pes/ pedis 柄，梗，茎秆，腿，足，爪（作词首或词尾，pes 的词干视为 "ped-"）

Phyllodium pulchellum 排钱树：pulchellus/ pulcellus = pulcher + ellus 稍美丽的，稍可爱的；pulcher/pulcer 美丽的，可爱的；-ellus/ -ellum/ -ella ← -ulus 小的，略微的，稍微的（小词 -ulus 在字母 e 或 i 之后有多种变缀，即 -olus/ -olum/ -ola、-ellus/ -ellum/ -ella、-illus/ -illum/ -illa，用于第一变格法名词）

Phyllodoce 松毛翠属（杜鹃花科）（57-1：p10）：phyllodoce（罗马诗人 Virgil 提到的女神，林奈习惯上用各种神的名字为杜鹃花科的属命名）

Phyllodoce caerulea 松毛翠：caeruleus/ coeruleus 深蓝色的，海洋蓝的，青色的，暗绿色的；caerulus/ coerulus 深蓝色，海洋蓝，青色，暗绿色；-eus/ -eum/ -ea（接拉丁语词干时）属于……的，色如……的，质如……的（表示原料、颜色或品质的相似），（接希腊语词干时）属于……的，以……出名，为……所占有（表示具有某种特性）

Phyllodoce deflexa 反折松毛翠：deflexus 向下曲折的，反卷的；de- 向下，向外，从……，脱离，脱落，离开，去掉；flexus ← flecto 扭曲的，卷曲的，弯弯曲曲的，柔性的；flecto 弯曲，使扭曲

Phyllophyton 扭连钱属（唇形科，已修订为 Marmoritis）（65-2：p328）：phyllus/ phyllum/ phylla ← phyllon 叶片（用于希腊语复合词）；phyton → phytus 植物

Phyllophyton complanatum 扭连钱：complanatus 扁平的，压扁的；planus/ planatus 平板状的，扁平的，平面的；co- 联合，共同，合起来（拉丁语词首，为 cum- 的音变，表示结合、强化、完全，对应的希腊语为 syn-）；co- 的缀词音变有 co-/ com-/ con-/ col-/ cor-：co-（在 h 和元音字母前面），col-（在 l 前面），com-（在 b、m、p 之前），con-（在 c、d、f、g、j、n、qu、s、t 和 v 前面），cor-（在 r 前面）

Phyllophyton decolorans 褪色扭连钱：decolorans 褐色的，褪色的，变色的；decolor 无色的；de- 向下，向外，从……，脱离，脱落，离开，去掉；color 颜色

Phyllophyton nivale 雪地扭连钱：nivalis 生于冰雪带的，积雪时期的；nivus/ nivis/ nix 雪，雪白色；-aris（阳性、阴性）/ -are（中性）← -alis（阳性、阴性）/ -ale（中性）属于，相似，如同，具有，涉及，关于，联结于（将名词作形容词用，其中 -aris 常用于以 l 或 r 为词干末尾的词）

Phyllophyton tibeticum 西藏扭连钱：tibeticum 西藏的（地名）

Phyllospadix 虾海藻属（眼子菜科）（8：p92）：phyllus/ phyllum/ phylla ← phyllon 叶片（用于希腊语复合词）；spadix 佛焰花序，肉穗花序

Phyllospadix iwatensis 红纤维虾海藻：iwatensis 岩手的（地名，日本）

Phyllospadix japonica 黑纤维虾海藻：japonica 日本的（地名）；-icus/ -icum/ -ica 属于，具有某种特性（常用于地名、起源、生境）

Phyllostachys 刚竹属（禾本科）（9-1：p243）：phyllostachys = phyllon + stachyon 穗子上有叶片的（指假小穗基部佛焰苞片顶端有退化的叶片）；phyllus/ phyllum/ phylla ← phyllon 叶片（用于希腊语复合词）；stachy-/ stachyo-/ -stachys/ -stachyus/ -stachyum/ -stachya 穗子，穗子的，穗子状的，穗状花序的

Phyllostachys acuta 尖头青竹：acutus 尖锐的，锐角的

Phyllostachys angusta 黄古竹：angustus 窄的，狭的，细的

Phyllostachys arcana 石绿竹：arcanus 关闭的，隐藏的，不显著的

Phyllostachys arcana cv. Arcana 石绿竹-原栽培变种 （词义见上面解释）

Phyllostachys arcana cv. Luteosulcata 黄槽石绿竹：luteosulcata 黄色皱纹的；luteus 黄色的；sulcatus 具皱纹的，具犁沟的，具沟槽的；sulcus 犁沟，沟槽，皱纹

Phyllostachys aristata （具芒刚竹）：aristatus(aristosus) = arista + atus 具芒的，具芒刺的，具刚毛的，具胡须的；arista 芒

Phyllostachys atrovaginata 乌芽竹：atro-/ atr-/ atri-/ atra- ← ater 深色，浓色，暗色，发黑（ater 作为词干后接辅音字母开头的词时，要在词干后面加一个连接用的元音字母 "o" 或 "i"，故为 "ater-o-" 或 "ater-i-"，变形为 "atr-" 开头）；vaginatus = vaginus + atus 鞘，具鞘的；vaginus 鞘，叶鞘；-atus/ -atum/ -ata 属于，相似，具有，完成（形容词词尾）

Phyllostachys aurea 人面竹：aureus = aurus + eus → aure-/ aureo- 金色的，黄色的；aurus 金，金色；-eus/ -eum/ -ea（接拉丁语词干时）属于……的，色如……的，质如……的（表示原料、颜色或品质的相似），（接希腊语词干时）属于……的，以……出名，为……所占有（表示具有某种特性）

Phyllostachys aureosulcata 黄槽竹：aureosulcatus 金沟的；aure-/ aureo- ← aureus 黄色，金色；sulcatus 具皱纹的，具犁沟的，具沟槽的；sulcus 犁沟，沟槽，皱纹

Phyllostachys aureosulcata cv. Aureocaulis 黄竿京竹：aureocaulis 黄色茎秆的；aure-/ aureo- ← aureus 黄色，金色；caulis ← caulos 茎，茎秆，主茎

Phyllostachys aureosulcata cv. Aureosulcata 黄槽竹-原栽培变种 （词义见上面解释）

Phyllostachys aureosulcata cv. Pekinensis 京竹：pekinensis 北京的（地名）

Phyllostachys aureosulcata cv. Spectabilis 金镶玉竹：spectabilis 壮观的，美丽的，漂亮的，显著的，值得看的；spectus 观看，观察，观测，表情，外观，外表，样子；-ans/ -ens/ -bilis/ -ilis 能够，可能（为形容词词尾，-ans/ -ens 用于主动语态，-bilis/ -ilis 用于被动语态）

Phyllostachys aurita 毛环水竹：auritus 耳朵的，耳状的

Phyllostachys bambusoides 桂竹：Bambusa 簕竹属（禾本科）；-oides/ -oideus/ -oideum/ -oidea/

-odes/ -eidos 像……的，类似……的，呈……状的
（名词词尾）

Phyllostachys bambusoides f. bambusoides 桂
竹-原变型 （词义见上面解释）

Phyllostachys bambusoides f. lacrima-deae 斑
竹：lacrimus/ lacrymus/ lachrymus 眼泪，泪珠，泪
滴状的；deae ← -deus ← -odeus 像……的，类
似……的，呈……状的

Phyllostachys bambusoides f. mixta 黄槽斑竹：
mixtus 混合的，杂种的

Phyllostachys bambusoides f. shouzhu 寿竹：
shouzhu 寿竹（中文名）

Phyllostachys bissetii 蓉城竹：bissetii ← David
Bissett（人名，20 世纪美国植物学家）

Phyllostachys carnea （粉红毛竹）：carneus ←
caro 肉红色的，肌肤色的；carn- 肉，肉色；-eus/
-eum/ -ea（接拉丁语词干时）属于……的，色
如……的，质如……的（表示原料、颜色或品质的
相似），（接希腊语词干时）属于……的，以……出
名，为……所占有（表示具有某种特性）

Phyllostachys chlorina 黄鞍竹：chlorinus 绿色的；
chlor-/ chloro- ← chloros 绿色的（希腊语，相当于
拉丁语的 viridis）；-inus/ -inum/ -ina/ -inos 相近，
接近，相似，具有（通常指颜色）

Phyllostachys circumpilis 毛壳花哺鸡竹：
circumpilis 周毛的；circum- 周围的，缠绕的（与希
腊语的 peri- 意思相同）；pilis 毛，毛发

Phyllostachys dulcis 白哺鸡竹：dulcis 甜的，
甜味的

Phyllostachys edulis 毛竹（另见 Ph. heterocycla
cv. Pubescens）：edule/ edulis 食用的，可食的

Phyllostachys elegans 甜笋竹：elegans 优雅的，
秀丽的

Phyllostachys fimbriligula 角竹：fimbria →
fimbri- 流苏，长缘毛；ligulus/ ligule 舌，舌状物，
舌瓣，叶舌

Phyllostachys flexuosa 曲竿竹：flexuosus =
flexus + osus 弯曲的，波状的，曲折的；flexus ←
flecto 扭曲的，卷曲的，弯弯曲曲的，柔性的；flecto
弯曲，使扭曲；-osus/ -osum/ -osa 多的，充分的，
丰富的，显著发育的，程度高的，特征明显的（形
容词词尾）

Phyllostachys glabrata 花哺鸡竹：glabratus =
glabrus + atus 脱毛的，光滑的；glabrus 光秃的，
无毛的，光滑的；-atus/ -atum/ -ata 属于，相似，
具有，完成（形容词词尾）

Phyllostachys glauca 淡竹：glaucus → glauco-/
glauc- 被白粉的，发白的，灰绿色的

Phyllostachys glauca var. glauca 淡竹-原变种
（词义见上面解释）

Phyllostachys glauca var. glauca cv. Yunzhu
筼竹（筼 yún）：yunzhu 筼竹（中文品种名）

Phyllostachys glauca var. variabilis 变竹：
variabilis 多种多样的，易变化的，多型的；
varius = varus + ius 各种各样的，不同的，多型的，
易变的；varus 不同的，变化的，外弯的，凸起的；
-ius/ -ium/ -ia 具有……特性的（表示有关、关联、
相似）；-ans/ -ens/ -bilis/ -ilis 能够，可能（为形容

词词尾，-ans/ -ens 用于主动语态，-bilis/ -ilis 用于
被动语态）

Phyllostachys guizhouensis 贵州刚竹：
guizhouensis 贵州的（地名）

Phyllostachys heteroclada 水竹：hete-/ heter-/
hetero- ← heteros 不同的，多样的，不齐的；
cladus ← clados 枝条，分枝

Phyllostachys heteroclada f. heteroclada 水
竹-原变型 （词义见上面解释）

Phyllostachys heteroclada f. purpurata 黎子竹：
purpuratus 呈紫红色的；purpuraria 紫色的；
purpura 紫色（purpura 原为一种介壳虫名，其体液
为紫色，可作颜料）

Phyllostachys heteroclada f. solida 实心竹：
solidus 完全的，实心的，致密的，坚固的，结实的

Phyllostachys heterocycla 龟甲竹：heterocycla 多
轮的；hete-/ heter-/ hetero- ← heteros 不同的，多
样的，不齐的；cyclus ← cyklos 圆形，圈环

Phyllostachys heterocycla cv. Gracilis 金丝毛竹：
gracilis 细长的，纤弱的，丝状的

Phyllostachys heterocycla cv. Heterocycla 龟甲
竹-原栽培变种 （词义见上面解释）

Phyllostachys heterocycla cv. Luteosulcata 黄
槽毛竹：luteosulcata 黄色皱纹的；luteus 黄色的；
sulcatus 具皱纹的，具犁沟的，具沟槽的；sulcus 犁
沟，沟槽，皱纹

Phyllostachys heterocycla cv. Obliquinoda 强
竹：obliqui- ← obliquus 对角线的，斜线的，歪斜
的；nodus 节，节点，连接点

Phyllostachys heterocycla cv. Obtusangula 梅
花毛竹：obtusangulus 钝棱角的；obtusus 钝的，钝
形的，略带圆形的；angulus 角，棱角，角度，角落

Phyllostachys heterocycla cv. Pubescens 毛竹
（另见 Ph. edulis）：pubescens ← pubens 被短柔毛
的，长出柔毛的；pubi- ← pubis 细柔毛的，短柔毛
的，毛被的；pubesco/ pubescere 长成的，变为成熟
的，长出柔毛的，青春期体毛的；-escens/ -ascens
改变，转变，变成，略微，带有，接近，相似，大致，
稍微（表示变化的趋势，并未完全相似或相同，有
别于表示达到完成状态的 -atus）

Phyllostachys heterocycla cv. Tao Kiang 花毛
竹：tao kiang 桃江（中文品种名）

Phyllostachys heterocycla cv. Tetrangulata 方
竿毛竹：tetrangulatus 具四角的；tetra-/ tetr- 四，
四数（希腊语，拉丁语为 quadri-/ quadr-）；
angulatus = angulus + atus 具棱角的，有角度的

Phyllostachys heterocycla cv. Tubaeformis 圣
音毛竹：tubaeformis 喇叭形的，管子形的（注：组
成复合词时，要将前面词的词尾 -us/ -um/ -a 变成
-i- 或 -o- 而不是所有格，故该词宜改为
"tubiformis"）；tubus 管子的，管状的，筒状的；
formis/ forma 形状

Phyllostachys heterocycla cv. Ventricosa 佛肚
毛竹（肚 dù）：ventricosus = ventris + icus + osus
不均匀肿胀的，鼓肚的，一面鼓的，在一边特别膨
胀的；venter/ ventris 肚子，腹部，鼓肚，肿胀（同
义词：vesica）；-icus/ -icum/ -ica 属于，具有某种
特性（常用于地名、起源、生境）；-osus/ -osum/

P

-osa 多的，充分的，丰富的，显著发育的，程度高的，特征明显的（形容词词尾）

Phyllostachys heterocycla cv. Viridisulcata 绿槽毛竹：viridistriatus 绿色条纹的；viridis 绿色的，鲜嫩的（相当于希腊语的 chloro-）；sulcus 犁沟，沟槽，皱纹

Phyllostachys incarnata 红壳雷竹：incarnatus 肉色的；incarn- 肉

Phyllostachys iridescens 红哺鸡竹：iridescens 彩虹色的；irid- ← Iris 鸢尾属（鸢尾科），虹；构词规则：词尾为 -is 和 -ys 的词的词干分别视为 -id 和 -yd；-escens/ -ascens 改变，转变，变成，略微，带有，接近，相似，大致，稍微（表示变化的趋势，并未完全相似或相同，有别于表示达到完成状态的 -atus）

Phyllostachys iridescens f. striata 康岭红竹：striatus = stria + atus 有条纹的，有细沟的；stria 条纹，线条，细纹，细沟

Phyllostachys kwangsiensis 假毛竹：kwangsiensis 广西的（地名）

Phyllostachys lithophila 轿杠竹：lithos 石头，岩石；philus/ philein ← philos → phil-/ phili/ philo- 喜好的，爱好的，喜欢的（注意区别形近词：phylus、phyllus）；phylus/ phylum/ phyla ← phylon/ phyle 植物分类单位中的"门"，位于"界"和"纲"之间，类群，种族，部落，聚群；phyllus/ phyllum/ phylla ← phyllon 叶片（用于希腊语复合词）

Phyllostachys lofushanensis 大节刚竹：lofushanensis 罗浮山的（地名，广东省）

Phyllostachys makinoi 台湾桂竹：makinoi ← Tomitaro Makino 牧野富太郎（人名，20 世纪日本植物学家）；-i 表示人名，接在以元音字母结尾的人名后面，但 -a 除外

Phyllostachys mannii 美竹：mannii ← Horace Mann Jr. （人名，19 世纪美国博物学家）

Phyllostachys maudiae （麻氏毛竹）：maudiae ← Maud Dunn（人名，20 世纪英国植物学家 Stephen Troyte Dunn 的妻子）

Phyllostachys meyeri 毛环竹：meyeri ← Carl Anton Meyer 或 Ernst Heinrich Friedrich Meyer（人名，19 世纪德国两位植物学家）；-eri 表示人名，在以 -er 结尾的人名后面加上 i 形成

Phyllostachys nidularia 篌竹（篌 hóu）：nidularia = nidus + ulus + aria 巢穴状的；nidus 巢穴；-ulus/ -ulum/ -ula 小的，略微的，稍微的（小词 -ulus 在字母 e 或 i 之后有多种变缀，即 -olus/ -olum/ -ola、-ellus/ -ellum/ -ella、-illus/ -illum/ -illa，与第一变格法和第二变格法名词形成复合词）；-arius/ -arium/ -aria 相似，属于（表示地点，场所，关系，所属）

Phyllostachys nidularia f. farcta 实肚竹（肚 dù）：farctus/ farctum/ farcta 实心的，充满的，内部组织比外部柔软的

Phyllostachys nidularia f. glabrovagina 光箨篌竹（箨 tuò）：glabrovaginus 光鞘的，鞘无毛的；glabrus 光秃的，无毛的，光滑的；ovaginus 鞘，叶鞘，皮鞘

Phyllostachys nidularia f. nidularia 篌竹-原变型

Phyllostachys nidularia f. vexillaris 蝶竹：vexillaris 旗帜的，旗瓣的

Phyllostachys nigella 富阳乌哺鸡竹：nigella 黑色的，稍黑的；Nigella 黑种草属（毛茛科）

Phyllostachys nigra 紫竹：nigrus 黑色的；niger 黑色的

Phyllostachys nigra var. henonis 毛金竹：henonis（词源不详）

Phyllostachys nigra var. nigra 紫竹-原变种 （词义见上面解释）

Phyllostachys nuda 灰竹：nudus 裸露的，无装饰的

Phyllostachys nuda cv. Localis 紫蒲头灰竹：localis 地方的，局部的；locus 地方，地点，地区，位置

Phyllostachys nuda cv. Nuda 灰竹-原栽培变种（词义见上面解释）

Phyllostachys parvifolia 安吉金竹：parvifolius 小叶的；parvus 小的，些微的，弱的；folius/ folium/ folia 叶，叶片（用于复合词）

Phyllostachys platyglossa 灰水竹：platyglossus 宽舌的；platys 大的，宽的（用于希腊语复合词）；glossus 舌，舌状的

Phyllostachys praecox 早竹：praecox 早期的，早熟的，早开花的；prae- 先前的，前面的，在先的，早先的，上面的，很，十分，极其；-cox 成熟，开花，出生

Phyllostachys praecox cv. Notata 黄条早竹：notatus 标志的，注明的，具斑纹的，具色纹的，有特征的；notus/ notum/ nota ① 知名的、常见的、印记、特征、注目，② 背部、脊背（注：该词具有两类完全不同的意思，要根据植物特征理解其含义）；noto 划记号，记载，注目，观察

Phyllostachys praecox cv. Praecox 早竹-原栽培变种 （词义见上面解释）

Phyllostachys praecox cv. Prevernalis 雷竹：prevernalis 早春的；pre- 早先的，之前的；vernalis 春天的，春天开花的

Phyllostachys prominens 高节竹：prominens 突出的，显著的，卓越的，显赫的，隆起的

Phyllostachys propinqua 早园竹：propinquus 有关系的，近似的，近缘的

Phyllostachys propinqua f. lanuginosa 望江哺鸡：lanuginosus = lanugo + osus 具绵毛的，具柔毛的；lanugo = lana + ugo 绒毛（lanugo 的词干为 lanugin-）；词尾为 -go 的词其词干末尾视为 -gin；lana 羊毛，绵毛

Phyllostachys rivalis 河竹：rivalis 溪流的，河流的，属于溪流的（指生境）；rivus 河流，溪流

Phyllostachys robustirama 芽竹：robustiramus 粗枝的；robustus 大型的，结实的，健壮的，强壮的；ramus 分枝，枝条

Phyllostachys rubicunda 红后竹：rubicundus = rubus + cundus 红的，变红的；rubrus/ rubrum/ rubra/ ruber 红色的；-cundus/ -cundum/ -cunda 变成，倾向（表示倾向或不变的趋势）

Phyllostachys rubromarginata 红边竹：rubr-/ rubri-/ rubro- ← rubrus 红色；marginatus ←

margo 边缘的，具边缘的；margo/ marginis → margin- 边缘，边线，边界；词尾为 -go 的词其词干末尾视为 -gin

Phyllostachys rutila 衢县红壳竹：rutilus 橙红色的，金色的，发亮的；rutilo 泛红，发红光，发亮

Phyllostachys stimulosa 漫竹：stimulosa ← stimulus 刺激的

Phyllostachys stimulosa f. unifoliata 水后竹：uni-/ uno- ← unus/ unum/ una 一，单一（希腊语为 mono-/ mon-）；foliatus 具叶的，多叶的；folius/ folium/ folia → foli-/ folia- 叶，叶片

Phyllostachys sulphurea 金竹：sulphureus/ sulfureus 硫黄色的

Phyllostachys sulphurea cv. Houzeau 绿皮黄筋竹：houzeau（品种名，土名）

Phyllostachys sulphurea cv. Robert 黄皮绿筋竹：robert（人名）

Phyllostachys sulphurea cv. Sulphurea 金竹-原栽培变种（词义见上面解释）

Phyllostachys sulphurea cv. Viridis 刚竹：viridis 绿色的，鲜嫩的（相当于希腊语的 chloro-）

Phyllostachys tianmuensis 天目早竹：tianmuensis 天目山的（地名，浙江省）

Phyllostachys varioauriculata 乌竹：varioauriculatus 具多种耳片的；varius = varus + ius 各种各样的，不同的，多型的，易变的；varus 不同的，变化的，外弯的，凸起的；-ius/ -ium/ -ia 具有……特性的（表示有关、关联、相似）；auriculatus 耳形的，具小耳的（基部有两个小圆片）；auritus 耳朵的，耳状的

Phyllostachys veitchiana 硬头青竹：veitchiana ← James Veitch（人名，19 世纪植物学家）；Veitch + i（表示连接，复合）+ ana（形容词词尾）

Phyllostachys verrucosa 长沙刚竹：verrucosus 具疣状凸起的；verrucus ← verrucos 疣状物；-osus/ -osum/ -osa 多的，充分的，丰富的，显著发育的，程度高的，特征明显的（形容词词尾）

Phyllostachys villosa 黄蜡竹：villosus 柔毛的，绵毛的；villus 毛，羊毛，长绒毛；-osus/ -osum/ -osa 多的，充分的，丰富的，显著发育的，程度高的，特征明显的（形容词词尾）

Phyllostachys virella 东阳青皮竹：virellus 稍绿色的，发绿的；-ellus/ -ellum/ -ella ← -ulus 小的，略微的，稍微的（小词 -ulus 在字母 e 或 i 之后有多种变缀，即 -olus/ -olum/ -ola、-ellus/ -ellum/ -ella、-illus/ -illum/ -illa，用于第一变格法名词）

Phyllostachys viridi-glaucescens 粉绿竹：viridi-/ virid- ← viridus 绿色的；glaucus → glauco-/ glauc- 被白粉的，发白的，灰绿色的；-escens/ -ascens 改变，转变，变成，略微，带有，接近，相似，大致，稍微（表示变化的趋势，并未完全相似或相同，有别于表示达到完成状态的 -atus）；glaucescens 变白的，发白的，灰绿的

Phyllostachys vivax 乌哺鸡竹：vivax 长久的，长寿的，生机勃勃的

Phyllostachys vivax cv. Aureocaulis 黄竿乌哺鸡竹：aureocaulis 黄色茎秆的；aure-/ aureo- ← aureus 黄色，金色；caulis ← caulos 茎，茎秆，主茎

Phyllostachys vivax cv. Huangwenzhu 黄纹竹：huangwenzhu 黄纹竹（中文品种名）

Phyllostachys vivax cv. Vivax 乌哺鸡竹-原栽培变种（词义见上面解释）

Phyllostachys yunhoensis 云和哺鸡竹：yunhoensis 云和的（地名，浙江省）

Phymatopteris 假瘤蕨属（水龙骨科）(6-2: p161)：phymato- 肿胀，肿块，结节，肿瘤（希腊语）；pteris ← pteryx 翅，翼，蕨类（希腊语）

Phymatopteris albopes 灰鳞假瘤蕨：albus → albi-/ albo- 白色的；pes/ pedis 柄，梗，茎秆，腿，足，爪（作词首或词尾，pes 的词干视为"ped-"）

Phymatopteris cartilagineo-serrata 芒刺假瘤蕨：cartilagineo- ← cartilagineus 软骨质的；词尾为 -go 的词其词干末尾视为 -gin；serratus = serrus + atus 有锯齿的；serrus 齿，锯齿

Phymatopteris chenopus 鹅绒假瘤蕨：chenopus 鹅

Phymatopteris chrysotricha 白茎假瘤蕨：chrys-/ chryso- ← chrysos 黄色的，金色的；trichus 毛，毛发，线

Phymatopteris conjuncta 交连假瘤蕨：conjunctus = co + junctus 联合的；junctus 连接的，接合的，联合的；co- 联合，共同，合起来（拉丁语词首，为 cum- 的音变，表示结合、强化、完全，对应的希腊语为 syn-）；co- 的缀词音变有 co-/ com-/ con-/ col-/ cor-：co-（在 h 和元音字母前面），col-（在 l 前面），com-（在 b、m、p 之前），con-（在 c、d、f、g、j、n、qu、s、t 和 v 前面），cor-（在 r 前面）

Phymatopteris conmixta 钝羽假瘤蕨：conmixta = co + mixta 混合的（注：宜改为"commixta"）；com- ← con- 联合，共同，一起，带有（con- 在字母 b、m、p 前变成 com-）；mixtus/ mixta 混合

Phymatopteris connexa 耿马假瘤蕨：connexus 连接的；connecto/ conecto 联合，结合

Phymatopteris crenatopinnata 紫柄假瘤蕨：crenatus = crena + atus 圆齿状的，具圆齿的；crena 叶缘的圆齿；pinnatus = pinnus + atus 羽状的，具羽的；pinnus/ pennus 羽毛，羽状，羽片；-atus/ -atum/ -ata 属于，相似，具有，完成（形容词词尾）

Phymatopteris cruciformis 十字假瘤蕨：cruciformis = crux + formis 十字形的；crux 十字（词干为 cruc-，用于构成复合词时常为 cruci-）；crucis 十字的（crux 的单数所有格）；构词规则：以 -ix/ -iex 结尾的词其词干末尾视为 -ic，以 -ex 结尾视为 -i/ -ic，其他以 -x 结尾视为 -c；formis/ forma 形状

Phymatopteris dactylina 指叶假瘤蕨：dactylis ← dactylos 手指，手指状的（希腊语）；-inus/ -inum/ -ina/ -inos 相近，接近，相似，具有（通常指颜色）

Phymatopteris daweishanensis 大围山假瘤蕨：daweishanensis 大围山的（地名，云南省）

Phymatopteris digitata 掌叶假瘤蕨：digitatus 指状的，掌状的；digitus 手指，手指长的（3.4 cm）

Phymatopteris ebenipes 黑鳞假瘤蕨：ebenus 黑色的；pes/ pedis 柄，梗，茎秆，腿，足，爪（作词

首或词尾，pes 的词干视为"ped-"）

Phymatopteris ebenipes var. ebenipes 黑鳞假瘤蕨-原变种 （词义见上面解释）

Phymatopteris ebenipes var. oakesii 毛轴黑鳞假瘤蕨：oakesii（人名）；-ii 表示人名，接在以辅音字母结尾的人名后面，但 -er 除外

Phymatopteris echinospora 大叶玉山假瘤蕨：echinosporus = echinus + sporus 刺猬状种子的；echinus ← echinos → echino-/ echin- 刺猬，海胆；sporus ← sporos → sporo- 孢子，种子

Phymatopteris engleri 恩氏假瘤蕨：engleri ← Adolf Engler 阿道夫·恩格勒（人名，1844–1931，德国植物学家，创立了以假花学说为基础的植物分类系统，于 1897 年发表）；-eri 表示人名，在以 -er 结尾的人名后面加上 i 形成

Phymatopteris erythrocarpa 锡金假瘤蕨：erythr-/ erythro- ← erythros 红色的（希腊语）；carpus/ carpum/ carpa/ carpon ← carpos 果实（用于希腊语复合词）

Phymatopteris falcatopinnata 镰羽假瘤蕨：falcatopinnataus 镰形羽片的；falcatus = falx + atus 镰刀的，镰刀状的；falx 镰刀，镰刀形，镰刀状弯曲；构词规则：以 -ix/ -iex 结尾的词其词干末尾视为 -ic，以 -ex 结尾视为 -i/ -ic，其他以 -x 结尾视为 -c；pinnatus = pinnus + atus 羽状的，具羽的；pinnus/ pennus 羽毛，羽状，羽片；-atus/ -atum/ -ata 属于，相似，具有，完成（形容词词尾）

Phymatopteris glaucopsis 刺齿假瘤蕨：glaucus → glauco-/ glauc- 被白粉的，发白的，灰绿色的；-opsis/ -ops 相似，稍微，带有

Phymatopteris griffithiana 大果假瘤蕨：griffithiana ← William Griffith（人名，19 世纪印度植物学家，加尔各答植物园主任）

Phymatopteris hainanensis 海南假瘤蕨：hainanensis 海南的（地名）

Phymatopteris hastata 金鸡脚假瘤蕨：hastatus 戟形的，三尖头的（两侧基部有朝外的三角形裂片）；hasta 长矛，标枪

Phymatopteris hirtella 昆明假瘤蕨：hirtellus = hirtus + ellus 被短粗硬毛的；hirtus 有毛的，粗毛的，刚毛的（长而明显的毛）；-ellus/ -ellum/ -ella ← -ulus 小的，略微的，稍微的（小词 -ulus 在字母 e 或 i 之后有多种变缀，即 -olus/ -olum/ -ola、-ellus/ -ellum/ -ella、-illus/ -illum/ -illa，用于第一变格法名词）

Phymatopteris incisocrenata 圆齿假瘤蕨：inciso- ← incisus 深裂的，锐裂的，缺刻的；crenatus = crena + atus 圆齿状的，具圆齿的；crena 叶缘的圆齿

Phymatopteris kingpingensis 金平假瘤蕨：kingpingensis 金平的（地名，云南省）

Phymatopteris likiangensis 丽江假瘤蕨：likiangensis 丽江的（地名，云南省）

Phymatopteris majoensis 宽底假瘤蕨：majoensis（地名）

Phymatopteris malacodon 弯弓假瘤蕨：malacodon 软齿的；malacus 软的，温柔的；-don/ -odontus 齿，有齿的

Phymatopteris nigropaleacea 乌鳞假瘤蕨：nigropaleaceus 具黑色鳞片的；nigrus 黑色的；niger 黑色的；paleaceus 具托苞的，具内颖的，具稃的，具鳞片的；paleus 托苞，内颖，内稃，鳞片；-aceus/ -aceum/ -acea 相似的，有……性质的，属于……的

Phymatopteris nigrovenia 毛叶假瘤蕨：nigro-/ nigri- ← nigrus 黑色的；niger 黑色的；venius 脉，叶脉的

Phymatopteris oblongifolia 长圆假瘤蕨：oblongus = ovus + longus 长椭圆形的（ovus 的词干 ov- 音变为 ob-）；ovus 卵，胚珠，卵形的，椭圆形的；longus 长的，纵向的；folius/ folium/ folia 叶，叶片（用于复合词）

Phymatopteris obtusa 圆顶假瘤蕨：obtusus 钝的，钝形的，略带圆形的

Phymatopteris omeiensis 峨眉假瘤蕨：omeiensis 峨眉山的（地名，四川省）

Phymatopteris oxyloba 尖裂假瘤蕨：oxylobus 尖裂的；oxy- ← oxys 尖锐的，酸的；lobus/ lobos/ lobon 浅裂，耳片（裂片先端钝圆），荚果，蒴果

Phymatopteris pellucidifolia 透明叶假瘤蕨：pellucidus/ perlucidus = per + lucidus 透明的，透光的，极透明的；per-（在 l 前面音变为 pel-）极，很，颇，甚，非常，完全，通过，遍及（表示效果加强，与 sub- 互为反义词）；lucidus ← lucis ← lux 发光的，光辉的，清晰的，发亮的，荣耀的（lux 的单数所有格为 lucis，词尾为 -is 和 -ys 的词的词干分别视为 -id 和 -yd）；folius/ folium/ folia 叶，叶片（用于复合词）

Phymatopteris pianmaensis 片马假瘤蕨：pianmaensis 片马的（地名，云南省）

Phymatopteris quasidivaricata 展羽假瘤蕨：quasi- 恰似，犹如，几乎；divaricatus 广歧的，发散的，散开的

Phymatopteris rhynchophylla 喙叶假瘤蕨：rhynchus ← rhynchos 喙状的，鸟嘴状的；phyllus/ phyllum/ phylla ← phyllon 叶片（用于希腊语复合词）

Phymatopteris roseomarginata 紫边假瘤蕨：roseomarginatus 红边的，粉红边的；roseus = rosa + eus 像玫瑰的，玫瑰色的，粉红色的；rosei-/ roseo- 玫瑰，玫瑰红色；marginatus ← margo 边缘的，具边缘的；margo/ marginis → margin- 边缘，边线，边界；词尾为 -go 的词其词干末尾视为 -gin

Phymatopteris shensiensis 陕西假瘤蕨：shensiensis 陕西的（地名）

Phymatopteris stewartii 尾尖假瘤蕨：stewartii ← John Stuart（人名，1713–1792，英国植物爱好者，常拼写为"Stewart"）

Phymatopteris stracheyi 斜下假瘤蕨：stracheyi（人名）；-i 表示人名，接在以元音字母结尾的人名后面，但 -a 除外

Phymatopteris subebenipes 苍山假瘤蕨：subebenipes = sub + ebenus + pes 像 ebenipes 的，近黑柄的，柄稍黑的；sub-（表示程度较弱）与……类似，几乎，稍微，弱，亚，之下，下面；Phymatopteris ebenipes 黑鳞假瘤蕨；ebenus 黑色的；pes/ pedis 柄，梗，茎秆，腿，足，爪（作词首

或词尾，pes 的词干视为"ped-"）

Phymatopteris taiwanensis 台湾假瘤蕨：
taiwanensis 台湾的（地名）

Phymatopteris tenuipes 细柄假瘤蕨：tenui- ←
tenuis 薄的，纤细的，弱的，瘦的，窄的；pes/
pedis 柄，梗，茎秆，腿，足，爪（作词首或词尾，
pes 的词干视为"ped-"）

Phymatopteris tibetana 西藏假瘤蕨：tibetana 西
藏的（地名）

Phymatopteris triloba 三指假瘤蕨：tri-/ tripli-/
triplo- 三个，三数；lobus/ lobos/ lobon 浅裂，耳片
（裂片先端钝圆），荚果，蒴果

Phymatopteris trisecta 三出假瘤蕨：tri-/ tripli-/
triplo- 三个，三数；sectus 分段的，分节的，切开
的，分裂的

Phymatopteris wuliangshanensis 无量山假瘤蕨
（量 liàng）：wuliangshanensis 无量山的（地名，云
南省）

Phymatopteris yakushimensis 屋久假瘤蕨：
yakushim ← Yakushima 屋久岛的（地名，日本）

Phymatosorus 瘤蕨属（水龙骨科）（6-2：p155）：
phymato- 肿胀，肿块，结节，肿瘤（希腊语）；
sorus ← soros 堆（指密集成簇），孢子囊群

Phymatosorus cuspidatus 光亮瘤蕨：
cuspidatus = cuspis + atus 尖头的，凸尖的；构词
规则：词尾为 -is 和 -ys 的词的词干分别视为 -id 和
-yd；cuspis（所有格为 cuspidis）齿尖，凸尖，尖头，
-atus/ -atum/ -ata 属于，相似，具有，完成（形容
词词尾）

Phymatosorus hainanensis 阔鳞瘤蕨：hainanensis
海南的（地名）

Phymatosorus lanceus 矛叶瘤蕨：lanceus 披针形
的，矛形的，尖刀状的，柳叶刀状的

Phymatosorus longissimus 多羽瘤蕨：longe-/
longi- ← longus 长的，纵向的；-issimus/ -issima/
-issimum 最，非常，极其（形容词最高级）

Phymatosorus membranifolius 显脉瘤蕨：
membranus 膜；folius/ folium/ folia 叶，叶片（用
于复合词）

Phymatosorus scolopendria 瘤蕨：
scolopendrium ← skolopendra/ scolopendra 蜈蚣
（指叶缘形状或孢子囊排列方式似蜈蚣的足）

Physaliastrum 散血丹属（血 xuè）（茄科）（67-1：
p41）：physalis → physus 水泡的，气泡的，口袋的，
膀胱的，囊状的；-aster/ -astra/ -astrum/ -ister/
-istra/ -istrum 相似的，程度稍弱，稍小的，次等级
的（用于拉丁语复合词词尾，表示不完全相似或低
级之意，常用以区别一种野生植物与栽培植物，如
oleaster、oleastrum 野橄榄，以区别于 olea，即栽
培的橄榄，而作形容词词尾时则表示小或程度弱化，
如 surdaster 稍聋的，比 surdus 稍弱）

Physaliastrum heterophyllum 江南散血丹：
heterophyllus 异型叶的；hete-/ heter-/ hetero- ←
heteros 不同的，多样的，不齐的；phyllus/
phyllum/ phylla ← phyllon 叶片（用于希腊语复
合词）

Physaliastrum japonicum 日本散血丹：japonicum
日本的（地名）；-icus/ -icum/ -ica 属于，具有某

特性（常用于地名、起源、生境）

Physaliastrum kweichouense 散血丹：
kweichouense 贵州的（地名）

Physaliastrum sinicum 华北散血丹：sinicum 中国
的（地名）；-icus/ -icum/ -ica 属于，具有某种特性
（常用于地名、起源、生境）

Physaliastrum yunnanense 云南散血丹：
yunnanense 云南的（地名）

Physalis 酸浆属（茄科）（67-1：p50）：physalis →
physus 水泡的，气泡的，口袋的，膀胱的，囊状的

Physalis alkekengi 酸浆：alkekengi（阿拉伯语）

Physalis alkekengi var. alkekengi 酸浆-原变种
（词义见上面解释）

Physalis alkekengi var. franchetii 挂金灯：
franchetii ← A. R. Franchet（人名，19 世纪法国植
物学家）

Physalis angulata 苦蘵（蘵 zhí）：angulatus =
angulus + atus 具棱角的，有角度的；angulus 角，
棱角，角度，角落；-atus/ -atum/ -ata 属于，相似，
具有，完成（形容词词尾）

Physalis angulata var. angulata 苦蘵-原变种
（词义见上面解释）

Physalis angulata var. villosa 毛苦蘵：villosus 柔
毛的，绵毛的；villus 毛，羊毛，长绒毛；-osus/
-osum/ -osa 多的，充分的，丰富的，显著发育的，
程度高的，特征明显的（形容词词尾）

Physalis minima 小酸浆：minimus 最小的，很小的

Physalis peruviana 灯笼果（笼 lóng）：peruviana
秘鲁的（地名）

Physalis philadelphica 毛酸浆（另见 Ph.
pubescens）：philadelphica 费城的（地名，美国）

Physalis pubescens 毛酸浆（另见 Ph.
philadelphica）：pubescens ← pubens 被短柔毛的，
长出柔毛的；pubi- ← pubis 细柔毛的，短柔毛的，
毛被的；pubesco/ pubescere 长成的，变为成熟的，
长出柔毛的，青春期体毛的；-escens/ -ascens 改变，
转变，变成，略微，带有，接近，相似，大致，稍微
（表示变化的趋势，并未完全相似或相同，有别于表
示达到完成状态的 -atus）

Physocarpus 风箱果属（蔷薇科）（36：p80）：
physo-/phys- ← physus 水泡的，气泡的，口袋的，
膀胱的，囊状的（表示中空）；carpus/ carpum/
carpa/ carpon ← carpos 果实（用于希腊语复合词）

Physocarpus amurensis 风箱果：amurense/
amurensis 阿穆尔的（地名，东西伯利亚的一个州，
南部以黑龙江为界），阿穆尔河的（即黑龙江的俄语
音译）

Physocarpus opulifolius 无毛风箱果：opulifolius
荚蒾叶的；opuli- ← Viburnum opulus 欧洲荚蒾
（古拉丁名）；folius/ folium/ folia 叶，叶片（用于复
合词）

Physochlaina 泡囊草属（泡 pāo）（茄科）（67-1：
p33）：physochlaina 囊状外衣（希腊语，指果期萼
片膨大，呈囊状）；physo-/phys- ← physus 水泡的，
气泡的，口袋的，膀胱的，囊状的（表示中空）；
chlaina 外衣，宝贝，覆盖，膜，斗篷

Physochlaina capitata 伊犁泡囊草：capitatus 头状
的，头状花序的；capitus ← capitis 头，头状

Physochlaina infundibularis 漏斗泡囊草：
infundibularis = infundibulus + aris 漏斗状的；
infundibulus = infundere + bulus 漏斗状的；
infundere 注入；-bulus（表示动作的手段）；-aris
（阳性、阴性）/ -are（中性）← -alis（阳性、
阴性）/ -ale（中性）属于，相似，如同，具有，涉
及，关于，联结于（将名词作形容词用，其中 -aris
常用于以 l 或 r 为词干末尾的词）

Physochlaina macrocalyx 长萼泡囊草：macro-/
macr- ← macros 大的，宏观的（用于希腊语复合
词）；calyx → calyc- 萼片（用于希腊语复合词）

Physochlaina macrophylla 大叶泡囊草：macro-/
macr- ← macros 大的，宏观的（用于希腊语复合
词）；phyllus/ phyllum/ phylla ← phyllon 叶片（用
于希腊语复合词）

Physochlaina physaloides 泡囊草：physalodes/
physaloides 像酸浆的，泡囊状的；Physalis 酸浆属
（茄科）；-oides/ -oideus/ -oideum/ -oidea/ -odes/
-eidos 像……的，类似……的，呈……状的（名词
词尾）

Physochlaina praealta 西藏泡囊草：praealtus/
prae-altus 非常高的，非常深的，长高的；prae- 先
前的，前面的，在先的，早先的，上面的，很，十
分，极其；altus 高度，高的

Physochlaina urceolata 坛萼泡囊草：urceolatus 坛
状的，壶形的（指中空且口部收缩）；urceolus 小坛
子，小水壶；urceus 坛子，水壶

Physospermopsis 滇芎属（芎 xiōng）（伞形
科）（55-1：p96）：Physospermum 囊果草属（伞形
科）；physo-/phys- ← physus 水泡的，气泡的，口
袋的，膀胱的，囊状的（表示中空）；spermus/
spermum/ sperma 种子的（用于希腊语复合词）；
-opsis/ -ops 相似，稍微，带有

Physospermopsis alepidioides 全叶滇芎：
alepidioides 像 Alepidea 的；Alepidea 无鳞芹属
（伞形科）；-oides/ -oideus/ -oideum/ -oidea/ -odes/
-eidos 像……的，类似……的，呈……状的（名词
词尾）

Physospermopsis cuneata 楔叶滇芎：cuneatus =
cuneus + atus 具楔子的，属楔形的；cuneus 楔子
的；-atus/ -atum/ -ata 属于，相似，具有，完成
（形容词词尾）

Physospermopsis delavayi 滇芎：delavayi ← P. J.
M. Delavay（人名，1834–1895，法国传教士，曾在
中国采集植物标本）；-i 表示人名，接在以元音字母
结尾的人名后面，但 -a 除外

Physospermopsis forrestii 丽江滇芎：forrestii ←
George Forrest（人名，1873–1932，英国植物学家，
曾在中国西部采集大量植物标本）

Physospermopsis muliensis 木里滇芎：muliensis
木里的（地名，四川省）

Physospermopsis obtusiuscula 波棱滇芎：
obtusiusculus = obtusus + usculus 略钝的；
obtusus 钝的，钝形的，略带圆形的；-usculus ←
-culus 小的，略微的，稍微的（小词 -culus 和某些
词构成复合词时变成 -usculus）

Physospermopsis rubrinervis 紫脉滇芎：rubr-/
rubri-/ rubro- ← rubrus 红色；nervis ← nervus 脉，

叶脉

Physostigma 毒扁豆属（豆科）（41：p270）：
physo-/phys- ← physus 水泡的，气泡的，口袋的，
膀胱的，囊状的（表示中空）；stigmus 柱头

Physostigma venenosum 毒扁豆：venenosus 有毒
的，中毒的；venenatus 有毒的，中毒的；toxicarius
有毒的，有害的；toxicus 有毒的；-arius/ -arium/
-aria 相似，属于（表示地点，场所，关系，所属）

Phytolacca 商陆属（商陆科）（26：p15）：phytolacca
植物颜料（指浆果颜色）；phyton → phytus 植物；
lacca 绘画用具（意大利语，指可用作颜料）

Phytolacca acinosa 商陆：acinosus 葡萄种子状的，
颗粒状的，种子多的；acinos 葡萄种子；-osus/
-osum/ -osa 多的，充分的，丰富的，显著发育的，
程度高的，特征明显的（形容词词尾）

Phytolacca americana 垂序商陆：americana 美洲
的（地名）

Phytolacca japonica 日本商陆：japonica 日本的
（地名）；-icus/ -icum/ -ica 属于，具有某种特性（常
用于地名、起源、生境）

Phytolacca polyandra 多雄蕊商陆：poly- ← polys
多个，许多（希腊语，拉丁语为 multi-）；andrus/
andros/ antherus ← aner 雄蕊，花药，雄性

Phytolaccaceae 商陆科（26：p14）：Phytolacca 商
陆属；-aceae（分类单位科的词尾，为 -aceus 的阴
性复数主格形式，加到模式属的名称后或同义词的
词干后以组成族群名称）

Picea 云杉属（松科）（7：p123）：picea 松木（一种
松树的古拉丁名名称），暗褐色的，暗棕色的（松杉
类树脂或沥青的颜色）

Picea abies 欧洲云杉：abies 冷杉（古拉丁名）；
Abies 冷杉属（松科）

Picea asperata 云杉：asper + atus 具粗糙面的，具
短粗尖而质感粗糙的；asper/ asperus/ asperum/
aspera 粗糙的，不平的；-atus/ -atum/ -ata 属于，
相似，具有，完成（形容词词尾）

Picea aurantiaca 白皮云杉：aurantiacus/ aurantius
橙黄色的，金黄色的；aurus 金，金色；aurant-/
auranti- 橙黄色，金黄色

Picea brachytyla 麦吊云杉：brachytylus 短结节的；
brachy- ← brachys 短的（用于拉丁语复合词词首）；
tylus ← tylos 突起，结节，疣，块，脊背

Picea brachytyla var. brachytyla 麦吊云杉-原变
种（词义见上面解释）

Picea brachytyla var. complanata 油麦吊云杉：
complanatus 扁平的，压扁的；planus/ planatus 平
板状的，扁平的，平面的；co- 联合，共同，合起来
（拉丁语词首，为 cum- 的音变，表示结合、强化、
完全，对应的希腊语为 syn-）；co- 的缀词音变有
co-/ com-/ con-/ col-/ cor-：co-（在 h 和元音字母
前面），col-（在 l 前面），com-（在 b、m、p 之前），
con-（在 c、d、f、g、j、n、qu、s、t 和 v 前面），
cor-（在 r 前面）

Picea crassifolia 青海云杉：crassi- ← crassus 厚的，
粗的，多肉质的；folius/ folium/ folia 叶，叶片（用
于复合词）

Picea jezoensis var. ajanensis 卵果鱼鳞云杉：
jezoensis 虾夷的，北海道的（地名，日本）；jesso/

P

·911·

jeso/ jezo 虾夷（地名，日本北海道古称，日语读音为"ezo"）；ajanensis ← Ajan 阿扬河的（地名，俄罗斯西伯利亚地区）

Picea jezoensis var. komarovii 长白鱼鳞云杉：komarovii ← Vladimir Leontjevich Komarov 科马洛夫（人名，1869–1945，俄国植物学家）

Picea jezoensis var. microsperma 鱼鳞云杉：micr-/ micro- ← micros 小的，微小的，微观的（用于希腊语复合词）；spermus/ spermum/ sperma 种子的（用于希腊语复合词）

Picea koraiensis 红皮云杉：koraiensis 朝鲜的（地名）

Picea likiangensis 丽江云杉：likiangensis 丽江的（地名，云南省）

Picea likiangensis var. balfouriana 川西云杉：balfouriana ← Isaac Bayley Balfour（人名，19 世纪英国植物学家）

Picea likiangensis var. hirtella 黄果云杉：hirtellus = hirtus + ellus 被短粗硬毛的；hirtus 有毛的，粗毛的，刚毛的（长而明显的毛）；-ellus/ -ellum/ -ella ← -ulus 小的，略微的，稍微的（小词 -ulus 在字母 e 或 i 之后有多种变缀，即 -olus/ -olum/ -ola、-ellus/ -ellum/ -ella、-illus/ -illum/ -illa，用于第一变格法名词）

Picea likiangensis var. likiangensis 丽江云杉-原变种（词义见上面解释）

Picea likiangensis var. linzhiensis 林芝云杉：linzhiensis 林芝的（地名，西藏自治区）

Picea likiangensis var. montigena 康定云杉：monti- ← mons 山，山地，岩石；montis 山，山地的；genus ← gignere ← geno 出生，发生，起源，产于，生于（指地方或条件），属（植物分类单位）

Picea meyeri 白扦：meyeri ← Carl Anton Meyer 或 Ernst Heinrich Friedrich Meyer（人名，19 世纪德国两位植物学家）；-eri 表示人名，在以 -er 结尾的人名后面加上 i 形成

Picea morrisonicola 台湾云杉：morrisonicola 磨里山产的；morrison 磨里山（地名，今台湾新高山）；colus ← colo 分布于，居住于，栖居，殖民（常作词尾）；colo/ colere/ colui/ cultum 居住，耕作，栽培

Picea neoveitchii 大果青扦：neoveitchii 晚于 Picea veitchii 的；neo- ← neos 新，新的；Picea veitchii 韦氏云杉；veitchii/ veitchianus（人名）

Picea obovata 新疆云杉：obovatus = ob + ovus + atus 倒卵形的；ob- 相反，反对，倒（ob- 有多种音变：ob- 在元音字母和大多数辅音字母前面，oc- 在 c 前面、of- 在 f 前面、op- 在 p 前面）；ovus 卵，胚珠，卵形的，椭圆形的

Picea polita 日本云杉：politus 打磨的，平滑的，有光泽的

Picea purpurea 紫果云杉：purpureus = purpura + eus 紫色的；purpura 紫色（purpura 原为一种介壳虫名，其体液为紫色，可作颜料）；-eus/ -eum/ -ea（接拉丁语词干时）属于……的，色如……的，质如……的（表示原料、颜色或品质的相似），（接希腊语词干时）属于……的，以……出名，为……所占有（表示具有某种特性）

Picea retroflexa 鳞皮云杉：retroflexus 反曲的，向后折叠的，反转的；retro- 向后，反向；flexus ← flecto 扭曲的，卷曲的，弯弯曲曲的，柔性的；flecto 弯曲，使扭曲

Picea schrenkiana 雪岭杉：schrenkiana（人名）

Picea smithiana 长叶云杉：smithiana ← James Edward Smith（人名，1759–1828，英国植物学家）

Picea spinulosa 西藏云杉：spinulosus = spinus + ulus + osus 被细刺的；spinus 刺，针刺；-ulus/ -ulum/ -ula 小的，略微的，稍微的（小词 -ulus 在字母 e 或 i 之后有多种变缀，即 -olus/ -olum/ -ola、-ellus/ -ellum/ -ella、-illus/ -illum/ -illa，与第一变格法和第二变格法名词形成复合词）；-osus/ -osum/ -osa 多的，充分的，丰富的，显著发育的，程度高的，特征明显的（形容词词尾）

Picea wilsonii 青扦：wilsonii ← John Wilson（人名，18 世纪英国植物学家）

Picrasma 苦树属（苦木科）（43-3：p7）：picrasma ← picrasmon 苦味的（枝叶苦味浓烈）

Picrasma chinensis 中国苦树：chinensis = china + ensis 中国的（地名）；China 中国

Picrasma quassioides 苦树：Quassia ← Quassi 苦木属（苦木科，人名）；quassia ← Graman Quassi（人名，18 世纪苏里南的奴隶，曾用该树皮作退烧药）；-oides/ -oideus/ -oideum/ -oidea/ -odes/ -eidos 像……的，类似……的，呈……状的（名词词尾）

Picrasma quassioides var. glabrescens 光序苦树：glabrus 光秃的，无毛的，光滑的；-escens/ -ascens 改变，转变，变成，略微，带有，接近，相似，大致，稍微（表示变化的趋势，并未完全相似或相同，有别于表示达到完成状态的 -atus）

Picrasma quassioides var. quassioides 苦树-原变种（词义见上面解释）

Picria 苦玄参属（参 shēn）（玄参科）（67-2：p115）：picris/ picria ← picros 苦味的

Picria felterrae 苦玄参：felterrae（人名）

Picris 毛连菜属（菊科）（80-1：p53）：picris/ picria ← picros 苦味的（来自一种有苦味的草本植物的希腊语名）

Picris divaricata 滇苦菜：divaricatus 广歧的，发散的，散开的

Picris hieracioides 毛连菜：Hieracium 山柳菊属（菊科）；-oides/ -oideus/ -oideum/ -oidea/ -odes/ -eidos 像……的，类似……的，呈……状的（名词词尾）

Picris hieracioides subsp. fuscipilosa 单毛毛连菜：fusci-/ fusco- ← fuscus 棕色的，暗色的，发黑的，暗棕色的，褐色的；pilosus = pilus + osus 多毛的，被柔毛的，具疏柔毛的，被短弱细毛的；pilus 毛，疏柔毛；-osus/ -osum/ -osa 多的，充分的，丰富的，显著发育的，程度高的，特征明显的（形容词词尾）

Picris hieracioides var. hieracioides 毛连菜-原变种（词义见上面解释）

Picris hieracioides subsp. morrisonensis（台湾毛连菜）：morrisonensis 磨里山的（地名，今台湾新高山）

P

Picris hieracioides subsp. ohwiana（大井毛连菜）：ohwiana 大井次三郎（日本人名）

Picris japonica 日本毛连菜：japonica 日本的（地名）；-icus/ -icum/ -ica 属于，具有某种特性（常用于地名、起源、生境）

Picris japonica var. koreana（朝鲜毛连菜）：koreana 朝鲜的（地名）

Picris junnanensis（云南毛连菜）：junnanensis 云南的（地名）

Picris similis 新疆毛连菜：similis/ simile 相似，相似的；similo 相似

Picrorhiza 胡黄连属（玄参科）（67-2：p227）：picrorhiza = picros + rhizus 苦根的（缀词规则：-rh- 接在元音字母后面构成复合词时要变成 -rrh-，故该属名宜改为"Picrorrhiza"）；picris/ picria ← picros 苦味的；rhizus 根，根状茎

Picrorhiza scrophulariiflora 胡黄连：scrophulariiflora = Scrophularia + flora 玄参花的；缀词规则：以属名作复合词时原词尾变形后的 i 要保留；Scrophularia 玄参属（玄参科）；florus/ florum/ flora ← flos 花（用于复合词）

Pieris 马醉木属（杜鹃花科）（57-3：p22）：pieris ← Pieris 皮艾丽斯女神（希腊神话人物）

Pieris formosa 美丽马醉木：formosus ← formosa 美丽的，台湾的（葡萄牙殖民者发现台湾时对其的称呼，即美丽的岛屿）

Pieris japonica 马醉木：japonica 日本的（地名）；-icus/ -icum/ -ica 属于，具有某种特性（常用于地名、起源、生境）

Pieris swinhoei 长萼马醉木：swinhoei（人名）；-i 表示人名，接在以元音字母结尾的人名后面，但 -a 除外

Pilea 冷水花属（荨麻科）（23-2：p57）：pilea ← pileus 帽子（比喻花萼很大）

Pilea amplistipulata 大托叶冷水花：ampli- ← amplus 大的，宽的，膨大的，扩大的；stipulatus = stipulus + atus 具托叶的；stipulus 托叶

Pilea angulata 圆瓣冷水花：angulatus = angulus + atus 具棱角的，有角度的；angulus 角，棱角，角度，角落；-atus/ -atum/ -ata 属于，相似，具有，完成（形容词词尾）

Pilea angulata subsp. angulata 圆瓣冷水花-原亚种（词义见上面解释）

Pilea angulata subsp. latiuscula 华中冷水花：latiusculus = latus + usculus 略宽的；latus 宽的，宽广的；-usculus ← -culus 小的，略微的，稍微的（小词 -culus 和某些词构成复合词时变成 -usculus）

Pilea angulata subsp. petiolaris 长柄冷水花：petiolaris 具叶柄的；-aris（阳性、阴性）/ -are（中性）← -alis（阳性、阴性）/ -ale（中性）属于，相似，如同，具有，涉及，关于，联结于（将名词作形容词用，其中 -aris 常用于以 l 或 r 为词干末尾的词）

Pilea anisophylla 异叶冷水花：aniso- ← anisos 不等的，不同的，不整齐的；phyllus/ phyllum/ phylla ← phyllon 叶片（用于希腊语复合词）

Pilea approximata 顶叶冷水花：approximatus = ad + proximus + atus 接近的，近似的，靠紧的（ad + p 同化为 app）；ad- 向，到，近（拉丁语词

首，表示程度加强）；构词规则：构成复合词时，词首末尾的辅音字母常同化为紧接其后的那个辅音字母（如 ad + p → app）；proximus 接近的，近的

Pilea approximata var. approximata 顶叶冷水花-原变种（词义见上面解释）

Pilea approximata var. incisoserrata 锐裂齿顶叶冷水花：inciso- ← incisus 深裂的，锐裂的，缺刻的；serratus = serrus + atus 有锯齿的；serrus 齿，锯齿

Pilea aquarum 湿生冷水花：aquarum 水生的，水的；aqua 水

Pilea aquarum subsp. acutidentata 锐齿湿生冷水花：acutidentatus/ acutodentatus 尖齿的；acuti-/ acu- ← acutus 锐尖的，针尖的，刺尖的，锐角的；dentatus = dentus + atus 牙齿的，齿状的，具齿的；dentus 齿，牙齿；-atus/ -atum/ -ata 属于，相似，具有，完成（形容词词尾）

Pilea aquarum subsp. aquarum 湿生冷水花-原亚种（词义见上面解释）

Pilea aquarum subsp. brevicornuta 短角湿生冷水花：brevi- ← brevis 短的（用于希腊语复合词词首）；cornutus/ cornis 角，犄角

Pilea auricularis 耳基冷水花：auricularis 耳朵的，属于耳朵的（基部有两个小圆片）；auriculus 小耳朵的，小耳状的；-aris（阳性、阴性）/ -are（中性）← -alis（阳性、阴性）/ -ale（中性）属于，相似，如同，具有，涉及，关于，联结于（将名词作形容词用，其中 -aris 常用于以 l 或 r 为词干末尾的词）

Pilea bambusifolia 竹叶冷水花：bambusifolius 箣竹叶的；Bambusa 箣竹属（禾本科）；folius/ folium/ folia 叶，叶片（用于复合词）

Pilea basicordata 基心叶冷水花：basis 基部，基座；cordatus ← cordis/ cor 心脏的，心形的；-atus/ -atum/ -ata 属于，相似，具有，完成（形容词词尾）

Pilea boniana 五萼冷水花：boniana（人名）

Pilea bracteosa 多苞冷水花：bracteosus = bracteus + osus 苞片多的；bracteus 苞，苞片，苞鳞；-osus/ -osum/ -osa 多的，充分的，丰富的，显著发育的，程度高的，特征明显的（形容词词尾）

Pilea cadierei 花叶冷水花：cadierei ← R. P. Cadiere（人名，20 世纪初在越南采集植物）；-i 表示人名，接在以元音字母结尾的人名后面，但 -a 除外

Pilea cavaleriei 波缘冷水花：cavaleriei ← Pierre Julien Cavalerie（人名，20 世纪法国传教士）；-i 表示人名，接在以元音字母结尾的人名后面，但 -a 除外

Pilea cavaleriei subsp. cavaleriei 波缘冷水花-原亚种（词义见上面解释）

Pilea cavaleriei subsp. crenata 圆齿石油菜：crenatus = crena + atus 圆齿状的，具圆齿的；crena 叶缘的圆齿

Pilea cavaleriei subsp. valida 石油菜：validus 强的，刚直的，正统的，结实的，刚健的

Pilea chartacea 纸质冷水花：chartaceus 西洋纸质的；charto-/ chart- 羊皮纸，纸质；-aceus/ -aceum/ -acea 相似的，有……性质的，属于……的

Pilea cordifolia 歪叶冷水花：cordi- ← cordis/ cor 心脏的，心形的；folius/ folium/ folia 叶，叶片（用于复合词）

Pilea cordistipulata 心托冷水花：cordi- ← cordis/ cor 心脏的，心形的；stipulatus = stipulus + atus 具托叶的；stipulus 托叶；关联词：estipulatus/ exstipulatus 无托叶的，不具托叶的

Pilea dolichocarpa 瘤果冷水花：dolicho- ← dolichos 长的；carpus/ carpum/ carpa/ carpon ← carpos 果实（用于希腊语复合词）

Pilea elegantissima 石林冷水花：elegantus ← elegans 优雅的；-issimus/ -issima/ -issimum 最，非常，极其（形容词最高级）

Pilea elliptilimba 椭圆叶冷水花：ellipticus 椭圆形的；limbus 冠檐，萼檐，瓣片，叶片

Pilea funkikensis 奋起湖冷水花：funkikensis 奋起湖的（地名，位于台湾省阿里山地区）

Pilea gansuensis 陇南冷水花（陇 lǒng）：gansuensis 甘肃的（地名）

Pilea glaberrima 点乳冷水花：glaberrimus 完全无毛的；glaber/ glabrus 光滑的，无毛的；-rimus/ -rima/ -rimum 最，极，非常（词尾为 -er 的形容词最高级）

Pilea gracilis 纤细冷水花：gracilis 细长的，纤弱的，丝状的

Pilea hexagona 六棱茎冷水花：hex-/ hexa- 六（希腊语，拉丁语为 sex-）；gonus ← gonos 棱角，膝盖，关节，足

Pilea hilliana 翠茎冷水花：hilliana（人名）

Pilea howelliana 泡果冷水花：howelliana ← Thomas Howell（人名，19 世纪植物采集员）

Pilea howelliana var. denticulata 细齿泡果冷水花：denticulatus = dentus + culus + atus 具细齿的，具齿的；dentus 齿，牙齿；-culus/ -culum/ -cula 小的，略微的，稍微的（同第三变格法和第四变格法名词形成复合词）；-atus/ -atum/ -ata 属于，相似，具有，完成（形容词词尾）

Pilea howelliana var. howelliana 泡果冷水花-原变种（词义见上面解释）

Pilea insolens 盾基冷水花：insolens 不平凡的，优秀的；insolitus 奇怪的，不寻常的，罕见的；solitus 习惯的，普通的

Pilea japonica 山冷水花：japonica 日本的（地名）；-icus/ -icum/ -ica 属于，具有某种特性（常用于地名、起源、生境）

Pilea khasiana 具柄冷水花：khasiana ← Khasya 喀西的，卡西的（地名，印度阿萨姆邦）

Pilea linearifolia 条叶冷水花：linearis = lineus + aris 线条的，线形的，线状的，亚麻状的；folius/ folium/ folia 叶，叶片（用于复合词）；-aris（阳性、阴性）/ -are（中性）← -alis（阳性、阴性）/ -ale（中性）属于，相似，如同，具有，涉及，关于，联结于（将名词作形容词用，其中 -aris 常用于以 l 或 r 为词干末尾的词）

Pilea lomatogramma 隆脉冷水花：lomatogrammus 流苏状纹线的；lomus/ lomatos 边缘；grammus 条纹的，花纹的，线条的（希腊语）

Pilea longicaulis 长茎冷水花：longe-/ longi- ← longus 长的，纵向的；caulis ← caulos 茎，茎秆，主茎

Pilea longicaulis var. erosa 啮蚀叶冷水花（啮 niè）：erosus 啮蚀状的，牙齿不整齐的

Pilea longicaulis var. flaviflora 黄花冷水花：flavus → flavo-/ flavi-/ flav- 黄色的，鲜黄色的，金黄色的（指纯正的黄色）；florus/ florum/ flora ← flos 花（用于复合词）

Pilea longicaulis var. longicaulis 长茎冷水花-原变种（词义见上面解释）

Pilea longipedunculata 鱼眼果冷水花：longe-/ longi- ← longus 长的，纵向的；pedunculatus/ peduncularis 具花序柄的，具总花梗的；pedunculus/ peduncule/ pedunculis ← pes 花序柄，总花梗（花序基部无花着生部分，不同于花柄）；关联词：pedicellus/ pediculus 小花梗，小花柄（不同于花序柄）；pes/ pedis 柄，梗，茎秆，腿，足，爪（作词首或词尾，pes 的词干视为"ped-"）

Pilea macrocarpa 大果冷水花：macro-/ macr- ← macros 大的，宏观的（用于希腊语复合词）；carpus/ carpum/ carpa/ carpon ← carpos 果实（用于希腊语复合词）

Pilea martinii 大叶冷水花：martinii ← Raymond Martin（人名，19 世纪美国仙人掌植物采集员）

Pilea matsudai 细尾冷水花：matsudai ← Sadahisa Matsuda 松田定久（人名，日本植物学家，早期研究中国植物）；-i 表示人名，接在以元音字母结尾的人名后面，但 -a 除外，故该词改为"mutsudaiana"或"matsudae"似更妥

Pilea media 中间型冷水花：medius 中间的，中央的

Pilea medogensis 墨脱冷水花：medogensis 墨脱的（地名，西藏自治区）

Pilea melastomoides 长序冷水花：Melastoma 野牡丹属（野牡丹科）；-oides/ -oideus/ -oideum/ -oidea/ -odes/ -eidos 像……的，类似……的，呈……状的（名词词尾）

Pilea menghaiensis 勐海冷水花（勐 měng）：menghaiensis 勐海的（地名，云南省）

Pilea microcardia 广西冷水花：micr-/ micro- ← micros 小的，微小的，微观的（用于希腊语复合词）；cardius 心脏，心形

Pilea microphylla 小叶冷水花：micr-/ micro- ← micros 小的，微小的，微观的（用于希腊语复合词）；phyllus/ phyllum/ phylla ← phyllon 叶片（用于希腊语复合词）

Pilea miyakei（日本冷冰花）：miyakei（日本人名）

Pilea monilifera 念珠冷水花：moniliferus = monile + ferus 具念珠的；monilius 念珠的，串珠的；monile 首饰，宝石；-ferus/ -ferum/ -fera/ -fero/ -fere/ -fer 有，具有，产（区别：作独立词使用的 ferus 意思是"野生的"）

Pilea multicellularis 串珠毛冷水花：multicellularis 多室的；multi- ← multus 多个，多数，很多（希腊语为 poly-）；cellularis → cellularius 细胞的，海绵质的，腔室的，空腔的；-arius/ -arium/ aria 相似，属于（表示地点，场所，关系，所属）

Pilea myriantha 长穗冷水花：myri-/ myrio- ← myrios 无数的，大量的，极多的（希腊语）；anthus/ anthum/ antha/ anthe ← anthos 花（用于希腊语复合词）

P

Pilea nanchuanensis 南川冷水花：nanchuanensis 南川的（地名，重庆市）

Pilea notata 冷水花：notatus 标志的，注明的，具斑纹的，具色纹的，有特征的；notus/ notum/ nota ① 知名的、常见的、印记、特征、注目，② 背部、脊背（注：该词具有两类完全不同的意思，要根据植物特征理解其含义）；noto 划记号，记载，注目，观察

Pilea oxyodon 雅致冷水花：oxyodon 尖齿的；oxy- ← oxys 尖锐的，酸的；odontus/ odontos → odon-/ odont-/ odonto-（可作词首或词尾）齿，牙齿状的；odous 齿，牙齿（单数，其所有格为 odontos）

Pilea paniculigera 滇东南冷水花：paniculigerus 具圆锥花序的；paniculus 圆锥花序；gerus → -ger/ -gerus/ -gerum/ -gera 具有，有，带有

Pilea pauciflora 少花冷水花：pauci- ← paucus 少数的，少的（希腊语为 oligo-）；florus/ florum/ flora ← flos 花（用于复合词）

Pilea pellionioides 赤车冷水花：Pellionia 赤车属（荨麻科）；-oides/ -oideus/ -oideum/ -oidea/ -odes/ -eidos 像……的，类似……的，呈……状的（名词词尾）

Pilea peltata 盾叶冷水花：peltatus = peltus + atus 盾状的，具盾片的；peltus ← pelte 盾片，小盾片，盾形的；-atus/ -atum/ -ata 属于，相似，具有，完成（形容词词尾）

Pilea peltata var. **ovatifolia** 卵形盾叶冷水花：ovatus = ovus + atus 卵圆形的；ovus 卵，胚珠，卵形的，椭圆形的；-atus/ -atum/ -ata 属于，相似，具有，完成（形容词词尾）；folius/ folium/ folia 叶，叶片（用于复合词）

Pilea peltata var. **peltata** 盾叶冷水花-原变种（词义见上面解释）

Pilea penninervis 钝齿冷水花：pinnus/ pennus 羽毛，羽状，羽片；nervis ← nervus 脉，叶脉

Pilea peperomioides 镜面草：peperomioides 像草胡椒的；Peperomia 草胡椒属（胡椒科）；-oides/ -oideus/ -oideum/ -oidea/ -odes/ -eidos 像……的，类似……的，呈……状的（名词词尾）

Pilea peploides 矮冷水花：Peplis 荸艾属（千屈菜科）；-oides/ -oideus/ -oideum/ -oidea/ -odes/ -eidos 像……的，类似……的，呈……状的（名词词尾）

Pilea peploides var. **major** 齿叶矮冷水花：major 较大的，更大的（majus 的比较级）；majus 大的，巨大的

Pilea peploides var. **peploides** 矮冷水花-原变种（词义见上面解释）

Pilea plataniflora 石筋草：Platanus 悬铃木属（悬铃木科）；florus/ florum/ flora ← flos 花（用于复合词）

Pilea pseudonotata 假冷水花：pseudonotata 像 notate 的；pseudo-/ pseud- ← pseudos 假的，伪的，接近，相似（但不是）；Pilea notate 冷冰花；notatus 标志的，注明的，具斑纹的，具色纹的

Pilea pumila 透茎冷水花：pumilus 矮的，小的，低矮的，矮人的

Pilea pumila var. **hamaoi** 阴地冷水花：hamaoi

（人名）；-i 表示人名，接在以元音字母结尾的人名后面，但 -a 除外

Pilea pumila var. **obtusifolia** 钝尖冷水花：obtusus 钝的，钝形的，略带圆形的；folius/ folium/ folia 叶，叶片（用于复合词）

Pilea pumila var. **pumila** 透茎冷水花-原变种（词义见上面解释）

Pilea purpurella 紫背冷水花：purpurellus 淡紫色的；purpura 紫色（purpura 原为一种介壳虫名，其体液为紫色，可作颜料）；-ellus/ -ellum/ -ella ← -ulus 小的，略微的，稍微的（小词 -ulus 在字母 e 或 i 之后有多种变缀，即 -olus/ -olum/ -ola、-ellus/ -ellum/ -ella、-illus/ -illum/ -illa，用于第一变格法名词）

Pilea racemiformis 总状序冷水花：racemus 总状的，葡萄串状的；formis/ forma 形状

Pilea racemosa 亚高山冷水花：racemosus = racemus + osus 总状花序的；racemus/ raceme 总状花序，葡萄串状的；-osus/ -osum/ -osa 多的，充分的，丰富的，显著发育的，程度高的，特征明显的（形容词词尾）

Pilea receptacularis 序托冷水花：receptacularis = receptum + culus + aris 属于花托的；recipio/ recepi/ receptum = re + capio 取回，保留，接受，容纳；receptaculum 花托，小托盘，小底座；re- 返回，相反，再次，重复，向后，回头；capio/ capis/ cepi/ captum 拿起，捕捉，容纳，贡碗，托盘，底座；-culus/ -culum/ -cula 小的，略微的，稍微的（同第三变格法和第四变格法名词形成复合词）

Pilea rostellata 短喙冷水花：rostellatus = rostrus + ellatus 小喙的；rostrus 鸟喙（常作词尾）；-ellatus = ellus + atus 小的，属于小的；-ellus/ -ellum/ -ella ← -ulus 小的，略微的，稍微的（小词 -ulus 在字母 e 或 i 之后有多种变缀，即 -olus/ -olum/ -ola、-ellus/ -ellum/ -ella、-illus/ -illum/ -illa，用于第一变格法名词）；-atus/ -atum/ -ata 属于，相似，具有，完成（形容词词尾）

Pilea rotundinucula 圆果冷水花：rotundus 圆形的，呈圆形的，肥大的；rotundo 使呈圆形，使圆滑；roto 旋转，滚动；nuculus 核，核状的，小坚果的

Pilea rubriflora 红花冷水花：rubr-/ rubri-/ rubro- ← rubrus 红色；florus/ florum/ flora ← flos 花（用于复合词）

Pilea salwinensis 怒江冷水花：salwinensis 萨尔温江的（地名，怒江流入缅甸部分的名称）

Pilea scripta 细齿冷水花：scriptus 描绘的，雕刻的

Pilea semisessilis 镰叶冷水花：semisessilis 近无柄的；semi- 半，准，略微；sessilis 无柄的，无茎的，基生的，基部的

Pilea sinocrassifolia 厚叶冷水花：sinocrassifolius 中国型厚叶的；sino- 中国；crassus 厚的，粗的，多肉质的；folius/ folium/ folia 叶，叶片（用于复合词）

Pilea sinofasciata 粗齿冷水花：sino- 中国；fasciatus = fascia + atus 带状的，束状的，横纹的；fascia 绑带，包带

Pilea somai 细叶冷水花：somai 相马（日本人名，相 xiàng）；-i 表示人名，接在以元音字母结尾的人

P

名后面，但 -a 除外，故该词改为 "somaiana" 或 "somae" 似更妥

Pilea spinulosa 刺果冷水花：spinulosus = spinus + ulus + osus 被细刺的；spinus 刺，针刺；-ulus/ -ulum/ -ula 小的，略微的，稍微的（小词 -ulus 在字母 e 或 i 之后有多种变缀，即 -olus/ -olum/ -ola、-ellus/ -ellum/ -ella、-illus/ -illum/ -illa，与第一变格法和第二变格法名词形成复合词）；-osus/ -osum/ -osa 多的，充分的，丰富的，显著发育的，程度高的，特征明显的（形容词词尾）

Pilea squamosa 鳞片冷水花：squamosus 多鳞片的，鳞片明显的；squamus 鳞，鳞片，薄膜；-osus/ -osum/ -osa 多的，充分的，丰富的，显著发育的，程度高的，特征明显的（形容词词尾）

Pilea squamosa var. sparsa 少鳞冷水花：sparsus 散生的，稀疏的，稀少的

Pilea squamosa var. squamosa 鳞片冷水花-原变种（词义见上面解释）

Pilea subcoriacea 翅茎冷水花：subcoriaceus 略呈革质的，近似革质的；sub-（表示程度较弱）与……类似，几乎，稍微，弱，亚，之下，下面；coriaceus = corius + aceus 近皮革的，近革质的；corius 皮革的，革质的；-aceus/ -aceum/ -acea 相似的，有……性质的，属于……的

Pilea subedentata 小齿冷水花：subedentata 近无齿的；sub-（表示程度较弱）与……类似，几乎，稍微，弱，亚，之下，下面；edentatus = e + dentatus 无齿的，无牙齿的；e-/ ex- 不，无，非，缺乏，不具有（e- 用在辅音字母前，ex- 用在元音字母前，为拉丁语词首，对应的希腊语词首为 a-/ an-，英语为 un-/ -less，注意作词首用的 e-/ ex- 和介词 e/ ex 意思不同，后者意为 "出自、从……、由……离开、由于、依照"）；dentatus = dentus + atus 牙齿的，齿状的，具齿的；dentus 齿，牙齿；-atus/ -atum/ -ata 属于，相似，具有，完成（形容词词尾）

Pilea swinglei 三角形冷水花：swinglei（人名）；-i 表示人名，接在以元音字母结尾的人名后面，但 -a 除外

Pilea symmeria 喙萼冷水花：symmeria = syn + merus + ius 联合成一体的；syn- 联合，共同，合起来（希腊语词首，对应的拉丁语为 co-）；syn- 的缀词音变有：sy-/ syl-/ sym-/ syn-/ syr-/ sys-（在 s、t 前面），syl-（在 l 前面），sym-（在 b 和 p 前面），syn-/ syr-（在 r 前面）；-merus ← meros 部分，一份，特定部分，成员；-ius/ -ium/ -ia 具有……特性的（表示有关、关联、相似）

Pilea ternifolia 羽脉冷水花：ternat- ← ternatus 三数的，三出的；folius/ folium/ folia 叶，叶片（用于复合词）

Pilea tsiangiana 海南冷水花：tsiangiana 黔，贵州的（地名），蒋氏（人名）

Pilea umbrosa 荫生冷水花：umbrosus 多荫的，喜阴的，生于阴地的；umbra 荫凉，阴影，阴地；-osus/ -osum/ -osa 多的，充分的，丰富的，显著发育的，程度高的，特征明显的（形容词词尾）

Pilea umbrosa var. obesa 少毛冷水花：obesus 肥胖的

Pilea umbrosa var. umbrosa 荫生冷水花-原变种

（词义见上面解释）

Pilea unciformis 鹰嘴萼冷水花：unciformis = uncus + formis 钩状的；uncus 钩，倒钩刺；formis/ forma 形状

Pilea verrucosa 疣果冷水花：verrucosus 具疣状凸起的；verrucus ← verrucos 疣状物；-osus/ -osum/ -osa 多的，充分的，丰富的，显著发育的，程度高的，特征明显的（形容词词尾）

Pilea verrucosa subsp. fujianensis 闽北冷水花：fujianensis 福建的（地名）

Pilea verrucosa subsp. subtriplinervia 离基脉冷水花：subtriplinervius 近离基三出脉；sub-（表示程度较弱）与……类似，几乎，稍微，弱，亚，之下，下面；triplus 三倍的，三重的；nervius = nervus + ius 具脉的，具叶脉的；nervus 脉，叶脉；-ius/ -ium/ -ia 具有……特性的（表示有关、关联、相似）

Pilea verrucosa subsp. verrucosa 疣果冷水花-原亚种（词义见上面解释）

Pilea villicaulis 毛茎冷水花：villus 毛，羊毛，长绒毛；caulis ← caulos 茎，茎秆，主茎

Pilea villicaulis var. subglabra 秃茎冷水花：subglabrus 近无毛的；sub-（表示程度较弱）与……类似，几乎，稍微，弱，亚，之下，下面；glabrus 光秃的，无毛的，光滑的

Pilea villicaulis var. villicaulis 毛茎冷水花-原变种（词义见上面解释）

Pilea wattersii 中华冷水花：wattersii（人名）；-ii 表示人名，接在以辅音字母结尾的人名后面，但 -e 除外

Pilea wightii 生根冷水花：wightii ← Robert Wight（人名，19 世纪英国医生、植物学家）

Pileostegia 冠盖藤属（冠 guān）（虎耳草科）（35-1: p173）：pileos 帽子，盖子；stegius ← stege/ stegon 盖子，加盖，覆盖，包裹，遮盖物

Pileostegia tomentella 星毛冠盖藤：tomentellus 被短绒毛的，被微绒毛的；tomentum 绒毛，浓密的毛被，棉絮，棉絮状填充物（被褥、垫子等）；-ellus/ -ellum/ -ella ← -ulus 小的，略微的，稍微的（小词 -ulus 在字母 e 或 i 之后有多种变缀，即 -olus/ -olum/ -ola、-ellus/ -ellum/ -ella、-illus/ -illum/ -illa，用于第一变格法名词）

Pileostegia viburnoides 冠盖藤：viburnoides 像荚蒾的；Viburnum 荚蒾属（忍冬科）；-oides/ -oideus/ -oideum/ -oidea/ -odes/ -eidos 像……的，类似……的，呈……状的（名词词尾）

Pileostegia viburnoides var. glabrescens 柔毛冠盖藤：glabrus 光秃的，无毛的，光滑的；-escens/ -ascens 改变，转变，变成，略微，带有，接近，相似，大致，稍微（表示变化的趋势，并未完全相似或相同，有别于表示达到完成状态的 -atus）

Pileostegia viburnoides var. viburnoides 冠盖藤-原变种（词义见上面解释）

Pilostemon 毛蕊菊属（菊科）（78-1: p45）：pilo- ← pilosus 多毛的，被柔毛的，具疏柔毛的，被短弱细毛的；stemon 雄蕊

Pilostemon filifolia 毛蕊菊：fili-/ fil- ← filum 线状的，丝状的；folius/ folium/ folia 叶，叶片（用于复合词）

P

Pilostemon karateginii （卡拉毛蕊菊）：karateginii （人名）；-ii 表示人名，接在以辅音字母结尾的人名后面，但 -er 除外

Pimpinella 茴芹属（伞形科）（55-2：p67，55-3：p241）：pimpinella 本属一种植物的古拉丁名（原拼写为 pipinell）

Pimpinella achilleifolia 蓍叶茴芹（蓍 shī）：achilleifolia 叶片像蓍的（属名词尾变成 i 与后面的词复合）；Achillea 蓍属（菊科）；folius/ folium/ folia 叶，叶片（用于复合词）

Pimpinella acuminata 尖叶茴芹：acuminatus = acumen + atus 锐尖的，渐尖的；acumen 渐尖头；-atus/ -atum/ -ata 属于，相似，具有，完成（形容词词尾）

Pimpinella anisum 茴芹：anisum ← Pimpinella anisum 茴芹（伞形科）

Pimpinella arguta 锐叶茴芹：argutus → argut-/ arguti- 尖锐的

Pimpinella astilbifolia 落新妇茴芹：astilbifolius 落新妇叶子的；Astilbe 落新妇属（虎耳草科）；folius/ folium/ folia 叶，叶片（用于复合词）

Pimpinella atropurpurea 深紫茴芹：atro-/ atr-/ atri-/ atra- ← ater 深色，浓色，暗色，发黑（ater 作为词干后接辅音字母开头的词时，要在词干后面加一个连接用的元音字母 "o" 或 "i"，故为 "ater-o-" 或 "ater-i-"，变形为 "atr-" 开头）；purpureus = purpura + eus 紫色的；purpura 紫色（purpura 原为一种介壳虫名，其体液为紫色，可作颜料）；-eus/ -eum/ -ea（接拉丁语词干时）属于……的，色如……的，质如……的（表示原料、颜色或品质的相似），（接希腊语词干时）属于……的，以……出名，为……所占有（表示具有某种特性）

Pimpinella bisinuata 重波茴芹（重 chóng）：bisinuata 重波的，二重波形的；bi-/ bis- 二，二数，二回（希腊语为 di-）；sinuatus 深波浪状的

Pimpinella brachycarpa 短果茴芹：brachy- ← brachys 短的（用于拉丁语复合词词首）；carpus/ carpum/ carpa/ carpon ← carpos 果实（用于希腊语复合词）

Pimpinella brachystyla 短柱茴芹：brachy- ← brachys 短的（用于拉丁语复合词词首）；stylus/ stylis ← stylos 柱，花柱

Pimpinella calycina 具萼茴芹：calycinus = calyx + inus 萼片的，萼片状的，萼片宿存的；calyx → calyc- 萼片（用于希腊语复合词）；构词规则：以 -ix/ -iex 结尾的词其词干末尾视为 -ic，以 -ex 结尾视为 -i/ -ic，其他以 -x 结尾视为 -c；-inus/ -inum/ -ina/ -inos 相近，接近，相似，具有（通常指颜色）

Pimpinella candolleana 杏叶茴芹：candolleana ← Augustin Pyramus de Candolle（人名，19 世纪瑞典植物学家）

Pimpinella caudata 尾尖茴芹：caudatus = caudus + atus 尾巴的，尾巴状的，具尾的；caudus 尾巴

Pimpinella chungdienensis 中甸茴芹：chungdienensis 中甸的（地名，云南省香格里拉市的旧称）

Pimpinella cnidioides 蛇床茴芹：Cnidium 蛇床属（伞形科）；-oides/ -oideus/ -oideum/ -oidea/ -odes/ -eidos 像……的，类似……的，呈……状的（名词词尾）

Pimpinella coriacea 革叶茴芹：coriaceus = corius + aceus 近皮革的，近革质的；corius 皮革的，革质的；-aceus/ -aceum/ -acea 相似的，有……性质的，属于……的

Pimpinella diversifolia 异叶茴芹：diversus 多样的，各种各样的，多方向的；folius/ folium/ folia 叶，叶片（用于复合词）

Pimpinella diversifolia var. angustipetala 尖瓣异叶茴芹：angusti- ← angustus 窄的，狭的，细的；petalus/ petalum/ petala ← petalon 花瓣

Pimpinella diversifolia var. diversifolia 异叶茴芹-原变种 （词义见上面解释）

Pimpinella diversifolia var. stolonifera 走茎异叶茴芹：stolon 匍匐茎；-ferus/ -ferum/ -fera/ -fero/ -fere/ -fer 有，具有，产（区别：作独立词使用的 ferus 意思是 "野生的"）

Pimpinella fargesii 城口茴芹：fargesii ← Pere Paul Guillaume Farges（人名，19 世纪中叶至 20 世纪活动于中国的法国传教士，植物采集员）

Pimpinella filipedicellata 细柄茴芹：fili-/ fil- ← filum 线状的，丝状的；pedicellatus = pedicellus + atus 具小花柄的；pedicellus = pes + cellus 小花梗，小花柄（不同于花序柄）；pes/ pedis 柄，梗，茎秆，腿，足，爪（作词首或词尾，pes 的词干视为 "ped-"）；-cellus/ -cellum/ -cella、-cillus/ -cillum/ -cilla 小的，略微的，稍微的（与任何变格法名词形成复合词）；关联词：pedunculus 花序柄，总花梗（花序基部无花着生部分）；-atus/ -atum/ -ata 属于，相似，具有，完成（形容词词尾）

Pimpinella flaccida 细软茴芹：flaccidus 柔软的，软乎乎的，软绵绵的；flaccus 柔弱的，软垂的；-idus/ -idum/ -ida 表示在进行中的动作或情况，作动词、名词或形容词的词尾

Pimpinella grisea 灰叶茴芹：griseus ← griseo 灰色的

Pimpinella helosciadia 沼生茴芹：heleo-/ helo- 湿地，湿原，沼泽；sciadius = sciados + ius 伞，伞形的，遮阴的；scias 伞，伞形的

Pimpinella henryi 川鄂茴芹：henryi ← Augustine Henry 或 B. C. Henry（人名，前者，1857–1930，爱尔兰医生、植物学家，曾在中国采集植物，后者，1850–1901，曾活动于中国的传教士）

Pimpinella komarovi 辽冀茴芹：komarovi ← Vladimir Leontjevich Komarov 科马洛夫（人名，1869–1945，俄国植物学家）

Pimpinella koreana 朝鲜茴芹：koreana 朝鲜的（地名）

Pimpinella liiana 景东茴芹：liiana（人名）

Pimpinella niitakayamensis 台湾茴芹：niitakayamensis 新高山的（地名，位于台湾省，"新高山" 的日语读音为 "niitakayama"）

Pimpinella puberula 微毛茴芹：puberulus = puberus + ulus 略被柔毛的，被微柔毛的；puberus 多毛的，毛茸茸的；-ulus/ -ulum/ -ula 小的，略微

P

的，稍微的（小词 -ulus 在字母 e 或 i 之后有多种变缀，即 -olus/ -olum/ -ola、-ellus/ -ellum/ -ella、-illus/ -illum/ -illa，与第一变格法和第二变格法名词形成复合词）

Pimpinella purpurea 紫瓣茴芹：purpureus = purpura + eus 紫色的；purpura 紫色（purpura 原为一种介壳虫名，其体液为紫色，可作颜料）；-eus/ -eum/ -ea（接拉丁语词干时）属于……的，色如……的，质如……的（表示原料、颜色或品质的相似），（接希腊语词干时）属于……的，以……出名，为……所占有（表示具有某种特性）

Pimpinella refracta 下曲茴芹：refractus 骤折的，倒折的，反折的；re- 返回，相反，再次，重复，向后，回头；fractus 背折的，弯曲的

Pimpinella renifolia 肾叶茴芹：ren-/ reni- ← ren/ renis 肾，肾形；renarius/ renalis 肾脏的，肾形的；folius/ folium/ folia 叶，叶片（用于复合词）

Pimpinella rhomboidea 菱叶茴芹：rhomboideus 菱形的；rhombus 菱形，纺锤；-oides/ -oideus/ -oideum/ -oidea/ -odes/ -eidos 像……的，类似……的，呈……状的（名词词尾）

Pimpinella rhomboidea var. tenuiloba 小菱叶茴芹：tenui- ← tenuis 薄的，纤细的，弱的，瘦的，窄的；lobus/ lobos/ lobon 浅裂，耳片（裂片先端钝圆），荚果，蒴果

Pimpinella rockii 丽江茴芹：rockii ← Joseph Francis Charles Rock（人名，20 世纪美国植物采集员）

Pimpinella rubescens 少花茴芹：rubescens = rubus + escens 红色，变红的；rubus ← ruber/ rubeo 树莓的，红色的；-escens/ -ascens 改变，转变，变成，略微，带有，接近，相似，大致，稍微（表示变化的趋势，并未完全相似或相同，有别于表示达到完成状态的 -atus）

Pimpinella serra 锯边茴芹：serrus 齿，锯齿

Pimpinella silvatica 木里茴芹：silvaticus/ silvaticus 森林的，生于森林的；silva/ sylva 森林；-aticus/ -aticum/ -atica 属于，表示生长的地方，作名词词尾

Pimpinella smithii 直立茴芹：smithii ← James Edward Smith（人名，1759–1828，英国植物学家）

Pimpinella thellungiana 羊红膻（膻 shān）：thellungiana（人名）

Pimpinella tibetanica 藏茴芹：tibetanica 西藏的（地名）；-icus/ -icum/ -ica 属于，具有某种特性（常用于地名、起源、生境）

Pimpinella tonkinensis 瘤果茴芹：tonkin 东京（地名，越南河内的旧称）

Pimpinella valleculosa 谷生茴芹：valleculosus = vallis + culosus 多小沟的，多细槽的；valle/ vallis 沟，沟谷，谷地；-culosus = culus + osus 小而多的，小而密集的；-culus/ -culum/ -cula 小的，略微的，稍微的（同第三变格法和第四变格法名词形成复合词）；-ulus/ -ulum/ -ula 小的，略微的，稍微的（小词 -ulus 在字母 e 或 i 之后有多种变缀，即 -olus/ -olum/ -ola、-ellus/ -ellum/ -ella、-illus/ -illum/ -illa，与第一变格法和第二变格法名词形成复合词）；-osus/ -osum/ -osa 多的，充分的，丰富的，显著发育的，程度高的，特征明显的（形容词词尾）

Pimpinella weishanensis 巍山茴芹：weishanensis 巍山的（地名，云南省）

Pimpinella xizangense 西藏茴芹：xizangense 西藏的（地名）

Pimpinella yunnanensis 云南茴芹：yunnanensis 云南的（地名）

Pinaceae 松科（7：p32）：Pinus 松属；-aceae（分类单位科的词尾，为 -aceus 的阴性复数主格形式，加到模式属的名称后或同义词的词干后以组成族群名称）

Pinanga 山槟榔属（槟 bīng）（棕榈科）（13-1：p135）：pinanga ← pinina 手掌（马来西亚语）

Pinanga chinensis 华山竹：chinensis = china + ensis 中国的（地名）；China 中国

Pinanga discolor 变色山槟榔：discolor 异色的，不同色的（指花瓣花萼等）；di-/ dis- 二，二数，二分，分离，不同，在……之间，从……分开（希腊语，拉丁语为 bi-/ bis-）；color 颜色

Pinanga gracilis 纤细山槟榔：gracilis 细长的，纤弱的，丝状的

Pinanga hexasticha 六列山槟榔：hex-/ hexa- 六（希腊语，拉丁语为 sex-）；stichus ← stichon 行列，队列，排列

Pinanga macroclada 长枝山竹：macro-/ macr- ← macros 大的，宏观的（用于希腊语复合词）；cladus ← clados 枝条，分枝

Pinanga sinii 燕尾山槟榔：sinii（人名）；-ii 表示人名，接在以辅音字母结尾的人名后面，但 -er 除外

Pinanga tashiroi 兰屿山槟榔：tashiroi/ tachiroei（人名）；-i 表示人名，接在以元音字母结尾的人名后面，但 -a 除外

Pinanga viridis 绿色山槟榔：viridis 绿色的，鲜嫩的（相当于希腊语的 chloro-）

Pinellia 半夏属（天南星科）（13-2：p200）：pinellia ← Giovani Vincenzo Pinelli（人名，1535–1601，意大利植物学家）

Pinellia cordata 滴水珠：cordatus ← cordis/ cor 心脏的，心形的；-atus/ -atum/ -ata 属于，相似，具有，完成（形容词词尾）

Pinellia integrifolia 石蜘蛛：integer/ integra/ integrum → integri- 完整的，整个的，全缘的；folius/ folium/ folia 叶，叶片（用于复合词）

Pinellia pedatisecta 虎掌：pedatus 鸟足形的；pes/ pedis 柄，梗，茎秆，腿，足，爪（作词首或词尾，pes 的词干视为 "ped-"）；sectus 分段的，分节的，切开的，分裂的

Pinellia peltata 盾叶半夏：peltatus = peltus + atus 盾状的，具盾片的；peltus ← pelte 盾片，小盾片，盾形的；-atus/ -atum/ -ata 属于，相似，具有，完成（形容词词尾）

Pinellia ternata 半夏：ternatus 三数的，三出的

Pinguicula 捕虫堇属（狸藻科）（69：p583）：pinguicula ← pinguis 显油脂的，稍肥滑的（指叶面油亮）

Pinguicula alpina 高山捕虫堇：alpinus = alpus + inus 高山的；alpus 高山；al-/ alti-/ alto- ← altus 高的，高处的；-inus/ -inum/ -ina/ -inos 相近，接

P

近，相似，具有（通常指颜色）；关联词：subalpinus 亚高山的

Pinguicula villosa 北捕虫堇：villosus 柔毛的，绵毛的；villus 毛，羊毛，长绒毛；-osus/ -osum/ -osa 多的，充分的，丰富的，显著发育的，程度高的，特征明显的（形容词词尾）

Pinus 松属（松科）（7: p204）：pinus ← pin 山（凯尔特语，指分布于山地）

Pinus armandii 华山松（华 huà）：armandii ← Pere Armand（人名，19 世纪法国传教士和植物采集员）；-ii 表示人名，接在以辅音字母结尾的人名后面，但 -er 除外

Pinus armandii var. armandii 华山松-原变种（词义见上面解释）

Pinus armandii var. mastersiana 台湾果松：mastersiana ← William Masters（人名，19 世纪印度加尔各答植物园园艺学家）

Pinus banksiana 北美短叶松：banksiana ← Joseph Banks（人名，19 世纪英国植物学家）

Pinus bungeana 白皮松：bungeana ← Alexander von Bunge（人名，1813–1866，俄国植物学家）

Pinus caribaea 加勒比松（勒 lè）：caribaea ← Caribe（西班牙语）加勒比的（地名，中美洲海域）

Pinus caribaea var. bahamensis 巴哈马加勒比松：bahamensis 巴哈马的（地名）

Pinus caribaea var. caribaea 加勒比松-原变种（词义见上面解释）

Pinus caribaea var. hondurensis 洪都拉斯加勒比松：hondurensis 洪都拉斯的（地名，中美洲国家）

Pinus dabeshanensis 大别山五针松：dabeshanensis 大别山的（地名，安徽省）

Pinus densata 高山松：densatus = densus + atus 稠密的；densus 密集的，繁茂的

Pinus densiflora 赤松：densus 密集的，繁茂的；florus/ florum/ flora ← flos 花（用于复合词）

Pinus densiflora cv. Globosa 球冠赤松（冠 guān）：globosus = globus + osus 球形的；globus → glob-/ globi- 球体，圆球，地球；-osus/ -osum/ -osa 多的，充分的，丰富的，显著发育的，程度高的，特征明显的（形容词词尾）；关联词：globularis/ globulifer/ globulosus（小球状的、具小球的），globuliformis（纽扣状的）

Pinus densiflora cv. Umbraculifera 千头赤松：umbraculifera 伞，具伞的；umbraculus 阴影，阴地，遮阴；umbra 荫凉，阴影，阴地；-ferus/ -ferum/ -fera/ -fero/ -fere/ -fer 有，具有，产（区别：作独立词使用的 ferus 意思是"野生的"）

Pinus echinata 萌芽松：echinatus = echinus + atus 有刚毛的，有芒状刺的，刺猬状的，海胆状的；echinus ← echinos → echino-/ echin- 刺猬，海胆

Pinus elliottii 湿地松：elliottii ← Stephen Elliott（人名，19 世纪美国植物学家）

Pinus fenzeliana 海南五针松：fenzeliana（人名）

Pinus gerardiana 西藏白皮松：gerardiana ← Gerard（人名）

Pinus griffithii 乔松：griffithii ← William Griffith（人名，19 世纪印度植物学家，加尔各答植物园主任）

Pinus henryi 巴山松：henryi ← Augustine Henry 或 B. C. Henry（人名，前者，1857–1930，爱尔兰医生、植物学家，曾在中国采集植物，后者，1850–1901，曾活动于中国的传教士）

Pinus kesiya var. langbianensis 思茅松：kesiya（人名）；langbianensis（地名，越南）

Pinus koraiensis 红松：koraiensis 朝鲜的（地名）

Pinus kwangtungensis 华南五针松：kwangtungensis 广东的（地名）

Pinus latteri 南亚松：latteri（人名）；-eri 表示人名，在以 -er 结尾的人名后面加上 i 形成

Pinus massoniana 马尾松：massoniana ← Francis Masson（人名，1741–1805，英国园艺学家）

Pinus massoniana var. hainanensis 雅加松：hainanensis 海南的（地名）

Pinus massoniana var. massoniana 马尾松-原变种 （词义见上面解释）

Pinus morrisonicola 台湾五针松：morrisonicola 磨里山产的；morrison 磨里山（地名，今台湾新高山）；colus ← colo 分布于，居住于，栖居，殖民（常作词尾）；colo/ colere/ colui/ cultum 居住，耕作，栽培

Pinus nigra 欧洲黑松：nigrus 黑色的；niger 黑色的

Pinus nigra var. nigra 欧洲黑松-原变种 （词义见上面解释）

Pinus nigra var. poiretiana 南欧黑松：poiretiana ← Jean Poiret（人名，19 世纪法国博物学家）

Pinus palustris 长叶松：palustris/ paluster ← palus + estris 喜好沼泽的，沼生的；palus 沼泽，湿地，泥潭，水塘，草甸子（palus 的复数主格为 paludes）；-estris/ -estre/ ester/ -esteris 生于……地方，喜好……地方

Pinus parviflora 日本五针松：parviflorus 小花的；parvus 小的，些微的，弱的；florus/ florum/ flora ← flos 花（用于复合词）

Pinus pinaster 海岸松：pinaster = pinus + aster 像松树的，野生松树；Pinus 松属（松科）；-aster/ -astra/ -astrum/ -ister/ -istra/ -istrum 相似的，程度稍弱，稍小的，次等级的（用于拉丁语复合词词尾，表示不完全相似或低级之意，常用以区别一种野生植物与栽培植物，如 oleaster、oleastrum 野橄榄，以区别于 olea，即栽培的橄榄，而作形容词词尾时则表示小或程度弱化，如 surdaster 稍聋的，比 surdus 稍弱）

Pinus ponderosa 西黄松：ponderosus = ponderis + osus 重的，笨重的，大量的；pondus/ ponderis 重量，重力，砝码，磅（1 lb ≈ 0.454 kg）；-osus/ -osum/ -osa 多的，充分的，丰富的，显著发育的，程度高的，特征明显的（形容词词尾）

Pinus pumila 偃松（偃 yǎn）：pumilus 矮的，小的，低矮的，矮人的

Pinus rigida 刚松：rigidus 坚硬的，不弯曲的，强直的

Pinus rigida var. rigida 刚松-原变种 （词义见上面解释）

Pinus rigida var. serotina 晚松：serotinus 晚来的，晚季的，晚开花的

Pinus roxburghii 西藏长叶松：roxburghii ← William Roxburgh（人名，18 世纪英国植物学家，研究印度植物）

Pinus sibirica 新疆五针松：sibirica 西伯利亚的（地名，俄罗斯）；-icus/ -icum/ -ica 属于，具有某种特性（常用于地名、起源、生境）

Pinus strobus 北美乔松：strobus 球果的，圆锥的；strobi- ← strobus 球果的，圆锥的

Pinus sylvestris 欧洲赤松：sylvestris 森林的，野地的；sylva/ silva 森林；-estris/ -estre/ ester/ -esteris 生于……地方，喜好……地方

Pinus sylvestris var. mongolica 樟子松：mongolica 蒙古的（地名）；mongolia 蒙古的（地名）；-icus/ -icum/ -ica 属于，具有某种特性（常用于地名、起源、生境）

Pinus sylvestris var. sylvestriformis 长白松（俗称"美人松"）：sylvestriformis 像 sylvestris 的；Pinus sylvestris 欧洲赤松；formis/ forma 形状

Pinus sylvestris var. sylvestris 欧洲赤松-原变种（词义见上面解释）

Pinus tabulaeformis var. mukdensis 黑皮油松：tabulaeformis 平板状的，平台状的，圆桌状的（注：组成复合词时，要将前面词的词尾 -us/ -um/ -a 变成 -i- 或 -o- 而不是所有格，故该词宜改为"tabuliformis"）；tabula 圆桌，平板，平台，菌盖，图版，表格，台账；formis/ forma 形状；mukdenia ← Mukden 奉天的（地名，沈阳的旧称，来自满语"谋克敦"的音译）

Pinus tabulaeformis var. tabulaeformis 油松-原变种 （词义见上面解释）

Pinus tabulaeformis var. umbraculifera 扫帚油松：umbraculifera 伞，具伞的；umbraculus 阴影，阴地，遮阴；umbra 荫凉，阴影，阴地；-ferus/ -ferum/ -fera/ -fero/ -fere/ -fer 有，具有，产（区别：作独立词使用的 ferus 意思是"野生的"）

Pinus tabuliformis 油松：tabuliformis 平板状的，平台状的，圆桌状的；tabula 圆桌，平板，平台，菌盖，图版，表格，台账；formis/ forma 形状

Pinus taeda 火炬松：taedus 树脂

Pinus taiwanensis 黄山松：taiwanensis 台湾的（地名）

Pinus taiwanensis var. damingshanensis 大明松：damingshanensis 大明山的（地名，广西武鸣区）

Pinus taiwanensis var. taiwanensis 黄山松-原变种 （词义见上面解释）

Pinus takahasii 兴凯湖松：takahasii 高桥（人名）

Pinus thunbergii 黑松：thunbergii ← C. P. Thunberg（人名，1743–1828，瑞典植物学家，曾专门研究日本的植物）

Pinus tropicalis 热带松：tropicalis 属热带的，分布于热带的；tropicus 热带的；-aris（阳性、阴性）/ -are（中性）← -alis（阳性、阴性）/ -ale（中性）属于，相似，如同，具有，涉及，关于，联结于（将名词作形容词用，其中 -aris 常用于以 l 或 r 为词干末尾的词）

Pinus virginiana 矮松：virginiana 弗吉尼亚的（地名，美国）

Pinus wangii 毛枝五针松：wangii（人名）；-ii 表示人名，接在以辅音字母结尾的人名后面，但 -er 除外

Pinus yunnanensis 云南松：yunnanensis 云南的（地名）

Pinus yunnanensis var. pygmaea 地盘松：pygmaeus/ pygmaei 小的，低矮的，极小的，矮人的；pygm- 矮，小，侏儒；-aeus/ -aeum/ -aea 表示属于……，名词形容词化词尾，如 europaeus ← europa 欧洲的

Pinus yunnanensis var. tenuifolia 细叶云南松：tenui- ← tenuis 薄的，纤细的，弱的，瘦的，窄的；folius/ folium/ folia 叶，叶片（用于复合词）

Pinus yunnanensis var. yunnanensis 云南松-原变种 （词义见上面解释）

Piper 胡椒属（胡椒科）（20-1：p14）：piper 胡椒（古拉丁名）

Piper arborescens 兰屿胡椒：arbor 乔木，树木；-escens/ -ascens 改变，转变，变成，略微，带有，接近，相似，大致，稍微（表示变化的趋势，并未完全相似或相同，有别于表示达到完成状态的 -atus）

Piper arboricola 小叶爬崖香（崖 yá）：arboricola 栖居于树上的；arbor 乔木，树木；colus ← colo 分布于，居住于，栖居，殖民（常作词尾）；colo/ colere/ colui/ cultum 居住，耕作，栽培

Piper attenuatum 卵叶胡椒：attenuatus = ad + tenuis + atus 渐尖的，渐狭的，变细的，变弱的；ad- 向，到，近（拉丁语词首，表示程度加强）；构词规则：构成复合词时，词首末尾的辅音字母常同化为紧接其后的那个辅音字母（如 ad + t → att）；tenuis 薄的，纤细的，弱的，瘦的，窄的

Piper austrosinense 华南胡椒：austrosinense 华南的（地名）；austro-/ austr- 南方的，南半球的，大洋洲的；auster 南方，南风

Piper bambusaefolium 竹叶胡椒：bambusaefolius 箣竹叶的（注：组成复合词时，要将前面词的词尾 -us/ -um/ -a 变成 -i- 或 -o- 而不是所有格，故该词宜改为"bambusifolium"）；Bambusa 箣竹属（禾本科）；folius/ folium/ folia 叶，叶片（用于复合词）

Piper bavinum 腺脉蒟（蒟 jǔ）：bavinum（地名，越南河内）

Piper betle 蒌叶（蒌 lóu）：betle（葡萄牙土名）

Piper boehmeriaefolium 苎叶蒟（苎 zhù）：boehmeriaefolium 苎麻叶的（注：以属名作复合词时原词尾变形后的 i 要保留，不能使用所有格，故该词宜改为"boehmeriifolium"）；Boehmeria 苎麻属（荨麻科）；folius/ folium/ folia 叶，叶片（用于复合词）

Piper boehmeriaefolium var. tonkinense 光轴苎叶蒟：tonkin 东京（地名，越南河内的旧称）

Piper bonii 复毛胡椒：bonii（人名）；-ii 表示人名，接在以辅音字母结尾的人名后面，但 -er 除外

Piper bonii var. macrophyllum 大叶复毛胡椒：macro-/ macr- ← macros 大的，宏观的（用于希腊语复合词）；phyllus/ phyllum/ phylla ← phyllon 叶片（用于希腊语复合词）

Piper chaudocanum 勐海胡椒（勐 měng）：chaudocanum（地名）

Piper chinense 中华胡椒：chinense 中国的（地名）

Piper curtipedunculum 细苞胡椒：curtus 短的，不完整的，残缺的；pedunculatus/ peduncularis 具花序柄的，具总花梗的；pedunculus/ peduncule/ pedunculis ← pes 花序柄，总花梗（花序基部无花着生部分，不同于花柄）；关联词：pedicellus/ pediculus 小花梗，小花柄（不同于花序柄）；pes/ pedis 柄，梗，茎秆，腿，足，爪（作词首或词尾，pes 的词干视为"ped-"）

Piper damiaoshanense 大苗山胡椒：damiaoshanense 大苗山的（地名，广西北部）

Piper ferriei （费氏胡椒）：ferriei 费氏（人名）

Piper flaviflorum 黄花胡椒：flavus → flavo-/ flavi-/ flav- 黄色的，鲜黄色的，金黄色的（指纯正的黄色）；florus/ florum/ flora ← flos 花（用于复合词）

Piper glabricaule 光茎胡椒：glabrus 光秃的，无毛的，光滑的；caulus/ caulon/ caule ← caulos 茎，茎秆，主茎

Piper hainanense 海南蒟：hainanense 海南的（地名）

Piper hancei 山蒟：hancei ← Henry Fletcher Hance（人名，19 世纪英国驻香港领事，曾在中国采集植物）；-i 表示人名，接在以元音字母结尾的人名后面，但 -a 除外

Piper harmandii （哈氏胡椒）：harmandii（人名）；-ii 表示人名，接在以辅音字母结尾的人名后面，但 -er 除外

Piper hochiense 河池胡椒：hochiense 河池的（地名，广西壮族自治区）

Piper interruptum 疏果胡椒：interruptus 中断的，断续的；inter- 中间的，在中间，之间；ruptus 破裂的

Piper jianfenglingense 尖峰岭胡椒：jianfenglingense 尖峰岭的（地名，海南省）

Piper kadsura 风藤：kadsura 葛藤，藤蔓（日文，日语汉字"葛""蔓"的读音均为"kadsura/ kazura"）；Kadsura 南五味子属（木兰科）

Piper kawakamii 恒春胡椒：kawakamii 川上（人名，20 世纪日本植物采集员）

Piper kwashoense 绿岛胡椒：kwashoense 火烧岛的（地名，台湾省绿岛的旧称，日语读音）

Piper laetispicum 大叶蒟：laetispicus 鲜艳穗状花序的；laetus 生辉的，生动的，色彩鲜艳的，可喜的，愉快的；laete 光亮地，鲜艳地；spicus 穗，谷穗，花穗

Piper lingshuiense 陵水胡椒：lingshuiense 陵水的（地名，海南省）

Piper longum 荜拔（荜 bì）：longus 长的，纵向的

Piper macropodum 粗梗胡椒：macro-/ macr- ← macros 大的，宏观的（用于希腊语复合词）；podus/ pus 柄，梗，茎秆，足，腿

Piper magen 麻根：magen 麻根（云南省地方土名）

Piper martinii 毛山蒟：martinii ← Raymond Martin（人名，19 世纪美国仙人掌植物采集员）

Piper mischocarpum 柄果胡椒：misc-/ mischo- ← mischos 花梗；carpus/ carpum/ carpa/ carpon ← carpos 果实（用于希腊语复合词）

Piper mullesua 短蒟：mullesus 鲜红色的

Piper mutabile 变叶胡椒：mutabilis = mutatus + bilis 容易变化的，不稳定的，形态多样的（叶片、花的形状和颜色等）；mutatus 变化了的，改变了的，突变的；mutatio 改变；-ans/ -ens/ -bilis/ -ilis 能够，可能（为形容词词尾，-ans/ -ens 用于主动语态，-bilis/ -ilis 用于被动语态）

Piper nepalense 尼泊尔胡椒：nepalense 尼泊尔的（地名）

Piper nigrum 胡椒：nigrus 黑色的；niger 黑色的；关联词：denigratus 变黑的

Piper nudibaccatum 裸果胡椒：nudi- ← nudus 裸露的；baccatus = baccus + atus 浆果的，浆果状的；baccus 浆果

Piper pedicellatum 角果胡椒：pedicellatus = pedicellus + atus 具小花柄的；pedicellus = pes + cellus 小花梗，小花柄（不同于花序柄）；pes/ pedis 柄，梗，茎秆，腿，足，爪（作词首或词尾，pes 的词干视为"ped-"）；-cellus/ -cellum/ -cella、-cillus/ -cillum/ -cilla 小的，略微的，稍微的（与任何变格法名词形成复合词）；关联词：pedunculus 花序柄，总花梗（花序基部无花着生部分）；-atus/ -atum/ -ata 属于，相似，具有，完成（形容词词尾）

Piper philippinum 台东胡椒：philippinum 菲律宾的（地名）

Piper pingbienense 屏边胡椒：pingbienense 屏边的（地名，云南省）

Piper pleiocarpum 线梗胡椒：pleo-/ plei-/ pleio- ← pleos/ pleios 多的；carpus/ carpum/ carpa/ carpon ← carpos 果实（用于希腊语复合词）

Piper polysyphonum 樟叶胡椒（种加词有时错印为"polysyphorum"）：polysyphonum = ploy + siphonum（syphonum）多管的；polys 多数的，多的；siphonus ← sipho → siphon-/ siphono-/ -siphonius 管，筒，管状物

Piper ponesheense 肉轴胡椒：ponesheense（地名，缅甸）

Piper puberulilimbum 毛叶胡椒：puberulus = puberus + ulus 略被柔毛的，被微柔毛的；puberus 多毛的，毛茸茸的；-ulus/ -ulum/ -ula 小的，略微的，稍微的（小词 -ulus 在字母 e 或 i 之后有多种变缀，即 -olus/ -olum/ -ola、-ellus/ -ellum/ -ella、-illus/ -illum/ -illa，与第一变格法和第二变格法名词形成复合词）；limbus 冠檐，萼檐，瓣片，叶片

Piper puberulum 毛蒟：puberulus = puberus + ulus 略被柔毛的，被微柔毛的；puberus 多毛的，毛茸茸的；-ulus/ -ulum/ -ula 小的，略微的，稍微的（小词 -ulus 在字母 e 或 i 之后有多种变缀，即 -olus/ -olum/ -ola、-ellus/ -ellum/ -ella、-illus/ -illum/ -illa，与第一变格法和第二变格法名词形成复合词）

Piper pubicatulum 岩椒（原名"岩参"，菊科有重名）（参 shēn）：pubi- ← pubis 细柔毛的，短柔毛的，毛被的；catulus 手掌状的，柔荑花序的

Piper retrofractum 假荜拔：retro- 向后，反向；fractus 背折的，弯曲的

Piper rubrum 红果胡椒：rubrus/ rubrum/ rubra/ ruber 红色的

Piper sarmentosum 假蒟：sarmentosus 匍匐茎的；

sarmentum 匍匐茎, 鞭条; -osus/ -osum/ -osa 多的, 充分的, 丰富的, 显著发育的, 程度高的, 特征明显的（形容词词尾）

Piper semiimmersum 缘毛胡椒: semi- 半, 准, 略微; immersus 水面下的, 沉水的; in-/ im-（来自 il- 的音变）内, 在内, 内部, 向内, 相反, 不, 无, 非; il- 在内, 向内, 为, 相反（希腊语为 en-）; 词首 il- 的音变: il-（在 l 前面）, im-（在 b、m、p 前面）, in-（在元音字母和大多数辅音字母前面）, ir-（在 r 前面）, 如 illaudatus（不值得称赞的, 评价不好的）, impermeabilis（不透水的, 穿不透的）, ineptus（不合适的）, insertus（插入的）, irretortus（无弯曲的, 无扭曲的）; emersus 突出水面的, 露出的, 挺直的

Piper senporeiense 斜叶蒟: senporeiense（地名, 海南省）

Piper sinense 华山蒌（华 huá, 蒌 lóu）: sinense = Sina + ense 中国的（地名）; Sina 中国

Piper spirei 滇南胡椒: spirei 螺旋的; spira ← speira 螺旋状的, 环状的, 缠绕的, 盘卷的（希腊语）

Piper stipitiforme 短柄胡椒: stipitus 柄, 梗; forme/ forma 形状

Piper submultinerve 多脉胡椒: sub-（表示程度较弱）与……类似, 几乎, 稍微, 弱, 亚, 之下, 下面; multi- ← multus 多个, 多数, 很多（希腊语为 poly-）; nerve ← nervus 脉, 叶脉

Piper submultinerve var. nandanicum 狭叶多脉胡椒: nandanicum 南丹的（地名, 广西壮族自治区）

Piper sylvaticum 长柄胡椒: silvaticus/ sylvaticus 森林的, 林地的; sylva/ silva 森林; -aticus/ -aticum/ -atica 属于, 表示生长的地方, 作名词词尾

Piper szemaoense 思茅胡椒: szemaoense 思茅的（地名, 云南省）

Piper terminaliflorum 顶花胡椒: terminaliflorus 顶端生花的; terminalis 顶端的, 顶生的, 末端的; florus/ florum/ flora ← flos 花（用于复合词）

Piper thomsonii 球穗胡椒: thomsonii ← Thomas Thomson（人名, 19 世纪英国植物学家）; -ii 表示人名, 接在以辅音字母结尾的人名后面, 但 -er 除外

Piper thomsonii var. microphyllum 小叶球穗胡椒: micr-/ micro- ← micros 小的, 微小的, 微观的（用于希腊语复合词）; phyllus/ phyllum/ phylla ← phyllon 叶片（用于希腊语复合词）

Piper tricolor 三色胡椒: tri-/ tripli-/ triplo- 三个, 三数; color 颜色

Piper tsangyuanense 粗穗胡椒: tsangyuanense 沧源的（地名, 云南省）

Piper wallichii 石南藤: wallichii ← Nathaniel Wallich（人名, 19 世纪初丹麦植物学家、医生）

Piper yinkiangense 盈江胡椒: yinkiangense 盈江的（地名, 云南省）

Piper yunnanense 蒟子（蒟 jǔ）: yunnanense 云南的（地名）

Piper peltatifolium 盾叶胡椒: peltatifolius = peltatus + folius 具盾状叶的; peltatus = peltus + atus 盾状的, 具盾片的; peltus ← pelte 盾片, 小盾片, 盾形的; -atus/ -atum/ -ata 属于, 相似, 具有, 完成（形容词词尾）; folius/ folium/ folia 叶, 叶片（用于复合词）

Piperaceae 胡椒科（20-1: p11）: Piper 胡椒属; -aceae（分类单位科的词尾, 为 -aceus 的阴性复数主格形式, 加到模式属的名称后或同义词的词干后以组成族群名称）

Piptanthus 黄花木属（豆科）（42-2: p390）: piptanthus 早落花的; pipto 落下; anthus/ anthum/ antha/ anthe ← anthos 花（用于希腊语复合词）

Piptanthus concolor 黄花木: concolor = co + color 同色的, 一色的, 单色的; co- 联合, 共同, 合起来（拉丁语词首, 为 cum- 的音变, 表示结合、强化、完全, 对应的希腊语为 syn-）; co- 的缀词音变有 co-/ com-/ con-/ col-/ cor-: co-（在 h 和元音字母前面）, col-（在 l 前面）, com-（在 b、m、p 之前）, con-（在 c、d、f、g、j、n、qu、s、t 和 v 前面）, cor-（在 r 前面）; color 颜色

Piptanthus nepalensis 尼泊尔黄花木: nepalensis 尼泊尔的（地名）

Piptanthus nepalensis f. leiocarpus 光果黄花木: lei-/ leio-/ lio- ← leius ← leios 光滑的, 平滑的; carpus/ carpum/ carpa/ carpon ← carpos 果实（用于希腊语复合词）

Piptanthus nepalensis f. nepalensis 尼泊尔黄花木-原变型（词义见上面解释）

Piptanthus nepalensis f. sericopetalus 毛瓣黄花木: sericopetalus 绢毛瓣的; sericus 绢丝的, 绢毛的, 赛尔人的（Ser 为印度一民族）; petalus/ petalum/ petala ← petalon 花瓣

Piptanthus tomentosus 绒叶黄花木: tomentosus = tomentum + osus 绒毛的, 密被绒毛的; tomentum 绒毛, 浓密的毛被, 棉絮, 棉絮状填充物（被褥、垫子等）; -osus/ -osum/ -osa 多的, 充分的, 丰富的, 显著发育的, 程度高的, 特征明显的（形容词词尾）

Pipturus 落尾木属（荨麻科）（23-2: p375）: pipto 落下; -urus/ -ura/ -ourus/ -oura/ -oure/ -uris 尾巴

Pipturus arborescens 落尾木: arbor 乔木, 树木; -escens/ -ascens 改变, 转变, 变成, 略微, 带有, 接近, 相似, 大致, 稍微（表示变化的趋势, 并未完全相似或相同, 有别于表示达到完成状态的 -atus）

Pisonia 腺果藤属（紫茉莉科）（26: p2）: pisonia ← Willem Piso（人名, 17 世纪在巴西的荷兰人医生）

Pisonia aculeata 腺果藤: aculeatus 有刺的, 有针的; aculeus 皮刺; -atus/ -atum/ -ata 属于, 相似, 具有, 完成（形容词词尾）

Pistacia 黄连木属（漆树科）（45-1: p91）: pistacia ← pistake 坚果（希腊语 ← 波斯语）

Pistacia chinensis 黄连木: chinensis = china + ensis 中国的（地名）; China 中国

Pistacia vera 阿月浑子: verus 正统的, 纯正的, 真正的, 标准的（形近词: veris 春天的）

Pistacia weinmannifolia 清香木: weinmannifolius 像 Weinmannia 叶片的; Weinmannia 万灵木属（火把树科 Cunoniaceae）; weinmannia ← Johann Wilhelm Weinmann（人名, 17 世纪德国药学家、植物学家）; folius/ folium/ folia 叶, 叶片（用于复合词）

P

Pistia 大藻属（藻 piáo）（天南星科）（13-2：p83）：pistia 水（指生境）

Pistia stratiotes 大藻：stratiotes 士兵，一种叶片似刀的水生植物

Pisum 豌豆属（豆科）（42-2：p287）：pisum 豆，豌豆

Pisum sativum 豌豆：sativus 栽培的，种植的，耕地的，耕作的

Pithecellobium 猴耳环属（豆科）（39：p50）：pithecellobium 猴耳状豆荚；pithecos 猴子；lobius ← lobus 浅裂的，耳片的（裂片先端钝圆），荚果的，蒴果的；-ius/ -ium/ -ia 具有……特性的（表示有关、关联、相似）

Pithecellobium clypearia 猴耳环：clypearia 圆钝状的

Pithecellobium dulce 牛蹄豆：dulce/ dulcis 甜的，甜味的；dulc- ← dulcis 甜的，甜味的

Pithecellobium lucidum 亮叶猴耳环：lucidus ← lucis ← lux 发光的，光辉的，清晰的，发亮的，荣耀的（lux 的单数所有格为 lucis，词尾为 -is 和 -ys 的词的词干分别视为 -id 和 -yd）

Pithecellobium utile 薄叶猴耳环：utilis 有用的

Pittosporaceae 海桐花科（35-2：p1）：Pittosporum 海桐花属；-aceae（分类单位科的词尾，为 -aceus 的阴性复数主格形式，加到模式属的名称后或同义词的词干后以组成族群名称）

Pittosporopsis 假海桐属（茶茱萸科）（46：p47）：Pittosporum 海桐花属（海桐花科）；-opsis/ -ops 相似，稍微，带有

Pittosporopsis kerrii 假海桐：kerrii ← Arthur Francis George Kerr 或 William Kerr（人名）

Pittosporum 海桐花属（海桐花科）（35-2：p1）：pittosporum 有黏性的种子；pitta 沥青（比喻种子有黏液物质）；sporus ← sporos → sporo- 孢子，种子

Pittosporum adaphniphylloides 大叶海桐：adaphniphylloides 不同于 adaphniphylloides 的，不像 adaphniphylloides 的；a-/ an- 无，非，没有，缺乏，不具有（an- 用于元音前）（a-/ an- 为希腊语词首，对应的拉丁语词首为 e-/ ex-，相当于英语的 un-/ -less，注意词首 a- 和作为介词的 a/ ab 不同，后者的意思是"从……、由……、关于……、因为……"）；Pittosporum daphniphylloides 牛耳枫叶海桐；Daphne 瑞香属（瑞香科），月桂（Laurus nobilis）；phyllus/ phyllum/ phylla ← phyllon 叶片（用于希腊语复合词）；-oides/ -oideus/ -oideum/ -oidea/ -odes/ -eidos 像……的，类似……的，呈……状的（名词词尾）

Pittosporum balansae 聚花海桐：balansae ← Benedict Balansa（人名，19 世纪法国植物采集员）；-ae 表示人名，以 -a 结尾的人名后面加上 -e 形成

Pittosporum balansae var. angustifolium 窄叶聚花海桐：angusti- ← angustus 窄的，狭的，细的；folius/ folium/ folia 叶，叶片（用于复合词）

Pittosporum brevicalyx 短萼海桐：brevi- ← brevis 短的（用于希腊语复合词词首）；calyx → calyc- 萼片（用于希腊语复合词）

Pittosporum crispulum 皱叶海桐：crispulus = crispus + ulus 略有收缩的，略有褶皱的，略有波纹的；crispus 收缩的，褶皱的，波纹的（如花瓣周围的波浪状褶皱）；-ulus/ -ulum/ -ula 小的，略微的，稍微的（小词 -ulus 在字母 e 或 i 之后有多种变缀，即 -olus/ -olum/ -ola、-ellus/ -ellum/ -ella、-illus/ -illum/ -illa，与第一变格法和第二变格法名词形成复合词）

Pittosporum daphniphylloides 牛耳枫叶海桐：Daphne 瑞香属（瑞香科），月桂（Laurus nobilis）；phyllus/ phyllum/ phylla ← phyllon 叶片（用于希腊语复合词）；-oides/ -oideus/ -oideum/ -oidea/ -odes/ -eidos 像……的，类似……的，呈……状的（名词词尾）

Pittosporum densinervatum 密脉海桐：densus 密集的，繁茂的；nervatus = nervus + atus 具脉的；nervus 脉，叶脉

Pittosporum elevaticostatum 突肋海桐：elevaticostatus 有隆起肋的，有突起叶脉的；elevatus 高起的，提高的，突起的；costatus 具肋的，具脉的，具中脉的（指脉明显）；costus 主脉，叶脉，肋，肋骨

Pittosporum fulvipilosum 褐毛海桐：fulvus 咖啡色的，黄褐色的；pilosus = pilus + osus 多毛的，被柔毛的，具疏柔毛的，被短弱细毛的；pilus 毛，疏柔毛；-osus/ -osum/ -osa 多的，充分的，丰富的，显著发育的，程度高的，特征明显的（形容词词尾）

Pittosporum glabratum 光叶海桐：glabratus = glabrus + atus 脱毛的，光滑的；glabrus 光秃的，无毛的，光滑的；-atus/ -atum/ -ata 属于，相似，具有，完成（形容词词尾）

Pittosporum glabratum var. neriifolium 狭叶海桐：neriifolia = Nerium + folius 夹竹桃叶的；缀词规则：以属名作复合词时原词尾变形后的 i 要保留；neri ← Nerium 夹竹桃属（夹竹桃科）；folius/ folium/ folia 叶，叶片（用于复合词）

Pittosporum henryi 小柄果海桐：henryi ← Augustine Henry 或 B. C. Henry（人名，前者，1857–1930，爱尔兰医生、植物学家，曾在中国采集植物，后者，1850–1901，曾活动于中国的传教士）

Pittosporum heterophyllum 异叶海桐：heterophyllus 异型叶的；hete-/ heter-/ hetero- ← heteros 不同的，多样的，不齐的；phyllus/ phyllum/ phylla ← phyllon 叶片（用于希腊语复合词）

Pittosporum heterophyllum var. ledoides 带叶海桐：ledoides 像杜香的；Ledum 杜香属（杜鹃花科）；-oides/ -oideus/ -oideum/ -oidea/ -odes/ -eidos 像……的，类似……的，呈……状的（名词词尾）

Pittosporum illicioides 海金子：Illicium 八角属（木兰科）；-oides/ -oideus/ -oideum/ -oidea/ -odes/ -eidos 像……的，类似……的，呈……状的（名词词尾）

Pittosporum illicioides var. stenophyllum 狭叶海金子：sten-/ steno- ← stenus 窄的，狭的，薄的；phyllus/ phyllum/ phylla ← phyllon 叶片（用于希腊语复合词）

Pittosporum johnstonianum 滇西海桐：johnstonianum ← Ivan Murray Johnston（人名，

20 世纪美国植物学家）

Pittosporum kerrii 羊脆木：kerrii ← Arthur Francis George Kerr 或 William Kerr（人名）

Pittosporum kunmingense 昆明海桐：kunmingense 昆明的（地名，云南省）

Pittosporum kwangsiense 广西海桐：kwangsiense 广西的（地名）

Pittosporum kweichowense 贵州海桐：kweichowense 贵州的（地名）

Pittosporum leptosepalum 薄萼海桐：leptosepalus 狭萼的；leptus ← leptos 细的，薄的，瘦小的，狭长的；sepalus/ sepalum/ sepala 萼片（用于复合词）

Pittosporum napaulense 滇藏海桐：napaulense 尼泊尔的（地名）

Pittosporum oligophlebium 贫脉海桐：oligo-/ olig- 少数的（希腊语，拉丁语为 pauci-）；phlebius = phlebus + ius 叶脉，属于有脉的；phlebus 脉，叶脉；-ius/ -ium/ -ia 具有……特性的（表示有关、关联、相似）

Pittosporum omeiense 峨眉海桐：omeiense 峨眉山的（地名，四川省）

Pittosporum ovoideum 卵果海桐：ovoideus 卵球形的；ovus 卵，胚珠，卵形的，椭圆形的；ovi-/ ovo- ← ovus 卵，卵形的，椭圆形的；-oides/ -oideus/ -oideum/ -oidea/ -odes/ -eidos 像……的，类似……的，呈……状的（名词词尾）

Pittosporum paniculiferum 圆锥海桐：paniculifer/ paniculiferus 具圆锥花序的；paniculus 圆锥花序；-ferus/ -ferum/ -fera/ -fero/ -fere/ -fer 有，具有，产（区别：作独立词使用的 ferus 意思是 "野生的"）

Pittosporum parvicapsulare 小果海桐：parvus 小的，些微的，弱的；capsulare ← capsularis 蒴果的，蒴果状的

Pittosporum parvilimbum 小叶海桐：parvus 小的，些微的，弱的；lobus/ lobos/ lobon 浅裂，耳片（裂片先端钝圆），荚果，蒴果

Pittosporum pauciflorum 少花海桐：pauci- ← paucus 少数的，少的（希腊语为 oligo-）；florus/ florum/ flora ← flos 花（用于复合词）

Pittosporum pauciflorum var. oblongum 长果海桐：oblongus = ovus + longus 长椭圆形的（ovus 的词干 ov- 音变为 ob-）；ovus 卵，胚珠，卵形的，椭圆形的；longus 长的，纵向的

Pittosporum pentandrum （五蕊海桐）：penta- 五，五数（希腊语，拉丁语为 quin/ quinqu/ quinque-/ quinqui-）；andrus/ andros/ antherus ← aner 雄蕊，花药，雄性

Pittosporum pentandrum var. hainanense 台琼海桐：hainanense 海南的（地名）

Pittosporum perglabratum 全秃海桐：perglabratuus 极光秃的；per-（在 l 前面音变为 pel-）极，很，颇，甚，非常，完全，通过，遍及（表示效果加强，与 sub- 互为反义词）；glabratus = glabrus + atus 脱毛的，光滑的

Pittosporum perryanum 缝线海桐（缝 fèng）：perryanum（人名）

Pittosporum perryanum var. linearifolium 狭叶缝线海桐：linearis = lineus + aris 线条的，线形的，线状的，亚麻状的；folius/ folium/ folia 叶，叶片（用于复合词）；-aris（阳性、阴性）/ -are（中性）← -alis（阳性、阴性）/ -ale（中性）属于，相似，如同，具有，涉及，关于，联结于（将名词作形容词用，其中 -aris 常用于以 l 或 r 为词干末尾的词）

Pittosporum planilobum 扁片海桐：planilobus 扁荚的；plani-/ plan- ← planus 平的，扁平的；lobus/ lobos/ lobon 浅裂，耳片（裂片先端钝圆），荚果，蒴果

Pittosporum podocarpum 柄果海桐：podocarpus 有柄果的；podos/ podo-/ pous 腿，足，柄，茎；carpus/ carpum/ carpa/ carpon ← carpos 果实（用于希腊语复合词）

Pittosporum podocarpum var. angustatum 线叶柄果海桐：angustatus = angustus + atus 变窄的；angustus 窄的，狭的，细的

Pittosporum pulchrum 秀丽海桐：pulchrum 美丽，优雅，绮丽

Pittosporum rehderianum 厚圆果海桐：rehderianum ← Alfred Rehder（人名，1863–1949，德国植物分类学家、树木学家，在美国 Arnold 植物园工作）

Pittosporum saxicola 石生海桐：saxicolus 生于石缝的；saxum 岩石，结石；colus ← colo 分布于，居住于，栖居，殖民（常作词尾）；colo/ colere/ colui/ cultum 居住，耕作，栽培

Pittosporum subulisepalum 尖萼海桐：subulus 钻头，尖头，针尖状；sepalus/ sepalum/ sepala 萼片（用于复合词）

Pittosporum tenuivalvatum 薄片海桐：tenui- ← tenuis 薄的，纤细的，弱的，瘦的，窄的；valvatus 裂片，开裂，瓣片，啮合状的；valva/ valvis 裂瓣，开裂，瓣片，啮合；-atus/ -atum/ -ata 属于，相似，具有，完成（形容词词尾）

Pittosporum tobira 海桐：tobira 海桐花（"tobira" 为 "海桐花" 的日语读音）

Pittosporum tobira var. calvescens 秃序海桐：calvescens 变光秃的，几乎无毛的；calvus 光秃的，无毛的，无芒的，裸露的；-escens/ -ascens 改变，转变，变成，略微，带有，接近，相似，大致，稍微（表示变化的趋势，并未完全相似或相同，有别于表示达到完成状态的 -atus）

Pittosporum tonkinense 四子海桐：tonkin 东京（地名，越南河内的旧称）

Pittosporum trigonocarpum 棱果海桐：trigonocarpus 三棱果的；trigono 三角的，三棱的；tri-/ tripli-/ triplo- 三个，三数；gono/ gonos/ gon 关节，棱角，角度；carpus/ carpum/ carpa/ carpon ← carpos 果实（用于希腊语复合词）

Pittosporum truncatum 崖花子（崖 yá）：truncatus 截平的，截形的，截断的；truncare 切断，截断，截平（动词）；-atus/ -atum/ -ata 属于，相似，具有，完成（形容词词尾）

Pittosporum tubiflorum 管花海桐：tubi-/ tubo- ← tubus 管子的，管状的；florus/ florum/ flora ← flos 花（用于复合词）

Pittosporum undulatifolium 波叶海桐：
undulatus = undus + ulus + atus 略呈波浪状的，略弯曲的；undus/ undum/ unda 起波浪的，弯曲的；-ulus/ -ulum/ -ula 小的，略微的，稍微的（小词 -ulus 在字母 e 或 i 之后有多种变缀，即 -olus/ -olum/ -ola、-ellus/ -ellum/ -ella、-illus/ -illum/ -illa，与第一变格法和第二变格法名词形成复合词）；-atus/ -atum/ -ata 属于，相似，具有，完成（形容词词尾）；folius/ folium/ folia 叶，叶片（用于复合词）

Pittosporum viburnifolium 荚蒾叶海桐（蒾 mí）：viburnifolium 荚蒾叶子的；Viburnum 荚蒾属（忍冬科）；folius/ folium/ folia 叶，叶片（用于复合词）

Pittosporum xylocarpum 木果海桐：xylon 木材，木质；carpus/ carpum/ carpa/ carpon ← carpos 果实（用于希腊语复合词）

Pityrogramma 粉叶蕨属（有时拼为 "Pityrogramme"）（裸子蕨科）（3-1：p219）：pityrogramma 糠秕状线纹的（指孢子囊着生方式）；pityron 糠（希腊语）；grammus 条纹的，花纹的，线条的（希腊语）

Pityrogramma calomelanos 粉叶蕨：calomelanos 美丽黑色的；call-/ calli-/ callo-/ cala-/ calo- ← calos/ callos 美丽的；melanos → mel-/ mela-/ melan-/ melano- ← melanus ← melas 黑色的，浓黑色的，暗色的

Plagiobasis 斜果菊属（菊科）（78-1：p181）：plagios 斜的，歪的，偏；basis 基部，基座

Plagiobasis centauroides 斜果菊：Centaurea 矢车菊属（菊科）；-oides/ -oideus/ -oideum/ -oidea/ -odes/ -eidos 像……的，类似……的，呈……状的（名词词尾）

Plagiogyria 瘤足蕨属（瘤足蕨科）（2：p85）：plagiosgyria 偏斜环状的（指孢子囊着生方式）；plagios 斜的，歪的，偏的；gyros 圆圈，环形，陀螺（希腊语）

Plagiogyria adnata 瘤足蕨：adnatus/ adunatus 贴合的，贴生的，贴满的，全长附着的，广泛附着的，连着的

Plagiogyria angustipinna 狭叶瘤足蕨：angusti- ← angustus 窄的，狭的，细的；pinnus/ pennus 羽毛，羽状，羽片

Plagiogyria argutissima 贵州瘤足蕨：argutus → argut-/ arguti- 尖锐的；-issimus/ -issima/ -issimum 最，非常，极其（形容词最高级）

Plagiogyria assurgens 峨眉瘤足蕨：assurgens = ad + surgens 向上的，攀缘的；ad- 向，到，近（拉丁语词首，表示程度加强）；构词规则：构成复合词时，词首末尾的辅音字母常同化为紧接其后的那个辅音字母（如 ad + s → ass）

Plagiogyria assurgens var. concolor （同色瘤足蕨）：concolor = co + color 同色的，一色的，单色的；co- 联合，共同，合起来（拉丁语词首，为 cum- 的音变，表示结合、强化、完全，对应的希腊语为 syn-）；co- 的缀词音变有 co-/ com-/ con-/ col-/ cor-：co-（在 h 和元音字母前面），col-（在 l 前面），com-（在 b、m、p 之前），con-（在 c、d、f、g、j、n、qu、s、t 和 v 前面），cor-（在 r 前面）；color 颜色

Plagiogyria attenuata 桃叶瘤足蕨：attenuatus =

ad + tenuis + atus 渐尖的，渐狭的，变细的，变弱的；ad- 向，到，近（拉丁语词首，表示程度加强）；构词规则：构成复合词时，词首末尾的辅音字母常同化为紧接其后的那个辅音字母（如 ad + t → att）；tenuis 薄的，纤细的，弱的，瘦的，窄的

Plagiogyria caudifolia 缙云瘤足蕨（缙 jìn）：caudi- ← cauda/ caudus/ caudum 尾巴；folius/ folium/ folia 叶，叶片（用于复合词）

Plagiogyria chinensis 武夷瘤足蕨：chinensis = china + ensis 中国的（地名）；China 中国

Plagiogyria coerulescens 景东瘤足蕨：caerulescens/ coerulescens 青色的，深蓝色的，变蓝的；caeruleus/ coeruleus 深蓝色的，海洋蓝的，青色的，暗绿色的；caerulus/ coerulus 深蓝色，海洋蓝，青色，暗绿色；-escens/ -ascens 改变，转变，变成，略微，带有，接近，相似，大致，稍微（表示变化的趋势，并未完全相似或相同，有别于表示达到完成状态的 -atus）

Plagiogyria communis 滇西瘤足蕨：communis 普通的，通常的，共通

Plagiogyria decrescens 短叶瘤足蕨：decrescens 变小的，缩小的；-escens/ -ascens 改变，转变，变成，略微，带有，接近，相似，大致，稍微（表示变化的趋势，并未完全相似或相同，有别于表示达到完成状态的 -atus）；decrente 渐渐缩短地，变狭地

Plagiogyria distinctissima 镰叶瘤足蕨：distinctus 分离的，离生的，独特的，不同的；-issimus/ -issima/ -issimum 最，非常，极其（形容词最高级）

Plagiogyria dunnii 倒叶瘤足蕨：dunnii（人名）；-ii 表示人名，接在以辅音字母结尾的人名后面，但 -er 除外

Plagiogyria euphlebia 华中瘤足蕨：euphlebius 具美丽叶脉的；eu- 好的，秀丽的，真的，正确的，完全的；phlebus 脉，叶脉；-ius/ -ium/ -ia 具有……特性的（表示有关、关联、相似）

Plagiogyria euphlebia var. triquetra 西南瘤足蕨：triquetrus 三角柱的，三棱柱的；tri-/ tripli-/ triplo- 三个，三数；-quetrus 棱角的，锐角的，角

Plagiogyria formosana 台湾瘤足蕨：formosanus = formosus + anus 美丽的，台湾的；formosus ← formosa 美丽的，台湾的（葡萄牙殖民者发现台湾时对其的称呼，即美丽的岛屿）；-anus/ -anum/ -ana 属于，来自（形容词词尾）

Plagiogyria gigantea 大叶瘤足蕨：giganteus 巨大的；giga-/ gigant-/ giganti- ← gigantos 巨大的；-eus/ -eum/ -ea（接拉丁语词干时）属于……的，色如……的，质如……的（表示原料、颜色或品质的相似），（接希腊语词干时）属于……的，以……出名，为……所占有（表示具有某种特性）

Plagiogyria glaucescens 灰背瘤足蕨：glaucescens 变白的，发白的，灰绿的；glauco-/ glauc- ← glaucus 被白粉的，发白的，灰绿色的；-escens/ -ascens 改变，转变，变成，略微，带有，接近，相似，大致，稍微（表示变化的趋势，并未完全相似或相同，有别于表示达到完成状态的 -atus）

Plagiogyria glaucescens var. arguta （锐尖瘤足蕨）：argutus → argut-/ arguti- 尖锐的

Plagiogyria grandis 尾叶瘤足蕨：grandis 大的，大

型的，宏大的

Plagiogyria hainanensis 海南瘤足蕨：hainanensis 海南的（地名）

Plagiogyria integripinna 全叶瘤足蕨：integer/ integra/ integrum → integri- 完整的，整个的，全缘的；pinnus/ pennus 羽毛，羽状，羽片

Plagiogyria japonica 华东瘤足蕨：japonica 日本的（地名）；-icus/ -icum/ -ica 属于，具有某种特性（常用于地名、起源、生境）

Plagiogyria lanuginosa 绒毛瘤足蕨：lanuginosus = lanugo + osus 具绵毛的，具柔毛的；lanugo = lana + ugo 绒毛（lanugo 的词干为 lanugin-）；词尾为 -go 的词其词干末尾视为 -gin；lana 羊毛，绵毛

Plagiogyria liankwangensis 两广瘤足蕨：liankwangensis 两广的（地名，广东省和广西壮族自治区）

Plagiogyria lineata 披针瘤足蕨：lineatus = lineus + atus 具线的，线状的，呈亚麻状的；lineus = linum + eus 线状的，丝状的，亚麻状的；linum ← linon 亚麻，线（古拉丁名）；-atus/ -atum/ -ata 属于，相似，具有，完成（形容词词尾）

Plagiogyria maxima 大瘤足蕨：maximus 最大的

Plagiogyria media 粉背瘤足蕨：medius 中间的，中央的

Plagiogyria simulans 尖齿瘤足蕨：simulans 仿造的，模仿的；simulo/ simuilare/ simulatus 模仿，模拟，伪装

Plagiogyria stenoptera 耳形瘤足蕨：stenopterus 狭翼的；sten-/ steno- ← stenus 窄的，狭的，薄的；pterus/ pteron 翅，翼，蕨类

Plagiogyria stenoptera var. major （巨大瘤足蕨）：major 较大的，更大的（majus 的比较级）；majus 大的，巨大的

Plagiogyria subadnata 岭南瘤足蕨：subadnatus 稍连接的；sub-（表示程度较弱）与……类似，几乎，稍微，弱，亚，之下，下面；adnatus/ adunatus 贴合的，贴生的，贴满的，全长附着的，广泛附着的，连着的

Plagiogyria taliensis 大理瘤足蕨：taliensis 大理的（地名，云南省）

Plagiogyria tenuifolia 华南瘤足蕨：tenui- ← tenuis 薄的，纤细的，弱的，瘦的，窄的；folius/ folium/ folia 叶，叶片（用于复合词）

Plagiogyria virescens 怒江瘤足蕨：virencens/ virescens 发绿的，带绿色的；virens 绿色的，变绿的；-escens/ -ascens 改变，转变，变成，略微，带有，接近，相似，大致，稍微（表示变化的趋势，并未完全相似或相同，有别于表示达到完成状态的 -atus）

Plagiogyria yunnanensis 小瘤足蕨：yunnanensis 云南的（地名）

Plagiogyriaceae 瘤足蕨科（2：p85）：Plagiogyra 瘤足蕨属；-aceae（分类单位科的词尾，为 -aceus 的阴性复数主格形式，加到模式属的名称后或同义词的词干后以组成族群名称）

Plagiopetalum 偏瓣花属（野牡丹科）（53-1：p172）：plagios 斜的，歪的，偏的；petalus/ petalum/ petala ← petalon 花瓣

Plagiopetalum esquirolii 偏瓣花：esquirolii（人名）；-ii 表示人名，接在以辅音字母结尾的人名后面，但 -er 除外

Plagiopetalum esquirolii var. esquirolii 偏瓣花-原变种 （词义见上面解释）

Plagiopetalum esquirolii var. septemnervium 七脉偏瓣花：septem-/ sept-/ septi- 七（希腊语为 hepta-）；nervius = nervus + ius 具脉的，具叶脉的；nervus 脉，叶脉；-ius/ -ium/ -ia 具有……特性的（表示有关、关联、相似）

Plagiopetalum serratum 光叶偏瓣花：serratus = serrus + atus 有锯齿的；serrus 齿，锯齿

Plagiopetalum serratum var. quadrangulum 四棱偏瓣花：quadri-/ quadr- 四，四数（希腊语为 tetra-/ tetr-）；angulus 角，棱角，角度，角落

Plagiopetalum serratum var. serratum 光叶偏瓣花-原变种 （词义见上面解释）

Plagiopteron 斜翼属（椴树科）（49-1：p48）：plagios 斜的，歪的，偏的；pterus/ pteron 翅，翼，蕨类

Plagiopteron chinense 华斜翼：chinense 中国的（地名）

Plagiorhegma 鲜黄连属（Jeffersonia）（小檗科）（29：p251）：plagios 斜的，歪的，偏的；jeffersonia ← Thomas Jefferson 汤姆斯点·杰弗逊（人名，1743–1828，美国第三任总统）

Plagiorhegma dubia 鲜黄连：dubius 可疑的，不确定的

Plagiostachys 偏穗姜属（姜科）（16-2：p110）：plagios 斜的，歪的，偏的；stachy-/ stachyo-/ -stachys/ -stachyus/ -stachyum/ -stachya 穗子，穗子的，穗子状的，穗状花序的

Plagiostachys austrosinensis 偏穗姜：austrosinensis 华南的（地名）；austro-/ austr- 南方的，南半球的，大洋洲的；auster 南方，南风；sinensis = Sina + ensis 中国的（地名）；Sina 中国

Planchonella 山榄属（山榄科）（60-1：p71）：planchonella ← Jules Emile Planchon（人名，19世纪法国植物学家）；-ella 小（用作人名或一些属名词尾时并无小词意义）

Planchonella clemensii 狭叶山榄：clemensii ← Clemens Maria Franz von Boenninghausen（人名，19世纪德国医生、植物学家）

Planchonella obovata 山榄：obovatus = ob + ovus + atus 倒卵形的；ob- 相反，反对，倒（ob- 有多种音变：ob- 在元音字母和大多数辅音字母前面，oc- 在 c 前面，of- 在 f 前面，op- 在 p 前面）；ovus 卵，胚珠，卵形的，椭圆形的

Plantae 植物界：plantae 植物（为 planta 的复数，另见 regnum vegetabile）

Plantaginaceae 车前科（70：p318）：Plantago 车前属；-eus/ -eum/ -ea（接拉丁语词干时）属于……的，色如……的，质如……的（表示原料、颜色或品质的相似），（接希腊语词干时）属于……的，以……出名，为……所占有（表示具有某种特性）；-aceae（分类单位科的词尾，为 -aceus 的阴性复数主格形式，加到模式属的名称后或同义词的词干后以组成族群名称）

Plantago 车前属（车前科）（70：p318）：plantago ← planta 脚印，足迹（比喻叶形）

Plantago arachnoidea 蛛毛车前：arachne 蜘蛛的，蜘蛛网的；-oides/ -oideus/ -oideum/ -oidea/ -odes/ -eidos 像……的，类似……的，呈……状的（名词词尾）

Plantago arenaria 对叶车前：arenaria ← arena 沙子，沙地，沙地的，沙生的；-arius/ -arium/ aria 相似，属于（表示地点，场所，关系，所属）；Arenaria 无心菜属（石竹科）

Plantago aristata 芒苞车前：aristatus(aristosus) = arista + atus 具芒的，具芒刺的，具刚毛的，具胡须的；arista 芒

Plantago asiatica 车前：asiatica 亚洲的（地名）；-aticus/ -aticum/ -atica 属于，表示生长的地方，作名词词尾

Plantago asiatica subsp. asiatica 车前-原亚种 （词义见上面解释）

Plantago asiatica subsp. densiflora 长果车前：densus 密集的，繁茂的；florus/ florum/ flora ← flos 花（用于复合词）

Plantago asiatica subsp. erosa 疏花车前：erosus 啮蚀状的，牙齿不整齐的

Plantago camtschatica 海滨车前：camtschatica 勘察加的（地名，俄罗斯）

Plantago cavaleriei 尖萼车前：cavaleriei ← Pierre Julien Cavalerie（人名，20 世纪法国传教士）；-i 表示人名，接在以元音字母结尾的人名后面，但 -a 除外

Plantago cornuti 湿车前：cornuti- ← cornutus 犄角的，兽角的，角质的；cornus 角，犄角，兽角，角质，角质般坚硬；-utus/ -utum/ -uta（名词词尾，表示具有）

Plantago depressa 平车前：depressus 凹陷的，压扁的；de- 向下，向外，从……，脱离，脱落，离开，去掉；pressus 压，压力，挤压，紧密

Plantago depressa subsp. depressa 平车前-原亚种 （词义见上面解释）

Plantago depressa subsp. turczaninowii 毛平车前：turczaninowii/ turczaninovii ← Nicholai S. Turczaninov（人名，19 世纪乌克兰植物学家，曾积累大量植物标本）

Plantago gentianoides 龙胆状车前：Gentiana 龙胆属（龙胆科）；-oides/ -oideus/ -oideum/ -oidea/ -odes/ -eidos 像……的，类似……的，呈……状的（名词词尾）

Plantago gentianoides subsp. gentianoides 龙胆状车前-原亚种 （词义见上面解释）

Plantago gentianoides subsp. griffithii 革叶车前：griffithii ← William Griffith（人名，19 世纪印度植物学家，加尔各答植物园主任）

Plantago komarovii 翅柄车前：komarovii ← Vladimir Leontjevich Komarov 科马洛夫（人名，1869–1945，俄国植物学家）

Plantago lagocephala 毛瓣车前：lago- 兔子；cephalus/ cephale ← cephalos 头，头状花序

Plantago lanceolata 长叶车前：lanceolatus = lanceus + olus + atus 小披针形的，小柳叶刀的；lance-/ lancei-/ lanci-/ lanceo-/ lanc- ← lanceus 披针形的，矛形的，尖刀状的，柳叶刀状的；-olus ←

-ulus 小，稍微，略微（-ulus 在字母 e 或 i 之后变成 -olus/ -ellus/ -illus）；-atus/ -atum/ -ata 属于，相似，具有，完成（形容词词尾）

Plantago major 大车前：major 较大的，更大的（majus 的比较级）；majus 大的，巨大的

Plantago maritima 沿海车前：maritimus 海滨的（指生境）

Plantago maritima subsp. ciliata 盐生车前：ciliatus = cilium + atus 缘毛的，流苏的；cilium 缘毛，睫毛；-atus/ -atum/ -ata 属于，相似，具有，完成（形容词词尾）

Plantago maritima subsp. maritima 沿海车前-原亚种 （词义见上面解释）

Plantago maxima 巨车前：maximus 最大的

Plantago media 北车前：medius 中间的，中央的

Plantago minuta 小车前：minutus 极小的，细微的，微小的

Plantago perssonii 苣叶车前：perssonii（人名）；-ii 表示人名，接在以辅音字母结尾的人名后面，但 -er 除外

Plantago polysperma 多籽车前：poly- ← polys 多个，许多（希腊语，拉丁语为 multi-）；spermus/ spermum/ sperma 种子的（用于希腊语复合词）

Plantago tenuiflora 小花车前：tenui- ← tenuis 薄的，纤细的，弱的，瘦的，窄的；florus/ florum/ flora ← flos 花（用于复合词）

Plantago virginica 北美车前：virginicus/ virginianus 弗吉尼亚的（地名，美国）；-icus/ -icum/ -ica 属于，具有某种特性（常用于地名、起源、生境）

Platanaceae 悬铃木科（35-2：p118）：Platanus 悬铃木属；-aceae（分类单位科的词尾，为 -aceus 的阴性复数主格形式，加到模式属的名称后或同义词的词干后以组成族群名称）

Platanthera 舌唇兰属（兰科）（17：p285）：platys 大的，宽的（用于希腊语复合词）；andrus/ andros/ antherus ← aner 雄蕊，花药，雄性

Platanthera bakeriana 滇藏舌唇兰：bakeriana ← Edmund Gilbert Baker（人名，20 世纪英国植物学家）

Platanthera brevicalcarata 短距舌唇兰：brevi- ← brevis 短的（用于希腊语复合词词首）；calcaratus = calcar + atus 距的，有距的；calcar- ← calcar 距，花萼或花瓣生蜜源的距，短枝（结果枝）（距：雄鸡、雉等的腿的后面突出像脚趾的部分）

Platanthera chiloglossa 察瓦龙舌唇兰：chiloglossa = chilos + glossus 唇舌的；chilos/ cheilos 唇，唇瓣，唇边，边缘，岸边；glossus 舌，舌状的

Platanthera chingshuishania 清水山舌唇兰：chingshuishania 清水山的（地名，属台湾省）

Platanthera chlorantha 二叶舌唇兰：chlor-/ chloro- ← chloros 绿色的（希腊语，相当于拉丁语的 viridis）；anthus/ anthum/ antha/ anthe ← anthos 花（用于希腊语复合词）

Platanthera clavigera 藏南舌唇兰：clava 棍棒；gerus → -ger/ -gerus/ -gerum/ -gera 具有，有，带有

Platanthera cornu-bovis 东北舌唇兰：cornu- ← cornus 犄角的，兽角的，兽角般坚硬的；bovis 牛

Platanthera damingshanica 大明山舌唇兰：damingshanica 大明山的（地名，广西武鸣区）

Platanthera deflexilabella 反唇舌唇兰：deflexus 向下曲折的，反卷的；de- 向下，向外，从……，脱离，脱落，离开，去掉；flexus ← flecto 扭曲的，卷曲的，弯弯曲曲的，柔性的；flecto 弯曲，使扭曲；labellus 唇瓣

Platanthera exelliana 高原舌唇兰：exelliana ← Exell（人名）

Platanthera finetiana 对耳舌唇兰：finetiana ← Finet（人名）

Platanthera handel-mazzettii 贡山舌唇兰：handel-mazzettii ← H. Handel-Mazzetti（人名，奥地利植物学家，第一次世界大战期间在中国西南地区研究植物）

Platanthera herminioides 高黎贡舌唇兰：herminioides 像 Herminium 的；Herminium 角盘兰属（兰科）；-oides/ -oideus/ -oideum/ -oidea/ -odes/ -eidos 像……的，类似……的，呈……状的（名词词尾）

Platanthera hologlottis 密花舌唇兰：holo-/ hol- 全部的，所有的，完全的，联合的，全缘的，不分裂的；glottis 舌头的，舌状的

Platanthera japonica 舌唇兰：japonica 日本的（地名）；-icus/ -icum/ -ica 属于，具有某种特性（常用于地名、起源、生境）

Platanthera juncea 小巧舌唇兰：junceus 像灯心草的；Juncus 灯心草属（灯心草科）；-eus/ -eum/ -ea（接拉丁语词干时）属于……的，色如……的，质如……的（表示原料、颜色或品质的相似），（接希腊语词干时）属于……的，以……出名，为……所占有（表示具有某种特性）

Platanthera kwangsiensis 广西舌唇兰：kwangsiensis 广西的（地名）

Platanthera lalashaniana 拉拉山舌唇兰：lalashaniana 拉拉山的（地名，属台湾省）

Platanthera lancilabris 披针唇舌唇兰：lance-/ lancei-/ lanci-/ lanceo-/ lanc- ← lanceus 披针形的，矛形的，尖刀状的，柳叶刀状的；labris 唇，唇瓣

Platanthera latilabris 白鹤参（参 shēn）：lati-/ late- ← latus 宽的，宽广的；labris 唇，唇瓣

Platanthera leptocaulon 条叶舌唇兰：leptus ← leptos 细的，薄的，瘦小的，狭长的；caulus/ caulon/ caule ← caulos 茎，茎秆，主茎

Platanthera likiangensis 丽江舌唇兰：likiangensis 丽江的（地名，云南省）

Platanthera longicalcarata 长距舌唇兰：longe-/ longi- ← longus 长的，纵向的；calcaratus = calcar + atus 距的，有距的；calcar- ← calcar 距，花萼或花瓣生蜜源的距，短枝（结果枝）（距：雄鸡、雉等的腿的后面突出像脚趾的部分）；-atus/ -atum/ -ata 属于，相似，具有，完成（形容词词尾）

Platanthera longiglandula 长黏盘舌唇兰：longe-/ longi- ← longus 长的，纵向的；glandulus = glandus + ulus 小腺体的，稍具腺体的；glandus ← glans 腺体；-ulus/ -ulum/ -ula 小的，略微的，稍微

的（小词 -ulus 在字母 e 或 i 之后有多种变缀，即 -olus/ -olum/ -ola、-ellus/ -ellum/ -ella、-illus/ -illum/ -illa，与第一变格法和第二变格法名词形成复合词）

Platanthera mandarinorum 尾瓣舌唇兰：mandarinorum 橘红色的（mandarinus 的复数所有格）；mandarinus 橘红色的；-orum 属于……的（第二变格法名词复数所有格词尾，表示群落或多数）

Platanthera mandarinorum subsp. formosana 台湾尾瓣舌唇兰：formosanus = formosus + anus 美丽的，台湾的；formosus ← formosa 美丽的，台湾的（葡萄牙殖民者发现台湾时对其的称呼，即美丽的岛屿）；-anus/ -anum/ -ana 属于，来自（形容词词尾）

Platanthera mandarinorum subsp. mandarinorum 尾瓣舌唇兰-原亚种（词义见上面解释）

Platanthera mandarinorum subsp. pachyglossa 厚唇舌唇兰：pachyglossus 厚舌的；pachy- ← pachys 厚的，粗的，肥的；glossus 舌，舌状的

Platanthera metabifolia 细距舌唇兰：metabifolia 像 bifolia 的，在 bifolia 之后的；meta- 之后的，后来的，近似的，中间的，转变的，替代的，有关联的，共同的；Platanthera bifolia 细距叶舌唇兰；bifoliatus/ bifolius 具二叶的；bi-/ bis- 二，二数，二回（希腊语为 di-）；folius/ folium/ folia 叶，叶片（用于复合词）

Platanthera minor 小舌唇兰：minor 较小的，更小的

Platanthera minutiflora 小花舌唇兰：minutus 极小的，细微的，微小的；florus/ florum/ flora ← flos 花（用于复合词）

Platanthera oreophila 齿瓣舌唇兰：oreo-/ ores-/ ori- ← oreos 山，山地，高山；philus/ philein ← philos → phil-/ phili/ philo- 喜好的，爱好的，喜欢的（注意区别形近词：phylus、phyllus）；phylus/ phylum/ phyla ← phylon/ phyle 植物分类单位中的"门"，位于"界"和"纲"之间，类群，种族，部落，聚群；phyllus/ phyllum/ phylla ← phyllon 叶片（用于希腊语复合词）

Platanthera peichiatieniana 北插天山舌唇兰：peichiatieniana 北插天山的（地名，属台湾省）

Platanthera platantheroides 弓背舌唇兰：Platanthera 舌唇兰属（兰科）；-oides/ -oideus/ -oideum/ -oidea/ -odes/ -eidos 像……的，类似……的，呈……状的（名词词尾）

Platanthera roseotincta 棒距舌唇兰：roseotinctus 染红色的；roseus = rosa + eus 像玫瑰的，玫瑰色的，粉红色的；rosei-/ roseo- 玫瑰，玫瑰红色；tinctus 染色的，彩色的

Platanthera sachalinensis 高山舌唇兰：sachalinensis ← Sakhalin 库页岛的（地名，日本海北部俄属岛屿，日文桦太，俄称萨哈林岛）

Platanthera sikkimensis 长瓣舌唇兰：sikkimensis 锡金的（地名）

Platanthera sinica 滇西舌唇兰：sinica 中国的（地名）；-icus/ -icum/ -ica 属于，具有某种特性（常用于地名、起源、生境）

Platanthera stenantha 条瓣舌唇兰：sten-/ steno- ← stenus 窄的，狭的，薄的；anthus/ anthum/ antha/ anthe ← anthos 花（用于希腊语复合词）

Platanthera stenoglossa 狭瓣舌唇兰：sten-/ steno- ← stenus 窄的，狭的，薄的；glossus 舌，舌状的

Platanthera stenophylla 独龙江舌唇兰：sten-/ steno- ← stenus 窄的，狭的，薄的；phyllus/ phyllum/ phylla ← phyllon 叶片（用于希腊语复合词）

Platanthera taiwaniana 台湾舌唇兰：taiwaniana 台湾的（地名）

Platanthera tipuloides 筒距舌唇兰：tipuloides 像水蜘蛛的；tipula 水蜘蛛；-oides/ -oideus/ -oideum/ -oidea/ -odes/ -eidos 像……的，类似……的，呈……状的（名词词尾）

Platanthera yangmeiensis 阴生舌唇兰：yangmeiensis 杨梅山的（地名，属台湾省苗栗县）

Platanus 悬铃木属（悬铃木科）（35-2：p118）：platanus ← platys 宽的，大的；-anus/ -anum/ -ana 属于，来自（形容词词尾）

Platanus × acerifolia 二球悬铃木：acerifolius 槭叶的；Acer 槭属（槭树科）；folius/ folium/ folia 叶，叶片（用于复合词）

Platanus occidentalis 一球悬铃木：occidentalis 西方的，西部的，欧美的；occidens 西方，西部

Platanus orientalis 三球悬铃木：orientalis 东方的；oriens 初升的太阳，东方

Platea 肖榄属（肖 xiào）（茶茱萸科）（46：p39）：platea ← platys 宽的

Platea latifolia 阔叶肖榄：lati-/ late- ← latus 宽的，宽广的；folius/ folium/ folia 叶，叶片（用于复合词）

Platea parvifolia 东方肖榄：parvifolius 小叶的；parvus 小的，些微的，弱的；folius/ folium/ folia 叶，叶片（用于复合词）

Platycarya 化香树属（胡桃科）（21：p8）：platys 大的，宽的（用于希腊语复合词）；carya ← caryon 坚果，核果，坚硬，坚固

Platycarya longipes 圆果化香树：longe-/ longi- ← longus 长的，纵向的；pes/ pedis 柄，梗，茎秆，腿，足，爪（作词首或词尾，pes 的词干视为"ped-"）

Platycarya strobilacea 化香树：strobilaceus 球果状的，圆锥状的；strobilus ← strobilos 球果的，圆锥的；strobus 球果的，圆锥的；-aceus/ -aceum/ -acea 相似的，有……性质的，属于……的

Platyceriaceae 鹿角蕨科（6-2：p293）：Platycerium 鹿角蕨属；-aceae（分类单位科的词尾，为 -aceus 的阴性复数主格形式，加到模式属的名称后或同义词的词干后以组成族群名称）

Platycerium 鹿角蕨属（鹿角蕨科）（6-2：p293）：platycerium 长犄角的（比喻叶片形状很像鹿的犄角）；platys 大的，宽的（用于希腊语复合词）；-ceras/ -ceros/ cerato- ← keras 犄角，兽角，角状突起（希腊语）

Platycerium bifurcatum 二歧鹿角蕨：bifurcatus = bi + furcus + atus 具二叉的，二叉状的；bi-/ bis- 二，二数，二回（希腊语为 di-）；furcatus/ furcans = furcus + atus 叉子状的，分叉的；furcus 叉子，叉子状的，分叉的；-atus/ -atum/ -ata 属于，相似，具有，完成（形容词词尾）

Platycerium wallichii 鹿角蕨：wallichii ← Nathaniel Wallich（人名，19 世纪初丹麦植物学家、医生）

Platycladus 侧柏属（柏科）（7：p321）：platys 大的，宽的（用于希腊语复合词）；cladus ← clados 枝条，分枝

Platycladus orientalis 侧柏：orientalis 东方的；oriens 初升的太阳，东方

Platycladus orientalis cv. Beverleyensis 金塔柏：beverleyensis（地名）

Platycladus orientalis cv. Semperaurescens 金黄球柏：semperaurescens 四季金色的，总是黄色的；semper 总是，经常，永久；aurus 金，金色；-escens/ -ascens 改变，转变，变成，略微，带有，接近，相似，大致，稍微（表示变化的趋势，并未完全相似或相同，有别于表示达到完成状态的 -atus）

Platycladus orientalis cv. Sieboldii 千头柏：sieboldii ← Franz Philipp von Siebold 西博德（人名，1796–1866，德国医生、植物学家，曾专门研究日本植物）

Platycladus orientalis cv. Zhaiguancebai 窄冠侧柏（冠 guān）：zhaiguancebai 窄冠侧柏（中文品种名）

Platycodon 桔梗属（桔 jié）（桔梗科）（73-2：p76）：platys 大的，宽的（用于希腊语复合词）；codon 钟，吊钟形的

Platycodon grandiflorus 桔梗：grandi- ← grandis 大的；florus/ florum/ flora ← flos 花（用于复合词）

Platycraspedum 宽框荠属（荠 jì）（十字花科）（33：p96）：platys 大的，宽的（用于希腊语复合词）；craspedus ← craspedon ← kraspedon 边缘，缘生的

Platycraspedum tibeticum 宽框荠：tibeticum 西藏的（地名）

Platycrater 蛛网萼属（虎耳草科）（35-1：p188）：platys 大的，宽的（用于希腊语复合词）；crater ← krater 碗，碟斗，杯子，火山口

Platycrater arguta 蛛网萼：argutus → argut-/ arguti- 尖锐的

Platystemma 堇叶苣苔属（苦苣苔科）（69：p245）：platys 大的，宽的（用于希腊语复合词）；stemmus 王冠，花冠，花环

Platystemma violoides 堇叶苣苔：violoides 像堇菜的；Viola 堇菜属（堇菜科）；-oides/ -oideus/ -oideum/ -oidea/ -odes/ -eidos 像……的，类似……的，呈……状的（名词词尾）

Plectocomia 钩叶藤属（棕榈科）（13-1：p51）：plectos 绞成的；comia ← come 毛，毛发，刚毛

Plectocomia assamica 大钩叶藤：assamica 阿萨姆邦的（地名，印度）

Plectocomia himalayana 高地钩叶藤：himalayana 喜马拉雅的（地名）

Plectocomia kerrana 钩叶藤：kerrana ← Arthur Francis George Kerr 或 William Kerr（人名）

P

Plectocomia microstachys 小钩叶藤：micr-/ micro- ← micros 小的，微小的，微观的（用于希腊语复合词）；stachy-/ stachyo-/ -stachys/ -stachyus/ -stachyum/ -stachya 穗子，穗子的，穗子状的，穗状花序的

Pleioblastus 大明竹属（禾本科）（9-1：p588）：pleioblastus 多芽的（指分蘖）；pleo-/ plei-/ pleio- ← pleos/ pleios 多的；blastus ← blastos 胚，胚芽，芽

Pleioblastus altiligulatus 高舌苦竹：al-/ alti-/ alto- ← altus 高的，高处的；ligulatus（= ligula + atus）/ ligularis（= ligula + aris）舌状的，具舌的；ligula = lingua + ulus 小舌，小舌状物；lingua 舌，语言；ligule 舌，舌状物，舌瓣，叶舌

Pleioblastus amarus 苦竹：amarus 苦味的

Pleioblastus amarus var. amarus 苦竹-原变种（词义见上面解释）

Pleioblastus amarus var. hangzhouensis 杭州苦竹：hangzhouensis 杭州的（地名，浙江省）

Pleioblastus amarus var. pendulifolius 垂枝苦竹：pendulus ← pendere 下垂的，垂吊的（悬空或因支持体细软而下垂）；pendere/ pendeo 悬挂，垂悬；-ulus/ -ulum/ -ula（表示趋向或动作）（小词 -ulus 在字母 e 或 i 之后有多种变缀，即 -olus/ -olum/ -ola、-ellus/ -ellum/ -ella、-illus/ -illum/ -illa，与第一变格法和第二变格法名词形成复合词）；folius/ folium/ folia 叶，叶片（用于复合词）

Pleioblastus amarus var. subglabratus 光箨苦竹（箨 tuò）：subglabrata 近无毛的；sub-（表示程度较弱）与……类似，几乎，稍微，弱，亚，之下，下面；glabratus = glabrus + atus 脱毛的，光滑的

Pleioblastus amarus var. tubatus 胖苦竹：tubatus 喇叭形的，具管子的；tubus 管子的，管状的，筒状的；-atus/ -atum/ -ata 属于，相似，具有，完成（形容词词尾）

Pleioblastus chino 青苦竹：chino ← shinodake 篠竹（日文，篠 xiāo）

Pleioblastus chino var. chino 青苦竹-原变种（词义见上面解释）

Pleioblastus chino var. hisauchii 狭叶青苦竹：hisauchii（人名）；-ii 表示人名，接在以辅音字母结尾的人名后面，但 -er 除外

Pleioblastus globinodus 球节苦竹：glob-/ globi- ← globus 球体，圆球，地球；nodus 节，节点，连接点

Pleioblastus gramineus 大明竹：gramineus 禾草状的，禾本科植物状的；graminus 禾草，禾本科草；gramen 禾本科植物；-eus/ -eum/ -ea（接拉丁语词干时）属于……的，色如……的，质如……的（表示原料、颜色或品质的相似），（接希腊语词干时）属于……的，以……出名，为……所占有（表示具有某种特性）

Pleioblastus hsienchuensis 仙居苦竹：hsienchuensis 仙居的（地名，浙江省）

Pleioblastus incarnatus 绿苦竹：incarnatus 肉色的；incarn- 肉

Pleioblastus intermedius 华丝竹：intermedius 中间的，中位的，中等的；inter- 中间的，在中间，之间；medius 中间的，中央的

Pleioblastus juxianensis 衢县苦竹（衢 qú）：juxianensis 衢县的（地名，浙江省）（衢 qú）

Pleioblastus linearis 琉球矢竹：linearis = lineus + aris 线条的，线形的，线状的，亚麻状的；lineus = linum + eus 线状的，丝状的，亚麻状的；linum ← linon 亚麻，线（古拉丁名）；-aris（阳性、阴性）/ -are（中性）← -alis（阳性、阴性）/ -ale（中性）属于，相似，如同，具有，涉及，关于，联结于（将名词作形容词用，其中 -aris 常用于以 l 或 r 为词干末尾的词）

Pleioblastus longifimbriatus 硬头苦竹：longe-/ longi- ← longus 长的，纵向的；fimbriatus = fimbria + atus 具长缘毛的，具流苏的，具锯齿状裂的（指花瓣）

Pleioblastus maculatus 斑苦竹：maculatus = maculus + atus 有小斑点的，略有斑点的；maculus 斑点，网眼，小斑点，略有斑点；-atus/ -atum/ -ata 属于，相似，具有，完成（形容词词尾）

Pleioblastus maculosoides 丽水苦竹：maculosoides 近似多斑点的；maculosus 斑点的，多斑点的；maculus 斑点，网眼，小斑点，略有斑点；-culosus = culus + osus 小而多的，小而密集的；-culus/ -culum/ -cula 小的，略微的，稍微的（同第三变格法和第四变格法名词形成复合词）；-osus/ -osum/ -osa 多的，充分的，丰富的，显著发育的，程度高的，特征明显的（形容词词尾）；-oides/ -oideus/ -oideum/ -oidea/ -odes/ -eidos 像……的，类似……的，呈……状的（名词词尾）

Pleioblastus oleosus 油苦竹：oleosus = oleus + osus 含油的，油质的，多油的；oleus/ oleum/ olea 橄榄，橄榄油，油；Olea 木樨榄属，油橄榄属（木樨科）；-osus/ -osum/ -osa 多的，充分的，丰富的，显著发育的，程度高的，特征明显的（形容词词尾）

Pleioblastus rugatus 皱苦竹：rugatus = rugus + atus 收缩的，有皱纹的，多褶皱的（同义词：rugosus）；rugus/ rugum/ ruga 褶皱，皱纹，皱缩

Pleioblastus sanmingensis 三明苦竹：sanmingensis 三明的（地名，福建省）

Pleioblastus simonii 川竹：simonii（人名）；-ii 表示人名，接在以辅音字母结尾的人名后面，但 -er 除外

Pleioblastus solidus 实心苦竹：solidus 完全的，实心的，致密的，坚固的，结实的

Pleioblastus wuyishanensis 武夷山苦竹：wuyishanensis 武夷山的（地名，福建省）

Pleioblastus yixingensis 宜兴苦竹：yixingensis 宜兴的（地名，江苏省）

Pleione 独蒜兰属（兰科）（18：p364）：pleion 多的；pleione ← Pleione（希腊神话人物，Pleiades 之母）

Pleione albiflora 白花独蒜兰：albus → albi-/ albo- 白色的；florus/ florum/ flora ← flos 花（用于复合词）

Pleione bulbocodioides 独蒜兰：bulbocodius 绒毛球的，球状的；-oides/ -oideus/ -oideum/ -oidea/ -odes/ -eidos 像……的，类似……的，呈……状的（名词词尾）

Pleione chunii 陈氏独蒜兰：chunii ← W. Y. Chun 陈焕镛（人名，1890–1971，中国植物学家）

Pleione × confusa 芳香独蒜兰：confusus 混乱的，混同的，不确定的，不明确的；fusus 散开的，松散的，松弛的；co- 联合，共同，合起来（拉丁语词首，为 cum- 的音变，表示结合、强化、完全，对应的希腊语为 syn-）；co- 的缀词音变有 co-/ com-/ con-/ col-/ cor-：co-（在 h 和元音字母前面），col-（在 l 前面），com-（在 b、m、p 之前），con-（在 c、d、f、g、j、n、qu、s、t 和 v 前面），cor-（在 r 前面）

Pleione formosana 台湾独蒜兰：formosanus = formosus + anus 美丽的，台湾的；formosus ← formosa 美丽的，台湾的（葡萄牙殖民者发现台湾时对其的称呼，即美丽的岛屿）；-anus/ -anum/ -ana 属于，来自（形容词词尾）

Pleione forrestii 黄花独蒜兰：forrestii ← George Forrest（人名，1873–1932，英国植物学家，曾在中国西部采集大量植物标本）

Pleione grandiflora 大花独蒜兰：grandi- ← grandis 大的；florus/ florum/ flora ← flos 花（用于复合词）

Pleione hookeriana 毛唇独蒜兰：hookeriana ← William Jackson Hooker（人名，19 世纪英国植物学家）

Pleione kohlsii 春花独蒜兰：kohlsii（人名）；-ii 表示人名，接在以辅音字母结尾的人名后面，但 -er 除外

Pleione × lagenaria （佛身独蒜兰）：lagenaria ← lagenos 瓶子，葫芦（比喻果实的形状）；Lagenaria 葫芦属（葫芦科）

Pleione limprichtii 四川独蒜兰：limprichtii（人名）；-ii 表示人名，接在以辅音字母结尾的人名后面，但 -er 除外

Pleione maculata 秋花独蒜兰：maculatus = maculus + atus 有小斑点的，略有斑点的；maculus 斑点，网眼，小斑点，略有斑点；-atus/ -atum/ -ata 属于，相似，具有，完成（形容词词尾）

Pleione pleionoides 美丽独蒜兰：Pleione 独蒜兰属（兰科）；-oides/ -oideus/ -oideum/ -oidea/ -odes/ -eidos 像……的，类似……的，呈……状的（名词词尾）

Pleione praecox 疣鞘独蒜兰：praecox 早期的，早熟的，早开花的；prae- 先前的，前面的，在先的，早先的，上面的，很，十分，极其；-cox 成熟，开花，出生

Pleione saxicola 岩生独蒜兰：saxicolus 生于石缝的；saxum 岩石，结石；colus ← colo 分布于，居住于，栖居，殖民（常作词尾）；colo/ colere/ colui/ cultum 居住，耕作，栽培

Pleione scopulorum 二叶独蒜兰：scopulorum 岩石，峭壁；scopulus 带棱角的岩石，岩壁，峭壁；-orum 属于……的（第二变格法名词复数所有格词尾，表示群落或多数）

Pleione yunnanensis 云南独蒜兰：yunnanensis 云南的（地名）

Pleocnemia 黄腺羽蕨属（叉蕨科）（6-1：p59）：pleon 多的；cnemia ← kneme 膝

Pleocnemia hamata 钩形黄腺羽蕨：hamatus = hamus + atus 具钩的；hamus 钩，钩子；-atus/ -atum/ -ata 属于，相似，具有，完成（形容词词尾）

Pleocnemia kwangsiensis 广西黄腺羽蕨：kwangsiensis 广西的（地名）

Pleocnemia winitii 黄腺羽蕨：winitii ← Phya Winit Wanandorn（人名，20 世纪泰国植物学家）

Pleuromanes 毛叶蕨属（膜蕨科）（2：p172）：pleurus ← pleuron 肋，脉，肋状的，侧生的；manes ← manos 松软的，软的

Pleuromanes pallidum 毛叶蕨：pallidus 苍白的，淡白色的，淡色的，蓝白色的，无活力的；palide 淡地，淡色地（反义词：sturate 深色地，浓色地，充分地，丰富地，饱和地）

Pleurosoriopsidaceae 睫毛蕨科（4-2：p154）：Pleurosoriopsis 睫毛蕨属；-aceae（分类单位科的词尾，为 -aceus 的阴性复数主格形式，加到模式属的名称后或同义词的词干后以组成族群名称）

Pleurosoriopsis 睫毛蕨属（睫毛蕨科）（4-2：p154）：Pleurospermum 棱子芹属；-opsis/ -ops 相似，稍微，带有

Pleurosoriopsis makinoi 睫毛蕨：makinoi ← Tomitaro Makino 牧野富太郎（人名，20 世纪日本植物学家）；-i 表示人名，接在以元音字母结尾的人名后面，但 -a 除外

Pleurospermum 棱子芹属（伞形科）（55-1：p133，55-3：p231）：pleurus ← pleuron 肋，脉，肋状的，侧生的；spermus/ spermum/ sperma 种子的（用于希腊语复合词）

Pleurospermum albimarginatum （白边棱子芹）：albus → albi-/ albo- 白色的；marginatus ← margo 边缘的，具边缘的；margo/ marginis → margin- 边缘，边线，边界；词尾为 -go 的词其词干末尾视为 -gin

Pleurospermum album （雪白棱子芹）：albus → albi-/ albo- 白色的

Pleurospermum amabile 美丽棱子芹：amabilis 可爱的，有魅力的；amor 爱；-ans/ -ens/ -bilis/ -ilis 能够，可能（为形容词词尾，-ans/ -ens 用于主动语态，-bilis/ -ilis 用于被动语态）

Pleurospermum angelicoides 归叶棱子芹：angelicoides 像当归的；Angelica 当归属（伞形科）；-oides/ -oideus/ -oideum/ -oidea/ -odes/ -eidos 像……的，类似……的，呈……状的（名词词尾）

Pleurospermum aromaticum 芳香棱子芹：aromaticus 芳香的，香味的

Pleurospermum astrantioideum 雅江棱子芹：astrantioideus 像 Astrantia 的；Astrantia 聚星花属（伞形科）；-oides/ -oideus/ -oideum/ -oidea/ -odes/ -eidos 像……的，类似……的，呈……状的（名词词尾）

Pleurospermum atropurpureum 紫色棱子芹：atropurpureus 暗紫色的；atro-/ atr-/ atri-/ atra- ← ater 深色，浓色，暗色，发黑（ater 作为词干后接辅音字母开头的词时，要在词干后面加一个连接用的元音字母 "o" 或 "i"，故为 "ater-o-" 或 "ater-i-"，变形为 "atr-" 开头）；purpureus = purpura + eus 紫色的；purpura 紫色（purpura 原为一种介壳虫名，其体液为紫色，可作颜料）；-eus/ -eum/ -ea（接拉丁语词干时）属于……的，色如……的，质如……的（表示原料、颜色或品质的相似），（接希腊语词干时）属于……的，以……出名，为……所占有（表示具有某种特性）

Pleurospermum calcareum （灰白棱子芹）：
calcareus 白垩色的，粉笔色的，石灰的，石灰质的；
-eus/ -eum/ -ea（接拉丁语词干时）属于……的，色
如……的，质如……的（表示原料、颜色或品质的
相似），（接希腊语词干时）属于……的，以……出
名，为……所占有（表示具有某种特性）

Pleurospermum camtschaticum 棱子芹：
camtschaticum 勘察加的（地名，俄罗斯）

Pleurospermum crassicaule 粗茎棱子芹：
crassi- ← crassus 厚的，粗的，多肉质的；caulus/
caulon/ caule ← caulos 茎，茎秆，主茎

Pleurospermum cristatum 鸡冠棱子芹（冠 guān）：
cristatus = crista + atus 鸡冠的，鸡冠状的，扇形
的，山脊状的；crista 鸡冠，山脊，网壁；-atus/
-atum/ -ata 属于，相似，具有，完成（形容词词尾）

Pleurospermum davidii 宝兴棱子芹：davidii ←
Pere Armand David（人名，1826–1900，曾在中国
采集植物标本的法国传教士）；-ii 表示人名，接在以
辅音字母结尾的人名后面，但 -er 除外

Pleurospermum decurrens 翼叶棱子芹：
decurrens 下延的；decur- 下延的

Pleurospermum foetens 丽江棱子芹：foetens/
foetidus 臭的，恶臭的，变臭的；foetus/ faetus/
fetus 臭味，恶臭，令人不悦的气味；-ans/ -ens/
-bilis/ -ilis 能够，可能（为形容词词尾，-ans/ -ens
用于主动语态，-bilis/ -ilis 用于被动语态）

Pleurospermum franchetianum 松潘棱子芹：
franchetianum ← A. R. Franchet（人名，19 世纪法
国植物学家）

Pleurospermum giraldii 太白棱子芹：giraldii ←
Giuseppe Giraldi（人名，19 世纪活动于中国的意大
利传教士）

Pleurospermum govanianum var. bicolor 二色
棱子芹：govanianum ← George Govan（人名，19
世纪丹麦医生，Wallich 的通信员，Saharanpu 植物
园总管）；bi-/ bis- 二，二数，二回（希腊语为 di-）；
color 颜色

Pleurospermum hedinii 垫状棱子芹：hedinii（人
名）；-ii 表示人名，接在以辅音字母结尾的人名后
面，但 -er 除外

Pleurospermum heracleifolium 芷叶棱子芹（芷
zhǐ）：heraclei ← Heracleum 独活属；folius/
folium/ folia 叶，叶片（用于复合词）

Pleurospermum heterosciadium 异伞棱子芹：
hete-/ heter-/ hetero- ← heteros 不同的，多样的，
不齐的；sciadius ← sciados + ius 伞，伞形的，遮
阴的；scias 伞，伞形的

Pleurospermum hookeri var. thomsonii 西藏棱
子芹：hookeri ← William Jackson Hooker（人名，
19 世纪英国植物学家）；-eri 表示人名，在以 -er 结
尾的人名后面加上 i 形成；thomsonii ← Thomas
Thomson（人名，19 世纪英国植物学家）；-ii 表示
人名，接在以辅音字母结尾的人名后面，但 -er 除外

Pleurospermum likiangense （丽江棱子芹）：
likiangense 丽江的（地名，云南省）

Pleurospermum lindleyanum 天山棱子芹：
lindleyanum ← John Lindley（人名，18 世纪英国
植物学家）

Pleurospermum linearilobum 线裂棱子芹：
linearis = lineus + aris 线条的，线形的，线状的，
亚麻状的；lobus/ lobos/ lobon 浅裂，耳片（裂片先
端钝圆），荚果，蒴果；-aris（阳性、阴性）/ -are
（中性）← -alis（阳性、阴性）/ -ale（中性）属于，
相似，如同，具有，涉及，关于，联结于（将名词作
形容词用，其中 -aris 常用于以 l 或 r 为词干末尾
的词）

Pleurospermum macrochlaenum 大苞棱子芹：
macro-/ macr- ← macros 大的，宏观的（用于希腊
语复合词）；chlaenus 外衣，宝贝，覆盖，膜，斗篷

Pleurospermum nanum 矮棱子芹：nanus ←
nanos/ nannos 矮小的，小的；nani-/ nano-/
nanno- 矮小的，小的

Pleurospermum nubigenum 皱果棱子芹：
nubigenus = nubius + genus 生于云雾间的；nubius
云雾的；genus ← gignere ← geno 出生，发生，起
源，产于，生于（指地方或条件），属（植物分类
单位）

Pleurospermum pilosum 疏毛棱子芹：pilosus =
pilus + osus 多毛的，被柔毛的，具疏柔毛的，被短
弱细毛的；pilus 毛，疏柔毛；-osus/ -osum/ -osa 多
的，充分的，丰富的，显著发育的，程度高的，特征
明显的（形容词词尾）

Pleurospermum prattii 康定棱子芹：prattii ←
Antwerp E. Pratt（人名，19 世纪活动于中国的英
国动物学家、探险家）

Pleurospermum pulszkyi 青藏棱子芹：pulszkyi
（人名）

Pleurospermum rivulorum 心叶棱子芹：
rivulorum = rivulus + orum 小溪流的，多细槽纹
的；rivulus = rivus + ulus 小溪，细流；rivus 河流，
溪流；-ulus/ -ulum/ -ula 小的，略微的，稍微的
（小词 -ulus 在字母 e 或 i 之后有多种变缀，即
-olus/ -olum/ -ola、-ellus/ -ellum/ -ella、-illus/
-illum/ -illa，与第一变格法和第二变格法名词形成
复合词）；-orum 属于……的（第二变格法名词复数
所有格词尾，表示群落或多数）

Pleurospermum rupestre 岩生棱子芹：rupestre/
rupicolus/ rupestris 生于岩壁的，岩栖的；rup-/
rupi- ← rupes/ rupis 岩石的；-estris/ -estre/ ester/
-esteris 生于……地方，喜好……地方

Pleurospermum simplex 单茎棱子芹：simplex 单
一的，简单的，无分歧的（词干为 simplic-）

Pleurospermum souliaei （索里棱子芹）：souliaei
（人名）

Pleurospermum szechenyii 青海棱子芹：
szechenyii（人名，字母 y 为元音，故词尾改为 "-i"
似更妥）；-ii 表示人名，接在以辅音字母结尾的人名
后面，但 -er 除外；-i 表示人名，接在以元音字母结
尾的人名后面，但 -a 除外

Pleurospermum tsekuense 泽库棱子芹：tsekuense
泽库的（地名，青海省）

Pleurospermum uralense 乌拉尔棱子芹：uralense
乌拉尔山脉的（地名，俄罗斯）

Pleurospermum wrightianum 瘤果棱子芹：
wrightianum ← Charles（Carlos）Wright（人名，
19 世纪美国植物学家）

Pleurospermum yunnanense 云南棱子芹：
yunnanense 云南的（地名）

Pleurostylia 盾柱属（卫矛科）（45-3：p182）：
pleurus ← pleuron 肋，脉，肋状的，侧生的；
stylia ← stylos 柱，花柱

Pleurostylia opposita 盾柱：oppositus = ob +
positus 相对的，对生的；ob- 相反，反对，倒（ob-
有多种音变：ob- 在元音字母和大多数辅音字母前
面，oc- 在 c 前面，of- 在 f 前面，op- 在 p 前面）；
positus 放置，位置

Pluchea 阔苞菊属（菊科）（75：p50）：pluchea ←
Abbe Noel-Antoine Pluche（人名，18 世纪法国博
物学家）

Pluchea carolinensis 美洲阔苞菊：carolinensis 卡
罗来纳的（地名，美国）

Pluchea eupatorioides 长叶阔苞菊：Eupatorium
泽兰属（菊科）；-oides/ -oideus/ -oideum/ -oidea/
-odes/ -eidos 像……的，类似……的，呈……状的
（名词词尾）

Pluchea indica 阔苞菊：indica 印度的（地名）；
-icus/ -icum/ -ica 属于，具有某种特性（常用于地
名、起源、生境）

Pluchea pteropoda 光梗阔苞菊：pteropodus/
pteropus 翅柄的；pterus/ pteron 翅，翼，蕨类；
podus/ pus 柄，梗，茎秆，足，腿

Pluchea sagittalis 翼茎阔苞菊：sagittatus/
sagittalis 箭头状的；sagita/ sagitta 箭，箭头；-aris
（阳性、阴性）/ -are（中性）← -alis（阳性、
阴性）/ -ale（中性）属于，相似，如同，具有，涉
及，关于，联结于（将名词作形容词用，其中 -aris
常用于以 l 或 r 为词干末尾的词）

Plumbagella 鸡娃草属（白花丹科）（60-1：p7）：
Plumbago 白花丹属；-ellus/ -ellum/ -ella ← -ulus
小的，略微的，稍微的（小词 -ulus 在字母 e 或 i 之
后有多种变缀，即 -olus/ -olum/ -ola、-ellus/
-ellum/ -ella、-illus/ -illum/ -illa，用于第一变格法
名词）

Plumbagella micrantha 鸡娃草：micr-/ micro- ←
micros 小的，微小的，微观的（用于希腊语复合
词）；anthus/ anthum/ antha/ anthe ← anthos 花
（用于希腊语复合词）

Plumbaginaceae 白花丹科（60-1：p1）：Plumbago
白花丹属；-aceae（分类单位科的词尾，为 -aceus
的阴性复数主格形式，加到模式属的名称后或同义
词的词干后以组成族群名称）

Plumbago 白花丹属（白花丹科）（60-1：p3）：
plumbago 铅，铅色的，铅黑色的；plumbum/
plumb- 铅，铅制品；-ago/ -ugo/ -go ← agere 相似，
诱导，影响，遭遇，用力，运送，做，成就（阴性名
词词尾，表示相似、某种性质或趋势，也用于人名
词尾以示纪念）

Plumbago auriculata 蓝花丹：auriculatus 耳形的，
具小耳的（基部有两个小圆片）；auriculus 小耳朵
的，小耳状的；auritus 耳朵的，耳状的；-culus/
-culum/ -cula 小的，略微的，稍微的（同第三变格
法和第四变格法名词形成复合词）；-atus/ -atum/
-ata 属于，相似，具有，完成（形容词词尾）

Plumbago auriculata f. alba 雪花丹：albus →

albi-/ albo- 白色的

Plumbago auriculata f. auriculata 蓝花丹-原变
型（词义见上面解释）

Plumbago esquirolii 贵州白花丹：esquirolii（人
名）；-ii 表示人名，接在以辅音字母结尾的人名后
面，但 -er 除外

Plumbago indica 紫花丹：indica 印度的（地名）；
-icus/ -icum/ -ica 属于，具有某种特性（常用于地
名、起源、生境）

Plumbago zeylanica 白花丹：zeylanicus 锡兰（斯
里兰卡，国家名）；-icus/ -icum/ -ica 属于，具有某
种特性（常用于地名、起源、生境）

Plumbago zeylanica var. oxypetala 尖瓣白花丹：
oxypetalus 尖瓣的；oxy- ← oxys 尖锐的，酸的；
petalus/ petalum/ petala ← petalon 花瓣

Plumbago zeylanica var. zeylanica 白花丹-原变
种（词义见上面解释）

Plumeria 鸡蛋花属（夹竹桃科）（63：p78）：
plumeria ← Charles Plumier（人名，18 世纪法国
僧人和植物绘图员）

Plumeria rubra 红鸡蛋花：rubrus/ rubrum/
rubra/ ruber 红色的

Plumeria rubra cv. Acutifolia 鸡蛋花：
acutifolius 尖叶的；acuti-/ acu- ← acutus 锐尖的，
针尖的，刺尖的，锐角的；folius/ folium/ folia 叶，
叶片（用于复合词）

Poa 早熟禾属（熟 shú）（禾本科）（9-2：p91）：
poa ← paein 禾草，牧草（古希腊语）

Poa abbreviata 短缩早熟禾：abbreviatus = ad +
brevis + atus 缩短了的，省略的；ad- 向，到，近
（拉丁语词首，表示程度加强）；构词规则：构成复合
词时，词首末尾的辅音字母常同化为紧接其后的那
个辅音字母（如 ad + b → abb）；brevis 短的（希
腊语）；-atus/ -atum/ -ata 属于，相似，具有，完成
（形容词词尾）

Poa acmocalyx 尖颖早熟禾：acmocalyx 尖萼的，萼
片具锐齿的；acmo- ← acme ← akme 顶点，尖锐
的，边缘（希腊语）；calyx → calyc- 萼片（用于希
腊语复合词）

Poa acroleuca 白顶早熟禾：acroleucus 顶端白色的；
acr-/ acro- ← acros 顶尖，顶端，尖头，在顶尖的，
辛辣，酸的；leucus 白色的，淡色的

Poa afghanica 阿富汗早熟禾（汗 hàn）：afghanica
阿富汗的（地名）

Poa aitchisonii 艾松早熟禾：aitchisonii（人名）；-ii
表示人名，接在以辅音字母结尾的人名后面，但 -er
除外

Poa alberti 阿拉套早熟禾：alberti ← Luigi
d'Albertis（人名，19 世纪意大利博物学家）；-i 表
示人名，接在以元音字母结尾的人名后面，但 -a 除
外，故该种加词词尾宜改为"-ii"；-ii 表示人名，接
在以辅音字母结尾的人名后面，但 -er 除外

Poa almasovii 阿玛早熟禾：almasovii（人名）；-ii
表示人名，接在以辅音字母结尾的人名后面，但 -er
除外

Poa alpigena 高原早熟禾：alpigenus 高山生的；
alpus 高山；genus ← gignere ← geno 出生，发生，
起源，产于，生于（指地方或条件），属（植物分类

P

单位）

Poa alpina 高山早熟禾：alpinus = alpus + inus 高
山的；alpus 高山；al-/ alti-/ alto- ← altus 高的，高
处的；-inus/ -inum/ -ina/ -inos 相近，接近，相似，
具有（通常指颜色）；关联词：subalpinus 亚高山的

Poa alta 高株早熟禾：altus 高度，高的

Poa altaica 阿尔泰早熟禾：altaica 阿尔泰的（地名，
新疆北部山脉）

Poa ampla 巨早熟禾：amplus 大的，宽的，膨大的，
扩大的

Poa angustifolia 细叶早熟禾：angusti- ← angustus
窄的，狭的，细的；folius/ folium/ folia 叶，叶片
（用于复合词）

Poa angustiglumis 狭颖早熟禾：angusti- ←
angustus 窄的，狭的，细的；glumis ← gluma 颖片，
具颖片的（glumis 为 gluma 的复数夺格）

Poa annua 早熟禾：annuus/ annus 一年的，每年的，
一年生的

Poa annua var. annua 早熟禾-原变种（词义见上
面解释）

Poa annua var. reptans 爬地早熟禾：reptans/
reptus ← repo 匍匐，匍匐生根的

Poa araratica 阿洼早熟禾（洼 wā）：araratica 阿洼
的（地名）

Poa arctica 极地早熟禾：arcticus 北极的；-icus/
-icum/ -ica 属于，具有某种特性（常用于地名、起
源、生境）

Poa argunensis 额尔古纳早熟禾：argunensis 额尔
古纳的（地名，内蒙古自治区）

Poa arjinsanensis 阿尔金山早熟禾：arjinsanensis
阿尔金山的（地名，新疆若羌县）

Poa arnoldii 阿诺早熟禾：arnoldii ← Joseph
Arnold（人名，18 世纪英国博物学家）；-ii 表示人
名，接在以辅音字母结尾的人名后面，但 -er 除外

Poa asperifolia 糙叶早熟禾：asper/ asperus/
asperum/ aspera 粗糙的，不平的；folius/ folium/
folia 叶，叶片（用于复合词）

Poa attenuata 渐尖早熟禾：attenuatus = ad +
tenuis + atus 渐尖的，渐狭的，变细的，变弱的；
ad- 向，到，近（拉丁语词首，表示程度加强）；构
词规则：构成复合词时，词首末尾的辅音字母常同
化为紧接其后的那个辅音字母（如 ad + t → att）；
tenuis 薄的，纤细的，弱的，瘦的，窄的

Poa bactriana 荒漠早熟禾：bactriana ← backtron
手杖（指茎干用途）

Poa badensis 巴顿早熟禾：badensis 巴顿的（地名）

Poa binodis 双节早熟禾：bi-/ bis- 二，二数，二回
（希腊语为 di-）；nodis 节

Poa bomiensis 波密早熟禾：bomiensis 波密的（地
名，西藏自治区）

Poa boreali-tibetica 藏北早熟禾：borealis 北方的；
-aris（阳性、阴性）/ -are（中性）← -alis（阳性、
阴性）/ -ale（中性）属于，相似，如同，具有，涉
及，关于，联结于（将名词作形容词用，其中 -aris
常用于以 l 或 r 为词干末尾的词）；tibetica 西藏的
（地名）；-icus/ -icum/ -ica 属于，具有某种特性（常
用于地名、起源、生境）

Poa botryoides 葡系早熟禾（系 xì）：botrys →
botr-/ botry- 簇，串，葡萄串状，丛，总状；-oides/
-oideus/ -oideum/ -oidea/ -odes/ -eidos 像……的，
类似……的，呈……状的（名词词尾）

Poa bracteosa 膜苞早熟禾：bracteosus =
bracteus + osus 苞片多的；bracteus 苞，苞片，苞
鳞；-osus/ -osum/ -osa 多的，充分的，丰富的，显
著发育的，程度高的，特征明显的（形容词词尾）

Poa breviligula 短舌早熟禾：brevi- ← brevis 短的
（用于希腊语复合词词首）；ligulus/ ligule 舌，舌状
物，舌瓣，叶舌；-arius/ -arium/ -aria 相似，属于
（表示地点，场所，关系，所属）

Poa bucharica 布查早熟禾：bucharica ← Bokhara
布哈拉的（地名，乌兹别克斯坦）

Poa bulbosa 鳞茎早熟禾：bulbosus = bulbus +
osus 球形的，鳞茎状的；bulbus 球，球形，球茎，
鳞茎；-osus/ -osum/ -osa 多的，充分的，丰富的，
显著发育的，程度高的，特征明显的（形容词词尾）

Poa bulbosa var. bulbosa 鳞茎早熟禾-原变种
（词义见上面解释）

Poa bulbosa var. vivipara 胎生鳞茎早熟禾：
viviparus = vivus + parus 胎生的，零余子的，母
体上发芽的；vivus 活的，新鲜的；-parus ← parens
亲本，母体

Poa burmanica 缅甸早熟禾：burmanica 缅甸的
（地名）

Poa calliopsis 花丽早熟禾：call-/ calli-/ callo-/
cala-/ calo- ← calos/ callos 美丽的；-opsis/ -ops 相
似，稍微，带有

Poa chaixii 扁鞘早熟禾：chaixii ← Dominique
Chaix（人名，18 世纪植物学家）

Poa chalarantha 疏花早熟禾：chalarus 稀疏的，疏
松的；anthus/ anthum/ antha/ anthe ← anthos 花
（用于希腊语复合词）

Poa ciliatiflora 毛花早熟禾：ciliato-/ ciliati- ←
ciliatus = cilium + atus 缘毛的，流苏的；florus/
florum/ flora ← flos 花（用于复合词）

Poa compressa 加拿大早熟禾：compressus 扁平的，
压扁的；pressus 压，压力，挤压，紧密；co- 联合，
共同，合起来（拉丁语词首，为 cum- 的音变，表示
结合、强化、完全，对应的希腊语为 syn-）；co- 的
缀词音变有 co-/ com-/ con-/ col-/ cor-：co-（在 h
和元音字母前面），col-（在 l 前面），com-（在 b、
m、p 之前），con-（在 c、d、f、g、j、n、qu、s、t
和 v 前面），cor-（在 r 前面）

Poa crymophila 冷地早熟禾：crymophila 喜冷的；
crymo ← krymos 寒冷的；philus/ philein ←
philos → phil-/ phili/ philo- 喜好的，爱好的，喜欢
的（注意区别形近词：phylus、phyllus）；phylus/
phylum/ phyla ← phylon/ phyle 植物分类单位中的
"门"，位于"界"和"纲"之间，类群，种族，部
落，聚群；phyllus/ phyllum/ phylla ← phyllon 叶
片（用于希腊语复合词）

Poa dahurica 达呼里早熟禾：dahurica（daurica/
davurica）达乌里的（地名，外贝加尔湖，属西伯利
亚的一个地区，即贝加尔湖以东及以南至中国和蒙
古边界）

Poa debilior 细早熟禾：debilior 较软弱的，较脆弱

的（debilis 的比较级）

Poa declinata 垂枝早熟禾：declinatus 下弯的，下倾的，下垂的；declin- 下弯的，下倾的，下垂的；de- 向下，向外，从……，脱离，脱落，离开，去掉；clino/ clinare 倾斜；-atus/ -atum/ -ata 属于，相似，具有，完成（形容词词尾）

Poa densa 密序早熟禾：densus 密集的，繁茂的

Poa densissima 小密早熟禾：densus 密集的，繁茂的；-issimus/ -issima/ -issimum 最，非常，极其（形容词最高级）

Poa digena 第吉那早熟禾：digena ← indigena 乡土的，本地的；indigenus 土著的，原产的，乡土的，国内的

Poa diversifolia 异叶早熟禾：diversus 多样的，各种各样的，多方向的；folius/ folium/ folia 叶，叶片（用于复合词）

Poa dolichachyra 长稃早熟禾（稃 fū）：dolichachyra 长颖的；dolich-/ dolicho- ← dolichos 长的；achyron 颖片，稻壳，皮壳

Poa dschungarica 准噶尔早熟禾（噶 gá）：dschungarica 准噶尔的（地名，新疆维吾尔自治区）；-icus/ -icum/ -ica 属于，具有某种特性（常用于地名、起源、生境）

Poa dshilgensis 季茛早熟禾（茛 gèn）：dshilgensis（地名，乌兹别克斯坦）

Poa elanata 光盘早熟禾：elanatus 无绵毛的；e-/ ex- 不，无，非，缺乏，不具有（e- 用在辅音字母前，ex- 用在元音字母前，为拉丁语词首，对应的希腊语词首为 a-/ an-，英语为 un-/ -less，注意作词首用的 e-/ ex- 和介词 e/ ex 意思不同，后者意为"出自、从……、由……离开、由于、依照"）；lanatus = lana + atus 具羊毛的，具长柔毛的；lana 羊毛，绵毛

Poa eleanorae 易乐早熟禾：eleanorae ← Eleanor（人名，20 世纪在马来西亚和印度尼西亚采集植物）；-ae 表示人名，以 -a 结尾的人名后面加上 -e 形成

Poa eminens 类早熟禾：emineus 显著的，好看的，优越的，高贵的

Poa eragrostioides 画眉草状早熟禾：Eragrostis 画眉草属（禾本科）；-oides/ -oideus/ -oideum/ -oidea/ -odes/ -eidos 像……的，类似……的，呈……状的（名词词尾）

Poa faberi 法氏早熟禾：faberi ← Ernst Faber（人名，19 世纪活动于中国的德国植物采集员）；-eri 表示人名，在以 -er 结尾的人名后面加上 i 形成

Poa falconeri 福克纳早熟禾：falconeri ← Hugh Falconer（人名，19 世纪活动于印度的英国地质学家、医生）；-eri 表示人名，在以 -er 结尾的人名后面加上 i 形成

Poa fascinata 蛊早熟禾（蛊 gǔ）：fascinatus 迷惑的，有魅力的，妖术的；fascinus 魅力，妖术，阴茎

Poa flavida 黄色早熟禾：flavidus 淡黄的，泛黄的，发黄的；flavus → flavo-/ flavi-/ flav- 黄色的，鲜黄色的，金黄色的（指纯正的黄色）；-idus/ -idum/ -ida 表示在进行中的动作或情况，作动词、名词或形容词的词尾

Poa florida 多花早熟禾：floridus = florus + idus 有花的，多花的，花明显的；florus/ florum/ flora ←

flos 花（用于复合词）；-idus/ -idum/ -ida 表示在进行中的动作或情况，作动词、名词或形容词的词尾

Poa formosae 台湾早熟禾：formosus ← formosa 美丽的，台湾的（葡萄牙殖民者发现台湾时对其的称呼，即美丽的岛屿）（formosae 为 formosa 的所有格）

Poa fragilis 脆早熟禾：fragilis 脆的，易碎的

Poa gamblei 甘波早熟禾：gamblei ← James Sykes Gamble（人名，20 世纪英国植物学家）；-i 表示人名，接在以元音字母结尾的人名后面，但 -a 除外

Poa gammieana 茛密早熟禾（茛 gèn）：gammieana（人名）

Poa glabriflora 光滑早熟禾：glabrus 光秃的，无毛的，光滑的；florus/ florum/ flora ← flos 花（用于复合词）

Poa glauca 灰早熟禾：glaucus → glauco-/ glauc- 被白粉的，发白的，灰绿色的

Poa gracilior 荏弱早熟禾（荏 rěn）：gracilior 较细长的，较纤弱的；gracilis 细长的，纤弱的，丝状的；-ilior 较为，更（以 -ilis 结尾的形容词的比较级，将 -ilis 换成 ili + or → -ilior）

Poa grandis 阔叶早熟禾：grandis 大的，大型的，宏大的

Poa grandispica 大穗早熟禾：grandispicus = grandis + spicus 大穗的；grandi- ← grandis 大的；spicus 穗，谷穗，花穗

Poa granitica 岩地早熟禾：granitica 花岗岩的（指生境）

Poa hayachinensis 哈亚早熟禾：hayachinensis 早池的（地名，日本）

Poa hengshanica 恒山早熟禾：hengshanica 衡山的（地名，湖南省）；-icus/ -icum/ -ica 属于，具有某种特性（常用于地名、起源、生境）

Poa himalayana 喜马拉雅早熟禾：himalayana 喜马拉雅的（地名）

Poa hirtiglumis 颖毛早熟禾：hirtus 有毛的，粗毛的，刚毛的（长而明显的毛）；glumis ← gluma 颖片，具颖片的（glumis 为 gluma 的复数夺格）

Poa hisauchii 久内早熟禾：hisauchii（人名）；-ii 表示人名，接在以辅音字母结尾的人名后面，但 -er 除外

Poa hissarica 希萨尔早熟禾：hissarica（地名，俄罗斯）

Poa hybrida 杂早熟禾：hybridus 杂种的

Poa ianthina 堇色早熟禾：ianthinus 蓝紫色的，紫堇色的

Poa imperialis 茁壮早熟禾：imperialis 帝王的，威严的；imperium 命令，最高权利，帝王

Poa incerta 疑早熟禾：incertus 不确定的；certus 确定的；in-/ im-（来自 il- 的音变）内，在内，内部，向内，相反，不，无，非；il- 在内，向内，为，相反（希腊语为 en-）；词首 il- 的音变：il-（在 l 前面），im-（在 b、m、p 前面），in-（在元音字母和大多数辅音字母前面），ir-（在 r 前面），如 illaudatus（不值得称赞的，评价不好的），impermeabilis（不透水的，穿不透的），ineptus（不合适的），insertus（插入的），irretortus（无弯曲的，无扭曲的）

Poa indattenuata 印度早熟禾：indattenuatus 印度型渐尖的；indo 印度；attenuatus = ad + tenuis + atus 渐尖的，渐狭的，变细的，变弱的；ad- 向，到，近（拉丁语词首，表示程度加强）；构词规则：构成复合词时，词首末尾的辅音字母常同化为紧接其后的那个辅音字母（如 ad + t → att）；tenuis 薄的，纤细的，弱的，瘦的，窄的

Poa infirma 低矮早熟禾：infirmus 弱的，不结实的；in-/ im-（来自 il- 的音变）内，在内，内部，向内，相反，不，无，非；il- 在内，向内，为，相反（希腊语为 en-）；词首 il- 的音变：il-（在 l 前面），im-（在 b、m、p 前面），in-（在元音字母和大多数辅音字母前面），ir-（在 r 前面），如 illaudatus（不值得称赞的，评价不好的），impermeabilis（不透水的，穿不透的），ineptus（不合适的），insertus（插入的），irretortus（无弯曲的，无扭曲的）；firmus 坚固的，强的

Poa insignis 显稃早熟禾（稃 fū）：insignis 著名的，超群的，优秀的，显著的，杰出的；in-/ im-（来自 il- 的音变）内，在内，内部，向内，相反，不，无，非；il- 在内，向内，为，相反（希腊语为 en-）；词首 il- 的音变：il-（在 l 前面），im-（在 b、m、p 前面），in-（在元音字母和大多数辅音字母前面），ir-（在 r 前面），如 illaudatus（不值得称赞的，评价不好的），impermeabilis（不透水的，穿不透的），ineptus（不合适的），insertus（插入的），irretortus（无弯曲的，无扭曲的）；signum 印记，标记，刻画，图章

Poa ircutica 伊尔库早熟禾：ircutica 伊尔库特河的（地名，俄罗斯西伯利亚）；-icus/ -icum/ -ica 属于，具有某种特性（常用于地名、起源、生境）

Poa irrigata 湿地早熟禾：irrigatus 灌溉的，水湿的，潮湿的

Poa jaunsarensis 江萨早熟禾：jaunsarensis（地名，印度）

Poa kanboensis 坎博早熟禾：kanboensis（地名，朝鲜）

Poa karateginensis 卡拉蒂早熟禾：karateginensis（地名，塔吉克斯坦）

Poa kelungensis 基隆早熟禾：kelungensis 基隆的（地名，属台湾省）

Poa khasiana 喀斯早熟禾（喀 kā）：khasiana ← Khasya 喀西的，卡西的（地名，印度阿萨姆邦）

Poa koelzii 高寒早熟禾：koelzii（人名）；-ii 表示人名，接在以辅音字母结尾的人名后面，但 -er 除外

Poa kolymensis 科利早熟禾：kolymensis（地名，俄罗斯）

Poa komarovii 柯氏早熟禾：komarovii ← Vladimir Leontjevich Komarov 科马洛夫（人名，1869–1945，俄国植物学家）

Poa korshunensis 柯顺早熟禾：korshunensis（地名，新疆维吾尔自治区）

Poa krylovii 克瑞早熟禾：krylovii（人名）；-ii 表示人名，接在以辅音字母结尾的人名后面，但 -er 除外

Poa lahulensis 拉哈尔早熟禾：lahulensis 拉哈尔的（地名，印度）

Poa lanata 绵毛早熟禾：lanatus = lana + atus 具羊毛的，具长柔毛的；lana 羊毛，绵毛

Poa langtangensis 朗坦早熟禾：langtangensis 朗坦的（地名，尼泊尔）

Poa laudanensis 劳丹早熟禾：laudanensis（地名）

Poa laxa 稀穗早熟禾：laxus 稀疏的，松散的，宽松的

Poa lepta 柔软早熟禾：leptus ← leptos 细的，薄的，瘦小的，狭长的；lept-/ lepto- 细的，薄的，瘦小的，狭长的

Poa levipes 光轴早熟禾：levipes 光柄的，无毛柄的；laevis/ levis/ laeve/ leve → levi-/ laevi- 光滑的，无毛的，无不平或粗糙感觉的；pes/ pedis 柄，梗，茎秆，腿，足，爪（作词首或词尾，pes 的词干视为"ped-"）

Poa lhasaensis 拉萨早熟禾：lhasaensis 拉萨的（地名，西藏自治区）

Poa ligulata 尖舌早熟禾：ligulatus（= ligula + atus）/ ligularis（= ligula + aris）舌状的，具舌的；ligula = lingua + ulus 小舌，小舌状物；lingua 舌，语言；ligule 舌，舌状物，舌瓣，叶舌

Poa lipskyi 疏穗早熟禾：lipskyi（人名）；-i 表示人名，接在以元音字母结尾的人名后面，但 -a 除外

Poa lithophila 石生早熟禾：lithos 石头，岩石；philus/ philein ← philos → phil-/ phili/ philo- 喜好的，爱好的，喜欢的（注意区别形近词：phylus、phyllus）；phylus/ phylum/ phyla ← phylon/ phyle 植物分类单位中的"门"，位于"界"和"纲"之间，类群，种族，部落，聚群；phyllus/ phyllum/ phylla ← phyllon 叶片（用于希腊语复合词）

Poa litwinowiana 中亚早熟禾：litwinowiana（人名）

Poa longifolia 长叶早熟禾：longe-/ longi- ← longus 长的，纵向的；folius/ folium/ folia 叶，叶片（用于复合词）

Poa longiglumis 长颖早熟禾：longe-/ longi- ← longus 长的，纵向的；glumis ← gluma 颖片，具颖片的（glumis 为 gluma 的复数夺格）

Poa ludens 毛稃早熟禾（稃 fū）：ludens 游玩的

Poa macroanthera 大药早熟禾：macro-/ macr- ← macros 大的，宏观的（用于希腊语复合词）；andrus/ andros/ antherus ← aner 雄蕊，花药，雄性

Poa macrocalyx 大萼早熟禾：macro-/ macr- ← macros 大的，宏观的（用于希腊语复合词）；calyx → calyc- 萼片（用于希腊语复合词）

Poa macrolepis 大颖早熟禾：macro-/ macr- ← macros 大的，宏观的（用于希腊语复合词）；lepis/ lepidos 鳞片

Poa maerkangica 马尔康早熟禾：maerkangica 马尔康的（地名）；-icus/ -icum/ -ica 属于，具有某种特性（常用于地名、起源、生境）

Poa mairei 东川早熟禾：mairei（人名）；Edouard Ernest Maire（人名，19 世纪活动于中国云南的传教士）；Rene C. J. E. Maire 人名（20 世纪阿尔及利亚植物学家，研究北非植物）；-i 表示人名，接在以元音字母结尾的人名后面，但 -a 除外

Poa major 大序早熟禾：major 较大的，更大的（majus 的比较级）；majus 大的，巨大的

Poa malaca 纤弱早熟禾：malacus 软的，温柔的

Poa malacantha 软稃早熟禾：malacanthus 软刺的；malacus 软的，温柔的；acanthus ← Akantha 刺，

具刺的（Acantha 是希腊神话中的女神，和太阳神阿波罗发生冲突，太阳神将其变成带刺的植物）

Poa masenderana 玛森早熟禾：masenderana（人名）

Poa media 中间早熟禾：medius 中间的，中央的

Poa megalothyrsa 大锥早熟禾：mega-/ megal-/ megalo- ← megas 大的，巨大的；thyrsus/ thyrsos 花簇，金字塔，圆锥形，聚伞圆锥花序

Poa membranigluma 膜颖早熟禾：membranus 膜；gluma 颖片

Poa meyeri 玫珥早熟禾（珥 ěr）：meyeri ← Carl Anton Meyer 或 Ernst Heinrich Friedrich Meyer（人名，19 世纪德国两位植物学家）；-eri 表示人名，在以 -er 结尾的人名后面加上 i 形成

Poa micrandra 小药早熟禾：micr-/ micro- ← micros 小的，微小的，微观的（用于希腊语复合词）；andrus/ andros/ antherus ← aner 雄蕊，花药，雄性

Poa mongolica 蒙古早熟禾：mongolica 蒙古的（地名）；mongolia 蒙古的（地名）；-icus/ -icum/ -ica 属于，具有某种特性（常用于地名、起源、生境）

Poa nankoensis 南湖大山早熟禾：nankoensis 南湖大山的（地名，台湾省中部山峰，"nanko" 为 "南湖" 的日语读音）

Poa nemoralis 林地早熟禾：nemoralis = nemus + orum + alis 属于森林的，生于森林的；nemus/ nema 密林，丛林，树丛（常用来比喻密集成丛的纤细物，如花丝、果柄等）；-orum 属于……的（第二变格法名词复数所有格词尾，表示群落或多数）；-aris（阳性、阴性）/ -are（中性）← -alis（阳性、阴性）/ -ale（中性）属于，相似，如同，具有，涉及，关于，联结于（将名词作形容词用，其中 -aris 常用于以 l 或 r 为词干末尾的词）

Poa nemoralis var. coarctata（疏丛林地早熟禾）：coarctatus 拥挤的，密集的；co- 联合，共同，合起来（拉丁语词首，为 cum- 的音变，表示结合、强化、完全，对应的希腊语为 syn-）；co- 的缀词音变有 co-/ com-/ con-/ col-/ cor-：co-（在 h 和元音字母前面），col-（在 l 前面），com-（在 b、m、p 之前），con-（在 c、d、f、g、j、n、qu、s、t 和 v 前面），cor-（在 r 前面）；arctus/ artus 紧密的，密实的；arctatus 紧密的，密实的；arcte 紧密地（副词）

Poa nemoralis var. firmula 硬秆林地早熟禾（原名 "林地早熟禾" 和原种重名）：firmulus = firmus + ulus 稍坚硬的；firmus 坚固的，强的

Poa nemoralis subsp. nemoralis var. coarctata（林地早熟禾-原亚种疏丛变种）：coarctatus 拥挤的，密集的；co- 联合，共同，合起来（拉丁语词首，为 cum- 的音变，表示结合、强化、完全，对应的希腊语为 syn-）；co- 的缀词音变有 co-/ com-/ con-/ col-/ cor-：co-（在 h 和元音字母前面），col-（在 l 前面），com-（在 b、m、p 之前），con-（在 c、d、f、g、j、n、qu、s、t 和 v 前面），cor-（在 r 前面）；arctus/ artus 紧密的，密实的；arctatus 紧密的，密实的；arcte 紧密地（副词）

Poa nemoralis subsp. nemoralis var. firmula（林地早熟禾-原亚种硬秆种）：firmulus = firmus + ulus 稍坚硬的；firmus 坚固的，强的

Poa nemoralis subsp. nemoralis var. rigidula（林地早熟禾-原亚种直秆变种）：rigidulus 稍硬的；rigidus 坚硬的，不弯曲的，强直的；-ulus/ -ulum/ -ula 小的，略微的，稍微的（小词 -ulus 在字母 e 或 i 之后有多种变缀，即 -olus/ -olum/ -ola、-ellus/ -ellum/ -ella、-illus/ -illum/ -illa，与第一变格法和第二变格法名词形成复合词）

Poa nemoralis subsp. nemoralis var. tenella（林地早熟禾-原亚种细茎变种）：tenellus = tenuis + ellus 柔软的，纤细的，纤弱的，精美的，雅致的；tenuis 薄的，纤细的，弱的，瘦的，窄的；-ellus/ -ellum/ -ella ← -ulus 小的，略微的，稍微的（小词 -ulus 在字母 e 或 i 之后有多种变缀，即 -olus/ -olum/ -ola、-ellus/ -ellum/ -ella、-illus/ -illum/ -illa，用于第一变格法名词）

Poa nemoralis subsp. nemoralis var. uniflora（林地早熟禾-原亚种单花变种）：uni-/ uno- ← unus/ unum/ una 一，单一（希腊语为 mono-/ mon-）；florus/ florum/ flora ← flos 花（用于复合词）

Poa nemoralis subsp. parca 疏穗林地早熟禾：parcus 少的，稀少的

Poa nemoralis var. rigidula 直秆林地早熟禾（原名 "林地早熟禾" 和原种重名）：rigidulus 稍硬的；rigidus 坚硬的，不弯曲的，强直的；-ulus/ -ulum/ -ula 小的，略微的，稍微的（小词 -ulus 在字母 e 或 i 之后有多种变缀，即 -olus/ -olum/ -ola、-ellus/ -ellum/ -ella、-illus/ -illum/ -illa，与第一变格法和第二变格法名词形成复合词）

Poa nemoralis var. uniflora 单花林地早熟禾（原名 "林地早熟禾" 和原种重名）：uni-/ uno- ← unus/ unum/ una 一，单一（希腊语为 mono-/ mon-）；florus/ florum/ flora ← flos 花（用于复合词）

Poa nepalensis 尼泊尔早熟禾：nepalensis 尼泊尔的（地名）

Poa nephelophila 那菲早熟禾：nephelophila 喜云的；nephelion 小片云；philus/ philein ← philos → phil-/ phili/ philo- 喜好的，爱好的，喜欢的（注意区别形近词：phylus、phyllus；phylus/ phylum/ phyla ← phylon/ phyle 植物分类单位中的 "门"，位于 "界" 和 "纲" 之间，类群，种族，部落，聚群；phyllus/ phyllum/ phylla ← phyllon 叶片（用于希腊语复合词）

Poa nevskii 尼氏早熟禾：nevskii（人名）；-ii 表示人名，接在以辅音字母结尾的人名后面，但 -er 除外

Poa nigro-purpurea 紫黑早熟禾：nigro-/ nigri- ← nigrus 黑色的；niger 黑色的；purpureus = purpura + eus 紫色的；purpura 紫色（purpura 原为一种介壳虫名，其体液为紫色，可作颜料）；-eus/ -eum/ -ea（接拉丁语词干时）属于……的，色如……的，质如……的（表示原料、颜色或品质的相似），（接希腊语词干时）属于……的，以……出名，为……所占有（表示具有某种特性）

Poa nimuana 尼木早熟禾：nimuana 尼木的（地名，西藏自治区）

Poa nipponica 日本早熟禾：nipponica 日本的（地名）；-icus/ -icum/ -ica 属于，具有某种特性（常用

于地名、起源、生境）

Poa nitidespiculata 闪穗早熟禾：nitidespiculatus = nitidus + spiculatus 光亮小穗的；nitidus = nitere + idus 光亮的，发光的；nitere 发亮；-idus/ -idum/ -ida 表示在进行中的动作或情况，作动词、名词或形容词的词尾；nitens 光亮的，发光的；spiculatus = spicus + ulus + atus 具小穗的，具细尖的；spicus 穗，谷穗，花穗

Poa nubigena 云生早熟禾：nubigenus = nubius + genus 生于云雾间的；nubius 云雾的；genus ← gignere ← geno 出生，发生，起源，产于，生于（指地方或条件），属（植物分类单位）

Poa ochotensis 乌库早熟禾：ochotensis 鄂霍次克的（地名，俄罗斯）

Poa oligophylla 贫叶早熟禾：oligo-/ olig- 少数的（希腊语，拉丁语为 pauci-）；phyllus/ phyllum/ phylla ← phyllon 叶片（用于希腊语复合词）

Poa orinosa 山地早熟禾：orinosus = orinus + osus 山地生的；orinus ← oreinos 山居者，分布于山地的；oreo-/ ores-/ ori- ← oreos 山，山地，高山；-osus/ -osum/ -osa 多的，充分的，丰富的，显著发育的，程度高的，特征明显的（形容词词尾）

Poa pachyantha 密花早熟禾：pachyanthus 肥厚花的；pachy- ← pachys 厚的，粗的，肥的；anthus/ anthum/ antha/ anthe ← anthos 花（用于希腊语复合词）

Poa pagophila 曲枝早熟禾：pagus 村庄，地区；philus/ philein ← philos → phil-/ phili/ philo- 喜好的，爱好的，喜欢的（注意区别形近词：phylus、phyllus）；phylus/ phylum/ phyla ← phylon/ phyle 植物分类单位中的"门"，位于"界"和"纲"之间，类群，种族，部落，聚群；phyllus/ phyllum/ phylla ← phyllon 叶片（用于希腊语复合词）

Poa palustris 泽地早熟禾：palustris/ paluster ← palus + estris 喜好沼泽的，沼生的；palus 沼泽，湿地，泥潭，水塘，草甸子（palus 的复数主格为 paludes）；-estris/ -estre/ ester/ -esteris 生于……地方，喜好……地方

Poa pamirica 帕米尔早熟禾：pamirica 帕米尔的（地名，中亚东南部高原，跨塔吉克斯坦、中国、阿富汗）；-icus/ -icum/ -ica 属于，具有某种特性（常用于地名、起源、生境）

Poa parafestuca 羊茅状早熟禾：parafestuca 像羊茅的，近似羊茅的；para- 类似，接近，近旁，假的；Festuca 羊茅属（禾本科）；festuca 一种田间杂草（古拉丁名），嫩枝，麦秆，茎秆

Poa parvissima 小早熟禾：parvus 小的，些微的，弱的；-issimus/ -issima/ -issimum 最，非常，极其（形容词最高级）

Poa patens 开展早熟禾：patens 开展的（呈 90°），伸展的，传播的，飞散的；patentius 开展的，伸展的，传播的，飞散的

Poa paucifolia 少叶早熟禾：pauci- ← paucus 少数的，少的（希腊语为 oligo-）；folius/ folium/ folia 叶，叶片（用于复合词）

Poa paucispicula 寡穗早熟禾：pauci- ← paucus 少数的，少的（希腊语为 oligo-）；spiculus = spicus + ulus 小穗的，细尖的；spicus 穗，谷穗，花穗；

-ulus/ -ulum/ -ula 小的，略微的，稍微的（小词 -ulus 在字母 e 或 i 之后有多种变缀，即 -olus/ -olum/ -ola、-ellus/ -ellum/ -ella、-illus/ -illum/ -illa，与第一变格法和第二变格法名词形成复合词）

Poa perennis 宿生早熟禾：perennis/ perenne = perennans + anus 多年生的；per-（在 l 前面音变为 pel-）极，很，颇，甚，非常，完全，通过，遍及（表示效果加强，与 sub- 互为反义词）；annus 一年的，每年的，一年生的

Poa phariana 帕里早熟禾：phariana 帕里的（地名，西藏自治区）

Poa pilipes 毛轴早熟禾：pilus 毛，疏柔毛；pes/ pedis 柄，梗，茎秆，腿，足，爪（作词首或词尾，pes 的词干视为"ped-"）

Poa platyantha 阔花早熟禾：platyanthus 大花的，宽花的；platys 大的，宽的（用于希腊语复合词）；anthus/ anthum/ antha/ anthe ← anthos 花（用于希腊语复合词）

Poa platyglumis 宽颖早熟禾：platyglumis 宽颖的；platys 大的，宽的（用于希腊语复合词）；glumis ← gluma 颖片，具颖片的（glumis 为 gluma 的复数夺格）

Poa plurifolia 多叶早熟禾：pluri-/ plur- 复数，多个；folius/ folium/ folia 叶，叶片（用于复合词）

Poa plurinodes 多节早熟禾：pluri-/ plur- 复数，多个；nodes 节，关节

Poa polycolea 多鞘早熟禾：polycoleus 多鞘的；poly- ← polys 多个，许多（希腊语，拉丁语为 multi-）；coleus ← coleos 鞘（唇瓣呈鞘状），鞘状的，果荚

Poa polyneuron 多脉早熟禾：polyneuron 多脉的；poly- ← polys 多个，许多（希腊语，拉丁语为 multi-）；neuron 脉，神经

Poa poophagorum 波伐早熟禾：poophagorum = poa + phagus + orum 饲草的；poo- ← poa 草丛（Poa 禾本科早熟禾属）；fagus ← phagein 可食的，取、食用（希腊语）；-orum 属于……的（第二变格法名词复数所有格词尾，表示群落或多数）

Poa pratensis 草地早熟禾：pratensis 生于草原的；pratum 草原

Poa pratensis var. anceps 扁秆早熟禾：anceps 二棱的，二翼的，茎有翼的

Poa prolixior 细长早熟禾：prolixior 更远伸的；prolixus ← laxus 远伸的，冗长的；laxus 稀疏的，松散的，宽松的；-or 更加，较为（形容词比较级）

Poa pruinosa 粉绿早熟禾：pruinosus/ pruinatus 白粉覆盖的，覆盖白霜的；pruina 白粉，蜡质淡色粉末；-osus/ -osum/ -osa 多的，充分的，丰富的，显著发育的，程度高的，特征明显的（形容词词尾）

Poa pseudamoena 拟早熟禾：pseudamoena 像 amoena 的；pseudo-/ pseud- ← pseudos 假的，伪的，接近，相似（但不是）；Poa amoena 美丽早熟禾；amoenus 美丽的，可爱的

Poa pseudo-palustris 假泽早熟禾：pseudo-palustris 像 palustris 的；pseudo-/ pseud- ← pseudos 假的，伪的，接近，相似（但不是）；Poa palustris 泽地早熟禾；palustris/ paluster ← palus 喜好沼泽的，沼生的；palus 沼泽，湿地，泥潭，水塘，草甸子

P

（palus 的复数主格为 paludes）；-estris/ -estre/ ester/ -esteris 生于……地方，喜好……地方

Poa psilolepis 光稃早熟禾（稃 fū）：psil-/ psilo- ← psilos 平滑的，光滑的；lepis/ lepidos 鳞片

Poa pubicalyx 毛颖早熟禾：pubi- ← pubis 细柔毛的，短柔毛的，毛被的；calyx → calyc- 萼片（用于希腊语复合词）

Poa pumila 矮早熟禾：pumilus 矮的，小的，低矮的，矮人的

Poa radula 匍根早熟禾：radulus 金属般骨骼的，小痒痒挠的；radula 毛钩，齿舌（动物）；rado 挠，切削，削平

Poa raduliformis 糙早熟禾：raduliformis 痒痒挠状的；radulus 金属般骨骼的，小痒痒挠的；radula 毛钩，齿舌（动物）；rado 挠，切削，削平；formis/ forma 形状

Poa rangkulensis 雪地早熟禾：rangkulensis 兰库湖的（地名，帕米尔高原东部）

Poa relaxa 新疆早熟禾：relaxus 松弛的；re- 返回，相反，再次，重复，向后，回头；laxus 稀疏的，松散的，宽松的

Poa remota 疏序早熟禾：remotus 分散的，分开的，稀疏的，远距离的

Poa reverdattoi 瑞沃达早熟禾：reverdattoi（人名）

Poa rhadina 等颖早熟禾：rhadina（人名）

Poa rhomboidea 圆穗早熟禾：rhomboideus 菱形的；rhombus 菱形，纺锤；-oides/ -oideus/ -oideum/ -oidea/ -odes/ -eidos 像……的，类似……的，呈……状的（名词词尾）

Poa roemeri 诺米早熟禾：roemeri（人名）；-eri 表示人名，在以 -er 结尾的人名后面加上 i 形成

Poa rossbergiana 罗氏早熟禾：rossbergiana（人名）

Poa sabulosa 砾沙早熟禾：sabulosus 沙质的，沙地生的；sabulo/ sabulum 粗沙，石砾；-osus/ -osum/ -osa 多的，充分的，丰富的，显著发育的，程度高的，特征明显的（形容词词尾）

Poa sachaliensis 萨哈林早熟禾：sachaliensis ← Sakhalin 库页岛的（地名，日本海北部俄属岛屿，日文桦太，俄称萨哈林岛）

Poa scabriculmis 糙茎早熟禾：scabri- ← scaber 粗糙的，有凹凸的，不平滑的；culmis/ culmius 杆，杆状的

Poa schischkinii 希斯肯早熟禾：schischkinii（人名）；-ii 表示人名，接在以辅音字母结尾的人名后面，但 -er 除外

Poa schoenites 蔺状早熟禾（蔺 lìn）：schoenites 像灯心草的，像赤箭莎的；schoenus/ schoinus 灯心草（希腊语）；Schoenus 赤箭莎属（莎草科）

Poa setulosa 尖早熟禾：setulosus = setus + ulus + osus 多细刚毛的，多细刺毛的，多细芒刺的；setus/ saetus 刚毛，刺毛，芒刺；-ulus/ -ulum/ -ula 小的，略微的，稍微的（小词 -ulus 在字母 e 或 i 之后有多种变缀，即 -olus/ -olum/ -ola、-ellus/ -ellum/ -ella、-illus/ -illum/ -illa，与第一变格法和第二变格法名词形成复合词）；-osus/ -osum/ -osa 多的，充分的，丰富的，显著发育的，程度高的，特征明显的（形容词词尾）

Poa shansiensis 山西早熟禾：shansiensis 山西的（地名）

Poa shumushuensis 苏姆早熟禾：shumushuensis（地名，俄罗斯千岛群岛）

Poa sibirica 西伯利亚早熟禾：sibirica 西伯利亚的（地名，俄罗斯）；-icus/ -icum/ -ica 属于，具有某种特性（常用于地名、起源、生境）

Poa sichotensis 西可早熟禾：sichotensis（地名，俄罗斯）

Poa sikkimensis 锡金早熟禾：sikkimensis 锡金的（地名）

Poa sinaica 西奈早熟禾：sinaica（地名，埃及）

Poa sinattenuata 中华早熟禾：sinattenuatus 中国型渐尖的；Sina 中国；attenuatus = ad + tenuis + atus 渐尖的，渐狭的，变细的，变弱的

Poa sinoglauca 华灰早熟禾：sinoglaucus 中国型灰白的；sino- 中国；glaucus → glauco-/ glauc- 被白粉的，发白的，灰绿色的

Poa skvortzovii 斯哥佐夫早熟禾：skvortzovii（人名）；-ii 表示人名，接在以辅音字母结尾的人名后面，但 -er 除外

Poa smirnowii 史米诺夫早熟禾：smirnowii（人名）；-ii 表示人名，接在以辅音字母结尾的人名后面，但 -er 除外

Poa sphondylodes 硬质早熟禾：Sphondylium → Heracleus 独活属（伞形科）；-oides/ -oideus/ -oideum/ -oidea/ -odes/ -eidos 像……的，类似……的，呈……状的（名词词尾）

Poa spiciformis 密穗早熟禾：spicus 穗，谷穗，花穗；formis/ forma 形状

Poa spontanea 自生早熟禾：spontaneus 野生的，自生的

Poa stapfiana 斯塔夫早熟禾：stapfiana（人名）

Poa stenachyra 窄颖早熟禾：stenachyrus 窄颖的；sten-/ steno- ← stenus 窄的，狭的，薄的；achyron 颖片，稻壳，皮壳

Poa stepposa 低山早熟禾：stepposus = steppa + osus 草原的；steppa 草原；-osus/ -osum/ -osa 多的，充分的，丰富的，显著发育的，程度高的，特征明显的（形容词词尾）

Poa stereophylla 硬叶早熟禾：stereo- ← stereos 坚硬的，硬质的；phyllus/ phyllum/ phylla ← phyllon 叶片（用于希腊语复合词）

Poa sterilis 贫育早熟禾：sterilis 不育的，不毛的

Poa stewartiana 史蒂瓦早熟禾：stewartiana ← John Stuart（人名，1713–1792，英国植物爱好者，常拼写为"Stewart"）

Poa subfastigiata 散穗早熟禾：sub-（表示程度较弱）与……类似，几乎，稍微，弱，亚，之下，下面；fastigiatus 束状的，笤帚状的（枝条直立聚集）（形近词：fastigatus 高的，高举的）

Poa supina 仰卧早熟禾：supinus 仰卧的，平卧的，平展的，匍匐的

Poa sylvicola 欧早熟禾：sylvicola 生于森林的；sylva/ silva 森林；colus ← colo 分布于，居住于，栖居，殖民（常作词尾）；colo/ colere/ colui/ cultum 居住，耕作，栽培

Poa szechuensis 四川早熟禾：szechuensis 四川的（地名）

Poa taiwanicola 宜兰早熟禾：taiwnicola = taiwania + cola 台湾产的；taiwania 台湾的（地名）；colus ← colo 分布于，居住于，栖居，殖民（常作词尾）；colo/ colere/ colui/ cultum 居住，耕作，栽培

Poa takasagomontana 高砂早熟禾：takasago（地名，属台湾省，源于台湾少数民族名称，日语读音）；montanus 山，山地

Poa tangii 唐氏早熟禾：tangii（人名）；-ii 表示人名，接在以辅音字母结尾的人名后面，但 -er 除外

Poa tenuicula 细秆早熟禾：tenui- ← tenuis 薄的，纤细的，弱的，瘦的，窄的；-culus/ -culum/ -cula 小的，略微的，稍微的（同第三变格法和第四变格法名词形成复合词）

Poa tetrantha 四花早熟禾：tetranthus 四花的；tetra-/ tetr- 四，四数（希腊语，拉丁语为 quadri-/ quadr-）；anthus/ anthum/ antha/ anthe ← anthos 花（用于希腊语复合词）

Poa tianschanica 天山早熟禾：tianschanica 天山的（地名，新疆维吾尔自治区）；-icus/ -icum/ -ica 属于，具有某种特性（常用于地名、起源、生境）

Poa tibetica 西藏早熟禾：tibetica 西藏的（地名）；-icus/ -icum/ -ica 属于，具有某种特性（常用于地名、起源、生境）

Poa tibeticola 藏南早熟禾：tibeticolus 分布于西藏的；tibetica 西藏的（地名）；colus ← colo 分布于，居住于，栖居，殖民（常作词尾）；colo/ colere/ colui/ cultum 居住，耕作，栽培

Poa timoleontis 厚鞘早熟禾：timoleontis ← Timoleon（人名，古希腊将军）

Poa tolmatchewii 托玛早熟禾：tolmatchewii（人名）；-ii 表示人名，接在以辅音字母结尾的人名后面，但 -er 除外

Poa transbaicalica 外贝加早熟禾：transbaicalica 穿越贝加尔湖的（地名）；tran-/ trans- 横过，远侧边，远方，在那边；-icus/ -icum/ -ica 属于，具有某种特性（常用于地名、起源、生境）

Poa trichophylla 三叶早熟禾：trich-/ tricho-/ tricha- ← trichos ← thrix 毛，多毛的，线状的，丝状的；phyllus/ phyllum/ phylla ← phyllon 叶片（用于希腊语复合词）

Poa triglumis 三颖早熟禾：tri-/ tripli-/ triplo- 三个，三数；glumis ← gluma 颖片，具颖片的（glumis 为 gluma 的复数夺格）

Poa tristis 暗穗早熟禾：tristis 暗淡的，阴沉的

Poa trivialiformis 匍茎早熟禾：trivialiformis 像 trivialis 的；Poa trivialis 普通早熟禾；formis/ forma 形状

Poa trivialis 普通早熟禾：trivialis 常见的，普通的；trivium 三叉路口，闹市通道；tri-/ tres 三；via 道路，街道

Poa tunicata 套鞘早熟禾：tunicatus 覆膜的，包被的；tunica 覆膜，包被，外壳

Poa urssulensis 乌苏里早熟禾：urssulensis 乌苏里江的（地名，中国黑龙江省与俄罗斯界河）

Poa vaginans 长鞘早熟禾：vaginans 鞘状的

Poa varia 多变早熟禾：varius = varus + ius 各种各样的，不同的，多型的，易变的；varus 不同的，变化的，外弯的，凸起的；-ius/ -ium/ -ia 具有……特性的（表示有关、关联、相似）

Poa vedenskyi 维登早熟禾：vedenskyi（人名）

Poa versicolor 变色早熟禾：versicolor = versus + color 变色的，杂色的，有斑点的；versus ← vertor ← verto 变换，转换，转变；color 颜色

Poa viridula 绿早熟禾：viridulus 淡绿色的；viridus 绿色的；-ulus/ -ulum/ -ula 小的，略微的，稍微的（小词 -ulus 在字母 e 或 i 之后有多种变缀，即 -olus/ -olum/ -ola、-ellus/ -ellum/ -ella、-illus/ -illum/ -illa，与第一变格法和第二变格法名词形成复合词）

Poa vrangelica 弗兰格早熟禾：vrangelica 弗兰格尔岛的（地名，俄罗斯）

Poa wardiana 瓦迪早熟禾：wardiana ← Ward（人名）

Poa yakiangensis 雅江早熟禾：yakiangensis 雅江的（地名，四川省）

Poa zaprjagajevii 塔吉早熟禾：zaprjagajevii（人名）；-ii 表示人名，接在以辅音字母结尾的人名后面，但 -er 除外

Poa zhongbaensis 仲巴早熟禾：zhongbaensis 仲巴的（地名，西藏自治区）

Poa zhongdianensis 中甸早熟禾：zhongdianensis 中甸的（地名，云南省香格里拉市的旧称）

Poacynum 白麻属（夹竹桃科）（63：p159）：poacynum ← Apocynum 罗布麻属（改缀词）

Poacynum hendersonii 大叶白麻：hendersonii ← Louis Fourniquet Henderson（人名，19 世纪美国植物学家）

Poacynum pictum 白麻：pictus 有色的，彩色的，美丽的（指浓淡相间的花纹）

Podocarpaceae 罗汉松科（7：p398）：Podocarpus 罗汉松属；-aceae（分类单位科的词尾，为 -aceus 的阴性复数主格形式，加到模式属的名称后或同义词的词干后以组成族群名称）

Podocarpium 长柄山蚂蝗属（豆科，已修订为 Hylodesmum）（41：p47）：podos/ podo-/ pous 腿，足，柄，茎；carpius = carpus + ius 果实，具果实的；carpus/ carpum/ carpa/ carpon ← carpos 果实（用于希腊语复合词）；-ium 具有（第三变格法名词复数所有格词尾，表示"具有、属于"）；hylodesmum；hylo- ← hyla/ hyle 林木，树木，森林；desmos/ desmus 束，束状的，带状的，链子

Podocarpium duclouxii 云南长柄山蚂蝗：duclouxii（人名）；-ii 表示人名，接在以辅音字母结尾的人名后面，但 -er 除外

Podocarpium laxum 疏花长柄山蚂蝗：laxus 稀疏的，松散的，宽松的

Podocarpium laxum var. laterale 侧序长柄山蚂蝗：lateralis = laterus + ale 侧边的，侧生的；laterus 边，侧边；later-/ lateri- 侧面的，横向的；-aris（阳性、阴性）/ -are（中性）← -alis（阳性、阴性）/ -ale（中性）属于，相似，如同，具有，涉及，关于，联结于（将名词作形容词用，其中 -aris 常用于以 l 或 r 为词干末尾的词）

Podocarpium laxum var. laxum 疏花长柄山蚂蝗-原变种 （词义见上面解释）

Podocarpium leptopus 细长柄山蚂蝗：leptopus/ leptopodus 细长柄的；leptus ← leptos 细的，薄的，瘦小的，狭长的；-pus ← pous 腿，足，爪，柄，茎；Leptopus 雀舌木属（大戟科）

Podocarpium oldhamii 羽叶长柄山蚂蝗：oldhamii ← Richard Oldham（人名，19 世纪植物采集员）

Podocarpium podocarpum 长柄山蚂蝗：podocarpus 有柄果的；podos/ podo-/ pous 腿，足，柄，茎；carpus/ carpum/ carpa/ carpon ← carpos 果实（用于希腊语复合词）

Podocarpium podocarpum var. fallax 宽卵叶长柄山蚂蝗：fallax 假的，迷惑的

Podocarpium podocarpum var. oxyphyllum 尖叶长柄山蚂蝗：oxyphyllus 尖叶的；oxy- ← oxys 尖锐的，酸的；phyllus/ phyllum/ phylla ← phyllon 叶片（用于希腊语复合词）

Podocarpium podocarpum var. podocarpum 长柄山蚂蝗-原变种 （词义见上面解释）

Podocarpium podocarpum var. szechuenense 四川长柄山蚂蝗：szechuenense 四川的（地名）

Podocarpium repandum 浅波叶长柄山蚂蝗：repandus 细波状的，浅波状的（指叶缘略不平而呈波状，比 sinuosus 更浅）；re- 返回，相反，再次，重复，向后，回头；pandus 弯曲

Podocarpium williamsii 大苞长柄山蚂蝗：williamsii ← Williams（人名）

Podocarpus 罗汉松属（罗汉松科）（7：p399）：podocarpus 种子具柄的；podos/ podo-/ pous 腿，足，柄，茎；carpus/ carpum/ carpa/ carpon ← carpos 果实（用于希腊语复合词）

Podocarpus annamiensis 海南罗汉松：annamiensis 安南的（地名，越南古称）

Podocarpus brevifolius 小叶罗汉松：brevi- ← brevis 短的（用于希腊语复合词词首）；folius/ folium/ folia 叶，叶片（用于复合词）

Podocarpus costalis 兰屿罗汉松：costalis = costus + alis 具肋的，具脉的，具中脉的（指脉明显）；costus 主脉，叶脉，肋，肋骨；-aris（阳性、阴性）/ -are（中性）← -alis（阳性、阴性）/ -ale（中性）属于，相似，如同，具有，涉及，关于，联结于（将名词作形容词用，其中 -aris 常用于以 l 或 r 为词干末尾的词）

Podocarpus fleuryi 长叶竹柏：fleuryi（人名）；-i 表示人名，接在以元音字母结尾的人名后面，但 -a 除外

Podocarpus formosensis 窄叶竹柏：formosensis ← formosa + ensis 台湾的；formosus ← formosa 美丽的，台湾的（葡萄牙殖民者发现台湾时对其的称呼，即美丽的岛屿）

Podocarpus forrestii 大理罗汉松：forrestii ← George Forrest（人名，1873–1932，英国植物学家，曾在中国西部采集大量植物标本）

Podocarpus imbricatus 鸡毛松：imbricatus/ imbricans 重叠的，覆瓦状的

Podocarpus macrophyllus 罗汉松：macro-/

macr- ← macros 大的，宏观的（用于希腊语复合词）；phyllus/ phyllum/ phylla ← phyllon 叶片（用于希腊语复合词）

Podocarpus macrophyllus var. angustifolius 狭叶罗汉松：angusti- ← angustus 窄的，狭的，细的；folius/ folium/ folia 叶，叶片（用于复合词）

Podocarpus macrophyllus var. chingii 柱冠罗汉松（冠 guān）：chingii ← R. C. Chin 秦仁昌（人名，1898–1986，中国植物学家，蕨类植物专家），秦氏

Podocarpus macrophyllus var. macrophyllus 罗汉松-原变种 （词义见上面解释）

Podocarpus macrophyllus var. maki 短叶罗汉松：maki（人名，词尾改为“-ii”似更妥）；-ii 表示人名，接在以辅音字母结尾的人名后面，但 -er 除外；-i 表示人名，接在以元音字母结尾的人名后面，但 -a 除外

Podocarpus nagi 竹柏：nagi 竹柏，椰（nuó）（“nagi”为“竹柏”和“椰”的日语读音）

Podocarpus nakaii 台湾罗汉松：nakaii = nakai + i 中井猛之进（人名，1882–1952，日本植物学家）；-ii 表示人名，接在以辅音字母结尾的人名后面，但 -er 除外；-i 表示人名，接在以元音字母结尾的人名后面，但 -a 除外

Podocarpus nankoensis （南湖罗汉松）（熟 shú）：nankoensis 南湖大山的（地名，台湾省中部山峰，“nanko”为“南湖”的日语读音）

Podocarpus neriifolius 百日青：neriifolia = Nerium + folius 夹竹桃叶的；缀词规则：以属名作复合词时原词尾变形后的 i 要保留；neri ← Nerium 夹竹桃属（夹竹桃科）；folius/ folium/ folia 叶，叶片（用于复合词）

Podocarpus philippinensis 菲律宾罗汉松：philippinensis 菲律宾的（地名）

Podocarpus wallichiana 肉托竹柏：wallichiana ← Nathaniel Wallich（人名，19 世纪初丹麦植物学家、医生）

Podochilus 柄唇兰属（兰科）（19：p60）：podochilus 唇瓣具柄的；podos/ podo-/ pous 腿，足，柄，茎；chilus ← cheilos 唇，唇瓣，唇边，边缘，岸边

Podochilus khasianus 柄唇兰：khasianus ← Khasya 喀西的，卡西的（地名，印度阿萨姆邦）

Podostemaceae 川苔草科（不可以写成“川薹草”）（24：p1）：Podostemum 河苔草属（川苔草属）；podos/ podo-/ pous 腿，足，柄，茎；stemum 雄蕊；-aceae（分类单位科的词尾，为 -aceus 的阴性复数主格形式，加到模式属的名称后或同义词的词干后以组成族群名称）

Podranea 非洲凌霄属（紫葳科）（69：p62）：podranea ← Pandorea（改缀词）；Pandorea 粉花凌霄属

Podranea ricasoliana 非洲凌霄：ricasoliana ← Recasoli（人名）

Pogonatherum 金发草属（禾本科）（10-2：p101）：pogon 胡须，髯毛，芒尖；atherus ← ather 芒

Pogonatherum biaristatum 二芒金发草：bi-/ bis- 二，二数，二回（希腊语为 di-）；aristatus(aristosus) = arista + atus 具芒的，具芒刺的，具刚毛的，具胡须的；arista 芒

P

Pogonatherum crinitum 金丝草：crinitus 被长毛的；crinis 头发的，彗星尾的，长而软的簇生毛发

Pogonatherum paniceum 金发草：paniceus 像黍子的；Panicum 黍属（禾本科）；-eus/ -eum/ -ea（接拉丁语词干时）属于……的，色如……的，质如……的（表示原料、颜色或品质的相似），（接希腊语词干时）属于……的，以……出名，为……所占有（表示具有某种特性）

Pogonia 朱兰属（兰科）（18：p18）：pogonius/ pogonias/ pogon 胡须的，髯毛的，芒尖的

Pogonia japonica 朱兰：japonica 日本的（地名）；-icus/ -icum/ -ica 属于，具有某种特性（常用于地名、起源、生境）

Pogonia minor 小朱兰：minor 较小的，更小的

Pogonia yunnanensis 云南朱兰：yunnanensis 云南的（地名）

Pogostemon 刺蕊草属（唇形科）（66：p366）：pogostemon 尖状雄蕊的；pogon 胡须，髯毛，芒尖；stemon 雄蕊

Pogostemon auricularius 水珍珠菜：auricularius 具小耳的（基部有两个小圆片）；auriculus 小耳朵的，小耳状的；-arius/ -arium/ -aria 相似，属于（表示地点，场所，关系，所属）

Pogostemon brevicorollus 短冠刺蕊草（冠 guān）：brevi- ← brevis 短的（用于希腊语复合词词首）；corollus 冠状的，花冠的

Pogostemon cablin 广藿香（藿 huò）：cablin 藿香（菲律宾语）

Pogostemon championii 短穗刺蕊草：championii ← John George Champion（人名，19世纪英国植物学家，研究东亚植物）

Pogostemon chinensis 长苞刺蕊草：chinensis = china + ensis 中国的（地名）；China 中国

Pogostemon dielsianus 狭叶刺蕊草：dielsianus ← Friedrich Ludwig Emil Diels（人名，20世纪德国植物学家）

Pogostemon esquirolii 膜叶刺蕊草：esquirolii（人名）；-ii 表示人名，接在以辅音字母结尾的人名后面，但 -er 除外

Pogostemon esquirolii var. esquirolii 膜叶刺蕊草-原变种 （词义见上面解释）

Pogostemon esquirolii var. tsingpingensis 膜叶刺蕊草-金平变种：tsingpingensis 金平的（地名，云南省）

Pogostemon falcatus 镰叶水珍珠菜：falcatus = falx + atus 镰刀的，镰刀状的；falx 镰刀，镰刀形，镰刀状弯曲；构词规则：以 -ix/ -iex 结尾的词其词干末尾视为 -ic，以 -ex 结尾视为 -i/ -ic，其他以 -x 结尾视为 -c；-atus/ -atum/ -ata 属于，相似，具有，完成（形容词词尾）

Pogostemon formosanus 台湾刺蕊草：formosanus = formosus + anus 美丽的，台湾的；formosus ← formosa 美丽的，台湾的（葡萄牙殖民者发现台湾时对其的称呼，即美丽的岛屿）；-anus/ -anum/ -ana 属于，来自（形容词词尾）

Pogostemon glaber 刺蕊草：glaber/ glabrus 光滑的，无毛的

Pogostemon griffithii 长柱刺蕊草：griffithii ←

William Griffith（人名，19世纪印度植物学家，加尔各答植物园主任）

Pogostemon griffithii var. griffithii 长柱刺蕊草-原变种 （词义见上面解释）

Pogostemon griffithii var. latifolius 长柱刺蕊草-宽叶变种：lati-/ late- ← latus 宽的，宽广的；folius/ folium/ folia 叶，叶片（用于复合词）

Pogostemon hispidocalyx 刚毛萼刺蕊草：hispidus 刚毛的，鬃毛状的；calyx → calyc- 萼片（用于希腊语复合词）

Pogostemon menthoides 小刺蕊草：menthoides 像薄荷的；Mentha 薄荷属（唇形科）；-oides/ -oideus/ -oideum/ -oidea/ -odes/ -eidos 像……的，类似……的，呈……状的（名词词尾）

Pogostemon nigrescens 黑刺蕊草：nigrus 黑色的；niger 黑色的；-escens/ -ascens 改变，转变，变成，略微，带有，接近，相似，大致，稍微（表示变化的趋势，并未完全相似或相同，有别于表示达到完成状态的 -atus）

Pogostemon septentrionalis 北刺蕊草：septentrionalis 北方的，北半球的，北极附近的；septentrio 北斗七星，北方，北风；septem-/ sept-/ septi- 七（希腊语为 hepta-）；trio 耕牛，大、小熊星座

Pogostemon xanthiiphyllus 苍耳叶刺蕊草：xanthiiphyllus 苍耳叶的；缀词规则：以属名作复合词时原词尾变形后的 i 要保留；Xanthium 苍耳属（菊科）；phyllus/ phyllum/ phylla ← phyllon 叶片（用于希腊语复合词）

Poikilospermum 锥头麻属（荨麻科）（23-2：p372）：poikilos 杂色的；spermus/ spermum/ sperma 种子的（用于希腊语复合词）

Poikilospermum lanceolatum 毛叶锥头麻：lanceolatus = lanceus + olus + atus 小披针形的，小柳叶刀的；lance-/ lancei-/ lanci-/ lanceo-/ lanc- ← lanceus 披针形的，矛形的，尖刀状的，柳叶刀状的；-olus ← -ulus 小，稍微，略微（-ulus 在字母 e 或 i 之后变成 -olus/ -ellus/ -illus）；-atus/ -atum/ -ata 属于，相似，具有，完成（形容词词尾）

Poikilospermum suaveolens 锥头麻：suaveolens 芳香的，香味的；suavis/ suave 甜的，愉快的，高兴的，有魅力的，漂亮的；olens ← olere 气味，发出气味（不分香臭）

Polemoniaceae 花荵科（64-1：p154）：Polemonium 花荵属；-aceae（分类单位科的词尾，为 -aceus 的阴性复数主格形式，加到模式属的名称后或同义词的词干后以组成族群名称）

Polemonium 花荵属（荵 rěn）（花荵科）（64-1：p155）：polemonium ← Polemon（人名，古代本都王国的国王，另一解释为 2 世纪希腊哲学家）

Polemonium coeruleum 花荵：caeruleus/ coeruleus 深蓝色的，海洋蓝的，青色的，暗绿色的；caerulus/ coerulus 深蓝色，海洋蓝，青色，暗绿色；-eus/ -eum/ -ea（接拉丁语词干时）属于……的，色如……的，质如……的（表示原料、颜色或品质的相似），（接希腊语词干时）属于……的，以……出名，为……所占有（表示具有某种特性）

Polemonium coeruleum var. chinense 中华花荵：

chinense 中国的（地名）

Polemonium coeruleum var. coeruleum 花荵-原变种 （词义见上面解释）

Polemonium coeruleum var. himalayanum （喜马拉雅花荵）：himalayanum 喜马拉雅的（地名）

Polemonium liniflorum 小花荵：Linum 亚麻属（亚麻科）；florus/ florum/ flora ← flos 花（用于复合词）

Polianthes 晚香玉属（石蒜科）（16-1：p32）：polius/ polios 灰白色的；anthes ← anthos 花

Polianthes tuberosa 晚香玉：tuberosus = tuber + osus 块茎的，膨大成块茎的；tuber/ tuber-/ tuberi- 块茎的，结节状凸起的，瘤状的；-osus/ -osum/ -osa 多的，充分的，丰富的，显著发育的，程度高的，特征明显的（形容词词尾）

Poliothyrsis 山拐枣属（大风子科）（52-1：p63）：polius/ polios 灰白色的；thyrsus/ thyrsos 花簇，金字塔，圆锥形，聚伞圆锥花序

Poliothyrsis sinensis 山拐枣：sinensis = Sina + ensis 中国的（地名）；Sina 中国

Poliothyrsis sinensis var. sinensis 山拐枣-原变种（词义见上面解释）

Poliothyrsis sinensis var. subglabra 南方山拐枣：subglabrus 近无毛的；sub-（表示程度较弱）与……类似，几乎，稍微，弱，亚，之下，下面；glabrus 光秃的，无毛的，光滑的

Pollia 杜若属（鸭跖草科）（13-3：p83）：pollia ← Dutch Consul Jan van der Poll（人名，荷兰植物学家）

Pollia hasskarlii 大杜若：hasskarlii（人名）；-ii 表示人名，接在以辅音字母结尾的人名后面，但 -er 除外

Pollia japonica 杜若：japonica 日本的（地名）；-icus/ -icum/ -ica 属于，具有某种特性（常用于地名、起源、生境）

Pollia miranda 川杜若：mirandus 惊奇的

Pollia secundiflora 长花枝杜若：secundiflorus 单侧生花的；secundus/ secumdus 生于单侧的，花柄一侧着花的，沿着……，顺着……；florus/ florum/ flora ← flos 花（用于复合词）

Pollia siamensis 长柄杜若：siamensis 暹罗的（地名，泰国古称）（暹 xiān）

Pollia subumbellata 伞花杜若：subumbellatus 像 umbellatus 的，近伞形的；sub-（表示程度较弱）与……类似，几乎，稍微，弱，亚，之下，下面；Stellaria umbellata 伞花繁缕；umbellatus = umbella + atus 伞形花序的，具伞的；umbella 伞形花序

Pollia thyrsiflora 密花杜若：thyrsus/ thyrsos 花簇，金字塔，圆锥形，聚伞圆锥花序；florus/ florum/ flora ← flos 花（用于复合词）

Polyalthia 暗罗属（番荔枝科）（30-2：p83）：poly- ← polys 多个，许多（希腊语，拉丁语为 multi-）；althia ← althaino 治疗

Polyalthia cerasoides 细基丸：cerasoides 像樱桃的；Cerasus 樱花，樱属（蔷薇科）；-oides/ -oideus/ -oideum/ -oidea/ -odes/ -eidos 像……的，类似……的，呈……状的（名词词尾）

Polyalthia cheliensis 景洪暗罗：cheliensis 车里的（地名，云南西双版纳景洪市的旧称）

Polyalthia chinensis 西藏暗罗：chinensis = china + ensis 中国的（地名）；China 中国

Polyalthia consanguinea 沙煲暗罗（煲 bāo）：consanguineus = co + sanguineus 非常像血液的，酷似血的；co- 联合，共同，合起来（拉丁语词首，为 cum- 的音变，表示结合、强化、完全，对应的希腊语为 syn-）；co- 的缀词音变有 co-/ com-/ con-/ col-/ cor-：co-（在 h 和元音字母前面），col-（在 l 前面），com-（在 b、m、p 之前），con-（在 c、d、f、g、j、n、qu、s、t 和 v 前面），cor-（在 r 前面）；sanguineus = sanguis + ineus 血液的，血色的；sanguis 血液；-ineus/ -inea/ -ineum 相近，接近，相似，所有（通常表示材料或颜色），意思同 -eus

Polyalthia florulenta 小花暗罗：florulentus = florus + ulentus 多花的；florus/ florum/ flora ← flos 花（用于复合词）；-ulentus/ -ulentum/ -ulenta/ -olentus/ -olentum/ -olenta（表示丰富、充分或显著发展）

Polyalthia lancilimba 剑叶暗罗：lance-/ lancei-/ lanci-/ lanceo-/ lanc- ← lanceus 披针形的，矛形的，尖刀状的，柳叶刀形状的；limbus 冠檐，萼檐，瓣片，叶片

Polyalthia laui 海南暗罗：laui ← Alfred B. Lau（人名，21 世纪仙人掌植物采集员）；-i 表示人名，接在以元音字母结尾的人名后面，但 -a 除外

Polyalthia litseifolia 木羌叶暗罗（羌 qiāng）：litseifolia 木姜子叶的；litsei ← Litsea 木姜子属；folius/ folium/ folia 叶，叶片（用于复合词）

Polyalthia nemoralis 陵水暗罗：nemoralis = nemus + orum + alis 属于森林的，生于森林的；nemus/ nema 密林，丛林，树丛（常用来比喻密集成丛的纤细物，如花丝、果柄等）；-orum 属于……的（第二变格法名词复数所有格词尾，表示群落或多数）；-aris（阳性、阴性）/ -are（中性）← -alis（阳性、阴性）/ -ale（中性）属于，相似，如同，具有，涉及，关于，联结于（将名词作形容词用，其中 -aris 常用于以 l 或 r 为词干末尾的词）

Polyalthia petelotii 云桂暗罗：petelotii（人名）；-ii 表示人名，接在以辅音字母结尾的人名后面，但 -er 除外

Polyalthia pingpienensis 多脉暗罗：pingpienensis 屏边的（地名，云南省）

Polyalthia plagioneura 斜脉暗罗：plagioneurus 斜脉的；plagios 斜的，歪的，偏的；neurus ← neuron 脉，神经

Polyalthia rumphii 香花暗罗：rumphii ← Georg Everhard Rumpf（拉丁化为 Rumphius）（人名，18 世纪德国植物学家）

Polyalthia simiarum 腺叶暗罗：simiarum（simia 的复数所有格）猿猴的，类人猿的；simia 猴子，猿；-arum 属于……的（第一变格法名词复数所有格词尾，表示群落或多数）

Polyalthia suberosa 暗罗：suberosus ← suber-osus/ subereus 木栓质的，木栓发达的（同形异义词：sub-erosus 略呈啮蚀状的）；suber- 木栓质的；-osus/ -osum/ -osa 多的，充分的，丰富的，显

著发育的，程度高的，特征明显的（形容词词尾）

Polyalthia verrucipes 疣叶暗罗：verrucipes 疣柄的；verrucus ← verrucos 疣状物；pes/ pedis 柄，梗，茎秆，腿，足，爪（作词首或词尾，pes 的词干视为"ped-"）

Polyalthia viridis 毛脉暗罗：viridis 绿色的，鲜嫩的（相当于希腊语的 chloro-）

Polyalthia yingjiangensis 盈江暗罗：yingjiangensis 盈江的（地名，云南省）

Polycarpaea 白鼓钉属（钉 dīng）（石竹科）（26: p63）：poly- ← polys 多个，许多（希腊语，拉丁语为 multi-）；carpus/ carpum/ carpa/ carpon ← carpos 果实（用于希腊语复合词）；-eus/ -eum/ -ea（接拉丁语词干时）属于……的，色如……的，质如……的（表示原料、颜色或品质的相似），（接希腊语词干时）属于……的，以……出名，为……所占有（表示具有某种特性）

Polycarpaea corymbosa 白鼓钉：corymbosus = corymbus + osus 伞房花序的；corymbus 伞形的，伞状的；-osus/ -osum/ -osa 多的，充分的，丰富的，显著发育的，程度高的，特征明显的（形容词词尾）

Polycarpaea gaudichaudii 大花白鼓钉：gaudichaudii ← Charles Gaudichaud-Baupre（人名，19 世纪法国植物学家、医生）

Polycarpon 多荚草属（石竹科）（26: p62）：poly- ← polys 多个，许多（希腊语，拉丁语为 multi-）；carpus/ carpum/ carpa/ carpon ← carpos 果实（用于希腊语复合词）

Polycarpon prostratum 多荚草：prostratus/ pronus/ procumbens 平卧的，匍匐的

Polygala 远志属（远志科）（43-3: p142）：polygala 多产乳汁的（指具有催乳作用）；poly- ← polys 多个，许多（希腊语，拉丁语为 multi-）；gala 乳汁

Polygala arcuata 台湾远志：arcuatus = arcus + atus 弓形的，拱形的；arcus 拱形，拱形物

Polygala arillata 荷包山桂花：arillatus 具假种皮的

Polygala arillata var. arillata 荷包山桂花-原变种（词义见上面解释）

Polygala arillata var. ovata 卵叶荷包山桂花：ovatus = ovus + atus 卵圆形的；ovus 卵，胚珠，卵形的，椭圆形的；-atus/ -atum/ -ata 属于，相似，具有，完成（形容词词尾）

Polygala arvensis 小花远志：arvensis 田里生的；arvum 耕地，可耕地

Polygala barbellata 髯毛远志（髯 rǎn）：barbellatus ← barba + ellus + atus 具短胡须的（比喻纤细）；-ellus/ -ellum/ -ella ← -ulus 小的，略微的，稍微的（小词 -ulus 在字母 e 或 i 之后有多种变缀，即 -olus/ -olum/ -ola、-ellus/ -ellum/ -ella、-illus/ -illum/ -illa，用于第一变格法名词）；-atus/ -atum/ -ata 属于，相似，具有，完成（形容词词尾）

Polygala bawanglingensis 坝王远志：bawanglingensis 坝王岭（地名，海南省）

Polygala caudata 尾叶远志：caudatus = caudus + atus 尾巴的，尾巴状的，具尾的；caudus 尾巴

Polygala crotalarioides 西南远志：crotalarioides 像猪屎豆的；Crotalaria 猪屎豆属（豆科）；-oides/ -oideus/ -oideum/ -oidea/ -odes/ -eidos 像……的，

类似……的，呈……状的（名词词尾）

Polygala didyma 肾果远志：didymus 成对的，孪生的，两个联合的，二裂的；关联词：tetradidymus 四对的，tetradymus 四细胞的，tetradidynamus 四强雄蕊的，didynamus 二强雄蕊的

Polygala dunniana 贵州远志：dunniana（人名）

Polygala elegans 雅致远志：elegans 优雅的，秀丽的

Polygala fallax 黄花倒水莲：fallax 假的，迷惑的

Polygala furcata 肾果小扁豆：furcatus/ furcans = furcus + atus 叉子状的，分叉的；furcus 叉子，叉子状的，分叉的；-atus/ -atum/ -ata 属于，相似，具有，完成（形容词词尾）

Polygala globulifera 球冠远志（冠 guān）：globulus 小球形的；-ulus/ -ulum/ -ula 小的，略微的，稍微的（小词 -ulus 在字母 e 或 i 之后有多种变缀，即 -olus/ -olum/ -ola、-ellus/ -ellum/ -ella、-illus/ -illum/ -illa，与第一变格法和第二变格法名词形成复合词）；-ferus/ -ferum/ -fera/ -fero/ -fere/ -fer 有，具有，产（区别：作独立词使用的 ferus 意思是"野生的"）

Polygala globulifera var. globulifera 球冠远志-原变种（词义见上面解释）

Polygala globulifera var. longiracemosa 长序球冠远志：longe-/ longi- ← longus 长的，纵向的；racemosus = racemus + osus 总状花序的；racemus 总状的，葡萄串状的；-osus/ -osum/ -osa 多的，充分的，丰富的，显著发育的，程度高的，特征明显的（形容词词尾）

Polygala glomerata 华南远志：glomeratus = glomera + atus 聚集的，球形的，聚成球形的；glomera 线球，一团，一束

Polygala glomerata var. glomerata 华南远志-原变种（词义见上面解释）

Polygala glomerata var. pygmaea 矮华南远志：pygmaeus/ pygmaei 小的，低矮的，极小的，矮人的；pygm- 矮，小，侏儒；-aeus/ -aeum/ -aea 表示属于……，名词形容词化词尾，如 europaeus ← europa 欧洲的

Polygala glomerata var. villosa 长毛华南远志：villosus 柔毛的，绵毛的；villus 毛，羊毛，长绒毛；-osus/ -osum/ -osa 多的，充分的，丰富的，显著发育的，程度高的，特征明显的（形容词词尾）

Polygala hainanensis 海南远志：hainanensis 海南的（地名）

Polygala hainanensis var. hainanensis 海南远志-原变种（词义见上面解释）

Polygala hainanensis var. strigosa 粗毛海南远志：strigosus = striga + osus 紧毛的，刷毛的；striga → strig- 条纹的，网纹的（如种子具网纹），糙伏毛的；-osus/ -osum/ -osa 多的，充分的，丰富的，显著发育的，程度高的，特征明显的（形容词词尾）

Polygala hongkongensis 香港远志：hongkongensis 香港的（地名）

Polygala hongkongensis var. hongkongensis 香港远志-原变种（词义见上面解释）

Polygala hongkongensis var. stenophylla 狭叶香港远志：sten-/ steno- ← stenus 窄的，狭的，薄的；phyllus/ phyllum/ phylla ← phyllon 叶片（用

P

于希腊语复合词）

Polygala hybrida 新疆远志：hybridus 杂种的

Polygala insularis 海岛远志：insularis 岛屿的；insula 岛屿；-aris（阳性、阴性）/ -are（中性）← -alis（阳性、阴性）/ -ale（中性）属于，相似，如同，具有，涉及，关于，联结于（将名词作形容词用，其中 -aris 常用于以 l 或 r 为词干末尾的词）

Polygala isocarpa 心果小扁豆：iso- ← isos 相等的，相同的，酷似的；carpus/ carpum/ carpa/ carpon ← carpos 果实（用于希腊语复合词）

Polygala japonica 瓜子金：japonica 日本的（地名）；-icus/ -icum/ -ica 属于，具有某种特性（常用于地名、起源、生境）

Polygala khasiana 卡西远志：khasiana ← Khasya 喀西的，卡西的（地名，印度阿萨姆邦）

Polygala koi 曲江远志：koi（人名）

Polygala lacei 思茅远志：lacei（人名）

Polygala latouchei 大叶金牛：latouchei（人名，法国植物学家）

Polygala lhunzeensis 隆子远志：lhunzeensis 隆子的（地名，西藏自治区）

Polygala lijiangensis 丽江远志：lijiangensis 丽江的（地名，云南省）

Polygala linariifolia 金花远志：linariifolius 柳穿鱼叶的；缀词规则：以属名作复合词时原词尾变形后的 i 要保留；Linaria 柳穿鱼属（玄参科）；folius/ folium/ folia 叶，叶片（用于复合词）

Polygala longifolia 长叶远志：longe-/ longi- ← longus 长的，纵向的；folius/ folium/ folia 叶，叶片（用于复合词）

Polygala monopetala 单瓣远志：mono-/ mon- ← monos 一个，单一的（希腊语，拉丁语为 unus/ uni-/ uno-）；petalus/ petalum/ petala ← petalon 花瓣

Polygala oligosperma 少籽远志：oligo-/ olig- 少数的（希腊语，拉丁语为 pauci-）；spermus/ spermum/ sperma 种子的（用于希腊语复合词）

Polygala paniculata 圆锥花远志：paniculatus = paniculus + atus 具圆锥花序的；paniculus 圆锥花序；panus 谷穗；panicus 野稗，粟，谷子；-atus/ -atum/ -ata 属于，相似，具有，完成（形容词词尾）

Polygala persicariifolia 蓼叶远志：Persicarius 春蓼属（已合并到蓼属 Polygonum）；folius/ folium/ folia 叶，叶片（用于复合词）

Polygala resinosa 斑果远志：resinosus 树脂多的；resina 树脂；-osus/ -osum/ -osa 多的，充分的，丰富的，显著发育的，程度高的，特征明显的（形容词词尾）

Polygala saxicola 岩生远志：saxicolus 生于石缝的；saxum 岩石，结石；colus ← colo 分布于，居住于，栖居，殖民（常作词尾）；colo/ colere/ colui/ cultum 居住，耕作，栽培

Polygala sibirica 西伯利亚远志：sibirica 西伯利亚的（地名，俄罗斯）；-icus/ -icum/ -ica 属于，具有某种特性（常用于地名、起源、生境）

Polygala sibirica var. megalopha 苦远志：mega-/ megal-/ megalo- ← megas 大的，巨大的；lophus ← lophos 鸡冠，冠毛，额头，驼峰状突起

Polygala sibirica var. sibirica 西伯利亚远志-原变种 （词义见上面解释）

Polygala subopposita 合叶草：suboppositus 近对生的；sub-（表示程度较弱）与……类似，几乎，稍微，弱，亚，之下，下面；oppositus = ob + positus 相对的，对生的；ob- 相反，反对，倒（ob- 有多种音变：ob- 在元音字母和大多数辅音字母前面，oc- 在 c 前面，of- 在 f 前面，op- 在 p 前面）；positus 放置，位置

Polygala tatarinowii 小扁豆：tatarinowii（人名）；-ii 表示人名，接在以辅音字母结尾的人名后面，但 -er 除外

Polygala tenuifolia 远志：tenui- ← tenuis 薄的，纤细的，弱的，瘦的，窄的；folius/ folium/ folia 叶，叶片（用于复合词）

Polygala tricholopha 红花远志：trich-/ tricho-/ tricha- ← trichos ← thrix 毛，多毛的，线状的，丝状的；lophus ← lophos 鸡冠，冠毛，额头，驼峰状突起

Polygala tricornis 密花远志：tri-/ tripli-/ triplo- 三个，三数；cornis ← cornus/ cornatus 角，犄角

Polygala tricornis var. obcordata 小叶密花远志：obcordatus = ob + cordatus 倒心形的；ob- 相反，反对，倒（ob- 有多种音变：ob- 在元音字母和大多数辅音字母前面，oc- 在 c 前面，of- 在 f 前面，op- 在 p 前面）；cordatus ← cordis/ cor 心脏的，心形的；-atus/ -atum/ -ata 属于，相似，具有，完成（形容词词尾）

Polygala tricornis var. tricornis 密花远志-原变种（词义见上面解释）

Polygala umbonata 凹籽远志：umbonatus ← umbo/ unbonis 中心有小隆起的，盾，脐

Polygala wattersii 长毛籽远志：wattersii（人名）；-ii 表示人名，接在以辅音字母结尾的人名后面，但 -er 除外

Polygalaceae 远志科（43-3：p132）：Polygala 远志属；-aceae（分类单位科的词尾，为 -aceus 的阴性复数主格形式，加到模式属的名称后或同义词的词干后以组成族群名称）

Polygonaceae 蓼科（25-1：p1）：Polygonum 蓼属；-aceae（分类单位科的词尾，为 -aceus 的阴性复数主格形式，加到模式属的名称后或同义词的词干后以组成族群名称）

Polygonatum 黄精属（百合科）（15：p52）：polygonatum 多关节的，多棱角的，多足的；poly- ← polys 多个，许多（希腊语，拉丁语为 multi-）；gonatus ← gonus 膝盖（指弯曲），关节，棱角

Polygonatum acuminatifolium 五叶黄精：acuminatus = acumen + atus 锐尖的，渐尖的；acumen 渐尖头；-atus/ -atum/ -ata 属于，相似，具有，完成（形容词词尾）；folius/ folium/ folia 叶，叶片（用于复合词）

Polygonatum altelobatum 短筒黄精：alte- 深的；lobatus = lobus + atus 具浅裂的，具耳垂状突起的；lobus/ lobos/ lobon 浅裂，耳片（裂片先端钝圆），荚果，蒴果；-atus/ -atum/ -ata 属于，相似，具有，完成（形容词词尾）

Polygonatum alternicirrhosum 互卷黄精：alternus 互生，交互，交替；cirrhosus = cirrhus + osus 多卷须的，蔓生的；cirrhus/ cirrus/ cerris 卷毛的，卷曲的，卷须的；-osus/ -osum/ -osa 多的，充分的，丰富的，显著发育的，程度高的，特征明显的（形容词词尾）

Polygonatum arisanense 阿里黄精：arisanense 阿里山的（地名，属台湾省）

Polygonatum cathcartii 棒丝黄精：cathcartii（人名）；-ii 表示人名，接在以辅音字母结尾的人名后面，但 -er 除外

Polygonatum cirrhifolium 卷叶黄精：cirrhifolius = cirrhus + folius 卷叶的；cirrhus/ cirrus/ cerris 卷毛的，卷曲的，卷须的；folius/ folium/ folia 叶，叶片（用于复合词）

Polygonatum curvistylum 垂叶黄精：curvistylus 弯柱的；curvus 弯曲的；stylus/ stylis ← stylos 柱，花柱

Polygonatum cyrtonema 多花黄精：cyrt-/ cyrto- ← cyrtus ← cyrtos 弯曲的；nemus/ nema 密林，丛林，树丛（常用来比喻密集成丛的纤细物，如花丝、果柄等）

Polygonatum daminense 大皿黄精：daminense 大皿的（地名，浙江省磐安县）

Polygonatum desoulavyi 长苞黄精：desoulavyi（人名）

Polygonatum filipes 长梗黄精：filipes 线状柄的，线状茎的；fili-/ fil- ← filum 线状的，丝状的；pes/ pedis 柄，梗，茎秆，腿，足，爪（作词首或词尾，pes 的词干视为"ped-"）

Polygonatum franchetii 距药黄精：franchetii ← A. R. Franchet（人名，19 世纪法国植物学家）

Polygonatum gracile 细根茎黄精：gracile → gracil- 细长的，纤弱的，丝状的；gracilis 细长的，纤弱的，丝状的

Polygonatum hirtellum 粗毛黄精：hirtellus = hirtus + ellus 被短粗硬毛的；hirtus 有毛的，粗毛的，刚毛的（长而明显的毛）；-ellus/ -ellum/ -ella ← -ulus 小的，略微的，稍微的（小词 -ulus 在字母 e 或 i 之后有多种变缀，即 -olus/ -olum/ -ola、-ellus/ -ellum/ -ella、-illus/ -illum/ -illa，用于第一变格法名词）

Polygonatum hookeri 独花黄精：hookeri ← William Jackson Hooker（人名，19 世纪英国植物学家）；-eri 表示人名，在以 -er 结尾的人名后面加上 i 形成

Polygonatum humile 小玉竹：humile 矮的

Polygonatum inflatum 毛筒玉竹：inflatus 膨胀的，袋状的

Polygonatum involucratum 二苞黄精：involucratus = involucrus + atus 有总苞的；involucrus 总苞，花苞，包被

Polygonatum kingianum 滇黄精：kingianum ← Captain Phillip Parker King（人名，19 世纪澳大利亚海岸测量师）

Polygonatum macropodium 热河黄精：macro-/ macr- ← macros 大的，宏观的；podius ← podion 腿，足，柄；Macropodium 长柄芥属（十字花科）

Polygonatum megaphyllum 大苞黄精：mega-/ megal-/ megalo- ← megas 大的，巨大的；phyllus/ phyllum/ phylla ← phyllon 叶片（用于希腊语复合词）

Polygonatum nodosum 节根黄精：nodosus 有关节的，有结节的，多关节的；nodus 节，节点，连接点；-osus/ -osum/ -osa 多的，充分的，丰富的，显著发育的，程度高的，特征明显的（形容词词尾）

Polygonatum odoratum 玉竹：odoratus = odorus + atus 香气的，气味的；odor 香气，气味；-atus/ -atum/ -ata 属于，相似，具有，完成（形容词词尾）

Polygonatum oppositifolium 对叶黄精：oppositi- ← oppositus = ob + positus 相对的，对生的；ob- 相反，反对，倒（ob- 有多种音变：ob- 在元音字母和大多数辅音字母前面，oc- 在 c 前面，of- 在 f 前面，op- 在 p 前面）；positus 放置，位置；folius/ folium/ folia 叶，叶片（用于复合词）

Polygonatum prattii 康定玉竹：prattii ← Antwerp E. Pratt（人名，19 世纪活动于中国的英国动物学家、探险家）

Polygonatum punctatum 点花黄精：punctatus = punctus + atus 具斑点的；punctus 斑点

Polygonatum roseum 新疆黄精：roseus = rosa + eus 像玫瑰的，玫瑰色的，粉红色的；rosa 蔷薇（古拉丁名）← rhodon 蔷薇（希腊语）← rhodd 红色，玫瑰红（凯尔特语）；-eus/ -eum/ -ea（接拉丁语词干时）属于……的，色如……的，质如……的（表示原料、颜色或品质的相似），（接希腊语词干时）属于……的，以……出名，为……所占有（表示具有某种特性）

Polygonatum sibiricum 黄精：sibiricum 西伯利亚的（地名，俄罗斯）；-icus/ -icum/ -ica 属于，具有某种特性（常用于地名、起源、生境）

Polygonatum stenophyllum 狭叶黄精：sten-/ steno- ← stenus 窄的，狭的，薄的；phyllus/ phyllum/ phylla ← phyllon 叶片（用于希腊语复合词）

Polygonatum tessellatum 格脉黄精：tessellatus = tessella + atus 网格的，马赛克的，棋盘格的；tessella 方块石头，马赛克，棋盘格（拼接图案用）；-atus/ -atum/ -ata 属于，相似，具有，完成（形容词词尾）

Polygonatum uncinatum 小黄精：uncinatus = uncus + inus + atus 具钩的；uncus 钩，倒钩刺；-inus/ -inum/ -ina/ -inos 相近，接近，相似，具有（通常指颜色）；-atus/ -atum/ -ata 属于，相似，具有，完成（形容词词尾）

Polygonatum verticillatum 轮叶黄精：verticillatus/ verticillaris 螺纹的，螺旋的，轮生的，环状的；verticillus 轮，环状排列

Polygonatum zanlanscianense 湖北黄精：zanlanscianense 樟瑯乡的（地名，湖北省）

Polygonum 蓼属（蓼 liǎo）（蓼科）（25-1：p3）：polygonum 多节，多棱的；poly- ← polys 多个，许多（希腊语，拉丁语为 multi-）；gonus ← gonos 棱角，膝盖，关节，足

Polygonum acerosum 松叶蓼：acerosus 针形的，松

针状的；-osus/ -osum/ -osa 多的，充分的，丰富的，显著发育的，程度高的，特征明显的（形容词词尾）

Polygonum acetosum 灰绿蓼：acetosus 酸的；acetum 醋，酸的；acet-/ aceto- 酸的；-osus/ -osum/ -osa 多的，充分的，丰富的，显著发育的，程度高的，特征明显的（形容词词尾）

Polygonum affine 密穗蓼：affine = affinis = ad + finis 酷似的，近似的，有联系的；ad- 向，到，近（拉丁语词首，表示程度加强）；构词规则：构成复合词时，词首末尾的辅音字母常同化为紧接其后的那个辅音字母（如 ad + f → aff）；finis 界限，境界；affin- 相似，近似，相关

Polygonum ajanense 阿扬蓼：ajanense ← Ajan 阿扬河的（地名，俄罗斯西伯利亚地区）

Polygonum alopecuroides 狐尾蓼：alopecuroides 像看麦娘的，像狐狸尾巴的；Alopecurus 看麦娘属（禾本科）；-oides/ -oideus/ -oideum/ -oidea/ -odes/ -eidos 像……的，类似……的，呈……状的（名词词尾）

Polygonum alpinum 高山蓼：alpinus = alpus + inus 高山的；alpus 高山；al-/ alti-/ alto- ← altus 高的，高处的；-inus/ -inum/ -ina/ -inos 相近，接近，相似，具有（通常指颜色）；关联词：subalpinus 亚高山的

Polygonum amphibium 两栖蓼：amphibius 两栖的，两型的；amphi- 两方的，两侧的，两类的，两型的，两栖的；-bius/ -bium/ -bia ← bion 生存，生活，居住

Polygonum amplexicaule 抱茎蓼：amplexi- 跨骑状的，紧握的，抱紧的；caulus/ caulon/ caule ← caulos 茎，茎秆，主茎

Polygonum amplexicaule var. amplexicaule 抱茎蓼-原变种 （词义见上面解释）

Polygonum amplexicaule var. sinense 中华抱茎蓼：sinense = Sina + ense 中国的（地名）；Sina 中国

Polygonum angustifolium 狭叶蓼：angusti- ← angustus 窄的，狭的，细的；folius/ folium/ folia 叶，叶片（用于复合词）

Polygonum arenastrum 伏地蓼：arenastrum 沙地上生的；arena 沙子；-aster/ -astra/ -astrum/ -ister/ -istra/ -istrum 相似的，程度稍弱，稍小的，次等级的（用于拉丁语复合词词尾，表示不完全相似或低级之意，常用以区别一种野生植物与栽培植物，如 oleaster、oleastrum 野橄榄，以区别于 olea，即栽培的橄榄，而作形容词词尾时则表示小或程度弱化，如 surdaster 稍聋的，比 surdus 稍弱）

Polygonum argyrocoleon 荨蓼：argyr-/ argyro- ← argyros 银，银色的；coleus ← coleos 鞘（唇瓣呈鞘状），鞘状的，果荚

Polygonum assamicum 阿萨姆蓼：assamicum 阿萨姆邦的（地名，印度）

Polygonum aviculare 萹蓄（萹 biǎn）：aviculare 小鸟的，鸟喜欢的

Polygonum aviculare var. aviculare 萹蓄-原变种（词义见上面解释）

Polygonum aviculare var. fusco-ochreatum 褐鞘蓼：fusci-/ fusco- ← fuscus 棕色的，暗色的，发

黑的，暗棕色的，褐色的；ochreatus 叶鞘状托叶的，黄色的；ochra 黄色的，黄土的；-atus/ -atum/ -ata 属于，相似，具有，完成（形容词词尾）

Polygonum barbatum 毛蓼：barbatus = barba + atus 具胡须的，具须毛的；barba 胡须，髯毛，绒毛；-atus/ -atum/ -ata 属于，相似，具有，完成（形容词词尾）

Polygonum biconvexum 双凸戟叶蓼：bi-/ bis- 二，二数，二回（希腊语为 di-）；convexus 拱形的，弯曲的

Polygonum bistorta 拳参（参 shēn）：bistortus 二回扭曲的；bi-/ bis- 二，二数，二回（希腊语为 di-）；tortus 拧劲，捻，扭曲

Polygonum bungeanum 柳叶刺蓼：bungeanum ← Alexander von Bunge（人名，1813–1866，俄国植物学家）

Polygonum calostachyum 长梗蓼：call-/ calli-/ callo-/ cala-/ calo- ← calos/ callos 美丽的；stachy-/ stachyo-/ -stachys/ -stachyus/ -stachyum/ -stachya 穗子，穗子的，穗子状的，穗状花序的

Polygonum campanulatum 钟花蓼：campanula + atus 钟形的，具钟的（指花冠）；campanula 钟，吊钟状的，风铃草状的；-atus/ -atum/ -ata 属于，相似，具有，完成（形容词词尾）

Polygonum campanulatum var. campanulatum 钟花蓼-原变种 （词义见上面解释）

Polygonum campanulatum var. fulvidum 绒毛钟花蓼：fulvus 咖啡色的，黄褐色的

Polygonum capitatum 头花蓼：capitatus 头状的，头状花序的；capitus ← capitis 头，头状

Polygonum cathayanum 华蓼：cathayanum ← Cathay ← Khitay/ Khitai 中国的，契丹的（地名，10–12 世纪中国北方契丹人的领域，辽国前身，多用来代表中国，俄语称中国为 Kitay）

Polygonum chinense 火炭母：chinense 中国的（地名）

Polygonum chinense var. chinense 火炭母-原变种 （词义见上面解释）

Polygonum chinense var. hispidum 硬毛火炭母：hispidus 刚毛的，鬃毛状的

Polygonum chinense var. ovalifolium 宽叶火炭母：ovalis 广椭圆形的；ovus 卵，胚珠，卵形的，椭圆形的；folius/ folium/ folia 叶，叶片（用于复合词）

Polygonum chinense var. paradoxum 窄叶火炭母：paradoxus 似是而非的，少见的，奇异的，难以解释的；para- 类似，接近，近旁，假的；-doxa/ -doxus 荣耀的，瑰丽的，壮观的，显眼的

Polygonum cognatum 岩蓼：cognatus 近亲的，有亲缘关系的

Polygonum coriaceum 革叶蓼：coriaceus = corius + aceus 近皮革的，近革质的；corius 皮革的，革质的；-aceus/ -aceum/ -acea 相似的，有……性质的，属于……的

Polygonum coriarium 白花蓼：coriarius 皮革的，革质的，含鞣料的，含黄色物质的（指植物体中含单宁）；cori- ← corius 皮革的，革质的；-arius/ -arium/ -aria 相似，属于（表示地点，场所，关系，

所属）

Polygonum criopolitanum 蓼子草：criopolitanum（人名）

Polygonum cyanandrum 蓝药蓼：cyanus/ cyan-/ cyano- 蓝色的，青色的；andrus/ andros/ antherus ← aner 雄蕊，花药，雄性

Polygonum darrisii 大箭叶蓼：darrisii（人名）；-ii 表示人名，接在以辅音字母结尾的人名后面，但 -er 除外

Polygonum delicatulum 小叶蓼：delicatulus 略优美的，略美味的；delicatus 柔软的，细腻的，优美的，美味的；delicia 优雅，喜悦，美味；-ulus/ -ulum/ -ula 小的，略微的，稍微的（小词 -ulus 在字母 e 或 i 之后有多种变缀，即 -olus/ -olum/ -ola、-ellus/ -ellum/ -ella、-illus/ -illum/ -illa，与第一变格法和第二变格法名词形成复合词）

Polygonum dichotomum 二歧蓼：dichotomus 二叉分歧的，分离的；dicho-/ dicha- 二分的，二歧的；di-/ dis- 二，二数，二分，分离，不同，在……之间，从……分开（希腊语，拉丁语为 bi-/ bis-）；cho-/ chao- 分开，割裂，离开；tomus ← tomos 小片，片段，卷册（书）

Polygonum dissitiflorum 稀花蓼：dissiti- ← dissitus 分离的，稀疏的，松散的；di-/ dis- 二，二数，二分，分离，不同，在……之间，从……分开（希腊语，拉丁语为 bi-/ bis-）；florus/ florum/ flora ← flos 花（用于复合词）

Polygonum divaricatum 叉分蓼（叉 chā）：divaricatus 广歧的，发散的，散开的

Polygonum ellipticum 椭圆叶蓼：ellipticus 椭圆形的；-ticus/ -ticum/ tica/ -ticos 表示属于，关于，以……著称，作形容词词尾

Polygonum emodi 匍枝蓼：emodi ← Emodus 埃莫多斯山的（地名，所有格，属喜马拉雅山西坡，古希腊人对喜马拉雅山的称呼）（词末尾改为 "-ii" 似更妥）；-ii 表示人名，接在以辅音字母结尾的人名后面，但 -er 除外；-i 表示人名，接在以元音字母结尾的人名后面，但 -a 除外

Polygonum emodi var. dependens 宽叶匍枝蓼：dependens 下垂的，垂吊的（因支持体细软而下垂）；de- 向下，向外，从……，脱离，脱落，离开，去掉；pendix ← pendens 垂悬的，挂着的，悬挂的

Polygonum emodi var. emodi 匍枝蓼-原变种（词义见上面解释）

Polygonum fertile 青藏蓼：fertile/ fertilis 多产的，结果实多的，能育的

Polygonum filicaule 细茎蓼：filicaule 细茎的，丝状茎的；fili-/ fil- ← filum 线状的，丝状的；caulus/ caulon/ caule ← caulos 茎，茎秆，主茎

Polygonum foliosum 多叶蓼：foliosus = folius + osus 多叶的；folius/ folium/ folia → foli-/ folia- 叶，叶片；-osus/ -osum/ -osa 多的，充分的，丰富的，显著发育的，程度高的，特征明显的（形容词词尾）

Polygonum foliosum var. foliosum 多叶蓼-原变种（词义见上面解释）

Polygonum foliosum var. paludicola 宽基多叶蓼：paludicola 居住于沼泽的；paludosus 沼泽的，沼生的；palud- ← palus 沼泽，湿地，泥潭，水塘，草甸

子（palus 的复数主格为 paludes）；colus ← colo 分布于，居住于，栖居，殖民（常作词尾）；colo/ colere/ colui/ cultum 居住，耕作，栽培

Polygonum forrestii 大铜钱叶蓼：forrestii ← George Forrest（人名，1873–1932，英国植物学家，曾在中国西部采集大量植物标本）

Polygonum glabrum 光蓼：glabrus 光秃的，无毛的，光滑的

Polygonum glaciale 冰川蓼：glaciale ← glacialis 冰的，冰雪地带的，冰川的

Polygonum glaciale var. glaciale 冰川蓼-原变种（词义见上面解释）

Polygonum glaciale var. przewalskii 洼点蓼（洼 wā）：przewalskii ← Nicolai Przewalski（人名，19世纪俄国探险家、博物学家）

Polygonum hastato-sagittatum 长箭叶蓼：hastato-sagittatus 箭头状盾形的；hastatus 戟形的，三尖头的（两侧基部有朝外的三角形裂片）；hasta 长矛，标枪；sagittatus/ sagittalis 箭头状的；sagita/ sagitta 箭，箭头；-atus/ -atum/ -ata 属于，相似，具有，完成（形容词词尾）

Polygonum honanense 河南蓼：honanense 河南的（地名）

Polygonum hookeri 硬毛蓼：hookeri ← William Jackson Hooker（人名，19世纪英国植物学家）；-eri 表示人名，在以 -er 结尾的人名后面加上 i 形成

Polygonum huananense 华南蓼：huananense 华南的（地名）

Polygonum humifusum 普通蓼：humifusus 匍匐，蔓延

Polygonum humile 矮蓼：humile 矮的

Polygonum hydropiper 水蓼：hydropiper 水胡椒（指生于水边且叶片有辣味）；hydro- 水；piper 胡椒（古拉丁名）

Polygonum intramongolicum 圆叶蓼：intramongolicum 内蒙古的（地名）；intra-/ intro-/ endo-/ end- 内部，内侧；反义词：exo- 外部，外侧

Polygonum japonicum 蚕茧草：japonicum 日本的（地名）；-icus/ -icum/ -ica 属于，具有某种特性（常用于地名、起源、生境）

Polygonum japonicum var. conspicuum 显花蓼：conspicuus 显著的，显眼的；conspicio 看，注目（动词）

Polygonum japonicum var. japonicum 蚕茧草-原变种（词义见上面解释）

Polygonum jucundum 愉悦蓼：jucundus 愉快的，可爱的

Polygonum lapathifolium 酸模叶蓼（模 mó）：lapathifolius 叶片像 Lapathum 的；Lapathum → Rumex 酸模属（蓼科）；lapathum ← lapazein 清洁，净化（血液、肠道等，具有催泻作用，希腊语）；folius/ folium/ folia 叶，叶片（用于复合词）

Polygonum lapathifolium var. lanatum 密毛酸模叶蓼：lanatus = lana + atus 具羊毛的，具长柔毛的；lana 羊毛，绵毛

Polygonum lapathifolium var. lapathifolium 酸模叶蓼-原变种（词义见上面解释）

P

Polygonum lapathifolium var. salicifolium 绵毛酸模叶蓼：salici ← Salix 柳属；构词规则：以 -ix/ -iex 结尾的词其词干末尾视为 -ic，以 -ex 结尾视为 -i/ -ic，其他以 -x 结尾视为 -c；folius/ folium/ folia 叶，叶片（用于复合词）

Polygonum liaotungense （辽东蓼）：liaotungense 辽东的（地名，辽宁省）

Polygonum lichiangense 丽江蓼：lichiangense 丽江的（地名，云南省）

Polygonum limicola 污泥蓼：limi- 泥，淤泥，泥沼；colus ← colo 分布于，居住于，栖居，殖民（常作词尾）；colo/ colere/ colui/ cultum 居住，耕作，栽培

Polygonum limosum 谷地蓼：limosus 沼泽的，湿地的，泥沼的；limus 沼泽，泥沼，湿地；-osus/ -osum/ -osa 多的，充分的，丰富的，显著发育的，程度高的，特征明显的（形容词词尾）

Polygonum longisetum 长鬃蓼：longe-/ longi- ← longus 长的，纵向的；setus/ saetus 刚毛，刺毛，芒刺

Polygonum longisetum var. longisetum 长鬃蓼-原变种 （词义见上面解释）

Polygonum longisetum var. rotundatum 圆基长鬃蓼：rotundatus = rotundus + atus 圆形的，圆角的；rotundus 圆形的，呈圆形的，肥大的；rotundo 使呈圆形，使圆滑；roto 旋转，滚动

Polygonum maackianum 长戟叶蓼：maackianum ← Richard Maack（人名，19 世纪俄国博物学家）

Polygonum macrophyllum 圆穗蓼：macro-/ macr- ← macros 大的，宏观的（用于希腊语复合词）；phyllus/ phyllum/ phylla ← phyllon 叶片（用于希腊语复合词）

Polygonum macrophyllum var. macrophyllum 圆穗蓼-原变种 （词义见上面解释）

Polygonum macrophyllum var. stenophyllum 狭叶圆穗蓼：sten-/ steno- ← stenus 窄的，狭的，薄的；phyllus/ phyllum/ phylla ← phyllon 叶片（用于希腊语复合词）

Polygonum manshuriense 耳叶蓼：manshuriense 满洲的（地名，中国东北，日语读音）

Polygonum microcephalum 小头蓼：micr-/ micro- ← micros 小的，微小的，微观的（用于希腊语复合词）；cephalus/ cephale ← cephalos 头，头状花序

Polygonum microcephalum var. microcephalum 小头蓼-原变种 （词义见上面解释）

Polygonum microcephalum var. sphaerocephalum 腺梗小头蓼：sphaerocephalus 球形头状花序的；sphaero- 圆形，球形；cephalus/ cephale ← cephalos 头，头状花序

Polygonum milletii 大海蓼：milletii（人名）；-ii 表示人名，接在以辅音字母结尾的人名后面，但 -er 除外

Polygonum minus （小花蓼）：minus 少的，小的

Polygonum molle 绢毛蓼（绢 juàn）：molle/ mollis 软的，柔毛的

Polygonum molle var. frondosum 光叶蓼：frondosus/ foliosus 多叶的，生叶的，叶状的；frond/ frons 叶（蕨类、棕榈、苏铁类），叶状体，叶簇，叶丛，植物体（藻类、藓类），前额，正前面；frondula 羽片（羽状叶的分离部分）；-osus/ -osum/ -osa 多的，充分的，丰富的，显著发育的，程度高的，特征明显的（形容词词尾）

Polygonum molle var. molle 绢毛蓼-原变种 （词义见上面解释）

Polygonum molle var. rude 倒毛蓼：rude 粗糙的，粗野的

Polygonum molliiforme 丝茎蓼：molle/ mollis 软的，柔毛的；forme/ forma 形状

Polygonum muricatum 小蓼花：muricatus = murex + atus 粗糙的，糙面的，海螺状表面的（由于密被小的瘤状凸起），具短硬尖的；muri-/ muric- ← murex 海螺（指表面有瘤状凸起），粗糙的，糙面的；构词规则：以 -ix/ -iex 结尾的词其词干末尾视为 -ic，以 -ex 结尾视为 -i/ -ic，其他以 -x 结尾视为 -c；-atus/ -atum/ -ata 属于，相似，具有，完成（形容词词尾）

Polygonum nepalense 尼泊尔蓼：nepalense 尼泊尔的（地名）

Polygonum nummularifolium 铜钱叶蓼：nummularifolius 古钱形叶的；nummularius = nummus + ulus + arius 古钱形的，圆盘状的；nummulus 硬币；nummus/ numus 钱币，货币；-ulus/ -ulum/ -ula 小的，略微的，稍微的（小词 -ulus 在字母 e 或 i 之后有多种变缀，即 -olus/ -olum/ -ola、-ellus/ -ellum/ -ella、-illus/ -illum/ -illa，与第一变格法和第二变格法名词形成复合词）；-arius/ -arium/ -aria 相似，属于（表示地点，场所，关系，所属）；folius/ folium/ folia 叶，叶片（用于复合词）

Polygonum ochotense 倒根蓼：ochotense 鄂霍次克的（地名，俄罗斯）

Polygonum ocreatum 白山蓼：ocreatus/ ochreatus 托叶鞘的；ochreus 叶鞘

Polygonum orientale 红蓼：orientale/ orientalis 东方的；oriens 初升的太阳，东方

Polygonum pacificum 太平洋蓼：pacificus 太平洋的；-icus/ -icum/ -ica 属于，具有某种特性（常用于地名、起源、生境）

Polygonum paleaceum 草血竭（血 xuè）：paleaceus 具托苞的，具内颖的，具稃的，具鳞片的；paleus 托苞，内颖，内稃，鳞片；-aceus/ -aceum/ -acea 相似的，有⋯⋯性质的，属于⋯⋯的

Polygonum paleaceum var. paleaceum 草血竭-原变种 （词义见上面解释）

Polygonum paleaceum var. pubifolium 毛叶草血竭：pubi- ← pubis 细柔毛的，短柔毛的，毛被的；folius/ folium/ folia 叶，叶片（用于复合词）

Polygonum palmatum 掌叶蓼：palmatus = palmus + atus 掌状的，具掌的；palmus 掌，手掌

Polygonum paralimicola 湿地蓼：paralimicola 像 limicola 的；para- 类似，接近，近旁，假的；Polygonum limicola 污泥蓼；limus 沼泽，泥沼，湿地；limi- 泥，淤泥，泥沼；limicolus 生于淤泥的

Polygonum paronychioides 线叶蓼：Paronychia

指甲草属（石竹科）；paronychia 指甲；-oides/ -oideus/ -oideum/ -oidea/ -odes/ -eidos 像……的，类似……的，呈……状的（名词词尾）

Polygonum patulum 展枝蓼：patulus = pateo + ulus 稍开展的，稍伸展的；patus 展开的，伸展的；pateo/ patesco/ patui 展开，舒展，明朗；-ulus/ -ulum/ -ula 小的，略微的，稍微的（小词 -ulus 在字母 e 或 i 之后有多种变缀，即 -olus/ -olum/ -ola、-ellus/ -ellum/ -ella、-illus/ -illum/ -illa，与第一变格法和第二变格法名词形成复合词）

Polygonum perfoliatum 杠板归：perfoliatus 叶片抱茎的；peri-/ per- 周围的，缠绕的（与拉丁语 circum- 意思相同）；foliatus 具叶的，多叶的；folius/ folium/ folia → foli-/ folia- 叶，叶片

Polygonum persicaria 春蓼：persicarius 像桃的，像杏的，桃色的；persica 桃，杏，波斯的（地名）；folius/ folium/ folia 叶，叶片（用于复合词）；-arius/ -arium/ -aria 相似，属于（表示地点，场所，关系，所属）

Polygonum persicaria var. opacum 暗果春蓼：opacus 不透明的，暗的，无光泽的

Polygonum persicaria var. persicaria 春蓼-原变种（词义见上面解释）

Polygonum pinetorum 松林蓼：pinetorum 松林的，松林生的；Pinus 松属（松科）；-etorum 群落的（表示群丛、群落的词尾）

Polygonum platyphyllum 宽叶蓼：platys 大的，宽的（用于希腊语复合词）；phyllus/ phyllum/ phylla ← phyllon 叶片（用于希腊语复合词）

Polygonum plebeium 习见蓼：plebeius/ plebejus 普通的，常见的，一般的

Polygonum polycnemoides 针叶蓼：polycnemoides 像多节草的；Polycnemum 多节草属（藜科）→ Nanophyton 小蓬属；poly- ← polys 多个，许多（希腊语，拉丁语为 multi-）；cnemis/ knemis 屈膝；-oides/ -oideus/ -oideum/ -oidea/ -odes/ -eidos 像……的，类似……的，呈……状的（名词词尾）

Polygonum polystachyum 多穗蓼：polystachyus 多穗的；poly- ← polys 多个，许多（希腊语，拉丁语为 multi-）；stachy-/ stachyo-/ -stachys/ -stachyus/ -stachyum/ -stachya 穗子，穗子的，穗子状的，穗状花序的

Polygonum polystachyum var. longifolia 长叶多穗蓼：longe-/ longi- ← longus 长的，纵向的；folius/ folium/ folia 叶，叶片（用于复合词）

Polygonum polystachyum var. polystachyum 多穗蓼-原变种（词义见上面解释）

Polygonum popovii 库车蓼：popovii ← popov（人名）

Polygonum posumbu 丛枝蓼：posumbu 火炭母（中国方言，一种蓼科植物）

Polygonum praetermissum 疏蓼：praetermissus 漏看的，省略的

Polygonum pronum （斜茎蓼）：pronus 前倾的

Polygonum pubescens 伏毛蓼：pubescens ← pubens 被短柔毛的，长出柔毛的；pubi- ← pubis 细柔毛的，短柔毛的，毛被的；pubesco/ pubescere 长成的，变为成熟的，长出柔毛的，青春期体毛的；-escens/ -ascens 改变，转变，变成，略微，带有，接近，相似，大致，稍微（表示变化的趋势，并未完全相似或相同，有别于表示达到完成状态的 -atus）

Polygonum pulchrum 丽蓼：pulchrum 美丽，优雅，绮丽

Polygonum purpureonervosum 紫脉蓼：purpureus = purpura + eus 紫色的；purpura 紫色（purpura 原为一种介壳虫名，其体液为紫色，可作颜料）；-eus/ -eum/ -ea（接拉丁语词干时）属于……的，色如……的，质如……的（表示原料、颜色或品质的相似），（接希腊语词干时）属于……的，以……出名，为……所占有（表示具有某种特性）；nervosus 多脉的，叶脉明显的；nervus 脉，叶脉

Polygonum rhombitepalum （菱叶蓼）：rhombus 菱形，纺锤；tepalus 花被，瓣状被片

Polygonum rigidum 尖果蓼：rigidus 坚硬的，不弯曲的，强直的

Polygonum runcinatum 羽叶蓼：runcinatus = re + uncinatus 逆向羽裂的，倒齿状的（齿指向基部）；re- 返回，相反，再（相当拉丁文 ana-）；uncinatus = uncus + inus + atus = aduncus/ aduncatus 具钩的，尖端突然向下弯的；uncus 钩，倒钩刺

Polygonum runcinatum var. runcinatum 羽叶蓼-原变种（词义见上面解释）

Polygonum runcinatum var. sinense 赤胫散（胫 jìng）：sinense = Sina + ense 中国的（地名）；Sina 中国

Polygonum schischkinii 新疆蓼：schischkinii（人名）；-ii 表示人名，接在以辅音字母结尾的人名后面，但 -er 除外

Polygonum senticosum 刺蓼（另见 Chenopodium aristatum）：senticosus = senticetum + osus 多刺的，尖刺密生的，充满荆棘的（同义词：spinosus）；senticetum = sentis + cetum 布满荆棘的，灌木丛生的；sentis 刺，荆棘，有刺灌木，悬钩子属植物，树莓；-etum/ -cetum 群丛，群落（表示数量很多，为群落优势种）（如 arboretum 乔木群落，quercetum 栎树林，rosetum 蔷薇群落）；关联词：sentus 粗糙的，不平的，崎岖的

Polygonum sibiricum 西伯利亚蓼：sibiricum 西伯利亚的（地名，俄罗斯）；-icus/ -icum/ -ica 属于，具有某种特性（常用于地名、起源、生境）

Polygonum sibiricum var. sibiricum 西伯利亚蓼-原变种（词义见上面解释）

Polygonum sibiricum var. thomsonii 细叶西伯利亚蓼：thomsonii ← Thomas Thomson（人名，19 世纪英国植物学家）；-ii 表示人名，接在以辅音字母结尾的人名后面，但 -er 除外

Polygonum sieboldii 箭叶蓼：sieboldii ← Franz Philipp von Siebold 西博德（人名，1796–1866，德国医生、植物学家，曾专门研究日本植物）

Polygonum sinomontanum 翅柄蓼：sinomontanum 中国山地的，中国型山地生的；sino- 中国；monantus 山地的

Polygonum songaricum 准噶尔蓼（噶 gá）：songaricum 准噶尔的（地名，新疆维吾尔自治区）；

-icus/ -icum/ -ica 属于，具有某种特性（常用于地名、起源、生境）

Polygonum sparsipilosum 柔毛蓼：sparsus 散生的，稀疏的，稀少的；pilosus = pilus + osus 多毛的，被柔毛的，具疏柔毛的，被短弱细毛的；pilus 毛，疏柔毛；-osus/ -osum/ -osa 多的，充分的，丰富的，显著发育的，程度高的，特征明显的（形容词词尾）

Polygonum sparsipilosum var. hubertii 腺点柔毛蓼：hubertii（人名）；-ii 表示人名，接在以辅音字母结尾的人名后面，但 -er 除外

Polygonum sparsipilosum var. sparsipilosum 柔毛蓼-原变种 （词义见上面解释）

Polygonum strigosum 糙毛蓼：strigosus = striga + osus 鬃毛的，刷毛的；striga → strig- 条纹的，网纹的（如种子具网纹），糙伏毛的；-osus/ -osum/ -osa 多的，充分的，丰富的，显著发育的，程度高的，特征明显的（形容词词尾）

Polygonum strindbergii 平卧蓼：strindbergii（人名）；-ii 表示人名，接在以辅音字母结尾的人名后面，但 -er 除外

Polygonum subscaposum 大理蓼：subscaposus 稍具莛的；sub-（表示程度较弱）与……类似，几乎，稍微，弱，亚，之下，下面；scaposus 具柄的，具粗柄的；scapus（scap-/ scapi-）← skapos 主茎，树干，花柄，花轴；-osus/ -osum/ -osa 多的，充分的，丰富的，显著发育的，程度高的，特征明显的（形容词词尾）

Polygonum suffultoides 珠芽支柱蓼：suffultoides 像 suffultum 的，略支持的；Polygonum suffultum 支柱蓼；suffultus 支持的，帮助的；-oides/ -oideus/ -oideum/ -oidea/ -odes/ -eidos 像……的，类似……的，呈……状的（名词词尾）

Polygonum suffultum 支柱蓼：suffultus 支持的，帮助的；suf- ← sub- 亚，像，稍微（sub- 在字母 f 前同化为 suf-）；fultus 支持的

Polygonum suffultum var. pergracile 细穗支柱蓼：pergracile 极细的；per-（在 l 前面音变为 pel-）极，很，颇，甚，非常，完全，通过，遍及（表示效果加强，与 sub- 互为反义词）；gracile 细长的，纤弱的，丝状的

Polygonum suffultum var. suffultum 支柱蓼-原变种 （词义见上面解释）

Polygonum taquetii 细叶蓼：taquetii（人名）；-ii 表示人名，接在以辅音字母结尾的人名后面，但 -er 除外

Polygonum tenellum var. micranthum 柔茎蓼：tenellus = tenuis + ellus 柔软的，纤细的，纤弱的，精美的，雅致的；tenuis 薄的，纤细的，弱的，瘦的，窄的；-ellus/ -ellum/ -ella ← -ulus 小的，略微的，稍微的（小词 -ulus 在字母 e 或 i 之后有多种变缀，即 -olus/ -olum/ -ola、-ellus/ -ellum/ -ella、-illus/ -illum/ -illa，用于第一变格法名词）；micr-/ micro- ← micros 小的，微小的，微观的（用于希腊语复合词）；anthus/ anthum/ antha/ anthe ← anthos 花（用于希腊语复合词）

Polygonum thunbergii 戟叶蓼：thunbergii ← C. P. Thunberg（人名，1743–1828，瑞典植物学家，曾专门研究日本的植物）

Polygonum tibeticum 西藏蓼：tibeticum 西藏的（地名）

Polygonum tinctorium 蓼蓝：tinctorius = tinctorus + ius 属于染色的，属于着色的，属于染料的；tingere/ tingo 浸泡，浸染；tinctorus 染色，着色，染料；tinctus 染色的，彩色的；-ius/ -ium/ -ia 具有……特性的（表示有关、关联、相似）

Polygonum tortuosum 叉枝蓼（叉 chā）：tortuosus 不规则拧劲的，明显拧劲的；tortus 拧劲，捻，扭曲；-osus/ -osum/ -osa 多的，充分的，丰富的，显著发育的，程度高的，特征明显的（形容词词尾）

Polygonum umbrosum 阴地蓼：umbrosus 多荫的，喜阴的，生于阴地的；umbra 荫凉，阴影，阴地；-osus/ -osum/ -osa 多的，充分的，丰富的，显著发育的，程度高的，特征明显的（形容词词尾）

Polygonum vaccinifolium 乌饭树叶蓼：vaccinifolium 越橘叶的（注：以属名作复合词时原词尾变形后的 i 要保留，故该词宜改为"vacciniifolium"）；Vaccinium 越橘属（杜鹃花科），乌饭树属；folius/ folium/ folia 叶，叶片（用于复合词）

Polygonum viscoferum 黏蓼：viscoferum 具黏性物质的；viscus 胶，胶黏物（比喻有黏性物质）；-ferus/ -ferum/ -fera/ -fero/ -fere/ -fer 有，具有，产（区别：作独立词使用的 ferus 意思是"野生的"）

Polygonum viscosum 香蓼：viscosus = viscus + osus 黏的；viscus 胶，胶黏物（比喻有黏性物质）；-osus/ -osum/ -osa 多的，充分的，丰富的，显著发育的，程度高的，特征明显的（形容词词尾）

Polygonum viviparum 珠芽蓼：viviparus = vivus + parus 胎生的，零余子的，母体上发芽的；vivus 活的，新鲜的；-parus ← parens 亲本，母体

Polygonum viviparum var. angustum 细叶珠芽蓼：angustus 窄的，狭的，细的

Polygonum viviparum var. viviparum 珠芽蓼-原变种 （词义见上面解释）

Polygonum wallichii 球序蓼：wallichii ← Nathaniel Wallich（人名，19 世纪初丹麦植物学家、医生）

Polyosma 多香木属 （虎耳草科）（35-1：p259）：poly- ← polys 多个，许多（希腊语，拉丁语为 multi-）；osmus 气味，香味

Polyosma cambodiana 多香木：cambodiana 柬埔寨的（地名）

Polypodiaceae 水龙骨科（6-2：p7）：Polypodium 多足蕨属；-aceae（分类单位科的词尾，为 -aceus 的阴性复数主格形式，加到模式属的名称后或同义词的词干后以组成族群名称）

Polypodiastrum 拟水龙骨属（水龙骨科）（6-2：p26）：poly- ← polys 多个，许多（希腊语，拉丁语为 multi-）；podius ← podion 腿，足，柄；-aster/ -astra/ -astrum/ -ister/ -istra/ -istrum 相似的，程度稍弱，稍小的，次等级的（用于拉丁语复合词词尾，表示不完全相似或低级之意，常用以区别一种野生植物与栽培植物，如 oleaster、oleastrum 野橄榄，以区别于 olea，即栽培的橄榄，而作形容词词尾时则表示小或程度弱化，如 surdaster 稍聋的，比 surdus 稍弱）

Polypodiastrum argutum 尖齿拟水龙骨：

argutus → argut-/ arguti- 尖锐的

Polypodiastrum argutum var. angustum 狭羽拟水龙骨：angustus 窄的，狭的，细的

Polypodiastrum argutum var. argutum 尖齿拟水龙骨-原变种 （词义见上面解释）

Polypodiastrum dielseanum 川拟水龙骨：dielseanum ← Friedrich Ludwig Emil Diels（人名，20 世纪德国植物学家）

Polypodiastrum mengtzeense 蒙自拟水龙骨：mengtzeense 蒙自的（地名，云南省）

Polypodiodes 水龙骨属（水龙骨科）(6-2: p13)：Polypodioides 像多足蕨的；Polypodium 多足蕨属；-oides/ -oideus/ -oideum/ -oidea/ -odes/ -eidos 像……的，类似……的，呈……状的（名词词尾）

Polypodiodes amoena 友水龙骨：amoenus 美丽的，可爱的

Polypodiodes amoena var. amoena 友水龙骨-原变种 （词义见上面解释）

Polypodiodes amoena var. duclouxi 红秆水龙骨：duclouxi（人名，词尾改为 "-ii" 似更妥）；-ii 表示人名，接在以辅音字母结尾的人名后面，但 -er 除外；-i 表示人名，接在以元音字母结尾的人名后面，但 -a 除外

Polypodiodes amoena var. pilosa 柔毛水龙骨：pilosus = pilus + osus 多毛的，被柔毛的，具疏柔毛的，被短弱细毛的；pilus 毛，疏柔毛；-osus/ -osum/ -osa 多的，充分的，丰富的，显著发育的，程度高的，特征明显的（形容词词尾）

Polypodiodes bourretii 滇越水龙骨：bourretii（人名）；-ii 表示人名，接在以辅音字母结尾的人名后面，但 -er 除外

Polypodiodes chinensis 中华水龙骨：chinensis = china + ensis 中国的（地名）；China 中国

Polypodiodes formosana 台湾水龙骨：formosanus = formosus + anus 美丽的，台湾的；formosus ← formosa 美丽的，台湾的（葡萄牙殖民者发现台湾时对其的称呼，即美丽的岛屿）；-anus/ -anum/ -ana 属于，来自（形容词词尾）

Polypodiodes hendersonii 喜马拉雅水龙骨：hendersonii ← Louis Fourniquet Henderson（人名，19 世纪美国植物学家）

Polypodiodes lachnopus 濑水龙骨（濑 lài）：lachnopus 绵毛柄的；lachno- ← lachnus 绒毛的，绵毛的；-pus ← pous 腿，足，爪，柄，茎

Polypodiodes microrhizoma 栗柄水龙骨：microrhizoma 小根的（缀词规则：-rh- 接在元音字母后面构成复合词时要变成 -rrh-，故该词宜改为 "microrrhizoma"）；micr-/ micro- ← micros 小的，微小的，微观的（用于希腊语复合词）；rhizomus 根状茎，根茎

Polypodiodes niponica 日本水龙骨：niponica 日本的（地名）；-icus/ -icum/ -ica 属于，具有某种特性（常用于地名、起源、生境）

Polypodiodes pseudolachnopus 假毛柄水龙骨：pseudolachnopus 像 lachnopus 的；pseudo-/ pseud- ← pseudos 假的，伪的，接近，相似（但不是）；Polypodiodes lachnopus 濑水龙骨，毛柄水龙骨；lachnopus 绵毛柄的

Polypodiodes subamoena 假友水龙骨：subamoenus 像 amoena 的，稍美丽的；sub-（表示程度较弱）与……类似，几乎，稍微，弱，亚，之下，下面；Polypodiodes amoena 友水龙骨；amoenus 美丽的，可爱的

Polypodiodes wattii 光茎水龙骨：wattii（人名）；-ii 表示人名，接在以辅音字母结尾的人名后面，但 -er 除外

Polypodium 多足蕨属（水龙骨科）(6-2: p10)：poly- ← polys 多个，许多（希腊语，拉丁语为 multi-）；podius ← podion 腿，足，柄

Polypodium virginianum 东北多足蕨：virginianum 弗吉尼亚的（地名，美国）

Polypodium vulgare 欧亚多足蕨：vulgaris 常见的，普通的，分布广的；vulgus 普通的，到处可见的

Polypogon 棒头草属（禾本科）(9-3: p252)：poly- ← polys 多个，许多（希腊语，拉丁语为 multi-）；pogon 胡须，髯毛，芒尖

Polypogon fugax 棒头草：fugax 易脱落的，早落的

Polypogon maritimus 裂颖棒头草：maritimus 海滨的（指生境）

Polypogon monspeliensis 长芒棒头草：monspeliensis ← Montpellier 蒙彼利埃的（地名，法国）

Polyscias 南洋参属（参 shēn）（五加科）(54: p136)：poly- ← polys 多个，许多（希腊语，拉丁语为 multi-）；scias 伞，伞形的

Polyscias balfouriana 圆叶南洋参：balfouriana ← Isaac Bayley Balfour（人名，19 世纪英国植物学家）

Polyscias filicifolia 线叶南洋参：filix ← filic- 蕨；folius/ folium/ folia 叶，叶片（用于复合词）；构词规则：以 -ix/ -iex 结尾的词其词干末尾视为 -ic，以 -ex 结尾视为 -i/ -ic，其他以 -x 结尾视为 -c

Polyscias fruticosa 南洋参：fruticosus/ frutesceus 灌丛状的；frutex 灌木；构词规则：以 -ix/ -iex 结尾的词其词干末尾视为 -ic，以 -ex 结尾视为 -i/ -ic，其他以 -x 结尾视为 -c；-osus/ -osum/ -osa 多的，充分的，丰富的，显著发育的，程度高的，特征明显的（形容词词尾）

Polyscias guilfoylei var. laciniata 银边南洋参：guilfoylei ← William Robert Guilfoyle（人名，19 世纪澳大利亚风景园林专家、植物学家）；-i 表示人名，接在以元音字母结尾的人名后面，但 -a 除外；laciniatus 撕裂的，条状裂的；lacinius → laci-/ lacin-/ lacini- 撕裂的，条状裂的

Polystachya 多穗兰属（兰科）(18: p410)：poly- ← polys 多个，许多（希腊语，拉丁语为 multi-）；stachy-/ stachyo-/ -stachys/ -stachyus/ -stachyum/ -stachya 穗子，穗子的，穗子状的，穗状花序的

Polystachya concreta 多穗兰：concretus 结合的；co- 联合，共同，合起来（拉丁语词首，为 cum- 的音变，表示结合、强化、完全，对应的希腊语为 syn-）；co- 的缀词音变有 co-/ com-/ con-/ col-/ cor-：co-（在 h 和元音字母前面），col-（在 l 前面），com-（在 b、m、p 之前），con-（在 c、d、f、g、j、n、qu、s、t 和 v 前面），cor-（在 r 前面）；cretus 增加，扩大，增长

Polystichum 耳蕨属（鳞毛蕨科）(5-2: p1)：

poly- ← polys 多个，许多（希腊语，拉丁语为 multi-）；stichus ← stichon 行列，队列，排列

Polystichum acanthophyllum 刺叶耳蕨：acanth-/ acantho- ← acanthus 刺，有刺的（希腊语）；phyllus/ phyllum/ phylla ← phyllon 叶片（用于希腊语复合词）；Acanthophyllum 刺叶属（石竹科）

Polystichum aculeatum 欧洲耳蕨：aculeatus 有刺的，有针的；aculeus 皮刺；-atus/ -atum/ -ata 属于，相似，具有，完成（形容词词尾）

Polystichum acutidens 尖齿耳蕨：acutidens 尖齿的；acuti-/ acu- ← acutus 锐尖的，针尖的，刺尖的，锐角的；dens/ dentus 齿，牙齿

Polystichum acutipinnulum 尖头耳蕨：acutipinnulus 小尖羽的；acuti-/ acu- ← acutus 锐尖的，针尖的，刺尖的，锐角的；pinnulus 小羽片的；pinnus/ pennus 羽毛，羽状，羽片

Polystichum adungense 阿当耳蕨：adungense 阿当的（地名，云南省）

Polystichum alcicorne 角状耳蕨：alcicorne 麋鹿角

Polystichum altum 高大耳蕨：altus 高度，高的

Polystichum articulatipilosum 节毛耳蕨：articulatipilosus 关节有毛的；articularis/ articulatus 有关节的，有接合点的；pilosus = pilus + osus 多毛的，被柔毛的，具疏柔毛的，被短弱细毛的；pilus 毛，疏柔毛；-osus/ -osum/ -osa 多的，充分的，丰富的，显著发育的，程度高的，特征明显（形容词词尾）

Polystichum assurgentipinnum 上斜刀羽耳蕨：assurgentipinnus 上举羽片的；assurgentus ← assurgens = ad + surgens 向上的，攀缘的；ad- 向，到，近（拉丁语词首，表示程度加强）；构词规则：构成复合词时，词首末尾的辅音字母常同化为紧接其后的那个辅音字母（如 ad + s → ass）；surgens 攀缘，蔓生；pinnus/ pennus 羽毛，羽状，羽片

Polystichum atkinsonii 小狭叶芽孢耳蕨：atkinsonii ← Caroline Louisa Waring Atkinson Calvert（人名，19 世纪新南威尔士博物学家）；-ii 表示人名，接在以辅音字母结尾的人名后面，但 -er 除外

Polystichum attenuatum 长羽芽孢耳蕨：attenuatus = ad + tenuis + atus 渐尖的，渐狭的，变细的，变弱的；ad- 向，到，近（拉丁语词首，表示程度加强）；构词规则：构成复合词时，词首末尾的辅音字母常同化为紧接其后的那个辅音字母（如 ad + t → att）；tenuis 薄的，纤细的，弱的，瘦的，窄的

Polystichum attenuatum var. attenuatum 长羽芽孢耳蕨-原变种 （词义见上面解释）

Polystichum attenuatum var. subattenuatum 长叶芽孢耳蕨-渐尖变种：subattenuatum 像 attenuatum 的，近似渐尖的；sub-（表示程度较弱）与……类似，几乎，稍微，弱，亚，之下，下面；Polystichum attenuatum 长羽芽孢耳蕨；attenuatus = ad + tenuis + atus 渐尖的，渐狭的，变细的，变弱的；ad- 向，到，近（拉丁语词首，表示程度加强）；构词规则：构成复合词时，词首末尾的辅音字母常同化为紧接其后的那个辅音字母（如 ad + t → att）；tenuis 薄的，纤细的，弱的，瘦的，窄的

Polystichum auriculum 滇东南耳蕨：auriculus 小耳朵的，小耳状的；auri- ← auritus 耳朵，耳状的；-culus/ -culum/ -cula 小的，略微的，稍微的（同第三变格法和第四变格法名词形成复合词）

Polystichum bakerianum 薄叶耳蕨：bakerianum ← Edmund Gilbert Baker（人名，20 世纪英国植物学家）

Polystichum baoxingense 宝兴耳蕨：baoxingense 宝兴的（地名，四川省）

Polystichum biaristatum 二尖耳蕨：bi-/ bis- 二，二数，二回（希腊语为 di-）；aristatus(aristosus) = arista + atus 具芒的，具芒刺的，具刚毛的，具胡须的；arista 芒

Polystichum bifidum 钳形耳蕨：bi-/ bis- 二，二数，二回（希腊语为 di-）；fidus ← findere 裂开，分裂，分裂的（裂深不超过 1/3，常作词尾）

Polystichum bigemmatum 双胞耳蕨：bi-/ bis- 二，二数，二回（希腊语为 di-）；gemmatus 零余子的，珠芽的；gemmus 芽，珠芽，零余子

Polystichum bissectum 川渝耳蕨：bi-/ bis- 二，二数，二回（希腊语为 di-）；sectus 分段的，分节的，切开的，分裂的

Polystichum bomiense 波密耳蕨：bomiense 波密的（地名，西藏自治区）

Polystichum brachypterum 喜马拉雅耳蕨：brachy- ← brachys 短的（用于拉丁语复合词词首）；pterus/ pteron 翅，翼，蕨类

Polystichum braunii 布朗耳蕨：braunii ← Alexander Carl Heinrich Braun（人名，19 世纪德国植物学家）

Polystichum capillipes 基芽耳蕨：capillipes 纤细的，细如毛发的（指花柄、叶柄等）

Polystichum castaneum 栗鳞耳蕨：castaneus 棕色的，板栗色的；Castanea 栗属（壳斗科）

Polystichum chingae 滇耳蕨：chingae 秦氏（人名）

Polystichum christii 拟角状耳蕨：christii ← Herman Christ（人名，19 世纪瑞士植物学家）

Polystichum chunii 陈氏耳蕨：chunii ← W. Y. Chun 陈焕镛（人名，1890–1971，中国植物学家）

Polystichum consimile 涪陵耳蕨（涪 fú）：consimile = co + simile 非常相似地；co- 联合，共同，合起来（拉丁语词首，为 cum- 的音变，表示结合、强化、完全，对应的希腊语为 syn-）；co- 的缀词音变有 co-/ com-/ con-/ col-/ cor-：co-（在 h 和元音字母前面），col-（在 l 前面），com-（在 b、m、p 之前），con-（在 c、d、f、g、j、n、qu、s、t 和 v 前面），cor-（在 r 前面）；simile 相似地，相近地

Polystichum costularisorum 轴果耳蕨：costularisorus = costus + ulus + aris + sorus 属于小肋状孢子囊群的；costus 主脉，叶脉，肋，肋骨；-ulus/ -ulum/ -ula 小的，略微的，稍微的（小词 -ulus 在字母 e 或 i 之后有多种变缀，即 -olus/ -olum/ -ola、-ellus/ -ellum/ -ella、-illus/ -illum/ -illa，与第一变格法和第二变格法名词形成复合词）；-aris（阳性、阴性）/ -are（中性）← -alis（阳性、阴性）/ -ale（中性）属于，相似，如同，具有，涉及，关于，联结于（将名词作形容词用，其中 -aris

常用于以 l 或 r 为词干末尾的词）；sorus ← soros 堆（指密集成簇），孢子囊群

Polystichum craspedosorum 鞭叶耳蕨：craspedus ← craspedon ← kraspedon 边缘，缘生的；sorus ← soros 堆（指密集成簇），孢子囊群

Polystichum craspedosorum var. giraldii（吉氏耳蕨）：giraldii ← Giuseppe Giraldi（人名，19 世纪活动于中国的意大利传教士）

Polystichum crassinervium 粗脉耳蕨：crassi- ← crassus 厚的，粗的，多肉质的；nervius = nervus + ius 具脉的，具叶脉的；-ius/ -ium/ -ia 具有……特性的（表示有关、关联、相似）

Polystichum cringerum 毛发耳蕨：crinis 头发的，彗星尾的，长而软的簇生毛发；gerus → -ger/ -gerus/ -gerum/ -gera 具有，有，带有

Polystichum cuneatiforme 楔基耳蕨：cuneatus = cuneus + atus 具楔子的，属楔形的；cuneus 楔子的；forme = forma 形状

Polystichum cyclolobum 圆片耳蕨：cyclo-/ cycl- ← cyclos 圆形，圈环；lobus/ lobos/ lobon 浅裂，耳片（裂片先端钝圆），荚果，蒴果

Polystichum daguanense 大关耳蕨：daguanense 大关的（地名，云南省）

Polystichum daguanense var. daguanense 大关耳蕨-原变种 （词义见上面解释）

Polystichum daguanense var. huashanicolum 花山耳蕨：huashanicolum 华山的（地名）；colus ← colo 分布于，居住于，栖居，殖民（常作词尾）；colo/ colere/ colui/ cultum 居住，耕作，栽培

Polystichum deflexum 反折耳蕨：deflexus 向下曲折的，反卷的；de- 向下，向外，从……，脱离，脱落，离开，去掉；flexus ← flecto 扭曲的，卷曲的，弯弯曲曲的，柔性的；flecto 弯曲，使扭曲

Polystichum delavayi 洱源耳蕨：delavayi ← P. J. M. Delavay（人名，1834–1895，法国传教士，曾在中国采集植物标本）；-i 表示人名，接在以元音字母结尾的人名后面，但 -a 除外

Polystichum deltodon 对生耳蕨：deltodon/ deltodontus/ deltodus 三角形齿的 = delta + dontus 三角状齿的；delta 三角；dontus 齿，牙齿；-don/ -odontus 齿，有齿的

Polystichum deltodon var. cultripinnum 刀羽耳蕨：cultr-/ cultri- ← cultratus 刀形的，尖锐的，刀片状的；pinnus/ pennus 羽毛，羽状，羽片

Polystichum deltodon var. deltodon 对生耳蕨-原变种 （词义见上面解释）

Polystichum deltodon var. henryi 钝齿耳蕨：henryi ← Augustine Henry 或 B. C. Henry（人名，前者，1857–1930，爱尔兰医生、植物学家，曾在中国采集植物，后者，1850–1901，曾活动于中国的传教士）

Polystichum dielsii 圆顶耳蕨：dielsii ← Friedrich Ludwig Emil Diels（人名，20 世纪德国植物学家）

Polystichum diffundens 铺散耳蕨（铺 pū）：diffundens = dis + fundens 撒开的，分散的（dis- 在辅音字母前发生同化）；fundens ← fundo 散开，扩展，流淌，溶解；形近词：fundus 基部，底部；di-/ dis- 二，二数，二分，分离，不同，在……之间，

从……分开（希腊语，拉丁语为 bi-/ bis-）

Polystichum discretum 分离耳蕨：discretus 分离的；di-/ dis- 二，二数，二分，分离，不同，在……之间，从……分开（希腊语，拉丁语为 bi-/ bis-）；cretus 增加，扩大，增长

Polystichum disjunctum 疏羽耳蕨：disjunctus 分离的，不连接的；di-/ dis- 二，二数，二分，分离，不同，在……之间，从……分开（希腊语，拉丁语为 bi-/ bis-）；junctus 连接的，接合的，联合的

Polystichum duthiei 杜氏耳蕨：duthiei（人名）；-i 表示人名，接在以元音字母结尾的人名后面，但 -a 除外

Polystichum elevatovenusum 凸脉耳蕨：elevatus 高起的，提高的，突起的；venosus 细脉的，细脉明显的，分枝脉的；venus 脉，叶脉，血脉，血管；-osus/ -osum/ -osa 多的，充分的，丰富的，显著发育的，程度高的，特征明显的（形容词词尾）

Polystichum erosum 蚀盖耳蕨：erosus 啮蚀状的，牙齿不整齐的

Polystichum exauriforme 缺耳蕨：exauriforme = ex + auriculus + forme 非耳形的；auriculus 小耳朵的，小耳状的；forme = forma 形状；auriforme 耳形的；e-/ ex- 不，无，非，缺乏，不具有（e- 用在辅音字母前，ex- 用在元音字母前，为拉丁语词首，对应的希腊语词首为 a-/ an-，英语为 un-/ -less，注意作词首用的 e-/ ex- 和介词 e/ ex 意思不同，后者意为"出自、从……、由……离开、由于、依照"）

Polystichum excellens 尖顶耳蕨：excellens 优雅的，带劲的

Polystichum excelsius 杰出耳蕨：excelsius 较高的，较高贵的

Polystichum eximium 灰绿耳蕨：eximius 超群的，别具一格的

Polystichum falcatilobum 长镰羽耳蕨：falcatus = falx + atus 镰刀的，镰刀状的；构词规则：以 -ix/ -iex 结尾的词其词干末尾视为 -ic，以 -ex 结尾视为 -i/ -ic，其他以 -x 结尾视为 -c；falx 镰刀，镰刀形，镰刀状弯曲；lobus/ lobos/ lobon 浅裂，耳片（裂片先端钝圆），荚果，蒴果；-atus/ -atum/ -ata 属于，相似，具有，完成（形容词词尾）

Polystichum fimbriatum 瓦鳞耳蕨：fimbriatus = fimbria + atus 具长缘毛的，具流苏的，具锯齿状裂的（指花瓣）；fimbria → fimbri- 流苏，长缘毛；-atus/ -atum/ -ata 属于，相似，具有，完成（形容词词尾）

Polystichum formosanum 台湾耳蕨：formosanus = formosus + anus 美丽的，台湾的；formosus ← formosa 美丽的，台湾的（葡萄牙殖民者发现台湾时对其的称呼，即美丽的岛屿）；-anus/ -anum/ -ana 属于，来自（形容词词尾）

Polystichum frigidicola 寒生耳蕨：frigidus 寒带的，寒冷的，僵硬的；frigus 寒冷，寒冬；-idus/ -idum/ -ida 表示在进行中的动作或情况，作动词、名词或形容词的词尾；colus ← colo 分布于，居住于，栖居，殖民（常作词尾）；colo/ colere/ colui/ cultum 居住，耕作，栽培

Polystichum fugongense 福贡耳蕨：fugongense 福

贡的（地名，云南省）

Polystichum gongboense 工布耳蕨：gongboense 工布的（地名，西藏林芝地区）

Polystichum grandifrons 大叶耳蕨：grandi- ← grandis 大的；-frons 叶子，叶状体

Polystichum guangxiense 广西耳蕨：guangxiense 广西的（地名）

Polystichum gymnocarpium 无盖耳蕨：gymnocarpius 裸果的；gymn-/ gymno- ← gymnos 裸露的；carpius = carpus + ius 果实，具果实的；carpus/ carpum/ carpa/ carpon ← carpos 果实（用于希腊语复合词）；-ius/ -ium/ -ia 具有……特性的（表示有关、关联、相似）；Gymnocarpium 羽节蕨属（蹄盖蕨科）

Polystichum habaense 哈巴耳蕨：habaense 哈巴雪山的（地名，云南省香格里拉市）

Polystichum hancockii 小戟叶耳蕨：hancockii ← W. Hancock（人名，1847–1914，英国海关官员，曾在中国采集植物标本）

Polystichum hecatopteron 芒齿耳蕨：hecatopteron 多翼的；hecto-/ hecato-/ hect- 百，一百（希腊语，形容数量多，拉丁语为 centi-）；ptera ← pteron 蕨类，翼，翅

Polystichum herbaceum 草叶耳蕨：herbaceus = herba + aceus 草本的，草质的，草绿色的；herba 草，草本植物；-aceus/ -aceum/ -acea 相似的，有……性质的，属于……的

Polystichum houchangense 猴场耳蕨（场 cháng）：houchangense 猴场的（地名，贵州省）

Polystichum huae 川西耳蕨：huae（人名）；-ae 表示人名，以 -a 结尾的人名后面加上 -e 形成

Polystichum ichangense 宜昌耳蕨：ichangense 宜昌的（地名，湖北省）

Polystichum inaense 小耳蕨：inaense 伊那的（地名，日本长野县）

Polystichum incisopinnulum 深裂耳蕨：incisus 深裂的，锐裂的，缺刻的；pinnulus 小羽片的；pinnus/ pennus 羽毛，羽状，羽片；-ulus/ -ulum/ -ula 小的，略微的，稍微的（小词 -ulus 在字母 e 或 i 之后有多种变缀，即 -olus/ -olum/ -ola、-ellus/ -ellum/ -ella、-illus/ -illum/ -illa，与第一变格法和第二变格法名词形成复合词）

Polystichum integrilimbum 贡山耳蕨：integer/ integra/ integrum → integri- 完整的，整个的，全缘的；limbus 冠檐，萼檐，瓣片，叶片

Polystichum integrilobum 钝裂耳蕨：integer/ integra/ integrum → integri- 完整的，整个的，全缘的；lobus/ lobos/ lobon 浅裂，耳片（裂片先端钝圆），荚果，蒴果

Polystichum jinfoshanense 金佛山耳蕨：jinfoshanense 金佛山的（地名，重庆市）

Polystichum jiulaodongense 九老洞耳蕨：jiulaodongense 九老洞的（地名，四川省峨眉山）

Polystichum kangdingense 康定耳蕨：kangdingense 康定的（地名，四川省）

Polystichum kwangtungense 广东耳蕨：kwangtungense 广东的（地名）

Polystichum lachenense 拉钦耳蕨：lachenense（地名，西藏自治区）

Polystichum lanceolatum 亮叶耳蕨：lanceolatus = lanceus + olus + atus 小披针形的，小柳叶刀的；lance-/ lancei-/ lanci-/ lanceo-/ lanc- ← lanceus 披针形的，矛形的，尖刀状的，柳叶刀状的；-olus ← -ulus 小，稍微，略微（-ulus 在字母 e 或 i 之后变成 -olus/ -ellus/ -illus）；-atus/ -atum/ -ata 属于，相似，具有，完成（形容词词尾）

Polystichum langchungense 浪穹耳蕨：langchungense 浪穹的（地名，云南省洱源县的旧称）

Polystichum latilepis 宽鳞耳蕨：lati-/ late- ← latus 宽的，宽广的；lepis/ lepidos 鳞片

Polystichum lentum 柔软耳蕨：lentus 柔软的，有韧性的，胶黏的

Polystichum leveillei 武陵山耳蕨：leveillei（人名）；-i 表示人名，接在以元音字母结尾的人名后面，但 -a 除外

Polystichum liuii 正宇耳蕨：liuii（人名）

Polystichum lonchitis 矛状耳蕨：lonchitis 矛尖状的；loncho- 尖头的，矛尖的；-itis/ -ites（表示有紧密联系）

Polystichum longiaristatum 长芒耳蕨：longe-/ longi- ← longus 长的，纵向的；aristatus(aristosus) = arista + atus 具芒的，具芒刺的，具刚毛的，具胡须的；arista 芒

Polystichum longipaleatum 长鳞耳蕨：longe-/ longi- ← longus 长的，纵向的；paleatus 具托苞的，具内颖的，具稃的，具鳞片的

Polystichum longipinnulum 长羽耳蕨：longe-/ longi- ← longus 长的，纵向的；pinnulus 小羽片的；pinnus/ pennus 羽毛，羽状，羽片；-ulus/ -ulum/ -ula 小的，略微的，稍微的（小词 -ulus 在字母 e 或 i 之后有多种变缀，即 -olus/ -olum/ -ola、-ellus/ -ellum/ -ella、-illus/ -illum/ -illa，与第一变格法和第二变格法名词形成复合词）

Polystichum longispinosum 长刺耳蕨：longe-/ longi- ← longus 长的，纵向的；spinosus = spinus + osus 具刺的，多刺的，长满刺的；spinus 刺，针刺

Polystichum longissimum 长叶耳蕨：longe-/ longi- ← longus 长的，纵向的；-issimus/ -issima/ -issimum 最，非常，极其（形容词最高级）

Polystichum makinoi 黑鳞耳蕨：makinoi ← Tomitaro Makino 牧野富太郎（人名，20 世纪日本植物学家）；-i 表示人名，接在以元音字母结尾的人名后面，但 -a 除外

Polystichum manmeiense 镰叶耳蕨：manmeiense（地名，云南省）

Polystichum martinii 黔中耳蕨：martinii ← Raymond Martin（人名，19 世纪美国仙人掌植物采集员）

Polystichum mayebarae 前原耳蕨：mayebarae ← Kanjiro Maehara 前原诚司（日本人名）

Polystichum mehrae 印西耳蕨：mehrae（人名）；-ae 表示人名，以 -a 结尾的人名后面加上 -e 形成

Polystichum mehrae f. latifundus 阔基耳蕨：lati-/ late- ← latus 宽的，宽广的；fundus 基部，底部

Polystichum mehrae f. mehrae 印西耳蕨-原变型（词义见上面解释）

Polystichum meiguense 美姑耳蕨：meiguense 美姑的（地名，四川省）

Polystichum melanostipes 乌柄耳蕨：mel-/ mela-/ melan-/ melano- ← melanus/ melaenus ← melas/ melanos 黑色的，浓黑色的，暗色的；stipes 柄，脚，梗

Polystichum mollissimum 毛叶耳蕨：molle/ mollis 软的，柔毛的；-issimus/ -issima/ -issimum 最，非常，极其（形容词最高级）

Polystichum mollissimum var. laciniatum 条裂耳蕨：laciniatus 撕裂的，条状裂的；lacinius → laci-/ lacin-/ lacini- 撕裂的，条状裂的

Polystichum mollissimum var. mollissimum 毛叶耳蕨-原变种（词义见上面解释）

Polystichum morii 玉山耳蕨：morii 森（日本人名）

Polystichum moupinense 穆坪耳蕨：moupinense 穆坪的（地名，四川省宝兴县），木坪的（地名，重庆市）

Polystichum muscicola 伴藓耳蕨：muscicolus 苔藓上生的；musc-/ musci- 藓类的；colus ← colo 分布于，居住于，栖居，殖民（常作词尾）；colo/ colere/ colui/ cultum 居住，耕作，栽培

Polystichum nayongense 纳雍耳蕨：nayongense 纳雍的（地名，贵州省）

Polystichum neolobatum 革叶耳蕨：neolobatum 晚于 lobatum 的；neo- ← neos 新，新的；Polystichum lobatum 裂叶耳蕨；lobatus = lobus + atus 具浅裂的，具耳垂状突起的；lobus/ lobos/ lobon 浅裂，耳片（裂片先端钝圆），荚果，蒴果；-atus/ -atum/ -ata 属于，相似，具有，完成（形容词词尾）

Polystichum nepalense 尼泊尔耳蕨：nepalense 尼泊尔的（地名）

Polystichum nigrum 黛鳞耳蕨：nigrus 黑色的；niger 黑色的；关联词：denigratus 变黑的

Polystichum ningshenense 宁陕耳蕨：ningshenense 宁陕的（地名，陕西省）

Polystichum nudisorum 裸果耳蕨：nudi- ← nudus 裸露的；sorus ← soros 堆（指密集成簇），孢子囊群

Polystichum obliquum 斜羽耳蕨：obliquus 斜的，偏的，歪斜的，对角线的；obliq-/ obliqui- 对角线的，斜线的，歪斜的

Polystichum oblongum 镇康耳蕨：oblongus = ovus + longus 长椭圆形的（ovus 的词干 ov- 音变为 ob-）；ovus 卵，胚珠，卵形的，椭圆形的；longus 长的，纵向的

Polystichum oligocarpum 疏果耳蕨：oligo-/ olig- 少数的（希腊语，拉丁语为 pauci-）；carpus/ carpum/ carpa/ carpon ← carpos 果实（用于希腊语复合词）

Polystichum omeiense 峨眉耳蕨：omeiense 峨眉山的（地名，四川省）

Polystichum oreodoxa 假半育耳蕨：oreodoxa 装饰山地的；oreo-/ ores-/ ori- ← oreos 山，山地，高山；-doxa/ -doxus 荣耀的，瑰丽的，壮观的，显眼的

Polystichum orientali-tibeticum 藏东耳蕨：orientali-tibeticum 藏东的；orientalis 东方的；oriens 初升的太阳，东方；tibeticum 西藏的（地名）

Polystichum otophorum 高山耳蕨：otophorus = otos + phorus 具耳的；otos 耳朵；-phorus/ -phorum/ -phora 载体，承载物，支持物，带着，生着，附着（表示一个部分带着别的部分，包括起支撑或承载作用的柄、柱、托、囊等，如 gynophorum = gynus + phorum 雌蕊柄的，带有雌蕊的，承载雌蕊的）；gynus/ gynum/ gyna 雌蕊，子房，心皮

Polystichum ovato-paleaceum 卵鳞耳蕨：ovatus = ovus + atus 卵圆形的；ovus 卵，胚珠，卵形的，椭圆形的；paleaceus 具托苞的，具内颖的，具稃的，具鳞片的；paleus 托苞，内颖，内稃，鳞片；-aceus/ -aceum/ -acea 相似的，有……性质的，属于……的

Polystichum paradeltodon 新对生耳蕨：paradeltodon 近似三角的，近似 deltodon 的；para- 类似，接近，近旁，假的；Polystichum deltodon 对生耳蕨；deltodon/ deltodontus/ deltodus 三角形齿的 = delta + dontus 三角状齿的；delta 三角；dontus 齿，牙齿；-don/ -odontus 齿，有齿的

Polystichum paramoupinense 拟穆坪耳蕨：paramoupinense 像 moupinense 的；Polystichum moupinense 穆坪耳蕨；para- 类似，接近，近旁，假的；lunanensis 路南的（地名，云南省石林彝族自治县的旧称）

Polystichum parvifoliolatum 小羽耳蕨：parvus 小的，些微的，弱的；foliolatus = folius + ulus + atus 具小叶的，具叶片的；folius/ folium/ folia 叶，叶片（用于复合词）；-ulus/ -ulum/ -ula 小的，略微的，稍微的（小词 -ulus 在字母 e 或 i 之后有多种变缀，即 -olus/ -olum/ -ola、-ellus/ -ellum/ -ella、-illus/ -illum/ -illa，与第一变格法和第二变格法名词形成复合词）；-atus/ -atum/ -ata 属于，相似，具有，完成（形容词词尾）

Polystichum parvipinnulum 尖叶耳蕨：parvus 小的，些微的，弱的；pinnulus 小羽片的；pinnus/ pennus 羽毛，羽状，羽片；-ulus/ -ulum/ -ula 小的，略微的，稍微的（小词 -ulus 在字母 e 或 i 之后有多种变缀，即 -olus/ -olum/ -ola、-ellus/ -ellum/ -ella、-illus/ -illum/ -illa，与第一变格法和第二变格法名词形成复合词）

Polystichum pianmaense 片马耳蕨：pianmaense 片马的（地名，云南省）

Polystichum piceo-paleaceum 乌鳞耳蕨：piceo- 云杉，暗褐色的，暗棕色的（指松脂颜色）；paleaceus 具托苞的，具内颖的，具稃的，具鳞片的；paleus 托苞，内颖，内稃，鳞片；-aceus/ -aceum/ -acea 相似的，有……性质的，属于……的

Polystichum polyblepharum 棕鳞耳蕨：polyblepharuus 多缘毛的；poly- ← polys 多个，许多（希腊语，拉丁语为 multi-）；blepharus ← blepharis 睫毛，缘毛，流苏（希腊语，比喻缘毛）

Polystichum prescottianum 芒刺耳蕨：prescottianum（人名）

Polystichum prionolepis 锯鳞耳蕨：prio-/ prion-/ priono- 锯，锯齿；lepis/ lepidos 鳞片

Polystichum pseudo-castaneum 拟栗鳞耳蕨：pseudo-castaneum 像 castaneum 的；pseudo-/ pseud- ← pseudos 假的，伪的，接近，相似（但不是）；Polystichum castaneum 栗鳞耳蕨；castaneus 棕色的，板栗色的

Polystichum pseudo-makinoi 假黑鳞耳蕨：pseudo-makinoi 像 makinoi 的；pseudo-/ pseud- ← pseudos 假的，伪的，接近，相似（但不是）；Polystichum makinoi 黑鳞耳蕨；makinoi（人名）

Polystichum pseudo-setosum 假线鳞耳蕨：pseudo-setosum 像 setosum 的；pseudo-/ pseud- ← pseudos 假的，伪的，接近，相似（但不是）；Polystichum setosum 线鳞耳蕨属；setosus = setus + osus 被刚毛的，被短毛的，被芒刺的

Polystichum pseudo-xiphophyllum 洪雅耳蕨：pseudo-xiphophyllum 像 xiphophyllum 的；pseudo-/ pseud- ← pseudos 假的，伪的，接近，相似（但不是）；Polystichum xiphophyllum 剑叶耳蕨；xiphophyllus 剑状叶片

Polystichum pseudoacutidens 文笔峰耳蕨：pseudoacutidens 像 acutidens 的，近似尖齿的；pseudo-/ pseud- ← pseudos 假的，伪的，接近，相似（但不是）；Polystichum acutidens 尖齿耳蕨；acutidens 尖齿的

Polystichum pseudorhomboideum 菱羽耳蕨：pseudorhomboideum 近似菱形的，像 rhomboideum 的；Polystichum rhomboideum 菱叶耳蕨；rhomboideus 菱形的；rhombus 菱形，纺锤；-oides/ -oideus/ -oideum/ -oidea/ -odes/ -eidos 像……的，类似……的，呈……状的（名词词尾）

Polystichum punctiferum 中缅耳蕨：punctatus = punctus + atus 具斑点的；punctus 斑点；-ferus/ -ferum/ -fera/ -fero/ -fere/ -fer 有，具有，产（区别：作独立词使用的 ferus 意思是"野生的"）

Polystichum pycnopterum 密果耳蕨：pycn-/ pycno- ← pycnos 密生的，密集的；pterus/ pteron 翅，翼，蕨类

Polystichum qamdoense 昌都耳蕨：qamdoense 昌都的（地名，西藏自治区）

Polystichum retroso-paleaceum 倒鳞耳蕨：retroso 向后，反向；paleaceus 具托苞的，具内颖的，具稃的，具鳞片的；paleus 托苞，内颖，内稃，鳞片；-aceus/ -aceum/ -acea 相似的，有……性质的，属于……的

Polystichum rhombiforme 斜方刺叶耳蕨：rhombus 菱形，纺锤；forme/ forma 形状

Polystichum rigens 阔鳞耳蕨：rigens 坚硬的，不弯曲的，强直的

Polystichum robustum 粗壮耳蕨：robustus 大型的，结实的，健壮的，强壮的

Polystichum rufopaleaceum 红鳞耳蕨：ruf-/ rufi-/ frufo- ← rufus/ rubus 红褐色的，锈色的，红色的，发红的，淡红色的；paleaceus 具托苞的，具内颖的，具稃的，具鳞片的；paleus 托苞，内颖，内稃，鳞片；-aceus/ -aceum/ -acea 相似的，有……性质的，属于……的

Polystichum rupicola 岩生耳蕨：rupicolus/ rupestris 生于岩壁的，岩栖的；rup-/ rupi- ←

rupes/ rupis 岩石的；colus ← colo 分布于，居住于，栖居，殖民（常作词尾）；colo/ colere/ colui/ cultum 居住，耕作，栽培

Polystichum salwinense 怒江耳蕨：salwinense 萨尔温江的（地名，怒江流入缅甸部分的名称）

Polystichum saxicola 石生耳蕨：saxicolus 生于石缝的；saxum 岩石，结石；colus ← colo 分布于，居住于，栖居，殖民（常作词尾）；colo/ colere/ colui/ cultum 居住，耕作，栽培

Polystichum semifertile 半育耳蕨：semi- 半，准，略微；fertile/ fertilis 多产的，结果实多的，能育的

Polystichum setillosum 刚毛耳蕨：setillosus = setus + ulus + osus 细刚毛的，多毛的；setus/ saetus 刚毛，刺毛，芒刺；-ulus/ -ulum/ -ula 小的，略微的，稍微的（小词 -ulus 在字母 e 或 i 之后有多种变缀，即 -olus/ -olum/ -ola、-ellus/ -ellum/ -ella、-illus/ -illum/ -illa，与第一变格法和第二变格法名词形成复合词）；-osus/ -osum/ -osa 多的，充分的，丰富的，显著发育的，程度高的，特征明显的（形容词词尾）

Polystichum shandongense 山东耳蕨：shandongense 山东的（地名）

Polystichum shensiense 陕西耳蕨：shensiense 陕西的（地名）

Polystichum shimurae 边果耳蕨：shimurae（人名）；-ae 表示人名，以 -a 结尾的人名后面加上 -e 形成

Polystichum simplicipinnum 单羽耳蕨：simplicipinnus = simplex + pinnus 单羽片的；simplici- ← simplex 单一的，简单的，无分歧的；构词规则：以 -ix/ -iex 结尾的词其词干末尾视为 -ic，以 -ex 结尾视为 -i/ -ic，其他以 -x 结尾视为 -c；dentus 齿，牙齿；pinnus/ pennus 羽毛，羽状，羽片

Polystichum sinense 中华耳蕨：sinense = Sina + ense 中国的（地名）；Sina 中国

Polystichum sinense var. lobatum 裂叶耳蕨：lobatus = lobus + atus 具浅裂的，具耳垂状突起的；lobus/ lobos/ lobon 浅裂，耳片（裂片先端钝圆），荚果，蒴果；-atus/ -atum/ -ata 属于，相似，具有，完成（形容词词尾）

Polystichum sinense var. sinense 中华耳蕨-原变种（词义见上面解释）

Polystichum sino-tsus-simense 中华对马耳蕨：sino-tsus-simense 中华对马的；sino- 中国；tsus-simense ← Tsushima 对马岛的（地名，位于日韩之间的岛屿）

Polystichum sozanense 草山耳蕨：sozanense 草山的（地名，位于台湾省，日语读音，现称阳明山）

Polystichum squarrosum 密鳞耳蕨：squarrosus = squarrus + osus 粗糙的，不平滑的，有凸起的；squarrus 糙的，不平，凸点；-osus/ -osum/ -osa 多的，充分的，丰富的，显著发育的，程度高的，特征明显的（形容词词尾）

Polystichum stenophyllum 狭叶芽孢耳蕨：sten-/ steno- ← stenus 窄的，狭的，薄的；phyllus/ phyllum/ phylla ← phyllon 叶片（用于希腊语复合词）

Polystichum stenophyllum var. conaense 错那耳蕨：conaense 错那的（地名，西藏自治区）

Polystichum stenophyllum var. stenophyllum 狭叶芽孢耳蕨-原变种 （词义见上面解释）

Polystichum stimulans 猫儿刺耳蕨：stimulans ← stimulus 刺激的

Polystichum subacutidens 多羽耳蕨：subacutidens 略呈尖齿的, 像 acutidens 的；sub-（表示程度较弱）与……类似，几乎，稍微，弱，亚，之下，下面；Polystichum acutidens 尖齿耳蕨；acutidens 尖齿的

Polystichum subdeltodon 粗齿耳蕨：subdeltodon 像 deltodon 的，近三角形的；sub-（表示程度较弱）与……类似，几乎，稍微，弱，亚，之下，下面；Polystichum deltodon 对生耳蕨；deltodon/ deltodontus/ deltodus 三角形齿的 = delta + dontus 三角状齿的；delta 三角；dontus 齿，牙齿，-don/ -odontus 齿，有齿的

Polystichum subfimbriatum 拟流苏耳蕨：subfimbriatus 像 fimbriatum 的，稍具长缘毛的；sub-（表示程度较弱）与……类似，几乎，稍微，弱，亚，之下，下面；Polystichum fimbriatum 长叶耳蕨；fimbriatus = fimbria + atus 具长缘毛的，具流苏的，具锯齿状裂的（指花瓣）

Polystichum submarginale 近边耳蕨：submarginale 近边的；sub-（表示程度较弱）与……类似，几乎，稍微，弱，亚，之下，下面；marginale 边缘；margo/ marginis → margin- 边缘，边线，边界

Polystichum submite 秦岭耳蕨：submite = sub + mite 稍平稳的，稍柔和的，稍有耐力的；sub-（表示程度较弱）与……类似，几乎，稍微，弱，亚，之下，下面；mite ← mitis 平稳的，柔和的，有耐力的

Polystichum subulatum 钻鳞耳蕨：subulatus 钻形的，尖头的，针尖状的；subulus 钻头，尖头，针尖状

Polystichum tacticopterum 南亚耳蕨：tacticopterus 列状翅的；tactico- 列，队列；pterus/ pteron 翅，翼，蕨类

Polystichum taizhongense 台中耳蕨：taizhongense 台中的（地名，属台湾省）

Polystichum tangmaiense 通麦耳蕨：tangmaiense 通麦的（地名，西藏自治区）

Polystichum thomsonii 尾叶耳蕨：thomsonii ← Thomas Thomson（人名，19 世纪英国植物学家）；-ii 表示人名，接在以辅音字母结尾的人名后面，但 -er 除外

Polystichum tibeticum 西藏耳蕨：tibeticum 西藏的（地名）

Polystichum tonkinense 中越耳蕨：tonkin 东京（地名，越南河内的旧称）

Polystichum tripteron 戟叶耳蕨：tripteron 三翅的；tri-/ tripli-/ triplo- 三个，三数；pterus/ pteron 翅，翼，蕨类

Polystichum tsingkanshanense 井冈山耳蕨：tsingkanshanense 井冈山的（地名，江西省）

Polystichum tsus-simense 对马耳蕨：tsus-simense ← Tsushima 对马岛的（地名，位于日韩之间的岛屿）

Polystichum tsus-simense var. parvipinnulum 小羽对马耳蕨：parvus 小的，些微的，弱的；pinnulus 小羽片的；pinnus/ pennus 羽毛，羽状，羽片；-ulus/ -ulum/ -ula 小的，略微的，稍微的（小词 -ulus 在字母 e 或 i 之后有多种变缀，即 -olus/ -olum/ -ola、-ellus/ -ellum/ -ella、-illus/ -illum/ -illa，与第一变格法和第二变格法名词形成复合词）

Polystichum tsus-simense var. tsus-simense 对马耳蕨-原变种 （词义见上面解释）

Polystichum wattii 细裂耳蕨：wattii（人名）；-ii 表示人名，接在以辅音字母结尾的人名后面，但 -er 除外

Polystichum xiphophyllum 剑叶耳蕨：xiphophyllus 剑状叶片；xipho-/ xiph- ← xiphos 剑，剑状的；phyllus/ phyllum/ phylla ← phyllon 叶片（用于希腊语复合词）

Polystichum yadongense 亚东耳蕨：yadongense 亚东的（地名，西藏自治区）

Polystichum yuanum 倒叶耳蕨：yuanum（人名）

Polystichum yunnanense 云南耳蕨：yunnanense 云南的（地名）

Polystichum zayuense 察隅耳蕨：zayuense 察隅的（地名，西藏自治区）

Polytoca 多裔草属（裔 yì）（禾本科）（10-2：p282）：poly- ← polys 多个，许多（希腊语，拉丁语为 multi-）；tocos 裔

Polytoca digitata 多裔草：digitatus 指状的，掌状的；digitus 手指，手指长的（3.4 cm）

Polytoca massii 葫芦草：massii（人名）；-ii 表示人名，接在以辅音字母结尾的人名后面，但 -er 除外

Polytrias 单序草属（禾本科）（10-2：p97）：polytrias 很多三个一组（指穗轴各节具 3 小穗）；poly- ← polys 多个，许多（希腊语，拉丁语为 multi-）

Polytrias amaura 单序草：amaurus 不明显的，黑色的

Polytrias amaura var. amaura 单序草-原变种（词义见上面解释）

Polytrias amaura var. nana 短毛单序草：nanus ← nanos/ nannos 矮小的，小的；nani-/ nano-/ nanno- 矮小的，小的

Pomatocalpa 鹿角兰属（兰科）（19：p303）：pomatocalpa 坛子的盖（指球形距有一延伸至口部的褶片）；pomatos 盖子；calpis 瓮，坛子

Pomatocalpa acuminatum 台湾鹿角兰：acuminatus = acumen + atus 锐尖的，渐尖的；acumen 渐尖头；-atus/ -atum/ -ata 属于，相似，具有，完成（形容词词尾）

Pomatocalpa spicatum 鹿角兰：spicatus 具穗的，具穗状花的，具尖头的；spicus 穗，谷穗，花穗；-atus/ -atum/ -ata 属于，相似，具有，完成（形容词词尾）

Pomatosace 羽叶点地梅属（报春花科）（59-2：p286）：pomatos 盖子；sace ← sake 盾

Pomatosace filicula 羽叶点地梅：Filicula 小蕨属（岩蕨科）；filiculus = filix + ulus 小蕨状的；filix ← filic- 蕨；构词规则：以 -ix/ -iex 结尾的词其词干末尾视为 -ic，以 -ex 结尾视为 -i/ -ic，其他以 -x 结尾

视为 -c；-culus/ -culum/ -cula 小的，略微的，稍微的（同第三变格法和第四变格法名词形成复合词）

Pometia 番龙眼属（无患子科）（47-1：p34）：pometia ← Pomet（人名）

Pometia pinnata 番龙眼：pinnatus = pinnus + atus 羽状的，具羽的；pinnus/ pennus 羽毛，羽状，羽片；-atus/ -atum/ -ata 属于，相似，具有，完成（形容词词尾）

Pometia tomentosa 绒毛番龙眼：tomentosus = tomentum + osus 绒毛的，密被绒毛的；tomentum 绒毛，浓密的毛被，棉絮，棉絮状填充物（被褥、垫子等）；-osus/ -osum/ -osa 多的，充分的，丰富的，显著发育的，程度高的，特征明显的（形容词词尾）

Pommereschea 直唇姜属（姜科）（16-2：p106）：pommereschea ← Pommer-Esche（人名，18 世纪普鲁士园艺学家）

Pommereschea lackneri 直唇姜：lackneri（人名）；-eri 表示人名，在以 -er 结尾的人名后面加上 i 形成

Pommereschea spectabilis 短柄直唇姜：spectabilis 壮观的，美丽的，漂亮的，显著的，值得看的；spectus 观看，观察，观测，表情，外观，外表，样子；-ans/ -ens/ -bilis/ -ilis 能够，可能（为形容词词尾，-ans/ -ens 用于主动语态，-bilis/ -ilis 用于被动语态）

Poncirus 枳属（枳 zhǐ）（芸香科）（43-2：p163）：poncirus ← poncire 柑橘一种（法语）

Poncirus polyandra 富民枳：poly- ← polys 多个，许多（希腊语，拉丁语为 multi-）；andrus/ andros/ antherus ← aner 雄蕊，花药，雄性

Poncirus trifoliata 枳：tri-/ tripli-/ triplo- 三个，三数；foliatus 具叶的，多叶的；folius/ folium/ folia → foli-/ folia- 叶，叶片；-atus/ -atum/ -ata 属于，相似，具有，完成（形容词词尾）

Poncirus trifoliata × Citrus ?ichangensis 枳×宜昌橙？（问号表示亲本不确定）：citrus ← kitron 柑橘，柠檬（柠檬的古拉丁名）；Citrus 柑橘属（芸香科）；ichangensis 宜昌的（地名，湖北省）

Pongamia 水黄皮属（豆科）（40：p182）：pongamia 水黄皮（马来西亚土名）

Pongamia pinnata 水黄皮：pinnatus = pinnus + atus 羽状的，具羽的；pinnus/ pennus 羽毛，羽状，羽片；-atus/ -atum/ -ata 属于，相似，具有，完成（形容词词尾）

Pontederiaceae 雨久花科（13-3：p134）：pontedera ← Guilio Pontedera（人名，18 世纪意大利植物学家）；-aceae（分类单位科的词尾，为 -aceus 的阴性复数主格形式，加到模式属的名称后或同义词的词干后以组成族群名称）

Popowia 嘉陵花属（番荔枝科）（30-2：p108）：popowia ← M. G. Popov（人名，俄国植物学家）

Popowia pisocarpa 嘉陵花：pisocarpus 豌豆果的；piso ← pisum 豆，豌豆；carpus/ carpum/ carpa/ carpon ← carpos 果实（用于希腊语复合词）

Populus 杨属（杨柳科）（20-2：p2）：Populus 杨属（古拉丁名）

Populus adenopoda 响叶杨：adenopodus 腺柄的；aden-/ adeno- ← adenus 腺，腺体；podus/ pus 柄，梗，茎秆，足，腿

Populus adenopoda var. adenopoda 响叶杨-原变种 （词义见上面解释）

Populus adenopoda var. adenopoda f. adenopoda 响叶杨-原变型 （词义见上面解释）

Populus adenopoda var. adenopoda f. cuneata 楔叶响叶杨：cuneatus = cuneus + atus 具楔子的，属楔形的；cuneus 楔子的；-atus/ -atum/ -ata 属于，相似，具有，完成（形容词词尾）

Populus adenopoda var. adenopoda f. microcarpa 小果响叶杨：micr-/ micro- ← micros 小的，微小的，微观的（用于希腊语复合词）；carpus/ carpum/ carpa/ carpon ← carpos 果实（用于希腊语复合词）

Populus adenopoda var. platyphylla 大叶响叶杨：platys 大的，宽的（用于希腊语复合词）；phyllus/ phyllum/ phylla ← phyllon 叶片（用于希腊语复合词）

Populus afghanica 阿富汗杨（汗 hàn）：afghanica 阿富汗的（地名）

Populus afghanica var. afghanica 阿富汗杨-原变种 （词义见上面解释）

Populus afghanica var. tadishistanica 喀什阿富汗杨（喀 kā，汗 hàn）：tadishistanica（地名，帕米尔，已修订为 tajikistanica）；-icus/ -icum/ -ica 属于，具有某种特性（常用于地名、起源、生境）

Populus alachanica 阿拉善杨：alachanica 阿拉善的（地名，内蒙古最西部）

Populus alba 银白杨：albus → albi-/ albo- 白色的

Populus alba var. alba 银白杨-原变种 （词义见上面解释）

Populus alba var. bachofenii 光皮银白杨：bachofenii（人名）；-ii 表示人名，接在以辅音字母结尾的人名后面，但 -er 除外

Populus alba var. pyramidalis 新疆杨：pyramidalis 金字塔形的，三角形的，锥形的；pyramis 棱形体，锥形体，金字塔；构词规则：词尾为 -is 和 -ys 的词的词干分别视为 -id 和 -yd

Populus amurensis 黑龙江杨：amurense/ amurensis 阿穆尔的（地名，东西伯利亚的一个州，南部以黑龙江为界），阿穆尔河的（即黑龙江的俄语音译）

Populus × beijingensis 北京杨：beijingensis 北京的（地名）

Populus × berolinensis 中东杨：berolinensis 柏林的（地名，德国）

Populus × canadensis 加杨：canadensis 加拿大的（地名）

Populus × canadensis cv. Eugenei 尤金杨：eugenei（品种名，人名）

Populus × canadensis cv. Gelrica 格尔里杨：gelrica 格尔里的（地名，品种名）

Populus × canadensis cv. I-214 意大利 214 杨（词义见上面解释）

Populus × canadensis cv. Leipzig 来比锡杨（也称里普杨）：leipzig 来比锡（地名，中文品种名）

Populus × canadensis cv. Marilandica 马里兰杨：marilandica 马里兰的（地名）；-icus/ -icum/ -ica 属于，具有某种特性（常用于地名、起源、生境）

Populus × canadensis cv. Polska 15 A 波兰 15 号杨：polska 波兰的（地名，品种名）

Populus × canadensis cv. Regenerata 新生杨：regenerata 新生的，更新的（品种名）

Populus × canadensis cv. Robusta 健杨：robustus 大型的，结实的，健壮的，强壮的

Populus × canadensis cv. Sacrau 79 沙兰杨：sacrau 沙兰的（品种名）

Populus × canadensis cv. Serotina 晚花杨：serotinus 晚来的，晚季的，晚开花的

Populus candicans 欧洲大叶杨：candicans 白毛状的，发白光的，变白的；-icans 表示正在转变的过程或相似程度，有时表示相似程度非常接近、几乎相同

Populus canescens 银灰杨：canescens 变灰色的，淡灰色的；canens 使呈灰色的；canus 灰色的，灰白色的；-escens/ -ascens 改变，转变，变成，略微，带有，接近，相似，大致，稍微（表示变化的趋势，并未完全相似或相同，有别于表示达到完成状态的 -atus）

Populus cathayana 青杨：cathayana ← Cathay ← Khitay/ Khitai 中国的，契丹的（地名，10–12 世纪中国北方契丹人的领域，辽国前身，多用来代表中国，俄语称中国为 Kitay）

Populus cathayana var. cathayana 青杨-原变种（词义见上面解释）

Populus cathayana var. latifolia 宽叶青杨：lati-/ late- ← latus 宽的，宽广的；folius/ folium/ folia 叶，叶片（用于复合词）

Populus cathayana var. pedicellata 长果柄青杨：pedicellatus = pedicellus + atus 具小花柄的；pedicellus = pes + cellus 小花梗，小花柄（不同于花序柄）；pes/ pedis 柄，梗，茎秆，腿，足，爪（作词首或词尾，pes 的词干视为 "ped-"）；-cellus/ -cellum/ -cella、-cillus/ -cillum/ -cilla 小的，略微的，稍微的（与任何变格法名词形成复合词）；关联词：pedunculus 花序柄，总花梗（花序基部无花着生部分）；-ellatus = ellus + atus 小的，属于小的；-atus/ -atum/ -ata 属于，相似，具有，完成（形容词词尾）

Populus cathayana var. schneideri 云南青杨：schneideri（人名）；-eri 表示人名，在以 -er 结尾的人名后面加上 i 形成

Populus charbinensis 哈青杨：charbinensis 哈尔滨的（地名，黑龙江省）

Populus charbinensis var. charbinensis 哈青杨-原变种（词义见上面解释）

Populus charbinensis var. pachydermis 厚皮哈青杨：pachy- ← pachys 厚的，粗的，肥的；dermis ← derma 皮，皮肤，表皮

Populus ciliata 缘毛杨：ciliatus = cilium + atus 缘毛的，流苏的；cilium 缘毛，睫毛；-atus/ -atum/ -ata 属于，相似，具有，完成（形容词词尾）

Populus ciliata var. aurea 金色缘毛杨：aureus = aurus + eus → aure-/ aureo- 金色的，黄色的；aurus 金，金色；-eus/ -eum/ -ea（接拉丁语词干时）属于……的，色如……的，质如……的（表示原料、颜色或品质的相似），（接希腊语词干时）属于……的，以……出名，为……所占有（表示具有

某种特性）

Populus ciliata var. ciliata 缘毛杨-原变种（词义见上面解释）

Populus ciliata var. gyirongensis 吉隆缘毛杨：gyirongensis 吉隆的（地名，西藏中尼边境县）

Populus ciliata var. weixi 维西缘毛杨：weixi 维西（地名，云南省）

Populus davidiana 山杨：davidiana ← Pere Armand David（人名，1826–1900，曾在中国采集植物标本的法国传教士）

Populus davidiana var. davidiana 山杨-原变种（词义见上面解释）

Populus davidiana var. davidiana f. davidiana 山杨-原变型（词义见上面解释）

Populus davidiana var. davidiana f. laticuneata 楔叶山杨：lati-/ late- ← latus 宽的，宽广的；cuneatus = cuneus + atus 具楔子的，属楔形的；cuneus 楔子的

Populus davidiana var. davidiana f. ovata 卵叶山杨：ovatus = ovus + atus 卵圆形的；ovus 卵，胚珠，卵形的，椭圆形的；-atus/ -atum/ -ata 属于，相似，具有，完成（形容词词尾）

Populus davidiana var. davidiana f. pendula 垂枝山杨：pendulus ← pendere 下垂的，垂吊的（悬空或因支持体细软而下垂）；pendere/ pendeo 悬挂，垂悬；-ulus/ -ulum/ -ula（表示趋向或动作）（小词 -ulus 在字母 e 或 i 之后有多种变缀，即 -olus/ -olum/ -ola、-ellus/ -ellum/ -ella、-illus/ -illum/ -illa，与第一变格法和第二变格法名词形成复合词）

Populus davidiana var. tomentella 茸毛山杨：tomentellus 被短绒毛的，被微绒毛的；tomentum 绒毛，浓密的毛被，棉絮，棉絮状填充物（被褥、垫子等）；-ellus/ -ellum/ -ella ← -ulus 小的，略微的，稍微的（小词 -ulus 在字母 e 或 i 之后有多种变缀，即 -olus/ -olum/ -ola、-ellus/ -ellum/ -ella、-illus/ -illum/ -illa，用于第一变格法名词）

Populus euphratica 胡杨：euphratica ← Euphrates 幼发拉底的（中东河流名）；-aticus/ -aticum/ -atica 属于，表示生长的地方，作名词词尾

Populus gansuensis 二白杨：gansuensis 甘肃的（地名）

Populus girinensis 东北杨：girinensis 吉林的（地名）

Populus girinensis var. girinensis 东北杨-原变种（词义见上面解释）

Populus girinensis var. ivaschkevitchii 楔叶东北杨：ivaschkevitchii（人名）；-ii 表示人名，接在以辅音字母结尾的人名后面，但 -er 除外

Populus glauca 灰背杨：glaucus → glauco-/ glauc- 被白粉的，发白的，灰绿色的

Populus haoana 德钦杨：haoana（人名）

Populus haoana var. haoana 德钦杨-原变种（词义见上面解释）

Populus haoana var. macrocarpa 大果德钦杨：macro-/ macr- ← macros 大的，宏观的（用于希腊语复合词）；carpus/ carpum/ carpa/ carpon ← carpos 果实（用于希腊语复合词）

Populus haoana var. megaphylla 大叶德钦杨：megaphylla 大叶子的；mega-/ megal-/ megalo- ← megas 大的，巨大的；phyllus/ phyllum/ phylla ← phyllon 叶片（用于希腊语复合词）

Populus haoana var. microcarpa 小果德钦杨：micr-/ micro- ← micros 小的，微小的，微观的（用于希腊语复合词）；carpus/ carpum/ carpa/ carpon ← carpos 果实（用于希腊语复合词）

Populus hopeiensis 河北杨：hopeiensis 河北的（地名）

Populus hsinganica 兴安杨：hsinganica 兴安的（地名，大兴安岭或小兴安岭）；-icus/ -icum/ -ica 属于，具有某种特性（常用于地名、起源、生境）

Populus iliensis 伊犁杨：iliense/ iliensis 伊利的（地名，新疆维吾尔自治区），伊犁河的（河流名，跨中国新疆与哈萨克斯坦）

Populus × jrtyschensis 额河杨：jrtyschensis 额尔齐斯河的（地名，新疆维吾尔自治区，也拼写为"irtyschensis"）

Populus kangdingensis 康定杨：kangdingensis 康定的（地名，四川省）

Populus koreana 香杨：koreana 朝鲜的（地名）

Populus lasiocarpa 大叶杨：lasi-/ lasio- 羊毛状的，有毛的，粗糙的；carpus/ carpum/ carpa/ carpon ← carpos 果实（用于希腊语复合词）

Populus laurifolia 苦杨：lauri- ← Laurus 月桂属（樟科）；folius/ folium/ folia 叶，叶片（用于复合词）

Populus mainlingensis 米林杨：mainlingensis 米林的（地名，西藏自治区）

Populus manshurica 热河杨：manshurica 满洲的（地名，中国东北，日语读音）

Populus maximowiczii 辽杨：maximowiczii ← C. J. Maximowicz 马克希莫夫（人名，1827–1891，俄国植物学家）

Populus nakaii 玉泉杨：nakaii = nakai + i 中井猛之进（人名，1882–1952，日本植物学家）；-ii 表示人名，接在以辅音字母结尾的人名后面，但 -er 除外；-i 表示人名，接在以元音字母结尾的人名后面，但 -a 除外

Populus nigra 黑杨：nigrus 黑色的；niger 黑色的

Populus nigra var. italica 钻天杨（钻 zuān）：italica 意大利的（地名）；-icus/ -icum/ -ica 属于，具有某种特性（常用于地名、起源、生境）

Populus nigra var. nigra 黑杨-原变种 （词义见上面解释）

Populus nigra var. thevestina 箭杆杨（杆 gǎn）：thevestina ← Thevet（人名）

Populus ningshanica 汉白杨：ningshanica 宁陕的（地名，陕西省）；-icus/ -icum/ -ica 属于，具有某种特性（常用于地名、起源、生境）

Populus pamirica 帕米杨：pamirica 帕米尔的（地名，中亚东南部高原，跨塔吉克斯坦、中国、阿富汗）；-icus/ -icum/ -ica 属于，具有某种特性（常用于地名、起源、生境）

Populus pilosa 柔毛杨：pilosus = pilus + osus 多毛的，被柔毛的，具疏柔毛的，被短弱细毛的；pilus 毛，疏柔毛；-osus/ -osum/ -osa 多的，充分的，丰

富的，显著发育的，程度高的，特征明显的（形容词词尾）

Populus pilosa var. leiocarpa 光果柔毛杨：lei-/ leio-/ lio- ← leius ← leios 光滑的，平滑的；carpus/ carpum/ carpa/ carpon ← carpos 果实（用于希腊语复合词）

Populus pilosa var. pilosa 柔毛杨-原变种 （词义见上面解释）

Populus pruinosa 灰胡杨：pruinosus/ pruinatus 白粉覆盖的，覆盖白霜的；pruina 白粉，蜡质淡色粉末；-osus/ -osum/ -osa 多的，充分的，丰富的，显著发育的，程度高的，特征明显的（形容词词尾）

Populus przewalskii 青甘杨：przewalskii ← Nicolai Przewalski（人名，19 世纪俄国探险家、博物学家）

Populus pseudo-simonii 小青杨：pseudo-simonii 像 simonii 的；pseudo-/ pseud- ← pseudos 假的，伪的，接近，相似（但不是）；Populus simonii 小叶杨；simonii（人名）

Populus × pseudo-tomentosa 响毛杨：pseudo-tomentosa 像 tomentosa 的；pseudo-/ pseud- ← pseudos 假的，伪的，接近，相似（但不是）；Populus tomentosa 毛白杨；tomentosus = tomentum + osus 绒毛的，密被绒毛的；tomentum 绒毛，浓密的毛被，棉絮，棉絮状填充物（被褥、垫子等）；-osus/ -osum/ -osa 多的，充分的，丰富的，显著发育的，程度高的，特征明显的（形容词词尾）

Populus pseudoglauca 长序杨：pseudoglauca 像 glauca 的，近乎白色的；pseudo-/ pseud- ← pseudos 假的，伪的，接近，相似（但不是）；Populus glauca 灰背杨；glaucus → glauco-/ glauc- 被白粉的，发白的，灰绿色的

Populus pseudomaximowiczii 梧桐杨：pseudomaximowiczii 像 maximowiczii 的；pseudo-/ pseud- ← pseudos 假的，伪的，接近，相似（但不是）；Populus maximowiczii 辽杨；maximowiczii ← C. J. Maximowicz 马克希莫夫（人名，1827–1891，俄国植物学家）

Populus pseudomaximowiczii f. glabrata 光果梧桐杨：glabratus = glabrus + atus 脱毛的，光滑的；glabrus 光秃的，无毛的，光滑的；-atus/ -atum/ -ata 属于，相似，具有，完成（形容词词尾）

Populus pseudomaximowiczii f. pseudomaximowiczii 梧桐杨-原变型 （词义见上面解释）

Populus purdomii 冬瓜杨：purdomii（人名）；-ii 表示人名，接在以辅音字母结尾的人名后面，但 -er 除外

Populus purdomii var. purdomii 冬瓜杨-原变种（词义见上面解释）

Populus purdomii var. rockii 光皮冬瓜杨：rockii ← Joseph Francis Charles Rock（人名，20 世纪美国植物采集员）

Populus qamdoensis 昌都杨：qamdoensis 昌都的（地名，西藏自治区）

Populus rotundifolia 圆叶杨：rotundus 圆形的，呈圆形的，肥大的；rotundo 使呈圆形，使圆滑；roto 旋转，滚动；folius/ folium/ folia 叶，叶片（用于复合词）

Populus rotundifolia var. bonati 滇南山杨：bonati（人名，词尾改为"-ii"似更妥）；-ii 表示人名，接在以辅音字母结尾的人名后面，但 -er 除外；-i 表示人名，接在以元音字母结尾的人名后面，但 -a 除外

Populus rotundifolia var. duclouxiana 清溪杨：duclouxiana ← François Ducloux（人名，20 世纪初在云南采集植物）

Populus rotundifolia var. rotundifolia 圆叶杨-原变种 （词义见上面解释）

Populus shanxiensis 青毛杨：shanxiensis 山西的（地名）

Populus simonii 小叶杨：simonii（人名）；-ii 表示人名，接在以辅音字母结尾的人名后面，但 -er 除外

Populus simonii var. latifolia 宽叶小叶杨：lati-/ late- ← latus 宽的，宽广的；folius/ folium/ folia 叶，叶片（用于复合词）

Populus simonii var. liaotungensis 辽东小叶杨：liaotungensis 辽东的（地名，辽宁省）

Populus simonii var. rotundifolia 圆叶小叶杨：rotundus 圆形的，呈圆形的，肥大的；rotundo 使呈圆形，使圆滑；roto 旋转，滚动；folius/ folium/ folia 叶，叶片（用于复合词）

Populus simonii var. simonii 小叶杨-原变种 （词义见上面解释）

Populus simonii var. simonii f. fastigiata 塔形小叶杨：fastigiatus 束状的，笤帚状的（枝条直立聚集）（形近词：fastigatus 高的，高举的）；fastigius 笤帚

Populus simonii var. simonii f. pendula 垂枝小叶杨：pendulus ← pendere 下垂的，垂吊的（悬空或因支持体细软而下垂）；pendere/ pendeo 悬挂，垂悬；-ulus/ -ulum/ -ula（表示趋向或动作）（小词 -ulus 在字母 e 或 i 之后有多种变缀，即 -olus/ -olum/ -ola、-ellus/ -ellum/ -ella、-illus/ -illum/ -illa，与第一变格法和第二变格法名词形成复合词）

Populus simonii var. simonii f. rhombifolia 菱叶小叶杨：rhombus 菱形，纺锤；folius/ folium/ folia 叶，叶片（用于复合词）

Populus simonii var. simonii f. robusta 扎鲁小叶杨（扎 zhā）：robustus 大型的，结实的，健壮的，强壮的

Populus simonii var. simonii f. simonii 小叶杨-原变型 （词义见上面解释）

Populus simonii var. tsinlingensis 秦岭小叶杨：tsinlingensis 秦岭的（地名，陕西省）

Populus suaveolens 甜杨：suaveolens 芳香的，香味的；suavis/ suave 甜的，愉快的，高兴的，有魅力的，漂亮的；olens ← olere 气味，发出气味（不分香臭）

Populus szechuanica 川杨：szechuanica 四川的（地名）；-icus/ -icum/ -ica 属于，具有某种特性（常用于地名、起源、生境）

Populus szechuanica var. szechuanica 川杨-原变种 （词义见上面解释）

Populus szechuanica var. tibetica 藏川杨：tibetica 西藏的（地名）；-icus/ -icum/ -ica 属于，具有某种特性（常用于地名、起源、生境）

Populus talassica 密叶杨：talassica 塔拉斯的（地名，吉尔吉斯斯坦）

Populus tomentosa 毛白杨：tomentosus = tomentum + osus 绒毛的，密被绒毛的；tomentum 绒毛，浓密的毛被，棉絮，棉絮状填充物（被褥、垫子等）；-osus/ -osum/ -osa 多的，充分的，丰富的，显著发育的，程度高的，特征明显的（形容词词尾）

Populus tomentosa var. fastigiata 抱头毛白杨：fastigiatus 束状的，笤帚状的（枝条直立聚集）（形近词：fastigatus 高的，高举的）；fastigius 笤帚

Populus tomentosa var. tomentosa 毛白杨-原变种 （词义见上面解释）

Populus tomentosa var. truncata 截叶毛白杨：truncatus 截平的，截形的，截断的；truncare 切断，截断，截平（动词）

Populus tremula 欧洲山杨：tremulus 颤抖；tremo 颤抖，抖动，战栗；-ulus/ -ulum/ -ula 小的，略微的，稍微的（小词 -ulus 在字母 e 或 i 之后有多种变缀，即 -olus/ -olum/ -ola、-ellus/ -ellum/ -ella、-illus/ -illum/ -illa，与第一变格法和第二变格法名词形成复合词）

Populus trinervis var. trinervis 三脉青杨：tri-/ tripli-/ triplo- 三个，三数；nervis ← nervus 脉，叶脉

Populus ussuriensis 大青杨：ussuriensis 乌苏里江的（地名，中国黑龙江省与俄罗斯界河）

Populus violascens 堇柄杨：violascens/ violaceus 紫红色的，紫堇色的，堇菜状的；-escens/ -ascens 改变，转变，变成，略微，带有，接近，相似，大致，稍微（表示变化的趋势，并未完全相似或相同，有别于表示达到完成状态的 -atus）

Populus wilsonii 椅杨（椅 yī）：wilsonii ← John Wilson（人名，18 世纪英国植物学家）

Populus wilsonii f. brevipetiolata 短柄椅杨：brevi- ← brevis 短的（用于希腊语复合词词首）；petiolatus = petiolus + atus 具叶柄的；petiolus 叶柄

Populus wilsonii f. pedicellata 长果柄椅杨：pedicellatus = pedicellus + atus 具小花柄的；pedicellus = pes + cellus 小花梗，小花柄（不同于花序柄）；pes/ pedis 柄，梗，茎秆，腿，足，爪（作词首或词尾，pes 的词干视为"ped-"）；-cellus/ -cellum/ -cella、-cillus/ -cillum/ -cilla 小的，略微的，稍微的（与任何变格法名词形成复合词）；关联词：pedunculus 花序柄，总花梗（花序基部无花着生部分）；-ellatus = ellus + atus 小的，属于小的；-atus/ -atum/ -ata 属于，相似，具有，完成（形容词词尾）

Populus wilsonii f. wilsonii 椅杨-原变型 （词义见上面解释）

Populus wuana 长叶杨：wuana（人名）

Populus xiangchengensis 乡城杨：xiangchengensis 乡城的（地名，四川省）

Populus × xiaohei 小黑杨：xiaohei 小黑（中文品种名）

Populus × xiaozhuanica 小钻杨（钻 zuān）：xiaozhuanica 小钻杨（中文品种名）

Populus yatungensis 亚东杨：yatungensis 亚东的（地名，西藏自治区）

Populus yatungensis var. crenata 圆齿亚东杨：crenatus = crena + atus 圆齿状的，具圆齿的；crena 叶缘的圆齿

Populus yatungensis var. trichorachis 毛轴亚东杨：trich-/ tricho-/ tricha- ← trichos ← thrix 毛，多毛的，线状的，丝状的；rachis/ rhachis 主轴，花序轴，叶轴，脊棱（指着生小叶或花的部分的中轴，如羽状复叶、穗状花序总柄基部以外的部分）

Populus yatungensis var. yatungensis 亚东杨-原变种 （词义见上面解释）

Populus yuana 五瓣杨：yuana（人名）

Populus yunnanensis 滇杨：yunnanensis 云南的（地名）

Populus yunnanensis var. microphylla 小叶滇杨：micr-/ micro- ← micros 小的，微小的，微观的（用于希腊语复合词）；phyllus/ phyllum/ phylla ← phyllon 叶片（用于希腊语复合词）

Populus yunnanensis var. pedicellata 长果柄滇杨：pedicellatus = pedicellus + atus 具小花柄的；pedicellus = pes + cellus 小花梗，小花柄（不同于花序柄）；pes/ pedis 柄，梗，茎秆，腿，足，爪（作词首或词尾，pes 的词干视为"ped-"）；-cellus/ -cellum/ -cella、-cillus/ -cillum/ -cilla 小的，略微的，稍微的（与任何变格法名词形成复合词）；关联词：pedunculus 花序柄，总花梗（花序基部无花着生部分）；-ellatus = ellus + atus 小的，属于小的，-atus/ -atum/ -ata 属于，相似，具有，完成（形容词词尾）

Populus yunnanensis var. yunnanensis 滇杨-原变种 （词义见上面解释）

Porana 飞蛾藤属（旋花科）（64-1：p24）：porana 飞蛾藤（印度土名）

Porana brevisepala 短萼飞蛾藤：brevi- ← brevis 短的（用于希腊语复合词词首）；sepalus/ sepalum/ sepala 萼片（用于复合词）

Porana confertifolia 密叶飞蛾藤：confertus 密集的；folius/ folium/ folia 叶，叶片（用于复合词）

Porana decora 白飞蛾藤（原名"白藤"，棕榈科有重名）：decorus 美丽的，漂亮的，装饰的；decor 装饰，美丽

Porana dinetoides 蒙自飞蛾藤：Dineta（昆虫纲一属）；-oides/ -oideus/ -oideum/ -oidea/ -odes/ -eidos 像……的，类似……的，呈……状的（名词词尾）

Porana dinetoides var. dinetoides 蒙自飞蛾藤-原变种 （词义见上面解释）

Porana dinetoides var. mienningensis 冕宁飞蛾藤：mienningensis 冕宁的（地名，四川省），缅宁的（地名，云南省临沧市）

Porana discifera 搭棚藤：discus 碟子，盘子，圆盘；dic-/ disci-/ disco- ← discus ← discos 碟子，盘子，圆盘；-ferus/ -ferum/ -fera/ -fero/ -fere/ -fer 有，具有，产（区别：作独立词使用的 ferus 意思是"野生的"）

Porana duclouxii 三列飞蛾藤：duclouxii（人名）；-ii 表示人名，接在以辅音字母结尾的人名后面，但

-er 除外

Porana duclouxii var. duclouxii 三列飞蛾藤-原变种 （词义见上面解释）

Porana duclouxii var. lasia 腺毛飞蛾藤：lasius ← lasios 多毛的，毛茸茸的；Lasia 刺芋属（天南星科）

Porana grandiflora 藏飞蛾藤（藏 zàng）：grandi- ← grandis 大的；florus/ florum/ flora ← flos 花（用于复合词）

Porana henryi 白花叶：henryi ← Augustine Henry 或 B. C. Henry（人名，前者，1857–1930，爱尔兰医生、植物学家，曾在中国采集植物，后者，1850–1901，曾活动于中国的传教士）

Porana mairei 小萼飞蛾藤：mairei（人名）；Edouard Ernest Maire（人名，19 世纪活动于中国云南的传教士）；Rene C. J. E. Maire 人名（20 世纪阿尔及利亚植物学家，研究北非植物）；-i 表示人名，接在以元音字母结尾的人名后面，但 -a 除外

Porana mairei var. holosericea 绢毛萼飞蛾藤（绢 juàn）：holo-/ hol- 全部的，所有的，完全的，联合的，全缘的，不分裂的；sericeus 绢丝状的；sericus 绢丝的，绢毛的，赛尔人的（Ser 为印度一民族）；-eus/ -eum/ -ea（接拉丁语词干时）属于……的，色如……的，质如……的（表示原料、颜色或品质的相似），（接希腊语词干时）属于……的，以……出名，为……所占有（表示具有某种特性）

Porana mairei var. mairei 小萼飞蛾藤-原变种 （词义见上面解释）

Porana megathyrsa 锥序飞蛾藤：megathyrsus 大密锥花序的；mega-/ megal-/ megalo- ← megas 大的，巨大的；thyrsus/ thyrsos 花簇，金字塔，圆锥形，聚伞圆锥花序

Porana paniculata 圆锥飞蛾藤：paniculatus = paniculus + atus 具圆锥花序的；paniculus 圆锥花序；panus 谷穗；panicus 野稗，粟，谷子；-atus/ -atum/ -ata 属于，相似，具有，完成（形容词词尾）

Porana racemosa 飞蛾藤：racemosus = racemus + osus 总状花序的；racemus/ raceme 总状花序，葡萄串状的；-osus/ -osum/ -osa 多的，充分的，丰富的，显著发育的，程度高的，特征明显的（形容词词尾）

Porana racemosa var. racemosa 飞蛾藤-原变种 （词义见上面解释）

Porana racemosa var. sericocarpa 毛果飞蛾藤：sericocarpus 绢毛果的；sericus 绢丝的，绢毛的，赛尔人的（Ser 为印度一民族）；carpus/ carpum/ carpa/ carpon ← carpos 果实（用于希腊语复合词）

Porana racemosa var. tomentella 毛叶飞蛾藤：tomentellus 被短绒毛的，被微绒毛的；tomentum 绒毛，浓密的毛被，棉絮，棉絮状填充物（被褥、垫子等）；-ellus/ -ellum/ -ella ← -ulus 小的，略微的，稍微的（小词 -ulus 在字母 e 或 i 之后有多种变缀，即 -olus/ -olum/ -ola、-ellus/ -ellum/ -ella、-illus/ -illum/ -illa，用于第一变格法名词）

Porana racemosa var. violacea 紫花飞蛾藤：violaceus 紫红色的，紫堇色的，堇菜状的；Viola 堇菜属（堇菜科）；-aceus/ -aceum/ -acea 相似的，有……性质的，属于……的

Porana sinensis 大果飞蛾藤：sinensis = Sina + ensis 中国的（地名）；Sina 中国

Porana sinensis var. delavayi 近无毛飞蛾藤：delavayi ← P. J. M. Delavay（人名，1834–1895，法国传教士，曾在中国采集植物标本）；-i 表示人名，接在以元音字母结尾的人名后面，但 -a 除外

Porana sinensis var. sinensis 大果飞蛾藤-原变种（词义见上面解释）

Porana spectabilis 美飞蛾藤：spectabilis 壮观的，美丽的，漂亮的，显著的，值得看的；spectus 观看，观察，观测，表情，外观，外表，样子；-ans/ -ens/ -bilis/ -ilis 能够，可能（为形容词词尾，-ans/ -ens 用于主动语态，-bilis/ -ilis 用于被动语态）

Porana spectabilis var. megalantha 大花飞蛾藤：mega-/ megal-/ megalo- ← megas 大的，巨大的；anthus/ anthum/ antha/ anthe ← anthos 花（用于希腊语复合词）

Porana spectabilis var. spectabilis 美飞蛾藤-原变种 （词义见上面解释）

Porandra 孔药花属（鸭跖草科）（13-3：p73）：porandra 花药具孔的；porus 孔隙，细孔，孔洞；andrus/ andros/ antherus ← aner 雄蕊，花药，雄性

Porandra microphylla 小叶孔药花：micr-/ micro- ← micros 小的，微小的，微观的（用于希腊语复合词）；phyllus/ phyllum/ phylla ← phyllon 叶片（用于希腊语复合词）

Porandra ramosa 孔药花：ramosus = ramus + osus 有分枝的，多分枝的；ramus 分枝，枝条；-osus/ -osum/ -osa 多的，充分的，丰富的，显著发育的，程度高的，特征明显的（形容词词尾）

Porandra scandens 攀援孔药花：scandens 攀缘的，缠绕的，藤本的；scando/ scansum 上升，攀登，缠绕

Porolabium 孔唇兰属（兰科）（17：p491）：porolabium 唇瓣具孔的；porus 孔隙，细孔，孔洞；labius 唇，唇瓣的，唇形的

Porolabium biporosum 孔唇兰：bi-/ bis- 二，二数，二回（希腊语为 di-）；porosus 孔隙的，细孔的，多孔隙的；porus 孔隙，细孔，孔洞；-osus/ -osum/ -osa 多的，充分的，丰富的，显著发育的，程度高的，特征明显的（形容词词尾）

Porpax 盾柄兰属（兰科）（19：p47）：porpax 圆环

Porpax ustulata 盾柄兰：ustulatus 凋萎的，干枯的，黑褐色的

Porterandia 绢冠茜属（绢 juàn，冠 guān，茜 qiàn）（茜草科）（71-1：p384）：porterandia（人名）

Porterandia sericantha 绢冠茜：sericanthus 绢丝状花的；sericus 绢丝的，绢毛的，赛尔人的（Ser 为印度一民族）；anthus/ anthum/ antha/ anthe ← anthos 花（用于希腊语复合词）

Portulaca 马齿苋属（马齿苋科）（26：p37）：portulaca ← portula = porta + ulus 小开口的（变缀词，指果实成熟时会有开口）；porta 门户，开口

Portulaca grandiflora 大花马齿苋：grandi- ← grandis 大的；florus/ florum/ flora ← flos 花（用于复合词）

Portulaca insularis 小琉球马齿苋：insularis 岛屿的；insula 岛屿；-aris（阳性、阴性）/ -are（中性）← -alis（阳性、阴性）/ -ale（中性）属于，相似，如同，具有，涉及，关于，联结于（将名词作形容词

用，其中 -aris 常用于以 l 或 r 为词干末尾的词）

Portulaca oleracea 马齿苋：oleraceus 属于菜地的，田地栽培的（指可食用）；oler-/ holer- ← holerarium 菜地（指蔬菜、可食用的）；-aceus/ -aceum/ -acea 相似的，有……性质的，属于……的

Portulaca pilosa 毛马齿苋：pilosus = pilus + osus 多毛的，被柔毛的，具疏柔毛的，被短弱细毛的；pilus 毛，疏柔毛；-osus/ -osum/ -osa 多的，充分的，丰富的，显著发育的，程度高的，特征明显的（形容词词尾）

Portulaca psammotropha 沙生马齿苋：psammos 沙子；tropha ← trophis 大，粗壮（希腊语）

Portulaca quadrifida 四瓣马齿苋：quadri-/ quadr- 四，四数（希腊语为 tetra-/ tetr-）；fidus ← findere 裂开，分裂（裂深不超过 1/3，常作词尾）

Portulacaceae 马齿苋科（26：p36）：Portulaca 马齿苋属；-aceae（分类单位科的词尾，为 -aceus 的阴性复数主格形式，加到模式属的名称后或同义词的词干后以组成族群名称）

Posidonia 波喜荡属（眼子菜科）（8：p95）：posidonia 波喜荡（希腊海神名）

Posidonia australis 波喜荡：australis 南方的，南半球的；austro-/ austr- 南方的，南半球的，大洋洲的；auster 南方，南风；-aris（阳性、阴性）/ -are（中性）← -alis（阳性、阴性）/ -ale（中性）属于，相似，如同，具有，涉及，关于，联结于（将名词作形容词用，其中 -aris 常用于以 l 或 r 为词干末尾的词）

Potamogeton 眼子菜属（眼子菜科）（8：p40）：potamus ← potamos 河流；geton/ geiton 附近的，紧邻的，邻居

Potamogeton acutifolius 单果眼子菜：acutifolius 尖叶的；acuti-/ acu- ← acutus 锐尖的，针尖的，刺尖的，锐角的；folius/ folium/ folia 叶，叶片（用于复合词）

Potamogeton amblyophyllus 钝叶菹草（菹 zū）：amblyophyllus 钝形叶的；amblyo-/ ambly- 钝的，钝角的；phyllus/ phyllum/ phylla ← phyllon 叶片（用于希腊语复合词）

Potamogeton chongyongensis 崇阳眼子菜：chongyongensis 崇阳的（地名，湖北省，已修订为 chongyangensis）

Potamogeton crispus 菹草：crispus 收缩的，褶皱的，波纹的（如花瓣周围的波浪状褶皱）

Potamogeton cristatus 鸡冠眼子菜（冠 guān）：cristatus = crista + atus 鸡冠的，鸡冠状的，扇形的，山脊状的；crista 鸡冠，山脊，网壁；-atus/ -atum/ -ata 属于，相似，具有，完成（形容词词尾）

Potamogeton distinctus 眼子菜：distinctus 分离的，离生的，独特的，不同的

Potamogeton filiformis 丝叶眼子菜：filiforme/ filiformis 线状的；fili-/ fil- ← filum 线状的，丝状的；formis/ forma 形状

Potamogeton filiformis var. applanatus 扁茎眼子菜：applanatus 平的，平展于地面的

Potamogeton filiformis var. filiformis 丝叶眼子菜-原变种 （词义见上面解释）

Potamogeton fontigenus 泉生眼子菜：fontigenus 生于泉边的；fontus 泉水的；genus ← gignere ←

geno 出生，发生，起源，产于，生于（指地方或条件），属（植物分类单位）；fons 泉，源泉，溪流；fundo 流出，流动

Potamogeton gramineus 禾叶眼子菜：gramineus 禾草状的，禾本科植物状的；graminus 禾草，禾本科草；gramen 禾本科植物；-eus/ -eum/ -ea（接拉丁语词干时）属于……的，色如……的，质如……的（表示原料、颜色或品质的相似），（接希腊语词干时）属于……的，以……出名，为……所占有（表示具有某种特性）

Potamogeton heterophyllus 异叶眼子菜：heterophyllus 异型叶的；hete-/ heter-/ hetero- ← heteros 不同的，多样的，不齐的；phyllus/ phyllum/ phylla ← phyllon 叶片（用于希腊语复合词）

Potamogeton hubeiensis 湖北眼子菜：hubeiensis 湖北的（地名）

Potamogeton intortifolius 扭叶眼子菜：intortus 内曲的，内旋的；in-/ im-（来自 il- 的音变）内，在内，内部，向内，相反，不，无，非；il- 在内，向内，为，相反（希腊语为 en-）；词首 il- 的音变：il-（在 l 前面），im-（在 b、m、p 前面），in-（在元音字母和大多数辅音字母前面），ir-（在 r 前面），如 illaudatus（不值得称赞的，评价不好的），impermeabilis（不透水的，穿不透的），ineptus（不合适的），insertus（插入的），irretortus（无弯曲的，无扭曲的）；tortus 拧劲，捻，扭曲；folius/ folium/ folia 叶，叶片（用于复合词）

Potamogeton leptanthus 柔花眼子菜：lept-/ lepto- 细的，薄的，瘦小的，狭长的；anthus/ anthum/ antha/ anthe ← anthos 花（用于希腊语复合词）

Potamogeton lucens 光叶眼子菜：lucens 光泽的，闪耀的；lucis ← lux 发光的，光辉的，清晰的，发亮的，荣耀的（lux 的单数所有格为 lucis，词尾为 -is 和 -ys 的词的词干分别视为 -id 和 -yd）

Potamogeton maackianus 微齿眼子菜：maackianus ← Richard Maack（人名，19 世纪俄国博物学家）

Potamogeton malaianus 竹叶眼子菜：malaianus 马来群岛的（地名）

Potamogeton nanus 矮眼子菜：nanus ← nanos/ nannos 矮小的，小的；nani-/ nano-/ nanno- 矮小的，小的

Potamogeton natans 浮叶眼子菜：natans 浮游的，游动的，漂浮的，水的

Potamogeton nodosus 小节眼子菜：nodosus 有关节的，有结节的，多关节的；nodus 节，节点，连接点；-osus/ -osum/ -osa 多的，充分的，丰富的，显著发育的，程度高的，特征明显的（形容词词尾）

Potamogeton obtusifolius 钝叶眼子菜：obtusus 钝的，钝形的，略带圆形的；folius/ folium/ folia 叶，叶片（用于复合词）

Potamogeton octandrus var. miduhikimo 钝脊眼子菜：octandrus 八个雄蕊的；octo-/ oct- 八（拉丁语和希腊语相同）；andrus/ andros/ antherus ← aner 雄蕊，花药，雄性；miduhikimo 眼子菜（日文，"miduhikimo" 为 "水引藻" 的日语读音）

Potamogeton octandrus var. octandrus 钝脊眼子菜-原变种 （词义见上面解释）

Potamogeton oxyphyllus 尖叶眼子菜：oxyphyllus 尖叶的；oxy- ← oxys 尖锐的，酸的；phyllus/ phyllum/ phylla ← phyllon 叶片（用于希腊语复合词）

Potamogeton pamiricus 帕米尔眼子菜：pamiricus 帕米尔的（地名，中亚东南部高原，跨塔吉克斯坦、中国、阿富汗）；-icus/ -icum/ -ica 属于，具有某种特性（常用于地名、起源、生境）

Potamogeton pectinatus 篦齿眼子菜：pectinatus/ pectinaceus 栉齿状的；pectini-/ pectino-/ pectin- ← pecten 篦子，梳子；-aceus/ -aceum/ -acea 相似的，有……性质的，属于……的

Potamogeton pectinatus var. diffusus 铺散眼子菜（铺 pū）：diffusus = dis + fusus 蔓延的，散开的，扩展的，渗透的（dis- 在辅音字母前发生同化）；fusus 散开的，松散的，松弛的；di-/ dis- 二，二数，二分，分离，不同，在……之间，从……分开（希腊语，拉丁语为 bi-/ bis-）

Potamogeton pectinatus var. interruptus 内蒙眼子菜：interruptus 中断的，断续的；inter- 中间的，在中间，之间；ruptus 破裂的

Potamogeton pectinatus var. pectinatus 篦齿眼子菜-原变种 （词义见上面解释）

Potamogeton perfoliatus 穿叶眼子菜：perfoliatus 叶片抱茎的；peri-/ per- 周围的，缠绕的（与拉丁语 circum- 意思相同）；foliatus 具叶的，多叶的；folius/ folium/ folia → foli-/ folia- 叶，叶片

Potamogeton polygonifolius 蓼叶眼子菜（蓼 liǎo）：poly- ← polys 多个，许多（希腊语，拉丁语为 multi-）；gonus ← gonos 棱角，膝盖，关节，足；folius/ folium/ folia 叶，叶片（用于复合词）

Potamogeton praelongus 白茎眼子菜：praelongus 极长的；prae- 先前的，前面的，在先的，早先的，上面的，很，十分，极其；longus 长的，纵向的

Potamogeton pusillus 小眼子菜：pusillus 纤弱的，细小的，无价值的

Potamogeton recurvatus 长鞘菹草（菹 zū）：recurvatus 反曲的，反卷的，后曲的；re- 返回，相反，再次，重复，向后，回头；curvus 弯曲的；-atus/ -atum/ -ata 属于，相似，具有，完成（形容词词尾）

Potamogetonaceae 眼子菜科（8：p36）：Potamogeton 眼子菜属；-aceae（分类单位科的词尾，为 -aceus 的阴性复数主格形式，加到模式属的名称后或同义词的词干后以组成族群名称）

Potaninia 绵刺属（蔷薇科）（37：p455）：potaninia ← P. G. N. Potanin（人名，1835–1920，俄国国植物学家）

Potaninia mongolica 绵刺：mongolica 蒙古的（地名）；mongolia 蒙古的（地名）；-icus/ -icum/ -ica 属于，具有某种特性（常用于地名、起源、生境）

Potentilla 委陵菜属（蔷薇科）（37：p233）：potentilla ← potens 强力的，强的（因该属一种有很强的药效）；-ulus/ -ulum/ -ula 小的，略微的，稍微的（小词 -ulus 在字母 e 或 i 之后有多种变缀，即 -olus/ -olum/ -ola、-ellus/ -ellum/ -ella、-illus/ -illum/ -illa，与第一变格法和第二变格法名词形成

P

复合词）

Potentilla acaulis 星毛委陵菜：acaulia/ acaulis 无茎的，矮小的；a-/ an- 无，非，没有，缺乏，不具有（an- 用于元音前）（a-/ an- 为希腊语词首，对应的拉丁语词首为 e-/ ex-，相当于英语的 un-/ -less，注意词首 a- 和作为介词的 a/ ab 不同，后者的意思是"从……、由……、关于……、因为……"）；caulia/ caulis 茎，茎秆，主茎

Potentilla ancistrifolia 皱叶委陵菜：ancistron 钩，钩刺；folius/ folium/ folia 叶，叶片（用于复合词）

Potentilla ancistrifolia var. ancistrifolia 皱叶委陵菜-原变种 （词义见上面解释）

Potentilla ancistrifolia var. dickinsii 薄叶委陵菜：dickinsii ← Frederick V. Dickins（人名，20 世纪作家）

Potentilla ancistrifolia var. tomentosa 白毛皱叶委陵菜：tomentosus = tomentum + osus 绒毛的，密被绒毛的；tomentum 绒毛，浓密的毛被，棉絮，棉絮状填充物（被褥、垫子等）；-osus/ -osum/ -osa 多的，充分的，丰富的，显著发育的，程度高的，特征明显的（形容词词尾）

Potentilla angustiloba 窄裂委陵菜：angusti- ← angustus 窄的，狭的，细的；lobus/ lobos/ lobon 浅裂，耳片（裂片先端钝圆），荚果，蒴果

Potentilla anserina 蕨麻：anserinus 属于野鹅的，属于大雁的（指生境）

Potentilla anserina var. anserina 蕨麻-原变种 （词义见上面解释）

Potentilla anserina var. nuda 无毛蕨麻：nudus 裸露的，无装饰的

Potentilla anserina var. orientalis 东方蕨麻：orientalis 东方的；oriens 初升的太阳，东方

Potentilla anserina var. sericea 灰叶蕨麻：sericeus 绢丝状的；sericus 绢丝的，绢毛的，赛尔人的（Ser 为印度一民族）；-eus/ -eum/ -ea（接拉丁语词干时）属于……的，色如……的，质如……的（表示原料、颜色或品质的相似），（接希腊语词干时）属于……的，以……出名，为……所占有（表示具有某种特性）

Potentilla argentea 银背委陵菜：argenteus = argentum + eus 银白色的；argentum 银；-eus/ -eum/ -ea（接拉丁语词干时）属于……的，色如……的，质如……的（表示原料、颜色或品质的相似），（接希腊语词干时）属于……的，以……出名，为……所占有（表示具有某种特性）

Potentilla argyrophylla 银光委陵菜：argyr-/ argyro- ← argyros 银，银色的；phyllus/ phyllum/ phylla ← phyllon 叶片（用于希腊语复合词）

Potentilla argyrophylla var. argyrophylla 银光委陵菜-原变种 （词义见上面解释）

Potentilla argyrophylla var. atrosanguinea 紫花银光委陵菜：atro-/ atr-/ atri-/ atra- ← ater 深色，浓色，暗色，发黑（ater 作为词干后接辅音字母开头的词时，要在词干后面加一个连接用的元音字母"o"或"i"，故为"ater-o-"或"ater-i-"，变形为"atr-"开头）；sanguineus = sanguis + ineus 血液的，血色的；sanguis 血液；-ineus/ -inea/ -ineum 相近，接近，相似，所有（通常表示材料或

颜色），意思同 -eus

Potentilla articulata 关节委陵菜：articularis/ articulatus 有关节的，有接合点的

Potentilla articulata var. articulata 关节委陵菜-原变种 （词义见上面解释）

Potentilla articulata var. latipetiolata 宽柄关节委陵菜：lati-/ late- ← latus 宽的，宽广的；petiolatus = petiolus + atus 具叶柄的；petiolus 叶柄

Potentilla asperrima 刚毛委陵菜：asperrimus 很粗糙的；asper/ asperus/ asperum/ aspera 粗糙的，不平的；-rimus/ -rima/ -rimum 最，极，非常（词尾为 -er 的形容词最高级）

Potentilla betonicifolia 白萼委陵菜：Betonica 药水苏属（唇形科）；folius/ folium/ folia 叶，叶片（用于复合词）

Potentilla biflora 双花委陵菜：bi-/ bis- 二，二数，二回（希腊语为 di-）；florus/ florum/ flora ← flos 花（用于复合词）

Potentilla biflora var. biflora 双花委陵菜-原变种 （词义见上面解释）

Potentilla biflora var. lahulensis 五叶双花委陵菜：lahulensis 拉哈尔的（地名，印度）

Potentilla bifurca 二裂委陵菜：bifurcus = bi + furcus 二叉的；bi-/ bis- 二，二数，二回（希腊语为 di-）；furcus 叉子，叉子状的，分叉的

Potentilla bifurca var. bifurca 二裂委陵菜-原变种 （词义见上面解释）

Potentilla bifurca var. humilior 矮生二裂委陵菜：humilior 较矮的，较低的；humilis 矮的，低的；-ilior 较为，更（以 -ilis 结尾的形容词的比较级，将 -ilis 换成 ili + or → -ilior）

Potentilla bifurca var. major 长叶二裂委陵菜：major 较大的，更大的（majus 的比较级）；majus 大的，巨大的

Potentilla centigrana 蛇莓委陵菜：centigranus 百粒的，多粒的，多种子的；centi- ← centus 百，一百（比喻数量很多，希腊语为 hecto-/ hecato-）；granus 粒，种粒，谷粒，颗粒

Potentilla chinensis 委陵菜：chinensis = china + ensis 中国的（地名）；China 中国

Potentilla chinensis var. chinensis 委陵菜-原变种 （词义见上面解释）

Potentilla chinensis var. lineariloba 细裂委陵菜：linearis = lineus + aris 线条的，线形的，线状的，亚麻状的；lobus/ lobos/ lobon 浅裂，耳片（裂片先端钝圆），荚果，蒴果；-aris（阳性、阴性）/ -are（中性）← -alis（阳性、阴性）/ -ale（中性）属于，相似，如同，具有，涉及，关于，联结于（将名词作形容词用，其中 -aris 常用于以 l 或 r 为词干末尾的词）

Potentilla chinensis var. oligodonta 疏齿委陵菜：oligodontus 具有少数齿的；oligo-/ olig- 少数的（希腊语，拉丁语为 pauci-）；odontus/ odontos → odon-/ odont-/ odonto-（可作词首或词尾）齿，牙齿状的；odous 齿，牙齿（单数，其所有格为 odontos）

Potentilla chrysantha 黄花委陵菜：chrys-/

P

chryso- ← chrysos 黄色的，金色的；anthus/ anthum/ antha/ anthe ← anthos 花（用于希腊语复合词）

Potentilla conferta 大萼委陵菜：confertus 密集的

Potentilla conferta var. conferta 大萼委陵菜-原变种 （词义见上面解释）

Potentilla conferta var. trijuga 矮生大萼委陵菜：trijugus 三对的；tri-/ tripli-/ triplo- 三个，三数；jugus ← jugos 成对的，成双的，一组，牛轭，束缚（动词为 jugo）

Potentilla coriandrifolia 荽叶委陵菜（荽 suī）：Coriandrum 芫荽属（香菜，伞形科）；folius/ folium/ folia 叶，叶片（用于复合词）

Potentilla coriandrifolia var. coriandrifolia 荽叶委陵菜-原变种 （词义见上面解释）

Potentilla coriandrifolia var. dumosa 丛生荽叶委陵菜：dumosus = dumus + osus 荒草丛样的，丛生的；dumus 灌丛，荆棘丛，荒草丛；-osus/ -osum/ -osa 多的，充分的，丰富的，显著发育的，程度高的，特征明显的（形容词词尾）

Potentilla crenulata 圆齿委陵菜：crenulatus = crena + ulus + atus 细圆锯齿的，略呈圆锯齿的

Potentilla cryptotaeniae 狼牙委陵菜：crypt-/ crypto- ← kryptos 覆盖的，隐藏的（希腊语）；taenius 绸带，纽带，条带状的

Potentilla cryptotaeniae var. cryptotaeniae 狼牙委陵菜-原变种 （词义见上面解释）

Potentilla cryptotaeniae var. radicana 匍行狼牙委陵菜：radicana 生根的；radicus ← radix 根的

Potentilla cuneata 楔叶委陵菜：cuneatus = cuneus + atus 具楔子的，属楔形的；cuneus 楔子的；-atus/ -atum/ -ata 属于，相似，具有，完成（形容词词尾）

Potentilla delavayi 滇西委陵菜：delavayi ← P. J. M. Delavay（人名，1834–1895，法国传教士，曾在中国采集植物标本）；-i 表示人名，接在以元音字母结尾的人名后面，但 -a 除外

Potentilla desertorum 荒漠委陵菜：desertorum 沙漠的，荒漠的，荒芜的（desertus 的复数所有格）；desertus 沙漠的，荒漠的，荒芜的；-orum 属于……的（第二变格法名词复数所有格词尾，表示群落或多数）

Potentilla discolor 翻白草：discolor 异色的，不同色的（指花瓣花萼等）；di-/ dis- 二，二数，二分，分离，不同，在……之间，从……分开（希腊语，拉丁语为 bi-/ bis-）；color 颜色

Potentilla eriocarpa 毛果委陵菜：erion 绵毛，羊毛；carpus/ carpum/ carpa/ carpon ← carpos 果实（用于希腊语复合词）

Potentilla eriocarpa var. eriocarpa 毛果委陵菜-原变种 （词义见上面解释）

Potentilla eriocarpa var. tsarongensis 裂叶毛果委陵菜：tsarongensis 察瓦龙的（地名，西藏自治区）

Potentilla evestita 脱绒委陵菜：evestitus 无毛的，无包被的；e-/ ex- 不，无，非，缺乏，不具有（e- 用在辅音字母前，ex- 用在元音字母前，为拉丁语词首，对应的希腊语词首为 a-/ an-，英语为 un-/ -less，注意作词首用的 e-/ ex- 和介词 e/ ex 意思不同，后者

意为"出自、从……、由……离开、由于、依照"）；vestitus 包被的，覆盖的，被柔毛的，袋状的

Potentilla fallens 川滇委陵菜：fallens 迷惑的，欺骗的，伪装的

Potentilla flagellaris 匍枝委陵菜：flagellaris 鞭状的，匍匐的；-aris（阳性、阴性）/ -are（中性）← -alis（阳性、阴性）/ -ale（中性）属于，相似，如同，具有，涉及，关于，联结于（将名词作形容词用，其中 -aris 常用于以 l 或 r 为词干末尾的词）

Potentilla fragarioides 莓叶委陵菜：fragarioides 像草莓的；Fragaria 草莓属（蔷薇科）；-oides/ -oideus/ -oideum/ -oidea/ -odes/ -eidos 像……的，类似……的，呈……状的（名词词尾）

Potentilla freyniana 三叶委陵菜：freynianus ← Frey（人名，神话人物）

Potentilla freyniana var. freyniana 三叶委陵菜-原变种 （词义见上面解释）

Potentilla freyniana var. sinica 中华三叶委陵菜：sinica 中国的（地名）；-icus/ -icum/ -ica 属于，具有某种特性（常用于地名、起源、生境）

Potentilla fruticosa 金露梅：fruticosus/ frutesceus 灌丛状的；frutex 灌木；构词规则：以 -ix/ -iex 结尾的词其词干末尾视为 -ic，以 -ex 结尾视为 -i/ -ic，其他以 -x 结尾视为 -c；-osus/ -osum/ -osa 多的，充分的，丰富的，显著发育的，程度高的，特征明显的（形容词词尾）

Potentilla fruticosa var. albicans 白毛金露梅：albicans 变白色的（表示不是纯洁的白色，与 albescens 意思相同）；albus → albi-/ albo- 白色的；-icans 表示正在转变的过程或相似程度，有时表示相似程度非常接近、几乎相同

Potentilla fruticosa var. arbuscula 伏毛金露梅：arbusculus = arbor + usculus 小乔木的，矮树的，灌木的，丛生的；arbor 乔木，树木；-usculus ← -culus 小的，略微的，稍微的（小词 -culus 和某些词构成复合词时变成 -usculus）

Potentilla fruticosa var. fruticosa 金露梅-原变种 （词义见上面解释）

Potentilla fruticosa var. pumila 垫状金露梅：pumilus 矮的，小的，低矮的，矮人的

Potentilla fulgens 西南委陵菜：fulgens/ fulgidus 光亮的，光彩夺目的；fulgo/ fulgeo 发光的，耀眼的

Potentilla fulgens var. acutiserrata 锐齿西南委陵菜：acutiserratus 具尖齿的；acuti-/ acu- ← acutus 锐尖的，针尖的，刺尖的，锐角的；serratus = serrus + atus 有锯齿的；serrus 齿，锯齿

Potentilla fulgens var. fulgens 西南委陵菜-原变种 （词义见上面解释）

Potentilla gelida 耐寒委陵菜：gelidus 冰的，寒地生的；gelu/ gelus/ gelum 结冰，寒冷，硬直，僵硬；-idus/ -idum/ -ida 表示在进行中的动作或情况，作动词、名词或形容词的词尾

Potentilla gelida var. gelida 耐寒委陵菜-原变种 （词义见上面解释）

Potentilla gelida var. sericea 绢毛耐寒委陵菜（绢 juàn）：sericeus 绢丝状的；sericus 绢丝的，绢毛的，赛尔人的（Ser 为印度一民族）；-eus/ -eum/ -ea（接拉丁语词干时）属于……的，色如……的，

质如……的（表示原料、颜色或品质的相似），（接希腊语词干时）属于……的，以……出名，为……所占有（表示具有某种特性）

Potentilla gelida var. turczaninowiana（图氏委陵菜）：turczaninowiana/ turczaninovii ← Nicholai S. Turczaninov（人名，19世纪乌克兰植物学家，曾积累大量植物标本）

Potentilla glabra 银露梅：glabrus 光秃的，无毛，光滑的

Potentilla glabra var. glabra 银露梅-原变种（词义见上面解释）

Potentilla glabra var. longipetala 长瓣银露梅：longe-/ longi- ← longus 长的，纵向的；petalus/ petalum/ petala ← petalon 花瓣

Potentilla glabra var. mandshurica 白毛银露梅：mandshurica 满洲的（地名，中国东北，地理区域）

Potentilla glabra var. veitchii 伏毛银露梅：veitchii/ veitchianus ← James Veitch（人名，19世纪植物学家）

Potentilla gombalana 川边委陵菜：gombalanus 高黎贡山的（云南省）

Potentilla gracilescens 纤细委陵菜：gracilescens 变纤细的，略纤细的；gracile → gracil- 细长的，纤弱的，丝状的；-escens/ -ascens 改变，转变，变成，略微，带有，接近，相似，大致，稍微（表示变化的趋势，并未完全相似或相同，有别于表示达到完成状态的 -atus）

Potentilla granulosa 腺粒委陵菜：granulosus = granulatus 粒状的，颗粒状的，一粒一粒的；granus 粒，种粒，谷粒，颗粒；-ulosus = ulus + osus 小而多的；-ulus/ -ulum/ -ula 小的，略微的，稍微的（小词 -ulus 在字母 e 或 i 之后有多种变缀，即 -olus/ -olum/ -ola、-ellus/ -ellum/ -ella、-illus/ -illum/ -illa，与第一变格法和第二变格法名词形成复合词）；-osus/ -osum/ -osa 多的，充分的，丰富的，显著发育的，程度高的，特征明显的（形容词词尾）

Potentilla griffithii 柔毛委陵菜：griffithii ← William Griffith（人名，19世纪印度植物学家，加尔各答植物园主任）

Potentilla griffithii var. griffithii 柔毛委陵菜-原变种（词义见上面解释）

Potentilla griffithii var. velutina 长柔毛委陵菜：velutinus 天鹅绒的，柔软的；velutus 绒毛的；-inus/ -inum/ -ina/ -inos 相近，接近，相似，具有（通常指颜色）

Potentilla hololeuca 全白委陵菜：holo-/ hol- 全部的，所有的，完全的，联合的，全缘的，不分裂的；leucus 白色的，淡色的

Potentilla hypargyrea 白背委陵菜：hypargyreus 背面银白色的；hyp-/ hypo- 下面的，以下的，不完全的；argyreus 银，银色的

Potentilla hypargyrea var. hypargyrea 白背委陵菜-原变种（词义见上面解释）

Potentilla hypargyrea var. subpinnata 假羽白背委陵菜：subpinnatus 近羽状的；sub-（表示程度较弱）与……类似，几乎，稍微，弱，亚，之下，下面；pinnatus = pinnus + atus 羽状的，具羽的；pinnus/ pennus 羽毛，羽状，羽片

Potentilla imbricata 覆瓦委陵菜：imbricatus/ imbricans 重叠的，覆瓦状的

Potentilla inclinata 薄毛委陵菜（薄 bó，意"稀少、稀疏"）：inclinatus 倾斜的；in-/ im-（来自 il- 的音变）内，在内，内部，向内，相反，不，无，非；clino/ clinare 倾斜；-atus/ -atum/ -ata 属于，相似，具有，完成（形容词词尾）

Potentilla interrupta 间断委陵菜（间 jiàn）：interruptus 中断的，断续的；inter- 中间的，在中间，之间；ruptus 破裂的

Potentilla kleiniana 蛇含委陵菜：kleiniana ← Jacob Theodor Klein（人名，18世纪德国植物学家）

Potentilla lancinata 条裂委陵菜：lancinatus = lanceus + inus + atus 近披针形的（指叶片或裂片形状）；lance-/ lancei-/ lanci-/ lanceo-/ lanc- ← lanceus 披针形的，矛形的，尖刀状的，柳叶刀状的；-inus/ -inum/ -ina/ -inos 相近，接近，相似，具有（通常指颜色）；-atus/ -atum/ -ata 属于，相似，具有，完成（形容词词尾）

Potentilla leuconota 银叶委陵菜：leuconotus 白背的；leuc-/ leuco- ← leucus 白色的（如果和其他表示颜色的词混用则表示淡色）；notum 背部，脊背

Potentilla leuconota var. brachyphyllaria 脱毛银叶委陵菜：brachy- ← brachys 短的（用于拉丁语复合词词首）；phyllus/ phyllum/ phylla ← phyllon 叶片（用于希腊语复合词）；-arius/ -arium/ -aria 相似，属于（表示地点，场所，关系，所属）

Potentilla leuconota var. leuconota 银叶委陵菜-原变种（词义见上面解释）

Potentilla limprichtii 下江委陵菜：limprichtii（人名）；-ii 表示人名，接在以辅音字母结尾的人名后面，但 -er 除外

Potentilla longifolia 腺毛委陵菜：longe-/ longi- ← longus 长的，纵向的；folius/ folium/ folia 叶，叶片（用于复合词）

Potentilla luteopilosa 黄毛委陵菜：luteus 黄色的；pilosus = pilus + osus 多毛的，被柔毛的，具疏柔毛的，被短弱细毛的；pilus 毛，疏柔毛；-osus/ -osum/ -osa 多的，充分的，丰富的，显著发育的，程度高的，特征明显的（形容词词尾）

Potentilla macrosepala 大花委陵菜：macro-/ macr- ← macros 大的，宏观的（用于希腊语复合词）；sepalus/ sepalum/ sepala 萼片（用于复合词）

Potentilla microphylla 小叶委陵菜：micr-/ micro- ← micros 小的，微小的，微观的（用于希腊语复合词）；phyllus/ phyllum/ phylla ← phyllon 叶片（用于希腊语复合词）

Potentilla microphylla var. achilleifolia 细裂小叶委陵菜：achilleifolia 叶片像蓍的（属名词尾变成 i 与后面的词复合）；Achillea 蓍属（菊科）；folius/ folium/ folia 叶，叶片（用于复合词）

Potentilla microphylla var. caespitosa 丛生小叶委陵菜：caespitosus = caespitus + osus 明显成簇的，明显丛生的；caespitus 成簇的，丛生的；-osus/ -osum/ -osa 多的，充分的，丰富的，显著发育的，程度高的，特征明显的（形容词词尾）

Potentilla microphylla var. glabriuscula 无毛小叶委陵菜：glabriusculus = glabrus + usculus 近无

P

毛的，稍光滑的；glabrus 光秃的，无毛的，光滑的；-usculus ← -culus 小的，略微的，稍微的（小词 -culus 和某些词构成复合词时变成 -usculus）

Potentilla microphylla var. microphylla 小叶委陵菜-原变种 （词义见上面解释）

Potentilla microphylla var. multijuga 多对小叶委陵菜：multijugus 多对的；multi- ← multus 多个，多数，很多（希腊语为 poly-）；jugus ← jugos 成对的，成双的，一组，牛轭，束缚（动词为 jugo）

Potentilla multicaulis 多茎委陵菜：multi- ← multus 多个，多数，很多（希腊语为 poly-）；caulis ← caulos 茎，茎秆，主茎

Potentilla multiceps 多头委陵菜：multiceps 多头的；multi- ← multus 多个，多数，很多（希腊语为 poly-）；-ceps/ cephalus ← captus 头，头状的，头状花序

Potentilla multifida 多裂委陵菜：multifidus 多个中裂的；multi- ← multus 多个，多数，很多（希腊语为 poly-）；fidus ← findere 裂开，分裂（裂深不超过 1/3，常作词尾）

Potentilla multifida var. multifida 多裂委陵菜-原变种 （词义见上面解释）

Potentilla multifida var. nubigena 矮生多裂委陵菜：nubigenus = nubius + genus 生于云雾间的；nubius 云雾的；genus ← gignere ← geno 出生，发生，起源，产于，生于（指地方或条件），属（植物分类单位）

Potentilla multifida var. ornithopoda 掌叶多裂委陵菜：ornis/ ornithos 鸟；podus/ pus 柄，梗，茎秆，足，腿

Potentilla nervosa 显脉委陵菜：nervosus 多脉的，叶脉明显的；nervus 脉，叶脉；-osus/ -osum/ -osa 多的，充分的，丰富的，显著发育的，程度高的，特征明显的（形容词词尾）

Potentilla nivea 雪白委陵菜：niveus 雪白的，雪一样的；nivus/ nivis/ nix 雪，雪白色

Potentilla nivea var. elongata 多齿雪白委陵菜：elongatus 伸长的，延长的；elongare 拉长，延长；longus 长的，纵向的；e-/ ex- 不，无，非，缺乏，不具有（e- 用在辅音字母前，ex- 用在元音字母前，为拉丁语词首，对应的希腊语词首为 a-/ an-，英语为 un-/ -less，注意作词首用的 e-/ ex- 和介词 e/ ex 意思不同，后者意为"出自、从……、由……离开、由于、依照"）

Potentilla nivea var. nivea 雪白委陵菜-原变种 （词义见上面解释）

Potentilla pamiroalaica 高原委陵菜：pamiroalaica 帕米尔-阿拉的（地名，帕米尔为中亚东南部高原，跨塔吉克斯坦、中国、阿富汗）

Potentilla parvifolia 小叶金露梅：parvifolius 小叶的；parvus 小的，些微的，弱的；folius/ folium/ folia 叶，叶片（用于复合词）

Potentilla parvifolia var. hypoleuca 白毛小叶金露梅：hypoleucus 背面白色的，下面白色的；hyp-/ hypo- 下面的，以下的，不完全的；leucus 白色的，淡色的

Potentilla parvifolia var. parvifolia 小叶金露梅-原变种 （词义见上面解释）

Potentilla peduncularis 总梗委陵菜：pedunculatus/ peduncularis 具花序柄的，具总花梗的；pedunculus/ peduncule/ pedunculis ← pes 花序柄，总花梗（花序基部无花着生部分，不同于花柄）；关联词：pedicellus/ pediculus 小花梗，小花柄（不同于花序柄）；pes/ pedis 柄，梗，茎秆，腿，足，爪（作词首或词尾，pes 的词干视为"ped-"）；-aris（阳性、阴性）/ -are（中性）← -alis（阳性、阴性）/ -ale（中性）属于，相似，如同，具有，涉及，关于，联结于（将名词作形容词用，其中 -aris 常用于以 l 或 r 为词干末尾的词）

Potentilla peduncularis var. abbreviata 高山总梗委陵菜：abbreviatus = ad + brevis + atus 缩短了的，省略的；ad- 向，到，近（拉丁语词首，表示程度加强）；构词规则：构成复合词时，词首末尾的辅音字母常同化为紧接其后的那个辅音字母（如 ad + b → abb）；brevis 短的（希腊语）；-atus/ -atum/ -ata 属于，相似，具有，完成（形容词词尾）

Potentilla peduncularis var. elongata 疏叶总梗委陵菜：elongatus 伸长的，延长的；elongare 拉长，延长；longus 长的，纵向的；e-/ ex- 不，无，非，缺乏，不具有（e- 用在辅音字母前，ex- 用在元音字母前，为拉丁语词首，对应的希腊语词首为 a-/ an-，英语为 un-/ -less，注意作词首用的 e-/ ex- 和介词 e/ ex 意思不同，后者意为"出自、从……、由……离开、由于、依照"）

Potentilla peduncularis var. glabriuscula 脱毛总梗委陵菜：glabriusculus = glabrus + usculus 近无毛的，稍光滑的；glabrus 光秃的，无毛的，光滑的；-usculus ← -culus 小的，略微的，稍微的（小词 -culus 和某些词构成复合词时变成 -usculus）

Potentilla peduncularis var. peduncularis 总梗委陵菜-原变种 （词义见上面解释）

Potentilla pendula 垂花委陵菜：pendulus ← pendere 下垂的，垂吊的（悬空或因支持体细软而下垂）；pendere/ pendeo 悬挂，垂悬；-ulus/ -ulum/ -ula（表示趋向或动作）（小词 -ulus 在字母 e 或 i 之后有多种变缀，即 -olus/ -olum/ -ola、-ellus/ -ellum/ -ella、-illus/ -illum/ -illa，与第一变格法和第二变格法名词形成复合词）

Potentilla plumosa 羽毛委陵菜：plumosus 羽毛状的；-osus/ -osum/ -osa 多的，充分的，丰富的，显著发育的，程度高的，特征明显的（形容词词尾）；plumla 羽毛

Potentilla polyphylla 多叶委陵菜：poly- ← polys 多个，许多（希腊语，拉丁语为 multi-）；phyllus/ phyllum/ phylla ← phyllon 叶片（用于希腊语复合词）

Potentilla potaninii 华西委陵菜：potaninii ← Grigory Nikolaevich Potanin（人名，19 世纪俄国植物学家）

Potentilla potaninii var. compsophylla 裂叶华西委陵菜：compsus 美丽的，华丽的，雅致的；phyllus/ phyllum/ phylla ← phyllon 叶片（用于希腊语复合词）

Potentilla potaninii var. potaninii 华西委陵菜-原变种 （词义见上面解释）

Potentilla poterioides var. minor （小叶委陵菜）：

Poterium 多蕊地榆属（蔷薇科）; -oides/ -oideus/ -oideum/ -oidea/ -odes/ -eidos 像……的，类似……的，呈……状的（名词词尾）; minor 较小的，更小的

Potentilla recta 直立委陵菜: rectus 直线的，笔直的，向上的

Potentilla reptans 匍匐委陵菜: reptans/ reptus ← repo 匍匐的，匍匐生根的

Potentilla reptans var. reptans 匍匐委陵菜-原变种 （词义见上面解释）

Potentilla reptans var. sericophylla 绢毛匍匐委陵菜（绢 juàn）: sericophyllus 绢毛叶的; sericus 绢丝的，绢毛的，赛尔人的（Ser 为印度一民族）; phyllus/ phyllum/ phylla ← phyllon 叶片（用于希腊语复合词）

Potentilla rupestris 石生委陵菜: rupestre/ rupicolus/ rupestris 生于岩壁的，岩栖的; rup-/ rupi- ← rupes/ rupis 岩石的; -estris/ -estre/ ester/ -esteris 生于……地方，喜好……地方

Potentilla saundersiana 钉柱委陵菜（钉 dīng）: saundersiana（人名）

Potentilla saundersiana var. caespitosa 丛生钉柱委陵菜: caespitosus = caespitus + osus 明显成簇的，明显丛生的; caespitus 成簇的，丛生的; -osus/ -osum/ -osa 多的，充分的，丰富的，显著发育的，程度高的，特征明显的（形容词词尾）

Potentilla saundersiana var. jacquemontii 裂萼钉柱委陵菜: jacquemontii ← Victor Jacquemont（人名，1801–1832，法国植物学家）; -ii 表示人名，接在以辅音字母结尾的人名后面，但 -er 除外

Potentilla saundersiana var. saundersiana 钉柱委陵菜-原变种 （词义见上面解释）

Potentilla saundersiana var. subpinnata 羽叶钉柱委陵菜: subpinnatus 近羽状的; sub-（表示程度较弱）与……类似，几乎，稍微，弱，亚，之下，下面; pinnatus = pinnus + atus 羽状的，具羽的; pinnus/ pennus 羽毛，羽状，羽片

Potentilla sericea 绢毛委陵菜（绢 juàn）: sericeus 绢丝状的; sericus 绢丝的，绢毛的，赛尔人的（Ser 为印度一民族）; -eus/ -eum/ -ea（接拉丁语词干时）属于……的，色如……的，质如……的（表示原料、颜色或品质的相似），（接希腊语词干时）属于……的，以……出名，为……所占有（表示具有某种特性）

Potentilla sericea var. polyschista 变叶绢毛委陵菜: polyschistus 多裂的; poly- ← polys 多个，许多（希腊语，拉丁语为 multi-）; schistus ← schizo 裂开的，分歧的

Potentilla sericea var. sericea 绢毛委陵菜-原变种 （词义见上面解释）

Potentilla simulatrix 等齿委陵菜: simulatrix = simulatus + rix 模仿者，伪装者; simulo/ simulare/ simulatus 模仿，模拟，伪装; -rix（表示动作者）

Potentilla simulatrix var. grossidens （粗齿委陵菜）: grossii ← grossus 粗大的，肥厚的; dens/ dentus 齿，牙齿

Potentilla sischanensis 西山委陵菜: sischanensis 西山的（地名，北京市）

Potentilla sischanensis var. peterae 齿裂西山委陵菜: peterae（人名）

Potentilla sischanensis var. sischanensis 西山委陵菜-原变种 （词义见上面解释）

Potentilla smithiana 齿萼委陵菜: smithiana ← James Edward Smith（人名，1759–1828，英国植物学家）

Potentilla stenophylla 狭叶委陵菜: sten-/ steno- ← stenus 窄的，狭的，薄的; phyllus/ phyllum/ phylla ← phyllon 叶片（用于希腊语复合词）

Potentilla strigosa 茸毛委陵菜: strigosus = striga + osus 鬃毛的，刷毛的; striga → strig- 条纹的，网纹的（如种子具网纹），糙伏毛的; -osus/ -osum/ -osa 多的，充分的，丰富的，显著发育的，程度高的，特征明显的（形容词词尾）

Potentilla subdigitata 混叶委陵菜: subdigitatus 近掌状的; sub-（表示程度较弱）与……类似，几乎，稍微，弱，亚，之下，下面; digitatus 指状的，掌状的

Potentilla supina 朝天委陵菜: supinus 仰卧的，平卧的，平展的，匍匐的

Potentilla supina var. supina 朝天委陵菜-原变种 （词义见上面解释）

Potentilla supina var. ternata 三叶朝天委陵菜: ternatus 三数的，三出的

Potentilla taliensis 大理委陵菜: taliensis 大理的（地名，云南省）

Potentilla tanacetifolia 菊叶委陵菜: Tanacetum 菊蒿属（菊科）; folius/ folium/ folia 叶，叶片（用于复合词）

Potentilla taronensis 大果委陵菜: taronensis 独龙江的（地名，云南省）

Potentilla tatsienluensis 康定委陵菜: tatsienluensis 打箭炉的（地名，四川省康定县的别称）

Potentilla tugitakensis 台湾委陵菜: tugitakensis 次高山的（地名，位于台湾省，日语读音）

Potentilla turfosa 簇生委陵菜: turfosus 泥炭沼泽生的

Potentilla verticillaris 轮叶委陵菜: verticillaris/ verticillatus 螺纹的，螺旋的，轮生的，环状的

Potentilla virgata 密枝委陵菜: virgatus 细长枝条的，有条纹的，嫩枝状的; virga/ virgus 纤细枝条，细而绿的枝条; -atus/ -atum/ -ata 属于，相似，具有，完成（形容词词尾）

Potentilla virgata var. pinnatifida 羽裂密枝委陵菜: pinnatifidus = pinnatus + fidus 羽状中裂的; pinnatus = pinnus + atus 羽状的，具羽的; pinnus/ pennus 羽毛，羽状，羽片; fidus ← findere 裂开，分裂（裂深不超过 1/3，常作词尾）

Potentilla virgata var. virgata 密枝委陵菜-原变种 （词义见上面解释）

Potentilla xizangensis 西藏委陵菜: xizangensis 西藏的（地名）

P

Potentilla yokusaiana 曲枝委陵菜：yokusaiana 欲齐（人名，日语）

Pothoidium 假石柑属（天南星科）（13-2：p21）：pothoidium 像石柑的，比石柑小的；Pothos 石柑属；-idium ← -idion 小的，稍微的（表示小或程度较轻）

Pothoidium lobbianum 假石柑：lobbianum ← Lobb（人名）

Pothomorphe 大胡椒属（胡椒科）（20-1：p12）：potha（一种攀缘植物）；morphe ← morphos 形状

Pothomorphe subpeltata 大胡椒：subpeltatus = sub + peltatus 近盾状的；sub-（表示程度较弱）与……类似，几乎，稍微，弱，亚，之下，下面；peltatus = peltus + atus 盾状的，具盾片的；peltus ← pelte 盾片，小盾片，盾形的；-atus/ -atum/ -ata 属于，相似，具有，完成（形容词词尾）

Pothos 石柑属（天南星科）（13-2：p15）：pothos ← potha（一种攀缘植物）

Pothos balansae 龙州石柑：balansae ← Benedict Balansa（人名，19 世纪法国植物采集员）；-ae 表示人名，以 -a 结尾的人名后面加上 -e 形成

Pothos cathcartii 紫苞石柑：cathcartii（人名）；-ii 表示人名，接在以辅音字母结尾的人名后面，但 -er 除外

Pothos chinensis 石柑子：chinensis = china + ensis 中国的（地名）；China 中国

Pothos chinensis var. chinensis 石柑子-原变种（词义见上面解释）

Pothos chinensis var. lotienensis 长柄石柑：lotienensis 罗甸的（地名，贵州省）

Pothos kerrii 长梗石柑：kerrii ← Arthur Francis George Kerr 或 William Kerr（人名）

Pothos pilulifer 地柑：pilularia/ pilularis 球，圆球，球形的；pilul-/ piluli- 球，圆球，-ferus/ -ferum/ -fera/ -fero/ -fere/ -fer 有，具有，产（区别：作独立词使用的 ferus 意思是"野生的"）

Pothos repens 百足藤：repens/ repentis/ repsi/ reptum/ repere/ repo 匍匐，爬行（同义词：reptans/ reptoare）

Pothos scandens 螳螂跌打（螂 láng）：scandens 攀缘的，缠绕的，藤本的；scando/ scansum 上升，攀登，缠绕

Pothos warburgii 台湾石柑：warburgii（人名）；-ii 表示人名，接在以辅音字母结尾的人名后面，但 -er 除外

Pottsia 帘子藤属（夹竹桃科）（63：p136）：pottsia ← John Potts（人名，英国植物采集员，曾在中国采集植物标本）

Pottsia grandiflora 大花帘子藤：grandi- ← grandis 大的；florus/ florum/ flora ← flos 花（用于复合词）

Pottsia laxiflora 帘子藤：laxus 稀疏的，松散的，宽松的；florus/ florum/ flora ← flos 花（用于复合词）

Pottsia pubescens 毛帘子藤：pubescens ← pubens 被短柔毛的，长出柔毛的；pubi- ← pubis 细柔毛的，短柔毛的，毛被的；pubesco/ pubescere 长成的，变为成熟的，长出柔毛的，青春期体毛的；-escens/ -ascens 改变，转变，变成，略微，带有，接近，相似，大致，稍微（表示变化的趋势，并未完全相似或相同，有别于表示达到完成状态的 -atus）

Pouteria 桃榄属（山榄科）（60-1：p69）：pouteria ← pouter 桃榄（借用一种植物名）

Pouteria annamensis 桃榄：annamensis 安南的（地名，越南古称）

Pouteria grandifolia 龙果：grandi- ← grandis 大的；folius/ folium/ folia 叶，叶片（用于复合词）

Pouzolzia 雾水葛属（葛 gé）（荨麻科）（23-2：p357）：pouzolzia ← P. C. Mariede Pouzolz（人名，1785–1858，法国植物学家）

Pouzolzia angustifolia 狭叶雾水葛：angusti- ← angustus 窄的，狭的，细的；folius/ folium/ folia 叶，叶片（用于复合词）

Pouzolzia argenteonitida 银叶雾水葛：argenteus = argentum + eus 银白色的；argentum 银；nitidus = nitere + idus 光亮的，发光的；nitere 发亮；-idus/ -idum/ -ida 表示在进行中的动作或情况，作动词、名词或形容词的词尾；nitens 光亮的，发光的

Pouzolzia calophylla 美叶雾水葛：call-/ calli-/ callo-/ cala-/ calo- ← calos/ callos 美丽的；phyllus/ phyllum/ phylla ← phyllon 叶片（用于希腊语复合词）

Pouzolzia elegans 雅致雾水葛：elegans 优雅的，秀丽的

Pouzolzia elegans var. delavayi 菱叶雾水葛：delavayi ← P. J. M. Delavay（人名，1834–1895，法国传教士，曾在中国采集植物标本）；-i 表示人名，接在以元音字母结尾的人名后面，但 -a 除外

Pouzolzia elegans var. elegans 雅致雾水葛-原变种（词义见上面解释）

Pouzolzia niveotomentosa 雪毡雾水葛：niveus 雪白的，雪一样的；nivus/ nivis/ nix 雪，雪白色；tomentosus = tomentum + osus 绒毛的，密被绒毛的；tomentum 绒毛，浓密的毛被，棉絮，棉絮状填充物（被褥、垫子等）；-osus/ -osum/ -osa 多的，充分的，丰富的，显著发育的，程度高的，特征明显的（形容词词尾）

Pouzolzia sanguinea 红雾水葛：sanguineus = sanguis + ineus 血液的，血色的；sanguis 血液；-ineus/ -inea/ -ineum 相近，接近，相似，所有（通常表示材料或颜色），意思同 -eus

Pouzolzia sanguinea var. nepalensis 尼泊尔雾水葛：nepalensis 尼泊尔的（地名）

Pouzolzia sanguinea var. sanguinea 红雾水葛-原变种（词义见上面解释）

Pouzolzia spinosobracteata 刺苞雾水葛：spinosobracteatus 具刺苞片的；spinosus = spinus + osus 具刺的，多刺的，长满刺的；spinus 刺，针刺；-osus/ -osum/ -osa 多的，充分的，丰富的，显著发育的，程度高的，特征明显的（形容词词尾）；bracteatus = bracteus + atus 具苞片的；bracteus 苞，苞片，苞鳞

Pouzolzia zeylanica 雾水葛：zeylanicus 锡兰（斯里兰卡，国家名）；-icus/ -icum/ -ica 属于，具有某种特性（常用于地名、起源、生境）

Pouzolzia zeylanica var. microphylla 多枝雾水葛：micr-/ micro- ← micros 小的，微小的，微观的（用于希腊语复合词）；phyllus/ phyllum/ phylla ←

phyllon 叶片（用于希腊语复合词）

Pouzolzia zeylanica var. zeylanica 雾水葛-原变种 （词义见上面解释）

Pratia 铜锤玉带属（桔梗科）(73-2: p167): pratia ← Ch. L. Prat-Bernon（人名，18 世纪法国海军官员）

Pratia brevisepala 短萼紫锤草: brevi- ← brevis 短的（用于希腊语复合词词首）; sepalus/ sepalum/ sepala 萼片（用于复合词）

Pratia fangiana 峨眉紫锤草: fangiana（人名）

Pratia montana 山紫锤草: montanus 山，山地; montis 山，山地的; mons 山，山脉，岩石

Pratia nummularia 铜锤玉带草: nummularius = nummus + ulus + arius 古钱形的，圆盘状的; nummulus 硬币; nummus/ numus 钱币，货币; -ulus/ -ulum/ -ula 小的，略微的，稍微的（小词 -ulus 在字母 e 或 i 之后有多种变缀，即 -olus/ -olum/ -ola、-ellus/ -ellum/ -ella、-illus/ -illum/ -illa，与第一变格法和第二变格法名词形成复合词）; -arius/ -arium/ -aria 相似，属于（表示地点，场所，关系，所属）

Pratia reflexa 西藏紫锤草: reflexus 反曲的，后曲的; re- 返回，相反，再次，重复，向后，回头; flexus ← flecto 扭曲的，卷曲的，弯弯曲曲的，柔性的; flecto 弯曲，使扭曲

Pratia wollastonii 广西铜锤草: wollastonii ← Alexander Frederick Richmond（人名，20 世纪英国探险家、博物学家）

Praxelis 假臭草属（菊科）（增补）: praxelis（词源不详）

Praxelis clematidea 假臭草: clematidea = Clematis + eus 像铁线莲的; 构词规则: 词尾为 -is 和 -ys 的词的词干分别视为 -id 和 -yd; -eus/ -eum/ -ea（接拉丁语词干时）属于……的，色如……的，质如……的（表示原料、颜色或品质的相似），（接希腊语词干时）属于……的，以……出名，为……所占有（表示具有某种特性）

Premna 豆腐柴属（马鞭草科）(65-1: p81): premnus ← premnon 树干，主茎

Premna acutata 尖齿豆腐柴: acutatus = acutus + atus 具锐尖，具针尖的，具刺尖的，具锐角的; acuti-/ acu- ← acutus 锐尖的，针尖的，刺尖的，锐角的; -atus/ -atum/ -ata 属于，相似，具有，完成（形容词词尾）

Premna bhamoensis 八莫豆腐柴: bhamoensis ← Bhamo 八莫的（地名，缅甸克钦邦）

Premna bracteata 苞序豆腐柴: bracteatus = bracteus + atus 具苞片的; bracteus 苞，苞片，苞鳞; -atus/ -atum/ -ata 属于，相似，具有，完成（形容词词尾）

Premna cavaleriei 黄药: cavaleriei ← Pierre Julien Cavalerie（人名，20 世纪法国传教士）; -i 表示人名，接在以元音字母结尾的人名后面，但 -a 除外

Premna chevalieri 尖叶豆腐柴: chevalieri（人名）; -eri 表示人名，在以 -er 结尾的人名后面加上 i 形成

Premna confinis 滇桂豆腐柴: confinis 边界，范围，共同边界，邻近的; co- 联合，共同，合起来（拉丁语词首，为 cum- 的音变，表示结合、强化、完全，对应的希腊语为 syn-）; co- 的缀词音变有 co-/

com-/ con-/ col-/ cor-: co-（在 h 和元音字母前面），col-（在 l 前面），com-（在 b、m、p 之前），con-（在 c、d、f、g、j、n、qu、s、t 和 v 前面），cor-（在 r 前面）; finis 界限，境界

Premna corymbosa 伞序臭黄荆: corymbosus = corymbus + osus 伞房花序的; corymbus 伞形的，伞状的; -osus/ -osum/ -osa 多的，充分的，丰富的，显著发育的，程度高的，特征明显的（形容词词尾）

Premna crassa 石山豆腐柴: crassus 厚的，粗的，多肉质的

Premna crassa var. crassa 石山豆腐柴-原变种 （词义见上面解释）

Premna crassa var. yui 凤庆豆腐柴: yui 俞氏（人名）; -i 表示人名，接在以元音字母结尾的人名后面，但 -a 除外

Premna flavescens 淡黄豆腐柴: flavescens 淡黄的，发黄的，变黄的; flavus → flavo-/ flavi-/ flav- 黄的，鲜黄色的，金黄色的（指纯正的黄色）; -escens/ -ascens 改变，转变，变成，略微，带有，接近，相似，大致，稍微（表示变化的趋势，并未完全相似或相同，有别于表示达到完成状态的 -atus）

Premna fohaiensis 勐海豆腐柴（勐 měng）: fohaiensis 佛海的（地名，云南省勐海县的旧称）

Premna fordii 长序臭黄荆: fordii ← Charles Ford（人名）

Premna fordii var. fordii 长序臭黄荆-原变种 （词义见上面解释）

Premna fordii var. glabra 无毛臭黄荆: glabrus 光秃的，无毛的，光滑的

Premna fulva 黄毛豆腐柴: fulvus 咖啡色的，黄褐色的

Premna glandulosa 腺叶豆腐柴: glandulosus = glandus + ulus + osus 被细腺的，具腺体的，腺体质的; glandus ← glans 腺体; -ulus/ -ulum/ -ula 小的，略微的，稍微的（小词 -ulus 在字母 e 或 i 之后有多种变缀，即 -olus/ -olum/ -ola、-ellus/ -ellum/ -ella、-illus/ -illum/ -illa，与第一变格法和第二变格法名词形成复合词）; -osus/ -osum/ -osa 多的，充分的，丰富的，显著发育的，程度高的，特征明显的（形容词词尾）

Premna hainanensis 海南臭黄荆: hainanensis 海南的（地名）

Premna henryana 蒙自豆腐柴: henryana ← Augustine Henry 或 B. C. Henry（人名，前者，1857–1930，爱尔兰医生、植物学家，曾在中国采集植物，后者，1850–1901，曾活动于中国的传教士）

Premna interrupta 间序豆腐柴（间 jiàn）: interruptus 中断的，断续的; inter- 中间的，在中间，之间; ruptus 破裂的

Premna laevigata 平滑豆腐柴: laevigatus/ levigatus 光滑的，平滑的，平滑而发亮的; laevis/ levis/ laeve/ leve → levi-/ laevi- 光滑的，无毛的，无不平或粗糙感觉的; laevigo/ levigo 使光滑，削平

Premna latifolia 大叶豆腐柴: lati-/ late- ← latus 宽的，宽广的; folius/ folium/ folia 叶，叶片（用于复合词）

Premna latifolia var. cuneata 楔叶豆腐柴: cuneatus = cuneus + atus 具楔子的，属楔形的;

P

cuneus 楔子的；-atus/ -atum/ -ata 属于，相似，具有，完成（形容词词尾）

Premna latifolia var. latifolia 大叶豆腐柴-原变种（词义见上面解释）

Premna ligustroides 臭黄荆：ligustroides 像女贞的；Ligustrum 女贞属（木樨科）；-oides/ -oideus/ -oideum/ -oidea/ -odes/ -eidos 像……的，类似……的，呈……状的（名词词尾）

Premna maclurei 弯毛臭黄荆：maclurei（人名）

Premna mekongensis 澜沧豆腐柴：mekongensis 湄公河的（地名，澜沧江流入中南半岛部分称湄公河）

Premna mekongensis var. meiophylla 小叶澜沧豆腐柴：mei-/ meio- 较少的，较小的，略微的；phyllus/ phyllum/ phylla ← phyllon 叶片（用于希腊语复合词）

Premna mekongensis var. mekongensis 澜沧豆腐柴-原变种 （词义见上面解释）

Premna microphylla 豆腐柴：micr-/ micro- ← micros 小的，微小的，微观的（用于希腊语复合词）；phyllus/ phyllum/ phylla ← phyllon 叶片（用于希腊语复合词）

Premna obtusifolia 钝叶臭黄荆：obtusus 钝的，钝形的，略带圆形的；folius/ folium/ folia 叶，叶片（用于复合词）

Premna octonervia 八脉臭黄荆：octo-/ oct- 八（拉丁语和希腊语相同）；nervius = nervus + ius 具脉的，具叶脉的；nervus 脉，叶脉，-ius/ -ium/ -ia 具有……特性的（表示有关、关联、相似）

Premna oligantha 少花豆腐柴：oligo-/ olig- 少数的（希腊语，拉丁语为 pauci-）；anthus/ anthum/ antha/ anthe ← anthos 花（用于希腊语复合词）

Premna paisehensis 百色豆腐柴：paisehensis 百色的（地名，广西壮族自治区）

Premna parvilimba 小叶豆腐柴：parvilimbus 小叶的；parvus 小的，些微的，弱的；limbus 冠檐，萼檐，瓣片，叶片

Premna puberula 狐臭柴：puberulus = puberus + ulus 略被柔毛的，被微柔毛的；puberus 多毛的，毛茸茸的；-ulus/ -ulum/ -ula 小的，略微的，稍微的（小词 -ulus 在字母 e 或 i 之后有多种变缀，即 -olus/ -olum/ -ola、-ellus/ -ellum/ -ella、-illus/ -illum/ -illa，与第一变格法和第二变格法名词形成复合词）

Premna puberula var. bodinieri 毛狐臭柴：bodinieri ← Emile Marie Bodinieri（人名，19 世纪活动于中国的法国传教士）；-eri 表示人名，在以 -er 结尾的人名后面加上 i 形成

Premna puberula var. puberula 狐臭柴-原变种（词义见上面解释）

Premna punicea 玫红豆腐柴：puniceus 石榴的，像石榴的，石榴色的，红色的，鲜红色的；Punica 石榴属（石榴科）；-eus/ -eum/ -ea（接拉丁语词干时）属于……的，色如……的，质如……的（表示原料、颜色或品质的相似），（接希腊语词干时）属于……的，以……出名，为……所占有（表示具有某种特性）

Premna pyramidata 塔序豆腐柴：pyramidatus 金字塔形的，三角形的，锥形的；pyramis 棱形体，锥形体，金字塔；构词规则：词尾为 -is 和 -ys 的词的词干分别视为 -id 和 -yd

Premna racemosa 总序豆腐柴：racemosus = racemus + osus 总状花序的；racemus/ raceme 总状花序，葡萄串状的；-osus/ -osum/ -osa 多的，充分的，丰富的，显著发育的，程度高的，特征明显的（形容词词尾）

Premna rubroglandulosa 红腺豆腐柴：rubr-/ rubri-/ rubro- ← rubrus 红色；glandulosus = glandus + ulus + osus 被细腺的，具腺体的，腺体质的

Premna scandens 藤豆腐柴：scandens 攀缘的，缠绕的，藤本的；scando/ scansum 上升，攀登，缠绕

Premna scoriarum 腾冲豆腐柴：scoriarum 矿渣的，火山渣的；scoria 矿渣，火山渣；-arum 属于……的（第一变格法名词复数所有格词尾，表示群落或多数）

Premna steppicola 草坡豆腐柴：steppicolus = steppa + colus 生于草原的；steppa 草原

Premna straminicaulis 草黄枝豆腐柴：stramineus 禾秆色的，秆黄色的，干草状黄色的；stramen 禾秆，麦秆；stramimis 禾秆，秸秆，麦秆；caulis ← caulos 茎，茎秆，主茎

Premna subcapitata 近头状豆腐柴：subcapitatus 近头状的；sub-（表示程度较弱）与……类似，几乎，稍微，弱，亚，之下，下面；capitatus 头状的，头状花序的；capitus ← capitis 头，头状

Premna subscandens 攀援臭黄荆：subscandens 像 scandens 的，近攀缘的；Asparagus scandens 攀援天门冬；sub-（表示程度较弱）与……类似，几乎，稍微，弱，亚，之下，下面；Premna subscandens 攀援臭黄荆；scandens 攀缘的，缠绕的，藤本的

Premna sunyiensis 塘虱角：sunyiensis 信宜的（地名，广东省）

Premna szemaoensis 思茅豆腐柴：szemaoensis 思茅的（地名，云南省）

Premna tapintzeana 大坪子豆腐柴：tapintzeana 大坪子的（地名，云南省宾川县）

Premna tenii 圆叶豆腐柴：tenii（人名）；-ii 表示人名，接在以辅音字母结尾的人名后面，但 -er 除外

Premna urticifolia 麻叶豆腐柴：Urtica 荨麻属（荨麻科）；folius/ folium/ folia 叶，叶片（用于复合词）

Premna velutina 黄绒豆腐柴：velutinus 天鹅绒的，柔软的；velutus 绒毛的；-inus/ -inum/ -ina/ -inos 相近，接近，相似，具有（通常指颜色）

Premna yunnanensis 云南豆腐柴：yunnanensis 云南的（地名）

Prenanthes 福王草属（盘果菊属/蛇根苣属）（菊科）（80-1：p184）：prenanthes 花下垂的（比喻头状花序的着生方式）；prenes 下垂的；anthes ← anthus ← anthos 花

Prenanthes angustiloba 细裂福王草：angusti- ← angustus 窄的，狭的，细的；lobus/ lobos/ lobon 浅裂，耳片（裂片先端钝圆），荚果，蒴果

Prenanthes faberi 狭锥福王草：faberi ← Ernst Faber（人名，19 世纪活动于中国的德国植物采集员）；-eri 表示人名，在以 -er 结尾的人名后面加上 i 形成

P

Prenanthes glandulosa （多腺福王草）：glandulosus = glandus + ulus + osus 被细腺的，具腺体的，腺体质的；glandus ← glans 腺体；-ulus/ -ulum/ -ula 小的，略微的，稍微的（小词 -ulus 在字母 e 或 i 之后有多种变缀，即 -olus/ -olum/ -ola、-ellus/ -ellum/ -ella、-illus/ -illum/ -illa，与第一变格法和第二变格法名词形成复合词）；-osus/ -osum/ -osa 多的，充分的，丰富的，显著发育的，程度高的，特征明显的（形容词词尾）

Prenanthes leptantha 细花福王草：lept-/ lepto- 细的，薄的，瘦小的，狭长的；anthus/ anthum/ antha/ anthe ← anthos 花（用于希腊语复合词）

Prenanthes macilentas （细茎福王草）：macilentus 瘦弱的，贫瘠的

Prenanthes macrophylla 多裂福王草：macro-/ macr- ← macros 大的，宏观的（用于希腊语复合词）；phyllus/ phyllum/ phylla ← phyllon 叶片（用于希腊语复合词）

Prenanthes scandens 藤本福王草：scandens 攀缘的，缠绕的，藤本的；scando/ scansum 上升，攀登，缠绕

Prenanthes tatarinowii 福王草：tatarinowii（人名）；-ii 表示人名，接在以辅音字母结尾的人名后面，但 -er 除外

Prenanthes vitifolia 葡萄叶福王草：vitifolia 葡萄叶；vitis 葡萄，藤蔓植物（古拉丁名）；folius/ folium/ folia 叶，叶片（用于复合词）

Prenanthes yakoensis 云南福王草：yakoensis 垭口的（地名，云南省怒江流域）

Primula 报春花属（报春花科）（59-1：p1，59-2：p1）：primula ← primos 最先的，最早的（比喻春天最早开花）

Primula advena 折瓣雪山报春：advenus 外来的，非土著的

Primula advena var. advena 折瓣雪山报春-原变种 （词义见上面解释）

Primula advena var. euprepes 紫折瓣报春：euprepes 悦目的；eu- 好的，秀丽的，真的，正确的，完全的；prepes 看，观看

Primula aerinantha 裂瓣穗状报春：aerinanthus = aerinus + anthus 空中的花（指分布于高山）；aerinus ← aerius 空中的，气生的；-inus/ -inum/ -ina/ -inos 相近，接近，相似，具有（通常指颜色）；anthus/ anthum/ antha/ anthe ← anthos 花（用于希腊语复合词）

Primula agleniana 乳黄雪山报春：agleniana（人名）

Primula algida 寒地报春：algidus 喜冰的

Primula aliciae 西藏缺裂报春：aliciae（人名）；-ae 表示人名，以 -a 结尾的人名后面加上 -e 形成

Primula alpicola 杂色钟报春：alpicolus 生于高山的，生于草甸带的；alpus 高山；colus ← colo 分布于，居住于，栖居，殖民（常作词尾）；colo/ colere/ colui/ cultum 居住，耕作，栽培

Primula alsophila 蔓茎报春（蔓 màn）：alsophila 喜树林的（指生于林下）；alsos 树林，小树林；philus/ philein ← philos → phil-/ phili/ philo- 喜好的，爱好的，喜欢的；Alsophila 桫椤属（桫椤科）

Primula ambita 圆回报春：ambitus 周围，轮廓，外形

Primula amethystina 紫晶报春：amethystinus 紫色水晶的，紫色的；amethysteus 紫罗兰色的，蓝紫色的；-inus/ -inum/ -ina/ -inos 相近，接近，相似，具有（通常指颜色）

Primula amethystina subsp. amethystina 紫晶报春-原亚种 （词义见上面解释）

Primula amethystina subsp. argutidens 尖齿紫晶报春：argutidens 锐齿的，尖齿的；argutus → argut-/ arguti- 尖锐的；-dens ← dentatus 齿，牙齿的

Primula amethystina subsp. brevifolia 短叶紫晶报春：brevi- ← brevis 短的（用于希腊语复合词词首）；folius/ folium/ folia 叶，叶片（用于复合词）

Primula anisodora 茴香灯台报春：anisodorus 茴芹味的；Pimpinella anisum 茴芹（伞形科）；odorus 香气的，气味的

Primula annulata 单花小报春：annulatus 环状的，环形花纹的

Primula aromatica 香花报春：aromaticus 芳香的，香味的

Primula asarifolia 细辛叶报春：Asarum 细辛属（马兜铃科）；folius/ folium/ folia 叶，叶片（用于复合词）

Primula atrodentata 白心球花报春：atro-/ atr-/ atri-/ atra- ← ater 深色，浓色，暗色，发黑（ater 作为词干后接辅音字母开头的词时，要在词干后面加一个连接用的元音字母 "o" 或 "i"，故为 "ater-o-" 或 "ater-i-"，变形为 "atr-" 开头）；dentatus = dentus + atus 牙齿的，齿状的，具齿的；dentus 齿，牙齿；-atus/ -atum/ -ata 属于，相似，具有，完成（形容词词尾）

Primula aurantiaca 橙红灯台报春：aurantiacus/ aurantius 橙黄色的，金黄色的；aurus 金，金色；aurant-/ auranti- 橙黄色，金黄色

Primula baileyana 圆叶报春：baileyana ← Jacob Whitman Bailey（人名，19 世纪美国微生物学家）

Primula barbatula 紫球毛小报春：barbatula = barabus + atus + ulus 具短须的，稍具须毛的；barba 胡须，髯毛，绒毛；-atus/ -atum/ -ata 属于，相似，具有，完成（形容词词尾）；-ulus/ -ulum/ -ula 小的，略微的，稍微的（小词 -ulus 在字母 e 或 i 之后有多种变缀，即 -olus/ -olum/ -ola、-ellus/ -ellum/ -ella、-illus/ -illum/ -illa，与第一变格法和第二变格法名词形成复合词）

Primula barbicalyx 毛萼鄂报春：barbicalyx 须状萼片的；barbi- ← barba 胡须，髯毛，绒毛；calyx → calyc- 萼片（用于希腊语复合词）

Primula bathangensis 巴塘报春：bathangensis 巴塘的（地名，四川西北部）

Primula beesiana 霞红灯台报春：beesiana ← Bee's Nursery（蜂场，位于英国港口城市切斯特）

Primula bella 山丽报春：bellus ← belle 可爱的，美丽的

Primula bellidifolia 菊叶穗花报春：bellid- ← Bellis 雏菊属（菊科）；构词规则：词尾为 -is 和 -ys 的词的词干分别视为 -id 和 -yd；folius/ folium/

P

folia 叶，叶片（用于复合词）

Primula blattariformis 地黄叶报春：Verbascum blattaria 毛瓣毛蕊花；formis/ forma 形状

Primula blinii 糙毛报春：blinii（人名）；-ii 表示人名，接在以辅音字母结尾的人名后面，但 -er 除外

Primula bomiensis 波密脆蒴报春：bomiensis 波密的（地名，西藏自治区）

Primula boreiocalliantha 木里报春：boreiocallianthus = boreus + calli + anthus 美丽的北方鲜花；boreus 北方的；call-/ calli-/ callo-/ cala-/ calo- ← calos/ callos 美丽的；anthus/ anthum/ antha/ anthe ← anthos 花（用于希腊语复合词）

Primula brachystoma （短口报春）：brachy- ← brachys 短的（用于拉丁语复合词词首）；stomus 口，开口，气孔

Primula bracteata 小苞报春：bracteatus = bracteus + atus 具苞片的；bracteus 苞，苞片，苞鳞；-atus/ -atum/ -ata 属于，相似，具有，完成（形容词词尾）

Primula bracteosa 叶苞脆蒴报春：bracteosus = bracteus + osus 苞片多的；bracteus 苞，苞片，苞鳞；-osus/ -osum/ -osa 多的，充分的，丰富的，显著发育的，程度高的，特征明显的（形容词词尾）

Primula breviscapa 短莛报春：brevi- ← brevis 短的（用于希腊语复合词词首）；scapus（scap-/ scapi-）← skapos 主茎，树干，花柄，花轴

Primula bullata 皱叶报春：bullatus = bulla + atus 泡状的，膨胀的；bulla 球，水泡，凸起；-atus/ -atum/ -ata 属于，相似，具有，完成（形容词词尾）

Primula bulleyana 橘红灯台报春：bulleyana ← Arthur Bulley（人名，英国棉花经纪人）

Primula buryana 珠峰垂花报春：buryana（人名）

Primula caldaria 匐枝粉报春：caldaria ← calculus 鹅卵石的

Primula calderiana 暗紫脆蒴报春：calderiana（人名）

Primula calliantha 美花报春：call-/ calli-/ callo-/ cala-/ calo- ← calos/ callos 美丽的；anthus/ anthum/ antha/ anthe ← anthos 花（用于希腊语复合词）

Primula calliantha subsp. bryophila 黛粉美花报春：bry-/ bryo- ← bryum/ bryon 苔藓，苔藓状的（指窄细）；philus/ philein ← philos → phil-/ phili/ philo- 喜好的，爱好的，喜欢的（注意区别形近词：phylus、phyllus）；phylus/ phylum/ phyla ← phylon/ phyle 植物分类单位中的"门"，位于"界"和"纲"之间，类群，种族，部落，聚群；phyllus/ phyllum/ phylla ← phyllon 叶片（用于希腊语复合词）

Primula calliantha subsp. calliantha 美花报春-原亚种 （词义见上面解释）

Primula calliantha subsp. mishmiensis 黄美花报春：mishmiensis 米什米的（地名，西藏自治区）

Primula calthifolia 驴蹄草叶报春：calthifolius 驴蹄草叶的；Catltha 驴蹄草属（毛茛科）；folius/ folium/ folia 叶，叶片（用于复合词）

Primula candicans 亮白小报春：candicans 白毛状

的，发白光的，变白的；-icans 表示正在转变的过程或相似程度，有时表示相似程度非常接近、几乎相同

Primula capitata 头序报春：capitatus 头状的，头状花序的；capitus ← capitis 头，头状

Primula capitata subsp. capitata 头序报春-原亚种 （词义见上面解释）

Primula capitata subsp. lacteocapitata 黄粉头序报春：lacteus 乳汁的，乳白色的，白色略带蓝色的；capitatus 头状的，头状花序的；capitus ← capitis 头，头状

Primula capitata subsp. sphaerocephala 无粉头序报春：sphaerocephalus 球形头状花序的；sphaero- 圆形，球形；cephalus/ cephale ← cephalos 头，头状花序

Primula cardiophylla 大圆叶报春：cardio- ← kardia 心脏；phyllus/ phyllum/ phylla ← phyllon 叶片（用于希腊语复合词）

Primula cavaleriei 黔西报春：cavaleriei ← Pierre Julien Cavalerie（人名，20 世纪法国传教士）；-i 表示人名，接在以元音字母结尾的人名后面，但 -a 除外

Primula caveana 短蒴圆叶报春：caveanus = caveus + anus 属于凹陷的，和孔洞有关的；cavus 凹陷，孔洞；caveus 凹陷的，孔洞的；-eus/ -eum/ -ea（接拉丁语词干时）属于……的，色如……的，质如……的（表示原料、颜色或品质的相似），（接希腊语词干时）属于……的，以……出名，为……所占有（表示具有某种特性）；-anus/ -anum/ -ana 属于，来自（形容词词尾）

Primula cawdoriana 条裂垂花报春：cawdoriana （人名）

Primula celsiaeformis 显脉报春：celsiaeformis = Celsia + formis 毛蕊花状的（注：以属名作复合词时原词尾变形后的 i 要保留，不能使用所有格，故该词宜改为"celsiiformis"）；Celsia 毛蕊花属（玄参科）；celsia ← Jacques Martin Cels（人名，18 世纪法国作家、育苗专家）；formis/ forma 形状

Primula cerina 蜡黄报春：cerinus = cera + inus 蜡黄的，蜡质的；cerus/ cerum/ cera 蜡；-inus/ -inum/ -ina/ -inos 相近，接近，相似，具有（通常指颜色）

Primula cernua 垂花穗状报春：cernuus 点头的，前屈的，略俯垂的（弯曲程度略大于 90°）；cernu-/ cernui- 弯曲，下垂；关联词：nutans 弯曲的，下垂的（弯曲程度远大于 90°）

Primula chamaedoron 单花脆蒴报春：chamaedoron 矮小的礼物，地面的礼物（比喻植株矮小）；chamae- ← chamai 矮小的，匍匐的，地面的；doron 礼物

Primula chamaethauma 异莛脆蒴报春：chamae- ← chamai 矮小的，匍匐的，地面的；thauma ← thaumastos 奇异的

Primula chapaensis 马关报春：chapaensis ← Chapa 沙巴的（地名，越南北部）

Primula chartacea 革叶报春：chartaceus 西洋纸质的；charto-/ chart- 羊皮纸，纸质；-aceus/ -aceum/ -acea 相似的，有……性质的，属于……的

Primula chienii 青城报春：chienii ← S. S. Chien 钱崇澍（人名，1883–1965，中国植物学家）

Primula chionata 裂叶脆蒴报春：chionatus 雪白的，雪；chion-/ chiono- 雪，雪白色，雪白色

Primula chionata var. chionata 裂叶脆蒴报春-原变种 （词义见上面解释）

Primula chionata var. violacea 蓝花裂叶报春：violaceus 紫红色的，紫堇色的，堇菜状的；Viola 堇菜属（堇菜科）；-aceus/ -aceum/ -acea 相似的，有……性质的，属于……的

Primula chionogenes 粗齿脆蒴报春：chionogenes/ chiogenes 生产白雪的（比喻白色的果实）；chion-/ chiono- 雪，雪白色；genes ← gennao 产，生产

Primula chrysochlora 腾冲灯台报春：chrys-/ chryso- ← chrysos 黄色的，金色的；chlorus 绿色的

Primula chumbiensis 厚叶钟报春：chumbiensis 春丕的（地名，西藏自治区）

Primula chungensis 中甸灯台报春：chungensis（地名，云南省）

Primula cicutariifolia 毛茛叶报春（茛 gèn）：cicutariifolia = Cicutaria + folius 像峨参叶的；缀词规则：以属名作复合词时原词尾变形后的 i 要保留；Cicutaria（伞形科一属名，已合并到峨参属 Anthriscus）；folius/ folium/ folia 叶，叶片（用于复合词）

Primula cinerascens 灰绿报春：cinerascens/ cinerasceus 发灰的，变灰色的，灰白的，淡灰色的（比 cinereus 更白）；cinereus 灰色的，草木灰色的（为纯黑和纯白的混合色，希腊语为 tephro-/ spodo-）；ciner-/ cinere-/ cinereo- 灰色；-escens/ -ascens 改变，转变，变成，略微，带有，接近，相似，大致，稍微（表示变化的趋势，并未完全相似或相同，有别于表示达到完成状态的 -atus）

Primula clutterbuckii 短茎粉报春：clutterbuckii（人名）；-ii 表示人名，接在以辅音字母结尾的人名后面，但 -er 除外

Primula cockburniana 鹅黄灯台报春：cockburniana ← Cockburn（家族名，居住于中国）

Primula coerulea 蓝花大叶报春：caeruleus/ coeruleus 深蓝色的，海洋蓝的，青色的，暗绿色的；caerulus/ coerulus 深蓝色，海洋蓝，青色，暗绿色；-eus/ -eum/ -ea（接拉丁语词干时）属于……的，色如……的，质如……的（表示原料、颜色或品质的相似），（接希腊语词干时）属于……的，以……出名，为……所占有（表示具有某种特性）

Primula comata 镇康报春：comatus 具簇毛的，具缨的

Primula concholoba 短筒穗花报春：conchus 贝壳，贝壳的；lobus/ lobos/ lobon 浅裂，耳片（裂片先端钝圆），荚果，蒴果

Primula concinna 雅洁粉报春：concinnus 精致的，高雅的，形状好看的

Primula conspersa 散布报春：conspersus 喷撒（指散点）；co- 联合，共同，合起来（拉丁语词首，为 cum- 的音变，表示结合、强化、完全，对应的希腊语为 syn-）；co- 的缀词音变有 co-/ com-/ con-/ col-/ cor-：co-（在 h 和元音字母前面），col-（在 l 前面），com-（在 b、m、p 之前），con-（在 c、d、

f、g、j、n、qu、s、t 和 v 前面），cor-（在 r 前面）；spersus 分散的，散生的，散布的

Primula crocifolia 番红报春：crocifolius 番红花叶的；Crocus 番红花属（鸢尾科）；folius/ folium/ folia 叶，叶片（用于复合词）

Primula cunninghamii 小脆蒴报春：cunninghamii ← James Cunningham 詹姆斯·昆宁汉姆（人名，1791–1839，英国医生、植物采集员，曾在中国厦门居住，杉木发现者）

Primula davidii 大叶宝兴报春：davidii ← Pere Armand David（人名，1826–1900，曾在中国采集植物标本的法国传教士）；-ii 表示人名，接在以辅音字母结尾的人名后面，但 -er 除外

Primula deflexa 穗花报春：deflexus 向下曲折的，反卷的；de- 向下，向外，从……，脱离，脱落，离开，去掉；flexus ← flecto 扭曲的，卷曲的，弯弯曲曲的，柔性的；flecto 弯曲，使扭曲

Primula densa 小叶鄂报春：densus 密集的，繁茂的

Primula denticulata 球花报春：denticulatus = dentus + culus + atus 具细齿的，具齿的；dentus 齿，牙齿；-culus/ -culum/ -cula 小的，略微的，稍微的（同第三变格法和第四变格法名词形成复合词）；-atus/ -atum/ -ata 属于，相似，具有，完成（形容词词尾）

Primula denticulata subsp. denticulata 球花报春-原亚种 （词义见上面解释）

Primula denticulata subsp. sinodenticulata 滇北球花报春：sinodenticulatus 中国型细齿的；sino- 中国；denticulatus = dentus + culus + atus 具细齿的，具齿的；dentus 齿，牙齿；-culus/ -culum/ -cula 小的，略微的，稍微的（同第三变格法和第四变格法名词形成复合词）；-atus/ -atum/ -ata 属于，相似，具有，完成（形容词词尾）

Primula diantha 双花报春：di-/ dis- 二，二数，二分，分离，不同，在……之间，从……分开（希腊语，拉丁语为 bi-/ bis-）；anthus/ anthum/ antha/ anthe ← anthos 花（用于希腊语复合词）

Primula dickieana 展瓣紫晶报春：dickieana（人名）

Primula divaricata 叉梗报春（叉 chā）：divaricatus 广歧的，发散的，散开的

Primula dryadifolia 石岩报春：dryadus ← dryas ← dryadis 像仙女木的；Dryas 仙女木属（蔷薇科）；folius/ folium/ folia 叶，叶片（用于复合词）

Primula dryadifolia subsp. chlorodryas 黄花岩报春：chlor-/ chloro- ← chloros 绿色的（希腊语，相当于拉丁语的 viridis）；dryas 德丽亚斯女神，森林女神，树妖（希腊神话人物），似栎树的

Primula dryadifolia subsp. dryadifolia 石岩报春-原亚种 （词义见上面解释）

Primula dryadifolia subsp. jonardunii 翅柄岩报春：jonardunii（人名）；-ii 表示人名，接在以辅音字母结尾的人名后面，但 -er 除外

Primula duclouxii 曲柄报春：duclouxii（人名）；-ii 表示人名，接在以辅音字母结尾的人名后面，但 -er 除外

Primula dumicola 灌丛报春：dumicolus = dumus + colus 生于灌丛的，生于荒草丛的；dumus 灌丛，荆棘丛，荒草丛；colus ← colo 分布于，居住

P

于，栖居，殖民（常作词尾）；colo/ colere/ colui/ cultum 居住，耕作，栽培

Primula eburnea 乳白垂花报春：eburneus/ eburnus 象牙的，象牙白的；ebur 象牙；-eus/ -eum/ -ea（接拉丁语词干时）属于……的，色如……的，质如……的（表示原料、颜色或品质的相似），（接希腊语词干时）属于……的，以……出名，为……所占有（表示具有某种特性）

Primula efarinosa 无粉报春：efarinosus = e + farinosus 无粉的；e-/ ex- 不，无，非，缺乏，不具有（e- 用在辅音字母前，ex- 用在元音字母前，为拉丁语词首，对应的希腊语词首为 a-/ an-，英语为 un-/ -less，注意作词首用的 e-/ ex- 和介词 e/ ex 意思不同，后者意为"出自、从……、由……离开、由于、依照"）；farinosus 粉末状的，飘粉的；far/ farris 一种小麦，面粉

Primula effusa 散花报春：effusus = ex + fusus 很松散的，非常稀疏的；fusus 散开的，松散的，松弛的；e-/ ex- 不，无，非，缺乏，不具有（e- 用在辅音字母前，ex- 用在元音字母前，为拉丁语词首，对应的希腊语词首为 a-/ an-，英语为 un-/ -less，注意作词首用的 e-/ ex- 和介词 e/ ex 意思不同，后者意为"出自、从……、由……离开、由于、依照"）；构词规则：构成复合词时，词首末尾的辅音字母常同化为紧接其后的那个辅音字母（如 ex + f → eff）

Primula elizabethae 卵叶雪山报春：elizabethae ← Elisabeth Locke Besse 伊丽莎白（人名）

Primula elongata 黄齿雪山报春：elongatus 伸长的，延长的；elongare 拉长，延长；longus 长的，纵向的；e-/ ex- 不，无，非，缺乏，不具有（e- 用在辅音字母前，ex- 用在元音字母前，为拉丁语词首，对应的希腊语词首为 a-/ an-，英语为 un-/ -less，注意作词首用的 e-/ ex- 和介词 e/ ex 意思不同，后者意为"出自、从……、由……离开、由于、依照"）

Primula elongata var. barnardoana 黄花圆叶报春：barnardoana（人名）

Primula elongata var. elongata 黄齿雪山报春-原变种 （词义见上面解释）

Primula epilithica 石面报春：epilithicus 岩石表面生的；epi- 上面的，表面的，在上面；lithicus 岩石

Primula epilosa 二郎山报春：e-/ ex- 不，无，非，缺乏，不具有（e- 用在辅音字母前，ex- 用在元音字母前，为拉丁语词首，对应的希腊语词首为 a-/ an-，英语为 un-/ -less，注意作词首用的 e-/ ex- 和介词 e/ ex 意思不同，后者意为"出自、从……、由……离开、由于、依照"）；pilosus = pilus + osus 多毛的，被柔毛的，具疏柔毛的，被短弱细毛的；pilus 毛，疏柔毛；-osus/ -osum/ -osa 多的，充分的，丰富的，显著发育的，程度高的，特征明显的（形容词词尾）

Primula erratica 甘南报春：erraticus 排列不整齐的，乱七八糟的，散乱的，失败的

Primula erythrocarpa 黄心球花报春：erythr-/ erythro- ← erythros 红色的（希腊语）；carpus/ carpum/ carpa/ carpon ← carpos 果实（用于希腊语复合词）

Primula esquirolii 贵州卵叶报春：esquirolii（人名）；-ii 表示人名，接在以辅音字母结尾的人名后

面，但 -er 除外

Primula euosma 绿眼报春：euosmum 清香气味的；eu- 好的，秀丽的，真的，正确的，完全的；osmus 气味，香味

Primula exscapa 无莛脆蒴报春：exscapus 无主茎的；e-/ ex- 不，无，非，缺乏，不具有（e- 用在辅音字母前，ex- 用在元音字母前，为拉丁语词首，对应的希腊语词首为 a-/ an-，英语为 un-/ -less，注意作词首用的 e-/ ex- 和介词 e/ ex 意思不同，后者意为"出自、从……、由……离开、由于、依照"）；scapus（scap-/ scapi-）← skapos 主茎，树干，花柄，花轴

Primula faberi 峨眉报春：faberi ← Ernst Faber（人名，19 世纪活动于中国的德国植物采集员）；-eri 表示人名，在以 -er 结尾的人名后面加上 i 形成

Primula fagosa 城口报春：fagosus = fagus + osus 可食的；fagus ← phagein 可食的，取、食用（希腊语）；-osus/ -osum/ -osa 多的，充分的，丰富的，显著发育的，程度高的，特征明显的（形容词词尾）

Primula falcifolia 镰叶雪山报春：falci- ← falx 镰刀，镰刀形，镰刀状弯曲；构词规则：以 -ix/ -iex 结尾的词其词干末尾视为 -ic，以 -ex 结尾视为 -i/ -ic，其他以 -x 结尾视为 -c；folius/ folium/ folia 叶，叶片（用于复合词）

Primula falcifolia var. falcifolia 镰叶雪山报春-原变种 （词义见上面解释）

Primula falcifolia var. farinifera 波密镰叶报春：farinus 粉末，粉末状覆盖物；-ferus/ -ferum/ -fera/ -fero/ -fere/ -fer 有，具有，产（区别：作独立词使用的 ferus 意思是"野生的"）

Primula fangii 金川粉报春：fangii（人名）；-ii 表示人名，接在以辅音字母结尾的人名后面，但 -er 除外

Primula fangingensis 梵净报春（梵 fàn）：fangingensis 梵净山的（地名，贵州省）

Primula farinosa 粉报春：farinosus 粉末状的，飘粉的；farinus 粉末，粉末状覆盖物；far/ farris 一种小麦，面粉；-osus/ -osum/ -osa 多的，充分的，丰富的，显著发育的，程度高的，特征明显的（形容词词尾）

Primula farinosa var. denudata 裸报春：denudatus = de + nudus + atus 裸露的，露出的，无毛的（近义词：glaber）；de- 向下，向外，从……，脱离，脱落，离开，去掉；nudus 裸露的，无装饰的

Primula farinosa var. farinosa 粉报春-原变种 （词义见上面解释）

Primula farreriana 大通报春：farreriana（人名）

Primula fasciculata 束花粉报春：fasciculatus 成束的，束状的，成簇的；fasciculus 丛，簇，束；fascis 束

Primula fernaldiana 雅东粉报春：fernaldiana ← Merritt Lyndon Fernald（人名，20 世纪美国植物学家）

Primula filchnerae 陕西羽叶报春：filchnerae（人名）；-ae 表示人名，以 -a 结尾的人名后面加上 -e 形成

Primula firmipes 莛立钟报春：firmipes 硬质茎秆的；firmus 坚固的，强的；pes/ pedis 柄，梗，茎秆，腿，足，爪（作词首或词尾，pes 的词干视为"ped-"）

Primula fistulosa 箭报春：fistulosus = fistulus +

P

osus 管状的，空心的，多孔的；fistulus 管状的，空心的；-osus/ -osum/ -osa 多的，充分的，丰富的，显著发育的，程度高的，特征明显的（形容词词尾）

Primula flabellifera 扇叶垂花报春：flabellifer 具扇形器官的；flabellus 扇子，扇形的；-ferus/ -ferum/ -fera/ -fero/ -fere/ -fer 有，具有，产（区别：作独立词使用的 ferus 意思是"野生的"）

Primula flaccida 垂花报春：flaccidus 柔软的，软乎乎的，软绵绵的；flaccus 柔弱的，软垂的；-idus/ -idum/ -ida 表示在进行中的动作或情况，作动词、名词或形容词的词尾

Primula flava 黄花粉叶报春：flavus → flavo-/ flavi-/ flav- 黄色的，鲜黄色的，金黄色的（指纯正的黄色）

Primula florindae 巨伞钟报春：florindae ← Florinda Annesley（人名，Richard Grove Annesley 之妻）；Richard Grove Annesley（人名，1879–1966，英国植物学家）

Primula forbesii 小报春：forbesii ← Charles Noyes Forbes（人名，20 世纪美国植物学家）

Primula forrestii 灰岩皱叶报春：forrestii ← George Forrest（人名，1873–1932，英国植物学家，曾在中国西部采集大量植物标本）

Primula gambeliana 长蒴圆叶报春：gambeliana ← William Gambel（人名，19 世纪美国博物学家）

Primula gemmifera 苞芽粉报春：gemmus 芽，珠芽，零余子；-ferus/ -ferum/ -fera/ -fero/ -fere/ -fer 有，具有，产（区别：作独立词使用的 ferus 意思是"野生的"）

Primula gemmifera var. amoena 厚叶苞芽报春：amoenus 美丽的，可爱的

Primula gemmifera var. gemmifera 苞芽粉报春-原变种 （词义见上面解释）

Primula geraniifolia 滇藏掌叶报春：geraniifolius 老鹳草叶的；缀词规则：以属名作复合词时原词尾变形后的 i 要保留；geranium 老鹳草属；folius/ folium/ folia 叶，叶片（用于复合词）

Primula giraldiana 太白山紫穗报春：giraldiana ← Giuseppe Giraldi（人名，19 世纪活动于中国的意大利传教士）

Primula glabra 光叶粉报春：glabrus 光秃的，无毛的，光滑的

Primula glabra subsp. genestieriana 纤莛粉报春：genestieriana ← A. Genestier（人名，19 世纪活动于中国的法国传教士）

Primula glabra subsp. glabra 光叶粉报春-原亚种 （词义见上面解释）

Primula glomerata 立花头序报春：glomeratus = glomera + atus 聚集的，球形的，聚成球形的；glomera 线球，一团，一束

Primula gracilenta 长瓣穗花报春：gracilentus 细长的，纤弱的；gracilis 细长的，纤弱的，丝状的；-ulentus/ -ulentum/ -ulenta/ -olentus/ -olentum/ -olenta（表示丰富、充分或显著发展）

Primula gracilipes 纤柄脆蒴报春：gracilis 细长的，纤弱的，丝状的；pes/ pedis 柄，梗，茎秆，腿，足，爪（作词首或词尾，pes 的词干视为"ped-"）

Primula graminifolia 禾叶报春：graminus 禾草，禾本科草；folius/ folium/ folia 叶，叶片（用于复合词）

Primula griffithii 高莛脆蒴报春：griffithii ← William Griffith（人名，19 世纪印度植物学家，加尔各答植物园主任）

Primula handeliana 陕西报春：handeliana ← H. Handel-Mazzetti（人名，奥地利植物学家，第一次世界大战期间在中国西南地区研究植物）

Primula helodoxa 泽地灯台报春：heleo-/ helo- 湿地，湿原，沼泽；-doxa/ -doxus 荣耀的，瑰丽的，壮观的，显眼的

Primula henryi 滇南报春：henryi ← Augustine Henry 或 B. C. Henry（人名，前者，1857–1930，爱尔兰医生、植物学家，曾在中国采集植物，后者，1850–1901，曾活动于中国的传教士）

Primula heucherifolia 宝兴掌叶报春：heucherifolius 肾形草叶的；Heuchera 肾形草属（虎耳草科）；heuchera ← Johann Heinrich von Heucher（人名，德国植物学家）；folius/ folium/ folia 叶，叶片（用于复合词）

Primula hilaris 大花脆蒴报春：hilaris（人名）

Primula hoffmanniana 川北脆蒴报春：hoffmanniana ← Georg Franz Hoffmann（人名，20 世纪俄国植物学家）

Primula hoi 单伞长柄报春：hoi 何氏（人名）；-i 表示人名，接在以元音字母结尾的人名后面，但 -a 除外，该种加词有时拼写为"hoii"，似不妥

Primula homogama 峨眉缺裂报春：homo-/ hommoeo-/ homoio- 相同的，相似的，同样的，同类的，均质的；gamaus 花

Primula hookeri 春花脆蒴报春：hookeri ← William Jackson Hooker（人名，19 世纪英国植物学家）；-eri 表示人名，在以 -er 结尾的人名后面加上 i 形成

Primula hookeri var. hookeri 春花脆蒴报春-原变种 （词义见上面解释）

Primula hookeri var. violacea 蓝春花报春：violaceus 紫红色的，紫堇色的，堇菜状的；Viola 堇菜属（堇菜科）；-aceus/ -aceum/ -acea 相似的，有……性质的，属于……的

Primula hopeana （河北报春）：hopeana 河北的（地名）

Primula huashanensis 华山报春（华 huà）：huashanensis 华山的（地名）

Primula humilis 矮莛缺裂报春：humilis 矮的，低的

Primula hylobia 亮叶报春：hylobius 生于森林的；hylo- ← hyla/ hyle 林木，树木，森林；-bius ← bion 生存，生活，居住

Primula hypoleuca 白背小报春：hypoleucus 背面白色的，下面白色的；hyp-/ hypo- 下面的，以下的，不完全的；leucus 白色的，淡色的

Primula inopinata 迷离报春：inopinatus 突然的，意外的

Primula interjacens 景东报春：interjacens/ interjectus 居间的，中间部位的；inter- 中间的，在中间，之间；jectus/ jacens 毗邻，相邻，连接

Primula interjacens var. epilosa 光叶景东报春：e-/ ex- 不，无，非，缺乏，不具有（e- 用在辅音字母前，ex- 用在元音字母前，为拉丁语词首，对应的

希腊语词首为 a-/ an-，英语为 un-/ -less，注意作词首用的 e-/ ex- 和介词 e/ ex 意思不同，后者意为"出自、从……、由……离开、由于、依照"）；pilosus = pilus + osus 多毛的，被柔毛的，具疏柔毛的，被短弱细毛的；pilus 毛，疏柔毛；-osus/ -osum/ -osa 多的，充分的，丰富的，显著发育的，程度高的，特征明显的（形容词词尾）

Primula interjacens var. interjacens 景东报春-原变种 （词义见上面解释）

Primula involucrata 花苞报春：involucratus = involucrus + atus 有总苞的；involucrus 总苞，花苞，包被

Primula involucrata subsp. involucrata 花苞报春-原亚种 （词义见上面解释）

Primula involucrata subsp. yargongensis 雅江报春：yargongensis 雅江的（地名，四川省）

Primula ioessa 缺叶钟报春：ioessa（词源不详）

Primula jaffreyana 藏南粉报春：jaffreyana（人名）

Primula jucunda 山南脆蒴报春：jucundus 愉快的，可爱的

Primula kialensis 等梗报春：kialensis（地名，四川省）

Primula kialensis subsp. brevituba 短筒等梗报春：brevi- ← brevis 短的（用于希腊语复合词词首）；tubus 管子的，管状的，筒状的

Primula kialensis subsp. kialensis 等梗报春-原亚种 （词义见上面解释）

Primula kingii 高莛紫晶报春：kingii ← Clarence King（人名，19 世纪美国地质学家）

Primula klattii 单朵垂花报春：klattii（人名）；-ii 表示人名，接在以辅音字母结尾的人名后面，但 -er 除外

Primula klaveriana 云南卵叶报春：klaveriana（人名）

Primula knuthiana 阔萼粉报春：knuthiana（人名）

Primula kongboensis 工布报春：kongboensis 工布的（地名，西藏自治区）

Primula kwangtungensis 广东报春：kwangtungensis 广东的（地名）

Primula kweichouensis 贵州报春：kweichouensis 贵州的（地名）

Primula kweichouensis var. kweichouensis 贵州报春-原变种 （词义见上面解释）

Primula kweichouensis var. venulosa 多脉贵州报春：venulosus 多脉的，叶脉短而多的；venus 脉，叶脉，血脉，血管；-ulosus = ulus + osus 小而多的；-ulus/ -ulum/ -ula 小的，略微的，稍微的（小词 -ulus 在字母 e 或 i 之后有多种变缀，即 -olus/ -olum/ -ola、-ellus/ -ellum/ -ella、-illus/ -illum/ -illa，与第一变格法和第二变格法名词形成复合词）；-osus/ -osum/ -osa 多的，充分的，丰富的，显著发育的，程度高的，特征明显的（形容词词尾）

Primula lacerata 縩瓣脆蒴报春（縩 suì）：laceratus 撕裂状的，不整齐裂的；lacerus 撕裂状的，不整齐裂的；-atus/ -atum/ -ata 属于，相似，具有，完成（形容词词尾）

Primula laciniata 条裂叶报春：laciniatus 撕裂的，条状裂的；lacinius → laci-/ lacin-/ lacini- 撕裂的，条状裂的

Primula lactucoides 囊谦报春：lactucoides = Lactuca + oides 像莴苣的；Lactuca 莴苣属（菊科）；-oides/ -oideus/ -oideum/ -oidea/ -odes/ -eidos 像……的，类似……的，呈……状的（名词词尾）

Primula latisecta 宽裂掌叶报春：lati-/ late- ← latus 宽的，宽广的；sectus 分段的，分节的，切开的，分裂的

Primula laxiuscula 疏序球花报春：laxus 稀疏的，松散的，宽松的；-usculus ← -culus 小的，略微的，稍微的（小词 -culus 和某些词构成复合词时变成 -usculus）

Primula leptophylla 薄叶长柄报春：leptus ← leptos 细的，薄的，瘦小的，狭长的；phyllus/ phyllum/ phylla ← phyllon 叶片（用于希腊语复合词）

Primula levicalyx 光萼报春：laevis/ levis/ laeve/ leve → levi-/ laevi- 光滑的，无毛的，无不平或粗糙感觉的；calyx → calyc- 萼片（用于希腊语复合词）

Primula limbata 匙叶雪山报春（匙 chí）：limbatus 有边缘的，有檐的；limbus 冠檐，萼檐，瓣片，叶片

Primula lithophila 习水报春：lithos 石头，岩石；philus/ philein ← philos → phil-/ phili/ philo- 喜好的，爱好的，喜欢的（注意区别形近词：phylus、phyllus）；phylus/ phylum/ phyla ← phylon/ phyle 植物分类单位中的"门"，位于"界"和"纲"之间，类群，种族，部落，聚群；phyllus/ phyllum/ phylla ← phyllon 叶片（用于希腊语复合词）

Primula littledalei 白粉圆叶报春：littledalei ← George R. Littledale（人名，模式标本采集者）；-i 表示人名，接在以元音字母结尾的人名后面，但 -a 除外

Primula loeseneri 肾叶报春：loeseneri ← L. E. T. Loesener（人名，19—20 世纪德国植物学家）；-eri 表示人名，在以 -er 结尾的人名后面加上 i 形成

Primula longipetiolata 长柄雪山报春：longe-/ longi- ← longus 长的，纵向的；petiolatus = petiolus + atus 具叶柄的；petiolus 叶柄

Primula longiscapa 长莛报春：longe-/ longi- ← longus 长的，纵向的；scapus（scap-/ scapi-）← skapos 主茎，树干，花柄，花轴

Primula lungchiensis 龙池报春：lungchiensis 龙池山的（地名，四川省）

Primula macrophylla 大叶报春：macro-/ macr- ← macros 大的，宏观的（用于希腊语复合词）；phyllus/ phyllum/ phylla ← phyllon 叶片（用于希腊语复合词）

Primula macrophylla var. atra 黄粉大叶报春：atro-/ atr-/ atri-/ atra- ← ater 深色，浓色，暗色，发黑（ater 作为词干后接辅音字母开头的词时，要在词干后面加一个连接用的元音字母"o"或"i"，故为"ater-o-"或"ater-i-"，变形为"atr-"开头）

Primula macrophylla var. macrophylla 大叶报春-原变种 （词义见上面解释）

Primula macrophylla var. moorcroftiana 长苞大叶报春：moorcroftiana ← William Moorcroft（人名，19 世纪英国兽医）

Primula maikhaensis 怒江报春：maikhaensis（地名）

Primula malacoides 报春花：malacoides 稍柔软的，略柔软的；malac-/ malaco-，malaci- ← malacus 软的，温柔的；-oides/ -oideus/ -oideum/ -oidea/ -odes/ -eidos 像……的，类似……的，呈……状的（名词词尾）

Primula mallophylla 川东灯台报春：mallophyllus 毛叶的；mallus 方向，朝向，毛；phyllus/ phyllum/ phylla ← phyllon 叶片（用于希腊语复合词）

Primula malvacea 葵叶报春：malvacea 像锦葵的；Malva 锦葵属（锦葵科）；-aceus/ -aceum/ -acea 相似的，有……性质的，属于……的

Primula maximowiczii 胭脂花（脂 zhī）：maximowiczii ← C. J. Maximowicz 马克希莫夫（人名，1827–1891，俄国植物学家）

Primula megalocarpa 大果报春：mega-/ megal-/ megalo- ← megas 大的，巨大的；carpus/ carpum/ carpa/ carpon ← carpos 果实（用于希腊语复合词）

Primula meiotera 深齿小报春：meiotera 小的，很小的；mei-/ meio- 较少的，较小的，略微的

Primula melanodonta 芒齿灯台报春：mel-/ mela-/ melan-/ melano- ← melanus/ melaenus ← melas/ melanos 黑色的，浓黑色的，暗色的；odontus/ odontos → odon-/ odont-/ odonto-（可作词首或词尾）齿，牙齿状的；odous 齿，牙齿（单数，其所有格为 odontos）

Primula melanops 粉莛报春：mel-/ mela-/ melan-/ melano- ← melanus/ melaenus ← melas/ melanos 黑色的，浓黑色的，暗色的；-opsis/ -ops 相似，稍微，带有

Primula membranifolia 薄叶粉报春：membranus 膜；folius/ folium/ folia 叶，叶片（用于复合词）

Primula merrilliana 安徽羽叶报春：merrilliana ← E. D. Merrill（人名，1876–1956，美国植物学家）

Primula minor 雪山小报春：minor 较小的，更小的

Primula minutissima 高峰小报春：minutus 极小的，细微的，微小的；-issimus/ -issima/ -issimum 最，非常，极其（形容词最高级）

Primula miyabeana 玉山灯台报春：miyabeana ← Kingo Miyabe 宫部金吾（人名，19 世纪日本植物学家）

Primula mollis 灰毛报春：molle/ mollis 软的，柔毛的

Primula monticola 中甸海水仙：monticolus 生于山地的；monti- ← mons 山，山地，岩石；montis 山，山地的；colus ← colo 分布于，居住于，栖居，殖民（常作词尾）；colo/ colere/ colui/ cultum 居住，耕作，栽培

Primula moschophora 麝香美报春（麝 shè）：moschophorus 带麝香味的；moschos 麝香；-phorus/ -phorum/ -phora 载体，承载物，支持物，带着，生着，附着（表示一个部分带着别的部分，包括起支撑或承载作用的柄、柱、托、囊等，如 gynophorum = gynus + phorum 雌蕊柄的，带有雌蕊的，承载雌蕊的）；gynus/ gynum/ gyna 雌蕊，子房，心皮

Primula moupinensis 宝兴报春：moupinensis 穆坪的（地名，四川省宝兴县），木坪的（地名，重庆市）

Primula moupinensis subsp. barkamensis 马尔康报春：barkamensis 马尔康的（地名，四川北部）

Primula moupinensis subsp. moupinensis 宝兴报春-原亚种（词义见上面解释）

Primula muscoides 苔状小报春：muscoides 苔藓状的；musc-/ musci- 藓类的；-oides/ -oideus/ -oideum/ -oidea/ -odes/ -eidos 像……的，类似……的，呈……状的（名词词尾）

Primula neurocalyx 保康报春：neur-/ neuro- ← neuron 脉，神经；calyx → calyc- 萼片（用于希腊语复合词）

Primula ninguida 林芝报春：ninguida（词源不详）

Primula nivalis 雪山报春：nivalis 生于冰雪带的，积雪时期的；nivus/ nivis/ nix 雪，雪白色；-aris（阳性、阴性）/ -are（中性）← -alis（阳性、阴性）/ -ale（中性）属于，相似，如同，具有，涉及，关于，联结于（将名词作形容词用，其中 -aris 常用于以 l 或 r 为词干末尾的词）

Primula nivalis var. farinosa 准噶尔报春（噶 gá）：farinosus 粉末状的，飘粉的；farinus 粉末，粉末状覆盖物；far/ farris 一种小麦，面粉；-osus/ -osum/ -osa 多的，充分的，丰富的，显著发育的，程度高的，特征明显的（形容词词尾）

Primula nivalis var. nivalis 雪山报春-原亚种（词义见上面解释）

Primula nutans 天山报春：nutans 弯曲的，下垂的（弯曲程度远大于 90°）；关联词：cernuus 点头的，前屈的，略俯垂的（弯曲程度略大于 90°）

Primula nutantiflora 俯垂粉报春：nutanti- 弯曲的，垂吊的；florus/ florum/ flora ← flos 花（用于复合词）

Primula obconica 鄂报春：obconicus = ob + conicus 倒圆锥形的；conicus 圆锥形的；ob- 相反，反对，倒（ob- 有多种音变：ob- 在元音字母和大多数辅音字母前面，oc- 在 c 前面，of- 在 f 前面，op- 在 p 前面）

Primula obconica subsp. begoniiformis 海棠叶报春：begoniiformisa 秋海棠状的；缀词规则：以属名作复合词时原词尾变形后的 i 要保留；Begonia 秋海棠属（秋海棠科）；formis/ forma 形状

Primula obconica subsp. nigroglandulosa 黑腺鄂报春：nigro-/ nigri- ← nigrus 黑色的；niger 黑色的；glandulosus = glandus + ulus + osus 被细腺的，具腺体的，腺体质的

Primula obconica subsp. obconica 鄂报春-原亚种（词义见上面解释）

Primula obconica subsp. parva 小型报春：parvus → parvi-/ parv- 小的，些微的，弱的

Primula obliqua 斜花雪山报春：obliquus 斜的，偏的，歪斜的，对角线的；obliq-/ obliqui- 对角线的，斜线的，歪斜的

Primula obsessa 肥满报春：obsessus 遮盖的（如密毛等），包围的（如腺体等）

Primula occlusa 扇叶小报春：occlusus 关闭的

Primula odontica 粗齿紫晶报春：odonticus 齿，牙齿状的；odontus/ odontos → odon-/ odont-/

odonto-（可作词首或词尾）齿，牙齿状的；-icus/ -icum/ -ica 属于，具有某种特性（常用于地名、起源、生境）

Primula odontocalyx 齿萼报春：odontocalyx 齿萼的；odontus/ odontos → odon-/ odont-/ odonto-（可作词首或词尾）齿，牙齿状的；odous 齿，牙齿（单数，其所有格为 odontos）；calyx → calyc- 萼片（用于希腊语复合词）

Primula optata 心愿报春：optatus 满足愿望的，满足心愿的，如愿的；opto 渴望，愿望，选择

Primula orbicularis 圆瓣黄花报春：orbicularis/ orbiculatus 圆形的；orbis 圆，圆形，圆圈，环；-culus/ -culum/ -cula 小的，略微的，稍微的（同第三变格法和第四变格法名词形成复合词）；-aris（阳性、阴性）/ -are（中性）← -alis（阳性、阴性）/ -ale（中性）属于，相似，如同，具有，涉及，关于，联结于（将名词作形容词用，其中 -aris 常用于以 l 或 r 为词干末尾的词）

Primula oreodoxa 迎阳报春：oreodoxa 装饰山地的；oreo-/ ores-/ ori- ← oreos 山，山地，高山；-doxa/ -doxus 荣耀的，瑰丽的，壮观的，显眼的

Primula ovalifolia 卵叶报春：ovalis 广椭圆形的；ovus 卵，胚珠，卵形的，椭圆形的；folius/ folium/ folia 叶，叶片（用于复合词）

Primula ovalifolia subsp. ovalifolia 卵叶报春-原亚种 （词义见上面解释）

Primula ovalifolia subsp. tardiflora 晚花卵叶报春：tardiflorus 晚花的；tardus 晚的，迟的；florus/ florum/ flora ← flos 花（用于复合词）

Primula oxygraphidifolia 鸦跖花叶报春（跖 zhí）：oxygraphidifolius = Oxygraphis + folia 鸦跖花叶的；构词规则：词尾为 -is 和 -ys 的词的词干分别视为 -id 和 -yd；Oxygraphis（鸦跖花属）（毛茛科）；folius/ folium/ folia 叶，叶片（用于复合词）

Primula palmata 掌叶报春：palmatus = palmus + atus 掌状的，具掌的；palmus 掌，手掌

Primula partschiana 心叶报春：partschiana（人名）

Primula pauliana 总序报春：pauliana（人名）

Primula pauliana var. huiliensis 会理报春：huiliensis 会理的（地名，四川省）

Primula pauliana var. pauliana 总序报春-原变种（词义见上面解释）

Primula pellucida 钻齿报春：pellucidus/ perlucidus = per + lucidus 透明的，透光的，极透明的；per-（在 l 前面音变为 pel-）极，很，颇，甚，非常，完全，通过，遍及（表示效果加强，与 sub- 互为反义词）；lucidus ← lucis ← lux 发光的，光辉的，清晰的，发亮的，荣耀的（lux 的单数所有格为 lucis，词尾为 -is 和 -ys 的词的词干分别视为 -id 和 -yd）

Primula petrocallis 饰岩报春：petrocallis 美丽的岩石（指装点岩石）；petra← petros 石头，岩石，岩石地带（指生境）；callis ← callos ← kallos 美丽的（希腊语）

Primula petrocallis var. glabrata 无毛饰岩报春：glabratus = glabrus + atus 脱毛的，光滑的；glabrus 光秃的，无毛的，光滑的；-atus/ -atum/ -ata 属于，相似，具有，完成（形容词词尾）

Primula petrocallis var. petrocallis 饰岩报春-原变种 （词义见上面解释）

Primula pinnatifida 羽叶穗花报春：pinnatifidus = pinnatus + fidus 羽状中裂的；pinnatus = pinnus + atus 羽状的，具羽的；pinnus/ pennus 羽毛，羽状，羽片；fidus ← findere 裂开，分裂（裂深不超过 1/3，常作词尾）

Primula poissonii 泊松报春（原名"海仙花"，忍冬科有重名）：poissonii（人名）；-ii 表示人名，接在以辅音字母结尾的人名后面，但 -er 除外

Primula polyneura 多脉报春：polyneurus 多脉的；poly- ← polys 多个，许多（希腊语，拉丁语为 multi-）；neurus ← neuron 脉，神经

Primula praeflorens 早花脆蒴报春：praeflorens 早开花的，先叶开花的；prae- 先前的，前面的，在先的，早先的，上面的，很，十分，极其；florens 开花

Primula praetermissa 匙叶小报春（匙 chí）：praetermissus 漏看的，省略的

Primula prattii 雅砻黄报春（砻 lóng）：prattii ← Antwerp E. Pratt（人名，19 世纪活动于中国的英国动物学家、探险家）

Primula prenantha 小花灯台报春：prenanthus 花下垂的（比喻花序的着生方式）；prenes 下垂的；anthus/ anthum/ antha/ anthe ← anthos 花（用于希腊语复合词）

Primula prenantha subsp. morsheadiana 朗贡灯台报春：morsheadiana（地名，西藏自治区）

Primula prenantha subsp. prenantha 小花灯台报春-原亚种 （词义见上面解释）

Primula prevernalis 云龙报春：prevernalis 早春的；pre- 早先的，之前的；vernalis 春天的，春天开花的

Primula primulina 球毛小报春：primulinus = Primula + inus 像报春花的；Primula 报春花属（报春花科）；-inus/ -inum/ -ina/ -inos 相近，接近，相似，具有（通常指颜色）；Primulina 报春苣苔属（苦苣苔科）

Primula pseudodenticulata 滇海水仙花：pseudodenticulata 像 denticulata 的；pseudo-/ pseud- ← pseudos 假的，伪的，接近，相似（但不是）；Primula denticulate 秋花报春；denticulatus = dentus + culus + atus 具细齿的，具齿的

Primula pseudoglabra 松潘报春：pseudoglabra 像 glabra 的，近乎无毛的；pseudo-/ pseud- ← pseudos 假的，伪的，接近，相似（但不是）；Primula glabra 光叶粉报春；glabrus 光秃的，无毛的，光滑的

Primula pulchella 丽花报春：pulchellus/ pulcellus = pulcher + ellus 稍美丽的，稍可爱的；pulcher/pulcer 美丽的，可爱的；-ellus/ -ellum/ -ella ← -ulus 小的，略微的，稍微的（小词 -ulus 在字母 e 或 i 之后有多种变缀，即 -olus/ -olum/ -ola、-ellus/ -ellum/ -ella、-illus/ -illum/ -illa，用于第一变格法名词）

Primula pulverulenta 粉被灯台报春：pulverulentus 细粉末状的，粉末覆盖的；pulvereus 粉末的，粉尘的；pulveris 粉末的，粉尘的，灰尘的；pulvis 粉末，粉尘，灰尘；-eus/ -eum/ -ea（接拉丁语词干时）属于……的，色如……的，质如……的（表示原料、颜色或品质的相似），（接希腊语词干时）

属于……的，以……出名，为……所占有（表示具有某种特性）；-ulentus/ -ulentum/ -ulenta/ -olentus/ -olentum/ -olenta（表示丰富、充分或显著发展）

Primula pumilio 柔小粉报春：pumilius 矮人，矮小，低矮；pumilus 矮的，小的，低矮的，矮人的；-ius/ -ium/ -ia 具有……特性的（表示有关、关联、相似）

Primula purdomii 紫罗兰报春：purdomii（人名）；-ii 表示人名，接在以辅音字母结尾的人名后面，但 -er 除外

Primula pycnoloba 密裂报春：pycn-/ pycno- ← pycnos 密生的，密集的；lobus/ lobos/ lobon 浅裂，耳片（裂片先端钝圆），荚果，蒴果

Primula qinghaiensis 青海报春：qinghaiensis 青海的（地名）

Primula reticulata 网叶钟报春：reticulatus = reti + culus + atus 网状的；reti-/ rete- 网（同义词：dictyo-）；-culus/ -culum/ -cula 小的，略微的，稍微的（同第三变格法和第四变格法名词形成复合词）；-atus/ -atum/ -ata 属于，相似，具有，完成（形容词词尾）

Primula rhodochroa 密丛小报春：rhodon → rhodo- 红色的，玫瑰色的；-chromus/ -chrous/ -chrus 颜色，彩色，有色的

Primula rhodochroa var. geraldinae 洛拉小报春：geraldinae（人名）

Primula rhodochroa var. rhodochroa 密丛小报春-原变种 （词义见上面解释）

Primula rimicola 岩生小报春：rimicolus 生于岩缝的；rimosus = rima + osus 多裂缝的，龟裂的，裂缝的；rima 裂缝，裂隙，龟裂；colus ← colo 分布于，居住于，栖居，殖民（常作词尾）；colo/ colere/ colui/ cultum 居住，耕作，栽培

Primula rockii 纤柄皱叶报春：rockii ← Joseph Francis Charles Rock（人名，20 世纪美国植物采集员）

Primula rubicunda 深红小报春：rubicundus = rubus + cundus 红的，变红的；rubrus/ rubrum/ rubra/ ruber 红色的；-cundus/ -cundum/ -cunda 变成，倾向（表示倾向或不变的趋势）

Primula rubifolia 莓叶报春：rubifolius 悬钩子叶的，树莓叶的，红叶的；Rubus 悬钩子属（蔷薇科）；folius/ folium/ folia 叶，叶片（用于复合词）；rubrus/ rubrum/ rubra/ ruber 红色的

Primula rugosa 倒卵叶报春：rugosus = rugus + osus 收缩的，有皱纹的，多褶皱的（同义词：rugatus）；rugus/ rugum/ ruga 褶皱，皱纹，皱缩；-osus/ -osum/ -osa 多的，充分的，丰富的，显著发育的，程度高的，特征明显的（形容词词尾）

Primula runcinata 芥叶报春：runcinatus = re + uncinatus 逆向羽裂的，倒齿状的（齿指向基部）；re-返回，相反，再（相当拉丁文 ana-）；uncinatus = uncus + inus + atus = aduncus/ aduncatus 具钩的，尖端突然向下弯的；uncus 钩，倒钩刺

Primula rupicola 黄粉缺裂报春：rupicolus/ rupestris 生于岩壁的，岩栖的；rup-/ rupi- ← rupes/ rupis 岩石的；colus ← colo 分布于，居住于，栖居，殖民（常作词尾）；colo/ colere/ colui/ cultum 居住，耕作，栽培

Primula russeola 黑萼报春：russeolus 略带红色的

Primula sandemaniana 粉萼垂花报春：sandemaniana（人名）

Primula sapphirina 小垂花报春：sapphirinus/ saphirinus 宝石的，宝石蓝的

Primula saturata 黄葵叶报春：saturatus 饱和的（指颜色），浓艳的；satur/ saturum/ satura 饱满的，充满的，丰富的；satis 充分地，足量地

Primula saxatilis 岩生报春：saxatilis 生于岩石的，生于石缝的；saxum 岩石，结石；-atilis（阳性、阴性）/ -atile（中性）（表示生长的地方）

Primula scapigera 莛花脆蒴报春：scapigera 具柄的，秃柄的；scapus（scap-/ scapi-）← skapos 主茎，树干，花柄，花轴；gerus → -ger/ -gerus/ -gerum/ -gera 具有，有，带有

Primula scopulorum 米仓山报春：scopulorum 岩石，峭壁；scopulus 带棱角的岩石，岩壁，峭壁；-orum 属于……的（第二变格法名词复数所有格词尾，表示群落或多数）

Primula secundiflora 偏花报春：secundiflorus 单侧生花的；secundus/ secumdus 生于单侧的，花柄一侧着花的，沿着……，顺着……；florus/ florum/ flora ← flos 花（用于复合词）

Primula septemloba 七指报春：septem-/ sept-/ septi- 七（希腊语为 hepta-）；lobus/ lobos/ lobon 浅裂，耳片（裂片先端钝圆），荚果，蒴果

Primula septemloba var. minor 小七指报春：minor 较小的，更小的

Primula septemloba var. septemloba 七指报春-原变种 （词义见上面解释）

Primula serratifolia 齿叶灯台报春：serratus = serrus + atus 有锯齿的；serrus 齿，锯齿；folius/ folium/ folia 叶，叶片（用于复合词）

Primula sertulum 小伞报春：sertulus = sertus + ulus 小花环的，小伞柄的；sertus 花环，花冠

Primula sherriffiae 长管垂花报春：sherriffiae（人名）；-ae 表示人名，以 -a 结尾的人名后面加上 -e 形成

Primula sieboldii 樱草：sieboldii ← Franz Philipp von Siebold 西博德（人名，1796–1866，德国医生、植物学家，曾专门研究日本植物）

Primula sikkimensis 钟花报春：sikkimensis 锡金的（地名）

Primula silaensis 贡山紫晶报春：silaensis 夕拉山的（地名，云南省贡山县）

Primula sinensis 藏报春（藏 zàng）：sinensis = Sina + ensis 中国的（地名）；Sina 中国

Primula sinolisteri 铁梗报春：sinolisteri 中国型对叶兰的；sino- 中国；Listera 对叶兰属（兰科）

Primula sinolisteri var. aspera 糙叶铁梗报春：asper/ asperus/ asperum/ aspera 粗糙的，不平的

Primula sinolisteri var. sinolisteri 铁梗报春-原变种 （词义见上面解释）

Primula sinomollis 华柔毛报春：sinomollis 中国型柔毛的；sino- 中国；molle/ mollis 软的，柔毛的

Primula sinoplantaginea 车前叶报春：sinoplantaginea 属于中国型车前的；sino- 中国；plantagineus 属于车前的；Plantago 车前属（车前

科）；词尾为 -go 的词其词干末尾视为 -gin；-eus/
-eum/ -ea（接拉丁语词干时）属于……的，色
如……的，质如……的（表示原料、颜色或品质的
相似），（接希腊语词干时）属于……的，以……出
名，为……所占有（表示具有某种特性）

Primula sinopurpurea 紫花雪山报春：
sinopurpurea 中国型紫色的；sino- 中国；
purpureus = purpura + eus 紫色的；purpura 紫色
（purpura 原为一种介壳虫名，其体液为紫色，可作
颜料）；-eus/ -eum/ -ea（接拉丁语词干时）属
于……的，色如……的，质如……的（表示原料、颜
色或品质的相似），（接希腊语词干时）属于……的，
以……出名，为……所占有（表示具有某种特性）

Primula sinuata 波缘报春：sinuatus = sinus +
atus 深波浪状的；sinus 波浪，弯缺，海湾（sinus
的词干视为 sinu-）

Primula smithiana 亚东灯台报春：smithiana ←
James Edward Smith（人名，1759–1828，英国植物
学家）

Primula socialis 群居粉报春：socialis/ sociatus 成
群的，聚集的，组合的，同盟的；socius/ socia 同
伴，伙伴，朋友，盟友，会员

Primula sonchifolia 苣叶报春：sonchifolius 苦苣菜
叶的；Sonchus 苦苣菜属（菊科）；folius/ folium/
folia 叶，叶片（用于复合词）

Primula sonchifolia subsp. emeiensis 峨眉苣叶
报春：emeiensis 峨眉山的（地名，四川省）

Primula sonchifolia subsp. sonchifolia 苣叶报
春-原亚种 （词义见上面解释）

Primula soongii 滋圃报春（圃 pǔ）：soongii（人
名）；-ii 表示人名，接在以辅音字母结尾的人名后
面，但 -er 除外

Primula souliei 缺裂报春：souliei（人名）；-i 表示
人名，接在以元音字母结尾的人名后面，但 -a 除外

Primula spicata 穗状垂花报春：spicatus 具穗的，
具穗状花的，具尖头的；spicus 穗，谷穗，花穗；
-atus/ -atum/ -ata 属于，相似，具有，完成（形容
词词尾）

Primula stenocalyx 狭萼报春：sten-/ steno- ←
stenus 窄的，狭的，薄的；calyx → calyc- 萼片（用
于希腊语复合词）

Primula stenodonta 凉山灯台报春：stenodontus =
steno + odontus 具细齿的；sten-/ steno- ← stenus
窄的，狭的，薄的；odontus/ odontos → odon-/
odont-/ odonto-（可作词首或词尾）齿，牙齿状的；
odous 齿，牙齿（单数，其所有格为 odontos）

Primula strumosa 金黄脆蒴报春：strumosus/
strumatus 膨大，肿胀；struma 瘤状凸起；-osus/
-osum/ -osa 多的，充分的，丰富的，显著发育的，
程度高的，特征明显的（形容词词尾）

Primula strumosa subsp. strumosa 金黄脆蒴报
春-原变种 （词义见上面解释）

Primula strumosa subsp. tenuipes 矩圆金黄报
春：tenui- ← tenuis 薄的，纤细的，弱的，瘦的，窄
的；pes/ pedis 柄，梗，茎秆，腿，足，爪（作词首
或词尾，pes 的词干视为"ped-"）

Primula subularia 线叶小报春：subularia 钻形的，
针尖状的；subulus 钻头，尖头，针尖状

Primula szechuanica 四川报春：szechuanica 四川
的（地名）；-icus/ -icum/ -ica 属于，具有某种特性
（常用于地名、起源、生境）

Primula taliensis 大理报春：taliensis 大理的（地
名，云南省）

Primula taliensis subsp. procera 金粉大理报春：
procerus 高的，有高度的，极高的

Primula taliensis subsp. taliensis 大理报春-原亚
种 （词义见上面解释）

Primula tangutica 甘青报春：tangutica ← Tangut
唐古特的，党项的（西夏时期生活于中国西北地区
的党项羌人，蒙古语称其为"唐古特"，有多种音译，
如唐兀、唐古、唐括等）；-icus/ -icum/ -ica 属于，
具有某种特性（常用于地名、起源、生境）

Primula tangutica var. flavescens 黄甘青报春：
flavescens 淡黄的，发黄的，变黄的；flavus →
flavo-/ flavi-/ flav- 黄色的，鲜黄色的，金黄色的
（指纯正的黄色）；-escens/ -ascens 改变，转变，变
成，略微，带有，接近，相似，大致，稍微（表示变
化的趋势，并未完全相似或相同，有别于表示达到
完成状态的 -atus）

Primula tangutica var. tangutica 甘青报春-原变
种 （词义见上面解释）

Primula tanneri 心叶脆蒴报春：tanneri（人名）；
-eri 表示人名，在以 -er 结尾的人名后面加上 i 形成

Primula tayloriana 淡粉报春：tayloriana ←
Edward Taylor（人名，1848–1928）

Primula tenella 匍茎小报春：tenellus = tenuis +
ellus 柔软的，纤细的，纤弱的，精美的，雅致的；
tenuis 薄的，纤细的，弱的，瘦的，窄的；-ellus/
-ellum/ -ella ← -ulus 小的，略微的，稍微的（小词
-ulus 在字母 e 或 i 之后有多种变缀，即 -olus/
-olum/ -ola, -ellus/ -ellum/ -ella, -illus/ -illum/
-illa，用于第一变格法名词）

Primula tenuiloba 细裂小报春：tenui- ← tenuis 薄
的，纤细的，弱的，瘦的，窄的；lobus/ lobos/
lobon 浅裂，耳片（裂片先端钝圆），荚果，蒴果

Primula tenuipes 纤柄报春：tenui- ← tenuis 薄的，
纤细的，弱的，瘦的，窄的；pes/ pedis 柄，梗，茎
秆，腿，足，爪（作词首或词尾，pes 的词干视为
"ped-"）

Primula tibetica 西藏报春：tibetica 西藏的（地
名）；-icus/ -icum/ -ica 属于，具有某种特性（常用
于地名、起源、生境）

Primula tongolensis 东俄洛报春：tongol 东俄洛
（地名，四川西部）

Primula tridentifera 三齿卵叶报春：tri-/ tripli-/
triplo- 三个，三数；dentus 齿，牙齿；-ferus/
-ferum/ -fera/ -fero/ -fere/ -fer 有，具有，产（区
别：作独立词使用的 ferus 意思是"野生的"）

Primula triloba 三裂叶报春：tri-/ tripli-/ triplo- 三
个，三数；lobus/ lobos/ lobon 浅裂，耳片（裂片先
端钝圆），荚果，蒴果

Primula tsariensis 察日脆蒴报春：tsariensis 察雅
的（地名，西藏自治区）

Primula tsariensis var. porrecta 大察日报春：
porrectus 外伸的，前伸的

Primula tsariensis var. tsariensis 察日脆蒴报春-原变种 （词义见上面解释）

Primula tsiangii 绒毛报春：tsiangii 黔，贵州的（地名），蒋氏（人名）

Primula tsongpenii 丛毛岩报春：tsongpenii （人名）；-ii 表示人名，接在以辅音字母结尾的人名后面，但 -er 除外

Primula tzetsouensis 心叶黄花报春：tzetsouensis （地名，四川省）

Primula urticifolia 荨麻叶报春 （荨 qián）：Urtica 荨麻属（荨麻科）；folius/ folium/ folia 叶，叶片 （用于复合词）

Primula vaginata 鞘柄掌叶报春：vaginatus = vaginus + atus 鞘，具鞘的；vaginus 鞘，叶鞘；-atus/ -atum/ -ata 属于，相似，具有，完成（形容词词尾）

Primula vaginata subsp. eucyclia 圆叶鞘柄报春 （原名"圆叶报春"，本属有重名）：eucyclius 正圆的，美圆的；eu- 好的，秀丽的，真的，正确的，完全的；cyclius 圆形的，圈环的

Primula vaginata subsp. normaniana 短梗鞘柄报春：normaniana ← Norman （人名）；-anus/ -anum/ -ana 属于，来自（形容词词尾）

Primula vaginata subsp. vaginata 鞘柄掌叶报春-原亚种 （词义见上面解释）

Primula valentiniana 暗红紫晶报春：valentiniana 瓦伦西亚的（地名，西班牙）

Primula veitchiana 川西缬瓣报春 （缬 suì）：veitchiana ← James Veitch （人名，19 世纪植物学家）；Veitch + i （表示连接，复合）+ ana （形容词词尾）

Primula veris 黄花九轮草：ver/ veris 春天，春季

Primula veris subsp. macrocalyx 硕萼报春：macro-/ macr- ← macros 大的，宏观的（用于希腊语复合词）；calyx → calyc- 萼片（用于希腊语复合词）

Primula veris subsp. veris 黄花九轮草-原变种 （词义见上面解释）

Primula vialii 高穗花报春：vialii ← Pere Vial （人名，19 世纪活动于中国的法国传教士和民族学家）

Primula vilmoriniana 毛叶鄂报春：vilmoriniana ← Vilmorin-Andrieux （人名，19 世纪法国种苗专家）

Primula violacea 紫穗报春：violaceus 紫红色的，紫堇色的，堇菜状的；Viola 堇菜属（堇菜科）；-aceus/ -aceum/ -acea 相似的，有……性质的，属于……的

Primula violaris 堇菜报春：violaris 堇菜状的；Viola 堇菜属（堇菜科）；-aris （阳性、阴性）/ -are （中性）← -alis （阳性、阴性）/ -ale （中性）属于，相似，如同，具有，涉及，关于，联结于（将名词作形容词用，其中 -aris 常用于以 l 或 r 为词干末尾的词）

Primula virginis 乌蒙紫晶报春：virginis ← virgineus 纯洁的，无污染的，无杂色的，童贞的；virgo 处女（virgo 的词干为 virgin-）

Primula waddellii 窄筒小报春：waddellii （人名）；-ii 表示人名，接在以辅音字母结尾的人名后面，但 -er 除外

Primula walshii 腺毛小报春：walshii （人名）；-ii 表示人名，接在以辅音字母结尾的人名后面，但 -er 除外

Primula waltonii 紫钟报春：waltonii （人名）；-ii 表示人名，接在以辅音字母结尾的人名后面，但 -er 除外

Primula wangii 广南报春：wangii （人名）；-ii 表示人名，接在以辅音字母结尾的人名后面，但 -er 除外

Primula watsonii 靛蓝穗花报春：watsonii ← William Watson （人名，18 世纪英国植物学家）

Primula wenshanensis 滇南脆蒴报春：wenshanensis 文山的（地名，云南省）

Primula whitei 鹃林脆蒴报春：whitei ← Cyril Tenison White （人名，20 世纪植物学家）

Primula wilsonii 香海仙报春：wilsonii ← John Wilson （人名，18 世纪英国植物学家）

Primula wollastonii 钟状垂花报春：wollastonii ← Alexander Frederick Richmond （人名，20 世纪英国探险家、博物学家）

Primula woodwardii 岷山报春 （岷 mín）：woodwardii ← Thomas Jenkinson Woodward （人名，18 世纪英国植物学家）

Primula woonyoungiana 焕镛报春 （镛 yōng）：woonyoungiana （人名）

Primula youngeriana 展萼雪山报春：youngeriana （人名）

Primula yunnanensis 云南报春：yunnanensis 云南的（地名）

Primula zhui 朱华报春：zhui 朱华（人名，1960 年生，中国植物学家）；-i 表示人名，接在以元音字母结尾的人名后面，但 -a 除外

Primulaceae 报春花科（59-2：p1）：Primula 报春花属；-aceae （分类单位科的词尾，为 -aceus 的阴性复数主格形式，加到模式属的名称后或同义词的词干后以组成族群名称）

Primulina 报春苣苔属（苦苣苔科）（69：p331）：primulinus 像报春花的（指黄绿色）（Primula 报春花属）；-inus/ -inum/ -ina/ -inos 相近，接近，相似，具有（通常指颜色）

Primulina cerina 暗硫色小花苣苔：cerinus = cera + inus 蜡黄的，蜡质的；cerus/ cerum/ cera 蜡；-inus/ -inum/ -ina/ -inos 相近，接近，相似，具有（通常指颜色）

Primulina inflata 粗筒小花苣苔：inflatus 膨胀的，袋状的

Primulina leiyyi 雷氏报春苣苔：leiyyi 雷氏（人名）

Primulina lianchengensis 连城报春苣苔：lianchengensis 连城的（地名，福建省）

Primulina niveolanosa 绵毛小花苣苔：niveus 雪白的，雪一样的；lanosus = lana + osus 被长毛的，被绵毛的；lana 羊毛，绵毛；-osus/ -osum/ -osa 多的，充分的，丰富的，显著发育的，程度高的，特征明显的（形容词词尾）

Primulina persica 桃红小花苣苔：persica 桃，杏，波斯的（地名）

Primulina purpureokylin 紫麟报春苣苔：purpureus = purpura + eus 紫色的；kylin 麒麟

Primulina qintangensis 覃塘报春苣苔：qintangensis 覃塘的（地名，广西壮族自治区）

Primulina sichuanensis var. pinnatipartita 深裂叶报春苣苔：sichuanensis 四川的（地名）；pinnatipartitus = pinnatus + partitus 羽状深裂的；pinnatus = pinnus + atus 羽状的，具羽的；pinnus/ pennus 羽毛，羽状，羽片；partitus 深裂的，分离的

Primulina spiradiclioides 螺序草状报春苣苔：spiradiclioides 像螺序草的；Spiradiclis 螺序草属（茜草科）；-oides/ -oideus/ -oideum/ -oidea/ -odes/ -eidos 像……的，类似……的，呈……状的（名词词尾）

Primulina tabacum 报春苣苔：tabacum 烟草（印第安语）

Primulina titan 泰坦报春苣苔：titanos 泰坦神的（希腊神话人物），巨人的，巨大的

Primulina zixingensis 资兴报春苣苔：zixingensis 资兴的（地名，湖南省）

Prinsepia 扁核木属（蔷薇科）（38：p3）：prinsepia ← James Prinsep（人名，1799–1840，瑞士气象学家）

Prinsepia scandens 台湾扁核木：scandens 攀缘的，缠绕的，藤本的；scando/ scansum 上升，攀登，缠绕

Prinsepia sinensis 东北扁核木：sinensis = Sina + ensis 中国的（地名）；Sina 中国

Prinsepia uniflora 蕤核（蕤 ruí）：uni-/ uno- ← unus/ unum/ una 一，单一（希腊语为 mono-/ mon-）；florus/ florum/ flora ← flos 花（用于复合词）

Prinsepia uniflora var. serrata 齿叶扁核木：serratus = serrus + atus 有锯齿的；serrus 齿，锯齿

Prinsepia uniflora var. uniflora 蕤核-原变种 （词义见上面解释）

Prinsepia utilis 扁核木：utilis 有用的

Priotropis 黄雀儿属（豆科）（42-2：p380）：priotropis 龙骨具锯齿的；prio-/ prion-/ priono- 锯，锯齿；tropis 龙骨（希腊语）

Priotropis cytisoides 黄雀儿：Cytisus 金雀儿属（豆科）；-oides/ -oideus/ -oideum/ -oidea/ -odes/ -eidos 像……的，类似……的，呈……状的（名词词尾）

Prismatomeris 南山花属（茜草科）（71-2：p177）：prismatomeris = prismatus + meiris 由棱柱组成的，分成棱柱的；prismatus 具棱柱的，属于棱柱体的；prisma 棱柱的，棱柱体的；-mero/ -meris 部分，份，数

Prismatomeris connata 南山花：connatus 融为一体的，合并在一起的；connecto/ conecto 联合，结合

Prismatomeris connata subsp. connata 南山花-原亚种 （词义见上面解释）

Prismatomeris connata subsp. hainanensis 海南三角瓣花：hainanensis 海南的（地名）

Prismatomeris tetrandra 四蕊三角瓣花：tetrandrus 四雄蕊的；tetra-/ tetr- 四，四数（希腊语，拉丁语为 quadri-/ quadr-）；andrus/ andros/ antherus ← aner 雄蕊，花药，雄性

Prismatomeris tetrandra subsp. multiflora 多花三角瓣花：multi- ← multus 多个，多数，很多（希腊语为 poly-）；florus/ florum/ flora ← flos 花（用于复合词）

Prismatomeris tetrandra subsp. tetrandra 四蕊三角瓣花-原亚种 （词义见上面解释）

Pristimera 扁蒴藤属（翅子藤科）（46：p11）：pristes 锯，锉；meros 部分，份，数

Pristimera arborea 二籽扁蒴藤：arboreus 乔木状的；arbor 乔木，树木；-eus/ -eum/ -ea（接拉丁语词干时）属于……的，色如……的，质如……的（表示原料、颜色或品质的相似），（接希腊语词干时）属于……的，以……出名，为……所占有（表示具有某种特性）

Pristimera cambodiana 风车果：cambodiana 柬埔寨的（地名）

Pristimera indica 扁蒴藤：indica 印度的（地名）；-icus/ -icum/ -ica 属于，具有某种特性（常用于地名、起源、生境）

Pristimera setulosa 毛扁蒴藤：setulosus = setus + ulus + osus 多细刚毛的，多细刺毛的，多细芒刺的；setus/ saetus 刚毛，刺毛，芒刺；-ulus/ -ulum/ -ula 小的，略微的，稍微的（小词 -ulus 在字母 e 或 i 之后有多种变缀，即 -olus/ -olum/ -ola、-ellus/ -ellum/ -ella、-illus/ -illum/ -illa，与第一变格法和第二变格法名词形成复合词）；-osus/ -osum/ -osa 多的，充分的，丰富的，显著发育的，程度高的，特征明显的（形容词词尾）

Proboscidea 长角胡麻属（角胡麻科）（69：p67）：proboscideus = proboscis + eus 有长角的，顶端有突起物的，象鼻状的（希腊语，指果实形状）；构词规则：词尾为 -is 和 -ys 的词的词干分别视为 -id 和 -yd；proboscis 长角，顶端突起物；-eus/ -eum/ -ea（接拉丁语词干时）属于……的，色如……的，质如……的（表示原料、颜色或品质的相似），（接希腊语词干时）属于……的，以……出名，为……所占有（表示具有某种特性）

Proboscidea louisiana 长角胡麻：louisiana 路易斯安那州的（地名，美国）

Procris 藤麻属（荨麻科）（23-2：p317）：procris ← prokrino 选择

Procris wightiana 藤麻：wightiana ← Robert Wight（人名，19 世纪英国医生、植物学家）

Pronephrium 新月蕨属（金星蕨科）（4-1：p292）：pros 在前；nephros 肾

Pronephrium cuspidatum 顶芽新月蕨：cuspidatus = cuspis + atus 尖头的，凸尖的；构词规则：词尾为 -is 和 -ys 的词的词干分别视为 -id 和 -yd；cuspis（所有格为 cuspidis）齿尖，凸尖，尖头，-atus/ -atum/ -ata 属于，相似，具有，完成（形容词词尾）

Pronephrium gracilis 小叶新月蕨：gracilis 细长的，纤弱的，丝状的

Pronephrium gymnopteridifrons 新月蕨：gymnopteridifrons = Gymnopteris + frons 金毛裸蕨叶的；构词规则：词尾为 -is 和 -ys 的词的词干分别视为 -id 和 -yd；Gymnopteris 金毛裸蕨属（凤尾蕨科）；-frons 叶子，叶状体

P

Pronephrium hekouensis 河口新月蕨：hekouensis 河口的（地名，云南省）

Pronephrium hirsutum 针毛新月蕨：hirsutus 粗毛的，糙毛的，有毛的（长而硬的毛）

Pronephrium insularis 岛生新月蕨：insularis 岛屿的；insula 岛屿；-aris（阳性、阴性）/ -are（中性）← -alis（阳性、阴性）/ -ale（中性）属于，相似，如同，具有，涉及，关于，联结于（将名词作形容词用，其中 -aris 常用于以 l 或 r 为词干末尾的词）

Pronephrium lakhimpurense 红色新月蕨：lakhimpurense（地名，印度）

Pronephrium longipetiolatum 长柄新月蕨：longe-/ longi- ← longus 长的，纵向的；petiolatus = petiolus + atus 具叶柄的；petiolus 叶柄

Pronephrium macrophyllum 硕羽新月蕨：macro-/ macr- ← macros 大的，宏观的（用于希腊语复合词）；phyllus/ phyllum/ phylla ← phyllon 叶片（用于希腊语复合词）

Pronephrium medogensis 墨脱新月蕨：medogensis 墨脱的（地名，西藏自治区）

Pronephrium megacuspe 微红新月蕨：mega-/ megal-/ megalo- ← megas 大的，巨大的；cuspe ← cuspis（所有格为 cuspidis）齿尖，凸尖，尖头

Pronephrium nudatum 大羽新月蕨：nudatus 裸露的；nudus 裸露的，无装饰的；-atus/ -atum/ -ata 属于，相似，具有，完成（形容词词尾）

Pronephrium parishii 羽叶新月蕨：parishii ← Parish（人名，发现很多兰科植物）

Pronephrium penangianum 披针新月蕨：penangianum 槟榔屿的（地名，马来西亚）

Pronephrium setosum 刚毛新月蕨：setosus = setus + osus 被刚毛的，被短毛的，被芒刺的；setus/ saetus 刚毛，刺毛，芒刺；-osus/ -osum/ -osa 多的，充分的，丰富的，显著发育的，程度高的，特征明显的（形容词词尾）

Pronephrium simplex 单叶新月蕨：simplex 单一的，简单的，无分歧的（词干为 simplic-）

Pronephrium triphyllum 三羽新月蕨：tri-/ tripli-/ triplo- 三个，三数；phyllus/ phyllum/ phylla ← phyllon 叶片（用于希腊语复合词）

Pronephrium yunguiensis 云贵新月蕨：yunguiensis 云贵高原的（地名，云南省和贵州省）

Prosaptia 穴子蕨属（穴 xué）（禾叶蕨科）（6-2：p309）：pros 在前；aptia ← hapto 绑缚

Prosaptia contigua 缘生穴子蕨：contiguus 接触的，接近的，近缘的，连续的，压紧的

Prosaptia khasyana 穴子蕨：khasyana ← Khasya 喀西的，卡西的（地名，印度阿萨姆邦）

Prosaptia obliquata 琼崖穴子蕨（崖 yá）：obliquatus= obliquus + atus 对角线的，斜线的，歪斜的；obliq-/ obliqui- 对角线的，斜线的，歪斜的

Prosopis 牧豆树属（豆科）（39：p7）：prosopis 牛蒡（希腊语）

Prosopis juliflora 牧豆树：juli- ← julis 柔荑花序的；florus/ florum/ flora ← flos 花（用于复合词）

Proteaceae 山龙眼科（24：p6）：Protea 山龙眼属；-aceae（分类单位科的词尾，为 -aceus 的阴性复数主格形式，加到模式属的名称后或同义词的词干后以组成族群名称）

Protium 马蹄果属（橄榄科）（43-3：p18）：protium ← prot 马蹄果（印度尼西亚土名）

Protium serratum 马蹄果：serratus = serrus + atus 有锯齿的；serrus 齿，锯齿

Protium yunnanense 滇马蹄果：yunnanense 云南的（地名）

Protowoodsia 膀胱蕨属（膀 páng）（岩蕨科）（4-2：p167）：protowoodsia 比岩蕨原始的；proto- 原始的，原来的，古老的，基本的；Woodsia 岩蕨属

Protowoodsia manchuriensis 膀胱蕨：manchuriensis 满洲的（地名，中国东北，地理区域）

Prunella 夏枯草属（唇形科）（65-2：p386）：prunella 扁桃腺炎（来自德语的 Die Braine）

Prunella asiatica 山菠菜：asiatica 亚洲的（地名）；-aticus/ -aticum/ -atica 属于，表示生长的地方，作名词词尾

Prunella asiatica var. albiflora 山菠菜-白花变种：albus → albi-/ albo- 白色的；florus/ florum/ flora ← flos 花（用于复合词）

Prunella asiatica var. asiatica 山菠菜-原变种（词义见上面解释）

Prunella grandiflora 大花夏枯草：grandi- ← grandis 大的；florus/ florum/ flora ← flos 花（用于复合词）

Prunella hispida 硬毛夏枯草：hispidus 刚毛的，鬃毛状的

Prunella vulgaris 夏枯草：vulgaris 常见的，普通的，分布广的；vulgus 普通的，到处可见的

Prunella vulgaris var. lanceolata 夏枯草-狭叶变种：lanceolatus = lanceus + olus + atus 小披针形的，小柳叶刀的；lance-/ lancei-/ lanci-/ lanceo-/ lanc- ← lanceus 披针形的，矛形的，尖刀状的，柳叶刀状的；-olus ← -ulus 小，稍微，略微（-ulus 在字母 e 或 i 之后变成 -olus/ -ellus/ -illus）；-atus/ -atum/ -ata 属于，相似，具有，完成（形容词词尾）

Prunella vulgaris var. leucantha 夏枯草-白花变种：leuc-/ leuco- ← leucus 白色的（如果和其他表示颜色的词混用则表示淡色）；anthus/ anthum/ antha/ anthe ← anthos 花（用于希腊语复合词）

Prunella vulgaris var. vulgaris 夏枯草-原变种（词义见上面解释）

Prunus 李属（蔷薇科）（38：p34）：prunus ← plum 李子（古拉丁名）

Prunus cerasifera 樱桃李：cerasifera 具樱的，具樱桃状果实的，产樱桃的；cerasi- ← cerasus 樱花，樱桃；-ferus/ -ferum/ -fera/ -fero/ -fere/ -fer 有，具有，产（区别：作独立词使用的 ferus 意思是"野生的"）

Prunus cerasifera f. atropurpurea 紫叶李：atro-/ atr-/ atri-/ atra- ← ater 深色，浓色，暗色，发黑（ater 作为词干后接辅音字母开头的词时，要在词干后面加一个连接用的元音字母"o"或"i"，故为"ater-o-"或"ater-i-"，变形为"atr-"开头）；purpureus = purpura + eus 紫色的；purpura 紫色（purpura 原为一种介壳虫名，其体液为紫色，可作颜料）；-eus/ -eum/ -ea（接拉丁语词干时）属

于……的，色如……的，质如……的（表示原料、颜色或品质的相似），（接希腊语词干时）属于……的，以……出名，为……所占有（表示具有某种特性）

Prunus domestica 欧洲李：domesticus 国内的，本地的，本土的，家庭的

Prunus insititia 乌荆子李：insititius 嫁接的，接木的

Prunus salicina 李：salicinus = Salix + inus 像柳树的；构词规则：以 -ix/ -iex 结尾的词其词干末尾视为 -ic，以 -ex 结尾视为 -i/ -ic，其他以 -x 结尾视为 -c；Salix 柳属；-inus/ -inum/ -ina/ -inos 相近，接近，相似，具有（通常指颜色）

Prunus salicina var. pubipes 毛梗李：pubi- ← pubis 细柔毛的，短柔毛的，毛被的；pes/ pedis 柄，梗，茎秆，腿，足，爪（作词首或词尾，pes 的词干视为 "ped-"）

Prunus salicina var. salicina 李-原变种 （词义见上面解释）

Prunus simonii 杏李：simonii（人名）；-ii 表示人名，接在以辅音字母结尾的人名后面，但 -er 除外

Prunus spinosa 黑刺李：spinosus = spinus + osus 具刺的，多刺的，长满刺的；spinus 刺，针刺，-osus/ -osum/ -osa 多的，充分的，丰富的，显著发育的，程度高的，特征明显的（形容词词尾）

Prunus ussuriensis 东北李：ussuriensis 乌苏里江的（地名，中国黑龙江省与俄罗斯界河）

Przewalskia 马尿泡属（泡 pāo）（茄科）（67-1：p28）：przewalskia ← Nicolai Przewalski（人名，19世纪俄国探险家、博物学家）

Przewalskia tangutica 马尿泡：tangutica ← Tangut 唐古特的，党项的（西夏时期生活于中国西北地区的党项羌人，蒙古语称其为"唐古特"，有多种音译，如唐兀、唐古、唐括等）；-icus/ -icum/ -ica 属于，具有某种特性（常用于地名、起源、生境）

Psammochloa 沙鞭属（禾本科）（9-3：p307）：psammos 沙子；chloa ← chloe 草，禾草

Psammochloa villosa 沙鞭：villosus 柔毛的，绵毛的；villus 毛，羊毛，长绒毛；-osus/ -osum/ -osa 多的，充分的，丰富的，显著发育的，程度高的，特征明显的（形容词词尾）

Psammosilene 金铁锁属（石竹科）（26：p448）：psammosilene 沙地蝇子草（指沙地生境）；psammos 沙子；Silene 蝇子草属（麦瓶草属，石竹科）

Psammosilene tunicoides 金铁锁：tunicoides 略带包被的；tunica 覆膜，包被，外壳；-oides/ -oideus/ -oideum/ -oidea/ -odes/ -eidos 像……的，类似……的，呈……状的（名词词尾）

Psathyrostachys 新麦草属（禾本科）（9-3：p23）：psathyros 脆弱的；stachy-/ stachyo-/ -stachys/ -stachyus/ -stachyum/ -stachya 穗子，穗子的，穗子状的，穗状花序的

Psathyrostachys huashanica 华山新麦草（华 huà）：huashanica 华山的（地名）；-icus/ -icum/ -ica 属于，具有某种特性（常用于地名、起源、生境）

Psathyrostachys juncea 新麦草：junceus 像灯心草的；Juncus 灯心草属（灯心草科）；-eus/ -eum/ -ea（接拉丁语词干时）属于……的，色如……的，质如……的（表示原料、颜色或品质的相似），（接希

腊语词干时）属于……的，以……出名，为……所占有（表示具有某种特性）

Psathyrostachys kronenburgii 单花新麦草：kronenburgii（人名）；-ii 表示人名，接在以辅音字母结尾的人名后面，但 -er 除外

Psathyrostachys lanuginosa 毛穗新麦草：lanuginosus = lanugo + osus 具绵毛的，具柔毛的；lanugo = lana + ugo 绒毛（lanugo 的词干为 lanugin-）；词尾为 -go 的词其词干末尾视为 -gin；lana 羊毛，绵毛

Pseudaechmanthera 假尖蕊属（爵床科）（70：p111）：pseudo-/ pseud- ← pseudos 假的，伪的，接近，相似（但不是）；Aechmanthera 尖药花属（爵床科）；aechme 凸头；anthera 花药，雄蕊

Pseudaechmanthera glutinosa 黏毛假尖蕊：glutinosus 黏的，被黏液的；glutinium 胶，黏结物；-osus/ -osum/ -osa 多的，充分的，丰富的，显著发育的，程度高的，特征明显的（形容词词尾）

Pseudanthistiria 假铁秆草属（禾本科）（10-2：p236）：pseudanthistiria 像铁秆草的；pseudes/ pseudos 假的，伪的，接近，相似（但不是）；Anthistiria 铁秆草属（禾本科）

Pseudanthistiria emeiica 峨眉假铁秆草：emeiica 峨眉山的（地名，四川省）；-icus/ -icum/ -ica 属于，具有某种特性（常用于地名、起源、生境）

Pseudanthistiria heteroclita 假铁秆草：heteroclitus 多形的，不规则的，异样的，异常的；clitus 多种形状的，不规则的，异常的

Pseudarthria 假节蚂蝗属（豆科）（增补）：pseudo-/ pseud- ← pseudos 假的，伪的，接近，相似（但不是）；Darthria 节蚂蟥属

Pseudarthria panii 百年假节蚂蝗（种加词为纪念潘老藏，本种发现者潘勃的祖父，生于 1894 年，恰值 Hengry 在中国采集标本，而中文名中的"百年"是因为标本采集 120 年后被发现是新种）：panii（人名）；-ii 表示人名，接在以辅音字母结尾的人名后面，但 -er 除外

Pseudechinolaena 钩毛草属（禾本科）（10-1：p239）：pseudechinolaena 像 Echinolaena 的；pseudes/ pseudos 假的，伪的，接近，相似（但不是）；Echinolaena 海胆草属（禾本科）；echino- ← echinos 海胆，刺猬；laena ← laina 外衣，包被

Pseudechinolaena polystachya 钩毛草：poly- ← polys 多数，很多的，多的（希腊语）；stachy-/ stachyo-/ -stachys/ -stachyus/ -stachyum/ -stachya 穗子，穗子的，穗子状的，穗状花序的；Polystachya 多穗兰属（兰科）

Pseudelephantopus 假地胆草属（菊科）（74：p45）：pseudelephantopus 像地胆草的；pseudes/ pseudos 假的，伪的，接近，相似（但不是）；Elephantopus 地胆草属（菊科）

Pseudelephantopus spicatus 假地胆草：spicatus 具穗的，具穗状花的，具尖头的；spicus 穗，谷穗，花穗；-atus/ -atum/ -ata 属于，相似，具有，完成（形容词词尾）

Pseuderanthemum 山壳骨属（壳 qiào）（爵床科）（70：p220）：pseuderanthemum 像喜花草的；pseudes/ pseudos 假的，伪的，接近，相似（但不

是）；Eranthemum 喜花草属（爵床科），花朵美丽的，花朵可爱的；eros 爱劳斯（希腊神话中的爱神）；anthemus ← anthemon 花

Pseuderanthemum coudercii 狭叶钩粉草：coudercii（人名）；-ii 表示人名，接在以辅音字母结尾的人名后面，但 -er 除外；-i 表示人名，接在以元音字母结尾的人名后面，但 -a 除外

Pseuderanthemum graciliflorum 云南山壳骨：gracilis 细长的，纤弱的，丝状的；florus/ florum/ flora ← flos 花（用于复合词）

Pseuderanthemum haikangense 海康钩粉草：haikangense 海康的（地名，广东省雷州市的别称）

Pseuderanthemum latifolium 山壳骨：lati-/ late- ← latus 宽的，宽广的；folius/ folium/ folia 叶，叶片（用于复合词）

Pseuderanthemum polyanthum 多花山壳骨：polyanthus 多花的；poly- ← polys 多个，许多（希腊语，拉丁语为 multi-）；anthus/ anthum/ antha/ anthe ← anthos 花（用于希腊语复合词）

Pseuderanthemum shweliense 瑞丽山壳骨：shweliense 瑞丽的（地名，云南省）

Pseuderanthemum tapingense 太平山壳骨：tapingense 太平的（地名，云南省）

Pseuderanthemum teysmanni 红河山壳骨：teysmanni（人名，词尾改为 "-ii" 似更妥）；-ii 表示人名，接在以辅音字母结尾的人名后面，但 -er 除外；-i 表示人名，接在以元音字母结尾的人名后面，但 -a 除外

Pseudobartsia 五齿萼属（玄参科）（67-2：p388）：pseudobartsia 像疗齿草的；pseudo-/ pseud- ← pseudos 假的，伪的，接近，相似（但不是）；Bartsia 疗齿草属（唇形科）

Pseudobartsia yunnanensis 五齿萼：yunnanensis 云南的（地名）

Pseudochirita 异裂苣苔属（苦苣苔科）（69：p275）：pseudochirita 像唇柱苣苔的；pseudo-/ pseud- ← pseudos 假的，伪的，接近，相似（但不是）；Chirita 唇柱苣苔属（苦苣苔科）

Pseudochirita guangxiensis 异裂苣苔：guangxiensis 广西的（地名）

Pseudocyclosorus 假毛蕨属（金星蕨科）（4-1：p136）：pseudocyclosorus 假毛蕨的；pseudo-/ pseud- ← pseudos 假的，伪的，接近，相似（但不是）；Cyclosorus 毛蕨属（金星蕨科）

Pseudocyclosorus angustipinnus 狭羽假毛蕨：angusti- ← angustus 窄的，狭的，细的；pinnus/ pennus 羽毛，羽状，羽片

Pseudocyclosorus canus 长根假毛蕨：canus 灰色的，灰白色的

Pseudocyclosorus caudipinnus 尾羽假毛蕨：caudi- ← cauda/ caudus/ caudum 尾巴；pinnus/ pennus 羽毛，羽状，羽片

Pseudocyclosorus cavaleriei 青岩假毛蕨：cavaleriei ← Pierre Julien Cavalerie（人名，20 世纪法国传教士）；-i 表示人名，接在以元音字母结尾的人名后面，但 -a 除外

Pseudocyclosorus ciliatus 溪边假毛蕨：ciliatus = cilium + atus 缘毛的，流苏的；cilium 缘毛，睫毛；

-atus/ -atum/ -ata 属于，相似，具有，完成（形容词词尾）

Pseudocyclosorus damingshanensis 大明山假毛蕨：damingshanensis 大明山的（地名，广西武鸣区）

Pseudocyclosorus dehuaensis 德化假毛蕨：dehuaensis 德化的（地名，福建省）

Pseudocyclosorus duclouxii 苍山假毛蕨：duclouxii（人名）；-ii 表示人名，接在以辅音字母结尾的人名后面，但 -er 除外

Pseudocyclosorus dulongjiangensis 独龙江假毛蕨：dulongjiangensis 独龙江的（地名，云南省）

Pseudocyclosorus emeiensis 峨眉假毛蕨：emeiensis 峨眉山的（地名，四川省）

Pseudocyclosorus esquirolii 西南假毛蕨：esquirolii（人名）；-ii 表示人名，接在以辅音字母结尾的人名后面，但 -er 除外

Pseudocyclosorus falcilobus 镰片假毛蕨：falci- ← falx 镰刀，镰刀形，镰刀状弯曲；构词规则：以 -ix/ -iex 结尾的词其词干末尾视为 -ic，以 -ex 结尾视为 -i/ -ic，其他以 -x 结尾视为 -c；lobus/ lobos/ lobon 浅裂，耳片（裂片先端钝圆），荚果，蒴果

Pseudocyclosorus fugongensis 福贡假毛蕨：fugongensis 福贡的（地名，云南省）

Pseudocyclosorus furcato-venulosus 叉脉假毛蕨（叉 chā）：furcatus/ furcans = furcus + atus 叉子状的，分叉的；furcus 叉子，叉子状的，分叉的；venulosus 多脉的，叶脉短而多的；venus 脉，叶脉，血脉，血管；-ulosus = ulus + osus 小而多的；-ulus/ -ulum/ -ula 小的，略微的，稍微的（小词 -ulus 在字母 e 或 i 之后有多种变缀，即 -olus/ -olum/ -ola、-ellus/ -ellum/ -ella、-illus/ -illum/ -illa，与第一变格法和第二变格法名词形成复合词）；-osus/ -osum/ -osa 多的，充分的，丰富的，显著发育的，程度高的，特征明显的（形容词词尾）；-atus/ -atum/ -ata 属于，相似，具有，完成（形容词词尾）

Pseudocyclosorus gongshanensis 贡山假毛蕨：gongshanensis 贡山的（地名，云南省）

Pseudocyclosorus guangxiensis 广西假毛蕨：guangxiensis 广西的（地名）

Pseudocyclosorus guanxianensis 灌县假毛蕨：guanxianensis 灌县的（地名，四川省都江堰市的旧称）

Pseudocyclosorus jijiangensis 綦江假毛蕨（綦 qí）：jijiangensis 綦江的（地名，重庆市）

Pseudocyclosorus latilobus 阔片假毛蕨：lati-/ late- ← latus 宽的，宽广的；lobus/ lobos/ lobon 浅裂，耳片（裂片先端钝圆），荚果，蒴果

Pseudocyclosorus linearis 线羽假毛蕨：linearis = lineus + aris 线条的，线形的，线状的，亚麻状的；lineus = linum + eus 线状的，丝状的，亚麻状的；linum ← linon 亚麻，线（古拉丁名）；-aris（阳性、阴性）/ -are（中性）← -alis（阳性、阴性）/ -ale（中性）属于，相似，如同，具有，涉及，关于，联结于（将名词作形容词用，其中 -aris 常用于以 l 或 r 为词干末尾的词）

Pseudocyclosorus lushanensis 庐山假毛蕨：lushanensis 庐山的（地名，江西省）

P

Pseudocyclosorus lushuiensis 泸水假毛蕨：lushuiensis 泸水的（地名，云南省）

Pseudocyclosorus obliquus 斜展假毛蕨：obliquus 斜的，偏的，歪斜的，对角线的；obliq-/ obliqui- 对角线的，斜线的，歪斜的

Pseudocyclosorus paraochthodes 武宁假毛蕨：para- 类似，接近，近旁，假的；ochthodes 隆凸的，丘状的，虫瘿状的；-oides/ -oideus/ -oideum/ -oidea/ -odes/ -eidos 像……的，类似……的，呈……状的（名词词尾）

Pseudocyclosorus pectinatus 篦齿假毛蕨：pectinatus/ pectinaceus 栉齿状的；pectini-/ pectino-/ pectin- ← pecten 篦子，梳子；-aceus/ -aceum/ -acea 相似的，有……性质的，属于……的

Pseudocyclosorus pseudofalcilobus 似镰羽假毛蕨：pseudofalcilobus 像 falcilobus 的，近似镰状裂的；pseudo-/ pseud- ← pseudos 假的，伪的，接近，相似（但不是）；Pseudocyclosorus falcilobus 镰片假毛蕨

Pseudocyclosorus pseudorepens 毛脉假毛蕨：pseudorepens 近似匍匐的；pseudo-/ pseud- ← pseudos 假的，伪的，接近，相似（但不是）；repens/ repentis/ repsi/ reptum/ repere/ repo 匍匐，爬行（同义词：reptans/ reptoare）

Pseudocyclosorus qingchengensis 青城假毛蕨：qingchengensis 青城山的（地名，四川省）

Pseudocyclosorus shuangbaiensis 双柏假毛蕨：shuangbaiensis 双柏的（地名，云南省双柏县）

Pseudocyclosorus stramineus 禾秆假毛蕨：stramineus 禾秆色的，秆黄色的，干草状黄色的；stramen 禾秆，麦秆；stramimis 禾秆，秸秆，麦秆；-eus/ -eum/ -ea（接拉丁语词干时）属于……的，色如……的，质如……的（表示原料、颜色或品质的相似），（接希腊语词干时）属于……的，以……出名，为……所占有（表示具有某种特性）

Pseudocyclosorus subfalcilobus 光脉假毛蕨：subfalcilobus 像 falcilobus 的，近镰刀状浅裂的；sub-（表示程度较弱）与……类似，几乎，稍微，弱，亚，之下，下面；Pseudocyclosorus falcilobus 镰片假毛蕨；falci- ← falx 镰刀的，镰刀状的；lobus/ lobos/ lobon 浅裂，耳片（裂片先端钝圆），荚果，蒴果

Pseudocyclosorus submarginalis 边囊假毛蕨：submarginalis 近边的；sub-（表示程度较弱）与……类似，几乎，稍微，弱，亚，之下，下面；marginalis 边缘；margo/ marginis → margin- 边缘，边线，边界

Pseudocyclosorus subochthodes 普通假毛蕨：subochthodes 像 ochthodes 的；sub-（表示程度较弱）与……类似，几乎，稍微，弱，亚，之下，下面；Pseudocyclosorus ochthodes（隆凸假毛蕨）

Pseudocyclosorus torrentis 急梳假毛蕨：torrentis 急流的（指生境）；torrens 激流，奔流

Pseudocyclosorus tsoi 景烈假毛蕨：tsoi（人名）；-i 表示人名，接在以元音字母结尾的人名后面，但 -a 除外

Pseudocyclosorus tuberculiferus 瘤羽假毛蕨：tuberculus 瘤，疣点，小块茎；tuber/ tuber-/ tuberi- 块茎的，结节状凸起的，瘤状的；-culus/ -culum/ -cula 小的，略微的，稍微的（同第三变格法和第四变格法名词形成复合词）；-ferus/ -ferum/ -fera/ -fero/ -fere/ -fer 有，具有，产（区别：作独立词使用的 ferus 意思是"野生的"）

Pseudocyclosorus tylodes 假毛蕨：tylodes 疣状的；tylo- ← tylos 突起，结节，疣，块，脊背；-oides/ -oideus/ -oideum/ -oidea/ -odes/ -eidos 像……的，类似……的，呈……状的（名词词尾）

Pseudocyclosorus xinpingensis 新平假毛蕨：xinpingensis 新平的（地名，云南省）

Pseudocyclosorus zayuensis 察隅假毛蕨：zayuensis 察隅的（地名，西藏自治区）

Pseudocystopteris 假冷蕨属（蹄盖蕨科）（3-2：p80）：pseudo-/ pseud- ← pseudos 假的，伪的，接近，相似（但不是）；Cystopteris 冷蕨属（蹄盖蕨科）

Pseudocystopteris atkinsonii 大叶假冷蕨：atkinsonii ← Caroline Louisa Waring Atkinson Calvert（人名，19 世纪新南威尔士博物学家）；-ii 表示人名，接在以辅音字母结尾的人名后面，但 -er 除外

Pseudocystopteris atuntzeensis 阿墩子假冷蕨：atuntzeensis 阿墩子的（地名，云南省德钦县的旧称，藏语音译）

Pseudocystopteris davidii 大卫假冷蕨：davidii ← Pere Armand David（人名，1826–1900，曾在中国采集植物标本的法国传教士）；-ii 表示人名，接在以辅音字母结尾的人名后面，但 -er 除外

Pseudocystopteris repens 长根假冷蕨：repens/ repentis/ repsi/ reptum/ repere/ repo 匍匐，爬行（同义词：reptans/ reptoare）

Pseudocystopteris schizochlamys 睫毛盖假冷蕨：schiz-/ schizo- 裂开的，分歧的，深裂的（希腊语）；chlamys 花被，包被，外罩，被盖

Pseudocystopteris spinulosa 假冷蕨：spinulosus = spinus + ulus + osus 被细刺的；spinus 刺，针刺；-ulus/ -ulum/ -ula 小的，略微的，稍微的（小词 -ulus 在字母 e 或 i 之后有多种变缀，即 -olus/ -olum/ -ola、-ellus/ -ellum/ -ella、-illus/ -illum/ -illa，与第一变格法和第二变格法名词形成复合词）；-osus/ -osum/ -osa 多的，充分的，丰富的，显著发育的，程度高的，特征明显的（形容词词尾）

Pseudocystopteris subtriangularis 三角叶假冷蕨：subtriangularis 近三角形的；sub-（表示程度较弱）与……类似，几乎，稍微，弱，亚，之下，下面；tri-/ tripli-/ triplo- 三个，三数；angularis = angulus + aris 具棱角的，有角度的；triangulatus 三角形的；-aris（阳性、阴性）/ -are（中性）← -alis（阳性、阴性）/ -ale（中性）属于，相似，如同，具有，涉及，关于，联结于（将名词作形容词用，其中 -aris 常用于以 l 或 r 为词干末尾的词）

Pseudodrynaria 崖姜蕨属（崖 yá）（槲蕨科）（6-2：p274）：pseudodrynaria 假槲蕨的；pseudo-/ pseud- ← pseudos 假的，伪的，接近，相似（但不是）；Drynaria 槲蕨属

Pseudodrynaria coronans 崖姜：coronans 花冠，花环

Pseudolarix 金钱松属（松科）（7：p196）：

pseudolarix 像落叶松的；pseudo-/ pseud- ← pseudos 假的，伪的，接近，相似（但不是）；Larix 落叶松属

Pseudolarix amabilis 金钱松：amabilis 可爱的，有魅力的；amor 爱；-ans/ -ens/ -bilis/ -ilis 能够，可能（为形容词词尾，-ans/ -ens 用于主动语态，-bilis/ -ilis 用于被动语态）

Pseudolycopodiella 拟小石松属（石松科）(6-3：p68)：pseudolycopodiella 像小石松的；pseudo-/ pseud- ← pseudos 假的，伪的，接近，相似（但不是）；Lycopodiella 小石松属

Pseudolycopodiella caroliniana 卡罗利拟小石松：caroliniana 卡罗来纳的（地名，美国）

Pseudophegopteris 紫柄蕨属（金星蕨科）(4-1：p91)：pseudophegopteris 像卵果蕨的；pseudo-/ pseud- ← pseudos 假的，伪的，接近，相似（但不是）；Phegopteris 卵果蕨属

Pseudophegopteris aurita 耳状紫柄蕨：auritus 耳朵的，耳状的

Pseudophegopteris brevipes 短柄紫柄蕨：brevi- ← brevis 短的（用于希腊语复合词词首）；pes/ pedis 柄，梗，茎秆，腿，足，爪（作词首或词尾，pes 的词干视为"ped-"）

Pseudophegopteris hirtirachis 密毛紫柄蕨：hirtus 有毛的，粗毛的，刚毛的（长而明显的毛）；rachis/ rhachis 主轴，花序轴，叶轴，脊棱（指着生小叶或花的部分的中轴，如羽状复叶、穗状花序总柄基部以外的部分）

Pseudophegopteris levingei 星毛紫柄蕨：levingei（人名）

Pseudophegopteris microstegia 禾秆紫柄蕨：micr-/ micro- ← micros 小的，微小的，微观的（用于希腊语复合词）；stegius ← stege/ stegon 盖子，加盖，覆盖，包裹，遮盖物

Pseudophegopteris pyrrhorachis 紫柄蕨：pyrrho/ pyrrh-/ pyro- 火焰，火焰状的，火焰色的；rachis/ rhachis 主轴，花序轴，叶轴，脊棱（指着生小叶或花的部分的中轴，如羽状复叶、穗状花序总柄基部以外的部分）

Pseudophegopteris pyrrhorachis var. glabrata 光叶紫柄蕨：glabratus = glabrus + atus 脱毛的，光滑的；glabrus 光秃的，无毛的，光滑的；-atus/ -atum/ -ata 属于，相似，具有，完成（形容词词尾）

Pseudophegopteris pyrrhorachis var. pyrrhorachis 紫柄蕨-原变种 （词义见上面解释）

Pseudophegopteris rectangularis 对生紫柄蕨：rectangularis 直角的；recti-/ recto- ← rectus 直线的，笔直的，向上的；angularis = angulus + aris 具棱角的，有角度的；-aris（阳性、阴性）/ -are（中性）← -alis（阳性、阴性）/ -ale（中性）属于，相似，如同，具有，涉及，关于，联结于（将名词作形容词用，其中 -aris 常用于以 l 或 r 为词干末尾的词）

Pseudophegopteris subaurita 光囊紫柄蕨：subauritus 像 aurita 的，近似耳状的；sub-（表示程度较弱）与……类似，几乎，稍微，弱，亚，之下，下面；Pseudophegopteris aurita 耳状紫柄蕨；auritus 耳朵的，耳状的

Pseudophegopteris tibetana 西藏紫柄蕨：tibetana 西藏的（地名）

Pseudophegopteris yigongensis 易贡紫柄蕨：yigongensis 易贡的（地名，西藏自治区）

Pseudophegopteris yunkweiensis 云贵紫柄蕨：yunkweiensis 云贵高原的（地名，云南省和贵州省）

Pseudophegopteris zayuensis 察隅紫柄蕨：zayuensis 察隅的（地名，西藏自治区）

Pseudopogonatherum 假金发草属（禾本科）(10-2：p92)：pseudopogonatherum 像金发苔藓的；pseudo-/ pseud- ← pseudos 假的，伪的，接近，相似（但不是）；Pogonatherum 金发草属

Pseudopogonatherum capilliphyllum 假金发草：capillus 毛发的，头发的，细毛的；phyllus/ phyllum/ phylla ← phyllon 叶片（用于希腊语复合词）

Pseudopogonatherum contortum 笔草：contortus 拧劲的，旋转的；co- 联合，共同，合起来（拉丁语词首，为 cum- 的音变，表示结合、强化、完全，对应的希腊语为 syn-）；co- 的缀词音变有 co-/ com-/ con-/ col-/ cor-：co-（在 h 和元音字母前面），col-（在 l 前面），com-（在 b、m、p 之前），con-（在 c、d、f、g、j、n、qu、s、t 和 v 前面），cor-（在 r 前面）；tortus 拧劲，捻，扭曲

Pseudopogonatherum contortum var. contortum 笔草-原变种 （词义见上面解释）

Pseudopogonatherum contortum var. linearifolium 线叶笔草：linearis = lineus + aris 线条的，线形的，线状的，亚麻状的；folius/ folium/ folia 叶，叶片（用于复合词）；-aris（阳性、阴性）/ -are（中性）← -alis（阳性、阴性）/ -ale（中性）属于，相似，如同，具有，涉及，关于，联结于（将名词作形容词用，其中 -aris 常用于以 l 或 r 为词干末尾的词）

Pseudopogonatherum contortum var. sinense 中华笔草：sinense = Sina + ense 中国的（地名）；Sina 中国

Pseudopogonatherum setifolium 刺叶假金发草：setus/ saetus 刚毛，刺毛，芒刺；folius/ folium/ folia 叶，叶片（用于复合词）

Pseudopyxis 假盖果草属（茜草科）(71-2：p153)：pseudopyxis 像盖子的；pseudo-/ pseud- ← pseudos 假的，伪的，接近，相似（但不是）；pyxis 盖果（蒴果的一种，果皮成熟时上部呈帽状开裂）

Pseudopyxis heterophylla 异叶假盖果草：heterophyllus 异型叶的；hete-/ heter-/ hetero- ← heteros 不同的，多样的，不齐的；phyllus/ phyllum/ phylla ← phyllon 叶片（用于希腊语复合词）

Pseudoraphis 伪针茅属（禾本科）(10-1：p378)：pseudoraphis 像棕竹的；pseudo-/ pseud- ← pseudos 假的，伪的，接近，相似（但不是）；Raphis 棕竹属（棕榈科）

Pseudoraphis longipaleacea 长稃伪针茅（稃 fū）：longe-/ longi- ← longus 长的，纵向的；paleaceus 具托苞的，具内颖的，具稃的，具鳞片的；paleus 托苞，内颖，内稃，鳞片；-aceus/ -aceum/ -acea 相似的，有……性质的，属于……的

Pseudoraphis spinescens 伪针茅：spinescens 刺状

的，稍具刺的；spinus 刺，针刺；-escens/ -ascens 改变，转变，变成，略微，带有，接近，相似，大致，稍微（表示变化的趋势，并未完全相似或相同，有别于表示达到完成状态的 -atus）

Pseudoraphis spinescens var. depauperata 瘦脊伪针茅：depauperatus 萎缩的，衰弱的，瘦弱的；de- 向下，向外，从……，脱离，脱落，离开，去掉；paupera 瘦弱的，贫穷的

Pseudoraphis spinescens var. spinescens 伪针茅-原变种 （词义见上面解释）

Pseudosasa 矢竹属（禾本科）（9-1：p630）：pseudosasa 像赤竹的；pseudo-/ pseud- ← pseudos 假的，伪的，接近，相似（但不是）；Sasa 赤竹属

Pseudosasa acutivagina 尖箨茶竿竹（箨 tuò）：acutivaginus 尖鞘的；acuti-/ acu- ← acutus 锐尖的，针尖的，刺尖的，锐角的；vaginus 鞘，叶鞘

Pseudosasa aeria 空心苦：aerius 气生的，空中的，垂悬的

Pseudosasa amabilis 茶竿竹：amabilis 可爱的，有魅力的；amor 爱；-ans/ -ens、-bilis/ -ilis 能够，可能（为形容词词尾，-ans/ -ens 用于主动语态，-bilis/ -ilis 用于被动语态）

Pseudosasa amabilis var. amabilis 茶竿竹-原变种 （词义见上面解释）

Pseudosasa amabilis var. convexa 福建茶竿竹：convexus 拱形的，弯曲的

Pseudosasa amabilis var. farinosa 厚粉茶竿竹：farinosus 粉末状的，飘粉的；farinus 粉末，粉末状覆盖物；far/ farris 一种小麦，面粉；-osus/ -osum/ -osa 多的，充分的，丰富的，显著发育的，程度高的，特征明显的（形容词词尾）

Pseudosasa amabilis var. tenuis 薄箨茶竿竹：tenuis 薄的，纤细的，弱的，瘦的，窄的

Pseudosasa cantori 托竹：cantori ← Magdalena C. Cantoria（人名，菲律宾植物学家）（注：词尾改为"-ii"似更妥）；-ii 表示人名，接在以辅音字母结尾的人名后面，但 -er 除外；-i 表示人名，接在以元音字母结尾的人名后面，但 -a 除外

Pseudosasa gracilis 纤细茶竿竹：gracilis 细长的，纤弱的，丝状的

Pseudosasa guanxianensis 笔竿竹：guanxianensis 灌县的（地名，四川省都江堰市的旧称）

Pseudosasa hindsii 篲竹：hindsii ← Richard Brinsley Hinds（人名，19 世纪英国皇家海军外科医生、博物学家）

Pseudosasa hirta 庐山茶竿竹：hirtus 有毛的，粗毛的，刚毛的（长而明显的毛）

Pseudosasa japonica 矢竹：japonica 日本的（地名）；-icus/ -icum/ -ica 属于，具有某种特性（常用于地名、起源、生境）

Pseudosasa longiligula 广竹：longe-/ longi- ← longus 长的，纵向的；ligulus/ ligule 舌，舌状物，舌瓣，叶舌

Pseudosasa longivaginata 长鞘茶竿竹：longe-/ longi- ← longus 长的，纵向的；vaginatus = vaginus + atus 鞘，具鞘的；vaginus 鞘，叶鞘；-atus/ -atum/ -ata 属于，相似，具有，完成（形容词词尾）

Pseudosasa maculifera 鸡公山茶竿竹：maculus 斑点，网眼，小斑点，略有斑点；-ferus/ -ferum/ -fera/ -fero/ -fere/ -fer 有，具有，产（区别：作独立词使用的 ferus 意思是"野生的"）

Pseudosasa maculifera var. hirsuta 毛箨茶竿竹：hirsutus 粗毛的，糙毛的，有毛的（长而硬的毛）

Pseudosasa maculifera var. maculifera 鸡公山茶竿竹-原变种 （词义见上面解释）

Pseudosasa magilaminaria 江永茶竿竹：magilaminaria 较大叶子的；magis 更，更多地；laminaria ← lamina 叶子状的，昆布状的（指植物体呈大叶状），昆布属（海带科）

Pseudosasa nanunica 长舌茶竿竹：nanunica （地名）

Pseudosasa nanunica var. angustifolia 狭叶长舌茶竿竹：angusti- ← angustus 窄的，狭的，细的；folius/ folium/ folia 叶，叶片（用于复合词）

Pseudosasa nanunica var. nanunica 长舌茶竿竹-原变种 （词义见上面解释）

Pseudosasa notata 斑箨茶竿竹：notatus 标志的，注明的，具斑纹的，具色纹的，有特征的；notus/ notum/ nota ① 知名的、常见的、印记、特征、注目，② 背部、脊背（注：该词具有两类完全不同的意思，要根据植物特征理解其含义）；noto 划记号，记载，注目，观察

Pseudosasa orthotropa 面竿竹：orthotropus 直立的，直生的；ortho- ← orthos 直的，正面的；tropus 回旋，朝向

Pseudosasa pallidiflora 少花茶竿竹：pallidus 苍白的，淡白色的，淡色的，蓝白色的，无活力的；palide 淡地，淡色地（反义词：sturate 深色地，浓色地，充分地，丰富地，饱和地）；florus/ florum/ flora ← flos 花（用于复合词）

Pseudosasa subsolida 近实心茶竿竹：subsolidus 近实心的；sub-（表示程度较弱）与……类似，几乎，稍微，弱，亚，之下，下面；solidus 完全的，实心的，致密的，坚固的，结实的

Pseudosasa truncatula 截平茶竿竹：truncatulus = truncatus + ulus 略呈截形的，略呈截平的，略平的；truncatus 截平的，截形的，截断的；truncare 切断，截断，截平（动词）；-ulus/ -ulum/ -ula 小的，略微的，稍微的（小词 -ulus 在字母 e 或 i 之后有多种变缀，即 -olus/ -olum/ -ola、-ellus/ -ellum/ -ella、-illus/ -illum/ -illa，与第一变格法和第二变格法名词形成复合词）

Pseudosasa usawai 矢竹仔（仔 zǎi）：usawai 羽泽（日本人名）；-i 表示人名，接在以元音字母结尾的人名后面，但 -a 除外，故该词改为"usawaiana"或"usawae"似更妥

Pseudosasa viridula 笔竹：viridulus 淡绿色的；viridus 绿色的；-ulus/ -ulum/ -ula 小的，略微的，稍微的（小词 -ulus 在字母 e 或 i 之后有多种变缀，即 -olus/ -olum/ -ola、-ellus/ -ellum/ -ella、-illus/ -illum/ -illa，与第一变格法和第二变格法名词形成复合词）

Pseudosasa wuyiensis 武夷山茶竿竹：wuyiensis 武夷山的（地名，福建省）

Pseudosasa yuelushanensis 岳麓山茶竿竹：

yuelushanensis 岳麓山的（地名，湖南省）

Pseudosedum 合景天属（景天科）（34-1: p60）：pseudosedum 像景天的，假景天；pseudo-/ pseud- ← pseudos 假的，伪的，接近，相似（但不是）；Sedum 景天属

Pseudosedum affine 白花合景天：affine = affinis = ad + finis 酷似的，近似的，有联系的；ad- 向，到，近（拉丁语词首，表示程度加强）；构词规则：构成复合词时，词首末尾的辅音字母常同化为紧接其后的那个辅音字母（如 ad + f → aff）；finis 界限，境界；affin- 相似，近似，相关

Pseudosedum lievenii 合景天：lievenii（人名）；-ii 表示人名，接在以辅音字母结尾的人名后面，但 -er 除外

Pseudostachyum 泡竹属（泡 pāo）（禾本科）（9-1: p26）：pseudostachyum 近似穗状的；pseudo-/ pseud- ← pseudos 假的，伪的，接近，相似（但不是）；stachy-/ stachyo-/ -stachys/ -stachyus/ -stachyum/ -stachya 穗子，穗子的，穗子状的，穗状花序的

Pseudostachyum polymorphum 泡竹：polymorphus 多形的；poly- ← polys 多个，许多（希腊语，拉丁语为 multi-）；morphus ← morphos 形状，形态

Pseudostellaria 孩儿参属（"孩儿"读"hái"不读"h'ai ér"，参 shēn）（石竹科）（26: p66）：pseudostellaria 像繁缕的，假繁缕；pseudo-/ pseud- ← pseudos 假的，伪的，接近，相似（但不是）；Stellaria 繁缕属

Pseudostellaria davidii 蔓孩儿参（蔓 màn）：davidii ← Pere Armand David（人名，1826–1900，曾在中国采集植物标本的法国传教士）；-ii 表示人名，接在以辅音字母结尾的人名后面，但 -er 除外

Pseudostellaria heterantha 异花孩儿参：heteranthus 不同花的；hete-/ heter-/ hetero- ← heteros 不同的，多样的，不齐的；anthus/ anthum/ antha/ anthe ← anthos 花（用于希腊语复合词）

Pseudostellaria heterophylla 孩儿参：heterophyllus 异型叶的；hete-/ heter-/ hetero- ← heteros 不同的，多样的，不齐的；phyllus/ phyllum/ phylla ← phyllon 叶片（用于希腊语复合词）

Pseudostellaria himalaica 须弥孩儿参：himalaica 喜马拉雅的（地名）；-icus/ -icum/ -ica 属于，具有某种特性（常用于地名、起源、生境）

Pseudostellaria japonica 毛脉孩儿参：japonica 日本的（地名）；-icus/ -icum/ -ica 属于，具有某种特性（常用于地名、起源、生境）

Pseudostellaria maximowicziana 矮小孩儿参：maximowicziana ← C. J. Maximowicz 马克希莫夫（人名，1827–1891，俄国植物学家）

Pseudostellaria rupestris 石生孩儿参：rupestre/ rupicolus/ rupestris 生于岩壁的，岩栖的；rup-/ rupi- ← rupes/ rupis 岩石的；-estris/ -estre/ ester/ -esteris 生于……地方，喜好……地方

Pseudostellaria sylvatica 细叶孩儿参：silvaticus/ sylvaticus 森林的，林地的；sylva/ silva 森林；-aticus/ -aticum/ -atica 属于，表示生长的地方，作

名词词尾

Pseudotaxus 白豆杉属（红豆杉科）（7: p448）：pseudotaxus 像红豆杉的；pseudo-/ pseud- ← pseudos 假的，伪的，接近，相似（但不是）；Taxus 红豆杉属（紫杉属）

Pseudotaxus chienii 白豆杉：chienii ← S. S. Chien 钱崇澍（人名，1883–1965，中国植物学家）

Pseudotsuga 黄杉属（松科）（7: p95）：pseudotsuga 像铁杉的，假铁杉；pseudo-/ pseud- ← pseudos 假的，伪的，接近，相似（但不是）；Tsuga 铁杉属（杉科）

Pseudotsuga brevifolia 短叶黄杉：brevi- ← brevis 短的（用于希腊语复合词词首）；folius/ folium/ folia 叶，叶片（用于复合词）

Pseudotsuga forrestii 澜沧黄杉：forrestii ← George Forrest（人名，1873–1932，英国植物学家，曾在中国西部采集大量植物标本）

Pseudotsuga gaussenii 华东黄杉：gaussenii（人名）；-ii 表示人名，接在以辅音字母结尾的人名后面，但 -er 除外

Pseudotsuga macrocarpa 大果黄杉：macro-/ macr- ← macros 大的，宏观的（用于希腊语复合词）；carpus/ carpum/ carpa/ carpon ← carpos 果实（用于希腊语复合词）

Pseudotsuga menziesii 花旗松：menziesii ← Archibald Menzies（人名，19 世纪英国植物学家）

Pseudotsuga sinensis 黄杉：sinensis = Sina + ensis 中国的（地名）；Sina 中国

Pseudotsuga taitoensis （台东黄杉）：taitoensis 台东的（地名，属台湾省，"台东"的日语读音）

Pseudotsuga wilsoniana 台湾黄杉：wilsoniana ← John Wilson（人名，18 世纪英国植物学家）

Pseuduvaria 金钩花属（番荔枝科）（30-2: p61）：pseudes/ pseudos 假的，伪的，接近，相似（但不是）；Uvaria 紫玉盘属（番荔枝科）

Pseuduvaria indochinensis 金钩花：indochiensis 中南半岛的（地名，含越南、柬埔寨、老挝等东南亚国家）

Psidium 番石榴属（桃金娘科）（53-1: p122）：psidium 石榴（希腊语）

Psidium guajava 番石榴：guajava 番石榴（西班牙语）

Psidium littorale 草莓番石榴：littorale 海滨，海岸；littoris/ litoris/ littus/ litus 海岸，海滩，海滨

Psilopeganum 裸芸香属（芸香科）（43-2: p89）：psil-/ psilo- ← psilos 平滑的，光滑的；peganon 芸香

Psilopeganum sinense 裸芸香：sinense = Sina + ense 中国的（地名）；Sina 中国

Psilotaceae 松叶蕨科（6-3: p244）：psil-/ psilo- ← psilos 平滑的，光滑的；-aceae（分类单位科的词尾，为 -aceus 的阴性复数主格形式，加到模式属的名称后或同义词的词干后以组成族群名称）

Psilotrichopsis cochinchinensis （越南松叶蕨）：cochinchinensis ← Cochinchine 南圻的（历史地名，即今越南南部及其周边国家和地区）

Psilotrichum 林地苋属（苋科）（25-2: p231）：psil-/ psilo- ← psilos 平滑的，光滑的；trichum ←

P

trichos 毛

Psilotrichum ferrugineum 林地苋：ferrugineus 铁锈的，淡棕色的；ferrugo = ferrus + ugo 铁锈（ferrugo 的词干为 ferrugin-）；词尾为 -go 的词其词干末尾视为 -gin；ferreus → ferr- 铁，铁的，铁色的，坚硬如铁的；-eus/ -eum/ -ea（接拉丁语词干时）属于……的，色如……的，质如……的（表示原料、颜色或品质的相似），（接希腊语词干时）属于……的，以……出名，为……所占有（表示具有某种特性）

Psilotum 松叶蕨属（松叶蕨科）（6-3：p244）：psilos 平滑的，光滑的，裸露的（指茎无叶）

Psilotum nudum 松叶蕨：nudus 裸露的，无装饰的

Psophocarpus 四棱豆属（豆科）（41：p267）：psophos 沙沙响；carpus/ carpum/ carpa/ carpon ← carpos 果实（用于希腊语复合词）

Psophocarpus tetragonolobus 四棱豆：tetra-/ tetr- 四，四数（希腊语，拉丁语为 quadri-/ quadr-）；gono/ gonos/ gon 关节，棱角，角度；lobus/ lobos/ lobon 浅裂，耳片（裂片先端钝圆），荚果，蒴果

Psoralea 补骨脂属（脂 zhī）（豆科）（41：p344）：psoraleus ← psora 癣，疥癣状的（指植物体具疣状物）

Psoralea corylifolia 补骨脂：Corylus 榛属（桦木科）；folius/ folium/ folia 叶，叶片（用于复合词）

Psychotria 九节属（茜草科）（71-2：p47）：psychotria = psyche + trepho 使有生机（指有药效）；psyche 生机，生气，生命；trephus/ trephe ← trephos 维持，保持，养育，供养

Psychotria calocarpa 美果九节：call-/ calli-/ callo-/ cala-/ calo- ← calos/ callos 美丽的；carpus/ carpum/ carpa/ carpon ← carpos 果实（用于希腊语复合词）

Psychotria cephalophora 兰屿九节木：cephalophora 花托的，具头的；cephalus/ cephale ← cephalos 头，头状花序；cephal-/ cephalo- ← cephalus 头，头状，头部；-phorus/ -phorum/ -phora 载体，承载物，支持物，带着，生着，附着（表示一个部分带着别的部分，包括起支撑或承载作用的柄、柱、托、囊等，如 gynophorum = gynus + phorum 雌蕊柄的，带有雌蕊的，承载雌蕊的）；gynus/ gynum/ gyna 雌蕊，子房，心皮

Psychotria densa 密脉九节：densus 密集的，繁茂的

Psychotria erratica 西藏九节：erraticus 排列不整齐的，乱七八糟的，散乱的，失败的

Psychotria fluviatilis 溪边九节：fluviatilis 河边的，生于河水的；fluvius 河流，河川，流水；-atilis（阳性、阴性）/ -atile（中性）（表示生长的地方）

Psychotria hainanensis 海南九节：hainanensis 海南的（地名）

Psychotria henryi 滇南九节：henryi ← Augustine Henry 或 B. C. Henry（人名，前者，1857–1930，爱尔兰医生、植物学家，曾在中国采集植物，后者，1850–1901，曾活动于中国的传教士）

Psychotria manillensis 琉球九节木：manillensis 马尼拉的（地名，菲律宾）

Psychotria membranifolia （薄叶九节）：membranus 膜；folius/ folium/ folia 叶，叶片（用

于复合词）

Psychotria morindoides 聚果九节：Morinda 巴戟天属（茜草科）；-oides/ -oideus/ -oideum/ -oidea/ -odes/ -eidos 像……的，类似……的，呈……状的（名词词尾）

Psychotria pilifera 毛九节：pilus 毛，疏柔毛；-ferus/ -ferum/ -fera/ -fero/ -fere/ -fer 有，具有，产（区别：作独立词使用的 ferus 意思是“野生的”）

Psychotria prainii 驳骨九节：prainii ← David Prain（人名，20 世纪英国植物学家）

Psychotria rubra 九节：rubrus/ rubrum/ rubra/ ruber 红色的

Psychotria rubra var. **pilosa** 毛叶九节：pilosus = pilus + osus 多毛的，被柔毛的，具疏柔毛的，被短弱细毛的；pilus 毛，疏柔毛；-osus/ -osum/ -osa 多的，充分的，丰富的，显著发育的，程度高的，特征明显的（形容词词尾）

Psychotria rubra var. **rubra** 九节-原变种 （词义见上面解释）

Psychotria serpens 蔓九节（蔓 màn）：serpens 蛇，龙，蛇形匍匐的

Psychotria straminea 黄脉九节：stramineus 禾秆色的，秆黄色的，干草状黄色的；stramen 禾秆，麦秆；stramimis 禾秆，秸秆，麦秆；-eus/ -eum/ -ea（接拉丁语词干时）属于……的，色如……的，质如……的（表示原料、颜色或品质的相似），（接希腊语词干时）属于……的，以……出名，为……所占有（表示具有某种特性）

Psychotria symplocifolia 山矾叶九节：Symplocos 山矾属（山矾科）；folius/ folium/ folia 叶，叶片（用于复合词）

Psychotria tutcheri 假九节：tutcheri（人名）；-eri 表示人名，在以 -er 结尾的人名后面加上 i 形成

Psychotria yunnanensis 云南九节：yunnanensis 云南的（地名）

Psychrogeton 寒蓬属（菊科）（74：p293）：psychros 寒冷的；geton/ geiton 附近的，紧邻的，邻居

Psychrogeton nigromontanus 黑山寒蓬：nigromontanus 黑山的（地名）；nigro-/ nigri- ← nigrus 黑色的；niger 黑色的；montanus 山，山地

Psychrogeton poncinsii 藏寒蓬（藏 zàng）：poncinsii（人名）；-ii 表示人名，接在以辅音字母结尾的人名后面，但 -er 除外

Ptelea 榆橘属（芸香科）（43-2：p103）：pteleus 榆树（希腊语）

Ptelea trifoliata 榆橘：tri-/ tripli-/ triplo- 三个，三数；foliatus 具叶的，多叶的；folius/ folium/ folia → foli-/ folia- 叶，叶片；-atus/ -atum/ -ata 属于，相似，具有，完成（形容词词尾）

Pteracanthus 马蓝属（爵床科）（70：p123）：pterus/ pteron 翅，翼，蕨类；acanthus ← Akantha 刺，具刺的（Acantha 是希腊神话中的女神，和太阳神阿波罗发生冲突，太阳神将其变成带刺的植物）；Acanthus 老鼠簕属

Pteracanthus aenobarbus 铜毛马蓝：aenus 古铜色，青铜色；barba 胡须，髯毛，绒毛

Pteracanthus alatiramosus 翅枝马蓝：alatus → ala-/ alat-/ alati-/ alato- 翅，具翅的，具翼的；

P

ramosus = ramus + osus 有分枝的，多分枝的；ramus 分枝，枝条；-osus/ -osum/ -osa 多的，充分的，丰富的，显著发育的，程度高的，特征明显的（形容词词尾）

Pteracanthus alatus 翅柄马蓝：alatus → ala-/ alat-/ alati-/ alato- 翅，具翅的，具翼的；反义词：exalatus 无翼的，无翅的

Pteracanthus botryanthus 串花马蓝：botryanthus 一串花的，总状花序式花的；botrys → botr-/ botry- 簇，串，葡萄串状，丛，总状；anthus/ anthum/ antha/ anthe ← anthos 花（用于希腊语复合词）

Pteracanthus calycinus 曲序马蓝：calycinus = calyx + inus 萼片的，萼片状的，萼片宿存的；calyx → calyc- 萼片（用于希腊语复合词）；构词规则：以 -ix/ -iex 结尾的词其词干末尾视为 -ic，以 -ex 结尾视为 -i/ -ic，其他以 -x 结尾视为 -c；-inus/ -inum/ -ina/ -inos 相近，接近，相似，具有（通常指颜色）

Pteracanthus claviculatus 棒果马蓝：claviculatus 有卷须的；claviculus 卷须；clavis 检索表，钥匙

Pteracanthus cognatus 奇瓣马蓝：cognatus 近亲的，有亲缘关系的

Pteracanthus congesta 密序马蓝：congestus 聚集的，充满的

Pteracanthus cyphanthus 弯花马蓝：cyph- 弯曲，驼背；anthus/ anthum/ antha/ anthe ← anthos 花（用于希腊语复合词）

Pteracanthus dryadum 林马蓝：dryadus ← dryas ← dryadis 像仙女木的；Dryas 仙女木属（蔷薇科）

Pteracanthus duclouxii 高原马蓝：duclouxii（人名）；-ii 表示人名，接在以辅音字母结尾的人名后面，但 -er 除外

Pteracanthus extensus 展翅马蓝：extensus 扩展的，展开的

Pteracanthus flexus 城口马蓝：flexus ← flecto 扭曲的，卷曲的，弯弯曲曲的，柔性的；flecto 弯曲，使扭曲

Pteracanthus forrestii 腺毛马蓝：forrestii ← George Forrest（人名，1873–1932，英国植物学家，曾在中国西部采集大量植物标本）

Pteracanthus gongshanensis 贡山马蓝：gongshanensis 贡山的（地名，云南省）

Pteracanthus grandissimus 大叶马蓝：grandi- ← grandis 大的；-issimus/ -issima/ -issimum 最，非常，极其（形容词最高级）

Pteracanthus guangxiensis 广西马蓝：guangxiensis 广西的（地名）

Pteracanthus hygrophiloides 假水蓑衣（蓑 suō）：hygrophiloides 像水蓑衣的，稍喜潮湿的；Hygrophila 水蓑衣属（爵床科）；hygroscopicus 吸湿的，容易吸收湿气的（膨胀或改变形状或姿态）；hygrophanus 吸湿透明的（湿时透明，干时不透明）；philus/ philein ← philos → phil-/ phili/ philo- 喜好的，爱好的，喜欢的（注意区别形近词：phylus、phyllus）；phylus/ phylum/ phyla ← phylon/ phyle 植物分类单位中的"门"，位于"界"和"纲"之间，

类群，种族，部落，聚群；phyllus/ phyllum/ phylla ← phyllon 叶片（用于希腊语复合词）；-oides/ -oideus/ -oideum/ -oidea/ -odes/ -eidos 像……的，类似……的，呈……状的（名词词尾）

Pteracanthus inflatus 锡金马蓝：inflatus 膨胀的，袋状的

Pteracanthus lamius 野芝麻马蓝：lamius 像野芝麻的；Lamium 野芝麻属（唇形科）

Pteracanthus leucotrichus 白毛马蓝：leuc-/ leuco- ← leucus 白色的（如果和其他表示颜色的词混用则表示淡色）；trichus 毛，毛发，线

Pteracanthus mekongensis 澜沧马蓝：mekongensis 湄公河的（地名，澜沧江流入中南半岛部分称湄公河）

Pteracanthus nemorosus 森林马蓝：nemorosus = nemus + orum + osus = nemoralis 森林的，树丛的；nemo- ← nemus 森林的，成林的，树丛的，喜林的，林内的；-orum 属于……的（第二变格法名词复数所有格词尾，表示群落或多数）；-osus/ -osum/ -osa 多的，充分的，丰富的，显著发育的，程度高的，特征明显的（形容词词尾）

Pteracanthus oresbius 山马蓝：oresbius 生于山地的；oreo-/ ores-/ ori- ← oreos 山，山地，高山；-bius ← bion 生存，生活，居住

Pteracanthus panduratus 琴叶马蓝：panduratus = pandura + atus 小提琴状的；pandura 一种类似小提琴的乐器

Pteracanthus pinnatifidus 羽裂马蓝：pinnatifidus = pinnatus + fidus 羽状中裂的；pinnatus = pinnus + atus 羽状的，具羽的；pinnus/ pennus 羽毛，羽状，羽片；fidus ← findere 裂开，分裂（裂深不超过 1/3，常作词尾）

Pteracanthus rotundifolius 圆叶马蓝：rotundus 圆形的，呈圆形的，肥大的；rotundo 使呈圆形，使圆滑；roto 旋转，滚动；folius/ folium/ folia 叶，叶片（用于复合词）

Pteracanthus tibeticus 西藏马蓝：tibeticus 西藏的（地名）；-icus/ -icum/ -ica 属于，具有某种特性（常用于地名、起源、生境）

Pteracanthus urophyllus 尾叶马蓝：urophyllus 尾状叶的；uro-/ -urus ← ura 尾巴，尾巴状的；phyllus/ phyllum/ phylla ← phyllon 叶片（用于希腊语复合词）

Pteracanthus urticifolius 荨麻叶马蓝（荨 qián）：Urtica 荨麻属（荨麻科）；folius/ folium/ folia 叶，叶片（用于复合词）

Pteracanthus versicolor 变色马蓝：versicolor = versus + color 变色的，杂色的，有斑点的；versus ← vertor ← verto 变换，转换，转变；color 颜色

Pteracanthus yunnanensis 云南马蓝：yunnanensis 云南的（地名）

Pteridaceae 凤尾蕨科（3-1：p10）：Pteridium 蕨属；-aceae（分类单位科的词尾，为 -aceus 的阴性复数主格形式，加到模式属的名称后或同义词的词干后以组成族群名称）

Pteridiaceae 蕨科（3-1：p1）：Pteridium 蕨属；-aceae（分类单位科的词尾，为 -aceus 的阴性复数

主格形式，加到模式属的名称后或同义词的词干后以组成族群名称）

Pteridium 蕨属（蕨科）（3-1：p1）：pteridium = pteron + idium 小翼，小翅（比喻羽状复叶）；pterus/ pteron 翅，翼，蕨类；-idium ← -idion 小的，稍微的（表示小或程度较轻）

Pteridium aquilinum 欧洲蕨：aquilinum 似白鹭的，弯曲的

Pteridium aquilinum var. **aquilinum** 欧洲蕨-原变种 （词义见上面解释）

Pteridium aquilinum var. **latiusculum** 蕨：latiusculus = latus + usculus 略宽的；latus 宽的，宽广的；-usculus ← -culus 小的，略微的，稍微的（小词 -culus 和某些词构成复合词时变成 -usculus）

Pteridium esculentum 食蕨：esculentus 食用的，可食的；esca 食物，食料；-ulentus/ -ulentum/ -ulenta/ -olentus/ -olentum/ -olenta（表示丰富、充分或显著发展）

Pteridium falcatum 镰羽蕨：falcatus = falx + atus 镰刀的，镰刀状的；falx 镰刀，镰刀形，镰刀状弯曲；构词规则：以 -ix/ -iex 结尾的词其词干末尾视为 -ic，以 -ex 结尾视为 -i/ -ic，其他以 -x 结尾视为 -c；-atus/ -atum/ -ata 属于，相似，具有，完成（形容词词尾）

Pteridium lineare 长羽蕨：lineare 线状的，亚麻状的；lineus = linum + eus 线状的，丝状的，亚麻状的；linum ← linon 亚麻，线（古拉丁名）

Pteridium revolutum 毛轴蕨：revolutus 外旋的，反卷的；re- 返回，相反，再（相当拉丁文 ana-）；volutus/ volutum/ volvo 转动，滚动，旋卷，盘结

Pteridium revolutum var. **muricatulum** 糙轴蕨：muricatulus = muricatus + ulus 略粗糙的；muri-/ muric- ← murex 海螺（指表面有瘤状凸起），粗糙的，糙面的；muricatus = murex + atus 粗糙的，糙面的，海螺状表面的（由于密被小的瘤状凸起），具短硬尖的；构词规则：以 -ix/ -iex 结尾的词其词干末尾视为 -ic，以 -ex 结尾视为 -i/ -ic，其他以 -x 结尾视为 -c；-ulus/ -ulum/ -ula 小的，略微的，稍微的（小词 -ulus 在字母 e 或 i 之后有多种变缀，即 -olus/ -olum/ -ola、-ellus/ -ellum/ -ella、-illus/ -illum/ -illa，与第一变格法和第二变格法名词形成复合词）

Pteridium revolutum var. **revolutum** 毛轴蕨-原变种 （词义见上面解释）

Pteridium yunnanense 云南蕨：yunnanense 云南的（地名）

Pteridophyta 蕨类植物门（含 5 个蕨类植物亚门）：pteridophyta = pteris + phytus 蕨类植物；构词规则：词尾为 -is 和 -ys 的词的词干分别视为 -id 和 -yd；pteris 蕨；phytus/ phytum/ phyta 植物；-phyta 植物，植物门（植物分类单位名称词尾）；divisio/ phylum 植物门（位于"界"和"纲"之间）

Pteridrys 牙蕨属（叉蕨科）（6-1：p97）：pteris ← pteryx 翅，翼，蕨类（希腊语）；drys 栎树，栲树，槠树

Pteridrys australis 毛轴牙蕨：australis 南方的，南半球的；austro-/ austr- 南方的，南半球的，大洋洲的；auster 南方，南风；-aris（阳性、阴性）/ -are

（中性）← -alis（阳性、阴性）/ -ale（中性）属于，相似，如同，具有，涉及，关于，联结于（将名词作形容词用，其中 -aris 常用于以 l 或 r 为词干末尾的词）

Pteridrys cnemidaria 薄叶牙蕨：cnemidaria 胫衣，无腰裤

Pteridrys lofouensis 云贵牙蕨：lofouensis 罗浮山的（地名，广东省）

Pteridrys nigra 黑叶牙蕨：nigrus 黑色的；niger 黑色的

Pteris 凤尾蕨属（凤尾蕨科）（3-1：p10）：pteris ← pteryx 翅，翼，蕨类（希腊语）

Pteris actiniopteroides 猪鬣凤尾蕨（鬣 liè）：Actiniopteris 放射蕨属（凤尾蕨科）；-oides/ -oideus/ -oideum/ -oidea/ -odes/ -eidos 像……的，类似……的，呈……状的（名词词尾）

Pteris amoena 红秆凤尾蕨：amoenus 美丽的，可爱的

Pteris angustipinna 细叶凤尾蕨：angusti- ← angustus 窄的，狭的，细的；pinnus/ pennus 羽毛，羽状，羽片

Pteris angustipinnula 线裂凤尾蕨：angusti- ← angustus 窄的，狭的，细的；pinnulus 小羽片的；pinnus/ pennus 羽毛，羽状，羽片

Pteris arisanensis （阿里山凤尾蕨）：arisanensis 阿里山的（地名，属台湾省）

Pteris aspericaulis 紫轴凤尾蕨：asper/ asperus/ asperum/ aspera 粗糙的，不平的；caulis ← caulos 茎，茎秆，主茎

Pteris aspericaulis var. **aspericaulis** 紫轴凤尾蕨-原变种 （词义见上面解释）

Pteris aspericaulis var. **cuspigera** 高原凤尾蕨：cuspis（所有格为 cuspidis）齿尖，凸尖，尖头；gerus → -ger/ -gerus/ -gerum/ -gera 具有，有，带有

Pteris aspericaulis var. **subindivisa** 高山凤尾蕨：subindivisus 近不分裂的；sub-（表示程度较弱）与……类似，几乎，稍微，弱，亚，之下，下面；indivisus 不裂的，连续的；in-/ im-（来自 il- 的音变）内，在内，内部，向内，相反，不，无，非；il- 在内，向内，为，相反（希腊语为 en-）；词首 il- 的音变：il-（在 l 前面），im-（在 b、m、p 前面），in-（在元音字母和大多数辅音字母前面），ir-（在 r 前面），如 illaudatus（不值得称赞的，评价不好的），impermeabilis（不透水的，穿不透的），ineptus（不合适的），insertus（插入的），irretortus（无弯曲的，无扭曲的）；divisus 分裂的，不连续的，分开的

Pteris aspericaulis var. **tricolor** 三色凤尾蕨：tri-/ tripli-/ triplo- 三个，三数；color 颜色

Pteris austro-sinica 华南凤尾蕨：austro-/ austr- 南方的，南半球的，大洋洲的；auster 南方，南风；sinica 中国的（地名）

Pteris baksaensis 白沙凤尾蕨：baksaensis 白沙的（地名，海南省）

Pteris bella （美丽凤尾蕨）：bellus ← belle 可爱的，美丽的

Pteris biaurita 狭眼凤尾蕨：bi-/ bis- 二，二数，二回（希腊语为 di-）；auritus 耳朵的，耳状的

Pteris cadieri 条纹凤尾蕨：cadieri ← R. P. Cadiere（人名，20 世纪初在越南采集植物）；-eri 表示人名，在以 -er 结尾的人名后面加上 i 形成

Pteris cadieri var. cadieri 条纹凤尾蕨-原变种（词义见上面解释）

Pteris cadieri var. hainanensis 海南凤尾蕨：hainanensis 海南的（地名）

Pteris confertinervia 密脉凤尾蕨：confertus 密集的；nervius = nervus + ius 具脉的，具叶脉的；-ius/ -ium/ -ia 具有……特性（表示有关、关联、相似）

Pteris crassiuscula 厚叶凤尾蕨：crassiusculus = crassus + usculus 略粗的，略肥厚的，略肉质的；crassus 厚的，粗的，多肉质的；-usculus ← -culus 小的，略微的，稍微的（小词 -culus 和某些词构成复合词时变成 -usculus）

Pteris cretica 欧洲凤尾蕨：creticus ← Crete 克里特的（地名，希腊岛屿）

Pteris cretica var. cretica 欧洲凤尾蕨-原变种（词义见上面解释）

Pteris cretica var. laeta 粗糙凤尾蕨：laetus 生辉的，生动的，色彩鲜艳的，可喜的，愉快的；laete 光亮地，鲜艳地

Pteris cretica var. nervosa 凤尾蕨：nervosus 多脉的，叶脉明显的；nervus 脉，叶脉；-osus/ -osum/ -osa 多的，充分的，丰富的，显著发育的，程度高的，特征明显的（形容词词尾）

Pteris cryptogrammoides 珠叶凤尾蕨：Cryptogramma 珠蕨属（中国蕨科）；-oides/ -oideus/ -oideum/ -oidea/ -odes/ -eidos 像……的，类似……的，呈……状的（名词词尾）

Pteris dactylina 指叶凤尾蕨：dactylis ← dactylos 手指，手指状的（希腊语）；-inus/ -inum/ -ina/ -inos 相近，接近，相似，具有（通常指颜色）

Pteris decrescens var. decrescens 多羽凤尾蕨-原变种：decrescens 变小的，缩小的；-escens/ -ascens 改变，转变，变成，略微，带有，接近，相似，大致，稍微（表示变化的趋势，并未完全相似或相同，有别于表示达到完成状态的 -atus）；decrente 渐渐缩短地，变狭地

Pteris decrescens var. parviloba 大明凤尾蕨：parvus 小的，些微的，弱的；lobus/ lobos/ lobon 浅裂，耳片（裂片先端钝圆），荚果，蒴果

Pteris deltodon 岩凤尾蕨：deltodon/ deltodontus/ deltodus 三角形齿的 = delta + dontus 三角状齿的；delta 三角；dontus 齿，牙齿；-don/ -odontus 齿，有齿的

Pteris dispar 刺齿半边旗：dispar 不相等的，不同的，成对但不同的；par 成对，一组，同伴，夫妻；di-/ dis- 二，二数，二分，分离，不同，在……之间，从……分开（希腊语，拉丁语为 bi-/ bis-）

Pteris dispar f. inaequilatera 半边旗-梳齿状变型：inaequilaterus 不等边的；in-/ im-（来自 il- 的音变）内，在内，内部，向内，相反，不，无，非；il- 在内，向内，为，相反（希腊语为 en-）；词首 il- 的音变：il-（在 l 前面），im-（在 b、m、p 前面），in-（在元音字母和大多数辅音字母前面），ir-（在 r 前面），如 illaudatus（不值得称赞的，评价不好的），

impermeabilis（不透水的，穿不透的），ineptus（不合适的），insertus（插入的），irretortus（无弯曲的，无扭曲的）；aequi- 相等，相同；inaequi- 不相等，不同；laterus 边，侧边

Pteris dispar f. subaequilatera 半边旗-蓖齿状变型（蓖 bì）：subaequilaterus 近似两侧对称的；sub-（表示程度较弱）与……类似，几乎，稍微，弱，亚，之下，下面；aequus 平坦的，均等的，公平的，友好的；aequi- 相等，相同；laterus 边，侧边

Pteris dissitifolia 疏羽半边旗：dissiti- ← dissitus 分离的，稀疏的，松散的；di-/ dis- 二，二数，二分，分离，不同，在……之间，从……分开（希腊语，拉丁语为 bi-/ bis-）；folius/ folium/ folia 叶，叶片（用于复合词）

Pteris ensiformis 剑叶凤尾蕨：ensi- 剑；formis/ forma 形状

Pteris ensiformis var. ensiformis 剑叶凤尾蕨-原变种（词义见上面解释）

Pteris ensiformis var. furcans 叉羽凤尾蕨（叉 chā）：furcans 叉子状的，分叉的；furcus 叉子，叉子状的，分叉的

Pteris ensiformis var. merrilli 少羽凤尾蕨：merrilli ← E. D. Merrill（人名，1876–1956，美国植物学家）（词尾改为"-ii"似更妥）；-ii 表示人名，接在以辅音字母结尾的人名后面，但 -er 除外

Pteris ensiformis var. victoriae 白羽凤尾蕨：victoriae ← Queen Victoria（人名，19 世纪英国女皇）；victoria 胜利，成功，胜利女神；-ae 表示人名，以 -a 结尾的人名后面加上 -e 形成

Pteris esquirolii 阔叶凤尾蕨：esquirolii（人名）；-ii 表示人名，接在以辅音字母结尾的人名后面，但 -er 除外

Pteris esquirolii var. esquirolii 阔叶凤尾蕨-原变种（词义见上面解释）

Pteris esquirolii var. muricatula 刺柄凤尾蕨：muricatulus = muricatus + ulus 略粗糙的；muri-/ muric- ← murex 海螺（指表面有瘤状凸起），粗糙的，糙面的；muricatus = murex + atus 粗糙的，糙面的，海螺状表面的（由于密被小的瘤状凸起），具短硬尖的；构词规则：以 -ix/ -iex 结尾的词其词干末尾视为 -ic，以 -ex 结尾视为 -i/ -ic，其他以 -x 结尾视为 -c；-ulus/ -ulum/ -ula 小的，略微的，稍微的（小词 -ulus 在字母 e 或 i 之后有多种变缀，即 -olus/ -olum/ -ola、-ellus/ -ellum/ -ella、-illus/ -illum/ -illa，与第一变格法和第二变格法名词形成复合词）

Pteris excelsa 溪边凤尾蕨：excelsus 高的，高贵的，超越的

Pteris excelsa var. excelsa 溪边凤尾蕨-原变种（词义见上面解释）

Pteris excelsa var. inaequalis 变异凤尾蕨：inaequalis 不等的，不同的，不整齐的；aequalis 相等的，相同的，对称的；inaequal- 不相等，不同；aequus 平坦的，均等的，公平的，友好的；in-/ im-（来自 il- 的音变）内，在内，内部，向内，相反，不，无，非；il- 在内，向内，为，相反（希腊语为 en-）；词首 il- 的音变：il-（在 l 前面），im-（在 b、m、p 前面），in-（在元音字母和大多数辅音字母前

面），ir-（在 r 前面），如 illaudatus（不值得称赞的，评价不好的），impermeabilis（不透水的，穿不透的），ineptus（不合适的），insertus（插入的），irretortus（无弯曲的，无扭曲的）

Pteris fauriei 傅氏凤尾蕨：fauriei ← L'Abbe Urbain Jean Faurie（人名，19 世纪活动于日本的法国传教士、植物学家）

Pteris fauriei var. chinensis 百越凤尾蕨：chinensis = china + ensis 中国的（地名）；China 中国

Pteris fauriei var. fauriei 傅氏凤尾蕨-原变种 （词义见上面解释）

Pteris finotii 疏裂凤尾蕨：finotii（人名）；-ii 表示人名，接在以辅音字母结尾的人名后面，但 -er 除外

Pteris formosana 美丽凤尾蕨：formosanus = formosus + anus 美丽的，台湾的；formosus ← formosa 美丽的，台湾的（葡萄牙殖民者发现台湾时对其的称呼，即美丽的岛屿）；-anus/ -anum/ -ana 属于，来自（形容词词尾）

Pteris gallinopes 鸡爪凤尾蕨（爪 zhǎo）：gallinopes 鸡腿状的；gallino- 鸡，家禽；pes/ pedis 柄，梗，茎秆，腿，足，爪（作词首或词尾，pes 的词干视为"ped-"）

Pteris grevilleana 林下凤尾蕨：grevilleana（人名）

Pteris grevilleana var. grevilleana 林下凤尾蕨-原变种 （词义见上面解释）

Pteris grevilleana var. ornata 白斑凤尾蕨：ornatus 装饰的，华丽的

Pteris guangdongensis 广东凤尾蕨：guangdongensis 广东的（地名）

Pteris guizhouensis 贵州凤尾蕨：guizhouensis 贵州的（地名）

Pteris hekouensis 毛叶凤尾蕨：hekouensis 河口的（地名，云南省）

Pteris henryi 狭叶凤尾蕨：henryi ← Augustine Henry 或 B. C. Henry（人名，前者，1857–1930，爱尔兰医生、植物学家，曾在中国采集植物，后者，1850–1901，曾活动于中国的传教士）

Pteris heteromorpha 长尾凤尾蕨：hete-/ heter-/ hetero- ← heteros 不同的，多样的，不齐的；morphus ← morphos 形状，形态

Pteris hirsutissima 微毛凤尾蕨：hirsutus 粗毛的，糙毛的，有毛的（长而硬的毛）；-issimus/ -issima/ -issimum 最，非常，极其（形容词最高级）

Pteris hui 胡氏凤尾蕨：hui 胡氏（人名）

Pteris insignis 全缘凤尾蕨：insignis 著名的，超群的，优秀的，显著的，杰出的；in-/ im-（来自 il- 的音变）内，在内，内部，向内，相反，不，无，非；il- 在内，向内，为，相反（希腊语为 en-）；词首 il- 的音变：il-（在 l 前面），im-（在 b、m、p 前面），in-（在元音字母和大多数辅音字母前面），ir-（在 r 前面），如 illaudatus（不值得称赞的，评价不好的），impermeabilis（不透水的，穿不透的），ineptus（不合适的），insertus（插入的），irretortus（无弯曲的，无扭曲的）；signum 印记，标记，刻画，图章

Pteris kiuschiuensis 平羽凤尾蕨：kiuschiuensis 九州的（地名，日本）

Pteris kiuschiuensis var. centro-chinensis 华中凤尾蕨：centro-chinensis 华中的（地名）；centro-/ centr- ← centrum 中部的，中央的；chinensis = china + ensis 中国的（地名）；China 中国

Pteris kiuschiuensis var. kiuschiuensis 平羽凤尾蕨-原变种 （词义见上面解释）

Pteris linearis 线羽凤尾蕨：linearis = lineus + aris 线条的，线形的，线状的，亚麻状的；lineus = linum + eus 线状的，丝状的，亚麻状的；linum ← linon 亚麻，线（古拉丁名）；-aris（阳性、阴性）/ -are（中性）← -alis（阳性、阴性）/ -ale（中性）属于，相似，如同，具有，涉及，关于，联结于（将名词作形容词用，其中 -aris 常用于以 l 或 r 为词干末尾的词）

Pteris longipes 三轴凤尾蕨：longe-/ longi- ← longus 长的，纵向的；pes/ pedis 柄，梗，茎秆，腿，足，爪（作词首或词尾，pes 的词干视为"ped-"）

Pteris longipinna 长叶凤尾蕨：longipinnus 长羽的；longe-/ longi- ← longus 长的，纵向的；pinnus/ pennus 羽毛，羽状，羽片

Pteris longipinnula 翠绿凤尾蕨：longe-/ longi- ← longus 长的，纵向的；pinnulus 小羽片的；pinnus/ pennus 羽毛，羽状，羽片；-ulus/ -ulum/ -ula 小的，略微的，稍微的（小词 -ulus 在字母 e 或 i 之后有多种变缀，即 -olus/ -olum/ -ola、-ellus/ -ellum/ -ella、-illus/ -illum/ -illa，与第一变格法和第二变格法名词形成复合词）

Pteris maclurei 两广凤尾蕨：maclurei（人名）

Pteris maclurioides 岭南凤尾蕨：maclurioides 像 maclurei 的；Pteris maclurei 两广凤尾蕨；-oides/ -oideus/ -oideum/ -oidea/ -odes/ -eidos 像……的，类似……的，呈……状的（名词词尾）

Pteris maclurioides var. tonkinensis 中越凤尾蕨：tonkin 东京（地名，越南河内的旧称）

Pteris majestica 硕大凤尾蕨：majesticus 华美的，庄严的，威严的

Pteris malipoensis 大羽半边旗：malipoensis 麻栗坡的（地名，云南省）

Pteris menglaensis 勐腊凤尾蕨（勐 měng）：menglaensis 勐腊的（地名，云南省）

Pteris monghaiensis 勐海凤尾蕨：monghaiensis 勐海的（地名，云南省）

Pteris morii 琼南凤尾蕨：morii 森（日本人名）

Pteris multifida 井栏边草：multifidus 多个中裂的；multi- ← multus 多个，多数，很多（希腊语为 poly-）；fidus ← findere 裂开，分裂（裂深不超过 1/3，常作词尾）

Pteris obtusiloba 江西凤尾蕨：obtusus 钝的，钝形的，略带圆形的；lobus/ lobos/ lobon 浅裂，耳片（裂片先端钝圆），荚果，蒴果

Pteris occidentali-sinica 华西凤尾蕨：occidentali-sinica 中国西部的；occidentalis 西方的，西部的，欧美的；occidens 西方，西部；sinica 中国的（地名）

Pteris olivacea 长羽凤尾蕨：olivaceus 绿褐色的，橄榄色的；oliva 橄榄；-aceus/ -aceum/ -acea 相似的，有……性质的，属于……的

Pteris oshimensis 斜羽凤尾蕨：oshimensis 奄美大岛的（地名，日本）

P

Pteris oshimensis var. oshimensis 斜羽凤尾蕨-原变种 （词义见上面解释）

Pteris oshimensis var. paraemeiensis 尾头凤尾蕨：paraemeiensis 峨眉山周边的（地名，四川省）；para- 类似，接近，近旁，假的；emeiensis 峨眉山的（地名，四川省）

Pteris plumbea 栗柄凤尾蕨：plumbeus 铅的，铅色的，铅一样沉重的，迟钝的；plumbum/ plumb- 铅，铅制品；-eus/ -eum/ -ea（接拉丁语词干时）属于……的，色如……的，质如……的（表示原料、颜色或品质的相似），（接希腊语词干时）属于……的，以……出名，为……所占有（表示具有某种特性）

Pteris puberula 柔毛凤尾蕨：puberulus = puberus + ulus 略被柔毛的，被微柔毛的；puberus 多毛的，毛茸茸的；-ulus/ -ulum/ -ula 小的，略微的，稍微的（小词 -ulus 在字母 e 或 i 之后有多种变缀，即 -olus/ -olum/ -ola、-ellus/ -ellum/ -ella、-illus/ -illum/ -illa，与第一变格法和第二变格法名词形成复合词）

Pteris quinquefoliata 五叶凤尾蕨：quin-/ quinqu-/ quinque-/ quinqui- 五，五数（希腊语为 penta-）；foliatus 具叶的，多叶的；folius/ folium/ folia → foli-/ folia- 叶，叶片

Pteris scabristipes （糙茎凤尾蕨）：scabristipes 糙柄的；scabri- ← scaber 粗糙的，有凹凸的，不平滑的；stipes 柄，脚，梗

Pteris semipinnata 半边旗：semi- 半，准，略微；pinnatus = pinnus + atus 羽状的，具羽的；pinnus/ pennus 羽毛，羽状，羽片；-atus/ -atum/ -ata 属于，相似，具有，完成（形容词词尾）

Pteris setuloso-costulata 有刺凤尾蕨：setulosus = setus + ulus + osus 多细刚毛的，多细刺毛的，多细芒刺的；setus/ saetus 刚毛，刺毛，芒刺；-osus/ -osum/ -osa 多的，充分的，丰富的，显著发育的，程度高的，特征明显的（形容词词尾）；costulatus = costus + ulus + atus 具小肋的，具细脉的；costus 主脉，叶脉，肋，肋骨

Pteris splendida 隆林凤尾蕨：splendidus 光亮的，闪光的，华美的，高贵的；spnendere 发光，闪亮；-idus/ -idum/ -ida 表示在进行中的动作或情况，作动词、名词或形容词的词尾

Pteris splendida var. longlinensis 细羽凤尾蕨：longlinensis 隆林的（地名，广西壮族自治区）

Pteris splendida var. splendida 隆林凤尾蕨-原变种 （词义见上面解释）

Pteris stenophylla 狭羽凤尾蕨：sten-/ steno- ← stenus 窄的，狭的，薄的；phyllus/ phyllum/ phylla ← phyllon 叶片（用于希腊语复合词）

Pteris subsimplex 单叶凤尾蕨：subsimplex 近单一的；sub-（表示程度较弱）与……类似，几乎，稍微，弱，亚，之下，下面；simplex 单一的，简单的，无分歧的（词干为 simplic-）

Pteris taiwanensis 台湾凤尾蕨：taiwanensis 台湾的（地名）

Pteris tripartita 三叉凤尾蕨（叉 chā）：tripartitus 三裂的，三部分的；tri-/ tripli-/ triplo- 三个，三数；partitus 深裂的，分离的

Pteris undulatipinna 波叶凤尾蕨：undulatus =

undus + ulus + atus 略呈波浪状的，略弯曲的；undus/ undum/ unda 起波浪的，弯曲的；-ulus/ -ulum/ -ula 小的，略微的，稍微的（小词 -ulus 在字母 e 或 i 之后有多种变缀，即 -olus/ -olum/ -ola、-ellus/ -ellum/ -ella、-illus/ -illum/ -illa，与第一变格法和第二变格法名词形成复合词）；-atus/ -atum/ -ata 属于，相似，具有，完成（形容词词尾）；pinnus/ pennus 羽毛，羽状，羽片

Pteris venusta 爪哇凤尾蕨：venustus ← Venus 女神维纳斯的，可爱的，美丽的，有魅力的

Pteris viridissima 绿轴凤尾蕨：viridus 绿色的；-issimus/ -issima/ -issimum 最，非常，极其（形容词最高级）

Pteris vittata 蜈蚣凤尾蕨（原名"蜈蚣草"，禾本科有重名）：vittatus 具条纹的，具条带的，具油管的，有条带装饰的；vitta 条带，细带，缎带

Pteris vittata f. cristata 鸡冠凤尾蕨（冠 guān）：cristatus = crista + atus 鸡冠的，鸡冠状的，扇形的，山脊状的；crista 鸡冠，山脊，网壁；-atus/ -atum/ -ata 属于，相似，具有，完成（形容词词尾）

Pteris vittata f. vittata 蜈蚣草-原变型 （词义见上面解释）

Pteris wallichiana 西南凤尾蕨：wallichiana ← Nathaniel Wallich（人名，19 世纪初丹麦植物学家、医生）

Pteris wallichiana var. obtusa 圆头凤尾蕨：obtusus 钝的，钝形的，略带圆形的

Pteris wallichiana var. wallichiana 西南凤尾蕨-原变种 （词义见上面解释）

Pteris wallichiana var. yunnanensis 云南凤尾蕨：yunnanensis 云南的（地名）

Pteris wangiana 栗轴凤尾蕨：wangiana（人名）

Pternandra 翼药花属（野牡丹科）（53-1：p281）：pternandra 足跟状雄蕊的（指药隔下延为小尖头状的短距）；paterna 踵，脚后跟；andrus/ andros/ antherus ← aner 雄蕊，花药，雄性

Pternandra caerulescens 翼药花：caerul- ← caeruleus 蓝色的，天蓝色的，深蓝色的；-escens/ -ascens 改变，转变，变成，略微，带有，接近，相似，大致，稍微（表示变化的趋势，并未完全相似或相同，有别于表示达到完成状态的 -atus）

Pternopetalum 囊瓣芹属（伞形科）（55-2：p38，55-3：p241）：pternopetalum 脚后跟状花瓣的（指花瓣基部内弯成囊状）；pterna 踵，脚后跟；petalus/ petalum/ petala ← petalon 花瓣

Pternopetalum botrychioides 散血芹（血 xuè：Botrychium 阴地蕨属（阴地蕨科）；botrys → botr-/ botry- 簇，串，葡萄串状，丛，总状；-oides/ -oideus/ -oideum/ -oidea/ -odes/ -eidos 像……的，类似……的，呈……状的（名词词尾）

Pternopetalum botrychioides var. botrychioides 散血芹-原变种 （词义见上面解释）

Pternopetalum botrychioides var. latipinnulatum 宽叶散血芹：lati-/ late- ← latus 宽的，宽广的；pinnulatus 小羽片的

Pternopetalum caespitosum 丛枝囊瓣芹：caespitosus = caespitus + osus 明显成簇的，明显丛生的；caespitus 成簇的，丛生的；-osus/ -osum/

-osa 多的，充分的，丰富的，显著发育的，程度高的，特征明显的（形容词词尾）

Pternopetalum cardiocarpum 心果囊瓣芹：cardio- ← kardia 心脏；carpus/ carpum/ carpa/ carpon ← carpos 果实（用于希腊语复合词）

Pternopetalum cartilagineum 骨缘囊瓣芹：cartilagineus/ cartilaginosus 软骨质的；cartilago 软骨；词尾为 -go 的词其词干末尾视为 -gin

Pternopetalum davidii 囊瓣芹：davidii ← Pere Armand David（人名，1826–1900，曾在中国采集植物标本的法国传教士）；-ii 表示人名，接在以辅音字母结尾的人名后面，但 -er 除外

Pternopetalum delavayi 澜沧囊瓣芹：delavayi ← P. J. M. Delavay（人名，1834–1895，法国传教士，曾在中国采集植物标本）；-i 表示人名，接在以元音字母结尾的人名后面，但 -a 除外

Pternopetalum delicatulum 嫩弱囊瓣芹：delicatulus 略优美的，略美味的；delicatus 柔软的，细腻的，优美的，美味的；delicia 优雅，喜悦，美味；-ulus/ -ulum/ -ula 小的，略微的，稍微的（小词 -ulus 在字母 e 或 i 之后有多种变缀，即 -olus/ -olum/ -ola、-ellus/ -ellum/ -ella、-illus/ -illum/ -illa，与第一变格法和第二变格法名词形成复合词）

Pternopetalum filicinum 羊齿囊瓣芹：filicinus 蕨类样的，像蕨类的；filix ← filic- 蕨；构词规则：以 -ix/ -iex 结尾的词其词干末尾视为 -ic，以 -ex 结尾视为 -i/ -ic，其他以 -x 结尾视为 -c；-inus/ -inum/ -ina/ -inos 相近，接近，相似，具有（通常指颜色）

Pternopetalum heterophyllum 异叶囊瓣芹：heterophyllus 异型叶的；hete-/ heter-/ hetero- ← heteros 不同的，多样的，不齐的；phyllus/ phyllum/ phylla ← phyllon 叶片（用于希腊语复合词）

Pternopetalum kiangsiense 江西囊瓣芹：kiangsiense 江西的（地名）

Pternopetalum leptophyllum 薄叶囊瓣芹：leptus ← leptos 细的，薄的，瘦小的，狭长的；phyllus/ phyllum/ phylla ← phyllon 叶片（用于希腊语复合词）

Pternopetalum longicaule 长茎囊瓣芹：longe-/ longi- ← longus 长的，纵向的；caulus/ caulon/ caule ← caulos 茎，茎秆，主茎

Pternopetalum longicaule var. humile 矮茎囊瓣芹：humile 矮的

Pternopetalum longicaule var. longicaule 长茎囊瓣芹-原变种 （词义见上面解释）

Pternopetalum molle 洱源囊瓣芹：molle/ mollis 软的，柔毛的

Pternopetalum molle var. crenulatum 圆齿囊瓣芹：crenulatus = crena + ulus + atus 细圆锯齿的，略呈圆锯齿的

Pternopetalum molle var. dissectum 裂叶囊瓣芹：dissectus 多裂的，全裂的，深裂的；di-/ dis- 二，二数，二分，分离，不同，在……之间，从……分开（希腊语，拉丁语为 bi-/ bis-）；sectus 分段的，分节的，切开的，分裂的

Pternopetalum molle var. molle 洱源囊瓣芹-原变种 （词义见上面解释）

Pternopetalum nudicaule 裸茎囊瓣芹：nudi- ← nudus 裸露的；caulus/ caulon/ caule ← caulos 茎，茎秆，主茎

Pternopetalum nudicaule var. esetosum 光滑囊瓣芹：esetosus 无毛的，光滑的；e-/ ex- 不，无，非，缺乏，不具有（e- 用在辅音字母前，ex- 用在元音字母前，为拉丁语词首，对应的希腊语词首为 a-/ an-，英语为 un-/ -less，注意作词首用的 e-/ ex- 和介词 e/ ex 意思不同，后者意为"出自、从……、由……离开、由于、依照"）；setosus = setus + osus 被刚毛的，被短毛的，被芒刺的；setus/ saetus 刚毛，刺毛，芒刺；-osus/ -osum/ -osa 多的，充分的，丰富的，显著发育的，程度高的，特征明显的（形容词词尾）

Pternopetalum nudicaule var. nudicaule 裸茎囊瓣芹-原变种 （词义见上面解释）

Pternopetalum rosthornii 川鄂囊瓣芹：rosthornii ← Arthur Edler von Rosthorn（人名，19 世纪匈牙利驻北京大使）

Pternopetalum subalpinum 高山囊瓣芹：subalpinus 亚高山的；sub-（表示程度较弱）与……类似，几乎，稍微，弱，亚，之下，下面；alpinus = alpus + inus 高山的；alpus 高山；al-/ alti-/ alto- ← altus 高的，高处的；-inus/ -inum/ -ina/ -inos 相近，接近，相似，具有（通常指颜色）

Pternopetalum tanakae 东亚囊瓣芹：tanakae ← Tanaka 田中（人名）

Pternopetalum trichomanifolium 膜蕨囊瓣芹：Trichomanes 瓶蕨属（膜蕨科）；folius/ folium/ folia 叶，叶片（用于复合词）

Pternopetalum trifoliatum 鹧鸪山囊瓣芹（鹧鸪 zhè gū）：tri-/ tripli-/ triplo- 三个，三数；foliatus 具叶的，多叶的；folius/ folium/ folia → foli-/ folia- 叶，叶片；-atus/ -atum/ -ata 属于，相似，具有，完成（形容词词尾）

Pternopetalum vulgare 五匹青（匹 pǐ）：vulgaris 常见的，普通的，分布广的；vulgus 普通的，到处可见的

Pternopetalum vulgare var. acuminatum 尖叶五匹青：acuminatus = acumen + atus 锐尖的，渐尖的；acumen 渐尖头；-atus/ -atum/ -ata 属于，相似，具有，完成（形容词词尾）

Pternopetalum vulgare var. foliosum 多叶五匹青：foliosus = folius + osus 多叶的；folius/ folium/ folia → foli-/ folia- 叶，叶片；-osus/ -osum/ -osa 多的，充分的，丰富的，显著发育的，程度高的，特征明显的（形容词词尾）

Pternopetalum vulgare var. strigosum 毛叶五匹青：strigosus = striga + osus 紧毛的，刷毛的；striga → strig- 条纹的，网纹的（如种子具网纹），糙伏毛的；-osus/ -osum/ -osa 多的，充分的，丰富的，显著发育的，程度高的，特征明显的（形容词词尾）

Pternopetalum vulgare var. vulgare 五匹青-原变种 （词义见上面解释）

Pternopetalum wangianum 天全囊瓣芹：wangianum（人名）

Pternopetalum wolffianum 滇西囊瓣芹：wolffianum ← Johann Friedrich Wolff（人名，18 世

纪德国植物学家、医生）

Pternopetalum yiliangense 宜良囊瓣芹：yiliangense 宜良的（地名，云南省）

Pterocarpus 紫檀属（豆科）（40：p122）：pterus/ pteron 翅，翼，蕨类；carpus/ carpum/ carpa/ carpon ← carpos 果实（用于希腊语复合词）

Pterocarpus indicus 紫檀：indicus 印度的（地名）；-icus/ -icum/ -ica 属于，具有某种特性（常用于地名、起源、生境）

Pterocarya 枫杨属（胡桃科）（21：p21）：pterus/ pteron 翅，翼，蕨类；caryum ← caryon ← koryon 坚果，核（希腊语）

Pterocarya delavayi 云南枫杨：delavayi ← P. J. M. Delavay（人名，1834–1895，法国传教士，曾在中国采集植物标本）；-i 表示人名，接在以元音字母结尾的人名后面，但 -a 除外

Pterocarya hupehensis 湖北枫杨：hupehensis 湖北的（地名）

Pterocarya insignis 华西枫杨：insignis 著名的，超群的，优秀的，显著的，杰出的；in-/ im-（来自 il- 的音变）内，在内，内部，向内，相反，不，无，非；il- 在内，向内，为，相反（希腊语为 en-）；词首 il- 的音变：il-（在 l 前面），im-（在 b、m、p 前面），in-（在元音字母和大多数辅音字母前面），ir-（在 r 前面），如 illaudatus（不值得称赞的，评价不好的），impermeabilis（不透水的，穿不透的），ineptus（不合适的），insertus（插入的），irretortus（无弯曲的，无扭曲的）；signum 印记，标记，刻画，图章

Pterocarya macroptera 甘肃枫杨：macro-/ macr- ← macros 大的，宏观的（用于希腊语复合词）；pterus/ pteron 翅，翼，蕨类

Pterocarya rhoifolia 水胡桃：rhoifolia 像漆树叶的；rhoi ← Rhus 盐肤木属；folius/ folium/ folia 叶，叶片（用于复合词）

Pterocarya serrata（齿叶枫杨）：serratus = serrus + atus 有锯齿的；serrus 齿，锯齿

Pterocarya stenoptera 枫杨：stenopterus 狭翼的；sten-/ steno- ← stenus 窄的，狭的，薄的；pterus/ pteron 翅，翼，蕨类

Pterocarya tonkinensis 越南枫杨：tonkin 东京（地名，越南河内的旧称）

Pterocaulon 翼茎草属（菊科）（75：p61）：pterus/ pteron 翅，翼，蕨类；caulus/ caulon/ caule ← caulos 茎，茎秆，主茎

Pterocaulon redolens 翼茎草：redolens 芳香的，愉快的

Pteroceltis 青檀属（榆科）（22：p380）：pteroceltis 像小叶朴但果实带翅；pterus/ pteron 翅，翼，蕨类；Celtis 朴属

Pteroceltis tatarinowii 青檀：tatarinowii（人名）；-ii 表示人名，接在以辅音字母结尾的人名后面，但 -er 除外

Pterocephalus 翼首花属（川续断科）（73-1：p69）：pterus/ pteron 翅，翼，蕨类；cephalus/ cephale ← cephalos 头，头状花序

Pterocephalus bretschneideri 裂叶翼首花：bretschneideri ← Emil Bretschneider（人名，19 世纪俄国植物采集员）

Pterocephalus hookeri 匙叶翼首花（匙 chí）：hookeri ← William Jackson Hooker（人名，19 世纪英国植物学家）；-eri 表示人名，在以 -er 结尾的人名后面加上 i 形成

Pteroceras 长足兰属（兰科）（19：p388）：pterus/ pteron 翅，翼，蕨类；-ceras/ -ceros/ cerato- ← keras 犄角，兽角，角状突起（希腊语）

Pteroceras asperatus 毛莛长足兰：asper + atus 具粗糙面的，具短粗尖而质感粗糙的；asper/ asperus/ asperum/ aspera 粗糙的，不平的；-atus/ -atum/ -ata 属于，相似，具有，完成（形容词词尾）

Pteroceras leopardinum 长足兰：leopardinus 豹子的，豹子斑点的；-inus/ -inum/ -ina/ -inos 相近，接近，相似，具有（通常指颜色）

Pterocypsela 翅果菊属（菊科）（80-1：p225）：pterus/ pteron 翅，翼，蕨类；cypsela 连萼瘦果

Pterocypsela elata 高大翅果菊：elatus 高的，梢端的

Pterocypsela formosana 台湾翅果菊：formosanus = formosus + anus 美丽的，台湾的；formosus ← formosa 美丽的，台湾的（葡萄牙殖民者发现台湾时对其的称呼，即美丽的岛屿）；-anus/ -anum/ -ana 属于，来自（形容词词尾）

Pterocypsela indica 翅果菊：indica 印度的（地名）；-icus/ -icum/ -ica 属于，具有某种特性（常用于地名、起源、生境）

Pterocypsela laciniata 多裂翅果菊：laciniatus 撕裂的，条状裂的；lacinius → laci-/ lacin-/ lacini- 撕裂的，条状裂的

Pterocypsela raddeana 毛脉翅果菊：raddeanus ← Gustav Ferdinand Richard Radde（人名，19 世纪德国博物学家，曾考察高加索地区和阿穆尔河流域）

Pterocypsela sonchus 细喙翅果菊：sonchus/ sonchos 苦菜的，苦菜味的（希腊语）；Sonchus 苦苣菜属（菊科）

Pterocypsela triangulata 翼柄翅果菊：tri-/ tripli-/ triplo- 三个，三数；angulatus = angulus + atus 具棱角的，有角度的；-atus/ -atum/ -ata 属于，相似，具有，完成（形容词词尾）

Pterolobium 老虎刺属（豆科）（39：p111）：pterus/ pteron 翅，翼，蕨类；lobius ← lobus 浅裂的，耳片的（裂片先端钝圆），荚果的，蒴果的；-ius/ -ium/ -ia 具有……特性的（表示有关、关联、相似）

Pterolobium macropterum 大翅老虎刺：macro-/ macr- ← macros 大的，宏观的（用于希腊语复合词）；pterus/ pteron 翅，翼，蕨类

Pterolobium punctatum 老虎刺：punctatus = punctus + atus 具斑点的；punctus 斑点

Pteroptychia 假蓝属（爵床科）（70：p194）：pterus/ pteron 翅，翼，蕨类；ptychia ← ptycho 层，页，褶皱（折弯）

Pteroptychia dalziellii 曲枝假蓝：dalziellii/ dalzielii（人名）；-ii 表示人名，接在以辅音字母结尾的人名后面，但 -er 除外

Pterospermum 翅子树属（梧桐科）（49-2：p172）：pterus/ pteron 翅，翼，蕨类；spermus/ spermum/ sperma 种子的（用于希腊语复合词）

Pterospermum acerifolium 翅子树：acerifolius 槭

叶的；Acer 槭属（槭树科）；folius/ folium/ folia 叶，叶片（用于复合词）

Pterospermum heterophyllum 翻白叶树：heterophyllus 异型叶的；hete-/ heter-/ hetero- ← heteros 不同的，多样的，不齐的；phyllus/ phyllum/ phylla ← phyllon 叶片（用于希腊语复合词）

Pterospermum kingtungense 景东翅子树：kingtungense 景东的（地名，云南省）

Pterospermum lanceaefolium 窄叶半枫荷：lanceaefolium 披针形叶的（注：复合词中将前段词的词尾变成 i 或 o 而不是所有格，故该词宜改为"lenceifolium""lanceofolium"或"lancifolium"，已修订为 lanceifolium）；lance-/ lancei-/ lanci-/ lanceo-/ lanc- ← lanceus 披针形的，矛形的，尖刀状的，柳叶刀状的；folius/ folium/ folia 叶，叶片（用于复合词）

Pterospermum menglunense 勐仑翅子树（勐 měng）：menglunense 勐仑的（地名，云南省）

Pterospermum niveum 台湾翅子树：niveus 雪白的，雪一样的；nivus/ nivis/ nix 雪，雪白色

Pterospermum proteus 变叶翅子树：Proteus 普罗透斯（希腊神话故中的海神，能改变形状），多变的

Pterospermum truncatolobatum 截裂翅子树：truncatus 截平的，截形的，截断的；truncare 切断，截断，截平（动词）；lobatus = lobus + atus 具浅裂的，具耳垂状突起的；lobus/ lobos/ lobon 浅裂，耳片（裂片先端钝圆），荚果，蒴果；-atus/ -atum/ -ata 属于，相似，具有，完成（形容词词尾）

Pterospermum yunnanense 云南翅子树：yunnanense 云南的（地名）

Pterostyrax 白辛树属（安息香科）（60-2：p140）：pterus/ pteron 翅，翼，蕨类；styrax ← storax 安息香的（泛指产安息香的树木），安息香属（安息香科）

Pterostyrax corymbosus 小叶白辛树：corymbosus = corymbus + osus 伞房花序的；corymbus 伞形的，伞状的；-osus/ -osum/ -osa 多的，充分的，丰富的，显著发育的，程度高的，特征明显的（形容词词尾）

Pterostyrax microcarpus 广西白辛树：micr-/ micro- ← micros 小的，微小的，微观的（用于希腊语复合词）；carpus/ carpum/ carpa/ carpon ← carpos 果实（用于希腊语复合词）

Pterostyrax psilophyllus 白辛树：psil-/ psilo- ← psilos 平滑的，光滑的；phyllus/ phyllum/ phylla ← phyllon 叶片（用于希腊语复合词）

Pteroxygonum 翼蓼属（蓼 liǎo）（蓼科）（25-1：p117）：pterus/ pteron 翅，翼，蕨类；oxys 尖锐的，酸的；gonus ← gonos 棱角，膝盖，关节，足

Pteroxygonum giraldii 翼蓼：giraldii ← Giuseppe Giraldi（人名，19 世纪活动于中国的意大利传教士）

Pterygiella 翅茎草属（玄参科）（68：p378）：pterygius = pteryx + ius 具翅的，具翼的；pteris ← pteryx 翅，翼，蕨类（希腊语）；-ellus/ -ellum/ -ella ← -ulus 小的，略微的，稍微的（小词 -ulus 在字母 e 或 i 之后有多种变缀，即 -olus/ -olum/ -ola、-ellus/ -ellum/ -ella、-illus/ -illum/ -illa，用于第一变格法名词）；-ella 小（用作人名或

一些属名词尾时并无小词意义）

Pterygiella bartschioides 齿叶翅茎草：Bartschia（属名，玄参科）；-oides/ -oideus/ -oideum/ -oidea/ -odes/ -eidos 像……的，类似……的，呈……状的（名词词尾）

Pterygiella cylindrica 圆茎翅茎草：cylindricus 圆形的，圆筒状的

Pterygiella duclouxii 杜氏翅茎草：duclouxii（人名）；-ii 表示人名，接在以辅音字母结尾的人名后面，但 -er 除外

Pterygiella nigrescens 翅茎草：nigrus 黑色的；niger 黑色的；-escens/ -ascens 改变，转变，变成，略微，带有，接近，相似，大致，稍微（表示变化的趋势，并未完全相似或相同，有别于表示达到完成状态的 -atus）

Pterygocalyx 翼萼蔓属（蔓 màn）（龙胆科）（62：p311）：pterygion/ pteron 翅，翼；pterygius = pteryx + ius 具翅的，具翼的；pteris ← pteryx 翅，翼，蕨类（希腊语）；calyx → calyc- 萼片（用于希腊语复合词）

Pterygocalyx volubilis 翼萼蔓：volubilis 拧劲的，缠绕的；-ans/ -ens/ -bilis/ -ilis 能够，可能（为形容词词尾，-ans/ -ens 用于主动语态，-bilis/ -ilis 用于被动语态）

Pterygopleurum 翅棱芹属（伞形科）（55-2：p217）：pterygion/ pteron 翅，翼；pleurus ← pleuron 肋，脉，肋状的，侧生的

Pterygopleurum neurophyllum 脉叶翅棱芹：neur-/ neuro- ← neuron 脉，神经；phyllus/ phyllum/ phylla ← phyllon 叶片（用于希腊语复合词）

Pterygota 翅苹婆属（梧桐科）（49-2：p114）：pterygotus/ pterygotos 有翼的；pterygion/ pteron 翅，翼；pterygius = pteryx + ius 具翅的，具翼的；pteris ← pteryx 翅，翼，蕨类（希腊语）；-otus/ -otum/ -ota（希腊语词尾，表示相似或所有）

Pterygota alata 翅苹婆：alatus → ala-/ alat-/ alati-/ alato- 翅，具翅的，具翼的；反义词：exalatus 无翼的，无翅的

Ptilagrostis 细柄茅属（禾本科）（9-3：p310）：ptilagrostis 具羽毛的草（指宿存的芒呈羽毛状）；ptilon 羽毛，翼，翅；agrostis 草，禾草

Ptilagrostis concinna 太白细柄茅：concinnus 精致的，高雅的，形状好看的

Ptilagrostis dichotoma 双叉细柄茅（叉 chā）：dichotomus 二叉分歧的，分离的；dicho-/ dicha- 二分的，二歧的；di-/ dis- 二，二数，二分，分离，不同，在……之间，从……分开（希腊语，拉丁语为 bi-/ bis-）；cho-/ chao- 分开，割裂，离开；tomus ← tomos 小片，片段，卷册（书）

Ptilagrostis dichotoma var. dichotoma 双叉细柄茅-原变种 （词义见上面解释）

Ptilagrostis dichotoma var. roshevitsiana 小花细柄茅：roshevitsiana ← R. J. Roshevitz（俄国人名，1882–1949）

Ptilagrostis junatovii 窄穗细柄茅：junatovii（人名）；-ii 表示人名，接在以辅音字母结尾的人名后面，但 -er 除外

Ptilagrostis mongholica 细柄茅：mongholica 蒙古的（地名）；-icus/ -icum/ -ica 属于，具有某种特性（常用于地名、起源、生境）

Ptilagrostis pelliotii 中亚细柄茅：pelliotii ← pellitus 隐藏的，覆盖的

Ptilopteris 岩穴蕨属（穴 xué）（稀子蕨科）（2：p251）：ptilopteris 毛翅的，翼片带毛的；ptilon 羽毛，翼，翅；pteris ← pteryx 翅，翼，蕨类（希腊语）

Ptilopteris maximowiczii 岩穴蕨：maximowiczii ← C. J. Maximowicz 马克希莫夫（人名，1827–1891，俄国植物学家）

Ptilotricum 燥原荠属（荠 jì）（十字花科）（33：p126）：ptilon 羽毛，翼，翅；tricum = trichum 毛

Ptilotricum canescens 燥原荠：canescens 变灰色的，淡灰色的；canens 使呈灰色的；canus 灰色的，灰白色的；-escens/ -ascens 改变，转变，变成，略微，带有，接近，相似，大致，稍微（表示变化的趋势，并未完全相似或相同，有别于表示达到完成状态的 -atus）

Ptilotricum wageri 西藏燥原荠：wageri（人名）；-eri 表示人名，在以 -er 结尾的人名后面加上 i 形成

Puccinellia 碱茅属（禾本科）（9-2：p236）：puccinellia ← B. A. Puccinelli（人名，意大利植物学家）

Puccinellia altaica 阿尔泰碱茅：altaica 阿尔泰的（地名，新疆北部山脉）

Puccinellia angustata 侧序碱茅：angustatus = angustus + atus 变窄的；angustus 窄的，狭的，细的

Puccinellia anisoclada 异枝碱茅：aniso- ← anisos 不等的，不同的，不整齐的；cladus ← clados 枝条，分枝

Puccinellia arjinshanensis 阿尔金山碱茅：arjinshanensis 阿尔金山的（地名，新疆若羌县）

Puccinellia borealis 北方碱茅：borealis 北方的；-aris（阳性、阴性）/ -are（中性）← -alis（阳性、阴性）/ -ale（中性）属于，相似，如同，具有，涉及，关于，联结于（将名词作形容词用，其中 -aris 常用于以 l 或 r 为词干末尾的词）

Puccinellia bulbosa 鳞茎碱茅：bulbosus = bulbus + osus 球形的，鳞茎状的；bulbus 球，球形，球茎，鳞茎；-osus/ -osum/ -osa 多的，充分的，丰富的，显著发育的，程度高的，特征明显的（形容词词尾）

Puccinellia capillaris 细穗碱茅：capillaris 有细毛的，毛发般的；-aris（阳性、阴性）/ -are（中性）← -alis（阳性、阴性）/ -ale（中性）属于，相似，如同，具有，涉及，关于，联结于（将名词作形容词用，其中 -aris 常用于以 l 或 r 为词干末尾的词）

Puccinellia chinampoensis 朝鲜碱茅：chinampoensis（地名，朝鲜）

Puccinellia choresmica 短生碱茅：choresmica（地名）

Puccinellia convoluta 卷叶碱茅：convolutus 席卷的，纵向卷起来的；volutus/ volutum/ volvo 转动，滚动，旋卷，盘结

Puccinellia coreensis 高丽碱茅：coreensis 朝鲜的（地名）

Puccinellia degeensis 德格碱茅：degeensis 德格的（地名，四川省）

Puccinellia diffusa 展穗碱茅：diffusus = dis + fusus 蔓延的，散开的，扩展的，渗透的（dis- 在辅音字母前发生同化）；fusus 散开的，松散的，松弛的；di-/ dis- 二，二数，二分，分离，不同，在……之间，从……分开（希腊语，拉丁语为 bi-/ bis-）

Puccinellia distans 碱茅：distans 远缘的，分离的

Puccinellia dolicholepis 毛稃碱茅（稃 fū）：dolicho- ← dolichos 长的；lepis/ lepidos 鳞片

Puccinellia festuciformis 羊茅状碱茅：Festuca 羊茅属（禾本科）；festuca 一种田间杂草（古拉丁名），嫩枝，麦秆，茎秆；formis/ forma 形状

Puccinellia florida 玖花碱茅：floridus = florus + idus 有花的，多花的，花明显的；florus/ florum/ flora ← flos 花（用于复合词）；-idus/ -idum/ -ida 表示在进行中的动作或情况，作动词、名词或形容词的词尾

Puccinellia geniculata 膝曲碱茅：geniculatus 关节的，膝状弯曲的；geniculum 节，关节，节片；-atus/ -atum/ -ata 属于，相似，具有，完成（形容词词尾）

Puccinellia gigantea 大碱茅：giganteus 巨大的；giga-/ gigant-/ giganti- ← gigantos 巨大的；-eus/ -eum/ -ea（接拉丁语词干时）属于……的，色如……的，质如……的（表示原料、颜色或品质的相似），（接希腊语词干时）属于……的，以……出名，为……所占有（表示具有某种特性）

Puccinellia glauca 灰绿碱茅：glaucus → glauco-/ glauc- 被白粉的，发白的，灰绿色的

Puccinellia grossheimiana 格海碱茅：grossheimiana（人名）

Puccinellia gyirongensis 吉隆碱茅：gyirongensis 吉隆的（地名，西藏中尼边境县）

Puccinellia hackeliana 高山碱茅：hackeliana ← J. Hackel（人名，19 世纪捷克植物学家）

Puccinellia hauptiana 鹤甫碱茅（甫 fū）：hauptiana（人名）

Puccinellia himalaica 喜马拉雅碱茅：himalaica 喜马拉雅的（地名）；-icus/ -icum/ -ica 属于，具有某种特性（常用于地名、起源、生境）

Puccinellia humilis 矮碱茅：humilis 矮的，低的

Puccinellia iliensis 伊犁碱茅：iliense/ iliensis 伊利的（地名，新疆维吾尔自治区），伊犁河的（河流名，跨中国新疆与哈萨克斯坦）

Puccinellia intermedia 中间碱茅：intermedius 中间的，中位的，中等的；inter- 中间的，在中间，之间；medius 中间的，中央的

Puccinellia jeholensis 热河碱茅：jeholensis 热河的（地名，旧省名，跨现在的内蒙古自治区、河北省、辽宁省）

Puccinellia kamtschatica 堪察加碱茅：kamtschatica/ kamschatica ← Kamchatka 勘察加的（地名）；-aticus/ -aticum/ -atica 属于，表示生长的地方，作名词词尾

Puccinellia kashmiriana 克什米尔碱茅：kashmiriana 克什米尔的（地名）

Puccinellia koeieana 科氏碱茅：koeieana（人名）

P

Puccinellia kunlunica 昆仑碱茅：kunlunica 昆仑的（地名）；-icus/ -icum/ -ica 属于，具有某种特性（常用于地名、起源、生境）

Puccinellia kurilensis 千岛碱茅：kurilensis ← Kurile Islands 千岛群岛的（地名，俄罗斯）

Puccinellia ladakhensis 拉达克碱茅：ladakhensis 拉达克的（地名，克什米尔）

Puccinellia ladyginii 布达尔碱茅：ladyginii（人名）；-ii 表示人名，接在以辅音字母结尾的人名后面，但 -er 除外

Puccinellia leiolepis 光稃碱茅：lei-/ leio-/ lio- ← leius ← leios 光滑的，平滑的；lepis/ lepidos 鳞片

Puccinellia limosa 沼泞碱茅（泞 nìng）：limosus 沼泽的，湿地的，泥沼的；limus 沼泽，泥沼，湿地；-osus/ -osum/ -osa 多的，充分的，丰富的，显著发育的，程度高的，特征明显的（形容词词尾）

Puccinellia macranthera 大药碱茅：macro-/ macr- ← macros 大的，宏观的（用于希腊语复合词）；andrus/ andros/ antherus ← aner 雄蕊，花药，雄性

Puccinellia manchuriensis 柔枝碱茅：manchuriensis 满洲的（地名，中国东北，地理区域）

Puccinellia micrandra 微药碱茅：micr-/ micro- ← micros 小的，微小的，微观的（用于希腊语复合词）；andrus/ andros/ antherus ← aner 雄蕊，花药，雄性

Puccinellia micranthera 小药碱茅（词义见上面解释）

Puccinellia minuta 侏碱茅（侏 zhū）：minutus 极小的，细微的，微小的

Puccinellia multiflora 多花碱茅：multi- ← multus 多个，多数，很多（希腊语为 poly-）；florus/ florum/ flora ← flos 花（用于复合词）

Puccinellia nipponica 日本碱茅：nipponica 日本的（地名）；-icus/ -icum/ -ica 属于，具有某种特性（常用于地名、起源、生境）

Puccinellia nudiflora 裸花碱茅：nudi- ← nudus 裸露的；florus/ florum/ flora ← flos 花（用于复合词）

Puccinellia pamirica 帕米尔碱茅：pamirica 帕米尔的（地名，中亚东南部高原，跨塔吉克斯坦、中国、阿富汗）；-icus/ -icum/ -ica 属于，具有某种特性（常用于地名、起源、生境）

Puccinellia pauciramea 少枝碱茅：pauci- ← paucus 少数的，少的（希腊语为 oligo-）；rameus = ramus + eus 枝条的，属于枝条的；ramus 分枝，枝条；-eus/ -eum/ -ea（接拉丁语词干时）属于……的，色如……的，质如……的（表示原料、颜色或品质的相似），（接希腊语词干时）属于……的，以……出名，为……所占有（表示具有某种特性）

Puccinellia phryganodes 佛利碱茅：phryganodes 棒状的，枝条状的，麦秆状的，吸管状的；phrygano 棒，枝条，麦秆，吸管；-oides/ -oideus/ -oideum/ -oidea/ -odes/ -eidos 像……的，类似……的，呈……状的（名词词尾）

Puccinellia poecilantha 斑稃碱茅（稃 fū）：poecilanthus 杂色花的；poecilus 杂色的；anthus/ anthum/ antha/ anthe ← anthos 花（用于希腊语复合词）

Puccinellia przewalskii 勃氏碱茅：przewalskii ← Nicolai Przewalski（人名，19 世纪俄国探险家、博物学家）

Puccinellia pulvinata 腋枕碱茅：pulvinatus = pulvinus + atus 垫状的；pulvinus 叶枕，叶柄基部膨大部分，坐垫，枕头

Puccinellia roborovskyi 疏穗碱茅：roborovskyi（人名）；-i 表示人名，接在以元音字母结尾的人名后面，但 -a 除外

Puccinellia roshevitsiana 西域碱茅：roshevitsiana ← R. J. Roshevitz（俄国人名，1882–1949）

Puccinellia schischkinii 斯碱茅：schischkinii（人名）；-ii 表示人名，接在以辅音字母结尾的人名后面，但 -er 除外

Puccinellia sclerodes 硬碱茅：sclero- ← scleros 坚硬的，硬质的；-oides/ -oideus/ -oideum/ -oidea/ -odes/ -eidos 像……的，类似……的，呈……状的（名词词尾）

Puccinellia sevangensis 塞文碱茅（塞 sài）：sevangensis（地名，俄罗斯）

Puccinellia shuanghuensis 双湖碱茅：shuanghuensis 双湖的（地名，西藏自治区）

Puccinellia sibirica 西伯利亚碱茅：sibirica 西伯利亚的（地名，俄罗斯）；-icus/ -icum/ -ica 属于，具有某种特性（常用于地名、起源、生境）

Puccinellia stapfiana 藏北碱茅（藏 zàng）：stapfiana（人名）

Puccinellia strictura 竖碱茅：strictura 收缩的，狭缩的，收紧的

Puccinellia subspicata 穗序碱茅：subspicatus 近穗状花的；sub-（表示程度较弱）与……类似，几乎，稍微，弱，亚，之下，下面；spicatus 具穗的，具穗状花的，具尖头的；spicus 穗，谷穗，花穗；-atus/ -atum/ -ata 属于，相似，具有，完成（形容词词尾）

Puccinellia tenella 细雅碱茅：tenellus = tenuis + ellus 柔软的，纤细的，纤弱的，精美的，雅致的；tenuis 薄的，纤细的，弱的，瘦的，窄的；-ellus/ -ellum/ -ella ← -ulus 小的，略微的，稍微的（小词 -ulus 在字母 e 或 i 之后有多种变缀，即 -olus/ -olum/ -ola、-ellus/ -ellum/ -ella、-illus/ -illum/ -illa，用于第一变格法名词）

Puccinellia tenuiflora 星星草：tenui- ← tenuis 薄的，纤细的，弱的，瘦的，窄的；florus/ florum/ flora ← flos 花（用于复合词）

Puccinellia tenuissima 纤细碱茅：tenui- ← tenuis 薄的，纤细的，弱的，瘦的，窄的；-issimus/ -issima/ -issimum 最，非常，极其（形容词最高级）

Puccinellia thomsonii 长穗碱茅：thomsonii ← Thomas Thomson（人名，19 世纪英国植物学家）；-ii 表示人名，接在以辅音字母结尾的人名后面，但 -er 除外

Puccinellia tianshanica 天山碱茅：tianshanica 天山的（地名，新疆维吾尔自治区）；-icus/ -icum/ -ica 属于，具有某种特性（常用于地名、起源、生境）

Pueraria 葛属（葛 gé）（豆科）（41：p219）：pueraria ← Marc Nicolas Puerari（人名，1765–1845，瑞士植物学家）

Pueraria alopecuroides 密花葛：alopecuroides 像看麦娘的，像狐狸尾巴的；Alopecurus 看麦娘属（禾本科）；-oides/ -oideus/ -oideum/ -oidea/ -odes/ -eidos 像……的，类似……的，呈……状的（名词词尾）

Pueraria calycina 黄毛萼葛：calycinus = calyx + inus 萼片的，萼片状的，萼片宿存的；calyx → calyc- 萼片（用于希腊语复合词）；构词规则：以 -ix/ -iex 结尾的词其词干末尾视为 -ic，以 -ex 结尾视为 -i/ -ic，其他以 -x 结尾视为 -c；-inus/ -inum/ -ina/ -inos 相近，接近，相似，具有（通常指颜色）

Pueraria edulis 食用葛：edule/ edulis 食用的，可食的

Pueraria grandiflora 大花葛：grandi- ← grandis 大的；florus/ florum/ flora ← flos 花（用于复合词）

Pueraria lobata 葛：lobatus = lobus + atus 具浅裂的，具耳垂状突起的；lobus/ lobos/ lobon 浅裂，耳片（裂片先端钝圆），荚果，蒴果；-atus/ -atum/ -ata 属于，相似，具有，完成（形容词词尾）

Pueraria lobata var. lobata 葛-原变种 （词义见上面解释）

Pueraria lobata var. montana 葛麻姆（另见 P. montana var. lobata）：montanus 山，山地；montis 山，山地的；mons 山，山脉，岩石

Pueraria lobata var. thomsonii 粉葛：thomsonii ← Thomas Thomson（人名，19 世纪英国植物学家）；-ii 表示人名，接在以辅音字母结尾的人名后面，但 -er 除外

Pueraria montana var. lobata 葛麻姆（另见 P. lobata var. montana）：montanus 山，山地；montis 山，山地的；mons 山，山脉，岩石；lobatus = lobus + atus 具浅裂的，具耳垂状突起的；lobus/ lobos/ lobon 浅裂，耳片（裂片先端钝圆），荚果，蒴果；-atus/ -atum/ -ata 属于，相似，具有，完成（形容词词尾）

Pueraria peduncularis 苦葛：pedunculatus/ peduncularis 具花序柄的，具总花梗的；pedunculus/ peduncule/ pedunculis ← pes 花序柄，总花梗（花序基部无花着生部分，不同于花柄）；关联词：pedicellus/ pediculus 小花梗，小花柄（不同于花序柄）；pes/ pedis 柄，梗，茎秆，腿，足，爪（作词首或词尾，pes 的词干视为"ped-"）；-aris（阳性、阴性）/ -are（中性）← -alis（阳性、阴性）/ -ale（中性）属于，相似，如同，具有，涉及，关于，联结于（将名词作形容词用，其中 -aris 常用于以 l 或 r 为词干末尾的词）

Pueraria phaseoloides 三裂叶野葛：Phaseolus 菜豆属（豆科）；-oides/ -oideus/ -oideum/ -oidea/ -odes/ -eidos 像……的，类似……的，呈……状的（名词词尾）

Pueraria stricta 小花野葛：strictus 直立的，硬直的，笔直的，彼此靠拢的

Pueraria wallichii 须弥葛：wallichii ← Nathaniel Wallich（人名，19 世纪初丹麦植物学家、医生）

Pugionium 沙芥属（十字花科）（33：p67）：pugionium ← pugio 短刀（希腊语，比喻角果形状）

Pugionium calcaratum 距果沙芥：calcaratus = calcar + atus 距的，有距的；calcar- ← calcar 距，花萼或花瓣生蜜源的距，短枝（结果枝）（距：雄鸡、雉等的腿的后面突出像脚趾的部分）；-atus/ -atum/ -ata 属于，相似，具有，完成（形容词词尾）

Pugionium cornutum 沙芥：cornutus = cornus + utus 犄角的，兽角的，角质的；cornus 角，犄角，兽角，角质，角质般坚硬；-utus/ -utum/ -uta（名词词尾，表示具有）

Pugionium cristatum 鸡冠沙芥（冠 guān）：cristatus = crista + atus 鸡冠的，鸡冠状的，扇形的，山脊状的；crista 鸡冠，山脊，网壁；-atus/ -atum/ -ata 属于，相似，具有，完成（形容词词尾）

Pugionium dolabratum 斧翅沙芥：dolabratus 斧头的，斧头状的；dolabra 丁字镐，斧头；dolo 砍平，削平

Pugionium dolabratum var. dolabratum 斧翅沙芥-原变种 （词义见上面解释）

Pugionium dolabratum var. latipterum 宽翅沙芥：lati-/ late- ← latus 宽的，宽广的；pterus/ pteron 翅，翼，蕨类

Pulicaria 蚤草属（蚤 zǎo）（菊科）（75：p286）：pulicaris 虱子的（形状相似）；pulex 跳蚤，虱子（pulex 的词干为 pulic-）；-arius/ -arium/ -aria 相似，属于（表示地点，场所，关系，所属）

Pulicaria chrysantha 金仙草：chrys-/ chryso- ← chrysos 黄色的，金色的；anthus/ anthum/ antha/ anthe ← anthos 花（用于希腊语复合词）

Pulicaria chrysantha var. chrysantha 金仙草-原变种 （词义见上面解释）

Pulicaria chrysantha var. oligochaeta 少毛金仙草：loigochaeta 少毛的（指苞萼有少量的毛）；oligo-/ olig- 少数的（希腊语，拉丁语为 pauci-）；chaeta/ chaete ← chaite 胡须，鬃毛，长毛；Oligochaeta 寡毛菊属（菊科）

Pulicaria dysenterica 止痢蚤草：dysentericus 痢疾的

Pulicaria gnaphalodes 鼠麴蚤草：gnaphalodes 稍有软毛的；gnaphalon 软绒毛的；-oides/ -oideus/ -oideum/ -oidea/ -odes/ -eidos 像……的，类似……的，呈……状的（名词词尾）

Pulicaria insignis 臭蚤草：insignis 著名的，超群的，优秀的，显著的，杰出的；in-/ im-（来自 il- 的音变）内，在内，内部，向内，相反，不，无，非；il- 在内，向内，为，相反（希腊语为 en-）；词首 il- 的音变：il-（在 l 前面），im-（在 b、m、p 前面），in-（在元音字母和大多数辅音字母前面），ir-（在 r 前面），如 illaudatus（不值得称赞的，评价不好的），impermeabilis（不透水的，穿不透的），ineptus（不合适的），insertus（插入的），irretortus（无弯曲的，无扭曲的）；signum 印记，标记，刻画，图章

Pulicaria prostrata 蚤草：prostratus/ pronus/ procumbens 平卧的，匍匐的

Pulicaria salviifolia 鼠尾蚤草：salviifolia = Salvia + folia 鼠尾草叶的；缀词规则：以属名作复合词时原词尾变形后的 i 要保留；Salvia 鼠尾草属（唇形科）；folius/ folium/ folia 叶，叶片（用于复合词）

Pulicaria uliginosa 湿生蚤草：uliginosus 沼泽的，湿地的，潮湿的；uligo/ vuligo/ uliginis 潮湿，湿

地，沼泽（uligo 的词干为 uligin-）；词尾为 -go 的词其词干末尾视为 -gin；-osus/ -osum/ -osa 多的，充分的，丰富的，显著发育的，程度高的，特征明显的（形容词词尾）

Pulmonaria 肺草属（紫草科）（64-2：p67）：pulmonarius 属于肺的（传说能治肺病）；pulmon- 肺；-arius/ -arium/ -aria 相似，属于（表示地点，场所，关系，所属）

Pulmonaria mollissima 腺毛肺草：molle/ mollis 软的，柔毛的；-issimus/ -issima/ -issimum 最，非常，极其（形容词最高级）

Pulsatilla 白头翁属（毛茛科）（28：p62）：pulsatilla = pulso + illus 小吊钟；pulso 打击，鸣响（比喻花为钟形）；-ellus/ -ellum/ -ella ← -ulus 小的，略微的，稍微的（小词 -ulus 在字母 e 或 i 之后有多种变缀，即 -olus/ -olum/ -ola、-ellus/ -ellum/ -ella、-illus/ -illum/ -illa，用于第一变格法名词）

Pulsatilla ambigua 蒙古白头翁：ambiguus 可疑的，不确定的，含糊的

Pulsatilla campanella 钟萼白头翁：campanellus 钟，钟形的，风铃草状的

Pulsatilla cernua 朝鲜白头翁：cernuus 点头的，前屈的，略俯垂的（弯曲程度略大于 90°）；cernu-/ cernui- 弯曲，下垂；关联词：nutans 弯曲的，下垂的（弯曲程度远大于 90°）

Pulsatilla chinensis 白头翁：chinensis = china + ensis 中国的（地名）；China 中国

Pulsatilla chinensis var. kissii 金县白头翁：kissii（人名）；-ii 表示人名，接在以辅音字母结尾的人名后面，但 -er 除外

Pulsatilla dahurica 兴安白头翁：dahurica（daurica/ davurica）达乌里的（地名，外贝加尔湖，属西伯利亚的一个地区，即贝加尔湖以东及以南至中国和蒙古边界）

Pulsatilla kostyczewii 紫蕊白头翁：kostyczewii（人名）；-ii 表示人名，接在以辅音字母结尾的人名后面，但 -er 除外

Pulsatilla millefolium 西南白头翁：mille- 千，很多；folius/ folium/ folia 叶，叶片（用于复合词）

Pulsatilla patens 肾叶白头翁：patens 开展的（呈90°），伸展的，传播的，飞散的；patentius 开展的，伸展的，传播的，飞散的

Pulsatilla patens var. multifida 掌叶白头翁：multifidus 多个中裂的；multi- ← multus 多个，多数，很多（希腊语为 poly-）；fidus ← findere 裂开，分裂（裂深不超过 1/3，常作词尾）

Pulsatilla sukaczevii 黄花白头翁：sukaczevii（人名）；-ii 表示人名，接在以辅音字母结尾的人名后面，但 -er 除外

Pulsatilla turczaninovii 细叶白头翁：turczaninovii/ turczaninowii ← Nicholai S. Turczaninov（人名，19 世纪乌克兰植物学家，曾积累大量植物标本）

Pulvinatusia 垫状芥属（十字花科）（增补）：pulvinatusia ← pulvinatus = pulvinus + atus 垫状的；pulvinus 叶枕，叶柄基部膨大部分，坐垫，枕头

Pulvinatusia xuegulaensis 雪古拉垫状芥：xuegulaensis 雪古拉的（地名，云南省）

Punica 石榴属（石榴科）（52-2：p120）：punica ← punicus 布匿人的，迦太基的（Carthago）（传说源于北非迦太基原产的石榴）

Punica granatum 石榴：granatus = granus + atus 粒状的，具颗粒的；granus 粒，种粒，谷粒，颗粒

Punica granatum cv. Albescens 白石榴：albescens 淡白的，略白的，发白的，褪色的；albus → albi-/ albo- 白色的；-escens/ -ascens 改变，转变，变成，略微，带有，接近，相似，大致，稍微（表示变化的趋势，并未完全相似或相同，有别于表示达到完成状态的 -atus）

Punica granatum cv. Flavescens 黄石榴：flavescens 淡黄的，发黄的，变黄的；flavus → flavo-/ flavi-/ flav- 黄色的，鲜黄色的，金黄色的（指纯正的黄色）；-escens/ -ascens 改变，转变，变成，略微，带有，接近，相似，大致，稍微（表示变化的趋势，并未完全相似或相同，有别于表示达到完成状态的 -atus）

Punica granatum cv. Lagrellei 玛瑙石榴（瑙 nǎo）：lagrellei 玛瑙石榴（品种名，人名）

Punica granatum cv. Multiplex 重瓣白花石榴（重 chóng）：multiplex 多重的，多倍的，多褶皱的；multi- ← multus 多个，多数，很多（希腊语为 poly-）；plex/ plica 褶，折扇状，卷折（plex 的词干为 plic-）

Punica granatum cv. Nana 月季石榴：nanus ← nanos/ nannos 矮小的，小的；nani-/ nano-/ nanno- 矮小的，小的

Punicaceae 石榴科（52-2：p120）：Punica 石榴属；-aceae（分类单位科的词尾，为 -aceus 的阴性复数主格形式，加到模式属的名称后或同义词的词干后以组成族群名称）

Pycnarrhena 密花藤属（防己科）（30-1：p6）：pycn-/ pycno- ← pycnos 密生的，密集的；arrhena 男性，强劲，雄蕊，花药

Pycnarrhena lucida 密花藤：lucidus ← lucis ← lux 发光的，光辉的，清晰的，发亮的，荣耀的（lux 的单数所有格为 lucis，词尾为 -is 和 -ys 的词的词干分别视为 -id 和 -yd）

Pycnarrhena poilanei 硬骨藤：poilanei（人名，法国植物学家）

Pycnoplinthus 簇芥属（十字花科）（33：p395）：pycn-/ pycno- ← pycnos 密生的，密集的；plinthus ← plinthos 砖

Pycnoplinthus uniflora 簇芥：uni-/ uno- ← unus/ unum/ una 一，单一（希腊语为 mono-/ mon-）；florus/ florum/ flora ← flos 花（用于复合词）

Pycnospora 密子豆属（豆科）（41：p61）：pycn-/ pycno- ← pycnos 密生的，密集的；sporus ← sporos → sporo- 孢子，种子

Pycnospora lutescens 密子豆：lutescens 淡黄色的；luteus 黄色的；-escens/ -ascens 改变，转变，变成，略微，带有，接近，相似，大致，稍微（表示变化的趋势，并未完全相似或相同，有别于表示达到完成状态的 -atus）

Pycreus 扁莎属（莎草科）（11：p162）：pycreus ← pikros 苦味的

P

Pycreus chekiangensis 浙江扁莎：chekiangensis 浙江的（地名）

Pycreus delavayi 黑鳞扁莎：delavayi ← P. J. M. Delavay（人名，1834–1895，法国传教士，曾在中国采集植物标本）；-i 表示人名，接在以元音字母结尾的人名后面，但 -a 除外

Pycreus globosus 球穗扁莎：globosus = globus + osus 球形的；globus → glob-/ globi- 球体，圆球，地球；-osus/ -osum/ -osa 多的，充分的，丰富的，显著发育的，程度高的，特征明显的（形容词词尾）；关联词：globularis/ globulifer/ globulosus（小球状的、具小球的），globuliformis（纽扣状的）

Pycreus globosus var. globosus 球穗扁莎-原变种（词义见上面解释）

Pycreus globosus var. minimus 矮球穗扁莎：minimus 最小的，很小的

Pycreus globosus var. nilagiricus 小球穗扁莎：nilagiricus（地名，印度）；-icus/ -icum/ -ica 属于，具有某种特性（常用于地名、起源、生境）

Pycreus globosus var. strictus 直球穗扁莎：strictus 直立的，硬直的，笔直的，彼此靠拢的

Pycreus latespicatus 宽穗扁莎：latespicatus 具宽穗的；lati-/ late- ← latus 宽的，宽广的；spicatus 具穗的，具穗状花的，具尖头的；spicus 穗，谷穗，花穗；-atus/ -atum/ -ata 属于，相似，具有，完成（形容词词尾）

Pycreus lijiangensis 丽江扁莎：lijiangensis 丽江的（地名，云南省）

Pycreus polystachyus 多枝扁莎：polystachyus 多穗的；poly- ← polys 多个，许多（希腊语，拉丁语为 multi-）；stachy-/ stachyo-/ -stachys/ -stachyus/ -stachyum/ -stachya 穗子，穗子的，穗子状的，穗状花序的

Pycreus polystachyus var. brevispiculatus 短穗多枝扁莎：brevi- ← brevis 短的（用于希腊语复合词词首）；spiculatus = spicus + ulus + atus 具小穗的，具细尖的；spicus 穗，谷穗，花穗，-ulus/ -ulum/ -ula 小的，略微的，稍微的（小词 -ulus 在字母 e 或 i 之后有多种变缀，即 -olus/ -olum/ -ola、-ellus/ -ellum/ -ella、-illus/ -illum/ -illa，与第一变格法和第二变格法名词形成复合词）；-atus/ -atum/ -ata 属于，相似，具有，完成（形容词词尾）

Pycreus polystachyus var. polystachyus 多枝扁莎-原变种（词义见上面解释）

Pycreus pseudo-latespicatus 拟宽穗扁莎：pseudo-latespicatus 像 latespicatus 的；pseudo-/ pseud- ← pseudos 假的，伪的，接近，相似（但不是）；Pycreus latespicatus 宽穗扁莎；latespicatus 具宽穗的

Pycreus pumilus 矮扁莎：pumilus 矮的，小的，低矮的，矮人的

Pycreus sanguinolentus 红鳞扁莎：sanguinolentus/ sanguilentus 血红色的；sanguino 出血的，血色的；sanguis 血液；-ulentus/ -ulentum/ -ulenta/ -olentus/ -olentum/ -olenta（表示丰富、充分或显著发展）

Pycreus sanguinolentus f. humilis 矮红鳞扁莎：humilis 矮的，低的

Pycreus sanguinolentus f. melanocephalus 黑扁莎：mel-/ mela-/ melan-/ melano- ← melanus/ melaenus ← melas/ melanos 黑色的，浓黑色的，暗色的；cephalus/ cephale ← cephalos 头，头状花序

Pycreus sanguinolentus f. rubro-marginatus 红边扁莎：rubr-/ rubri-/ rubro- ← rubrus 红色；marginatus ← margo 边缘的，具边缘的；margo/ marginis → margin- 边缘，边线，边界

Pycreus sanguinolentus f. sanguinolentus 红鳞扁莎-原变型（词义见上面解释）

Pycreus sulcinux 槽果扁莎：sulcinux 具沟槽的核果；sulc-/ sulci- ← sulcus 犁沟，沟槽，皱纹；nux 坚果

Pycreus unioloides 禾状扁莎：Uniola（禾本科一属）；-oides/ -oideus/ -oideum/ -oidea/ -odes/ -eidos 像……的，类似……的，呈……状的（名词词尾）

Pygeum 臀果木属（蔷薇科）（38：p123）：pygeum ← pyge 臀部，臀形的

Pygeum henryi 云南臀果木：henryi ← Augustine Henry 或 B. C. Henry（人名，前者，1857–1930，爱尔兰医生、植物学家，曾在中国采集植物，后者，1850–1901，曾活动于中国的传教士）

Pygeum laxiflorum 疏花臀果木：laxus 稀疏的，松散的，宽松的；florus/ florum/ flora ← flos 花（用于复合词）

Pygeum macrocarpum 大果臀果木：macro-/ macr- ← macros 大的，宏观的（用于希腊语复合词）；carpus/ carpum/ carpa/ carpon ← carpos 果实（用于希腊语复合词）

Pygeum oblongum 长圆臀果木：oblongus = ovus + longus 长椭圆形的（ovus 的词干 ov- 音变为 ob-）；ovus 卵，胚珠，卵形的，椭圆形的；longus 长的，纵向的

Pygeum topengii 臀果木：topengii ← David LeRoy Topping（人名，20 世纪美国蕨类植物采集员、博物学家）

Pygeum wilsonii 西南臀果木：wilsonii ← John Wilson（人名，18 世纪英国植物学家）

Pygmaeopremna 千解草属（解 jiě）（马鞭草科）（65-1：p119）：pygmaeus/ pygmaei 小的，低矮的，极小的，矮人的；premnus ← premnon 树干，主茎

Pygmaeopremna herbacea 千解草：herbaceus = herba + aceus 草本的，草质的，草绿色的；herba 草，草本植物；-aceus/ -aceum/ -acea 相似的，有……性质的，属于……的

Pyracantha 火棘属（蔷薇科）（36：p179）：pyr-/ pyro-/ pyrrh-/ pyrrho- 火红，火焰，火焰色，黄果；acanthus ← Akantha 刺，具刺的（Acantha 是希腊神话中的女神，和太阳神阿波罗发生冲突，太阳神将其变成带刺的植物）

Pyracantha angustifolia 窄叶火棘：angusti- ← angustus 窄的，狭的，细的；folius/ folium/ folia 叶，叶片（用于复合词）

Pyracantha atalantioides 全缘火棘：Atalantia 酒饼簕属（芸香科）；-oides/ -oideus/ -oideum/ -oidea/ -odes/ -eidos 像……的，类似……的，

P

呈……状的（名词词尾）

Pyracantha crenulata 细圆齿火棘：crenulatus = crena + ulus + atus 细圆锯齿的，略呈圆锯齿的

Pyracantha crenulata var. crenulata 细圆齿火棘-原变种 （词义见上面解释）

Pyracantha crenulata var. kansuensis 细叶细圆齿火棘：kansuensis 甘肃的（地名）

Pyracantha crenulata var. rogersiana （罗氏火棘）：rogersiana ← Rogers （人名）

Pyracantha densiflora 密花火棘：densus 密集的，繁茂的；florus/ florum/ flora ← flos 花（用于复合词）

Pyracantha fortuneana 火棘：fortuneana ← Robert Fortune （人名，19 世纪英国园艺学家，曾在中国采集植物）

Pyracantha inermis 澜沧火棘：inermus/ inermis = in + arma 无针刺的，不尖锐的，无齿的，无武装的；in-/ im-（来自 il- 的音变）内，在内，内部，向内，相反，不，无，非；il- 在内，向内，为，相反（希腊语为 en-）；词首 il- 的音变：il-（在 l 前面），im-（在 b、m、p 前面），in-（在元音字母和大多数辅音字母前面），ir-（在 r 前面），如 illaudatus （不值得称赞的，评价不好的），impermeabilis （不透水的，穿不透的），ineptus （不合适的），insertus （插入的），irretortus （无弯曲的，无扭曲的）；arma 武器，装备，工具，防护，挡板，军队

Pyracantha koidzumii 台湾火棘：koidzumii ← Gen'ichi Koidzumi 小泉源一（人名，20 世纪日本植物学家）

Pyrenacantha 刺核藤属（茶茱萸科）（46：p60）：pyrenus 核，硬核，核果；acanthus ← Akantha 刺，具刺的（Acantha 是希腊神话中的女神，和太阳神阿波罗发生冲突，太阳神将其变成带刺的植物）

Pyrenacantha volubilis 刺核藤：volubilis 拧劲的，缠绕的；-ans/ -ens/ -bilis/ -ilis 能够，可能（为形容词词尾，-ans/ -ens 用于主动语态，-bilis/ -ilis 用于被动语态）

Pyrenaria 核果茶属（山茶科）（49-3：p246）：pyrenaria ← pyrenus 核，硬核，核果

Pyrenaria brevisepala 短萼核果茶：brevi- ← brevis 短的（用于希腊语复合词词首）；sepalus/ sepalum/ sepala 萼片（用于复合词）

Pyrenaria cheliensis 景洪核果茶：cheliensis 车里的（地名，云南西双版纳景洪市的旧称）

Pyrenaria garrettiana 短叶核果茶：garrettiana ← H. B. Garrett （人名，英国植物学家）

Pyrenaria menglaensis 勐腊核果茶（勐 měng）：menglaensis 勐腊的（地名，云南省）

Pyrenaria oblongicarpa 长核果茶：oblongus = ovus + longus 长椭圆形的（ovus 的词干 ov- 音变为 ob-）；ovus 卵，胚珠，卵形的，椭圆形的；longus 长的，纵向的；carpus/ carpum/ carpa/ carpon ← carpos 果实（用于希腊语复合词）

Pyrenaria tibetana 西藏核果茶：tibetana 西藏的（地名）

Pyrenaria yunnanensis 云南核果茶：yunnanensis 云南的（地名）

Pyrenocarpa 多核果属（桃金娘科）（53-1：p130）：pyreno- ← pyrenus 核，硬核，核果；carpus/ carpum/ carpa/ carpon ← carpos 果实（用于希腊语复合词）

Pyrenocarpa hainanensis 多核果：hainanensis 海南的（地名）

Pyrenocarpa teretis 圆枝多核果：teretis 圆柱形的，棒状的

Pyrethrum 匹菊属（匹 pǐ）（菊科）（76-1：p55）：pyr-/ pyro-/ pyrrh-/ pyrrho- 火红，火焰，火焰色，黄果；thrum ← athroos 多

Pyrethrum abrotanifolium 丝叶匹菊：abrotanifolius 南木蒿叶的；abrotani ← Artemesia abrotanum 南木蒿（菊科蒿属一种）；folius/ folium/ folia 叶，叶片（用于复合词）

Pyrethrum alatavicum 新疆匹菊：alatavicum 阿拉套山的（地名，新疆沙湾地区）

Pyrethrum arrasanicum 光滑匹菊：arrasanicum （地名）

Pyrethrum atkinsonii 藏匹菊：atkinsonii ← Caroline Louisa Waring Atkinson Calvert （人名，19 世纪新南威尔士博物学家）；-ii 表示人名，接在以辅音字母结尾的人名后面，但 -er 除外

Pyrethrum cinerariifolium 除虫菊：Cineraria 葵叶菊属（菊科）；folius/ folium/ folia 叶，叶片（用于复合词）

Pyrethrum coccineum 红花除虫菊：coccus/ coccineus 浆果，绯红色（一种形似浆果的介壳虫的颜色）；同形异义词：coccus/ cocco/ cocci/ coccis 心室，心皮；-eus/ -eum/ -ea（接拉丁语词干时）属于……的，色如……的，质如……的（表示原料、颜色或品质的相似），（接希腊语词干时）属于……的，以……出名，为……所占有（表示具有某种特性）

Pyrethrum corymbiforme 匹菊：corymbus 伞形的，伞状的；forme/ forma 形状

Pyrethrum djilgense （迪尔匹菊）：djilgense （地名）

Pyrethrum kaschgharicum 托毛匹菊：kaschgharicum 喀什的（地名，新疆维吾尔自治区）；-icus/ -icum/ -ica 属于，具有某种特性（常用于地名、起源、生境）

Pyrethrum krylovianum 黑苞匹菊：krylovianum （人名）

Pyrethrum parthenifolium 伞房匹菊（另见 Tanacetum parthenifolium）：Parthenium 银胶菊属（菊科）；folius/ folium/ folia 叶，叶片（用于复合词）

Pyrethrum parthenium 短舌匹菊：parthenium 处女；Parthenius 帕尔忒尼俄斯（希腊神话人物）

Pyrethrum petraeum 岩匹菊（种加词有时错印为 "petrareum"）：petraeus 喜好岩石的，喜好岩隙的；petra← petros 石头，岩石，岩石地带（指生境）；-aeus/ -aeum/ -aea 表示属于……，名词形容词化词尾，如 europaeus ← europa 欧洲的

Pyrethrum pulchrum 美丽匹菊：pulchrum 美丽，优雅，绮丽

Pyrethrum pyrethroides 灰叶匹菊：pyrethroides 像匹菊的；Pyrethrum 匹菊属（菊科）；-oides/ -oideus/ -oideum/ -oidea/ -odes/ -eidos 像……的，类似……的，呈……状的（名词词尾）

Pyrethrum richterioides 单头匹菊：richterioides 像龙胆木的；Richteriella 龙胆木属（大戟科）；-oides/ -oideus/ -oideum/ -oidea/ -odes/ -eidos 像……的，类似……的，呈……状的（名词词尾）

Pyrethrum songaricum （准噶尔匹菊）（噶 gá）：songaricum 准噶尔的（地名，新疆维吾尔自治区）；-icus/ -icum/ -ica 属于，具有某种特性（常用于地名、起源、生境）

Pyrethrum tatsienense 川西小黄菊：tatsienense 打箭炉的（地名，四川省康定县的别称）

Pyrethrum tatsienense var. tanacetopsis 川西小黄菊无舌变种：Tanacetum 菊蒿属（菊科）；-opsis/ -ops 相似，稍微，带有

Pyrethrum tatsienense var. tatsienense 川西小黄菊-原变种 （词义见上面解释）

Pyrethrum transiliense 白花匹菊：transiliense = trans + iliense 跨伊犁河的（地名）；tran-/ trans- 横过，远侧边，远方，在那边；iliense/ iliensis 伊利的（地名，新疆维吾尔自治区），伊犁河的（河流名，跨中国新疆与哈萨克斯坦）

Pyrola 鹿蹄草属（鹿蹄草科）（56：p158）：pyrola（pirola）← pyrus 梨，梨树（因叶片相似）

Pyrola alboreticulata 花叶鹿蹄草：albus → albi-/ albo- 白色的；reticulatus = reti + culus + atus 网状的；reti-/ rete- 网（同义词：dictyo-）；-culus/ -culum/ -cula 小的，略微的，稍微的（同第三变格法和第四变格法名词形成复合词）；-atus/ -atum/ -ata 属于，相似，具有，完成（形容词词尾）

Pyrola atropurpurea 紫背鹿蹄草：atro-/ atr-/ atri-/ atra- ← ater 深色，浓色，暗色，发黑（ater 作为词干后接辅音字母开头的词时，要在词干后面加一个连接用的元音字母 "o" 或 "i"，故为 "ater-o-" 或 "ater-i-"，变形为 "atr-" 开头）；purpureus = purpura + eus 紫色的；purpura 紫色（purpura 原为一种介壳虫名，其体液为紫色，可作颜料）；-eus/ -eum/ -ea（接拉丁语词干时）属于……的，色如……的，质如……的（表示原料、颜色或品质的相似），（接希腊语词干时）属于……的，以……出名，为……所占有（表示具有某种特性）

Pyrola calliantha 鹿蹄草：call-/ calli-/ callo-/ cala-/ calo- ← calos/ callos 美丽的；anthus/ anthum/ antha/ anthe ← anthos 花（用于希腊语复合词）

Pyrola calliantha var. calliantha 鹿蹄草-原变种（词义见上面解释）

Pyrola calliantha var. tibetana 西藏鹿蹄草：tibetana 西藏的（地名）

Pyrola chlorantha 绿花鹿蹄草：chlor-/ chloro- ← chloros 绿色的（希腊语，相当于拉丁语的 viridis）；anthus/ anthum/ antha/ anthe ← anthos 花（用于希腊语复合词）

Pyrola corbieri 贵阳鹿蹄草：corbieri（人名）；-eri 表示人名，在以 -er 结尾的人名后面加上 i 形成

Pyrola dahurica 兴安鹿蹄草：dahurica（daurica/ davurica）达乌里的（地名，外贝加尔湖，属西伯利亚的一个地区，即贝加尔湖以东及以南至中国和蒙古边界）

Pyrola decorata 普通鹿蹄草：decoratus 美丽的，装饰的，具装饰物的；decor 装饰，美丽；-atus/ -atum/ -ata 属于，相似，具有，完成（形容词词尾）

Pyrola decorata var. alba 白花鹿蹄草：albus → albi-/ albo- 白色的

Pyrola decorata var. decorata 普通鹿蹄草-原变种 （词义见上面解释）

Pyrola elegantula 长叶鹿蹄草：elegantulus = elegantus + ulus 稍优雅的；elegantus ← elegans 优雅的

Pyrola elegantula var. elegantula 长叶鹿蹄草-原变种 （词义见上面解释）

Pyrola elegantula var. jiangxiensis 江西长叶鹿蹄草：jiangxiensis 江西的（地名）

Pyrola forrestiana 大理鹿蹄草：forrestiana ← George Forrest（人名，1873–1932，英国植物学家，曾在中国西部采集大量植物标本）

Pyrola incarnata 红花鹿蹄草：incarnatus 肉色的；incarn- 肉

Pyrola japonica 日本鹿蹄草：japonica 日本的（地名）；-icus/ -icum/ -ica 属于，具有某种特性（常用于地名、起源、生境）

Pyrola macrocalyx 长萼鹿蹄草：macro-/ macr- ← macros 大的，宏观的（用于希腊语复合词）；calyx → calyc- 萼片（用于希腊语复合词）

Pyrola markonica 马尔康鹿蹄草：markonica 马尔康的（地名，四川省）

Pyrola mattfeldiana 贵州鹿蹄草：mattfeldiana（人名）

Pyrola media 小叶鹿蹄草：medius 中间的，中央的

Pyrola minor 短柱鹿蹄草：minor 较小的，更小的

Pyrola monophylla 单叶鹿蹄草：mono-/ mon- ← monos 一个，单一的（希腊语，拉丁语为 unus/ uni-/ uno-）；phyllus/ phyllum/ phylla ← phyllon 叶片（用于希腊语复合词）

Pyrola morrisonensis 台湾鹿蹄草：morrisonensis 磨里山的（地名，今台湾新高山）

Pyrola renifolia 肾叶鹿蹄草：ren-/ reni- ← ren/ renis 肾，肾形；renarius/ renalis 肾脏的，肾形的；folius/ folium/ folia 叶，叶片（用于复合词）

Pyrola rotundifolia 圆叶鹿蹄草：rotundus 圆形的，呈圆形的，肥大的；rotundo 使呈圆形，使圆滑；roto 旋转，滚动；folius/ folium/ folia 叶，叶片（用于复合词）

Pyrola rugosa 皱叶鹿蹄草：rugosus = rugus + osus 收缩的，有皱纹的，多褶皱的（同义词：rugatus）；rugus/ rugum/ ruga 褶皱，皱纹，皱缩；-osus/ -osum/ -osa 多的，充分的，丰富的，显著发育的，程度高的，特征明显的（形容词词尾）

Pyrola shanxiensis 山西鹿蹄草：shanxiensis 山西的（地名）

Pyrola sororia 珍珠鹿蹄草：sororius 成块的，堆积的；sorus ← soros 堆（指密集成簇），孢子囊群

Pyrola subaphylla 鳞叶鹿蹄草：subaphyllus 近无叶的；sub-（表示程度较弱）与……类似，几乎，稍微，弱，亚，之下，下面；a-/ an- 无，非，没有，缺乏，不具有（an- 用于元音前）（a-/ an- 为希腊语词首，对应的拉丁语词首为 e-/ ex-，相当于英语的 un-/ -less，注意词首 a- 和作为介词的 a/ ab 不同，

P

后者的意思是"从……、由……、关于……、因为……"）；phyllus/ phyllum/ phylla ← phyllon 叶片（用于希腊语复合词）

Pyrola szechuanica 四川鹿蹄草：szechuanica 四川的（地名）；-icus/ -icum/ -ica 属于，具有某种特性（常用于地名、起源、生境）

Pyrola tschanbaischanica 长白鹿蹄草：tschanbaischanica 长白山的（地名，吉林省）；-icus/ -icum/ -ica 属于，具有某种特性（常用于地名、起源、生境）

Pyrola xinjiangensis 新疆鹿蹄草：xinjiangensis 新疆的（地名）

Pyrolaceae 鹿蹄草科（56：p157）：Pyrola 鹿蹄草属；-aceae（分类单位科的词尾，为 -aceus 的阴性复数主格形式，加到模式属的名称后或同义词的词干后以组成族群名称）

Pyrostegia 炮仗藤属（紫葳科）（69：p3）：pyro- 火焰，火焰状的，火焰色的；stegius ← stege/ stegon 盖子，加盖，覆盖，包裹，遮盖物

Pyrostegia venusta 炮仗花：venustus ← Venus 女神维纳斯的，可爱的，美丽的，有魅力的

Pyrrosia 石韦属（韦 wéi）（水龙骨科）（6-2：p116）：pyrrosia 火焰，火焰色

Pyrrosia adnascens 贴生石韦：adnascens 附着的；adnatus/ adunatus 贴合的，贴生的，贴满的，全长附着的，广泛附着的，连着的；-escens/ -ascens 改变，转变，变成，略微，带有，接近，相似，大致，稍微（表示变化的趋势，并未完全相似或相同，有别于表示达到完成状态的 -atus）

Pyrrosia adnascens f. adnascens 贴生石韦-原变型（词义见上面解释）

Pyrrosia adnascens f. calcicola 钙生石韦：calcicolus 钙生的，生于石灰质土壤的；calci- ← calcium 石灰，钙质；colus ← colo 分布于，居住于，栖居，殖民（常作词尾）；colo/ colere/ colui/ cultum 居住，耕作，栽培

Pyrrosia assimilis 相近石韦：assimilis = ad + similis 相似的，同样的，有关系的；simile 相似地，相近地；ad- 向，到，近（拉丁语词首，表示程度加强）；构词规则：构成复合词时，词首末尾的辅音字母常同化为紧接其后的那个辅音字母（如 ad + s → ass）；similis 相似的

Pyrrosia bonii 波氏石韦：bonii（人名）；-ii 表示人名，接在以辅音字母结尾的人名后面，但 -er 除外

Pyrrosia calvata 光石韦：calvatus ← calvus 光秃的，无毛的，无芒的，裸露的

Pyrrosia caudifrons 尾叶石韦：caudi- ← cauda/ caudus/ caudum 尾巴；-frons 叶子，叶状体

Pyrrosia costata 下延石韦：costatus 具肋的，具脉的，具中脉的（指脉明显）；costus 主脉，叶脉，肋，肋骨

Pyrrosia davidii 华北石韦：davidii ← Pere Armand David（人名，1826–1900，曾在中国采集植物标本的法国传教士）；-ii 表示人名，接在以辅音字母结尾的人名后面，但 -er 除外

Pyrrosia drakeana 毡毛石韦：drakeana ← Drake（人名，19 世纪英国植物绘画艺术家）

Pyrrosia eberhardtii 琼崖石韦（崖 yá）：eberhardtii（人名）；-ii 表示人名，接在以辅音字母结尾的人名后面，但 -er 除外

Pyrrosia ensata 剑叶石韦：ensatus 剑形的，剑一样锋利的

Pyrrosia fengiana 冯氏石韦：fengiana（人名）

Pyrrosia flocculosa 卷毛石韦：flocculosus = floccus + ulosus 密被小丛卷毛的，密被簇状毛的；floccus 丛卷毛，簇状毛（毛成簇脱落）；-ulosus = ulus + osus 小而多的；-ulus/ -ulum/ -ula 小的，略微的，稍微的（小词 -ulus 在字母 e 或 i 之后有多种变缀，即 -olus/ -olum/ -ola、-ellus/ -ellum/ -ella、-illus/ -illum/ -illa，与第一变格法和第二变格法名词形成复合词）；-osus/ -osum/ -osa 多的，充分的，丰富的，显著发育的，程度高的，特征明显的（形容词词尾）

Pyrrosia fuohaiensis 佛海石韦：fuohaiensis 佛海的（地名，云南省勐海县的旧称）

Pyrrosia gralla 西南石韦：gralla 高跷，高跷状的

Pyrrosia hastata 戟叶石韦：hastatus 戟形的，三尖头的（两侧基部有朝外的三角形裂片）；hasta 长矛，标枪

Pyrrosia heteractis 纸质石韦：heteractis ← heteros 异样的，不同的

Pyrrosia laevis 平滑石韦：laevis/ levis/ laeve/ leve → levi-/ laevi- 光滑的，无毛的，无不平或粗糙感觉的

Pyrrosia lanceolata 披针叶石韦：lanceolatus = lanceus + olus + atus 小披针形的，小柳叶刀的；lance-/ lancei-/ lanci-/ lanceo-/ lanc- ← lanceus 披针形的，矛形的，尖刀状的，柳叶刀状的；-olus ← -ulus 小，稍微，略微（-ulus 在字母 e 或 i 之后变成 -olus/ -ellus/ -illus）；-atus/ -atum/ -ata 属于，相似，具有，完成（形容词词尾）

Pyrrosia linearifolia 线叶石韦：linearis = lineus + aris 线条的，线形的，线状的，亚麻状的；folius/ folium/ folia 叶，叶片（用于复合词）；-aris（阳性、阴性）/ -are（中性）← -alis（阳性、阴性）/ -ale（中性）属于，相似，如同，具有，涉及，关于，联结于（将名词作形容词用，其中 -aris 常用于以 l 或 r 为词干末尾的词）

Pyrrosia lingua 石韦：lingua 舌状的，丝带状的，语言的

Pyrrosia longifolia 南洋石韦：longe-/ longi- ← longus 长的，纵向的；folius/ folium/ folia 叶，叶片（用于复合词）

Pyrrosia mannii 蔓氏石韦（蔓 màn）：mannii ← Horace Mann Jr.（人名，19 世纪美国博物学家）

Pyrrosia nuda 裸叶石韦：nudus 裸露的，无装饰的

Pyrrosia nudicaulis 裸茎石韦：nudi- ← nudus 裸露的；caulis ← caulos 茎，茎秆，主茎

Pyrrosia nummulariifolia 钱币石韦：nummulariifolia 古钱形叶的（缀词规则：用非属名构成复合词且词干末尾字母为 i 时，省略词尾，直接用词干和后面的构词成分连接，故该词宜改为"nummularifolia"）；nummularius = nummus + ulus + arius 古钱形的，圆盘状的；nummulus 硬币；nummus/ numus 钱币，货币；-ulus/ -ulum/ -ula 小的，略微的，稍微的（小词 -ulus 在字母 e 或 i 之

后有多种变缀，即 -olus/ -olum/ -ola、-ellus/ -ellum/ -ella、-illus/ -illum/ -illa，与第一变格法和第二变格法名词形成复合词）；-arius/ -arium/ -aria 相似，属于（表示地点，场所，关系，所属）；folius/ folium/ folia 叶，叶片（用于复合词）

Pyrrosia petiolosa 有柄石韦：petiolosus 长柄的；petiolus 叶柄；-osus/ -osum/ -osa 多的，充分的，丰富的，显著发育的，程度高的，特征明显的（形容词词尾）

Pyrrosia polydactylos 槭叶石韦（槭 qì）：polydactylos 多指的；poly- ← polys 多个，许多（希腊语，拉丁语为 multi-）；dactylon/ dactylos 手指，手指状的；dactyl- 手指

Pyrrosia porosa 柔软石韦：porosus 孔隙的，细孔的，多孔隙的；porus 孔隙，细孔，孔洞；-osus/ -osum/ -osa 多的，充分的，丰富的，显著发育的，程度高的，特征明显的（形容词词尾）

Pyrrosia porosa var. mollissima 平绒石韦：molle/ mollis 软的，柔毛的；-issimus/ -issima/ -issimum 最，非常，极其（形容词最高级）

Pyrrosia porosa var. porosa 柔软石韦-原变种（词义见上面解释）

Pyrrosia princeps 显脉石韦：princeps/ princepse 帝王，第一的

Pyrrosia pseudodrakeana 拟毡毛石韦：pseudodrakeana 像 drakeana 的；pseudo-/ pseud- ← pseudos 假的，伪的，接近，相似（但不是）；Pyrrosia drakeana 毡毛石韦；Corydalis drakeana 短爪黄堇

Pyrrosia sheareri 庐山石韦：sheareri（人名）；-eri 表示人名，在以 -er 结尾的人名后面加上 i 形成

Pyrrosia shennongensis 神农石韦：shennongensis 神农架的（地名，湖北省）

Pyrrosia similis 相似石韦：similis/ simile 相似，相似的；similo 相似

Pyrrosia stenophylla 狭叶石韦：sten-/ steno- ← stenus 窄的，狭的，薄的；phyllus/ phyllum/ phylla ← phyllon 叶片（用于希腊语复合词）

Pyrrosia stigmosa 柱状石韦：stigmosus 柱头多数的，多纹的；stigmus 柱头；-osus/ -osum/ -osa 多的，充分的，丰富的，显著发育的，程度高的，特征明显的（形容词词尾）

Pyrrosia subfurfuracea 绒毛石韦：subfurfuraceus 近似糠秕状的；sub-（表示程度较弱）与……类似，几乎，稍微，弱，亚，之下，下面；furfuraceus 糠麸状的，头屑状的，叶鞘的；furfur/ furfuris 糠麸，鞘

Pyrrosia subtruncata 截基石韦：subtruncatus 近截平的；sub-（表示程度较弱）与……类似，几乎，稍微，弱，亚，之下，下面；truncatus 截平的，截形的，截断的；truncare 切断，截断，截平（动词）

Pyrrosia tonkinensis 中越石韦：tonkin 东京（地名，越南河内的旧称）

Pyrrothrix 红毛蓝属（爵床科）（70：p154）：pyrro/ pyro 火焰，火焰状的，火焰色的；thrix 毛，多毛的，线状的，丝状的

Pyrrothrix heterochroa 异色红毛蓝：hete-/ heter-/ hetero- ← heteros 不同的，多样的，不齐的；-chromus/ -chrous/ -chrus 颜色，彩色，有色的

Pyrrothrix hossei 泰北红毛蓝：hossei（人名）

Pyrrothrix rufo-hirta 红毛蓝：ruf-/ rufi-/ frufo- ← rufus/ rubus 红褐色的，锈色的，红色的，发红的，淡红色的；hirtus 有毛的，粗毛的，刚毛的（长而明显的毛）

Pyrularia 檀梨属（檀香科）（24：p58）：pyrularia ← pyrum 梨（指果实形状像梨）

Pyrularia bullata 泡叶檀梨（泡 pào）：bullatus = bulla + atus 泡状的，膨胀的；bulla 球，水泡，凸起；-atus/ -atum/ -ata 属于，相似，具有，完成（形容词词尾）

Pyrularia edulis 檀梨：edule/ edulis 食用的，可食的

Pyrularia inermis 四川檀梨：inermus/ inermis = in + arma 无针刺的，不尖锐的，无齿的，无武装的；in-/ im-（来自 il- 的音变）内，在内，内部，向内，相反，不，无，非；il- 在内，向内，为，相反（希腊语为 en-）；词首 il- 的音变：il-（在 l 前面），im-（在 b、m、p 前面），in-（在元音字母和大多数辅音字母前面），ir-（在 r 前面），如 illaudatus（不值得称赞的，评价不好的），impermeabilis（不透水的，穿不透的），ineptus（不合适的），insertus（插入的），irretortus（无弯曲的，无扭曲的）；arma 武器，装备，工具，防护，挡板，军队

Pyrularia sinensis 华檀梨：sinensis = Sina + ensis 中国的（地名）；Sina 中国

Pyrus 梨属（蔷薇科）（36：p354）：pyrus = pirus ← pyros 梨，梨树，核，核果，小麦，谷物

Pyrus armeniacaefolia 杏叶梨：armeniacaefolia = Armeniaca + folius 杏叶的（注：组成复合词时，要将前面词的词尾 -us/ -um/ -a 变成 -i- 或 -o- 而不是所有格，故该词宜改为 "armeniacifolia"）；Armeniaca 杏属（蔷薇科）；folius/ folium/ folia 叶，叶片（用于复合词）

Pyrus betulifolia 杜梨：betulifolius 桦树叶的；Betula 桦木属；folius/ folium/ folia 叶，叶片（用于复合词）

Pyrus bretschneideri 白梨：bretschneideri ← Emil Bretschneider（人名，19 世纪俄国植物采集员）

Pyrus calleryana 豆梨：calleryana ← Joseph Callery（人名，19 世纪活动于中国的法国传教士）

Pyrus calleryana var. calleryana 豆梨-原变种（词义见上面解释）

Pyrus calleryana var. calleryana f. tomentella 绒毛豆梨：tomentellus 被短绒毛的，被微绒毛的；tomentum 绒毛，浓密的毛被，棉絮，棉絮状填充物（被褥、垫子等）；-ellus/ -ellum/ -ella ← -ulus 小的，略微的，稍微的（小词 -ulus 在字母 e 或 i 之后有多种变缀，即 -olus/ -olum/ -ola、-ellus/ -ellum/ -ella、-illus/ -illum/ -illa，用于第一变格法名词）

Pyrus calleryana var. integrifolia 全缘叶豆梨：integer/ integra/ integrum → integri- 完整的，整个的，全缘的；folius/ folium/ folia 叶，叶片（用于复合词）

Pyrus calleryana var. koehnei 楔叶豆梨：koehnei ← Bernhard Adalbert Emil Koehne（人名，20 世纪德国植物学家）；-i 表示人名，接在以元音字母结尾的人名后面，但 -a 除外

Pyrus calleryana var. lanceata 柳叶豆梨：
lanceatus = lanceus + atus 披针形的，具柳叶刀的；
lance-/ lancei-/ lanci-/ lanceo-/ lanc- ← lanceus 披
针形的，矛形的，尖刀状的，柳叶刀状的；-atus/
-atum/ -ata 属于，相似，具有，完成（形容词词尾）

Pyrus communis 西洋梨：communis 普通的，通常
的，共通的

Pyrus communis var. communis 西洋梨-原变种
（词义见上面解释）

Pyrus communis var. sativa 西洋梨-栽培变种：
sativus 栽培的，种植的，耕地的，耕作的

Pyrus hopeiensis 河北梨：hopeiensis 河北的（地名）

Pyrus kolupana （考氏梨）：kolupana（人名）

Pyrus lindleyi 岭南梨：lindleyi ← John Lindley
（人名，18 世纪英国植物学家）；-i 表示人名，接在
以元音字母结尾的人名后面，但 -a 除外

Pyrus pashia 川梨：pashia（人名）

Pyrus pashia var. grandiflora 大花川梨：
grandi- ← grandis 大的；florus/ florum/ flora ←
flos 花（用于复合词）

Pyrus pashia var. kumaoni 无毛川梨：kumaoni
（人名，拼写改为"kumaonii"似更妥）

Pyrus pashia var. obtusata 钝叶川梨：
obtusatus = abtusus + atus 钝形的，钝头的；
obtusus 钝的，钝形的，略带圆形的

Pyrus pashia var. pashia 川梨-原变种 （词义见上
面解释）

Pyrus phaeocarpa 褐梨：phaeus(phaios) →
phae-/ phaeo-/ phai-/ phaio 暗色的，褐色的，灰蒙
蒙的；carpus/ carpum/ carpa/ carpon ← carpos 果
实（用于希腊语复合词）

Pyrus pseudopashia 滇梨：pseudopashia 像 pashia
的；pseudo-/ pseud- ← pseudos 假的，伪的，接近，
相似（但不是）；Pyrus pashia 川梨

Pyrus pyrifolia 沙梨：pyrus/ pirus ← pyros 梨，梨
树，核，核果，小麦，谷物；pyrum/ pirum 梨；
folius/ folium/ folia 叶，叶片（用于复合词）

Pyrus serrulata 麻梨：serrulatus = serrus +
ulus + atus 具细锯齿的；serrus 齿，锯齿；-ulus/
-ulum/ -ula 小的，略微的，稍微的（小词 -ulus 在
字母 e 或 i 之后有多种变缀，即 -olus/ -olum/ -ola、
-ellus/ -ellum/ -ella、-illus/ -illum/ -illa，与第一变
格法和第二变格法名词形成复合词）；-atus/ -atum/
-ata 属于，相似，具有，完成（形容词词尾）

Pyrus sinkiangensis 新疆梨：sinkiangensis 新疆的
（地名）

Pyrus ussuriensis 楸子梨：ussuriensis 乌苏里江的
（地名，中国黑龙江省与俄罗斯界河）

Pyrus xerophila 木梨：xeros 干旱的，干燥的；
philus/ philein ← philos → phil-/ phili/ philo- 喜好
的，爱好的，喜欢的（注意区别形近词：phylus、
phyllus）；phylus/ phylum/ phyla ← phylon/ phyle
植物分类单位中的"门"，位于"界"和"纲"之间，
类群，种族，部落，聚群；phyllus/ phyllum/
phylla ← phyllon 叶片（用于希腊语复合词）

Qiongzhuea 筇竹属（筇 qióng）（禾本科）（9-1：
p348）：qiongzhuea 筇竹（中文名）

Qiongzhuea communis 平竹：communis 普通的，
通常的，共通的

Qiongzhuea intermedia 细竿筇竹：intermedius 中
间的，中位的，中等的；inter- 中间的，在中间，之
间；medius 中间的，中央的

Qiongzhuea luzhiensis 光竹：luzhiensis 六枝的
（地名，贵州省）

Qiongzhuea macrophylla 大叶筇竹：macro-/
macr- ← macros 大的，宏观的（用于希腊语复合
词）；phyllus/ phyllum/ phylla ← phyllon 叶片（用
于希腊语复合词）

Qiongzhuea macrophylla f. leiboensis 雷波大叶
筇竹：leiboensis 雷波的（地名，四川省）

Qiongzhuea macrophylla f. macrophylla 大叶筇
竹-原变型 （词义见上面解释）

Qiongzhuea opienensis 三月竹：opienensis 峨边的
（地名，四川省）

Qiongzhuea puberula 柔毛筇竹：puberulus =
puberus + ulus 略被柔毛的，被微柔毛的；puberus
多毛的，毛茸茸的；-ulus/ -ulum/ -ula 小的，略微
的，稍微的（小词 -ulus 在字母 e 或 i 之后有多种变
缀，即 -olus/ -olum/ -ola、-ellus/ -ellum/ -ella、
-illus/ -illum/ -illa，与第一变格法和第二变格法名
词形成复合词）

Qiongzhuea rigidula 实竹子：rigidulus 稍硬的；
rigidus 坚硬的，不弯曲的，强直的；-ulus/ -ulum/
-ula 小的，略微的，稍微的（小词 -ulus 在字母 e 或
i 之后有多种变缀，即 -olus/ -olum/ -ola、-ellus/
-ellum/ -ella、-illus/ -illum/ -illa，与第一变格法和
第二变格法名词形成复合词）

Qiongzhuea tumidinoda 筇竹：tumidus 肿胀，膨
大，夸大；nodus 节，节点，连接点

Quamoclit 茑萝属（茑 niǎo）（旋花科）（64-1：
p110）：quamoclit ← kymamos + clitos 低矮的豆类
（指像豆类的蔓生植物）；kyamos 豆类；clitos 矮的

Quamoclit coccinea 橙红茑萝：coccus/ coccineus
浆果，绯红色（一种形似浆果的介壳虫的颜色）；同
形异义词：coccus/ cocco/ cocci/ coccis 心室，心皮；
-eus/ -eum/ -ea（接拉丁语词干时）属于……的，色
如……的，质如……的（表示原料、颜色或品质的
相似），（接希腊语词干时）属于……的，以……出
名，为……所占有（表示具有某种特性）

Quamoclit pennata 茑萝松：pennatus = pennus +
atus 羽状的，具羽的；pinnus/ pennus 羽毛，羽状，
羽片

Quamoclit sloteri 葵叶茑萝：sloteri ← Logan
Sloter（人名）；-eri 表示人名，在以 -er 结尾的人名
后面加上 i 形成

Quercifilix 地耳蕨属（叉蕨科）（6-1：p94）：
Quercus 栎属（壳斗科）；filix ← filic- 蕨

Quercifilix zeylanica 地耳蕨：zeylanicus 锡兰（斯
里兰卡，国家名）；-icus/ -icum/ -ica 属于，具有某
种特性（常用于地名、起源、生境）

Quercus 栎属（壳斗科）（22：p213）：quercus 栎树
（古拉丁语 ← 凯尔特语）；quer 优质的；cuez 木材

Quercus acrodonta 岩栎：acrodontus 顶齿的，顶
端尖齿状的；acr-/ acro- ← acros 顶尖，顶端，尖
头，在顶尖，辛辣，酸的；odontus/ odontos →

odon-/ odont-/ odonto-（可作词首或词尾）齿，牙齿状的；odous 齿，牙齿（单数，其所有格为 odontos）

Quercus acutissima 麻栎：acutissimus 极尖的，非常尖的；acuti-/ acu- ← acutus 锐尖的，针尖的，刺尖的，锐角的；-issimus/ -issima/ -issimum 最，非常，极其（形容词最高级）

Quercus acutissima var. acutissima 麻栎-原变种 （词义见上面解释）

Quercus acutissima var. depressinucata 扁果麻栎：depressinucatus 扁坚果的；de- 向下，向外，从……，脱离，脱落，离开，去掉；depressus 凹陷的，压扁的；pressus 压，压力，挤压，紧密；nucatus 坚果的，棕色的

Quercus acutissima var. septentrionalis 北方麻栎：septentrionalis 北方的，北半球的，北极附近的；septentrio 北斗七星，北方，北风；septem-/ sept-/ septi- 七（希腊语为 hepta-）；trio 耕牛，大、小熊星座

Quercus aliena 槲栎（槲 hú）：alienus 外国的，外来的，不相近的，不同的，其他的

Quercus aliena var. acutiserrata 锐齿槲栎：acutiserratus 具尖齿的；acuti-/ acu- ← acutus 锐尖的，针尖的，刺尖的，锐角的；serratus = serrus + atus 有锯齿的；serrus 齿，锯齿

Quercus aliena var. aliena 槲栎-原变种 （词义见上面解释）

Quercus aliena var. pekingensis 北京槲栎：pekingensis 北京的（地名）

Quercus aliena var. pekingensis f. jeholensis 高壳槲栎：jeholensis 热河的（地名，旧省名，跨现在的内蒙古自治区、河北省、辽宁省）

Quercus aliena var. pekingensis f. pekingensis 北京槲栎-原变型 （词义见上面解释）

Quercus aquifolioides 川滇高山栎：aquifolioides 像冬青的（冬青属有的种叶缘带刺），叶缘略带钩刺的；Aquifolium → Illex 冬青属（冬青科），具刺叶的；-oides/ -oideus/ -oideum/ -oidea/ -odes/ -eidos 像……的，类似……的，呈……状的（名词词尾）

Quercus baronii 栓栎：baronii ← Reverend Baron （人名，20 世纪活动于南非的英国传教士）

Quercus baronii var. baronii 橿子栎-原变种（橿 jiāng）（词义见上面解释）

Quercus baronii var. capillata 多毛橿子栎：capillatus = capillus + atus 有细毛的，毛发般的；capillus 毛发的，头发的，细毛的；-atus/ -atum/ -ata 属于，相似，具有，完成（形容词词尾）

Quercus bawanglingensis 坝王栎：bawanglingensis 坝王岭的（地名，海南省）

Quercus chenii 小叶栎：chenii（人名）；-ii 表示人名，接在以辅音字母结尾的人名后面，但 -er 除外

Quercus cocciferoides 铁橡栎：cocciferoides 似乎具浆果的；coccifer 具浆果的；coccus/ coccineus 浆果，绯红色（一种形似浆果的介壳虫的颜色）；同形异义词：coccus/ cocco/ cocci/ coccis 心室，心皮；-oides/ -oideus/ -oideum/ -oidea/ -odes/ -eidos 像……的，类似……的，呈……状的（名词词尾）

Quercus cocciferoides var. cocciferoides 铁橡栎-原变种 （词义见上面解释）

Quercus cocciferoides var. taliensis 大理栎：taliensis 大理的（地名，云南省）

Quercus dentata 槲树：dentatus = dentus + atus 牙齿的，齿状的，具齿的；dentus 齿，牙齿；-atus/ -atum/ -ata 属于，相似，具有，完成（形容词词尾）

Quercus dolicholepis 匙叶栎（匙 chí）：dolicho-← dolichos 长的；lepis/ lepidos 鳞片

Quercus dolicholepis var. dolicholepis 匙叶栎-原变种 （词义见上面解释）

Quercus dolicholepis var. elliptica 丽江栎：ellipticus 椭圆形的；-ticus/ -ticum/ tica/ -ticos 表示属于，关于，以……著称，作形容词词尾

Quercus engleriana 巴东栎：engleriana ← Adolf Engler 阿道夫·恩格勒（人名，1844–1931，德国植物学家，创立了以假花学说为基础的植物分类系统，于 1897 年发表）

Quercus fabri 白栎：fabri（人名，词尾改为 "-ii" 似更妥）；-ii 表示人名，接在以辅音字母结尾的人名后面，但 -er 除外；-i 表示人名，接在以元音字母结尾的人名后面，但 -a 除外

Quercus × fangshanensis 房山栎：fangshanensis 房山的（地名，北京市）

Quercus × fenchengensis 凤城栎：fenchengensis 凤城的（地名，辽宁省）

Quercus fimbriata 长苞高山栎：fimbriatus = fimbria + atus 具长缘毛的，具流苏的，具锯齿状裂的（指花瓣）；fimbria → fimbri- 流苏，长缘毛；-atus/ -atum/ -ata 属于，相似，具有，完成（形容词词尾）

Quercus franchetii 锥连栎：franchetii ← A. R. Franchet（人名，19 世纪法国植物学家）

Quercus gilliana 川西栎：gilliana（人名）

Quercus griffithii 大叶栎：griffithii ← William Griffith（人名，19 世纪印度植物学家，加尔各答植物园主任）

Quercus guajavifolia 帽斗栎：guajava 番石榴（西班牙语）；folius/ folium/ folia 叶，叶片（用于复合词）

Quercus × hopeiensis 河北栎：hopeiensis 河北的（地名）

Quercus kingiana 澜沧栎：kingiana ← Captain Phillip Parker King（人名，19 世纪澳大利亚海岸测量师）

Quercus kongshanensis 贡山栎：kongshanensis 贡山的（地名，云南省）

Quercus lanceolata 青树栎：lanceolatus = lanceus + olus + atus 小披针形的，小柳叶刀的；lance-/ lancei-/ lanci-/ lanceo-/ lanc- ← lanceus 披针形的，矛形的，尖刀状的，柳叶刀状的；-olus ← -ulus 小，稍微，略微（-ulus 在字母 e 或 i 之后变成 -olus/ -ellus/ -illus）；-atus/ -atum/ -ata 属于，相似，具有，完成（形容词词尾）

Quercus lodicosa 西藏栎：lodicosa = lodix + osus 毛毯状的，被子状的；lodix/ lodex 毛毯，被子；构词规则：以 -ix/ -iex 结尾的词其词干末尾视为 -ic，以 -ex 结尾视为 -i/ -ic，其他以 -x 结尾视为 -c

Quercus longispica 长穗高山栎：longe-/ longi- ← longus 长的，纵向的；spicus 穗，谷穗，花穗

Quercus malacotricha 毛叶槲栎：malac-/ malaco-, malaci- ← malacus 软的，温柔的；trichus 毛，毛发，线

Quercus marlipoensis 麻栗坡栎：marlipoensis 麻栗坡的（地名，云南省）

Quercus mongolica 蒙古栎：mongolica 蒙古的（地名）；mongolia 蒙古的（地名）；-icus/ -icum/ -ica 属于，具有某种特性（常用于地名、起源、生境）

Quercus mongolica var. grosseserrata 粗齿蒙古栎：grosseserratus = grossus + serrus + atus 具粗大锯齿的；grossus 粗大的，肥厚的；serrus 齿，锯齿；-atus/ -atum/ -ata 属于，相似，具有，完成（形容词词尾）

Quercus mongolica var. macrocarpa 大果蒙古栎：macro-/ macr- ← macros 大的，宏观的（用于希腊语复合词）；carpus/ carpum/ carpa/ carpon ← carpos 果实（用于希腊语复合词）

Quercus mongolica var. mongolica 蒙古栎-原变种（词义见上面解释）

Quercus × mongolico-dentata 柞槲栎（柞 zuò）：mongolico- ← mongolicus 蒙古的；mongolia 蒙古的（地名）；-icus/ -icum/ -ica 属于，具有某种特性（常用于地名、起源、生境）；dentatus = dentus + atus 牙齿的，齿状的，具齿的；dentus 齿，牙齿；-atus/ -atum/ -ata 属于，相似，具有，完成（形容词词尾）

Quercus monimotricha 矮高山栎：monimotrichus 定型毛的；monimos 固定的；trichus 毛，毛发，线

Quercus monnula 长叶枹栎（枹 bāo）：monnula 可爱的

Quercus oxyphylla 尖叶栎：oxyphyllus 尖叶的；oxy- ← oxys 尖锐的，酸的；phyllus/ phyllum/ phylla ← phyllon 叶片（用于希腊语复合词）

Quercus palustris 沼生栎：palustris/ paluster ← palus + estris 喜好沼泽的，沼生的；palus 沼泽，湿地，泥潭，水塘，草甸子（palus 的复数主格为 paludes）；-estris/ -estre/ ester/ -esteris 生于……地方，喜好……地方

Quercus pannosa 黄背栎：pannosus 充满毛的，毡毛状的

Quercus phillyraeoides 乌冈栎：phillyraeoides 像欧女贞的（注：构成复合词时将词尾变成 i 而不是所有格，故该词宜改为 "phillyreioides"）；Phillyrea 欧女贞属（木樨科）；-oides/ -oideus/ -oideum/ -oidea/ -odes/ -eidos 像……的，类似……的，呈……状的（名词词尾）

Quercus pseudosemecarpifolia 光叶高山栎：pseudosemecarpifolia 像肉托果的，假肉托果；pseudo-/ pseud- ← pseudos 假的，伪的，接近，相似（但不是）；Semecarpus 肉托果属（漆树科）；folius/ folium/ folia 叶，叶片（用于复合词）

Quercus rehderiana 毛脉高山栎：rehderiana ← Alfred Rehder（人名，1863–1949，德国植物分类学家、树木学家，在美国 Arnold 植物园工作）

Quercus robur 夏栎：robur/ robor 强壮，坚硬，硬木，栎树

Quercus semicarpifolia 高山栎：semicarpifolius 略

像鹅耳枥叶的；semi- 半，准，略微；Carpinus 鹅耳枥属（桦木科）；folius/ folium/ folia 叶，叶片（用于复合词）

Quercus senescens 灰背栎：senescens 灰白色的，衰老的

Quercus senescens var. muliensis 木里栎：muliensis 木里的（地名，四川省）

Quercus senescens var. senescens 灰背栎-原变种（词义见上面解释）

Quercus serrata 枹栎：serratus = serrus + atus 有锯齿的；serrus 齿，锯齿

Quercus serrata var. brevipetiolata 短柄枹栎：brevi- ← brevis 短的（用于希腊语复合词词首）；petiolatus = petiolus + atus 具叶柄的；petiolus 叶柄

Quercus serrata var. serrata 枹栎-原变种（词义见上面解释）

Quercus serrata var. tomentosa 绒毛枹栎：tomentosus = tomentum + osus 绒毛的，密被绒毛的；tomentum 绒毛，浓密的毛被，棉絮，棉絮状填充物（被褥、垫子等）；-osus/ -osum/ -osa 多的，充分的，丰富的，显著发育的，程度高的，特征明显的（形容词词尾）

Quercus setulosa 富宁栎：setulosus = setus + ulus + osus 多细刚毛的，多细刺毛的，多细芒刺的；setus/ saetus 刚毛，刺毛，芒刺；-ulus/ -ulum/ -ula 小的，略微的，稍微的（小词 -ulus 在字母 e 或 i 之后有多种变缀，即 -olus/ -olum/ -ola、-ellus/ -ellum/ -ella、-illus/ -illum/ -illa，与第一变格法和第二变格法名词形成复合词）；-osus/ -osum/ -osa 多的，充分的，丰富的，显著发育的，程度高的，特征明显的（形容词词尾）

Quercus spinosa 刺叶高山栎：spinosus = spinus + osus 具刺的，多刺的，长满刺的；spinus 刺，针刺，-osus/ -osum/ -osa 多的，充分的，丰富的，显著发育的，程度高的，特征明显的（形容词词尾）

Quercus stewardii 黄山栎：stewardii（人名）；-ii 表示人名，接在以辅音字母结尾的人名后面，但 -er 除外

Quercus tarokoensis 太鲁阁栎：tarokoensis 太鲁阁的（地名，属台湾省）

Quercus tungmaiensis 通麦栎：tungmaiensis 通麦的（地名，西藏自治区）

Quercus utilis 炭栎：utilis 有用的

Quercus variabilis 栓皮栎：variabilis 多种多样的，易变化的，多型的；varius = varus + ius 各种各样的，不同的，多型的，易变的；varus 不同的，变化的，外弯的，凸起的；-ius/ -ium/ -ia 具有……特性的（表示有关、关联、相似）；-ans/ -ens/ -bilis/ -ilis 能够，可能（为形容词词尾，-ans/ -ens 用于主动语态，-bilis/ -ilis 用于被动语态）

Quercus variabilis var. pyramidalis 塔形栓皮栎：pyramidalis 金字塔形的，三角形的，锥形的；pyramis 棱形体，锥形体，金字塔；构词规则：词尾为 -is 和 -ys 的词的词干分别视为 -id 和 -yd

Quercus variabilis var. variabilis 栓皮栎-原变种（词义见上面解释）

Quercus wutaishanica 辽东栎：wutaishanica 五台

山的（地名，山西省）；-icus/ -icum/ -ica 属于，具有某种特性（常用于地名、起源、生境）

Quercus yiwuensis 易武栎：yiwuensis 易武的（地名，云南省）

Quercus yunnanensis 云南波罗栎：yunnanensis 云南的（地名）

Quisqualis 使君子属（使君子科）（53-1：p15）：quisqualis 未知的，弄不清楚的（意指比较难以鉴定）

Quisqualis caudata 小花使君子：caudatus = caudus + atus 尾巴的，尾巴状的，具尾的；caudus 尾巴

Quisqualis indica 使君子：indica 印度的（地名）；-icus/ -icum/ -ica 属于，具有某种特性（常用于地名、起源、生境）

Quisqualis indica var. indica 使君子-原变种 （词义见上面解释）

Quisqualis indica var. villosa 毛使君子：villosus 柔毛的，绵毛的；villus 毛，羊毛，长绒毛；-osus/ -osum/ -osa 多的，充分的，丰富的，显著发育的，程度高的，特征明显的（形容词词尾）

Rabdosia 香茶菜属（唇形科，已修订为 Isodon）（66：p416）：rabdosia ← rhabdos 棍棒（希腊语）

Rabdosia adenantha 腺花香茶菜：adenanthus 腺花的；aden-/ adeno- ← adenus 腺，腺体；anthus/ anthum/ antha/ anthe ← anthos 花（用于希腊语复合词）

Rabdosia adenoloma 腺叶香茶菜：adenoloma 腺缘的；aden-/ adeno- ← adenus 腺，腺体；lomus/ lomatos 边缘

Rabdosia albopilosa 白柔毛香茶菜：albus → albi-/ albo- 白色的；pilosus = pilus + osus 多毛的，被柔毛的，具疏柔毛的，被短弱细毛的；pilus 毛，疏柔毛；-osus/ -osum/ -osa 多的，充分的，丰富的，显著发育的，程度高的，特征明显的（形容词词尾）

Rabdosia alborubra 粉红香茶菜：alboruburus 粉色的；albus → albi-/ albo- 白色的；rubrus/ rubrum/ rubra/ ruber 红色的

Rabdosia amethystoides 香茶菜：Amethystea 水棘针属（唇形科）；-oides/ -oideus/ -oideum/ -oidea/ -odes/ -eidos 像……的，类似……的，呈……状的（名词词尾）

Rabdosia angustifolia 狭叶香茶菜：angusti- ← angustus 窄的，狭的，细的；folius/ folium/ folia 叶，叶片（用于复合词）

Rabdosia angustifolia var. angustifolia 狭叶香茶菜-原变种 （词义见上面解释）

Rabdosia angustifolia var. glabrescens 狭叶香茶菜-无毛变种：glabrus 光秃的，无毛的，光滑的；-escens/ -ascens 改变，转变，变成，略微，带有，接近，相似，大致，稍微（表示变化的趋势，并未完全相似或相同，有别于表示达到完成状态的 -atus）

Rabdosia anisochila 异唇香茶菜：aniso- ← anisos 不等的，不同的，不整齐的；chilus ← cheilos 唇，唇瓣，唇边，边缘，岸边

Rabdosia brachythyrsa 短锥香茶菜：brachy- ← brachys 短的（用于拉丁语复合词词首）；thyrsus/ thyrsos 花簇，金字塔，圆锥形，聚伞圆锥花序

Rabdosia brevicalcarata 短距香茶菜：brevi- ← brevis 短的（用于希腊语复合词词首）；calcaratus = calcar + atus 距的，有距的；calcar- ← calcar 距，花萼或花瓣生蜜源的距，短枝（结果枝）（距：雄鸡、雉等的腿的后面突出像脚趾的部分）

Rabdosia brevifolia 短叶香茶菜：brevi- ← brevis 短的（用于希腊语复合词词首）；folius/ folium/ folia 叶，叶片（用于复合词）

Rabdosia bulleyana 苍山香茶菜：bulleyana ← Arthur Bulley（人名，英国棉花经纪人）

Rabdosia bulleyana var. bulleyana 苍山香茶菜-原变种 （词义见上面解释）

Rabdosia bulleyana var. foliosa 苍山香茶菜-多叶变种：foliosus = folius + osus 多叶的；folius/ folium/ folia → foli-/ folia- 叶，叶片；-osus/ -osum/ -osa 多的，充分的，丰富的，显著发育的，程度高的，特征明显的（形容词词尾）

Rabdosia calcicola 灰岩香茶菜：calcicolus 钙生的，生于石灰质土壤的；calci- ← calcium 石灰，钙质；colus ← colo 分布于，居住于，栖居，殖民（常作词尾）；colo/ colere/ colui/ cultum 居住，耕作，栽培

Rabdosia calcicola var. calcicola 灰岩香茶菜-原变种 （词义见上面解释）

Rabdosia calcicola var. subcalva 灰岩香茶菜-近无毛变种：subcalvus 近无毛的；sub-（表示程度较弱）与……类似，几乎，稍微，弱，亚，之下，下面；calvus 光秃的，无毛的，无芒的，裸露的

Rabdosia chionantha 雪花香茶菜：chionanthus = chionata + anthus 花白如雪的；chion-/ chiono- 雪，雪白色；anthus/ anthum/ antha/ anthe ← anthos 花（用于希腊语复合词）

Rabdosia coetsa 细锥香茶菜：coetsa（日文）

Rabdosia coetsa var. cavaleriei 细锥香茶菜-多叶变种：cavaleriei ← Pierre Julien Cavalerie（人名，20 世纪法国传教士）；-i 表示人名，接在以元音字母结尾的人名后面，但 -a 除外

Rabdosia coetsa var. coetsa 细锥香茶菜-原变种 （词义见上面解释）

Rabdosia coetsoides 假细锥香茶菜：coetsa ← Rabdosia coetsa 细锥香茶菜；-oides/ -oideus/ -oideum/ -oidea/ -odes/ -eidos 像……的，类似……的，呈……状的（名词词尾）

Rabdosia daitonensis 台湾香茶菜：daitonensis 台东的（地名，属台湾省，"daito" 为 "台东" 的日语读音）

Rabdosia dawoensis 道孚香茶菜：dawoensis 道孚的（地名，四川省）

Rabdosia drogotschiensis 线齿香茶菜（种加词有时误拼为 "drogorschiensis"）：drogotschiensis（地名，四川省）

Rabdosia enanderianus 紫毛香茶菜：enanderianus（人名）

Rabdosia eriocalyx 毛萼香茶菜：erion 绵毛，羊毛；calyx → calyc- 萼片（用于希腊语复合词）

Rabdosia eriocalyx var. eriocalyx 毛萼香茶菜-原变种 （词义见上面解释）

Rabdosia eriocalyx var. laxiflora 毛萼香茶菜-疏花变种：laxus 稀疏的，松散的，宽松的；florus/

florum/ flora ← flos 花（用于复合词）

Rabdosia excisa 尾叶香茶菜：excisus 缺刻的，切掉的；exci- 缺刻的，切掉的

Rabdosia excisoides 拟缺香茶菜：excisoides 略有缺刻的；excisus 缺刻的，切掉的；-oides/ -oideus/ -oideum/ -oidea/ -odes/ -eidos 像……的，类似……的，呈……状的（名词词尾）

Rabdosia flabelliformis 扇脉香茶菜：flabellus 扇子，扇形的；formis/ forma 形状

Rabdosia flavida 淡黄香茶菜：flavidus 淡黄的，泛黄的，发黄的；flavus → flavo-/ flavi-/ flav- 黄色的，鲜黄色的，金黄色的（指纯正的黄色）；-idus/ -idum/ -ida 表示在进行中的动作或情况，作动词、名词或形容词的词尾

Rabdosia flexicaulis 柔茎香茶菜：flexus ← flecto 扭曲的，卷曲的，弯弯曲曲的，柔性的；flecto 弯曲，使扭曲；caulis ← caulos 茎，茎秆，主茎

Rabdosia forrestii 紫萼香茶菜：forrestii ← George Forrest（人名，1873–1932，英国植物学家，曾在中国西部采集大量植物标本）

Rabdosia forrestii var. forrestii 紫萼香茶菜-原变种 （词义见上面解释）

Rabdosia forrestii var. intermedia 紫萼香茶菜-居间变种：intermedius 中间的，中位的，中等的；inter- 中间的，在中间，之间；medius 中间的，中央的

Rabdosia gesneroides 苣苔香茶菜：Gesnerianus（属名，苦苣苔科模式属）；-oides/ -oideus/ -oideum/ -oidea/ -odes/ -eidos 像……的，类似……的，呈……状的（名词词尾）

Rabdosia gibbosa 囊花香茶菜：gibbosus 囊状突起的，偏肿的，一侧隆突的；gibbus 驼峰，隆起，浮肿；-osus/ -osum/ -osa 多的，充分的，丰富的，显著发育的，程度高的，特征明显的（形容词词尾）

Rabdosia glutinosa 胶黏香茶菜：glutinosus 黏的，被黏液的；glutinium 胶，黏结物；-osus/ -osum/ -osa 多的，充分的，丰富的，显著发育的，程度高的，特征明显的（形容词词尾）

Rabdosia grandifolia 大叶香茶菜：grandi- ← grandis 大的；folius/ folium/ folia 叶，叶片（用于复合词）

Rabdosia grandifolia var. atuntzensis 大叶香茶菜-德钦变种：atuntzensis 阿墩子的（地名，云南省德钦县的旧称，藏语音译）

Rabdosia grandifolia var. grandifolia 大叶香茶菜-原变种 （词义见上面解释）

Rabdosia grosseserrata 粗齿香茶菜：grosseserratus = grossus + serrus + atus 具粗大锯齿的；grossus 粗大的，肥厚的；serrus 齿，锯齿；-atus/ -atum/ -ata 属于，相似，具有，完成（形容词词尾）

Rabdosia henryi 鄂西香茶菜：henryi ← Augustine Henry 或 B. C. Henry（人名，前者，1857–1930，爱尔兰医生、植物学家，曾在中国采集植物，后者，1850–1901，曾活动于中国的传教士）

Rabdosia hirtella 细毛香茶菜：hirtellus = hirtus + ellus 被短粗硬毛的；hirtus 有毛的，粗毛的，刚毛的（长而明显的毛）；-ellus/ -ellum/ -ella ← -ulus 小

的，略微的，稍微的（小词 -ulus 在字母 e 或 i 之后有多种变缀，即 -olus/ -olum/ -ola、-ellus/ -ellum/ -ella、-illus/ -illum/ -illa，用于第一变格法名词）

Rabdosia hispida 刚毛香茶菜：hispidus 刚毛的，鬃毛状的

Rabdosia inflexa 内折香茶菜：inflexus 内弯的；flexus ← flecto 扭曲的，卷曲的，弯弯曲曲的，柔性的；flecto 弯曲，使扭曲；in-/ im-（来自 il- 的音变）内，在内，内部，向内，相反，不，无，非；il- 在内，向内，为，相反（希腊语为 en-）；词首 il- 的音变：il-（在 l 前面），im-（在 b、m、p 前面），in-（在元音字母和大多数辅音字母前面），ir-（在 r 前面），如 illaudatus（不值得称赞的，评价不好的），impermeabilis（不透水的，穿不透的），ineptus（不合适的），insertus（插入的），irretortus（无弯曲的，无扭曲的）

Rabdosia interrupta 间断香茶菜（间 jiàn）：interruptus 中断的，断续的；inter- 中间的，在中间，之间；ruptus 破裂的

Rabdosia irrorata 露珠香茶菜：irroratus 露珠的

Rabdosia irrorata var. crenata 露珠香茶菜-圆齿变种：crenatus = crena + atus 圆齿状的，具圆齿的；crena 叶缘的圆齿

Rabdosia irrorata var. irrorata 露珠香茶菜-原变种 （词义见上面解释）

Rabdosia irrorata var. longipes 露珠香茶菜-长柄变种：longe-/ longi- ← longus 长的，纵向的；pes/ pedis 柄，梗，茎秆，腿，足，爪（作词首或词尾，pes 的词干视为 "ped-"）

Rabdosia irrorata var. rungshiaensis 露珠香茶菜-绒辖变种：rungshiaensis 绒辖的（地名，西藏自治区）

Rabdosia japonica 毛叶香茶菜：japonica 日本的（地名）；-icus/ -icum/ -ica 属于，具有某种特性（常用于地名、起源、生境）

Rabdosia japonica var. glaucocalyx 毛叶香茶菜-蓝萼变种：glaucus → glauco-/ glauc- 被白粉的，发白的，灰绿色的；calyx → calyc- 萼片（用于希腊语复合词）

Rabdosia japonica var. japonica 毛叶香茶菜-原变种 （词义见上面解释）

Rabdosia kangtingensis 康定香茶菜：kangtingensis 康定的（地名，四川省）

Rabdosia kunmingensis 昆明香茶菜：kunmingensis 昆明的（地名，云南省）

Rabdosia latiflora 宽花香茶菜：lati-/ late- ← latus 宽的，宽广的；florus/ florum/ flora ← flos 花（用于复合词）

Rabdosia latifolia 宽叶香茶菜：lati-/ late- ← latus 宽的，宽广的；folius/ folium/ folia 叶，叶片（用于复合词）

Rabdosia leucophylla 白叶香茶菜：leuc-/ leuco- ← leucus 白色的（如果和其他表示颜色的词混用则表示淡色）；phyllus/ phyllum/ phylla ← phyllon 叶片（用于希腊语复合词）

Rabdosia liangshanica 凉山香茶菜：liangshanica 凉山的（地名，四川省）；-icus/ -icum/ -ica 属于，具有某种特性（常用于地名、起源、生境）

Rabdosia lihsienensis 理县香茶菜：lihsienensis 理县的（地名，四川省）

Rabdosia longituba 长管香茶菜：longe-/ longi- ← longus 长的，纵向的；tubus 管子的，管状的，筒状的

Rabdosia lophanthoides 线纹香茶菜：Lophanthus 扭藿香属（唇形科）；-oides/ -oideus/ -oideum/ -oidea/ -odes/ -eidos 像……的，类似……的，呈……状的（名词词尾）

Rabdosia lophanthoides var. gerardiana 线纹香茶菜-狭基变种：gerardiana ← Gerard（人名）

Rabdosia lophanthoides var. graciliflora 线纹香茶菜-细花变种：gracilis 细长的，纤弱的，丝状的；florus/ florum/ flora ← flos 花（用于复合词）

Rabdosia lophanthoides var. lophanthoides 线纹香茶菜-原变种 （词义见上面解释）

Rabdosia lophanthoides var. micrantha 线纹香茶菜-小花变种：micr-/ micro- ← micros 小的，微小的，微观的（用于希腊语复合词）；anthus/ anthum/ antha/ anthe ← anthos 花（用于希腊语复合词）

Rabdosia loxothyrsa 弯锥香茶菜：loxos 歪斜的，不正的；thyrsus/ thyrsos 花簇，金字塔，圆锥形，聚伞圆锥花序

Rabdosia lungshengensis 龙胜香茶菜：lungshengensis 龙胜的（地名，广西壮族自治区）

Rabdosia macrocalyx 大萼香茶菜：macro-/ macr- ← macros 大的，宏观的（用于希腊语复合词）；calyx → calyc- 萼片（用于希腊语复合词）

Rabdosia macrophylla 歧伞香茶菜：macro-/ macr- ← macros 大的，宏观的（用于希腊语复合词）；phyllus/ phyllum/ phylla ← phyllon 叶片（用于希腊语复合词）

Rabdosia medilungensis 麦地龙香茶菜：medilungensis 麦地龙的（地名，四川省）

Rabdosia megathyrsa 大锥香茶菜：megathyrsus 大密锥花序的；mega-/ megal-/ megalo- ← megas 大的，巨大的；thyrsus/ thyrsos 花簇，金字塔，圆锥形，聚伞圆锥花序

Rabdosia megathyrsa var. megathyrsa 大锥香茶菜-原变种 （词义见上面解释）

Rabdosia megathyrsa var. strigosissima 大锥香茶菜-多毛变种：strigosus = striga + osus 鬃毛的，刷毛的；striga → strig- 条纹的，网纹的（如种子具网纹），糙伏毛的；-osus/ -osum/ -osa 多的，充分的，丰富的，显著发育的，程度高的，特征明显的（形容词词尾）；-issimus/ -issima/ -issimum 最，非常，极其（形容词最高级）

Rabdosia melissiformis 苞叶香茶菜：Melissa 蜜蜂花属（唇形科）；formis/ forma 形状

Rabdosia mucronata 突尖香茶菜：mucronatus = mucronus + atus 具短尖的，有微突起的；mucronus 短尖头，微突；-atus/ -atum/ -ata 属于，相似，具有，完成（形容词词尾）

Rabdosia muliensis 木里香茶菜：muliensis 木里的（地名，四川省）

Rabdosia nervosa 显脉香茶菜：nervosus 多脉的，叶脉明显的；nervus 脉，叶脉；-osus/ -osum/ -osa 多的，充分的，丰富的，显著发育的，程度高的，特征明显的（形容词词尾）

Rabdosia oresbia 山地香茶菜：oresbius 生于山地的；oreo-/ ores-/ ori- ← oreos 山，山地，高山；-bius ← bion 生存，生活，居住

Rabdosia pantadenia 全腺香茶菜：pantadenia = pan + adenia 全腺的，完整腺体的；pan-/ panto- 全部，广泛，所有；adenius = adenus + ius 具腺体的；adenus 腺，腺体；-ius/ -ium/ -ia 具有……特性的（表示有关、关联、相似）

Rabdosia parvifolia 小叶香茶菜：parvifolius 小叶的；parvus 小的，些微的，弱的；folius/ folium/ folia 叶，叶片（用于复合词）

Rabdosia phyllopoda 柄叶香茶菜：phyllopodus 叶状柄的；phyllus/ phyllum/ phylla ← phyllon 叶片（用于希腊语复合词）；podus/ pus 柄，梗，茎秆，足，腿

Rabdosia phyllostachys 叶穗香茶菜：phyllostachys = phyllon + stachyon 叶状穗总花序的，穗子上有叶片的（指假小穗基部佛焰苞片顶端有退化的叶片）；phyllus/ phyllum/ phylla ← phyllon 叶片（用于希腊语复合词）；stachy-/ stachyo-/ -stachys/ -stachyus/ -stachyum/ -stachya 穗子，穗子的，穗子状的，穗状花序的；Phyllostachys 刚竹属（禾本科）

Rabdosia phyllostachys var. leptophylla 叶穗香茶菜-薄叶变种：leptus ← leptos 细的，薄的，瘦小的，狭长的；phyllus/ phyllum/ phylla ← phyllon 叶片（用于希腊语复合词）

Rabdosia phyllostachys var. phyllostachys 叶穗香茶菜-原变种 （词义见上面解释）

Rabdosia pleiophylla 多叶香茶菜：pleo-/ plei-/ pleio- ← pleos/ pleios 多的；phyllus/ phyllum/ phylla ← phyllon 叶片（用于希腊语复合词）

Rabdosia pleiophylla var. dolichodens 多叶香茶菜-长齿变种：dolicho- ← dolichos 长的；dens/ dentus 齿，牙齿

Rabdosia pleiophylla var. pleiophylla 多叶香茶菜-原变种 （词义见上面解释）

Rabdosia pluriflora 多花香茶菜：pluri-/ plur- 复数，多个；florus/ florum/ flora ← flos 花（用于复合词）

Rabdosia polystachys 多穗香茶菜：polystachys 多穗的；poly- ← polys 多个，许多（希腊语，拉丁语为 multi-）；stachy-/ stachyo-/ -stachys/ -stachyus/ -stachyum/ -stachya 穗子，穗子的，穗子状的，穗状花序的

Rabdosia polystachys var. phyllodioides 多穗香茶菜-排钱变种：phyllodioides 像排钱树的；Phyllodium 排钱树属（豆科）；-oides/ -oideus/ -oideum/ -oidea/ -odes/ -eidos 像……的，类似……的，呈……状的（名词词尾）

Rabdosia polystachys var. polystachys 多穗香茶菜-原变种 （词义见上面解释）

Rabdosia provicarii 白龙香茶菜：provicarii（人名）；-ii 表示人名，接在以辅音字母结尾的人名后面，但 -er 除外

Rabdosia pseudo-irrorata 川藏香茶菜：

pseudo-irrorata 像 irrorata 的；pseudo-/ pseud- ← pseudos 假的，伪的，接近，相似（但不是）；Rabdosia irrorata 露珠香茶菜；irroratus 露珠的

Rabdosia pseudo-irrorata var. centellaefolia 川藏香茶菜-阔叶变种：centellaefolia = Ccentella + folia 积雪草叶的（注：复合词中将前段词的词尾变成 i 而不是所有格，故该词宜改为"centellifolia"）；Ccentella 积雪草属（伞形科）；folius/ folium/ folia 叶，叶片（用于复合词）

Rabdosia pseudo-irrorata var. pseudo-irrorata 川藏香茶菜-原变种（词义见上面解释）

Rabdosia racemosa 总序香茶菜：racemosus = racemus + osus 总状花序的；racemus/ raceme 总状花序，葡萄串状的；-osus/ -osum/ -osa 多的，充分的，丰富的，显著发育的，程度高的，特征明显的（形容词词尾）

Rabdosia rosthornii 璎花香茶菜（璎 yīng）：rosthornii ← Arthur Edler von Rosthorn（人名，19 世纪匈牙利驻北京大使）

Rabdosia rubescens 碎米桠（桠 yā）：rubescens = rubus + escens 红色，变红的；rubus ← ruber/ rubeo 树莓的，红色的；-escens/ -ascens 改变，转变，变成，略微，带有，接近，相似，大致，稍微（表示变化的趋势，并未完全相似或相同，有别于表示达到完成状态的 -atus）

Rabdosia rugosa 皱叶香茶菜：rugosus = rugus + osus 收缩的，有皱纹的，多褶皱的（同义词：rugatus）；rugus/ rugum/ ruga 褶皱，皱纹，皱缩；-osus/ -osum/ -osa 多的，充分的，丰富的，显著发育的，程度高的，特征明显的（形容词词尾）

Rabdosia rugosiformis 类皱叶香茶菜：rugosiformis 褶皱形状；rugosus = rugus + osus 收缩的，有皱纹的，多褶皱的（同义词：rugatus）；rugus/ rugum/ ruga 褶皱，皱纹，皱缩；-osus/ -osum/ -osa 多的，充分的，丰富的，显著发育的，程度高的，特征明显的（形容词词尾）；formis/ forma 形状

Rabdosia scoparia 帚状香茶菜：scoparius 笤帚状的；scopus 笤帚；-arius/ -arium/ -aria 相似，属于（表示地点，场所，关系，所属）；Scoparia 野甘草属（玄参科）

Rabdosia sculponeata 黄花香茶菜：sculponeatus 木鞋状的；sculponeus 木鞋

Rabdosia secundiflora 侧花香茶菜：secundiflorus 单侧生花的；secundus/ secumdus 生于单侧的，花柄一侧着花的，沿着……，顺着……；florus/ florum/ flora ← flos 花（用于复合词）

Rabdosia serra 溪黄草：serrus 齿，锯齿

Rabdosia setschwanensis 四川香茶菜：setschwanensis 四川的（地名）

Rabdosia setschwanensis var. setschwanensis 四川香茶菜-原变种（词义见上面解释）

Rabdosia setschwanensis var. yungshengensis 四川香茶菜-永胜变种：yungshengensis 永胜的（地名，云南省）

Rabdosia silvatica 林生香茶菜：silvaticus/ silvaticus 森林的，生于森林的；silva/ sylva 森林；-aticus/ -aticum/ -atica 属于，表示生长的地方，作名词词尾

Rabdosia sinuolata 波齿香茶菜：sinuolatus = sinus + ulus + atus 细波状的；sinus 波浪，弯缺，海湾（sinus 的词干视为 sinu-）

Rabdosia smithiana 马尔康香茶菜：smithiana ← James Edward Smith（人名，1759–1828，英国植物学家）

Rabdosia stracheyi 长叶香茶菜：stracheyi（人名）；-i 表示人名，接在以元音字母结尾的人名后面，但 -a 除外

Rabdosia taliensis 大理香茶菜：taliensis 大理的（地名，云南省）

Rabdosia tenuifolia 细叶香茶菜：tenui- ← tenuis 薄的，纤细的，弱的，瘦的，窄的；folius/ folium/ folia 叶，叶片（用于复合词）

Rabdosia ternifolia 牛尾草：ternat- ← ternatus 三数的，三出的；folius/ folium/ folia 叶，叶片（用于复合词）

Rabdosia wardii 西藏香茶菜：wardii ← Francis Kingdon-Ward（人名，20 世纪英国植物学家）

Rabdosia websteri 辽宁香茶菜：websteri（人名）；-eri 表示人名，在以 -er 结尾的人名后面加上 i 形成

Rabdosia weisiensis 维西香茶菜：weisiensis 维西的（地名，云南省）

Rabdosia wikstroemioides 莞花香茶菜（莞 ráo）：Wikstroemia 莞花属（瑞香科）；-oides/ -oideus/ -oideum/ -oidea/ -odes/ -eidos 像……的，类似……的，呈……状的（名词词尾）

Rabdosia xerophila 旱生香茶菜：xeros 干旱的，干燥的；philus/ philein ← philos → phil-/ phili/ philo- 喜好的，爱好的，喜欢的（注意区别形近词：phylus、phyllus）；phylus/ phylum/ phyla ← phylon/ phyle 植物分类单位中的"门"，位于"界"和"纲"之间，类群，种族，部落，聚群；phyllus/ phyllum/ phylla ← phyllon 叶片（用于希腊语复合词）

Rabdosia yuennanensis 不育红：yuennanensis 云南的（地名）

Radermachera 菜豆树属（紫葳科）（69：p26）：radermachera ← J. C. M. Radermacher（人名，荷兰植物学家）（以 -er 结尾的人名用作属名时在末尾加 a，如 Lonicera = Lonicer + a）

Radermachera frondosa 美叶菜豆树：frondosus/ foliosus 多叶的，生叶的，叶状的；frond/ frons 叶（蕨类、棕榈、苏铁类），叶状体，叶簇，叶丛，植物体（藻类、藓类），前额，正前面；frondula 羽片（羽状叶的分离部分）；-osus/ -osum/ -osa 多的，充分的，丰富的，显著发育的，程度高的，特征明显的（形容词词尾）

Radermachera glandulosa 广西菜豆树：glandulosus = glandus + ulus + osus 被细腺的，具腺体的，腺体质的；glandus ← glans 腺体；-ulus/ -ulum/ -ula 小的，略微的，稍微的（小词 -ulus 在字母 e 或 i 之后有多种变缀，即 -olus/ -olum/ -ola、-ellus/ -ellum/ -ella、-illus/ -illum/ -illa，与第一变格法和第二变格法名词形成复合词）；-osus/ -osum/ -osa 多的，充分的，丰富的，显著发育的，程度高的，特征明显的（形容词词尾）

Radermachera hainanensis 海南菜豆树：

R

hainanensis 海南的（地名）

Radermachera microcalyx 小萼菜豆树：micr-/ micro- ← micros 小的，微小的，微观的（用于希腊语复合词）；calyx → calyc- 萼片（用于希腊语复合词）

Radermachera pentandra 豇豆树（豇 jiāng）：penta- 五，五数（希腊语，拉丁语为 quin/ quinqu/ quinque-/ quinqui-）；andrus/ andros/ antherus ← aner 雄蕊，花药，雄性

Radermachera sinica 菜豆树：sinica 中国的（地名）；-icus/ -icum/ -ica 属于，具有某种特性（常用于地名、起源、生境）

Radermachera yunnanensis 滇菜豆树：yunnanensis 云南的（地名）

Rafflesiaceae 大花草科（24：p246）：rafflesia ← Thomas Ranford Raffles（人名，17-18 世纪英国官员、植物爱好者），大花草属；-aceae（分类单位科的词尾，为 -aceus 的阴性复数主格形式，加到模式属的名称后或同义词的词干后以组成族群名称）

Ranalisma 毛茛泽泻属（泽泻科）（8：p136）：rana 蛙（指水湿生境）；Alisma 泽泻属（泽泻科）

Ranalisma rostratum 长喙毛茛泽泻：rostratus 具喙的，喙状的；rostrus 鸟喙（常作词尾）；rostre 鸟喙的，喙状的

Ranunculaceae 毛茛科（27：p24）：Ranunculus 毛茛属；-aceae（分类单位科的词尾，为 -aceus 的阴性复数主格形式，加到模式属的名称后或同义词的词干后以组成族群名称）

Ranunculus 毛茛属（茛 gèn，形近字 "莨 làng"）（毛茛科）（28：p255）：ranunculus 青蛙（比喻生境潮湿）；ran- ← ranna 青蛙

Ranunculus albertii 宽瓣毛茛：albertii ← Luigi d'Albertis（人名，19 世纪意大利博物学家）；-ii 表示人名，接在以辅音字母结尾的人名后面，但 -er 除外

Ranunculus altaicus 阿尔泰毛茛：altaicus 阿尔泰的（地名，新疆北部山脉）

Ranunculus amurensis 披针毛茛：amurense/ amurensis 阿穆尔的（地名，东西伯利亚的一个州，南部以黑龙江为界），阿穆尔河的（即黑龙江的俄语音译）

Ranunculus arvensis 田野毛茛：arvensis 田里生的；arvum 耕地，可耕地

Ranunculus banguoensis 班戈毛茛：banguoensis 班戈的（地名，西藏自治区）

Ranunculus brotherusii 鸟足毛茛：brotherusii ← Brotherus（人名）

Ranunculus cantoniensis 禺毛茛（禺 yú）：cantoniensis 广东的（地名）

Ranunculus chinensis 茴茴蒜：chinensis = china + ensis 中国的（地名）；China 中国

Ranunculus chinghoensis 青河毛茛：chinghoensis 青河的（地名，新疆维吾尔自治区）

Ranunculus chuanchingensis 川青毛茛：chuanchingensis 川青的（地名，四川省和青海省）

Ranunculus cuneifolius 楔叶毛茛：cuneus 楔子的；folius/ folium/ folia 叶，叶片（用于复合词）

Ranunculus dielsianus 康定毛茛：dielsianus ← Friedrich Ludwig Emil Diels（人名，20 世纪德国植物学家）

Ranunculus diffusus 铺散毛茛（铺 pū）：diffusus = dis + fusus 蔓延的，散开的，扩展的，渗透的（dis- 在辅音字母前发生同化）；fusus 散开的，松散的，松弛的；di-/ dis- 二，二数，二分，分离，不同，在……之间，从……分开（希腊语，拉丁语为 bi-/ bis-）

Ranunculus dingjieensis 定结毛茛（种加词有时拼写为 "dingjiensis"）：dingjieensis 定结的（地名，西藏自治区）

Ranunculus dongrergensis 圆裂毛茛：dongrergensis（地名，四川省）

Ranunculus felixii 扇叶毛茛：felix 果实多的，高产的

Ranunculus ficariifolius 西南毛茛：ficariifolius 毛茛叶的；缀词规则：以属名作复合词时原词尾变形后的 i 要保留；Ficaria/ Ranunculus 毛茛属（毛茛科）；folius/ folium/ folia 叶，叶片（用于复合词）

Ranunculus formosa-montanus 南湖毛茛：formosus ← formosa 美丽的，台湾的（葡萄牙殖民者发现台湾时对其的称呼，即美丽的岛屿）；montanus 山，山地；montis 山，山地的；mons 山，山脉，岩石

Ranunculus franchetii 深山毛茛：franchetii ← A. R. Franchet（人名，19 世纪法国植物学家）

Ranunculus gelidus 冷地毛茛：gelidus 冰的，寒地生的；gelu/ gelus/ gelum 结冰，寒冷，硬直，僵硬；-idus/ -idum/ -ida 表示在进行中的动作或情况，作动词、名词或形容词的词尾

Ranunculus glabricaulis 甘藏毛茛：glabrus 光秃的，无毛的，光滑的；caulis ← caulos 茎，茎秆，主茎

Ranunculus glacialiformis 宿萼毛茛：glacialiformis 形如 glacialis 的；Ranunculus glacialis 冰川毛茛；glacialis 冰的，冰雪地带的，冰川的；formis/ forma 形状

Ranunculus glareosus 砾地毛茛：glareosus 多砂砾的，砂砾地生的；glarea 石砾；-osus/ -osum/ -osa 多的，充分的，丰富的，显著发育的，程度高的，特征明显的（形容词词尾）

Ranunculus gmelinii 小掌叶毛茛：gmelinii ← Johann Gottlieb Gmelin（人名，18 世纪德国博物学家，曾对西伯利亚和勘察加进行大量考察）

Ranunculus grandifolius 大叶毛茛：grandi- ← grandis 大的；folius/ folium/ folia 叶，叶片（用于复合词）

Ranunculus hetianensis 和田毛茛：hetianensis 和田的（地名，新疆维吾尔自治区）

Ranunculus hirtellus 三裂毛茛：hirtellus = hirtus + ellus 被短粗硬毛的；hirtus 有毛的，粗毛的，刚毛的（长而明显的毛）；-ellus/ -ellum/ -ella ← -ulus 小的，略微的，稍微的（小词 -ulus 在字母 e 或 i 之后有多种变缀，即 -olus/ -olum/ -ola、-ellus/ -ellum/ -ella、-illus/ -illum/ -illa，用于第一变格法名词）

Ranunculus indivisus 圆叶毛茛：indivisus 不裂的，

连续的；in-/ im-（来自 il- 的音变）内，在内，内部，向内，相反，不，无，非；il- 在内，向内，为，相反（希腊语为 en-）；词首 il- 的音变：il-（在 l 前面），im-（在 b、m、p 前面），in-（在元音字母和大多数辅音字母前面），ir-（在 r 前面），如 illaudatus（不值得称赞的，评价不好的），impermeabilis（不透水的，穿不透的），ineptus（不合适的），insertus（插入的），irretortus（无弯曲的，无扭曲的）；divisus 分裂的，不连续的，分开的

Ranunculus involucratus 苞毛茛：involucratus = involucrus + atus 有总苞的；involucrus 总苞，花苞，包被

Ranunculus involucratus var. minor 小苞毛茛：minor 较小的，更小的

Ranunculus japonicus 毛茛：japonicus 日本的（地名）；-icus/ -icum/ -ica 属于，具有某种特性（常用于地名、起源、生境）

Ranunculus japonicus var. monticola 白山毛茛：monticolus 生于山地的；monti- ← mons 山，山地，岩石；montis 山，山地的；colus ← colo 分布于，居住于，栖居，殖民（常作词尾）；colo/ colere/ colui/ cultum 居住，耕作，栽培

Ranunculus japonicus var. smirnovii 兴安毛茛：smirnovii（人名）；-ii 表示人名，接在以辅音字母结尾的人名后面，但 -er 除外

Ranunculus jilongensis 吉隆毛茛：jilongensis 吉隆的（地名，西藏自治区）

Ranunculus junipericola 桧林毛茛（桧 guì）：junipericola 刺柏林生的；Juniperus 刺柏属（柏科）；colus ← colo 分布于，居住于，栖居，殖民（常作词尾）；colo/ colere/ colui/ cultum 居住，耕作，栽培

Ranunculus krylovii 齿裂毛茛：krylovii（人名）；-ii 表示人名，接在以辅音字母结尾的人名后面，但 -er 除外

Ranunculus laetus 黄毛茛：laetus 生辉的，生动的，色彩鲜艳的，可喜的，愉快的；laete 光亮地，鲜艳地

Ranunculus laetus var. leipoensis 雷波毛茛：leipoensis 雷波的（地名，四川省）

Ranunculus limprichtii 纺锤毛茛：limprichtii（人名）；-ii 表示人名，接在以辅音字母结尾的人名后面，但 -er 除外

Ranunculus lingua 长叶毛茛：lingua 舌状的，丝带状的，语言的

Ranunculus lobatus 浅裂毛茛：lobatus = lobus + atus 具浅裂的，具耳垂状突起的；lobus/ lobos/ lobon 浅裂，耳片（裂片先端钝圆），荚果，蒴果；-atus/ -atum/ -ata 属于，相似，具有，完成（形容词词尾）

Ranunculus longicaulis 长茎毛茛：longe-/ longi- ← longus 长的，纵向的；caulis ← caulos 茎，茎秆，主茎

Ranunculus longicaulis var. geniculatus 曲升毛茛：geniculatus 关节的，膝状弯曲的；geniculum 节，关节，节片；-atus/ -atum/ -ata 属于，相似，具有，完成（形容词词尾）

Ranunculus longicaulis var. nephelogenes 云生毛茛：nephelogenes 云生的；nephelion 小片云；genes ← gennao 产，生产

Ranunculus longipetalus 窄瓣毛茛：longe-/ longi- ← longus 长的，纵向的；petalus/ petalum/ petala ← petalon 花瓣

Ranunculus luoergaiensis 若尔盖毛茛：luoergaiensis 若尔盖的（地名，四川省）

Ranunculus membranaceus 棉毛茛：membranaceus 膜质的，膜状的；membranus 膜；-aceus/ -aceum/ -acea 相似的，有……性质的，属于……的

Ranunculus meyerianus 短喙毛茛：meyerianus ← Ernst Heinrich Friedrich Meyer（人名，19 世纪德国植物学家）

Ranunculus microphyllus 小叶毛茛：micr-/ micro- ← micros 小的，微小的，微观的（用于希腊语复合词）；phyllus/ phyllum/ phylla ← phyllon 叶片（用于希腊语复合词）

Ranunculus monophyllus 单叶毛茛：mono-/ mon- ← monos 一个，单一的（希腊语，拉丁语为 unus/ uni-/ uno-）；phyllus/ phyllum/ phylla ← phyllon 叶片（用于希腊语复合词）

Ranunculus munroanus 荏弱毛茛（荏 rěn）：munroanus（人名）

Ranunculus muricatus 刺果毛茛：muricatus = murex + atus 粗糙的，糙面的，海螺状表面的（由于密被小的瘤状凸起），具短硬尖的；muri-/ muric- ← murex 海螺（指表面有瘤状凸起），粗糙的，糙面的；构词规则：以 -ix/ -iex 结尾的词其词干末尾视为 -ic，以 -ex 结尾视为 -i/ -ic，其他以 -x 结尾视为 -c；-atus/ -atum/ -ata 属于，相似，具有，完成（形容词词尾）

Ranunculus natans 浮毛茛：natans 浮游的，游动的，漂浮的，水的

Ranunculus pedatifidus 裂叶毛茛：pedatus 鸟足形的；pes/ pedis 柄，梗，茎秆，腿，足，爪（作词首或词尾，pes 的词干视为 "ped-"）；fidus ← findere 裂开，分裂（裂深不超过 1/3，常作词尾）

Ranunculus pegaeus 爬地毛茛：pegaeus ← pege 泉水（指水边生境）；-aeus/ -aeum/ -aea 表示属于……，名词形容词化词尾，如 europaeus ← europa 欧洲的

Ranunculus petrogeiton 太白山毛茛：petrogeiton 岩生的，岩边生的；petra← petros 石头，岩石，岩石地带（指生境）；geton/ geiton 附近的，紧邻的，邻居

Ranunculus platypetalus 大瓣毛茛：platys 大的，宽的（用于希腊语复合词）；petalus/ petalum/ petala ← petalon 花瓣

Ranunculus platyspermus 宽翅毛茛：platys 大的，宽的（用于希腊语复合词）；spermus/ spermum/ sperma 种子的（用于希腊语复合词）

Ranunculus polii 肉根毛茛：polius ← polios 灰白色的，灰色的

Ranunculus polyanthemus 多花毛茛：poly- ← polys 多个，许多（希腊语，拉丁语为 multi-）；anthemus ← anthemon 花

Ranunculus polyrhizus 多根毛茛：polyrhizus 多根的（缀词规则：-rh- 接在元音字母后面构成复合词时要变成 -rrh-，故该词宜改为 "polyrrhizus"）；

R

poly- ← polys 多个，许多（希腊语，拉丁语为
multi-）; rhizus 根，根状茎

Ranunculus pseudolobatus 大金毛茛：
pseudolobatus 像 lobatus 的；pseudo-/ pseud- ←
pseudos 假的，伪的，接近，相似（但不是）；
Ranunculus lobatus 浅裂毛茛；lobatus = lobus +
atus 具浅裂的，具耳垂状突起的；lobus/ lobos/
lobon 浅裂，耳片（裂片先端钝圆），荚果，蒴果；
-atus/ -atum/ -ata 属于，相似，具有，完成（形容
词词尾）

Ranunculus pseudopygmaeus 矮毛茛：
pseudopygmaeus 像 pygmaeus 的；pseudo-/
pseud- ← pseudos 假的，伪的，接近，相似（但不
是）；Ranunculus pygmaeus 小毛茛；pygmaeus/
pygmaei 小的，低矮的，极小的，矮人的；pygm-
矮，小，侏儒；-aeus/ -aeum/ -aea 表示属于……，
名词形容词化词尾，如 europaeus ← europa 欧洲的

Ranunculus pulchellus 美丽毛茛：pulchellus/
pulcellus = pulcher + ellus 稍美丽的，稍可爱的；
pulcher/pulcer 美丽的，可爱的；-ellus/ -ellum/
-ella ← -ulus 小的，略微的，稍微的（小词 -ulus 在
字母 e 或 i 之后有多种变缀，即 -olus/ -olum/ -ola、
-ellus/ -ellum/ -ella、-illus/ -illum/ -illa，用于第一
变格法名词）

Ranunculus pulchellus var. stracheyanus 深齿
毛茛：stracheyanus（人名）

Ranunculus radicans 沼地毛茛：radicans 生根的；
radicus ← radix 根的

Ranunculus regelianus 扁果毛茛：regelianus ←
Eduard August von Regel（人名，19 世纪德国植物
学家）

Ranunculus repens 匍枝毛茛：repens/ repentis/
repsi/ reptum/ repere/ repo 匍匐，爬行（同义词：
reptans/ reptoare）

Ranunculus reptans 松叶毛茛：reptans/ reptus ←
repo 匍匐的，匍匐生根的

Ranunculus rigescens 掌裂毛茛：rigescens 稍硬的；
rigens 坚硬的，不弯曲的，强直的；-escens/ -ascens
改变，转变，变成，略微，带有，接近，相似，大致，
稍微（表示变化的趋势，并未完全相似或相同，有
别于表示达到完成状态的 -atus）

Ranunculus rubrocalyx 红萼毛茛：rubr-/ rubri-/
rubro- ← rubrus 红色；calyx → calyc- 萼片（用于
希腊语复合词）

Ranunculus sardous 欧毛茛：sardous ← Sardinia
撒丁岛的（地名，意大利）

Ranunculus sceleratus 石龙芮：sceleratus 辛辣的，
扎人的，粗暴的，有害的

Ranunculus sieboldii 扬子毛茛：sieboldii ← Franz
Philipp von Siebold 西博德（人名，1796–1866，德
国医生、植物学家，曾专门研究日本植物）

Ranunculus songoricus 新疆毛茛：songoricus 准噶
尔的（地名，新疆维吾尔自治区）；-icus/ -icum/ -ica
属于，具有某种特性（常用于地名、起源、生境）

Ranunculus submarginatus 棱边毛茛：
submarginatus 像 marginatus 的，近边的；sub-
（表示程度较弱）与……类似，几乎，稍微，弱，亚，
之下，下面；Ranunculus marginatus 边缘毛茛；

marginatus ← margo 边缘的，具边缘的；margo/
marginis → margin- 边缘，边线，边界；词尾为 -go
的词其词干末尾视为 -gin

Ranunculus suprasericeus 毛叶毛茛：supra- 上部
的；sericeus 绢丝状的；sericus 绢丝的，绢毛的，赛
尔人的（Ser 为印度一民族）；-eus/ -eum/ -ea（接
拉丁语词干时）属于……的，色如……的，质
如……的（表示原料、颜色或品质的相似），（接希
腊语词干时）属于……的，以……出名，为……所
占有（表示具有某种特性）

Ranunculus tachiroei 长嘴毛茛：tachiroei 田代
（日本人名）

Ranunculus taiwanensis 台湾毛茛：taiwanensis 台
湾的（地名）

Ranunculus tanguticus 高原毛茛：tanguticus ←
Tangut 唐古特的，党项的（西夏时期生活于中国西
北地区的党项羌人，蒙古语称其为"唐古特"，有多
种音译，如唐兀、唐古、唐括等）；-icus/ -icum/ -ica
属于，具有某种特性（常用于地名、起源、生境）

Ranunculus tanguticus var. capillaceus 丝叶毛
茛：capillaceus 毛发状的；capillus 毛发的，头发的，
细毛的；-aceus/ -aceum/ -acea 相似的，有……性
质的，属于……的

Ranunculus tanguticus var. dasycarpus 毛果毛
茛：dasycarpus 粗毛果的；dasy- ← dasys 毛茸茸
的，粗毛的，毛；carpus/ carpum/ carpa/
carpon ← carpos 果实（用于希腊语复合词）

Ranunculus ternatus 猫爪草：ternatus 三数的，
三出的

Ranunculus transiliensis 截叶毛茛：transiliensis
跨伊犁河的；tran-/ trans- 横过，远侧边，远方，在
那边；iliense/ iliensis 伊利的（地名，新疆维吾尔自
治区），伊犁河的（河流名，跨中国新疆与哈萨克
斯坦）

Ranunculus trautvetterianus 毛托毛茛：
trautvetterianus ← E.R. von Trautvetter（人名，
19 世纪俄国植物学家）

Ranunculus trigonus 棱喙毛茛：trigonus ←
trigono 三角的，三棱的；tri-/ tripli-/ triplo- 三个，
三数；gonus ← gonos 棱角，膝盖，关节，足

Ranunculus vaginatus 褐鞘毛茛：vaginatus =
vaginus + atus 鞘，具鞘的；vaginus 鞘，叶鞘；
-atus/ -atum/ -ata 属于，相似，具有，完成（形容
词词尾）

Ranunculus yunnanensis 云南毛茛：yunnanensis
云南的（地名）

Rapanea 密花树属（紫金牛科）（58：p127）：
rapanea（圭亚那土名）

Rapanea affinis 拟密花树：affinis = ad + finis 酷似
的，近似的，有联系的；ad- 向，到，近（拉丁语词
首，表示程度加强）；构词规则：构成复合词时，词
首末尾的辅音字母常同化为紧接其后的那个辅音字
母（如 ad + f → aff）；finis 界限，境界；affin- 相
似，近似，相关

Rapanea cicatricosa 多痕密花树：cicatricosus =
cicatrix + osus 多疤痕的；cicatrix/ cicatricis 疤痕，
叶痕，果脐；构词规则：以 -ix/ -iex 结尾的词其词
干末尾视为 -ic，以 -ex 结尾视为 -i/ -ic，其他以 -x

结尾视为 -c；-osus/ -osum/ -osa 多的，充分的，丰富的，显著发育的，程度高的，特征明显的（形容词词尾）

Rapanea faberi 平叶密花树：faberi ← Ernst Faber（人名，19 世纪活动于中国的德国植物采集员）；-eri 表示人名，在以 -er 结尾的人名后面加上 i 形成

Rapanea kwangsiensis 广西密花树：kwangsiensis 广西的（地名）

Rapanea kwangsiensis var. kwangsiensis 广西密花树-原变种 （词义见上面解释）

Rapanea kwangsiensis var. lanceolata 狭叶密花树：lanceolatus = lanceus + olus + atus 小披针形的，小柳叶刀的；lance-/ lancei-/ lanci-/ lanceo-/ lanc- ← lanceus 披针形的，矛形的，尖刀状的，柳叶刀状的；-olus ← -ulus 小，稍微，略微（-ulus 在字母 e 或 i 之后变成 -olus/ -ellus/ -illus）；-atus/ -atum/ -ata 属于，相似，具有，完成（形容词词尾）

Rapanea linearis 打铁树：linearis = lineus + aris 线条的，线形的，线状的，亚麻状的；lineus = linum + eus 线状的，丝状的，亚麻状的；linum ← linon 亚麻，线（古拉丁名）；-aris（阳性、阴性）/ -are（中性） ← -alis（阳性、阴性）/ -ale（中性）属于，相似，如同，具有，涉及，关于，联结于（将名词作形容词用，其中 -aris 常用于以 l 或 r 为词干末尾的词）

Rapanea neriifolia 密花树：neriifolia = Nerium + folius 夹竹桃叶的；缀词规则：以属名作复合词时原词尾变形后的 i 要保留；neri ← Nerium 夹竹桃属（夹竹桃科）；folius/ folium/ folia 叶，叶片（用于复合词）

Rapanea verruculosa 瘤枝密花树：verruculosus 小疣点多的；verrucus ← verrucos 疣状物；-culosus = culus + osus 小而多的，小而密集的；-culus/ -culum/ -cula 小的，略微的，稍微的（同第三变格法和第四变格法名词形成复合词）；-osus/ -osum/ -osa 多的，充分的，丰富的，显著发育的，程度高的，特征明显的（形容词词尾）

Raphanus 萝卜属（卜 bo）（十字花科）（33：p36）：raphanus/ raphnos 开裂早的，发芽早的

Raphanus raphanistrum 野萝卜：raphanistrum 野萝卜；raphanus 萝卜；-aster/ -astra/ -astrum/ -ister/ -istra/ -istrum 相似的，程度稍弱，稍小的，次等级的（用于拉丁语复合词词尾，表示不完全相似或低级之意，常用以区别一种野生植物与栽培植物，如 oleaster、oleastrum 野橄榄，以区别于 olea，即栽培的橄榄，而作形容词词尾时则表示小或程度弱化，如 surdaster 稍聋的，比 surdus 稍弱）

Raphanus sativus 萝卜：sativus 栽培的，种植的，耕地的，耕作的

Raphanus sativus var. longipinnatus 长羽裂萝卜：longe-/ longi- ← longus 长的，纵向的；pinnatus = pinnus + atus 羽状的，具羽的；pinnus/ pennus 羽毛，羽状，羽片；-atus/ -atum/ -ata 属于，相似，具有，完成（形容词词尾）

Raphanus sativus var. raphanistroides 蓝花子：raphanistroides 像 raphanistrum 的；Raphanus raphanistrum 野萝卜；-oides/ -oideus/ -oideum/ -oidea/ -odes/ -eidos 像……的，类似……的，

呈……状的（名词词尾）

Raphanus sativus var. sativus 萝卜-原变种 （词义见上面解释）

Raphia 酒椰属（棕榈科）（13-1：p48）：raphium ← raphis/ raphe 针，针状的

Raphia vinifera 酒椰：viniferus 产酒的（可酿酒）；vinus 葡萄，葡萄酒；-ferus/ -ferum/ -fera/ -fero/ -fere/ -fer 有，具有，产（区别：作独立词使用的 ferus 意思是"野生的"）

Raphistemma 大花藤属（萝藦科）（63：p408）：raphium ← raphis/ raphe 针，针状的；stemmus 王冠，花冠，花环

Raphistemma pulchellum 大花藤：pulchellus/ pulcellus = pulcher + ellus 稍美丽的，稍可爱的；pulcher/pulcer 美丽的，可爱的；-ellus/ -ellum/ -ella ← -ulus 小的，略微的，稍微的（小词 -ulus 在字母 e 或 i 之后有多种变缀，即 -olus/ -olum/ -ola、-ellus/ -ellum/ -ella、-illus/ -illum/ -illa，用于第一变格法名词）

Rauvolfia 萝芙木属（夹竹桃科）（63：p46）：rauvolfia ← L. Rauwolf（人名，16–17 世纪德国医生）

Rauvolfia brevistyla 矮青木：brevi- ← brevis 短的（用于希腊语复合词词首）；stylus/ stylis ← stylos 柱，花柱

Rauvolfia cubana 古巴萝芙木：cubana 古巴的（地名）

Rauvolfia latifrons 风湿木：lati-/ late- ← latus 宽的，宽广的；-frons 叶子，叶状体

Rauvolfia perakensis 霹雳萝芙木：perakensis ← Perak 霹雳州的（地名，马来西亚）

Rauvolfia serpentina 蛇根木：serpentinus 蛇形的，匍匐的，蛇纹岩的

Rauvolfia sumatrana 苏门答腊萝芙木：sumatrana ← Sumatra 苏门答腊的（地名，印度尼西亚）

Rauvolfia taiwanensis 台湾萝芙木：taiwanensis 台湾的（地名）

Rauvolfia tetraphylla 四叶萝芙木：tetra-/ tetr- 四，四数（希腊语，拉丁语为 quadri-/ quadr-）；phyllus/ phyllum/ phylla ← phyllon 叶片（用于希腊语复合词）

Rauvolfia tiaolushanensis 吊罗山萝芙木：tiaolushanensis 吊罗山的（地名，海南省）

Rauvolfia verticillata 萝芙木：verticillatus/ verticillaris 螺纹的，螺旋的，轮生的，环状的；verticillus 轮，环状排列

Rauvolfia verticillata var. hainanensis 海南萝芙木：hainanensis 海南的（地名）

Rauvolfia verticillata var. oblanceolata 倒披针叶萝芙木：ob- 相反，反对，倒（ob- 有多种音变：ob- 在元音字母和大多数辅音字母前面，oc- 在 c 前面，of- 在 f 前面，op- 在 p 前面）；lanceolatus = lanceus + olus + atus 小披针形的，小柳叶刀的；lance-/ lancei-/ lanci-/ lanceo-/ lanc- ← lanceus 披针形的，矛形的，尖刀状的，柳叶刀状的；-olus ← -ulus 小，稍微，略微（-ulus 在字母 e 或 i 之后变成 -olus/ -ellus/ -illus）；-atus/ -atum/ -ata 属于，相

似，具有，完成（形容词词尾）

Rauvolfia verticillata var. officinalis 药用萝芙木：officinalis/ officinale 药用的，有药效的；officina ← opificina 药店，仓库，作坊

Rauvolfia verticillata var. verticillata 萝芙木-原变种 （词义见上面解释）

Rauvolfia vomitoria 催吐萝芙木（吐 tǔ）：vomitorius/ vomicus 呕吐的，催吐的，令人作呕的

Rauvolfia yunnanensis 云南萝芙木：yunnanensis 云南的（地名）

Ravenala 旅人蕉属（芭蕉科）（16-2：p14）：ravenala 叶子成林的（马达加斯加语）

Ravenala madagascariensis 旅人蕉：madagascariensis ← Madacascar 马达加斯加的（地名，印度洋岛国）

Reaumuria 红砂属（柽柳科）（50-2：p142）：reaumuria ← R. A. F. Reaumur（人名，1683–1757，法国昆虫学家）（除 -er 外，以辅音字母结尾的人名用作属名时在末尾加 -ia，如果人名词尾为 -us 则将词尾变成 -ia）

Reaumuria alternifolia 互叶红砂：alternus 互生，交互，交替；folius/ folium/ folia 叶，叶片（用于复合词）

Reaumuria kaschgarica 五柱红砂：kaschgarica 喀什的（地名，新疆维吾尔自治区）；-icus/ -icum/ -ica 属于，具有某种特性（常用于地名、起源、生境）

Reaumuria songarica 红砂：songarica 准噶尔的（地名，新疆维吾尔自治区）；-icus/ -icum/ -ica 属于，具有某种特性（常用于地名、起源、生境）

Reaumuria trigyna 黄花红砂：tri-/ tripli-/ triplo- 三个，三数；gynus/ gynum/ gyna 雌蕊，子房，心皮

Reevesia 梭罗树属（梧桐科）（49-2：p144）：reevesia ← John Reeves（人名，1774–1856，英国植物学家）

Reevesia botingensis 保亭梭罗：botingensis 保亭的（地名，海南省）

Reevesia formosana 台湾梭罗：formosanus = formosus + anus 美丽的，台湾的；formosus ← formosa 美丽的，台湾的（葡萄牙殖民者发现台湾时对其的称呼，即美丽的岛屿）；-anus/ -anum/ -ana 属于，来自（形容词词尾）

Reevesia glaucophylla 瑶山梭罗：glaucus → glauco-/ glauc- 被白粉的，发白的，灰绿色的；phyllus/ phyllum/ phylla ← phyllon 叶片（用于希腊语复合词）

Reevesia lancifolia 剑叶梭罗：lance-/ lancei-/ lanci-/ lanceo-/ lanc- ← lanceus 披针形的，矛形的，尖刀状的，柳叶刀状的；folius/ folium/ folia 叶，叶片（用于复合词）

Reevesia lofouensis 罗浮梭罗：lofouensis 罗浮山的（地名，广东省）

Reevesia longipetiolata 长柄梭罗：longe-/ longi- ← longus 长的，纵向的；petiolatus = petiolus + atus 具叶柄的；petiolus 叶柄

Reevesia orbicularifolia 圆叶梭罗：orbicularis/ orbiculatus 圆形的；orbis 圆，圆形，圆圈，环；-culus/ -culum/ -cula 小的，略微的，稍微的（同第三变格法和第四变格法名词形成复合词）；-aris（阳

性、阴性）/ -are（中性）← -alis（阳性、阴性）/ -ale（中性）属于，相似，如同，具有，涉及，关于，联结于（将名词作形容词用，其中 -aris 常用于以 l 或 r 为词干末尾的词）；folius/ folium/ folia 叶，叶片（用于复合词）

Reevesia pubescens 梭罗树：pubescens ← pubens 被短柔毛的，长出柔毛的；pubi- ← pubis 细柔毛的，短柔毛的，毛被的；pubesco/ pubescere 长成的，变为成熟的，长出柔毛的，青春期体毛的；-escens/ -ascens 改变，转变，变成，略微，带有，接近，相似，大致，稍微（表示变化的趋势，并未完全相似或相同，有别于表示达到完成状态的 -atus）

Reevesia pubescens var. kwangsiensis 广西梭罗：kwangsiensis 广西的（地名）

Reevesia pubescens var. pubescens 梭罗树-原变种 （词义见上面解释）

Reevesia pubescens var. siamensis 泰梭罗：siamensis 暹罗的（地名，泰国古称）（暹 xiān）

Reevesia pycnantha 密花梭罗：pycn-/ pycno- ← pycnos 密生的，密集的；anthus/ anthum/ antha/ anthe ← anthos 花（用于希腊语复合词）

Reevesia rotundifolia 粗齿梭罗：rotundus 圆形的，呈圆形的，肥大的；rotundo 使呈圆形，使圆滑；roto 旋转，滚动；folius/ folium/ folia 叶，叶片（用于复合词）

Reevesia rubronervia 红脉梭罗：rubr-/ rubri-/ rubro- ← rubrus 红色；nervius = nervus + ius 具脉的，具叶脉的；nervus 脉，叶脉；-ius/ -ium/ -ia 具有……特性的（表示有关、关联、相似）

Reevesia shangszeensis 上思梭罗：shangszeensis 上思的（地名，广西壮族自治区）

Reevesia thyrsoidea 两广梭罗：thyrsus/ thyrsos 花簇，金字塔，圆锥形，聚伞圆锥花序；-oides/ -oideus/ -oideum/ -oidea/ -odes/ -eidos 像……的，类似……的，呈……状的（名词词尾）

Reevesia tomentosa 绒果梭罗：tomentosus = tomentum + osus 绒毛的，密被绒毛的；tomentum 绒毛，浓密的毛被，棉絮，棉絮状填充物（被褥、垫子等）；-osus/ -osum/ -osa 多的，充分的，丰富的，显著发育的，程度高的，特征明显的（形容词词尾）

Rehderodendron 木瓜红属（安息香科）（60-2：p134）：rehder ← Alfred Rehder（人名，1863–1949，德国植物分类学家、树木学家，在美国 Arnold 植物园工作）；dendron 树木

Rehderodendron indochinense 越南木瓜红：indochinense 中南半岛的（地名，含越南、柬埔寨、老挝等东南亚国家）

Rehderodendron kwangtungense 广东木瓜红：kwangtungense 广东的（地名）

Rehderodendron kweichowense 贵州木瓜红：kweichowense 贵州的（地名）

Rehderodendron macrocarpum 木瓜红：macro-/ macr- ← macros 大的，宏观的（用于希腊语复合词）；carpus/ carpum/ carpa/ carpon ← carpos 果实（用于希腊语复合词）

Rehmannia 地黄属（玄参科）（67-2：p212）：rehmannia ← Joseph Rehmann（人名，1779–1839，俄国医生）

Rehmannia chingii 天目地黄：chingii ← R. C. Chin 秦仁昌（人名，1898–1986，中国植物学家，蕨类植物专家），秦氏

Rehmannia elata 高地黄：elatus 高的，梢端的

Rehmannia glutinosa 地黄：glutinosus 黏的，被黏液的；glutinium 胶，黏结物；-osus/ -osum/ -osa 多的，充分的，丰富的，显著发育的，程度高的，特征明显的（形容词词尾）

Rehmannia henryi 湖北地黄：henryi ← Augustine Henry 或 B. C. Henry（人名，前者，1857–1930，爱尔兰医生、植物学家，曾在中国采集植物，后者，1850–1901，曾活动于中国的传教士）

Rehmannia piasezkii 裂叶地黄：piasezkii（人名）；-ii 表示人名，接在以辅音字母结尾的人名后面，但 -er 除外

Rehmannia solanifolia 茄叶地黄（茄 qié）：Solanum 茄属（茄科）；folius/ folium/ folia 叶，叶片（用于复合词）

Reineckia 吉祥草属（百合科）（15：p4）：reineckia ← Eduard Martin Reineck 或 J. Reineck（人名，前者为 20 世纪澳大利亚植物采集员，后者为德国园艺学家）

Reineckia carnea 吉祥草：carneus ← caro 肉红色的，肌肤色的；carn- 肉，肉色；-eus/ -eum/ -ea（接拉丁语词干时）属于……的，色如……的，质如……的（表示原料、颜色或品质的相似），（接希腊语词干时）属于……的，以……出名，为……所占有（表示具有某种特性）

Reinwardtia 石海椒属（亚麻科）（43-1：p93）：reinwardtia ← Caspar Reinwardt 或 K. G. K. Reinwardt（人名，前者为 19 世纪荷兰博物学家，后者为德国植物学家，1773–1822）

Reinwardtia glandulifera 腺苞石海椒：glanduli- ← glandus + ulus 腺体的，小腺体的；glandus ← glans 腺体；-ferus/ -ferum/ -fera/ -fero/ -fere/ -fer 有，具有，产（区别：作独立词使用的 ferus 意思是"野生的"）

Reinwardtia indica 石海椒：indica 印度的（地名）；-icus/ -icum/ -ica 属于，具有某种特性（常用于地名、起源、生境）

Reinwardtiodendron 雷楝属（楝科）（43-3：p74）：reinwardt（人名）；dendron 树木

Reinwardtiodendron dubium 雷楝：dubius 可疑的，不确定的

Rejoua 假金橘属（此处"橘"不可替为"桔"）（夹竹桃科）（63：p114）：rejoua（土名）

Rejoua dichotoma 假金橘：dichotomus 二叉分歧的，分离的；dicho-/ dicha- 二分的，二歧的；di-/ dis- 二，二数，二分，分离，不同，在……之间，从……分开（希腊语，拉丁语为 bi-/ bis-）；cho-/ chao- 分开，割裂，离开；tomus ← tomos 小片，片段，卷册（书）

Remirea 海滨莎属（莎草科）（11：p123）：remirea 海滨莎（几内亚土名）

Remirea maritima 海滨莎：maritimus 海滨的（指生境）

Remusatia 岩芋属（天南星科）（13-2：p58）：remusatia ← Jean Pierre Abel-Remusat（人名，1785–1832，法国医生）

Remusatia formosana 台湾岩芋：formosanus = formosus + anus 美丽的，台湾的；formosus ← formosa 美丽的，台湾的（葡萄牙殖民者发现台湾时对其的称呼，即美丽的岛屿）；-anus/ -anum/ -ana 属于，来自（形容词词尾）

Remusatia hookeriana 早花岩芋：hookeriana ← William Jackson Hooker（人名，19 世纪英国植物学家）

Remusatia vivipara 岩芋：viviparus = vivus + parus 胎生的，零余子的，母体上发芽的；vivus 活的，新鲜的；-parus ← parens 亲本，母体

Renanthera 火焰兰属（兰科）（19：p291）：ren-/ reni- ← ren/ renis 肾，肾形；renarius/ renalis 肾脏的，肾形的；andrus/ andros/ antherus ← aner 雄蕊，花药，雄性

Renanthera coccinea 火焰兰：coccus/ coccineus 浆果，绯红色（一种形似浆果的介壳虫的颜色）；同形异义词：coccus/ cocco/ cocci/ coccis 心室，心皮；-eus/ -eum/ -ea（接拉丁语词干时）属于……的，色如……的，质如……的（表示原料、颜色或品质的相似），（接希腊语词干时）属于……的，以……出名，为……所占有（表示具有某种特性）

Renanthera imschootiana 云南火焰兰：imschootiana（人名）

Reseda 木樨草属（木樨草科）（34-1：p1）：reseda ← resedare 镇静的（传说有镇静作用）

Reseda alba 白木樨草：albus → albi-/ albo- 白色的

Reseda lutea 黄木樨草：luteus 黄色的

Reseda odorata 木樨草：odoratus = odorus + atus 香气的，气味的；odor 香气，气味；-atus/ -atum/ -ata 属于，相似，具有，完成（形容词词尾）

Resedaceae 木樨草科（34-1：p1）：Reseda 木樨草属；-aceae（分类单位科的词尾，为 -aceus 的阴性复数主格形式，加到模式属的名称后或同义词的词干后以组成族群名称）

Restionaceae 帚灯草科（13-3：p5）：Restia 帚灯草属；-aceae（分类单位科的词尾，为 -aceus 的阴性复数主格形式，加到模式属的名称后或同义词的词干后以组成族群名称）

Reynoutria 虎杖属（蓼科）（25-1：p105）：reynoutria（人名）

Reynoutria japonica 虎杖：japonica 日本的（地名）；-icus/ -icum/ -ica 属于，具有某种特性（常用于地名、起源、生境）

Rhabdothamnopsis 长冠苣苔属（冠 guān）（苦苣苔科）（69：p483）：rhabdus ← rhabdon 杆状的，棒状的，条纹的；thamnos 灌木；-opsis/ -ops 相似，稍微，带有

Rhabdothamnopsis sinensis 长冠苣苔：sinensis = Sina + ensis 中国的（地名）；Sina 中国

Rhachidosorus 轴果蕨属（蹄盖蕨科）（3-2：p267）：rachis/ rhachis 主轴，花序轴，叶轴，脊棱（指着生小叶或花的部分的中轴，如羽状复叶、穗状花序总柄基部以外的部分）；sorus ← soros 堆（指密集成簇），孢子囊群

Rhachidosorus blotianus 脆叶轴果蕨：blotianus（人名）

Rhachidosorus consimilis 喜钙轴果蕨：consimilis = co + similis 非常相似的；co- 联合，共同，合起来（拉丁语词首，为 cum- 的音变，表示结合、强化、完全，对应的希腊语为 syn-）；co- 的缀词音变有 co-/ com-/ con-/ col-/ cor-：co-（在 h 和元音字母前面），col-（在 l 前面），com-（在 b、m、p 之前），con-（在 c、d、f、g、j、n、qu、s、t 和 v 前面），cor-（在 r 前面）；similis 相似的

Rhachidosorus mesosorus 轴果蕨：mesosorus 孢子囊群位于中央的；mes-/ meso- 中间，中央，中部，中等；soros 堆（指密集成簇），孢子囊群

Rhachidosorus pulcher 台湾轴果蕨：pulcher/pulcer 美丽的，可爱的

Rhachidosorus truncatus 云贵轴果蕨：truncatus 截平的，截形的，截断的；truncare 切断，截断，截平（动词）；-atus/ -atum/ -ata 属于，相似，具有，完成（形容词词尾）

Rhamnaceae 鼠李科（48-1：p1）：Rhamnus 鼠李属；-aceae（分类单位科的词尾，为 -aceus 的阴性复数主格形式，加到模式属的名称后或同义词的词干后以组成族群名称）

Rhamnella 猫乳属（鼠李科）（48-1：p96）：rhamnella = Rhamnus + ellus 比李属小的；Rhamnus 鼠李属；-ellus/ -ellum/ -ella ← -ulus 小的，略微的，稍微的（小词 -ulus 在字母 e 或 i 之后有多种变缀，即 -olus/ -olum/ -ola、-ellus/ -ellum/ -ella、-illus/ -illum/ -illa，用于第一变格法名词）

Rhamnella caudata 尾叶猫乳：caudatus = caudus + atus 尾巴的，尾巴状的，具尾的；caudus 尾巴

Rhamnella forrestii 川滇猫乳：forrestii ← George Forrest（人名，1873–1932，英国植物学家，曾在中国西部采集大量植物标本）

Rhamnella franguloides 猫乳：franguloides 像 frangula 的；Rhamnus frangula 欧鼠李；-oides/ -oideus/ -oideum/ -oidea/ -odes/ -eidos 像……的，类似……的，呈……状的（名词词尾）

Rhamnella gilgitica 西藏猫乳：gilgitica 吉尔吉特的（地名，喜马拉雅西北部克什米尔地区）

Rhamnella julianae 毛背猫乳：julianae ← Juliana Schneider（人名，20 世纪活动于中国的德国奥地利探险家）；-ae 表示人名，以 -a 结尾的人名后面加上 -e 形成

Rhamnella martinii 多脉猫乳：martinii ← Raymond Martin（人名，19 世纪美国仙人掌植物采集员）

Rhamnella wilsonii 卵叶猫乳：wilsonii ← John Wilson（人名，18 世纪英国植物学家）

Rhamnoneuron 鼠皮树属（瑞香科）（52-1：p387）：rhamno-/ Rhamnus 鼠李属（鼠李科）；neuron 脉，神经

Rhamnoneuron balansae 鼠皮树：balansae ← Benedict Balansa（人名，19 世纪法国植物采集员）；-ae 表示人名，以 -a 结尾的人名后面加上 -e 形成

Rhamnus 鼠李属（鼠李科）（48-1：p19）：rhamnus 有刺灌木（希腊语）；ram 灌木（凯尔特语）

Rhamnus arguta 锐齿鼠李：argutus → argut-/ arguti- 尖锐的

Rhamnus arguta var. arguta 锐齿鼠李-原变种（词义见上面解释）

Rhamnus arguta var. velutina 毛背锐齿鼠李：velutinus 天鹅绒的，柔软的；velutus 绒毛的；-inus/ -inum/ -ina/ -inos 相近，接近，相似，具有（通常指颜色）

Rhamnus aurea 黄毛鼠李（原名"铁马鞭"，豆科有重名）：aureus = aurus + eus → aure-/ aureo- 金色的，黄色的；aurus 金，金色；-eus/ -eum/ -ea（接拉丁语词干时）属于……的，色如……的，质如……的（表示原料、颜色或品质的相似），（接希腊语词干时）属于……的，以……出名，为……所占有（表示具有某种特性）

Rhamnus bodinieri 陷脉鼠李：bodinieri ← Emile Marie Bodinieri（人名，19 世纪活动于中国的法国传教士）；-eri 表示人名，在以 -er 结尾的人名后面加上 i 形成

Rhamnus brachypoda 山绿柴：brachy- ← brachys 短的（用于拉丁语复合词词首）；podus/ pus 柄，梗，茎秆，足，腿

Rhamnus bungeana 卵叶鼠李：bungeana ← Alexander von Bunge（人名，1813–1866，俄国植物学家）

Rhamnus cathartica 药鼠李：catharticus 泻药的，催泻的

Rhamnus coriophylla 革叶鼠李：corius 皮革的，革质的；phyllus/ phyllum/ phylla ← phyllon 叶片（用于希腊语复合词）

Rhamnus coriophylla var. acutidens 锐齿革叶鼠李：acutidens 尖齿的；acuti-/ acu- ← acutus 锐尖的，针尖的，刺尖的，锐角的；dens/ dentus 齿，牙齿

Rhamnus coriophylla var. coriophylla 革叶鼠李-原变种 （词义见上面解释）

Rhamnus crenata 长叶冻绿：crenatus = crena + atus 圆齿状的，具圆齿的；crena 叶缘的圆齿

Rhamnus crenata var. crenata 长叶冻绿-原变种（词义见上面解释）

Rhamnus crenata var. discolor 两色冻绿：discolor 异色的，不同色的（指花瓣花萼等）；di-/ dis- 二，二数，二分，分离，不同，在……之间，从……分开（希腊语，拉丁语为 bi-/ bis-）；color 颜色

Rhamnus davurica 鼠李：davurica（dahurica/ daurica）达乌里的（地名，外贝加尔湖，属西伯利亚的一个地区，即贝加尔湖以东及以南至中国和蒙古边界）

Rhamnus diamantiaca 金刚鼠李：diamantiacus 金刚山的（山名，朝鲜）

Rhamnus dumetorum 刺鼠李：dumetorum = dumus + etorum 灌丛的，小灌木状的，荒草丛的；dumus 灌丛，荆棘丛，荒草丛；-etorum 群落的（表示群丛、群落的词尾）

Rhamnus dumetorum var. crenoserrata 圆齿刺鼠李：crenatus = crena + atus 圆齿状的，具圆齿的；crena 叶缘的圆齿；serratus = serrus + atus 有锯齿的；serrus 齿，锯齿

Rhamnus dumetorum var. dumetorum 刺鼠李-原变种 （词义见上面解释）

Rhamnus erythroxylon 柳叶鼠李：erythroxylon 红木的；erythr-/ erythro- ← erythros 红色的（希腊语）；xylon 木材，木质

Rhamnus esquirolii 贵州鼠李：esquirolii（人名）；-ii 表示人名，接在以辅音字母结尾的人名后面，但 -er 除外

Rhamnus esquirolii var. esquirolii 贵州鼠李-原变种 （词义见上面解释）

Rhamnus esquirolii var. glabrata 木子花：glabratus = glabrus + atus 脱毛的，光滑的；glabrus 光秃的，无毛的，光滑的；-atus/ -atum/ -ata 属于，相似，具有，完成（形容词词尾）

Rhamnus flavescens 淡黄鼠李：flavescens 淡黄的，发黄的，变黄的；flavus → flavo-/ flavi-/ flav- 黄色的，鲜黄色的，金黄色的（指纯正的黄色）；-escens/ -ascens 改变，转变，变成，略微，带有，接近，相似，大致，稍微（表示变化的趋势，并未完全相似或相同，有别于表示达到完成状态的 -atus）

Rhamnus formosana 台湾鼠李：formosanus = formosus + anus 美丽的，台湾的；formosus ← formosa 美丽的，台湾的（葡萄牙殖民者发现台湾时对其的称呼，即美丽的岛屿）；-anus/ -anum/ -ana 属于，来自（形容词词尾）

Rhamnus frangula 欧鼠李：frangula ← frango 脆的，易碎的，破碎的（指枝条易折断）；frango 破碎

Rhamnus fulvo-tincta 黄鼠李：fulvus 咖啡色的，黄褐色的；tinctus 染色的，彩色的

Rhamnus gilgiana 川滇鼠李：gilgiana（人名，德国植物学家）

Rhamnus globosa 圆叶鼠李：globosus = globus + osus 球形的；globus → glob-/ globi- 球体，圆球，地球；-osus/ -osum/ -osa 多的，充分的，丰富的，显著发育的，程度高的，特征明显的（形容词词尾）；关联词：globularis/ globulifer/ globulosus（小球状的、具小球的），globuliformis（纽扣状的）

Rhamnus grandiflora 大花鼠李：grandi- ← grandis 大的；florus/ florum/ flora ← flos 花（用于复合词）

Rhamnus hainanensis 海南鼠李：hainanensis 海南的（地名）

Rhamnus hemsleyana 亮叶鼠李：hemsleyana ← William Botting Hemsley（人名，19 世纪研究中美洲植物的植物学家）

Rhamnus hemsleyana var. hemsleyana 亮叶鼠李-原变种 （词义见上面解释）

Rhamnus hemsleyana var. yunnanensis 高山亮叶鼠李：yunnanensis 云南的（地名）

Rhamnus henryi 毛叶鼠李：henryi ← Augustine Henry 或 B. C. Henry（人名，前者，1857–1930，爱尔兰医生、植物学家，曾在中国采集植物，后者，1850–1901，曾活动于中国的传教士）

Rhamnus heterophylla 异叶鼠李：heterophyllus 异型叶的；hete-/ heter-/ hetero- ← heteros 不同的，多样的，不齐的；phyllus/ phyllum/ phylla ← phyllon 叶片（用于希腊语复合词）

Rhamnus hupehensis 湖北鼠李：hupehensis 湖北的（地名）

Rhamnus iteinophylla 桃叶鼠李：iteino-（词源不详）；phyllus/ phyllum/ phylla ← phyllon 叶片（用于希腊语复合词）

Rhamnus koraiensis 朝鲜鼠李：koraiensis 朝鲜的（地名）

Rhamnus kwangsiensis 广西鼠李：kwangsiensis 广西的（地名）

Rhamnus lamprophylla 钩齿鼠李：lamprophyllus 亮叶的，光叶的；lampro- 发光的，发亮的，闪亮的；phyllus/ phyllum/ phylla ← phyllon 叶片（用于希腊语复合词）

Rhamnus leptacantha 纤花鼠李：lept-/ lepto- 细的，薄的，瘦小的，狭长的；acanthus ← Akantha 刺，具刺的（Acantha 是希腊神话中的女神，和太阳神阿波罗发生冲突，太阳神将其变成带刺的植物）

Rhamnus leptophylla 薄叶鼠李：leptus ← leptos 细的，薄的，瘦小的，狭长的；phyllus/ phyllum/ phylla ← phyllon 叶片（用于希腊语复合词）

Rhamnus liukiuensis 琉球鼠李：liukiuensis 琉球的（地名，日语读音）

Rhamnus longipes 长柄鼠李：longe-/ longi- ← longus 长的，纵向的；pes/ pedis 柄，梗，茎秆，腿，足，爪（作词首或词尾，pes 的词干视为 "ped-"）

Rhamnus maximovicziana 黑桦树（桦 huà）：maximovicziana ← C. J. Maximowicz 马克希莫夫（人名，1827–1891，俄国植物学家）

Rhamnus maximovicziana var. maximovicziana 黑桦树-原变种 （词义见上面解释）

Rhamnus maximovicziana var. oblongifolia 矩叶黑桦树：oblongus = ovus + longus 长椭圆形的（ovus 的词干 ov- 音变为 ob-）；ovus 卵，胚珠，卵形的，椭圆形的；longus 长的，纵向的；folius/ folium/ folia 叶，叶片（用于复合词）

Rhamnus meyeri （梅氏鼠李）：meyeri ← Carl Anton Meyer 或 Ernst Heinrich Friedrich Meyer（人名，19 世纪德国两位植物学家）；-eri 表示人名，在以 -er 结尾的人名后面加上 i 形成

Rhamnus minuta 矮小鼠李：minutus 极小的，细微的，微小的

Rhamnus nakaharai 台中鼠李：nakaharai ← Gonji Nakahara 中原（人名，日本植物学家）；-i 表示人名，接在以元音字母结尾的人名后面，但 -a 除外，故该词改为 "nakaharaiana" 或 "nakaharae" 似更妥

Rhamnus napalensis 尼泊尔鼠李：napalensis 尼泊尔的（地名）

Rhamnus nigricans 黑背鼠李：nigricans/ nigrescens 几乎是黑色的，发黑的，变黑的；nigrus 黑色的；niger 黑色的；-escens/ -ascens 改变，转变，变成，略微，带有，接近，相似，大致，稍微（表示变化的趋势，并未完全相似或相同，有别于表示达到完成状态的 -atus）；-icans 表示正在转变的过程或相似程度，有时表示相似程度非常接近、几乎相同

Rhamnus parvifolia 小叶鼠李：parvifolius 小叶的；parvus 小的，些微的，弱的；folius/ folium/ folia 叶，叶片（用于复合词）

Rhamnus procumbens 蔓生鼠李（蔓 màn）：procumbens 俯卧的，匍匐的，倒伏的；procumb-

俯卧，匍匐，倒伏；-ans/ -ens/ -bilis/ -ilis 能够，可能（为形容词词尾，-ans/ -ens 用于主动语态，-bilis/ -ilis 用于被动语态）

Rhamnus prostrata 平卧鼠李：prostratus/ pronus/ procumbens 平卧的，匍匐的

Rhamnus rhododendriphylla 杜鹃叶鼠李：Rhododendron 杜鹃属（杜鹃花科）；phyllus/ phyllum/ phylla ← phyllon 叶片（用于希腊语复合词）

Rhamnus rosthornii 小冻绿树：rosthornii ← Arthur Edler von Rosthorn（人名，19 世纪匈牙利驻北京大使）

Rhamnus rugulosa 皱叶鼠李：rugulosus 被细皱纹的，布满小皱纹的；rugus/ rugum/ ruga 褶皱，皱纹，皱缩；-ulosus = ulus + osus 小而多的；-ulus/ -ulum/ -ula 小的，略微的，稍微的（小词 -ulus 在字母 e 或 i 之后有多种变缀，即 -olus/ -olum/ -ola、-ellus/ -ellum/ -ella、-illus/ -illum/ -illa，与第一变格法和第二变格法名词形成复合词）；-osus/ -osum/ -osa 多的，充分的，丰富的，显著发育的，程度高的，特征明显的（形容词词尾）

Rhamnus rugulosa var. chekiangensis 浙江鼠李：chekiangensis 浙江的（地名）

Rhamnus rugulosa var. glabrata 脱毛皱叶鼠李：glabratus = glabrus + atus 脱毛的，光滑的；glabrus 光秃的，无毛的，光滑的；-atus/ -atum/ -ata 属于，相似，具有，完成（形容词词尾）

Rhamnus rugulosa var. rugulosa 皱叶鼠李-原变种 （词义见上面解释）

Rhamnus sargentiana 多脉鼠李：sargentana ← Charles Sprague Sargent（人名，1841–1927，美国植物学家）；-anus/ -anum/ -ana 属于，来自（形容词词尾）

Rhamnus schneideri 长梗鼠李：schneideri（人名）；-eri 表示人名，在以 -er 结尾的人名后面加上 i 形成

Rhamnus schneideri var. manshurica 东北鼠李：manshurica 满洲的（地名，中国东北，日语读音）

Rhamnus schneideri var. schneideri 长梗鼠李-原变种 （词义见上面解释）

Rhamnus serpyllifolia （香叶鼠李）：serpyllifolia 百里香叶的；serpyllum ← Thymus serpyllum 亚洲百里香（唇形科）；folius/ folium/ folia 叶，叶片（用于复合词）

Rhamnus songorica 新疆鼠李：songorica 准噶尔的（地名，新疆维吾尔自治区）；-icus/ -icum/ -ica 属于，具有某种特性（常用于地名、起源、生境）

Rhamnus subapetala 紫背鼠李：subapetalus 近无花瓣的；sub-（表示程度较弱）与……类似，几乎，稍微，弱，亚，之下，下面；a-/ an- 无，非，没有，缺乏，不具有（an- 用于元音前）（a-/ an- 为希腊语词首，对应的拉丁语词首为 e-/ ex-，相当于英语的 un-/ -less，注意词首 a- 和作为介词的 a/ ab 不同，后者的意思是"从……、由……、关于……、因为……"）；petalus/ petalum/ petala ← petalon 花瓣

Rhamnus tangutica 甘青鼠李：tangutica ← Tangut 唐古特的，党项的（西夏时期生活在中国西北地区的党项羌人，蒙古语称其为"唐古特"，有多

种音译，如唐兀、唐古、唐括等）；-icus/ -icum/ -ica 属于，具有某种特性（常用于地名、起源、生境）

Rhamnus tzekweiensis 鄂西鼠李：tzekweiensis 秭归的（地名，湖北省）

Rhamnus ussuriensis 乌苏里鼠李：ussuriensis 乌苏里江的（地名，中国黑龙江省与俄罗斯界河）

Rhamnus utilis 冻绿：utilis 有用的

Rhamnus utilis var. hypochrysa 毛冻绿：hypochrysus 背面金黄色的；hyp-/ hypo- 下面的，以下的，不完全的；chrysus 金色的，黄色的

Rhamnus utilis var. szechuanensis 高山冻绿：szechuan 四川（地名）

Rhamnus utilis var. utilis 冻绿-原变种 （词义见上面解释）

Rhamnus velutina 毡毛鼠李：velutinus 天鹅绒的，柔软的；velutus 绒毛的；-inus/ -inum/ -ina/ -inos 相近，接近，相似，具有（通常指颜色）

Rhamnus virgata 帚枝鼠李：virgatus 细长枝条的，有条纹的，嫩枝状的；virga/ virgus 纤细枝条，细而绿的枝条；-atus/ -atum/ -ata 属于，相似，具有，完成（形容词词尾）

Rhamnus virgata var. hirsuta 糙毛帚枝鼠李：hirsutus 粗毛的，糙毛的，有毛的（长而硬的毛）

Rhamnus virgata var. virgata 帚枝鼠李-原变种（词义见上面解释）

Rhamnus wilsonii 山鼠李：wilsonii ← John Wilson（人名，18 世纪英国植物学家）

Rhamnus wilsonii var. pilosa 毛山鼠李：pilosus = pilus + osus 多毛的，被柔毛的，具疏柔毛的，被短弱细毛的；pilus 毛，疏柔毛；-osus/ -osum/ -osa 多的，充分的，丰富的，显著发育的，程度高的，特征明显的（形容词词尾）

Rhamnus wilsonii var. wilsonii 山鼠李-原变种（词义见上面解释）

Rhamnus wumingensis 武鸣鼠李：wumingensis 武鸣的（地名，广西壮族自治区）

Rhamnus xizangensis 西藏鼠李：xizangensis 西藏的（地名）

Rhaphidophora 崖角藤属（崖 yá）（天南星科）（13-2：p30）：rhaphido- ← rhaphis 针，针刺；-phorus/ -phorum/ -phora 载体，承载物，支持物，带着，生着，附着（表示一个部分带着别的部分，包括起支撑或承载作用的柄、柱、托、囊等，如 gynophorum = gynus + phorum 雌蕊柄的，带有雌蕊的，承载雌蕊的）；gynus/ gynum/ gyna 雌蕊，子房，心皮

Rhaphidophora crassicaulis 粗茎崖角藤：crassicaulis 肉质茎的，粗茎的

Rhaphidophora decursiva 爬树龙：decursivus 下延的，鱼鳍状的

Rhaphidophora hongkongensis 狮子尾：hongkongensis 香港的（地名）

Rhaphidophora hookeri 毛过山龙：hookeri ← William Jackson Hooker（人名，19 世纪英国植物学家）；-eri 表示人名，在以 -er 结尾的人名后面加上 i 形成

Rhaphidophora laichouensis 莱州崖角藤：laichouensis 莱州的（地名，越南，已修订为

R

laichauensis）

Rhaphidophora lancifolia 上树蜈蚣：lance-/ lancei-/ lanci-/ lanceo-/ lanc- ← lanceus 披针形的，矛形的，尖刀状的，柳叶刀状的；folius/ folium/ folia 叶，叶片（用于复合词）

Rhaphidophora luchunensis 绿春崖角藤：luchunensis 禄劝的（地名，云南省）

Rhaphidophora megaphylla 大叶崖角藤：megaphylla 大叶子的；mega-/ megal-/ megalo- ← megas 大的，巨大的；phyllus/ phyllum/ phylla ← phyllon 叶片（用于希腊语复合词）

Rhaphidophora peepla 大叶南苏：peepla（词源不详）

Rhaphidospora 针子草属（爵床科）（70：p253）：rhaphido- ← rhaphis 针，针刺；sporus ← sporos → sporo- 孢子，种子

Rhaphidospora vagabunda 针子草：vagabundus 到处都有的；vage 分散地，处处，各处；abundus 丰富的，多的

Rhaphiolepis 石斑木属（蔷薇科）（36：p275）：rhaphio- ← rhaphis 针，针刺；lepis/ lepidos 鳞片

Rhaphiolepis ferruginea 锈毛石斑木：ferrugineus 铁锈的，淡棕色的；ferrugo = ferrus + ugo 铁锈（ferrugo 的词干为 ferrugin-）；词尾为 -go 的词其干末尾视为 -gin；ferreus → ferr- 铁，铁的，铁色的，坚硬如铁的；-eus/ -eum/ -ea（接拉丁语词干时）属于……的，色如……的，质如……的（表示原料、颜色或品质的相似），（接希腊语词干时）属于……的，以……出名，为……所占有（表示具有某种特性）

Rhaphiolepis ferruginea var. ferruginea 锈毛石斑木-原变种 （词义见上面解释）

Rhaphiolepis ferruginea var. serrata 齿叶锈毛石斑木：serratus = serrus + atus 有锯齿的；serrus 齿，锯齿

Rhaphiolepis impressivena （凹脉石斑木）：impressivena 凹脉的；impressi- ← impressus 凹陷的，凹入的，雕刻的；in-/ im-（来自 il- 的音变）内，在内，内部，向内，相反，不，无，非；il- 在内，向内，为，相反（希腊语为 en-）；词首 il- 的音变：il-（在 l 前面），im-（在 b、m、p 前面），in-（在元音字母和大多数辅音字母前面），ir-（在 r 前面），如 illaudatus（不值得称赞的，评价不好的），impermeabilis（不透水的，穿不透的），ineptus（不合适的），insertus（插入的），irretortus（无弯曲的，无扭曲的）；pressus 压，压力，挤压，紧密；venus 脉，叶脉，血脉，血管

Rhaphiolepis indica 石斑木：indica 印度的（地名）；-icus/ -icum/ -ica 属于，具有某种特性（常用于地名、起源、生境）

Rhaphiolepis indica var. hiiranensis 恒春石斑木：hiiranensis（地名，属台湾省恒春半岛）

Rhaphiolepis indica var. indica 石斑木-原变种（词义见上面解释）

Rhaphiolepis indica var. tashiroi 毛序石斑木：tashiroi/ tachiroei（人名）；-i 表示人名，接在以元音字母结尾的人名后面，但 -a 除外

Rhaphiolepis integerrima 全缘石斑木：integerrimus 绝对全缘的；integer/ integra/ integrum → integri- 完整的，整个的，全缘的；-rimus/ -rima/ -rimum 最，极，非常（词尾为 -er 的形容词最高级）

Rhaphiolepis lanceolata 细叶石斑木：lanceolatus = lanceus + olus + atus 小披针形的，小柳叶刀的；lance-/ lancei-/ lanci-/ lanceo-/ lanc- ← lanceus 披针形的，矛形的，尖刀状的，柳叶刀状的；-olus ← -ulus 小，稍微，略微（-ulus 在字母 e 或 i 之后变成 -olus/ -ellus/ -illus）；-atus/ -atum/ -ata 属于，相似，具有，完成（形容词词尾）

Rhaphiolepis major 大叶石斑木：major 较大的，更大的（majus 的比较级）；majus 大的，巨大的

Rhaphiolepis salicifolia 柳叶石斑木：salici ← Salix 柳属；构词规则：以 -ix/ -iex 结尾的词其词干末尾视为 -ic，以 -ex 结尾视为 -i/ -ic，其他以 -x 结尾视为 -c；folius/ folium/ folia 叶，叶片（用于复合词）

Rhaphiolepis umbellata 厚叶石斑木：umbellatus = umbella + atus 伞形花序的，具伞的；umbella 伞形花序

Rhapis 棕竹属（棕榈科）（13-1：p17）：rhapis ← rhaphis 针，针刺

Rhapis excelsa 棕竹：excelsus 高的，高贵的，超越的

Rhapis filiformis 丝状棕竹：filiforme/ filiformis 线状的；fili-/ fil- ← filum 线状的，丝状的；formis/ forma 形状

Rhapis gracilis 细棕竹：gracilis 细长的，纤弱的，丝状的

Rhapis humilis 矮棕竹：humilis 矮的，低的

Rhapis multifida 多裂棕竹：multifidus 多个中裂的；multi- ← multus 多个，多数，很多（希腊语为 poly-）；fidus ← findere 裂开，分裂（裂深不超过 1/3，常作词尾）

Rhapis robusta 粗棕竹：robustus 大型的，结实的，健壮的，强壮的

Rheum 大黄属（蓼科）（25-1：p166）：rheum ← Rha ← Wolga 伏尔加河的（地名）

Rheum acuminatum 心叶大黄：acuminatus = acumen + atus 锐尖的，渐尖的；acumen 渐尖头；-atus/ -atum/ -ata 属于，相似，具有，完成（形容词词尾）

Rheum alexandrae 苞叶大黄：alexandrae ← Dr. R. C. Alexander（人名，19 世纪英国医生、植物学家）；-ae 表示人名，以 -a 结尾的人名后面加上 -e 形成

Rheum altaicum 阿尔泰大黄：altaicum 阿尔泰的（地名，新疆北部山脉）

Rheum australe 藏边大黄：australe 南方的，大洋洲的；austro-/ austr- 南方的，南半球的，大洋洲的；auster 南方，南风；-aris（阳性、阴性）/ -are（中性）← -alis（阳性、阴性）/ -ale（中性）属于，相似，如同，具有，涉及，关于，联结于（将名词作形容词用，其中 -aris 常用于以 l 或 r 为词干末尾的词）

Rheum compactum 密序大黄：compactus 小型的，压缩的，紧凑的，致密的，稠密的；pactus 压紧，紧缩；co- 联合，共同，合起来（拉丁语词首，为 cum- 的音变，表示结合、强化、完全，对应的希腊语为 syn-）；co- 的缀词音变有 co-/ com-/ con-/

col-/ cor-: co-（在 h 和元音字母前面），col-（在 l 前面），com-（在 b、m、p 之前），con-（在 c、d、f、g、j、n、qu、s、t 和 v 前面），cor-（在 r 前面）

Rheum delavayi 滇边大黄：delavayi ← P. J. M. Delavay（人名，1834–1895，法国传教士，曾在中国采集植物标本）；-i 表示人名，接在以元音字母结尾的人名后面，但 -a 除外

Rheum forrestii 牛尾七：forrestii ← George Forrest（人名，1873–1932，英国植物学家，曾在中国西部采集大量植物标本）

Rheum franzenbachii 华北大黄：franzenbachii（人名）；-ii 表示人名，接在以辅音字母结尾的人名后面，但 -er 除外

Rheum glabricaule 光茎大黄：glabrus 光秃的，无毛的，光滑的；caulus/ caulon/ caule ← caulos 茎，茎秆，主茎

Rheum globulosum 头序大黄：globulosus = globus + ulus + osus 多小球的，充满小球的；globus → glob-/ globi- 球体，圆球，地球；-ulus/ -ulum/ -ula 小的，略微的，稍微的（小词 -ulus 在字母 e 或 i 之后有多种变缀，即 -olus/ -olum/ -ola、-ellus/ -ellum/ -ella、-illus/ -illum/ -illa，与第一变格法和第二变格法名词形成复合词）；-osus/ -osum/ -osa 多的，充分的，丰富的，显著发育的，程度高的，特征明显的（形容词词尾）

Rheum hotaoense 河套大黄：hotaoense 河套的（地名，跨宁夏、内蒙古、陕西三省区）

Rheum inopinatum 红脉大黄：inopinatus 突然的，意外的

Rheum kialense 疏枝大黄：kialense（地名，四川省）

Rheum laciniatum 条裂大黄：laciniatus 撕裂的，条状裂的；lacinius → laci-/ lacin-/ lacini- 撕裂的，条状裂的

Rheum lhasaense 拉萨大黄：lhasaense 拉萨的（地名，西藏自治区）

Rheum likiangense 丽江大黄：likiangense 丽江的（地名，云南省）

Rheum maculatum 斑茎大黄：maculatus = maculus + atus 有小斑点的，略有斑点的；maculus 斑点，网眼，小斑点，略有斑点；-atus/ -atum/ -ata 属于，相似，具有，完成（形容词词尾）

Rheum moorcroftianum 卵果大黄：moorcroftianum ← William Moorcroft（人名，19 世纪英国兽医）

Rheum nanum 矮大黄：nanus ← nanos/ nannos 矮小的，小的；nani-/ nano-/ nanno- 矮小的，小的

Rheum nobile 塔黄：nobile/ nobilius 格外高贵的，格外有名的，格外高雅的

Rheum officinale 药用大黄：officinalis/ officinale 药用的，有药效的；officina ← opificina 药店，仓库，作坊

Rheum palmatum 掌叶大黄：palmatus = palmus + atus 掌状的，具掌的；palmus 掌，手掌

Rheum przewalskyi 歧穗大黄：przewalskyi ← Nicolai Przewalski（人名，19 世纪俄国探险家、博物学家）；-i 表示人名，接在以元音字母结尾的人名后面，但 -a 除外

Rheum pumilum 小大黄：pumilus 矮的，小的，低矮的，矮人的

Rheum racemiferum 总序大黄：racemus 总状的，葡萄串状的；-ferus/ -ferum/ -fera/ -fero/ -fere/ -fer 有，具有，产（区别：作独立词使用的 ferus 意思是"野生的"）

Rheum reticulatum 网脉大黄：reticulatus = reti + culus + atus 网状的；reti-/ rete- 网（同义词：dictyo-）；-culus/ -culum/ -cula 小的，略微的，稍微的（同第三变格法和第四变格法名词形成复合词）；-atus/ -atum/ -ata 属于，相似，具有，完成（形容词词尾）

Rheum rhizostachyum 枝穗大黄：rhizostachyus 根生穗状花序的；rhiz-/ rhizo- ← rhizus 根，根状茎；stachy-/ stachyo-/ -stachys -stachyus -stachyum/ -stachya 穗子，穗子的，穗子状的，穗状花序的

Rheum rhomboideum 菱叶大黄：rhomboideus 菱形的；rhombus 菱形，纺锤；-oides/ -oideus/ -oideum/ -oidea/ -odes/ -eidos 像……的，类似……的，呈……状的（名词词尾）

Rheum spiciforme 穗序大黄：spicus 穗，谷穗，花穗；forme/ forma 形状

Rheum subacaule 垂枝大黄：subacaule 近无茎的；sub-（表示程度较弱）与……类似，几乎，稍微，弱，亚，之下，下面；acaulia/ acaulis 无茎的，矮小的；a-/ an- 无，非，没有，缺乏，不具有（an- 用于元音前）（a-/ an- 为希腊语词首，对应的拉丁语词首为 e-/ ex-，相当于英语的 un-/ -less，注意词首 a- 和作为介词的 a/ ab 不同，后者的意思是"从……、由……、关于……、因为……"）；caulia/ caulis 茎，茎秆，主茎

Rheum sublanceolatum 窄叶大黄：sublanceolatus 近似具披针形的；sub-（表示程度较弱）与……类似，几乎，稍微，弱，亚，之下，下面；lanceolatus = lanceus + olus + atus 小披针形的，小柳叶刀的；lance-/ lancei-/ lanci-/ lanceo-/ lanc- ← lanceus 披针形的，矛形的，尖刀状的，柳叶刀状的；-olus ← -ulus 小，稍微，略微（-ulus 在字母 e 或 i 之后变成 -olus/ -ellus/ -illus）；-atus/ -atum/ -ata 属于，相似，具有，完成（形容词词尾）

Rheum tanguticum 鸡爪大黄（爪 zhǎo）：tanguticum ← Tangut 唐古特的，党项的（西夏时期生活于中国西北地区的党项羌人，蒙古语称其为"唐古特"，有多种音译，如唐兀、唐古、唐括等）；-icus/ -icum/ -ica 属于，具有某种特性（常用于地名、起源、生境）

Rheum tanguticum var. liupanshanense 六盘山鸡爪大黄：liupanshanense 六盘山的（地名，甘肃省）

Rheum tanguticum var. tanguticum 鸡爪大黄-原变种 （词义见上面解释）

Rheum tataricum 圆叶大黄：tatarica ← Tatar 鞑靼的（古代欧亚大草原不同游牧民族的泛称，有多种音译：达怛、达靼、塔坦、鞑靼、达打、达达）

Rheum tibeticum 西藏大黄：tibeticum 西藏的（地名）

Rheum undulatum 波叶大黄：undulatus = undus + ulus + atus 略呈波浪状的，略弯曲的；

R

undus/ undum/ unda 起波浪的，弯曲的；-ulus/
-ulum/ -ula 小的，略微的，稍微的（小词 -ulus 在
字母 e 或 i 之后有多种变缀，即 -olus/ -olum/ -ola、
-ellus/ -ellum/ -ella、-illus/ -illum/ -illa，与第一变
格法和第二变格法名词形成复合词）；-atus/ -atum/
-ata 属于，相似，具有，完成（形容词词尾）

Rheum undulatum var. longifolium 长叶波叶大
黄：longe-/ longi- ← longus 长的，纵向的；folius/
folium/ folia 叶，叶片（用于复合词）

Rheum undulatum var. undulatum 波叶大黄-原
变种 （词义见上面解释）

Rheum uninerve 单脉大黄：uni-/ uno- ← unus/
unum/ una 一，单一（希腊语为 mono-/ mon-）；
nerve ← nervus 脉，叶脉

Rheum webbianum 喜马拉雅大黄：webbianum ←
Philip Barker Webb（人名，19 世纪植物采集员，
摩洛哥 Tetuan 山植物采集第一人）

Rheum wittrockii 天山大黄：wittrockii（人名）；-ii
表示人名，接在以辅音字母结尾的人名后面，但 -er
除外

Rheum yunnanense 云南大黄：yunnanense 云南的
（地名）

Rhinacanthus 灵枝草属（爵床科）（70：p267）：
rhinos/ rhinus 鼻子；acanthus ← Akantha 刺，具
刺的（Acantha 是希腊神话中的女神，和太阳神阿
波罗发生冲突，太阳神将其变成带刺的植物）；
Acanthus 老鼠簕属

Rhinacanthus beesianus 滇灵枝草：beesianus ←
Bee's Nursery（蜂场，位于英国港口城市切斯特）

Rhinacanthus calcaratus 滑液灵枝草：
calcaratus = calcar + atus 距的，有距的；
calcar- ← calcar 距，花萼或花瓣生蜜源的距，短枝
（结果枝）（距：雄鸡、雉等的腿的后面突出像脚趾
的部分）；-atus/ -atum/ -ata 属于，相似，具有，完
成（形容词词尾）

Rhinacanthus nasutus 灵枝草：nasutus 稳固的
（指主茎像树干）

Rhinanthus 鼻花属（玄参科）（67-2：p390）：
rhinos/ rhinus 鼻子；anthus/ anthum/ antha/
anthe ← anthos 花（用于希腊语复合词）

Rhinanthus glaber 鼻花：glaber/ glabrus 光滑的，
无毛的

Rhizophora 红树属（红树科）（52-2：p127）：rhiz-/
rhizo- ← rhizus 根，根状茎；-phorus/ -phorum/
-phora 载体，承载物，支持物，带着，生着，附着
（表示一个部分带着别的部分，包括起支撑或承载作
用的柄、柱、托、囊等，如 gynophorum = gynus +
phorum 雌蕊柄的，带有雌蕊的，承载雌蕊的）；
gynus/ gynum/ gyna 雌蕊，子房，心皮

Rhizophora apiculata 红树：apiculatus =
apicus + ulus + atus 小尖头的，顶端有小突起的；
apicus/ apice 尖的，尖头的，顶端的

Rhizophora mucronata 红茄苳（茄苳 qié dōng）：
mucronatus = mucronus + atus 具短尖的，有微突
起的；mucronus 短尖头，微突；-atus/ -atum/ -ata
属于，相似，具有，完成（形容词词尾）

Rhizophora stylosa 红海兰：stylosus 具花柱的，花
柱明显的；stylus/ stylis ← stylos 柱，花柱；-osus/

-osum/ -osa 多的，充分的，丰富的，显著发育的，
程度高的，特征明显的（形容词词尾）

Rhizophoraceae 红树科（52-2：p125）：Rhizophora
红树属；rhiz-/ rhizo- ← rhizus 根，根状茎；-aceae
（分类单位科的词尾，为 -aceus 的阴性复数主格形
式，加到模式属的名称后或同义词的词干后以组成
族群名称）

Rhodamnia 玫瑰木属（桃金娘科）（53-1：p132）：
rhodamnia 具玫瑰色花的

Rhodamnia dumetorum 玫瑰木：dumetorum =
dumus + etorum 灌丛的，小灌木状的，荒草丛的；
dumus 灌丛，荆棘丛，荒草丛；-etorum 群落的（表
示群丛、群落的词尾）

Rhodamnia dumetorum var. dumetorum 玫瑰
木-原变种 （词义见上面解释）

Rhodamnia dumetorum var. hainanensis 海南
玫瑰木：hainanensis 海南的（地名）

Rhodiola 红景天属（景天科）（34-1：p159）：
rhodiola = rhodon + ulus 小玫瑰的，略像蔷薇的；
-ulus/ -ulum/ -ula 小的，略微的，稍微的（小词
-ulus 在字母 e 或 i 之后有多种变缀，即 -olus/
-olum/ -ola、-ellus/ -ellum/ -ella、-illus/ -illum/
-illa，与第一变格法和第二变格法名词形成复合词）

Rhodiola algida var. tangutica 唐古红景天：
algidus 喜冰的；tangutica ← Tangut 唐古特的，党
项的（西夏时期生活于中国西北地区的党项羌人，
蒙古语称其为"唐古特"，有多种音译，如唐兀、唐
古、唐括等）；-icus/ -icum/ -ica 属于，具有某种特
性（常用于地名、起源、生境）

Rhodiola alsia 西川红景天：alsius/ alsus 凉爽的，
清新的

Rhodiola alterna 互生红景天：alternus 互生，交
互，交替

Rhodiola angusta 长白红景天：angustus 窄的，狭
的，细的

Rhodiola aporontica 大苞红景天：aporontica
（地名）

Rhodiola atropurpurea 大紫红景天：atro-/ atr-/
atri-/ atra- ← ater 深色，浓色，暗色，发黑（ater
作为词干后接辅音字母开头的词时，要在词干后面
加一个连接用的元音字母"o"或"i"，故为
"ater-o-"或"ater-i-"，变形为"atr-"开头）；
purpureus = purpura + eus 紫色的；purpura 紫色
（purpura 原为一种介壳虫名，其体液为紫色，可作
颜料）；-eus/ -eum/ -ea（接拉丁语词干时）属
于……的，色如……的，质如……的（表示原料、颜
色或品质的相似），（接希腊语词干时）属于……的，
以……出名，为……所占有（表示具有某种特性）

Rhodiola atsaensis 亚查红景天（应为"加查红景
天"）：atsaensis 加查的（地名，西藏自治区）

Rhodiola atuntsuensis 德钦红景天：atuntsuensis
阿墩子的（地名，云南省德钦县的旧称，藏语音译）

Rhodiola brevipetiolata 短柄红景天：brevi- ←
brevis 短的（用于希腊语复合词词首）；petiolatus =
petiolus + atus 具叶柄的；petiolus 叶柄

Rhodiola bupleuroides 柴胡红景天：bupleuroides
像柴胡的；Bupleurum 柴胡属（伞形科）；-oides/
-oideus/ -oideum/ -oidea/ -odes/ -eidos 像……的，

类似……的，呈……状的（名词词尾）

Rhodiola calliantha 美花红景天：call-/ calli-/ callo-/ cala-/ calo- ← calos/ callos 美丽的；anthus/ anthum/ antha/ anthe ← anthos 花（用于希腊语复合词）

Rhodiola chrysanthemifolia 菊叶红景天：Chrysanthemum 茼蒿属/ 菊属（菊科）；folius/ folium/ folia 叶，叶片（用于复合词）

Rhodiola concinna 优美红景天：concinnus 精致的，高雅的，形状好看的

Rhodiola crenulata 大花红景天：crenulatus = crena + ulus + atus 细圆锯齿的，略呈圆锯齿的

Rhodiola cretinii 根出红景天：cretinii（人名）；-ii 表示人名，接在以辅音字母结尾的人名后面，但 -er 除外

Rhodiola cretinii subsp. cretinii 根出红景天-原亚种 （词义见上面解释）

Rhodiola cretinii subsp. sino-alpina 高山红景天：sino- 中国；alpinus = alpus + inus 高山的；alpus 高山；al-/ alti-/ alto- ← altus 高的，高处的；-inus/ -inum/ -ina/ -inos 相近，接近，相似，具有（通常指颜色）；关联词：subalpinus 亚高山的

Rhodiola dielsiana 川西红景天：dielsiana ← Friedrich Ludwig Emil Diels（人名，20 世纪德国植物学家）

Rhodiola discolor 异色红景天：discolor 异色的，不同色的（指花瓣花萼等）；di-/ dis- 二，二数，二分，分离，不同，在……之间，从……分开（希腊语，拉丁语为 bi-/ bis-）；color 颜色

Rhodiola dumulosa 小丛红景天：dumulosus = dumus + ulus + osus 灌木的；dumus 灌丛，荆棘丛，荒草丛；-ulosus = ulus + osus 小而多的；-ulus/ -ulum/ -ula 小的，略微的，稍微的（小词 -ulus 在字母 e 或 i 之后有多种变缀，即 -olus/ -olum/ -ola、-ellus/ -ellum/ -ella、-illus/ -illum/ -illa，与第一变格法和第二变格法名词形成复合词）；-osus/ -osum/ -osa 多的，充分的，丰富的，显著发育的，程度高的，特征明显的（形容词词尾）

Rhodiola eurycarpa 宽果红景天：eurys 宽阔的；carpus/ carpum/ carpa/ carpon ← carpos 果实（用于希腊语复合词）

Rhodiola fastigiata 长鞭红景天：fastigiatus 束状的，笤帚状的（枝条直立聚集）（形近词：fastigatus 高的，高举的）；fastigius 笤帚

Rhodiola forrestii 长圆红景天：forrestii ← George Forrest（人名，1873–1932，英国植物学家，曾在中国西部采集大量植物标本）

Rhodiola gelida 长鳞红景天：gelidus 冰的，寒地生的；gelu/ gelus/ gelum 结冰，寒冷，硬直，僵硬；-idus/ -idum/ -ida 表示在进行中的动作或情况，作动词、名词或形容词的词尾

Rhodiola handelii 小株红景天：handelii ← H. Handel-Mazzetti（人名，奥地利植物学家，第一次世界大战期间在中国西南地区研究植物）

Rhodiola henryi 菱叶红景天：henryi ← Augustine Henry 或 B. C. Henry（人名，前者，1857–1930，爱尔兰医生、植物学家，曾在中国采集植物，后者，1850–1901，曾活动于中国的传教士）

Rhodiola heterodonta 异齿红景天：hete-/ heter-/ hetero- ← heteros 不同的，多样的，不齐的；odontus/ odontos → odon-/ odont-/ odonto-（可作词首或词尾）齿，牙齿状的；odous 齿，牙齿（单数，其所有格为 odontos）

Rhodiola himalensis 喜马红景天：himalensis 喜马拉雅的（地名）

Rhodiola hobsonii 背药红景天：hobsonii（人名）；-ii 表示人名，接在以辅音字母结尾的人名后面，但 -er 除外

Rhodiola humilis 矮生红景天：humilis 矮的，低的

Rhodiola juparensis 圆丛红景天：juparensis 居布日山的（地名，青海省）

Rhodiola kansuensis 甘肃红景天：kansuensis 甘肃的（地名）

Rhodiola kashgarica 喀什红景天（喀 kā）：kashgarica 喀什的（地名，新疆维吾尔自治区）；-icus/ -icum/ -ica 属于，具有某种特性（常用于地名、起源、生境）

Rhodiola kirilowii 狭叶红景天：kirilowii ← Ivan Petrovich Kirilov（人名，19 世纪俄国植物学家）

Rhodiola kirilowii var. kirilowii 狭叶红景天-原变种 （词义见上面解释）

Rhodiola kirilowii var. latifolia 宽狭叶红景天：lati-/ late- ← latus 宽的，宽广的；folius/ folium/ folia 叶，叶片（用于复合词）

Rhodiola liciae 昆明红景天：liciae（人名）

Rhodiola likiangensis 丽江红景天：likiangensis 丽江的（地名，云南省）

Rhodiola linearifolia 条叶红景天：linearis = lineus + aris 线条的，线形的，线状的，亚麻状的；folius/ folium/ folia 叶，叶片（用于复合词）；-aris（阳性、阴性）/ -are（中性）← -alis（阳性、阴性）/ -ale（中性）属于，相似，如同，具有，涉及，关于，联结于（将名词作形容词用，其中 -aris 常用于以 l 或 r 为词干末尾的词）

Rhodiola litwinowii 黄萼红景天：litwinowii（人名）；-ii 表示人名，接在以辅音字母结尾的人名后面，但 -er 除外

Rhodiola macrocarpa 大果红景天：macro-/ macr- ← macros 大的，宏观的（用于希腊语复合词）；carpus/ carpum/ carpa/ carpon ← carpos 果实（用于希腊语复合词）

Rhodiola macrolepis 大鳞红景天：macro-/ macr- ← macros 大的，宏观的（用于希腊语复合词）；lepis/ lepidos 鳞片

Rhodiola megalophylla 大叶红景天：mega-/ megal-/ megalo- ← megas 大的，巨大的；phyllus/ phyllum/ phylla ← phyllon 叶片（用于希腊语复合词）

Rhodiola nobilis 优秀红景天：nobilis 高贵的，有名的，高雅的

Rhodiola ovatisepala 卵萼红景天：ovatisepalus = ovatus + sepalus 卵圆形萼片的；ovatus = ovus + atus 卵圆形的；ovus 卵，胚珠，卵形的，椭圆形的；sepalus/ sepalum/ sepala 萼片（用于复合词）

Rhodiola ovatisepala var. chingii 线萼红景天：chingii ← R. C. Chin 秦仁昌（人名，1898–1986，

R

中国植物学家，蕨类植物专家），秦氏

Rhodiola ovatisepala var. ovatisepala 卵萼红景天-原变种 （词义见上面解释）

Rhodiola pamiro-alaica 帕米红景天：pamiro-alaicus 帕米尔-阿拉的（地名，帕米尔为中亚东南部高原，跨塔吉克斯坦、中国、阿富汗）；-icus/ -icum/ -ica 属于，具有某种特性（常用于地名、起源、生境）

Rhodiola papillocarpa 肿果红景天：papilli- ← papilla 乳头的，乳突的；carpus/ carpum/ carpa/ carpon ← carpos 果实（用于希腊语复合词）

Rhodiola petiolata 有柄红景天：petiolatus = petiolus + atus 具叶柄的；petiolus 叶柄；-atus/ -atum/ -ata 属于，相似，具有，完成（形容词词尾）

Rhodiola phariensis 帕里红景天：phariensis 帕里的（地名，西藏自治区）

Rhodiola pinnatifida 羽裂红景天：pinnatifidus = pinnatus + fidus 羽状中裂的；pinnatus = pinnus + atus 羽状的，具羽的；pinnus/ pennus 羽毛，羽状，羽片；fidus ← findere 裂开，分裂（裂深不超过 1/3，常作词尾）

Rhodiola prainii 四轮红景天：prainii ← David Prain（人名，20 世纪英国植物学家）

Rhodiola primuloides 报春红景天：primuloides/ primulinus 像报春花的；Primula 报春花属（报春花科）；-oides/ -oideus/ -oideum/ -oidea/ -odes/ -eidos 像……的，类似……的，呈……状的（名词词尾）

Rhodiola primuloides subsp. kongboensis 工布红景天：kongboensis 工布的（地名，西藏自治区）

Rhodiola primuloides subsp. primuloides 报春红景天-原亚种 （词义见上面解释）

Rhodiola purpureoviridis 紫绿红景天：purpureoviridis 鲜紫色的；purpureus = purpura + eus 紫色的；purpura 紫色（purpura 原为一种介壳虫名，其体液为紫色，可作颜料）；-eus/ -eum/ -ea（接拉丁语词干时）属于……的，色如……的，质如……的（表示原料、颜色或品质的相似），（接希腊语词干时）属于……的，以……出名，为……所占有（表示具有某种特性）；viridis 绿色的，鲜嫩的（相当于希腊语的 chloro-）

Rhodiola quadrifida 四裂红景天：quadri-/ quadr- 四，四数（希腊语为 tetra-/ tetr-）；fidus ← findere 裂开，分裂（裂深不超过 1/3，常作词尾）

Rhodiola recticaulis 直茎红景天：recticaulis 直茎的；recti-/ recto- ← rectus 直线的，笔直的，向上的；caulis ← caulos 茎，茎秆，主茎

Rhodiola robusta 壮健红景天：robustus 大型的，结实的，健壮的，强壮的

Rhodiola rosea 红景天：roseus = rosa + eus 像玫瑰的，玫瑰色的，粉红色的；rosa 蔷薇（古拉丁名）← rhodon 蔷薇（希腊语）← rhodd 红色，玫瑰红（凯尔特语）；-eus/ -eum/ -ea（接拉丁语词干时）属于……的，色如……的，质如……的（表示原料、颜色或品质的相似），（接希腊语词干时）属于……的，以……出名，为……所占有（表示具有某种特性）

Rhodiola rosea var. microphylla 小叶红景天：micr-/ micro- ← micros 小的，微小的，微观的（用于希腊语复合词）；phyllus/ phyllum/ phylla ← phyllon 叶片（用于希腊语复合词）

Rhodiola rosea var. rosea 红景天-原变种 （词义见上面解释）

Rhodiola rotundifolia 圆叶红景天：rotundus 圆形的，呈圆形的，肥大的；rotundo 使呈圆形，使圆滑；roto 旋转，滚动；folius/ folium/ folia 叶，叶片（用于复合词）

Rhodiola sachalinensis 库页红景天：sachalinensis ← Sakhalin 库页岛的（地名，日本海北部俄属岛屿，日文桦太，俄称萨哈林岛）

Rhodiola sacra 圣地红景天：sacra/ sacrum/ sacer 神圣的

Rhodiola sacra var. sacra 圣地红景天-原变种 （词义见上面解释）

Rhodiola sacra var. tsuiana 长毛圣地红景天：tsuiana ← Y. W. Tsui 崔友文（人名，1907–1980）

Rhodiola scabrida 粗糙红景天：scabridus 粗糙的；scabrus ← scaber 粗糙的，有凹凸的，不平滑的；-idus/ -idum/ -ida 表示在进行中的动作或情况，作动词、名词或形容词的词尾

Rhodiola semenovii 柱花红景天：semenovii（人名）；-ii 表示人名，接在以辅音字母结尾的人名后面，但 -er 除外

Rhodiola serrata 齿叶红景天：serratus = serrus + atus 有锯齿的；serrus 齿，锯齿

Rhodiola sexifolia 六叶红景天：sex- 六，六数（希腊语为 hex-）；folius/ folium/ folia 叶，叶片（用于复合词）

Rhodiola sherriffii 小杯红景天：sherriffii ← Major George Sherriff（人名，20 世纪探险家，曾和 Frank Ludlow 一起考察西藏东南地区）

Rhodiola sinuata 裂叶红景天：sinuatus = sinus + atus 深波浪状的；sinus 波浪，弯缺，海湾（sinus 的词干视为 sinu-）

Rhodiola smithii 异鳞红景天：smithii ← James Edward Smith（人名，1759–1828，英国植物学家）

Rhodiola staminea 长蕊红景天：stamineus 属于雄蕊的；staminus 雄性的，雄蕊的；stamen/ staminis 雄蕊；-eus/ -eum/ -ea（接拉丁语词干时）属于……的，色如……的，质如……的（表示原料、颜色或品质的相似），（接希腊语词干时）属于……的，以……出名，为……所占有（表示具有某种特性）

Rhodiola stapfii 托花红景天：stapfii（人名）；-ii 表示人名，接在以辅音字母结尾的人名后面，但 -er 除外

Rhodiola stephanii 兴安红景天：stephanii ← C. F. Stephan（人名，19 世纪德国植物学家）

Rhodiola subopposita 对叶红景天：suboppositus 近对生的；sub-（表示程度较弱）与……类似，几乎，稍微，弱，亚，之下，下面；oppositus = ob + positus 相对的，对生的；ob- 相反，反对，倒（ob- 有多种音变：ob- 在元音字母和大多数辅音字母前面，oc- 在 c 前面，of- 在 f 前面，op- 在 p 前面）；positus 放置，位置

Rhodiola taohoensis 洮河红景天（洮 táo）：taohoensis 洮河的（地名，青海省和甘肃省）

Rhodiola telephioides 东疆红景天：Telephium → Sedum 景天属（景天科）；-oides/ -oideus/ -oideum/ -oidea/ -odes/ -eidos 像……的，类似……的，呈……状的（名词词尾）

Rhodiola tibetica 西藏红景天：tibetica 西藏的（地名）；-icus/ -icum/ -ica 属于，具有某种特性（常用于地名、起源、生境）

Rhodiola tieghemii 巴塘红景天：tieghemii（人名）；-ii 表示人名，接在以辅音字母结尾的人名后面，但 -er 除外

Rhodiola wallichiana 粗茎红景天：wallichiana ← Nathaniel Wallich（人名，19 世纪初丹麦植物学家、医生）

Rhodiola wallichiana var. cholaensis 大株粗茎红景天：cholaensis（地名，锡金）

Rhodiola wallichiana var. wallichiana 粗茎红景天-原变种 （词义见上面解释）

Rhodiola yunnanensis 云南红景天：yunnanensis 云南的（地名）

Rhododendron 杜鹃属（杜鹃花科）（57-1：p13）：Rhododendron = rhodon + dendron 玫瑰木（指花色像玫瑰）；rhodon → rhodo- 红色的，玫瑰色的；dendron 树木

Rhododendron aberconwayi 蝶花杜鹃：aberconwayi ← Baron Aberconway（Henry Duncan McLaren）（人名，20 世纪初英国皇家园艺学会主席）；-i 表示人名，接在以元音字母结尾的人名后面，但 -a 除外

Rhododendron adenanthum 腺花杜鹃：adenanthus 腺花的；aden-/ adeno- ← adenus 腺，腺体；anthus/ anthum/ antha/ anthe ← anthos 花（用于希腊语复合词）

Rhododendron adenogynum 腺房杜鹃：adenogynus 腺蕊的；aden-/ adeno- ← adenus 腺，腺体；gynus/ gynum/ gyna 雌蕊，子房，心皮

Rhododendron adenopodum 弯尖杜鹃：adenopodus 腺柄的；aden-/ adeno- ← adenus 腺，腺体；podus/ pus 柄，梗，茎秆，足，腿

Rhododendron adenosum 枯鲁杜鹃：adenosus 腺体多的，有腺体的；aden-/ adeno- ← adenus 腺，腺体；-osus/ -osum/ -osa 多的，充分的，丰富的，显著发育的，程度高的，特征明显的（形容词词尾）

Rhododendron aganniphum 雪山杜鹃：aganniphum 装饰雪地的（指高原生境）；agano- ← aganos 漂亮的，美丽的，可爱的，宜人的；niphum ←nivum 雪

Rhododendron aganniphum var. aganniphum 雪山杜鹃-原变种 （词义见上面解释）

Rhododendron aganniphum var. flavorufum 黄毛雪山杜鹃：flavus → flavo-/ flavi-/ flav- 黄色的，鲜黄色的，金黄色的（指纯正的黄色）；rufus 红褐色的，发红的，淡红色的

Rhododendron aganniphum var. schizopeplum 裂毛雪山杜鹃：schizopeplum 裂毛的；schiz-/ schizo- 裂开的，分歧的，深裂的（希腊语）；peplus 被毛的，覆被的，上衣的

Rhododendron agastum 迷人杜鹃：agastus 极具魅力的，极好看的

Rhododendron agastum var. agastum 迷人杜鹃-原变种 （词义见上面解释）

Rhododendron agastum var. pennivenium 光柱迷人杜鹃：penni- ← penna 羽毛，羽状的；venius 脉，叶脉的

Rhododendron albertsenianum 亮红杜鹃：albertsenianum（人名）

Rhododendron alutaceum 棕背杜鹃：alutaceus 革质的，牛皮色的；alutarius 革质的，牛皮色的；-aceus/ -aceum/ -acea 相似的，有……性质的，属于……的

Rhododendron alutaceum var. alutaceum 棕背杜鹃-原变种 （词义见上面解释）

Rhododendron alutaceum var. iodes 毛枝棕背杜鹃-原变种：iodes 蓝紫色的，紫堇色的；Iodes 微花藤属（茶茱萸科）

Rhododendron alutaceum var. russotinctum 腺房棕背杜鹃：russus 红褐色的，锈色的，栗色的；tinctus 染色的，彩色的

Rhododendron amandum 细枝杜鹃：amandus 可爱的，值得爱的

Rhododendron ambiguum 问客杜鹃：ambiguus 可疑的，不确定的，含糊的

Rhododendron amesiae 紫花杜鹃：amesiae（人名）

Rhododendron amundsenianum 暗叶杜鹃：amundsenianum（人名）

Rhododendron annae 桃叶杜鹃：annae 安娜（人名）

Rhododendron annae subsp. annae 桃叶杜鹃-原亚种 （词义见上面解释）

Rhododendron annae subsp. laxiflorum 滇西桃叶杜鹃：laxus 稀疏的，松散的，宽松的；florus/ florum/ flora ← flos 花（用于复合词）

Rhododendron anthopogon 髯花杜鹃（髯 rǎn）：anthi-/ antho- ← anthus ← anthos 花；pogon 胡须，髯毛，芒尖

Rhododendron anthopogonoides 烈香杜鹃：anthopogonoides 像 anthopogon 的；Rhododendron anthopogon 髯花杜鹃；-oides/ -oideus/ -oideum/ -oidea/ -odes/ -eidos 像……的，类似……的，呈……状的（名词词尾）

Rhododendron anthosphaerum 团花杜鹃：anthosphaerus 球形花的；anthi-/ antho- ← anthus ← anthos 花；sphaerus 球的，球形的

Rhododendron aperanthum 宿鳞杜鹃：apertus → aper- 开口的，开裂的，无盖的，裸露的；anthus/ anthum/ antha/ anthe ← anthos 花（用于希腊语复合词）

Rhododendron araiophyllum 窄叶杜鹃：araiophyllus 窄叶的，细叶的；araios 薄的，细的，少的；phyllus/ phyllum/ phylla ← phyllon 叶片（用于希腊语复合词）

Rhododendron araiophyllum subsp. araiophyllum 窄叶杜鹃-原亚种 （词义见上面解释）

Rhododendron araiophyllum subsp. lapidosum 石生杜鹃：lapidosus 多石的，石生的；lapis 石头，岩石（lapis 的词干为 lapid-）；构词规则：词尾为

-is 和 -ys 的词的词干分别视为 -id 和 -yd；-osus/ -osum/ -osa 多的，充分的，丰富的，显著发育的，程度高的，特征明显的（形容词词尾）

Rhododendron arboreum 树形杜鹃：arboreus 乔木状的；arbor 乔木，树木；-eus/ -eum/ -ea（接拉丁语词干时）属于……的，色如……的，质如……的（表示原料、颜色或品质的相似），（接希腊语词干时）属于……的，以……出名，为……所占有（表示具有某种特性）

Rhododendron arboreum var. arboreum 树形杜鹃-原变种 （词义见上面解释）

Rhododendron arboreum var. cinnamomeum 棕色树形杜鹃：cinnamomeus 像肉桂的，像樟树的；cinnamommum ← kinnamomon = cinein + amomos 肉桂树，有芳香味的卷曲树皮，桂皮（希腊语）；cinein 卷曲；amomos 完美的，无缺点的（如芳香味等）；Cinnamomum 樟属（樟科）；-eus/ -eum/ -ea（接拉丁语词干时）属于……的，色如……的，质如……的（表示原料、颜色或品质的相似），（接希腊语词干时）属于……的，以……出名，为……所占有（表示具有某种特性）

Rhododendron arboreum var. roseum 粉红树形杜鹃：roseus = rosa + eus 像玫瑰的，玫瑰色的，粉红色的；rosa 蔷薇（古拉丁名）← rhodon 蔷薇（希腊语）← rhodd 红色，玫瑰红（凯尔特语）；-eus/ -eum/ -ea（接拉丁语词干时）属于……的，色如……的，质如……的（表示原料、颜色或品质的相似），（接希腊语词干时）属于……的，以……出名，为……所占有（表示具有某种特性）

Rhododendron argyrophyllum 银叶杜鹃：argyr-/ argyro- ← argyros 银，银色的；phyllus/ phyllum/ phylla ← phyllon 叶片（用于希腊语复合词）

Rhododendron argyrophyllum var. argyrophyllum 银叶杜鹃-原变种 （词义见上面解释）

Rhododendron argyrophyllum var. nankingense 黔东银叶杜鹃：nankingense（地名，贵州省），南京的（江苏省）

Rhododendron argyrophyllum var. omeiense 峨眉银叶杜鹃：omeiense 峨眉山的（地名，四川省）

Rhododendron arizelum 夺目杜鹃：arizelus 明显的，显眼的

Rhododendron asperulum 瘤枝杜鹃：asperulus = asper + ulus 稍粗糙的；asper/ asperus/ asperum/ aspera 粗糙的，不平的；-ulus/ -ulum/ -ula 小的，略微的，稍微的（小词 -ulus 在字母 e 或 i 之后有多种变缀，即 -olus/ -olum/ -ola、-ellus/ -ellum/ -ella、-illus/ -illum/ -illa，与第一变格法和第二变格法名词形成复合词）

Rhododendron asterochnoum 汶川星毛杜鹃（汶 wèn）：asterochnoum 星状毛的；astero-/ astro- 星状的，多星的（用于希腊语复合词词首）；chnous 毛

Rhododendron asterochnoum var. asterochnoum 汶川星毛杜鹃-原变种 （词义见上面解释）

Rhododendron asterochnoum var. brevipedicellatum 短梗星毛杜鹃：brevi- ← brevis 短的（用于希腊语复合词词首）；

pedicellatus = pedicellus + atus 具小花柄的；pedicellus = pes + cellus 小花梗，小花柄（不同于花序柄）；pes/ pedis 柄，梗，茎秆，腿，足，爪（作词首或词尾，pes 的词干视为"ped-"）；-cellus/ -cellum/ -cella、-cillus/ -cillum/ -cilla 小的，略微的，稍微的（与任何变格法名词形成复合词）；关联词：pedunculus 花序柄，总花梗（花序基部无花着生部分）；-atus/ -atum/ -ata 属于，相似，具有，完成（形容词词尾）

Rhododendron atropuniceum 暗紫杜鹃：atro-/ atr-/ atri-/ atra- ← ater 深色，浓色，暗色，发黑（ater 作为词干后接辅音字母开头的词时，要在词干后面加一个连接用的元音字母"o"或"i"，故为"ater-o-"或"ater-i-"，变形为"atr-"开头）；puniceus 石榴的，像石榴的，石榴色的，红色的，鲜红色的

Rhododendron atrovirens 大关杜鹃：atro-/ atr-/ atri-/ atra- ← ater 深色，浓色，暗色，发黑（ater 作为词干后接辅音字母开头的词时，要在词干后面加一个连接用的元音字母"o"或"i"，故为"ater-o-"或"ater-i-"，变形为"atr-"开头）；virens 绿色的，变绿的

Rhododendron augustinii 毛肋杜鹃：augustinii ← Augustine Henry（人名，1857–1930，爱尔兰医生、植物学家）

Rhododendron augustinii subsp. augustinii 毛肋杜鹃-原亚种 （词义见上面解释）

Rhododendron augustinii subsp. chasmanthum 张口杜鹃：chasma 开口的；anthus/ anthum/ antha/ anthe ← anthos 花（用于希腊语复合词）

Rhododendron augustinii subsp. chasmanthum f. hardyi 白花张口杜鹃：hardyi（人名）；-i 表示人名，接在以元音字母结尾的人名后面，但 -a 除外

Rhododendron augustinii subsp. chasmanthum f. rubrum 红花张口杜鹃：rubrus/ rubrum/ rubra/ ruber 红色的

Rhododendron aureum 牛皮杜鹃：aureus = aurus + eus 属于金色的，属于黄色的；aurus 金，金色；-eus/ -eum/ -ea（接拉丁语词干时）属于……的，色如……的，质如……的（表示原料、颜色或品质的相似），（接希腊语词干时）属于……的，以……出名，为……所占有（表示具有某种特性）

Rhododendron auriculatum 耳叶杜鹃：auriculatus 耳形的，具小耳的（基部有两个小圆片）；auriculus 小耳朵的，小耳状的；auritus 耳朵的，耳状的；-culus/ -culum/ -cula 小的，略微的，稍微的（同第三变格法和第四变格法名词形成复合词）；-atus/ -atum/ -ata 属于，相似，具有，完成（形容词词尾）

Rhododendron auritum 折萼杜鹃：auritus 耳朵的，耳状的

Rhododendron bachii 腺萼马银花：bachii（人名）；-ii 表示人名，接在以辅音字母结尾的人名后面，但 -er 除外

Rhododendron baileyi 辐花杜鹃：baileyi（人名）；-i 表示人名，接在以元音字母结尾的人名后面，但

-a 除外

Rhododendron bainbridgeanum 毛尊杜鹃：
bainbridgeanum ← Bainbridge（人名，20 世纪英国植物学家、植物采集员，是英国植物学家 George Forrest 的朋友）

Rhododendron balangense 巴朗杜鹃：balangense 巴朗山的（地名，四川省）

Rhododendron balfourianum 粉钟杜鹃：
balfourianum ← Isaac Bayley Balfour（人名，19 世纪英国植物学家）

Rhododendron balfourianum var. aganniphoides 白毛粉钟杜鹃：aganniphoides 像雪山杜鹃的；Rhododendron agnanniphum 雪山杜鹃；-oides/ -oideus/ -oideum/ -oidea/ -odes/ -eidos 像……的，类似……的，呈……状的（名词词尾）

Rhododendron balfourianum var. balfourianum 粉钟杜鹃-原变种 （词义见上面解释）

Rhododendron bamaense 班玛杜鹃（有时错印为"斑玛杜鹃"）：bamaense 班玛的（地名，青海省）

Rhododendron barbatum 硬刺杜鹃：barbatus = barba + atus 具胡须的，具须毛的；barba 胡须，髯毛，绒毛；-atus/ -atum/ -ata 属于，相似，具有，完成（形容词词尾）

Rhododendron barkamense 马尔康杜鹃：
barkamense 马尔康的（地名，四川北部）

Rhododendron basilicum 粗枝杜鹃：basilicum ← basilikos 王室的（另一解释为一种芳香植物的希腊土名）；Basilicum 小冠薰属（唇形科）

Rhododendron bathyphyllum 多叶杜鹃：
bathyphyllus 低叶的；bathy 低的，深的；phyllus/ phyllum/ phylla ← phyllon 叶片（用于希腊语复合词）

Rhododendron beanianum 刺枝杜鹃：
beanianum ← William Jackson Bean（人名，20 世纪英国植物学家）

Rhododendron beesianum 宽钟杜鹃：
beesianum ← Bee's Nursery（蜂场，位于英国港口城市切斯特）

Rhododendron bellum 美鳞杜鹃：bellus ← belle 可爱的，美丽的

Rhododendron bijiangense 碧江杜鹃：bijiangense 碧江的（地名，云南省，已并入泸水县和福贡县）

Rhododendron bivelatum 双被杜鹃：bi-/ bis- 二，二数，二回（希腊语为 di-）；velatus 包被的

Rhododendron bonvalotii 折多杜鹃：bonvalotii（人名）；-ii 表示人名，接在以辅音字母结尾的人名后面，但 -er 除外

Rhododendron boothii 黄花花杜鹃：boothii（人名）；-ii 表示人名，接在以辅音字母结尾的人名后面，但 -er 除外

Rhododendron brachyanthum 短花杜鹃：
brachy- ← brachys 短的（用于拉丁语复合词词首）；anthus/ anthum/ antha/ anthe ← anthos 花（用于希腊语复合词）

Rhododendron brachyanthum subsp. brachyanthum 短花杜鹃-原变种 （词义见上面解释）

Rhododendron brachyanthum subsp. hypolepidotum 绿柱杜鹃：hypolepidotus 背面有鳞片的；hyp-/ hypo- 下面的，以下的，不完全的；lepidotus = lepis + otus 鳞片状的；lepis/ lepidos 鳞片；-otus/ -otum/ -ota（希腊语词尾，表示相似或所有）

Rhododendron brachypodum 短梗杜鹃：
brachy- ← brachys 短的（用于拉丁语复合词词首）；podus/ pus 柄，梗，茎秆，足，腿

Rhododendron bracteatum 苞叶杜鹃：
bracteatus = bracteus + atus 具苞片的；bracteus 苞，苞片，苞鳞；-atus/ -atum/ -ata 属于，相似，具有，完成（形容词词尾）

Rhododendron brevicaudatum 短尾杜鹃：
brevi- ← brevis 短的（用于希腊语复合词词首）；caudatus = caudus + atus 尾巴的，尾巴状的，具尾的；caudus 尾巴

Rhododendron brevinerve 短脉杜鹃：brevi- ← brevis 短的（用于希腊语复合词词首）；nerve ← nervus 脉，叶脉

Rhododendron breviperulatum 短鳞芽杜鹃：
brevi- ← brevis 短的（用于希腊语复合词词首）；perulatus = perulus + atus 具芽鳞的，具鳞片的，具小囊的；perulus 芽鳞，小囊

Rhododendron brevipetiolatum 短柄杜鹃：
brevi- ← brevis 短的（用于希腊语复合词词首）；petiolatus = petiolus + atus 具叶柄的；petiolus 叶柄

Rhododendron bulu 蜿蜒杜鹃（蜿 wān，蜒 yán）：bulu（土名）

Rhododendron bureavii 锈红毛杜鹃（原名"锈红杜鹃"，本属有重名）：bureavii ← Louis Edouard Bureau（人名，20 世纪法国植物学家）

Rhododendron caesium 蓝灰糙毛杜鹃：caesius 淡蓝色的，灰绿色的，蓝绿色的

Rhododendron callimorphum 卵叶杜鹃：
callimorphum 形状美丽的；call-/ calli-/ callo-/ cala-/ calo- ← calos/ callos 美丽的；morphus ← morphos 形状，形态

Rhododendron callimorphum var. callimorphum 卵叶杜鹃-原变种 （词义见上面解释）

Rhododendron callimorphum var. myiagrum 白花卵叶杜鹃：myiagrum（词源不详）

Rhododendron calophytum 美容杜鹃：call-/ calli-/ callo-/ cala-/ calo- ← calos/ callos 美丽的；phytus/ phytum/ phyta 植物

Rhododendron calophytum var. calophytum 美容杜鹃-原变种 （词义见上面解释）

Rhododendron calophytum var. jinfuense 金佛山美容杜鹃：jinfuense 金佛山的（地名，重庆市）

Rhododendron calophytum var. openshawianum 尖叶美容杜鹃：openshawianum（人名）

Rhododendron calophytum var. pauciflorum 疏花美容杜鹃：pauci- ← paucus 少数的，少的（希腊语为 oligo-）；florus/ florum/ flora ← flos 花（用于复合词）

R

Rhododendron calostrotum 美被杜鹃：calostrotus 美被的，美丽花被片的；call-/ calli-/ callo-/ cala-/ calo- ← calos/ callos 美丽的；strotum ← stratus 层，成层的，分层的

Rhododendron calostrotum var. calciphilum 小叶美被杜鹃：calci- ← calcium 石灰，钙质；philus/ philein ← philos → phil-/ phili/ philo- 喜好的，爱好的，喜欢的（注意区别形近词：phylus、phyllus）；phylus/ phylum/ phyla ← phylon/ phyle 植物分类单位中的"门"，位于"界"和"纲"之间，类群，种族，部落，聚群；phyllus/ phyllum/ phylla ← phyllon 叶片（用于希腊语复合词）

Rhododendron calostrotum var. calostrotum 美被杜鹃-原变种 （词义见上面解释）

Rhododendron calostrotum var. riparioides 雪龙美被杜鹃：riparioides 像 riparium 的；Rhododendron calostrotum subsp. riparium 美被杜鹃；-oides/ -oideus/ -oideum/ -oidea/ -odes/ -eidos 像……的，类似……的，呈……状的（名词词尾）；-arius/ -arium/ -aria 相似，属于（表示地点，场所，关系，所属）

Rhododendron calvescens 变光杜鹃：calvescens 变光秃的，几乎无毛的；calvus 光秃的，无毛的，无芒的，裸露的；-escens/ -ascens 改变，转变，变成，略微，带有，接近，相似，大致，稍微（表示变化的趋势，并未完全相似或相同，有别于表示达到完成状态的 -atus）

Rhododendron calvescens var. calvescens 变光杜鹃-原变种 （词义见上面解释）

Rhododendron calvescens var. duseimatum 长梗变光杜鹃：duseimatum 邋遢的，褴褛的

Rhododendron camelliiflorum 茶花杜鹃：camelliiflorus 山茶花的；缀词规则：以属名作复合词时原词尾变形后的 i 要保留；Camellia 山茶属；florus/ florum/ flora ← flos 花（用于复合词）

Rhododendron campanulatum 钟花杜鹃：campanula + atus 钟形的，具钟的（指花冠）；campanula 钟，吊钟状的，风铃草状的；-atus/ -atum/ -ata 属于，相似，具有，完成（形容词词尾）

Rhododendron campanulatum var. aeruginosum 铜叶钟花杜鹃：aerugo/ aeruginis 青绿色，通绿色；aeruginosus/ aerugineus 铜绿色的，铜锈色的；词尾为 -go 的词其词干末尾视为 -gin；-osus/ -osum/ -osa 多的，充分的，丰富的，显著发育的，程度高的，特征明显的（形容词词尾）；-eus/ -eum/ -ea（接拉丁语词干时）属于……的，色如……的，质如……的（表示原料、颜色或品质的相似），（接希腊语词干时）属于……的，以……出名，为……所占有（表示具有某种特性）

Rhododendron campanulatum var. campanulatum 钟花杜鹃-原变种 （词义见上面解释）

Rhododendron campylocarpum 弯果杜鹃：campylos 弯弓的，弯曲的，曲折的；campso-/ campto-/ campylo- 弯弓的，弯曲的，曲折的；carpus/ carpum/ carpa/ carpon ← carpos 果实（用于希腊语复合词）

Rhododendron campylocarpum subsp.

caloxanthum 美丽弯果杜鹃：call-/ calli-/ callo-/ cala-/ calo- ← calos/ callos 美丽的；xanthus ← xanthos 黄色的

Rhododendron campylocarpum subsp. campylocarpum 弯果杜鹃-原变种 （词义见上面解释）

Rhododendron campylogynum 弯柱杜鹃：campylos 弯弓的，弯曲的，曲折的；campso-/ campto-/ campylo- 弯弓的，弯曲的，曲折的；gynus/ gynum/ gyna 雌蕊，子房，心皮

Rhododendron capitatum 头花杜鹃：capitatus 头状的，头状花序的；capitus ← capitis 头，头状

Rhododendron catacosmum 瓣萼杜鹃：catacos 硬质的；cosmos 装饰的，美丽的

Rhododendron cavaleriei 多花杜鹃：cavaleriei ← Pierre Julien Cavalerie（人名，20 世纪法国传教士）；-i 表示人名，接在以元音字母结尾的人名后面，但 -a 除外

Rhododendron cephalanthum 毛喉杜鹃：cephalanthus 头状的，头状花序的；cephalus/ cephale ← cephalos 头，头状花序；cephal-/ cephalo- ← cephalus 头，头状，头部；anthus/ anthum/ antha/ anthe ← anthos 花（用于希腊语复合词）

Rhododendron cerasinum 樱花杜鹃：cerasinus 红色的，樱桃色的；Cerasus 樱花，樱属（蔷薇科）；-inus/ -inum/ -ina/ -inos 相近，接近，相似，具有（通常指颜色）

Rhododendron chamaethomsonii 云雾杜鹃：chamaethomsonii 比 thomsonii 小的；chamae- ← chamai 矮小的，匍匐的，地面的；thomsonii ← Rhododendron thomsonii 半圆叶杜鹃

Rhododendron chamaethomsonii var. chamaedoron 毛背云雾杜鹃：chamaedoron 矮小的礼物，地面的礼物（比喻植株矮小）；chamae- ← chamai 矮小的，匍匐的，地面的；doron 礼物

Rhododendron chamaethomsonii var. chamaethauma 短萼云雾杜鹃：chamae- ← chamai 矮小的，匍匐的，地面的；thauma ← thaumastos 奇异的

Rhododendron chamaethomsonii var. chamaethomsonii 云雾杜鹃-原变种 （词义见上面解释）

Rhododendron championiae 刺毛杜鹃：championiae ← John George Champion（人名，19 世纪英国植物学家，研究东亚植物，常误拼为"championae"）

Rhododendron championiae var. championiae 刺毛杜鹃-原变种 （词义见上面解释）

Rhododendron championiae var. ovatifolium 山荷桃：ovatus = ovus + atus 卵圆形的；ovus 卵，胚珠，卵形的，椭圆形的；-atus/ -atum/ -ata 属于，相似，具有，完成（形容词词尾）；folius/ folium/ folia 叶，叶片（用于复合词）

Rhododendron changii 树枫杜鹃：changii（人名）；-ii 表示人名，接在以辅音字母结尾的人名后面，但 -er 除外

Rhododendron charitopes 雅容杜鹃：charito- ←

R

charis 美丽，优雅，喜悦，恩典，偏爱（-charis 作构词成分时其词干视为 -charit）；pes/ pedis 柄，梗，茎秆，腿，足，爪（作词首或词尾，pes 的词干视为"ped-"）

Rhododendron charitopes subsp. charitopes 雅容杜鹃-原亚种 （词义见上面解释）

Rhododendron charitopes subsp. tsangpoense 藏布杜鹃：tsangpoense 雅鲁藏布江的（地名，西藏自治区）

Rhododendron chihsinianum 红滩杜鹃：chihsinianum（人名）

Rhododendron chionanthum 高山白花杜鹃：chionanthus = chionata + anthus 花白如雪的；chion-/ chiono- 雪，雪白色；anthus/ anthum/ antha/ anthe ← anthos 花（用于希腊语复合词）

Rhododendron chrysocalyx 金萼杜鹃：chrys-/ chryso- ← chrysos 黄色的，金色的；calyx → calyc- 萼片（用于希腊语复合词）

Rhododendron chrysocalyx var. chrysocalyx 金萼杜鹃-原变种 （词义见上面解释）

Rhododendron chrysocalyx var. xiushanense 秀山金萼杜鹃：xiushanense 秀山的（地名，重庆市）

Rhododendron chrysodoron 纯黄杜鹃：chrys-/ chryso- ← chrysos 黄色的，金色的；doron 礼物

Rhododendron chunii 龙山杜鹃：chunii ← W. Y. Chun 陈焕镛（人名，1890–1971，中国植物学家）

Rhododendron chunnienii 椿年杜鹃：chunnienii（人名）；-ii 表示人名，接在以辅音字母结尾的人名后面，但 -er 除外

Rhododendron ciliatum 睫毛杜鹃：ciliatus = cilium + atus 缘毛的，流苏的；cilium 缘毛，睫毛；-atus/ -atum/ -ata 属于，相似，具有，完成（形容词词尾）

Rhododendron ciliicalyx 睫毛萼杜鹃：ciliicalyx = cilium + calyx 缘毛萼的（缀词规则：用非属名构成复合词且词干末尾字母为 i 时，省略词尾，直接用词干和后面的构词成分连接，故 cilii- 应简化为 cili-）；cilium 缘毛，睫毛；calyx → calyc- 萼片（用于希腊语复合词）

Rhododendron ciliicalyx subsp. ciliicalyx 睫毛萼杜鹃-原亚种 （词义见上面解释）

Rhododendron ciliicalyx subsp. lyi 长柱睫萼杜鹃：lyi（人名）

Rhododendron ciliipes 香花白杜鹃：ciliipes = cilium + pes 毛柄的，毛秆的（缀词规则：用非属名构成复合词且词干末尾字母为 i 时，省略词尾，直接用词干和后面的构词成分连接，故 cilii- 应简化为 cili-）；cilium 缘毛，睫毛；pes/ pedis 柄，梗，茎秆，腿，足，爪（作词首或词尾，pes 的词干视为"ped-"）

Rhododendron cinnabarinum 朱砂杜鹃：cinnabarinus 朱红色的；cinnabar 朱红，朱砂，辰砂；-inus/ -inum/ -ina/ -inos 相近，接近，相似，具有（通常指颜色）

Rhododendron cinnabarinum var. cinnabarinum 朱砂杜鹃-原变种 （词义见上面解释）

Rhododendron cinnabarinum var.

purpurellum 紫色朱砂杜鹃：purpurellus 淡紫色的；purpura 紫色（purpura 原为一种介壳虫名，其体液为紫色，可作颜料）；-ellus/ -ellum/ -ella ← -ulus 小的，略微的，稍微的（小词 -ulus 在字母 e 或 i 之后有多种变缀，即 -olus/ -olum/ -ola、-ellus/ -ellum/ -ella、-illus/ -illum/ -illa，用于第一变格法名词）

Rhododendron cinnabarinum var. roylei 深红朱砂杜鹃：roylei ← John Forbes Royle（人名，19世纪英国植物学家、医生）；-i 表示人名，接在以元音字母结尾的人名后面，但 -a 除外

Rhododendron circinnatum 卷毛杜鹃：circinnatus/ cinrcinnatus ← circinatus/ cicinalis 线圈状的，涡旋状的，圆角的

Rhododendron citriniflorum 橙黄杜鹃：citrus ← kitron 柑橘，柠檬（柠檬的古拉丁名）；florus/ florum/ flora ← flos 花（用于复合词）

Rhododendron citriniflorum var. citriniflorum 橙黄杜鹃-原变种 （词义见上面解释）

Rhododendron citriniflorum var. horaeum 美艳橙黄杜鹃：horaeum ← Horae 霍莉（希腊神话中的时序三女神）

Rhododendron clementinae 麻点杜鹃：clementinae（人名）

Rhododendron clementinae subsp. aureodorsale 金背杜鹃：aure-/ aureo- ← aureus 黄色，金色；dorsale/ dorsalis 背面的，背生的

Rhododendron clementinae subsp. clementinae 麻点杜鹃-原亚种 （词义见上面解释）

Rhododendron codonanthum 腺蕊杜鹃：codon 钟，吊钟形的；anthus/ anthum/ antha/ anthe ← anthos 花（用于希腊语复合词）

Rhododendron coelicum 滇缅杜鹃：coelicum 中空的；caelum/ coelum 天空，天上，云端，最高处

Rhododendron coeloneurum 粗脉杜鹃：coelo- ← koilos 空心的，中空的，鼓肚的（希腊语）；caelum/ coelum 天空，天上，云端，最高处；neurus ← neuron 脉，神经

Rhododendron comisteum 砾石杜鹃：comisteus = comus + steus 硬毛的；comus ← comis 冠毛，头缨，一簇（毛或叶片）；steus ← osteus 骨头（指坚硬）

Rhododendron complexum 锈红杜鹃：complexus = co + plexus 综合的，包括的，卷上的，复杂的；co- 联合，共同，合起来（拉丁语词首，为 cum- 的音变，表示结合、强化、完全，对应的希腊语为 syn-）；co- 的缀词音变有 co-/ com-/ con-/ col-/ cor-：co-（在 h 和元音字母前面），col-（在 l 前面），com-（在 b、m、p 之前），con-（在 c、d、f、g、j、n、qu、s、t 和 v 前面），cor-（在 r 前面）；plexus 编织的，交错的

Rhododendron concinnum 秀雅杜鹃：concinnus 精致的，高雅的，形状好看的

Rhododendron coriaceum 革叶杜鹃：coriaceus = corius + aceus 近皮革的，近革质的；corius 皮革的，革质的；-aceus/ -aceum/ -acea 相似的，有……性质的，属于……的

Rhododendron coryanum 光蕊杜鹃：coryanum
（人名）

Rhododendron crassimedium 棒柱杜鹃：
crassimedium 中间厚质的；crassi- ← crassus 厚的，
粗的，多肉质的；medius 中间的，中央的

Rhododendron crassistylum 粗柱杜鹃：crassi- ←
crassus 厚的，粗的，多肉质的；stylus/ stylis ←
stylos 柱，花柱

Rhododendron cretaceum 白枝杜鹃：cretaceus 白
垩色的，白垩纪的

Rhododendron crinigerum 长粗毛杜鹃：crinis 头
发的，彗星尾的，长而软的簇生毛发；gerus →
-ger/ -gerus/ -gerum/ -gera 具有，有，带有

Rhododendron crinigerum var. crinigerum 长
粗毛杜鹃-原变种 （词义见上面解释）

Rhododendron crinigerum var. euadenium 腺
背长粗毛杜鹃：euadenius 美腺的，属于美腺的；
eu- 好的，秀丽的，真的，正确的，完全的；adenus
腺，腺体；-ius/ -ium/ -ia 具有……特性的（表示有
关、关联、相似）

Rhododendron cuneatum 楔叶杜鹃：cuneatus =
cuneus + atus 具楔子的，属楔形的；cuneus 楔子
的；-atus/ -atum/ -ata 属于，相似，具有，完成
（形容词词尾）

Rhododendron cyanocarpum 蓝果杜鹃：cyanus/
cyan-/ cyano- 蓝色的，青色的；carpus/ carpum/
carpa/ carpon ← carpos 果实（用于希腊语复合词）

Rhododendron dalhousiae 长药杜鹃：
dalhousiae ← Dalhousie（人名）；-ae 表示人名，以
-a 结尾的人名后面加上 -e 形成

Rhododendron danbaense 丹巴杜鹃：danbaense
丹巴的（地名，四川西部）

Rhododendron dasycladoides 漏斗杜鹃：
dasycladoides 像 dasycladum 的，枝条略带粗毛的；
dasycladus 毛枝的；dasy- ← dasys 毛茸茸的，粗毛
的，毛；cladus ← clados 枝条，分枝；-oides/
-oideus/ -oideum/ -oidea/ -odes/ -eidos 像……的，
类似……的，呈……状的（名词词尾）；
Rhododendron selense subsp. dasycladum 毛枝多
变杜鹃

Rhododendron dasypetalum 毛瓣杜鹃：
dasypetalus 毛瓣的，花瓣有粗毛的；dasy- ← dasys
毛茸茸的，粗毛的，毛；petalus/ petalum/
petala ← petalon 花瓣

Rhododendron dauricum 兴安杜鹃：dauricum
（dahuricum/ davuricum）达乌里的（地名，外贝加
尔湖，属西伯利亚的一个地区，即贝加尔湖以东及
以南至中国和蒙古边界）

Rhododendron davidii 腺果杜鹃：davidii ← Pere
Armand David（人名，1826–1900，曾在中国采集
植物标本的法国传教士）；-ii 表示人名，接在以辅音
字母结尾的人名后面，但 -er 除外

Rhododendron davidsonianum 凹叶杜鹃：
davidsonianum ← A. Davidson（人名，1860–1932，
美国人）

Rhododendron dawuense 道孚杜鹃：dawuense 道
孚的（地名，四川省）

Rhododendron declivatum 陡生杜鹃：

declivatus ← declivis 陡坡的，斜向上的；declivis
陡的，下斜的；-atus/ -atum/ -ata 属于，相似，具
有，完成（形容词词尾）

Rhododendron decorum 大白杜鹃：decorus 美丽
的，漂亮的，装饰的；decor 装饰，美丽

Rhododendron decorum subsp. cordatum 心基
大白杜鹃：cordatus ← cordis/ cor 心脏的，心形的；
-atus/ -atum/ -ata 属于，相似，具有，完成（形容
词词尾）

Rhododendron decorum subsp. decorum 大白
杜鹃-原亚种 （词义见上面解释）

Rhododendron decorum subsp. diaprepes 高尚
大白杜鹃：diaprepes 非常值得看的，高雅的，高尚
的；dia- 透过，穿过，横过（指透明），极其，非常
（希腊语词首）；prepes 看，观看；euprepes 悦目的

Rhododendron decorum subsp.
parvistigmaticum 小头大白杜鹃：parvus 小的，
些微的，弱的；stigmus 柱头；stigmaticus 具柱头
的，有条纹的

Rhododendron dekatanum 隆子杜鹃：dekatanum
（地名，西藏自治区）

Rhododendron delavayi 马缨杜鹃：delavayi ← P.
J. M. Delavay（人名，1834–1895，法国传教士，曾
在中国采集植物标本）；-i 表示人名，接在以元音字
母结尾的人名后面，但 -a 除外

Rhododendron delavayi var. delavayi 马缨杜
鹃-原变种 （词义见上面解释）

Rhododendron delavayi var. peramoenum 狭叶
马缨花：peramoenus 极可爱的；per-（在 l 前面音
变为 pel-）极，很，颇，甚，非常，完全，通过，遍
及（表示效果加强，与 sub- 互为反义词）；amoenus
美丽的，可爱的

Rhododendron delavayi var. pilostylum 毛柱马
缨花：pilostylus 毛柱的；pilo- ← pilosus 多毛的，
被柔毛的，具疏柔毛的，被短弱细毛的；pilus 毛，
疏柔毛；stylus/ stylis ← stylos 柱，花柱

Rhododendron dendricola 附生杜鹃：dendricolus
生在树上的；dendron 树木；colus ← colo 分布于，
居住于，栖居，殖民（常作词尾）；colo/ colere/
colui/ cultum 居住，耕作，栽培

Rhododendron dendrocharis 树生杜鹃：dendron
树木；charis/ chares 美丽，优雅，喜悦，恩典，偏爱

Rhododendron densifolium 密叶杜鹃：densus 密
集的，繁茂的；folius/ folium/ folia 叶，叶片（用于
复合词）

Rhododendron denudatum 皱叶杜鹃：
denudatus = de + nudus + atus 裸露的，露出的，
无毛的（近义词：glaber）；de- 向下，向外，从……，
脱离，脱落，离开，去掉；nudus 裸露的，无装饰的

Rhododendron detersile 干净杜鹃：detersile ←
de + tersus 擦干净的，抹去的；de- 向下，向外，
从……，脱离，脱落，离开，去掉；tersus 整洁的

Rhododendron detonsum 落毛杜鹃：detonsus 剃
光的，无毛的；de- 向下，向外，从……，脱离，脱
落，离开，去掉；tonsus 剃光

Rhododendron dichroanthum 两色杜鹃：
dichroanthus 双色花的；dichrous/ dichrus 二色的；
di-/ dis- 二，二数，二分，分离，不同，在……之间，

从……分开（希腊语，拉丁语为 bi-/ bis-）；
-chromus/ -chrous/ -chrus 颜色，彩色，有色的；
anthus/ anthum/ antha/ anthe ← anthos 花（用于希腊语复合词）

Rhododendron dichroanthum subsp. apodectum 可喜杜鹃：apodectum（词源不详，可能来自 apodus ← apodes 无柄的，无梗的）

Rhododendron dichroanthum subsp. dichroanthum 两色杜鹃-原亚种 （词义见上面解释）

Rhododendron dichroanthum subsp. scyphocalyx 杯萼两色杜鹃：scyphocalyx 杯萼的；scypho- ← skyphos 杯子的，杯子状的；calyx → calyc- 萼片（用于希腊语复合词）

Rhododendron dichroanthum subsp. septentrionale 腺梗两色杜鹃：septentrionale 北方的，北半球的，北极附近的；septentrio 北斗七星，北方，北风；septem-/ sept-/ septi- 七（希腊语为 hepta-）；trio 耕牛，大、小熊星座

Rhododendron dignabile 疏毛杜鹃：dignabile 高贵的，有价值的，适宜的；dignus 有价值的，适宜的；digno 定价，评价；-abilis/ -abile/ -abilis、-bilis 表示能力、才能

Rhododendron dimitrium 苍山杜鹃：di-/ dis- 二，二数，二分，分离，不同，在……之间，从……分开（希腊语，拉丁语为 bi-/ bis-）；mitrius ← mitrion 帽子，兜子，头巾

Rhododendron diphrocalyx 腾冲杜鹃：diphro-（词源不详）；calyx → calyc- 萼片（用于希腊语复合词）

Rhododendron discolor 喇叭杜鹃（喇 lǎ）：discolor 异色的，不同色的（指花瓣花萼等）；di-/ dis- 二，二数，二分，分离，不同，在……之间，从……分开（希腊语，拉丁语为 bi-/ bis-）；color 颜色

Rhododendron × duclouxii 粉红爆仗花（杂交种）：duclouxii（人名）；-ii 表示人名，接在以辅音字母结尾的人名后面，但 -er 除外

Rhododendron dumicola 灌丛杜鹃：dumicolus = dumus + colus 生于灌丛的，生于荒草丛的；dumus 灌丛，荆棘丛，荒草丛；colus ← colo 分布于，居住于，栖居，殖民（常作词尾）；colo/ colere/ colui/ cultum 居住，耕作，栽培

Rhododendron ebianense 峨边杜鹃：ebianense 峨边的（地名，四川省）

Rhododendron eclecteum 杂色杜鹃：eclecteum ← eclectus + eus 属于折中的，属于中等的；eclectus 折中的；-eus/ -eum/ -ea（接拉丁语词干时）属于……的，色如……的，质如……的（表示原料、颜色或品质的相似），（接希腊语词干时）属于……的，以……出名，为……所占有（表示具有某种特性）

Rhododendron eclecteum var. bellatulum 长柄杂色杜鹃：bellatulus = bellus + atus + ulus 稍可爱的，稍美丽的；bellus ← belle 可爱的，美丽的

Rhododendron eclecteum var. eclecteum 杂色杜鹃-原变种 （词义见上面解释）

Rhododendron edgeworthii 泡泡叶杜鹃（泡 pào）：edgeworthii ← Michael Pakenham Edgeworth（人名，19 世纪英国植物学家）

Rhododendron elegantulum 金江杜鹃：elegantulus = elegantus + ulus 稍优雅的；elegantus ← elegans 优雅的

Rhododendron ellipticum 西施花：ellipticus 椭圆形的；-ticus/ -ticum/ tica/ -ticos 表示属于，关于，以……著称，作形容词词尾

Rhododendron emarginatum 缺顶杜鹃：emarginatus 先端稍裂的，凹头的；marginatus ← margo 边缘的，具边缘的；margo/ marginis → margin- 边缘，边线，边界；词尾为 -go 的词其词干末尾视为 -gin；e-/ ex- 不，无，非，缺乏，不具有（e- 用在辅音字母前，ex- 用在元音字母前，为拉丁语词首，对应的希腊语词首为 a-/ an-，英语为 un-/ -less，注意作词首用的 e-/ ex- 和介词 e/ ex 意思不同，后者意为"出自、从……、由……离开、由于、依照"）

Rhododendron emarginatum var. emarginatum 缺顶杜鹃-原变种 （词义见上面解释）

Rhododendron emarginatum var. erioacarpum 毛果缺顶杜鹃：erioacarpus 绵毛果的，果实被长毛的；erion 绵毛，羊毛；carpus/ carpum/ carpa/ carpon ← carpos 果实（用于希腊语复合词）

Rhododendron erastum 匍匐杜鹃：erastum（一种花的名字）

Rhododendron erosum 啮蚀杜鹃（啮 niè）：erosus 啮蚀状的，牙齿不整齐的

Rhododendron erythrocalyx 显萼杜鹃：erythrocalyx 红萼的；erythr-/ erythro- ← erythros 红色的（希腊语）；calyx → calyc- 萼片（用于希腊语复合词）

Rhododendron esetulosum 喙尖杜鹃：esetulosum 无短刺的，无短毛的；e-/ ex- 不，无，非，缺乏，不具有（e- 用在辅音字母前，ex- 用在元音字母前，为拉丁语词首，对应的希腊语词首为 a-/ an-，英语为 un-/ -less，注意作词首用的 e-/ ex- 和介词 e/ ex 意思不同，后者意为"出自、从……、由……离开、由于、依照"）；setulosus = setus + ulus + osus 多短刺的，被短毛的；setus/ saetus 刚毛，刺毛，芒刺；-ulus/ -ulum/ -ula 小的，略微的，稍微的（小词 -ulus 在字母 e 或 i 之后有多种变缀，即 -olus/ -olum/ -ola、-ellus/ -ellum/ -ella、-illus/ -illum/ -illa，与第一变格法和第二变格法名词形成复合词）；-osus/ -osum/ -osa 多的，充分的，丰富的，显著发育的，程度高的，特征明显的（形容词词尾）

Rhododendron euchroum 滇西杜鹃：euchromus 颜色美丽的；eu- 好的，秀丽的，真的，正确的，完全的；chromus/ chrous 颜色的，彩色的，有色的

Rhododendron eudoxum 华丽杜鹃：eudoxus 好声誉的；eu- 好的，秀丽的，真的，正确的，完全的；-doxa/ -doxus 荣耀的，瑰丽的，壮观的，显眼的

Rhododendron eudoxum var. brunneifolium 褐叶华丽杜鹃：brunneus/ bruneus 深褐色的；folius/ folium/ folia 叶，叶片（用于复合词）；-eus/ -eum/ -ea（接拉丁语词干时）属于……的，色如……的，质如……的（表示原料、颜色或品质的相似），（接希腊语词干时）属于……的，以……出名，为……所占有（表示具有某种特性）

R

Rhododendron eudoxum var. eudoxum 华丽杜鹃-原变种 （词义见上面解释）

Rhododendron eudoxum var. mesopolium 白毛华丽杜鹃：mesopolium 中等灰白的；mes-/ meso- 中间，中央，中部，中等；polius ← polios 灰白色的，灰色的

Rhododendron eurysiphon 宽筒杜鹃：eurysiphon 宽管的；eurys 宽阔的；siphonus ← sipho → siphon-/ siphono-/ -siphonius 管，筒，管状物

Rhododendron exasperatum 粗糙叶杜鹃：exasperatus 粗糙表面的，非常粗糙的；e/ ex 出自，从……，由……离开，由于，依照（拉丁语介词，相当于英语的 from，对应的希腊语为 a/ ab，注意介词 e/ ex 所作词首用的 e-/ ex- 意思不同，后者意为"不、无、非、缺乏、不具有"）；asperatus 粗糙的

Rhododendron excellens 大喇叭杜鹃（喇 lǎ）：excellens 优雅的，带劲的

Rhododendron faberi 金顶杜鹃：faberi ← Ernst Faber（人名，19 世纪活动于中国的德国植物采集员）；-eri 表示人名，在以 -er 结尾的人名后面加上 i 形成

Rhododendron faberi subsp. faberi 金顶杜鹃-原亚种 （词义见上面解释）

Rhododendron faberi subsp. prattii 大叶金顶杜鹃：prattii ← Antwerp E. Pratt（人名，19 世纪活动于中国的英国动物学家、探险家）

Rhododendron faceteum 绵毛房杜鹃：faceteus = facetus + eus 略华丽的，略优美的；facetus 华丽的，优美的；-eus/ -eum/ -ea（接拉丁语词干时）属于……的，色如……的，质如……的（表示原料、颜色或品质的相似），（接希腊语词干时）属于……的，以……出名，为……所占有（表示具有某种特性）

Rhododendron faithae 大云锦杜鹃：faithae（人名）

Rhododendron fangchengense 防城杜鹃：fangchengense 防城的（地名，广西西南部防城港市的旧称）

Rhododendron farinosum 钝头杜鹃：farinosus 粉末状的，飘粉的；farinus 粉末，粉末状覆盖物；far/ farris 一种小麦，面粉；-osus/ -osum/ -osa 多的，充分的，丰富的，显著发育的，程度高的，特征明显的（形容词词尾）

Rhododendron farrerae 丁香杜鹃：farrerae（人名）；-ae 表示人名，以 -a 结尾的人名后面加上 -e 形成

Rhododendron fastigiatum 密枝杜鹃：fastigiatus 束状的，笞帚状的（枝条直立聚集）（形近词：fastigatus 高的，高举的）；fastigius 笞帚

Rhododendron faucium 猴斑杜鹃：faucius 喉咙的，咽喉的；fauces 咽喉，脖颈，关隘，海峡，地峡，峡谷

Rhododendron flavantherum 黄药杜鹃：flavus → flavo-/ flavi-/ flav- 黄色的，鲜黄色的，金黄色的（指纯正的黄色）；andrus/ andros/ antherus ← aner 雄蕊，花药，雄性

Rhododendron flavidum 川西淡黄杜鹃：flavidus 淡黄的，泛黄的，发黄的；flavus → flavo-/ flavi-/ flav- 黄色的，鲜黄色的，金黄色的（指纯正的黄

色）；-idus/ -idum/ -ida 表示在进行中的动作或情况，作动词、名词或形容词的词尾

Rhododendron flavidum var. flavidum 淡黄杜鹃-原变种 （词义见上面解释）

Rhododendron flavidum var. psilostylum 光柱淡黄杜鹃（原名"光柱杜鹃"，本属有重名）：psil-/ psilo- ← psilos 平滑的，光滑的；stylus/ stylis ← stylos 柱，花柱

Rhododendron flavoflorum 淡黄花杜鹃：flavus → flavo-/ flavi-/ flav- 黄色的，鲜黄色的，金黄色的（指纯正的黄色）；florus/ florum/ flora ← flos 花（用于复合词）

Rhododendron fletcherianum 翅柄杜鹃：fletcherianum ← Harold Roy Fletcher（人名，20 世纪英国皇家植物园主任）

Rhododendron floccigerum 绵毛杜鹃：floccigerum 被丛卷毛的，被绵毛的；floccus 丛卷毛，簇状毛（毛成簇脱落）；gerus → -ger/ -gerus/ -gerum/ -gera 具有，有，带有

Rhododendron floribundum 繁花杜鹃：floribundus = florus + bundus 多花的，繁花的，花正盛开的；florus/ florum/ flora ← flos 花（用于复合词）；-bundus/ -bunda/ -bundum 正在做，正在进行（类似于现在分词），充满，盛行

Rhododendron florulentum 龙岩杜鹃：florulentus = florus + ulentus 多花的；florus/ florum/ flora ← flos 花（用于复合词）；-ulentus/ -ulentum/ -ulenta/ -olentus/ -olentum/ -olenta（表示丰富、充分或显著发展）

Rhododendron flosulum 子花杜鹃：flosulus = flos + ulus 小花的；flos/ florus 花；-ulus/ -ulum/ -ula 小的，略微的，稍微的（小词 -ulus 在字母 e 或 i 之后有多种变缀，即 -olus/ -olum/ -ola、-ellus/ -ellum/ -ella、-illus/ -illum/ -illa，与第一变格法和第二变格法名词形成复合词）

Rhododendron flumineum 河边杜鹃：flumineus 属于河流的，属于流水的，水的；flumen 河流，河川，大海，大量；-eus/ -eum/ -ea（接拉丁语词干时）属于……的，色如……的，质如……的（表示原料、颜色或品质的相似），（接希腊语词干时）属于……的，以……出名，为……所占有（表示具有某种特性）

Rhododendron formosanum 台湾杜鹃：formosanus = formosus + anus 美丽的，台湾的；formosus ← formosa 美丽的，台湾的（葡萄牙殖民者发现台湾时对其的称呼，即美丽的岛屿）；-anus/ -anum/ -ana 属于，来自（形容词词尾）

Rhododendron forrestii 紫背杜鹃：forrestii ← George Forrest（人名，1873–1932，英国植物学家，曾在中国西部采集大量植物标本）

Rhododendron forrestii subsp. forrestii 紫背杜鹃-原亚种 （词义见上面解释）

Rhododendron forrestii subsp. papillatum 乳突紫背杜鹃：papillatus 乳头的，乳头状突起的；papilli- ← papilla 乳头的，乳突的

Rhododendron fortunei 云锦杜鹃：fortunei ← Robert Fortune（人名，19 世纪英国园艺学家，曾在中国采集植物）；-i 表示人名，接在以元音字母结

尾的人名后面，但 -a 除外

Rhododendron fragariflorum 草莓花杜鹃：
fragariflorus 草莓花的；Fragaria 草莓属（蔷薇科）；
florus/ florum/ flora ← flos 花（用于复合词）

Rhododendron fuchsiifolium 贵定杜鹃：Fuchsia
倒挂金钟属（柳叶菜科）；folius/ folium/ folia 叶，
叶片（用于复合词）

Rhododendron fulgens 猩红杜鹃：fulgens/
fulgidus 光亮的，光彩夺目的；fulgo/ fulgeo 发光
的，耀眼的

Rhododendron fulvum 镰果杜鹃：fulvus 咖啡色
的，黄褐色的

Rhododendron fuscipilum 棕毛杜鹃：fusci-/
fusco- ← fuscus 棕色的，暗色的，发黑的，暗棕色
的，褐色的；pilus 毛，疏柔毛

Rhododendron fuyuanense 富源杜鹃：fuyuanense
富源的（地名，云南省）

Rhododendron galactinum 乳黄叶杜鹃：
galactinus 乳白色的；-inus/ -inum/ -ina/ -inos 相
近，接近，相似，具有（通常指颜色）

Rhododendron gemmiferum 大芽杜鹃：gemmus
芽，珠芽，零余子；-ferus/ -ferum/ -fera/ -fero/
-fere/ -fer 有，具有，产（区别：作独立词使用的
ferus 意思是"野生的"）

Rhododendron genestierianum 灰白杜鹃：
genestierianum ← A. Genestier（人名，19 世纪活
动于中国的法国传教士）

Rhododendron glanduliferum 具腺杜鹃（原名
"大果杜鹃"，本属有重名）：glanduli- ← glandus +
ulus 腺体的，小腺体的；glandus ← glans 腺体；
-ferus/ -ferum/ -fera/ -fero/ -fere/ -fer 有，具有，
产（区别：作独立词使用的 ferus 意思是"野生的"）

Rhododendron glandulostylum 腺柱杜鹃：
glandulosus = glandus + ulus + osus 被细腺的，具
腺体的，腺体质的；glandus ← glans 腺体；stylus/
stylis ← stylos 柱，花柱；-ulus/ -ulum/ -ula 小的，
略微的，稍微的（小词 -ulus 在字母 e 或 i 之后有多
种变缀，即 -olus/ -olum/ -ola、-ellus/ -ellum/
-ella、-illus/ -illum/ -illa，与第一变格法和第二变格
法名词形成复合词）；-osus/ -osum/ -osa 多的，充
分的，丰富的，显著发育的，程度高的，特征明显的
（形容词词尾）

Rhododendron glischrum 黏毛杜鹃：glischrus 黏
的，似胶的

Rhododendron glischrum subsp. glischrum 黏
毛杜鹃-原亚种 （词义见上面解释）

Rhododendron glischrum subsp. rude 红黏毛杜
鹃：rude 粗糙的，粗野的

Rhododendron goloense 果洛杜鹃：goloense 果洛
的（地名，青海省）

Rhododendron gonggashanense 贡嘎山杜鹃（嘎
gá）：gonggashanense 贡嘎山的（地名，四川省）

Rhododendron gongshanense 贡山杜鹃：
gongshanense 贡山的（地名，云南省）

Rhododendron grande 巨魁杜鹃：grande 大的，
大型的，宏大的

Rhododendron griersonianum 朱红大杜鹃：
griersonianum（人名）

Rhododendron griffithianum 不丹杜鹃：
griffithianum ← William Griffith（人名，19 世纪印
度植物学家，加尔各答植物园主任）

Rhododendron guangnanense 广南杜鹃：
guangnanense 广南的（地名，云南省）

Rhododendron guizhouense 贵州杜鹃：
guizhouense 贵州的（地名）

Rhododendron habrotrichum 粗毛杜鹃：habros
柔软的；trichus 毛，毛发，线

Rhododendron haematodes 似血杜鹃（血 xuè）：
haimato-/ haem- 血的，红色的，鲜红的；-oides/
-oideus/ -oideum/ -oidea/ -odes/ -eidos 像……的，
类似……的，呈……状的（名词词尾）

**Rhododendron haematodes subsp.
chaetomallum** 绢毛杜鹃（绢 juàn）：chaeto- ←
chaite 胡须，鬃毛，长毛；mallum 方向，朝向

**Rhododendron haematodes subsp.
haematodes** 似血杜鹃-原亚种 （词义见上面解释）

Rhododendron hainanense 海南杜鹃：hainanense
海南的（地名）

Rhododendron hanceanum 疏叶杜鹃：
hanceanum ← Henry Fletcher Hance（人名，19 世
纪英国驻香港领事，曾在中国采集植物）

Rhododendron hancockii 滇南杜鹃：hancockii ←
W. Hancock（人名，1847–1914，英国海关官员，曾
在中国采集植物标本）

Rhododendron haofui 光枝杜鹃：haofui 灏富
（人名）

Rhododendron hejiangense 合江杜鹃：
hejiangense 合江的（地名，四川省）

Rhododendron heliolepis 亮鳞杜鹃：heliolepis 金
黄色鳞片的；heli-/ helio- ← helios 太阳的，日光的；
lepis/ lepidos 鳞片

Rhododendron heliolepis var. fumidum 灰褐亮
鳞杜鹃：fumidus = fumus + idus 烟色的；fumus
烟，烟雾；-idus/ -idum/ -ida 表示在进行中的动作
或情况，作动词、名词或形容词的词尾

Rhododendron heliolepis var. heliolepis 亮鳞杜
鹃-原变种 （词义见上面解释）

Rhododendron heliolepis var. oporinum 毛冠亮
鳞杜鹃（冠 guān）：oporinus ← opora 秋天的

Rhododendron hemitrichotum 粉背碎米花：
hemi- 一半；tri-/ tripli-/ triplo- 三个，三数；
chotus 分枝，分叉，分歧；trichotus 三叉的

Rhododendron hemsleyanum 波叶杜鹃：
hemsleyanum ← William Botting Hemsley（人名，
19 世纪研究中美洲植物的植物学家）

Rhododendron hemsleyanum var. chengianum
无腺杜鹃：chengianum ← Wan-Chun Cheng 郑万
钧（人名，1904–1983，中国树木分类学家），郑氏，
程氏

**Rhododendron hemsleyanum var.
hemsleyanum** 波叶杜鹃-原变种 （词义见上面
解释）

Rhododendron henanense 河南杜鹃：henanense
河南的（地名）

Rhododendron henanense subsp. henanense 河
南杜鹃-原亚种 （词义见上面解释）

R

Rhododendron henanense subsp. lingbaoense 灵宝杜鹃：lingbaoense 灵宝的（地名，河南省）

Rhododendron henryi 弯蒴杜鹃：henryi ← Augustine Henry 或 B. C. Henry（人名，前者，1857–1930，爱尔兰医生、植物学家，曾在中国采集植物，后者，1850–1901，曾活动于中国的传教士）

Rhododendron henryi var. dunnii 秃房杜鹃：dunnii（人名）；-ii 表示人名，接在以辅音字母结尾的人名后面，但 -er 除外

Rhododendron henryi var. henryi 弯蒴杜鹃-原变种 （词义见上面解释）

Rhododendron heteroclitum 异常杜鹃：heteroclitus 多形的，不规则的，异样的，异常的；clitus 多种形状的，不规则的，异常的

Rhododendron hippophaeoides 灰背杜鹃：Hippophae 沙棘属（胡颓子科）；-oides/ -oideus/ -oideum/ -oidea/ -odes/ -eidos 像……的，类似……的，呈……状的（名词词尾）

Rhododendron hippophaeoides var. hippophaeoides 灰背杜鹃-原变种 （词义见上面解释）

Rhododendron hippophaeoides var. occidentale 长柱灰背杜鹃：occidentale ← occidentalis 西方的，西部的，欧美的；occidens 西方，西部

Rhododendron hirsutipetiolatum 凸脉杜鹃：hirsutus 粗毛的，糙毛的，有毛的（长而硬的毛）；petiolatus = petiolus + atus 具叶柄的；petiolus 叶柄

Rhododendron hirtipes 硬毛杜鹃：hirtipes 茎密被毛的，茎有短刚毛的；hirtus 有毛的，粗毛的，刚毛的（长而明显的毛）；pes/ pedis 柄，梗，茎秆，腿，足，爪（作词首或词尾，pes 的词干视为"ped-"）

Rhododendron hodgsonii 多裂杜鹃：hodgsonii ← Bryan Houghton Hodgson（人名，19 世纪在尼泊尔的英国植物学家）

Rhododendron hongkongense 白马银花：hongkongense 香港的（地名）

Rhododendron hookeri 串珠杜鹃：hookeri ← William Jackson Hooker（人名，19 世纪英国植物学家）；-eri 表示人名，在以 -er 结尾的人名后面加上 i 形成

Rhododendron huanense 湖南杜鹃：huanense 湖南的（地名，已修订为 hunanense）

Rhododendron huguangense 大鳞杜鹃：huguangense 华光的（地名，湖南省宜章县）

Rhododendron huianum 凉山杜鹃：huianum 胡氏（人名）

Rhododendron huidongense 会东杜鹃：huidongense 会东的（地名，四川省）

Rhododendron hunnewellianum 岷江杜鹃（岷 mín）：hunnewellianum（人名）

Rhododendron hunnewellianum subsp. hunnewellianum 岷江杜鹃-原亚种 （词义见上面解释）

Rhododendron hunnewellianum subsp. rockii 黄毛岷江杜鹃：rockii ← Joseph Francis Charles Rock（人名，20 世纪美国植物采集员）

Rhododendron hylaeum 粉果杜鹃：hylaeum 属于森林的，生于森林的；hylo- ← hyla/ hyle 林木，树木，森林；-aeus/ -aeum/ -aea 表示属于……，名词形容词化词尾，如 europaeus ← europa 欧洲的

Rhododendron hypenanthum 毛花杜鹃：hypenanthum 上位花的，花在上面的；hypen- ← hyper- 上面的，以上的；anthus/ anthum/ antha/ anthe ← anthos 花（用于希腊语复合词）

Rhododendron hyperythrum 微笑杜鹃：hyperythrum 背面红色的；hyp-/ hypo- 下面的，以下的，不完全的；erythr-/ erythro- ← erythros 红色的（希腊语）

Rhododendron hypoblematosum 背绒杜鹃：hypoblematosus 绒背的，背面有盖层的；hyp-/ hypo- 下面的，以下的，不完全的；blematosus 被覆，密被绒毛；-osus/ -osum/ -osa 多的，充分的，丰富的，显著发育的，程度高的，特征明显的（形容词词尾）

Rhododendron hypoglaucum 粉白杜鹃：hypoglaucus 下面白色的；hyp-/ hypo- 下面的，以下的，不完全的；glaucus → glauco-/ glauc- 被白粉的，发白的，灰绿色的

Rhododendron igneum 肉红杜鹃：igneus 火焰色的，火一样的

Rhododendron impeditum 粉紫杜鹃：impeditus 阻碍的，妨碍的（意指不完全）

Rhododendron indicum 皋月杜鹃（皋 gāo）：indicum 印度的（地名）；-icus/ -icum/ -ica 属于，具有某种特性（常用于地名、起源、生境）

Rhododendron inopinum 短尖杜鹃：inopinus 突然的，意外的

Rhododendron insigne 不凡杜鹃：insigne 勋章，显著的，杰出的；in-/ im-（来自 il- 的音变）内，在内，内部，向内，相反，不，无，非；il- 在内，向内，为，相反（希腊语为 en-）；词首 il- 的音变：il-（在 l 前面），im-（在 b、m、p 前面），in-（在元音字母和大多数辅音字母前面），ir-（在 r 前面），如 illaudatus（不值得称赞的，评价不好的），impermeabilis（不透水的，穿不透的），ineptus（不合适的），insertus（插入的），irretortus（无弯曲的，无扭曲的）；signum 印记，标记，刻画，图章

Rhododendron insigne var. hejiangense 合江银叶杜鹃：hejiangense 合江的（地名，四川省）

Rhododendron insigne var. insigne 不凡杜鹃-原变种 （词义见上面解释）

Rhododendron intricatum 隐蕊杜鹃：intricatus 纷乱的，复杂的，缠结的

Rhododendron invictum 绝伦杜鹃：invictus 无敌的，不可征服的；in-/ im-（来自 il- 的音变）内，在内，内部，向内，相反，不，无，非；il- 在内，向内，为，相反（希腊语为 en-）；词首 il- 的音变：il-（在 l 前面），im-（在 b、m、p 前面），in-（在元音字母和大多数辅音字母前面），ir-（在 r 前面），如 illaudatus（不值得称赞的，评价不好的），impermeabilis（不透水的，穿不透的），ineptus（不合适的），insertus（插入的），irretortus（无弯曲的，无扭曲的）；victus 牺牲的

Rhododendron irroratum 露珠杜鹃：irroratus

露珠的

Rhododendron irroratum subsp. irroratum 露珠杜鹃-原亚种 （词义见上面解释）

Rhododendron irroratum subsp. pogonostylum 红花露珠杜鹃：pogonostylus 髯毛花柱的；pogon 胡须，髯毛，芒尖；stylus/ stylis ← stylos 柱，花柱

Rhododendron jasminoides 素馨杜鹃（馨 xīn）：jasminoides 像茉莉花的；Jasminum 素馨属（茉莉花所在的属，木樨科）；-oides/ -oideus/ -oideum/ -oidea/ -odes/ -eidos 像……的，类似……的，呈……状的（名词词尾）

Rhododendron jinggangshanicum 井冈山杜鹃：jinggangshanicum 井冈山的（地名）；-icus/ -icum/ -ica 属于，具有某种特性（常用于地名、起源、生境）

Rhododendron jinpingense 金平杜鹃：jinpingense 金平的（地名，云南省）

Rhododendron jinxiuense 金秀杜鹃：jinxiuense 金秀的（地名，广西壮族自治区）

Rhododendron joniense 卓尼杜鹃：joniense 卓尼的（地名，甘肃省）

Rhododendron kailiense 凯里杜鹃：kailiense 凯里的（地名，贵州省）

Rhododendron kanehirai 台北杜鹃：kanehirai（人名）（注：-i 表示人名，接在以元音字母结尾的人名后面，但 -a 除外，故该词尾宜改为 "-ae"）

Rhododendron kasoense 黄管杜鹃：kasoense（地名，印度）

Rhododendron kawakamii 着生杜鹃（着 zhuó）：kawakamii 川上（人名，20 世纪日本植物采集员）

Rhododendron kawakamii var. flaviflorum 黄色着生杜鹃：flavus → flavo-/ flavi-/ flav- 黄色的，鲜黄色的，金黄色的（指纯正的黄色）；florus/ florum/ flora ← flos 花（用于复合词）

Rhododendron kawakamii var. kawakamii 着生杜鹃-原变种 （词义见上面解释）

Rhododendron keleticum 独龙杜鹃：keleticus ← keletikos 迷人的，魅力的（希腊语）

Rhododendron kendrickii 多斑杜鹃：kendrickii（人名）；-ii 表示人名，接在以辅音字母结尾的人名后面，但 -er 除外

Rhododendron keysii 管花杜鹃：keysii（人名）；-ii 表示人名，接在以辅音字母结尾的人名后面，但 -er 除外

Rhododendron kiangsiense 江西杜鹃：kiangsiense 江西的（地名）

Rhododendron kongboense 工布杜鹃：kongboense 工布的（地名，西藏自治区）

Rhododendron kwangsiense 广西杜鹃：kwangsiense 广西的（地名）

Rhododendron kwangsiense var. kwangsiense 广西杜鹃-原变种 （词义见上面解释）

Rhododendron kwangsiense var. obovatifolium 钝圆杜鹃：obovatus = ob + ovus + atus 倒卵形的；ob- 相反，反对，倒（ob- 有多种音变：ob- 在元音字母和大多数辅音字母前面，oc- 在 c 前面，of- 在 f 前面，op- 在 p 前面）；ovus 卵，胚珠，卵形的，椭圆形的；folius/ folium/ folia 叶，叶片（用于复合词）

Rhododendron kwangtungense 广东杜鹃：kwangtungense 广东的（地名）

Rhododendron kyawi 星毛杜鹃：kyawi（地名，缅甸）

Rhododendron labolengense 拉卜楞杜鹃（卜 bǔ，楞 léng）：labolengense 拉卜楞的（地名，甘肃省）

Rhododendron lacteum 乳黄杜鹃：lacteus 乳汁的，乳白色的，白色略带蓝色的；lactis 乳汁；-eus/ -eum/ -ea（接拉丁语词干时）属于……的，色如……的，质如……的（表示原料、颜色或品质的相似），（接希腊语词干时）属于……的，以……出名，为……所占有（表示具有某种特性）

Rhododendron lanatoides 淡钟杜鹃：lanatoides 像 lanatum 的；Rhododendron lanatum 黄种杜鹃；-oides/ -oideus/ -oideum/ -oidea/ -odes/ -eidos 像……的，类似……的，呈……状的（名词词尾）

Rhododendron lanatum 黄钟杜鹃：lanatus = lana + atus 具羊毛的，具长柔毛的；lana 羊毛，绵毛

Rhododendron lanigerum 林生杜鹃：lani- 羊毛状的，多毛的，密被软毛的；gerus → -ger/ -gerus/ -gerum/ -gera 具有，有，带有

Rhododendron laojunshanense 老君山杜鹃：laojunshanense 老君山的（地名，云南省）

Rhododendron lapponicum 高山杜鹃：lapponicum ← Lapland 拉普兰的（地名，瑞典）

Rhododendron lasiostylum 毛花柱杜鹃：lasi-/ lasio- 羊毛状的，有毛的，粗糙的；stylus/ stylis ← stylos 柱，花柱

Rhododendron lateriflorum 侧花杜鹃：later-/ lateri- 侧面的，横向的；florus/ florum/ flora ← flos 花（用于复合词）

Rhododendron latoucheae 鹿角杜鹃：latoucheae（人名，法国植物学家）

Rhododendron laudandum 毛冠杜鹃（冠 guān）：laudandum（地名）

Rhododendron laudandum var. laudandum 毛冠杜鹃-原变种 （词义见上面解释）

Rhododendron laudandum var. temoense 疏毛冠杜鹃：temoense（地名，西藏自治区）

Rhododendron leiboense 雷波杜鹃：leiboense 雷波的（地名，四川省）

Rhododendron leishanicum 雷山杜鹃：leishanicum 雷山的（地名，贵州省）

Rhododendron lepidostylum 常绿糙毛杜鹃：lepido- ← lepis 鳞片，鳞片状（lepis 词干视为 lepid-，后接辅音字母时通常加连接用的 "o"，故形成 "lepido-"）；lepido- ← lepidus 美丽的，典雅的，整洁的，装饰华丽的；stylus/ stylis ← stylos 柱，花柱；注：构词成分 lepid-/ lepdi-/ lepido- 需要根据植物特征翻译成 "秀丽" 或 "鳞片"

Rhododendron lepidotum 鳞腺杜鹃：lepidotus = lepis + otus 鳞片状的；lepido- ← lepis 鳞片，鳞片状（lepis 词干视为 lepid-，后接辅音字母时通常加连接用的 "o"，故形成 "lepido-"）；lepido- ← lepidus 美丽的，典雅的，整洁的，装饰华丽的；lepis/ lepidos 鳞片；-otus/ -otum/ -ota（希腊语词尾，表示相似或所有）；注：构词成分 lepid-/ lepdi-/

R

lepido- 需要根据植物特征翻译成"秀丽"或"鳞片"

Rhododendron leptopeplum 腺绒杜鹃：leptus ← leptos 细的，薄的，瘦小的，狭长的；peplus 被毛的，覆被的，上衣的

Rhododendron leptothrium 薄叶马银花：leptus ← leptos 细的，薄的，瘦小的，狭长的；thrium ← thrix 毛，毛发，线

Rhododendron leucaspis 白背杜鹃：leucaspis 白色盾片的；leuc-/ leuco- ← leucus 白色的（如果和其他表示颜色的词混用则表示淡色）；aspis 盾，盾片

Rhododendron levinei 南岭杜鹃：levinei ← N. D. Levine（人名）

Rhododendron liaoxiense 辽西杜鹃：liaoxiense 辽西的（地名，辽宁省）

Rhododendron liliiflorum 百合花杜鹃：liliiflorum 百合花的；缀词规则：以属名作复合词时原词尾变形后的 i 要保留；Lilium 百合属；florus/ florum/ flora ← flos 花（用于复合词）

Rhododendron lindleyi 林氏杜鹃（原名"大花杜鹃"，本属有重名）：lindleyi ← John Lindley（人名，18 世纪英国植物学家）；-i 表示人名，接在以元音字母结尾的人名后面，但 -a 除外

Rhododendron linearicupulare 横县杜鹃：linearis = lineus + aris 线条的，线形的，线状的，亚麻状的；lineus = linum + eus 线状的，丝状的，亚麻状的；linum ← linon 亚麻，线（古拉丁名）；cupulare = cupus + ulus + are 小杯子，小杯形的，壳斗状的；-aris（阳性、阴性）/ -are（中性）← -alis（阳性、阴性）/ -ale（中性）属于，相似，如同，具有，涉及，关于，联结于（将名词作形容词用，其中 -aris 常用于以 l 或 r 为词干末尾的词）

Rhododendron linearilobum 线萼杜鹃：linearis = lineus + aris 线条的，线形的，线状的，亚麻状的；lobus/ lobos/ lobon 浅裂，耳片（裂片先端钝圆），荚果，蒴果；-aris（阳性、阴性）/ -are（中性）← -alis（阳性、阴性）/ -ale（中性）属于，相似，如同，具有，涉及，关于，联结于（将名词作形容词用，其中 -aris 常用于以 l 或 r 为词干末尾的词）

Rhododendron litchiifolium 荔叶杜鹃：litchiifolium 荔枝叶的（注：该词用 litchifolium 似更妥，因 Litchi 不是拉丁语，没有规范的词尾，构成复合词时其形态仍为 litchi- 而不是 litchii-）；Litchi 荔枝属；folius/ folium/ folia 叶，叶片（用于复合词）

Rhododendron longesquamatum 长鳞杜鹃：longe-/ longi- ← longus 长的，纵向的；squamatus = squamus + atus 具鳞片的，具薄膜的；squamus 鳞，鳞片，薄膜

Rhododendron longicalyx 长萼杜鹃：longicalyx 长萼的；longe-/ longi- ← longus 长的，纵向的；calyx → calyc- 萼片（用于希腊语复合词）

Rhododendron longifalcatum 长尖杜鹃：longe-/ longi- ← longus 长的，纵向的；falcatus = falx + atus 镰刀的，镰刀状的；构词规则：以 -ix/ -iex 结尾的词其词干末尾视为 -ic，以 -ex 结尾视为 -i/ -ic，其他以 -x 结尾视为 -c；-atus/ -atum/ -ata 属于，相似，具有，完成（形容词词尾）

Rhododendron longiperulatum 长鳞芽杜鹃：

longe-/ longi- ← longus 长的，纵向的；perulatus = perulus + atus 具芽鳞的，具鳞片的，具小囊的；perulus 芽鳞，小囊

Rhododendron longipes 长柄杜鹃：longe-/ longi- ← longus 长的，纵向的；pes/ pedis 柄，梗，茎秆，腿，足，爪（作词首或词尾，pes 的词干视为"ped-"）

Rhododendron longipes var. chienianum 金山杜鹃：chienianum ← S. S. Chien 钱崇澍（人名，1883–1965，中国植物学家）

Rhododendron longipes var. longipes 长柄杜鹃-原变种 （词义见上面解释）

Rhododendron longistylum 长轴杜鹃：longe-/ longi- ← longus 长的，纵向的；stylus/ stylis ← stylos 柱，花柱

Rhododendron longistylum subsp. decumbens 平卧长轴杜鹃：decumbens 横卧的，匍匐的，爬行的；decumb- 横卧，匍匐，爬行；-ans/ -ens/ -bilis/ -ilis 能够，可能（为形容词词尾，-ans/ -ens 用于主动语态，-bilis/ -ilis 用于被动语态）

Rhododendron longistylum subsp. longistylum 长轴杜鹃-原亚种 （词义见上面解释）

Rhododendron loniceraeflorum 忍冬杜鹃：loniceraeflorum 忍冬花的（注：组成复合词时，要将前面词的词尾 -us/ -um/ -a 变成 -i- 或 -o- 而不是所有格，故该词宜改为"loniceriflorum"）；Lonicera 忍冬属（忍冬科）；florus/ florum/ flora ← flos 花（用于复合词）

Rhododendron ludlowii 广口杜鹃：ludlowii（人名）；-ii 表示人名，接在以辅音字母结尾的人名后面，但 -er 除外

Rhododendron luhuoense 炉霍杜鹃：luhuoense 炉霍的（地名，四川省）

Rhododendron lukiangense 蜡叶杜鹃：lukiangense（地名，云南省）

Rhododendron lulangense 鲁朗杜鹃（原名中"浪"为讹误）：lulangense 鲁朗的（地名，西藏自治区）

Rhododendron lutescens 黄花杜鹃：lutescens 淡黄色的；luteus 黄色的；-escens/ -ascens 改变，转变，变成，略微，带有，接近，相似，大致，稍微（表示变化的趋势，并未完全相似或相同，有别于表示达到完成状态的 -atus）

Rhododendron maculiferum 麻花杜鹃：maculus 斑点，网眼，小斑点，略有斑点；-ferus/ -ferum/ -fera/ -fero/ -fere/ -fer 有，具有，产（区别：作独立词使用的 ferus 意思是"野生的"）

Rhododendron maculiferum subsp. anhweiense 黄山杜鹃：anhweiense 安徽的（地名）

Rhododendron maculiferum subsp. maculiferum 麻花杜鹃-原亚种 （词义见上面解释）

Rhododendron maddenii 马氏杜鹃（原名"隐脉杜鹃"，有重名）：maddenii（人名）；-ii 表示人名，接在以辅音字母结尾的人名后面，但 -er 除外

Rhododendron maddenii subsp. crassum 厚叶马氏杜鹃（滇隐脉杜鹃）：crassus 厚的，粗的，多肉质的

Rhododendron maddenii subsp. maddenii 马氏杜鹃-原亚种（滇隐脉杜鹃-原亚种） （词义见上面

R

解释）

Rhododendron magnificum 强壮杜鹃：magnificus 壮大的，大规模的；magnus 大的，巨大的；-ficus 非常，极其（作独立词使用的 ficus 意思是"榕树，无花果"）

Rhododendron magniflorum 贵州大花杜鹃：magn-/ magni- 大的；florus/ florum/ flora ← flos 花（用于复合词）

Rhododendron maguanense 马关杜鹃：maguanense 马关的（地名，云南省）

Rhododendron mainlingense 米林杜鹃：mainlingense 米林的（地名，西藏自治区）

Rhododendron malipoense 麻栗坡杜鹃：malipoense 麻栗坡的（地名，云南省）

Rhododendron mallotum 羊毛杜鹃：mallotus ← mallotos 具长柔毛的，密被柔毛的

Rhododendron maoerense 猫儿山杜鹃：maoerense 猫儿山的（地名，广西壮族自治区）

Rhododendron maowenense 茂汶杜鹃（汶 wèn）：maowenense 昴山的（地名，浙江省）

Rhododendron mariae 岭南杜鹃：mariae（人名）

Rhododendron mariesii 满山红：mariesii（人名）；-ii 表示人名，接在以辅音字母结尾的人名后面，但 -er 除外

Rhododendron martinianum 少花杜鹃：martinianum ← Martin（人名）

Rhododendron meddianum 红萼杜鹃：meddianum（人名）

Rhododendron meddianum var. atrokermesinum 腺房红萼杜鹃：atro-/ atr-/ atri-/ atra- ← ater 深色，浓色，暗色，发黑（ater 作为词干后接辅音字母开头的词时，要在词干后面加一个连接用的元音字母"o"或"i"，故为"ater-o-"或"ater-i-"，变形为"atr-"开头）；kermesinus 鲜红色的，胭脂红

Rhododendron meddianum var. meddianum 红萼杜鹃-原变种 （词义见上面解释）

Rhododendron medoense 墨脱马银花：medoense 墨脱的（地名，西藏自治区）

Rhododendron megacalyx 大萼杜鹃：mega-/ megal-/ megalo- ← megas 大的，巨大的；calyx → calyc- 萼片（用于希腊语复合词）

Rhododendron megalanthum 大花杜鹃：mega-/ megal-/ megalo- ← megas 大的，巨大的；anthus/ anthum/ antha/ anthe ← anthos 花（用于希腊语复合词）

Rhododendron megeratum 招展杜鹃：megeratum（词源不详）

Rhododendron mekongense 弯月杜鹃：mekongense 湄公河的（地名，澜沧江流入中南半岛部分称湄公河）

Rhododendron mekongense var. longipilosum 长毛弯月杜鹃：longe-/ longi- ← longus 长的，纵向的；pilosus = pilus + osus 多毛的，被柔毛的，具疏柔毛的，被短弱细毛的；pilus 毛，疏柔毛；-osus/ -osum/ -osa 多的，充分的，丰富的，显著发育的，程度高的，特征明显的（形容词词尾）

Rhododendron mekongense var. mekongense 弯月杜鹃-原变种 （词义见上面解释）

Rhododendron mekongense var. melinanthum 蜜花弯月杜鹃：melinanthus = meli + anthus 蜜花的；melino-/ melin-/ mel-/ meli- ← melinus/ mellinus 蜜，蜜色的，貂鼠色的；anthus/ anthum/ antha/ anthe ← anthos 花（用于希腊语复合词）

Rhododendron mekongense var. rubrolineatum 红线杜鹃：rubrilieatus 红线的；rubr-/ rubri-/ rubro- ← rubrus 红色；lineatus = lineus + atus 具线的，线状的，呈亚麻状的；lineus = linum + eus 线状的，丝状的，亚麻状的；linum ← linon 亚麻，线（古拉丁名）；-atus/ -atum/ -ata 属于，相似，具有，完成（形容词词尾）

Rhododendron mengtszense 蒙自杜鹃：mengtszense 蒙自的（地名，云南省）

Rhododendron meridionale 南边杜鹃：meridionale 中午的；meridianus 中午的；-aris（阳性、阴性）/ -are（中性）← -alis（阳性、阴性）/ -ale（中性）属于，相似，如同，具有，涉及，关于，联结于（将名词作形容词用，其中 -aris 常用于以 l 或 r 为词干末尾的词）

Rhododendron meridionale var. meridionale 南边杜鹃-原变种 （词义见上面解释）

Rhododendron meridionale var. minor 狭叶南边杜鹃：minor 较小的，更小的

Rhododendron meridionale var. setistylum 糙柱杜鹃：setistylus 刚毛柱的；setus/ saetus 刚毛，刺毛，芒刺；stylus/ stylis ← stylos 柱，花柱

Rhododendron mianningense 冕宁杜鹃：mianningense 冕宁的（地名，四川省），缅宁的（地名，云南省临沧市）

Rhododendron micranthum 照山白：micr-/ micro- ← micros 小的，微小的，微观的（用于希腊语复合词）；anthus/ anthum/ antha/ anthe ← anthos 花（用于希腊语复合词）

Rhododendron microgynum 短蕊杜鹃：micr-/ micro- ← micros 小的，微小的，微观的（用于希腊语复合词）；gynus/ gynum/ gyna 雌蕊，子房，心皮

Rhododendron micromeres 异鳞杜鹃：micromeres 小部分的，小基数的；micr-/ micro- ← micros 小的，微小的，微观的（用于希腊语复合词）；meres 部分，份，数

Rhododendron microphyton 亮毛杜鹃：micr-/ micro- ← micros 小的，微小的，微观的（用于希腊语复合词）；phyton → phytus 植物

Rhododendron microphyton var. microphyton 亮毛杜鹃-原变种 （词义见上面解释）

Rhododendron microphyton var. trichanthum 碧江亮毛杜鹃：trichanthus 毛花的；trich-/ tricho-/ tricha- ← trichos ← thrix 毛，多毛的，线状的，丝状的；anthus/ anthum/ antha/ anthe ← anthos 花（用于希腊语复合词）

Rhododendron mimetes 优异杜鹃：mimetes 模仿者（希腊语）

Rhododendron miniatum 焰红杜鹃：miniatus 红色的，发红的；minium 朱砂，朱红

Rhododendron minutiflorum 小花杜鹃：minutus

R

极小的，细微的，微小的；florus/ florum/ flora ← flos 花（用于复合词）

Rhododendron minyaense 黄褐杜鹃：minyaense（地名，四川省）

Rhododendron mitriforme 头巾马银花：mitra 僧帽，缨帽；forme/ forma 形状

Rhododendron mitriforme var. mitriforme 头巾马银花-原变种 （词义见上面解释）

Rhododendron mitriforme var. setaceum 腺刺马银花：setus/ saetus 刚毛，刺毛，芒刺；-aceus/ -aceum/ -acea 相似的，有……性质的，属于……的

Rhododendron miyiense 米易杜鹃：miyiense 米易的（地名，四川省）

Rhododendron molle 羊踯躅（踯躅 zhí zhú）：molle/ mollis 软的，柔毛的

Rhododendron mollicomum 柔毛碎米花：molle/ mollis 软的，柔毛的；comus ← comis 冠毛，头缨，一簇（毛或叶片）

Rhododendron monanthum 一朵花杜鹃：mono-/ mon- ← monos 一个，单一的（希腊语，拉丁语为 unus/ uni-/ uno-）；anthus/ anthum/ antha/ anthe ← anthos 花（用于希腊语复合词）

Rhododendron montigenum 山地杜鹃：monti- ← mons 山，山地，岩石；montis 山，山地的；genus ← gignere ← geno 出生，发生，起源，产于，生于（指地方或条件），属（植物分类单位）

Rhododendron montroseanum 墨脱杜鹃：montroseanum = montis + roseanus 山地蔷薇的；montis 山，山地的；mons 山，山脉，岩石；roseanus = roseus + anus 玫瑰色的；roseus = rosa + eus 像玫瑰的，玫瑰色的，粉红色的；rosa 蔷薇（古拉丁名）← rhodon 蔷薇（希腊语）← rhodd 红色，玫瑰红（凯尔特语）；-eus/ -eum/ -ea（接拉丁语词干时）属于……的，色如……的，质如……的（表示原料、颜色或品质的相似），（接希腊语词干时）属于……的，以……出名，为……所占有（表示具有某种特性）；-anus/ -anum/ -ana 属于，来自（形容词词尾）

Rhododendron morii 玉山杜鹃：morii 森（日本人名）

Rhododendron moulmainense 毛棉杜鹃花：moulmainense（地名，缅甸）

Rhododendron moupinense 宝兴杜鹃：moupinense 穆坪的（地名，四川省宝兴县），木坪的（地名，重庆市）

Rhododendron mucronatum 白花杜鹃：mucronatus = mucronus + atus 具短尖的，有微突起的；mucronus 短尖头，微突；-atus/ -atum/ -ata 属于，相似，具有，完成（形容词词尾）

Rhododendron mucronulatum 迎红杜鹃：mucronulatus = mucronus + ulus + atus 具细的短尖头的，具细的微突的；mucronus 短尖头，微突；-ulus/ -ulum/ -ula 小的，略微的，稍微的（小词 -ulus 在字母 e 或 i 之后有多种变缀，即 -olus/ -olum/ -ola、-ellus/ -ellum/ -ella、-illus/ -illum/ -illa，与第一变格法和第二变格法名词形成复合词）；-atus/ -atum/ -ata 属于，相似，具有，完成（形容词词尾）

Rhododendron myrsinifolium 铁仔叶杜鹃（仔 zǎi）：Myrsine 铁仔属（紫金牛科）；folius/ folium/ folia 叶，叶片（用于复合词）

Rhododendron naamkwanense 南昆杜鹃：naamkwanense 南昆（地名，广东省）

Rhododendron naamkwanense var. cryptonerve 紫薇春：cryptonerve 隐脉的；crypt-/ crypto- ← kryptos 覆盖的，隐藏的（希腊语）；nerve ← nervus 脉，叶脉

Rhododendron naamkwanense var. naamkwanense 南昆杜鹃-原变种 （词义见上面解释）

Rhododendron nakaharai 那克哈杜鹃：nakaharai ← Gonji Nakahara 中原（人名，日本植物学家）；-i 表示人名，接在以元音字母结尾的人名后面，但 -a 除外，故该词改为 "nakaharaiana" 或 "nakaharae" 似更妥

Rhododendron nakotiltum 德钦杜鹃：nakotiltum（土名）

Rhododendron nanjianense 南涧杜鹃：nanjianense 南涧的（地名，云南省）

Rhododendron nanpingense 南平杜鹃：nanpingense 南平的（地名，福建省）

Rhododendron nemorosum 金平林生杜鹃：nemorosus = nemus + orum + osus = nemoralis 森林的，树丛的；nemo- ← nemus 森林的，成林的，树丛的，喜林的，林内的；-orum 属于……的（第二变格法名词复数所有格词尾，表示群落或多数）；-osus/ -osum/ -osa 多的，充分的，丰富的，显著发育的，程度高的，特征明显的（形容词词尾）

Rhododendron neriiflorum 火红杜鹃：neriiflorus = Nerium + florus 夹竹桃花的；缀词规则：以属名作复合词时原词尾变形后的 i 要保留；neri ← Nerium 夹竹桃属（夹竹桃科）；florus/ florum/ flora ← flos 花（用于复合词）

Rhododendron neriiflorum var. agetum 网眼火红杜鹃：agetum = ago + etum 群居的；ago 居住；-etum 表示植物集体生长的地方，即植物群落，作名词词尾，如 quercetum 橡树林（来自 quercus 橡树、栎树）

Rhododendron neriiflorum var. appropinquans 腺房火红杜鹃：appropinquans = ad + propinquus + ans 接近的，近似的（ad + p 同化为 app）；ad- 向，到，近（拉丁语词首，表示程度加强）；构词规则：构成复合词时，词首末尾的辅音字母常同化为紧接其后的那个辅音字母（如 ad + p → app）；propinquus 有关系的，近似的，近缘的；prope 接近于，近于；proximus 接近的，近的；-ans/ -ens/ -bilis/ -ilis 能够，可能（为形容词词尾，-ans/ -ens 用于主动语态，-bilis/ -ilis 用于被动语态）

Rhododendron neriiflorum var. neriiflorum 火红杜鹃-原变种 （词义见上面解释）

Rhododendron nigroglandulosum 大炮山杜鹃：nigro-/ nigri- ← nigrus 黑色的；niger 黑色的；glandulosus = glandus + ulus + osus 被细腺的，具腺体的，腺体质的

Rhododendron nitidulum 光亮杜鹃：nitidulus = nitidus + ulus 稍光亮的；nitidulus = nitidus +

ulus 略有光泽的；-ulus/ -ulum/ -ula 小的，略微的，稍微的（小词 -ulus 在字母 e 或 i 之后有多种变缀，即 -olus/ -olum/ -ola、-ellus/ -ellum/ -ella、-illus/ -illum/ -illa，与第一变格法和第二变格法名词形成复合词）

Rhododendron nitidulum var. nitidulum 光亮杜鹃-原变种 （词义见上面解释）

Rhododendron nitidulum var. omeiense 光亮峨眉杜鹃：omeiense 峨眉山的（地名，四川省）

Rhododendron nivale 雪层杜鹃：nivalis 生于冰雪带的，积雪时期的；nivus/ nivis/ nix 雪，雪白色；-aris（阳性、阴性）/ -are（中性）← -alis（阳性、阴性）/ -ale（中性）属于，相似，如同，具有，涉及，关于，联结于（将名词作形容词用，其中 -aris 常用于以 l 或 r 为词干末尾的词）

Rhododendron nivale subsp. australe 南方雪层杜鹃：australe 南方的，大洋洲的；austro-/ austr- 南方的，南半球的，大洋洲的；auster 南方，南风；-aris（阳性、阴性）/ -are（中性）← -alis（阳性、阴性）/ -ale（中性）属于，相似，如同，具有，涉及，关于，联结于（将名词作形容词用，其中 -aris 常用于以 l 或 r 为词干末尾的词）

Rhododendron nivale subsp. boreale 北方雪层杜鹃：borealis 北方的；-aris（阳性、阴性）/ -are（中性）← -alis（阳性、阴性）/ -ale（中性）属于，相似，如同，具有，涉及，关于，联结于（将名词作形容词用，其中 -aris 常用于以 l 或 r 为词干末尾的词）

Rhododendron nivale subsp. nivale 雪层杜鹃-原亚种 （词义见上面解释）

Rhododendron niveum 西藏毛脉杜鹃：niveus 雪白的，雪一样的；nivus/ nivis/ nix 雪，雪白色

Rhododendron nuttallii 木兰杜鹃：nuttallii ← Thomas Nuttall （人名，19 世纪英国植物学家）

Rhododendron nyingchiense 林芝杜鹃：nyingchiense 林芝的（地名，西藏自治区）

Rhododendron nymphaeoides 睡莲叶杜鹃：Nymphaea 睡莲属（睡莲科）；-oides/ -oideus/ -oideum/ -oidea/ -odes/ -eidos 像……的，类似……的，呈……状的（名词词尾）

Rhododendron oblancifolium 倒矛杜鹃：ob- 相反，反对，倒（ob- 有多种音变：ob- 在元音字母和大多数辅音字母前面，oc- 在 c 前面，of- 在 f 前面，op- 在 p 前面）；lance-/ lancei-/ lanci-/ lanceo-/ lanc- ← lanceus 披针形的，矛形的，尖刀状的，柳叶刀状的；folius/ folium/ folia 叶，叶片（用于复合词）

Rhododendron obtusum 钝叶杜鹃：obtusus 钝的，钝形的，略带圆形的

Rhododendron ochraceum 峨马杜鹃：ochraceus 赭黄色的；ochra 黄色的，黄土的；-aceus/ -aceum/ -acea 相似的，有……性质的，属于……的

Rhododendron ochraceum var. brevicarpum 短果峨马杜鹃：brevi- ← brevis 短的（用于希腊语复合词词首）；carpus/ carpum/ carpa/ carpon ← carpos 果实（用于希腊语复合词）

Rhododendron ochraceum var. ochraceum 峨马杜鹃-原变种 （词义见上面解释）

Rhododendron octandrum 八蕊杜鹃：octandrus 八个雄蕊的；octo-/ oct- 八（拉丁语和希腊语相同）；andrus/ andros/ antherus ← aner 雄蕊，花药，雄性

Rhododendron oldhamii 砖红杜鹃：oldhamii ← Richard Oldham （人名，19 世纪植物采集员）

Rhododendron oligocarpum 稀果杜鹃：oligo-/ olig- 少数的（希腊语，拉丁语为 pauci-）；carpus/ carpum/ carpa/ carpon ← carpos 果实（用于希腊语复合词）

Rhododendron orbiculare 团叶杜鹃：orbiculare 近圆形地；orbis 圆，圆形，圆圈，环；-culus/ -culum/ -cula 小的，略微的，稍微的（同第三变格法和第四变格法名词形成复合词）；-aris（阳性、阴性）/ -are（中性）← -alis（阳性、阴性）/ -ale（中性）属于，相似，如同，具有，涉及，关于，联结于（将名词作形容词用，其中 -aris 常用于以 l 或 r 为词干末尾的词）

Rhododendron orbiculare subsp. cardiobasis 心基杜鹃：cardiobasis 基部心形的；cardio- ← kardia 心脏；basis 基部，基座

Rhododendron orbiculare subsp. oblongum 长圆团叶杜鹃：oblongus = ovus + longus 长椭圆形的（ovus 的词干 ov- 音变为 ob-）；ovus 卵，胚珠，卵形的，椭圆形的；longus 长的，纵向的

Rhododendron orbiculare subsp. orbiculare 团叶杜鹃-原亚种 （词义见上面解释）

Rhododendron oreodoxa 山光杜鹃：oreodoxa 装饰山地的；oreo-/ ores-/ ori- ← oreos 山，山地，高山；-doxa/ -doxus 荣耀的，瑰丽的，壮观的，显眼的

Rhododendron oreodoxa var. adenostylosum 腺柱山光杜鹃：adenostylosus 腺柱的；aden-/ adeno- ← adenus 腺，腺体；stylosus 具花柱的，花柱明显的；stylus/ stylis ← stylos 柱，花柱；-osus/ -osum/ -osa 多的，充分的，丰富的，显著发育的，程度高的，特征明显的（形容词词尾）

Rhododendron oreodoxa var. fargesii 粉红杜鹃：fargesii ← Pere Paul Guillaume Farges （人名，19 世纪中叶至 20 世纪活动于中国的法国传教士，植物采集员）

Rhododendron oreodoxa var. oreodoxa 山光杜鹃-原变种 （词义见上面解释）

Rhododendron oreodoxa var. shensiense 陕西山光杜鹃：shensiense 陕西的（地名）

Rhododendron oreogenum 藏东杜鹃：oreogenus 生于山地的；oreo-/ ores-/ ori- ← oreos 山，山地，高山；genus ← gignere ← geno 出生，发生，起源，产于，生于（指地方或条件），属（植物分类单位）

Rhododendron oreotrephes 山育杜鹃：oreotrephes 山地培育的，生于山地的；oreo-/ ores-/ ori- ← oreos 山，山地，高山；trephus/ trephe ← trephos 维持，保持，养育，供养

Rhododendron orthocladum 直枝杜鹃：ortho- ← orthos 直的，正面的；cladus ← clados 枝条，分枝

Rhododendron orthocladum var. longistylum 长柱直枝杜鹃：longe-/ longi- ← longus 长的，纵向的；stylus/ stylis ← stylos 柱，花柱

Rhododendron orthocladum var. orthocladum 直枝杜鹃-原变种 （词义见上面解释）

Rhododendron ovatum 马银花：ovatus = ovus + atus 卵圆形的；ovus 卵，胚珠，卵形的，椭圆形的；-atus/ -atum/ -ata 属于，相似，具有，完成（形容词词尾）

Rhododendron ovatum var. ovatum 马银花-原变种 （词义见上面解释）

Rhododendron ovatum var. setuliferium 刚毛马银花：setulus = setus + ulus 细刚毛的，细刺毛的，细芒刺的；setus/ saetus 刚毛，刺毛，芒刺；-ferus/ -ferum/ -fera/ -fero/ -fere/ -fer 有，具有，产（区别：作独立词使用的 ferus 意思是"野生的"）

Rhododendron pachyphyllum 厚叶杜鹃：pachyphyllus 厚叶子的；pachy- ← pachys 厚的，粗的，肥的；phyllus/ phyllum/ phylla ← phyllon 叶片（用于希腊语复合词）

Rhododendron pachypodum 云上杜鹃：pachypodus/ pachypus 粗柄的；pachy- ← pachys 厚的，粗的，肥的；podus/ pus 柄，梗，茎秆，足，腿

Rhododendron pachysanthum 台湾山地杜鹃：pachysanthus 肥厚花的；pachys 粗的，厚的，肥的；anthus/ anthum/ antha/ anthe ← anthos 花（用于希腊语复合词）

Rhododendron pachytrichum 绒毛杜鹃：pachy- ← pachys 厚的，粗的，肥的；trichus 毛，毛发，线

Rhododendron pachytrichum var. pachytrichum 绒毛杜鹃-原变种 （词义见上面解释）

Rhododendron pachytrichum var. tenuistylum 瘦柱绒毛杜鹃：tenui- ← tenuis 薄的，纤细的，弱的，瘦的，窄的；stylus/ stylis ← stylos 柱，花柱

Rhododendron papillatum 乳突杜鹃：papillatus 乳头的，乳头状突起的；papilli- ← papilla 乳头的，乳突的

Rhododendron paradoxum 奇异杜鹃：paradoxus 似是而非的，少见的，奇异的，难以解释的；para- 类似，接近，近旁，假的；-doxa/ -doxus 荣耀的，瑰丽的，壮观的，显眼的

Rhododendron parmulatum 盘萼杜鹃：parmulatus 小圆盾的；parma 圆盾；-ulatus/ -ulata/ -ulatum = ulus + atus 小的，略微的，稍微的，属于小的；-ulus/ -ulum/ -ula 小的，略微的，稍微的（小词 -ulus 在字母 e 或 i 之后有多种变缀，即 -olus/ -olum/ -ola、-ellus/ -ellum/ -ella、-illus/ -illum/ -illa，与第一变格法和第二变格法名词形成复合词）；-atus/ -atum/ -ata 属于，相似，具有，完成（形容词词尾）

Rhododendron pemakoense 假单花杜鹃：pemakoense 白马狗熊的（地名，西藏米林县派镇）

Rhododendron pendulum 凸叶杜鹃：pendulus ← pendere 下垂的，垂吊的（悬空或因支持体细软而下垂）；pendere/ pendeo 悬挂，垂悬；-ulus/ -ulum/ -ula（表示趋向或动作）（小词 -ulus 在字母 e 或 i 之后有多种变缀，即 -olus/ -olum/ -ola、-ellus/ -ellum/ -ella、-illus/ -illum/ -illa，与第一变格法和第二变格法名词形成复合词）

Rhododendron petrocharis 饰石杜鹃：petra←

petros 石头，岩石，岩石地带（指生境）；charis/ chares 美丽，优雅，喜悦，恩典，偏爱

Rhododendron phaeochrysum 栎叶杜鹃：phaeus(phaios) → phae-/ phaeo-/ phai-/ phaio 暗色的，褐色的，灰蒙蒙的；chrysus 金色的，黄色的；chrys-/ chryso- ← chrysos 黄色的，金色的

Rhododendron phaeochrysum var. agglutinatum 凝毛杜鹃：agglutinatus = ad + glutinatus 黏在一起（反义词：segregatus 分离的，分散的，隔离的）；glutinatus = glutinus + atus 有黏性的，胶黏的；ad- 向，到，近（拉丁语词首，表示程度加强）；构词规则：构成复合词时，词首末尾的辅音字母常同化为紧接其后的那个辅音字母（如 ad + g → agg）；glomeratus = glomera + atus 聚集的，球形的，聚成球形的；glomera 线球，一团，一束

Rhododendron phaeochrysum var. levistratum 毡毛栎叶杜鹃：laevis/ levis/ laeve/ leve → levi-/ laevi- 光滑的，无毛的，无不平或粗糙感觉的；stratus ← sternere 层，成层的，分层的，膜片（指包被等），扩展；sternere 扩展，扩散；nistratus 单层的

Rhododendron phaeochrysum var. phaeochrysum 栎叶杜鹃-原变种 （词义见上面解释）

Rhododendron piercei 察隅杜鹃：piercei（人名）

Rhododendron pilostylum 金平毛柱杜鹃：pilostylus 毛柱的；pilo- ← pilosus 多毛的，被柔毛的，具疏柔毛的，被短弱细毛的；pilus 毛，疏柔毛；stylus/ stylis ← stylos 柱，花柱

Rhododendron pinbianense 屏边杜鹃：pinbianense 屏边的（地名，云南省，改成"pingbianense"似更妥）

Rhododendron pingianum 海绵杜鹃：pingianum（人名）

Rhododendron platyphyllum 阔叶杜鹃：platys 大的，宽的（用于希腊语复合词）；phyllus/ phyllum/ phylla ← phyllon 叶片（用于希腊语复合词）

Rhododendron platypodum 阔柄杜鹃：platypodus/ platypus 宽柄的，粗柄的；platys 大的，宽的（用于希腊语复合词）；podus/ pus 柄，梗，茎秆，足，腿

Rhododendron pocophorum 杯萼杜鹃：pocophorus 具杯的，带壳斗的；poco- 杯，杯形的；-phorus/ -phorum/ -phora 载体，承载物，支持物，带着，生着，附着（表示一个部分带着别的部分，包括起支撑或承载作用的柄、柱、托、囊等，如 gynophorum = gynus + phorum 雌蕊柄的，带有雌蕊的，承载雌蕊）；gynus/ gynum/ gyna 雌蕊，子房，心皮

Rhododendron pocophorum var. hemidartum 腺柄杯萼杜鹃：hemidartum 像飞镖的；hemi- 一半；dartum 飞镖，标枪，箭

Rhododendron pocophorum var. pocophorum 杯萼杜鹃-原变种 （词义见上面解释）

Rhododendron polycladum 多枝杜鹃：poly- ← polys 多个，许多（希腊语，拉丁语为 multi-）；cladus ← clados 枝条，分枝

Rhododendron polylepis 多鳞杜鹃：poly- ← polys 多个，许多（希腊语，拉丁语为 multi-）；lepis/ lepidos 鳞片

Rhododendron polyraphidoideum 千针叶杜鹃：polyraphidoideus 近似多针的；poly- ← polys 多个，许多（希腊语，拉丁语为 multi-）；raphium ← raphis/ raphe 针，针状的；-oides/ -oideus/ -oideum/ -oidea/ -odes/ -eidos 像……的，类似……的，呈……状的（名词词尾）

Rhododendron polyraphidoideum var. montanum 岭上杜鹃：montanus 山，山地；montis 山，山地的；mons 山，山脉，岩石

Rhododendron polyraphidoideum var. polyraphidoideum 千针叶杜鹃-原变种 （词义见上面解释）

Rhododendron polytrichum 多毛杜鹃：polytrichus 多毛的；poly- ← polys 多个，许多（希腊语，拉丁语为 multi-）；trichus 毛，毛发，线

Rhododendron pomense 波密杜鹃：pomense 波密的（地名，西藏自治区）

Rhododendron populare 蜜腺杜鹃：populare/ popularius/ popularis 普通的，常见的

Rhododendron potaninii 甘肃杜鹃：potaninii ← Grigory Nikolaevich Potanin（人名，19 世纪俄国植物学家）

Rhododendron praestans 优秀杜鹃：praestans 显著的，优秀的，漂亮的；praest- ← praestans 优秀的，杰出的

Rhododendron praeteritum 鄂西杜鹃：praeteritus 过去的，以前的

Rhododendron praeteritum var. hirsutum 毛房杜鹃：hirsutus 粗毛的，糙毛的，有毛的（长而硬的毛）

Rhododendron praeteritum var. praeteritum 鄂西杜鹃-原变种 （词义见上面解释）

Rhododendron praevernum 早春杜鹃：praevernum 早春的；prae- 先前的，前面的，在先的，早先的，上面的，很，十分，极其；vernus 春天的，春天开花的

Rhododendron preptum 复毛杜鹃：preptus 早的，先期的，优先的

Rhododendron primulaeflorum var. cephalanthoides 微毛杜鹃：primulaeflorum = Primula + florus 花像报春花的（注：组成复合词时，要将前面词的词尾 -us/ -um/ -a 变成 -i- 或 -o- 而不是所有格，故该词宜改为 “primuliflorum”）；Primula 报春花属；florus/ florum/ flora ← flos 花（用于复合词）；cephalanthoides 像 cephalanthum 的，略呈头状花序的；Rhododendron cephalanthum 毛喉杜鹃；cephalanthus 头状的，头状花序的；-oides/ -oideus/ -oideum/ -oidea/ -odes/ -eidos 像……的，类似……的，呈……状的（名词词尾）

Rhododendron primulaeflorum var. primulaeflorum 樱草杜鹃-原变种 （词义见上面解释）

Rhododendron primuliflorum 樱草杜鹃：Primula 报春花属；florus/ florum/ flora ← flos 花（用于复合词）

Rhododendron primuliflorum var. lepidanthum 鳞花杜鹃：lepidanthus/ lepanthus = lepis + anthus 被鳞片的花的；构词规则：词尾为 -is 和 -ys 的词的词干分别视为 -id 和 -yd；lepis/ lepidos 鳞片；anthus/ anthum/ antha/ anthe ← anthos 花（用于希腊语复合词）；注：构词成分 lepid-/ lepdi-/ lepido- 需要根据植物特征翻译成 “秀丽” 或 “鳞片”

Rhododendron principis 藏南杜鹃：principis（princeps 的所有格）帝王的，第一的

Rhododendron pronum 平卧杜鹃：pronus 前倾的

Rhododendron proteoides 矮生杜鹃：Protea 山龙眼属（山龙眼科）；-oides/ -oideus/ -oideum/ -oidea/ -odes/ -eidos 像……的，类似……的，呈……状的（名词词尾）

Rhododendron protistum 翘首杜鹃：protistum 最初的，原始的

Rhododendron protistum var. giganteum 大树杜鹃：giganteus 巨大的；giga-/ gigant-/ giganti- ← gigantos 巨大的；-eus/ -eum/ -ea（接拉丁语词干时）属于……的，色如……的，质如……的（表示原料、颜色或品质的相似），（接希腊语词干时）属于……的，以……出名，为……所占有（表示具有某种特性）

Rhododendron protistum var. protistum 翘首杜鹃-原变种 （词义见上面解释）

Rhododendron pruniflorum 桃花杜鹃：prunus 李，杏；florus/ florum/ flora ← flos 花（用于复合词）

Rhododendron przewalskii 陇蜀杜鹃（陇 lǒng）：przewalskii ← Nicolai Przewalski（人名，19 世纪俄国探险家、博物学家）

Rhododendron przewalskii subsp. chrysophyllum 金背陇蜀杜鹃：chrysophyllus 金色叶子的，黄色叶子的；chrys-/ chryso- ← chrysos 黄色的，金色的；phyllus/ phyllum/ phylla ← phyllon 叶片（用于希腊语复合词）；Chrysophyllum 金叶树属（山榄科）

Rhododendron przewalskii subsp. huzhuense 互助杜鹃：huzhuense 互助的（地名，青海省）

Rhododendron przewalskii subsp. przewalskii 陇蜀杜鹃-原亚种 （词义见上面解释）

Rhododendron przewalskii subsp. yushuense 陇蜀杜鹃-玉树亚种（原名 “玉树杜鹃”，本属有重名）：yushuense 玉树的（地名，青海省）

Rhododendron pseudochrysanthum 阿里山杜鹃：pseudochrysanthum 像 chrysanthum 的，近似黄花的；pseudo-/ pseud- ← pseudos 假的，伪的，接近，相似（但不是）；Rhododendron chrysanthum → Rh. aureum 牛皮杜鹃；chrys-/ chryso- ← chrysos 黄色的，金色的；anthus/ anthum/ antha/ anthe ← anthos 花（用于希腊语复合词）

Rhododendron pseudociliipes 褐叶杜鹃：pseudociliipes 像 ciliipes 的；pseudo-/ pseud- ← pseudos 假的，伪的，接近，相似（但不是）；cilium 缘毛，睫毛；pes/ pedis 柄，梗，茎秆，腿，足，爪（作词首或词尾，pes 的词干视为 “ped-”）；ciliipes 毛柄的，毛秆的；Rhododendron ciliipes 香花杜鹃

Rhododendron pubescens 柔毛杜鹃：

pubescens ← pubens 被短柔毛的，长出柔毛的；pubi- ← pubis 细柔毛的，短柔毛的，毛被的；pubesco/ pubescere 长成的，变为成熟的，长出柔毛的，青春期体毛的；-escens/ -ascens 改变，转变，变成，略微，带有，接近，相似，大致，稍微（表示变化的趋势，并未完全相似或相同，有别于表示达到完成状态的 -atus）

Rhododendron pubicostatum 毛脉杜鹃：pubi- ← pubis 细柔毛的，短柔毛的，毛被的；costatus 具肋的，具脉的，具中脉的（指脉明显）；costus 主脉，叶脉，肋，肋骨

Rhododendron pudorosum 羞怯杜鹃（怯 qiè）：pudorosus = pudor + osus 害羞的，耻辱的；pudor 害羞，耻辱；-osus/ -osum/ -osa 多的，充分的，丰富的，显著发育的，程度高的，特征明显的（形容词词尾）

Rhododendron pugeense 普格杜鹃：pugeense 普格的（地名，四川省）

Rhododendron pulchroides 美艳杜鹃：像 pulchrum 的，稍美丽的；Rhododendron pulchrum 锦绣杜鹃；pulchrum 美丽，优雅，绮丽；-oides/ -oideus/ -oideum/ -oidea/ -odes/ -eidos 像……的，类似……的，呈……状的（名词词尾）

Rhododendron pulchrum 锦绣杜鹃：pulchrum 美丽，优雅，绮丽

Rhododendron pumilum 矮小杜鹃：pumilus 矮的，小的，低矮的，矮人的

Rhododendron punctifolium 斑叶杜鹃：punctatus = punctus + atus 具斑点的；punctus 斑点；folius/ folium/ folia 叶，叶片（用于复合词）

Rhododendron purdomii 普氏杜鹃（原名"太白杜鹃"，本属有重名）：purdomii（人名）；-ii 表示人名，接在以辅音字母结尾的人名后面，但 -er 除外

Rhododendron qianyangense 黔阳杜鹃：qianyangense 黔阳的（地名，湖南省）

Rhododendron qinghaiense 青海杜鹃：qinghaiense 青海的（地名）

Rhododendron racemosum 腋花杜鹃：racemosus = racemus + osus 总状花序的；racemus/ raceme 总状花序，葡萄串状的；-osus/ -osum/ -osa 多的，充分的，丰富的，显著发育的，程度高的，特征明显的（形容词词尾）

Rhododendron radendum 毛叶杜鹃：radendum（词源不详）

Rhododendron ramipilosum 线裂杜鹃：rami- 分枝；pilosus = pilus + osus 多毛的，被柔毛的，具疏柔毛的，被短弱细毛的；pilus 毛，疏柔毛；-osus/ -osum/ -osa 多的，充分的，丰富的，显著发育的，程度高的，特征明显的（形容词词尾）

Rhododendron ramsdenianum 阮氏杜鹃（原名"长轴杜鹃"，本属有重名）：ramsdenianum（人名）

Rhododendron redowskianum 叶状苞杜鹃：redowskianum（人名）

Rhododendron rex 大王杜鹃：rex 王者，帝王，国王

Rhododendron rex subsp. fictolacteum 假乳黄杜鹃：fictus ← confictus 伪造的，假的；lacteus 乳汁的，乳白色的，白色略带蓝色的；lactis 乳汁；

-eus/ -eum/ -ea（接拉丁语词干时）属于……的，色如……的，质如……的（表示原料、颜色或品质的相似），（接希腊语词干时）属于……的，以……出名，为……所占有（表示具有某种特性）

Rhododendron rex subsp. gratum 可爱杜鹃：gratus 美味的，可爱的，迷人的，快乐的

Rhododendron rex subsp. rex 大王杜鹃-原亚种（词义见上面解释）

Rhododendron rhodanthum 淡红杜鹃：rhodon → rhodo- 红色的，玫瑰色的；anthus/ anthum/ antha/ anthe ← anthos 花（用于希腊语复合词）

Rhododendron rhombifolium 菱形叶杜鹃：rhombus 菱形，纺锤；folius/ folium/ folia 叶，叶片（用于复合词）

Rhododendron rhuyuenense 乳源杜鹃：rhuyuenense 乳源的（地名，广东省）

Rhododendron rigidum 基毛杜鹃：rigidus 坚硬的，不弯曲的，强直的

Rhododendron ririei 大钟杜鹃：ririei（人名）

Rhododendron rivulare 溪畔杜鹃：rivulare = rivulus + aris 生于小溪的，喜好小溪的；rivulus = rivus + ulus 小溪，细流；rivus 河流，溪流；-ulus/ -ulum/ -ula 小的，略微的，稍微的（小词 -ulus 在字母 e 或 i 之后有多种变缀，即 -olus/ -olum/ -ola、-ellus/ -ellum/ -ella、-illus/ -illum/ -illa，与第一变格法和第二变格法名词形成复合词）

Rhododendron roseatum 红晕杜鹃（晕 yūn）：roseatum = roseus + atus 玫瑰色的；roseus = rosa + eus 像玫瑰的，玫瑰色的，粉红色的；rosa 蔷薇（古拉丁名）← rhodon 蔷薇（希腊语）← rhodd 红色，玫瑰红（凯尔特语）；-eus/ -eum/ -ea（接拉丁语词干时）属于……的，色如……的，质如……的（表示原料、颜色或品质的相似），（接希腊语词干时）属于……的，以……出名，为……所占有（表示具有某种特性）；-atus/ -atum/ -ata 属于，相似，具有，完成（形容词词尾）

Rhododendron rothschildii 宽柄杜鹃：rothschildii ← Baron Rothschild 罗斯柴尔德男爵（人名，20 世纪英国博物学家、动物学家）

Rhododendron roxieanum 卷叶杜鹃：roxieanum ← Roxie Hanna（人名，19 世纪英国传教士）

Rhododendron roxieanum var. cucullatum 兜尖卷叶杜鹃：cucullatus/ cuculatus 兜状的，勺状的，罩住的，头巾的；cucullus 外衣，头巾

Rhododendron roxieanum var. oreonastes 线形卷叶杜鹃：oreo-/ ores-/ ori- ← oreos 山，山地，高山；-astes ← -aster（名词词尾，表示自然分布，野生的）

Rhododendron roxieanum var. roxieanum 卷叶杜鹃-原变种（词义见上面解释）

Rhododendron roxieoides 巫山杜鹃：roxieoides 像 roxieanum 的；Rhododendron roxieanum 卷叶杜鹃；-oides/ -oideus/ -oideum/ -oidea/ -odes/ -eidos 像……的，类似……的，呈……状的（名词词尾）

Rhododendron rubiginosum 红棕杜鹃：rubiginosus/ robiginosus 锈色的，锈红色的，红褐色的；robigo 锈（词干为 rubigin-）；-osus/ -osum/

-osa 多的，充分的，丰富的，显著发育的，程度高的，特征明显的（形容词词尾）；词尾为 -go 的词其词干末尾视为 -gin

Rhododendron rubiginosum var. leclerei 洁净红棕杜鹃：leclerei（人名）

Rhododendron rubiginosum var. ptilostylum 毛柱红棕杜鹃：ptilon 羽毛，翼，翅；stylus/ stylis ← stylos 柱，花柱

Rhododendron rubiginosum var. rubiginosum 红棕杜鹃-原变种 （词义见上面解释）

Rhododendron rubropilosum 台红毛杜鹃：rubr-/ rubri-/ rubro- ← rubrus 红色；pilosus = pilus + osus 多毛的，被柔毛的，具疏柔毛的，被短弱细毛的；pilus 毛，疏柔毛；-osus/ -osum/ -osa 多的，充分的，丰富的，显著发育的，程度高的，特征明显的（形容词词尾）

Rhododendron rufescens 红背杜鹃：rufascens 略红的；ruf-/ rufi-/ frufo- ← rufus/ rubus 红褐色的，锈色的，红色的，发红的，淡红色的；-escens/ -ascens 改变，转变，变成，略微，带有，接近，相似，大致，稍微（表示变化的趋势，并未完全相似或相同，有别于表示达到完成状态的 -atus）

Rhododendron rufohirtum 滇红毛杜鹃：ruf-/ rufi-/ frufo- ← rufus/ rubus 红褐色的，锈色的，红色的，发红的，淡红色的；hirtus 有毛的，粗毛的，刚毛的（长而明显的毛）

Rhododendron rufulum 茶绒杜鹃：rufulus 稍红的，略呈红褐色的；ruf-/ rufi-/ frufo- ← rufus/ rubus 红褐色的，锈色的，红色的，发红的，淡红色的；rufus 红褐色的，发红的，淡红色的；-ulus/ -ulum/ -ula 小的，略微的，稍微的（小词 -ulus 在字母 e 或 i 之后有多种变缀，即 -olus/ -olum/ -ola、-ellus/ -ellum/ -ella、-illus/ -illum/ -illa，与第一变格法和第二变格法名词形成复合词）

Rhododendron rufum 黄毛杜鹃：rufus 红褐色的，发红的，淡红色的；ruf-/ rufi-/ frufo- ← rufus/ rubus 红褐色的，锈色的，红色的，发红的，淡红色的

Rhododendron rupicola 多色杜鹃：rupicolus/ rupestris 生于岩壁的，岩栖的；rup-/ rupi- ← rupes/ rupis 岩石的；colus ← colo 分布于，居住于，栖居，殖民（常作词尾）；colo/ colere/ colui/ cultum 居住，耕作，栽培

Rhododendron rupicola var. chryseum 金黄杜鹃：chryseus 金，金色的，金黄色的；chrys-/ chryso- ← chrysos 黄色的，金色的；-eus/ -eum/ -ea（接拉丁语词干时）属于……的，色如……的，质如……的（表示原料、颜色或品质的相似），（接希腊语词干时）属于……的，以……出名，为……所占有（表示具有某种特性）

Rhododendron rupicola var. muliense 木里多色杜鹃：muliense 木里的（地名，四川省）

Rhododendron rupicola var. rupicola 多色杜鹃-原变种 （词义见上面解释）

Rhododendron rupivalleculatum 岩谷杜鹃：rupivalleculatus 岩谷的，岩石沟谷的；rup-/ rupi- ← rupes/ rupis 岩石的；valleculatus 具小沟的；valle/ vallis 沟，沟谷，谷地；-culatus =

culus + atus 小的，略微的，稍微的（用于第三和第四变格法名词）；-culus/ -culum/ -cula 小的，略微的，稍微的（同第三变格法和第四变格法名词形成复合词）；-atus/ -atum/ -ata 属于，相似，具有，完成（形容词词尾）

Rhododendron russatum 紫蓝杜鹃：russatus 染成红褐色的；russus 红褐色的，锈色的，栗色的；-atus/ -atum/ -ata 属于，相似，具有，完成（形容词词尾）

Rhododendron saluenense 怒江杜鹃：saluenense 萨尔温江的（地名，怒江流入缅甸部分的名称）

Rhododendron saluenense var. saluenense 怒江杜鹃-原变种 （词义见上面解释）

Rhododendron saluense var. prostratum 平卧怒江杜鹃：saluense 萨尔温江的（地名，怒江流入缅甸部分的名称）；prostratus/ pronus/ procumbens 平卧的，匍匐的

Rhododendron sanguineum 血红杜鹃（血 xuè）：sanguineus = sanguis + ineus 血液的，血色的；sanguis 血液；-ineus/ -inea/ -ineum 相近，接近，相似，所有（通常表示材料或颜色），意思同 -eus

Rhododendron sanguineum var. cloiophorum 退色血红杜鹃：cloio-（词源不详）；-phorus/ -phorum/ -phora 载体，承载物，支持物，带着，生着，附着（表示一个部分带着别的部分，包括起支撑或承载作用的柄、柱、托、囊等，如 gynophorum = gynus + phorum 雌蕊柄的，带有雌蕊的，承载雌蕊的）；gynus/ gynum/ gyna 雌蕊，子房，心皮

Rhododendron sanguineum var. didymoides 变色血红色杜鹃：didymoides 大致成双的，稍联合的；didymus 成对的，孪生的，两个联合的，二裂的；-oides/ -oideus/ -oideum/ -oidea/ -odes/ -eidos 像……的，类似……的，呈……状的（名词词尾）

Rhododendron sanguineum var. didymum 黑红血红杜鹃：didymus 成对的，孪生的，两个联合的，二裂的；关联词：tetradidymus 四对的，tetradymus 四细胞的，tetradidynamus 四强雄蕊的，didynamus 二强雄蕊的

Rhododendron sanguineum var. haemaleum 紫血杜鹃：haemaleus 属于红苹果的，红苹果色的；haem-/ haimato- 血的，红色的，鲜红的；haematinus 血色的，血红的；maleus = malus + eus 苹果色的，苹果状的；malus ← malon 苹果（希腊语）；-eus/ -eum/ -ea（接拉丁语词干时）属于……的，色如……的，质如……的（表示原料、颜色或品质的相似），（接希腊语词干时）属于……的，以……出名，为……所占有（表示具有某种特性）

Rhododendron sanguineum var. himertum 蜜黄血红杜鹃：himertum（词源不详）

Rhododendron sanguineum var. sanguineum 血红杜鹃-原变种 （词义见上面解释）

Rhododendron sargentianum 水仙杜鹃：sargentianum ← Charles Sprague Sargent（人名，1841–1927，美国植物学家）；-anus/ -anum/ -ana 属于，来自（形容词词尾）

Rhododendron saxatile 崖壁杜鹃（崖 yá）：saxatile 生于岩石的，生于石缝的；saxum 岩石，结石；-atilis（阳性、阴性）/ -atile（中性）（表示生长

R

的地方）

Rhododendron scabrifolium 糙叶杜鹃：scabrifolius 糙叶的；scabri- ← scaber 粗糙的，有凹凸的，不平滑的；folius/ folium/ folia 叶，叶片（用于复合词）

Rhododendron scabrifolium var. pauciflorum 疏花糙叶杜鹃：pauci- ← paucus 少数的，少的（希腊语为 oligo-）；florus/ florum/ flora ← flos 花（用于复合词）

Rhododendron scabrifolium var. scabrifolium 糙叶杜鹃-原变种 （词义见上面解释）

Rhododendron schistocalyx 裂萼杜鹃：schistocalyx 裂萼的；schis-/ schist-/ schisto- ← schistus/ schistos 裂开的，分歧的，深裂的（希腊语）；calyx → calyc- 萼片（用于希腊语复合词）

Rhododendron schlippenbachii 大字杜鹃：schlippenbachii ← Baron Alexander von Schlippenbach（人名，19 世纪俄国海军将领）

Rhododendron scopulorum 石峰杜鹃：scopulorum 岩石，峭壁；scopulus 带棱角的岩石，岩壁，峭壁；-orum 属于……的（第二变格法名词复数所有格词尾，表示群落或多数）

Rhododendron searsiae 绿点杜鹃：searsiae ← Paul B. Sears（人名，20 世纪美国植物学家，耶鲁植物学校校长）

Rhododendron seinghkuense 黄花泡叶杜鹃（泡 pào）：seinghkuense（地名）

Rhododendron selense 多变杜鹃：selense 夕拉山的（地名，云南省贡山县）

Rhododendron selense subsp. dasycladum 毛枝多变杜鹃：dasycladus 毛枝的，枝条有粗毛的；dasy- ← dasys 毛茸茸的，粗毛的，毛；cladus ← clados 枝条，分枝

Rhododendron selense subsp. jucundum 粉背多变杜鹃：jucundus 愉快的，可爱的

Rhododendron selense subsp. selense 多变杜鹃-原亚种 （词义见上面解释）

Rhododendron semnoides 圆头杜鹃：semnoides 稍神圣的；semnos 神圣的，神奇的；-oides/ -oideus/ -oideum/ -oidea/ -odes/ -eidos 像……的，类似……的，呈……状的（名词词尾）

Rhododendron seniavinii 毛果杜鹃：seniavinii（人名）；-ii 表示人名，接在以辅音字母结尾的人名后面，但 -er 除外

Rhododendron setiferum 刚刺杜鹃（种加词有时误拼为"setifertum"）：setiferus 具刚毛的；setus/ saetus 刚毛，刺毛，芒刺；-ferus/ -ferum/ -fera/ -fero/ -fere/ -fer 有，具有，产（区别：作独立词使用的 ferus 意思是"野生的"）

Rhododendron setosum 刚毛杜鹃：setosus = setus + osus 被刚毛的，被短毛的，被芒刺的；setus/ saetus 刚毛，刺毛，芒刺；-osus/ -osum/ -osa 多的，充分的，丰富的，显著发育的，程度高的，特征明显的（形容词词尾）

Rhododendron shanii 都支杜鹃：shanii（人名）；-ii 表示人名，接在以辅音字母结尾的人名后面，但 -er 除外

Rhododendron sherriffii 红钟杜鹃：sherriffii ←

Major George Sherriff（人名，20 世纪探险家，曾和 Frank Ludlow 一起考察西藏东南地区）

Rhododendron shimianense 石棉杜鹃：shimianense 石棉的（地名，四川省）

Rhododendron shweliense 瑞丽杜鹃：shweliense 瑞丽的（地名，云南省）

Rhododendron sidereum 银灰杜鹃：sidereum 略呈铁锈色的；sideros 铁，铁色（希腊语）；-eus/ -eum/ -ea（接拉丁语词干时）属于……的，色如……的，质如……的（表示原料、颜色或品质的相似），（接希腊语词干时）属于……的，以……出名，为……所占有（表示具有某种特性）

Rhododendron siderophyllum 锈叶杜鹃：sideros 铁，铁色（希腊语）；phyllus/ phyllum/ phylla ← phyllon 叶片（用于希腊语复合词）

Rhododendron sikangense 川西杜鹃：sikangense 西康的（地名，旧西康省，1955 年分别并入四川省和西藏自治区）

Rhododendron sikangense var. exquisitum 优美杜鹃：exquisitus 精致的，优美的

Rhododendron sikangense var. sikangense 川西杜鹃-原变种 （词义见上面解释）

Rhododendron simiarum 猴头杜鹃：simiarum（simia 的复数所有格）猿猴的，类人猿的；simia 猴子，猿，-arum 属于……的（第一变格法名词复数所有格词尾，表示群落或多数）

Rhododendron simiarum var. simiarum 猴头杜鹃-原变种 （词义见上面解释）

Rhododendron simiarum var. versicolor 变色杜鹃：versicolor = versus + color 变色的，杂色的，有斑点的；versus ← vertor ← verto 变换，转换，转变；color 颜色

Rhododendron simsii 杜鹃：simsii（人名）；-ii 表示人名，接在以辅音字母结尾的人名后面，但 -er 除外

Rhododendron simulans 裂毛杜鹃：simulans 仿造的，模仿的；simulo/ simuilare/ simulatus 模仿，模拟，伪装

Rhododendron sinofalconeri 宽杯杜鹃：sinofalconeri 中国型宽杯杜鹃（宽杯杜鹃 Rhododendron falconeri）；sino- 中国；falconeri ← Hugh Falconer（人名，19 世纪活动于印度的英国地质学家、医生）

Rhododendron sinogrande 凸尖杜鹃：sinogrande 中国型宏大的；sino- 中国；grande 大的，大型的，宏大的

Rhododendron sinonuttallii 大果杜鹃：sinonuttallii 中国型木兰杜鹃的；sino- 中国；nuttallii ← Thomas Nuttall（人名，19 世纪英国植物学家）；Rhododendron nuttallii 木兰杜鹃

Rhododendron smithii 毛枝杜鹃：smithii ← James Edward Smith（人名，1759–1828，英国植物学家）

Rhododendron souliei 白碗杜鹃：souliei（人名）；-i 表示人名，接在以元音字母结尾的人名后面，但 -a 除外

Rhododendron spadiceum 蔗黄杜鹃：spadiceus = spadix + eus 暗棕色的，肉穗花序的；spadix 佛焰花序，肉穗花序；-eus/ -eum/ -ea（接拉丁语词干

时）属于……的，色如……的，质如……的（表示原料、颜色或品质的相似），（接希腊语词干时）属于……的，以……出名，为……所占有（表示具有某种特性）；构词规则：以 -ix/ -iex 结尾的词其词干末尾视为 -ic，以 -ex 结尾视为 -i/ -ic，其他以 -x 结尾视为 -c

Rhododendron spanotrichum 红花杜鹃：span-/ spano- 稀少的，少数，几个；trichus 毛，毛发，线

Rhododendron sparsifolium 川南杜鹃：sparsus 散生的，稀疏的，稀少的；folius/ folium/ folia 叶，叶片（用于复合词）

Rhododendron sperabile 纯红杜鹃：sperabile/ sperabilis 值得期待的

Rhododendron sperabile var. sperabile 纯红杜鹃-原变种 （词义见上面解释）

Rhododendron sperabile var. weihsiense 维西纯红杜鹃：weihsiense 维西的（地名，云南省）

Rhododendron sperabiloides 糠秕杜鹃（秕 bǐ）：sperabiloides 像 sperabile 的；Rhododendron sperabile 纯红杜鹃；-oides/ -oideus/ -oideum/ -oidea/ -odes/ -eidos 像……的，类似……的，呈……状的（名词词尾）

Rhododendron sphaeroblastum 宽叶杜鹃：sphaeroblastus 球形芽的；sphaero- 圆形，球形；blastus ← blastos 胚，胚芽，芽

Rhododendron sphaeroblastum var. sphaeroblastum 宽叶杜鹃-原变种 （词义见上面解释）

Rhododendron sphaeroblastum var. wumengense 乌蒙宽叶杜鹃：wumengense 乌蒙山的（地名，云南省）

Rhododendron spiciferum 碎米花：spicus 穗，谷穗，花穗；-ferus/ -ferum/ -fera/ -fero/ -fere/ -fer 有，具有，产（区别：作独立词使用的 ferus 意思是"野生的"）

Rhododendron spiciferum var. album 白碎米花：albus → albi-/ albo- 白色的

Rhododendron spiciferum var. spiciferum 碎米花-原变种 （词义见上面解释）

Rhododendron spinuliferum 爆杖花：spinulus 小刺；spinus 刺，针刺；-ulus/ -ulum/ -ula 小的，略微的，稍微的（小词 -ulus 在字母 e 或 i 之后有多种变缀，即 -olus/ -olum/ -ola、-ellus/ -ellum/ -ella、-illus/ -illum/ -illa，与第一变格法和第二变格法名词形成复合词）；-ferus/ -ferum/ -fera/ -fero/ -fere/ -fer 有，具有，产（区别：作独立词使用的 ferus 意思是"野生的"）

Rhododendron spinuliferum var. glabrescens 少毛爆杖花：glabrus 光秃的，无毛的，光滑的；-escens/ -ascens 改变，转变，变成，略微，带有，接近，相似，大致，稍微（表示变化的趋势，并未完全相似或相同，有别于表示达到完成状态的 -atus）

Rhododendron spinuliferum var. spinuliferum 爆杖花-原变种 （词义见上面解释）

Rhododendron stamineum 长蕊杜鹃：stamineus 属于雄蕊的；staminus 雄性的，雄蕊的；stamen/ staminis 雄蕊；-eus/ -eum/ -ea（接拉丁语词干时）属于……的，色如……的，质如……的（表示原料、

颜色或品质的相似），（接希腊语词干时）属于……的，以……出名，为……所占有（表示具有某种特性）

Rhododendron stamineum var. lasiocarpum 毛果长蕊杜鹃：lasi-/ lasio- 羊毛状的，有毛的，粗糙的；carpus/ carpum/ carpa/ carpon ← carpos 果实（用于希腊语复合词）

Rhododendron stamineum var. stamineum 长蕊杜鹃-原变种 （词义见上面解释）

Rhododendron stenaulum 长蒴杜鹃：stenaulus = stenus + ulus 窄的，狭窄的，细的；sten-/ steno- ← stenus 窄的，狭的，薄的；-ulus/ -ulum/ -ula 小的，略微的，稍微的（小词 -ulus 在字母 e 或 i 之后有多种变缀，即 -olus/ -olum/ -ola、-ellus/ -ellum/ -ella、-illus/ -illum/ -illa，与第一变格法和第二变格法名词形成复合词）

Rhododendron stewartianum 多趣杜鹃：stewartianum ← John Stuart（人名，1713–1792，英国植物爱好者，常拼写为"Stewart"）

Rhododendron strigillosum 芒刺杜鹃：strigillosus = striga + illus + osus 鬃毛的，刷毛的；striga 条纹的，网纹的（如种子具网纹），糙伏毛的；-osus/ -osum/ -osa 多的，充分的，丰富的，显著发育的，程度高的，特征明显的（形容词词尾）；-ellus/ -ellum/ -ella ← -ulus 小的，略微的，稍微的（小词 -ulus 在字母 e 或 i 之后有多种变缀，即 -olus/ -olum/ -ola、-ellus/ -ellum/ -ella、-illus/ -illum/ -illa，用于第一变格法名词）

Rhododendron strigillosum var. monosematum 紫斑杜鹃：monosematus 具单个旗瓣的；mono-/ mon- ← monos 一个，单一的（希腊语，拉丁语为 unus/ uni-/ uno-）；semus 旗，旗瓣，标志；-atus/ -atum/ -ata 属于，相似，具有，完成（形容词词尾）

Rhododendron strigillosum var. strigillosum 芒刺杜鹃-原变种 （词义见上面解释）

Rhododendron subcerinum 蜡黄杜鹃：subcerinus 近蜡黄色的，近蜡质的；sub-（表示程度较弱）与……类似，几乎，稍微，弱，亚，之下，下面；cerinus = cera + inus 蜡黄的，蜡质的；cereus/ ceraceus 蜡质的，蜡黄色的；cerus/ cerum/ cera 蜡；-inus/ -inum/ -ina/ -inos 相近，接近，相似，具有（通常指颜色）

Rhododendron subenerve 隐脉杜鹃：subenerve 近无脉的；sub-（表示程度较弱）与……类似，几乎，稍微，弱，亚，之下，下面；e-/ ex- 不，无，非，缺乏，不具有（e- 用在辅音字母前，ex- 用在元音字母前，为拉丁语词首，对应的希腊语词首为 a-/ an-，英语为 un-/ -less，注意作词首用的 e-/ ex- 和介词 e/ ex 意思不同，后者意为"出自、从……、由……离开、由于、依照"）；nerve ← nervus 脉，叶脉

Rhododendron subflumineum 涧上杜鹃：subflumineum 像 flumineum 的；sub-（表示程度较弱）与……类似，几乎，稍微，弱，亚，之下，下面；Rhododendron flumineum 河边杜鹃；flumineus 属于河流的，属于流水的，水的；flumen 河流，河川，大海，大量

Rhododendron sulfureum 硫磺杜鹃：sulfureus/
sulphurea 硫黄色的

Rhododendron sutchuenense 四川杜鹃：
sutchuenense 四川的（地名）

Rhododendron taggianum 白喇叭杜鹃（喇 lǎ）：
taggianum ← Harry Frank Tagg（人名，20 世纪英
国植物学家，杜鹃属植物专家）

Rhododendron taibaiense 太白杜鹃：taibaiense
太白山的（地名，陕西省）

Rhododendron taipaoense 大埔杜鹃（埔 bǔ）：
taipaoense 大埔的（地名，广东省）

Rhododendron taishunense 泰顺杜鹃：
taishunense 泰顺的（地名，浙江省）

Rhododendron taliense 大理杜鹃：taliense 大理的
（地名，云南省）

Rhododendron tanastylum 光柱杜鹃：tanastylus
光柱的；stylus/ stylis ← stylos 柱，花柱

Rhododendron tanastylum var. lingzhiense 林
芝光柱杜鹃（原名"林芝杜鹃"，本属有重名）：
lingzhiense 林芝的（地名，西藏自治区）

Rhododendron tanastylum var. tanastylum 光
柱杜鹃-原变种 （词义见上面解释）

Rhododendron tapetiforme 单色杜鹃：tapetum
毯子的，垫子的；forme/ forma 形状

Rhododendron taronense 薄皮杜鹃：taronense 独
龙江的（地名，云南省）

Rhododendron tashiroi 大武杜鹃：tashiroi/
tachiroei（人名）；-i 表示人名，接在以元音字母结
尾的人名后面，但 -a 除外

Rhododendron tatsienense 硬叶杜鹃：tatsienense
打箭炉的（地名，四川省康定县的别称）

Rhododendron tatsienense var. nudatum 丽江
硬叶杜鹃：nudatus 裸露的；nudus 裸露的，无装饰
的；-atus/ -atum/ -ata 属于，相似，具有，完成
（形容词词尾）

Rhododendron tatsienense var. tatsienense 硬
叶杜鹃-原变种 （词义见上面解释）

Rhododendron telmateium 草原杜鹃：
telmateium 沼泽

Rhododendron temenium 滇藏杜鹃：temenium
（词源不详）

Rhododendron temenium var. dealbatum 粉红
滇藏杜鹃：dealbatus 变白的，刷白的（在较深的底
色上略有白色，非纯白）；de- 向下，向外，从……，
脱离，脱落，离开，去掉；albatus = albus + atus
发白的；albus → albi-/ albo- 白色的

Rhododendron temenium var. gilvum 黄花滇藏
杜鹃：gilvus 暗黄色的

Rhododendron temenium var. temenium 滇藏
杜鹃-原变种 （词义见上面解释）

Rhododendron tenue 细瘦杜鹃：tenue 薄的，纤细
的，弱的，瘦的，窄的

Rhododendron tenuifolium 薄叶朱砂杜鹃：
tenui- ← tenuis 薄的，纤细的，弱的，瘦的，窄的；
folius/ folium/ folia 叶，叶片（用于复合词）

Rhododendron tenuilaminare 薄片杜鹃：
tenuilaminare 薄叶的，薄片的；tenui- ← tenuis 薄

的，纤细的，弱的，瘦的，窄的；laminare ←
laminaria ← lamina 片，叶片（指植物体呈大叶状）

Rhododendron tephropeplum 灰被杜鹃：
tephropeplum 灰被；tephros 灰色的，火山灰的；
peplus 被毛的，覆被的，上衣的

Rhododendron thayerianum 反边杜鹃：
thayerianum（人名）

Rhododendron thomsonii 半圆叶杜鹃：
thomsonii ← Thomas Thomson（人名，19 世纪英
国植物学家）；-ii 表示人名，接在以辅音字母结尾的
人名后面，但 -er 除外

Rhododendron thomsonii subsp. lopsangianum
小半圆叶杜鹃：lopsangianum（人名）

Rhododendron thomsonii subsp. thomsonii 半
圆叶杜鹃-原亚种 （词义见上面解释）

Rhododendron thymifolium 千里香杜鹃：
thymifolius 百里香叶片的；Thymus 百里香属（唇
形科）；folius/ folium/ folia 叶，叶片（用于复合词）

Rhododendron tianlinense 田林马银花：
tianlinense 田林的（地名，广西壮族自治区）

Rhododendron tingwuense 鼎湖杜鹃：tingwuense
鼎湖山的（地名，广东省）

Rhododendron torquatum 曲枝杜鹃：torquatus
脖颈的，领子的，饰有带子的，扭曲的；torqueo/
tortus 拧紧，捻，扭曲

Rhododendron traillianum 川滇杜鹃：traillianum
（人名）

Rhododendron traillianum var. dictyotum 棕背
川滇杜鹃：dictyotus = tictyon + otus 网状的，属
于网状的；dictyon 网，网状（希腊语）；-otus/
-otum/ -ota（希腊语词尾，表示相似或所有）

Rhododendron traillianum var. traillianum 川
滇杜鹃-原变种 （词义见上面解释）

Rhododendron trichanthum 长毛杜鹃：
trichanthus 毛花的；trich-/ tricho-/ tricha- ←
trichos ← thrix 毛，多毛的，线状的，丝状的；
anthus/ anthum/ antha/ anthe ← anthos 花（用于
希腊语复合词）

Rhododendron trichocladum 糙毛杜鹃：trich-/
tricho-/ tricha- ← trichos ← thrix 毛，多毛的，线
状的，丝状的；cladus ← clados 枝条，分枝

Rhododendron trichogynum 理县杜鹃：trich-/
tricho-/ tricha- ← trichos ← thrix 毛，多毛的，线
状的，丝状的；gynus/ gynum/ gyna 雌蕊，子房，
心皮

Rhododendron trichostomum 毛嘴杜鹃：
trichostomus 毛口的；trich-/ tricho-/ tricha- ←
trichos ← thrix 毛，多毛的，线状的，丝状的；
stomus 口，开口，气孔

Rhododendron trichostomum var. ledoides 筒
花杜鹃：ledoides 像杜香的；Ledum 杜香属（杜鹃
花科）；-oides/ -oideus/ -oideum/ -oidea/ -odes/
-eidos 像……的，类似……的，呈……状的（名词
词尾）

Rhododendron trichostomum var. radinum 鳞
斑毛嘴杜鹃：radinus = radius + inus 辐射状的，放
射状的；-inus/ -inum/ -ina/ -inos 相近，接近，相
似，具有（通常指颜色）

R

Rhododendron trichostomum var. trichostomum 毛嘴杜鹃-原变种 （词义见上面解释）

Rhododendron triflorum 三花杜鹃：tri-/ tripli-/ triplo- 三个，三数；florus/ florum/ flora ← flos 花（用于复合词）

Rhododendron triflorum subsp. multiflorum 云南三花杜鹃：multi- ← multus 多个，多数，很多（希腊语为 poly-）；florus/ florum/ flora ← flos 花（用于复合词）

Rhododendron triflorum subsp. triflorum 三花杜鹃-原亚种 （词义见上面解释）

Rhododendron trilectorum 郎贡杜鹃：tri-/ tripli-/ triplo- 三个，三数；lectus 床；-orum 属于……的（第二变格法名词复数所有格词尾，表示群落或多数）

Rhododendron tsaii 昭通杜鹃：tsaii 蔡希陶（人名，1911–1981，中国植物学家）

Rhododendron tsariense 白钟杜鹃：tsariense 察雅的（地名，西藏自治区）

Rhododendron tsoi 两广杜鹃：tsoi（人名）；-i 表示人名，接在以元音字母结尾的人名后面，但 -a 除外

Rhododendron tubiforme 苍白杜鹃：tubi-/ tubo- ← tubus 管子的，管状的；forme/ forma 形状

Rhododendron tubulosum 长管杜鹃：tubulosus = tubus + ulus + osus 管状的，具管的；tubus 管子的，管状的；-ulus/ -ulum/ -ula 小的，略微的，稍微的（小词 -ulus 在字母 e 或 i 之后有多种变缀，即 -olus/ -olum/ -ola、-ellus/ -ellum/ -ella、-illus/ -illum/ -illa，与第一变格法和第二变格法名词形成复合词）；-osus/ -osum/ -osa 多的，充分的，丰富的，显著发育的，程度高的，特征明显的（形容词词尾）

Rhododendron tutcherae 香缅树杜鹃：tutcherae（人名）；-ae 表示人名，以 -a 结尾的人名后面加上 -e 形成

Rhododendron unciferum 垂钩杜鹃：unciferus = uncus + ferus 具钩的；uncus 钩，倒钩刺；-ferus/ -ferum/ -fera/ -fero/ -fere/ -fer 有，具有，产（区别：作独立词使用的 ferus 意思是"野生的"）

Rhododendron uniflorum 单花杜鹃：uni-/ uno- ← unus/ unum/ una 一，单一（希腊语为 mono-/ mon-）；florus/ florum/ flora ← flos 花（用于复合词）

Rhododendron urophyllum 尾叶杜鹃：uro-/ -urus ← ura 尾巴，尾巴状的；phyllus/ phyllum/ phylla ← phyllon 叶片（用于希腊语复合词）；Urophyllum 尖叶木属（茜草科）

Rhododendron uvarifolium 紫玉盘杜鹃：uvarifolium = Uvaria + folium 紫玉盘叶的（注：以属名作复合词时原词尾变形后的 i 要保留，故该词宜改为"Uvariifolium"）；Uvaria 紫玉盘属（番荔枝科）；folius/ folium/ folia 叶，叶片（用于复合词）

Rhododendron vaccinioides 越橘杜鹃（橘 jú）：Vaccinium 越橘属（杜鹃花科），乌饭树属；-oides/ -oideus/ -oideum/ -oidea/ -odes/ -eidos 像……的，类似……的，呈……状的（名词词尾）

Rhododendron valentinianum 毛柄杜鹃：valentinianum 瓦伦西亚的（地名，西班牙）

Rhododendron valentinianum var. oblongilobatum 滇南毛柄杜鹃：oblongus = ovus + longus 长椭圆形的（ovus 的词干 ov- 音变为 ob-）；ovus 卵，胚珠，卵形的，椭圆形的；longus 长的，纵向的；lobatus = lobus + atus 具浅裂的，具耳垂状突起的；lobus/ lobos/ lobon 浅裂，耳片（裂片先端钝圆），荚果，蒴果；-atus/ -atum/ -ata 属于，相似，具有，完成（形容词词尾）

Rhododendron valentinianum var. valentinianum 毛柄杜鹃-原变种 （词义见上面解释）

Rhododendron vellereum 白毛杜鹃：vellereus 绵毛的

Rhododendron venator 毛柱杜鹃：venator 猎人

Rhododendron vernicosum 亮叶杜鹃：vernicosus 涂漆的，油亮的

Rhododendron verruciferum 疣梗杜鹃：verrucus ← verrucos 疣状物；-ferus/ -ferum/ -fera/ -fero/ -fere/ -fer 有，具有，产（区别：作独立词使用的 ferus 意思是"野生的"）

Rhododendron vesiculiferum 泡毛杜鹃：vesiculosus 小水泡的，多泡的；vesica 泡，膀胱，囊，鼓包，鼓肚（同义词：venter/ ventris）；vesiculus 小水泡；-culosus = culus + osus 小而多的，小而密集的；-culus/ -culum/ -cula 小的，略微的，稍微的（同第三变格法和第四变格法名词形成复合词）；-osus/ -osum/ -osa 多的，充分的，丰富的，显著发育的，程度高的，特征明显的（形容词词尾）；-ferus/ -ferum/ -fera/ -fero/ -fere/ -fer 有，具有，产（区别：作独立词使用的 ferus 意思是"野生的"）

Rhododendron vialii 红马银花：vialii ← Pere Vial（人名，19 世纪活动于中国的法国传教士和民族学家）

Rhododendron virgatum 柳条杜鹃：virgatus 细长枝条的，有条纹的，嫩枝状的；virga/ virgus 纤细枝条，细而绿的枝条；-atus/ -atum/ -ata 属于，相似，具有，完成（形容词词尾）

Rhododendron viridescens 显绿杜鹃：viridescens 变绿的，发绿的，淡绿色的；viridi-/ virid- ← viridus 绿色的；-escens/ -ascens 改变，转变，变成，略微，带有，接近，相似，大致，稍微（表示变化的趋势，并未完全相似或相同，有别于表示达到完成状态的 -atus）

Rhododendron viscidifolium 铜色杜鹃：viscidifolium 叶片发黏的；viscidus 黏的；folius/ folium/ folia 叶，叶片（用于复合词）

Rhododendron viscidum 黏质杜鹃：viscidus 黏的

Rhododendron viscigemmatum 黏芽杜鹃：viscigemmatus 黏芽的；viscus 胶，胶黏物（比喻有黏性物质）；gemmatus 零余子的，珠芽的；gemmus 芽，珠芽，零余子

Rhododendron wallichii 簇毛杜鹃：wallichii ← Nathaniel Wallich（人名，19 世纪初丹麦植物学家、医生）

Rhododendron walongense 瓦弄杜鹃（弄 lòng）：walongense 瓦弄的（地名，西藏自治区）

R

Rhododendron wardii 黄杯杜鹃：wardii ← Francis Kingdon-Ward（人名，20 世纪英国植物学家）

Rhododendron wardii var. puralbum 纯白杜鹃：puralbus 纯白的；purus 纯的，纯洁的；albus → albi-/ albo- 白色的

Rhododendron wardii var. wardii 黄杯杜鹃-原变种 （词义见上面解释）

Rhododendron wasonii 褐毛杜鹃：wasonii（人名）；-ii 表示人名，接在以辅音字母结尾的人名后面，但 -er 除外

Rhododendron wasonii var. wasonii 褐毛杜鹃-原变种 （词义见上面解释）

Rhododendron wasonii var. wenchuanense 汶川褐毛杜鹃（汶 wèn）：wenchuanense 汶川的（地名，四川省）

Rhododendron watsonii 无柄杜鹃：watsonii ← William Watson（人名，18 世纪英国植物学家）

Rhododendron websterianum 毛蕊杜鹃：websterianum（人名）

Rhododendron websterianum var. websterianum 毛蕊杜鹃-原变种 （词义见上面解释）

Rhododendron websterianum var. yulongense 黄花毛蕊杜鹃：yulongense 玉龙的（地名，云南省）

Rhododendron wightii 宏钟杜鹃：wightii ← Robert Wight（人名，19 世纪英国医生、植物学家）

Rhododendron williamsianum 圆叶杜鹃：williamsianum（人名）

Rhododendron wiltonii 皱皮杜鹃：wiltonii（人名）；-ii 表示人名，接在以辅音字母结尾的人名后面，但 -er 除外

Rhododendron wolongense 卧龙杜鹃：wolongense 卧龙的（地名，四川省）

Rhododendron wongii 康南杜鹃：wongii（人名）；-ii 表示人名，接在以辅音字母结尾的人名后面，但 -er 除外

Rhododendron wumingense 武鸣杜鹃：wumingense 武鸣的（地名，广西壮族自治区）

Rhododendron xanthocodon 黄铃杜鹃：xanthos 黄色的（希腊语）；codon 钟，吊钟形的

Rhododendron xanthostephanum 鲜黄杜鹃：xanthos 黄色的（希腊语）；stephanus ← stephanos = stephos/ stephus + anus 冠，王冠，花冠，冠状物，花环（希腊语）

Rhododendron xiaoxidongense 小溪洞杜鹃：xiaoxidongense 小溪洞的（地名，江西省井冈山）

Rhododendron xichangense 西昌杜鹃：xichangense 西昌的（地名，四川省）

Rhododendron xiguense 西固杜鹃：xiguense 西固的（地名，甘肃省，现名舟曲）

Rhododendron yangmingshanense 阳明山杜鹃：yangmingshanense 阳明山的（地名，湖南省）

Rhododendron yaoshanicum 瑶山杜鹃：yaoshanicum 瑶山的（地名，广西壮族自治区）；-icus/ -icum/ -ica 属于，具有某种特性（常用于地名、起源、生境）

Rhododendron yungchangense 少鳞杜鹃：yungchangense 永昌的（地名，云南省）

Rhododendron yungningense 永宁杜鹃：yungningense 永宁的（地名，云南省）

Rhododendron yunnanense 云南杜鹃：yunnanense 云南的（地名）

Rhododendron yushuense 玉树杜鹃：yushuense 玉树的（地名，青海省）

Rhododendron zaleucum 白面杜鹃：zaleucum 很白的；za- 多的，多量的（希腊语词首）；leucus 白色的，淡色的

Rhododendron zaleucum var. pubifolium 毛叶白面杜鹃：pubi- ← pubis 细柔毛的，短柔毛的，毛被的；folius/ folium/ folia 叶，叶片（用于复合词）

Rhododendron zaleucum var. zaleucum 白面杜鹃-原变种 （词义见上面解释）

Rhododendron zekoense 泽库杜鹃：zekoense 泽库的（地名，青海省）

Rhododendron zheguense 鹧鸪杜鹃（鹧鸪 zhè gū）：zheguense 鹧鸪山的（地名，四川省）

Rhododendron zhongdianense 中甸杜鹃：zhongdianense 中甸的（地名，云南省香格里拉市的旧称）

Rhododendron ziyuenense 资源杜鹃：ziyuenense 资源的（地名，广西壮族自治区）

Rhodoleia 红花荷属（金缕梅科）（35-2：p44）：rhodon → rhodo- 红色的，玫瑰色的；leius ← leios 光滑的，平滑的

Rhodoleia championii 红花荷：championii ← John George Champion（人名，19 世纪英国植物学家，研究东亚植物）

Rhodoleia forrestii 绒毛红花荷：forrestii ← George Forrest（人名，1873–1932，英国植物学家，曾在中国西部采集大量植物标本）

Rhodoleia henryi 显脉红花荷：henryi ← Augustine Henry 或 B. C. Henry（人名，前者，1857–1930，爱尔兰医生、植物学家，曾在中国采集植物，后者，1850–1901，曾活动于中国的传教士）

Rhodoleia macrocarpa 大果红花荷：macro-/ macr- ← macros 大的，宏观的（用于希腊语复合词）；carpus/ carpum/ carpa/ carpon ← carpos 果实（用于希腊语复合词）

Rhodoleia parvipetala 小花红花荷：parvus 小的，些微的，弱的；petalus/ petalum/ petala ← petalon 花瓣

Rhodoleia stenopetala 窄瓣红花荷：stenopetalus = steno + petalus 狭瓣的，窄瓣的；sten-/ steno- ← stenus 窄的，狭的，薄的；petalus/ petalum/ petala ← petalon 花瓣

Rhodomyrtus 桃金娘属（桃金娘科）（53-1：p121）：rhodon → rhodo- 红色的，玫瑰色的；Myrtus 香桃木属（桃金娘科）

Rhodomyrtus tomentosa 桃金娘：tomentosus = tomentum + osus 绒毛的，密被绒毛的；tomentum 绒毛，浓密的毛被，棉絮，棉絮状填充物（被褥、垫子等）；-osus/ -osum/ -osa 多的，充分的，丰富的，显著发育的，程度高的，特征明显的（形容词词尾）

Rhodotypos 鸡麻属（蔷薇科）（37：p3）：rhodotypos 花似玫瑰的；rhodon → rhodo- 红色的，玫瑰色的；typos 形状，形象

R

Rhodotypos scandens 鸡麻：scandens 攀缘的，缠绕的，藤本的；scando/ scansum 上升，攀登，缠绕

Rhoiptelea 马尾树属（马尾树科）（22：p414）：rhoia 石榴；pteleus 榆树（希腊语）

Rhoiptelea chiliantha 马尾树：chili-/ chilio- 千（形容众多）；anthus/ anthum/ antha/ anthe ← anthos 花（用于希腊语复合词）

Rhoipteleaceae 马尾树科（22：p414）：Rhoiptelea 马尾树属；-aceae（分类单位科的词尾，为 -aceus 的阴性复数主格形式，加到模式属的名称后或同义词的词干后以组成族群名称）

Rhopalocnemis 盾片蛇菰属（菰 gū）（蛇菰科）（24：p251）：rhopalon 棍棒，棒状；cnemis 胫衣，套裤

Rhopalocnemis phalloides 盾片蛇菰：phallus ← phallos 棍棒，阴茎；-oides/ -oideus/ -oideum/ -oidea/ -odes/ -eidos 像……的，类似……的，呈……状的（名词词尾）

Rhus 盐肤木属（漆树科）（45-1：p99）：rhus 漆树（古希腊语 rhous）

Rhus chinensis 盐肤木：chinensis = china + ensis 中国的（地名）；China 中国

Rhus chinensis var. chinensis 盐肤木-原变种（词义见上面解释）

Rhus chinensis var. roxburghii 滨盐肤木：roxburghii ← William Roxburgh（人名，18 世纪英国植物学家，研究印度植物）

Rhus hypoleuca 白背麸杨（麸 fū）：hypoleucus 背面白色的，下面白色的；hyp-/ hypo- 下面的，以下的，不完全的；leucus 白色的，淡色的

Rhus potaninii 青麸杨：potaninii ← Grigory Nikolaevich Potanin（人名，19 世纪俄国植物学家）

Rhus punjabensis 旁遮普麸杨：punjabensis ← Punjab 旁遮普的（地名，印度）

Rhus punjabensis var. pilosa 毛叶麸杨：pilosus = pilus + osus 多毛的，被柔毛的，具疏柔毛的，被短弱细毛的；pilus 毛，疏柔毛；-osus/ -osum/ -osa 多的，充分的，丰富的，显著发育的，程度高的，特征明显的（形容词词尾）

Rhus punjabensis var. punjabensis 旁遮普麸杨-原变种（词义见上面解释）

Rhus punjabensis var. sinica 红麸杨：sinica 中国的（地名）；-icus/ -icum/ -ica 属于，具有某种特性（常用于地名、起源、生境）

Rhus teniana 滇麸杨：teniana（人名）

Rhus typhina 火炬树：typhinus 像香蒲的，烟熏的，无光泽的；Thypa 香蒲属（禾本科）；-inus/ -inum/ -ina/ -inos 相近，接近，相似，具有（通常指颜色）

Rhus wilsonii 川麸杨：wilsonii ← John Wilson（人名，18 世纪英国植物学家）

Rhynchanthus 喙花姜属（姜科）（16-2：p108）：rhynchus ← rhynchos 喙状的，鸟嘴状的；anthus/ anthum/ antha/ anthe ← anthos 花（用于希腊语复合词）

Rhynchanthus beesianus 喙花姜：beesianus ← Bee's Nursery（蜂场，位于英国港口城市切斯特）

Rhynchelytrum 红毛草属（禾本科）（10-1：p230）：rhynchelytrum = rhynchus + lytrum 喙红色的；

rhynchus 喙状的，鸟嘴状的；lytrum/ lytron 血；形近词：elytrus ← elytron 皮壳，外皮，颖片，鞘

Rhynchelytrum repens 红毛草（另见 Melinis repens）：repens/ repentis/ repsi/ reptum/ repere/ repo 匍匐，爬行（同义词：reptans/ reptoare）

Rhynchodia 尖子藤属（夹竹桃科）（63：p206）：rhynchodia ← rhynchos 喙状的，鸟嘴状的

Rhynchodia rhynchosperma 尖子藤：rhynchus ← rhynchos 喙状的，鸟嘴状的；spermus/ spermum/ sperma 种子的（用于希腊语复合词）

Rhynchoglossum 尖舌苣苔属（苦苣苔科）（69：p573）：rhynchus ← rhynchos 喙状的，鸟嘴状的；glossus 舌，舌状的

Rhynchoglossum obliquum 尖舌苣苔：obliquus 斜的，偏的，歪斜的，对角线的；obliq-/ obliqui- 对角线的，斜线的，歪斜的

Rhynchoglossum obliquum var. hologlossum 全唇尖舌苣苔：holo-/ hol- 全部的，所有的，完全的，联合的，全缘的，不分裂的；glossus 舌，舌状的

Rhynchoglossum obliquum var. obliquum 尖舌苣苔-原变种 （词义见上面解释）

Rhynchoglossum omeiense 峨眉尖舌苣苔：omeiense 峨眉山的（地名，四川省）

Rhynchosia 鹿藿属（藿 huò）（豆科）（41：p331）：rhynchosia ← rhynchos 喙状的，鸟嘴状的

Rhynchosia acuminatifolia 渐尖叶鹿藿：acuminatus = acumen + atus 锐尖的，渐尖的；acumen 渐尖头；-atus/ -atum/ -ata 属于，相似，具有，完成（形容词词尾）；folius/ folium/ folia 叶，叶片（用于复合词）

Rhynchosia acuminatissima 密果鹿藿：acuminatus = acumen + atus 锐尖的，渐尖的；acumen 渐尖头；-atus/ -atum/ -ata 属于，相似，具有，完成（形容词词尾）；-issimus/ -issima/ -issimum 最，非常，极其（形容词最高级）

Rhynchosia chinensis 中华鹿藿：chinensis = china + ensis 中国的（地名）；China 中国

Rhynchosia dielsii 菱叶鹿藿：dielsii ← Friedrich Ludwig Emil Diels（人名，20 世纪德国植物学家）

Rhynchosia himalensis 喜马拉雅鹿藿：himalensis 喜马拉雅的（地名）

Rhynchosia himalensis var. craibiana 紫脉花鹿藿：craibiana（人名）

Rhynchosia himalensis var. himalensis 喜马拉雅鹿藿-原变种 （词义见上面解释）

Rhynchosia kunmingensis 昆明鹿藿：kunmingensis 昆明的（地名，云南省）

Rhynchosia lutea 黄花鹿藿：luteus 黄色的

Rhynchosia minima 小鹿藿：minimus 最小的，很小的

Rhynchosia rothii 绒叶鹿藿：rothii（人名）；-ii 表示人名，接在以辅音字母结尾的人名后面，但 -er 除外

Rhynchosia rufescens 淡红鹿藿：rufascens 略红的；ruf-/ rufi-/ frufo- ← rufus/ rubus 红褐色的，锈色的，红色的，发红的，淡红色的；-escens/ -ascens 改变，转变，变成，略微，带有，接近，相似，大致，

稍微（表示变化的趋势，并未完全相似或相同，有别于表示达到完成状态的 -atus）

Rhynchosia viscosa 黏鹿藿：viscosus = viscus + osus 黏的；viscus 胶，胶黏物（比喻有黏性物质）；-osus/ -osum/ -osa 多的，充分的，丰富的，显著发育的，程度高的，特征明显的（形容词词尾）

Rhynchosia volubilis 鹿藿：volubilis 拧劲的，缠绕的；-ans/ -ens/ -bilis/ -ilis 能够，可能（为形容词词尾，-ans/ -ens 用于主动语态，-bilis/ -ilis 用于被动语态）

Rhynchosia yunnanensis 云南鹿藿：yunnanensis 云南的（地名）

Rhynchospermum 秋分草属（菊科）（74：p85）：rhynchus ← rhynchos 喙状的，鸟嘴状的；spermus/ spermum/ sperma 种子的（用于希腊语复合词）

Rhynchospermum verticillatum 秋分草：verticillatus/ verticillaris 螺纹的，螺旋的，轮生的，环状的；verticillus 轮，环状排列

Rhynchospora 刺子莞属（莞 guān）（莎草科）（11：p109）：rhynchus ← rhynchos 喙状的，鸟嘴状的；sporus ← sporos → sporo- 孢子，种子

Rhynchospora alba 白鳞刺子莞：albus → albi-/ albo- 白色的

Rhynchospora brownii 白喙刺子莞：brownii ← Nebrownii（人名）；-ii 表示人名，接在以辅音字母结尾的人名后面，但 -er 除外

Rhynchospora chinensis 华刺子莞：chinensis = china + ensis 中国的（地名）；China 中国

Rhynchospora corymbosa 三俭草：corymbosus = corymbus + osus 伞房花序的；corymbus 伞形的，伞状的；-osus/ -osum/ -osa 多的，充分的，丰富的，显著发育的，程度高的，特征明显的（形容词词尾）

Rhynchospora faberi 细叶刺子莞：faberi ← Ernst Faber（人名，19 世纪活动于中国的德国植物采集员）；-eri 表示人名，在以 -er 结尾的人名后面加上 i 形成

Rhynchospora nipponica 日本刺子莞：nipponica 日本的（地名）；-icus/ -icum/ -ica 属于，具有某种特性（常用于地名、起源、生境）

Rhynchospora rubra 刺子莞：rubrus/ rubrum/ rubra/ ruber 红色的

Rhynchostylis 钻喙兰属（钻 zuàn）（兰科）（19：p364）：rhynchus ← rhynchos 喙状的，鸟嘴状的；stylus/ stylis ← stylos 柱，花柱

Rhynchostylis gigantea 海南钻喙兰：giganteus 巨大的；giga-/ gigant-/ giganti- ← gigantos 巨大的；-eus/ -eum/ -ea（接拉丁语词干时）属于……的，色如……的，质如……的（表示原料、颜色或品质的相似），（接希腊语词干时）属于……的，以……出名，为……所占有（表示具有某种特性）

Rhynchostylis retusa 钻喙兰：retusus 微凹的

Rhynchotechum 线柱苣苔属（苦苣苔科）（69：p557）：rhynchus ← rhynchos 喙状的，鸟嘴状的；techum ← teichos 墙壁

Rhynchotechum discolor 异色线柱苣苔：discolor 异色的，不同色的（指花瓣花萼等）；di-/ dis- 二，二数，二分，分离，不同，在……之间，从……分开（希腊语，拉丁语为 bi-/ bis-）；color 颜色

Rhynchotechum ellipticum 椭圆线柱苣苔：ellipticus 椭圆形的；-ticus/ -ticum/ tica/ -ticos 表示属于，关于，以……著称，作形容词词尾

Rhynchotechum formosanum 冠萼线柱苣苔（冠 guān）：formosanus = formosus + anus 美丽的，台湾的；formosus ← formosa 美丽的，台湾的（葡萄牙殖民者发现台湾时对其的称呼，即美丽的岛屿）；-anus/ -anum/ -ana 属于，来自（形容词词尾）

Rhynchotechum longipes 长梗线柱苣苔：longe-/ longi- ← longus 长的，纵向的；pes/ pedis 柄，梗，茎秆，腿，足，爪（作词首或词尾，pes 的词干视为"ped-"）

Rhynchotechum obovatum 线柱苣苔：obovatus = ob + ovus + atus 倒卵形的；ob- 相反，反对，倒（ob- 有多种音变：ob- 在元音字母和大多数辅音字母前面，oc- 在 c 前面，of- 在 f 前面，op- 在 p 前面）；ovus 卵，胚珠，卵形的，椭圆形的

Rhynchotechum vestitum 毛线柱苣苔：vestitus 包被的，覆盖的，被柔毛的，袋状的

Rhyssopterys 翅实藤属（金虎尾科）（43-3：p127）：rhyssa 姬蜂；pterys ← pteron 翼，翅，蕨类

Rhyssopterys timoriensis 翅实藤：timoriensis 帝汶岛的（地名，印度尼西亚）

Ribes 茶藨子属（藨 biāo）（虎耳草科）（35-1：p279）：ribes（阿拉伯语，或一种红果茶藨的丹麦语 ribs）

Ribes aciculare 阿尔泰醋栗：aciculare = acus + culus + are 针形，发夹状的；acus 针，发夹，发簪；-culus/ -culum/ -cula 小的，略微的，稍微的（同第三变格法和第四变格法名词形成复合词）；-aris（阳性、阴性）/ -are（中性）← -alis（阳性、阴性）/ -ale（中性）属于，相似，如同，具有，涉及，关于，联结于（将名词作形容词用，其中 -aris 常用于以 l 或 r 为词干末尾的词）

Ribes alpestre 长刺茶藨子：alpestris 高山的，草甸带的；alpus 高山；-estris/ -estre/ ester/ -esteris 生于……地方，喜好……地方

Ribes alpestre var. alpestre 长刺茶藨子-原变种（词义见上面解释）

Ribes alpestre var. eglandulosum 无腺茶藨子：eglandulosus 无腺体的；e-/ ex- 不，无，非，缺乏，不具有（e- 用在辅音字母前，ex- 用在元音字母前，为拉丁语词首，对应的希腊语词首为 a-/ an-，英语为 un-/ -less，注意作词首用的 e-/ ex- 和介词 e/ ex 意思不同，后者意为"出自、从……、由……离开、由于、依照"）；glandulosus = glandus + ulus + osus 被细腺的，具腺体的，腺体质的

Ribes alpestre var. giganteum 大刺茶藨子（变种加词有时错印为"gigantem"）：giganteus 巨大的；giga-/ gigant-/ giganti- ← gigantos 巨大的；-eus/ -eum/ -ea（接拉丁语词干时）属于……的，色如……的，质如……的（表示原料、颜色或品质的相似），（接希腊语词干时）属于……的，以……出名，为……所占有（表示具有某种特性）

Ribes altissimum 高茶藨子：al-/ alti-/ alto- ← altus 高的，高处的；-issimus/ -issima/ -issimum 最，非常，极其（形容词最高级）

Ribes ambiguum 四川蔓茶藨子（蔓 màn）：ambiguus 可疑的，不确定的，含糊的

Ribes americanum 美洲茶藨子：americanum 美洲的（地名）

Ribes burejense 刺果茶藨子：burejense ← Bureya 布列亚山脉的（地名，东西伯利亚）

Ribes burejense var. burejense 刺果茶藨子-原变种 （词义见上面解释）

Ribes burejense var. villosum 长毛茶藨子：villosus 柔毛的，绵毛的；villus 毛，羊毛，长绒毛；-osus/ -osum/ -osa 多的，充分的，丰富的，显著发育的，程度高的，特征明显的（形容词词尾）

Ribes davidii 革叶茶藨子：davidii ← Pere Armand David（人名，1826–1900，曾在中国采集植物标本的法国传教士）；-ii 表示人名，接在以辅音字母结尾的人名后面，但 -er 除外

Ribes davidii var. ciliatum 睫毛茶藨子：ciliatus = cilium + atus 缘毛的，流苏的；cilium 缘毛，睫毛；-atus/ -atum/ -ata 属于，相似，具有，完成（形容词词尾）

Ribes davidii var. davidii 革叶茶藨子-原变种（词义见上面解释）

Ribes davidii var. lobatum 浅裂茶藨子：lobatus = lobus + atus 具浅裂的，具耳垂状突起的；lobus/ lobos/ lobon 浅裂，耳片（裂片先端钝圆），荚果，蒴果；-atus/ -atum/ -ata 属于，相似，具有，完成（形容词词尾）

Ribes diacanthum 双刺茶藨子：diacanthum 双刺的；di-/ dis- 二，二数，二分，分离，不同，在……之间，从……分开（希腊语，拉丁语为 bi-/ bis-）；acanthus ← Akantha 刺，具刺的（Acantha 是希腊神话中的女神，和太阳神阿波罗发生冲突，太阳神将其变成带刺的植物）

Ribes fargesii 花茶藨子：fargesii ← Pere Paul Guillaume Farges（人名，19 世纪中叶至 20 世纪活动于中国的法国传教士，植物采集员）

Ribes fasciculatum 簇花茶藨子：fasciculatus 成束的，束状的，成簇的；fasciculus 丛，簇，束；fascis 束

Ribes fasciculatum var. chinense 华蔓茶藨子：chinense 中国的（地名）

Ribes fasciculatum var. fasciculatum 簇花茶藨子-原变种 （词义见上面解释）

Ribes fasciculatum var. guizhouense 贵州茶藨子：guizhouense 贵州的（地名）

Ribes formosanum 台湾茶藨子：formosanus = formosus + anus 美丽的，台湾的；formosus ← formosa 美丽的，台湾的（葡萄牙殖民者发现台湾时对其的称呼，即美丽的岛屿）；-anus/ -anum/ -ana 属于，来自（形容词词尾）

Ribes franchetii 鄂西茶藨子：franchetii ← A. R. Franchet（人名，19 世纪法国植物学家）

Ribes fuyunense 富蕴茶藨子：fuyunense 富蕴的（地名，新疆维吾尔自治区）

Ribes giraldii 陕西茶藨子：giraldii ← Giuseppe Giraldi（人名，19 世纪活动于中国的意大利传教士）

Ribes giraldii var. cuneatum 滨海茶藨子：cuneatus = cuneus + atus 具楔子的，属楔形的；cuneus 楔子的；-atus/ -atum/ -ata 属于，相似，具有，完成（形容词词尾）

Ribes giraldii var. giraldii 陕西茶藨子-原变种（词义见上面解释）

Ribes giraldii var. polyanthum 旅顺茶藨子：polyanthus 多花的；poly- ← polys 多个，许多（希腊语，拉丁语为 multi-）；anthus/ anthum/ antha/ anthe ← anthos 花（用于希腊语复合词）

Ribes glabricalycinum 光萼茶藨子：glabrus 光秃的，无毛的，光滑的；calycinus = calyx + inus 萼片的，萼片状的，萼片宿存的；calyx → calyc- 萼片（用于希腊语复合词）；构词规则：以 -ix/ -iex 结尾的词其词干末尾视为 -ic，以 -ex 结尾视为 -i/ -ic，其他以 -x 结尾视为 -c；-inus/ -inum/ -ina/ -inos 相近，接近，相似，具有（通常指颜色）

Ribes glabrifolium 光叶茶藨子：glabrus 光秃的，无毛的，光滑的；folius/ folium/ folia 叶，叶片（用于复合词）

Ribes glaciale 冰川茶藨子：glaciale ← glacialis 冰的，冰雪地带的，冰川的

Ribes griffithii 曲萼茶藨子：griffithii ← William Griffith（人名，19 世纪印度植物学家，加尔各答植物园主任）

Ribes griffithii var. gongshanense 贡山茶藨子：gongshanense 贡山的（地名，云南省）

Ribes griffithii var. griffithii 曲萼茶藨子-原变种（词义见上面解释）

Ribes henryi 华中茶藨子：henryi ← Augustine Henry 或 B. C. Henry（人名，前者，1857–1930，爱尔兰医生、植物学家，曾在中国采集植物，后者，1850–1901，曾活动于中国的传教士）

Ribes heterotrichum 圆叶茶藨子：hete-/ heter-/ hetero- ← heteros 不同的，多样的，不齐的；trichus 毛，毛发，线

Ribes himalense 糖茶藨子：himalense 喜马拉雅的（地名）

Ribes himalense var. glandulosum 疏腺茶藨子：glandulosus = glandus + ulus + osus 被细腺的，具腺体的，腺体质的；glandus ← glans 腺体；-ulus/ -ulum/ -ula 小的，略微的，稍微的（小词 -ulus 在字母 e 或 i 之后有多种变缀，即 -olus/ -olum/ -ola、-ellus/ -ellum/ -ella、-illus/ -illum/ -illa，与第一变格法和第二变格法名词形成复合词）；-osus/ -osum/ -osa 多的，充分的，丰富的，显著发育的，程度高的，特征明显的（形容词词尾）

Ribes himalense var. himalense 糖茶藨子-原变种（词义见上面解释）

Ribes himalense var. pubicalycinum 毛萼茶藨子：pubi- ← pubis 细柔毛的，短柔毛的，毛被的；calycinus = calyx + inus 萼片的，萼片状的，萼片宿存的；calyx → calyc- 萼片（用于希腊语复合词）；构词规则：以 -ix/ -iex 结尾的词其词干末尾视为 -ic，以 -ex 结尾视为 -i/ -ic，其他以 -x 结尾视为 -c；-inus/ -inum/ -ina/ -inos 相近，接近，相似，具有（通常指颜色）

Ribes himalense var. trichophyllum 异毛茶藨子：trich-/ tricho-/ tricha- ← trichos ← thrix 毛，多毛的，线状的，丝状的；phyllus/ phyllum/ phylla ← phyllon 叶片（用于希腊语复合词）

Ribes himalense var. verruculosum 瘤糖茶藨子：

R

verruculosus 小疣点多的；verrucus ← verrucos 疣状物；-culosus = culus + osus 小而多的，小而密集的；-culus/ -culum/ -cula 小的，略微的，稍微的（同第三变格法和第四变格法名词形成复合词）；-osus/ -osum/ -osa 多的，充分的，丰富的，显著发育的，程度高的，特征明显的（形容词词尾）

Ribes horridum 密刺茶藨子：horridus 刺毛的，带刺的，可怕的

Ribes humile 矮醋栗：humile 矮的

Ribes hunanense 湖南茶藨子：hunanense 湖南的（地名）

Ribes kialanum 康边茶藨子：kialanum（地名，四川省）

Ribes komarovii 长白茶藨子：komarovii ← Vladimir Leontjevich Komarov 科马洛夫（人名，1869–1945，俄国植物学家）

Ribes komarovii var. cuneifolium 楔叶长白茶藨子：cuneus 楔子的；folius/ folium/ folia 叶，叶片（用于复合词）

Ribes komarovii var. komarovii 长白茶藨子-原变种 （词义见上面解释）

Ribes laciniatum 裂叶茶藨子：laciniatus 撕裂的，条状裂的；lacinius → laci-/ lacin-/ lacini- 撕裂的，条状裂的

Ribes latifolium 阔叶茶藨子：lati-/ late- ← latus 宽的，宽广的；folius/ folium/ folia 叶，叶片（用于复合词）

Ribes laurifolium 桂叶茶藨子：lauri- ← Laurus 月桂属（樟科）；folius/ folium/ folia 叶，叶片（用于复合词）

Ribes laurifolium var. laurifolium 桂叶茶藨子-原变种 （词义见上面解释）

Ribes laurifolium var. yunnanense 光果茶藨子：yunnanense 云南的（地名）

Ribes longiracemosum 长序茶藨子：longe-/ longi- ← longus 长的，纵向的；racemosus = racemus + osus 总状花序的；racemus 总状的，葡萄串状的；-osus/ -osum/ -osa 多的，充分的，丰富的，显著发育的，程度高的，特征明显的（形容词词尾）

Ribes longiracemosum var. davidii 腺毛茶藨子：davidii ← Pere Armand David（人名，1826–1900，曾在中国采集植物标本的法国传教士）；-ii 表示人名，接在以辅音字母结尾的人名后面，但 -er 除外

Ribes longiracemosum var. gracillimum 纤细茶藨子：gracillimus 极细长的，非常纤细的；gracilis 细长的，纤弱的，丝状的；-limus/ -lima/ -limum 最，非常，极其（以 -ilis 结尾的形容词最高级，将末尾的 -is 换成 l + imus，从而构成 -illimus）

Ribes longiracemosum var. longiracemosum 长序茶藨子-原变种 （词义见上面解释）

Ribes longiracemosum var. pilosum 毛长串茶藨子：pilosus = pilus + osus 多毛的，被柔毛的，具疏柔毛的，被短弱细毛的；pilus 毛，疏柔毛；-osus/ -osum/ -osa 多的，充分的，丰富的，显著发育的，程度高的，特征明显的（形容词词尾）

Ribes luridum 紫花茶藨子：luridus 灰黄色的，淡黄色的

Ribes mandshuricum 东北茶藨子：mandshuricum 满洲的（地名，中国东北，地理区域）

Ribes mandshuricum var. mandshuricum 东北茶藨子-原变种 （词义见上面解释）

Ribes mandshuricum var. subglabrum 光叶东北茶藨子：subglabrus 近无毛的；sub-（表示程度较弱）与……类似，几乎，稍微，弱，亚，之下，下面；glabrus 光秃的，无毛的，光滑的

Ribes mandshuricum var. villosum 内蒙茶藨子：villosus 柔毛的，绵毛的；villus 毛，羊毛，长绒毛；-osus/ -osum/ -osa 多的，充分的，丰富的，显著发育的，程度高的，特征明显的（形容词词尾）

Ribes maximowiczianum 尖叶茶藨子：maximowiczianum ← C. J. Maximowicz 马克希莫夫（人名，1827–1891，俄国植物学家）

Ribes maximowiczii 华西茶藨子：maximowiczii ← C. J. Maximowicz 马克希莫夫（人名，1827–1891，俄国植物学家）

Ribes meyeri 天山茶藨子：meyeri ← Carl Anton Meyer 或 Ernst Heinrich Friedrich Meyer（人名，19 世纪德国两位植物学家）；-eri 表示人名，在以 -er 结尾的人名后面加上 i 形成

Ribes meyeri var. meyeri 天山茶藨子-原变种 （词义见上面解释）

Ribes meyeri var. pubescens 北疆茶藨子：pubescens ← pubens 被短柔毛的，长出柔毛的；pubi- ← pubis 细柔毛的，短柔毛的，毛被的；pubesco/ pubescere 长成的，变为成熟的，长出柔毛的，青春期体毛的；-escens/ -ascens 改变，转变，变成，略微，带有，接近，相似，大致，稍微（表示变化的趋势，并未完全相似或相同，有别于表示达到完成状态的 -atus）

Ribes moupinense 宝兴茶藨子：moupinense 穆坪的（地名，四川省宝兴县），木坪的（地名，重庆市）

Ribes moupinense var. moupinense 宝兴茶藨子-原变种 （词义见上面解释）

Ribes moupinense var. muliense 木里茶藨子：muliense 木里的（地名，四川省）

Ribes moupinense var. pubicarpum 毛果茶藨子：pubi- ← pubis 细柔毛的，短柔毛的，毛被的；carpus/ carpum/ carpa/ carpon ← carpos 果实（用于希腊语复合词）

Ribes moupinense var. tripartitum 三裂茶藨子：tripartitus 三裂的，三部分的；tri-/ tripli-/ triplo- 三个，三数；partitus 深裂的，分离的

Ribes multiflorum 多花茶藨子：multi- ← multus 多个，多数，很多（希腊语为 poly-）；florus/ florum/ flora ← flos 花（用于复合词）

Ribes nigrum 黑茶藨子：nigrus 黑色的；niger 黑色的；关联词：denigratus 变黑

Ribes odoratum 香茶藨子：odoratus = odorus + atus 香气的，气味的；odor 香气，气味；-atus/ -atum/ -ata 属于，相似，具有，完成（形容词词尾）

Ribes orientale 东方茶藨子：orientale/ orientalis 东方的；oriens 初升的太阳，东方

Ribes palczewskii 英吉里茶藨子（"英吉里"为山名，不能写作"英吉利"）：palczewskii（人名）；-ii 表示人名，接在以辅音字母结尾的人名后面，但 -er 除外

R

Ribes procumbens 水葡萄茶藨子：procumbens 俯卧的，匍匐的，倒伏的；procumb- 俯卧，匍匐，倒伏；-ans/ -ens/ -bilis/ -ilis 能够，可能（为形容词词尾，-ans/ -ens 用于主动语态，-bilis/ -ilis 用于被动语态）

Ribes pseudofasciculatum 青海茶藨子：pseudofasciculatum 像 fasciculatum 的；pseudo-/ pseud- ← pseudos 假的，伪的，接近，相似（但不是）；Ribes fasciculatum 簇花茶藨子；fasciculatus 成束的，束状的，成簇的；fasciculus 丛，簇，束

Ribes pubescens 毛茶藨子：pubescens ← pubens 被短柔毛的，长出柔毛的；pubi- ← pubis 细柔毛的，短柔毛的，毛被的；pubesco/ pubescere 长成的，变为成熟的，长出柔毛的，青春期体毛的；-escens/ -ascens 改变，转变，变成，略微，带有，接近，相似，大致，稍微（表示变化的趋势，并未完全相似或相同，有别于表示达到完成状态的 -atus）

Ribes pulchellum 美丽茶藨子：pulchellus/ pulcellus = pulcher + ellus 稍美丽的，稍可爱的；pulcher/pulcer 美丽的，可爱的；-ellus/ -ellum/ -ella ← -ulus 小的，略微的，稍微的（小词 -ulus 在字母 e 或 i 之后有多种变缀，即 -olus/ -olum/ -ola、-ellus/ -ellum/ -ella、-illus/ -illum/ -illa，用于第一变格法名词）

Ribes pulchellum var. manshuriense 东北小叶茶藨子：manshuriense 满洲的（地名，中国东北，日语读音）

Ribes pulchellum var. pulchellum 美丽茶藨子-原变种 （词义见上面解释）

Ribes reclinatum 欧洲醋栗：reclinatus 反曲的，下曲的，倾斜的；re- 返回，相反，再次，重复，向后，回头；clino/ clinare 倾斜

Ribes rosthornii （罗氏茶藨子）：rosthornii ← Arthur Edler von Rosthorn（人名，19 世纪匈牙利驻北京大使）

Ribes rubrisepalum 红萼茶藨子：rubr-/ rubri-/ rubro- ← rubrus 红色；sepalus/ sepalum/ sepala 萼片（用于复合词）

Ribes rubrum 红茶藨子：rubrus/ rubrum/ rubra/ ruber 红色的

Ribes saxatile 石生茶藨子：saxatile 生于岩石的，生于石缝的；saxum 岩石，结石；-atilis（阳性、阴性）/ -atile（中性）（表示生长的地方）

Ribes setchuense 四川茶藨子：setchuense 四川的（地名）

Ribes soulieanum 滇中茶藨子：soulieanum（人名）

Ribes stenocarpum 长果茶藨子：sten-/ steno- ← stenus 窄的，狭的，薄的；carpus/ carpum/ carpa/ carpon ← carpos 果实（用于希腊语复合词）

Ribes takare 渐尖茶藨子：takare（土名）

Ribes takare var. desmocarpum 束果茶藨子：desmo-/ desma- 束，束状的，带状的，链子；carpus/ carpum/ carpa/ carpon ← carpos 果实（用于希腊语复合词）

Ribes takare var. takare 渐尖茶藨子-原变种 （词义见上面解释）

Ribes tenue 细枝茶藨子：tenue 薄的，纤细的，弱的，瘦的，窄的

Ribes tenue var. incisum 深裂茶藨子：incisus 深裂的，锐裂的，缺刻的

Ribes tenue var. tenue 细枝茶藨子-原变种 （词义见上面解释）

Ribes tianquanense 天全茶藨子：tianquanense 天全的（地名，四川省）

Ribes triste 矮茶藨子：triste ← tristis 暗淡的（指颜色），悲惨的

Ribes triste var. repens 伏生茶藨子：repens/ repentis/ repsi/ reptum/ repere/ repo 匍匐，爬行（同义词：reptans/ reptoare）

Ribes triste var. triste 矮茶藨子-原变种 （词义见上面解释）

Ribes ussuriense 乌苏里茶藨子：ussuriense 乌苏里江的（地名，中国黑龙江省与俄罗斯界河）

Ribes vilmorinii 小果茶藨子：vilmorinii ← Vilmorin-Andrieux（人名，19 世纪法国种苗专家）

Ribes vilmorinii var. pubicarpum 康定茶藨子：pubi- ← pubis 细柔毛的，短柔毛的，毛被的；carpus/ carpum/ carpa/ carpon ← carpos 果实（用于希腊语复合词）

Ribes vilmorinii var. vilmorinii 小果茶藨子-原变种 （词义见上面解释）

Ribes viridiflorum 绿花茶藨子：viridus 绿色的；florus/ florum/ flora ← flos 花（用于复合词）

Ribes xizangense 西藏茶藨子：xizangense 西藏的（地名）

Richardia 墨苜蓿属（苜蓿 mù xu）（茜草科）（71-1：p1，71-2：p1）：richardia ← Richard Richardson（人名，18 世纪英国医生、植物学家）

Richardia brasiliensis 巴西墨苜蓿：brasiliensis 巴西的（地名）

Richardia scabra 墨苜蓿：scabrus ← scaber 粗糙的，有凹凸的，不平滑的

Richella 尖花藤属（番荔枝科）（30-2：p128）：richella ← F. J. Riche（人名，19 世纪法国博物学家）；-ella 小（用作人名或一些属名词尾时并无小词意义）

Richella hainanensis 尖花藤：hainanensis 海南的（地名）

Richeriella 龙胆木属（大戟科）（44-1：p74）：richeriella ← H. C. Walter Richter（人名）；-ella 小（用作人名或一些属名词尾时并无小词意义）

Richeriella gracilis 龙胆木：gracilis 细长的，纤弱的，丝状的

Ricinus 蓖麻属（蓖 bì）（大戟科）（44-2：p88）：ricinus 蜱虫一种（比喻种子形状）

Ricinus communis 蓖麻：communis 普通的，通常的，共通的

Rindera 翅果草属（紫草科）（64-2：p230）：rindera ← A. Rinder（人名，俄国医生）（以 -er 结尾的人名用作属名时在末尾加 a，如 Lonicera = Lonicer + a）

Rindera tetraspis 翅果草：tetraspis 四盾片的；tetra-/ tetr- 四，四数（希腊语，拉丁语为 quadri-/ quadr-）；aspis 盾，盾片

Rinorea 三角车属（堇菜科）（51：p1）：rinorea ← Rinore（人名）

Rinorea bengalensis 三角车：bengalensis 孟加拉的（地名）

Rinorea erianthera 毛蕊三角车：eriantherus 花药被毛的；erion 绵毛，羊毛；andrus/ andros/ antherus ← aner 雄蕊，花药，雄性

Rinorea sessilis 短柄三角车：sessilis 无柄的，无茎的，基生的，基部的

Risleya 紫茎兰属（兰科）（18：p152）：risleya ← Risley（人名，英国植物学家）

Risleya atropurpurea 紫茎兰：atro-/ atr-/ atri-/ atra- ← ater 深色，浓色，暗色，发黑（ater 作为词干后接辅音字母开头的词时，要在词干后面加一个连接用的元音字母"o"或"i"，故为"ater-o-"或"ater-i-"，变形为"atr-"开头）；purpureus = purpura + eus 紫色的；purpura 紫色（purpura 原为一种介壳虫名，其体液为紫色，可作颜料）；-eus/ -eum/ -ea（接拉丁语词干时）属于……的，色如……的，质如……的（表示原料、颜色或品质的相似），（接希腊语词干时）属于……的，以……出名，为……所占有（表示具有某种特性）

Rivina 蕾芬属（商陆科）（26：p19）：rivina ← August Quirinus Rivinus（人名，德国植物学家）

Rivina humilis 蕾芬：humilis 矮的，低的

Robinia 刺槐属（豆科）（40：p228）：robinia ← Jean Robin（人名，1550–1629，法国园艺学家，与其儿子 Vespasian Robin 先后将刺槐从美国引向世界各地）

Robinia hispida 毛洋槐：hispidus 刚毛的，鬃毛状的

Robinia pseudoacacia 刺槐：pseudoacacia 像金合欢的，假金合欢的；pseudo-/ pseud- ← pseudos 假的，伪的，接近，相似（但不是）；Acacia 金合欢属（豆科）；acacia ← akis/ akozo 刺，尖刺，锐尖（希腊语）

Robinia pseudoacacia var. pseudoacacia 刺槐-原变种（词义见上面解释）

Robinia pseudoacacia var. pyramidalis 塔形洋槐：pyramidalis 金字塔形的，三角形的，锥形的；pyramis 棱形体，锥形体，金字塔；构词规则：词尾为 -is 和 -ys 的词的词干分别视为 -id 和 -yd

Robinia pseudoacacia var. umbraculifera 伞形洋槐：umbraculifera 伞，具伞的；umbraculus 阴影，阴地，遮阴；umbra 荫凉，阴影，阴地；-ferus/ -ferum/ -fera/ -fero/ -fere/ -fer 有，具有，产（区别：作独立词使用的 ferus 意思是"野生的"）

Robiquetia 寄树兰属（兰科）（19：p367）：robiquetia（人名）

Robiquetia spathulata 大叶寄树兰：spathulatus = spathus + ulus + atus 匙形的，佛焰苞状的，小佛焰苞；spathus 佛焰苞，薄片，刀剑

Robiquetia succisa 寄树兰：succisus 骤断的

Rochelia 李果鹤虱属（紫草科）（64-2：p213）：rochelia ← M. J. de la Roche（人名，法国植物学家）

Rochelia leiocarpa 光果李果鹤虱：lei-/ leio-/ lio- ← leius ← leios 光滑的，平滑的；carpus/ carpum/ carpa/ carpon ← carpos 果实（用于希腊语复合词）

Rochelia retorta 李果鹤虱：retortus 后面拧劲的，外侧螺旋状的；re- 返回，相反，再次，重复，向后，回头；tortus 拧劲，捻，扭曲

Rodgersia 鬼灯檠属（檠 qíng）（虎耳草科）（34-2：p7）：rodgersia ← Admiral John Rodgers（人名，1780–1846，美国海军军官）

Rodgersia aesculifolia 七叶鬼灯檠：Aesculus 七叶树属（七叶树科）；folius/ folium/ folia 叶，叶片（用于复合词）

Rodgersia aesculifolia var. aesculifolia 七叶鬼灯檠-原变种（词义见上面解释）

Rodgersia aesculifolia var. henricii 滇西鬼灯檠：henricii ← Henry（人名）

Rodgersia pinnata 羽叶鬼灯檠：pinnatus = pinnus + atus 羽状的，具羽的；pinnus/ pennus 羽毛，羽状，羽片；-atus/ -atum/ -ata 属于，相似，具有，完成（形容词词尾）

Rodgersia pinnata var. pinnata 羽叶鬼灯檠-原变种（词义见上面解释）

Rodgersia pinnata var. strigosa 伏毛鬼灯檠：strigosus = striga + osus 鬃毛的，刷毛的；striga → strig- 条纹的，网纹的（如种子具网纹），糙伏毛的；-osus/ -osum/ -osa 多的，充分的，丰富的，显著发育的，程度高的，特征明显的（形容词词尾）

Rodgersia podophylla 鬼灯檠：podophyllus 柄叶的，茎叶的；podos/ podo-/ pous 腿，足，柄，茎；phyllus/ phyllum/ phylla ← phyllon 叶片（用于希腊语复合词）

Rodgersia sambucifolia 西南鬼灯檠：Sambucus 接骨木属（忍冬科）；folius/ folium/ folia 叶，叶片（用于复合词）

Rodgersia sambucifolia var. estrigosa 光腹鬼灯檠：e-/ ex- 不，无，非，缺乏，不具有（e- 用在辅音字母前，ex- 用在元音字母前，为拉丁语词首，对应的希腊语词首为 a-/ an-，英语为 un-/ -less，注意作词首用的 e-/ ex- 和介词 e/ ex 意思不同，后者意为"出自、从……、由……离开、由于、依照"）；strigosus/ strigulosus 被粗伏毛的，鬃毛的，刷毛的

Rodgersia sambucifolia var. sambucifolia 西南鬼灯檠-原变种（词义见上面解释）

Roegneria 鹅观草属（禾本科）（9-3：p51）：roegneria（人名）

Roegneria abolinii 异芒鹅观草：abolinii（人名）；-ii 表示人名，接在以辅音字母结尾的人名后面，但 -er 除外

Roegneria alashanica 阿拉善鹅观草：alashanica 阿拉善的（地名，内蒙古最西部）

Roegneria alashanica var. alashanica 阿拉善鹅观草-原变种（词义见上面解释）

Roegneria alashanica var. jufinshanica 九峰山鹅观草：jufinshanica 九峰山的（地名）；-icus/ -icum/ -ica 属于，具有某种特性（常用于地名、起源、生境）

Roegneria aliena 涞源鹅观草（涞 lái）：alienus 外国的，外来的，不相近的，不同的，其他的

Roegneria altissima 高株鹅观草：al-/ alti-/ alto- ← altus 高的，高处的；-issimus/ -issima/ -issimum 最，非常，极其（形容词最高级）

Roegneria amurensis 毛叶鹅观草：amurense/ amurensis 阿穆尔的（地名，东西伯利亚的一个州，

R

·1061·

南部以黑龙江为界），阿穆尔河的（即黑龙江的俄语音译）

Roegneria angustiglumis 狭颖鹅观草：angusti- ← angustus 窄的，狭的，细的；glumis ← gluma 颖片，具颖片的（glumis 为 gluma 的复数夺格）

Roegneria anthosachnoides 假花鳞草：Anthosachne 花鳞草属（禾本科）；-oides/ -oideus/ -oideum/ -oidea/ -odes/ -eidos 像……的，类似……的，呈……状的（名词词尾）

Roegneria aristiglumis 芒颖鹅观草：aristatus(aristosus) = arista + atus 具芒的，具芒刺的，具刚毛的，具胡须的；arista 芒；glumis ← gluma 颖片，具颖片的（glumis 为 gluma 的复数夺格）

Roegneria aristiglumis var. aristiglumis 芒颖鹅观草-原变种 （词义见上面解释）

Roegneria aristiglumis var. hirsuta 毛芒颖鹅观草：hirsutus 粗毛的，糙毛的，有毛的（长而硬的毛）

Roegneria aristiglumis var. leiantha 光花芒颖鹅观草：lei-/ leio-/ lio- ← leius ← leios 光滑的，平滑的；anthus/ anthum/ antha/ anthe ← anthos 花（用于希腊语复合词）

Roegneria barbicalla 毛盘鹅观草：barbicalla 胡须美丽的；barbi- ← barba 胡须，髯毛，绒毛；call-/ calli-/ callo-/ cala-/ calo- ← calos/ callos 美丽的

Roegneria barbicalla var. barbicalla 毛盘鹅观草-原变种 （词义见上面解释）

Roegneria barbicalla var. pubifolia 毛叶毛盘草：pubi- ← pubis 细柔毛的，短柔毛的，毛被的；folius/ folium/ folia 叶，叶片（用于复合词）

Roegneria barbicalla var. pubinodis 毛节毛盘草：pubi- ← pubis 细柔毛的，短柔毛的，毛被的；nodis 节

Roegneria breviglumis 短颖鹅观草：brevi- ← brevis 短的（用于希腊语复合词词首）；glumis ← gluma 颖片，具颖片的（glumis 为 gluma 的复数夺格）

Roegneria brevipes 短柄鹅观草：brevi- ← brevis 短的（用于希腊语复合词词首）；pes/ pedis 柄，梗，茎秆，腿，足，爪（作词首或词尾，pes 的词干视为"ped-"）

Roegneria calcicola 钙生鹅观草：calcicolus 钙生的，生于石灰质土壤的；calci- ← calcium 石灰，钙质；colus ← colo 分布于，居住于，栖居，殖民（常作词尾）；colo/ colere/ colui/ cultum 居住，耕作，栽培

Roegneria canina 犬草：caninus = canis/ canus + inus 属于狗的，呈灰色的，极普通的；canis 狗；canus 灰色的，灰白色的；-inus/ -inum/ -ina/ -inos 相近，接近，相似，具有（通常指颜色）

Roegneria ciliaris 纤毛鹅观草：ciliaris 缘毛的，睫毛的（流苏状）；cilia 睫毛，缘毛；cili- 纤毛，缘毛；-aris（阳性、阴性）/ -are（中性）← -alis（阳性、阴性）/ -ale（中性）属于，相似，如同，具有，涉及，关于，联结于（将名词作形容词用，其中 -aris 常用于以 l 或 r 为词干末尾的词）

Roegneria ciliaris var. ciliaris 纤毛鹅观草-原变种（词义见上面解释）

Roegneria ciliaris var. lasiophylla 毛叶纤毛草：

lasi-/ lasio- 羊毛状的，有毛的，粗糙的；phyllus/ phyllum/ phylla ← phyllon 叶片（用于希腊语复合词）

Roegneria ciliaris var. submutica 短芒纤毛草：submuticus 近无突头的；sub-（表示程度较弱）与……类似，几乎，稍微，弱，亚，之下，下面；muticus 无突起的，钝头的，非针状的

Roegneria confusa 紊草：confusus 混乱的，混同的，不确定的，不明确的；fusus 散开的，松散的，松弛的；co- 联合，共同，合起来（拉丁语词首，为 cum- 的音变，表示结合、强化、完全，对应的希腊语为 syn-）；co- 的缀词音变有 co-/ com-/ con-/ col-/ cor-：co-（在 h 和元音字母前面），col-（在 l 前面），com-（在 b、m、p 之前），con-（在 c、d、f、g、j、n、qu、s、t 和 v 前面），cor-（在 r 前面）

Roegneria confusa var. breviaristata 短芒紊草：brevi- ← brevis 短的（用于希腊语复合词词首）；aristatus(aristosus) = arista + atus 具芒的，具芒刺的，具刚毛的，具胡须的；arista 芒

Roegneria confusa var. confusa 紊草-原变种（词义见上面解释）

Roegneria dolichathera 长芒鹅观草：dolich-/ dolicho- ← dolichos 长的；atherus ← ather 芒

Roegneria dura 岷山鹅观草（岷 mín）：durus/ durrus 持久的，坚硬的，坚韧的

Roegneria foliosa 多叶鹅观草：foliosus = folius + osus 多叶的；folius/ folium/ folia → foli-/ folia- 叶，叶片；-osus/ -osum/ -osa 多的，充分的，丰富的，显著发育的，程度高的，特征明显的（形容词词尾）

Roegneria formosana 台湾鹅观草：formosanus = formosus + anus 美丽的，台湾的；formosus ← formosa 美丽的，台湾的（葡萄牙殖民者发现台湾时对其的称呼，即美丽的岛屿）；-anus/ -anum/ -ana 属于，来自（形容词词尾）

Roegneria formosana var. formosana 台湾鹅观草-原变种 （词义见上面解释）

Roegneria formosana var. longearistata 长芒台湾鹅观草：longearistatus = longus + aristatus 具长芒的；longe-/ longi- ← longus 长的，纵向的；aristatus(aristosus) = arista + atus 具芒的，具芒刺的，具刚毛的，具胡须的；arista 芒

Roegneria formosana var. pubigera 毛鞘台湾鹅观草：pubi- ← pubis 细柔毛的，短柔毛的，毛被的；gerus → -ger/ -gerus/ -gerum/ -gera 具有，有，带有

Roegneria geminata 孪生鹅观草：geminatus 成对的，双生的，相似的；geminus 双生的，对生的

Roegneria glaberrima 光穗鹅观草：glaberrimus 完全无毛的；glaber/ glabrus 光滑的，无毛的；-rimus/ -rima/ -rimum 最，极，非常（词尾为 -er 的形容词最高级）

Roegneria glaucifolia 马格草：glaucifolius = glaucus + folius 粉绿叶的，灰绿叶的，叶被白粉的；glaucus → glauco-/ glauc- 被白粉的，发白的，灰绿色的；folius/ folium/ folia 叶，叶片（用于复合词）

Roegneria grandiglumis 大颖草：grandi- ← grandis 大的；glumis ← gluma 颖片，具颖片的（glumis 为 gluma 的复数夺格）

R

Roegneria grandis 大鹅观草：grandis 大的，大型的，宏大的

Roegneria hirsuta 糙毛鹅观草：hirsutus 粗毛的，糙毛的，有毛的（长而硬的毛）

Roegneria hirsuta var. hirsuta 糙毛鹅观草-原变种 （词义见上面解释）

Roegneria hirsuta var. leiophylla 光叶糙毛草：lei-/ leio-/ lio- ← leius ← leios 光滑的，平滑的；phyllus/ phyllum/ phylla ← phyllon 叶片（用于希腊语复合词）

Roegneria hirsuta var. variabilis 善变鹅观草：variabilis 多种多样的，易变化的，多型的；varius = varus + ius 各种各样的，不同的，多型的，易变的；varus 不同的，变化的，外弯的，凸起的；-ius/ -ium/ -ia 具有……特性的（表示有关、关联、相似）；-ans/ -ens/ -bilis/ -ilis 能够，可能（为形容词词尾，-ans/ -ens 用于主动语态，-bilis/ -ilis 用于被动语态）

Roegneria hirtiflora 毛花鹅观草：hirtus 有毛的，粗毛的，刚毛的（长而明显的毛）；florus/ florum/ flora ← flos 花（用于复合词）

Roegneria hondai 五龙山鹅观草：hondai 本田（日本人名）；-i 表示人名，接在以元音字母结尾的人名后面，但 -a 除外，故该词宜改为"hondae"或"hondaiana"

Roegneria humilis 矮鹅观草：humilis 矮的，低的

Roegneria hybrida 杂交鹅观草：hybridus 杂种的

Roegneria intramongolica 内蒙古鹅观草：intramongolica 内蒙古的（地名）；intra-/ intro-/ endo-/ end- 内部，内侧，反义词：exo- 外部，外侧；mongolia 蒙古的（地名）；-icus/ -icum/ -ica 属于，具有某种特性（常用于地名、起源、生境）

Roegneria jacquemontii 低株鹅观草：jacquemontii ← Victor Jacquemont（人名，1801–1832，法国植物学家）；-ii 表示人名，接在以辅音字母结尾的人名后面，但 -er 除外

Roegneria japonensis 竖立鹅观草：japonensis 日本的（地名）

Roegneria japonensis var. hackeliana 细叶鹅观草：hackeliana ← J. Hackel（人名，19 世纪捷克植物学家）

Roegneria japonensis var. japonensis 竖立鹅观草-原变种 （词义见上面解释）

Roegneria kamoji 鹅观草：kamoji 䅟草（日文）（䅟 dí）

Roegneria kamoji var. kamoji 鹅观草-原变种 （词义见上面解释）

Roegneria kamoji var. macerrima 细瘦鹅观草：macerrimus 极瘦的，极贫乏的；macer 贫乏的，瘦的；-rimus/ -rima/ -rimum 最，极，非常（词尾为 -er 的形容词最高级）

Roegneria kokonorica 青海鹅观草：kokonorica 切吉干巴的（地名，青海西北部）

Roegneria komarovii 偏穗鹅观草：komarovii ← Vladimir Leontjevich Komarov 科马洛夫（人名，1869–1945，俄国植物学家）

Roegneria laxiflora 疏花鹅观草：laxus 稀疏的，松散的，宽松的；florus/ florum/ flora ← flos 花（用于复合词）

Roegneria leiantha 光花鹅观草：lei-/ leio-/ lio- ← leius ← leios 光滑的，平滑的；anthus/ anthum/ antha/ anthe ← anthos 花（用于希腊语复合词）

Roegneria leiotropis 光脊鹅观草：lei-/ leio-/ lio- ← leius ← leios 光滑的，平滑的；tropis 龙骨（希腊语）

Roegneria longiglumis 长颖鹅观草：longe-/ longi- ← longus 长的，纵向的；glumis ← gluma 颖片，具颖片的（glumis 为 gluma 的复数夺格）

Roegneria mayebarana 东瀛鹅观草（瀛 yíng）：mayebarana ← Kanjiro Maehara 前原诚司（日本人名）

Roegneria melanthera 黑药鹅观草：mel-/ mela-/ melan-/ melano- ← melanus ← melas/ melanos 黑色的，浓黑色的，暗色的；andrus/ andros/ antherus ← aner 雄蕊，花药，雄性；Melanthera 卤地菊属（菊科）；melanthera 黑色花药的

Roegneria melanthera var. melanthera 黑药鹅观草-原变种 （词义见上面解释）

Roegneria melanthera var. tahopaica 大河坝黑药草：tahopaica 大河坝的（地名，青海省）

Roegneria minor 小株鹅观草：minor 较小的，更小的

Roegneria multiculmis 多秆鹅观草：multi- ← multus 多个，多数，很多（希腊语为 poly-）；culmis/ culmius 秆，秆状的

Roegneria mutica 无芒鹅观草：muticus 无突起的，钝头的，非针状的

Roegneria nakaii 吉林鹅观草：nakaii = nakai + i 中井猛之进（人名，1882–1952，日本植物学家）；-ii 表示人名，接在以辅音字母结尾的人名后面，但 -er 除外；-i 表示人名，接在以元音字母结尾的人名后面，但 -a 除外

Roegneria nutans 垂穗鹅观草：nutans 弯曲的，下垂的（弯曲程度远大于 90°）；关联词：cernuus 点头的，前屈的，略俯垂的（弯曲程度略大于 90°）

Roegneria parvigluma 小颖鹅观草：parvus 小的，些微的，弱的；gluma 颖片

Roegneria pauciflora 贫花鹅观草：pauci- ← paucus 少数的，少的（希腊语为 oligo-）；florus/ florum/ flora ← flos 花（用于复合词）

Roegneria pendulina 缘毛鹅观草：pendulinus 下垂的，略下垂的；-ulus/ -ulum/ -ula 小的，略微的，稍微的（小词 -ulus 在字母 e 或 i 之后有多种变缀，即 -olus/ -olum/ -ola、-ellus/ -ellum/ -ella、-illus/ -illum/ -illa，与第一变格法和第二变格法名词形成复合词）；-inus/ -inum/ -ina/ -inos 相近，接近，相似，具有（通常指颜色）

Roegneria pendulina var. pendulina 缘毛鹅观草-原变种 （词义见上面解释）

Roegneria pendulina var. pubinodis 毛节缘毛草：pubi- ← pubis 细柔毛的，短柔毛的，毛被的；nodis 节

Roegneria platyphylla 宽叶鹅观草：platys 大的，宽的（用于希腊语复合词）；phyllus/ phyllum/ phylla ← phyllon 叶片（用于希腊语复合词）

Roegneria puberula 微毛鹅观草：puberulus =

R

puberus + ulus 略被柔毛的，被微柔毛的；puberus 多毛的，毛茸茸的；-ulus/ -ulum/ -ula 小的，略微的，稍微的（小词 -ulus 在字母 e 或 i 之后有多种变缀，即 -olus/ -olum/ -ola、-ellus/ -ellum/ -ella、-illus/ -illum/ -illa，与第一变格法和第二变格法名词形成复合词）

Roegneria pubicaulis 毛秆鹅观草：pubi- ← pubis 细柔毛的，短柔毛的，毛被的；caulis ← caulos 茎，茎秆，主茎

Roegneria pulanensis 普兰鹅观草：pulanensis 普兰的（地名，西藏自治区）

Roegneria purpurascens 紫穗鹅观草：purpurascens 带紫色的，发紫的；purpur- 紫色的；-escens/ -ascens 改变，转变，变成，略微，带有，接近，相似，大致，稍微（表示变化的趋势，并未完全相似或相同，有别于表示达到完成状态的 -atus）

Roegneria rigidula 硬秆鹅观草：rigidulus 稍硬的；rigidus 坚硬的，不弯曲的，强直的；-ulus/ -ulum/ -ula 小的，略微的，稍微的（小词 -ulus 在字母 e 或 i 之后有多种变缀，即 -olus/ -olum/ -ola、-ellus/ -ellum/ -ella、-illus/ -illum/ -illa，与第一变格法和第二变格法名词形成复合词）

Roegneria scabridula 粗糙鹅观草：scabridulus = scabridus + ulus 略粗糙的；scabridus 粗糙的；scabrus ← scaber 粗糙的，有凹凸的，不平滑的；-idus/ -idum/ -ida 表示在进行中的动作或情况，作动词、名词或形容词的词尾；-ulus/ -ulum/ -ula 小的，略微的，稍微的（小词 -ulus 在字母 e 或 i 之后有多种变缀，即 -olus/ -olum/ -ola、-ellus/ -ellum/ -ella、-illus/ -illum/ -illa，与第一变格法和第二变格法名词形成复合词）

Roegneria schrenkiana 扭轴鹅观草：schrenkiana（人名）

Roegneria serotina 秋鹅观草：serotinus 晚来的，晚季的，晚开花的

Roegneria sinica 中华鹅观草：sinica 中国的（地名）；-icus/ -icum/ -ica 属于，具有某种特性（常用于地名、起源、生境）

Roegneria sinica var. angustifolia 狭叶鹅观草：angusti- ← angustus 窄的，狭的，细的；folius/ folium/ folia 叶，叶片（用于复合词）

Roegneria sinica var. media 中间鹅观草：medius 中间的，中央的

Roegneria sinica var. sinica 中华鹅观草-原变种（词义见上面解释）

Roegneria stenachyra 窄颖鹅观草：stenachyrus 窄颖的；sten-/ steno- ← stenus 窄的，狭的，薄的；achyron 颖片，稻壳，皮壳

Roegneria stricta 肃草：strictus 直立的，硬直的，笔直的，彼此靠拢的

Roegneria stricta f. major 大肃草：major 较大的，更大的（majus 的比较级）；majus 大的，巨大的

Roegneria stricta f. stricta 肃草-原变型（词义见上面解释）

Roegneria sylvatica 林地鹅观草：silvaticus/ sylvaticus 森林的，林地的；sylva/ silva 森林；-aticus/ -aticum/ -atica 属于，表示生长的地方，作名词词尾

Roegneria thoroldiana 梭罗草：thoroldiana（人名）

Roegneria thoroldiana var. laxiuscula 疏穗梭罗草：laxus 稀疏的，松散的，宽松的；-usculus ← -culus 小的，略微的，稍微的（小词 -culus 和某些词构成复合词时变成 -usculus）

Roegneria thoroldiana var. thoroldiana 梭罗草-原变种（词义见上面解释）

Roegneria tianschanica 天山鹅观草：tianschanica 天山的（地名，新疆维吾尔自治区）；-icus/ -icum/ -ica 属于，具有某种特性（常用于地名、起源、生境）

Roegneria tibetica 西藏鹅观草：tibetica 西藏的（地名）；-icus/ -icum/ -ica 属于，具有某种特性（常用于地名、起源、生境）

Roegneria tschimganica 高山鹅观草：tschimganica 琴干的（地名，俄罗斯）；-icus/ -icum/ -ica 属于，具有某种特性（常用于地名、起源、生境）

Roegneria turczaninovii 直穗鹅观草：turczaninovii/ turczaninowii ← Nicholai S. Turczaninov（人名，19 世纪乌克兰植物学家，曾积累大量植物标本）

Roegneria turczaninovii var. macrathera 大芒鹅观草：macro-/ macr- ← macros 大的，宏观的（用于希腊语复合词）；atherus ← ather 芒

Roegneria turczaninovii var. pohuashanensis 百花山鹅观草：pohuashanensis 百花山的（地名，北京市）

Roegneria turczaninovii var. tenuiseta 细穗鹅观草：tenuisetus 细芒的；tenui- ← tenuis 薄的，纤细的，弱的，瘦的，窄的；setus/ saetus 刚毛，刺毛，芒刺

Roegneria turczaninovii var. turczaninovii 直穗鹅观草-原变种（词义见上面解释）

Roegneria ugamica 乌岗姆鹅观草：ugamica 乌岗姆河的（地名，俄罗斯）；-icus/ -icum/ -ica 属于，具有某种特性（常用于地名、起源、生境）

Roegneria varia 多变鹅观草：varius = varus + ius 各种各样的，不同的，多型的，易变的；varus 不同的，变化的，外弯的，凸起的；-ius/ -ium/ -ia 具有……特性的（表示有关、关联、相似）

Roegneria viridula 绿穗鹅观草：viridulus 淡绿色的；viridus 绿色的；-ulus/ -ulum/ -ula 小的，略微的，稍微的（小词 -ulus 在字母 e 或 i 之后有多种变缀，即 -olus/ -olum/ -ola、-ellus/ -ellum/ -ella、-illus/ -illum/ -illa，与第一变格法和第二变格法名词形成复合词）

Roemeria 疆罂粟属（罂粟科）（32：p67）：roemeria ← Johann Jakob Roemer（人名，1763–1819，荷兰植物学家）

Roemeria hybrida 紫花疆罂粟：hybridus 杂种的

Roemeria refracta 红花疆罂粟：refractus 骤折的，倒折的，反折的；re- 返回，相反，再次，重复，向后，回头；fractus 背折的，弯曲的

Rohdea 万年青属（百合科）（15：p16）：rohdea ← M. Rohde（人名，19–20 世纪德国医生、植物学家）

Rohdea japonica 万年青：japonica 日本的（地名）；-icus/ -icum/ -ica 属于，具有某种特性（常用于地名、起源、生境）

R

Rondeletia 郎德木属（茜草科）（71-1：p189）：rondeletia ← G. Rondelet（人名，1507–1566，法国博物学家）

Rondeletia odorata 郎德木：odoratus = odorus + atus 香气的，气味的；odor 香气，气味；-atus/ -atum/ -ata 属于，相似，具有，完成（形容词词尾）

Rorippa 蔊菜属（蔊 hàn）（十字花科）（33：p300）：rorippa ← rorippen 蔊菜（撒克逊语）（有时也用 Roripa）

Rorippa barbareifolia 山芥叶蔊菜：Barbarea 山芥属（十字花科）；folius/ folium/ folia 叶，叶片（用于复合词）

Rorippa cantoniensis 广州蔊菜：cantoniensis 广东的（地名）

Rorippa dubia 无瓣蔊菜：dubius 可疑的，不确定的

Rorippa elata 高蔊菜：elatus 高的，梢端的

Rorippa globosa 风花菜：globosus = globus + osus 球形的；globus → glob-/ globi- 球体，圆球，地球；-osus/ -osum/ -osa 多的，充分的，丰富的，显著发育的，程度高的，特征明显的（形容词词尾）；关联词：globularis/ globulifer/ globulosus（小球状的、具小球的），globuliformis（纽扣状的）

Rorippa indica 蔊菜：indica 印度的（地名）；-icus/ -icum/ -ica 属于，具有某种特性（常用于地名、起源、生境）

Rorippa islandica 沼生蔊菜：islandica 冰岛的（地名）

Rorippa liaotungensis 辽东蔊菜：liaotungensis 辽东的（地名，辽宁省）

Rorippa sylvestris 欧亚蔊菜：sylvestris 森林的，野地的；sylva/ silva 森林；-estris/ -estre/ ester/ -esteris 生于……地方，喜好……地方

Rosa 蔷薇属（蔷薇科）（37：p360）：rosa 蔷薇（古拉丁名）← rhodon 蔷薇（希腊语）← rhodd 红色，玫瑰红（凯尔特语）；rosa-sinensis 中国蔷薇

Rosa acicularis 刺蔷薇：acicularis 针形的，发夹的；aciculare = acus + culus + aris 针形的，发夹状的；acus 针，发夹，发簪；-culus/ -culum/ -cula 小的，略微的，稍微的（同第三变格法和第四变格法名词形成复合词）；-aris（阳性、阴性）/ -are（中性）← -alis（阳性、阴性）/ -ale（中性）属于，相似，如同，具有，涉及，关于，联结于（将名词作形容词用，其中 -aris 常用于以 l 或 r 为词干末尾的词）

Rosa × alba 白蔷薇：albus → albi-/ albo- 白色的

Rosa albertii 腺齿蔷薇：albertii ← Luigi d'Albertis（人名，19 世纪意大利博物学家）；-ii 表示人名，接在以辅音字母结尾的人名后面，但 -er 除外

Rosa anemoniflora 银粉蔷薇：anemoniflora 花像银莲花的；Anemone 银莲花属（毛茛科）；florus/ florum/ flora ← flos 花（用于复合词）

Rosa banksiae 木香花：banksiae 像班克木的；Banksia 班克木属（山龙眼科）

Rosa banksiae var. banksiae 木香花-原变种 （词义见上面解释）

Rosa banksiae var. banksiae f. lutea 黄木香花：luteus 黄色的

Rosa banksiae var. banksiae f. lutescens 单瓣黄木香：lutescens 淡黄色的；luteus 黄色的；-escens/

-ascens 改变，转变，变成，略微，带有，接近，相似，大致，稍微（表示变化的趋势，并未完全相似或相同，有别于表示达到完成状态的 -atus）

Rosa banksiae var. normalis 单瓣白木香：normalis/ normale 平常的，正规的，常态的；norma 标准，规则，三角尺

Rosa banksiopsis 拟木香：banksiopsis 像 banksiae 的；Rosa banksiae 木香花（蔷薇科）；-opsis/ -ops 相似，稍微，带有

Rosa beggeriana 弯刺蔷薇：beggeriana（人名）

Rosa beggeriana var. beggeriana 弯刺蔷薇-原变种 （词义见上面解释）

Rosa beggeriana var. lioui 毛叶弯刺蔷薇：lioui（人名）

Rosa bella 美蔷薇：bellus ← belle 可爱的，美丽的

Rosa bella var. bella 美蔷薇-原变种 （词义见上面解释）

Rosa bella var. nuda 光叶美蔷薇：nudus 裸露的，无装饰的

Rosa berberifolia 小檗叶蔷薇（檗 bò）：berberifolia = Berberis + folia 小檗叶的，叶片像小檗的（注：词尾为 -is 和 -ys 的词的词干分别视为 -id 和 -yd，故该词拼写为"berberidifolia"似更妥）；Berberis 小檗属（小檗科）；folius/ folium/ folia 叶，叶片（用于复合词）

Rosa bracteata 硕苞蔷薇：bracteatus = bracteus + atus 具苞片的；bracteus 苞，苞片，苞鳞；-atus/ -atum/ -ata 属于，相似，具有，完成（形容词词尾）

Rosa bracteata var. bracteata 硕苞蔷薇-原变种 （词义见上面解释）

Rosa bracteata var. scabriacaulis 密刺硕苞蔷薇：scabriacaulis 矮小粗糙主茎的，茎矮小带刺的；scabri- ← scaber 粗糙的，有凹凸的，不平滑的；acaulia/ acaulis 无茎的，矮小的；caulis ← caulos 茎，茎秆，主茎

Rosa brunonii 复伞房蔷薇：brunonii ← Robert Brown（人名，19 世纪英国植物学家）

Rosa calyptopoda 短脚蔷薇：calypto- ← calyptos 隐藏的，覆盖的；podus/ pus 柄，梗，茎秆，足，腿

Rosa caudata 尾萼蔷薇：caudatus = caudus + atus 尾巴的，尾巴状的，具尾的；caudus 尾巴

Rosa caudata var. caudata 尾萼蔷薇-原变种 （词义见上面解释）

Rosa caudata var. maxima 大花尾萼蔷薇：maximus 最大的

Rosa centifolia 百叶蔷薇：centifolius 多叶的；centi- ← centus 百，一百（比喻数量很多，希腊语为 hecto-/ hecato-）；folius/ folium/ folia 叶，叶片（用于复合词）

Rosa chengkouensis 城口蔷薇：chengkouensis 城口的（地名，重庆市）

Rosa chinensis 月季花：chinensis = china + ensis 中国的（地名）；China 中国

Rosa chinensis var. chinensis 月季花-原变种 （词义见上面解释）

Rosa chinensis var. semperflorens 紫月季花：semperflorens 四季开花的，常开花的；semper 总是，经常，永久；florens 开花

Rosa chinensis var. spontanea 单瓣月季花：spontaneus 野生的，自生的

Rosa corymbulosa 伞房蔷薇：corymbulosus = corymbus + ulosus 小散房花序的；corymbus 伞形的，伞状的；-ulosus = ulus + osus 小而多的；-ulus/ -ulum/ -ula 小的，略微的，稍微的（小词 -ulus 在字母 e 或 i 之后有多种变缀，即 -olus/ -olum/ -ola、-ellus/ -ellum/ -ella、-illus/ -illum/ -illa，与第一变格法和第二变格法名词形成复合词）；-osus/ -osum/ -osa 多的，充分的，丰富的，显著发育的，程度高的，特征明显的（形容词词尾）

Rosa cymosa 小果蔷薇：cymosus 聚伞状的；cyma/ cyme 聚伞花序；-osus/ -osum/ -osa 多的，充分的，丰富的，显著发育的，程度高的，特征明显的（形容词词尾）

Rosa cymosa var. cymosa 小果蔷薇-原变种 （词义见上面解释）

Rosa cymosa var. puberula 毛叶山木香：puberulus = puberus + ulus 略被柔毛的，被微柔毛的；puberus 多毛的，毛茸茸的；-ulus/ -ulum/ -ula 小的，略微的，稍微的（小词 -ulus 在字母 e 或 i 之后有多种变缀，即 -olus/ -olum/ -ola、-ellus/ -ellum/ -ella、-illus/ -illum/ -illa，与第一变格法和第二变格法名词形成复合词）

Rosa damascena 突厥蔷薇（厥 jué）：damascena 大马士革的（地名，叙利亚）

Rosa davidii 西北蔷薇：davidii ← Pere Armand David（人名，1826–1900，曾在中国采集植物标本的法国传教士）；-ii 表示人名，接在以辅音字母结尾的人名后面，但 -er 除外

Rosa davidii var. davidii 西北蔷薇-原变种 （词义见上面解释）

Rosa davidii var. elongata 长果西北蔷薇：elongatus 伸长的，延长的；elongare 拉长，延长；longus 长的，纵向的；e-/ ex- 不，无，非，缺乏，不具有（e- 用在辅音字母前，ex- 用在元音字母前，为拉丁语词首，对应的希腊语词首为 a-/ an-，英语为 un-/ -less，注意作词首用的 e-/ ex- 和介词 e/ ex 意思不同，后者意为"出自、从……、由……离开、由于、依照"）

Rosa davurica 山刺玫：davurica（dahurica/ daurica）达乌里的（地名，外贝加尔湖，属西伯利亚的一个地区，即贝加尔湖以东及以南至中国和蒙古边界）

Rosa davurica var. davurica 山刺玫-原变种 （词义见上面解释）

Rosa davurica var. glabra 光叶山刺玫：glabrus 光秃的，无毛的，光滑的

Rosa davurica var. setacea 多刺山刺玫：setus/ saetus 刚毛，刺毛，芒刺；-aceus/ -aceum/ -acea 相似的，有……性质的，属于……的

Rosa dawoensis 道孚蔷薇：dawoensis 道孚的（地名，四川省）

Rosa duplicata 重齿蔷薇（重 chóng）：duplicatus = duo + plicatus 二折的，重复的，重瓣的；duo 二；plicatus = plex + atus 折扇状的，有沟的，纵向折叠的，棕榈叶状的（= plicativus）；plex/ plica 褶，折扇状，卷折（plex 的词干为 plic-）；构词规则：以

-ix/ -iex 结尾的词其词干末尾视为 -ic，以 -ex 结尾视为 -i/ -ic，其他以 -x 结尾视为 -c；-atus/ -atum/ -ata 属于，相似，具有，完成（形容词词尾）

Rosa fargesiana （法氏蔷薇）：fargesiana ← Pere Paul Guillaume Farges（人名，20 世纪活动于中国的法国传教士，植物采集员）

Rosa farreri 刺毛蔷薇：farreri ← Reginald John Farrer（人名，20 世纪英国植物学家、作家）；-eri 表示人名，在以 -er 结尾的人名后面加上 i 形成

Rosa fedtschenkoana 腺果蔷薇：fedtschenkoana ← Boris Fedtschenko（人名，20 世纪俄国植物学家）

Rosa filipes 腺梗蔷薇：filipes 线状柄的，线状茎的；fili-/ fil- ← filum 线状的，丝状的；pes/ pedis 柄，梗，茎秆，腿，足，爪（作词首或词尾，pes 的词干视为"ped-"）

Rosa foetida 异味蔷薇：foetidus = foetus + idus 臭的，恶臭的，令人作呕的；foetus/ faetus/ fetus 臭味，恶臭，令人不悦的气味；-idus/ -idum/ -ida 表示在进行中的动作或情况，作动词、名词或形容词的词尾

Rosa foetida f. foetida 异味蔷薇-原变型 （词义见上面解释）

Rosa foetida f. persiana 重瓣异味蔷薇：persiana 波斯的（地名）

Rosa forrestiana 滇边蔷薇：forrestiana ← George Forrest（人名，1873–1932，英国植物学家，曾在中国西部采集大量植物标本）

Rosa fortuneana 大花白木香：fortuneana ← Robert Fortune（人名，19 世纪英国园艺学家，曾在中国采集植物）

Rosa fukienensis 福建蔷薇：fukienensis 福建的（地名）

Rosa gallica 法国蔷薇：gallica = gallia + icus 高卢的（地名，Gallia 为古代欧洲国家，凯尔特人的居住地，含现在的法国全境及其周边国家的部分疆域，常特指法国）

Rosa giraldii 陕西蔷薇：giraldii ← Giuseppe Giraldi（人名，19 世纪活动于中国的意大利传教士）

Rosa giraldii var. bidentata 重齿陕西蔷薇：bi-/ bis- 二，二数，二回（希腊语为 di-）；dentatus = dentus + atus 牙齿的，齿状的，具齿的；dentus 齿，牙齿；-atus/ -atum/ -ata 属于，相似，具有，完成（形容词词尾）

Rosa giraldii var. giraldii 陕西蔷薇-原变种 （词义见上面解释）

Rosa giraldii var. venulosa 毛叶陕西蔷薇：venulosus 多脉的，叶脉短而多的；venus 脉，叶脉，血脉，血管；-ulosus = ulus + osus 小而多的；-ulus/ -ulum/ -ula 小的，略微的，稍微的（小词 -ulus 在字母 e 或 i 之后有多种变缀，即 -olus/ -olum/ -ola、-ellus/ -ellum/ -ella、-illus/ -illum/ -illa，与第一变格法和第二变格法名词形成复合词）；-osus/ -osum/ -osa 多的，充分的，丰富的，显著发育的，程度高的，特征明显的（形容词词尾）

Rosa glomerata 绣球蔷薇：glomeratus = glomera + atus 聚集的，球形的，聚成球形的；glomera 线球，一团，一束

Rosa graciliflora 细梗蔷薇：gracilis 细长的，纤弱

的，丝状的；florus/ florum/ flora ← flos 花（用于复合词）

Rosa helenae 卵果蔷薇：helenae（人名）；-ae 表示人名，以 -a 结尾的人名后面加上 -e 形成

Rosa henryi 软条七蔷薇：henryi ← Augustine Henry 或 B. C. Henry（人名，前者，1857–1930，爱尔兰医生、植物学家，曾在中国采集植物，后者，1850–1901，曾活动于中国的传教士）

Rosa hugonis 黄蔷薇：hugonis ← John Aloysius Scallon（人名，20 世纪活动于中国西部的爱尔兰传教士）

Rosa jaluana 鸭绿蔷薇（绿 lù）：jaluana 鸭绿江（河流名）

Rosa kokanica 腺叶蔷薇：kokanica ← Kokand 浩罕的（地名，俄国）

Rosa koreana 长白蔷薇：koreana 朝鲜的（地名）

Rosa koreana var. glandulosa 腺叶长白蔷薇：glandulosus = glandus + ulus + osus 被细腺的，具腺体的，腺体质的；glandus ← glans 腺体；-ulus/ -ulum/ -ula 小的，略微的，稍微的（小词 -ulus 在字母 e 或 i 之后有多种变缀，即 -olus/ -olum/ -ola、-ellus/ -ellum/ -ella、-illus/ -illum/ -illa，与第一变格法和第二变格法名词形成复合词）；-osus/ -osum/ -osa 多的，充分的，丰富的，显著发育的，程度高的，特征明显的（形容词词尾）

Rosa koreana var. koreana 长白蔷薇-原变种 （词义见上面解释）

Rosa kwangtungensis 广东蔷薇：kwangtungensis 广东的（地名）

Rosa kwangtungensis var. kwangtungensis 广东蔷薇-原变种 （词义见上面解释）

Rosa kwangtungensis var. mollis 毛叶广东蔷薇：molle/ mollis 软的，柔毛的

Rosa kwangtungensis var. plena 重瓣广东蔷薇：plenus → plen-/ pleni- 很多的，充满的，大量的，重瓣的，多重的

Rosa kweichowensis 贵州缫丝花（缫 sāo）：kweichowensis 贵州的（地名）

Rosa laevigata 金樱子：laevigatus/ levigatus 光滑的，平滑的，平滑而发亮的；laevis/ levis/ laeve/ leve → levi-/ laevi- 光滑的，无毛的，无不平或粗糙感觉的；laevigo/ levigo 使光滑，削平

Rosa laevigata f. laevigata 金樱子-原变型 （词义见上面解释）

Rosa laevigata f. semiplena 重瓣金樱子：semi- 半，准，略微；plenus → plen-/ pleni- 很多的，充满的，大量的，重瓣的，多重的

Rosa lasiosepala 毛萼蔷薇：lasi-/ lasio- 羊毛状的，有毛的，粗糙的；sepalus/ sepalum/ sepala 萼片（用于复合词）

Rosa laxa 疏花蔷薇：laxus 稀疏的，松散的，宽松的

Rosa laxa var. laxa 疏花蔷薇-原变种 （词义见上面解释）

Rosa laxa var. mollis 毛叶疏花蔷薇：molle/ mollis 软的，柔毛的

Rosa lichiangensis 丽江蔷薇：lichiangensis 丽江的（地名，云南省）

Rosa longicuspis 长尖叶蔷薇：longe-/ longi- ← longus 长的，纵向的；cuspis（所有格为 cuspidis）齿尖，凸尖，尖头

Rosa longicuspis var. longicuspis 长尖叶蔷薇-原变种 （词义见上面解释）

Rosa longicuspis var. sinowilsonii 多花长尖叶蔷薇：sinowilsonii（人名）；-ii 表示人名，接在以辅音字母结尾的人名后面，但 -er 除外

Rosa lucidissima 亮叶月季：lucidus ← lucis ← lux 发光的，光辉的，清晰的，发亮的，荣耀的（lux 的单数所有格为 lucis，词尾为 -is 和 -ys 的词的词干分别视为 -id 和 -yd）；-issimus/ -issima/ -issimum 最，非常，极其（形容词最高级）

Rosa macrophylla 大叶蔷薇：macro-/ macr- ← macros 大的，宏观的（用于希腊语复合词）；phyllus/ phyllum/ phylla ← phyllon 叶片（用于希腊语复合词）

Rosa macrophylla var. glandulifera 腺果大叶蔷薇：glanduli- ← glandus + ulus 腺体的，小腺体的；glandus ← glans 腺体；-ferus/ -ferum/ -fera/ -fero/ -fere/ -fer 有，具有，产（区别：作独立词使用的 ferus 意思是"野生的"）

Rosa macrophylla var. macrophylla 大叶蔷薇-原变种 （词义见上面解释）

Rosa mairei 毛叶蔷薇：mairei（人名）；Edouard Ernest Maire（人名，19 世纪活动于中国云南的传教士）；Rene C. J. E. Maire 人名（20 世纪阿尔及利亚植物学家，研究北非植物）；-i 表示人名，接在以元音字母结尾的人名后面，但 -a 除外

Rosa maximowicziana 伞花蔷薇：maximowicziana ← C. J. Maximowicz 马克希莫夫（人名，1827–1891，俄国植物学家）

Rosa morrisonensis 玉山蔷薇：morrisonensis 磨里山的（地名，今台湾新高山）

Rosa moyesii 华西蔷薇：moyesii（人名）；-ii 表示人名，接在以辅音字母结尾的人名后面，但 -er 除外

Rosa moyesii var. moyesii 华西蔷薇-原变种 （词义见上面解释）

Rosa moyesii var. pubescens 毛叶华西蔷薇：pubescens ← pubens 被短柔毛的，长出柔毛的；pubi- ← pubis 细柔毛的，短柔毛的，毛被的；pubesco/ pubescere 长成的，变为成熟的，长出柔毛的，青春期体毛的；-escens/ -ascens 改变，转变，变成，略微，带有，接近，相似，大致，稍微（表示变化的趋势，并未完全相似或相同，有别于表示达到完成状态的 -atus）

Rosa multibracteata 多苞蔷薇：multi- ← multus 多个，多数，很多（希腊语为 poly-）；bracteatus = bracteus + atus 具苞片的；bracteus 苞，苞片，苞鳞

Rosa multiflora 野蔷薇：multi- ← multus 多个，多数，很多（希腊语为 poly-）；florus/ florum/ flora ← flos 花（用于复合词）

Rosa multiflora var. albo-plena 白玉堂：albus → albi-/ albo- 白色的；plenus → plen-/ pleni- 很多的，充满的，大量的，重瓣的，多重的

Rosa multiflora var. carnea 七姊妹（姊 zǐ）：carneus ← caro 肉红色的，肌肤色的；carn- 肉，肉色；-eus/ -eum/ -ea（接拉丁语词干时）属

R

·1067·

于……的，色如……的，质如……的（表示原料、颜色或品质的相似），（接希腊语词干时）属于……的，以……出名，为……所占有（表示具有某种特性）

Rosa multiflora var. cathayensis 粉团蔷薇：cathayensis ← Cathay ← Khitay/ Khitai 中国的，契丹的（地名，10–12 世纪中国北方契丹人的领域，辽国前身，多用来代表中国，俄语称中国为 Kitay）

Rosa multiflora var. multiflora 野蔷薇-原变种（词义见上面解释）

Rosa murielae 西南蔷薇：murielae ← Muriel Wilson（人名，20 世纪英国植物采集员 Ernest Wilson 的女儿）；-ae 表示人名，以 -a 结尾的人名后面加上 -e 形成

Rosa nanothamnus 矮蔷薇：nanus ← nanos/ nannos 矮小的，小的；nani-/ nano-/ nanno- 矮小的，小的；thamnus ← thamnos 灌木

Rosa odorata 香水月季：odoratus = odorus + atus 香气的，气味的；odor 香气，气味；-atus/ -atum/ -ata 属于，相似，具有，完成（形容词词尾）

Rosa odorata var. erubescens 粉红香水月季：erubescens/ erubui ← erubeco/ erubere/ rubui 变红色的，浅红色的，赤红面的；rubescens 发红的，带红的，近红的；rubus ← ruber/ rubeo 树莓的，红色的；rubens 发红的，带红色的，变红的，红的；rubeo/ rubere/ rubui 红色的，变红，放光，闪耀；rubesco/ rubere/ rubui 变红；-escens/ -ascens 改变，转变，变成，略微，带有，接近，相似，大致，稍微（表示变化的趋势，并未完全相似或相同，有别于表示达到完成状态的 -atus）

Rosa odorata var. gigantea 大花香水月季：giganteus 巨大的；giga-/ gigant-/ giganti- ← gigantos 巨大的；-eus/ -eum/ -ea（接拉丁语词干时）属于……的，色如……的，质如……的（表示原料、颜色或品质的相似），（接希腊语词干时）属于……的，以……出名，为……所占有（表示具有某种特性）

Rosa odorata var. odorata 香水月季-原变种（词义见上面解释）

Rosa odorata var. pseudindica 橘黄香水月季：pseudindica 像 indica 的；pseudes/ pseudos 假的，伪的，接近，相似（但不是）；Rosa indica → Rosa chinensis 月季花

Rosa omeiensis 峨眉蔷薇：omeiensis 峨眉山的（地名，四川省）

Rosa omeiensis f. glandulosa 腺叶峨眉蔷薇：glandulosus = glandus + ulus + osus 被细腺的，具腺体的，腺体质的；glandus ← glans 腺体；-ulus/ -ulum/ -ula 小的，略微的，稍微的（小词 -ulus 在字母 e 或 i 之后有多种变缀，即 -olus/ -olum/ -ola、-ellus/ -ellum/ -ella、-illus/ -illum/ -illa，与第一变格法和第二变格法名词形成复合词）；-osus/ -osum/ -osa 多的，充分的，丰富的，显著发育的，程度高的，特征明显的（形容词词尾）

Rosa omeiensis f. omeiensis 峨眉蔷薇-原变型（词义见上面解释）

Rosa omeiensis f. paucijuga 少对峨眉蔷薇：pauci- ← paucus 少数的，少的（希腊语为 oligo-）；jugus ← jugos 成对的，成双的，一组，牛轭，束缚

（动词为 jugo）

Rosa omeiensis f. pteracantha 扁刺峨眉蔷薇：pteracanthus 翼刺的；pterus/ pteron 翅，翼，蕨类；acanthus ← Akantha 刺，具刺的（Acantha 是希腊神话中的女神，和太阳神阿波罗发生冲突，太阳神将其变成带刺的植物）

Rosa oxyacantha 尖刺蔷薇：oxyacanthus 尖刺的；oxy- ← oxys 尖锐的，酸的；acanthus ← Akantha 刺，具刺的（Acantha 是希腊神话中的女神，和太阳神阿波罗发生冲突，太阳神将其变成带刺的植物）

Rosa persetosa 全针蔷薇：persetosus 多芒的，多刚毛的；per-（在 l 前面音变为 pel-）极，很，颇，甚，非常，完全，通过，遍及（表示效果加强，与 sub- 互为反义词）；setus/ saetus 刚毛，刺毛，芒刺；-osus/ -osum/ -osa 多的，充分的，丰富的，显著发育的，程度高的，特征明显的（形容词词尾）；setosus = setus + osus 被刚毛的，被短毛的，被芒刺的

Rosa platyacantha 宽刺蔷薇：platyacanthus 大刺的，宽刺的；platys 大的，宽的（用于希腊语复合词）；acanthus ← Akantha 刺，具刺的（Acantha 是希腊神话中的女神，和太阳神阿波罗发生冲突，太阳神将其变成带刺的植物）

Rosa praelucens 中甸刺玫：praelucens 很亮的；prae- 先前的，前面的，在先的，早先的，上面的，很，十分，极其；lucens 光泽的，闪耀的

Rosa prattii 铁杆蔷薇：prattii ← Antwerp E. Pratt（人名，19 世纪活动于中国的英国动物学家、探险家）

Rosa primula 樱草蔷薇：primula ← primos 最先的，最早的（比喻春天最早开花）；Primula 报春花属（报春花科）

Rosa pseudobanksiae 粉蕾木香：pseudobanksiae 像 banksiae 的；pseudo-/ pseud- ← pseudos 假的，伪的，接近，相似（但不是）；Rosa banksiae 木香花（蔷薇科）

Rosa roxburghii 缫丝花（缫 sāo）：roxburghii ← William Roxburgh（人名，18 世纪英国植物学家，研究印度植物）

Rosa roxburghii f. normalis 单瓣缫丝花：normalis/ normale 平常的，正规的，常态的；norma 标准，规则，三角尺

Rosa roxburghii f. roxburghii 缫丝花-原变型（词义见上面解释）

Rosa rubus 悬钩子蔷薇：ruber 红色；Rubus 悬钩子属（蔷薇科）

Rosa rubus f. glandulifera 腺叶悬钩子蔷薇：glanduli- ← glandus + ulus 腺体的，小腺体的；glandus ← glans 腺体；-ferus/ -ferum/ -fera/ -fero/ -fere/ -fer 有，具有，产（区别：作独立词使用的 ferus 意思是"野生的"）

Rosa rubus f. rubus 悬钩子蔷薇-原变型（词义见上面解释）

Rosa rugosa 玫瑰：rugosus = rugus + osus 收缩的，有皱纹的，多褶皱的（同义词：rugatus）；rugus/ rugum/ ruga 褶皱，皱纹，皱缩；-osus/ -osum/ -osa 多的，充分的，丰富的，显著发育的，程度高的，特征明显的（形容词词尾）

R

Rosa rugosa f. alba 白花单瓣玫瑰：albus → albi-/ albo- 白色的

Rosa rugosa f. albo-plena 白花重瓣玫瑰（重 chóng）：plenus → plen-/ pleni- 很多的，充满的，大量的，重瓣的，多重的

Rosa rugosa f. plena 紫花重瓣玫瑰：plenus → plen-/ pleni- 很多的，充满的，大量的，重瓣的，多重的

Rosa rugosa f. rosea 粉红单瓣玫瑰：roseus = rosa + eus 像玫瑰的，玫瑰色的，粉红色的；rosa 蔷薇（古拉丁名）← rhodon 蔷薇（希腊语）← rhodd 红色，玫瑰红（凯尔特语）；-eus/ -eum/ -ea（接拉丁语词干时）属于……的，色如……的，质如……的（表示原料、颜色或品质的相似），（接希腊语词干时）属于……的，以……出名，为……所占有（表示具有某种特性）

Rosa sambucina 山蔷薇：sambucina = Sambucus + inus 像接骨木的；Sambucus 接骨木属（忍冬科）；-inus/ -inum/ -ina/ -inos 相近，接近，相似，具有（通常指颜色）

Rosa saturata 大红蔷薇：saturatus 饱和的（指颜色），浓艳的；satur/ saturum/ satura 饱满的，充满的，丰富的；satis 充分地，足量地

Rosa saturata var. glandulosa 腺叶大红蔷薇：glandulosus = glandus + ulus + osus 被细腺的，具腺体的，腺体质的；glandus ← glans 腺体；-ulus/ -ulum/ -ula 小的，略微的，稍微的（小词 -ulus 在字母 e 或 i 之后有多种变缀，即 -olus/ -olum/ -ola、-ellus/ -ellum/ -ella、-illus/ -illum/ -illa，与第一变格法和第二变格法名词形成复合词）；-osus/ -osum/ -osa 多的，充分的，丰富的，显著发育的，程度高的，特征明显的（形容词词尾）

Rosa saturata var. saturata 大红蔷薇-原变种（词义见上面解释）

Rosa sericea 绢毛蔷薇（绢 juàn）：sericeus 绢丝状的；sericus 绢丝的，绢毛的，赛尔人的（Ser 为印度一民族）；-eus/ -eum/ -ea（接拉丁语词干时）属于……的，色如……的，质如……的（表示原料、颜色或品质的相似），（接希腊语词干时）属于……的，以……出名，为……所占有（表示具有某种特性）

Rosa sericea f. glabrescens 光叶绢毛蔷薇：glabrus 光秃的，无毛的，光滑的；-escens/ -ascens 改变，转变，变成，略微，带有，接近，相似，大致，稍微（表示变化的趋势，并未完全相似或相同，有别于表示达到完成状态的 -atus）

Rosa sericea f. glandulosa 腺叶绢毛蔷薇：glandulosus = glandus + ulus + osus 被细腺的，具腺体的，腺体质的；glandus ← glans 腺体；-ulus/ -ulum/ -ula 小的，略微的，稍微的（小词 -ulus 在字母 e 或 i 之后有多种变缀，即 -olus/ -olum/ -ola、-ellus/ -ellum/ -ella、-illus/ -illum/ -illa，与第一变格法和第二变格法名词形成复合词）；-osus/ -osum/ -osa 多的，充分的，丰富的，显著发育的，程度高的，特征明显的（形容词词尾）

Rosa sericea f. pteracantha 宽刺绢毛蔷薇：pteracanthus 翼刺的；pterus/ pteron 翅，翼，蕨类；acanthus ← Akantha 刺，具刺的（Acantha 是希腊神话中的女神，和太阳神阿波罗发生冲突，太阳神

将其变成带刺的植物）

Rosa sericea f. sericea 绢毛蔷薇-原变型（词义见上面解释）

Rosa sertata 钝叶蔷薇：sertatus = sertus + atus 花环的，花环状的；sertus 花环，花冠

Rosa sertata var. multijuga 多对钝叶蔷薇：multijugus 多对的；multi- ← multus 多个，多数，很多（希腊语为 poly-）；jugus ← jugos 成对的，成双的，一组，牛轭，束缚（动词为 jugo）

Rosa sertata var. sertata 钝叶蔷薇-原变种（词义见上面解释）

Rosa setipoda 刺梗蔷薇：setipodus 刚毛柄的；setus/ saetus 刚毛，刺毛，芒刺；podus/ pus 柄，梗，茎秆，足，腿

Rosa sikangensis 川西蔷薇：sikangensis 西康的（地名，旧西康省，1955 年分别并入四川省与西藏自治区）

Rosa soulieana 川滇蔷薇：soulieana（人名）

Rosa soulieana var. microphylla 小叶川滇蔷薇：micr-/ micro- ← micros 小的，微小的，微观的（用于希腊语复合词）；phyllus/ phyllum/ phylla ← phyllon 叶片（用于希腊语复合词）

Rosa soulieana var. soulieana 川滇蔷薇-原变种（词义见上面解释）

Rosa soulieana var. sungpanensis 大叶川滇蔷薇：sungpanensis 松潘的（地名，四川省）

Rosa soulieana var. yunnanensis 毛叶川滇蔷薇：yunnanensis 云南的（地名）

Rosa spinosissima 密刺蔷薇：spinosissimus 刺极多的；spinosus = spinus + osus 具刺的，多刺的，长满刺的；spinus 刺，针刺；-osus/ -osum/ -osa 多的，充分的，丰富的，显著发育的，程度高的，特征明显的（形容词词尾）；-issimus/ -issima/ -issimum 最，非常，极其（形容词最高级）

Rosa spinosissima var. altaica 大花密刺蔷薇：altaica 阿尔泰的（地名，新疆北部山脉）

Rosa spinosissima var. spinosissima 密刺蔷薇-原变种（词义见上面解释）

Rosa sweginzowii 扁刺蔷薇：sweginzowii（人名）；-ii 表示人名，接在以辅音字母结尾的人名后面，但 -er 除外

Rosa sweginzowii var. glandulosa 腺叶扁刺蔷薇：glandulosus = glandus + ulus + osus 被细腺的，具腺体的，腺体质的；glandus ← glans 腺体；-ulus/ -ulum/ -ula 小的，略微的，稍微的（小词 -ulus 在字母 e 或 i 之后有多种变缀，即 -olus/ -olum/ -ola、-ellus/ -ellum/ -ella、-illus/ -illum/ -illa，与第一变格法和第二变格法名词形成复合词）；-osus/ -osum/ -osa 多的，充分的，丰富的，显著发育的，程度高的，特征明显的（形容词词尾）

Rosa sweginzowii var. sweginzowii 扁刺蔷薇-原变种（词义见上面解释）

Rosa taiwanensis 小金樱：taiwanensis 台湾的（地名）

Rosa taronensis 求江蔷薇：taronensis 独龙江的（地名，云南省）

Rosa tatsienlouensis 打箭炉蔷薇：tatsienlouensis 打箭炉的（地名，四川省康定县的别称）

Rosa tibetica 西藏蔷薇：tibetica 西藏的（地名）；-icus/ -icum/ -ica 属于，具有某种特性（常用于地名、起源、生境）

Rosa transmorrisonensis 高山蔷薇：transmorrisonensis = trans + morrisonensis 跨磨里山的；tran-/ trans- 横过，远侧边，远方，在那边；morrisonensis 磨里山的（地名，今台湾新高山）

Rosa tsinglingensis 秦岭蔷薇：tsinglingensis 秦岭的（地名，陕西省）

Rosa uniflora 单花合柱蔷薇：uni-/ uno- ← unus/ unum/ una 一，单一（希腊语为 mono-/ mon-）；florus/ florum/ flora ← flos 花（用于复合词）

Rosa ussuriensis 乌苏里蔷薇：ussuriensis 乌苏里江的（地名，中国黑龙江省与俄罗斯界河）

Rosa webbiana 藏边蔷薇（藏 zàng）：webbiana ← Philip Barker Webb（人名，19 世纪植物采集员，摩洛哥 Tetuan 山植物采集第一人）

Rosa weisiensis 维西蔷薇：weisiensis 维西的（地名，云南省）

Rosa wichuraiana 光叶蔷薇：wichuraiana（人名）

Rosa willmottiae 小叶蔷薇：willmottiae ← Ellen Ann Willmott（人名，20 世纪英国园林学家）；-ae 表示人名，以 -a 结尾的人名后面加上 -e 形成

Rosa willmottiae var. glandulifera 多腺小叶蔷薇：glanduli- ← glandus + ulus 腺体的，小腺体的；glandus ← glans 腺体；-ferus/ -ferum/ -fera/ -fero/ -fere/ -fer 有，具有，产（区别：作独立词使用的 ferus 意思是"野生的"）

Rosa willmottiae var. willmottiae 小叶蔷薇-原变种 （词义见上面解释）

Rosa xanthina 黄刺玫：xanthinus = xanthus + inus 黄色的，接近黄色的；xanthus ← xanthos 黄色的；-inus/ -inum/ -ina/ -inos 相近，接近，相似，具有（通常指颜色）

Rosa xanthina var. normalis 单瓣黄刺玫：normalis/ normale 平常的，正规的，常态的；norma 标准，规则，三角尺

Rosa xanthina var. xanthina 黄刺玫-原变种 （词义见上面解释）

Rosaceae 蔷薇科（36：p1）：rosa 蔷薇（古拉丁名）← rhodon 蔷薇（希腊语）← rhodd 红色，玫瑰红（凯尔特语）；-aceae（分类单位科的词尾，为 -aceus 的阴性复数主格形式，加到模式属的名称后或同义词的词干后以组成族群名称）

Roscoea 象牙参属（参 shēn）（姜科）（16-2：p48）：roscoea ← William Roscoe（人名，1753–1831，英国律师和利物浦植物园奠基人）

Roscoea alpina 高山象牙参：alpinus = alpus + inus 高山的；alpus 高山；al-/ alti-/ alto- ← altus 高的，高处的；-inus/ -inum/ -ina/ -inos 相近，接近，相似，具有（通常指颜色）；关联词：subalpinus 亚高山的

Roscoea auriculata 耳状象牙参：auriculatus 耳形的，具小耳的（基部有两个小圆片）；auriculus 小耳朵的，小耳状的；auritus 耳朵的，耳状的；-culus/ -culum/ -cula 小的，略微的，稍微的（同第三变格法和第四变格法名词形成复合词）；-atus/ -atum/ -ata 属于，相似，具有，完成（形容词词尾）

Roscoea blanda 白象牙参：blandus 光滑的，可爱的

Roscoea blanda var. pumila （矮象牙参）：pumilus 矮的，小的，低矮的，矮人的

Roscoea capitata 头花象牙参：capitatus 头状的，头状花序的；capitus ← capitis 头，头状

Roscoea cautleoides 早花象牙参：Cautleya 距药姜属（姜科）；-oides/ -oideus/ -oideum/ -oidea/ -odes/ -eidos 像……的，类似……的，呈……状的（名词词尾）

Roscoea chamaeleon 双唇象牙参：chamaeleus/ chamaeleon 矮的，地面生的，避役（一种爬行动物）；chamae- ← chamai 矮小的，匍匐的，地面的

Roscoea debilis 长柄象牙参：debilis 软弱的，脆弱的

Roscoea humeana 大花象牙参：humeana ← Amelia Hume（人名，19 世纪植物学家，师从 James Edward Smith）

Roscoea purpurea 象牙参：purpureus = purpura + eus 紫色的；purpura 紫色（purpura 原为一种介壳虫名，其体液为紫色，可作颜料）；-eus/ -eum/ -ea（接拉丁语词干时）属于……的，色如……的，质如……的（表示原料、颜色或品质的相似），（接希腊语词干时）属于……的，以……出名，为……所占有（表示具有某种特性）

Roscoea purpurea var. procea 大象牙参：procea ← procus 求婚者的；procus 求婚者；proco 求，索要，索取

Roscoea sinopurpurea 华象牙参：sinopurpurea 中国型紫色的；sino- 中国；purpureus = purpura + eus 紫色的；purpura 紫色（purpura 原为一种介壳虫名，其体液为紫色，可作颜料）；-eus/ -eum/ -ea（接拉丁语词干时）属于……的，色如……的，质如……的（表示原料、颜色或品质的相似），（接希腊语词干时）属于……的，以……出名，为……所占有（表示具有某种特性）

Roscoea tibetica 藏象牙参：tibetica 西藏的（地名）；-icus/ -icum/ -ica 属于，具有某种特性（常用于地名、起源、生境）

Roscoea yunnanensis 滇象牙参：yunnanensis 云南的（地名）

Rosmarinus 迷迭香属（唇形科）（66：p196）：rosmarinus 临海的（古拉丁名）；ros 露出；marinus 海，海中生的

Rosmarinus officinalis 迷迭香：officinalis/ officinale 药用的，有药效的；officina ← opificina 药店，仓库，作坊

Rostellularia 爵床属（另见 Justicia）（爵床科）（70：p302）：rostellularia = rostrus + ellus + aria 小喙状的；rostre 鸟喙的，喙状的；rostrus 鸟喙（常作词尾）；-ulus/ -ulum/ -ula 小的，略微的，稍微的（小词 -ulus 在字母 e 或 i 之后有多种变缀，即 -olus/ -olum/ -ola、-ellus/ -ellum/ -ella、-illus/ -illum/ -illa，与第一变格法和第二变格法名词形成复合词）；-arius/ -arium/ -aria 相似，属于（表示地点，场所，关系，所属）

Rostellularia diffusa 小叶散爵床：diffusus = dis + fusus 蔓延的，散开的，扩展的，渗透的（dis- 在辅音字母前发生同化）；fusus 散开的，松散的，松弛的；

R

di-/ dis- 二，二数，二分，分离，不同，在……之间，从……分开（希腊语，拉丁语为 bi-/ bis-）

Rostellularia diffusa var. diffusa 小叶散爵床-原变种 （词义见上面解释）

Rostellularia diffusa var. hedyotidifolia 耳叶散爵床：hedyotidifolius = hedyotis + folius 耳蕨叶的，好看叶的；构词规则：词尾为 -is 和 -ys 的词的词干分别视为 -id 和 -yd；Hedyotis 耳草属（茜草科）；folius/ folium/ folia 叶，叶片（用于复合词）

Rostellularia diffusa var. prostrata 伏地爵床（原名"小叶散爵床"和原种重名）：prostratus/ pronus/ procumbens 平卧的，匍匐的

Rostellularia humilis 矮爵床：humilis 矮的，低的

Rostellularia khasiana 喀西爵床（喀 kā）：khasiana ← Khasya 喀西的，卡西的（地名，印度阿萨姆邦）

Rostellularia khasiana var. khasiana 喀西爵床-原变种 （词义见上面解释）

Rostellularia khasiana var. latispica 宽穗爵床：lati-/ late- ← latus 宽的，宽广的；spicus 穗，谷穗，花穗

Rostellularia linearifolia 线叶爵床：linearis = lineus + aris 线条的，线形的，线状的，亚麻状的；folius/ folium/ folia 叶，叶片（用于复合词）；-aris（阳性、阴性）/ -are（中性）← -alis（阳性、阴性）/ -ale（中性）属于，相似，如同，具有，涉及，关于，联结于（将名词作形容词用，其中 -aris 常用于以 l 或 r 为词干末尾的词）

Rostellularia linearifolia subsp. liankwangensis 两广线叶爵床：liankwangensis 两广的（地名，广东省和广西壮族自治区）

Rostellularia procumbens 爵床（另见 Justicia procumbens）：procumbens 俯卧的，匍匐的，倒伏的；procumb- 俯卧，匍匐，倒伏；-ans/ -ens/ -bilis/ -ilis 能够，可能（为形容词词尾，-ans/ -ens 用于主动语态，-bilis/ -ilis 用于被动语态）

Rostellularia procumbens var. ciliata 早田氏爵床：ciliatus = cilium + atus 缘毛的，流苏的；cilium 缘毛，睫毛；-atus/ -atum/ -ata 属于，相似，具有，完成（形容词词尾）

Rostellularia procumbens var. hirsuta 密毛爵床：hirsutus 粗毛的，糙毛的，有毛的（长而硬的毛）

Rostellularia procumbens var. linearifolia 狭叶爵床：linearis = lineus + aris 线条的，线形的，线状的，亚麻状的；folius/ folium/ folia 叶，叶片（用于复合词）；-aris（阳性、阴性）/ -are（中性）← -alis（阳性、阴性）/ -ale（中性）属于，相似，如同，具有，涉及，关于，联结于（将名词作形容词用，其中 -aris 常用于以 l 或 r 为词干末尾的词）

Rostellularia procumbens var. procumbens 爵床-原变种 （词义见上面解释）

Rostellularia rotundifolia 椭苞爵床：rotundus 圆形的，呈圆形的，肥大的；rotundo 使呈圆形，使圆滑；roto 旋转，滚动；folius/ folium/ folia 叶，叶片（用于复合词）

Rostrinucula 钩子木属（唇形科）（66：p348）：rostrinuculus 喙状坚果的（指小坚果具钩）；rostrus 鸟喙（常作词尾）；nuculus 核，核状的，小坚果的

Rostrinucula dependens 钩子木：dependens 下垂的，垂吊的（因支持体细软而下垂）；de- 向下，向外，从……，脱离，脱落，离开，去掉；pendix ← pendens 垂悬的，挂着的，悬挂的

Rostrinucula sinensis 长叶钩子木：sinensis = Sina + ensis 中国的（地名）；Sina 中国

Rosularia 瓦莲属（景天科）（34-1：p69）：rosularis/ rosulans/ rosulatus 莲座状的

Rosularia alpestris 长叶瓦莲：alpestris 高山的，草甸带的；alpus 高山；-estris/ -estre/ ester/ -esteris 生于……地方，喜好……地方

Rosularia platyphylla 卵叶瓦莲：platys 大的，宽的（用于希腊语复合词）；phyllus/ phyllum/ phylla ← phyllon 叶片（用于希腊语复合词）

Rosularia turkestanica 小花瓦莲：turkestanica 土耳其的（地名）；-icus/ -icum/ -ica 属于，具有某种特性（常用于地名、起源、生境）

Rotala 节节菜属（千屈菜科）（52-2：p72）：rotala ← rota 车（比喻轮生叶）

Rotala densiflora 密花节节菜：densus 密集的，繁茂的；florus/ florum/ flora ← flos 花（用于复合词）

Rotala diversifolia 异叶节节菜：diversus 多样的，各种各样的，多方向的；folius/ folium/ folia 叶，叶片（用于复合词）

Rotala indica 节节菜：indica 印度的（地名）；-icus/ -icum/ -ica 属于，具有某种特性（常用于地名、起源、生境）

Rotala kainantensis 六蕊节节菜：kainantensis 海南岛的（地名，"海南岛"的日语读音为"kainanto"）

Rotala mexicana 轮叶节节菜：mexicana 墨西哥的（地名）

Rotala pentandra 薄瓣节节菜：penta- 五，五数（希腊语，拉丁语为 quin/ quinqu/ quinque-/ quinqui-）；andrus/ andros/ antherus ← aner 雄蕊，花药，雄性

Rotala pusilla 南美节节菜：pusillus 纤弱的，细小的，无价值的

Rotala rotundifolia 圆叶节节菜：rotundus 圆形的，呈圆形的，肥大的；rotundo 使呈圆形，使圆滑；roto 旋转，滚动；folius/ folium/ folia 叶，叶片（用于复合词）

Rottboellia 筒轴茅属（禾本科）（10-2：p268）：rottboellia ← Chr. Fr. Rottboel（人名，1727–1797，丹麦植物学家）

Rottboellia exaltata 筒轴茅：exaltatus = ex + altus + atus 非常高的（比 elatus 程度还高）；e/ ex 出自，从……，由……离开，由于，依照（拉丁语介词，相当于英语的 from，对应的希腊语为 a/ ab，注意介词 e/ ex 所作词首用的 e-/ ex- 意思不同，后者意为"不、无、非、缺乏、不具有"）；altus 高度，高的

Rottboellia laevispica 光穗筒轴茅：laevispicus 光滑的花穗，花穗无毛；laevis/ levis/ laeve/ leve → levi-/ laevi- 光滑的，无毛的，无不平或粗糙感觉的；spicus 穗，谷穗，花穗

Rotula 轮冠木属（冠 guān）（紫草科）（64-2：p19）：rotula ← rotule 小轮，圆环（指辐射状）

Rotula aquatica 轮冠木：aquaticus/ aquatilis 水的，

水生的，潮湿的；aqua 水；-aticus/ -aticum/ -atica 属于，表示生长的地方

Rourea 红叶藤属（蔷薇科）（38：p138）：rourea（人名）

Rourea caudata 长尾红叶藤：caudatus = caudus + atus 尾巴的，尾巴状的，具尾的；caudus 尾巴

Rourea microphylla 小叶红叶藤：micr-/ micro- ← micros 小的，微小的，微观的（用于希腊语复合词）；phyllus/ phyllum/ phylla ← phyllon 叶片（用于希腊语复合词）

Rourea minor 红叶藤：minor 较小的，更小的

Roureopsis 朱果藤属（蔷薇科）（38：p135）：Rourea 红叶藤属；-opsis/ -ops 相似，稍微，带有

Roureopsis emarginata 朱果藤：emarginatus 先端稍裂的，凹头的；marginatus ← margo 边缘的，具边缘的；margo/ marginis → margin- 边缘，边线，边界；词尾为 -go 的词其词干末尾视为 -gin；e-/ ex- 不，无，非，缺乏，不具有（e- 用在辅音字母前，ex- 用在元音字母前，为拉丁语词首，对应的希腊语词首为 a-/ an-，英语为 un-/ -less，注意作词首用的 e-/ ex- 和介词 e/ ex 意思不同，后者意为"出自、从……、由……离开、由于、依照"）

Roystonea 王棕属（棕榈科）（13-1：p127）：roystonea ← Roy Stone（人名，美国内战时期英雄）

Roystonea oleracea 菜王棕：oleraceus 属于菜地的，田地栽培的（指可食用）；oler-/ holer- ← holerarium 菜地（指蔬菜、可食用的）；-aceus/ -aceum/ -acea 相似的，有……性质的，属于……的

Roystonea regia 王棕：regia 帝王的

Rubia 茜草属（茜 qiàn）（茜草科）（71-2：p287）：rubia（= ruber）红色的（指根的颜色）

Rubia alata 金剑草：alatus → ala-/ alat-/ alati-/ alato- 翅，具翅的，具翼的；反义词：exalatus 无翼的，无翅的

Rubia argyi 东南茜草：argyi（人名）

Rubia chinensis 中国茜草：chinensis = china + ensis 中国的（地名）；China 中国

Rubia chinensis var. chinensis 中国茜草-原变种（词义见上面解释）

Rubia chinensis var. glabrescens 无毛大砧草（砧 zhēn）：glabrus 光秃的，无毛的，光滑的；-escens/ -ascens 改变，转变，变成，略微，带有，接近，相似，大致，稍微（表示变化的趋势，并未完全相似或相同，有别于表示达到完成状态的 -atus）

Rubia chitralensis 高原茜草：chitralensis（地名，新疆维吾尔自治区）

Rubia cordifolia 茜草：cordi- ← cordis/ cor 心脏的，心形的；folius/ folium/ folia 叶，叶片（用于复合词）

Rubia crassipes 厚柄茜草：crassi- ← crassus 厚的，粗的，多肉质的；pes/ pedis 柄，梗，茎秆，腿，足，爪（作词首或词尾，pes 的词干视为"ped-"）

Rubia deserticola 沙生茜草：deserticolus 生于沙漠的；desertus 沙漠的，荒漠的，荒芜的；colus ← colo 分布于，居住于，栖居，殖民（常作词尾）；colo/ colere/ colui/ cultum 居住，耕作，栽培

Rubia dolichophylla 长叶茜草：dolicho- ← dolichos 长的；phyllus/ phyllum/ phylla ← phyllon 叶片（用于希腊语复合词）

Rubia edgeworthii 川滇茜草：edgeworthii ← Michael Pakenham Edgeworth（人名，19 世纪英国植物学家）

Rubia falciformis 镰叶茜草：falci- ← falx 镰刀，镰刀形，镰刀状弯曲；构词规则：以 -ix/ -iex 结尾的词其词干末尾视为 -ic，以 -ex 结尾视为 -i/ -ic，其他以 -x 结尾视为 -c；formis/ forma 形状

Rubia filiformis 丝梗茜草：filiforme/ filiformis 线状的；fili-/ fil- ← filum 线状的，丝状的；formis/ forma 形状

Rubia haematantha 红花茜草：haimato-/ haem- 血的，红色的，鲜红的；anthus/ anthum/ antha/ anthe ← anthos 花（用于希腊语复合词）

Rubia latipetala 阔瓣茜草：lati-/ late- ← latus 宽的，宽广的；petalus/ petalum/ petala ← petalon 花瓣

Rubia linii（林氏茜草）：linii（人名）；-ii 表示人名，接在以辅音字母结尾的人名后面，但 -er 除外

Rubia magna 峨眉茜草：magnus 大的，巨大的

Rubia mandersii 黑花茜草：mandersii（人名）；-ii 表示人名，接在以辅音字母结尾的人名后面，但 -er 除外

Rubia manjith 梵茜草（梵 fàn）：manjith（土名）

Rubia membranacea 薄叶茜草（原名"金线草"，蓼科有重名）：membranaceus 膜质的，膜状的；membranus 膜；-aceus/ -aceum/ -acea 相似的，有……性质的，属于……的

Rubia oncotricha 钩毛茜草：oncotrichus 瘤状毛的；oncos 肿块，小瘤，瘤状凸起的；trichus 毛，毛发，线

Rubia ovatifolia 卵叶茜草：ovatus = ovus + atus 卵圆形的；ovus 卵，胚珠，卵形的，椭圆形的；-atus/ -atum/ -ata 属于，相似，具有，完成（形容词词尾）；folius/ folium/ folia 叶，叶片（用于复合词）

Rubia ovatifolia var. oligantha 少花茜草：oligo-/ olig- 少数的（希腊语，拉丁语为 pauci-）；anthus/ anthum/ antha/ anthe ← anthos 花（用于希腊语复合词）

Rubia ovatifolia var. ovatifolia 卵叶茜草-原变种（词义见上面解释）

Rubia pallida 浅色茜草：pallidus 苍白的，淡白色的，淡色的，蓝白色的，无活力的；palide 淡地，淡色地（反义词：sturate 深色地，浓色地，充分地，丰富地，饱和地）

Rubia podantha 柄花茜草：podanthus 有柄花的；podo-/ pod- ← podos 腿，足，爪，柄，茎；anthus/ anthum/ antha/ anthe ← anthos 花（用于希腊语复合词）

Rubia polyphlebia 多脉茜草：polyphlebius 多脉的；poly- ← polys 多个，许多（希腊语，拉丁语为 multi-）；phlebius = phlebus + ius 叶脉，属于有脉的；phlebus 脉，叶脉；-ius/ -ium/ -ia 具有……特性的（表示有关、关联、相似）

Rubia pterygocaulis 翅茎茜草：pterygocaulis 翅茎的；pterygion/ pteron 翅，翼；caulia/ caulis 茎，茎秆，主茎

Rubia rezniczenkoana 小叶茜草：rezniczenkoana（人名）

Rubia salicifolia 柳叶茜草：salici ← Salix 柳属；构词规则：以 -ix/ -iex 结尾的词其词干末尾视为 -ic，以 -ex 结尾视为 -i/ -ic，其他以 -x 结尾视为 -c；folius/ folium/ folia 叶，叶片（用于复合词）

Rubia schugnanica 四叶茜草：schugnanica（地名）

Rubia schumanniana 大叶茜草：schumanniana ← Karl Moritz Schumann（人名，19 世纪德国植物学家）

Rubia siamensis 对叶茜草：siamensis 暹罗的（地名，泰国古称）（暹 xiān）

Rubia sylvatica 林生茜草：silvaticus/ sylvaticus 森林的，林地的；sylva/ silva 森林；-aticus/ -aticum/ -atica 属于，表示生长的地方，作名词词尾

Rubia tenuis 纤梗茜草：tenuis 薄的，纤细的，弱的，瘦的，窄的

Rubia tibetica 西藏茜草：tibetica 西藏的（地名）；-icus/ -icum/ -ica 属于，具有某种特性（常用于地名、起源、生境）

Rubia tinctorum 染色茜草：tinctorum 染色，着色，染料（tinctor 的复数所有格）；tingere/ tingo 浸泡，浸染；tinctus 染色的，彩色的；tinctor 印染厂；-orum 属于……的（第二变格法名词复数所有格词尾，表示群落或多数）

Rubia trichocarpa 毛果茜草：trich-/ tricho-/ tricha- ← trichos ← thrix 毛，多毛的，线状的，丝状的；carpus/ carpum/ carpa/ carpon ← carpos 果实（用于希腊语复合词）

Rubia truppeliana 山东茜草：truppeliana（人名）

Rubia wallichiana 多花茜草：wallichiana ← Nathaniel Wallich（人名，19 世纪初丹麦植物学家、医生）

Rubia yunnanensis 紫参（参 shēn）：yunnanensis 云南的（地名）

Rubiaceae 茜草科（71-2：p1）：Rubia 茜草属；-aceae（分类单位科的词尾，为 -aceus 的阴性复数主格形式，加到模式属的名称后或同义词的词干后以组成族群名称）

Rubiteucris 掌叶石蚕属（唇形科）（65-2：p20）：rubrus/ rubrum/ rubra/ ruber 红色的；Teucrium 香科科属/石蚕属

Rubiteucris palmata 掌叶石蚕：palmatus = palmus + atus 掌状的，具掌的；palmus 掌，手掌

Rubus 悬钩子属（蔷薇科）（37：p10）：rubrus/ rubrum/ rubra/ ruber 红色的

Rubus aculeatiflorus 刺花悬钩子：aculeatiflorus 花具刺的，刺花的；aculeatus 有刺的，有针的；aculeus 皮刺；florus/ florum/ flora ← flos 花（用于复合词）

Rubus aculeatiflorus var. aculeatiflorus 刺花悬钩子-原变种（词义见上面解释）

Rubus acuminatus 尖叶悬钩子：acuminatus = acumen + atus 锐尖的，渐尖的；acumen 渐尖头；-atus/ -atum/ -ata 属于，相似，具有，完成（形容词词尾）

Rubus acuminatus var. acuminatus 尖叶悬钩子-原变种（词义见上面解释）

Rubus acuminatus var. puberulus 柔毛尖叶悬钩子：puberulus = puberus + ulus 略被柔毛的，被微柔毛的；puberus 多毛的，毛茸茸的；-ulus/ -ulum/ -ula 小的，略微的，稍微的（小词 -ulus 在字母 e 或 i 之后有多种变缀，即 -olus/ -olum/ -ola、-ellus/ -ellum/ -ella、-illus/ -illum/ -illa，与第一变格法和第二变格法名词形成复合词）

Rubus adenophorus 腺毛莓：adenophorus 具腺的；aden-/ adeno- ← adenus 腺，腺体；-phorus/ -phorum/ -phora 载体，承载物，支持物，带着，生着，附着（表示一个部分带着别的部分，包括起支撑或承载作用的柄、柱、托、囊等，如 gynophorum = gynus + phorum 雌蕊柄的，带有雌蕊的，承载雌蕊的）；gynus/ gynum/ gyna 雌蕊，子房，心皮

Rubus alceaefolius 粗叶悬钩子：alceaefolius 蜀葵叶子的（注：组成复合词时，要将前面词的词尾 -us/ -um/ -a 变成 -i- 或 -o- 而不是所有格，故该词宜改为"alceifolius"）；Alcea 蜀葵属（锦葵科）；folius/ folium/ folia 叶，叶片（用于复合词）

Rubus alceaefolius var. alceaefolius 粗叶悬钩子-原变种（词义见上面解释）

Rubus alceaefolius var. diversilobatus 深裂粗叶悬钩子：diversus 多样的，各种各样的，多方向的；lobatus = lobus + atus 具浅裂的，具耳垂状突起的；lobus/ lobos/ lobon 浅裂，耳片（裂片先端钝圆），荚果，蒴果；-atus/ -atum/ -ata 属于，相似，具有，完成（形容词词尾）

Rubus alexeterius 刺萼悬钩子：alexeterius 防御的

Rubus alexeterius var. acaenocalyx 腺毛刺萼悬钩子：acaeno ← acaena ← akaina 刺（希腊语）；calyx → calyc- 萼片（用于希腊语复合词）

Rubus alexeterius var. alexeterius 刺萼悬钩子-原变种（词义见上面解释）

Rubus alnifoliolatus 桤叶悬钩子：Alnus 桤木属（又称赤杨属，桦木科）；foliolatus = folius + ulus + atus 具小叶的，具叶片的；-ulus/ -ulum/ -ula 小的，略微的，稍微的（小词 -ulus 在字母 e 或 i 之后有多种变缀，即 -olus/ -olum/ -ola、-ellus/ -ellum/ -ella、-illus/ -illum/ -illa，与第一变格法和第二变格法名词形成复合词）；-atus/ -atum/ -ata 属于，相似，具有，完成（形容词词尾）

Rubus alnifoliolatus var. alnifoliolatus 桤叶悬钩子-原变种（词义见上面解释）

Rubus alnifoliolatus var. kotoensis 兰屿悬钩子：kotoensis 红头屿的（地名，台湾省台东县岛屿，因产蝴蝶兰，于 1947 年改名"兰屿"，"koto"为"红头"的日语读音）

Rubus amabilis 秀丽莓：amabilis 可爱的，有魅力的；amor 爱；-ans/ -ens/ -bilis/ -ilis 能够，可能（为形容词词尾，-ans/ -ens 用于主动语态，-bilis/ -ilis 用于被动语态）

Rubus amabilis var. aculeatissimus 刺萼秀丽莓：aculeatus 有刺的，有针的；aculeus 皮刺；-issimus/ -issima/ -issimum 最，非常，极其（形容词最高级）

Rubus amabilis var. amabilis 秀丽莓-原变种（词义见上面解释）

Rubus amabilis var. microcarpus 小果秀丽莓：micr-/ micro- ← micros 小的，微小的，微观的（用

于希腊语复合词）；carpus/ carpum/ carpa/ carpon ← carpos 果实（用于希腊语复合词）

Rubus amphidasys 周毛悬钩子：amphidasys 周毛的，两侧有毛的；amphis 两边的，两侧的，两型的，两栖的；dasys 毛茸茸的，粗毛的，毛

Rubus angustibracteatus 狭苞悬钩子：angusti- ← angustus 窄的，狭的，细的；bracteatus = bracteus + atus 具苞片的；bracteus 苞，苞片，苞鳞

Rubus arcticus 北悬钩子：arcticus 北极的

Rubus assamensis 西南悬钩子：assamensis 阿萨姆的（地名，印度）

Rubus aurantiacus 橘红悬钩子：aurantiacus/ aurantius 橙黄色的，金黄色的；aurus 金，金色；aurant-/ auranti- 橙黄色，金黄色

Rubus aurantiacus var. aurantiacus 橘红悬钩子-原变种 （词义见上面解释）

Rubus aurantiacus var. obtusifolius 钝叶橘红悬钩子：obtusus 钝的，钝形的，略带圆形的；folius/ folium/ folia 叶，叶片（用于复合词）

Rubus austro-tibetanus 藏南悬钩子：austro-/ austr- 南方的，南半球的，大洋洲的；auster 南方，南风；tibetanus 西藏的（地名）

Rubus bambusarum 竹叶鸡爪茶：bambusarum 竹林的（bambusus 的复数所有格）；bambusus 竹子；-arum 属于……的（第一变格法名词复数所有格词尾，表示群落或多数）

Rubus biflorus 粉枝莓：bi-/ bis- 二，二数，二回（希腊语为 di-）；florus/ florum/ flora ← flos 花（用于复合词）

Rubus biflorus var. adenophorus 腺毛粉枝莓：adenophorus 具腺的；aden-/ adeno- ← adenus 腺，腺体；-phorus/ -phorum/ -phora 载体，承载物，支持物，带着，生着，附着（表示一个部分带着别的部分，包括起支撑或承载作用的柄、柱、托、囊等，如 gynophorum = gynus + phorum 雌蕊柄的，带有雌蕊的，承载雌蕊的）；gynus/ gynum/ gyna 雌蕊，子房，心皮

Rubus biflorus var. biflorus 粉枝莓-原变种 （词义见上面解释）

Rubus biflorus var. pubescens 柔毛粉枝莓：pubescens ← pubens 被短柔毛的，长出柔毛的；pubi- ← pubis 细柔毛的，短柔毛的，毛被的；pubesco/ pubescere 长成的，变为成熟的，长出柔毛的，青春期体毛的；-escens/ -ascens 改变，转变，变成，略微，带有，接近，相似，大致，稍微（表示变化的趋势，并未完全相似或相同，有别于表示达到完成状态的 -atus）

Rubus bonatianus 滇北悬钩子：bonatianus（人名）

Rubus brevipetiolatus 短柄悬钩子：brevi- ← brevis 短的（用于希腊语复合词词首）；petiolatus = petiolus + atus 具叶柄的；petiolus 叶柄

Rubus buergeri 寒莓：buergeri ← Heinrich Buerger（人名，19 世纪荷兰植物学家）；-eri 表示人名，在以 -er 结尾的人名后面加上 i 形成

Rubus caesius 欧洲木莓：caesius 淡蓝色的，灰绿色的，蓝绿色的

Rubus calycinoides 玉山悬钩子：calycinoides 像 calycinus 的；Rubus calycinus 齿萼悬钩子；-oides/ -oideus/ -oideum/ -oidea/ -odes/ -eidos 像……的，类似……的，呈……状的（名词词尾）

Rubus calycinoides var. calycinoides 玉山悬钩子-原变种 （词义见上面解释）

Rubus calycinoides var. macrophyllus 大叶玉山悬钩子：macro-/ macr- ← macros 大的，宏观的（用于希腊语复合词）；phyllus/ phyllum/ phylla ← phyllon 叶片（用于希腊语复合词）

Rubus calycinus 齿萼悬钩子：calycinus = calyx + inus 萼片的，萼片状的，萼片宿存的；calyx → calyc- 萼片（用于希腊语复合词）；构词规则：以 -ix/ -iex 结尾的词其词干末尾视为 -ic，以 -ex 结尾视为 -i/ -ic，其他以 -x 结尾视为 -c；-inus/ -inum/ -ina/ -inos 相近，接近，相似，具有（通常指颜色）

Rubus caudifolius 尾叶悬钩子：caudi- ← cauda/ caudus/ caudum 尾巴；folius/ folium/ folia 叶，叶片（用于复合词）

Rubus chamaemorus 兴安悬钩子：chamaemorus 矮桑（指匍匐状具桑葚状果实）；chamae- ← chamai 矮小的，匍匐的，地面的；Morus 桑属（桑科）

Rubus chiliadenus 长序莓：chili-/ chilio- 千（形容众多）；adenus 腺，腺体

Rubus chingii 掌叶覆盆子：chingii ← R. C. Chin 秦仁昌（人名，1898–1986，中国植物学家，蕨类植物专家），秦氏

Rubus chroosepalus 毛萼莓：chroosepalus = chrous + sepalus 有色萼片的；chromus/ chrous 颜色的，彩色的，有色的；sepalus/ sepalum/ sepala 萼片（用于复合词）

Rubus chrysobotrys 黄穗悬钩子：chrys-/ chryso- ← chrysos 黄色的，金色的；botrys → botr-/ botry- 簇，串，葡萄串状，丛，总状

Rubus chrysobotrys var. chrysobotrys 黄穗悬钩子-原变种 （词义见上面解释）

Rubus chrysobotrys var. lobophyllus 裂叶黄穗悬钩子：lobus/ lobos/ lobon 浅裂，耳片（裂片先端钝圆），荚果，蒴果；phyllus/ phyllum/ phylla ← phyllon 叶片（用于希腊语复合词）

Rubus cinclidodictyus 网纹悬钩子：cinclidodictyus 网格的，网纹状格子的；cinclidotus 格子，方格；dictyus ← dictyon 网，网状的

Rubus clivicola 矮生悬钩子：clivicolus 生于山坡的，生于丘陵的（指生境）；clivus 山坡，斜坡，丘陵；colus ← colo 分布于，居住于，栖居，殖民（常作词尾）；colo/ colere/ colui/ cultum 居住，耕作，栽培

Rubus cochinchinensis 蛇泡筋：cochinchinensis ← Cochinchine 南圻的（历史地名，即今越南南部及其周边国家和地区）

Rubus cockburnianus 华中悬钩子：cockburnianus ← Cockburn（家族名，居住于中国）

Rubus columellaris 小柱悬钩子：columellaris = columna + ellus + aris 小柱状的，支柱状的；-ellus/ -ellum/ -ella ← -ulus 小的，略微的，稍微的（小词 -ulus 在字母 e 或 i 之后有多种变缀，即 -olus/ -olum/ -ola、-ellus/ -ellum/ -ella、-illus/ -illum/ -illa，用于第一变格法名词）；-aris（阳性、阴性）/ -are（中性）← -alis（阳性、阴性）/ -ale（中性）属于，相似，如同，具有，涉及，关于，联

结于（将名词作形容词用，其中 -aris 常用于以 l 或 r 为词干末尾的词）

Rubus columellaris var. columellaris 小柱悬钩子-原变种 （词义见上面解释）

Rubus columellaris var. villosus 柔毛小柱悬钩子：villosus 柔毛的，绵毛的；villus 毛，羊毛，长绒毛；-osus/ -osum/ -osa 多的，充分的，丰富的，显著发育的，程度高的，特征明显的（形容词词尾）

Rubus corchorifolius 山莓：Corchorus 黄麻属（椴树科）；folius/ folium/ folia 叶，叶片（用于复合词）

Rubus coreanus 插田泡：coreanus 朝鲜的（地名）

Rubus coreanus var. coreanus 插田薦-原变种 （词义见上面解释）

Rubus coreanus var. tomentosus 毛叶插田泡：tomentosus = tomentum + osus 绒毛的，密被绒毛的；tomentum 绒毛，浓密的毛被，棉絮，棉絮状填充物（被褥、垫子等）；-osus/ -osum/ -osa 多的，充分的，丰富的，显著发育的，程度高的，特征明显的（形容词词尾）

Rubus crassifolius 厚叶悬钩子：crassi- ← crassus 厚的，粗的，多肉质的；folius/ folium/ folia 叶，叶片（用于复合词）

Rubus crataegifolius 牛叠肚（肚 dǔ）：Crataegus 山楂属（蔷薇科）；folius/ folium/ folia 叶，叶片（用于复合词）

Rubus croceacanthus （红刺悬钩子）：croceacanthus 橙黄色刺的；croceus 番红花色的，橙黄色的；acanthus ← Akantha 刺，具刺的（Acantha 是希腊神话中的女神，和太阳神阿波罗发生冲突，太阳神将其变成带刺的植物）；-eus/ -eum/ -ea（接拉丁语词干时）属于……的，色如……的，质如……的（表示原料、颜色或品质的相似），（接希腊语词干时）属于……的，以……出名，为……所占有（表示具有某种特性）

Rubus delavayi 三叶悬钩子：delavayi ← P. J. M. Delavay（人名，1834–1895，法国传教士，曾在中国采集植物标本）；-i 表示人名，接在以元音字母结尾的人名后面，但 -a 除外

Rubus dolichocephalus 长果悬钩子：dolicho- ← dolichos 长的；cephalus/ cephale ← cephalos 头，头状花序

Rubus dolichophyllus 长叶悬钩子：dolicho- ← dolichos 长的；phyllus/ phyllum/ phylla ← phyllon 叶片（用于希腊语复合词）

Rubus dolichophyllus var. dolichophyllus 长叶悬钩子-原变种 （词义见上面解释）

Rubus dolichophyllus var. pubescens 毛梗长叶悬钩子：pubescens ← pubens 被短柔毛的，长出柔毛的；pubi- ← pubis 细柔毛的，短柔毛的，毛被的；pubesco/ pubescere 长成的，变为成熟的，长出柔毛的，青春期体毛的；-escens/ -ascens 改变，转变，变成，略微，带有，接近，相似，大致，稍微（表示变化的趋势，并未完全相似或相同，有别于表示达到完成状态的 -atus）

Rubus doyonensis 白薷（薷 rú）：doyonensis（地名，云南省）

Rubus dunnii 闽粤悬钩子：dunnii（人名）；-ii 表示人名，接在以辅音字母结尾的人名后面，但 -er 除外

Rubus dunnii var. dunnii 闽粤悬钩子-原变种 （词义见上面解释）

Rubus dunnii var. glabrescens 光叶闽粤悬钩子：glabrus 光秃的，无毛的，光滑的；-escens/ -ascens 改变，转变，变成，略微，带有，接近，相似，大致，稍微（表示变化的趋势，并未完全相似或相同，有别于表示达到完成状态的 -atus）

Rubus echinoides 猬莓：echinoides = echinus + oides 像刺猬的；echinus ← echinos → echino-/ echin- 刺猬，海胆；-oides/ -oideus/ -oideum/ -oidea/ -odes/ -eidos 像……的，类似……的，呈……状的（名词词尾）

Rubus ellipticus 椭圆悬钩子：ellipticus 椭圆形的；-ticus/ -ticum/ tica/ -ticos 表示属于，关于，以……著称，作形容词词尾

Rubus ellipticus var. ellipticus 椭圆悬钩子-原变种 （词义见上面解释）

Rubus ellipticus var. obcordatus 栽秧泡：obcordatus = ob + cordatus 倒心形的；ob- 相反，反对，倒（ob- 有多种音变：ob- 在元音字母和大多数辅音字母前面，oc- 在 c 前面，of- 在 f 前面，op- 在 p 前面）；cordatus ← cordis/ cor 心脏的，心形的；-atus/ -atum/ -ata 属于，相似，具有，完成（形容词词尾）

Rubus erythrocarpus 红果悬钩子：erythr-/ erythro- ← erythros 红色的（希腊语）；carpus/ carpum/ carpa/ carpon ← carpos 果实（用于希腊语复合词）

Rubus erythrocarpus var. erythrocarpus 红果悬钩子-原变种 （词义见上面解释）

Rubus erythrocarpus var. weixiensis 腺萼红果悬钩子：weixiensis 维西的（地名，云南省）

Rubus eucalyptus 桉叶悬钩子：eucalyptus 盖得好的，充分遮盖的，像桉树的；eu- 好的，秀丽的，真的，正确的，完全的；calyptos 隐藏的，覆盖的；Eucalyptus 桉属（桃金娘科）

Rubus eucalyptus var. etomentosus 脱毛桉叶悬钩子：etomentosus = e + tomentum + osus 脱毛的，无毛的；e-/ ex- 不，无，非，缺乏，不具有（e- 用在辅音字母前，ex- 用在元音字母前，为拉丁语词首，对应的希腊语词首为 a-/ an-，英语为 un-/ -less，注意作词首用的 e-/ ex- 和介词 e/ ex 意思不同，后者意为"出自、从……、由……离开、由于、依照"）；tomentum 绒毛，浓密的毛被，棉絮，棉絮状填充物（被褥、垫子等）；-osus/ -osum/ -osa 多的，充分的，丰富的，显著发育的，程度高的，特征明显的（形容词词尾）

Rubus eucalyptus var. eucalyptus 桉叶悬钩子-原变种 （词义见上面解释）

Rubus eucalyptus var. trullisatus 无腺桉叶悬钩子：trullis 杓子，镘（瓦工抹子）；-atus/ -atum/ -ata 属于，相似，具有，完成（形容词词尾）

Rubus eucalyptus var. yunnanensis 云南桉叶悬钩子：yunnanensis 云南的（地名）

Rubus eustephanus 大红泡：eu- 好的，秀丽的，真的，正确的，完全的；stephanus ← stephanos = stephos/ stephus + anus 冠，王冠，花冠，冠状物，花环（希腊语）

Rubus eustephanus var. eustephanus 大红蔗-原变种 （词义见上面解释）

Rubus eustephanus var. glanduliger 腺毛大红泡: glanduli- ← glandus + ulus 腺体的, 小腺体的; glandus ← glans 腺体; -ger/ -gerus/ -gerum/ -gera 具有, 有, 带有

Rubus faberi 峨眉悬钩子: faberi ← Ernst Faber （人名, 19世纪活动于中国的德国植物采集员）; -eri 表示人名, 在以 -er 结尾的人名后面加上 i 形成

Rubus feddei 黔桂悬钩子: feddei （人名）; -i 表示人名, 接在以元音字母结尾的人名后面, 但 -a 除外

Rubus flagelliflorus 攀枝莓: flagellus/ flagrus 鞭子的, 匍匐枝的; florus/ florum/ flora ← flos 花（用于复合词）

Rubus flosculosus 弓茎悬钩子: flosculosus 多小花的; flos/ florus 花; -culosus = culus + osus 小而多的, 小而密集的; -culus/ -culum/ -cula 小的, 略微的, 稍微的（同第三变格法和第四变格法名词形成复合词）; -osus/ -osum/ -osa 多的, 充分的, 丰富的, 显著发育的, 程度高的, 特征明显的（形容词词尾）

Rubus flosculosus var. etomentosus 脱毛弓茎悬钩子: etomentosus = e + tomentum + osus 脱毛的, 无毛的; e-/ ex- 不, 无, 非, 缺乏, 不具有（e-用在辅音字母前, ex-用在元音字母前, 为拉丁语词首, 对应的希腊语词首为 a-/ an-, 英语为 un-/ -less, 注意作词首用的 e-/ ex- 和介词 e/ ex 意思不同, 后者意为"出自、从……、由……离开、由于、依照"）; tomentum 绒毛, 浓密的毛被, 棉絮, 棉絮状填充物（被褥、垫子等）; -osus/ -osum/ -osa 多的, 充分的, 丰富的, 显著发育的, 程度高的, 特征明显的（形容词词尾）

Rubus flosculosus var. flosculosus 弓茎悬钩子-原变种 （词义见上面解释）

Rubus fockeanus 凉山悬钩子: fockeanus ← Focke Albers （人名, 德国现代植物学家, 萝藦科专家）

Rubus foliaceistipulatus 托叶悬钩子: foliaceistipulatus 托叶呈叶状的; foliaceus 叶状的, 叶质的, 有叶的; folius/ folium/ folia → foli-/ folia- 叶, 叶片; stipulatus = stipulus + atus 具托叶的; stipulus 托叶; 关联词: estipulatus/ exstipulatus 无托叶的, 不具托叶的

Rubus formosensis 台湾悬钩子: formosensis ← formosa + ensis 台湾的; formosus ← formosa 美丽的, 台湾的（葡萄牙殖民者发现台湾时对其的称呼, 即美丽的岛屿）

Rubus forrestianus （弗氏悬钩子）: forrestianus ← George Forrest （人名, 1873–1932, 英国植物学家, 曾在中国西部采集大量植物标本）

Rubus fragarioides 莓叶悬钩子: fragarioides 像草莓的; Fragaria 草莓属（蔷薇科）; -oides/ -oideus/ -oideum/ -oidea/ -odes/ -eidos 像……的, 类似……的, 呈……状的（名词词尾）

Rubus fragarioides var. adenophorus 腺毛莓叶悬钩子: adenophorus 具腺的; aden-/ adeno- ← adenus 腺, 腺体; -phorus/ -phorum/ -phora 载体, 承载物, 支持物, 带着, 生着, 附着（表示一个部分带着别的部分, 包括起支撑或承载作用的柄、柱、托、囊等, 如 gynophorum = gynus + phorum 雌蕊柄的, 带有雌蕊的, 承载雌蕊的）; gynus/ gynum/ gyna 雌蕊, 子房, 心皮

Rubus fragarioides var. fragarioides 莓叶悬钩子-原变种 （词义见上面解释）

Rubus fragarioides var. pubescens 柔毛莓叶悬钩子: pubescens ← pubens 被短柔毛的, 长出柔毛的; pubi- ← pubis 细柔毛的, 短柔毛的, 毛被的; pubesco/ pubescere 长成的, 变为成熟的, 长出柔毛的, 青春期体毛的; -escens/ -ascens 改变, 转变, 变成, 略微, 带有, 接近, 相似, 大致, 稍微（表示变化的趋势, 并未完全相似或相同, 有别于表示达到完成状态的 -atus）

Rubus fraxinifoliolus 梣叶悬钩子（梣 chén）: fraxinifoliolus 小白蜡树叶的; Fraxinus 梣属（木樨科）, 白蜡树; folius/ folium/ folia 叶, 叶片（用于复合词）; -ulus/ -ulum/ -ula 小的, 略微的, 稍微的（小词 -ulus 在字母 e 或 i 之后有多种变缀, 即 -olus/ -olum/ -ola、-ellus/ -ellum/ -ella、-illus/ -illum/ -illa, 与第一变格法和第二变格法名词形成复合词）; foliolus = folius + ulus 小叶

Rubus fujianensis 福建悬钩子: fujianensis 福建的（地名）

Rubus fuscifolius 锈叶悬钩子: fusci-/ fusco- ← fuscus 棕色的, 暗色的, 发黑的, 暗棕色的, 褐色的; folius/ folium/ folia 叶, 叶片（用于复合词）

Rubus fusco-rubens 黄毛悬钩子: fusci-/ fusco- ← fuscus 棕色的, 暗色的, 发黑的, 暗棕色的, 褐色的; rubens 发红的, 带红色的, 变红的

Rubus glabricarpus 光果悬钩子: glabrus 光秃的, 无毛的, 光滑的; carpus/ carpum/ carpa/ carpon ← carpos 果实（用于希腊语复合词）

Rubus glandulosocalycinus 腺萼悬钩子: glandulosus = glandus + ulus + osus 被细腺的, 具腺体的, 腺体质的; glandus ← glans 腺体; -ulus/ -ulum/ -ula 小的, 略微的, 稍微的（小词 -ulus 在字母 e 或 i 之后有多种变缀, 即 -olus/ -olum/ -ola、-ellus/ -ellum/ -ella、-illus/ -illum/ -illa, 与第一变格法和第二变格法名词形成复合词）; -osus/ -osum/ -osa 多的, 充分的, 丰富的, 显著发育的, 程度高的, 特征明显的（形容词词尾）; calycinus = calyx + inus 萼片的, 萼片状的, 萼片宿存的; calyx → calyc- 萼片（用于希腊语复合词）; 构词规则: 以 -ix/ -iex 结尾的词其词干末尾视为 -ic, 以 -ex 结尾视为 -i/ -ic, 其他以 -x 结尾视为 -c; -inus/ -inum/ -ina/ -inos 相近, 接近, 相似, 具有（通常指颜色）

Rubus gongshanensis 贡山悬钩子: gongshanensis 贡山的（地名, 云南省）

Rubus gongshanensis var. gongshanensis 贡山悬钩子-原变种 （词义见上面解释）

Rubus gongshanensis var. qiujiangensis 无刺贡山悬钩子: qiujiangensis 俅江的（地名, 云南省独龙江的旧称）

Rubus grandipaniculatus 大序悬钩子: grandi- ← grandis 大的; paniculatus = paniculus + atus 具圆锥花序的; paniculus 圆锥花序; panus 谷穗; panicus 野稗, 粟, 谷子; -atus/ -atum/ -ata 属于, 相似, 具有, 完成（形容词词尾）

Rubus grayanus 中南悬钩子: grayanus ← Asa

R

Gray（人名，19 世纪中叶美国植物学家，达尔文的好朋友和支持者）

Rubus grayanus var. grayanus 中南悬钩子-原变种 （词义见上面解释）

Rubus grayanus var. trilobatus 三裂中南悬钩子：tri-/ tripli-/ triplo- 三个，三数；lobatus = lobus + atus 具浅裂的，具耳垂状突起的；lobus/ lobos/ lobon 浅裂，耳片（裂片先端钝圆），荚果，蒴果；-atus/ -atum/ -ata 属于，相似，具有，完成（形容词词尾）

Rubus gressittii 江西悬钩子：gressittii（人名）；-ii 表示人名，接在以辅音字母结尾的人名后面，但 -er 除外

Rubus hanceanus 华南悬钩子：hanceanus ← Henry Fletcher Hance（人名，19 世纪英国驻香港领事，曾在中国采集植物）

Rubus hastifolius 戟叶悬钩子：hastatus 戟形的，三尖头的（两侧基部有朝外的三角形裂片）；hasta 长矛，标枪；folius/ folium/ folia 叶，叶片（用于复合词）

Rubus henryi 鸡爪茶：henryi ← Augustine Henry 或 B. C. Henry（人名，前者，1857–1930，爱尔兰医生、植物学家，曾在中国采集植物，后者，1850–1901，曾活动于中国的传教士）

Rubus henryi var. henryi 鸡爪茶-原变种 （词义见上面解释）

Rubus henryi var. sozostylus 大叶鸡爪茶：sozo-（词源不详）；stylus/ stylis ← stylos 柱，花柱

Rubus hirsutus 蓬蘽（蘽 lěi）：hirsutus 粗毛的，糙毛的，有毛的（长而硬的毛）

Rubus horridulus （多刺悬钩子）：horridulus 具小刺的，略带刺的，略可怕的；horridus 刺毛的，带刺的，可怕的；-ulus/ -ulum/ -ula 小的，略微的，稍微的（小词 -ulus 在字母 e 或 i 之后有多种变缀，即 -olus/ -olum/ -ola、-ellus/ -ellum/ -ella、-illus/ -illum/ -illa，与第一变格法和第二变格法名词形成复合词）

Rubus howii 裂叶悬钩子：howii（人名）；-ii 表示人名，接在以辅音字母结尾的人名后面，但 -er 除外

Rubus huangpingensis 黄平悬钩子：huangpingensis 黄平的（地名，贵州省）

Rubus hunanensis 湖南悬钩子：hunanensis 湖南的（地名）

Rubus hypargyrus 纤细悬钩子：hypargyrus 背面银白色的；hyp-/ hypo- 下面的，以下的，不完全的；argyreus 银，银色的

Rubus hypargyrus var. hypargyrus 纤细悬钩子-原变种 （词义见上面解释）

Rubus hypargyrus var. niveus 密毛纤细悬钩子：niveus 雪白的，雪一样的；nivus/ nivis/ nix 雪，雪白色

Rubus hypopitys 滇藏悬钩子：hypopitys 松林下的，针叶林下的；hyp-/ hypo- 下面的，以下的，不完全的；pitys 松树

Rubus hypopitys var. hanmiensis 汉密悬钩子：hanmiensis 汉密的（地名，西藏墨脱县）

Rubus hypopitys var. hypopitys 滇藏悬钩子-原变种 （词义见上面解释）

Rubus ichangensis 宜昌悬钩子：ichangensis 宜昌的（地名，湖北省）

Rubus idaeopsis 拟覆盆子：idaeopsis 像 idaeus 的；Rubus idaeus 覆盆子

Rubus idaeus 覆盆子：idaea ← Ida 伊达山的（地名，位于希腊克里特岛）；-aeus/ -aeum/ -aea 表示属于……，名词形容词化词尾，如 europaeus ← europa 欧洲的

Rubus idaeus var. borealisinensis 华北覆盆子：borealisinensis 华北的（地名）；borealis 北方的；sinensis = Sina + ensis 中国的（地名）；Sina 中国

Rubus idaeus var. glabratus 无毛覆盆子：glabratus = glabrus + atus 脱毛的，光滑的；glabrus 光秃的，无毛的，光滑的；-atus/ -atum/ -ata 属于，相似，具有，完成（形容词词尾）

Rubus idaeus var. idaeus 覆盆子-原变种 （词义见上面解释）

Rubus impressinervius 陷脉悬钩子：impressinervius 凹脉的；impressi- ← impressus 凹陷的，凹入的，雕刻的；in-/ im-（来自 il- 的音变）内，在内，内部，向内，相反，不，无，非；il- 在内，向内，为，相反（希腊语为 en-）；词首 il- 的音变：il-（在 l 前面），im-（在 b、m、p 前面），in-（在元音字母和大多数辅音字母前面），ir-（在 r 前面），如 illaudatus（不值得称赞的，评价不好的），impermeabilis（不透水的，穿不透的），ineptus（不合适的），insertus（插入的），irretortus（无弯曲的，无扭曲的）；nervius = nervus + ius 具脉的，具叶脉的；pressus 压，压力，挤压，紧密；nervus 脉，叶脉；-ius/ -ium/ -ia 具有……特性的（表示有关、关联、相似）

Rubus incanus 白毛悬钩子：incanus 灰白色的，密被灰白色毛的

Rubus innominatus 白叶莓：innominatus 无名的，难以形容的；in-/ im-（来自 il- 的音变）内，在内，内部，向内，相反，不，无，非；il- 在内，向内，为，相反（希腊语为 en-）；词首 il- 的音变：il-（在 l 前面），im-（在 b、m、p 前面），in-（在元音字母和大多数辅音字母前面），ir-（在 r 前面），如 illaudatus（不值得称赞的，评价不好的），impermeabilis（不透水的，穿不透的），ineptus（不合适的），insertus（插入的），irretortus（无弯曲的，无扭曲的）；nominatus 名称的，命名的

Rubus innominatus var. aralioides 蜜腺白叶莓：aralioides 像楤木的；Aralia 楤木属（五加科）；-oides/ -oideus/ -oideum/ -oidea/ -odes/ -eidos 像……的，类似……的，呈……状的（名词词尾）

Rubus innominatus var. innominatus 白叶莓-原变种 （词义见上面解释）

Rubus innominatus var. kuntzeanus 无腺白叶莓：kuntzeanus ← Gustav Kunze（人名，19 世纪德国植物学家）

Rubus innominatus var. macrosepalus 宽萼白叶莓：macro-/ macr- ← macros 大的，宏观的（用于希腊语复合词）；sepalus/ sepalum/ sepala 萼片（用于复合词）

Rubus innominatus var. quinatus 五叶白叶莓：quinatus 五个的，五数的；quin-/ quinqu-/

quinque-/ quinqui- 五，五数（希腊语为 penta-）

Rubus inopertus 红花悬钩子：inopertus 无遮盖的，无隐藏的；in-/ im-（来自 il- 的音变）内，在内，内部，向内，相反，不，无，非；il- 在内，向内，为，相反（希腊语为 en-）；词首 il- 的音变：il-（在 l 前面），im-（在 b、m、p 前面），in-（在元音字母和大多数辅音字母前面），ir-（在 r 前面），如 illaudatus（不值得称赞的，评价不好的），impermeabilis（不透水的，穿不透的），ineptus（不合适的），insertus（插入的），irretortus（无弯曲的，无扭曲的）；opertus 遮盖的，隐藏的

Rubus inopertus var. echinocalyx 刺萼红花悬钩子：echinus ← echinos → echino-/ echin- 刺猬，海胆；calyx → calyc- 萼片（用于希腊语复合词）

Rubus inopertus var. inopertus 红花悬钩子-原变种 （词义见上面解释）

Rubus irenaeus 灰毛泡：irenaeus ← Irene 艾琳的（希腊神话中的和平女神）；-aeus/ -aeum/ -aea 表示属于……，名词形容词化词尾，如 europaeus ← europa 欧洲的

Rubus irenaeus var. innoxius 尖裂灰毛泡（种加词应为"inoxius"）：innoxius 无害的，无毒的；in-/ im-（来自 il- 的音变）内，在内，内部，向内，相反，不，无，非；il- 在内，向内，为，相反（希腊语为 en-）；词首 il- 的音变：il-（在 l 前面），im-（在 b、m、p 前面），in-（在元音字母和大多数辅音字母前面），ir-（在 r 前面），如 illaudatus（不值得称赞的，评价不好的），impermeabilis（不透水的，穿不透的），ineptus（不合适的），insertus（插入的），irretortus（无弯曲的，无扭曲的）；noxius/ noxa 损伤，受伤，伤害，有害的，有毒的

Rubus irenaeus var. irenaeus 灰毛泡-原变种 （词义见上面解释）

Rubus irritans 紫色悬钩子：irritans 刺激的，刺激物；irritabilis 易受刺激的，有感应性的

Rubus jambosoides 蒲桃叶悬钩子：jambosoides 像蒲桃的；jambos 蒲桃（桃金娘科蒲桃属，印度土名）；-oides/ -oideus/ -oideum/ -oidea/ -odes/ -eidos 像……的，类似……的，呈……状的（名词词尾）

Rubus jinfoshanensis 金佛山悬钩子：jinfoshanensis 金佛山的（地名，重庆市）

Rubus jingningensis 景宁悬钩子：jingningensis 景宁的（浙江省）

Rubus kawakamii 桑叶悬钩子：kawakamii 川上（人名，20 世纪日本植物采集员）

Rubus komarovi 绿叶悬钩子：komarovi ← Vladimir Leontjevich Komarov 科马洛夫（人名，1869–1945，俄国植物学家）

Rubus kulinganus 牯岭悬钩子（牯 gǔ）：kulinganus 牯岭的（地名，江西省庐山）

Rubus kwangsiensis 广西悬钩子：kwangsiensis 广西的（地名）

Rubus lambertianus 高粱泡：lambertianus ← Aylmer Bourke Lambert（人名，1761–1842，英国植物学家、作家）

Rubus lambertianus var. glaber 光滑高粱泡：glaber/ glabrus 光滑的，无毛的

Rubus lambertianus var. glandulosus 腺毛高粱泡：glandulosus = glandus + ulus + osus 被细腺的，具腺体的，腺体质的；glandus ← glans 腺体；-ulus/ -ulum/ -ula 小的，略微的，稍微的（小词 -ulus 在字母 e 或 i 之后有多种变缀，即 -olus/ -olum/ -ola、-ellus/ -ellum/ -ella、-illus/ -illum/ -illa，与第一变格法和第二变格法名词形成复合词）；-osus/ -osum/ -osa 多的，充分的，丰富的，显著发育的，程度高的，特征明显的（形容词词尾）

Rubus lambertianus var. lambertianus 高粱泡-原变种 （词义见上面解释）

Rubus lambertianus var. paykouangensis 毛叶高粱泡：paykouangensis（地名）

Rubus lasiostylus 绵果悬钩子：lasi-/ lasio- 羊毛状的，有毛的，粗糙的；stylus/ stylis ← stylos 柱，花柱

Rubus lasiostylus var. dizygos 五叶绵果悬钩子：dizygos 两对的；di-/ dis- 二，二数，二分，分离，不同，在……之间，从……分开（希腊语，拉丁语为 bi-/ bis-）；zygos 轭，结合，成对

Rubus lasiostylus var. hubeiensis 鄂西绵果悬钩子：hubeiensis 湖北的（地名）

Rubus lasiostylus var. lasiostylus 绵果悬钩子-原变种 （词义见上面解释）

Rubus lasiostylus var. villosus （柔毛悬钩子）：villosus 柔毛的，绵毛的；villus 毛，羊毛，长绒毛；-osus/ -osum/ -osa 多的，充分的，丰富的，显著发育的，程度高的，特征明显的（形容词词尾）

Rubus lasiotrichos 多毛悬钩子：lasi-/ lasio- 羊毛状的，有毛的，粗糙的；trichos 毛，毛发，列状毛，线状的，丝状的

Rubus latoauriculatus 耳叶悬钩子：latus 宽的，宽广的；auriculatus 耳形的，具小耳的（基部有两个小圆片）；auritus 耳朵的，耳状的

Rubus laxus 疏松悬钩子：laxus 稀疏的，松散的，宽松的

Rubus leucanthus 白花悬钩子：leuc-/ leuco- ← leucus 白色的（如果和其他表示颜色的词混用则表示淡色）；anthus/ anthum/ antha/ anthe ← anthos 花（用于希腊语复合词）

Rubus lichuanensis 黎川悬钩子：lichuanensis 利川的（地名，湖北省），黎川的（地名，江西省）

Rubus lichuanensis var. angustifolius 狭叶绢毛悬钩子（绢 juàn）：angusti- ← angustus 窄的，狭的，细的；folius/ folium/ folia 叶，叶片（用于复合词）

Rubus lineatus 绢毛悬钩子：lineatus = lineus + atus 具线的，线状的，呈亚麻状的；lineus = linum + eus 线状的，丝状的，亚麻状的；linum ← linon 亚麻，线（古拉丁名）；-atus/ -atum/ -ata 属于，相似，具有，完成（形容词词尾）

Rubus lineatus var. glabrescens 光秃绢毛悬钩子：glabrus 光秃的，无毛的，光滑的；-escens/ -ascens 改变，转变，变成，略微，带有，接近，相似，大致，稍微（表示变化的趋势，并未完全相似或相同，有别于表示达到完成状态的 -atus）

Rubus lineatus var. lineatus 绢毛悬钩子-原变种 （词义见上面解释）

R

Rubus lishuiensis 丽水悬钩子：lishuiensis 丽水的（地名，浙江省）

Rubus lobatus 五裂悬钩子：lobatus = lobus + atus 具浅裂的，具耳垂状突起的；lobus/ lobos/ lobon 浅裂，耳片（裂片先端钝圆），荚果，蒴果；-atus/ -atum/ -ata 属于，相似，具有，完成（形容词词尾）

Rubus lobophyllus 角裂悬钩子：lobus/ lobos/ lobon 浅裂，耳片（裂片先端钝圆），荚果，蒴果；phyllus/ phyllum/ phylla ← phyllon 叶片（用于希腊语复合词）

Rubus lucens 光亮悬钩子：lucens 光泽的，闪耀的；lucis ← lux 发光的，光辉的，清晰的，发亮的，荣耀的（lux 的单数所有格为 lucis，词尾为 -is 和 -ys 的词的词干分别视为 -id 和 -yd）

Rubus luchunensis 绿春悬钩子：luchunensis 禄劝的（地名，云南省）

Rubus luchunensis var. coriaceus 硬叶绿春悬钩子：coriaceus = corius + aceus 近皮革的，近革质的；corius 皮革的，革质的；-aceus/ -aceum/ -acea 相似的，有……性质的，属于……的

Rubus luchunensis var. luchunensis 绿春悬钩子-原变种 （词义见上面解释）

Rubus lutescens 黄色悬钩子：lutescens 淡黄色的；luteus 黄色的；-escens/ -ascens 改变，转变，变成，略微，带有，接近，相似，大致，稍微（表示变化的趋势，并未完全相似或相同，有别于表示达到完成状态的 -atus）

Rubus macilentus 细瘦悬钩子：macilentus 瘦弱的，贫瘠的

Rubus macilentus var. angulatus 棱枝细瘦悬钩子：angulatus = angulus + atus 具棱角的，有角度的；angulus 角，棱角，角度，角落；-atus/ -atum/ -ata 属于，相似，具有，完成（形容词词尾）

Rubus macilentus var. macilentus 细瘦悬钩子-原变种 （词义见上面解释）

Rubus malifolius 棠叶悬钩子：malifolius = malus + folius 苹果叶的；malus ← malon 苹果（希腊语）；folius/ folium/ folia 叶，叶片（用于复合词）

Rubus malifolius var. longisepalus 长萼棠叶悬钩子：longe-/ longi- ← longus 长的，纵向的；sepalus/ sepalum/ sepala 萼片（用于复合词）

Rubus malifolius var. malifolius 棠叶悬钩子-原变种 （词义见上面解释）

Rubus malipoensis 麻栗坡悬钩子：malipoensis 麻栗坡的（地名，云南省）

Rubus mallotifolius 楸叶悬钩子：mallotifolius 野桐叶的，毛叶的；Mallotus 野桐属（大戟科）；mallotus ← mallotos 具长柔毛的，密被柔毛的；folius/ folium/ folia 叶，叶片（用于复合词）

Rubus menglaensis 勐腊悬钩子（勐 měng）：menglaensis 勐腊的（地名，云南省）

Rubus mesogaeus 喜阴悬钩子：mesogaeus 湿润土壤的，中性土壤的，湿地生的；mes-/ meso- 中间，中央，中部，中等；gaeus ← gaia 地面，土面（常作词尾）；-aeus/ -aeum/ -aea 表示属于……，名词形容词化词尾，如 europaeus ← europa 欧洲的

Rubus mesogaeus var. glabrescens 脱毛喜阴悬钩子：glabrus 光秃的，无毛的，光滑的；-escens/ -ascens 改变，转变，变成，略微，带有，接近，相似，大致，稍微（表示变化的趋势，并未完全相似或相同，有别于表示达到完成状态的 -atus）

Rubus mesogaeus var. mesogaeus 喜阴悬钩子-原变种 （词义见上面解释）

Rubus mesogaeus var. oxycomus 腺毛喜阴悬钩子：oxycomus 尖毛的；oxy- ← oxys 尖锐的，酸的；comus ← comis 冠毛，头缨，一簇（毛或叶片）

Rubus metoensis 墨脱悬钩子：metoensis 墨脱的（地名，西藏自治区）

Rubus morii （日本悬钩子）：morii 森（日本人名）

Rubus multibracteatus 大乌泡：multi- ← multus 多个，多数，很多（希腊语为 poly-）；bracteatus = bracteus + atus 具苞片的；bracteus 苞，苞片，苞鳞

Rubus multibracteatus var. lobatisepalus 裂萼大乌泡：lobatus = lobus + atus 具浅裂的，具耳垂状突起的；lobus/ lobos/ lobon 浅裂，耳片（裂片先端钝圆），荚果，蒴果；-atus/ -atum/ -ata 属于，相似，具有，完成（形容词词尾）

Rubus multibracteatus var. multibracteatus 大乌泡-原变种 （词义见上面解释）

Rubus multisetosus 刺毛悬钩子：multi- ← multus 多个，多数，很多（希腊语为 poly-）；setosus = setus + osus 被刚毛的，被短毛的，被芒刺的；setus/ saetus 刚毛，刺毛，芒刺；-osus/ -osum/ -osa 多的，充分的，丰富的，显著发育的，程度高的，特征明显的（形容词词尾）

Rubus nagasawanus 高砂悬钩子：nagasawanus 永泽，长泽（日本人名）

Rubus nanopetalus （小花悬钩子）：nanus ← nanos/ nannos 矮小的，小的；nani-/ nano-/ nanno- 矮小的，小的；petalus/ petalum/ petala ← petalon 花瓣

Rubus niveus 红泡刺藤：niveus 雪白的，雪一样的；nivus/ nivis/ nix 雪，雪白色

Rubus nyalamensis 聂拉木悬钩子：nyalamensis 聂拉木的（地名，西藏自治区）

Rubus oblongus 长圆悬钩子：oblongus = ovus + longus 长椭圆形的（ovus 的词干 ov- 音变为 ob-）；ovus 卵，胚珠，卵形的，椭圆形的；longus 长的，纵向的

Rubus otophorus （耳叶悬钩子）：otophorus = otos + phorus 具耳的；otos 耳朵；-phorus/ -phorum/ -phora 载体，承载物，支持物，带着，生着，附着（表示一个部分带着别的部分，包括起支撑或承载作用的柄、柱、托、囊等，如 gynophorum = gynus + phorum 雌蕊柄的，带有雌蕊的，承载雌蕊的）；gynus/ gynum/ gyna 雌蕊，子房，心皮

Rubus ourosepalus 宝兴悬钩子：ourosepalus 尾状萼片的；oura/ oure/ ourus/ ura 尾巴；sepalus/ sepalum/ sepala 萼片（用于复合词）

Rubus pacificus 太平莓：pacificus 太平洋的；-icus/ -icum/ -ica 属于，具有某种特性（常用于地名、起源、生境）

Rubus panduratus 琴叶悬钩子：panduratus = pandura + atus 小提琴状的；pandura 一种类似小提琴的乐器

Rubus panduratus var. etomentosus 脱毛琴叶

悬钩子：etomentosus = e + tomentum + osus 脱毛的，无毛的；e-/ ex- 不，无，非，缺乏，不具有（e- 用在辅音字母前，ex- 用在元音字母前，为拉丁语词首，对应的希腊语词首为 a-/ an-，英语为 un-/ -less，注意作词首用的 e-/ ex- 和介词 e/ ex 意思不同，后者意为"出自、从……、由……离开、由于、依照"）；tomentum 绒毛，浓密的毛被，棉絮，棉絮状填充物（被褥、垫子等）；-osus/ -osum/ -osa 多的，充分的，丰富的，显著发育的，程度高的，特征明显的（形容词词尾）

Rubus panduratus var. panduratus 琴叶悬钩子-原变种 （词义见上面解释）

Rubus paniculatus 圆锥悬钩子：paniculatus = paniculus + atus 具圆锥花序的；paniculus 圆锥花序；panus 谷穗；panicus 野稗，粟，谷子；-atus/ -atum/ -ata 属于，相似，具有，完成（形容词词尾）

Rubus paniculatus var. glabrescens 脱毛圆锥悬钩子：glabrus 光秃的，无毛的，光滑的；-escens/ -ascens 改变，转变，变成，略微，带有，接近，相似，大致，稍微（表示变化的趋势，并未完全相似或相同，有别于表示达到完成状态的 -atus）

Rubus paniculatus var. paniculatus 圆锥悬钩子-原变种 （词义见上面解释）

Rubus parkeri 乌泡子：parkeri（人名）；-eri 表示人名，在以 -er 结尾的人名后面加上 i 形成

Rubus parviaraliifolius 楤叶悬钩子（楤 sōng）：parvus 小的，些微的，弱的；Aralia 楤木属（五加科）；folius/ folium/ folia 叶，叶片（用于复合词）

Rubus parvifolius 茅莓：parvifolius 小叶的；parvus 小的，些微的，弱的；folius/ folium/ folia 叶，叶片（用于复合词）

Rubus parvifolius var. adenochlamys 腺花茅莓：adenochlamys 腺被的；aden-/ adeno- ← adenus 腺，腺体；chlamys 花被，包被，外罩，被盖

Rubus parvifolius var. parvifolius 茅莓-原变种 （词义见上面解释）

Rubus parvifolius var. toapiensis 五叶红梅消：toapiensis（地名，属台湾省）

Rubus parvifraxinifolius 小梣叶悬钩子（梣 chén）：parvifraxinifolius 小于 fraxinifolius 的，比梣叶悬钩子小的；parvus 小的，些微的，弱的；Rubus fraxinifolius 梣叶悬钩子

Rubus paucidentatus 少齿悬钩子：pauci- ← paucus 少数的，少的（希腊语为 oligo-）；dentatus = dentus + atus 牙齿的，齿状的，具齿的；dentus 齿，牙齿；-atus/ -atum/ -ata 属于，相似，具有，完成（形容词词尾）

Rubus paucidentatus var. guangxiensis 广西少齿悬钩子：guangxiensis 广西的（地名）

Rubus paucidentatus var. paucidentatus 少齿悬钩子-原变种 （词义见上面解释）

Rubus pectinarioides 匍匐悬钩子：pectinarioides 像 pectinaris 的；Rubus pectinaris 梳齿悬钩子；-oides/ -oideus/ -oideum/ -oidea/ -odes/ -eidos 像……的，类似……的，呈……状的（名词词尾）

Rubus pectinaris 梳齿悬钩子：pectinaris 栉齿状的；pectini-/ pectino-/ pectin- ← pecten 篦子，梳子

Rubus pectinellus 黄泡：pectinellus 小栉齿的，略

呈栉状齿的；pectini-/ pectino-/ pectin- ← pecten 篦子，梳子

Rubus peltatus 盾叶莓：peltatus = peltus + atus 盾状的，具盾片的；peltus ← pelte 盾片，小盾片，盾形的；-atus/ -atum/ -ata 属于，相似，具有，完成（形容词词尾）

Rubus penduliflorus 河口悬钩子：pendulus ← pendere 下垂的，垂吊的（悬空或因支持体细软而下垂）；pendere/ pendeo 悬挂，垂悬；-ulus/ -ulum/ -ula（表示趋向或动作）（小词 -ulus 在字母 e 或 i 之后有多种变缀，即 -olus/ -olum/ -ola、-ellus/ -ellum/ -ella、-illus/ -illum/ -illa，与第一变格法和第二变格法名词形成复合词）；florus/ florum/ flora ← flos 花（用于复合词）

Rubus pentagonus 掌叶悬钩子：pentagonus 五角的，五棱的；penta- 五，五数（希腊语，拉丁语为 quin/ quinqu/ quinque-/ quinqui-）；gonus ← gonos 棱角，膝盖，关节，足

Rubus pentagonus var. eglandulosus 无腺掌叶悬钩子：eglandulosus 无腺体的；e-/ ex- 不，无，非，缺乏，不具有（e- 用在辅音字母前，ex- 用在元音字母前，为拉丁语词首，对应的希腊语词首为 a-/ an-，英语为 un-/ -less，注意作词首用的 e-/ ex- 和介词 e/ ex 意思不同，后者意为"出自、从……、由……离开、由于、依照"）；glandulosus = glandus + ulus + osus 被细腺的，具腺体的，腺体质的

Rubus pentagonus var. longisepalus 长萼掌叶悬钩子：longe-/ longi- ← longus 长的，纵向的；sepalus/ sepalum/ sepala 萼片（用于复合词）

Rubus pentagonus var. modestus 无刺掌叶悬钩子：modestus 适度的，保守的

Rubus pentagonus var. pentagonus 掌叶悬钩子-原变种 （词义见上面解释）

Rubus phoenicolasius 多腺悬钩子：phoenicolasius 紫红色软毛的；phoeniceus/ puniceus 紫红色的，鲜红的，石榴红的；punicum 石榴；lasius ← lasios 多毛的，毛茸茸的

Rubus pileatus 菰帽悬钩子（菰 gū）：pileatus 帽子，盖子，帽子状的，斗笠状的；pileus 帽子；-atus/ -atum/ -ata 属于，相似，具有，完成（形容词词尾）

Rubus piluliferus 陕西悬钩子：pilul-/ piluli- 球，圆球；-ferus/ -ferum/ -fera/ -fero/ -fere/ -fer 有，具有，产（区别：作独立词使用的 ferus 意思是"野生的"）

Rubus pinfaensis 红毛悬钩子：pinfaensis 平伐的（地名，贵州省）

Rubus pinnatisepalus 羽萼悬钩子：pinnatisepalus = pinnatus + sepalus 羽状萼片的；pinnatus = pinnus + atus 羽状的，具羽的；pinnus/ pennus 羽毛，羽状，羽片；sepalus/ sepalum/ sepala 萼片（用于复合词）

Rubus pinnatisepalus var. glandulosus 密腺羽萼悬钩子：glandulosus = glandus + ulus + osus 被细腺的，具腺体的，腺体质的；glandus ← glans 腺体；-ulus/ -ulum/ -ula 小的，略微的，稍微的（小词 -ulus 在字母 e 或 i 之后有多种变缀，即 -olus/ -olum/ -ola、-ellus/ -ellum/ -ella、-illus/ -illum/

R

-illa，与第一变格法和第二变格法名词形成复合词）；
-osus/ -osum/ -osa 多的，充分的，丰富的，显著发
育的，程度高的，特征明显的（形容词词尾）

Rubus pinnatisepalus var. pinnatisepalus 羽萼
悬钩子-原变种 （词义见上面解释）

Rubus piptopetalus 薄瓣悬钩子：piptopetalus 早
落瓣的；pipto 落下；petalus/ petalum/ petala ←
petalon 花瓣

Rubus pirifolius 梨叶悬钩子：pirus/ pyrus 梨，梨
树；folius/ folium/ folia 叶，叶片（用于复合词）

Rubus pirifolius var. cordatus 心状梨叶悬钩子：
cordatus ← cordis/ cor 心脏的，心形的；-atus/
-atum/ -ata 属于，相似，具有，完成（形容词词尾）

Rubus pirifolius var. permollis 柔毛梨叶悬钩子：
permollis 极柔软的，极多柔毛的；per-（在 l 前面
音变为 pel-）极，很，颇，甚，非常，完全，通过，
遍及（表示效果加强，与 sub- 互为反义词）；molle/
mollis 软的，柔毛的

Rubus pirifolius var. pirifolius 梨叶悬钩子-原变
种 （词义见上面解释）

Rubus pirifolius var. tomentosus 绒毛梨叶悬钩
子：tomentosus = tomentum + osus 绒毛的，密被
绒毛的；tomentum 绒毛，浓密的毛被，棉絮，棉絮
状填充物（被褥、垫子等）；-osus/ -osum/ -osa 多
的，充分的，丰富的，显著发育的，程度高的，特征
明显的（形容词词尾）

Rubus playfairianus 五叶鸡爪茶（爪 zhǎo）：
playfairianus（人名）

Rubus poliophyllus 毛叶悬钩子：polius/ polios 灰
白色的；phyllus/ phyllum/ phylla ← phyllon 叶片
（用于希腊语复合词）

Rubus polyodontus 多齿悬钩子：poly- ← polys 多
个，许多（希腊语，拉丁语为 multi-）；odontus/
odontos → odon-/ odont-/ odonto-（可作词首或词
尾）齿，牙齿状的；odous 齿，牙齿（单数，其所有
格为 odontos）

Rubus potentilloides 委陵悬钩子：potentilloides
像委陵菜的；Potentilla 委陵菜属（蔷薇科）；
-oides/ -oideus/ -oideum/ -oidea/ -odes/ -eidos
像……的，类似……的，呈……状的（名词词尾）

Rubus preptanthus 早花悬钩子：preptanthus 早花
的；preptus 早的，先期的，优先的；anthus/
anthum/ antha/ anthe ← anthos 花（用于希腊语
复合词）

Rubus preptanthus var. mairei 狭叶早花悬钩子：
mairei（人名）；Edouard Ernest Maire（人名，19
世纪活动于中国云南的传教士）；Rene C. J. E.
Maire 人名（20 世纪阿尔及利亚植物学家，研究北
非植物）；-i 表示人名，接在以元音字母结尾的人名
后面，但 -a 除外

Rubus preptanthus var. preptanthus 早花悬钩
子-原变种 （词义见上面解释）

Rubus pseudopileatus 假帽莓：pseudopileatus 像
pileatus 的；pseudo-/ pseud- ← pseudos 假的，伪
的，接近，相似（但不是）；Rubus pileatus 菰帽悬
钩子（菰 gū）；pileatus 帽子，盖子，帽子状的，斗
笠状的

Rubus pseudopileatus var. glabratus 光梗假帽

莓：glabratus = glabrus + atus 脱毛的，光滑的；
glabrus 光秃的，无毛的，光滑的；-atus/ -atum/
-ata 属于，相似，具有，完成（形容词词尾）

Rubus pseudopileatus var. kangdingensis 康定
假帽莓：kangdingensis 康定的（地名，四川省）

Rubus pseudopileatus var. pseudopileatus 假帽
莓-原变种 （词义见上面解释）

Rubus ptilocarpus 毛果悬钩子：ptilocarpus 毛果
的，果实带毛的；ptilon 羽毛，翼，翅；carpus/
carpum/ carpa/ carpon ← carpos 果实（用于希腊
语复合词）

Rubus ptilocarpus var. degensis 长萼毛果悬钩
子：degensis 德格的（地名，四川省）

Rubus ptilocarpus var. ptilocarpus 毛果悬钩
子-原变种 （词义见上面解释）

Rubus pubifolius 柔毛悬钩子：pubi- ← pubis 细柔
毛的，短柔毛的，毛被的；folius/ folium/ folia 叶，
叶片（用于复合词）

Rubus pubifolius var. glabriusculus 川西柔毛悬
钩子：glabriusculus = glabrus + usculus 近无毛的，
稍光滑的；glabrus 光秃的，无毛的，光滑的；
-usculus ← -culus 小的，略微的，稍微的（小词
-culus 和某些词构成复合词时变成 -usculus）

Rubus pubifolius var. pubifolius 柔毛悬钩子-原
变种 （词义见上面解释）

Rubus pungens 针刺悬钩子：pungens 硬尖的，针
刺的，针刺般的，辛辣的；pungo/ pupugi/
punctum 扎，刺，使痛苦

Rubus pungens var. linearisepalus 线萼针刺悬钩
子：linearis = lineus + aris 线条的，线形的，线状
的，亚麻状的；sepalus/ sepalum/ sepala 萼片（用
于复合词）；-aris（阳性、阴性）/ -are（中性）←
-alis（阳性、阴性）/ -ale（中性）属于，相似，如
同，具有，涉及，关于，联结于（将名词作形容词
用，其中 -aris 常用于以 l 或 r 为词干末尾的词）

Rubus pungens var. oldhamii 香莓：oldhamii ←
Richard Oldham（人名，19 世纪植物采集员）

Rubus pungens var. pungens 针刺悬钩子-原变种
（词义见上面解释）

Rubus pungens var. ternatus 三叶针刺悬钩子：
ternatus 三数的，三出的

Rubus pungens var. villosus 柔毛针刺悬钩子：
villosus 柔毛的，绵毛的；villus 毛，羊毛，长绒毛；
-osus/ -osum/ -osa 多的，充分的，丰富的，显著发
育的，程度高的，特征明显的（形容词词尾）

Rubus quinquefoliolatus 五叶悬钩子：quin-/
quinqu-/ quinque-/ quinqui- 五，五数（希腊语为
penta-）；foliolatus = folius + ulus + atus 具小叶
的，具叶片的；folius/ folium/ folia 叶，叶片（用于
复合词）；-ulus/ -ulum/ -ula 小的，略微的，稍微的
（小词 -ulus 在字母 e 或 i 之后有多种变缀，即
-olus/ -olum/ -ola、-ellus/ -ellum/ -ella、-illus/
-illum/ -illa，与第一变格法和第二变格法名词形成
复合词）；-atus/ -atum/ -ata 属于，相似，具有，完
成（形容词词尾）

Rubus raopingense 饶平悬钩子：raopingense 饶平
的（地名，广东省，已修订为 raopingensis）

Rubus raopingensis var. obtusidentatus 钝齿悬

钩子：raopingensis 饶平的（地名，广东省）；obtusus 钝的，钝形的，略带圆形的；dentatus = dentus + atus 牙齿的，齿状的，具齿的；dentus 齿，牙齿；-atus/ -atum/ -ata 属于，相似，具有，完成（形容词词尾）

Rubus raopingensis var. raopingensis 饶平悬钩子-原变种 （词义见上面解释）

Rubus reflexus 锈毛莓：reflexus 反曲的，后曲的；re- 返回，相反，再次，重复，向后，回头；flexus ← flecto 扭曲的，卷曲的，弯弯曲曲的，柔性的；flecto 弯曲，使扭曲

Rubus reflexus var. hui 浅裂锈毛莓：hui 胡氏（人名）

Rubus reflexus var. lanceolobus 深裂锈毛莓：lanceolobus = lanceus + lobus 披针形裂片的；lance-/ lancei-/ lanci-/ lanceo-/ lanc- ← lanceus 披针形的，矛形的，尖刀状的，柳叶刀状的；lobus/ lobos/ lobon 浅裂，耳片（裂片先端钝圆），荚果，蒴果

Rubus reflexus var. macrophyllus 大叶锈毛莓：macro-/ macr- ← macros 大的，宏观的（用于希腊语复合词）；phyllus/ phyllum/ phylla ← phyllon 叶片（用于希腊语复合词）

Rubus reflexus var. orogenes 长叶锈毛莓：orogenes 生于山上的；oros 山；genes ← gennao 产，生产

Rubus reflexus var. reflexus 锈毛莓-原变种 （词义见上面解释）

Rubus refractus 曲萼悬钩子：refractus 倒折的，反折的；re- 返回，相反，再次，重复，向后，回头；fractus 背折的，弯曲的

Rubus reticulatus 网脉悬钩子：reticulatus = reti + culus + atus 网状的；reti-/ rete- 网（同义词：dictyo-）；-culus/ -culum/ -cula 小的，略微的，稍微的（同第三变格法和第四变格法名词形成复合词）；-atus/ -atum/ -ata 属于，相似，具有，完成（形容词词尾）

Rubus ritozanensis 李栋山悬钩子：ritozanensis 李栋山的（地名，位于台湾省，"ritozan" 为 "李栋山" 的日语读音）

Rubus rolfei （罗非悬钩子）：rolfei ← Robert Allen Rolfe（人名，20 世纪英国皇家植物园兰科植物分类学家）

Rubus rosaefolius 空心泡：rosaefolius 蔷薇叶的（注：组成复合词时，要将前面词的词尾 -us/ -um/ -a 变成 -i- 或 -o- 而不是所有格，故该词宜改为 "rosifolius"）；rosae 蔷薇的（rosa 的所有格）；folius/ folium/ folia 叶，叶片（用于复合词）

Rubus rosaefolius var. coronarius 重瓣空心泡（重 chóng）：coronarius 花冠的，花环的，具副花冠的；corona 花冠，花环；-arius/ -arium/ -aria 相似，属于（表示地点，场所，关系，所属）

Rubus rosaefolius var. rosaefolius 空心泡-原变种（词义见上面解释）

Rubus rubrisetulosus 红刺悬钩子：rubr-/ rubri-/ rubro- ← rubrus 红色；setulosus = setus + ulus + osus 多短刺的，被短毛的；setus/ saetus 刚毛，刺毛，芒刺；-ulus/ -ulum/ -ula 小的，略微的，稍微

的（小词 -ulus 在字母 e 或 i 之后有多种变缀，即 -olus/ -olum/ -ola、-ellus/ -ellum/ -ella、-illus/ -illum/ -illa，与第一变格法和第二变格法名词形成复合词）；-osus/ -osum/ -osa 多的，充分的，丰富的，显著发育的，程度高的，特征明显的（形容词词尾）

Rubus rubro-angustifolius 能高悬钩子：rubr-/ rubri-/ rubro- ← rubrus 红色；angusti- ← angustus 窄的，狭的，细的；folius/ folium/ folia 叶，叶片（用于复合词）

Rubus rufus 棕红悬钩子：rufus 红褐色的，发红的，淡红色的；ruf-/ rufi-/ frufo- ← rufus/ rubus 红褐色的，锈色的，红色的，发红的，淡红色的

Rubus rufus var. longipedicellatus 长梗棕红悬钩子：longe-/ longi- ← longus 长的，纵向的；pedicellatus = pedicellus + atus 具小花柄的；pedicellus = pes + cellus 小花梗，小花柄（不同于花序柄）；pes/ pedis 柄，梗，茎秆，腿，足，爪（作词首或词尾，pes 的词干视为 "ped-"）；-cellus/ -cellum/ -cella、-cillus/ -cillum/ -cilla 小的，略微的，稍微的（与任何变格法名词形成复合词）；关联词：pedunculus 花序柄，总花梗（花序基部无花着生部分）；-atus/ -atum/ -ata 属于，相似，具有，完成（形容词词尾）

Rubus rufus var. palmatifidus 掌裂棕红悬钩子：palmatus = palmus + atus 掌状的，具掌的；palmus 掌，手掌；fidus ← findere 裂开，分裂（裂深不超过 1/3，常作词尾）

Rubus rufus var. rufus 棕红悬钩子-原变种 （词义见上面解释）

Rubus sachalinensis 库页悬钩子：sachalinensis ← Sakhalin 库页岛的（地名，日本海北部俄属岛屿，日文桦太，俄称萨哈林岛）

Rubus salwinensis 怒江悬钩子：salwinensis 萨尔温江的（地名，怒江流入缅甸部分的名称）

Rubus saxatilis 石生悬钩子：saxatilis 生于岩石的，生于石缝的；saxum 岩石，结石；-atilis（阳性、阴性）/ -atile（中性）（表示生长的地方）

Rubus sempervirens 常绿悬钩子：sempervirens 常绿的；semper 总是，经常，永久；virens 绿色的，变绿的

Rubus serratifolius 锯叶悬钩子：serratus = serrus + atus 有锯齿的；serrus 齿，锯齿；folius/ folium/ folia 叶，叶片（用于复合词）

Rubus setchuenensis 川莓：setchuenensis 四川的（地名）

Rubus shihae 桂滇悬钩子：shihae（人名）

Rubus sikkimensis 锡金悬钩子：sikkimensis 锡金的（地名）

Rubus simplex 单茎悬钩子：simplex 单一的，简单的，无分歧的（词干为 simplic-）

Rubus spinulosoides 刺毛白叶莓：spinulosoides = spinulosus + oides 近似多小刺的，像 spinulosus 的；Rubus stipulosus 巨托悬钩子；-oides/ -oideus/ -oideum/ -oidea/ -odes/ -eidos 像……的，类似……的，呈……状的（名词词尾）

Rubus stans 直立悬钩子：stans 直立的

Rubus stans var. soulieanus 多刺直立悬钩子：soulieanus（人名）

R

Rubus stans var. stans 直立悬钩子-原变种 （词义见上面解释）

Rubus stimulans 华西悬钩子：stimulans ← stimulus 刺激的

Rubus stipulosus 巨托悬钩子：stipulosus 具托叶的；stipulus 托叶；-osus/ -osum/ -osa 多的，充分的，丰富的，显著发育的，程度高的，特征明显的（形容词词尾）

Rubus subcoreanus 柱序悬钩子：subcoreanus 像 coreanus 的；sub-（表示程度较弱）与……类似，几乎，稍微，弱，亚，之下，下面；coreanus 朝鲜的（地名）；Rubus coreanus 插田泡

Rubus subinopertus 紫红悬钩子：subinopertus 像 inopertus 的，近无遮盖的；sub-（表示程度较弱）与……类似，几乎，稍微，弱，亚，之下，下面；Rubus inopertus 红花悬钩子；inopertus 无遮盖的，无隐藏的

Rubus subornatus 美饰悬钩子：subornatus 稍华丽的；sub-（表示程度较弱）与……类似，几乎，稍微，弱，亚，之下，下面；ornatus 装饰的，华丽的

Rubus subornatus var. melanadenus 黑腺美饰悬钩子：mel-/ mela-/ melan-/ melano- ← melanus/ melaenus ← melas/ melanos 黑色的，浓黑色的，暗色的；adenus 腺，腺体

Rubus subornatus var. subornatus 美饰悬钩子-原变种 （词义见上面解释）

Rubus subtibetanus 密刺悬钩子：subtibetanus 像 tibetanus 的；sub-（表示程度较弱）与……类似，几乎，稍微，弱，亚，之下，下面；Rubus tibetanus 西藏悬钩子（另见 Rubus xanthocarpus）

Rubus subtibetanus var. glandulosus 腺毛密刺悬钩子：glandulosus = glandus + ulus + osus 被细腺的，具腺体的，腺体质的；glandus ← glans 腺体；-ulus/ -ulum/ -ula 小的，略微的，稍微的（小词 -ulus 在字母 e 或 i 之后有多种变缀，即 -olus/ -olum/ -ola、-ellus/ -ellum/ -ella、-illus/ -illum/ -illa，与第一变格法和第二变格法名词形成复合词）；-osus/ -osum/ -osa 多的，充分的，丰富的，显著发育的，程度高的，特征明显的（形容词词尾）

Rubus subtibetanus var. subtibetanus 密刺悬钩子-原变种 （词义见上面解释）

Rubus subumbellatus （伞花悬钩子）：subumbellatus 近伞形的；sub-（表示程度较弱）与……类似，几乎，稍微，弱，亚，之下，下面；umbellatus = umbella + atus 伞形花序的，具伞的；umbella 伞形花序

Rubus sumatranus 红腺悬钩子：sumatranus ← Sumatra 苏门答腊的（地名，印度尼西亚）

Rubus suzukianus 台北悬钩子：suzukianus 铃木（人名）

Rubus swinhoei 木莓：swinhoei（人名）；-i 表示人名，接在以元音字母结尾的人名后面，但 -a 除外

Rubus taitoensis var. taitoensis 台东悬钩子：taitoensis 台东的（地名，属台湾省，"台东"的日语读音）

Rubus taiwanianus 刺莓：taiwanianus 台湾的（地名）

Rubus taiwanicola 小叶悬钩子：taiwnicola = taiwania + cola 台湾产的；taiwania 台湾的（地名）；colus ← colo 分布于，居住于，栖居，殖民（常作词尾）；colo/ colere/ colui/ cultum 居住，耕作，栽培

Rubus taronensis 独龙悬钩子：taronensis 独龙江的（地名，云南省）

Rubus tephrodes 灰白毛莓：tephrodes 灰烬状的；tephros 灰色的，火山灰的；-oides/ -oideus/ -oideum/ -oidea/ -odes/ -eidos 像……的，类似……的，呈……状的（名词词尾）

Rubus tephrodes var. ampliflorus 无腺灰白毛莓：ampli- ← amplus 大的，宽的，膨大的，扩大的；florus/ florum/ flora ← flos 花（用于复合词）

Rubus tephrodes var. setosissimus 长腺灰白毛莓：setosus = setus + osus 被刚毛的，被短毛的，被芒刺的；setus/ saetus 刚毛，刺毛，芒刺；-osus/ -osum/ -osa 多的，充分的，丰富的，显著发育的，程度高的，特征明显的（形容词词尾）；-issimus/ -issima/ -issimum 最，非常，极其（形容词最高级）

Rubus tephrodes var. tephrodes 灰白毛莓-原变种 （词义见上面解释）

Rubus thibetanus 西藏悬钩子：thibetanus 西藏的（地名）

Rubus tinifolius 截叶悬钩子：tinifolius 毛荚蒾叶的；Viburnum tinum 毛荚蒾；folius/ folium/ folia 叶，叶片（用于复合词）

Rubus treutleri 滇西北悬钩子：treutleri（人名）；-eri 表示人名，在以 -er 结尾的人名后面加上 i 形成

Rubus trianthus 三花悬钩子：tri-/ tripli-/ triplo- 三个，三数；anthus/ anthum/ antha/ anthe ← anthos 花（用于希腊语复合词）

Rubus tricolor 三色莓：tri-/ tripli-/ triplo- 三个，三数；color 颜色

Rubus trijugus 三对叶悬钩子：trijugus 三对的；tri-/ tripli-/ triplo- 三个，三数；jugus ← jugos 成对的，成双的，一组，牛轭，束缚（动词为 jugo）

Rubus tsangii 光滑悬钩子：tsangii（人名）；-ii 表示人名，接在以辅音字母结尾的人名后面，但 -er 除外

Rubus tsangii var. linearifoliolus 无腺光滑悬钩子：linearis = lineatus 线条的，线形的，线状的；foliolus = folius + ulus 小叶

Rubus tsangii var. tsangii 光滑悬钩子-原变种 （词义见上面解释）

Rubus tsangorum 东南悬钩子：tsangorum（地名，已修订为 tsangiorum）

Rubus viburnifolius 荚蒾叶悬钩子（蒾 mí）：viburnifolius 荚蒾叶子的；Viburnum 荚蒾属（忍冬科）；folius/ folium/ folia 叶，叶片（用于复合词）

Rubus wangii 大苞悬钩子：wangii（人名）；-ii 表示人名，接在以辅音字母结尾的人名后面，但 -er 除外

Rubus wardii 大花悬钩子：wardii ← Francis Kingdon-Ward（人名，20 世纪英国植物学家）

Rubus wawushanensis 瓦屋山悬钩子：wawushanensis 瓦屋山的（地名，四川省）

Rubus wushanensis 巫山悬钩子：wushanensis 巫山的（地名，重庆市），武山的（地名，甘肃省）

Rubus xanthocarpus 黄果悬钩子：xanthos 黄色的（希腊语）；carpus/ carpum/ carpa/ carpon ← carpos 果实（用于希腊语复合词）

R

Rubus xanthoneurus 黄脉莓：xanthos 黄色的（希腊语）；neurus ← neuron 脉，神经

Rubus xanthoneurus var. brevipetiolatus 短柄黄脉莓：brevi- ← brevis 短的（用于希腊语复合词词首）；petiolatus = petiolus + atus 具叶柄的；petiolus 叶柄

Rubus xanthoneurus var. glandulosus 腺毛黄脉莓：glandulosus = glandus + ulus + osus 被细腺的，具腺体的，腺体质的；glandus ← glans 腺体；-ulus/ -ulum/ -ula 小的，略微的，稍微的（小词 -ulus 在字母 e 或 i 之后有多种变缀，即 -olus/ -olum/ -ola、-ellus/ -ellum/ -ella、-illus/ -illum/ -illa，与第一变格法和第二变格法名词形成复合词）；-osus/ -osum/ -osa 多的，充分的，丰富的，显著发育的，程度高的，特征明显的（形容词词尾）

Rubus xanthoneurus var. xanthoneurus 黄脉莓-原变种 （词义见上面解释）

Rubus xichouensis 西畴悬钩子：xichouensis 西畴的（地名，云南省）

Rubus yiwuanus 奕武悬钩子（奕 yì）：yiwuanus 奕武的（地名，四川省峨眉山地区）

Rubus yunnanicus 云南悬钩子：yunnanicus 云南的（地名）

Rubus zhaogoshanensis 草果山悬钩子：zhaogoshanensis 草果山的（地名，云南省西畴县）

Rudbeckia 金光菊属（菊科）（75：p346）：rudbeckia ← O. Rudbeck（人名，1660–1740，瑞典植物学家）

Rudbeckia amplexicaulis 抱茎金光菊：amplexi- 跨骑状的，紧握的，抱紧的；caulis ← caulos 茎，茎秆，主茎

Rudbeckia bicolor 二色金光菊：bi-/ bis- 二，二数，二回（希腊语为 di-）；color 颜色

Rudbeckia fulgida 全缘金光菊：fulgidus = fulgo + idus 发亮的，有光泽的；fulgo/ fulgeo 发光的，耀眼的；-idus/ -idum/ -ida 表示在进行中的动作或情况，作动词、名词或形容词的词尾

Rudbeckia hirta 黑心金光菊：hirtus 有毛的，粗毛的，刚毛的（长而明显的毛）

Rudbeckia laciniata 金光菊：laciniatus 撕裂的，条状裂的；lacinius → laci-/ lacin-/ lacini- 撕裂的，条状裂的

Rudbeckia speciosa 齿叶金光菊：speciosus 美丽的，华丽的；species 外形，外观，美观，物种（缩写 sp.，复数 spp.）；-osus/ -osum/ -osa 多的，充分的，丰富的，显著发育的，程度高的，特征明显的（形容词词尾）

Ruellia 芦莉草属（爵床科）（70：p2）：ruellia ← Jeandela Ruelle（人名，1477–1537，法国植物学家及医生）

Ruellia brittoniana 蓝花草：brittoniana ← Nathaniel Lloyd Britton（人名，19 世纪美国植物学家，纽约植物园创始人）

Ruellia lyi （李氏芦莉草）：lyi（人名）

Ruellia tuberosa 芦莉草：tuberosus = tuber + osus 块茎的，膨大成块茎的；tuber/ tuber-/ tuberi- 块茎，结节状凸起，瘤状的；-osus/ -osum/ -osa 多的，充分的，丰富的，显著发育的，程度高

的，特征明显的（形容词词尾）

Rumex 酸模属（模 mó）（蓼科）（25-1：p147）：rumex 刀剑（指叶形）

Rumex acetosa 酸模：acetosus 酸的；acetum 醋，酸的；acet-/ aceto- 酸的；-osus/ -osum/ -osa 多的，充分的，丰富的，显著发育的，程度高的，特征明显的（形容词词尾）

Rumex acetosella 小酸模：acetosella = acetosa + ellus 略酸的，比 acetosa 小的；acetosus 酸的；acet-/ aceto- 酸的；Rumex acetosa 酸模；-ellus/ -ellum/ -ella ← -ulus 小的，略微的，稍微的（小词 -ulus 在字母 e 或 i 之后有多种变缀，即 -olus/ -olum/ -ola、-ellus/ -ellum/ -ella、-illus/ -illum/ -illa，用于第一变格法名词）

Rumex amurensis 黑龙江酸模：amurense/ amurensis 阿穆尔的（地名，东西伯利亚的一个州，南部以黑龙江为界），阿穆尔河的（即黑龙江的俄语音译）

Rumex angulatus 紫茎酸模：angulatus = angulus + atus 具棱角的，有角度的；angulus 角，棱角，角度，角落；-atus/ -atum/ -ata 属于，相似，具有，完成（形容词词尾）

Rumex aquaticus 水生酸模：aquaticus/ aquatilis 水的，水生的，潮湿的；aqua 水；-aticus/ -aticum/ -atica 属于，表示生长的地方，作名词词尾

Rumex chalepensis 网果酸模：chalepensis 阿勒颇的（地名，叙利亚）

Rumex crispus 皱叶酸模：crispus 收缩的，褶皱的，波纹的（如花瓣周围的波浪状褶皱）

Rumex dentatus 齿果酸模：dentatus = dentus + atus 牙齿的，齿状的，具齿的；dentus 齿，牙齿；-atus/ -atum/ -ata 属于，相似，具有，完成（形容词词尾）

Rumex gmelinii 毛脉酸模：gmelinii ← Johann Gottlieb Gmelin（人名，18 世纪德国博物学家，曾对西伯利亚和勘察加进行大量考察）

Rumex hastatus 戟叶酸模：hastatus 戟形的，三尖头的（两侧基部有朝外的三角形裂片）；hasta 长矛，标枪

Rumex japonicus 羊蹄：japonicus 日本的（地名）；-icus/ -icum/ -ica 属于，具有某种特性（常用于地名、起源、生境）

Rumex longifolius 长叶酸模：longe-/ longi- ← longus 长的，纵向的；folius/ folium/ folia 叶，叶片（用于复合词）

Rumex maritimus 刺酸模：maritimus 海滨的（指生境）

Rumex marschallianus 单瘤酸模：marschallianus ← Baron Friedrich August Marschall von Bieberstein（人名，19 世纪德国探险家）

Rumex marschallianus var. brevidens 短齿单瘤酸模：brevidens 短齿的；brevi- ← brevis 短的（用于希腊语复合词词首）；dens/ dentus 齿，牙齿

Rumex marschallianus var. marschallianus 单瘤酸模-原变种 （词义见上面解释）

Rumex microcarpus 小果酸模：micr-/ micro- ← micros 小的，微小的，微观的（用于希腊语复合

词）；carpus/ carpum/ carpa/ carpon ← carpos 果实（用于希腊语复合词）

Rumex nepalensis 尼泊尔酸模：nepalensis 尼泊尔的（地名）

Rumex nepalensis var. nepalensis 尼泊尔酸模-原变种（词义见上面解释）

Rumex nepalensis var. remotiflorus 疏花酸模：remotiflorus 疏离花的；remotus 分散的，分开的，稀疏的，远距离的；florus/ florum/ flora ← flos 花（用于复合词）

Rumex obtusifolius 钝叶酸模：obtusus 钝的，钝形的，略带圆形的；folius/ folium/ folia 叶，叶片（用于复合词）

Rumex patientia 巴天酸模：patientia 忍耐

Rumex popovii 中亚酸模：popovii ← popov（人名）

Rumex pseudonatronatus 披针叶酸模：pseudonatronatus 像 natronatus 的；pseudo-/ pseud- ← pseudos 假的，伪的，接近，相似（但不是）；natronatus = natron + atus 盐碱的，钠盐的（natronatus 为一种植物名）；natron 碱，钠盐

Rumex stenophyllus 狭叶酸模：sten-/ steno- ← stenus 窄的，狭的，薄的；phyllus/ phyllum/ phylla ← phyllon 叶片（用于希腊语复合词）

Rumex thyrsiflorus 直根酸模：thyrsus/ thyrsos 花簇，金字塔，圆锥形，聚伞圆锥花序；florus/ florum/ flora ← flos 花（用于复合词）

Rumex tianshanicus 天山酸模：tianshanicus 天山的（地名，新疆维吾尔自治区）；-icus/ -icum/ -ica 属于，具有某种特性（常用于地名、起源、生境）

Rumex trisetifer 长刺酸模：trisetiferus 具三芒的；tri-/ tripli-/ triplo- 三个，三数；setus/ saetus 刚毛，刺毛，芒刺；-ferus/ -ferum/ -fera/ -fero/ -fere/ -fer 有，具有，产（区别：作独立词使用的 ferus 意思是"野生的"）

Rumex ucranicus 乌克兰酸模：ucranicus 乌克兰的（地名）；-icus/ -icum/ -ica 属于，具有某种特性（常用于地名、起源、生境）

Rumex yungningensis 永宁酸模：yungningensis 永宁的（地名，云南省）

Rungia 孩儿草属（"孩儿"读"háir"不读"hái-ér"）（爵床科）（70：p255）：rungia（人名）

Rungia axilliflora 腋花孩儿草：axilli-florus 腋生花的；axillus 叶腋的；axill-/ axilli- 叶腋；florus/ florum/ flora ← flos 花（用于复合词）

Rungia bisaccata 囊花孩儿草：bi-/ bis- 二，二数，二回（希腊语为 di-）；saccatus = saccus + atus 具袋子的，袋子状的，具囊的；saccus 袋子，囊，包囊

Rungia burmanica （缅甸孩儿草）：burmanica 缅甸的（地名）

Rungia chinensis 中华孩儿草：chinensis = china + ensis 中国的（地名）；China 中国

Rungia densiflora 密花孩儿草：densus 密集的，繁茂的；florus/ florum/ flora ← flos 花（用于复合词）

Rungia guangxiensis 广西孩儿草：guangxiensis 广西的（地名）

Rungia henryi （亨利孩儿草）：henryi ← Augustine Henry 或 B. C. Henry（人名，前者，

1857–1930，爱尔兰医生、植物学家，曾在中国采集植物，后者，1850–1901，曾活动于中国的传教士）

Rungia hirpex 金沙鼠尾黄：hirpex/ irpex 铁耙子

Rungia longipes 长柄孩儿草：longe-/ longi- ← longus 长的，纵向的；pes/ pedis 柄，梗，茎秆，腿，足，爪（作词首或词尾，pes 的词干视为"ped-"）

Rungia mina 矮孩儿草：mina 矿物，彩釉，美女，一种钱币，Joseph Mina（人名）；Mina 金鱼花属（旋花科）

Rungia napoensis 那坡孩儿草：napoensis 那坡的（地名，广西壮族自治区）

Rungia pectinata 孩儿草：pectinatus/ pectinaceus 栉齿状的；pectini-/ pectino-/ pectin- ← pecten 篦子，梳子；-aceus/ -aceum/ -acea 相似的，有……性质的，属于……的

Rungia pinpienensis 屏边孩儿草：pinpienensis 屏边的（地名，云南省）

Rungia pungens 尖苞孩儿草：pungens 硬尖的，针刺的，针刺般的，辛辣的；pungo/ pupugi/ punctum 扎，刺，使痛苦

Rungia robusta （粗茎孩儿草）：robustus 大型的，结实的，健壮的，强壮的

Rungia stolonifera 匍匐鼠尾黄：stolon 匍匐茎；-ferus/ -ferum/ -fera/ -fero/ -fere/ -fer 有，具有，产（区别：作独立词使用的 ferus 意思是"野生的"）

Rungia taiwanensis 台湾明萼草：taiwanensis 台湾的（地名）

Rungia yunnanensis 云南孩儿草：yunnanensis 云南的（地名）

Ruppia 川蔓藻属（蔓 màn）（眼子菜科）（8：p83）：ruppia ← Heinrich Bernhard Ruppius（人名，1688–1719，德国植物学家）

Ruppia maritima 川蔓藻：maritimus 海滨的（指生境）

Ruscus 假叶树属（百合科）（15：p122）：Ruscus（假叶树属的古拉丁名名称）

Ruscus aculeata 假叶树：aculeatus 有刺的，有针的；aculeus 皮刺；-atus/ -atum/ -ata 属于，相似，具有，完成（形容词词尾）

Russowia 纹苞菊属（菊科）（78-1：p179）：russowia ← Russow（人名，俄国植物学家）

Russowia sogdiana 纹苞菊：sogdiana 索格底亚那的（地名，小亚细亚东部波斯地区）

Ruta 芸香属（芸香科）（43-2：p88）：ruta ← rue 草（古拉丁语）；murarius = murus + arius 生于墙壁的；murus 墙壁；-arius/ -arium/ -aria 相似，属于（表示地点，场所，关系，所属）

Ruta graveolens 芸香：graveolens 强烈气味的，不快气味的，恶臭的；gravis 重的，重量大的，深厚的，浓密的，严重的，大量的，苦的，讨厌的；olens ← olere 气味，发出气味（不分香臭）

Rutaceae 芸香科（43-2：p1）：Ruta 芸香属；-aceae（分类单位科的词尾，为 -aceus 的阴性复数主格形式，加到模式属的名称后或同义词的词干后以组成族群名称）

Sabal 菜棕属（棕榈科）（13-1：p41）：sabal（印第安土名）

Sabal minor 矮菜棕：minor 较小的，更小的

S

Sabal palmetto 菜棕：palmetto 小棕榈（西班牙土名）

Sabia 清风藤属（清风藤科）（47-1：p73）：sabia ← sabja-lat（本属一种植物的孟加拉土名）

Sabia angustifolia （窄叶清风藤）：angusti- ← angustus 窄的，狭的，细的；folius/ folium/ folia 叶，叶片（用于复合词）

Sabia campanulata 钟花清风藤：campanula + atus 钟形的，具钟的（指花冠）；campanula 钟，吊钟状的，风铃草状的；-atus/ -atum/ -ata 属于，相似，具有，完成（形容词词尾）

Sabia campanulata subsp. metcalfiana 龙陵清风藤：metcalfiana（人名）

Sabia campanulata subsp. ritchieae 鄂西清风藤：ritchieae（人名）；-ae 表示人名，以 -a 结尾的人名后面加上 -e 形成

Sabia coriacea 革叶清风藤：coriaceus = corius + aceus 近皮革的，近革质的；corius 皮革的，革质的；-aceus/ -aceum/ -acea 相似的，有……性质的，属于……的

Sabia dielsii 平伐清风藤：dielsii ← Friedrich Ludwig Emil Diels（人名，20 世纪德国植物学家）

Sabia discolor 灰背清风藤：discolor 异色的，不同色的（指花瓣花萼等）；di-/ dis- 二，二数，二分，分离，不同，在……之间，从……分开（希腊语，拉丁语为 bi-/ bis-）；color 颜色

Sabia emarginata 凹萼清风藤：emarginatus 先端稍裂的，凹头的；marginatus ← margo 边缘的，具边缘的；margo/ marginis → margin- 边缘，边线，边界；词尾为 -go 的词其词干末尾视为 -gin；e-/ ex- 不，无，非，缺乏，不具有（e- 用在辅音字母前，ex- 用在元音字母前，为拉丁语词首，对应的希腊语词首为 a-/ an-，英语为 un-/ -less，注意作词首用的 e-/ ex- 和介词 e/ ex 意思不同，后者意为"出自、从……、由……离开、由于、依照"）

Sabia fasciculata 簇花清风藤：fasciculatus 成束的，束状的，成簇的；fasciculus 丛，簇，束；fascis 束

Sabia glandulosa （多腺青风藤）：glandulosus = glandus + ulus + osus 被细腺的，具腺体的，腺体质的；glandus ← glans 腺体；-ulus/ -ulum/ -ula 小的，略微的，稍微的（小词 -ulus 在字母 e 或 i 之后有多种变缀，即 -olus/ -olum/ -ola，-ellus/ -ellum/ -ella，-illus/ -illum/ -illa，与第一变格法和第二变格法名词形成复合词）；-osus/ -osum/ -osa 多的，充分的，丰富的，显著发育的，程度高的，特征明显的（形容词词尾）

Sabia japonica 清风藤：japonica 日本的（地名）；-icus/ -icum/ -ica 属于，具有某种特性（常用于地名、起源、生境）

Sabia japonica var. sinensis 中华清风藤：sinensis = Sina + ensis 中国的（地名）；Sina 中国

Sabia limoniacea 柠檬清风藤：limoniaceus 像橡檬的，像柠檬的；limon 橡檬，柠檬；-aceus/ -aceum/ -acea 相似的，有……性质的，属于……的

Sabia nervosa 长脉清风藤：nervosus 多脉的，叶脉明显的；nervus 脉，叶脉；-osus/ -osum/ -osa 多的，充分的，丰富的，显著发育的，程度高的，特征明显的（形容词词尾）

Sabia pallida （淡色青风藤）：pallidus 苍白的，淡白色的，淡色的，蓝白色的，无活力的；palide 淡地，淡色地（反义词：sturate 深色地，浓色地，充分地，丰富地，饱和地）

Sabia paniculata 锥序清风藤：paniculatus = paniculus + atus 具圆锥花序的；paniculus 圆锥花序；panus 谷穗；panicus 野稗，粟，谷子；-atus/ -atum/ -ata 属于，相似，具有，完成（形容词词尾）

Sabia parviflora 小花清风藤：parviflorus 小花的；parvus 小的，些微的，弱的；florus/ florum/ flora ← flos 花（用于复合词）

Sabia puberula （柔毛清风藤）：puberulus = puberus + ulus 略被柔毛的，被微柔毛的；puberus 多毛的，毛茸茸的；-ulus/ -ulum/ -ula 小的，略微的，稍微的（小词 -ulus 在字母 e 或 i 之后有多种变缀，即 -olus/ -olum/ -ola，-ellus/ -ellum/ -ella，-illus/ -illum/ -illa，与第一变格法和第二变格法名词形成复合词）

Sabia purpurea 紫花清风藤：purpureus = purpura + eus 紫色的；purpura 紫色（purpura 原为一种介壳虫名，其体液为紫色，可作颜料）；-eus/ -eum/ -ea（接拉丁语词干时）属于……的，色如……的，质如……的（表示原料、颜色或品质的相似），（接希腊语词干时）属于……的，以……出名，为……所占有（表示具有某种特性）

Sabia purpurea subsp. dumicola 灌丛清风藤：dumicolus = dumus + colus 生于灌丛的，生于荒草丛的；dumus 灌丛，荆棘丛，荒草丛；colus ← colo 分布于，居住于，栖居，殖民（常作词尾）；colo/ colere/ colui/ cultum 居住，耕作，栽培

Sabia rockii （罗氏清风藤）：rockii ← Joseph Francis Charles Rock（人名，20 世纪美国植物采集员）

Sabia schumanniana 四川清风藤：schumanniana ← Karl Moritz Schumann（人名，19 世纪德国植物学家）

Sabia schumanniana subsp. pluriflora 多花清风藤：pluri-/ plur- 复数，多个；florus/ florum/ flora ← flos 花（用于复合词）

Sabia schumanniana subsp. pluriflora var. bicolor 两色清风藤：bi-/ bis- 二，二数，二回（希腊语为 di-）；color 颜色

Sabia swinhoei 尖叶清风藤：swinhoei（人名）；-i 表示人名，接在以元音字母结尾的人名后面，但 -a 除外

Sabia transarisanensis 阿里山清风藤：transarisanensis 穿越阿里山的；tran-/ trans- 横过，远侧边，远方，在那边；arisanensis 阿里山的（地名，属台湾省）

Sabia yunnanensis 云南清风藤：yunnanensis 云南的（地名）

Sabia yunnanensis subsp. latifolia 阔叶清风藤：lati-/ late- ← latus 宽的，宽广的；folius/ folium/ folia 叶，叶片（用于复合词）

Sabiaceae 清风藤科（47-1：p72）：Sabia 清风藤属；-aceae（分类单位科的词尾，为 -aceus 的阴性复数主格形式，加到模式属的名称后或同义词的词干后以组成族群名称）

S

Sabina 圆柏属（柏科）（7：p347）：sabina ← Sabine 萨宾的（地名，意大利）

Sabina centrasiatica 昆仑方枝柏：centrasiaticus 中亚的（地名）；centro-/ centr- ← centrum 中部的，中央的；asiaticus 亚洲的（地名）；-aticus/ -aticum/ -atica 属于，表示生长的地方，作名词词尾

Sabina chinensis 圆柏：chinensis = china + ensis 中国的（地名）；China 中国

Sabina chinensis var. chinensis 圆柏-原变种 （词义见上面解释）

Sabina chinensis var. chinensis cv. Aurea 金叶桧（桧 guì）：aureus = aurus + eus → aure-/ aureo- 金色的，黄色的；aurus 金，金色；-eus/ -eum/ -ea（接拉丁语词干时）属于……的，色如……的，质如……的（表示原料、颜色或品质的相似），（接希腊语词干时）属于……的，以……出名，为……所占有（表示具有某种特性）

Sabina chinensis var. chinensis cv. Aureoglobosa 金球桧：aure-/ aureo- ← aureus 黄色，金色；globosus = globus + osus 球形的；glob-/ globi- ← globus 球体，圆球，地球；-osus/ -osum/ -osa 多的，充分的，丰富的，显著发育的，程度高的，特征明显的（形容词词尾）

Sabina chinensis var. chinensis cv. Globosa 球柏：globosus = globus + osus 球形的；globus → glob-/ globi- 球体，圆球，地球；-osus/ -osum/ -osa 多的，充分的，丰富的，显著发育的，程度高的，特征明显的（形容词词尾）；关联词：globularis/ globulifer/ globulosus（小球状的、具小球的），globuliformis（纽扣状的）

Sabina chinensis var. chinensis cv. Kaizuca 龙柏：kaizuka 龙柏（日文）

Sabina chinensis var. chinensis cv. Kaizuca Procumbens 匍地龙柏：procumbens 俯卧的，匍匐的，倒伏的；procumb- 俯卧，匍匐，倒伏；-ans/ -ens/ -bilis/ -ilis 能够，可能（为形容词词尾，-ans/ -ens 用于主动语态，-bilis/ -ilis 用于被动语态）

Sabina chinensis var. chinensis f. pendula 垂枝圆柏：pendulus ← pendere 下垂的，垂吊的（悬空或因支持体细软而下垂）；pendere/ pendeo 悬挂，垂悬；-ulus/ -ulum/ -ula（表示趋向或动作）（小词 -ulus 在字母 e 或 i 之后有多种变缀，即 -olus/ -olum/ -ola、-ellus/ -ellum/ -ella、-illus/ -illum/ -illa，与第一变格法和第二变格法名词形成复合词）

Sabina chinensis var. chinensis cv. Pfitzeriana 鹿角桧：pfitzeriana（人名）

Sabina chinensis var. chinensis cv. Pyramidalis 塔柏：pyramidalis 金字塔形的，三角形的，锥形的；pyramis 棱形体，锥形体，金字塔；构词规则：词尾为 -is 和 -ys 的词的词干分别视为 -id 和 -yd

Sabina chinensis var. sargentii 偃柏（偃 yǎn）：sargentii ← Charles Sprague Sargent（人名，1841–1927，美国植物学家）；-ii 表示人名，接在以辅音字母结尾的人名后面，但 -er 除外

Sabina convallium 密枝圆柏：convallius 山谷的，谷地的，盆地的，流域的；valle/ vallis 沟，沟谷，谷地；co- 联合，共同，合起来（拉丁语词首，为 cum- 的音变，表示结合、强化、完全，对应的希腊语为 syn-）；co- 的缀词音变有 co-/ com-/ con-/ col-/ cor-：co-（在 h 和元音字母前面），col-（在 l 前面），com-（在 b、m、p 之前），con-（在 c、d、f、g、j、n、qu、s、t 和 v 前面），cor-（在 r 前面）

Sabina convallium var. convallium 密枝圆柏-原变种 （词义见上面解释）

Sabina convallium var. microsperma 小子密枝圆柏：micr-/ micro- ← micros 小的，微小的，微观的（用于希腊语复合词）；spermus/ spermum/ sperma 种子的（用于希腊语复合词）

Sabina davurica 兴安圆柏：davurica（dahurica/ daurica）达乌里的（地名，外贝加尔湖，属西伯利亚的一个地区，即贝加尔湖以东及以南至中国和蒙古边界）

Sabina gaussenii 昆明柏：gaussenii（人名）；-ii 表示人名，接在以辅音字母结尾的人名后面，但 -er 除外

Sabina komarovii 塔枝圆柏：komarovii ← Vladimir Leontjevich Komarov 科马洛夫（人名，1869–1945，俄国植物学家）

Sabina pingii 垂枝香柏：pingii（人名）；-ii 表示人名，接在以辅音字母结尾的人名后面，但 -er 除外

Sabina pingii var. pingii 垂枝香柏-原变种 （词义见上面解释）

Sabina pingii var. wilsonii 香柏：wilsonii ← John Wilson（人名，18 世纪英国植物学家）

Sabina procumbens 铺地柏（铺 pū）：procumbens 俯卧的，匍匐的，倒伏的；procumb- 俯卧，匍匐，倒伏；-ans/ -ens/ -bilis/ -ilis 能够，可能（为形容词词尾，-ans/ -ens 用于主动语态，-bilis/ -ilis 用于被动语态）

Sabina przewalskii 祁连圆柏（祁 qí）：przewalskii ← Nicolai Przewalski（人名，19 世纪俄国探险家、博物学家）

Sabina przewalskii f. pendula 垂枝祁连圆柏：pendulus ← pendere 下垂的，垂吊的（悬空或因支持体细软而下垂）；pendere/ pendeo 悬挂，垂悬；-ulus/ -ulum/ -ula（表示趋向或动作）（小词 -ulus 在字母 e 或 i 之后有多种变缀，即 -olus/ -olum/ -ola、-ellus/ -ellum/ -ella、-illus/ -illum/ -illa，与第一变格法和第二变格法名词形成复合词）

Sabina przewalskii f. przewalskii 祁连圆柏-原变型 （词义见上面解释）

Sabina pseudosabina 新疆方枝柏：pseudosabina 像圆柏的；pseudo-/ pseud- ← pseudos 假的，伪的，接近，相似（但不是）；Sabina 圆柏属（柏科）

Sabina pseudosabina var. pseudosabina 新疆方枝柏-原变种 （词义见上面解释）

Sabina pseudosabina var. turkestanica 喀什方枝柏（喀 kā）：turkestanica 土耳其的（地名）；-icus/ -icum/ -ica 属于，具有某种特性（常用于地名、起源、生境）

Sabina recurva 垂枝柏：recurvus 反曲，反卷，后曲；re- 返回，相反，再次，重复，向后，回头；curvus 弯曲的

Sabina recurva var. coxii 小果垂枝柏：coxii（人名）；-ii 表示人名，接在以辅音字母结尾的人名后面，但 -er 除外

S

Sabina recurva var. recurva 垂枝柏-原变种 （词义见上面解释）

Sabina saltuaria 方枝柏：saltuarius 属于森林的，森林管理员，林业工作者，林学家；saltus 森林草原，林地，山谷，小径；-arius/ -arium/ -aria 相似，属于（表示地点，场所，关系，所属）

Sabina squamata 高山柏：squamatus = squamus + atus 具鳞片的，具薄膜的；squamus 鳞，鳞片，薄膜

Sabina squamata cv. Meyeri 粉柏：meyeri ← Carl Anton Meyer 或 Ernst Heinrich Friedrich Meyer（人名，19 世纪德国两位植物学家）；-eri 表示人名，在以 -er 结尾的人名后面加上 i 形成

Sabina tibetica 大果圆柏：tibetica 西藏的（地名）；-icus/ -icum/ -ica 属于，具有某种特性（常用于地名、起源、生境）

Sabina virginiana 北美圆柏：virginiana 弗吉尼亚的（地名，美国）

Sabina vulgaris 叉子圆柏（叉 chā）：vulgaris 常见的，普通的，分布广的；vulgus 普通的，到处可见的

Sabina vulgaris var. erectopatens 松潘叉子圆柏：erectus 直立的，笔直的；patens 开展的（呈 90°），伸展的，传播的，飞散的

Sabina vulgaris var. jarkendensis 昆仑多子柏：jarkendensis 叶尔羌河的（地名，新疆维吾尔自治区）

Sabina vulgaris var. vulgaris 叉子圆柏-原变种 （词义见上面解释）

Sabina wallichiana 滇藏方枝柏：wallichiana ← Nathaniel Wallich（人名，19 世纪初丹麦植物学家、医生）

Saccharum 甘蔗属（蔗 zhè）（禾本科）（10-2：p39）：saccharum 糖，甘蔗

Saccharum arundinaceum 斑茅：arundinaceus 芦竹状的；Arundo 芦竹属（禾本科）；-inus/ -inum/ -ina/ -inos 相近，接近，相似，具有（通常指颜色）；-aceus/ -aceum/ -acea 相似的，有……性质的，属于……的

Saccharum barberi 细秆甘蔗：barberi（人名）；-eri 表示人名，在以 -er 结尾的人名后面加上 i 形成

Saccharum officinarum 甘蔗：officinarum 属于药用的（为 officina 的复数所有格）；officina ← opificina 药店，仓库，作坊；-arum 属于……的（第一变格法名词复数所有格词尾，表示群落或多数）

Saccharum sinense 竹蔗：sinense = Sina + ense 中国的（地名）；Sina 中国

Saccharum spontaneum 甜根子草：spontaneus 野生的，自生的

Saccharum spontaneum var. juncifolium 灯心叶甜根子草：Juncus 灯心草属（灯心草科）；folius/ folium/ folia 叶，叶片（用于复合词）

Saccharum spontaneum var. roxburghii 罗氏甜根子草：roxburghii ← William Roxburgh（人名，18 世纪英国植物学家，研究印度植物）

Saccharum spontaneum var. spontaneum 甜根子草-原变种 （词义见上面解释）

Sacciolepis 囊颖草属（禾本科）（10-1：p224）：saccos 囊，袋；lepis/ lepidos 鳞片

Sacciolepis indica 囊颖草：indica 印度的（地名）；-icus/ -icum/ -ica 属于，具有某种特性（常用于地名、起源、生境）

Sacciolepis interrupta 间序囊颖草（间 jiàn）：interruptus 中断的，断续的；inter- 中间的，在中间，之间；ruptus 破裂的

Sacciolepis myosuroides 鼠尾囊颖草：myosuroides 像鼠尾的；myos 老鼠，小白鼠；-urus/ -ura/ -ourus/ -oura/ -oure/ -uris 尾巴；-oides/ -oideus/ -oideum/ -oidea/ -odes/ -eidos 像……的，类似……的，呈……状的（名词词尾）

Sacciolepis myosuroides var. myosuroides 鼠尾囊颖草-原变种 （词义见上面解释）

Sacciolepis myosuroides var. nana 矮小囊颖草：nanus ← nanos/ nannos 矮小的，小的；nani-/ nano-/ nanno- 矮小的，小的

Saccopetalum 囊瓣木属（番荔枝科）（30-2：p42）：saccus 袋子，囊，包囊；petalus/ petalum/ petala ← petalon 花瓣

Saccopetalum prolificum 囊瓣木：prolificus 多产的，有零余子的，有突起的；proli- 扩展，繁殖，后裔，零余子；proles 后代，种族；ficus 无花果（古拉丁名，比喻种子很多）

Sageretia 雀梅藤属（鼠李科）（48-1：p3）：sageretia ← Auguste（Augustin）Sageret（人名，1763–1851，法国植物学家）（除 -er 外，以辅音字母结尾的人名用作属名时在末尾加 -ia，如果人名词尾为 -us 则将词尾变成 -ia）

Sageretia brandrethiana 窄叶雀梅藤：brandrethiana（人名）

Sageretia camellifolia 茶叶雀梅藤：camellifolia 山茶叶的（注：宜改为"camelliifolia"）；Camellia 山茶属；folius/ folium/ folia 叶，叶片（用于复合词）

Sageretia gracilis 纤细雀梅藤：gracilis 细长的，纤弱的，丝状的

Sageretia hamosa 钩刺雀梅藤：hamosus 钩形的；hamus 钩，钩子；-osus/ -osum/ -osa 多的，充分的，丰富的，显著发育的，程度高的，特征明显的（形容词词尾）

Sageretia hamosa var. hamosa 钩刺雀梅藤-原变种 （词义见上面解释）

Sageretia hamosa var. trichoclada 毛枝雀梅藤：trich-/ tricho-/ tricha- ← trichos ← thrix 毛，多的，线状的，丝状的；cladus ← clados 枝条，分枝

Sageretia henryi 梗花雀梅藤：henryi ← Augustine Henry 或 B. C. Henry（人名，前者，1857–1930，爱尔兰医生、植物学家，曾在中国采集植物，后者，1850–1901，曾活动于中国的传教士）

Sageretia horrida 凹叶雀梅藤：horridus 刺毛的，带刺的，可怕的

Sageretia latifolia 宽叶雀梅藤：lati-/ late- ← latus 宽的，宽广的；folius/ folium/ folia 叶，叶片（用于复合词）

Sageretia laxiflora 疏花雀梅藤：laxus 稀疏的，松散的，宽松的；florus/ florum/ flora ← flos 花（用于复合词）

Sageretia lucida 亮叶雀梅藤：lucidus ← lucis ← lux 发光的，光辉的，清晰的，发亮的，荣耀的（lux

S

的单数所有格为 lucis, 词尾为 -is 和 -ys 的词的词干分别视为 -id 和 -yd)

Sageretia melliana 刺藤子: melliana（人名）

Sageretia omeiensis 峨眉雀梅藤: omeiensis 峨眉山的（地名, 四川省）

Sageretia paucicostata 少脉雀梅藤: pauci- ← paucus 少数的, 少的（希腊语为 oligo-）; costatus 具肋的, 具脉的, 具中脉的（指脉明显）; costus 主脉, 叶脉, 肋, 肋骨

Sageretia pycnophylla 多叶雀梅藤（原名"对节刺", 黎科有重名）: pycn-/ pycno- ← pycnos 密生的, 密集的; phyllus/ phyllum/ phylla ← phyllon 叶片（用于希腊语复合词）

Sageretia randaiensis 峦大雀梅藤: randaiensis 峦大山的（地名, 属台湾省, "randai"为"峦大"的日语发音）

Sageretia rugosa 皱叶雀梅藤: rugosus = rugus + osus 收缩的, 有皱纹的, 多褶皱的（同义词: rugatus）; rugus/ rugum/ ruga 褶皱, 皱纹, 皱缩; -osus/ -osum/ -osa 多的, 充分的, 丰富的, 显著发育的, 程度高的, 特征明显的（形容词词尾）

Sageretia subcaudata 尾叶雀梅藤: subcaudata 近似尾巴状的; sub-（表示程度较弱）与……类似, 几乎, 稍微, 弱, 亚, 之下, 下面; caudatus = caudus + atus 尾巴的, 尾巴状的, 具尾的; caudus 尾巴

Sageretia thea 雀梅藤: thea ← thei ← thi/ tcha 茶, 茶树（中文土名）

Sageretia thea var. cordiformis 心叶雀梅藤: cordi- ← cordis/ cor 心脏的, 心形的; formis/ forma 形状

Sageretia thea var. thea 雀梅藤-原变种（词义见上面解释）

Sageretia thea var. tomentosa 毛叶雀梅藤: tomentosus = tomentum + osus 绒毛的, 密被绒毛的; tomentum 绒毛, 浓密的毛被, 棉絮, 棉絮状填充物（被褥、垫子等）; -osus/ -osum/ -osa 多的, 充分的, 丰富的, 显著发育的, 程度高的, 特征明显的（形容词词尾）

Sagina 漆姑草属（石竹科）（26: p254）: sagina 肥大的

Sagina japonica 漆姑草: japonica 日本的（地名）; -icus/ -icum/ -ica 属于, 具有某种特性（常用于地名、起源、生境）

Sagina maxima 根叶漆姑草: maximus 最大的

Sagina procumbens 仰卧漆姑草: procumbens 俯卧的, 匍匐的, 倒伏的; procumb- 俯卧, 匍匐, 倒伏; -ans/ -ens/ -bilis/ -ilis 能够, 可能（为形容词词尾, -ans/ -ens 用于主动语态, -bilis/ -ilis 用于被动语态）

Sagina saginoides 无毛漆姑草: Sagina 漆姑草属（石竹科）; -oides/ -oideus/ -oideum/ -oidea/ -odes/ -eidos 像……的, 类似……的, 呈……状的（名词词尾）

Sagittaria 慈姑属（泽泻科）（8: p128）: sagittarius = sagitta + arius 箭头状的（指叶片形状）; sagitta 箭, 箭头; -arius/ -arium/ -aria 相似, 属于（表示地点, 场所, 关系, 所属）

Sagittaria altigena 高原慈姑: altigena = altus +

genus 生于高地的, 生于高山的; al-/ alti-/ alto- ← altus 高的, 高处的; genus ← gignere ← geno 出生, 发生, 起源, 产于, 生于（指地方或条件）, 属（植物分类单位）

Sagittaria guyanensis subsp. lappula 冠果草（冠guān）: guyanensis（地名, 已修订为 guayanensis）; lappula = lappa + ulus 刺毛的, 果实有短刺毛的; lappa 有刺的果实（如板栗的针刺状总苞）, 牛蒡; Lappula 鹤虱属（紫草科）

Sagittaria lichuanensis 利川慈姑: lichuanensis 利川的（地名, 湖北省）, 黎川的（地名, 江西省）

Sagittaria natans 浮叶慈姑: natans 浮游的, 游动的, 漂浮的, 水的

Sagittaria potamogetifolia 小慈姑: Potamogeton 眼子菜属（眼子菜科）; folius/ folium/ folia 叶, 叶片（用于复合词）

Sagittaria pygmaea 矮慈姑: pygmaeus/ pygmaei 小的, 低矮的, 极小的, 矮人的; pygm- 矮, 小, 侏儒; -aeus/ -aeum/ -aea 表示属于……, 名词形容词化词尾, 如 europaeus ← europa 欧洲的

Sagittaria sagittifolia 欧洲慈姑: sagittatus/ sagittalis 箭头状的; sagita/ sagitta 箭, 箭头; -atus/ -atum/ -ata 属于, 相似, 具有, 完成（形容词词尾）; folius/ folium/ folia 叶, 叶片（用于复合词）

Sagittaria tengtsungensis 腾冲慈姑: tengtsungensis 腾冲的（地名, 云南省）

Sagittaria trifolia 野慈姑: tri-/ tripli-/ triplo- 三个, 三数; folius/ folium/ folia 叶, 叶片（用于复合词）

Sagittaria trifolia var. sinensis 慈姑: sinensis = Sina + ensis 中国的（地名）; Sina 中国

Sagittaria trifolia var. trifolia 野慈姑-原变种（词义见上面解释）

Sagittaria trifolia var. trifolia f. longiloba 剪刀草: longe-/ longi- ← longus 长的, 纵向的; lobus/ lobos/ lobon 浅裂, 耳片（裂片先端钝圆）, 荚果, 蒴果

Salacca 蛇皮果属（棕榈科）（13-1: p56）: salacca ← zalacca 蛇皮果（一种棕榈的土名）

Salacca secunda 滇西蛇皮果: secundus/ secumdus 生于单侧的, 花柄一侧着花的, 沿着……, 顺着……

Salacca zalacca 蛇皮果: zalacca → salacca 蛇皮果（一种棕榈的土名）

Salacia 五层龙属（翅子藤科）（46: p1）: salacia（希腊神话中的海中女神）

Salacia amplifolia 阔叶五层龙: ampli- ← amplus 大的, 宽的, 膨大的, 扩大的; folius/ folium/ folia 叶, 叶片（用于复合词）

Salacia aurantiaca 橙果五层龙: aurantiacus/ aurantius 橙黄色的, 金黄色的; aurus 金, 金色; aurant-/ auranti- 橙黄色, 金黄色

Salacia cochinchinensis 柳叶五层龙: cochinchinensis ← Cochinchine 南圻的（历史地名, 即今越南南部及其周边国家和地区）

Salacia confertiflora 密花五层龙: confertus 密集的; florus/ florum/ flora ← flos 花（用于复合词）

Salacia glaucifolia 粉叶五层龙: glaucifolius = glaucus + folius 粉绿叶的, 灰绿叶的, 叶被白粉的;

glaucus → glauco-/ glauc- 被白粉的，发白的，灰绿色的；folius/ folium/ folia 叶，叶片（用于复合词）

Salacia hainanensis 海南五层龙：hainanensis 海南的（地名）

Salacia malipoensis 麻栗坡五层龙：malipoensis 麻栗坡的（地名，云南省）

Salacia menglaensis 勐腊五层龙：menglaensis 勐腊的（地名，云南省）

Salacia obovatilimba 河口五层龙：obovatus = ob + ovus + atus 倒卵形的；ob- 相反，反对，倒（ob- 有多种音变：ob- 在元音字母和大多数辅音字母前面，oc- 在 c 前面，of- 在 f 前面，op- 在 p 前面）；ovus 卵，胚珠，卵形的，椭圆形的；limbus 冠檐，萼檐，瓣片，叶片

Salacia polysperma 多籽五层龙：poly- ← polys 多个，许多（希腊语，拉丁语为 multi-）；spermus/ spermum/ sperma 种子的（用于希腊语复合词）

Salacia prinoides 五层龙：Prinos → Ilex 冬青属（冬青科，Prinos 已合并到 Ilex 而成为弃用的异名）；-oides/ -oideus/ -oideum/ -oidea/ -odes/ -eidos 像……的，类似……的，呈……状的（名词词尾）

Salacia sessiliflora 无柄五层龙：sessile-/ sessili-/ sessil- ← sessilis 无柄的，无茎的，基生的，基部的；florus/ florum/ flora ← flos 花（用于复合词）

Salicaceae 杨柳科（20-2：p1）：Salix 柳属；-aceae（分类单位科的词尾，为 -aceus 的阴性复数主格形式，加到模式属的名称后或同义词的词干后以组成族群名称）

Salicornia 盐角草属（藜科）（25-2：p11）：salicornia = sal + cornu 盐角，盐地里的兽角（比喻生于海岸多盐地带兽角状分枝的植物）；sal 盐；cornia ← cornus 角，兽角，犄角；-ius/ -ium/ -ia 具有……特性的（表示有关、关联、相似）

Salicornia bigelovii 北美海蓬子：bigelovii ← John Milton Bigelow（人名，19 世纪美国植物学家）

Salicornia europaea 盐角草：europaea = europa + aeus 欧洲的（地名）；europa 欧洲；-aeus/ -aeum/ -aea（表示属于……，名词形容词化词尾）

Salix 柳属（杨柳科）（20-2：p81）：salix 柳树（古拉丁名，可能来自不同词源的 salis，即水边之意）；salis = sal + lis 水边（凯尔特语）（sal 附近，lis 水）；sal/ salis 盐，盐水，海，海水

Salix alatavica 阿拉套柳：alatavica 阿拉套山的（地名，新疆沙湾地区）

Salix alba 白柳：albus → albi-/ albo- 白色的

Salix alberti 二色柳：alberti ← Luigi d'Albertis（人名，19 世纪意大利博物学家）；-i 表示人名，接在以元音字母结尾的人名后面，但 -a 除外，故该种加词尾宜改为 "-ii"；-ii 表示人名，接在以辅音字母结尾的人名后面，但 -er 除外

Salix alfredii 秦岭柳：alfredii ← Alfred Rehder（人名，1863–1949，德国植物分类学家、树木学家，在美国 Arnold 植物园工作）；-ii 表示人名，接在以辅音字母结尾的人名后面，但 -er 除外

Salix amphibola 九鼎柳：amphibolus 模糊的，不确定的

Salix annulifera 环纹矮柳：annulus 环，圈环；-ferus/ -ferum/ -fera/ -fero/ -fere/ -fer 有，具有，产（区别：作独立词使用的 ferus 意思是"野生的"）

Salix annulifera var. annulifera 环纹矮柳-原变种（词义见上面解释）

Salix annulifera var. dentata 齿苞矮柳：dentatus = dentus + atus 牙齿的，齿状的，具齿的；dentus 齿，牙齿；-atus/ -atum/ -ata 属于，相似，具有，完成（形容词词尾）

Salix annulifera var. macriula 匙叶矮柳（匙 chí）：macriulus 大柔荑花序的；macro-/ macr- ← macros 大的，宏观的（用于希腊语复合词）；iulus/ julus 柔荑花序

Salix anticecrenata 圆齿垫柳：anticecrenata 先端有圆锯齿的（指叶片中上部）；antice 在前的，前方的，前边的；crenatus = crena + atus 圆齿状的，具圆齿的；crena 叶缘的圆齿

Salix araeostachya 纤序柳：araeostachya 细穗的；araeus 薄的，细的；stachy-/ stachyo-/ -stachys/ -stachyus/ -stachyum/ -stachya 穗子，穗子的，穗子状的，穗状花序的

Salix arctica 北极柳：arcticus 北极的；-icus/ -icum/ -ica 属于，具有某种特性（常用于地名、起源、生境）

Salix argyracea 银柳：argyr-/ argyro- ← argyros 银，银色的；-aceus/ -aceum/ -acea 相似的，有……性质的，属于……的

Salix argyrophegga 银光柳：argyr-/ argyro- ← argyros 银，银色的；phegga ← phegos 山毛榉，水青冈

Salix argyrotrichocarpa 银毛果柳：argyr-/ argyro- ← argyros 银，银色的；tricho- ← trichus ← trichos 毛，毛发，被毛（希腊语）；carpus/ carpum/ carpa/ carpon ← carpos 果实（用于希腊语复合词）

Salix atopantha 奇花柳：atopanthus 无柄花的；a-/ an- 无，非，没有，缺乏，不具有（an- 用于元音前）（a-/ an- 为希腊语词首，对应的拉丁语词首为 e-/ ex-，相当于英语的 un-/ -less，注意词首 a- 和作为介词的 a/ ab 不同，后者的意思是"从……、由……、关于……、因为……"）；topodium 柄；anthus/ anthum/ antha/ anthe ← anthos 花（用于希腊语复合词）

Salix aurita 耳柳：auritus 耳朵的，耳状的

Salix austro-tibetica 藏南柳：austro-/ austr- 南方的，南半球的，大洋洲的；auster 南方，南风；tibetica 西藏的（地名）

Salix babylonica 垂柳：babylonica 巴比伦的（地名）

Salix babylonica f. babylonica 垂柳-原变型（词义见上面解释）

Salix babylonica f. tortuosa 曲枝垂柳：tortuosus 不规则拧劲的，明显拧劲的；tortus 拧劲，捻，扭曲；-osus/ -osum/ -osa 多的，充分的，丰富的，显著发育的，程度高的，特征明显的（形容词词尾）

Salix baileyi 百里柳：baileyi（人名）；-i 表示人名，接在以元音字母结尾的人名后面，但 -a 除外

Salix balfouriana 白背柳：balfouriana ← Isaac Bayley Balfour（人名，19 世纪英国植物学家）

Salix bangongensis 班公柳：bangongensis 班公湖的（地名，西藏自治区）

Salix berberifolia 刺叶柳：berberifolia = Berberis + folia 小檗叶的，叶片像小檗的（注：词尾为 -is 和 -ys 的词的词干分别视为 -id 和 -yd，故该词拼写为"berberidifolia"似更妥）；Berberis 小檗属（小檗科）；folius/ folium/ folia 叶，叶片（用于复合词）

Salix bikouensis 碧口柳：bikouensis 碧口的（地名，甘肃省文县）

Salix bikouensis var. bikouensis 碧口柳-原变种（词义见上面解释）

Salix bikouensis var. villosa 毛碧口柳：villosus 柔毛的，绵毛的；villus 毛，羊毛，长绒毛；-osus/ -osum/ -osa 多的，充分的，丰富的，显著发育的，程度高的，特征明显的（形容词词尾）

Salix biondiana 庙王柳：biondiana（人名）

Salix bistyla 双柱柳：bi-/ bis- 二，二数，二回（希腊语为 di-）；stylus/ stylis ← stylos 柱，花柱

Salix brachista 小垫柳：brachistus 最短的

Salix brachista var. brachista 小垫柳-原变种（词义见上面解释）

Salix brachista var. integra 全缘小垫柳：integer/ integra/ integrum → integri- 完整的，整个的，全缘的

Salix brachista var. pilifera 毛果小垫柳：pilus 毛，疏柔毛；-ferus/ -ferum/ -fera/ -fero/ -fere/ -fer 有，具有，产（区别：作独立词使用的 ferus 意思是"野生的"）

Salix bulkingensis 布尔津柳：bulkingensis 布尔津的（地名，新疆维吾尔自治区，也称"burqinensis"）

Salix caesia 欧杞柳（杞 qǐ）：caesius 淡蓝色的，灰绿色的，蓝绿色的

Salix calyculata 长柄垫柳：calyculatus = calyx + ulus + atus 有小萼片的；calyx → calyc- 萼片（用于希腊语复合词）；构词规则：以 -ix/ -iex 结尾的词其词干末尾视为 -ic，以 -ex 结尾视为 -i/ -ic，其他以 -x 结尾视为 -c

Salix calyculata var. calyculata 长柄垫柳-原变种（词义见上面解释）

Salix calyculata var. gongshanica 贡山长柄垫柳：gongshanica 贡山的（地名，云南省）

Salix capitata 圆头柳：capitatus 头状的，头状花序的；capitus ← capitis 头，头状

Salix caprea 黄花柳：caprea 雌山羊，獐（指皮毛黄色）

Salix capusii 蓝叶柳：capusii（人名）；-ii 表示人名，接在以辅音字母结尾的人名后面，但 -er 除外

Salix cardiophylla （心叶柳）：cardio- ← kardia 心脏；phyllus/ phyllum/ phylla ← phyllon 叶片（用于希腊语复合词）

Salix carmanica 黄皮柳：carmanica（地名，波斯一地区）

Salix caspica 油柴柳：caspica 里海的（地名）

Salix cathayana 中华柳：cathayana ← Cathay ← Khitay/ Khitai 中国的，契丹的（地名，10–12 世纪中国北方契丹人的领域，辽国前身，多用来代表中国，俄语称中国为 Kitay）

Salix cavaleriei 云南柳：cavaleriei ← Pierre Julien Cavalerie（人名，20 世纪法国传教士）；-i 表示人名，接在以元音字母结尾的人名后面，但 -a 除外

Salix chaenomeloides 腺柳：Chaenomeles 木瓜属（蔷薇科）；-oides/ -oideus/ -oideum/ -oidea/ -odes/ -eidos 像……的，类似……的，呈……状的（名词词尾）

Salix chaenomeloides var. chaenomeloides 腺柳-原变种 （词义见上面解释）

Salix chaenomeloides var. chaenomeloides f. chaenomeloides 腺柳-原变型 （词义见上面解释）

Salix chaenomeloides var. chaenomeloides f. obtusa 钝叶腺柳：obtusus 钝的，钝形的，略带圆形的

Salix chaenomeloides var. glandulifolia 腺叶腺柳：glanduli- ← glandus + ulus 腺体的，小腺体的；glandus ← glans 腺体；folius/ folium/ folia 叶，叶片（用于复合词）

Salix characta 密齿柳：charactus 尖檄状的

Salix cheilophila 乌柳：cheilophilus 岸边生的，喜水岸的；cheilos → cheilus → cheil-/ cheilo- 唇，唇边，边缘，岸边；philus 喜好的，爱好的，喜欢的（注意区别形近词 phylus 和 phyllus）；phylus/ phylum/ phyla ← phylon/ phyle 植物分类单位中的"门"，位于"界"和"纲"之间，类群，种族，部落，聚群；phyllus/ phyllum/ phylla ← phyllon 叶片（用于希腊语复合词）

Salix cheilophila var. acuminata 宽叶乌柳：acuminatus = acumen + atus 锐尖的，渐尖的；acumen 渐尖头；-atus/ -atum/ -ata 属于，相似，具有，完成（形容词词尾）

Salix cheilophila var. cheilophila 乌柳-原变种（词义见上面解释）

Salix cheilophila var. cyanolimnea 光果乌柳：cyanus/ cyan-/ cyano- 蓝色的，青色的；limneus = limne + eus 属于静水的，属于池沼的；limn- ← limne 湖沼，池塘，静水；-eus/ -eum/ -ea（接拉丁语词干时）属于……的，色如……的，质如……的（表示原料、颜色或品质的相似），（接希腊语词干时）属于……的，以……出名，为……所占有（表示具有某种特性）

Salix cheilophila var. microstachyoides 大红柳：microstachyoides 像 microstachya 的；Salix microstachya 小穗柳；-oides/ -oideus/ -oideum/ -oidea/ -odes/ -eidos 像……的，类似……的，呈……状的（名词词尾）

Salix chekiangensis 浙江柳：chekiangensis 浙江的（地名）

Salix chienii 银叶柳：chienii ← S. S. Chien 钱崇澍（人名，1883–1965，中国植物学家）

Salix chikungensis 鸡公柳：chikungensis 鸡公山的（地名，河南省）

Salix chingiana 秦柳：chingiana ← R. C. Chin 秦仁昌（人名，1898–1986，中国植物学家，蕨类植物专家），秦氏

Salix cinerea 灰柳：cinereus 灰色的，草木灰色的（为纯黑和纯白的混合色，希腊语为 tephro-/ spodo-）；ciner-/ cinere-/ cinereo- 灰色；-eus/ -eum/ -ea（接拉丁语词干时）属于……的，色如……的，质如……的（表示原料、颜色或品质的

相似），（接希腊语词干时）属于……的，以……出名，为……所占有（表示具有某种特性）

Salix clathrata 栅枝垫柳（栅 zhà）：clathratus 方格状的，网格状的；clathra/ clathri 栅格，网格

Salix coggygria 怒江矮柳：coggygria 黄栌（古拉丁名）

Salix crenata 锯齿叶垫柳：crenatus = crena + atus 圆齿状的，具圆齿的；crena 叶缘的圆齿

Salix cupularis 杯腺柳：cupularis = cupulus + aris 杯状的，杯形的；cupulus = cupus + ulus 小杯子，小杯形的，壳斗状的；-aris（阳性、阴性）/ -are（中性）← -alis（阳性、阴性）/ -ale（中性）属于，相似，如同，具有，涉及，关于，联结于（将名词作形容词用，其中 -aris 常用于以 l 或 r 为词干末尾的词）

Salix daliensis 大理柳：daliensis 大理的（地名，云南省）

Salix daliensis f. daliensis 大理柳-原变型 （词义见上面解释）

Salix daliensis f. longispica 长穗大理柳：longe-/ longi- ← longus 长的，纵向的；spicus 穗，谷穗，花穗

Salix daltoniana 褐背柳：daltoniana ← Dalton （人名）

Salix dalungensis 节枝柳：dalungensis 打隆的（地名，西藏浪卡子县）

Salix dasyclados 毛枝柳：dasycladus 毛枝的，枝条有粗毛的；dasy- ← dasys 毛茸茸的，粗毛的，毛；clados → cladus 枝条，分枝

Salix delavayana 腹毛柳：delavayana ← Delavay ← P. J. M. Delavay （人名，1834–1895，法国传教士，曾在中国采集植物标本）

Salix delavayana var. delavayana 腹毛柳-原变种 （词义见上面解释）

Salix delavayana var. pilososuturalis 毛缝腹毛柳（缝 fèng）：pilososuturalis 毛缝的，缝隙有毛的；piloso- ← pilus + osus 多毛的，被柔毛的，具疏柔毛的，被短弱细毛的；pilus 毛，疏柔毛；-osus/ -osum/ -osa 多的，充分的，丰富的，显著发育的，程度高的，特征明显的（形容词词尾）；suturalis 具缝的

Salix delavayana var. pilososuturalis f. glabra 光苞腹毛柳：glabrus 光秃的，无毛的，光滑的

Salix delavayana var. pilososuturalis f. pilososuturalis 毛缝腹毛柳-原变型 （词义见上面解释）

Salix denticulata 齿叶柳：denticulatus = dentus + culus + atus 具细齿的，具齿的；dentus 齿，牙齿；-culus/ -culum/ -cula 小的，略微的，稍微的（同第三变格法和第四变格法名词形成复合词）；-atus/ -atum/ -ata 属于，相似，具有，完成（形容词词尾）

Salix dibapha 异色柳：dibapha 二色的；di-/ dis- 二，二数，二分，分离，不同，在……之间，从……分开（希腊语，拉丁语为 bi-/ bis-）；baphus 染色，颜色，染料

Salix dibapha var. biglandulosa 二腺异色柳：bi-/ bis- 二，二数，二回（希腊语为 di-)；glandulosus = glandus + ulus + osus 被细腺的，具腺体的，腺体

质的；-osus/ -osum/ -osa 多的，充分的，丰富的，显著发育的，程度高的，特征明显的（形容词词尾）

Salix dibapha var. dibapha 异色柳-原变种 （词义见上面解释）

Salix dissa 异型柳：dissa ← dissos 成双的

Salix dissa var. cereifolia 单腺异型柳：cereifolius 蜡质叶的；cereus/ ceraceus 蜡质的，蜡黄色的；cerus/ cerum/ cera 蜡；folius/ folium/ folia 叶，叶片（用于复合词）

Salix dissa var. dissa 异型柳-原变种 （词义见上面解释）

Salix dissa var. dissa f. angustifolia 狭叶异型柳：angusti- ← angustus 窄的，狭的，细的；folius/ folium/ folia 叶，叶片（用于复合词）

Salix dissa var. dissa f. dissa 异型柳-原变型 （词义见上面解释）

Salix divaricata 叉枝柳（叉 chā）：divaricatus 广歧的，发散的，散开的

Salix divaricata var. divaricata 叉枝柳-原变种 （词义见上面解释）

Salix divaricata var. meta-formosa 长圆叶柳：meta- 之后的，后来的，近似的，中间的，转变的，替代的，有关联的，共同的；formosus ← formosa 美丽的，台湾的（葡萄牙殖民者发现台湾时对其的称呼，即美丽的岛屿）

Salix divergentistyla 叉柱柳：divergentistylus 分叉花柱的；divergentus 分叉的，叉开的；divergens 略叉开的；stylus/ stylis ← stylos 柱，花柱

Salix driophila 林柳：driophilus 喜栎树的，喜丛林的；drio- ← dryo- ← drys 栎树，栲树，槠树；philus/ philein ← philos → phil-/ phili/ philo- 喜好的，爱好的，喜欢的（注意区别形近词：phylus、phyllus）；phylus/ phylum/ phyla ← phylon/ phyle 植物分类单位中的"门"，位于"界"和"纲"之间，类群，种族，部落，聚群；phyllus/ phyllum/ phylla ← phyllon 叶片（用于希腊语复合词）

Salix dunnii 长梗柳：dunnii（人名）；-ii 表示人名，接在以辅音字母结尾的人名后面，但 -er 除外

Salix dunnii var. dunnii 长梗柳-原变种 （词义见上面解释）

Salix dunnii var. tsoongii 钟氏柳：tsoongii ← K. K. Tsoong 钟观光 （人名，1868–1940，中国植物学家，北京大学教授，最先用科学方法广泛研究植物分类学，近代中国最早采集植物标本的学者，也是近代植物学的开拓者）

Salix eriocarpa 长柱柳：erion 绵毛，羊毛；carpus/ carpum/ carpa/ carpon ← carpos 果实（用于希腊语复合词）

Salix erioclada 绵毛柳：erion 绵毛，羊毛；cladus ← clados 枝条，分枝

Salix ernesti 银背柳：ernesti（人名，词尾改为"-ii"似更妥）；-ii 表示人名，接在以辅音字母结尾的人名后面，但 -er 除外；-i 表示人名，接在以元音字母结尾的人名后面，但 -a 除外

Salix ernesti f. ernesti 银背柳-原变型 （词义见上面解释）

Salix ernesti f. glabrescens 脱毛银背柳：glabrus 光秃的，无毛的，光滑的；-escens/ -ascens 改变，

S

转变，变成，略微，带有，接近，相似，大致，稍微（表示变化的趋势，并未完全相似或相同，有别于表示达到完成状态的 -atus）

Salix ernesti × opsimentha 圆齿迟花柳：opsimentha = opse + mentha 晚开的薄荷；opse 迟的，晚的；menta/ mentha 薄荷

Salix etosia 巴柳：etosia（人名）

Salix etosia f. etosia 巴柳-原变型 （词义见上面解释）

Salix etosia f. longipes 长柄巴柳：longe-/ longi- ← longus 长的，纵向的；pes/ pedis 柄，梗，茎秆，腿，足，爪（作词首或词尾，pes 的词干视为 "ped-"）

Salix fargesii 川鄂柳：fargesii ← Pere Paul Guillaume Farges（人名，19 世纪中叶至 20 世纪活动于中国的法国传教士，植物采集员）

Salix fargesii var. fargesii 川鄂柳-原变种 （词义见上面解释）

Salix fargesii var. kansuensis 甘肃柳：kansuensis 甘肃的（地名）

Salix faxonianoides 藏匐柳（藏 zàng）：faxonianoides 像 faxoniana 的；Salix faxoniana 法克柳；faxoniana ← Charles Edward Faxon（人名，19 世纪美国植物绘画艺术家）；-oides/ -oideus/ -oideum/ -oidea/ -odes/ -eidos 像……的，类似……的，呈……状的（名词词尾）

Salix faxonianoides var. faxonianoides 藏匐柳-原变种 （词义见上面解释）

Salix faxonianoides var. villosa 毛轴藏匐柳：villosus 柔毛的，绵毛的；villus 毛，羊毛，长绒毛；-osus/ -osum/ -osa 多的，充分的，丰富的，显著发育的，程度高的，特征明显的（形容词词尾）

Salix fedtschenkoi 山羊柳：fedtschenkoi ← Boris Fedtschenko（人名，20 世纪俄国植物学家）

Salix fengiana 贡山柳：fengiana（人名）

Salix flabellaris 扇叶垫柳：flabellaris 扇形的；flabellus 扇子，扇形的；-aris（阳性、阴性）/ -are（中性） ← -alis（阳性、阴性）/ -ale（中性） 属于，相似，如同，具有，涉及，关于，联结于（将名词作形容词用，其中 -aris 常用于以 l 或 r 为词干末尾的词）

Salix floccosa 丛毛矮柳：floccosus 密被绵毛的，毛状的，丛卷毛的，簇状毛的；floccus 丛卷毛，簇状毛（毛成簇脱落）

Salix floderusii 崖柳（崖 yá）：floderusii（人名）；-ii 表示人名，接在以辅音字母结尾的人名后面，但 -er 除外

Salix fragilis 爆竹柳：fragilis 脆的，易碎的

Salix fulvopubescens 褐毛柳：fulvus 咖啡色的，黄褐色的；pubescens ← pubens 被短柔毛的，长出柔毛的；pubesco/ pubescere 长成的，变为成熟的，长出柔毛的，青春期体毛的；-escens/ -ascens 改变，转变，变成，略微，带有，接近，相似，大致，稍微（表示变化的趋势，并未完全相似或相同，有别于表示达到完成状态的 -atus）

Salix gilashanica 吉拉柳：gilashanica 色季拉山的（地名，西藏林芝市，别名有雪齐拉山、舍吉拉山等）

Salix glauca 灰蓝柳：glaucus → glauco-/ glauc- 被白粉的，发白的，灰绿色的

Salix gordejevii 黄柳：gordejevii（人名）；-ii 表示人名，接在以辅音字母结尾的人名后面，但 -er 除外

Salix gracilior 细枝柳：gracilior 较细长的，较纤弱的；gracilis 细长的，纤弱的，丝状的；-ilior 较为，更（以 -ilis 结尾的形容词的比较级，将 -ilis 换成 ili + or → -ilior）

Salix gracilistyla 细柱柳：gracilis 细长的，纤弱的，丝状的；stylus/ stylis ← stylos 柱，花柱

Salix guebriantiana 细序柳：guebriantiana（人名）

Salix gyamdaensis 江达柳：gyamdaensis 江达的（地名，西藏自治区）

Salix gyirongensis 吉隆垫柳：gyirongensis 吉隆的（地名，西藏中尼边境县）

Salix haoana 川红柳：haoana（人名）

Salix hastata 戟柳：hastatus 戟形的，三尖头的（两侧基部有朝外的三角形裂片）；hasta 长矛，标枪

Salix heishuiensis 黑水柳：heishuiensis 黑水河的（地名，四川省）

Salix heterochroma 紫枝柳：hete-/ heter-/ hetero- ← heteros 不同的，多样的，不齐的；-chromus/ -chrous/ -chrus 颜色，彩色，有色的

Salix heterochroma var. glabra 无毛紫枝柳：glabrus 光秃的，无毛的，光滑的

Salix heterochroma var. heterochroma 紫枝柳-原变种 （词义见上面解释）

Salix heteromera 异蕊柳：heteromerus 不同基数的；hete-/ heter-/ hetero- ← heteros 不同的，多样的，不齐的；-merus ← meros 部分，一份，特定部分，成员

Salix heterostemon 异雄柳：hete-/ heter-/ hetero- ← heteros 不同的，多样的，不齐的；stemon 雄蕊

Salix himalayensis 喜马拉雅山柳：himalayensis 喜马拉雅的（地名）

Salix himalayensis var. filistyla 丝柱柳：fili-/ fil- ← filum 线状的，丝状的；stylus/ stylis ← stylos 柱，花柱

Salix himalayensis var. himalayensis 喜马拉雅山柳-原变种 （词义见上面解释）

Salix hirticaulis 毛枝垫柳：hirtus 有毛的，粗毛的，刚毛的（长而明显的毛）；caulis ← caulos 茎，茎秆，主茎

Salix hsinganica 兴安柳：hsinganica 兴安的（地名，大兴安岭或小兴安岭）；-icus/ -icum/ -ica 属于，具有某种特性（常用于地名、起源、生境）

Salix humaensis 呼玛柳：humaensis 呼玛的（地名，黑龙江省）

Salix hupehensis 湖北柳：hupehensis 湖北的（地名）

Salix hylonoma 川柳：hylonomus 灌丛生的，林内的；hylo- ← hyla/ hyle 林木，树木，森林；nomus 区域，范围

Salix hylonoma f. hylonoma 川柳-原变型 （词义见上面解释）

Salix hylonoma f. liocarpa 无毛川柳：lei-/ leio-/ lio- ← leius ← leios 光滑的，平滑的；carpus/ carpum/ carpa/ carpon ← carpos 果实（用于希腊语复合词）

S

Salix hypoleuca 小叶柳：hypoleucus 背面白色的，下面白色的；hyp-/ hypo- 下面的，以下的，不完全的；leucus 白色的，淡色的

Salix hypoleuca var. hypoleuca 小叶柳-原变种（词义见上面解释）

Salix hypoleuca var. hypoleuca f. hypoleuca 小叶柳-原变型（词义见上面解释）

Salix hypoleuca var. hypoleuca f. trichorachis 毛轴小叶柳：trich-/ tricho-/ tricha- ← trichos ← thrix 毛，多毛的，线状的，丝状的；rachis/ rhachis 主轴，花序轴，叶轴，脊棱（指着生小叶或花的部分的中轴，如羽状复叶、穗状花序总柄基部以外的部分）

Salix hypoleuca var. platyphylla 宽叶翻白柳：platys 大的，宽的（用于希腊语复合词）；phyllus/ phyllum/ phylla ← phyllon 叶片（用于希腊语复合词）

Salix iliensis 伊犁柳：iliense/ iliensis 伊利的（地名，新疆维吾尔自治区），伊犁河的（河流名，跨中国新疆与哈萨克斯坦）

Salix inamoena 丑柳：inamoenus 不美丽的，不可爱的；in-/ im-（来自 il- 的音变）内，在内，内部，向内，相反，不，无，非；il- 在内，向内，为，相反（希腊语为 en-）；词首 il- 的音变：il-（在 l 前面），im-（在 b、m、p 前面），in-（在元音字母和大多数辅音字母前面），ir-（在 r 前面），如 illaudatus（不值得称赞的，评价不好的），impermeabilis（不透水的，穿不透的），ineptus（不合适的），insertus（插入的），irretortus（无弯曲的，无扭曲的）；amoenus 美丽的，可爱的

Salix inamoena var. glabra 无毛丑柳：glabrus 光秃的，无毛的，光滑的

Salix inamoena var. inamoena 丑柳-原变种（词义见上面解释）

Salix insignis 藏西柳：insignis 著名的，超群的，优秀的，显著的，杰出的；in-/ im-（来自 il- 的音变）内，在内，内部，向内，相反，不，无，非；il- 在内，向内，为，相反（希腊语为 en-）；词首 il- 的音变：il-（在 l 前面），im-（在 b、m、p 前面），in-（在元音字母和大多数辅音字母前面），ir-（在 r 前面），如 illaudatus（不值得称赞的，评价不好的），impermeabilis（不透水的，穿不透的），ineptus（不合适的），insertus（插入的），irretortus（无弯曲的，无扭曲的）；signum 印记，标记，刻画，图章

Salix integra 杞柳（杞 qǐ）：integer/ integra/ integrum → integri- 完整的，整个的，全缘的

Salix jingdongensis 景东矮柳：jingdongensis 景东的（地名，云南省）

Salix juparica 贵南柳：juparica 居布日山的（地名，青海省）；-icus/ -icum/ -ica 属于，具有某种特性（常用于地名、起源、生境）

Salix juparica var. juparica 贵南柳-原变种（词义见上面解释）

Salix juparica × sibirica （西伯利亚尤氏柳）：sibirica 西伯利亚的（地名，俄罗斯）；-icus/ -icum/ -ica 属于，具有某种特性（常用于地名、起源、生境）

Salix juparica var. tibetica 光果贵南柳：tibetica 西藏的（地名）；-icus/ -icum/ -ica 属于，具有某种特性（常用于地名、起源、生境）

Salix kamanica 卡马垫柳：kamanica 卡马河的（地名，西藏自治区）

Salix kangdingensis 康定垫柳：kangdingensis 康定的（地名，四川省）

Salix kangensis 江界柳：kangensis（地名）

Salix kangensis var. kangensis 江界柳-原变种（词义见上面解释）

Salix kangensis var. leiocarpa 光果江界柳：lei-/ leio-/ lio- ← leius ← leios 光滑的，平滑的；carpus/ carpum/ carpa/ carpon ← carpos 果实（用于希腊语复合词）

Salix karelinii 枸子叶柳：karelinii ← Grigorii Silich (Silovich) Karelin（人名，19 世纪俄国博物学家）；-ii 表示人名，接在以辅音字母结尾的人名后面，但 -er 除外

Salix kochiana 沙杞柳：kochiana ← Koch（人名）；kochiana 高知的（地名，日本）

Salix kongbanica 康巴柳：kongbanica 岗巴的（地名，西藏自治区）；-icus/ -icum/ -ica 属于，具有某种特性（常用于地名、起源、生境）

Salix koreensis 朝鲜柳：koreensis 朝鲜的（地名）

Salix koreensis var. brevistyla 短柱朝鲜柳：brevi- ← brevis 短的（用于希腊语复合词词首）；stylus/ stylis ← stylos 柱，花柱

Salix koreensis var. koreensis 朝鲜柳-原变种（词义见上面解释）

Salix koreensis var. pedunculata 长梗朝鲜柳：pedunculatus/ peduncularis 具花序柄的，具总花梗的；pedunculus/ peduncule/ pedunculis ← pes 花序柄，总花梗（花序基部无花着生部分，不同于花柄）；关联词：pedicellus/ pediculus 小花梗，小花柄（不同于花序柄）；pes/ pedis 柄，梗，茎秆，腿，足，爪（作词首或词尾，pes 的词干视为 "ped-"）

Salix koreensis var. shandongensis 山东柳：shandongensis 山东的（地名）

Salix koriyanagi 尖叶紫柳：koriyanagi 高丽柳（"koriyanagi" 为 "高丽柳" 的日语读音）

Salix kouytchensis 贵州柳：kouytchensis 贵州的（地名）

Salix kusanoi 水社柳：kusanoi（人名）

Salix lamashanensis 拉马山柳：lamashanensis 拉马山的（地名，位于甘肃省定西市岷县境内）

Salix lanifera 白毛柳：lani- 羊毛状的，多毛的，密被软毛的；-ferus/ -ferum/ -fera/ -fero/ -fere/ -fer 有，具有，产（区别：作独立词使用的 ferus 意思是 "野生的"）

Salix lasiopes 毛柄柳：lasiopes 茎有毛的；lasi-/ lasio- 羊毛状的，有毛的，粗糙的；pes/ pedis 柄，梗，茎秆，腿，足，爪（作词首或词尾，pes 的词干视为 "ped-"）

Salix lepidostachys （美穗柳）：lepido- ← lepis 鳞片，鳞片状（lepis 词干视为 lepid-，后接辅音字母时通常加连接用的 "o"，故形成 "lepido-"）；lepido- ← lepidus 美丽的，典雅的，整洁的，装饰华丽的；stachy-/ stachyo-/ -stachys/ -stachyus/ -stachyum/ -stachya 穗子，穗子的，穗子状的，穗

状花序的；注：构词成分 lepid-/ lepdi-/ lepido- 需要根据植物特征翻译成"秀丽"或"鳞片"

Salix × leucopithecia 棉花柳：leuc-/ leuco- ← leucus 白色的（如果和其他表示颜色的词混用则表示淡色）；pithecius 猴子

Salix leveilleana 井冈柳：leveilleana（人名）

Salix limprichtii 黑皮柳：limprichtii（人名）；-ii 表示人名，接在以辅音字母结尾的人名后面，但 -er 除外

Salix lindleyana 青藏垫柳：lindleyana ← John Lindley（人名，18 世纪英国植物学家）

Salix linearifolia 黄线柳：linearis = lineus + aris 线条的，线形的，线状的，亚麻状的；folius/ folium/ folia 叶，叶片（用于复合词）；-aris（阳性、阴性）/ -are（中性）← -alis（阳性、阴性）/ -ale（中性）属于，相似，如同，具有，涉及，关于，联结于（将名词作形容词用，其中 -aris 常用于以 l 或 r 为词干末尾的词）

Salix linearistipularis 筐柳：linearis = lineus + aris 线条的，线形的，线状的，亚麻状的；stipularis = stipulus + aris 托叶的，托叶状的，托叶上的；stipulus 托叶；-aris（阳性、阴性）/ -are（中性）← -alis（阳性、阴性）/ -ale（中性）属于，相似，如同，具有，涉及，关于，联结于（将名词作形容词用，其中 -aris 常用于以 l 或 r 为词干末尾的词）

Salix liouana 黄龙柳：liouana（人名）

Salix longiflora 长花柳：longe-/ longi- ← longus 长的，纵向的；florus/ florum/ flora ← flos 花（用于复合词）

Salix longiflora var. albescens 小叶长花柳：albescens 淡白的，略白的，发白的，褪色的；albus → albi-/ albo- 白色的；-escens/ -ascens 改变，转变，变成，略微，带有，接近，相似，大致，稍微（表示变化的趋势，并未完全相似或相同，有别于表示达到完成状态的 -atus）

Salix longiflora var. longiflora 长花柳-原变种（词义见上面解释）

Salix longistamina 长蕊柳：longe-/ longi- ← longus 长的，纵向的；staminus 雄性的，雄蕊的；stamen/ staminis 雄蕊

Salix longistamina var. glabra 无毛长蕊柳：glabrus 光秃的，无毛的，光滑的

Salix longistamina var. longistamina 长蕊柳-原变种（词义见上面解释）

Salix luctuosa 丝毛柳：luctuosus 悲伤的

Salix macroblasta 灌西柳：macro-/ macr- ← macros 大的，宏观的（用于希腊语复合词）；blastus ← blastos 胚，胚芽，芽

Salix magnifica 大叶柳：magnificus 壮大的，大规模的；magnus 大的，巨大的；-ficus 非常，极其（作独立词使用的 ficus 意思是"榕树，无花果"）

Salix magnifica var. apetala 倒卵叶大叶柳：apetalus 无花瓣的，花瓣缺如的；a-/ an- 无，非，没有，缺乏，不具有（an- 用于元音前）（a-/ an- 为希腊语词首，对应的拉丁语词首为 e-/ ex-，相当于英语的 un-/ -less，注意词首 a- 和作为介词的 a/ ab 不同，后者的意思是"从……、由……、关于……、

因为……"）；petalus/ petalum/ petala ← petalon 花瓣

Salix magnifica var. magnifica 大叶柳-原变种（词义见上面解释）

Salix magnifica var. ulotricha 卷毛大叶柳：ulotrichus 卷毛的；ulo- 卷曲；trichus 毛，毛发，线

Salix maizhokunggarensis 墨竹柳：maizhokunggarensis 墨竹工卡的（地名，西藏自治区）

Salix matsudana 旱柳：matsudana ← Sadahisa Matsuda 松田定久（人名，日本植物学家，早期研究中国植物）

Salix matsudana var. matsudana 旱柳-原变种（词义见上面解释）

Salix matsudana var. matsudana f. matsudana 旱柳-原变型（词义见上面解释）

Salix matsudana var. matsudana f. pendula 绦柳（绦 tāo）：pendulus ← pendere 下垂的，垂吊的（悬空或因支持体细软而下垂）；pendere/ pendeo 悬挂，垂悬；-ulus/ -ulum/ -ula（表示趋向或动作）（小词 -ulus 在字母 e 或 i 之后有多种变缀，即 -olus/ -olum/ -ola、-ellus/ -ellum/ -ella、-illus/ -illum/ -illa，与第一变格法和第二变格法名词形成复合词）

Salix matsudana var. matsudana f. tortuosa 龙爪柳：tortuosus 不规则拧劲的，明显拧劲的；tortus 拧劲，捻，扭曲；-osus/ -osum/ -osa 多的，充分的，丰富的，显著发育的，程度高的，特征明显的（形容词词尾）

Salix matsudana var. matsudana f. umbraculifera 馒头柳：umbraculifera 伞，具伞的；umbraculus 阴影，阴地，遮阴；umbra 荫凉，阴影，阴地；-ferus/ -ferum/ -fera/ -fero/ -fere/ -fer 有，具有，产（区别：作独立词使用的 ferus 意思是"野生的"）

Salix matsudana var. pseudo-matsudana 旱垂柳：pseudo-matsudana 像 matsudana 的；pseudo-/ pseud- ← pseudos 假的，伪的，接近，相似（但不是）；Salix matsudana 旱柳；matsudana（人名）

Salix maximowiczii 大白柳：maximowiczii ← C. J. Maximowicz 马克希莫夫（人名，1827–1891，俄国植物学家）

Salix medogensis 墨脱柳：medogensis 墨脱的（地名，西藏自治区）

Salix mesnyi 粤柳：mesnyi ← William Mesny（人名，19 世纪植物采集员）；-i 表示人名，接在以元音字母结尾的人名后面，但 -a 除外

Salix metaglauca 绿叶柳：metaglauca 像 glauca 的，glauca 之后的；Salix glauca 灰蓝柳；meta- 之后的，后来的，近似的，中间的，转变的，替代的，有关联的，共同的；glaucus → glauco-/ glauc- 被白粉的，发白的，灰绿色的

Salix michelsonii 米黄柳：michelsonii（人名）；-ii 表示人名，接在以辅音字母结尾的人名后面，但 -er 除外

Salix microphyta 宝兴矮柳：micr-/ micro- ← micros 小的，微小的，微观的（用于希腊语复合词）；phytus/ phytum/ phyta 植物

Salix microstachya 小穗柳：micr-/ micro- ← micros 小的，微小的，微观的（用于希腊语复合词）；stachy-/ stachyo-/ -stachys/ -stachyus/ -stachyum/ -stachya 穗子，穗子的，穗子状的，穗状花序的

Salix microstachya var. bordensis 小红柳：bordensis（地名，内蒙古昭乌达盟）

Salix microstachya var. microstachya 小穗柳-原变种（词义见上面解释）

Salix mictotricha 兴山柳：micto- ← micro- 小的，微小的，略微的；trichus 毛，毛发，线

Salix morii 台湾柳：morii 森（日本人名）

Salix morrisonicola 玉山柳：morrisonicola 磨里山产的；morrison 磨里山（地名，今台湾新高山）；colus ← colo 分布于，居住于，栖居，殖民（常作词尾）；colo/ colere/ colui/ cultum 居住，耕作，栽培

Salix moupinensis 宝兴柳：moupinensis 穆坪的（地名，四川省宝兴县），木坪的（地名，重庆市）

Salix muliensis 木里柳：muliensis 木里的（地名，四川省）

Salix myricaefolia （梅叶柳）：myricaefolia = Myrica + folius 杨梅叶的（注：组成复合词时，要将前面词的词尾 -us/ -um/ -a 变成 -i- 或 -o- 而不是所有格，故该词宜改为"myricifolia"）；Myrica 杨梅属；folius/ folium/ folia 叶，叶片（用于复合词）

Salix myrtillacea 坡柳：myrtillacea ← Vaccinium myritillus 黑果越橘；-aceus/ -aceum/ -acea 相似的，有……性质的，属于……的

Salix myrtilloides 越橘柳：myrtilloides 像越橘的，像乌饭树的；myrtillus ← Vaccinium myrtillus 黑果越橘；-oides/ -oideus/ -oideum/ -oidea/ -odes/ -eidos 像……的，类似……的，呈……状的（名词词尾）

Salix myrtilloides var. mandshurica 东北越橘柳：mandshurica 满洲的（地名，中国东北，地理区域）

Salix myrtilloides var. myrtilloides 越橘柳-原变种（词义见上面解释）

Salix nankingensis 南京柳：nankingensis 南京的（地名，江苏省）

Salix neolapponum 绢柳（绢 juàn）：neolapponum 晚于 neolapponum 的；neo- ← neos 新，新的；Salix lapponum 绒毛柳；lapponus ← Lapland 拉普兰的（地名，瑞典）

Salix neowilsonii 新紫柳：neowilsonii 晚于 wilsonii 的；neo- ← neos 新，新的；Salix wilsonii 紫柳；wilsonii（人名）；-ii 表示人名，接在以辅音字母结尾的人名后面，但 -er 除外

Salix nujiangensis 怒江柳：nujiangensis 怒江的（地名，云南省）

Salix obscura 毛坡柳：obscurus 暗色的，不明确的，不明显的，模糊的

Salix occidentali-sinensis 华西柳：occidentali-sinensis 中国西部的；occidentalis 西方的，西部的，欧美的；occidens 西方，西部；sinensis = Sina + ensis 中国的（地名）；Sina 中国

Salix ochetophylla 汶川柳（汶 wèn）：ochetos 沟；phyllus/ phyllum/ phylla ← phyllon 叶片（用于希腊语复合词）

Salix okamotoana 台矮柳：okamotoana 冈本（日本人名）

Salix omeiensis 峨眉柳：omeiensis 峨眉山的（地名，四川省）

Salix opaca （光叶柳）：opacus 不透明的，暗的，无光泽的

Salix opsimantha 迟花柳：opse 迟的，晚的；anthus/ anthum/ antha/ anthe ← anthos 花（用于希腊语复合词）

Salix oreinoma 迟花矮柳：oreinoma = oreo + nomus 分布于高山的，生于山地的；oreo-/ ores-/ ori- ← oreos 山，山地，高山；nomus 区域，范围

Salix oreophila 尖齿叶垫柳：oreo-/ ores-/ ori- ← oreos 山，山地，高山；philus/ philein ← philos → phil-/ phili/ philo- 喜好的，爱好的，喜欢的（注意区别形近词：phylus、phyllus）；phylus/ phylum/ phyla ← phylon/ phyle 植物分类单位中的"门"，位于"界"和"纲"之间，类群，种族，部落，聚群；phyllus/ phyllum/ phylla ← phyllon 叶片（用于希腊语复合词）

Salix oreophila var. oreophila 尖齿叶垫柳-原变种（词义见上面解释）

Salix oreophila var. secta 五齿叶垫柳：sectus 分段的，分节的，切开的，分裂的

Salix oritrepha 山生柳：oritrephus 山地培育的，生于山地的；oreo-/ ores-/ ori- ← oreos 山，山地，高山；trephus/ trephe ← trephos 维持，保持，养育，供养

Salix oritrepha var. amnematchinensis 青山生柳：amnematchinensis（地名，青海省）

Salix oritrepha var. oritrepha 山生柳-原变种（词义见上面解释）

Salix ovatomicrophylla 卵小叶垫柳：ovatus = ovus + atus 卵圆形的；ovus 卵，胚珠，卵形的，椭圆形的；micr-/ micro- ← micros 小的，微小的，微观的（用于希腊语复合词）；phyllus/ phyllum/ phylla ← phyllon 叶片（用于希腊语复合词）

Salix paraflabellaris 类扇叶垫柳：paraflabellaris 近扇形的，近似 flabellaris 的；para- 类似，接近，近旁，假的；Salix flabellaris 扇叶垫柳；flabellaris 扇形的；-aris（阳性、阴性）/ -are（中性）← -alis（阳性、阴性）/ -ale（中性）属于，相似，如同，具有，涉及，关于，联结于（将名词作形容词用，其中 -aris 常用于以 l 或 r 为词干末尾的词）

Salix paraheterochroma 藏紫枝柳：paraheterochromus 近杂色的，近似 heterochroma 的；para- 类似，接近，近旁，假的；Salix heterochroma 紫枝柳；hete-/ heter-/ hetero- ← heteros 不同的，多样的，不齐的；chromus/ chrous 颜色的，彩色的，有色的

Salix paraphylicifolia 光叶柳：paraphylicifolius 叶片像石楠茶的；para- 类似，接近，近旁，假的；Phylica 石南茶属（鼠李科）；folius/ folium/ folia 叶，叶片（用于复合词）

Salix paraplesia 康定柳：paraplesius 极近旁的，极相似的；para- 类似，接近，近旁，假的；plesius ← plesios/ plesion 相近的，亲近的，近缘的

S

Salix paraplesia var. paraplesia 康定柳-原变种
（词义见上面解释）

Salix paraplesia var. paraplesia f. lanceolata 狭
叶康定柳：lanceolatus = lanceus + olus + atus 小
披针形的，小柳叶刀的；lance-/ lancei-/ lanci-/
lanceo-/ lanc- ← lanceus 披针形的，矛形的，尖刀
状的，柳叶刀状的；-olus ← -ulus 小，稍微，略微
（-ulus 在字母 e 或 i 之后变成 -olus/ -ellus/ -illus）；
-atus/ -atum -ata 属于，相似，具有，完成（形容
词词尾）

Salix paraplesia var. paraplesia f. paraplesia
康定柳-原变型 （词义见上面解释）

Salix paraplesia var. pubescens 毛枝康定柳：
pubescens ← pubens 被短柔毛的，长出柔毛的；
pubi- ← pubis 细柔毛的，短柔毛的，毛被的；
pubesco/ pubescere 长成的，变为成熟的，长出柔
毛的，青春期毛的；-escens/ -ascens 改变，转变，
变成，略微，带有，接近，相似，大致，稍微（表示
变化的趋势，并未完全相似或相同，有别于表示达
到完成状态的 -atus）

Salix paraplesia var. subintegra 左旋柳：
subintegra 近全缘的；sub-（表示程度较弱）
与……类似，几乎，稍微，弱，亚，之下，下面；
integer/ integra/ integrum → integri- 完整的，整
个的，全缘的

Salix paratetradenia 类四腺柳：paratetradenius 近
四腺体的，近似 tetradenia 的；para- 类似，接近，
近旁，假的；Salix tetradenia 山黑柳；tetra-/ tetr-
四，四数（希腊语，拉丁语为 quadri-/ quadr-）；
adenius = adenus + ius 具腺体的；adenus 腺，腺
体；-ius/ -ium/ -ia 具有……特性（表示有关、关
联、相似）

Salix paratetradenia var. paratetradenia 类四
腺柳-原变种 （词义见上面解释）

Salix paratetradenia var. yatungensis 亚东柳：
yatungensis 亚东的（地名，西藏自治区）

Salix parvidenticulata 小齿叶柳：parvus 小的，些
微的，弱的；denticulatus = dentus + culus + atus
具细齿的，具齿的

Salix pella 黑枝柳：pella ← pellos 深色的，浓重的，
暗色的

Salix pentandra 五蕊柳：penta- 五，五数（希腊语，
拉丁语为 quin/ quinqu/ quinque-/ quinqui-）；
andrus/ andros/ antherus ← aner 雄蕊，花药，雄性

Salix pentandra var. intermedia 白背五蕊柳：
intermedius 中间的，中位的，中等的；inter- 中间
的，在中间，之间；medius 中间的，中央的

Salix pentandra var. obovata 卵苞五蕊柳：
obovatus = ob + ovus + atus 倒卵形的；ob- 相反，
反对，倒（ob- 有多种音变：ob- 在元音字母和大多
数辅音字母前面，oc- 在 c 前面，of- 在 f 前面，op-
在 p 前面）；ovus 卵，胚珠，卵形的，椭圆形的

Salix pentandra var. pentandra 五蕊柳-原变种
（词义见上面解释）

Salix permollis 山毛柳：permollis 极柔软的，极多
柔毛的；per-（在 l 前面音变为 pel-）极，很，颇，
甚，非常，完全，通过，遍及（表示效果加强，与
sub- 互为反义词）；molle/ mollis 软的，柔毛的

Salix phaidima 纤柳：phaidima（词源不详）

Salix phanera 长叶柳：phanerus ← phaneros 显著
的，显现的，突出的

Salix phanera var. phanera 长叶柳-原变种 （词
义见上面解释）

Salix phanera var. weixiensis 维西长叶柳：
weixiensis 维西的（地名，云南省）

Salix pierotii 白皮柳：pierotii（人名）；-ii 表示人名，
接在以辅音字母结尾的人名后面，但 -er 除外

Salix pingliensis 平利柳：pingliensis 平利的（地名，
陕西省）

Salix piptotricha 毛果垫柳：piptotrichus 早脱毛的；
pipto 落下；trichus 毛，毛发，线

Salix plocotricha 曲毛柳：ploco- ← plocus 卷发；
trichus 毛，毛发，线

Salix polyadenia 多腺柳：poly- ← polys 多个，许
多（希腊语，拉丁语为 multi-）；adenius =
adenus + ius 具腺体的；adenus 腺，腺体；-ius/
-ium/ -ia 具有……特性的（表示有关、关联、相似）

Salix polyadenia var. polyadenia 多腺柳-原变种
（词义见上面解释）

Salix polyadenia var. tschanbaischanica 长白柳：
tschanbaischanica 长白山的（地名，吉林省）；
-icus/ -icum/ -ica 属于，具有某种特性（常用于地
名、起源、生境）

Salix polyclona 多枝柳：poly- ← polys 多个，许多
（希腊语，拉丁语为 multi-）；clonus ← clonos 分枝，
枝条

Salix praticola 草地柳：praticola 生于草原的；
pratum 草原；colus ← colo 分布于，居住于，栖居，
殖民（常作词尾）；colo/ colere/ colui/ cultum 居
住，耕作，栽培

Salix psammophila 北沙柳：psammos 沙子；
philus/ philein ← philos → phil-/ phili/ philo- 喜好
的，爱好的，喜欢的（注意区别形近词：phylus、
phyllus）；phylus/ phylum/ phyla ← phylon/ phyle
植物分类单位中的"门"，位于"界"和"纲"之间，
类群，种族，部落，聚群；phyllus/ phyllum/
phylla ← phyllon 叶片（用于希腊语复合词）

Salix pseudo-lasiogyne 朝鲜垂柳：
pseudo-lasiogyne 像 lasiogyne 的；pseudo-/
pseud- ← pseudos 假的，伪的，接近，相似（但不
是）；Salix cupularis var. lasiogyne（柳属一变种）

Salix pseudo-wallichiana 青皂柳：
pseudo-wallichiana 像 wallichiana 的；pseudo-/
pseud- ← pseudos 假的，伪的，接近，相似（但不
是）；Salix wallichiana 皂柳；wallichiana ←
Nathaniel Wallich（人名，19 世纪初丹麦植物学家、
医生）

Salix pseudopermollis 小叶山毛柳：
pseudopermollis 像 permollis 的；pseudo-/
pseud- ← pseudos 假的，伪的，接近，相似（但不
是）；Salix permollis 山毛柳；per-（在 l 前面音变为
pel-）极，很，颇，甚，非常，完全，通过，遍及（表
示效果加强，与 sub- 互为反义词）；molle/ mollis
软的，柔毛的；permollis 极柔软的，极多柔毛的

Salix pseudospissa 大苞柳：pseudospissa 近似紧密
的；pseudo-/ pseud- ← pseudos 假的，伪的，接近，

S

相似（但不是）；spissus 紧实的，紧密的，成丛的

Salix pseudotangii 山柳：pseudotangii 像 tangii 的；pseudo-/ pseud- ← pseudos 假的，伪的，接近，相似（但不是）；Salix tangii 周至柳；tangii（人名）

Salix pseudowolohoensis 西柳：pseudowolohoensis 像 wolohoensis 的；pseudo-/ pseud- ← pseudos 假的，伪的，接近，相似（但不是）；Salix wolohoensis 川南柳

Salix psilostigma 裸柱头柳：psil-/ psilo- ← psilos 平滑的，光滑的；stigmus 柱头

Salix pycnostachya 密穗柳：pycnostachyus 密穗的；pycn-/ pycno- ← pycnos 密生的，密集的；stachy-/ stachyo-/ -stachys/ -stachyus/ -stachyum/ -stachya 穗子，穗子的，穗子状的，穗状花序的

Salix pycnostachya var. oxycarpa 尖果密穗柳：oxycarpus 尖果的；oxy- ← oxys 尖锐的，酸的；carpus/ carpum/ carpa/ carpon ← carpos 果实（用于希腊语复合词）

Salix pycnostachya var. pycnostachya 密穗柳-原变种 （词义见上面解释）

Salix pyrolifolia 鹿蹄柳：pyrolifolia = Pyrola + folius（组成复合词时，要将前面词的词尾 -us/ -um/ -a 变成 -i- 或 -o- 而不是所有格，即该复合词中将 pyrola 变成 pyroli 而不是 pyrolae）；Pyrola 鹿蹄草属（鹿蹄草科），如错误例：Salix pyrolaefolia；folius/ folium/ folia 叶，叶片（用于复合词）

Salix qinghaiensis 青海柳：qinghaiensis 青海的（地名）

Salix qinghaiensis var. microphylla 小叶青海柳：micr-/ micro- ← micros 小的，微小的，微观的（用于希腊语复合词）；phyllus/ phyllum/ phylla ← phyllon 叶片（用于希腊语复合词）

Salix qinghaiensis var. qinghaiensis 青海柳-原变种 （词义见上面解释）

Salix raddeana 大黄柳：raddeanus ← Gustav Ferdinand Richard Radde（人名，19 世纪德国博物学家，曾考察高加索地区和阿穆尔河流域）

Salix raddeana var. raddeana 大黄柳-原变种（词义见上面解释）

Salix raddeana var. subglabra 稀毛大黄柳：subglabrus 近无毛的；sub-（表示程度较弱）与……类似，几乎，稍微，弱，亚，之下，下面；glabrus 光秃的，无毛的，光滑的

Salix radinostachya 长穗柳：radinus = radius + inus 辐射状的，放射状的；-inus/ -inum/ -ina/ -inos 相近，接近，相似，具有（通常指颜色）；stachy-/ stachyo-/ -stachys/ -stachyus/ -stachyum/ -stachya 穗子，穗子的，穗子状的，穗状花序的

Salix radinostachya var. pseudo-phanera 绒毛长穗柳：pseudo-phanera 像 phanera 的；pseudo-/ pseud- ← pseudos 假的，伪的，接近，相似（但不是）；Salix phanera 长叶柳；phanerus ← phaneros 显著的，显现的，突出的

Salix radinostachya var. radinostachya 长穗柳-原变种 （词义见上面解释）

Salix rectijulis 欧越橘柳：recti-/ recto- ← rectus 直线的，笔直的，向上的；julis 柔荑花序的

Salix rehderiana 川滇柳：rehderiana ← Alfred Rehder（人名，1863–1949，德国植物分类学家、树木学家，在美国 Arnold 植物园工作）

Salix rehderiana var. dolia 灌柳：dolium 圆筒，桶状的

Salix rehderiana var. rehderiana 川滇柳-原变种（词义见上面解释）

Salix resecta 截苞柳：resectus 截去的，截成段的；sectus ← seco 切开，切断，分段

Salix resectoides 藏截苞矮柳：resectoides 像 resecta 的；Salix resecta 截苞柳；-oides/ -oideus/ -oideum/ -oidea/ -odes/ -eidos 像……的，类似……的，呈……状的（名词词尾）

Salix rhododendrifolia 杜鹃叶柳：Rhododendron 杜鹃属（杜鹃花科）；folius/ folium/ folia 叶，叶片（用于复合词）

Salix rhoophila 房县柳：rhoo- ← rhous/ 盐肤木（Rhus）；philus/ philein ← philos → phil-/ phili/ philo- 喜好的，爱好的，喜欢的（注意区别形近词：phylus、phyllus）；phylus/ phylum/ phyla ← phylon/ phyle 植物分类单位中的"门"，位于"界"和"纲"之间，类群，种族，部落，聚群；phyllus/ phyllum/ phylla ← phyllon 叶片（用于希腊语复合词）

Salix rockii 拉加柳：rockii ← Joseph Francis Charles Rock（人名，20 世纪美国植物采集员）

Salix rockii f. biglandulosa 二腺拉加柳：bi-/ bis- 二，二数，二回（希腊语为 di-）；glandulosus = glandus + ulus + osus 被细腺的，具腺体的，腺体质的；-osus/ -osum/ -osa 多的，充分的，丰富的，显著发育的，程度高的，特征明显的（形容词词尾）

Salix rockii f. rockii 拉加柳-原变型 （词义见上面解释）

Salix rorida 粉枝柳：roridus 露湿的，露珠状的

Salix rorida var. rorida 粉枝柳-原变种 （词义见上面解释）

Salix rorida var. roridaeformis 伪粉枝柳：roridaeformis 露珠状的（注：组成复合词时，要将前面词的词尾 -us/ -um/ -a 变成 -i- 或 -o- 而不是所有格，故该词宜改为"roridiformis"）；roridus 露湿的，露珠状的；formis/ forma 形状

Salix rosmarinifolia 细叶沼柳：Rosmarinus 迷迭香属（唇形科）；folius/ folium/ folia 叶，叶片（用于复合词）

Salix rosmarinifolia var. brachypoda 沼柳：brachy- ← brachys 短的（用于拉丁语复合词词首）；podus/ pus 柄，梗，茎秆，足，腿

Salix rosmarinifolia var. gannanensis 甘南沼柳：gannanensis 甘南的（地名，甘肃省）

Salix rosmarinifolia var. rosmarinifolia 细叶沼柳-原变种 （词义见上面解释）

Salix rosmarinifolia var. tungbeiana 东北细叶沼柳：tungbeiana 东北的（地名，中国东北三省）

Salix rosthornii 南川柳：rosthornii ← Arthur Edler von Rosthorn（人名，19 世纪匈牙利驻北京大使）

Salix rotundifolia 圆叶柳：rotundus 圆形的，呈圆形的，肥大的；rotundo 使呈圆形，使圆滑；roto 旋转，滚动；folius/ folium/ folia 叶，叶片（用于复合词）

S

Salix sachalinensis 龙江柳：sachalinensis ← Sakhalin 库页岛的（地名，日本海北部俄属岛屿，日文桦太，俄称萨哈林岛）

Salix sajanensis 萨彦柳：sajanensis 萨彦的（地名，俄罗斯）

Salix salwinensis 对叶柳：salwinensis 萨尔温江的（地名，怒江流入缅甸部分的名称）

Salix salwinensis var. longiamentifera 长穗对叶柳：longe-/ longi- ← longus 长的，纵向的；amentus 柔荑花序的（荑 tí）；-ferus/ -ferum/ -fera/ -fero/ -fere/ -fer 有，具有，产（区别：作独立词使用的 ferus 意思是"野生的"）

Salix salwinensis var. salwinensis 对叶柳-原变种（词义见上面解释）

Salix saposhnikovii 灌木柳：saposhnikovii（人名）；-ii 表示人名，接在以辅音字母结尾的人名后面，但 -er 除外

Salix sclerophylla 硬叶柳：sclero- ← scleros 坚硬的，硬质的；phyllus/ phyllum/ phylla ← phyllon 叶片（用于希腊语复合词）

Salix sclerophylla var. obtusa 宽苞金背柳：obtusus 钝的，钝形的，略带圆形的

Salix sclerophylla var. sclerophylla 硬叶柳-原变种（词义见上面解释）

Salix sclerophylla var. tibetica 小叶硬叶柳：tibetica 西藏的（地名）；-icus/ -icum/ -ica 属于，具有某种特性（常用于地名、起源、生境）

Salix sclerophylloides 近硬叶柳：sclerophylloides 像 sclerophylla 的，近似硬叶的；Salix sclerophylla 硬叶柳；sclero- ← scleros 坚硬的，硬质的；phyllus/ phyllum/ phylla ← phyllon 叶片（用于希腊语复合词）；-oides/ -oideus/ -oideum/ -oidea/ -odes/ -eidos 像……的，类似……的，呈……状的（名词词尾）

Salix sericocarpa 绢果柳（绢 juàn）：sericocarpus 绢毛果的；sericus 绢丝的，绢毛的，赛尔人的（Ser 为印度一民族）；carpus/ carpum/ carpa/ carpon ← carpos 果实（用于希腊语复合词）

Salix serpyllum 多花小垫柳：serpyllum 百里香（古拉丁名）

Salix serrulatifolia 锯齿柳：serrulatus = serrus + ulus + atus 具细锯齿的；serrus 齿，锯齿；-ulus/ -ulum/ -ula 小的，略微的，稍微的（小词 -ulus 在字母 e 或 i 之后有多种变缀，即 -olus/ -olum/ -ola、-ellus/ -ellum/ -ella、-illus/ -illum/ -illa，与第一变格法和第二变格法名词形成复合词）；-atus/ -atum/ -ata 属于，相似，具有，完成（形容词词尾）；folius/ folium/ folia 叶，叶片（用于复合词）

Salix serrulatifolia f. serrulatifolia 锯齿柳-原变型（词义见上面解释）

Salix serrulatifolia f. subintegrifolia 疏锯齿柳：subintegrifolia 近全缘叶的；sub-（表示程度较弱）与……类似，几乎，稍微，弱，亚，之下，下面；integer/ integra/ integrum → integri- 完整的，整个的，全缘的；folius/ folium/ folia 叶，叶片（用于复合词）

Salix shandanensis 山丹柳：shandanensis 山丹的（地名，甘肃省）

Salix shihtsuanensis 石泉柳：shihtsuanensis 石泉的（地名，陕西省）

Salix shihtsuanensis var. globosa 球果石泉柳：globosus = globus + osus 球形的；globus → glob-/ globi- 球体，圆球，地球；-osus/ -osum/ -osa 多的，充分的，丰富的，显著发育的，程度高的，特征明显的（形容词词尾）；关联词：globularis/ globulifer/ globulosus（小球状的、具小球的），globuliformis（纽扣状的）

Salix shihtsuanensis var. sessilis 无柄石泉柳：sessilis 无柄的，无茎的，基生的，基部的

Salix shihtsuanensis var. shihtsuanensis 石泉柳-原变种（词义见上面解释）

Salix sibirica （西伯利亚柳）：sibirica 西伯利亚的（地名，俄罗斯）；-icus/ -icum/ -ica 属于，具有某种特性（常用于地名、起源、生境）

Salix sikkimensis 锡金柳：sikkimensis 锡金的（地名）

Salix sinica 中国黄花柳：sinica 中国的（地名）；-icus/ -icum/ -ica 属于，具有某种特性（常用于地名、起源、生境）

Salix sinica var. dentata 齿叶黄花柳：dentatus = dentus + atus 牙齿的，齿状的，具齿的；dentus 齿，牙齿；-atus/ -atum/ -ata 属于，相似，具有，完成（形容词词尾）

Salix sinica var. sinica 中国黄花柳-原变种（词义见上面解释）

Salix sinopurpurea 红皮柳：sinopurpurea 中国型紫色的；sino- 中国；purpureus = purpura + eus 紫色的；purpura 紫色（purpura 原为一种介壳虫名，其体液为紫色，可作颜料）；-eus/ -eum/ -ea（接拉丁语词干时）属于……的，色如……的，质如……的（表示原料、颜色或品质的相似），（接希腊语词干时）属于……的，以……出名，为……所占有（表示具有某种特性）

Salix siuzevii 卷边柳：siuzevii（人名）；-ii 表示人名，接在以辅音字母结尾的人名后面，但 -er 除外

Salix skvortzovii 司氏柳：skvortzovii（人名）；-ii 表示人名，接在以辅音字母结尾的人名后面，但 -er 除外

Salix songarica 准噶尔柳（噶 gá）：songarica 准噶尔的（地名，新疆维吾尔自治区）；-icus/ -icum/ -ica 属于，具有某种特性（常用于地名、起源、生境）

Salix souliei 黄花垫柳：souliei（人名）；-i 表示人名，接在以元音字母结尾的人名后面，但 -a 除外

Salix spathulifolia 匙叶柳（匙 chí）：spathulifolius 匙形叶的，佛焰苞状叶的；spathulatus = spathus + ulus + atus 匙形的，佛焰苞状的，小佛焰苞；spathus 佛焰苞，薄片，刀剑；folius/ folium/ folia 叶，叶片（用于复合词）

Salix sphaeronymphe 巴朗柳（也称巴郎柳）：sphaeronymphe 球形子房的；sphaero- 圆形，球形；nymphes 子房

Salix sphaeronymphoides 光果巴朗柳：sphaeronymphoides 像 sphaeronymphe 的，近似球形子房的；Salix sphaeronymphe 巴朗柳；sphaero- 圆形，球形；nymphes 子房；sphaeronymphe 球形子房的；-oides/ -oideus/ -oideum/ -oidea/ -odes/

S

-eidos 像……的，类似……的，呈……状的（名词词尾）

Salix spodiophylla 灰叶柳：spodios 灰色的；spod-/ spodo- 灰色；phyllus/ phyllum/ phylla ← phyllon 叶片（用于希腊语复合词）

Salix spodiophylla f. angustifolia 狭叶灰叶柳：angusti- ← angustus 窄的，狭的，细的；folius/ folium/ folia 叶，叶片（用于复合词）

Salix spodiophylla f. liocarpa 无毛灰叶柳：lei-/ leio-/ lio- ← leius ← leios 光滑的，平滑的；carpus/ carpum/ carpa/ carpon ← carpos 果实（用于希腊语复合词）

Salix spodiophylla f. spodiophylla 灰叶柳-原变型（词义见上面解释）

Salix suchowensis 簸箕柳（簸箕 bò jī）：suchowensis 苏州的（地名，江苏省）

Salix sungkianica 松江柳：sungkianica 松花江的（河流名，黑龙江省）

Salix tagawana 花莲柳：tagawana ← Motozi Tagawa 田川（人名，20世纪日本植物学家）

Salix taipaiensis 太白柳：taipaiensis 太白山的（地名，陕西省）

Salix taishanensis 泰山柳：taishanensis 泰山的（地名，山东省）

Salix taishanensis var. hebeinica 河北柳：hebeinica 河北的（地名）；-icus/ -icum/ -ica 属于，具有某种特性（常用于地名、起源、生境）

Salix taishanensis var. taishanensis 太山柳-原变种（词义见上面解释）

Salix taiwanalpina 台高山柳：taiwanalpina 台湾高山的；taiwan 台湾（地名）；alpinus = alpus + inus 高山的；alpus 高山；al-/ alti-/ alto- ← altus 高的，高处的；-inus/ -inum/ -ina/ -inos 相近，接近，相似，具有（通常指颜色）

Salix takasagoalpina 台湾匍柳：takasago（地名，属台湾省，源于台湾少数民族名称，日语读音）；alpinus = alpus + inus 高山的；alpus 高山；al-/ alti-/ alto- ← altus 高的，高处的；-inus/ -inum/ -ina/ -inos 相近，接近，相似，具有（通常指颜色）

Salix tangii 周至柳：tangii（人名）；-ii 表示人名，接在以辅音字母结尾的人名后面，但 -er 除外

Salix tangii var. angustifolia 细叶周至柳：angusti- ← angustus 窄的，狭的，细的；folius/ folium/ folia 叶，叶片（用于复合词）

Salix tangii var. tangii 周至柳-原变种（词义见上面解释）

Salix taoensis 洮河柳（洮 táo）：taoensis 洮河的（地名，青海省和甘肃省）

Salix taraikensis 谷柳：taraikensis（地名）

Salix taraikensis var. latifolia 宽叶谷柳：lati-/ late- ← latus 宽的，宽广的；folius/ folium/ folia 叶，叶片（用于复合词）

Salix taraikensis var. taraikensis 谷柳-原变种（词义见上面解释）

Salix tarbagataica 塔城柳：tarbagataica（地名，新疆维吾尔自治区）；-icus/ -icum/ -ica 属于，具有某种特性（常用于地名、起源、生境）

Salix tenella 光苞柳：tenellus = tenuis + ellus 柔软的，纤细的，纤弱的，精美的，雅致的；tenuis 薄的，纤细的，弱的，瘦的，窄的；-ellus/ -ellum/ -ella ← -ulus 小的，略微的，稍微的（小词 -ulus 在字母 e 或 i 之后有多种变缀，即 -olus/ -olum/ -ola、-ellus/ -ellum/ -ella、-illus/ -illum/ -illa，用于第一变格法名词）

Salix tenella var. tenella 光苞柳-原变种（词义见上面解释）

Salix tenella var. trichadenia 基毛光苞柳：trichadenius 腺毛的；trich-/ tricho-/ tricha- ← trichos ← thrix 毛，多毛的，线状的，丝状的；adenius = adenus + ius 具腺体的；adenus 腺，腺体；-ius/ -ium/ -ia 具有……特性（表示有关、关联、相似）

Salix tengchongensis 腾冲柳：tengchongensis 腾冲的（地名，云南省）

Salix tenuijulis 细穗柳：tenui- ← tenuis 薄的，纤细的，弱的，瘦的，窄的；julis 柔荑花序的

Salix tetrasperma 四子柳：tetra-/ tetr- 四，四数（希腊语，拉丁语为 quadri-/ quadr-）；spermus/ spermum/ sperma 种子的（用于希腊语复合词）

Salix tianschanica 天山柳：tianschanica 天山的（地名，新疆维吾尔自治区）；-icus/ -icum/ -ica 属于，具有某种特性（常用于地名、起源、生境）

Salix triandra 三蕊柳：tri-/ tripli-/ triplo- 三个，三数；andrus/ andros/ antherus ← aner 雄蕊，花药，雄性

Salix triandra var. nipponica 日本三蕊柳：nipponica 日本的（地名）；-icus/ -icum/ -ica 属于，具有某种特性（常用于地名、起源、生境）

Salix triandra var. triandra 三蕊柳-原变种（词义见上面解释）

Salix triandroides 川三蕊柳：triandroides 像 triandra 的，近似三雄蕊的；Salix triandra 三蕊柳；tri-/ tripli-/ triplo- 三个，三数；andrus/ andros/ antherus ← aner 雄蕊，花药，雄性；-oides/ -oideus/ -oideum/ -oidea/ -odes/ -eidos 像……的，类似……的，呈……状的（名词词尾）

Salix trichocarpa 毛果柳：trich-/ tricho-/ tricha- ← trichos ← thrix 毛，多毛的，线状的，丝状的；carpus/ carpum/ carpa/ carpon ← carpos 果实（用于希腊语复合词）

Salix trichomicrophylla 毛小叶垫柳：trich-/ tricho-/ tricha- ← trichos ← thrix 毛，多毛的，线状的，丝状的；micr-/ micro- ← micros 小的，微小的，微观的（用于希腊语复合词）；phyllus/ phyllum/ phylla ← phyllon 叶片（用于希腊语复合词）

Salix turanica 吐兰柳（吐 tǔ）：turanica 吐兰的（地名）；-icus/ -icum/ -ica 属于，具有某种特性（常用于地名、起源、生境）

Salix turczaninowii 蔓柳（蔓 màn）：turczaninowii/ turczaninovii ← Nicholai S. Turczaninov（人名，19世纪乌克兰植物学家，曾积累大量植物标本）

Salix vaccinioides 乌饭叶矮柳：Vaccinium 越橘属（杜鹃花科，乌饭树属）；-oides/ -oideus/ -oideum/ -oidea/ -odes/ -eidos 像……的，类似……的，

S

呈……状的（名词词尾）

Salix variegata 秋华柳：variegatus = variego + atus 有彩斑的，有条纹的，杂食的，杂色的；variego = varius + ago 染上各种颜色，使成五彩缤纷的，装饰，点缀，使闪出五颜六色的光彩，变化，变更，不同；varius = varus + ius 各种各样的，不同的，多型的，易变的；varus 不同的，变化的，外弯的，凸起的；-ius/ -ium/ -ia 具有……特性的（表示有关、关联、相似）；-ago 表示相似或联系，如 plumbago，铅的一种（来自 plumbum 铅），来自 -go；-go 表示一种能做工作的力量，如 vertigo，也表示事态的变化或者一种事态、趋向或病态，如 robigo（红的情况，变红的趋势，因而是铁锈），aerugo（铜锈），因此它变成一个表示具有某种质的属性的构词元素，如 lactago（具有乳浆的草），或相似性，如 ferulago（近似 ferula，阿魏）、canilago（一种 canila）

Salix vestita 皱纹柳：vestitus 包被的，覆盖的，被柔毛的，袋状的

Salix viminalis 蒿柳：viminalis ← vimen 修长枝条的，像葡萄藤的；-aris（阳性、阴性）/ -are（中性）← -alis（阳性、阴性）/ -ale（中性）属于，相似，如同，具有，涉及，关于，联结于（将名词作形容词用，其中 -aris 常用于以 l 或 r 为词干末尾的词）

Salix viminalis var. angustifolia 细叶蒿柳：angusti- ← angustus 窄的，狭的，细的；folius/ folium/ folia 叶，叶片（用于复合词）

Salix viminalis var. gmelini 伪蒿柳：gmelini ← Johann Gottlieb Gmelin（人名，18 世纪德国博物学家，曾对西伯利亚和勘察加进行大量考察）（gmelini 宜改为"gmelinii"，即词尾宜改为"-ii"）；-ii 表示人名，接在以辅音字母结尾的人名后面，但 -er 除外；-i 表示人名，接在以元音字母结尾的人名后面，但 -a 除外

Salix viminalis var. viminalis 蒿柳-原变种 （词义见上面解释）

Salix wallichiana 皂柳：wallichiana ← Nathaniel Wallich（人名，19 世纪初丹麦植物学家、医生）

Salix wallichiana var. pachyclada 绒毛皂柳：pachy- ← pachys 厚的，粗的，肥的；cladus ← clados 枝条，分枝

Salix wallichiana var. wallichiana 皂柳-原变种 （词义见上面解释）

Salix wallichiana var. wallichiana f. longistyla 长柱皂柳：longe-/ longi- ← longus 长的，纵向的；stylus/ stylis ← stylos 柱，花柱

Salix wallichiana var. wallichiana f. wallichiana 皂柳-原变型 （词义见上面解释）

Salix wangiana 眉柳：wangiana（人名）

Salix wangiana var. tibetica 红柄柳：tibetica 西藏的（地名）；-icus/ -icum/ -ica 属于，具有某种特性（常用于地名、起源、生境）

Salix wangiana var. wangiana 眉柳-原变种 （词义见上面解释）

Salix warburgii 台湾水柳（原名"水柳"，大戟科有重名）：warburgii（人名）；-ii 表示人名，接在以辅音字母结尾的人名后面，但 -er 除外

Salix weixiensis 维西柳：weixiensis 维西的（地名，云南省）

Salix wilhelmsiana 线叶柳：wilhelmsiana ← Admiral Charles Wilkes（人名，19 世纪美国军事将领，曾在南太平洋探险）

Salix wilhelmsiana var. latifolia 宽线叶柳：lati-/ late- ← latus 宽的，宽广的；folius/ folium/ folia 叶，叶片（用于复合词）

Salix wilhelmsiana var. leiocarpa 光果线叶柳：lei-/ leio-/ lio- ← leius ← leios 光滑的，平滑的；carpus/ carpum/ carpa/ carpon ← carpos 果实（用于希腊语复合词）

Salix wilhelmsiana var. wilhelmsiana 线叶柳-原变种 （词义见上面解释）

Salix wilsonii 紫柳：wilsonii ← John Wilson（人名，18 世纪英国植物学家）

Salix wolohoensis 川南柳：wolohoensis（地名，四川省）

Salix xiaoguongshanica 小光山柳：xiaoguongshanica 小光山的（地名，云南省，已修订为 xiaoguangshanica）

Salix xizangensis 西藏柳：xizangensis 西藏的（地名）

Salix yadongensis 亚东毛柳：yadongensis 亚东的（地名，西藏自治区）

Salix yanbianica 白河柳：yanbianica 延边的（地名，吉林省）；-icus/ -icum/ -ica 属于，具有某种特性（常用于地名、起源、生境）

Salix yuhuangshanensis 玉皇柳：yuhuangshanensis 玉皇山的（地名，陕西省宝鸡市）

Salix zangica 藏柳：zangica 西藏的（地名）；-icus/ -icum/ -ica 属于，具有某种特性（常用于地名、起源、生境）

Salix zayulica 察隅矮柳：zayulica 察隅的（地名，西藏自治区）；-icus/ -icum/ -ica 属于，具有某种特性（常用于地名、起源、生境）

Salix zhegushanica 鹧鸪柳（鹧鸪 zhè gū）：zhegushanica 鹧鸪山的（地名，四川省）；-icus/ -icum/ -ica 属于，具有某种特性（常用于地名、起源、生境）

Salomonia 齿果草属（远志科）（43-3：p198）：salomonia ← Salomon（人名，古犹太国王）

Salomonia cantoniensis 齿果草：cantoniensis 广东的（地名）

Salomonia cantoniensis var. cantoniensis 齿果草-原变种 （词义见上面解释）

Salomonia cantoniensis var. edentula 小果齿果草：edentulus = e + dentus + ulus 无齿的，无小齿的；e-/ ex- 不，无，非，缺乏，不具有（e- 用在辅音字母前，ex- 用在元音字母前，为拉丁语词首，对应的希腊语词首为 a-/ an-，英语为 un-/ -less，注意作词首用的 e-/ ex- 和介词 e/ ex 意思不同，后者意为"出自、从……、由……离开、由于、依照"）；dentulus = dentus + ulus 小牙齿的，细齿的；dentus 齿，牙齿；-ulus/ -ulum/ -ula 小的，略微的，稍微的（小词 -ulus 在字母 e 或 i 之后有多种变缀，即 -olus/ -olum/ -ola、-ellus/ -ellum/ -ella、-illus/ -illum/ -illa，与第一变格法和第二变格法名词形成

复合词）

Salomonia elongata 寄生鳞叶草：elongatus 伸长的，延长的；elongare 拉长，延长；longus 长的，纵向的；e-/ ex- 不，无，非，缺乏，不具有（e- 用在辅音字母前，ex- 用在元音字母前，为拉丁语词首，对应的希腊语词首为 a-/ an-，英语为 un-/ -less，注意作词首用的 e-/ ex- 和介词 e/ ex 意思不同，后者意为"出自、从……、由……离开、由于、依照"）

Salomonia oblongifolia 椭圆叶齿果草：oblongus = ovus + longus 长椭圆形的（ovus 的词干 ov- 音变为 ob-）；ovus 卵，胚珠，卵形的，椭圆形的；longus 长的，纵向的；folius/ folium/ folia 叶，叶片（用于复合词）

Salsola 猪毛菜属（藜科）（25-2: p157）：salsola = salsus + osus + ulus 咸的，多盐的（比喻海岸生境）；salsus 含盐的，多盐的

Salsola abrotanoides 蒿叶猪毛菜：abrotanoides 像南木蒿的；abrotani ← Artemesia abrotanum 南木蒿（菊科蒿属一种）；-oides/ -oideus/ -oideum/ -oidea/ -odes/ -eidos 像……的，类似……的，呈……状的（名词词尾）

Salsola affinis 紫翅猪毛菜：affinis = ad + finis 酷似的，近似的，有联系的；ad- 向，到，近（拉丁语词首，表示程度加强）；构词规则：构成复合词时，词首末尾的辅音字母常同化为紧接其后的那个辅音字母（如 ad + f → aff）；finis 界限，境界；affin- 相似，近似，相关

Salsola aperta 露果猪毛菜：apertus → aper- 开口的，开裂的，无盖的，裸露的

Salsola arbuscula 木本猪毛菜：arbusculus = arbor + usculus 小乔木的，矮树的，灌木的，丛生的；arbor 乔木，树木；-usculus ← -culus 小的，略微的，稍微的（小词 -culus 和某些词构成复合词时变成 -usculus）

Salsola arbusculiformis 白枝猪毛菜：arbusculus = arbor + usculus 小乔木的，矮树的，灌木的，丛生的；arbor 乔木，树木；-usculus ← -culus 小的，略微的，稍微的（小词 -culus 和某些词构成复合词时变成 -usculus）；formis/ forma 形状

Salsola brachiata 散枝猪毛菜：brachiatus 交互对生枝条的，具臂的；brach- ← brachium 臂，一臂之长的（臂长约 65 cm）；-atus/ -atum/ -ata 属于，相似，具有，完成（形容词词尾）

Salsola chinghaiensis 青海猪毛菜：chinghaiensis 青海的（地名）

Salsola collina 猪毛菜：collinus 丘陵的，山岗的

Salsola dschungarica 准噶尔猪毛菜（噶 gá）：dschungarica 准噶尔的（地名，新疆维吾尔自治区）；-icus/ -icum/ -ica 属于，具有某种特性（常用于地名、起源、生境）

Salsola ferganica 费尔干猪毛菜：ferganica 费尔干纳的（地名，吉尔吉斯斯坦）；-icus/ -icum/ -ica 属于，具有某种特性（常用于地名、起源、生境）

Salsola foliosa 浆果猪毛菜：foliosus = folius + osus 多叶的；folius/ folium/ folia → foli-/ folia- 叶，叶片；-osus/ -osum/ -osa 多的，充分的，丰富的，显著发育的，程度高的，特征明显的（形容词词尾）

Salsola heptapotamica 钝叶猪毛菜：hepta- 七（希

腊语，拉丁语为 septem-/ sept-/ septi-）；potamicus 河流的，河中生长的；potamus ← potamos 河流；-icus/ -icum/ -ica 属于，具有某种特性（常用于地名、起源、生境）

Salsola ikonnikovii 蒙古猪毛菜：ikonnikovii（人名）；-ii 表示人名，接在以辅音字母结尾的人名后面，但 -er 除外

Salsola implicata 密枝猪毛菜：implicatus = implico + atus 交织的，缠结的，纷乱的；implico = implica = im + plex 使混乱，纠纷，弄乱，结合；plex/ plica 褶，折扇状，卷折（plex 的词干为 plic-）；plico 折叠，出褶，卷折；in-/ im-（来自 il- 的音变）内，在内，内部，向内，相反，不，无，非；il- 在内，向内，为，相反（希腊语为 en-）

Salsola junatovii 天山猪毛菜：junatovii（人名）；-ii 表示人名，接在以辅音字母结尾的人名后面，但 -er 除外

Salsola komarovii 无翅猪毛菜：komarovii ← Vladimir Leontjevich Komarov 科马洛夫（人名，1869–1945，俄国植物学家）

Salsola korshinskyi 褐翅猪毛菜：korshinskyi（人名）；-i 表示人名，接在以元音字母结尾的人名后面，但 -a 除外

Salsola lanata 短柱猪毛菜：lanatus = lana + atus 具羊毛的，具长柔毛的；lana 羊毛，绵毛

Salsola laricifolia 松叶猪毛菜：larici- ← Larix 落叶松属（松科）；folius/ folium/ folia 叶，叶片（用于复合词）；构词规则：以 -ix/ -iex 结尾的词其词干末尾视为 -ic，以 -ex 结尾视为 -i/ -ic，其他以 -x 结尾视为 -c

Salsola micranthera 小药猪毛菜：micr-/ micro- ← micros 小的，微小的，微观的（用于希腊语复合词）；andrus/ andros/ antherus ← aner 雄蕊，花药，雄性

Salsola monoptera 单翅猪毛菜：mono-/ mon- ← monos 一个，单一的（希腊语，拉丁语为 unus/ uni-/ uno-）；pterus/ pteron 翅，翼，蕨类

Salsola nepalensis 尼泊尔猪毛菜：nepalensis 尼泊尔的（地名）

Salsola nitraria 钠猪毛菜：nitrarius 碱土的，碱土生的；nitrum 硝碱；-arius/ -arium/ -aria 相似，属于（表示地点，场所，关系，所属）；Nitraria 白刺属（蒺藜科）

Salsola orientalis 东方猪毛菜：orientalis 东方的；oriens 初升的太阳，东方

Salsola passerina 珍珠猪毛菜：passerinus 麻雀样的；passer 麻雀；-inus/ -inum/ -ina/ -inos 相近，接近，相似，具有（通常指颜色）

Salsola paulsenii 长刺猪毛菜：paulsenii ← Ove Paulsen（人名，20 世纪丹麦植物学家）

Salsola pellucida 薄翅猪毛菜：pellucidus/ perlucidus = per + lucidus 透明的，透光的，极透明的；per-（在 1 前面音变为 pel-）极，很，颇，甚，非常，完全，通过，遍及（表示效果加强，与 sub- 互为反义词）；lucidus ← lucis ← lux 发光的，光辉的，清晰的，发亮的，荣耀的（lux 的单数所有格为 lucis，词尾为 -is 和 -ys 的词的词干分别视为 -id 和 -yd）

S

Salsola praecox 早熟猪毛菜（熟 shú）：praecox 早期的，早熟的，早开花的；prae- 先前的，前面的，在先的，早先的，上面的，很，十分，极其；-cox 成熟，开花，出生

Salsola rosacea 蔷薇猪毛菜：rosacea 像蔷薇的；-aceus/ -aceum/ -acea 相似的，有……性质的，属于……的

Salsola ruthenica 刺沙蓬（另见 S. tragus）：ruthenica/ ruthenia（地名，俄罗斯）；-icus/ -icum/ -ica 属于，具有某种特性（常用于地名、起源、生境）

Salsola ruthenica var. filifolia 细叶猪毛菜：fili-/ fil- ← filum 线状的，丝状的；folius/ folium/ folia 叶，叶片（用于复合词）

Salsola ruthenica var. ruthenica 刺沙蓬-原变种（词义见上面解释）

Salsola sinkiangensis 新疆猪毛菜：sinkiangensis 新疆的（地名）

Salsola soda 苏打猪毛菜：soda 苏打

Salsola subcrassa 粗枝猪毛菜：subcrassus 稍粗壮的，近似多肉的；sub-（表示程度较弱）与……类似，几乎，稍微，弱，亚，之下，下面；crassus 厚的，粗的，多肉质的

Salsola sukaczevii 长柱猪毛菜：sukaczevii（人名）；-ii 表示人名，接在以辅音字母结尾的人名后面，但 -er 除外

Salsola tamariscina 柽柳叶猪毛菜（柽 chēng）：tamariscina 像柽柳的；Tamarix 柽柳属；-inus/ -inum/ -ina/ -inos 相近，接近，相似，具有（通常指颜色）

Salsola tragus 刺沙蓬（另见 S. ruthenica）：tragus ← tragos 山羊（比喻多毛）；Tragus 锋芒草属

Salsola zaidamica 柴达木猪毛菜：zaidamica 柴达木的（地名，青海省）；-icus/ -icum/ -ica 属于，具有某种特性（常用于地名、起源、生境）

Salvadoraceae 刺茉莉科（46：p14）：Salvadora 萨瓦多属（次茉莉科）；salvador 萨尔瓦多（地名，巴西）；-aceae（分类单位科的词尾，为 -aceus 的阴性复数主格形式，加到模式属的名称后或同义词的词干后以组成族群名称）

Salvia 鼠尾草属（唇形科）（66：p70）：salvia ← salvus 健康的，健在的（该属植物鼠尾草 sage 的古拉丁名，意为有药用价值）；salvo/ salvare 治疗（动词）；salve 健康地，安全地（副词）；salveo/ salvere 健康，健在（动词）

Salvia adiantifolia 铁线鼠尾草：adiantifolia 像铁线蕨叶子的；Adiantum 铁线蕨属；folius/ folium/ folia 叶，叶片（用于复合词）

Salvia adoxoides 五福花鼠尾草：Adoxa 五福花属（五福花科）；-oides/ -oideus/ -oideum/ -oidea/ -odes/ -eidos 像……的，类似……的，呈……状的（名词词尾）

Salvia aerea 橙色鼠尾草：aereus 气生的，空中的，青铜色的

Salvia alatipetiolata 翅柄鼠尾草：alatus → ala-/ alat-/ alati-/ alato- 翅，具翅的，具翼的；petiolatus = petiolus + atus 具叶柄的；petiolus 叶柄

Salvia appendiculata 附片鼠尾草：appendiculatus = appendix + ulus + atus 有小附属物的；appendix = ad + pendix 附属物；ad- 向，到，近（拉丁语词首，表示程度加强）；构词规则：构成复合词时，词首末尾的辅音字母常同化为紧接其后的那个辅音字母（如 ad + p → app）；pendix ← pendens 垂悬的，挂着的，悬挂的；构词规则：以 -ix/ -iex 结尾的词其词干末尾视为 -ic，以 -ex 结尾视为 -i/ -ic，其他以 -x 结尾视为 -c；-ulus/ -ulum/ -ula 小的，略微的，稍微的（小词 -ulus 在字母 e 或 i 之后有多种变缀，即 -olus/ -olum/ -ola、-ellus/ -ellum/ -ella、-illus/ -illum/ -illa，与第一变格法和第二变格法名词形成复合词）；-atus/ -atum/ -ata 属于，相似，具有，完成（形容词词尾）

Salvia atropurpurea 暗紫鼠尾草：atro-/ atr-/ atri-/ atra- ← ater 深色，浓色，暗色，发黑（ater 作为词干后接辅音字母开头的词时，要在词干后面加一个连接用的元音字母 "o" 或 "i"，故为 "ater-o-" 或 "ater-i-"，变形为 "atr-" 开头）；purpureus = purpura + eus 紫色的；purpura 紫色（purpura 原为一种介壳虫名，其体液为紫色，可作颜料）；-eus/ -eum/ -ea（接拉丁语词干时）属于……的，色如……的，质如……的（表示原料、颜色或品质的相似），（接希腊语词干时）属于……的，以……出名，为……所占有（表示具有某种特性）

Salvia atrorubra 暗红鼠尾草：atro-/ atr-/ atri-/ atra- ← ater 深色，浓色，暗色，发黑（ater 作为词干后接辅音字母开头的词时，要在词干后面加一个连接用的元音字母 "o" 或 "i"，故为 "ater-o-" 或 "ater-i-"，变形为 "atr-" 开头）；rubrus/ rubrum/ rubra/ ruber 红色的

Salvia bifidocalyx 开萼鼠尾草：bi-/ bis- 二，二数，二回（希腊语为 di-）；fidus ← findere 裂开，分裂（裂深不超过 1/3，常作词尾）；bifidus 中裂的，一分为二的；calyx → calyc- 萼片（用于希腊语复合词）

Salvia bowleyana 南丹参（参 shēn）：bowleyana（人名）

Salvia bowleyana var. bowleyana 南丹参-原变种（词义见上面解释）

Salvia bowleyana var. subbipinnata 南丹参-近二回羽裂变种：subbipinnatus 近二回羽状的；sub-（表示程度较弱）与……类似，几乎，稍微，弱，亚，之下，下面；bi-/ bis- 二，二数，二回（希腊语为 di-）；pinnatus = pinnus + atus 羽状的，具羽的；pinnus/ pennus 羽毛，羽状，羽片；bipinnatus 二回羽状的

Salvia brachyloma 短冠鼠尾草（冠 guān）：brachy- ← brachys 短的（用于拉丁语复合词词首）；lomus/ lomatos 边缘

Salvia breviconnectivata 短隔鼠尾草：brevi- ← brevis 短的（用于希腊语复合词词首）；connectivum 宫殿，房子（指药隔、腔室等）；-atus/ -atum/ -ata 属于，相似，具有，完成（形容词词尾）

Salvia brevilabra 短唇鼠尾草：brevi- ← brevis 短的（用于希腊语复合词词首）；labrus 唇，唇瓣

Salvia bulleyana 戟叶鼠尾草：bulleyana ← Arthur Bulley（人名，英国棉花经纪人）

Salvia campanulata 钟萼鼠尾草：campanula +

atus 钟形的，具钟的（指花冠）；campanula 钟，吊钟草状的，风铃草状的；-atus/ -atum/ -ata 属于，相似，具有，完成（形容词词尾）

Salvia campanulata var. campanulata 钟萼鼠尾草-原变种 （词义见上面解释）

Salvia campanulata var. codonantha 钟萼鼠尾草-截萼变种：codon 钟，吊钟形的；anthus/ anthum/ antha/ anthe ← anthos 花（用于希腊语复合词）

Salvia campanulata var. fissa 钟萼鼠尾草-裂萼变种：fissus/ fissuratus 分裂的，裂开的，中裂的

Salvia campanulata var. hirtella 钟萼鼠尾草-微硬毛变种：hirtellus = hirtus + ellus 被短粗硬毛的；hirtus 有毛的，粗毛的，刚毛的（长而明显的毛）；-ellus/ -ellum/ -ella ← -ulus 小的，略微的，稍微的（小词 -ulus 在字母 e 或 i 之后有多种变缀，即 -olus/ -olum/ -ola、-ellus/ -ellum/ -ella、-illus/ -illum/ -illa，用于第一变格法名词）

Salvia castanea 栗色鼠尾草：castaneus 棕色的，板栗色的；Castanea 栗属（壳斗科）

Salvia castanea f. castanea 栗色鼠尾草-原变型 （词义见上面解释）

Salvia castanea f. glabrescens 栗色鼠尾草-光叶变型：glabrus 光秃的，无毛的，光滑的；-escens/ -ascens 改变，转变，变成，略微，带有，接近，相似，大致，稍微（表示变化的趋势，并未完全相似或相同，有别于表示达到完成状态的 -atus）

Salvia castanea f. pubescens 栗色鼠尾草-柔毛变型：pubescens ← pubens 被短柔毛的，长出柔毛的；pubi- ← pubis 细柔毛的，短柔毛的，毛被的；pubesco/ pubescere 长成的，变为成熟的，长出柔毛的，青春期体毛的；-escens/ -ascens 改变，转变，变成，略微，带有，接近，相似，大致，稍微（表示变化的趋势，并未完全相似或相同，有别于表示达到完成状态的 -atus）

Salvia castanea f. tomentosa 栗色鼠尾草-绒毛变型：tomentosus = tomentum + osus 绒毛的，密被绒毛的；tomentum 绒毛，浓密的毛被，棉絮，棉絮状填充物（被褥、垫子等）；-osus/ -osum/ -osa 多的，充分的，丰富的，显著发育的，程度高的，特征明显的（形容词词尾）

Salvia cavaleriei 贵州鼠尾草：cavaleriei ← Pierre Julien Cavalerie（人名，20 世纪法国传教士）；-i 表示人名，接在以元音字母结尾的人名后面，但 -a 除外

Salvia cavaleriei var. cavaleriei 贵州鼠尾草-原变种 （词义见上面解释）

Salvia cavaleriei var. erythrophylla 贵州鼠尾草-紫背变种：erythrophyllus 红叶的；erythr-/ erythro- ← erythros 红色的（希腊语）；phyllus/ phyllum/ phylla ← phyllon 叶片（用于希腊语复合词）

Salvia cavaleriei var. simplicifolia 血盆草（血xuè）：simplicifolius = simplex + folius 单叶的；simplex 单一的，简单的，无分歧的（词干为 simplic-）；构词规则：以 -ix/ -iex 结尾的词其词干末尾视为 -ic，以 -ex 结尾视为 -i/ -ic，其他以 -x 结尾视为 -c；folius/ folium/ folia 叶，叶片（用于复

合词）

Salvia chienii 黄山鼠尾草：chienii ← S. S. Chien 钱崇澍（人名，1883–1965，中国植物学家）

Salvia chienii var. chienii 黄山鼠尾草-原变种 （词义见上面解释）

Salvia chienii var. wuyuania 黄山鼠尾草-婺源变种（婺 wù）：wuyuania 婺源的（地名，江西省）

Salvia chinensis 华鼠尾草：chinensis = china + ensis 中国的（地名）；China 中国

Salvia chunganensis 崇安鼠尾草：chunganensis 崇安的（地名，福建省）

Salvia coccinea 朱唇：coccus/ coccineus 浆果，绯红色的（一种形似浆果的介壳虫的颜色）；同形异义词：coccus/ cocco/ cocci/ coccis 心室，心皮；-eus/ -eum/ -ea（接拉丁语词干时）属于……的，色如……的，质如……的（表示原料、颜色或品质的相似），（接希腊语词干时）属于……的，以……出名，为……所占有（表示具有某种特性）

Salvia cyclostegia 圆苞鼠尾草：cyclo-/ cycl- ← cyclos 圆形，圈环；stegius ← stege/ stegon 盖子，加盖，覆盖，包裹，遮盖物

Salvia cyclostegia var. cyclostegia 圆苞鼠尾草-原变种 （词义见上面解释）

Salvia cyclostegia var. purpurascens 圆苞鼠尾草-紫花变种：purpurascens 带紫色的，发紫的；purpur- 紫色的；-escens/ -ascens 改变，转变，变成，略微，带有，接近，相似，大致，稍微（表示变化的趋势，并未完全相似或相同，有别于表示达到完成状态的 -atus）

Salvia cynica 犬形鼠尾草：cynicus 犬形的

Salvia deserta 新疆鼠尾草：desertus 沙漠的，荒漠的，荒芜的

Salvia digitaloides 毛地黄鼠尾草：digitaloides 像毛地黄的；Digitalis 毛地黄属（玄参科）；-oides/ -oideus/ -oideum/ -oidea/ -odes/ -eidos 像……的，类似……的，呈……状的（名词词尾）

Salvia digitaloides var. digitaloides 毛地黄鼠尾草-原变种 （词义见上面解释）

Salvia digitaloides var. glabrescens 毛地黄鼠尾草-无毛变种：glabrus 光秃的，无毛的，光滑的；-escens/ -ascens 改变，转变，变成，略微，带有，接近，相似，大致，稍微（表示变化的趋势，并未完全相似或相同，有别于表示达到完成状态的 -atus）

Salvia dolichantha 长花鼠尾草：dolich-/ dolicho- ← dolichos 长的；anthus/ anthum/ antha/ anthe ← anthos 花（用于希腊语复合词）

Salvia evansiana 雪山鼠尾草：evansiana ← Thomas Evans（人名，19 世纪英国植物学家）

Salvia evansiana var. evansiana 雪山鼠尾草-原变种 （词义见上面解释）

Salvia evansiana var. scaposa 雪山鼠尾草-莛花变种：scaposus 具柄的，具粗柄的；scapus（scap-/ scapi-）← skapos 主茎，树干，花柄，花轴；-osus/ -osum/ -osa 多的，充分的，丰富的，显著发育的，程度高的，特征明显的（形容词词尾）

Salvia filicifolia 蕨叶鼠尾草：filix ← filic- 蕨；folius/ folium/ folia 叶，叶片（用于复合词）；构词

规则：以 -ix/ -iex 结尾的词其词干末尾视为 -ic，以 -ex 结尾视为 -i/ -ic，其他以 -x 结尾视为 -c

Salvia flava 黄花鼠尾草：flavus → flavo-/ flavi-/ flav- 黄色的，鲜黄色的，金黄色的（指纯正的黄色）

Salvia flava var. flava 黄花鼠尾草-原变种 （词义见上面解释）

Salvia flava var. megalantha 黄花鼠尾草-大花变种：mega-/ megal-/ megalo- ← megas 大的，巨大的；anthus/ anthum/ antha/ anthe ← anthos 花（用于希腊语复合词）

Salvia fragarioides 草莓状鼠尾草：fragarioides 像草莓的；Fragaria 草莓属（蔷薇科）；-oides/ -oideus/ -oideum/ -oidea/ -odes/ -eidos 像……的，类似……的，呈……状的（名词词尾）

Salvia glutinosa 胶质鼠尾草：glutinosus 黏的，被黏液的；glutinium 胶，黏结物；-osus/ -osum/ -osa 多的，充分的，丰富的，显著发育的，程度高的，特征明显的（形容词词尾）

Salvia grandifolia 大叶鼠尾草：grandi- ← grandis 大的；folius/ folium/ folia 叶，叶片（用于复合词）

Salvia handelii 木里鼠尾草：handelii ← H. Handel-Mazzetti（人名，奥地利植物学家，第一次世界大战期间在中国西南地区研究植物）

Salvia hayatae 阿里山鼠尾草：hayatae ← Bunzo Hayata 早田文蔵（人名，1874–1934，日本植物学家，专门研究日本和中国台湾植物）；-ae 表示人名，以 -a 结尾的人名后面加上 -e 形成

Salvia hayatae var. hayatae 阿里山鼠尾草-原变种 （词义见上面解释）

Salvia hayatae var. pinnata 阿里山鼠尾草-羽叶变种：pinnatus = pinnus + atus 羽状的，具羽的；pinnus/ pennus 羽毛，羽状，羽片；-atus/ -atum/ -ata 属于，相似，具有，完成（形容词词尾）

Salvia heterochroa 异色鼠尾草：hete-/ heter-/ hetero- ← heteros 不同的，多样的，不齐的；-chromus/ -chrous/ -chrus 颜色，彩色，有色的

Salvia himmelbaurii 瓦山鼠尾草：himmelbaurii（人名）；-ii 表示人名，接在以辅音字母结尾的人名后面，但 -er 除外

Salvia honania 河南鼠尾草：honania 河南的（地名）

Salvia hupehensis 湖北鼠尾草：hupehensis 湖北的（地名）

Salvia hylocharis 林华鼠尾草：hylocharis 喜好林地的，林地生的；hylo- ← hyla/ hyle 林木，树木，森林；charis/ chares 美丽，优雅，喜悦，恩典，偏爱

Salvia hylocharis var. hylocharis 林华鼠尾草-原变种 （词义见上面解释）

Salvia hylocharis var. subsimplex 林华鼠尾草-单序变种：subsimplex 近单一的；sub-（表示程度较弱）与……类似，几乎，稍微，弱，亚，之下，下面；simplex 单一的，简单的，无分歧的（词干为 simplic-）

Salvia japonica 鼠尾草：japonica 日本的（地名）；-icus/ -icum/ -ica 属于，具有某种特性（常用于地名、起源、生境）

Salvia japonica var. japonica 鼠尾草-原变种 （词义见上面解释）

Salvia japonica var. japonica f. alatopinnata 鼠尾草-翅柄变型：alatus → ala-/ alat-/ alati-/ alato- 翅，具翅的，具翼的；pinnatus = pinnus + atus 羽状的，具羽的；pinnus/ pennus 羽毛，羽状，羽片；-atus/ -atum/ -ata 属于，相似，具有，完成（形容词词尾）

Salvia japonica var. japonica f. japonica 鼠尾草-原变型 （词义见上面解释）

Salvia japonica var. japonica f. lanuginosa 鼠尾草-绵毛变型：lanuginosus = lanugo + osus 具绵毛的，具柔毛的；lanugo = lana + ugo 绒毛（lanugo 的词干为 lanugin-）；词尾为 -go 的词其词干末尾视为 -gin；lana 羊毛，绵毛

Salvia japonica var. multifoliolata 鼠尾草-多小叶变种：multi- ← multus 多个，多数，很多（希腊语为 poly-）；foliolatus = folius + ulus + atus 具小叶的，具叶片的；folius/ folium/ folia 叶，叶片（用于复合词）；-ulus/ -ulum/ -ula 小的，略微的，稍微的（小词 -ulus 在字母 e 或 i 之后有多种变缀，即 -olus/ -olum/ -ola、-ellus/ -ellum/ -ella、-illus/ -illum/ -illa，与第一变格法和第二变格法名词形成复合词）；-atus/ -atum/ -ata 属于，相似，具有，完成（形容词词尾）

Salvia kiangsiensis 关公须：kiangsiensis 江西的（地名）

Salvia kiaometiensis 荞麦地鼠尾草：kiaometiensis 荞麦地的（地名，云南省）

Salvia kiaometiensis f. kiaometiensis 荞麦地鼠尾-草原变型 （词义见上面解释）

Salvia kiaometiensis f. pubescens 荞麦地鼠尾草-柔毛变型：pubescens ← pubens 被短柔毛的，长出柔毛的；pubi- ← pubis 细柔毛的，短柔毛的，毛被的；pubesco/ pubescere 长成的，变为成熟的，长出柔毛的，青春期体毛的；-escens/ -ascens 改变，转变，变成，略微，带有，接近，相似，大致，稍微（表示变化的趋势，并未完全相似或相同，有别于表示达到完成状态的 -atus）

Salvia kiaometiensis f. tomentella 荞麦地鼠尾草-绒毛变型：tomentellus 被短绒毛的，被微绒毛的；tomentum 绒毛，浓密的毛被，棉絮，棉絮状填充物（被褥、垫子等）；-ellus/ -ellum/ -ella ← -ulus 小的，略微的，稍微的（小词 -ulus 在字母 e 或 i 之后有多种变缀，即 -olus/ -olum/ -ola、-ellus/ -ellum/ -ella、-illus/ -illum/ -illa，用于第一变格法名词）

Salvia lankongensis 洱源鼠尾草：lankongensis 浪穹的（地名，云南省洱源县的旧称）

Salvia leucantha 墨西哥鼠尾草：leuc-/ leuco- ← leucus 白色的（如果和其他表示颜色的词混用则表示淡色）；anthus/ anthum/ antha/ anthe ← anthos 花（用于希腊语复合词）

Salvia liguliloba 舌瓣鼠尾草：ligulus/ ligule 舌，舌状物，舌瓣，叶舌；lobus/ lobos/ lobon 浅裂，耳片（裂片先端钝圆），荚果，蒴果

Salvia mairei 东川鼠尾草：mairei（人名）；Edouard Ernest Maire（人名，19 世纪活动于中国云南的传教士）；Rene C. J. E. Maire 人名（20 世纪阿尔及利亚植物学家，研究北非植物）；-i 表示人名，接在以元音字母结尾的人名后面，但 -a 除外

Salvia maximowicziana 鄂西鼠尾草：maximowicziana ← C. J. Maximowicz 马克希莫夫（人名，1827–1891，俄国植物学家）

Salvia maximowicziana var. floribunda 鄂西鼠尾草-多花变种：floribundus = florus + bundus 多花的，繁花的，花正盛开的；florus/ florum/ flora ← flos 花（用于复合词）；-bundus/ -bunda/ -bundum 正在做，正在进行（类似于现在分词），充满，盛行

Salvia maximowicziana var. maximowicziana 鄂西鼠尾草-原变种 （词义见上面解释）

Salvia mekongensis 湄公鼠尾草（湄 méi）：mekongensis 湄公河的（地名，澜沧江流入中南半岛部分称湄公河）

Salvia miltiorrhiza 丹参（参 shēn）：miltio 赭红色的（赭 zhě），锈红色的；rhizus 根，根状茎（-rh- 接在元音字母后面构成复合词时要变成 -rrh-）

Salvia miltiorrhiza var. charbonnelii 丹参-单叶变种：charbonnelii（人名）；-ii 表示人名，接在以辅音字母结尾的人名后面，但 -er 除外

Salvia miltiorrhiza var. miltiorrhiza 丹参-原变种 （词义见上面解释）

Salvia miltiorrhiza var. miltiorrhiza f. alba 丹参-白花变型：albus → albi-/ albo- 白色的

Salvia miltiorrhiza var. miltiorrhiza f. miltiorrhiza 丹参-原变型 （词义见上面解释）

Salvia nanchuanensis 南川鼠尾草：nanchuanensis 南川的（地名，重庆市）

Salvia nanchuanensis var. nanchuanensis 南川鼠尾草-原变种 （词义见上面解释）

Salvia nanchuanensis var. nanchuanensis f. intermedia 南川鼠尾草-居间变型：intermedius 中间的，中位的，中等的；inter- 中间的，在中间，之间；medius 中间的，中央的

Salvia nanchuanensis var. nanchuanensis f. nanchuanensis 南川鼠尾草-原变型 （词义见上面解释）

Salvia nanchuanensis var. pteridifolia 南川鼠尾草-蕨叶变种：pterido-/ pteridi-/ pterid- ← pteris ← pteryx 翅，翼，蕨类（希腊语）；构词规则：词尾为 -is 和 -ys 的词的词干分别视为 -id 和 -yd；folius/ folium/ folia 叶，叶片（用于复合词）

Salvia nipponica 琴柱草：nipponica 日本的（地名）；-icus/ -icum/ -ica 属于，具有某种特性（常用于地名、起源、生境）

Salvia nipponica var. formosana 台湾琴柱草：formosanus = formosus + anus 美丽的，台湾的；formosus ← formosa 美丽的，台湾的（葡萄牙殖民者发现台湾时对其的称呼，即美丽的岛屿）；-anus/ -anum/ -ana 属于，来自（形容词词尾）

Salvia nipponica var. nipponica 琴柱草-原变种 （词义见上面解释）

Salvia officinalis 撒尔维亚（撒 sā）：officinalis/ officinale 药用的，有药效的；officina ← opificina 药店，仓库，作坊

Salvia omeiana 峨眉鼠尾草：omeiana 峨眉山的（地名，四川省）

Salvia omeiana var. grandibracteata 峨眉鼠尾草-宽苞变种：grandi- ← grandis 大的；

bracteatus = bracteus + atus 具苞片的；bracteus 苞，苞片，苞鳞

Salvia omeiana var. omeiana 峨眉鼠尾草-原变种 （词义见上面解释）

Salvia paohsingensis 宝兴鼠尾草：paohsingensis 宝兴的（地名，四川省）

Salvia pauciflora 少花鼠尾草：pauci- ← paucus 少数的，少的（希腊语为 oligo-）；florus/ florum/ flora ← flos 花（用于复合词）

Salvia petrophila 岩生鼠尾草：petrophilus 石生的，喜岩石的；petra← petros 石头，岩石，岩石地带（指生境）；philus/ philein ← philos → phil-/ phili/ philo- 喜好的，爱好的，喜欢的（注意区别形近词：phylus、phyllus）；phylus/ phylum/ phyla ← phylon/ phyle 植物分类单位中的"门"，位于"界"和"纲"之间，类群，种族，部落，聚群；phyllus/ phyllum/ phylla ← phyllon 叶片（用于希腊语复合词）

Salvia piasezkii 秦岭鼠尾草：piasezkii（人名）；-ii 表示人名，接在以辅音字母结尾的人名后面，但 -er 除外

Salvia plebeia 荔枝草：plebeius/ plebejus 普通的，常见的，一般的

Salvia plectranthoides 长冠鼠尾草（冠 guān）：plectranthoides 像延命草的；Plecranthus 延命草属（唇形科）；-oides/ -oideus/ -oideum/ -oidea/ -odes/ -eidos 像……的，类似……的，呈……状的（名词词尾）

Salvia pogonochila 毛唇鼠尾草：pogonochilus/ pogonocheilus 髯毛唇的；pogon 胡须，髯毛，芒尖；chilus ← cheilos 唇，唇瓣，唇边，边缘，岸边

Salvia potanini 洪桥鼠尾草：potanini（人名，词尾改为"-ii"似更妥）；-ii 表示人名，接在以辅音字母结尾的人名后面，但 -er 除外；-i 表示人名，接在以元音字母结尾的人名后面，但 -a 除外

Salvia prattii 康定鼠尾草：prattii ← Antwerp E. Pratt（人名，19 世纪活动于中国的英国动物学家、探险家）

Salvia prionitis 红根草：prionitis 有锯齿的；prio-/ prion-/ priono- 锯，锯齿；-itis/ -ites（表示有紧密联系）

Salvia przewalskii 甘西鼠尾草：przewalskii ← Nicolai Przewalski（人名，19 世纪俄国探险家、博物学家）

Salvia przewalskii var. glabrescens 甘西鼠尾草-少毛变种：glabrus 光秃的，无毛的，光滑的；-escens/ -ascens 改变，转变，变成，略微，带有，接近，相似，大致，稍微（表示变化的趋势，并未完全相似或相同，有别于表示达到完成状态的 -atus）

Salvia przewalskii var. mandarinorum 甘西鼠尾草-褐毛变种：mandarinorum 橘红色的（mandarinus 的复数所有格）；mandarinus 橘红色的；-orum 属于……的（第二变格法名词复数所有格词尾，表示群落或多数）

Salvia przewalskii var. przewalskii 甘西鼠尾草-原变种 （词义见上面解释）

Salvia przewalskii var. rubrobrunnea 甘西鼠尾草-红褐变种：rubr-/ rubri-/ rubro- ← rubrus 红色；

S

brunneus/ bruneus 深褐色的

Salvia roborowskii 黏毛鼠尾草：roborowskii（人名）；-ii 表示人名，接在以辅音字母结尾的人名后面，但 -er 除外

Salvia scapiformis 地埂鼠尾草：scapiformis 花莛状的；scapus（scap-/ scapi-）← skapos 主茎，树干，花柄，花轴；formis/ forma 形状

Salvia scapiformis var. carphocalyx 地埂鼠尾草-钟萼变种：carphus ← carphos 稻壳，皮壳，糠秕，糠麸；calyx → calyc- 萼片（用于希腊语复合词）

Salvia scapiformis var. hirsuta 地埂鼠尾草-硬毛变种：hirsutus 粗毛的，糙毛的，有毛的（长而硬的毛）

Salvia scapiformis var. scapiformis 地埂鼠尾草-原变种 （词义见上面解释）

Salvia schizocalyx 裂萼鼠尾草：schiz-/ schizo- 裂开的，分歧的，深裂的（希腊语）；calyx → calyc- 萼片（用于希腊语复合词）

Salvia schizochila 裂瓣鼠尾草：schiz-/ schizo- 裂开的，分歧的，深裂的（希腊语）；chilus ← cheilos 唇，唇瓣，唇边，边缘，岸边

Salvia sikkimensis 锡金鼠尾草：sikkimensis 锡金的（地名）

Salvia sikkimensis var. chaenocalyx 锡金鼠尾草-张萼变种：chaeno- 张开的，开口的，裂开的；calyx → calyc- 萼片（用于希腊语复合词）

Salvia sikkimensis var. sikkimensis 锡金鼠尾草-原变种 （词义见上面解释）

Salvia sinica 拟丹参（参 shēn）：sinica 中国的（地名）；-icus/ -icum/ -ica 属于，具有某种特性（常用于地名、起源、生境）

Salvia smithii 橙香鼠尾草：smithii ← James Edward Smith（人名，1759–1828，英国植物学家）

Salvia sonchifolia 苣叶鼠尾草：sonchifolius 苦苣菜叶的；Sonchus 苦苣菜属（菊科）；folius/ folium/ folia 叶，叶片（用于复合词）

Salvia splendens 一串红：splendens 有光泽的，发光的，漂亮的

Salvia subpalmatinervis 近掌脉鼠尾草：subpalmatinervis 近掌状脉的；sub-（表示程度较弱）与……类似，几乎，稍微，弱，亚，之下，下面；palmatus = palmus + atus 掌状的，具掌的；palmus 掌，手掌；nervis ← nervus 脉，叶脉

Salvia substolonifera 佛光草：substolonifeus 近似匍匐的；sub-（表示程度较弱）与……类似，几乎，稍微，弱，亚，之下，下面；stolon 匍匐茎；-ferus/ -ferum/ -fera/ -fero/ -fere/ -fer 有，具有，产（区别：作独立词使用的 ferus 意思是"野生的"）

Salvia tricuspis 黄鼠狼花：tri-/ tripli-/ triplo- 三个，三数；cuspis（所有格为 cuspidis）齿尖，凸尖，尖头

Salvia trijuga 三叶鼠尾草：trijugus 三对的；tri-/ tripli-/ triplo- 三个，三数；jugus ← jugos 成对的，成双的，一组，牛轭，束缚（动词为 jugo）

Salvia umbratica 荫生鼠尾草（荫 yīn）：umbraticus = umbratus + icus 阴暗的，阴生的；umbratile 阴生的，蛰居的；umbratus 阴影的，有荫凉的；umbra 荫凉，阴影，阴地；-icus/ -icum/ -ica 属于，具有某种特性（常用于地名、起源、生境）

Salvia wardii 西藏鼠尾草：wardii ← Francis Kingdon-Ward（人名，20 世纪英国植物学家）

Salvia weihaiensis 威海鼠尾草：weihaiensis 威海的（地名，山东省）

Salvia yunnanensis 云南鼠尾草：yunnanensis 云南的（地名）

Salvinia 槐叶蘋属（蘋 pín，不能简化成"苹"）（槐叶蘋科）（6-2：p340）：salvinia ← A. M. Salvini（人名，1633-1729，意大利植物学家）

Salvinia adnata 速生槐叶蘋：adnatus/ adunatus 贴合的，贴生的，贴满的，全长附着的，广泛附着的，连着的

Salvinia natans 槐叶蘋：natans 浮游的，游动的，漂浮的，水的

Salviniaceae 槐叶蘋科（有时错印为"Salviniacae"）（6-2：p340）：Salvinia 槐叶蘋属；-ceae（分类单位科的词尾）

Salweenia 冬麻豆属（豆科）（40：p226）：salweenia 萨尔温江，怒江（河流名）

Salweenia bouffordiana 雅砻江冬麻豆：bouffordiana（人名）

Salweenia wardii 冬麻豆：wardii ← Francis Kingdon-Ward（人名，20 世纪英国植物学家）

Samanea 雨树属（豆科）（39：p72）：samanea 雨树（西班牙语一种植物名）

Samanea saman 雨树：saman ← zaman 雨树（西班牙语）

Sambucus 接骨木属（忍冬科）（72：p4）：sambucus 笛子（古代希腊一种乐器，指茎秆空心）

Sambucus adnata 血满草（血 xuè）：adnatus/ adunatus 贴合的，贴生的，贴满的，全长附着的，广泛附着的，连着的

Sambucus chinensis 接骨草：chinensis = china + ensis 中国的（地名）；China 中国

Sambucus nigra 西洋接骨木：nigrus 黑色的；niger 黑色的

Sambucus sibirica 西伯利亚接骨木：sibirica 西伯利亚的（地名，俄罗斯）；-icus/ -icum/ -ica 属于，具有某种特性（常用于地名、起源、生境）

Sambucus williamsii 接骨木：williamsii ← Williams（人名）

Sambucus williamsii var. miquelii 毛接骨木：miquelii ← Friedrich A. W. Miquel（人名，19 世纪荷兰植物学家）

Sambucus williamsii var. williamsii 接骨木-原变种 （词义见上面解释）

Samolus 水茴草属（报春花科）（59-2：p288）：samolus 水茴草（古拉丁名）

Samolus valerandii 水茴草：valerandii（人名）；-ii 表示人名，接在以辅音字母结尾的人名后面，但 -er 除外

Sanchezia 黄脉爵床属（爵床科）（70：p274）：sanchezia ← J. Sanchez（人名，植物学家）

Sanchezia nobilis 黄脉爵床：nobilis 高贵的，有名的，高雅的

Sanchezia parvibracteata 小苞黄脉爵床：parvus 小的，些微的，弱的；bracteatus = bracteus + atus 具苞片的；bracteus 苞，苞片，苞鳞

Sanguisorba 地榆属（蔷薇科）（37：p463）：sanguisorba = sanguis + sorbere 止血的；sanguis 血液；sorbere 吸收

Sanguisorba alpina 高山地榆：alpinus = alpus + inus 高山的；alpus 高山；al-/ alti-/ alto- ← altus 高的，高处的；-inus/ -inum/ -ina/ -inos 相近，接近，相似，具有（通常指颜色）；关联词：subalpinus 亚高山的

Sanguisorba applanata 宽蕊地榆：applanatus 平的，平展于地面的

Sanguisorba applanata var. applanata 宽蕊地榆-原变种 （词义见上面解释）

Sanguisorba applanata var. villosa 柔毛宽蕊地榆：villosus 柔毛的，绵毛的；villus 毛，羊毛，长绒毛；-osus/ -osum/ -osa 多的，充分的，丰富的，显著发育的，程度高的，特征明显的（形容词词尾）

Sanguisorba diandra 疏花地榆：diandrus 二雄蕊的；di-/ dis- 二，二数，二分，分离，不同，在……之间，从……分开（希腊语，拉丁语为 bi-/ bis-）；andrus/ andros/ antherus ← aner 雄蕊，花药，雄性

Sanguisorba filiformis 矮地榆：filiforme/ filiformis 线状的；fili-/ fil- ← filum 线状的，丝状的；formis/ forma 形状

Sanguisorba officinalis 地榆：officinalis/ officinale 药用的，有药效的；officina ← opificina 药店，仓库，作坊

Sanguisorba officinalis var. carnea 粉花地榆：carneus ← caro 肉红色的，肌肤色的；carn- 肉，肉色；-eus/ -eum/ -ea（接拉丁语词干时）属于……的，色如……的，质如……的（表示原料、颜色或品质的相似），（接希腊语词干时）属于……的，以……出名，为……所占有（表示具有某种特性）

Sanguisorba officinalis var. carnea f. dilutiflora 浅花地榆：dilutus 纤弱的，薄的，淡色的，萎缩的（反义词：sturatus 深色的，浓重的，充分的，丰富的，饱和的）；florus/ florum/ flora ← flos 花（用于复合词）

Sanguisorba officinalis var. glandulosa 腺地榆：glandulosus = glandus + ulus + osus 被细腺的，具腺体的，腺体质的；glandus ← glans 腺体；-ulus/ -ulum/ -ula 小的，略微的，稍微的（小词 -ulus 在字母 e 或 i 之后有多种变缀，即 -olus/ -olum/ -ola、-ellus/ -ellum/ -ella、-illus/ -illum/ -illa，与第一变格法和第二变格法名词形成复合词）；-osus/ -osum/ -osa 多的，充分的，丰富的，显著发育的，程度高的，特征明显的（形容词词尾）

Sanguisorba officinalis var. longifila 长蕊地榆：longe-/ longi- ← longus 长的，纵向的；fila ← filium 花丝，丝状体，藻丝

Sanguisorba officinalis var. longifolia 长叶地榆：longe-/ longi- ← longus 长的，纵向的；folius/ folium/ folia 叶，叶片（用于复合词）

Sanguisorba officinalis var. officinalis 地榆-原变种 （词义见上面解释）

Sanguisorba sitchensis 大白花地榆：sitchensis ← Sitka/ Sitchea 锡特卡的（地名，美国阿拉斯加）

Sanguisorba tenuifolia 细叶地榆：tenui- ← tenuis 薄的，纤细的，弱的，瘦的，窄的；folius/ folium/ folia 叶，叶片（用于复合词）

Sanguisorba tenuifolia var. alba 小白花地榆：albus → albi-/ albo- 白色的

Sanguisorba tenuifolia var. tenuifolia 细叶地榆-原变种 （词义见上面解释）

Sanicula 变豆菜属（伞形科）（55-1：p35，55-3：p225）：sanicula ← sanare 治疗的，健康的（比喻有药用价值）

Sanicula astrantiifolia 川滇变豆菜：astrantiifolius 叶子像聚星花的；缀词规则：以属名作复合词时原词尾变形后的 i 要保留；Astrantia 聚星花属（伞形科）；folius/ folium/ folia 叶，叶片（用于复合词）

Sanicula chinensis 变豆菜：chinensis = china + ensis 中国的（地名）；China 中国

Sanicula coerulescens 天蓝变豆菜：caerulescens/ coerulescens 青色的，深蓝色的，变蓝的；caeruleus/ coeruleus 深蓝色的，海洋蓝的，青色的，暗绿色的；caerulus/ coerulus 深蓝色，海洋蓝，青色，暗绿色；-escens/ -ascens 改变，转变，变成，略微，带有，接近，相似，大致，稍微（表示变化的趋势，并未完全相似或相同，有别于表示达到完成状态的 -atus）

Sanicula elata 软雀花：elatus 高的，梢端的

Sanicula elongata 长序变豆菜：elongatus 伸长的，延长的；elongare 拉长，延长；longus 长的，纵向的；e-/ ex- 不，无，非，缺乏，不具有（e- 用在辅音字母前，ex- 用在元音字母前，为拉丁语词首，对应的希腊语词首为 a-/ an-，英语为 un-/ -less，注意作词首用的 e-/ ex- 和介词 e/ ex 意思不同，后者意为"出自、从……、由……离开、由于、依照"）

Sanicula giraldii 首阳变豆菜：giraldii ← Giuseppe Giraldi（人名，19 世纪活动于中国的意大利传教士）

Sanicula giraldii var. ovicalycina 卵萼变豆菜：ovus 卵，胚珠，卵形的，椭圆形的；ovi-/ ovo- ← ovus 卵，卵形的，椭圆形的；calycinus = calyx + inus 萼片的，萼片状的，萼片宿存的；calyx → calyc- 萼片（用于希腊语复合词）；构词规则：以 -ix/ -iex 结尾的词其词干末尾视为 -ic，以 -ex 结尾视为 -i/ -ic，其他以 -x 结尾视为 -c

Sanicula hacquetioides 鳞果变豆菜：Hacquetia（属名，禾本科）；hacquetia ← Balthasar Hacquet（人名，18 世纪奥地利高山植物专家）；-oides/ -oideus/ -oideum/ -oidea/ -odes/ -eidos 像……的，类似……的，呈……状的（名词词尾）

Sanicula lamelligera 薄片变豆菜：lamella = lamina + ella 薄片的，菌褶的，鳍状突起的；lamina 片，叶片；gerus → -ger/ -gerus/ -gerum/ -gera 具有，有，带有

Sanicula orthacantha 直刺变豆菜：orthacanthus 直立刺的；orth- ← ortho 直的，正面的；acanthus ← Akantha 刺，具刺的（Acantha 是希腊神话中的女神，和太阳神阿波罗发生冲突，太阳神将其变成带刺的植物）

Sanicula orthacantha var. brevispina 短刺变豆菜：brevi- ← brevis 短的（用于希腊语复合词词首）；spinus 刺，针刺

Sanicula orthacantha var. stolonifera 走茎变豆菜：stolon 匍匐茎；-ferus/ -ferum/ -fera/ -fero/

-fere/ -fer 有，具有，产（区别：作独立词使用的 ferus 意思是"野生的"）

Sanicula petagnioides 台湾变豆菜：Petagnia（属名，伞形科，产意大利西西里岛）；-oides/ -oideus/ -oideum/ -oidea/ -odes/ -eidos 像……的，类似……的，呈……状的（名词词尾）

Sanicula rubriflora 红花变豆菜：rubr-/ rubri-/ rubro- ← rubrus 红色；florus/ florum/ flora ← flos 花（用于复合词）

Sanicula rugulosa 皱叶变豆菜：rugulosus 被细皱纹的，布满小皱纹的；rugus/ rugum/ ruga 褶皱，皱纹，皱缩；-ulosus = ulus + osus 小而多的；-ulus/ -ulum/ -ula 小的，略微的，稍微的（小词 -ulus 在字母 e 或 i 之后有多种变缀，即 -olus/ -olum/ -ola、-ellus/ -ellum/ -ella、-illus/ -illum/ -illa，与第一变格法和第二变格法名词形成复合词）；-osus/ -osum/ -osa 多的，充分的，丰富的，显著发育的，程度高的，特征明显的（形容词词尾）

Sanicula serrata 锯叶变豆菜：serratus = serrus + atus 有锯齿的；serrus 齿，锯齿

Sanicula tienmuensis 天目变豆菜：tienmuensis 天目山的（地名，浙江省）

Sanicula tienmuensis var. pauciflora 疏花变豆菜：pauci- ← paucus 少数的，少的（希腊语为 oligo-）；florus/ florum/ flora ← flos 花（用于复合词）

Sanicula tuberculata 瘤果变豆菜：tuberculatus 具疣状凸起的，具结节的，具小瘤的；tuber/ tuber-/ tuberi- 块茎的，结节状凸起的，瘤状的；-culatus = culus + atus 小的，略微的，稍微的（用于第三和第四变格法名词）；-culus/ -culum/ -cula 小的，略微的，稍微的（同第三变格法和第四变格法名词形成复合词）；-atus/ -atum/ -ata 属于，相似，具有，完成（形容词词尾）

Sansevieria 虎尾兰属（百合科）（14：p278）：sansevieria ← R. de Sansgrio de Sanseviero（人名，18 世纪意大利王子，植物考察资助人）

Sansevieria canaliculata 柱叶虎尾兰：canaliculatus 有沟槽的，管子形的；canaliculus = canalis + culus + atus 小沟槽，小运河；canalis 沟，凹槽，运河；-culus/ -culum/ -cula 小的，略微的，稍微的（同第三变格法和第四变格法名词形成复合词）；-atus/ -atum/ -ata 属于，相似，具有，完成（形容词词尾）

Sansevieria trifasciata 虎尾兰：trifasciatus 三束的；tri-/ tripli-/ triplo- 三个，三数；fasciatus = fascia + atus 带状的，束状的，横纹的；fascia 绑带，包带

Sansevieria trifasciata var. laurentii 金边虎尾兰：laurentii ← Emile Laurent（人名，20 世纪比利时植物学家）

Santalaceae 檀香科（24：p52）：Santalum 檀香属；-aceae（分类单位科的词尾，为 -aceus 的阴性复数主格形式，加到模式属的名称后或同义词的词干后以组成族群名称）

Santalum 檀香属（檀香科）（24：p57）：santalum ← chandal 檀香树（波斯语名）

Santalum album 檀香：albus → albi-/ albo- 白色的

Santalum papuanum 巴布亚檀香：pappus ← pappos 冠毛；-anus/ -anum/ -ana 属于，来自（形容词词尾）

Sanvitalia 蛇目菊属（菊科）（75：p337）：sanvitalia ← Federico Sanvitali（人名，18 世纪意大利教授）

Sanvitalia procumbens 蛇目菊：procumbens 俯卧的，匍匐的，倒伏的；procumb- 俯卧，匍匐，倒伏；-ans/ -ens/ -bilis/ -ilis 能够，可能（为形容词词尾，-ans/ -ens 用于主动语态，-bilis/ -ilis 用于被动语态）

Sapindaceae 无患子科（47-1：p1）：Sapindus 无患子属；-aceae（分类单位科的词尾，为 -aceus 的阴性复数主格形式，加到模式属的名称后或同义词的词干后以组成族群名称）

Sapindus 无患子属（无患子科）（47-1：p14）：sapindus = sapo + indus 印度的肥皂（印度古代用无患子果皮当肥皂洗涤衣服）；sapo/ saponis 肥皂，含皂碱的；indus 印度的（地名）

Sapindus delavayi 川滇无患子：delavayi ← P. J. M. Delavay（人名，1834–1895，法国传教士，曾在中国采集植物标本）；-i 表示人名，接在以元音字母结尾的人名后面，但 -a 除外

Sapindus mukorossi 无患子：mukorossi 无患子（"无患子"的日语读音）

Sapindus rarak 毛瓣无患子：rarak（土名）

Sapindus rarak var. velutinus 石屏无患子：velutinus 天鹅绒的，柔软的；velutus 绒毛的；-inus/ -inum/ -ina/ -inos 相近，接近，相似，具有（通常指颜色）

Sapindus tomentosus 绒毛无患子：tomentosus = tomentum + osus 绒毛的，密被绒毛的；tomentum 绒毛，浓密的毛被，棉絮，棉絮状填充物（被褥、垫子等）；-osus/ -osum/ -osa 多的，充分的，丰富的，显著发育的，程度高的，特征明显的（形容词词尾）

Sapium 美洲柏属（乌桕属）（柏 jiù）（大戟科）（Sapium 的原中文名为乌桕属，最近分成 5 个属：Balakata 浆果乌桕属，Falconeria 异序乌桕属，Neoshirakia 白木乌桕属，Sapium 美洲柏属，Triadica 乌桕属）（44-3：p12）：sapium 胶黏的（传说古代用本属植物提取鸟胶）

Sapium atrobadiomaculatum 斑子乌桕（另见 Neoshirakia atrobadiomaculatum）：atro-/ atr-/ atri-/ atra- ← ater 深色，浓色，暗色，发黑（ater 作为词干后接辅音字母开头的词时，要在词干后面加一个连接用的元音字母"o"或"i"，故为"ater-o-"或"ater-i-"，变形为"atr-"开头）；maculatus = maculus + atus 有小斑点的，略有斑点的；maculus 斑点，网眼，小斑点，略有斑点；-atus/ -atum/ -ata 属于，相似，具有，完成（形容词词尾）

Sapium baccatum 浆果乌桕（另见 Balakata baccatum）：baccatus = baccus + atus 浆果的，浆果状的；baccus 浆果

Sapium biglandulosum 双腺乌桕：bi-/ bis- 二，二数，二回（希腊语为 di-）；glandulosus = glandus + ulus + osus 被细腺的，具腺体的，腺体质的；-osus/ -osum/ -osa 多的，充分的，丰富的，显著发育的，程度高的，特征明显的（形容词词尾）

Sapium chihsinianum 桂林乌桕：chihsinianum（人名）

Sapium discolor 山乌桕（另见 Triadica cochinchinensis）：discolor 异色的，不同色的（指花瓣花萼等）；di-/ dis- 二，二数，二分，分离，不同，在……之间，从……分开（希腊语，拉丁语为 bi-/ bis-）；color 颜色

Sapium glandulosum 巴西乌桕：glandulosus = glandus + ulus + osus 被细腺的，具腺体的，腺体质的；glandus ← glans 腺体；-ulus/ -ulum/ -ula 小的，略微的，稍微的（小词 -ulus 在字母 e 或 i 之后有多种变缀，即 -olus/ -olum/ -ola、-ellus/ -ellum/ -ella、-illus/ -illum/ -illa，与第一变格法和第二变格法名词形成复合词）；-osus/ -osum/ -osa 多的，充分的，丰富的，显著发育的，程度高的，特征明显的（形容词词尾）

Sapium insigne 异序乌桕（另见 Falconeria insigne）：insigne 勋章，显著的，杰出的；in-/ im-（来自 il- 的音变）内，在内，内部，向内，相反，不，无，非；il- 在内，向内，为，相反（希腊语为 en-）；词首 il- 的音变：il-（在 l 前面），im-（在 b、m、p 前面），in-（在元音字母和大多数辅音字母前面），ir-（在 r 前面），如 illaudatus（不值得称赞的，评价不好的），impermeabilis（不透水的，穿不透的），ineptus（不合适的），insertus（插入的），irretortus（无弯曲的，无扭曲的）；signum 印记，标记，刻画，图章

Sapium japonicum 白木乌桕（另见 Neoshirakia japonicum）：japonicum 日本的（地名）；-icus/ -icum/ -ica 属于，具有某种特性（常用于地名、起源、生境）

Sapium pleiocarpum 多果乌桕：pleo-/ plei-/ pleio- ← pleos/ pleios 多的；carpus/ carpum/ carpa/ carpon ← carpos 果实（用于希腊语复合词）

Sapium rotundifolium 圆叶乌桕（另见 Triadica rotundifolium）：rotundus 圆形的，呈圆形的，肥大的；rotundo 使呈圆形，使圆滑；roto 旋转，滚动；folius/ folium/ folia 叶，叶片（用于复合词）

Sapium sebiferum 乌桕（另见 Triadica sebifera）：sebiferus 具蜡质的，具脂肪的；sebum 蜡，蜡质，脂肪；-ferus/ -ferum/ -fera/ -fero/ -fere/ -fer 有，具有，产（区别：作独立词使用的 ferus 意思是"野生的"）

Saponaria 肥皂草属（石竹科）（26：p429）：saponarius 像肥皂的，制作肥皂的人，肥皂厂（肥皂草 Saponaria officinalis 的黏液溶于水起泡可作肥皂用）；sapo/ saponis 肥皂，含皂碱的；-arius/ -arium/ -aria 相似，属于（表示地点，场所，关系，所属）

Saponaria officinalis 肥皂草：officinalis/ officinale 药用的，有药效的；officina ← opificina 药店，仓库，作坊

Saposhnikovia 防风属（伞形科）（55-3：p220）：saposhnikovia ← Saposhnikov（人名，俄国植物学家）

Saposhnikovia divaricata 防风：divaricatus 广歧的，发散的，散开的

Sapotaceae 山榄科（60-1：p47）：Sapota 甜榄属；-aceae（分类单位科的词尾，为 -aceus 的阴性复数

主格形式，加到模式属的名称后或同义词的词干后以组成族群名称）

Sapria 寄生花属（大花草科）（24：p248）：saprius ← sapros 腐败的，腐臭的，腐生的

Sapria himalayana 寄生花：himalayana 喜马拉雅的（地名）

Saprosma 染木树属（茜草科）（71-2：p66）：saprosma 臭味的；sapros 腐败的，腐臭的，腐生的；osmus 气味，香味

Saprosma crassipes 厚梗染木树：crassi- ← crassus 厚的，粗的，多肉质的；pes/ pedis 柄，梗，茎秆，腿，足，爪（作词首或词尾，pes 的词干视为"ped-"）

Saprosma hainanense 海南染木树：hainanense 海南的（地名）

Saprosma henryi 云南染木树：henryi ← Augustine Henry 或 B. C. Henry（人名，前者，1857–1930，爱尔兰医生、植物学家，曾在中国采集植物，后者，1850–1901，曾活动于中国的传教士）

Saprosma merrillii 琼岛染木树：merrillii ← E. D. Merrill（人名，1876–1956，美国植物学家）

Saprosma ternatum 染木树：ternatus 三数的，三出的

Saraca 无忧花属（豆科）（39：p206）：saraca 无忧花（梵文名）

Saraca dives 中国无忧花：dives 丰富的

Saraca griffithiana 云南无忧花：griffithiana ← William Griffith（人名，19 世纪印度植物学家，加尔各答植物园主任）

Sarcandra 草珊瑚属（金粟兰科）（20-1：p79）：sarx/ sarcos 肉，肉质的；andrus/ andros/ antherus ← aner 雄蕊，花药，雄性

Sarcandra glabra 草珊瑚：glabrus 光秃的，无毛的，光滑的

Sarcandra hainanensis 海南草珊瑚：hainanensis 海南的（地名）

Sarcochlamys 肉被麻属（荨麻科）（23-2：p370）：sarc-/ sarco- ← sarx/ sarcos 肉，肉质的；chlamys 花被，包被，外罩，被盖

Sarcochlamys pulcherrima 肉被麻：pulcherrima 极美丽的，最美丽的；pulcher/pulcer 美丽的，可爱的；-rimus/ -rima/ -rimum 最，极，非常（词尾为 -er 的形容词最高级）

Sarcococca 野扇花属（黄杨科）（45-1：p41）：sarcococcuus 肉质浆果的，肉质心室的；sarc-/ sarco- ← sarx/ sarcos 肉，肉质的；coccus/ coccineus 浆果，绯红色（一种形似浆果的介壳虫的颜色）；同形异义词：coccus/ cocco/ cocci/ coccis 心室，心皮

Sarcococca confertiflora 聚花野扇花：confertus 密集的；florus/ florum/ flora ← flos 花（用于复合词）

Sarcococca hookeriana 羽脉野扇花：hookeriana ← William Jackson Hooker（人名，19 世纪英国植物学家）

Sarcococca hookeriana var. digyna 双蕊野扇花：digynus 二雌蕊的，二心皮的；di-/ dis- 二，二数，二分，分离，不同，在……之间，从……分开（希腊

语，拉丁语为 bi-/ bis-）；gynus/ gynum/ gyna 雌蕊，子房，心皮

Sarcococca hookeriana var. hookeriana 羽脉野扇花-原变种 （词义见上面解释）

Sarcococca longifolia 长叶野扇花：longe-/ longi- ← longus 长的，纵向的；folius/ folium/ folia 叶，叶片（用于复合词）

Sarcococca longipetiolata 长叶柄野扇花：longe-/ longi- ← longus 长的，纵向的；petiolatus = petiolus + atus 具叶柄的；petiolus 叶柄

Sarcococca orientalis 东方野扇花：orientalis 东方的；oriens 初升的太阳，东方

Sarcococca ruscifolia 野扇花：rusci ← Ruscus 假叶树属；folius/ folium/ folia 叶，叶片（用于复合词）

Sarcococca saligna 柳叶野扇花：Salix 柳属（杨柳科）；-inus/ -inum/ -ina/ -inos 相近，接近，相似，具有（通常指颜色）

Sarcococca vagans 海南野扇花：vagans 流浪的，漫游的，漂泊的

Sarcococca wallichii 云南野扇花：wallichii ← Nathaniel Wallich（人名，19 世纪初丹麦植物学家、医生）

Sarcodum 耀花豆属 （豆科）（40：p188）：sarcodum 肉质钟形的；sarc-/ sarco- ← sarx/ sarcos 肉，肉质的；codon 钟，吊钟形的

Sarcodum scandens 耀花豆：scandens 攀缘的，缠绕的，藤本的；scando/ scansum 上升，攀登，缠绕

Sarcoglyphis 大喙兰属 （兰科）（19：p308）：sarc-/ sarco- ← sarx/ sarcos 肉，肉质的；glyphis → glyphus 开口，张开的

Sarcoglyphis magnirostris 短帽大喙兰：magn-/ magni- 大的；rostris 鸟喙，喙状

Sarcoglyphis smithianus 大喙兰：smithianus ← James Edward Smith（人名，1759–1828，英国植物学家）

Sarcophyton 肉兰属 （兰科）（19：p275）：sarc-/ sarco- ← sarx/ sarcos 肉，肉质的；phyton → phytus 植物

Sarcophyton taiwanianum 肉兰：taiwanianum 台湾的（地名）

Sarcopyramis 肉穗草属 （野牡丹科）（53-1：p245）：sarcopyramis 肉质尖塔的（指花序肉质）；sarc-/ sarco- ← sarx/ sarcos 肉，肉质的；pyramis 塔状的，尖塔状的，锥形的，金字塔的

Sarcopyramis bodinieri 肉穗草：bodinieri ← Emile Marie Bodinieri（人名，19 世纪活动于中国的法国传教士）；-eri 表示人名，在以 -er 结尾的人名后面加上 i 形成

Sarcopyramis bodinieri var. bodinieri 肉穗草-原变种 （词义见上面解释）

Sarcopyramis bodinieri var. delicata 东方肉穗草：delicatus 柔软的，细腻的，优美的，美味的；delicia 优雅，喜悦，美味

Sarcopyramis crenata 圆齿肉穗草：crenatus = crena + atus 圆齿状的，具圆齿的；crena 叶缘的圆齿

Sarcopyramis nepalensis 楮头红（楮 chǔ）：nepalensis 尼泊尔的（地名）

Sarcopyramis nepalensis var. maculata 斑点楮头红：maculatus = maculus + atus 有小斑点的，略有斑点的；maculus 斑点，网眼，小斑点，略有斑点；-atus/ -atum/ -ata 属于，相似，具有，完成（形容词词尾）

Sarcopyramis nepalensis var. nepalensis 楮头红-原变种 （词义见上面解释）

Sarcopyramis parvifolia 小叶肉穗草：parvifolius 小叶的；parvus 小的，些微的，弱的；folius/ folium/ folia 叶，叶片（用于复合词）

Sarcosperma 肉实树属 （山榄科）（60-1：p79）：sarcosperma 肉质果实的（指浆果）；sarc-/ sarco- ← sarx/ sarcos 肉，肉质的；spermus/ spermum/ sperma 种子的（用于希腊语复合词）

Sarcosperma arboreum 大肉实树：arboreus 乔木状的；arbor 乔木，树木；-eus/ -eum/ -ea（接拉丁语词干时）属于……的，色如……的，质如……的（表示原料、颜色或品质的相似），（接希腊语词干时）属于……的，以……出名，为……所占有（表示具有某种特性）

Sarcosperma griffithii 小叶肉实树：griffithii ← William Griffith（人名，19 世纪印度植物学家，加尔各答植物园主任）

Sarcosperma kachinense 绒毛肉实树：kachinense 克钦的，卡钦的（地名）

Sarcosperma kachinense var. kachinense 绒毛肉实树-原变种 （词义见上面解释）

Sarcosperma kachinense var. simondii 光序肉实树：simondii（人名）；-ii 表示人名，接在以辅音字母结尾的人名后面，但 -er 除外

Sarcosperma laurinum 肉实树：laurinus = Laurus + inus 像月桂树的；Laurus 月桂属（樟科）；-inus/ -inum/ -ina/ -inos 相近，接近，相似，具有（通常指颜色）

Sarcostemma 肉珊瑚属 （萝藦科）（63：p307）：sarc-/ sarco- ← sarx/ sarcos 肉，肉质的；stemmus 王冠，花冠，花环

Sarcostemma acidum 肉珊瑚：acidus 酸的，有酸味的

Sarcozygium 霸王属 （蒺藜科）（43-1：p139）：sarcozygium 肉质联合的（指果肉愈合）；sarc-/ sarco- ← sarx/ sarcos 肉，肉质的；zygos 轭，结合，成对

Sarcozygium kaschgaricum 喀什霸王（喀 kā）：kaschgaricum 喀什的（地名，新疆维吾尔自治区）；-icus/ -icum/ -ica 属于，具有某种特性（常用于地名、起源、生境）

Sarcozygium xanthoxylon 霸王：xanthos 黄色的（希腊语）；xylon 木材，木质

Sargentodoxa 大血藤属 （血 xuè）（木通科）（29：p305）：sargent ← Charles Sprague Sargent（人名，1841–1927，美国植物学家）；-doxa/ -doxus 荣耀的，瑰丽的，壮观的，显眼的

Sargentodoxa cuneata 大血藤：cuneatus = cuneus + atus 具楔子的，属楔形的；cuneus 楔子的；-atus/ -atum/ -ata 属于，相似，具有，完成（形容词词尾）

S

Saruma 马蹄香属（马兜铃科）（24：p160）：saruma ← Asarum 细辛属（改缀词）

Saruma henryi 马蹄香：henryi ← Augustine Henry 或 B. C. Henry（人名，前者，1857–1930，爱尔兰医生、植物学家，曾在中国采集植物，后者，1850–1901，曾活动于中国的传教士）

Sasa 赤竹属（禾本科）（9-1：p662）：sasa 赤竹，矮竹（"sasa" 为 "笹" 的日语读音，笹 tì）

Sasa fortunei 菲白竹：fortunei ← Robert Fortune（人名，19 世纪英国园艺学家，曾在中国采集植物）；-i 表示人名，接在以元音字母结尾的人名后面，但 -a 除外

Sasa guangxiensis 广西赤竹：guangxiensis 广西的（地名）

Sasa hainanensis 海南赤竹：hainanensis 海南的（地名）

Sasa hubeiensis 湖北华箬竹（箬 ruò）：hubeiensis 湖北的（地名）

Sasa longiligulata 赤竹：longe-/ longi- ← longus 长的，纵向的；ligulatus（= ligula + atus）/ ligularis（= ligula + aris）舌状的，具舌的；ligula = lingua + ulus 小舌，小舌状物；lingua 舌，语言；ligule 舌，舌状物，舌瓣，叶舌

Sasa oblongula 矩叶赤竹：oblongulus = ovus + longus + ulus 近长椭圆形的（ovus 的词干 ov- 音变为 ob-）；ovus 卵，胚珠，卵形的，椭圆形的；longus 长的，纵向的；-ulus/ -ulum/ -ula 小的，略微的，稍微的（小词 -ulus 在字母 e 或 i 之后有多种变缀，即 -olus/ -olum/ -ola、-ellus/ -ellum/ -ella、-illus/ -illum/ -illa，与第一变格法和第二变格法名词形成复合词）

Sasa pygmaea 翠竹：pygmaeus/ pygmaei 小的，低矮的，极小的，矮人的；pygm- 矮，小，侏儒；-aeus/ -aeum/ -aea 表示属于……，名词形容词化词尾，如 europaeus ← europa 欧洲的

Sasa pygmaea var. disticha 无毛翠竹：distichus 二列的；di-/ dis- 二，二数，二分，分离，不同，在……之间，从……分开（希腊语，拉丁语为 bi-/ bis-）；stichus ← stichon 行列，队列，排列

Sasa pygmaea var. pygmaea 翠竹-原变种 （词义见上面解释）

Sasa qingyuanensis 庆元华箬竹：qingyuanensis 庆元的（地名，浙江省）

Sasa rubrovaginata 红壳赤竹：rubr-/ rubri-/ rubro- ← rubrus 红色；vaginatus = vaginus + atus 鞘，具鞘的；vaginus 鞘，叶鞘；-atus/ -atum/ -ata 属于，相似，具有，完成（形容词词尾）

Sasa sinica 华箬竹：sinica 中国的（地名）；-icus/ -icum/ -ica 属于，具有某种特性（常用于地名、起源、生境）

Sasa subglabra 光笹竹（笹 tì）：subglabrus 近无毛的；sub-（表示程度较弱）与……类似，几乎，稍微，弱，亚，之下，下面；glabrus 光秃的，无毛的，光滑的

Sasa tomentosa 绒毛赤竹：tomentosus = tomentum + osus 绒毛的，密被绒毛的；tomentum 绒毛，浓密的毛被，棉絮，棉絮状填充物（被褥、垫子等）；-osus/ -osum/ -osa 多的，充分的，丰富的，

显著发育的，程度高的，特征明显的（形容词词尾）

Sassafras 檫木属（檫 chá）（樟科）（31：p237）：sassafras ← Salsafras 虎耳草（西班牙语名）

Sassafras randaiense 台湾檫木：randaiense 峦大山的（地名，属台湾省，"randai" 为 "峦大" 的日语发音）

Sassafras tzumu 檫木：tzumu 檫木（中文名）

Satyrium 鸟足兰属（兰科）（17：p495）：satyrium ← satyros 萨特罗斯（希腊神话中的林神）

Satyrium ciliatum 缘毛鸟足兰：ciliatus = cilium + atus 缘毛的，流苏的；cilium 缘毛，睫毛；-atus/ -atum/ -ata 属于，相似，具有，完成（形容词词尾）

Satyrium nepalense 鸟足兰：nepalense 尼泊尔的（地名）

Satyrium yunnanense 云南鸟足兰：yunnanense 云南的（地名）

Saurauia 水东哥属（猕猴桃科）（49-2：p285）：saurauia ← Fr. J. von Saurau（人名，1760–1832，意大利植物学家）

Saurauia cerea 蜡质水东哥：cereus/ ceraceus（cereus = cerus + eus）蜡，蜡质的；cerus/ cerum/ cera 蜡；Cereus 仙人柱属（仙人掌科）；-eus/ -eum/ -ea（接拉丁语词干时）属于……的，色如……的，质如……的（表示原料、颜色或品质的相似），（接希腊语词干时）属于……的，以……出名，为……所占有（表示具有某种特性）

Saurauia erythrocarpa 红果水东哥：erythr-/ erythro- ← erythros 红色的（希腊语）；carpus/ carpum/ carpa/ carpon ← carpos 果实（用于希腊语复合词）

Saurauia erythrocarpa var. erythrocarpa 红果水东哥-原变种 （词义见上面解释）

Saurauia erythrocarpa var. grosseserrata 粗齿水东哥：grosseserratus = grossus + serrus + atus 具粗大锯齿的；grossus 粗大的，肥厚的；serrus 齿，锯齿；-atus/ -atum/ -ata 属于，相似，具有，完成（形容词词尾）

Saurauia griffithii 绵毛水东哥：griffithii ← William Griffith（人名，19 世纪印度植物学家，加尔各答植物园主任）

Saurauia griffithii var. annamica 越南水东哥：annamica 安南的（地名，越南古称）

Saurauia griffithii var. griffithii 绵毛水东哥-原变种 （词义见上面解释）

Saurauia macrotricha 长毛水东哥：macro-/ macr- ← macros 大的，宏观的（用于希腊语复合词）；trichus 毛，毛发，线

Saurauia miniata 朱毛水东哥：miniatus 红色的，发红的；minium 朱砂，朱红

Saurauia napaulensis 尼泊尔水东哥：napaulensis 尼泊尔的（地名）

Saurauia napaulensis var. montana 山地水东哥：montanus 山，山地；montis 山，山地的；mons 山，山脉，岩石

Saurauia napaulensis var. napaulensis 尼泊尔水东哥-原变种 （词义见上面解释）

Saurauia napaulensis var. omeiensis 峨眉水东哥：omeiensis 峨眉山的（地名，四川省）

Saurauia paucinervis 少脉水东哥：pauci- ← paucus 少数的，少的（希腊语为 oligo-）；nervis ← nervus 脉，叶脉

Saurauia polyneura 多脉水东哥：polyneurus 多脉的；poly- ← polys 多个，许多（希腊语，拉丁语为 multi-）；neurus ← neuron 脉，神经

Saurauia punduana 大花水东哥：punduana（人名）

Saurauia rubricalyx 红萼水东哥：rubr-/ rubri-/ rubro- ← rubrus 红色；calyx → calyc- 萼片（用于希腊语复合词）

Saurauia thyrsiflora 聚锥水东哥：thyrsus/ thyrsos 花簇，金字塔，圆锥形，聚伞圆锥花序；florus/ florum/ flora ← flos 花（用于复合词）

Saurauia tristyla 水东哥：tristylus 三柱的；tri-/ tripli-/ triplo- 三个，三数；stylus/ stylis ← stylos 柱，花柱

Saurauia tristyla var. hekouensis 河口水东哥：hekouensis 河口的（地名，云南省）

Saurauia tristyla var. oldhami 台湾水东哥：oldhami ← Richard Oldham（人名，19 世纪植物采集员）（注：词尾改为"-ii"似更妥）；-ii 表示人名，接在以辅音字母结尾的人名后面，但 -er 除外；-i 表示人名，接在以元音字母结尾的人名后面，但 -a 除外

Saurauia tristyla var. tristyla 水东哥-原变种（词义见上面解释）

Saurauia yunnanensis 云南水东哥：yunnanensis 云南的（地名）

Sauromatum 斑龙芋属（天南星科）（13-2：p194）：sauromatus 蜥蜴状的

Sauromatum brevipes 短柄斑龙芋：brevi- ← brevis 短的（用于希腊语复合词词首）；pes/ pedis 柄，梗，茎秆，腿，足，爪（作词首或词尾，pes 的词干视为"ped-"）

Sauromatum venosum 斑龙芋：venosus 细脉的，细脉明显的，分枝脉的；venus 脉，叶脉，血脉，血管；-osus/ -osum/ -osa 多的，充分的，丰富的，显著发育的，程度高的，特征明显的（形容词词尾）

Sauropus 守宫木属（大戟科）（44-1：p162）：sauropus 蜥蜴腿的；sauros 蜥蜴；-pus ← pous 腿，足，爪，柄，茎

Sauropus androgynus 守宫木：androgynus 雌雄花混杂的，雌雄同序的（指花序等）；andr-/ andro-/ ander-/ aner- ← andrus ← andros 雄蕊，雄花，雄性，男性（aner 的词干为 ander-，作复合词成分时变为 andr-）；gynus/ gynum/ gyna 雌蕊，子房，心皮

Sauropus bacciformis 艾堇：baccus 浆果；formis/ forma 形状

Sauropus bonii 茎花守宫木：bonii（人名）；-ii 表示人名，接在以辅音字母结尾的人名后面，但 -er 除外

Sauropus delavayi 石山守宫木：delavayi ← P. J. M. Delavay（人名，1834–1895，法国传教士，曾在中国采集植物标本）；-i 表示人名，接在以元音字母结尾的人名后面，但 -a 除外

Sauropus garrettii 苍叶守宫木：garrettii ← H. B. Garrett（人名，英国植物学家）

Sauropus macranthus 长梗守宫木：macro-/

macr- ← macros 大的，宏观的（用于希腊语复合词）；anthus/ anthum/ antha/ anthe ← anthos 花（用于希腊语复合词）

Sauropus pierrei 盈江守宫木：pierrei（人名）；-i 表示人名，接在以元音字母结尾的人名后面，但 -a 除外

Sauropus quadrangularis 方枝守宫木：quadrangularis 四棱的，四角的；quadri-/ quadr- 四，四数（希腊语为 tetra-/ tetr-）；angularis = angulus + aris 具棱角的，有角度的；-aris（阳性、阴性）/ -are（中性）← -alis（阳性、阴性）/ -ale（中性）属于，相似，如同，具有，涉及，关于，联结于（将名词作形容词用，其中 -aris 常用于以 l 或 r 为词干末尾的词）

Sauropus quadrangularis var. compressus 扁枝守宫木：compressus 扁平的，压扁的；pressus 压，压力，挤压，紧密；co- 联合，共同，合起来（拉丁语词首，为 cum- 的音变，表示结合、强化、完全，对应的希腊语为 syn-）；co- 的缀词音变有 co-/ com-/ con-/ col-/ cor-：co-（在 h 和元音字母前面），col-（在 l 前面），com-（在 b、m、p 之前），con-（在 c、d、f、g、j、n、qu、s、t 和 v 前面），cor-（在 r 前面）

Sauropus quadrangularis var. quadrangularis 方枝守宫木-原变种（词义见上面解释）

Sauropus repandus 波萼守宫木：repandus 细波状的，浅波状的（指叶缘略不平而呈波状，比 sinuosus 更浅）；re- 返回，相反，再次，重复，向后，回头；pandus 弯曲

Sauropus reticulatus 网脉守宫木：reticulatus = reti + culus + atus 网状的；reti-/ rete- 网（同义词：dictyo-）；-culus/ -culum/ -cula 小的，略微的，稍微的（同第三变格法和第四变格法名词形成复合词）；-atus/ -atum/ -ata 属于，相似，具有，完成（形容词词尾）

Sauropus spatulifolius 龙脷叶（脷 lì）：spathulifolius 匙形叶的，佛焰苞状叶的；spatuli- ← spathulatus 匙形的，佛焰苞状的；spathus 佛焰苞，薄片，刀剑；folius/ folium/ folia 叶，叶片（用于复合词）

Sauropus trinervius 三脉守宫木：tri-/ tripli-/ triplo- 三个，三数；nervius = nervus + ius 具脉的，具叶脉的；nervus 脉，叶脉；-ius/ -ium/ -ia 具有……特性的（表示有关、关联、相似）

Sauropus tsiangii 尾叶守宫木：tsiangii 黔，贵州的（地名），蒋氏（人名）

Sauropus yanhuianus 多脉守宫木：yanhuianus（人名）

Saururaceae 三白草科（20-1：p4）：Saururus 三白草属；-aceae（分类单位科的词尾，为 -aceus 的阴性复数主格形式，加到模式属的名称后或同义词的词干后以组成族群名称）

Saururus 三白草属（三白草科）（20-1：p6）：sauros 蜥蜴；-urus/ -ura/ -ourus/ -oura/ -oure/ -uris 尾巴

Saururus chinensis 三白草：chinensis = china + ensis 中国的（地名）；China 中国

Saussurea 风毛菊属（不写"凤毛菊"）（菊科）（78-2：p1）：saussurea ← H. B. de Saussure（人名，

S

1748–1799，瑞士植物学家）

Saussurea abnormis 普兰风毛菊：abnormis 异常的

Saussurea acromelaena 肾叶风毛菊：acromelanus 顶端黑色的；acr-/ acro- ← acros 顶尖，顶端，尖头，在顶尖的，辛辣，酸的；melanus/ melaenus 黑色的，浓黑色的，暗色的；melus 黑色，暗色；-anus/ -anum/ -ana 属于，来自（形容词词尾）

Saussurea acrophila 破血丹（血 xuè）：acrophilus 喜酸的；acr-/ acro- ← acros 顶尖，顶端，尖头，在顶尖的，辛辣，酸的；philus/ philein ← philos → phil-/ phili/ philo- 喜好的，爱好的，喜欢的（注意区别形近词：phylus、phyllus）；phylus/ phylum/ phyla ← phylon/ phyle 植物分类单位中的"门"，位于"界"和"纲"之间，类群，种族，部落，聚群；phyllus/ phyllum/ phylla ← phyllon 叶片（用于希腊语复合词）

Saussurea acroura 川甘风毛菊：acrourus 长尾的，大尾的，尖尾的；acr-/ acro- ← acros 顶尖，顶端，尖头，在顶尖的，辛辣，酸的；-urus/ -ura/ -ourus/ -oura/ -oure/ -uris 尾巴

Saussurea acuminata 渐尖风毛菊：acuminatus = acumen + atus 锐尖的，渐尖的；acumen 渐尖头，-atus/ -atum/ -ata 属于，相似，具有，完成（形容词词尾）

Saussurea alaschanica 阿拉善风毛菊：alaschanica 阿拉善的（地名，内蒙古最西部）

Saussurea alata 翼茎风毛菊：alatus → ala-/ alat-/ alati-/ alato- 翅，具翅的，具翼的；反义词：exalatus 无翼的，无翅的

Saussurea alatipes 翼柄风毛菊：alatipes 茎具翼的，翼柄的；alatus → ala-/ alat-/ alati-/ alato- 翅，具翅的，具翼的；pes/ pedis 柄，梗，茎秆，腿，足，爪（作词首或词尾，pes 的词干视为"ped-"）

Saussurea alberti 新疆风毛菊：alberti ← Luigi d'Albertis（人名，19 世纪意大利博物学家）；-i 表示人名，接在以元音字母结尾的人名后面，但 -a 除外，故该种加词词尾宜改为"-ii"；-ii 表示人名，接在以辅音字母结尾的人名后面，但 -er 除外

Saussurea alpina 高山风毛菊：alpinus = alpus + inus 高山的；alpus 高山；al-/ alti-/ alto- ← altus 高的，高处的；-inus/ -inum/ -ina/ -inos 相近，接近，相似，具有（通常指颜色）；关联词：subalpinus 亚高山的

Saussurea amara 草地风毛菊：amarus 苦味的

Saussurea amurensis 龙江风毛菊：amurense/ amurensis 阿穆尔的（地名，东西伯利亚的一个州，南部以黑龙江为界），阿穆尔河的（即黑龙江的俄语音译）

Saussurea andersonii 卵苞风毛菊：andersonii ← Charles Lewis Anderson（人名，19 世纪美国医生、植物学家）

Saussurea andryaloides 吉隆风毛菊：Andryala 安德列拉属（菊科）；-oides/ -oideus/ -oideum/ -oidea/ -odes/ -eidos 像……的，类似……的，呈……状的（名词词尾）

Saussurea apus 无梗风毛菊：apus = a + pus 无茎的，无柄的，无脚的；a-/ an- 无，非，没有，缺乏，不具有（an- 用于元音前）（a-/ an- 为希腊语词首，

对应的拉丁语词首为 e-/ ex-，相当于英语的 un-/ -less，注意词首 a- 和作为介词的 a/ ab 不同，后者的意思是"从……、由……、关于……、因为……"）；-pus ← pous 腿，足，爪，柄，茎

Saussurea arenaria 沙生风毛菊：arenaria ← arena 沙子，沙地，沙地的，沙生的；-arius/ -arium/ aria 相似，属于（表示地点，场所，关系，所属）；Arenaria 无心菜属（石竹科）

Saussurea aster 云状雪兔子：aster 星，星状的，星芒状的（指辐射状）；Aster 紫菀属（菊科）

Saussurea auriculata 白背风毛菊：auriculatus 耳形的，具小耳的（基部有两个小圆片）；auriculus 小耳朵的，小耳状的；auritus 耳朵的，耳状的；-culus/ -culum/ -cula 小的，略微的，稍微的（同第三变格法和第四变格法名词形成复合词）；-atus/ -atum/ -ata 属于，相似，具有，完成（形容词词尾）

Saussurea baicalensis 大头风毛菊：baicalensis 贝加尔湖的（地名，俄罗斯）

Saussurea balangshanensis 巴朗山雪莲：balangshanensis 巴朗山的（地名，四川省）

Saussurea baroniana 棕脉风毛菊：baroniana ← Reverend Baron（人名，20 世纪活动于南非的英国传教士）

Saussurea bella 漂亮风毛菊（漂 piào）：bellus ← belle 可爱的，美丽的

Saussurea blanda 绿风毛菊：blandus 光滑的，可爱的

Saussurea bomiensis 波密风毛菊：bomiensis 波密的（地名，西藏自治区）

Saussurea brachylepis 短苞风毛菊：brachy- ← brachys 短的（用于拉丁语复合词词首）；lepis/ lepidos 鳞片

Saussurea bracteata 膜苞雪莲：bracteatus = bracteus + atus 具苞片的；bracteus 苞，苞片，苞鳞；-atus/ -atum/ -ata 属于，相似，具有，完成（形容词词尾）

Saussurea brunneopilosa 异色风毛菊：brunneo- ← brunneus/ bruneus 深褐色的；pilosus = pilus + osus 多毛的，被柔毛的，具疏柔毛的，被短弱细毛的；pilus 毛，疏柔毛；-osus/ -osum/ -osa 多的，充分的，丰富的，显著发育的，程度高的，特征明显的（形容词词尾）

Saussurea bullata 泡叶风毛菊（泡 pào）：bullatus = bulla + atus 泡状的，膨胀的；bulla 球，水泡，凸起；-atus/ -atum/ -ata 属于，相似，具有，完成（形容词词尾）

Saussurea bullockii 卢山风毛菊：bullockii（人名）；-ii 表示人名，接在以辅音字母结尾的人名后面，但 -er 除外

Saussurea cana 灰白风毛菊：canus 灰色的，灰白色的

Saussurea canescens 伊宁风毛菊：canescens 变灰色的，淡灰色的；canens 使呈灰色的；canus 灰色的，灰白色的；-escens/ -ascens 改变，转变，变成，略微，带有，接近，相似，大致，稍微（表示变化的趋势，并未完全相似或相同，有别于表示达到完成状态的 -atus）

S

Saussurea carduiformis 蓟状风毛菊：Carduus 飞廉属（菊科）；formis/ forma 形状

Saussurea caudata 尾叶风毛菊：caudatus = caudus + atus 尾巴的，尾巴状的，具尾的；caudus 尾巴

Saussurea cauloptera 翅茎风毛菊：caulopterus 翅茎的；caulus/ caulon/ caule ← caulos 茎，茎秆，主茎；pterus/ pteron 翅，翼，蕨类

Saussurea centiloba 百裂风毛菊：centilobus 多裂的；centi- ← centus 百，一百（比喻数量很多，希腊语为 hecto-/ hecato-）；lobus/ lobos/ lobon 浅裂，耳片（裂片先端钝圆），荚果，蒴果

Saussurea ceterach 康定风毛菊：ceterach ← chetrak 蕨（希腊语或波斯语）；Ceterach 药蕨属（铁角蕨科）

Saussurea chetchozensis 大坪风毛菊：chetchozensis（地名）

Saussurea chetchozensis var. chetchozensis 大坪风毛菊-原变种 （词义见上面解释）

Saussurea chetchozensis var. glabrescens 光叶风毛菊：glabrus 光秃的，无毛的，光滑的；-escens/ -ascens 改变，转变，变成，略微，带有，接近，相似，大致，稍微（表示变化的趋势，并未完全相似或相同，有别于表示达到完成状态的 -atus）

Saussurea chinensis 中华风毛菊：chinensis = china + ensis 中国的（地名）；China 中国

Saussurea chingiana 抱茎风毛菊：chingiana ← R. C. Chin 秦仁昌（人名，1898–1986，中国植物学家，蕨类植物专家），秦氏

Saussurea chinnampoensis 京风毛菊：chinnampoensis（地名，朝鲜）

Saussurea chionophora 显脉雪兔子：chionophora 雪白色的；chion-/ chiono- 雪，雪白色；-phorus/ -phorum/ -phora 载体，承载物，支持物，带着，生着，附着（表示一个部分带着别的部分，包括起支撑或承载作用的柄、柱、托、囊等，如 gynophorum = gynus + phorum 雌蕊柄的，带有雌蕊的，承载雌蕊的）；gynus/ gynum/ gyna 雌蕊，子房，心皮

Saussurea chowana 雾灵风毛菊：chowana（人名）

Saussurea ciliaris 硬叶风毛菊：ciliaris 缘毛的，睫毛的（流苏状）；cilia 睫毛，缘毛；cili- 纤毛，缘毛；-aris（阳性、阴性）/ -are（中性）← -alis（阳性、阴性）/ -ale（中性）属于，相似，如同，具有，涉及，关于，联结于（将名词作形容词用，其中 -aris 常用于以 l 或 r 为词干末尾的词）

Saussurea cochlearifolia 匙叶风毛菊（匙 chí）：cochlearia 蜗牛的，匙形的，螺旋的；cochlea 蜗牛，蜗牛壳；-aris（阳性、阴性）/ -are（中性）← -alis（阳性、阴性）/ -ale（中性）属于，相似，如同，具有，涉及，关于，联结于（将名词作形容词用，其中 -aris 常用于以 l 或 r 为词干末尾的词）；folius/ folium/ folia 叶，叶片（用于复合词）

Saussurea colpodes 鞘基风毛菊：colpodes 鞘状的；colpus 沟槽；-oides/ -oideus/ -oideum/ -oidea/ -odes/ -eidos 像……的，类似……的，呈……状的（名词词尾）

Saussurea columnaris 柱茎风毛菊：columnaris = columna + aris 柱状的，支柱的；-aris（阳性、

阴性）/ -are（中性）← -alis（阳性、阴性）/ -ale（中性）属于，相似，如同，具有，涉及，关于，联结于（将名词作形容词用，其中 -aris 常用于以 l 或 r 为词干末尾的词）

Saussurea compta 华美风毛菊：comptus 美丽的，装饰的

Saussurea conica 肿柄雪莲：conicus 圆锥形的

Saussurea conyzoides 假蓬风毛菊：Conyza 白酒草属（菊科）；-oides/ -oideus/ -oideum/ -oidea/ -odes/ -eidos 像……的，类似……的，呈……状的（名词词尾）

Saussurea cordifolia 心叶风毛菊：cordi- ← cordis/ cor 心脏的，心形的；folius/ folium/ folia 叶，叶片（用于复合词）

Saussurea coriacea 革苞风毛菊：coriaceus = corius + aceus 近皮革的，近革质的；corius 皮革的，革质的；-aceus/ -aceum/ -acea 相似的，有……性质的，属于……的

Saussurea coriolepis 硬苞风毛菊：corius 皮革的，革质的；lepis/ lepidos 鳞片

Saussurea costus 云木香：costus 肋，肋骨；形近词：costum 没药（Commiphora myrrha 的古拉丁名，橄榄科），橡胶树脂（由没药类植物提取，具芳香味，可用于医学防腐）；Costus 闭鞘姜属（姜科）

Saussurea crispa 小头风毛菊：crispus 收缩的，褶皱的，波纹的（如花瓣周围的波浪状褶皱）

Saussurea davurica 达乌里风毛菊：davurica（dahurica/ daurica）达乌里的（地名，外贝加尔湖，属西伯利亚的一个地区，即贝加尔湖以东及以南至中国和蒙古边界）

Saussurea delavayi 大理雪兔子：delavayi ← P. J. M. Delavay（人名，1834–1895，法国传教士，曾在中国采集植物标本）；-i 表示人名，接在以元音字母结尾的人名后面，但 -a 除外

Saussurea delavayi f. delavayi 大理雪兔子-原变型（词义见上面解释）

Saussurea delavayi f. hirsuta 硬毛雪兔子：hirsutus 粗毛的，糙毛的，有毛的（长而硬的毛）

Saussurea deltoidea 三角叶风毛菊：deltoideus/ deltoides 三角形的，正三角形的；delta 三角；-oides/ -oideus/ -oideum/ -oidea/ -odes/ -eidos 像……的，类似……的，呈……状的（名词词尾）

Saussurea depsangensis 昆仑雪兔子：depsangensis（地名，青海省）

Saussurea dielsiana 狭头风毛菊：dielsiana ← Friedrich Ludwig Emil Diels（人名，20 世纪德国植物学家）

Saussurea dimorphaea 东川风毛菊：dimorphaea ← deimorphus 二型的，异型的；di-/ dis- 二，二数，二分，分离，不同，在……之间，从……分开（希腊语，拉丁语为 bi-/ bis-）；morphus ← morphos 形状，形态

Saussurea dolichopoda 长梗风毛菊：dolicho- ← dolichos 长的；podus/ pus 柄，梗，茎秆，足，腿

Saussurea dschungdienensis 中甸风毛菊：dschungdienensis 准噶尔的（地名，新疆维吾尔自治区）

S

Saussurea dzeurensis 川西风毛菊：dzeurensis 东俄洛的（地名，四川西部）

Saussurea elegans 优雅风毛菊：elegans 优雅的，秀丽的

Saussurea epilobioides 柳叶菜风毛菊：Epilobium 柳叶菜属（柳叶菜科）；-oides/ -oideus/ -oideum/ -oidea/ -odes/ -eidos 像……的，类似……的，呈……状的（名词词尾）

Saussurea eriocephala 棉头风毛菊：erion 绵毛，羊毛；cephalus/ cephale ← cephalos 头，头状花序

Saussurea erubescens 红柄雪莲：erubescens/ erubui ← erubeco/ erubere/ rubui 变红色的，浅红色的，赤红面的；rubescens 发红的，带红的，近红的；rubus ← ruber/ rubeo 树莓的，红色的；rubens 发红的，带红色的，变红的，红的；rubeo/ rubere/ rubui 红色的，变红，放光，闪耀；rubesco/ rubere/ rubui 变红；-escens/ -ascens 改变，转变，变成，略微，带有，接近，相似，大致，稍微（表示变化的趋势，并未完全相似或相同，有别于表示达到完成状态的 -atus）

Saussurea euodonta 锐齿风毛菊：eu- 好的，秀丽的，真的，正确的，完全的；odontus/ odontos → odon-/ odont-/ odonto-（可作词首或词尾）齿，牙齿状的；odous 齿，牙齿（单数，其所有格为 odontos）

Saussurea fargesii 川东风毛菊：fargesii ← Pere Paul Guillaume Farges（人名，19 世纪中叶至 20 世纪活动于中国的法国传教士，植物采集员）

Saussurea fastuosa 奇形风毛菊：fastuosus 壮观的，美丽的，自豪的，骄傲的；fastus 高傲，傲慢

Saussurea fistulosa 管茎雪兔子：fistulosus = fistulus + osus 管状的，空心的，多孔的；fistulus 管状的，空心的；-osus/ -osum/ -osa 多的，充分的，丰富的，显著发育的，程度高的，特征明显的（形容词词尾）

Saussurea flaccida 萎软风毛菊：flaccidus 柔软的，软乎乎的，软绵绵的；flaccus 柔弱的，软垂的；-idus/ -idum/ -ida 表示在进行中的动作或情况，作动词、名词或形容词的词尾

Saussurea flavo-virens 黄绿苞风毛菊：flavus → flavo-/ flavi-/ flav- 黄色的，鲜黄色的，金黄色的（指纯正的黄色）；virens 绿色的，变绿的

Saussurea flexuosa 城口风毛菊：flexuosus = flexus + osus 弯曲的，波状的，曲折的；flexus ← flecto 扭曲的，卷曲的，弯弯曲曲的，柔性的；flecto 弯曲，使扭曲；-osus/ -osum/ -osa 多的，充分的，丰富的，显著发育的，程度高的，特征明显的（形容词词尾）

Saussurea frondosa 狭翼风毛菊：frondosus/ foliosus 多叶的，生叶的，叶状的；frond/ frons 叶（蕨类、棕榈、苏铁类），叶状体，叶簇，叶丛，植物体（藻类、藓类），前额，正前面；frondula 羽片（羽状叶的分离部分）；-osus/ -osum/ -osa 多的，充分的，丰富的，显著发育的，程度高的，特征明显的（形容词词尾）

Saussurea georgei 川滇雪兔子：georgei（人名）

Saussurea glabrata 无毛叶风毛菊：glabratus = glabrus + atus 脱毛的，光滑的；glabrus 光秃的，无毛的，光滑的；-atus/ -atum/ -ata 属于，相似，具有，完成（形容词词尾）

Saussurea glacialis 冰川雪兔子：glacialis 冰的，冰雪地带的，冰川的；glacies 冰，冰块，耐寒，坚硬

Saussurea glanduligera 腺毛风毛菊：glanduli- ← glandus + ulus 腺体的，小腺体的；glandus ← glans 腺体；gerus → -ger/ -gerus/ -gerum/ -gera 具有，有，带有

Saussurea glandulosa 腺点风毛菊：glandulosus = glandus + ulus + osus 被细腺的，具腺体的，腺体质的；glandus ← glans 腺体；-ulus/ -ulum/ -ula 小的，略微的，稍微的（小词 -ulus 在字母 e 或 i 之后有多种变缀，即 -olus/ -olum/ -ola、-ellus/ -ellum/ -ella、-illus/ -illum/ -illa，与第一变格法和第二变格法名词形成复合词）；-osus/ -osum/ -osa 多的，充分的，丰富的，显著发育的，程度高的，特征明显的（形容词词尾）

Saussurea globosa 球花雪莲：globosus = globus + osus 球形的；globus → glob-/ globi- 球体，圆球，地球；-osus/ -osum/ -osa 多的，充分的，丰富的，显著发育的，程度高的，特征明显的（形容词词尾）；关联词：globularis/ globulifer/ globulosus（小球状的、具小球的），globuliformis（纽扣状的）

Saussurea gnaphalodes 鼠麴雪兔子：gnaphalodes 稍有软毛的；gnaphalon 软绒毛的；-oides/ -oideus/ -oideum/ -oidea/ -odes/ -eidos 像……的，类似……的，呈……状的（名词词尾）

Saussurea gossypiphora 雪兔子：gossypiphorus 带绵毛的；gossypium ← gossypion 棉花（古拉丁名，指果实膨大的形状）；-phorus/ -phorum/ -phora 载体，承载物，支持物，带着，生着，附着（表示一个部分带着别的部分，包括起支撑或承载作用的柄、柱、托、囊等，如 gynophorum = gynus + phorum 雌蕊柄的，带有雌蕊的，承载雌蕊的）；gynus/ gynum/ gyna 雌蕊，子房，心皮

Saussurea gossypiphora var. conaensis 错那雪兔子：conaensis 错那的（地名，西藏自治区）

Saussurea gossypiphora var. gossypiphora 雪兔子-原变种 （词义见上面解释）

Saussurea graciliformis 纤细风毛菊：gracilis 细长的，纤弱的，丝状的；formis/ forma 形状

Saussurea graminea 禾叶风毛菊：gramineus 禾草状的，禾本科植物状的；graminus 禾草，禾本科草；gramen 禾本科植物；-eus/ -eum/ -ea（接拉丁语词干时）属于……的，色如……的，质如……的（表示原料、颜色或品质的相似），（接希腊语词干时）属于……的，以……出名，为……所占有（表示具有某种特性）

Saussurea graminifolia 密毛风毛菊：graminus 禾草，禾本科草；folius/ folium/ folia 叶，叶片（用于复合词）

Saussurea grandiceps 硕首雪兔子：grandi- ← grandis 大的；-ceps/ cephalus ← captus 头，头状的，头状花序

Saussurea grandifolia 大叶风毛菊：grandi- ← grandis 大的；folius/ folium/ folia 叶，叶片（用于复合词）

Saussurea grosseserrata 粗裂风毛菊：

grosseserratus = grossus + serrus + atus 具粗大锯齿的; grossus 粗大的, 肥厚的; serrus 齿, 锯齿; -atus/ -atum/ -ata 属于, 相似, 具有, 完成 (形容词词尾)

Saussurea gyacaensis 加查雪兔子: gyacaensis 加查的 (地名, 西藏自治区)

Saussurea haoi 青藏风毛菊: haoi (人名); -i 表示人名, 接在以元音字母结尾的人名后面, 但 -a 除外

Saussurea hemsleyi 湖北风毛菊: hemsleyi ← William Botting Hemsley (人名, 19 世纪研究中美洲植物的植物学家); -i 表示人名, 接在以元音字母结尾的人名后面, 但 -a 除外

Saussurea henryi 巴东风毛菊: henryi ← Augustine Henry 或 B. C. Henry (人名, 前者, 1857–1930, 爱尔兰医生、植物学家, 曾在中国采集植物, 后者, 1850–1901, 曾活动于中国的传教士)

Saussurea hieracioides 长毛风毛菊: Hieracium 山柳菊属 (菊科); -oides/ -oideus/ -oideum/ -oidea/ -odes/ -eidos 像……的, 类似……的, 呈……状的 (名词词尾)

Saussurea huashanensis 华山风毛菊 (华 huà): huashanensis 华山的 (地名)

Saussurea hultenii 雅砻江风毛菊: hultenii (人名); -ii 表示人名, 接在以辅音字母结尾的人名后面, 但 -er 除外

Saussurea hwangshanensis 黄山风毛菊: hwangshanensis 黄山的 (地名, 安徽省)

Saussurea hypsipeta 黑毛雪兔子: hypsipeta 向上的; hypso-/ hypsi- 高地的, 高位的, 高处的; -petus 趋向, 向着

Saussurea incisa 锐裂风毛菊: incisus 深裂的, 锐裂的, 缺刻的

Saussurea integrifolia 全缘叶风毛菊: integer/ integra/ integrum → integri- 完整的, 整个的, 全缘的; folius/ folium/ folia 叶, 叶片 (用于复合词)

Saussurea involucrata 雪莲花: involucratus = involucrus + atus 有总苞的; involucrus 总苞, 花苞, 包被

Saussurea iodoleuca 滇川风毛菊: iodoleuca 粉紫色的; iodes 蓝紫色的, 紫堇色的; leucus 白色的, 淡色的

Saussurea iodostegia 紫苞雪莲: iodostegius 紫盖的, 紫堇色盖的; iodo- ← iodes 紫色的; stegius ← stege/ stegon 盖子, 加盖, 覆盖, 包裹, 遮盖物

Saussurea iodostegia var. ferruginipes 锈色雪莲: ferrugineus 铁锈的, 淡棕色的; ferrugo = ferrus + ugo 铁锈 (ferrugo 的词干为 ferrugin-); 词尾为 -go 的词其词干末尾视为 -gin; ferreus → ferr- 铁, 铁的, 铁色的, 坚硬如铁的

Saussurea iodostegia var. iodostegia 紫苞雪莲-原变种 (词义见上面解释)

Saussurea irregularis 异裂风毛菊: irregularis = ir (来自 il- 的音变) + regularis 不规则的, 参差不齐的; il- 在内, 向内, 为, 相反 (希腊语为 en-); 词首 il- 的音变: il-(在 l 前面), im-(在 b、m、p 前面), in-(在元音字母和大多数辅音字母前面), ir-(在 r 前面), 如 illaudatus (不值得称赞的, 评价不好的), impermeabilis (不透水的, 穿不透的), ineptus (不

合适的), insertus (插入的), irretortus (无弯曲的, 无扭曲的); -aris (阳性、阴性) / -are (中性) ← -alis (阳性、阴性) / -ale (中性) 属于, 相似, 如同, 具有, 涉及, 关于, 联结于 (将名词作形容词用, 其中 -aris 常用于以 l 或 r 为词干末尾的词)

Saussurea japonica 风毛菊: japonica 日本的 (地名); -icus/ -icum/ -ica 属于, 具有某种特性 (常用于地名、起源、生境)

Saussurea kansuensis 甘肃风毛菊: kansuensis 甘肃的 (地名)

Saussurea kanzanensis 台湾风毛菊: kanzanensis (地名, 属台湾省)

Saussurea kaschgarica 喀什风毛菊 (喀 kā): kaschgarica 喀什的 (地名, 新疆维吾尔自治区); -icus/ -icum/ -ica 属于, 具有某种特性 (常用于地名、起源、生境)

Saussurea katochaete 重齿风毛菊 (重 chóng): katochaete (日文)

Saussurea kingii 拉萨雪兔子: kingii ← Clarence King (人名, 19 世纪美国地质学家)

Saussurea kiraisiensis 台岛风毛菊: kiraisiensis 奇莱山的 (地名, 属台湾省)

Saussurea komarnitzkii 腋头风毛菊: komarnitzkii (人名); -ii 表示人名, 接在以辅音字母结尾的人名后面, 但 -er 除外

Saussurea kungii 洋县风毛菊: kungii (人名); -ii 表示人名, 接在以辅音字母结尾的人名后面, 但 -er 除外

Saussurea laciniata 裂叶风毛菊: laciniatus 撕裂的, 条状裂的; lacinius → laci-/ lacin-/ lacini- 撕裂的, 条状裂的

Saussurea lacostei 高盐地风毛菊: lacostei (人名)

Saussurea ladyginii 拉氏风毛菊: ladyginii (人名); -ii 表示人名, 接在以辅音字母结尾的人名后面, 但 -er 除外

Saussurea lampsanifolia 鹤庆风毛菊: Lampsana/ Lapsana 稻槎菜属 (菊科); folius/ folium/ folia 叶, 叶片 (用于复合词)

Saussurea lanata 白毛风毛菊: lanatus = lana + atus 具羊毛的, 具长柔毛的; lana 羊毛, 绵毛

Saussurea laniceps 绵头雪兔子: lani- 羊毛状的, 多毛的, 密被软毛的; -ceps/ cephalus ← captus 头, 头状的, 头状花序

Saussurea larionowii 天山风毛菊: larionowii (人名); -ii 表示人名, 接在以辅音字母结尾的人名后面, 但 -er 除外

Saussurea lavrenkoana 双齿风毛菊: lavrenkoana (人名)

Saussurea leclerei 利马川风毛菊: leclerei (人名)

Saussurea leontodontoides 狮牙草状风毛菊: Leontodon → Taraxacum 蒲公英属 (菊科); -oides/ -oideus/ -oideum/ -oidea/ -odes/ -eidos 像……的, 类似……的, 呈……状的 (名词词尾)

Saussurea leptolepis 薄苞风毛菊: leptolepis 薄鳞片的; leptus ← leptos 细的, 薄的, 瘦小的, 狭长的; lepis/ lepidos 鳞片

Saussurea leucoma 羽裂雪兔子: leucomus ← leucos; leuc-/ leuco- ← leucus 白色的 (如果和其他

表示颜色的词混用则表示淡色）

Saussurea leucophylla 白叶风毛菊：leuc-/ leuco- ← leucus 白色的（如果和其他表示颜色的词混用则表示淡色）；phyllus/ phyllum/ phylla ← phyllon 叶片（用于希腊语复合词）

Saussurea lhunzhubensis 林周风毛菊：lhunzhubensis 林周的（地名，西藏自治区）

Saussurea licentiana 川陕风毛菊：licentiana（人名）

Saussurea likiangensis 丽江风毛菊：likiangensis 丽江的（地名，云南省）

Saussurea limprichtii 巴塘风毛菊：limprichtii（人名）；-ii 表示人名，接在以辅音字母结尾的人名后面，但 -er 除外

Saussurea lingulata 小舌风毛菊：lingulatus = lingua + ulus + atus 具小舌的，具细丝带的；lingua 舌状的，丝带状的，语言的；-ulatus/ -ulata/ -ulatum = ulus + atus 小的，略微的，稍微的，属于小的；-ulus/ -ulum/ -ula 小的，略微的，稍微的（小词 -ulus 在字母 e 或 i 之后有多种变缀，即 -olus/ -olum/ -ola、-ellus/ -ellum/ -ella、-illus/ -illum/ -illa，与第一变格法和第二变格法名词形成复合词）；-atus/ -atum/ -ata 属于，相似，具有，完成（形容词词尾）

Saussurea lomatolepis 纹苞风毛菊：lomatolepis 缢鳞片的；lomus/ lomatos 边缘；lepis/ lepidos 鳞片

Saussurea longifolia 长叶雪莲：longe-/ longi- ← longus 长的，纵向的；folius/ folium/ folia 叶，叶片（用于复合词）

Saussurea loriformis 带叶风毛菊：lorus 带状的，舌状的；formis/ forma 形状

Saussurea lyratifolia 大头羽裂风毛菊：lyratus 大头羽裂的，琴状的；folius/ folium/ folia 叶，叶片（用于复合词）

Saussurea macrota 大耳叶风毛菊：macrotus 大的，属于大的；macro-/ macr- ← macros 大的，宏观的（用于希腊语复合词）；-otus/ -otum/ -ota（希腊语词尾，表示相似或所有）

Saussurea malitiosa 尖头风毛菊：malitiosus 邪恶的

Saussurea manshurica 东北风毛菊：manshurica 满洲的（地名，中国东北，日语读音）

Saussurea maximowiczii 羽叶风毛菊：maximowiczii ← C. J. Maximowicz 马克希莫夫（人名，1827–1891，俄国植物学家）

Saussurea medusa 水母雪兔子：Medusa 美杜莎（蛇发女妖，希腊神话人物，头发为无数条蛇）

Saussurea melanotrica 黑苞风毛菊（种加词有时误拼为"melanotrica"）：melanotrica（为"melanotricha"的误拼）；mel-/ mela-/ melan-/ melano- ← melanus/ melaenus ← melas/ melanos 黑色的，浓黑色的，暗色的；trichus 毛，毛发，线

Saussurea merinoi 截叶风毛菊：merinoi（人名）

Saussurea micradenia 滇风毛菊：micradenius 小腺体的；micr-/ micro- ← micros 小的，微小的，微观的（用于希腊语复合词）；adenius = adenus + ius 具腺体的；adenus 腺，腺体；-ius/ -ium/ -ia 具有……特性的（表示有关、关联、相似）

Saussurea minuta 小风毛菊：minutus 极小的，细微的，微小的

Saussurea mongolica 蒙古风毛菊：mongolica 蒙古的（地名）；mongolia 蒙古的（地名）；-icus/ -icum/ -ica 属于，具有某种特性（常用于地名、起源、生境）

Saussurea montana 山地风毛菊：montanus 山，山地；montis 山，山地的；mons 山，山脉，岩石

Saussurea morifolia 桑叶风毛菊：Morus 桑属（桑科）；folius/ folium/ folia 叶，叶片（用于复合词）

Saussurea mucronulata 小尖风毛菊：mucronulatus = mucronus + ulus + atus 具细的短尖头的，具细的微突的；mucronus 短尖头，微突；-ulus/ -ulum/ -ula 小的，略微的，稍微的（小词 -ulus 在字母 e 或 i 之后有多种变缀，即 -olus/ -olum/ -ola、-ellus/ -ellum/ -ella、-illus/ -illum/ -illa，与第一变格法和第二变格法名词形成复合词）；-atus/ -atum/ -ata 属于，相似，具有，完成（形容词词尾）

Saussurea muliensis 木里雪莲：muliensis 木里的（地名，四川省）

Saussurea mutabilis 变叶风毛菊：mutabilis = mutatus + bilis 容易变化的，不稳定的，形态多样的（叶片、花的形状和颜色等）；mutatus 变化了的，改变了的，突变的；mutatio 改变；-ans/ -ens/ -bilis/ -ilis 能够，可能（为形容词词尾，-ans/ -ens 用于主动语态，-bilis/ -ilis 用于被动语态）

Saussurea nematolepis 钻状风毛菊：nematus/ nemato- 密林的，丛林的，线状的，丝状的；lepis/ lepidos 鳞片

Saussurea neofranchetii 耳叶风毛菊：neofranchetii 晚于 franchetii ← franchetiana 的；neo- ← neos 新，新的；Saussurea franchetiana 法氏风毛菊；franchetii ← A. R. Franchet（人名，19世纪法国植物学家）；-ii 表示人名，接在以辅音字母结尾的人名后面，但 -er 除外；注：种加词 neofranchetii 改为 neofranchetiana 似更妥，这样就和所比较的种加词 franchetiana 一致

Saussurea neoserrata 齿叶风毛菊：neoserrata 晚于 serrata 的；neo- ← neos 新，新的；Saussurea serrata 赤缘风毛菊；serratus = serrus + atus 有锯齿的；serrus 齿，锯齿

Saussurea nepalensis 尼泊尔风毛菊：nepalensis 尼泊尔的（地名）

Saussurea nidularis 鸟巢状雪莲：nidularis = nidus + aris 巢穴状的；nidus 巢穴；-ulus/ -ulum/ -ula 小的，略微的，稍微的（小词 -ulus 在字母 e 或 i 之后有多种变缀，即 -olus/ -olum/ -ola、-ellus/ -ellum/ -ella、-illus/ -illum/ -illa，与第一变格法和第二变格法名词形成复合词）；-aris（阳性、阴性）/ -are（中性）← -alis（阳性、阴性）/ -ale（中性）属于，相似，如同，具有，涉及，关于，联结于（将名词作形容词用，其中 -aris 常用于以 l 或 r 为词干末尾的词）

Saussurea nigrescens 钝苞雪莲：nigrus 黑色的；niger 黑色的；-escens/ -ascens 改变，转变，变成，略微，带有，接近，相似，大致，稍微（表示变化的趋势，并未完全相似或相同，有别于表示达到完成状态的 -atus）

S

Saussurea nimborum 倒披针叶风毛菊：nimborum 大量的，群聚的（为 nimbus 的复数所有格）；nimbus 大量，群聚；-orum 属于……的（第二变格法名词复数所有格词尾，表示群落或多数）

Saussurea nivea 银背风毛菊：niveus 雪白的，雪一样的；nivus/ nivis/ nix 雪，雪白色

Saussurea nyalamensis 聂拉木风毛菊：nyalamensis 聂拉木的（地名，西藏自治区）

Saussurea oblongifolia 长圆叶风毛菊：oblongus = ovus + longus 长椭圆形的（ovus 的词干 ov- 音变为 ob-）；ovus 卵，胚珠，卵形的，椭圆形的；longus 长的，纵向的；folius/ folium/ folia 叶，叶片（用于复合词）

Saussurea obvallata 苞叶雪莲：obvallatus 包被起来的

Saussurea ochrochlaena 褐黄色风毛菊：ochro- ← ochra 黄色的，黄土的；chlaenus 外衣，宝贝，覆盖，膜，斗篷

Saussurea odontolepis 齿苞风毛菊：odontolepis 齿鳞的；odontus/ odontos → odon-/ odont-/ odonto-（可作词首或词尾）齿，牙齿状的；odous 齿，牙齿（单数，其所有格为 odontos）；lepis/ lepidos 鳞片

Saussurea oligantha 少花风毛菊：oligo-/ olig- 少数的（希腊语，拉丁语为 pauci-）；anthus/ anthum/ antha/ anthe ← anthos 花（用于希腊语复合词）

Saussurea oligocephala 少头风毛菊：oligocephalus 具有少数头的；oligo-/ olig- 少数的（希腊语，拉丁语为 pauci-）；cephalus/ cephale ← cephalos 头，头状花序

Saussurea ovata 乌恰风毛菊：ovatus = ovus + atus 卵圆形的；ovus 卵，胚珠，卵形的，椭圆形的；-atus/ -atum/ -ata 属于，相似，具有，完成（形容词词尾）

Saussurea ovatifolia 卵叶风毛菊：ovatus = ovus + atus 卵圆形的；ovus 卵，胚珠，卵形的，椭圆形的；-atus/ -atum/ -ata 属于，相似，具有，完成（形容词词尾）；folius/ folium/ folia 叶，叶片（用于复合词）

Saussurea pachyneura 东俄洛风毛菊：pachyneurus 粗脉的；pachy- ← pachys 厚的，粗的，肥的；neurus ← neuron 脉，神经

Saussurea paleacea 糠秕毛风毛菊（秕 bǐ）：paleaceus 具托苞的，具内颖的，具稃的，具鳞片的；paleus 托苞，内颖，内稃，鳞片；-aceus/ -aceum/ -acea 相似的，有……性质的，属于……的

Saussurea paleata 膜片风毛菊：paleatus 具托苞的，具内颖的，具稃的，具鳞片的；paleus 托苞，内颖，内稃，鳞片；-atus/ -atum/ -ata 属于，相似，具有，完成（形容词词尾）

Saussurea parviflora 小花风毛菊：parviflorus 小花的；parvus 小的，些微的，弱的；florus/ florum/ flora ← flos 花（用于复合词）

Saussurea paucijuga 深裂风毛菊：pauci- ← paucus 少数的，少的（希腊语为 oligo-）；jugus ← jugos 成对的，成双的，一组，牛轭，束缚（动词为 jugo）

Saussurea paxiana 红叶雪兔子：paxiana（人名）

Saussurea pectinata 篦齿风毛菊：pectinatus/ pectinaceus 栉齿状的；pectini-/ pectino-/ pectin- ← pecten 篦子，梳子；-aceus/ -aceum/ -acea 相似的，有……性质的，属于……的

Saussurea peduncularis 显梗风毛菊：pedunculatus/ peduncularis 具花序柄的，具总花梗的；pedunculus/ peduncule/ pedunculis ← pes 花序柄，总花梗（花序基部无花着生部分，不同于花柄）；关联词：pedicellus/ pediculus 小花梗，小花柄（不同于花序柄）；pes/ pedis 柄，梗，茎秆，腿，足，爪（作词首或词尾，pes 的词干视为 "ped-"）；-aris（阳性、阴性）/ -are（中性）← -alis（阳性、阴性）/ -ale（中性）属于，相似，如同，具有，涉及，关于，联结于（将名词作形容词用，其中 -aris 常用于以 l 或 r 为词干末尾的词）

Saussurea peguensis 叶头风毛菊：peguensis 勃固的（地名，缅甸）

Saussurea petrovii 西北风毛菊：petrovii（人名）；-ii 表示人名，接在以辅音字母结尾的人名后面，但 -er 除外

Saussurea phaeantha 褐花雪莲：phaeus(phaios) → phae-/ phaeo-/ phai-/ phaio 暗色的，褐色的，灰蒙蒙的；anthus/ anthum/ antha/ anthe ← anthos 花（用于希腊语复合词）

Saussurea pinetorum 松林风毛菊：pinetorum 松林的，松林生的；Pinus 松属（松科）；-etorum 群落的（表示群丛、群落的词尾）

Saussurea pinnatidentata 羽裂风毛菊：pinnatus = pinnus + atus 羽状的，具羽的；pinnus/ pennus 羽毛，羽状，羽片；dentatus = dentus + atus 牙齿的，齿状的，具齿的；dentus 齿，牙齿；-atus/ -atum/ -ata 属于，相似，具有，完成（形容词词尾）

Saussurea platypoda 川南风毛菊：platypodus/ platypus 宽柄的，粗柄的；platys 大的，宽的（用于希腊语复合词）；podus/ pus 柄，梗，茎秆，足，腿

Saussurea polycephala 多头风毛菊：poly- ← polys 多个，许多（希腊语，拉丁语为 multi-）；cephalus/ cephale ← cephalos 头，头状花序

Saussurea polycolea 多鞘雪莲：polycoleus 多鞘的；poly- ← polys 多个，许多（希腊语，拉丁语为 multi-）；coleus ← coleos 鞘（唇瓣呈鞘状），鞘状的，果荚

Saussurea polycolea var. acutisquama 尖苞雪莲：acutisquamus 尖鳞的；acuti-/ acu- ← acutus 锐尖的，针尖的，刺尖的，锐角的；squamus 鳞，鳞片，薄膜

Saussurea polycolea var. polycolea 多鞘雪莲-原变种（词义见上面解释）

Saussurea polygonifolia 蓼叶风毛菊（蓼 liǎo）：Polygonum 蓼属（蓼科）；folius/ folium/ folia 叶，叶片（用于复合词）

Saussurea polypodioides 水龙骨风毛菊：polypodioides 像多足蕨的；Polypodium 多足蕨属（水龙骨科）；poly- ← polys 多个，许多（希腊语，拉丁语为 multi-）；podius ← podion 腿，足，柄，-oides/ -oideus/ -oideum/ -oidea/ -odes/ -eidos 像……的，类似……的，呈……状的（名词词尾）

Saussurea poochlamys 革叶风毛菊：poochlamys 草丛遮盖的，位于草丛中的（指矮小）；poo- ← poa 草丛（Poa 禾本科早熟禾属）；chlamys 花被，包被，

S

外罩，被盖

Saussurea popovii 寡头风毛菊：popovii ← popov（人名）

Saussurea populifolia 杨叶风毛菊：Populus 杨属（杨柳科）；folius/ folium/ folia 叶，叶片（用于复合词）

Saussurea porphyroleuca 紫白风毛菊：porphyr-/ porphyro- 紫色；leucus 白色的，淡色的

Saussurea pratensis 草原雪莲：pratensis 生于草原的；pratum 草原

Saussurea przewalskii 弯齿风毛菊：przewalskii ← Nicolai Przewalski（人名，19 世纪俄国探险家、博物学家）

Saussurea pseudobullockii 洮河风毛菊（洮 táo）：pseudobullockii 像 bullockii 的；pseudo-/ pseud- ← pseudos 假的，伪的，接近，相似（但不是）；Saussurea bullockii 卢山风毛菊

Saussurea pseudomalitiosa 类尖头风毛菊：pseudomalitiosa 像 malitiosa 的；pseudo-/ pseud- ← pseudos 假的，伪的，接近，相似（但不是）；Saussurea malitiosa 尖头风毛菊；malitiosus 邪恶的

Saussurea pteridophylla 延翅风毛菊：pterido-/ pteridi-/ pterid- ← pteris ← pteryx 翅，翼，蕨类（希腊语）；构词规则：词尾为 -is 和 -ys 的词的词干分别视为 -id 和 -yd；phyllus/ phyllum/ phylla ← phyllon 叶片（用于希腊语复合词）

Saussurea pubescens 毛果风毛菊：pubescens ← pubens 被短柔毛的，长出柔毛的；pubi- ← pubis 细柔毛的，短柔毛的，毛被的；pubesco/ pubescere 长成的，变为成熟的，长出柔毛的，青春期体毛的；-escens/ -ascens 改变，转变，变成，略微，带有，接近，相似，大致，稍微（表示变化的趋势，并未完全相似或相同，有别于表示达到完成状态的 -atus）

Saussurea pubifolia 毛背雪莲：pubi- ← pubis 细柔毛的，短柔毛的，毛被的；folius/ folium/ folia 叶，叶片（用于复合词）

Saussurea pubifolia var. lhasaensis 小苞雪莲：lhasaensis 拉萨的（地名，西藏自治区）

Saussurea pubifolia var. pubifolia 毛背雪莲-原变种（词义见上面解释）

Saussurea pulchella 美花风毛菊：pulchellus/ pulcellus = pulcher + ellus 稍美丽的，稍可爱的；pulcher/pulcer 美丽的，可爱的；-ellus/ -ellum/ -ella ← -ulus 小的，略微的，稍微的（小词 -ulus 在字母 e 或 i 之后有多种变缀，即 -olus/ -olum/ -ola、-ellus/ -ellum/ -ella、-illus/ -illum/ -illa，用于第一变格法名词）

Saussurea pulchra 美丽风毛菊：pulchrum 美丽，优雅，绮丽

Saussurea pulvinata 垫风毛菊：pulvinatus = pulvinus + atus 垫状的；pulvinus 叶枕，叶柄基部膨大部分，坐垫，枕头

Saussurea pumila 矮小风毛菊：pumilus 矮的，小的，低矮的，矮人的

Saussurea purpurascens 紫苞风毛菊：purpurascens 带紫色的，发紫的；purpur- 紫色的；-escens/ -ascens 改变，转变，变成，略微，带有，接近，相似，大致，稍微（表示变化的趋势，并未完全相似或相同，有别于表示达到完成状态的 -atus）

Saussurea quercifolia 槲叶雪兔子（槲 hú）：Quercus 栎属（壳斗科）；folius/ folium/ folia 叶，叶片（用于复合词）

Saussurea recurvata 折苞风毛菊：recurvatus 反曲的，反卷的，后曲的；re- 返回，相反，再次，重复，向后，回头；curvus 弯曲的；-atus/ -atum/ -ata 属于，相似，具有，完成（形容词词尾）

Saussurea retroserrata 倒齿风毛菊：retroserratus 倒锯齿的；retro- 向后，反向；serratus = serrus + atus 有锯齿的；serrus 齿，锯齿

Saussurea rhytidocarpa 皱果风毛菊：rhytido-/ rhyt- ← rhytidos 褶皱的，皱纹的，折叠的；carpus/ carpum/ carpa/ carpon ← carpos 果实（用于希腊语复合词）

Saussurea robusta 强壮风毛菊：robustus 大型的，结实的，健壮的，强壮的

Saussurea rockii 显鞘风毛菊：rockii ← Joseph Francis Charles Rock（人名，20 世纪美国植物采集员）

Saussurea romuleifolia 鸢尾叶风毛菊（鸢 yuān）：Romulea（罗慕丽属，鸢尾科）；folius/ folium/ folia 叶，叶片（用于复合词）

Saussurea rotundifolia 圆叶风毛菊：rotundus 圆形的，呈圆形的，肥大的；rotundo 使呈圆形，使圆滑；roto 旋转，滚动；folius/ folium/ folia 叶，叶片（用于复合词）

Saussurea runcinata 倒羽叶风毛菊：runcinatus = re + uncinatus 逆向羽裂的，倒齿状的（齿指向基部）；re- 返回，相反，再（相当拉丁文 ana-）；uncinatus = uncus + inus + atus = aduncus/ aduncatus 具钩的，尖端突然向下弯的；uncus 钩，倒钩刺

Saussurea salemanii 倒卵叶风毛菊：salemanii（人名）；-ii 表示人名，接在以辅音字母结尾的人名后面，但 -er 除外

Saussurea salicifolia 柳叶风毛菊：salici ← Salix 柳属；构词规则：以 -ix/ -iex 结尾的词其词干末尾视为 -ic，以 -ex 结尾视为 -i/ -ic，其他以 -x 结尾视为 -c；folius/ folium/ folia 叶，叶片（用于复合词）

Saussurea saligna 尾尖风毛菊：Salix 柳属（杨柳科）；-inus/ -inum/ -ina/ -inos 相近，接近，相似，具有（通常指颜色）

Saussurea salsa 盐地风毛菊：salsus/ salsinus 咸的，多盐的（比喻海岸或多盐生境）；sal/ salis 盐，盐水，海，海水

Saussurea salwinensis 怒江风毛菊：salwinensis 萨尔温江的（地名，怒江流入缅甸部分的名称）

Saussurea scabrida 糙毛风毛菊：scabridus 粗糙的，scabrus ← scaber 粗糙的，有凹凸的，不平滑的；-idus/ -idum/ -ida 表示在进行中的动作或情况，作动词、名词或形容词的词尾

Saussurea sclerolepis 卷苞风毛菊：sclero- ← scleros 坚硬的，硬质的；lepis/ lepidos 鳞片

Saussurea semiamplexicaulis 半抱茎风毛菊：semiamplexicaulis 半抱茎的；semi- 半，准，略微；amplexa 跨骑状，紧握的，抱紧的；caulis ← caulos

S

茎，茎秆，主茎

Saussurea semifasciata 锯叶风毛菊：semi- 半，准，略微；fasciatus = fascia + atus 带状的，束状的，横纹的；fascia 绑带，包带

Saussurea semilyrata 半琴叶风毛菊：semi- 半，准，略微；lyratus 大头羽裂的，琴状的

Saussurea sericea 绢毛风毛菊（绢 juàn）：sericeus 绢丝状的；sericus 绢丝的，绢毛的，赛尔人的（Ser 为印度一民族）；-eus/ -eum/ -ea（接拉丁语词干时）属于……的，色如……的，质如……的（表示原料、颜色或品质的相似），（接希腊语词干时）属于……的，以……出名，为……所占有（表示具有某种特性）

Saussurea simpsoniana 小果雪兔子：simpsoniana（人名）

Saussurea sinuata 林风毛菊：sinuatus = sinus + atus 深波浪状的；sinus 波浪，弯缺，海湾（sinus 的词干视为 sinu-）

Saussurea sobarocephala 昂头风毛菊：sobarous 锯天牛（天牛科昆虫一种）；cephalus/ cephale ← cephalos 头，头状花序

Saussurea sordida 污花风毛菊：sordidus 暗色的，玷污的，肮脏的，不鲜明的

Saussurea souliei 披针叶风毛菊：souliei（人名）；-i 表示人名，接在以元音字母结尾的人名后面，但 -a 除外

Saussurea spathulifolia 维西风毛菊：spathulifolius 匙形叶的，佛焰苞状叶的；spathulatus = spathus + ulus + atus 匙形的，佛焰苞状的，小佛焰苞；spathus 佛焰苞，薄片，刀剑；folius/ folium/ folia 叶，叶片（用于复合词）

Saussurea splendida 节毛风毛菊：splendidus 光亮的，闪光的，华美的，高贵的；spnendere 发光，闪亮；-idus/ -idum/ -ida 表示在进行中的动作或情况，作动词、名词或形容词的词尾

Saussurea stella 星状雪兔子：stella 星状的

Saussurea stenolepis 窄苞风毛菊：sten-/ steno- ← stenus 窄的，狭的，薄的；lepis/ lepidos 鳞片

Saussurea stoliczkae 川藏风毛菊：stoliczkae（人名）；-ae 表示人名，以 -a 结尾的人名后面加上 -e 形成

Saussurea stricta 喜林风毛菊：strictus 直立的，硬直的，笔直的，彼此靠拢的

Saussurea subtriangulata 吉林风毛菊：subtriangulatus 近三角形的；sub-（表示程度较弱）与……类似，几乎，稍微，弱，亚，之下，下面；tri-/ tripli-/ triplo- 三个，三数；angulatus = angulus + atus 具棱角的，有角度的；triangulatus 三角形的

Saussurea subulata 钻叶风毛菊：subulatus 钻形的，尖头的，针尖状的；subulus 钻头，尖头，针尖状

Saussurea subulisquama 尖苞风毛菊：subulus 钻头，尖头，针尖状；squamus 鳞，鳞片，薄膜

Saussurea sutchuenensis 四川风毛菊：sutchuenensis 四川的（地名）

Saussurea sylvatica 林生风毛菊：silvaticus/ sylvaticus 森林的，林地的；sylva/ silva 森林；-aticus/ -aticum/ -atica 属于，表示生长的地方，作名词词尾

Saussurea sylvatica var. hsiaowutaishanensis 小五台山风毛菊：hsiaowutaishanensis 小五台山的（地名，河北省）

Saussurea sylvatica var. sylvatica 林生风毛菊-原变种 （词义见上面解释）

Saussurea tangutica 唐古特雪莲：tangutica ← Tangut 唐古特的，党项的（西夏时期生活于中国西北地区的党项羌人，蒙古语称其为"唐古特"，有多种音译，如唐兀、唐古、唐括等）；-icus/ -icum/ -ica 属于，具有某种特性（常用于地名、起源、生境）

Saussurea taraxacifolia 蒲公英叶风毛菊：Taraxacum 蒲公英属（菊科）；folius/ folium/ folia 叶，叶片（用于复合词）

Saussurea tatsienensis 打箭风毛菊：tatsienensis 打箭炉的（地名，四川省康定县的别称）

Saussurea tenerifolia 长白山风毛菊：tenerus 柔软的，娇嫩的，精美的，雅致的，纤细的；folius/ folium/ folia 叶，叶片（用于复合词）

Saussurea thomsonii 肉叶雪兔子：thomsonii ← Thomas Thomson（人名，19 世纪英国植物学家）；-ii 表示人名，接在以辅音字母结尾的人名后面，但 -er 除外

Saussurea thoroldii 草甸雪兔子：thoroldii（人名）；-ii 表示人名，接在以辅音字母结尾的人名后面，但 -er 除外

Saussurea tibetica 西藏风毛菊：tibetica 西藏的（地名）；-icus/ -icum/ -ica 属于，具有某种特性（常用于地名、起源、生境）

Saussurea tomentosa 高岭风毛菊：tomentosus = tomentum + osus 绒毛的，密被绒毛的；tomentum 绒毛，浓密的毛被，棉絮，棉絮状填充物（被褥、垫子等）；-osus/ -osum/ -osa 多的，充分的，丰富的，显著发育的，程度高的，特征明显的（形容词词尾）

Saussurea tridactyla 三指雪兔子：tri-/ tripli-/ triplo- 三个，三数；dactylus ← dactylos 手指状的；dactyl- 手指

Saussurea tridactyla var. maiduoganla 丛株雪兔子：maiduoganla（土名）

Saussurea tridactyla var. tridactyla 三指雪兔子-原变种 （词义见上面解释）

Saussurea tsinlingensis 秦岭风毛菊：tsinlingensis 秦岭的（地名，陕西省）

Saussurea tuoliensis 托里风毛菊：tuoliensis 托里的（地名，新疆维吾尔自治区）

Saussurea uliginosa 湿地雪兔子：uliginosus 沼泽的，湿地的，潮湿的；uligo/ vuligo/ uliginis 潮湿，湿地，沼泽（uligo 的词干为 uligin-）；词尾为 -go 的词其词干末尾视为 -gin；-osus/ -osum/ -osa 多的，充分的，丰富的，显著发育的，程度高的，特征明显的（形容词词尾）

Saussurea umbrosa 湿地风毛菊：umbrosus 多荫的，喜阴的，生于阴地的；umbra 荫凉，阴影，阴地；-osus/ -osum/ -osa 多的，充分的，丰富的，显著发育的，程度高的，特征明显的（形容词词尾）

Saussurea undulata 波缘风毛菊：undulatus = undus + ulus + atus 略呈波浪状的，略弯曲的；undus/ undum/ unda 起波浪的，弯曲的；-ulus/ -ulum/ -ula 小的，略微的，稍微的（小词 -ulus 在

S

字母 e 或 i 之后有多种变缀，即 -olus/ -olum/ -ola、-ellus/ -ellum/ -ella、-illus/ -illum/ -illa，与第一变格法和第二变格法名词形成复合词）；-atus/ -atum/ -ata 属于，相似，具有，完成（形容词词尾）

Saussurea uniflora 单花雪莲：uni-/ uno- ← unus/ unum/ una 一，单一（希腊语为 mono-/ mon-）；florus/ florum/ flora ← flos 花（用于复合词）

Saussurea ussuriensis 乌苏里风毛菊：ussuriensis 乌苏里江的（地名，中国黑龙江省与俄罗斯界河）

Saussurea ussuriensis var. firma 硬叶乌苏里风毛菊：firmus 坚固的，强的

Saussurea ussuriensis var. ussuriensis 乌苏里风毛菊-原变种 （词义见上面解释）

Saussurea variiloba 变裂风毛菊：variiloba 多种裂的，多种荚果的（缀词规则：用非属名构成复合词且词干末尾字母为 i 时，省略词尾，直接用词干和后面的构词成分连接，故该词宜改为 "variloba"）；varii/ vari- ← varius 多种多样的，多形的，多色的，多变的；lobus/ lobos/ lobon 浅裂，耳片（裂片先端钝圆），荚果，蒴果

Saussurea veitchiana 华中雪莲：veitchiana ← James Veitch（人名，19 世纪植物学家）；Veitch + i（表示连接，复合）+ ana（形容词词尾）

Saussurea velutina 毡毛雪莲：velutinus 天鹅绒的，柔软的；velutus 绒毛的；-inus/ -inum/ -ina/ -inos 相近，接近，相似，具有（通常指颜色）

Saussurea vestita 绒背风毛菊：vestitus 包被的，覆盖的，被柔毛的，袋状的

Saussurea vestitiformis 河谷风毛菊：vestitiformis 形如 vestita 的；Saussurea vestita 绒背风毛菊；vestitus 包被的，覆盖的，被柔毛的，袋状的；formis/ forma 形状

Saussurea virgata 帚状风毛菊：virgatus 细长枝条的，有条纹的，嫩枝状的；virga/ virgus 纤细枝条，细而绿的枝条；-atus/ -atum/ -ata 属于，相似，具有，完成（形容词词尾）

Saussurea wardii 川滇风毛菊：wardii ← Francis Kingdon-Ward（人名，20 世纪英国植物学家）

Saussurea wellbyi 羌塘雪兔子（羌 qiāng）：wellbyi（人名）

Saussurea wernerioides 锥叶风毛菊：Werneria 安山菊属（菊科，分布于南美洲安第斯山，与 Senecio 属接近）；werneri ← Abraham Gottlob Werner（人名，18 世纪德国植物学家）；-oides/ -oideus/ -oideum/ -oidea/ -odes/ -eidos 像……的，类似……的，呈……状的（名词词尾）

Saussurea wettsteiniana 垂头雪莲：wettsteiniana ← Richard von Wettstein（人名，1863–1931，俄国海军外科医生）

Saussurea woodiana 牛耳风毛菊：woodiana（人名）

Saussurea yunnanensis 云南风毛菊：yunnanensis 云南的（地名）

Saxifraga 虎耳草属（虎耳草科）(34-2: p35)：saxifraga 击碎岩石的，溶解岩石的（传说虎耳草属植物能溶化结石）；saxum 岩石，结石；frangere 打碎，粉碎

Saxifraga aculeata 卵心叶虎耳草：aculeatus 有刺的，有针的；aculeus 皮刺；-atus/ -atum/ -ata 属

于，相似，具有，完成（形容词词尾）

Saxifraga afghanica 具梗虎耳草：afghanica 阿富汗的（地名）

Saxifraga anadena 波密虎耳草：anadenus 无腺体的；a-/ an- 无，非，没有，缺乏，不具有（an- 用于元音前）(a-/ an- 为希腊语词首，对应的拉丁语词首为 e-/ ex-，相当于英语的 un-/ -less，注意词首 a- 和作为介词的 a/ ab 不同，后者的意思是 "从……由……、关于……、因为……"）；adenus 腺，腺体

Saxifraga andersonii 短瓣虎耳草：andersonii ← Charles Lewis Anderson（人名，19 世纪美国医生、植物学家）

Saxifraga aristulata 小芒虎耳草：aristulatus = aristulus + atus 具短芒的；arista + ulus 短芒的；arista 芒；-ulus/ -ulum/ -ula 小的，略微的，稍微的（小词 -ulus 在字母 e 或 i 之后有多种变缀，即 -olus/ -olum/ -ola、-ellus/ -ellum/ -ella、-illus/ -illum/ -illa，与第一变格法和第二变格法名词形成复合词）

Saxifraga aristulata var. aristulata 小芒虎耳草-原变种 （词义见上面解释）

Saxifraga aristulata var. longipila 长毛虎耳草：longe-/ longi- ← longus 长的，纵向的；pilus 毛，疏柔毛

Saxifraga atrata 黑虎耳草：atratus = ater + atus 发黑的，浓暗的，玷污的；ater 黑色的（希腊语，词干视为 atro-/ atr-/ atri-/ atra-）

Saxifraga atuntsiensis 阿墩子虎耳草：atuntsiensis 阿墩子的（地名，云南省德钦县的旧称，藏语音译）

Saxifraga aurantiaca 橙黄虎耳草：aurantiacus/ aurantius 橙黄色的，金黄色的；aurus 金，金色；aurant-/ auranti- 橙黄色，金黄色

Saxifraga auriculata 耳状虎耳草：auriculatus 耳形的，具小耳的（基部有两个小圆片）；auriculus 小耳朵的，小耳状的；auritus 耳朵的，耳状的；-culus/ -culum/ -cula 小的，略微的，稍微的（同第三变格法和第四变格法名词形成复合词）；-atus/ -atum/ -ata 属于，相似，具有，完成（形容词词尾）

Saxifraga auriculata var. auriculata 耳状虎耳草-原变种 （词义见上面解释）

Saxifraga auriculata var. conaensis 错那虎耳草：conaensis 错那的（地名，西藏自治区）

Saxifraga baimashanensis 白马山虎耳草：baimashanensis 白马雪山的（地名，云南省德钦县）

Saxifraga balfourii 马耳山虎耳草：balfourii ← Isaac Bayley Balfour（人名，19 世纪英国植物学家）

Saxifraga bergenioides 紫花虎耳草：Bergenia 岩白菜属（虎耳草科）；-oides/ -oideus/ -oideum/ -oidea/ -odes/ -eidos 像……的，类似……的，呈……状的（名词词尾）

Saxifraga brachyphylla 短叶虎耳草：brachy- ← brachys 短的（用于拉丁语复合词词首）；phyllus/ phyllum/ phylla ← phyllon 叶片（用于希腊语复合词）

Saxifraga brachypoda 短柄虎耳草：brachy- ← brachys 短的（用于拉丁语复合词词首）；podus/ pus 柄，梗，茎秆，足，腿

Saxifraga brachypodoidea 光花梗虎耳草：

S

Brachypodium 短柄草属（禾本科）；-oides/ -oideus/ -oideum/ -oidea/ -odes/ -eidos 像……的，类似……的，呈……状的（名词词尾）

Saxifraga bronchialis 刺虎耳草：bronchialis 咽喉的（能治疗气管炎）

Saxifraga brunonis 喜马拉雅虎耳草：brunonis ← Robert Brown（人名，19 世纪英国植物学家）

Saxifraga bulleyana 小泡虎耳草：bulleyana ← Arthur Bulley（人名，英国棉花经纪人）

Saxifraga cacuminum 顶峰虎耳草：cacuminus ← cacumen 尖顶的，顶端的，矛状的，顶峰的，山峰的

Saxifraga candelabrum 灯架虎耳草：candelabrus 分枝烛台的，分枝灯架的

Saxifraga cardiophylla 心叶虎耳草：cardio- ← kardia 心脏；phyllus/ phyllum/ phylla ← phyllon 叶片（用于希腊语复合词）

Saxifraga carnosula 肉质虎耳草：carnosulus 肉质的，略带肉质的；carne 肉；carnosus 肉质的；-ulus/ -ulum/ -ula 小的，略微的，稍微的（小词 -ulus 在字母 e 或 i 之后有多种变缀，即 -olus/ -olum/ -ola、-ellus/ -ellum/ -ella、-illus/ -illum/ -illa，与第一变格法和第二变格法名词形成复合词）

Saxifraga caveana 近岩梅虎耳草：caveanus = caveus + anus 属于凹陷的，和孔洞有关的；cavus 凹陷，孔洞；caveus 凹陷的，孔洞的；-eus/ -eum/ -ea（接拉丁语词干时）属于……的，色如……的，质如……的（表示原料、颜色或品质的相似），（接希腊语词干时）属于……的，以……出名，为……所占有（表示具有某种特性）；-anus/ -anum/ -ana 属于，来自（形容词词尾）

Saxifraga caveana var. caveana 近岩梅虎耳草-原变种 （词义见上面解释）

Saxifraga caveana var. lanceolata 狭萼虎耳草：lanceolatus = lanceus + olus + atus 小披针形的，小柳叶刀的；lance-/ lancei-/ lanci-/ lanceo-/ lanc- ← lanceus 披针形的，矛形的，尖刀状的，柳叶刀状的；-olus ← -ulus 小，稍微，略微（-ulus 在字母 e 或 i 之后变成 -olus/ -ellus/ -illus）；-atus/ -atum/ -ata 属于，相似，具有，完成（形容词词尾）

Saxifraga cernua 零余虎耳草：cernuus 点头的，前屈的，略俯垂的（弯曲程度略大于 90°）；cernu-/ cernui- 弯曲，下垂；关联词：nutans 弯曲，下垂的（弯曲程度远大于 90°）

Saxifraga chionophila 雪地虎耳草：chionophilus 喜好雪的；chion-/ chiono- 雪，雪白色；philus/ philein ← philos → phil-/ phili/ philo- 喜好的，爱好的，喜欢的（注意区别形近词：phylus、phyllus）；phylus/ phylum/ phyla ← phylon/ phyle 植物分类单位中的“门”，位于“界”和“纲”之间，类群，种族，部落，聚群；phyllus/ phyllum/ phylla ← phyllon 叶片（用于希腊语复合词）

Saxifraga chrysanthoides 拟黄花虎耳草：chrysanthus 黄花，金色的花；chrys-/ chryso- ← chrysos 黄色的，金色的；anthus/ anthum/ antha/ anthe ← anthos 花（用于希腊语复合词）；-oides/ -oideus/ -oideum/ -oidea/ -odes/ -eidos 像……的，类似……的，呈……状的（名词词尾）

Saxifraga chumbiensis 春丕虎耳草：chumbiensis 春丕的（地名，西藏自治区）

Saxifraga ciliatopetala 毛瓣虎耳草：ciliato-/ ciliati- ← ciliatus = cilium + atus 缘毛的，流苏的；petalus/ petalum/ petala ← petalon 花瓣

Saxifraga ciliatopetala var. ciliata 毛缘虎耳草：ciliatus = cilium + atus 缘毛的，流苏的；cilium 缘毛，睫毛；-atus/ -atum/ -ata 属于，相似，具有，完成（形容词词尾）

Saxifraga ciliatopetala var. ciliatopetala 毛瓣虎耳草-原变种 （词义见上面解释）

Saxifraga cinerascens 灰虎耳草：cinerascens/ cinerasceus 发灰的，变灰色的，灰白的，淡灰色的（比 cinereus 更白）；cinereus 灰色的，草木灰色的（为纯黑和纯白的混合色，希腊语为 tephro-/ spodo-）；ciner-/ cinere-/ cinereo- 灰色；-escens/ -ascens 改变，转变，变成，略微，带有，接近，相似，大致，稍微（表示变化的趋势，并未完全相似或相同，有别于表示达到完成状态的 -atus）

Saxifraga clavistaminea 棒蕊虎耳草：clava 棍棒；stamineus 属于雄蕊的；-eus/ -eum/ -ea（接拉丁语词干时）属于……的，色如……的，质如……的（表示原料、颜色或品质的相似），（接希腊语词干时）属于……的，以……出名，为……所占有（表示具有某种特性）

Saxifraga clivorum 截叶虎耳草：clivorus 山坡的，丘陵的（指生境，复数所有格）；clivus 山坡，斜坡，丘陵；-orum 属于……的（第二变格法名词复数所有格词尾，表示群落或多数）

Saxifraga confertifolia 聚叶虎耳草：confertus 密集的；folius/ folium/ folia 叶，叶片（用于复合词）

Saxifraga consanguinea 棒腺虎耳草：consanguineus = co + sanguineus 非常像血液的，酷似血的；co- 联合，共同，合起来（拉丁语词首，为 cum- 的音变，表示结合、强化、完全，对应的希腊语为 syn-）；co- 的缀词音变有 co-/ com-/ con-/ col-/ cor-：co-（在 h 和元音字母前面），col-（在 l 前面），com-（在 b、m、p 之前），con-（在 c、d、f、g、j、n、qu、s、t 和 v 前面），cor-（在 r 前面）；sanguineus = sanguis + ineus 血液的，血色的；sanguis 血液；-ineus/ -inea/ -ineum 相近，接近，相似，所有（通常表示材料或颜色），意思同 -eus

Saxifraga contraria 对叶虎耳草：contrarius 颠倒的，反转的，相反的，反对的；contra-/ contro- 相反，反对（相当于希腊语的 anti-）；-arius/ -arium/ -aria 相似，属于（表示地点，场所，关系，所属）

Saxifraga cordigera 心虎耳草：cordi- ← cordis/ cor 心脏的，心形的；gerus → -ger/ -gerus/ -gerum/ -gera 具有，有，带有

Saxifraga culcitosa 枕状虎耳草：culcitosus 垫状的，坐垫状的；culcitus 垫子；-osus/ -osum/ -osa 多的，充分的，丰富的，显著发育的，程度高的，特征明显的（形容词词尾）

Saxifraga daochengensis 稻城虎耳草：daochengensis 稻城的（地名，四川省）

Saxifraga davidii 双喙虎耳草：davidii ← Pere Armand David（人名，1826–1900，曾在中国采集植物标本的法国传教士）；-ii 表示人名，接在以辅音字母结尾的人名后面，但 -er 除外

Saxifraga decussata 十字虎耳草：decussatus 交叉状的，十字的，交互对生的；decusso 使交叉，使成十字形

Saxifraga densifoliata 密叶虎耳草：densus 密集的，繁茂的；foliatus 具叶的，多叶的；folius/ folium/ folia → foli-/ folia- 叶，叶片

Saxifraga densifoliata var. densifoliata 密叶虎耳草-原变种 （词义见上面解释）

Saxifraga densifoliata var. nedongensis 乃东虎耳草：nedongensis 乃东的（地名，西藏自治区）

Saxifraga deqenensis 德钦虎耳草：deqenensis 德钦的（地名，云南省）

Saxifraga dianxibeiensis 滇西北虎耳草：dianxibeiensis 滇西北的（地名，云南省）

Saxifraga diapensia 岩梅虎耳草：diapensia 变豆菜（伞形科，林奈为岩梅属命名时借用变豆菜的古拉丁名）；Diapensia 岩梅属（岩梅科）

Saxifraga dielsiana 川西虎耳草：dielsiana ← Friedrich Ludwig Emil Diels（人名，20 世纪德国植物学家）

Saxifraga diffusicallosa 散痂虎耳草（散 sàn）：diffusus = dis + fusus 蔓延的，散开的，扩展的，渗透的（dis- 在辅音字母前发生同化）；fusus 散开的，松散的，松弛的；callosus = callus + osus 具硬皮的，出老茧的，包块的，疙瘩的，胼胝体状的，愈伤组织的；callus 硬皮，老茧，包块，疙瘩，胼胝体，愈伤组织；di-/ dis- 二，二数，二分，分离，不同，在……之间，从……分开（希腊语，拉丁语为 bi-/ bis-）；-osus/ -osum/ -osa 多的，充分的，丰富的，显著发育的，程度高的，特征明显的（形容词词尾）；形近词：callos/ calos ← kallos 美丽的

Saxifraga divaricata 叉枝虎耳草（叉 chā）：divaricatus 广歧的，发散的，散开的

Saxifraga diversifolia 异叶虎耳草：diversus 多样的，各种各样的，多方向的；folius/ folium/ folia 叶，叶片（用于复合词）

Saxifraga diversifolia var. angustibracteata 狭苞异叶虎耳草：angusti- ← angustus 窄的，狭的，细的；bracteatus = bracteus + atus 具苞片的；bracteus 苞，苞片，苞鳞

Saxifraga diversifolia var. diversifolia 异叶虎耳草-原变种 （词义见上面解释）

Saxifraga doyalana 白瓣虎耳草：doyalana（人名）

Saxifraga drabiformis 葶苈虎耳草（苈 lì）：Draba 葶苈属（十字花科）；formis/ forma 形状

Saxifraga draboides 中甸虎耳草：Draba 葶苈属（十字花科）；-oides/ -oideus/ -oideum/ -oidea/ -odes/ -eidos 像……的，类似……的，呈……状的（名词词尾）

Saxifraga dshagalensis 无爪虎耳草：dshagalensis（地名，四川省）

Saxifraga eglandulosa 长毛梗虎耳草：eglandulosus 无腺体的；e-/ ex- 不，无，非，缺乏，不具有（e- 用在辅音字母前，ex- 用在元音字母前，为拉丁语词首，对应的希腊语词首为 a-/ an-，英语为 un-/ -less，注意作词首用的 e-/ ex- 和介词 e/ ex 意思不同，后者意为"出自、从……、由……离开、由于、依照"）；glandulosus = glandus + ulus + osus 被细

腺的，具腺体的，腺体质的

Saxifraga egregia 优越虎耳草：egregius = e + grex 非凡的，卓越的；grex 一群，组合，集团，队伍；e-/ ex- 不，无，非，缺乏，不具有（e- 用在辅音字母前，ex- 用在元音字母前，为拉丁语词首，对应的希腊语词首为 a-/ an-，英语为 un-/ -less，注意作词首用的 e-/ ex- 和介词 e/ ex 意思不同，后者意为"出自、从……、由……离开、由于、依照"）

Saxifraga egregia var. eciliata 无睫毛虎耳草：eciliatus = e + ciliata 无睫毛的，无缘毛的；e-/ ex- 不，无，非，缺乏，不具有（e- 用在辅音字母前，ex- 用在元音字母前，为拉丁语词首，对应的希腊语词首为 a-/ an-，英语为 un-/ -less，注意作词首用的 e-/ ex- 和介词 e/ ex 意思不同，后者意为"出自、从……、由……离开、由于、依照"）；ciliatus = cilium + atus 缘毛的，流苏的；cilium 缘毛，睫毛，-atus/ -atum/ -ata 属于，相似，具有，完成（形容词词尾）

Saxifraga egregia var. egregia 优越虎耳草-原变种（词义见上面解释）

Saxifraga egregia var. xiaojinensis 小金虎耳草：xiaojinensis 小金的（地名，四川省）

Saxifraga egregioides 矮优越虎耳草：egregioides 像 egredia 的，稍卓越的；Saxifraga egregia 优越虎耳草；egregius 非凡的，卓越的；-oides/ -oideus/ -oideum/ -oidea/ -odes/ -eidos 像……的，类似……的，呈……状的（名词词尾）

Saxifraga elatinoides 沟繁缕虎耳草：Elatine 沟繁缕属（石竹科）；-oides/ -oideus/ -oideum/ -oidea/ -odes/ -eidos 像……的，类似……的，呈……状的（名词词尾）

Saxifraga elliotii 索白拉虎耳草：elliotii ← George F. Scott-Elliot（人名，20 世纪英国植物学家）

Saxifraga elliptica 光萼虎耳草：ellipticus 椭圆形的；-ticus/ -ticum/ tica/ -ticos 表示属于，关于，以……著称，作形容词词尾

Saxifraga engleriana 藏南虎耳草：engleriana ← Adolf Engler 阿道夫·恩格勒（人名，1844–1931，德国植物学家，创立了以假花学说为基础的植物分类系统，于 1897 年发表）

Saxifraga erectisepala 直萼虎耳草：erectus 直立的，笔直的；sepalus/ sepalum/ sepala 萼片（用于复合词）

Saxifraga erinacea 猬状虎耳草：erinaceus 具刺的，刺猬状的；Erinaceus 猬属（动物）；ericius 刺猬

Saxifraga filicaulis 线茎虎耳草：filicaulis 细茎的，丝状茎的；fili-/ fil- ← filum 线状的，丝状的；caulis ← caulos 茎，茎秆，主茎

Saxifraga finitima 区限虎耳草：finitimus/ finitumus ← finis 邻近的，边界的，接壤，范围，区域

Saxifraga flaccida 柔弱虎耳草：flaccidus 柔软的，软乎乎的，软绵绵的；flaccus 柔弱的，软垂的；-idus/ -idum/ -ida 表示在进行中的动作或情况，作动词、名词或形容词的词尾

Saxifraga flexilis 曲茎虎耳草：flexilis 易弯曲的，灵活的

Saxifraga forrestii 玉龙虎耳草：forrestii ← George

S

Forrest（人名，1873–1932，英国植物学家，曾在中国西部采集大量植物标本）

Saxifraga fortunei 齿瓣虎耳草：fortunei ← Robert Fortune（人名，19 世纪英国园艺学家，曾在中国采集植物）；-i 表示人名，接在以元音字母结尾的人名后面，但 -a 除外

Saxifraga fortunei var. fortunei 齿瓣虎耳草-原变种 （词义见上面解释）

Saxifraga fortunei var. koraiensis 镜叶虎耳草：koraiensis 朝鲜的（地名）

Saxifraga gedangensis 格当虎耳草：gedangensis 格当的（地名，西藏墨脱县）

Saxifraga gemmigera 芽虎耳草：gemmus 芽，珠芽，零余子；-ferus/ -ferum/ -fera/ -fero/ -fere/ -fer 有，具有，产（区别：作独立词使用的 ferus 意思是"野生的"）

Saxifraga gemmipara 芽生虎耳草：gemmiparus 生芽的，母体上生芽的；gemmus 芽，珠芽，零余子；-parus ← parens 亲本，母体

Saxifraga gemmuligera 小芽虎耳草：gemmulus = gemmus + ulus + gerus 具小芽的，具小珠芽的；gemmus 芽，珠芽，零余子；-ulus/ -ulum/ -ula 小的，略微的，稍微的（小词 -ulus 在字母 e 或 i 之后有多种变缀，即 -olus/ -olum/ -ola、-ellus/ -ellum/ -ella、-illus/ -illum/ -illa，与第一变格法和第二变格法名词形成复合词）；gerus → -ger/ -gerus/ -gerum/ -gera 具有，有，带有

Saxifraga georgei 对生叶虎耳草：georgei（人名）

Saxifraga giraldiana 秦岭虎耳草：giraldiana ← Giuseppe Giraldi（人名，19 世纪活动于中国的意大利传教士）

Saxifraga glabricaulis 光茎虎耳草：glabrus 光秃的，无毛的，光滑的；caulis ← caulos 茎，茎秆，主茎

Saxifraga glacialis 冰雪虎耳草：glacialis 冰的，冰雪地带的，冰川的；glacies 冰，冰块，耐寒，坚硬

Saxifraga glaucophylla 灰叶虎耳草：glaucus → glauco-/ glauc- 被白粉的，发白的，灰绿色的；phyllus/ phyllum/ phylla ← phyllon 叶片（用于希腊语复合词）

Saxifraga gonggashanensis 贡嘎山虎耳草（嘎 gá）：gonggashanensis 贡嘎山的（地名，四川省）

Saxifraga gyalana 加拉虎耳草：gyalana 加拉的（地名，西藏自治区）

Saxifraga haplophylloides 六痂虎耳草：haplophylloides 像 Haplophyllum 的；Haplophyllum 拟芸香属（芸香科）；haplo- 单一的，一个的；phyllus/ phyllum/ phylla ← phyllon 叶片（用于希腊语复合词）；-oides/ -oideus/ -oideum/ -oidea/ -odes/ -eidos 像……的，类似……的，呈……状的（名词词尾）

Saxifraga heleonastes 沼地虎耳草：heleo-/ helo- 湿地，湿原，沼泽；-astes ← -aster（名词词尾，表示自然分布，野生的）

Saxifraga hemisphaerica 半球虎耳草：hemi- 一半；sphaericus 球的，球形的

Saxifraga heteroclada var. aurantia 异枝虎耳草：hete-/ heter-/ hetero- ← heteros 不同的，多样的，不齐的；cladus ← clados 枝条，分枝；aurantiacus/

aurantius 橙黄色的，金黄色的；aurus 金，金色；aurant-/ auranti- 橙黄色，金黄色

Saxifraga heterocladoides 近异枝虎耳草：heterocladoides 像 heteroclada 的；Saxifraga heteroclada 异枝虎耳草；-oides/ -oideus/ -oideum/ -oidea/ -odes/ -eidos 像……的，类似……的，呈……状的（名词词尾）

Saxifraga heterotricha 异毛虎耳草：hete-/ heter-/ hetero- ← heteros 不同的，多样的，不齐的；trichus 毛，毛发，线

Saxifraga hirculoides 唐古拉虎耳草：hirculoides 像 hirculus 的；Saxifraga hirculus 山羊臭虎耳草；-oides/ -oideus/ -oideum/ -oidea/ -odes/ -eidos 像……的，类似……的，呈……状的（名词词尾）

Saxifraga hirculus 山羊臭虎耳草：hirculus 山羊臭味的；hircus 山羊，羊膻味，狐臭

Saxifraga hirculus var. alpina 高山虎耳草：alpinus = alpus + inus 高山的；alpus 高山；al-/ alti-/ alto- ← altus 高的，高处的；-inus/ -inum/ -ina/ -inos 相近，接近，相似，具有（通常指颜色）；关联词：subalpinus 亚高山的

Saxifraga hirculus var. hirculus 山羊臭虎耳草-原变种 （词义见上面解释）

Saxifraga hispidula 齿叶虎耳草：hispidulus 稍有刚毛的；hispidus 刚毛的，鬃毛状的；-ulus/ -ulum/ -ula 小的，略微的，稍微的（小词 -ulus 在字母 e 或 i 之后有多种变缀，即 -olus/ -olum/ -ola、-ellus/ -ellum/ -ella、-illus/ -illum/ -illa，与第一变格法和第二变格法名词形成复合词）

Saxifraga hookeri 近优越虎耳草：hookeri ← William Jackson Hooker（人名，19 世纪英国植物学家）；-eri 表示人名，在以 -er 结尾的人名后面加上 i 形成

Saxifraga humilis 矮虎耳草：humilis 矮的，低的

Saxifraga hypericoides 金丝桃虎耳草：hypericoides 金丝桃状的；Hypericum 金丝桃属（金丝桃科）；-oides/ -oideus/ -oideum/ -oidea/ -odes/ -eidos 像……的，类似……的，呈……状的（名词词尾）

Saxifraga hypericoides var. hypericoides 金丝桃虎耳草-原变种 （词义见上面解释）

Saxifraga hypericoides var. likiangensis 丽江岩虎耳草：likiangensis 丽江的（地名，云南省）

Saxifraga hypericoides var. longistyla 长花柱虎耳草：longe-/ longi- ← longus 长的，纵向的；stylus/ stylis ← stylos 柱，花柱

Saxifraga imparilis 大字虎耳草：imparilis 不同的，不等的，不成对的；in-/ im-（来自 il- 的音变）内，在内，内部，向内，相反，不，无，非；il- 在内，向内，为，相反（希腊语为 en-）；词首 il- 的音变：il-（在 l 前面），im-（在 b、m、p 前面），in-（在元音字母和大多数辅音字母前面），ir-（在 r 前面），如 illaudatus（不值得称赞的，评价不好的），impermeabilis（不透水的，穿不透的），ineptus（不合适的），insertus（插入的），irretortus（无弯曲的，无扭曲的）；parilis 相同的，等同的，成对的

Saxifraga implicans 藏东虎耳草：implicans = implica + ans 交织的，缠结的，纷乱的；implico =

S

·1125·

implica = im + plex 使混乱，纠纷，弄乱，结合；plex/ plica 褶，折扇状，卷折（plex 的词干为 plic-）；plico 折叠，出褶，卷折；in-/ im-（来自 il- 的音变）内，在内，内部，向内，相反，不，无，非；il- 在内，向内，为，相反（希腊语为 en-）；-icans 表示正在转变的过程或相似程度，有时表示相似程度非常接近、几乎相同

Saxifraga implicans var. implicans 藏东虎耳草-原变种 （词义见上面解释）

Saxifraga implicans var. weixiensis 维西虎耳草：weixiensis 维西的（地名，云南省）

Saxifraga insolens 贡山虎耳草：insolens 不平凡的，优秀的；insolitus 奇怪的，不寻常的，罕见的；solitus 习惯的，普通的

Saxifraga isophylla 林芝虎耳草：iso- ← isos 相等的，相同的，酷似的；phyllus/ phyllum/ phylla ← phyllon 叶片（用于希腊语复合词）

Saxifraga jacquemontiana 隐茎虎耳草：jacquemontiana ← Victor Jacquemont（人名，1801–1832，法国植物学家）

Saxifraga jainzhuglaensis 金珠拉虎耳草：jainzhuglaensis 金珠拉的（地名，西藏墨脱金珠拉山口）

Saxifraga josephii 太白虎耳草：josephii（人名）；-ii 表示人名，接在以辅音字母结尾的人名后面，但 -er 除外

Saxifraga kingiana 毛叶虎耳草：kingiana ← Captain Phillip Parker King（人名，19 世纪澳大利亚海岸测量师）

Saxifraga kongboensis 九窝虎耳草：kongboensis 工布的（地名，西藏自治区）

Saxifraga laciniata 长白虎耳草：laciniatus 撕裂的，条状裂的；lacinius → laci-/ lacin-/ lacini- 撕裂的，条状裂的

Saxifraga lamashanensis （拉马山虎耳草）：lamashanensis 拉马山的（地名，位于甘肃省定西市岷县境内）

Saxifraga lepidostolonosa 异条叶虎耳草：lepido- ← lepis 鳞片，鳞片状（lepis 词干视为 lepid-，后接辅音字母时通常加连接用的 "o"，故形成 "lepido-"）；lepido- ← lepidus 美丽的，典雅的，整洁的，装饰华丽的；stolon 匍匐茎；-osus/ -osum/ -osa 多的，充分的，丰富的，显著发育的，程度高的，特征明显的（形容词词尾）；注：构词成分 lepid-/ lepdi-/ lepido- 需要根据植物特征翻译成 "秀丽" 或 "鳞片"

Saxifraga likiangensis 丽江虎耳草：likiangensis 丽江的（地名，云南省）

Saxifraga linearifolia 条叶虎耳草：linearis = lineus + aris 线条的，线形的，线状的，亚麻状的；folius/ folium/ folia 叶，叶片（用于复合词）；-aris（阳性、阴性）/ -are（中性）← -alis（阳性、阴性）/ -ale（中性）属于，相似，如同，具有，涉及，关于，联结于（将名词作形容词用，其中 -aris 常用于以 l 或 r 为词干末尾的词）

Saxifraga litangensis 理塘虎耳草：litangensis 理塘的（地名，四川省）

Saxifraga llonakhensis 近加拉虎耳草：llonakhensis（地名，锡金）

Saxifraga longshengensis 龙胜虎耳草：longshengensis 龙胜的（地名，广西壮族自治区）

Saxifraga ludlowii 红瓣虎耳草：ludlowii（人名）；-ii 表示人名，接在以辅音字母结尾的人名后面，但 -er 除外

Saxifraga lumpuensis 道孚虎耳草：lumpuensis（地名，四川省）

Saxifraga lychnitis 燃灯虎耳草：lychnitis 像剪秋罗的，像火焰的；Lychnis 剪秋罗属（石竹科）；-itis/ -ites（表示有紧密联系）

Saxifraga macrostigmatoides 假大柱头虎耳草：macrostigmatoides 近似 macrostigma 的；Saxifraga macrostigma 大柱头虎耳草；macro-/ macr- ← macros 大的，宏观的（用于希腊语复合词）；stigmus 柱头；-oides/ -oideus/ -oideum/ -oidea/ -odes/ -eidos 像……的，类似……的，呈……状的（名词词尾）

Saxifraga manshuriensis 腺毛虎耳草：manshuriensis 满洲的（地名，中国东北，日语读音）

Saxifraga maxionggouensis 马熊沟虎耳草：maxionggouensis 马熊沟的（地名，四川省）

Saxifraga medogensis 墨脱虎耳草：medogensis 墨脱的（地名，西藏自治区）

Saxifraga meeboldii 滇藏虎耳草：meeboldii ← Alfred Karl Meebold（人名，20 世纪德国植物学家、作家）

Saxifraga melanocentra 黑蕊虎耳草：mel-/ mela-/ melan-/ melano- ← melanus/ melaenus ← melas/ melanos 黑色的，浓黑色的，暗色的；centrus ← centron 距，有距的，鹰爪状刺（距：雄鸡、雉等的腿的后面突出像脚趾的部分）

Saxifraga mengtzeana 蒙自虎耳草：mengtzeana 蒙自的（地名，云南省）

Saxifraga microgyna 小果虎耳草：micr-/ micro- ← micros 小的，微小的，微观的（用于希腊语复合词）；gynus/ gynum/ gyna 雌蕊，子房，心皮

Saxifraga miralana 白毛茎虎耳草：miralana（人名）

Saxifraga monantha 四数花虎耳草：mono-/ mon- ← monos 一个，单一的（希腊语，拉丁语为 unus/ uni-/ uno-）；anthus/ anthum/ antha/ anthe ← anthos 花（用于希腊语复合词）

Saxifraga montana 山地虎耳草：montanus 山，山地；montis 山，山地的；mons 山，山脉，岩石

Saxifraga montanella 类毛瓣虎耳草：montanus 山，山地；montis 山，山地的；mons 山，山脉，岩石；-ellus/ -ellum/ -ella ← -ulus 小的，略微的，稍微的（小词 -ulus 在字母 e 或 i 之后有多种变缀，即 -olus/ -olum/ -ola、-ellus/ -ellum/ -ella、-illus/ -illum/ -illa，用于第一变格法名词）

Saxifraga montanella var. montanella 类毛瓣虎耳草-原变种 （词义见上面解释）

Saxifraga montanella var. retusa 凹瓣虎毛草：retusus 微凹的

Saxifraga moorcroftiana 聂拉木虎耳草：moorcroftiana ← William Moorcroft（人名，19 世

纪英国兽医）

Saxifraga mucronulata 小短尖虎耳草：
mucronulatus = mucronus + ulus + atus 具细的短尖头的，具细的微突的；mucronus 短尖头，微突；-ulus/ -ulum/ -ula 小的，略微的，稍微的（小词 -ulus 在字母 e 或 i 之后有多种变缀，即 -olus/ -olum/ -ola、-ellus/ -ellum/ -ella、-illus/ -illum/ -illa，与第一变格法和第二变格法名词形成复合词）；-atus/ -atum/ -ata 属于，相似，具有，完成（形容词词尾）

Saxifraga mucronulatoides 痂虎耳草：
mucronulatoides 像 mucronulata 的；Saxifraga mucronulata 小短尖虎耳草；-ulus/ -ulum/ -ula 小的，略微的，稍微的（小词 -ulus 在字母 e 或 i 之后有多种变缀，即 -olus/ -olum/ -ola、-ellus/ -ellum/ -ella、-illus/ -illum/ -illa，与第一变格法和第二变格法名词形成复合词）；-atus/ -atum/ -ata 属于，相似，具有，完成（形容词词尾）；-oides/ -oideus/ -oideum/ -oidea/ -odes/ -eidos 像……的，类似……的，呈……状的（名词词尾）

Saxifraga nakaoides 平脉腺虎耳草：nakaoides 像 nakao 的（nakao 为一种植物的名称，日本人名）；-oides/ -oideus/ -oideum/ -oidea/ -odes/ -eidos 像……的，类似……的，呈……状的（名词词尾）

Saxifraga nambulana 南布拉虎耳草：nambulana 南布拉的（地名，西藏林芝市）

Saxifraga nana 矮生虎耳草：nanus ← nanos/ nannos 矮小的，小的；nani-/ nano-/ nanno- 矮小的，小的

Saxifraga nanella 光缘虎耳草：nanellus 很矮的；nanus ← nanos/ nannos 矮小的，小的；nani-/ nano-/ nanno- 矮小的，小的；-ellus/ -ellum/ -ella ← -ulus 小的，略微的，稍微的（小词 -ulus 在字母 e 或 i 之后有多种变缀，即 -olus/ -olum/ -ola、-ellus/ -ellum/ -ella、-illus/ -illum/ -illa，用于第一变格法名词）

Saxifraga nanella var. glabrisepala 秃萼虎耳草：glabrus 光秃的，无毛的，光滑的；sepalus/ sepalum/ sepala 萼片（用于复合词）

Saxifraga nanella var. nanella 光缘虎耳草-原变种（词义见上面解释）

Saxifraga nanelloides 拟光缘虎耳草：nanelloides 像 nanella 的；Saxifraga nanella 光缘虎耳草；-oides/ -oideus/ -oideum/ -oidea/ -odes/ -eidos 像……的，类似……的，呈……状的（名词词尾）

Saxifraga nangqenica 囊谦虎耳草：nangqenica 囊谦的（地名，青海省）

Saxifraga nangxianensis 朗县虎耳草：nangxianensis 朗县的（地名，西藏自治区）

Saxifraga nigroglandulifera 垂头虎耳草：nigro-/ nigri- ← nigrus 黑色的；niger 黑色的；glandulosus = glandus + ulus + osus 被细腺的，具腺体的，腺体质的；-ferus/ -ferum/ -fera/ -fero/ -fere/ -fer 有，具有，产（区别：作独立词使用的 ferus 意思是"野生的"）

Saxifraga nigroglandulosa 黑腺虎耳草：nigro-/ nigri- ← nigrus 黑色的；niger 黑色的；glandulosus = glandus + ulus + osus 被细腺的，具

腺体的，腺体质的

Saxifraga omphalodifolia 无斑虎耳草：Omphalodes 脐草属（紫草科）；folius/ folium/ folia 叶，叶片（用于复合词）

Saxifraga omphalodifolia var. callosa 具痂虎耳草：callosus = callus + osus 具硬皮的，出老茧的，包块的，疙瘩的，胼胝体状的，愈伤组织的；callus 硬皮，老茧，包块，疙瘩，胼胝体，愈伤组织；-osus/ -osum/ -osa 多的，充分的，丰富的，显著发育的，程度高的，特征明显的（形容词词尾）；形近词：callos/ calos ← kallos 美丽的

Saxifraga omphalodifolia var. omphalodifolia 无斑虎耳草-原变种（词义见上面解释）

Saxifraga omphalodifolia var. retusipetala 微凹虎耳草：retusus 微凹的；petalus/ petalum/ petala ← petalon 花瓣

Saxifraga oppositifolia 挪威虎耳草：oppositi- ← oppositus = ob + positus 相对的，对生的；ob- 相反，反对，倒（ob- 有多种音变：ob- 在元音字母和大多数辅音字母前面，oc- 在 c 前面，of- 在 f 前面，op- 在 p 前面）；positus 放置，位置；folius/ folium/ folia 叶，叶片（用于复合词）

Saxifraga oreophila 刚毛虎耳草：oreo-/ ores-/ ori- ← oreos 山，山地，高山；philus/ philein ← philos → phil-/ phili/ philo- 喜好的，爱好的，喜欢的（注意区别形近词：phylus、phyllus）；phylus/ phylum/ phyla ← phylon/ phyle 植物分类单位中的"门"，位于"界"和"纲"之间，类群，种族，部落，聚群；phyllus/ phyllum/ phylla ← phyllon 叶片（用于希腊语复合词）

Saxifraga oreophila var. dapaoshanensis 大炮山虎耳草：dapaoshanensis 大炮山的（地名，四川省）

Saxifraga oreophila var. oreophila 刚毛虎耳草-原变种（词义见上面解释）

Saxifraga oresbia 山生虎耳草：oresbius 生于山地的；oreo-/ ores-/ ori- ← oreos 山，山地，高山；-bius ← bion 生存，生活，居住

Saxifraga paiquensis 派区虎耳草：paiquensis 派区的（地名，西藏米林县）

Saxifraga pallida 多叶虎耳草：pallidus 苍白的，淡白色的，淡色的，蓝白色的，无活力的；palide 淡地，淡色地（反义词：sturate 深色地，浓色地，充分地，丰富地，饱和地）

Saxifraga pardanthina 豹纹虎耳草：pardanthinus 像豹斑花的

Saxifraga parkaensis 巴格虎耳草：parkaensis 巴格的（地名，西藏普兰县）

Saxifraga parnassifolia 梅花草叶虎耳草：Parnassia 梅花草属（虎耳草科）；folius/ folium/ folia 叶，叶片（用于复合词）

Saxifraga parnassifolia var. obscuricallosa 隐痂虎耳草：obscurus 暗色的，不明确的，不明显的，模糊的；callosus = callus + osus 具硬皮的，出老茧的，包块的，疙瘩的，胼胝体状的，愈伤组织的；callus 硬皮，老茧，包块，疙瘩，胼胝体，愈伤组织；-osus/ -osum/ -osa 多的，充分的，丰富的，显著发育的，程度高的，特征明显的（形容词词尾）；形近词：callos/ calos ← kallos 美丽的

Saxifraga parnassifolia var. parnassifolia 梅花草叶虎耳草-原变种 （词义见上面解释）

Saxifraga parva 小虎耳草：parvus → parvi-/ parv- 小的，些微的，弱的

Saxifraga parvula 微虎耳草：parvulus = parvus + ulus 略小的，总体上小的；parvus → parvi-/ parv- 小的，些微的，弱的；-ulus/ -ulum/ -ula 小的，略微的，稍微的（小词 -ulus 在字母 e 或 i 之后有多种变缀，即 -olus/ -olum/ -ola、-ellus/ -ellum/ -ella、-illus/ -illum/ -illa，与第一变格法和第二变格法名词形成复合词）

Saxifraga pellucida 透明虎耳草：pellucidus/ perlucidus = per + lucidus 透明的，透光的，极透明的；per-（在 l 前面音变为 pel-）极，很，颇，甚，非常，完全，通过，遍及（表示效果加强，与 sub- 互为反义词）；lucidus ← lucis ← lux 发光的，光辉的，清晰的，发亮的，荣耀的（lux 的单数所有格为 lucis，词尾为 -is 和 -ys 的词的词干分别视为 -id 和 -yd）

Saxifraga peplidifolia 洱源虎耳草：peplid- ← Peplis 荸艾属（千屈菜科）；构词规则：词尾为 -is 和 -ys 的词的词干分别视为 -id 和 -yd；folius/ folium/ folia 叶，叶片（用于复合词）

Saxifraga perpusilla 矮小虎耳草：perpusillus 非常小的，微小的；per-（在 l 前面音变为 pel-）极，很，颇，甚，非常，完全，通过，遍及（表示效果加强，与 sub- 互为反义词）；pusillus 纤弱的，细小的，无价值的

Saxifraga pratensis 草地虎耳草：pratensis 生于草原的；pratum 草原

Saxifraga prattii 康定虎耳草：prattii ← Antwerp E. Pratt（人名，19 世纪活动于中国的英国动物学家、探险家）

Saxifraga prattii var. obtusata 毛茎虎耳草：obtusatus = abtusus + atus 钝形的，钝头的；obtusus 钝的，钝形的，略带圆形的

Saxifraga prattii var. prattii 康定虎耳草-原变种（词义见上面解释）

Saxifraga przewalskii 青藏虎耳草：przewalskii ← Nicolai Przewalski（人名，19 世纪俄国探险家、博物学家）

Saxifraga pseudohirculus 狭瓣虎耳草：pseudohirculus 像 hirculus 的；pseudo-/ pseud- ← pseudos 假的，伪的，接近，相似（但不是）；Saxifraga hirculus 山羊臭虎耳草；hirculus 山羊臭味的

Saxifraga pulchra 美丽虎耳草：pulchrum 美丽，优雅，绮丽

Saxifraga pulvinaria 垫状虎耳草：pulvinaria = pulvinus + arius 垫状的；pulvinus 叶枕，叶柄基部膨大部分，坐垫，枕头；-arius/ -arium/ -aria 相似，属于（表示地点，场所，关系，所属）

Saxifraga punctata 斑点虎耳草：punctatus = punctus + atus 具斑点的；punctus 斑点

Saxifraga punctulata 小斑虎耳草：punctulatus = punctus + ulus + atus 具小斑点的，稍具斑点的；punctus 斑点

Saxifraga punctulata var. minuta 矮小斑虎耳草：minutus 极小的，细微的，微小的

Saxifraga punctulata var. punctulata 小斑虎耳草-原变种 （词义见上面解释）

Saxifraga punctulatoides 拟小斑虎耳草：punctulatoides 像 punctulata 的；Saxifraga punctulata 小斑虎耳草；punctatus = punctus + atus 具斑点的；punctus 斑点；-oides/ -oideus/ -oideum/ -oidea/ -odes/ -eidos 像……的，类似……的，呈……状的（名词词尾）

Saxifraga rizhaoshanensis 日照山虎耳草：rizhaoshanensis 日照山的（地名，四川省乡城县）

Saxifraga rotundipetala 圆瓣虎耳草：rotundus 圆形的，呈圆形的，肥大的；rotundo 使呈圆形，使圆滑；roto 旋转，滚动；petalus/ petalum/ petala ← petalon 花瓣

Saxifraga rufescens 红毛虎耳草：rufascens 略红的；ruf-/ rufi-/ frufo- ← rufus/ rubus 红褐色的，锈色的，红色的，发红的，淡红色的；-escens/ -ascens 改变，转变，变成，略微，带有，接近，相似，大致，稍微（表示变化的趋势，并未完全相似或相同，有别于表示达到完成状态的 -atus）

Saxifraga rufescens var. flabellifolia 扇叶虎耳草：flabellus 扇子，扇形的；folius/ folium/ folia 叶，叶片（用于复合词）

Saxifraga rufescens var. rufescens 红毛虎耳草-原变种 （词义见上面解释）

Saxifraga rufescens var. uninervata 单脉虎耳草：uni-/ uno- ← unus/ unum/ una 一，单一（希腊语为 mono-/ mon-）；nervatus = nervus + atus 具脉的；nervus 脉，叶脉

Saxifraga saginoides 漆姑虎耳草：Sagina 漆姑草属（石竹科）；-oides/ -oideus/ -oideum/ -oidea/ -odes/ -eidos 像……的，类似……的，呈……状的（名词词尾）

Saxifraga sanguinea 红虎耳草：sanguineus = sanguis + ineus 血液的，血色的；sanguis 血液；-ineus/ -inea/ -ineum 相近，接近，相似，所有（通常表示材料或颜色），意思同 -eus

Saxifraga sediformis 景天虎耳草：Sedum 景天属（景天科）；formis/ forma 形状

Saxifraga sessiliflora 加查虎耳草：sessile-/ sessili-/ sessil- ← sessilis 无柄的，无茎的，基生的，基部的；florus/ florum/ flora ← flos 花（用于复合词）

Saxifraga setulosa 小刚毛虎耳草：setulosus = setus + ulus + osus 多细刚毛的，多细刺毛的，多细芒刺的；setus/ saetus 刚毛，刺毛，芒刺；-ulus/ -ulum/ -ula 小的，略微的，稍微的（小词 -ulus 在字母 e 或 i 之后有多种变缀，即 -olus/ -olum/ -ola、-ellus/ -ellum/ -ella、-illus/ -illum/ -illa，与第一变格法和第二变格法名词形成复合词）；-osus/ -osum/ -osa 多的，充分的，丰富的，显著发育的，程度高的，特征明显的（形容词词尾）

Saxifraga sheqilaensis 舍季拉虎耳草（舍 shè）：sheqilaensis 色季拉山的（地名，西藏林芝市，"舍吉拉"为错误音译）

Saxifraga sibirica 球茎虎耳草：sibirica 西伯利亚的（地名，俄罗斯）；-icus/ -icum/ -ica 属于，具有某种

特性（常用于地名、起源、生境）

Saxifraga signata 西南虎耳草：signatus 显著的，标示的，雕刻的；signus 记号，印记，信号，雕刻

Saxifraga signatella 藏中虎耳草：signatellus = signatus + ellus 稍显著的，细刻的；signatus 显著的，标示的，雕刻的；signus 记号，印记，信号，雕刻；-ellus/ -ellum/ -ella ← -ulus 小的，略微的，稍微的（小词 -ulus 在字母 e 或 i 之后有多种变缀，即 -olus/ -olum/ -ola、-ellus/ -ellum/ -ella、-illus/ -illum/ -illa，用于第一变格法名词）

Saxifraga smithiana 剑川虎耳草：smithiana ← James Edward Smith（人名，1759–1828，英国植物学家）

Saxifraga sphaeradena 秃叶虎耳草：sphaerus 球的，球形的；adenus 腺，腺体

Saxifraga sphaeradena subsp. dhwojii 隆痂虎耳草：dhwojii（人名）；-ii 表示人名，接在以辅音字母结尾的人名后面，但 -er 除外

Saxifraga sphaeradena subsp. sphaeradena 秃叶虎耳草-原亚种 （词义见上面解释）

Saxifraga stella-aurea 金星虎耳草：stella 星状的；aureus = aurus + eus → aure-/ aureo- 金色的，黄色的；aurus 金，金色；-eus/ -eum/ -ea（接拉丁语词干时）属于……的，色如……的，质如……的（表示原料、颜色或品质的相似），（接希腊语词干时）属于……的，以……出名，为……所占有（表示具有某种特性）

Saxifraga stellariifolia 繁缕虎耳草：stellariifolia 繁缕叶的；Stellaria 繁缕属（石竹科）；folius/ folium/ folia 叶，叶片（用于复合词）；缀词规则：以属名作复合词时原词尾变形后的 i 要保留

Saxifraga stenophylla 大花虎耳草：sten-/ steno- ← stenus 窄的，狭的，薄的；phyllus/ phyllum/ phylla ← phyllon 叶片（用于希腊语复合词）

Saxifraga stolonifera 虎耳草：stolon 匍匐茎；-ferus/ -ferum/ -fera/ -fero/ -fere/ -fer 有，具有，产（区别：作独立词使用的 ferus 意思是"野生的"）

Saxifraga strigosa 伏毛虎耳草：strigosus = striga + osus 鬃毛的，刷毛的；striga → strig- 条纹的，网纹的（如种子具网纹），糙伏毛的；-osus/ -osum/ -osa 多的，充分的，丰富的，显著发育的，程度高的，特征明显的（形容词词尾）

Saxifraga subaequifoliata 近等叶虎耳草：subaequifoliatus 近似相同叶的；sub-（表示程度较弱）与……类似，几乎，稍微，弱，亚，之下，下面；aequus 平坦的，均等的，公平的，友好的；aequi- 相等，相同；foliatus 具叶的，多叶的；folius/ folium/ folia → foli-/ folia- 叶，叶片

Saxifraga subamplexicaulis 近抱茎虎耳草：subamplexicaulis 像 amplexicaulis 的，略抱茎的；sub-（表示程度较弱）与……类似，几乎，稍微，弱，亚，之下，下面；Draba amplexicaulis 抱茎葶苈；amplexa 跨骑状的，紧握的，抱紧的；caulis ← caulos 茎，茎秆，主茎

Saxifraga sublinearifolia 四川虎耳草：sublinearifolia 近线形叶的，像 linearifolia 的；sub-（表示程度较弱）与……类似，几乎，稍微，弱，亚，

之下，下面；Saxifraga linearifolia 条叶虎耳草；linearis = lineus + aris 线条的，线形的，线状的，亚麻状的；folius/ folium/ folia 叶，叶片（用于复合词）

Saxifraga subomphalodifolia 川西南虎耳草：subomphalodifolius 近似脐草叶片的；sub-（表示程度较弱）与……类似，几乎，稍微，弱，亚，之下，下面；Omphalodes 脐草属（紫草科）；folius/ folium/ folia 叶，叶片（用于复合词）

Saxifraga subsediformis 理县虎耳草：subsediformis 像 sediformis 的，近景天状的；sub-（表示程度较弱）与……类似，几乎，稍微，弱，亚，之下，下面；Saxifraga sediformis 景天虎耳草；Sedum 景天属（景天科）；formis/ forma 形状

Saxifraga subsessiliflora 单窝虎耳草：subsessiliflorus 像 sessiliflora 的，近基生花的；sub-（表示程度较弱）与……类似，几乎，稍微，弱，亚，之下，下面；Saxifraga sessiliflora 加查虎耳草；sessile-/ sessili-/ sessil- ← sessilis 无柄的，无茎的，基生的，基部的；florus/ florum/ flora ← flos 花（用于复合词）

Saxifraga substrigosa 疏叶虎耳草：substrigosus 像 strigosa 的，近鬃毛状的；sub-（表示程度较弱）与……类似，几乎，稍微，弱，亚，之下，下面；Microlepia strigosa 粗毛鳞盖蕨；Saxifraga strigosa 伏毛虎耳草；strigosus = striga + osus 鬃毛的，刷毛的；striga → strig- 条纹的，网纹的（如种子具网纹），糙伏毛的

Saxifraga substrigosa var. gemmifera 展萼虎耳草：gemmus 芽，珠芽，零余子；-ferus/ -ferum/ -fera/ -fero/ -fere/ -fer 有，具有，产（区别：作独立词使用的 ferus 意思是"野生的"）

Saxifraga substrigosa var. substrigosa 疏叶虎耳草-原变种 （词义见上面解释）

Saxifraga subternata 对轮叶虎耳草：subternatus 近三数的，近三出的；sub-（表示程度较弱）与……类似，几乎，稍微，弱，亚，之下，下面；ternatus 三数的，三出的

Saxifraga subtsangchanensis 藏东南虎耳草：subtsangchanensis 像 tsangchanensis 的；sub-（表示程度较弱）与……类似，几乎，稍微，弱，亚，之下，下面；Saxifraga tsangchanensis 苍山虎耳草；tsangchanensis 苍山的（地名，云南省）

Saxifraga tangutica 唐古特虎耳草：tangutica ← Tangut 唐古特的，党项的（西夏时期生活于中国西北地区的党项羌人，蒙古语称其为"唐古特"，有多种音译，如唐兀、唐古、唐括等）；-icus/ -icum/ -ica 属于，具有某种特性（常用于地名、起源、生境）

Saxifraga tangutica var. platyphylla 宽叶虎耳草：platys 大的，宽的（用于希腊语复合词）；phyllus/ phyllum/ phylla ← phyllon 叶片（用于希腊语复合词）

Saxifraga tangutica var. tangutica 唐古特虎耳草-原变种 （词义见上面解释）

Saxifraga taraktophylla 线叶虎耳草：tarakto-（一种植物的土名）；phyllus/ phyllum/ phylla ← phyllon 叶片（用于希腊语复合词）

Saxifraga tatsienluensis 打箭炉虎耳草：

S

tatsienluensis 打箭炉的（地名，四川省康定县的别称）

Saxifraga tentaculata 秃茎虎耳草：tentaculatus 触角状的，尖凸的，具卷须的，敏感腺毛的；tentaculum 敏感腺毛；tentus/ tensus/ tendo 伸长，拉长，撑开，张开；-culus/ -culum/ -cula 小的，略微的，稍微的（同第三格法和第四变格法名词形成复合词）

Saxifraga tibetica 西藏虎耳草：tibetica 西藏的（地名）；-icus/ -icum/ -ica 属于，具有某种特性（常用于地名、起源、生境）

Saxifraga tigrina 米林虎耳草：tigrinus 老虎的，像老虎的，虎斑的；tigris 老虎；-inus/ -inum/ -ina/ -inos 相近，接近，相似，具有（通常指颜色）

Saxifraga trinervia 三芒虎耳草：tri-/ tripli-/ triplo- 三个，三数；nervius = nervus + ius 具脉的，具叶脉的；nervus 脉，叶脉；-ius/ -ium/ -ia 具有……特性的（表示有关、关联、相似）

Saxifraga tsangchanensis 苍山虎耳草：tsangchanensis 苍山的（地名，云南省）

Saxifraga umbellulata 小伞虎耳草：umbellulatus = umbella + ullus + atus 具小伞形花序的；umbella 伞形花序

Saxifraga umbellulata var. muricola 白小伞虎耳草：muricola 生于壁上的；murus 壁，岩壁，墙壁；colus ← colo 分布于，居住于，栖居，殖民（常作词尾）；colo/ colere/ colui/ cultum 居住，耕作，栽培

Saxifraga umbellulata var. pectinata 篦齿虎耳草：pectinatus/ pectinaceus 栉齿状的；pectini-/ pectino-/ pectin- ← pecten 篦子，梳子；-aceus/ -aceum/ -acea 相似的，有……性质的，属于……的

Saxifraga umbellulata var. umbellulata 小伞虎耳草-原变种（词义见上面解释）

Saxifraga unguiculata 爪瓣虎耳草：unguiculatus = unguis + culatus 爪形的，基部变细的；ungui- ← unguis 爪子的；-culatus = culus + atus 小的，略微的，稍微的（用于第三和第四变格法名词）；-culus/ -culum/ -cula 小的，略微的，稍微的（同第三变格法和第四变格法名词形成复合词）

Saxifraga unguiculata var. limprichtii 五台虎耳草：limprichtii（人名）；-ii 表示人名，接在以辅音字母结尾的人名后面，但 -er 除外

Saxifraga unguiculata var. unguiculata 爪瓣虎耳草-原变种（词义见上面解释）

Saxifraga unguipetala 鄂西虎耳草：unguipetalus 爪形花瓣的；ungui- ← unguis 爪子的；petalus/ petalum/ petala ← petalon 花瓣

Saxifraga vilmoriniana 长圆叶虎耳草：vilmoriniana ← Vilmorin-Andrieux（人名，19 世纪法国种苗专家）

Saxifraga wallichiana 流苏虎耳草：wallichiana ← Nathaniel Wallich（人名，19 世纪初丹麦植物学家、医生）

Saxifraga wardii 腺瓣虎耳草：wardii ← Francis Kingdon-Ward（人名，20 世纪英国植物学家）

Saxifraga wardii var. glabripedicellata 光梗虎耳草：glabrus 光秃的，无毛的，光滑的；pedicellatus = pedicellus + atus 具小花柄的；

pedicellus = pes + cellus 小花梗，小花柄（不同于花序柄）；pes/ pedis 柄，梗，茎秆，腿，足，爪（作词首或词尾，pes 的词干视为"ped-"）；-cellus/ -cellum/ -cella、-cillus/ -cillum/ -cilla 小的，略微的，稍微的（与任何变格法名词形成复合词）；关联词：pedunculus 花序柄，总花梗（花序基部无花着生部分）；-atus/ -atum/ -ata 属于，相似，具有，完成（形容词词尾）

Saxifraga wardii var. wardii 腺瓣虎耳草-原变种（词义见上面解释）

Saxifraga yaluzangbuensis 雅鲁藏布虎耳草：yaluzangbuensis 雅鲁藏布江的（地名，西藏自治区）

Saxifraga yezhiensis 叶枝虎耳草：yezhiensis 叶枝的（地名，云南省维西县）

Saxifraga yunlingensis 云岭虎耳草：yunlingensis 云岭的（地名，云南省德钦县）

Saxifraga yushuensis 玉树虎耳草：yushuensis 玉树的（地名，青海省）

Saxifraga zekoensis 泽库虎耳草：zekoensis 泽库的（地名，青海省）

Saxifraga zhidoensis 治多虎耳草：zhidoensis 治多的（地名，青海省）

Saxifragaceae 虎耳草科（34-2：p1）：Saxifraga 虎耳草属；-aceae（分类单位科的词尾，为 -aceus 的阴性复数主格形式，加到模式属的名称后或同义词的词干后以组成族群名称）

Saxiglossum 石蕨属（水龙骨科）（6-2：p153）：saxum 岩石，结石；glossus 舌，舌状的

Saxiglossum angustissimum 石蕨：angusti- ← angustus 窄的，狭的，细的；-issimus/ -issima/ -issimum 最，非常，极其（形容词最高级）

Scabiosa 蓝盆花属（川续断科）（73-1：p72）：scabiosa 疥癣（指能治疗皮肤病）

Scabiosa alpestris 高山蓝盆花：alpestris 高山的，草甸带的；alpus 高山；-estris/ -estre/ ester/ -esteris 生于……地方，喜好……地方

Scabiosa atropurpurea 紫盆花：atro-/ atr-/ atri-/ atra- ← ater 深色，浓色，暗色，发黑（ater 作为词干后接辅音字母开头的词时，要在词干后面加一个连接用的元音字母"o"或"i"，故为"ater-o-"或"ater-i-"，变形为"atr-"开头）；purpureus = purpura + eus 紫色的；purpura 紫色（purpura 原为一种介壳虫名，其体液为紫色，可作颜料）；-eus/ -eum/ -ea（接拉丁语词干时）属于……的，色如……的，质如……的（表示原料、颜色或品质的相似），（接希腊语词干时）属于……的，以……出名，为……所占有（表示具有某种特性）

Scabiosa austro-altaica 阿尔泰蓝盆花：austro-altaica 南阿尔泰山的；austro-/ austr- 南方的，南半球的，大洋洲的；auster 南方，南风；altaica 阿尔泰的（地名，新疆北部山脉）

Scabiosa comosa 窄叶蓝盆花：comosus 丛状长毛的；-osus/ -osum/ -osa 多的，充分的，丰富的，显著发育的，程度高的，特征明显的（形容词词尾）

Scabiosa comosa var. comosa 窄叶蓝盆花-原变种（词义见上面解释）

Scabiosa comosa var. lachnophylla 毛叶蓝盆花：lachno- ← lachnus 绒毛的，绵毛的；phyllus/

S

phyllum/ phylla ← phyllon 叶片（用于希腊语复合词）

Scabiosa japonica 日本蓝盆花：japonica 日本的（地名）；-icus/ -icum/ -ica 属于，具有某种特性（常用于地名、起源、生境）

Scabiosa lacerifolia 台湾蓝盆花：lacerus 撕裂状的，不整齐裂的；folius/ folium/ folia 叶，叶片（用于复合词）

Scabiosa ochroleuca 黄盆花：ochroleucus 黄白色的；ochro- ← ochra 黄色的，黄土的；leucus 白色的，淡色的

Scabiosa olivieri 小花蓝盆花：olivieri（人名）；-eri 表示人名，在以 -er 结尾的人名后面加上 i 形成

Scabiosa tschiliensis 华北蓝盆花：tschiliensis 车里的（地名，云南省西双版纳景洪镇的旧称）

Scabiosa tschiliensis var. superba 大花蓝盆花：superbus/ superbiens 超越的，高雅的，华丽的，无敌的；super- 超越的，高雅的，上层的；关联词：superbire 盛气凌人的，自豪的

Scabiosa tschiliensis var. tschiliensis 华北蓝盆花-原变种 （词义见上面解释）

Scaevola 草海桐属（草海桐科）（73-2：p178）：scaevola 左手的

Scaevola hainanensis 小草海桐：hainanensis 海南的（地名）

Scaevola sericea 草海桐：sericeus 绢丝状的；sericus 绢丝的，绢毛的，赛尔人的（Ser 为印度一民族）；-eus/ -eum/ -ea（接拉丁语词干时）属于……的，色如……的，质如……的（表示原料、颜色或品质的相似），（接希腊语词干时）属于……的，以……出名，为……所占有（表示具有某种特性）

Scaligeria 丝叶芹属（伞形科）（55-1：p210）：scaligeria 有空间的（指胚乳腹面具凹陷）；scala 楼梯，楼梯间；-ger/ -gerus/ -gerum/ -gera 具有，有，带有

Scaligeria setacea 丝叶芹：setus/ saetus 刚毛，刺毛，芒刺；-aceus/ -aceum/ -acea 相似的，有……性质的，属于……的

Scariola 雀苣属（菊科）（80-1：p239）：scariola 野莴苣（法国土名）

Scariola orientalis 雀苣：orientalis 东方的；oriens 初升的太阳，东方

Schefflera 鹅掌柴属（五加科）（54：p25）：schefflera ← Jacob Christoph Scheffler（人名，18 世纪德国医生、植物学家）

Schefflera actinophylla 辐叶鹅掌柴：actinus ← aktinos ← actis 辐射状的，射线的，星状的，光线，光照（表示辐射状排列）；phyllus/ phyllum/ phylla ← phyllon 叶片（用于希腊语复合词）

Schefflera angustifoliolata 狭叶鹅掌柴：angusti- ← angustus 窄的，狭的，细的；foliolatus = folius + ulus + atus 具小叶的，具叶片的；folius/ folium/ folia 叶，叶片（用于复合词）；-ulus/ -ulum/ -ula 小的，略微的，稍微的（小词 -ulus 在字母 e 或 i 之后有多种变缀，即 -olus/ -olum/ -ola、-ellus/ -ellum/ -ella、-illus/ -illum/ -illa，与第一变格法和第二变格法名词形成复合词）；-atus/ -atum/ -ata 属于，相似，具有，完成（形容词词尾）

Schefflera arboricola 鹅掌藤：arboricola 栖居于树上的；arbor 乔木，树木；colus ← colo 分布于，居住于，栖居，殖民（常作词尾）；colo/ colere/ colui/ cultum 居住，耕作，栽培

Schefflera bodinieri 短序鹅掌柴：bodinieri ← Emile Marie Bodinieri（人名，19 世纪活动于中国的法国传教士）；-eri 表示人名，在以 -er 结尾的人名后面加上 i 形成

Schefflera chinensis 中华鹅掌柴：chinensis = china + ensis 中国的（地名）；China 中国

Schefflera chinpinensis 金平鹅掌柴：chinpinensis 金平的（地名，云南省）

Schefflera delavayi 穗序鹅掌柴：delavayi ← P. J. M. Delavay（人名，1834–1895，法国传教士，曾在中国采集植物标本）；-i 表示人名，接在以元音字母结尾的人名后面，但 -a 除外

Schefflera diversifoliolata 异叶鹅掌柴：diversus 多样的，各种各样的，多方向的；foliolatus = folius + ulus + atus 具小叶的，具叶片的；folius/ folium/ folia 叶，叶片（用于复合词）；-ulus/ -ulum/ -ula 小的，略微的，稍微的（小词 -ulus 在字母 e 或 i 之后有多种变缀，即 -olus/ -olum/ -ola、-ellus/ -ellum/ -ella、-illus/ -illum/ -illa，与第一变格法和第二变格法名词形成复合词）；-atus/ -atum/ -ata 属于，相似，具有，完成（形容词词尾）

Schefflera elata 高鹅掌柴：elatus 高的，梢端的

Schefflera fengii 文山鹅掌柴：fengii（人名）；-ii 表示人名，接在以辅音字母结尾的人名后面，但 -er 除外

Schefflera fukienensis 福建鹅掌柴：fukienensis 福建的（地名）

Schefflera glomerulata 球序鹅掌柴：glomerulatus = glomera + ulus + atus 小团伞花序的；glomera 线球，一团，一束

Schefflera hainanensis 海南鹅掌柴：hainanensis 海南的（地名）

Schefflera hoi 红河鹅掌柴：hoi 何氏（人名）；-i 表示人名，接在以元音字母结尾的人名后面，但 -a 除外，该种加词有时拼写为 "hoii"，似不妥

Schefflera hoi var. hoi 红河鹅掌柴-原变种 （词义见上面解释）

Schefflera hoi var. hoi f. acuta 急尖叶红河鹅掌柴：acutus 尖锐的，锐角的

Schefflera hoi var. macrophylla 大叶红河鹅掌柴：macro-/ macr- ← macros 大的，宏观的（用于希腊语复合词）；phyllus/ phyllum/ phylla ← phyllon 叶片（用于希腊语复合词）

Schefflera hypoleuca 白背鹅掌柴：hypoleucus 背面白色的，下面白色的；hyp-/ hypo- 下面的，以下的，不完全的；leucus 白色的，淡色的

Schefflera hypoleucoides 离柱鹅掌柴：hypoleucoides 像 hypoleucus 的；Celastrus hypoleucus 粉背南蛇藤；hyp-/ hypo- 下面的，以下的，不完全的；leucus 白色的，淡色的；-oides/ -oideus/ -oideum/ -oidea/ -odes/ -eidos 像……的，类似……的，呈……状的（名词词尾）

Schefflera impressa 凹脉鹅掌柴：impressus →

impressi- 凹陷的，凹入的，雕刻的；in-/ im-（来自 il- 的音变）内，在内，内部，向内，相反，不，无，非；il- 在内，向内，为，相反（希腊语为 en-）；词首 il- 的音变：il-（在 l 前面），im-（在 b、m、p 前面），in-（在元音字母和大多数辅音字母前面），ir-（在 r 前面），如 illaudatus（不值得称赞的，评价不好的），impermeabilis（不透水的，穿不透的），ineptus（不合适的），insertus（插入的），irretortus（无弯曲的，无扭曲的）；pressus 压，压力，挤压，紧密；nerve ← nervus 脉，叶脉

Schefflera impressa var. glabrescens 光叶凹脉鹅掌柴：glabrus 光秃的，无毛的，光滑的；-escens/ -ascens 改变，转变，变成，略微，带有，接近，相似，大致，稍微（表示变化的趋势，并未完全相似或相同，有别于表示达到完成状态的 -atus）

Schefflera impressa var. impressa 凹脉鹅掌柴-原变种（词义见上面解释）

Schefflera insignis 粉背鹅掌柴：insignis 著名的，超群的，优秀的，显著的，杰出的；in-/ im-（来自 il- 的音变）内，在内，内部，向内，相反，不，无，非；il- 在内，向内，为，相反（希腊语为 en-）；词首 il- 的音变：il-（在 l 前面），im-（在 b、m、p 前面），in-（在元音字母和大多数辅音字母前面），ir-（在 r 前面），如 illaudatus（不值得称赞的，评价不好的），impermeabilis（不透水的，穿不透的），ineptus（不合适的），insertus（插入的），irretortus（无弯曲的，无扭曲的）；signum 印记，标记，刻画，图章

Schefflera khasiana 扁盘鹅掌柴：khasiana ← Khasya 喀西的，卡西的（地名，印度阿萨姆邦）

Schefflera kwangsiensis 广西鹅掌柴：kwangsiensis 广西的（地名）

Schefflera macrophylla 大叶鹅掌柴：macro-/ macr- ← macros 大的，宏观的（用于希腊语复合词）；phyllus/ phyllum/ phylla ← phyllon 叶片（用于希腊语复合词）

Schefflera marlipoensis 麻栗坡鹅掌柴：marlipoensis 麻栗坡的（地名，云南省）

Schefflera metcalfiana 多叶鹅掌柴：metcalfiana（人名）

Schefflera microphylla 吕宋鹅掌柴：micr-/ micro- ← micros 小的，微小的，微观的（用于希腊语复合词）；phyllus/ phyllum/ phylla ← phyllon 叶片（用于希腊语复合词）

Schefflera minutistellata 星毛鸭脚木：minutus 极小的，细微的，微小的；stellatus/ stellaris 具星状的；stella 星状的；-atus/ -atum/ -ata 属于，相似，具有，完成（形容词词尾）；-aris（阳性、阴性）/ -are（中性）← -alis（阳性、阴性）/ -ale（中性）属于，相似，如同，具有，涉及，关于，联结于（将名词作形容词用，其中 -aris 常用于以 l 或 r 为词干末尾的词）

Schefflera multinervia 多脉鹅掌柴：multi- ← multus 多个，多数，很多（希腊语为 poly-）；nervius = nervus + ius 具脉的，具叶脉的；nervus 脉，叶脉，-ius/ -ium/ -ia 具有……特性的（表示有关、关联、相似）

Schefflera octophylla 鹅掌柴：octo-/ oct- 八（拉丁语和希腊语相同）；phyllus/ phyllum/ phylla ←

phyllon 叶片（用于希腊语复合词）

Schefflera parvifoliolata 小叶鹅掌柴：parvus 小的，些微的，弱的；foliolatus = folius + ulus + atus 具小叶的，具叶片的；folius/ folium/ folia 叶，叶片（用于复合词）；-ulus/ -ulum/ -ula 小的，略微的，稍微的（小词 -ulus 在字母 e 或 i 之后有多种变缀，即 -olus/ -olum/ -ola、-ellus/ -ellum/ -ella、-illus/ -illum/ -illa，与第一变格法和第二变格法名词形成复合词）；-atus/ -atum/ -ata 属于，相似，具有，完成（形容词词尾）

Schefflera pentagyra 五柱鹅掌柴：penta- 五，五数（希腊语，拉丁语为 quin/ quinqu/ quinque-/ quinqui-）；gyrus ← gyros 圆圈，环形，陀螺（希腊语）

Schefflera polypyrena 多核鹅掌柴：polypyrenus 多核的；poly- ← polys 多个，许多（希腊语，拉丁语为 multi-）；pyrenus 核，硬核，核果

Schefflera producta 尾叶鹅掌柴：productus 伸长的，延长的

Schefflera rubriflora 红花鹅掌柴：rubr-/ rubri-/ rubro- ← rubrus 红色；florus/ florum/ flora ← flos 花（用于复合词）

Schefflera shweliensis 瑞丽鹅掌柴：shweliensis 瑞丽的（地名，云南省）

Schefflera taiwaniana 台湾鹅掌柴：taiwaniana 台湾的（地名）

Schefflera tenuis 细序鹅掌柴：tenuis 薄的，纤细的，弱的，瘦的，窄的

Schefflera venulosa 密脉鹅掌柴：venulosus 多脉的，叶脉短而多的；venus 脉，叶脉，血脉，血管；-ulosus = ulus + osus 小而多的；-ulus/ -ulum/ -ula 小的，略微的，稍微的（小词 -ulus 在字母 e 或 i 之后有多种变缀，即 -olus/ -olum/ -ola、-ellus/ -ellum/ -ella、-illus/ -illum/ -illa，与第一变格法和第二变格法名词形成复合词）；-osus/ -osum/ -osa 多的，充分的，丰富的，显著发育的，程度高的，特征明显的（形容词词尾）

Schefflera wardii 西藏鹅掌柴：wardii ← Francis Kingdon-Ward（人名，20 世纪英国植物学家）

Schefflera yui 粗芽鹅掌柴：yui 俞氏（人名）；-i 表示人名，接在以元音字母结尾的人名后面，但 -a 除外

Schefflera yunnanensis 云南鹅掌柴：yunnanensis 云南的（地名）

Schellolepis 棱脉蕨属（水龙骨科）（6-2: p29）：schello-（词源不详）；lepis/ lepidos 鳞片

Schellolepis persicifolia 棱脉蕨：persicus 桃，杏，波斯的（地名）；folius/ folium/ folia 叶，叶片（用于复合词）

Schellolepis subauriculata 穴果棱脉蕨（穴 xué）：subauriculatus 近似小耳状的；sub-（表示程度较弱）与……类似，几乎，稍微，弱，亚，之下，下面；auriculatus 耳形的，具小耳的（基部有两个小圆片）；auritus 耳朵的，耳状的

Scheuchzeria 冰沼草属（冰沼草科）（8: p125）：scheuchzeria ← Johann Jakob Scheuchzer（人名，1649–1733，瑞士植物学家）

Scheuchzeria palustris 冰沼草：palustris/ paluster ← palus + estris 喜好沼泽的，沼生的；

palus 沼泽，湿地，泥潭，水塘，草甸子（palus 的复数主格为 paludes）；-estris/ -estre/ ester/ -esteris 生于……地方，喜好……地方

Scheuchzeriaceae 冰沼草科（8：p125）：Sscheuchzeria 冰沼草属（冰沼草科）；-aceae（分类单位科的词尾，为 -aceus 的阴性复数主格形式，加到模式属的名称后或同义词的词干后以组成族群名称）

Schima 木荷属（山茶科）（49-3：p211）：schima 木荷（阿拉伯语）

Schima argentea 银木荷：argenteus = argentum + eus 银白色的；argentum 银；-eus/ -eum/ -ea（接拉丁语词干时）属于……的，色如……的，质如……的（表示原料、颜色或品质的相似），（接希腊语词干时）属于……的，以……出名，为……所占有（表示具有某种特性）

Schima bambusifolia 竹叶木荷：bambusifolius 箣竹叶的；Bambusa 箣竹属（禾本科）；folius/ folium/ folia 叶，叶片（用于复合词）

Schima brevipedicellata 短梗木荷：brevi- ← brevis 短的（用于希腊语复合词词首）；pedicellatus = pedicellus + atus 具小花柄的；pedicellus = pes + cellus 小花梗，小花柄（不同于花序柄）；pes/ pedis 柄，梗，茎秆，腿，足，爪（作词首或词尾，pes 的词干视为 "ped-"）；-cellus/ -cellum/ -cella，-cillus/ -cillum/ -cilla 小的，略微的，稍微的（与任何变格法名词形成复合词）；关联词：pedunculus 花序柄，总花梗（花序基部无花着生部分）；-atus/ -atum/ -ata 属于，相似，具有，完成（形容词词尾）

Schima crenata 钝齿木荷：crenatus = crena + atus 圆齿状的，具圆齿的；crena 叶缘的圆齿

Schima dulungensis 独龙木荷：dulungensis 独龙江的（地名，云南省）

Schima forrestii 大花木荷：forrestii ← George Forrest（人名，1873–1932，英国植物学家，曾在中国西部采集大量植物标本）

Schima grandiperulata 大苞木荷：grandi- ← grandis 大的；perulatus = perulus + atus 具芽鳞的，具鳞片的，具小囊的；perulus 芽鳞，小囊

Schima khasiana 尖齿木荷：khasiana ← Khasya 喀西的，卡西的（地名，印度阿萨姆邦）

Schima khasiana var. khasiana 尖齿木荷-原变种（词义见上面解释）

Schima khasiana var. sericans 尖齿毛木荷：sericans 有绢毛的，绢毛状的；sericus 绢丝的，绢毛的，赛尔人的（Ser 为印度一民族）；seri-/ seric- 绢丝，丝绸，绢质；-icans 表示正在转变的过程或相似程度，有时表示相似程度非常接近、几乎相同

Schima kwangtungensis 广东木荷：kwangtungensis 广东的（地名）

Schima macrosepala 大萼木荷：macro-/ macr- ← macros 大的，宏观的（用于希腊语复合词）；sepalus/ sepalum/ sepala 萼片（用于复合词）

Schima multibracteata 多苞木荷：multi- ← multus 多个，多数，很多（希腊语为 poly-）；bracteatus = bracteus + atus 具苞片的；bracteus 苞，苞片，苞鳞

Schima noronhae 南洋木荷：noronhae（人名）

Schima paracrenata 拟钝齿木荷：paracrenata 近似圆齿的，近似 crenata 的；para- 类似，接近，近旁，假的；Schima crenata 钝齿木荷；crenatus = crena + atus 圆齿状的，具圆齿的；crena 叶缘的圆齿

Schima parviflora 小花木荷：parviflorus 小花的；parvus 小的，些微的，弱的；florus/ florum/ flora ← flos 花（用于复合词）

Schima polyneura 多脉木荷：polyneurus 多脉的；poly- ← polys 多个，许多（希腊语，拉丁语为 multi-）；neurus ← neuron 脉，神经

Schima remotiserrata 疏齿木荷：remotiserratus 疏离锯齿的；remotus 分散的，分开的，稀疏的，远距离的；serratus = serrus + atus 有锯齿的；serrus 齿，锯齿

Schima sinensis 中华木荷：sinensis = Sina + ensis 中国的（地名）；Sina 中国

Schima superba 木荷：superbus/ superbiens 超越的，高雅的，华丽的，无敌的；super- 超越的，高雅的，上层的；关联词：superbire 盛气凌人的，自豪的

Schima villosa 毛木荷：villosus 柔毛的，绵毛的；villus 毛，羊毛，长绒毛；-osus/ -osum/ -osa 多的，充分的，丰富的，显著发育的，程度高的，特征明显的（形容词词尾）

Schima wallichii 西南木荷：wallichii ← Nathaniel Wallich（人名，19 世纪初丹麦植物学家、医生）

Schima xinyiensis 信宜木荷：xinyiensis 信宜的（地名，广东省）

Schisandra 五味子属（木兰科）（30-1：p243）：schisandra/ schizandra 开裂花药的；schiz-/ schizo- 裂开的，分歧的，深裂的（希腊语）；andrus/ andros/ antherus ← aner 雄蕊，花药，雄性；-aner/ -andros 花药，雄蕊

Schisandra arisanensis 阿里山五味子：arisanensis 阿里山的（地名，属台湾省）

Schisandra bicolor 二色五味子：bi-/ bis- 二，二数，二回（希腊语为 di-）；color 颜色

Schisandra bicolor var. bicolor 二色五味子-原变种（词义见上面解释）

Schisandra bicolor var. tuberculata 瘤枝五味子：tuberculatus 具疣状凸起的，具结节的，具小瘤的；tuber/ tuber-/ tuberi- 块茎的，结节状凸起的，瘤状的；-culatus = culus + atus 小的，略微的，稍微的（用于第三和第四变格法名词）；-culus/ -culum/ -cula 小的，略微的，稍微的（同第三变格法和第四变格法名词形成复合词）；-atus/ -atum/ -ata 属于，相似，具有，完成（形容词词尾）

Schisandra chinensis 五味子：chinensis = china + ensis 中国的（地名）；China 中国

Schisandra glaucescens 金山五味子：glaucescens 变白的，发白的，灰绿的；glauco-/ glauc- ← glaucus 被白粉的，发白的，灰绿色的；-escens/ -ascens 改变，转变，变成，略微，带有，接近，相似，大致，稍微（表示变化的趋势，并未完全相似或相同，有别于表示达到完成状态的 -atus）

Schisandra grandiflora 大花五味子：grandi- ← grandis 大的；florus/ florum/ flora ← flos 花（用于

S

复合词）

Schisandra henryi 翼梗五味子：henryi ←
Augustine Henry 或 B. C. Henry（人名，前者，
1857–1930，爱尔兰医生、植物学家，曾在中国采集
植物，后者，1850–1901，曾活动于中国的传教士）

Schisandra henryi var. henryi 翼梗五味子-原变
种 （词义见上面解释）

Schisandra henryi var. yunnanensis 滇五味子：
yunnanensis 云南的（地名）

Schisandra incarnata 兴山五味子：incarnatus 肉色
的；incarn- 肉

Schisandra lancifolia 狭叶五味子：lance-/ lancei-/
lanci-/ lanceo-/ lanc- ← lanceus 披针形的，矛形的，
尖刀状的，柳叶刀状的；folius/ folium/ folia 叶，叶
片（用于复合词）

Schisandra micrantha 小花五味子：micr-/
micro- ← micros 小的，微小的，微观的（用于希腊
语复合词）；anthus/ anthum/ antha/ anthe ←
anthos 花（用于希腊语复合词）

Schisandra neglecta 滇藏五味子：neglectus 不显著
的，不显眼的，容易看漏的，容易忽略的

Schisandra plena 重瓣五味子（重 chóng）：
plenus → plen-/ pleni- 很多的，充满的，大量的，
重瓣的，多重的

Schisandra propinqua 合蕊五味子：propinquus 有
关系的，近似的，近缘的

Schisandra propinqua var. propinqua 合蕊五味
子-原变种 （词义见上面解释）

Schisandra propinqua var. sinensis 铁箍散（箍
gū）：sinensis = Sina + ensis 中国的（地名）；Sina
中国

Schisandra pubescens 毛叶五味子：pubescens ←
pubens 被短柔毛的，长出柔毛的；pubi- ← pubis
细柔毛的，短柔毛的，毛被的；pubesco/ pubescere
长成的，变为成熟的，长出柔毛的，青春期体毛的；
-escens/ -ascens 改变，转变，变成，略微，带有，
接近，相似，大致，稍微（表示变化的趋势，并未完
全相似或相同，有别于表示达到完成状态的 -atus）

Schisandra pubescens var. pubescens 毛叶五味
子-原变种 （词义见上面解释）

Schisandra pubescens var. pubinervis 毛脉五味
子：pubi- ← pubis 细柔毛的，短柔毛的，毛被的；
nervis ← nervus 脉，叶脉

Schisandra rubriflora 红花五味子：rubr-/ rubri-/
rubro- ← rubrus 红色；florus/ florum/ flora ← flos
花（用于复合词）

Schisandra sphaerandra 球蕊五味子：sphaerus 球
的，球形的；andrus/ andros/ antherus ← aner 雄
蕊，花药，雄性

Schisandra sphaerandra f. pallida 白花球蕊五味
子：pallidus 苍白的，淡白色的，淡色的，蓝白色的，
无活力的；palide 淡地，淡色地（反义词：sturate
深色地，浓色地，充分地，丰富地，饱和地）

Schisandra sphaerandra f. sphaerandra 球蕊五
味子-原变型 （词义见上面解释）

Schisandra sphenanthera 华中五味子：sphen-/
spheno- 楔子的，楔状的；andrus/ andros/
antherus ← aner 雄蕊，花药，雄性

Schisandra tomentella 柔毛五味子：tomentellus
被短绒毛的，被微绒毛的；tomentum 绒毛，浓密的
毛被，棉絮，棉絮状填充物（被褥、垫子等）；
-ellus/ -ellum/ -ella ← -ulus 小的，略微的，稍微的
（小词 -ulus 在字母 e 或 i 之后有多种变缀，即
-olus/ -olum/ -ola、-ellus/ -ellum/ -ella、-illus/
-illum/ -illa，用于第一变格法名词）

Schisandra viridis 绿叶五味子：viridis 绿色的，鲜
嫩的（相当于希腊语的 chloro-）

Schisandra wilsoniana 鹤庆五味子：wilsoniana ←
John Wilson（人名，18 世纪英国植物学家）

Schischkinia 白刺菊属（菊科）（78-1：p205）：
schischkinia（人名）

Schischkinia albispina 白刺菊：albus → albi-/
albo- 白色的；spinus 刺，针刺

Schismatoglottis 落檐属（天南星科）（13-2：p50）：
schismatoglottis 裂舌的；schismus 裂开，裂隙；
schismatus/ schismaticus 裂开的，分离的；glottis
舌头的，舌状的

Schismatoglottis calyptrata 广西落檐：
calyptratus 有帽子的

Schismatoglottis hainanensis 落檐：hainanensis
海南的（地名）

Schismatoglottis novo-guineensis 巴布亚落檐：
novo-guineensis 新几内亚的；novus 新的；
guineensis 几内亚的（地名）

Schismus 齿稃草属（稃 fū）（禾本科）（9-3：p128）：
schismus 裂开，裂隙

Schismus arabicus 齿稃草：arabicus 阿拉伯的；
-icus/ -icum/ -ica 属于，具有某种特性（常用于地
名、起源、生境）

Schistolobos 裂檐苣苔属（苦苣苔科）（69：p270）：
schis-/ schist-/ schisto- ← schistus/ schistos 裂开
的，分歧的，深裂的（希腊语）；lobos 裂片（钝头
浅裂）

Schistolobos pumilus 裂檐苣苔：pumilus 矮的，小
的，低矮的，矮人的

Schizachne 裂稃茅属（稃 fū）（禾本科）（9-2：p87）：
schizachne 稃片裂开的；schiz-/ schizo- 裂开的，分
歧的，深裂的（希腊语）；achne 鳞片，稃片，谷壳
（希腊语）

Schizachne callosa 裂稃茅：callosus = callus +
osus 具硬皮的，出老茧的，包块的，疙瘩的，胼胝
体状的，愈伤组织的；callus 硬皮，老茧，包块，疙
瘩，胼胝体，愈伤组织；-osus/ -osum/ -osa 多的，
充分的，丰富的，显著发育的，程度高的，特征明显
的（形容词词尾）；形近词：callos/ calos ← kallos
美丽的

Schizachyrium 裂稃草属（禾本科）（10-2：p209）：
schizachyrium 稃片裂开的；schiz-/ schizo- 裂开的，
分歧的，深裂的（希腊语）；achyron 颖片，稻壳，
皮壳

Schizachyrium brevifolium 裂稃草：brevi- ←
brevis 短的（用于希腊语复合词词首）；folius/
folium/ folia 叶，叶片（用于复合词）

Schizachyrium obliquiberbe 斜须裂稃草：
obliquiberbe 一侧有须的；obliqui- ← obliquus 对角
线的，斜线的，歪斜的；berbe/ berbis 胡须，髯毛

Schizachyrium sanguineum 红裂稃草：
sanguineus = sanguis + ineus 血液的，血色的；
sanguis 血液；-ineus/ -inea/ -ineum 相近，接近，
相似，所有（通常表示材料或颜色），意思同 -eus

Schizaea 莎草蕨属（莎 suō）（莎草蕨科）（2：p114）：
schizaea ← schizein 裂开，裂片（希腊语）；schiz-/
schizo- 裂开的，分歧的，深裂的（希腊语）

Schizaea biroi 分枝莎草蕨：biroi（人名）；-i 表示人
名，接在以元音字母结尾的人名后面，但 -a 除外

Schizaea digitata 莎草蕨：digitatus 指状的，掌状
的；digitus 手指，手指长的（3.4 cm）

Schizaeaceae 莎草蕨科（2：p114）：Schizaea 莎草蕨
属（莎草蕨科）；-aceae（分类单位科的词尾，为
-aceus 的阴性复数主格形式，加到模式属的名称后
或同义词的词干后以组成族群名称）

Schizocapsa 裂果薯属（蒟蒻薯科）（16-1：p50）：
schiz-/ schizo- 裂开的，分歧的，深裂的（希腊语）；
capsus 盒子，蒴果，胶囊

Schizocapsa guangxiensis 广西裂果薯：
guangxiensis 广西的（地名）

Schizocapsa plantaginea 裂果薯：plantagineus 像
车前的；Plantago 车前属（车前科）（plantago 的词
干为 plantagin-）；词尾为 -go 的词其词干末尾视为
-gin；-eus/ -eum/ -ea（接拉丁语词干时）属
于……的，色如……的，质如……的（表示原料、颜
色或品质的相似），（接希腊语词干时）属于……的，
以……出名，为……所占有（表示具有某种特性）

Schizocodon 岩镜属（岩梅科）（56：p109）：
schizocodon 有裂片的吊钟（指钟形花冠边缘有细
裂）；schiz-/ schizo- 裂开的，分歧的，深裂的（希腊
语）；codon ← kodon 钟，吊钟（希腊语）

Schizocodon yunnanensis 云南岩镜：yunnanensis
云南的（地名）

Schizoloma 双唇蕨属（陵齿蕨科）（2：p272）：
schiz-/ schizo- 裂开的，分歧的，深裂的（希腊语）；
lomus/ lomatos 边缘

Schizoloma ensifolium 双唇蕨：ensi- 剑；folius/
folium/ folia 叶，叶片（用于复合词）

Schizoloma heterophyllum 异叶双唇蕨：
heterophyllus 异型叶的；hete-/ heter-/ hetero- ←
heteros 不同的，多样的，不齐的；phyllus/
phyllum/ phylla ← phyllon 叶片（用于希腊语复
合词）

Schizoloma intertextum 卵叶双唇蕨：intertextus
交织的，缠结的；inter- 中间的，在中间，之间；
textus 纺织品，编织物；texo 纺织，编织

Schizomussaenda 裂果金花属（茜草科）（71-1：
p306）：schiz-/ schizo- 裂开的，分歧的，深裂的
（希腊语）；Mussaenda 玉叶金花属（茜草科）

Schizomussaenda dehiscens 裂果金花：
dehiscens = de + hiscens 开裂的；de- 向下，向外，
从……，脱离，脱落，离开，去掉；hiscens ←
hisco/ hiscere ← hio 开，打开，开口，说话；hio/
hiare/ hiavi/ hiatum 开裂，开口，支离破碎

Schizonepeta 裂叶荆芥属（唇形科）（65-2：p264）：
schiz-/ schizo- 裂开的，分歧的，深裂的（希腊语）；
Nepeta 荆芥属

Schizonepeta annua 小裂叶荆芥：annuus/ annus
一年的，每年的，一年生的

Schizonepeta multifida 多裂叶荆芥：multifidus 多
个中裂的；multi- ← multus 多个，多数，很多（希
腊语为 poly-）；fidus ← findere 裂开，分裂（裂深
不超过 1/3，常作词尾）

Schizonepeta tenuifolia 裂叶荆芥：tenui- ← tenuis
薄的，纤细的，弱的，瘦的，窄的；folius/ folium/
folia 叶，叶片（用于复合词）

Schizopepon 裂瓜属（葫芦科）（73-1：p181）：
schiz-/ schizo- 裂开的，分歧的，深裂的（希腊语）；
pepon ← pepo 甜瓜一种（希腊语）

Schizopepon bicirrhosus 新裂瓜：bi-/ bis- 二，二
数，二回（希腊语为 di-）；cirrhosus = cirrhus +
osus 多卷须的，蔓生的；-osus/ -osum/ -osa 多的，
充分的，丰富的，显著发育的，程度高的，特征明显
的（形容词词尾）

Schizopepon bomiensis 喙裂瓜：bomiensis 波密的
（地名，西藏自治区）

Schizopepon bryoniaefolius 裂瓜：bryoniaefolia =
Bryonia + folius 泻根叶的（注：组成复合词时，要
将前面词的词尾 -us/ -um/ -a 变成 -i- 或 -o- 而不是
所有格，故该词宜改为"bryoniifolius"）；Bryonia
泻根属（葫芦科）；bry-/ bryo- ← bryum/ bryon 苔
藓，苔藓状的（指窄细）；folius/ folium/ folia 叶，
叶片（用于复合词）

Schizopepon dioicus 湖北裂瓜：dioicus/ dioecus/
dioecius 雌雄异株的（dioicus 常用于苔藓学）；di-/
dis- 二，二数，二分，分离，不同，在……之间，
从……分开（希腊语，拉丁语为 bi-/ bis-）；-oicus/
-oecius 雌雄体的，雌雄株的（仅用于词尾）；
monoecius/ monoicus 雌雄同株的

Schizopepon dioicus var. dioicus 湖北裂瓜-原变
种（词义见上面解释）

Schizopepon dioicus var. trichogynus 毛蕊裂瓜：
trich-/ tricho-/ tricha- ← trichos ← thrix 毛，多毛
的，线状的，丝状的；gynus/ gynum/ gyna 雌蕊，
子房，心皮

Schizopepon dioicus var. wilsonii 四川裂瓜：
wilsonii ← John Wilson（人名，18 世纪英国植物
学家）

Schizopepon longipes 长柄裂瓜：longe-/ longi- ←
longus 长的，纵向的；pes/ pedis 柄，梗，茎秆，腿，
足，爪（作词首或词尾，pes 的词干视为"ped-"）

Schizopepon macranthus 大花裂瓜：macro-/
macr- ← macros 大的，宏观的（用于希腊语复合
词）；anthus/ anthum/ antha/ anthe ← anthos 花
（用于希腊语复合词）

Schizopepon monoicus 峨眉裂瓜：monoicus 属于
同体的，雌雄同株的；mono-/ mon- ← monos 一个，
单一的（希腊语，拉丁语为 unus/ uni-/ uno-）；
-icus/ -icum/ -ica 属于，具有某种特性（常用于地
名、起源、生境）

Schizopepon xizangensis 西藏裂瓜：xizangensis
西藏的（地名）

Schizophragma 钻地风属（钻 zuān）（虎耳草
科）（35-1：p189）：schizophragma 开裂的墙壁（蒴
果成熟后果皮的肋间开裂）；schiz-/ schizo- 裂开的，

S

分歧的，深裂的（希腊语）；phragmus 篱笆，栅栏，隔膜

Schizophragma choufenianum 临桂钻地风：choufenianum（人名）

Schizophragma corylifolium 秦榛钻地风：Corylus 榛属（桦木科）；folius/ folium/ folia 叶，叶片（用于复合词）

Schizophragma crassum 厚叶钻地风：crassus 厚的，粗的，多肉质的

Schizophragma crassum var. crassum 厚叶钻地风-原变种 （词义见上面解释）

Schizophragma crassum var. hsitaoanum 维西钻地风：hsitaoanum（人名）

Schizophragma elliptifolium 椭圆钻地风：ellipticus 椭圆形的；folius/ folium/ folia 叶，叶片（用于复合词）

Schizophragma fauriei 圆叶钻地风：fauriei ← L'Abbe Urbain Jean Faurie（人名，19 世纪活动于日本的法国传教士、植物学家）

Schizophragma hypoglaucum 白背钻地风：hypoglaucus 下面白色的；hyp-/ hypo- 下面的，以下的，不完全的；glaucus → glauco-/ glauc- 被白粉的，发白的，灰绿色的

Schizophragma integrifolium 钻地风：integer/ integra/ integrum → integri- 完整的，整个的，全缘的；folius/ folium/ folia 叶，叶片（用于复合词）

Schizophragma integrifolium var. glaucescens 粉绿钻地风：glaucescens 变白的，发白的，灰绿的；glauco-/ glauc- ← glaucus 被白粉的，发白的，灰绿色的；-escens/ -ascens 改变，转变，变成，略微，带有，接近，相似，大致，稍微（表示变化的趋势，并未完全相似或相同，有别于表示达到完成状态的 -atus）

Schizophragma integrifolium var. integrifolium 钻地风-原变种 （词义见上面解释）

Schizophragma megalocarpum 大果钻地风：mega-/ megal-/ megalo- ← megas 大的，巨大的；carpus/ carpum/ carpa/ carpon ← carpos 果实（用于希腊语复合词）

Schizophragma molle 柔毛钻地风：molle/ mollis 软的，柔毛的

Schizostachyum 箣箬竹属（箣箬 sī láo）（禾本科）（9-1：p15）：schiz-/ schizo- 裂开的，分歧的，深裂的（希腊语）；stachy-/ stachyo-/ -stachys/ -stachyus/ -stachyum/ -stachya 穗子，穗子的，穗子状的，穗状花序的

Schizostachyum brachycladum 短枝黄金竹：brachy- ← brachys 短的（用于拉丁语复合词词首）；cladus ← clados 枝条，分枝

Schizostachyum chinense 薄竹：chinense 中国的（地名）

Schizostachyum diffusum 莎勒竹（莎 shā）：diffusus = dis + fusus 蔓延的，散开的，扩展的，渗透的（dis- 在辅音字母前发生同化）；fusus 散开的，松散的，松弛的；di-/ dis- 二，二数，二分，分离，不同，在……之间，从……分开（希腊语，拉丁语为 bi-/ bis-）

Schizostachyum dumetorum 苗竹仔（仔 zǎi）：

dumetorum = dumus + etorum 灌丛的，小灌木状的，荒草丛的；dumus 灌丛，荆棘丛，荒草丛；-etorum 群落的（表示群丛、群落的词尾）

Schizostachyum funghomii 沙罗单竹：funghomii（人名）；-ii 表示人名，接在以辅音字母结尾的人名后面，但 -er 除外

Schizostachyum hainanense 山骨罗竹：hainanense 海南的（地名）

Schizostachyum jaculans 岭南篸箬竹（箬 láo）：jaculans 钩状的

Schizostachyum pseudolima 篸箬竹：pseudolima 像 lima 的，近似淤泥的；pseudo-/ pseud- ← pseudos 假的，伪的，接近，相似（但不是）；Schizostachyum lima 泥沼黄金竹；limus 沼泽，泥沼，湿地

Schizostachyum xinwuense 火筒竹：xinwuense 寻乌的（地名，江西省，误拼或错印，应为"xunwuense"）

Schmalhausenia 虎头蓟属（菊科）（78-1：p55）：schmalhausenia（人名）

Schmalhausenia nidulans 虎头蓟：nidulans = nidus + ulus + ans 巢穴状的；nidus 巢穴；-ulus/ -ulum/ -ula 小的，略微的，稍微的（小词 -ulus 在字母 e 或 i 之后有多种变缀，即 -olus/ -olum/ -ola、-ellus/ -ellum/ -ella、-illus/ -illum/ -illa，与第一变格法和第二变格法名词形成复合词）；-ans/ -ens -bilis/ -ilis 能够，可能（为形容词词尾，-ans/ -ens 用于主动语态，-bilis/ -ilis 用于被动语态）

Schnabelia 四棱草属（唇形科）（65-2：p82）：schnabelia（人名）

Schnabelia oligophylla 四棱草：oligo-/ olig- 少数的（希腊语，拉丁语为 pauci-）；phyllus/ phyllum/ phylla ← phyllon 叶片（用于希腊语复合词）

Schnabelia oligophylla var. oblongifolia 四棱草-长叶变种：oblongus = ovus + longus 长椭圆形的（ovus 的词干 ov- 音变为 ob-）；ovus 卵，胚珠，卵形的，椭圆形的；longus 长的，纵向的；folius/ folium/ folia 叶，叶片（用于复合词）

Schnabelia oligophylla var. oligophylla 四棱草-原变种 （词义见上面解释）

Schnabelia tetrodonta 四齿四棱草：tetra-/ tetr- 四，四数（希腊语，拉丁语为 quadri-/ quadr-）；odontus/ odontos → odon-/ odont-/ odonto-（可作词首或词尾）齿，牙齿状的；odous 齿，牙齿（单数，其所有格为 odontos）

Schoenorchis 匙唇兰属（匙 chí）（兰科）（19：p294）：schoinos 灯心草；orchis 红门兰，兰花

Schoenorchis gemmata 匙唇兰：gemmatus 零余子的，珠芽的；gemmus 芽，珠芽，零余子

Schoenorchis tixieri 圆叶匙唇兰：tixieri（人名）；-eri 表示人名，在以 -er 结尾的人名后面加上 i 形成

Schoenorchis venoverbghii 台湾匙唇兰：venoverbghii（人名）；-ii 表示人名，接在以辅音字母结尾的人名后面，但 -er 除外

Schoenus 赤箭莎属（莎草科）（11：p115）：schoenus/ schoinus 灯心草（希腊语）

Schoenus calostachyus 长穗赤箭莎：call-/ calli-/ callo-/ cala-/ calo- ← calos/ callos 美丽的；

S

stachy-/ stachyo-/ -stachys/ -stachyus/ -stachyum/ -stachya 穗子，穗子的，穗子状的，穗状花序的

Schoenus falcatus 赤箭莎：falcatus = falx + atus 镰刀的，镰刀状的；falx 镰刀，镰刀形，镰刀状弯曲；构词规则：以 -ix/ -iex 结尾的词其词干末尾视为 -ic，以 -ex 结尾视为 -i/ -ic，其他以 -x 结尾视为 -c；-atus/ -atum/ -ata 属于，相似，具有，完成（形容词词尾）

Schoenus nudifructus 无刚毛赤箭莎：nudi- ← nudus 裸露的；fructus 果实

Schoepfia 青皮木属（铁青树科）（24：p39）：schoepfia ← Johann David Schoepf（人名，19 世纪德国植物学家）

Schoepfia chinensis 华南青皮木：chinensis = china + ensis 中国的（地名）；China 中国

Schoepfia fragrans 香芙木：fragrans 有香气的，飘香的；fragro 飘香，有香味

Schoepfia jasminodora 青皮木：jasminodora 茉莉花香的；Jiasminum 素馨属（茉莉花所在的属，木樨科）；odorus 香气的，气味的；odoratus 具香气的，有气味的

Schoepfia jasminodora var. jasminodora 青皮木-原变种（词义见上面解释）

Schoepfia jasminodora var. malipoensis 麻栗坡青皮木：malipoensis 麻栗坡的（地名，云南省）

Schrenkia 双球芹属（伞形科）（55-1：p91）：schrenkii ← A. G. Schrenk（人名）

Schrenkia vaginata 双球芹：vaginatus = vaginus + atus 鞘，具鞘的；vaginus 鞘，叶鞘；-atus/ -atum/ -ata 属于，相似，具有，完成（形容词词尾）

Schultzia 苞裂芹属（伞形科）（55-2：p209）：schultzia ← A. E. Schultz（人名，美国植物学家）

Schultzia albiflora 白花苞裂芹：albus → albi-/ albo- 白色的；florus/ florum/ flora ← flos 花（用于复合词）

Schultzia crinita 长毛苞裂芹：crinitus 被长毛的；crinis 头发的，彗星尾的，长而软的簇生毛发

Schumannia 球根阿魏属（伞形科）（55-3：p117）：schumannia ← Karl Moritz Schumann（人名，1851–1904，德国植物学家）

Schumannia turcomanica 球根阿魏：turcomanica 土库曼族的（土库曼斯坦主体民族）

Sciadopitys 金松属（杉科）（7：p283）：sciadoc/ sciados 伞，伞形的；pitys 松树

Sciadopitys verticillata 金松：verticillatus/ verticillaris 螺纹的，螺旋的，轮生的，环状的；verticillus 轮，环状排列

Sciaphila 喜荫草属（荫 yīn）（霉草科）（8：p190）：scio 阴影，树荫；philus/ philein ← philos → phil-/ phili/ philo- 喜好的，爱好的，喜欢的

Sciaphila megastyla 大柱霉草：mega-/ megal-/ megalo- ← megas 大的，巨大的；stylus/ stylis ← stylos 柱，花柱

Sciaphila ramosa 多枝霉草：ramosus = ramus + osus 有分枝的，多分枝的；ramus 分枝，枝条；-osus/ -osum/ -osa 多的，充分的，丰富的，显著发育的，程度高的，特征明显的（形容词词尾）

Sciaphila tenella 喜荫草：tenellus = tenuis + ellus 柔软的，纤细的，纤弱的，精美的，雅致的；tenuis 薄的，纤细的，弱的，瘦的，窄的；-ellus/ -ellum/ -ella ← -ulus 小的，略微的，稍微的（小词 -ulus 在字母 e 或 i 之后有多种变缀，即 -olus/ -olum/ -ola、-ellus/ -ellum/ -ella、-illus/ -illum/ -illa，用于第一变格法名词）

Scilla 绵枣儿属（百合科）（14：p166）：scilla ← Urginea scilla 海葱（借用名称）

Scilla scilloides 绵枣儿：Scilla 绵枣儿属（百合科）；-oides/ -oideus/ -oideum/ -oidea/ -odes/ -eidos 像……的，类似……的，呈……状的（名词词尾）

Scilla scilloides var. albo-viridis 白绿绵枣儿：albus → albi-/ albo- 白色的；viridis 绿色的，鲜嫩的（相当于希腊语的 chloro-）

Scindapsus 藤芋属（天南星科）（13-2：p30）：scindapsus（几种植物的希腊语名，其中一种像常春藤，用来为藤芋属命名，有时误拼为"Scindapsis"）

Scindapsus maclurei 海南藤芋：maclurei（人名）

Scirpus 藨草属（藨 biāo）（莎草科）（11：p2）：scirpus 灯心草或类似灯心草的植物（借用其名为藨草属命名）

Scirpus asiaticus 茸球藨草：asiaticus 亚洲的（地名）；-aticus/ -aticum/ -atica 属于，表示生长的地方，作名词词尾

Scirpus chen-mouii 陈谋藨草：chen-mouii 陈谋（人名，词尾改为"-i"似更妥）；-ii 表示人名，接在以辅音字母结尾的人名后面，但 -er 除外；-i 表示人名，接在以元音字母结尾的人名后面，但 -a 除外

Scirpus chuanus 曲氏藨草：chuanus 曲氏（人名）

Scirpus chunianus 陈氏藨草：chunianus ← W. Y. Chun 陈焕镛（人名，1890–1971，中国植物学家）

Scirpus distigmaticus 双柱头藨草：distigmaticus 双柱头的；di-/ dis- 二，二数，二分，分离，不同，在……之间，从……分开（希腊语，拉丁语为 bi-/ bis-）；stigmaticus 具柱头的，有条纹的

Scirpus ehrenbergii 剑苞藨草：ehrenbergii ← Christian Gottfried Ehrenberg（人名，19 世纪德国博物学家）

Scirpus filipes 细辐射枝藨草：filipes 线状柄的，线状茎的；fili-/ fil- ← filum 线状的，丝状的；pes/ pedis 柄，梗，茎秆，腿，足，爪（作词首或词尾，pes 的词干视为"ped-"）

Scirpus filipes var. filipes 细辐射枝藨草-原变种（词义见上面解释）

Scirpus filipes var. paucispiculatus 少穗细枝藨草：pauci- ← paucus 少数的，少的（希腊语为 oligo-）；spiculatus = spicus + ulus + atus 具小穗的，具细尖的；-ulus/ -ulum/ -ula 小的，略微的，稍微的（小词 -ulus 在字母 e 或 i 之后有多种变缀，即 -olus/ -olum/ -ola、-ellus/ -ellum/ -ella、-illus/ -illum/ -illa，与第一变格法和第二变格法名词形成复合词）；-atus/ -atum/ -ata 属于，相似，具有，完成（形容词词尾）

Scirpus fohaiensis 佛海藨草：fohaiensis 佛海的（地名，云南省勐海县的旧称）

Scirpus grossus 硕大藨草：grossus 粗大的，肥厚的

Scirpus × intermedius 中间藨草：intermedius 中

间的，中位的，中等的；inter- 中间的，在中间，之间；medius 中间的，中央的

Scirpus jingmenensis 荆门藨草：jingmenensis 荆门的（地名，湖北省）

Scirpus juncoides 萤蔺（蔺 lìn）：Juncus 灯心草属（灯心草科）；-oides/ -oideus/ -oideum/ -oidea/ -odes/ -eidos 像……的，类似……的，呈……状的（名词词尾）

Scirpus juncoides var. hotarui 细秆萤蔺：hotarui 萤火虫（日文，"hotaru" 为 "萤" 的日语读音）

Scirpus juncoides var. juncoides 萤蔺-原变种（词义见上面解释）

Scirpus karuizawensis 华东藨草：karuizawensis（地名，已修订为 karuisawensis）

Scirpus komarovii 吉林藨草：komarovii ← Vladimir Leontjevich Komarov 科马洛夫（人名，1869–1945，俄国植物学家）

Scirpus lineolatus 线状匍匐茎藨草：lineolatus ← lineus + ulus + atus 细线状的；lineus = linum + eus 线状的，丝状的，亚麻状的；linum ← linon 亚麻，线（古拉丁名）；-ulus/ -ulum/ -ula 小的，略微的，稍微的（小词 -ulus 在字母 e 或 i 之后有多种变缀，即 -olus/ -olum/ -ola、-ellus/ -ellum/ -ella、-illus/ -illum/ -illa，与第一变格法和第二变格法名词形成复合词）；-atus/ -atum/ -ata 属于，相似，具有，完成（形容词词尾）

Scirpus × mariqueter 海三棱藨草：mariqueter = marinus + triqueter/ triquetrus 海三棱；marinus 海，海中生的；triqueter 三边的，三角柱的，三棱柱的

Scirpus mattfeldianus 三棱秆藨草：mattfeldianus（人名）

Scirpus mucronatus 北水毛花：mucronatus = mucronus + atus 具短尖的，有微突起的；mucronus 短尖头，微突；-atus/ -atum/ -ata 属于，相似，具有，完成（形容词词尾）

Scirpus neochinensis 新华藨草：neochinensis 晚于 chinensis 的；neo- ← neos 新，新的；Scirpus chinensis 中华藨草

Scirpus paniculato-corymbosus 高山藨草：paniculato- ← paniculatus 圆锥花序的；corymbosus = corymbus + osus 伞房花序的；corymbus 伞形的，伞状的

Scirpus planiculmis 扁秆藨草：planiculmis 扁秆的；plani-/ plan- ← planus 平的，扁平的；culmis/ culmius 秆，秆状的

Scirpus pumilus 矮藨草：pumilus 矮的，小的，低矮的，矮人的

Scirpus radicans 东北藨草：radicans 生根的；radicus ← radix 根的

Scirpus rosthornii 百球藨草：rosthornii ← Arthur Edler von Rosthorn（人名，19 世纪匈牙利驻北京大使）

Scirpus schansiensis 太行山藨草：schansiensis 山西的（地名）

Scirpus schoofii 滇藨草：schoofii（人名）；-ii 表示人名，接在以辅音字母结尾的人名后面，但 -er 除外

Scirpus setaceus 细秆藨草：setus/ saetus 刚毛，刺

毛，芒刺；-aceus/ -aceum/ -acea 相似的，有……性质的，属于……的

Scirpus strobilinus 球穗藨草：strobilinus 球果状的；strobil-/ strobili- ← strobillos 球果的，圆锥的；-inus/ -inum/ -ina/ -inos 相近，接近，相似，具有（通常指颜色）

Scirpus subcapitatus 类头状花序藨草：subcapitatus 近头状的；sub-（表示程度较弱）与……类似，几乎，稍微，弱，亚，之下，下面；capitatus 头状的，头状花序的；capitus ← capitis 头，头状

Scirpus subcapitatus var. morrisonensis 台湾藨草：morrisonensis 磨里山的（地名，今台湾新高山）

Scirpus subcapitatus var. subcapitatus 类头状花序藨草-原变种（词义见上面解释）

Scirpus subulatus 羽状刚毛藨草：subulatus 钻形的，尖头的，针尖状的；subulus 钻头，尖头，针尖状

Scirpus supinus 仰卧秆藨草：supinus 仰卧的，平卧的，平展的，匍匐的

Scirpus supinus var. densicorrugatus 多皱纹果仰卧秆藨草：densus 密集的，繁茂的；corrugatus = co + rugatus 皱纹的，多皱纹的（各部分向各方向不规则地褶皱）；rugatus = rugus + atus 收缩的，有皱纹的，多褶皱的（同义词：rugosus）；rugus/ rugum/ ruga 褶皱，皱纹，皱缩；构词规则："r" 前后均为元音时，常变成 "-rr-"，如 a + rhizus = arrhizus 无根的；co- 联合，共同，合起来（拉丁语词首，为 cum- 的音变，表示结合、强化、完全，对应的希腊语为 syn-）；co- 的缀词音变有 co-/ com-/ con-/ col-/ cor-：co-（在 h 和元音字母前面），col-（在 l 前面），com-（在 b、m、p 之前），con-（在 c、d、f、g、j、n、qu、s、t 和 v 前面），cor-（在 r 前面）

Scirpus supinus var. lateriflorus 稻田仰卧秆藨草：later-/ lateri- 侧面的，横向的；florus/ florum/ flora ← flos 花（用于复合词）

Scirpus supinus var. supinus 仰卧秆藨草-原变种（词义见上面解释）

Scirpus sylvaticus 林生藨草：silvaticus/ sylvaticus 森林的，林地的；sylva/ silva 森林；-aticus/ -aticum/ -atica 属于，表示生长的地方，作名词词尾

Scirpus sylvaticus var. maximowiczii 朔北林生藨草：maximowiczii ← C. J. Maximowicz 马克希莫夫（人名，1827–1891，俄国植物学家）

Scirpus sylvaticus var. sylvaticus 林生藨草-原变种（词义见上面解释）

Scirpus ternatanus 百穗藨草：ternatanus ← ternatus 三数的，三出的

Scirpus × trapezoideus 五棱藨草：trapezoideus 不规则四边形状的，梯形的；trapez-/ trapezi- 不规则四边形，梯形；-oides/ -oideus/ -oideum/ -oidea/ -odes/ -eidos 像……的，类似……的，呈……状的（名词词尾）

Scirpus triangulatus 水毛花：tri-/ tripli-/ triplo- 三个，三数；angulatus = angulus + atus 具棱角的，有角度的；-atus/ -atum/ -ata 属于，相似，具有，完成（形容词词尾）

Scirpus triangulatus var. sanguineus 红鳞水毛花：sanguineus = sanguis + ineus 血液的，血色的；

S

sanguis 血液；-ineus/ -inea/ -ineum 相近，接近，相似，所有（通常表示材料或颜色），意思同 -eus

Scirpus triangulatus var. trialatus 三翅水毛花：trialatus 三翅的；tri-/ tripli-/ triplo- 三个，三数；alatus → ala-/ alat-/ alati-/ alato- 翅，具翅的，具翼的

Scirpus triangulatus var. triangulatus 水毛花-原变种 （词义见上面解释）

Scirpus triangulatus var. tripteris 台水毛花：tri-/ tripli-/ triplo- 三个，三数；pteris ← pteryx 翅，翼，蕨类（希腊语）

Scirpus triqueter 藨草：triqueter 三角柱的，三棱柱的；tri-/ tripli-/ triplo- 三个，三数；-queter 棱角的，锐角的，角

Scirpus trisetosus 青岛藨草：trisetosus 三毛的，三针的；tri-/ tripli-/ triplo- 三个，三数；setosus = setus + osus 被刚毛的，被短毛的，被芒刺的；setus/ saetus 刚毛，刺毛，芒刺；-osus/ -osum/ -osa 多的，充分的，丰富的，显著发育的，程度高的，特征明显的（形容词词尾）

Scirpus validus 水葱：validus 强的，刚直的，正统的，结实的，刚健的

Scirpus validus var. laeviglumis 南水葱：laeviglumis 平滑颖片的；laevis/ levis/ laeve/ leve → levi-/ laevi- 光滑的，无毛的，无不平或粗糙感觉的；laevigo/ levigo 使光滑，削平；glumis ← gluma 颖片，具颖片的（glumis 为 gluma 的复数夺格）；glume 颖片，颖片状；glum 谷壳，谷皮

Scirpus validus var. validus 水葱-原变种 （词义见上面解释）

Scirpus wallichii 猪毛草：wallichii ← Nathaniel Wallich（人名，19 世纪初丹麦植物学家、医生）

Scirpus yagara 荆三棱：yagara（日文）

Scleria 珍珠茅属（莎草科）（11：p203）：scleria ← skeleros 坚硬的（指圆形且很硬的果实）

Scleria biflora 二花珍珠茅：bi-/ bis- 二，二数，二回（希腊语为 di-）；florus/ florum/ flora ← flos 花（用于复合词）

Scleria chinensis 华珍珠茅：chinensis = china + ensis 中国的（地名）；China 中国

Scleria elata 高秆珍珠茅：elatus 高的，梢端的

Scleria elata var. elata 高秆珍珠茅-原变种 （词义见上面解释）

Scleria elata var. latior 宽叶珍珠茅：latior 较宽的（latus 的比较级）；latus 宽的，宽广的

Scleria harlandii 圆秆珍珠茅：harlandii ← William Aurelius Harland（人名，18 世纪英国医生，移居香港并研究中国植物）

Scleria herbecarpa 毛果珍珠茅：herbecarpus 草果的，草绿色果的；herba 草，草本植物；carpus/ carpum/ carpa/ carpon ← carpos 果实（用于希腊语复合词）

Scleria herbecarpa var. herbecarpa 毛果珍珠茅-原变种 （词义见上面解释）

Scleria herbecarpa var. pubescens 柔毛果珍珠茅：pubescens ← pubens 被短柔毛的，长出柔毛的；pubi- ← pubis 细柔毛的，短柔毛的，毛被的；pubesco/ pubescere 长成的，变为成熟的，长出柔

毛的，青春期体毛的；-escens/ -ascens 改变，转变，变成，略微，带有，接近，相似，大致，稍微（表示变化的趋势，并未完全相似或相同，有别于表示达到完成状态的 -atus）

Scleria hookeriana 黑鳞珍珠茅：hookeriana ← William Jackson Hooker（人名，19 世纪英国植物学家）

Scleria laeviformis 光果珍珠茅：laevis/ levis/ laeve/ leve → levi-/ laevi- 光滑的，无毛的，无不平或粗糙感觉的；formis/ forma 形状

Scleria lithosperma 石果珍珠茅：lithos 石头，岩石；spermus/ spermum/ sperma 种子的（用于希腊语复合词）

Scleria nankingensis 南京珍珠茅：nankingensis 南京的（地名，江苏省）

Scleria onoei 垂序珍珠茅：onoei（日本人名）

Scleria onoei var. onoei 垂序珍珠茅-原变种 （词义见上面解释）

Scleria onoei var. pubigera 毛垂序珍珠茅：pubi- ← pubis 细柔毛的，短柔毛的，毛被的；gerus → -ger/ -gerus/ -gerum/ -gera 具有，有，带有

Scleria oryzoides 稻形珍珠茅：oryzoides 像水稻的；Oryza 稻属（禾本科）；-oides/ -oideus/ -oideum/ -oidea/ -odes/ -eidos 像……的，类似……的，呈……状的（名词词尾）

Scleria pergracilis 纤秆珍珠茅：pergracilis 极细的；per-（在 l 前面音变为 pel-）极，很，颇，甚，非常，完全，通过，遍及（表示效果加强，与 sub- 互为反义词）；gracilis 细长的，纤弱的，丝状的

Scleria psilorrhiza 细根茎珍珠茅：psil-/ psilo- ← psilos 平滑的，光滑的；rhizus 根，根状茎（-rh- 接在元音字母后面构成复合词时要变成 -rrh-）

Scleria radula 香港珍珠茅：radulus 金属般骨骼的，小痒痒挠的；radula 毛钩，齿舌（动物）；rado 挠，切削，削平

Scleria sumatrensis 印尼珍珠茅：sumatrensis 苏门答腊的（地名，印度尼西亚）

Scleria tessellata 网果珍珠茅：tessellatus = tessella + atus 网格的，马赛克的，棋盘格的；tessella 方块石头，马赛克，棋盘格（拼接图案用）；-atus/ -atum/ -ata 属于，相似，具有，完成（形容词词尾）

Sclerochloa 硬草属（禾本科）（9-2：p276）：sclero- ← scleros 坚硬的，硬质的；chloa ← chloe 草，禾草

Sclerochloa dura 硬草：durus/ durrus 持久的，坚硬的，坚韧的

Sclerochloa kengiana 耿氏硬草：kengiana（人名）

Scleroglossum 革舌蕨属（禾叶蕨科）（6-2：p319）：sclero- ← scleros 坚硬的，硬质的；glossus 舌，舌状的

Scleroglossum pusillum 革舌蕨：pusillus 纤弱的，细小的，无价值的

Scleropyrum 硬核属（檀香科）（24：p75）：sclero- ← scleros 坚硬的，硬质的；pyrus = pirus ← pyros 梨，梨树，核，核果，小麦，谷物

S

Scleropyrum wallichianum 硬核：wallichianum ← Nathaniel Wallich（人名，19 世纪初丹麦植物学家、医生）

Scleropyrum wallichianum var. mekongense 无刺硬核：mekongense 湄公河的（地名，澜沧江流入中南半岛部分称湄公河）

Scleropyrum wallichianum var. wallichianum 硬核-原变种 （词义见上面解释）

Scolochloa 水茅属（禾本科）(9-2: p332)：scolos 针刺；chloa ← chloe 草，禾草

Scolochloa festucacea 水茅：Festuca 羊茅属（禾本科）；festuca 一种田间杂草（古拉丁名），嫩枝，麦秆，茎秆；-aceus/ -aceum/ -acea 相似的，有……性质的，属于……的

Scolopia 箣柊属（箣柊 cè zhōng）（大风子科）(52-1: p15)：scolopia ← skolops 具尖刺的，有尖的

Scolopia buxifolia 黄杨叶箣柊：buxifolia 黄杨叶的；Buxus 黄杨属（黄杨科）；folius/ folium/ folia 叶，叶片（用于复合词）

Scolopia chinensis 箣柊：chinensis = china + ensis 中国的（地名）；China 中国

Scolopia henryi 珍珠箣柊：henryi ← Augustine Henry 或 B. C. Henry（人名，前者，1857–1930，爱尔兰医生、植物学家，曾在中国采集植物，后者，1850–1901，曾活动于中国的传教士）

Scolopia lucida 光亮箣柊：lucidus ← lucis ← lux 发光的，光辉的，清晰的，发亮的，荣耀的（lux 的单数所有格为 lucis，词尾为 -is 和 -ys 的词的词干分别视为 -id 和 -yd）

Scolopia oldhamii 鲁花树：oldhamii ← Richard Oldham（人名，19 世纪植物采集员）

Scolopia saeva 广东箣柊：saevus 残暴的，野蛮的

Scoparia 野甘草属（玄参科）(67-2: p85)：scoparius 笤帚状的；scopus 笤帚；-arius/ -arium/ -aria 相似，属于（表示地点，场所，关系，所属）

Scoparia dulcis 野甘草：dulcis 甜的，甜味的

Scopolia 赛莨菪属（莨菪 làng dàng）（茄科）(67-1: p20)：scopolia ← J. A. Scopoli（人名，1723–1788，自然历史学家、医生）

Scopolia carniolicoides 赛莨菪：carniolicoides 像 carniolica 的；carniolica ← Scopolia carniolica 欧莨菪；carnicus 肉质的；-oides/ -oideus/ -oideum/ -oidea/ -odes/ -eidos 像……的，类似……的，呈……状的（名词词尾）

Scopolia carniolicoides var. carniolicoides 赛莨菪-原变种 （词义见上面解释）

Scopolia carniolicoides var. dentata 齿叶赛莨菪：dentatus = dentus + atus 牙齿的，齿状的，具齿的；dentus 齿，牙齿；-atus/ -atum/ -ata 属于，相似，具有，完成（形容词词尾）

Scorpiothyrsus 卷花丹属（野牡丹科）(53-1：p251)：scorpiothyrsus 蝎尾状聚伞花序（呈拳卷状）；skorpios 蝎子；thyrsus/ thyrsos 花簇，金字塔，圆锥形，聚伞圆锥花序

Scorpiothyrsus erythrotrichus 红毛卷花丹：erythrotrichus 红毛的；erythr-/ erythro- ← erythros 红色的（希腊语）；trichus 毛，毛发，线

Scorpiothyrsus glabrifolius 光叶卷花丹：glabrus 光秃的，无毛的，光滑的；folius/ folium/ folia 叶，叶片（用于复合词）

Scorpiothyrsus oligotrichus 疏毛卷花丹：oligo-/ olig- 少数的（希腊语，拉丁语为 pauci-）；trichus 毛，毛发，线

Scorpiothyrsus shangszeensis 上思卷花丹：shangszeensis 上思的（地名，广西壮族自治区）

Scorpiothyrsus xanthostictus 卷花丹：xanthos 黄色的（希腊语）；stictus ← stictos 斑点，雀斑

Scorpiothyrsus xanthotrichus 黄毛卷花丹：xanthos 黄色的（希腊语）；trichus 毛，毛发，线

Scorzonera 鸦葱属（菊科）(80-1: p13)：scorzonera 蛇草（指某个种可以治蛇咬）

Scorzonera albicaulis 华北鸦葱：albus → albi-/ albo- 白色的；caulis ← caulos 茎，茎秆，主茎

Scorzonera austriaca 鸦葱：austriaca 奥地利的（地名）

Scorzonera capito 棉毛鸦葱：capito- 头状的，头状花序的；capitus ← capitis 头，头状

Scorzonera circumflexa 皱波球根鸦葱：circum- 周围的，缠绕的（与希腊语的 peri- 意思相同）；flexus ← flecto 扭曲的，卷曲的，弯弯曲曲的，柔性的；flecto 弯曲，使扭曲

Scorzonera curvata 丝叶鸦葱：curvatus = curvus + atus 弯曲的，具弯的，弯弓形的；curvus 弯曲的

Scorzonera divaricata 拐轴鸦葱：divaricatus 广歧的，发散的，散开的

Scorzonera divaricata var. divaricata 拐轴鸦葱-原变种 （词义见上面解释）

Scorzonera divaricata var. sublilacina 紫花拐轴鸦葱：sublilacinus 略带紫色的；sub-（表示程度较弱）与……类似，几乎，稍微，弱，亚，之下，下面；lilacinus 淡紫色的，丁香色的；lilacius 丁香，紫丁香

Scorzonera ensifolia 剑叶鸦葱：ensi- 剑；folius/ folium/ folia 叶，叶片（用于复合词）

Scorzonera ikonnikovii 毛果鸦葱：ikonnikovii（人名）；-ii 表示人名，接在以辅音字母结尾的人名后面，但 -er 除外

Scorzonera iliensis 北疆鸦葱：iliense/ iliensis 伊利的（地名，新疆维吾尔自治区），伊犁河的（河流名，跨中国新疆与哈萨克斯坦）

Scorzonera inconspicua 皱叶鸦葱：inconspicuus 不显眼的，不起眼的，很小的；in-/ im-（来自 il- 的音变）内，在内，内部，向内，相反，不，无，非；il- 在内，向内，为，相反（希腊语为 en-）；词首 il- 的音变：il-（在 l 前面），im-（在 b、m、p 前面），in-（在元音字母和大多数辅音字母前面），ir-（在 r 前面），如 illaudatus（不值得称赞的，评价不好的），impermeabilis（不透水的，穿不透的），ineptus（不合适的），insertus（插入的），irretortus（无弯曲的，无扭曲的）；conspicuus 显著的，显眼的

Scorzonera luntaiensis 轮台鸦葱：luntaiensis 轮台的（地名，新疆维吾尔自治区）

Scorzonera manshurica 东北鸦葱：manshurica 满洲的（地名，中国东北，日语读音）

Scorzonera mongolica 蒙古鸦葱：mongolica 蒙古的（地名）；mongolia 蒙古的（地名）；-icus/ -icum/ -ica 属于，具有某种特性（常用于地名、起源、生境）

Scorzonera muriculata （糙叶鸦葱）：muriculatus = murex + ulus + atus 稍粗糙的，具小的瘤状凸起的，海螺状表面的；muri-/ muric- ← murex 海螺（指表面有瘤状凸起），粗糙的，糙面的；构词规则：以 -ix/ -iex 结尾的词其词干末尾视为 -ic，以 -ex 结尾视为 -i/ -ic，其他以 -x 结尾视为 -c

Scorzonera pamirica 帕米尔鸦葱：pamirica 帕米尔的（地名，中亚东南部高原，跨塔吉克斯坦、中国、阿富汗）；-icus/ -icum/ -ica 属于，具有某种特性（常用于地名、起源、生境）

Scorzonera parviflora 光鸦葱：parviflorus 小花的；parvus 小的，些微的，弱的；florus/ florum/ flora ← flos 花（用于复合词）

Scorzonera pseudodivaricata 帚状鸦葱：pseudodivaricata 像 divaricate 的；pseudo-/ pseud- ← pseudos 假的，伪的，接近，相似（但不是）；Scorzonera divaricate 拐轴鸦葱

Scorzonera pubescens 基枝鸦葱：pubescens ← pubens 被短柔毛的，长出柔毛的；pubi- ← pubis 细柔毛的，短柔毛的，毛被的；pubesco/ pubescere 长成的，变为成熟的，长出柔毛的，青春期体毛的；-escens/ -ascens 改变，转变，变成，略微，带有，接近，相似，大致，稍微（表示变化的趋势，并未完全相似或相同，有别于表示达到完成状态的 -atus）

Scorzonera pusilla 细叶鸦葱：pusillus 纤弱的，细小的，无价值的

Scorzonera radiata 毛梗鸦葱：radiatus = radius + atus 辐射状的，放射状的；radius 辐射，射线，半径，边花，伞形花序

Scorzonera rugulosa （皱叶鸦葱）：rugulosus 被细皱纹的，布满小皱纹的；rugus/ rugum/ ruga 褶皱，皱纹，皱缩；-ulosus = ulus + osus 小而多的；-ulus/ -ulum/ -ula 小的，略微的，稍微的（小词 -ulus 在字母 e 或 i 之后有多种变缀，即 -olus/ -olum/ -ola、-ellus/ -ellum/ -ella、-illus/ -illum/ -illa，与第一变格法和第二变格法名词形成复合词）；-osus/ -osum/ -osa 多的，充分的，丰富的，显著发育的，程度高的，特征明显的（形容词词尾）

Scorzonera sericeo-lanata 灰枝鸦葱：sericeus 绢丝状的；sericus 绢丝的，绢毛的，赛尔人的（Ser 为印度一民族）；-eus/ -eum/ -ea（接拉丁语词干时）属于……的，色如……的，质如……的（表示原料、颜色或品质的相似），（接希腊语词干时）属于……的，以……出名，为……所占有（表示具有某种特性）；lanatus = lana + atus 具羊毛的，具长柔毛的；lana 羊毛，绵毛

Scorzonera sinensis 桃叶鸦葱：sinensis = Sina + ensis 中国的（地名）；Sina 中国

Scorzonera songarica 准噶尔鸦葱（噶 gá）：songarica 准噶尔的（地名，新疆维吾尔自治区）；-icus/ -icum/ -ica 属于，具有某种特性（常用于地名、起源、生境）

Scorzonera subacaulis 小鸦葱：subacaulis 近无茎的；sub-（表示程度较弱）与……类似，几乎，稍微，弱，亚，之下，下面；acaulia/ acaulis 无茎的，矮小的；a-/ an- 无，非，没有，缺乏，不具有（an- 用于元音前）（a-/ an- 为希腊语词首，对应的拉丁语词首为 e-/ ex-，相当于英语的 un-/ -less，注意词首 a- 和作为介词的 a/ ab 不同，后者的意思是"从……、由……、关于……、因为……"）；caulia/ caulis 茎，茎秆，主茎

Scrofella 细穗玄参属（玄参科）（67-2：p250）：scrofella ← scrophula 淋巴结核（指偏肿胀的管状花冠）；-ella 小（用作人名或一些属名词尾时并无小词意义）

Scrofella chinensis 细穗玄参：chinensis = china + ensis 中国的（地名）；China 中国

Scrophularia 玄参属（参 shēn）（玄参科）（67-2：p46）：scrophularia ← scrophla 淋巴结核（该属一种 S. nodosa 有治疗该病的功效）

Scrophularia aequilabris 等唇玄参：aequus 平坦的，均等的，公平的，友好的；aequi- 相等，相同；labris 唇，唇瓣

Scrophularia alaschanica 贺兰玄参：alaschanica 阿拉善的（地名，内蒙古最西部）

Scrophularia amugensis 岩玄参：amugensis（地名）

Scrophularia buergeriana 北玄参：buergeriana ← Heinrich Buerger（人名，19 世纪荷兰植物学家）

Scrophularia buergeriana var. buergeriana 北玄参-原变种 （词义见上面解释）

Scrophularia buergeriana var. tsinglingensis 北玄参秦岭变种：tsinglingensis 秦岭的（地名，陕西省）

Scrophularia chasmophila 岩隙玄参：chasmophila 喜好缝隙的（岩隙等）；chasma 开口的；philus/ philein ← philos → phil-/ phili/ philo- 喜好的，爱好的，喜欢的（注意区别形近词：phylus、phyllus）；phylus/ phylum/ phyla ← phylon/ phyle 植物分类单位中的"门"，位于"界"和"纲"之间，类群，种族，部落，聚群；phyllus/ phyllum/ phylla ← phyllon 叶片（用于希腊语复合词）

Scrophularia delavayi 大花玄参：delavayi ← P. J. M. Delavay（人名，1834–1895，法国传教士，曾在中国采集植物标本）；-i 表示人名，接在以元音字母结尾的人名后面，但 -a 除外

Scrophularia dentata 齿叶玄参：dentatus = dentus + atus 牙齿的，齿状的，具齿的；dentus 齿，牙齿；-atus/ -atum/ -ata 属于，相似，具有，完成（形容词词尾）

Scrophularia diplodonta 重齿玄参（重 chóng）：diplodontus 双重锯齿的；dipl-/ diplo- ← diplous ← diploos 双重的，二重的，二倍的，二数的；odontus/ odontos → odon-/ odont-/ odonto-（可作词首或词尾）齿，牙齿状的；odous 齿，牙齿（单数，其所有格为 odontos）；di-/ dis- 二，二数，二分，分离，不同，在……之间，从……分开（希腊语，拉丁语为 bi-/ bis-）

Scrophularia elatior 高玄参：elatior 较高的（elatus 的比较级）；-ilor 比较级

Scrophularia fargesii 长梗玄参：fargesii ← Pere Paul Guillaume Farges（人名，19 世纪中叶至 20 世纪活动于中国的法国传教士，植物采集员）

Scrophularia formosana 楔叶玄参：formosanus =

S

formosus + anus 美丽的，台湾的；formosus ← formosa 美丽的，台湾的（葡萄牙殖民者发现台湾时对其的称呼，即美丽的岛屿）；-anus/ -anum/ -ana 属于，来自（形容词词尾）

Scrophularia henryi 鄂西玄参：henryi ← Augustine Henry 或 B. C. Henry（人名，前者，1857–1930，爱尔兰医生、植物学家，曾在中国采集植物，后者，1850–1901，曾活动于中国的传教士）

Scrophularia heucheriiflora 新疆玄参：heucheriiflora = Heuchera + flora 肾形草花的（注：构成复合词时前段词的词尾变成 i 或 o，故该词宜改为"heucheriflora"）；Heuchera 肾形草属（人名，虎耳草科）；florus/ florum/ flora ← flos 花（用于复合词）

Scrophularia hypsophila 高山玄参：hypso-/ hypsi- 高地的，高位的，高处的；philus/ philein ← philos → phil-/ phili/ philo- 喜好的，爱好的，喜欢的（注意区别形近词：phylus、phyllus）；phylus/ phylum/ phyla ← phylon/ phyle 植物分类单位中的"门"，位于"界"和"纲"之间，类群，种族，部落，聚群；phyllus/ phyllum/ phylla ← phyllon 叶片（用于希腊语复合词）

Scrophularia incisa 砾玄参：incisus 深裂的，锐裂的，缺刻的

Scrophularia kakudensis 丹东玄参：kakudensis ← Kakuda 角田山的（地名，日本）

Scrophularia kansuensis 甘肃玄参：kansuensis 甘肃的（地名）

Scrophularia kiriloviana 羽裂玄参：kiriloviana ← Ivan Petrovich Kirilov（人名，19 世纪俄国植物学家）

Scrophularia macrocarpa 大果玄参：macro-/ macr- ← macros 大的，宏观的（用于希腊语复合词）；carpus/ carpum/ carpa/ carpon ← carpos 果实（用于希腊语复合词）

Scrophularia mandarinorum 单齿玄参：mandarinorum 橘红色的（mandarinus 的复数所有格）；mandarinus 橘红色的；-orum 属于……的（第二变格法名词复数所有格词尾，表示群落或多数）

Scrophularia mandshurica 东北玄参：mandshurica 满洲的（地名，中国东北，地理区域）

Scrophularia mapienensis 马边玄参：mapienensis 马边的（地名，四川省）

Scrophularia maximowiczii 腋花玄参：maximowiczii ← C. J. Maximowicz 马克希莫夫（人名，1827–1891，俄国植物学家）

Scrophularia modesta 山西玄参：modestus 适度的，保守的

Scrophularia moellendorffii 华北玄参：moellendorffii ← Otto von Möllendorf（人名，20 世纪德国外交官和软体动物学家）

Scrophularia nankinensis 南京玄参：nankinensis 南京的（地名，江苏省）

Scrophularia ningpoensis 玄参：ningpoensis 宁波的（地名，浙江省）

Scrophularia nodosa （多节玄参）：nodosus 有关节的，有结节的，多关节的；nodus 节，节点，连接点；-osus/ -osum/ -osa 多的，充分的，丰富的，显著发育的，程度高的，特征明显的（形容词词尾）

Scrophularia pauciflora 轮花玄参：pauci- ← paucus 少数的，少的（希腊语为 oligo-）；florus/ florum/ flora ← flos 花（用于复合词）

Scrophularia souliei 小花玄参：souliei（人名）；-i 表示人名，接在以元音字母结尾的人名后面，但 -a 除外

Scrophularia spicata 穗花玄参：spicatus 具穗的，具穗状花的，具尖头的；spicus 穗，谷穗，花穗；-atus/ -atum/ -ata 属于，相似，具有，完成（形容词词尾）

Scrophularia stylosa 长柱玄参：stylosus 具花柱的，花柱明显的；stylus/ stylis ← stylos 柱，花柱；-osus/ -osum/ -osa 多的，充分的，丰富的，显著发育的，程度高的，特征明显的（形容词词尾）

Scrophularia umbrosa 翅茎玄参：umbrosus 多荫的，喜阴的，生于阴地的；umbra 荫凉，阴影，阴地；-osus/ -osum/ -osa 多的，充分的，丰富的，显著发育的，程度高的，特征明显的（形容词词尾）

Scrophularia urticifolia 荨麻叶玄参（荨 qián）：Urtica 荨麻属（荨麻科）；folius/ folium/ folia 叶，叶片（用于复合词）

Scrophularia yoshimurae 台湾玄参：yoshimurae（人名）；-ae 表示人名，以 -a 结尾的人名后面加上 -e 形成

Scrophularia yunnanensis 云南玄参：yunnanensis 云南的（地名）

Scrophulariaceae 玄参科（67-2：p1）：Scrophularia 玄参属；-aceae（分类单位科的词尾，为 -aceus 的阴性复数主格形式，加到模式属的名称后或同义词的词干后以组成族群名称）

Scurrula 梨果寄生属（桑寄生科）（24：p108）：scurrula ← scurrus + ulus 滑稽的（指果实形状特殊）；-ulus/ -ulum/ -ula 小的，略微的，稍微的（小词 -ulus 在字母 e 或 i 之后有多种变缀，即 -olus/ -olum/ -ola、-ellus/ -ellum/ -ella、-illus/ -illum/ -illa，与第一变格法和第二变格法名词形成复合词）

Scurrula buddleioides 滇藏梨果寄生：buddleioides 醉鱼草状的；Buddleja 醉鱼草属（马钱科）；-oides/ -oideus/ -oideum/ -oidea/ -odes/ -eidos 像……的，类似……的，呈……状的（名词词尾）

Scurrula chingii 卵叶梨果寄生：chingii ← R. C. Chin 秦仁昌（人名，1898–1986，中国植物学家，蕨类植物专家），秦氏

Scurrula chingii var. chingii 卵叶梨果寄生-原变种（词义见上面解释）

Scurrula chingii var. yunnanensis 短柄梨果寄生：yunnanensis 云南的（地名）

Scurrula elata 高山寄生：elatus 高的，梢端的

Scurrula ferruginea 锈毛梨果寄生：ferrugineus 铁锈的，淡棕色的；ferrugo = ferrus + ugo 铁锈（ferrugo 的词干为 ferrugin-）；词尾为 -go 的词其词干末尾视为 -gin；ferreus → ferr- 铁，铁的，铁色的，坚硬如铁的；-eus/ -eum/ -ea（接拉丁语词干时）属于……的，色如……的，质如……的（表示原料、颜色或品质的相似），（接希腊语词干时）属于……的，以……出名，为……所占有（表示具有某种特性）

S

Scurrula gongshanensis 贡山梨果寄生：gongshanensis 贡山的（地名，云南省）

Scurrula notothixoides 小叶梨果寄生：Notothixos（属名，桑寄生科）；-oides/ -oideus/ -oideum/ -oidea/ -odes/ -eidos 像……的，类似……的，呈……状的（名词词尾）

Scurrula parasitica 红花寄生：parasiticus ← parasitos 寄生的（希腊语）

Scurrula parasitica var. graciliflora 小红花寄生：gracilis 细长的，纤弱的，丝状的；florus/ florum/ flora ← flos 花（用于复合词）

Scurrula parasitica var. parasitica 红花寄生-原变种 （词义见上面解释）

Scurrula philippensis 梨果寄生：philippensis 菲律宾的（地名）

Scurrula phoebe-formosanae 楠树梨果寄生：phoebe 月亮女神菲比（希腊神话人物）；Phoebe 楠属（樟科）；formosanus ← formosa + anus 美丽的，台湾的；formosus ← formosa 美丽的，台湾的（葡萄牙殖民者发现台湾时对其的称呼，即美丽的岛屿）；-anus/ -anum/ -ana 属于，来自（形容词词尾）

Scurrula pulverulenta 白花梨果寄生：pulverulentus 细粉末状的，粉末覆盖的；pulvereus 粉末的，粉尘的；pulveris 粉末的，粉尘的，灰尘的；pulvis 粉末，粉尘，灰尘；-eus/ -eum/ -ea（接拉丁语词干时）属于……的，色如……的，质如……的（表示原料、颜色或品质的相似），（接希腊语词干时）属于……的，以……出名，为……所占有（表示具有某种特性）；-ulentus/ -ulentum/ -ulenta/ -olentus/ -olentum/ -olenta（表示丰富、充分或显著发展）

Scurrula sootepensis 元江梨果寄生：sootepensis（地名，泰国）

Scutellaria 黄芩属（芩 qín）（唇形科）（65-2：p124）：scutellaria = scutum + ellus + arius 小盾片状的，小碟子状的（指宿存花萼上的圆形附属物）；scutum 盾片，长盾；scutulum/ scutellum 小盾片，小而浅的酒杯；-ellus/ -ellum/ -ella ← -ulus 小的，略微的，稍微的（小词 -ulus 在字母 e 或 i 之后有多种变缀，即 -olus/ -olum/ -ola、-ellus/ -ellum/ -ella、-illus/ -illum/ -illa，用于第一变格法名词）；-arius/ -arium/ -aria 相似，属于（表示地点，场所，关系，所属）

Scutellaria alberti 微尖苞黄芩：alberti ← Luigi d'Albertis（人名，19 世纪意大利博物学家）；-i 表示人名，接在以元音字母结尾的人名后面，但 -a 除外，故该种加词词尾宜改为"-ii"；-ii 表示人名，接在以辅音字母结尾的人名后面，但 -er 除外

Scutellaria altaicola 阿尔泰黄芩：altaicola 分布于阿尔泰的；altai 阿尔泰（地名，新疆北部山脉）；colus ← colo 分布于，居住于，栖居，殖民（常作词尾）；colo/ colere/ colui/ cultum 居住，耕作，栽培

Scutellaria amoena 滇黄芩：amoenus 美丽的，可爱的

Scutellaria amoena var. amoena 滇黄芩-原变种 （词义见上面解释）

Scutellaria amoena var. cinerea 滇黄芩-灰毛变种：cinereus 灰色的，草木灰色的（为纯黑和纯白的混合色，希腊语为 tephro-/ spodo-）；ciner-/ cinere-/ cinereo- 灰色；-eus/ -eum/ -ea（接拉丁语词干时）属于……的，色如……的，质如……的（表示原料、颜色或品质的相似），（接希腊语词干时）属于……的，以……出名，为……所占有（表示具有某种特性）

Scutellaria anhweiensis 安徽黄芩：anhweiensis 安徽的（地名）

Scutellaria axilliflora 腋花黄芩：axilli-florus 腋生花的；axillus 叶腋的；axill-/ axilli- 叶腋；florus/ florum/ flora ← flos 花（用于复合词）

Scutellaria axilliflora var. axilliflora 腋花黄芩-原变种 （词义见上面解释）

Scutellaria axilliflora var. medullifera 腋花黄芩-大花变种：medullus 髓，髓状的；-ferus/ -ferum/ -fera/ -fero/ -fere/ -fer 有，具有，产（区别：作独立词使用的 ferus 意思是"野生的"）

Scutellaria baicalensis 黄芩：baicalensis 贝加尔湖的（地名，俄罗斯）

Scutellaria bambusetorum 竹林黄芩：bambusetorum 竹林的，生于竹林的；bambusus 竹子；-etorum 群落的（表示群丛、群落的词尾）

Scutellaria barbata 半枝莲：barbatus = barba + atus 具胡须的，具须毛的；barba 胡须，髯毛，绒毛；-atus/ -atum/ -ata 属于，相似，具有，完成（形容词词尾）

Scutellaria calcarata 囊距黄芩：calcaratus = calcar + atus 距的，有距的；calcar- ← calcar 距，花萼或花瓣生蜜源的距，短枝（结果枝）（距：雄鸡、雉等的腿的后面突出像脚趾的部分）；-atus/ -atum/ -ata 属于，相似，具有，完成（形容词词尾）

Scutellaria caryopteroides 莸状黄芩（莸 yóu）：Caryopteris 莸属（马鞭草科）；-oides/ -oideus/ -oideum/ -oidea/ -odes/ -eidos 像……的，类似……的，呈……状的（名词词尾）

Scutellaria caudifolia 尾叶黄芩：caudi- ← cauda/ caudus/ caudum 尾巴；folius/ folium/ folia 叶，叶片（用于复合词）

Scutellaria caudifolia var. caudifolia 尾叶黄芩-原变种 （词义见上面解释）

Scutellaria caudifolia var. obliquifolia 尾叶黄芩-斜叶变种：obliquifolius 偏斜叶的；obliqui- ← obliquus 对角线的，斜线的，歪斜的；folius/ folium/ folia 叶，叶片（用于复合词）

Scutellaria chekiangensis 浙江黄芩：chekiangensis 浙江的（地名）

Scutellaria chihshuiensis 赤水黄芩：chihshuiensis 赤水的（地名，贵州省）

Scutellaria chimenensis 祁门黄芩（祁 qí）：chimenensis 祁门的（地名，安徽省）

Scutellaria chungtienensis 中甸黄芩：chungtienensis 中甸的（地名，云南省香格里拉市的旧称）

Scutellaria coleifolia 紫苏叶黄芩：coleos → coleus 鞘，鞘状的，果荚；folius/ folium/ folia 叶，叶片（用于复合词）

Scutellaria delavayi 方枝黄芩：delavayi ← P. J. M. Delavay（人名，1834–1895，法国传教士，曾在中国采集植物标本）；-i 表示人名，接在以元音字母

结尾的人名后面，但 -a 除外

Scutellaria dependens 纤弱黄芩：dependens 下垂的，垂吊的（因支持体细软而下垂）；de- 向下，向外，从……，脱离，脱落，离开，去掉；pendix ← pendens 垂悬的，挂着的，悬挂的

Scutellaria discolor 异色黄芩：discolor 异色的，不同色的（指花瓣花萼等）；di-/ dis- 二，二数，二分，分离，不同，在……之间，从……分开（希腊语，拉丁语为 bi-/ bis-）；color 颜色

Scutellaria discolor var. discolor 异色黄芩-原变种 （词义见上面解释）

Scutellaria discolor var. hirta 地盆草：hirtus 有毛的，粗毛的，刚毛的（长而明显的毛）

Scutellaria formosana 蓝花黄芩：formosanus = formosus + anus 美丽的，台湾的；formosus ← formosa 美丽的，台湾的（葡萄牙殖民者发现台湾时对其的称呼，即美丽的岛屿）；-anus/ -anum/ -ana 属于，来自（形容词词尾）

Scutellaria formosana var. formosana 蓝花黄芩-原变种 （词义见上面解释）

Scutellaria formosana var. pubescens 蓝花黄芩-多毛变种：pubescens ← pubens 被短柔毛的，长出柔毛的；pubi- ← pubis 细柔毛的，短柔毛的，毛被的；pubesco/ pubescere 长成的，变为成熟的，长出柔毛的，青春期体毛的；-escens/ -ascens 改变，转变，变成，略微，带有，接近，相似，大致，稍微（表示变化的趋势，并未完全相似或相同，有别于表示达到完成状态的 -atus）

Scutellaria forrestii 灰岩黄芩：forrestii ← George Forrest（人名，1873–1932，英国植物学家，曾在中国西部采集大量植物标本）

Scutellaria forrestii var. forrestii 灰岩黄芩-原变种 （词义见上面解释）

Scutellaria forrestii var. intermedia 灰岩黄芩-居间变种：intermedius 中间的，中位的，中等的；inter- 中间的，在中间，之间；medius 中间的，中央的

Scutellaria forrestii var. muliensis 灰岩黄芩-木里变种：muliensis 木里的（地名，四川省）

Scutellaria franchetiana 岩藿香（藿 huò）：franchetiana ← A. R. Franchet（人名，19 世纪法国植物学家）

Scutellaria galericulata 盔状黄芩：galericulata = galerum + culus 小帽子，小头盔；galerus/ galea 头盔，帽子，毛皮帽子；-usculus ← -culus 小的，略微的，稍微的（小词 -culus 和某些词构成复合词时变成 -usculus）

Scutellaria grossecrenata 粗齿黄芩：grosse-/ grosso- ← grossus 粗大的，肥厚的；crenatus = crena + atus 圆齿状的，具圆齿的；crena 叶缘的圆齿

Scutellaria guilielmi 连钱黄芩：guilielmi（人名，词尾改为"-ii"似更妥）；-ii 表示人名，接在以辅音字母结尾的人名后面，但 -er 除外；-i 表示人名，接在以元音字母结尾的人名后面，但 -a 除外

Scutellaria hainanensis 海南黄芩：hainanensis 海南的（地名）

Scutellaria honanensis 河南黄芩：honanensis 河南的（地名）

Scutellaria hunanensis 湖南黄芩：hunanensis 湖南的（地名）

Scutellaria hypericifolia 连翘叶黄芩：hypericifolia 金丝桃叶片的；Hypericum 金丝桃属（金丝桃科）；folius/ folium/ folia 叶，叶片（用于复合词）

Scutellaria hypericifolia var. hypericifolia 连翘叶黄芩-原变种 （词义见上面解释）

Scutellaria hypericifolia var. pilosa 连翘叶黄芩-多毛变种：pilosus = pilus + osus 多毛的，被柔毛的，具疏柔毛的，被短弱细毛的；pilus 毛，疏柔毛；-osus/ -osum/ -osa 多的，充分的，丰富的，显著发育的，程度高的，特征明显的（形容词词尾）

Scutellaria incisa 裂叶黄芩：incisus 深裂的，锐裂的，缺刻的

Scutellaria indica 韩信草：indica 印度的（地名）；-icus/ -icum/ -ica 属于，具有某种特性（常用于地名、起源、生境）

Scutellaria indica var. elliptica 韩信草-长毛变种：ellipticus 椭圆形的；-ticus/ -ticum/ tica/ -ticos 表示属于，关于，以……著称，作形容词词尾

Scutellaria indica var. indica 韩信草-原变种 （词义见上面解释）

Scutellaria indica var. indica f. indica 韩信草-原变型 （词义见上面解释）

Scutellaria indica var. indica f. ramosa 韩信草-多枝变型：ramosus = ramus + osus 有分枝的，多分枝的；ramus 分枝，枝条；-osus/ -osum/ -osa 多的，充分的，丰富的，显著发育的，程度高的，特征明显的（形容词词尾）

Scutellaria indica var. parvifolia 韩信草-小叶变种：parvifolius 小叶的；parvus 小的，些微的，弱的；folius/ folium/ folia 叶，叶片（用于复合词）

Scutellaria indica var. subacaulis 韩信草-缩茎变种：subacaulis 近无茎的；sub-（表示程度较弱）与……类似，几乎，稍微，弱，亚，之下，下面；acaulia/ acaulis 无茎的，矮小的；a-/ an- 无，非，没有，缺乏，不具有（an- 用于元音前）（a-/ an- 为希腊语词首，对应的拉丁语词首为 e-/ ex-，相当于英语的 un-/ -less，注意词首 a- 和作为介词的 a/ ab 不同，后者的意思是"从……、由……、关于……、因为……"）；caulia/ caulis 茎，茎秆，主茎

Scutellaria inghokensis 永泰黄芩：inghokensis（地名，福建省）

Scutellaria irregularis 不齐齿黄芩：irregularis = ir（来自 il- 的音变）+ regularis 不规则的，参差不齐的；il- 在内，向内，为，相反（希腊语为 en-）；词首 il- 的音变：il-（在 l 前面），im-（在 b、m、p 前面），in-（在元音字母和大多数辅音字母前面），ir-（在 r 前面），如 illaudatus（不值得称赞的，评价不好的），impermeabilis（不透水的，穿不透的），ineptus（不合适的），insertus（插入的），irretortus（无弯曲的，无扭曲的）；-aris（阳性、阴性）/ -are（中性）← -alis（阳性、阴性）/ -ale（中性）属于，相似，如同，具有，涉及，关于，联结于（将名词作形容词用，其中 -aris 常用于以 l 或 r 为词干末尾的词）

Scutellaria javanica 爪哇黄芩：javanica 爪哇的

S

（地名，印度尼西亚）；-icus/ -icum/ -ica 属于，具有某种特性（常用于地名、起源、生境）

Scutellaria krylovii 宽苞黄芩：krylovii（人名）；-ii 表示人名，接在以辅音字母结尾的人名后面，但 -er 除外

Scutellaria laeteviolacea 光紫黄芩：laeteviolacea = laete + violacea 鲜艳的紫堇色；laete 光亮地，鲜艳地；laetus 生辉的，生动的，色彩鲜艳的，可喜的，愉快的；Viola 堇菜属（堇菜科）；-aceus/ -aceum/ -acea 相似的，有……性质的，属于……的

Scutellaria laxa 散黄芩：laxus 稀疏的，松散的，宽松的

Scutellaria likiangensis 丽江黄芩：likiangensis 丽江的（地名，云南省）

Scutellaria linarioides 长叶并头草：Linaria 柳穿鱼属（玄参科）；-oides/ -oideus/ -oideum/ -oidea/ -odes/ -eidos 像……的，类似……的，呈……状的（名词词尾）

Scutellaria lotienensis 罗甸黄芩：lotienensis 罗甸的（地名，贵州省）

Scutellaria lutescens 淡黄黄芩：lutescens 淡黄色的；luteus 黄色的；-escens/ -ascens 改变，转变，变成，略微，带有，接近，相似，大致，稍微（表示变化的趋势，并未完全相似或相同，有别于表示达到完成状态的 -atus）

Scutellaria luzonica 吕宋黄芩：luzonica ← Luzon 吕宋岛的（地名，菲律宾）

Scutellaria luzonica var. lotungensis 吕宋黄芩-乐东变种：lotungensis 乐东的（地名，海南省）

Scutellaria luzonica var. luzonica 吕宋黄芩-原变种 （词义见上面解释）

Scutellaria macrodonta 大齿黄芩：macro-/ macr- ← macros 大的，宏观的（用于希腊语复合词）；odontus/ odontos → odon-/ odont-/ odonto- （可作词首或词尾）齿，牙齿状的；odous 齿，牙齿（单数，其所有格为 odontos）

Scutellaria macrosiphon 长管黄芩：macro-/ macr- ← macros 大的，宏观的（用于希腊语复合词）；siphonus ← sipho → siphon-/ siphono-/ -siphonius 管，筒，管状物

Scutellaria mairei 毛茎黄芩：mairei（人名）；Edouard Ernest Maire（人名，19 世纪活动于中国云南的传教士）；Rene C. J. E. Maire 人名（20 世纪阿尔及利亚植物学家，研究北非植物）；-i 表示人名，接在以元音字母结尾的人名后面，但 -a 除外

Scutellaria meehanioides 龙头黄芩：Meehania 龙头草（美汉草属，唇形科）；-oides/ -oideus/ -oideum/ -oidea/ -odes/ -eidos 像……的，类似……的，呈……状的（名词词尾）

Scutellaria meehanioides var. meehanioides 龙头黄芩-原变种 （词义见上面解释）

Scutellaria meehanioides var. paucidentata 龙头黄芩-少齿变种：pauci- ← paucus 少数的，少的（希腊语为 oligo-）；dentatus = dentus + atus 牙齿的，齿状的，具齿的；dentus 齿，牙齿；-atus/ -atum/ -ata 属于，相似，具有，完成（形容词词尾）

Scutellaria megaphylla 大叶黄芩：megaphylla 大

叶子的；mega-/ megal-/ megalo- ← megas 大的，巨大的；phyllus/ phyllum/ phylla ← phyllon 叶片（用于希腊语复合词）

Scutellaria microviolacea 小紫黄芩：micr-/ micro- ← micros 小的，微小的，微观的（用于希腊语复合词）；Viola 堇菜属（堇菜科）；-aceus/ -aceum/ -acea 相似的，有……性质的，属于……的

Scutellaria mollifolia 毛叶黄芩：molle/ mollis 软的，柔毛的；folius/ folium/ folia 叶，叶片（用于复合词）

Scutellaria moniliorrhiza 念珠根茎黄芩：moniliorrhizus 念珠状根的；monilius 念珠，串珠；monile 首饰，宝石；rhizus 根，根状茎（-rh- 接在元音字母后面构成复合词时要变成 -rrh-）

Scutellaria nigricans 变黑黄芩：nigricans/ nigrescens 几乎是黑色的，发黑的，变黑的；nigrus 黑色的；niger 黑色的；-escens/ -ascens 改变，转变，变成，略微，带有，接近，相似，大致，稍微（表示变化的趋势，并未完全相似或相同，有别于表示达到完成状态的 -atus）；-icans 表示正在转变的过程或相似程度，有时表示相似程度非常接近、几乎相同

Scutellaria nigrocardia 黑心黄芩：nigro-/ nigri- ← nigrus 黑色的；niger 黑色的；cardius 心脏，心形

Scutellaria obtusifolia 钝叶黄芩：obtusus 钝的，钝形的，略带圆形的；folius/ folium/ folia 叶，叶片（用于复合词）

Scutellaria obtusifolia var. obtusifolia 钝叶黄芩-原变种 （词义见上面解释）

Scutellaria obtusifolia var. trinervata 钝叶黄芩-三脉变种：tri-/ tripli-/ triplo- 三个，三数；nervatus = nervus + atus 具脉的；nervus 脉，叶脉

Scutellaria oligodonta 少齿黄芩：oligodontus 具有少数齿的；oligo-/ olig- 少数的（希腊语，拉丁语为 pauci-）；odontus/ odontos → odon-/ odont-/ odonto- （可作词首或词尾）齿，牙齿状的；odous 齿，牙齿（单数，其所有格为 odontos）

Scutellaria oligophlebia 少脉黄芩：oligo-/ olig- 少数的（希腊语，拉丁语为 pauci-）；phlebius = phlebus + ius 叶脉，属于有脉的；phlebus 脉，叶脉；-ius/ -ium/ -ia 具有……特性的（表示有关、关联、相似）

Scutellaria omeiensis 峨眉黄芩：omeiensis 峨眉山的（地名，四川省）

Scutellaria omeiensis var. omeiensis 峨眉黄芩-原变种 （词义见上面解释）

Scutellaria omeiensis var. serratifolia 峨眉黄芩-锯叶变种：serratus = serrus + atus 有锯齿的；serrus 齿，锯齿；folius/ folium/ folia 叶，叶片（用于复合词）

Scutellaria orthocalyx 直萼黄芩：orthocalyx 直立萼片的；ortho- ← orthos 直的，正面的；calyx → calyc- 萼片（用于希腊语复合词）

Scutellaria orthotricha 展毛黄芩：ortho- ← orthos 直的，正面的；trichus 毛，毛发，线

Scutellaria pekinensis 京黄芩：pekinensis 北京的（地名）

Scutellaria pekinensis var. grandiflora 京黄芩-大花变种：grandi- ← grandis 大的；florus/

S

florum/ flora ← flos 花（用于复合词）

Scutellaria pekinensis var. pekinensis 京黄芩-原变种 （词义见上面解释）

Scutellaria pekinensis var. purpureicaulis 京黄芩-紫茎变种：purpureus = purpura + eus 紫色的；purpura 紫色（purpura 原为一种介壳虫名，其体液为紫色，可作颜料）；-eus/ -eum/ -ea（接拉丁语词干时）属于……的，色如……的，质如……的（表示原料、颜色或品质的相似），（接希腊语词干时）属于……的，以……出名，为……所占有（表示具有某种特性）；caulis ← caulos 茎，茎秆，主茎

Scutellaria pekinensis var. transitra 京黄芩-短促变种：transitra（可能是 transita 的误拼）；transitus 过渡，跨越，推移，通过，渐变（颜色等）

Scutellaria pekinensis var. ussuriensis 京黄芩-黑龙江变种：ussuriensis 乌苏里江的（地名，中国黑龙江省与俄罗斯界河）

Scutellaria pingbienensis 屏边黄芩：pingbienensis 屏边的（地名，云南省）

Scutellaria playfairi 伏黄芩：playfairi（人名，词尾改为"-ii"似更妥）；-ii 表示人名，接在以辅音字母结尾的人名后面，但 -er 除外；-i 表示人名，接在以元音字母结尾的人名后面，但 -a 除外

Scutellaria playfairi var. playfairi 伏黄芩-原变种（词义见上面解释）

Scutellaria playfairi var. procumbens 伏黄芩-少毛变种：procumbens 俯卧的，匍匐的，倒伏的；procumb- 俯卧，匍匐，倒伏；-ans/ -ens/ -bilis/ -ilis 能够，可能（为形容词词尾，-ans/ -ens 用于主动语态，-bilis/ -ilis 用于被动语态）

Scutellaria prostrata 平卧黄芩：prostratus/ pronus/ procumbens 平卧的，匍匐的

Scutellaria przewalskii 深裂叶黄芩：przewalskii ← Nicolai Przewalski（人名，19 世纪俄国探险家、博物学家）

Scutellaria pseudotenax 假韧黄芩：pseudotenax 像 tenax 的；pseudo-/ pseud- ← pseudos 假的，伪的，接近，相似（但不是）；Scutellaria tenax 韧黄芩；tenax 顽强的，坚强的，强力的，黏性强的，抓住的

Scutellaria pseudotenax f. brevipelta 假韧黄芩-短盾变型：brevi- ← brevis 短的（用于希腊语复合词词首）；peltus ← pelte 盾片，小盾片，盾形的

Scutellaria pseudotenax f. pseudotenax 假韧黄芩-原变型 （词义见上面解释）

Scutellaria purpureocardia 紫心黄芩：purpureus = purpura + eus 紫色的；-eus/ -eum/ -ea（接拉丁语词干时）属于……的，色如……的，质如……的（表示原料、颜色或品质的相似），（接希腊语词干时）属于……的，以……出名，为……所占有（表示具有某种特性）；cardius 心脏，心形

Scutellaria quadrilobulata 四裂花黄芩：quadri-/ quadr- 四，四数（希腊语为 tetra-/ tetr-）；lobulatus = lobus + ulus + atus 小裂片的，浅裂的，凸轮状的

Scutellaria quadrilobulata var. pilosa 四裂花黄芩-硬毛变种：pilosus = pilus + osus 多毛的，被柔毛的，具疏柔毛的，被短弱细毛的；pilus 毛，疏柔毛；-osus/ -osum/ -osa 多的，充分的，丰富的，显

著发育的，程度高的，特征明显的（形容词词尾）

Scutellaria quadrilobulata var. quadrilobulata 四裂花黄芩-原变种 （词义见上面解释）

Scutellaria regeliana 狭叶黄芩：regeliana ← Eduard August von Regel（人名，19 世纪德国植物学家）

Scutellaria regeliana var. ikonnikovii 狭叶黄芩-塔头变种：ikonnikovii（人名）；-ii 表示人名，接在以辅音字母结尾的人名后面，但 -er 除外

Scutellaria regeliana var. regeliana 狭叶黄芩-原变种 （词义见上面解释）

Scutellaria rehderiana 甘肃黄芩：rehderiana ← Alfred Rehder（人名，1863–1949，德国植物分类学家、树木学家，在美国 Arnold 植物园工作）

Scutellaria reticulata 显脉黄芩：reticulatus = reti + culus + atus 网状的；reti-/ rete- 网（同义词：dictyo-）；-culus/ -culum/ -cula 小的，略微的，稍微的（同第三变格法和第四变格法名词形成复合词）；-atus/ -atum/ -ata 属于，相似，具有，完成（形容词词尾）

Scutellaria scandens 棱茎黄芩：scandens 攀缘的，缠绕的，藤本的；scando/ scansum 上升，攀登，缠绕

Scutellaria sciaphila 喜荫黄芩（荫 yīn）：scio 阴影，树荫；philus/ philein ← philos → phil-/ phili/ philo- 喜好的，爱好的，喜欢的；Sciaphila 喜荫草属（霉草科）

Scutellaria scordifolia 并头黄芩：scordifolius 蒜叶的；scordius ← scordon 蒜；folius/ folium/ folia 叶，叶片（用于复合词）

Scutellaria scordifolia var. ammophila 并头黄芩-喜沙变种：ammos 沙子的，沙地的（指生境）；philus/ philein ← philos → phil-/ phili/ philo- 喜好的，爱好的，喜欢的（注意区别形近词：phylus、phyllus）；phylus/ phylum/ phyla ← phylon/ phyle 植物分类单位中的"门"，位于"界"和"纲"之间，类群，种族，部落，聚群；phyllus/ phyllum/ phylla ← phyllon 叶片（用于希腊语复合词）

Scutellaria scordifolia var. puberula 并头黄芩-微柔毛变种：puberulus = puberus + ulus 略被柔毛的，被微柔毛的；puberus 多毛的，毛茸茸的；-ulus/ -ulum/ -ula 小的，略微的，稍微的（小词 -ulus 在字母 e 或 i 之后有多种变缀，即 -olus/ -olum/ -ola、-ellus/ -ellum/ -ella、-illus/ -illum/ -illa，与第一变格法和第二变格法名词形成复合词）

Scutellaria scordifolia var. scordifolia 并头黄芩-原变种 （词义见上面解释）

Scutellaria scordifolia var. villosissima 并头黄芩-多毛变种：villosissimus 柔毛很多的；villosus 柔毛的，绵毛的；villus 毛，羊毛，长绒毛；-osus/ -osum/ -osa 多的，充分的，丰富的，显著发育的，程度高的，特征明显的（形容词词尾）；-issimus/ -issima/ -issimum 最，非常，极其（形容词最高级）

Scutellaria scordifolia var. wulingshanensis 并头黄芩-雾灵山变种：wulingshanensis 雾灵山的（地名，河北省）

Scutellaria sessilifolia 石蜈蚣草：sessile-/ sessili-/ sessil- ← sessilis 无柄的，无茎的，基生的，基部的；

S

folius/ folium/ folia 叶，叶片（用于复合词）

Scutellaria sessilifolia f. ramiflora 枝花石蜈蚣草：ramiflorus 枝上生花的；ramus 分枝，枝条；florus/ florum/ flora ← flos 花（用于复合词）

Scutellaria sessilifolia f. sessilifolia 石蜈蚣草-原变型 （词义见上面解释）

Scutellaria sessilifolia f. terminalis 顶序石蜈蚣草：terminalis 顶端的，顶生的，末端的；terminus 终结，限界；terminate 使终结，设限界

Scutellaria shansiensis 山西黄芩：shansiensis 山西的（地名）

Scutellaria shweliensis 瑞丽黄芩：shweliensis 瑞丽的（地名，云南省）

Scutellaria sichourensis 西畴黄芩：sichourensis 西畴的（地名，云南省）

Scutellaria soongorica 准噶尔黄芩（噶 gá）：soongorica 准噶尔的（地名，新疆维吾尔自治区）；-icus/ -icum/ -ica 属于，具有某种特性（常用于地名、起源、生境）

Scutellaria soongorica var. grandiflora 准噶尔黄芩-大花变种：grandi- ← grandis 大的；florus/ florum/ flora ← flos 花（用于复合词）

Scutellaria soongorica var. soongorica 准噶尔黄芩-原变种 （词义见上面解释）

Scutellaria spectabilis 白花黄芩：spectabilis 壮观的，美丽的，漂亮的，显著的，值得看的；spectus 观看，观察，观测，表情，外观，外表，样子；-ans/ -ens/ -bilis/ -ilis 能够，可能（为形容词词尾，-ans/ -ens 用于主动语态，-bilis/ -ilis 用于被动语态）

Scutellaria stenosiphon 狭管黄芩：sten-/ steno- ← stenus 窄的，狭的，薄的；siphonus ← sipho → siphon-/ siphono-/ -siphonius 管，筒，管状物

Scutellaria strigillosa 沙滩黄芩：strigillosus = striga + illus + osus 鬃毛的，刷毛的；striga 条纹的，网纹的（如种子具网纹），糙伏毛的；-osus/ -osum/ -osa 多的，充分的，丰富的，显著发育的，程度高的，特征明显的（形容词词尾）；-ellus/ -ellum/ -ella ← -ulus 小的，略微的，稍微的（小词 -ulus 在字母 e 或 i 之后有多种变缀，即 -olus/ -olum/ -ola、-ellus/ -ellum/ -ella、-illus/ -illum/ -illa，用于第一变格法名词）

Scutellaria subintegra 两广黄芩：subintegra 近全缘的；sub-（表示程度较弱）与……类似，几乎，稍微，弱，亚，之下，下面；integer/ integra/ integrum → integri- 完整的，整个的，全缘的

Scutellaria supina 仰卧黄芩：supinus 仰卧的，平卧的，平展的，匍匐的

Scutellaria taiwanensis 台湾黄芩：taiwanensis 台湾的（地名）

Scutellaria tapintzeensis 大坪子黄芩：tapintzeensis 大坪子的（地名，云南省宾川县）

Scutellaria tayloriana 偏花黄芩：tayloriana ← Edward Taylor（人名，1848–1928）

Scutellaria tenax 韧黄芩：tenax 顽强的，坚强的，强力的，黏性强的，抓住的

Scutellaria tenax var. patentipilosa 韧黄芩-展毛变种：patentipilus 展毛的；patens 开展的（呈90°），伸展的，传播的，飞散的；pilus 毛，疏柔毛；

-osus/ -osum/ -osa 多的，充分的，丰富的，显著发育的，程度高的，特征明显的（形容词词尾）

Scutellaria tenax var. tenax 韧黄芩-原变种 （词义见上面解释）

Scutellaria tenera 柔弱黄芩：tenerus 柔软的，娇嫩的，精美的，雅致的，纤细的

Scutellaria teniana 大姚黄芩：teniana（人名）

Scutellaria tenuiflora 细花黄芩：tenui- ← tenuis 薄的，纤细的，弱的，瘦的，窄的；florus/ florum/ flora ← flos 花（用于复合词）

Scutellaria tibetica 藏黄芩：tibetica 西藏的（地名）；-icus/ -icum/ -ica 属于，具有某种特性（常用于地名、起源、生境）

Scutellaria tienchuanensis 天全黄芩：tienchuanensis 天全山的（地名，四川省）

Scutellaria tschimganica 琴干黄芩：tschimganica 琴干的（地名，俄罗斯）；-icus/ -icum/ -ica 属于，具有某种特性（常用于地名、起源、生境）

Scutellaria tsinyunensis 缙云黄芩（缙 jìn）：tsinyunensis 缙云山的（地名，重庆市）

Scutellaria tuberifera 假活血草（血 xuè）：tuber/ tuber-/ tuberi- 块茎的，结节状凸起的，瘤状的；-ferus/ -ferum/ -fera/ -fero/ -fere/ -fer 有，具有，产（区别：作独立词使用的 ferus 意思是"野生的"）

Scutellaria tuminensis 图们黄芩：tuminensis 图们江的（地名，吉林省）

Scutellaria urticifolia 荨麻叶黄芩（荨 qián）：Urtica 荨麻属（荨麻科）；folius/ folium/ folia 叶，叶片（用于复合词）

Scutellaria viscidula 黏毛黄芩：viscidula = viscidus + ulus 略黏的，稍黏的；viscidus 黏的；-ulus/ -ulum/ -ula 小的，略微的，稍微的（小词 -ulus 在字母 e 或 i 之后有多种变缀，即 -olus/ -olum/ -ola、-ellus/ -ellum/ -ella、-illus/ -illum/ -illa，与第一变格法和第二变格法名词形成复合词）

Scutellaria weishanensis 巍山黄芩：weishanensis 巍山的（地名，云南省）

Scutellaria wenshanensis 文山黄芩：wenshanensis 文山的（地名，云南省）

Scutellaria wongkei 南粤黄芩：wongkei（人名）；-i 表示人名，接在以元音字母结尾的人名后面，但 -a 除外

Scutellaria yingtakensis 英德黄芩：yingtakensis 英德的（地名，广东省）

Scutellaria yunnanensis 红茎黄芩：yunnanensis 云南的（地名）

Scutellaria yunnanensis var. cuneata 红茎黄芩-楔叶变种：cuneatus = cuneus + atus 具楔子的，属楔形的；cuneus 楔子的；-atus/ -atum/ -ata 属于，相似，具有，完成（形容词词尾）

Scutellaria yunnanensis var. salicifolia 红茎黄芩-柳叶变种：salici ← Salix 柳属；构词规则：以 -ix/ -iex 结尾的词其词干末尾视为 -ic，以 -ex 结尾视为 -i/ -ic，其他以 -x 结尾视为 -c；folius/ folium/ folia 叶，叶片（用于复合词）

Scutellaria yunnanensis var. yunnanensis 红茎黄芩-原变种 （词义见上面解释）

S

Scutia 对刺藤属（鼠李科）（48-1：p19）：scutia = scutum + ius 盾片状的；scutum 盾片，长盾；-ius/ -ium/ -ia 具有……特性的（表示有关、关联、相似）

Scutia eberhardtii 对刺藤：eberhardtii（人名）；-ii 表示人名，接在以辅音字母结尾的人名后面，但 -er 除外

Scyphellandra 鳞隔堇属（堇菜科）（51：p5）：scyphell ← skyphos 杯子的，杯子状的；andrus/ andros/ antherus ← aner 雄蕊，花药，雄性；-ellus/ -ellum/ -ella ← -ulus 小的，略微的，稍微的（小词 -ulus 在字母 e 或 i 之后有多种变缀，即 -olus/ -olum/ -ola、-ellus/ -ellum/ -ella、-illus/ -illum/ -illa，用于第一变格法名词）

Scyphellandra pierrei 鳞隔堇：pierrei（人名）；-i 表示人名，接在以元音字母结尾的人名后面，但 -a 除外

Scyphiphora 瓶花木属（茜草科）（71-1：p368）：scyphi- ← skyphos 杯子的，杯子状的；-phorus/ -phorum/ -phora 载体，承载物，支持物，带着，生着，附着（表示一个部分带着别的部分，包括起支撑或承载作用的柄、柱、托、囊等，如 gynophorum = gynus + phorum 雌蕊柄的，带有雌蕊的，承载雌蕊的）；gynus/ gynum/ gyna 雌蕊，子房，心皮

Scyphiphora hydrophyllacea 瓶花木：hydrophyllacea 像水叶草的；Hydrophyllum 水叶草属（田基麻科）；-aceus/ -aceum/ -acea 相似的，有……性质的，属于……的

Sebaea 小黄管属（龙胆科）（62：p8）：sebaea ← Albertus Seba（人名，1665–1736，荷兰药剂师、植物学家）（以元音字母 a 结尾的人名用作属名时在末尾加 ea）

Sebaea microphylla 小黄管：micr-/ micro- ← micros 小的，微小的，微观的（用于希腊语复合词）；phyllus/ phyllum/ phylla ← phyllon 叶片（用于希腊语复合词）

Sebastiania 地杨桃属（大戟科）（44-3：p4）：sebastiania ← Antonia Sebastiani（人名，18 世纪意大利植物学家，《罗马植物志》著者）

Sebastiania chamaelea 地杨桃：chamaeleus/ chamaeleon 矮的，地面生的，避役（一种爬行动物）；chamae- ← chamai 矮小的，匍匐的，地面的

Secale 黑麦属（禾本科）（9-3：p37）：secale 黑麦，裸麦（古拉丁名）

Secale cereale 黑麦：cereale ← Ceres 克瑞斯（希腊神话中的谷神）

Secale sylvestre 野黑麦：sylvester/ sylvestre/ sylvestris 森林的，野地的；-estris/ -estre/ ester/ -esteris 生于……地方，喜好……地方

Secamone 鲫鱼藤属（鲫 jì）（萝藦科）（63：p295）：secamone（阿拉伯语）

Secamone bonii 斑皮鲫鱼藤：bonii（人名）；-ii 表示人名，接在以辅音字母结尾的人名后面，但 -er 除外

Secamone ferruginea 锈毛鲫鱼藤：ferrugineus 铁锈的，淡棕色的；ferrugo = ferrus + ugo 铁锈（ferrugo 的词干为 ferrugin-）；词尾为 -go 的词其词干末尾视为 -gin；ferreus → ferr- 铁，铁的，铁色的，坚硬如铁的；-eus/ -eum/ -ea（接拉丁语词干时）属于……的，色如……的，质如……的（表示原料、颜色或品质的相似），（接希腊语词干时）属于……的，以……出名，为……所占有（表示具有某种特性）

Secamone lanceolata 鲫鱼藤：lanceolatus = lanceus + olus + atus 小披针形的，小柳叶刀的；lance-/ lancei/ lanci/ lanceo-/ lanc- ← lanceus 披针形的，矛形的，尖刀状的，柳叶刀状的；-olus ← -ulus 小，稍微，略微（-ulus 在字母 e 或 i 之后变成 -olus/ -ellus/ -illus）；-atus/ -atum/ -ata 属于，相似，具有，完成（形容词词尾）

Secamone likiangensis 丽江鲫鱼藤：likiangensis 丽江的（地名，云南省）

Secamone sinica 吊山桃：sinica 中国的（地名）；-icus/ -icum/ -ica 属于，具有某种特性（常用于地名、起源、生境）

Secamone szechuanensis 催吐鲫鱼藤（吐鲫 tǔ jì）：szechuan 四川（地名）

Sechium 佛手瓜属（葫芦科）（73-1：p277）：sechium ← sikyon 胡瓜（希腊语）（另一解释为来自 sekos 圈养催肥，因佛手瓜可作动物饲料）

Sechium edule 佛手瓜：edule/ edulis 食用的，可食的

Securidaca 蝉翼藤属（远志科）（43-3：p139）：securidacus 斧头的，斧头状的；securis 斧头，战斧；构词规则：词尾为 -is 和 -ys 的词的词干分别视为 -id 和 -yd；-acus 属于……，关于，以……著称（接在词干末尾字母为"i"的名词后）

Securidaca inappendiculata 蝉翼藤：inappendiculatus 无附属物的；appendix = ad + pendix 附属物；ad- 向，到，近（拉丁语词首，表示程度加强）；构词规则：构成复合词时，词首末尾的辅音字母常同化为紧接其后的那个辅音字母（如 ad + p → app）；pendix ← pendens 垂悬的，挂着的，悬挂的；in-/ im-（来自 il- 的音变）内，在内，内部，向内，相反，不，无，非；il- 在内，向内，为，相反（希腊语为 en-）；词首 il- 的音变：il-（在 l 前面），im-（在 b、m、p 前面），in-（在元音字母和大多数辅音字母前面），ir-（在 r 前面），如 illaudatus（不值得称赞的，评价不好的），impermeabilis（不透水的，穿不透的），ineptus（不合适的），insertus（插入的），irretortus（无弯曲的，无扭曲的）；appendiculatus = appendix + ulus + atus 有小附属物的；-ulus/ -ulum/ -ula 小的，略微的，稍微的（小词 -ulus 在字母 e 或 i 之后有多种变缀，即 -olus/ -olum/ -ola、-ellus/ -ellum/ -ella、-illus/ -illum/ -illa，与第一变格法和第二变格法名词形成复合词）；-atus/ -atum/ -ata 属于，相似，具有，完成（形容词词尾）

Securidaca yaoshanensis 瑶山蝉翼藤：yaoshanensis 瑶山的（地名，广西壮族自治区）

Sedirea 萼脊兰属（兰科）（19：p382）：sedirea（为 Aerides 的改缀词）；Aerides 指甲兰属（兰科）；aerides 空气（指附生植物生境）

Sedirea japonica 萼脊兰：japonica 日本的（地名）；-icus/ -icum/ -ica 属于，具有某种特性（常用于地名、起源、生境）

Sedirea subparishii 短茎萼脊兰：subparishii 像 parishii 的；Cleisostoma parishii 短茎隔距兰；sub-（表示程度较弱）与……类似，几乎，稍微，弱，亚，

S

之下，下面；parishii ← Parish（人名，发现很多兰科植物）

Sedum 景天属（景天科）（34-1：p72）：sedere 坐（指莲座状）

Sedum actinocarpum 星果佛甲草：actinus ← aktinos ← actis 辐射状的，射线的，星状的，光线，光照（表示辐射状排列）；carpus/ carpum/ carpa/ carpon ← carpos 果实（用于希腊语复合词）

Sedum aizoon 费菜：aizoon 常绿的

Sedum aizoon var. **aizoon** 费菜-原变种 （词义见上面解释）

Sedum aizoon var. **aizoon** f. **aizoon** 费菜-原变型（词义见上面解释）

Sedum aizoon var. **aizoon** f. **angustifolium** 狭叶费菜：angusti- ← angustus 窄的，狭的，细的；folius/ folium/ folia 叶，叶片（用于复合词）

Sedum aizoon var. **latifolius** 宽叶费菜：lati-/ late- ← latus 宽的，宽广的；folius/ folium/ folia 叶，叶片（用于复合词）

Sedum aizoon var. **scabrus** 乳毛费菜：scabrus ← scaber 粗糙的，有凹凸的，不平滑的

Sedum alfredii 东南景天：alfredii ← Alfred Rehder（人名，1863–1949，德国植物分类学家、树木学家，在美国 Arnold 植物园工作）；-ii 表示人名，接在以辅音字母结尾的人名后面，但 -er 除外

Sedum almae 亚马景天：almae ← almus 营养丰富的

Sedum amplibracteatum 大苞景天：ampli- ← amplus 大的，宽的，膨大的，扩大的；bracteatus = bracteus + atus 具苞片的；bracteus 苞，苞片，苞鳞

Sedum amplibracteatum var. **amplibracteatum** 大苞景天-原变种 （词义见上面解释）

Sedum amplibracteatum var. **emarginatum** 凹叶大苞景天：emarginatus 先端稍裂的，凹头的；marginatus ← margo 边缘的，具边缘的；margo/ marginis → margin- 边缘，边线，边界；词尾为 -go 的词其词干末尾视为 -gin；e-/ ex- 不，无，非，缺乏，不具有（e- 用在辅音字母前，ex- 用在元音字母前，为拉丁语词首，对应的希腊语词首为 a-/ an-，英语为 un-/ -less，注意作词首用的 e-/ ex- 和介词 e/ ex 意思不同，后者意为"出自、从……、由……离开、由于、依照"）

Sedum baileyi 对叶景天：baileyi（人名）；-i 表示人名，接在以元音字母结尾的人名后面，但 -a 除外

Sedum balfourii 岷江景天（岷 mín）：balfourii ← Isaac Bayley Balfour（人名，19 世纪英国植物学家）

Sedum barbeyi 离瓣景天：barbeyi ← William Barbey（人名，20 世纪瑞士植物学家）；-i 表示人名，接在以元音字母结尾的人名后面，但 -a 除外

Sedum beauverdii 短尖景天：beauverdii ← Gustave Beauverd（人名，20 世纪瑞士植物学家）

Sedum bergeri 长丝景天：bergeri ← Alwin Berger（人名，南非植物学家）；-eri 表示人名，在以 -er 结尾的人名后面加上 i 形成

Sedum blepharophyllum 繸叶景天（繸 suì）：blepharo/ blephari-/ blepharid- 睫毛，缘毛，流苏；phyllus/ phyllum/ phylla ← phyllon 叶片（用于希腊语复合词）

Sedum bonnieri 城口景天：bonnieri（人名）；-eri 表示人名，在以 -er 结尾的人名后面加上 i 形成

Sedum bulbiferum 珠芽景天：bulbi- ← bulbus 球，球形，球茎，鳞茎；-ferus/ -ferum/ -fera/ -fero/ -fere/ -fer 有，具有，产（区别：作独立词使用的 ferus 意思是"野生的"）

Sedum celatum 隐匿景天：celatus 匿藏的

Sedum celiae 镰座景天：celiae（人名）

Sedum chauveaudii 轮叶景天：chauveaudii（人名）；-ii 表示人名，接在以辅音字母结尾的人名后面，但 -er 除外

Sedum chauveaudii var. **chauveaudii** 轮叶景天-原变种 （词义见上面解释）

Sedum chauveaudii var. **margaritae** 互生叶景天：margaritae 珍珠的（margaritus 的所有格）；margaritus 珍珠的，珍珠状的

Sedum chingtungense 景东景天：chingtungense 景东的（地名，云南省）

Sedum concarpum 合果景天：concarpus = co + carpus 合果的，果实联合的；carpus/ carpum/ carpa/ carpon ← carpos 果实（用于希腊语复合词）；co- 联合，共同，合起来（拉丁语词首，为 cum- 的音变，表示结合、强化、完全，对应的希腊语为 syn-）；co- 的缀词音变有 co-/ com-/ con-/ col-/ cor-：co-（在 h 和元音字母前面），col-（在 l 前面），com-（在 b、m、p 之前），con-（在 c、d、f、g、j、n、qu、s、t 和 v 前面），cor-（在 r 前面）

Sedum correptum 单花景天：correptum = cor + reptus 联合爬行的；reptus 爬行的，步履艰难的（指直立茎基部横走）；co- 联合，共同，合起来（拉丁语词首，为 cum- 的音变，表示结合、强化、完全，对应的希腊语为 syn-）；co- 的缀词音变有 co-/ com-/ con-/ col-/ cor-：co-（在 h 和元音字母前面），col-（在 l 前面），com-（在 b、m、p 之前），con-（在 c、d、f、g、j、n、qu、s、t 和 v 前面），cor-（在 r 前面）

Sedum costantinii 三裂距景天：costantinii（人名）；-ii 表示人名，接在以辅音字母结尾的人名后面，但 -er 除外

Sedum daigremontianum 啮瓣景天（啮 niè）：daigremontianum ← Daigremont（人名）

Sedum daigremontianum var. **daigremontianum** 啮瓣景天-原变种 （词义见上面解释）

Sedum daigremontianum var. **macrosepalum** 大萼啮瓣景天：macro-/ macr- ← macros 大的，宏观的（用于希腊语复合词）；sepalus/ sepalum/ sepala 萼片（用于复合词）

Sedum definitum 的确景天（的 dí）：definitus 有限界的，有界线的；de- 向下，向外，从……，脱离，脱落，离开，去掉；finitus 局限的，有限的，区域性的

Sedum didymocalyx 双萼景天：didymocalyx 双萼的；didymus 成对的，孪生的，两个联合的，二裂的；calyx → calyc- 萼片（用于希腊语复合词）

Sedum dielsii 乳瓣景天：dielsii ← Friedrich Ludwig Emil Diels（人名，20 世纪德国植物学家）

Sedum dolosum 惑景天：dolosus 伪的，假的

Sedum drymarioides 大叶火焰草：Drymaria 荷莲

豆草属（石竹科）；-oides/ -oideus/ -oideum/ -oidea/ -odes/ -eidos 像……的，类似……的，呈……状的（名词词尾）

Sedum dugueyi 薜茎景天：dugueyi（人名）

Sedum elatinoides 细叶景天：Elatine 沟繁缕属（石竹科）；-oides/ -oideus/ -oideum/ -oidea/ -odes/ -eidos 像……的，类似……的，呈……状的（名词词尾）

Sedum emarginatum 凹叶景天：emarginatus 先端稍裂的，凹头的；marginatus ← margo 边缘的，具边缘的；margo/ marginis → margin- 边缘，边线，边界；词尾为 -go 的词其词干末尾视为 -gin；e-/ ex- 不，无，非，缺乏，不具有（e- 用在辅音字母前，ex- 用在元音字母前，为拉丁语词首，对应的希腊语词首为 a-/ an-，英语为 un-/ -less，注意作词首用的 e-/ ex- 和介词 e/ ex 意思不同，后者意为"出自、从……、由……离开、由于、依照"）

Sedum engleri 粗壮景天：engleri ← Adolf Engler 阿道夫·恩格勒（人名，1844–1931，德国植物学家，创立了以假花学说为基础的植物分类系统，于 1897 年发表）；-eri 表示人名，在以 -er 结尾的人名后面加上 i 形成

Sedum engleri var. dentatum 远齿粗壮景天：dentatus = dentus + atus 牙齿的，齿状的，具齿的；dentus 齿，牙齿；-atus/ -atum/ -ata 属于，相似，具有，完成（形容词词尾）

Sedum engleri var. engleri 粗壮景天-原变种 （词义见上面解释）

Sedum erici-magnusii 大炮山景天：Erica 欧石南属（杜鹃花科）；magnusii ← magnus 大的

Sedum erici-magnusii var. erici-magnusii 大炮山景天-原变种 （词义见上面解释）

Sedum erici-magnusii var. subalpinum 亚高山景天：subalpinus 亚高山的；sub-（表示程度较弱）与……类似，几乎，稍微，弱，亚，之下，下面；alpinus = alpus + inus 高山的；alpus 高山；al-/ alti-/ alto- ← altus 高的，高处的；-inus/ -inum/ -ina/ -inos 相近，接近，相似，具有（通常指颜色）

Sedum erythrospermum 红子佛甲草：erythr-/ erythro- ← erythros 红色的（希腊语）；spermus/ spermum/ sperma 种子的（用于希腊语复合词）

Sedum feddei 折多景天：feddei（人名）；-i 表示人名，接在以元音字母结尾的人名后面，但 -a 除外

Sedum fedtschenkoi 尖叶景天：fedtschenkoi ← Boris Fedtschenko（人名，20 世纪俄国植物学家）

Sedum filipes 小山飘风：filipes 线状柄的，线状茎的；fili-/ fil- ← filum 线状的，丝状的；pes/ pedis 柄，梗，茎秆，腿，足，爪（作词首或词尾，pes 的词干视为"ped-"）

Sedum fischeri 小景天：fischeri ← Friedrich Ernst Ludwig Fischer（人名，19 世纪生于德国的俄国植物学家）；-eri 表示人名，在以 -er 结尾的人名后面加上 i 形成

Sedum floriferum 多花景天：floriferum 有花的；florus/ florum/ flora ← flos 花（用于复合词）；-ferus/ -ferum/ -fera/ -fero/ -fere/ -fer 有，具有，产（区别：作独立词使用的 ferus 意思是"野生的"）

Sedum forrestii 川滇景天：forrestii ← George

Forrest（人名，1873–1932，英国植物学家，曾在中国西部采集大量植物标本）

Sedum franchetii 细叶山景天：franchetii ← A. R. Franchet（人名，19 世纪法国植物学家）

Sedum fui 宽叶景天：fui（人名）

Sedum fui var. fui 宽叶景天-原变种 （词义见上面解释）

Sedum fui var. longisepalum 长萼宽叶景天：longe-/ longi- ← longus 长的，纵向的；sepalus/ sepalum/ sepala 萼片（用于复合词）

Sedum gagei 锡金景天：gagei（人名）；-i 表示人名，接在以元音字母结尾的人名后面，但 -a 除外

Sedum giajae 柔毛景天：giajae（人名）

Sedum glaebosum 道孚景天：glaebosum（为"globosum"的误拼）；globosus = globus + osus 球形的；globus → glob-/ globi- 球体，圆球，地球，-osus/ -osum/ -osa 多的，充分的，丰富的，显著发育的，程度高的，特征明显的（形容词词尾）；关联词：globularis/ globulifer/ globulosus（小球状的、具小球的），globuliformis（纽扣状的）

Sedum gorisii 格林景天：gorisii（人名）；-ii 表示人名，接在以辅音字母结尾的人名后面，但 -er 除外

Sedum grammophyllum 禾叶景天：grammus 条纹的，花纹的，线条的（希腊语）；phyllus/ phyllum/ phylla ← phyllon 叶片（用于希腊语复合词）

Sedum heckelii 巴塘景天：heckelii（人名）；-ii 表示人名，接在以辅音字母结尾的人名后面，但 -er 除外

Sedum henrici-robertii 山岭景天：henrici-robertii（人名）；-ii 表示人名，接在以辅音字母结尾的人名后面，但 -er 除外

Sedum hsinganicum 兴安景天：hsinganicum 兴安的（地名，大兴安岭或小兴安岭）；-icus/ -icum/ -ica 属于，具有某种特性（常用于地名、起源、生境）

Sedum hybridum 杂交景天：hybridus 杂种的

Sedum japonicum 日本景天：japonicum 日本的（地名）；-icus/ -icum/ -ica 属于，具有某种特性（常用于地名、起源、生境）

Sedum kamtschaticum 堪察加景天：kamtschaticum/ kamschaticum ← Kamchatka 勘察加的（地名）；-aticus/ -aticum/ -atica 属于，表示生长的地方，作名词词尾

Sedum leblancae 钝萼景天：leblancae（人名）

Sedum leptophyllum 薄叶景天：leptus ← leptos 细的，薄的，瘦小的，狭长的；phyllus/ phyllum/ phylla ← phyllon 叶片（用于希腊语复合词）

Sedum leucocarpum 白果景天：leuc-/ leuco- ← leucus 白色的（如果和其他表示颜色的词混用则表示淡色）；carpus/ carpum/ carpa/ carpon ← carpos 果实（用于希腊语复合词）

Sedum lineare 佛甲草：lineare 线状的，亚麻状的；lineus = linum + eus 线状的，丝状的，亚麻状的；linum ← linon 亚麻，线（古拉丁名）

Sedum longifuniculatum 长珠柄景天：longe-/ longi- ← longus 长的，纵向的；funiculatus 具珠柄的，纤维状果柄的，绳索的

Sedum luchuanicum 禄劝景天：luchuanicum 禄劝的（地名，云南省）；-icus/ -icum/ -ica 属于，具有某种特性（常用于地名、起源、生境）

S

Sedum lungtsuanense 龙泉景天：lungtsuanense 龙泉的（地名，浙江省）

Sedum lutzii 康定景天：lutzii（人名）；-ii 表示人名，接在以辅音字母结尾的人名后面，但 -er 除外

Sedum lutzii var. lutzii 康定景天-原变种 （词义见上面解释）

Sedum lutzii var. viridiflavum 黄绿景天：viridiflavus 黄绿色的；viridis 绿色的，鲜嫩的（相当于希腊语的 chloro-）；flavus → flavo-/ flavi-/ flav- 黄色的，鲜黄色的，金黄色的（指纯正的黄色）

Sedum magniflorum 大花景天：magn-/ magni- 大的；florus/ florum/ flora ← flos 花（用于复合词）

Sedum major 山飘风：major 较大的，更大的（majus 的比较级）；majus 大的，巨大的

Sedum makinoi 圆叶景天：makinoi ← Tomitaro Makino 牧野富太郎（人名，20 世纪日本植物学家）；-i 表示人名，接在以元音字母结尾的人名后面，但 -a 除外

Sedum microsepalum 小萼佛甲草：micr-/ micro- ← micros 小的，微小的，微观的（用于希腊语复合词）；sepalus/ sepalum/ sepala 萼片（用于复合词）

Sedum middendorffianum 吉林景天：middendorffianum ← Alexander Theodor von Middendorff（人名，19 世纪西伯利亚地区的动物学家）

Sedum morotii 倒卵叶景天：morotii（人名）；-ii 表示人名，接在以辅音字母结尾的人名后面，但 -er 除外

Sedum morotii var. morotii 倒卵叶景天-原变种（词义见上面解释）

Sedum morotii var. pinoyi 小倒卵叶景天：pinoyi（人名）

Sedum morrisonense 玉山佛甲草：morrisonense 磨里山的（地名，今台湾新高山）

Sedum multicaule 多茎景天：multi- ← multus 多个，多数，很多（希腊语为 poly-）；caulus/ caulon/ caule ← caulos 茎，茎秆，主茎

Sedum nokoense 能高佛甲草：nokoense 能高山的（地名，位于台湾省，"noko" 为 "能高" 的日语读音）

Sedum nothodugueyi 距萼景天：nothodugueyi 像 dugueyi 的；noth-/ notho- 伪的，假的；Sedum dugueyi 藓茎景天

Sedum obtrullatum 铲瓣景天：obtrullatus 倒钩形的

Sedum obtusipetalum 钝瓣景天：obtusus 钝的，钝形的，略带圆形的；petalus/ petalum/ petala ← petalon 花瓣

Sedum odontophyllum 齿叶景天：odontus/ odontos → odon-/ odont-/ odonto-（可作词首或词尾）齿，牙齿状的；odous 齿，牙齿（单数，其所有格为 odontos）；phyllus/ phyllum/ phylla ← phyllon 叶片（用于希腊语复合词）

Sedum oligocarpum 少果景天：oligo-/ olig- 少数的（希腊语，拉丁语为 pauci-）；carpus/ carpum/ carpa/ carpon ← carpos 果实（用于希腊语复合词）

Sedum onychopetalum 爪瓣景天：onychopetalum 爪状花瓣的；onych-/ onycho- ← onychis/ onyx 爪；petalus/ petalum/ petala ← petalon 花瓣

Sedum oreades 山景天：oreades（女山神）；oreos 山，山地，高山

Sedum pagetodes 寒地景天：pagetodes（词源不详）

Sedum pampaninii 秦岭景天：pampaninii（人名）；-ii 表示人名，接在以辅音字母结尾的人名后面，但 -er 除外

Sedum paoshingense 宝兴景天：paoshingense 宝兴的（地名，四川省）

Sedum paracelatum 敏感景天：paracelatum 近似隐藏的，近似 celatum 的；para- 类似，接近，近旁，假的；Sedum celatum 隐匿景天；celatus 匿藏的

Sedum pekinense 北京景天：pekinense 北京的（地名）

Sedum perrotii 甘肃景天：perrotii（人名）；-ii 表示人名，接在以辅音字母结尾的人名后面，但 -er 除外

Sedum phyllanthum 叶花景天：phyllanthus 叶下生花的；phyllus/ phyllum/ phylla ← phyllon 叶片（用于希腊语复合词）；anthus/ anthum/ antha/ anthe ← anthos 花（用于希腊语复合词）

Sedum planifolium 平叶景天：plani-/ plan- ← planus 平的，扁平的；folius/ folium/ folia 叶，叶片（用于复合词）

Sedum platysepalum 宽萼景天：platys 大的，宽的（用于希腊语复合词）；sepalus/ sepalum/ sepala 萼片（用于复合词）

Sedum polytrichoides 藓状景天：polytrichoides 近似多毛的；polytrichus 多毛的；poly- ← polys 多个，许多（希腊语，拉丁语为 multi-）；trichus 毛，毛发，线；-oides/ -oideus/ -oideum/ -oidea/ -odes/ -eidos 像……的，类似……的，呈……状的（名词词尾）

Sedum prasinopetalum 绿瓣景天：prasinus 草绿色的，鲜绿色的；petalus/ petalum/ petala ← petalon 花瓣

Sedum pratoalpinum 牧山景天：pratum 草原；alpinus = alpus + inus 高山的；alpus 高山；al-/ alti-/ alto- ← altus 高的，高处的；-inus/ -inum/ -ina/ -inos 相近，接近，相似，具有（通常指颜色）

Sedum przewalskii 高原景天：przewalskii ← Nicolai Przewalski（人名，19 世纪俄国探险家、博物学家）

Sedum purdomii 裂鳞景天：purdomii（人名）；-ii 表示人名，接在以辅音字母结尾的人名后面，但 -er 除外

Sedum quaternatum 四叶景天：quaternatus 四数的，四出的；quaterus 四，四数；-atus/ -atum/ -ata 属于，相似，具有，完成（形容词词尾）

Sedum ramentaceum 糠秕景天（秕 bǐ）：ramentaceus 鳞秕状的，芽鳞状的，木屑状的；ramentum 碎屑，碎片，木屑；-aceus/ -aceum/ -acea 相似的，有……性质的，属于……的

Sedum raymondii 膨果景天：raymondii（人名）；-ii 表示人名，接在以辅音字母结尾的人名后面，但 -er 除外

Sedum roborowskii 阔叶景天：roborowskii（人名）；-ii 表示人名，接在以辅音字母结尾的人名后面，但

S

-er 除外

Sedum rosei 川西景天：rosei ← Joseph Nelson Rose（人名，20 世纪美国植物学家）

Sedum rosei var. magniflorum 大花川西景天：magn-/ magni- 大的；florus/ florum/ flora ← flos 花（用于复合词）

Sedum rosei var. rosei 川西景天-原变种 （词义见上面解释）

Sedum rosthornianum 南川景天：rosthornianum ← Arthur Edler von Rosthorn（人名，19 世纪匈牙利驻北京大使）

Sedum sagittipetalum 箭瓣景天：sagittatus/ sagittalis 箭头状的；sagita/ sagitta 箭，箭头；-atus/ -atum/ -ata 属于，相似，具有，完成（形容词词尾）；petalus/ petalum/ petala ← petalon 花瓣

Sedum sarmentosum 垂盆草：sarmentosus 匍匐茎的；sarmentum 匍匐茎，鞭条；-osus/ -osum/ -osa 多的，充分的，丰富的，显著发育的，程度高的，特征明显的（形容词词尾）

Sedum sekiteiense 石碇佛甲草（碇 dìng）：sekiteiense 石碇的（地名，属台湾省，日语读音）

Sedum selskianum 灰毛景天：selskianum（人名）

Sedum selskianum var. grandiflorum 大花灰毛景天：grandi- ← grandis 大的；florus/ florum/ flora ← flos 花（用于复合词）

Sedum selskianum var. latifolium 宽叶灰毛景天：lati-/ late- ← latus 宽的，宽广的；folius/ folium/ folia 叶，叶片（用于复合词）

Sedum semilunatum 月座景天：semi- 半，准，略微；lunatus/ lunarius 弯月的，月牙形的；luna 月亮，弯月

Sedum sinoglaciale 冰川景天：sinoglaciale 中国冰川的；sino- 中国；glaciale ← glacialis 冰的，冰雪地带的，冰川的

Sedum somenii 邓川景天：somenii（人名）；-ii 表示人名，接在以辅音字母结尾的人名后面，但 -er 除外

Sedum stellariifolium 繁缕叶景天（原名"火焰草"，玄参科有重名）：stellariifolium 繁缕叶的；Stellaria 繁缕属（石竹科）；folius/ folium/ folia 叶，叶片（用于复合词）；缀词规则：以属名作复合词时原词尾变形后的 i 要保留

Sedum stevenianum 史梯景天：stevenianum ← Christian von Steven（人名，1781–1863，芬兰植物学家）

Sedum stimulosum 刺毛景天：stimulosum ← stimulus 刺激的

Sedum subgaleatum 盔瓣景天：subgaleatus 像 fuscipes 的，近盔形的；sub-（表示程度较弱）与……类似，几乎，稍微，弱，亚，之下，下面；Ctenitopsis fuscipes 黑鳞轴脉蕨；galeatus = galea + atus 盔形的，具盔的；galea 头盔，帽子，毛皮帽子

Sedum subtile 细小景天：subtlis/ subtile 细微的，雅趣的，朴素的

Sedum susannae 方腺景天：susannae ← Susanna（或 Suzanna）Muir（人名，19 世纪英国出生的美国博物学家、探险家）；-ae 表示人名，以 -a 结尾的人名后面加上 -e 形成

Sedum susanneae var. macrosepalum 大萼方腺景天：susanneae（人名）；-ae 表示人名，以 -a 结尾的人名后面加上 -e 形成；macro-/ macr- ← macros 大的，宏观的（用于希腊语复合词）；sepalus/ sepalum/ sepala 萼片（用于复合词）

Sedum susanneae var. susanneae 方腺景天-原变种 （词义见上面解释）

Sedum tetractinum 四芒景天：tetractinus 四射线的；tetra-/ tetr- 四，四数（希腊语，拉丁语为 quadri-/ quadr-）；actinus ← aktinos ← actis 辐射状的，射线的，星状的，光线，光照（表示辐射状排列）

Sedum triactina 三芒景天：triactinus 三射线的；tri-/ tripli-/ triplo- 三个，三数；actinus ← aktinos ← actis 辐射状的，射线的，星状的，光线，光照（表示辐射状排列）

Sedum triactina subsp. leptum 小三芒景天：leptus ← leptos 细的，薄的，瘦小的，狭长的；lept-/ lepto- 细的，薄的，瘦小的，狭长的

Sedum triactina subsp. triactina 三芒景天-原亚种 （词义见上面解释）

Sedum triangulosepalum 等萼佛甲草：triangulosepalus 三角萼片的；tri-/ tripli-/ triplo- 三个，三数；angulus 角，棱角，角度，角落；sepalus/ sepalum/ sepala 萼片（用于复合词）

Sedum trichospermum 毛籽景天：trich-/ tricho-/ tricha- ← trichos ← thrix 毛，多毛的，线状的，丝状的；spermus/ spermum/ sperma 种子的（用于希腊语复合词）

Sedum trullipetalum 镘瓣景天（镘 màn）：trulli- ← trullis 杓子，镘（瓦工抹子）；petalus/ petalum/ petala ← petalon 花瓣

Sedum trullipetalum var. ciliatum 缘毛景天：ciliatus = cilium + atus 缘毛的，流苏的；cilium 缘毛，睫毛；-atus/ -atum/ -ata 属于，相似，具有，完成（形容词词尾）

Sedum trullipetalum var. trullipetalum 镘瓣景天-原变种 （词义见上面解释）

Sedum truncatistigmum 截柱佛甲草：truncatus 截平的，截形的，截断的；truncare 切断，截断，截平（动词）；stigmus 柱头

Sedum tsiangii 安龙景天：tsiangii 黔，贵州的（地名），蒋氏（人名）

Sedum tsiangii var. torquatum 珠节景天：torquatus 脖颈的，领子的，饰有带子的，扭曲的；torqueo/ tortus 拧紧，捻，扭曲

Sedum tsiangii var. tsiangii 安龙景天-原变种（词义见上面解释）

Sedum tsinghaicum 青海景天：tsinghaicum 青海的（地名）；-icus/ -icum/ -ica 属于，具有某种特性（常用于地名、起源、生境）

Sedum tsonanum 错那景天：tsonanum（地名）

Sedum ulricae 甘南景天：ulricae（人名）

Sedum uniflorum 疏花佛甲草：uni-/ uno- ← unus/ unum/ una 一，单一（希腊语为 mono-/ mon-）；florus/ florum/ flora ← flos 花（用于复合词）

Sedum wangii 德钦景天：wangii（人名）；-ii 表示人名，接在以辅音字母结尾的人名后面，但 -er 除外

S

Sedum wenchuanense 汶川景天（汶 wèn）：wenchuanense 汶川的（地名，四川省）

Sedum wilsonii 兴山景天：wilsonii ← John Wilson（人名，18 世纪英国植物学家）

Sedum woronowii 长萼景天：woronowii ← Woronow（人名）

Sedum yvesii 短蕊景天：yvesii/ yvesia ← M. A. Saint-Yves（人名，法国人）

Sehima 沟颖草属（禾本科）（10-2：p165）：sehima（阿拉伯语）

Sehima nervosa 沟颖草：nervosus 多脉的，叶脉明显的；nervus 脉，叶脉；-osus/ -osum/ -osa 多的，充分的，丰富的，显著发育的，程度高的，特征明显的（形容词词尾）

Selaginella 卷柏属（卷 juǎn）（卷柏科）（6-3：p86）：selaginella 像石松的；selago 石松（词干为 selagin-）；词尾为 -go 的词其词干末尾视为 -gin，-ellus/ -ellum/ -ella ← -ulus 小的，略微的，稍微的（小词 -ulus 在字母 e 或 i 之后有多种变缀，即 -olus/ -olum/ -ola、-ellus/ -ellum/ -ella、-illus/ -illum/ -illa，用于第一变格法名词）

Selaginella albociliata 白毛卷柏：albus → albi-/ albo- 白色的；ciliatus = cilium + atus 缘毛的，流苏的；-atus/ -atum/ -ata 属于，相似，具有，完成（形容词词尾）

Selaginella albocincta 白边卷柏：albus → albi-/ albo- 白色的；cinctus 包围的，缠绕的

Selaginella amblyphylla 钝叶卷柏：amblyphyllus 钝形叶的；amblyo-/ ambly- 钝的，钝角的；phyllus/ phyllum/ phylla ← phyllon 叶片（用于希腊语复合词）

Selaginella biformis 二形卷柏：biformis 二型的；bi-/ bis- 二，二数，二回（希腊语为 di-）；formis/ forma 形状

Selaginella bisulcata 双沟卷柏：bi-/ bis- 二，二数，二回（希腊语为 di-）；sulcatus 具皱纹的，具犁沟的，具沟槽的；sulcus 犁沟，沟槽，皱纹

Selaginella bodinieri 大叶卷柏：bodinieri ← Emile Marie Bodinieri（人名，19 世纪活动于中国的法国传教士）；-eri 表示人名，在以 -er 结尾的人名后面加上 i 形成

Selaginella boninensis 小笠原卷柏：boninensis 小笠原群岛的（地名，日本）

Selaginella braunii 布朗卷柏：braunii ← Alexander Carl Heinrich Braun（人名，19 世纪德国植物学家）

Selaginella chaetoloma 毛边卷柏：chaeto- ← chaite 胡须，鬃毛，长毛；lomus/ lomatos 边缘

Selaginella chingii 秦氏卷柏：chingii ← R. C. Chin 秦仁昌（人名，1898–1986，中国植物学家，蕨类植物专家），秦氏

Selaginella chrysocaulos 块茎卷柏：chrys-/ chryso- ← chrysos 黄色的，金色的；caulos 茎，主干

Selaginella ciliaris 缘毛卷柏：ciliaris 缘毛的，睫毛的（流苏状）；cilia 睫毛，缘毛；cili- 纤毛，缘毛；-aris（阳性、阴性）/ -are（中性）← -alis（阳性、阴性）/ -ale（中性）属于，相似，如同，具有，涉及，关于，联结于（将名词作形容词用，其中 -aris 常用于以 l 或 r 为词干末尾的词）

Selaginella commutata 长芒卷柏：commutatus 变化的，交换的

Selaginella davidii 蔓出卷柏（蔓 màn）：davidii ← Pere Armand David（人名，1826–1900，曾在中国采集植物标本的法国传教士）；-ii 表示人名，接在以辅音字母结尾的人名后面，但 -er 除外

Selaginella davidii subsp. **davidii** 蔓出卷柏-原亚种（词义见上面解释）

Selaginella davidii subsp. **gebaueriana** 澜沧卷柏：gebaueriana（人名）

Selaginella decipiens 拟大叶卷柏：decipiens 欺骗的，虚假的，迷惑的（表示和另外的种非常近似）

Selaginella delicatula 薄叶卷柏：delicatulus 略优美的，略美味的；delicatus 柔软的，细腻的，优美的，美味的；delicia 优雅，喜悦，美味；-ulus/ -ulum/ -ula 小的，略微的，稍微的（小词 -ulus 在字母 e 或 i 之后有多种变缀，即 -olus/ -olum/ -ola、-ellus/ -ellum/ -ella、-illus/ -illum/ -illa，与第一变格法和第二变格法名词形成复合词）

Selaginella doederleinii 深绿卷柏：doederleinii（人名）；-ii 表示人名，接在以辅音字母结尾的人名后面，但 -er 除外

Selaginella doederleinii subsp. **doederleinii** 深绿卷柏-原亚种（词义见上面解释）

Selaginella doederleinii subsp. **scabrifolia** 糙叶卷柏：scabrifolius 糙叶的；scabri- ← scaber 粗糙的，有凹凸的，不平滑的；folius/ folium/ folia 叶，叶片（用于复合词）

Selaginella doederleinii subsp. **trachyphylla** 粗叶卷柏：trachys 粗糙的；phyllus/ phyllum/ phylla ← phyllon 叶片（用于希腊语复合词）

Selaginella drepanophylla 镰叶卷柏：drepano- 镰刀形弯曲的，镰形的；phyllus/ phyllum/ phylla ← phyllon 叶片（用于希腊语复合词）

Selaginella effusa 疏松卷柏：effusus = ex + fusus 很松散的，非常稀疏的；fusus 散开的，松散的，松弛的；e-/ ex- 不，无，非，缺乏，不具有（e- 用在辅音字母前，ex- 用在元音字母前，为拉丁语词首，对应的希腊语词首为 a-/ an-，英语为 un-/ -less，注意作词首用的 e-/ ex- 和介词 e/ ex 意思不同，后者意为"出自、从……、由……离开、由于、依照"）；构词规则：构成复合词时，词首末尾的辅音字母常同化为紧接其后的那个辅音字母（如 ex + f → eff）

Selaginella frondosa 粗茎卷柏：frondosus/ foliosus 多叶的，生叶的，叶状的；frond/ frons 叶（蕨类、棕榈、苏铁类），叶状体，叶簇，叶丛，植物体（藻类、藓类），前额，正前面；frondula 羽片（羽状叶的分离部分）；-osus/ -osum/ -osa 多的，充分的，丰富的，显著发育的，程度高的，特征明显的（形容词词尾）

Selaginella guihaia 桂海卷柏：guihaia 桂海（地名，广西历史别称）

Selaginella helferi 攀援卷柏：helferi（人名）；-eri 表示人名，在以 -er 结尾的人名后面加上 i 形成

Selaginella helvetica 小卷柏：helvetica（地名，瑞士）；-icus/ -icum/ -ica 属于，具有某种特性（常用于地名、起源、生境）

Selaginella heterostachys 异穗卷柏：hete-/

heter-/ hetero- ← heteros 不同的，多样的，不齐的；stachy-/ stachyo-/ -stachys/ -stachyus/ -stachyum/ -stachya 穗子，穗子的，穗子状的，穗状花序的

Selaginella indica 印度卷柏：indica 印度的（地名）；-icus/ -icum/ -ica 属于，具有某种特性（常用于地名、起源、生境）

Selaginella involvens 兖州卷柏（兖 yǎn）：involvens 内旋的；in-/ im-（来自 il- 的音变）内，在内，内部，向内，相反，不，无，非；il- 在内，向内，为，相反（希腊语为 en-）；词首 il- 的音变：il-（在 l 前面），im-（在 b、m、p 前面），in-（在元音字母和大多数辅音字母前面），ir-（在 r 前面），如 illaudatus（不值得称赞的，评价不好的），impermeabilis（不透水的，穿不透的），ineptus（不合适的），insertus（插入的），irretortus（无弯曲的，无扭曲的）；volvens 卷曲的

Selaginella jugorum 睫毛卷柏：jugorum 成对的，成双的，牛轭，束缚（jugus 的复数所有格）；jugus ← jugos 成对的，成双的，一组，牛轭，束缚（动词为 jugo）；-orum 属于……的（第二变格法名词复数所有格词尾，表示群落或多数）

Selaginella kouycheensis 贵州卷柏：kouycheensis 贵州的（地名）

Selaginella kraussiana 小翠云：kraussiana ← Ferdinand Friedrich von Krauss（人名，19 世纪德国博物学家）

Selaginella kurzii 缅甸卷柏：kurzii ← Wilhelm Sulpiz Kurz（人名，19 世纪植物学家）

Selaginella labordei 细叶卷柏：labordei ← J. Laborde（人名，19 世纪活动于中国贵州的法国植物采集员）；-i 表示人名，接在以元音字母结尾的人名后面，但 -a 除外

Selaginella laxistrobila 松穗卷柏：laxus 稀疏的，松散的，宽松的；strobilus ← strobilos 球果的，圆锥的；strobus 球果的，圆锥的

Selaginella leptophylla 膜叶卷柏：leptus ← leptos 细的，薄的，瘦小的，狭长的；phyllus/ phyllum/ phylla ← phyllon 叶片（用于希腊语复合词）

Selaginella limbata 耳基卷柏：limbatus 有边缘的，有檐的；limbus 冠檐，萼檐，瓣片，叶片

Selaginella mairei 狭叶卷柏：mairei（人名）；Edouard Ernest Maire（人名，19 世纪活动于中国云南的传教士）；Rene C. J. E. Maire 人名（20 世纪阿尔及利亚植物学家，研究北非植物）；-i 表示人名，接在以元音字母结尾的人名后面，但 -a 除外

Selaginella megaphylla 长叶卷柏：megaphylla 大叶子的；mega-/ megal-/ megalo- ← megas 大的，巨大的；phyllus/ phyllum/ phylla ← phyllon 叶片（用于希腊语复合词）

Selaginella moellendorffii 江南卷柏：moellendorffii ← Otto von Möllendorf（人名，20 世纪德国外交官和软体动物学家）

Selaginella monospora 单子卷柏：mono-/ mon- ← monos 一个，单一的（希腊语，拉丁语为 unus/ uni-/ uno-）；sporus ← sporos → sporo- 孢子，种子

Selaginella monospora subsp. **monospora** 单子卷柏-原亚种 （词义见上面解释）

Selaginella monospora subsp. **trichophylla** 毛叶

卷柏：trich-/ tricho-/ tricha- ← trichos ← thrix 毛，多毛的，线状的，丝状的；phyllus/ phyllum/ phylla ← phyllon 叶片（用于希腊语复合词）

Selaginella nipponica 伏地卷柏：nipponica 日本的（地名）；-icus/ -icum/ -ica 属于，具有某种特性（常用于地名、起源、生境）

Selaginella nummularifolia 钱叶卷柏：nummularifolius 古钱形叶的；nummularius = nummus + ulus + arius 古钱形的，圆盘状的；nummulus 硬币；nummus/ numus 钱币，货币；-ulus/ -ulum/ -ula 小的，略微的，稍微的（小词 -ulus 在字母 e 或 i 之后有多种变缀，即 -olus/ -olum/ -ola、-ellus/ -ellum/ -ella、-illus/ -illum/ -illa，与第一变格法和第二变格法名词形成复合词）；-arius/ -arium/ -aria 相似，属于（表示地点，场所，关系，所属）；folius/ folium/ folia 叶，叶片（用于复合词）

Selaginella ornata 微齿钝叶卷柏：ornatus 装饰的，华丽的

Selaginella pallidissima 平卷柏：pallidus 苍白的，淡白色的，淡色的，蓝白色的，无活力的；palide 淡地，淡色地（反义词：sturate 深色地，浓色地，充分地，丰富地，饱和地）；-issimus/ -issima/ -issimum 最，非常，极其（形容词最高级）

Selaginella pennata 拟双沟卷柏：pennatus = pennus + atus 羽状的，具羽的；pinnus/ pennus 羽毛，羽状，羽片

Selaginella picta 黑顶卷柏：pictus 有色的，彩色的，美丽的（指浓淡相间的花纹）

Selaginella prostrata 地卷柏：prostratus/ pronus/ procumbens 平卧的，匍匐的

Selaginella pseudonipponica 拟伏地卷柏：pseudonipponica 像 nipponica 的；pseudo-/ pseud- ← pseudos 假的，伪的，接近，相似（但不是）；Listera nipponica 日本对叶兰；nipponica 日本的（地名）

Selaginella pseudopaleifera 毛枝攀援卷柏：pseudopaleifera 像 paleifera 的；pseudo-/ pseud- ← pseudos 假的，伪的，接近，相似（但不是）；Selaginella paleifera 有苞卷柏；paleus 托苞，内颖，内稃，鳞片；-ferus/ -ferum/ -fera/ -fero/ -fere/ -fer 有，具有，产（区别：作独立词使用的 ferus 意思是"野生的"）

Selaginella pubescens 二歧卷柏：pubescens ← pubens 被短柔毛的，长出柔毛的；pubi- ← pubis 细柔毛的，短柔毛的，毛被的；pubesco/ pubescere 长成的，变为成熟的，长出柔毛的，青春期体毛的；-escens/ -ascens 改变，转变，变成，略微，带有，接近，相似，大致，稍微（表示变化的趋势，并未完全相似或相同，有别于表示达到完成状态的 -atus）

Selaginella pulvinata 垫状卷柏：pulvinatus = pulvinus + atus 垫状的；pulvinus 叶枕，叶柄基部膨大部分，坐垫，枕头

Selaginella remotifolia 疏叶卷柏：remotifolius 疏离叶的；remotus 分散的，分开的，稀疏的，远距离的；folius/ folium/ folia 叶，叶片（用于复合词）

Selaginella repanda 高雄卷柏：repandus 细波状的，浅波状的（指叶缘略不平而呈波状，比 sinuosus 更

S

浅）；re- 返回，相反，再次，重复，向后，回头；pandus 弯曲

Selaginella rolandi-principis 海南卷柏：rolandi（人名）；principis（princeps 的所有格）帝王的，第一的

Selaginella rossii 鹿角卷柏：rossii ← Ross（人名）

Selaginella sanguinolenta 红枝卷柏：sanguinolentus/ sanguilentus 血红色的；sanguino 出血的，血色的；sanguis 血液；-ulentus/ -ulentum/ -ulenta/ -olentus/ -olentum/ -olenta（表示丰富、充分或显著发展）

Selaginella siamensis 泰国卷柏：siamensis 暹罗的（地名，泰国古称）（暹 xiān）

Selaginella sibirica 西伯利亚卷柏：sibirica 西伯利亚的（地名，俄罗斯）；-icus/ -icum/ -ica 属于，具有某种特性（常用于地名、起源、生境）

Selaginella sinensis 中华卷柏：sinensis = Sina + ensis 中国的（地名）；Sina 中国

Selaginella stauntoniana 旱生卷柏：stauntoniana ← George Leonard Staunton（人名，18 世纪首任英国驻中国大使秘书）

Selaginella tamariscina 卷柏：tamariscina 像柽柳的；Tamarix 柽柳属；-inus/ -inum/ -ina/ -inos 相近，接近，相似，具有（通常指颜色）

Selaginella tibetica 西藏卷柏：tibetica 西藏的（地名）；-icus/ -icum/ -ica 属于，具有某种特性（常用于地名、起源、生境）

Selaginella trichoclada 毛枝卷柏：trich-/ tricho-/ tricha- ← trichos ← thrix 毛，多毛的，线状的，丝状的；cladus ← clados 枝条，分枝

Selaginella uncinata 翠云草：uncinatus = uncus + inus + atus 具钩的；uncus 钩，倒钩刺；-inus/ -inum/ -ina/ -inos 相近，接近，相似，具有（通常指颜色）；-atus/ -atum/ -ata 属于，相似，具有，完成（形容词词尾）

Selaginella vaginata 鞘舌卷柏：vaginatus = vaginus + atus 鞘，具鞘的；vaginus 鞘，叶鞘；-atus/ -atum/ -ata 属于，相似，具有，完成（形容词词尾）

Selaginella vardei 细瘦卷柏：vardei（人名）

Selaginella wallichii 瓦氏卷柏：wallichii ← Nathaniel Wallich（人名，19 世纪初丹麦植物学家、医生）

Selaginella willdenowii 藤卷柏：willdenowii ← Carl Ludwig von Willdenow（人名，19 世纪德国植物学家）

Selaginella xipholepis 剑叶卷柏：xipho-/ xiph- ← xiphos 剑，剑状的；lepis/ lepidos 鳞片

Selaginellaceae 卷柏科（6-3：p86）：Selaginella 卷柏属；-aceae（分类单位科的词尾，为 -aceus 的阴性复数主格形式，加到模式属的名称后或同义词词干后以组成族群名称）

Selenodesmium 长筒蕨属（膜蕨科）（2：p190）：selenodesmium 像月亮的

Selenodesmium cupressoides 直长筒蕨：Cupressus 柏木属（柏科）；-oides/ -oideus/ -oideum/ -oidea/ -odes/ -eidos 像……的，类似……的，呈……状的（名词词尾）

Selenodesmium obscurum 线片长筒蕨：obscurus 暗色的，不明确的，不明显的，模糊的

Selenodesmium recurvum 弯长筒蕨：recurvus 反曲，反卷，后曲；re- 返回，相反，再次，重复，向后，回头；curvus 弯曲的

Selenodesmium siamense 广西长筒蕨：siamense 暹罗的（地名，泰国古称）（暹 xiān）

Selinum 亮蛇床属（伞形科）（55-2：p225）：selinum ← selinon 芹（希腊语）

Selinum candollei 细叶亮蛇床：candollei ← Augustin Pyramus de Candolle（人名，19 世纪瑞典植物学家）

Selinum cortioides 无茎亮蛇床：cortioides = Cortia + oides 像喜峰芹的；Cortia 喜峰芹属（伞形科）；-oides/ -oideus/ -oideum/ -oidea/ -odes/ -eidos 像……的，类似……的，呈……状的（名词词尾）

Selinum cryptotaenium 亮蛇床：crypt-/ crypto- ← kryptos 覆盖的，隐藏的（希腊语）；taenius 绸带，纽带，条带状的

Selliguea 修蕨属（水龙骨科）（6-2：p200）：selliguea ← Selingue（人名）

Selliguea feei 修蕨：feei ← Antoine Fee（人名，19 世纪法国植物学家，研究蕨类、地衣和真菌）；-i 表示人名，接在以元音字母结尾的人名后面，但 -a 除外

Semecarpus 肉托果属（漆树科）（45-1：p128）：semecarpus 可用作标志的果实（指果实可提取染料）；seme- ← sema 标志；carpus/ carpum/ carpa/ carpon ← carpos 果实（用于希腊语复合词）

Semecarpus gigantifolia 大叶肉托果：giga-/ gigant-/ giganti- ← gigantos 巨大的；folius/ folium/ folia 叶，叶片（用于复合词）

Semecarpus microcarpa 小果肉托果：micr-/ micro- ← micros 小的，微小的，微观的（用于希腊语复合词）；carpus/ carpum/ carpa/ carpon ← carpos 果实（用于希腊语复合词）

Semecarpus reticulata 网脉肉托果：reticulatus = reti + culus + atus 网状的；reti-/ rete- 网（同义词：dictyo-）；-culus/ -culum/ -cula 小的，略微的，稍微的（同第三变格法和第四变格法名词形成复合词）；-atus/ -atum/ -ata 属于，相似，具有，完成（形容词词尾）

Semenovia 大瓣芹属（伞形科）（55-3：p212）：semenovia ← Semenov（人名，俄国植物学家）

Semenovia dasycarpa 毛果大瓣芹：dasycarpus 粗毛果的；dasy- ← dasys 毛茸茸的，粗毛的，毛；carpus/ carpum/ carpa/ carpon ← carpos 果实（用于希腊语复合词）

Semenovia pimpinelloides 密毛大瓣芹：pimpinelloides 像茴芹的；Pimpinella 茴芹属（伞形科）；-oides/ -oideus/ -oideum/ -oidea/ -odes/ -eidos 像……的，类似……的，呈……状的（名词词尾）

Semenovia rubtzovii 光果大瓣芹：rubtzovii（人名）；-ii 表示人名，接在以辅音字母结尾的人名后面，但 -er 除外

Semenovia transiliensis 大瓣芹：transiliensis 跨伊

S

犁河的；tran-/ trans- 横过，远侧边，远方，在那边；iliense/ iliensis 伊利的（地名，新疆维吾尔自治区），伊犁河的（河流名，跨中国新疆与哈萨克斯坦）

Semiaquilegia 天葵属（毛莨科）（27：p484）：semi- 半，准，略微；Aquilegia 楼斗菜属

Semiaquilegia adoxoides 天葵：Adoxa 五福花属（五福花科）；-oides/ -oideus/ -oideum/ -oidea/ -odes/ -eidos 像……的，类似……的，呈……状的（名词词尾）

Semiaquilegia danxiashanensis 丹霞山天葵：danxiashanensis 丹霞山的（地名，广东省）

Semiarundinaria 业平竹属（禾本科）（9-1：p323）：semi- 半，准，略微；Arundinaria 青篱竹属

Semiarundinaria fastuosa 业平竹：fastuosus 壮观的，美丽的，自豪的，骄傲的；fastus 高傲，傲慢

Semiliquidambar 半枫荷属（金缕梅科）（35-2：p56）：semi- 半，准，略微；Liquidambar 枫香树属

Semiliquidambar cathayensis 半枫荷：cathayensis ← Cathay ← Khitay/ Khitai 中国的，契丹的（地名，10–12 世纪中国北方契丹人的领域，辽国前身，多用来代表中国，俄语称中国为 Kitay）

Semiliquidambar cathayensis var. fukienensis 闽半枫荷：fukienensis 福建的（地名）

Semiliquidambar cathayensis var. parvifolia 小叶半枫荷：parvifolius 小叶的；parvus 小的，些微的，弱的；folius/ folium/ folia 叶，叶片（用于复合词）

Semiliquidambar caudata 长尾半枫荷：caudatus = caudus + atus 尾巴的，尾巴状的，具尾的；caudus 尾巴

Semiliquidambar caudata var. cuspidata 尖叶半枫荷：cuspidatus = cuspis + atus 尖头的，凸尖的；构词规则：词尾为 -is 和 -ys 的词的词干分别视为 -id 和 -yd；cuspis（所有格为 cuspidis）齿尖，凸尖，尖头；-atus/ -atum/ -ata 属于，相似，具有，完成（形容词词尾）

Semiliquidambar chingii 细柄半枫荷：chingii ← R. C. Chin 秦仁昌（人名，1898–1986，中国植物学家，蕨类植物专家），秦氏

Semnostachya 糯米香属（糯 nuò）（爵床科）（70：p150）：semnostachya 超长花穗的，奇特花穗的；semnos 神圣的，神奇的；stachy-/ stachyo-/ -stachys/ -stachyus/ -stachyum/ -stachya 穗子，穗子的，穗子状的，穗状花序的

Semnostachya longispicata 长穗糯米香：longe-/ longi- ← longus 长的，纵向的；spicatus 具穗的，具穗状花的，具尖头的；spicus 穗，谷穗，花穗；-atus/ -atum/ -ata 属于，相似，具有，完成（形容词词尾）

Semnostachya menglaensis 糯米香：menglaensis 勐腊的（地名，云南省）

Senecio 千里光属（菊科）（77-1：p225）：senecio ← senex 老人（因该属多有白毛）

Senecio actinotus 湖南千里光：actinotus 掌状的，像手掌的；actinus ← aktinos ← actis 辐射状的，射线的，星状的，光线，光照（表示辐射状排列）；-otus/ -otum/ -ota（希腊语词尾，表示相似或所有）

Senecio acutipinnus 尖羽千里光：acutipinnus 尖羽的；acuti-/ acu- ← acutus 锐尖的，针尖的，刺尖

的，锐角的；pinnus/ pennus 羽毛，羽状，羽片；-ulus/ -ulum/ -ula 小的，略微的，稍微的（小词 -ulus 在字母 e 或 i 之后有多种变缀，即 -olus/ -olum/ -ola、-ellus/ -ellum/ -ella、-illus/ -illum/ -illa，与第一变格法和第二变格法名词形成复合词）

Senecio albopurpureus 白紫千里光：albus → albi-/ albo- 白色的；purpureus = purpura + eus 紫色的；purpura 紫色（purpura 原为一种介壳虫名，其体液为紫色，可作颜料）；-eus/ -eum/ -ea（接拉丁语词干时）属于……的，色如……的，质如……的（表示原料、颜色或品质的相似），（接希腊语词干时）属于……的，以……出名，为……所占有（表示具有某种特性）

Senecio ambraceus 琥珀千里光：ambrus 琥珀的；-aceus/ -aceum/ -acea 相似的，有……性质的，属于……的

Senecio arachnanthus 长舌千里光：arachne 蜘蛛的，蜘蛛网的；anthus/ anthum/ antha/ anthe ← anthos 花（用于希腊语复合词）

Senecio argunensis 额河千里光：argunensis 额尔古纳的（地名，内蒙古自治区）

Senecio asperifolius 糙叶千里光：asper/ asperus/ asperum/ aspera 粗糙的，不平的；folius/ folium/ folia 叶，叶片（用于复合词）

Senecio atrofuscus 黑褐千里光：atrofuscus 黑暗棕色的；atro-/ atr-/ atri-/ atra- ← ater 深色，浓色，暗色，发黑（ater 作为词干后接辅音字母开头的词时，要在词干后面加一个连接用的元音字母 "o" 或 "i"，故为 "ater-o-" 或 "ater-i-"，变形为 "atr-" 开头）；fuscus 棕色的，暗色的，发黑的，暗棕色的，褐色的

Senecio biligulatus 双舌千里光：bi-/ bis- 二，二数，二回（希腊语为 di-）；ligulatus（= ligula + atus）/ ligularis（= ligula + aris）舌状的，具舌的；ligula = lingua + ulus 小舌，小舌状物；lingua 舌，语言；ligule 舌，舌状物，舌瓣，叶舌

Senecio cannabifolius 麻叶千里光：cannabis ← kannabis ← kanb 大麻（波斯语）；folius/ folium/ folia 叶，叶片（用于复合词）

Senecio cannabifolius var. cannabifolius 麻叶千里光-原变种（词义见上面解释）

Senecio cannabifolius var. integrifolius 全叶千里光：integer/ integra/ integrum → integri- 完整的，整个的，全缘的；folius/ folium/ folia 叶，叶片（用于复合词）

Senecio chungtienensis 中甸千里光：chungtienensis 中甸的（地名，云南省香格里拉市的旧称）

Senecio cinerifolius 瓜叶千里光：cinereus 灰色的，草木灰色的（为纯黑和纯白的混合色，希腊语为 tephro-/ spodo-）；ciner-/ cinere-/ cinereo- 灰色；-eus/ -eum/ -ea（接拉丁语词干时）属于……的，色如……的，质如……的（表示原料、颜色或品质的相似），（接希腊语词干时）属于……的，以……出名，为……所占有（表示具有某种特性）；folius/ folium/ folia 叶，叶片（用于复合词）

Senecio coriaceisquamus 革苞千里光：coriaceus = corius + aceus 近皮革的，近革质的；corius 皮革的，

革质的；-aceus/ -aceum/ -acea 相似的，有······性质的，属于······的；squamus 鳞，鳞片，薄膜

Senecio daochengensis 稻城千里光：daochengensis 稻城的（地名，四川省）

Senecio densiserratus 密齿千里光：densus 密集的，繁茂的；serratus = serrus + atus 有锯齿的；serrus 齿，锯齿

Senecio desfontainei 芥叶千里光：desfontainei ← Rene Louiche Desfontaines（人名，19 世纪法国植物学家）；-i 表示人名，接在以元音字母结尾的人名后面，但 -a 除外

Senecio diversipinnus 异羽千里光：diversus 多样的，各种各样的，多方向的；pinnus/ pennus 羽毛，羽状，羽片

Senecio diversipinnus var. discoideus 异羽千里光-无舌变种：discoideus 圆盘状的；dic-/ disci-/ disco- ← discus ← discos 碟子，盘子，圆盘；-oides/ -oideus/ -oideum/ -oidea/ -odes/ -eidos 像······的，类似······的，呈······状的（名词词尾）

Senecio diversipinnus var. diversipinnus 异羽千里光-原变种 （词义见上面解释）

Senecio dodrans 黑缘千里光：dodrans 一指掌距（约 24 cm）

Senecio drukensis 垂头千里光：drukensis（地名，西藏自治区）

Senecio dubitabilis 北千里光：dub- ← dubius 可疑的，不确定的；-ans/ -ens/ -bilis/ -ilis 能够，可能（为形容词词尾，-ans/ -ens 用于主动语态，-bilis/ -ilis 用于被动语态）

Senecio echaetus 裸缨千里光：echaetus = e + chaetus 无毛的；e-/ ex- 不，无，非，缺乏，不具有（e- 用在辅音字母前，ex- 用在元音字母前，为拉丁语词首，对应的希腊语词首为 a-/ an-，英语为 un-/ -less，注意作词首用的 e-/ ex- 和介词 e/ ex 意思不同，后者意为"出自、从······、由······离开、由于、依照"）；chaetus/ chaeta/ chaete ← chaite 胡须，鬃毛，长毛

Senecio exul 散生千里光：exul/ exsul = ex + solum 被流放者，移民，离开故乡的人；exulo/ exsulo 流亡，放逐生活；solum 土壤，故土；e-/ ex- 不，无，非，缺乏，不具有（e- 用在辅音字母前，ex- 用在元音字母前，为拉丁语词首，对应的希腊语词首为 a-/ an-，英语为 un-/ -less，注意作词首用的 e-/ ex- 和介词 e/ ex 意思不同，后者意为"出自、从······、由······离开、由于、依照"）

Senecio faberi 峨眉千里光：faberi ← Ernst Faber（人名，19 世纪活动于中国的德国植物采集员）；-eri 表示人名，在以 -er 结尾的人名后面加上 i 形成

Senecio filiferus 匍枝千里光：fili-/ fil- ← filum 线状的，丝状的；-ferus/ -ferum/ -fera/ -fero/ -fere/ -fer 有，具有，产（区别：作独立词使用的 ferus 意思是"野生的"）

Senecio fukienensis 闽千里光：fukienensis 福建的（地名）

Senecio graciliflorus 纤花千里光：gracilis 细长的，纤弱的，丝状的；florus/ florum/ flora ← flos 花（用于复合词）

Senecio humbertii 弥勒千里光（勒 lè）：

humbertii ← Henri Humbert（人名，20 世纪法国植物学家）

Senecio jacobaea 新疆千里光：jacobaea ← St. James（Jacobus）（人名，耶稣之十二信徒之一）

Senecio kongboensis 工布千里光：kongboensis 工布的（地名，西藏自治区）

Senecio krascheninnikovii 细梗千里光：krascheninnikovii（人名）；-ii 表示人名，接在以辅音字母结尾的人名后面，但 -er 除外

Senecio kumaonensis 须弥千里光：kumaonensis（地名，印度）

Senecio laetus 菊状千里光：laetus 生辉的，生动的，色彩鲜艳的，可喜的，愉快的；laete 光亮地，鲜艳地

Senecio lhasaensis 拉萨千里光：lhasaensis 拉萨的（地名，西藏自治区）

Senecio liangshanensis 凉山千里光：liangshanensis 凉山的（地名，四川省）

Senecio lijiangensis 丽江千里光：lijiangensis 丽江的（地名，云南省）

Senecio lingianus 君范千里光：lingianus（人名）

Senecio megalanthus 大花千里光：mega-/ megal-/ megalo- ← megas 大的，巨大的；anthus/ anthum/ antha/ anthe ← anthos 花（用于希腊语复合词）

Senecio morrisonensis 玉山千里光：morrisonensis 磨里山的（地名，今台湾新高山）

Senecio morrisonensis var. dentatus 齿叶玉山千里光：dentatus = dentus + atus 牙齿的，齿状的，具齿的；dentus 齿，牙齿；-atus/ -atum/ -ata 属于，相似，具有，完成（形容词词尾）

Senecio morrisonensis var. morrisonensis 玉山千里光-原变种 （词义见上面解释）

Senecio muliensis 木里千里光：muliensis 木里的（地名，四川省）

Senecio multibracteolatus 多苞千里光：multi- ← multus 多个，多数，很多（希腊语为 poly-）；bracteolatus = bracteus + ulus + atus 具小苞片的

Senecio multilobus 多裂千里光：multi- ← multus 多个，多数，很多（希腊语为 poly-）；lobus/ lobos/ lobon 浅裂，耳片（裂片先端钝圆），荚果，蒴果

Senecio nemorensis 林荫千里光（荫 yīn）：nemorensis = nemus + orum + ensis 生于森林的；nemus/ nema 密林，丛林，树丛（常用来比喻密集成丛的纤细物，如花丝、果柄等）；-orum 属于······的（第二变格法名词复数所有格词尾，表示群落或多数）

Senecio nigrocinctus 黑苞千里光：nigrocinctus 具黑围的，周围黑色的；nigro-/ nigri- ← nigrus 黑色的；niger 黑色的；cinctus 包围的，缠绕的

Senecio nodiflorus 节花千里光：nodiflorus 关节上开花的；nodus 节，节点，连接点；florus/ florum/ flora ← flos 花（用于复合词）

Senecio nudicaulis 裸茎千里光：nudi- ← nudus 裸露的；caulis ← caulos 茎，茎秆，主茎

Senecio obtusatus 钝叶千里光：obtusatus = abtusus + atus 钝形的，钝头的；obtusus 钝的，钝形的，略带圆形的

Senecio oryzetorum 田野千里光：oryzetorum 稻田的，稻田生的；Oryza 稻属（禾本科）；-etorum 群

落的（表示群丛、群落的词尾）

Senecio pseudo-arnica 多肉千里光：pseudo-arnica 像 arnica 的；pseudo-/ pseud- ← pseudos 假的，伪的，接近，相似（但不是）；Senecio arnica（千里光属一种）；arnica 羊羔，羊皮

Senecio pseudo-mairiei 西南千里光：pseudo-mairiei 像 mairiei 的；pseudo-/ pseud- ← pseudos 假的，伪的，接近，相似（但不是）；Senecio mairiei（千里光属一种）；mairiei（人名）

Senecio pteridophyllus 蕨叶千里光：pterido-/ pteridi-/ pterid- ← pteris ← pteryx 翅，翼，蕨类（希腊语）；构词规则：词尾为 -is 和 -ys 的词的词干分别视为 -id 和 -yd；phyllus/ phyllum/ phylla ← phyllon 叶片（用于希腊语复合词）

Senecio raphanifolius 莱菔叶千里光（菔 fú）：raphanifolius 萝卜叶的；raphanus 萝卜；folius/ folium/ folia 叶，叶片（用于复合词）

Senecio royleanus 珠峰千里光：royleanus ← John Forbes Royle（人名，19 世纪英国植物学家、医生）

Senecio saussureoides 风毛菊状千里光：saussure ← Saussurea 风毛菊属；-oides/ -oideus/ -oideum/ -oidea/ -odes/ -eidos 像……的，类似……的，呈……状的（名词词尾）

Senecio scandens 千里光：scandens 攀缘的，缠绕的，藤本的；scando/ scansum 上升，攀登，缠绕

Senecio scandens var. crataegifolius 山楂叶千里光：Crataegus 山楂属（蔷薇科）；folius/ folium/ folia 叶，叶片（用于复合词）

Senecio scandens var. incisus 缺裂千里光：incisus 深裂的，锐裂的，缺刻的

Senecio scandens var. scandens 千里光-原变种（词义见上面解释）

Senecio spathiphyllus 匙叶千里光（匙 chí）：spathiphyllus 匙形叶的，佛焰苞状叶的；spathus 佛焰苞，薄片，刀剑；phyllus/ phyllum/ phylla ← phyllon 叶片（用于希腊语复合词）

Senecio stauntonii 闽粤千里光：stauntonii ← George Leonard Staunton（人名，18 世纪首任英国驻中国大使秘书）

Senecio subdentatus 近全缘千里光：subdentatus 近似牙齿的；sub-（表示程度较弱）与……类似，几乎，稍微，弱，亚，之下，下面；dentatus = dentus + atus 牙齿的，齿状的，具齿的；dentus 齿，牙齿；-atus/ -atum/ -ata 属于，相似，具有，完成（形容词词尾）

Senecio tianshanicus 天山千里光：tianshanicus 天山的（地名，新疆维吾尔自治区）；-icus/ -icum/ -ica 属于，具有某种特性（常用于地名、起源、生境）

Senecio tibeticus 西藏千里光：tibeticus 西藏的（地名）；-icus/ -icum/ -ica 属于，具有某种特性（常用于地名、起源、生境）

Senecio tricuspis 三尖千里光：tri-/ tripli-/ triplo- 三个，三数；cuspis（所有格为 cuspidis）齿尖，凸尖，尖头

Senecio vulgaris 欧洲千里光：vulgaris 常见的，普通的，分布广的；vulgus 普通的，到处可见的

Senecio wightii 岩生千里光：wightii ← Robert Wight（人名，19 世纪英国医生、植物学家）

Senecio yungningensis 永宁千里光：yungningensis 永宁的（地名，云南省）

Senna 决明属（另见 Cassia）（豆科）（增补）：senna 一种多刺灌木（阿拉伯语）

Senna alata 翅荚决明（另见 Cassia alata）：alatus → ala-/ alat-/ alati-/ alato- 翅，具翅的，具翼的；反义词：exalatus 无翼的，无翅的

Senna bicapsularis 双荚决明（另见 Cassia bicapsularis）：bi-/ bis- 二，二数，二回（希腊语为 di-）；capsularis 蒴果的，蒴果状的；-aris（阳性、阴性）/ -are（中性）← -alis（阳性、阴性）/ -ale（中性）属于，相似，如同，具有，涉及，关于，联结于（将名词作形容词用，其中 -aris 常用于以 l 或 r 为词干末尾的词）

Senna corymbosa 伞房决明：corymbosus = corymbus + osus 伞房花序的；corymbus 伞形的，伞状的；-osus/ -osum/ -osa 多的，充分的，丰富的，显著发育的，程度高的，特征明显的（形容词词尾）

Senna didymobotrya 长穗决明（另见 Cassia didymobotrya）：didymobotryus 双穗的，双总状花序的；didymus 成对的，孪生的，两个联合的，二裂的；botryus ← botrys 总状的，簇状的，葡萄串状的

Senna × floribunda 多花决明：floribundus = florus + bundus 多花的，繁花的，花正盛开的；florus/ florum/ flora ← flos 花（用于复合词）；-bundus/ -bunda/ -bundum 正在做，正在进行（类似于现在分词），充满，盛行

Senna fruticosa 大叶决明（另见 Cassia fruticosa）：fruticosus/ frutesceus 灌丛状的；frutex 灌木；构词规则：以 -ix/ -iex 结尾的词其词干末尾视为 -ic，以 -ex 结尾视为 -i/ -ic，其他以 -x 结尾视为 -c；-osus/ -osum/ -osa 多的，充分的，丰富的，显著发育的，程度高的，特征明显的（形容词词尾）

Senna hirsuta 毛荚决明（另见 Cassia hirsuta）：hirsutus 粗毛的，糙毛的，有毛的（长而硬的毛）

Senna obtusifolia 钝叶决明：obtusus 钝的，钝形的，略带圆形的；folius/ folium/ folia 叶，叶片（用于复合词）

Senna occidentalis 望江南（另见 Cassia occidentalis）：occidentalis 西方的，西部的，欧美的；occidens 西方，西部

Senna sophera 槐叶决明（另见 Cassia sophera）：sophera ← Sophora 槐属（Sophora 一种植物的阿拉伯语）

Senna surattensis 黄槐决明（另见 Cassia surattensis）：surattensis 素吻他尼的（地名，泰国）

Senna tora 决明（另见 Cassia tora）：tora 决明（东印度土名）

Sequoia 北美红杉属（杉科）（7：p309）：sequoia ← See-Qua-Yah（人名，著名的切洛基部落原住民美国人）

Sequoia sempervirens 北美红杉：sempervirens 常绿的；semper 总是，经常，永久；virens 绿色的，变绿的

Sequoiadendron 巨杉属（杉科）（7：p308）：Sequoia 北美红杉属（杉科）；dendron 树木

Sequoiadendron giganteum 巨杉：giganteus 巨大的；giga-/ gigant-/ giganti- ← gigantos 巨大的；

S

-eus/ -eum/ -ea（接拉丁语词干时）属于……的，色如……的，质如……的（表示原料、颜色或品质的相似），（接希腊语词干时）属于……的，以……出名，为……所占有（表示具有某种特性）

Sericocalyx 黄球花属（爵床科）（70：p108）：sericocalyx 绢毛萼的；sericus 绢丝的，绢毛的，赛尔人的（Ser 为印度一民族）；calyx → calyc- 萼片（用于希腊语复合词）

Sericocalyx chinensis 黄球花：chinensis = china + ensis 中国的（地名）；China 中国

Sericocalyx fluviatilis 溪畔黄球花：fluviatilis 河边的，生于河水的；fluvius 河流，河川，流水；-atilis（阳性、阴性）/ -atile（中性）（表示生长的地方）

Seriphidium 绢蒿属（绢 juàn）（菊科）（76-2：p253）：seriphidium = seriphos + idium 小蚊子；seriphos 蚊子；-idium ← -idion 小的，稍微的（表示小或程度较轻）

Seriphidium amoenum 小针裂叶绢蒿：amoenus 美丽的，可爱的

Seriphidium aucheri 光叶绢蒿：aucheri ← Piere Martin Remi Aucher-Eloy（人名，19 世纪早期法国植物学家）；-eri 表示人名，在以 -er 结尾的人名后面加上 i 形成

Seriphidium borotalense 博洛塔绢蒿：borotalense 博洛塔拉的（地名，新疆维吾尔自治区）

Seriphidium brevifolium 短叶绢蒿：brevi- ← brevis 短的（用于希腊语复合词词首）；folius/ folium/ folia 叶，叶片（用于复合词）

Seriphidium cinum 蛔蒿：cinus/ cinum/ cina ← cinis 灰烬，灰堆，废墟

Seriphidium compactum 聚头绢蒿：compactus 小型的，压缩的，紧凑的，致密的，稠密的；pactus 压紧，紧缩；co- 联合，共同，合起来（拉丁语词首，为 cum- 的音变，表示结合、强化、完全，对应的希腊语为 syn-）；co- 的缀词音变有 co-/ com-/ con-/ col-/ cor-：co-（在 h 和元音字母前面），col-（在 l 前面），com-（在 b、m、p 之前），con-（在 c、d、f、g、j、n、qu、s、t 和 v 前面），cor-（在 r 前面）

Seriphidium fedtschenkoanum 苍绿绢蒿：fedtschenkoanum ← Boris Fedtschenko（人名，20 世纪俄国植物学家）

Seriphidium ferganense 费尔干绢蒿：ferganense 费尔干纳的（地名，吉尔吉斯斯坦）

Seriphidium finitum 东北蛔蒿：finitus 局限的，有限的，区域性的；definitus 有限界的，有界线的

Seriphidium gracilescens 纤细绢蒿：gracilescens 变纤细的，略纤细的；gracile → gracil- 细长的，纤弱的，丝状的；-escens/ -ascens 改变，转变，变成，略微，带有，接近，相似，大致，稍微（表示变化的趋势，并未完全相似或相同，有别于表示达到完成状态的 -atus）

Seriphidium grenardii 高原绢蒿：grenardii（人名）；-ii 表示人名，接在以辅音字母结尾的人名后面，但 -er 除外

Seriphidium heptapotamicum 半荒漠绢蒿：hepta- 七（希腊语，拉丁语为 septem-/ sept-/ septi-）；potamicus 河流的，河中生长的；potamus ← potamos 河流；-icus/ -icum/ -ica 属于，

具有某种特性（常用于地名、起源、生境）

Seriphidium issykkulense 伊塞克绢蒿（塞 sài）：issykkulense 伊塞克湖的（地名，吉尔吉斯斯坦）

Seriphidium junceum 三裂叶绢蒿：junceus 像灯心草的；Juncus 灯心草属（灯心草科）；-eus/ -eum/ -ea（接拉丁语词干时）属于……的，色如……的，质如……的（表示原料、颜色或品质的相似），（接希腊语词干时）属于……的，以……出名，为……所占有（表示具有某种特性）

Seriphidium junceum var. junceum 三裂叶绢蒿-原变种 （词义见上面解释）

Seriphidium junceum var. macrosciadium 大头三裂叶绢蒿：macro-/ macr- ← macros 大的，宏观的（用于希腊语复合词）；sciadius ← sciados + ius 伞，伞形的，遮阴的；scias 伞，伞形的

Seriphidium karatavicum 卡拉套绢蒿：karatavicum ← Karatau 卡拉套山脉的（地名，哈萨克斯坦）；-icus/ -icum/ -ica 属于，具有某种特性（常用于地名、起源、生境）

Seriphidium kaschgaricum 新疆绢蒿：kaschgaricum 喀什的（地名，新疆维吾尔自治区）；-icus/ -icum/ -ica 属于，具有某种特性（常用于地名、起源、生境）

Seriphidium kaschgaricum var. dshungaricum 准噶尔绢蒿（噶 gá）：dshungaricum 准噶尔的（地名，新疆维吾尔自治区）；-icus/ -icum/ -ica 属于，具有某种特性（常用于地名、起源、生境）

Seriphidium kaschgaricum var. kaschgaricum 新疆绢蒿-原变种 （词义见上面解释）

Seriphidium korovinii 昆仑绢蒿：korovinii（人名）；-ii 表示人名，接在以辅音字母结尾的人名后面，但 -er 除外

Seriphidium lehmannianum 球序绢蒿：lehmannianum ← Johann Georg Christian Lehmann（人名，19 世纪德国植物学家）

Seriphidium minchunense 民勤绢蒿：minchunense 民勤的（地名，甘肃省）

Seriphidium mongolorum 蒙青绢蒿：mongolorum 蒙古的（地名）；-orum 属于……的（第二变格法名词复数所有格词尾，表示群落或多数）

Seriphidium nitrosum 西北绢蒿：nitrosus = nitrum + osus 属于硝碱的；nitrum 硝碱；-osus/ -osum/ -osa 多的，充分的，丰富的，显著发育的，程度高的，特征明显的（形容词词尾）

Seriphidium nitrosum var. gobicum 戈壁绢蒿：gobicus/ gobinus 戈壁的

Seriphidium nitrosum var. nitrosum 西北绢蒿-原变种 （词义见上面解释）

Seriphidium rhodanthum 高山绢蒿：rhodon → rhodo- 红色的，玫瑰色的；anthus/ anthum/ antha/ anthe ← anthos 花（用于希腊语复合词）

Seriphidium santolinum 沙漠绢蒿：santolinus 圣麻的（亚麻一种）

Seriphidium sawanense 沙湾绢蒿：sawanense 沙湾的（地名，新疆维吾尔自治区）

Seriphidium schrenkianum 草原绢蒿：schrenkianum（人名）

Seriphidium scopiforme 帚状绢蒿：scopus 笤帚；forme/ forma 形状

Seriphidium semiaridum 半凋萎绢蒿：semi- 半，准，略微；aridus 干旱的

Seriphidium sublessingianum 针裂叶绢蒿：sublessingianum 像 lessingianum 的；sub-（表示程度较弱）与……类似，几乎，稍微，弱，亚，之下，下面；Seriphidium lessingianum 少花绢蒿

Seriphidium terrae-albae 白茎绢蒿：terrae-albae 白色地面的（指茎白色）；terrae ← terrus 陆地的，地面的（terrus 的所有格）；albae ← albus 白色的

Seriphidium thomsonianum 西藏绢蒿：thomsonianum ← Thomas Thomson（人名，19 世纪英国植物学家）

Seriphidium transiliense 伊犁绢蒿：transiliense = trans + iliense 跨伊犁河的（地名）；tran-/ trans- 横过，远侧边，远方，在那边；iliense/ iliensis 伊利的（地名，新疆维吾尔自治区），伊犁河的（河流名，跨中国新疆与哈萨克斯坦）

Serissa 白马骨属（茜草科）（71-2：p159）：serissa ← Serissa（人名，18 世纪西班牙植物学家）

Serissa japonica 六月雪：japonica 日本的（地名）；-icus/ -icum/ -ica 属于，具有某种特性（常用于地名、起源、生境）

Serissa serissoides 白马骨：Serissa 白马骨属（茜草科）；-oides/ -oideus/ -oideum/ -oidea/ -odes/ -eidos 像……的，类似……的，呈……状的（名词词尾）

Serratula 麻花头属（菊科）（78-1：p165）：serratula = serrus + atus + ulus 有细锯齿的；serratus = serrus + atus 有锯齿的；serrus 齿，锯齿

Serratula alatavica 阿拉套麻花头：alatavica 阿拉套山的（地名，新疆沙湾地区）

Serratula algida 全叶麻花头：algidus 喜冰的

Serratula cardunculus 分枝麻花头：cardunculus 小蓟；-culus/ -culum/ -cula 小的，略微的，稍微的（同第三变格法和第四变格法名词形成复合词）

Serratula centauroides 麻花头：Centaurea 矢车菊属（菊科）；-oides/ -oideus/ -oideum/ -oidea/ -odes/ -eidos 像……的，类似……的，呈……状的（名词词尾）

Serratula chanetii 碗苞麻花头：chanetii（人名）；-ii 表示人名，接在以辅音字母结尾的人名后面，但 -er 除外

Serratula chinensis 华麻花头：chinensis = china + ensis 中国的（地名）；China 中国

Serratula coronata 伪泥胡菜：coronatus 冠，具花冠的；corona 花冠，花环

Serratula cupuliformis 钟苞麻花头：cupulus = cupus + ulus 小杯子，小杯形的，壳斗状的；formis/ forma 形状

Serratula dissecta 羽裂麻花头：dissectus 多裂的，全裂的，深裂的；di-/ dis- 二，二数，二分，分离，不同，在……之间，从……分开（希腊语，拉丁语为 bi-/ bis-）；sectus 分段的，分节的，切开的，分裂的

Serratula dshungarica（准噶尔麻花头）（噶 gá）：dshungarica 准噶尔的（地名，新疆维吾尔自治区）；

-icus/ -icum/ -ica 属于，具有某种特性（常用于地名、起源、生境）

Serratula forrestii 滇麻花头：forrestii ← George Forrest（人名，1873–1932，英国植物学家，曾在中国西部采集大量植物标本）

Serratula lyratifolia 无茎麻花头：lyratus 大头羽裂的，琴状的；folius/ folium/ folia 叶，叶片（用于复合词）

Serratula marginata 薄叶麻花头：marginatus ← margo 边缘的，具边缘的；margo/ marginis → margin- 边缘，边线，边界；词尾为 -go 的词其词干末尾视为 -gin

Serratula polycephala 多花麻花头：poly- ← polys 多个，许多（希腊语，拉丁语为 multi-）；cephalus/ cephale ← cephalos 头，头状花序

Serratula procumbens 歪斜麻花头：procumbens 俯卧的，匍匐的，倒伏的；procumb- 俯卧，匍匐，倒伏；-ans/ -ens/ -bilis/ -ilis 能够，可能（为形容词词尾，-ans/ -ens 用于主动语态，-bilis/ -ilis 用于被动语态）

Serratula rugosa 新疆麻花头：rugosus = rugus + osus 收缩的，有皱纹的，多褶皱的（同义词：rugatus）；rugus/ rugum/ ruga 褶皱，皱纹，皱缩；-osus/ -osum/ -osa 多的，充分的，丰富的，显著发育的，程度高的，特征明显的（形容词词尾）

Serratula strangulata 缢苞麻花头（缢 yì）：strangulatus ← stringere 压缩的，缢缩的，绞杀的，勒紧的；strangulus 绳索，绞首索；strangulo 绞杀，使窒息

Serratula suffruticosa 木根麻花头：suffruticosus 亚灌木状的；suffrutex 亚灌木，半灌木；suf- ← sub- 亚，像，稍微（sub- 在字母 f 前同化为 suf-）；frutex 灌木；-osus/ -osum/ -osa 多的，充分的，丰富的，显著发育的，程度高的，特征明显的（形容词词尾）

Sesamum 胡麻属（胡麻科）（69：p63）：sesamum ← zesamm 芝麻（希腊语古名）

Sesamum indicum 芝麻：indicum 印度的（地名）；-icus/ -icum/ -ica 属于，具有某种特性（常用于地名、起源、生境）

Sesbania 田菁属（菁 jīng）（豆科）（40：p231）：sesbania ← seiseban 田菁（阿拉伯语）

Sesbania bispinosa 刺田菁：bispinosus 二刺的；bi-/ bis- 二，二数，二回（希腊语为 di-）；spinosus = spinus + osus 具刺的，多刺的，长满刺的；spinus 刺，针刺；-osus/ -osum/ -osa 多的，充分的，丰富的，显著发育的，程度高的，特征明显的（形容词词尾）

Sesbania cannabina 田菁：cannabinus 像大麻的；cannabis ← kannabis ← kanb 大麻（波斯语）；-inus/ -inum/ -ina/ -inos 相近，接近，相似，具有（通常指颜色）

Sesbania grandiflora 大花田菁：grandi- ← grandis 大的；florus/ florum/ flora ← flos 花（用于复合词）

Sesbania javanica 沼生田菁：javanica 爪哇的（地名，印度尼西亚）；-icus/ -icum/ -ica 属于，具有某种特性（常用于地名、起源、生境）

Sesbania sesban 印度田菁：sesban ← seiseban 田菁（阿拉伯语）

S

Sesbania sesban var. bicolor 元江田菁：bi-/ bis- 二，二数，二回（希腊语为 di-）；color 颜色

Sesbania sesban var. sesban 印度田菁-原变种 （词义见上面解释）

Seseli 西风芹属（伞形科）（55-2：p181）：seseli（希腊语名，Tordylium 属一种植物名）

Seseli aemulans 大果西风芹：aemulans 模仿的，类似的，媲美的

Seseli coronatum 柱冠西风芹（冠 guān）：coronatus 冠，具花冠的；corona 花冠，花环

Seseli delavayi 多毛西风芹：delavayi ← P. J. M. Delavay（人名，1834–1895，法国传教士，曾在中国采集植物标本）；-i 表示人名，接在以元音字母结尾的人名后面，但 -a 除外

Seseli eriocephalum 毛序西风芹：erion 绵毛，羊毛；cephalus/ cephale ← cephalos 头，头状花序

Seseli glabratum 膜盘西风芹：glabratus = glabrus + atus 脱毛的，光滑的；glabrus 光秃的，无毛的，光滑的；-atus/ -atum/ -ata 属于，相似，具有，完成（形容词词尾）

Seseli inciso-dentatum 锐齿西风芹：inciso-dentatum 锐齿的；inciso- ← incisus 深裂的，锐裂的，缺刻的；dentatus = dentus + atus 牙齿的，齿状的，具齿的；dentus 齿，牙齿；-atus/ -atum/ -ata 属于，相似，具有，完成（形容词词尾）

Seseli intramongolicum 内蒙西风芹：intramongolicum 内蒙古的（地名）；intra-/ intro-/ endo-/ end- 内部，内侧；反义词：exo- 外部，外侧

Seseli mairei 竹叶西风芹：mairei（人名）；Edouard Ernest Maire（人名，19 世纪活动于中国云南的传教士）；Rene C. J. E. Maire 人名（20 世纪阿尔及利亚植物学家，研究北非植物）；-i 表示人名，接在以元音字母结尾的人名后面，但 -a 除外

Seseli mairei var. mairei 竹叶西风芹-原变种 （词义见上面解释）

Seseli mairei var. simplicifolia 单叶西风芹：simplicifolius = simplex + folius 单叶的；simplex 单一的，简单的，无分歧的（词干为 simplic-）；构词规则：以 -ix/ -iex 结尾的词其词干末尾视为 -ic，以 -ex 结尾视为 -i/ -ic，其他以 -x 结尾视为 -c；folius/ folium/ folia 叶，叶片（用于复合词）

Seseli nortonii 西藏西风芹：nortonii（人名）；-ii 表示人名，接在以辅音字母结尾的人名后面，但 -er 除外

Seseli purpureo-vaginatum 紫鞘西风芹：purpureo- ← purpureus 紫色；purpureus = purpura + eus 紫色的；purpura 紫色（purpura 原为一种介壳虫名，其体液为紫色，可作颜料）；-eus/ -eum/ -ea（接拉丁语词干时）属于……的，色如……的，质如……的（表示原料、颜色或品质的相似），（接希腊语词干时）属于……的，以……出名，为……所占有（表示具有某种特性）；vaginatus = vaginus + atus 鞘，具鞘的；vaginus 鞘，叶鞘；-atus/ -atum/ -ata 属于，相似，具有，完成（形容词词尾）

Seseli sandbergiae 山西西风芹：sandbergiae（人名）；-ae 表示人名，以 -a 结尾的人名后面加上 -e 形成

Seseli sessiliflorum 无柄西风芹：sessile-/ sessili-/ sessil- ← sessilis 无柄的，无茎的，基生的，基部的；florus/ florum/ flora ← flos 花（用于复合词）

Seseli squarrulosum 粗糙西风芹：squarrulosus = squarrus + ulus + osus 稍粗糙的，有小凸起的；squarrus 糙的，不平，凸点；-ulus/ -ulum/ -ula 小的，略微的，稍微的（小词 -ulus 在字母 e 或 i 之后有多种变缀，即 -olus/ -olum/ -ola、-ellus/ -ellum/ -ella、-illus/ -illum/ -illa，与第一变格法和第二变格法名词形成复合词）；-osus/ -osum/ -osa 多的，充分的，丰富的，显著发育的，程度高的，特征明显的（形容词词尾）

Seseli tschuiliense 楚伊犁西风芹：tschuiliense 楚伊犁山的（地名，哈萨克斯坦）

Seseli valentinae 叉枝西风芹（叉 chā）：valentinae 瓦伦西亚的（地名，西班牙）

Seseli yunnanense 松叶西风芹：yunnanense 云南的（地名）

Seselopsis 西归芹属（伞形科）（55-2：p142）：Seseli 西风芹属；-opsis/ -ops 相似，稍微，带有

Seselopsis tianschanicum 西归芹：tianschanicum 天山的（地名，新疆维吾尔自治区）；-icus/ -icum/ -ica 属于，具有某种特性（常用于地名、起源、生境）

Sesuvium 海马齿属（番杏科）（26：p30）：sesuvium （地名，法国高卢部族领域）

Sesuvium portulacastrum 海马齿：portulacastrum 像马齿苋的；Portulaca 马齿苋属（马齿苋科）；-aster/ -astra/ -astrum/ -ister/ -istra/ -istrum 相似的，程度稍弱，稍小的，次等级的（用于拉丁语复合词词尾，表示不完全相似或低级之意，常用以区别一种野生植物与栽培植物，如 oleaster、oleastrum 野橄榄，以区别于 olea，即栽培的橄榄，而作形容词词尾时则表示小或程度弱化，如 surdaster 稍聋的，比 surdus 稍弱）

Setaria 狗尾草属（禾本科）（10-1：p334）：setaria ← seta 刚毛的，刺毛的，芒刺的

Setaria arenaria 断穗狗尾草：arenaria ← arena 沙子，沙地，沙地的，沙生的；-arius/ -arium/ aria 相似，属于（表示地点，场所，关系，所属）；Arenaria 无心菜属（石竹科）

Setaria chondrachne 莘草（莘 fú）：chondrachne 软骨质谷壳的，软骨质鳞片的；chondros → chondrus 果粒，粒状物，粉粒，软骨；achne 鳞片，稃片，谷壳（希腊语）

Setaria faberii 大狗尾草：faberii ← Ernst Faber（人名，19 世纪活动于中国的德国植物采集员）（注：该词宜改为 "faberi"）；-eri 表示人名，在以 -er 结尾的人名后面加上 i 形成；-ii 表示人名，接在以辅音字母结尾的人名后面，但 -er 除外

Setaria forbesiana 西南莘草：forbesiana ← Charles Noyes Forbes（人名，20 世纪美国植物学家）

Setaria forbesiana var. breviseta 短刺西南莘草：brevi- ← brevis 短的（用于希腊语复合词词首）；setus/ saetus 刚毛，刺毛，芒刺

Setaria forbesiana var. forbesiana 西南莘草-原变种 （词义见上面解释）

Setaria geniculata 莠狗尾草：geniculatus 关节的，膝状弯曲的；geniculum 节，关节，节片；-atus/

-atum/ -ata 属于，相似，具有，完成（形容词词尾）

Setaria glauca 金色狗尾草（另见 S. pumila）：glaucus → glauco-/ glauc- 被白粉的，发白的，灰绿色的

Setaria glauca var. dura 硬稃狗尾草（稃 fū）：durus/ durrus 持久的，坚硬的，坚韧的

Setaria glauca var. glauca 金色狗尾草-原变种（词义见上面解释）

Setaria guizhouensis 贵州狗尾草：guizhouensis 贵州的（地名）

Setaria guizhouensis var. guizhouensis 贵州狗尾草-原变种 （词义见上面解释）

Setaria guizhouensis var. paleata 具稃贵州狗尾草：paleatus 具托苞的，具内颖的，具稃的，具鳞片的；paleus 托苞，内颖，内稃，鳞片；-atus/ -atum/ -ata 属于，相似，具有，完成（形容词词尾）

Setaria intermedia 间序狗尾草（间 jiàn）：intermedius 中间的，中位的，中等的；inter- 中间的，在中间，之间；medius 中间的，中央的

Setaria italica 粱：italica 意大利的（地名）；-icus/ -icum/ -ica 属于，具有某种特性（常用于地名、起源、生境）

Setaria italica var. germanica 粟：germanicus 德国的（地名）；-icus/ -icum/ -ica 属于，具有某种特性（常用于地名、起源、生境）

Setaria italica var. italica 粱-原变种 （词义见上面解释）

Setaria pallidifusca 褐毛狗尾草：pallidus 苍白的，淡白色的，淡色的，蓝白色的，无活力的；palide 淡地，淡色地（反义词：sturate 深色地，浓色地，充分地，丰富地，饱和地）；fuscus 棕色的，暗色的，发黑的，暗棕色的，褐色的

Setaria palmifolia 棕叶狗尾草：palmus 手掌，掌状的；folius/ folium/ folia 叶，叶片（用于复合词）

Setaria parviflora 幽狗尾草：parviflorus 小花的；parvus 小的，些微的，弱的；florus/ florum/ flora ← flos 花（用于复合词）

Setaria plicata 皱叶狗尾草：plicatus = plex + atus 折扇状的，有沟的，纵向折叠的，棕榈叶状的（= plicativus）；plex/ plica 褶，折扇状，卷折（plex 的词干为 plic-）；plico 折叠，出褶，卷折

Setaria plicata var. leviflora 光花狗尾草：laevis/ levis/ laeve/ leve → levi-/ laevi- 光滑的，无毛的，无不平或粗糙感觉的；florus/ florum/ flora ← flos 花（用于复合词）

Setaria plicata var. plicata 皱叶狗尾草-原变种（词义见上面解释）

Setaria pumila 金色狗尾草（另见 S. glauca）：pumilus 矮的，小的，低矮的，矮人的

Setaria sphacelata 南非鸽草：sphacelatus 凋萎的，枯死的，暗色星点的

Setaria verticillata 倒刺狗尾草：verticillatus/ verticillaris 螺纹的，螺旋的，轮生的，环状的；verticillus 轮，环状排列

Setaria viridis 狗尾草：viridis 绿色的，鲜嫩的（相当于希腊语的 chloro-）

Setaria viridis subsp. pachystachys 厚穗狗尾草：pachystachys 粗壮穗状花序的；pachys 粗的，厚的，肥的；stachy-/ stachyo-/ -stachys/ -stachyus/ -stachyum/ -stachya 穗子，穗子的，穗子状的，穗状花序的；Pachystachys 厚穗爵床属（爵床科）

Setaria viridis subsp. pycnocoma 巨大狗尾草：pycn-/ pycno- ← pycnos 密生的，密集的；comus ← comis 冠毛，头缨，一簇（毛或叶片）

Setaria viridis subsp. viridis 狗尾草-原亚种 （词义见上面解释）

Setaria yunnanensis 云南狗尾草：yunnanensis 云南的（地名）

Setiacis 刺毛头黍属（黍 shǔ）（禾本科）（10-1：p233）：setiacis ← setiax 属于刚毛的，属于刺毛的；setus/ saetus 刚毛，刺毛，芒刺；-ax 倾向于，易于（动词词尾，如 fugere 逃跑，逃亡，消失 + ax → fugax 易消失的）（单数所有格为 -acis）

Setiacis diffusa 刺毛头黍：diffusus = dis + fusus 蔓延的，散开的，扩展的，渗透的（dis- 在辅音字母前发生同化）；fusus 散开的，松散的，松弛的；di-/ dis- 二，二数，二分，分离，不同，在……之间，从……分开（希腊语，拉丁语为 bi-/ bis-）

Sheareria 虾须草属（菊科）（75：p322）：sheareria（人名）

Sheareria nana 虾须草：nanus ← nanos/ nannos 矮小的，小的；nani-/ nano-/ nanno- 矮小的，小的

Shibataea 倭竹属（倭 wō）（禾本科）（9-1：p314）：shibataea ← Keita Shibata 柴田（人名，20 世纪日本植物学家）

Shibataea chiangshanensis 江山倭竹：chiangshanensis 江山的（地名，浙江省）

Shibataea chinensis 鹅毛竹：chinensis = china + ensis 中国的（地名）；China 中国

Shibataea chinensis var. aureo-striata 黄条纹鹅毛竹：aure-/ aureo- ← aureus 黄色，金色；striatus = stria + atus 有条纹的，有细沟的；stria 条纹，线条，细纹，细沟

Shibataea chinensis var. chinensis 鹅毛竹-原变种 （词义见上面解释）

Shibataea chinensis var. gracilis 细鹅毛竹：gracilis 细长的，纤弱的，丝状的

Shibataea hispida 芦花竹：hispidus 刚毛的，鬃毛状的

Shibataea kumasasa 倭竹：kumasasa 熊笹（笹 tì）（日文）

Shibataea lanceifolia 狭叶倭竹：lance-/ lancei-/ lanci-/ lanceo-/ lanc- ← lanceus 披针形的，矛形的，尖刀状的，柳叶刀状的；folius/ folium/ folia 叶，叶片（用于复合词）

Shibataea lanceifolia cv. Lanceifolia 狭叶倭竹-原栽培变种 （词义见上面解释）

Shibataea lanceifolia cv. Smaragdina 翡翠倭竹：smaragdinus 鲜绿色的，翡翠色的；smaragdus 绿宝石，祖母绿；-inus/ -inum/ -ina/ -inos 相近，接近，相似，具有（通常指颜色）

Shibataea nanpingensis 南平倭竹：nanpingensis 南平的（地名，福建省）

Shibataea nanpingensis var. fujianica 福建倭竹：fujianica 福建的（地名）；-icus/ -icum/ -ica 属于，具有某种特性（常用于地名、起源、生境）

S

Shibataea nanpingensis var. nanpingensis 南平倭竹-原变种 （词义见上面解释）

Shibataea pygmaea （小倭竹）：pygmaeus/ pygmaei 小的，低矮的，极小的，矮人的；pygm- 矮，小，侏儒；-aeus/ -aeum/ -aea 表示属于……，名词形容词化词尾，如 europaeus ← europa 欧洲的

Shibataea strigosa 矮雷竹：strigosus = striga + osus 鬃毛的，刷毛的；striga → strig- 条纹的，网纹的（如种子具网纹），糙伏毛的；-osus/ -osum/ -osa 多的，充分的，丰富的，显著发育的，程度高的，特征明显的（形容词词尾）

Shorea 娑罗双属（娑 suō）（龙脑香科）（50-2：p124）：shorea ← John Shore（人名，18 世纪英国东印度公司总经理）

Shorea assamica 云南娑罗双：assamica 阿萨姆邦的（地名，印度）

Shortia 岩扇属（岩梅科）（56：p115）：shortia ← Charles W. Short（人名，1794–1863，英国植物学家）

Shortia exappendiculata 台湾岩扇：exappendiculatus 无附属物的；e-/ ex- 不，无，非，缺乏，不具有（e- 用在辅音字母前，ex- 用在元音字母前，为拉丁语词首，对应的希腊语词首为 a-/ an-，英语为 un-/ -less，注意作词首用的 e-/ ex- 和介词 e/ ex 意思不同，后者意为"出自、从……、由……离开、由于、依照"）；appendiculus = appendix + ulus 有附属物的；appendix = ad + pendix 附属物；ad- 向，到，近（拉丁语词首，表示程度加强）；构词规则：构成复合词时，词首末尾的辅音字母常同化为紧接其后的那个辅音字母（如 ad + p → app）；pendix ← pendens 垂悬的，挂着的，悬挂的；-atus/ -atum/ -ata 属于，相似，具有，完成（形容词词尾）

Shortia sinensis 华岩扇：sinensis = Sina + ensis 中国的（地名）；Sina 中国

Shortia sinensis var. pubinervis 毛脉华岩扇：pubi- ← pubis 细柔毛的，短柔毛的，毛被的；nervis ← nervus 脉，叶脉

Shortia sinensis var. sinensis 华岩扇-原变种 （词义见上面解释）

Shuteria 宿苞豆属（豆科）（41：p243）：shuteria（人名）

Shuteria hirsuta 硬毛宿苞豆：hirsutus 粗毛的，糙毛的，有毛的（长而硬的毛）

Shuteria involucrata 宿苞豆：involucratus = involucrus + atus 有总苞的；involucrus 总苞，花苞，包被

Shuteria involucrata var. glabrata 光宿苞豆：glabratus = glabrus + atus 脱毛的，光滑的；glabrus 光秃的，无毛的，光滑的；-atus/ -atum/ -ata 属于，相似，具有，完成（形容词词尾）

Shuteria involucrata var. involucrata 宿苞豆-原变种 （词义见上面解释）

Shuteria involucrata var. villosa 毛宿苞豆：villosus 柔毛的，绵毛的；villus 毛，羊毛，长绒毛；-osus/ -osum/ -osa 多的，充分的，丰富的，显著发育的，程度高的，特征明显的（形容词词尾）

Shuteria suffulta （直立宿苞豆）：suffultus 支持的，帮助的；suf- ← sub- 亚，像，稍微（sub- 在字母 f 前同化为 suf-）；fultus 支持的

Sibbaldia 山莓草属（蔷薇科）（37：p335）：sibbaldia ← Robert Sibbald（人名，1643–1720，英国药学家）

Sibbaldia adpressa 伏毛山莓草：adpressus/ appressus = ad + pressus 压紧的，压扁的，紧贴的，平卧的；ad- 向，到，近（拉丁语词首，表示程度加强）；构词规则：构成复合词时，词首末尾的辅音字母常同化为紧接其后的那个辅音字母（如 ad + p → app）；pressus 压，压力，挤压，紧密

Sibbaldia cuneata 楔叶山莓草：cuneatus = cuneus + atus 具楔子的，属楔形的；cuneus 楔子的；-atus/ -atum/ -ata 属于，相似，具有，完成（形容词词尾）

Sibbaldia glabriuscula 光叶山莓草：glabriusculus = glabrus + usculus 近无毛的，稍光滑的；glabrus 光秃的，无毛的，光滑的；-usculus ← -culus 小的，略微的，稍微的（小词 -culus 和某些词构成复合词时变成 -usculus）

Sibbaldia melinotricha 黄毛山莓草：melinotrichus = milinus + trichus 蜜色毛的，貂鼠色毛的；melino-/ melin-/ mel-/ meli- ← melinus/ mellinus 蜜，蜜色的，貂鼠色的；trichus 毛，毛发，线

Sibbaldia micropetala 白叶山莓草：micr-/ micro- ← micros 小的，微小的，微观的（用于希腊语复合词）；petalus/ petalum/ petala ← petalon 花瓣

Sibbaldia omeiensis 峨眉山莓草：omeiensis 峨眉山的（地名，四川省）

Sibbaldia pentaphylla 五叶山莓草：penta- 五，五数（希腊语，拉丁语为 quin/ quinqu/ quinque-/ quinqui-）；phyllus/ phyllum/ phylla ← phyllon 叶片（用于希腊语复合词）

Sibbaldia perpusilloides 短蕊山莓草：perpusilloides 像 perpusilla 的；Sibbaldia perpusilla 细茎山莓草；-oides/ -oideus/ -oideum/ -oidea/ -odes/ -eidos 像……的，类似……的，呈……状的（名词词尾）

Sibbaldia phanerophlebia 显脉山莓草（种加词有时错印为"phanerophylebia"）：phanerophlebius 显脉的；phanerus ← phaneros 显著的，显现的，突出的；phlebius = phlebus + ius 叶脉，属于有脉的；phlebus 脉，叶脉；-ius/ -ium/ -ia 具有……特性的（表示有关、关联、相似）

Sibbaldia procumbens 山莓草：procumbens 俯卧的，葡匐的，倒伏的；procumb- 俯卧，葡匐，倒伏；-ans/ -ens/ -bilis/ -ilis 能够，可能（为形容词词尾，-ans/ -ens 用于主动语态，-bilis/ -ilis 用于被动语态）

Sibbaldia procumbens var. aphanopetala 隐瓣山莓草：aphanopetalus 匿瓣的，花瓣不明显的；aphano-/ aphan- ← aphanes = a + phanes 不显眼的，看不见的，模糊不清的；a-/ an- 无，非，没有，缺乏，不具有（an- 用于元音前）（a-/ an- 为希腊语词首，对应的拉丁语词首为 e-/ ex-，相当于英语的 un-/ -less，注意词首 a- 和作为介词的 a/ ab 不同，后者的意思是"从……、由……、关于……、因

为……"）；phanes 可见的，显眼的；phanerus ← phaneros 显著的，显现的，突出的；petalus/ petalum/ petala ← petalon 花瓣

Sibbaldia procumbens var. procumbens 山莓草-原变种 （词义见上面解释）

Sibbaldia pulvinata 垫状山莓草：pulvinatus = pulvinus + atus 垫状的；pulvinus 叶枕，叶柄基部膨大部分，坐垫，枕头

Sibbaldia purpurea 紫花山莓草：purpureus = purpura + eus 紫色的；purpura 紫色（purpura 原为一种介壳虫名，其体液为紫色，可作颜料）；-eus/ -eum/ -ea（接拉丁语词干时）属于……的，色如……的，质如……的（表示原料、颜色或品质的相似），（接希腊语词干时）属于……的，以……出名，为……所占有（表示具有某种特性）

Sibbaldia purpurea var. macropetala 大瓣紫花山莓草：macro-/ macr- ← macros 大的，宏观的（用于希腊语复合词）；petalus/ petalum/ petala ← petalon 花瓣

Sibbaldia purpurea var. purpurea 紫花山莓草-原变种 （词义见上面解释）

Sibbaldia sericea 绢毛山莓草（绢 juàn）：sericeus 绢丝状的；sericus 绢丝的，绢毛的，赛尔人的（Ser 为印度一民族）；-eus/ -eum/ -ea（接拉丁语词干时）属于……的，色如……的，质如……的（表示原料、颜色或品质的相似），（接希腊语词干时）属于……的，以……出名，为……所占有（表示具有某种特性）

Sibbaldia stromatodes （丛生山莓草）：stromatodes/ stromatoides 垫状的，果梗状的；-oides/ -oideus/ -oideum/ -oidea/ -odes/ -eidos 像……的，类似……的，呈……状的（名词词尾）

Sibbaldia tenuis 纤细山莓草：tenuis 薄的，纤细的，弱的，瘦的，窄的

Sibbaldia tetrandra 四蕊山莓草：tetrandrus 四雄蕊的；tetra-/ tetr- 四，四数（希腊语，拉丁语为 quadri-/ quadr-）；andrus/ andros/ antherus ← aner 雄蕊，花药，雄性

Sibiraea 鲜卑花属（蔷薇科）（36：p67）：sibiraea 鲜卑的（地名，古代中国北方一民族）

Sibiraea angustata 窄叶鲜卑花：angustatus = angustus + atus 变窄的；angustus 窄的，狭的，细的

Sibiraea laevigata 鲜卑花：laevigatus/ levigatus 光滑的，平滑的，平滑而发亮的；laevis/ levis/ laeve/ leve → levi-/ laevi- 光滑的，无毛的，无不平或粗糙感觉的；laevigo/ levigo 使光滑，削平

Sibiraea tomentosa 毛叶鲜卑花：tomentosus = tomentum + osus 绒毛的，密被绒毛的；tomentum 绒毛，浓密的毛被，棉絮，棉絮状填充物（被褥、垫子等）；-osus/ -osum/ -osa 多的，充分的，丰富的，显著发育的，程度高的，特征明显的（形容词词尾）

Sicyos 刺果瓜属（葫芦科）（增补）：sicyos 黄瓜（希腊语）

Sicyos angulatus 刺果瓜：angulatus = angulus + atus 具棱角的，有角度的；angulus 角，棱角，角度，角落；-atus/ -atum/ -ata 属于，相似，具有，完成（形容词词尾）

Sida 黄花棯属（棯 niǎn，此处不改成"稔"niàn 或"苶"niè）（锦葵科）（49-2：p16）：sida 睡莲（希腊语名）

Sida acuta 黄花棯：acutus 尖锐的，锐角的

Sida alnifolia 桤叶黄花棯：Alnus 桤木属（又称赤杨属，桦木科）；folius/ folium/ folia 叶，叶片（用于复合词）

Sida alnifolia var. alnifolia 桤叶黄花棯-原变种（词义见上面解释）

Sida alnifolia var. microphylla 小叶黄花棯：micr-/ micro- ← micros 小的，微小的，微观的（用于希腊语复合词）；phyllus/ phyllum/ phylla ← phyllon 叶片（用于希腊语复合词）

Sida alnifolia var. obovata 倒卵叶黄花棯：obovatus = ob + ovus + atus 倒卵形的；ob- 相反，反对，倒（ob- 有多种音变：ob- 在元音字母和大多数辅音字母前面，oc- 在 c 前面，of- 在 f 前面，op- 在 p 前面）；ovus 卵，胚珠，卵形的，椭圆形的

Sida alnifolia var. orbiculata 圆叶黄花棯：orbiculatus/ orbicularis = orbis + culus + atus 圆形的；orbis 圆，圆形，圆圈，环；-culus/ -culum/ -cula 小的，略微的，稍微的（同第三变格法和第四变格法名词形成复合词）；-atus/ -atum/ -ata 属于，相似，具有，完成（形容词词尾）

Sida chinensis 中华黄花棯：chinensis = china + ensis 中国的（地名）；China 中国

Sida cordata 长梗黄花棯：cordatus ← cordis/ cor 心脏的，心形的；-atus/ -atum/ -ata 属于，相似，具有，完成（形容词词尾）

Sida cordifolia 心叶黄花棯：cordi- ← cordis/ cor 心脏的，心形的；folius/ folium/ folia 叶，叶片（用于复合词）

Sida cordifolioides 湖南黄花棯：cordifolioides 像 cordifolia 的，近似心形叶的；cordi- ← cordis/ cor 心脏的，心形的；Sida cordifolia 心叶黄花棯；-oides/ -oideus/ -oideum/ -oidea/ -odes/ -eidos 像……的，类似……的，呈……状的（名词词尾）

Sida javensis 爪哇黄花棯：javensis 爪哇的（地名，印度尼西亚）

Sida mysorensis 黏毛黄花棯：mysorensis 迈索尔的（地名，印度）

Sida orientalis 东方黄花棯：orientalis 东方的；oriens 初升的太阳，东方

Sida rhombifolia 白背黄花棯：rhombus 菱形，纺锤；folius/ folium/ folia 叶，叶片（用于复合词）

Sida rhombifolia var. corynocarpa 棒果黄花棯：coryno-/ coryne 棍棒状的；carpus/ carpum/ carpa/ carpon ← carpos 果实（用于希腊语复合词）

Sida rhombifolia var. rhombifolia 白背黄花棯-原变种 （词义见上面解释）

Sida subcordata 榛叶黄花棯：subcordatus 近心形的；sub-（表示程度较弱）与……类似，几乎，稍微，弱，亚，之下，下面；cordatus ← cordis/ cor 心脏的，心形的；-atus/ -atum/ -ata 属于，相似，具有，完成（形容词词尾）

Sida szechuensis 拔毒散：szechuensis 四川的（地名）

Sida yunnanensis 云南黄花稔：yunnanensis 云南的（地名）

Siegesbeckia 豨莶属（豨莶 xī xiān）（菊科）（75：p338）：siegesbeckia ← J. G. Siegesbeck（人名，1686–1755，德国医生、植物学家）

Siegesbeckia glabrescens 毛梗豨莶：glabrus 光秃的，无毛的，光滑的；-escens/ -ascens 改变，转变，变成，略微，带有，接近，相似，大致，稍微（表示变化的趋势，并未完全相似或相同，有别于表示达到完成状态的 -atus）

Siegesbeckia orientalis 豨莶：orientalis 东方的；oriens 初升的太阳，东方

Siegesbeckia pubescens 腺梗豨莶：pubescens ← pubens 被短柔毛的，长出柔毛的；pubi- ← pubis 细柔毛的，短柔毛的，毛被的；pubesco/ pubescere 长成的，变为成熟的，长出柔毛的，青春期体毛的；-escens/ -ascens 改变，转变，变成，略微，带有，接近，相似，大致，稍微（表示变化的趋势，并未完全相似或相同，有别于表示达到完成状态的 -atus）

Siegesbeckia pubescens f. eglandulosa 腺梗豨莶-无腺变型：eglandulosus 无腺体的；e-/ ex- 不，无，非，缺乏，不具有（e- 用在辅音字母前，ex- 用在元音字母前，为拉丁语词首，对应的希腊语词首为 a-/ an-，英语为 un-/ -less，注意作词首用的 e-/ ex- 和介词 e/ ex 意思不同，后者意为"出自、从……、由……离开、由于、依照"）；glandulosus = glandus + ulus + osus 被细腺的，具腺体的，腺体质的

Siegesbeckia pubescens f. pubescens 腺梗豨莶-原变型 （词义见上面解释）

Silaum 亮叶芹属（伞形科）（55-2：p215）：silaum（词源不详）

Silaum pratensis 草地亮叶芹：pratensis 生于草原的；pratum 草原

Silene 蝇子草属（石竹科）（26：p278）：silene 西莱奈（神话人物，醉酒后口吐白沫，比喻该属植物分泌的黏液），也称麦瓶草属

Silene adenocalyx 腺萼蝇子草：adenocalyx 腺萼的；aden-/ adeno- ← adenus 腺，腺体；calyx → calyc- 萼片（用于希腊语复合词）

Silene alaschanica 贺兰山蝇子草：alaschanica 阿拉善的（地名，内蒙古最西部）

Silene alexandrae 斋桑蝇子草：alexandrae ← Dr. R. C. Alexander（人名，19 世纪英国医生、植物学家）；-ae 表示人名，以 -a 结尾的人名后面加上 -e 形成

Silene altaica 阿尔泰蝇子草：altaica 阿尔泰的（地名，新疆北部山脉）

Silene aprica 女娄菜：apricus 喜光耐旱的

Silene aprica var. aprica 女娄菜-原变种 （词义见上面解释）

Silene aprica var. oldhamiana 长冠女娄菜（冠guān）：oldhamiana ← Richard Oldham（人名，19 世纪植物采集员）

Silene armeria 高雪轮：armeria（凯尔特语名）

Silene asclepiadea 掌脉蝇子草：asclepiadea = Asclepias + eus 像马利筋的；Asclepias 马利筋属（萝藦科）；-eus/ -eum/ -ea（接拉丁语词干）属于……的，色如……的，质如……的（表示原料、颜色或品质的相似），（接希腊语词干时）属于……的，以……出名，为……所占有（表示具有某种特性）

Silene asclepiadea var. asclepiadea 掌脉蝇子草-原变种 （词义见上面解释）

Silene asclepiadea var. dumicola 丛林蝇子草：dumicolus = dumus + colus 生于灌丛的，生于荒草丛的；dumus 灌丛，荆棘丛，荒草丛；colus ← colo 分布于，居住于，栖居，殖民（常作词尾）；colo/ colere/ colui/ cultum 居住，耕作，栽培

Silene atrocastanea 栗色蝇子草：atro-/ atr-/ atri-/ atra- ← ater 深色，浓色，暗色，发黑（ater 作为词干后接辅音字母开头的词时，要在词干后面加一个连接用的元音字母"o"或"i"，故为"ater-o-"或"ater-i-"，变形为"atr-"开头）；castaneus 棕色的，板栗色的

Silene atsaensis 阿扎蝇子草（扎 zhā）：atsaensis 加查的（地名，西藏自治区）

Silene batangensis 巴塘蝇子草：batangensis 巴塘的（地名，四川西北部）

Silene bilingua 双舌蝇子草：bi-/ bis- 二，二数，二回（希腊语为 di-）；lingua 舌状的，丝带状的，语言的

Silene borysthenica 小花蝇子草：borysthenica 第聂伯河的（Borysthen 为 Dnieper 的古称，俄罗斯欧洲部分第二大河流）

Silene bungei 暗色蝇子草：bungei ← Alexander von Bunge（人名，19 世纪俄国植物学家）；-i 表示人名，接在以元音字母结尾的人名后面，但 -a 除外

Silene caespitella 丛生蝇子草：caespitus 成簇的，丛生的；-ellus/ -ellum/ -ella ← -ulus 小的，略微的，稍微的（小词 -ulus 在字母 e 或 i 之后有多种变缀，即 -olus/ -olum/ -ola、-ellus/ -ellum/ -ella、-illus/ -illum/ -illa，用于第一变格法名词）

Silene capitata 头序蝇子草：capitatus 头状的，头状花序的；capitus ← capitis 头，头状

Silene cardiopetala 心瓣蝇子草：cardiopetalus 心形花瓣的；cardius 心脏，心形；petalus/ petalum/ petala ← petalon 花瓣

Silene cashmeriana 克什米尔蝇子草：cashmeriana 克什米尔的（地名）

Silene chodatii 球萼蝇子草：chodatii（人名）；-ii 表示人名，接在以辅音字母结尾的人名后面，但 -er 除外

Silene chodatii var. chodatii 球萼蝇子草-原变种（词义见上面解释）

Silene chodatii var. pygmaea 矮球萼蝇子草：pygmaeus/ pygmaei 小的，低矮的，极小的，矮人的；pygm- 矮，小，侏儒；-aeus/ -aeum/ -aea 表示属于……，名词形容词化词尾，如 europaeus ← europa 欧洲的

Silene chungtienensis 中甸蝇子草：chungtienensis 中甸的（地名，云南省香格里拉市的旧称）

Silene conoidea 麦瓶草：conoideus 圆锥状的；conos 圆锥，尖塔；-oides/ -oideus/ -oideum/ -oidea/ -odes/ -eidos 像……的，类似……的，呈……状的（名词词尾）

Silene dawoensis 道孚蝇子草：dawoensis 道孚的（地名，四川省）

Silene delavayi 西南蝇子草：delavayi ← P. J. M. Delavay（人名，1834–1895，法国传教士，曾在中国采集植物标本）；-i 表示人名，接在以元音字母结尾的人名后面，但 -a 除外

Silene dumetosa 灌丛蝇子草：dumetosus = dumus + etum + osus 灌丛的，小灌木的，荒草丛的；dumus 灌丛，荆棘丛，荒草丛；-etum/ -cetum 群丛，群落（表示数量很多，为群落优势种）（如 arboretum 乔木群落，quercetum 栎树林，rosetum 蔷薇群落）；-osus/ -osum/ -osa 多的，充分的，丰富的，显著发育的，程度高的，特征明显的（形容词词尾）

Silene esquamata 无鳞蝇子草：esquamata 无鳞片的；e-/ ex- 不，无，非，缺乏，不具有（e- 用在辅音字母前，ex- 用在元音字母前，为拉丁语词首，对应的希腊语词首为 a-/ an-，英语为 un-/ -less，注意作词首用的 e-/ ex- 和介词 e/ ex 意思不同，后者意为"出自、从……、由……离开、由于、依照"）；squamatus = squamus + atus 具鳞片的，具薄膜的；squamus 鳞，鳞片，薄膜

Silene firma 坚硬女娄菜：firmus 坚固的，强的

Silene firma var. firma 坚硬女娄菜-原变种 （词义见上面解释）

Silene firma var. pubescens 疏毛女娄菜：pubescens ← pubens 被短柔毛的，长出柔毛的；pubi- ← pubis 细柔毛的，短柔毛的，毛被的；pubesco/ pubescere 长成的，变为成熟的，长出柔毛的，青春期体毛的；-escens/ -ascens 改变，转变，变成，略微，带有，接近，相似，大致，稍微（表示变化的趋势，并未完全相似或相同，有别于表示达到完成状态的 -atus）

Silene flavovirens 黄绿蝇子草：flavovirens = flavus + virens 淡黄绿色的；flavus → flavo-/ flavi-/ flav- 黄色的，鲜黄色的，金黄色的（指纯正的黄色）；virens 绿色的，变绿的

Silene foliosa 石缝蝇子草（缝 fèng）：foliosus = folius + osus 多叶的；folius/ folium/ folia → foli-/ folia- 叶，叶片；-osus/ -osum/ -osa 多的，充分的，丰富的，显著发育的，程度高的，特征明显的（形容词词尾）

Silene foliosa var. foliosa 石缝蝇子草-原变种 （词义见上面解释）

Silene foliosa var. mongolica 小花石缝蝇子草：mongolica 蒙古的（地名）；mongolia 蒙古的（地名）；-icus/ -icum/ -ica 属于，具有某种特性（常用于地名、起源、生境）

Silene fortunei 鹤草：fortunei ← Robert Fortune（人名，19 世纪英国园艺学家，曾在中国采集植物）；-i 表示人名，接在以元音字母结尾的人名后面，但 -a 除外

Silene gallica 蝇子草：gallica = gallia + icus 高卢的（地名，Gallia 为古代欧洲国家，凯尔特人的居住地，含现在的法国全境及其周边国家的部分疆域，常特指法国）

Silene gonosperma 隐瓣蝇子草：gono/ gonos/ gon 关节，棱角，角度；spermus/ spermum/ sperma 种子的（用于希腊语复合词）

Silene gracilenta 纤细蝇子草：gracilentus 细长的，纤弱的；gracilis 细长的，纤弱的，丝状的；-ulentus/ -ulentum/ -ulenta/ -olentus/ -olentum/ -olenta（表示丰富、充分或显著发展）

Silene gracilicaulis 细蝇子草：gracili- 细长的，纤弱的；caulis ← caulos 茎，茎秆，主茎

Silene gracilicaulis var. gracilicaulis 细蝇子草-原变种 （词义见上面解释）

Silene gracilicaulis var. rubescens 大花细蝇子草：rubescens = rubus + escens 红色，变红的；rubus ← ruber/ rubeo 树莓的，红色的；-escens/ -ascens 改变，转变，变成，略微，带有，接近，相似，大致，稍微（表示变化的趋势，并未完全相似或相同，有别于表示达到完成状态的 -atus）

Silene graminifolia 禾叶蝇子草：graminus 禾草，禾本科草；folius/ folium/ folia 叶，叶片（用于复合词）

Silene grandiflora 大花蝇子草：grandi- ← grandis 大的；florus/ florum/ flora ← flos 花（用于复合词）

Silene himalayensis 喜马拉雅蝇子草：himalayensis 喜马拉雅的（地名）

Silene holopetala 全缘蝇子草：holo-/ hol- 全部的，所有的，完全的，联合的，全缘的，不分裂的；petalus/ petalum/ petala ← petalon 花瓣

Silene huguettiae 狭果蝇子草：huguettiae（人名）

Silene huguettiae var. huguettiae 狭果蝇子草-原变种 （词义见上面解释）

Silene huguettiae var. pilosa 无腺狭果蝇子草：pilosus = pilus + osus 多毛的，被柔毛的，具疏柔毛的，被短弱细毛的；pilus 毛，疏柔毛；-osus/ -osum/ -osa 多的，充分的，丰富的，显著发育的，程度高的，特征明显的（形容词词尾）

Silene hupehensis 湖北蝇子草：hupehensis 湖北的（地名）

Silene hupehensis var. hupehensis 湖北蝇子草-原变种 （词义见上面解释）

Silene hupehensis var. pubescens 毛湖北蝇子草：pubescens ← pubens 被短柔毛的，长出柔毛的；pubi- ← pubis 细柔毛的，短柔毛的，毛被的；pubesco/ pubescere 长成的，变为成熟的，长出柔毛的，青春期体毛的；-escens/ -ascens 改变，转变，变成，略微，带有，接近，相似，大致，稍微（表示变化的趋势，并未完全相似或相同，有别于表示达到完成状态的 -atus）

Silene incisa 齿瓣蝇子草：incisus 深裂的，锐裂的，缺刻的

Silene incurvifolia 镰叶蝇子草：incurvus 内弯的；in-/ im-（来自 il- 的音变）内，在内，内部，向内，相反，不，无，非；il- 在内，向内，为，相反（希腊语为 en-）；词首 il- 的音变：il-（在 l 前面），im-（在 b、m、p 前面），in-（在元音字母和大多数辅音字母前面），ir-（在 r 前面），如 illaudatus（不值得称赞的，评价不好的），impermeabilis（不透水的，穿不透的），ineptus（不合适的），insertus（插入的），irretortus（无弯曲的，无扭曲的）；curvus 弯曲的；folius/ folium/ folia 叶，叶片（用于复合词）

Silene indica 印度蝇子草：indica 印度的（地名）；

-icus/ -icum/ -ica 属于，具有某种特性（常用于地名、起源、生境）

Silene indica var. bhutanica 不丹蝇子草：bhutanica ← Bhotan 不丹的（地名）

Silene indica var. indica 印度蝇子草-原变种 （词义见上面解释）

Silene jenisseensis 山蚂蚱草（蚂 mà）：jenisseensis 叶尼塞河的（地名，俄罗斯）

Silene jenisseensis var. jenisseensis 山蚂蚱草-原变种 （词义见上面解释）

Silene jenisseensis var. jenisseensis f. jenisseensis 山蚂蚱草-原变型 （词义见上面解释）

Silene jenisseensis var. jenisseensis f. parviflora 小花山蚂蚱草：parviflorus 小花的；parvus 小的，些微的，弱的；florus/ florum/ flora ← flos 花（用于复合词）

Silene jenisseensis var. jenisseensis f. setifolia 丝叶山蚂蚱草：setus/ saetus 刚毛，刺毛，芒刺；folius/ folium/ folia 叶，叶片（用于复合词）

Silene jenisseensis var. oliganthella 长白山蚂蚱草：oligo-/ olig- 少数的（希腊语，拉丁语为 pauci-）；anthus/ anthum/ antha/ anthe ← anthos 花（用于希腊语复合词）；-ellus/ -ellum/ -ella ← -ulus 小的，略微的，稍微的（小词 -ulus 在字母 e 或 i 之后有多种变缀，即 -olus/ -olum/ -ola、-ellus/ -ellum/ -ella、-illus/ -illum/ -illa，用于第一变格法名词）

Silene kantzeensis 垫状蝇子草：kantzeensis 甘孜的（地名，四川省）

Silene karaczukuri 喀拉蝇子草（喀 kā）：karaczukuri（地名，帕米尔地区）

Silene karekirii 污色蝇子草：karekirii（人名）；-ii 表示人名，接在以辅音字母结尾的人名后面，但 -er 除外

Silene kermesina 卡里蝇子草：kermesinus 鲜红色的，胭脂红的

Silene khasiana 卡西亚蝇子草：khasiana ← Khasya 喀西的，卡西的（地名，印度阿萨姆邦）

Silene komarovii 轮伞蝇子草：komarovii ← Vladimir Leontjevich Komarov 科马洛夫（人名，1869–1945，俄国植物学家）

Silene koreana 朝鲜蝇子草：koreana 朝鲜的（地名）

Silene kungessana 巩乃斯蝇子草：kungessana 巩乃斯的（地名，新疆维吾尔自治区）

Silene lamarum 喇嘛蝇子草（喇嘛 lǎ má）：lamarum 喇嘛的（lama 的复数所有格）；-arum 属于……的（第一变格法名词复数所有格词尾，表示群落或多数）

Silene latifolia subsp. alba 白花蝇子草（另见 S. pratensis）：lati-/ late- ← latus 宽的，宽广的；folius/ folium/ folia 叶，叶片（用于复合词）；albus → albi-/ albo- 白色的

Silene lhassana 拉萨蝇子草：lhassana 拉萨的（地名，西藏自治区）

Silene lichiangensis 丽江蝇子草：lichiangensis 丽江的（地名，云南省）

Silene lineariloba 线瓣蝇子草：linearis = lineus + aris 线条的，线形的，线状的，亚麻状的；lobus/ lobos/ lobon 浅裂，耳片（裂片先端钝圆），荚果，

蒴果；-aris（阳性、阴性）/ -are（中性）← -alis（阳性、阴性）/ -ale（中性）属于，相似，如同，具有，涉及，关于，联结于（将名词作形容词用，其中 -aris 常用于以 l 或 r 为词干末尾的词）

Silene longicornuta 长角蝇子草：longicornutus 具长角的；longe-/ longi- ← longus 长的，纵向的；cornutus/ cornis 角，犄角

Silene macrostyla 长柱蝇子草：macro-/ macr- ← macros 大的，宏观的（用于希腊语复合词）；stylus/ stylis ← stylos 柱，花柱

Silene melanantha 黑花蝇子草：mel-/ mela-/ melan-/ melano- ← melanus/ melaenus ← melas/ melanos 黑色的，浓黑色的，暗色的；anthus/ anthum/ antha/ anthe ← anthos 花（用于希腊语复合词）

Silene monbeigii 沧江蝇子草：monbeigii（人名）；-ii 表示人名，接在以辅音字母结尾的人名后面，但 -er 除外

Silene moorcroftiana 冈底斯山蝇子草：moorcroftiana ← William Moorcroft（人名，19 世纪英国兽医）

Silene morii 台湾蝇子草：morii 森（日本人名）

Silene morrisonmontana 玉山蝇子草：morrisonmontanus 磨里山的；morrison 磨里山（地名，今台湾新高山）；montanus 山，山地

Silene morrisonmontana var. glabella 秃玉山蝇子草：glabellus 光滑的，无毛的；-ellus/ -ellum/ -ella ← -ulus 小的，略微的，稍微的（小词 -ulus 在字母 e 或 i 之后有多种变缀，即 -olus/ -olum/ -ola、-ellus/ -ellum/ -ella、-illus/ -illum/ -illa，用于第一变格法名词）

Silene morrisonmontana var. morrisonmontana 玉山蝇子草-原变种 （词义见上面解释）

Silene muliensis 木里蝇子草：muliensis 木里的（地名，四川省）

Silene multifurcata 花脉蝇子草：multi- ← multus 多个，多数，很多（希腊语为 poly-）；furcatus/ furcans = furcus + atus 叉子状的，分叉的；furcus 叉子，叉子状的，分叉的；-atus/ -atum/ -ata 属于，相似，具有，完成（形容词词尾）

Silene namlaensis 墨脱蝇子草：namlaensis（地名，西藏自治区）

Silene nana 矮蝇子草：nanus ← nanos/ nannos 矮小的，小的；nani-/ nano-/ nanno- 矮小的，小的

Silene nangqenensis 囊谦蝇子草：nangqenensis 囊谦的（地名，青海省）

Silene napuligera 纺锤根蝇子草：napuliferus = napus + ulus + gerus 具有小圆根的；napus 芜菁，疙瘩头，圆根（古拉丁名）；-ulus/ -ulum/ -ula 小的，略微的，稍微的（小词 -ulus 在字母 e 或 i 之后有多种变缀，即 -olus/ -olum/ -ola、-ellus/ -ellum/ -ella、-illus/ -illum/ -illa，与第一变格法和第二变格法名词形成复合词）；gerus → -ger/ -gerus/ -gerum/ -gera 具有，有，带有

Silene nepalensis 尼泊尔蝇子草：nepalensis 尼泊尔的（地名）

Silene nepalensis var. kialensis 甲拉蝇子草：kialensis（地名，四川省）

Silene nepalensis var. nepalensis 尼泊尔蝇子草-原变种 （词义见上面解释）

Silene nigrescens 变黑蝇子草：nigrus 黑色的；niger 黑色的；-escens/ -ascens 改变，转变，变成，略微，带有，接近，相似，大致，稍微（表示变化的趋势，并未完全相似或相同，有别于表示达到完成状态的 -atus）

Silene nigrescens subsp. latifolia 宽叶变黑蝇子草：lati-/ late- ← latus 宽的，宽广的；folius/ folium/ folia 叶，叶片（用于复合词）

Silene nigrescens subsp. nigrescens 变黑蝇子草-原亚种 （词义见上面解释）

Silene ningxiaensis 宁夏蝇子草：ningxiaensis 宁夏的（地名）

Silene noctiflora 夜花蝇子草：noctiflora 夜间开花的；nocti-/ noct- ← nocturnum 夜晚的；florus/ florum/ flora ← flos 花（用于复合词）

Silene oblanceolata 倒披针叶蝇子草：ob- 相反，反对，倒（ob- 有多种音变：ob- 在元音字母和大多数辅音字母前面，oc- 在 c 前面，of- 在 f 前面，op- 在 p 前面）；lanceolatus = lanceus + olus + atus 小披针形的，小柳叶刀的；lance-/ lancei-/ lanci-/ lanceo-/ lanc- ← lanceus 披针形的，矛形的，尖刀状的，柳叶刀状的；-olus ← -ulus 小，稍微，略微（-ulus 在字母 e 或 i 之后变成 -olus/ -ellus/ -illus）；-atus/ -atum/ -ata 属于，相似，具有，完成（形容词词尾）

Silene odoratissima 香蝇子草：odorati- ← odoratus 香气的，气味的；-issimus/ -issima/ -issimum 最，非常，极其（形容词最高级）

Silene orientalimongolica 内蒙古女娄菜：orientalimongolica 蒙古东部的；orientalis 东方的；oriens 初升的太阳，东方；mongolica 蒙古的（地名）；mongolia 蒙古的（地名）；-icus/ -icum/ -ica 属于，具有某种特性（常用于地名、起源、生境）

Silene otites 黄雪轮：otites 具耳的，耳状的

Silene otodonta 耳齿蝇子草：otodontus 耳状齿的；otos 耳朵；odontus/ odontos → odon-/ odont-/ odonto-（可作词首或词尾）齿，牙齿状的；odous 齿，牙齿（单数，其所有格为 odontos）

Silene pendula 大蔓樱草（蔓 màn）：pendulus ← pendere 下垂的，垂吊的（悬空或因支持体细软而下垂）；pendere/ pendeo 悬挂，垂悬；-ulus/ -ulum/ -ula（表示趋向或动作）（小词 -ulus 在字母 e 或 i 之后有多种变缀，即 -olus/ -olum/ -ola，-ellus/ -ellum/ -ella、-illus/ -illum/ -illa，与第一变格法和第二变格法名词形成复合词）

Silene phoenicodonta 红齿蝇子草：phoeniceus/ puniceus 紫红色的，鲜红的，石榴红的；punicum 石榴；odontus/ odontos → odon-/ odont-/ odonto-（可作词首或词尾）齿，牙齿状的；odous 齿，牙齿（单数，其所有格为 odontos）

Silene platypetala 宽瓣蝇子草：platys 大的，宽的（用于希腊语复合词）；petalus/ petalum/ petala ← petalon 花瓣

Silene platyphylla 宽叶蝇子草：platys 大的，宽的

（用于希腊语复合词）；phyllus/ phyllum/ phylla ← phyllon 叶片（用于希腊语复合词）

Silene platyphylla var. platyphylla 宽叶蝇子草-原变种 （词义见上面解释）

Silene platyphylla var. praticola 草场蝇子草：praticola 生于草原的；pratum 草原；colus ← colo 分布于，居住于，栖居，殖民（常作词尾）；colo/ colere/ colui/ cultum 居住，耕作，栽培

Silene pratensis 白花蝇子草（另见 S. latifolia subsp. alba）：pratensis 生于草原的；pratum 草原

Silene pratensis subsp. divaricata 叉枝蝇子草（叉 chā）：divaricatus 广歧的，发散的，散开的

Silene pratensis subsp. pratensis 白花蝇子草-原亚种 （词义见上面解释）

Silene pseudofortunei 团伞蝇子草：pseudofortunei 像 fortunei 的；pseudo-/ pseud- ← pseudos 假的，伪的，接近，相似（但不是）；Silene fortunei 鹤草；fortunei（人名，19 世纪英国园艺学家）

Silene pseudotenuis 昭苏蝇子草：pseudotenuis 像 tenuis 的，近似纤细的；pseudo-/ pseud- ← pseudos 假的，伪的，接近，相似（但不是）；Silene tenuis 细茎蝇子草；tenuis 薄的，纤细的，弱的，瘦的，窄的

Silene pterosperma 长梗蝇子草：pterospermus 具翅种子的；pterus/ pteron 翅，翼，蕨类；Pterospermum 翅子树属（梧桐科）；spermus/ spermum/ sperma 种子的（用于希腊语复合词）

Silene pubicalycina 毛萼蝇子草：pubi- ← pubis 细柔毛的，短柔毛的，毛被的；calycinus = calyx + inus 萼片的，萼片状的，萼片宿存的；calyx → calyc- 萼片（用于希腊语复合词）；构词规则：以 -ix/ -iex 结尾的词其词干末尾视为 -ic，以 -ex 结尾视为 -i/ -ic，其他以 -x 结尾视为 -c；-inus/ -inum/ -ina/ -inos 相近，接近，相似，具有（通常指颜色）

Silene puranensis 普兰蝇子草：puranensis 普兰的（地名，西藏自治区）

Silene qiyunshanensis 齐云山蝇子草：qiyunshanensis 齐云山的（地名，安徽省）

Silene quadriloba 四裂蝇子草：quadri-/ quadr- 四，四数（希腊语为 tetra-/ tetr-）；lobus/ lobos/ lobon 浅裂，耳片（裂片先端钝圆），荚果，蒴果

Silene repens 蔓茎蝇子草（蔓 màn）：repens/ repentis/ repsi/ reptum/ repere/ repo 匍匐，爬行（同义词：reptans/ reptoare）

Silene repens var. repens 蔓茎蝇子草-原变种（词义见上面解释）

Silene repens var. sinensis 线叶蔓茎蝇子草：sinensis = Sina + ensis 中国的（地名）；Sina 中国

Silene repens var. xilingensis 锡林蝇子草：xilingensis 锡林郭勒盟的（地名，内蒙古自治区）

Silene rosiflora 粉花蝇子草：rosiflorus 蔷薇色花的，红花的；rosa 蔷薇（古拉丁名）← rhodon 蔷薇（希腊语）← rhodd 红色，玫瑰红（凯尔特语）；florus/ florum/ flora ← flos 花（用于复合词）

Silene rubicunda 红茎蝇子草：rubicundus = rubus + cundus 红的，变红的；rubrus/ rubrum/ rubra/ ruber 红色的；-cundus/ -cundum/ -cunda 变成，倾向（表示倾向或不变的趋势）

Silene rubricalyx 红萼蝇子草：rubr-/ rubri-/

S

rubro- ← rubrus 红色；calyx → calyc- 萼片（用于希腊语复合词）

Silene salicifolia 柳叶蝇子草：salici ← Salix 柳属；构词规则：以 -ix/ -iex 结尾的词其词干末尾视为 -ic，以 -ex 结尾视为 -i/ -ic，其他以 -x 结尾视为 -c；folius/ folium/ folia 叶，叶片（用于复合词）

Silene scopulorum 岩生蝇子草：scopulorum 岩石，峭壁；scopulus 带棱角的岩石，岩壁，峭壁；-orum 属于……的（第二变格法名词复数所有格词尾，表示群落或多数）

Silene seoulensis 汉城蝇子草：seoulensis 汉城的（地名，现称首尔，韩国首都）

Silene seoulensis var. angustata 狭叶汉城蝇子草：angustatus = angustus + atus 变窄的；angustus 窄的，狭的，细的

Silene seoulensis var. seoulensis 汉城蝇子草-原变种 （词义见上面解释）

Silene sericata 绢毛蝇子草（绢 juàn）：sericatus = sericus + atus 绢丝状的，有绢丝的；sericus 绢丝的，绢毛的，赛尔人的（Ser 为印度一民族）

Silene songarica 准噶尔蝇子草（噶 gá）：songarica 准噶尔的（地名，新疆维吾尔自治区）；-icus/ -icum/ -ica 属于，具有某种特性（常用于地名、起源、生境）

Silene stewartiana 大子蝇子草：stewartiana ← John Stuart（人名，1713–1792，英国植物爱好者，常拼写为"Stewart"）

Silene suaveolens 细裂蝇子草：suaveolens 芳香的，香味的；suavis/ suave 甜的，愉快的，高兴的，有魅力的，漂亮的；olens ← olere 气味，发出气味（不分香臭）

Silene tatarinowii 石生蝇子草：tatarinowii（人名）；-ii 表示人名，接在以辅音字母结尾的人名后面，但 -er 除外

Silene tianschanica 天山蝇子草：tianschanica 天山的（地名，新疆维吾尔自治区）；-icus/ -icum/ -ica 属于，具有某种特性（常用于地名、起源、生境）

Silene trachyphylla 糙叶蝇子草：trachys 粗糙的；phyllus/ phyllum/ phylla ← phyllon 叶片（用于希腊语复合词）

Silene tubiformis 剑门蝇子草：tubi-/ tubo- ← tubus 管子的，管状的；formis/ forma 形状

Silene venosa 白玉草（另见 S. vulgaris）：venosus 细脉的，细脉明显的，分枝脉的；venus 脉，叶脉，血脉，血管；-osus/ -osum/ -osa 多的，充分的，丰富的，显著发育的，程度高的，特征明显的（形容词词尾）

Silene viscidula 黏萼蝇子草：viscidula = viscidus + ulus 略黏的，稍黏的；viscidus 黏的；-ulus/ -ulum/ -ula 小的，略微的，稍微的（小词 -ulus 在字母 e 或 i 之后有多种变缀，即 -olus/ -olum/ -ola、-ellus/ -ellum/ -ella、-illus/ -illum/ -illa，与第一变格法和第二变格法名词形成复合词）

Silene vulgaris 白玉草（另见 S. venosa）：vulgaris 常见的，普通的，分布广的；vulgus 普通的，到处可见的

Silene waltoni 藏蝇子草：waltoni（人名，词尾改为"-ii"似更妥）；-ii 表示人名，接在以辅音字母结尾

的人名后面，但 -er 除外；-i 表示人名，接在以元音字母结尾的人名后面，但 -a 除外

Silene wardii 林芝蝇子草：wardii ← Francis Kingdon-Ward（人名，20 世纪英国植物学家）

Silene wolgensis 伏尔加蝇子草：wolgensis 伏尔加河的（地名，俄罗斯）

Silene yetii 腺毛蝇子草：yetii（人名）；-ii 表示人名，接在以辅音字母结尾的人名后面，但 -er 除外

Silene yetii var. herbilegorum 多裂腺毛蝇子草：herbilegorum（词源不详）；herba 草，草本植物

Silene yetii var. yetii 腺毛蝇子草-原变种 （词义见上面解释）

Silene yunnanensis 云南蝇子草：yunnanensis 云南的（地名）

Silene zhongbaensis 仲巴蝇子草：zhongbaensis 仲巴的（地名，西藏自治区）

Silene zhoui 耐国蝇子草：zhoui（人名）；-i 表示人名，接在以元音字母结尾的人名后面，但 -a 除外

Siliquamomum 长果姜属（姜科）（16-2：p40）：siliquamomum 完美长角果的；siliquus 角果的，荚果的；a-/ an- 无，非，没有，缺乏，不具有（an- 用于元音前）（a-/ an- 为希腊语词首，对应的拉丁语词首为 e-/ ex-，相当于英语的 un-/ -less，注意词首 a- 和作为介词的 a/ ab 不同，后者的意思是"从……、由……、关于……、因为……"）；momum ← momos 缺点

Siliquamomum tonkinense 长果姜：tonkin 东京（地名，越南河内的旧称）

Silphium 松香草属（菊科）（增补）：silphium（一种产松脂的植物的古希腊语名）

Silphium perfoliatum 串叶松香草：perfoliatus 叶片抱茎的；peri-/ per- 周围的，缠绕的（与拉丁语 circum- 意思相同）；foliatus 具叶的，多叶的；folius/ folium/ folia → foli-/ folia- 叶，叶片

Silvianthus 蜘蛛花属（茜草科）（71-1：p176）：silvianthus 林中的花；silva/ sylva 森林；anthus/ anthum/ antha/ anthe ← anthos 花（用于希腊语复合词）

Silvianthus bracteatus 蜘蛛花：bracteatus = bracteus + atus 具苞片的；bracteus 苞，苞片，苞鳞；-atus/ -atum/ -ata 属于，相似，具有，完成（形容词词尾）

Silvianthus tonkinensis 线萼蜘蛛花：tonkin 东京（地名，越南河内的旧称）

Silybum 水飞蓟属（菊科）（78-1：p161）：silybum 蓟（可食的一些种类，希腊语）

Silybum marianum 水飞蓟：marianum（人名）

Simaroubaceae 苦木科（43-3：p1）：Simarouba 苦木属；-aceae（分类单位科的词尾，为 -aceus 的阴性复数主格形式，加到模式属的名称后或同义词的词干后以组成族群名称）

Sinacalia 华蟹甲属（菊科）（77-1：p13）：sinacalia = Sina + Cacalia 中华蟹甲草；Sina 中国；Cacalia（→ Parasenecio）蟹甲草属

Sinacalia caroli 革叶华蟹甲：caroli（人名，词尾改为"-ii"似更妥）；-ii 表示人名，接在以辅音字母结尾的人名后面，但 -er 除外；-i 表示人名，接在以元音字母结尾的人名后面，但 -a 除外

S

Sinacalia davidii 双花华蟹甲：davidii ← Pere Armand David（人名，1826–1900，曾在中国采集植物标本的法国传教士）；-ii 表示人名，接在以辅音字母结尾的人名后面，但 -er 除外

Sinacalia macrocephala 大头华蟹甲：macro-/ macr- ← macros 大的，宏观的（用于希腊语复合词）；cephalus/ cephale ← cephalos 头，头状花序

Sinacalia tangutica 华蟹甲：tangutica ← Tangut 唐古特的，党项的（西夏时期生活于中国西北地区的党项羌人，蒙古语称其为"唐古特"，有多种音译，如唐兀、唐古、唐括等）；-icus/ -icum/ -ica 属于，具有某种特性（常用于地名、起源、生境）

Sinadoxa 华福花属（五福花科）（73-1：p4）：Sina 中国；Adoxa 五福花属

Sinadoxa corydalifolia 华福花：corydalifolia = Corydalis + folius 紫堇叶的，延胡索叶的；Corydalis 紫堇属（罂粟科）；folius/ folium/ folia 叶，叶片（用于复合词）

Sinapis 白芥属（十字花科）（33：p32）：sinapis ← sinape 辣椒（希腊语）

Sinapis alba 白芥：albus → albi-/ albo- 白色的

Sinapis arvensis 新疆白芥：arvensis 田里生的；arvum 耕地，可耕地

Sindechites 毛药藤属（夹竹桃科）（63：p168）：sind- ← sina 中国；Echites（夹竹桃科一属）

Sindechites chinensis 坭藤：chinensis = china + ensis 中国的（地名）；China 中国

Sindechites henryi 毛药藤：henryi ← Augustine Henry 或 B. C. Henry（人名，前者，1857–1930，爱尔兰医生、植物学家，曾在中国采集植物，后者，1850–1901，曾活动于中国的传教士）

Sindora 油楠属（豆科）（39：p214）：sindora ← sindron 恶作剧

Sindora glabra 油楠：glabrus 光秃的，无毛的，光滑的

Sindora tonkinensis 东京油楠：tonkin 东京（地名，越南河内的旧称）

Sinephropteris 水鳖蕨属（铁角蕨科）（4-2：p143）：nephro-/ nephr- ← nephros 肾脏，肾形；pteris ← pteryx 翅，翼，蕨类（希腊语）

Sinephropteris delavayi 水鳖蕨：delavayi ← P. J. M. Delavay（人名，1834–1895，法国传教士，曾在中国采集植物标本）；-i 表示人名，接在以元音字母结尾的人名后面，但 -a 除外

Sinia 合柱金莲木属（金莲木科）（49-2：p308）：Sina 中国

Sinia rhodoleuca 合柱金莲木：rhodon → rhodo- 红色的，玫瑰色的；leucus 白色的，淡色的

Sinoadina 鸡仔木属（仔 zǎi）（茜草科）（71-1：p268）：sino- 中国；Adina 水团花属

Sinoadina racemosa 鸡仔木：racemosus = racemus + osus 总状花序的；racemus/ raceme 总状花序，葡萄串状的；-osus/ -osum/ -osa 多的，充分的，丰富的，显著发育的，程度高的，特征明显的（形容词词尾）

Sinobambusa 唐竹属（禾本科）（9-1：p224）：sinobambusa 中国型竹子；sino- 中国；bambusus 竹子

Sinobambusa dushanensis 独山唐竹：dushanensis 独山的（地名，贵州省）

Sinobambusa farinosa 白皮唐竹：farinosus 粉末状的，飘粉的；farinus 粉末，粉末状覆盖物；far/ farris 一种小麦，面粉；-osus/ -osum/ -osa 多的，充分的，丰富的，显著发育的，程度高的，特征明显的（形容词词尾）

Sinobambusa henryi 扛竹：henryi ← Augustine Henry 或 B. C. Henry（人名，前者，1857–1930，爱尔兰医生、植物学家，曾在中国采集植物，后者，1850–1901，曾活动于中国的传教士）

Sinobambusa incana 毛环唐竹：incanus 灰白色的，密被灰白色毛的

Sinobambusa intermedia 晾衫竹：intermedius 中间的，中位的，中等的；inter- 中间的，在中间，之间；medius 中间的，中央的

Sinobambusa nandanensis 南丹唐竹：nandanensis 南丹的（地名，广西壮族自治区）

Sinobambusa nephroaurita 肾耳唐竹：nephro-/ nephr- ← nephros 肾脏，肾形；auritus 耳朵的，耳状的

Sinobambusa rubroligula 红舌唐竹：rubr-/ rubri-/ rubro- ← rubrus 红色；ligulus/ ligule 舌，舌状物，舌瓣，叶舌

Sinobambusa scabrida 糙耳唐竹：scabridus 粗糙的；scabrus ← scaber 粗糙的，有凹凸的，不平滑的；-idus/ -idum/ -ida 表示在进行中的动作或情况，作动词、名词或形容词的词尾

Sinobambusa seminuda 胶南竹：semi- 半，准，略微；nudus 裸露的，无装饰的

Sinobambusa striata 花箨唐竹（箨 tuò）：striatus = stria + atus 有条纹的，有细沟的；stria 条纹，线条，细纹，细沟

Sinobambusa tootsik 唐竹：tootsik（日文）

Sinobambusa tootsik var. dentata 火管竹：dentatus = dentus + atus 牙齿的，齿状的，具齿的；dentus 齿，牙齿；-atus/ -atum/ -ata 属于，相似，具有，完成（形容词词尾）

Sinobambusa tootsik var. laeta 满山爆竹：laetus 生辉的，生动的，色彩鲜艳的，可喜的，愉快的；laete 光亮地，鲜艳地

Sinobambusa tootsik var. tenuifolia 光叶唐竹：tenui- ← tenuis 薄的，纤细的，弱的，瘦的，窄的；folius/ folium/ folia 叶，叶片（用于复合词）

Sinobambusa tootsik var. tootsik 唐竹-原变种（词义见上面解释）

Sinobambusa urens 尖头唐竹：urens 蜇人的，刺痛的，毒毛的

Sinocarum 小芹属（伞形科）（55-2：p30，55-3：p239）：sino- 中国；Carum 葛缕子属

Sinocarum bijiangense 碧江小芹：bijiangense 碧江的（地名，云南省，已并入泸水县和福贡县）

Sinocarum coloratum 紫茎小芹：coloratus = color + atus 有色的，带颜色的；color 颜色；-atus/ -atum/ -ata 属于，相似，具有，完成（形容词词尾）

Sinocarum cruciatum 钝瓣小芹：cruciatus 十字形的，交叉的；crux 十字（词干为 cruc-，用于构成复合词时常为 cruci-）；crucis 十字的（crux 的单数所

S

有格）；构词规则：以 -ix/ -iex 结尾的词其词干末尾视为 -ic，以 -ex 结尾视为 -i/ -ic，其他以 -x 结尾视为 -c

Sinocarum cruciatum var. cruciatum 钝瓣小芹-原变种 （词义见上面解释）

Sinocarum cruciatum var. linearilobum 尖瓣小芹：linearis = lineus + aris 线条的，线形的，线状的，亚麻状的；lobus/ lobos/ lobon 浅裂，耳片（裂片先端钝圆），荚果，蒴果；-aris（阳性、阴性）/ -are（中性）← -alis（阳性、阴性）/ -ale（中性）属于，相似，如同，具有，涉及，关于，联结于（将名词作形容词用，其中 -aris 常用于以 l 或 r 为词干末尾的词）

Sinocarum dolichopodum 长柄小芹：dolicho- ← dolichos 长的；podus/ pus 柄，梗，茎秆，足，腿

Sinocarum filicinum 蕨叶小芹：filicinus 蕨类样的，像蕨类的；filix ← filic- 蕨；构词规则：以 -ix/ -iex 结尾的词其词干末尾视为 -ic，以 -ex 结尾视为 -i/ -ic，其他以 -x 结尾视为 -c；-inus/ -inum/ -ina/ -inos 相近，接近，相似，具有（通常指颜色）

Sinocarum pauciradiatum 少辐小芹：pauci- ← paucus 少数的，少的（希腊语为 oligo-）；radiatus = radius + atus 辐射状的，放射状的；radius 辐射，射线，半径，边花，伞形花序

Sinocarum schizopetalum 裂瓣小芹：schiz-/ schizo- 裂开的，分歧的，深裂的（希腊语）；petalus/ petalum/ petala ← petalon 花瓣

Sinocarum vaginatum 阔鞘小芹：vaginatus = vaginus + atus 鞘，具鞘的；vaginus 鞘，叶鞘；-atus/ -atum/ -ata 属于，相似，具有，完成（形容词词尾）

Sinochasea 三蕊草属（禾本科）（9-3：p301）：sino- 中国；chasea（人名，美国禾本科专家）

Sinochasea trigyna 三蕊草：tri-/ tripli-/ triplo- 三个，三数；gynus/ gynum/ gyna 雌蕊，子房，心皮

Sinocrassula 石莲属（景天科）（34-1：p63）：sinocrassula 中国的青琐龙；Crassula 青琐龙属（景天科）

Sinocrassula ambigua 长萼石莲：ambiguus 可疑的，不确定的，含糊的

Sinocrassula densirosulata 密叶石莲：densus 密集的，繁茂的；rosulatus/ rosularis/ rosulans ← rosula 莲座状的

Sinocrassula indica 石莲：indica 印度的（地名）；-icus/ -icum/ -ica 属于，具有某种特性（常用于地名、起源、生境）

Sinocrassula indica var. forrestii 圆叶石莲：forrestii ← George Forrest（人名，1873–1932，英国植物学家，曾在中国西部采集大量植物标本）

Sinocrassula indica var. indica 石莲-原变种 （词义见上面解释）

Sinocrassula indica var. luteorubra 黄花石莲：luteus 黄色的；rubrus/ rubrum/ rubra/ ruber 红色的

Sinocrassula indica var. obtusifolia 钝叶石莲：obtusus 钝的，钝形的，略带圆形的；folius/ folium/ folia 叶，叶片（用于复合词）

Sinocrassula indica var. serrata 锯叶石莲：serratus = serrus + atus 有锯齿的；serrus 齿，锯齿

Sinocrassula indica var. viridiflora 绿花石莲：viridus 绿色的；florus/ florum/ flora ← flos 花（用于复合词）

Sinocrassula longistyla 长柱石莲：longe-/ longi- ← longus 长的，纵向的；stylus/ stylis ← stylos 柱，花柱

Sinocrassula techinensis 德钦石莲：techinensis 德钦的（地名，云南省）

Sinocrassula yunnanensis 云南石莲：yunnanensis 云南的（地名）

Sinodielsia 滇芹属（伞形科）（55-1：p108）：sino- 中国；dielsia（人名）

Sinodielsia yunnanensis 滇芹：yunnanensis 云南的（地名）

Sinodolichos 华扁豆属（豆科）（41：p231）：sino- 中国；dolichos 长的

Sinodolichos lagopus 华扁豆：lagopus 兔子腿

Sinofranchetia 串果藤属（木通科）（29：p48）：sino- 中国；franchetia ← A. R. Franchet（人名，19世纪法国植物学家）

Sinofranchetia chinensis 串果藤：chinensis = china + ensis 中国的（地名）；China 中国

Sinojackia 秤锤树属（安息香科）（60-2：p143）：sino- 中国；jackia ← J. G. Jiack（人名，美国植物学家）

Sinojackia dolichocarpa 长果秤锤树：dolicho- ← dolichos 长的；carpus/ carpum/ carpa/ carpon ← carpos 果实（用于希腊语复合词）

Sinojackia henryi 棱果秤锤树：henryi ← Augustine Henry 或 B. C. Henry（人名，前者，1857–1930，爱尔兰医生、植物学家，曾在中国采集植物，后者，1850–1901，曾活动于中国的传教士）

Sinojackia rehderiana 狭果秤锤树：rehderiana ← Alfred Rehder（人名，1863–1949，德国植物分类学家、树木学家，在美国 Arnold 植物园工作）

Sinojackia xylocarpa 秤锤树：xylon 木材，木质；carpus/ carpum/ carpa/ carpon ← carpos 果实（用于希腊语复合词）

Sinojohnstonia 车前紫草属（紫草科）（64-2：p106）：sino- 中国；johnstonia（人名）

Sinojohnstonia chekiangensis 浙赣车前紫草：chekiangensis 浙江的（地名）

Sinojohnstonia moupinensis 短蕊车前紫草：moupinensis 穆坪的（地名，四川省宝兴县），木坪的（地名，重庆市）

Sinojohnstonia plantaginea 车前紫草：plantagineus 像车前的；Plantago 车前属（车前科）（plantago 的词干为 plantagin-）；词尾为 -go 的词其词干末尾视为 -gin；-eus/ -eum/ -ea（接拉丁语词干时）属于……的，色如……的，质如……的（表示原料、颜色或品质的相似），（接希腊语词干时）属于……的，以……出名，为……所占有（表示具有某种特性）

Sinolimprichtia 舟瓣芹属（伞形科）（55-1：p192）：sino- 中国；limprichtia（人名）

Sinolimprichtia alpina 舟瓣芹：alpinus = alpus + inus 高山的；alpus 高山；al-/ alti-/ alto- ← altus 高的，高处的；-inus/ -inum/ -ina/ -inos 相近，接近，相似，具有（通常指颜色）；关联词：subalpinus 亚高山的

Sinolimprichtia alpina var. dissecta 裂苞舟瓣芹：dissectus 多裂的，全裂的，深裂的；di-/ dis- 二，二数，二分，分离，不同，在……之间，从……分开（希腊语，拉丁语为 bi-/ bis-）；sectus 分段的，分节的，切开的，分裂的

Sinomenium 风龙属（防己科）（30-1：p37）：sinomenium 中国型半月果；sino- 中国；menis 半月形的，月牙形的

Sinomenium acutum 风龙：acutus 尖锐的，锐角的

Sinopanax 华参属（参 shēn）（五加科）（54：p134）：sino- 中国；panax 人参

Sinopanax formosanus 华参：formosanus = formosus + anus 美丽的，台湾的；formosus ← formosa 美丽的，台湾的（葡萄牙殖民者发现台湾时对其的称呼，即美丽的岛屿）；-anus/ -anum/ -ana 属于，来自（形容词词尾）

Sinopodophyllum 桃儿七属（小檗科）（29：p249）：sinopodophyllum 中国型鬼臼的；sino- 中国；Podophyllum 鬼臼属（小檗科）

Sinopodophyllum hexandrum 桃儿七：hexandrus 六个雄蕊的；hex-/ hexa- 六（希腊语，拉丁语为 sex-）；andrus/ andros/ antherus ← aner 雄蕊，花药，雄性

Sinopteridaceae 中国蕨科（3-1：p97）：Sinopteris 中国蕨属；-aceae（分类单位科的词尾，为 -aceus 的阴性复数主格形式，加到模式属的名称后或同义词的词干后以组成族群名称）

Sinopteris 中国蕨属（中国蕨科）（3-1：p138）：sino- 中国；pteris ← pteryx 翅，翼，蕨类（希腊语）

Sinopteris albofusca 小叶中国蕨：albus → albi-/ albo- 白色的；fuscus 棕色的，暗色的，发黑的，暗棕色的，褐色的

Sinopteris grevilleoides 中国蕨：Grevillea 银桦属（山龙眼科）；-oides/ -oideus/ -oideum/ -oidea/ -odes/ -eidos 像……的，类似……的，呈……状的（名词词尾）

Sinosenecio 蒲儿根属（菊科）（77-1：p101）：sinosenecio 中国型千里光的；sino- 中国；Senecio 千里光属（菊科）

Sinosenecio bodinieri 滇黔蒲儿根：bodinieri ← Emile Marie Bodinieri（人名，19 世纪活动于中国的法国传教士）；-eri 表示人名，在以 -er 结尾的人名后面加上 i 形成

Sinosenecio chienii 雨农蒲儿根：chienii ← S. S. Chien 钱崇澍（人名，1883–1965，中国植物学家）

Sinosenecio cortusifolius 齿耳蒲儿根：Cortusa 假报春属（报春花科）；folius/ folium/ folia 叶，叶片（用于复合词）

Sinosenecio cyclamnifolius 仙客来蒲儿根：cyclamnifolius 仙客来叶的；Cyclamen 仙客来属（报春花科）；folius/ folium/ folia 叶，叶片（用于复合词）

Sinosenecio dryas 川鄂蒲儿根：dryas 德丽亚斯女神，森林女神，树妖（希腊神话人物），似栎树的；drys 栎树，栲树，楮树；Dryas 仙女木属（蔷薇科）

Sinosenecio eriopodus 毛柄蒲儿根：erion 绵毛，羊毛；podus/ pus 柄，梗，茎秆，足，腿

Sinosenecio euosmus 耳柄蒲儿根：euosmum 清香气味的；eu- 好的，秀丽的，真的，正确的，完全的；osmus 气味，香味

Sinosenecio fangianus 植夫蒲儿根：fangianus（人名）

Sinosenecio fanjingshanicus 梵净蒲儿根（梵 fàn）：fanjingshanicus 梵净山的（地名，贵州省）

Sinosenecio globigerus 匐枝蒲儿根：glob-/ globi- ← globus 球体，圆球，地球；gerus → -ger/ -gerus/ -gerum/ -gera 具有，有，带有

Sinosenecio globigerus var. adenophyllus 腺苞蒲儿根：adenophyllus 腺叶的；aden-/ adeno- ← adenus 腺，腺体；phyllus/ phyllum/ phylla ← phyllon 叶片（用于希腊语复合词）

Sinosenecio globigerus var. globigerus 匐枝蒲儿根-原变种 （词义见上面解释）

Sinosenecio guangxiensis 广西蒲儿根：guangxiensis 广西的（地名）

Sinosenecio guizhouensis 黔蒲儿根：guizhouensis 贵州的（地名）

Sinosenecio hainanensis 海南蒲儿根：hainanensis 海南的（地名）

Sinosenecio hederifolius 单头蒲儿根：hederifolius 常春藤叶的；Hedera 常春藤属（五加科）；folius/ folium/ folia 叶，叶片（用于复合词）

Sinosenecio hederifolius var. angulatifolius （窄叶蒲儿根）：angulatus = angulus + atus 具棱角的，有角度的；angulus 角，棱角，角度，角落；folius/ folium/ folia 叶，叶片（用于复合词）

Sinosenecio homogyniphyllus 肾叶蒲儿根：homo-/ hommoeo-/ homoio- 相同的，相似的，同样的，同类的，均质的；gynus/ gynum/ gyna 雌蕊，子房，心皮；phyllus/ phyllum/ phylla ← phyllon 叶片（用于希腊语复合词）

Sinosenecio hunanensis 湖南蒲儿根：hunanensis 湖南的（地名）

Sinosenecio jiuhuashanicus 九华蒲儿根：jiuhuashanicus 九华山的（地名，安徽省）；-icus/ -icum/ -ica 属于，具有某种特性（常用于地名、起源、生境）

Sinosenecio koreanus 朝鲜蒲儿根：koreanus 朝鲜的（地名）

Sinosenecio latouchei 白背蒲儿根：latouchei（人名，法国植物学家）

Sinosenecio leiboensis 雷波蒲儿根：leiboensis 雷波的（地名，四川省）

Sinosenecio ligularioides 橐吾状蒲儿根（橐吾 tuó wú）：Ligularia 橐吾属（菊科）；-oides/ -oideus/ -oideum/ -oidea/ -odes/ -eidos 像……的，类似……的，呈……状的（名词词尾）

Sinosenecio oldhamianus 蒲儿根：oldhamianus ← Richard Oldham（人名，19 世纪植物采集员）

Sinosenecio palmatilobus 掌裂蒲儿根：palmatus = palmus + atus 掌状的，具掌的；

S

palmus 掌，手掌；lobus/ lobos/ lobon 浅裂，耳片（裂片先端钝圆），荚果，蒴果

Sinosenecio palmatisectus 鄂西蒲儿根：palmatus = palmus + atus 掌状的，具掌的；palmus 掌，手掌；sectus 分段的，分节的，切开的，分裂的

Sinosenecio phalacrocarpoides 假光果蒲儿根：phalacrocarpoides 像 phalacrocarpus 的；Sinosenecio phalacrocarpus 秃果蒲儿根；-oides/ -oideus/ -oideum/ -oidea/ -odes/ -eidos 像……的，类似……的，呈……状的（名词词尾）

Sinosenecio phalacrocarpus 秃果蒲儿根：phalacro- 秃头的，光头的，无毛的；carpus/ carpum/ carpa/ carpon ← carpos 果实（用于希腊语复合词）

Sinosenecio rotundifolius 圆叶蒲儿根：rotundus 圆形的，呈圆形的，肥大的；rotundo 使呈圆形，使圆滑；roto 旋转，滚动；folius/ folium/ folia 叶，叶片（用于复合词）

Sinosenecio saxatilis 岩生蒲儿根：saxatilis 生于岩石的，生于石缝的；saxum 岩石，结石；-atilis（阳性、阴性）/ -atile（中性）（表示生长的地方）

Sinosenecio septilobus 七裂蒲儿根：septem-/ sept-/ septi- 七（希腊语为 hepta-）；lobus/ lobos/ lobon 浅裂，耳片（裂片先端钝圆），荚果，蒴果

Sinosenecio subcoriaceus 革叶蒲儿根：subcoriaceus 略呈革质的，近似革质的；sub-（表示程度较弱）与……类似，几乎，稍微，弱，亚，之下，下面；coriaceus = corius + aceus 近皮革的，近革质的；corius 皮革的，革质的；-aceus/ -aceum/ -acea 相似的，有……性质的，属于……的

Sinosenecio subrosulatus 莲座蒲儿根：subrosulatus 近似莲座状的；sub-（表示程度较弱）与……类似，几乎，稍微，弱，亚，之下，下面；rosulatus/ rosularis/ rosulans ← rosula 莲座状的

Sinosenecio sungpanensis 松潘蒲儿根：sungpanensis 松潘的（地名，四川省）

Sinosenecio trinervius 三脉蒲儿根：tri-/ tripli-/ triplo- 三个，三数；nervius = nervus + ius 具脉的，具叶脉的；nervus 脉，叶脉；-ius/ -ium/ -ia 具有……特性的（表示有关、关联、相似）

Sinosenecio villiferus 紫毛蒲儿根：villus 毛，羊毛，长绒毛；-ferus/ -ferum/ -fera/ -fero/ -fere/ -fer 有，具有，产（区别：作独立词使用的 ferus 意思是"野生的"）

Sinosenecio wuyiensis 武夷蒲儿根：wuyiensis 武夷山的（地名，福建省）

Sinosideroxylon 铁榄属（山榄科）（60-1：p75）：sinosideroxylon 中国型铁榄的；sino- 中国；Sideroxylon 铁榄属（山榄科）

Sinosideroxylon pedunculatum 铁榄：pedunculatus/ peduncularis 具花序柄的，具总花梗的；pedunculus/ peduncule/ pedunculis ← pes 花序柄，总花梗（花序基部无花着生部分，不同于花柄）；关联词：pedicellus/ pediculus 小花梗，小花柄（不同于花序柄）；pes/ pedis 柄，梗，茎秆，腿，足，爪（作词首或词尾，pes 的词干视为"ped-"）

Sinosideroxylon pedunculatum var.

pedunculatum 铁榄-原变种 （词义见上面解释）

Sinosideroxylon pedunculatum var. pubifolium 毛叶铁榄：pubi- ← pubis 细柔毛的，短柔毛的，毛被的；folius/ folium/ folia 叶，叶片（用于复合词）

Sinosideroxylon wightianum 革叶铁榄：wightianum ← Robert Wight（人名，19 世纪英国医生、植物学家）

Sinosideroxylon yunnanense 滇铁榄：yunnanense 云南的（地名）

Sinowilsonia 山白树属（金缕梅科）（35-2：p100）：sino- 中国；wilsonia（人名）

Sinowilsonia henryi 山白树：henryi ← Augustine Henry 或 B. C. Henry（人名，前者，1857–1930，爱尔兰医生、植物学家，曾在中国采集植物，后者，1850–1901，曾活动于中国的传教士）

Sinowilsonia henryi var. glabrescens 秃山白树：glabrus 光秃的，无毛的，光滑的；-escens/ -ascens 改变，转变，变成，略微，带有，接近，相似，大致，稍微（表示变化的趋势，并未完全相似或相同，有别于表示达到完成状态的 -atus）

Siphocranion 筒冠花属（冠 guān）（唇形科）（66：p390）：siphonus ← sipho → siphon-/ siphono-/ -siphonius 管，筒，管状物；cranion ← kranos 头盖，头盖骨，头盔（指花萼）

Siphocranion macranthum 筒冠花：macro-/ macr- ← macros 大的，宏观的（用于希腊语复合词）；anthus/ anthum/ antha/ anthe ← anthos 花（用于希腊语复合词）

Siphocranion macranthum var. macranthum 筒冠花-原变种 （词义见上面解释）

Siphocranion macranthum var. microphyllum 筒冠花-小叶变种：micr-/ micro- ← micros 小的，微小的，微观的（用于希腊语复合词）；phyllus/ phyllum/ phylla ← phyllon 叶片（用于希腊语复合词）

Siphocranion macranthum var. prainianum 筒冠花-长唇变种：prainianum ← David Prain（人名，20 世纪英国植物学家）

Siphocranion nudipes 光柄筒冠花：nudi- ← nudus 裸露的；pes/ pedis 柄，梗，茎秆，腿，足，爪（作词首或词尾，pes 的词干视为"ped-"）

Siphonostegia 阴行草属（玄参科）（68：p383）：siphonosregia 有盖的管子（指花萼长筒状）；siphonus ← sipho → siphon-/ siphono-/ -siphonius 管，筒，管状物；stegius ← stege/ stegon 盖子，加盖，覆盖，包裹，遮盖物

Siphonostegia chinensis 阴行草：chinensis = china + ensis 中国的（地名）；China 中国

Siphonostegia laeta 腺毛阴行草：laetus 生辉的，生动的，色彩鲜艳的，可喜的，愉快的；laete 光亮地，鲜艳地

Siraitia 罗汉果属（葫芦科）（73-1：p161）：siraitia ← Harley Harris Bartlett（人名，20 世纪美国植物学家，后被赋予名称 Si Rait）

Siraitia borneensis 无鳞罗汉果：borneensis 小笠原群岛的（地名，日本）

Siraitia borneensis var. borneensis 无鳞罗汉果-原变种 （词义见上面解释）

S

Siraitia borneensis var. lobophylla 裂叶罗汉果：lobus/ lobos/ lobon 浅裂，耳片（裂片先端钝圆），荚果，蒴果；phyllus/ phyllum/ phylla ← phyllon 叶片（用于希腊语复合词）

Siraitia borneensis var. yunnanensis 云南罗汉果：yunnanensis 云南的（地名）

Siraitia grosvenorii 罗汉果：grosvenorii（人名）；-ii 表示人名，接在以辅音字母结尾的人名后面，但 -er 除外

Siraitia siamensis 翅子罗汉果：siamensis 暹罗的（地名，泰国古称）（暹 xiān）

Siraitia taiwaniana 台湾罗汉果：taiwaniana 台湾的（地名）

Sisymbrium 大蒜芥属（十字花科）（33：p409）：sisymbrium（希腊语名，一种具有芳香味的水草）

Sisymbrium altissimum 大蒜芥：al-/ alti-/ alto- ← altus 高的，高处的；-issimus/ -issima/ -issimum 最，非常，极其（形容词最高级）

Sisymbrium brassiciforme 无毛大蒜芥：brassiciforme 甘蓝状的；Brassica 芸薹属（十字花科）；forme/ forma 形状

Sisymbrium heteromallum 垂果大蒜芥：heteromallus 异向的，多方向的；hete-/ heter-/ hetero- ← heteros 不同的，多样的，不齐的；mallus 方向，朝向，毛

Sisymbrium heteromallum var. heteromallum 垂果大蒜芥-原变种 （词义见上面解释）

Sisymbrium heteromallum var. sinense 短瓣大蒜芥：sinense = Sina + ense 中国的（地名）；Sina 中国

Sisymbrium irio 水蒜芥：irio 彩虹的，鸢尾的

Sisymbrium loeselii 新疆大蒜芥：loeselii ← Johannes Loeselius（人名，17 世纪德国植物学家、医生）

Sisymbrium loeselii var. brevicarpum 短果大蒜芥：brevi- ← brevis 短的（用于希腊语复合词词首）；carpus/ carpum/ carpa/ carpon ← carpos 果实（用于希腊语复合词）

Sisymbrium loeselii var. loeselii 新疆大蒜芥-原变种 （词义见上面解释）

Sisymbrium luteum 全叶大蒜芥：luteus 黄色的

Sisymbrium luteum var. luteum 全叶大蒜芥-原变种 （词义见上面解释）

Sisymbrium luteum var. yunnanense 云南大蒜芥：yunnanense 云南的（地名）

Sisymbrium officinale 钻果大蒜芥：officinalis/ officinale 药用的，有药效的；officina ← opificina 药店，仓库，作坊

Sisymbrium orientale 东方大蒜芥：orientale/ orientalis 东方的；oriens 初升的太阳，东方

Sisymbrium polymorphum 多型大蒜芥：polymorphus 多形的；poly- ← polys 多个，许多（希腊语，拉丁语为 multi-）；morphus ← morphos 形状，形态

Sisymbrium polymorphum var. latifolium 大叶大蒜芥：lati-/ late- ← latus 宽的，宽广的；folius/ folium/ folia 叶，叶片（用于复合词）

Sisymbrium polymorphum var. polymorphum 多型大蒜芥-原变种 （词义见上面解释）

Sisymbrium polymorphum var. soongaricum 准噶尔大蒜芥（噶 gá）：soongaricum 准噶尔的（地名，新疆维吾尔自治区）；-icus/ -icum/ -ica 属于，具有某种特性（常用于地名、起源、生境）

Sisyrinchium 庭菖蒲属（鸢尾科）（16-1：p198）：sisyrinchium（一种球根鸢尾，希腊语）

Sisyrinchium rosulatum 庭菖蒲：rosulatus/ rosularis/ rosulans ← rosula 莲座状的

Sium 泽芹属（伞形科）（55-2：p155，55-3：p249）：sium ← siw 水，水湿的（凯尔特语）

Sium frigidum 滇西泽芹：frigidus 寒带的，寒冷的，僵硬的；frigus 寒冷，寒冬；-idus/ -idum/ -ida 表示在进行中的动作或情况，作动词、名词或形容词的词尾

Sium latifolium 欧泽芹：lati-/ late- ← latus 宽的，宽广的；folius/ folium/ folia 叶，叶片（用于复合词）

Sium medium 中亚泽芹：medius 中间的，中央的

Sium suave 泽芹：suavis/ suave 甜的，愉快的，高兴的，有魅力的，漂亮的

Skapanthus 子宫草属（唇形科）（66：p414）：scapus（scap-/ scapi-）← skapos 主茎，树干，花柄，花轴；anthus/ anthum/ antha/ anthe ← anthos 花（用于希腊语复合词）

Skapanthus oreophilus 子宫草：oreo-/ ores-/ ori- ← oreos 山，山地，高山；philus/ philein ← philos → phil-/ phili/ philo- 喜好的，爱好的，喜欢的（注意区别形近词：phylus、phyllus）；phylus/ phylum/ phyla ← phylon/ phyle 植物分类单位中的"门"，位于"界"和"纲"之间，类群，种族，部落，聚群；phyllus/ phyllum/ phylla ← phyllon 叶片（用于希腊语复合词）

Skapanthus oreophilus var. elongatus 子宫草-茎叶变种：elongatus 伸长的，延长的；elongare 拉长，延长；longus 长的，纵向的；e-/ ex- 不，无，非，缺乏，不具有（e- 用在辅音字母前，ex- 用在元音字母前，为拉丁语词首，对应的希腊语词首为 a-/ an-，英语为 un-/ -less，注意作词首用的 e-/ ex- 和介词 e/ ex 意思不同，后者意为"出自、从……、由……离开、由于、依照"）

Skapanthus oreophilus var. oreophilus 子宫草-原变种 （词义见上面解释）

Skapanthus oreophilus var. oreophilus f. albus 子宫草-白花变型：albus → albi-/ albo- 白色的

Skapanthus oreophilus var. oreophilus f. oreophilus 子宫草-原变型 （词义见上面解释）

Skimmia 茵芋属（芸香科）（43-2：p109）：skimmia 深山茴香（日文）

Skimmia arborescens 乔木茵芋：arbor 乔木，树木；-escens/ -ascens 改变，转变，变成，略微，带有，接近，相似，大致，稍微（表示变化的趋势，并未完全相似或相同，有别于表示达到完成状态的 -atus）

Skimmia laureola 月桂茵芋：laureolus = laureus + ulus 小月桂树；laureus = Laurus + eus 像月桂树的；Laurus 月桂属（樟科）；-eus/ -eum/ -ea（接拉丁语词干时）属于……的，色如……的，质

如……的（表示原料、颜色或品质的相似），（接希腊语词干时）属于……的，以……出名，为……所占有（表示具有某种特性）；-ulus/ -ulum/ -ula 小的，略微的，稍微的（小词 -ulus 在字母 e 或 i 之后有多种变缀，即 -olus/ -olum/ -ola、-ellus/ -ellum/ -ella、-illus/ -illum/ -illa，与第一变格法和第二变格法名词形成复合词）；-atus/ -atum/ -ata 属于，相似，具有，完成（形容词词尾）

Skimmia melanocarpa 黑果茵芋：mel-/ mela-/ melan-/ melano- ← melanus/ melaenus ← melas/ melanos 黑色的，浓黑色的，暗色的；carpus/ carpum/ carpa/ carpon ← carpos 果实（用于希腊语复合词）

Skimmia multinervia 多脉茵芋：multi- ← multus 多个，多数，很多（希腊语为 poly-）；nervius = nervus + ius 具脉的，具叶脉的；nervus 脉，叶脉；-ius/ -ium/ -ia 具有……特性的（表示有关、关联、相似）

Skimmia reevesiana 茵芋：reevesiana ← John Reeves（人名，19 世纪英国植物学家）

Sladenia 毒药树属（猕猴桃科）（49-2：p302）：sladenia ← Sladen（人名）

Sladenia celastrifolia 毒药树：celastrifolia 南蛇藤叶的；Celastrus 南蛇藤属（卫矛科）；folius/ folium/ folia 叶，叶片（用于复合词）

Sloanea 猴欢喜属（杜英科）（49-1：p34）：sloanea ← Hans Sloane（人名，1660–1752，爱尔兰医生、博物学家）

Sloanea assamica 长叶猴欢喜：assamica 阿萨姆邦的（地名，印度）

Sloanea changii 樟叶猴欢喜：changii（人名）；-ii 表示人名，接在以辅音字母结尾的人名后面，但 -er 除外

Sloanea chingiana 百色猴欢喜：chingiana ← R. C. Chin 秦仁昌（人名，1898–1986，中国植物学家，蕨类植物专家），秦氏

Sloanea chingiana var. chingiana 百色猴欢喜-原变种（词义见上面解释）

Sloanea chingiana var. integrifolia 全叶猴欢喜：integer/ integra/ integrum → integri- 完整的，整个的，全缘的；folius/ folium/ folia 叶，叶片（用于复合词）

Sloanea cordifolia 心叶猴欢喜：cordi- ← cordis/ cor 心脏的，心形的；folius/ folium/ folia 叶，叶片（用于复合词）

Sloanea dasycarpa 膜叶猴欢喜：dasycarpus 粗毛果的；dasy- ← dasys 毛茸茸的，粗毛的，毛；carpus/ carpum/ carpa/ carpon ← carpos 果实（用于希腊语复合词）

Sloanea hainanensis 海南猴欢喜：hainanensis 海南的（地名）

Sloanea hemsleyana 仿栗：hemsleyana ← William Botting Hemsley（人名，19 世纪研究中美洲植物的植物学家）

Sloanea leptocarpa 薄果猴欢喜（薄 báo）：leptus ← leptos 细的，薄的，瘦小的，狭长的；botryus ← botrys 总状的，簇状的，葡萄串状的

Sloanea mollis 滇越猴欢喜：molle/ mollis 软的，柔毛的

Sloanea rotundifolia 圆叶猴欢喜：rotundus 圆形的，呈圆形的，肥大的；rotundo 使呈圆形，使圆滑；roto 旋转，滚动；folius/ folium/ folia 叶，叶片（用于复合词）

Sloanea sinensis 猴欢喜：sinensis = Sina + ensis 中国的（地名）；Sina 中国

Sloanea sterculiacea 苹婆猴欢喜：Sterculia 苹婆属（梧桐科）；-aceus/ -aceum/ -acea 相似的，有……性质的，属于……的

Sloanea tomentosa 毛猴欢喜：tomentosus = tomentum + osus 绒毛的，密被绒毛的；tomentum 绒毛，浓密的毛被，棉絮，棉絮状填充物（被褥、垫子等）；-osus/ -osum/ -osa 多的，充分的，丰富的，显著发育的，程度高的，特征明显的（形容词词尾）

Smallanthus 包果菊属（菊科）（增补）：smallanthus 小花的；small 小的（英语）；anthus/ anthum/ antha/ anthe ← anthos 花（用于希腊语复合词）

Smallanthus uvedalia 包果菊：uvedalia（人名）

Smelowskia 芹叶荠属（荠 jì）（十字花科）（33：p451）：smelowskia ← Smelowski（人名，俄国植物学家）

Smelowskia alba 灰白芹叶荠：albus → albi-/ albo- 白色的

Smelowskia bifurcata 高山芹叶荠：bifurcatus = bi + furcus + atus 具二叉的，二叉状的；bi-/ bis- 二，二数，二回（希腊语为 di-）；furcatus/ furcans = furcus + atus 叉子状的，分叉的；furcus 叉子，叉子状的，分叉的；-atus/ -atum/ -ata 属于，相似，具有，完成（形容词词尾）

Smelowskia calycina 芹叶荠：calycinus = calyx + inus 萼片的，萼片状的，萼片宿存的；calyx → calyc- 萼片（用于希腊语复合词）；构词规则：以 -ix/ -iex 结尾的词其词干末尾视为 -ic，以 -ex 结尾视为 -i/ -ic，其他以 -x 结尾视为 -c；-inus/ -inum/ -ina/ -inos 相近，接近，相似，具有（通常指颜色）

Smilacina 鹿药属（百合科）（15：p26）：smilacina = smilax + inus 像菝葜的；构词规则：以 -ix/ -iex 结尾的词其词干末尾视为 -ic，以 -ex 结尾视为 -i/ -ic，其他以 -x 结尾视为 -c；Smilax 菝葜属（百合科）；-inus/ -inum/ -ina/ -inos 相近，接近，相似，具有（通常指颜色）

Smilacina atropurpurea 高大鹿药：atro-/ atr-/ atri-/ atra- ← ater 深色，浓色，暗色，发黑（ater 作为词干后接辅音字母开头的词时，要在词干后面加一个连接用的元音字母 “o” 或 “i”，故为 “ater-o-” 或 “ater-i-”，变形为 “atr-” 开头）；purpureus = purpura + eus 紫色的；purpura 紫色（purpura 原为一种介壳虫名，其体液为紫色，可作颜料）；-eus/ -eum/ -ea（接拉丁语词干时）属于……的，色如……的，质如……的（表示原料、颜色或品质的相似），（接希腊语词干时）属于……的，以……出名，为……所占有（表示具有某种特性）

Smilacina dahurica 兴安鹿药：dahurica（daurica/ davurica）达乌里的（地名，外贝加尔湖，属西伯利亚的一个地区，即贝加尔湖以东及以南至中国和蒙古边界）

Smilacina formosana 台湾鹿药：formosanus = formosus + anus 美丽的，台湾的；formosus ← formosa 美丽的，台湾的（葡萄牙殖民者发现台湾时对其的称呼，即美丽的岛屿）；-anus/ -anum/ -ana 属于，来自（形容词词尾）

Smilacina forrestii 抱茎鹿药：forrestii ← George Forrest（人名，1873–1932，英国植物学家，曾在中国西部采集大量植物标本）

Smilacina fusca 西南鹿药：fuscus 棕色的，暗色的，发黑的，暗棕色的，褐色的

Smilacina ginfoshanica 金佛山鹿药：ginfoshanica 金佛山的（地名，重庆市）；-icus/ -icum/ -ica 属于，具有某种特性（常用于地名、起源、生境）

Smilacina henryi 管花鹿药：henryi ← Augustine Henry 或 B. C. Henry（人名，前者，1857–1930，爱尔兰医生、植物学家，曾在中国采集植物，后者，1850–1901，曾活动于中国的传教士）

Smilacina henryi var. szechuanica 四川鹿药：szechuanica 四川的（地名）；-icus/ -icum/ -ica 属于，具有某种特性（常用于地名、起源、生境）

Smilacina japonica 鹿药：japonica 日本的（地名）；-icus/ -icum/ -ica 属于，具有某种特性（常用于地名、起源、生境）

Smilacina lichiangensis 丽江鹿药：lichiangensis 丽江的（地名，云南省）

Smilacina nokomonticola（能高鹿药）（种加词有时错印为"nokomoticola"）：nokomontus = noko + montus/ nontis 能高山的（地名，位于台湾省，"noko"为"能高"的日语读音）；monti- ← montus/ mons 山，山地，岩石；colus ← colo 分布于，居住于，栖居，殖民（常作词尾）；colo/ colere/ colui/ cultum 居住，耕作，栽培

Smilacina oleracea 长柱鹿药：oleraceus 属于菜地的，田地栽培的（指可食用）；oler-/ holer- ← holerarium 菜地（指蔬菜、可食用的）；-aceus/ -aceum/ -acea 相似的，有……性质的，属于……的

Smilacina paniculata 窄瓣鹿药：paniculatus = paniculus + atus 具圆锥花序的；paniculus 圆锥花序；panus 谷穗；panicus 野稗，粟，谷子；-atus/ -atum/ -ata 属于，相似，具有，完成（形容词词尾）

Smilacina paniculata var. stenoloba 少叶鹿药：stenolobus = stenus + lobus 细裂的，窄裂的，细荚的；sten-/ steno- ← stenus 窄的，狭的，薄的；lobus/ lobos/ lobon 浅裂，耳片（裂片先端钝圆），荚果，蒴果

Smilacina purpurea 紫花鹿药：purpureus = purpura + eus 紫色的；purpura 紫色（purpura 原为一种介壳虫名，其体液为紫色，可作颜料）；-eus/ -eum/ -ea（接拉丁语词干时）属于……的，色如……的，质如……的（表示原料、颜色或品质的相似），（接希腊语词干时）属于……的，以……出名，为……所占有（表示具有某种特性）

Smilacina trifolia 三叶鹿药：tri-/ tripli-/ triplo- 三个，三数；folius/ folium/ folia 叶，叶片（用于复合词）

Smilacina tubifera 合瓣鹿药：tubi-/ tubo- ← tubus 管子的，管状的；-ferus/ -ferum/ -fera/ -fero/ -fere/ -fer 有，具有，产（区别：作独立词使

用的 ferus 意思是"野生的"）

Smilax 菝葜属（菝葜 bá qiā）（百合科）（15：p181）：smilax 栲树（希腊语名，指叶形与质地像栲树）

Smilax aberrans 弯梗菝葜：aberrans 异常的，畸形的，不同于一般的（近义词：abnormalis，anomalus，atypicus）

Smilax aberrans var. retroflexa 苍白菝葜：retroflexus 反曲的，向后折叠的，反转的；retro- 向后，反向；flexus ← flecto 扭曲的，卷曲的，弯弯曲曲的，柔性的；flecto 弯曲，使扭曲

Smilax arisanensis 尖叶菝葜：arisanensis 阿里山的（地名，属台湾省）

Smilax aspera 穗菝葜：asper/ asperus/ asperum/ aspera 粗糙的，不平的

Smilax aspericaulis 疣枝菝葜：asper/ asperus/ asperum/ aspera 粗糙的，不平的；caulis ← caulos 茎，茎秆，主茎

Smilax astrosperma 灰叶菝葜：astero-/ astro- 星状的，多星的（用于希腊语复合词词首）；spermus/ spermum/ sperma 种子的（用于希腊语复合词）

Smilax basilata 少花菝葜：basilatus 基部的，具底座的；basis 基部，基座；-atus/ -atum/ -ata 属于，相似，具有，完成（形容词词尾）

Smilax bauhinioides 圆叶菝葜：Bauhinia 羊蹄甲属（豆科）；-oides/ -oideus/ -oideum/ -oidea/ -odes/ -eidos 像……的，类似……的，呈……状的（名词词尾）

Smilax bockii 西南菝葜：bockii（人名）；-ii 表示人名，接在以辅音字母结尾的人名后面，但 -er 除外

Smilax bracteata 圆锥菝葜：bracteatus = bracteus + atus 具苞片的；bracteus 苞，苞片，苞鳞；-atus/ -atum/ -ata 属于，相似，具有，完成（形容词词尾）

Smilax chapaensis 密疣菝葜：chapaensis ← Chapa 沙巴的（地名，越南北部）

Smilax china 菝葜：China 中国

Smilax chingii 柔毛菝葜：chingii ← R. C. Chin 秦仁昌（人名，1898–1986，中国植物学家，蕨类植物专家），秦氏

Smilax cocculoides 银叶菝葜：cocculoides 像木防己的（指果实）；Cocculus 木防己属（防己科）；-oides/ -oideus/ -oideum/ -oidea/ -odes/ -eidos 像……的，类似……的，呈……状的（名词词尾）

Smilax corbularia 筐条菝葜：corbularius 篮状的；corbula/ corbis 小筐，柳条筐；-arius/ -arium/ -aria 相似，属于（表示地点，场所，关系，所属）

Smilax corbularia var. woodii 光叶菝葜：woodii（人名）；-ii 表示人名，接在以辅音字母结尾的人名后面，但 -er 除外

Smilax cyclophylla 合蕊菝葜：cyclo-/ cycl- ← cyclos 圆形，圈环；phyllus/ phyllum/ phylla ← phyllon 叶片（用于希腊语复合词）

Smilax darrisii 平滑菝葜：darrisii（人名）；-ii 表示人名，接在以辅音字母结尾的人名后面，但 -er 除外

Smilax davidiana 小果菝葜：davidiana ← Pere Armand David（人名，1826–1900，曾在中国采集植物标本的法国传教士）

Smilax densibarbata 密刺菝葜：densus 密集的，繁茂的；barbatus = barba + atus 具胡须的，具须毛的；barba 胡须，髯毛，绒毛；-atus/ -atum/ -ata 属于，相似，具有，完成（形容词词尾）

Smilax discotis 托柄菝葜：discotis 圆盘状耳的；dic-/ disci-/ disco- ← discus ← discos 碟子，盘子，圆盘；-otis/ -otites/ -otus/ -otion/ -oticus/ -otos/ -ous 耳，耳朵

Smilax elongatoumbellata 台湾菝葜：elongatus 伸长的，延长的；elongare 拉长，延长；longus 长的，纵向的；e-/ ex- 不，无，非，缺乏，不具有（e- 用在辅音字母前，ex- 用在元音字母前，为拉丁语词首，对应的希腊语词首为 a-/ an-，英语为 un-/ -less，注意作词首用的 e-/ ex- 和介词 e/ ex 意思不同，后者意为"出自、从……、由……离开、由于、依照"）；umbellatus = umbella + atus 伞形花序的，具伞的；umbella 伞形花序

Smilax ferox 长托菝葜：ferox 多刺的，硬刺的，危险的

Smilax fooningensis 富宁菝葜：fooningensis 富宁的（地名，云南省）

Smilax glabra 土茯苓（茯苓 fú líng）：glabrus 光秃的，无毛的，光滑的

Smilax glaucochina 黑果菝葜：glaucochina 中国粉绿色的；glaucus → glauco-/ glauc- 被白粉的，发白的，灰绿色的；China 中国

Smilax glaucophylla 西藏菝葜：glaucus → glauco-/ glauc- 被白粉的，发白的，灰绿色的；phyllus/ phyllum/ phylla ← phyllon 叶片（用于希腊语复合词）

Smilax hayatae 菱叶菝葜：hayatae ← Bunzo Hayata 早田文蔵（人名，1874–1934，日本植物学家，专门研究日本和中国台湾植物）；-ae 表示人名，以 -a 结尾的人名后面加上 -e 形成

Smilax hemsleyana 束丝菝葜：hemsleyana ← William Botting Hemsley（人名，19 世纪研究中美洲植物的植物学家）

Smilax horridiramula 刺枝菝葜：horridus 刺毛的，带刺的，可怕的；ramulus 小枝；-ulus/ -ulum/ -ula 小的，略微的，稍微的（小词 -ulus 在字母 e 或 i 之后有多种变缀，即 -olus/ -olum/ -ola、-ellus/ -ellum/ -ella、-illus/ -illum/ -illa，与第一变格法和第二变格法名词形成复合词）

Smilax hypoglauca 粉背菝葜：hypoglaucus 下面白色的；hyp-/ hypo- 下面的，以下的，不完全的；glaucus → glauco-/ glauc- 被白粉的，发白的，灰绿色的

Smilax kwangsiensis 缘毛菝葜：kwangsiensis 广西的（地名）

Smilax kwangsiensis var. setulosa 小刚毛菝葜：setulosus = setus + ulus + osus 多细刚毛的，多细刺毛的，多细芒刺的；setus/ saetus 刚毛，刺毛，芒刺；-ulus/ -ulum/ -ula 小的，略微的，稍微的（小词 -ulus 在字母 e 或 i 之后有多种变缀，即 -olus/ -olum/ -ola、-ellus/ -ellum/ -ella、-illus/ -illum/ -illa，与第一变格法和第二变格法名词形成复合词）；-osus/ -osum/ -osa 多的，充分的，丰富的，显著发育的，程度高的，特征明显的（形容词词尾）

Smilax lanceifolia 马甲菝葜：lance-/ lancei-/ lanci-/ lanceo-/ lanc- ← lanceus 披针形的，矛形的，尖刀状的，柳叶刀状的；folius/ folium/ folia 叶，叶片（用于复合词）

Smilax lanceifolia var. elongata 折枝菝葜：elongatus 伸长的，延长的；elongare 拉长，延长；longus 长的，纵向的；e-/ ex- 不，无，非，缺乏，不具有（e- 用在辅音字母前，ex- 用在元音字母前，为拉丁语词首，对应的希腊语词首为 a-/ an-，英语为 un-/ -less，注意作词首用的 e-/ ex- 和介词 e/ ex 意思不同，后者意为"出自、从……、由……离开、由于、依照"）

Smilax lanceifolia var. impressinervia 凹脉菝葜：impressinervius 凹脉的；impressi- ← impressus 凹陷的，凹入的，雕刻的；in-/ im-（来自 il- 的音变）内，在内，内部，向内，相反，不，无，非；il- 在内，向内，为，相反（希腊语为 en-）；词首 il- 的音变：il-（在 l 前面），im-（在 b、m、p 前面），in-（在元音字母和大多数辅音字母前面），ir-（在 r 前面），如 illaudatus（不值得称赞的，评价不好的），impermeabilis（不透水的，穿不透的），ineptus（不合适的），insertus（插入的），irretortus（无弯曲的，无扭曲的）；nervius = nervus + ius 具脉的，具叶脉的；pressus 压，压力，挤压，紧密；nervus 脉，叶脉；-ius/ -ium/ -ia 具有……特性的（表示有关、关联、相似）

Smilax lanceifolia var. lanceolata 长叶菝葜：lanceolatus = lanceus + olus + atus 小披针形的，小柳叶刀的；lance-/ lancei-/ lanci-/ lanceo-/ lanc- ← lanceus 披针形的，矛形的，尖刀状的，柳叶刀状的；-olus ← -ulus 小，稍微，略微（-ulus 在字母 e 或 i 之后变成 -olus/ -ellus/ -illus）；-atus/ -atum/ -ata 属于，相似，具有，完成（形容词词尾）

Smilax lanceifolia var. opaca 暗色菝葜：opacus 不透明的，暗的，无光泽的

Smilax lebrunii 粗糙菝葜：lebrunii（人名）；-ii 表示人名，接在以辅音字母结尾的人名后面，但 -er 除外

Smilax lunglingensis 马钱叶菝葜：lunglingensis 龙陵的（地名，云南省），隆林的（地名，广西壮族自治区）

Smilax macrocarpa 大果菝葜：macro-/ macr- ← macros 大的，宏观的（用于希腊语复合词）；carpus/ carpum/ carpa/ carpon ← carpos 果实（用于希腊语复合词）

Smilax mairei 无刺菝葜：mairei（人名）；Edouard Ernest Maire（人名，19 世纪活动于中国云南的传教士）；Rene C. J. E. Maire 人名（20 世纪阿尔及利亚植物学家，研究北非植物）；-i 表示人名，接在以元音字母结尾的人名后面，但 -a 除外

Smilax menispermoidea 防己叶菝葜：Menispermum 蝙蝠葛属（葛 gé）（防己科）；-oides/ -oideus/ -oideum/ -oidea/ -odes/ -eidos 像……的，类似……的，呈……状的（名词词尾）

Smilax microphylla 小叶菝葜：micr-/ micro- ← micros 小的，微小的，微观的（用于希腊语复合词）；phyllus/ phyllum/ phylla ← phyllon 叶片（用于希腊语复合词）

Smilax myrtillus 乌饭叶菝葜：myrtillus =

S

Myrtus + illus 小香桃木（指像桃香木）；Myrtus 香桃木属（桃金娘科）；-illus ← ellus 小的，略微的，稍微的

Smilax nana 矮菝葜：nanus ← nanos/ nannos 矮小的，小的；nani-/ nano-/ nanno- 矮小的，小的

Smilax nervomarginata 缘脉菝葜：nervus 脉，叶脉；marginatus ← margo 边缘的，具边缘的；margo/ marginis → margin- 边缘，边线，边界；词尾为 -go 的词其词干末尾视为 -gin

Smilax nervomarginata var. liukiuensis 无疣菝葜：liukiuensis 琉球的（地名，日语读音）

Smilax nigrescens 黑叶菝葜：nigrus 黑色的；niger 黑色的；-escens/ -ascens 改变，转变，变成，略微，带有，接近，相似，大致，稍微（表示变化的趋势，并未完全相似或相同，有别于表示达到完成状态的 -atus）

Smilax nipponica 白背牛尾菜：nipponica 日本的（地名）；-icus/ -icum/ -ica 属于，具有某种特性（常用于地名、起源、生境）

Smilax ocreata 抱茎菝葜：ocreatus/ ochreatus 托叶鞘的；ochreus 叶鞘

Smilax outanscianensis 武当菝葜：outanscianensis 武当山的（地名，湖北省）

Smilax pachysandroides （板凳果菝葜）：Pachysandra 板凳果属（黄杨科）；-oides/ -oideus/ -oideum/ -oidea/ -odes/ -eidos 像……的，类似……的，呈……状的（名词词尾）

Smilax perfoliata 穿鞘菝葜：perfoliatus 叶片抱茎的；peri-/ per- 周围的，缠绕的（与拉丁语 circum- 意思相同）；foliatus 具叶的，多叶的；folius/ folium/ folia → foli-/ folia- 叶，叶片

Smilax planipes 扁柄菝葜：planipes 扁茎的；planipes 扁平茎秆的；plani-/ plan- ← planus 平的，扁平的；pes/ pedis 柄，梗，茎秆，腿，足，爪（作词首或词尾，pes 的词干视为 "ped-"）

Smilax polycephala 四棱菝葜：poly- ← polys 多个，许多（希腊语，拉丁语为 multi-）；cephalus/ cephale ← cephalos 头，头状花序

Smilax polycolea 红果菝葜：polycoleus 多鞘的；poly- ← polys 多个，许多（希腊语，拉丁语为 multi-）；coleus ← coleos 鞘（唇瓣呈鞘状），鞘状的，果荚

Smilax quadrata 方枝菝葜：quadratus 正方形的，四数的；quadri-/ quadr- 四，四数（希腊语为 tetra-/ tetr-）

Smilax randaiensis （峦大菝葜）：randaiensis 峦大山的（地名，属台湾省，"randai" 为 "峦大" 的日语发音）

Smilax rigida 劲直菝葜（劲 jìng）：rigidus 坚硬的，不弯曲的，强直的

Smilax riparia 牛尾菜：riparius = ripa + arius 河岸的，水边的；ripa 河岸，水边；-arius/ -arium/ -aria 相似，属于（表示地点，场所，关系，所属）

Smilax riparia var. acuminata 尖叶牛尾菜：acuminatus = acumen + atus 锐尖的，渐尖的；acumen 渐尖头；-atus/ -atum/ -ata 属于，相似，具有，完成（形容词词尾）

Smilax riparia var. pubescens 毛牛尾菜：

pubescens ← pubens 被短柔毛的，长出柔毛的；pubi- ← pubis 细柔毛的，短柔毛的，毛被的；pubesco/ pubescere 长成的，变为成熟的，长出柔毛的，青春期体毛的；-escens/ -ascens 改变，转变，变成，略微，带有，接近，相似，大致，稍微（表示变化的趋势，并未完全相似或相同，有别于表示达到完成状态的 -atus）

Smilax scobinicaulis 短梗菝葜：scobinus 粗糙的；caulis ← caulos 茎，茎秆，主茎

Smilax setiramula 密刚毛菝葜：setiramulus 刚毛小枝的；setus/ saetus 刚毛，刺毛，芒刺；ramulus 小枝；-ulus/ -ulum/ -ula 小的，略微的，稍微的（小词 -ulus 在字母 e 或 i 之后有多种变缀，即 -olus/ -olum/ -ola、-ellus/ -ellum/ -ella、-illus/ -illum/ -illa，与第一变格法和第二变格法名词形成复合词）

Smilax sieboldii 华东菝葜：sieboldii ← Franz Philipp von Siebold 西博德（人名，1796–1866，德国医生、植物学家，曾专门研究日本植物）

Smilax stans 鞘柄菝葜：stans 直立的

Smilax tetraptera 四翅菝葜：tetra-/ tetr- 四，四数（希腊语，拉丁语为 quadri-/ quadr-）；pterus/ pteron 翅，翼，蕨类

Smilax trachypoda 糙柄菝葜：trachys 粗糙的；podus/ pus 柄，梗，茎秆，足，腿

Smilax trinervula 三脉菝葜：tri-/ tripli-/ triplo- 三个，三数；nervulus 小脉，细脉；-ulus/ -ulum/ -ula 小的，略微的，稍微的（小词 -ulus 在字母 e 或 i 之后有多种变缀，即 -olus/ -olum/ -ola、-ellus/ -ellum/ -ella、-illus/ -illum/ -illa，与第一变格法和第二变格法名词形成复合词）

Smilax tsinchengshanensis 青城菝葜：tsinchengshanensis 青城山的（地名，四川省）

Smilax vanchingshanensis 梵净山菝葜（梵 fàn）：vanchingshanensis 梵净山的（地名，贵州省）

Smithia 坡油甘属（豆科）（41：p351）：smithia ← James Edward Smith（人名，1759–1823，英国植物学家）

Smithia blanda 黄花合叶豆：blandus 光滑的，可爱的

Smithia ciliata 缘毛合叶豆：ciliatus = cilium + atus 缘毛的，流苏的；cilium 缘毛，睫毛；-atus/ -atum/ -ata 属于，相似，具有，完成（形容词词尾）

Smithia conferta 密节坡油甘：confertus 密集的

Smithia salsuginea 盐碱土坡油甘：salsugineus（salsuginosus）= salsugo + eus 略咸的，盐地生的（salsugo 的词干为 salsugin-）；salsugo = salsus + ugo 盐分；词尾为 -go 的词其词干末尾视为 -gin；salsus/ salsinus 咸的，多盐的（比喻海岸或多盐生境）；sal/ salis 盐，盐水，海，海水；-eus/ -eum/ -ea（接拉丁语词干时）属于……的，色如……的，质如……的（表示原料、颜色或品质的相似），（接希腊语词干时）属于……的，以……出名，为……所占有（表示具有某种特性）

Smithia sensitiva 坡油甘：sensitivus = sentire + ivus 敏感的（= sensibilis）；sentire 感到；-ivus/ -ivum/ -iva 表示能力、所有、具有……性质，作动词或名词词尾

Smithorchis 反唇兰属（兰科）（17：p334）：

smith ← James Edward Smith（人名，1759–1828，英国植物学家）；orchis 红门兰，兰花

Smithorchis calceoliformis 反唇兰：calceolus = calceus + ulus 小鞋子的，拖鞋的，短靴子的；calceus 鞋，半筒靴；formis/ forma 形状

Smitinandia 盖喉兰属（兰科）（19：p290）：smitinandia ← Tem Smitinand（人名，20 世纪泰国植物学家）

Smitinandia micrantha 盖喉兰：micr-/ micro- ← micros 小的，微小的，微观的（用于希腊语复合词）；anthus/ anthum/ antha/ anthe ← anthos 花（用于希腊语复合词）

Solanaceae 茄科（67-1：p1）：Solanum 茄属；-aceae（分类单位科的词尾，为 -aceus 的阴性复数主格形式，加到模式属的名称后或同义词的词干后以组成族群名称）

Solanum 茄属（茄 qié）（茄科）（67-1：p64）：solanum（语意不明，可能来自 solamen，意为"镇静"，因该属植物有镇痛作用）

Solanum aculeatissimum 喀西茄（另见 S. khasianum）：aculeatissimus = aculeatus + issimus 刺很多的；aculeatus 有刺的，有针的；aculeus 皮刺；-issimus/ -issima/ -issimum 最，非常，极其（形容词最高级）

Solanum alatum 红果龙葵：alatus → ala-/ alat-/ alati-/ alato- 翅，具翅的，具翼的；反义词：exalatus 无翼的，无翅的

Solanum americanum 少花龙葵（另见 S. photeinocarpum）：americanum 美洲的（地名）

Solanum aviculare 澳洲茄：aviculare 小鸟的，鸟喜欢的

Solanum barbisetum 刺苞茄：barbisetus 毛刺的，胡须的；barba 胡须，髯毛，绒毛；setus/ saetus 刚毛，刺毛，芒刺

Solanum boreali-sinense 光白英：borealis 北方的；-aris（阳性、阴性）/ -are（中性）← -alis（阳性、阴性）/ -ale（中性）属于，相似，如同，具有，涉及，关于，联结于（将名词作形容词用，其中 -aris 常用于以 l 或 r 为词干末尾的词）；sinense = Sina + ense 中国的（地名）；Sina 中国

Solanum capsicoides 牛茄子（另见 S. surattense）：capsicoides 像辣椒的；Capsicum 辣椒属（茄科）；-oides/ -oideus/ -oideum/ -oidea/ -odes/ -eidos 像……的，类似……的，呈……状的（名词词尾）

Solanum carolinense 北美刺龙葵：carolinense 卡罗来纳的（地名，美国）

Solanum cathayanum 千年不烂心：cathayanum ← Cathay ← Khitay/ Khitai 中国的，契丹的（地名，10–12 世纪中国北方契丹人的领域，辽国前身，多用来代表中国，俄语称中国为 Kitay）

Solanum coagulans 野茄（另见 S. undatum）：coagulans 凝固的；coagulum 凝结物，聚集物，凝结乳，酸奶，蜂胶；cogo = co + ago 集结，聚集，使密集，使凝缩；co- 联合，共同，合起来（拉丁语词首，为 cum- 的音变，表示结合、强化、完全，对应的希腊语为 syn-）；co- 的缀词音变有 co-/ com-/ con-/ col-/ cor-：co-（在 h 和元音字母前面），col-（在 l 前面），com-（在 b、m、p 之前），con-（在 c、

d、f、g、j、n、qu、s、t 和 v 前面），cor-（在 r 前面）；ago 居住；-ans/ -ens/ -bilis/ -ilis 能够，可能（为形容词词尾，-ans/ -ens 用于主动语态，-bilis/ -ilis 用于被动语态）

Solanum cornutum （角果茄）：cornutus = cornus + utus 犄角的，兽角的，角质的；cornus 角，犄角，兽角，角质，角质般坚硬；-utus/ -utum/ -uta（名词词尾，表示具有）

Solanum cumingii 菲岛茄：cumingii ← Hugh Cuming（人名，19 世纪英国贝类专家、植物学家）

Solanum deflexicarpum 苦刺：deflexus 向下曲折的，反卷的；de- 向下，向外，从……，脱离，脱落，离开，去掉；flexus ← flecto 扭曲的，卷曲的，弯弯曲曲的，柔性的；flecto 弯曲，使扭曲；carpus/ carpum/ carpa/ carpon ← carpos 果实（用于希腊语复合词）

Solanum diphyllum 黄果龙葵：diphyllus 双叶的；di-（在一些辅音字母前面）/ dis- 在……之间，从……分开（如 dissepimentum 分开，隔壁，dissimilis 不同的）；phyllus/ phyllum/ phylla ← phyllon 叶片（用于希腊语复合词）

Solanum dulcamara 欧白英：dulcamara 苦甜掺半的；dulc- ← dulcis 甜的，甜味的；amarus 苦味的

Solanum elaeagnifolium 银毛龙葵：Elaeagnus 胡颓子属（胡颓子科）；folius/ folium/ folia 叶，叶片（用于复合词）

Solanum erianthum 假烟叶树（另见 S. verbascifolium）：erion 绵毛，羊毛；anthus/ anthum/ antha/ anthe ← anthos 花（用于希腊语复合词）

Solanum ferox 毛茄：ferox 多刺的，硬刺的，危险的

Solanum griffithii 膜萼茄：griffithii ← William Griffith（人名，19 世纪印度植物学家，加尔各答植物园主任）

Solanum hidetaroi 台白英：hidetaroi 英太郎（日本人名）

Solanum indicum 刺天茄：indicum 印度的（地名）；-icus/ -icum/ -ica 属于，具有某种特性（常用于地名、起源、生境）

Solanum indicum var. indicum 刺天茄-原变种（词义见上面解释）

Solanum indicum var. recurvatum 弯柄刺天茄：recurvatus 反曲的，反卷的，后曲的；re- 返回，相反，再次，重复，向后，回头；curvus 弯曲的；-atus/ -atum/ -ata 属于，相似，具有，完成（形容词词尾）

Solanum integrifolium 红茄：integer/ integra/ integrum → integri- 完整的，整个的，全缘的；folius/ folium/ folia 叶，叶片（用于复合词）

Solanum japonense 野海茄：japonense 日本的（地名）

Solanum jasminoides 素馨叶白英（馨 xīn）：jasminoides 像茉莉花的；Jasminum 素馨属（茉莉花所在的属，木樨科）；-oides/ -oideus/ -oideum/ -oidea/ -odes/ -eidos 像……的，类似……的，呈……状的（名词词尾）

Solanum kerrii 南青杞（杞 qǐ）：kerrii ← Arthur Francis George Kerr 或 William Kerr（人名）

Solanum khasianum 喀西茄（喀 kā）（另见 S.

S

aculeatissimum）：khasianum ← Khasya 喀西的，卡西的（地名，印度阿萨姆邦）

Solanum lyratum 白英：lyratus 大头羽裂的，琴状的

Solanum macaonense 山茄：macaonense 澳门的（地名）

Solanum mammosum 乳茄：mammosus 乳头多的，乳房状的；mammus 乳头；-osus/ -osum/ -osa 多的，充分的，丰富的，显著发育的，程度高的，特征明显的（形容词词尾）

Solanum melongena 茄：melongenus 生苹果的，结瓜的；melon 苹果，瓜，甜瓜；genus ← gignere ← geno 出生，发生，起源，产于，生于（指地方或条件），属（植物分类单位）

Solanum melongena var. esculentum （果茄）：esculentus 食用的，可食的；esca 食物，食料；-ulentus/ -ulentum/ -ulenta/ -olentus/ -olentum/ -olenta（表示丰富、充分或显著发展）

Solanum melongena var. serpentinum （弯钩茄）：serpentinus 蛇形的，匍匐的，蛇纹岩的

Solanum nienkui 疏刺茄：nienkui（人名）

Solanum nigrum 龙葵：nigrus 黑色的；niger 黑色的；关联词：denigratus 变黑的

Solanum nigrum var. atriplicifolium 滨藜叶龙葵：Atriplex 滨藜属（藜科）；folius/ folium/ folia 叶，叶片（用于复合词）；构词规则：以 -ix/ -iex 结尾的词其词干末尾视为 -ic，以 -ex 结尾视为 -i/ -ic，其他以 -x 结尾视为 -c

Solanum nigrum var. humile 矮株龙葵：humile 矮的

Solanum nigrum var. nigrum 龙葵-原变种 （词义见上面解释）

Solanum nivalo-montanum 雪山茄：nivalo-montanus 雪山的；nivalis 生于冰雪带的，积雪时期的；nivus/ nivis/ nix 雪，雪白色；montanus 山，山地

Solanum photeinocarpum 少花龙葵（另见 S. americanum）：photeino ← photeinos 有光泽的；carpus/ carpum/ carpa/ carpon ← carpos 果实（用于希腊语复合词）

Solanum photeinocarpum var. photeinocarpum 少花龙葵-原变种 （词义见上面解释）

Solanum photeinocarpum var. violaceum 紫少花龙葵：violaceus 紫红色的，紫堇色的，堇菜状的；Viola 堇菜属（堇菜科）；-aceus/ -aceum/ -acea 相似的，有……性质的，属于……的

Solanum pittosporifolium 海桐叶白英：pittosporifolium 海桐花叶的；Pittosporum 海桐花属（海桐花科）；folius/ folium/ folia 叶，叶片（用于复合词）

Solanum pittosporifolium var. pilosum 疏毛海桐叶白英：pilosus = pilus + osus 多毛的，被柔毛的，具疏柔毛的，被短弱细毛的；pilus 毛，疏柔毛；-osus/ -osum/ -osa 多的，充分的，丰富的，显著发育的，程度高的，特征明显的（形容词词尾）

Solanum pittosporifolium var. pittosporifolium 海桐叶白英-原变种 （词义见上面解释）

Solanum procumbens 海南茄：procumbens 俯卧的，匍匐的，倒伏的；procumb- 俯卧，匍匐，倒伏；-ans/ -ens/ -bilis/ -ilis 能够，可能（为形容词词尾，-ans/ -ens 用于主动语态，-bilis/ -ilis 用于被动语态）

Solanum pseudocapsicum 珊瑚樱：pseudocapsicum 像辣椒的；pseudo-/ pseud- ← pseudos 假的，伪的，接近，相似（但不是）；Capsicum 辣椒属（茄科）

Solanum pseudocapsicum var. diflorum 珊瑚豆：diflorus 二花的，花分散的；di-/ dis- 二，二数，二分，分离，不同，在……之间，从……分开（希腊语，拉丁语为 bi-/ bis-）；florus/ florum/ flora ← flos 花（用于复合词）

Solanum pseudocapsicum var. pseudocapsicum 珊瑚樱-原变种 （词义见上面解释）

Solanum rostratum 刺萼龙葵：rostratus 具喙的，喙状的；rostrus 鸟喙（常作词尾）；rostre 鸟喙的，喙状的

Solanum sarrachoides 腺龙葵：sarrachoides/ sarachoides 像 Saracha 的；Saracha（茄科一属名）；saracha（人名，西班牙修道士、植物学家）；-oides/ -oideus/ -oideum/ -oidea/ -odes/ -eidos 像……的，类似……的，呈……状的（名词词尾）

Solanum septemlobum 青杞（杞 qǐ）：septem-/ sept-/ septi- 七（希腊语为 hepta-）；lobus/ lobos/ lobon 浅裂，耳片（裂片先端钝圆），荚果，蒴果

Solanum septemlobum var. indutum 茄子蒿（茄 qié）：indutus 包膜，盖子

Solanum septemlobum var. ovoidocarpum 卵果青杞（杞 qǐ）：ovoidocarpus 卵球形果的；ovoideus 卵球形的；carpus/ carpum/ carpa/ carpon ← carpos 果实（用于希腊语复合词）

Solanum septemlobum var. septemlobum 青杞-原变种 （词义见上面解释）

Solanum septemlobum var. subintegrifolium 单叶青杞：subintegrifolium 近全缘叶的；sub-（表示程度较弱）与……类似，几乎，稍微，弱，亚，之下，下面；integer/ integra/ integrum → integri- 完整的，整个的，全缘的；folius/ folium/ folia 叶，叶片（用于复合词）

Solanum sisymbriifolium 蒜芥茄：sisymbriifolius = Sisymbrium + folius 大蒜芥叶的；缀词规则：以属名作复合词时原词尾变形后的 i 要保留；Sisymbrium 大蒜芥属（十字花科）；folius/ folium/ folia 叶，叶片（用于复合词）

Solanum spirale 旋花茄：spiralis/ spirale 螺旋状的，盘卷的，缠绕的；spira ← speira 螺旋状的，环状的，缠绕的，盘卷的（希腊语）

Solanum suffruticosum 木龙葵：suffruticosus 亚灌木状的；suffrutex 亚灌木，半灌木；suf- ← sub- 亚，像，稍微（sub- 在字母 f 前同化为 suf-）；frutex 灌木；-osus/ -osum/ -osa 多的，充分的，丰富的，显著发育的，程度高的，特征明显的（形容词词尾）

Solanum suffruticosum var. merrillianum 光枝木龙葵：merrillianum ← E. D. Merrill（人名，1876–1956，美国植物学家）

Solanum suffruticosum var. suffruticosum 木龙葵-原变种 （词义见上面解释）

S

Solanum surattense 牛茄子（另见 S. capsicoides）：surattense 素叻他尼的（地名，泰国）

Solanum torvum 水茄：torvus 野蛮的，残暴的

Solanum torvum var. pleiotomum 多裂水茄：pleiotomus 多分裂的，多刺尖的；pleo-/ plei-/ pleio- ← pleos/ pleios 多的；tomus ← tomos 小片，片段，卷册（书）

Solanum torvum var. torvum 水茄-原变种 （词义见上面解释）

Solanum tuberosum 阳芋（马铃薯）：tuberosus = tuber + osus 块茎的，膨大成块茎的；tuber/ tuber-/ tuberi- 块茎的，结节状凸起的，瘤状的；-osus/ -osum/ -osa 多的，充分的，丰富的，显著发育的，程度高的，特征明显的（形容词词尾）

Solanum undatum 野茄（另见 S. coagulans）：undatus = unda + atus 波动的，钝波形的；unda 起波浪的，弯曲的；-atus/ -atum/ -ata 属于，相似，具有，完成（形容词词尾）

Solanum verbascifolium 假烟叶树（另见 S. erianthum）：Verbascum 毛蕊花属（玄参科）；folius/ folium/ folia 叶，叶片（用于复合词）

Solanum virginianum 毛果茄：virginianum 弗吉尼亚的（地名，美国）

Solanum wendlandii （汶氏茄）（汶 wèn）：wendlandia ← Hermann Wendland（人名，19 世纪德国植物学家）

Solanum wrightii 大花茄：wrightii ← Charles (Carlos) Wright（人名，19 世纪美国植物学家）

Solanum xanthocarpum 黄果茄：xanthos 黄色的（希腊语）；carpus/ carpum/ carpa/ carpon ← carpos 果实（用于希腊语复合词）

Solena 茅瓜属（葫芦科）（73-1：p177）：solena/ solen 管，管状的

Solena amplexicaulis 茅瓜：amplexi- 跨骑状的，紧握的，抱紧的；caulis ← caulos 茎，茎秆，主茎

Solena delavayi 滇藏茅瓜：delavayi ← P. J. M. Delavay（人名，1834–1895，法国传教士，曾在中国采集植物标本）；-i 表示人名，接在以元音字母结尾的人名后面，但 -a 除外

Solenanthus 长蕊琉璃草属（紫草科）（64-2：p231）：solena/ solen 管，管状的；anthus/ anthum/ antha/ anthe ← anthos 花（用于希腊语复合词）

Solenanthus circinnatus 长蕊琉璃草：circinnatus/ cinrcinnatus ← circinatus/ cicinalis 线圈状的，涡旋状的，圆角的

Solidago 一枝黄花属（菊科）（74：p72）：solidago 使完整，使治愈（指药效）；solidus 完全的，实心的，致密的，坚固的，结实的；-ago/ -ugo/ -go ← agere 相似，诱导，影响，遭遇，用力，运送，做，成就（阴性名词词尾，表示相似、某种性质或趋势，也用于人名词尾以示纪念）

Solidago canadensis 加拿大一枝黄花：canadensis 加拿大的（地名）

Solidago decurrens 一枝黄花：decurrens 下延的；decur- 下延的

Solidago pacifica 钝苞一枝黄花：pacificus 太平洋的；-icus/ -icum/ -ica 属于，具有某种特性（常用于地名、起源、生境）

Solidago virgaurea 毛果一枝黄花：virgaureus 金树枝，黄色的树枝；virga/ virgus 纤细枝条，细而绿的枝条；aureus = aurus + eus 属于金色的，属于黄色的；aurus 金，金色；-eus/ -eum/ -ea（接拉丁语词干时）属于……的，色如……的，质如……的（表示原料、颜色或品质的相似），（接希腊语词干时）属于……的，以……出名，为……所占有（表示具有某种特性）

Solidago virgaurea var. dahurica 毛果一枝黄花-寡毛变种：dahurica（daurica/ davurica）达乌里的（地名，外贝加尔湖，属西伯利亚的一个地区，即贝加尔湖以东及以南至中国和蒙古边界）

Solidago virgaurea var. virgaurea 毛果一枝黄花-原变种 （词义见上面解释）

Soliva 裸柱菊属（菊科）（76-1：p135）：soliva ← Salvador Soliva（人名，18 世纪西班牙医生）

Soliva anthemifolia 裸柱菊：anthemifolius 春黄菊叶的；Anthemis 春黄菊属（菊科）；folius/ folium/ folia 叶，叶片（用于复合词）

Soliva pterosperma 翅果裸柱菊：pterospermus 具翅种子的；pterus/ pteron 翅，翼，蕨类；Pterospermum 翅子树属（梧桐科）；spermus/ spermum/ sperma 种子的（用于希腊语复合词）

Solms-Laubachia 丛菔属（菔 fú）（十字花科）（33：p326）：solms-laubachia ← Hermann Graf. Zu Solms Laubach（人名，1842–1915，德国植物学家）

Solms-Laubachia ciliaris 睫毛丛菔：ciliaris 缘毛的，睫毛的（流苏状）；cilia 睫毛，缘毛；cili- 纤毛，缘毛；-aris（阳性、阴性）/ -are（中性）← -alis（阳性、阴性）/ -ale（中性）属于，相似，如同，具有，涉及，关于，联结于（将名词作形容词用，其中 -aris 常用于以 l 或 r 为词干末尾的词）

Solms-Laubachia dolichocarpa 长果丛菔：dolicho- ← dolichos 长的；carpus/ carpum/ carpa/ carpon ← carpos 果实（用于希腊语复合词）

Solms-Laubachia eurycarpa 宽果丛菔：eurys 宽阔的；carpus/ carpum/ carpa/ carpon ← carpos 果实（用于希腊语复合词）

Solms-Laubachia eurycarpa var. brevistipes 短柄丛菔：brevi- ← brevis 短的（用于希腊语复合词词首）；stipes 柄，脚，梗

Solms-Laubachia eurycarpa var. eurycarpa 宽果丛菔-原变种 （词义见上面解释）

Solms-Laubachia floribunda 多花丛菔：floribundus = florus + bundus 多花的，繁花的，花正盛开的；florus/ florum/ flora ← flos 花（用于复合词）；-bundus/ -bunda/ -bundum 正在做，正在进行（类似于现在分词），充满，盛行

Solms-Laubachia lanata 绵毛丛菔：lanatus = lana + atus 具羊毛的，具长柔毛的；lana 羊毛，绵毛

Solms-Laubachia latifolia 宽叶丛菔：lati-/ late- ← latus 宽的，宽广的；folius/ folium/ folia 叶，叶片（用于复合词）

Solms-Laubachia linearifolia 线叶丛菔：linearis = lineus + aris 线条的，线形的，线状的，亚麻状的；folius/ folium/ folia 叶，叶片（用于复合词）；-aris（阳性、阴性）/ -are（中性）← -alis（阳性、

阴性）/ -ale（中性）属于，相似，如同，具有，涉及，关于，联结于（将名词作形容词用，其中 -aris 常用于以 l 或 r 为词干末尾的词）

Solms-Laubachia linearifolia var. leiocarpa 光果丛菔：lei-/ leio-/ lio- ← leius ← leios 光滑的，平滑的；carpus/ carpum/ carpa/ carpon ← carpos 果实（用于希腊语复合词）

Solms-Laubachia linearifolia var. linearifolia 线叶丛菔-原变种 （词义见上面解释）

Solms-Laubachia minor 细叶丛菔：minor 较小的，更小的

Solms-Laubachia orbiculata 圆叶丛菔：orbiculatus/ orbicularis = orbis + culus + atus 圆形的；orbis 圆，圆形，圆圈，环；-culus/ -culum/ -cula 小的，略微的，稍微的（同第三变格法和第四变格法名词形成复合词）；-atus/ -atum/ -ata 属于，相似，具有，完成（形容词词尾）

Solms-Laubachia platycarpa 总状丛菔：platycarpus 大果的，宽果的；platys 大的，宽的（用于希腊语复合词）；carpus/ carpum/ carpa/ carpon ← carpos 果实（用于希腊语复合词）

Solms-Laubachia pulcherrima 丛菔：pulcherrima 极美丽的，最美丽的；pulcher/pulcer 美丽的，可爱的；-rimus/ -rima/ -rimum 最，极，非常（词尾为 -er 的形容词最高级）

Solms-Laubachia pulcherrima f. angustifolia 狭叶丛菔：angusti- ← angustus 窄的，狭的，细的；folius/ folium/ folia 叶，叶片（用于复合词）

Solms-Laubachia pulcherrima f. pulcherrima 丛菔-原变型 （词义见上面解释）

Solms-Laubachia retropilosa 倒毛丛菔：retro- 向后，反向；pilosus = pilus + osus 多毛的，被柔毛的，具疏柔毛的，被短弱细毛的；pilus 毛，疏柔毛；-osus/ -osum/ -osa 多的，充分的，丰富的，显著发育的，程度高的，特征明显的（形容词词尾）

Solms-Laubachia xerophyta 旱生丛菔：xerophytus 旱生植物；xeros 干旱的，干燥的；phytus/ phytum/ phyta 植物

Sonchus 苦苣菜属（苣 jù）（菊科）（80-1：p60）：sonchus/ sonchos 苦菜，苦菜味的（希腊语）

Sonchus arvensis 苣荬菜（苣荬 qǔ mǎi）：arvensis 田里生的；arvum 耕地，可耕地

Sonchus asper 花叶滇苦菜：asper/ asperus/ asperum/ aspera 粗糙的，不平的

Sonchus brachyotus 长裂苦苣菜：brachyotus 短耳的；brachy- ← brachys 短的（用于拉丁语复合词词首）；-otis/ -otites/ -otus/ -otion/ -oticus/ -otos/ -ous 耳，耳朵

Sonchus lingianus 南苦苣菜：lingianus（人名）

Sonchus oleraceus 苦苣菜：oleraceus 属于菜地的，田地栽培的（指可食用）；oler-/ holer- ← holerarium 菜地（指蔬菜、可食用的）；-aceus/ -aceum/ -acea 相似的，有……性质的，属于……的

Sonchus palustris 沼生苦苣菜：palustris/ paluster ← palus + estris 喜好沼泽的，沼生的；palus 沼泽，湿地，泥潭，水塘，草甸子（palus 的复数主格为 paludes）；-estris/ -estre/ ester/ -esteris 生于……地方，喜好……地方

Sonchus transcaspicus 全叶苦苣菜：transcaspicus 穿越黑海的；tran-/ trans- 横过，远侧边，远方，在那边；caspicus 黑海的（地名）

Sonchus uliginosus 短裂苦苣菜：uliginosus 沼泽的，湿地的，潮湿的；uligo/ vuligo/ uliginis 潮湿，湿地，沼泽（uligo 的词干为 uligin-）；词尾为 -go 的词其词干末尾视为 -gin；-osus/ -osum/ -osa 多的，充分的，丰富的，显著发育的，程度高的，特征明显的（形容词词尾）

Sonerila 蜂斗草属（野牡丹科）（53-1：p255）：sonerila（印度尼西亚土名）

Sonerila alata 翅茎蜂斗草：alatus → ala-/ alat-/ alati-/ alato- 翅，具翅的，具翼的；反义词：exalatus 无翼的，无翅的

Sonerila alata var. alata 翅茎蜂斗草-原变种 （词义见上面解释）

Sonerila alata var. triangula 短萼蜂斗草：tri-/ tripli-/ triplo- 三个，三数；angulus 角，棱角，角度，角落

Sonerila cantonensis 蜂斗草：cantonensis 广东的（地名）

Sonerila cantonensis var. cantonensis 蜂斗草-原变种 （词义见上面解释）

Sonerila cantonensis var. strigosa 毛蜂斗草：strigosus = striga + osus 鬃毛的，刷毛的；striga → strig- 条纹的，网纹的（如种子具网纹），糙伏毛的；-osus/ -osum/ -osa 多的，充分的，丰富的，显著发育的，程度高的，特征明显的（形容词词尾）

Sonerila cheliensis 景洪蜂斗草：cheliensis 车里的（地名，云南西双版纳景洪市的旧称）

Sonerila epilobioides 柳叶菜蜂斗草：Epilobium 柳叶菜属（柳叶菜科）；-oides/ -oideus/ -oideum/ -oidea/ -odes/ -eidos 像……的，类似……的，呈……状的（名词词尾）

Sonerila hainanensis 海南桑叶草：hainanensis 海南的（地名）

Sonerila laeta 小蜂斗草：laetus 生辉的，生动的，色彩鲜艳的，可喜的，愉快的；laete 光亮地，鲜艳地

Sonerila plagiocardia 海棠叶蜂斗草：plagiocardia 偏心形的；plagios 斜的，歪的，偏的；cardius 心脏，心形

Sonerila primuloides 报春蜂斗草：primuloides/ primulinus 像报春花的；Primula 报春花属（报春花科）；-oides/ -oideus/ -oideum/ -oidea/ -odes/ -eidos 像……的，类似……的，呈……状的（名词词尾）

Sonerila rivularis 溪边桑勒草（勒 lè）：rivularis = rivulus + aris 生于小溪的，喜好小溪的；rivulus = rivus + ulus 小溪，细流；rivus 河流，溪流；-aris（阳性、阴性）/ -are（中性）← -alis（阳性、阴性）/ -ale（中性）属于，相似，如同，具有，涉及，关于，联结于（将名词作形容词用，其中 -aris 常用于以 l 或 r 为词干末尾的词）

Sonerila shanlinensis 上林蜂斗草：shanlinensis 上林的（地名，广西壮族自治区）

Sonerila tenera 细茎蜂斗草（原名"三蕊草"，禾本科有重名）：tenerus 柔软的，娇嫩的，精美的，雅致的，纤细的

S

Sonerila yunnanensis 毛叶蜂斗草：yunnanensis 云南的（地名）

Sonneratia 海桑属（海桑科）（52-2：p112）：sonneratia ← Pierre Sonnerat（人名，1749–1841，法国旅行家）

Sonneratia alba 杯萼海桑：albus → albi-/ albo- 白色的

Sonneratia apetala 无瓣海桑：apetalus 无花瓣的，花瓣缺如的；a-/ an- 无，非，没有，缺乏，不具有（an- 用于元音前）（a-/ an- 为希腊语词首，对应的拉丁语词首为 e-/ ex-，相当于英语的 un-/ -less，注意词首 a- 和作为介词的 a/ ab 不同，后者的意思是"从……、由……、关于……、因为……"）；petalus/ petalum/ petala ← petalon 花瓣

Sonneratia caseolaris 海桑：caseolaris = caseus + ulus + aris 小奶酪的，干酪的，属于干酪的；caseus 奶酪；-ulus/ -ulum/ -ula 小的，略微的，稍微的（小词 -ulus 在字母 e 或 i 之后有多种变缀，即 -olus/ -olum/ -ola、-ellus/ -ellum/ -ella、-illus/ -illum/ -illa，与第一变格法和第二变格法名词形成复合词）；-aris（阳性、阴性）/ -are（中性）← -alis（阳性、阴性）/ -ale（中性）属于，相似，如同，具有，涉及，关于，联结于（将名词作形容词用，其中 -aris 常用于以 l 或 r 为词干末尾的词）

Sonneratiaceae 海桑科（52-2：p111）：Sonneratia 海桑属；-aceae（分类单位科的词尾，为 -aceus 的阴性复数主格形式，加到模式属的名称后或同义词的词干后以组成族群名称）

Sophiopsis 羽裂叶荠属（荠 jì）（十字花科）（33：p449）：sophia 贤人，智者；-opsis/ -ops 相似，稍微，带有

Sophiopsis annua 中亚羽裂叶荠：annuus/ annus 一年的，每年的，一年生的

Sophiopsis sisymbrioides 羽裂叶荠：sisymbrioides 像大蒜芥的；Sisymbrium 大蒜芥属（十字花科）；-oides/ -oideus/ -oideum/ -oidea/ -odes/ -eidos 像……的，类似……的，呈……状的（名词词尾）

Sophora 槐属（豆科）（40：p64）：sophora（一种豆科植物的阿拉伯语）

Sophora albescens 白花槐：albescens 淡白的，略白的，发白的，褪色的；albus → albi-/ albo- 白色的；-escens/ -ascens 改变，转变，变成，略微，带有，接近，相似，大致，稍微（表示变化的趋势，并未完全相似或相同，有别于表示达到完成状态的 -atus）

Sophora alopecuroides 苦豆子：alopecuroides 像看麦娘的，像狐狸尾巴的；Alopecurus 看麦娘属（禾本科）；-oides/ -oideus/ -oideum/ -oidea/ -odes/ -eidos 像……的，类似……的，呈……状的（名词词尾）

Sophora alopecuroides var. alopecuroides 苦豆子-原变种 （词义见上面解释）

Sophora alopecuroides var. tomentosa 毛苦豆子：tomentosus = tomentum + osus 绒毛的，密被绒毛的；tomentum 绒毛，浓密的毛被，棉絮，棉絮状填充物（被褥、垫子等）；-osus/ -osum/ -osa 多的，充分的，丰富的，显著发育的，程度高的，特征明显的（形容词词尾）

Sophora benthamii 尾叶槐：benthamii ← George Bentham（人名，19 世纪英国植物学家）

Sophora brachygyna 短蕊槐：brachy- ← brachys 短的（用于拉丁语复合词词首）；gynus/ gynum/ gyna 雌蕊，子房，心皮

Sophora davidii 白刺花：davidii ← Pere Armand David（人名，1826–1900，曾在中国采集植物标本的法国传教士）；-ii 表示人名，接在以辅音字母结尾的人名后面，但 -er 除外

Sophora davidii var. chuansiensis 川西白刺花：chuansiensis 川西的（地名，四川西部）

Sophora davidii var. davidii 白刺花-原变种 （词义见上面解释）

Sophora davidii var. liangshanensis 凉山白刺花：liangshanensis 凉山的（地名，四川省）

Sophora dunnii 柳叶槐：dunnii（人名）；-ii 表示人名，接在以辅音字母结尾的人名后面，但 -er 除外

Sophora flavescens 苦参（参 shēn）：flavescens 淡黄的，发黄的，变黄的；flavus → flavo-/ flavi-/ flav- 黄色的，鲜黄色的，金黄色的（指纯正的黄色）；-escens/ -ascens 改变，转变，变成，略微，带有，接近，相似，大致，稍微（表示变化的趋势，并未完全相似或相同，有别于表示达到完成状态的 -atus）

Sophora flavescens var. flavescens 苦参-原变种 （词义见上面解释）

Sophora flavescens var. galegoides 红花苦参：galegoides = Galega + oides 像山羊豆的；Galega 山羊豆属（豆科）；-oides/ -oideus/ -oideum/ -oidea/ -odes/ -eidos 像……的，类似……的，呈……状的（名词词尾）

Sophora flavescens var. kronei 毛苦参：kronei（人名）

Sophora franchetiana 闽槐：franchetiana ← A. R. Franchet（人名，19 世纪法国植物学家）

Sophora japonica 槐：japonica 日本的（地名）；-icus/ -icum/ -ica 属于，具有某种特性（常用于地名、起源、生境）

Sophora japonica var. japonica 槐-原变种 （词义见上面解释）

Sophora japonica var. japonica f. columnalis（杆柱槐）：columnalis = columna + alis 柱状的，支柱的；-aris（阳性、阴性）/ -are（中性）← -alis（阳性、阴性）/ -ale（中性）属于，如同，具有，涉及，关于，联结于（将名词作形容词用，其中 -aris 常用于以 l 或 r 为词干末尾的词）

Sophora japonica var. japonica f. hybrida 杂蟠槐（蟠 pán）：hybridus 杂种的

Sophora japonica var. japonica f. japonica 槐-原变型 （词义见上面解释）

Sophora japonica var. japonica f. oligophylla 五叶槐：oligo-/ olig- 少数的（希腊语，拉丁语为 pauci-）；phyllus/ phyllum/ phylla ← phyllon 叶片（用于希腊语复合词）

Sophora japonica var. japonica f. pendula 龙爪槐：pendulus ← pendere 下垂的，垂吊的（悬空或因支持体细软而下垂）；pendere/ pendeo 悬挂，垂悬；-ulus/ -ulum/ -ula（表示趋向或动作）（小词 -ulus 在字母 e 或 i 之后有多种变缀，即 -olus/ -olum/ -ola、-ellus/ -ellum/ -ella、-illus/ -illum/

S

-illa，与第一变格法和第二变格法名词形成复合词）

Sophora japonica var. praecox （早花槐）：
praecox 早期的，早熟的，早开花的；prae- 先前的，
前面的，在先的，早先的，上面的，很，十分，极
其；-cox 成熟，开花，出生

Sophora japonica var. pubescens 毛叶槐：
pubescens ← pubens 被短柔毛的，长出柔毛的；
pubi- ← pubis 细柔毛的，短柔毛的，毛被的；
pubesco/ pubescere 长成的，变为成熟的，长出柔
毛的，青春期体毛的；-escens/ -ascens 改变，转变，
变成，略微，带有，接近，相似，大致，稍微（表示
变化的趋势，并未完全相似或相同，有别于表示达
到完成状态的 -atus）

Sophora japonica var. vestita 宜昌槐：vestitus
包被的，覆盖的，被柔毛的，袋状的

Sophora japonica var. violacea 堇花槐：violaceus
紫红色的，紫堇色的，堇菜状的；Viola 堇菜属（堇
菜科）；-aceus/ -aceum/ -acea 相似的，有……性质
的，属于……的

Sophora mairei 西南槐树：mairei（人名）；
Edouard Ernest Maire（人名，19 世纪活动于中国
云南的传教士）；Rene C. J. E. Maire 人名（20 世
纪阿尔及利亚植物学家，研究北非植物）；-i 表示人
名，接在以元音字母结尾的人名后面，但 -a 除外

Sophora microcarpa 细果槐：micr-/ micro- ←
micros 小的，微小的，微观的（用于希腊语复合
词）；carpus/ carpum/ carpa/ carpon ← carpos 果
实（用于希腊语复合词）

Sophora mollis 翅果槐：molle/ mollis 软的，柔毛的

Sophora moorcroftiana 砂生槐：moorcroftiana ←
William Moorcroft（人名，19 世纪英国兽医）

Sophora pachycarpa 厚果槐：pachycarpus 肥厚果
实的；pachy- ← pachys 厚的，粗的，肥的；
carpus/ carpum/ carpa/ carpon ← carpos 果实
（用于希腊语复合词）

Sophora praetorulosa 疏节槐：praetorulosus 疏念
珠的，疏结节的

Sophora prazeri 锈毛槐：prazeri（人名）；-eri 表示
人名，在以 -er 结尾的人名后面加上 i 形成

Sophora prazeri var. mairei 西南槐：mairei（人
名）；Edouard Ernest Maire（人名，19 世纪活动于
中国云南的传教士）；Rene C. J. E. Maire 人名（20
世纪阿尔及利亚植物学家，研究北非植物）；-i 表示
人名，接在以元音字母结尾的人名后面，但 -a 除外

Sophora prazeri var. prazeri 锈毛槐-原变种 （词
义见上面解释）

Sophora tomentosa 绒毛槐：tomentosus =
tomentum + osus 绒毛的，密被绒毛的；tomentum
绒毛，浓密的毛被，棉絮，棉絮状填充物（被褥、垫
子等）；-osus/ -osum/ -osa 多的，充分的，丰富的，
显著发育的，程度高的，特征明显的（形容词词尾）

Sophora tonkinensis 越南槐：tonkin 东京（地名，
越南河内的旧称）

Sophora tonkinensis var. polyphylla 多叶越南
槐：poly- ← polys 多个，许多（希腊语，拉丁语为
multi-）；phyllus/ phyllum/ phylla ← phyllon 叶片
（用于希腊语复合词）

Sophora tonkinensis var. purpurescens 紫花越
南槐：purpura 紫色（purpura 原为一种介壳虫名，
其体液为紫色，可作颜料）；-escens/ -ascens 改变，
转变，变成，略微，带有，接近，相似，大致，稍微
（表示变化的趋势，并未完全相似或相同，有别于表
示达到完成状态的 -atus）

Sophora tonkinensis var. tonkinensis 越南槐-原
变种 （词义见上面解释）

Sophora velutina 短绒槐：velutinus 天鹅绒的，柔
软的；velutus 绒毛的；-inus/ -inum/ -ina/ -inos 相
近，接近，相似，具有（通常指颜色）

Sophora velutina var. cavaleriei 光叶短绒槐：
cavaleriei ← Pierre Julien Cavalerie（人名，20 世
纪法国传教士）；-i 表示人名，接在以元音字母结尾
的人名后面，但 -a 除外

Sophora velutina var. dolichopoda 长颈槐：
dolicho- ← dolichos 长的；podus/ pus 柄，梗，茎
秆，足，腿

Sophora velutina var. multifoliolata 多叶槐：
multi- ← multus 多个，多数，很多（希腊语为
poly-）；foliolatus = folius + ulus + atus 具小叶的，
具叶片的；folius/ folium/ folia 叶，叶片（用于复合
词）；-ulus/ -ulum/ -ula 小的，略微的，稍微的（小
词 -ulus 在字母 e 或 i 之后有多种变缀，即 -olus/
-olum/ -ola、-ellus/ -ellum/ -ella、-illus/ -illum/
-illa，与第一变格法和第二变格法名词形成复合词）；
-atus/ -atum/ -ata 属于，相似，具有，完成（形容
词词尾）

Sophora velutina var. scandens 攀援槐：
scandens 攀缘的，缠绕的，藤本的；scando/
scansum 上升，攀登，缠绕

Sophora velutina var. velutina 短绒槐-原变种
（词义见上面解释）

Sophora vestita 曲阜槐（阜 fù）：vestitus 包被的，
覆盖的，被柔毛的，袋状的

Sophora wilsonii 瓦山槐：wilsonii ← John Wilson
（人名，18 世纪英国植物学家）

Sophora xanthantha 黄花槐：xanth-/ xiantho- ←
xanthos 黄色的；anthus/ anthum/ antha/
anthe ← anthos 花（用于希腊语复合词）

Sophora yunnanensis 云南槐：yunnanensis 云南的
（地名）

Sopubia 短冠草属（冠 guān）（玄参科）（67-2：
p352）：sopubia （印度土名）

Sopubia lasiocarpa 毛果短冠草：lasi-/ lasio- 羊毛
状的，有毛的，粗糙的；carpus/ carpum/ carpa/
carpon ← carpos 果实（用于希腊语复合词）

Sopubia stricta 坚挺短冠草：strictus 直立的，硬直
的，笔直的，彼此靠拢的

Sopubia trifida 短冠草：trifidus 三深裂的；tri-/
tripli-/ triplo- 三个，三数；fidus ← findere 裂开，
分裂（裂深不超过 1/3，常作词尾）

Soranthus 簇花芹属（伞形科）（55-3：p118）：soros
堆（指密集成簇），孢子囊群；anthus/ anthum/
antha/ anthe ← anthos 花（用于希腊语复合词）

Soranthus meyeri 簇花芹：meyeri ← Carl Anton
Meyer 或 Ernst Heinrich Friedrich Meyer（人名，
19 世纪德国两位植物学家）；-eri 表示人名，在以
-er 结尾的人名后面加上 i 形成

Sorbaria 珍珠梅属（蔷薇科）（36：p75）：sorbaria 像花楸的（叶子像花楸）；Sorbus 花楸属；-arius/ -arium/ -aria 相似，属于（表示地点，场所，关系，所属）

Sorbaria arborea 高丛珍珠梅：arboreus 乔木状的；arbor 乔木，树木；-eus/ -eum/ -ea（接拉丁语词干时）属于……的，色如……的，质如……的（表示原料、颜色或品质的相似），（接希腊语词干时）属于……的，以……出名，为……所占有（表示具有某种特性）

Sorbaria arborea var. arborea 高丛珍珠梅-原变种 （词义见上面解释）

Sorbaria arborea var. glabrata 光叶高丛珍珠梅：glabratus = glabrus + atus 脱毛的，光滑的；glabrus 光秃的，无毛的，光滑的；-atus/ -atum/ -ata 属于，相似，具有，完成（形容词词尾）

Sorbaria arborea var. subtomentosa 毛叶高丛珍珠梅：subtomentosus 稍被绒毛的；sub-（表示程度较弱）与……类似，几乎，稍微，弱，亚，之下，下面；tomentosus = tomentum + osus 绒毛的，密被绒毛的；tomentum 绒毛，浓密的毛被，棉絮，棉絮状填充物（被褥、垫子等）；-osus/ -osum/ -osa 多的，充分的，丰富的，显著发育的，程度高的，特征明显的（形容词词尾）

Sorbaria kirilowii 华北珍珠梅：kirilowii ← Ivan Petrovich Kirilov（人名，19 世纪俄国植物学家）

Sorbaria sorbifolia 珍珠梅：Sorbus 花楸属（蔷薇科）；folius/ folium/ folia 叶，叶片（用于复合词）

Sorbaria sorbifolia var. sorbifolia 珍珠梅-原变种（词义见上面解释）

Sorbaria sorbifolia var. stellipila 星毛珍珠梅：stella 星状的；pilus 毛，疏柔毛

Sorbus 花楸属（蔷薇科）（36：p283）：sorbus 花楸树（古拉丁名）

Sorbus alnifolia 水榆花楸：Alnus 桤木属（又称赤杨属，桦木科）；folius/ folium/ folia 叶，叶片（用于复合词）

Sorbus alnifolia var. alnifolia 水榆花楸-原变种（词义见上面解释）

Sorbus alnifolia var. lobulata 裂叶水榆花楸：lobulatus = lobus + ulus + atus 小裂片的，浅裂的，凸轮状的；lobus/ lobos/ lobon 浅裂，耳片（裂片先端钝圆），荚果，蒴果

Sorbus amabilis 黄山花楸：amabilis 可爱的，有魅力的；amor 爱；-ans/ -ens/ -bilis/ -ilis 能够，可能（为形容词词尾，-ans/ -ens 用于主动语态，-bilis/ -ilis 用于被动语态）

Sorbus ambrozyana （安氏花楸）：ambrozyana（人名）

Sorbus arguta 锐齿花楸：argutus → argut-/ arguti- 尖锐的

Sorbus aronioides 毛背花楸：Aronia → Amelanchier 唐棣属（蔷薇科）；-oides/ -oideus/ -oideum/ -oidea/ -odes/ -eidos 像……的，类似……的，呈……状的（名词词尾）

Sorbus astateria 多变花楸：astaterius 多变的

Sorbus caloneura 美脉花楸：call-/ calli-/ callo-/ cala-/ calo- ← calos/ callos 美丽的；neurus ← neuron 脉，神经

Sorbus caloneura var. caloneura 美脉花楸-原变种 （词义见上面解释）

Sorbus caloneura var. kwangtungensis 广东美脉花楸：kwangtungensis 广东的（地名）

Sorbus coronata 冠萼花楸（冠 guān）：coronatus 冠，具花冠的；corona 花冠，花环

Sorbus cuspidata 白叶花楸：cuspidatus = cuspis + atus 尖头的，凸尖的；构词规则：词尾为 -is 和 -ys 的词的词干分别视为 -id 和 -yd；cuspis（所有格为 cuspidis）齿尖，凸尖，尖头；-atus/ -atum/ -ata 属于，相似，具有，完成（形容词词尾）

Sorbus discolor 北京花楸：discolor 异色的，不同色的（指花瓣花萼等）；di-/ dis- 二，二数，二分，分离，不同，在……之间，从……分开（希腊语，拉丁语为 bi-/ bis-）；color 颜色

Sorbus dunnii 棕脉花楸：dunnii（人名）；-ii 表示人名，接在以辅音字母结尾的人名后面，但 -er 除外

Sorbus epidendron 附生花楸：epidendron 附生于树上的；epi- 上面的，表面的，在上面；dendron 树木

Sorbus esserteauiana 麻叶花楸：esserteauiana（人名）

Sorbus ferruginea 锈色花楸：ferrugineus 铁锈的，淡棕色的；ferrugo = ferrus + ugo 铁锈（ferrugo 的词干为 ferrugin-）；词尾为 -go 的词其词干末尾视为 -gin；ferreus → ferr- 铁，铁的，铁色的，坚硬如铁的；-eus/ -eum/ -ea（接拉丁语词干时）属于……的，色如……的，质如……的（表示原料、颜色或品质的相似），（接希腊语词干时）属于……的，以……出名，为……所占有（表示具有某种特性）

Sorbus filipes 纤细花楸：filipes 线状柄的，线状茎的；fili-/ fil- ← filum 线状的，丝状的；pes/ pedis 柄，梗，茎秆，腿，足，爪（作词首或词尾，pes 的词干视为 "ped-"）

Sorbus folgneri 石灰花楸：folgneri（人名）；-eri 表示人名，在以 -er 结尾的人名后面加上 i 形成

Sorbus giraldiana （吉拉花楸）：giraldiana ← Giuseppe Giraldi（人名，19 世纪活动于中国的意大利传教士）

Sorbus globosa 圆果花楸：globosus = globus + osus 球形的；globus → glob-/ globi- 球体，圆球，地球；-osus/ -osum/ -osa 多的，充分的，丰富的，显著发育的，程度高的，特征明显的（形容词词尾）；关联词：globularis/ globulifer/ globulosus（小球状的、具小球的），globuliformis（纽扣状的）

Sorbus glomerulata 球穗花楸：glomerulatus = glomera + ulus + atus 小团伞花序的；glomera 线球，一团，一束

Sorbus granulosa 疣果花楸：granulosus = granulatus 粒状的，颗粒状的，一粒一粒的；granus 粒，种粒，谷粒，颗粒；-ulosus = ulus + osus 小而多的；-ulus/ -ulum/ -ula 小的，略微的，稍微的（小词 -ulus 在字母 e 或 i 之后有多种变缀，即 -olus/ -olum/ -ola、-ellus/ -ellum/ -ella、-illus/ -illum/ -illa，与第一变格法和第二变格法名词形成复合词）；-osus/ -osum/ -osa 多的，充分的，丰富的，显著发育的，程度高的，特征明显的（形容词词尾）

Sorbus harrowiana 巨叶花楸：harrowiana ← George Harrow（人名，20 世纪苗木经纪人）

Sorbus helenae 钝齿花楸：helenae（人名）；-ae 表示人名，以 -a 结尾的人名后面加上 -e 形成

Sorbus helenae var. argutiserrata 尖齿花楸（原名"钝齿花楸锐齿变种"）：argutus → argut-/ arguti- 尖锐的；serratus = serrus + atus 有锯齿的；serrus 齿，锯齿

Sorbus helenae var. helenae 钝齿花楸-原变种（词义见上面解释）

Sorbus hemsleyi 江南花楸：hemsleyi ← William Botting Hemsley（人名，19 世纪研究中美洲植物的植物学家）；-i 表示人名，接在以元音字母结尾的人名后面，但 -a 除外

Sorbus hupehensis 湖北花楸：hupehensis 湖北的（地名）

Sorbus insignis 卷边花楸：insignis 著名的，超群的，优秀的，显著的，杰出的；in-/ im-（来自 il- 的音变）内，在内，内部，向内，相反，不，无，非；il- 在内，向内，为，相反（希腊语为 en-）；词首 il- 的音变：il-（在 l 前面），im-（在 b、m、p 前面），in-（在元音字母和大多数辅音字母前面），ir-（在 r 前面），如 illaudatus（不值得称赞的，评价不好的），impermeabilis（不透水的，穿不透的），ineptus（不合适的），insertus（插入的），irretortus（无弯曲的，无扭曲的）；signum 印记，标记，刻画，图章

Sorbus keissleri 毛序花楸：keissleri ← Karl（Carl）von Keissler（人名，20 世纪初德国植物学家）；-eri 表示人名，在以 -er 结尾的人名后面加上 i 形成

Sorbus kiukiangensis 俅江花楸：kiukiangensis 俅江的（地名，云南省独龙江的旧称）

Sorbus kiukiangensis var. glabrescens 光叶俅江花楸（原名"俅江花楸无毛变种"）：glabrus 光秃的，无毛的，光滑的；-escens/ -ascens 改变，转变，变成，略微，带有，接近，相似，大致，稍微（表示变化的趋势，并未完全相似或相同，有别于表示达到完成状态的 -atus）

Sorbus kiukiangensis var. kiukiangensis 俅江花楸-原变种（词义见上面解释）

Sorbus koehneana 陕甘花楸：koehneana ← Bernhard Adalbert Emil Koehne（人名，20 世纪德国植物学家）

Sorbus macrantha（大花花楸）：macro-/ macr- ← macros 大的，宏观的（用于希腊语复合词）；anthus/ anthum/ antha/ anthe ← anthos 花（用于希腊语复合词）

Sorbus megalocarpa 大果花楸：mega-/ megal-/ megalo- ← megas 大的，巨大的；carpus/ carpum/ carpa/ carpon ← carpos 果实（用于希腊语复合词）

Sorbus megalocarpa var. cuneata 圆果大果花楸：cuneatus = cuneus + atus 具楔子的，属楔形的；cuneus 楔子的；-atus/ -atum/ -ata 属于，相似，具有，完成（形容词词尾）

Sorbus megalocarpa var. megalocarpa 大果花楸-原变种（词义见上面解释）

Sorbus meliosmifolia 泡吹叶花楸：Meliosma 泡花树属（青风藤科）；folius/ folium/ folia 叶，叶片（用于复合词）

Sorbus monbeigii 维西花楸：monbeigii（人名）；-ii 表示人名，接在以辅音字母结尾的人名后面，但 -er 除外

Sorbus multijuga 多对花楸：multijugus 多对的；multi- ← multus 多个，多数，很多（希腊语为 poly-）；jugus ← jugos 成对的，成双的，一组，牛轭，束缚（动词为 jugo）

Sorbus obsoletidentata 宾川花楸：obsoletus 发育不全的，未成的，不明显的，退化的，消失的；dentatus = dentus + atus 牙齿的，齿状的，具齿的；dentus 齿，牙齿；-atus/ -atum/ -ata 属于，相似，具有，完成（形容词词尾）

Sorbus ochracea 褐毛花楸：ochraceus 赭黄色的；ochra 黄色的，黄土的；-aceus/ -aceum/ -acea 相似的，有……性质的，属于……的

Sorbus oligodonta 少齿花楸：oligodontus 具有少数齿的；oligo-/ olig- 少数的（希腊语，拉丁语为 pauci-）；odontus/ odontos → odon-/ odont-/ odonto-（可作词首或词尾）齿，牙齿状的；odous 齿，牙齿（单数，其所有格为 odontos）

Sorbus pallescens 灰叶花楸：pallescens 变苍白色的；pallens 淡白色的，蓝白色的，略带蓝色的；-escens/ -ascens 改变，转变，变成，略微，带有，接近，相似，大致，稍微（表示变化的趋势，并未完全相似或相同，有别于表示达到完成状态的 -atus）

Sorbus pohuashanensis 花楸树：pohuashanensis 百花山的（地名，北京市）

Sorbus poteriifolia 侏儒花楸（侏 zhū）：Poterium 多蕊地榆属（蔷薇科）；folius/ folium/ folia 叶，叶片（用于复合词）

Sorbus prattii 西康花楸：prattii ← Antwerp E. Pratt（人名，19 世纪活动于中国的英国动物学家、探险家）

Sorbus prattii var. aestivalis 多对西康花楸：aestivus/ aestivalis 夏天的

Sorbus prattii var. prattii 西康花楸-原变种（词义见上面解释）

Sorbus pteridophylla 蕨叶花楸：pterido-/ pteridi-/ pterid- ← pteris ← pteryx 翅，翼，蕨类（希腊语）；构词规则：词尾为 -is 和 -ys 的词的词干分别视为 -id 和 -yd；phyllus/ phyllum/ phylla ← phyllon 叶片（用于希腊语复合词）

Sorbus pteridophylla var. pteridophylla 蕨叶花楸-原变种（词义见上面解释）

Sorbus pteridophylla var. tephroclada 灰毛蕨叶花楸：tephrocladus 灰枝的；tephros 灰色的，火山灰的；cladus ← clados 枝条，分枝

Sorbus randaiensis 台湾花楸：randaiensis 峦大山的（地名，属台湾省，"randai"为"峦大"的日语发音）

Sorbus reducta 铺地花楸（铺 pū）：reductus 退化的，缩减的

Sorbus rehderiana 西南花楸：rehderiana ← Alfred Rehder（人名，1863–1949，德国植物分类学家、树木学家，在美国 Arnold 植物园工作）

Sorbus rehderiana var. cupreonitens 锈毛西南花楸：cupreonitens 发铜光的；cupreatus 铜，铜色的；nitidus = nitere + idus 光亮的，发光的；

S

nitere 发亮；-idus/ -idum/ -ida 表示在进行中的动作或情况，作动词、名词或形容词的词尾；nitens 光亮的，发光的

Sorbus rehderiana var. grosseserrata 巨齿西南花楸：grosseserratus = grossus + serrus + atus 具粗大锯齿的；grossus 粗大的，肥厚的；serrus 齿，锯齿；-atus/ -atum/ -ata 属于，相似，具有，完成（形容词词尾）

Sorbus rehderiana var. rehderiana 西南花楸-原变种 （词义见上面解释）

Sorbus rhamnoides 鼠李叶花楸：rhamnoides 像鼠李的；Rhamnus 鼠李属（鼠李科）；-oides/ -oideus/ -oideum/ -oidea/ -odes/ -eidos 像……的，类似……的，呈……状的（名词词尾）

Sorbus rufopilosa 红毛花楸：ruf-/ rufi-/ frufo- ← rufus/ rubus 红褐色的，锈色的，红色的，发红的，淡红色的；pilosus = pilus + osus 多毛的，被柔毛的，具疏柔毛的，被短弱细毛的；pilus 毛，疏柔毛；-osus/ -osum/ -osa 多的，充分的，丰富的，显著发育的，程度高的，特征明显的（形容词词尾）

Sorbus sargentiana 晚绣花楸：sargentana ← Charles Sprague Sargent（人名，1841–1927，美国植物学家）；-anus/ -anum/ -ana 属于，来自（形容词词尾）

Sorbus scalaris 梯叶花楸：scalaris 梯状的；-aris（阳性、阴性）/ -are（中性）← -alis（阳性、阴性）/ -ale（中性）属于，相似，如同，具有，涉及，关于，联结于（将名词作形容词用，其中 -aris 常用于以 l 或 r 为词干末尾的词）

Sorbus setschwanensis 四川花楸：setschwanensis 四川的（地名）

Sorbus tapashana 太白花楸：tapashana 大巴山的（地名，跨陕西、四川、湖北三省）

Sorbus thibetica 康藏花楸：thibetica 西藏的（地名）；-icus/ -icum/ -ica 属于，具有某种特性（常用于地名、起源、生境）

Sorbus thomsonii 滇缅花楸：thomsonii ← Thomas Thomson（人名，19 世纪英国植物学家）；-ii 表示人名，接在以辅音字母结尾的人名后面，但 -er 除外

Sorbus tianschanica 天山花楸：tianschanica 天山的（地名，新疆维吾尔自治区）；-icus/ -icum/ -ica 属于，具有某种特性（常用于地名、起源、生境）

Sorbus tianschanica var. integrifoliata 全缘叶天山花楸：integer/ integra/ integrum → integri- 完整的，整个的，全缘的；foliatus 具叶的，多叶的；folius/ folium/ folia → foli-/ folia- 叶，叶片

Sorbus tianschanica var. tianschanica 天山花楸-原变种 （词义见上面解释）

Sorbus vilmorinii 川滇花楸：vilmorinii ← Vilmorin-Andrieux（人名，19 世纪法国种苗专家）

Sorbus wallichii 尼泊尔花楸：wallichii ← Nathaniel Wallich（人名，19 世纪初丹麦植物学家、医生）

Sorbus wilsoniana 华西花楸：wilsoniana ← John Wilson（人名，18 世纪英国植物学家）

Sorbus xanthoneura 黄脉花楸：xanthos 黄色的（希腊语）；neurus ← neuron 脉，神经

Sorbus zahlbruckneri 长果花楸：zahlbruckneri（人名）；-eri 表示人名，在以 -er 结尾的人名后面加

上 i 形成

Sorghum 高粱属（禾本科）（10-2：p116）：sorghum 高粱的古代名称，原形为 sorgo

Sorghum × almum 杂高粱：almus 营养丰富的

Sorghum bicolor 高粱：bi-/ bis- 二，二数，二回（希腊语为 di-）；color 颜色

Sorghum bicolor var. bicolor 高粱-原变种 （词义见上面解释）

Sorghum bicolor var. subglobosus 球果高粱：subglobosus 近球形的；sub-（表示程度较弱）与……类似，几乎，稍微，弱，亚，之下，下面；globosus = globus + osus 球形的；glob-/ globi- ← globus 球体，圆球，地球

Sorghum caffrorum 卡佛尔高粱：caffrorum ← Kafferaria（地名，非洲）

Sorghum cernuum 弯头高粱：cernuus 点头的，前屈的，略俯垂的（弯曲程度略大于 90°）；cernu-/ cernui- 弯曲，下垂；关联词：nutans 弯曲的，下垂的（弯曲程度远大于 90°）

Sorghum dochna 甜高粱：dochna（土名）

Sorghum dochna var. dochna 甜高粱-原变种 （词义见上面解释）

Sorghum dochna var. technicum 工艺高粱：technicus 工艺用的

Sorghum durra 硬秆高粱：durus/ durrus 持久的，坚硬的，坚韧的

Sorghum halepense 石茅：halepense ← Alepo 阿勒颇的（地名，叙利亚）

Sorghum nervosum 多脉高粱：nervosus 多脉的，叶脉明显的；nervus 脉，叶脉；-osus/ -osum/ -osa 多的，充分的，丰富的，显著发育的，程度高的，特征明显的（形容词词尾）

Sorghum nervosum var. flexibile 散穗高粱：flexibile = flecxus + bile 可弯曲的，柔性的；flexus ← flecto 扭曲的，卷曲的，弯弯曲曲的，柔性的；flecto 弯曲，使扭曲；-ans/ -ens/ -bilis/ -ilis 能够，可能（为形容词词尾，-ans/ -ens 用于主动语态，-bilis/ -ilis 用于被动语态）

Sorghum nervosum var. nervosum 多脉高粱-原变种 （词义见上面解释）

Sorghum nitidum 光高粱：nitidus = nitere + idus 光亮的，发光的；nitere 发亮；-idus/ -idum/ -ida 表示在进行中的动作或情况，作动词、名词或形容词的词尾；nitens 光亮的，发光的

Sorghum propinquum 拟高粱：propinquus 有关系的，近似的，近缘的

Sorghum sudanense 苏丹草：sudanense 苏丹的（地名，非洲国家）

Sorolepidium 玉龙蕨属（鳞毛蕨科）（5-2：p217）：Sorolepidium = soros + lepidium 孢子囊群上覆盖鳞片的；soros 堆（指密集成簇），孢子囊群；lepidium ← lepidion = lepis + idium 小鳞片；-idium ← -idion 小的，稍微的（表示小或程度较轻）

Sorolepidium glaciale 玉龙蕨：glaciale ← glacialis 冰的，冰雪地带的，冰川的

Sorolepidium ovale 卵羽玉龙蕨：ovale 椭圆形

Soroseris 绢毛苣属（绢 juàn）（菊科）（80-1：p194）：soros 堆（指密集成簇），孢子囊群；seris 菊苣

S

Soroseris erysimoides 空桶参（参 shēn）：
Erysimum 糖芥属（十字花科）；-oides/ -oideus/
-oideum/ -oidea/ -odes/ -eidos 像……的，类
似……的，呈……状的（名词词尾）

Soroseris gillii 金沙绢毛苣：gillii（人名）；-ii 表示
人名，接在以辅音字母结尾的人名后面，但 -er 除外

Soroseris glomerata 绢毛苣：glomeratus =
glomera + atus 聚集的，球形的，聚成球形的；
glomera 线球，一团，一束

Soroseris hirsuta 羽裂绢毛苣：hirsutus 粗毛的，糙
毛的，有毛的（长而硬的毛）

Soroseris hookeriana 皱叶绢毛苣：hookeriana ←
William Jackson Hooker（人名，19 世纪英国植物
学家）

Soroseris teres 柱序绢毛苣：teres 圆柱形的，圆棒
状的，棒状的

Souliea 黄三七属（毛茛科）（27：p91）：souliea
（人名）

Souliea vaginata 黄三七：vaginatus = vaginus +
atus 鞘，具鞘的；vaginus 鞘，叶鞘；-atus/ -atum/
-ata 属于，相似，具有，完成（形容词词尾）

Sparganiaceae 黑三棱科（8：p23）：Sparganium 黑
三棱属；-aceae（分类单位科的词尾，为 -aceus 的
阴性复数主格形式，加到模式属的名称后或同义词
的词干后以组成族群名称）

Sparganium 黑三棱属（黑三棱科）（8：p24）：
sparganium ← sparganion 带子，条带（比喻条带状
叶片）

Sparganium angustifolium 线叶黑三棱：
angusti- ← angustus 窄的，狭的，细的；folius/
folium/ folia 叶，叶片（用于复合词）

Sparganium confertum 穗状黑三棱：confertus
密集的

Sparganium fallax 曲轴黑三棱：fallax 假的，
迷惑的

Sparganium glomeratum 短序黑三棱：
glomeratus = glomera + atus 聚集的，球形的，聚
成球形的；glomera 线球，一团，一束

Sparganium hyperboreum 无柱黑三棱：
hyperboreus 北方的，极北的；hyper- 上面的，以上
的；boreus 北方的

Sparganium limosum 沼生黑三棱：limosus 沼泽
的，湿地的，泥沼；limus 沼泽，泥沼，湿地；
-osus/ -osum/ -osa 多的，充分的，丰富的，显著发
育的，程度高的，特征明显的（形容词词尾）

Sparganium minimum 矮黑三棱：minimus 最小
的，很小的

Sparganium simplex 小黑三棱：simplex 单一的，
简单的，无分歧的（词干为 simplic-）

Sparganium stenophyllum 狭叶黑三棱：sten-/
steno- ← stenus 窄的，狭的，薄的；phyllus/
phyllum/ phylla ← phyllon 叶片（用于希腊语复
合词）

Sparganium stoloniferum 黑三棱：stolon 匍匐茎；
-ferus/ -ferum/ -fera/ -fero/ -fere/ -fer 有，具有，
产（区别：作独立词使用的 ferus 意思是"野生的"）

Sparganium yunnanense 云南黑三棱：yunnanense
云南的（地名）

Spartina 米草属（禾本科）（10-1：p90）：spartina 绳
索（指该属植物的用途）

Spartina alterniflora 互花米草：alternus 互生，交
互，交替；florus/ florum/ flora ← flos 花（用于复
合词）

Spartina anglica 大米草：anglica 英国的（地名）

Spartina patens 狐米草：patens 开展的（呈 90°），
伸展的，传播的，飞散的；patentius 开展的，伸展
的，传播的，飞散的

Spartium 鹰爪豆属（爪 zhǎo）（豆科）（42-2：p420）：
spartius ← spartos 绳索；spartos 绳索，纤维
（spartos 原本是一种植物名，希腊语，借以泛指纤
维类植物）

Spartium junceum 鹰爪豆：junceus 像灯心草的；
Juncus 灯心草属（灯心草科）；-eus/ -eum/ -ea（接
拉丁语词干时）属于……的，色如……的，质
如……的（表示原料、颜色或品质的相似），（接希
腊语词干时）属于……的，以……出名，为……所
占有（表示具有某种特性）

Spartium junceum f. flore-pleno 重瓣鹰爪豆（重
chóng）：florus/ florum/ flora ← flos 花（用于复合
词）；pleno/ plenus 很多的，充满的，大量的，重瓣
的，多重的

Spartium junceum f. ochroleuca 黄花鹰爪豆：
ochroleucus 黄白色的；ochro- ← ochra 黄色的，黄
土的；leucus 白色的，淡色的

Spartium junceum f. odoratissima 小花鹰爪豆：
odorati- ← odoratus 香气的，气味的；-issimus/
-issima/ -issimum 最，非常，极其（形容词最高级）

Spathodea 火焰树属（紫葳科）（69：p21）：
spathodea 佛焰苞状的，薄片状的（指萼片鞘状）；
spathe 佛焰苞，薄片的；-odes 相似

Spathodea campanulata 火焰树：campanula +
atus 钟形的，具钟的（指花冠）；campanula 钟，吊
钟状的，风铃草状的；-atus/ -atum/ -ata 属于，相
似，具有，完成（形容词词尾）

Spathoglottis 苞舌兰属（兰科）（18：p250）：spathus
佛焰苞，薄片，刀剑；glottis 舌头的，舌状的

Spathoglottis ixioides 少花苞舌兰：ixioides 像小鸢
尾的；ixi- ← Ixia 小鸢尾属，鸟胶花属（鸢尾科）；
-oides/ -oideus/ -oideum/ -oidea/ -odes/ -eidos
像……的，类似……的，呈……状的（名词词尾）

Spathoglottis plicata 紫花苞舌兰：plicatus =
plex + atus 折扇状的，有沟的，纵向折叠的，棕榈
叶状的（= plicativus）；plex/ plica 褶，折扇状，卷
折（plex 的词干为 plic-）；plico 折叠，出褶，卷折

Spathoglottis pubescens 苞舌兰：pubescens ←
pubens 被短柔毛的，长出柔毛的；pubi- ← pubis
细柔毛的，短柔毛的，毛被的；pubesco/ pubescere
长成的，变为成熟的，长出柔毛的，青春期体毛的；
-escens/ -ascens 改变，转变，变成，略微，带有，
接近，相似，大致，稍微（表示变化的趋势，并未完
全相似或相同，有别于表示达到完成状态的 -atus）

Spatholirion 竹叶吉祥草属（鸭跖草科）（13-3：
p79）：spatholirion 佛焰苞百合状的（指花苞藏于鞘
状叶腋）；spathus 佛焰苞，薄片，刀剑；lirion ←
leirion 百合（希腊语）

Spatholirion longifolium 竹叶吉祥草：longe-/

longi- ← longus 长的，纵向的；folius/ folium/ folia 叶，叶片（用于复合词）

Spatholobus 密花豆属（豆科）（41：p190）：spathus 佛焰苞，薄片，刀剑；lobus/ lobos/ lobon 浅裂，耳片（裂片先端钝圆），荚果，蒴果

Spatholobus biauritus 双耳密花豆：bi-/ bis- 二，二数，二回（希腊语为 di-）；auritus 耳朵的，耳状的

Spatholobus discolor 变色密花豆：discolor 异色的，不同色的（指花瓣花萼等）；di-/ dis- 二，二数，二分，分离，不同，在……之间，从……分开（希腊语，拉丁语为 bi-/ bis-）；color 颜色

Spatholobus gengmaensis 耿马密花豆：gengmaensis 耿马的（地名，云南省）

Spatholobus harmandii 光叶密花豆：harmandii（人名）；-ii 表示人名，接在以辅音字母结尾的人名后面，但 -er 除外

Spatholobus pulcher 美丽密花豆：pulcher/pulcer 美丽的，可爱的

Spatholobus roxburghii 红花密花豆：roxburghii ← William Roxburgh（人名，18 世纪英国植物学家，研究印度植物）

Spatholobus roxburghii var. denudatus 显脉密花豆：denudatus = de + nudus + atus 裸露的，露出的，无毛的（近义词：glaber）；de- 向下，向外，从……，脱离，脱落，离开，去掉；nudus 裸露的，无装饰的

Spatholobus roxburghii var. roxburghii 红花密花豆-原变种 （词义见上面解释）

Spatholobus sinensis 红血藤（血 xuè）：sinensis = Sina + ensis 中国的（地名）；Sina 中国

Spatholobus suberectus 密花豆：suberectus 近直立的；sub-（表示程度较弱）与……类似，几乎，稍微，弱，亚，之下，下面；erectus 直立的，笔直的

Spatholobus uniauritus 单耳密花豆：uni-/ uno- ← unus/ unum/ una 一，单一（希腊语为 mono-/ mon-）；auritus 耳朵的，耳状的

Spatholobus varians 云南密花豆：varians/ variatus 变异的，多变的，多型的，易变的；varius = varus + ius 各种各样的，不同的，多型的，易变的；varus 不同的，变化的，外弯的，凸起的

Speirantha 白穗花属（百合科）（15：p1）：speiranthus 螺状花的；speira 花环；anthus/ anthum/ antha/ anthe ← anthos 花（用于希腊语复合词）

Speirantha gardenii 白穗花：gardenii ← Alexander Garden（人名，18 世纪英国医生、植物学家）

Spemaiophyla 种子植物门（含 2 个种子植物亚门）：spemaiophyla = spermus（spemaio-）+ phylus 种子植物门；spermus/ spermum/ sperma 种子的（用于希腊语复合词）；phylus/ phylum/ phyla ← phylon/ phyle 门（植物分类单位，位于"界"和"纲"之间），类群，种族，部落，聚群；形近词：philus 喜好，phyllus 叶片

Spenceria 马蹄黄属（蔷薇科）（37：p462）：spenceria ← Spencer Le Marchant Moore（人名，1951–1931，英国植物学家）

Spenceria ramalana 马蹄黄：ramalana（人名）

Speranskia 地构叶属（大戟科）（44-2：p4）：speranskia ← Speranski（人名，俄国植物学家）

Speranskia cantonensis 广东地构叶：cantonensis 广东的（地名）

Speranskia tuberculata 地构叶：tuberculatus 具疣状凸起的，具结节的，具小瘤的；tuber/ tuber-/ tuberi- 块茎的，结节状凸起的，瘤状的；-culatus = culus + atus 小的，略微的，稍微的（用于第三和第四变格法名词）；-culus/ -culum/ -cula 小的，略微的，稍微的（同第三变格法和第四变格法名词形成复合词）；-atus/ -atum/ -ata 属于，相似，具有，完成（形容词词尾）

Speranskia yunnanensis 云南地构叶：yunnanensis 云南的（地名）

Spergula 大爪草属（爪 zhǎo）（石竹科）（26：p55）：spergula ← spargere 散步，分散

Spergula arvensis 大爪草：arvensis 田里生的；arvum 耕地，可耕地

Spergularia 拟漆姑属（石竹科）（26：p56）：spergularia 像大爪草的；Spergula 大爪草属；-arius/ -arium/ -aria 相似，属于（表示地点，场所，关系，所属）

Spergularia diandra 二蕊拟漆姑：diandrus 二雄蕊的；di-/ dis- 二，二数，二分，分离，不同，在……之间，从……分开（希腊语，拉丁语为 bi-/ bis-）；andrus/ andros/ antherus ← aner 雄蕊，花药，雄性

Spergularia media 缘翅拟漆姑：medius 中间的，中央的

Spergularia rubra 田野拟漆姑：rubrus/ rubrum/ rubra/ ruber 红色的

Spergularia salina 拟漆姑：salinus 有盐分的，生于盐地的；sal/ salis 盐，盐水，海，海水

Spermacoce 纽扣草（茜草科）（增补）：spermacoce 种子位于先端的（指蒴果由花萼先端所包围）；spermus/ spermum/ sperma 种子的（用于希腊语复合词）

Spermacoce alata 阔叶丰花草（另见 Borreria latifolia）：alatus → ala-/ alat-/ alati-/ alato- 翅，具翅的，具翼的；反义词：exalatus 无翼的，无翅的

Spermacoce pusilla 丰花草（另见 Borreria stricta）：pusillus 纤弱的，细小的，无价值的

Spermacoce remota 光叶丰花草：remotus 分散的，分开的，稀疏的，远距离的

Spermadictyon 香叶木属（茜草科）（71-2：p119）：spermus/ spermum/ sperma 种子的（用于希腊语复合词）；dictyon 网，网状（希腊语）

Spermadictyon suaveolens 香叶木：suaveolens 芳香的，香味的；suavis/ suave 甜的，愉快的，高兴的，有魅力的，漂亮的；olens ← olere 气味，发出气味（不分香臭）

Sphaeranthus 戴星草属（菊科）（75：p57）：sphaerus 球的，球形的；anthus/ anthum/ antha/ anthe ← anthos 花（用于希腊语复合词）

Sphaeranthus africanus 戴星草：africanus 非洲的（地名）；-anus/ -anum/ -ana 属于，来自（形容词词尾）

Sphaeranthus indicus 绒毛戴星草：indicus 印度的

（地名）；-icus/ -icum/ -ica 属于，具有某种特性（常用于地名、起源、生境）

Sphaeranthus senegalensis 非洲戴星草：senegalensis 塞内加尔河的（地名，西非）

Sphaerocaryum 稗荩属（荩 jìn）（禾本科）（10-1：p172）：sphaerocaryum 球形坚果（指颖果球形）；sphaero- 圆形，球形；caryum ← caryon ← koryon 坚果，核（希腊语）

Sphaerocaryum malaccense 稗荩：malaccense 马六甲的（地名，马来西亚）

Sphaerophysa 苦马豆属（豆科）（42-1：p6）：sphaero- 圆形，球形；physus ← physos 水泡的，气泡的，口袋的，膀胱的，囊状的（表示中空）

Sphaerophysa salsula 苦马豆：salsula = salsus + ulus 稍咸的，略有盐的（指生境）；salsus/ salsinus 咸的，多盐的（比喻海岸或多盐生境）；sal/ salis 盐，盐水，海，海水；-ulus/ -ulum/ -ula 小的，略微的，稍微的（小词 -ulus 在字母 e 或 i 之后有多种变缀，即 -olus/ -olum/ -ola、-ellus/ -ellum/ -ella、-illus/ -illum/ -illa，与第一变格法和第二变格法名词形成复合词）

Sphaeropteris 白桫椤属（桫椤 suō luó）（桫椤科）（6-3：p249）：sphaeros 圆形，球形；pteris ← pteryx 翅，翼，蕨类（希腊语）

Sphaeropteris brunoniana 白桫椤：brunoniana ← Robert Brown（人名，19 世纪英国植物学家）

Sphaeropteris lepifera 笔筒树：lepiferus = lepis + ferus 具鳞的；lepis/ lepidos 鳞片；-ferus/ -ferum/ -fera/ -fero/ -fere/ -fer 有，具有，产（区别：作独立词使用的 ferus 意思是"野生的"）

Sphagneticola 蟛蜞菊属（另见 Wedelia）（菊科）（增补）：Sphagneticolus = Sphagnum + etum + colus 生于泥炭藓群落的；Sphagnum 泥炭藓属；-etum 表示植物集体生长的地方，即植物群落，作名词词尾，如 quercetum 橡树林（来自 quercus 橡树、栎树）；colus ← colo 分布于，居住于，栖居，殖民（常作词尾）；colo/ colere/ colui/ cultum 居住，耕作，栽培

Sphagneticola calendulacea 蟛蜞菊（另见 Wedelia chinensis）：calendulacea 像金盏花的；Calendula 金盏花属（菊科）；-aceus/ -aceum/ -acea（表示相似，作名词词尾）

Sphagneticola trilobata 南美蟛蜞菊：tri-/ tripli-/ triplo- 三个，三数；lobatus = lobus + atus 具浅裂的，具耳垂状突起的；lobus/ lobos/ lobon 浅裂，耳片（裂片先端钝圆），荚果，蒴果；-atus/ -atum/ -ata 属于，相似，具有，完成（形容词词尾）

Sphallerocarpus 迷果芹属（伞形科）（55-1：p72）：sphallos 多变的；carpus/ carpum/ carpa/ carpon ← carpos 果实（用于希腊语复合词）

Sphallerocarpus gracilis 迷果芹：gracilis 细长的，纤弱的，丝状的

Sphenoclea 尖瓣花属（桔梗科）（73-2：p176）：sphen-/ spheno- 楔子的，楔状的；cleis 轴

Sphenoclea zeylanica 尖瓣花：zeylanicus 锡兰（斯里兰卡，国家名）；-icus/ -icum/ -ica 属于，具有某种特性（常用于地名、起源、生境）

Sphenodesme 楔翅藤属（马鞭草科）（65-1：p8）：sphen-/ spheno- 楔子的，楔状的；desma 带，条带，链子，束状的

Sphenodesme floribunda 多花楔翅藤：floribundus = florus + bundus 多花的，繁花的，花正盛开的；florus/ florum/ flora ← flos 花（用于复合词）；-bundus/ -bunda/ -bundum 正在做，正在进行（类似于现在分词），充满，盛行

Sphenodesme involucrata 爪楔翅藤：involucratus = involucrus + atus 有总苞的；involucrus 总苞，花苞，包被

Sphenodesme mollis 毛楔翅藤：molle/ mollis 软的，柔毛的

Sphenodesme pentandra 楔翅藤：penta- 五，五数（希腊语，拉丁语为 quin/ quinqu/ quinque-/ quinqui-）；andrus/ andros/ antherus ← aner 雄蕊，花药，雄性

Sphenodesme pentandra var. pentandra 楔翅藤-原变种 （词义见上面解释）

Sphenodesme pentandra var. wallichiana 山白藤：wallichiana ← Nathaniel Wallich（人名，19 世纪初丹麦植物学家、医生）

Spilanthes 鸽笼菊属 → Acmella 金纽扣属（菊科）（75：p359）：spilanthes = spilos + anthos 色斑花的；spilos 色素，斑；anthus/ anthum/ antha/ anthe ← anthos 花（用于希腊语复合词）

Spilanthes callimorpha 美形金纽扣：callimorpha 形状美丽的；call-/ calli-/ callo-/ cala-/ calo- ← calos/ callos 美丽的；morphus ← morphos 形状，形态

Spilanthes paniculata 金纽扣：paniculatus = paniculus + atus 具圆锥花序的；paniculus 圆锥花序；panus 谷穗；panicus 野稗，粟，谷子；-atus/ -atum/ -ata 属于，相似，具有，完成（形容词词尾）

Spinacia 菠菜属（藜科）（25-2：p46）：spinacia 刺（果实总苞有两个硬刺）

Spinacia oleracea 菠菜：oleraceus 属于菜地的，田地栽培的（指可食用）；oler-/ holer- ← holerarium 菜地（指蔬菜、可食用的）；-aceus/ -aceum/ -acea 相似的，有……性质的，属于……的

Spinifex 鬣刺属（鬣 liè）（禾本科）（10-1：p389）：spinifex 形成刺状的（指穗状花序组成的伞形花序为刺状）；spin-/ spini- ← spinus 刺，针刺；fex- ← facio 产生，形成

Spinifex littoreus 老鼠芳：littoreus 海滨的，海岸的；littoris/ litoris/ littus/ litus 海岸，海滩，海滨

Spiradiclis 螺序草属（茜草科）（71-1：p86）：spiradiclis 螺旋状双折的；spira ← speira 螺旋状的，环状的，缠绕的，盘卷的（希腊语）；diclis ← diklis 双折的，折叠门的（希腊语）

Spiradiclis baishaiensis 百色螺序草：baishaiensis 百色的（地名，广西壮族自治区）

Spiradiclis bifida 大叶螺序草：bi-/ bis- 二，二数，二回（希腊语为 di-）；fidus ← findere 裂开，分裂（裂深不超过 1/3，常作词尾）

Spiradiclis caespitosa 螺序草：caespitosus = caespitus + osus 明显成簇的，明显丛生的；caespitus 成簇的，丛生的；-osus/ -osum/ -osa 多的，充分的，丰富的，显著发育的，程度高的，特征明显的（形容词词尾）

S

Spiradiclis caespitosa f. caespitosa 螺序草-原变型 （词义见上面解释）

Spiradiclis coccinea 红花螺序草：coccus/ coccineus 浆果，绯红色（一种形似浆果的介壳虫的颜色）；同形异义词：coccus/ cocco/ cocci/ coccis 心室，心皮；-eus/ -eum/ -ea（接拉丁语词干时）属于……的，色如……的，质如……的（表示原料、颜色或品质的相似），（接希腊语词干时）属于……的，以……出名，为……所占有（表示具有某种特性）

Spiradiclis cordata 心叶螺序草：cordatus ← cordis/ cor 心脏的，心形的；-atus/ -atum/ -ata 属于，相似，具有，完成（形容词词尾）

Spiradiclis corymbosa 密花螺序草：corymbosus = corymbus + osus 伞房花序的；corymbus 伞形的，伞状的；-osus/ -osum/ -osa 多的，充分的，丰富的，显著发育的，程度高的，特征明显的（形容词词尾）

Spiradiclis emeiensis 峨眉螺序草：emeiensis 峨眉山的（地名，四川省）

Spiradiclis emeiensis f. cylindrica 尖叶螺序草：cylindricus 圆形的，圆筒状的

Spiradiclis emeiensis var. emeiensis 峨眉螺序草-原变种 （词义见上面解释）

Spiradiclis emeiensis f. subimmersa 柳叶螺序草：subimmersus 近水下的；sub-（表示程度较弱）与……类似，几乎，稍微，弱，亚，之下，下面；in-/ im-（来自il- 的音变）内，在内，内部，向内，相反，不，无，非；il- 在内，向内，为，相反（希腊语为 en-）；词首 il- 的音变：il-（在 l 前面），im-（在 b、m、p 前面），in-（在元音字母和大多数辅音字母前面），ir-（在 r 前面），如 illaudatus（不值得称赞的，评价不好的），impermeabilis（不透水的，穿不透的），ineptus（不合适的），insertus（插入的），irretortus（无弯曲的，无扭曲的）；emersus 突出水面的，露出的，挺直的；immersus 水面下的，沉水的

Spiradiclis emeiensis var. yunnanensis 河口螺序草：yunnanensis 云南的（地名）

Spiradiclis ferruginea 锈茎螺序草：ferrugineus 铁锈的，淡棕色的；ferrugo = ferrus + ugo 铁锈（ferrugo 的词干为 ferrugin-）；词尾为 -go 的词其词干末尾视为 -gin；ferreus → ferr- 铁，铁的，铁色的，坚硬如铁的；-eus/ -eum/ -ea（接拉丁语词干时）属于……的，色如……的，质如……的（表示原料、颜色或品质的相似），（接希腊语词干时）属于……的，以……出名，为……所占有（表示具有某种特性）

Spiradiclis fusca 两广螺序草：fuscus 棕色的，暗色的，发黑的，暗棕色的，褐色的

Spiradiclis guangdongensis 广东螺序草：guangdongensis 广东的（地名）

Spiradiclis hainanensis 海南螺序草：hainanensis 海南的（地名）

Spiradiclis howii 宽昭螺序草：howii（人名）；-ii 表示人名，接在以辅音字母结尾的人名后面，但 -er 除外

Spiradiclis laxiflora 疏花螺序草：laxus 稀疏的，松散的，宽松的；florus/ florum/ flora ← flos 花（用于复合词）

Spiradiclis longibracteata 长苞螺序草：longe-/ longi- ← longus 长的，纵向的；bracteatus = bracteus + atus 具苞片的；bracteus 苞，苞片，苞鳞

Spiradiclis longipedunculata 长梗螺序草：longe-/ longi- ← longus 长的，纵向的；pedunculatus/ peduncularis 具花序柄的，具总花梗的；pedunculus/ peduncule/ pedunculis ← pes 花序柄，总花梗（花序基部无花着生部分，不同于花柄）；关联词：pedicellus/ pediculus 小花梗，小花柄（不同于花序柄）；pes/ pedis 柄，梗，茎秆，腿，足，爪（作词首或词尾，pes 的词干视为 "ped-"）

Spiradiclis longzhouensis 龙州螺序草：longzhouensis 龙州的（地名，广西壮族自治区）

Spiradiclis luochengensis 桂北螺序草：luochengensis 罗城的（地名，广西壮族自治区）

Spiradiclis malipoensis 滇南螺序草：malipoensis 麻栗坡的（地名，云南省）

Spiradiclis microcarpa 小果螺序草：micr-/ micro- ← micros 小的，微小的，微观的（用于希腊语复合词）；carpus/ carpum/ carpa/ carpon ← carpos 果实（用于希腊语复合词）

Spiradiclis microphylla 小叶螺序草：micr-/ micro- ← micros 小的，微小的，微观的（用于希腊语复合词）；phyllus/ phyllum/ phylla ← phyllon 叶片（用于希腊语复合词）

Spiradiclis oblanceolata 长叶螺序草：ob- 相反，反对，倒（ob- 有多种音变：ob- 在元音字母和大多数辅音字母前面，oc- 在 c 前面，of- 在 f 前面，op- 在 p 前面）；lanceolatus = lanceus + olus + atus 小披针形的，小柳叶刀的；lance-/ lancei-/ lanci-/ lanceo-/ lanc- ← lanceus 披针形的，矛形的，尖刀状的，柳叶刀状的；-olus ← -ulus 小，稍微，略微（-ulus 在字母 e 或 i 之后变成 -olus/ -ellus/ -illus）；-atus/ -atum/ -ata 属于，相似，具有，完成（形容词词尾）

Spiradiclis petrophila 石生螺序草：petrophilus 石生的，喜岩石的；petra← petros 石头，岩石，岩石地带（指生境）；philus/ philein ← philos → phil-/ phili/ philo- 喜好的，爱好的，喜欢的（注意区别形近词：phylus、phyllus）；phylus/ phylum/ phyla ← phylon/ phyle 植物分类单位中的 "门"，位于 "界" 和 "纲" 之间，类群，种族，部落，聚群；phyllus/ phyllum/ phylla ← phyllon 叶片（用于希腊语复合词）

Spiradiclis purpureocaerulea 紫花螺序草：purpureus = purpura + eus 紫色的；purpura 紫色（purpura 原为一种介壳虫名，其体液为紫色，可作颜料）；caeruleus/ coeruleus 深蓝色的，海洋蓝的，青色的，暗绿色的；caerulus/ coerulus 深蓝色，海洋蓝，青色，暗绿色；-eus/ -eum/ -ea（接拉丁语词干时）属于……的，色如……的，质如……的（表示原料、颜色或品质的相似），（接希腊语词干时）属于……的，以……出名，为……所占有（表示具有某种特性）

Spiradiclis rubescens 红叶螺序草：rubescens = rubus + escens 红色的，变红的；rubus ← ruber/ rubeo 树莓的，红色的；-escens/ -ascens 改变，转变，变成，略微，带有，接近，相似，大致，稍微（表示变化的趋势，并未完全相似或相同，有别于表

示达到完成状态的 -atus）

Spiradiclis scabrida 糙边螺序草：scabridus 粗糙的；scabrus ← scaber 粗糙的，有凹凸的，不平滑的；-idus/ -idum/ -ida 表示在进行中的动作或情况，作动词、名词或形容词的词尾

Spiradiclis spathulata 匙叶螺序草（匙 chí）：spathulatus = spathus + ulus + atus 匙形的，佛焰苞状的，小佛焰苞；spathus 佛焰苞，薄片，刀剑

Spiradiclis tomentosa 黏毛螺序草：tomentosus = tomentum + osus 绒毛的，密被绒毛的；tomentum 绒毛，浓密的毛被，棉絮，棉絮状填充物（被褥、垫子等）；-osus/ -osum/ -osa 多的，充分的，丰富的，显著发育的，程度高的，特征明显的（形容词词尾）

Spiradiclis umbelliformis 伞花螺序草：umbeli-/ umbelli- 伞形花序；formis/ forma 形状

Spiradiclis villosa 毛螺序草：villosus 柔毛的，绵毛的；villus 毛，羊毛，长绒毛；-osus/ -osum/ -osa 多的，充分的，丰富的，显著发育的，程度高的，特征明显的（形容词词尾）

Spiradiclis xizangensis 西藏螺序草：xizangensis 西藏的（地名）

Spiraea 绣线菊属（蔷薇科）（36：p3）：spiraea ← speira 螺旋状的，环状的（希腊语）

Spiraea aemulans 酷似绣线菊：aemulans 模仿的，类似的，媲美的

Spiraea alpina 高山绣线菊：alpinus = alpus + inus 高山的；alpus 高山；al-/ alti-/ alto- ← altus 高的，高处的；-inus/ -inum/ -ina/ -inos 相近，接近，相似，具有（通常指颜色）；关联词：subalpinus 亚高山的

Spiraea anomala 异常绣线菊：anomalus = a + nomalus 异常的，变异的，不规则的；a-/ an- 无，非，没有，缺乏，不具有（an- 用于元音前）（a-/ an- 为希腊语词首，对应的拉丁语词首为 e-/ ex-，相当于英语的 un-/ -less，注意词首 a- 和作为介词的 a/ ab 不同，后者的意思是"从……、由……、关于……、因为……"）；nomalus 规则的，规律的，法律的；nomus ← nomos 规则，规律，法律

Spiraea aquilegiifolia 楼斗菜叶绣线菊（楼 lóu）：aquilegiifolia 楼斗菜叶状的；Aquilegia 楼斗菜属（毛茛科）；folius/ folium/ folia 叶，叶片（用于复合词）；缀词规则：以属名作复合词时原词尾变形后的 i 要保留

Spiraea arcuata 拱枝绣线菊：arcuatus = arcus + atus 弓形的，拱形的；arcus 拱形，拱形物

Spiraea bella 藏南绣线菊：bellus ← belle 可爱的，美丽的

Spiraea betulifolia 桦叶绣线菊（桦 huà）：betulifolius 桦树叶的；Betula 桦木属；folius/ folium/ folia 叶，叶片（用于复合词）

Spiraea blumei 绣球绣线菊：blumei ← Carl Ludwig von Blumen（人名，18 世纪德国博物学家）；-i 表示人名，接在以元音字母结尾的人名后面，但 -a 除外

Spiraea blumei var. blumei 绣球绣线菊-原变种（词义见上面解释）

Spiraea blumei var. latipetala 宽瓣绣球绣线菊：lati-/ late- ← latus 宽的，宽广的；petalus/

petalum/ petala ← petalon 花瓣

Spiraea blumei var. microphylla 小叶绣球绣线菊：micr-/ micro- ← micros 小的，微小的，微观的（用于希腊语复合词）；phyllus/ phyllum/ phylla ← phyllon 叶片（用于希腊语复合词）

Spiraea blumei var. pubicarpa 毛果绣球绣线菊：pubi- ← pubis 细柔毛的，短柔毛的，毛被的；carpus/ carpum/ carpa/ carpon ← carpos 果实（用于希腊语复合词）

Spiraea calcicola 石灰岩绣线菊：calcicolus 钙生的，生于石灰质土壤的；calci- ← calcium 石灰，钙质；colus ← colo 分布于，居住于，栖居，殖民（常作词尾）；colo/ colere/ colui/ cultum 居住，耕作，栽培

Spiraea canescens 楔叶绣线菊：canescens 变灰色的，淡灰色的；canens 使呈灰色的；canus 灰色的，灰白色的；-escens/ -ascens 改变，转变，变成，略微，带有，接近，相似，大致，稍微（表示变化的趋势，并未完全相似或相同，有别于表示达到完成状态的 -atus）

Spiraea canescens var. canescens 楔叶绣线菊-原变种（词义见上面解释）

Spiraea canescens var. glaucophylla 粉叶楔叶绣线菊：glaucus → glauco-/ glauc- 被白粉的，发白的，灰绿色的；phyllus/ phyllum/ phylla ← phyllon 叶片（用于希腊语复合词）

Spiraea canescens var. oblanceolata 窄叶楔叶绣线菊：ob- 相反，反对，倒（ob- 有多种音变：ob-在元音字母和大多数辅音字母前面，oc- 在 c 前面，of- 在 f 前面，op- 在 p 前面）；lanceolatus = lanceus + olus + atus 小披针形的，小柳叶刀的；lance-/ lancei-/ lanci-/ lanceo-/ lanc- ← lanceus 披针形的，矛形的，尖刀状的，柳叶刀状的；-olus ← -ulus 小，稍微，略微（-ulus 在字母 e 或 i 之后变成 -olus/ -ellus/ -illus）；-atus/ -atum/ -ata 属于，相似，具有，完成（形容词词尾）

Spiraea cantoniensis 麻叶绣线菊：cantoniensis 广东的（地名）

Spiraea cantoniensis var. cantoniensis 麻叶绣线菊-原变种（词义见上面解释）

Spiraea cantoniensis var. pilosa 毛萼麻叶绣线菊：pilosus = pilus + osus 多毛的，被柔毛的，具疏柔毛的，被短弱细毛的；pilus 毛，疏柔毛；-osus/ -osum/ -osa 多的，充分的，丰富的，显著发育的，程度高的，特征明显的（形容词词尾）

Spiraea cavaleriei 独山绣线菊：cavaleriei ← Pierre Julien Cavalerie（人名，20 世纪法国传教士）；-i 表示人名，接在以元音字母结尾的人名后面，但 -a 除外

Spiraea chamaedryfolia 石蚕叶绣线菊：Chamaedrys 石蚕属（合并到香科科属 Teuricum）；Teucrium chamaedrys 石蚕香（唇形科香科科属/石蚕属）；folius/ folium/ folia 叶，叶片（用于复合词）

Spiraea chinensis 中华绣线菊：chinensis = china + ensis 中国的（地名）；China 中国

Spiraea chinensis var. chinensis 中华绣线菊-原变种（词义见上面解释）

Spiraea chinensis var. grandiflora 大花中华绣线菊：grandi- ← grandis 大的；florus/ florum/

S

flora ← flos 花（用于复合词）

Spiraea compsophylla 粉叶绣线菊：compsus 美丽的，华丽的，雅致的；phyllus/ phyllum/ phylla ← phyllon 叶片（用于希腊语复合词）

Spiraea dahurica 窄叶绣线菊：dahurica（daurica/ davurica）达乌里的（地名，外贝加尔湖，属西伯利亚的一个地区，即贝加尔湖以东及以南至中国和蒙古边界）

Spiraea dasyantha 毛花绣线菊：dasyanthus = dasy + anthus 粗毛花的；dasy- ← dasys 毛茸茸的，粗毛的，毛；anthus/ anthum/ antha/ anthe ← anthos 花（用于希腊语复合词）

Spiraea elegans 美丽绣线菊：elegans 优雅的，秀丽的

Spiraea flexuosa 曲萼绣线菊：flexuosus = flexus + osus 弯曲的，波状的，曲折的；flexus ← flecto 扭曲的，卷曲的，弯弯曲曲的，柔性的；flecto 弯曲，使扭曲；-osus/ -osum/ -osa 多的，充分的，丰富的，显著发育的，程度高的，特征明显的（形容词词尾）

Spiraea flexuosa var. flexuosa 曲萼绣线菊-原变种（词义见上面解释）

Spiraea flexuosa var. pubescens 柔毛曲萼绣线菊：pubescens ← pubens 被短柔毛的，长出柔毛的；pubi- ← pubis 细柔毛的，短柔毛的，毛被的；pubesco/ pubescere 长成的，变为成熟的，长出柔毛的，青春期体毛的；-escens/ -ascens 改变，转变，变成，略微，带有，接近，相似，大致，稍微（表示变化的趋势，并未完全相似或相同，有别于表示达到完成状态的 -atus）

Spiraea formosana 台湾绣线菊：formosanus = formosus + anus 美丽的，台湾的；formosus ← formosa 美丽的，台湾的（葡萄牙殖民者发现台湾时对其的称呼，即美丽的岛屿）；-anus/ -anum/ -ana 属于，来自（形容词词尾）

Spiraea fritschiana 华北绣线菊：fritschiana（人名）

Spiraea fritschiana var. angulata 大叶华北绣线菊：angulatus = angulus + atus 具棱角的，有角度的；angulus 角，棱角，角度，角落；-atus/ -atum/ -ata 属于，相似，具有，完成（形容词词尾）

Spiraea fritschiana var. fritschiana 华北绣线菊-原变种（词义见上面解释）

Spiraea fritschiana var. parvifolia 小叶华北绣线菊：parvifolius 小叶的；parvus 小的，些微的，弱的；folius/ folium/ folia 叶，叶片（用于复合词）

Spiraea hailarensis 海拉尔绣线菊：hailarensis 海拉尔的（地名，内蒙古自治区）

Spiraea hayatana （早田绣线菊）：hayatana ← Bunzo Hayata 早田文藏（人名，1874–1934，日本植物学家，专门研究日本和中国台湾植物）

Spiraea henryi 翠蓝绣线菊：henryi ← Augustine Henry 或 B. C. Henry（人名，前者，1857–1930，爱尔兰医生、植物学家，曾在中国采集植物，后者，1850–1901，曾活动于中国的传教士）

Spiraea henryi var. henryi 翠蓝绣线菊-原变种（词义见上面解释）

Spiraea henryi var. omeiensis 峨眉翠蓝绣线菊：omeiensis 峨眉山的（地名，四川省）

Spiraea hirsuta 疏毛绣线菊：hirsutus 粗毛的，糙毛的，有毛的（长而硬的毛）

Spiraea hirsuta var. hirsuta 疏毛绣线菊-原变种（词义见上面解释）

Spiraea hirsuta var. rotundifolia 圆叶疏毛绣线菊：rotundus 圆形的，呈圆形的，肥大的；rotundo 使呈圆形，使圆滑；roto 旋转，滚动；folius/ folium/ folia 叶，叶片（用于复合词）

Spiraea hypericifolia 金丝桃叶绣线菊：hypericifolia 金丝桃叶片的；Hypericum 金丝桃属（金丝桃科）；folius/ folium/ folia 叶，叶片（用于复合词）

Spiraea japonica 粉花绣线菊：japonica 日本的（地名）；-icus/ -icum/ -ica 属于，具有某种特性（常用于地名、起源、生境）

Spiraea japonica var. acuminata 渐尖叶粉花绣线菊：acuminatus = acumen + atus 锐尖的，渐尖的；acumen 渐尖头；-atus/ -atum/ -ata 属于，相似，具有，完成（形容词词尾）

Spiraea japonica var. acuta 急尖叶粉花绣线菊：acutus 尖锐的，锐角的

Spiraea japonica var. fortunei 光叶粉花绣线菊：fortunei ← Robert Fortune（人名，19 世纪英国园艺学家，曾在中国采集植物）；-i 表示人名，接在以元音字母结尾的人名后面，但 -a 除外

Spiraea japonica var. glabra 无毛粉花绣线菊：glabrus 光秃的，无毛的，光滑的

Spiraea japonica var. incisa 裂叶粉花绣线菊：incisus 深裂的，锐裂的，缺刻的

Spiraea japonica var. japonica 粉花绣线菊-原变种（词义见上面解释）

Spiraea japonica var. ovalifolia 椭圆叶粉花绣线菊：ovalis 广椭圆形的；ovus 卵，胚珠，卵形的，椭圆形的；folius/ folium/ folia 叶，叶片（用于复合词）

Spiraea kwangsiensis 广西绣线菊：kwangsiensis 广西的（地名）

Spiraea laeta 华西绣线菊：laetus 生辉的，生动的，色彩鲜艳的，可喜的，愉快的；laete 光亮地，鲜艳地

Spiraea laeta var. laeta 华西绣线菊-原变种（词义见上面解释）

Spiraea laeta var. subpubescens 毛叶华西绣线菊：subpubescens 像 pubescens 的，稍具毛的；sub-（表示程度较弱）与……类似，几乎，稍微，弱，亚，之下，下面；Spiraea pubescens 土庄绣线菊；pubescens ← pubens 被短柔毛的，长出柔毛的；pubesco/ pubescere 长成的，变为成熟的，长出柔毛的，青春期体毛的；-escens/ -ascens 改变，转变，变成，略微，带有，接近，相似，大致，稍微（表示变化的趋势，并未完全相似或相同，有别于表示达到完成状态的 -atus）

Spiraea laeta var. tenuis 细叶华西绣线菊：tenuis 薄的，纤细的，弱的，瘦的，窄的

Spiraea lichiangensis 丽江绣线菊：lichiangensis 丽江的（地名，云南省）

Spiraea limprichtii 岷江绣线菊（岷 mín）：limprichtii（人名）；-ii 表示人名，接在以辅音字母结尾的人名后面，但 -er 除外

Spiraea longigemmis 长芽绣线菊：longigemmis = longus + gemmis 长芽的；longe-/ longi- ← longus 长的，纵向的；gemmis 芽的，珠芽的；gemmus 芽，珠芽，零余子

Spiraea mairei （麻氏绣线菊）：mairei（人名）；Edouard Ernest Maire（人名，19 世纪活动于中国云南的传教士）；Rene C. J. E. Maire 人名（20 世纪阿尔及利亚植物学家，研究北非植物）；-i 表示人名，接在以元音字母结尾的人名后面，但 -a 除外

Spiraea martinii 毛枝绣线菊：martinii ← Raymond Martin（人名，19 世纪美国仙人掌植物采集员）

Spiraea martinii var. martinii 毛枝绣线菊-原变种 （词义见上面解释）

Spiraea martinii var. pubescens 长梗毛枝绣线菊：pubescens ← pubens 被短柔毛的，长出柔毛的；pubi- ← pubis 细柔毛的，短柔毛的，毛被的；pubesco/ pubescere 长成的，变为成熟的，长出柔毛的，青春期体毛的；-escens/ -ascens 改变，转变，变成，略微，带有，接近，相似，大致，稍微（表示变化的趋势，并未完全相似或相同，有别于表示达到完成状态的 -atus）

Spiraea martinii var. tomentosa 绒毛叶毛枝绣线菊：tomentosus = tomentum + osus 绒毛的，密被绒毛的；tomentum 绒毛，浓密的毛被，棉絮，棉絮状填充物（被褥、垫子等）；-osus/ -osum/ -osa 多的，充分的，丰富的，显著发育的，程度高的，特征明显的（形容词词尾）

Spiraea media 欧亚绣线菊：medius 中间的，中央的

Spiraea miyabei 长蕊绣线菊：miyabei ← Kingo Miyabe 宫部金吾（人名，19 世纪日本植物学家）

Spiraea miyabei var. glabrata 无毛长蕊绣线菊：glabratus = glabrus + atus 脱毛的，光滑的；glabrus 光秃的，无毛的，光滑；-atus/ -atum/ -ata 属于，相似，具有，完成（形容词词尾）

Spiraea miyabei var. miyabei 长蕊绣线菊-原变种 （词义见上面解释）

Spiraea miyabei var. pilosula 毛叶长蕊绣线菊：pilosulus = pilus + osus + ulus 被软毛的；pilosus = pilus + osus 多毛的，被柔毛的，具疏柔毛的，被短弱细毛的；pilus 毛，疏柔毛；-osus/ -osum/ -osa 多的，充分的，丰富的，显著发育的，程度高的，特征明显的（形容词词尾）；-ulus/ -ulum/ -ula 小的，略微的，稍微的（小词 -ulus 在字母 e 或 i 之后有多种变缀，即 -olus/ -olum/ -ola、-ellus/ -ellum/ -ella、-illus/ -illum/ -illa，与第一变格法和第二变格法名词形成复合词）

Spiraea miyabei var. tenuifolia 细叶长蕊绣线菊：tenui- ← tenuis 薄的，纤细的，弱的，瘦的，窄的；folius/ folium/ folia 叶，叶片（用于复合词）

Spiraea mollifolia 毛叶绣线菊：molle/ mollis 软的，柔毛的；folius/ folium/ folia 叶，叶片（用于复合词）

Spiraea mongolica 蒙古绣线菊：mongolica 蒙古的（地名）；mongolia 蒙古的（地名）；-icus/ -icum/ -ica 属于，具有某种特性（常用于地名、起源、生境）

Spiraea mongolica var. mongolica 蒙古绣线菊-原变种 （词义见上面解释）

Spiraea mongolica var. tomentulosa 毛枝蒙古绣线菊：tomentulosus = tomentum + ulus + osus 被微绒毛的；tomentum 绒毛，浓密的毛被，棉絮，棉絮状填充物（被褥、垫子等）；-ulus/ -ulum/ -ula 小的，略微的，稍微的（小词 -ulus 在字母 e 或 i 之后有多种变缀，即 -olus/ -olum/ -ola、-ellus/ -ellum/ -ella、-illus/ -illum/ -illa，与第一变格法和第二变格法名词形成复合词）；-osus/ -osum/ -osa 多的，充分的，丰富的，显著发育的，程度高的，特征明显的（形容词词尾）

Spiraea morrisonicola 新高山绣线菊：morrisonicola 磨里山产的；morrison 磨里山（地名，今台湾新高山）；colus ← colo 分布于，居住于，栖居，殖民（常作词尾）；colo/ colere/ colui/ cultum 居住，耕作，栽培

Spiraea myrtilloides 细枝绣线菊：myrtilloides 像越橘的，像乌饭树的；myrtillus ← Vaccinium myrtillus 黑果越橘；-oides/ -oideus/ -oideum/ -oidea/ -odes/ -eidos 像……的，类似……的，呈……状的（名词词尾）

Spiraea nishimurae 金州绣线菊：nishimurae 西村（人名）；-ae 表示人名，以 -a 结尾的人名后面加上 -e 形成

Spiraea ovalis 广椭绣线菊：ovalis 广椭圆形的；ovus 卵，胚珠，卵形的，椭圆形的

Spiraea papillosa 乳突绣线菊：papillosus 乳头状的；papilli- ← papilla 乳头的，乳突的；-osus/ -osum/ -osa 多的，充分的，丰富的，显著发育的，程度高的，特征明显的（形容词词尾）

Spiraea papillosa var. papillosa 乳突绣线菊-原变种 （词义见上面解释）

Spiraea papillosa var. yunnanensis 云南乳突绣线菊：yunnanensis 云南的（地名）

Spiraea prostrata 平卧绣线菊：prostratus/ pronus/ procumbens 平卧的，匍匐的

Spiraea prunifolia 李叶绣线菊：prunus 李，杏；folius/ folium/ folia 叶，叶片（用于复合词）

Spiraea prunifolia var. prunifolia 李叶绣线菊-原变种 （词义见上面解释）

Spiraea prunifolia var. pseudoprunifolia 多毛李叶绣线菊：pseudoprunifolia 像 prunifolia 的；pseudo-/ pseud- ← pseudos 假的，伪的，接近，相似（但不是）；Spiraea prunifolia 李叶绣线菊；prunifolius 李叶，杏叶

Spiraea prunifolia var. simpliciflora 单瓣李叶绣线菊：simpliciflorus = simplex + florus 单花的；simplex 单一的，简单的，无分歧的（词干为 simplic-）；构词规则：以 -ix/ -iex 结尾的词其词干末尾视为 -ic，以 -ex 结尾视为 -i/ -ic，其他以 -x 结尾视为 -c；florus/ florum/ flora ← flos 花（用于复合词）

Spiraea pubescens 土庄绣线菊：pubescens ← pubens 被短柔毛的，长出柔毛的；pubi- ← pubis 细柔毛的，短柔毛的，毛被的；pubesco/ pubescere 长成的，变为成熟的，长出柔毛的，青春期体毛的；-escens/ -ascens 改变，转变，变成，略微，带有，接近，相似，大致，稍微（表示变化的趋势，并未完全相似或相同，有别于表示达到完成状态的 -atus）

Spiraea pubescens var. lasiocarpa 毛果土庄绣线

菊：lasi-/ lasio- 羊毛状的，有毛的，粗糙的；carpus/ carpum/ carpa/ carpon ← carpos 果实（用于希腊语复合词）

Spiraea pubescens var. pubescens 土庄绣线菊-原变种 （词义见上面解释）

Spiraea purpurea 紫花绣线菊：purpureus = purpura + eus 紫色的；purpura 紫色（purpura 原为一种介壳虫名，其体液为紫色，可作颜料）；-eus/ -eum/ -ea（接拉丁语词干时）属于……的，色如……的，质如……的（表示原料、颜色或品质的相似），（接希腊语词干时）属于……的，以……出名，为……所占有（表示具有某种特性）

Spiraea robusta 粗壮绣线菊：robustus 大型的，结实的，健壮的，强壮的

Spiraea rosthornii 南川绣线菊：rosthornii ← Arthur Edler von Rosthorn（人名，19 世纪匈牙利驻北京大使）

Spiraea rotundata 圆叶绣线菊：rotundatus = rotundus + atus 圆形的，圆角的；rotundus 圆形的，呈圆形的，肥大的；rotundo 使呈圆形，使圆滑；roto 旋转，滚动

Spiraea salicifolia 绣线菊：salici ← Salix 柳属；构词规则：以 -ix/ -iex 结尾的词其词干末尾视为 -ic，以 -ex 结尾视为 -i/ -ic，其他以 -x 结尾视为 -c；folius/ folium/ folia 叶，叶片（用于复合词）

Spiraea salicifolia var. grosseserrata 巨齿绣线菊：grosseserratus = grossus + serrus + atus 具粗大锯齿的；grossus 粗大的，肥厚的；serrus 齿，锯齿；-atus/ -atum/ -ata 属于，相似，具有，完成（形容词词尾）

Spiraea salicifolia var. oligodonta 贫齿绣线菊：oligodontus 具有少数齿的；oligo-/ olig- 少数的（希腊语，拉丁语为 pauci-）；odontus/ odontos → odon-/ odont-/ odonto-（可作词首或词尾）齿，牙齿状的；odous 齿，牙齿（单数，其所有格为 odontos）

Spiraea salicifolia var. salicifolia 绣线菊-原变种（词义见上面解释）

Spiraea sargentiana 茂汶绣线菊（汶 wèn）：sargentana ← Charles Sprague Sargent（人名，1841–1927，美国植物学家）；-anus/ -anum/ -ana 属于，来自（形容词词尾）

Spiraea schneideriana 川滇绣线菊：schneideriana（人名）

Spiraea schneideriana var. amphidoxa 无毛川滇绣线菊：amphidoxus 可疑的

Spiraea schneideriana var. schneideriana 川滇绣线菊-原变种 （词义见上面解释）

Spiraea schochiana 滇中绣线菊：schochiana（人名）

Spiraea sericea 绢毛绣线菊（绢 juàn）：sericeus 绢丝状的；sericus 绢丝的，绢毛的，赛尔人的（Ser 为印度一民族）；-eus/ -eum/ -ea（接拉丁语词干时）属于……的，色如……的，质如……的（表示原料、颜色或品质的相似），（接希腊语词干时）属于……的，以……出名，为……所占有（表示具有某种特性）

Spiraea siccanea 干地绣线菊：siccaneus 略干燥的；siccus 干旱的，干地生的；-eus/ -eum/ -ea（接拉丁

语词干时）属于……的，色如……的，质如……的（表示原料、颜色或品质的相似），（接希腊语词干时）属于……的，以……出名，为……所占有（表示具有某种特性）

Spiraea sublobata 浅裂绣线菊：sublobatus 近浅裂的；sub-（表示程度较弱）与……类似，几乎，稍微，弱，亚，之下，下面；lobatus = lobus + atus 具浅裂的，具耳垂状突起的；lobus/ lobos/ lobon 浅裂，耳片（裂片先端钝圆），荚果，蓇葖果；-atus/ -atum/ -ata 属于，相似，具有，完成（形容词词尾）

Spiraea tarokoensis 太鲁阁绣线菊（大罗口绣线菊）：tarokoensis 太鲁阁的（地名，属台湾省）

Spiraea tatewakii （馆胁绣线菊）：tatewakii 馆胁（日本人名）

Spiraea teniana 伏毛绣线菊：teniana（人名）

Spiraea teretiuscula 圆枝绣线菊：teretiusculus + teretis + usculus 近圆柱形的，近棒状的；teretis 圆柱形的，棒状的；-usculus ← -culus 小的，略微的，稍微的（小词 -culus 和某些词构成复合词时变成 -usculus）

Spiraea thunbergii 珍珠绣线菊：thunbergii ← C. P. Thunberg（人名，1743–1828，瑞典植物学家，曾专门研究日本的植物）

Spiraea tianschanica 天山绣线菊：tianschanica 天山的（地名，新疆维吾尔自治区）；-icus/ -icum/ -ica 属于，具有某种特性（常用于地名、起源、生境）

Spiraea trichocarpa 毛果绣线菊：trich-/ tricho-/ tricha- ← trichos ← thrix 毛，多毛的，线状的，丝状的；carpus/ carpum/ carpa/ carpon ← carpos 果实（用于希腊语复合词）

Spiraea trilobata 三裂绣线菊：tri-/ tripli-/ triplo- 三个，三数；lobatus = lobus + atus 具浅裂的，具耳垂状突起的；lobus/ lobos/ lobon 浅裂，耳片（裂片先端钝圆），荚果，蓇葖果；-atus/ -atum/ -ata 属于，相似，具有，完成（形容词词尾）

Spiraea trilobata var. pubescens 毛叶三裂绣线菊：pubescens ← pubens 被短柔毛的，长出柔毛的；pubi- ← pubis 细柔毛的，短柔毛的，毛被的；pubesco/ pubescere 长成的，变为成熟的，长出柔毛的，青春期体毛的；-escens/ -ascens 改变，转变，变成，略微，带有，接近，相似，大致，稍微（表示变化的趋势，并未完全相似或相同，有别于表示达到完成状态的 -atus）

Spiraea trilobata var. trilobata 三裂绣线菊-原变种 （词义见上面解释）

Spiraea uratensis 乌拉绣线菊：uratensis 乌拉特的（地名，内蒙古自治区）

Spiraea vanhouttei 菱叶绣线菊：vanhouttei ← Louis Benoit van Houtte（人名，19 世纪比利时植物采集员）；-i 表示人名，接在以元音字母结尾的人名后面，但 -a 除外

Spiraea veitchii 鄂西绣线菊：veitchii/ veitchianus ← James Veitch（人名，19 世纪植物学家）

Spiraea velutina 绒毛绣线菊：velutinus 天鹅绒的，柔软的；velutus 绒毛的；-inus/ -inum/ -ina/ -inos 相近，接近，相似，具有（通常指颜色）

S

Spiraea wilsonii 陕西绣线菊：wilsonii ← John Wilson（人名，18 世纪英国植物学家）

Spiraea yunnanensis 云南绣线菊：yunnanensis 云南的（地名）

Spiraea yunnanensis f. tortuosa 曲枝云南绣线菊：tortuosus 不规则拧劲的，明显拧劲的；tortus 拧劲，捻，扭曲；-osus/ -osum/ -osa 多的，充分的，丰富的，显著发育的，程度高的，特征明显的（形容词词尾）

Spiraea yunnanensis f. yunnanensis 云南绣线菊-原变种 （词义见上面解释）

Spiranthes 绶草属（兰科）（17：p228）：spiranthes = speira + anthes = spiranthus 螺旋花的；spiro-/ spiri-/ spir- ← spira ← speira 螺旋，缠绕（希腊语）；anthes ← anthos 花

Spiranthes hongkongensis （香港绶草）：hongkongensis 香港的（地名）

Spiranthes sinensis 绶草：sinensis = Sina + ensis 中国的（地名）；Sina 中国

Spirodela 紫萍属（浮萍科）（13-2：p207）：spirodela 酷似螺旋状船（指整株植物酷似船只）；speria 螺旋（希腊语）；delos 清晰的，分明的

Spirodela oligorrhiza 少根紫萍：oligo-/ olig- 少数的（希腊语，拉丁语为 pauci-）；rhizus 根，根状茎（-rh- 接在元音字母后面构成复合词时要变成 -rrh-）

Spirodela polyrrhiza 紫萍：polyrrhizus 多根的；poly- ← polys 多个，许多（希腊语，拉丁语为 multi-）；rhizus 根，根状茎（-rh- 接在元音字母后面构成复合词时要变成 -rrh-）

Spirorhynchus 螺喙荠属（荠 jì）（十字花科）（33：p110）：spirorhynchus = spiro- + rhynchus 螺旋状喙的（缀词规则：-rh- 接在元音字母后面构成复合词时要变成 -rrh-，故该属名宜改为"Spirorrhynchus"）；spiro-/ spiri-/ spir- ← spira ← speira 螺旋，缠绕（希腊语）；rhynchus ← rhynchos 喙状的，鸟嘴状的

Spirorhynchus sabulosus 螺喙荠：sabulosus 沙质的，沙地生的；sabulo/ sabulum 粗沙，石砾；-osus/ -osum/ -osa 多的，充分的，丰富的，显著发育的，程度高的，特征明显的（形容词词尾）

Spodiopogon 大油芒属（禾本科）（10-2：p53）：spodiopogon 灰色的胡须（指小穗的糙毛或芒）；spodios 灰色的；spod-/ spodo- 灰色；pogon 胡须，髯毛，芒尖

Spodiopogon baiyuensis 白玉大油芒：baiyuensis 白玉的（地名，四川省）

Spodiopogon duclouxii 滇大油芒：duclouxii（人名）；-ii 表示人名，接在以辅音字母结尾的人名后面，但 -er 除外

Spodiopogon grandiflorus 长花大油芒：grandi- ← grandis 大的；florus/ florum/ flora ← flos 花（用于复合词）

Spodiopogon ludingensis 泸定大油芒：ludingensis 泸定的（地名，四川省）

Spodiopogon paucistachyus 寡穗大油芒：pauci- ← paucus 少数的，少的（希腊语为 oligo-）；stachy-/ stachyo-/ -stachys/ -stachyus/ -stachyum/ -stachya 穗子，穗子的，穗子状的，穗状花序的

Spodiopogon ramosus 分枝大油芒：ramosus = ramus + osus 有分枝的，多分枝的；ramus 分枝，枝条；-osus/ -osum/ -osa 多的，充分的，丰富的，显著发育的，程度高的，特征明显的（形容词词尾）

Spodiopogon sagittifolius 箭叶大油芒：sagittatus/ sagittalis 箭头状的；sagita/ sagitta 箭，箭头；-atus/ -atum/ -ata 属于，相似，具有，完成（形容词词尾）；folius/ folium/ folia 叶，叶片（用于复合词）

Spodiopogon sibiricus 大油芒：sibiricus 西伯利亚的（地名，俄罗斯）；-icus/ -icum/ -ica 属于，具有某种特性（常用于地名、起源、生境）

Spodiopogon tainanensis 台南大油芒：tainanensis 台南的（地名，属台湾省）

Spodiopogon villosus 绒毛大油芒：villosus 柔毛的，绵毛的；villus 毛，羊毛，长绒毛；-osus/ -osum/ -osa 多的，充分的，丰富的，显著发育的，程度高的，特征明显的（形容词词尾）

Spondias 槟榔青属（槟 bīng）（漆树科）（45-1：p79）：spondias 梅，李子（指果实，希腊语）

Spondias haplophylla 单叶槟榔青：haplo- 单一的，一个的；phyllus/ phyllum/ phylla ← phyllon 叶片（用于希腊语复合词）

Spondias lakonensis 岭南酸枣：lakonensis（地名，越南）

Spondias lakonensis var. hirsuta 毛叶岭南酸枣：hirsutus 粗毛的，糙毛的，有毛的（长而硬的毛）

Spondias lakonensis var. lakonensis 岭南酸枣-原变种 （词义见上面解释）

Spondias pinnata 槟榔青：pinnatus = pinnus + atus 羽状的，具羽的；pinnus/ pennus 羽毛，羽状，羽片；-atus/ -atum/ -ata 属于，相似，具有，完成（形容词词尾）

Sporobolus 鼠尾粟属（禾本科）（10-1：p94）：sporobolus = sporos + ballein 投掷种子（比喻分散的种粒）；sporos → spor- 孢子，种子；ballein 投掷，扔

Sporobolus diander 双蕊鼠尾粟：diander 二雄蕊的；di-/ dis- 二，二数，二分，分离，不同，在……之间，从……分开（希腊语，拉丁语为 bi-/ bis-）；andr-/ andro-/ ander-/ aner- ← andrus ← andros 雄蕊，雄花，雄性，男性（aner 的词干为 ander-，作复合词成分时变为 andr-）

Sporobolus fertilis 鼠尾粟：fertilis/ fertile 多产的，结果实多的，能育的

Sporobolus hancei 广州鼠尾粟：hancei ← Henry Fletcher Hance（人名，19 世纪英国驻香港领事，曾在中国采集植物）；-i 表示人名，接在以元音字母结尾的人名后面，但 -a 除外

Sporobolus piliferus 毛鼠尾粟：pilus 毛，疏柔毛；-ferus/ -ferum/ -fera/ -fero/ -fere/ -fer 有，具有，产（区别：作独立词使用的 ferus 意思是"野生的"）

Sporobolus pulvinatus 具枕鼠尾粟：pulvinatus = pulvinus + atus 垫状的；pulvinus 叶枕，叶柄基部膨大部分，坐垫，枕头

Sporobolus pyramidatus 轮序鼠尾粟：pyramidatus 金字塔形的，三角形的，锥形的；pyramis 棱形体，锥形体，金字塔；构词规则：词尾

为 -is 和 -ys 的词的词干分别视为 -id 和 -yd

Sporobolus virginicus 盐地鼠尾粟：virginicus/ virginianus 弗吉尼亚的（地名，美国）；-icus/ -icum/ -ica 属于，具有某种特性（常用于地名、起源、生境）

Sporoxeia 八蕊花属（野牡丹科）（53-1：p193）：sporus ← sporos → sporo- 孢子，种子；oxeia ← oxys 酸的，尖锐的

Sporoxeia clavicalcarata 棒距八蕊花：clava 棍棒；calcaratus = calcar + atus 距的，有距的；calcar- ← calcar 距，花萼或花瓣生蜜腺的距，短枝（结果枝）（距：雄鸡、雉等的腿的后面突出像脚趾的部分）；-atus/ -atum/ -ata 属于，相似，具有，完成（形容词词尾）

Sporoxeia hirsuta 毛萼八蕊花：hirsutus 粗毛的，糙毛的，有毛的（长而硬的毛）

Sporoxeia latifolia 尖叶八蕊花：lati-/ late- ← latus 宽的，宽广的；folius/ folium/ folia 叶，叶片（用于复合词）

Sporoxeia latifolia var. fengii 光萼八蕊花：fengii（人名）；-ii 表示人名，接在以辅音字母结尾的人名后面，但 -er 除外

Sporoxeia latifolia var. latifolia 尖叶八蕊花-原变种 （词义见上面解释）

Sporoxeia sciadophila 八蕊花：sciadophila 喜阴的；sciadoc/ sciados 伞，伞形的；philus/ philein ← philos → phil-/ phili/ philo- 喜好的，爱好的，喜欢的（注意区别形近词：phylus、phyllus）；phylus/ phylum/ phyla ← phylon/ phyle 植物分类单位中的"门"，位于"界"和"纲"之间，类群，种族，部落，聚群；phyllus/ phyllum/ phylla ← phyllon 叶片（用于希腊语复合词）

Sprekelia 龙头花属（石蒜科）（16-1：p15）：sprekelia ← J. H. von Sprekelsen（人名，18 世纪德国植物学家）

Sprekelia formosissima 龙头花：formosissimus = formosus + issimus 非常美丽的；formosus ← formosa 美丽的，台湾的（葡萄牙殖民者发现台湾时对其的称呼，即美丽的岛屿）；-issimus/ -issima/ -issimum 最，非常，极其（形容词最高级）

Stachyopsis 假水苏属（唇形科）（65-2：p501）：stachyopsis = Stachys + opsis 像水苏的；Stachys 水苏属；-opsis/ -ops 相似，稍微，带有

Stachyopsis lamiiflora 心叶假水苏：Lamium 野芝麻属（唇形科）；缀词规则：以属名作复合词时原词尾变形后的 i 要保留；florus/ florum/ flora ← flos 花（用于复合词）

Stachyopsis marrubioides 多毛假水苏：Marrubium 欧夏至草属；-oides/ -oideus/ -oideum/ -oidea/ -odes/ -eidos 像……的，类似……的，呈……状的（名词词尾）

Stachyopsis oblongata 假水苏：oblongus = ovus + longus + atus 长椭圆形的（ovus 的词干 ov- 音变为 ob-）；ovus 卵，胚珠，卵形的，椭圆形的；longus 长的，纵向的

Stachys 水苏属（唇形科）（66：p2）：stachy-/ stachyo-/ -stachys/ -stachyon/ -stachyos/ -stachyus 穗子，穗子的，穗子状的，穗状花序的（希腊语，表示与穗状花序有关的）

Stachys adulterina 少毛甘露子：adulterinus 混杂的，不纯的

Stachys arrecta 蜗儿菜：arrectus = ad + rectus 直立的，挺立的；ad- 向，到，近（拉丁语词首，表示程度加强）；构词规则：构成复合词时，词首末尾的辅音字母常同化为紧接其后的那个辅音字母（如 ad + r → arr）；rectus 直线的，笔直的，向上的

Stachys arvensis 田野水苏：arvensis 田里生的；arvum 耕地，可耕地

Stachys baicalensis 毛水苏：baicalensis 贝加尔湖的（地名，俄罗斯）

Stachys baicalensis var. angustifolia 毛水苏-狭叶变种：angusti- ← angustus 窄的，狭的，细的；folius/ folium/ folia 叶，叶片（用于复合词）

Stachys baicalensis var. baicalensis 毛水苏-原变种 （词义见上面解释）

Stachys baicalensis var. hispidula 毛水苏-小刚毛变种：hispidulus 稍有刚毛的；hispidus 刚毛的，鬃毛状的；-ulus/ -ulum/ -ula 小的，略微的，稍微的（小词 -ulus 在字母 e 或 i 之后有多种变缀，即 -olus/ -olum/ -ola、-ellus/ -ellum/ -ella、-illus/ -illum/ -illa，与第一变格法和第二变格法名词形成复合词）

Stachys chinensis 华水苏：chinensis = china + ensis 中国的（地名）；China 中国

Stachys geobombycis 地蚕：geobombycis 地蚕；geo- 地，地面，土壤；bombycis ← bombyx 绢丝的，蚕茧的，柔滑的（指长纤维）

Stachys geobombycis var. alba 地蚕-白花变种：albus → albi-/ albo- 白色的

Stachys geobombycis var. geobombycis 地蚕-原变种 （词义见上面解释）

Stachys japonica 水苏：japonica 日本的（地名）；-icus/ -icum/ -ica 属于，具有某种特性（常用于地名、起源、生境）

Stachys kouyangensis 西南水苏：kouyangensis 贵阳的（地名）

Stachys kouyangensis var. franchetiana 西南水苏-粗齿变种：franchetiana ← A. R. Franchet（人名，19 世纪法国植物学家）

Stachys kouyangensis var. kouyangensis 西南水苏-原变种 （词义见上面解释）

Stachys kouyangensis var. leptodon 西南水苏-细齿变种：leptus ← leptos 细的，薄的，瘦小的，狭长的；-don/ -odontus 齿，有齿的

Stachys kouyangensis var. tuberculata 西南水苏-具瘤变种：tuberculatus 具疣状凸起的，具结节的，具小瘤的；tuber/ tuber-/ tuberi- 块茎的，结节状凸起的，瘤状的；-culatus = culus + atus 小的，略微的，稍微的（用于第三和第四变格法名词）；-culus/ -culum/ -cula 小的，略微的，稍微的（同第三变格法和第四变格法名词形成复合词）；-atus/ -atum/ -ata 属于，相似，具有，完成（形容词词尾）

Stachys kouyangensis var. villosissima 西南水苏-柔毛变种：villosissimus 柔毛很多的；villosus 柔毛的，绵毛的；villus 毛，羊毛，长绒毛；-osus/ -osum/ -osa 多的，充分的，丰富的，显著发育的，

程度高的，特征明显的（形容词词尾）；-issimus/ -issima/ -issimum 最，非常，极其（形容词最高级）

Stachys lanata 绵毛水苏：lanatus = lana + atus 具羊毛的，具长柔毛的；lana 羊毛，绵毛

Stachys melissaefolia 多枝水苏：melissaefolia 蜜蜂花叶的（注：复合词中将前段词的词尾变成 i 而不是所有格，故该词宜改为"melissifolia"）；Melissa 蜜蜂花属（唇形科）；folius/ folium/ folia 叶，叶片（用于复合词）

Stachys oblongifolia 针筒菜：oblongus = ovus + longus 长椭圆形的（ovus 的词干 ov- 音变为 ob-）；ovus 卵，胚珠，卵形的，椭圆形的；longus 长的，纵向的；folius/ folium/ folia 叶，叶片（用于复合词）

Stachys oblongifolia var. leptopoda 针筒菜-细柄变种：leptus ← leptos 细的，薄的，瘦小的，狭长的；podus/ pus 柄，梗，茎秆，足，腿

Stachys oblongifolia var. oblongifolia 针筒菜-原变种 （词义见上面解释）

Stachys palustris 沼生水苏：palustris/ paluster ← palus + estris 喜好沼泽的，沼生的；palus 沼泽，湿地，泥潭，水塘，草甸子（palus 的复数主格为 paludes）；-estris/ -estre/ ester/ -esteris 生于……地方，喜好……地方

Stachys palustris var. subcanescens 近灰白沼生水苏：subcanescens 近灰色的；sub-（表示程度较弱）与……类似，几乎，稍微，弱，亚，之下，下面；canus 灰色的，灰白色的；-escens/ -ascens 改变，转变，变成，略微，带有，接近，相似，大致，稍微（表示变化的趋势，并未完全相似或相同，有别于表示达到完成状态的 -atus）

Stachys pseudophlomis 狭齿水苏：pseudophlomis 像糙苏的；pseudo-/ pseud- ← pseudos 假的，伪的，接近，相似（但不是）；Phlomis 糙苏属（唇形科）

Stachys sieboldii 甘露子：sieboldii ← Franz Philipp von Siebold 西博德（人名，1796–1866，德国医生、植物学家，曾专门研究日本植物）

Stachys sieboldii var. glabrescens 甘露子-近无毛变种（种加词有时误拼为"sieboldi"）：sieboldi ← Franz Philipp von Siebold 西博德（人名，1796–1866，德国医生、植物学家，曾专门研究日本植物）（注：词尾改为"-ii"似更妥）；-ii 表示人名，接在以辅音字母结尾的人名后面，但 -er 除外；-i 表示人名，接在以元音字母结尾的人名后面，但 -a 除外；glabrus 光秃的，无毛的，光滑的；-escens/ -ascens 改变，转变，变成，略微，带有，接近，相似，大致，稍微（表示变化的趋势，并未完全相似或相同，有别于表示达到完成状态的 -atus）

Stachys sieboldii var. malacotricha 甘露子-软毛变种：malac-/ malaco-/ malaci- ← malacus 软的，温柔的；trichus 毛，毛发，线

Stachys sieboldii var. sieboldii 甘露子-原变种：sieboldii ← Franz Philipp von Siebold 西博德（人名，1796–1866，德国医生、植物学家，曾专门研究日本植物）

Stachys strictiflora 直花水苏：strictiflorus 劲直花的；strictus 直立的，硬直的，笔直的，彼此靠拢的；florus/ florum/ flora ← flos 花（用于复合词）

Stachys strictiflora var. latidens 直花水苏-宽齿

变种：lati-/ late- ← latus 宽的，宽广的；dens/ dentus 齿，牙齿

Stachys strictiflora var. strictiflora 直花水苏-原变种 （词义见上面解释）

Stachys sylvatica 林地水苏：silvaticus/ sylvaticus 森林的，林地的；sylva/ silva 森林；-aticus/ -aticum/ -atica 属于，表示生长的地方，作名词词尾

Stachys taliensis 大理水苏：taliensis 大理的（地名，云南省）

Stachys xanthantha 黄花地纽菜：xanth-/ xiantho- ← xanthos 黄色的；anthus/ anthum/ antha/ anthe ← anthos 花（用于希腊语复合词）

Stachys xanthantha var. gracilis 黄花地纽菜-柔弱变种：gracilis 细长的，纤弱的，丝状的

Stachys xanthantha var. xanthantha 黄花地纽菜-原变种 （词义见上面解释）

Stachytarpheta 假马鞭属（马鞭草科）（65-1：p20）：stachy-/ stachyo-/ -stachys/ -stachyus/ -stachyum/ -stachya 穗子，穗子的，穗子状的，穗状花序的；tarpheta ← tarphys 严密的，密集的

Stachytarpheta cayennensis 南假马鞭：cayennensis 卡宴的（地名，法属圭亚那）

Stachytarpheta jamaicensis 假马鞭：jamaicensis 牙买加的（地名，印度尼西亚）

Stachyuraceae 旌节花科（52-1：p81）：Stachyurus 旌节花属；-aceae（分类单位科的词尾，为 -aceus 的阴性复数主格形式，加到模式属的名称后或同义词的词干后以组成族群名称）

Stachyurus 旌节花属（旌 jīng）（旌节花科）（52-1：p81）：stachyurus = stachyus + urus 尾巴状穗子；stachyus 穗子；-urus/ -ura/ -ourus/ -oura/ -oure/ -uris 尾巴

Stachyurus callosus 椭圆叶旌节花：callosus = callus + osus 具硬皮的，出老茧的，包块的，疙瘩的，胼胝体状的，愈伤组织的；callus 硬皮，老茧，包块，疙瘩，胼胝体，愈伤组织；-osus/ -osum/ -osa 多的，充分的，丰富的，显著发育的，程度高的，特征明显的（形容词词尾）；形近词：callos/ calos ← kallos 美丽的

Stachyurus chinensis 中国旌节花：chinensis = china + ensis 中国的（地名）；China 中国

Stachyurus chinensis var. brachystachyus 短穗旌节花：brachy- ← brachys 短的（用于拉丁语复合词词首）；stachy-/ stachyo-/ -stachys/ -stachyus/ -stachyum/ -stachya 穗子，穗子的，穗子状的，穗状花序的

Stachyurus chinensis var. chinensis 中国旌节花-原变种 （词义见上面解释）

Stachyurus chinensis var. cuspidatus 骤尖叶旌节花：cuspidatus = cuspis + atus 尖头的，凸尖的；构词规则：词尾为 -is 和 -ys 的词的词干分别视为 -id 和 -yd；cuspis（所有格为 cuspidis）齿尖，凸尖，尖头；-atus/ -atum/ -ata 属于，相似，具有，完成（形容词词尾）

Stachyurus chinensis var. latus 宽叶旌节花：latus 宽的，宽广的

Stachyurus cordatulus 滇缅旌节花：cordatulus = cordatus + ulus 心形的，略呈心形的；cordatus ←

cordis/ cor 心脏的，心形的；-ulus/ -ulum/ -ula 小的，略微的，稍微的（小词 -ulus 在字母 e 或 i 之后有多种变缀，即 -olus/ -olum/ -ola、-ellus/ -ellum/ -ella、-illus/ -illum/ -illa，与第一变格法和第二变格法名词形成复合词）

Stachyurus himalaicus 西域旌节花：himalaicus 喜马拉雅的（地名）；-icus/ -icum/ -ica 属于，具有某种特性（常用于地名、起源、生境）

Stachyurus oblongifolius 矩圆叶旌节花：oblongus = ovus + longus 长椭圆形的（ovus 的词干 ov- 音变为 ob-）；ovus 卵，胚珠，卵形的，椭圆形的；longus 长的，纵向的；folius/ folium/ folia 叶，叶片（用于复合词）

Stachyurus obovatus 倒卵叶旌节花：obovatus = ob + ovus + atus 倒卵形的；ob- 相反，反对，倒（ob- 有多种音变：ob- 在元音字母和大多数辅音字母前面，oc- 在 c 前面，of- 在 f 前面，op- 在 p 前面）；ovus 卵，胚珠，卵形的，椭圆形的

Stachyurus retusus 凹叶旌节花：retusus 微凹的

Stachyurus salicifolius 柳叶旌节花：salici ← Salix 柳属；构词规则：以 -ix/ -iex 结尾的词其词干末尾视为 -ic，以 -ex 结尾视为 -i/ -ic，其他以 -x 结尾视为 -c；folius/ folium/ folia 叶，叶片（用于复合词）

Stachyurus salicifolius var. lancifolius 披针叶旌节花：lance-/ lancei-/ lanci-/ lanceo-/ lanc- ← lanceus 披针形的，矛形的，尖刀状的，柳叶刀状的；folius/ folium/ folia 叶，叶片（用于复合词）

Stachyurus salicifolius var. salicifolius 柳叶旌节花-原变种 （词义见上面解释）

Stachyurus szechuanensis 四川旌节花：szechuan 四川（地名）

Stachyurus yunnanensis 云南旌节花：yunnanensis 云南的（地名）

Stachyurus yunnanensis var. pedicellatus 具梗旌节花：pedicellatus = pedicellus + atus 具小花柄的；pedicellus = pes + cellus 小花梗，小花柄（不同于花序柄）；pes/ pedis 柄，梗，茎秆，腿，足，爪（作词首或词尾，pes 的词干视为 "ped-"）；-cellus/ -cellum/ -cella、-cillus/ -cillum/ -cilla 小的，略微的，稍微的（与任何变格法名词形成复合词）；关联词：pedunculus 花序柄，总花梗（花序基部无花着生部分）；-atus/ -atum/ -ata 属于，相似，具有，完成（形容词词尾）

Stachyurus yunnanensis var. yunnanensis 云南旌节花-原变种 （词义见上面解释）

Stahlianthus 土田七属（姜科）（16-2：p44）：stahl ← Christian Ernst Stahl （人名，19 世纪德国植物学家）；anthus/ anthum/ antha/ anthe ← anthos 花（用于希腊语复合词）

Stahlianthus involucratus 土田七：involucratus = involucrus + atus 有总苞的；involucrus 总苞，花苞，包被

Staintoniella 无隔荠属（荠 jì）（十字花科）（33：p440）：staintoniella （人名）；-ella 小（用作人名或一些属名词尾时并无小词意义）

Staintoniella verticillata 轮叶无隔荠：verticillatus/ verticillaris 螺纹的，螺旋的，轮生的，环状的；verticillus 轮，环状排列

Stapelia 豹皮花属（萝藦科）（63：p430）：stapelia ← Johannes Bodaeus van Stapel （人名，17 世纪荷兰植物学家、医生）

Stapelia gigantea 大豹皮花：giganteus 巨大的；giga-/ gigant-/ giganti- ← gigantos 巨大的；-eus/ -eum/ -ea（接拉丁语词干时）属于……的，色如……的，质如……的（表示原料、颜色或品质的相似），（接希腊语词干时）属于……的，以……出名，为……所占有（表示具有某种特性）

Stapelia pulchella 豹皮花：pulchellus/ pulcellus = pulcher + ellus 稍美丽的，稍可爱的；pulcher/pulcer 美丽的，可爱的；-ellus/ -ellum/ -ella ← -ulus 小的，略微的，稍微的（小词 -ulus 在字母 e 或 i 之后有多种变缀，即 -olus/ -olum/ -ola、-ellus/ -ellum/ -ella、-illus/ -illum/ -illa，用于第一变格法名词）

Stapelia variegata 杂色豹皮花：variegatus = variego + atus 有彩斑的，有条纹的，杂食的，杂色的；variego = varius + ago 染上各种颜色，使成五彩缤纷的，装饰，点缀，使闪出五颜六色的光彩，变化，变更，不同；varius = varus + ius 各种各样的，不同的，多型的，易变的；varus 不同的，变化的，外弯的，凸起的；-ius/ -ium/ -ia 具有……特性的（表示有关、关联、相似）；-ago 表示相似或联系，如 plumbago，铅的一种（来自 plumbum 铅），来自 -go；-go 表示一种能做工作的力量，如 vertigo，也表示事态的变化或者一种事态、趋向或病态，如 robigo（红的情况，变红的趋势，因而是铁锈），aerugo（铜锈），因此它变成一个表示具有某种质的属性的构词元素，如 lactago（具有乳浆的草），或相似性，如 ferulago（近似 ferula，阿魏）、canilago（一种 canila）

Stapfiophyton 无距花属（野牡丹科）（53-1：p233）：stapfia （人名）；phyton → phytus 植物

Stapfiophyton breviscapum 短莛无距花：brevi- ← brevis 短的（用于希腊语复合词词首）；scapus（scap-/ scapi-）← skapos 主茎，树干，花柄，花轴

Stapfiophyton degeneratum 败蕊无距花：degeneratus 退化的，衰退的；degener 变质了的，堕落了的，疏远了的，无价值的；de- 向下，向外，从……，脱离，脱落，离开，去掉；genus ← gignere ← geno 出生，发生，起源，产于，生于（指地方或条件），属（植物分类单位）

Stapfiophyton peperomiaefolium 无距花：peperomiaefolius = Peperomia + folius 草胡椒叶的（注：以属名作复合词时原词尾变形后的 i 要保留，不能用所有格，故该词宜改为 "peperomiifolium"）；Peperomia 草胡椒属（胡椒科）；folius/ folium/ folia 叶，叶片（用于复合词）

Staphylea 省沽油属（沽 gū）（省沽油科）（46：p20）：staphylea ← staphyle 总状的，束状的

Staphylea bumalda 省沽油：bumalda ← Ovidio Mantalbani （人名，17 世纪意大利天文学家、数学家）

Staphylea forrestii 嵩明省沽油（嵩 sōng）：forrestii ← George Forrest （人名，1873–1932，英国植物学家，曾在中国西部采集大量植物标本）

S

Staphylea holocarpa 膀胱果（膀 páng）：holocarpus 果实不分裂的；holo-/ hol- 全部的，所有的，完全的，联合的，全缘的，不分裂的；carpus/ carpum/ carpa/ carpon ← carpos 果实（用于希腊语复合词）

Staphylea holocarpa var. holocarpa 膀胱果-原变种 （词义见上面解释）

Staphylea holocarpa var. rosea 玫红省沽油：roseus = rosa + eus 像玫瑰的，玫瑰色的，粉红色的；rosa 蔷薇（古拉丁名）← rhodon 蔷薇（希腊语）← rhodd 红色，玫瑰红（凯尔特语）；-eus/ -eum/ -ea（接拉丁语词干时）属于……的，色如……的，质如……的（表示原料、颜色或品质的相似），（接希腊语词干时）属于……的，以……出名，为……所占有（表示具有某种特性）

Staphylea shweliensis 腺齿省沽油：shweliensis 瑞丽的（地名，云南省）

Staphyleaceae 省沽油科（46：p16）：Staphylea 省沽油属；-aceae（分类单位科的词尾，为 -aceus 的阴性复数主格形式，加到模式属的名称后或同义词的词干后以组成族群名称）

Stauntonia 野木瓜属（木通科）（29：p23）：stauntonia ← George Leonard Staunton（人名，18世纪首任英国驻中国大使秘书）

Stauntonia brachyanthera 黄蜡果：brachy- ← brachys 短的（用于拉丁语复合词词首）；andrus/ andros/ antherus ← aner 雄蕊，花药，雄性

Stauntonia brachyanthera var. minor 小黄蜡果：minor 较小的，更小的

Stauntonia brachybotrya 短序野木瓜：brachy- ← brachys 短的（用于拉丁语复合词词首）；botryus ← botrys 总状的，簇状的，葡萄串状的

Stauntonia brunoniana 三叶野木瓜：brunoniana ← Robert Brown（人名，19世纪英国植物学家）

Stauntonia cavalerieana 西南野木瓜：cavalerieana ← Pierre Julien Cavalerie（人名，20世纪法国传教士）

Stauntonia chinensis 野木瓜：chinensis = china + ensis 中国的（地名）；China 中国

Stauntonia conspicua 显脉野木瓜：conspicuus 显著的，显眼的；conspicio 看，注目（动词）

Stauntonia crassipes 粗柄野木瓜：crassi- ← crassus 厚的，粗的，多肉质的；pes/ pedis 柄，梗，茎秆，腿，足，爪（作词首或词尾，pes 的词干视为"ped-"）

Stauntonia decora 翅野木瓜：decorus 美丽的，漂亮的，装饰的；decor 装饰，美丽

Stauntonia duclouxii 羊瓜藤：duclouxii（人名）；-ii 表示人名，接在以辅音字母结尾的人名后面，但 -er 除外

Stauntonia elliptica 牛藤果：ellipticus 椭圆形的；-ticus/ -ticum/ tica/ -ticos 表示属于，关于，以……著称，作形容词词尾

Stauntonia formosana 台湾野木瓜：formosanus = formosus + anus 美丽的，台湾；formosus ← formosa 美丽的，台湾的（葡萄牙殖民者发现台湾时对其的称呼，即美丽的岛屿）；-anus/ -anum/ -ana

属于，来自（形容词词尾）

Stauntonia glauca 粉叶野木瓜：glaucus → glauco-/ glauc- 被白粉的，发白的，灰绿色的

Stauntonia hainanensis 海南野木瓜：hainanensis 海南的（地名）

Stauntonia keitaoensis 阿里野木瓜：keitaoensis 溪头的（地名，属台湾省，"keitao"为"溪头"的日语读音）

Stauntonia leucantha 钝药野木瓜：leuc-/ leuco- ← leucus 白色的（如果和其他表示颜色的词混用则表示淡色）；anthus/ anthum/ antha/ anthe ← anthos 花（用于希腊语复合词）

Stauntonia libera 离丝野木瓜：liber/ libera/ liberum 分离的，离生的

Stauntonia maculata 斑叶野木瓜：maculatus = maculus + atus 有小斑点的，略有斑点的；maculus 斑点，网眼，小斑点，略有斑点；-atus/ -atum/ -ata 属于，相似，具有，完成（形容词词尾）

Stauntonia obcordatilimba 倒心叶野木瓜：obcordatus = ob + cordatus 倒心形的；ob- 相反，反对，倒（ob- 有多种音变：ob- 在元音字母和大多数辅音字母前面，oc- 在 c 前面，of- 在 f 前面，op- 在 p 前面）；cordatus ← cordis/ cor 心脏的，心形的；-atus/ -atum/ -ata 属于，相似，具有，完成（形容词词尾）；limbus 冠檐，萼檐，瓣片，叶片

Stauntonia obovata 倒卵叶野木瓜：obovatus = ob + ovus + atus 倒卵形的；ob- 相反，反对，倒（ob- 有多种音变：ob- 在元音字母和大多数辅音字母前面，oc- 在 c 前面，of- 在 f 前面，op- 在 p 前面）；ovus 卵，胚珠，卵形的，椭圆形的

Stauntonia obovatifoliola 石月：obovatus = ob + ovus + atus 倒卵形的；ob- 相反，反对，倒（ob- 有多种音变：ob- 在元音字母和大多数辅音字母前面，oc- 在 c 前面，of- 在 f 前面，op- 在 p 前面）；ovus 卵，胚珠，卵形的，椭圆形的；foliolus = folius + ulus 小叶

Stauntonia obovatifoliola subsp. intermedia 五指那藤：intermedius 中间的，中位的，中等的；inter- 中间的，在中间，之间；medius 中间的，中央的

Stauntonia obovatifoliola subsp. obovatifoliola 石月-原亚种 （词义见上面解释）

Stauntonia obovatifoliola subsp. urophylla 尾叶那藤：urophyllus 尾状叶的；uro-/ -urus ← ura 尾巴，尾巴状的；phyllus/ phyllum/ phylla ← phyllon 叶片（用于希腊语复合词）

Stauntonia oligophylla 少叶野木瓜：oligo-/ olig- 少数的（希腊语，拉丁语为 pauci-）；phyllus/ phyllum/ phylla ← phyllon 叶片（用于希腊语复合词）

Stauntonia pseudomaculata 假斑叶野木瓜：pseudomaculata 像 maculata 的；pseudo-/ pseud- ← pseudos 假的，伪的，接近，相似（但不是）；Stauntonia maculata 斑叶野木瓜；maculatus = maculus + atus 有小斑点的，略有斑点的；maculus 斑点，网眼，小斑点，略有斑点；-atus/ -atum/ -ata 属于，相似，具有，完成（形容词词尾）

Stauntonia purpurea 紫花野木瓜：purpureus = purpura + eus 紫色的；purpura 紫色（purpura 原为一种介壳虫名，其体液为紫色，可作颜料）；-eus/ -eum/ -ea（接拉丁语词干时）属于……的，色如……的，质如……的（表示原料、颜色或品质相似），（接希腊语词干时）属于……的，以……出名，为……所占有（表示具有某种特性）

Stauntonia trinervia 三脉野木瓜：tri-/ tripli-/ triplo- 三个，三数；nervius = nervus + ius 具脉的，具叶脉的；nervus 脉，叶脉；-ius/ -ium/ -ia 具有……特性的（表示有关、关联、相似）

Stauntonia yaoshanensis 瑶山野木瓜：yaoshanensis 瑶山的（地名，广西壮族自治区）

Stauranthera 十字苣苔属（苦苣苔科）（69：p567）：stauranthera 十字形花药的（指花药十字交叉黏结成圆锥体）；stauros 十字形的（希腊语）；andrus/ andros/ antherus ← aner 雄蕊，花药，雄性

Stauranthera umbrosa 十字苣苔：umbrosus 多荫的，喜阴的，生于阴地的；umbra 荫凉，阴影，阴地；-osus/ -osum/ -osa 多的，充分的，丰富的，显著发育的，程度高的，特征明显的（形容词词尾）

Staurochilus 掌唇兰属（兰科）（19：p299）：staurochilus 十字形排列的唇瓣；stauros 十字形的（希腊语）；chilus ← cheilos 唇，唇瓣，唇边，边缘，岸边

Staurochilus dawsonianus 掌唇兰：dawsonianus ← Jackson T. Dawson（人名，20世纪 Arnold 植物园主任）

Staurochilus loratus 小掌唇兰：loratus 带状的，舌状的，具舌的；lorus 带状的，舌状的

Staurochilus lushuensis 豹纹掌唇兰：lushuensis（地名，已修订为 luchuensis）

Staurogyne 叉柱花属（叉 chā）（爵床科）（70：p31）：staurogyne 十字形雌蕊的（指花柱十字形交叉）；stauros 十字形的（希腊语）；gyne ← gynus 雌蕊的，雌性的，心皮的

Staurogyne brachystachya 短穗叉柱花：brachy- ← brachys 短的（用于拉丁语复合词词首）；stachy-/ stachyo-/ -stachys/ -stachyus/ -stachyum/ -stachya 穗子，穗子的，穗子状的，穗状花序的

Staurogyne chapaensis 弯花叉柱花：chapaensis ← Chapa 沙巴的（地名，越南北部）

Staurogyne concinnula 叉柱花：concinnus 精致的，高雅的，形状好看的；-ulus/ -ulum/ -ula 小的，略微的，稍微的（小词 -ulus 在字母 e 或 i 之后有多种变缀，即 -olus/ -olum/ -ola、-ellus/ -ellum/ -ella、-illus/ -illum/ -illa，与第一变格法和第二变格法名词形成复合词）；concinnulus = concinnus + ulus 稍精致的，稍高雅的，稍好看的

Staurogyne hainanensis 海南叉柱花：hainanensis 海南的（地名）

Staurogyne hypoleuca 灰背叉柱花：hypoleucus 背面白色的，下面白色的；hyp-/ hypo- 下面的，以下的，不完全的；leucus 白色的，淡色的

Staurogyne longicuneata 楔叶叉柱花：longe-/ longi- ← longus 长的，纵向的；cuneatus = cuneus + atus 具楔子的，属楔形的；cuneus 楔子的

Staurogyne paotingensis 保亭叉柱花：paotingensis 保亭的（地名，海南省）

Staurogyne rivularis 瘦叉柱花：rivularis = rivulus + aris 生于小溪的，喜好小溪的；rivulus = rivus + ulus 小溪，细流；rivus 河流，溪流；-aris（阳性、阴性）/ -are（中性）← -alis（阳性、阴性）/ -ale（中性）属于，相似，如同，具有，涉及，关于，联结于（将名词作形容词用，其中 -aris 常用于以 l 或 r 为词干末尾的词）

Staurogyne sesamoides 大花叉柱花：Sesamum 胡麻属（胡麻科）；-oides/ -oideus/ -oideum/ -oidea/ -odes/ -eidos 像……的，类似……的，呈……状的（名词词尾）

Staurogyne sichuanica 金长莲：sichuanica 四川的（地名）；-icus/ -icum/ -ica 属于，具有某种特性（常用于地名、起源、生境）

Staurogyne sinica 中花叉柱花：sinica 中国的（地名）；-icus/ -icum/ -ica 属于，具有某种特性（常用于地名、起源、生境）

Staurogyne stenophylla 狭叶叉柱花：sten-/ steno- ← stenus 窄的，狭的，薄的；phyllus/ phyllum/ phylla ← phyllon 叶片（用于希腊语复合词）

Staurogyne strigosa 琼海叉柱花：strigosus = striga + osus 鬃毛的，刷毛的；striga → strig- 条纹的，网纹的（如种子具网纹），糙伏毛的；-osus/ -osum/ -osa 多的，充分的，丰富的，显著发育的，程度高的，特征明显的（形容词词尾）

Staurogyne yunnanensis 云南叉柱花：yunnanensis 云南的（地名）

Stebbinsia 肉菊属（菊科）（80-1：p208）：stebbinsia（人名）

Stebbinsia umbrella 肉菊：umbrellus 伞，小伞；umbra 荫凉，阴影，阴地

Stegnogramma 溪边蕨属（金星蕨科）（4-1：p283）：stegnos 密封的；grammus 条纹的，花纹的，线条的（希腊语）

Stegnogramma cyrtomioides 贯众叶溪边蕨：Crytomium 贯众属（鳞毛蕨科）；-oides/ -oideus/ -oideum/ -oidea/ -odes/ -eidos 像……的，类似……的，呈……状的（名词词尾）

Stegnogramma dictyoclinoides 屏边溪边蕨：dictyoclinoides 像圣蕨的；Dictyocline 圣蕨属（金星蕨科）；-oides/ -oideus/ -oideum/ -oidea/ -odes/ -eidos 像……的，类似……的，呈……状的（名词词尾）

Stegnogramma diplazioides 缙云溪边蕨（缙 jìn）：Diplazium 双盖蕨属；-oides/ -oideus/ -oideum/ -oidea/ -odes/ -eidos 像……的，类似……的，呈……状的（名词词尾）

Stegnogramma jinfoshanensis 金佛山溪边蕨：jinfoshanensis 金佛山的（地名，重庆市）

Stegnogramma latipinna 阔羽溪边蕨：lati-/ late- ← latus 宽的，宽广的；pinnus/ pennus 羽毛，羽状，羽片

Stegnogramma xingwenensis 兴文溪边蕨：xingwenensis 兴文的（地名，四川省）

S

Stellaria 繁缕属（石竹科）（26：p93）：stellaria 星状的

Stellaria alaschanica 贺兰山繁缕：alaschanica 阿拉善的（地名，内蒙古最西部）

Stellaria alsine 雀舌草（另见 S. uliginosa）：alsine（一种石竹）

Stellaria amblyosepala 钝萼繁缕：amblyosepalus 钝形萼的；amblyo-/ ambly- 钝的，钝角的；sepalus/ sepalum/ sepala 萼片（用于复合词）

Stellaria apetala 无瓣繁缕（另见 S. pallida）：apetalus 无花瓣的，花瓣缺如的；a-/ an- 无，非，没有，缺乏，不具有（an- 用于元音前）（a-/ an- 为希腊语词首，对应的拉丁语词首为 e-/ ex-，相当于英语的 un-/ -less，注意词首 a- 和作为介词的 a/ ab 不同，后者的意思是"从……、由……、关于……、因为……"）；petalus/ petalum/ petala ← petalon 花瓣

Stellaria arenaria 沙生繁缕：arenaria ← arena 沙子，沙地，沙地的，沙生的；-arius/ -arium/ aria 相似，属于（表示地点，场所，关系，所属）；Arenaria 无心菜属（石竹科）

Stellaria arisanensis 阿里山繁缕：arisanensis 阿里山的（地名，属台湾省）

Stellaria bistyla 二柱繁缕：bi-/ bis- 二，二数，二回（希腊语为 di-）；stylus/ stylis ← stylos 柱，花柱

Stellaria brachypetala 短瓣繁缕：brachy- ← brachys 短的（用于拉丁语复合词词首）；petalus/ petalum/ petala ← petalon 花瓣

Stellaria bungeana 长瓣繁缕：bungeana ← Alexander von Bunge（人名，1813–1866，俄国植物学家）

Stellaria bungeana var. bungeana 长瓣繁缕-原变种（词义见上面解释）

Stellaria bungeana var. stubendorfii 林繁缕：stubendorfii（人名）；-ii 表示人名，接在以辅音字母结尾的人名后面，但 -er 除外

Stellaria cherleriae 兴安繁缕：cherleriae（人名）；-ae 表示人名，以 -a 结尾的人名后面加上 -e 形成

Stellaria chinensis 中国繁缕：chinensis = china + ensis 中国的（地名）；China 中国

Stellaria congestiflora 密花繁缕：congestus 聚集的，充满的；florus/ florum/ flora ← flos 花（用于复合词）

Stellaria crassifolia 叶苞繁缕：crassi- ← crassus 厚的，粗的，多肉质的；folius/ folium/ folia 叶，叶片（用于复合词）

Stellaria crassifolia var. crassifolia 叶苞繁缕-原变种（词义见上面解释）

Stellaria crassifolia var. linearis 线形叶苞繁缕：linearis = lineus + aris 线条的，线形的，线状的，亚麻状的；lineus = linum + eus 线状的，丝状的，亚麻状的；linum ← linon 亚麻，线（古拉丁名）；-aris（阳性、阴性）/ -are（中性）← -alis（阳性、阴性）/ -ale（中性）属于，相似，如同，具有，涉及，关于，联结于（将名词作形容词用，其中 -aris 常用于以 l 或 r 为词干末尾的词）

Stellaria decumbens 偃卧繁缕（偃 yǎn）：decumbens 横卧的，匍匐的，爬行的；decumb- 横卧，匍匐，爬行；-ans/ -ens/ -bilis/ -ilis 能够，可能（为形容词词尾，-ans/ -ens 用于主动语态，-bilis/ -ilis 用于被动语态）

Stellaria decumbens var. arenarioides 错那繁缕：Arenaria 无心菜属；-oides/ -oideus/ -oideum/ -oidea/ -odes/ -eidos 像……的，类似……的，呈……状的（名词词尾）

Stellaria decumbens var. decumbens 偃卧繁缕-原变种（词义见上面解释）

Stellaria decumbens var. polyantha 多花偃卧繁缕：polyanthus 多花的；poly- ← polys 多个，许多（希腊语，拉丁语为 multi-）；anthus/ anthum/ antha/ anthe ← anthos 花（用于希腊语复合词）

Stellaria decumbens var. pulvinata 垫状偃卧繁缕：pulvinatus = pulvinus + atus 垫状的；pulvinus 叶枕，叶柄基部膨大部分，坐垫，枕头

Stellaria delavayi 大叶繁缕：delavayi ← P. J. M. Delavay（人名，1834–1895，法国传教士，曾在中国采集植物标本）；-i 表示人名，接在以元音字母结尾的人名后面，但 -a 除外

Stellaria depressa 矮陷繁缕：depressus 凹陷的，压扁的；de- 向下，向外，从……，脱离，脱落，离开，去掉；pressus 压，压力，挤压，紧密

Stellaria dianthifolia 石竹叶繁缕：dianthifolia 石竹叶的；Dianthus 石竹属（石竹科）；folius/ folium/ folia 叶，叶片（用于复合词）

Stellaria dichotoma 叉歧繁缕（叉 chā）：dichotomus 二叉分歧的，分离的；dicho-/ dicha- 二分的，二歧的；di-/ dis- 二，二数，二分，分离，不同，在……之间，从……分开（希腊语，拉丁语为 bi-/ bis-）；cho-/ chao- 分开，割裂，离开；tomus ← tomos 小片，片段，卷册（书）

Stellaria dichotoma var. dichotoma 叉歧繁缕-原变种（词义见上面解释）

Stellaria dichotoma var. lanceolata 银柴胡：lanceolatus = lanceus + olus + atus 小披针形的，小柳叶刀的；lance-/ lancei-/ lanci-/ lanceo-/ lanc- ← lanceus 披针形的，矛形的，尖刀状的，柳叶刀状的；-olus ← -ulus 小，稍微，略微（-ulus 在字母 e 或 i 之后变成 -olus/ -ellus/ -illus）；-atus/ -atum/ -ata 属于，相似，具有，完成（形容词词尾）

Stellaria dichotoma var. linearis 线叶繁缕：linearis = lineus + aris 线条的，线形的，线状的，亚麻状的；lineus = linum + eus 线状的，丝状的，亚麻状的；linum ← linon 亚麻，线（古拉丁名）；-aris（阳性、阴性）/ -are（中性）← -alis（阳性、阴性）/ -ale（中性）属于，相似，如同，具有，涉及，关于，联结于（将名词作形容词用，其中 -aris 常用于以 l 或 r 为词干末尾的词）

Stellaria discolor 翻白繁缕：discolor 异色的，不同色的（指花瓣花萼等）；di-/ dis- 二，二数，二分，分离，不同，在……之间，从……分开（希腊语，拉丁语为 bi-/ bis-）；color 颜色

Stellaria ebracteata 无苞繁缕：bracteatus = bracteus + atus 具苞片的；bracteus 苞，苞片，苞鳞；e-/ ex- 不，无，非，缺乏，不具有（e- 用在辅音字母前，ex- 用在元音字母前，为拉丁语词首，对应的希腊语词首为 a-/ an-，英语为 un-/ -less，注意

S

作词首用的 e-/ ex- 和介词 e/ ex 意思不同，后者意为"出自、从……、由……离开、由于、依照"）

Stellaria filicaulis 细叶繁缕：filicaulis 细茎的，丝状茎的；fili-/ fil- ← filum 线状的，丝状的；caulis ← caulos 茎，茎秆，主茎

Stellaria graminea 禾叶繁缕：gramineus 禾草状的，禾本科植物状的；graminus 禾草，禾本科草；gramen 禾本科植物；-eus/ -eum/ -ea（接拉丁语词干时）属于……的，色如……的，质如……的（表示原料、颜色或品质的相似），（接希腊语词干时）属于……的，以……出名，为……所占有（表示具有某种特性）

Stellaria graminea var. chinensis 中华禾叶繁缕：chinensis = china + ensis 中国的（地名）；China 中国

Stellaria graminea var. graminea 禾叶繁缕-原变种 （词义见上面解释）

Stellaria graminea var. pilosula 毛禾叶繁缕：pilosulus = pilus + osus + ulus 被软毛的；pilosus = pilus + osus 多毛的，被柔毛的，具疏柔毛的，被短弱细毛的；pilus 毛，疏柔毛；-osus/ -osum/ -osa 多的，充分的，丰富的，显著发育的，程度高的，特征明显的（形容词词尾）；-ulus/ -ulum/ -ula 小的，略微的，稍微的（小词 -ulus 在字母 e 或 i 之后有多种变缀，即 -olus/ -olum/ -ola、-ellus/ -ellum/ -ella、-illus/ -illum/ -illa，与第一变格法和第二变格法名词形成复合词）

Stellaria graminea var. viridescens 常绿禾叶繁缕：viridescens 变绿的，发绿的，淡绿色的；viridi-/ virid- ← viridus 绿色的；-escens/ -ascens 改变，转变，变成，略微，带有，接近，相似，大致，稍微（表示变化的趋势，并未完全相似或相同，有别于表示达到完成状态的 -atus）

Stellaria gyangtseensis 江孜繁缕：gyangtseensis 江孜的（地名，西藏自治区）

Stellaria gyirongensis 吉隆繁缕：gyirongensis 吉隆的（地名，西藏中尼边境县）

Stellaria henryi 湖北繁缕：henryi ← Augustine Henry 或 B. C. Henry（人名，前者，1857–1930，爱尔兰医生、植物学家，曾在中国采集植物，后者，1850–1901，曾活动于中国的传教士）

Stellaria imbricata 覆瓦繁缕：imbricatus/ imbricans 重叠的，覆瓦状的

Stellaria infracta 内弯繁缕：infractus 破损的，孱弱的，支离破碎的；in 到，往，向（表示程度加强）；fractus 背折的，弯曲的

Stellaria irrigua 冻原繁缕：irriguus 水湿的，潮湿的

Stellaria lanata 绵毛繁缕：lanatus = lana + atus 具羊毛的，具长柔毛的；lana 羊毛，绵毛

Stellaria lanipes 绵柄繁缕：lanipes 绵毛柄的；lani- 羊毛状的，多毛的，密被软毛的；pes/ pedis 柄，梗，茎秆，腿，足，爪（作词首或词尾，pes 的词干视为"ped-"）

Stellaria longifolia 长叶繁缕：longe-/ longi- ← longus 长的，纵向的；folius/ folium/ folia 叶，叶片（用于复合词）

Stellaria longifolia f. ciliolata 睫毛长叶繁缕：ciliolatus/ ciliolaris 缘毛的，纤毛的，睫毛的；

cilium 缘毛，睫毛

Stellaria longifolia f. longifolia 长叶繁缕-原变种（词义见上面解释）

Stellaria mainlingensis 米林繁缕：mainlingensis 米林的（地名，西藏自治区）

Stellaria martjanovii 长裂繁缕：martjanovii（人名）；-ii 表示人名，接在以辅音字母结尾的人名后面，但 -er 除外

Stellaria media 繁缕：medius 中间的，中央的

Stellaria media var. media 繁缕-原变种 （词义见上面解释）

Stellaria media var. micrantha 小花繁缕：micr-/ micro- ← micros 小的，微小的，微观的（用于希腊语复合词）；anthus/ anthum/ antha/ anthe ← anthos 花（用于希腊语复合词）

Stellaria monosperma 独子繁缕：mono-/ mon- ← monos 一个，单一的（希腊语，拉丁语为 unus/ uni-/ uno-）；spermus/ spermum/ sperma 种子的（用于希腊语复合词）

Stellaria monosperma var. japonica 皱叶繁缕：japonica 日本的（地名）；-icus/ -icum/ -ica 属于，具有某种特性（常用于地名、起源、生境）

Stellaria monosperma var. monosperma 独子繁缕-原变种 （词义见上面解释）

Stellaria monosperma var. paniculata 锥花繁缕：paniculatus = paniculus + atus 具圆锥花序的；paniculus 圆锥花序；panus 谷穗；panicus 野稗，粟，谷子；-atus/ -atum/ -ata 属于，相似，具有，完成（形容词词尾）

Stellaria neglecta 鸡肠繁缕：neglectus 不显著的，不显眼的，容易看漏的，容易忽略的

Stellaria nemorum 腺毛繁缕：nemorum = nemus + orum 森林的，树丛的；-orum 属于……的（第二变格法名词复数所有格词尾，表示群落或多数）；nemo- ← nemus 森林的，成林的，树丛的，喜林的，林内的；nemus/ nema 密林，丛林，树丛（常用来比喻密集成丛的纤细物，如花丝、果柄等）

Stellaria nepalensis 尼泊尔繁缕：nepalensis 尼泊尔的（地名）

Stellaria nipponica 多花繁缕：nipponica 日本的（地名）；-icus/ -icum/ -ica 属于，具有某种特性（常用于地名、起源、生境）

Stellaria omeiensis 峨眉繁缕：omeiensis 峨眉山的（地名，四川省）

Stellaria ovatifolia 卵叶繁缕：ovatus = ovus + atus 卵圆形的；ovus 卵，胚珠，卵形的，椭圆形的；-atus/ -atum/ -ata 属于，相似，具有，完成（形容词词尾）；folius/ folium/ folia 叶，叶片（用于复合词）

Stellaria oxycoccoides 莓苔状繁缕：Oxycoccus 红梅苔子属（杜鹃花科）；-oides/ -oideus/ -oideum/ -oidea/ -odes/ -eidos 像……的，类似……的，呈……状的（名词词尾）

Stellaria pallida 无瓣繁缕（另见 S. apetala）：pallidus 苍白的，淡白色的，淡色的，蓝白色的，无活力的；palide 淡地，淡色地（反义词：sturate 深色地，浓色地，充分地，丰富地，饱和地）

Stellaria palustris 沼生繁缕：palustris/ paluster ← palus + estris 喜好沼泽的，沼生的；palus 沼泽，湿

S

地，泥潭，水塘，草甸子（palus 的复数主格为 paludes）；-estris/ -estre/ ester/ -esteris 生于……地方，喜好……地方

Stellaria parviumbellata 小伞花繁缕：parvus 小的，些微的，弱的；umbellatus = umbella + atus 伞形花序的，具伞的；umbella 伞形花序；-atus/ -atum/ -ata 属于，相似，具有，完成（形容词词尾）

Stellaria patens 白毛繁缕：patens 开展的（呈 90°），伸展的，传播的，飞散的；patentius 开展的，伸展的，传播的，飞散的

Stellaria petiolaris 细柄繁缕：petiolaris 具叶柄的；-aris（阳性、阴性）/ -are（中性）← -alis（阳性、阴性）/ -ale（中性）属于，相似，如同，具有，涉及，关于，联结于（将名词作形容词用，其中 -aris 常用于以 l 或 r 为词干末尾的词）

Stellaria petraea 岩生繁缕：petraeus 喜好岩石的，喜好岩隙的；petra← petros 石头，岩石，岩石地带（指生境）；-aeus/ -aeum/ -aea 表示属于……，名词形容词化词尾，如 europaeus ← europa 欧洲的

Stellaria pilosa 长毛箐姑草：pilosus = pilus + osus 多毛的，被柔毛的，具疏柔毛的，被短弱细毛的；pilus 毛，疏柔毛；-osus/ -osum/ -osa 多的，充分的，丰富的，显著发育的，程度高的，特征明显的（形容词词尾）

Stellaria pusilla 小繁缕：pusillus 纤弱的，细小的，无价值的

Stellaria radians 繸瓣繁缕（繸 suì）：radians 辐射状的，放射状的

Stellaria reticulivena 网脉繁缕：reticulus = reti + culus 网，网纹的；reti-/ rete- 网（同义词：dictyo-）；-culus/ -culum/ -cula 小的，略微的，稍微的（同第三变格法和第四变格法名词形成复合词）；-atus/ -atum/ -ata 属于，相似，具有，完成（形容词词尾）；venus 脉，叶脉，血脉，血管

Stellaria salicifolia 柳叶繁缕：salici ← Salix 柳属；构词规则：以 -ix/ -iex 结尾的词其词干末尾视为 -ic，以 -ex 结尾视为 -i/ -ic，其他以 -x 结尾视为 -c；folius/ folium/ folia 叶，叶片（用于复合词）

Stellaria soongorica 准噶尔繁缕（噶 gá）：soongorica 准噶尔的（地名，新疆维吾尔自治区）；-icus/ -icum/ -ica 属于，具有某种特性（常用于地名、起源、生境）

Stellaria souliei 康定繁缕：souliei（人名）；-i 表示人名，接在以元音字母结尾的人名后面，但 -a 除外

Stellaria strongylosepala 圆萼繁缕：strongyl-/ strongylo- ← strongylos 圆形的；sepalus/ sepalum/ sepala 萼片（用于复合词）

Stellaria subumbellata 亚伞花繁缕：subumbellatus 像 umbellatus 的，近伞形的；sub-（表示程度较弱）与……类似，几乎，稍微，弱，亚，之下，下面；Stellaria umbellata 伞花繁缕；umbellatus = umbella + atus 伞形花序的，具伞的；umbella 伞形花序

Stellaria tibetica 西藏繁缕：tibetica 西藏的（地名）；-icus/ -icum/ -ica 属于，具有某种特性（常用于地名、起源、生境）

Stellaria uda 湿地繁缕：udus 潮湿的

Stellaria uliginosa 雀舌草（另见 S. alsine）：

uliginosus 沼泽的，湿地的，潮湿的；uligo/ vuligo/ uliginis 潮湿，湿地，沼泽（uligo 的词干为 uligin-）；词尾为 -go 的词其词干末尾视为 -gin；-osus/ -osum/ -osa 多的，充分的，丰富的，显著发育的，程度高的，特征明显的（形容词词尾）

Stellaria uliginosa var. alpina 高山雀舌草：alpinus = alpus + inus 高山的；alpus 高山；al-/ alti-/ alto- ← altus 高的，高处的；-inus/ -inum/ -ina/ -inos 相近，接近，相似，具有（通常指颜色）；关联词：subalpinus 亚高山的

Stellaria uliginosa var. uliginosa 雀舌草-原变种（词义见上面解释）

Stellaria umbellata 伞花繁缕：umbellatus = umbella + atus 伞形花序的，具伞的；umbella 伞形花序

Stellaria vestita 箐姑草（箐 qìng）：vestitus 包被的，覆盖的，被柔毛的，袋状的

Stellaria vestita var. amplexicaulis 抱茎箐姑草：amplexi- 跨骑状的，紧握的，抱紧的；caulis ← caulos 茎，茎秆，主茎

Stellaria vestita var. vestita 箐姑草-原变种 （词义见上面解释）

Stellaria winkleri 帕米尔繁缕：winkleri（人名）；-eri 表示人名，在以 -er 结尾的人名后面加上 i 形成

Stellaria wushanensis 巫山繁缕：wushanensis 巫山的（地名，重庆市），武山的（地名，甘肃省）

Stellaria yunnanensis 千针万线草：yunnanensis 云南的（地名）

Stellaria yunnanensis f. villosa 密柔毛繁缕：villosus 柔毛的，绵毛的；villus 毛，羊毛，长绒毛；-osus/ -osum/ -osa 多的，充分的，丰富的，显著发育的，程度高的，特征明显的（形容词词尾）

Stellaria yunnanensis f. yunnanensis 千针万线草-原变种 （词义见上面解释）

Stellaria zangnanensis 藏南繁缕：zangnanensis 藏南的（地名）

Stellera 狼毒属（瑞香科）（52-1：p397）：stellera ← G. W. Steller（人名，1709–1746，德国植物学家）

Stellera chamaejasme 狼毒：chamaejasme 矮茉莉；chamae- ← chamai 矮小的，匍匐的，地面的；jasme ← Jasminum 素馨属（木樨科）

Stellera formosana 台湾狼毒：formosanus = formosus + anus 美丽的，台湾的；formosus ← formosa 美丽的，台湾的（葡萄牙殖民者发现台湾时对其的称呼，即美丽的岛屿）；-anus/ -anum/ -ana 属于，来自（形容词词尾）

Stelleropsis 假狼毒属（瑞香科）（52-1：p399）：Stellera 狼毒属；-opsis/ -ops 相似，稍微，带有

Stelleropsis altaica 阿尔泰假狼毒：altaica 阿尔泰的（地名，新疆北部山脉）

Stelleropsis tianschanica 天山假狼毒：tianschanica 天山的（地名，新疆维吾尔自治区）；-icus/ -icum/ -ica 属于，具有某种特性（常用于地名、起源、生境）

Stelmatocrypton 须药藤属（萝藦科）（63：p278）：stelmatocrypton 隐藏花柱的；stelmatus = stelma + atus 具花柱的；stelma 支柱，花柱，柱头；crypton 隐藏

S

Stelmatocrypton khasianum 须药藤：khasianum ← Khasya 喀西的，卡西的（地名，印度阿萨姆邦）

Stemmacantha 漏芦属（菊科，已修订为 Rhaponticum）（78-1：p184）：stemmus 王冠，花冠，花环；acanthus ← Akantha 刺，具刺的（Acantha 是希腊神话中的女神，和太阳神阿波罗发生冲突，太阳神将其变成带刺的植物）；rhaponticum 食用大黄

Stemmacantha carthamoides 鹿草：Carthamoides 像 Carthamus 的；Carthamus 红花属（菊科）；-oides/ -oideus/ -oideum/ -oidea/ -odes/ -eidos 像……的，类似……的，呈……状的（名词词尾）

Stemmacantha uniflora 漏芦：uni-/ uno- ← unus/ unum/ una 一，单一（希腊语为 mono-/ mon-）；florus/ florum/ flora ← flos 花（用于复合词）

Stemona 百部属（百部科）（13-3：p254）：stemon 雄蕊

Stemona japonica 百部：japonica 日本的（地名）；-icus/ -icum/ -ica 属于，具有某种特性（常用于地名、起源、生境）

Stemona mairei 云南百部：mairei（人名）；Edouard Ernest Maire（人名，19 世纪活动于中国云南的传教士）；Rene C. J. E. Maire 人名（20 世纪阿尔及利亚植物学家，研究北非植物）；-i 表示人名，接在以元音字母结尾的人名后面，但 -a 除外

Stemona parviflora 细花百部：parviflorus 小花的；parvus 小的，些微的，弱的；florus/ florum/ flora ← flos 花（用于复合词）

Stemona sessilifolia 直立百部：sessile-/ sessili-/ sessil- ← sessilis 无柄的，无茎的，基生的，基部的；folius/ folium/ folia 叶，叶片（用于复合词）

Stemona tuberosa 大百部：tuberosus = tuber + osus 块茎的，膨大成块茎的；tuber/ tuber-/ tuberi- 块茎的，结节状凸起的，瘤状的；-osus/ -osum/ -osa 多的，充分的，丰富的，显著发育的，程度高的，特征明显的（形容词词尾）

Stemonaceae 百部科（13-3：p254）：Stemona 百部属；-aceae（分类单位科的词尾，为 -aceus 的阴性复数主格形式，加到模式属的名称后或同义词的词干后以组成族群名称）

Stenochlaena 光叶藤蕨属（光叶藤蕨科，本属部分种类已修订归入：瘤足蕨属 Plagiogyria，大膜盖蕨属 Leucostegia，藤蕨属 Lomariopsis）（3-1：p95）：sten-/ steno- ← stenus 窄的，狭的，薄的；chlaenus 外衣，宝贝，覆盖，膜，斗篷

Stenochlaena hainanensis 海南光叶藤蕨：hainanensis 海南的（地名）

Stenochlaena palustris 光叶藤蕨：palustris/ paluster ← palus + estris 喜好沼泽的，沼生的；palus 沼泽，湿地，泥潭，水塘，草甸子（palus 的复数主格为 paludes）；-estris/ -estre/ ester/ -esteris 生于……地方，喜好……地方

Stenochlaenaceae 光叶藤蕨科（3-1：p94）：Stenochlaena 光叶藤蕨属；-aceae（分类单位科的词尾，为 -aceus 的阴性复数主格形式，加到模式属的名称后或同义词的词干后以组成族群名称）

Stenocoelium 狭腔芹属（伞形科）（55-2：p228）：sten-/ steno- ← stenus 窄的，狭的，薄的；coelius 空心的，中空的，腹部的

Stenocoelium athamantoides 狭腔芹：Athamanta（属名，伞形科）；-oides/ -oideus/ -oideum/ -oidea/ -odes/ -eidos 像……的，类似……的，呈……状的（名词词尾）

Stenocoelium trichocarpum 毛果狭腔芹：trich-/ tricho-/ tricha- ← trichos ← thrix 毛，多毛的，线状的，丝状的；carpus/ carpum/ carpa/ carpon ← carpos 果实（用于希腊语复合词）

Stenolobium 黄钟花属（紫薇科）（69：p62）：stenolobium 狭窄裂片的，细荚的；sten-/ steno- ← stenus 窄的，狭的，薄的；lobius ← lobus 浅裂的，耳片的（裂片先端钝圆），荚果的，蒴果的；-ius/ -ium/ -ia 具有……特性的（表示有关、关联、相似）

Stenolobium stans 黄钟花：stans 直立的

Stenoloma 乌蕨属（陵齿蕨科）（2：p275）：stenolomus 薄边的，狭边的（指小羽片边缘比中心部明显薄）；stenus 窄的，狭的，薄的；lomus/ lomatos 边缘

Stenoloma biflorum 阔片乌蕨：bi-/ bis- 二，二数，二回（希腊语为 di-）；florus/ florum/ flora ← flos 花（用于复合词）

Stenoloma chusanum 乌蕨：chusanum 舟山群岛的（地名，浙江省）

Stenoloma eberhardtii 线片乌蕨：eberhardtii（人名）；-ii 表示人名，接在以辅音字母结尾的人名后面，但 -er 除外

Stenoseris 细莴苣属（菊科）（80-1：p283）：stenoseris 比菊苣窄的；sten-/ steno- ← stenus 窄的，狭的，薄的；seris 菊苣

Stenoseris auriculiformis 抱茎细莴苣：auriculus 小耳朵的，小耳状的；auri- ← auritus 耳朵，耳状的；formis/ forma 形状；-culus/ -culum/ -cula 小的，略微的，稍微的（同第三变格法和第四变格法名词形成复合词）

Stenoseris graciliflora 细莴苣：gracilis 细长的，纤弱的，丝状的；florus/ florum/ flora ← flos 花（用于复合词）

Stenoseris leptantha 景东细莴苣：lept-/ lepto- 细的，薄的，瘦小的，狭长的；anthus/ anthum/ antha/ anthe ← anthos 花（用于希腊语复合词）

Stenoseris taliensis 大理细莴苣：taliensis 大理的（地名，云南省）

Stenoseris tenuis 全叶细莴苣：tenuis 薄的，纤细的，弱的，瘦的，窄的

Stenoseris triflora 栉齿细莴苣（栉 zhì）：tri-/ tripli-/ triplo- 三个，三数；florus/ florum/ flora ← flos 花（用于复合词）

Stenosolenium 紫筒草属（紫草科）（64-2：p44）：sten-/ steno- ← stenus 窄的，狭的，薄的；solenium/ solena/ solen 管子的，管状的

Stenosolenium saxatile 紫筒草：saxatile 生于岩石的，生于石缝的；saxum 岩石，结石；-atilis（阳性、阴性）/ -atile（中性）（表示生长的地方）

Stenotaphrum 钝叶草属（禾本科）（10-1：p384）：sten-/ steno- ← stenus 窄的，狭的，薄的；

taphrus ← taphros 壕沟，沟槽

Stenotaphrum helferi 钝叶草：helferi（人名）；-eri 表示人名，在以 -er 结尾的人名后面加上 i 形成

Stenotaphrum subulatum 锥穗钝叶草：subulatus 钻形的，尖头的，针尖状的；subulus 钻头，尖头，针尖状

Stephanachne 冠毛草属（冠 guān）（禾本科）（9-3：p303）：stephanachne 冠状谷壳的（指颖果具冠毛）；stephanus ← stephanos = stephos/ stephus + anus 冠，王冠，花冠，冠状物，花环（希腊语）；achne 鳞片，稃片，谷壳（希腊语）

Stephanachne monandra 单蕊冠毛草：mono-/ mon- ← monos 一个，单一的（希腊语，拉丁语为 unus/ uni-/ uno-）；andrus/ andros/ antherus ← aner 雄蕊，花药，雄性

Stephanachne nigrescens 黑穗茅：nigrus 黑色的；niger 黑色的；-escens/ -ascens 改变，转变，变成，略微，带有，接近，相似，大致，稍微（表示变化的趋势，并未完全相似或相同，有别于表示达到完成状态的 -atus）

Stephanachne pappophorea 冠毛草：pappus ← pappos 冠毛；phoreus 具有，负载

Stephanandra 小米空木属（蔷薇科）（36：p95）：stephanandra 冠状雄蕊的（指雄蕊着生部位具毛）；andrus/ andros/ antherus ← aner 雄蕊，花药，雄性

Stephanandra chinensis 华空木：chinensis = china + ensis 中国的（地名）；China 中国

Stephanandra incisa 小米空木：incisus 深裂的，锐裂的，缺刻的

Stephania 千金藤属（防己科）（30-1：p40）：stephania ← C. F. Stephan 或 S. Stephan（人名，前者为 19 世纪德国植物学家，后者为俄国植物学家）

Stephania brachyandra 白线薯：brachy- ← brachys 短的（用于拉丁语复合词词首）；andrus/ andros/ antherus ← aner 雄蕊，花药，雄性

Stephania brevipedunculata 短梗地不容：brevi- ← brevis 短的（用于希腊语复合词词首）；pedunculatus/ peduncularis 具花序柄的，具总花梗的；pedunculus/ peduncule/ pedunculis ← pes 花序柄，总花梗（花序基部无花着生部分，不同于花柄）；关联词：pedicellus/ pediculus 小花梗，小花柄（不同于花序柄）；pes/ pedis 柄，梗，茎秆，腿，足，爪（作词首或词尾，pes 的词干视为"ped-"）

Stephania cepharantha 金线吊乌龟：cephar ← cephalus 头；anthus/ anthum/ antha/ anthe ← anthos 花（用于希腊语复合词）

Stephania chingtungensis 景东千金藤：chingtungensis 景东的（地名，云南省）

Stephania delavayi 一文钱：delavayi ← P. J. M. Delavay（人名，1834–1895，法国传教士，曾在中国采集植物标本）；-i 表示人名，接在以元音字母结尾的人名后面，但 -a 除外

Stephania dentifolia 齿叶地不容：dentus 齿，牙齿；folius/ folium/ folia 叶，叶片（用于复合词）

Stephania dicentrinifera 荷包地不容：dicentrinifera = Dicentra + inus + fera 具有荷包牡丹特征的，有二距的；Dicentra 荷包牡丹属（小檗

科）；dicentrus 二距的；-inus/ -inum/ -ina/ -inos 相近，接近，相似，具有（通常指颜色）；-ferus/ -ferum/ -fera/ -fero/ -fere/ -fer 有，具有，产（区别：作独立词使用的 ferus 意思是"野生的"）

Stephania dielsiana 血散薯（血 xuè）：dielsiana ← Friedrich Ludwig Emil Diels（人名，20 世纪德国植物学家）

Stephania dolichopoda 大叶地不容：dolicho- ← dolichos 长的；podus/ pus 柄，梗，茎秆，足，腿

Stephania ebracteata 川南地不容：bracteatus = bracteus + atus 具有苞片的；bracteus 苞，苞片，苞鳞；e-/ ex- 不，无，非，缺乏，不具有（e- 用在辅音字母前，ex- 用在元音字母前，为拉丁语词首，对应的希腊语词首为 a-/ an-，英语为 un-/ -less，注意作词首用的 e-/ ex- 和介词 e/ ex 意思不同，后者意为"出自、从……、由……离开、由于、依照"）

Stephania elegans 雅丽千金藤：elegans 优雅的，秀丽的

Stephania epigaea 地不容：epigaeus 地面生的；epi- 上面的，表面的，在上面；gaeus ← gaia 地面，土面（常作词尾）

Stephania excentrica 江南地不容：excentricus 偏心的，不在正中的

Stephania forsteri 光千金藤：forsteri ← Johann Reinhold Forster（人名，19 世纪澳大利亚植物学家）；-eri 表示人名，在以 -er 结尾的人名后面加上 i 形成

Stephania glabra 西藏地不容：glabrus 光秃的，无毛的，光滑的

Stephania gracilenta 纤细千金藤：gracilentus 细长的，纤弱的；gracilis 细长的，纤弱的，丝状的；-ulentus/ -ulentum/ -ulenta/ -olentus/ -olentum/ -olenta（表示丰富、充分或显著发展）

Stephania hainanensis 海南地不容：hainanensis 海南的（地名）

Stephania herbacea 草质千金藤：herbaceus = herba + aceus 草本的，草质的，草绿色的；herba 草，草本植物；-aceus/ -aceum/ -acea 相似的，有……性质的，属于……的

Stephania hernandifolia 桐叶千金藤：Hernandia 莲叶桐属；folius/ folium/ folia 叶，叶片（用于复合词）

Stephania intermedia 河谷地不容：intermedius 中间的，中位的，中等的；inter- 中间的，在中间，之间；medius 中间的，中央的

Stephania japonica 千金藤：japonica 日本的（地名）；-icus/ -icum/ -ica 属于，具有某种特性（常用于地名、起源、生境）

Stephania kuinanensis 桂南地不容：kuinanensis 桂南的，广西南部的（地名）

Stephania kwangsiensis 广西地不容：kwangsiensis 广西的（地名）

Stephania lincangensis 临沧地不容：lincangensis 临沧的（地名，云南省）

Stephania longa 粪箕笃（箕笃 jī dǔ）：longus 长的，纵向的

Stephania longipes 长柄地不容：longe-/ longi- ← longus 长的，纵向的；pes/ pedis 柄，梗，茎秆，腿，

S

足，爪（作词首或词尾，pes 的词干视为 "ped-"）

Stephania macrantha 大花地不容：macro-/ macr- ← macros 大的，宏观的（用于希腊语复合词）；anthus/ anthum/ antha/ anthe ← anthos 花（用于希腊语复合词）

Stephania mashanica 马山地不容：mashanica 马山的（地名，广西壮族自治区）；-icus/ -icum/ -ica 属于，具有某种特性（常用于地名、起源、生境）

Stephania micrantha 小花地不容：micr-/ micro- ← micros 小的，微小的，微观的（用于希腊语复合词）；anthus/ anthum/ antha/ anthe ← anthos 花（用于希腊语复合词）

Stephania miyiensis 米易地不容：miyiensis 米易的（地名，四川省）

Stephania officinarum 药用地不容：officinarum 属于药用的（为 officina 的复数所有格）；officina ← opificina 药店，仓库，作坊；-arum 属于……的（第一变格法名词复数所有格词尾，表示群落或多数）

Stephania sasakii 台湾千金藤：sasakii 佐佐木（日本人名）

Stephania sinica 汝兰：sinica 中国的（地名）；-icus/ -icum/ -ica 属于，具有某种特性（常用于地名、起源、生境）

Stephania subpeltata 西南千金藤：subpeltatus = sub + peltatus 近盾状的；sub-（表示程度较弱）与……类似，几乎，稍微，弱，亚，之下，下面；peltatus = peltus + atus 盾状的，具盾片的；peltus ← pelte 盾片，小盾片，盾形的；-atus/ -atum/ -ata 属于，相似，具有，完成（形容词词尾）

Stephania succifera 小叶地不容：succus/ sucus 汁液；-ferus/ -ferum/ -fera/ -fero/ -fere/ -fer 有，具有，产（区别：作独立词使用的 ferus 意思是 "野生的"）

Stephania sutchuenensis 四川千金藤：sutchuenensis 四川的（地名）

Stephania tetrandra 粉防己：tetrandrus 四雄蕊的；tetra-/ tetr- 四，四数（希腊语，拉丁语为 quadri-/ quadr-）；andrus/ andros/ antherus ← aner 雄蕊，花药，雄性

Stephania viridiflavens 黄叶地不容：viridus 绿色的；flavens 淡黄色的，黄白色的，变黄的；flavus → flavo-/ flavi-/ flav- 黄色的，鲜黄色的，金黄色的（指纯正的黄色）；-eus/ -eum/ -ea（接拉丁语词干时）属于……的，色如……的，质如……的（表示原料、颜色或品质的相似），（接希腊语词干时）属于……的，以……出名，为……所占有（表示具有某种特性）

Stephania yunnanensis 云南地不容：yunnanensis 云南的（地名）

Stephania yunnanensis var. trichocalyx 毛萼地不容：trich-/ tricho-/ tricha- ← trichos ← thrix 毛，多毛的，线状的，丝状的；calyx → calyc- 萼片（用于希腊语复合词）

Stephania yunnanensis var. yunnanensis 云南地不容-原变种 （词义见上面解释）

Stephanotis 黑鳗藤属（鳗 mán）（萝藦科）（63: p465）：stephanotis 王冠状耳朵的（指花药顶端具直的或弯的膜片）；stephanus ← stephanos = stephos/ stephus + anus 冠，王冠，花冠，冠状物，花环（希腊语）；-otis/ -otites/ -otus/ -otion/ -oticus/ -otos/ -ous 耳，耳朵

Stephanotis chunii 假木通：chunii ← W. Y. Chun 陈焕镛（人名，1890–1971，中国植物学家）

Stephanotis mucronata 黑鳗藤：mucronatus = mucronus + atus 具短尖的，有微突起的；mucronus 短尖头，微突；-atus/ -atum/ -ata 属于，相似，具有，完成（形容词词尾）

Stephanotis pilosa 茶药藤：pilosus = pilus + osus 多毛的，被柔毛的，具疏柔毛的，被短弱细毛的；pilus 毛，疏柔毛；-osus/ -osum/ -osa 多的，充分的，丰富的，显著发育的，程度高的，特征明显的（形容词词尾）

Stephanotis saxatilis 云南黑鳗藤：saxatilis 生于岩石的，生于石缝的；saxum 岩石，结石；-atilis（阳性、阴性）/ -atile（中性）（表示生长的地方）

Sterculia 苹婆属（梧桐科，中药胖大海）（49-2: p116）：sterculia 施肥神（比喻可以用作肥料）

Sterculia brevissima 短柄苹婆：brevi- ← brevis 短的（用于希腊语复合词词首）；-issimus/ -issima/ -issimum 最，非常，极其（形容词最高级）

Sterculia ceramica 台湾苹婆：ceramicus 壶，瓶子

Sterculia cinnamomifolia 樟叶苹婆：Cinnamomum 樟属（樟科）；folius/ folium/ folia 叶，叶片（用于复合词）

Sterculia euosma 粉苹婆：euosmum 清香气味的；eu- 好的，秀丽的，真的，正确的，完全的；osmus 气味，香味

Sterculia foetida 香苹婆：foetidus = foetus + idus 臭的，恶臭的，令人作呕的；foetus/ faetus/ fetus 臭味，恶臭，令人不悦的气味；-idus/ -idum/ -ida 表示在进行中的动作或情况，作动词、名词或形容词的词尾

Sterculia gengmaensis 绿花苹婆：gengmaensis 耿马的（地名，云南省）

Sterculia hainanensis 海南苹婆：hainanensis 海南的（地名）

Sterculia henryi 蒙自苹婆：henryi ← Augustine Henry 或 B. C. Henry（人名，前者，1857–1930，爱尔兰医生、植物学家，曾在中国采集植物，后者，1850–1901，曾活动于中国的传教士）

Sterculia henryi var. cuneata 大围山苹婆：cuneatus = cuneus + atus 具楔子的，属楔形的；cuneus 楔子的；-atus/ -atum/ -ata 属于，相似，具有，完成（形容词词尾）

Sterculia henryi var. henryi 蒙自苹婆-原变种（词义见上面解释）

Sterculia hymenocalyx 膜萼苹婆：hymen-/ hymeno- 膜的，膜状的；calyx → calyc- 萼片（用于希腊语复合词）

Sterculia impressinervis 凹脉苹婆：impressinervis 凹脉的；impressi- ← impressus 凹陷的，凹入的，雕刻的；in-/ im-（来自 il- 的音变）内，在内，内部，向内，相反，不，无，非；il- 在内，向内，为，相反（希腊语为 en-）；词首 il- 的音变：il-（在 l 前面），im-（在 b、m、p 前面），in-（在元音字母和大多数辅音字母前面），ir-（在 r 前面），如 illaudatus（不

S

值得称赞的，评价不好的），impermeabilis（不透水的，穿不透的），ineptus（不合适的），insertus（插入的），irretortus（无弯曲的，无扭曲的）；pressus 压，压力，挤压，紧密；nervis ← nervus 脉，叶脉

Sterculia kingtungensis 大叶苹婆：kingtungensis 景东的（地名，云南省）

Sterculia lanceaefolia 西蜀苹婆：lanceaefolia 披针形叶的（注：复合词中将前段词的词尾变成 i 或 o 而不是所有格，故该词宜改为"lenceifolia""lanceofolia"或"lancifolia"，已修订为 lanceifolia）；lance-/ lancei-/ lanci-/ lanceo-/ lanc- ← lanceus 披针形的，矛形的，尖刀状的，柳叶刀状的；folius/ folium/ folia 叶，叶片（用于复合词）

Sterculia lanceolata 假苹婆：lanceolatus = lanceus + olus + atus 小披针形的，小柳叶刀的；lance-/ lancei-/ lanci-/ lanceo-/ lanc- ← lanceus 披针形的，矛形的，尖刀状的，柳叶刀状的；-olus ← -ulus 小，稍微，略微（-ulus 在字母 e 或 i 之后变成 -olus/ -ellus/ -illus）；-atus/ -atum/ -ata 属于，相似，具有，完成（形容词词尾）

Sterculia micrantha 小花苹婆：micr-/ micro- ← micros 小的，微小的，微观的（用于希腊语复合词）；anthus/ anthum/ antha/ anthe ← anthos 花（用于希腊语复合词）

Sterculia nobilis 苹婆：nobilis 高贵的，有名的，高雅的

Sterculia pexa 家麻树：pexus 长毛

Sterculia pinbienensis 屏边苹婆：pinbienensis 屏边的（地名，云南省，改为"pingbianensis"似更妥）

Sterculia principis 基苹婆：principis（princeps 的所有格）帝王的，第一的

Sterculia scandens 河口苹婆：scandens 攀缘的，缠绕的，藤本的；scando/ scansum 上升，攀登，缠绕

Sterculia subnobilis 罗浮苹婆：subnobilis 略高贵的，近似 nobilis 的；sub-（表示程度较弱）与……类似，几乎，稍微，弱，亚，之下，下面；nobilis 高贵的，有名的，高雅的；Sterculia nobilis 苹婆

Sterculia subracemosa 信宜苹婆：subracemosus 近总状的；sub-（表示程度较弱）与……类似，几乎，稍微，弱，亚，之下，下面；racemosus = racemus + osus 总状花序的；racemus 总状的，葡萄串状的；-osus/ -osum/ -osa 多的，充分的，丰富的，显著发育的，程度高的，特征明显的（形容词词尾）

Sterculia tonkinensis 北越苹婆：tonkin 东京（地名，越南河内的旧称）

Sterculia villosa 绒毛苹婆：villosus 柔毛的，绵毛的；villus 毛，羊毛，长绒毛；-osus/ -osum/ -osa 多的，充分的，丰富的，显著发育的，程度高的，特征明显的（形容词词尾）

Sterculiaceae 梧桐科（49-2：p112）：Sterculia 苹婆属；-aceae（分类单位科的词尾，为 -aceus 的阴性复数主格形式，加到模式属的名称后或同义词的词干后以组成族群名称）

Stereosandra 肉药兰属（兰科）（18：p42）：stereos 坚硬的，硬质的；andrus/ andros/ antherus ← aner 雄蕊，花药，雄性

Stereosandra javanica 肉药兰：javanica 爪哇的

（地名，印度尼西亚）；-icus/ -icum/ -ica 属于，具有某种特性（常用于地名、起源、生境）

Stereospermum 羽叶楸属（紫葳科）（69：p23）：stereos 坚硬的，硬质的；spermus/ spermum/ sperma 种子的（用于希腊语复合词）

Stereospermum colais 羽叶楸：colais（词源不详）

Stereospermum colais var. colais 羽叶楸-原变种（词义见上面解释）

Stereospermum colais var. puberula 广西羽叶楸：puberulus = puberus + ulus 略被柔毛的，被微柔毛的；puberus 多毛的，毛茸茸的；-ulus/ -ulum/ -ula 小的，略微的，稍微的（小词 -ulus 在字母 e 或 i 之后有多种变缀，即 -olus/ -olum/ -ola、-ellus/ -ellum/ -ella、-illus/ -illum/ -illa，与第一变格法和第二变格法名词形成复合词）

Stereospermum neuranthum 毛叶羽叶楸：neur-/ neuro- ← neuron 脉，神经；anthus/ anthum/ antha/ anthe ← anthos 花（用于希腊语复合词）

Stereospermum strigillosum 伏毛萼羽叶楸：strigillosus = striga + illus + osus 鬃毛的，刷毛的；striga 条纹的，网纹的（如种子具网纹），糙伏毛的；-osus/ -osum/ -osa 多的，充分的，丰富的，显著发育的，程度高的，特征明显的（形容词词尾）；-ellus/ -ellum/ -ella ← -ulus 小的，略微的，稍微的（小词 -ulus 在字母 e 或 i 之后有多种变缀，即 -olus/ -olum/ -ola、-ellus/ -ellum/ -ella、-illus/ -illum/ -illa，用于第一变格法名词）

Sterigmostemum 棒果芥属（十字花科）（33：p372）：sterigma 支持物；stemon 雄蕊

Sterigmostemum grandiflorum 大花棒果芥：grandi- ← grandis 大的；florus/ florum/ flora ← flos 花（用于复合词）

Sterigmostemum incanum 灰毛棒果芥：incanus 灰白色的，密被灰白色毛的

Sterigmostemum matthioloides 紫花棒果芥：Matthiola 紫罗兰属（十字花科）；-oides/ -oideus/ -oideum/ -oidea/ -odes/ -eidos 像……的，类似……的，呈……状的（名词词尾）

Sterigmostemum tomentosum 棒果芥：tomentosus = tomentum + osus 绒毛的，密被绒毛的；tomentum 绒毛，浓密的毛被，棉絮，棉絮状填充物（被褥、垫子等）；-osus/ -osum/ -osa 多的，充分的，丰富的，显著发育的，程度高的，特征明显的（形容词词尾）

Steudnera 泉七属（天南星科）（13-2：p56）：steudnera ← Hermann Steudner（人名，19 世纪德国植物学家，研究非洲植物）（以 -er 结尾的人名用作属名时在末尾加 a，如 Lonicera = Lonicer + a）

Steudnera colocasiaefolia 泉七：colocasiaefolia 芋头叶的（注：复合词中前段词的词尾变成 i 而不是所有格，如果用的是属名，则变形后的词尾 i 要保留，故该词构词过程为 Colocasia → colocasii + folia = colocasiifolia）；Colocasia 芋属（天南星科）；folius/ folium/ folia 叶，叶片（用于复合词）

Steudnera griffithii 全缘泉七：griffithii ← William Griffith（人名，19 世纪印度植物学家，加尔各答植物园主任）

Stevenia 曙南芥属（十字花科）（33：p288）：

S

stevenia ← Christian von Steven（人名，1781–1863，芬兰植物学家）

Stevenia cheiranthoides 曙南芥：Cheiranthus 桂竹香属（唇形科）；-oides/ -oideus/ -oideum/ -oidea/ -odes/ -eidos 像……的，类似……的，呈……状的（名词词尾）

Stewartia 紫茎属（旃檀属，旃 zhān）（山茶科）（49-3：p237）：stewartia ← John Stuart（人名，1713–1792，英国植物爱好者，常拼写为"Stewart"）

Stewartia brevicalyx 短萼紫茎：brevi- ← brevis 短的（用于希腊语复合词词首）；calyx → calyc- 萼片（用于希腊语复合词）

Stewartia gemmata 天目紫茎：gemmatus 零余子的，珠芽的；gemmus 芽，珠芽，零余子

Stewartia glabra 秃房紫茎：glabrus 光秃的，无毛的，光滑的

Stewartia longibracteata 长苞紫茎：longe-/ longi- ← longus 长的，纵向的；bracteatus = bracteus + atus 具苞片的；bracteus 苞，苞片，苞鳞

Stewartia nanlingensis 南岭紫茎：nanlingensis 南岭的（地名，广东省）

Stewartia oblongifolia 长叶紫茎：oblongus = ovus + longus 长椭圆形的（ovus 的词干 ov- 音变为 ob-）；ovus 卵，胚珠，卵形的，椭圆形的；longus 长的，纵向的；folius/ folium/ folia 叶，叶片（用于复合词）

Stewartia rubiginosa 红皮紫茎：rubiginosus/ robiginosus 锈色的，锈红色的，红褐色的；robigo 锈（词干为 rubigin-）；-osus/ -osum/ -osa 多的，充分的，丰富的，显著发育的，程度高的，特征明显的（形容词词尾）；词尾为 -go 的词其词干末尾视为 -gin

Stewartia shensiensis 陕西紫茎：shensiensis 陕西的（地名）

Stewartia sinensis 紫茎：sinensis = Sina + ensis 中国的（地名）；Sina 中国

Stewartia sinensis var. rostrata 长喙紫茎：rostratus 具喙的，喙状的；rostrus 鸟喙（常作词尾）；rostre 鸟喙的，喙状的

Stewartia sinensis var. sinensis 紫茎-原变种（词义见上面解释）

Stewartia yunnanensis 云南紫茎：yunnanensis 云南的（地名）

Sticherus 假芒萁属（萁 qí）（里白科）（2：p121）：sticherus ← stichos 行列

Sticherus laevigatus 假芒萁：laevigatus/ levigatus 光滑的，平滑的，平滑而发亮的；laevis/ levis/ laeve/ leve → levi-/ laevi- 光滑的，无毛的，无不平或粗糙感觉的；laevigo/ levigo 使光滑，削平

Stictocardia 腺叶藤属（旋花科）（64-1：p140）：stictos 斑点，雀斑；cardius 心脏，心形

Stictocardia tiliifolia 腺叶藤：tiliifolius = Tilia + folius 椴树叶的；缀词规则：以属名作复合词时原词尾变形后的 i 要保留；Tilia 椴树属（椴树科）；folius/ folium/ folia 叶，叶片（用于复合词）

Stigmatodactylus 指柱兰属（兰科）（17：p234）：stigmus 柱头；dactylus ← dactylos 手指状的；dactyl- 手指

Stigmatodactylus sikokianus 指柱兰：sikokianus 四国的（地名，日本）

Stilpnolepis 百花蒿属（菊科）（76-1：p96）：stilpnos 放光的；lepis/ lepidos 鳞片

Stilpnolepis centiflora 百花蒿：centiflorus 多花的；centi- ← centus 百，一百（比喻数量很多，希腊语为 hecto-/ hecato-）；florus/ florum/ flora ← flos 花（用于复合词）

Stimpsonia 假婆婆纳属（报春花科）（59-1：p139）：stimpsonia（人名）

Stimpsonia chamaedryoides 假婆婆纳：Chamaedrys 石蚕属（合并到香科科属 Teuricum）；Veronica chamedrys 石蚕叶婆婆纳（玄参科）；Teucrium chamaedrys 石蚕香（唇形科香科科属/石蚕属）；-oides/ -oideus/ -oideum/ -oidea/ -odes/ -eidos 像……的，类似……的，呈……状的（名词词尾）

Stipa 针茅属（禾本科）（9-3：p268）：stipa 亚麻丝，亚麻色（stype）（比喻该属羽状芒的颜色）

Stipa aliena 异针茅：alienus 外国的，外来的，不相近的，不同的，其他的

Stipa baicalensis 狼针草：baicalensis 贝加尔湖的（地名，俄罗斯）

Stipa breviflora 短花针茅：brevi- ← brevis 短的（用于希腊语复合词词首）；florus/ florum/ flora ← flos 花（用于复合词）

Stipa bungeana 长芒草：bungeana ← Alexander von Bunge（人名，1813–1866，俄国植物学家）

Stipa capillacea 丝颖针茅：capillaceus 毛发状的；capillus 毛发的，头发的，细毛的；-aceus/ -aceum/ -acea 相似的，有……性质的，属于……的

Stipa capillata 针茅：capillatus = capillus + atus 有细毛的，毛发般的；capillus 毛发的，头发的，细毛的；-atus/ -atum/ -ata 属于，相似，具有，完成（形容词词尾）

Stipa caucasica 镰芒针茅：caucasica 高加索的（地名，俄罗斯）

Stipa glareosa 沙生针茅：glareosus 多砂砾的，砂砾地生的；glarea 石砾；-osus/ -osum/ -osa 多的，充分的，丰富的，显著发育的，程度高的，特征明显的（形容词词尾）

Stipa grandis 大针茅：grandis 大的，大型的，宏大的

Stipa kirghisorum 长羽针茅：kirghisorum 吉尔吉斯的（地名）

Stipa lessingiana 细叶针茅：lessingiana（人名）

Stipa macroglossa 长舌针茅：macro-/ macr- ← macros 大的，宏观的（用于希腊语复合词）；glossus 舌，舌状的

Stipa mongolorum 蒙古针茅：mongolorum 蒙古的（地名）；-orum 属于……的（第二变格法名词复数所有格词尾，表示群落或多数）

Stipa orientalis 东方针茅：orientalis 东方的；oriens 初升的太阳，东方

Stipa penicillata 疏花针茅：penicillatus 毛笔状的，毛刷状的，羽毛状的；penicillum 画笔，毛刷

Stipa penicillata var. hirsuta 毛疏花针茅：hirsutus 粗毛的，糙毛的，有毛的（长而硬的毛）

S

Stipa penicillata var. penicillata 疏花针茅-原变种 （词义见上面解释）

Stipa przewalskyi 甘青针茅：przewalskyi ← Nicolai Przewalski（人名，19 世纪俄国探险家、博物学家）；-i 表示人名，接在以元音字母结尾的人名后面，但 -a 除外

Stipa purpurea 紫花针茅：purpureus = purpura + eus 紫色的；purpura 紫色（purpura 原为一种介壳虫名，其体液为紫色，可作颜料）；-eus/ -eum/ -ea（接拉丁语词干时）属于……的，色如……的，质如……的（表示原料、颜色或品质的相似），（接希腊语词干时）属于……的，以……出名，为……所占有（表示具有某种特性）

Stipa purpurea var. arenosa 大紫花针茅：arenosus 多沙的；arena 沙子；-osus/ -osum/ -osa 多的，充分的，丰富的，显著发育的，程度高的，特征明显的（形容词词尾）

Stipa purpurea var. purpurea 紫花针茅-原变种 （词义见上面解释）

Stipa regeliana 狭穗针茅：regeliana ← Eduard August von Regel（人名，19 世纪德国植物学家）

Stipa roborowskyi 昆仑针茅：roborowskyi（人名）；-i 表示人名，接在以元音字母结尾的人名后面，但 -a 除外

Stipa sareptana 新疆针茅：sareptana（人名）

Stipa sareptana var. krylovii 西北针茅：krylovii（人名）；-ii 表示人名，接在以辅音字母结尾的人名后面，但 -er 除外

Stipa sareptana var. sareptana 新疆针茅-原变种 （词义见上面解释）

Stipa subsessiliflora 座花针茅：subsessiliflorus 像 sessiliflora 的，近基生花的；sub-（表示程度较弱）与……类似，几乎，稍微，弱，亚，之下，下面；Saxifraga sessiliflora 加查虎耳草；sessile-/ sessili-/ sessil- ← sessilis 无柄的，无茎的，基生的，基部的；florus/ florum/ flora ← flos 花（用于复合词）

Stipa subsessiliflora var. basiplumosa 羽柱针茅：basiplumosus 基部羽毛状的；basis 基部，基座；plumosus 羽毛状的；plumula 羽毛；-osus/ -osum/ -osa 多的，充分的，丰富的，显著发育的，程度高的，特征明显的（形容词词尾）

Stipa subsessiliflora var. subsessiliflora 座花针茅-原变种 （词义见上面解释）

Stipa tianschanica 天山针茅：tianschanica 天山的（地名，新疆维吾尔自治区）；-icus/ -icum/ -ica 属于，具有某种特性（常用于地名、起源、生境）

Stipa tianschanica var. gobica 戈壁针茅：gobicus/ gobinus 戈壁的

Stipa tianschanica var. klemenzii 石生针茅：klemenzii（人名）；-ii 表示人名，接在以辅音字母结尾的人名后面，但 -er 除外

Stipa tianschanica var. tianschanica 天山针茅-原变种 （词义见上面解释）

Stipa turgaica 图尔盖针茅：turgaica 图尔盖的（地名）；-icus/ -icum/ -ica 属于，具有某种特性（常用于地名、起源、生境）

Stixis 斑果藤属（山柑科）（32：p527）：stixis ← stizo 戳刺，刺孔

Stixis suaveolens 斑果藤：suaveolens 芳香的，香味的；suavis/ suave 甜的，愉快的，高兴的，有魅力的，漂亮的；olens ← olere 气味，发出气味（不分香臭）

Stixis villiflora 多毛斑果藤：villiflorus 毛花的；villus 毛，羊毛，长绒毛；florus/ florum/ flora ← flos 花（用于复合词）

Stracheya 藏豆属（藏 zàng）（豆科）（42-2：p217）：stracheya ← Richard Strachey（人名，1817–1908，英国植物学家）

Stracheya tibetica 藏豆：tibetica 西藏的（地名）；-icus/ -icum/ -ica 属于，具有某种特性（常用于地名、起源、生境）

Stranvaesia 红果树属（蔷薇科）（36：p210）：stranvaesia ← William Thomas Horner Fox-Strangways（人名，1795–1865，英国植物学家）

Stranvaesia amphidoxa 毛萼红果树：amphidoxus 可疑的

Stranvaesia amphidoxa var. amphidoxa 毛萼红果树-原变种 （词义见上面解释）

Stranvaesia amphidoxa var. amphileia 无毛毛萼红果树：amphileius 两端平滑的；amphis 两边的，两侧的，两型的，两栖的；leius ← leios 光滑的，平滑的

Stranvaesia amphidoxa var. kwangsiensis（广西红果树）：kwangsiensis 广西的（地名）

Stranvaesia davidiana 红果树：davidiana ← Pere Armand David（人名，1826–1900，曾在中国采集植物标本的法国传教士）

Stranvaesia davidiana var. davidiana 红果树-原变种 （词义见上面解释）

Stranvaesia davidiana var. salicifolia 柳叶红果树：salici ← Salix 柳属；构词规则：以 -ix/ -iex 结尾的词其词干末尾视为 -ic，以 -ex 结尾视为 -i/ -ic，其他以 -x 结尾视为 -c；folius/ folium/ folia 叶，叶片（用于复合词）

Stranvaesia davidiana var. undulata 波叶红果树：undulatus = undus + ulus + atus 略呈波浪状的，略弯曲的；undus/ undum/ unda 起波浪的，弯曲的；-ulus/ -ulum/ -ula 小的，略微的，稍微的（小词 -ulus 在字母 e 或 i 之后有多种变缀，即 -olus/ -olum/ -ola、-ellus/ -ellum/ -ella、-illus/ -illum/ -illa，与第一变格法和第二变格法名词形成复合词）；-atus/ -atum/ -ata 属于，相似，具有，完成（形容词词尾）

Stranvaesia nussia 印缅红果树：nussia（人名）

Stranvaesia oblanceolata 滇南红果树：ob- 相反，反对，倒（ob- 有多种音变：ob- 在元音字母和大多数辅音字母前面，oc- 在 c 前面，of- 在 f 前面，op- 在 p 前面）；lanceolatus = lanceus + olus + atus 小披针形的，小柳叶刀的；lance-/ lancei-/ lanci-/ lanceo-/ lanc- ← lanceus 披针形的，矛形的，尖刀状的，柳叶刀状的；-olus ← -ulus 小，稍微，略微（-ulus 在字母 e 或 i 之后变成 -olus/ -ellus/ -illus）；-atus/ -atum/ -ata 属于，相似，具有，完成（形容词词尾）

Streblus 鹊肾树属（桑科）（23-1：p30）：streblus ← streblos 搓成的（希腊语，指肉质的果为花后增大萼片所包被）

Streblus asper 鹊肾树：asper/ asperus/ asperum/ aspera 粗糙的，不平的

Streblus ilicifolius 刺桑：ilici- ← Ilex 冬青属（冬青科）；构词规则：以 -ix/ -iex 结尾的词其词干末尾视为 -ic，以 -ex 结尾视为 -i/ -ic，其他以 -x 结尾视为 -c；folius/ folium/ folia 叶，叶片（用于复合词）

Streblus indicus 假鹊肾树：indicus 印度的（地名）；-icus/ -icum/ -ica 属于，具有某种特性（常用于地名、起源、生境）

Streblus macrophyllus 双果桑：macro-/ macr- ← macros 大的，宏观的（用于希腊语复合词）；phyllus/ phyllum/ phylla ← phyllon 叶片（用于希腊语复合词）

Streblus taxoides 叶被木：Taxus 红豆杉属（紫杉属）（红豆杉科）；-oides/ -oideus/ -oideum/ -oidea/ -odes/ -eidos 像……的，类似……的，呈……状的（名词词尾）

Streblus tonkinensis 米扬噎（噎 yē）：tonkin 东京（地名，越南河内的旧称）

Streblus zeylanicus 尾叶刺桑：zeylanicus 锡兰（斯里兰卡，国家名）；-icus/ -icum/ -ica 属于，具有某种特性（常用于地名、起源、生境）

Strelitzia 鹤望兰属（芭蕉科）（16-2：p16）：strelitzia ← Charlotte Sophia von Mechlenburg Strelitz（人名，1744–1818，英国女皇）

Strelitzia alba 扇芭蕉：albus → albi-/ albo- 白色的

Strelitzia nicolai 大鹤望兰：nicolai ← Nicolai Przewalski 尼古拉（人名，19 世纪俄国探险家博物学家）；-i 表示人名，接在以元音字母结尾的人名后面，但 -a 除外，故该词改为 "nicolaiana" 或 "cinolae" 似更妥

Strelitzia reginae 鹤望兰：reginae ← regina 女王的（指 19 世纪希腊女王 Amalia）

Streptocaulon 马莲鞍属（萝藦科）（63：p267）：streptos 拧劲，扭曲；caulus/ caulon/ caule ← caulos 茎，茎秆，主茎

Streptocaulon griffithii 马莲鞍：griffithii ← William Griffith（人名，19 世纪印度植物学家，加尔各答植物园主任）

Streptocaulon juventas 暗消藤：juventas 青春，青春期

Streptolirion 竹叶子属（鸭跖草科）（13-3：p76）：streptos 拧劲，扭曲；lirion ← leirion 百合（希腊语）

Streptolirion volubile 竹叶子：volubilis 拧劲的，缠绕的；-ans/ -ens/ -bilis/ -ilis 能够，可能（为形容词词尾，-ans/ -ens 用于主动语态，-bilis/ -ilis 用于被动语态）

Streptolirion volubile subsp. khasianum 红毛竹叶子：khasianum ← Khasya 喀西的，卡西的（地名，印度阿萨姆邦）

Streptolirion volubile subsp. volubile 竹叶子-原亚种 （词义见上面解释）

Streptopus 扭柄花属（百合科）（15：p48）：streptopus 拧劲的腿（指花柄）；streptos 拧劲，扭曲；-pus ← pous 腿，足，爪，柄，茎

Streptopus koreanus 丝梗扭柄花：koreanus 朝鲜的（地名）

Streptopus obtusatus 扭柄花：obtusatus = abtusus + atus 钝形的，钝头的；obtusus 钝的，钝形的，略带圆形的

Streptopus ovalis 卵叶扭柄花：ovalis 广椭圆形的；ovus 卵，胚珠，卵形的，椭圆形的

Streptopus parviflorus 小花扭柄花：parviflorus 小花的；parvus 小的，些微的，弱的；florus/ florum/ flora ← flos 花（用于复合词）

Streptopus simplex 腋花扭柄花：simplex 单一的，简单的，无分歧的（词干为 simplic-）

Striga 独脚金属（玄参科）（67-2：p358）：striga 条纹的，网纹的（如种子具网纹），糙伏毛的

Striga asiatica 独脚金：asiatica 亚洲的（地名）；-aticus/ -aticum/ -atica 属于，表示生长的地方，作名词词尾

Striga asiatica var. asiatica 独脚金-原变种 （词义见上面解释）

Striga asiatica var. humilis 独脚金-宽叶变种：humilis 矮的，低的

Striga densiflora 密花独脚金：densus 密集的，繁茂的；florus/ florum/ flora ← flos 花（用于复合词）

Striga masuria 大独脚金：masuria （人名）

Strobilanthes 紫云菜属（爵床科）（70：p178）：strobilanthes 圆锥形花序；strobilus ← strobilos 球果的，圆锥的；strobus 球果的，圆锥的；anthes ← anthos 花

Strobilanthes compacta 密苞紫云菜：compactus 小型的，压缩的，紧凑的，致密的，稠密的；pactus 压紧，紧缩；co- 联合，共同，合起来（拉丁语词首，为 cum- 的音变，表示结合、强化、完全，对应的希腊语为 syn-）；co- 的缀词音变有 co-/ com-/ con-/ col-/ cor-：co-（在 h 和元音字母前面），col-（在 l 前面），com-（在 b、m、p 之前），con-（在 c、d、f、g、j、n、qu、s、t 和 v 前面），cor-（在 r 前面）

Strobilanthes cycla 环毛紫云菜：cyclus ← cyklos 圆形，圈环

Strobilanthes densa 密花紫云菜：densus 密集的，繁茂的

Strobilanthes heteroclita 异序紫云菜：heteroclitus 多形的，不规则的，异样的，异常的；clitus 多种形状的，不规则的，异常的

Strobilanthes lactucifolia 莴苣叶紫云菜：lactucifolia = Lactuca + folia 莴苣叶的；Lactuca 莴苣属（菊科）；folius/ folium/ folia 叶，叶片（用于复合词）

Strobilanthes larium 闭花紫云菜：larius 相似，呈……状的

Strobilanthes limprichtii 雅安紫云菜：limprichtii（人名）；-ii 表示人名，接在以辅音字母结尾的人名后面，但 -er 除外

Strobilanthes martinii 镇宁紫云菜：martinii ← Raymond Martin（人名，19 世纪美国仙人掌植物采集员）

Strobilanthes mucronato-producta 尾苞紫云菜：mucronatus = mucronus + atus 具短尖的，有微突起的；mucronus 短尖头，微突；-atus/ -atum/ -ata 属于，相似，具有，完成（形容词词尾）；productus 伸长的，延长的

S

Strobilanthes myura 鼠尾紫云菜：myura 鼠尾；myos 老鼠，小白鼠；-urus/ -ura/ -ourus/ -oura/ -oure/ -uris 尾巴

Strobilanthes peteloti 沙坝紫云菜：peteloti（人名，词尾改为"-ii"似更妥）；-ii 表示人名，接在以辅音字母结尾的人名后面，但 -er 除外；-i 表示人名，接在以元音字母结尾的人名后面，但 -a 除外

Strobilanthes polyneuros 多脉紫云菜：polyneuros 多脉的；poly- ← polys 多个，许多（希腊语，拉丁语为 multi-）；neuros ← neuron 脉，神经

Strobilanthes stolonifera 匍枝紫云菜：stolon 匍匐茎；-ferus/ -ferum/ -fera/ -fero/ -fere/ -fer 有，具有，产（区别：作独立词使用的 ferus 意思是"野生的"）

Strobilanthes torrentium 急流紫云菜：torrentius 急流的（指生境）；torrens 激流，奔流，-ius/ -ium/ -ia 具有……特性的（表示有关、关联、相似）

Strobilanthes truncata 截头紫云菜：truncatus 截平的，截形的，截断；truncare 切断，截断，截平（动词）

Stroganowia 革叶荠属（荠 jì）（十字花科）（33：p108）：stroganowia ← Strognov（人名，俄国植物学家）

Stroganowia brachyota 革叶荠：brachyotus 短耳的；brachy- ← brachys 短的（用于拉丁语复合词词首）；-otis/ -otites/ -otus/ -otion/ -oticus/ -otos/ -ous 耳，耳朵

Strophanthus 羊角拗属（拗 ǎo）（夹竹桃科）（63：p150）：strophanthus 扭旋的花（指花冠裂片扭旋）；strophos 扭成的，扭旋的；anthus/ anthum/ antha/ anthe ← anthos 花（用于希腊语复合词）

Strophanthus caudatus 卵萼羊角拗：caudatus = caudus + atus 尾巴的，尾巴状的，具尾的；caudus 尾巴；-atus/ -atum/ -ata 属于，相似，具有，完成（形容词词尾）

Strophanthus divaricatus 羊角拗：divaricatus 广歧的，发散的，散开的

Strophanthus gratus 旋花羊角拗：gratus 美味的，可爱的，迷人的，快乐的

Strophanthus hispidus 箭毒羊角拗：hispidus 刚毛的，鬃毛状的

Strophanthus sarmentosus 西非羊角拗：sarmentosus 匍匐茎的；sarmentum 匍匐茎，鞭条，-osus/ -osum/ -osa 多的，充分的，丰富的，显著发育的，程度高的，特征明显的（形容词词尾）

Strophanthus wallichii 云南羊角拗：wallichii ← Nathaniel Wallich（人名，19 世纪初丹麦植物学家、医生）

Strophioblachia 宿萼木属（大戟科）（44-2：p154）：strophioblachia 具种阜的留萼木；strophiolum 种阜（种子发芽孔附近的小突起）；Blachia 留萼木属（大戟科）

Strophioblachia fimbricalyx 宿萼木：fimbria → fimbri- 流苏，长缘毛；calyx → calyc- 萼片（用于希腊语复合词）

Strophioblachia fimbricalyx var. efimbriata 广西宿萼木：efimbriata 无流苏的，非流苏状的；e-/ ex- 不，无，非，缺乏，不具有（e- 用在辅音字母前，ex- 用在元音字母前，为拉丁语词首，对应的希腊语词首为 a-/ an-，英语为 un-/ -less，注意作词首用的 e-/ ex- 和介词 e/ ex 意思不同，后者意为"出自、从……、由……离开、由于、依照"）；fimbriatus = fimbria + atus 具长缘毛的，具流苏的，具锯齿状裂的（指花瓣）

Strophioblachia fimbricalyx var. fimbricalyx 宿萼木-原变种 （词义见上面解释）

Strophioblachia glandulosa 越南宿萼木：glandulosus = glandus + ulus + osus 被细腺的，具腺体的，腺体质的；glandus ← glans 腺体；-ulus/ -ulum/ -ula 小的，略微的，稍微的（小词 -ulus 在字母 e 或 i 之后有多种变缀，即 -olus/ -olum/ -ola、-ellus/ -ellum/ -ella、-illus/ -illum/ -illa，与第一变格法和第二变格法名词形成复合词）；-osus/ -osum/ -osa 多的，充分的，丰富的，显著发育的，程度高的，特征明显的（形容词词尾）

Strophioblachia glandulosa var. cordifolia 心叶宿萼木：cordi- ← cordis/ cor 心脏的，心形的；folius/ folium/ folia 叶，叶片（用于复合词）

Strophioblachia glandulosa var. glandulosa 越南宿萼木-原变种 （词义见上面解释）

Struthiopteris 荚囊蕨属（乌毛蕨科）（4-2：p210）：struthion 小麻雀；pteris ← pteryx 翅，翼，蕨类（希腊语）

Struthiopteris eburnea 荚囊蕨：eburneus/ eburnus 象牙的，象牙白的；ebur 象牙；-eus/ -eum/ -ea（接拉丁语词干时）属于……的，色如……的，质如……的（表示原料、颜色或品质的相似），（接希腊语词干时）属于……的，以……出名，为……所占有（表示具有某种特性）

Struthiopteris hancockii 宽叶荚囊蕨：hancockii ← W. Hancock（人名，1847–1914，英国海关官员，曾在中国采集植物标本）

Strychnos 马钱属（马钱科）（61：p229）：strychnos 致命的（指种皮剧毒）

Strychnos angustiflora 牛眼马钱：angusti- ← angustus 窄的，狭的，细的；florus/ florum/ flora ← flos 花（用于复合词）

Strychnos axillaris 腋花马钱：axillaris 腋生的；axillus 叶腋的；axill-/ axilli- 叶腋；superaxillaris 腋上的；subaxillaris 近腋生的；extraaxillaris 腋外的；infraaxillaris 腋下的；-aris（阳性、阴性）/ -are（中性）← -alis（阳性、阴性）/ -ale（中性）属于，相似，如同，具有，涉及，关于，联结于（将名词作形容词用，其中 -aris 常用于以 l 或 r 为词干末尾的词）；形近词：axilis ← axis 轴，中轴

Strychnos cathayensis 华马钱：cathayensis ← Cathay ← Khitay/ Khitai 中国的，契丹的（地名，10–12 世纪中国北方契丹人的领域，辽国前身，多用来代表中国，俄语称中国为 Kitay）

Strychnos cathayensis var. cathayensis 华马钱-原变种 （词义见上面解释）

Strychnos cathayensis var. spinata 刺马钱：spinatus = spinus + atus 具刺的；spinus 刺，针刺；-atus/ -atum/ -ata 属于，相似，具有，完成（形容词词尾）

Strychnos ignatii 吕宋果：ignatii（人名）；-ii 表示

人名，接在以辅音字母结尾的人名后面，但 -er 除外

Strychnos nitida 毛柱马钱：nitidus = nitere + idus 光亮的，发光的；nitere 发亮；-idus/ -idum/ -ida 表示在进行中的动作或情况，作动词、名词或形容词的词尾；nitens 光亮的，发光的

Strychnos nux-blanda 山马钱：nux-blandus 坚果光滑的；nux 坚果；blandus 光滑的，可爱的

Strychnos nux-vomica 马钱子：nux-vomica 催吐坚果；nux 坚果；vomicus 呕吐的，催吐的，令人作呕的

Strychnos ovata 密花马钱：ovatus = ovus + atus 卵圆形的；ovus 卵，胚珠，卵形的，椭圆形的；-atus/ -atum/ -ata 属于，相似，具有，完成（形容词词尾）

Strychnos umbellata 伞花马钱：umbellatus = umbella + atus 伞形花序的，具伞的；umbella 伞形花序

Strychnos wallichiana 长籽马钱：wallichiana ← Nathaniel Wallich（人名，19 世纪初丹麦植物学家、医生）

Stylidiaceae 花柱草科（73-2：p180）：Stylidium 花柱草属；-aceae（分类单位科的词尾，为 -aceus 的阴性复数主格形式，加到模式属的名称后或同义词的词干后以组成族群名称）

Stylidium 花柱草属（花柱草科）（73-2：p180）：stylidium = styulum + idium 小柱状的（指雄蕊联合）；-idium ← -idion 小的，稍微的（表示小或程度较轻）

Stylidium tenellum 狭叶花柱草：tenellus = tenuis + ellus 柔软的，纤细的，纤弱的，精美的，雅致的；tenuis 薄的，纤细的，弱的，瘦的，窄的；-ellus/ -ellum/ -ella ← -ulus 小的，略微的，稍微的（小词 -ulus 在字母 e 或 i 之后有多种变缀，即 -olus/ -olum/ -ola、-ellus/ -ellum/ -ella、-illus/ -illum/ -illa，用于第一变格法名词）

Stylidium uliginosum 花柱草：uliginosus 沼泽的，湿地的，潮湿的；uligo/ vuligo/ uliginis 潮湿，湿地，沼泽（uligo 的词干为 uligin-）；词尾为 -go 的词其词干末尾视为 -gin-；-osus/ -osum/ -osa 多的，充分的，丰富的，显著发育的，程度高的，特征明显的（形容词词尾）

Stylophorum 金罂粟属（罂粟科）（32：p69）：stylos 花柱；-phorus/ -phorum/ -phora 载体，承载物，支持物，带着，生着，附着（表示一个部分带着别的部分，包括起支撑或承载作用的柄、柱、托、囊等，如 gynophorum = gynus + phorum 雌蕊柄的，带有雌蕊的，承载雌蕊的）；gynus/ gynum/ gyna 雌蕊，子房，心皮

Stylophorum lasiocarpum 金罂粟：lasi-/ lasio- 羊毛状的，有毛的，粗糙的；carpus/ carpum/ carpa/ carpon ← carpos 果实（用于希腊语复合词）

Stylophorum sutchuense 四川金罂粟：sutchuense 四川的（地名）

Stylosanthes 笔花豆属（豆科）（41：p360）：stylosus 具花柱的，花柱明显的；stylus/ stylis ← stylos 柱，花柱；-osus/ -osum/ -osa 多的，充分的，丰富的，显著发育的，程度高的，特征明显的（形容词词尾）；anthes ← anthos 花

Stylosanthes guianensis 圭亚那笔花豆：guianensis 圭亚那的（地名，南美洲国家）

Styracaceae 安息香科（60-2：p77）：Styrax 安息香属；-aceae（分类单位科的词尾，为 -aceus 的阴性复数主格形式，加到模式属的名称后或同义词的词干后以组成族群名称）

Styrax 安息香属（安息香科）（60-2：p79）：styrax ← storax 安息香的（泛指产安息香的树木），安息香属（安息香科）

Styrax agrestis 喙果安息香：agrestis/ agrarius 野生的，耕地生的，农田生的；-arius/ -arium/ -aria 相似，属于（表示地点，场所，关系，所属）

Styrax argentifolius 银叶安息香：argenti- 银白色的；argentum 银；folius/ folium/ folia 叶，叶片（用于复合词）

Styrax benzoinoides 滇南安息香：benzoin 芳香分泌物的（樟科的古拉丁名）；ben 芳香；zoa 分泌物；-oides/ -oideus/ -oideum/ -oidea/ -odes/ -eidos 像……的，类似……的，呈……状的（名词词尾）

Styrax calvescens 灰叶安息香：calvescens 变光秃的，几乎无毛的；calvus 光秃的，无毛的，无芒的，裸露的；-escens/ -ascens 改变，转变，变成，略微，带有，接近，相似，大致，稍微（表示变化的趋势，并未完全相似或相同，有别于表示达到完成状态的 -atus）

Styrax chinensis 中华安息香：chinensis = china + ensis 中国的（地名）；China 中国

Styrax chrysocarpus 黄果安息香：chrys-/ chryso- ← chrysos 黄色的，金色的；carpus/ carpum/ carpa/ carpon ← carpos 果实（用于希腊语复合词）

Styrax confusus 赛山梅：confusus 混乱的，混同的，不确定的，不明确的；fusus 散开的，松散的，松弛的；co- 联合，共同，合起来（拉丁语词首，为 cum- 的音变，表示结合、强化、完全，对应的希腊语为 syn-）；co- 的缀词音变有 co-/ com-/ con-/ col-/ cor-：co-（在 h 和元音字母前面），col-（在 l 前面），com-（在 b、m、p 之前），con-（在 c、d、f、g、j、n、qu、s、t 和 v 前面），cor-（在 r 前面）

Styrax confusus var. confusus 赛山梅-原变种（词义见上面解释）

Styrax confusus var. microphyllus 小叶赛山梅：micr-/ micro- ← micros 小的，微小的，微观的（用于希腊语复合词）；phyllus/ phyllum/ phylla ← phyllon 叶片（用于希腊语复合词）

Styrax confusus var. superbus 华丽赛山梅：superbus/ superbiens 超越的，高雅的，华丽的，无敌的；super- 超越的，高雅的，上层的；关联词：superbire 盛气凌人的，自豪的

Styrax dasyanthus 垂珠花：dasyanthus = dasy + anthus 粗毛花的；dasy- ← dasys 毛茸茸的，粗毛的，毛；anthus/ anthum/ antha/ anthe ← anthos 花（用于希腊语复合词）

Styrax faberi 白花龙：faberi ← Ernst Faber（人名，19 世纪活动于中国的德国植物采集员）；-eri 表示人名，在以 -er 结尾的人名后面加上 i 形成

Styrax faberi var. amplexifolia 抱茎叶白花龙：amplexi- 跨骑状的，紧握的，抱紧的；folius/

folium/ folia 叶，叶片（用于复合词）

Styrax faberi var. faberi 白花龙-原变种 （词义见上面解释）

Styrax faberi var. matsumuraei 苗栗白花龙：matsumuraei ← Jinzo Matsumura 松村任三（人名，20 世纪初日本植物学家）

Styrax formosanus 台湾安息香：formosanus = formosus + anus 美丽的，台湾的；formosus ← formosa 美丽的，台湾的（葡萄牙殖民者发现台湾时对其的称呼，即美丽的岛屿）；-anus/ -anum/ -ana 属于，来自（形容词词尾）

Styrax formosanus var. formosanus 台湾安息香-原变种 （词义见上面解释）

Styrax formosanus var. hirtus 长柔毛安息香：hirtus 有毛的，粗毛的，刚毛的（长而明显的毛）

Styrax grandiflorus 大花野茉莉：grandi- ← grandis 大的；florus/ florum/ flora ← flos 花（用于复合词）

Styrax hainanensis 厚叶安息香：hainanensis 海南的（地名）

Styrax hemsleyanus 老鸹铃（鸹 guā）：hemsleyanus ← William Botting Hemsley（人名，19 世纪研究中美洲植物的植物学家）

Styrax huanus 墨泡：huanus（人名）

Styrax japonicus 野茉莉：japonicus 日本的（地名）；-icus/ -icum/ -ica 属于，具有某种特性（常用于地名、起源、生境）

Styrax japonicus var. calycothrix 毛萼野茉莉：calycothrix 毛萼的；calyx → calyc- 萼片（用于希腊语复合词）；构词规则：以 -ix/ -iex 结尾的词其词干末尾视为 -ic，以 -ex 结尾视为 -i/ -ic，其他以 -x 结尾视为 -c；thrix 毛，多毛的，线状的，丝状的

Styrax japonicus var. japonicus 野茉莉-原变种（词义见上面解释）

Styrax limprichtii 楚雄安息香：limprichtii（人名）；-ii 表示人名，接在以辅音字母结尾的人名后面，但 -er 除外

Styrax macranthus 绿春安息香：macro-/ macr- ← macros 大的，宏观的（用于希腊语复合词）；anthus/ anthum/ antha/ anthe ← anthos 花（用于希腊语复合词）

Styrax macrocarpus 大果安息香：macro-/ macr- ← macros 大的，宏观的（用于希腊语复合词）；carpus/ carpum/ carpa/ carpon ← carpos 果实（用于希腊语复合词）

Styrax obassis 玉铃花（种加词有时误拼为"obassia"）：obassis（日文）

Styrax odoratissimus 芬芳安息香：odorati- ← odoratus 香气的，气味的；-issimus/ -issima/ -issimum 最，非常，极其（形容词最高级）

Styrax perkinsiae 瓦山安息香：perkinsiae（人名）

Styrax roseus 粉花安息香：roseus = rosa + eus 像玫瑰的，玫瑰色的，粉红色的；rosa 蔷薇（古拉丁名）← rhodon 蔷薇（希腊语）← rhodd 红色，玫瑰红（凯尔特语）；-eus/ -eum/ -ea（接拉丁语词干时）属于……的，色如……的，质如……的（表示原料、颜色或品质的相似），（接希腊语词干时）属于……的，以……出名，为……所占有（表示具有某种特性）

Styrax rugosus 皱叶安息香：rugosus = rugus + osus 收缩的，有皱纹的，多褶皱的（同义词：rugatus）；rugus/ rugum/ ruga 褶皱，皱纹，皱缩；-osus/ -osum/ -osa 多的，充分的，丰富的，显著发育的，程度高的，特征明显的（形容词词尾）

Styrax serrulatus 齿叶安息香：serrulatus = serrus + ulus + atus 具细锯齿的；serrus 齿，锯齿；-ulus/ -ulum/ -ula 小的，略微的，稍微的（小词 -ulus 在字母 e 或 i 之后有多种变缀，即 -olus/ -olum/ -ola、-ellus/ -ellum/ -ella、-illus/ -illum/ -illa，与第一变格法和第二变格法名词形成复合词）；-atus/ -atum/ -ata 属于，相似，具有，完成（形容词词尾）

Styrax suberifolius 栓叶安息香：suberifolius 木栓叶的；suberosus ← suber-osus/ subereus 木栓质的，木栓发达的（同形异义词：sub-erosus 略呈啮蚀状的）；suber- 木栓质的；-osus/ -osum/ -osa 多的，充分的，丰富的，显著发育的，程度高的，特征明显的（形容词词尾）；folius/ folium/ folia 叶，叶片（用于复合词）

Styrax suberifolius var. hayataianus 台北安息香：hayataianus（注：改成"hayatanus"似更妥）← Bunzo Hayata 早田文藏（人名，1874–1934，日本植物学家，专门研究日本和中国台湾植物）

Styrax suberifolius var. suberifolius 栓叶安息香-原变种 （词义见上面解释）

Styrax supaii 裂叶安息香：supaii（人名，词尾改为"-ae"似更妥）；-ii 表示人名，接在以辅音字母结尾的人名后面，但 -er 除外；-ae 表示人名，以 -a 结尾的人名后面加上 -e 形成

Styrax tonkinensis 越南安息香：tonkin 东京（地名，越南河内的旧称）

Styrax wilsonii 小叶安息香：wilsonii ← John Wilson（人名，18 世纪英国植物学家）

Styrax wuyuanensis 婺源安息香（婺 wù）：wuyuanensis 婺源的（地名，江西省）

Styrax zhejiangensis 浙江安息香：zhejiangensis 浙江的（地名）

Styrophyton 长穗花属（野牡丹科）（53-1: p162）：styrophyton 十字架状的植物（指花冠呈十字架状排列）；styro- ← stauros 十字形的（希腊语）；phyton → phytus 植物

Styrophyton caudatum 长穗花：caudatus = caudus + atus 尾巴的，尾巴状的，具尾的；caudus 尾巴；-atus/ -atum/ -ata 属于，相似，具有，完成（形容词词尾）

Suaeda 碱蓬属（藜科）（25-2: p115）：suaeda 苏打的（阿拉伯语，指海岸生境）

Suaeda acuminata 刺毛碱蓬：acuminatus = acumen + atus 锐尖的，渐尖的；acumen 渐尖头；-atus/ -atum/ -ata 属于，相似，具有，完成（形容词词尾）

Suaeda altissima 高碱蓬：al-/ alti-/ alto- ← altus 高的，高处的；-issimus/ -issima/ -issimum 最，非常，极其（形容词最高级）

Suaeda arcuata 五蕊碱蓬：arcuatus = arcus + atus 弓形的，拱形的；arcus 拱形，拱形物

Suaeda australis 南方碱蓬：australis 南方的，南半球的；austro-/ austr- 南方的，南半球的，大洋洲的；auster 南方，南风；-aris（阳性、阴性）/ -are（中性）← -alis（阳性、阴性）/ -ale（中性）属于，相似，如同，具有，涉及，关于，联结于（将名词作形容词用，其中 -aris 常用于以 l 或 r 为词干末尾的词）

Suaeda corniculata 角果碱蓬：corniculatus = cornus + culus + atus 犄角的，兽角的，兽角般坚硬的；cornus 角，犄角，兽角，角质，角质般坚硬；-culus/ -culum/ -cula 小的，略微的，稍微的（同第三变格法和第四变格法名词形成复合词）；-atus/ -atum/ -ata 属于，相似，具有，完成（形容词词尾）

Suaeda corniculata var. corniculata 角果碱蓬-原变种 （词义见上面解释）

Suaeda corniculata var. olufsenii 西藏角果碱蓬：olufsenii（人名）；-ii 表示人名，接在以辅音字母结尾的人名后面，但 -er 除外

Suaeda crassifolia 镰叶碱蓬：crassi- ← crassus 厚的，粗的，多肉质的；folius/ folium/ folia 叶，叶片（用于复合词）

Suaeda dendroides 木碱蓬：dendroides 树状的；dendron 树木；-oides/ -oideus/ -oideum/ -oidea/ -odes/ -eidos 像……的，类似……的，呈……状的（名词词尾）

Suaeda glauca 碱蓬：glaucus → glauco-/ glauc- 被白粉的，发白的，灰绿色的

Suaeda heterophylla 盘果碱蓬：heterophyllus 异型叶的；hete-/ heter-/ hetero- ← heteros 不同的，多样的，不齐的；phyllus/ phyllum/ phylla ← phyllon 叶片（用于希腊语复合词）

Suaeda kossinskyi 肥叶碱蓬：kossinskyi（人名）；-i 表示人名，接在以元音字母结尾的人名后面，但 -a 除外

Suaeda linifolia 亚麻叶碱蓬：Linum 亚麻属（亚麻科）；folius/ folium/ folia 叶，叶片（用于复合词）

Suaeda microphylla 小叶碱蓬：micr-/ micro- ← micros 小的，微小的，微观的（用于希腊语复合词）；phyllus/ phyllum/ phylla ← phyllon 叶片（用于希腊语复合词）

Suaeda monoica （两性碱蓬）：monoicus 属于同体的，雌雄同株的；mono-/ mon- ← monos 一个，单一的（希腊语，拉丁语为 unus/ uni-/ uno-）；-icus/ -icum/ -ica 属于，具有某种特性（常用于地名、起源、生境）

Suaeda paradoxa 奇异碱蓬：paradoxus 似是而非的，少见的，奇异的，难以解释的；para- 类似，接近，近旁，假的；-doxa/ -doxus 荣耀的，瑰丽的，壮观的，显眼的

Suaeda physophora 囊果碱蓬：physophorus 具囊的；physo-/phys- ← physus 水泡的，气泡的，口袋的，膀胱的，囊状的（表示中空）；-phorus/ -phorum/ -phora 载体，承载物，支持物，带着，生着，附着（表示一个部分带着别的部分，包括起支撑或承载作用的柄、柱、托、囊等，如 gynophorum = gynus + phorum 雌蕊柄的，带有雌蕊的，承载雌蕊的）；gynus/ gynum/ gyna 雌蕊，子房，心皮

Suaeda prostrata 平卧碱蓬：prostratus/ pronus/ procumbens 平卧的，匍匐的

Suaeda przewalskii 阿拉善碱蓬：przewalskii ← Nicolai Przewalski（人名，19 世纪俄国探险家、博物学家）

Suaeda pterantha 纵翅碱蓬：pteranthus 翼花的，翅花的；anthus/ anthum/ antha/ anthe ← anthos 花（用于希腊语复合词）

Suaeda rigida 硬枝碱蓬：rigidus 坚硬的，不弯曲的，强直的

Suaeda salsa 盐地碱蓬：salsus/ salsinus 咸的，多盐的（比喻海岸或多盐生境）；sal/ salis 盐，盐水，海，海水

Suaeda stellatiflora 星花碱蓬：stellatiflorus 星状花的；stellatus/ stellaris 具星状的；stella 星状的；-atus/ -atum/ -ata 属于，相似，具有，完成（形容词词尾）；-aris（阳性、阴性）/ -are（中性）← -alis（阳性、阴性）/ -ale（中性）属于，相似，如同，具有，涉及，关于，联结于（将名词作形容词用，其中 -aris 常用于以 l 或 r 为词干末尾的词）；florus/ florum/ flora ← flos 花（用于复合词）

Sumbaviopsis 缅桐属（大戟科）（44-2：p3）：Sumbavia → Doryxylon（大戟科一属，产于菲律宾）；-opsis/ -ops 相似，稍微，带有

Sumbaviopsis albicans 缅桐：albicans 变白色的（表示不是纯洁的白色，与 albescens 意思相同）；albus → albi-/ albo- 白色的；-icans 表示正在转变的过程或相似程度，有时表示相似程度非常接近、几乎相同

Sunipia 大苞兰属（兰科）（19：p260）：sunipia（人名）

Sunipia andersonii 黄花大苞兰：andersonii ← Charles Lewis Anderson（人名，19 世纪美国医生、植物学家）

Sunipia bicolor 二色大苞兰：bi-/ bis- 二，二数，二回（希腊语为 di-）；color 颜色

Sunipia candida 白花大苞兰：candidus 洁白的，有白毛的，亮白的，雪白的（希腊语为 argo- ← argenteus 银白色的）

Sunipia hainanensis 海南大苞兰：hainanensis 海南的（地名）

Sunipia intermedia 少花大苞兰：intermedius 中间的，中位的，中等的；inter- 中间的，在中间，之间；medius 中间的，中央的

Sunipia rimannii 圆瓣大苞兰：rimannii（人名）；-ii 表示人名，接在以辅音字母结尾的人名后面，但 -er 除外

Sunipia scariosa 大苞兰：scariosus 干燥薄膜的

Sunipia soidaoensis 苏瓣大苞兰：soidaoensis（地名，泰国）

Sunipia thailandica 光花大苞兰：thailandica 泰国的（地名）；-icus/ -icum/ -ica 属于，具有某种特性（常用于地名、起源、生境）

Suregada 白树属（大戟科）（44-2：p174）：suregada（人名）

Suregada aequorea 台湾白树：aequoreus 海的，沿海的，沼泽生的，水生的；aequor 海，海面

S

Suregada glomerulata 白树：glomerulatus ＝ glomera ＋ ulus ＋ atus 小团伞花序的；glomera 线球，一团，一束

Suriana 海人树属（苦木科）（43-3：p13）：suriana ← Francois Joseph Donat Surian（人名，17 世纪法国植物学家）

Suriana maritima 海人树：maritimus 海滨的（指生境）

Suzukia 台钱草属（唇形科）（65-2：p325）：suzukia 铃木（人名）

Suzukia luchuensis 齿唇台钱草：luchuensis 禄劝的（地名，云南省）

Suzukia shikikunensis 台钱草：shikikunensis（地名，属台湾省）

Swertia 獐牙菜属（獐 zhāng）（龙胆科）（62：p344）：swertia ← Emanual Sweert（人名，16 世纪荷兰植物学家、艺术家、作家）

Swertia alba 白花獐牙菜：albus → albi-/ albo- 白色的

Swertia angustifolia 狭叶獐牙菜：angusti- ← angustus 窄的，狭的，细的；folius/ folium/ folia 叶，叶片（用于复合词）

Swertia angustifolia var. angustifolia 狭叶獐牙菜-原变种 （词义见上面解释）

Swertia angustifolia var. pulchella 美丽獐牙菜：pulchellus/ pulcellus ＝ pulcher ＋ ellus 稍美丽的，稍可爱的；pulcher/pulcer 美丽的，可爱的；-ellus/ -ellum/ -ella ← -ulus 小的，略微的，稍微的（小词 -ulus 在字母 e 或 i 之后有多种变缀，即 -olus/ -olum/ -ola、-ellus/ -ellum/ -ella、-illus/ -illum/ -illa，用于第一变格法名词）

Swertia arisanensis 阿里山獐牙菜：arisanensis 阿里山的（地名，属台湾省）

Swertia asarifolia 细辛叶獐牙菜：Asarum 细辛属（马兜铃科）；folius/ folium/ folia 叶，叶片（用于复合词）

Swertia asterocalyx 星萼獐牙菜：astero-/ astro- 星状的，多星的（用于希腊语复合词词首）；calyx → calyc- 萼片（用于希腊语复合词）

Swertia atroviolacea 黑紫獐牙菜：atroviolacea 暗紫堇色的；atro-/ atr-/ atri-/ atra- ← ater 深色，浓色，暗色，发黑（ater 作为词干后接辅音字母开头的词时，要在词干后面加一个连接用的元音字母"o"或"i"，故为"ater-o-"或"ater-i-"，变形为"atr-"开头）；Viola 堇菜属；violaceus 紫红色的，紫堇色的，堇菜状的；-aceus/ -aceum/ -acea 相似的，有……性质的，属于……的

Swertia bifolia 二叶獐牙菜：bi-/ bis- 二，二数，二回（希腊语为 di-）；folius/ folium/ folia 叶，叶片（用于复合词）

Swertia bifolia var. bifolia 二叶獐牙菜-原变种（词义见上面解释）

Swertia bifolia var. wardii 少花二叶獐牙菜：wardii ← Francis Kingdon-Ward（人名，20 世纪英国植物学家）

Swertia bimaculata 獐牙菜：bi-/ bis- 二，二数，二回（希腊语为 di-）；maculatus ＝ maculus ＋ atus 有小斑点的，略有斑点的；maculus 斑点，网眼，小斑点，略有斑点；-atus/ -atum/ -ata 属于，相似，具有，完成（形容词词尾）

Swertia binchuanensis 宾川獐牙菜：binchuanensis 宾川的（地名，云南省）

Swertia calycina 叶萼獐牙菜：calycinus ＝ calyx ＋ inus 萼片的，萼片状的，萼片宿存的；calyx → calyc- 萼片（用于希腊语复合词）；构词规则：以 -ix/ -iex 结尾的词其词干末尾视为 -ic，以 -ex 结尾视为 -i/ -ic，其他以 -x 结尾视为 -c；-inus/ -inum/ -ina/ -inos 相近，接近，相似，具有（通常指颜色）

Swertia ciliata 普兰獐牙菜：ciliatus ＝ cilium ＋ atus 缘毛的，流苏的；cilium 缘毛，睫毛；-atus/ -atum/ -ata 属于，相似，具有，完成（形容词词尾）

Swertia cincta 西南獐牙菜：cinctus 包围的，缠绕的

Swertia conaensis 错那獐牙菜：conaensis 错那的（地名，西藏自治区）

Swertia connata 短筒獐牙菜：connatus 融为一体的，合并在一起的；connecto/ conecto 联合，结合

Swertia cordata 心叶獐牙菜：cordatus ← cordis/ cor 心脏的，心形的；-atus/ -atum/ -ata 属于，相似，具有，完成（形容词词尾）

Swertia cuneata 楔叶獐牙菜：cuneatus ＝ cuneus ＋ atus 具楔子的，属楔形的；cuneus 楔子的；-atus/ -atum/ -ata 属于，相似，具有，完成（形容词词尾）

Swertia davidii 川东獐牙菜：davidii ← Pere Armand David（人名，1826–1900，曾在中国采集植物标本的法国传教士）；-ii 表示人名，接在以辅音字母结尾的人名后面，但 -er 除外

Swertia decora 观赏獐牙菜：decorus 美丽的，漂亮的，装饰的；decor 装饰，美丽

Swertia delavayi 丽江獐牙菜：delavayi ← P. J. M. Delavay（人名，1834–1895，法国传教士，曾在中国采集植物标本）；-i 表示人名，接在以元音字母结尾的人名后面，但 -a 除外

Swertia dichotoma 歧伞獐牙菜：dichotomus 二叉分歧的，分离的；dicho-/ dicha- 二分的，二歧的；di-/ dis- 二，二数，二分，分离，不同，在……之间，从……分开（希腊语，拉丁语为 bi-/ bis-）；cho-/ chao- 分开，割裂，离开；tomus ← tomos 小片，片段，卷册（书）

Swertia dichotoma var. dichotoma 歧伞獐牙菜-原变种 （词义见上面解释）

Swertia dichotoma var. punctata 紫斑歧伞獐牙菜：punctatus ＝ punctus ＋ atus 具斑点的；punctus 斑点

Swertia dilatata 宽丝獐牙菜：dilatatus ＝ dilatus ＋ atus 扩大的，膨大的；dilatus/ dilat-/ dilati-/ dilato- 扩大，膨大

Swertia diluta 北方獐牙菜：dilutus 纤弱的，薄的，淡色的，萎缩的（反义词：sturatus 深色的，浓重的，充分的，丰富的，饱和的）

Swertia diluta var. diluta 北方獐牙菜-原变种（词义见上面解释）

Swertia diluta var. tosaensis 日本獐牙菜：tosaensis 上佐的（地名，日本高知县）

Swertia divaricata 叉序獐牙菜（叉 chā）：divaricatus 广歧的，发散的，散开的

Swertia elata 高獐牙菜：elatus 高的，梢端的

Swertia emeiensis 峨眉獐牙菜：emeiensis 峨眉山的（地名，四川省）

Swertia endotricha 直毛獐牙菜：intra-/ intro-/ endo-/ end- 内部，内侧；trichus 毛，毛发，线；反义词：exo- 外部，外侧

Swertia erythrosticta 红直獐牙菜：erythr-/ erythro- ← erythros 红色的（希腊语）；stictus ← stictos 斑点，雀斑

Swertia erythrosticta var. epunctata 素色獐牙菜：epunctatus 无斑点的；e-/ ex- 不，无，非，缺乏，不具有（e- 用在辅音字母前，ex- 用在元音字母前，为拉丁语词首，对应的希腊语词首为 a-/ an-，英语为 un-/ -less，注意作词首用的 e-/ ex- 和介词 e/ ex 意思不同，后者意为"出自、从……、由……离开、由于、依照"）；punctatus = punctus + atus 具斑点的；punctus 斑点；-atus/ -atum/ -ata 属于，相似，具有，完成（形容词词尾）

Swertia erythrosticta var. erythrosticta 红直獐牙菜-原变种 （词义见上面解释）

Swertia fasciculata 簇花獐牙菜：fasciculatus 成束的，束状的，成簇的；fasciculus 丛，簇，束；fascis 束

Swertia forrestii 紫萼獐牙菜：forrestii ← George Forrest（人名，1873–1932，英国植物学家，曾在中国西部采集大量植物标本）

Swertia franchetiana 抱茎獐牙菜：franchetiana ← A. R. Franchet（人名，19 世纪法国植物学家）

Swertia graciliflora 细花獐牙菜：gracilis 细长的，纤弱的，丝状的；florus/ florum/ flora ← flos 花（用于复合词）

Swertia handeliana 矮獐牙菜：handeliana ← H. Handel-Mazzetti（人名，奥地利植物学家，第一次世界大战期间在中国西南地区研究植物）

Swertia hickinii 浙江獐牙菜：hickinii（人名）；-ii 表示人名，接在以辅音字母结尾的人名后面，但 -er 除外

Swertia hispidicalyx 毛萼獐牙菜：hispidus 刚毛的，鬃毛状的；calyx → calyc- 萼片（用于希腊语复合词）

Swertia hispidicalyx var. hispidicalyx 毛萼獐牙菜-原变种 （词义见上面解释）

Swertia hispidicalyx var. minima 小毛萼獐牙菜：minimus 最小的，很小的

Swertia hookeri 粗壮獐牙菜：hookeri ← William Jackson Hooker（人名，19 世纪英国植物学家）；-eri 表示人名，在以 -er 结尾的人名后面加上 i 形成

Swertia jiachaensis 加查獐牙菜：jiachaensis 加查的（地名，西藏自治区）

Swertia kingii 黄花獐牙菜：kingii ← Clarence King（人名，19 世纪美国地质学家）

Swertia kouitchensis 贵州獐牙菜：kouitchensis 贵州的（地名）

Swertia leducii 蒙自獐牙菜：leducii（人名）；-ii 表示人名，接在以辅音字母结尾的人名后面，但 -er 除外

Swertia longipes 长梗獐牙菜：longe-/ longi- ← longus 长的，纵向的；pes/ pedis 柄，梗，茎秆，腿，足，爪（作词首或词尾，pes 的词干视为"ped-"）

Swertia macrosperma 大籽獐牙菜：macro-/ macr- ← macros 大的，宏观的（用于希腊语复合词）；spermus/ spermum/ sperma 种子的（用于希腊语复合词）

Swertia manshurica 东北獐牙菜：manshurica 满洲的（地名，中国东北，日语读音）

Swertia marginata 膜边獐牙菜：marginatus ← margo 边缘的，具边缘的；margo/ marginis → margin- 边缘，边线，边界；词尾为 -go 的词其词干末尾视为 -gin

Swertia matsudae 细叶獐牙菜：matsudae ← Sadahisa Matsuda 松田定久（人名，日本植物学家，早期研究中国植物）；-ae 表示人名，以 -a 结尾的人名后面加上 -e 形成

Swertia membranifolia 膜叶獐牙菜：membranus 膜；folius/ folium/ folia 叶，叶片（用于复合词）

Swertia mileensis 青叶胆：mileensis 弥勒的（地名，云南省）

Swertia multicaulis 多茎獐牙菜：multi- ← multus 多个，多数，很多（希腊语为 poly-）；caulis ← caulos 茎，茎秆，主茎

Swertia multicaulis var. multicaulis 多茎獐牙菜-原变种 （词义见上面解释）

Swertia multicaulis var. umbellifera 伞花獐牙菜：umbeli-/ umbelli- 伞形花序；-ferus/ -ferum/ -fera/ -fero/ -fere -fer 有，具有，产（区别：作独立词使用的 ferus 意思是"野生的"）

Swertia mussotii 川西獐牙菜：mussotii（人名）；-ii 表示人名，接在以辅音字母结尾的人名后面，但 -er 除外

Swertia mussotii var. flavescens 黄花川西獐牙菜：flavescens 淡黄的，发黄的，变黄的；flavus → flavo-/ flavi-/ flav- 黄色的，鲜黄色的，金黄色的（指纯正的黄色）；-escens/ -ascens 改变，转变，变成，略微，带有，接近，相似，大致，稍微（表示变化的趋势，并未完全相似或相同，有别于表示达到完成状态的 -atus）

Swertia mussotii var. mussotii 川西獐牙菜-原变种 （词义见上面解释）

Swertia nervosa 显脉獐牙菜：nervosus 多脉的，叶脉明显的；nervus 脉，叶脉；-osus/ -osum/ -osa 多的，充分的，丰富的，显著发育的，程度高的，特征明显的（形容词词尾）

Swertia obtusa 互叶獐牙菜：obtusus 钝的，钝形的，略带圆形的

Swertia oculata 鄂西獐牙菜：oculatus = oculus + atus 眼睛的，小孔的，眼珠状的，具眼状斑的；oculus 眼

Swertia patens 斜茎獐牙菜：patens 开展的（呈 90°），伸展的，传播的，飞散的；patentius 开展的，伸展的，传播的，飞散的

Swertia patula 开展獐牙菜：patulus 稍开展的，稍伸展的；patus 展开的，伸展的；-ulus/ -ulum/ -ula 小的，略微的，稍微的（小词 -ulus 在字母 e 或 i 之后有多种变缀，即 -olus/ -olum/ -ola、-ellus/ -ellum/ -ella、-illus/ -illum/ -illa，与第一变格法和第二变格法名词形成复合词）

Swertia petiolata 长柄獐牙菜：petiolatus =

S

petiolus + atus 具叶柄的；petiolus 叶柄；-atus/ -atum/ -ata 属于，相似，具有，完成（形容词词尾）

Swertia phragmitiphylla 苇叶獐牙菜：Phragmites 芦苇属（禾本科）；phyllus/ phyllum/ phylla ← phyllon 叶片（用于希腊语复合词）

Swertia phragmitiphylla var. phragmitiphylla 苇叶獐牙菜-原变种 （词义见上面解释）

Swertia phragmitiphylla var. rigida 坚梗獐牙菜：rigidus 坚硬的，不弯曲的，强直的

Swertia pianmaensis 片马獐牙菜：pianmaensis 片马的（地名，云南省）

Swertia przewalskii 祁连獐牙菜（祁 qí）：przewalskii ← Nicolai Przewalski（人名，19 世纪俄国探险家、博物学家）

Swertia pseudochinensis 瘤毛獐牙菜：pseudochinensis 像 chinensis 的；pseudo-/ pseud- ← pseudos 假的，伪的，接近，相似（但不是）；Swertia chinensis 中国獐芽菜

Swertia pubescens 毛獐牙菜：pubescens ← pubens 被短柔毛的，长出柔毛的；pubi- ← pubis 细柔毛的，短柔毛的，毛被的；pubesco/ pubescere 长成的，变为成熟的，长出柔毛的，青春期体毛的；-escens/ -ascens 改变，转变，变成，略微，带有，接近，相似，大致，稍微（表示变化的趋势，并未完全相似或相同，有别于表示达到完成状态的 -atus）

Swertia punicea 紫红獐牙菜：puniceus 石榴的，像石榴的，石榴色的，红色的，鲜红色的；Punica 石榴属（石榴科）；-eus/ -eum/ -ea（接拉丁语词干时）属于……的，色如……的，质如……的（表示原料、颜色或品质的相似），（接希腊语词干时）属于……的，以……出名，为……所占有（表示具有某种特性）

Swertia punicea var. lutescens 淡黄獐牙菜：lutescens 淡黄色的；luteus 黄色的；-escens/ -ascens 改变，转变，变成，略微，带有，接近，相似，大致，稍微（表示变化的趋势，并未完全相似或相同，有别于表示达到完成状态的 -atus）

Swertia punicea var. punicea 紫红獐牙菜-原变种（词义见上面解释）

Swertia racemosa 藏獐牙菜：racemosus = racemus + osus 总状花序的；racemus/ raceme 总状花序，葡萄串状的；-osus/ -osum/ -osa 多的，充分的，丰富的，显著发育的，程度高的，特征明显的（形容词词尾）

Swertia rosularis 莲座獐牙菜：rosularis/ rosulans/ rosulatus 莲座状的；-aris（阳性、阴性）/ -are（中性）← -alis（阳性、阴性）/ -ale（中性）属于，相似，如同，具有，涉及，关于，联结于（将名词作形容词用，其中 -aris 常用于以 l 或 r 为词干末尾的词）

Swertia rotundiglandula 圆腺獐牙菜：rotundus 圆形的，呈圆形的，肥大的；rotundo 使呈圆形，使圆滑；roto 旋转，滚动；glandulus = glandus + ulus 小腺体的，稍具腺体的；glandus ← glans 腺体；-ulus/ -ulum/ -ula 小的，略微的，稍微的（小词 -ulus 在字母 e 或 i 之后有多种变缀，即 -olus/ -olum/ -ola、-ellus/ -ellum/ -ella、-illus/ -illum/ -illa，与第一变格法和第二变格法名词形成复合词）

Swertia scapiformis 花莛獐牙菜：scapiformis 花莛状的；scapus（scap-/ scapi-）← skapos 主茎，树干，花柄，花轴；formis/ forma 形状

Swertia shintenensis 新店獐牙菜（獐 zhāng）：shintenensis 新店的（地名，属台湾省，日语读音）

Swertia souliei 康定獐牙菜：souliei（人名）；-i 表示人名，接在以元音字母结尾的人名后面，但 -a 除外

Swertia splendens 光亮獐牙菜：splendens 有光泽的，发光的，漂亮的

Swertia tenuis 细瘦獐牙菜：tenuis 薄的，纤细的，弱的，瘦的，窄的

Swertia tetraptera 四数獐牙菜：tetra-/ tetr- 四，四数（希腊语，拉丁语为 quadri-/ quadr-）；pterus/ pteron 翅，翼，蕨类

Swertia tibetica 大药獐牙菜：tibetica 西藏的（地名）；-icus/ -icum/ -ica 属于，具有某种特性（常用于地名、起源、生境）

Swertia tozanensis 塔山獐牙菜：tozanensis（地名，属台湾省，日语读音）

Swertia veratroides 藜芦獐牙菜：Veratrum 藜芦属（百合科）；-oides/ -oideus/ -oideum/ -oidea/ -odes/ -eidos 像……的，类似……的，呈……状的（名词词尾）

Swertia verticillifolia 轮叶獐牙菜：verticillifolia 螺纹状叶片的；verticillaris/ verticillatus 螺纹的，螺旋的，轮生的，环状的；folius/ folium/ folia 叶，叶片（用于复合词）

Swertia virescens 绿花獐牙菜：virencens/ virescens 发绿的，带绿色的；virens 绿色的，变绿的；-escens/ -ascens 改变，转变，变成，略微，带有，接近，相似，大致，稍微（表示变化的趋势，并未完全相似或相同，有别于表示达到完成状态的 -atus）

Swertia wilfordii 卵叶獐牙菜：wilfordii（人名）；-ii 表示人名，接在以辅音字母结尾的人名后面，但 -er 除外

Swertia wolfangiana 华北獐牙菜：wolfangiana（人名）

Swertia younghusbandii 少花獐牙菜：younghusbandii（人名）；-ii 表示人名，接在以辅音字母结尾的人名后面，但 -er 除外

Swertia yunnanensis 云南獐牙菜：yunnanensis 云南的（地名）

Swertia zayuensis 察隅獐牙菜：zayuensis 察隅的（地名，西藏自治区）

Swida 梾木属（梾 lái）（山茱萸科）（56：p41）：swida（人名）

Swida alba 红瑞木：albus → albi-/ albo- 白色的

Swida alpina 高山梾木：alpinus = alpus + inus 高山的；alpus 高山；al-/ alti-/ alto- ← altus 高的，高处的；-inus/ -inum/ -ina/ -inos 相近，接近，相似，具有（通常指颜色）；关联词：subalpinus 亚高山的

Swida alsophila 凉生梾木：alsophila 喜树林的（指生于林下）；alsos 树林，小树林；philus/ philein ← philos → phil-/ phili/ philo- 喜好的，爱好的，喜欢的；Alsophila 桫椤属（桫椤科）

Swida austrosinensis 华南梾木：austrosinensis 华南的（地名）；austro-/ austr- 南方的，南半球的，大洋洲的；auster 南方，南风；sinensis = Sina + ensis 中国的（地名）；Sina 中国

S

Swida bretschneideri 沙梾：bretschneideri ← Emil Bretschneider（人名，19 世纪俄国植物采集员）

Swida bretschneideri var. bretschneideri 沙梾-原变种 （词义见上面解释）

Swida bretschneideri var. crispa 卷毛沙梾：crispus 收缩的，褶皱的，波纹的（如花瓣周围的波浪状褶皱）

Swida bretschneideri var. gracilis 细梗沙梾：gracilis 细长的，纤弱的，丝状的

Swida coreana 朝鲜梾木：coreana 朝鲜的（地名）

Swida daijinensis 大金梾木：daijinensis 大金的（地名，四川省，现经合并更名为金川县）

Swida fulvescens 黄褐毛梾木：fulvus 咖啡色的，黄褐色的；-escens/ -ascens 改变，转变，变成，略微，带有，接近，相似，大致，稍微（表示变化的趋势，并未完全相似或相同，有别于表示达到完成状态的 -atus）

Swida hemsleyi 红椋子（椋 liáng）：hemsleyi ← William Botting Hemsley（人名，19 世纪研究中美洲植物的植物学家）；-i 表示人名，接在以元音字母结尾的人名后面，但 -a 除外

Swida hemsleyi var. gracilipes 细梗红椋子：gracilis 细长的，纤弱的，丝状的；pes/ pedis 柄，梗，茎秆，腿，足，爪（作词首或词尾，pes 的词干视为 "ped-"）

Swida hemsleyi var. hemsleyi 红椋子-原变种 （词义见上面解释）

Swida hemsleyi var. longistyla 长花柱红椋子：longe-/ longi- ← longus 长的，纵向的；stylus/ stylis ← stylos 柱，花柱

Swida koehneana 川陕梾木：koehneana ← Bernhard Adalbert Emil Koehne（人名，20 世纪德国植物学家）

Swida macrophylla 梾木：macro-/ macr- ← macros 大的，宏观的（用于希腊语复合词）；phyllus/ phyllum/ phylla ← phyllon 叶片（用于希腊语复合词）

Swida monbeigii 曲瓣梾木：monbeigii（人名）；-ii 表示人名，接在以辅音字母结尾的人名后面，但 -er 除外

Swida monbeigii var. crassa 粗壮曲瓣梾木：crassus 厚的，粗的，多肉质的

Swida monbeigii var. monbeigii 曲瓣梾木-原变种 （词义见上面解释）

Swida monbeigii var. populifolia 杨叶曲瓣梾木：Populus 杨属（杨柳科）；folius/ folium/ folia 叶，叶片（用于复合词）

Swida monbeigii var. xanthotricha 黄毛曲瓣梾木：xanthos 黄色的（希腊语）；trichus 毛，毛发，线

Swida oblonga 长圆叶梾木：oblongus = ovus + longus 长椭圆形的（ovus 的词干 ov- 音变为 ob-）；ovus 卵，胚珠，卵形的，椭圆形的；longus 长的，纵向的

Swida oblonga var. glabrescens 无毛长圆叶梾木：glabrus 光秃的，无毛的，光滑的；-escens/ -ascens 改变，转变，变成，略微，带有，接近，相似，大致，稍微（表示变化的趋势，并未完全相似或相同，有别于表示达到完成状态的 -atus）

Swida oblonga var. griffithii 毛叶梾木：griffithii ← William Griffith（人名，19 世纪印度植物学家，加尔各答植物园主任）

Swida oblonga var. oblonga 长圆叶梾木-原变种 （词义见上面解释）

Swida oligophlebia 樟叶梾木：oligo-/ olig- 少数的（希腊语，拉丁语为 pauci-）；phlebius = phlebus + ius 叶脉，属于有脉的；phlebus 脉，叶脉；-ius/ -ium/ -ia 具有……特性的（表示有关、关联、相似）

Swida papillosa 乳突梾木：papillosus 乳头状的；papilli- ← papilla 乳头的，乳突的；-osus/ -osum/ -osa 多的，充分的，丰富的，显著发育的，程度高的，特征明显的（形容词词尾）

Swida parviflora 小花梾木：parviflorus 小花的；parvus 小的，些微的，弱的；florus/ florum/ flora ← flos 花（用于复合词）

Swida paucinervis 小梾木：pauci- ← paucus 少数的，少的（希腊语为 oligo-）；nervis ← nervus 脉，叶脉

Swida poliophylla 灰叶梾木：polius/ polios 灰白色的；phyllus/ phyllum/ phylla ← phyllon 叶片（用于希腊语复合词）

Swida poliophylla var. malifolia 海棠叶梾木：malifolius = malus + folius 苹果叶的；malus ← malon 苹果（希腊语）；folius/ folium/ folia 叶，叶片（用于复合词）

Swida poliophylla var. poliophylla 灰叶梾木-原变种 （词义见上面解释）

Swida poliophylla var. praelonga 高大灰叶梾木：praelongus 极长的；prae- 先前的，前面的，在先的，早先的，上面的，很，十分，极其；longus 长的，纵向的

Swida polyantha 多花梾木：polyanthus 多花的；poly- ← polys 多个，许多（希腊语，拉丁语为 multi-）；anthus/ anthum/ antha/ anthe ← anthos 花（用于希腊语复合词）

Swida sanguinea 欧洲红瑞木：sanguineus = sanguis + ineus 血液的，血色的；sanguis 血液；-ineus/ -inea/ -ineum 相近，接近，相似，所有（通常表示材料或颜色），意思同 -eus

Swida scabrida 宝兴梾木：scabridus 粗糙的；scabrus ← scaber 粗糙的，有凹凸的，不平滑的；-idus/ -idum/ -ida 表示在进行中的动作或情况，作动词、名词或形容词的词尾

Swida schindleri 康定梾木：schindleri（人名）；-eri 表示人名，在以 -er 结尾的人名后面加上 i 形成

Swida schindleri var. lixianensis 理县梾木：lixianensis 理县的（地名，四川省）

Swida schindleri var. schindleri 康定梾木-原变种 （词义见上面解释）

Swida ulotricha 卷毛梾木：ulotrichus 卷毛的；ulo- 卷曲；trichus 毛，毛发，线

Swida ulotricha var. leptophylla 薄叶卷毛梾木：leptus ← leptos 细的，薄的，瘦小的，狭长的；phyllus/ phyllum/ phylla ← phyllon 叶片（用于希腊语复合词）

Swida ulotricha var. ulotricha 卷毛梾木-原变种 （词义见上面解释）

S

Swida walteri 毛梾：walteri ← Thomas Walter（人名，18 世纪美国植物学家）；-eri 表示人名，在以 -er 结尾的人名后面加上 i 形成

Swida wilsoniana 光皮梾木：wilsoniana ← John Wilson（人名，18 世纪英国植物学家）

Swietenia 桃花心木属（楝科）（43-3：p44）：swietenia ← Gerard van Swieten（人名，1700–1772，荷兰植物学家、医生）

Swietenia macrophylla 大叶桃花心木：macro-/macr- ← macros 大的，宏观的（用于希腊语复合词）；phyllus/ phyllum/ phylla ← phyllon 叶片（用于希腊语复合词）

Swietenia mahagoni 桃花心木：mahagoni 桃花心木（南美土名）

Syagrus 金山葵属（棕榈科）（13-1：p146）：syagrus（人名，可能是 5 世纪罗马首领）

Syagrus romanzoffiana 金山葵：romanzoffiana ← Count Nicholas Romanzoff（人名，19 世纪俄国人，曾资助野外考察）

Sycopsis 水丝梨属（金缕梅科）（35-2：p110）：sycopsis 像无花果的；syco-/ sykon 无花果（希腊语）；-opsis/ -ops 相似，稍微，带有

Sycopsis dunnii 尖叶水丝梨：dunnii（人名）；-ii 表示人名，接在以辅音字母结尾的人名后面，但 -er 除外

Sycopsis laurifolia 樟叶水丝梨：lauri- ← Laurus 月桂属（樟科）；folius/ folium/ folia 叶，叶片（用于复合词）

Sycopsis philippinensis 吕宋水丝梨：philippinensis 菲律宾的（地名）

Sycopsis salicifolia 柳叶水丝梨：salici ← Salix 柳属；构词规则：以 -ix/ -iex 结尾的词其词干末尾视为 -ic，以 -ex 结尾视为 -i/ -ic，其他以 -x 结尾视为 -c；folius/ folium/ folia 叶，叶片（用于复合词）

Sycopsis sinensis 水丝梨：sinensis = Sina + ensis 中国的（地名）；Sina 中国

Sycopsis triplinervia 三脉水丝梨：triplinervia 三脉的，三出脉的；tri-/ tripli-/ triplo- 三个，三数；nervius = nervus + ius 具脉的，具叶脉的；nervus 脉，叶脉；-ius/ -ium/ -ia 具有……特性的（表示有关、关联、相似）

Sycopsis tutcheri 钝叶水丝梨：tutcheri（人名）；-eri 表示人名，在以 -er 结尾的人名后面加上 i 形成

Sycopsis yunnanensis 滇水丝梨：yunnanensis 云南的（地名）

Sympagis 合页草属（爵床科）（70：p176）：sympagis 合页的；syn- 联合，共同，合起来（希腊语词首，对应的拉丁语为 co-）；syn- 的缀词音变有：sy-/ syl-/ sym-/ syn-/ syr-/ sys-（在 s、t 前面），syl-（在 l 前面），sym-（在 b 和 p 前面），syn-/ syr-（在 r 前面）；pagis ← pagina 页，页面

Sympagis monadelpha 合页草：monadelphus 单体雄蕊的；mono-/ mon- ← monos 一个，单一的（希腊语，拉丁语为 unus/ uni-/ uno-）；adelphus 雄蕊，兄弟

Sympagis petiolaris 具柄合页草：petiolaris 具叶柄的；-aris（阳性、阴性）/ -are（中性）← -alis（阳性、阴性）/ -ale（中性）属于，相似，如同，具有，涉及，关于，联结于（将名词作形容词用，其中 -aris 常用于以 l 或 r 为词干末尾的词）

Sympegma 合头草属（藜科）（25-2：p150）：syn- 联合，共同，合起来（希腊语词首，对应的拉丁语为 co-）；syn- 的缀词音变有：sy-/ syl-/ sym-/ syn-/ syr-/ sys-（在 s、t 前面），syl-（在 l 前面），sym-（在 b 和 p 前面），syn-/ syr-（在 r 前面）；pegma 连接物

Sympegma regelii 合头草：regelii ← Eduard August von Regel（人名，19 世纪德国植物学家）

Symphorema 六苞藤属（马鞭草科）（65-1：p6）：symphoreo 黏结在一起；syn- 联合，共同，合起来（希腊语词首，对应的拉丁语为 co-）；syn- 的缀词音变有：sy-/ syl-/ sym-/ syn-/ syr-/ sys-（在 s、t 前面），syl-（在 l 前面），sym-（在 b 和 p 前面），syn-/ syr-（在 r 前面）；rhemos 桨，桨叶

Symphorema involucratum 六苞藤：involucratus = involucrus + atus 有总苞的；involucrus 总苞，花苞，包被

Symphoricarpos 毛核木属（忍冬科）（72：p110）：symphoreo 黏结在一起；syn- 联合，共同，合起来（希腊语词首，对应的拉丁语为 co-）；syn- 的缀词音变有：sy-/ syl-/ sym-/ syn-/ syr-/ sys-（在 s、t 前面），syl-（在 l 前面），sym-（在 b 和 p 前面），syn-/ syr-（在 r 前面）；carpos → carpus 果实；symphorocarpus 聚合果的

Symphoricarpos sinensis 毛核木：sinensis = Sina + ensis 中国的（地名）；Sina 中国

Symphyllocarpus 含苞草属（菊科）（75：p64）：syn- 联合，共同，合起来（希腊语词首，对应的拉丁语为 co-）；syn- 的缀词音变有：sy-/ syl-/ sym-/ syn-/ syr-/ sys-（在 s、t 前面），syl-（在 l 前面），sym-（在 b 和 p 前面），syn-/ syr-（在 r 前面）；phyllus/ phyllum/ phylla ← phyllon 叶片（用于希腊语复合词）；carpus/ carpum/ carpa/ carpon ← carpos 果实（用于希腊语复合词）

Symphyllocarpus exilis 含苞草：exilis 细弱的，绵薄的

Symphytum 聚合草属（紫草科）（64-2：p72）：symphytus 聚集在一起的植物（另一解释为愈合的，指具有治疗刀伤的功效）；syn- 联合，共同，合起来（希腊语词首，对应的拉丁语为 co-）；syn- 的缀词音变有：sy-/ syl-/ sym-/ syn-/ syr-/ sys-（在 s、t 前面），syl-（在 l 前面），sym-（在 b 和 p 前面），syn-/ syr-（在 r 前面）；phytus/ phytum/ phyta 植物

Symphytum officinale 聚合草：officinalis/ officinale 药用的，有药效的；officina ← opificina 药店，仓库，作坊

Symplocaceae 山矾科（60-2：p1）：Symplocos 山矾属；-aceae（分类单位科的词尾，为 -aceus 的阴性复数主格形式，加到模式属的名称后或同义词的词干后以组成族群名称）

Symplocarpus 臭菘属（菘 sōng）（天南星科）（13-2：p11）：syn- 联合，共同，合起来（希腊语词首，对应的拉丁语为 co-）；syn- 的缀词音变有：sy-/ syl-/ sym-/ syn-/ syr-/ sys-（在 s、t 前面），syl-（在 l 前面），sym-（在 b 和 p 前面），syn-/ syr-（在 r 前面）；symploce 扭在一起，结合；carpus/ carpum/

carpa/ carpon ← carpos 果实（用于希腊语复合词）

Symplocarpus foetidus 臭菘：foetidus = foetus + idus 臭的，恶臭的，令人作呕的；foetus/ faetus/ fetus 臭味，恶臭，令人不悦的气味；-idus/ -idum/ -ida 表示在进行中的动作或情况，作动词、名词或形容词的词尾

Symplocos 山矾属（山矾科）（60-2：p1）：symplocos ← symploke = syn + ploke 扭在一起的，结合的（指雄蕊基部联合）（希腊语）；syn- 联合，共同，合起来（希腊语词首，对应的拉丁语为 co-）；syn- 的缀词音变有：sy-/ syl-/ sym-/ syn-/ syr-/ sys-（在 s、t 前面），syl-（在 l 前面），sym-（在 b 和 p 前面），syn-/ syr-（在 r 前面）；plocos ← ploke 卷发，卷曲（如花丝形态等）

Symplocos adenophylla 腺叶山矾：adenophyllus 腺叶的；aden-/ adeno- ← adenus 腺，腺体；phyllus/ phyllum/ phylla ← phyllon 叶片（用于希腊语复合词）

Symplocos adenopus 腺柄山矾：adenopus 腺柄的；aden-/ adeno- ← adenus 腺，腺体；-pus ← pous 腿，足，爪，柄，茎

Symplocos adenopus var. adenopus 腺柄山矾-原变种 （词义见上面解释）

Symplocos adenopus var. vestita 被毛腺柄山矾：vestitus 包被的，覆盖的，被柔毛的，袋状的

Symplocos aenea 铜绿山矾：aeneus = aenus + eus 黄铜色的，青铜色的；aenus 古铜色，青铜色；-eus/ -eum/ -ea（接拉丁语词干时）属于……的，色如……的，质如……的（表示原料、颜色或品质相似），（接希腊语词干时）属于……的，以……出名，为……所占有（表示具有某种特性）

Symplocos angustifolia 狭叶山矾：angusti- ← angustus 窄的，狭的，细的；folius/ folium/ folia 叶，叶片（用于复合词）

Symplocos anomala 薄叶山矾：anomalus = a + nomalus 异常的，变异的，不规则的；a-/ an- 无，非，没有，缺乏，不具有（an- 用于元音前）（a-/ an- 为希腊语词首，对应的拉丁语词首为 e-/ ex-，相当于英语的 un-/ -less，注意词首 a- 和作为介词的 a/ ab 不同，后者的意思是"从……、由……、关于……、因为……"）；nomalus 规则的，规律的，法律的；nomus ← nomos 规则，规律，法律

Symplocos ascidiiformis 瓶核山矾：ascidiiformis 瓶状的，囊状的，核状的（缀词规则：用非属名构成复合词且词干末尾字母为 i 时，省略词尾，直接用词干和后面的构词成分连接，故该词宜改为"ascidiformis"）；ascidium 瓶，囊；formis/ forma 形状

Symplocos atriolivacea 橄榄山矾（橄 gǎn）：atro-/ atr-/ atri-/ atra- ← ater 深色，浓色，暗色，发黑（ater 作为词干后接辅音字母开头的词时，要在词干后面加一个连接用的元音字母"o"或"i"，故为"ater-o-"或"ater-i-"，变形为"atr-"开头）；olivaceus 绿褐色的，橄榄色的；oliva 橄榄；-aceus/ -aceum/ -acea 相似的，有……性质的，属于……的

Symplocos austrosinensis 南国山矾：austrosinensis 华南的（地名）；austro-/ austr- 南方的，南半球的，大洋洲的；auster 南方，南风；

sinensis = Sina + ensis 中国的（地名）；Sina 中国

Symplocos botryantha 总状山矾：botryanthus 一串花的，总状花序式花的；botrys → botr-/ botry- 簇，串，葡萄串状，丛，总状；anthus/ anthum/ antha/ anthe ← anthos 花（用于希腊语复合词）

Symplocos cavaleriei 葫芦果山矾：cavaleriei ← Pierre Julien Cavalerie（人名，20 世纪法国传教士）；-i 表示人名，接在以元音字母结尾的人名后面，但 -a 除外

Symplocos chinensis 华山矾（华 huá）：chinensis = china + ensis 中国的（地名）；China 中国

Symplocos chunii 十棱山矾：chunii ← W. Y. Chun 陈焕镛（人名，1890–1971，中国植物学家）

Symplocos cochinchinensis 越南山矾：cochinchinensis ← Cochinchine 南圻的（历史地名，即今越南南部及其周边国家和地区）

Symplocos cochinchinensis var. cochinchinensis 越南山矾-原变种 （词义见上面解释）

Symplocos cochinchinensis var. philippinensis 兰屿山矾：philippinensis 菲律宾的（地名）

Symplocos cochinchinensis var. puberula 微毛越南山矾：puberulus = puberus + ulus 略被柔毛的，被微柔毛的；puberus 多毛的，毛茸茸的；-ulus/ -ulum/ -ula 小的，略微的，稍微的（小词 -ulus 在字母 e 或 i 之后有多种变缀，即 -olus/ -olum/ -ola、-ellus/ -ellum/ -ella、-illus/ -illum/ -illa，与第一变格法和第二变格法名词形成复合词）

Symplocos confusa 南岭山矾：confusus 混乱的，混同的，不确定的，不明确的；fusus 散开的，松散的，松弛的；co- 联合，共同，合起来（拉丁语词首，为 cum- 的音变，表示结合、强化、完全，对应的希腊语为 syn-）；co- 的缀词音变有 co-/ com-/ con-/ col-/ cor-：co-（在 h 和元音字母前面），col-（在 l 前面），com-（在 b、m、p 之前），con-（在 c、d、f、g、j、n、qu、s、t 和 v 前面），cor-（在 r 前面）

Symplocos congesta 密花山矾：congestus 聚集的，充满的

Symplocos crassifolia 厚皮灰木：crassi- ← crassus 厚的，粗的，多肉质的；folius/ folium/ folia 叶，叶片（用于复合词）

Symplocos crassilimba 厚叶山矾：crassi- ← crassus 厚的，粗的，多肉质的；limbus 冠檐，萼檐，瓣片，叶片

Symplocos decora 美山矾：decorus 美丽的，漂亮的，装饰的；decor 装饰，美丽

Symplocos divaricativena 短穗花山矾：divaricativenus 叶脉散开的，叶脉广歧的，叶脉辐射状的；divaricatus 广歧的，发散的，散开的；venus 脉，叶脉，血脉，血管

Symplocos dolichostylosa 长花柱山矾：dolicho- ← dolichos 长的；stylosus 具花柱的，花柱明显的；stylus/ stylis ← stylos 柱，花柱；-osus/ -osum/ -osa 多的，充分的，丰富的，显著发育的，程度高的，特征明显的（形容词词尾）

Symplocos dolichotricha 长毛山矾：dolicho- ← dolichos 长的；trichus 毛，毛发，线

Symplocos dryophila 坚木山矾：dryophilus 喜好栎

树林的；dry-/ dryo- ← drys 栎树，栲树，槠树；philus/ philein ← philos → phil-/ phili/ philo- 喜好的，爱好的，喜欢的（注意区别形近词：phylus、phyllus）；phylus/ phylum/ phyla ← phylon/ phyle 植物分类单位中的"门"，位于"界"和"纲"之间，类群，种族，部落，聚群；phyllus/ phyllum/ phylla ← phyllon 叶片（用于希腊语复合词）

Symplocos dung 火灰山矾：dung（人名）

Symplocos euryoides 柃叶山矾（柃 líng）：Euryo 柃木属（茶科）；-oides/ -oideus/ -oideum/ -oidea/ -odes/ -eidos 像……的，类似……的，呈……状的（名词词尾）

Symplocos fordii 三裂山矾：fordii ← Charles Ford（人名）

Symplocos fukienensis 福建山矾：fukienensis 福建的（地名）

Symplocos glandulifera 腺缘山矾：glanduli- ← glandus + ulus 腺体的，小腺体的；glandus ← glans 腺体；-ferus/ -ferum/ -fera/ -fero/ -fere/ -fer 有，具有，产（区别：作独立词使用的 ferus 意思是"野生的"）

Symplocos glandulosopunctata 腺斑山矾：glandulosus = glandus + ulus + osus 被细腺的，具腺体的，腺体质的；glandus ← glans 腺体；punctatus = punctus + atus 具斑点的；-ulus/ -ulum/ -ula 小的，略微的，稍微的（小词 -ulus 在字母 e 或 i 之后有多种变缀，即 -olus/ -olum/ -ola、-ellus/ -ellum/ -ella、-illus/ -illum/ -illa，与第一变格法和第二变格法名词形成复合词）；-osus/ -osum/ -osa 多的，充分的，丰富的，显著发育的，程度高的，特征明显的（形容词词尾）

Symplocos glauca 羊舌树：glaucus → glauco-/ glauc- 被白粉的，发白的，灰绿色的

Symplocos glomerata 团花山矾：glomeratus = glomera + atus 聚集的，球形的，聚成球形的；glomera 线球，一团，一束

Symplocos grandis 大叶山矾：grandis 大的，大型的，宏大的

Symplocos groffii 毛山矾：groffii（人名）；-ii 表示人名，接在以辅音字母结尾的人名后面，但 -er 除外

Symplocos hainanensis 海南山矾：hainanensis 海南的（地名）

Symplocos heishanensis 海桐山矾：heishanensis（地名，属台湾省）

Symplocos henryi 蒙自山矾：henryi ← Augustine Henry 或 B. C. Henry（人名，前者，1857–1930，爱尔兰医生、植物学家，曾在中国采集植物，后者，1850–1901，曾活动于中国的传教士）

Symplocos hookeri 滇南山矾：hookeri ← William Jackson Hooker（人名，19 世纪英国植物学家）；-eri 表示人名，在以 -er 结尾的人名后面加上 i 形成

Symplocos hookeri var. hookeri 滇南山矾-原变种（词义见上面解释）

Symplocos hookeri var. tomentosa 绒毛滇南山矾：tomentosus = tomentum + osus 绒毛的，密被绒毛的；tomentum 绒毛，浓密的毛被，棉絮，棉絮状填充物（被褥、垫子等）；-osus/ -osum/ -osa 多的，充分的，丰富的，显著发育的，程度高的，特征

明显的（形容词词尾）

Symplocos konishii 台东山矾：konishii 小西（日本人名）

Symplocos kwangsiensis 广西山矾：kwangsiensis 广西的（地名）

Symplocos lancifolia 光叶山矾：lance-/ lancei-/ lanci-/ lanceo-/ lanc- ← lanceus 披针形的，矛形的，尖刀状的，柳叶刀状的；folius/ folium/ folia 叶，叶片（用于复合词）

Symplocos laurina 黄牛奶树：laurinus = Laurus + inus 像月桂树的；Laurus 月桂属（樟科）；-inus/ -inum/ -ina/ -inos 相近，接近，相似，具有（通常指颜色）

Symplocos laurina var. bodinieri 狭叶黄牛奶树：bodinieri ← Emile Marie Bodinieri（人名，19 世纪活动于中国的法国传教士）；-eri 表示人名，在以 -er 结尾的人名后面加上 i 形成

Symplocos laurina var. laurina 黄牛奶树-原变种（词义见上面解释）

Symplocos maclurei 琼中山矾：maclurei（人名）

Symplocos martini（麻氏山矾）：martini ← Martin（人名，词尾改为"-ii"似更妥）；-ii 表示人名，接在以辅音字母结尾的人名后面，但 -er 除外

Symplocos modesta 长梗山矾：modestus 适度的，保守的

Symplocos mollifolia 潮州山矾：molle/ mollis 软的，柔毛的；folius/ folium/ folia 叶，叶片（用于复合词）

Symplocos morrisonicola 台湾山矾：morrisonicola 磨里山产的；morrison 磨里山（地名，今台湾新高山）；colus ← colo 分布于，居住于，栖居，殖民（常作词尾）；colo/ colere/ colui/ cultum 居住，耕作，栽培

Symplocos multipes 枝穗山矾：multi- ← multus 多个，多数，很多（希腊语为 poly-）；pes/ pedis 柄，梗，茎秆，腿，足，爪（作词首或词尾，pes 的词干视为"ped-"）

Symplocos nokoensis 能高山矾：nokoensis 能高山的（地名，位于台湾省，"noko"为"能高"的日语读音）

Symplocos oblanceolata 倒披针叶山矾：ob- 相反，反对，倒（ob- 有多种音变：ob- 在元音字母和大多数辅音字母前面，oc- 在 c 前面，of- 在 f 前面，op- 在 p 前面）；lanceolatus = lanceus + olus + atus 小披针形的，小柳叶刀的；lance-/ lancei-/ lanci-/ lanceo-/ lanc- ← lanceus 披针形的，矛形的，尖刀状的，柳叶刀状的；-olus ← -ulus 小，稍微，略微（-ulus 在字母 e 或 i 之后变成 -olus/ -ellus/ -illus）；-atus/ -atum/ -ata 属于，相似，具有，完成（形容词词尾）

Symplocos ovalifolia 卵叶山矾：ovalis 广椭圆形的；ovus 卵，胚珠，卵形的，椭圆形的；folius/ folium/ folia 叶，叶片（用于复合词）

Symplocos ovatibracteata 卵苞山矾：ovatus = ovus + atus 卵圆形的；ovus 卵，胚珠，卵形的，椭圆形的；bracteatus = bracteus + atus 具苞片的；bracteus 苞，苞片，苞鳞；-atus/ -atum/ -ata 属于，相似，具有，完成（形容词词尾）

S

Symplocos ovatilobata 单花山矾：ovatus = ovus + atus 卵圆形的；ovus 卵，胚珠，卵形的，椭圆形的；lobatus = lobus + atus 具浅裂的，具耳垂状突起的；lobus/ lobos/ lobon 浅裂，耳片（裂片先端钝圆），荚果，蒴果；-atus/ -atum/ -ata 属于，相似，具有，完成（形容词词尾）

Symplocos paniculata 白檀：paniculatus = paniculus + atus 具圆锥花序的；paniculus 圆锥花序；panus 谷穗；panicus 野稗，粟，谷子；-atus/ -atum/ -ata 属于，相似，具有，完成（形容词词尾）

Symplocos paucinervia 少脉山矾：pauci- ← paucus 少数的，少的（希腊语为 oligo-）；nervius = nervus + ius 具脉的，具叶脉的；nervus 脉，叶脉；-ius/ -ium/ -ia 具有……特性的（表示有关、关联、相似）

Symplocos persistens 宿苞山矾：persistens 持久的；per-（在 l 前面音变为 pel-）极，很，颇，甚，非常，完全，通过，遍及（表示效果加强，与 sub- 互为反义词）；sisto/ sistere 建立，确立，存续

Symplocos phyllocalyx 叶萼山矾：phyllocalyx 叶状萼片的；phyllus/ phyllum/ phylla ← phyllon 叶片（用于希腊语复合词）；calyx → calyc- 萼片（用于希腊语复合词）

Symplocos pilosa 柔毛山矾：pilosus = pilus + osus 多毛的，被柔毛的，具疏柔毛的，被短弱细毛的；pilus 毛，疏柔毛；-osus/ -osum/ -osa 多的，充分的，丰富的，显著发育的，程度高的，特征明显的（形容词词尾）

Symplocos pinfaensis （平伐山矾）：pinfaensis 平伐的（地名，贵州省）

Symplocos poilanei 丛花山矾：poilanei（人名，法国植物学家）

Symplocos pseudobarberina 铁山矾：pseudobarberina 像 barberi 的；pseudo-/ pseud- ← pseudos 假的，伪的，接近，相似（但不是）；Symplocos barberi 巴氏山矾；barberi（人名）

Symplocos punctulata 吊钟山矾：punctulatus = punctus + ulus + atus 具小斑点的，稍具斑点的；punctus 斑点

Symplocos pyrifolia 梨叶山矾：pyrus/ pirus ← pyros 梨，梨树，核，核果，小麦，谷物；pyrum/ pirum 梨；folius/ folium/ folia 叶，叶片（用于复合词）

Symplocos racemosa 珠仔树（仔 zǎi）：racemosus = racemus + osus 总状花序的；racemus/ raceme 总状花序，葡萄串状的；-osus/ -osum/ -osa 多的，充分的，丰富的，显著发育的，程度高的，特征明显的（形容词词尾）

Symplocos rachitricha 毛轴山矾：rachitricus 毛轴的，轴上有毛的；rachis/ rhachis 主轴，花序轴，叶轴，脊棱（指着生小叶或花的部分的中轴，如羽状复叶、穗状花序总柄基部以外的部分）；trichus 毛，毛发，线

Symplocos ramosissima 多花山矾：ramosus = ramus + osus 分枝极多的；ramus 分枝，枝条；-osus/ -osum/ -osa 多的，充分的，丰富的，显著发育的，程度高的，特征明显的（形容词词尾）；-issimus/ -issima/ -issimum 最，非常，极其（形容词最高级）

Symplocos setchuensis 四川山矾：setchuensis 四川的（地名）

Symplocos spectabilis （秀丽山矾）：spectabilis 壮观的，美丽的，漂亮的，显著的，值得看的；spectus 观看，观察，观测，表情，外观，外表，样子；-ans/ -ens/ -bilis/ -ilis 能够，可能（为形容词词尾，-ans/ -ens 用于主动语态，-bilis/ -ilis 用于被动语态）

Symplocos stellaris 老鼠矢：stellaris 星状的；-aris（阳性、阴性）/ -are（中性）← -alis（阳性、阴性）/ -ale（中性）属于，相似，如同，具有，涉及，关于，联结于（将名词作形容词用，其中 -aris 常用于以 l 或 r 为词干末尾的词）

Symplocos subconnata 银色山矾：subconnatus 近似一体的；sub-（表示程度较弱）与……类似，几乎，稍微，弱，亚，之下，下面；connatus 融为一体的，合并在一起的

Symplocos sumuntia 山矾：sumuntia（人名）

Symplocos terminalis （顶花山矾）：terminalis 顶端的，顶生的，末端的；terminus 终结，限界；terminate 使终结，设限界

Symplocos tetragona 棱角山矾：tetra-/ tetr- 四，四数（希腊语，拉丁语为 quadri-/ quadr-）；gonus ← gonos 棱角，膝盖，关节，足

Symplocos theaefolia 茶叶山矾：theaefolia = thea + folius 茶树叶子的（注：组成复合词时，要将前面词的词尾 -us/ -um/ -a 变成 -i- 或 -o- 而不是所有格，故该词宜改为"theifolia"）；thea ← thei ← thi/ tcha 茶，茶树（中文土名）；folius/ folium/ folia 叶，叶片（用于复合词）

Symplocos ulotricha 卷毛山矾：ulotrichus 卷毛的；ulo- 卷曲；trichus 毛，毛发，线

Symplocos urceolaris 坛果山矾：urceolaris = urceolus + aris 坛状的，壶形的；ueceolus 小坛子，小水壶；urceus 坛子，水壶；-aris（阳性、阴性）/ -are（中性）← -alis（阳性、阴性）/ -ale（中性）属于，相似，如同，具有，涉及，关于，联结于（将名词作形容词用，其中 -aris 常用于以 l 或 r 为词干末尾的词）

Symplocos viridissima 绿枝山矾：viridus 绿色的；-issimus/ -issima/ -issimum 最，非常，极其（形容词最高级）

Symplocos wenshanensis 文山山矾：wenshanensis 文山的（地名，云南省）

Symplocos wikstroemiifolia 微毛山矾：Wikstroemia 荛花属（瑞香科）；folius/ folium/ folia 叶，叶片（用于复合词）

Symplocos wuliangshanensis 无量山山矾（量 liàng）：wuliangshanensis 无量山的（地名，云南省）

Symplocos xylopyrena 木核山矾：xylon 木材，木质；pyrenus 核，硬核，核果

Symplocos yizhangensis 宜章山矾：yizhangensis 宜章的（地名，湖南省）

Symplocos yunnanensis 滇灰木：yunnanensis 云南的（地名）

Syncalathium 合头菊属（菊科）（80-1：p203）：syn- 联合，共同，合起来（希腊语词首，对应的拉丁语为 co-）；syn- 的缀词音变有：sy-/ syl-/ sym-/

S

syn-/ syr-/ sys-（在 s、t 前面），syl-（在 l 前面），sym-（在 b 和 p 前面），syn-/ syr-（在 r 前面）；calathium ← calathos 篮，花篮

Syncalathium chrysocephalum 黄花合头菊：chrys-/ chryso- ← chrysos 黄色的，金色的；cephalus/ cephale ← cephalos 头，头状花序

Syncalathium disciforme 盘状合头菊：discus 碟子，盘子，圆盘；dic-/ disci-/ disco- ← discus ← discos 碟子，盘子，圆盘；forme/ forma 形状

Syncalathium kawaguchii 合头菊：kawaguchii 川口（人名，日本）

Syncalathium orbiculariforme 圆叶合头菊：orbicularis/ orbiculatus 圆形的；orbis 圆，圆形，圆圈，环；-culus/ -culum/ -cula 小的，略微的，稍微的（同第三变格法和第四变格法名词形成复合词）；-aris（阳性、阴性）/ -are（中性）← -alis（阳性、阴性）/ -ale（中性）属于，相似，如同，具有，涉及，关于，联结于（将名词作形容词用，其中 -aris 常用于以 l 或 r 为词干末尾的词）；forme/ forma 形状

Syncalathium pilosum 柔毛合头菊：pilosus = pilus + osus 多毛的，被柔毛的，具疏柔毛的，被短弱细毛的；pilus 毛，疏柔毛；-osus/ -osum/ -osa 多的，充分的，丰富的，显著发育的，程度高的，特征明显的（形容词词尾）

Syncalathium porphyreum 紫花合头菊：porphyreus 紫红色

Syncalathium qinghaiense 青海合头菊：qinghaiense 青海的（地名）

Syncalathium roseum 红花合头菊：roseus = rosa + eus 像玫瑰的，玫瑰色的，粉红色的；rosa 蔷薇（古拉丁名）← rhodon 蔷薇（希腊语）← rhodd 红色，玫瑰红（凯尔特语）；-eus/ -eum/ -ea（接拉丁语词干时）属于……的，色如……的，质如……的（表示原料、颜色或品质的相似），（接希腊语词干时）属于……的，以……出名，为……所占有（表示具有某种特性）

Syncalathium souliei 康滇合头菊：souliei（人名）；-i 表示人名，接在以元音字母结尾的人名后面，但 -a 除外

Syndiclis 油果樟属（樟科）（31：p152）：syndiclis 联合的折叠门（指花药的两药室合生且向内张开）；syn- 联合，共同，合起来（希腊语词首，对应的拉丁语为 co-）；syn- 的缀词音变有：sy-/ syl-/ sym-/ syn-/ syr-/ sys-（在 s、t 前面），syl-（在 l 前面），sym-（在 b 和 p 前面），syn-/ syr-（在 r 前面）；diclis ← diklis 双折的，折叠门的（希腊语）

Syndiclis anlungensis 安龙油果樟：anlungensis 安龙的（地名，贵州省）

Syndiclis chinensis 油果樟：chinensis = china + ensis 中国的（地名）；China 中国

Syndiclis fooningensis 富宁油果樟：fooningensis 富宁的（地名，云南省）

Syndiclis furfuracea 鳞秕油果樟（秕 bǐ）：furfuraceus 糠麸状的，头屑状的，叶鞘的；furfur/ furfuris 糠麸，鞘

Syndiclis kwangsiensis 广西油果樟：kwangsiensis 广西的（地名）

Syndiclis lotungensis 乐东油果樟：lotungensis 乐东的（地名，海南省）

Syndiclis marlipoensis 麻栗坡油果樟：marlipoensis 麻栗坡的（地名，云南省）

Syndiclis pingbienensis 屏边油果樟：pingbienensis 屏边的（地名，云南省）

Syndiclis sichourensis 西畴油果樟：sichourensis 西畴的（地名，云南省）

Synedrella 金腰箭属（菊科）（75：p362）：syn- 联合，共同，合起来（希腊语词首，对应的拉丁语为 co-）；syn- 的缀词音变有：sy-/ syl-/ sym-/ syn-/ syr-/ sys-（在 s、t 前面），syl-（在 l 前面），sym-（在 b 和 p 前面），syn-/ syr-（在 r 前面）；edra ← hedra 座，座位；-ellus/ -ellum/ -ella ← -ulus 小的，略微的，稍微的（小词 -ulus 在字母 e 或 i 之后有多种变缀，即 -olus/ -olum/ -ola、-ellus/ -ellum/ -ella、-illus/ -illum/ -illa，用于第一变格法名词）

Synedrella nodiflora 金腰箭：nodiflorus 关节上开花的；nodus 节，节点，连接点；florus/ florum/ flora ← flos 花（用于复合词）

Syneilesis 兔儿伞属（菊科）（77-1：p89）：syneilesis 卷曲在一起的（指子叶）

Syneilesis aconitifolia 兔儿伞：aconitifolius 乌头叶状的；Aconitum 乌头属；folius/ folium/ folia 叶，叶片（用于复合词）

Syneilesis australis 南方兔儿伞：australis 南方的，南半球的；austro-/ austr- 南方的，南半球的，大洋洲的；auster 南方，南风；-aris（阳性、阴性）/ -are（中性）← -alis（阳性、阴性）/ -ale（中性）属于，相似，如同，具有，涉及，关于，联结于（将名词作形容词用，其中 -aris 常用于以 l 或 r 为词干末尾的词）

Syneilesis intermedia 台湾兔儿伞：intermedius 中间的，中位的，中等的；inter- 中间的，在中间，之间；medius 中间的，中央的

Syneilesis subglabrata 高山兔儿伞：subglabrata 近无毛的；sub-（表示程度较弱）与……类似，几乎，稍微，弱，亚，之下，下面；glabratus = glabrus + atus 脱毛的，光滑的

Synotis 合耳菊属（菊科）（77-1：p167）：synotis 合成耳的，聚合耳的；syn- 联合，共同，合起来（希腊语词首，对应的拉丁语为 co-）；syn- 的缀词音变有：sy-/ syl-/ sym-/ syn-/ syr-/ sys-（在 s、t 前面），syl-（在 l 前面），sym-（在 b 和 p 前面），syn-/ syr-（在 r 前面）；-otis/ -otites/ -otus/ -otion/ -oticus/ -otos/ -ous 耳，耳朵

Synotis acuminata 尾尖合耳菊：acuminatus = acumen + atus 锐尖的，渐尖的；acumen 渐尖头；-atus/ -atum/ -ata 属于，相似，具有，完成（形容词词尾）

Synotis ainsliaefolia 宽翅合耳菊：ainsliaefolia = Ainsliaea + folia 兔儿风叶子的（注：组成复合词时，要将前面词的词尾 -us/ -um/ -a 变成 -i- 或 -o- 而不是所有格，故该词宜改为"ainsliaeifolia"）；Ainsliaea 兔儿风属（菊科）；folius/ folium/ folia 叶，叶片（用于复合词）

Synotis alata 翅柄合耳菊：alatus → ala-/ alat-/ alati-/ alato- 翅，具翅的，具翼的；反义词：

exalatus 无翼的，无翅的

Synotis atractylidifolia 术叶合耳菊（术 zhú）：Atractylis 羽叶仓术属（菊科）；folius/ folium/ folia 叶，叶片（用于复合词）；Atractylodes 苍术属（菊科）

Synotis auriculata 耳叶合耳菊：auriculatus 耳形的，具小耳的（基部有两个小圆片）；auriculus 小耳朵的，小耳状的；auritus 耳朵的，耳状的；-culus/ -culum/ -cula 小的，略微的，稍微的（同第三变格法和第四变格法名词形成复合词）；-atus/ -atum/ -ata 属于，相似，具有，完成（形容词词尾）

Synotis austro-yunnanensis 滇南合耳菊：austro-/ austr- 南方的，南半球的，大洋洲的；auster 南方，南风；yunnanensis 云南的（地名）

Synotis birmanica 缅甸合耳菊：birmanica 缅甸的（地名）

Synotis brevipappa 短缨合耳菊：brevi- ← brevis 短的（用于希腊语复合词词首）；pappus ← pappos 冠毛

Synotis calocephala 美头合耳菊：call-/ calli-/ callo-/ cala-/ calo- ← calos/ callos 美丽的；cephalus/ cephale ← cephalos 头，头状花序

Synotis cappa 密花合耳菊：cappa（土名）

Synotis cavaleriei 昆明合耳菊：cavaleriei ← Pierre Julien Cavalerie（人名，20 世纪法国传教士）；-i 表示人名，接在以元音字母结尾的人名后面，但 -a 除外

Synotis changiana 肇骞合耳菊（骞 qiān）：changiana（人名）

Synotis chingiana 子农合耳菊：chingiana ← R. C. Chin 秦仁昌（人名，1898–1986，中国植物学家，蕨类植物专家），秦氏

Synotis cordifolia 心叶合耳菊：cordi- ← cordis/ cor 心脏的，心形的；folius/ folium/ folia 叶，叶片（用于复合词）

Synotis damiaoshanica 大苗山合耳菊：damiaoshanica 大苗山的（地名，广西北部）

Synotis duclouxii 滇东合耳菊：duclouxii（人名）；-ii 表示人名，接在以辅音字母结尾的人名后面，但 -er 除外

Synotis erythropappa 红缨合耳菊：erythropappus 红冠毛的；erythr-/ erythro- ← erythros 红色的（希腊语）；pappus ← pappos 冠毛

Synotis fulvipes 褐柄合耳菊：fulvus 咖啡色的，黄褐色的；pes/ pedis 柄，梗，茎秆，腿，足，爪（作词首或词尾，pes 的词干视为"ped-"）

Synotis glomerata 聚花合耳菊：glomeratus = glomera + atus 聚集的，球形的，聚成球形的；glomera 线球，一团，一束

Synotis guizhouensis 黔合耳菊：guizhouensis 贵州的（地名）

Synotis hieraciifolia 矛叶合耳菊：Hieracium 山柳菊属（菊科）；folius/ folium/ folia 叶，叶片（用于复合词）

Synotis ionodasys 紫毛合耳菊：io-/ ion-/ iono- 紫色，堇菜色，紫罗兰色；dasys 毛茸茸的，粗毛的，毛

Synotis longipes 长柄合耳菊：longe-/ longi- ← longus 长的，纵向的；pes/ pedis 柄，梗，茎秆，腿，足，爪（作词首或词尾，pes 的词干视为"ped-"）

Synotis lucorum 丽江合耳菊：lucorum 丛林的，片林的（lucus 的复数所有格）；lucus 祭祀神的丛林，片林

Synotis muliensis 木里合耳菊：muliensis 木里的（地名，四川省）

Synotis nagensium 锯叶合耳菊：nagensium（词源不详）

Synotis nayongensis 纳雍合耳菊：nayongensis 纳雍的（地名，贵州省）

Synotis otophylla 耳柄合耳菊：otophyllus 耳状叶的；otos 耳朵；phyllus/ phyllum/ phylla ← phyllon 叶片（用于希腊语复合词）

Synotis palmatisecta 掌裂合耳菊：palmatus = palmus + atus 掌状的，具掌的；palmus 掌，手掌；sectus 分段的，分节的，切开的，分裂的

Synotis pseudo-alata 紫背合耳菊：pseudo-alata 像 alata 的；pseudo-/ pseud- ← pseudos 假的，伪的，接近，相似（但不是）；Synotis alata 翅柄合耳菊；alatus → ala-/ alat-/ alati-/ alato- 翅，具翅的，具翼的

Synotis reniformis 肾叶合耳菊：reniformis 肾形的；ren-/ reni- ← ren/ renis 肾，肾形；renarius/ renalis 肾脏的，肾形的；formis/ forma 形状

Synotis saluenensis 腺毛合耳菊：saluenensis 萨尔温江的（地名，怒江流入缅甸部分的名称）

Synotis sciatrephes 林荫合耳菊（荫 yīn）：sciatrephes 生于荫庇处的；sciad-/ sciado-/ scia- 伞，遮荫，阴影，荫庇处；trephus/ trephe ← trephos 维持，保持，养育，供养

Synotis setchuanensis 四川合耳菊：setchuanensis 四川的（地名）

Synotis sinica 华合耳菊：sinica 中国的（地名）；-icus/ -icum/ -ica 属于，具有某种特性（常用于地名、起源、生境）

Synotis solidaginea 川西合耳菊：solidagineus 像一枝黄花的；Solidago 一枝黄花属（菊科）（solidago 的词干为 solidagin-）；词尾为 -go 的词其词干末尾视为 -gin；-eus/ -eum/ -ea（接拉丁语词干时）属于……的，色如……的，质如……的（表示原料、颜色或品质的相似），（接希腊语词干时）属于……的，以……出名，为……所占有（表示具有某种特性）

Synotis tetrantha 四花合耳菊：tetranthus 四花的；tetra-/ tetr- 四，四数（希腊语，拉丁语为 quadri-/ quadr-）；anthus/ anthum/ antha/ anthe ← anthos 花（用于希腊语复合词）

Synotis triligulata 三舌合耳菊：tri-/ tripli-/ triplo- 三个，三数；ligulatus（= ligula + atus）/ ligularis（= ligula + aris）舌状的，具舌的；ligula = lingua + ulus 小舌，小舌状物；lingua 舌，语言；ligule 舌，舌状物，舌瓣，叶舌

Synotis vaniotii 羽裂合耳菊：vaniotii ← Eugene Vaniot（人名，20 世纪法国植物学家）

Synotis wallichii 合耳菊：wallichii ← Nathaniel Wallich（人名，19 世纪初丹麦植物学家、医生）

Synotis xantholeuca 黄白合耳菊：xanthos + leucus 黄白色的；xanthos 黄色的（希腊语）；leucus 白色的，淡色的

S

Synotis yakoensis 丫口合耳菊：yakoensis 垭口的（地名，云南省怒江流域）

Synotis yui 蔓生合耳菊（蔓 màn）：yui 俞氏（人名）；-i 表示人名，接在以元音字母结尾的人名后面，但 -a 除外

Synsepalum 神秘果属（山榄科）（60-1：p47）：synsepalus 联合萼片的（按缀词规则，该复合词应拼写为"sysepalum"）；syn- 联合，共同，合起来（希腊语词首，对应的拉丁语为 co-）；syn- 的缀词音变有：sy-/ syl-/ sym-/ syn-/ syr-/ sys-（在 s、t 前面），syl-（在 l 前面），sym-（在 b 和 p 前面），syn-/ syr-（在 r 前面）；sepalus/ sepalum/ sepala 萼片（用于复合词）

Synsepalum dulcificum 神秘果：dulcificus 很甜的，无花果般甜的；-ficus 非常，极其（作独立词使用的 ficus 意思是"榕树，无花果"）

Synstemon 连蕊芥属（十字花科）（33：p435）：synstemon = syn + stemon 联合雄蕊的（按缀词规则，该复合词应拼写为"systemon"）；syn- 联合，共同，合起来（希腊语词首，对应的拉丁语为 co-）；syn- 的缀词音变有：sy-/ syl-/ sym-/ syn-/ syr-/ sys-（在 s、t 前面），syl-（在 l 前面），sym-（在 b 和 p 前面），syn-/ syr-（在 r 前面）；syn + st → syst-，即 syn- 在 st- 之前变成 sy-；stemon 雄蕊

Synstemon linearifolius 条叶连蕊芥：linearis = lineus + aris 线条的，线形的，线状的，亚麻状的；folius/ folium/ folia 叶，叶片（用于复合词）；-aris（阳性、阴性）/ -are（中性）← -alis（阳性、阴性）/ -ale（中性）属于，相似，如同，具有，涉及，关于，联结于（将名词作形容词用，其中 -aris 常用于以 l 或 r 为词干末尾的词）

Synstemon petrovii 连蕊芥：petrovii（人名）；-ii 表示人名，接在以辅音字母结尾的人名后面，但 -er 除外

Synstemon petrovii var. petrovii 连蕊芥-原变种（词义见上面解释）

Synstemon petrovii var. pilosus 柔毛连蕊芥：pilosus = pilus + osus 多毛的，被柔毛的，具疏柔毛的，被短弱细毛的；pilus 毛，疏柔毛；-osus/ -osum/ -osa 多的，充分的，丰富的，显著发育的，程度高的，特征明显的（形容词词尾）

Synstemon petrovii var. xinglonicus 兴隆连蕊芥：xinglonicus 兴隆山的（地名，甘肃省）；-icus/ -icum/ -ica 属于，具有某种特性（常用于地名、起源、生境）

Synurus 山牛蒡属（菊科）（78-1：p182）：synurus 尾部连合的（指花药下部尾状物连合成筒状）；syn- 联合，共同，合起来（希腊语词首，对应的拉丁语为 co-）；syn- 的缀词音变有：sy-/ syl-/ sym-/ syn-/ syr-/ sys-（在 s、t 前面），syl-（在 l 前面），sym-（在 b 和 p 前面），syn-/ syr-（在 r 前面）；-urus/ -ura/ -ourus/ -oura/ -oure/ -uris 尾巴

Synurus deltoides 山牛蒡：delta 三角；-oides/ -oideus/ -oideum/ -oidea/ -odes/ -eidos 像……的，类似……的，呈……状的（名词词尾）

Syreitschikovia 疆菊属（菊科）（78-1：p75）：syreitschikovia ← Syreitschikov（人名，俄国植物学家）

Syreitschikovia tenuifolia 疆菊：tenui- ← tenuis 薄的，纤细的，弱的，瘦的，窄的；folius/ folium/ folia 叶，叶片（用于复合词）

Syrenia 棱果芥属（十字花科）（33：p391）：syrenia（人名）

Syrenia macrocarpa 大果棱果芥：macro-/ macr- ← macros 大的，宏观的（用于希腊语复合词）；carpus/ carpum/ carpa/ carpon ← carpos 果实（用于希腊语复合词）

Syrenia siliculosa 棱果芥：siliculosus = siliculus + osus 短角果的；siliculus = siliquus + ulus 短角果；-ulus/ -ulum/ -ula 小的，略微的，稍微的（小词 -ulus 在字母 e 或 i 之后有多种变缀，即 -olus/ -olum/ -ola、-ellus/ -ellum/ -ella、-illus/ -illum/ -illa，与第一变格法和第二变格法名词形成复合词）；-osus/ -osum/ -osa 多的，充分的，丰富的，显著发育的，程度高的，特征明显的（形容词词尾）

Syringa 丁香属（木樨科）（61：p50）：syringa ← syrinx 管子，柳条哨，枝皮哨（指某些种雄蕊联合成管状）

Syringa × chinensis 什锦丁香：chinensis = china + ensis 中国的（地名）；China 中国

Syringa × chinensis f. alba 白花什锦丁香：albus → albi-/ albo- 白色的

Syringa × chinensis f. chinensis 什锦丁香-原变型（词义见上面解释）

Syringa × chinensis f. duplex 重瓣什锦丁香（重 chóng）：duplex = duo + plex 二折的，重复的，重瓣的；duo 二；plex/ plica 褶，折扇状，卷折（plex 的词干为 plic-）

Syringa komarowii 西蜀丁香：komarowii ← Vladimir Leontjevich Komarov 科马洛夫（人名，1869–1945，俄国植物学家）

Syringa komarowii var. komarowii 西蜀丁香-原变种（词义见上面解释）

Syringa komarowii var. reflexa 垂丝丁香：reflexus 反曲的，后曲的；re- 返回，相反，再次，重复，向后，回头；flexus ← flecto 扭曲的，卷曲的，弯弯曲曲的，柔性的；flecto 弯曲，使扭曲

Syringa mairei 皱叶丁香：mairei（人名）；Edouard Ernest Maire（人名，19 世纪活动于中国云南的传教士）；Rene C. J. E. Maire 人名（20 世纪阿尔及利亚植物学家，研究北非植物）；-i 表示人名，接在以元音字母结尾的人名后面，但 -a 除外

Syringa meyeri 蓝丁香：meyeri ← Carl Anton Meyer 或 Ernst Heinrich Friedrich Meyer（人名，19 世纪德国两位植物学家）；-eri 表示人名，在以 -er 结尾的人名后面加上 i 形成

Syringa meyeri var. meyeri 蓝丁香-原变种（词义见上面解释）

Syringa meyeri var. spontanea 小叶蓝丁香：spontaneus 野生的，自生的

Syringa meyeri var. spontanea f. alba 白花小叶蓝丁香：albus → albi-/ albo- 白色的

Syringa oblata 紫丁香：oblatus 扁圆形的；ob- 相反，反对，倒（ob- 有多种音变：ob- 在元音字母和大多数辅音字母前面，oc- 在 c 前面，of- 在 f 前面，op- 在 p 前面）；latus 宽的，宽广的

Syringa oblata var. alba 白丁香：albus → albi-/ albo- 白色的

Syringa oblata var. giraldii 毛紫丁香：giraldii ← Giuseppe Giraldi（人名，19 世纪活动于中国的意大利传教士）

Syringa oblata var. giraldii cv. Chun'ge 春阁紫丁香：chun'ge 春阁（中文品种名）

Syringa oblata var. giraldii cv. Luolanzi 罗兰紫紫丁香：luolanzi 罗兰紫（中文品种名）

Syringa oblata var. giraldii cv. Xiangxue 香雪紫丁香：xiangxue 香雪（中文品种名）

Syringa oblata var. giraldii cv. Ziyun 紫云紫丁香：ziyun 紫云（中文品种名）

Syringa oblata var. oblata 紫丁香-原变种 （词义见上面解释）

Syringa pekinensis 北京丁香：pekinensis 北京的（地名）

Syringa × persica 花叶丁香：persica 桃，杏，波斯的（地名）

Syringa × persica f. alba 白花花叶丁香：albus → albi-/ albo- 白色的

Syringa × persica f. persica 花叶丁香-原变型（词义见上面解释）

Syringa pinetorum 松林丁香：pinetorum 松林的，松林生的；Pinus 松属（松科）；-etorum 群落的（表示群丛、群落的词尾）

Syringa pinnatifolia 羽叶丁香：pinnatifolius = pinnatus + folius 羽状叶的；pinnatus = pinnus + atus 羽状的，具羽的；pinnus/ pennus 羽毛，羽状，羽片；folius/ folium/ folia 叶，叶片（用于复合词）

Syringa protolaciniata 华丁香：proto- 原始的，原来的，古老的，基本的；laciniatus 撕裂的，条状裂的；lacinius → laci-/ lacin-/ lacini- 撕裂的，条状裂的

Syringa pubescens 巧玲花：pubescens ← pubens 被短柔毛的，长出柔毛的；pubi- ← pubis 细柔毛的，短柔毛的，毛被的；pubesco/ pubescere 长成的，变为成熟的，长出柔毛的，青春期体毛的；-escens/ -ascens 改变，转变，变成，略微，带有，接近，相似，大致，稍微（表示变化的趋势，并未完全相似或相同，有别于表示达到完成状态的 -atus）

Syringa pubescens subsp. julianae 光萼巧玲花：julianae ← Juliana Schneider（人名，20 世纪活动于中国的德国奥地利探险家）；-ae 表示人名，以 -a 结尾的人名后面加上 -e 形成

Syringa pubescens subsp. microphylla 小叶巧玲花：micr-/ micro- ← micros 小的，微小的，微观的（用于希腊语复合词）；phyllus/ phyllum/ phylla ← phyllon 叶片（用于希腊语复合词）

Syringa pubescens subsp. microphylla var. flavoanthera 黄药小叶巧玲花：flavus → flavo-/ flavi-/ flav- 黄色的，鲜黄色的，金黄色的（指纯正的黄色）；andrus/ andros/ antherus ← aner 雄蕊，花药，雄性

Syringa pubescens subsp. patula 关东巧玲花：patulus 稍开展的，稍伸展的；patus 展开的，伸展的；-ulus/ -ulum/ -ula 小的，略微的，稍微的（小词 -ulus 在字母 e 或 i 之后有多种变缀，即 -olus/

-olum/ -ola、-ellus/ -ellum/ -ella、-illus/ -illum/ -illa，与第一变格法和第二变格法名词形成复合词）

Syringa pubescens subsp. pubescens 巧玲花-原亚种 （词义见上面解释）

Syringa reticulata var. amurensis 暴马丁香：reticulatus = reti + culus + atus 网状的；reti-/ rete- 网（同义词：dictyo-）；-culus/ -culum/ -cula 小的，略微的，稍微的（同第三变格法和第四变格法名词形成复合词）；-atus/ -atum/ -ata 属于，相似，具有，完成（形容词词尾）；amurense/ amurensis 阿穆尔的（地名，东西伯利亚的一个州，南部以黑龙江为界），阿穆尔河的（即黑龙江的俄语音译）

Syringa sweginzowii 四川丁香：sweginzowii（人名）；-ii 表示人名，接在以辅音字母结尾的人名后面，但 -er 除外

Syringa tibetica 藏南丁香：tibetica 西藏的（地名）；-icus/ -icum/ -ica 属于，具有某种特性（常用于地名、起源、生境）

Syringa tomentella 毛丁香：tomentellus 被短绒毛的，被微绒毛的；tomentum 绒毛，浓密的毛被，棉絮，棉絮状填充物（被褥、垫子等）；-ellus/ -ellum/ -ella ← -ulus 小的，略微的，稍微的（小词 -ulus 在字母 e 或 i 之后有多种变缀，即 -olus/ -olum/ -ola、-ellus/ -ellum/ -ella、-illus/ -illum/ -illa，用于第一变格法名词）

Syringa villosa 红丁香：villosus 柔毛的，绵毛的；villus 毛，羊毛，长绒毛；-osus/ -osum/ -osa 多的，充分的，丰富的，显著发育的，程度高的，特征明显的（形容词词尾）

Syringa vulgaris 欧丁香：vulgaris 常见的，普通的，分布广的；vulgus 普通的，到处可见的

Syringa vulgaris f. alba 白花欧丁香：albus → albi-/ albo- 白色的

Syringa vulgaris f. coerulea 蓝花欧丁香：caeruleus/ coeruleus 深蓝色的，海洋蓝的，青色的，暗绿色的；caerulus/ coerulus 深蓝色，海洋蓝，青色，暗绿色；-eus/ -eum/ -ea（接拉丁语词干时）属于……的，色如……的，质如……的（表示原料、颜色或品质的相似），（接希腊语词干时）属于……的，以……出名，为……所占有（表示具有某种特性）

Syringa vulgaris f. plena 重瓣欧丁香：plenus → plen-/ pleni- 很多的，充满的，大量的，重瓣的，多重的

Syringa vulgaris f. purpurea 紫花欧丁香：purpureus = purpura + eus 紫色的；purpura 紫色（purpura 原为一种介壳虫名，其体液为紫色，可作颜料）；-eus/ -eum/ -ea（接拉丁语词干时）属于……的，色如……的，质如……的（表示原料、颜色或品质的相似），（接希腊语词干时）属于……的，以……出名，为……所占有（表示具有某种特性）

Syringa vulgaris f. vulgaris 欧丁香-原变型 （词义见上面解释）

Syringa wolfii 辽东丁香：wolfii ← John Wolf（人名，19 世纪美国植物学家）

Syringa yunnanensis 云南丁香：yunnanensis 云南的（地名）

Syringa yunnanensis f. pubicalyx 毛萼云南丁香：pubi- ← pubis 细柔毛的，短柔毛的，毛被的；

S

calyx → calyc- 萼片（用于希腊语复合词）

Syringa yunnanensis f. yunnanensis 云南丁香-原变型 （词义见上面解释）

Syringodium 针叶藻属（眼子菜科）（8：p101）：Syringa 丁香属（木樨科）；-odium ← -oides 相似，近似，类似，稍微，略微

Syringodium isoetifolium 针叶藻：Isoetes 水韭属（水韭科）；folius/ folium/ folia 叶，叶片（用于复合词）

Syzygium 蒲桃属（桃金娘科）（53-1：p60）：syzygium ← syxygos 联合的

Syzygium acutisepalum 尖萼蒲桃：acutisepalus 尖萼的；acuti-/ acu- ← acutus 锐尖的，针尖的，刺尖的，锐角的；sepalus/ sepalum/ sepala 萼片（用于复合词）

Syzygium araiocladum 线枝蒲桃：araiocladus 细枝的；araios 薄的，细的，少的；cladus ← clados 枝条，分枝

Syzygium aromaticum 丁子香：aromaticus 芳香的，香味的

Syzygium augustinii 假乌墨：augustinii ← Augustine Henry（人名，1857–1930，爱尔兰医生、植物学家）

Syzygium austro-yunnanense 滇南蒲桃：austro-/ austr- 南方的，南半球的，大洋洲的；auster 南方，南风；yunnanense 云南的（地名）

Syzygium austrosinense 华南蒲桃：austrosinense 华南的（地名）；austro-/ austr- 南方的，南半球的，大洋洲的；auster 南方，南风

Syzygium balsameum 香胶蒲桃：balsameus 松香的，松脂的，松香味的；-eus/ -eum/ -ea（接拉丁语词干时）属于……的，色如……的，质如……的（表示原料、颜色或品质的相似），（接希腊语词干时）属于……的，以……出名，为……所占有（表示具有某种特性）

Syzygium baviense 短棒蒲桃：baviense（地名，越南河内）

Syzygium boisianum 无柄蒲桃：boisianum（人名）

Syzygium brachyantherum 短药蒲桃：brachy- ← brachys 短的（用于拉丁语复合词词首）；andrus/ andros/ antherus ← aner 雄蕊，花药，雄性

Syzygium brachythyrsum 短序蒲桃：brachy- ← brachys 短的（用于拉丁语复合词词首）；thyrsus/ thyrsos 花簇，金字塔，圆锥形，聚伞圆锥花序

Syzygium bullockii 黑嘴蒲桃：bullockii（人名）；-ii 表示人名，接在以辅音字母结尾的人名后面，但 -er 除外

Syzygium buxifolioideum 假赤楠：buxifolioideum 黄杨叶片状的；Buxus 黄杨属（黄杨科）；-oides/ -oideus/ -oideum/ -oidea/ -odes/ -eidos 像……的，类似……的，呈……状的（名词词尾）

Syzygium buxifolium 赤楠：buxifolium 黄杨叶的；Buxus 黄杨属（黄杨科）；folius/ folium/ folia 叶，叶片（用于复合词）

Syzygium cathayense 华夏蒲桃：cathayense ← Cathay ← Khitay/ Khitai 中国的，契丹的（地名，10–12 世纪中国北方契丹人的领域，辽国前身，多用来代表中国，俄语称中国为 Kitay）

Syzygium championii 子凌蒲桃：championii ← John George Champion（人名，19 世纪英国植物学家，研究东亚植物）

Syzygium chunianum 密脉蒲桃：chunianum ← W. Y. Chun 陈焕镛（人名，1890–1971，中国植物学家）

Syzygium cinereum 钝叶蒲桃：cinereus 灰色的，草木灰色的（为纯黑和纯白的混合色，希腊语为 tephro-/ spodo-）；ciner-/ cinere-/ cinereo- 灰色；-eus/ -eum/ -ea（接拉丁语词干时）属于……的，色如……的，质如……的（表示原料、颜色或品质的相似），（接希腊语词干时）属于……的，以……出名，为……所占有（表示具有某种特性）

Syzygium claviflorum 棒花蒲桃：clava 棍棒；florus/ florum/ flora ← flos 花（用于复合词）

Syzygium congestiflorum 团花蒲桃：congestus 聚集的，充满的；florus/ florum/ flora ← flos 花（用于复合词）

Syzygium cumini 乌墨：cuminus 堆积的

Syzygium cumini var. cumini 乌墨-原变种 （词义见上面解释）

Syzygium cumini var. tsoi 长萼乌墨：tsoi（人名）；-i 表示人名，接在以元音字母结尾的人名后面，但 -a 除外

Syzygium euonymifolium 卫矛叶蒲桃：Euonymus 卫矛属（卫矛科）；folius/ folium/ folia 叶，叶片（用于复合词）

Syzygium euphlebium 细脉蒲桃：euphlebius 具美丽叶脉的；eu- 好的，秀丽的，真的，正确的，完全的；phlebus 脉，叶脉；-ius/ -ium/ -ia 具有……特性的（表示有关、关联、相似）

Syzygium fluviatile 水竹蒲桃：fluviatile 河边的，生于河水的；fluvius 河流，河川，流水；-atilis（阳性、阴性）/ -atile（中性）（表示生长的地方）

Syzygium formosanum 台湾蒲桃：formosanus = formosus + anus 美丽的，台湾的；formosus ← formosa 美丽的，台湾的（葡萄牙殖民者发现台湾时对其的称呼，即美丽的岛屿）；-anus/ -anum/ -ana 属于，来自（形容词词尾）

Syzygium forrestii 滇边蒲桃：forrestii ← George Forrest（人名，1873–1932，英国植物学家，曾在中国西部采集大量植物标本）

Syzygium fruticosum 簇花蒲桃：fruticosus/ frutesceus 灌丛状的；frutex 灌木；构词规则：以 -ix/ -iex 结尾的词其词干末尾视为 -ic，以 -ex 结尾视为 -i/ -ic，其他以 -x 结尾视为 -c；-osus/ -osum/ -osa 多的，充分的，丰富的，显著发育的，程度高的，特征明显的（形容词词尾）

Syzygium grijsii 轮叶蒲桃：grijsii（人名）；-ii 表示人名，接在以辅音字母结尾的人名后面，但 -er 除外

Syzygium guangxiense 广西蒲桃：guangxiense 广西的（地名）

Syzygium hainanense 海南蒲桃：hainanense 海南的（地名）

Syzygium hancei 红鳞蒲桃：hancei ← Henry Fletcher Hance（人名，19 世纪英国驻香港领事，曾在中国采集植物）；-i 表示人名，接在以元音字母结尾的人名后面，但 -a 除外

Syzygium handelii 贵州蒲桃：handelii ← H.

S

Handel-Mazzetti（人名，奥地利植物学家，第一次世界大战期间在中国西南地区研究植物）

Syzygium howii 万宁蒲桃：howii（人名）；-ii 表示人名，接在以辅音字母结尾的人名后面，但 -er 除外

Syzygium imitans 桂南蒲桃：imitans 类似的，模仿的

Syzygium infra-rubiginosum 褐背蒲桃：infra 下部，下位，基础；rubiginosus/ robiginosus 锈色的，锈红色的，红褐色的；robigo 锈（词干为 rubigin-）

Syzygium jambos 蒲桃：jambos 蒲桃（桃金娘科蒲桃属，印度土名）

Syzygium jambos var. jambos 蒲桃-原变种（词义见上面解释）

Syzygium jambos var. linearilimbum 线叶蒲桃：linearis = lineus + aris 线条的，线形的，线状的，亚麻状的；limbus 冠檐，萼檐，瓣片，叶片；-aris（阳性、阴性）/ -are（中性）← -alis（阳性、阴性）/ -ale（中性）属于，相似，如同，具有，涉及，关于，联结于（将名词作形容词用，其中 -aris 常用于以 l 或 r 为词干末尾的词）

Syzygium jienfunicum 尖峰蒲桃：jienfunicum 尖峰岭的（地名，海南省）；-icus/ -icum/ -ica 属于，具有某种特性（常用于地名、起源、生境）

Syzygium kashotense 圆顶蒲桃：kashotense（为"kashotoense"的误拼，已修订）；kashotoense 火烧岛的（地名，台湾省绿岛的旧称，"kashoto"为"火烧岛"的日语读音）

Syzygium kusukusense 恒春蒲桃：kusukusense 古思故斯的（地名，台湾屏东县高士佛村的旧称）

Syzygium kwangtungense 广东蒲桃：kwangtungense 广东的（地名）

Syzygium laosense var. quocense 少花老挝蒲桃（挝 wō）：laosense 老挝的（地名）；quocense（地名，云南省）

Syzygium lasianthifolium 粗叶木蒲桃：Lasianthus 粗叶木属（茜草科）；folius/ folium/ folia 叶，叶片（用于复合词）

Syzygium latilimbum 阔叶蒲桃：lati-/ late- ← latus 宽的，宽广的；limbus 冠檐，萼檐，瓣片，叶片

Syzygium leptanthum 纤花蒲桃：lept-/ lepto- 细的，薄的，瘦小的，狭长的；anthus/ anthum/ antha/ anthe ← anthos 花（用于希腊语复合词）

Syzygium levinei 山蒲桃：levinei ← N. D. Levine（人名）

Syzygium lineatum 长花蒲桃：lineatus = lineus + atus 具线的，线状的，呈亚麻状的；lineus = linum + eus 线状的，丝状的，亚麻状的；linum ← linon 亚麻，线（古拉丁名）；-atus/ -atum/ -ata 属于，相似，具有，完成（形容词词尾）

Syzygium malaccense 马六甲蒲桃：malaccense 马六甲的（地名，马来西亚）

Syzygium melanophyllum 黑长叶蒲桃：mel-/ mela-/ melan-/ melano- ← melanus/ melaenus ← melas/ melanos 黑色的，浓黑色的，暗色的；phyllus/ phyllum/ phylla ← phyllon 叶片（用于希腊语复合词）

Syzygium myrsinifolium 竹叶蒲桃：Myrsine 铁仔属（紫金牛科）；folius/ folium/ folia 叶，叶片（用于复合词）

Syzygium myrsinifolium var. grandiflorum 大花竹叶蒲桃：grandi- ← grandis 大的；florus/ florum/ flora ← flos 花（用于复合词）

Syzygium myrsinifolium var. myrsinifolium 竹叶蒲桃-原变种（词义见上面解释）

Syzygium oblancilimbum 倒披针叶蒲桃：ob- 相反，反对，倒（ob- 有多种音变：ob- 在元音字母和大多数辅音字母前面，oc- 在 c 前面，of- 在 f 前面，op- 在 p 前面）；lance-/ lancei-/ lanci-/ lanceo-/ lanc- ← lanceus 披针形的，矛形的，尖刀状的，柳叶刀状的；limbus 冠檐，萼檐，瓣片，叶片

Syzygium oblatum 高檐蒲桃：oblatus 扁圆形的；ob- 相反，反对，倒（ob- 有多种音变：ob- 在元音字母和大多数辅音字母前面，oc- 在 c 前面，of- 在 f 前面，op- 在 p 前面）；latus 宽的，宽广的

Syzygium odoratum 香蒲桃：odoratus = odorus + atus 香气的，气味的；odor 香气，气味；-atus/ -atum/ -ata 属于，相似，具有，完成（形容词词尾）

Syzygium polyanthum 多花蒲桃：polyanthus 多花的；poly- ← polys 多个，许多（希腊语，拉丁语为 multi-）；anthus/ anthum/ antha/ anthe ← anthos 花（用于希腊语复合词）

Syzygium polypetaloideum 假多瓣蒲桃：polypetaloideus 近似多瓣的，像 polypetalum 的；Syzygium polypetalum 多瓣蒲桃；-oides/ -oideus/ -oideum/ -oidea/ -odes/ -eidos 像……的，类似……的，呈……状的（名词词尾）

Syzygium rehderianum 红枝蒲桃：rehderianum ← Alfred Rehder（人名，1863–1949，德国植物分类学家、树木学家，在美国 Arnold 植物园工作）

Syzygium rockii 滇西蒲桃：rockii ← Joseph Francis Charles Rock（人名，20 世纪美国植物采集员）

Syzygium rysopodum 皱萼蒲桃：rysopodus 皱柄的；rysos/ ryssos 皱纹；podus/ pus 柄，梗，茎秆，足，腿

Syzygium salwinense 怒江蒲桃：salwinense 萨尔温江的（地名，怒江流入缅甸部分的名称）

Syzygium samarangense 洋蒲桃：samarangense 三宝垄的（地名，印度尼西亚）

Syzygium saxatile 石生蒲桃：saxatile 生于岩石的，生于石缝的；saxum 岩石，结石；-atilis（阳性、阴性）/ -atile（中性）（表示生长的地方）

Syzygium stenocladum 纤枝蒲桃：sten-/ steno- ← stenus 窄的，狭的，薄的；cladus ← clados 枝条，分枝

Syzygium sterrophyllum 硬叶蒲桃：sterro- ← stero 硬质的；phyllus/ phyllum/ phylla ← phyllon 叶片（用于希腊语复合词）

Syzygium szechuanense 四川蒲桃：szechuanense 四川的（地名）

Syzygium szemaoense 思茅蒲桃：szemaoense 思茅的（地名，云南省）

Syzygium taiwanicum 台湾棒花蒲桃：taiwanicum 台湾的（地名）

Syzygium tenuirhachis 细轴蒲桃：tenuirhachis 细轴的（缀词规则：-rh- 接在元音字母后面构成复合词时要变成 -rrh-，故该词宜改为"tenuirrhachis"）；

S

tenui- ← tenuis 薄的，纤细的，弱的，瘦的，窄的；rachis/ rhachis 主轴，花序轴，叶轴，脊棱（指着生小叶或花的部分的中轴，如羽状复叶、穗状花序总柄基部以外的部分）

Syzygium tephrodes 方枝蒲桃：tephrodes 灰烬状的；tephros 灰色的，火山灰的；-oides/ -oideus/ -oideum/ -oidea/ -odes/ -eidos 像……的，类似……的，呈……状的（名词词尾）

Syzygium tetragonum 四角蒲桃：tetragonus 四棱的；tetra-/ tetr- 四，四数（希腊语，拉丁语为 quadri-/ quadr-）；gonus ← gonos 棱角，膝盖，关节，足

Syzygium thumra 黑叶蒲桃：thumra（词源不详）

Syzygium tsoongii 狭叶蒲桃：tsoongii ← K. K. Tsoong 钟观光（人名，1868–1940，中国植物学家，北京大学教授，最先用科学方法广泛研究植物分类学，近代中国最早采集植物标本的学者，也是近代植物学的开拓者）

Syzygium vestitum 毛脉蒲桃：vestitus 包被的，覆盖的，被柔毛的，袋状的

Syzygium wenshanense 文山蒲桃：wenshanense 文山的（地名，云南省）

Syzygium xizangense 西藏蒲桃：xizangense 西藏的（地名）

Syzygium yunnanense 云南蒲桃：yunnanense 云南的（地名）

Syzygium zeylanicum 锡兰蒲桃：zeylanicus 锡兰（斯里兰卡，国家名）；-icus/ -icum/ -ica 属于，具有某种特性（常用于地名、起源、生境）

Tabebuia 粉铃木属（紫薇科）（69：p62）：tabebuia（本属一种植物的巴西印第安人用的土名）

Tabebuia chrysantha 黄钟木：chrys-/ chryso- ← chrysos 黄色的，金色的；anthus/ anthum/ antha/ anthe ← anthos 花（用于希腊语复合词）

Tabebuia rosea 红花粉铃木（原名"掌叶木"，无患子科有重名）：roseus = rosa + eus 像玫瑰的，玫瑰色的，粉红色的；rosa 蔷薇（古拉丁名）← rhodon 蔷薇（希腊语）← rhodd 红色，玫瑰红（凯尔特语）；-eus/ -eum/ -ea（接拉丁语词干时）属于……的，色如……的，质如……的（表示原料、颜色或品质的相似），（接希腊语词干时）属于……的，以……出名，为……所占有（表示具有某种特性）

Tacca 蒟蒻薯属（蒟蒻 jǔ ruò）（蒟蒻薯科）（16-1：p44）：tacca 蒟蒻（马来西亚土名）

Tacca chantrieri 箭根薯：chantrieri ← Chantrier Freres（人名）；-eri 表示人名，在以 -er 结尾的人名后面加上 i 形成

Tacca integrifolia 丝须蒟蒻薯：integer/ integra/ integrum → integri- 完整的，整个的，全缘的；folius/ folium/ folia 叶，叶片（用于复合词）

Tacca leontopetaloides 蒟蒻薯：leontopetaloides 像 leontopetala 的，狮子状花瓣的（指花瓣颜色和斑点）；Tacca leontopetala 东方蒟蒻薯；leonto- ← leon 狮子；petalus/ petalum/ petala ← petalon 花瓣；-oides/ -oideus/ -oideum/ -oidea/ -odes/ -eidos 像……的，类似……的，呈……状的（名词词尾）

Tacca subflabellata 扇苞蒟蒻薯：subflabellatus 近扇形的；sub-（表示程度较弱）与……类似，几乎，稍微，弱，亚，之下，下面；flabellatus = flabellus + atus 扇形的；flabellus 扇子，扇形的；-ellatus = ellus + atus 小的，属于小的；-ellus/ -ellum/ -ella ← -ulus 小的，略微的，稍微的（小词 -ulus 在字母 e 或 i 之后有多种变缀，即 -olus/ -olum/ -ola、-ellus/ -ellum/ -ella、-illus/ -illum/ -illa，用于第一变格法名词）；-atus/ -atum/ -ata 属于，相似，具有，完成（形容词词尾）

Taccaceae 蒟蒻薯科（16-1：p42）：Tacca 蒟蒻薯属；-aceae（分类单位科的词尾，为 -aceus 的阴性复数主格形式，加到模式属的名称后或同义词的词干后以组成族群名称）

Tadehagi 葫芦茶属（豆科）（41：p62）：tadehagi（日文）

Tadehagi pseudotriquetrum 蔓茎葫芦茶（蔓màn）：pseudotriquetrum 像 triquetrum 的；pseudo-/ pseud- ← pseudos 假的，伪的，接近，相似（但不是）；Tadehagi triquetrum 葫芦茶；triquetrum 三角柱的，三棱的

Tadehagi triquetrum 葫芦茶：triquetrus 三角柱的，三棱柱的；tri-/ tripli-/ triplo- 三个，三数；-quetrus 棱角的，锐角的，角

Taeniophyllum 带叶兰属（兰科）（19：p273）：taenius 绸带，纽带，条带状的；phyllus/ phyllum/ phylla ← phyllon 叶片（用于希腊语复合词）

Taeniophyllum glandulosum 带叶兰：glandulosus = glandus + ulus + osus 被细腺的，具腺体的，腺体质的；glandus ← glans 腺体；-ulus/ -ulum/ -ula 小的，略微的，稍微的（小词 -ulus 在字母 e 或 i 之后有多种变缀，即 -olus/ -olum/ -ola、-ellus/ -ellum/ -ella、-illus/ -illum/ -illa，与第一变格法和第二变格法名词形成复合词）；-osus/ -osum/ -osa 多的，充分的，丰富的，显著发育的，程度高的，特征明显的（形容词词尾）

Taeniophyllum obtusum 兜唇带叶兰：obtusus 钝的，钝形的，略带圆形的

Taenitis 竹叶蕨属（陵齿蕨科）（2：p279）：taenitis ← taenius 绸带，纽带

Taenitis blechnoides 竹叶蕨：Blechnum 乌毛蕨属（乌毛蕨科）；-oides/ -oideus/ -oideum/ -oidea/ -odes/ -eidos 像……的，类似……的，呈……状的（名词词尾）

Tagetes 万寿菊属（菊科）（75：p387）：tagetes ← Tages 塔盖特（希腊神话人物）

Tagetes erecta 万寿菊：erectus 直立的，笔直的

Tagetes minuta 印加孔雀草：minutus 极小的，细微的，微小的

Tagetes patula 孔雀草：patulus 稍开展的，稍伸展的；patus 展开的，伸展的；-ulus/ -ulum/ -ula 小的，略微的，稍微的（小词 -ulus 在字母 e 或 i 之后有多种变缀，即 -olus/ -olum/ -ola、-ellus/ -ellum/ -ella、-illus/ -illum/ -illa，与第一变格法和第二变格法名词形成复合词）

Taihangia 太行花属（蔷薇科）（37：p227）：taihangia 太行山的（地名，华北）

Taihangia rupestris 太行花：rupestre/ rupicolus/ rupestris 生于岩壁的，岩栖的；rup-/ rupi- ← rupes/ rupis 岩石的；-estris/ -estre/ ester/ -esteris

生于……地方，喜好……地方

Taihangia rupestris var. ciliata 缘毛太行花：ciliatus = cilium + atus 缘毛的，流苏的；cilium 缘毛，睫毛；-atus/ -atum/ -ata 属于，相似，具有，完成（形容词词尾）

Taihangia rupestris var. rupestris 太行花-原变种 （词义见上面解释）

Tainia 带唇兰属（兰科）（18：p234）：tainia 绸带，丝带（希腊语）

Tainia angustifolia 狭叶带唇兰：angusti- ← angustus 窄的，狭的，细的；folius/ folium/ folia 叶，叶片（用于复合词）

Tainia dunnii 带唇兰：dunnii（人名）；-ii 表示人名，接在以辅音字母结尾的人名后面，但 -er 除外

Tainia emeiensis 峨眉带唇兰：emeiensis 峨眉山的（地名，四川省）

Tainia gokanzanensis （高坎带唇兰）：gokanzanensis（地名，西藏自治区）

Tainia hongkongensis 香港带唇兰：hongkongensis 香港的（地名）

Tainia hookeriana 绿花带唇兰：hookeriana ← William Jackson Hooker（人名，19 世纪英国植物学家）

Tainia hualienia 花莲带唇兰：hualienia（中文名）

Tainia latifolia 阔叶带唇兰：lati-/ late- ← latus 宽的，宽广的；folius/ folium/ folia 叶，叶片（用于复合词）

Tainia macrantha 大花带唇兰：macro-/ macr- ← macros 大的，宏观的（用于希腊语复合词）；anthus/ anthum/ antha/ anthe ← anthos 花（用于希腊语复合词）

Tainia minor 滇南带唇兰：minor 较小的，更小的

Tainia ovifolia 卵叶带唇兰：ovus 卵，胚珠，卵形的，椭圆形的；ovi-/ ovo- ← ovus 卵，卵形的，椭圆形的；folius/ folium/ folia 叶，叶片（用于复合词）

Tainia ruybarrettoi 南方带唇兰：ruybarrettoi（人名）

Tainia viridifusca 高褶带唇兰（褶 zhě）：viridus 绿色的；fuscus 棕色的，暗色的，发黑的，暗棕色的，褐色的

Taiwania 台湾杉属（杉科）（7：p289）：taiwania 台湾的（地名）

Taiwania cryptomerioides 台湾杉：cryptomerioides 像柳杉的；Cryptomeria 柳杉属（杉科）；-oides/ -oideus/ -oideum/ -oidea/ -odes/ -eidos 像……的，类似……的，呈……状的（名词词尾）

Taiwania flousiana 秃杉：flousiana ← F. Flous（人名）

Talassia 伊犁芹属（伞形科）（55-3：p178）：talassia 塔拉斯的（地名，吉尔吉斯斯坦）

Talassia transiliensis 伊犁芹：transiliensis 跨伊犁河的；tran-/ trans- 横过，远侧边，远方，在那边；iliense/ iliensis 伊利的（地名，新疆维吾尔自治区），伊犁河的（河流名，跨中国新疆与哈萨克斯坦）

Talauma 盖裂木属（木兰科）（30-1：p141）：talauma 盖裂木（马来西亚土名）

Talauma hodgsoni 盖裂木：hodgsoni（人名，词尾改为"-ii"似更妥）；-ii 表示人名，接在以辅音字母结尾的人名后面，但 -er 除外；-i 表示人名，接在以元音字母结尾的人名后面，但 -a 除外

Talinum 土人参属（参 shēn）（马齿苋科）（26：p41）：talinum 土人参（非洲土名）

Talinum fruticosum 棱轴土人参：fruticosus/ frutesceus 灌丛状的；frutex 灌木；构词规则：以 -ix/ -iex 结尾的词其词干末尾视为 -ic，以 -ex 结尾视为 -i/ -ic，其他以 -x 结尾视为 -c；-osus/ -osum/ -osa 多的，充分的，丰富的，显著发育的，程度高的，特征明显的（形容词词尾）

Talinum paniculatum 土人参：paniculatus = paniculus + atus 具圆锥花序的；paniculus 圆锥花序；panus 谷穗；panicus 野稗，粟，谷子；-atus/ -atum/ -ata 属于，相似，具有，完成（形容词词尾）

Tamaricaceae 柽柳科（50-2：p142）：Tamarix 柽柳属（柽柳科，柽 chēng）；-aceae（分类单位科的词尾，为 -aceus 的阴性复数主格形式，加到模式属的名称后或同义词的词干后以组成族群名称）

Tamarindus 酸豆属（豆科）（39：p216）：tamarindus 印度干枣；tamar 干枣；indus 印度的（地名）

Tamarindus indica 酸豆：indica 印度的（地名）；-icus/ -icum/ -ica 属于，具有某种特性（常用于地名、起源、生境）

Tamarix 柽柳属（柽 chēng）（柽柳科）（50-2：p146）：tamarix ← Tamaris 塔马里斯河的（河流名，源于法国南部比利牛斯山脉）

Tamarix androssowii 白花柽柳：androssowii（人名）；-ii 表示人名，接在以辅音字母结尾的人名后面，但 -er 除外

Tamarix aphylla 无叶柽柳：aphyllus 无叶的；a-/ an- 无，非，没有，缺乏，不具有（an- 用于元音前）（a-/ an- 为希腊语词首，对应的拉丁语词首为 e-/ ex-，相当于英语的 un-/ -less，注意词首 a- 和作为介词的 a/ ab 不同，后者的意思是"从……、由……、关于……、因为……"）；phyllus/ phyllum/ phylla ← phyllon 叶片（用于希腊语复合词）

Tamarix arceuthoides 密花柽柳：Arceuthobium 油杉寄生属（桑寄生科）；-oides/ -oideus/ -oideum/ -oidea/ -odes/ -eidos 像……的，类似……的，呈……状的（名词词尾）

Tamarix austromongolica 甘蒙柽柳：austromongolica 南蒙古的；austro-/ austr- 南方的，南半球的，大洋洲的；auster 南方，南风；mongolia 蒙古；-icus/ -icum/ -ica 属于，具有某种特性（常用于地名、起源、生境）

Tamarix chinensis 柽柳：chinensis = china + ensis 中国的（地名）；China 中国

Tamarix elongata 长穗柽柳：elongatus 伸长的，延长的；elongare 拉长，延长；longus 长的，纵向的；e-/ ex- 不，无，非，缺乏，不具有（e- 用在辅音字母前，ex- 用在元音字母前，为拉丁语词首，对应的希腊语词首为 a-/ an-，英语为 un-/ -less，注意作词首用的 e-/ ex- 和介词 e/ ex 意思不同，后者意为"出自、从……、由……离开、由于、依照"）

Tamarix gansuensis 甘肃柽柳：gansuensis 甘肃的（地名）

Tamarix gracilis 翠枝柽柳：gracilis 细长的，纤弱的，丝状的

Tamarix hispida 刚毛柽柳：hispidus 刚毛的，鬃毛状的

Tamarix hohenackeri 多花柽柳：hohenackeri（人名）；-eri 表示人名，在以 -er 结尾的人名后面加上 i 形成

Tamarix jintaenia 金塔柽柳：jintaenia 金塔的（地名，甘肃省，已修订为 jintaensis）

Tamarix karelinii 盐地柽柳：karelinii ← Grigorii Silich（Silovich）Karelin（人名，19 世纪俄国博物学家）；-ii 表示人名，接在以辅音字母结尾的人名后面，但 -er 除外

Tamarix laxa 短穗柽柳：laxus 稀疏的，松散的，宽松的

Tamarix laxa var. laxa 短穗柽柳-原变种（词义见上面解释）

Tamarix laxa var. polystachya 伞花短穗柽柳：poly- ← polys 多数，很多的，多的（希腊语）；stachy-/ stachyo-/ -stachys/ -stachyus/ -stachyum/ -stachya 穗子，穗子的，穗子状的，穗状花序的；Polystachya 多穗兰属（兰科）

Tamarix leptostachys 细穗柽柳：leptostachys 细长总状花序的，细长花穗的；leptus ← leptos 细的，薄的，瘦小的，狭长的；stachy-/ stachyo-/ -stachys/ -stachyus/ -stachyum/ -stachya 穗子，穗子的，穗子状的，穗状花序的

Tamarix mongolica 蒙古柽柳：mongolica 蒙古的（地名）；mongolia 蒙古的（地名）；-icus/ -icum/ -ica 属于，具有某种特性（常用于地名、起源、生境）

Tamarix ramosissima 多枝柽柳：ramosus = ramus + osus 分枝极多的；ramus 分枝，枝条；-osus/ -osum/ -osa 多的，充分的，丰富的，显著发育的，程度高的，特征明显的（形容词词尾）；-issimus/ -issima/ -issimum 最，非常，极其（形容词最高级）

Tamarix sachuensis 莎车柽柳（莎 shā）：sachuensis 莎车的（地名，新疆维吾尔自治区，已修订为 sachensis）

Tamarix taklamakanensis 沙生柽柳：taklamakanensis 塔克拉玛干的（地名，新疆维吾尔自治区）

Tamarix tarimensis 塔里木柽柳：tarimensis 塔里木的（地名，新疆维吾尔自治区）

Tamarix tenuissima 纤细柽柳：tenui- ← tenuis 薄的，纤细的，弱的，瘦的，窄的；-issimus/ -issima/ -issimum 最，非常，极其（形容词最高级）

Tanacetum 菊蒿属（菊科）（76-1：p75）：tanacetum（菊蒿属一种的古拉丁名）

Tanacetum barclayanum 阿尔泰菊蒿：barclayanum ← Robert Barclay（人名，19 世纪英国植物学家、园艺学家）

Tanacetum crassipes 密头菊蒿：crassi- ← crassus 厚的，粗的，多肉质的；pes/ pedis 柄，梗，茎秆，腿，足，爪（作词首或词尾，pes 的词干视为"ped-"）

Tanacetum karelinii（卡氏菊蒿）：karelinii ← Grigorii Silich（Silovich）Karelin（人名，19 世纪

俄国博物学家）；-ii 表示人名，接在以辅音字母结尾的人名后面，但 -er 除外

Tanacetum parthenifolium 伞房匹菊（另见 Pyrethrum parthenifolium）：Parthenium 银胶菊属（菊科）；folius/ folium/ folia 叶，叶片（用于复合词）

Tanacetum santolina 散头菊蒿：santolinus 圣麻的（亚麻一种）

Tanacetum scopulorum 岩菊蒿：scopulorum 岩石，峭壁；scopulus 带棱角的岩石，岩壁，峭壁；-orum 属于……的（第二变格法名词复数所有格词尾，表示群落或多数）

Tanacetum tanacetoides 伞房菊蒿：Tanacetum 菊蒿属（菊科）；-oides/ -oideus/ -oideum/ -oidea/ -odes/ -eidos 像……的，类似……的，呈……状的（名词词尾）

Tanacetum vulgare 菊蒿：vulgaris 常见的，普通的，分布广的；vulgus 普通的，到处可见的

Tanakaea 峨屏草属（虎耳草科）（34-2：p233）：tanakaea ← Y. Tanaka 田中芳男（人名，1838–1915，日本植物学家）

Tanakaea omeiensis 峨屏草：omeiensis 峨眉山的（地名，四川省）

Tangtsinia 金佛山兰属（兰科）（17：p73）：tangtsinia ← Tangtsin 唐进（人名，中国植物学家）

Tangtsinia nanchuanica 金佛山兰：nanchuanica 南川的（地名，重庆市）；-icus/ -icum/ -ica 属于，具有某种特性（常用于地名、起源、生境）

Tapeinidium 达边蕨属（陵齿蕨科）（2：p278）：tapeinos 低矮的；-odium ← -oides 相似，近似，类似，稍微，略微

Tapeinidium pinnatum 达边蕨：pinnatus = pinnus + atus 羽状的，具羽的；pinnus/ pennus 羽毛，羽状，羽片；-atus/ -atum/ -ata 属于，相似，具有，完成（形容词词尾）

Taphrospermum 沟子荠属（荠 jì）（十字花科）（33：p398）：taphros 壕沟，沟槽；spermus/ spermum/ sperma 种子的（用于希腊语复合词）

Taphrospermum altaicum 沟子荠：altaicum 阿尔泰的（地名，新疆北部山脉）

Taphrospermum altaicum var. altaicum 沟子荠-原变种（词义见上面解释）

Taphrospermum altaicum var. magnicarpum 大果沟子荠：magn-/ magni- 大的；carpus/ carpum/ carpa/ carpon ← carpos 果实（用于希腊语复合词）

Tapiscia 瘿椒树属（瘿 yīng）（省沽油科）（46：p17）：tapiscia ← Pistacia（黄连木属改缀）

Tapiscia lichunensis 利川瘿椒树：lichunensis 利川的（地名，湖北省）

Tapiscia sinensis 瘿椒树：sinensis = Sina + ensis 中国的（地名）；Sina 中国

Tapiscia sinensis var. macrocarpa 大果瘿椒树：macro-/ macr- ← macros 大的，宏观的（用于希腊语复合词）；carpus/ carpum/ carpa/ carpon ← carpos 果实（用于希腊语复合词）

Tapiscia sinensis var. sinensis 瘿椒树-原变种（词义见上面解释）

T

Tapiscia yunnanensis 云南瘿椒树：yunnanensis 云南的（地名）

Taraxacum 蒲公英属（菊科）（80-2：p1）：taraxacum ← tharakhchakon 苦草（阿拉伯语）

Taraxacum alatopetiolum 翼柄蒲公英：alatus → ala-/ alat-/ alati-/ alato- 翅，具翅的，具翼的；petiolatus = petiolus + atus 具叶柄的；petiolus 叶柄

Taraxacum altaicum 阿尔泰蒲公英：altaicum 阿尔泰的（地名，新疆北部山脉）

Taraxacum altune 阿尔金蒲公英：altune（地名）

Taraxacum antungense 丹东蒲公英：antungense 安东的（地名，辽宁省丹东市的旧称）

Taraxacum apargiaeforme 天全蒲公英：apargiaeforme = Apargia + forme 形似 Apargia 的（注：以属名作复合词时原词尾变形后的 i 要保留，不能用所有格词尾，故该词宜改为"apargiiforme"）；Apargia（菊科一属名）；forme = forma 形状

Taraxacum asiaticum 亚洲蒲公英：asiaticum 亚洲的（地名）；-aticus/ -aticum/ -atica 属于，表示生长的地方，作名词词尾

Taraxacum bessarabicum 窄苞蒲公英：bessarabicum ← Bessarabia 比萨拉比亚（地名，现摩尔多瓦共和国）

Taraxacum bicorne 双角蒲公英：bicorne 双角的；bi-/ bis- 二，二数，二回（希腊语为 di-）；corne ← cornis 角，犄角

Taraxacum borealisinense 华蒲公英：borealisinense 华北的（地名）；borealis 北方的；sinense = Sina + ense 中国的（地名）；Sina 中国

Taraxacum brassicaefolium 芥叶蒲公英：brassicaefolium 甘蓝叶状（注：组成复合词时，要将前面词的词尾 -us/ -um/ -a 变成 -i- 或 -o- 而不是所有格，故该词宜改为"brassicifolium"）；Brassica 芸薹属（十字花科）；folius/ folium/ folia 叶，叶片（用于复合词）

Taraxacum brevirostre 短喙蒲公英：brevi- ← brevis 短的（用于希腊语复合词词首）；rostre 鸟喙的，喙状的

Taraxacum calanthodium 大头蒲公英：calanthodium = calos + anthodium 美丽头花的；calos/ callos → call-/ calli-/ calo-/ callo- 美丽的；形近词：callosus = callus + osus 具硬皮的，出老茧的，包块，疙瘩；anthodium 头状花序（指菊科花序）

Taraxacum centrasiaticum 中亚蒲公英：centrasiaticus 中亚的（地名）；centro-/ centr- ← centrum 中部的，中央的；asiaticus 亚洲的（地名）；-aticus/ -aticum/ -atica 属于，表示生长的地方，作名词词尾

Taraxacum chionophilum 川西蒲公英：chionophilus 喜好雪的；chion-/ chiono- 雪，雪白色；philus/ philein ← philos → phil-/ phili-/ philo- 喜好的，爱好的，喜欢的（注意区别形近词：phylus、phyllus）；phylus/ phylum/ phyla ← phylon/ phyle 植物分类单位中的"门"，位于"界"和"纲"之间，类群，种族，部落，聚群；phyllus/ phyllum/ phylla ← phyllon 叶片（用于希腊语复合词）

Taraxacum compactum 堆叶蒲公英：compactus 小型的，压缩的，紧凑的，致密的，稠密的；pactus 压紧，紧缩；co- 联合，共同，合起来（拉丁语词首，为 cum- 的音变，表示结合、强化、完全，对应的希腊语为 syn-）；co- 的缀词音变有 co-/ com-/ con-/ col-/ cor-：co-（在 h 和元音字母前面），col-（在 l 前面），com-（在 b、m、p 之前），con-（在 c、d、f、g、j、n、qu、s、t 和 v 前面），cor-（在 r 前面）

Taraxacum coreanum 朝鲜蒲公英：coreanum 朝鲜的（地名）

Taraxacum dasypodum 丽江蒲公英：dasypodus 毛柄的，茎秆有粗毛的；dasy- ← dasys 毛茸茸的，粗毛的，毛；podus/ pus 柄，梗，茎秆，足，腿

Taraxacum dealbatum 粉绿蒲公英：dealbatus 变白的，刷白的（在较深的底色上略有白色，非纯白）；de- 向下，向外，从……，脱离，脱落，离开，去掉；albatus = albus + atus 发白的；albus → albi-/ albo- 白色的

Taraxacum dissectum 多裂蒲公英：dissectus 多裂的，全裂的，深裂的；di-/ dis- 二，二数，二分，分离，不同，在……之间，从……分开（希腊语，拉丁语为 bi-/ bis-）；sectus 分段的，分节的，切开的，分裂的

Taraxacum duplex 山东蒲公英：duplex = duo + plex 二折的，重复的，重瓣的；duo 二；plex/ plica 褶，折扇状，卷折（plex 的词干为 plic-）

Taraxacum ecornutum 无角蒲公英：ecornutus = e + cornutus 无犄角的，无角质的；e-/ ex- 不，无，非，缺乏，不具有（e- 用在辅音字母前，ex- 用在元音字母前，为拉丁语词首，对应的希腊语词首为 a-/ an-，英语为 un-/ -less，注意作词首用的 e-/ ex- 和介词 e/ ex 意思不同，后者意为"出自、从……、由……离开、由于、依照"）；cornutus = cornus + utus 犄角的，兽角的，角质的；cornus 角，犄角，兽角，角质，角质般坚硬；-utus/ -utum/ -uta（名词词尾，表示具有）

Taraxacum eriopodum 毛柄蒲公英：erion 绵毛，羊毛；podus/ pus 柄，梗，茎秆，足，腿

Taraxacum erythropodium 红梗蒲公英：erythropodius 红柄的；erythr-/ erythro- ← erythros 红色的（希腊语）；podius ← podion 腿，足，柄

Taraxacum erythrospermum 红果蒲公英：erythr-/ erythro- ← erythros 红色的（希腊语）；spermus/ spermum/ sperma 种子的（用于希腊语复合词）

Taraxacum falcilobum 兴安蒲公英：falci- ← falx 镰刀，镰刀形，镰刀状弯曲；构词规则：以 -ix/ -iex 结尾的词其词干末尾视为 -ic，以 -ex 结尾视为 -i/ -ic，其他以 -x 结尾视为 -c；lobus/ lobos/ lobon 浅裂，耳片（裂片先端钝圆），荚果，蒴果

Taraxacum forrestii 网苞蒲公英：forrestii ← George Forrest（人名，1873–1932，英国植物学家，曾在中国西部采集大量植物标本）

Taraxacum glabrum 光果蒲公英：glabrus 光秃的，无毛的，光滑的

Taraxacum glaucophyllum 苍叶蒲公英：glaucus → glauco-/ glauc- 被白粉的，发白的，灰绿

T

色的；phyllus/ phyllum/ phylla ← phyllon 叶片（用于希腊语复合词）

Taraxacum goloskokovii 小叶蒲公英：goloskokovii（人名）；-ii 表示人名，接在以辅音字母结尾的人名后面，但 -er 除外

Taraxacum grypodon 反苞蒲公英：grypos 弯曲的；odontus/ odontos → odon-/ odont-/ odonto-（可作词首或词尾）齿，牙齿状的；odous 齿，牙齿（单数，其所有格为 odontos）

Taraxacum heterolepis 异苞蒲公英：hete-/ heter-/ hetero- ← heteros 不同的，多样的，不齐的；lepis/ lepidos 鳞片

Taraxacum indicum 印度蒲公英：indicum 印度的（地名）；-icus/ -icum/ -ica 属于，具有某种特性（常用于地名、起源、生境）

Taraxacum junpeianum （顺平蒲公英）：junpeianum（人名）

Taraxacum koksaghyz 橡胶草：koksaghyz（俄语名）

Taraxacum kozlovii 大刺蒲公英：kozlovii（人名）；-ii 表示人名，接在以辅音字母结尾的人名后面，但 -er 除外

Taraxacum lamprolepis 光苞蒲公英：lamprolepis 光鳞的，鳞片发光的；lampro- 发光的，发亮的，闪亮的；lepis/ lepidos 鳞片

Taraxacum lanigerum 多毛蒲公英：lani- 羊毛状的，多毛的，密被软毛的；gerus → -ger/ -gerus/ -gerum/ -gera 具有，有，带有

Taraxacum leucanthum 白花蒲公英：leuc-/ leuco- ← leucus 白色的（如果和其他表示颜色的词混用则表示淡色）；anthus/ anthum/ antha/ anthe ← anthos 花（用于希腊语复合词）

Taraxacum licentii 山西蒲公英：licentii（人名）；-ii 表示人名，接在以辅音字母结尾的人名后面，但 -er 除外

Taraxacum lilacinum 紫花蒲公英：lilacinus 淡紫色的，丁香色的；lilacius 丁香，紫丁香；-inus/ -inum/ -ina/ -inos 相近，接近，相似，具有（通常指颜色）

Taraxacum lipskyi 小果蒲公英：lipskyi（人名）；-i 表示人名，接在以元音字母结尾的人名后面，但 -a 除外

Taraxacum longipyramidatum 长锥蒲公英：longe-/ longi- ← longus 长的，纵向的；pyramidatus 金字塔形的，三角形的，锥形的

Taraxacum ludlowii 林周蒲公英：ludlowii（人名）；-ii 表示人名，接在以辅音字母结尾的人名后面，但 -er 除外

Taraxacum lugubre 川甘蒲公英：lugubre 悲哀的

Taraxacum luridum 红角蒲公英：luridus 灰黄色的，淡黄色的

Taraxacum maurocarpum 灰果蒲公英：maurocarpum 灰色果实的；maurinus 灰色的，灰鼠色的，灰色略带红色的；carpus/ carpum/ carpa/ carpon ← carpos 果实（用于希腊语复合词）

Taraxacum minutilobum 毛叶蒲公英：minutus 极小的，细微的，微小的；lobus/ lobos/ lobon 浅裂，耳片（裂片先端钝圆），荚果，蒴果

Taraxacum mitalii 亚东蒲公英：mitalii（人名）；-ii 表示人名，接在以辅音字母结尾的人名后面，但 -er 除外

Taraxacum mongolicum 蒲公英：mongolicum 蒙古的（地名）；mongolia 蒙古的（地名）；-icus/ -icum/ -ica 属于，具有某种特性（常用于地名、起源、生境）

Taraxacum monochlamydeum 荒漠蒲公英：mono-/ mon- ← monos 一个，单一的（希腊语，拉丁语为 unus/ uni-/ uno-）；chlamydeus 包被的，花被的，覆盖的

Taraxacum multiscaposum 多莛蒲公英：multi- ← multus 多个，多数，很多（希腊语为 poly-）；scaposus 具柄的，具粗柄的；scapus （scap-/ scapi-）← skapos 主茎，树干，花柄，花轴

Taraxacum nutans 垂头蒲公英：nutans 弯曲的，下垂的（弯曲程度远大于90°）；关联词：cernuus 点头的，前屈的，略俯垂的（弯曲程度略大于90°）

Taraxacum oblanceofolium 倒披针叶蒲公英：ob- 相反，反对，倒（ob- 有多种音变：ob- 在元音字母和大多数辅音字母前面，oc- 在 c 前面，of- 在 f 前面，op- 在 p 前面）；lance-/ lancei-/ lanci-/ lanceo-/ lanc- ← lanceus 披针形的，矛形的，尖刀状的，柳叶刀状的；folius/ folium/ folia 叶，叶片（用于复合词）

Taraxacum officinale 药用蒲公英：officinalis/ officinale 药用的，有药效的；officina ← opificina 药店，仓库，作坊

Taraxacum ohwianum 东北蒲公英：ohwianum 大井次三郎（日本人名）

Taraxacum parvulum 小花蒲公英：parvulus = parvus + ulus 略小的，总体上小的；parvus → parvi-/ parv- 小的，些微的，弱的；-ulus/ -ulum/ -ula 小的，略微的，稍微的（小词 -ulus 在字母 e 或 i 之后有多种变缀，即 -olus/ -olum/ -ola、-ellus/ -ellum/ -ella、-illus/ -illum/ -illa，与第一变格法和第二变格法名词形成复合词）

Taraxacum pingue 尖角蒲公英：pingue 油脂的

Taraxacum platypecidum 白缘蒲公英：platys 大的，宽的（用于希腊语复合词）；pecidum = pexus + idus 具长毛的；pexus 毛茸茸的，绒毛的

Taraxacum platypecidum var. angustibracteatum 狭苞蒲公英：angusti- ← angustus 窄的，狭的，细的；bracteatus = bracteus + atus 具苞片的；bracteus 苞，苞片，苞鳞

Taraxacum platypecidum var. platypecidum 白缘蒲公英-原变种（词义见上面解释）

Taraxacum potaninii 玫瑰色蒲公英：potaninii ← Grigory Nikolaevich Potanin（人名，19世纪俄国植物学家）

Taraxacum przevalskii 普氏蒲公英：przevalskii ← Nicolai Przewalski（人名，19世纪俄国探险家、博物学家）

Taraxacum pseudoalpinum 山地蒲公英：pseudoalpinum 像 alpinum 的；pseudo-/ pseud- ← pseudos 假的，伪的，接近，相似（但不是）；Taraxacum alpinum 高山蒲公英；alpinus = alpus + inus 高山的；alpus 高山；al-/ alti-

T

alto- ← altus 高的，高处的；-inus/ -inum/ -ina/ -inos 相近，接近，相似，具有（通常指颜色）

Taraxacum pseudoatratum 窄边蒲公英：pseudoatratum 像 atratum 的；pseudo-/ pseud- ← pseudos 假的，伪的，接近，相似（但不是）；Taraxacum atratum 暗色蒲公英；atratus 发黑的，浓暗的，玷污的

Taraxacum pseudominutilobum 葱岭蒲公英：pseudominutilobum 像 minutilobum 的；pseudo-/ pseud- ← pseudos 假的，伪的，接近，相似（但不是）；Taraxacum minutilobum 毛叶蒲公英；minutus 极小的，细微的，微小的；lobus/ lobos/ lobon 浅裂，耳片（裂片先端钝圆），荚果，蒴果

Taraxacum pseudoroseum 绯红蒲公英（绯 fěi）：pseudoroseum 近似红色的；pseudo-/ pseud- ← pseudos 假的，伪的，接近，相似（但不是）；rosa 蔷薇（古拉丁名）← rhodon 蔷薇（希腊语）← rhodd 红色，玫瑰红（凯尔特语）；-eus/ -eum/ -ea（接拉丁语词干时）属于……的，色如……的，质如……的（表示原料、颜色或品质的相似），（接希腊语词干时）属于……的，以……出名，为……所占有（表示具有某种特性）；roseus 像玫瑰的，玫瑰色的，粉红色的

Taraxacum pseudostenoceras 长角蒲公英：pseudostenoceras 像 stenoceras 的，近似细角的；pseudo-/ pseud- ← pseudos 假的，伪的，接近，相似（但不是）；Taraxacum stenoceras 角苞蒲公英；sten-/ steno- ← stenus 窄的，狭的，薄的；-ceras/ -ceros/ cerato- ← keras 犄角，兽角，角状突起（希腊语）

Taraxacum qirae 策勒蒲公英（勒 lè）：qirae 策勒的（地名，新疆维吾尔自治区）

Taraxacum repandum 血果蒲公英（血 xuè）：repandus 细波状的，浅波状的（指叶缘略不平而呈波状，比 sinuosus 更浅）；re- 返回，相反，再次，重复，向后，回头；pandus 弯曲

Taraxacum roborovskyi 黑柱蒲公英：roborovskyi（人名）；-i 表示人名，接在以元音字母结尾的人名后面，但 -a 除外

Taraxacum roseoflavescens 二色蒲公英：roseus = rosa + eus 像玫瑰的，玫瑰色的，粉红色的；rosei-/ roseo- 玫瑰，玫瑰红色；flavescens 淡黄的，发黄的，变黄的；flavus → flavo-/ flavi-/ flav- 黄色的，鲜黄色的，金黄色的（指纯正的黄色）；-escens/ -ascens 改变，转变，变成，略微，带有，接近，相似，大致，稍微（表示变化的趋势，并未完全相似或相同，有别于表示达到完成状态的 -atus）

Taraxacum sherriffii 拉萨蒲公英：sherriffii ← Major George Sherriff（人名，20 世纪探险家，曾和 Frank Ludlow 一起考察西藏东南地区）

Taraxacum sikkimense 锡金蒲公英：sikkimense 锡金的（地名）

Taraxacum sinomongolicum 凸尖蒲公英：sinomongolicum 中国蒙古的（指分布区）；sino- 中国；mongolicum 蒙古的（地名）

Taraxacum sinotianschanicum 东天山蒲公英：sinotianschanicum 中国天山的；sino- 中国；tianschanicum 天山的（地名，新疆维吾尔自治区）

Taraxacum stanjukoviczii 和田蒲公英：

stanjukoviczii（人名）；-ii 表示人名，接在以辅音字母结尾的人名后面，但 -er 除外

Taraxacum stenoceras 角苞蒲公英：sten-/ steno- ← stenus 窄的，狭的，薄的；-ceras/ -ceros/ cerato- ← keras 犄角，兽角，角状突起（希腊语）

Taraxacum stenolobum 深裂蒲公英：stenolobus = stenus + lobus 细裂的，窄裂的，细英的；sten-/ steno- ← stenus 窄的，狭的，薄的；lobus/ lobos/ lobon 浅裂，耳片（裂片先端钝圆），荚果，蒴果

Taraxacum subcoronatum 亚心蒲公英：subcoronatus 近似有花冠的；sub-（表示程度较弱）与……类似，几乎，稍微，弱，亚，之下，下面；coronatus 冠，具花冠的；coron- 冠，冠状

Taraxacum suberiopodum 滇北蒲公英：suberiopodus 木栓状柄的；suber- 木栓质的；-ius/ -ium/ -ia 具有……特性的（表示有关、关联、相似）；podus/ pus 柄，梗，茎秆，足，腿

Taraxacum subglaciale 寒生蒲公英：subglaciale 近冰川的；sub-（表示程度较弱）与……类似，几乎，稍微，弱，亚，之下，下面；glaciale ← glacialis 冰的，冰雪地带的，冰川的

Taraxacum sumneviczii 紫果蒲公英：sumneviczii（人名）；-ii 表示人名，接在以辅音字母结尾的人名后面，但 -er 除外

Taraxacum tianschanicum 天山蒲公英：tianschanicum 天山的（地名，新疆维吾尔自治区）；-icus/ -icum/ -ica 属于，具有某种特性（常用于地名、起源、生境）

Taraxacum tibetanum 藏蒲公英：tibetanum 西藏的（地名）

Taraxacum variegatum 斑叶蒲公英：variegatus = variego + atus 有彩斑的，有条纹的，杂食的，杂色的；variego = varius + ago 染上各种颜色，使成五彩缤纷的，装饰，点缀，使闪出五颜六色的光彩，变化，变更，不同；varius = varus + ius 各种各样的，不同的，多型的，易变的；varus 不同的，变化的，外弯的，凸起的；-ius/ -ium/ -ia 具有……特性的（表示有关、关联、相似）；-ago 表示相似或联系，如 plumbago，铅的一种（来自 plumbum 铅），来自 -go；-go 表示一种能做工作的力量，如 vertigo，也表示事态的变化或者一种事态、趋向或病态，如 robigo（红的情况，变红的趋势，因而是铁锈），aerugo（铜锈），因此它变成一个表示具有某种质的属性的构词元素，如 lactago（具有乳浆的草），或相似性，如 ferulago（近似 ferula，阿魏）、canilago（一种 canila）

Taraxacum xinyuanicum 新源蒲公英：xinyuanicum 新源的（地名，新疆维吾尔自治区）；-icus/ -icum/ -ica 属于，具有某种特性（常用于地名、起源、生境）

Tarenna 乌口树属（茜草科）（71-1：p370）：tarenna（人名）

Tarenna acutisepala 尖萼乌口树：acutisepalus 尖萼的；acuti-/ acu- ← acutus 锐尖的，针尖的，刺尖的，锐角的；sepalus/ sepalum/ sepala 萼片（用于复合词）

Tarenna attenuata 假桂乌口树：attenuatus = ad + tenuis + atus 渐尖的，渐狭的，变细的，变弱

的；ad- 向，到，近（拉丁语词首，表示程度加强）；构词规则：构成复合词时，词首末尾的辅音字母常同化为紧接其后的那个辅音字母（如 ad + t → att）；tenuis 薄的，纤细的，弱的，瘦的，窄的

Tarenna austrosinensis 华南乌口树：austrosinensis 华南的（地名）；austro-/ austr- 南方的，南半球的，大洋洲的；auster 南方，南风；sinensis = Sina + ensis 中国的（地名）；Sina 中国

Tarenna depauperata 白皮乌口树：depauperatus 萎缩的，衰弱的，瘦弱的；de- 向下，向外，从……，脱离，脱落，离开，去掉；paupera 瘦弱的，贫穷的

Tarenna gracilipes 薄叶玉心花：gracilis 细长的，纤弱的，丝状的；pes/ pedis 柄，梗，茎秆，腿，足，爪（作词首或词尾，pes 的词干视为"ped-"）

Tarenna lanceolata 广西乌口树：lanceolatus = lanceus + olus + atus 小披针形的，小柳叶刀的；lance-/ lancei-/ lanci-/ lanceo-/ lanc- ← lanceus 针形的，矛形的，尖刀状的，柳叶刀状的；-olus ← -ulus 小，稍微，略微（-ulus 在字母 e 或 i 之后变成 -olus/ -ellus/ -illus）；-atus/ -atum/ -ata 属于，相似，具有，完成（形容词词尾）

Tarenna lancilimba 披针叶乌口树：lance-/ lancei-/ lanci-/ lanceo-/ lanc- ← lanceus 披针形的，矛形的，尖刀状的，柳叶刀状的；limbus 冠檐，萼檐，瓣片，叶片

Tarenna laticorymbosa 宽序乌口树：lati-/ late- ← latus 宽的，宽广的；corymbosus = corymbus + osus 伞房花序的；corymbus 伞形的，伞状的

Tarenna laui 崖州乌口树（崖 yá）：laui ← Alfred B. Lau（人名，21 世纪仙人掌植物采集员）；-i 表示人名，接在以元音字母结尾的人名后面，但 -a 除外

Tarenna mollissima 白花苦灯笼（笼 lóng）：molle/ mollis 软的，柔毛的；-issimus/ -issima/ -issimum 最，非常，极其（形容词最高级）

Tarenna polysperma 多籽乌口树：poly- ← polys 多个，许多（希腊语，拉丁语为 multi-）；spermus/ spermum/ sperma 种子的（用于希腊语复合词）

Tarenna pubinervis 滇南乌口树：pubi- ← pubis 细柔毛的，短柔毛的，毛被的；nervis ← nervus 脉，叶脉

Tarenna sinica 长梗乌口树：sinica 中国的（地名）；-icus/ -icum/ -ica 属于，具有某种特性（常用于地名、起源、生境）

Tarenna tsangii 海南乌口树：tsangii（人名）；-ii 表示人名，接在以辅音字母结尾的人名后面，但 -er 除外

Tarenna tsangii f. elliptica 椭圆叶乌口树：ellipticus 椭圆形的；-ticus/ -ticum/ tica/ -ticos 表示属于，关于，以……著称，作形容词词尾

Tarenna tsangii f. tsangii 海南乌口树-原变型 （词义见上面解释）

Tarenna wangii 长叶乌口树：wangii（人名）；-ii 表示人名，接在以辅音字母结尾的人名后面，但 -er 除外

Tarenna yunnanensis 云南乌口树：yunnanensis 云南的（地名）

Tarenna zeylanica 锡兰玉心花：zeylanicus 锡兰（斯里兰卡，国家名）；-icus/ -icum/ -ica 属于，具有

某种特性（常用于地名、起源、生境）

Tarennoidea 岭罗麦属（茜草科）（71-1：p356）：Tarenna 乌口树属；-oides/ -oideus/ -oideum/ -oidea/ -odes/ -eidos 像……的，类似……的，呈……状的（名词词尾）

Tarennoidea wallichii 岭罗麦：wallichii ← Nathaniel Wallich（人名，19 世纪初丹麦植物学家、医生）

Tarphochlamys 肖笼鸡属（肖笼 xiào lóng）（爵床科）（70：p105）：tarphos 丛林；chlamys 花被，包被，外罩，被盖

Tarphochlamys affinis 肖笼鸡：affinis = ad + finis 酷似的，近似的，有联系的；ad- 向，到，近（拉丁语词首，表示程度加强）；构词规则：构成复合词时，词首末尾的辅音字母常同化为紧接其后的那个辅音字母（如 ad + f → aff）；finis 界限，境界；affin- 相似，近似，相关

Tarphochlamys darrisii 贵州肖笼鸡：darrisii（人名）；-ii 表示人名，接在以辅音字母结尾的人名后面，但 -er 除外

Tauscheria 舟果荠属（荠 jì）（十字花科）（33：p112）：tauscheria ← G. Tauscher（人名，1823–1882，匈牙利植物学家）（除 -er 外，以辅音字母结尾的人名用作属名时在末尾加 -ia，如果人名词尾为 -us 则将词尾变成 -ia）

Tauscheria lasiocarpa 舟果荠：lasi-/ lasio- 羊毛状的，有毛的，粗糙的；carpus/ carpum/ carpa/ carpon ← carpos 果实（用于希腊语复合词）

Tauscheria lasiocarpa var. gymnocarpa 光果舟果荠：gymn-/ gymno- ← gymnos 裸露的；carpus/ carpum/ carpa/ carpon ← carpos 果实（用于希腊语复合词）

Tauscheria lasiocarpa var. lasiocarpa 舟果荠-原变种 （词义见上面解释）

Taxaceae 红豆杉科（7：p437）：Taxus 红豆杉属（紫杉属）；-aceae（分类单位科的词尾，为 -aceus 的阴性复数主格形式，加到模式属的名称后或同义词的词干后以组成族群名称）

Taxillus 钝果寄生属（桑寄生科）（24：p119）：taxillus 像紫杉的

Taxillus balansae 栗毛钝果寄生：balansae ← Benedict Balansa（人名，19 世纪法国植物采集员）；-ae 表示人名，以 -a 结尾的人名后面加上 -e 形成

Taxillus caloreas 松柏钝果寄生：caloreas（土名）

Taxillus caloreas var. caloreas 松柏钝果寄生-原变种 （词义见上面解释）

Taxillus caloreas var. fargesii 显脉钝果寄生：fargesii ← Pere Paul Guillaume Farges（人名，19 世纪中叶至 20 世纪活动于中国的法国传教士，植物采集员）

Taxillus chinensis 广寄生：chinensis = china + ensis 中国的（地名）；China 中国

Taxillus delavayi 柳叶钝果寄生：delavayi ← P. J. M. Delavay（人名，1834–1895，法国传教士，曾在中国采集植物标本）；-i 表示人名，接在以元音字母结尾的人名后面，但 -a 除外

Taxillus kaempferi 小叶钝果寄生：kaempferi ← Engelbert Kaempfer（人名，德国医生、植物学家，

曾在东亚地区做大量考察）；-eri 表示人名，在以 -er 结尾的人名后面加上 i 形成

Taxillus kaempferi var. grandiflorus 黄杉钝果寄生：grandi- ← grandis 大的；florus/ florum/ flora ← flos 花（用于复合词）

Taxillus kaempferi var. kaempferi 小叶钝果寄生-原变种 （词义见上面解释）

Taxillus levinei 锈毛钝果寄生：levinei ← N. D. Levine（人名）

Taxillus limprichtii 木兰寄生：limprichtii（人名）；-ii 表示人名，接在以辅音字母结尾的人名后面，但 -er 除外

Taxillus limprichtii var. limprichtii 木兰寄生-原变种 （词义见上面解释）

Taxillus limprichtii var. liquidambaricolus 显脉木兰寄生：liquidambaricolus 生于枫香树上的；Liquidambar 枫香树属（金缕梅科）；colus ← colo 分布于，居住于，栖居，殖民（常作词尾）；colo/ colere/ colui/ cultum 居住，耕作，栽培

Taxillus limprichtii var. longiflorus 亮叶木兰寄生：longe-/ longi- ← longus 长的，纵向的；florus/ florum/ flora ← flos 花（用于复合词）

Taxillus nigrans 毛叶钝果寄生：nigrans = nigrus + ans 涂黑的，黑色的；niger 黑色的；-ans/ -ens/ -bilis/ -ilis 能够，可能（为形容词词尾，-ans/ -ens 用于主动语态，-bilis/ -ilis 用于被动语态）

Taxillus pseudochinensis 高雄钝果寄生：pseudochinensis 像 chinensis 的；pseudo-/ pseud- ← pseudos 假的，伪的，接近，相似（但不是）；Swertia chinensis 中国獐芽菜

Taxillus sericus 龙陵钝果寄生：sericus 绢丝的，绢毛的，赛尔人的（Ser 为印度一民族）

Taxillus sutchuenensis 桑寄生：sutchuenensis 四川的（地名）

Taxillus sutchuenensis var. duclouxii 灰毛桑寄生：duclouxii（人名）；-ii 表示人名，接在以辅音字母结尾的人名后面，但 -er 除外

Taxillus sutchuenensis var. sutchuenensis 桑寄生-原变种 （词义见上面解释）

Taxillus theifer 台湾钝果寄生：theifer 具茶的，可制茶的；thei ← thi 茶（中文土名）；-ferus/ -ferum/ -fera/ -fero/ -fere/ -fer 有，具有，产（区别：作独立词使用的 ferus 意思是"野生的"）

Taxillus thibetensis 滇藏钝果寄生：thibetensis 西藏的（地名）

Taxillus umbelifer 伞花钝果寄生：umbelifer 具伞的，具伞形花序的；umbeli-/ umbelli- 伞形花序；-ferus/ -ferum/ -fera/ -fero/ -fere/ -fer 有，具有，产（区别：作独立词使用的 ferus 意思是"野生的"）

Taxillus vestitus 短梗钝果寄生：vestitus 包被的，覆盖的，被柔毛的，袋状的

Taxodiaceae 杉科（7：p281）：Taxodium 落羽松属；-aceae（分类单位科的词尾，为 -aceus 的阴性复数主格形式，加到模式属的名称后或同义词的词干后以组成族群名称）

Taxodium 落羽杉属（杉科）（7：p303）：Taxus 红豆杉属（紫杉属）；-dium ← eidos 相似

Taxodium ascendens 池杉：ascendens/ adscendens 上升的，向上的；反义词：descendens 下降着的

Taxodium ascendens cv. Nutans 垂枝池杉：nutans 弯曲的，下垂的（弯曲程度远大于 90°）；关联词：cernuus 点头的，前屈的，略俯垂的（弯曲程度略大于 90°）

Taxodium ascendens cv. Xianyechisha 线叶池杉：xianyechisha 线叶池杉（中文品种名）

Taxodium ascendens cv. Yuyechisha 羽叶池杉：yuyechisha 羽叶池杉（中文品种名）

Taxodium ascendens cv. Zhuiyechisha 锥叶池杉：zhuiyechisha 锥叶池杉（中文品种名）

Taxodium distichum 落羽杉：distichus 二列的；di-/ dis- 二，二数，二分，分离，不同，在……之间，从……分开（希腊语，拉丁语为 bi-/ bis-）；stichus ← stichon 行列，队列，排列

Taxodium mucronatum 墨西哥落羽杉：mucronatus = mucronus + atus 具短尖的，有微突起的；mucronus 短尖头，微突；-atus/ -atum/ -ata 属于，相似，具有，完成（形容词词尾）

Taxopsida 红豆杉纲（紫杉纲）：Taxaceae 红豆杉科；-opsida（分类单位纲的词尾）；classis 分类纲（位于门之下）

Taxus 红豆杉属（紫杉属）（红豆杉科）（7：p438）：taxus ← taxon 弓（希腊语，指木材可以制弓）

Taxus chinensis 红豆杉：chinensis = china + ensis 中国的（地名）；China 中国

Taxus chinensis var. chinensis 红豆杉-原变种 （词义见上面解释）

Taxus chinensis var. mairei 南方红豆杉：mairei（人名）；Edouard Ernest Maire（人名，19 世纪活动于中国云南的传教士）；Rene C. J. E. Maire 人名（20 世纪阿尔及利亚植物学家，研究北非植物）；-i 表示人名，接在以元音字母结尾的人名后面，但 -a 除外

Taxus cuspidata 东北红豆杉：cuspidatus = cuspis + atus 尖头的，凸尖的；构词规则：词尾为 -is 和 -ys 的词的词干分别视为 -id 和 -yd；cuspis（所有格为 cuspidis）齿尖，凸尖，尖头；-atus/ -atum/ -ata 属于，相似，具有，完成（形容词词尾）

Taxus wallichiana 西藏红豆杉：wallichiana ← Nathaniel Wallich（人名，19 世纪初丹麦植物学家、医生）

Taxus yunnanensis 云南红豆杉：yunnanensis 云南的（地名）

Tecomaria 硬骨凌霄属（紫薇科）（69：p62）：tecomaria = Tecoma + arius 像 Tecoma 的（Tecoma 为紫葳科一属名）；-arius/ -arium/ -aria 相似，属于（表示地点，场所，关系，所属）

Tecomaria capensis 硬骨凌霄：capensis 好望角的（地名，非洲南部）

Tectaria 叉蕨属（叉 chā）（叉蕨科）（6-1：p64）：tectaria ← tectum 屋顶（指有屋顶一样的盖）；-arius/ -arium/ -aria 相似，属于（表示地点，场所，关系，所属）

Tectaria coadunata 大齿叉蕨：coadnatus/ coadunatus 合生的，连着的，贴生的，混在一起的；adnatus/ adunatus 贴合的，贴生的，贴满的，全长

附着的，广泛附着的，连着的；co- 联合，共同，合起来（拉丁语词首，为 cum- 的音变，表示结合、强化、完全，对应的希腊语为 syn-）；co- 的缀词音变有 co-/ com-/ con-/ col-/ cor-：co-（在 h 和元音字母前面），col-（在 l 前面），com-（在 b、m、p 之前），con-（在 c、d、f、g、j、n、qu、s、t 和 v 前面），cor-（在 r 前面）

Tectaria consimilis 棕柄叉蕨：consimilis = co + similis 非常相似的；co- 联合，共同，合起来（拉丁语词首，为 cum- 的音变，表示结合、强化、完全，对应的希腊语为 syn-）；co- 的缀词音变有 co-/ com-/ con-/ col-/ cor-：co-（在 h 和元音字母前面），col-（在 l 前面），com-（在 b、m、p 之前），con-（在 c、d、f、g、j、n、qu、s、t 和 v 前面），cor-（在 r 前面）；similis 相似的

Tectaria decurrens 下延叉蕨：decurrens 下延的；decur- 下延的

Tectaria decurrenti-alata 翅柄叉蕨：decurrenti-alata 具下延翼的；decurrentus 下延的；alatus → ala-/ alat-/ alati-/ alato- 翅，具翅的，具翼的

Tectaria dubia 大叶叉蕨：dubius 可疑的，不确定的

Tectaria ebenina 黑柄叉蕨：ebeninus 黑色的，像乌木的；ebenus 黑色的；-inus/ -inum/ -ina/ -inos 相近，接近，相似，具有（通常指颜色）

Tectaria fauriei 芽孢叉蕨：fauriei ← L'Abbe Urbain Jean Faurie（人名，19 世纪活动于日本的法国传教士、植物学家）

Tectaria fengii 阔羽叉蕨：fengii（人名）；-ii 表示人名，接在以辅音字母结尾的人名后面，但 -er 除外

Tectaria griffithii 鳞柄叉蕨：griffithii ← William Griffith（人名，19 世纪印度植物学家，加尔各答植物园主任）

Tectaria grossedentata 粗齿叉蕨：grosse-/ grosso- ← grossus 粗大的，肥厚的；dentatus = dentus + atus 牙齿的，齿状的，具齿的；dentus 齿，牙齿；-atus/ -atum/ -ata 属于，相似，具有，完成（形容词词尾）

Tectaria hainanensis 海南叉蕨：hainanensis 海南的（地名）

Tectaria hekouensis 河口叉蕨：hekouensis 河口的（地名，云南省）

Tectaria kwarenkoensis 花莲三叉蕨：kwarenkoensis 花莲港的（地名，台湾省花莲县）

Tectaria kweichowensis 贵州叉蕨：kweichowensis 贵州的（地名）

Tectaria leptophylla 剑叶叉蕨：leptus ← leptos 细的，薄的，瘦小的，狭长的；phyllus/ phyllum/ phylla ← phyllon 叶片（用于希腊语复合词）

Tectaria media 中形叉蕨：medius 中间的，中央的

Tectaria phaeocaulis 条裂叉蕨：phaeus(phaios) → phae-/ phaeo-/ phai-/ phaio 暗色的，褐色的，灰蒙蒙的；caulis ← caulos 茎，茎秆，主茎

Tectaria polymorpha 多形叉蕨：polymorphus 多形的；poly- ← polys 多个，许多（希腊语，拉丁语为 multi-）；morphus ← morphos 形状，形态

Tectaria polymorpha var. polymorpha 多形叉蕨-原变种 （词义见上面解释）

Tectaria polymorpha var. subcuneata 狭基叉蕨：subcuneatus 近楔形的；sub-（表示程度较弱）与……类似，几乎，稍微，弱，亚，之下，下面；cuneatus = cuneus + atus 具楔子的，属楔形的；cuneus 楔子的；-atus/ -atum/ -ata 属于，相似，具有，完成（形容词词尾）

Tectaria quinquefida 五裂叉蕨：quin-/ quinqu-/ quinque-/ quinqui- 五，五数（希腊语为 penta-）；fidus ← findere 裂开，分裂（裂深不超过 1/3，常作词尾）

Tectaria remotipinna 疏羽叉蕨：remotipinnus 疏离羽片的；remotus 分散的，分开的，稀疏的，远距离的；pinnus/ pennus 羽毛，羽状，羽片

Tectaria simaoensis 思茅叉蕨：simaoensis 思茅的（地名，云南省）

Tectaria simonsii 燕尾叉蕨：simonsii（人名）；-ii 表示人名，接在以辅音字母结尾的人名后面，但 -er 除外

Tectaria simulans 中间叉蕨：simulans 仿造的，模仿的；simulo/ simuilare/ simulatus 模仿，模拟，伪装

Tectaria subpedata 掌状叉蕨：subpedatus 近似鸟足形的；sub-（表示程度较弱）与……类似，几乎，稍微，弱，亚，之下，下面；pedatus 鸟足形的；pes/ pedis 柄，梗，茎秆，腿，足，爪（作词首或词尾，pes 的词干视为 "ped-"）

Tectaria subtriphylla 三叉蕨：subtriphyllus 近三叶的；sub-（表示程度较弱）与……类似，几乎，稍微，弱，亚，之下，下面；tri-/ tripli-/ triplo- 三个，三数；phyllus/ phyllum/ phylla ← phyllon 叶片（用于希腊语复合词）

Tectaria variabilis 多变叉蕨：variabilis 多种多样的，易变化的，多型的；varius = varus + ius 各种各样的，不同的，多型的，易变的；varus 不同的，变化的，外弯的，凸起的；-ius/ -ium/ -ia 具有……特性的（表示有关、关联、相似）；-ans/ -ens/ -bilis/ -ilis 能够，可能（为形容词词尾，-ans/ -ens 用于主动语态，-bilis/ -ilis 用于被动语态）

Tectaria variolosa 疣状叉蕨：variolosus = varius + ulus + osus 斑孔的，杂色的；varius = varus + ius 各种各样的，不同的，多型的，易变的；varus 不同的，变化的，外弯的，凸起的；-ius/ -ium/ -ia 具有……特性的（表示有关、关联、相似）；-ulus/ -ulum/ -ula 小的，略微的，稍微的（小词 -ulus 在字母 e 或 i 之后有多种变缀，即 -olus/ -olum/ -ola、-ellus/ -ellum/ -ella、-illus/ -illum/ -illa，与第一变格法和第二变格法名词形成复合词）；-osus/ -osum/ -osa 多的，充分的，丰富的，显著发育的，程度高的，特征明显的（形容词词尾）

Tectaria yunnanensis 云南叉蕨：yunnanensis 云南的（地名）

Tectona 柚木属（柚 yóu，在此不读 "yòu"）（马鞭草科）（65-1：p79）：tectona ← tecton 木匠（希腊语）（指木材可加工）

Tectona grandis 柚木：grandis 大的，大型的，宏大的

Telosma 夜来香属（萝藦科）（63：p435）：telosma = tele + osme 远处飘香的，飘香很远的；tele 遥远的

（希腊语）；osmus/ osmum/ osma ← osme → osm-/ osmo-/ osmi- 香味，气味（希腊语）

Telosma cathayensis 华南夜来香：cathayensis ← Cathay ← Khitay/ Khitai 中国的，契丹的（地名，10–12 世纪中国北方契丹人的领域，辽国前身，多用来代表中国，俄语称中国为 Kitay）

Telosma cordata 夜来香：cordatus ← cordis/ cor 心脏的，心形的；-atus/ -atum/ -ata 属于，相似，具有，完成（形容词词尾）

Telosma pallida 台湾夜来香：pallidus 苍白的，淡白色的，淡色的，蓝白色的，无活力的；palide 淡地，淡色地（反义词：sturate 深色地，浓色地，充分地，丰富地，饱和地）

Telosma procumbens 卧茎夜来香：procumbens 俯卧的，匍匐的，倒伏的；procumb- 俯卧，匍匐，倒伏；-ans/ -ens/ -bilis/ -ilis 能够，可能（为形容词词尾，-ans/ -ens 用于主动语态，-bilis/ -ilis 用于被动语态）

Tenacistachya 坚轴草属（禾本科）（10-2：p26）：tenax 顽强的，坚强的，强力的，黏性强的，抓住的；stachy-/ stachyo-/ -stachys/ -stachyus/ -stachyum/ -stachya 穗子，穗子的，穗子状的，穗状花序的

Tenacistachya minor 小坚轴草：minor 较小的，更小的

Tenacistachya sichuanensis 坚轴草：sichuanensis 四川的（地名）

Tengia 世纬苣苔属（苦苣苔科）（69：p136）：tengia 邓世伟（人名，中国植物学家）

Tengia scopulorum 世纬苣苔：scopulorum 岩石，峭壁；scopulus 带棱角的岩石，岩壁，峭壁；-orum 属于……的（第二变格法名词复数所有格词尾，表示群落或多数）

Tephroseris 狗舌草属（菊科）（77-1：p141）：tephroseris 比菊苣更灰的（指密被白毛）；tephros 灰色的，火山灰的；seris 菊苣

Tephroseris adenolepis 腺苞狗舌草：adenolepis 腺鳞的；aden-/ adeno- ← adenus 腺，腺体；lepis/ lepidos 鳞片

Tephroseris changii 莲座狗舌草：changii（人名）；-ii 表示人名，接在以辅音字母结尾的人名后面，但 -er 除外

Tephroseris flammea 红轮狗舌草：flammeus 火焰色的，火焰的；flamma 火焰，火；-eus/ -eum/ -ea（接拉丁语词干时）属于……的，色如……的，质如……的（表示原料、颜色或品质的相似），（接希腊语词干时）属于……的，以……出名，为……所占有（表示具有某种特性）

Tephroseris kirilowii 狗舌草：kirilowii ← Ivan Petrovich Kirilov（人名，19 世纪俄国植物学家）

Tephroseris palustris 湿生狗舌草：palustris/ paluster ← palus + estris 喜好沼泽的，沼生的；palus 沼泽，湿地，泥潭，水塘，草甸子（palus 的复数主格为 paludes）；-estris/ -estre/ ester/ -esteris 生于……地方，喜好……地方

Tephroseris phaeantha 长白狗舌草：phaeus(phaios) → phae-/ phaeo-/ phai-/ phaio 暗色的，褐色的，灰蒙蒙的；anthus/ anthum/ antha/ anthe ← anthos 花（用于希腊语复合词）

Tephroseris pierotii 江浙狗舌草：pierotii（人名）；-ii 表示人名，接在以辅音字母结尾的人名后面，但 -er 除外

Tephroseris praticola 草原狗舌草：praticola 生于草原的；pratum 草原；colus ← colo 分布于，居住于，栖居，殖民（常作词尾）；colo/ colere/ colui/ cultum 居住，耕作，栽培

Tephroseris pseudosonchus 黔狗舌草：pseudosonchus 像苦苣菜的；pseudo-/ pseud- ← pseudos 假的，伪的，接近，相似（但不是）；Sonchus 苦苣菜属（菊科）

Tephroseris rufa 橙舌狗舌草：rufus 红褐色的，发红的，淡红色的；ruf-/ rufi-/ frufo- ← rufus/ rubus 红褐色的，锈色的，红色的，发红的，淡红色的

Tephroseris rufa var. chaetocarpa 毛果橙舌狗舌草：chaeto- ← chaite 胡须，鬃毛，长毛；carpus/ carpum/ carpa/ carpon ← carpos 果实（用于希腊语复合词）

Tephroseris rufa var. rufa 橙舌狗舌草-原变种（词义见上面解释）

Tephroseris stolonifera 匍枝狗舌草：stolon 匍匐茎；-ferus/ -ferum/ -fera/ -fero/ -fere/ -fer 有，具有，产（区别：作独立词使用的 ferus 意思是“野生的”）

Tephroseris subdentata 尖齿狗舌草：subdentatus 近似牙齿的；sub-（表示程度较弱）与……类似，几乎，稍微，弱，亚，之下，下面；dentatus = dentus + atus 牙齿的，齿状的，具齿的；dentus 齿，牙齿；-atus/ -atum/ -ata 属于，相似，具有，完成（形容词词尾）

Tephroseris taitoensis 台东狗舌草：taitoensis 台东的（地名，属台湾省，“台东”的日语读音）

Tephroseris turczaninowii 天山狗舌草：turczaninowii/ turczaninovii ← Nicholai S. Turczaninov（人名，19 世纪乌克兰植物学家，曾积累大量植物标本）

Tephrosia 灰毛豆属（豆科）（40：p212）：tephrosia ← tephros 灰色的，火山灰的

Tephrosia candida 白灰毛豆：candidus 洁白的，有白毛的，亮白的，雪白的（希腊语为 argo- ← argenteus 银白色的）

Tephrosia coccinea 红灰毛豆：coccus/ coccineus 浆果，绯红色（一种形似浆果的介壳虫的颜色）；同形异义词：coccus/ cocco/ cocci/ coccis 心室，心皮；-eus/ -eum/ -ea（接拉丁语词干时）属于……的，色如……的，质如……的（表示原料、颜色或品质的相似），（接希腊语词干时）属于……的，以……出名，为……所占有（表示具有某种特性）

Tephrosia coccinea var. coccinea 红灰毛豆-原变种（词义见上面解释）

Tephrosia coccinea var. stenophylla 狭叶红灰毛豆：sten-/ steno- ← stenus 窄的，狭的，薄的；phyllus/ phyllum/ phylla ← phyllon 叶片（用于希腊语复合词）

Tephrosia filipes 细梗灰毛豆：filipes 线状柄的，线状茎的；fili-/ fil- ← filum 线状的，丝状的；pes/ pedis 柄，梗，茎秆，腿，足，爪（作词首或词尾，pes 的词干视为“ped-”）

Tephrosia ionophlebia 台湾灰毛豆：io-/ ion-/ iono- 紫色，堇菜色，紫罗兰色；phlebius = phlebus + ius 叶脉，属于有脉的；phlebus 脉，叶脉；-ius/ -ium/ -ia 具有……特性的（表示有关、关联、相似）

Tephrosia kerrii 银灰毛豆：kerrii ← Arthur Francis George Kerr 或 William Kerr（人名）

Tephrosia luzonensis 西沙灰毛豆：luzonensis ← Luzon 吕宋岛的（地名，菲律宾）

Tephrosia noctiflora 长序灰毛豆：noctiflora 夜间开花的；nocti-/ noct- ← nocturnum 夜晚的；florus/ florum/ flora ← flos 花（用于复合词）

Tephrosia obovata 卵叶灰毛豆：obovatus = ob + ovus + atus 倒卵形的；ob- 相反，反对，倒（ob- 有多种音变：ob- 在元音字母和大多数辅音字母前面，oc- 在 c 前面，of- 在 f 前面，op- 在 p 前面）；ovus 卵，胚珠，卵形的，椭圆形的

Tephrosia pumila 矮灰毛豆：pumilus 矮的，小的，低矮的，矮人的

Tephrosia purpurea 灰毛豆：purpureus = purpura + eus 紫色的；purpura 紫色（purpura 原为一种介壳虫名，其体液为紫色，可作颜料）；-eus/ -eum/ -ea（接拉丁语词干时）属于……的，色如……的，质如……的（表示原料、颜色或品质的相似），（接希腊语词干时）属于……的，以……出名，为……所占有（表示具有某种特性）

Tephrosia purpurea var. glabra 秃净灰毛豆：glabrus 光秃的，无毛的，光滑的

Tephrosia purpurea var. maxima （大灰毛豆）：maximus 最大的

Tephrosia purpurea var. purpurea 灰毛豆-原变种 （词义见上面解释）

Tephrosia purpurea var. yunnanensis 云南灰毛豆：yunnanensis 云南的（地名）

Tephrosia vestita 黄灰毛豆：vestitus 包被的，覆盖的，被柔毛的，袋状的

Tephrosia vogelii 西非灰毛豆：vogelii（人名）；-ii 表示人名，接在以辅音字母结尾的人名后面，但 -er 除外

Teramnus 软荚豆属（豆科）（41：p240）：teramnus ← teramnos 软的（希腊语）

Teramnus labialis 软荚豆：labialis ← labius + alis 唇，唇瓣的，唇形的；-aris（阳性、阴性）/ -are（中性）← -alis（阳性、阴性）/ -ale（中性）属于，相似，如同，具有，涉及，关于，联结于（将名词作形容词用，其中 -aris 常用于以 l 或 r 为词干末尾的词）

Terminalia 诃子属（诃 hē）（使君子科）（53-1：p5）：terminalia 顶端的，顶生的，末端的

Terminalia argyrophylla 银叶诃子：argyr-/ argyro- ← argyros 银，银色的；phyllus/ phyllum/ phylla ← phyllon 叶片（用于希腊语复合词）

Terminalia bellirica 毗黎勒（毗勒 pí lè）：bellirica（地方土名）

Terminalia catappa 榄仁树：catappa 印度杏（马来西亚语）

Terminalia chebula 诃子：chebula（印度土名）

Terminalia chebula var. chebula 诃子-原变种（词义见上面解释）

Terminalia chebula var. tomentella 微毛诃子：tomentellus 被短绒毛的，被微绒毛的；tomentum 绒毛，浓密的毛被，棉絮，棉絮状填充物（被褥、垫子等）；-ellus/ -ellum/ -ella ← -ulus 小的，略微的，稍微的（小词 -ulus 在字母 e 或 i 之后有多种变缀，即 -olus/ -olum/ -ola、-ellus/ -ellum/ -ella、-illus/ -illum/ -illa，用于第一变格法名词）

Terminalia franchetii 滇榄仁：franchetii ← A. R. Franchet（人名，19 世纪法国植物学家）

Terminalia franchetii var. franchetii 滇榄仁-原变种 （词义见上面解释）

Terminalia franchetii var. glabra 光叶滇榄仁：glabrus 光秃的，无毛的，光滑的

Terminalia franchetii var. membranifolia 薄叶滇榄仁：membranus 膜；folius/ folium/ folia 叶，叶片（用于复合词）

Terminalia hainanensis 海南榄仁：hainanensis 海南的（地名）

Terminalia intricata 错枝榄仁：intricatus 纷乱的，复杂的，缠结的

Terminalia myriocarpa 千果榄仁：myri-/ myrio- ← myrios 无数的，大量的，极多的（希腊语）；carpus/ carpum/ carpa/ carpon ← carpos 果实（用于希腊语复合词）

Terminalia myriocarpa var. hirsuta 硬毛千果榄仁：hirsutus 粗毛的，糙毛的，有毛的（长而硬的毛）

Terminalia myriocarpa var. myriocarpa 千果榄仁-原变种 （词义见上面解释）

Terminthia 三叶漆属（漆树科）（45-1：p125）：terminus ← terma 顶端，终点；mintha 薄荷

Terminthia paniculata 三叶漆：paniculatus = paniculus + atus 具圆锥花序的；paniculus 圆锥花序；panus 谷穗；panicus 野稗，粟，谷子；-atus/ -atum/ -ata 属于，相似，具有，完成（形容词词尾）

Terniopsis 川藻属（川苔草科）（24：p1）：terniopsis = ternus + opsis 三室的（指蒴果三瓣裂）；ternus 三出，三数；-opsis/ -ops 相似，稍微，带有

Terniopsis sessilis 川藻：sessilis 无柄的，无茎的，基生的，基部的

Ternstroemia 厚皮香属（山茶科）（50-1：p1）：ternstroemia ← Christopher Ternstroem（人名，18 世纪瑞典植物学家、博物学家）

Ternstroemia biangulipes 角柄厚皮香：bi-/ bis- 二，二数，二回（希腊语为 di-）；angulus 角，棱角，角度，角落；pes/ pedis 柄，梗，茎秆，腿，足，爪（作词首或词尾，pes 的词干视为 "ped-"）

Ternstroemia conicocarpa 锥果厚皮香：conicus 圆锥形的；carpus/ carpum/ carpa/ carpon ← carpos 果实（用于希腊语复合词）

Ternstroemia gymnanthera 厚皮香：gymn-/ gymno- ← gymnos 裸露的；andrus/ andros/ antherus ← aner 雄蕊，花药，雄性；Gymnanthera 海岛藤属（萝摩科）

Ternstroemia hainanensis 海南厚皮香：hainanensis 海南的（地名）

Ternstroemia insignis 大果厚皮香：insignis 著名的，超群的，优秀的，显著的，杰出的；in-/ im-

（来自 il- 的音变）内，在内，内部，向内，相反，不，无，非；il- 在内，向内，为，相反（希腊语为 en-）；词首 il- 的音变：il-（在 l 前面），im-（在 b、m、p 前面），in-（在元音字母和大多数辅音字母前面），ir-（在 r 前面），如 illaudatus（不值得称赞的，评价不好的），impermeabilis（不透水的，穿不透的），ineptus（不合适的），insertus（插入的），irretortus（无弯曲的，无扭曲的）；signum 印记，标记，刻画，图章

Ternstroemia japonica 日本厚皮香：japonica 日本的（地名）；-icus/ -icum/ -ica 属于，具有某种特性（常用于地名、起源、生境）

Ternstroemia kwangtungensis 厚叶厚皮香：kwangtungensis 广东的（地名）

Ternstroemia longipedicellata 长梗厚皮香：longe-/ longi- ← longus 长的，纵向的；pedicellatus = pedicellus + atus 具小花柄的；pedicellus = pes + cellus 小花梗，小花柄（不同于花序柄）；pes/ pedis 柄，梗，茎秆，腿，足，爪（作词首或词尾，pes 的词干视为 "ped-"）；-cellus/ -cellum/ -cella、-cillus/ -cillum/ -cilla 小的，略微的，稍微的（与任何变格法名词形成复合词）；关联词：pedunculus 花序柄，总花梗（花序基部无花着生部分）；-atus/ -atum/ -ata 属于，相似，具有，完成（形容词词尾）

Ternstroemia luteoflora 尖萼厚皮香：luteoflora 黄花的；luteus 黄色的；florus/ florum/ flora ← flos 花（用于复合词）

Ternstroemia microphylla 小叶厚皮香：micr-/ micro- ← micros 小的，微小的，微观的（用于希腊语复合词）；phyllus/ phyllum/ phylla ← phyllon 叶片（用于希腊语复合词）

Ternstroemia nitida 亮叶厚皮香：nitidus = nitere + idus 光亮的，发光的；nitere 发亮；-idus/ -idum/ -ida 表示在进行中的动作或情况，作动词、名词或形容词的词尾；nitens 光亮的，发光的

Ternstroemia sichuanensis 四川厚皮香：sichuanensis 四川的（地名）

Ternstroemia simaoensis 思茅厚皮香：simaoensis 思茅的（地名，云南省）

Ternstroemia yunnanensis 云南厚皮香：yunnanensis 云南的（地名）

Tetracentraceae 水青树科（01：p767）：Tetracentron 水青树属；-aceae（分类单位科的词尾，为 -aceus 的阴性复数主格形式，加到模式属的名称后或同义词的词干后以组成族群名称）

Tetracentron 水青树属（水青树科）（01：p767）：tetra-/ tetr- 四，四数（希腊语，拉丁语为 quadri-/ quadr-）；centron ← kentron 距（距：雄鸡、雉等的腿的后面突出像脚趾的部分）

Tetracentron sinense 水青树：sinense = Sina + ense 中国的（地名）；Sina 中国

Tetracera 锡叶藤属（五桠果科）（49-2：p190）：tetraceras 四个犄角的；tetra-/ tetr- 四，四数（希腊语，拉丁语为 quadri-/ quadr-）；-ceros/ -ceras/ -cera/ cerat-/ cerato- 角，犄角

Tetracera asiatica 锡叶藤：asiatica 亚洲的（地名）；-aticus/ -aticum/ -atica 属于，表示生长的地方，作

名词词尾

Tetracera scandens 毛果锡叶藤：scandens 攀缘的，缠绕的，藤本的；scando/ scansum 上升，攀登，缠绕

Tetracme 四齿芥属（十字花科）（33：p339）：tetra-/ tetr- 四，四数（希腊语，拉丁语为 quadri-/ quadr-）；acme ← akme 顶点，尖锐的，边缘（希腊语）

Tetracme contorta 扭果四齿芥：contortus 拧劲的，旋转的；co- 联合，共同，合起来（拉丁语词首，为 cum- 的音变，表示结合、强化、完全，对应的希腊语为 syn-）；co- 的缀词音变有 co-/ com-/ con-/ col-/ cor-：co-（在 h 和元音字母前面），col-（在 l 前面），com-（在 b、m、p 之前），con-（在 c、d、f、g、j、n、qu、s、t 和 v 前面），cor-（在 r 前面）；tortus 拧劲，捻，扭曲

Tetracme quadricornis 四齿芥：quadri-/ quadr- 四，四数（希腊语为 tetra-/ tetr-）；cornis ← cornus/ cornatus 角，犄角

Tetracme recurvata 弯角四齿芥：recurvatus 反曲的，反卷的，后曲的；re- 返回，相反，再次，重复，向后，回头；curvus 弯曲的；-atus/ -atum/ -ata 属于，相似，具有，完成（形容词词尾）

Tetradoxa 四福花属（五福花科）（73-1：p2）：tetra-/ tetr- 四，四数（希腊语，拉丁语为 quadri-/ quadr-）；-doxa/ -doxus 荣耀的，瑰丽的，壮观的，显眼的

Tetradoxa omeiensis 四福花：omeiensis 峨眉山的（地名，四川省）

Tetraena 四合木属（蒺藜科）（43-1：p144）：tetraena ← tetra 四，四数（指心皮数）

Tetraena mongolica 四合木：mongolica 蒙古的（地名）；mongolia 蒙古的（地名）；-icus/ -icum/ -ica 属于，具有某种特性（常用于地名、起源、生境）

Tetraglochidium 长苞蓝属（爵床科）（70：p156）：tetraglochidium 四小钩的；tetra-/ tetr- 四，四数（希腊语，拉丁语为 quadri-/ quadr-）；glochidium ← glochidion/ glochis 倒钩刺的；-idium ← -idion 小的，稍微的（表示小或程度较轻）

Tetraglochidium gigantodes 大苞蓝：giga-/ gigant-/ giganti- ← gigantos 巨大的；-oides/ -oideus/ -oideum/ -oidea/ -odes/ -eidos 像……的，类似……的，呈……状的（名词词尾）

Tetraglochidium jugorum 长苞蓝：jugorum 成对的，成双的，牛轭，束缚（jugus 的复数所有格）；jugus ← jugos 成对的，成双的，一组，牛轭，束缚（动词为 jugo）；-orum 属于……的（第二变格法名词复数所有格词尾，表示群落或多数）

Tetragoga 四苞蓝属（爵床科）（70：p190）：tetragoga 四首领的（指总装花序具总苞 4 片）；tetra-/ tetr- 四，四数（希腊语，拉丁语为 quadri-/ quadr-）；agoga ← agogos 领导的

Tetragoga esquirolii 四苞蓝：esquirolii（人名）；-ii 表示人名，接在以辅音字母结尾的人名后面，但 -er 除外

Tetragoga nagaensis 墨脱四苞蓝：nagaensis 那加的（地名，印度）

Tetragonia 番杏属（番杏科）（26：p35）：tetragonia 四棱的，四角的；tetra-/ tetr- 四，四数（希腊语，

拉丁语为 quadri-/ quadr-）；gonius 棱角，膝盖

Tetragonia tetragonioides 番杏：tetragonioides 像番杏的，近四棱的；Tetragonia 番杏属；tetra-/ tetr- 四，四数（希腊语，拉丁语为 quadri-/ quadr-）；gonus ← gonos 棱角，膝盖，关节，足；-oides/ -oideus/ -oideum/ -oidea/ -odes/ -eidos 像……的，类似……的，呈……状的（名词词尾）

Tetramelaceae 四数木科（52-1：p123）：Tetrameles 四数木属；-aceae（分类单位科的词尾，为 -aceus 的阴性复数主格形式，加到模式属的名称后或同义词的词干后以组成族群名称）

Tetrameles 四数木属（四数木科）（52-1：p123）：tetra-/ tetr- 四，四数（希腊语，拉丁语为 quadri-/ quadr-）；meles ← melon 苹果，瓜，甜瓜

Tetrameles nudiflora 四数木：nudi- ← nudus 裸露的；florus/ florum/ flora ← flos 花（用于复合词）

Tetrapanax 通脱木属（五加科）（54：p13）：tetra-/ tetr- 四，四数（希腊语，拉丁语为 quadri-/ quadr-）；panax 人参

Tetrapanax papyrifer 通脱木：papyrifer 有纸的，可造纸的；papyrus 纸张的，纸质的；-ferus/ -ferum/ -fera/ -fero/ -fere/ -fer 有，具有，产（区别：作独立词使用的 ferus 意思是"野生的"）

Tetrapanax tibetanus 西藏通脱木：tibetanus 西藏的（地名）

Tetrastigma 崖爬藤属（崖 yá）（葡萄科）（48-2：p86）：tetra-/ tetr- 四，四数（希腊语，拉丁语为 quadri-/ quadr-）；stigmus 柱头

Tetrastigma apiculatum 草崖藤：apiculatus = apicus + ulus + atus 小尖头的，顶端有小突起的；apicus/ apice 尖的，尖头的，顶端的

Tetrastigma apiculatum var. apiculatum 草崖藤-原变种 （词义见上面解释）

Tetrastigma apiculatum var. pubescens 柔毛草崖藤：pubescens ← pubens 被短柔毛的，长出柔毛的；pubi- ← pubis 细柔毛的，短柔毛的，毛被的；pubesco/ pubescere 长成的，变为成熟的，长出柔毛的，青春期体毛的；-escens/ -ascens 改变，转变，变成，略微，带有，接近，相似，大致，稍微（表示变化的趋势，并未完全相似或相同，有别于表示达到完成状态的 -atus）

Tetrastigma campylocarpum 多花崖爬藤：campylos 弯弓的，弯曲的，曲折的；campso-/ campto-/ campylo- 弯弓的，弯曲的，曲折的；carpus/ carpum/ carpa/ carpon ← carpos 果实（用于希腊语复合词）

Tetrastigma caudatum 尾叶崖爬藤：caudatus = caudus + atus 尾巴的，尾巴状的，具尾的；caudus 尾巴；-atus/ -atum/ -ata 属于，相似，具有，完成（形容词词尾）

Tetrastigma cauliflorum 茎花崖爬藤：cauliflorus 茎干生花的；cauli- ← caulia/ caulis 茎，茎秆，主茎；florus/ florum/ flora ← flos 花（用于复合词）

Tetrastigma ceratopetalum 角花崖爬藤：-ceros/ -ceras/ -cera/ cerat-/ cerato- 角，犄角；petalus/ petalum/ petala ← petalon 花瓣

Tetrastigma cruciatum 十字崖爬藤：cruciatus 十字形的，交叉的；crux 十字（词干为 cruc-，用于构

成复合词时常为 cruci-）；crucis 十字的（crux 的单数所有格）；构词规则：以 -ix/ -iex 结尾的词其词干末尾视为 -ic，以 -ex 结尾视为 -i/ -ic，其他以 -x 结尾视为 -c

Tetrastigma delavayi 七小叶崖爬藤：delavayi ← P. J. M. Delavay（人名，1834–1895，法国传教士，曾在中国采集植物标本）；-i 表示人名，接在以元音字母结尾的人名后面，但 -a 除外

Tetrastigma erubescens 红枝崖爬藤：erubescens/ erubui ← erubeco/ erubere/ rubui 变红色的，浅红色的，赤红面的；rubescens 发红的，带红的，近红的；rubus ← ruber/ rubeo 树莓的，红色的；rubens 发红的，带红色的，变红的，红的；rubeo/ rubere/ rubui 红色的，变红，放光，闪耀；rubesco/ rubere/ rubui 变红；-escens/ -ascens 改变，转变，变成，略微，带有，接近，相似，大致，稍微（表示变化的趋势，并未完全相似或相同，有别于表示达到完成状态的 -atus）

Tetrastigma erubescens var. erubescens 红枝崖爬藤-原变种 （词义见上面解释）

Tetrastigma erubescens var. monophyllum 单叶红枝崖爬藤：mono-/ mon- ← monos 一个，单一的（希腊语，拉丁语为 unus/ uni-/ uno-）；phyllus/ phyllum/ phylla ← phyllon 叶片（用于希腊语复合词）

Tetrastigma formosanum 台湾崖爬藤：formosanus = formosus + anus 美丽的，台湾的；formosus ← formosa 美丽的，台湾的（葡萄牙殖民者发现台湾时对其的称呼，即美丽的岛屿）；-anus/ -anum/ -ana 属于，来自（形容词词尾）

Tetrastigma funingense 富宁崖爬藤：funingense 富宁的（地名，云南省）

Tetrastigma godefroyanum 柄果崖爬藤：godefroyanum（人名）

Tetrastigma hemsleyanum 三叶崖爬藤：hemsleyanum ← William Botting Hemsley（人名，19 世纪研究中美洲植物的植物学家）

Tetrastigma henryi 蒙自崖爬藤：henryi ← Augustine Henry 或 B. C. Henry（人名，前者，1857–1930，爱尔兰医生、植物学家，曾在中国采集植物，后者，1850–1901，曾活动于中国的传教士）

Tetrastigma henryi var. henryi 蒙自崖爬藤-原变种 （词义见上面解释）

Tetrastigma henryi var. mollifolium 柔毛崖爬藤：molle/ mollis 软的，柔毛的；folius/ folium/ folia 叶，叶片（用于复合词）

Tetrastigma hypoglaucum 叉须崖爬藤（叉 chā）：hypoglaucus 下面白色的；hyp-/ hypo- 下面的，以下的，不完全的；glaucus → glauco-/ glauc- 被白粉的，发白的，灰绿色的

Tetrastigma jingdongensis 景东崖爬藤：jingdongensis 景东的（地名，云南省）

Tetrastigma jinghongense 景洪崖爬藤：jinghongense 景洪的（地名，云南省）

Tetrastigma jinxiuense 金秀崖爬藤：jinxiuense 金秀的（地名，广西壮族自治区）

Tetrastigma kwangsiense 广西崖爬藤：kwangsiense 广西的（地名）

Tetrastigma lanyuense 兰屿崖爬藤：lanyuense 兰屿的（地名，属台湾省）

Tetrastigma lenticellatum 显孔崖爬藤：lenticellatus 具皮孔的；lenticella 皮孔

Tetrastigma lincangense 临沧崖爬藤：lincangense 临沧的（地名，云南省）

Tetrastigma lineare 条叶崖爬藤：lineare 线状的，亚麻状的；lineus = linum + eus 线状的，丝状的，亚麻状的；linum ← linon 亚麻，线（古拉丁名）

Tetrastigma longipedunculatum 长梗崖爬藤：longe-/ longi- ← longus 长的，纵向的；pedunculatus/ peduncularis 具花序柄的，具总花梗的；pedunculus/ peduncule/ pedunculis ← pes 花序柄，总花梗（花序基部无花着生部分，不同于花柄）；关联词：pedicellus/ pediculus 小花梗，小花柄（不同于花序柄）；pes/ pedis 柄，梗，茎秆，腿，足，爪（作词首或词尾，pes 的词干视为"ped-"）

Tetrastigma macrocorymbum 伞花崖爬藤：macro-/ macr- ← macros 大的，宏观的（用于希腊语复合词）

Tetrastigma napaulense 细齿崖爬藤：napaulense 尼泊尔的（地名）

Tetrastigma napaulense var. napaulense 细齿崖爬藤-原变种 （词义见上面解释）

Tetrastigma napaulense var. puberulum 毛细齿崖爬藤：puberulus = puberus + ulus 略被柔毛的，被微柔毛的；puberus 多毛的，毛茸茸的；-ulus/ -ulum/ -ula 小的，略微的，稍微的（小词 -ulus 在字母 e 或 i 之后有多种变缀，即 -olus/ -olum/ -ola、-ellus/ -ellum/ -ella、-illus/ -illum/ -illa，与第一变格法和第二变格法名词形成复合词）

Tetrastigma obovatum 毛枝崖爬藤：obovatus = ob + ovus + atus 倒卵形的；ob- 相反，反对，倒（ob- 有多种音变：ob- 在元音字母和大多数辅音字母前面，oc- 在 c 前面，of- 在 f 前面，op- 在 p 前面）；ovus 卵，胚珠，卵形的，椭圆形的

Tetrastigma obtectum 崖爬藤：obtectus 覆盖着的

Tetrastigma obtectum var. glabrum 无毛崖爬藤：glabrus 光秃的，无毛的，光滑的

Tetrastigma obtectum var. obtectum 崖爬藤-原变种 （词义见上面解释）

Tetrastigma obtectum var. pilosum 毛叶崖爬藤：pilosus = pilus + osus 多毛的，被柔毛的，具疏柔毛的，被短弱细毛的；pilus 毛，疏柔毛；-osus/ -osum/ -osa 多的，充分的，丰富的，显著发育的，程度高的，特征明显的（形容词词尾）

Tetrastigma pachyphyllum 厚叶崖爬藤：pachyphyllus 厚叶子的；pachy- ← pachys 厚的，粗的，肥的；phyllus/ phyllum/ phylla ← phyllon 叶片（用于希腊语复合词）

Tetrastigma papillatum 海南崖爬藤：papillatus 乳头的，乳头状突起的；papilli- ← papilla 乳头的，乳突的

Tetrastigma planicaule 扁担藤（担 dān）：plani-/ plan- ← planus 平的，扁平的；caulus/ caulon/ caule ← caulos 茎，茎秆，主茎

Tetrastigma pseudocruciatum 过山崖爬藤（崖 yá）：pseudocruciatum 像 cruciatum 的；pseudo-/ pseud- ← pseudos 假的，伪的，接近，相似（但不是）；Tetrastigma cruciatum 十字崖爬藤；cruciatus = crux + atus 十字形的，交叉的；crux 十字（词干为 cruc-，用于构成复合词时常为 cruci-）

Tetrastigma pubinerve 毛脉崖爬藤：pubi- ← pubis 细柔毛的，短柔毛的，毛被的；nerve ← nervus 脉，叶脉

Tetrastigma retinervium 网脉崖爬藤：retinervius 网脉的；reti-/ rete- 网（同义词：dictyo-）；nervius = nervus + ius 具脉的，具叶脉的；nervus 脉，叶脉；-ius/ -ium/ -ia 具有……特性的（表示有关、关联、相似）

Tetrastigma retinervium var. pubescens 柔毛网脉崖爬藤：pubescens ← pubens 被短柔毛的，长出柔毛的；pubi- ← pubis 细柔毛的，短柔毛的，毛被的；pubesco/ pubescere 长成的，变为成熟的，长出柔毛的，青春期体毛的；-escens/ -ascens 改变，转变，变成，略微，带有，接近，相似，大致，稍微（表示变化的趋势，并未完全相似或相同，有别于表示达到完成状态的 -atus）

Tetrastigma rumicispermum 喜马拉雅崖爬藤：rumicispermum = Rumex + spermum 酸模种子的；Rumex 酸模属（蓼科）；构词规则：以 -ix/ -iex 结尾的词其词干末尾视为 -ic，以 -ex 结尾视为 -i/ -ic，其他以 -x 结尾视为 -c；spermus/ spermum/ sperma 种子的（用于希腊语复合词）

Tetrastigma rumicispermum var. lasiogynum 锈毛喜马拉雅崖爬藤：lasi-/ lasio- 羊毛状的，有毛的，粗糙的；gynus/ gynum/ gyna 雌蕊，子房，心皮

Tetrastigma rumicispermum var. rumicispermum 喜马拉雅崖爬藤-原变种 （词义见上面解释）

Tetrastigma serrulatum 狭叶崖爬藤：serrulatus = serrus + ulus + atus 具细锯齿的；serrus 齿，锯齿；-ulus/ -ulum/ -ula 小的，略微的，稍微的（小词 -ulus 在字母 e 或 i 之后有多种变缀，即 -olus/ -olum/ -ola、-ellus/ -ellum/ -ella、-illus/ -illum/ -illa，与第一变格法和第二变格法名词形成复合词）；-atus/ -atum/ -ata 属于，相似，具有，完成（形容词词尾）

Tetrastigma serrulatum var. pubinervium 毛狭叶崖爬藤：pubi- ← pubis 细柔毛的，短柔毛的，毛被的；nervius = nervus + ius 具脉的，具叶脉的；nervus 脉，叶脉；-ius/ -ium/ -ia 具有……特性的（表示有关、关联、相似）

Tetrastigma serrulatum var. serrulatum 狭叶崖爬藤-原变种 （词义见上面解释）

Tetrastigma sichouense 西畴崖爬藤：sichouense 西畴的（地名，云南省）

Tetrastigma sichouense var. megalocarpum 大果西畴崖爬藤：mega-/ megal-/ megalo- ← megas 大的，巨大的；carpus/ carpum/ carpa/ carpon ← carpos 果实（用于希腊语复合词）

Tetrastigma sichouense var. sichouense 西畴崖爬藤-原变种 （词义见上面解释）

Tetrastigma subtetragonum 红花崖爬藤：subtetragonus 近四棱的；sub-（表示程度较弱）与……类似，几乎，稍微，弱，亚，之下，下面；

tetra-/ tetr- 四，四数（希腊语，拉丁语为 quadri-/ quadr-）；gonus ← gonos 棱角，膝盖，关节，足

Tetrastigma tonkinense 越南崖爬藤：tonkin 东京（地名，越南河内的旧称）

Tetrastigma triphyllum 菱叶崖爬藤：tri-/ tripli-/ triplo- 三个，三数；phyllus/ phyllum/ phylla ← phyllon 叶片（用于希腊语复合词）

Tetrastigma triphyllum var. hirtum 毛菱叶崖爬藤：hirtus 有毛的，粗毛的，刚毛的（长而明显的毛）

Tetrastigma triphyllum var. triphyllum 菱叶崖爬藤-原变种 （词义见上面解释）

Tetrastigma tsaianum 蔡氏崖爬藤：tsaianum 蔡希陶（人名，1911–1981，中国植物学家）

Tetrastigma venulosum 马关崖爬藤：venulosus 多脉的，叶脉短而多的；venus 脉，叶脉，血脉，血管；-ulosus = ulus + osus 小而多的；-ulus/ -ulum/ -ula 小的，略微的，稍微的（小词 -ulus 在字母 e 或 i 之后有多种变缀，即 -olus/ -olum/ -ola、-ellus/ -ellum/ -ella、-illus/ -illum/ -illa，与第一变格法和第二变格法名词形成复合词）；-osus/ -osum/ -osa 多的，充分的，丰富的，显著发育的，程度高的，特征明显的（形容词词尾）

Tetrastigma xishuangbannaense 西双版纳崖爬藤：xishuangbannaense 西双版纳的（地名，云南省）

Tetrastigma xizangense 西藏崖爬藤：xizangense 西藏的（地名）

Tetrastigma yiwuense 易武崖爬藤：yiwuense 易武的（地名，云南省）

Tetrastigma yunnanense 云南崖爬藤：yunnanense 云南的（地名）

Tetrastigma yunnanense var. mollissimum 贡山崖爬藤：molle/ mollis 软的，柔毛的；-issimus/ -issima/ -issimum 最，非常，极其（形容词最高级）

Tetrastigma yunnanense var. yunnanense 云南崖爬藤-原变种 （词义见上面解释）

Tetrataenium 四带芹属（伞形科）（55-3：p217）：tetra-/ tetr- 四，四数（希腊语，拉丁语为 quadri-/ quadr-）；taenius 绸带，纽带，条带状的

Tetrataenium nepalense 尼泊尔四带芹：nepalense 尼泊尔的（地名）

Tetrataenium olgae 大叶四带芹：olgae ← Olga Fedtschenko（人名，20 世纪俄国植物学家）

Tetrathyrium 四药门花属（金缕梅科）（35-2：p68）：tetra-/ tetr- 四，四数（希腊语，拉丁语为 quadri-/ quadr-）；thyrium 门，入口，开口

Tetrathyrium subcordatum 四药门花：subcordatus 近心形的；sub-（表示程度较弱）与……类似，几乎，稍微，弱，亚，之下，下面；cordatus ← cordis/ cor 心脏的，心形的；-atus/ -atum/ -ata 属于，相似，具有，完成（形容词词尾）

Teucrium 香科科属（唇形科）（65-2：p26）：teucrium ← teucrion ← Teucer 透克洛斯（希腊神话中特洛伊的第一位国王）

Teucrium anlungense 安龙香科科：anlungense 安龙的（地名，贵州省）

Teucrium bidentatum 二齿香科科：bi-/ bis- 二，二数，二回（希腊语为 di-）；dentatus = dentus + atus 牙齿的，齿状的，具齿的；dentus 齿，牙齿；

-atus/ -atum/ -ata 属于，相似，具有，完成（形容词词尾）

Teucrium integrifolium 全叶香科科：integer/ integra/ integrum → integri- 完整的，整个的，全缘的；folius/ folium/ folia 叶，叶片（用于复合词）

Teucrium japonicum 穗花香科科：japonicum 日本的（地名）；-icus/ -icum/ -ica 属于，具有某种特性（常用于地名、起源、生境）

Teucrium japonicum var. japonicum 穗花香科科-原变种 （词义见上面解释）

Teucrium japonicum var. microphyllum 穗花香科科-小叶变种：micr-/ micro- ← micros 小的，微小的，微观的（用于希腊语复合词）；phyllus/ phyllum/ phylla ← phyllon 叶片（用于希腊语复合词）

Teucrium japonicum var. tsungmingense 穗花香科科-崇明变种：tsungmingense 崇明的（地名，上海市）

Teucrium labiosum 大唇香科科：labiosus 具唇瓣的，唇瓣明显的；labius 唇，唇瓣的，唇形的；-osus/ -osum/ -osa 多的，充分的，丰富的，显著发育的，程度高的，特征明显的（形容词词尾）

Teucrium manghuaense 巍山香科科：manghuaense 蒙化的（地名，云南省巍山县的旧称）

Teucrium manghuaense var. angustum 巍山香科科-狭苞变种：angustus 窄的，狭的，　细的

Teucrium manghuaense var. manghuaense 巍山香科科-原变种 （词义见上面解释）

Teucrium nanum 矮生香科科：nanus ← nanos/ nannos 矮小的，小的；nani-/ nano-/ nanno- 矮小的，小的

Teucrium omeiense 峨眉香科科：omeiense 峨眉山的（地名，四川省）

Teucrium omeiense var. cyanophyllum 峨眉香科科-蓝叶变种：cyanus/ cyan-/ cyano- 蓝色的，青色的；phyllus/ phyllum/ phylla ← phyllon 叶片（用于希腊语复合词）

Teucrium omeiense var. omeiense 峨眉香科科-原变种 （词义见上面解释）

Teucrium pernyi 庐山香科科：pernyi ← Paul Hubert Perny（人名，19 世纪活动于中国的法国传教士）；-i 表示人名，接在以元音字母结尾的人名后面，但 -a 除外

Teucrium pilosum 长毛香科科：pilosus = pilus + osus 多毛的，被柔毛的，具疏柔毛的，被短弱细毛的；pilus 毛，疏柔毛；-osus/ -osum/ -osa 多的，充分的，丰富的，显著发育的，程度高的，特征明显的（形容词词尾）

Teucrium pilosum var. macrophyllum 长毛香科科-大叶变种：macro-/ macr- ← macros 大的，宏观的（用于希腊语复合词）；phyllus/ phyllum/ phylla ← phyllon 叶片（用于希腊语复合词）

Teucrium pilosum var. pilosum 长毛香科科-原变种 （词义见上面解释）

Teucrium qingyuanense 庆元香科科：qingyuanense 庆元的（地名，浙江省）

Teucrium quadrifarium 铁轴草：quadri-/ quadr- 四，四数（希腊语为 tetra-/ tetr-）；-farius 列；

bifarius 二列的；trifarius 三列的

Teucrium scordioides 沼泽香科科：scordioides 像蒜的，像 scordium 的；Teucrium scordium 蒜味香科科；scordius ← scordon 蒜；-oides/ -oideus/ -oideum/ -oidea/ -odes/ -eidos 像……的，类似……的，呈……状的（名词词尾）

Teucrium scordium 蒜味香科科：scordius ← scordon 像蒜的；-ius/ -ium/ -ia 具有……特性的（表示有关、关联、相似）

Teucrium simplex 香科科：simplex 单一的，简单的，无分歧的（词干为 simplic-）

Teucrium tsinlingense 秦岭香科科：tsinlingense 秦岭的（地名，陕西省）

Teucrium tsinlingense var. porphyreum 秦岭香科科-紫萼变种：porphyreus 紫红色

Teucrium tsinlingense var. tsinlingense 秦岭香科科-原变种 （词义见上面解释）

Teucrium ussuriense 黑龙江香科科：ussuriense 乌苏里江的（地名，中国黑龙江省与俄罗斯界河）

Teucrium veronicoides 裂苞香科科：Veronica 婆婆纳属（玄参科）；-oides/ -oideus/ -oideum/ -oidea/ -odes/ -eidos 像……的，类似……的，呈……状的（名词词尾）

Teucrium viscidum 血见愁（血 xuè）：viscidus 黏的

Teucrium viscidum var. leiocalyx 血见愁-光萼变种：lei-/ leio-/ lio- ← leius ← leios 光滑的，平滑的；calyx → calyc- 萼片（用于希腊语复合词）

Teucrium viscidum var. longibracteatum 血见愁-长苞变种：longe-/ longi- ← longus 长的，纵向的；bracteatus = bracteus + atus 具苞片的；bracteus 苞，苞片，苞鳞

Teucrium viscidum var. macrostephanum 血见愁-大唇变种：macrostephanus 大花冠的；macro-/ macr- ← macros 大的，宏观的（用于希腊语复合词）；stephanus ← stephanos = stephos/ stephus + anus 冠，王冠，花冠，冠状物，花环（希腊语）

Teucrium viscidum var. nepetoides 血见愁-微毛变种：Nepeta 荆芥属（唇形科）；-oides/ -oideus/ -oideum/ -oidea/ -odes/ -eidos 像……的，类似……的，呈……状的（名词词尾）

Teucrium viscidum var. viscidum 血见愁-原变种 （词义见上面解释）

Teyleria 琼豆属（豆科）（41：p242）：teyleria ← Teyler（人名）

Teyleria koordersii 琼豆：koordersii（人名）；-ii 表示人名，接在以辅音字母结尾的人名后面，但 -er 除外

Thalassia 泰来藻属（水鳖科）（8：p169）：thalassicus 海绿色的，蓝绿色的，海生的；Thalassa 塔拉萨（希腊神话中的海水女神）

Thalassia hemperichii 泰来藻：hemperichii（人名）；-ii 表示人名，接在以辅音字母结尾的人名后面，但 -er 除外

Thalia 水竹芋属（竹芋科）（增补）：Thalia ← J. Thalianus（人名，16 世纪德国医生）；thalia 丰富的，奢侈的

Thalia dealbata 再力花：dealbatus 变白的，刷白的（在较深的底色上略有白色，非纯白）；de- 向下，向

外，从……，脱离，脱落，离开，去掉；albatus = albus + atus 发白的；albus → albi-/ albo- 白色的

Thalictrum 唐松草属（毛茛科）（27：p502）：thalictrum 唐松草（希腊语名，由 Dioscorides 命名）

Thalictrum acutifolium 尖叶唐松草：acutifolius 尖叶的；acuti-/ acu- ← acutus 锐尖的，针尖的，刺尖的，锐角的；folius/ folium/ folia 叶，叶片（用于复合词）

Thalictrum alpinum 高山唐松草：alpinus = alpus + inus 高山的；alpus 高山；al-/ alti-/ alto- ← altus 高的，高处的；-inus/ -inum/ -ina/ -inos 相近，接近，相似，具有（通常指颜色）；关联词：subalpinus 亚高山的

Thalictrum alpinum var. elatum 直梗高山唐松草：elatus 高的，梢端的

Thalictrum alpinum var. elatum f. puberulum 毛叶高山唐松草：puberulus = puberus + ulus 略被柔毛的，被微柔毛的；puberus 多毛的，毛茸茸的；-ulus/ -ulum/ -ula 小的，略微的，稍微的（小词 -ulus 在字母 e 或 i 之后有多种变缀，即 -olus/ -olum/ -ola、-ellus/ -ellum/ -ella、-illus/ -illum/ -illa，与第一变格法和第二变格法名词形成复合词）

Thalictrum alpinum var. microphyllum 柄果高山唐松草：micr-/ micro- ← micros 小的，微小的，微观的（用于希腊语复合词）；phyllus/ phyllum/ phylla ← phyllon 叶片（用于希腊语复合词）

Thalictrum aquilegiifolium var. sibiricum 唐松草：aquilegiifolium 耧斗菜叶状的；Aquilegia 耧斗菜属（毛茛科）；folius/ folium/ folia 叶，叶片（用于复合词）；缀词规则：以属名作复合词时原词尾变形后的 i 要保留；sibiricum 西伯利亚的（地名，俄罗斯）；-icus/ -icum/ -ica 属于，具有某种特性（常用于地名、起源、生境）

Thalictrum atriplex 狭序唐松草：atriplex（滨藜属一种植物的古拉丁名）；Atriplex 滨藜属（藜科）

Thalictrum baicalense 贝加尔唐松草：baicalense 贝加尔湖的（地名，俄罗斯）

Thalictrum baicalense var. megalostigma 长柱贝加尔唐松草：mega-/ megal-/ megalo- ← megas 大的，巨大的；stigmus 柱头

Thalictrum brevisericeum 绢毛唐松草（绢 juàn）：brevi- ← brevis 短的（用于希腊语复合词词首）；sericeus 绢丝状的；sericus 绢丝的，绢毛的，赛尔人的（Ser 为印度一民族）；-eus/ -eum/ -ea（接拉丁语词干时）属于……的，色如……的，质如……的（表示原料、颜色或品质的相似），（接希腊语词干时）属于……的，以……出名，为……所占有（表示具有某种特性）

Thalictrum chelidonii 珠芽唐松草：chelidonii（人名）；-ii 表示人名，接在以辅音字母结尾的人名后面，但 -er 除外

Thalictrum cirrhosum 星毛唐松草：cirrhosus = cirrhus + osus 多卷须的，蔓生的；cirrhus/ cirrus/ cerris 卷毛的，卷曲的，卷须的；-osus/ -osum/ -osa 多的，充分的，丰富的，显著发育的，程度高的，特征明显的（形容词词尾）

Thalictrum cultratum 高原唐松草：cultratus → cultr-/ cultri- 刀形的，尖锐的，刀片状的

Thalictrum delavayi 偏翅唐松草：delavayi ← P. J. M. Delavay（人名，1834–1895，法国传教士，曾在中国采集植物标本）；-i 表示人名，接在以元音字母结尾的人名后面，但 -a 除外

Thalictrum delavayi var. decorum 宽萼偏翅唐松草：decorus 美丽的，漂亮的，装饰的；decor 装饰，美丽

Thalictrum delavayi var. mucronatum 角药偏翅唐松草：mucronatus = mucronus + atus 具短尖的，有微突起的；mucronus 短尖头，微突；-atus/ -atum/ -ata 属于，相似，具有，完成（形容词词尾）

Thalictrum diffusiflorum 堇花唐松草：diffusiflorus = diffusus + florus 花分散的，花不密集的；diffusus = dis + fusus 蔓延的，散开的，扩展的，渗透的（dis- 在辅音字母前发生同化）；fusus 散开的，松散的，松弛的；florus/ florum/ flora ← flos 花（用于复合词）；di-/ dis- 二，二数，二分，分离，不同，在……之间，从……分开（希腊语，拉丁语为 bi-/ bis-）

Thalictrum elegans 小叶唐松草：elegans 优雅的，秀丽的

Thalictrum faberi 大叶唐松草：faberi ← Ernst Faber（人名，19 世纪活动于中国的德国植物采集员）；-eri 表示人名，在以 -er 结尾的人名后面加上 i 形成

Thalictrum fargesii 西南唐松草：fargesii ← Pere Paul Guillaume Farges（人名，19 世纪中叶至 20 世纪活动于中国的法国传教士，植物采集员）

Thalictrum filamentosum 花唐松草：filamentosus = filamentum + osus 花丝的，多纤维的，充满丝的，丝状的；filamentum/ filum 花丝，丝状体，藻丝；-osus/ -osum/ -osa 多的，充分的，丰富的，显著发育的，程度高的，特征明显的（形容词词尾）

Thalictrum finetii 滇川唐松草：finetii ← Finet（人名）

Thalictrum flavum 黄唐松草：flavus → flavo-/ flavi-/ flav- 黄色的，鲜黄色的，金黄色的（指纯正的黄色）

Thalictrum foeniculaceum 丝叶唐松草：foeniculaceus 像茴香的；Foeniculum 茴香属（伞形科）；-aceus/ -aceum/ -acea 相似的，有……性质的，属于……的

Thalictrum foetidum 腺毛唐松草：foetidus = foetus + idus 臭的，恶臭的，令人作呕的；foetus/ faetus/ fetus 臭味，恶臭，令人不悦的气味；-idus/ -idum/ -ida 表示在进行中的动作或情况，作动词、名词或形容词的词尾

Thalictrum foetidum var. glabrescens 扁果唐松草：glabrus 光秃的，无毛的，光滑的；-escens/ -ascens 改变，转变，变成，略微，带有，接近，相似，大致，稍微（表示变化的趋势，并未完全相似或相同，有别于表示达到完成状态的 -atus）

Thalictrum foliolosum 多叶唐松草：foliosus = folius + ulus + osus 多叶的，叶小而多的；folius/ folium/ folia → foli-/ folia- 叶，叶片；-ulus/ -ulum/ -ula 小的，略微的，稍微的（小词 -ulus 在字母 e 或 i 之后有多种变缀，即 -olus/ -olum/ -ola、

-ellus/ -ellum/ -ella、-illus/ -illum/ -illa，与第一变格法和第二变格法名词形成复合词）；-osus/ -osum/ -osa 多的，充分的，丰富的，显著发育的，程度高的，特征明显的（形容词词尾）

Thalictrum fortunei 华东唐松草：fortunei ← Robert Fortune（人名，19 世纪英国园艺学家，曾在中国采集植物）；-i 表示人名，接在以元音字母结尾的人名后面，但 -a 除外

Thalictrum glandulosissimum 金丝马尾连：glandulosus = glandus + ulus + osus 被细腺的，具腺体的，腺体质的；glandus ← glans 腺体；-issimus/ -issima/ -issimum 最，非常，极其（形容词最高级）；-ulus/ -ulum/ -ula 小的，略微的，稍微的（小词 -ulus 在字母 e 或 i 之后有多种变缀，即 -olus/ -olum/ -ola、-ellus/ -ellum/ -ella、-illus/ -illum/ -illa，与第一变格法和第二变格法名词形成复合词）；-osus/ -osum/ -osa 多的，充分的，丰富的，显著发育的，程度高的，特征明显的（形容词词尾）

Thalictrum glandulosissimum var. chaotumgense 昭通唐松草：chaotumgense 昭通的（地名，云南省）

Thalictrum grandidentatum 巨齿唐松草：grandi- ← grandis 大的；dentatus = dentus + atus 牙齿的，齿状的，具齿的；dentus 齿，牙齿；-atus/ -atum/ -ata 属于，相似，具有，完成（形容词词尾）

Thalictrum grandiflorum 大花唐松草：grandi- ← grandis 大的；florus/ florum/ flora ← flos 花（用于复合词）

Thalictrum honanense 河南唐松草：honanense 河南的（地名）

Thalictrum ichangense 盾叶唐松草：ichangense 宜昌的（地名，湖北省）

Thalictrum isopyroides 紫堇叶唐松草：isopyrum 扁果草属（毛茛科）；-oides/ -oideus/ -oideum/ -oidea/ -odes/ -eidos 像……的，类似……的，呈……状的（名词词尾）

Thalictrum javanicum 爪哇唐松草：javanicum 爪哇的（地名，印度尼西亚）；-icus/ -icum/ -ica 属于，具有某种特性（常用于地名、起源、生境）

Thalictrum javanicum var. puberulum 微毛爪哇唐松草：puberulus = puberus + ulus 略被柔毛的，被微柔毛的；puberus 多毛的，毛茸茸的；-ulus/ -ulum/ -ula 小的，略微的，稍微的（小词 -ulus 在字母 e 或 i 之后有多种变缀，即 -olus/ -olum/ -ola、-ellus/ -ellum/ -ella、-illus/ -illum/ -illa，与第一变格法和第二变格法名词形成复合词）

Thalictrum jiulongense 九龙唐松草：jiulongense 九龙的（地名，四川省）

Thalictrum kangdingense 康定唐松草：kangdingense 康定的（地名，四川省）

Thalictrum laxum 疏序唐松草：laxus 稀疏的，松散的，宽松的

Thalictrum leuconotum 白茎唐松草：leuconotus 白背的；leuc-/ leuco- ← leucus 白色的（如果和其他表示颜色的词混用则表示淡色）；notum 背部，脊背

Thalictrum macrorhynchum 长喙唐松草：macrorhynchum 长喙的，大嘴的（缀词规则：-rh-

接在元音字母后面构成复合词时要变成 -rrh-，故该词宜改为"macrorrhynchum"）；macro-/ macr- ← macros 大的，宏观的（用于希腊语复合词）；rhynchus ← rhynchos 喙状的，鸟嘴状的

Thalictrum micrandrum 狭丝唐松草：micr-/ micro- ← micros 小的，微小的，微观的（用于希腊语复合词）；andrus/ andros/ antherus ← aner 雄蕊，花药，雄性

Thalictrum microgynum 小果唐松草：micr-/ micro- ← micros 小的，微小的，微观的（用于希腊语复合词）；gynus/ gynum/ gyna 雌蕊，子房，心皮

Thalictrum minus 亚欧唐松草：minus 少的，小的

Thalictrum minus var. hypoleucum 东亚唐松草：hypoleucus 背面白色的，下面白色的；hyp-/ hypo- 下面的，以下的，不完全的；leucus 白色的，淡色的

Thalictrum minus var. stipellatum 长梗亚欧唐松草：stipellatus 小托叶；stipulus 托叶；-ellatus = ellus + atus 小的，属于小的；-ellus/ -ellum/ -ella ← -ulus 小的，略微的，稍微的（小词 -ulus 在字母 e 或 i 之后有多种变缀，即 -olus/ -olum/ -ola、-ellus/ -ellum/ -ella、-illus/ -illum/ -illa，用于第一变格法名词）；-atus/ -atum/ -ata 属于，相似，具有，完成（形容词词尾）

Thalictrum morii 楔叶唐松草：morii 森（日本人名）

Thalictrum myriophyllum 密叶唐松草：myri-/ myrio- ← myrios 无数的，大量的，很多的（希腊语）；phyllus/ phyllum/ phylla ← phyllon 叶片（用于希腊语复合词）；Myriophyllum 狐尾藻属（小二仙草科）

Thalictrum oligandrum 稀蕊唐松草：oligo-/ olig- 少数的（希腊语，拉丁语为 pauci-）；andrus/ andros/ antherus ← aner 雄蕊，花药，雄性

Thalictrum omeiense 峨眉唐松草：omeiense 峨眉山的（地名，四川省）

Thalictrum osmundifolium 川鄂唐松草：osmundifolium 紫萁叶的；Osmunda 紫萁属（紫萁科）；folius/ folium/ folia 叶，叶片（用于复合词）

Thalictrum petaloideum 瓣蕊唐松草：petaloideus 花瓣状的；petalus/ petalum/ petala ← petalon 花瓣；-oides/ -oideus/ -oideum/ -oidea/ -odes/ -eidos 像……的，类似……的，呈……状的（名词词尾）

Thalictrum petaloideum var. supradecompositum 狭裂瓣蕊唐松草：supra- 上部的；decompositus 数回复生的，重复的

Thalictrum philippinense 菲律宾唐松草：philippinense 菲律宾的（地名）

Thalictrum przewalskii 长柄唐松草：przewalskii ← Nicolai Przewalski（人名，19 世纪俄国探险家、博物学家）

Thalictrum ramosum 多枝唐松草：ramosus = ramus + osus 有分枝的，多分枝的；ramus 分枝，枝条；-osus/ -osum/ -osa 多的，充分的，丰富的，显著发育的，程度高的，特征明显的（形容词词尾）

Thalictrum reniforme 美丽唐松草：reniforme 肾形的；ren-/ reni- ← ren/ renis 肾，肾形；renarius/ renalis 肾脏的，肾形的；formis/ forma 形状

Thalictrum reticulatum 网脉唐松草：

reticulatus = reti + culus + atus 网状的；reti-/ rete- 网（同义词：dictyo-）；-culus/ -culum/ -cula 小的，略微的，稍微的（同第三变格法和第四变格法名词形成复合词）；-atus/ -atum/ -ata 属于，相似，具有，完成（形容词词尾）

Thalictrum reticulatum var. hirtellum 毛叶网脉唐松草：hirtellus = hirtus + ellus 被短粗硬毛的；hirtus 有毛的，粗毛的，刚毛的（长而明显的毛）；-ellus/ -ellum/ -ella ← -ulus 小的，略微的，稍微的（小词 -ulus 在字母 e 或 i 之后有多种变缀，即 -olus/ -olum/ -ola、-ellus/ -ellum/ -ella、-illus/ -illum/ -illa，用于第一变格法名词）

Thalictrum robustum 粗壮唐松草：robustus 大型的，结实的，健壮的，强壮的

Thalictrum rostellatum 小喙唐松草：rostellatus = rostrus + ellatus 小喙的；rostrus 鸟喙（常作词尾）；-ellatus = ellus + atus 小的，属于小的；-ellus/ -ellum/ -ella ← -ulus 小的，略微的，稍微的（小词 -ulus 在字母 e 或 i 之后有多种变缀，即 -olus/ -olum/ -ola、-ellus/ -ellum/ -ella、-illus/ -illum/ -illa，用于第一变格法名词）；-atus/ -atum/ -ata 属于，相似，具有，完成（形容词词尾）

Thalictrum rubescens 淡红唐松草：rubescens = rubus + escens 红色，变红的；rubus ← ruber/ rubeo 树莓的，红色的；-escens/ -ascens 改变，转变，变成，略微，带有，接近，相似，大致，稍微（表示变化的趋势，并未完全相似或相同，有别于表示达到完成状态的 -atus）

Thalictrum rutifolium 芸香叶唐松草：Ruta 芸香属（芸香科）；folius/ folium/ folia 叶，叶片（用于复合词）

Thalictrum saniculaeforme 叉枝唐松草（叉 chā）：saniculaeforme 变豆菜样的（注：组成复合词时，要将前面词的词尾 -us/ -um/ -a 变成 -i- 或 -o- 而不是所有格，故该词宜改为"saniculiforme"）；Sanicula 变豆菜属（伞形科）；forma 形状，变型（缩写 f.）

Thalictrum scabrifolium 糙叶唐松草：scabrifolius 糙叶的；scabri- ← scaber 粗糙的，有凹凸的，不平滑的；folius/ folium/ folia 叶，叶片（用于复合词）

Thalictrum scabrifolium var. leve 鹤庆唐松草：laevis/ levis/ laeve/ leve → levi-/ laevi- 光滑的，无毛的，无不平或粗糙感觉的

Thalictrum shensiense 陕西唐松草：shensiense 陕西的（地名）

Thalictrum simplex 箭头唐松草：simplex 单一的，简单的，无分歧的（词干为 simplic-）

Thalictrum simplex var. affine 锐裂箭头唐松草：affine = affinis = ad + finis 酷似的，近似的，有联系的；ad- 向，到，近（拉丁语词首，表示程度加强）；构词规则：构成复合词时，词首末尾的辅音字母常同化为紧接其后的那个辅音字母（如 ad + f → aff）；finis 界限，境界；affin- 相似，近似，相关

Thalictrum simplex var. brevipes 短梗箭头唐松草：brevi- ← brevis 短的（用于希腊语复合词词首）；pes/ pedis 柄，梗，茎秆，腿，足，爪（作词首或词尾，pes 的词干视为"ped-"）

Thalictrum simplex var. glandulosum 腺毛箭头唐松草：glandulosus = glandus + ulus + osus 被细

腺的，具腺体的，腺体质的；glandus ← glans 腺体；
-ulus/ -ulum/ -ula 小的，略微的，稍微的（小词
-ulus 在字母 e 或 i 之后有多种变缀，即 -olus/
-olum/ -ola、-ellus/ -ellum/ -ella、-illus/ -illum/
-illa，与第一变格法和第二变格法名词形成复合词）；
-osus/ -osum/ -osa 多的，充分的，丰富的，显著发
育的，程度高的，特征明显的（形容词词尾）

Thalictrum smithii 鞭柱唐松草：smithii ← James
Edward Smith（人名，1759–1828，英国植物学家）

Thalictrum sparsiflorum 散花唐松草：sparsus 散
生的，稀疏的，稀少的；florus/ florum/ flora ← flos
花（用于复合词）

Thalictrum squamiferum 石砾唐松草：squamus
鳞，鳞片，薄膜；-ferus/ -ferum/ -fera/ -fero/ -fere/
-fer 有，具有，产（区别：作独立词使用的 ferus 意
思是"野生的"）

Thalictrum squarrosum 展枝唐松草：
squarrosus = squarrus + osus 粗糙的，不平滑的，
有凸起的；squarrus 糙的，不平，凸点；-osus/
-osum/ -osa 多的，充分的，丰富的，显著发育的，
程度高的，特征明显的（形容词词尾）

Thalictrum tenue 细唐松草：tenue 薄的，纤细的，
弱的，瘦的，窄的

Thalictrum tenuicaule 细茎唐松草：tenui- ←
tenuis 薄的，纤细的，弱的，瘦的，窄的；caulus/
caulon/ caule ← caulos 茎，茎秆，主茎

Thalictrum trichopus 毛发唐松草：trich-/ tricho-/
tricha- ← trichos ← thrix 毛，多毛的，线状的，丝
状的；-pus ← pous 腿，足，爪，柄，茎

Thalictrum tsawarungense 察瓦龙唐松草：
tsawarungense 察瓦龙的（地名，西藏自治区）

Thalictrum tuberiferum 深山唐松草：tuber/
tuber-/ tuberi- 块茎的，结节状凸起的，瘤状的；
-ferus/ -ferum/ -fera/ -fero/ -fere/ -fer 有，具有，
产（区别：作独立词使用的 ferus 意思是"野生的"）

Thalictrum umbricola 阴地唐松草：umbricolus 阴
生的；umbra 荫凉，阴影，阴地；colus ← colo 分布
于，居住于，栖居，殖民（常作词尾）；colo/ colere/
colui/ cultum 居住，耕作，栽培

Thalictrum uncatum 钩柱唐松草：uncatus =
uncus + atus 具钩的，钩状的，倒钩状的；uncus 钩
子，弯钩，弯钩状的

Thalictrum uncatum var. angustialatum 狭翅
钩柱唐松草：angustialatus 窄翼的；angusti- ←
angustus 窄的，狭的，细的；alatus → ala-/ alat-/
alati-/ alato- 翅，具翅的，具翼的

Thalictrum uncinulatum 弯柱唐松草：
uncinulatus = uncinus + ulus + atus 具小钩的，小
钩状的；uncinus = uncus + inus 钩状的，倒刺的，
刺；uncus 钩，倒钩刺；-ulus/ -ulum/ -ula 小的，
略微的，稍微的（小词 -ulus 在字母 e 或 i 之后有多
种变缀，即 -olus/ -olum/ -ola、-ellus/ -ellum/
-ella、-illus/ -illum/ -illa，与第一变格法和第二变格
法名词形成复合词）；-atus/ -atum/ -ata 属于，相
似，具有，完成（形容词词尾）

Thalictrum urbainii 台湾唐松草：urbainii ←
Urban（人名）

Thalictrum urbainii var. majus 大花台湾唐松草：

majus 大的，巨大的

Thalictrum virgatum 帚枝唐松草：virgatus 细长
枝条的，有条纹的，嫩枝状的；virga/ virgus 纤细
枝条，细而绿的枝条；-atus/ -atum/ -ata 属于，相
似，具有，完成（形容词词尾）

Thalictrum viscosum 黏唐松草：viscosus =
viscus + osus 黏的；viscus 胶，胶黏物（比喻有黏性
物质）；-osus/ -osum/ -osa 多的，充分的，丰富的，
显著发育的，程度高的，特征明显的（形容词词尾）

Thalictrum wangii 丽江唐松草：wangii（人名）；-ii
表示人名，接在以辅音字母结尾的人名后面，但 -er
除外

Thalictrum wuyishanicum 武夷唐松草：
wuyishanicum 武夷山的（地名，福建省）；-icus/
-icum/ -ica 属于，具有某种特性（常用于地名、起
源、生境）

Thamnocalamus 筱竹属（筱 xiǎo）（禾本科）（9-1：
p382）：thamnos 灌木；calamus ← calamos ←
kalem 芦苇的，管子的，空心的

Thamnocalamus aristatus 有芒筱竹：
aristatus（aristosus）= arista + atus 具芒的，具芒
刺的，具刚毛的，具胡须的；arista 芒

Thamnocharis 辐花苣苔属（苦苣苔科）（69：p131）：
thamnos 灌木；charis/ chares 美丽，优雅，喜悦，
恩典，偏爱

Thamnocharis esquirolii 辐花苣苔：esquirolii（人
名）；-ii 表示人名，接在以辅音字母结尾的人名后
面，但 -er 除外

Theaceae 山茶科（49-3：p1，50-1：p1）：Thea 茶属；
-aceae（分类单位科的词尾，为 -aceus 的阴性复数
主格形式，加到模式属的名称后或同义词的词干后
以组成族群名称）

Thelasis 矮柱兰属（兰科）（19：p62）：thelasis ←
thelaxo 吸吮

Thelasis khasiana 滇南矮柱兰：khasiana ←
Khasya 喀西的，卡西的（地名，印度阿萨姆邦）

Thelasis pygmaea 矮柱兰：pygmaeus/ pygmaei 小
的，低矮的，极小的，矮人的；pygm- 矮，小，侏
儒；-aeus/ -aeum/ -aea 表示属于……，名词形容词
化词尾，如 europaeus ← europa 欧洲的

Theligonaceae 假繁缕科（53-2：p148）：Theligon
假繁缕属；-aceae（分类单位科的词尾，为 -aceus
的阴性复数主格形式，加到模式属的名称后或同义
词的词干后以组成族群名称）

Theligonum 假繁缕属（假繁缕科）（53-2：p148）：
theli- ← thelys 雌性的，女人的，柔嫩的；gonue
膝盖

Theligonum formosanum 台湾假繁缕：
formosanus = formosus + anus 美丽的，台湾的；
formosus ← formosa 美丽的，台湾的（葡萄牙殖民
者发现台湾时对其的称呼，即美丽的岛屿）；-anus/
-anum/ -ana 属于，来自（形容词词尾）

Theligonum japonicum 日本假繁缕：japonicum
日本的（地名）；-icus/ -icum/ -ica 属于，具有某种
特性（常用于地名、起源、生境）

Theligonum macranthum 假繁缕：macro-/
macr- ← macros 大的，宏观的（用于希腊语复合
词）；anthus/ anthum/ antha/ anthe ← anthos 花

（用于希腊语复合词）

Thellungiella 盐芥属（十字花科）（33：p441）：thellungiella ← Albert Thellung（人名，1881–1928，瑞士植物学家）；-ella 小（用作人名或一些属名词尾时并无小词意义）

Thellungiella halophila 小盐芥：halo- ← halos 盐，海；philus/ philein ← philos → phil-/ phili/ philo- 喜好的，爱好的，喜欢的；Halophila 喜盐草属（水鳖科）

Thellungiella salsuginea 盐芥：salsugineus（salsuginosus）= salsugo + eus 略咸的，盐地生的（salsugo 的词干为 salsugin-）；salsugo = salsus + ugo 盐分；词尾为 -go 的词其词干末尾视为 -gin；salsus/ salsinus 咸的，多盐的（比喻海岸或多盐生境）；sal/ salis 盐，盐水，海，海水；-eus/ -eum/ -ea（接拉丁语词干时）属于……的，色如……的，质如……的（表示原料、颜色或品质的相似），（接希腊语词干时）属于……的，以……出名，为……所占有（表示具有某种特性）

Thelypteridaceae 金星蕨科（4-1：p15）：Thelypteris 沼泽蕨属；-aceae（分类单位科的词尾，为 -aceus 的阴性复数主格形式，加到模式属的名称后或同义词的词干后以组成族群名称）

Thelypteris 沼泽蕨属（金星蕨科）（4-1：p20）：thelypteris 雌蕨；thelys 雌性的，女人的，柔嫩的；pteris ← pteryx 翅，翼，蕨类（希腊语）

Thelypteris palustris 沼泽蕨：palustris/ paluster ← palus + estris 喜好沼泽的，沼生的；palus 沼泽，湿地，泥潭，水塘，草甸子（palus 的复数主格为 paludes）；-estris/ -estre/ ester/ -esteris 生于……地方，喜好……地方

Thelypteris palustris var. palustris 沼泽蕨-原变种（词义见上面解释）

Thelypteris palustris var. pubescens 毛叶沼泽蕨：pubescens ← pubens 被短柔毛的，长出柔毛的；pubi- ← pubis 细柔毛的，短柔毛的，毛被的；pubesco/ pubescere 长成的，变为成熟的，长出柔毛的，青春期体毛的；-escens/ -ascens 改变，转变，变成，略微，带有，接近，相似，大致，稍微（表示变化的趋势，并未完全相似或相同，有别于表示达到完成状态的 -atus）

Thelypteris squamulosa 鳞片沼泽蕨：squamulosus = squamus + ulosus 小鳞片很多的，被小鳞片的；squamus 鳞，鳞片，薄膜；-ulosus = ulus + osus 小而多的；-ulus/ -ulum/ -ula 小的，略微的，稍微的（小词 -ulus 在字母 e 或 i 之后有多种变缀，即 -olus/ -olum/ -ola、-ellus/ -ellum/ -ella、-illus/ -illum/ -illa，与第一变格法和第二变格法名词形成复合词）；-osus/ -osum/ -osa 多的，充分的，丰富的，显著发育的，程度高的，特征明显的（形容词词尾）

Themeda 菅属（菅 jiān）（禾本科）（10-2：p243）：themeda ← thaemed 菅（阿拉伯语）

Themeda anathera 瘤菅：anatherus 无芒的；a-/ an- 无，非，没有，缺乏，不具有（an- 用于元音前）（a-/ an- 为希腊语词首，对应的拉丁语词首为 e-/ ex-，相当于英语的 un-/ -less，注意词首 a- 和作为介词的 a/ ab 不同，后者的意思是"从……、

由……、关于……、因为……"）；atherus ← ather 芒

Themeda arundinacea 苇菅：arundinaceus 芦竹状的；Arundo 芦竹状（禾本科）；-inus/ -inum/ -ina/ -inos 相近，接近，相似，具有（通常指颜色）；-aceus/ -aceum/ -acea 相似的，有……性质的，属于……的

Themeda caudata 苞子草：caudatus = caudus + atus 尾巴的，尾巴状的，具尾的；caudus 尾巴

Themeda chinensis 中华菅：chinensis = china + ensis 中国的（地名）；China 中国

Themeda hookeri 西南菅草：hookeri ← William Jackson Hooker（人名，19 世纪英国植物学家）；-eri 表示人名，在以 -er 结尾的人名后面加上 i 形成

Themeda japonica 黄背草：japonica 日本的（地名）；-icus/ -icum/ -ica 属于，具有某种特性（常用于地名、起源、生境）

Themeda minor 小菅草：minor 较小的，更小的

Themeda triandra 阿拉伯黄背草：tri-/ tripli-/ triplo- 三个，三数；andrus/ andros/ antherus ← aner 雄蕊，花药，雄性

Themeda trichiata 毛菅：trich-/ tricho-/ tricha- ← trichos ← thrix 毛，多毛的，线状的，丝状的；-atus/ -atum/ -ata 属于，相似，具有，完成（形容词词尾）

Themeda unica 浙皖菅：unicus 独特的，单一的

Themeda villosa 菅：villosus 柔毛的，绵毛的；villus 毛，羊毛，长绒毛；-osus/ -osum/ -osa 多的，充分的，丰富的，显著发育的，程度高的，特征明显的（形容词词尾）

Themeda yuanmounensis 元谋菅：yuanmounensis 元谋的（地名，云南省，常误拼为"yunmounensis"）

Themeda yunnanensis 云南菅：yunnanensis 云南的（地名）

Themelium 蒿蕨属（水龙骨科，另见 Ctenopteris）（6-2：p305）：themelium（词源不详）

Theobroma 可可属（梧桐科）（49-2：p169）：theobroma 神仙的食物

Theobroma cacao 可可：cacao 巧克力的，可可的（玛雅语或梅尔克语）

Thermopsis 野决明属（豆科）（42-2：p397）：thermos 羽扇豆（Lupinus）；-opsis/ -ops 相似，稍微，带有

Thermopsis alpina 高山野决明：alpinus = alpus + inus 高山的；alpus 高山；al-/ alti-/ alto- ← altus 高的，高处的；-inus/ -inum/ -ina/ -inos 相近，接近，相似，具有（通常指颜色）；关联词：subalpinus 亚高山的

Thermopsis barbata 紫花野决明：barbatus = barba + atus 具胡须的，具须毛的；barba 胡须，髯毛，绒毛；-atus/ -atum/ -ata 属于，相似，具有，完成（形容词词尾）

Thermopsis chinensis 霍州油菜：chinensis = china + ensis 中国的（地名）；China 中国

Thermopsis gyirongensis 吉隆野决明：gyirongensis 吉隆的（地名，西藏中尼边境县）

Thermopsis inflata 轮生叶野决明：inflatus 膨胀的，袋状的

T

Thermopsis lanceolata 披针叶野决明：lanceolatus = lanceus + olus + atus 小披针形的，小柳叶刀的；lance-/ lancei-/ lanci-/ lanceo-/ lanc- ← lanceus 披针形的，矛形的，尖刀状的，柳叶刀状的；-olus ← -ulus 小，稍微，略微（-ulus 在字母 e 或 i 之后变成 -olus/ -ellus/ -illus）；-atus/ -atum/ -ata 属于，相似，具有，完成（形容词词尾）

Thermopsis lanceolata var. glabra 东方野决明：glabrus 光秃的，无毛的，光滑的

Thermopsis lanceolata var. lanceolata 披针叶野决明-原变种 （词义见上面解释）

Thermopsis lupinoides 野决明：Lupinus 羽扇豆属（豆科）；-oides/ -oideus/ -oideum/ -oidea/ -odes/ -eidos 像……的，类似……的，呈……状的（名词词尾）

Thermopsis mongolica 蒙古野决明：mongolica 蒙古的（地名）；mongolia 蒙古的（地名）；-icus/ -icum/ -ica 属于，具有某种特性（常用于地名、起源、生境）

Thermopsis przewalskii 青海野决明：przewalskii ← Nicolai Przewalski（人名，19 世纪俄国探险家、博物学家）

Thermopsis smithiana 矮生野决明：smithiana ← James Edward Smith（人名，1759–1828，英国植物学家）

Thermopsis turkestanica 新疆野决明：turkestanica 土耳其的（地名）；-icus/ -icum/ -ica 属于，具有某种特性（常用于地名、起源、生境）

Thermopsis yushuensis 玉树野决明：yushuensis 玉树的（地名，青海省）

Theropogon 夏须草属（百合科）（15：p2）：theropogon 夏天的鬃毛（指簇生且夏季开花）；theros 夏天；pogon 胡须，髯毛，芒尖

Theropogon pallidus 夏须草：pallidus 苍白的，淡白色的，淡色的，蓝白色的，无活力的；palide 淡地，淡色地（反义词：sturate 深色地，浓色地，充分地，丰富地，饱和地）

Thesium 百蕊草属（檀香科）（24：p76）：thesium ← thesion 百蕊草（希腊语名）

Thesium arvense 田野百蕊草：arvensis 田里生的；arvum 耕地，可耕地

Thesium brevibracteatum 短苞百蕊草：brevi- ← brevis 短的（用于希腊语复合词词首）；bracteatus = bracteus + atus 具苞片的；bracteus 苞，苞片，苞鳞

Thesium cathaicum 华北百蕊草：cathaicum ← Cathay ← Khitay/ Khitai 中国的，契丹的（地名，10–12 世纪中国北方契丹人的领域，辽国前身，多用来代表中国，俄语称中国为 Kitay）；-icus/ -icum/ -ica 属于，具有某种特性（常用于地名、起源、生境）

Thesium chinense 百蕊草：chinense 中国的（地名）

Thesium chinense var. chinense 百蕊草-原变种（词义见上面解释）

Thesium chinense var. longipedunculatum 长梗百蕊草：longe-/ longi- ← longus 长的，纵向的；pedunculatus/ peduncularis 具花序柄的，具总花梗的；pedunculus/ peduncule/ pedunculis ← pes 花序柄，总花梗（花序基部无花着生部分，不同于花柄）；关联词：pedicellus/ pediculus 小花梗，小花柄（不同于花序柄）；pes/ pedis 柄，梗，茎秆，腿，足，爪（作词首或词尾，pes 的词干视为"ped-"）

Thesium emodi 藏南百蕊草：emodi ← Emodus 埃莫多斯山的（地名，所有格，属喜马拉雅山西坡，古希腊人对喜马拉雅山的称呼）（词末尾改为"-ii"似更妥）；-ii 表示人名，接在以辅音字母结尾的人名后面，但 -er 除外；-i 表示人名，接在以元音字母结尾的人名后面，但 -a 除外

Thesium himalense 露柱百蕊草：himalense 喜马拉雅的（地名）

Thesium jarmilae 大果百蕊草：jarmilae（人名）

Thesium longiflorum 长花百蕊草：longe-/ longi- ← longus 长的，纵向的；florus/ florum/ flora ← flos 花（用于复合词）

Thesium longifolium 长叶百蕊草：longe-/ longi- ← longus 长的，纵向的；folius/ folium/ folia 叶，叶片（用于复合词）

Thesium orgadophilum 草地百蕊草：orgadus 草地的；philus/ philein ← philos → phil-/ phili/ philo- 喜好的，爱好的，喜欢的（注意区别形近词：phylus、phyllus）；phylus/ phylum/ phyla ← phylon/ phyle 植物分类单位中的"门"，位于"界"和"纲"之间，类群，种族，部落，聚群；phyllus/ phyllum/ phylla ← phyllon 叶片（用于希腊语复合词）

Thesium psilotoides 白云百蕊草：psilotoides 像松叶蕨的，近似光滑的；psil-/ psilo- ← psilos 平滑的，光滑的；-oides/ -oideus/ -oideum/ -oidea/ -odes/ -eidos 像……的，类似……的，呈……状的（名词词尾）

Thesium ramosoides 滇西百蕊草：ramosoides 像 ramosum 的；Thesium ramosum 多枝百蕊草；ramosus = ramus + osus 有分枝的，多分枝的；ramus 分枝，枝条；-osus/ -osum/ -osa 多的，充分的，丰富的，显著发育的，程度高的，特征明显的（形容词词尾）；-oides/ -oideus/ -oideum/ -oidea/ -odes/ -eidos 像……的，类似……的，呈……状的（名词词尾）

Thesium refractum 急折百蕊草：refractus 倒折的，反折的；re- 返回，相反，再次，重复，向后，回头；fractus 背折的，弯曲的

Thesium tongolicum 藏东百蕊草：tongolicum 东俄洛的（地名，四川西部）

Thespesia 桐棉属（锦葵科）（49-2：p91）：thespesia ← thespios 奇妙的，神奇的（因花的颜色会由黄变紫）

Thespesia howii 长梗桐棉：howii（人名）；-ii 表示人名，接在以辅音字母结尾的人名后面，但 -er 除外

Thespesia lampas 白脚桐棉：lampas 灯，火炬

Thespesia populnea 桐棉：populneus 杨树的；Populus 杨属（杨柳科）；-eus/ -eum/ -ea（接拉丁语词干时）属于……的，色如……的，质如……的（表示原料、颜色或品质的相似），（接希腊语词干时）属于……的，以……出名，为……所占有（表示具有某种特性）

Thespis 歧伞菊属（菊科）（74：p352）：thespis 分布于湿地的；thes 安排，排列；pisos 湿草地

Thespis divaricata 歧伞菊：divaricatus 广歧的，发散的，散开的

Thevetia 黄花夹竹桃属（夹 jiā）（夹竹桃科）（63：p35）：thevetia ← Andre Thevet（人名，1502–1592，法国僧人和植物采集员）

Thevetia ahouai 阔叶竹桃：ahouai（人名）；-i 表示人名，接在以元音字母结尾的人名后面，但 -a 除外，故该词词尾改为"-ae"似更妥

Thevetia peruviana 黄花夹竹桃：peruviana 秘鲁的（地名）

Thevetia peruviana cv. Aurantiaca 红酒杯花：aurantiacus/ aurantius 橙黄色的，金黄色的；aurus 金，金色；aurant-/ auranti- 橙黄色，金黄色

Thismia 水玉簪属（水玉簪科）（增补）：thismia（人名）

Thismia jianfenglingensis 尖峰水玉杯：jianfenglingensis 尖峰岭的（地名，海南省）

Thladiantha 赤瓟属（瓟 páo）（葫芦科）（73-1：p132）：thladiantha 花阉割了的（模式种雄蕊拥挤似被阉割）；thladias 阉割；anthus/ anthum/ antha/ anthe ← anthos 花（用于希腊语复合词）

Thladiantha capitata 头花赤瓟：capitatus 头状的，头状花序的；capitus ← capitis 头，头状

Thladiantha cinerascens 灰赤瓟：cinerascens/ cinerasceus 发灰的，变灰色的，灰白的，淡灰色的（比 cinereus 更白）；cinereus 灰色的，草木灰色的（为纯黑和纯白的混合色，希腊语为 tephro-/ spodo-）；ciner-/ cinere-/ cinereo- 灰色；-escens/ -ascens 改变，转变，变成，略微，带有，接近，相似，大致，稍微（表示变化的趋势，并未完全相似或相同，有别于表示达到完成状态的 -atus）

Thladiantha cordifolia 大苞赤瓟：cordi- ← cordis/ cor 心脏的，心形的；folius/ folium/ folia 叶，叶片（用于复合词）

Thladiantha cordifolia var. cordifolia 大苞赤瓟-原变种 （词义见上面解释）

Thladiantha cordifolia var. tomentosa 茸毛赤瓟：tomentosus = tomentum + osus 绒毛的，密被绒毛的；tomentum 绒毛，浓密的毛被，棉絮，棉絮状填充物（被褥、垫子等）；-osus/ -osum/ -osa 多的，充分的，丰富的，显著发育的，程度高的，特征明显的（形容词词尾）

Thladiantha cordifolia var. tonkinensis 越南赤瓟：tonkin 东京（地名，越南河内的旧称）

Thladiantha davidii 川赤瓟：davidii ← Pere Armand David（人名，1826–1900，曾在中国采集植物标本的法国传教士）；-ii 表示人名，接在以辅音字母结尾的人名后面，但 -er 除外

Thladiantha dentata 齿叶赤瓟：dentatus = dentus + atus 牙齿的，齿状的，具齿的；dentus 齿，牙齿；-atus/ -atum/ -ata 属于，相似，具有，完成（形容词词尾）

Thladiantha dimorphantha 山西赤瓟：dimorphus 二型的，异型的；di-/ dis- 二，二数，二分，分离，不同，在……之间，从……分开（希腊语，拉丁语为 bi-/ bis-）；morphus ← morphos 形状，形态；anthus/ anthum/ antha/ anthe ← anthos 花（用于希腊语复合词）

Thladiantha dubia 赤瓟：dubius 可疑的，不确定的

Thladiantha globicarpa 球果赤瓟：glob-/ globi- ← globus 球体，圆球，地球；carpus/ carpum/ carpa/ carpon ← carpos 果实（用于希腊语复合词）

Thladiantha grandisepala 大萼赤瓟：grandi- ← grandis 大的；sepalus/ sepalum/ sepala 萼片（用于复合词）

Thladiantha henryi 皱果赤瓟：henryi ← Augustine Henry 或 B. C. Henry（人名，前者，1857–1930，爱尔兰医生、植物学家，曾在中国采集植物，后者，1850–1901，曾活动于中国的传教士）

Thladiantha henryi var. henryi 皱果赤瓟-原变种（词义见上面解释）

Thladiantha henryi var. verrucosa 喙赤瓟：verrucosus 具疣状凸起的；verrucus ← verrucos 疣状物；-osus/ -osum/ -osa 多的，充分的，丰富的，显著发育的，程度高的，特征明显的（形容词词尾）

Thladiantha hookeri 异叶赤瓟：hookeri ← William Jackson Hooker（人名，19 世纪英国植物学家）；-eri 表示人名，在以 -er 结尾的人名后面加上 i 形成

Thladiantha hookeri var. heptadactyla 七叶赤瓟：hepta- 七（希腊语，拉丁语为 septem-/ sept-/ septi-）；dactylus ← dactylos 手指状的；dactyl- 手指

Thladiantha hookeri var. hookeri 异叶赤瓟-原变种 （词义见上面解释）

Thladiantha hookeri var. palmatifolia 三叶赤瓟：palmatus = palmus + atus 掌状的，具掌的；palmus 掌，手掌；folius/ folium/ folia 叶，叶片（用于复合词）

Thladiantha hookeri var. pentadactyla 五叶赤瓟：penta- 五，五数（希腊语，拉丁语为 quin/ quinqu/ quinque/ quinqui-）；dactylus ← dactylos 手指状的；dactyl- 手指

Thladiantha lijiangensis 丽江赤瓟：lijiangensis 丽江的（地名，云南省）

Thladiantha lijiangensis var. latisepala 木里赤瓟：lati-/ late- ← latus 宽的，宽广的；sepalus/ sepalum/ sepala 萼片（用于复合词）

Thladiantha lijiangensis var. lijiangensis 丽江赤瓟-原变种 （词义见上面解释）

Thladiantha longifolia 长叶赤瓟：longe-/ longi- ← longus 长的，纵向的；folius/ folium/ folia 叶，叶片（用于复合词）

Thladiantha longisepala 长萼赤瓟：longe-/ longi- ← longus 长的，纵向的；sepalus/ sepalum/ sepala 萼片（用于复合词）

Thladiantha maculata 斑赤瓟：maculatus = maculus + atus 有小斑点的，略有斑点的；maculus 斑点，网眼，小斑点，略有斑点；-atus/ -atum/ -ata 属于，相似，具有，完成（形容词词尾）

Thladiantha montana 山地赤瓟：montanus 山，山地；montis 山，山地的；mons 山，山脉，岩石

Thladiantha nudiflora 南赤瓟：nudi- ← nudus 裸露的；florus/ florum/ flora ← flos 花（用于复合词）

Thladiantha nudiflora var. bracteata 西固赤瓟：bracteatus = bracteus + atus 具苞片的；bracteus

T

苞，苞片，苞鳞；-atus/ -atum/ -ata 属于，相似，具有，完成（形容词词尾）

Thladiantha nudiflora var. nudiflora 南赤瓟-原变种 （词义见上面解释）

Thladiantha oliveri 鄂赤瓟：oliveri（人名）；-eri 表示人名，在以 -er 结尾的人名后面加上 i 形成

Thladiantha punctata 台湾赤瓟：punctatus = punctus + atus 具斑点的；punctus 斑点

Thladiantha pustulata 云南赤瓟：pustulatus = pustulus + atus 小凸起的，粉刺状的；pustulus 泡状凸起，粉刺

Thladiantha sessilifolia 短柄赤瓟：sessile-/ sessili-/ sessil- ← sessilis 无柄的，无茎的，基生的，基部的；folius/ folium/ folia 叶，叶片（用于复合词）

Thladiantha sessilifolia var. longipes 沧源赤瓟：longe-/ longi- ← longus 长的，纵向的；pes/ pedis 柄，梗，茎秆，腿，足，爪（作词首或词尾，pes 的词干视为"ped-"）

Thladiantha sessilifolia var. sessilifolia 短柄赤瓟-原变种 （词义见上面解释）

Thladiantha setispina 刚毛赤瓟：setispinus 刚毛状刺的；setus/ saetus 刚毛，刺毛，芒刺；spinus 刺，针刺

Thladiantha villosula 长毛赤瓟：villosulus 略有长柔毛的；villosus 柔毛的，绵毛的；villus 毛，羊毛，长绒毛；-ulus/ -ulum/ -ula 小的，略微的，稍微的（小词 -ulus 在字母 e 或 i 之后有多种变缀，即 -olus/ -olum/ -ola、-ellus/ -ellum/ -ella、-illus/ -illum/ -illa，与第一变格法和第二变格法名词形成复合词）

T

Thladiantha villosula var. nigrita 黑子赤瓟：nigritus 黑色的；nigrus 黑色的

Thladiantha villosula var. villosula 长毛赤瓟-原变种 （词义见上面解释）

Thlaspi 菥蓂属（遏蓝菜属）（菥蓂 xī mì）（十字花科）（33：p78）：thlaspi ← thlaein 压扁，压碎（希腊语，比喻角果扁平）

Thlaspi andersonii 西藏菥蓂：andersonii ← Charles Lewis Anderson（人名，19 世纪美国医生、植物学家）

Thlaspi arvense 菥蓂：arvensis 田里生的；arvum 耕地，可耕地

Thlaspi ferganense 新疆菥蓂：ferganense 费尔干纳的（地名，吉尔吉斯斯坦）

Thlaspi flagelliferum 四川菥蓂：flagellus/ flagrus 鞭子的，匍匐枝的；-ferus/ -ferum/ -fera/ -fero/ -fere/ -fer 有，具有，产（区别：作独立词使用的 ferus 意思是"野生的"）

Thlaspi thlaspidioides 山菥蓂：Thlaspi 菥蓂属（十字花科）；-oides/ -oideus/ -oideum/ -oidea/ -odes/ -eidos 像……的，类似……的，呈……状的（名词词尾）

Thlaspi yunnanense 云南菥蓂：yunnanense 云南的（地名）

Thlaspi yunnanense var. dentata 齿叶菥蓂：dentatus = dentus + atus 牙齿的，齿状的，具齿的；dentus 齿，牙齿；-atus/ -atum/ -ata 属于，相似，具有，完成（形容词词尾）

Thlaspi yunnanense var. yunnanense 云南菥蓂-原变种 （词义见上面解释）

Thoracostachyum 野长蒲属（莎草科）（11：p195）：thoracostachyum 胸甲状穗子的（指由穗状花序排成的圆锥花序具叶状苞片）；thorax 胸甲；stachy-/ stachyo-/ -stachys/ -stachyus/ -stachyum/ -stachya 穗子，穗子的，穗子状的，穗状花序的

Thoracostachyum pandanophyllum 露兜树叶野长蒲：Pandanus 露兜树属（露兜树科）；phyllus/ phyllum/ phylla ← phyllon 叶片（用于希腊语复合词）

Thottea 线果兜铃属（马兜铃科）（24：p196）：thottea（人名）

Thottea hainanensis 海南线果兜铃：hainanensis 海南的（地名）

Thrixspermum 白点兰属（兰科）（19：p336）：thrix 毛，多毛的，线状的，丝状的；spermus/ spermum/ sperma 种子的（用于希腊语复合词）

Thrixspermum amplexicaule 抱茎白点兰：amplexi- 跨骑状的，紧握的，抱紧的；caulus/ caulon/ caule ← caulos 茎，茎秆，主茎

Thrixspermum annamense 海台白点兰：annamense 安南的（地名，越南古称）

Thrixspermum centipeda 白点兰：centi- ← centus 百，一百（比喻数量很多）；peda ← pes 足；Centipeda 石胡荽属（荽 suī）（菊科）

Thrixspermum eximium 异色白点兰：eximius 超群的，别具一格的

Thrixspermum fantasticum 金唇白点兰：fantasticus 极好的，绝妙的，奇异的

Thrixspermum formosanum 台湾白点兰：formosanus = formosus + anus 美丽的，台湾的；formosus ← formosa 美丽的，台湾的（葡萄牙殖民者发现台湾时对其的称呼，即美丽的岛屿）；-anus/ -anum/ -ana 属于，来自（形容词词尾）

Thrixspermum japonicum 小叶白点兰：japonicum 日本的（地名）；-icus/ -icum/ -ica 属于，具有某种特性（常用于地名、起源、生境）

Thrixspermum merguense 三毛白点兰：merguense 门源的（地名，青海省）

Thrixspermum pendulicaule 垂枝白点兰：pendulus ← pendere 下垂的，垂吊的（悬垂或因支持体细软而下垂）；pendere/ pendeo 悬挂，垂悬；-ulus/ -ulum/ -ula（表示趋向或动作）（小词 -ulus 在字母 e 或 i 之后有多种变缀，即 -olus/ -olum/ -ola、-ellus/ -ellum/ -ella、-illus/ -illum/ -illa，与第一变格法和第二变格法名词形成复合词）；caulus/ caulon/ caule ← caulos 茎，茎秆，主茎

Thrixspermum saruwatarii 长轴白点兰：saruwatarii 猿渡（日本人名）

Thrixspermum subulatum 厚叶白点兰：subulatus 钻形的，尖头的，针尖状的；subulus 钻头，尖头，针尖状

Thrixspermum trichoglottis 同色白点兰：trich-/ tricho-/ tricha- ← trichos ← thrix 毛，多毛的，线状的，丝状的；glottis 舌头的，舌状的；Trichoglottis 毛舌兰属（兰科）

Thryallis 金英属（金虎尾科）（43-3：p129）：thryallis 毛蕊花（Verbascum）（古希腊语名）

Thryallis gracilis 金英：gracilis 细长的，纤弱的，丝状的

Thuarea 蒭雷草属（蒭 chú）（禾本科）（10-1：p387）：thuarea ← A. du Petit-Thouars（人名，法国植物学家）

Thuarea involuta 蒭雷草：involutus 向内包裹的，向内卷曲的；in-/ im-（来自 il- 的音变）内，在内，内部，向内，相反，不，无，非；il- 在内，向内，为，相反（希腊语为 en-）；词首 il- 的音变：il-（在 l 前面），im-（在 b、m、p 前面），in-（在元音字母和大多数辅音字母前面），ir-（在 r 前面），如 illaudatus（不值得称赞的，评价不好的），impermeabilis（不透水的，穿不透的），ineptus（不合适的），insertus（插入的），irretortus（无弯曲的，无扭曲的）；volutus/ volutum/ volvo 转动，滚动，旋卷，盘结

Thuja 崖柏属（崖 yá）（柏科）（7：p317）：thuja ← thya/ thyon（一种分泌树脂的常绿植物的古拉丁名）

Thuja koraiensis 朝鲜崖柏：koraiensis 朝鲜的（地名）

Thuja occidentalis 北美香柏：occidentalis 西方的，西部的，欧美的；occidens 西方，西部

Thuja plicata 北美乔柏：plicatus = plex + atus 折扇状的，有沟的，纵向折叠的，棕榈叶状的（= plicativus）；plex/ plica 褶，折扇状，卷折（plex 的词干为 plic-）；plico 折叠，出褶，卷折

Thuja standishii 日本香柏：standishii ← Johon Standish（人名，19 世纪英国种苗专家）

Thuja sutchuenensis 崖柏：sutchuenensis 四川的（地名）

Thujopsis 罗汉柏属（柏科）（7：p314）：Thuja 崖柏属（柏科）；-opsis/ -ops 相似，稍微，带有

Thujopsis dolabrata 罗汉柏：dolabratus 斧头的，斧头状的；dolabra 丁字镐，斧头；dolo 砍平，削平

Thunbergia 山牵牛属（爵床科）（70：p22）：thunbergia ← C. P. Thunberg（人名，1743–1828，瑞典植物学家，曾专门研究日本的植物）

Thunbergia alata 翼叶山牵牛：alatus → ala-/ alat-/ alati-/ alato- 翅，具翅的，具翼的；反义词：exalatus 无翼的，无翅的

Thunbergia coccinea 红花山牵牛：coccus/ coccineus 浆果，绯红色（一种形似浆果的介壳虫的颜色）；同形异义词：coccus/ cocco/ cocci/ coccis 心室，心皮；-eus/ -eum/ -ea（接拉丁语词干时）属于……的，色如……的，质如……的（表示原料、颜色或品质的相似），（接希腊语词干时）属于……的，以……出名，为……所占有（表示具有某种特性）

Thunbergia eberhardtii 二色山牵牛：eberhardtii（人名）；-ii 表示人名，接在以辅音字母结尾的人名后面，但 -er 除外

Thunbergia erecta 直立山牵牛：erectus 直立的，笔直的

Thunbergia fragrans 碗花草：fragrans 有香气的，飘香的；fragro 飘香，有香味

Thunbergia fragrans subsp. fragrans 碗花草-原亚种（词义见上面解释）

Thunbergia fragrans subsp. hainanensis 海南山牵牛：hainanensis 海南的（地名）

Thunbergia fragrans subsp. lanceolata 滇南山牵牛：lanceolatus = lanceus + olus + atus 小披针形的，小柳叶刀的；lance-/ lancei-/ lanci-/ lanceo-/ lanc- ← lanceus 披针形的，矛形的，尖刀状的，柳叶刀状的；-olus ← -ulus 小，稍微，略微（-ulus 在字母 e 或 i 之后变成 -olus/ -ellus/ -illus）；-atus/ -atum/ -ata 属于，相似，具有，完成（形容词词尾）

Thunbergia grandiflora 山牵牛：grandi- ← grandis 大的；florus/ florum/ flora ← flos 花（用于复合词）

Thunbergia lacei 长黄毛山牵牛：lacei（人名）

Thunbergia laurifolia 桂叶山牵牛：lauri- ← Laurus 月桂属（樟科）；folius/ folium/ folia 叶，叶片（用于复合词）

Thunbergia lutea 羽脉山牵牛：luteus 黄色的

Thunia 笋兰属（兰科）（18：p336）：thunia ← Graf Thun-Hohestein（人名，1786–1873，瑞典兰花类植物收集家）

Thunia alba 笋兰：albus → albi-/ albo- 白色的

Thylacospermum 囊种草属（种 zhǒng）（石竹科）（26：p250）：thyulacospermum 袋内种子的（指种子由海绵质种皮包被）；thylaco- ← thylax 袋子，囊状物；spermus/ spermum/ sperma 种子的（用于希腊语复合词）

Thylacospermum caespitosum 囊种草：caespitosus = caespitus + osus 明显成簇的，明显丛生的；caespitus 成簇的，丛生的；-osus/ -osum/ -osa 多的，充分的，丰富的，显著发育的，程度高的，特征明显的（形容词词尾）

Thymelaea 欧瑞香属（瑞香科）（52-1：p393）：thymelaea 欧瑞香（古希腊语名）

Thymelaea passerina 欧瑞香：passerinus 麻雀样的；passer 麻雀；-inus/ -inum/ -ina/ -inos 相近，接近，相似，具有（通常指颜色）

Thymelaeaceae 瑞香科（52-1：p287）：thymelaea 欧瑞香属；-aceae（分类单位科的词尾，为 -aceus 的阴性复数主格形式，加到模式属的名称后或同义词的词干后以组成族群名称）

Thymus 百里香属（唇形科）（66：p250）：thymus ← thyein 香味扑鼻的，发出香味的（希腊语）

Thymus altaicus 阿尔泰百里香：altaicus 阿尔泰的（地名，新疆北部山脉）

Thymus amurensis 黑龙江百里香：amurense/ amurensis 阿穆尔的（地名，东西伯利亚的一个州，南部以黑龙江为界），阿穆尔河的（即黑龙江的俄语音译）

Thymus curtus 短毛百里香：curtus 短的，不完整的，残缺的

Thymus disjunctus 长齿百里香：disjunctus 分离的，不连接的；di-/ dis- 二，二数，二分，分离，不同，在……之间，从……分开（希腊语，拉丁语为 bi-/ bis-）；junctus 连接的，接合的，联合的

Thymus inaequalis 斜叶百里香：inaequalis 不等的，不同的，不整齐的；aequalis 相等的，相同的，对称的；inaequal- 不相等，不同；aequus 平坦的，均等的，公平的，友好的；in-/ im-（来自 il- 的音变）

内，在内，内部，向内，相反，不，无，非；il- 在内，向内，为，相反（希腊语为 en-）；词首 il- 的音变：il-（在 l 前面），im-（在 b、m、p 前面），in-（在元音字母和大多数辅音字母前面），ir-（在 r 前面），如 illaudatus（不值得称赞的，评价不好的），impermeabilis（不透水的，穿不透的），ineptus（不合适的），insertus（插入的），irretortus（无弯曲的，无扭曲的）

Thymus mandschuricus 短节百里香：mandschuricus 满洲的（地名，中国东北，地理区域）；-icus/ -icum/ -ica 属于，具有某种特性（常用于地名、起源、生境）

Thymus marschallianus 异株百里香：marschallianus ← Baron Friedrich August Marschall von Bieberstein（人名，19 世纪德国探险家）

Thymus mongolicus 百里香：mongolicus 蒙古的（地名）；mongolia 蒙古的（地名）；-icus/ -icum/ -ica 属于，具有某种特性（常用于地名、起源、生境）

Thymus nervulosus 显脉百里香：nervulosus 具细脉的；-ulosus = ulus + osus 小而多的；-ulus/ -ulum/ -ula 小的，略微的，稍微的（小词 -ulus 在字母 e 或 i 之后有多种变缀，即 -olus/ -olum/ -ola、-ellus/ -ellum/ -ella、-illus/ -illum/ -illa，与第一变格法和第二变格法名词形成复合词）；-osus/ -osum/ -osa 多的，充分的，丰富的，显著发育的，程度高的，特征明显的（形容词词尾）

Thymus proximus 拟百里香：proximus 接近的，近的

Thymus quinquecostatus 地椒：quin-/ quinqu-/ quinque-/ quinqui- 五，五数（希腊语为 penta-）；costatus 具肋的，具脉的，具中脉的（指脉明显）；costus 主脉，叶脉，肋，肋骨

Thymus quinquecostatus var. asiaticus 地椒-亚洲变种：asiaticus 亚洲的（地名）；-aticus/ -aticum/ -atica 属于，表示生长的地方，作名词词尾

Thymus quinquecostatus var. przewalskii 地椒-展毛变种：przewalskii ← Nicolai Przewalski（人名，19 世纪俄国探险家、博物学家）

Thymus quinquecostatus var. quinquecostatus 地椒-原变种 （词义见上面解释）

Thyrocarpus 盾果草属（紫草科）（64-2：p232）：thyro- ← thyreos 盾片；carpus/ carpum/ carpa/ carpon ← carpos 果实（用于希腊语复合词）

Thyrocarpus fulvescens （绿叶盾果草）：fulvus 咖啡色的，黄褐色的；-escens/ -ascens 改变，转变，变成，略微，带有，接近，相似，大致，稍微（表示变化的趋势，并未完全相似或相同，有别于表示达到完成状态的 -atus）

Thyrocarpus glochidiatus 弯齿盾果草：glochidiatus 有钩状刺毛的，具倒钩的

Thyrocarpus sampsonii 盾果草：sampsonii（人名）；-ii 表示人名，接在以辅音字母结尾的人名后面，但 -er 除外

Thyrsia 锥茅属（禾本科）（10-2：p257）：thyrsia 花簇，金字塔，圆锥花序，聚散圆锥花序

Thyrsia zea 锥茅：zea 玉米（原为禾本科一种植物的希腊语名）；Zea 玉蜀黍属（黍 shǔ）（禾本科）

Thyrsostachys 泰竹属（禾本科）（9-1：p33）：thyrsus/ thyrsos 花簇，金字塔，圆锥形，聚伞圆锥花序；stachy-/ stachyo-/ -stachys/ -stachyus/ -stachyum/ -stachya 穗子，穗子的，穗子状的，穗状花序的

Thyrsostachys oliveri 大泰竹：oliveri（人名）；-eri 表示人名，在以 -er 结尾的人名后面加上 i 形成

Thyrsostachys siamensis 泰竹：siamensis 暹罗的（地名，泰国古称）（暹 xiān）

Thysanolaena 粽叶芦属（禾本科）（9-2：p30）：thysanos 流苏，缨子；laenus 外衣，包被，覆盖

Thysanolaena maxima 粽叶芦：maximus 最大的

Thysanotus 异蕊草属（百合科）（14：p48）：thysanotus ← thysanos 流苏状的；thysanos 流苏，缨子

Thysanotus chinensis 异蕊草：chinensis = china + ensis 中国的（地名）；China 中国

Tiarella 黄水枝属（虎耳草科）（34-2：p231）：tiarella ← tiara 王冠一种（指雌蕊形状）；-ella 小（用作人名或一些属名词尾时并无小词意义）

Tiarella polyphylla 黄水枝：poly- ← polys 多个，许多（希腊语，拉丁语为 multi-）；phyllus/ phyllum/ phylla ← phyllon 叶片（用于希腊语复合词）

Tibetia 高山豆属（豆科）（42-2：p157）：tibetia 西藏的（地名）

Tibetia coelestis 蓝花高山豆：coelestinus/ coelestis/ coeles/ caelestinus/ caelestis/ caeles 天空的，天上的，云端的，天蓝色的

Tibetia himalaica 高山豆：himalaica 喜马拉雅的（地名）；-icus/ -icum/ -ica 属于，具有某种特性（常用于地名、起源、生境）

Tibetia tongolensis 黄花高山豆：tongol 东俄洛（地名，四川西部）

Tibetia yadongensis 亚东高山豆：yadongensis 亚东的（地名，西藏自治区）

Tibetia yunnanensis 云南高山豆：yunnanensis 云南的（地名）

Tigridia 虎皮花属（鸢尾科）（16-1：p127）：tigridius 老虎斑纹的，像老虎的；tigridis/ tigris 老虎的，虎斑的

Tigridia pavonia 虎皮花：pavonius 孔雀状的（指色彩）；pavo/ pavonis/ pavus/ pava 孔雀（比喻色彩或形状）；-ius/ -ium/ -ia 具有……特性的（表示有关、关联、相似）

Tigridiopalma 虎颜花属（野牡丹科）（53-1：p249）：tigridis 老虎的，像老虎的，虎斑的；palmus 手掌，掌状的

Tigridiopalma magnifica 虎颜花：magnificus 壮大的，大规模的；magnus 大的，巨大的； -ficus 非常，极其（作独立词使用的 ficus 意思是"榕树，无花果"）

Tilia 椴树属（椴树科）（49-1：p51）：tilia ← ptilon 翅，翼（希腊语，指椴树果序柄上的牛舌状苞片，林奈祖母的弟弟以其为自己立姓 Tiliander，林奈则用来为椴树属命名）（椴树的英文名为 linden，来自瑞典语 lind ← linn）

T

Tilia amurensis 紫椴：amurense/ amurensis 阿穆尔的（地名，东西伯利亚的一个州，南部以黑龙江为界），阿穆尔河的（即黑龙江的俄语音译）

Tilia amurensis var. amurensis 紫椴-原变种 （词义见上面解释）

Tilia amurensis var. taquetii 小叶紫椴：taquetii（人名）；-ii 表示人名，接在以辅音字母结尾的人名后面，但 -er 除外

Tilia amurensis var. tricuspidata 裂叶紫椴：tri-/ tripli-/ triplo- 三个，三数；cuspidatus = cuspis + atus 尖头的，凸尖的；构词规则：词尾为 -is 和 -ys 的词的词干分别视为 -id 和 -yd；cuspis（所有格为 cuspidis）齿尖，凸尖，尖头；-atus/ -atum/ -ata 属于，相似，具有，完成（形容词词尾）

Tilia breviradiata 短毛椴：brevi- ← brevis 短的（用于希腊语复合词词首）；radiatus = radius + atus 辐射状的，放射状的；radius 辐射，射线，半径，边花，伞形花序

Tilia callidonta 美齿椴：call-/ calli-/ callo-/ cala-/ calo- ← calos/ callos 美丽的；odontus/ odontos → odon-/ odont-/ odonto-（可作词首或词尾）齿，牙齿状的；odous 齿，牙齿（单数，其所有格为 odontos）

Tilia chenmoui 长苞椴：chenmoui 陈谋（人名）

Tilia chinensis 华椴：chinensis = china + ensis 中国的（地名）；China 中国

Tilia chinensis var. chinensis 华椴-原变种 （词义见上面解释）

Tilia chinensis var. investita 秃华椴：investitus 无包被的，裸露的；in-/ im-（来自 il- 的音变）内，在内，内部，向内，相反，不，无，非；il- 在内，向内，为，相反（希腊语为 en-）；词首 il- 的音变：il-（在 l 前面），im-（在 b、m、p 前面），in-（在元音字母和大多数辅音字母前面），ir-（在 r 前面），如 illaudatus（不值得称赞的，评价不好的），impermeabilis（不透水的，穿不透的），ineptus（不合适的），insertus（插入的），irretortus（无弯曲的，无扭曲的）；vestitus 包被的，覆盖的，被柔毛的，袋状的

Tilia endochrysea 白毛椴：endochryseus 内面金黄色的；chryseus 金，金色的，金黄色的；chrys-/ chryso- ← chrysos 黄色的，金色的；intra-/ intro-/ endo-/ end- 内部，内侧；反义词：exo- 外部，外侧

Tilia henryana 毛糯米椴（糯 nuò）：henryana ← Augustine Henry 或 B. C. Henry（人名，前者，1857–1930，爱尔兰医生、植物学家，曾在中国采集植物，后者，1850–1901，曾活动于中国的传教士）

Tilia henryana var. henryana 毛糯米椴-原变种（词义见上面解释）

Tilia henryana var. subglabra 糯米椴：subglabrus 近无毛的；sub-（表示程度较弱）与……类似，几乎，稍微，弱，亚，之下，下面；glabrus 光秃的，无毛的，光滑的

Tilia hupehensis 湖北毛椴：hupehensis 湖北的（地名）

Tilia integerrima 全缘椴：integerrimus 绝对全缘的；integer/ integra/ integrum → integri- 完整的，整个的，全缘的；-rimus/ -rima/ -rimum 最，极，非常（词尾为 -er 的形容词最高级）

Tilia intonsa 多毛椴：intonsus 不剃光的，长发的，长须的；in-/ im-（来自 il- 的音变）内，在内，内部，向内，相反，不，无，非；il- 在内，向内，为，相反（希腊语为 en-）；词首 il- 的音变：il-（在 l 前面），im-（在 b、m、p 前面），in-（在元音字母和大多数辅音字母前面），ir-（在 r 前面），如 illaudatus（不值得称赞的，评价不好的），impermeabilis（不透水的，穿不透的），ineptus（不合适的），insertus（插入的），irretortus（无弯曲的，无扭曲的）；tonsus 剃头的，剃光的

Tilia japonica 华东椴：japonica 日本的（地名）；-icus/ -icum/ -ica 属于，具有某种特性（常用于地名、起源、生境）

Tilia kueichouensis 黔椴：kueichouensis 贵州的（地名）

Tilia laetevirens 亮绿叶椴：laetevirens 鲜绿色的，淡绿色的；laete 光亮地，鲜艳地；virens 绿色的，变绿的

Tilia lepidota 鳞毛椴：lepidotus = lepis + otus 鳞片状的；lepido- ← lepis 鳞片，鳞片状（lepis 词干视为 lepid-，后接辅音字母时通常加连接用的"o"，故形成"lepido-"）；lepido- ← lepidus 美丽的，典雅的，整洁的，装饰华丽的；lepis/ lepidos 鳞片；-otus/ -otum/ -ota（希腊语词尾，表示相似或所有）；注：构词成分 lepid-/ lepdi-/ lepido- 需要根据植物特征翻译成"秀丽"或"鳞片"

Tilia likiangensis 丽江椴：likiangensis 丽江的（地名，云南省）

Tilia mandshurica 辽椴：mandshurica 满洲的（地名，中国东北，地理区域）

Tilia mandshurica var. mandshurica 辽椴-原变种 （词义见上面解释）

Tilia mandshurica var. megaphylla 棱果辽椴：megaphylla 大叶子的；mega-/ megal-/ megalo- ← megas 大的，巨大的；phyllus/ phyllum/ phylla ← phyllon 叶片（用于希腊语复合词）

Tilia mandshurica var. ovalis 卵果辽椴：ovalis 广椭圆形的；ovus 卵，胚珠，卵形的，椭圆形的

Tilia mandshurica var. tuberculata 瘤果辽椴：tuberculatus 具疣状凸起的，具结节的，具小瘤的；tuber/ tuber-/ tuberi- 块茎的，结节状凸起的，瘤状的；-culatus = culus + atus 小的，略微的，稍微的（用于第三和第四变格法名词）；-culus/ -culum/ -cula 小的，略微的，稍微的（同第三变格法和第四变格法名词形成复合词）；-atus/ -atum/ -ata 属于，相似，具有，完成（形容词词尾）

Tilia membranacea 膜叶椴：membranaceus 膜质的，膜状的；membranus 膜；-aceus/ -aceum/ -acea 相似的，有……性质的，属于……的

Tilia mesembrinos 滇南椴：mesembrinos → mesembria + inos 正午的；Mesembria 墨森布瑞亚（希腊神话中的正午女神）；-inus/ -inum/ -ina/ -inos 相近，接近，相似，具有（通常指颜色）

Tilia miqueliana 南京椴：miqueliana ← Friedrich A. W. Miquel（人名，19 世纪荷兰植物学家）

Tilia mofungensis 帽峰椴：mofungensis 帽峰山的（地名，广东省）

Tilia mongolica 蒙椴：mongolica 蒙古的（地名）；mongolia 蒙古的（地名）；-icus/ -icum/ -ica 属于，具有某种特性（常用于地名、起源、生境）

Tilia nanchuanensis 南川椴：nanchuanensis 南川的（地名，重庆市）

Tilia nobilis 大椴：nobilis 高贵的，有名的，高雅的

Tilia oblongifolia 矩圆叶椴：oblongus = ovus + longus 长椭圆形的（ovus 的词干 ov- 音变为 ob-）；ovus 卵，胚珠，卵形的，椭圆形的；longus 长的，纵向的；folius/ folium/ folia 叶，叶片（用于复合词）

Tilia obscura 云山椴：obscurus 暗色的，不明确的，不明显的，模糊的

Tilia oliveri 粉椴：oliveri（人名）；-eri 表示人名，在以 -er 结尾的人名后面加上 i 形成

Tilia oliveri var. cinerascens 灰背椴：cinerascens/ cinerasceus 发灰的，变灰色的，灰白的，淡灰色的（比 cinereus 更白）；cinereus 灰色的，草木灰色的（为纯黑和纯白的混合色，希腊语为 tephro-/ spodo-）；ciner-/ cinere-/ cinereo- 灰色；-escens/ -ascens 改变，转变，变成，略微，带有，接近，相似，大致，稍微（表示变化的趋势，并未完全相似或相同，有别于表示达到完成状态的 -atus）

Tilia oliveri var. oliveri 粉椴-原变种 （词义见上面解释）

Tilia omeiensis 峨眉椴：omeiensis 峨眉山的（地名，四川省）

Tilia paucicostata 少脉椴：pauci- ← paucus 少数的，少的（希腊语为 oligo-）；costatus 具肋的，具脉的，具中脉的（指脉明显）；costus 主脉，叶脉，肋，肋骨

Tilia paucicostata var. dictyoneura 红皮椴：dictyoneurus 网状脉的；dictyon 网，网状（希腊语）；neurus ← neuron 脉，神经

Tilia paucicostata var. paucicostata 少脉椴-原变种 （词义见上面解释）

Tilia paucicostata var. yunnanensis 少脉毛椴：yunnanensis 云南的（地名）

Tilia populifolia 杨叶椴：Populus 杨属（杨柳科）；folius/ folium/ folia 叶，叶片（用于复合词）

Tilia tristis 淡灰椴：tristis 暗淡的，阴沉的

Tilia tuan 椴树：tuan 椴（中文名）

Tilia tuan var. chinensis 毛芽椴：chinensis = china + ensis 中国的（地名）；China 中国

Tilia tuan var. tuan 椴树-原变种 （词义见上面解释）

Tilia yunnanensis 云南椴：yunnanensis 云南的（地名）

Tiliaceae 椴树科（49-1：p47）：Tilia 椴树属；-aceae（分类单位科的词尾，为 -aceus 的阴性复数主格形式，加到模式属的名称后或同义词的词干后以组成族群名称）

Tillaea 东爪草属（爪 zhǎo）（景天科）（34-1：p32）：tillaea ← Michael Angelo Tilli（人名，1655–1740，意大利植物学家）（以元音字母 a 结尾的人名用作属名时在末尾加 ea）

Tillaea aquatica 东爪草：aquaticus/ aquatilis 水的，水生的，潮湿的；aqua 水；-aticus/ -aticum/ -atica 属于，表示生长的地方

Tillaea mongolica 承德东爪草：mongolica 蒙古的（地名）；mongolia 蒙古的（地名）；-icus/ -icum/ -ica 属于，具有某种特性（常用于地名、起源、生境）

Tillaea pentandra 五蕊东爪草：penta- 五，五数（希腊语，拉丁语为 quin/ quinqu/ quinque-/ quinqui-）；andrus/ andros/ antherus ← aner 雄蕊，花药，雄性

Tillaea yunnanensis 云南东爪草：yunnanensis 云南的（地名）

Timonius 海茜树属（茜 qiàn）（茜草科）（71-2：p18）：timonius ← timon 海茜树（马来西亚土名）

Timonius arboreus 海茜树：arboreus 乔木状的；arbor 乔木，树木；-eus/ -eum/ -ea（接拉丁语词干时）属于……的，色如……的，质如……的（表示原料、颜色或品质的相似），（接希腊语词干时）属于……的，以……出名，为……所占有（表示具有某种特性）

Timouria 钝基草属（禾本科）（9-3：p309）：timouria← Timor 帝汶岛的（地名，印度尼西亚）

Timouria saposhnikowii 钝基草：saposhnikowii（人名）；-ii 表示人名，接在以辅音字母结尾的人名后面，但 -er 除外

Tinomiscium 大叶藤属（防己科）（30-1：p14）：tino ← teino 伸长，扩大（希腊语）；mischos 柄，梗，花柄

Tinomiscium petiolare 大叶藤：petiolare 叶柄明显的

Tinospora 青牛胆属（防己科）（30-1：p19）：tino ← teino 伸长，扩大（希腊语）；sporus ← sporos → sporo- 孢子，种子

Tinospora crispa 波叶青牛胆：crispus 收缩的，褶皱的，波纹的（如花瓣周围的波浪状褶皱）

Tinospora dentata 台湾青牛胆：dentatus = dentus + atus 牙齿的，齿状的，具齿的；dentus 齿，牙齿；-atus/ -atum/ -ata 属于，相似，具有，完成（形容词词尾）

Tinospora guangxiensis 广西青牛胆：guangxiensis 广西的（地名）

Tinospora hainanensis 海南青牛胆：hainanensis 海南的（地名）

Tinospora sagittata 青牛胆：sagittatus/ sagittalis 箭头状的；sagita/ sagitta 箭，箭头；-atus/ -atum/ -ata 属于，相似，具有，完成（形容词词尾）

Tinospora sagittata var. craveniana 峨眉青牛胆：craveniana（人名）

Tinospora sagittata var. sagittata 青牛胆-原变种 （词义见上面解释）

Tinospora sagittata var. yunnanensis 云南青牛胆：yunnanensis 云南的（地名）

Tinospora sinensis 中华青牛胆：sinensis = Sina + ensis 中国的（地名）；Sina 中国

Tipularia 筒距兰属（兰科）（18：p167）：tipularia ← tipula 水蜘蛛（指花的形状像水蜘蛛）（另一解释为动物的大蚊属 Tipula，比喻花的形状）

Tipularia josephii 短柄筒距兰：josephii（人名）；-ii 表示人名，接在以辅音字母结尾的人名后面，但 -er 除外

T

Tipularia odorata 台湾筒距兰：odoratus = odorus + atus 香气的，气味的；odor 香气，气味；-atus/ -atum/ -ata 属于，相似，具有，完成（形容词词尾）

Tipularia szechuanica 筒距兰：szechuanica 四川的（地名）；-icus/ -icum/ -ica 属于，具有某种特性（常用于地名、起源、生境）

Tirpitzia 青篱柴属（亚麻科）（43-1：p95）：tirpitzia（人名）

Tirpitzia ovoidea 米念芭：ovoideus 卵球形的；ovus 卵，胚珠，卵形的，椭圆形的；ovi-/ ovo- ← ovus 卵，卵形的，椭圆形的；-oides/ -oideus/ -oideum/ -oidea/ -odes/ -eidos 像……的，类似……的，呈……状的（名词词尾）

Tirpitzia sinensis 青篱柴：sinensis = Sina + ensis 中国的（地名）；Sina 中国

Titanotrichum 台闽苣苔属（苦苣苔科）（69：p578）：titanos 泰坦神的，巨人的；trichus 毛，毛发，线

Titanotrichum oldhamii 台闽苣苔：oldhamii ← Richard Oldham（人名，19 世纪植物采集员）

Tithonia 肿柄菊属（菊科）（75：p356）：tithonia ← Tithonos 提特诺斯（希腊神话人物）

Tithonia diversifolia 肿柄菊：diversus 多样的，各种各样的，多方向的；folius/ folium/ folia 叶，叶片（用于复合词）

Tithonia rotundifolia 圆叶肿柄菊：rotundus 圆形的，呈圆形的，肥大的；rotundo 使呈圆形，使圆滑；roto 旋转，滚动；folius/ folium/ folia 叶，叶片（用于复合词）

Toddalia 飞龙掌血属（血 xuè）（芸香科）（43-2：p96）：toddalia（马拉巴尔地区一种植物的土名）

Toddalia asiatica 飞龙掌血：asiatica 亚洲的（地名）；-aticus/ -aticum/ -atica 属于，表示生长的地方，作名词词尾

Tofieldia 岩菖蒲属（百合科）（14：p9）：tofieldia ← Thomas Tofield（人名，1730–1779，英国植物学家）

Tofieldia coccinea 长白岩菖蒲：coccus/ coccineus 浆果，绯红色（一种形似浆果的介壳虫的颜色）；同形异义词：coccus/ cocco/ cocci/ coccis 心室，心皮；-eus/ -eum/ -ea（接拉丁语词干时）属于……的，色如……的，质如……的（表示原料、颜色或品质的相似），（接希腊语词干时）属于……的，以……出名，为……所占有（表示具有某种特性）

Tofieldia divergens 叉柱岩菖蒲（叉 chā）：divergens 略叉开的

Tofieldia thibetica 岩菖蒲：thibetica 西藏的（地名）；-icus/ -icum/ -ica 属于，具有某种特性（常用于地名、起源、生境）

Tolypanthus 大苞寄生属（桑寄生科）（24：p136）：tolypanthus 羊毛团状花（指花组成头状花序）；tolype 羊毛团；anthus/ anthum/ antha/ anthe ← anthos 花（用于希腊语复合词）

Tolypanthus esquirolii 黔桂大苞寄生：esquirolii（人名）；-ii 表示人名，接在以辅音字母结尾的人名后面，但 -er 除外

Tolypanthus maclurei 大苞寄生：maclurei（人名）

Tongoloa 东俄芹属（伞形科）（55-1：p110，55-3：p228）：tongoloa 东俄洛的（地名，四川西部）

Tongoloa dunnii 宜昌东俄芹：dunnii（人名）；-ii 表示人名，接在以辅音字母结尾的人名后面，但 -er 除外

Tongoloa elata 大东俄芹：elatus 高的，梢端的

Tongoloa gracilis 纤细东俄芹：gracilis 细长的，纤弱的，丝状的

Tongoloa loloensis 云南东俄芹：loloensis 倮倮族的（倮 sù）（云南省维西县）

Tongoloa rubronervis 红脉东俄芹：rubr-/ rubri-/ rubro- ← rubrus 红色；nervis ← nervus 脉，叶脉

Tongoloa silaifolia 城口东俄芹：Silaum 亮叶芹属（伞形科）；folius/ folium/ folia 叶，叶片（用于复合词）

Tongoloa stewardii 牯岭东俄芹（牯 gǔ）：stewardii（人名）；-ii 表示人名，接在以辅音字母结尾的人名后面，但 -er 除外

Tongoloa taeniophylla 条叶东俄芹：taeniophyllus 绸带状叶片的；taenius 绸带，纽带，条带状的；phyllus/ phyllum/ phylla ← phyllon 叶片（用于希腊语复合词）

Tongoloa tenuifolia 细叶东俄芹：tenui- ← tenuis 薄的，纤细的，弱的，瘦的，窄的；folius/ folium/ folia 叶，叶片（用于复合词）

Tongoloa zhongdianensis 中甸东俄芹：zhongdianensis 中甸的（地名，云南省香格里拉市的旧称）

Toona 香椿属（楝科）（43-3：p36）：toona 香椿（来自印度语名 tun）

Toona ciliata 红椿：ciliatus = cilium + atus 缘毛的，流苏的；cilium 缘毛，睫毛；-atus/ -atum/ -ata 属于，相似，具有，完成（形容词词尾）

Toona ciliata var. ciliata 红椿-原变种（词义见上面解释）

Toona ciliata var. henryi 思茅红椿：henryi ← Augustine Henry 或 B. C. Henry（人名，前者，1857–1930，爱尔兰医生、植物学家，曾在中国采集植物，后者，1850–1901，曾活动于中国的传教士）

Toona ciliata var. pubescens 毛红椿：pubescens ← pubens 被短柔毛的，长出柔毛的；pubi- ← pubis 细柔毛的，短柔毛的，毛被的；pubesco/ pubescere 长成的，变为成熟的，长出柔毛的，青春期体毛的；-escens/ -ascens 改变，转变，变成，略微，带有，接近，相似，大致，稍微（表示变化的趋势，并未完全相似或相同，有别于表示达到完成状态的 -atus）

Toona ciliata var. sublaxiflora 疏花红椿：sublaxiflora 略稀疏花的；sub-（表示程度较弱）与……类似，几乎，稍微，弱，亚，之下，下面；laxus 稀疏的，松散的，宽松的；florus/ florum/ flora ← flos 花（用于复合词）

Toona ciliata var. yunnanensis 滇红椿：yunnanensis 云南的（地名）

Toona microcarpa 紫椿：micr-/ micro- ← micros 小的，微小的，微观的（用于希腊语复合词）；carpus/ carpum/ carpa/ carpon ← carpos 果实（用于希腊语复合词）

Toona rubriflora 红花香椿：rubr-/ rubri-/ rubro- ← rubrus 红色；florus/ florum/ flora ← flos

花（用于复合词）

Toona sinensis 香椿：sinensis = Sina + ensis 中国的（地名）；Sina 中国

Toona sinensis var. hupehana 湖北香椿：hupehana 湖北的（地名）

Toona sinensis var. schensiana 陕西香椿：schensiana 陕西的（地名）

Toona sinensis var. sinensis 香椿-原变种 （词义见上面解释）

Torenia 蝴蝶草属（玄参科）（67-2：p152）：torenia ← Olof Toren（人名，18 世纪瑞典植物学家、牧师）

Torenia asiatica 长叶蝴蝶草：asiatica 亚洲的（地名）；-aticus/ -aticum/ -atica 属于，表示生长的地方，作名词词尾

Torenia benthamiana 毛叶蝴蝶草：benthamiana ← George Bentham（人名，19 世纪英国植物学家）

Torenia biniflora 二花蝴蝶草：bini- 双，二；florus/ florum/ flora ← flos 花（用于复合词）

Torenia concolor 单色蝴蝶草：concolor = co + color 同色的，一色的，单色的；co- 联合，共同，合起来（拉丁语词首，为 cum- 的音变，表示结合、强化、完全，对应的希腊语为 syn-）；co- 的缀词音变有 co-/ com-/ con-/ col-/ cor-：co-（在 h 和元音字母前面），col-（在 l 前面），com-（在 b、m、p 之前），con-（在 c、d、f、g、j、n、qu、s、t 和 v 前面），cor-（在 r 前面）；color 颜色

Torenia cordifolia 西南蝴蝶草：cordi- ← cordis/ cor 心脏的，心形的；folius/ folium/ folia 叶，叶片（用于复合词）

Torenia flava 黄花蝴蝶草：flavus → flavo-/ flavi-/ flav- 黄色的，鲜黄色的，金黄色的（指纯正的黄色）

Torenia fordii 紫斑蝴蝶草：fordii ← Charles Ford（人名）

Torenia fournieri 蓝猪耳：fournieri ← Eugene Fournier（人名，20 世纪初植物学家）；-eri 表示人名，在以 -er 结尾的人名后面加上 i 形成

Torenia glabra 光叶蝴蝶草：glabrus 光秃的，无毛的，光滑的

Torenia parviflora 小花蝴蝶草：parviflorus 小花；parvus 小的，些微的，弱的；florus/ florum/ flora ← flos 花（用于复合词）

Torenia radicans （生根蝴蝶草）：radicans 生根的；radicus ← radix 根

Torenia violacea 紫萼蝴蝶草：violaceus 紫红色的，紫堇色的，堇菜状的；Viola 堇菜属（堇菜科）；-aceus/ -aceum/ -acea 相似的，有……性质的，属于……的

Toricellia 鞘柄木属（山茱萸科）（56：p35）：roricellia 火把包被的（指叶柄基部扩大并包被枝条）；torrus 火把；cella 卧室，腔室

Toricellia angulata 角叶鞘柄木：angulatus = angulus + atus 具棱角的，有角度的；angulus 角，棱角，角度，角落；-atus/ -atum/ -ata 属于，相似，具有，完成（形容词词尾）

Toricellia angulata var. angulata 角叶鞘柄木-原变种 （词义见上面解释）

Toricellia angulata var. intermedia 有齿鞘柄木：intermedius 中间的，中位的，中等的；inter- 中间的，在中间，之间；medius 中间的，中央的

Toricellia tiliifolia 鞘柄木：tiliifolius = Tilia + folius 椴树叶的；缀词规则：以属名作复合词时原词尾变形后的 i 要保留；Tilia 椴树属（椴树科）；folius/ folium/ folia 叶，叶片（用于复合词）

Torilis 窃衣属（伞形科）（55-1：p83）：torilis 窃衣（由 Adanson 建立的属名，语义不清）

Torilis japonica 小窃衣：japonica 日本的（地名）；-icus/ -icum/ -ica 属于，具有某种特性（常用于地名、起源、生境）

Torilis scabra 窃衣：scabrus ← scaber 粗糙的，有凹凸的，不平滑的

Torreya 榧树属（红豆杉科）（7：p457）：torreya ← John Torrey（人名，1796–1873，美国化学家、植物学家）

Torreya fargesii 巴山榧树：fargesii ← Pere Paul Guillaume Farges（人名，19 世纪中叶至 20 世纪活动于中国的法国传教士，植物采集员）

Torreya grandis 榧树：grandis 大的，大型的，宏大的

Torreya grandis cv. Merrillii 香榧：merrillii ← E. D. Merrill（人名，1876–1956，美国植物学家）

Torreya jackii 长叶榧树：jackii ← John George Jack（人名，20 世纪加拿大树木学家）；-ii 表示人名，接在以辅音字母结尾的人名后面，但 -er 除外

Torreya nucifera 日本榧树：nucifera 具坚果的；nuc-/ nuci- ← nux 坚果；构词规则：以 -ix/ -iex 结尾的词其词干末尾视为 -ic，以 -ex 结尾视为 -i/ -ic，其他以 -x 结尾视为 -c；-ferus/ -ferum/ -fera/ -fero/ -fere/ -fer 有，具有，产（区别：作独立词使用的 ferus 意思是"野生的"）

Torreya yunnanensis 云南榧树：yunnanensis 云南的（地名）

Torularia 念珠芥属（十字花科）（33：p425）：torularia ← torus 垫子，花托，结节，隆起；-arius/ -arium/ -aria 相似，属于（表示地点，场所，关系，所属）

Torularia bracteata 具苞念珠芥：bracteatus = bracteus + atus 具苞片的；bracteus 苞，苞片，苞鳞；-atus/ -atum/ -ata 属于，相似，具有，完成（形容词词尾）

Torularia humilis 蚓果芥：humilis 矮的，低的

Torularia humilis f. angustifolia 窄叶蚓果芥：angusti- ← angustus 窄的，狭的，细的；folius/ folium/ folia 叶，叶片（用于复合词）

Torularia humilis f. glabrata 无毛蚓果芥：glabratus = glabrus + atus 脱毛的，光滑的；glabrus 光秃的，无毛的，光滑的；-atus/ -atum/ -ata 属于，相似，具有，完成（形容词词尾）

Torularia humilis f. grandiflora 大花蚓果芥：grandi- ← grandis 大的；florus/ florum/ flora ← flos 花（用于复合词）

Torularia humilis f. humilis 蚓果芥-原变型 （词义见上面解释）

Torularia humilis f. hygrophila 喜湿蚓果芥：hydrophilus 喜水的，喜湿的；hydro- 水；philus/

philein ← philos → phil-/ phili/ philo- 喜好的，爱好的，喜欢的（注意区别形近词：phylus、phyllus）；phylus/ phylum/ phyla ← phylon/ phyle 植物分类单位中的"门"，位于"界"和"纲"之间，类群，种族，部落，聚群；phyllus/ phyllum/ phylla ← phyllon 叶片（用于希腊语复合词）；Hygrophila 水蓑衣属（爵床科）

Torularia korolkovii 甘新念珠芥：korolkovii ← General N. J. Korolkov（人名，19 世纪俄国植物学家）

Torularia korolkovii var. korolkovii 甘新念珠芥-原变种 （词义见上面解释）

Torularia korolkovii var. longicarpa 长果念珠芥：longe-/ longi- ← longus 长的，纵向的；carpus/ carpum/ carpa/ carpon ← carpos 果实（用于希腊语复合词）

Torularia mollipila 绒毛念珠芥：molle/ mollis 软的，柔毛的；pilus 毛，疏柔毛

Torularia parvia 小念珠芥（种加词有时错印为"parav"）：parvius = parvus + ius 属于小的，些微的，弱的；parvus → parvi-/ parv- 小的，些微的，弱的；-ius/ -ium/ -ia 具有……特性的（表示有关、关联、相似）

Torularia rosulifolia 莲座念珠芥：rosulus 莲座状的，近似莲座的；folius/ folium/ folia 叶，叶片（用于复合词）

Torularia shuanghuica 双湖念珠芥：shuanghuica 双湖的（地名，西藏自治区）；-icus/ -icum/ -ica 属于，具有某种特性（常用于地名、起源、生境）

Torularia tibetica 西藏念珠芥：tibetica 西藏的（地名）；-icus/ -icum/ -ica 属于，具有某种特性（常用于地名、起源、生境）

Torularia torulosa 念珠芥：torulosus = torus + ulus + osus 多结节的，多凸起的；torus 垫子，花托，结节，隆起；-ulus/ -ulum/ -ula 小的，略微的，稍微的（小词 -ulus 在字母 e 或 i 之后有多种变缀，即 -olus/ -olum/ -ola、-ellus/ -ellum/ -ella、-illus/ -illum/ -illa，与第一变格法和第二变格法名词形成复合词）；-osus/ -osum/ -osa 多的，充分的，丰富的，显著发育的，程度高的，特征明显的（形容词词尾）

Torulinium 断节莎属（莎草科）（11：p191）：torulinium ← torus 垫子，花托，结节，隆起

Torulinium ferax 断节莎：ferax 果实多的，富足的

Tournefortia 紫丹属（紫草科）（64-2：p29）：tournefortia ← Joseph Pitton de Tournefort（人名，1656–1708，法国植物学家）

Tournefortia montana 紫丹：montanus 山，山地；montis 山，山地的；mons 山，山脉，岩石

Tournefortia sarmentosa 台湾紫丹：sarmentosus 匍匐茎的；sarmentum 匍匐茎，鞭条；-osus/ -osum/ -osa 多的，充分的，丰富的，显著发育的，程度高的，特征明显的（形容词词尾）

Tournefortia sibirica var. angustior 细叶砂引草（另见 Messerschmidia sibirica var. angustior）：sibirica 西伯利亚的（地名，俄罗斯）；-icus/ -icum/ -ica 属于，具有某种特性（常用于地名、起源、生境）；angustior 较狭窄的（angustus 的比较级）

Toxicodendron 漆属（漆树科）（45-1：p106）：toxicus 有毒的；dendron 树木

Toxicodendron acuminatum 尖叶漆：acuminatus = acumen + atus 锐尖的，渐尖的；acumen 渐尖头；-atus/ -atum/ -ata 属于，相似，具有，完成（形容词词尾）

Toxicodendron calcicolum 石山漆：calcicolus 钙生的，生于石灰质土壤的；calci- ← calcium 石灰，钙质；colus ← colo 分布于，居住于，栖居，殖民（常作词尾）；colo/ colere/ colui/ cultum 居住，耕作，栽培

Toxicodendron delavayi 小漆树：delavayi ← P. J. M. Delavay（人名，1834–1895，法国传教士，曾在中国采集植物标本）；-i 表示人名，接在以元音字母结尾的人名后面，但 -a 除外

Toxicodendron delavayi var. angustifolium 狭叶小漆树：angusti- ← angustus 窄的，狭的，细的；folius/ folium/ folia 叶，叶片（用于复合词）

Toxicodendron delavayi var. delavayi 小漆树-原变种 （词义见上面解释）

Toxicodendron delavayi var. quinquejugum 多叶小漆树：quin-/ quinqu-/ quinque-/ quinqui- 五，五数（希腊语为 penta-）；jugus ← jugos 成对的，成双的，一组，牛轭，束缚（动词为 jugo）

Toxicodendron fulvum 黄毛漆：fulvus 咖啡色的，黄褐色的

Toxicodendron grandiflorum 大花漆：grandi- ← grandis 大的；florus/ florum/ flora ← flos 花（用于复合词）

Toxicodendron grandiflorum var. grandiflorum 大花漆-原变种 （词义见上面解释）

Toxicodendron grandiflorum var. longipes 长梗大花漆：longe-/ longi- ← longus 长的，纵向的；pes/ pedis 柄，梗，茎秆，腿，足，爪（作词首或词尾，pes 的词干视为"ped-"）

Toxicodendron griffithii 裂果漆：griffithii ← William Griffith（人名，19 世纪印度植物学家，加尔各答植物园主任）

Toxicodendron griffithii var. barbatum 镇康裂果漆：barbatus = barba + atus 具胡须的，具须毛的；barba 胡须，髯毛，绒毛；-atus/ -atum/ -ata 属于，相似，具有，完成（形容词词尾）

Toxicodendron griffithii var. griffithii 裂果漆-原变种 （词义见上面解释）

Toxicodendron griffithii var. microcarpum 小果裂果漆：micr-/ micro- ← micros 小的，微小的，微观的（用于希腊语复合词）；carpus/ carpum/ carpa/ carpon ← carpos 果实（用于希腊语复合词）

Toxicodendron hirtellum 硬毛漆：hirtellus = hirtus + ellus 被短粗硬毛的；hirtus 有毛的，粗毛的，刚毛的（长而明显的毛）；-ellus/ -ellum/ -ella ← -ulus 小的，略微的，稍微的（小词 -ulus 在字母 e 或 i 之后有多种变缀，即 -olus/ -olum/ -ola、-ellus/ -ellum/ -ella、-illus/ -illum/ -illa，用于第一变格法名词）

Toxicodendron hookeri 大叶漆：hookeri ← William Jackson Hooker（人名，19 世纪英国植物学家）；-eri 表示人名，在以 -er 结尾的人名后面加

上 i 形成

Toxicodendron hookeri var. hookeri 大叶漆-原变种 （词义见上面解释）

Toxicodendron hookeri var. microcarpum 小果大叶漆：micr-/ micro- ← micros 小的，微小的，微观的（用于希腊语复合词）；carpus/ carpum/ carpa/ carpon ← carpos 果实（用于希腊语复合词）

Toxicodendron radicans 毒漆藤：radicans 生根的；radicus ← radix 根的

Toxicodendron radicans subsp. hispidum 刺果毒漆藤：hispidus 刚毛的，鬃毛状的

Toxicodendron radicans subsp. radicans 毒漆藤-原亚种 （词义见上面解释）

Toxicodendron succedaneum 野漆：succedaneus 代用的，模仿的，后继的

Toxicodendron succedaneum var. kiangsiense 江西野漆：kiangsiense 江西的（地名）

Toxicodendron succedaneum var. microphyllum 小叶野漆：micr-/ micro- ← micros 小的，微小的，微观的（用于希腊语复合词）；phyllus/ phyllum/ phylla ← phyllon 叶片（用于希腊语复合词）

Toxicodendron succedaneum var. succedaneum 野漆-原变种 （词义见上面解释）

Toxicodendron sylvestre 木蜡树：sylvester/ sylvestre/ sylvestris 森林的，野地的；-estris/ -estre/ ester/ -esteris 生于……地方，喜好……地方

Toxicodendron trichocarpum 毛漆树：trich-/ tricho-/ tricha- ← trichos ← thrix 毛，多毛的，线状的，丝状的；carpus/ carpum/ carpa/ carpon ← carpos 果实（用于希腊语复合词）

Toxicodendron vernicifluum 漆：vernicifluus 生漆的；vernicosus 涂漆的，油亮的；fluus 流多的，丰盛的；fluo 流出，溢出

Toxicodendron wallichii 绒毛漆：wallichii ← Nathaniel Wallich（人名，19 世纪初丹麦植物学家、医生）

Toxicodendron wallichii var. microcarpum 小果绒毛漆：micr-/ micro- ← micros 小的，微小的，微观的（用于希腊语复合词）；carpus/ carpum/ carpa/ carpon ← carpos 果实（用于希腊语复合词）

Toxicodendron wallichii var. wallichii 绒毛漆-原变种 （词义见上面解释）

Toxicodendron yunnanense 云南漆：yunnanense 云南的（地名）

Toxicodendron yunnanense var. longipaniculatum 长序云南漆：longe-/ longi- ← longus 长的，纵向的；paniculatus = paniculus + atus 具圆锥花序的；paniculus 圆锥花序；panus 谷穗；panicus 野稗，粟，谷子；-atus/ -atum/ -ata 属于，相似，具有，完成（形容词词尾）

Toxicodendron yunnanense var. yunnanense 云南漆-原变种 （词义见上面解释）

Toxocarpus 弓果藤属（萝藦科）(63: p280)：toxo- 有毒的；carpus/ carpum/ carpa/ carpon ← carpos 果实（用于希腊语复合词）

Toxocarpus aurantiacus 云南弓果藤：aurantiacus/ aurantius 橙黄色的，金黄色的；aurus 金，金色；aurant-/ auranti- 橙黄色，金黄色

Toxocarpus fuscus 锈毛弓果藤：fuscus 棕色的，暗色的，发黑的，暗棕色的，褐色的

Toxocarpus hainanensis 海南弓果藤：hainanensis 海南的（地名）

Toxocarpus himalensis 西藏弓果藤：himalensis 喜马拉雅的（地名）

Toxocarpus laevigatus 平滑弓果藤：laevigatus/ levigatus 光滑的，平滑的，平滑而发亮的；laevis/ levis/ laeve/ leve → levi-/ laevi- 光滑的，无毛的，无不平或粗糙感觉的；laevigo/ levigo 使光滑，削平

Toxocarpus ovalifolius 圆叶弓果藤：ovalis 广椭圆形的；ovus 卵，胚珠，卵形的，椭圆形的；folius/ folium/ folia 叶，叶片（用于复合词）

Toxocarpus patens 广花弓果藤：patens 开展的（呈 90°），伸展的，传播的，飞散的；patentius 开展的，伸展的，传播的，飞散的

Toxocarpus paucinervius 凌云弓果藤：pauci- ← paucus 少数的，少的（希腊语为 oligo-）；nervius = nervus + ius 具脉的，具叶脉的；nervus 脉，叶脉；-ius/ -ium/ -ia 具有……特性的（表示有关、关联、相似）

Toxocarpus villosus 毛弓果藤：villosus 柔毛的，绵毛的；villus 毛，羊毛，长绒毛；-osus/ -osum/ -osa 多的，充分的，丰富的，显著发育的，程度高的，特征明显的（形容词词尾）

Toxocarpus villosus var. brevistylis 短柱弓果藤：brevi- ← brevis 短的（用于希腊语复合词词首）；stylus/ stylis ← stylos 柱，花柱

Toxocarpus villosus var. thorelii 小叶弓果藤：thorelii ← Clovis Thorel（人名，19 世纪法国植物学家、医生）；-ii 表示人名，接在以辅音字母结尾的人名后面，但 -er 除外

Toxocarpus villosus var. villosus 毛弓果藤-原变种 （词义见上面解释）

Toxocarpus wangianus 澜沧弓果藤：wangianus（人名）

Toxocarpus wightianus 弓果藤：wightianus ← Robert Wight（人名，19 世纪英国医生、植物学家）

Trachelospermum 络石属（夹竹桃科）(63: p207)：trachelospermus 种子中间细的（实际并非如此）；trachelos 颈，细颈的，中间细的；spermus/ spermum/ sperma 种子的（用于希腊语复合词）

Trachelospermum axillare 紫花络石：axillare 在叶腋；axill- 叶腋

Trachelospermum bodinieri 贵州络石：bodinieri ← Emile Marie Bodinieri（人名，19 世纪活动于中国的法国传教士）；-eri 表示人名，在以 -er 结尾的人名后面加上 i 形成

Trachelospermum brevistylum 短柱络石：brevi- ← brevis 短的（用于希腊语复合词词首）；stylus/ stylis ← stylos 柱，花柱

Trachelospermum cathayanum 乳儿绳：cathayanum ← Cathay ← Khitay/ Khitai 中国的，契丹的（地名，10–12 世纪中国北方契丹人的领域，辽国前身，多用来代表中国，俄语称中国为 Kitay）

Trachelospermum cathayanum var. cathayanum 乳儿绳-原变种 （词义见上面解释）

T

Trachelospermum cathayanum var. tetanocarpum 长花络石：tetanocarpus 心皮张开的；tetano 张开的；carpus/ carpum/ carpa/ carpon ← carpos 果实（用于希腊语复合词）

Trachelospermum dunnii 锈毛络石：dunnii（人名）；-ii 表示人名，接在以辅音字母结尾的人名后面，但 -er 除外

Trachelospermum foetidum 台湾络石：foetidus = foetus + idus 臭的，恶臭的，令人作呕的；foetus/ faetus/ fetus 臭味，恶臭，令人不悦的气味；-idus/ -idum/ -ida 表示在进行中的动作或情况，作动词、名词或形容词的词尾

Trachelospermum formosanum （台湾络石）：formosanus = formosus + anus 美丽的，台湾的；formosus ← formosa 美丽的，台湾的（葡萄牙殖民者发现台湾时对其的称呼，即美丽的岛屿）；-anus/ -anum/ -ana 属于，来自（形容词词尾）

Trachelospermum gracilipes 细梗络石：gracilis 细长的，纤弱的，丝状的；pes/ pedis 柄，梗，茎秆，腿，足，爪（作词首或词尾，pes 的词干视为"ped-"）

Trachelospermum gracilipes var. gracilipes 细梗络石-原变种 （词义见上面解释）

Trachelospermum gracilipes var. hupehense 湖北络石：hupehense 湖北的（地名）

Trachelospermum jasminoides 络石：jasminoides 像茉莉花的；Jasminum 素馨属（茉莉花所在的属，木樨科）；-oides/ -oideus/ -oideum/ -oidea/ -odes/ -eidos 像……的，类似……的，呈……状的（名词词尾）

Trachelospermum jasminoides var. heterophyllum 石血（血 xuè）：heterophyllus 异型叶的；hete-/ heter-/ hetero- ← heteros 不同的，多样的，不齐的；phyllus/ phyllum/ phylla ← phyllon 叶片（用于希腊语复合词）

Trachelospermum jasminoides var. jasminoides 络石-原变种 （词义见上面解释）

Trachelospermum jasminoides var. variegatum 变色络石：variegatus = variego + atus 有彩斑的，有条纹的，杂食的，杂色的；variego = varius + ago 染上各种颜色，使成五彩缤纷的，装饰，点缀，使闪出五颜六色的光彩，变化，变更，不同；varius = varus + ius 各种各样的，不同的，多型的，易变的；varus 不同的，变化的，外弯的，凸起的；-ius/ -ium/ -ia 具有……特性的（表示有关、关联、相似）；-ago 表示相似或联系，如 plumbago，铅的一种（来自 plumbum 铅），来自 -go；-go 表示一种能做工作的力量，如 vertigo，也表示事态的变化或者一种事态、趋向或病态，如 robigo（红的情况，变红的趋势，因而是铁锈），aerugo（铜锈），因此它变成一个表示具有某种质的属性的构词元素，如 lactago（具有乳浆的草），或相似性，如 ferulago（近似 ferula，阿魏）、canilago（一种 canila）

Trachelospermum kuraruense （库拉络石）：kuraruense（地名）

Trachelospermum tenax 韧皮络石：tenax 顽强的，坚强的，强力的，黏性强的，抓住的

Trachelospermum yunnanense 云南络石：yunnanense 云南的（地名）

Trachycarpus 棕榈属（榈 lú）（棕榈科）（13-1：p11）：trachys 粗糙的；carpus/ carpum/ carpa/ carpon ← carpos 果实（用于希腊语复合词）

Trachycarpus fortunei 棕榈：fortunei ← Robert Fortune（人名，19 世纪英国园艺学家，曾在中国采集植物）；-i 表示人名，接在以元音字母结尾的人名后面，但 -a 除外

Trachycarpus martianus 山棕榈：martianus（人名）

Trachycarpus nana 龙棕：nanus ← nanos/ nannos 矮小的，小的；nani-/ nano-/ nanno- 矮小的，小的

Trachydium 瘤果芹属（伞形科）（55-1：p194，55-3：p233）：trachydium 略粗糙的；trachys 粗糙的；-idium ← -idion 小的，稍微的（表示小或程度较轻）

Trachydium involucellatum 裂苞瘤果芹：involucellatus 有小总苞的；involuc- ← involucrus 总苞，花苞，花被；-ellatus = ellus + atus 小的，属于小的；-ellus/ -ellum/ -ella ← -ulus 小的，略微的，稍微的（小词 -ulus 在字母 e 或 i 之后有多种变缀，即 -olus/ -olum/ -ola、-ellus/ -ellum/ -ella、-illus/ -illum/ -illa，用于第一变格法名词）；-atus/ -atum/ -ata 属于，相似，具有，完成（形容词词尾）

Trachydium kingdon-wardii 云南瘤果芹：kingdon-wardii ← Frank Kingdon-Ward（人名，1840–1909，英国植物学家）

Trachydium roylei 瘤果芹：roylei ← John Forbes Royle（人名，19 世纪英国植物学家、医生）；-i 表示人名，接在以元音字母结尾的人名后面，但 -a 除外

Trachydium simplicifolium 单叶瘤果芹：simplicifolius = simplex + folius 单叶的；simplex 单一的，简单的，无分歧的（词干为 simplic-）；构词规则：以 -ix/ -iex 结尾的词其词干末尾视为 -ic，以 -ex 结尾视为 -i/ -ic，其他以 -x 结尾视为 -c；folius/ folium/ folia 叶，叶片（用于复合词）

Trachydium tianschanicum 天山瘤果芹：tianschanicum 天山的（地名，新疆维吾尔自治区）；-icus/ -icum/ -ica 属于，具有某种特性（常用于地名、起源、生境）

Trachydium tibetanicum 西藏瘤果芹：tibetanicum 西藏的（地名）；-icus/ -icum/ -ica 属于，具有某种特性（常用于地名、起源、生境）

Trachydium verrucosum 密瘤瘤果芹：verrucosus 具疣状凸起的；verrucus ← verrucos 疣状物；-osus/ -osum/ -osa 多的，充分的，丰富的，显著发育的，程度高的，特征明显的（形容词词尾）

Trachyspermum 糙果芹属（伞形科）（55-2：p12）：trachys 粗糙的；spermus/ spermum/ sperma 种子的（用于希腊语复合词）

Trachyspermum scaberulum 糙果芹：scaberulus 略粗糙的；scaber → scabrus 粗糙的，有凹凸的，不平滑的；-ulus/ -ulum/ -ula 小的，略微的，稍微的（小词 -ulus 在字母 e 或 i 之后有多种变缀，即 -olus/ -olum/ -ola、-ellus/ -ellum/ -ella、-illus/ -illum/ -illa，与第一变格法和第二变格法名词形成复合词）

Trachyspermum scaberulum var. ambrosiifolium 豚草叶糙果芹：ambrosii ←

Ambrosia 豚草属（菊科）（以属名作复合词时原词尾变形后的 i 要保留，即 ambrosi-a + flium = ambrosiifolium）；folius/ folium/ folia 叶，叶片（用于复合词）

Trachyspermum scaberulum var. scaberulum 糙果芹-原变种（词义见上面解释）

Trachyspermum triradiatum 马尔康糙果芹：tri-/ tripli-/ triplo- 三个，三数；radiatus = radius + atus 辐射状的，放射状的；radius 辐射，射线，半径，边花，伞形花序

Tradescantia 紫露草属（鸭跖草科）（增补）：John Tradescant（人名，16–17 世纪英国园艺学家）

Tradescantia pallida 紫竹梅：pallidus 苍白的，淡白色的，淡色的，蓝白色的，无活力的；palide 淡地，淡色地（反义词：sturate 深色地，浓色地，充分地，丰富地，饱和地）

Tradescantia zebrina 吊竹梅：zebrinus 斑马状纹的；-inus/ -inum/ -ina/ -inos 相近，接近，相似，具有（通常指颜色）

Tragopogon 婆罗门参属（参 shēn）（菊科）（80-1：p39）：tragopogon 山羊的胡须（比喻冠毛很多）；tragus ← tragos 山羊（比喻多毛）；pogon 胡须，髯毛，芒尖

Tragopogon capitatus 头状婆罗门参：capitatus 头状的，头状花序的；capitus ← capitis 头，头状

Tragopogon dubius 霜毛婆罗门参：dubius 可疑的，不确定的

Tragopogon elongatus 长茎婆罗门参：elongatus 伸长的，延长的；elongare 拉长，延长；longus 长的，纵向的；e-/ ex- 不，无，非，缺乏，不具有（e- 用在辅音字母前，ex- 用在元音字母前，为拉丁语词首，对应的希腊语词首为 a-/ an-，英语为 un-/ -less，注意作词首用的 e-/ ex- 和介词 e/ ex 意思不同，后者意为"出自、从……、由……离开、由于、依照"）

Tragopogon gracilis 纤细婆罗门参：gracilis 细长的，纤弱的，丝状的

Tragopogon kasachstanicus 中亚婆罗门参（种加词有时误拼为"kasahstanicus"）：kasachstanicus（地名，哈萨克斯坦）

Tragopogon marginifolius 膜缘婆罗门参：marginatus ← margo 边缘的，具边缘的；margo/ marginis → margin- 边缘，边线，边界；folius/ folium/ folia 叶，叶片（用于复合词）

Tragopogon orientalis 黄花婆罗门参：orientalis 东方的；oriens 初升的太阳，东方

Tragopogon porrifolius 蒜叶婆罗门参：porrus 葱（凯尔特语）；folius/ folium/ folia 叶，叶片（用于复合词）

Tragopogon pratensis 婆罗门参：pratensis 生于草原的；pratum 草原

Tragopogon pseudomajor 北疆婆罗门参：pseudomajor 像 major 的；pseudo-/ pseud- ← pseudos 假的，伪的，接近，相似（但不是）；Tragopogon major（婆罗门参属一种）；major 较大的，更大的（majus 的比较级）；majus 大的，巨大的

Tragopogon ruber 红花婆罗门参：rubrus/ rubrum/ rubra/ ruber 红色的；rubr-/ rubri-/ rubro- ← rubrus 红色

Tragopogon sabulosus 沙婆罗门参：sabulosus 沙质的，沙地生的；sabulo/ sabulum 粗沙，石砾；-osus/ -osum/ -osa 多的，充分的，丰富的，显著发育的，程度高的，特征明显的（形容词词尾）

Tragopogon sibiricus 西伯利亚婆罗门参：sibiricus 西伯利亚的（地名，俄罗斯）；-icus/ -icum/ -ica 属于，具有某种特性（常用于地名、起源、生境）

Tragopogon songoricus 准噶尔婆罗门参（噶 gá）：songoricus 准噶尔的（地名，新疆维吾尔自治区）；-icus/ -icum/ -ica 属于，具有某种特性（常用于地名、起源、生境）

Tragopogon subalpinus 高山婆罗门参：subalpinus 亚高山的；sub-（表示程度较弱）与……类似，几乎，稍微，弱，亚，之下，下面；alpinus = alpus + inus 高山的；alpus 高山；al-/ alti-/ alto- ← altus 高的，高处的；-inus/ -inum/ -ina/ -inos 相近，接近，相似，具有（通常指颜色）

Tragus 锋芒草属（禾本科）（10-1：p131）：tragus ← tragos 山羊（比喻多毛）

Tragus berteronianus 虱子草：berteronianus（人名）

Tragus racemosus 锋芒草：racemosus = racemus + osus 总状花序的；racemus/ raceme 总状花序，葡萄串状的；-osus/ -osum/ -osa 多的，充分的，丰富的，显著发育的，程度高的，特征明显的（形容词词尾）

Trailliaedoxa 丁茜属（茜 qiàn）（茜草科）（71-2：p1）：traill ← J. W. H. Trail（人名，1851–1919，英国植物学家）；-doxa/ -doxus 荣耀的，瑰丽的，壮观的，显眼的

Trailliaedoxa gracilis 丁茜：gracilis 细长的，纤弱的，丝状的

Trapa 菱属（菱科）（53-2：p4）：trapa ← calcitrapa 铁蒺藜

Trapa acornis 无角菱：acornis 无角的；a-/ an- 无，非，没有，缺乏，不具有（an- 用于元音前）（a-/ an- 为希腊语词首，对应的拉丁语词首为 e-/ ex-，相当于英语的 un-/ -less，注意词首 a- 和作为介词的 a/ ab 不同，后者的意思是"从……、由……、关于……、因为……"）；cornis ← cornus/ cornatus 角，犄角

Trapa arcuata 弓角菱：arcuatus = arcus + atus 弓形的，拱形的；arcus 拱形，拱形物

Trapa bicornis 乌菱：bi-/ bis- 二，二数，二回（希腊语为 di-）；cornis ← cornus/ cornatus 角，犄角

Trapa bicornis var. bicornis 乌菱-原变种（词义见上面解释）

Trapa bicornis var. cochinchinensis 越南菱：cochinchinensis ← Cochinchine 南圻的（历史地名，即今越南南部及其周边国家和地区）

Trapa bicornis var. taiwanensis 台湾菱：taiwanensis 台湾的（地名）

Trapa bispinosa 菱：bispinosus 二刺的；bi-/ bis- 二，二数，二回（希腊语为 di-）；spinosus = spinus + osus 具刺的，多刺的，长满刺的；spinus 刺，针刺；-osus/ -osum/ -osa 多的，充分的，丰富的，显著发育的，程度高的，特征明显的（形容词词尾）

T

Trapa incisa 四角刻叶菱：incisus 深裂的，锐裂的，缺刻的

Trapa incisa var. incisa 四角刻叶菱-原变种 （词义见上面解释）

Trapa incisa var. quadricaudata 野菱：quadri-/ quadr- 四，四数（希腊语为 tetra-/ tetr-）；caudatus = caudus + atus 尾巴的，尾巴状的，具尾的；caudus 尾巴

Trapa japonica 丘角菱：japonica 日本的（地名）；-icus/ -icum/ -ica 属于，具有某种特性（常用于地名、起源、生境）

Trapa litwinowii 冠菱（冠 guān）：litwinowii（人名）；-ii 表示人名，接在以辅音字母结尾的人名后面，但 -er 除外

Trapa macropoda 四角大柄菱：macro-/ macr- ← macros 大的，宏观的（用于希腊语复合词）；podus/ pus 柄，梗，茎秆，足，腿

Trapa macropoda var. bispinosa 二角大柄菱：bispinosus 二刺的；bi-/ bis- 二，二数，二回（希腊语为 di-）；spinosus = spinus + osus 具刺的，多刺的，长满刺的；spinus 刺，针刺；-osus/ -osum/ -osa 多的，充分的，丰富的，显著发育的，程度高的，特征明显的（形容词词尾）

Trapa macropoda var. macropoda 四角大柄菱-原变种 （词义见上面解释）

Trapa mammillifera 四瘤菱：mammillaria 乳头，乳房；-ferus/ -ferum/ -fera/ -fero/ -fere/ -fer 有，具有，产（区别：作独立词使用的 ferus 意思是"野生的"）

Trapa manshurica 东北菱：manshurica 满洲的（地名，中国东北，日语读音）

Trapa maximowiczii 细果野菱（种加词有时误拼为"maximowiezii"）：maximowiczii ← C. J. Maximowicz 马克希莫夫（人名，1827–1891，俄国植物学家）

Trapa natans var. pumila 四角矮菱：natans 浮游的，游动的，漂浮的，水的；pumilus 矮的，小的，低矮的，矮人的

Trapa octotuberculata 八瘤菱：octo-/ oct- 八（拉丁语和希腊语相同）；tuberculatus 具疣状凸起的，具结节的，具小瘤的；tuber/ tuber-/ tuberi- 块茎的，结节状凸起的，瘤状的；-culatus = culus + atus 小的，略微的，稍微的（用于第三和第四变格法名词）

Trapa pseudoincisa 格菱：pseudoincisa 像 incisa 的；pseudo-/ pseud- ← pseudos 假的，伪的，接近相似（但不是）；Trapa incisa 四角刻叶菱；incisus 深裂的，锐裂的，缺刻的

Trapa pseudoincisa var. aspinata 无刺格菱（种加词有时错印为"aspinta"，已修订为"aspinosa"）：aspinatus = a + spinatus 无刺的；aspinosus = a + spinosus 无刺的；spinosus = spinus + osus 具刺的，多刺的，长满刺的；a-/ an- 无，非，没有，缺乏，不具有（an- 用于元音前）（a-/ an- 为希腊语词首，对应的拉丁语词首为 e-/ ex-，相当于英语的 un-/ -less，注意词首 a- 和作为介词的 a/ ab 不同，后者的意思是"从……、由……、关于……、因为……"）；spinatus 具刺的；spinus 刺，针刺；

-osus/ -osum/ -osa 多的，充分的，丰富的，显著发育的，程度高的，特征明显的（形容词词尾）

Trapa pseudoincisa var. complana 扁角格菱：complana 扁平的，压扁的；planus/ planatus 平板状的，扁平的，平面的；co- 联合，共同，合起来（拉丁语词首，为 cum- 的音变，表示结合、强化、完全，对应的希腊语为 syn-）；co- 的缀词音变有 co-/ com-/ con-/ col-/ cor-：co-（在 h 和元音字母前面），col-（在 l 前面），com-（在 b、m、p 之前），con-（在 c、d、f、g、j、n、qu、s、t 和 v 前面），cor-（在 r 前面）

Trapa pseudoincisa var. nanchangensis 南昌格菱：nanchangensis 南昌的（地名，江西省）

Trapa pseudoincisa var. pseudoincisa 格菱-原变种 （词义见上面解释）

Trapa quadrispinosa 四角菱：quadri-/ quadr- 四，四数（希腊语为 tetra-/ tetr-）；spinosus = spinus + osus 具刺的，多刺的，长满刺的；spinus 刺，针刺；-osus/ -osum/ -osa 多的，充分的，丰富的，显著发育的，程度高的，特征明显的（形容词词尾）

Trapa quadrispinosa var. quadrispinosa 四角菱-原变种 （词义见上面解释）

Trapa quadrispinosa var. yongxiuensis 短四角菱：yongxiuensis 永修的（地名，江西省）

Trapaceae 菱科（53-2：p1）：Trapa 菱属；-aceae（分类单位科的词尾，为 -aceus 的阴性复数主格形式，加到模式属的名称后或同义词的词干后以组成族群名称）；Hyrocaryaceae 菱科废弃名

Trapella 茶菱属（胡麻科）（69：p64）：trapella 像菱角的（指生境相似）；Trapa 菱属（菱科）；-ellus/ -ellum/ -ella ← -ulus 小的，略微的，稍微的（小词 -ulus 在字母 e 或 i 之后有多种变缀，即 -olus/ -olum/ -ola、-ellus/ -ellum/ -ella、-illus/ -illum/ -illa，用于第一变格法名词）

Trapella sinensis 茶菱：sinensis = Sina + ensis 中国的（地名）；Sina 中国

Trema 山黄麻属（榆科）（22：p392）：trema 孔，孔洞，凹痕（指果实表面有凹陷）（希腊语）

Trema angustifolia 狭叶山黄麻：angusti- ← angustus 窄的，狭的，细的；folius/ folium/ folia 叶，叶片（用于复合词）

Trema cannabina 光叶山黄麻：cannabinus 像大麻的；cannabis ← kannabis ← kanb 大麻（波斯语）；-inus/ -inum/ -ina/ -inos 相近，接近，相似，具有（通常指颜色）

Trema cannabina var. cannabina 光叶山黄麻-原变种 （词义见上面解释）

Trema cannabina var. dielsiana 山油麻：dielsiana ← Friedrich Ludwig Emil Diels（人名，20 世纪德国植物学家）

Trema levigata 羽脉山黄麻：laevigatus/ levigatus 光滑的，平滑的，平滑而发亮的；laevis/ levis/ laeve/ leve → levi-/ laevi- 光滑的，无毛的，无不平或粗糙感觉的

Trema nitida 银毛叶山黄麻：nitidus = nitere + idus 光亮的，发光的；nitere 发亮；-idus/ -idum/ -ida 表示在进行中的动作或情况，作动词、名词或形容词的词尾；nitens 光亮的，发光的

Trema orientalis 异色山黄麻：orientalis 东方的；oriens 初升的太阳，东方

Trema tomentosa 山黄麻：tomentosus = tomentum + osus 绒毛的，密被绒毛的；tomentum 绒毛，浓密的毛被，棉絮，棉絮状填充物（被褥、垫子等）；-osus/ -osum/ -osa 多的，充分的，丰富的，显著发育的，程度高的，特征明显的（形容词词尾）

Tremacron 短檐苣苔属（苦苣苔科）（69；p172）：tremacron 大空洞的（指花药顶孔开裂）；trema 孔，孔洞，凹痕（指果实表面有凹陷）（希腊语）；macros 大的，宏观的

Tremacron aurantiacum 橙黄短檐苣苔：aurantiacus/ aurantius 橙黄色的，金黄色的；aurus 金，金色；aurant-/ auranti- 橙黄色，金黄色

Tremacron begoniifolium 景东短檐苣苔：begoniifolium 秋海棠叶的；缀词规则：以属名作复合词时原词尾变形后的 i 要保留；Begonia 秋海棠属（秋海棠科）；folius/ folium/ folia 叶，叶片（用于复合词）

Tremacron forrestii 短檐苣苔：forrestii ← George Forrest（人名，1873–1932，英国植物学家，曾在中国西部采集大量植物标本）

Tremacron mairei 东川短檐苣苔：mairei（人名）；Edouard Ernest Maire（人名，19 世纪活动于中国云南的传教士）；Rene C. J. E. Maire 人名（20 世纪阿尔及利亚植物学家，研究北非植物）；-i 表示人名，接在以元音字母结尾的人名后面，但 -a 除外

Tremacron obliquifolium 狭叶短檐苣苔：obliquifolius 偏斜叶的；obliqui- ← obliquus 对角线的，斜线的，歪斜的；folius/ folium/ folia 叶，叶片（用于复合词）

Tremacron rubrum 红短檐苣苔：rubrus/ rubrum/ rubra/ ruber 红色的

Tremacron urceolatum 木里短檐苣苔：urceolatus 坛状的，壶形的（指中空且口部收缩）；urceolus 小坛子，小水壶；urceus 坛子，水壶

Trevesia 刺通草属（五加科）（54：p10）：trevesia ← Enrichetta Treves de Bonfili（人名，19 世纪意大利植物学家）

Trevesia palmata 刺通草：palmatus = palmus + atus 掌状的，具掌的；palmus 掌，手掌

Trevesia palmata var. costata 棱果刺通草：costatus 具肋的，具脉的，具中脉的（指脉明显）；costus 主脉，叶脉，肋，肋骨

Trevesia palmata var. palmata 刺通草-原变种（词义见上面解释）

Trewia 滑桃树属（大戟科）（44-2：p11）：trewia ← C. J. Trew（人名，1695–1769，德国医生、博物学家）

Trewia nudiflora 滑桃树：nudi- ← nudus 裸露的；florus/ florum/ flora ← flos 花（用于复合词）

Triadenum 三腺金丝桃属（藤黄科）（50-2：p72）：tri-/ tripli-/ triplo- 三个，三数；adenus 腺，腺体

Triadenum breviflorum 三腺金丝桃：brevi- ← brevis 短的（用于希腊语复合词词首）；florus/ florum/ flora ← flos 花（用于复合词）

Triadenum japonicum 红花金丝桃：japonicum 日本的（地名）；-icus/ -icum/ -ica 属于，具有某种特性（常用于地名、起源、生境）

Triadica 乌柏属（另见 Sapium 美洲柏属）（大戟科）（增补）：triadica 三，三数的（希腊语）

Triadica cochinchinensis 山乌柏（另见 Sapium discolor）：cochinchinensis ← Cochinchine 南圻的（历史地名，即今越南南部及其周边国家和地区）

Triadica rotundifolium 圆叶乌柏（另见 Sapium rotundifolium）：rotundus 圆形的，呈圆形的，肥大的；rotundo 使呈圆形，使圆滑；roto 旋转，滚动；folius/ folium/ folia 叶，叶片（用于复合词）

Triadica sebifera 乌柏（另见 Sapium sebiferum）：sebiferus 具蜡质的，具脂肪的；sebum 蜡，蜡质，脂肪，-ferus/ -ferum/ -fera/ -fero/ -fere/ -fer 有，具有，产（区别：作独立词使用的 ferus 意思是"野生的"）

Triaenophora 崖白菜属（原名"呆白菜属"属"崖"字的误用，因"崖"字方言读 ái，与"呆"字已废除的读音 ái 相同）（玄参科）（67-2：p220）：traina 三叉戟；-phorus/ -phorum/ -phora 载体，承载物，支持物，带着，生着，附着（表示一个部分带着别的部分，包括起支撑或承载作用的柄、柱、托、囊等，如 gynophorum = gynus + phorum 雌蕊柄的，带有雌蕊的，承载雌蕊的）；gynus/ gynum/ gyna 雌蕊，子房，心皮；traenophora 具有三叉戟形状的（指萼齿三裂形状）

Triaenophora integra 全缘叶崖白菜：integer/ integra/ integrum → integri- 完整的，整个的，全缘的

Triaenophora rupestris 崖白菜：rupestre/ rupicolus/ rupestris 生于岩壁的，岩栖的；rup-/ rupi- ← rupes/ rupis 岩石的；-estris/ -estre/ ester/ -esteris 生于……地方，喜好……地方

Trianthema 假海马齿属（番杏科）（26：p31）：tri-/ tripli-/ triplo- 三个，三数；anthemus ← anthemon 花

Trianthema portulacastrum 假海马齿：portulacastrum 像马齿苋的；Portulaca 马齿苋属（马齿苋科）；-aster/ -astra/ -astrum/ -ister/ -istra/ -istrum 相似的，程度稍弱，稍小的，次等级的（用于拉丁语复合词词尾，表示不完全相似或低级之意，常用以区别一种野生植物与栽培植物，如 oleaster、oleastrum 野橄榄，以区别于 olea，即栽培的橄榄，而作形容词尾时则表示小或程度弱化，如 surdaster 稍聋的，比 surdus 稍弱）

Triarrhena 荻属（荻 dí）（禾本科）（10-2：p18）：tri-/ tripli-/ triplo- 三个，三数；arrhena 男性，强劲，雄蕊，花药

Triarrhena lutarioriparia 南荻：lutarius 生于淤泥中的；riparius = ripa + arius 河岸的，水边的；ripa 河岸，水边；-arius/ -arium/ -aria 相似，属于（表示地点，场所，关系，所属）

Triarrhena lutarioriparia var. elevatinodis 突节荻：elevatinodis 有膨大节的；elevatus 高起的，提高的，突起的；nodis 节

Triarrhena lutarioriparia var. gongchai 岗柴：gongchai 岗柴（中文名）

Triarrhena lutarioriparia var. gongchai f. altissima 一丈青：al-/ alti-/ alto- ← altus 高的，

高处的；-issimus/ -issima/ -issimum 最，非常，极其（形容词最高级）

Triarrhena lutarioriparia var. gongchai f. coccinea 胭脂红（脂 zhī）：coccus/ coccineus 浆果，绯红色（一种形似浆果的介壳虫的颜色）；同形异义词：coccus/ cocco/ cocci/ coccis 心室，心皮；-eus/ -eum/ -ea（接拉丁语词干时）属于……的，色如……的，质如……的（表示原料、颜色或品质的相似），（接希腊语词干时）属于……的，以……出名，为……所占有（表示具有某种特性）

Triarrhena lutarioriparia var. gongchai f. gongchai 岗柴-原变型 （词义见上面解释）

Triarrhena lutarioriparia var. gongchai f. pendulifolia 垂叶青：pendulus ← pendere 下垂的，垂吊的（悬空或因支持体细软而下垂）；pendere/ pendeo 悬挂，垂悬；-ulus/ -ulum/ -ula（表示趋向或动作）（小词 -ulus 在字母 e 或 i 之后有多种变缀，即 -olus/ -olum/ -ola、-ellus/ -ellum/ -ella、-illus/ -illum/ -illa，与第一变格法和第二变格法名词形成复合词）；folius/ folium/ folia 叶，叶片（用于复合词）

Triarrhena lutarioriparia var. gongchai f. purpureorosa 铁秆柴：purpureus = purpura + eus 紫色的；purpura 紫色（purpura 原为一种介壳虫名，其体液为紫色，可作颜料）；-eus/ -eum/ -ea（接拉丁语词干时）属于……的，色如……的，质如……的（表示原料、颜色或品质的相似），（接希腊语词干时）属于……的，以……出名，为……所占有（表示具有某种特性）；rosa 蔷薇（古拉丁名）← rhodon 蔷薇（希腊语）← rhodd 红色，玫瑰红（凯尔特语）

Triarrhena lutarioriparia var. gracilior 茅荻（荻 dí）：gracilior 较细长的，较纤弱的；gracilis 细长的，纤弱的，丝状的；-ilior 较为，更（以 -ilis 结尾的形容词的比较级，将 -ilis 换成 ili + or → -ilior）

Triarrhena lutarioriparia var. humilior 细荻：humilior 较矮的，较低的；humilis 矮的，低的；-ilior 较为，更（以 -ilis 结尾的形容词的比较级，将 -ilis 换成 ili + or → -ilior）

Triarrhena lutarioriparia var. junshanensis 君山荻：junshanensis 君山的（地名，湖南省）

Triarrhena lutarioriparia var. lutarioriparia 南荻-原变种 （词义见上面解释）

Triarrhena lutarioriparia var. planiodis 平节荻：planiodis = plani + nodis 平节的，扁节的；plani-/ plan- ← planus 平的，扁平的；nodis 节

Triarrhena lutarioriparia var. shachai 刹柴（刹 shā）：shachai 刹柴（中文名）

Triarrhena lutarioriparia var. shachai f. qingsha 青刹：qingsha（中文名）

Triarrhena lutarioriparia var. shachai f. shachai 刹柴-原变型 （词义见上面解释）

Triarrhena lutarioriparia var. shachai f. zisha 紫刹：zisha 紫刹（中文名）

Triarrhena sacchariflora 荻（荻 dí）：Saccharum 甘蔗属（禾本科）；florus/ florum/ flora ← flos 花（用于复合词）

Tribulus 蒺藜属（蒺 jí）（蒺藜科）（43-1：p142）：

tribulus 铁蒺藜（指果具利刺）

Tribulus cistoides 大花蒺藜：Cistus 岩蔷薇属（半日花科）；cistus ← kistos（一种常绿灌木的希腊语名）；-oides/ -oideus/ -oideum/ -oidea/ -odes/ -eidos 像……的，类似……的，呈……状的（名词词尾）

Tribulus terrester 蒺藜：terrester 陆生的，地面的；terreus 陆地的，地面的；-ester/ -esteris/ -estris/ -estre 生于……地方，喜好……地方

Tricarpelema 三瓣果属（鸭跖草科）（13-3：p112）：tricarpelema = tri + carpus 三心室果实的；tri-/ tripli-/ triplo- 三个，三数；carpus/ carpum/ carpa/ carpon ← carpos 果实（用于希腊语复合词）

Tricarpelema chinense 三瓣果：chinense 中国的（地名）

Tricarpelema xizangense 西藏三瓣果：xizangense 西藏的（地名）

Trichilia 鹧鸪花属（鹧鸪 zhè gū）（楝科）（43-3：p65）：tri-/ tripli-/ triplo- 三个，三数；chilia ← chilus ← cheilos 唇，唇瓣，唇边，边缘，岸边

Trichilia connaroides 鹧鸪花：connaroides 像牛栓藤的；Connarus 牛栓藤属；-oides/ -oideus/ -oideum/ -oidea/ -odes/ -eidos 像……的，类似……的，呈……状的（名词词尾）

Trichilia connaroides var. connaroides 鹧鸪花-原变种 （词义见上面解释）

Trichilia connaroides var. microcarpa 小果鹧鸪花：micr-/ micro- ← micros 小的，微小的，微观的（用于希腊语复合词）；carpus/ carpum/ carpa/ carpon ← carpos 果实（用于希腊语复合词）

Trichilia sinensis 茸果鹧鸪花：sinensis = Sina + ensis 中国的（地名）；Sina 中国

Trichodesma 毛束草属（紫草科）（64-2：p209）：trich-/ tricho-/ tricha- ← trichos ← thrix 毛，多毛的，线状的，丝状的；desma 带，条带，链子，束状的

Trichodesma calycosum 毛束草：calycosus 大萼的；calyx → calyc- 萼片（用于希腊语复合词）；构词规则：以 -ix/ -iex 结尾的词其词干末尾视为 -ic，以 -ex 结尾视为 -i/ -ic，其他以 -x 结尾视为 -c；-osus/ -osum/ -osa 多的，充分的，丰富的，显著发育的，程度高的，特征明显的（形容词词尾）

Trichodesma calycosum var. calycosum 毛束草-原变种 （词义见上面解释）

Trichodesma calycosum var. formosanum 台湾毛束草：formosanus = formosus + anus 美丽的，台湾的；formosus ← formosa 美丽的，台湾的（葡萄牙殖民者发现台湾时对其的称呼，即美丽的岛屿）；-anus/ -anum/ -ana 属于，来自（形容词词尾）

Trichoglottis 毛舌兰属（兰科）（19：p297）：trich-/ tricho-/ tricha- ← trichos ← thrix 毛，多毛的，线状的，丝状的；glottis 舌头的，舌状的

Trichoglottis rosea （蔷薇状毛舌兰）：roseus = rosa + eus 像玫瑰的，玫瑰色的，粉红色的；rosa 蔷薇（古拉丁名）← rhodon 蔷薇（希腊语）← rhodd 红色，玫瑰红（凯尔特语）；-eus/ -eum/ -ea（接拉丁语词干时）属于……的，色如……的，质如……的（表示原料、颜色或品质的相似），（接希

腊语词干时）属于……的，以……出名，为……所占有（表示具有某种特性）

Trichoglottis rosea var. breviracema 短穗毛舌兰：brevi- ← brevis 短的（用于希腊语复合词词首）；racemus 总状的，葡萄串状的

Trichoglottis triflora 毛舌兰：tri-/ tripli-/ triplo- 三个，三数；florus/ florum/ flora ← flos 花（用于复合词）

Tricholepidium 毛鳞蕨属（水龙骨科）（6-2：p104）：trich-/ tricho-/ tricha- ← trichos ← thrix 毛，多毛的，线状的，丝状的；lepidium ← lepidion = lepis + idium 小鳞片；-idium ← -idion 小的，稍微的（表示小或程度较轻）

Tricholepidium angustifolium 狭叶毛鳞蕨：angusti- ← angustus 窄的，狭的，细的；folius/ folium/ folia 叶，叶片（用于复合词）

Tricholepidium angustifolium var. angustifolium 狭叶毛鳞蕨-原变种（词义见上面解释）

Tricholepidium angustifolium var. falcato-lineare 镰状毛鳞蕨：falcato- 镰刀的，镰刀状的；falx 镰刀，镰刀形，镰刀状弯曲；lineare 线状的，亚麻状的；linearis = lineus + aris 线条的，线形的，线状的，亚麻状的；lineus = linum + eus 线状的，丝状的，亚麻状的；linum ← linon 亚麻，线（古拉丁名）；-aris（阳性、阴性）/ -are（中性）← -alis（阳性、阴性）/ -ale（中性）属于，相似，如同，具有，涉及，关于，联结于（将名词作形容词用，其中 -aris 常用于以 l 或 r 为词干末尾的词）

Tricholepidium angustifolium var. lanceolatum 披针毛鳞蕨：lanceolatus = lanceus + olus + atus 小披针形的，小柳叶刀的；lance-/ lancei-/ lanci-/ lanceo-/ lanc- ← lanceus 披针形的，矛形的，尖刀状的，柳叶刀状的；-olus ← -ulus 小，稍微，略微（-ulus 在字母 e 或 i 之后变成 -olus/ -ellus/ -illus）；-atus/ -atum/ -ata 属于，相似，具有，完成（形容词词尾）

Tricholepidium maculosum 斑点毛鳞蕨：maculosus 斑点的，多斑点的；maculus 斑点，网眼，小斑点，略有斑点；-culosus = culus + osus 小而多的，小而密集的；-culus/ -culum/ -cula 小的，略微的，稍微的（同第三变格法和第四变格法名词形成复合词）；-osus/ -osum/ -osa 多的，充分的，丰富的，显著发育的，程度高的，特征明显的（形容词词尾）

Tricholepidium maculosum var. maculosum 斑点毛鳞蕨-原变种（词义见上面解释）

Tricholepidium maculosum var. subnormale 似毛鳞蕨：subnormale 近平常的，近正常的；sub-（表示程度较弱）与……类似，几乎，稍微，弱，亚，之下，下面；normalis/ normale 平常的，正规的，常态的

Tricholepidium normale 毛鳞蕨：normalis/ normale 平常的，正规的，常态的；norma 标准，规则，三角尺

Tricholepidium pteropodium 翅柄毛鳞蕨：pterus/ pteron 翅，翼，蕨类；podius ← podion 腿，足，柄

Tricholepidium tibeticum 西藏毛鳞蕨：tibeticum 西藏的（地名）

Tricholepidium venosum 显脉毛鳞蕨：venosus 细脉的，细脉明显的，分枝脉的；venus 脉，叶脉，血脉，血管；-osus/ -osum/ -osa 多的，充分的，丰富的，显著发育的，程度高的，特征明显的（形容词词尾）

Tricholepis 针苞菊属（菊科）（78-1：p189）：trich-/ tricho-/ tricha- ← trichos ← thrix 毛，多毛的，线状的，丝状的；lepis/ lepidos 鳞片

Tricholepis furcata 针苞菊：furcatus/ furcans = furcus + atus 叉子状的，分叉的；furcus 叉子，叉子状的，分叉的；-atus/ -atum/ -ata 属于，相似，具有，完成（形容词词尾）

Tricholepis karensium 缅甸针苞菊：karensium（地名，缅甸）

Tricholepis tibetica 红花针苞菊：tibetica 西藏的（地名）；-icus/ -icum/ -ica 属于，具有某种特性（常用于地名、起源、生境）

Trichosanthes 栝楼属（栝 guā）（葫芦科）（73-1：p218）：trichosanthes/ trichosanthus 毛花的（指花瓣边缘丝状裂）；trich-/ tricho-/ tricha- ← trichos ← thrix 毛，多毛的，线状的，丝状的；anthes ← anthos 花

Trichosanthes anguina 蛇瓜：anguinus 蛇，蛇状弯曲的

Trichosanthes baviensis 短序栝楼：baviensis（地名，越南河内）

Trichosanthes cordata 心叶栝楼：cordatus ← cordis/ cor 心脏的，心形的；-atus/ -atum/ -ata 属于，相似，具有，完成（形容词词尾）

Trichosanthes crispisepala 皱萼栝楼：crispus 收缩的，褶皱的，波纹的（如花瓣周围的波浪状褶皱）；sepalus/ sepalum/ sepala 萼片（用于复合词）

Trichosanthes cucumerina 瓜叶栝楼：cucumerinus 瓜，瓜状的；cucumeris/ cucumis 瓜，黄瓜；-inus/ -inum/ -ina/ -inos 相近，接近，相似，具有（通常指颜色）

Trichosanthes cucumeroides 王瓜：cucumeroides 像瓜的；cucumeris/ cucumis 瓜，黄瓜；-oides/ -oideus/ -oideum/ -oidea/ -odes/ -eidos 像……的，类似……的，呈……状的（名词词尾）

Trichosanthes cucumeroides var. cucumeroides 王瓜-原变种（词义见上面解释）

Trichosanthes cucumeroides var. dicoelosperma 波叶栝楼：dicoelospermus 二中空种子的；di-/ dis- 二，二数，二分，分离，不同，在……之间，从……分开（希腊语，拉丁语为 bi-/ bis-）；coelo- ← koilos 空心的，中空的，鼓肚的（希腊语）；spermus/ spermum/ sperma 种子的（用于希腊语复合词）

Trichosanthes cucumeroides var. hainanensis 海南栝楼：hainanensis 海南的（地名）

Trichosanthes cucumeroides var. stenocarpa 狭果师古草：sten-/ steno- ← stenus 窄的，狭的，薄的；carpus/ carpum/ carpa/ carpon ← carpos 果实（用于希腊语复合词）

Trichosanthes dunniana 糙点栝楼：dunniana（人名）

Trichosanthes fissibracteata 裂苞栝楼：fissi- ← fissus 分裂的，裂开的，中裂的；bracteatus = bracteus + atus 具苞片的；bracteus 苞，苞片，苞鳞

Trichosanthes homophylla 芋叶栝楼：homo-/ hommoeo-/ homoio- 相同的，相似的，同样的，同类的，均质的；phyllus/ phyllum/ phylla ← phyllon 叶片（用于希腊语复合词）

Trichosanthes hylonoma 湘桂栝楼：hylonomus 灌丛生的，林内的；hylo- ← hyla/ hyle 林木，树木，森林；nomus 区域，范围

Trichosanthes jinggangshanica 井冈栝楼：jinggangshanica 井冈山的（地名，江西省）；-icus/ -icum/ -ica 属于，具有某种特性（常用于地名、起源、生境）

Trichosanthes kerrii 长果栝楼：kerrii ← Arthur Francis George Kerr 或 William Kerr（人名）

Trichosanthes kirilowii 栝楼：kirilowii ← Ivan Petrovich Kirilov（人名，19 世纪俄国植物学家）

Trichosanthes laceribractea 长萼栝楼：lacerus 撕裂状的，不整齐裂的；bracteus 苞，苞片，苞鳞

Trichosanthes lepiniana 马干铃栝楼：lepiniana（人名）

Trichosanthes ovata 卵叶栝楼：ovatus = ovus + atus 卵圆形的；ovus 卵，胚珠，卵形的，椭圆形的；-atus/ -atum/ -ata 属于，相似，具有，完成（形容词词尾）

Trichosanthes ovigera 全缘栝楼：ovigerus 产卵的，具卵的；ovus 卵，胚珠，卵形的，椭圆形的；ovi-/ ovo- ← ovus 卵，卵形的，椭圆形的

Trichosanthes parviflora 小花栝楼：parviflorus 小花的；parvus 小的，些微的，弱的；florus/ florum/ flora ← flos 花（用于复合词）

Trichosanthes pedata 趾叶栝楼：pedatus 鸟足形的；pes/ pedis 柄，梗，茎秆，腿，足，爪（作词首或词尾，pes 的词干视为"ped-"）

Trichosanthes quinquangulata 五角栝楼：quin-/ quinqu-/ quinque-/ quinqui- 五，五数（希腊语为 penta-）；angulatus = angulus + atus 具棱角的，有角度的

Trichosanthes quinquefolia 木基栝楼：quin-/ quinqu-/ quinque-/ quinqui- 五，五数（希腊语为 penta-）；folius/ folium/ folia 叶，叶片（用于复合词）

Trichosanthes reticulinervis 两广栝楼：reticulus = reti + culus 网，网纹的；reti-/ rete- 网（同义词：dictyo-）；-culus/ -culum/ -cula 小的，略微的，稍微的（同第三变格法和第四变格法名词形成复合词）；nervis ← nervus 脉，叶脉

Trichosanthes rosthornii 中华栝楼：rosthornii ← Arthur Edler von Rosthorn（人名，19 世纪匈牙利驻北京大使）

Trichosanthes rosthornii var. huangshanensis 黄山栝楼：huangshanensis 黄山的（地名，安徽省）

Trichosanthes rosthornii var. multicirrata 多卷须栝楼：multi- ← multus 多个，多数，很多（希腊语为 poly-）；cirratus/ cirrhatus = cirrus + atus 具卷须的；cirrhus/ cirrus/ cerris 卷毛的，卷曲的，卷须的

Trichosanthes rosthornii var. rosthornii 中华栝楼-原变种 （词义见上面解释）

Trichosanthes rosthornii var. scabrella 糙籽栝楼：scabrellus 略粗糙的；scabrus ← scaber 粗糙的，有凹凸的，不平滑的；-ellus/ -ellum/ -ella ← -ulus 小的，略微的，稍微的（小词 -ulus 在字母 e 或 i 之后有多种变缀，即 -olus/ -olum/ -ola、-ellus/ -ellum/ -ella、-illus/ -illum/ -illa，用于第一变格法名词）

Trichosanthes rubriflos 红花栝楼：rubr-/ rubri-/ rubro- ← rubrus 红色的；flos/ florus 花

Trichosanthes rugatisemina 皱籽栝楼：rugatiseminus 皱种子的；rugatus 收缩的，有皱纹的，有褶皱的；seminus → semin-/ semini- 种子

Trichosanthes sericeifolia 丝毛栝楼：sericeus 绢丝状的；sericus 绢丝的，绢毛的，赛尔人的（Ser 为印度一民族）；-eus/ -eum/ -ea（接拉丁语词干时）属于……的，色如……的，质如……的（表示原料、颜色或品质的相似），（接希腊语词干时）属于……的，以……出名，为……所占有（表示具有某种特性）；folius/ folium/ folia 叶，叶片（用于复合词）

Trichosanthes smilacifolia 菝葜叶栝楼（菝葜 bá qiā）：smilacifolius 菝葜叶的；Smilax 菝葜属（百合科）；folius/ folium/ folia 叶，叶片（用于复合词）；构词规则：以 -ix/ -iex 结尾的词其词干末尾视为 -ic，以 -ex 结尾视为 -i/ -ic，其他以 -x 结尾视为 -c

Trichosanthes subrosea 粉花栝楼：subroseus 近似玫瑰色的；sub-（表示程度较弱）与……类似，几乎，稍微，弱，亚，之下，下面；roseus = rosa + eus 像玫瑰的，玫瑰色的，粉红色的；rosa 蔷薇（古拉丁名）← rhodon 蔷薇（希腊语）← rhodd 红色，玫瑰红（凯尔特语）；-eus/ -eum/ -ea（接拉丁语词干时）属于……的，色如……的，质如……的（表示原料、颜色或品质的相似），（接希腊语词干时）属于……的，以……出名，为……所占有（表示具有某种特性）

Trichosanthes tetragonosperma 方籽栝楼：tetragonospermus 四棱种子的；tetra-/ tetr- 四，四数（希腊语，拉丁语为 quadri-/ quadr-）；gono/ gonos/ gon 关节，棱角，角度；spermus/ spermum/ sperma 种子的（用于希腊语复合词）

Trichosanthes trichocarpa 杏籽栝楼：trich-/ tricho-/ tricha- ← trichos ← thrix 毛，多毛的，线状的，丝状的；carpus/ carpum/ carpa/ carpon ← carpos 果实（用于希腊语复合词）

Trichosanthes tricuspidata 三尖栝楼：tri-/ tripli-/ triplo- 三个，三数；cuspidatus = cuspis + atus 尖头的，凸尖的；构词规则：词尾为 -is 和 -ys 的词的词干分别视为 -id 和 -yd；cuspis（所有格为 cuspidis）齿尖，凸尖，尖头；-atus/ -atum/ -ata 属于，相似，具有，完成（形容词词尾）

Trichosanthes truncata 截叶栝楼：truncatus 截平的，截形的，截断的；truncare 切断，截断，截平（动词）

Trichosanthes villosa 密毛栝楼：villosus 柔毛的，绵毛的；villus 毛，羊毛，长绒毛；-osus/ -osum/ -osa 多的，充分的，丰富的，显著发育的，程度高的，特征明显的（形容词词尾）

T

Trichosanthes wallichiana 薄叶栝楼：wallichiana ← Nathaniel Wallich（人名，19 世纪初丹麦植物学家、医生）

Trichurus 针叶苋属（苋科）（25-2：p224）：trichos 毛，毛发，列状毛，线状的，丝状的；-urus/ -ura/ -ourus/ -oura/ -oure/ -uris 尾巴

Trichurus monsoniae 针叶苋：monsoniae ← Ann Monson（人名，18 世纪在好望角和孟加拉国采集植物）

Tricyrtis 油点草属（百合科）（14：p30）：tricyrtis 三个囊（指三枚外花被基部弯曲成囊状）；tri-/ tripli-/ triplo- 三个，三数；cyrtis ← cyrtos 弯曲的

Tricyrtis formosana 台湾油点草：formosanus = formosus + anus 美丽的，台湾的；formosus ← formosa 美丽的，台湾的（葡萄牙殖民者发现台湾时对其的称呼，即美丽的岛屿）；-anus/ -anum/ -ana 属于，来自（形容词词尾）

Tricyrtis macropoda 油点草：macro-/ macr- ← macros 大的，宏观的（用于希腊语复合词）；podus/ pus 柄，梗，茎秆，足，腿

Tricyrtis maculata 黄花油点草：maculatus = maculus + atus 有小斑点的，略有斑点的；maculus 斑点，网眼，小斑点，略有斑点；-atus/ -atum/ -ata 属于，相似，具有，完成（形容词词尾）

Tricyrtis stolonifera 紫花油点草：stolon 匍匐茎；-ferus/ -ferum/ -fera/ -fero/ -fere/ -fer 有，具有，产（区别：作独立词使用的 ferus 意思是"野生的"）

Tricyrtis suzukii （铃木油点草）：suzukii 铃木（人名）

Tridax 羽芒菊属（菊科）（75：p385）：tri-/ tripli-/ triplo- 三个，三数；edax 大口吞食的

Tridax procumbens 羽芒菊：procumbens 俯卧的，匍匐的，倒伏的；procumb- 俯卧，匍匐，倒伏；-ans/ -ens/ -bilis/ -ilis 能够，可能（为形容词词尾，-ans/ -ens 用于主动语态，-bilis/ -ilis 用于被动语态）

Trientalis 七瓣莲属（报春花科）（59-1：p133）：trientalis ← triens（指植株高度，为 1/3 ft）

Trientalis europaea 七瓣莲：europaea = europa + aeus 欧洲的（地名）；europa 欧洲；-aeus/ -aeum/ -aea（表示属于……，名词形容词化词尾）

Trifidacanthus 三叉刺属（叉 chā）（豆科）（41：p2）：trifidacanthus 三叉状刺的（指小枝具三叉状锐尖刺）；tri-/ tripli-/ triplo- 三个，三数；fidus ← findere 裂开，分裂（裂深不超过 1/3，常作词尾）；acanthus ← Akantha 刺，具刺的（Acantha 是希腊神话中的女神，和太阳神阿波罗发生冲突，太阳神将其变成带刺的植物）

Trifidacanthus unifoliolatus 三叉刺：uni-/ uno- ← unus/ unum/ una 一，单一（希腊语为 mono-/ mon-）；foliolatus = folius + ulus + atus 具小叶的，具叶片的；folius/ folium/ folia 叶，叶片（用于复合词）；-ulus/ -ulum/ -ula 小的，略微的，稍微的（小词 -ulus 在字母 e 或 i 之后有多种变缀，即 -olus/ -olum/ -ola、-ellus/ -ellum/ -ella、-illus/ -illum/ -illa，与第一变格法和第二变格法名词形成复合词）；-atus/ -atum/ -ata 属于，相似，具有，完成（形容词词尾）

Trifolium 车轴草属（豆科）（42-2：p329）：tri-/ tripli-/ triplo- 三个，三数；folius/ folium/ folia 叶，叶片（用于复合词）

Trifolium alexandrinum 埃及车轴草：alexandrinum ← Dr. R. C. Alexander（人名，19 世纪英国医生、植物学家）

Trifolium campestre 草原车轴草：campestre 野生的，草地的，平原的；campus 平坦地带的，校园的；-estris/ -estre/ ester/ -esteris 生于……地方，喜好……地方

Trifolium dubium 钝叶车轴草：dubius 可疑的，不确定的

Trifolium eximium 大花车轴草：eximius 超群的，别具一格的

Trifolium fragiferum 草莓车轴草：fragiferum 具草莓状果实的；fragum 草莓；-ferus/ -ferum/ -fera/ -fero/ -fere/ -fer 有，具有，产（区别：作独立词使用的 ferus 意思是"野生的"）

Trifolium gordejevi 延边车轴草：gordejevi（人名，词尾改为"-ii"似更妥）；-ii 表示人名，接在以辅音字母结尾的人名后面，但 -er 除外；-i 表示人名，接在以元音字母结尾的人名后面，但 -a 除外

Trifolium hybridum 杂种车轴草（种 zhǒng）：hybridus 杂种的

Trifolium incarnatum 绛车轴草（绛 jiàng）：incarnatus 肉色的；incarn- 肉

Trifolium lupinaster 野火球：lupinaster 像羽扇豆的；Lupinus 羽扇豆属（豆科）；-aster/ -astra/ -astrum/ -ister/ -istra/ -istrum 相似的，程度稍弱，稍小的，次等级的（用于拉丁语复合词词尾，表示不完全相似或低级之意，常用以区别一种野生植物与栽培植物，如 oleaster、oleastrum 野橄榄，以区别于 olea，即栽培的橄榄，而作形容词词尾时则表示小或程度弱化，如 surdaster 稍聋的，比 surdus 稍弱）

Trifolium lupinaster var. albiflorum 白花野火球：albus → albi-/ albo- 白色的；florus/ florum/ flora ← flos 花（用于复合词）

Trifolium lupinaster var. lupinaster 野火球-原变种（词义见上面解释）

Trifolium medium 中间车轴草：medius 中间的，中央的

Trifolium pacificum （东海车轴草）：pacificus 太平洋的；-icus/ -icum/ -ica 属于，具有某种特性（常用于地名、起源、生境）

Trifolium polymorpha var. brevispina （短刺车轴草）：polymorphus 多形的；poly- ← polys 多个，许多（希腊语，拉丁语为 multi-）；morphus ← morphos 形状，形态；brevi- ← brevis 短的（用于希腊语复合词词首）；spinus 刺，针刺

Trifolium pratense 红车轴草：pratense 生于草原的；pratum 草原

Trifolium repens 白车轴草：repens/ repentis/ repsi/ reptum/ repere/ repo 匍匐，爬行（同义词：reptans/ reptoare）

Trifolium strepens 黄车轴草：strepens ← strepo 噪声的

Triglochin 水麦冬属（眼子菜科）（8：p37）：tri-/ tripli-/ triplo- 三个，三数；glochin 锐尖，尖头，突

出点，颚骨状

Triglochin maritimum 海韭菜：maritimus 海滨的（指生境）

Triglochin palustre 水麦冬：palustris/ paluster ← palus + estre 喜好沼泽的，沼生的；palus 沼泽，湿地，泥潭，水塘，草甸子（palus 的复数主格为 paludes）；-estris/ -estre/ ester/ -esteris 生于……地方，喜好……地方

Trigonella 胡卢巴属（豆科）（42-2：p302）：trigonellus 小三角形的；tri-/ tripli-/ triplo- 三个，三数；gono/ gonos/ gon 关节，棱角，角度；-ellus/ -ellum/ -ella ← -ulus 小的，略微的，稍微的（小词 -ulus 在字母 e 或 i 之后有多种变缀，即 -olus/ -olum/ -ola、-ellus/ -ellum/ -ella、-illus/ -illum/ -illa，用于第一变格法名词）

Trigonella arcuata 弯果胡卢巴：arcuatus = arcus + atus 弓形的，拱形的；arcus 拱形，拱形物

Trigonella cachemiriana 克什米尔胡卢巴：cachemiriana 克什米尔的（地名）

Trigonella cancellata 网脉胡卢巴：cancellatus 具方格的，具网格的

Trigonella coerulea 蓝胡卢巴：caeruleus/ coeruleus 深蓝色的，海洋蓝的，青色的，暗绿色的；caerulus/ coerulus 深蓝色，海洋蓝，青色，暗绿色；-eus/ -eum/ -ea（接拉丁语词干时）属于……的，色如……的，质如……的（表示原料、颜色或品质的相似），（接希腊语词干时）属于……的，以……出名，为……所占有（表示具有某种特性）

Trigonella emodi 喜马拉雅胡卢巴：emodi ← Emodus 埃莫多斯山的（地名，所有格，属喜马拉雅山西坡，古希腊人对喜马拉雅山的称呼）（词末尾改为"-ii"似更妥）；-ii 表示人名，接在以辅音字母结尾的人名后面，但 -er 除外；-i 表示人名，接在以元音字母结尾的人名后面，但 -a 除外

Trigonella fimbriata 重齿胡卢巴（重 chóng）：fimbriatus = fimbria + atus 具长缘毛的，具流苏的，具锯齿状裂的（指花瓣）；fimbria → fimbri- 流苏，长缘毛；-atus/ -atum/ -ata 属于，相似，具有，完成（形容词词尾）

Trigonella foenum-graecum 胡卢巴：foenum-graecum 希腊秣刍（秣刍 mò chú）（一种含有强力挥发油的草本植物）；foenum 干草，枯草；craecum 希腊的

Trigonella monantha 单花胡卢巴：mono-/ mon- ← monos 一个，单一的（希腊语，拉丁语为 unus/ uni-/ uno-）；anthus/ anthum/ antha/ anthe ← anthos 花（用于希腊语复合词）

Trigonella orthoceras 直果胡卢巴：orthoceras/ orthocerus 直立角的；ortho- ← orthos 直的，正面的；-ceras/ -ceros/ cerato- ← keras 犄角，兽角，角状突起（希腊语）

Trigonella orthoceras f. pedunculata （长柄胡卢巴）：pedunculatus/ peduncularis 具花序柄的，具总花梗的；pedunculus/ peduncule/ pedunculis ← pes 花序柄，总花梗（花序基部无花着生部分，不同于花柄）；关联词：pedicellus/ pediculus 小花梗，小花柄（不同于花序柄）；pes/ pedis 柄，梗，茎秆，腿，足，爪（作词首或词尾，pes 的词干视为"ped-"）

Trigonella rhodantha （红花胡卢巴）：rhodantha = rhodon + anthus 玫瑰花的，红花的；rhodon → rhodo- 红色的，玫瑰色的；anthus/ anthum/ antha/ anthe ← anthos 花（用于希腊语复合词）

Trigonella tibetana （西藏胡卢巴）：tibetana 西藏的（地名）

Trigonobalanus 三棱栎属（壳斗科，本属中文名订正为轮叶三棱栎属，部分种类并入 Formanodendron）（22：p211）：trigonobalanus 三角形橡实的，三角形坚果的；tri-/ tripli-/ triplo- 三个，三数；trigonos 三角形的；balanus ← balanos 橡实

Trigonobalanus doichangensis 三棱栎：doichangensis（地名，云南省）

Trigonostemon 三宝木属（大戟科）（44-2：p162）：trigono 三角的，三棱的；tri-/ tripli-/ triplo- 三个，三数；gono/ gonos/ gon 关节，棱角，角度；stemon 雄蕊

Trigonostemon chinensis 三宝木：chinensis = china + ensis 中国的（地名）；China 中国

Trigonostemon chinensis f. chinensis 三宝木-原变型 （词义见上面解释）

Trigonostemon chinensis f. fungii 冯钦三宝木：fungii 冯氏（人名）

Trigonostemon filipes 丝梗三宝木：filipes 线状柄的，线状茎的；fili-/ fil- ← filum 线状的，丝状的；pes/ pedis 柄，梗，茎秆，腿，足，爪（作词首或词尾，pes 的词干视为"ped-"）

Trigonostemon heterophyllus 异叶三宝木：heterophyllus 异型叶的；hete-/ heter-/ hetero- ← heteros 不同的，多样的，不齐的；phyllus/ phyllum/ phylla ← phyllon 叶片（用于希腊语复合词）

Trigonostemon howii 长序三宝木：howii（人名）；-ii 表示人名，接在以辅音字母结尾的人名后面，但 -er 除外

Trigonostemon huangmosu 黄木树：huangmosu 黄木树（中文名）

Trigonostemon leucanthus 白花三宝木：leuc-/ leuco- ← leucus 白色的（如果和其他表示颜色的词混用则表示淡色）；anthus/ anthum/ antha/ anthe ← anthos 花（用于希腊语复合词）

Trigonostemon lii 孟仑三宝木：lii（人名）；-ii 表示人名，接在以辅音字母结尾的人名后面，但 -er 除外

Trigonostemon lutescens 黄花三宝木：lutescens 淡黄色的；luteus 黄色的；-escens/ -ascens 改变，转变，变成，略微，带有，接近，相似，大致，稍微（表示变化的趋势，并未完全相似或相同，有别于表示达到完成状态的 -atus）

Trigonostemon thyrsoideus 长梗三宝木：thyrsus/ thyrsos 花簇，金字塔，圆锥形，聚伞圆锥花序；-oides/ -oideus/ -oideum/ -oidea/ -odes/ -eidos 像……的，类似……的，呈……状的（名词词尾）

Trigonostemon xyphophylloides 剑叶三宝木：xypho 剑状的；phyllus/ phyllum/ phylla ← phyllon 叶片（用于希腊语复合词）；-oides/ -oideus/ -oideum/ -oidea/ -odes/ -eidos 像……的，

类似……的，呈……状的（名词词尾）

Trigonotis 附地菜属（紫草科）（64-2：p77）：tri-/ tripli-/ triplo- 三个，三数；trigonos 三角形的；gono/ gonos/ gon 关节，棱角，角度；-otis/ -otites/ -otus/ -otion/ -oticus/ -otos/ -ous 耳，耳朵；trigonotis = trigonos + ous 三角状耳朵

Trigonotis amblyosepala 钝萼附地菜：amblyosepalus 钝形萼的；amblyo-/ ambly- 钝的，钝角的；sepalus/ sepalum/ sepala 萼片（用于复合词）

Trigonotis barkamensis 金川附地菜：barkamensis 马尔康的（地名，四川北部）

Trigonotis bracteata 全苞附地菜：bracteatus = bracteus + atus 具苞片的；bracteus 苞，苞片，苞鳞；-atus/ -atum/ -ata 属于，相似，具有，完成（形容词词尾）

Trigonotis cavaleriei 西南附地菜：cavaleriei ← Pierre Julien Cavalerie（人名，20 世纪法国传教士）；-i 表示人名，接在以元音字母结尾的人名后面，但 -a 除外

Trigonotis cavaleriei var. angustifolia 窄叶西南附地菜：angusti- ← angustus 窄的，狭的，细的；folius/ folium/ folia 叶，叶片（用于复合词）

Trigonotis cavaleriei var. cavaleriei 西南附地菜-原变种 （词义见上面解释）

Trigonotis cinereifolia 灰叶附地菜：cinereus 灰色的，草木灰色的（为纯黑和纯白的混合色，希腊语为 tephro-/ spodo-）；ciner-/ cinere-/ cinereo- 灰色；-eus/ -eum/ -ea（接拉丁语词干时）属于……的，色如……的，质如……的（表示原料、颜色或品质的相似），（接希腊语词干时）属于……的，以……出名，为……所占有（表示具有某种特性）；folius/ folium/ folia 叶，叶片（用于复合词）

Trigonotis compressa 狭叶附地菜：compressus 扁平的，压扁的；pressus 压，压力，挤压，紧密；co- 联合，共同，合起来（拉丁语词首，为 cum- 的音变，表示结合、强化、完全，对应的希腊语为 syn-）；co- 的缀词音变有 co-/ com-/ con-/ col-/ cor-：co-（在 h 和元音字母前面），col-（在 l 前面），com-（在 b、m、p 之前），con-（在 c、d、f、g、j、n、qu、s、t 和 v 前面），cor-（在 r 前面）

Trigonotis coreana 朝鲜附地菜：coreana 朝鲜的（地名）

Trigonotis corispermoides 虫实附地菜：Corispermum 虫实属（藜科）；-oides/ -oideus/ -oideum/ -oidea/ -odes/ -eidos 像……的，类似……的，呈……状的（名词词尾）

Trigonotis delicatula 扭梗附地菜：delicatulus 略优美的，略美味的；delicatus 柔软的，细腻的，优美的，美味的；delicia 优雅，喜悦，美味；-ulus/ -ulum/ -ula 小的，略微的，稍微的（小词 -ulus 在字母 e 或 i 之后有多种变缀，即 -olus/ -olum/ -ola、-ellus/ -ellum/ -ella、-illus/ -illum/ -illa，与第一变格法和第二变格法名词形成复合词）

Trigonotis elevatovenosa 凸脉附地菜：elevatus 高起的，提高的，突起的；venosus 细脉的，细脉明显的，分枝脉的；venus 脉，叶脉，血脉，血管；-osus/ -osum/ -osa 多的，充分的，丰富的，显著发育的，程度高的，特征明显的（形容词词尾）

Trigonotis floribunda 多花附地菜：floribundus = florus + bundus 多花的，繁花的，花正盛开的；florus/ florum/ flora ← flos 花（用于复合词）；-bundus/ -bunda/ -bundum 正在做，正在进行（类似于现在分词），充满，盛行

Trigonotis formosana 台湾附地菜：formosanus = formosus + anus 美丽的，台湾的；formosus ← formosa 美丽的，台湾的（葡萄牙殖民者发现台湾时对其的称呼，即美丽的岛屿）；-anus/ -anum/ -ana 属于，来自（形容词词尾）

Trigonotis funingensis 富宁附地菜：funingensis 富宁的（地名，云南省）

Trigonotis giraldii 秦岭附地菜：giraldii ← Giuseppe Giraldi（人名，19 世纪活动于中国的意大利传教士）

Trigonotis gracilipes 细梗附地菜：gracilis 细长的，纤弱的，丝状的；pes/ pedis 柄，梗，茎秆，腿，足，爪（作词首或词尾，pes 的词干视为 "ped-"）

Trigonotis heliotropifolia 毛花附地菜：Heliotropium 天芥菜属（紫草科）；folius/ folium/ folia 叶，叶片（用于复合词）

Trigonotis laxa 南川附地菜：laxus 稀疏的，松散的，宽松的

Trigonotis laxa var. hirsuta 硬毛附地菜：hirsutus 粗毛的，糙毛的，有毛的（长而硬的毛）

Trigonotis laxa var. laxa 南川附地菜-原变种 （词义见上面解释）

Trigonotis laxa var. xichougensis 西畴附地菜：xichougensis 西畴的（地名，云南省，改为 "xichouensis" 似更妥）

Trigonotis macrophylla 大叶附地菜：macro-/ macr- ← macros 大的，宏观的（用于希腊语复合词）；phyllus/ phyllum/ phylla ← phyllon 叶片（用于希腊语复合词）

Trigonotis macrophylla var. macrophylla 大叶附地菜-原变种 （词义见上面解释）

Trigonotis macrophylla var. trichocarpa 毛果附地菜：trich-/ tricho-/ tricha- ← trichos ← thrix 毛，多毛的，线状的，丝状的；carpus/ carpum/ carpa/ carpon ← carpos 果实（用于希腊语复合词）

Trigonotis macrophylla var. verrucosa 瘤果附地菜：verrucosus 具疣状凸起的；verrucus ← verrucos 疣状物；-osus/ -osum/ -osa 多的，充分的，丰富的，显著发育的，程度高的，特征明显的（形容词词尾）

Trigonotis mairei 长梗附地菜：mairei（人名）；Edouard Ernest Maire（人名，19 世纪活动于中国云南的传教士）；Rene C. J. E. Maire 人名（20 世纪阿尔及利亚植物学家，研究北非植物）；-i 表示人名，接在以元音字母结尾的人名后面，但 -a 除外

Trigonotis microcarpa 毛脉附地菜：micr-/ micro- ← micros 小的，微小的，微观的（用于希腊语复合词）；carpus/ carpum/ carpa/ carpon ← carpos 果实（用于希腊语复合词）

Trigonotis mollis 湖北附地菜：molle/ mollis 软的，柔毛的

Trigonotis myosotidea 水甸附地菜：myosotidea = Myosotis + eus 像勿忘草的；构词规则：词尾为 -is

T

和 -ys 的词的词干分别视为 -id 和 -yd；Myosotis 勿忘草属（紫草科）；-eus/ -eum/ -ea（接拉丁语词干时）属于……的，色如……的，质如……的（表示原料、颜色或品质的相似），（接希腊语词干时）属于……的，以……出名，为……所占有（表示具有某种特性）

Trigonotis nandanensis 南丹附地菜：nandanensis 南丹的（地名，广西壮族自治区）

Trigonotis nankotaizanensis 白花附地菜：nankotaizanensis 南湖大山的（地名，台湾省中部山峰，日语读音）

Trigonotis omeiensis 峨眉附地菜：omeiensis 峨眉山的（地名，四川省）

Trigonotis orbicularifolia 厚叶附地菜：orbicularis/ orbiculatus 圆形的；orbis 圆，圆形，圆圈，环；-culus/ -culum/ -cula 小的，略微的，稍微的（同第三变格法和第四变格法名词形成复合词）；-aris（阳性、阴性）/ -are（中性）← -alis（阳性、阴性）/ -ale（中性）属于，相似，如同，具有，涉及，关于，联结于（将名词作形容词用，其中 -aris 常用于以 l 或 r 为词干末尾的词）；folius/ folium/ folia 叶，叶片（用于复合词）

Trigonotis peduncularis 附地菜：pedunculatus/ peduncularis 具花序柄的，具总花梗的；pedunculus/ peduncule/ pedunculis ← pes 花序柄，总花梗（花序基部无花着生部分，不同于花柄）；关联词：pedicellus/ pediculus 小花梗，小花柄（不同于花序柄）；pes/ pedis 柄，梗，茎秆，腿，足，爪（作词首或词尾，pes 的词干视为 "ped-"）；-aris（阳性、阴性）/ -are（中性）← -alis（阳性、阴性）/ -ale（中性）属于，相似，如同，具有，涉及，关于，联结于（将名词作形容词用，其中 -aris 常用于以 l 或 r 为词干末尾的词）

Trigonotis peduncularis var. macrantha 大花附地菜：macro-/ macr- ← macros 大的，宏观的（用于希腊语复合词）；anthus/ anthum/ antha/ anthe ← anthos 花（用于希腊语复合词）

Trigonotis peduncularis var. peduncularis 附地菜-原变种 （词义见上面解释）

Trigonotis petiolaris 祁连山附地菜（祁 qí）：petiolaris 具叶柄的；-aris（阳性、阴性）/ -are（中性）← -alis（阳性、阴性）/ -ale（中性）属于，相似，如同，具有，涉及，关于，联结于（将名词作形容词用，其中 -aris 常用于以 l 或 r 为词干末尾的词）

Trigonotis radicans 北附地菜：radicans 生根的；radicus ← radix 根的

Trigonotis rockii 高山附地菜：rockii ← Joseph Francis Charles Rock（人名，20 世纪美国植物采集员）

Trigonotis rotundata 圆叶附地菜：rotundatus = rotundus + atus 圆形的，圆角的；rotundus 圆形的，呈圆形的，肥大的；rotundo 使呈圆形，使圆滑；roto 旋转，滚动

Trigonotis tenera 蒙山附地菜（蒙 méng）：tenerus 柔软的，娇嫩的，精美的，雅致的，纤细的

Trigonotis tibetica 西藏附地菜：tibetica 西藏的（地名）；-icus/ -icum/ -ica 属于，具有某种特性（常用于地名、起源、生境）

Trigonotis vestita 灰毛附地菜：vestitus 包被的，覆盖的，被柔毛的，袋状的

Trikeraia 三角草属（禾本科）(9-3：p316)：tri-/ tripli-/ triplo- 三个，三数；ceraia ← keras 犄角，兽角，角状突起（希腊语）

Trikeraia hookeri 三角草：hookeri ← William Jackson Hooker（人名，19 世纪英国植物学家）；-eri 表示人名，在以 -er 结尾的人名后面加上 i 形成

Trikeraia hookeri var. hookeri 三角草-原变种（词义见上面解释）

Trikeraia hookeri var. ramosa 展穗三角草：ramosus = ramus + osus 有分枝的，多分枝的；ramus 分枝，枝条；-osus/ -osum/ -osa 多的，充分的，丰富的，显著发育的，程度高的，特征明显的（形容词词尾）

Trikeraia pappiformis 假冠毛草（冠 guān）：pappus ← pappos 冠毛；formis/ forma 形状

Trillium 延龄草属（百合科）(15：p97)：trillium ← treis 三个（指各部分均为三数，如三枚叶片、三角状果）；tri-/ tripli-/ triplo- 三个，三数

Trillium govanianum 西藏延龄草：govanianum ← George Govan（人名，19 世纪丹麦医生，Wallich 的通信员，Saharanpu 植物园总管）

Trillium kamtschaticum 吉林延龄草：kamtschaticum/ kamschaticum ← Kamchatka 勘察加的（地名）；-aticus/ -aticum/ -atica 属于，表示生长的地方，作名词词尾

Trillium tschonoskii 延龄草：tschonoskii ← Tschonoske 须川长之助（日本人名，为 Maximowicz 采集日本植物）；-ii 表示人名，接在以辅音字母结尾的人名后面，但 -er 除外

Triodanis 异檐花属（桔梗科）（增补）：triodanis ← tri + odons 三齿的；tri-/ tripli-/ triplo- 三个，三数；odons 牙齿

Triodanis perfoliata 穿叶异檐花：perfoliatus 叶片抱茎的；peri-/ per- 周围的，缠绕的（与拉丁语 circum- 意思相同）；foliatus 具叶的，多叶的；folius/ folium/ folia → foli-/ folia- 叶，叶片

Triodanis perfoliata var. biflora 异檐花：bi-/ bis- 二，二数，二回（希腊语为 di-）；florus/ florum/ flora ← flos 花（用于复合词）

Triosteum 莛子藨属（莛 tíng，藨 biāo）（忍冬科）(72：p105)：triosteum 三块骨头（指具三个骨质果实）；tri-/ tripli-/ triplo- 三个，三数；osteus ← osteon 骨

Triosteum himalayanum 穿心莛子藨：himalayanum 喜马拉雅的（地名）

Triosteum pinnatifidum 莛子藨：pinnatifidus = pinnatus + fidus 羽状中裂的；pinnatus = pinnus + atus 羽状的，具羽的；pinnus/ pennus 羽毛，羽状，羽片；fidus ← findere 裂开，分裂（裂深不超过 1/3，常作词尾）

Triosteum sinuatum 腋花莛子藨：sinuatus = sinus + atus 深波浪状的；sinus 波浪，弯缺，海湾（sinus 的词干视为 sinu-）

Tripleurospermum 三肋果属（菊科）(76-1：p51)：triplus 三倍的，三重的；tri-/ tripli-/ triplo- 三个，三数；pleuron 肋，肋状的；spermus/ spermum/

sperma 种子的（用于希腊语复合词）

Tripleurospermum ambiguum 褐苞三肋果：ambiguus 可疑的，不确定的，含糊的

Tripleurospermum homogamum 无舌三肋果：homo-/ hommoeo-/ homoio- 相同的，相似的，同样的，同类的，均质的；gamaus 花

Tripleurospermum inodorum 新疆三肋果：inodorus 无气味的；in-/ im-（来自 il- 的音变）内，在内，内部，向内，相反，不，无，非；il- 在内，向内，为，相反（希腊语为 en-）；词首 il- 的音变：il-（在 l 前面），im-（在 b、m、p 前面），in-（在元音字母和大多数辅音字母前面），ir-（在 r 前面），如 illaudatus（不值得称赞的，评价不好的），impermeabilis（不透水的，穿不透的），ineptus（不合适的），insertus（插入的），irretortus（无弯曲的，无扭曲的）；odorus 香气的，气味的

Tripleurospermum limosum 三肋果：limosus 沼泽的，湿地的，泥沼的；limus 沼泽，泥沼，湿地；-osus/ -osum/ -osa 多的，充分的，丰富的，显著发育的，程度高的，特征明显的（形容词词尾）

Tripleurospermum tetragonospermum 东北三肋果：tetragonospermus 四棱种子的；tetra-/ tetr- 四，四数（希腊语，拉丁语为 quadri-/ quadr-）；gono/ gonos/ gon 关节，棱角，角度；spermus/ spermum/ sperma 种子的（用于希腊语复合词）

Triplostegia 双参属（参 shēn）（川续断科）（73-1：p46）：triplus 三倍的，三重的；tri-/ tripli-/ triplo- 三个，三数；stegius ← stege/ stegon 盖子，加盖，覆盖，包裹，遮盖物

Triplostegia glandulifera 双参：glanduli- ← glandus + ulus 腺体的，小腺体的；glandus ← glans 腺体；-ferus/ -ferum/ -fera/ -fero/ -fere/ -fer 有，具有，产（区别：作独立词使用的 ferus 意思是"野生的"）

Triplostegia grandiflora 大花双参：grandi- ← grandis 大的；florus/ florum/ flora ← flos 花（用于复合词）

Tripogon 草沙蚕属（禾本科）（10-1：p58）：tri-/ tripli-/ triplo- 三个，三数；pogon 胡须，髯毛，芒尖

Tripogon bromoides 草沙蚕：bromoides 雀麦状的；Bromus 雀麦属（禾本科）；-oides/ -oideus/ -oideum/ -oidea/ -odes/ -eidos 像……的，类似……的，呈……状的（名词词尾）

Tripogon bromoides var. bromoides 草沙蚕-原变种（词义见上面解释）

Tripogon bromoides var. yunnanensis 云南草沙蚕：yunnanensis 云南的（地名）

Tripogon chinensis 中华草沙蚕：chinensis = china + ensis 中国的（地名）；China 中国

Tripogon filiformis 线形草沙蚕：filiforme/ filiformis 线状的；fili-/ fil- ← filum 线状的，丝状的；formis/ forma 形状

Tripogon humilis 矮草沙蚕：humilis 矮的，低的

Tripogon longe-aristatus 长芒草沙蚕：longe-/ longi- ← longus 长的，纵向的；aristatus(aristosus) = arista + atus 具芒的，具芒刺的，具刚毛的，具胡须的；arista 芒

Tripogon nanus 小草沙蚕：nanus ← nanos/ nannos 矮小的，小的；nani-/ nano-/ nanno- 矮小的，小的

Tripogon purpurascens 玫瑰紫草沙蚕：purpurascens 带紫色的，发紫的；purpur- 紫色的；-escens/ -ascens 改变，转变，变成，略微，带有，接近，相似，大致，稍微（表示变化的趋势，并未完全相似或相同，有别于表示达到完成状态的 -atus）

Tripolium 碱菀属（菀 wǎn）（菊科）（74：p282）：tri-/ tripli-/ triplo- 三个，三数；Tripol（地名，非洲）

Tripolium vulgare 碱菀：vulgaris 常见的，普通的，分布广的；vulgus 普通的，到处可见的

Tripsacum 摩擦草属（禾本科，《植物志》中记为"磨擦草"）（10-2：p285）：tripsacum 摩擦草（该属一种的古希腊语名，可能来自 tripsis + psakas）；tripsis 持久的，经久的；psakas 谷粒，小碎片

Tripsacum laxum 摩擦草：laxus 稀疏的，松散的，宽松的

Tripterospermum 双蝴蝶属（龙胆科）（62：p257）：tri-/ tripli-/ triplo- 三个，三数；pterus/ pteron 翅，翼，蕨类；spermus/ spermum/ sperma 种子的（用于希腊语复合词）

Tripterospermum chinense 双蝴蝶：chinense 中国的（地名）

Tripterospermum coeruleum 盐源双蝴蝶：caeruleus/ coeruleus 深蓝色的，海洋蓝的，青色的，暗绿色的；caerulus/ coerulus 深蓝色，海洋蓝，青色，暗绿色；-eus/ -eum/ -ea（接拉丁语词干时）属于……的，色如……的，质如……的（表示原料、颜色或品质的相似），（接希腊语词干时）属于……的，以……出名，为……所占有（表示具有某种特性）

Tripterospermum cordatum 峨眉双蝴蝶：cordatus ← cordis/ cor 心脏的，心形的；-atus/ -atum/ -ata 属于，相似，具有，完成（形容词词尾）

Tripterospermum cordifolium 高山肺形草：cordi- ← cordis/ cor 心脏的，心形的；folius/ folium/ folia 叶，叶片（用于复合词）

Tripterospermum discoideum 湖北双蝴蝶：discoideus 圆盘状的；dic-/ disci-/ disco- ← discus ← discos 碟子，盘子，圆盘；-oides/ -oideus/ -oideum/ -oidea/ -odes/ -eidos 像……的，类似……的，呈……状的（名词词尾）

Tripterospermum filicaule 细茎双蝴蝶：filicaule 细茎的，丝状茎的；fili-/ fil- ← filum 线状的，丝状的；caulus/ caulon/ caule ← caulos 茎，茎秆，主茎

Tripterospermum hirticalyx 毛萼双蝴蝶：hirtus 有毛的，粗毛的，刚毛的（长而明显的毛）；calyx → calyc- 萼片（用于希腊语复合词）

Tripterospermum japonicum 日本双蝴蝶：japonicum 日本的（地名）；-icus/ -icum/ -ica 属于，具有某种特性（常用于地名、起源、生境）

Tripterospermum lanceolatum 玉山双蝴蝶：lanceolatus = lanceus + olus + atus 小披针形的，小柳叶刀的；lance-/ lancei-/ lanci-/ lanceo-/ lanc- ← lanceus 披针形的，矛形的，尖刀状的，柳叶刀状的；-olus ← -ulus 小，稍微，略微（-ulus 在字母 e 或 i 之后变成 -olus/ -ellus/ -illus）；-atus/ -atum/ -ata 属于，相似，具有，完成（形容词词尾）

Tripterospermum microphyllum 小叶双蝴蝶：micr-/ micro- ← micros 小的，微小的，微观的（用于希腊语复合词）；phyllus/ phyllum/ phylla ← phyllon 叶片（用于希腊语复合词）

Tripterospermum nienkui 香港双蝴蝶：nienkui（人名）

Tripterospermum pallidum 白花双蝴蝶：pallidus 苍白的，淡白色的，淡色的，蓝白色的，无活力的；palide 淡地，淡色地（反义词：sturate 深色地，浓色地，充分地，丰富地，饱和地）

Tripterospermum pingbianense 屏边双蝴蝶：pingbianense 屏边的（地名，云南省）

Tripterospermum taiwanense 台湾肺形草：taiwanense 台湾的（地名）

Tripterospermum volubile 尼泊尔双蝴蝶：volubilis 拧劲的，缠绕的；-ans/ -ens/ -bilis/ -ilis 能够，可能（为形容词词尾，-ans/ -ens 用于主动语态，-bilis/ -ilis 用于被动语态）

Tripterygium 雷公藤属（卫矛科）（45-3：p178）：tri-/ tripli-/ triplo- 三个，三数；pterygius = pteryx + ius 具翅的，具翼的；pteris ← pteryx 翅，翼，蕨类（希腊语）；-ius/ -ium/ -ia 具有……特性的（表示有关、关联、相似）

Tripterygium hypoglaucum 昆明山海棠：hypoglaucus 下面白色的；hyp-/ hypo- 下面的，以下的，不完全的；glaucus → glauco-/ glauc- 被白粉的，发白的，灰绿色的

Tripterygium regelii 东北雷公藤：regelii ← Eduard August von Regel（人名，19 世纪德国植物学家）

Tripterygium wilfordii 雷公藤：wilfordii（人名）；-ii 表示人名，接在以辅音字母结尾的人名后面，但 -er 除外

Trisepalum 唇萼苣苔属（苦苣苔科）（69：p482）：tri-/ tripli-/ triplo- 三个，三数；sepalus/ sepalum/ sepala 萼片（用于复合词）

Trisepalum birmanicum 唇萼苣苔：birmanicum 缅甸的（地名）

Trisetum 三毛草属（禾本科）（9-3：p134）：tri-/ tripli-/ triplo- 三个，三数；setus/ saetus 刚毛，刺毛，芒刺

Trisetum altaicum 高山三毛草：altaicum 阿尔泰的（地名，新疆北部山脉）

Trisetum bifidum 三毛草：bi-/ bis- 二，二数，二回（希腊语为 di-）；fidus ← findere 裂开，分裂（裂深不超过 1/3，常作词尾）

Trisetum clarkei 长穗三毛草：clarkei（人名）

Trisetum clarkei var. clarkei 长穗三毛草-原变种（词义见上面解释）

Trisetum clarkei var. kangdingensis 康定三毛草：kangdingensis 康定的（地名，四川省）

Trisetum henryi 湖北三毛草：henryi ← Augustine Henry 或 B. C. Henry（人名，前者，1857–1930，爱尔兰医生、植物学家，曾在中国采集植物，后者，1850–1901，曾活动于中国的传教士）

Trisetum pauciflorum 贫花三毛草：pauci- ← paucus 少数的，少的（希腊语为 oligo-）；florus/ florum/ flora ← flos 花（用于复合词）

Trisetum scitulum 优雅三毛草：scitulus 稍可爱的，稍美丽的，稍漂亮的；scitus 可爱的，美丽的，漂亮的；-ulus/ -ulum/ -ula 小的，略微的，稍微的（小词 -ulus 在字母 e 或 i 之后有多种变缀，即 -olus/ -olum/ -ola、-ellus/ -ellum/ -ella、-illus/ -illum/ -illa，与第一变格法和第二变格法名词形成复合词）

Trisetum sibiricum 西伯利亚三毛草：sibiricum 西伯利亚的（地名，俄罗斯）；-icus/ -icum/ -ica 属于，具有某种特性（常用于地名、起源、生境）

Trisetum spicatum 穗三毛：spicatus 具穗的，具穗状花的，具尖头的；spicus 穗，谷穗，花穗；-atus/ -atum/ -ata 属于，相似，具有，完成（形容词词尾）

Trisetum spicatum var. alascanum 大花穗三毛：alascanum ← alaskanum 阿拉斯加的（地名，美国）

Trisetum spicatum var. himalaicum 喜马拉雅穗三毛：himalaicum 喜马拉雅的（地名）；-icus/ -icum/ -ica 属于，具有某种特性（常用于地名、起源、生境）

Trisetum spicatum var. mongolicum 蒙古穗三毛：mongolicum 蒙古的（地名）；mongolia 蒙古的（地名）；-icus/ -icum/ -ica 属于，具有某种特性（常用于地名、起源、生境）

Trisetum spicatum var. spicatum 穗三毛-原变种（词义见上面解释）

Trisetum tibeticum 西藏三毛草：tibeticum 西藏的（地名）

Trisetum umbratile 绿穗三毛草：umbratile 阴生的，蛰居的；umbratus 阴影的，有荫凉的；umbra 荫凉，阴影，阴地

Tristania 红胶木属（桃金娘科）（53-1：p30）：tristania ← Jules M. C. Tristan（人名，1776–1861，法国植物学家）

Tristania conferta 红胶木：confertus 密集的

Tristellateia 三星果属（金虎尾科）（43-3：p125）：tri-/ tripli-/ triplo- 三个，三数；stellateius 星状的；stellatus/ stellaris 具星状的；stella 星状的；-eius/ -eium/ -eia 表示属于，关于，以……著称，作形容词词尾

Tristellateia australasiae 三星果：australasiae 大洋洲的，澳大利亚的

Triticum 小麦属（禾本科）（9-3：p43）：triticum ← tritus 研磨了的（指可以做成面粉）；-icus/ -icum/ -ica 属于，具有某种特性（常用于地名、起源、生境）

Triticum aestivum 普通小麦：aestivus/ aestivalis 夏天的

Triticum monococcum 一粒小麦：monococcus 单心室的；mono-/ mon- ← monos 一个，单一的（希腊语，拉丁语为 unus/ uni-/ uno-）；coccus/ cocco/ cocci/ coccis 心室，心皮；同形异义词：coccus/ coccineus 浆果，绯红色（一种形似浆果的介壳虫的颜色）

Triticum timopheevi 提莫非维小麦：timopheevi（人名，词尾改为 "-ii" 似更妥）；-ii 表示人名，接在以辅音字母结尾的人名后面，但 -er 除外；-i 表示人名，接在以元音字母结尾的人名后面，但 -a 除外

Triticum turgidum 圆锥小麦：turgidus 膨胀，肿胀

Triticum turgidum var. carthlicum 波斯小麦：carthlicum（地名）

Triticum turgidum var. dicoccoides 野生二粒小麦：dicoccoides 近似二心室的；di-/ dis- 二，二数，二分，分离，不同，在……之间，从……分开（希腊语，拉丁语为 bi-/ bis-）；dicoccus 二果的，二心室的；coccus/ cocco/ cocci/ coccis 心室，心皮；同形异义词：coccus/ coccineus 浆果，绯红色（一种形似浆果的介壳虫的颜色）；-oides/ -oideus/ -oideum/ -oidea/ -odes/ -eidos 像……的，类似……的，呈……状的（名词词尾）

Triticum turgidum var. durum 硬粒小麦：durus/ durrus 持久的，坚硬的，坚韧的

Triticum turgidum var. polonicum 波兰小麦：polonicum 波兰的（地名）；-icus/ -icum/ -ica 属于，具有某种特性（常用于地名、起源、生境）

Triticum turgidum var. turgidum 圆锥小麦-原变种 （词义见上面解释）

Tritonia 观音兰属（鸢尾科）（16-1：p127）：tritonia ← Triton 特里同（希腊神话中的海中女神）

Tritonia crocata 观音兰：crocatus 番红花色的，橙黄色的

Triumfetta 刺蒴麻属（椴树科）（49-1：p105）：triumfetta ← Giovanni Battista Triumfetti（人名，1658–1708，意大利植物学家）

Triumfetta annua 单毛刺蒴麻：annuus/ annus 一年的，每年的，一年生的

Triumfetta cana 毛刺蒴麻：canus 灰色的，灰白色的

Triumfetta cana var. calvescens （光刺蒴麻）：calvescens 变光秃的，几乎无毛的；calvus 光秃的，无毛的，无芒的，裸露的；-escens/ -ascens 改变，转变，变成，略微，带有，接近，相似，大致，稍微（表示变化的趋势，并未完全相似或相同，有别于表示达到完成状态的 -atus）

Triumfetta grandidens 粗齿刺蒴麻：grandi- ← grandis 大的；dens/ dentus 齿，牙齿

Triumfetta grandidens var. glabra 秃刺蒴麻：glabrus 光秃的，无毛的，光滑的

Triumfetta grandidens var. grandidens 粗齿刺蒴麻-原变种 （词义见上面解释）

Triumfetta pilosa 长勾刺蒴麻：pilosus = pilus + osus 多毛的，被柔毛的，具疏柔毛的，被短弱细毛的；pilus 毛，疏柔毛；-osus/ -osum/ -osa 多的，充分的，丰富的，显著发育的，程度高的，特征明显的（形容词词尾）

Triumfetta procumbens 铺地刺蒴麻（铺 pū）：procumbens 俯卧的，匍匐的，倒伏的；procumb- 俯卧，匍匐，倒伏；-ans/ -ens/ -bilis/ -ilis 能够，可能（为形容词词尾，-ans/ -ens 用于主动语态，-bilis/ -ilis 用于被动语态）

Triumfetta rhomboidea 刺蒴麻：rhomboideus 菱形的；rhombus 菱形，纺锤；-oides/ -oideus/ -oideum/ -oidea/ -odes/ -eidos 像……的，类似……的，呈……状的（名词词尾）

Triuridaceae 霉草科（8：p190）：Triuris 霉草属；-aceae（分类单位科的词尾，为 -aceus 的阴性复数主格形式，加到模式属的名称后或同义词的词干后以组成族群名称）

Trochodendraceae 昆栏树科（27：p21）：Trochodendron 昆栏树属；trocho- ← trochos 轮子，轮状的；dendron 树木；-aceae（分类单位科的词尾，为 -aceus 的阴性复数主格形式，加到模式属的名称后或同义词的词干后以组成族群名称）

Trochodendron 昆栏树属（昆栏树科）（27：p21）：trochodendron 车轮状的树木；trocho- ← trochos 轮子，轮状的；dendron 树木

Trochodendron aralioides 昆栏树：aralioides 像楤木的；Aralia 楤木属（五加科）；-oides/ -oideus/ -oideum/ -oidea/ -odes/ -eidos 像……的，类似……的，呈……状的（名词词尾）

Trogostolon 毛根蕨属（骨碎补科）（2：p283）：trogo-/ troglo- 穴居的，洞穴的；stolon 匍匐茎

Trogostolon yunnanensis 毛根蕨：yunnanensis 云南的（地名）

Trollius 金莲花属（毛茛科）（27：p70）：trollius ← Trollblume 金莲花（来自德语方言 Trollblume）

Trollius altaicus 阿尔泰金莲花：altaicus 阿尔泰的（地名，新疆北部山脉）

Trollius asiaticus 宽瓣金莲花：asiaticus 亚洲的（地名）；-aticus/ -aticum/ -atica 属于，表示生长的地方，作名词词尾

Trollius buddae 川陕金莲花：buddae（人名）

Trollius chinensis 金莲花：chinensis = china + ensis 中国的（地名）；China 中国

Trollius dschungaricus 准噶尔金莲花（噶 gá）：dschungaricus 准噶尔的（地名，新疆维吾尔自治区）；-icus/ -icum/ -ica 属于，具有某种特性（常用于地名、起源、生境）

Trollius farreri 矮金莲花：farreri ← Reginald John Farrer（人名，20 世纪英国植物学家、作家）；-eri 表示人名，在以 -er 结尾的人名后面加上 i 形成

Trollius farreri var. major 大叶矮金莲花：major 较大的，更大的（majus 的比较级）；majus 大的，巨大的

Trollius japonicus 长白金莲花：japonicus 日本的（地名）；-icus/ -icum/ -ica 属于，具有某种特性（常用于地名、起源、生境）

Trollius ledebouri 短瓣金莲花：ledebouri ← Karl Friedrich von Ledebour（人名，19 世纪德国植物学家）（词尾改为 "-ii" 似更妥）；-ii 表示人名，接在以辅音字母结尾的人名后面，但 -er 除外；-i 表示人名，接在以元音字母结尾的人名后面，但 -a 除外

Trollius lilacinus 淡紫金莲花：lilacinus 淡紫色的，丁香色的；lilacius 丁香，紫丁香；-inus/ -inum/ -ina/ -inos 相近，接近，相似，具有（通常指颜色）

Trollius macropetalus 长瓣金莲花：macro-/ macr- ← macros 大的，宏观的（用于希腊语复合词）；petalus/ petalum/ petala ← petalon 花瓣

Trollius micranthus 小花金莲花：micr-/ micro- ← micros 小的，微小的，微观的（用于希腊语复合词）；anthus/ anthum/ antha/ anthe ← anthos 花（用于希腊语复合词）

Trollius pumilus 小金莲花：pumilus 矮的，小的，低矮的，矮人的

Trollius pumilus var. foliosus 显叶金莲花：foliosus = folius + osus 多叶的；folius/ folium/ folia → foli-/ folia- 叶，叶片；-osus/ -osum/ -osa

多的，充分的，丰富的，显著发育的，程度高的，特征明显的（形容词词尾）

Trollius pumilus var. tanguticus 青藏金莲花：tanguticus ← Tangut 唐古特的，党项的（西夏时期生活于中国西北地区的党项羌人，蒙古语称其为"唐古特"，有多种音译，如唐兀、唐古、唐括等）；-icus/ -icum/ -ica 属于，具有某种特性（常用于地名、起源、生境）

Trollius pumilus var. tehkehensis 德格金莲花：tehkehensis 德格的（地名，四川省）

Trollius ranunculoides 毛茛状金莲花（茛 gèn）：ranunculoides 像毛茛的；Ranunculus 毛茛属（毛茛科）；-oides/ -oideus/ -oideum/ -oidea/ -odes/ -eidos 像……的，类似……的，呈……状的（名词词尾）

Trollius taihasenzanensis 台湾金莲花：taihasenzanensis（地名，属台湾省，日语读音）

Trollius vaginatus 鞘柄金莲花：vaginatus = vaginus + atus 鞘，具鞘的；vaginus 鞘，叶鞘；-atus/ -atum/ -ata 属于，相似，具有，完成（形容词词尾）

Trollius yunnanensis 云南金莲花：yunnanensis 云南的（地名）

Trollius yunnanensis var. anemonifolius 覆裂云南金莲花：anemonifolius 叶像银莲花的；Anemone 银莲花属（毛茛科）；folius/ folium/ folia 叶，叶片（用于复合词）

Trollius yunnanensis var. eupetalus 长瓣云南金莲花：eu- 好的，秀丽的，真的，正确的，完全的；petalus/ petalum/ petala ← petalon 花瓣

Trollius yunnanensis var. peltatus 盾叶云南金莲花：peltatus = peltus + atus 盾状的，具盾片的；peltus ← pelte 盾片，小盾片，盾形的；-atus/ -atum/ -ata 属于，相似，具有，完成（形容词词尾）

Tropaeolaceae 旱金莲科（43-1：p90）：Tropaeolum 旱金莲属；-aceae（分类单位科的词尾，为 -aceus 的阴性复数主格形式，加到模式属的名称后或同义词的词干后以组成族群名称）

Tropaeolum 旱金莲属（旱金莲科）（43-1：p90）：tropaeolum ← tropaion 战利品（指盾形叶）；-ulus/ -ulum/ -ula 小的，略微的，稍微的（小词 -ulus 在字母 e 或 i 之后有多种变缀，即 -olus/ -olum/ -ola、-ellus/ -ellum/ -ella、-illus/ -illum/ -illa，与第一变格法和第二变格法名词形成复合词）

Tropaeolum majus 旱金莲：majus 大的，巨大的

Tropidia 竹茎兰属（兰科）（17：p121）：tropidia = tropis + ius 龙骨，龙骨状的（指唇瓣基部呈囊状或短距）（距：雄鸡、雉等的腿的后面突出像脚趾的部分）；构词规则：词尾为 -is 和 -ys 的词的词干分别视为 -id 和 -yd；tropis 龙骨（希腊语）；-ius/ -ium/ -ia 具有……特性的（表示有关、关联、相似）

Tropidia angulosa 阔叶竹茎兰：angulosus = angulus + osus 显然有角的，有着角度的；angulus 角，棱角，角度，角落；-osus/ -osum/ -osa 多的，充分的，丰富的，显著发育的，程度高的，特征明显的（形容词词尾）

Tropidia curculigoides 短穗竹茎兰：Curculigo 仙茅属（石蒜科）；-oides/ -oideus/ -oideum/ -oidea/

-odes/ -eidos 像……的，类似……的，呈……状的（名词词尾）

Tropidia emeishanica 峨眉竹茎兰：emeishanica 峨眉山的（地名，四川省）；-icus/ -icum/ -ica 属于，具有某种特性（常用于地名、起源、生境）

Tropidia nipponica 竹茎兰：nipponica 日本的（地名）；-icus/ -icum/ -ica 属于，具有某种特性（常用于地名、起源、生境）

Tsaiorchis 长喙兰属（兰科）（17：p394）：tsaiorchis 蔡氏红门兰；tsai 蔡希陶（人名，1911–1981，中国植物学家）；orchis 红门兰，兰花

Tsaiorchis neottianthoides 长喙兰：neottianthoides 晚于 Neottianthe 的；Neottianthe 兜被兰属（兰科）；-oides/ -oideus/ -oideum/ -oidea/ -odes/ -eidos 像……的，类似……的，呈……状的（名词词尾）

Tsiangia 蒋英木属（茜草科）（71-2：p108）：tsiangia 蒋英（人名，中国植物学家）

Tsiangia hongkongensis 蒋英木：hongkongensis 香港的（地名）

Tsoongia 假紫珠属（马鞭草科）（65-1：p121）：tsoongia ← K. K. Tsoong 钟观光（人名，1868–1940，中国植物学家，北京大学教授，最先用科学方法广泛研究植物分类学，近代中国最早采集植物标本的学者，也是近代植物学的开拓者）

Tsoongia axillariflora 假紫珠：axillari-florus 腋生花的；axillaris 腋生的；axillus 叶腋；axill-/ axilli- 叶腋；florus/ florum/ flora ← flos 花（用于复合词）

Tsoongiodendron 观光木属（木兰科）（30-1：p192）：tsoong ← K. K. Tsoong 钟观光（人名，1868–1940，中国植物学家，北京大学教授，最先用科学方法广泛研究植物分类学，近代中国最早采集植物标本的学者，也是近代植物学的开拓者）；dendron 树木

Tsoongiodendron odorum 观光木：odorus 香气的，气味的；odor 香气，气味；inodorus 无气味的

Tsuga 铁杉属（松科）（7：p106）：tsuga 栂（méi）（红豆杉科的日文）

Tsuga chinensis 铁杉：chinensis = china + ensis 中国的（地名）；China 中国

Tsuga chinensis var. chinensis 铁杉-原变种（词义见上面解释）

Tsuga chinensis var. oblongisquamata 矩鳞铁杉：oblongus = ovus + longus 长椭圆形的（ovus 的词干 ov- 音变为 ob-）；ovus 卵，胚珠，卵形的，椭圆形的；longus 长的，纵向的；squamatus = squamus + atus 具鳞片的，具薄膜的；squamus 鳞，鳞片，薄膜

Tsuga chinensis var. robusta 大果铁杉：robustus 大型的，结实的，健壮的，强壮的

Tsuga chinensis var. tchekiangensis 南方铁杉：tchekiangensis 浙江的（地名）

Tsuga dumosa 云南铁杉：dumosus = dumus + osus 荒草丛样的，丛生的；dumus 灌丛，荆棘丛，荒草丛；-osus/ -osum/ -osa 多的，充分的，丰富的，显著发育的，程度高的，特征明显的（形容词词尾）

Tsuga formosana 台湾铁杉：formosanus = formosus + anus 美丽的，台湾的；formosus ← formosa 美丽的，台湾的（葡萄牙殖民者发现台湾时

对其的称呼，即美丽的岛屿）；-anus/ -anum/ -ana
属于，来自（形容词词尾）

Tsuga forrestii 丽江铁杉：forrestii ← George
Forrest（人名，1873–1932，英国植物学家，曾在中
国西部采集大量植物标本）

Tsuga longibracteata 长苞铁杉：longe-/ longi- ←
longus 长的，纵向的；bracteatus = bracteus +
atus 具苞片的；bracteus 苞，苞片，苞鳞

Tuberolabium 管唇兰属（兰科）（19：p433）：
tuberosus = tuber + osus 块茎的，膨大成块茎的；
tuber/ tuber-/ tuberi- 块茎的，结节状凸起的，瘤
状的；labius 唇，唇瓣的，唇形的

Tuberolabium kotoense 管唇兰：kotoense 红头屿
的（地名，台湾省台东县岛屿，因产蝴蝶兰，于 1947
年改名"兰屿"，"koto" 为"红头"的日语读音）

Tubocapsicum 龙珠属（茄科）（67-1：p64）：
tubocapsicum 花萼筒状膨大的辣椒；tubi-/
tubo- ← tubus 管子的，管状的；capsicum ← capsa
口袋的，辣椒的；-icus/ -icum/ -ica 属于，具有某
种特性（常用于地名、起源、生境）

Tubocapsicum anomalum 龙珠：anomalus = a +
nomalus 异常的，变异的，不规则的；a-/ an- 无，
非，没有，缺乏，不具有（an- 用于元音前）（a-/
an- 为希腊语词首，对应的拉丁语词首为 e-/ ex-，
相当于英语的 un-/ -less，注意词首 a- 和作为介词
的 a/ ab 不同，后者的意思是"从……、由……、
关于……、因为……"）；nomalus 规则的，规律的，
法律的；nomus ← nomos 规则，规律，法律

Tugarinovia 革苞菊属（菊科）（75：p246）：
tugarinovia（人名，俄国植物学家）

Tugarinovia mongolica 革苞菊：mongolica 蒙古的
（地名）；mongolia 蒙古的（地名）；-icus/ -icum/
-ica 属于，具有某种特性（常用于地名、起源、生境）

Tugarinovia mongolica var. mongolica 革苞
菊-原变种 （词义见上面解释）

Tugarinovia mongolica var. mongolicae （蒙古
革苞菊）：mongolicae 蒙古的（地名）；mongolia 蒙
古的（地名）；-icus/ -icum/ -ica 属于，具有某种特
性（常用于地名、起源、生境）

Tugarinovia mongolica var. ovatifolia 革苞菊-卵
叶变种：ovatus = ovus + atus 卵圆形的；ovus 卵，
胚珠，卵形的，椭圆形的；-atus/ -atum/ -ata 属于，
相似，具有，完成（形容词词尾）；folius/ folium/
folia 叶，叶片（用于复合词）

Tulipa 郁金香属（百合科）（14：p86）：tulipa 头巾
（来自波斯语的 tulipan，中东地区女性用头巾）

Tulipa altaica 阿尔泰郁金香：altaica 阿尔泰的（地
名，新疆北部山脉）

Tulipa aristata （须芒郁金香）：
aristatus(aristosus) = arista + atus 具芒的，具芒
刺的，具刚毛的，具胡须的；arista 芒

Tulipa biflora （双花郁金香）：bi-/ bis- 二，二数，
二回（希腊语为 di-）；florus/ florum/ flora ← flos
花（用于复合词）

Tulipa buhseana 柔毛郁金香：buhseana（人名）

Tulipa dasystemon 毛蕊郁金香：dasystemus =
dasy + stemus 毛蕊的，雄蕊有粗毛的；dasy- ←
dasys 毛茸茸的，粗毛的，毛；stemus 雄蕊

Tulipa edulis 老鸦瓣：edule/ edulis 食用的，可食的

Tulipa erythronioides 二叶郁金香：erythronioides
像猪牙花的；Erythronium 猪牙花属（百合科）；
-oides/ -oideus/ -oideum/ -oidea/ -odes/ -eidos
像……的，类似……的，呈……状的（名词词尾）

Tulipa gesneriana 郁金香：gesneriana ← Conrad
von Gessner（人名，16 世纪博物学家）

Tulipa heteropetala 异瓣郁金香：hete-/ heter-/
hetero- ← heteros 不同的，多样的，不齐的；
petalus/ petalum/ petala ← petalon 花瓣

Tulipa heterophylla 异叶郁金香：heterophyllus 异
型叶的；hete-/ heter-/ hetero- ← heteros 不同的，
多样的，不齐的；phyllus/ phyllum/ phylla ←
phyllon 叶片（用于希腊语复合词）

Tulipa iliensis 伊犁郁金香：iliense/ iliensis 伊利的
（地名，新疆维吾尔自治区），伊犁河的（河流名，跨
中国新疆与哈萨克斯坦）

Tulipa kolpakowskiana 迟花郁金香：
kolpakowskiana ← Kolpakowski（人名，20 世纪初
植物学家）

Tulipa patens 垂蕾郁金香：patens 开展的（呈 90°），
伸展的，传播的，飞散的；patentius 开展的，伸展
的，传播的，飞散的

Tulipa schrenkii 准噶尔郁金香（噶 gá）：schrenkii
（人名）；-ii 表示人名，接在以辅音字母结尾的人名
后面，但 -er 除外

Tulipa sinkiangensis 新疆郁金香：sinkiangensis 新
疆的（地名）

Tulipa tianschanica 天山郁金香：tianschanica 天山
的（地名，新疆维吾尔自治区）；-icus/ -icum/ -ica
属于，具有某种特性（常用于地名、起源、生境）

Tulipa uniflora （单花郁金香）：uni-/ uno- ← unus/
unum/ una 一，单一（希腊语为 mono-/ mon-）；
florus/ florum/ flora ← flos 花（用于复合词）

Tulotis 蜻蜓兰属（兰科）（17：p329）：tulotis ←
tylotos 有圆端的

Tulotis devolii 台湾蜻蜓兰：devolii（人名）；-ii 表示
人名，接在以辅音字母结尾的人名后面，但 -er 除外

Tulotis fuscescens 蜻蜓兰：fuscescens 淡褐色的，
淡棕色的，变成褐色的；fuscus 棕色的，暗色的，发
黑的，暗棕色的，褐色的；-escens/ -ascens 改变，
转变，变成，略微，带有，接近，相似，大致，稍微
（表示变化的趋势，并未完全相似或相同，有别于表
示达到完成状态的 -atus）

Tulotis ussuriensis 小花蜻蜓兰：ussuriensis 乌苏里
江的（地名，中国黑龙江省与俄罗斯界河）

Tupidanthus 多蕊木属（五加科）（54：p7）：
tupidanthus 木槌状花的（指花芽木槌状）；tupis/
tupidos 木槌；构词规则：词尾为 -is 和 -ys 的词的
词干分别视为 -id 和 -yd；anthus/ anthum/ antha/
anthe ← anthos 花（用于希腊语复合词）

Tupidanthus calyptratus 多蕊木：calyptratus 有
帽子的

Tupistra 开口箭属（百合科）（15：p6）：tupistra ←
tupis 棒槌（希腊语）

Tupistra aurantiaca 橙花开口箭：aurantiacus/
aurantius 橙黄色的，金黄色的；aurus 金，金色；
aurant-/ auranti- 橙黄色，金黄色

Tupistra chinensis 开口箭：chinensis = china + ensis 中国的（地名）；China 中国

Tupistra delavayi 筒花开口箭：delavayi ← P. J. M. Delavay（人名，1834–1895，法国传教士，曾在中国采集植物标本）；-i 表示人名，接在以元音字母结尾的人名后面，但 -a 除外

Tupistra ensifolia 剑叶开口箭：ensi- 剑；folius/ folium/ folia 叶，叶片（用于复合词）

Tupistra fimbriata 齿瓣开口箭：fimbriatus = fimbria + atus 具长缘毛的，具流苏的，具锯齿状裂的（指花瓣）；fimbria → fimbri- 流苏，长缘毛；-atus/ -atum/ -ata 属于，相似，具有，完成（形容词词尾）

Tupistra fungilliformis 伞柱开口箭：fungilliformis 蘑菇状的；-illi- ← -ulus 小，稍微，略微（-ulus 在字母 e 或 i 之后变成 -olus/ -ellus/ -illus）；fungillus 蘑菇，真菌，蕈；formis/ forma 形状

Tupistra grandistigma 长柱开口箭：grandi- ← grandis 大的；stigmus 柱头

Tupistra longipedunculata 长梗开口箭：longe-/ longi- ← longus 长的，纵向的；pedunculatus/ peduncularis 具花序柄的，具总花梗的；pedunculus/ peduncule/ pedunculis ← pes 花序柄，总花梗（花序基部无花着生部分，不同于花柄）；关联词：pedicellus/ pediculus 小花梗，小花柄（不同于花序柄）；pes/ pedis 柄，梗，茎秆，腿，足，爪（作词首或词尾，pes 的词干视为"ped-"）

Tupistra tui 碟花开口箭：tui（人名）

Tupistra urotepala 尾萼开口箭：uro-/ -urus ← ura 尾巴，尾巴状的；tepalus 花被，瓣状被片

Tupistra wattii 弯蕊开口箭：wattii（人名）；-ii 表示人名，接在以辅音字母结尾的人名后面，但 -er 除外

Tupistra yunnanensis 云南开口箭：yunnanensis 云南的（地名）

Turczaninowia 女菀属（菀 wǎn）（菊科）（74：p131）：turczaninowia/ turczaninovii ← Nicholai S. Turczaninov（人名，1796–1864，乌克兰植物学家，曾积累大量植物标本）

Turczaninowia fastigiata 女菀：fastigiatus 束状的，笤帚状的（枝条直立聚集）（形近词：fastigatus 高的，高举的）；fastigius 笤帚

Turgenia 刺果芹属（伞形科）（55-1：p85）：turgenia ← A. Turgeneff（人名，俄国植物学家）

Turgenia latifolia 刺果芹：lati-/ late- ← latus 宽的，宽广的；folius/ folium/ folia 叶，叶片（用于复合词）

Turpinia 山香圆属（省沽油科）（46：p26）：turpinia ← P. J. Francois Turpin（人名，1775–1840，法国植物学家）

Turpinia affinis 硬毛山香圆：affinis = ad + finis 酷似的，近似的，有联系的；ad- 向，到，近（拉丁语词首，表示程度加强）；构词规则：构成复合词时，词首末尾的辅音字母常同化为紧接其后的那个辅音字母（如 ad + f → aff）；finis 界限，境界；affin- 相似，近似，相关

Turpinia arguta 锐尖山香圆：argutus → argut-/ arguti- 尖锐的

Turpinia arguta var. arguta 锐尖山香圆-原变种（词义见上面解释）

Turpinia arguta var. pubescens 绒毛锐尖山香圆：pubescens ← pubens 被短柔毛的，长出柔毛的；pubi- ← pubis 细柔毛的，短柔毛的，毛被的；pubesco/ pubescere 长成的，变为成熟的，长出柔毛的，青春期体毛的；-escens/ -ascens 改变，转变，变成，略微，带有，接近，相似，大致，稍微（表示变化的趋势，并未完全相似或相同，有别于表示达到完成状态的 -atus）

Turpinia cochinchinensis 越南山香圆：cochinchinensis ← Cochinchine 南圻的（历史地名，即今越南南部及其周边国家和地区）

Turpinia formosana 台湾山香圆：formosanus = formosus + anus 美丽的，台湾的；formosus ← formosa 美丽的，台湾的（葡萄牙殖民者发现台湾时对其的称呼，即美丽的岛屿）；-anus/ -anum/ -ana 属于，来自（形容词词尾）

Turpinia indochinensis 疏脉山香圆：indochiensis 中南半岛的（地名，含越南、柬埔寨、老挝等东南亚国家）

Turpinia macrosperma 大籽山香圆：macro-/ macr- ← macros 大的，宏观的（用于希腊语复合词）；spermus/ spermum/ sperma 种子的（用于希腊语复合词）

Turpinia montana 山香圆：montanus 山，山地；montis 山，山地的；mons 山，山脉，岩石

Turpinia montana var. glaberrima 光山香圆：glaberrimus 完全无毛的；glaber/ glabrus 光滑的，无毛的；-rimus/ -rima/ -rimum 最，极，非常（词尾为 -er 的形容词最高级）

Turpinia montana var. montana 山香圆-原变种（词义见上面解释）

Turpinia montana var. stenophylla 狭叶山香圆：sten-/ steno- ← stenus 窄的，狭的，薄的；phyllus/ phyllum/ phylla ← phyllon 叶片（用于希腊语复合词）

Turpinia ovalifolia 卵叶山香圆：ovalis 广椭圆形的；ovus 卵，胚珠，卵形的，椭圆形的；folius/ folium/ folia 叶，叶片（用于复合词）

Turpinia pomifera 大果山香圆：pomi-/ pom- ← pomaceus 苹果，苹果状的；-ferus/ -ferum/ -fera/ -fero/ -fere/ -fer 有，具有，产（区别：作独立词使用的 ferus 意思是"野生的"）

Turpinia pomifera var. minor 山麻风树：minor 较小的，更小的

Turpinia pomifera var. pomifera 大果山香圆-原变种（词义见上面解释）

Turpinia robusta 粗壮山香圆：robustus 大型的，结实的，健壮的，强壮的

Turpinia simplicifolia 亮叶山香圆：simplicifolius = simplex + folius 单叶的；simplex 单一的，简单的，无分歧的（词干为 simplic-）；构词规则：以 -ix/ -iex 结尾的词其词干末尾视为 -ic，以 -ex 结尾视为 -i/ -ic，其他以 -x 结尾视为 -c；folius/ folium/ folia 叶，叶片（用于复合词）

Turpinia simplicifolia var. longipes 长柄亮叶山香圆：longe-/ longi- ← longus 长的，纵向的；pes/

T

pedis 柄，梗，茎秆，腿，足，爪（作词首或词尾，pes 的词干视为"ped-"）

Turpinia simplicifolia var. simplicifolia 亮叶山香圆-原变种 （词义见上面解释）

Turpinia subsessilifolia 心叶山香圆：subsessilifolius 近基生叶的；sub-（表示程度较弱）与……类似，几乎，稍微，弱，亚，之下，下面；sessile-/ sessili-/ sessil- ← sessilis 无柄的，无茎的，基生的，基部的；folius/ folium/ folia 叶，叶片（用于复合词）

Turpinia ternata 三叶山香圆：ternatus 三数的，三出的

Turraea 杜楝属（楝科）（43-3：p50）：turraea ← Giorgia della Turra （人名，意大利植物学家）（以元音字母 a 结尾的人名用作属名时在末尾加 ea）

Turraea pubescens 杜楝：pubescens ← pubens 被短柔毛的，长出柔毛的；pubi- ← pubis 细柔毛的，短柔毛的，毛被的；pubesco/ pubescere 长成的，变为成熟的，长出柔毛的，青春期体毛的；-escens/ -ascens 改变，转变，变成，略微，带有，接近，相似，大致，稍微（表示变化的趋势，并未完全相似或相同，有别于表示达到完成状态的 -atus）

Turritis 旗杆芥属（十字花科）（33：p299）：turritis ← turris 塔形的

Turritis glabra 旗杆芥：glabrus 光秃的，无毛的，光滑的

Tussilago 款冬属（菊科）（77-1：p93）：tussilago 治疗咳嗽的（指可供药用）；tussis 咳嗽；-ago/ -ugo/ -go ← agere 相似，诱导，影响，遭遇，用力，运送，做，成就（阴性名词词尾，表示相似、某种性质或趋势，也用于人名词尾以示纪念）

Tussilago farfara 款冬：farfara 激动的，健谈的（指药效明显，舒缓咳嗽）

Tutcheria 石笔木属（山茶科）（49-3：p195）：tutcheria ← W. J. Tutcher （人名，1867–1920，英国植物学家）

Tutcheria acutiserrata 尖齿石笔木：acutiserratus 具尖齿的；acuti-/ acu- ← acutus 锐尖的，针尖的，刺尖的，锐角的；serratus = serrus + atus 有锯齿的；serrus 齿，锯齿

Tutcheria austro-sinica 华南石笔木：austro-/ austr- 南方的，南半球的，大洋洲的；auster 南方，南风；sinica 中国的（地名）

Tutcheria brachycarpa 短果石笔木：brachy- ← brachys 短的（用于拉丁语复合词词首）；carpus/ carpum/ carpa/ carpon ← carpos 果实（用于希腊语复合词）

Tutcheria championi 石笔木：championi ← John George Champion （人名，19 世纪英国植物学家，研究东亚植物）（注：词尾改为"-ii"似更妥）；-ii 表示人名，接在以辅音字母结尾的人名后面，但 -er 除外；-i 表示人名，接在以元音字母结尾的人名后面，但 -a 除外

Tutcheria greeniae 长柄石笔木：greeniae ← Dave Green （人名，21 世纪南非农民、植物学家）；-ae 表示人名，以 -a 结尾的人名后面加上 -e 形成

Tutcheria hexalocularia 六瓣石笔木：hexalocularia 六室的；hex-/ hexa- 六（希腊语，拉丁语为 sex-）；locularis/ locularia 隔室的，胞室的，腔室；loculatus 有棚的，有分隔的；loculus 小盒，小罐，室，棺椁；locus 场所，位置，座位；loco/ locatus/ locatio 放置，横躺

Tutcheria hirta 粗毛石笔木：hirtus 有毛的，粗毛的，刚毛的（长而明显的毛）

Tutcheria hirta var. cordatula 心叶石笔木：cordatulus = cordatus + ulus 心形的，略呈心形的；cordatus ← cordis/ cor 心脏的，心形的；-ulus/ -ulum/ -ula 小的，略微的，稍微的（小词 -ulus 在字母 e 或 i 之后有多种变缀，即 -olus/ -olum/ -ola、-ellus/ -ellum/ -ella、-illus/ -illum/ -illa，与第一变格法和第二变格法名词形成复合词）

Tutcheria hirta var. hirta 粗毛石笔木-原变种 （词义见上面解释）

Tutcheria kwangsiensis 广西石笔木：kwangsiensis 广西的（地名）

Tutcheria kweichowensis 贵州石笔木：kweichowensis 贵州的（地名）

Tutcheria microcarpa 小果石笔木：micr-/ micro- ← micros 小的，微小的，微观的（用于希腊语复合词）；carpus/ carpum/ carpa/ carpon ← carpos 果实（用于希腊语复合词）

Tutcheria ovalifolia 卵叶石笔木：ovalis 广椭圆形的；ovus 卵，胚珠，卵形的，椭圆形的；folius/ folium/ folia 叶，叶片（用于复合词）

Tutcheria pingpienensis 屏边石笔木：pingpienensis 屏边的（地名，云南省）

Tutcheria pubicostata 毛肋石笔木：pubi- ← pubis 细柔毛的，短柔毛的，毛被的；costatus 具肋的，具脉的，具中脉的（指脉明显）；costus 主脉，叶脉，肋，肋骨

Tutcheria rostrata 尖喙石笔木：rostratus 具喙的，喙状的；rostrus 鸟喙（常作词尾）；rostre 鸟喙的，喙状的

Tutcheria shinkoensis 圆果石笔木：shinkoensis 新高的（地名，属台湾省，日语读音）

Tutcheria sophiae 云南石笔木：sophia 贤人，智者

Tutcheria subsessiliflora 无柄石笔木：subsessiliflorus 像 sessiliflora 的，近基生花的；sub-（表示程度较弱）与……类似，几乎，稍微，弱，亚，之下，下面；Saxifraga sessiliflora 加查虎耳草；sessile-/ sessili-/ sessil- ← sessilis 无柄的，无茎的，基生的，基部的；florus/ florum/ flora ← flos 花（用于复合词）

Tutcheria symplocifolia 锥果石笔木：Symplocos 山矾属（山矾科）；folius/ folium/ folia 叶，叶片（用于复合词）

Tutcheria taiwanica 台湾石笔木：taiwanica 台湾的（地名）；-icus/ -icum/ -ica 属于，具有某种特性（常用于地名、起源、生境）

Tutcheria tenuifolia 薄叶石笔木：tenui- ← tenuis 薄的，纤细的，弱的，瘦的，窄的；folius/ folium/ folia 叶，叶片（用于复合词）

Tutcheria wuiana 长萼石笔木：wuiana 吴征镒（人名，字百兼，1916–2013，中国植物学家，命名或参与命名 1766 个植物新分类群，提出"被子植物八纲系统"的新观点）（种加词改为"wuana"似更妥）

Tylophora 娃儿藤属（萝藦科）（63：p521）：tylophora 具疣块的，具结节的；tylo- ← tylos 突起，结节，疣，块，脊背；-phorus/ -phorum/ -phora 载体，承载物，支持物，带着，生着，附着（表示一个部分带着别的部分，包括起支撑或承载作用的柄、柱、托、囊等，如 gynophorum = gynus + phorum 雌蕊柄的，带有雌蕊的，承载雌蕊的）；gynus/ gynum/ gyna 雌蕊，子房，心皮

Tylophora anthopotamica 花溪娃儿藤：anthi-/ antho- ← anthus ← anthos 花；potamicus 河流的，河中生长的；potamus ← potamos 河流；-icus/ -icum/ -ica 属于，具有某种特性（常用于地名、起源、生境）

Tylophora arenicola 老虎须：arenicola 栖于沙地的；arena 沙子；colus ← colo 分布于，居住于，栖居，殖民（常作词尾）；colo/ colere/ colui/ cultum 居住，耕作，栽培

Tylophora astephanoides 阔叶娃儿藤：Astephanum（属名，萝藦科）；-oides/ -oideus/ -oideum/ -oidea/ -odes/ -eidos 像……的，类似……的，呈……状的（名词词尾）

Tylophora atrofolliculata 三分丹：atrofolliculatus 黑蓇葖的；atro-/ atr-/ atri-/ atra- ← ater 深色，浓色，暗色，发黑（ater 作为词干后接辅音字母开头的词时，要在词干后面加一个连接用的元音字母"o"或"i"，故为"ater-o-"或"ater-i-"，变形为"atr-"开头）；folliculatus = folliculus + atus 具蓇葖果的；folliculus 蓇葖，蓇葖果（蓇葖 gū tū）；-atus/ -atum/ -ata 属于，相似，具有，完成（形容词词尾）

Tylophora augustiniana 宜昌娃儿藤：augustiniana ← Augustine Henry（人名，1857–1930，爱尔兰医生、植物学家）

Tylophora chingtungensis 景东娃儿藤：chingtungensis 景东的（地名，云南省）

Tylophora cycleoides 轮环娃儿藤：Cyclea 轮环藤属（防己科）；-oides/ -oideus/ -oideum/ -oidea/ -odes/ -eidos 像……的，类似……的，呈……状的（名词词尾）

Tylophora dielsii 平伐娃儿藤：dielsii ← Friedrich Ludwig Emil Diels（人名，20 世纪德国植物学家）

Tylophora floribunda 七层楼：floribundus = florus + bundus 多花的，繁花的，花正盛开的；florus/ florum/ flora ← flos 花（用于复合词）；-bundus/ -bunda/ -bundum 正在做，正在进行（类似于现在分词），充满，盛行

Tylophora gracilenta 天峨娃儿藤：gracilentus 细长的，纤弱的；gracilis 细长的，纤弱的，丝状的；-ulentus/ -ulentum/ -ulenta/ -olentus/ -olentum/ -olenta（表示丰富、充分或显著发展）

Tylophora hainanensis 海南娃儿藤：hainanensis 海南的（地名）

Tylophora henryi 紫花娃儿藤：henryi ← Augustine Henry 或 B. C. Henry（人名，前者，1857–1930，爱尔兰医生、植物学家，曾在中国采集植物，后者，1850–1901，曾活动于中国的传教士）

Tylophora hui 建水娃儿藤：hui 胡氏（人名）

Tylophora insulana 台湾娃儿藤：insulanus 岛屿的；insula 岛屿

Tylophora kerrii 人参娃儿藤（参 shēn）：kerrii ← Arthur Francis George Kerr 或 William Kerr（人名）

Tylophora koi 通天连：koi（人名）

Tylophora lanyuensis （蓝月娃儿藤）：lanyuensis 兰屿的（地名，属台湾省）

Tylophora leptantha 广花娃儿藤：lept-/ lepto- 细的，薄的，瘦小的，狭长的；anthus/ anthum/ antha/ anthe ← anthos 花（用于希腊语复合词）

Tylophora longipedicellata 斑胶藤：longe-/ longi- ← longus 长的，纵向的；pedicellatus = pedicellus + atus 具小花柄的；pedicellus = pes + cellus 小花梗，小花柄（不同于花序柄）；pes/ pedis 柄，梗，茎秆，腿，足，爪（作词首或词尾，pes 的词干视为"ped-"）；-cellus/ -cellum/ -cella、-cillus/ -cillum/ -cilla 小的，略微的，稍微的（与任何变格法名词形成复合词）；关联词：pedunculus 花序柄，总花梗（花序基部无花着生部分）；-atus/ -atum/ -ata 属于，相似，具有，完成（形容词词尾）

Tylophora membranacea 膜叶娃儿藤：membranaceus 膜质的，膜状的；membranus 膜；-aceus/ -aceum/ -acea 相似的，有……性质的，属于……的

Tylophora mollissima 通脉丹：molle/ mollis 软的，柔毛的；-issimus/ -issima/ -issimum 最，非常，极其（形容词最高级）

Tylophora nana 汶川娃儿藤（汶 wèn）：nanus ← nanos/ nannos 矮小的，小的；nani-/ nano-/ nanno- 矮小的，小的

Tylophora oshimae 少花娃儿藤：oshimae 大岛（日本人名）

Tylophora ovata 娃儿藤：ovatus = ovus + atus 卵圆形的；ovus 卵，胚珠，卵形的，椭圆形的；-atus/ -atum/ -ata 属于，相似，具有，完成（形容词词尾）

Tylophora ovata var. brownii 光叶娃儿藤：brownii ← Nebrownii（人名）；-ii 表示人名，接在以辅音字母结尾的人名后面，但 -er 除外

Tylophora ovata var. ovata 娃儿藤-原变种 （词义见上面解释）

Tylophora picta 紫叶娃儿藤：pictus 有色的，彩色的，美丽的（指浓淡相间的花纹）

Tylophora renchangii 扒地蜈蚣（扒 bā）：renchangii 秦仁昌（人名，1898–1986，中国植物学家，蕨类植物专家）

Tylophora secamonoides 蛇胆草：secamonoides 像鲫鱼藤的；Secamone 鲫鱼藤属（萝藦科）；-oides/ -oideus/ -oideum/ -oidea/ -odes/ -eidos 像……的，类似……的，呈……状的（名词词尾）

Tylophora silvestrii 湖北娃儿藤：silvestrii/ sylvestrii ← Filippo Silvestri（人名，19 世纪意大利解剖学家、动物学家）；-ii 表示人名，接在以辅音字母结尾的人名后面，但 -er 除外

Tylophora silvestris 贵州娃儿藤：silvestris/ silvester/ silvestre 森林的，野地的，林间的，野生的，林木丛生的；silva/ sylva 森林；-estris/ -estre/ ester/ -esteris 生于……地方，喜好……地方

Tylophora taiwanensis （台湾娃儿藤）：taiwanensis 台湾的（地名）

T

Tylophora tengii 普定娃儿藤：tengii 邓世纬（人名）

Tylophora tenuis 小叶娃儿藤：tenuis 薄的，纤细的，弱的，瘦的，窄的

Tylophora trichophylla 圆叶娃儿藤：trich-/ tricho-/ tricha- ← trichos ← thrix 毛，多毛的，线状的，丝状的；phyllus/ phyllum/ phylla ← phyllon 叶片（用于希腊语复合词）

Tylophora yunnanensis 云南娃儿藤：yunnanensis 云南的（地名）

Typha 香蒲属（香蒲科）（8：p2）：typha ← typhe ← tiphos 湖沼（指水生生境，希腊语）

Typha angustata 长苞香蒲：angustatus = angustus + atus 变窄的；angustus 窄的，狭的，细的

Typha angustifolia 水烛：angusti- ← angustus 窄的，狭的，细的；folius/ folium/ folia 叶，叶片（用于复合词）

Typha davidiana 达香蒲：davidiana ← Pere Armand David（人名，1826–1900，曾在中国采集植物标本的法国传教士）

Typha elephantina 象蒲：elephantinus 厚皮的，似大象的，大象腿的；-inus/ -inum/ -ina/ -inos 相近，接近，相似，具有（通常指颜色）

Typha gracilis 短序香蒲：gracilis 细长的，纤弱的，丝状的

Typha latifolia 宽叶香蒲：lati-/ late- ← latus 宽的，宽广的；folius/ folium/ folia 叶，叶片（用于复合词）

Typha laxmannii 无苞香蒲：laxmannii ← Erich Gustav Laxmann（人名，18 世纪俄国科学家）

Typha minima 小香蒲：minimus 最小的，很小的

Typha orientalis 香蒲：orientalis 东方的；oriens 初升的太阳，东方

Typha pallida 球序香蒲：pallidus 苍白的，淡白色的，淡色的，蓝白色的，无活力的；palide 淡地，淡色地（反义词：sturate 深色地，浓色地，充分地，丰富地，饱和地）

Typha przewalskii 普香蒲：przewalskii ← Nicolai Przewalski（人名，19 世纪俄国探险家、博物学家）

Typhaceae 香蒲科（8：p1）：Typha 香蒲属；-aceae（分类单位科的词尾，为 -aceus 的阴性复数主格形式，加到模式属的名称后或同义词的词干后以组成族群名称）

Typhonium 犁头尖属（天南星科）（13-2：p101）：Typhon/ Typhoeus 堤丰，堤福俄斯（希腊神话人物）

Typhonium albidinervum 白脉犁头尖：albido-/ albidi- ← albidus 带白色的，微白色的，变白的；albus → albi-/ albo- 白色的；-idus/ -idum/ -ida 表示在进行中的动作或情况，作动词、名词或形容词的词尾；nervus 脉，叶脉

Typhonium alpinum 高山犁头尖：alpinus = alpus + inus 高山的；alpus 高山；al-/ alti-/ alto- ← altus 高的，高处的；-inus/ -inum/ -ina/ -inos 相近，接近，相似，具有（通常指颜色）；关联词：subalpinus 亚高山的

Typhonium austro-tibeticum 藏南犁头尖：austro-/ austr- 南方的，南半球的，大洋洲的；

auster 南方，南风；tibetcum 西藏的（地名）

Typhonium calcicolum 单籽犁头尖：calcicolus 钙生的，生于石灰质土壤的；calci- ← calcium 石灰，钙质；colus ← colo 分布于，居住于，栖居，殖民（常作词尾）；colo/ colere/ colui/ cultum 居住，耕作，栽培

Typhonium divaricatum 犁头尖：divaricatus 广歧的，发散的，散开的

Typhonium diversifolium 高原犁头尖：diversus 多样的，各种各样的，多方向的；folius/ folium/ folia 叶，叶片（用于复合词）

Typhonium flagelliforme 鞭檐犁头尖：flagellus/ flagrus 鞭子的，匍匐枝的；forme/ forma 形状

Typhonium giganteum 独角莲：giganteus 巨大的；giga-/ gigant-/ giganti- ← gigantos 巨大的；-eus/ -eum/ -ea（接拉丁语词干时）属于……的，色如……的，质如……的（表示原料、颜色或品质的相似），（接希腊语词干时）属于……的，以……出名，为……所占有（表示具有某种特性）

Typhonium kunmingense 昆明犁头尖：kunmingense 昆明的（地名，云南省）

Typhonium omeiense 西南犁头尖：omeiense 峨眉山的（地名，四川省）

Typhonium roxburgii 金慈姑：roxburgii ← William Roxburgh（人名，18 世纪英国植物学家，研究印度植物）

Typhonium trifoliatum 三叶犁头尖：tri-/ tripli-/ triplo- 三个，三数；foliatus 具叶的，多叶的；folius/ folium/ folia → foli-/ folia- 叶，叶片；-atus/ -atum/ -ata 属于，相似，具有，完成（形容词词尾）

Typhonium trilobatum 马蹄犁头尖：tri-/ tripli-/ triplo- 三个，三数；lobatus = lobus + atus 具浅裂的，具耳垂状突起的；lobus/ lobos/ lobon 浅裂，耳片（裂片先端钝圆），荚果，蒴果；-atus/ -atum/ -ata 属于，相似，具有，完成（形容词词尾）

Ulex 荆豆属（豆科）（42-2：p423）：ulex 荆豆（古拉丁名）

Ulex europaeus 荆豆：europaeus = europa + aeus 欧洲的（地名）；europa 欧洲；-aeus/ -aeum/ -aea（表示属于……，名词形容词化词尾）

Ulmaceae 榆科（22：p334）：Ulmus 榆属；-aceae（分类单位科的词尾，为 -aceus 的阴性复数主格形式，加到模式属的名称后或同义词的词干后以组成族群名称）

Ulmus 榆属（榆科）（22：p335）：ulmus ← elm 榆树（凯尔特语）

Ulmus americana 美国榆：americana 美洲的（地名）

Ulmus androssowii var. subhirsuta 毛枝榆：androssowii（人名）；-ii 表示人名，接在以辅音字母结尾的人名后面，但 -er 除外；subhirsutus 稍被粗毛的；sub-（表示程度较弱）与……类似，几乎，稍微，弱，亚，之下，下面；hirsutus 粗毛的，糙毛的，有毛的（长而硬的毛）

Ulmus bergmanniana 兴山榆：bergmanniana（人名）

Ulmus bergmanniana var. bergmanniana 兴山榆-原变种（词义见上面解释）

U

Ulmus bergmanniana var. lasiophylla 蜀榆：lasi-/ lasio- 羊毛状的，有毛的，粗糙的；phyllus/ phyllum/ phylla ← phyllon 叶片（用于希腊语复合词）

Ulmus castaneifolia 多脉榆：Castanea 栗属（壳斗科）；folius/ folium/ folia 叶，叶片（用于复合词）

Ulmus changii 杭州榆：changii（人名）；-ii 表示人名，接在以辅音字母结尾的人名后面，但 -er 除外

Ulmus changii var. changii 杭州榆-原变种 （词义见上面解释）

Ulmus changii var. kunmingensis 昆明榆：kunmingensis 昆明的（地名，云南省）

Ulmus chenmoui 琅玡榆（琅玡 láng yá）：chenmoui 陈谋（人名）

Ulmus davidiana 黑榆：davidiana ← Pere Armand David（人名，1826–1900，曾在中国采集植物标本的法国传教士）

Ulmus davidiana var. davidiana 黑榆-原变种（词义见上面解释）

Ulmus davidiana var. japonica 春榆：japonica 日本的（地名）；-icus/ -icum/ -ica 属于，具有某种特性（常用于地名、起源、生境）

Ulmus densa 圆冠榆（冠 guān）：densus 密集的，繁茂的

Ulmus elongata 长序榆：elongatus 伸长的，延长的；elongare 拉长，延长；longus 长的，纵向的；e-/ ex- 不，无，非，缺乏，不具有（e- 用在辅音字母前，ex- 用在元音字母前，为拉丁语词首，对应的希腊语词首为 a-/ an-，英语为 un-/ -less，注意作词首用的 e-/ ex- 和介词 e/ ex 意思不同，后者意为"出自、从……、由……离开、由于、依照"）

Ulmus gaussenii 醉翁榆：gaussenii（人名）；-ii 表示人名，接在以辅音字母结尾的人名后面，但 -er 除外

Ulmus glaucescens 旱榆：glaucescens 变白的，发白的，灰绿的；glauco-/ glauc- ← glaucus 被白粉的，发白的，灰绿色的；-escens/ -ascens 改变，转变，变成，略微，带有，接近，相似，大致，稍微（表示变化的趋势，并未完全相似或相同，有别于表示达到完成状态的 -atus）

Ulmus glaucescens var. glaucescens 旱榆-原变种（词义见上面解释）

Ulmus glaucescens var. lasiocarpa 毛果旱榆：lasi-/ lasio- 羊毛状的，有毛的，粗糙的；carpus/ carpum/ carpa/ carpon ← carpos 果实（用于希腊语复合词）

Ulmus harbinensis 哈尔滨榆：harbinensis 哈尔滨的（地名，黑龙江省）

Ulmus laciniata 裂叶榆：laciniatus 撕裂的，条状裂的；lacinius → laci-/ lacin-/ lacini- 撕裂的，条状裂的

Ulmus laevis 欧洲白榆：laevis/ levis/ laeve/ leve → levi-/ laevi- 光滑的，无毛的，无不平或粗糙感觉的

Ulmus lamellosa 脱皮榆：lamellosus = lamella + osus 片状的，层状的，片状特征明显的；lamella = lamina + ella 薄片的，菌褶的，鳍状突起的；lamina 片，叶片；-osus/ -osum/ -osa 多的，充分的，丰富的，显著发育的，程度高的，特征明显的（形容词词尾）

Ulmus lanceaefolia 常绿榆：lanceaefolia 披针形叶的（注：复合词中将前段词的词尾变成 i 或 o 而不是所有格，故该词宜改为"lenceifolia""lanceofolia"或"lancifolia"，已修订为 lanceifolia）；lance-/ lancei-/ lanci-/ lanceo-/ lanc- ← lanceus 披针形的，矛形的，尖刀状的，柳叶刀状的；folius/ folium/ folia 叶，叶片（用于复合词）

Ulmus macrocarpa 大果榆：macro-/ macr- ← macros 大的，宏观的（用于希腊语复合词）；carpus/ carpum/ carpa/ carpon ← carpos 果实（用于希腊语复合词）

Ulmus macrocarpa var. glabra 光秃大果榆：glabrus 光秃的，无毛的，光滑的

Ulmus macrocarpa var. macrocarpa 大果榆-原变种 （词义见上面解释）

Ulmus microcarpus 小果榆：micr-/ micro- ← micros 小的，微小的，微观的（用于希腊语复合词）；carpus/ carpum/ carpa/ carpon ← carpos 果实（用于希腊语复合词）

Ulmus parvifolia 榔榆：parvifolius 小叶的；parvus 小的，些微的，弱的；folius/ folium/ folia 叶，叶片（用于复合词）

Ulmus prunifolia 李叶榆：prunus 李，杏；folius/ folium/ folia 叶，叶片（用于复合词）

Ulmus pseudopropinqua 假春榆：pseudopropinqua 像 propinqua 的；pseudo-/ pseud- ← pseudos 假的，伪的，接近，相似（但不是）；Ulmus propinqua（= Ulmus davidiana var. japonica）春榆；propinquus 有关系的，近似的，近缘的

Ulmus pumila 榆树：pumilus 矮的，小的，低矮的，矮人的

Ulmus pumila cv. Pendula 龙爪榆：pendulus ← pendere 下垂的，垂吊的（悬空或因支持体细软而下垂）；pendere/ pendeo 悬挂，垂悬；-ulus/ -ulum/ -ula（表示趋向或动作）（小词 -ulus 在字母 e 或 i 之后有多种变缀，即 -olus/ -olum/ -ola、-ellus/ -ellum/ -ella、-illus/ -illum/ -illa，与第一变格法和第二变格法名词形成复合词）

Ulmus pumila cv. Tenue 垂枝榆：tenue 薄的，纤细的，弱的，瘦的，窄的

Ulmus szechuanica 红果榆：szechuanica 四川的（地名）；-icus/ -icum/ -ica 属于，具有某种特性（常用于地名、起源、生境）

Ulmus tonkinensis 越南榆：tonkin 东京（地名，越南河内的旧称）

Ulmus uyematsui 阿里山榆：uyematsui（日本人名）

Umbelliferae 伞形科（55-1；p1）：umbelliferae 具伞的；umbeli-/ umbelli- 伞形花序；-ferus/ -ferum/ -fera/ -fero/ -fere/ -fer 有，具有，产（区别：作独立词使用的 ferus 意思是"野生的"）；-ae（来自 -eus，为复数阴性主格，但多数科采用 -aceae 作词尾）；Umbelliferae 为保留科名，其标准科名为 Apiaceae，来自模式属 Apium 芹属

Uncaria 钩藤属（茜草科）（71-1；p247）：uncaria 弯曲，钩子；uncus 钩，倒钩刺；-arius/ -arium/ -aria 相似，属于（表示地点，场所，关系，所属）

Uncaria hirsuta 毛钩藤：hirsutus 粗毛的，糙毛的，有毛的（长而硬的毛）

Uncaria homomalla 北越钩藤：homomallus 同方向的（指叶片偏向一侧）；homo-/ hommoeo-/ homoio- 相同的，相似的，同样的，同类的，均质的；mallus 方向，朝向，毛

Uncaria laevigata 平滑钩藤：laevigatus/ levigatus 光滑的，平滑的，平滑而发亮的；laevis/ levis/ laeve/ leve → levi-/ laevi- 光滑的，无毛的，无不平或粗糙感觉的；laevigo/ levigo 使光滑，削平

Uncaria lancifolia 倒挂金钩：lance-/ lancei-/ lanci-/ lanceo-/ lanc- ← lanceus 披针形的，矛形的，尖刀状的，柳叶刀状的；folius/ folium/ folia 叶，叶片（用于复合词）

Uncaria lanosa f. setiloba 恒春钩藤：lanosus = lana + osus 被长毛的，被绵毛的；lana 羊毛，绵毛；-osus/ -osum/ -osa 多的，充分的，丰富的，显著发育的，程度高的，特征明显的（形容词词尾）；setus/ saetus 刚毛，刺毛，芒刺；lobus/ lobos/ lobon 浅裂，耳片（裂片先端钝圆），荚果，蒴果

Uncaria macrophylla 大叶钩藤：macro-/ macr- ← macros 大的，宏观的（用于希腊语复合词）；phyllus/ phyllum/ phylla ← phyllon 叶片（用于希腊语复合词）

Uncaria rhynchophylla 钩藤：rhynchus ← rhynchos 喙状的，鸟嘴状的；phyllus/ phyllum/ phylla ← phyllon 叶片（用于希腊语复合词）

Uncaria rhynchophylloides 侯钩藤：rhynchophylloides 像 rhynchophylla 的，近似喙状叶的；Uncaria rhynchophylla 钩藤；rhynchus ← rhynchos 喙状的，鸟嘴状的；phyllus/ phyllum/ phylla ← phyllon 叶片（用于希腊语复合词）；-oides/ -oideus/ -oideum/ -oidea/ -odes/ -eidos 像……的，类似……的，呈……状的（名词词尾）

Uncaria scandens 攀茎钩藤：scandens 攀缘的，缠绕的，藤本的；scando/ scansum 上升，攀登，缠绕

Uncaria sessilifructus 白钩藤：sessile-/ sessili-/ sessil- ← sessilis 无柄的，无茎的，基生的，基部的；fructus 果实

Uncaria sinensis 华钩藤：sinensis = Sina + ensis 中国的（地名）；Sina 中国

Uncaria yunnanensis 云南钩藤：yunnanensis 云南的（地名）

Uncifera 叉喙兰属（叉 chā）（兰科）（19：p366）：uncus 钩，倒钩刺；-ferus/ -ferum/ -fera/ -fero/ -fere/ -fer 有，具有，产（区别：作独立词使用的 ferus 意思是"野生的"）

Uncifera acuminata 叉喙兰：acuminatus = acumen + atus 锐尖的，渐尖的；acumen 渐尖头；-atus/ -atum/ -ata 属于，相似，具有，完成（形容词词尾）

Uraria 狸尾豆属（狸 lí）（豆科）（41：p66）：uraria ← ourus 尾巴（指总状花序形状）

Uraria clarkei 野番豆：clarkei（人名）

Uraria crinita 猫尾草：crinitus 被长毛的；crinis 头发的，彗星尾，长而软的簇生毛发

Uraria fujianensis 福建狸尾豆：fujianensis 福建的（地名）

Uraria lacei 滇南狸尾豆：lacei（人名）

Uraria lagopodioides 狸尾豆：lagopodi- ← lagopodus 兔子腿；-oides/ -oideus/ -oideum/ -oidea/ -odes/ -eidos 像……的，类似……的，呈……状的（名词词尾）

Uraria longibracteata 长苞狸尾豆：longe-/ longi- ← longus 长的，纵向的；bracteatus = bracteus + atus 具苞片的；bracteus 苞，苞片，苞鳞

Uraria picta 美花狸尾豆：pictus 有色的，彩色的，美丽的（指浓淡相间的花纹）

Uraria rufescens 钩柄狸尾豆：rufascens 略红的；ruf-/ rufi-/ frufo- ← rufus/ rubus 红褐色的，锈色的，红色的，发红的，淡红色的；-escens/ -ascens 改变，转变，变成，略微，带有，接近，相似，大致，稍微（表示变化的趋势，并未完全相似或相同，有别于表示达到完成状态的 -atus）

Uraria sinensis 中华狸尾豆：sinensis = Sina + ensis 中国的（地名）；Sina 中国

Urariopsis 算珠豆属（豆科）（41：p75）：Uraria 狸尾豆属（豆科）；-opsis/ -ops 相似，稍微，带有

Urariopsis brevissima 短序算珠豆：brevi- ← brevis 短的（用于希腊语复合词词首）；-issimus/ -issima/ -issimum 最，非常，极其（形容词最高级）

Urariopsis cordifolia 算珠豆：cordi- ← cordis/ cor 心脏的，心形的；folius/ folium/ folia 叶，叶片（用于复合词）

Urena 梵天花属（梵 fàn）（锦葵科）（49-2：p43）：urena ← uren（印度马拉巴尔地区的土名）

Urena lobata 地桃花：lobatus = lobus + atus 具浅裂的，具耳垂状突起的；lobus/ lobos/ lobon 浅裂，耳片（裂片先端钝圆），荚果，蒴果；-atus/ -atum/ -ata 属于，相似，具有，完成（形容词词尾）

Urena lobata var. chinensis 中华地桃花：chinensis = china + ensis 中国的（地名）；China 中国

Urena lobata var. henryi 湖北地桃花：henryi ← Augustine Henry 或 B. C. Henry（人名，前者，1857–1930，爱尔兰医生、植物学家，曾在中国采集植物，后者，1850–1901，曾活动于中国的传教士）

Urena lobata var. lobata 地桃花-原变种（词义见上面解释）

Urena lobata var. scabriuscula 粗叶地桃花：scabriusculus = scabrus + usculus 略粗糙的；scabri- ← scaber 粗糙的，有凹凸的，不平滑的；-usculus ← -culus 小的，略微的，稍微的（小词 -culus 和某些词构成复合词时变成 -usculus）

Urena lobata var. yunnanensis 云南地桃花：yunnanensis 云南的（地名）

Urena procumbens 梵天花：procumbens 俯卧的，葡匐的，倒伏的；procumb- 俯卧，葡匐，倒伏；-ans/ -ens/ -bilis/ -ilis 能够，可能（为形容词词尾，-ans/ -ens 用于主动语态，-bilis/ -ilis 用于被动语态）

Urena procumbens var. microphylla 小叶梵天花：micr-/ micro- ← micros 小的，微小的，微观的（用于希腊语复合词）；phyllus/ phyllum/ phylla ← phyllon 叶片（用于希腊语复合词）

Urena procumbens var. procumbens 梵天花-原变种（词义见上面解释）

Urena repanda 波叶梵天花：repandus 细波状的，浅波状的（指叶缘略不平而呈波状，比 sinuosus 更浅）；re- 返回，相反，再次，重复，向后，回头；pandus 弯曲

Urobotrya 尾球木属（山柚子科）（24：p50）：uro-/ -urus ← ura 尾巴，尾巴状的；botryus ← botrys 总状的，簇状的，葡萄串状的

Urobotrya latisquama 尾球木：lati-/ late- ← latus 宽的，宽广的；squamus 鳞，鳞片，薄膜

Urochloa 尾稃草属（稃 fū）（禾本科）（10-1：p270）：uro-/ -urus ← ura 尾巴，尾巴状的；chloa ← chloe 草，禾草

Urochloa cordata 心叶尾稃草：cordatus ← cordis/ cor 心脏的，心形的；-atus/ -atum/ -ata 属于，相似，具有，完成（形容词词尾）

Urochloa longifolia 长叶尾稃草：longe-/ longi- ← longus 长的，纵向的；folius/ folium/ folia 叶，叶片（用于复合词）

Urochloa longifolia var. longifolia 长叶尾稃草-原变种 （词义见上面解释）

Urochloa longifolia var. yuanmuensis 元谋尾稃草（种加词有时拼写为"yuanmiuensis"）：yuanmuensis 元谋的（地名，云南省）

Urochloa panicoides 类黍尾稃草（黍 shǔ）：panicoides 像黍子的；Panicum 黍属（禾本科）；-oides/ -oideus/ -oideum/ -oidea/ -odes/ -eidos 像……的，类似……的，呈……状的（名词词尾）

Urochloa paspaloides 雀稗尾稃草：Paspalum 雀稗属（禾本科）；-oides/ -oideus/ -oideum/ -oidea/ -odes/ -eidos 像……的，类似……的，呈……状的（名词词尾）

Urochloa reptans 尾稃草：reptans/ reptus ← repo 匍匐的，匍匐生根的

Urochloa reptans var. glabra 光尾稃草：glabrus 光秃的，无毛的，光滑的

Urochloa reptans var. reptans 尾稃草-原变种（词义见上面解释）

Urophyllum 尖叶木属（茜草科）（71-1：p326）：uro-/ -urus ← ura 尾巴，尾巴状的；phyllus/ phyllum/ phylla ← phyllon 叶片（用于希腊语复合词）

Urophyllum chinense 尖叶木：chinense 中国的（地名）

Urophyllum parviflorum 小花尖叶木：parviflorus 小花的；parvus 小的，些微的，弱的；florus/ florum/ flora ← flos 花（用于复合词）

Urophyllum tsaianum 滇南尖叶木：tsaianum 蔡希陶（人名，1911–1981，中国植物学家）

Urophysa 尾囊草属（毛茛科）（27：p488）：uro-/ -urus ← ura 尾巴，尾巴状的；physus ← physos 水泡的，气泡的，口袋的，膀胱的，囊状的（表示中空）

Urophysa henryi 尾囊草：henryi ← Augustine Henry 或 B. C. Henry（人名，前者，1857–1930，爱尔兰医生、植物学家，曾在中国采集植物，后者，1850–1901，曾活动于中国的传教士）

Urophysa rockii 距瓣尾囊草：rockii ← Joseph Francis Charles Rock（人名，20 世纪美国植物采集员）

Urtica 荨麻属（荨 qián）（荨麻科）（23-2：p5）：urtica ← uro 刺痛的，烧灼的，火辣的（茎叶上蜇毛有毒，人畜碰上时有强烈刺痛感，并起荨麻疹）

Urtica angustifolia 狭叶荨麻：angusti- ← angustus 窄的，狭的，细的；folius/ folium/ folia 叶，叶片（用于复合词）

Urtica ardens 喜马拉雅荨麻：ardens 火红色的

Urtica atrichocaulis 小果荨麻：a-/ an- 无，非，没有，缺乏，不具有（an- 用于元音前）（a-/ an- 为希腊语词首，对应的拉丁语词首为 e-/ ex-，相当于英语的 un-/ -less，注意词首 a- 和作为介词的 a/ ab 不同，后者的意思是"从……、由……、关于……、因为……"）；tricho- ← trichus ← trichos 毛，毛发，被毛（希腊语）；atrichos 无毛的；caulis ← caulos 茎，茎秆，主茎

Urtica cannabina 麻叶荨麻：cannabinus 像大麻的；cannabis ← kannabis ← kanb 大麻（波斯语）；-inus/ -inum/ -ina/ -inos 相近，接近，相似，具有（通常指颜色）

Urtica dioica 异株荨麻：dioicus/ dioecus/ dioecius 雌雄异株的（dioicus 常用于苔藓学）；di-/ dis- 二，二数，二分，分离，不同，在……之间，从……分开（希腊语，拉丁语为 bi-/ bis-）；-oicus/ -oecius 雌雄体的，雌雄株的（仅用于词尾）；monoecius/ monoicus 雌雄同株的

Urtica dioica subsp. afghanica 尾尖异株荨麻：afghanica 阿富汗的（地名）

Urtica dioica subsp. dioica 异株荨麻-原亚种 （词义见上面解释）

Urtica dioica subsp. gansuensis 甘肃荨麻：gansuensis 甘肃的（地名）

Urtica dioica subsp. xingjiangensis 新疆异株荨麻：xingjiangensis 新疆的（地名）

Urtica fissa 荨麻：fissus/ fissuratus 分裂的，裂开的，中裂的

Urtica hyperborea 高原荨麻：hyperboreus 北方的，极北的；hyper- 上面的，以上的；boreus 北方的

Urtica laetevirens 宽叶荨麻：laetevirens 鲜绿色的，淡绿色的；laete 光亮地，鲜艳地；virens 绿色的，变绿的

Urtica laetevirens subsp. cyanescens 乌苏里荨麻：cyanus/ cyan-/ cyano- 蓝色的，青色的；-escens/ -ascens 改变，转变，变成，略微，带有，接近，相似，大致，稍微

Urtica laetevirens subsp. dentata 齿叶荨麻：dentatus = dentus + atus 牙齿的，齿状的，具齿的；dentus 齿，牙齿；-atus/ -atum/ -ata 属于，相似，具有，完成（形容词词尾）

Urtica laetevirens subsp. laetevirens 宽叶荨麻-原亚种 （词义见上面解释）

Urtica lobatifolia 裂叶荨麻：lobatus = lobus + atus 具浅裂的，具耳垂状突起的；lobus/ lobos/ lobon 浅裂，耳片（裂片先端钝圆），荚果，蒴果；-atus/ -atum/ -ata 属于，相似，具有，完成（形容词词尾）；folius/ folium/ folia 叶，叶片（用于复合词）

Urtica macrorrhiza 粗根荨麻：macro-/ macr- ← macros 大的，宏观的（用于希腊语复合词）；rhizus 根，根状茎（-rh- 接在元音字母后面构成复合词时

要变成 -rrh-）

Urtica mairei 滇藏荨麻：mairei（人名）；Edouard Ernest Maire（人名，19 世纪活动于中国云南的传教士）；Rene C. J. E. Maire 人名（20 世纪阿尔及利亚植物学家，研究北非植物）；-i 表示人名，接在以元音字母结尾的人名后面，但 -a 除外

Urtica mairei var. mairei 滇藏荨麻-原变种（词义见上面解释）

Urtica mairei var. oblongifolia 长圆叶荨麻：oblongus = ovus + longus 长椭圆形的（ovus 的词干 ov- 音变为 ob-）；ovus 卵，胚珠，卵形的，椭圆形的；longus 长的，纵向的；folius/ folium/ folia 叶，叶片（用于复合词）

Urtica membranifolia 膜叶荨麻：membranus 膜；folius/ folium/ folia 叶，叶片（用于复合词）

Urtica taiwaniana 台湾荨麻：taiwaniana 台湾的（地名）

Urtica thunbergiana 咬人荨麻：thunbergiana ← C. P. Thunberg（人名，1743–1828，瑞典植物学家，曾专门研究日本的植物）

Urtica tibetica 西藏荨麻：tibetica 西藏的（地名）；-icus/ -icum/ -ica 属于，具有某种特性（常用于地名、起源、生境）

Urtica triangularis 三角叶荨麻：tri-/ tripli-/ triplo- 三个，三数；angularis = angulus + aris 具棱角的，有角度的；-aris（阳性、阴性）/ -are（中性）← -alis（阳性、阴性）/ -ale（中性）属于，相似，如同，具有，涉及，关于，联结于（将名词作形容词用，其中 -aris 常用于以 l 或 r 为词干末尾的词）

Urtica triangularis subsp. pinnatifida 羽裂荨麻：pinnatifidus = pinnatus + fidus 羽状中裂的；pinnatus = pinnus + atus 羽状的，具羽的；pinnus/ pennus 羽毛，羽状，羽片；fidus ← findere 裂开，分裂（裂深不超过 1/3，常作词尾）

Urtica triangularis subsp. triangularis 三角叶荨麻-原亚种（词义见上面解释）

Urtica triangularis subsp. trichocarpa 毛果荨麻：trich-/ tricho-/ tricha- ← trichos ← thrix 毛，多毛的，线状的，丝状的；carpus/ carpum/ carpa/ carpon ← carpos 果实（用于希腊语复合词）

Urtica urens 欧荨麻：urens 蜇人的，刺痛的，毒毛的

Urtica zayuensis 察隅荨麻：zayuensis 察隅的（地名，西藏自治区）

Urticaceae 荨麻科（23-2：p1）：Urtica 荨麻属；-aceae（分类单位科的词尾，为 -aceus 的阴性复数主格形式，加到模式属的名称后或同义词的词干后以组成族群名称）

Utricularia 狸藻属（狸 lí）（狸藻科）（69：p586）：utricularia = ultriculus + aria 具胞果的，具囊的，具肿包的，呈膀胱状的（指叶片上的小捕虫囊）；utriculus 胞果的，囊状的，膀胱状的，小腔囊的；uter/ utris 囊（内装液体）；-arius/ -arium/ -aria 相似，属于（表示地点，场所，关系，所属）

Utricularia aurea 黄花狸藻：aureus = aurus + eus → aure-/ aureo- 金色的，黄色的；aurus 金，金色；-eus/ -eum/ -ea（接拉丁语词干时）属于……的，色如……的，质如……的（表示原料、颜色或品质的相似），（接希腊语词干时）属于……的，以……出名，为……所占有（表示具有某种特性）

Utricularia australis 南方狸藻：australis 南方的，南半球的；austro-/ austr- 南方的，南半球的，大洋洲的；auster 南方，南风；-aris（阳性、阴性）/ -are（中性）← -alis（阳性、阴性）/ -ale（中性）属于，相似，如同，具有，涉及，关于，联结于（将名词作形容词用，其中 -aris 常用于以 l 或 r 为词干末尾的词）

Utricularia baouleensis 海南挖耳草：baouleensis（地名）

Utricularia bifida 挖耳草：bi-/ bis- 二，二数，二回（希腊语为 di-）；fidus ← findere 裂开，分裂（裂深不超过 1/3，常作词尾）

Utricularia caerulea 短梗挖耳草：caeruleus/ coeruleus 深蓝色的，海洋蓝的，青色的，暗绿色的；caerulus/ coerulus 深蓝色，海洋蓝，青色，暗绿色；-eus/ -eum/ -ea（接拉丁语词干时）属于……的，色如……的，质如……的（表示原料、颜色或品质的相似），（接希腊语词干时）属于……的，以……出名，为……所占有（表示具有某种特性）

Utricularia exoleta 少花狸藻：exoletus 成熟的，长大的

Utricularia graminifolia 禾叶挖耳草：graminus 禾草，禾本科草；folius/ folium/ folia 叶，叶片（用于复合词）

Utricularia intermedia 异枝狸藻：intermedius 中间的，中位的，中等的；inter- 中间的，在中间，之间；medius 中间的，中央的

Utricularia limosa 长梗挖耳草：limosus 沼泽的，湿地的，泥沼的；limus 沼泽，泥沼，湿地；-osus/ -osum/ -osa 多的，充分的，丰富的，显著发育的，程度高的，特征明显的（形容词词尾）

Utricularia minor 细叶狸藻：minor 较小的，更小的

Utricularia minutissima 斜果挖耳草：minutus 极小的，细微的，微小的；-issimus/ -issima/ -issimum 最，非常，极其（形容词最高级）

Utricularia punctata 盾鳞狸藻：punctatus = punctus + atus 具斑点的；punctus 斑点

Utricularia salwinensis 怒江挖耳草：salwinensis 萨尔温江的（地名，怒江流入缅甸部分的名称）

Utricularia scandens 缠绕挖耳草：scandens 攀缘的，缠绕的，藤本的；scando/ scansum 上升，攀登，缠绕

Utricularia scandens subsp. firmula 尖萼挖耳草：firmulus = firmus + ulus 稍坚硬的；firmus 坚固的，强的

Utricularia scandens subsp. scandens 缠绕挖耳草-原亚种（词义见上面解释）

Utricularia striatula 圆叶挖耳草：striatulus = striatus + ulus 细斑纹的，细线条的，细凹槽的；striatus = stria + atus 有条纹的，有细沟的；stria 条纹，线条，细纹，细沟

Utricularia uliginosa 齿萼挖耳草：uliginosus 沼泽的，湿地的，潮湿的；uligo/ vuligo/ uliginis 潮湿，湿地，沼泽（uligo 的词干为 uligin-）；词尾为 -go 的词其词干末尾视为 -gin-；-osus/ -osum/ -osa 多的，充分的，丰富的，显著发育的，程度高的，特征明显

U

的（形容词词尾）

Utricularia vulgaris 狸藻：vulgaris 常见的，普通的，分布广的；vulgus 普通的，到处可见的

Uvaria 紫玉盘属（番荔枝科）（30-2：p14）：uvarius = uva + arius 葡萄的，葡萄串状的；uva 葡萄；-arius/ -arium/ -aria 相似，属于（表示地点，场所，关系，所属）

Uvaria boniana 光叶紫玉盘：boniana（人名）

Uvaria calamistrata 刺果紫玉盘：calamus ← calamos ← kalem 芦苇的，管子的，空心的；stratus ← sternere 层，成层的，分层的，膜片（指包被等），扩展；sternere 扩展，扩散；nistratus 单层的

Uvaria grandiflora 山椒子：grandi- ← grandis 大的；florus/ florum/ flora ← flos 花（用于复合词）

Uvaria kurzii 黄花紫玉盘：kurzii ← Wilhelm Sulpiz Kurz（人名，19 世纪植物学家）

Uvaria kweichowensis 瘤果紫玉盘：kweichowensis 贵州的（地名）

Uvaria macclurei 那大紫玉盘：macclurei（人名）

Uvaria microcarpa 紫玉盘：micr-/ micro- ← micros 小的，微小的，微观的（用于希腊语复合词）；carpus/ carpum/ carpa/ carpon ← carpos 果实（用于希腊语复合词）

Uvaria rufa 小花紫玉盘：rufus 红褐色的，发红的，淡红色的；ruf-/ rufi-/ frufo- ← rufus/ rubus 红褐色的，锈色的，红色的，发红的，淡红色的

Uvaria tonkinensis 扣匹（匹 pǐ）：tonkin 东京（地名，越南河内的旧称）

Uvaria tonkinensis var. subglabra 乌藤：subglabrus 近无毛的；sub-（表示程度较弱）与……类似，几乎，稍微，弱，亚，之下，下面；glabrus 光秃的，无毛的，光滑的

Uvaria tonkinensis var. tonkinensis 扣匹-原变种（词义见上面解释）

Vaccaria 麦蓝菜属（石竹科）（26：p405）：vaccaria ← vacca 牦牛（指可作饲料）；-arius/ -arium/ -aria 相似，属于（表示地点，场所，关系，所属）

Vaccaria hispanica 麦蓝菜（另见 V. segetalis）：hispanica 西班牙的（地名）

Vaccaria segetalis 麦蓝菜（另见 V. hispanica）：segetalis 玉米地的，农田的，庄稼地的；seges/ segetis 耕地，作物；-aris（阳性、阴性）/ -are（中性）← -alis（阳性、阴性）/ -ale（中性）属于，相似，如同，具有，涉及，关于，联结于（将名词作形容词用，其中 -aris 常用于以 l 或 r 为词干末尾的词）

Vaccinium 越橘属（此处"橘"不可替为"桔"）（杜鹃花科）（57-3：p75）：vaccinium 蓝莓，乌饭树（古拉丁名）

Vaccinium albidens 白花越橘：albus → albi-/ albo- 白色的；dens/ dentus 齿，牙齿

Vaccinium arbutoides 草莓树状越橘：Arbutus 莓实属（本属一种植物的古拉丁名）（杜鹃花科）；-oides/ -oideus/ -oideum/ -oidea/ -odes/ -eidos 像……的，类似……的，呈……状的（名词词尾）

Vaccinium ardisioides 红梗越橘：Ardisia 紫金牛属（紫金牛科）；-oides/ -oideus/ -oideum/ -oidea/

-odes/ -eidos 像……的，类似……的，呈……状的（名词词尾）

Vaccinium brachyandrum 短蕊越橘：brachy- ← brachys 短的（用于拉丁语复合词词首）；andrus/ andros/ antherus ← aner 雄蕊，花药，雄性

Vaccinium brachybotrys 短序越橘：brachy- ← brachys 短的（用于拉丁语复合词词首）；botrys → botr-/ botry- 簇，串，葡萄串状，丛，总状；Brachybotrys 山茄子属（紫草科）

Vaccinium bracteatum 南烛：bracteatus = bracteus + atus 具苞片的；bracteus 苞，苞片，苞鳞；-atus/ -atum/ -ata 属于，相似，具有，完成（形容词词尾）

Vaccinium bracteatum var. bracteatum 南烛-原变种 （词义见上面解释）

Vaccinium bracteatum var. chinense 小叶南烛：chinense 中国的（地名）

Vaccinium bracteatum var. obovatum 倒卵叶南烛：obovatus = ob + ovus + atus 倒卵形的；ob- 相反，反对，倒（ob- 有多种音变：ob- 在元音字母和大多数辅音字母前面，oc- 在 c 前面，of- 在 f 前面，op- 在 p 前面）；ovus 卵，胚珠，卵形的，椭圆形的

Vaccinium bracteatum var. rubellum 淡红南烛：rubellus = rubus + ellus 稍带红色的，带红色的；rubrus/ rubrum/ rubra/ ruber 红色的；-ellus/ -ellum/ -ella ← -ulus 小的，略微的，稍微的（小词 -ulus 在字母 e 或 i 之后有多种变缀，即 -olus/ -olum/ -ola、-ellus/ -ellum/ -ella、-illus/ -illum/ -illa，用于第一变格法名词）

Vaccinium brevipedicellatum 短梗乌饭：brevi- ← brevis 短的（用于希腊语复合词词首）；pedicellatus = pedicellus + atus 具小花柄的；pedicellus = pes + cellus 小花梗，小花柄（不同于花序柄）；pes/ pedis 柄，梗，茎秆，腿，足，爪（作词首或词尾，pes 的词干视为"ped-"）；-cellus/ -cellum/ -cella、-cillus/ -cillum/ -cilla 小的，略微的，稍微的（与任何变格法名词形成复合词）；关联词：pedunculus 花序柄，总花梗（花序基部无花着生部分）；-atus/ -atum/ -ata 属于，相似，具有，完成（形容词词尾）

Vaccinium bullatum 泡泡叶越橘（泡 pào）：bullatus = bulla + atus 泡状的，膨胀的；bulla 球，水泡，凸起；-atus/ -atum/ -ata 属于，相似，具有，完成（形容词词尾）

Vaccinium bulleyanum 灯台越橘：bulleyanum（人名）

Vaccinium carlesii 短尾越橘：carlesii ← W. R. Carles（人名）

Vaccinium cavinerve 圆顶越橘：cavinerve 陷脉的；cavus 凹陷，孔洞；nerve ← nervus 脉，叶脉

Vaccinium chaetothrix 团叶越橘：chaeto- ← chaite 胡须，鬃毛，长毛；thrix 毛，多毛的，线状的，丝状的

Vaccinium chamaebuxus 矮越橘：chamae- ← chamai 矮小的，匍匐的，地面的；Buxus 黄杨属（黄杨科）

Vaccinium chengiae 四川越橘：chengiae（人名）

V

Vaccinium chengiae var. chengiae 四川越橘-原变种 （词义见上面解释）

Vaccinium chengiae var. pilosum 毛萼珍珠树：pilosus = pilus + osus 多毛的，被柔毛的，具疏柔毛的，被短弱细毛的；pilus 毛，疏柔毛；-osus/ -osum/ -osa 多的，充分的，丰富的，显著发育的，程度高的，特征明显的（形容词词尾）

Vaccinium chunii 蓝果越橘：chunii ← W. Y. Chun 陈焕镛（人名，1890–1971，中国植物学家）

Vaccinium conchophyllum 贝叶越橘：conchus 贝壳，贝壳的；phyllus/ phyllum/ phylla ← phyllon 叶片（用于希腊语复合词）

Vaccinium craspedotum var. brevipes 短梗长萼越橘：craspedotum ← craspedus 边缘，缘生的；-otus/ -otum/ -ota（希腊语词尾，表示相似或所有）；brevi- ← brevis 短的（用于希腊语复合词词首）；pes/ pedis 柄，梗，茎秆，腿，足，爪（作词首或词尾，pes 的词干视为 "ped-"）

Vaccinium craspedotum var. craspedotum 长萼越橘-原变种 （词义见上面解释）

Vaccinium crassivenium 网脉越橘：crassi- ← crassus 厚的，粗的，多肉质的；venius 脉，叶脉的

Vaccinium cuspidifolium 凸尖越橘：cuspidifolius = cuspis + folius 尖叶的；构词规则：词尾为 -is 和 -ys 的词的词干分别视为 -id 和 -yd；folius/ folium/ folia 叶，叶片（用于复合词）

Vaccinium delavayi 苍山越橘：delavayi ← P. J. M. Delavay（人名，1834–1895，法国传教士，曾在中国采集植物标本）；-i 表示人名，接在以元音字母结尾的人名后面，但 -a 除外

Vaccinium delavayi subsp. delavayi 苍山越橘-原亚种 （词义见上面解释）

Vaccinium delavayi subsp. merrillianum 台湾越橘：merrillianum ← E. D. Merrill（人名，1876–1956，美国植物学家）

Vaccinium dendrocharis 树生越橘：dendron 树木；charis/ chares 美丽，优雅，喜悦，恩典，偏爱

Vaccinium duclouxii 云南越橘：duclouxii（人名）；-ii 表示人名，接在以辅音字母结尾的人名后面，但 -er 除外

Vaccinium duclouxii var. duclouxii 云南越橘-原变种 （词义见上面解释）

Vaccinium duclouxii var. hirtellum 毛果云南越橘：hirtellus = hirtus + ellus 被短粗硬毛的；hirtus 有毛的，粗毛的，刚毛的（长而明显的毛）；-ellus/ -ellum/ -ella ← -ulus 小的，略微的，稍微的（小词 -ulus 在字母 e 或 i 之后有多种变缀，即 -olus/ -olum/ -ola、-ellus/ -ellum/ -ella、-illus/ -illum/ -illa，用于第一变格法名词）

Vaccinium duclouxii var. hirticaule 刚毛云南越橘：hirtus 有毛的，粗毛的，刚毛的（长而明显的毛）；caulus/ caulon/ caule ← caulos 茎，茎秆，主茎

Vaccinium duclouxii var. pubipes 柔毛云南越橘：pubi- ← pubis 细柔毛的，短柔毛的，毛被的；pes/ pedis 柄，梗，茎秆，腿，足，爪（作词首或词尾，pes 的词干视为 "ped-"）

Vaccinium dunalianum 樟叶越橘：dunalianum ← Michel Felix Dunal（人名，19 世纪法国植物学家）

Vaccinium dunalianum var. caudatifolium 长尾叶越橘：caudatus = caudus + atus 尾巴的，尾巴状的，具尾的；caudus 尾巴；folius/ folium/ folia 叶，叶片（用于复合词）

Vaccinium dunalianum var. dunalianum 樟叶越橘-原变种 （词义见上面解释）

Vaccinium dunalianum var. megaphyllum 大樟叶越橘：mega-/ megal-/ megalo- ← megas 大的，巨大的；phyllus/ phyllum/ phylla ← phyllon 叶片（用于希腊语复合词）

Vaccinium dunalianum var. urophyllum 尾叶越橘：uro-/ -urus ← ura 尾巴，尾巴状的；phyllus/ phyllum/ phylla ← phyllon 叶片（用于希腊语复合词）；Urophyllum 尖叶木属（茜草科）

Vaccinium dunnianum 长穗越橘：dunnianum（人名）

Vaccinium emarginatum 凹顶越橘：emarginatus 先端稍裂的，凹头的；marginatus ← margo 边缘的，具边缘的；margo/ marginis → margin- 边缘，边线，边界；词尾为 -go 的词其词干末尾视为 -gin；e-/ ex- 不，无，非，缺乏，不具有（e- 用在辅音字母前，ex- 用在元音字母前，为拉丁语词首，对应的希腊语词首为 a-/ an-，英语为 un-/ -less，注意作词首用的 e-/ ex- 和介词 e/ ex 意思不同，后者意为 "出自、从……、由……离开、由于、依照"）

Vaccinium exaristatum 隐距越橘：e-/ ex- 不，无，非，缺乏，不具有（e- 用在辅音字母前，ex- 用在元音字母前，为拉丁语词首，对应的希腊语词首为 a-/ an-，英语为 un-/ -less，注意作词首用的 e-/ ex- 和介词 e/ ex 意思不同，后者意为 "出自、从……、由……离开、由于、依照"）；aristatus(aristosus) = arista + atus 具芒的，具芒刺的，具刚毛的，具胡须的；arista 芒

Vaccinium fimbribracteatum 齿苞越橘：fimbria → fimbri- 流苏，长缘毛；bracteatus = bracteus + atus 具苞片的；bracteus 苞，苞片，苞鳞

Vaccinium fimbricalyx 流苏萼越橘：fimbria → fimbri- 流苏，长缘毛；calyx → calyc- 萼片（用于希腊语复合词）

Vaccinium foetidissimum 臭越橘：foetidissimum 非常臭的；foetidus = foetus + idus 臭的，恶臭的，令人作呕的；foetus/ faetus/ fetus 臭味，恶臭，令人不悦的气味；-idus/ -idum/ -ida 表示在进行中的动作或情况，作动词、名词或形容词的词尾；-issimus/ -issima/ -issimum 最，非常，极其（形容词最高级）

Vaccinium fragile 乌鸦果：fragile/ fragilis 脆的，易碎的

Vaccinium fragile var. fragile 乌鸦果-原变种 （词义见上面解释）

Vaccinium fragile var. mekongense 大叶乌鸦果：mekongense 湄公河的（地名，澜沧江流入中南半岛部分称湄公河）

Vaccinium gaultheriifolium 软骨边越橘：gaultheriifolium 白珠树叶的；缀词规则：以属名作复合词时原词尾变形后的 i 要保留；Gaultheria 白珠树属（杜鹃花科）；folius/ folium/ folia 叶，叶片

V

（用于复合词）

Vaccinium gaultheriifolium var. gaultheriifolium 软骨边越橘-原变种 （词义见上面解释）

Vaccinium gaultheriifolium var. glauco-rubrum 粉花软骨边越橘：glauco-/ glauc- ← glaucus 被白粉的，发白的，灰绿色的；rubrus/ rubrum/ rubra/ ruber 红色的

Vaccinium glauco-album 粉白越橘：glauco-album 灰白色的；glauco-/ glauc- ← glaucus 被白粉的，发白的，灰绿色的；albus → albi-/ albo- 白色的

Vaccinium glaucophyllum 灰叶乌饭：glaucus → glauco-/ glauc- 被白粉的，发白的，灰绿色的；phyllus/ phyllum/ phylla ← phyllon 叶片（用于希腊语复合词）

Vaccinium guangdongense 广东乌饭：guangdongense 广东的（地名）

Vaccinium hainanense 海南越橘：hainanense 海南的（地名）

Vaccinium haitangense 海棠越橘：haitangense 海棠的（地名，四川省甘洛县）

Vaccinium harmandianum 长冠越橘（冠 guān）：harmandianum（人名）

Vaccinium henryi 无梗越橘：henryi ← Augustine Henry 或 B. C. Henry（人名，前者，1857–1930，爱尔兰医生、植物学家，曾在中国采集植物，后者，1850–1901，曾活动于中国的传教士）

Vaccinium henryi var. chingii 有梗越橘：chingii ← R. C. Chin 秦仁昌（人名，1898–1986，中国植物学家，蕨类植物专家），秦氏

Vaccinium henryi var. henryi 无梗越橘-原变种（词义见上面解释）

Vaccinium hirtum 红果越橘：hirtus 有毛的，粗毛的，刚毛的（长而明显的毛）

Vaccinium impressinerve 凹脉越橘：impressinerve 凹脉的；impressi- ← impressus 凹陷的，凹入的，雕刻的；in-/ im-（来自 il- 的音变）内，在内，内部，向内，相反，不，无，非；il- 在内，向内，为，相反（希腊语为 en-）；词首 il- 的音变：il-（在 l 前面），im-（在 b、m、p 前面），in-（在元音字母和大多数辅音字母前面），ir-（在 r 前面），如 illaudatus（不值得称赞的，评价不好的），impermeabilis（不透水的，穿不透的），ineptus（不合适的），insertus（插入的），irretortus（无弯曲的，无扭曲的）；pressus 压，压力，挤压，紧密；nerve ← nervus 脉，叶脉

Vaccinium iteophyllum 黄背越橘：Itea 鼠刺属（虎耳草科）；phyllus/ phyllum/ phylla ← phyllon 叶片（用于希腊语复合词）

Vaccinium iteophyllum var. glandulosum 腺毛米饭花：glandulosus = glandus + ulus + osus 被细腺的，具腺体的，腺体质的；glandus ← glans 腺体；-ulus/ -ulum/ -ula 小的，略微的，稍微的（小词 -ulus 在字母 e 或 i 之后有多种变缀，即 -olus/ -olum/ -ola、-ellus/ -ellum/ -ella、-illus/ -illum/ -illa，与第一变格法和第二变格法名词形成复合词）；-osus/ -osum/ -osa 多的，充分的，丰富的，显著发育的，程度高的，特征明显的（形容词词尾）

Vaccinium iteophyllum var. iteophyllum 黄背越橘-原变种 （词义见上面解释）

Vaccinium japonicum 日本扁枝越橘：japonicum 日本的（地名）；-icus/ -icum/ -ica 属于，具有某种特性（常用于地名、起源、生境）

Vaccinium japonicum var. japonicum 日本扁枝越橘-原变种 （词义见上面解释）

Vaccinium japonicum var. lasiostemon 台湾扁枝越橘：lasi-/ lasio- 羊毛状的，有毛的，粗糙的；stemon 雄蕊

Vaccinium japonicum var. sinicum 扁枝越橘：sinicum 中国的（地名）；-icus/ -icum/ -ica 属于，具有某种特性（常用于地名、起源、生境）

Vaccinium kachinense 卡钦越橘：kachinense 克钦的，卡钦的（地名）

Vaccinium kingdon-wardii 纸叶越橘：kingdon-wardii ← Frank Kingdon-Ward（人名，1840–1909，英国植物学家）

Vaccinium laetum 西南越橘：laetus 生辉的，生动的，色彩鲜艳的，可喜的，愉快的；laete 光亮地，鲜艳地

Vaccinium lamprophyllum 亮叶越橘：lamprophyllus 亮叶的，光叶的；lampro- 发光的，发亮的，闪亮的；phyllus/ phyllum/ phylla ← phyllon 叶片（用于希腊语复合词）

Vaccinium lanigerum 羽毛越橘：lani- 羊毛状的，多毛的，密被软毛的；gerus → -ger/ -gerus/ -gerum/ -gera 具有，有，带有

Vaccinium leucobotrys 白果越橘：leuc-/ leuco- ← leucus 白色的（如果和其他表示颜色的词混用则表示淡色）；botrys → botr-/ botry- 簇，串，葡萄串状，丛，总状

Vaccinium lincangense 临沧乌饭：lincangense 临沧的（地名，云南省）

Vaccinium longicaudatum 长尾乌饭：longe-/ longi- ← longus 长的，纵向的；caudatus = caudus + atus 尾巴，尾巴状的，具尾的；caudus 尾巴

Vaccinium mandarinorum 江南越橘：mandarinorum 橘红色的（mandarinus 的复数所有格）；mandarinus 橘红色的；-orum 属于……的（第二变格法名词复数所有格词尾，表示群落或多数）

Vaccinium mandarinorum var. austrosinense 具苞江南越橘：austrosinense 华南的（地名）；austro-/ austr- 南方的，南半球的，大洋洲的；auster 南方，南风

Vaccinium mandarinorum var. mandarinorum 江南越橘-原变种 （词义见上面解释）

Vaccinium microcarpum 小果红莓苔子：micr-/ micro- ← micros 小的，微小的，微观的（用于希腊语复合词）；carpus/ carpum/ carpa/ carpon ← carpos 果实（用于希腊语复合词）

Vaccinium modestum 大苞越橘：modestus 适度的，保守的

Vaccinium moupinense 宝兴越橘：moupinense 穆坪的（地名，四川省宝兴县），木坪的（地名，重庆市）

Vaccinium myrtillus 黑果越橘：myrtillus =

Myrtus + illus 小香桃木（指像桃香木）；Myrtus 香桃木属（桃金娘科）；-illus ← ellus 小的，略微的，稍微的

Vaccinium nummularia 抱石越橘：nummularius = nummus + ulus + arius 古钱形的，圆盘状的；nummulus 硬币；nummus/ numus 钱币，货币；-ulus/ -ulum/ -ula 小的，略微的，稍微的（小词 -ulus 在字母 e 或 i 之后有多种变缀，即 -olus/ -olum/ -ola、-ellus/ -ellum/ -ella、-illus/ -illum/ -illa，与第一变格法和第二变格法名词形成复合词）；-arius/ -arium/ -aria 相似，属于（表示地点，场所，关系，所属）

Vaccinium nummularia var. nummularia 抱石越橘-原变种 （词义见上面解释）

Vaccinium nummularia var. oblongifolium 长叶抱石越橘：oblongus = ovus + longus 长椭圆形的（ovus 的词干 ov- 音变为 ob-）；ovus 卵，胚珠，卵形的，椭圆形的；longus 长的，纵向的；folius/ folium/ folia 叶，叶片（用于复合词）

Vaccinium oldhami 腺齿越橘：oldhami ← Richard Oldham（人名，19 世纪植物采集员）（注：词尾改为 "-ii" 似更妥）；-ii 表示人名，接在以辅音字母结尾的人名后面，但 -er 除外；-i 表示人名，接在以元音字母结尾的人名后面，但 -a 除外

Vaccinium omeiense 峨眉越橘：omeiense 峨眉山的（地名，四川省）

Vaccinium oxycoccos 红莓苔子：oxycoccos 酸浆果的；oxy- ← oxys 尖锐的，酸的；coccus/ coccineus 浆果，绯红色（一种形似浆果的介壳虫的颜色）；同形异义词：coccus/ cocco/ cocci/ coccis 心室，心皮；coccos 果仁，谷粒，粒状的

Vaccinium papillatum 粉果越橘：papillatus 乳头的，乳头状突起的；papilli- ← papilla 乳头的，乳突的

Vaccinium papulosum 瘤果越橘：papulosus 有小水泡的，满是粉刺的，小瘤的；papula 水泡的，乳头状凸起的；-osus/ -osum/ -osa 多的，充分的，丰富的，显著发育的，程度高的，特征明显的（形容词词尾）

Vaccinium petelotii 大叶越橘：petelotii（人名）；-ii 表示人名，接在以辅音字母结尾的人名后面，但 -er 除外

Vaccinium podocarpoideum 罗汉松叶乌饭：Podocarpus 罗汉松属（罗汉松科）；-oides/ -oideus/ -oideum/ -oidea/ -odes/ -eidos 像……的，类似……的，呈……状的（名词词尾）

Vaccinium pratense 草地越橘：pratense 生于草原的；pratum 草原

Vaccinium pseudobullatum 拟泡叶乌饭（泡 pào）：pseudobullatum 像 bullatum 的；pseudo-/ pseud- ← pseudos 假的，伪的，接近，相似（但不是）；Vaccinium bullatum 泡泡叶越橘；bullatus = bulla + atus 泡状的，膨胀的

Vaccinium pseudorobustum 椭圆叶越橘：pseudorobustum 似乎强壮的，假强壮的；pseudo-/ pseud- ← pseudos 假的，伪的，接近，相似（但不是）；robustus 大型的，结实的，健壮的，强壮的

Vaccinium pseudospadiceum 耳叶越橘：

pseudospadiceum 近似肉穗花序的；pseudo-/ pseud- ← pseudos 假的，伪的，接近，相似（但不是）；spadiceus 暗棕色的，肉穗花序的

Vaccinium pseudotonkinense 腺萼越橘：pseudotonkinense 像 tonkinense 的；pseudo-/ pseud- ← pseudos 假的，伪的，接近，相似（但不是）；Vaccinium tonkinense 东京越橘；tonkin 东京的（地名，越南河内的旧称）

Vaccinium pubicalyx 毛萼越橘：pubi- ← pubis 细柔毛的，短柔毛的，毛被的；calyx → calyc- 萼片（用于希腊语复合词）

Vaccinium pubicalyx var. anomalum 少毛毛萼越橘：anomalus = a + nomalus 异常的，变异的，不规则的；a-/ an- 无，非，没有，缺乏，不具有（an- 用于元音前）（a-/ an- 为希腊语词首，对应的拉丁语词首为 e-/ ex-，相当于英语的 un-/ -less，注意词首 a- 和作为介词的 a/ ab 不同，后者的意思是 "从……、由……、关于……、因为……"）；nomalus 规则的，规律的，法律的；nomus ← nomos 规则，规律，法律

Vaccinium pubicalyx var. leucocalyx 多毛毛萼越橘：leuc-/ leuco- ← leucus 白色的（如果和其他表示颜色的词混用则表示淡色）；calyx → calyc- 萼片（用于希腊语复合词）

Vaccinium pubicalyx var. pubicalyx 毛萼越橘-原变种 （词义见上面解释）

Vaccinium randaiense 峦大越橘：randaiense 峦大山的（地名，属台湾省，"randai" 为 "峦大" 的日语发音）

Vaccinium retusum 西藏越橘：retusus 微凹的

Vaccinium saxicola 石生越橘：saxicolus 生于石缝的；saxum 岩石，结石；colus ← colo 分布于，居住于，栖居，殖民（常作词尾）；colo/ colere/ colui/ cultum 居住，耕作，栽培

Vaccinium sciaphilum 林生越橘：sciad-/ sciado-/ scia- 伞，遮荫，阴影，荫庇处；philus/ philein ← philos → phil-/ phili/ philo- 喜好的，爱好的，喜欢的

Vaccinium scopulorum 岩生越橘：scopulorum 岩石，峭壁；scopulus 带棱角的岩石，岩壁，峭壁；-orum 属于……的（第二变格法名词复数所有格词尾，表示群落或多数）

Vaccinium serrulatum 细齿乌饭：serrulatus = serrus + ulus + atus 具细锯齿的；serrus 齿，锯齿；-ulus/ -ulum/ -ula 小的，略微的，稍微的（小词 -ulus 在字母 e 或 i 之后有多种变缀，即 -olus/ -olum/ -ola、-ellus/ -ellum/ -ella、-illus/ -illum/ -illa，与第一变格法和第二变格法名词形成复合词）；-atus/ -atum/ -ata 属于，相似，具有，完成（形容词词尾）

Vaccinium sikkimense 荚蒾叶越橘（蒾 mí）：sikkimense 锡金的（地名）

Vaccinium sinicum 广西越橘：sinicum 中国的（地名）；-icus/ -icum/ -ica 属于，具有某种特性（常用于地名、起源、生境）

Vaccinium spiculatum 小尖叶越橘：spiculatus = spicus + ulus + atus 具小穗的，具细尖的；spicus 穗，谷穗，花穗；-ulus/ -ulum/ -ula 小的，略微的，

V

稍微的（小词 -ulus 在字母 e 或 i 之后有多种变缀，即 -olus/ -olum/ -ola、-ellus/ -ellum/ -ella、-illus/ -illum/ -illa，与第一变格法和第二变格法名词形成复合词）；-atus/ -atum/ -ata 属于，相似，具有，完成（形容词词尾）

Vaccinium subdissitifolium 梯脉越橘：sub-（表示程度较弱）与……类似，几乎，稍微，弱，亚，之下，下面；dissitus 分离的，稀疏的，松散的；folius/ folium/ folia 叶，叶片（用于复合词）；dissitifolius 稀疏叶的，少叶的

Vaccinium subfalcatum 镰叶越橘：subfalcatus 略呈镰刀状的；sub-（表示程度较弱）与……类似，几乎，稍微，弱，亚，之下，下面；falcatus = falx + atus 镰刀的，镰刀状的；构词规则：以 -ix/ -iex 结尾的词其词干末尾视为 -ic，以 -ex 结尾视为 -i/ -ic，其他以 -x 结尾视为 -c；-atus/ -atum/ -ata 属于，相似，具有，完成（形容词词尾）

Vaccinium supracostatum 凸脉越橘：supra- 上部的；costatus 具肋的，具脉的，具中脉的（指脉明显）；costus 主脉，叶脉，肋，肋骨

Vaccinium trichocladum 刺毛越橘：trich-/ tricho-/ tricha- ← trichos ← thrix 毛，多毛的，线状的，丝状的；cladus ← clados 枝条，分枝

Vaccinium trichocladum var. glabriracemosum 光序刺毛越橘：glabrus 光秃的，无毛的，光滑的；racemosus = racemus + osus 总状花序的；racemus 总状的，葡萄串状的；-osus/ -osum/ -osa 多的，充分的，丰富的，显著发育的，程度高的，特征明显的（形容词词尾）

Vaccinium trichocladum var. trichocladum 刺毛越橘-原变种 （词义见上面解释）

Vaccinium triflorum 三花越橘：tri-/ tripli-/ triplo- 三个，三数；florus/ florum/ flora ← flos 花（用于复合词）

Vaccinium truncatocalyx 平萼乌饭：truncatus 截平的，截形的，截断的；truncare 切断，截断，截平（动词）；calyx → calyc- 萼片（用于希腊语复合词）

Vaccinium uliginosum 笃斯越橘（笃 dǔ）：uliginosus 沼泽的，湿地的，潮湿的；uligo/ vuligo/ uliginis 潮湿，湿地，沼泽（uligo 的词干为 uligin-）；词尾为 -go 的词其词干末尾视为 -gin；-osus/ -osum/ -osa 多的，充分的，丰富的，显著发育的，程度高的，特征明显的（形容词词尾）

Vaccinium urceolatum 红花越橘：urceolatus 坛状的，壶形的（指中空且口部收缩）；urceolus 小坛子，小水壶；urceus 坛子，水壶

Vaccinium urceolatum var. pubescens 毛序红花越橘：pubescens ← pubens 被短柔毛的，长出柔毛的；pubi- ← pubis 细柔毛的，短柔毛的，毛被的；pubesco/ pubescere 长成的，变为成熟的，长出柔毛的，青春期体毛的；-escens/ -ascens 改变，转变，变成，略微，带有，接近，相似，大致，稍微（表示变化的趋势，并未完全相似或相同，有别于表示达到完成状态的 -atus）

Vaccinium urceolatum var. urceolatum 红花越橘-原变种 （词义见上面解释）

Vaccinium vacciniaceum 小轮叶越橘：vacciniaceus 越橘状的，像越橘的；vaccinium 蓝莓，乌饭树（古拉丁名）；-aceus/ -aceum/ -acea 相似的，有……性质的，属于……的

Vaccinium vacciniaceum subsp. glabritubum 秃冠小轮叶越橘（冠 guān）：glabrus 光秃的，无毛的，光滑的；tubus 管子的，管状的，筒状的

Vaccinium vacciniaceum subsp. vacciniaceum 小轮叶越橘-原亚种 （词义见上面解释）

Vaccinium venosum 轮生叶越橘：venosus 细脉的，细脉明显的，分枝脉的；venus 脉，叶脉，血脉，血管；-osus/ -osum/ -osa 多的，充分的，丰富的，显著发育的，程度高的，特征明显的（形容词词尾）

Vaccinium vitis-idaea 越橘：vitis 葡萄，藤蔓植物（古拉丁名）；Vitis 葡萄属（葡萄科）；idaea ← Ida 伊达山的（地名，位于希腊克里特岛）

Vaccinium wrightii 海岛越橘：wrightii ← Charles (Carlos) Wright（人名，19 世纪美国植物学家）

Vaccinium wrightii var. formosanum 长柄海岛越橘：formosanus = formosus + anus 美丽的，台湾的；formosus ← formosa 美丽的，台湾的（葡萄牙殖民者发现台湾时对其的称呼，即美丽的岛屿）；-anus/ -anum/ -ana 属于，来自（形容词词尾）

Vaccinium wrightii var. wrightii 海岛越橘-原变种 （词义见上面解释）

Vaccinium yaoshanicum 瑶山越橘：yaoshanicum 瑶山的（地名，广西壮族自治区）；-icus/ -icum/ -ica 属于，具有某种特性（常用于地名、起源、生境）

Vaccinium yaoshanicum var. megaphyllum 大叶瑶山越橘：mega-/ megal-/ megalo- ← megas 大的，巨大的；phyllus/ phyllum/ phylla ← phyllon 叶片（用于希腊语复合词）

Vaccinium yaoshanicum var. yaoshanicum 瑶山越橘-原变种 （词义见上面解释）

Vaginularia 针叶蕨属（书带蕨科）(3-2: p28)：vaginularia 具小叶鞘的；vaginus 鞘，叶鞘；-ulus/ -ulum/ -ula 小的，略微的，稍微的（小词 -ulus 在字母 e 或 i 之后有多种变缀，即 -olus/ -olum/ -ola、-ellus/ -ellum/ -ella、-illus/ -illum/ -illa，与第一变格法和第二变格法名词形成复合词）；-arius/ -arium/ -aria 相似，属于（表示地点，场所，关系，所属）

Vaginularia trichoidea 针叶蕨：trichoideus 毛状的，略有毛的；trich-/ tricho-/ tricha- ← trichos ← thrix 毛，多毛的，线状的，丝状的；-oides/ -oideus/ -oideum/ -oidea/ -odes/ -eidos 像……的，类似……的，呈……状的（名词词尾）

Valeriana 缬草属（缬 xié）（败酱科）(73-1: p27)：valeriana ← Publius Aurelius Licinius Valerianus（人名，古罗马皇帝，253–260 在位）；valere 使强壮（指药效显著）

Valeriana amurensis 黑水缬草：amurense/ amurensis 阿穆尔的（地名，东西伯利亚的一个州，南部以黑龙江为界），阿穆尔河的（即黑龙江的俄语音译）

Valeriana barbulata 髯毛缬草（髯 rǎn）：barbulatus = barba + ulus + atus 具短须的；barba 胡须，髯毛，绒毛；-ulus/ -ulum/ -ula 小的，略微的，稍微的（小词 -ulus 在字母 e 或 i 之后有多种变缀，即 -olus/ -olum/ -ola、-ellus/ -ellum/

-ella、-illus/ -illum/ -illa，与第一变格法和第二变格法名词形成复合词）；-atus/ -atum/ -ata 属于，相似，具有，完成（形容词词尾）

Valeriana briquetiana （布利缬草）：briquetiana（人名）

Valeriana daphniflora 瑞香缬草：Daphne 瑞香属（瑞香科），月桂（Laurus nobilis）；florus/ florum/ flora ← flos 花（用于复合词）

Valeriana fedtschenkoi 新疆缬草：fedtschenkoi ← Boris Fedtschenko（人名，20 世纪俄国植物学家）

Valeriana flaccidissima 柔垂缬草：flaccidissima 非常柔软的；flaccidus 柔软的，软乎乎的，软绵绵的；flaccus 柔弱的，软垂的；-idus/ -idum/ -ida 表示在进行中的动作或情况，作动词、名词或形容词的词尾；-issimus/ -issima/ -issimum 最，非常，极其（形容词最高级）

Valeriana flagellifera 鞭枝缬草：flagellus/ flagrus 鞭子的，匍匐枝的；-ferus/ -ferum/ -fera/ -fero/ -fere/ -fer 有，具有，产（区别：作独立词使用的 ferus 意思是"野生的"）

Valeriana hardwickii 长序缬草：hardwickii（人名）；-ii 表示人名，接在以辅音字母结尾的人名后面，但 -er 除外

Valeriana hiemalis （寒地缬草）：hiemalis/ hiemale/ hyemalis/ hibernus 冬天的，冬季开花的；hiemas 冬季，冰冷，严寒

Valeriana hirticalyx 毛果缬草：hirtus 有毛的，粗毛的，刚毛的（长而明显的毛）；calyx → calyc- 萼片（用于希腊语复合词）

Valeriana jatamansi 蜘蛛香：jatamansi（人名，词尾改为"-ii"似更妥）；-ii 表示人名，接在以辅音字母结尾的人名后面，但 -er 除外；-i 表示人名，接在以元音字母结尾的人名后面，但 -a 除外

Valeriana kawakamii 高山缬草：kawakamii 川上（人名，20 世纪日本植物采集员）

Valeriana lancifolia （披针叶缬草）：lance-/ lancei-/ lanci-/ lanceo-/ lanc- ← lanceus 披针形的，矛形的，尖刀状的，柳叶刀状的；folius/ folium/ folia 叶，叶片（用于复合词）

Valeriana minutiflora 小花缬草：minutus 极小的，细微的，微小的；florus/ florum/ flora ← flos 花（用于复合词）

Valeriana officinalis 缬草：officinalis/ officinale 药用的，有药效的；officina ← opificina 药店，仓库，作坊

Valeriana officinalis var. latifolia 宽叶缬草：lati-/ late- ← latus 宽的，宽广的；folius/ folium/ folia 叶，叶片（用于复合词）

Valeriana officinalis var. officinalis 缬草-原变种（词义见上面解释）

Valeriana sisymbriifolia 芥叶缬草：sisymbriifolius = Sisymbrium + folius 大蒜芥叶的；缀词规则：以属名作复合词时原词尾变形后的 i 要保留；Sisymbrium 大蒜芥属（十字花科）；folius/ folium/ folia 叶，叶片（用于复合词）

Valeriana stenoptera 窄裂缬草：stenopterus 狭翼的；sten-/ steno- ← stenus 窄的，狭的，薄的；pterus/ pteron 翅，翼，蕨类

Valeriana stenoptera var. cardaminea 细花窄裂缬草：cardaminea ← kardamon 石龙芮（毛茛属，希腊语名）

Valeriana stenoptera var. stenoptera 窄裂缬草-原变种 （词义见上面解释）

Valeriana tangutica 小缬草：tangutica ← Tangut 唐古特的，党项的（西夏时期生活于中国西北地区的党项羌人，蒙古语称其为"唐古特"，有多种音译，如唐兀、唐古、唐括等）；-icus/ -icum/ -ica 属于，具有某种特性（常用于地名、起源、生境）

Valeriana trichostoma （毛口缬草）：trichostomus 毛口的；trich-/ tricho-/ tricha- ← trichos ← thrix 毛，多毛的，线状的，丝状的；stomus 口，开口，气孔

Valeriana tripteroides （三羽缬草）：tripteroides 近似三翅的；tri-/ tripli-/ triplo- 三个，三数；pterus/ pteron 翅，翼，蕨类；-oides/ -oideus/ -oideum/ -oidea/ -odes/ -eidos 像……的，类似……的，呈……状的（名词词尾）

Valeriana turczaninovii 北疆缬草：turczaninovii/ turczaninowii ← Nicholai S. Turczaninov（人名，19 世纪乌克兰植物学家，曾积累大量植物标本）

Valeriana venusta 秀丽缬草：venustus ← Venus 女神维纳斯的，可爱的，美丽的，有魅力的

Valeriana xiaheensis 夏河缬草：xiaheensis 夏河的（地名，甘肃省）

Valerianaceae 败酱科（73-1：p5）：Valeriana 缬草属；-aceae（分类单位科的词尾，为 -aceus 的阴性复数主格形式，加到模式属的名称后或同义词的词干后以组成族群名称）

Vallaris 纽子花属（夹竹桃科）（63：p140）：vallaris ← vallum 壁垒（指某些种可作篱笆）；-arius/ -arium/ -aria 相似，属于（表示地点，场所，关系，所属）

Vallaris indecora 大纽子花：indecorus 不漂亮的，不好看的，无魅力的；in-/ im-（来自 il- 的音变）内，在内，内部，向内，相反，不，无，非；il- 在内，向内，为，相反（希腊语为 en-）；词首 il- 的音变：il-（在 l 前面），im-（在 b、m、p 前面），in-（在元音字母和大多数辅音字母前面），ir-（在 r 前面），如 illaudatus（不值得称赞的，评价不好的），impermeabilis（不透水的，穿不透的），ineptus（不合适的），insertus（插入的），irretortus（无弯曲的，无扭曲的）；decorus 美丽的，漂亮的，装饰的；decor 装饰，美丽

Vallaris solanacea 纽子花：solanaceus 像茄子的；Solanum 茄属；-aceus/ -aceum/ -acea 相似的，有……性质的，属于……的

Vallisneria 苦草属（水鳖科）（8：p176）：vallisneria ← Antonio Vallisneri（人名，1661–1730，意大利植物学家）（除 -er 外，以辅音字母结尾的人名用作属名时在末尾加 -ia，如果人名词尾为 -us 则将词尾变成 -ia）

Vallisneria denseserrulata 密刺苦草：denseserrulatus 密生细锯齿的；dense- 密集的，繁茂的；serrulatus = serrus + ulus + atus 具细锯齿的；serrus 齿，锯齿

Vallisneria natans 苦草：natans 浮游的，游动的，

V

漂浮的，水的

Vallisneria spinulosa 刺苦草：spinulosus = spinus + ulus + osus 被细刺的；spinus 刺，针刺；-ulus/ -ulum/ -ula 小的，略微的，稍微的（小词 -ulus 在字母 e 或 i 之后有多种变缀，即 -olus/ -olum/ -ola、-ellus/ -ellum/ -ella、-illus/ -illum/ -illa，与第一变格法和第二变格法名词形成复合词）；-osus/ -osum/ -osa 多的，充分的，丰富的，显著发育的，程度高的，特征明显的（形容词词尾）

Vanda 万代兰属（兰科）（19：p354）：vanda 万代兰（一种寄生植物，梵语）

Vanda alpina 垂头万代兰：alpinus = alpus + inus 高山的；alpus 高山；al-/ alti-/ alto- ← altus 高的，高处的；-inus/ -inum/ -ina/ -inos 相近，接近，相似，具有（通常指颜色）；关联词：subalpinus 亚高山的

Vanda brunnea 白柱万代兰：brunneus/ bruneus 深褐色的；-eus/ -eum/ -ea（接拉丁语词干时）属于……的，色如……的，质如……的（表示原料、颜色或品质的相似），（接希腊语词干时）属于……的，以……出名，为……所占有（表示具有某种特性）

Vanda coerulea 大花万代兰：caeruleus/ coeruleus 深蓝色的，海洋蓝的，青色的，暗绿色的；caerulus/ coerulus 深蓝色，海洋蓝，青色，暗绿色；-eus/ -eum/ -ea（接拉丁语词干时）属于……的，色如……的，质如……的（表示原料、颜色或品质的相似），（接希腊语词干时）属于……的，以……出名，为……所占有（表示具有某种特性）

Vanda coerulescens 小蓝万代兰：caerulescens/ coerulescens 青色的，深蓝色的，变蓝的；caeruleus/ coeruleus 深蓝色的，海洋蓝的，青色的，暗绿色的；caerulus/ coerulus 深蓝色，海洋蓝，青色，暗绿色；-escens/ -ascens 改变，转变，变成，略微，带有，接近，相似，大致，稍微（表示变化的趋势，并未完全相似或相同，有别于表示达到完成状态的 -atus）

Vanda concolor 琴唇万代兰：concolor = co + color 同色的，一色的，单色的；co- 联合，共同，合起来（拉丁语词首，为 cum- 的音变，表示结合、强化、完全，对应的希腊语为 syn-）；co- 的缀词音变有 co-/ com-/ con-/ col-/ cor-：co-（在 h 和元音字母前面），col-（在 l 前面），com-（在 b、m、p 之前），con-（在 c、d、f、g、j、n、qu、s、t 和 v 前面），cor-（在 r 前面）；color 颜色

Vanda cristata 叉唇万代兰（叉 chā）：cristatus = crista + atus 鸡冠的，鸡冠状的，扇形的，山脊状的；crista 鸡冠，山脊，网壁；-atus/ -atum/ -ata 属于，相似，具有，完成（形容词词尾）

Vanda lamellata 雅美万代兰：lamellatus/ lamellaris = lamella + atus 具薄片的，具菌褶状突起的，具鳍状突起的；lamella = lamina + ella 薄片的，菌褶的，鳍状突起的；lamina 片，叶片；-atus/ -atum/ -ata 属于，相似，具有，完成（形容词词尾）

Vanda pumila 矮万代兰：pumilus 矮的，小的，低矮的，矮人的

Vanda subconcolor 纯色万代兰：subconcolor 像 concolor 的，近同色的；sub-（表示程度较弱）与……类似，几乎，稍微，弱，亚，之下，下面；Vanda concolor 琴唇万代兰；concolor = co + color 同色的，一色的，单色的；co- 联合，共同，合起来（拉丁语词首，为 cum- 的音变，表示结合、强化、完全，对应的希腊语为 syn-）；co- 的缀词音变有 co-/ com-/ con-/ col-/ cor-：co-（在 h 和元音字母前面），col-（在 l 前面），com-（在 b、m、p 之前），con-（在 c、d、f、g、j、n、qu、s、t 和 v 前面），cor-（在 r 前面）；color 颜色

Vandenboschia 瓶蕨属（膜蕨科）（2：p178）：vandenboschia ← Vanden Bosche（德国人名）

Vandenboschia assimilis 喇叭瓶蕨（喇 lǎ）：assimilis = ad + similis 相似的，同样的，有关系的；simile 相似地，相近地；ad- 向，到，近（拉丁语词首，表示程度加强）；构词规则：构成复合词时，词首末尾的辅音字母常同化为紧接其后的那个辅音字母（如 ad + s → ass）；similis 相似的

Vandenboschia auriculata 瓶蕨：auriculatus 耳形的，具小耳的（基部有两个小圆片）；auriculus 小耳朵的，小耳状的；auritus 耳朵的，耳状的；-culus/ -culum/ -cula 小的，略微的，稍微的（同第三变格法和第四变格法名词形成复合词）；-atus/ -atum/ -ata 属于，相似，具有，完成（形容词词尾）

Vandenboschia birmanica 管苞瓶蕨：birmanica 缅甸的（地名）

Vandenboschia cystoseiroides 墨兰瓶蕨：cystoseiroides 像囊链藻的；Cystoseria 囊链藻属（囊链藻科）；cysto- ← cistis ← kistis 囊，袋，泡；serialis 成行成列的，序列的；-oides/ -oideus/ -oideum/ -oidea/ -odes/ -eidos 像……的，类似……的，呈……状的（名词词尾）

Vandenboschia fargesii 城口瓶蕨：fargesii ← Pere Paul Guillaume Farges（人名，19 世纪中叶至 20 世纪活动于中国的法国传教士，植物采集员）

Vandenboschia hainanensis 海南瓶蕨：hainanensis 海南的（地名）

Vandenboschia lofoushanensis 罗浮山瓶蕨：lofoushanensis 罗浮山的（地名，广东省）

Vandenboschia maxima 大叶瓶蕨：maximus 最大的

Vandenboschia naseana 漏斗瓶蕨：naseana（人名）

Vandenboschia orientalis 华东瓶蕨：orientalis 东方的；oriens 初升的太阳，东方

Vandenboschia radicans 南海瓶蕨：radicans 生根的；radicus ← radix 根的

Vandopsis 拟万代兰属（兰科）（19：p280）：Vanda 万代兰属（兰科）；-opsis/ -ops 相似，稍微，带有

Vandopsis gigantea 拟万代兰：giganteus 巨大的；giga-/ gigant-/ giganti- ← gigantos 巨大的；-eus/ -eum/ -ea（接拉丁语词干时）属于……的，色如……的，质如……的（表示原料、颜色或品质的相似），（接希腊语词干时）属于……的，以……出名，为……所占有（表示具有某种特性）

Vandopsis undulata 白花拟万代兰：undulatus = undus + ulus + atus 略呈波浪状的，略弯曲的；undus/ undum/ unda 起波浪的，弯曲的；-ulus/ -ulum/ -ula 小的，略微的，稍微的（小词 -ulus 在字母 e 或 i 之后有多种变缀，即 -olus/ -olum/ -ola、-ellus/ -ellum/ -ella、-illus/ -illum/ -illa，与第一变格法和第二变格法名词形成复合词）；-atus/ -atum/

-ata 属于，相似，具有，完成（形容词词尾）

Vanilla 香荚兰属（兰科）（18：p2）：vanilla 小荚（西班牙语）

Vanilla fragrans 香荚兰：fragrans 有香气的，飘香的；fragro 飘香，有香味

Vanilla siamensis 大香荚兰：siamensis 暹罗的（地名，泰国古称）（暹 xiān）

Vanilla somai 台湾香荚兰：somai 相马（日本人名，相 xiàng）；-i 表示人名，接在以元音字母结尾的人名后面，但 -a 除外，故该词改为"somaiana"或"somae"似更妥

Vatica 青梅属（龙脑香科）（50-2：p128）：vatica ← Vatician 梵蒂冈的（地名，梵 fàn）

Vatica guangxiensis 广西青梅：guangxiensis 广西的（地名）

Vatica mangachapoi 青梅：mangachapoi（人名）

Vatica xishuangbannaensis 版纳青梅：xishuangbannaensis 西双版纳的（地名，云南省）

Ventilago 翼核果属（鼠李科）（48-1：p146）：ventilago 风力传播的（指翼果）；ventilo 扇风，通风；ventosus 风的；-ago/ -ugo/ -go ← agere 相似，诱导，影响，遭遇，用力，运送，做，成就（阴性名词词尾，表示相似、某种性质或趋势，也用于人名词尾以示纪念）

Ventilago calyculata 毛果翼核果：calyculatus = calyx + ulus + atus 有小萼片的；calyx → calyc- 萼片（用于希腊语复合词）；构词规则：以 -ix/ -iex 结尾的词其词干末尾视为 -ic，以 -ex 结尾视为 -i/ -ic，其他以 -x 结尾视为 -c

Ventilago calyculata var. calyculata 毛果翼核果-原变种（词义见上面解释）

Ventilago calyculata var. trichoclada 毛枝翼核果：trich-/ tricho-/ tricha- ← trichos ← thrix 毛，多毛的，线状的，丝状的；cladus ← clados 枝条，分枝

Ventilago elegans 台湾翼核果：elegans 优雅的，秀丽的

Ventilago inaequilateralis 海南翼核果：inaequilateralis 不等边的；in-/ im-（来自 il- 的音变）内，在内，内部，向内，相反，不，无，非；il- 在内，向内，为，相反（希腊语为 en-）；词首 il- 的音变：il-（在 l 前面），im-（在 b、m、p 前面），in-（在元音字母和大多数辅音字母前面），ir-（在 r 前面），如 illaudatus（不值得称赞的，评价不好的），impermeabilis（不透水的，穿不透的），ineptus（不合适的），insertus（插入的），irretortus（无弯曲的，无扭曲的）；aequus 平坦的，均等的，公平的，友好的；aequi- 相等，相同；inaequi- 不相等，不同；lateralis = laterus + alis 侧边的，侧生的；laterus 边，侧边；-aris（阳性、阴性）/ -are（中性）← -alis（阳性、阴性）/ -ale（中性）属于，相似，如同，具有，涉及，关于，联结于（将名词作形容词用，其中 -aris 常用于以 l 或 r 为词干末尾的词）

Ventilago leiocarpa 翼核果：lei-/ leio-/ lio- ← leius ← leios 光滑的，平滑的；carpus/ carpum/ carpa/ carpon ← carpos 果实（用于希腊语复合词）

Ventilago leiocarpa var. leiocarpa 翼核果-原变种（词义见上面解释）

Ventilago leiocarpa var. pubescens 毛叶翼核果：pubescens ← pubens 被短柔毛的，长出柔毛的；pubi- ← pubis 细柔毛的，短柔毛的，毛被的；pubesco/ pubescere 长成的，变为成熟的，长出柔毛的，青春期体毛的；-escens/ -ascens 改变，转变，变成，略微，带有，接近，相似，大致，稍微（表示变化的趋势，并未完全相似或相同，有别于表示达到完成状态的 -atus）

Ventilago maderaspatana 印度翼核果：maderaspatana ← Madras 马德拉斯的（地名，印度金奈的旧称）

Ventilago oblongifolia 矩叶翼核果：oblongus = ovus + longus 长椭圆形的（ovus 的词干 ov- 音变为 ob-）；ovus 卵，胚珠，卵形的，椭圆形的；longus 长的，纵向的；folius/ folium/ folia 叶，叶片（用于复合词）

Veratrilla 黄秦艽属（艽 jiāo）（龙胆科）（62：p322）：veratrilla 小藜芦；Veratrum 藜芦属（百合科）；-ulus/ -ulum/ -ula 小的，略微的，稍微的（小词 -ulus 在字母 e 或 i 之后有多种变缀，即 -olus/ -olum/ -ola、-ellus/ -ellum/ -ella、-illus/ -illum/ -illa，与第一变格法和第二变格法名词形成复合词）

Veratrilla baillonii 黄秦艽：baillonii（人名）；-ii 表示人名，接在以辅音字母结尾的人名后面，但 -er 除外

Veratrilla burkilliana 短叶黄秦艽：burkilliana（人名）

Veratrum 藜芦属（百合科）（14：p19）：veratrum ← verator 预言家（北欧传说，打喷嚏之后说的话才是可信的，因为该属植物有诱发喷嚏的作用）

Veratrum dahuricum 兴安藜芦：dahuricum（daurica/ davurica）达乌里的（地名，外贝加尔湖，属西伯利亚的一个地区，即贝加尔湖以东及以南至中国和蒙古边界）

Veratrum grandiflorum 毛叶藜芦：grandi- ← grandis 大的；florus/ florum/ flora ← flos 花（用于复合词）

Veratrum japonicum 黑紫藜芦：japonicum 日本的（地名）；-icus/ -icum/ -ica 属于，具有某种特性（常用于地名、起源、生境）

Veratrum lobelianum 阿尔泰藜芦：lobelianus ← Mathiasde Lobel（人名，16 世纪比利时植物学家）

Veratrum maackii 毛穗藜芦：maackii ← Richard Maack（人名，19 世纪俄国博物学家）

Veratrum mengtzeanum 蒙自藜芦：mengtzeanum 蒙自的（地名，云南省）

Veratrum micranthum 小花藜芦：micr-/ micro- ← micros 小的，微小的，微观的（用于希腊语复合词）；anthus/ anthum/ antha/ anthe ← anthos 花（用于希腊语复合词）

Veratrum nigrum 藜芦：nigrus 黑色的；niger 黑色的；关联词：denigratus 变黑的

Veratrum oblongum 长梗藜芦：oblongus = ovus + longus 长椭圆形的（ovus 的词干 ov- 音变为 ob-）；ovus 卵，胚珠，卵形的，椭圆形的；longus 长的，纵向的

Veratrum oxysepalum 尖被藜芦：oxysepalus 尖萼的；oxy- ← oxys 尖锐的，酸的；sepalus/ sepalum/

sepala 萼片（用于复合词）

Veratrum schindleri 牯岭藜芦（牯 gǔ）：schindleri（人名）；-eri 表示人名，在以 -er 结尾的人名后面加上 i 形成

Veratrum stenophyllum 狭叶藜芦：sten-/ steno- ← stenus 窄的，狭的，薄的；phyllus/ phyllum/ phylla ← phyllon 叶片（用于希腊语复合词）

Veratrum stenophyllum var. taronense 滇北藜芦：taronense 独龙江的（地名，云南省）

Veratrum taliense 大理藜芦：taliense 大理的（地名，云南省）

Verbascum 毛蕊花属（玄参科）（67-2：p11）：verbascum ← barbascum 胡须

Verbascum blattaria 毛瓣毛蕊花：blattaria 毛蕊花（毛蕊花属的古拉丁名）

Verbascum chaixii subsp. orientale 东方毛蕊花：chaixii ← Dominique Chaix（人名，18 世纪植物学家）；orientale/ orientalis 东方的；oriens 初升的太阳，东方

Verbascum coromandelianum 琴叶毛蕊花：coromandelianum 科罗曼德尔海岸的（地名，新西兰）

Verbascum phoeniceum 紫毛蕊花：phoeniceus/ puniceus 紫红色的，鲜红的，石榴红的；punicum 石榴

Verbascum songoricum 准噶尔毛蕊花（噶 gá）：songoricum 准噶尔的（地名，新疆维吾尔自治区）；-icus/ -icum/ -ica 属于，具有某种特性（常用于地名、起源、生境）

Verbascum thapsus 毛蕊花：thapsus（地名，北非岛屿）

Verbena 马鞭草属（马鞭草科）（65-1：p15）：verbena ← Vervain 神圣之枝，马鞭草（古拉丁名，指有药效）

Verbena bracteata 长苞马鞭草：bracteatus = bracteus + atus 具苞片的；bracteus 苞，苞片，苞鳞；-atus/ -atum/ -ata 属于，相似，具有，完成（形容词词尾）

Verbena hybrida 美女樱：hybridus 杂种的

Verbena officinalis 马鞭草：officinalis/ officinale 药用的，有药效的；officina ← opificina 药店，仓库，作坊

Verbena tenera 细叶美女樱：tenerus 柔软的，娇嫩的，精美的，雅致的，纤细的

Verbenaceae 马鞭草科（65-1：p1）：Verbena 马鞭草属；-aceae（分类单位科的词尾，为 -aceus 的阴性复数主格形式，加到模式属的名称后或同义词的词干后以组成族群名称）

Vernicia 油桐属（大戟科）（44-2：p142）：vernicia ← vernix 清漆（指种子可榨桐油）；构词规则：以 -ix/ -iex 结尾的词其词干末视为 -ic，以 -ex 结尾视为 -i/ -ic，其他以 -x 结尾视为 -c；-ius/ -ium/ -ia 具有……特性的（表示有关、关联、相似）

Vernicia fordii 油桐：fordii ← Charles Ford（人名）

Vernicia montana 木油桐：montanus 山，山地；montis 山，山地的；mons 山，山脉，岩石

Vernonia 斑鸠菊属（菊科）（74：p5）：vernonia ← William Vernon（人名，17 世纪英国植物学家）

Vernonia anthelmintica 驱虫斑鸠菊：anthelminticus 驱虫的（也拼写为"-thicus"）

Vernonia arborea 树斑鸠菊：arboreus 乔木状的；arbor 乔木，树木；-eus/ -eum/ -ea（接拉丁语词干时）属于……的，色如……的，质如……的（表示原料、颜色或品质的相似），（接希腊语词干时）属于……的，以……出名，为……所占有（表示具有某种特性）

Vernonia aspera 糙叶斑鸠菊：asper/ asperus/ asperum/ aspera 粗糙的，不平的

Vernonia attenuata 狭长斑鸠菊：attenuatus = ad + tenuis + atus 渐尖的，渐狭的，变细的，变弱的；ad- 向，到，近（拉丁语词首，表示程度加强）；构词规则：构成复合词时，词首末尾的辅音字母常同化为紧接其后的那个辅音字母（如 ad + t → att）；tenuis 薄的，纤细的，弱的，瘦的，窄的

Vernonia blanda 喜斑鸠菊：blandus 光滑的，可爱的

Vernonia bockiana 南川斑鸠菊：bockiana（人名）

Vernonia chingiana 广西斑鸠菊：chingiana ← R. C. Chin 秦仁昌（人名，1898–1986，中国植物学家，蕨类植物专家），秦氏

Vernonia chunii 少花斑鸠菊：chunii ← W. Y. Chun 陈焕镛（人名，1890–1971，中国植物学家）

Vernonia cinerea 夜香牛：cinereus 灰色的，草木灰色的（为纯黑和纯白的混合色，希腊语为 tephro-/ spodo-）；ciner-/ cinere-/ cinereo- 灰色；-eus/ -eum/ -ea（接拉丁语词干时）属于……的，色如……的，质如……的（表示原料、颜色或品质的相似），（接希腊语词干时）属于……的，以……出名，为……所占有（表示具有某种特性）

Vernonia cinerea var. cinerea 夜香牛-原变种（词义见上面解释）

Vernonia cinerea var. parviflora 小花夜香牛：parviflorus 小花的；parvus 小的，些微的，弱的；florus/ florum/ flora ← flos 花（用于复合词）

Vernonia clivorum 岗斑鸠菊：clivorus 山坡的，丘陵的（指生境，复数所有格）；clivus 山坡，斜坡，丘陵；-orum 属于……的（第二变格法名词复数所有格词尾，表示群落或多数）

Vernonia cumingiana 毒根斑鸠菊：cumingiana ← Hugh Cuming（人名，19 世纪英国贝类专家、植物学家）

Vernonia divergens 叉枝斑鸠菊（叉 chā）：divergens 略叉开的

Vernonia esculenta 斑鸠菊：esculentus 食用的，可食的；esca 食物，食料；-ulentus/ -ulentum/ -ulenta/ -olentus/ -olentum/ -olenta（表示丰富、充分或显著发展）

Vernonia extensa 展枝斑鸠菊：extensus 扩展的，展开的

Vernonia forrestii 滇西斑鸠菊：forrestii ← George Forrest（人名，1873–1932，英国植物学家，曾在中国西部采集大量植物标本）

Vernonia gratiosa 台湾斑鸠菊：gratiosus = gratus + ius 可爱的，美味的；gratus 美味的，可爱

的，迷人的，快乐的；-ius/ -ium/ -ia 具有……特性的（表示有关、关联、相似）；-osus/ -osum/ -osa 多的，充分的，丰富的，显著发育的，程度高的，特征明显的（形容词词尾）

Vernonia henryi 黄花斑鸠菊：henryi ← Augustine Henry 或 B. C. Henry（人名，前者，1857–1930，爱尔兰医生、植物学家，曾在中国采集植物，后者，1850–1901，曾活动于中国的传教士）

Vernonia maritima 滨海斑鸠菊：maritimus 海滨的（指生境）

Vernonia nantcianensis 南漳斑鸠菊：nantcianensis 南漳的（地名，湖北省）

Vernonia parishii 滇缅斑鸠菊：parishii ← Parish（人名，发现很多兰科植物）

Vernonia patula 咸虾花：patulus 稍开展的，稍伸展的；patus 展开的，伸展的；-ulus/ -ulum/ -ula 小的，略微的，稍微的（小词 -ulus 在字母 e 或 i 之后有多种变缀，即 -olus/ -olum/ -ola、-ellus/ -ellum/ -ella、-illus/ -illum/ -illa，与第一变格法和第二变格法名词形成复合词）

Vernonia saligna 柳叶斑鸠菊：Salix 柳属（杨柳科）；-inus/ -inum/ -ina/ -inos 相近，接近，相似，具有（通常指颜色）

Vernonia solanifolia 茄叶斑鸠菊（茄 qié）：Solanum 茄属（茄科）；folius/ folium/ folia 叶，叶片（用于复合词）

Vernonia spirei 折苞斑鸠菊：spirei 螺旋的；spira ← speira 螺旋状的，环状的，缠绕的，盘卷的（希腊语）

Vernonia squarrosa 刺苞斑鸠菊：squarrosus = squarrus + osus 粗糙的，不平滑的，有凸起的；squarrus 糙的，不平，凸点；-osus/ -osum/ -osa 多的，充分的，丰富的，显著发育的，程度高的，特征明显的（形容词词尾）

Vernonia sylvatica 林生斑鸠菊：silvaticus/ sylvaticus 森林的，林地的；sylva/ silva 森林；-aticus/ -aticum/ -atica 属于，表示生长的地方，作名词词尾

Vernonia volkameriifolia 大叶斑鸠菊：Volkameria 沃克麦属（唇形科，人名，德国植物学家）；folius/ folium/ folia 叶，叶片（用于复合词）

Veronica 婆婆纳属（玄参科）（67-2: p252)：veronica ← Saint Veronica（圣·维罗妮卡，基督教中圣人的名字，可能为 verus/ vera + eicon，意为真实的映像，因为传说 Veronica 的手绢上映出了耶稣的像）；verus 正统的，纯正的，真正的，标准的；形近词：veris 春天的；eicon 映像

Veronica alatavica 阿拉套婆婆纳：alatavica 阿拉套山的（地名，新疆沙湾地区）

Veronica anagallisaquatica 北水苦荬（荬 mǎi）：anagallisaquatica 水生琉璃繁缕；Anagallis 琉璃繁缕属（报春花科）；aquaticus/ aquatilis 水的，水生的，潮湿的；aqua 水

Veronica anagalloides 长果水苦荬：Anagallis 琉璃繁缕属（报春花科）；-oides/ -oideus/ -oideum/ -oidea/ -odes/ -eidos 像……的，类似……的，呈……状的（名词词尾）

Veronica arvensis 直立婆婆纳：arvensis 田里生的；arvum 耕地，可耕地

Veronica beccabunga 有柄水苦荬：beccabunga ← Bachbunge（德语）溪流束

Veronica biloba 两裂婆婆纳：bilobus 二裂的；bi-/ bis- 二，二数，二回（希腊语为 di-）；lobus/ lobos/ lobon 浅裂，耳片（裂片先端钝圆），荚果，蒴果

Veronica campylopoda 弯果婆婆纳：campylos 弯弓的，弯曲的，曲折的；campso-/ campto-/ campylo- 弯弓的，弯曲的，曲折的；podus/ pus 柄，梗，茎秆，足，腿

Veronica cana 灰毛婆婆纳：canus 灰色的，灰白色的

Veronica capitata 头花婆婆纳：capitatus 头状的，头状花序的；capitus ← capitis 头，头状

Veronica cardiocarpa 心果婆婆纳：cardio- ← kardia 心脏；carpus/ carpum/ carpa/ carpon ← carpos 果实（用于希腊语复合词）

Veronica chamaedrys 石蚕叶婆婆纳：chamaedrys = chamae + drys 矮栎；chamae- ← chamai 矮小的，匍匐的，地面的；drys 栎树，栲树，槠树；Chamaedrys 石蚕属（合并到香科科属 Teuricum）；Teucrium chamaedrys 石蚕香（唇形科香科科属/石蚕属）

Veronica chayuensis 察隅婆婆纳：chayuensis 察隅的（地名，西藏东南部）

Veronica chinoalpina 河北婆婆纳：chino- 中国；alpinus = alpus + inus 高山的；alpus 高山；al-/ alti-/ alto- ← altus 高的，高处的；-inus/ -inum/ -ina/ -inos 相近，接近，相似，具有（通常指颜色）

Veronica ciliata 长果婆婆纳：ciliatus = cilium + atus 缘毛的，流苏的；cilium 缘毛，睫毛；-atus/ -atum/ -ata 属于，相似，具有，完成（形容词词尾）

Veronica ciliata subsp. cephaloides 长果婆婆纳-拉萨亚种：cephalus/ cephale ← cephalos 头，头状花序；cephal-/ cephalo- ← cephalus 头，头状，头部；-oides/ -oideus/ -oideum/ -oidea/ -odes/ -eidos 像……的，类似……的，呈……状的（名词词尾）

Veronica ciliata subsp. ciliata 长果婆婆纳-原亚种（词义见上面解释）

Veronica ciliata subsp. zhongdianensis 长果婆婆纳-中甸亚种：zhongdianensis 中甸的（地名，云南省香格里拉市的旧称）

Veronica dahurica 大婆婆纳：dahurica（daurica/ davurica）达乌里的（地名，外贝加尔湖，属西伯利亚的一个地区，即贝加尔湖以东及以南至中国和蒙古边界）

Veronica deltigera 长梗婆婆纳：deltigerus = delta + gerus 具三角的；delta 三角；gerus → -ger/ -gerus/ -gerum/ -gera 具有，有，带有

Veronica densiflora 密花婆婆纳：densus 密集的，繁茂的；florus/ florum/ flora ← flos 花（用于复合词）

Veronica didyma 婆婆纳（另见 V. polita)：didymus 成对的，孪生的，两个联合的，二裂的；关联词：tetradidymus 四对的，tetradymus 四细胞的，tetradidynamus 四强雄蕊的，didynamus 二强雄蕊的

V

Veronica dillenii（迪乐婆婆纳）：dillenii ← Johann Jacob Dillen（人名，18 世纪德国植物学家、医生）

Veronica eriogyne 毛果婆婆纳：erion 绵毛，羊毛；gyne ← gynus 雌蕊的，雌性的，心皮的

Veronica fargesii 城口婆婆纳：fargesii ← Pere Paul Guillaume Farges（人名，19 世纪中叶至 20 世纪活动于中国的法国传教士，植物采集员）

Veronica ferganica 红叶婆婆纳：ferganica 费尔干纳的（地名，吉尔吉斯斯坦）；-icus/ -icum/ -ica 属于，具有某种特性（常用于地名、起源、生境）

Veronica filipes 丝梗婆婆纳：filipes 线状柄的，线状茎的；fili-/ fil- ← filum 线状的，丝状的；pes/ pedis 柄，梗，茎秆，腿，足，爪（作词首或词尾，pes 的词干视为 "ped-"）

Veronica forrestii 大理婆婆纳：forrestii ← George Forrest（人名，1873–1932，英国植物学家，曾在中国西部采集大量植物标本）

Veronica hederifolia 常春藤婆婆纳：hederifolia 常春藤叶的；Hedera 常春藤属（五加科）；folius/ folium/ folia 叶，叶片（用于复合词）

Veronica henryi 华中婆婆纳：henryi ← Augustine Henry 或 B. C. Henry（人名，前者，1857–1930，爱尔兰医生、植物学家，曾在中国采集植物，后者，1850–1901，曾活动于中国的传教士）

Veronica himalensis 大花婆婆纳：himalensis 喜马拉雅的（地名）

Veronica himalensis var. himalensis 大花婆婆纳-原变种 （词义见上面解释）

Veronica himalensis var. yunnanensis 大花婆婆纳-多腺变种：yunnanensis 云南的（地名）

Veronica incana 白婆婆纳：incanus 灰白色的，密被灰白色毛的

Veronica javanica 多枝婆婆纳：javanica 爪哇的（地名，印度尼西亚）；-icus/ -icum/ -ica 属于，具有某种特性（常用于地名、起源、生境）

Veronica kiusiana 长毛婆婆纳：kiusiana 九州的（地名，日本）

Veronica lanuginosa 绵毛婆婆纳：lanuginosus = lanugo + osus 具绵毛的，具柔毛的；lanugo = lana + ugo 绒毛（lanugo 的词干为 lanugin-）；词尾为 -go 的词其词干末尾视为 -gin；lana 羊毛，绵毛

Veronica lasiocarpa 短花柱婆婆纳：lasi-/ lasio- 羊毛状的，有毛的，粗糙的；carpus/ carpum/ carpa/ carpon ← carpos 果实（用于希腊语复合词）

Veronica laxa 疏花婆婆纳：laxus 稀疏的，松散的，宽松的

Veronica linariifolia 细叶婆婆纳：linariifolius 柳穿鱼叶的；缀词规则：以属名作复合词时原词尾变形后的 i 要保留；Linaria 柳穿鱼属（玄参科）；folius/ folium/ folia 叶，叶片（用于复合词）

Veronica linariifolia subsp. dilatata 水蔓菁（蔓菁 mán jīng）：dilatatus = dilatus + atus 扩大的，膨大的；dilatus/ dilat-/ dilati-/ dilato- 扩大，膨大

Veronica linariifolia subsp. linariifolia 细叶婆婆纳-原亚种 （词义见上面解释）

Veronica longifolia 兔儿尾苗：longe-/ longi- ← longus 长的，纵向的；folius/ folium/ folia 叶，叶片（用于复合词）

Veronica longipetiolata 长柄婆婆纳：longe-/ longi- ← longus 长的，纵向的；petiolatus = petiolus + atus 具叶柄的；petiolus 叶柄

Veronica morrisonicola 匍茎婆婆纳：morrisonicola 磨里山产的；morrison 磨里山（地名，今台湾新高山）；colus ← colo 分布于，居住于，栖居，殖民（常作词尾）；colo/ colere/ colui/ cultum 居住，耕作，栽培

Veronica oligosperma 少籽婆婆纳：oligo-/ olig- 少数的（希腊语，拉丁语为 pauci-）；spermus/ spermum/ sperma 种子的（用于希腊语复合词）

Veronica oxycarpa 尖果水苦荬（荬 mǎi）：oxycarpus 尖果的；oxy- ← oxys 尖锐的，酸的；carpus/ carpum/ carpa/ carpon ← carpos 果实（用于希腊语复合词）

Veronica peregrina 蚊母草：peregrinus 外来的，外部的

Veronica perpusilla 侏倭婆婆纳（侏倭 zhū wō）：perpusillus 非常小的，微小的；per-（在 l 前面音变为 pel-）极，很，颇，甚，非常，完全，通过，遍及（表示效果加强，与 sub- 互为反义词）；pusillus 纤弱的，细小的，无价值的

Veronica persica 阿拉伯婆婆纳：persica 桃，杏，波斯的（地名）

Veronica pinnata 羽叶婆婆纳：pinnatus = pinnus + atus 羽状的，具羽的；pinnus/ pennus 羽毛，羽状，羽片；-atus/ -atum/ -ata 属于，相似，具有，完成（形容词词尾）

Veronica piroliformis 鹿蹄草婆婆纳：piroli- ← Pyrola 鹿蹄草属（鹿蹄草科）（将词尾变成 i 与后面的词结合）；formis/ forma 形状

Veronica polita 婆婆纳（另见 V. didyma）：politus 打磨的，平滑的，有光泽的

Veronica riae 膜叶婆婆纳：riae（人名）

Veronica rockii 光果婆婆纳：rockii ← Joseph Francis Charles Rock（人名，20 世纪美国植物采集员）

Veronica rockii subsp. rockii 光果婆婆纳-原亚种 （词义见上面解释）

Veronica rockii subsp. stenocarpa 光果婆婆纳-尖果亚种：sten-/ steno- ← stenus 窄的，狭的，薄的；carpus/ carpum/ carpa/ carpon ← carpos 果实（用于希腊语复合词）

Veronica rotunda 无柄婆婆纳：rotundus 圆形的，呈圆形的，肥大的；rotundo 使呈圆形，使圆滑；roto 旋转，滚动

Veronica rotunda var. coreana 朝鲜婆婆纳：coreana 朝鲜的（地名）

Veronica rotunda var. subintegra 东北婆婆纳：subintegra 近全缘的；sub-（表示程度较弱）与……类似，几乎，稍微，弱，亚，之下，下面；integer/ integra/ integrum → integri- 完整的，整个的，全缘的

Veronica semiamplexicaulis 半抱茎婆婆纳：semiamplexicaulis 半抱茎的；semi- 半，准，略微；amplexa 跨骑状，紧握的，抱紧的；caulis ← caulos 茎，茎秆，主茎

Veronica serpyllifolia 小婆婆纳：serpyllifolia 百里

V

香叶的；serpyllum ← Thymus serpyllum 亚洲百里香（唇形科）；folius/ folium/ folia 叶，叶片（用于复合词）

Veronica spicata 穗花婆婆纳：spicatus 具穗的，具穗状花的，具尖头的；spicus 穗，谷穗，花穗；-atus/ -atum/ -ata 属于，相似，具有，完成（形容词词尾）

Veronica spuria 轮叶婆婆纳：spurius 假的

Veronica stelleri var. longistyla 长白婆婆纳：stelleri ← G. W. Steller（人名，1709–1746，德国植物学家）；-eri 表示人名，在以 -er 结尾的人名后面加上 i 形成；longe-/ longi- ← longus 长的，纵向的；stylus/ stylis ← stylos 柱，花柱

Veronica sutchuenensis 川西婆婆纳：sutchuenensis 四川的（地名）

Veronica szechuanica 四川婆婆纳：szechuanica 四川的（地名）；-icus/ -icum/ -ica 属于，具有某种特性（常用于地名、起源、生境）

Veronica szechuanica subsp. sikkimensis 四川婆婆纳-多毛亚种：sikkimensis 锡金的（地名）

Veronica szechuanica subsp. szechuanica 四川婆婆纳-原亚种 （词义见上面解释）

Veronica taiwanica 台湾婆婆纳：taiwanica 台湾的（地名）；-icus/ -icum/ -ica 属于，具有某种特性（常用于地名、起源、生境）

Veronica tenuissima 丝茎婆婆纳：tenui- ← tenuis 薄的，纤细的，弱的，瘦的，窄的；-issimus/ -issima/ -issimum 最，非常，极其（形容词最高级）

Veronica teucrium 卷毛婆婆纳：teucrium ← teucrion ← Teucer 透克洛斯（希腊神话中特洛伊的第一位国王）；Teucrium 香科科属（唇形科）

Veronica tibetica 西藏婆婆纳：tibetica 西藏的（地名）；-icus/ -icum/ -ica 属于，具有某种特性（常用于地名、起源、生境）

Veronica tsinglingensis 陕川婆婆纳：tsinglingensis 秦岭的（地名，陕西省）

Veronica undulata 水苦荬（荬 mǎi）：undulatus = undus + ulus + atus 略呈波浪状的，略弯曲的；undus/ undum/ unda 起波浪的，弯曲的；-ulus/ -ulum/ -ula 小的，略微的，稍微的（小词 -ulus 在字母 e 或 i 之后有多种变缀，即 -olus/ -olum/ -ola、-ellus/ -ellum/ -ella、-illus/ -illum/ -illa，与第一变格法和第二变格法名词形成复合词）；-atus/ -atum/ -ata 属于，相似，具有，完成（形容词词尾）

Veronica vandellioides 唐古拉婆婆纳：Vandellia → Lindernia 母草属（玄参科）；-oides/ -oideus/ -oideum/ -oidea/ -odes/ -eidos 像……的，类似……的，呈……状的（名词词尾）

Veronica verna 裂叶婆婆纳：vernus 春天的，春天开花的；vern- 春天，春分；ver/ veris 春天，春季

Veronica yunnanensis 云南婆婆纳：yunnanensis 云南的（地名）

Veronicastrum 腹水草属（玄参科）（67-2：p227）：veronicastrum 像婆婆纳的，伪婆婆纳的；Veronica 婆婆纳属（玄参科）；-aster/ -astra/ -astrum -ister/ -istra/ -istrum 相似的，程度稍弱，稍小的，次等级的（用于拉丁语复合词词尾，表示不完全相似或低级之意，常用以区别一种野生植物与栽培植物，如 oleaster、oleastrum 野橄榄，以区别于 olea，

即栽培的橄榄，而作形容词词尾时则表示小或程度弱化，如 surdaster 稍聋的，比 surdus 稍弱）

Veronicastrum axillare 爬岩红：axillare 在叶腋；axill- 叶腋

Veronicastrum brunonianum 美穗草：brunonianum ← Robert Brown（人名，19 世纪英国植物学家）

Veronicastrum caulopterum 四方麻：caulopterus 翅茎的；caulus/ caulon/ caule ← caulos 茎，茎秆，主茎；pterus/ pteron 翅，翼，蕨类

Veronicastrum formosanum 台湾腹水草：formosanus = formosus + anus 美丽的，台湾的；formosus ← formosa 美丽的，台湾的（葡萄牙殖民者发现台湾时对其的称呼，即美丽的岛屿）；-anus/ -anum/ -ana 属于，来自（形容词词尾）

Veronicastrum kitamurae 直立腹水草：kitamurae 北村（人名，日本植物学家）

Veronicastrum latifolium 宽叶腹水草：lati-/ late- ← latus 宽的，宽广的；folius/ folium/ folia 叶，叶片（用于复合词）

Veronicastrum longispicatum 长穗腹水草：longe-/ longi- ← longus 长的，纵向的；spicatus 具穗的，具穗状花的，具尖头的；spicus 穗，谷穗，花穗；-atus/ -atum/ -ata 属于，相似，具有，完成（形容词词尾）

Veronicastrum rhombifolium 菱叶腹水草：rhombus 菱形，纺锤；folius/ folium/ folia 叶，叶片（用于复合词）

Veronicastrum robustum 粗壮腹水草：robustus 大型的，结实的，健壮的，强壮的

Veronicastrum robustum subsp. grandifolium 大叶腹水草：grandi- ← grandis 大的；folius/ folium/ folia 叶，叶片（用于复合词）

Veronicastrum robustum subsp. robustum 粗壮腹水草-原亚种 （词义见上面解释）

Veronicastrum sibiricum 草本威灵仙：sibiricum 西伯利亚的（地名，俄罗斯）；-icus/ -icum/ -ica 属于，具有某种特性（常用于地名、起源、生境）

Veronicastrum stenostachyum 细穗腹水草：stachy-/ stachyo-/ -stachys/ -stachyus/ -stachyum/ -stachya 穗子，穗子的，穗子状的，穗状花序的

Veronicastrum stenostachyum subsp. nanchuanense 腹水草-南川亚种：nanchuanense 南川的（地名，重庆市）

Veronicastrum stenostachyum subsp. plukenetii 腹水草-普鲁亚种：plukenetii ← Leonard Plukenet（人名，17 世纪英国植物学家）

Veronicastrum stenostachyum subsp. stenostachyum 细穗腹水草-原亚种 （词义见上面解释）

Veronicastrum tubiflorum 管花腹水草：tubi-/ tubo- ← tubus 管子的，管状的；florus/ florum/ flora ← flos 花（用于复合词）

Veronicastrum villosulum 毛叶腹水草：villosulus 略有长柔毛的；villosus 柔毛的，绵毛的；villus 毛，羊毛，长绒毛；-ulus/ -ulum/ -ula 小的，略微的，稍微的（小词 -ulus 在字母 e 或 i 之后有多种变缀，即 -olus/ -olum/ -ola、-ellus/ -ellum/ -ella、-illus/

-illum/ -illa，与第一变格法和第二变格法名词形成复合词）

Veronicastrum villosulum var. glabrum 铁钓竿：glabrus 光秃的，无毛的，光滑的

Veronicastrum villosulum var. hirsutum 毛叶腹水草-刚毛变种：hirsutus 粗毛的，糙毛的，有毛的（长而硬的毛）

Veronicastrum villosulum var. parviflorum 两头连：parviflorus 小花的；parvus 小的，些微的，弱的；florus/ florum/ flora ← flos 花（用于复合词）

Veronicastrum villosulum var. villosulum 毛叶腹水草-原变种 （词义见上面解释）

Veronicastrum yunnanense 云南腹水草：yunnanense 云南的（地名）

Vetiveria 香根草属（禾本科）（10-2：p131）：vetiveria = vetiverus + ius 掘出的根（指可提取香料）；-ius/ -ium/ -ia 具有……特性的（表示有关、关联、相似）

Vetiveria zizanioides 香根草（另见 Chrysopogon zizanioides）：Zizania 菰属（禾本科）；-oides/ -oideus/ -oideum/ -oidea/ -odes/ -eidos 像……的，类似……的，呈……状的（名词词尾）

Vexillabium 旗唇兰属（兰科）（17：p173）：vexillabium ← vexillaris 旗帜的，旗瓣的；vexillus 旗，旗帜，旗瓣；labius 唇，唇瓣的，唇形的

Vexillabium yakushimense 旗唇兰：yakushimense 屋久岛的（地名，日本）

Viburnum 荚蒾属（蒾 mí）（忍冬科）（72：p12）：viburnum（荚蒾属一种的古拉丁名）

Viburnum amplifolium 广叶荚蒾：ampli- ← amplus 大的，宽的，膨大的，扩大的；folius/ folium/ folia 叶，叶片（用于复合词）

Viburnum atrocyaneum 蓝黑果荚蒾：atrocyaneus 深蓝色的；atro-/ atr-/ atri-/ atra- ← ater 深色，浓色，暗色，发黑（ater 作为词干后接辅音字母开头的词时，要在词干后面加一个连接用的元音字母"o"或"i"，故为"ater-o-"或"ater-i-"，变形为"atr-"开头）；cyaneus 蓝色的，深蓝色的

Viburnum atrocyaneum subsp. atrocyaneum 蓝黑果荚蒾-原亚种 （词义见上面解释）

Viburnum atrocyaneum subsp. harryanum 毛枝荚蒾：harryanum ← James Harry Veitch（人名，20 世纪英国园艺学家）

Viburnum betulifolium 桦叶荚蒾（桦 huà）：betulifolius 桦树叶的；Betula 桦木属；folius/ folium/ folia 叶，叶片（用于复合词）

Viburnum betulifolium var. betulifolium 桦叶荚蒾-原变种 （词义见上面解释）

Viburnum betulifolium var. flocculosum 卷毛荚蒾：flocculosus = floccus + ulosus 密被小丛卷毛的，密被簇状毛的；floccus 丛卷毛，簇状毛（毛成簇脱落）；-ulosus = ulus + osus 小而多的；-ulus/ -ulum/ -ula 小的，略微的，稍微的（小词 -ulus 在字母 e 或 i 之后有多种变缀，即 -olus/ -olum/ -ola、-ellus/ -ellum/ -ella、-illus/ -illum/ -illa，与第一变格法和第二变格法名词形成复合词）；-osus/ -osum/ -osa 多的，充分的，丰富的，显著发育的，程度高的，特征明显的（形容词词尾）

Viburnum brachybotryum 短序荚蒾：brachy- ← brachys 短的（用于拉丁语复合词词首）；botryus ← botrys 总状的，簇状的，葡萄串状的

Viburnum brevipes 短柄荚蒾：brevi- ← brevis 短的（用于希腊语复合词词首）；pes/ pedis 柄，梗，茎秆，腿，足，爪（作词首或词尾，pes 的词干视为"ped-"）

Viburnum brevitubum 短筒荚蒾：brevi- ← brevis 短的（用于希腊语复合词词首）；tubus 管子的，管状的，筒状的

Viburnum buddleifolium 醉鱼草叶荚蒾（原名"短筒荚蒾"，本属有重名）：buddleifolium 醉鱼草叶片的；Buddleja 醉鱼草属（马钱科）；folius/ folium/ folia 叶，叶片（用于复合词）

Viburnum burejaeticum 修枝荚蒾：burejaeticum ← Bureya 布列亚山脉的（地名，东西伯利亚）

Viburnum burmanicum 滇缅荚蒾：burmanicum 缅甸的（地名）

Viburnum burmanicum var. burmanicum 滇缅荚蒾-原变种 （词义见上面解释）

Viburnum burmanicum var. motoense 墨脱荚蒾：motoense 墨脱的（地名，西藏自治区）

Viburnum chingii 漾濞荚蒾（濞 bì）：chingii ← R. C. Chin 秦仁昌（人名，1898–1986，中国植物学家，蕨类植物专家），秦氏

Viburnum chingii var. carnosulum 肉叶荚蒾：carnosulus 肉质的，略带肉质的；carne 肉；carnosus 肉质的；-ulus/ -ulum/ -ula 小的，略微的，稍微的（小词 -ulus 在字母 e 或 i 之后有多种变缀，即 -olus/ -olum/ -ola、-ellus/ -ellum/ -ella、-illus/ -illum/ -illa，与第一变格法和第二变格法名词形成复合词）

Viburnum chingii var. chingii 漾濞荚蒾-原变种 （词义见上面解释）

Viburnum chingii var. impressinervium 凹脉肉叶荚蒾：impressinervius 凹脉的；impressi- ← impressus 凹陷的，凹入的，雕刻的；in-/ im-（来自 il- 的音变）内，在内，内部，向内，相反，不，无，非；il- 在内，向内，为，相反（希腊语为 en-）；词首 il- 的音变：il-（在 l 前面），im-（在 b、m、p 前面），in-（在元音字母和大多数辅音字母前面），ir-（在 r 前面），如 illaudatus（不值得称赞的，评价不好的），impermeabilis（不透水的，穿不透的），ineptus（不合适的），insertus（插入的），irretortus（无弯曲的，无扭曲的）；nervius = nervus + ius 具脉的，具叶脉的；pressus 压，压力，挤压，紧密；nervus 脉，叶脉；-ius/ -ium/ -ia 具有……特性的（表示有关、关联、相似）

Viburnum chingii var. tenuipes 细梗漾濞荚蒾（濞 bì）：tenui- ← tenuis 薄的，纤细的，弱的，瘦的，窄的；pes/ pedis 柄，梗，茎秆，腿，足，爪（作词首或词尾，pes 的词干视为"ped-"）

Viburnum chinshanense 金佛山荚蒾：chinshanense 金佛山的（地名，重庆市）

Viburnum chunii 金腺荚蒾：chunii ← W. Y. Chun 陈焕镛（人名，1890–1971，中国植物学家）

Viburnum chunii var. chunii 金腺荚蒾-原变种

V

（词义见上面解释）

Viburnum chunii var. piliferum 毛枝金腺荚蒾：
pilus 毛，疏柔毛；-ferus/ -ferum/ -fera/ -fero/
-fere/ -fer 有，具有，产（区别：作独立词使用的
ferus 意思是"野生的"）

Viburnum cinnamomifolium 樟叶荚蒾：
Cinnamomum 樟属（樟科）；folius/ folium/ folia
叶，叶片（用于复合词）

Viburnum congestum 密花荚蒾：congestus 聚集
的，充满的

Viburnum corymbiflorum 伞房荚蒾：corymbus
伞形的，伞状的；florus/ florum/ flora ← flos 花
（用于复合词）

Viburnum corymbiflorum subsp.
corymbiflorum 伞房荚蒾-原亚种 （词义见上面
解释）

Viburnum corymbiflorum subsp. malifolium 苹
果叶荚蒾：malifolius = malus + folius 苹果叶的；
malus ← malon 苹果（希腊语）；folius/ folium/
folia 叶，叶片（用于复合词）

Viburnum cotinifolium 黄栌叶荚蒾（栌 lú）：
Cotinus 黄栌属（漆树科）；folius/ folium/ folia 叶，
叶片（用于复合词）

Viburnum cylindricum 水红木：cylindricus 圆形
的，圆筒状的

Viburnum dalzielii 粤赣荚蒾：dalzielii（人名）；-ii
表示人名，接在以辅音字母结尾的人名后面，但 -er
除外

Viburnum dasyanthum 毛花荚蒾：dasyanthus =
dasy + anthus 粗毛花的；dasy- ← dasys 毛茸茸的，
粗毛的，毛；anthus/ anthum/ antha/ anthe ←
anthos 花（用于希腊语复合词）

Viburnum davidii 川西荚蒾：davidii ← Pere
Armand David（人名，1826–1900，曾在中国采集
植物标本的法国传教士）；-ii 表示人名，接在以辅音
字母结尾的人名后面，但 -er 除外

Viburnum dilatatum 荚蒾：dilatatus = dilatus +
atus 扩大的，膨大的；dilatus/ dilat-/ dilati-/
dilato- 扩大，膨大

Viburnum dilatatum var. dilatatum 荚蒾-原变
种 （词义见上面解释）

Viburnum dilatatum var. fulvotomentosum 庐
山荚蒾：fulvus 咖啡色的，黄褐色的；tomentosus =
tomentum + osus 绒毛的，密被绒毛的；tomentum
绒毛，浓密的毛被，棉絮，棉絮状填充物（被褥、垫
子等）；-osus/ -osum/ -osa 多的，充分的，丰富的，
显著发育的，程度高的，特征明显的（形容词词尾）

Viburnum erosum 宜昌荚蒾：erosus 啮蚀状的，牙
齿不整齐的

Viburnum erosum var. erosum 宜昌荚蒾-原变种
（词义见上面解释）

Viburnum erosum var. taquetii 裂叶宜昌荚蒾：
taquetii（人名）；-ii 表示人名，接在以辅音字母结
尾的人名后面，但 -er 除外

Viburnum erubescens 红荚蒾：erubescens/
erubui ← erubeco/ erubere/ rubui 变红色的，浅红
色的，赤红面的；rubescens 发红的，带红的，近红
的；rubus ← ruber/ rubeo 树莓的，红色的；

rubens 发红的，带红色的，变红的，红的；rubeo/
rubere/ rubui 红色的，变红，放光，闪耀；
rubesco/ rubere/ rubui 变红；-escens/ -ascens 改
变，转变，变成，略微，带有，接近，相似，大致，
稍微（表示变化的趋势，并未完全相似或相同，有
别于表示达到完成状态的 -atus）

Viburnum erubescens var. erubescens 红荚
蒾-原变种 （词义见上面解释）

Viburnum erubescens var. gracilipes 细梗红荚
蒾：gracilis 细长的，纤弱的，丝状的；pes/ pedis
柄，梗，茎秆，腿，足，爪（作词首或词尾，pes 的
词干视为"ped-"）

Viburnum erubescens var. parvum 小红荚蒾：
parvus → parvi-/ parv- 小的，些微的，弱的

Viburnum erubescens var. prattii 紫药红荚蒾：
prattii ← Antwerp E. Pratt（人名，19 世纪活动于
中国的英国动物学家、探险家）

Viburnum farreri 香荚蒾：farreri ← Reginald John
Farrer（人名，20 世纪英国植物学家、作家）；-eri
表示人名，在以 -er 结尾的人名后面加上 i 形成

Viburnum fengyangshanense 凤阳山荚蒾：
fengyangshanense 凤阳山的（地名，浙江省）

Viburnum flavescens 川滇荚蒾：flavescens 淡黄的，
发黄的，变黄的；flavus → flavo-/ flavi-/ flav- 黄色
的，鲜黄色的，金黄色的（指纯正的黄色）；
-escens/ -ascens 改变，转变，变成，略微，带有，
接近，相似，大致，稍微（表示变化的趋势，并未完
全相似或相同，有别于表示达到完成状态的 -atus）

Viburnum foetidum 臭荚蒾：foetidus = foetus +
idus 臭的，恶臭的，令人作呕的；foetus/ faetus/
fetus 臭味，恶臭，令人不悦的气味；-idus/ -idum/
-ida 表示在进行中的动作或情况，作动词、名词或
形容词的词尾

Viburnum foetidum var. ceanothoides 珍珠荚
蒾：Ceanothus（属名，鼠李科）；-oides/ -oideus/
-oideum/ -oidea/ -odes/ -eidos 像……的，类
似……的，呈……状的（名词词尾）

Viburnum foetidum var. foetidum 臭荚蒾-原变
种 （词义见上面解释）

Viburnum foetidum var. rectangulatum 直角荚
蒾：rectangulatus 直角的；recti-/ recto- ← rectus
直线的，笔直的，向上的；angulatus = angulus +
atus 具棱角的，有角度的

Viburnum fordiae 南方荚蒾：fordiae ← Charles
Ford（人名）

Viburnum formosanum 台中荚蒾：formosanus =
formosus + anus 美丽的，台湾的；formosus ←
formosa 美丽的，台湾的（葡萄牙殖民者发现台湾时
对其的称呼，即美丽的岛屿）；-anus/ -anum/ -ana
属于，来自（形容词词尾）

Viburnum formosanum subsp. formosanum 台
中荚蒾-原亚种 （词义见上面解释）

Viburnum formosanum subsp. formosanum
var. formosanum 台中荚蒾-原变种 （词义见上面
解释）

Viburnum formosanum subsp. formosanum
var. pubigerum 毛枝台中荚蒾：pubi- ← pubis
细柔毛的，短柔毛的，毛被的；gerus → -ger/

V

-gerus/ -gerum/ -gera 具有，有，带有

Viburnum formosanum subsp. leiogynum 光萼荚蒾：lei-/ leio-/ lio- ← leius ← leios 光滑的，平滑的；gynus/ gynum/ gyna 雌蕊，子房，心皮

Viburnum glomeratum 聚花荚蒾：glomeratus = glomera + atus 聚集的，球形的，聚成球形的；glomera 线球，一团，一束

Viburnum glomeratum subsp. glomeratum 聚花荚蒾-原亚种 （词义见上面解释）

Viburnum glomeratum subsp. glomeratum var. rockii （罗氏荚蒾）：rockii ← Joseph Francis Charles Rock（人名，20 世纪美国植物采集员）

Viburnum glomeratum subsp. magnificum 壮大荚蒾：magnificus 壮大的，大规模的；magnus 大的，巨大的；-ficus 非常，极其（作独立词使用的 ficus 意思是"榕树，无花果"）

Viburnum glomeratum subsp. rotundifolium 圆叶荚蒾：rotundus 圆形的，呈圆形的，肥大的；rotundo 使呈圆形，使圆滑；roto 旋转，滚动；folius/ folium/ folia 叶，叶片（用于复合词）

Viburnum grandiflorum 大花荚蒾：grandi- ← grandis 大的；florus/ florum/ flora ← flos 花（用于复合词）

Viburnum hainanense 海南荚蒾：hainanense 海南的（地名）

Viburnum hanceanum 蝶花荚蒾：hanceanum ← Henry Fletcher Hance（人名，19 世纪英国驻香港领事，曾在中国采集植物）

Viburnum hengshanicum 衡山荚蒾：hengshanicum 衡山的（地名，湖南省）；-icus/ -icum/ -ica 属于，具有某种特性（常用于地名、起源、生境）

Viburnum henryi 巴东荚蒾：henryi ← Augustine Henry 或 B. C. Henry（人名，前者，1857–1930，爱尔兰医生、植物学家，曾在中国采集植物，后者，1850–1901，曾活动于中国的传教士）

Viburnum hupehense 湖北荚蒾：hupehense 湖北的（地名）

Viburnum hupehense subsp. septentrionale 北方荚蒾：septentrionale 北方的，北半球的，北极附近的；septentrio 北斗七星，北方，北风；septem-/ sept-/ septi- 七（希腊语为 hepta-）；trio 耕牛，大、小熊星座

Viburnum inopinatum 厚绒荚蒾：inopinatus 突然的，意外的

Viburnum integrifolium 全叶荚蒾：integer/ integra/ integrum → integri- 完整的，整个的，全缘的；folius/ folium/ folia 叶，叶片（用于复合词）

Viburnum kansuense 甘肃荚蒾：kansuense 甘肃的（地名）

Viburnum koreanum 朝鲜荚蒾：koreanum 朝鲜的（地名）

Viburnum lancifolium 披针叶荚蒾：lance-/ lancei-/ lanci-/ lanceo-/ lanc- ← lanceus 披针形的，矛形的，尖刀状的，柳叶刀状的；folius/ folium/ folia 叶，叶片（用于复合词）

Viburnum laterale 侧花荚蒾：lateralis = laterus + ale 侧边的，侧生的；laterus 边，侧边；later-/ lateri- 侧面的，横向的；-aris（阳性、阴性）/ -are（中性）← -alis（阳性、阴性）/ -ale（中性）属于，相似，如同，具有，涉及，关于，联结于（将名词作形容词用，其中 -aris 常用于以 l 或 r 为词干末尾的词）

Viburnum leiocarpum 光果荚蒾：lei-/ leio-/ lio- ← leius ← leios 光滑的，平滑的；carpus/ carpum/ carpa/ carpon ← carpos 果实（用于希腊语复合词）

Viburnum leiocarpum var. leiocarpum 光果荚蒾-原变种 （词义见上面解释）

Viburnum leiocarpum var. punctatum 斑点光果荚蒾：punctatus = punctus + atus 具斑点的；punctus 斑点

Viburnum lobophyllum 阔叶荚蒾：lobus/ lobos/ lobon 浅裂，耳片（裂片先端钝圆），荚果，蒴果；phyllus/ phyllum/ phylla ← phyllon 叶片（用于希腊语复合词）

Viburnum lobophyllum var. silvestrii 腺叶荚蒾：silvestrii/ sylvestrii ← Filippo Silvestri（人名，19 世纪意大利解剖学家、动物学家）；-ii 表示人名，接在以辅音字母结尾的人名后面，但 -er 除外

Viburnum longipedunculatum 长梗荚蒾：longe-/ longi- ← longus 长的，纵向的；pedunculatus/ peduncularis 具花序柄的，具总花梗的；pedunculus/ peduncule/ pedunculis ← pes 花序柄，总花梗（花序基部无花着生部分，不同于花柄）；关联词：pedicellus/ pediculus 小花梗，小花柄（不同于花序柄）；pes/ pedis 柄，梗，茎秆，腿，足，爪（作词首或词尾，pes 的词干视为 "ped-"）

Viburnum longiradiatum 长伞梗荚蒾：longe-/ longi- ← longus 长的，纵向的；radiatus = radius + atus 辐射状的，放射状的；radius 辐射，射线，半径，边花，伞形花序

Viburnum lutescens 淡黄荚蒾：lutescens 淡黄色的；luteus 黄色的；-escens/ -ascens 改变，转变，变成，略微，带有，接近，相似，大致，稍微（表示变化的趋势，并未完全相似或相同，有别于表示达到完成状态的 -atus）

Viburnum luzonicum 吕宋荚蒾：luzonicum ← Luzon 吕宋岛的（地名，菲律宾）

Viburnum macrocephalum 绣球荚蒾：macro-/ macr- ← macros 大的，宏观的（用于希腊语复合词）；cephalus/ cephale ← cephalos 头，头状花序

Viburnum macrocephalum var. indutum （膜片荚蒾）：indutus 包膜，盖子

Viburnum macrocephalum var. macrocephalum f. keteleeri 琼花：keteleeri（人名，19 世纪法国园艺学家）；-eri 表示人名，在以 -er 结尾的人名后面加上 i 形成

Viburnum macrocephalum var. macrocephalum f. macrocephalum 绣球荚蒾-原变型 （词义见上面解释）

Viburnum melanocarpum 黑果荚蒾：mel-/ mela-/ melan-/ melano- ← melanus/ melaenus ← melas/ melanos 黑色的，浓黑色的，暗色的；carpus/ carpum/ carpa/ carpon ← carpos 果实（用于希腊语复合词）

Viburnum melanophyllum （深色荚蒾）：mel-/ mela-/ melan-/ melano- ← melanus/ melaenus ← melas/ melanos 黑色的，浓黑色的，暗色的；phyllus/ phyllum/ phylla ← phyllon 叶片（用于希腊语复合词）

Viburnum mongolicum 蒙古荚蒾：mongolicum 蒙古的（地名）；mongolia 蒙古的（地名）；-icus/ -icum/ -ica 属于，具有某种特性（常用于地名、起源、生境）

Viburnum morrisonense 新高山荚蒾：morrisonense 磨里山的（地名，今台湾新高山）

Viburnum mullaba 西域荚蒾：mullaba（地名，西藏自治区）

Viburnum mullaba var. glabrescens 少毛西域荚蒾：glabrus 光秃的，无毛的，光滑的；-escens/ -ascens 改变，转变，变成，略微，带有，接近，相似，大致，稍微（表示变化的趋势，并未完全相似或相同，有别于表示达到完成状态的 -atus）

Viburnum mullaba var. mullaba 西域荚蒾-原变种 （词义见上面解释）

Viburnum nervosum 显脉荚蒾：nervosus 多脉的，叶脉明显的；nervus 脉，叶脉；-osus/ -osum/ -osa 多的，充分的，丰富的，显著发育的，程度高的，特征明显的（形容词词尾）

Viburnum odoratissimum 珊瑚树：odorati- ← odoratus 香气的，气味的；-issimus/ -issima/ -issimum 最，非常，极其（形容词最高级）

Viburnum odoratissimum var. awabuki 日本珊瑚树：awabuki 泡吹（日文）

Viburnum odoratissimum var. odoratissimum 珊瑚树-原变种 （词义见上面解释）

Viburnum odoratissimum var. sessiliflorum 云南珊瑚树：sessile-/ sessili-/ sessil- ← sessilis 无柄的，无茎的，基生的，基部的；florus/ florum/ flora ← flos 花（用于复合词）

Viburnum oliganthum 少花荚蒾：oligo-/ olig- 少数的（希腊语，拉丁语为 pauci-）；anthus/ anthum/ antha/ anthe ← anthos 花（用于希腊语复合词）

Viburnum omeiense 峨眉荚蒾：omeiense 峨眉山的（地名，四川省）

Viburnum opulus 欧洲荚蒾：opulus（一种槭树）

Viburnum opulus var. calvescens 鸡树条：calvescens 变光秃的，几乎无毛的；calvus 光秃的，无毛的，无芒的，裸露的；-escens/ -ascens 改变，转变，变成，略微，带有，接近，相似，大致，稍微（表示变化的趋势，并未完全相似或相同，有别于表示达到完成状态的 -atus）

Viburnum opulus var. calvescens f. calvescens 鸡树条-原变型 （词义见上面解释）

Viburnum opulus var. calvescens f. puberulum 毛叶鸡树条：puberulus = puberus + ulus 略被柔毛的，被微柔毛的；puberus 多毛的，毛茸茸的；-ulus/ -ulum/ -ula 小的，略微的，稍微的（小词 -ulus 在字母 e 或 i 之后有多种变缀，即 -olus/ -olum/ -ola、-ellus/ -ellum/ -ella、-illus/ -illum/ -illa，与第一变格法和第二变格法名词形成复合词）

Viburnum opulus var. opulus 欧洲荚蒾-原变种 （词义见上面解释）

Viburnum ovatifolium 卵叶荚蒾：ovatus = ovus + atus 卵圆形的；ovus 卵，胚珠，卵形的，椭圆形的；-atus/ -atum/ -ata 属于，相似，具有，完成（形容词词尾）；folius/ folium/ folia 叶，叶片（用于复合词）

Viburnum parvifolium 小叶荚蒾：parvifolius 小叶的；parvus 小的，些微的，弱的；folius/ folium/ folia 叶，叶片（用于复合词）

Viburnum plicatum 粉团：plicatus = plex + atus 折扇状的，有沟的，纵向折叠的，棕榈叶状的（= plicativus）；plex/ plica 褶，折扇状，卷折（plex 的词干为 plic-）；plico 折叠，出褶，卷折

Viburnum plicatum var. plicatum 粉团-原变种 （词义见上面解释）

Viburnum plicatum var. tomentosum 蝴蝶戏珠花：tomentosus = tomentum + osus 绒毛的，密被绒毛的；tomentum 绒毛，浓密的毛被，棉絮，棉絮状填充物（被褥、垫子等）；-osus/ -osum/ -osa 多的，充分的，丰富的，显著发育的，程度高的，特征明显的（形容词词尾）

Viburnum propinquum 球核荚蒾：propinquus 有关系的，近似的，近缘的

Viburnum propinquum var. mairei 狭叶球核荚蒾：mairei（人名）；Edouard Ernest Maire（人名，19 世纪活动于中国云南的传教士）；Rene C. J. E. Maire 人名（20 世纪阿尔及利亚植物学家，研究北非植物）；-i 表示人名，接在以元音字母结尾的人名后面，但 -a 除外

Viburnum propinquum var. parvifolium （小叶球核荚蒾）：parvifolius 小叶的；parvus 小的，些微的，弱的；folius/ folium/ folia 叶，叶片（用于复合词）

Viburnum propinquum var. propinquum 球核荚蒾-原变种 （词义见上面解释）

Viburnum punctatum 鳞斑荚蒾：punctatus = punctus + atus 具斑点的；punctus 斑点

Viburnum punctatum var. lepidotulum 大果鳞斑荚蒾：lepidotulus = lepidotus + ulus 细鳞的，属于细鳞的；lepidotus = lepis + otus 鳞片状的；lepido- ← lepis 鳞片，鳞片状（lepis 词干视为 lepid-，后接辅音字母时通常加连接用的 "o"，故形成 "lepido-"）；lepido- ← lepidus 美丽的，典雅的，整洁的，装饰华丽的；lepis/ lepidos 鳞片；-otus/ -otum/ -ota（希腊语词尾，表示相似或所有）；-ulus/ -ulum/ -ula 小的，略微的，稍微的（小词 -ulus 在字母 e 或 i 之后有多种变缀，即 -olus/ -olum/ -ola、-ellus/ -ellum/ -ella、-illus/ -illum/ -illa，与第一变格法和第二变格法名词形成复合词）；注：构词成分 lepid-/ lepdi-/ lepido- 需要根据植物特征翻译成 "秀丽" 或 "鳞片"

Viburnum punctatum var. punctatum 鳞斑荚蒾-原变种 （词义见上面解释）

Viburnum pyramidatum 锥序荚蒾：pyramidatus 金字塔形的，三角形的，锥形的；pyramis 棱形体，锥形体，金字塔；构词规则：词尾为 -is 和 -ys 的词的词干分别视为 -id 和 -yd

Viburnum rhytidophyllum 皱叶荚蒾：rhytido-/ rhyt- ← rhytidos 褶皱的，皱纹的，折叠的；

V

phyllus/ phyllum/ phylla ← phyllon 叶片（用于希腊语复合词）

Viburnum schensianum 陕西荚蒾：schensianum 陕西的（地名）

Viburnum schensianum subsp. chekiangense 浙江荚蒾：chekiangense 浙江的（地名）

Viburnum schensianum subsp. schensianum 陕西荚蒾-原亚种 （词义见上面解释）

Viburnum sempervirens 常绿荚蒾：sempervirens 常绿的；semper 总是，经常，永久；virens 绿色的，变绿的

Viburnum sempervirens var. sempervirens 常绿荚蒾-原变种 （词义见上面解释）

Viburnum sempervirens var. trichophorum 具毛常绿荚蒾：trich-/ tricho-/ tricha- ← trichos ← thrix 毛，多毛的，线状的，丝状的；-phorus/ -phorum/ -phora 载体，承载物，支持物，带着，生着，附着（表示一个部分带着别的部分，包括起支撑或承载作用的柄、柱、托、囊等，如 gynophorum = gynus + phorum 雌蕊柄的，带有雌蕊的，承载雌蕊的）；gynus/ gynum/ gyna 雌蕊，子房，心皮

Viburnum setigerum 茶荚蒾：setigerus = setus + gerus 具刷毛的，具鬃毛的；setus/ saetus 刚毛，刺毛，芒刺；gerus → -ger/ -gerus/ -gerum/ -gera 具有，有，带有

Viburnum setigerum var. setigerum 茶荚蒾-原变种 （词义见上面解释）

Viburnum setigerum var. sulcatum 沟核茶荚蒾：sulcatus 具皱纹的，具犁沟的，具沟槽的；sulcus 犁沟，沟槽，皱纹

Viburnum shweliense 瑞丽荚蒾：shweliense 瑞丽的（地名，云南省）

Viburnum squamulosum 瑶山荚蒾：squamulosus = squamus + ulosus 小鳞片很多的，被小鳞片的；squamus 鳞，鳞片，薄膜；-ulosus = ulus + osus 小而多的；-ulus/ -ulum/ -ula 小的，略微的，稍微的（小词 -ulus 在字母 e 或 i 之后有多种变缀，即 -olus/ -olum/ -ola、-ellus/ -ellum/ -ella、-illus/ -illum/ -illa，与第一变格法和第二变格法名词形成复合词）；-osus/ -osum/ -osa 多的，充分的，丰富的，显著发育的，程度高的，特征明显的（形容词词尾）

Viburnum subalpinum 亚高山荚蒾：subalpinus 亚高山的；sub-（表示程度较弱）与……类似，几乎，稍微，弱，亚，之下，下面；alpinus = alpus + inus 高山的；alpus 高山；al-/ alti-/ alto- ← altus 高的，高处的；-inus/ -inum/ -ina/ -inos 相近，接近，相似，具有（通常指颜色）

Viburnum subalpinum var. limitaneum 边沿荚蒾：limitaneus 边缘的，边界的；limes 田界，边界，划界

Viburnum subalpinum var. subalpinum 亚高山荚蒾-原变种 （词义见上面解释）

Viburnum sympodiale 合轴荚蒾：sympodialis 合轴的；syn- 联合，共同，合起来（希腊语词首，对应的拉丁语为 co-）；syn- 的缀词音变有：sy-/ syl-/ sym-/ syn-/ syr-/ sys-（在 s、t 前面），syl-（在 l 前面），sym-（在 b 和 p 前面），syn-/ syr-（在 r 前

面）；podialis 轴

Viburnum taitoense 台东荚蒾：taitoense 台东的（地名，属台湾省，"台东"的日语读音）

Viburnum tengyuehense 腾越荚蒾：tengyuehense 腾越的（地名，云南省）

Viburnum tengyuehense var. polyneurum 多脉腾越荚蒾：polyneurus 多脉的；poly- ← polys 多个，许多（希腊语，拉丁语为 multi-）；neurus ← neuron 脉，神经

Viburnum tengyuehense var. tengyuehense 腾越荚蒾-原变种 （词义见上面解释）

Viburnum ternatum 三叶荚蒾：ternatus 三数的，三出的

Viburnum thaiyongense （戴云荚蒾）：thaiyongense 戴云山的（地名，福建省）

Viburnum trabeculosum 横脉荚蒾：trabeculosus 具横条的，多横条的；trabeus 横格的；-culosus = culus + osus 小而多的，小而密集的；-culus/ -culum/ -cula 小的，略微的，稍微的（同第三变格法和第四变格法名词形成复合词）；-osus/ -osum/ -osa 多的，充分的，丰富的，显著发育的，程度高的，特征明显的（形容词词尾）

Viburnum triplinerve 三脉叶荚蒾：triplinerve 三脉的，三出脉的；tri-/ tripli-/ triplo- 三个，三数；nerve ← nervus 脉，叶脉

Viburnum urceolatum 壶花荚蒾：urceolatus 坛状的，壶形的（指中空且口部收缩）；urceolus 小坛子，小水壶；urceus 坛子，水壶

Viburnum utile 烟管荚蒾：utilis 有用的

Viburnum wrightii 浙皖荚蒾：wrightii ← Charles (Carlos) Wright（人名，19 世纪美国植物学家）

Viburnum yunnanense 云南荚蒾：yunnanense 云南的（地名）

Vicatia 凹乳芹属（伞形科）（55-1：p184，55-3：p231）：vicatia ← vicus 街道

Vicatia bipinnata 少裂凹乳芹：bipinnatus 二回羽状的；bi-/ bis- 二，二数，二回（希腊语为 di-）；pinnatus = pinnus + atus 羽状的，具羽的；pinnus/ pennus 羽毛，羽状，羽片；-atus/ -atum/ -ata 属于，相似，具有，完成（形容词词尾）

Vicatia coniifolia 凹乳芹：Conius 毒参属（伞形科）；缀词规则：以属名作复合词时原词尾变形后的 i 要保留；folius/ folium/ folia 叶，叶片（用于复合词）

Vicatia thibetica 西藏凹乳芹：thibetica 西藏的（地名）；-icus/ -icum/ -ica 属于，具有某种特性（常用于地名、起源、生境）

Vicia 野豌豆属（豆科）（42-2：p232）：vicia ← vincire 缠绕（因该属植物有很多是蔓生的）

Vicia amoena 山野豌豆：amoenus 美丽的，可爱的

Vicia amoena f. albiflora 白花山野豌豆：albus → albi-/ albo- 白色的；florus/ florum/ flora ← flos 花（用于复合词）

Vicia amoena var. amoena 山野豌豆-原变种 （词义见上面解释）

Vicia amoena var. oblongifolia 狭叶山野豌豆：oblongus = ovus + longus 长椭圆形的（ovus 的词干 ov- 音变为 ob-）；ovus 卵，胚珠，卵形的，椭圆

形的；longus 长的，纵向的；folius/ folium/ folia 叶，叶片（用于复合词）

Vicia amoena var. sericea 绢毛山野豌豆（绢 juàn）：sericeus 绢丝状的；sericus 绢丝的，绢毛的，赛尔人的（Ser 为印度一民族）；-eus/ -eum/ -ea（接拉丁语词干时）属于……的，色如……的，质如……的（表示原料、颜色或品质的相似），（接希腊语词干时）属于……的，以……出名，为……所占有（表示具有某种特性）

Vicia amurensis 黑龙江野豌豆：amurense/ amurensis 阿穆尔的（地名，东西伯利亚的一个州，南部以黑龙江为界），阿穆尔河的（即黑龙江的俄语音译）

Vicia amurensis f. alba 三河野豌豆：albus → albi-/ albo- 白色的

Vicia amurensis f. amurensis 黑龙江野豌豆-原变型（词义见上面解释）

Vicia angustifolia 窄叶野豌豆（另见 V. sativa subsp. nigra）：angusti- ← angustus 窄的，狭的，细的；folius/ folium/ folia 叶，叶片（用于复合词）

Vicia bakeri 察隅野豌豆：bakeri ← George Percival Baker（人名，19 世纪植物学家，于 1895 年第一次展出郁金香）；-eri 表示人名，在以 -er 结尾的人名后面加上 i 形成

Vicia bungei 大花野豌豆：bungei ← Alexander von Bunge（人名，19 世纪俄国植物学家）；-i 表示人名，接在以元音字母结尾的人名后面，但 -a 除外

Vicia chianshanensis 千山野豌豆：chianshanensis 千山的（地名，辽宁鞍山市）

Vicia chinensis 华野豌豆：chinensis = china + ensis 中国的（地名）；China 中国

Vicia costata 新疆野豌豆：costatus 具肋的，具脉的，具中脉的（指脉明显）；costus 主脉，叶脉，肋，肋骨

Vicia cracca 广布野豌豆：Cracca 豆子（古拉丁名）

Vicia cracca var. canescens 灰野豌豆：canescens 变灰色的，淡灰色的；canens 使呈灰色的；canus 灰色的，灰白色的；-escens/ -ascens 改变，转变，变成，略微，带有，接近，相似，大致，稍微（表示变化的趋势，并未完全相似或相同，有别于表示达到完成状态的 -atus）

Vicia cracca var. cracca 广布野豌豆-原变种（词义见上面解释）

Vicia deflexa 弯折巢菜：deflexus 向下曲折的，反卷的；de- 向下，向外，从……，脱离，脱落，离开，去掉；flexus ← flecto 扭曲的，卷曲的，弯弯曲曲的，柔性的；flecto 弯曲，使扭曲

Vicia dichroantha 二色野豌豆：dichroanthus 双色花的；dichrous/ dichrus 二色的；di-/ dis- 二，二数，二分，分离，不同，在……之间，从……分开（希腊语，拉丁语为 bi-/ bis-）；-chromus/ -chrous/ -chrus 颜色，彩色，有色的；anthus/ anthum/ antha/ anthe ← anthos 花（用于希腊语复合词）

Vicia faba 蚕豆：faba 蚕豆

Vicia geminiflora 索伦野豌豆：geminus 双生的，对生的；florus/ florum/ flora ← flos 花（用于复合词）

Vicia gigantea 大野豌豆：giganteus 巨大的；giga-/ gigant-/ giganti- ← gigantos 巨大的；-eus/ -eum/

-ea（接拉丁语词干时）属于……的，色如……的，质如……的（表示原料、颜色或品质的相似），（接希腊语词干时）属于……的，以……出名，为……所占有（表示具有某种特性）

Vicia hirsuta 小巢菜：hirsutus 粗毛的，糙毛的，有毛的（长而硬的毛）

Vicia japonica 东方野豌豆：japonica 日本的（地名）；-icus/ -icum/ -ica 属于，具有某种特性（常用于地名、起源、生境）

Vicia kioshanica 确山野豌豆：kioshanica 确山的（地名，河南省）

Vicia kulingiana 牯岭野豌豆（牯 gǔ）：kulingiana 牯岭的（地名，江西省庐山，已修订为 kulingana）

Vicia latibracteolata 宽苞野豌豆：lati-/ late- ← latus 宽的，宽广的；bracteolatus = bracteus + ulus + atus 具小苞片的

Vicia lilacina 阿尔泰野豌豆：lilacinus 淡紫色的，丁香色的；lilacius 丁香，紫丁香；-inus/ -inum/ -ina/ -inos 相近，接近，相似，具有（通常指颜色）

Vicia longicuspis 长齿野豌豆：longe-/ longi- ← longus 长的，纵向的；cuspis（所有格为 cuspidis）齿尖，凸尖，尖头

Vicia megalotropis 大龙骨野豌豆：mega-/ megal-/ megalo- ← megas 大的，巨大的；tropis 龙骨（希腊语）

Vicia multicaulis 多茎野豌豆：multi- ← multus 多个，多数，很多（希腊语为 poly-）；caulis ← caulos 茎，茎秆，主茎

Vicia multijuga 多叶野豌豆：multijugus 多对的；multi- ← multus 多个，多数，很多（希腊语为 poly-）；jugus ← jugos 成对的，成双的，一组，牛轭，束缚（动词为 jugo）

Vicia nummularia 西南野豌豆：nummularius = nummus + ulus + arius 古钱形的，圆盘状的；nummulus 硬币；nummus/ numus 钱币，货币；-ulus/ -ulum/ -ula 小的，略微的，稍微的（小词 -ulus 在字母 e 或 i 之后有多种变缀，即 -olus/ -olum/ -ola、-ellus/ -ellum/ -ella、-illus/ -illum/ -illa，与第一变格法和第二变格法名词形成复合词）；-arius/ -arium/ -aria 相似，属于（表示地点，场所，关系，所属）

Vicia ohwiana 头序歪头菜：ohwiana 大井次三郎（日本人名）

Vicia ohwiana f. alba 白花头序歪头菜：albus → albi-/ albo- 白色的

Vicia pannonica 褐毛野豌豆：pannonica ← Pannoni 潘诺尼亚的（地名，古代国家名，现属匈牙利）；-icus/ -icum/ -ica 属于，具有某种特性（常用于地名、起源、生境）

Vicia perelegans 精致野豌豆：perelegans 最美丽的，非常优雅的；per-（在 l 前面音变为 pel-）极，很，颇，甚，非常，完全，通过，遍及（表示效果加强，与 sub- 互为反义词）；elegans 优雅的，秀丽的

Vicia pseudorobus 大叶野豌豆：pseudorobus 近似淡红色的；pseudo-/ pseud- ← pseudos 假的，伪的，接近，相似（但不是）；robus 淡红色的

Vicia pseudorobus f. albiflora 白花大野豌豆：albus → albi-/ albo- 白色的；florus/ florum/

V

flora ← flos 花（用于复合词）

Vicia pseudorobus f. breviramea 短序大野豌豆：brevi- ← brevis 短的（用于希腊语复合词词首）；rameus = ramus + eus 枝条的，属于枝条的；ramus 分枝，枝条；-eus/ -eum/ -ea（接拉丁语词干时）属于……的，色如……的，质如……的（表示原料、颜色或品质的相似），（接希腊语词干时）属于……的，以……出名，为……所占有（表示具有某种特性）

Vicia pseudorobus f. pseudorobus 大叶野豌豆-原变型（词义见上面解释）

Vicia ramuliflora 北野豌豆：ramuliflorus 小枝生花的；ramulus 小枝；ramus 分枝，枝条；florus/ florum/ flora ← flos 花（用于复合词）；-ulus/ -ulum/ -ula 小的，略微的，稍微的（小词 -ulus 在字母 e 或 i 之后有多种变缀，即 -olus/ -olum/ -ola、-ellus/ -ellum/ -ella、-illus/ -illum/ -illa，与第一变格法和第二变格法名词形成复合词）

Vicia ramuliflora f. abbreviata 辽野豌豆：abbreviatus = ad + brevis + atus 缩短了的，省略的；ad- 向，到，近（拉丁语词首，表示程度加强）；构词规则：构成复合词时，词首末尾的辅音字母常同化为紧接其后的那个辅音字母（如 ad + b → abb）；brevis 短的（希腊语）；-atus/ -atum/ -ata 属于，相似，具有，完成（形容词词尾）

Vicia ramuliflora f. ramuliflora 北野豌豆-原变型（词义见上面解释）

Vicia sativa 救荒野豌豆：sativus 栽培的，种植的，耕地的，耕作的

Vicia sativa var. nigra 窄叶野豌豆（另见 V. angustifolia）：nigrus 黑色的；niger 黑色的

Vicia sepium 野豌豆：sepium 篱笆的，栅栏的

Vicia taipaica 太白野豌豆：taipaica 太白山的（地名，陕西省）；-icus/ -icum/ -ica 属于，具有某种特性（常用于地名、起源、生境）

Vicia tenuifolia 细叶野豌豆：tenui- ← tenuis 薄的，纤细的，弱的，瘦的，窄的；folius/ folium/ folia 叶，叶片（用于复合词）

Vicia ternata 三尖野豌豆：ternatus 三数的，三出的

Vicia tetrantha 四花野豌豆：tetranthus 四花的；tetra-/ tetr- 四，四数（希腊语，拉丁语为 quadri-/ quadr-）；anthus/ anthum/ antha/ anthe ← anthos 花（用于希腊语复合词）

Vicia tetrasperma 四籽野豌豆：tetra-/ tetr- 四，四数（希腊语，拉丁语为 quadri-/ quadr-）；spermus/ spermum/ sperma 种子的（用于希腊语复合词）

Vicia tibetica 西藏野豌豆：tibetica 西藏的（地名）；-icus/ -icum/ -ica 属于，具有某种特性（常用于地名、起源、生境）

Vicia unijuga 歪头菜：unijugus 一对的；uni-/ uno- ← unus/ unum/ una 一，单一（希腊语为 mono-/ mon-）；jugus ← jugos 成对的，成双的，一组，牛轭，束缚（动词为 jugo）

Vicia unijuga var. trifoliolata 三叶歪头菜：tri-/ tripli-/ triplo- 三个，三数；foliolatus = folius + ulus + atus 具小叶的，具叶片的；folius/ folium/ folia 叶，叶片（用于复合词）；-ulus/ -ulum/ -ula 小的，略微的，稍微的（小词 -ulus 在字母 e 或 i 之后有多种变缀，即 -olus/ -olum/ -ola、-ellus/

-ellum/ -ella、-illus/ -illum/ -illa，与第一变格法和第二变格法名词形成复合词）；-atus/ -atum/ -ata 属于，相似，具有，完成（形容词词尾）

Vicia unijuga var. unijuga 歪头菜-原变种（词义见上面解释）

Vicia unijuga var. unijuga f. albiflora 白花歪头菜：albus → albi-/ albo- 白色的；florus/ florum/ flora ← flos 花（用于复合词）

Vicia varia 欧洲苕子（苕 tiáo）：varius = varus + ius 各种各样的，不同的，多型的，易变的；varus 不同的，变化的，外弯的，凸起的；-ius/ -ium/ -ia 具有……特性的（表示有关、关联、相似）

Vicia venosa 柳叶野豌豆：venosus 细脉的，细脉明显的，分枝脉的；venus 脉，叶脉，血脉，血管；-osus/ -osum/ -osa 多的，充分的，丰富的，显著发育的，程度高的，特征明显的（形容词尾）

Vicia villosa 长柔毛野豌豆：villosus 柔毛的，绵毛的；villus 毛，羊毛，长绒毛；-osus/ -osum/ -osa 多的，充分的，丰富的，显著发育的，程度高的，特征明显的（形容词尾）

Vicia wushanica 武山野豌豆：wushanica 巫山的（地名，重庆市）；-icus/ -icum/ -ica 属于，具有某种特性（常用于地名、起源、生境）

Vigna 豇豆属（豇 jiāng）（豆科）（41：p278）：vigna ← Dominico Vigna（人名，17 世纪意大利植物学家）

Vigna aconitifolius 鸟头叶豇豆：aconitifolius 乌头叶状的；Aconitum 乌头属；folius/ folium/ folia 叶，叶片（用于复合词）

Vigna acuminata 狭叶豇豆：acuminatus = acumen + atus 锐尖的，渐尖的；acumen 渐尖头；-atus/ -atum/ -ata 属于，相似，具有，完成（形容词词尾）

Vigna angularis 赤豆：angularis = angulus + aris 具棱角的，有角度的；angulus 角，棱角，角度，角落；-osus/ -osum/ -osa 多的，充分的，丰富的，显著发育的，程度高的，特征明显的（形容词词尾）；-aris（阳性、阴性）/ -are（中性）← -alis（阳性、阴性）/ -ale（中性）属于，相似，如同，具有，涉及，关于，联结于（将名词作形容词用，其中 -aris 常用于以 l 或 r 为词干末尾的词）

Vigna angularis var. nipponensis 日本赤豆：nipponensis 日本的（地名）

Vigna gracilicaulis 细茎豇豆：gracili- 细长的，纤弱的；caulis ← caulos 茎，茎秆，主茎

Vigna luteola 长叶豇豆：luteolus = luteus + ulus 发黄的，带黄色的；luteus 黄色的

Vigna marina 滨豇豆：marinus 海，海中生的

Vigna minima 贼小豆：minimus 最小的，很小的

Vigna minima f. dimorphophylla 台湾小豇豆：dimorphus 二型的，异型的；di-/ dis- 二，二数，二分，分离，不同，在……之间，从……分开（希腊语，拉丁语为 bi-/ bis-）；morphus ← morphos 形状，形态；phyllus/ phyllum/ phylla ← phyllon 叶片（用于希腊语复合词）

Vigna minima f. linearis 细叶小豇豆：linearis = lineus + aris 线条的，线形的，线状的，亚麻状的；lineus = linum + eus 线状的，丝状的，亚麻状的；

V

·1303·

linum ← linon 亚麻，线（古拉丁名）；-aris（阳性、阴性）/ -are（中性）← -alis（阳性、阴性）/ -ale（中性）属于，相似，如同，具有，涉及，关于，联结于（将名词作形容词用，其中 -aris 常用于以 l 或 r 为词干末尾的词）

Vigna minima f. minima 贼小豆-原变型 （词义见上面解释）

Vigna pilosa 毛豇豆：pilosus = pilus + osus 多毛的，被柔毛的，具疏柔毛的，被短弱细毛的；pilus 毛，疏柔毛；-osus/ -osum/ -osa 多的，充分的，丰富的，显著发育的，程度高的，特征明显的（形容词词尾）

Vigna radiata 绿豆：radiatus = radius + atus 辐射状的，放射状的；radius 辐射，射线，半径，边花，伞形花序

Vigna reflexo-pilosa 卷毛豇豆：reflexo-/ reflexi- ← reflexus 反曲的，后曲的；re- 返回，相反，再次，重复，向后，回头；flexus ← flecto 扭曲的，卷曲的，弯弯曲曲的，柔性的；flecto 弯曲，使扭曲；pilosus = pilus + osus 多毛的，被柔毛的，具疏柔毛的，被短弱细毛的；pilus 毛，疏柔毛；-osus/ -osum/ -osa 多的，充分的，丰富的，显著发育的，程度高的，特征明显的（形容词词尾）

Vigna riukiuensis 琉球豇豆：riukiu 琉球（地名，日语读音）

Vigna stipulata 黑种豇豆（种 zhǒng）：stipulatus = stipulus + atus 具托叶的；stipulus 托叶；关联词：estipulatus/ exstipulatus 无托叶的，不具托叶的

Vigna trilobata 三裂叶豇豆：tri-/ tripli-/ triplo- 三个，三数；lobatus = lobus + atus 具浅裂的，具耳垂状突起的；lobus/ lobos/ lobon 浅裂，耳片（裂片先端钝圆），荚果，蒴果；-atus/ -atum/ -ata 属于，相似，具有，完成（形容词词尾）

Vigna umbellata 赤小豆：umbellatus = umbella + atus 伞形花序的，具伞的；umbella 伞形花序

Vigna unguiculata 豇豆：unguiculatus = unguis + culatus 爪形的，基部细的；ungui- ← unguis 爪子的；-culatus = culus + atus 小的，略微的，稍微的（用于第三和第四变格法名词）；-culus/ -culum/ -cula 小的，略微的，稍微的（同第三变格法和第四变格法名词形成复合词）

Vigna unguiculata subsp. cylindrica 短豇豆：cylindricus 圆形的，圆筒状的

Vigna unguiculata subsp. sesquipedalis 长豇豆：sesquipedalis 一点五英尺长的；sesqui- 一点五倍的；pedalis 足的，足长的，一步长的，一英尺的（1 ft = 0.3048 m）

Vigna unguiculata subsp. unguiculata 豇豆-原亚种 （词义见上面解释）

Vigna vexillata 野豇豆：vexillatus 具旗瓣的；vexillus 旗，旗帜，旗瓣

Vinca 蔓长春花属（蔓 màn）（夹竹桃科）（63：p86）：vinca ← pervinca 长春花（欧洲土名）

Vinca major 蔓长春花：major 较大的，更大的（majus 的比较级）；majus 大的，巨大的

Vinca major cv. Variegata 花叶蔓长春花：variegatus = variego + atus 有彩斑的，有条纹的，杂食的，杂色的；variego = varius + ago 染上各种颜色，使成五彩缤纷的，装饰，点缀，使闪出五颜六色的光彩，变化，变更，不同；varius = varus + ius 各种各样的，不同的，多型的，易变的；varus 不同的，变化的，外弯的，凸起的；-ius/ -ium/ -ia 具有……特性的（表示有关、关联、相似）；-ago 表示相似或联系，如 plumbago，铅的一种（来自 plumbum 铅），来自 -go；-go 表示一种能做工作的力量，如 vertigo，也表示事态的变化或者一种事态、趋向或病态，如 robigo（红的情况，变红的趋势，因而是铁锈），aerugo（铜锈），因此它变成一个表示具有某种质的属性的构词元素，如 lactago（具有乳浆的草），或相似性，如 ferulago（近似 ferula，阿魏）、canilago（一种 canila）

Vinca minor 小蔓长春花：minor 较小的，更小的

Vincetoxicum 白前属（合并为鹅绒藤属 Cynanchum）（萝藦科）（63：p367）：vincetoxicum 解毒的（指治蛇咬）；cince ← vinco 征服，打垮；toxicus 有毒的

Vincetoxicum sibiricum var. australe （南白前）：sibiricum 西伯利亚的（地名，俄罗斯）；-icus/ -icum/ -ica 属于，具有某种特性（常用于地名、起源、生境）；australe 南方的，大洋洲的；austro-/ austr- 南方的，南半球的，大洋洲的；auster 南方，南风；-aris（阳性、阴性）/ -are（中性）← -alis（阳性、阴性）/ -ale（中性）属于，相似，如同，具有，涉及，关于，联结于（将名词作形容词用，其中 -aris 常用于以 l 或 r 为词干末尾的词）

Vincetoxicum sibiricum var. boreale （北白前）：borealis 北方的；-aris（阳性、阴性）/ -are（中性）← -alis（阳性、阴性）/ -ale（中性）属于，相似，如同，具有，涉及，关于，联结于（将名词作形容词用，其中 -aris 常用于以 l 或 r 为词干末尾的词）

Viola 堇菜属（堇菜科）（51：p8）：viola（堇菜的古拉丁名）

Viola acuminata 鸡腿堇菜：acuminatus = acumen + atus 锐尖的，渐尖的；acumen 渐尖头；-atus/ -atum/ -ata 属于，相似，具有，完成（形容词词尾）

Viola acuminata var. acuminata 鸡腿堇菜-原变种 （词义见上面解释）

Viola acuminata var. pilifera 毛花鸡腿堇菜：pilus 毛，疏柔毛；-ferus/ -ferum/ -fera/ -fero/ -fere/ -fer 有，具有，产（区别：作独立词使用的 ferus 意思是"野生的"）

Viola acutifolia 尖叶堇菜：acutifolius 尖叶的；acuti-/ acu- ← acutus 锐尖的，针尖的，刺尖的，锐角的；folius/ folium/ folia 叶，叶片（用于复合词）

Viola adenothrix 岩生堇菜：adenothrix 腺毛的；aden-/ adeno- ← adenus 腺，腺体；thrix 毛，多毛的，线状的，丝状的

Viola albida 朝鲜堇菜：albidus 带白色的，微白色的，变白的；albus → albi-/ albo- 白色的；-idus/ -idum/ -ida 表示在进行中的动作或情况，作动词、名词或形容词的词尾

Viola altaica 阿尔泰堇菜：altaica 阿尔泰的（地名，新疆北部山脉）

Viola amurica 额穆尔堇菜：amurica/ amurensis 阿穆尔的（地名，东西伯利亚的一个州，南部以黑龙江为界），阿穆尔河的（即黑龙江的俄语音译）

V

Viola angustistipulata 狭托叶堇菜：angusti- ← angustus 窄的，狭的，细的；stipulatus = stipulus + atus 具托叶的；stipulus 托叶；关联词：estipulatus/ exstipulatus 无托叶的，不具托叶的

Viola bambusetorum 盐源堇菜：bambusetorum 竹林的，生于竹林的；bambusus 竹子；-etorum 群落的（表示群丛、群落的词尾）

Viola betonicifolia 戟叶堇菜：Betonica 药水苏属（唇形科）；folius/ folium/ folia 叶，叶片（用于复合词）

Viola betonicifolia subsp. jaunsariensis （简萨堇菜）：jaunsariensis（地名，印度）

Viola biflora 双花堇菜：bi-/ bis- 二，二数，二回（希腊语为 di-）；florus/ florum/ flora ← flos 花（用于复合词）

Viola brachyceras 兴安圆叶堇菜：brachy- ← brachys 短的（用于拉丁语复合词词首）；-ceras/ -ceros/ cerato- ← keras 犄角，兽角，角状突起（希腊语）

Viola bulbosa 鳞茎堇菜：bulbosus = bulbus + osus 球形的，鳞茎状的；bulbus 球，球形，球茎，鳞茎；-osus/ -osum/ -osa 多的，充分的，丰富的，显著发育的，程度高的，特征明显的（形容词词尾）

Viola cameleo 阔紫叶堇菜：cameleo ← camelus + eus 骆驼色的，黄褐色的；-eus/ -eum/ -ea（接拉丁语词干时）属于……的，色如……的，质如……的（表示原料、颜色或品质的相似），（接希腊语词干时）属于……的，以……出名，为……所占有（表示具有某种特性）

Viola canescens 灰堇菜：canescens 变灰色的，淡灰色的；canens 使呈灰色的；canus 灰色的，灰白色的；-escens/ -ascens 改变，转变，变成，略微，带有，接近，相似，大致，稍微（表示变化的趋势，并未完全相似或相同，有别于表示达到完成状态的 -atus）

Viola chaerophylloides 南山堇菜：Chaerophyllum 细叶芹属（伞形科）；phyllus/ phyllum/ phylla ← phyllon 叶片（用于希腊语复合词）；-oides/ -oideus/ -oideum/ -oidea/ -odes/ -eidos 像……的，类似……的，呈……状的（名词词尾）

Viola collina 球果堇菜：collinus 丘陵的，山岗的

Viola collina var. collina 球果堇菜-原变种 （词义见上面解释）

Viola collina var. intramongolica 光叶球果堇菜：intramongolica 内蒙古的（地名）；intra-/ intro-/ endo-/ end- 内部，内侧；反义词：exo- 外部，外侧；mongolia 蒙古的（地名）；-icus/ -icum/ -ica 属于，具有某种特性（常用于地名、起源、生境）

Viola concordifolia 心叶堇菜：concordifolius = co + cordifolius 完全心形叶的，全部心形叶的；co- 联合，共同，合起来（拉丁语词首，为 cum- 的音变，表示结合、强化、完全，对应的希腊语为 syn-）；co- 的缀词音变有 co-/ com-/ con-/ col-/ cor-：co-（在 h 和元音字母前面），col-（在 l 前面），com-（在 b、m、p 之前），con-（在 c、d、f、g、j、n、qu、s、t 和 v 前面），cor-（在 r 前面）；cordifolius 心形叶的；cordius 心形的；folius/ folium/ folia 叶，叶片（用于复合词）

Viola confertifolia 密叶堇菜：confertus 密集的；

folius/ folium/ folia 叶，叶片（用于复合词）

Viola cuspidifolia 鄂西堇菜：cuspidifolius = cuspis + folius 尖叶的；构词规则：词尾为 -is 和 -ys 的词的词干分别视为 -id 和 -yd；folius/ folium/ folia 叶，叶片（用于复合词）

Viola dactyloides 掌叶堇菜：dactyloides 手指状的，像手掌的；dactylos 手指，指状的（希腊语）；-oides/ -oideus/ -oideum/ -oidea/ -odes/ -eidos 像……的，类似……的，呈……状的（名词词尾）

Viola davidii 深圆齿堇菜：davidii ← Pere Armand David（人名，1826–1900，曾在中国采集植物标本的法国传教士）；-ii 表示人名，接在以辅音字母结尾的人名后面，但 -er 除外

Viola delavayi 灰叶堇菜：delavayi ← P. J. M. Delavay（人名，1834–1895，法国传教士，曾在中国采集植物标本）；-i 表示人名，接在以元音字母结尾的人名后面，但 -a 除外

Viola diamantiaca 大叶堇菜：diamantiacus 金刚山的（山名，朝鲜）

Viola diffusa 七星莲：diffusus = dis + fusus 蔓延的，散开的，扩展的，渗透的（dis- 在辅音字母前发生同化）；fusus 散开的，松散的，松弛的；di-/ dis- 二，二数，二分，分离，不同，在……之间，从……分开（希腊语，拉丁语为 bi-/ bis-）

Viola diffusa var. brevibarbata 短须毛七星莲：brevi- ← brevis 短的（用于希腊语复合词词首）；barbatus = barba + atus 具胡须的，具须毛的；barba 胡须，髯毛，绒毛；-atus/ -atum/ -ata 属于，相似，具有，完成（形容词词尾）

Viola diffusa var. diffusa 七星莲-原变种 （词义见上面解释）

Viola diffusoides 光蔓茎堇菜：diffusoides 像 diffusa 的，略蔓延的，略分散的，略扩展的；Viola diffusa 七星莲；diffusus = dis + fusus 蔓延的，散开的，扩展的，渗透的（dis- 在辅音字母前发生同化）；fusus 散开的，松散的，松弛的；di-/ dis- 二，二数，二分，分离，不同，在……之间，从……分开（希腊语，拉丁语为 bi-/ bis-）；-oides/ -oideus/ -oideum/ -oidea/ -odes/ -eidos 像……的，类似……的，呈……状的（名词词尾）

Viola dissecta 裂叶堇菜：dissectus 多裂的，全裂的，深裂的；di-/ dis- 二，二数，二分，分离，不同，在……之间，从……分开（希腊语，拉丁语为 bi-/ bis-）；sectus 分段的，分节的，切开的，分裂的

Viola dolichoceras 长距堇菜：dolicho- ← dolichos 长的；-ceras/ -ceros/ cerato- ← keras 犄角，兽角，角状突起（希腊语）

Viola elatior 高堇菜：elatior 较高的（elatus 的比较级）；-ilor 比较级

Viola epipsila 溪堇菜：epipsilus 上面裸露的；epi- 上面的，表面的，在上面；psilus 平滑的，光滑的，裸露的

Viola faurieana 长梗紫花堇菜：faurieana ← L'Abbe Urbain Jean Faurie（人名，19 世纪活动于日本的法国传教士、植物学家）

Viola fissifolia 总裂叶堇菜：fissi- ← fissus 分裂的，裂开的，中裂的；folius/ folium/ folia 叶，叶片（用于复合词）

V

Viola formosana 台湾堇菜：formosanus = formosus + anus 美丽的，台湾的；formosus ← formosa 美丽的，台湾的（葡萄牙殖民者发现台湾时对其的称呼，即美丽的岛屿）；-anus/ -anum/ -ana 属于，来自（形容词词尾）

Viola formosana var. formosana 台湾堇菜-原变种（词义见上面解释）

Viola formosana var. kawakamii 长柄台湾堇菜：kawakamii 川上（人名，20 世纪日本植物采集员）

Viola forrestiana 羽裂堇菜：forrestiana ← George Forrest（人名，1873–1932，英国植物学家，曾在中国西部采集大量植物标本）

Viola gmeliniana 兴安堇菜：gmeliniana ← Johann Gottlieb Gmelin（人名，18 世纪德国博物学家，曾对西伯利亚和勘察加进行大量考察）

Viola grandisepala 阔萼堇菜：grandi- ← grandis 大的；sepalus/ sepalum/ sepala 萼片（用于复合词）

Viola grypoceras 紫花堇菜：grypoceras 弯角的，犄角弯曲的；grypos 弯曲的；-ceras/ -ceros/ cerato- ← keras 犄角，兽角，角状突起（希腊语）

Viola hamiltoniana 如意草：hamiltoniana ← Lord Hamilton（人名，1762–1829，英国植物学家）

Viola hancockii 西山堇菜：hancockii ← W. Hancock（人名，1847–1914，英国海关官员，曾在中国采集植物标本）

Viola hediniana 紫叶堇菜：hediniana（人名）

Viola henryi 巫山堇菜：henryi ← Augustine Henry 或 B. C. Henry（人名，前者，1857–1930，爱尔兰医生、植物学家，曾在中国采集植物，后者，1850–1901，曾活动于中国的传教士）

Viola hirta 硬毛堇菜：hirtus 有毛的，粗毛的，刚毛的（长而明显的毛）

Viola hirtipes 毛柄堇菜：hirtipes 茎密被毛，茎有短刚毛的；hirtus 有毛的，粗毛的，刚毛的（长而明显的毛）；pes/ pedis 柄，梗，茎秆，腿，足，爪（作词首或词尾，pes 的词干视为 "ped-"）

Viola hossei 光叶堇菜：hossei（人名）

Viola hunanensis 湖南堇菜：hunanensis 湖南的（地名）

Viola inconspicua 长萼堇菜：inconspicuus 不显眼的，不起眼的，很小的；in-/ im-（来自 il- 的音变）内，在内，内部，向内，相反，不，无，非；il- 在内，向内，为，相反（希腊语为 en-）；词首 il- 的音变：il-（在 l 前面），im-（在 b、m、p 前面），in-（在元音字母和大多数辅音字母前面），ir-（在 r 前面），如 illaudatus（不值得称赞的，评价不好的），impermeabilis（不透水的，穿不透的），ineptus（不合适的），insertus（插入的），irretortus（无弯曲的，无扭曲的）；conspicuus 显著的，显眼的

Viola kiangsiensis 江西堇菜：kiangsiensis 江西的（地名）

Viola kunawarensis 西藏堇菜：kunawarensis（地名）

Viola lactiflora 白花堇菜：lacteus 乳汁的，乳白色的，白色略带蓝色的；lactis 乳汁；florus/ florum/ flora ← flos 花（用于复合词）

Viola lianhuashanensis 莲花山堇菜：lianhuashanensis 莲花山的（地名，甘肃省）

Viola lucens 亮毛堇菜：lucens 光泽的，闪耀的；lucis ← lux 发光的，光辉的，清晰的，发亮的，荣耀的（lux 的单数所有格为 lucis，词尾为 -is 和 -ys 的词的词干分别视为 -id 和 -yd）

Viola macroceras 大距堇菜：macro-/ macr- ← macros 大的，宏观的（用于希腊语复合词）；-ceras/ -ceros/ cerato- ← keras 犄角，兽角，角状突起（希腊语）

Viola magnifica 犁头叶堇菜：magnificus 壮大的，大规模的；magnus 大的，巨大的；-ficus 非常，极其（作独立词使用的 ficus 意思是 "榕树，无花果"）

Viola mandshurica 东北堇菜：mandshurica 满洲的（地名，中国东北，地理区域）

Viola mandshurica f. albiflora 白花东北堇菜：albus → albi-/ albo- 白色的；florus/ florum/ flora ← flos 花（用于复合词）

Viola mauritii 茂丽堇菜：mauritii（人名）；-ii 表示人名，接在以辅音字母结尾的人名后面，但 -er 除外

Viola microdonta 细齿堇菜：micr-/ micro- ← micros 小的，微小的，微观的（用于希腊语复合词）；dontus 齿，牙齿

Viola mirabilis 奇异堇菜：mirabilis 奇异的，奇迹的；-ans/ -ens/ -bilis/ -ilis 能够，可能（为形容词词尾，-ans/ -ens 用于主动语态，-bilis/ -ilis 用于被动语态）；Mirabilis 紫茉莉属（紫茉莉科）

Viola monbeigii 维西堇菜：monbeigii（人名）；-ii 表示人名，接在以辅音字母结尾的人名后面，但 -er 除外

Viola mongolica 蒙古堇菜：mongolica 蒙古的（地名）；mongolia 蒙古的（地名）；-icus/ -icum/ -ica 属于，具有某种特性（常用于地名、起源、生境）

Viola moupinensis 萱（萱 huán）：moupinensis 穆坪的（地名，四川省宝兴县），木坪的（地名，重庆市）

Viola moupinensis var. lijiangensis 黄花萱：lijiangensis 丽江的（地名，云南省）

Viola moupinensis var. moupinensis 萱-原变种（词义见上面解释）

Viola mucronulifera 小尖堇菜：mucronulus 短尖的，微突起的；-ferus/ -ferum/ -fera/ -fero/ -fere/ -fer 有，具有，产（区别：作独立词使用的 ferus 意思是 "野生的"）

Viola muehldorfii 大黄花堇菜：muehldorfii（人名）；-ii 表示人名，接在以辅音字母结尾的人名后面，但 -er 除外

Viola nagasawai 台北堇菜：nagasawai 永泽，长泽（日本人名）；-i 表示人名，接在以元音字母结尾的人名后面，但 -a 除外，故该词改为 "nagasawaiana" 或 "nagasawae" 似更妥

Viola nagasawai var. nagasawai 台北堇菜-原变种（词义见上面解释）

Viola nagasawai var. pricei 锐叶台北堇菜：pricei ← William Price（人名，植物学家）；-i 表示人名，接在以元音字母结尾的人名后面，但 -a 除外

Viola nuda 裸堇菜：nudus 裸露的，无装饰的

Viola odorata 香堇菜：odoratus = odorus + atus 香气的，气味的；odor 香气，气味；-atus/ -atum/ -ata 属于，相似，具有，完成（形容词词尾）

V

Viola oligoceps 分蘖堇菜（蘖 niè）：oligoceps 具有少数头的；oligo-/ olig- 少数的（希腊语，拉丁语为 pauci-）；-ceps/ cephalus ← captus 头，头状的，头状花序

Viola orientalis 东方堇菜：orientalis 东方的；oriens 初升的太阳，东方

Viola patrinii 白花地丁：patrinii（人名）；-ii 表示人名，接在以辅音字母结尾的人名后面，但 -er 除外

Viola pekinensis 北京堇菜：pekinensis 北京的（地名）

Viola pendulicarpa 悬果堇菜：pendulus ← pendere 下垂的，垂吊的（悬空或因支持体细软而下垂）；pendere/ pendeo 悬挂，垂悬；-ulus/ -ulum/ -ula（表示趋向或动作）（小词 -ulus 在字母 e 或 i 之后有多种变缀，即 -olus/ -olum/ -ola、-ellus/ -ellum/ -ella、-illus/ -illum/ -illa，与第一变格法和第二变格法名词形成复合词）；carpus/ carpum/ carpa/ carpon ← carpos 果实（用于希腊语复合词）

Viola phalacrocarpa 茜堇菜（茜 qiàn）：phalacro- 秃头的，光头的，无毛的；carpus/ carpum/ carpa/ carpon ← carpos 果实（用于希腊语复合词）

Viola philippica 紫花地丁：philippica 菲律宾的（地名）；-icus/ -icum/ -ica 属于，具有某种特性（常用于地名、起源、生境）

Viola pilosa 匐匐堇菜：pilosus = pilus + osus 多毛的，被柔毛的，具疏柔毛的，被短弱细毛的；pilus 毛，疏柔毛；-osus/ -osum/ -osa 多的，充分的，丰富的，显著发育的，程度高的，特征明显的（形容词词尾）

Viola polymorpha 多形堇菜：polymorphus 多形的；poly- ← polys 多个，许多（希腊语，拉丁语为 multi-）；morphus ← morphos 形状，形态

Viola principis 柔毛堇菜：principis（princeps 的所有格）帝王的，第一的

Viola principis var. acutifolia 尖叶柔毛堇菜：acutifolius 尖叶的；acuti-/ acu- ← acutus 锐尖的，针尖的，刺尖的，锐角的；folius/ folium/ folia 叶，叶片（用于复合词）

Viola principis var. principis 柔毛堇菜-原变种（词义见上面解释）

Viola prionantha 早开堇菜：prionanthus 锯齿花的；prio-/ prion-/ priono- 锯，锯齿；anthus/ anthum/ antha/ anthe ← anthos 花（用于希腊语复合词）

Viola prionantha var. prionantha 早开堇菜-原变种 （词义见上面解释）

Viola prionantha var. trichantha 毛花早开堇菜：trichanthus 毛花的；trich-/ tricho-/ tricha- ← trichos ← thrix 毛，多毛的，线状的，丝状的；anthus/ anthum/ antha/ anthe ← anthos 花（用于希腊语复合词）

Viola pseudo-arcuata 假如意草：pseudo-arcuata 像 arcuata 的；pseudo-/ pseud- ← pseudos 假的，伪的，接近，相似（但不是）；Viola arcuata（堇菜属一种）；arcuatus = arcus + atus 弓形的，拱形的；arcus 拱形，拱形物

Viola pseudo-bambusetorum 圆叶堇菜：pseudo-bambusetorum 像 bambusetorum 的；pseudo-/ pseud- ← pseudos 假的，伪的，接近，相似（但不是）；Viola bambusetorum 盐源堇菜；bambusetorum 竹林的，生于竹林的

Viola pseudo-monbeigii 多花堇菜：pseudo-monbeigii 像 monbeigii 的；pseudo-/ pseud- ← pseudos 假的，伪的，接近，相似（但不是）；Viola monbeigii 维西堇菜；monbeigii（人名）

Viola raddeana 立堇菜：raddeanus ← Gustav Ferdinand Richard Radde（人名，19 世纪德国博物学家，曾考察高加索地区和阿穆尔河流域）

Viola rockiana 圆叶小堇菜：rockiana ← Joseph Francis Charles Rock（人名，20 世纪美国植物采集员）

Viola rossii 辽宁堇菜：rossii ← Ross（人名）

Viola rupestris 石生堇菜：rupestre/ rupicolus/ rupestris 生于岩壁的，岩栖的；rup-/ rupi- ← rupes/ rupis 岩石的；-estris/ -estre/ ester/ -esteris 生于……地方，喜好……地方

Viola rupestris subsp. licentii 长托叶石生堇菜：licentii（人名）；-ii 表示人名，接在以辅音字母结尾的人名后面，但 -er 除外

Viola rupestris subsp. rupestris 石生堇菜-原亚种（词义见上面解释）

Viola sacchalinensis 库页堇菜：sacchalinensis ← Sakhalin 库页岛的（地名，日本海北部俄属岛屿，日文桦太，俄称萨哈林岛）

Viola savatieri 辽东堇菜：savatieri ← Paul Amadee Ludovic Savatier（人名，19 世纪法国植物学家）；-eri 表示人名，在以 -er 结尾的人名后面加上 i 形成

Viola schensiensis 陕西堇菜：schensiensis 陕西的（地名）

Viola schneideri 浅圆齿堇菜：schneideri（人名）；-eri 表示人名，在以 -er 结尾的人名后面加上 i 形成

Viola schulzeana 肾叶堇菜：schulzeana（人名）

Viola selkirkii 深山堇菜：selkirkii（人名）；-ii 表示人名，接在以辅音字母结尾的人名后面，但 -er 除外

Viola selkirkii var. subbarbata （须毛堇菜）：subbarbatus 稍有胡须的；sub-（表示程度较弱）与……类似，几乎，稍微，弱，亚，之下，下面；barbatus = barba + atus 具胡须的，具须毛的；barba 胡须，髯毛，绒毛；-atus/ -atum/ -ata 属于，相似，具有，完成（形容词词尾）

Viola serrula 小齿堇菜：serrulus = serrus + ulus 细锯齿，小锯齿；serrus 齿，锯齿；-ulus/ -ulum/ -ula 小的，略微的，稍微的（小词 -ulus 在字母 e 或 i 之后有多种变缀，即 -olus/ -olum/ -ola、-ellus/ -ellum/ -ella、-illus/ -illum/ -illa，与第一变格法和第二变格法名词形成复合词）

Viola sikkimensis 锡金堇菜：sikkimensis 锡金的（地名）

Viola sphaerocarpa 圆果堇菜：sphaerocarpus 球形果的；sphaero- 圆形，球形；carpus/ carpum/ carpa/ carpon ← carpos 果实（用于希腊语复合词）

Viola stewardiana 庐山堇菜：stewardiana（人名）

Viola szetschwanensis 四川堇菜：szetschwanensis 四川的（地名）

Viola szetschwanensis var. kangdienensis 康定堇菜：kangdienensis 康定的（地名，四川省）

V

Viola szetschwanensis var. szetschwanensis 四川堇菜-原变种 （词义见上面解释）

Viola taishanensis 泰山堇菜：taishanensis 泰山的（地名，山东省）

Viola × takahashii 菊叶堇菜：takahashii 高桥（人名）

Viola tarbagataica 塔城堇菜：tarbagataica（地名，新疆维吾尔自治区）；-icus/ -icum/ -ica 属于，具有某种特性（常用于地名、起源、生境）

Viola tenuicornis 细距堇菜：tenui- ← tenuis 薄的，纤细的，弱的，瘦的，窄的；cornis ← cornus/ cornatus 角，犄角

Viola tenuicornis subsp. tenuicornis 细距堇菜-原亚种 （词义见上面解释）

Viola tenuicornis subsp. trichosepala 毛萼堇菜：trich-/ tricho-/ tricha- ← trichos ← thrix 毛，多毛的，线状的，丝状的；sepalus/ sepalum/ sepala 萼片（用于复合词）

Viola tenuissima 纤茎堇菜：tenui- ← tenuis 薄的，纤细的，弱的，瘦的，窄的；-issimus/ -issima/ -issimum 最，非常，极其（形容词最高级）

Viola thomsonii 毛堇菜：thomsonii ← Thomas Thomson（人名，19 世纪英国植物学家）；-ii 表示人名，接在以辅音字母结尾的人名后面，但 -er 除外

Viola triangulifolia 三角叶堇菜：triangulifolius 三角叶的；tri-/ tripli-/ triplo- 三个，三数；angulus 角，棱角，角度，角落；folius/ folium/ folia 叶，叶片（用于复合词）

Viola trichopetala 毛瓣堇菜：trich-/ tricho-/ tricha- ← trichos ← thrix 毛，多毛的，线状的，丝状的；petalus/ petalum/ petala ← petalon 花瓣

Viola tricolor 三色堇：tri-/ tripli-/ triplo- 三个，三数；color 颜色

Viola tsugitakaensis 雪山堇菜：tsugitakaensis 次高山的（地名，属台湾省，日语读音）

Viola tuberifera 块茎堇菜：tuber/ tuber-/ tuberi- 块茎的，结节状凸起的，瘤状的；-ferus/ -ferum/ -fera/ -fero/ -fere/ -fer 有，具有，产（区别：作独立词使用的 ferus 意思是"野生的"）

Viola urophylla 粗齿堇菜：urophyllus 尾状叶的；uro-/ -urus ← ura 尾巴，尾巴状的；phyllus/ phyllum/ phylla ← phyllon 叶片（用于希腊语复合词）

Viola urophylla var. densivillosa 密毛粗齿堇菜：densus 密集的，繁茂的；villosus 柔毛的，绵毛的；villus 毛，羊毛，长绒毛；-osus/ -osum/ -osa 多的，充分的，丰富的，显著发育的，程度高的，特征明显的（形容词词尾）

Viola urophylla var. urophylla 粗齿堇菜-原变种 （词义见上面解释）

Viola variegata 斑叶堇菜：variegatus = variego + atus 有彩斑的，有条纹的，杂食的，杂色的；variego = varius + ago 染上各种颜色，使成五彩缤纷的，装饰，点缀，使闪出五颜六色的光彩，变化，变更，不同；varius = varus + ius 各种各样的，不同的，多型的，易变的；varus 不同的，变化的，外弯的，凸起的；-ius/ -ium/ -ia 具有……特性的（表示有关、关联、相似）；-ago 表示相似或联系，如

plumbago，铅的一种（来自 plumbum 铅），来自 -go；-go 表示一种能做工作的力量，如 vertigo，也表示事态的变化或者一种事态、趋向或病态，如 robigo（红的情况，变红的趋势，因而是铁锈），aerugo（铜锈），因此它变成一个表示具有某种质的属性的构词元素，如 lactago（具有乳浆的草），或相似性，如 ferulago（近似 ferula，阿魏）、canilago（一种 canila）

Viola verecunda 堇菜：verecundus 红脸的，适度的；-cundus/ -cundum/ -cunda 变成，倾向（表示倾向或不变的趋势）

Viola wallichiana 西藏细距堇菜：wallichiana ← Nathaniel Wallich（人名，19 世纪初丹麦植物学家、医生）

Viola websteri 蓼叶堇菜（蓼 liǎo）：websteri（人名）；-eri 表示人名，在以 -er 结尾的人名后面加上 i 形成

Viola weixiensis 滇西堇菜：weixiensis 维西的（地名，云南省）

Viola yezoensis 阴地堇菜：yezoensis ← Ezo 虾夷的，北海道的（地名，日本北海道古称"虾夷"，日语读音为"ezo"）

Viola yezoensis var. hopeiensis 河北堇菜：hopeiensis 河北的（地名）

Viola yezoensis var. yezoensis 阴地堇菜-原变种 （词义见上面解释）

Viola yunnanensis 云南堇菜：yunnanensis 云南的（地名）

Violaceae 堇菜科（51：p1）：Viola 堇菜属；-aceae（分类单位科的词尾，为 -aceus 的阴性复数主格形式，加到模式属的名称后或同义词的词干后以组成族群名称）

Viscum 槲寄生属（槲 hú）（桑寄生科）（24：p147）：viscus 胶，胶黏物（比喻有黏性物质）

Viscum album 白果槲寄生：albus → albi-/ albo- 白色的

Viscum album var. album 白果槲寄生-原变种 （词义见上面解释）

Viscum album var. meridianum 卵叶槲寄生：meridianus 中午的

Viscum articulatum 扁枝槲寄生：articularis/ articulatus 有关节的，有接合点的

Viscum coloratum 槲寄生：coloratus = color + atus 有色的，带颜色的；color 颜色；-atus/ -atum/ -ata 属于，相似，具有，完成（形容词词尾）

Viscum coloratum f. lutescens 黄果槲寄生：lutescens 淡黄色的；luteus 黄色的；-escens/ -ascens 改变，转变，变成，略微，带有，接近，相似，大致，稍微（表示变化的趋势，并未完全相似或相同，有别于表示达到完成状态的 -atus）

Viscum coloratum f. rubro-aurantiacum （橙红槲寄生）：rubr-/ rubri-/ rubro- ← rubrus 红色的；aurantiacus/ aurantius 橙黄色的，金黄色的；aurus 金，金色；aurant-/ auranti- 橙黄色，金黄色

Viscum diospyrosicola 柿寄生：diospyrosicolus 生于柿树上的；Diospyros 柿属（柿科）；colus ← colo 分布于，居住于，栖居，殖民（常作词尾）；colo/ colere/ colui/ cultum 居住，耕作，栽培

V

Viscum diospyrosicolum 棱枝槲寄生 （词义见上面解释）

Viscum fargesii 线叶槲寄生：fargesii ← Pere Paul Guillaume Farges（人名，19 世纪中叶至 20 世纪活动于中国的法国传教士，植物采集员）

Viscum liquidambaricolum 枫香槲寄生：liquidambaricolus 生于枫香树上的；Liquidambar 枫香树属（金缕梅科）；colus ← colo 分布于，居住于，栖居，殖民（常作词尾）；colo/ colere/ colui/ cultum 居住，耕作，栽培

Viscum loranthi 聚花槲寄生：loranthus 飘带状花的（比喻线裂的花冠）；lor- ← lorus ← loron 带子，带状，飘带；anthus/ anthum/ antha/ anthe ← anthos 花（用于希腊语复合词）

Viscum monoicum 五脉槲寄生：monoicus 属于同体的，雌雄同株的；mono-/ mon- ← monos 一个，单一的（希腊语，拉丁语为 unus/ uni-/ uno-）；-icus/ -icum/ -ica 属于，具有某种特性（常用于地名、起源、生境）

Viscum multinerve 柄果槲寄生：multi- ← multus 多个，多数，很多（希腊语为 poly-）；nerve ← nervus 脉，叶脉

Viscum nudum 绿茎槲寄生：nudus 裸露的，无装饰的

Viscum ovalifolium 瘤果槲寄生：ovalis 广椭圆形的；ovus 卵，胚珠，卵形的，椭圆形的；folius/ folium/ folia 叶，叶片（用于复合词）

Viscum yunnanense 云南槲寄生：yunnanense 云南的（地名）

Vitaceae 葡萄科（48-2：p1）：Vitis 葡萄属；-aceae（分类单位科的词尾，为 -aceus 的阴性复数主格形式，加到模式属的名称后或同义词的词干后以组成族群名称）；Ampelidaceae 葡萄科废弃名

Vitex 牡荆属（马鞭草科）（65-1：p131）：vitex ← vieo 扎，系，结，打结（因牡荆枝条可以用来编筐）

Vitex agnus-castus 穗花牡荆：agnus-castus 洁白的；agnus 羔羊（比喻洁白）；castus 无污点的，贞洁的

Vitex canescens 灰毛牡荆：canescens 变灰色的，淡灰色的；canens 使呈灰色的；canus 灰色的，灰白色的；-escens/ -ascens 改变，转变，变成，略微，带有，接近，相似，大致，稍微（表示变化的趋势，并未完全相似或相同，有别于表示达到完成状态的 -atus）

Vitex duclouxii 金沙荆：duclouxii（人名）；-ii 表示人名接在以辅音字母结尾的人名后面，但 -er 除外

Vitex kwangsiensia 广西牡荆：kwangsiensia 广西的（地名）

Vitex lanceifolia 长叶荆（种加词曾错印为 "lanceifloia"）：lance-/ lancei-/ lanci-/ lanceo-/ lanc- ← lanceus 披针形的，矛形的，尖刀状的，柳叶刀状的；folius/ folium/ folia 叶，叶片（用于复合词）

Vitex negundo 黄荆：negundo（马来西亚土名）

Vitex negundo var. cannabifolia 牡荆：cannabis ← kannabis ← kanb 大麻（波斯语）；folius/ folium/ folia 叶，叶片（用于复合词）

Vitex negundo var. heterophylla 荆条：heterophyllus 异型叶的；hete-/ heter-/ hetero- ← heteros 不同的，多样的，不齐的；phyllus/

phyllum/ phylla ← phyllon 叶片（用于希腊语复合词）

Vitex negundo var. microphylla 小叶荆：micr-/ micro- ← micros 小的，微小的，微观的（用于希腊语复合词）；phyllus/ phyllum/ phylla ← phyllon 叶片（用于希腊语复合词）

Vitex negundo var. negundo 黄荆-原变种 （词义见上面解释）

Vitex negundo var. negundo f. alba 白毛黄荆：albus → albi-/ albo- 白色的

Vitex negundo var. negundo f. laxipaniculata 疏序黄荆：laxus 稀疏的，松散的，宽松的；paniculatus = paniculus + atus 具圆锥花序的；paniculus 圆锥花序；panus 谷穗；panicus 野稗，粟，谷子；-atus/ -atum/ -ata 属于，相似，具有，完成（形容词词尾）

Vitex negundo var. thyrsoides 拟黄荆：thyrsus/ thyrsos 花簇，金字塔，圆锥形，聚伞圆锥花序；-oides/ -oideus/ -oideum/ -oidea/ -odes/ -eidos 像……的，类似……的，呈……状的（名词词尾）

Vitex peduncularis 长序荆：pedunculatus/ peduncularis 具花序柄的，具总花梗的；pedunculus/ peduncule/ pedunculis ← pes 花序柄，总花梗（花序基部无花着生部分，不同于花柄）；关联词：pedicellus/ pediculus 小花梗，小花柄（不同于花序柄）；pes/ pedis 柄，梗，茎秆，腿，足，爪（作词首或词尾，pes 的词干视为 "ped-"）；-aris（阳性、阴性）/ -are（中性）← -alis（阳性、阴性）/ -ale（中性）属于，相似，如同，具有，涉及，关于，联结于（将名词作形容词用，其中 -aris 常用于以 l 或 r 为词干末尾的词）

Vitex pierreana 莺哥木：pierreana（人名）

Vitex quinata 山牡荆：quinatus 五个的，五数的；quin-/ quinqu-/ quinque-/ quinqui- 五，五数（希腊语为 penta-）

Vitex quinata var. puberula 微毛布惊：puberulus = puberus + ulus 略被柔毛的，被微柔毛的；puberus 多毛的，毛茸茸的；-ulus/ -ulum/ -ula 小的，略微的，稍微的（小词 -ulus 在字母 e 或 i 之后有多种变缀，即 -olus/ -olum/ -ola、-ellus/ -ellum/ -ella、-illus/ -illum/ -illa，与第一变格法和第二变格法名词形成复合词）

Vitex quinata var. quinata 山牡荆-原变种 （词义见上面解释）

Vitex quinata var. quinata f. lungchowensis 龙州山牡荆：lungchowensis 龙州的（地名，广西壮族自治区）

Vitex sampsoni 广东牡荆：sampsoni（人名，词尾改为 "-ii" 似更妥）；-ii 表示人名，接在以辅音字母结尾的人名后面，但 -er 除外；-i 表示人名，接在以元音字母结尾的人名后面，但 -a 除外

Vitex trifolia 蔓荆（蔓 màn）：tri-/ tripli-/ triplo- 三个，三数；folius/ folium/ folia 叶，叶片（用于复合词）

Vitex trifolia var. simplicifolia 单叶蔓荆：simplicifolius = simplex + folius 单叶的；simplex 单一的，简单的，无分歧的（词干为 simplic-）；构词规则：以 -ix/ -iex 结尾的词其词干末尾视为 -ic，

以 -ex 结尾视为 -i/ -ic，其他以 -x 结尾视为 -c；folius/ folium/ folia 叶，叶片（用于复合词）

Vitex trifolia var. subtrisecta 异叶蔓荆：subtrisectus 近三深裂的；sub-（表示程度较弱）与……类似，几乎，稍微，弱，亚，之下，下面；tri-/ tripli-/ triplo- 三个，三数；sectus 分段的，分节的，切开的，分裂的

Vitex trifolia var. trifolia 蔓荆-原变种 （词义见上面解释）

Vitex tripinnata 越南牡荆：tripinnatus 三回羽状的；tri-/ tripli-/ triplo- 三个，三数；pinnatus = pinnus + atus 羽状的，具羽的；pinnus/ pennus 羽毛，羽状，羽片；-atus/ -atum/ -ata 属于，相似，具有，完成（形容词词尾）

Vitex vestita 黄毛牡荆：vestitus 包被的，覆盖的，被柔毛的，袋状的

Vitex yunnanensis 滇牡荆：yunnanensis 云南的（地名）

Vitis 葡萄属（葡萄科）（48-2: p136）：vitis 葡萄，藤蔓植物（古拉丁名）

Vitis amurensis 山葡萄：amurense/ amurensis 阿穆尔的（地名，东西伯利亚的一个州，南部以黑龙江为界），阿穆尔河的（即黑龙江的俄语音译）

Vitis amurensis var. amurensis 山葡萄-原变种（词义见上面解释）

Vitis amurensis var. dissecta 深裂山葡萄：dissectus 多裂的，全裂的，深裂的；di-/ dis- 二，二数，二分，分离，不同，在……之间，从……分开（希腊语，拉丁语为 bi-/ bis-）；sectus 分段的，分节的，切开的，分裂的

Vitis balanseana 小果葡萄：balanseana ← Benedict Balansa（人名，19 世纪法国植物采集员）

Vitis balanseana var. balanseana 小果葡萄-原变种 （词义见上面解释）

Vitis balanseana var. ficifolioides 龙州葡萄：ficifolius 无花果叶的，榕树叶的；Ficus 榕属（桑科）；-oides/ -oideus/ -oideum/ -oidea/ -odes/ -eidos 像……的，类似……的，呈……状的（名词词尾）

Vitis balanseana var. tomentosa 绒毛小果葡萄：tomentosus = tomentum + osus 绒毛的，密被绒毛的；tomentum 绒毛，浓密的毛被，棉絮，棉絮状填充物（被褥、垫子等）；-osus/ -osum/ -osa 多的，充分的，丰富的，显著发育的，程度高的，特征明显的（形容词词尾）

Vitis bashanica 麦黄葡萄：bashanica 巴山的（地名，跨陕西、四川、湖北三省）

Vitis bellula 美丽葡萄：bellulus = bellus + ulus 稍可爱的，稍美丽的；bellus ← belle 可爱的，美丽的；-ulus/ -ulum/ -ula 小的，略微的，稍微的（小词 -ulus 在字母 e 或 i 之后有多种变缀，即 -olus/ -olum/ -ola、-ellus/ -ellum/ -ella、-illus/ -illum/ -illa，与第一变格法和第二变格法名词形成复合词）

Vitis bellula var. bellula 美丽葡萄-原变种 （词义见上面解释）

Vitis bellula var. pubigera 华南美丽葡萄：pubi- ← pubis 细柔毛的，短柔毛的，毛被的；gerus → -ger/ -gerus/ -gerum/ -gera 具有，有，

带有

Vitis betulifolia 桦叶葡萄（桦 huà）：betulifolius 桦树叶的；Betula 桦木属；folius/ folium/ folia 叶，叶片（用于复合词）

Vitis bryoniaefolia 蘡薁（蘡薁 yīng yù）：bryoniaefolia = Bryonia + folius 泻根叶的（注：组成复合词时，要将前面词的词尾 -us/ -um/ -a 变成 -i- 或 -o- 而不是所有格，故该词宜改为 "bryoniifolia"）；Bryonia 泻根属（葫芦科）；bry-/ bryo- ← bryum/ bryon 苔藓，苔藓状的（指窄细）；folius/ folium/ folia 叶，叶片（用于复合词）

Vitis bryoniaefolia var. bryoniaefolia 蘡薁-原变种 （词义见上面解释）

Vitis bryoniaefolia var. ternata 三出蘡薁：ternatus 三数的，三出的

Vitis chunganensis 东南葡萄：chunganensis 崇安的（地名，福建省）

Vitis chungii 闽赣葡萄：chungii（人名）；-ii 表示人名，接在以辅音字母结尾的人名后面，但 -er 除外

Vitis davidii 刺葡萄：davidii ← Pere Armand David（人名，1826–1900，曾在中国采集植物标本的法国传教士）；-ii 表示人名，接在以辅音字母结尾的人名后面，但 -er 除外

Vitis davidii var. cyanocarpa 蓝果刺葡萄：cyanus/ cyan-/ cyano- 蓝色的，青色的；carpus/ carpum/ carpa/ carpon ← carpos 果实（用于希腊语复合词）

Vitis davidii var. davidii 刺葡萄-原变种 （词义见上面解释）

Vitis davidii var. ferruginea 锈毛刺葡萄：ferrugineus 铁锈的，淡棕色的；ferrugo = ferrus + ugo 铁锈（ferrugo 的词干为 ferrugin-）；词尾为 -go 的词其词干末尾视为 -gin；ferreus → ferr- 铁，铁的，铁色的，坚硬如铁的；-eus/ -eum/ -ea（接拉丁语词干时）属于……的，色如……的，质如……的（表示原料、颜色或品质的相似），（接希腊语词干时）属于……的，以……出名，为……所占有（表示具有某种特性）

Vitis erythrophylla 红叶葡萄：erythrophyllus 红叶的；erythr-/ erythro- ← erythros 红色的（希腊语）；phyllus/ phyllum/ phylla ← phyllon 叶片（用于希腊语复合词）

Vitis fengqinensis 凤庆葡萄：fengqinensis 凤庆的（地名，云南省，改为 "fengqingensis" 似更妥）

Vitis flexuosa 葛藟葡萄（藟 lěi）：flexuosus = flexus + osus 弯曲的，波状的，曲折的；flexus ← flecto 扭曲的，卷曲的，弯弯曲曲的，柔性的；flecto 弯曲，使扭曲；-osus/ -osum/ -osa 多的，充分的，丰富的，显著发育的，程度高的，特征明显的（形容词词尾）

Vitis hancockii 菱叶葡萄：hancockii ← W. Hancock（人名，1847–1914，英国海关官员，曾在中国采集植物标本）

Vitis hekouensis 河口葡萄：hekouensis 河口的（地名，云南省）

Vitis heyneana 毛葡萄：heyneana（人名）

Vitis heyneana subsp. ficifolia 桑叶葡萄：Ficus 榕属（桑科）；folius/ folium/ folia 叶，叶片（用于

V

复合词）

Vitis heyneana subsp. heyneana 毛葡萄-原亚种
（词义见上面解释）

Vitis hui 庐山葡萄：hui 胡氏（人名）

Vitis jinggangensis 井冈葡萄：jinggangensis 井冈
山的（地名，江西省）

Vitis lanceolatifoliosa 鸡足葡萄：lanceolatus =
lanceus + olus + atus 小披针形的，小柳叶刀的；
lance-/ lancei-/ lanci-/ lanceo-/ lanc- ← lanceus 披
针形的，矛形的，尖刀状的，柳叶刀状的；-olus ←
-ulus 小，稍微，略微（-ulus 在字母 e 或 i 之后变成
-olus/ -ellus/ -illus）；-atus/ -atum/ -ata 属于，相
似，具有，完成（形容词词尾）；foliosus = folius +
osus 多叶的；folius/ folium/ folia → foli-/ folia- 叶，
叶片；-osus/ -osum/ -osa 多的，充分的，丰富的，
显著发育的，程度高的，特征明显的（形容词词尾）

Vitis longquanensis 龙泉葡萄：longquanensis 龙泉
的（地名，浙江省）

Vitis luochengensis 罗城葡萄：luochengensis 罗城
的（地名，广西壮族自治区）

Vitis luochengensis var. luochengensis 罗城葡
萄-原变种 （词义见上面解释）

Vitis luochengensis var. tomentoso-nerva 连山
葡萄：tomentoso-nerva 毛脉的，叶脉被绒毛的；
tomentosus = tomentum + osus 绒毛的，密被绒毛
的；tomentum 绒毛，浓密的毛被，棉絮，棉絮状填
充物（被褥、垫子等）；-osus/ -osum/ -osa 多的，充
分的，丰富的，显著发育的，程度高的，特征明显的
（形容词词尾）；nervus 脉，叶脉

Vitis menghaiensis 勐海葡萄（勐 měng）：
menghaiensis 勐海的（地名，云南省）

Vitis mengziensis 蒙自葡萄：mengziensis 蒙自的
（地名，云南省）

Vitis piasezkii 变叶葡萄：piasezkii（人名）；-ii 表示
人名，接在以辅音字母结尾的人名后面，但 -er 除外

Vitis piasezkii var. pagnucii 少毛变叶葡萄：
pagnucii（人名）；-ii 表示人名，接在以辅音字母结
尾的人名后面，但 -er 除外

Vitis piasezkii var. piasezkii 变叶葡萄-原变种
（词义见上面解释）

Vitis piloso-nerva 毛脉葡萄：piloso-nerva 毛脉的；
piloso- ← pilus + osus 多毛的，被柔毛的，具疏柔
毛的，被短弱细毛的；pilus 毛，疏柔毛；-osus/
-osum/ -osa 多的，充分的，丰富的，显著发育的，
程度高的，特征明显的（形容词词尾）；nervus 脉，
叶脉

Vitis pseudoreticulata 华东葡萄：pseudoreticulata
近似网状的，假网状的；pseudo-/ pseud- ←
pseudos 假的，伪的，接近，相似（但不是）；
reticulatus = reti + culus + atus 网状的；reti-/
rete- 网（同义词：dictyo-）；-culus/ -culum/ -cula
小的，略微的，稍微的（同第三变格法和第四变格
法名词形成复合词）；-atus/ -atum/ -ata 属于，相
似，具有，完成（形容词词尾）

Vitis retordii 绵毛葡萄：retordii（人名）；-ii 表示人
名，接在以辅音字母结尾的人名后面，但 -er 除外

Vitis romanetii 秋葡萄：romanetii（人名）；-ii 表示
人名，接在以辅音字母结尾的人名后面，但 -er 除

外；-i 表示人名，接在以元音字母结尾的人名后面，
但 -a 除外

Vitis romanetii var. romanetii 秋葡萄-原变种
（词义见上面解释）

Vitis romanetii var. tomentosa 绒毛秋葡萄：
tomentosus = tomentum + osus 绒毛的，密被绒毛
的；tomentum 绒毛，浓密的毛被，棉絮，棉絮状填
充物（被褥、垫子等）；-osus/ -osum/ -osa 多的，充
分的，丰富的，显著发育的，程度高的，特征明显的
（形容词词尾）

Vitis ruyuanensis 乳源葡萄：ruyuanensis 乳源的
（地名，广东省）

Vitis shenxiensis 陕西葡萄：shenxiensis 陕西的
（地名）

Vitis silvestrii 湖北葡萄：silvestrii/ sylvestrii ←
Filippo Silvestri（人名，19 世纪意大利解剖学家、
动物学家）；-ii 表示人名，接在以辅音字母结尾的人
名后面，但 -er 除外

Vitis sinocinerea 小叶葡萄：sinocinereus 中国型灰
色的；sino- 中国；cinereus 灰色的，草木灰色的
（为纯黑和纯白的混合色，希腊语为 tephro-/
spodo-）；ciner-/ cinere-/ cinereo- 灰色；-eus/
-eum/ -ea（接拉丁语词干时）属于……的，色
如……的，质如……的（表示原料、颜色或品质的
相似），（接希腊语词干时）属于……的，以……出
名，为……所占有（表示具有某种特性）

Vitis tsoii 狭叶葡萄：tsoii（人名，词尾改为"-i"似
更妥）；-ii 表示人名，接在以辅音字母结尾的人名后
面，但 -er 除外；-i 表示人名，接在以元音字母结尾
的人名后面，但 -a 除外

Vitis vinifera 葡萄：viniferus 产酒的（可酿酒）；
vinus 葡萄，葡萄酒；-ferus/ -ferum/ -fera/ -fero/
-fere/ -fer 有，具有，产（区别：作独立词使用的
ferus 意思是"野生的"）

Vitis wenchouensis 温州葡萄（种加词已修订为
"wenchowensis"）：wenchouensis 温州的（地名，浙
江省）

Vitis wilsonae 网脉葡萄：wilsonae ← John Wilson
（人名，18 世纪英国植物学家）

Vitis wuhanensis 武汉葡萄：wuhanensis 武汉的
（地名，湖北省）

Vitis yunnanensis 云南葡萄：yunnanensis 云南的
（地名）

Vitis zhejiang-adstricta 浙江蘡薁：zhejiang 浙江
（地名）；adstrictus 靠紧的，拉紧的，收紧的；ad-
向，到，近（拉丁语词首，表示程度加强）；strictus
直立的，硬直的，笔直的，彼此靠拢的

Vittaria 书带蕨属（书带蕨科，已修订为
Haplopteris）(3-2: p12)：vittaria ← vitta 条带的，
细长的，条纹的（比喻叶片细长）；haplo- 单一的，
一个的；pteris ← pteryx 翅，翼，蕨类（希腊语）

Vittaria amboinensis 剑叶书带蕨：amboinensis 安
汶岛的（地名，印度尼西亚）

Vittaria anguste-elongata 姬书带蕨：anguste 窄
地；elongatus 伸长的，延长的；elongare 拉长，延
长；longus 长的，纵向的；e-/ ex- 不，无，非，缺
乏，不具有（e- 用在辅音字母前，ex- 用在元音字母
前，为拉丁语词首，对应的希腊语词首为 a-/ an-,

V

英语为 un-/ -less，注意作词首用的 e-/ ex- 和介词 e/ ex 意思不同，后者意为"出自、从……、由……离开、由于、依照"）

Vittaria doniana 带状书带蕨：doniana（人名）

Vittaria elongata 唇边书带蕨：elongatus 伸长的，延长的；elongare 拉长，延长；longus 长的，纵向的；e-/ ex- 不，无，非，缺乏，不具有（e- 用在辅音字母前，ex- 用在元音字母前，为拉丁语词首，对应的希腊语词首为 a-/ an-，英语为 un-/ -less，注意作词首用的 e-/ ex- 和介词 e/ ex 意思不同，后者意为"出自、从……、由……离开、由于、依照"）

Vittaria flexuosa 书带蕨：flexuosus = flexus + osus 弯曲的，波状的，曲折的；flexus ← flecto 扭曲的，卷曲的，弯弯曲曲的，柔性的；flecto 弯曲，使扭曲；-osus/ -osum/ -osa 多的，充分的，丰富的，显著发育的，程度高的，特征明显的（形容词词尾）

Vittaria fudzinoi 平肋书带蕨：fudzinoi（人名）；-i 表示人名，接在以元音字母结尾的人名后面，但 -a 除外

Vittaria hainanensis 海南书带蕨：hainanensis 海南的（地名）

Vittaria himalayensis 喜马拉雅书带蕨：himalayensis 喜马拉雅的（地名）

Vittaria linearifolia 线叶书带蕨：linearis = lineus + aris 线条的，线形的，线状的，亚麻状的；folius/ folium/ folia 叶，叶片（用于复合词）；-aris（阳性、阴性）/ -are（中性）← -alis（阳性、阴性）/ -ale（中性）属于，相似，如同，具有，涉及，关于，联结于（将名词作形容词用，其中 -aris 常用于以 l 或 r 为词干末尾的词）

Vittaria mediosora 中囊书带蕨：medio- ← medius 中间的，中央的；sorus ← soros 堆（指密集成簇），孢子囊群

Vittaria plurisulcata 曲鳞书带蕨：pluri-/ plur- 复数，多个；sulcatus 具皱纹的，具犁沟的，具沟槽的；sulcus 犁沟，沟槽，皱纹

Vittaria sikkimensis 锡金书带蕨：sikkimensis 锡金的（地名）

Vittaria taeniophylla 广叶书带蕨：taeniophyllus 绸带状叶片的；taenius 绸带，纽带，条带状的；phyllus/ phyllum/ phylla ← phyllon 叶片（用于希腊语复合词）

Vittariaceae 书带蕨科（3-2：p12）：Vittaria 书带蕨属；-aceae（分类单位科的词尾，为 -aceus 的阴性复数主格形式，加到模式属的名称后或同义词的词干后以组成族群名称）

Vrydagzynea 二尾兰属（兰科）（17：p202）：vrydagzynea ← Vrydag Zynen（人名，荷兰植物学家）

Vrydagzynea nuda 二尾兰：nudus 裸露的，无装饰的

Vulpia 鼠茅属（禾本科）（9-2：p84）：vulpia ← J. S. Vulpius（人名，17 世纪德国医药学家、植物学家）

Vulpia alpinia 高原鼠茅（根据中文名，该种加词修订为"alpina"似更妥）：alpinia ← Prosper Alpino（人名，1553–1617，意大利植物学家）（易混词：表示"高山"时为"alpina"而不是"alpinia"）；Alpinia 山姜属（姜科）

Vulpia myuros 鼠茅：myuros 鼠尾；myos 老鼠，小白鼠；-urus/ -ura/ -ourus/ -oura/ -oure/ -uris 尾巴

Wahlenbergia 蓝花参属（参 shēn）（桔梗科）（73-2：p28）：wahlenbergia ← G. Wahlenberg（人名，1780–1851，瑞典植物学家）（除 -er 外，以辅音字母结尾的人名用作属名时在末尾加 -ia，如果人名词尾为 -us 则将词尾变成 -ia）

Wahlenbergia marginata 蓝花参：marginatus ← margo 边缘的，具边缘的；margo/ marginis → margin- 边缘，边线，边界；词尾为 -go 的词其词干末尾视为 -gin

Waldheimia 扁芒菊属（菊科，已修订为 Allardia）（76-1：p81）：waldheimia ← Waldheim（人名，德国植物学家）；allardia（人名）

Waldheimia glabra 西藏扁芒菊：glabrus 光秃的，无毛的，光滑的

Waldheimia huegelii 多毛扁芒菊：huegelii（人名）；-ii 表示人名，接在以辅音字母结尾的人名后面，但 -er 除外

Waldheimia lasiocarpa 毛果扁芒菊：lasi-/ lasio- 羊毛状的，有毛的，粗糙的；carpus/ carpum/ carpa/ carpon ← carpos 果实（用于希腊语复合词）

Waldheimia nivea 小扁芒菊：niveus 雪白的，雪一样的；nivus/ nivis/ nix 雪，雪白色

Waldheimia stoliczkae 光叶扁芒菊：stoliczkae（人名）；-ae 表示人名，以 -a 结尾的人名后面加上 -e 形成

Waldheimia tomentosa 羽叶扁芒菊：tomentosus = tomentum + osus 绒毛的，密被绒毛的；tomentum 绒毛，浓密的毛被，棉絮，棉絮状填充物（被褥、垫子等）；-osus/ -osum/ -osa 多的，充分的，丰富的，显著发育的，程度高的，特征明显的（形容词词尾）

Waldheimia tridactylites 扁芒菊：tridactylites/ tridactylitus 三指的；tri-/ tripli-/ triplo- 三个，三数；dactylus ← dactylos 手指状的；dactyl- 手指

Waldheimia vestita 厚毛扁芒菊：vestitus 包被的，覆盖的，被柔毛的，袋状的

Waldsteinia 林石草属（蔷薇科）（37：p232）：waldsteinia ← Count von Waldstein-Wartenberg（人名，1759–1823，德国植物学家）

Waldsteinia ternata 林石草：ternatus 三数的，三出的

Waldsteinia ternata var. glabriuscula 光叶林石草：glabriusculus = glabrus + usculus 近无毛的，稍光滑的；glabrus 光秃的，无毛的，光滑的；-usculus ← -culus 小的，略微的，稍微的（小词 -culus 和某些词构成复合词时变成 -usculus）

Waldsteinia ternata var. ternata 林石草-原变种（词义见上面解释）

Wallichia 瓦理棕属（棕榈科）（13-1：p118）：wallichiana ← Nathaniel Wallich（人名，1787–1854，丹麦植物学家、医生）

Wallichia caryotoides 琴叶瓦理棕：Caryota 鱼尾葵属（棕榈科）；-oides/ -oideus/ -oideum/ -oidea/ -odes/ -eidos 像……的，类似……的，呈……状的（名词词尾）

W

Wallichia chinensis 瓦理棕：chinensis = china + ensis 中国的（地名）；China 中国

Wallichia densiflora 密花瓦理棕：densus 密集的，繁茂的；florus/ florum/ flora ← flos 花（用于复合词）

Wallichia disticha 二列瓦理棕：distichus 二列的；di-/ dis- 二，二数，二分，分离，不同，在……之间，从……分开（希腊语，拉丁语为 bi-/ bis-）；stichus ← stichon 行列，队列，排列

Wallichia mooreana 云南瓦理棕：mooreana ← William Moore（人名，20 世纪英国园艺学家、爱丁堡植物园主任）

Wallichia siamensis 泰国瓦理棕：siamensis 暹罗的（地名，泰国古称）（暹 xiān）

Walsura 割舌树属（楝科）（43-3：p61）：walsura（人名）

Walsura cochinchinensis 越南割舌树：cochinchinensis ← Cochinchine 南圻的（历史地名，即今越南南部及其周边国家和地区）

Walsura robusta 割舌树：robustus 大型的，结实的，健壮的，强壮的

Walsura yunnanensis 云南割舌树：yunnanensis 云南的（地名）

Waltheria 蛇婆子属（梧桐科）（49-2：p167）：waltheria ← Augustin Friedrich Walther（人名，18–19 世纪植物学家）

Waltheria indica 蛇婆子：indica 印度的（地名）；-icus/ -icum/ -ica 属于，具有某种特性（常用于地名、起源、生境）

Washington navel 华盛顿脐橙：navel 肚，肚脐（英文）

Washingtonia 丝葵属（棕榈科）（13-1：p32）：washingtonia ← George Washington（人名，1732–1799，美国总统）

Washingtonia filifera 丝葵：fili-/ fil- ← filum 线状的，丝状的；-ferus/ -ferum/ -fera/ -fero/ -fere/ -fer 有，具有，产（区别：作独立词使用的 ferus 意思是"野生的"）

Washingtonia robusta 大丝葵：robustus 大型的，结实的，健壮的，强壮的

Wedelia 蟛蜞菊属（滨蔓菊属）（蟛蜞 péng qí）（另见 Sphagneticola）（菊科）（75：p350）：wedelia ← Georg Wolfgang Wedel（人名，1645–1721，德国植物学家）

Wedelia biflora 孪花蟛蜞菊：bi-/ bis- 二，二数，二回（希腊语为 di-）；florus/ florum/ flora ← flos 花（用于复合词）

Wedelia chinensis 蟛蜞菊（另见 Sphagneticola calendulacea）：chinensis = china + ensis 中国的（地名）；China 中国

Wedelia prostrata 卤地菊（另见 Melanthera prostrata）：prostratus/ pronus/ procumbens 平卧的，匍匐的

Wedelia urticifolia 麻叶蟛蜞菊：Urtica 荨麻属（荨麻科）；folius/ folium/ folia 叶，叶片（用于复合词）

Wedelia wallichii 山蟛蜞菊：wallichii ← Nathaniel Wallich（人名，19 世纪初丹麦植物学家、医生）

Weigela 锦带花属（忍冬科）（72：p131）：weigela ← Christian Ehrenfried von Weigel（人名，1780–1831，德国植物学家）

Weigela coraeensis 海仙花：coraeensis 朝鲜的（地名）

Weigela florida 锦带花：floridus = florus + idus 有花的，多花的，花明显的；florus/ florum/ flora ← flos 花（用于复合词）；-idus/ -idum/ -ida 表示在进行中的动作或情况，作动词、名词或形容词的词尾

Weigela hybrida （杂锦带花）：hybridus 杂种的

Weigela japonica 日本锦带花：japonica 日本的（地名）；-icus/ -icum/ -ica 属于，具有某种特性（常用于地名、起源、生境）

Weigela japonica var. japonica 日本锦带花-原变种（词义见上面解释）

Weigela japonica var. sinica 半边月：sinica 中国的（地名）；-icus/ -icum/ -ica 属于，具有某种特性（常用于地名、起源、生境）

Weigela praecox 早锦带花：praecox 早期的，早熟的，早开花的；prae- 先前的，前面的，在先的，早先的，上面的，很，十分，极其；-cox 成熟，开花，出生

Wenchengia 保亭花属（唇形科）（65-2：p98）：wenchengia ← Wen Cheng Wu 吴蕴珍（人名，1898–1942，中国植物学家、园艺学家）

Wenchengia alternifolia 保亭花：alternus 互生，交互，交替；folius/ folium/ folia 叶，叶片（用于复合词）

Wendlandia 水锦树属（茜草科）（71-1：p191）：wendlandia ← Hermann Wendland（人名，1755–1821，德国植物学家）

Wendlandia aberrans 广西水锦树：aberrans 异常的，畸形的，不同于一般的（近义词：abnormalis，anomalus，atypicus）

Wendlandia augustinii 思茅水锦树：augustinii ← Augustine Henry（人名，1857–1930，爱尔兰医生、植物学家）

Wendlandia bouvardioides 薄叶水锦树：Bouvardia（茜草科一属）；bouvardia ← Charles Bouvard（人名，17 世纪法国巴黎 Roi 植物园主任）；-oides/ -oideus/ -oideum/ -oidea/ -odes/ -eidos 像……的，类似……的，呈……状的（名词词尾）

Wendlandia brevipaniculata 吹树：brevi- ← brevis 短的（用于希腊语复合词词首）；paniculatus = paniculus + atus 具圆锥花序的；paniculus 圆锥花序；panus 谷穗；panicus 野稗，粟，谷子；-atus/ -atum/ -ata 属于，相似，具有，完成（形容词词尾）

Wendlandia brevituba 短筒水锦树：brevi- ← brevis 短的（用于希腊语复合词词首）；tubus 管子的，管状的，筒状的

Wendlandia cavaleriei 贵州水锦树：cavaleriei ← Pierre Julien Cavalerie（人名，20 世纪法国传教士）；-i 表示人名，接在以元音字母结尾的人名后面，但 -a 除外

Wendlandia erythroxylon 红木水锦树：erythroxylon 红木的；erythr-/ erythro- ← erythros 红色的（希腊语）；xylon 木材，木质

W

·1313·

Wendlandia formosana 水金京：formosanus = formosus + anus 美丽的，台湾的；formosus ← formosa 美丽的，台湾的（葡萄牙殖民者发现台湾时对其的称呼，即美丽的岛屿）；-anus/ -anum/ -ana 属于，来自（形容词词尾）

Wendlandia formosana subsp. breviflora 短花水金京：brevi- ← brevis 短的（用于希腊语复合词词首）；florus/ florum/ flora ← flos 花（用于复合词）

Wendlandia formosana subsp. formosana 水金京-原亚种 （词义见上面解释）

Wendlandia grandis 西藏水锦树：grandis 大的，大型的，宏大的

Wendlandia guangdongensis 广东水锦树：guangdongensis 广东的（地名）

Wendlandia jingdongensis 景东水锦树：jingdongensis 景东的（地名，云南省）

Wendlandia laxa 疏花水锦树：laxus 稀疏的，松散的，宽松的

Wendlandia ligustrina 小叶水锦树：ligustrina 像女贞的；Ligustrum 女贞属（木樨科）；-inus/ -inum/ -ina/ -inos 相近，接近，相似，具有（通常指颜色）

Wendlandia litseifolia 木姜子叶水锦树：litseifolia 木姜子叶的；litsei ← Litsea 木姜子属；folius/ folium/ folia 叶，叶片（用于复合词）

Wendlandia longidens 水晶粿子：longe-/ longi- ← longus 长的，纵向的；dens/ dentus 齿，牙齿

Wendlandia longipedicellata 长梗水锦树：longe-/ longi- ← longus 长的，纵向的；pedicellatus = pedicellus + atus 具小花柄的；pedicellus = pes + cellus 小花梗，小花柄（不同于花序柄）；pes/ pedis 柄，梗，茎秆，腿，足，爪（作词首或词尾，pes 的词干视为"ped-"）；-cellus/ -cellum/ -cella、-cillus/ -cillum/ -cilla 小的，略微的，稍微的（与任何变格法名词形成复合词）；关联词：pedunculus 花序柄，总花梗（花序基部无花着生部分）；-atus/ -atum/ -ata 属于，相似，具有，完成（形容词词尾）

Wendlandia luzoniensis 吕宋水锦树：luzoniensis ← Luzon 吕宋岛的（地名，菲律宾）

Wendlandia merrilliana 海南水锦树：merrilliana ← E. D. Merrill（人名，1876–1956，美国植物学家）

Wendlandia merrilliana var. merrilliana 海南水锦树-原变种 （词义见上面解释）

Wendlandia merrilliana var. parvifolia 细叶海南水锦树：parvifolius 小叶的；parvus 小的，些微的，弱的；folius/ folium/ folia 叶，叶片（用于复合词）

Wendlandia myriantha 密花水锦树：myri-/ myrio- ← myrios 无数的，大量的，极多的（希腊语）；anthus/ anthum/ antha/ anthe ← anthos 花（用于希腊语复合词）

Wendlandia oligantha 龙州水锦树：oligo-/ olig- 少数的（希腊语，拉丁语为 pauci-）；anthus/ anthum/ antha/ anthe ← anthos 花（用于希腊语复合词）

Wendlandia parviflora 小花水锦树：parviflorus 小花的；parvus 小的，些微的，弱的；florus/ florum/ flora ← flos 花（用于复合词）

Wendlandia pendula 垂枝水锦树：pendulus ← pendere 下垂的，垂吊的（悬空或因支持体细软而下垂）；pendere/ pendeo 悬挂，垂悬；-ulus/ -ulum/ -ula（表示趋向或动作）（小词 -ulus 在字母 e 或 i 之后有多种变缀，即 -olus/ -olum/ -ola、-ellus/ -ellum/ -ella、-illus/ -illum/ -illa，与第一变格法和第二变格法名词形成复合词）

Wendlandia pingpienensis 屏边水锦树：pingpienensis 屏边的（地名，云南省）

Wendlandia pubigera 大叶木莲红：pubi- ← pubis 细柔毛的，短柔毛的，毛被的；gerus → -ger/ -gerus/ -gerum/ -gera 具有，有，带有

Wendlandia salicifolia 柳叶水锦树：salici ← Salix 柳属；构词规则：以 -ix/ -iex 结尾的词其词干末尾视为 -ic，以 -ex 结尾视为 -i/ -ic，其他以 -x 结尾视为 -c；folius/ folium/ folia 叶，叶片（用于复合词）

Wendlandia scabra 粗叶水锦树：scabrus ← scaber 粗糙的，有凹凸的，不平滑的

Wendlandia scabra var. dependens 悬花水锦树：dependens 下垂的，垂吊的（因支持体细软而下垂）；de- 向下，向外，从……，脱离，脱落，离开，去掉；pendix ← pendens 垂悬的，挂着的，悬挂的

Wendlandia scabra var. pilifera 毛粗叶水锦树：pilus 毛，疏柔毛；-ferus/ -ferum/ -fera/ -fero/ -fere/ -fer 有，具有，产（区别：作独立词使用的 ferus 意思是"野生的"）

Wendlandia scabra var. scabra 粗叶水锦树-原变种 （词义见上面解释）

Wendlandia speciosa 美丽水锦树：speciosus 美丽的，华丽的；species 外形，外观，美观，物种（缩写 sp.，复数 spp.）；-osus/ -osum/ -osa 多的，充分的，丰富的，显著发育的，程度高的，特征明显的（形容词词尾）

Wendlandia subalpina 高山水锦树：subalpinus 亚高山的；sub-（表示程度较弱）与……类似，几乎，稍微，弱，亚，之下，下面；alpinus = alpus + inus 高山的；alpus 高山；al-/ alti-/ alto- ← altus 高的，高处的；-inus/ -inum/ -ina/ -inos 相近，接近，相似，具有（通常指颜色）

Wendlandia tinctoria 染色水锦树：tinctorius = tinctorus + ius 属于染色的，属于着色的，属于染料的；tingere/ tingo 浸泡，浸染；tinctorus 染色，着色，染料；tinctus 染色的，彩色的；-ius/ -ium/ -ia 具有……特性的（表示有关、关联、相似）

Wendlandia tinctoria subsp. affinis 毛冠水锦树（冠 guān）：affinis = ad + finis 酷似的，近似的，有联系的；ad- 向，到，近（拉丁语词首，表示程度加强）；构词规则：构成复合词时，词首末尾的辅音字母常同化为紧接其后的那个辅音字母（如 ad + f → aff）；finis 界限，境界；affin- 相似，近似，相关

Wendlandia tinctoria subsp. barbata 粗毛水锦树：barbatus = barba + atus 具胡须的，具须毛的；barba 胡须，髯毛，绒毛；-atus/ -atum/ -ata 属于，相似，具有，完成（形容词词尾）

Wendlandia tinctoria subsp. callitricha 厚毛水锦树：callitricha 美丽毛发的；call-/ calli-/ callo-/ cala-/ calo- ← calos/ callos 美丽的；trichus 毛，毛发，线

Wendlandia tinctoria subsp. floribunda 多花水锦树：floribundus = florus + bundus 多花的，繁花

的，花正盛开的；florus/ florum/ flora ← flos 花（用于复合词）；-bundus/ -bunda/ -bundum 正在做，正在进行（类似于现在分词），充满，盛行

Wendlandia tinctoria subsp. handelii 麻栗水锦树：handelii ← H. Handel-Mazzetti（人名，奥地利植物学家，第一次世界大战期间在中国西南地区研究植物）

Wendlandia tinctoria subsp. intermedia 红皮水锦树：intermedius 中间的，中位的，中等的；inter- 中间的，在中间，之间；medius 中间的，中央的

Wendlandia tinctoria subsp. orientalis 东方水锦树：orientalis 东方的；oriens 初升的太阳，东方

Wendlandia tinctoria subsp. tinctoria 染色水锦树-原亚种 （词义见上面解释）

Wendlandia uvariifolia 水锦树：Uvaria 紫玉盘属（番荔枝科）；folius/ folium/ folia 叶，叶片（用于复合词）

Wendlandia uvariifolia subsp. chinensis 中华水锦树：chinensis = china + ensis 中国的（地名）；China 中国

Wendlandia uvariifolia subsp. pilosa 疏毛水锦树：pilosus = pilus + osus 多毛的，被柔毛的，具疏柔毛的，被短弱细毛的；pilus 毛，疏柔毛；-osus/ -osum/ -osa 多的，充分的，丰富的，显著发育的，程度高的，特征明显的（形容词词尾）

Wendlandia uvariifolia subsp. uvariifolia 水锦树-原亚种 （词义见上面解释）

Wendlandia villosa 毛叶水锦树：villosus 柔毛的，绵毛的；villus 毛，羊毛，长绒毛；-osus/ -osum/ -osa 多的，充分的，丰富的，显著发育的，程度高的，特征明显的（形容词词尾）

Whitfordiodendron 猪腰豆属（豆科）（40：p130）：whitfordio ← H. N. Whitford（人名）；dendron 树木

Whitfordiodendron filipes 猪腰豆：filipes 线状柄的，线状茎的；fili-/ fil- ← filum 线状的，丝状的；pes/ pedis 柄，梗，茎秆，腿，足，爪（作词首或词尾，pes 的词干视为 "ped-"）

Whitfordiodendron filipes var. filipes 猪腰豆-原变种 （词义见上面解释）

Whitfordiodendron filipes var. tomentosum 毛叶猪腰豆：tomentosus = tomentum + osus 绒毛的，密被绒毛的；tomentum 绒毛，浓密的毛被，棉絮，棉絮状填充物（被褥、垫子等）；-osus/ -osum/ -osa 多的，充分的，丰富的，显著发育的，程度高的，特征明显的（形容词词尾）

Whytockia 异叶苣苔属（苦苣苔科）（69：p568）：whytockia（人名）

Whytockia chiritiflora 异叶苣苔：Chiritia 唇柱苣苔属（苦苣苔科）；florus/ florum/ flora ← flos 花（用于复合词）

Whytockia sasakii 台湾异叶苣苔：sasakii 佐佐木（日本人名）

Whytockia tsiangiana 白花异叶苣苔：tsiangiana 黔，贵州的（地名），蒋氏（人名）

Whytockia tsiangiana var. minor 屏边异叶苣苔：minor 较小的，更小的

Whytockia tsiangiana var. tsiangiana 白花异叶苣苔-原变种 （词义见上面解释）

Whytockia tsiangiana var. wilsonii 峨眉异叶苣苔：wilsonii ← John Wilson（人名，18 世纪英国植物学家）

Wightia 美丽桐属（玄参科）（67-2：p44）：wightianus ← Robert Wight（人名，1796–1872，马德拉斯植物园管理人）

Wightia speciosissima 美丽桐：speciosissimus = speciosus + issimus 非常美丽的，极华丽的；speciosus 美丽的，华丽的；species 外形，外观，美观，物种（缩写 sp.，复数 spp.）；-osus/ -osum/ -osa 多的，充分的，丰富的，显著发育的，程度高的，特征明显的（形容词词尾）；-issimus/ -issima/ -issimum 最，非常，极其（形容词最高级）

Wikstroemia 荛花属（荛 ráo）（瑞香科）（52-1：p292）：wikstroemia（人名）

Wikstroemia alternifolia 互生叶荛花：alternus 互生，交互，交替；folius/ folium/ folia 叶，叶片（用于复合词）

Wikstroemia alternifolia var. alternifolia 互生叶荛花-原变种 （词义见上面解释）

Wikstroemia alternifolia var. multiflora 多花互生叶荛花：multi- ← multus 多个，多数，很多（希腊语为 poly-）；florus/ florum/ flora ← flos 花（用于复合词）

Wikstroemia angustifolia 岩杉树：angusti- ← angustus 窄的，狭的，细的；folius/ folium/ folia 叶，叶片（用于复合词）

Wikstroemia anhuiensis 安徽荛花：anhuiensis 安徽的（地名）

Wikstroemia baimashanensis 白马山荛花：baimashanensis 白马雪山的（地名，云南省德钦县）

Wikstroemia canescens 荛花：canescens 变灰色的，淡灰色的；canens 使呈灰色的；canus 灰色的，灰白色的；-escens/ -ascens 改变，转变，变成，略微，带有，接近，相似，大致，稍微（表示变化的趋势，并未完全相似或相同，有别于表示达到完成状态的 -atus）

Wikstroemia capitata 头序荛花：capitatus 头状的，头状花序的；capitus ← capitis 头，头状

Wikstroemia capitato-racemosa 短总序荛花：capitatus 头状的，头状花序的；capitus ← capitis 头，头状；racemosus = racemus + osus 总状花序的；racemus 总状的，葡萄串状的；-osus/ -osum/ -osa 多的，充分的，丰富的，显著发育的，程度高的，特征明显的（形容词词尾）

Wikstroemia chamaedaphne 河朔荛花：chamae- ← chamai 矮小的，匍匐的，地面的；daphne 月桂，达芙妮（希腊神话中的女神）；Chamaedaphne 地桂属（杜鹃花科）

Wikstroemia chinensis （中华荛花）：chinensis = china + ensis 中国的（地名）；China 中国

Wikstroemia chuii 窄叶荛花：chuii（人名，词尾改为 "-i" 似更妥）；-ii 表示人名，接在以辅音字母结尾的人名后面，但 -er 除外；-i 表示人名，接在以元音字母结尾的人名后面，但 -a 除外

Wikstroemia cochlearifolia 匙叶荛花（匙 chí）：

W

·1315·

cochlearia 蜗牛的，匙形的，螺旋的；cochlea 蜗牛，蜗牛壳；-aris（阳性、阴性）/ -are（中性）← -alis（阳性、阴性）/ -ale（中性）属于，相似，如同，具有，涉及，关于，联结于（将名词作形容词用，其中 -aris 常用于以 l 或 r 为词干末尾的词）；folius/ folium/ folia 叶，叶片（用于复合词）

Wikstroemia delavayi 澜沧荛花：delavayi ← P. J. M. Delavay（人名，1834–1895，法国传教士，曾在中国采集植物标本）；-i 表示人名，接在以元音字母结尾的人名后面，但 -a 除外

Wikstroemia dolichantha 一把香（把 bǎ）：dolich-/ dolicho- ← dolichos 长的；anthus/ anthum/ antha/ anthe ← anthos 花（用于希腊语复合词）

Wikstroemia fargesii 城口荛花：fargesii ← Pere Paul Guillaume Farges（人名，19 世纪中叶至 20 世纪活动于中国的法国传教士，植物采集员）

Wikstroemia glabra 光叶荛花：glabrus 光秃的，无毛的，光滑的

Wikstroemia glabra f. glabra 光叶荛花-原变型（词义见上面解释）

Wikstroemia glabra f. purpurea 紫被光叶荛花：purpureus = purpura + eus 紫色的；purpura 紫色（purpura 原为一种介壳虫名，其体液为紫色，可作颜料）；-eus/ -eum/ -ea（接拉丁语词干时）属于……的，色如……的，质如……的（表示原料、颜色或品质的相似），（接希腊语词干时）属于……的，以……出名，为……所占有（表示具有某种特性）

Wikstroemia gracilis 纤细荛花：gracilis 细长的，纤弱的，丝状的

Wikstroemia hainanensis 海南荛花：hainanensis 海南的（地名）

Wikstroemia haoii 武都荛花：haoii（人名，词尾改为“-i”似更妥）；-ii 表示人名，接在以辅音字母结尾的人名后面，但 -er 除外，-i 表示人名，接在以元音字母结尾的人名后面，但 -a 除外

Wikstroemia huidongensis 会东荛花：huidongensis 会东的（地名，四川省）

Wikstroemia indica 了哥王（了 liǎo）：indica 印度的（地名）；-icus/ -icum/ -ica 属于，具有某种特性（常用于地名、起源、生境）

Wikstroemia lamatsoensis 金丝桃荛花：lamatsoensis 拉马错的，喇嘛湖的（地名，云南省）

Wikstroemia lanceolata 披针叶荛花：lanceolatus = lanceus + olus + atus 小披针形的，小柳叶刀的；lance-/ lancei-/ lanci-/ lanceo-/ lanc- ← lanceus 披针形的，矛形的，尖刀状的，柳叶刀状的；-olus ← -ulus 小，稍微，略微（-ulus 在字母 e 或 i 之后变成 -olus/ -ellus/ -illus）；-atus/ -atum/ -ata 属于，相似，具有，完成（形容词词尾）

Wikstroemia leptophylla 细叶荛花：leptus ← leptos 细的，薄的，瘦小的，狭长的；phyllus/ phyllum/ phylla ← phyllon 叶片（用于希腊语复合词）

Wikstroemia leptophylla var. atroviolacea 黑紫荛花（种加词有时错印为“atroviclacea”）：atroviolacea 暗紫堇色的；atro-/ atr-/ atri-/ atra- ← ater 深色，浓色，暗色，发黑（ater 作为词

干后接辅音字母开头的词时，要在词干后面加一个连接用的元音字母“o”或“i”，故为“ater-o-”或“ater-i-”，变形为“atr-”开头）；Viola 堇菜属；violaceus 紫红色的，紫堇色的，堇菜状的；-aceus/ -aceum/ -acea 相似的，有……性质的，属于……的

Wikstroemia leptophylla var. leptophylla 细叶荛花-原变种 （词义见上面解释）

Wikstroemia liangii 大叶荛花：liangii（人名）；-ii 表示人名，接在以辅音字母结尾的人名后面，但 -er 除外

Wikstroemia lichiangensis 丽江荛花：lichiangensis 丽江的（地名，云南省）

Wikstroemia ligustrina 羊眼子：ligustrina 像女贞的；Ligustrum 女贞属（木樨科）；-inus/ -inum/ -ina/ -inos 相近，接近，相似，具有（通常指颜色）

Wikstroemia linearifolia 线叶荛花：linearis = lineus + aris 线条的，线形的，线状的，亚麻状的；folius/ folium/ folia 叶，叶片（用于复合词）；-aris（阳性、阴性）/ -are（中性）← -alis（阳性、阴性）/ -ale（中性）属于，相似，如同，具有，涉及，关于，联结于（将名词作形容词用，其中 -aris 常用于以 l 或 r 为词干末尾的词）

Wikstroemia linoides 亚麻荛花：Linum 亚麻属（亚麻科）；-oides/ -oideus/ -oideum/ -oidea/ -odes/ -eidos 像……的，类似……的，呈……状的（名词词尾）

Wikstroemia longipaniculata 长锥序荛花：longe-/ longi- ← longus 长的，纵向的；paniculatus = paniculus + atus 具圆锥花序的；paniculus 圆锥花序；panus 谷穗；panicus 野稗，粟，谷子；-atus/ -atum/ -ata 属于，相似，具有，完成（形容词词尾）

Wikstroemia lungtzeensis 隆子荛花：lungtzeensis 隆子的（地名，西藏自治区）

Wikstroemia micrantha 小黄构：micr-/ micro- ← micros 小的，微小的，微观的（用于希腊语复合词）；anthus/ anthum/ antha/ anthe ← anthos 花（用于希腊语复合词）

Wikstroemia micrantha var. micrantha 小黄构-原变种 （词义见上面解释）

Wikstroemia micrantha var. paniculata 圆锥荛花：paniculatus = paniculus + atus 具圆锥花序的；paniculus 圆锥花序；panus 谷穗；panicus 野稗，粟，谷子；-atus/ -atum/ -ata 属于，相似，具有，完成（形容词词尾）

Wikstroemia monnula 北江荛花：monnula 可爱的

Wikstroemia monnula var. monnula 北江荛花-原变种 （词义见上面解释）

Wikstroemia monnula var. xiuningensis 休宁荛花：xiuningensis 休宁的（地名，安徽省）

Wikstroemia mononectaria 独鳞荛花：mononectarius 单个蜜腺的；mono-/ mon- ← monos 一个，单一的（希腊语，拉丁语为 unus/ uni-/ uno-）；nectarium ← nectaris 花蜜，蜜腺

Wikstroemia nutans 细轴荛花：nutans 弯曲的，下垂的（弯曲程度远大于 90°）；关联词：cernuus 点头的，前屈的，略俯垂的（弯曲程度略大于 90°）

Wikstroemia nutans var. brevior 短细轴荛花：

W

brevior 较短的（brevis 的比较级）；brevi- ← brevis 短的（用于希腊语复合词词首）

Wikstroemia nutans var. nutans 细轴荛花-原变种 （词义见上面解释）

Wikstroemia pachyrachis 粗轴荛花：pachyrachis/ pachyrrachis 粗轴的；pachy- ← pachys 厚的，粗的，肥的；rachis/ rhachis 主轴，花序轴，叶轴，脊棱（指着生小叶或花的部分的中轴，如羽状复叶、穗状花序总柄基部以外的部分）

Wikstroemia pampaninii 鄂北荛花：pampaninii（人名）；-ii 表示人名，接在以辅音字母结尾的人名后面，但 -er 除外

Wikstroemia parviflora 小花荛花：parviflorus 小花的；parvus 小的，些微的，弱的；florus/ florum/ flora ← flos 花（用于复合词）

Wikstroemia paxiana 懋功荛花（懋 mào）：paxiana（人名）

Wikstroemia pilosa 多毛荛花：pilosus = pilus + osus 多毛的，被柔毛的，具疏柔毛的，被短弱细毛的；pilus 毛，疏柔毛；-osus/ -osum/ -osa 多的，充分的，丰富的，显著发育的，程度高的，特征明显的（形容词词尾）

Wikstroemia pilosa var. kulingensis 绢毛荛花（绢 juàn）：kulingensis 牯岭的（地名，江西省庐山）

Wikstroemia pilosa var. pilosa 多毛荛花-原变种（词义见上面解释）

Wikstroemia retusa 倒卵叶荛花：retusus 微凹的

Wikstroemia salicina 柳状荛花：salicinus = Salix + inus 像柳树的；构词规则：以 -ix/ -iex 结尾的词其词干末尾视为 -ic，以 -ex 结尾视为 -i/ -ic，其他以 -x 结尾视为 -c；Salix 柳属；-inus/ -inum/ -ina/ -inos 相近，接近，相似，具有（通常指颜色）

Wikstroemia scytophylla 革叶荛花：scytophyllus 革质叶的；scytos 革质的，革状的；phyllus/ phyllum/ phylla ← phyllon 叶片（用于希腊语复合词）

Wikstroemia stenophylla 轮叶荛花：sten-/ steno- ← stenus 窄的，狭的，薄的；phyllus/ phyllum/ phylla ← phyllon 叶片（用于希腊语复合词）

Wikstroemia taiwanensis 台湾荛花：taiwanensis 台湾的（地名）

Wikstroemia techinensis 德钦荛花：techinensis 德钦的（地名，云南省）

Wikstroemia trichotoma 白花荛花：tri-/ tripli-/ triplo- 三个，三数；cho-/ chao- 分开，割裂，离开；tomus ← tomos 小片，片段，卷册（书）

Wikstroemia vaccinium （越橘状荛花）：vaccinium 蓝莓，乌饭树（古拉丁名）；Vaccinium 越橘属（杜鹃花科）

Winchia 盆架树属（夹竹桃科）（63：p95）：winchia（人名）

Winchia calophylla 盆架树：call-/ calli-/ callo-/ cala-/ calo- ← calos/ callos 美丽的；phyllus/ phyllum/ phylla ← phyllon 叶片（用于希腊语复合词）

Wissadula 隔蒴苘属（苘 qǐng）（锦葵科）（49-2：p27）：wissadula = wissada + ulus 常在的；wissada

总是；-ulus/ -ulum/ -ula 小的，略微的，稍微的（小词 -ulus 在字母 e 或 i 之后有多种变缀，即 -olus/ -olum/ -ola、-ellus/ -ellum/ -ella、-illus/ -illum/ -illa，与第一变格法和第二变格法名词形成复合词）

Wissadula periplocifolia 隔蒴苘：periplocifolius 杠柳叶的；Periploca 杠柳属（萝藦科）；folius/ folium/ folia 叶，叶片（用于复合词）；peri-/ per- 周围的，缠绕的（与拉丁语 circum- 意思相同）

Wisteria 紫藤属（豆科）（40：p183）：wisteria ← Caspar Wister（人名，1761–1818，美国植物解剖学家）

Wisteria brevidentata 短梗紫藤：brevi- ← brevis 短的（用于希腊语复合词词首）；dentatus = dentus + atus 牙齿的，齿状的，具齿的；dentus 齿，牙齿；-atus/ -atum/ -ata 属于，相似，具有，完成（形容词词尾）

Wisteria floribunda 多花紫藤：floribundus = florus + bundus 多花的，繁花的，花正盛开的；florus/ florum/ flora ← flos 花（用于复合词）；-bundus/ -bunda/ -bundum 正在做，正在进行（类似于现在分词），充满，盛行

Wisteria sinensis 紫藤：sinensis = Sina + ensis 中国的（地名）；Sina 中国

Wisteria sinensis f. alba 白花紫藤：albus → albi-/ albo- 白色的

Wisteria sinensis f. sinensis 紫藤-原变型 （词义见上面解释）

Wisteria venusta 白花藤萝：venustus ← Venus 女神维纳斯的，可爱的，美丽的，有魅力的

Wisteria villosa 藤萝：villosus 柔毛的，绵毛的；villus 毛，羊毛，长绒毛；-osus/ -osum/ -osa 多的，充分的，丰富的，显著发育的，程度高的，特征明显的（形容词词尾）

Withania 睡茄属（茄 qié）（茄科）（67-1：p59）：withania（人名）

Withania kansuensis 睡茄：kansuensis 甘肃的（地名）

Wolffia 芜萍属（浮萍科）（13-2：p211）：wolffia ← Johann Friedrich Wolff 或 Franz Theodor Wolff（人名，前者为 18 世纪德国植物学家、医生，后者为德国植物学家，1787–1864）

Wolffia arrhiza 芜萍：arrhizus = a + rhizus 无根的；rhizus 根，根状茎（-rh- 接在元音字母后面构成复合词时要变成 -rrh-）；a-/ an- 无，非，没有，缺乏，不具有（an- 用于元音前）（a-/ an- 为希腊语词首，对应的拉丁语词首为 e-/ ex-，相当于英语的 un-/ -less，注意词首 a- 和作为介词的 a/ ab 不同，后者的意思是"从……、由……、关于……、因为……"）

Wolffia globosa 无根萍：globosus = globus + osus 球形的；globus → glob-/ globi- 球体，圆球，地球；-osus/ -osum/ -osa 多的，充分的，丰富的，显著发育的，程度高的，特征明显的（形容词词尾）；关联词：globularis/ globulifer/ globulosus（小球状的、具小球的），globuliformis（纽扣状的）

Woodfordia 虾子花属（千屈菜科）（52-2：p86）：woodfordiai ← John Alexander Woodford（人名，19 世纪植物学家）

Woodfordia fruticosa 虾子花：fruticosus/

W

frutesceus 灌丛状的；frutex 灌木；构词规则：以 -ix/ -iex 结尾的词其词干末尾视为 -ic，以 -ex 结尾视为 -i/ -ic，其他以 -x 结尾视为 -c；-osus/ -osum/ -osa 多的，充分的，丰富的，显著发育的，程度高的，特征明显的（形容词词尾）

Woodsia 岩蕨属（岩蕨科）（4-2：p172）：woodsia ← Joseph Woods（人名，1774–1864，英国植物学家）

Woodsia alpina 西疆岩蕨：alpinus = alpus + inus 高山的；alpus 高山；al-/ alti-/ alto- ← altus 高的，高处的；-inus/ -inum/ -ina/ -inos 相近，接近，相似，具有（通常指颜色）；关联词：subalpinus 亚高山的

Woodsia andersonii 蜘蛛岩蕨：andersonii ← Charles Lewis Anderson（人名，19 世纪美国医生、植物学家）

Woodsia cinnamomea 赤色岩蕨：cinnamomeus 像肉桂的，像樟树的；cinnamommum ← kinnamomon = cinein + amomos 肉桂树，有芳香味的卷曲树皮，桂皮（希腊语）；cinein 卷曲；amomos 完美的，无缺点的（如芳香味等）；Cinnamomum 樟属（樟科）；-eus/ -eum/ -ea（接拉丁语词干时）属于……的，色如……的，质如……的（表示原料、颜色或品质的相似），（接希腊语词干时）属于……的，以……出名，为……所占有（表示具有某种特性）

Woodsia cycloloba 栗柄岩蕨：cyclo-/ cycl- ← cyclos 圆形，圈环；lobus/ lobos/ lobon 浅裂，耳片（裂片先端钝圆），荚果，蒴果

Woodsia frondosa 疏裂岩蕨：frondosus/ foliosus 多叶的，生叶的，叶状的；frond/ frons 叶（蕨类、棕榈、苏铁类），叶状体，叶簇，叶丛，植物体（藻类、藓类），前额，正前面；frondula 羽片（羽状叶的分离部分）；-osus/ -osum/ -osa 多的，充分的，丰富的，显著发育的，程度高的，特征明显的（形容词词尾）

Woodsia glabella 光岩蕨：glabellus 光滑的，无毛的；-ellus/ -ellum/ -ella ← -ulus 小的，略微的，稍微的（小词 -ulus 在字母 e 或 i 之后有多种变缀，即 -olus/ -olum/ -ola、-ellus/ -ellum/ -ella、-illus/ -illum/ -illa，用于第一变格法名词）

Woodsia hancockii 华北岩蕨：hancockii ← W. Hancock（人名，1847–1914，英国海关官员，曾在中国采集植物标本）

Woodsia ilvensis 岩蕨：ilvensis ← Elba 厄尔巴岛的（地名，意大利）

Woodsia intermedia 东亚岩蕨：intermedius 中间的，中位的，中等的；inter- 中间的，在中间，之间；medius 中间的，中央的

Woodsia lanosa 毛盖岩蕨：lanosus = lana + osus 被长毛的，被绵毛的；lana 羊毛，绵毛；-osus/ -osum/ -osa 多的，充分的，丰富的，显著发育的，程度高的，特征明显的（形容词词尾）

Woodsia macrochlaena 大囊岩蕨：macro-/ macr- ← macros 大的，宏观的（用于希腊语复合词）；chlaenus 外衣，宝贝，覆盖，膜，斗篷

Woodsia macrospora 甘南岩蕨：macro-/ macr- ← macros 大的，宏观的（用于希腊语复合词）；sporus ← sporos → sporo- 孢子，种子

Woodsia oblonga 妙峰岩蕨：oblongus = ovus +

longus 长椭圆形的（ovus 的词干 ov- 音变为 ob-）；ovus 卵，胚珠，卵形的，椭圆形的；longus 长的，纵向的

Woodsia pilosa 嵩县岩蕨（嵩 sōng）：pilosus = pilus + osus 多毛的，被柔毛的，具疏柔毛的，被短弱细毛的；pilus 毛，疏柔毛；-osus/ -osum/ -osa 多的，充分的，丰富的，显著发育的，程度高的，特征明显的（形容词词尾）

Woodsia polystichoides 耳羽岩蕨：polystichoides 像耳蕨的；Polystichum 耳蕨属（三叉蕨科）；-oides/ -oideus/ -oideum/ -oidea/ -odes/ -eidos 像……的，类似……的，呈……状的（名词词尾）

Woodsia rosthorniana 密毛岩蕨：rosthorniana ← Arthur Edler von Rosthorn（人名，19 世纪匈牙利驻北京大使）

Woodsia shensiensis 陕西岩蕨：shensiensis 陕西的（地名）

Woodsia sinica 山西岩蕨：sinica 中国的（地名）；-icus/ -icum/ -ica 属于，具有某种特性（常用于地名、起源、生境）

Woodsia subcordata 等基岩蕨：subcordatus 近心形的；sub-（表示程度较弱）与……类似，几乎，稍微，弱，亚，之下，下面；cordatus ← cordis/ cor 心脏的，心形的；-atus/ -atum/ -ata 属于，相似，具有，完成（形容词词尾）

Woodsiaceae 岩蕨科（4-2：p166）：Woodsia 岩蕨属；-aceae（分类单位科的词尾，为 -aceus 的阴性复数主格形式，加到模式属的名称后或同义词的词干后以组成族群名称）

Woodwardia 狗脊属（乌毛蕨科）（4-2：p199）：woodwardia ← Thomas Jenkinson Woodward（人名，1745–1820，英国植物学家）

Woodwardia cochi-chinensis 长羽狗脊：cochi-chinensis ← Cochinchine 南圻的（历史地名，即今越南南部及其周边国家和地区）

Woodwardia japonica 狗脊：japonica 日本的（地名）；-icus/ -icum/ -ica 属于，具有某种特性（常用于地名、起源、生境）

Woodwardia magnifica 滇南狗脊：magnificus 壮大的，大规模的；magnus 大的，巨大的；-ficus 非常，极其（作独立词使用的 ficus 意思是"榕树，无花果"）

Woodwardia orientalis 东方狗脊：orientalis 东方的；oriens 初升的太阳，东方

Woodwardia prolifera 珠芽狗脊：proliferus 能育的，具零余子的；proli- 扩展，繁殖，后裔，零余子；proles 后代，种族；-ferus/ -ferum/ -fera/ -fero/ -fere/ -fer 有，具有，产（区别：作独立词使用的 ferus 意思是"野生的"）

Woodwardia unigemmata 顶芽狗脊：uni-/ uno- ← unus/ unum/ una 一，单一（希腊语为 mono-/ mon-）；gemmatus 零余子的，珠芽的；gemmus 芽，珠芽，零余子

Wrightia 倒吊笔属（夹竹桃科）（63：p119）：wrightia ← William Wright（人名，1740–1827，英国医生、植物学家）

Wrightia annamensis（安南倒吊笔）：annamensis 安南的（地名，越南古称）

W

Wrightia coccinea 云南倒吊笔：coccus/ coccineus 浆果，绯红色（一种形似浆果的介壳虫的颜色）；同形异义词：coccus/ cocco/ cocci/ coccis 心室，心皮；-eus/ -eum/ -ea（接拉丁语词干时）属于……的，色如……的，质如……的（表示原料、颜色或品质的相似），（接希腊语词干时）属于……的，以……出名，为……所占有（表示具有某种特性）

Wrightia kwangtungensis 广东倒吊笔：kwangtungensis 广东的（地名）

Wrightia laevis 蓝树：laevis/ levis/ laeve/ leve → levi-/ laevi- 光滑的，无毛的，无不平或粗糙感觉的

Wrightia pubescens 倒吊笔：pubescens ← pubens 被短柔毛的，长出柔毛的；pubi- ← pubis 细柔毛的，短柔毛的，毛被的；pubesco/ pubescere 长成的，变为成熟的，长出柔毛的，青春期体毛的；-escens/ -ascens 改变，转变，变成，略微，带有，接近，相似，大致，稍微（表示变化的趋势，并未完全相似或相同，有别于表示达到完成状态的 -atus）

Wrightia sikkimensis 个溥（溥 pǔ）：sikkimensis 锡金的（地名）

Wrightia tomentosa 胭木：tomentosus = tomentum + osus 绒毛的，密被绒毛的；tomentum 绒毛，浓密的毛被，棉絮，棉絮状填充物（被褥、垫子等）；-osus/ -osum/ -osa 多的，充分的，丰富的，显著发育的，程度高的，特征明显的（形容词词尾）

Xanthium 苍耳属（菊科）（75：p324）：xanthium ← xanthos 黄色的（希腊语名，指一种含黄色染色剂的苍耳）；-ium 具有（第三变格法名词复数所有格词尾，表示"具有、属于"）

Xanthium inaequilaterum 偏基苍耳：inaequilaterus 不等边的；in-/ im-（来自 il- 的音变）内，在内，内部，向内，相反，不，无，非；il- 在内，向内，为，相反（希腊语为 en-）；词首 il- 的音变：il-（在 l 前面），im-（在 b、m、p 前面），in-（在元音字母和大多数辅音字母前面），ir-（在 r 前面），如 illaudatus（不值得称赞的，评价不好的），impermeabilis（不透水的，穿不透的），ineptus（不合适的），insertus（插入的），irretortus（无弯曲的，无扭曲的）；aequus 平坦的，均等的，公平的，友好的；aequi- 相等，相同；inaequi- 不相等，不同；laterus 边，侧边

Xanthium italicum 意大利苍耳：italicum 意大利的（地名）

Xanthium mongolicum 蒙古苍耳：mongolicum 蒙古的（地名）；mongolia 蒙古的（地名）；-icus/ -icum/ -ica 属于，具有某种特性（常用于地名、起源、生境）

Xanthium sibiricum 苍耳：sibiricum 西伯利亚的（地名，俄罗斯）；-icus/ -icum/ -ica 属于，具有某种特性（常用于地名、起源、生境）

Xanthium sibiricum var. sibiricum 苍耳-原变种（词义见上面解释）

Xanthium sibiricum var. subinerme 近无刺苍耳：subinerme 近无刺的；sub-（表示程度较弱）与……类似，几乎，稍微，弱，亚，之下，下面；inerme 无针刺的，无武装的

Xanthium spinosum 刺苍耳：spinosus = spinus + osus 具刺的，多刺的，长满刺的；spinus 刺，针刺；

-osus/ -osum/ -osa 多的，充分的，丰富的，显著发育的，程度高的，特征明显的（形容词词尾）

Xanthoceras 文冠果属（冠 guān）（无患子科）（47-1：p69）：xanthos 黄色的（希腊语）；-ceras/ -ceros/ cerato- ← keras 犄角，兽角，角状突起（希腊语）

Xanthoceras sorbifolium 文冠果：Sorbus 花楸属（蔷薇科）；folius/ folium/ folia 叶，叶片（用于复合词）

Xanthopappus 黄缨菊属（菊科）（78-1：p60）：xanthos 黄色的（希腊语）；pappus ← pappos 冠毛

Xanthopappus subacaulis 黄缨菊：subacaulis 近无茎的；sub-（表示程度较弱）与……类似，几乎，稍微，弱，亚，之下，下面；acaulia/ acaulis 无茎的，矮小的；a-/ an- 无，非，没有，缺乏，不具有（an- 用于元音前）（a-/ an- 为希腊语词首，对应的拉丁语词首为 e-/ ex-，相当于英语的 un-/ -less，注意词首 a- 和作为介词的 a/ ab 不同，后者的意思是"从……、由……、关于……、因为……"）；caulia/ caulis 茎，茎秆，主茎

Xanthophyllum 黄叶树属（远志科）（43-3：p133）：xanthos 黄色的（希腊语）；phyllus/ phyllum/ phylla ← phyllon 叶片（用于希腊语复合词）

Xanthophyllum hainanense 黄叶树：hainanense 海南的（地名）

Xanthophyllum oliganthum 少花黄叶树：oligo-/ olig- 少数的（希腊语，拉丁语为 pauci-）；anthus/ anthum/ antha/ anthe ← anthos 花（用于希腊语复合词）

Xanthophyllum siamense 泰国黄叶树：siamense 暹罗的（地名，泰国古称）（暹 xiān）

Xanthophyllum yunnanense 云南黄叶树：yunnanense 云南的（地名）

Xanthophytum 岩黄树属（茜草科）（71-1：p23）：xanthos 黄色的（希腊语）；phytus/ phytum/ phyta 植物

Xanthophytum attopevense 琼岛岩黄树：attopevense（地名）

Xanthophytum balansae 长梗岩黄树：balansae ← Benedict Balansa（人名，19 世纪法国植物采集员）；-ae 表示人名，以 -a 结尾的人名后面加上 -e 形成

Xanthophytum kwangtungense 岩黄树：kwangtungense 广东的（地名）

Xanthosoma 黄肉芋属（天南星科）（增补）：xanthosoma 黄体的；xanthus ← xanthos 黄色的；-somus/ -somum/ -soma 身体，实体，躯体

Xanthosoma sagittifolium 千年芋：sagittatus/ sagittalis 箭头状的；sagita/ sagitta 箭，箭头；-atus/ -atum/ -ata 属于，相似，具有，完成（形容词词尾）；folius/ folium/ folia 叶，叶片（用于复合词）

Xantolis 刺榄属（山榄科）（60-1：p64）：xantolis ← xanthos 黄色的

Xantolis boniana 越南刺榄：boniana（人名）

Xantolis boniana var. boniana 越南刺榄-原变种（词义见上面解释）

Xantolis boniana var. rostrata 喙果刺榄：rostratus 具喙的，喙状的；rostrus 鸟喙（常作词尾）；rostre 鸟喙的，喙状的

X

Xantolis longispinosa 琼刺榄：longe-/ longi- ← longus 长的，纵向的；spinosus = spinus + osus 具刺的，多刺的，长满刺的；spinus 刺，针刺

Xantolis shweliensis 瑞丽刺榄：shweliensis 瑞丽的（地名，云南省）

Xantolis stenosepala 滇刺榄：sten-/ steno- ← stenus 窄的，狭的，薄的；sepalus/ sepalum/ sepala 萼片（用于复合词）

Xantolis stenosepala var. brevistylis 短柱滇刺榄：brevi- ← brevis 短的（用于希腊语复合词词首）；stylus/ stylis ← stylos 柱，花柱

Xantolis stenosepala var. stenosepala 滇刺榄-原变种（词义见上面解释）

Xerospermum 干果木属（无患子科）（47-1：p36）：xeros 干旱的，干燥的；spermus/ spermum/ sperma 种子的（用于希腊语复合词）

Xerospermum bonii 干果木：bonii（人名）；-ii 表示人名，接在以辅音字母结尾的人名后面，但 -er 除外

Ximenia 海檀木属（铁青树科）（24：p32）：ximenia/ jimenez ← Francisco Ximenez（人名，17世纪西班牙僧人）

Ximenia americana 海檀木：americana 美洲的（地名）

Xylocarpus 木果楝属（楝科）（43-3：p103）：xylon 木材，木质；carpus/ carpum/ carpa/ carpon ← carpos 果实（用于希腊语复合词）

Xylocarpus granatum 木果楝：granatus = granus + atus 粒状的，具颗粒的；granus 粒，种粒，谷粒，颗粒

Xylopia 木瓣树属（番荔枝科）（30-2：p76）：xylon 木材，木质；pia ← picron 苦味

Xylopia vielana 木瓣树：vielana（人名）

Xylosma 柞木属（柞 zuò）（大风子科）（52-1：p34）：xylon 木材，木质；osmus 气味，香味

Xylosma controversum 南岭柞木：controversus 可疑的，争议的，相反的；contra-/ contro- 相反，反对（相当于希腊语的 anti-）

Xylosma controversum var. controversum 南岭柞木-原变种（词义见上面解释）

Xylosma controversum var. glabrum 光叶柞木：glabrus 光秃的，无毛的，光滑的

Xylosma fasciculiflorum 丛花柞木：fasciculus 丛，簇，束；fascis 束；florus/ florum/ flora ← flos 花（用于复合词）

Xylosma longifolium 长叶柞木：longe-/ longi- ← longus 长的，纵向的；folius/ folium/ folia 叶，叶片（用于复合词）

Xylosma racemosum 柞木：racemosus = racemus + osus 总状花序的；racemus/ raceme 总状花序，葡萄串状的；-osus/ -osum/ -osa 多的，充分的，丰富的，显著发育的，程度高的，特征明显的（形容词尾）

Xylosma racemosum var. caudata 尾叶柞木：caudatus = caudus + atus 尾巴的，尾巴状的，具尾的；caudus 尾巴

Xylosma racemosum var. glaucescens 毛枝柞木：glaucescens 变白的，发白的，灰绿的；glauco-/ glauc- ← glaucus 被白粉的，发白的，灰绿色的；

-escens/ -ascens 改变，转变，变成，略微，带有，接近，相似，大致，稍微（表示变化的趋势），并未完全相似或相同，有别于表示达到完成状态的 -atus）

Xylosma racemosum var. racemosum 柞木-原变种（词义见上面解释）

Xyridaceae 黄眼草科（13-3：p11）：Xyris 黄眼草属；-aceae（分类单位科的词尾，为 -aceus 的阴性复数主格形式，加到模式属的名称后或同义词的词干后以组成族群名称）

Xyris 黄眼草属（黄眼草科）（13-3：p12）：xyris 剃须刀（希腊语，鸢尾属一种的名字，另一解释为比喻恐怖、刺激）

Xyris capensis 南非黄眼草：capensis 好望角的（地名，非洲南部）

Xyris capensis var. capensis 南非黄眼草-原变种（词义见上面解释）

Xyris capensis var. schoenoides 黄谷精：schoenites 像灯心草的，像赤箭莎的；schoenus/ schoinus 灯心草（希腊语）；Schoenus 赤箭莎属（莎草科）；-oides/ -oideus/ -oideum/ -oidea/ -odes/ -eidos 像……的，类似……的，呈……状的（名词词尾）

Xyris chinensis 中国黄眼草：chinensis = china + ensis 中国的（地名）；China 中国

Xyris complanata 硬叶葱草：complanatus 扁平的，压扁的；planus/ planatus 平板状的，扁平的，平面的；co- 联合，共同，合起来（拉丁语词首，为 cum- 的音变，表示结合、强化、完全，对应的希腊语为 syn-）；co- 的缀词音变有 co-/ com-/ con-/ col-/ cor-：co-（在 h 和元音字母前面），col-（在 l 前面），com-（在 b、m、p 之前），con-（在 c、d、f、g、j、n、qu、s、t 和 v 前面），cor-（在 r 前面）

Xyris formosana 台湾黄眼草：formosanus = formosus + anus 美丽的，台湾的；formosus ← formosa 美丽的，台湾的（葡萄牙殖民者发现台湾时对其的称呼，即美丽的岛屿）；-anus/ -anum/ -ana 属于，来自（形容词词尾）

Xyris indica 黄眼草：indica 印度的（地名）；-icus/ -icum/ -ica 属于，具有某种特性（常用于地名、起源、生境）

Xyris pauciflora 葱草：pauci- ← paucus 少数的，少的（希腊语为 oligo-）；florus/ florum/ flora ← flos 花（用于复合词）

Yinshania 阴山荠属（荠 jì）（十字花科）（33：p451）：yinshania 阴山的（地名，内蒙古自治区）

Yinshania albiflora 阴山荠：albus → albi-/ albo- 白色的；florus/ florum/ flora ← flos 花（用于复合词）

Yoania 宽距兰属（兰科）（18：p51）：yoania ← Yooan Udagawa 宇田川榕庵（人名，日本植物学家）（除 -er 外，以辅音字母结尾的人名用作属名时在末尾加 -ia，如果人名词尾为 -us 则将词尾变成 -ia）

Yoania japonica 宽距兰：japonica 日本的（地名）；-icus/ -icum/ -ica 属于，具有某种特性（常用于地名、起源、生境）

Youngia 黄鹌菜属（鹌 ān）（菊科）（80-1：p125）：youngia ← P. Young（英国人名）

Y

Youngia bifurcata （二歧黄鹌菜）：bifurcatus = bi + furcus + atus 具二叉的，二叉状的；bi-/ bis- 二，二数，二回（希腊语为 di-）；furcatus/ furcans = furcus + atus 叉子状的，分叉的；furcus 叉子，叉子状的，分叉的；-atus/ -atum/ -ata 属于，相似，具有，完成（形容词词尾）

Youngia blinii （布里黄鹌菜）：blinii（人名）；-ii 表示人名，接在以辅音字母结尾的人名后面，但 -er 除外

Youngia cineripappa 鼠冠黄鹌菜（冠 guān，鹌 ān）：cinereus 灰色的，草木灰色的（为纯黑和纯白的混合色，希腊语为 tephro-/ spodo-）；ciner-/ cinere-/ cinereo- 灰色；-eus/ -eum/ -ea（接拉丁语词干时）属于……的，色如……的，质如……的（表示原料、颜色或品质的相似），（接希腊语词干时）属于……的，以……出名，为……所占有（表示具有某种特性）；pappus ← pappos 冠毛

Youngia conjunctiva （合生黄鹌菜）：conjunctivus = co + junctus + ivus 联合的；junctus 连接的，接合的，联合的；co- 联合，共同，合起来（拉丁语词首，为 cum- 的音变，表示结合、强化、完全，对应的希腊语为 syn-）；co- 的缀词音变有 co-/ com-/ con-/ col-/ cor-：co-（在 h 和元音字母前面），col-（在 l 前面），com-（在 b、m、p 之前），con-（在 c、d、f、g、j、n、qu、s、t 和 v 前面），cor-（在 r 前面）；-ivus/ -ivum/ -iva 表示能力、所有、具有……性质，作动词或名词词尾

Youngia cristata 角冠黄鹌菜：cristatus = crista + atus 鸡冠的，鸡冠状的，扇形的，山脊状的；crista 鸡冠，山脊，网壁；-atus/ -atum/ -ata 属于，相似，具有，完成（形容词词尾）

Youngia depressa 矮生黄鹌菜：depressus 凹陷的，压扁的；de- 向下，向外，从……，脱离，脱落，离开，去掉；pressus 压，压力，挤压，紧密

Youngia diversifolia 细裂黄鹌菜：diversus 多样的，各种各样的，多方向的；folius/ folium/ folia 叶，叶片（用于复合词）

Youngia erythrocarpa 红果黄鹌菜：erythr-/ erythro- ← erythros 红色的（希腊语）；carpus/ carpum/ carpa/ carpon ← carpos 果实（用于希腊语复合词）

Youngia fusca 厚绒黄鹌菜：fuscus 棕色的，暗色的，发黑的，暗棕色的，褐色的

Youngia gracilipes 细梗黄鹌菜：gracilis 细长的，纤弱的，丝状的；pes/ pedis 柄，梗，茎秆，腿，足，爪（作词首或词尾，pes 的词干视为 "ped-"）

Youngia hastiformis 顶戟黄鹌菜：hastatus 戟形的，三尖头的（两侧基部有朝外的三角形裂片）；hasta 长矛，标枪；formis/ forma 形状

Youngia henryi 长裂黄鹌菜：henryi ← Augustine Henry 或 B. C. Henry（人名，前者，1857–1930，爱尔兰医生、植物学家，曾在中国采集植物，后者，1850–1901，曾活动于中国的传教士）

Youngia heterophylla 异叶黄鹌菜：heterophyllus 异型叶的；hete-/ heter-/ hetero- ← heteros 不同的，多样的，不齐的；phyllus/ phyllum/ phylla ← phyllon 叶片（用于希腊语复合词）

Youngia japonica 黄鹌菜：japonica 日本的（地名）；

-icus/ -icum/ -ica 属于，具有某种特性（常用于地名、起源、生境）

Youngia kangdingensis 康定黄鹌菜：kangdingensis 康定的（地名，四川省）

Youngia lanata （多毛黄鹌菜）：lanatus = lana + atus 具羊毛的，具长柔毛的；lana 羊毛，绵毛

Youngia longiflora 长花黄鹌菜：longe-/ longi- ← longus 长的，纵向的；florus/ florum/ flora ← flos 花（用于复合词）

Youngia longipes 戟叶黄鹌菜：longe-/ longi- ← longus 长的，纵向的；pes/ pedis 柄，梗，茎秆，腿，足，爪（作词首或词尾，pes 的词干视为 "ped-"）

Youngia mairei 东川黄鹌菜：mairei（人名）；Edouard Ernest Maire（人名，19 世纪活动于中国云南的传教士）；Rene C. J. E. Maire 人名（20 世纪阿尔及利亚植物学家，研究北非植物）；-i 表示人名，接在以元音字母结尾的人名后面，但 -a 除外

Youngia nujiangensis 怒江黄鹌菜：nujiangensis 怒江的（地名，云南省）

Youngia paleacea 羽裂黄鹌菜：paleaceus 具托苞的，具内颖的，具稃的，具鳞片的；paleus 托苞，内颖，内稃，鳞片；-aceus/ -aceum/ -acea 相似的，有……性质的，属于……的

Youngia parva （小黄鹌菜）：parvus → parvi-/ parv- 小的，些微的，弱的

Youngia pilifera 糙毛黄鹌菜：pilus 毛，疏柔毛；-ferus/ -ferum/ -fera/ -fero/ -fere/ -fer 有，具有，产（区别：作独立词使用的 ferus 意思是 "野生的"）

Youngia pratti 川西黄鹌菜：pratti ← Antwerp E. Pratt（人名，19 世纪活动于中国的英国动物学家、探险家）（注：词尾改为 "-ii" 似更妥）；-ii 表示人名，接在以辅音字母结尾的人名后面，但 -er 除外；-i 表示人名，接在以元音字母结尾的人名后面，但 -a 除外

Youngia pseudosenecio 卵裂黄鹌菜：pseudosenecio 像千里光的，假千里光；pseudo-/ pseud- ← pseudos 假的，伪的，接近，相似（但不是）；Senecio 千里光属（菊科）

Youngia racemifera 总序黄鹌菜：racemus 总状的，葡萄串状的；-ferus/ -ferum/ -fera/ -fero/ -fere/ -fer 有，具有，产（区别：作独立词使用的 ferus 意思是 "野生的"）

Youngia rosthornii 多裂黄鹌菜：rosthornii ← Arthur Edler von Rosthorn（人名，19 世纪匈牙利驻北京大使）

Youngia rubida 川黔黄鹌菜：rubidus = rubus + idus 淡红色的；rubus ← ruber/ rubeo 树莓的，红色的；rubrus/ rubrum/ rubra/ ruber 红色的；-idus/ -idum/ -ida 表示在进行中的动作或情况，作动词、名词或形容词的词尾

Youngia sericea 绢毛黄鹌菜（绢 juàn）：sericeus 绢丝状的；sericus 绢丝的，绢毛的，赛尔人的（Ser 为印度一民族）；-eus/ -eum/ -ea（接拉丁语词干时）属于……的，色如……的，质如……的（表示原料、颜色或品质的相似），（接希腊语词干时）属于……的，以……出名，为……所占有（表示具有某种特性）

Youngia simulatrix 无茎黄鹌菜：simulatrix =

simulatus + rix 模仿者，伪装者；simulo/ simuilare/ simulatus 模仿，模拟，伪装；-rix（表示动作者）

Youngia stebbinsiana 纤细黄鹌菜：stebbinsiana（人名）

Youngia stenoma 碱黄鹌菜：stenoma 变窄的，变细的，变薄的；sten-/ steno- ← stenus 窄的，狭的，薄的；-ma 常表示一个动作的结果，动词词尾

Youngia szechuanica 少花黄鹌菜：szechuanica 四川的（地名）；-icus/ -icum/ -ica 属于，具有某种特性（常用于地名、起源、生境）

Youngia tenuicaulis 叉枝黄鹌菜（叉 chā）：tenui- ← tenuis 薄的，纤细的，弱的，瘦的，窄的；caulis ← caulos 茎，茎秆，主茎

Youngia tenuifolia 细叶黄鹌菜：tenui- ← tenuis 薄的，纤细的，弱的，瘦的，窄的；folius/ folium/ folia 叶，叶片（用于复合词）

Youngia terminalis （顶花黄鹌菜）：terminalis 顶端的，顶生的，末端的；terminus 终结，限界；terminate 使终结，设限界

Youngia wilsoni 栉齿黄鹌菜（栉 zhì）：wilsoni ← John Wilson（人名，18 世纪英国植物学家）（注：词尾改为 "-ii" 似更妥）；-ii 表示人名，接在以辅音字母结尾的人名后面，但 -er 除外；-i 表示人名，接在以元音字母结尾的人名后面，但 -a 除外

Youngia yilingii 艺林黄鹌菜（种加词有时拼写为 "yilingi"，不规范）：yilingii（人名）；-ii 表示人名，接在以辅音字母结尾的人名后面，但 -er 除外

Ypsilandra 丫蕊花属（百合科）（14：p15）：ypsilo 字母 Y 形的（希腊语）；andra/ andrus ← andros 雄蕊，雄花，雄性，男性

Ypsilandra alpinia 高山丫蕊花（种加词已修订为 "alpina"）：alpinia ← Prosper Alpino（人名，1553–1617，意大利植物学家）（易混词：表示 "高山" 时为 "alpina" 而不是 "alpinia"）；Alpinia 山姜属（姜科）

Ypsilandra cavaleriei 小果丫蕊花：cavaleriei ← Pierre Julien Cavalerie（人名，20 世纪法国传教士）；-i 表示人名，接在以元音字母结尾的人名后面，但 -a 除外

Ypsilandra thibetica 丫蕊花：thibetica 西藏的（地名）；-icus/ -icum/ -ica 属于，具有某种特性（常用于地名、起源、生境）

Ypsilandra yunnanensis 云南丫蕊花：yunnanensis 云南的（地名）

Yua 俞藤属（葡萄科）（48-2：p27）：yua 俞氏（人名）

Yua austro-orientalis 大果俞藤：austro-/ austr- 南方的，南半球的，大洋洲的；auster 南方，南风；orientalis 东方的

Yua chinensis 绿芽俞藤：chinensis = china + ensis 中国的（地名）；China 中国

Yua thomsonii 俞藤：thomsonii ← Thomas Thomson（人名，19 世纪英国植物学家）；-ii 表示人名，接在以辅音字母结尾的人名后面，但 -er 除外

Yua thomsonii var. glaucescens 华西俞藤：glaucescens 变白的，发白的，灰绿的；glauco-/ glauc- ← glaucus 被白粉的，发白的，灰绿色的；-escens/ -ascens 改变，转变，变成，略微，带有，

接近，相似，大致，稍微（表示变化的趋势，并未完全相似或相同，有别于表示达到完成状态的 -atus）

Yua thomsonii var. thomsonii 俞藤-原变种 （词义见上面解释）

Yucca 丝兰属（百合科）（14：p272）：yucca（海地等西印度群岛使用的土名）

Yucca aloifolia 千手丝兰：Aloe 芦荟属（百合科）；folius/ folium/ folia 叶，叶片（用于复合词）

Yucca gloriosa 凤尾丝兰：gloriosus = gloria + osus 荣耀的，漂亮的，辉煌的；gloria 荣耀，荣誉，名誉，功绩；Gloriosa 嘉兰属（百合科）

Yucca recurvifolia 弯叶丝兰：recurvifolius 反曲叶的；recurvus 反曲，反卷，后曲；re- 返回，相反，再次，重复，向后，回头；curvus 弯曲的；folius/ folium/ folia 叶，叶片（用于复合词）

Yucca smalliana 丝兰：smalliana ← John Kunkel Small（人名，20 世纪美国植物学家）

Yushania 玉山竹属（禾本科）（9-1：p480）：yushania 玉山的（地名，属台湾省）

Yushania andropogonoides 草丝竹：andropogonoides 像须芒草的；Andropogon 须芒草属（禾本科）；-oides/ -oideus/ -oideum/ -oidea/ -odes/ -eidos 像……的，类似……的，呈……状的（名词词尾）

Yushania auctiaurita 显耳玉山竹：auctus 扩大的，增大的；auritus 耳朵的，耳状的

Yushania baishanzuensis 百山祖玉山竹：baishanzuensis 百山祖的（地名，浙江省）

Yushania basihirsuta 毛玉山竹：basis 基部，基座；hirsutus 粗毛的，糙毛的，有毛的（长而硬的毛）

Yushania bojieiana 金平玉山竹：bojieiana（人名）

Yushania brevipaniculata 短锥玉山竹：brevi- ← brevis 短的（用于希腊语复合词词首）；paniculatus = paniculus + atus 具圆锥花序的；paniculus 圆锥花序；panus 谷穗；panicus 野稗，粟，谷子；-atus/ -atum/ -ata 属于，相似，具有，完成（形容词词尾）

Yushania brevis 绿春玉山竹：brevis 短的（希腊语）

Yushania canoviridis 灰绿玉山竹：canoviridis 灰绿色的；canus 灰色的，灰白色的；viridis 绿色的，鲜嫩的（相当于希腊语的 chloro-）

Yushania cartilaginea 硬壳玉山竹：cartilagineus/ cartilaginosus 软骨质的；cartilago 软骨；词尾为 -go 的词其词干末尾视为 -gin

Yushania cava 空柄玉山竹：cavus 凹陷，孔洞

Yushania chingii 仁昌玉山竹：chingii ← R. C. Chin 秦仁昌（人名，1898–1986，中国植物学家，蕨类植物专家），秦氏

Yushania collina 德昌玉山竹：collinus 丘陵的，山岗的

Yushania complanata 梵净山玉山竹（梵 fàn）：complanatus 扁平的，压扁的；planus/ planatus 平板状的，扁平的，平面的；co- 联合，共同，合起来（拉丁语词首，为 cum- 的音变，表示结合、强化、完全，对应的希腊语为 syn-）；co- 的缀词音变有 co-/ com-/ con-/ col-/ cor-：co-（在 h 和元音字母前面），col-（在 l 前面），com-（在 b、m、p 之前），

Y

con-（在 c、d、f、g、j、n、qu、s、t 和 v 前面），cor-（在 r 前面）

Yushania confusa 鄂西玉山竹：confusus 混乱的，混同的，不确定的，不明确的；fusus 散开的，松散的，松弛的；co- 联合，共同，合起来（拉丁语词首，为 cum- 的音变，表示结合、强化、完全，对应的希腊语为 syn-）；co- 的缀词音变有 co-/ com-/ con-/ col-/ cor-：co-（在 h 和元音字母前面），col-（在 l 前面），com-（在 b、m、p 之前），con-（在 c、d、f、g、j、n、qu、s、t 和 v 前面），cor-（在 r 前面）

Yushania crassicollis 粗柄玉山竹：crassicollis 粗颈的，颈部粗的，广口的；crassi- ← crassus 厚的，粗的，多肉质的；collis 颈部，开口处

Yushania crispata 波柄玉山竹：crispatus 有皱纹的，有褶皱的；crispus 收缩的，褶皱的，波纹的（如花瓣周围的波浪状褶皱）

Yushania elevata 腾冲玉山竹：elevatus 高起的，提高的，突起的；elevo 举起，提高

Yushania exilis 沐川玉山竹：exilis 细弱的，绵薄的

Yushania falcatiaurita 粉竹：falcatus = falx + atus 镰刀的，镰刀状的；构词规则：以 -ix/ -iex 结尾的词其词干末尾视为 -ic，以 -ex 结尾视为 -i/ -ic，其他以 -x 结尾视为 -c；falx 镰刀，镰刀形，镰刀状弯曲；auritus 耳朵的，耳状的；-atus/ -atum/ -ata 属于，相似，具有，完成（形容词词尾）

Yushania farcticaulis 独龙江玉山竹：farctus/ farctum/ farcta 实心的，充满的，内部组织比外部柔软的；caulis ← caulos 茎，茎秆，主茎

Yushania farinosa 湖南玉山竹：farinosus 粉末状的，飘粉的；farinus 粉末，粉末状覆盖物；far/ farris 一种小麦，面粉；-osus/ -osum/ -osa 多的，充分的，丰富的，显著发育的，程度高的，特征明显的（形容词词尾）

Yushania flexa 弯毛玉山竹：flexus → flex-/ flexi- 卷曲的，弯曲的，柔性的

Yushania glandulosa 盈江玉山竹：glandulosus = glandus + ulus + osus 被细腺的，具腺体，腺体质的；glandus ← glans 腺体；-ulus/ -ulum/ -ula 小的，略微的，稍微的（小词 -ulus 在字母 e 或 i 之后有多种变缀，即 -olus/ -olum/ -ola、-ellus/ -ellum/ -ella、-illus/ -illum/ -illa，与第一变格法和第二变格法名词形成复合词）；-osus/ -osum/ -osa 多的，充分的，丰富的，显著发育的，程度高的，特征明显的（形容词词尾）

Yushania glauca 白背玉山竹：glaucus → glauco-/ glauc- 被白粉的，发白的，灰绿色的

Yushania grammata 棱纹玉山竹：grammatus 有突起条纹的；grammus 条纹的，花纹的，线条的（希腊语）

Yushania hirticaulis 毛竿玉山竹：hirtus 有毛的，粗毛的，刚毛的（长而明显的毛）；caulis ← caulos 茎，茎秆，主茎

Yushania lacera 撕裂玉山竹：lacerus 撕裂状的，不整齐裂的

Yushania laetevirens 亮绿玉山竹：laetevirens 鲜绿色的，淡绿色的；laete 光亮地，鲜艳地；virens 绿色的，变绿的

Yushania levigata 光亮玉山竹：laevigatus/

levigatus 光滑的，平滑的，平滑而发亮的；laevis/ levis/ laeve/ leve → levi-/ laevi- 光滑的，无毛的，无不平或粗糙感觉的

Yushania lineolata 石棉玉山竹：lineolatus ← lineus + ulus + atus 细线状的；lineus = linum + eus 线状的，丝状的，亚麻状的；linum ← linon 亚麻，线（古拉丁名）；-ulus/ -ulum/ -ula 小的，略微的，稍微的（小词 -ulus 在字母 e 或 i 之后有多种变缀，即 -olus/ -olum/ -ola、-ellus/ -ellum/ -ella、-illus/ -illum/ -illa，与第一变格法和第二变格法名词形成复合词）；-atus/ -atum/ -ata 属于，相似，具有，完成（形容词词尾）

Yushania longiaurita 长耳玉山竹：longe-/ longi- ← longus 长的，纵向的；auritus 耳朵的，耳状的

Yushania longissima 长鞘玉山竹：longe-/ longi- ← longus 长的，纵向的；-issimus/ -issima/ -issimum 最，非常，极其（形容词最高级）

Yushania longiuscula 蒙自玉山竹：longiusculus = longus + usculus 略长的；longe-/ longi- ← longus 长的，纵向的；-usculus ← -culus 小的，略微的，稍微的（小词 -culus 和某些词构成复合词时变成 -usculus）；-culus/ -culum/ -cula 小的，略微的，稍微的（同第三变格法和第四变格法名词形成复合词）

Yushania mabianensis 马边玉山竹：mabianensis 马边的（地名，四川省）

Yushania maculata 斑壳玉山竹：maculatus = maculus + atus 有小斑点的，略有斑点的；maculus 斑点，网眼，小斑点，略有斑点；-atus/ -atum/ -ata 属于，相似，具有，完成（形容词词尾）

Yushania megalothyrsa 阔叶玉山竹：mega-/ megal-/ megalo- ← megas 大的，巨大的；thyrsus/ thyrsos 花簇，金字塔，圆锥形，聚伞圆锥花序

Yushania menghaiensis 隔界竹：menghaiensis 勐海的（地名，云南省）

Yushania mitis 泡滑竹（泡 pāo，意"松软"）：mitis 温和的，无刺的

Yushania multiramea 多枝玉山竹：multi- ← multus 多个，多数，很多（希腊语为 poly-）；rameus = ramus + eus 枝条的，属于枝条的；ramus 分枝，枝条；-eus/ -eum/ -ea（接拉丁语词干时）属于……的，色如……的，质如……的（表示原料、颜色或品质的相似），（接希腊语词干时）属于……的，以……出名，为……所占有（表示具有某种特性）

Yushania niitakayamensis 玉山竹：niitakayamensis 新高山的（地名，位于台湾省，"新高山"的日语读音为"niitakayama"）

Yushania oblonga 马鹿竹：oblongus = ovus + longus 长椭圆形的（ovus 的词干 ov- 音变为 ob-）；ovus 卵，胚珠，卵形的，椭圆形的；longus 长的，纵向的

Yushania pachyclada 粗枝玉山竹：pachy- ← pachys 厚的，粗的，肥的；cladus ← clados 枝条，分枝

Yushania paspaloides 雀稗尾浮草：Paspalum 雀稗属（禾本科）；-oides/ -oideus/ -oideum/ -oidea/ -odes/ -eidos 像……的，类似……的，呈……状的（名词词尾）

Y

·1323·

Yushania pauciramificans 少枝玉山竹：pauci- ← paucus 少数的，少的（希腊语为 oligo-）；ramus 分枝，枝条；ramificans 分枝的，生枝条的

Yushania polytricha 滑竹：poly- ← polys 多个，许多（希腊语，拉丁语为 multi-）；trichus 毛，毛发，线

Yushania punctulata 抱鸡竹：punctulatus = punctus + ulus + atus 具小斑点的，稍具斑点的；punctus 斑点

Yushania qiaojiaensis 海竹：qiaojiaensis 巧家的（地名，云南省）

Yushania qiaojiaensis f. nuda 裸箨海竹（箨 tuò）：nudus 裸露的，无装饰的

Yushania qiaojiaensis f. qiaojiaensis 海竹-原变型（词义见上面解释）

Yushania rugosa 皱叶玉山竹：rugosus = rugus + osus 收缩的，有皱纹的，多褶皱的（同义词：rugatus）；rugus/ rugum/ ruga 褶皱，皱纹，皱缩；-osus/ -osum/ -osa 多的，充分的，丰富的，显著发育的，程度高的，特征明显的（形容词词尾）

Yushania stramineus 黄壳竹：stramineus 禾秆色的，秆黄色的，干草状黄色的；stramen 禾秆，麦秆；stramimis 禾秆，秸秆，麦秆；-eus/ -eum/ -ea（接拉丁语词干时）属于……的，色如……的，质如……的（表示原料、颜色或品质的相似），（接希腊语词干时）属于……的，以……出名，为……所占有（表示具有某种特性）

Yushania suijiangensis 绥江玉山竹（绥 suí）：suijiangensis 绥江的（地名，云南省）

Yushania uniramosa 单枝玉山竹：uni-/ uno- ← unus/ unum/ una 一，单一（希腊语为 mono-/ mon-）；ramosus = ramus + osus 有分枝的，多分枝的；ramus 分枝，枝条；-osus/ -osum/ -osa 多的，充分的，丰富的，显著发育的，程度高的，特征明显的（形容词词尾）

Yushania varians 庐山玉山竹：varians/ variatus 变异的，多变的，多型的，易变的；varius = varus + ius 各种各样的，不同的，多型的，易变的；varus 不同的，变化的，外弯的，凸起的

Yushania vigens 长肩毛玉山竹：vigens 繁茂的，有活力的；vigeo 健康，旺盛，茂盛；-ans/ -ens/ -bilis/ -ilis 能够，可能（为形容词词尾，-ans/ -ens 用于主动语态，-bilis/ -ilis 用于被动语态）

Yushania violascens 紫花玉山竹：violascens/ violaceus 紫红色的，紫堇色的，堇菜状的；-escens/ -ascens 改变，转变，变成，略微，带有，接近，相似，大致，稍微（表示变化的趋势，并未完全相似或相同，有别于表示达到完成状态的 -atus）

Yushania weixiensis 竹扫子：weixiensis 维西的（地名，云南省）

Yushania wuyishanensis 武夷山玉山竹：wuyishanensis 武夷山的（地名，福建省）

Yushania xizangensis 西藏玉山竹：xizangensis 西藏的（地名）

Yushania yadongensis 亚东玉山竹：yadongensis 亚东的（地名，西藏自治区）

Zannichellia 角果藻属（茨藻科）（8：p102）：zannichellia ← Giovanni Gerolamo Zannichelli（人名，1662–1729，意大利植物学家）

Zannichellia palustris 角果藻：palustris/ paluster ← palus + estris 喜好沼泽的，沼生的；palus 沼泽，湿地，泥潭，水塘，草甸子（palus 的复数主格为 paludes）；-estris/ -estre/ ester/ -esteris 生于……地方，喜好……地方

Zannichellia palustris var. palustris 角果藻-原变种（词义见上面解释）

Zannichellia palustris var. pedicellata 柄果角果藻：pedicellatus = pedicellus + atus 具小花柄的；pedicellus = pes + cellus 小花梗，小花柄（不同于花序柄）；pes/ pedis 柄，梗，茎秆，腿，足，爪（作词首或词尾，pes 的词干视为"ped-"）；-cellus/ -cellum/ -cella，-cillus/ -cillum/ -cilla 小的，略微的，稍微的（与任何变格法名词形成复合词）；关联词：pedunculus 花序柄，总花梗（花序基部无花着生部分）；-ellatus = ellus + atus 小的，属于小的；-atus/ -atum/ -ata 属于，相似，具有，完成（形容词词尾）

Zanonia 翅子瓜属（葫芦科）（73-1：p129）：zanonia ← J. Zazoni（人名，意大利植物学家）

Zanonia indica 翅子瓜：indica 印度的（地名）；-icus/ -icum/ -ica 属于，具有某种特性（常用于地名、起源、生境）

Zanonia indica var. indica 翅子瓜-原变种（词义见上面解释）

Zanonia indica var. pubescens 滇南翅子瓜：pubescens ← pubens 被短柔毛的，长出柔毛的；pubi- ← pubis 细柔毛的，短柔毛的，毛被的；pubesco/ pubescere 长成的，变为成熟的，长出柔毛的，青春期体毛的；-escens/ -ascens 改变，转变，变成，略微，带有，接近，相似，大致，稍微（表示变化的趋势，并未完全相似或相同，有别于表示达到完成状态的 -atus）

Zantedeschia 马蹄莲属（天南星科）（13-2：p46）：zantedeschia ← Francesco Zantedeschi 或 Giovanni Zantedeschi（人名，前者为 19 世纪意大利科学家，后者为意大利医生、植物学家，1773–1846）

Zantedeschia aethiopica 马蹄莲：aethiopica 埃塞俄比亚的（地名）

Zantedeschia albo-maculata 白马蹄莲：albus → albi-/ albo- 白色的；maculatus = maculus + atus 有小斑点的，略有斑点的；maculus 斑点，网眼，小斑点，略有斑点；-atus/ -atum/ -ata 属于，相似，具有，完成（形容词词尾）

Zantedeschia melanoleuca 紫心黄马蹄莲：mel-/ mela-/ melan-/ melano- ← melanus/ melaenus ← melas/ melanos 黑色的，浓黑色的，暗色的；leucus 白色的，淡色的

Zantedeschia rehmannii 红马蹄莲：rehmannii ← Joseph Rehmann（人名，19 世纪俄国医生）

Zanthoxylum 花椒属（芸香科）（43-2：p8）：zanthoxylum = xanthos + xylon 黄色木材；zanthos ← xanthos 黄色的（希腊语）；xylum ← xylon 木材，木质

Zanthoxylum acanthopodium 刺花椒：acanth-/ acantho- ← acanthus 刺，有刺的（希腊语）；podius ← podion 腿，足，柄

Z

Zanthoxylum acanthopodium var. acanthopodium 刺花椒-原变种 （词义见上面解释）

Zanthoxylum acanthopodium var. timbor 毛刺花椒：timbor 木头，木料

Zanthoxylum ailanthoides 椿叶花椒：Ailanthus 臭椿属（苦木科）；-oides/ -oideus/ -oideum/ -oidea/ -odes/ -eidos 像……的，类似……的，呈……状的（名词词尾）

Zanthoxylum ailanthoides var. ailanthoides 椿叶花椒-原变种 （词义见上面解释）

Zanthoxylum ailanthoides var. pubescens 毛椿叶花椒：pubescens ← pubens 被短柔毛的，长出柔毛的；pubi- ← pubis 细柔毛的，短柔毛的，毛被的；pubesco/ pubescere 长成的，变为成熟的，长出柔毛的，青春期体毛的；-escens/ -ascens 改变，转变，变成，略微，带有，接近，相似，大致，稍微（表示变化的趋势，并未完全相似或相同，有别于表示达到完成状态的 -atus）

Zanthoxylum armatum 竹叶花椒：armatus 有刺的，带武器的，装备了的；arma 武器，装备，工具，防护，挡板，军队

Zanthoxylum armatum var. armatum 竹叶花椒-原变种 （词义见上面解释）

Zanthoxylum armatum var. ferrugineum 毛竹叶花椒：ferrugineus 铁锈的，淡棕色的；ferrugo = ferrus + ugo 铁锈（ferrugo 的词干为 ferrugin-）；词尾为 -go 的词其词干末尾视为 -gin；ferreus → ferr- 铁，铁的，铁色的，坚硬如铁的；-eus/ -eum/ -ea （接拉丁语词干时）属于……的，色如……的，质如……的（表示原料、颜色或品质的相似），（接希腊语词干时）属于……的，以……出名，为……所占有（表示具有某种特性）

Zanthoxylum austrosinense 岭南花椒：austrosinense 华南的（地名）；austro-/ austr- 南方的，南半球的，大洋洲的；auster 南方，南风

Zanthoxylum austrosinense var. austrosinense 岭南花椒-原变种 （词义见上面解释）

Zanthoxylum austrosinense var. pubescens 毛叶岭南花椒：pubescens ← pubens 被短柔毛的，长出柔毛的；pubi- ← pubis 细柔毛的，短柔毛的，毛被的；pubesco/ pubescere 长成的，变为成熟的，长出柔毛的，青春期体毛的；-escens/ -ascens 改变，转变，变成，略微，带有，接近，相似，大致，稍微（表示变化的趋势，并未完全相似或相同，有别于表示达到完成状态的 -atus）

Zanthoxylum avicennae 簕欓花椒（簕欓 lè dǎng）：avicennae ← Avicinna（Ibn Sina）（人名，2 世纪波斯医生、哲学家）；-ae 表示人名，以 -a 结尾的人名后面加上 -e 形成

Zanthoxylum bungeanum 花椒：bungeanum ← Alexander von Bunge（人名，1813–1866，俄国植物学家）

Zanthoxylum bungeanum var. bungeanum 花椒-原变种 （词义见上面解释）

Zanthoxylum bungeanum var. pubescens 毛叶花椒：pubescens ← pubens 被短柔毛的，长出柔毛的；pubi- ← pubis 细柔毛的，短柔毛的，毛被的；pubesco/ pubescere 长成的，变为成熟的，长出柔毛的，青春期体毛的；-escens/ -ascens 改变，转变，变成，略微，带有，接近，相似，大致，稍微（表示变化的趋势，并未完全相似或相同，有别于表示达到完成状态的 -atus）

Zanthoxylum bungeanum var. punctatum 油叶花椒：punctatus = punctus + atus 具斑点的；punctus 斑点

Zanthoxylum calcicola 石山花椒：calcicolus 钙生的，生于石灰质土壤的；calci- ← calcium 石灰，钙质；colus ← colo 分布于，居住于，栖居，殖民（常作词尾）；colo/ colere/ colui/ cultum 居住，耕作，栽培

Zanthoxylum collinsae 糙叶花椒：collinsae（人名）

Zanthoxylum dissitum 蚬壳花椒：dissitus 分离的，稀疏的，松散的；di-/ dis- 二，二数，二分，分离，不同，在……之间，从……分开（希腊语，拉丁语为 bi-/ bis-）；situs 位置，位于

Zanthoxylum dissitum var. acutiserratum 针边蚬壳花椒（蚬 xiǎn）：acutiserratus 具尖齿的；acuti-/ acu- ← acutus 锐尖的，针尖的，刺尖的，锐角的；serratus = serrus + atus 有锯齿的；serrus 齿，锯齿

Zanthoxylum dissitum var. dissitum 蚬壳花椒-原变种 （词义见上面解释）

Zanthoxylum dissitum var. hispidum 刺蚬壳花椒：hispidus 刚毛的，鬃毛状的

Zanthoxylum dissitum var. lanciforme 长叶蚬壳花椒：lance-/ lancei-/ lanci-/ lanceo-/ lanc- ← lanceus 披针形的，矛形的，尖刀状的，柳叶刀状的；forme/ forma 形状

Zanthoxylum echinocarpum 刺壳花椒：echinocarpus = echinus + carpus 刺猬状果实的；echinus ← echinos → echino-/ echin- 刺猬，海胆；carpus/ carpum/ carpa/ carpon ← carpos 果实（用于希腊语复合词）

Zanthoxylum echinocarpum var. echinocarpum 刺壳花椒-原变种 （词义见上面解释）

Zanthoxylum echinocarpum var. tomentosum 毛刺壳花椒：tomentosus = tomentum + osus 绒毛的，密被绒毛的；tomentum 绒毛，浓密的毛被，棉絮，棉絮状填充物（被褥、垫子等）；-osus/ -osum/ -osa 多的，充分的，丰富的，显著发育的，程度高的，特征明显的（形容词词尾）

Zanthoxylum esquirolii 贵州花椒：esquirolii（人名）；-ii 表示人名，接在以辅音字母结尾的人名后面，但 -er 除外

Zanthoxylum glomeratum 密果花椒：glomeratus = glomera + atus 聚集的，球形的，聚成球形的；glomera 线球，一团，一束

Zanthoxylum integrifolium 兰屿花椒：integer/ integra/ integrum → integri- 完整的，整个的，全缘的；folius/ folium/ folia 叶，叶片（用于复合词）

Zanthoxylum khasianum 云南花椒：khasianum ← Khasya 喀西的，卡西的（地名，印度阿萨姆邦）

Zanthoxylum kwangsiense 广西花椒：kwangsiense 广西的（地名）

Z

Zanthoxylum laetum 拟蚬壳花椒：laetus 生辉的，生动的，色彩鲜艳的，可喜的，愉快的；laete 光亮地，鲜艳地

Zanthoxylum leiboicum 雷波花椒：leiboicum 雷波的（地名，四川省）

Zanthoxylum liboense 荔波花椒：liboense 荔波的（地名，贵州省）

Zanthoxylum macranthum 大花花椒：macro-/ macr- ← macros 大的，宏观的（用于希腊语复合词）；anthus/ anthum/ antha/ anthe ← anthos 花（用于希腊语复合词）

Zanthoxylum micranthum 小花花椒：micr-/ micro- ← micros 小的，微小的，微观的（用于希腊语复合词）；anthus/ anthum/ antha/ anthe ← anthos 花（用于希腊语复合词）

Zanthoxylum molle 朵花花椒：molle/ mollis 软的，柔毛的

Zanthoxylum motuoense 墨脱花椒：motuoense 墨脱的（地名，西藏自治区）

Zanthoxylum multijugum 多叶花椒：multijugus 多对的；multi- ← multus 多个，多数，很多（希腊语为 poly-）；jugus ← jugos 成对的，成双的，一组，牛轭，束缚（动词为 jugo）

Zanthoxylum myriacanthum 大叶臭花椒：myri-/ myrio- ← myrios 无数的，大量的，极多的（希腊语）；acanthus ← Akantha 刺，具刺的（Acantha 是希腊神话中的女神，和太阳神阿波罗发生冲突，太阳神将其变成带刺的植物）

Zanthoxylum myriacanthum var. myriacanthum 大叶臭花椒-原变种 （词义见上面解释）

Zanthoxylum myriacanthum var. pubescens 毛大叶臭花椒：pubescens ← pubens 被短柔毛的，长出柔毛的；pubi- ← pubis 细柔毛的，短柔毛的，毛被的；pubesco/ pubescere 长成的，变为成熟的，长出柔毛的，青春期体毛的；-escens/ -ascens 改变，转变，变成，略微，带有，接近，相似，大致，稍微（表示变化的趋势，并未完全相似或相同，有别于表示达到完成状态的 -atus）

Zanthoxylum nitidum 两面针：nitidus = nitere + idus 光亮的，发光的；nitere 发亮；-idus/ -idum/ -ida 表示在进行中的动作或情况，作动词、名词或形容词的词尾；nitens 光亮的，发光的

Zanthoxylum nitidum var. nitidum 两面针-原变种 （词义见上面解释）

Zanthoxylum nitidum var. tomentosum 毛叶两面针：tomentosus = tomentum + osus 绒毛的，密被绒毛的；tomentum 绒毛，浓密的毛被，棉絮，棉絮状填充物（被褥、垫子等）；-osus/ -osum/ -osa 多的，充分的，丰富的，显著发育的，程度高的，特征明显的（形容词词尾）

Zanthoxylum ovalifolium 异叶花椒：ovalis 广椭圆形的；ovus 卵，胚珠，卵形的，椭圆形的；folius/ folium/ folia 叶，叶片（用于复合词）

Zanthoxylum ovalifolium var. multifoliolatum 多异叶花椒：multi- ← multus 多个，多数，很多（希腊语为 poly-）；foliolatus = folius + ulus + atus 具小叶的，具叶片的；folius/ folium/ folia 叶，叶片

（用于复合词）；-ulus/ -ulum/ -ula 小的，略微的，稍微的（小词 -ulus 在字母 e 或 i 之后有多种变缀，即 -olus/ -olum/ -ola、-ellus/ -ellum/ -ella、-illus/ -illum/ -illa，与第一变格法和第二变格法名词形成复合词）；-atus/ -atum/ -ata 属于，相似，具有，完成（形容词词尾）

Zanthoxylum ovalifolium var. ovalifolium 异叶花椒-原变种 （词义见上面解释）

Zanthoxylum ovalifolium var. spinifolium 刺异叶花椒：spinus 刺，针刺；folius/ folium/ folia 叶，叶片（用于复合词）

Zanthoxylum oxyphyllum 尖叶花椒：oxyphyllus 尖叶的；oxy- ← oxys 尖锐的，酸的；phyllus/ phyllum/ phylla ← phyllon 叶片（用于希腊语复合词）

Zanthoxylum piasezkii 川陕花椒：piasezkii（人名）；-ii 表示人名，接在以辅音字母结尾的人名后面，但 -er 除外

Zanthoxylum pilosulum 微柔毛花椒：pilosulus = pilus + osus + ulus 被软毛的；pilosus = pilus + osus 多毛的，被柔毛的，具疏柔毛的，被短弱细毛的；pilus 毛，疏柔毛；-osus/ -osum/ -osa 多的，充分的，丰富的，显著发育的，程度高的，特征明显的（形容词词尾）；-ulus/ -ulum/ -ula 小的，略微的，稍微的（小词 -ulus 在字母 e 或 i 之后有多种变缀，即 -olus/ -olum/ -ola、-ellus/ -ellum/ -ella、-illus/ -illum/ -illa，与第一变格法和第二变格法名词形成复合词）

Zanthoxylum pteracanthum 翼刺花椒：pteracanthus 翼刺的；pterus/ pteron 翅，翼，蕨类；acanthus ← Akantha 刺，具刺的（Acantha 是希腊神话中的女神，和太阳神阿波罗发生冲突，太阳神将其变成带刺的植物）

Zanthoxylum rhombifoliolatum 菱叶花椒：rhombus 菱形，纺锤；foliolatus = folius + ulus + atus 具小叶的，具叶片的；folius/ folium/ folia 叶，叶片（用于复合词）；-ulus/ -ulum/ -ula 小的，略微的，稍微的（小词 -ulus 在字母 e 或 i 之后有多种变缀，即 -olus/ -olum/ -ola、-ellus/ -ellum/ -ella、-illus/ -illum/ -illa，与第一变格法和第二变格法名词形成复合词）；-atus/ -atum/ -ata 属于，相似，具有，完成（形容词词尾）

Zanthoxylum scandens 花椒簕（簕 lè）：scandens 攀缘的，缠绕的，藤本的；scando/ scansum 上升，攀登，缠绕

Zanthoxylum schinifolium 青花椒：schinifolius 胡椒木叶的；Schinus 胡椒木属（漆树科）；folius/ folium/ folia 叶，叶片（用于复合词）

Zanthoxylum simulans 野花椒：simulans 仿造的，模仿的；simulo/ simuilare/ simulatus 模仿，模拟，伪装

Zanthoxylum stenophyllum 狭叶花椒：sten-/ steno- ← stenus 窄的，狭的，薄的；phyllus/ phyllum/ phylla ← phyllon 叶片（用于希腊语复合词）

Zanthoxylum stipitatum 梗花椒：stipitatus = stipitus + atus 具柄的；stipitus 柄，梗

Zanthoxylum tomentellum 毡毛花椒：tomentellus

Z

被短绒毛的，被微绒毛的；tomentum 绒毛，浓密的毛被，棉絮，棉絮状填充物（被褥、垫子等）；-ellus/ -ellum/ -ella ← -ulus 小的，略微的，稍微的（小词 -ulus 在字母 e 或 i 之后有多种变缀，即 -olus/ -olum/ -ola、-ellus/ -ellum/ -ella、-illus/ -illum/ -illa，用于第一变格法名词）

Zanthoxylum undulatifolium 浪叶花椒：undulatus = undus + ulus + atus 略呈波浪状的，略弯曲的；undus/ undum/ unda 起波浪的，弯曲的；-ulus/ -ulum/ -ula 小的，略微的，稍微的（小词 -ulus 在字母 e 或 i 之后有多种变缀，即 -olus/ -olum/ -ola、-ellus/ -ellum/ -ella、-illus/ -illum/ -illa，与第一变格法和第二变格法名词形成复合词）；-atus/ -atum/ -ata 属于，相似，具有，完成（形容词词尾）；folius/ folium/ folia 叶，叶片（用于复合词）

Zanthoxylum wutaiense 屏东花椒：wutaiense 五台山的（地名，山西省）

Zanthoxylum xichouense 西畴花椒：xichouense 西畴的（地名，云南省）

Zanthoxylum yuanjiangense 元江花椒：yuanjiangense 元江的（地名，云南省）

Zea 玉蜀黍属（黍 shǔ）（禾本科）（10-2：p286）：zea 玉米（原为禾本科一种植物的希腊语名）

Zea mays 玉蜀黍：mays 玉蜀黍（南美土名）

Zehneria 马㼎儿属（㼎 bó）（葫芦科）（73-1：p169）：zehneria（人名）

Zehneria indica 马㼎儿：indica 印度的（地名）；-icus/ -icum/ -ica 属于，具有某种特性（常用于地名、起源、生境）

Zehneria marginata 云南马㼎儿：marginatus ← margo 边缘的，具边缘的；margo/ marginis → margin- 边缘，边线，边界；词尾为 -go 的词其词干末尾视为 -gin

Zehneria maysorensis 纽子瓜：maysorensis（地名）

Zehneria mucronata 台湾马㼎儿：mucronatus = mucronus + atus 具短尖的，有微突起的；mucronus 短尖头，微突；-atus/ -atum/ -ata 属于，相似，具有，完成（形容词词尾）

Zehneria tuberifera 块茎马㼎儿：tuber/ tuber-/ tuberi- 块茎的，结节状凸起的，瘤状的；-ferus/ -ferum/ -fera/ -fero/ -fere/ -fer 有，具有，产（区别：作独立词使用的 ferus 意思是"野生的"）

Zehneria wallichii 槌果马㼎儿：wallichii ← Nathaniel Wallich（人名，19 世纪初丹麦植物学家、医生）

Zelkova 榉属（榉 jǔ）（榆科）（22：p382）：zelkova（高加索地区土名）

Zelkova schneideriana 大叶榉树：schneideriana（人名）

Zelkova serrata 榉树：serratus = serrus + atus 有锯齿的；serrus 齿，锯齿

Zelkova sinica 大果榉：sinica 中国的（地名）；-icus/ -icum/ -ica 属于，具有某种特性（常用于地名、起源、生境）

Zenia 任豆属（任 rén）（豆科）（39：p121）：zenia ← H. Ren 任鸿隽（人名，1886–1961，中国化学家、教育家）

Zenia insignis 任豆：insignis 著名的，超群的，优秀

的，显著的，杰出的；in-/ im-（来自 il- 的音变）内，在内，内部，向内，相反，不，无，非；il- 在内，向内，为，相反（希腊语为 en-）；词首 il- 的音变：il-（在 l 前面），im-（在 b、m、p 前面），in-（在元音字母和大多数辅音字母前面），ir-（在 r 前面），如 illaudatus（不值得称赞的，评价不好的），impermeabilis（不透水的，穿不透的），ineptus（不合适的），insertus（插入的），irretortus（无弯曲的，无扭曲的）；signum 印记，标记，刻画，图章

Zephyranthes 葱莲属（石蒜科）（16-1：p5）：zephyros 西风，西部（指产地为德国西部）；anthus/ anthum/ antha/ anthe ← anthos 花（用于希腊语复合词）

Zephyranthes candida 葱莲：candidus 洁白的，有白毛的，亮白的，雪白的（希腊语为 argo- ← argenteus 银白色的）

Zephyranthes carinata 韭莲（另见 Z. grandiflora）：carinatus 脊梁的，龙骨的，龙骨状的；carina → carin-/ carini- 脊梁，龙骨状突起，中肋

Zephyranthes grandiflora 韭莲（另见 Z. carinata）：grandi- ← grandis 大的；florus/ florum/ flora ← flos 花（用于复合词）

Zeuxine 线柱兰属（兰科）（17：p192）：zeuxine ← zeuxis 联合的（指唇瓣和花柱有部分联合），宙克西斯（希腊神话人物）

Zeuxine affinis 宽叶线柱兰：affinis = ad + finis 酷似的，近似的，有联系的；ad- 向，到，近（拉丁语词首，表示程度加强）；构词规则：构成复合词时，词首末尾的辅音字母常同化为紧接其后的那个辅音字母（如 ad + f → aff）；finis 界限，境界；affin- 相似，近似，相关

Zeuxine agyokuana 绿叶线柱兰：agyokuana 阿玉山的（地名，位于台湾省中部地区，"agyoku"为"阿玉"的日语读音）

Zeuxine goodyeroides 白肋线柱兰：goodyeroides 像斑叶兰的；Goodyera 斑叶兰属；-oides/ -oideus/ -oideum/ -oidea/ -odes/ -eidos 像……的，类似……的，呈……状的（名词词尾）

Zeuxine grandis 大花线柱兰：grandis 大的，大型的，宏大的

Zeuxine integrilabella 全唇线柱兰：integer/ integra/ integrum → integri- 完整的，整个的，全缘的；labellus 唇瓣

Zeuxine kantokeiense 关刀溪线柱兰：kantokeiense 关东溪的（地名，属台湾省，日语读音）

Zeuxine nemorosa 裂唇线柱兰：nemorosus = nemus + orum + osus = nemoralis 森林的，树丛的；nemo- ← nemus 森林的，成林的，树丛的，喜林的，林内的；-orum 属于……的（第二变格法名词复数所有格词尾，表示群落或多数）；-osus/ -osum/ -osa 多的，充分的，丰富的，显著发育的，程度高的，特征明显的（形容词词尾）

Zeuxine nervosa 芳线柱兰：nervosus 多脉的，叶脉明显的；nervus 脉，叶脉；-osus/ -osum/ -osa 多的，充分的，丰富的，显著发育的，程度高的，特征明显的（形容词词尾）

Zeuxine niijimai 眉原线柱兰：niijimai 新岛（日本人名）；-i 表示人名，接在以元音字母结尾的人名后

面，但 -a 除外，故该词改为 "niijimaiana" 或 "niijimae" 似更妥

Zeuxine odorata 香线柱兰：odoratus = odorus + atus 香气的，气味的；odor 香气，气味；-atus/ -atum/ -ata 属于，相似，具有，完成（形容词词尾）

Zeuxine parviflora 白花线柱兰：parviflorus 小花的；parvus 小的，些微的，弱的；florus/ florum/ flora ← flos 花（用于复合词）

Zeuxine strateumatica 线柱兰：strateumatica = stratus + eum + aticus 多层的，成层的；stratus ← sternere 层，成层的，分层的，膜片（指包被等），扩展；sternere 扩展，扩散；nistratus 单层的；-eus/ -eum/ -ea（接拉丁语词干时）属于……的，色如……的，质如……的（表示原料、颜色或品质的相似），（接希腊语词干时）属于……的，以……出名，为……所占有（表示具有某种特性）；-aticus/ -aticum/ -atica 属于，表示生长的地方，作名词词尾

Zeuxine tabiyahanensis 东部线柱兰：tabiyahanensis（地名，位于台湾省东部的山峰，日语读音）

Zhengyia 征镒麻属（荨麻科）（增补）：zhengyia 吴征镒（人名，字百兼，1916–2013，中国植物学家，命名或参与命名 1766 个植物新分类群，提出"被子植物八纲系统"的新观点）

Zhengyia shennongensis 征镒麻：shennongensis 神农架的（地名，湖北省）

Zigadenus 棋盘花属（百合科）（14：p18）：zigo-/ zig- ← zygus ← zigos 联合，结合，轭，成对；adenus 腺，腺体

Zigadenus sibiricus 棋盘花：sibiricus 西伯利亚的（地名，俄罗斯）；-icus/ -icum/ -ica 属于，具有某种特性（常用于地名、起源、生境）

Zingiber 姜属（姜科）（16-2：p139）：zingiber 兽角（希腊语）

Zingiber atrorubens 川东姜：atro-/ atr-/ atri-/ atra- ← ater 深色，浓色，暗色，发黑（ater 作为词干后接辅音字母开头的词时，要在词干后面加一个连接用的元音字母 "o" 或 "i"，故为 "ater-o-" 或 "ater-i-"，变形为 "atr-" 开头）；rubens 发红的，带红色的，变红的；rubrus/ rubrum/ rubra/ ruber 红色的

Zingiber cochleariforme 匙苞姜（匙 chí）：cochlearia 蜗牛的，匙形的，螺旋的；cochlea 蜗牛，蜗牛壳；-aris（阳性、阴性）/ -are（中性）← -alis（阳性、阴性）/ -ale（中性）属于，相似，如同，具有，涉及，关于，联结于（将名词作形容词用，其中 -aris 常用于以 l 或 r 为词干末尾的词）；forme/ forma 形状

Zingiber confine （边界姜）：confine 边界，范围，邻近

Zingiber corallinum 珊瑚姜：corallinus 带珊瑚红色的；-inus/ -inum/ -ina/ -inos 相近，接近，相似，具有（通常指颜色）

Zingiber integrilabrum 全唇姜：integer/ integra/ integrum → integri- 完整的，整个的，全缘的；labrus 唇，唇瓣

Zingiber kawagoii 毛姜：kawagoii（日本人名，词尾改为 "-i" 似更妥）；-ii 表示人名，接在以辅音字母结尾的人名后面，但 -er 除外（注：-i 表示人名，接在以元音字母结尾的人名后面，但 -a 除外，故该词尾宜改为 "-ae"）

Zingiber koshunensis （恒春姜）：koshunensis 恒春的（地名，台湾省南部半岛，日语读音）

Zingiber kwangsiense 桂姜：kwangsiense 广西的（地名）

Zingiber laoticum 梭穗姜：laoticum 老挝的（地名）

Zingiber linyunense 乌姜：linyunense 凌云的（地名，广西壮族自治区）

Zingiber mioga 蘘荷（蘘 ráng）：mioga 茗荷（日文，"mioga" 为 "茗荷" 的日语读音）

Zingiber officinale 姜：officinalis/ officinale 药用的，有药效的；officina ← opificina 药店，仓库，作坊

Zingiber pleiostachyum 多穗姜：pleo-/ plei-/ pleio- ← pleos/ pleios 多的；stachy-/ stachyo-/ -stachys/ -stachyus/ -stachyum/ -stachya 穗子，穗子的，穗子状的，穗状花序的

Zingiber roseum 红冠姜（冠 guān）：roseus = rosa + eus 像玫瑰的，玫瑰色的，粉红色的；rosa 蔷薇（古拉丁名）← rhodon 蔷薇（希腊语）← rhodd 红色，玫瑰红（凯尔特语）；-eus/ -eum/ -ea（接拉丁语词干时）属于……的，色如……的，质如……的（表示原料、颜色或品质的相似），（接希腊语词干时）属于……的，以……出名，为……所占有（表示具有某种特性）

Zingiber striolatum 阳荷：striolatus = stria + ulus + atus 具细线条的；stria 条纹，线条，细纹，细沟

Zingiber zerumbet 红球姜：zerumbet（波斯语名）

Zingiberaceae 姜科（16-2：p22）：Zingiber 姜属；-aceae（分类单位科的词尾，为 -aceus 的阴性复数主格形式，加到模式属的名称后或同义词的词干后以组成族群名称）

Zinnia 百日菊属（菊科）（75：p335）：zinnia ← Johann Gottfried Zinn（人名，1727–1759，德国植物学家）

Zinnia angustifolia 小百日菊：angusti- ← angustus 窄的，狭的，细的；folius/ folium/ folia 叶，叶片（用于复合词）

Zinnia elegans 百日菊：elegans 优雅的，秀丽的

Zinnia peruviana 多花百日菊：peruviana 秘鲁的（地名）

Zippelia 齐头绒属（胡椒科）（20-1：p11）：zippelia ← Alexander Zippelius（人名，19 世纪植物学家）

Zippelia begoniaefolia 齐头绒：begoniaefolia 秋海棠叶的（注：以属名作复合词时原词尾变形后的 i 要保留，不能使用所有格，故该词宜改为 "begoniifolia"）；Begonia 秋海棠属（秋海棠科）；folius/ folium/ folia 叶，叶片（用于复合词）

Zizania 菰属（菰 gū）（禾本科）（9-2：p16）：zizania ← zizanion 毒麦（一种杂草）

Zizania aquatica 水生菰：aquaticus/ aquatilis 水的，水生的，潮湿的；aqua 水；-aticus/ -aticum/ -atica 属于，表示生长的地方

Zizania latifolia 菰：lati-/ late- ← latus 宽的，宽广的；folius/ folium/ folia 叶，叶片（用于复合词）

Zizania palustris 沼生菰：palustris/ paluster ← palus + estris 喜好沼泽的，沼生的；palus 沼泽，湿地，泥潭，水塘，草甸子（palus 的复数主格为 paludes）；-estris/ -estre/ ester/ -esteris 生于……地方，喜好……地方

Ziziphora 新塔花属（唇形科）（66：p207）：ziziphus ← zizyphon 枣（阿拉伯语）；phoros 具有，负载

Ziziphora bungeana 新塔花：bungeana ← Alexander von Bunge（人名，1813–1866，俄国植物学家）

Ziziphora pamiroalaica 南疆新塔花：pamiroalaica 帕米尔-阿拉的（地名，帕米尔为中亚东南部高原，跨塔吉克斯坦、中国、阿富汗）

Ziziphora tenuior 小新塔花：tenuior 较纤细的，较薄的，较瘦弱的（tenuis 的比较级）；tenui- ← tenuis 薄的，纤细的，弱的，瘦的，窄的

Ziziphora tomentosa 天山新塔花：tomentosus = tomentum + osus 绒毛的，密被绒毛的；tomentum 绒毛，浓密的毛被，棉絮，棉絮状填充物（被褥、垫子等）；-osus/ -osum/ -osa 多的，充分的，丰富的，显著发育的，程度高的，特征明显的（形容词词尾）

Ziziphus 枣属（鼠李科）（48-1：p131）：ziziphus ← zizyphon 枣（阿拉伯语）

Ziziphus attopensis 毛果枣：attopensis（地名）

Ziziphus fungii 褐果枣：fungii 冯氏（人名）

Ziziphus incurva 印度枣：incurvus 内弯的；in-/ im-（来自 il- 的音变）内，在内，内部，向内，相反，不，无，非；il- 在内，向内，为，相反（希腊语为 en-）；词首 il- 的音变：il-（在 l 前面），im-（在 b、m、p 前面），in-（在元音字母和大多数辅音字母前面），ir-（在 r 前面），如 illaudatus（不值得称赞的，评价不好的），impermeabilis（不透水的，穿不透的），ineptus（不合适的），insertus（插入的），irretortus（无弯曲的，无扭曲的）；curvus 弯曲的

Ziziphus jujuba 枣：jujuba 枣树（阿拉伯语）

Ziziphus jujuba var. inermis 无刺枣：inermus/ inermis = in + arma 无针刺的，不尖锐的，无齿的，无武装的；in-/ im-（来自 il- 的音变）内，在内，内部，向内，相反，不，无，非；il- 在内，向内，为，相反（希腊语为 en-）；词首 il- 的音变：il-（在 l 前面），im-（在 b、m、p 前面），in-（在元音字母和大多数辅音字母前面），ir-（在 r 前面），如 illaudatus（不值得称赞的，评价不好的），impermeabilis（不透水的，穿不透的），ineptus（不合适的），insertus（插入的），irretortus（无弯曲的，无扭曲的）；arma 武器，装备，工具，防护，挡板，军队

Ziziphus jujuba var. jujuba 枣-原变种（词义见上面解释）

Ziziphus jujuba var. jujuba f. lageniformis 葫芦枣：lagenos 瓶子，葫芦，长颈鹿（比喻果实的形状）；formis/ forma 形状

Ziziphus jujuba var. spinosa 酸枣：spinosus = spinus + osus 具刺的，多刺的，长满刺的；spinus 刺，针刺；-osus/ -osum/ -osa 多的，充分的，丰富的，显著发育的，程度高的，特征明显的（形容词词尾）

Ziziphus jujuba cv. Tortuosa 龙爪枣-栽培变种：

tortuosus 不规则拧劲的，明显拧劲的；tortus 拧劲，捻，扭曲；-osus/ -osum/ -osa 多的，充分的，丰富的，显著发育的，程度高的，特征明显的（形容词词尾）

Ziziphus laui 球枣：laui ← Alfred B. Lau（人名，21 世纪仙人掌植物采集员）；-i 表示人名，接在以元音字母结尾的人名后面，但 -a 除外

Ziziphus mairei 大果枣：mairei（人名）；Edouard Ernest Maire（人名，19 世纪活动于中国云南的传教士）；Rene C. J. E. Maire 人名（20 世纪阿尔及利亚植物学家，研究北非植物）；-i 表示人名，接在以元音字母结尾的人名后面，但 -a 除外

Ziziphus mauritiana 滇刺枣：mauritiana ← Mauritius 毛里求斯的（地名）

Ziziphus montana 山枣：montanus 山，山地；montis 山，山地的；mons 山，山脉，岩石

Ziziphus oenoplia 小果枣：oenoplius 造酒的

Ziziphus pubinervis 毛脉枣：pubi- ← pubis 细柔毛的，短柔毛的，毛被的；nervis ← nervus 脉，叶脉

Ziziphus rugosa 皱枣：rugosus = rugus + osus 收缩的，有皱纹的，多褶皱的（同义词：rugatus）；rugus/ rugum/ ruga 褶皱，皱纹，皱缩；-osus/ -osum/ -osa 多的，充分的，丰富的，显著发育的，程度高的，特征明显的（形容词词尾）

Ziziphus xiangchengensis 蜀枣：xiangchengensis 乡城的（地名，四川省）

Zollikoferia 河西菊属（菊科，已修订为 Launaea 和 Paramicrorhynchus）（80-1：p159）：zollikoferia（人名）

Zollikoferia polydichotoma 河西菊：polydichotomus 多次二歧分叉的；poly- ← polys 多个，许多（希腊语，拉丁语为 multi-）；dichotomus 二叉分歧的，分离的；dicho-/ dicha- 二分的，二歧的；di-/ dis- 二，二数，二分，分离，不同，在……之间，从……分开（希腊语，拉丁语为 bi-/ bis-）；cho-/ chao- 分开，割裂，离开；tomus ← tomos 小片，片段，卷册（书）

Zornia 丁癸草属（豆科）（41：p358）：zornia ← J. Zorn（人名，德国植物学家）

Zornia gibbosa 丁癸草：gibbosus 囊状突起的，偏肿的，一侧隆突的；gibbus 驼峰，隆起，浮肿；-osus/ -osum/ -osa 多的，充分的，丰富的，显著发育的，程度高的，特征明显的（形容词词尾）

Zornia intecta 台东癸草：intectus 裸露的，无包被的；in-/ im-（来自 il- 的音变）内，在内，内部，向内，相反，不，无，非；il- 在内，向内，为，相反（希腊语为 en-）；词首 il- 的音变：il-（在 l 前面），im-（在 b、m、p 前面），in-（在元音字母和大多数辅音字母前面），ir-（在 r 前面），如 illaudatus（不值得称赞的，评价不好的），impermeabilis（不透水的，穿不透的），ineptus（不合适的），insertus（插入的），irretortus（无弯曲的，无扭曲的）；tectus 覆盖，埋藏，隐蔽

Zostera 大叶藻属（眼子菜科）（8：p85）：zostera ← zoster 条带，带状，细长

Zostera asiatica 宽叶大叶藻：asiatica 亚洲的（地名）；-aticus/ -aticum/ -atica 属于，表示生长的地方，作名词词尾

Z

Zostera caespitosa 丛生大叶藻：caespitosus = caespitus + osus 明显成簇的，明显丛生的；caespitus 成簇的，丛生的；-osus/ -osum/ -osa 多的，充分的，丰富的，显著发育的，程度高的，特征明显的（形容词词尾）

Zostera caulescens 具茎大叶藻：caulescens 有茎的，变成有茎的，大致有茎的；caulus/ caulon/ caule ← caulos 茎，茎秆，主茎；-escens/ -ascens 改变，转变，变成，略微，带有，接近，相似，大致，稍微（表示变化的趋势，并未完全相似或相同，有别于表示达到完成状态的 -atus）

Zostera japonica 矮大叶藻：japonica 日本的（地名）；-icus/ -icum/ -ica 属于，具有某种特性（常用于地名、起源、生境）

Zostera marina 大叶藻：marinus 海，海中生的

Zoysia 结缕草属（禾本科）（10-1：p125）：zoysia ← Karl von Zois（或 Zoys）（人名，18 世纪奥地利植物学家）

Zoysia japonica 结缕草：japonica 日本的（地名）；-icus/ -icum/ -ica 属于，具有某种特性（常用于地名、起源、生境）

Zoysia macrostachya 大穗结缕草：macro-/ macr- ← macros 大的，宏观的（用于希腊语复合词）；stachy-/ stachyo-/ -stachys/ -stachyus/ -stachyum/ -stachya 穗子，穗子的，穗子状的，穗状花序的

Zoysia matrella 沟叶结缕草：matrella = mater + ellus 母亲（小词）；mater 母亲；-ellus/ -ellum/ -ella ← -ulus 小的，略微的，稍微的（小词 -ulus 在字母 e 或 i 之后有多种变缀，即 -olus/ -olum/ -ola、-ellus/ -ellum/ -ella、-illus/ -illum/ -illa，用于第一变格法名词）

Zoysia sinica 中华结缕草：sinica 中国的（地名）；-icus/ -icum/ -ica 属于，具有某种特性（常用于地名、起源、生境）

Zoysia sinica var. nipponica 长花结缕草：nipponica 日本的（地名）；-icus/ -icum/ -ica 属于，具有某种特性（常用于地名、起源、生境）

Zoysia sinica var. sinica 中华结缕草-原变种 （词义见上面解释）

Zoysia tenuifolia 细叶结缕草：tenui- ← tenuis 薄的，纤细的，弱的，瘦的，窄的；folius/ folium/ folia 叶，叶片（用于复合词）

Zygia 大合欢属（豆科）（39：p49）：zygia ← zygon 蛋黄（希腊语）

Zygia cordifolia 心叶大合欢：cordi- ← cordis/ cor 心脏的，心形的；folius/ folium/ folia 叶，叶片（用于复合词）

Zygophyllaceae 蒺藜科（43-1：p116）：Zygophyllum 驼蹄瓣属；-aceae（分类单位科的词尾，为 -aceus 的阴性复数主格形式，加到模式属的名称后或同义词的词干后以组成族群名称）

Zygophyllum 驼蹄瓣属（蒺藜科）（43-1：p126）：zygophyllus 联合叶片的，叶片联结的；zigo-/ zig- ← zygus ← zigos 联合，结合，轭，成对；phyllus/ phyllum/ phylla ← phyllon 叶片（用于希腊语复合词）

Zygophyllum brachypterum 细茎驼蹄瓣：brachy- ← brachys 短的（用于拉丁语复合词词首）；pterus/ pteron 翅，翼，蕨类

Zygophyllum fabago 驼蹄瓣：fabago 像蚕豆的；faba 蚕豆；-ago/ -ugo/ -go ← agere 相似，诱导，影响，遭遇，用力，运送，做，成就（阴性名词词尾，表示相似、某种性质或趋势，也用于人名词尾以示纪念）

Zygophyllum fabago subsp. dolichocarpum 长果驼蹄瓣：dolicho- ← dolichos 长的；carpus/ carpum/ carpa/ carpon ← carpos 果实（用于希腊语复合词）

Zygophyllum fabago subsp. fabago 驼蹄瓣-原亚种 （词义见上面解释）

Zygophyllum fabago subsp. orientale 短果驼蹄瓣：orientale/ orientalis 东方的；oriens 初升的太阳，东方

Zygophyllum fabagoides 拟豆叶驼蹄瓣：fabago 像蚕豆的；-oides/ -oideus/ -oideum/ -oidea/ -odes/ -eidos 像……的，类似……的，呈……状的（名词词尾）

Zygophyllum gobicum 戈壁驼蹄瓣：gobicus/ gobinus 戈壁的

Zygophyllum iliense 伊犁驼蹄瓣：iliense/ iliensis 伊利的（地名，新疆维吾尔自治区），伊犁河的（河流名，跨中国新疆与哈萨克斯坦）

Zygophyllum jaxarticum 雅克驼蹄瓣（原名"长果驼蹄瓣"，本属有重名）：jaxarticum 雅克萨的（地名，哈萨克斯坦）；-icus/ -icum/ -ica 属于，具有某种特性（常用于地名、起源、生境）

Zygophyllum kansuense 甘肃驼蹄瓣：kansuense 甘肃的（地名）

Zygophyllum loczyi 粗茎驼蹄瓣：loczyi（人名）

Zygophyllum macropodum 大叶驼蹄瓣：macro-/ macr- ← macros 大的，宏观的（用于希腊语复合词）；podus/ pus 柄，梗，茎秆，足，腿

Zygophyllum macropterum 大翅驼蹄瓣：macro-/ macr- ← macros 大的，宏观的（用于希腊语复合词）；pterus/ pteron 翅，翼，蕨类

Zygophyllum macropterum var. macropterum 大翅驼蹄瓣-原变种 （词义见上面解释）

Zygophyllum macropterum var. microphyllum 小叶大翅驼蹄瓣：micr-/ micro- ← micros 小的，微小的，微观的（用于希腊语复合词）；phyllus/ phyllum/ phylla ← phyllon 叶片（用于希腊语复合词）

Zygophyllum mucronatum 蝎虎驼蹄瓣：mucronatus = mucronus + atus 具短尖的，有微突起的；mucronus 短尖头，微突；-atus/ -atum/ -ata 属于，相似，具有，完成（形容词词尾）

Zygophyllum obliquum 长梗驼蹄瓣：obliquus 斜的，偏的，歪斜的，对角线的；obliq-/ obliqui- 对角线的，斜线的，歪斜的

Zygophyllum oxycarpum 尖果驼蹄瓣：oxycarpus 尖果的；oxy- ← oxys 尖锐的，酸的；carpus/ carpum/ carpa/ carpon ← carpos 果实（用于希腊语复合词）

Zygophyllum potaninii 大花驼蹄瓣：potaninii ← Grigory Nikolaevich Potanin（人名，19 世纪俄国植

物学家）

Zygophyllum pterocarpum 翼果驼蹄瓣：pterus/ pteron 翅，翼，蕨类；carpus/ carpum/ carpa/ carpon ← carpos 果实（用于希腊语复合词）

Zygophyllum pterocarpum var. microcarpum 小翼果驼蹄瓣：micr-/ micro- ← micros 小的，微小的，微观的（用于希腊语复合词）；carpus/ carpum/ carpa/ carpon ← carpos 果实（用于希腊语复合词）

Zygophyllum pterocarpum var. pterocarpum 翼果驼蹄瓣-原变种 （词义见上面解释）

Zygophyllum rosovii 石生驼蹄瓣：rosovii（人名）；-ii 表示人名，接在以辅音字母结尾的人名后面，但 -er 除外

Zygophyllum rosovii var. latifolium 宽叶石生驼蹄瓣：lati-/ late- ← latus 宽的，宽广的；folius/ folium/ folia 叶，叶片（用于复合词）

Zygophyllum rosovii var. rosovii 石生驼蹄瓣-原变种 （词义见上面解释）

Zygophyllum sinkiangense 新疆驼蹄瓣：sinkiangense 新疆的（地名）

参考文献

丁广奇, 王学文. 1986. 植物学名解释. 北京: 科学出版社.

方文培. 1980. 拉丁文植物学名词及术语. 成都: 四川人民出版社.

刘夙. 2010. 《中国植物志》植物中文普通名的订正和读音的统一//马克平. 中国生物多样性保护与研究进展
   VII. 北京: 气象出版社: 153–214.

马其云. 2003. 中国蕨类植物和种子植物名称总汇. 青岛: 青岛出版社.

沈显生. 2005. 植物学拉丁文. 合肥: 中国科学技术大学出版社.

斯特恩. 1982. 植物学拉丁文（上、下）. 秦仁昌译. 北京: 科学出版社.

肖原. 1983. 拉丁语基础. 北京: 商务印书馆.

谢大任. 1988. 拉丁语汉语词典. 北京: 商务印书馆.

露崎史朗. 維管束植物学名に使用されるラテン語・ギリシア語. https://hosho.ees.hokudai.ac.jp/
   tsuyu/top/dct/language-j.html[2019-12-10].

田中秀央. 2000. 羅和辞典. 東京: 研究社.

Dave's Garden. Botanical Dictionary. https://davesgarden.com/guides/botanary/[2019-10-08].

Glare P. G. W. 2016. Oxford Latin Dictionary. Second edition. UK: Oxford University Press.

Stearn W. T. 1985. Botanical Latin. Third edition. USA: David & Charles Inc.

中文科属名索引

本索引以汉字拼音排序

中文

中文

中文

中文

中文

拉丁语词汇索引

本索引列出本书所有学名的种加词和部分常用构词成分，对正文中多次出现的词，仅给出首次出现的页码；斜体字为《中国植物志》中的错印、误拼或存疑。

拉丁

拉丁

拉丁

拉丁

拉丁

拉丁

拉丁

拉丁

拉丁

拉丁

拉丁

拉丁

拉丁

拉丁

拉丁

拉丁

拉丁

拉丁

拉丁

拉丁

拉丁

拉丁

拉丁

拉丁

拉丁

拉丁

拉丁

拉丁

拉丁

·1413·

拉丁

拉丁

拉丁

拉丁

后 记

　　作者多年从事植物群落和植被研究，对植物分类比较感兴趣，自然要接触植物的拉丁学名。但因不了解学名所表述的含义，感觉记忆植物学名就像是背诵毫无意义的字符串一样，非常枯燥。这是大多数相关专业人员的共同体会。虽然收集了一些植物学拉丁文方面的工具书，但是很多词查不到。实际上并非书中词汇不全，而是由于缺乏拉丁语的语法基础及构词原理方面的知识，不能把植物学名中的用词和书中的词汇对应，即不会拆词或将单词"复原"，因此这些书只是陪伴我的收藏品。自己也曾经花费不少时间学习这门古老的语言，甚至梦想顺便把它派生出来的五种语言也融会贯通，成为语言大家，但语法这一难关一直没有越过，更不要说精通。拉丁语复杂的词尾变化对学习者来说是巨大的障碍，仅就名词而言，词尾就有一百多种。不过，梳理一下发现，拉丁语在植物名称上的词尾种类是非常有限的。在学习过程中逐渐明白，仅从记忆植物学名的角度来看，掌握一些词汇的基本含义和主要的词尾特征就应该足够了，大可不必花费大量精力去钻研语法规律。

　　起初只是想建立一个关于自己研究区域的植物拉丁名的术语单词本，用于记忆拉丁名。随着收集词汇的增加，对构词规律有了一定的了解，遂意识到，同行读者也需要这样一个单词本，故可以将其扩大，让更多的人受益。于是产生了一个冲动，就是把全中国的植物学名都收录进来进行全面解析，这是一件对社会十分有益的事情。所以开始了不懈的跋涉。

　　已经记不清从哪一天开始编撰此书，但至少经历了十几个春秋。撰写过程中遇到的最大问题就是有很多词汇难以查到解释，特别是复合词，因为手头的工具书就那么几本。在这个过程中，曾无数次搁置，又无数次拾起，欲速却不能，甚至有时为纠结于一个词的含义而耗费几天时间，所以常常有一种自找煎熬的感触，堪比苦行，但更多的是憧憬到达巅峰时的喜悦。不知是兴趣使然还是责任驱动，最终坚持过来了。如果将其比作一次远征，起初兴奋，充满自信，途中开始怀疑自己能否到达目的地，因为毕竟这是"业余活动"，而当旅途过半时，已不容徘徊，只有坚定信念，恪守初衷，义无反顾。

　　植物拉丁名多数是复合词，平均每个种加词大约由 2.5 个构词成分组成。对《中国植物志》中记录的所有植物学名逐一进行拆分诠释好比"基因解码"，是一项巨大工程，以一己之力完成这项工作有点不自量力。但是，一路走来，深深体会到工匠精神的价值。

　　完成这样一部作品，需要具备多方面的条件：知识、技能、智慧、毅力、责任、信念，更要排除各种名利诱惑而静心纯念。对每个学名的由来进行考证是非常耗费时间的工作。此外，对庞大的数据文件进行校对纠错，还需要掌握熟练的数据处理技术。为此编写了一系列程序并无数次运行，包括词条整理、查错、排版等，排除一个又一个技术难题，甚至遭遇多次意外数据损坏而折回重启。这是向困难挑战，也是向自我挑战，更是对意志的考验。呈现给读者这本书的排版工作是由作者亲自完成的，包括封面创意，这得益于先进的排版工具。

　　按照目前的学术机构评价体系，这类工作并不被列入成果业绩，无偿劳作，成而无荣，但是让社会受益才是无价的。作为精英教育时代的幸运者，所掌握的知识和技能全部是衣食父母的汗水培养的，应将回馈社会报答百姓视为己任。

　　这是一次任性自我的旅程，历经十几年，作者独自跋涉一条漫长的道路，犹如风平浪静的汪洋之中一叶扁舟，在和煦的阳光下凭借微薄的力量朝向光年之遥的彼岸行驶，又似乎体会到西天取经的苦辣酸甜，极尽艰难却又乐在其中。

　　这是一份自选命题的答卷，其中凝聚的只有一个词——"感恩"：感恩时代，因为改革开放使我有机会走进大学校园学习新知；感恩社会，因为安定和谐的环境让我无忧无虑潜心治学；感恩百姓，因为是他们的辛劳汗水培养我在象牙塔里成长；感恩生活，因为上苍赐予太多的恩惠使我能够一帆风顺地前行。正是因为这些，我才有机会实现自身的价值，并和读者分享自己的劳动成果。诚然这是一部很不成熟的作品，但是如果本书的出版能够为中国的植物学及相关领域的教学科研发挥些许作用，作者将无比欣慰。

　　在完成这份感恩答卷之际，从内心感激我的亲人，他们为我分担了所有的家庭日常生活琐事。无声的支持，使孤军奋战的我自始至终充满安全感和不倦的动力。

作　者

2022 年 2 月于北京